DR.-ING. RICHARD ERNST

DICTIONNAIRE GÉNÉRAL DE LA TECHNIQUE INDUSTRIELLE

tenant compte des techniques et procédés les plus modernes

TOME 1

FRANÇAIS-ANGLAIS

CAMBRIDGE UNIVERSITY PRESS · CAMBRIDGE
LONDON · NEW YORK · NEW ROCHELLE · MELBOURNE
SYDNEY

EDITIONS BRANDSTETTER · WIESBADEN

DR.-ING. RICHARD ERNST

COMPREHENSIVE DICTIONARY OF ENGINEERING AND TECHNOLOGY

with extensive treatment of the most modern techniques and processes

VOLUME 1

FRENCH-ENGLISH

CAMBRIDGE UNIVERSITY PRESS · CAMBRIDGE
LONDON · NEW YORK · NEW ROCHELLE · MELBOURNE
SYDNEY

OSCAR BRANDSTETTER VERLAG · WIESBADEN

British Library Cataloguing in Publication Data

Ernst, Richard
Comprehensive dictionary of engineering and technology
Vol. 1: French-English
1. Technology—Dictionaries—French
2. French language—Dictionaries—English
I. Title
603'.41 T10

ISBN 0 521 30377 X

Published by the Press Syndicate of the University of Cambridge
The Pitt Building, Trumpington Street, Cambridge CB2 1LP
32 East 57th Street, New York, NY 10022, USA
10 Stanford Road, Oakleigh, Melbourne 3166, Australia

First published by Cambridge University Press 1985

Printed in Germany

Library of Congress catalogue card number: 84-72209

AVANT-PROPOS

Ce «Dictionnaire Général de la Technique Industrielle» français-anglais correspond à mes dictionnaires bilingues de la technique industrielle, parus séparément en français et en anglais. Leur vocabulaire a été repris, trié et révisé. Du fait des compléments qui se sont avérés nécessaires, le nombre des termes traités est passé à 159 142.

Les mots sont classés dans un ordre strictement alphabétique; c'est en effet la seule méthode permettant à tout utilisateur de savoir immédiatement où trouver le terme recherché. Les prépositions etc. des mots composés n'entrent pas en ligne de compte dans le classement alphabétique et dans la mesure où elles font suite à un tilde, sont imprimées en caractères maigres. La nomenclature a conservé la structure d'îlots terminologiques qui a fait ses preuves. Les tildes multiples ont été évités et les renvois ne sont utilisés que dans les cas exceptionnels.

Un soin tout particulier a également été mis ici, pour faire nettement ressortir le secteur professionnel auquel se rattache chacun des termes. Toutes les branches de l'industrie modernes ont été traitées, à commencer par les matières premières et leur exploitation jusqu'à des centaines d'industries de transformation, avec leurs produits, leurs recherches, leur développement et leurs fabrications. Il y est également tenu compte de l'agriculture, de la chimie, de l'électrotechnique, de l'électronique, des transports et des communications, de l'astronautique, des télécommunications qui ne cessent de se diversifier et enfin, ce qui devient de plus en plus essentiel: de l'informatique jusqu'aux microprocesseurs. Du fait que cet ouvrage a été composé à l'aide d'un ordinateur, les mises à jour ont pu être effectuées jusqu'au moment de la mise sous presse.

Il va de soi que les prescriptions en vue de la protection de la langue française, selon la loi du 31. 12. 1975 et son complément du 19. 4. 1978, ont été respectées. Les termes correspondants sont suivis du sigle «ELF» (Enrichissement et Défense de la Langue Française). Les termes «franglais» figurent, mais sont signalés comme déconseillés et suivis du terme français recommandé.

Les unités physiques, en vigueur actuellement (unités SI), sont indiquées. Pour les unités périmées, le facteur de conversion est indiqué, afin que l'utilisateur puisse aisément procéder à la remise à jour. Il a été tenu compte, dans la mesure du possible, des particularités linguistiques belges, canadiennes, suisses et des É. U. qui sont signalées comme telles.

Qu'il me soit à nouveau permis, pour la présente édition, d'exprimer tous mes remerciements aux utilisateurs, entreprises et organismes scientifiques qui, grâce à leurs informations et explications, m'ont aidé dans ma tâche. C'est toujours avec la plus grande reconnaissance que j'accueille toute nouvelle suggestion.

Je me sens en outre particulièrement obligé envers Monsieur Otto Vollnhals du Département Informatique des Ets. Siemens de Munich et de ses collaborateurs qui, par leurs efforts constants lors de la mise sur ordinateur et leur application à tirer le meilleur parti de ce dernier, ont contribué de manière essentielle à la réussite de cet ouvrage.

D-8022 Grünwald — Dr.-Ing. Richard Ernst

PREFACE

This French/English "Comprehensive Dictionary of Engineering and Technology" corresponds to my bi-lingual "Dictionaries of Engineering and Technology" which have previously appeared separately in French and English. The vocabulary taken from those volumes has again been most carefully sifted and revised, the additions considered necessary now increasing the scope of the present volume to a total of 159 142 entries.

The contents of the Dictionary are arranged strictly alphabetically, this being the only method which enables the user from the outset to locate the required term without any difficulty. In the alphabetic listing of entries no account has been taken of prepositions etc. forming part of compound words. Where they appear, followed by a tilde, they are printed in light type for clarity. The well-tried method of forming nests has been adhered to. I have not made use of multiple tildes, and cross-references have only been used in exceptional cases.

I have been careful to place each term strictly within its own specialized field. All branches of modern industry have been dealt with – from raw materials and their extraction to the very many processing industries with their products, research, development, and manufacture. Also included are farming, chemistry, electrical engineering, electronics, transport and commerce, space travel, the increasingly diversified branches of telecommunication; and finally, and particularly importantly, data processing and microprocessors. The use of a computer to produce this volume enabled it to be updated right up to the commencement of printing.

Naturally full account has been taken of the Regulations protecting the French language in accordance with the Laws of 31. 12. 1975 and 19. 4. 1978. The terms affected are given the abbreviation "ELF" (Enrichissement et Défense de la Langue Française). Though "Franglais" expressions have been included, they are marked as to be phased out and the correct French word is given.

Current physical units (SI-Units) have been added. To assist the user of the dictionary, conversion factors are given in cases where units have become obsolete. Terms peculiar to the Belgian, Swiss, Canadian, and US usage have been included where possible and indicated as such.

With this new edition, my thanks again go to those users, Companies and Institutions whose hints and comments have greatly assisted my work. Needless to say I am always grateful for further suggestions. I feel particularly indebted to Herr Otto Vollnhals of the "Maschinelle Verfahren" Department of Siemens A. G., Munich, and his collaborators, whose assistance in transferring the material to the computer and thus making full use of its facilities has greatly contributed to the successful result.

D-8022 Grünwald — Dr.-Ing. Richard Ernst

A

à / by

Å (unité désusitée) / Å, ÅU, A, AU, Angström unit (= 10^{-10} m)

à *m* **[commercial]** (ord, typo) / at-sign, a, commercial at, @(graph, comp) || ~ **jour** (bâtim, tex) / a-jour || ~ **jour** (tiss) / open

abaca *m* / manil[l]a hemp

abaissé / depressed, lowered || ~ (hydr) / reduced

abaissement *m* / lowering, falling || ~ (niveau d'eau) / subsiding, falling || ~ **cryosopique** (chimie) / lowering o. depression of the freezing point || ~ du **niveau** (hydr) / receding of the water level || ~ du **point de congélation** / freezing point depression, depression of the freezing point || ~ du **point de fusion** / lowering of the melting point || ~ du **point de rosée** / depression of the dew point || ~ **spécifique du point de congélation** / specific depression || ~ de **température** / heat drop || ~ de **tension** (électr) / voltage step-down || ~ des **voies** (ch.de fer) / lowering of the track

abaisser / lower, bring down, depress || ~, réduire / reduce, diminish || ~ (nappe phréatique) / depress, lower || ~ (s') / decrease *vi* || ~ (s') (gén) / sink *vi*, subside || ~ (s') (fonderie) / sink *vi*, descend (burden) || **faire** ~ (charge) / lower, let down || ~ le **niveau de la nappe souterraine** / depress o. lower the ground water level || ~ une **perpendiculaire** / draw o. drop o. erect o. let fall a perpendicular || ~ une **route** / lower || ~ la **tension** / attenuate the voltage || ~ la **tension [par transformateur]** (électr) / step down

abaisseur *adj* (électr) / step-down, negative booster... || ~ *m* de **tension** / step-down transformer

abandon *m* / giving up || ~, mise *f* au rancart / disuse || **par** ~, en abandonnant à soi-même / by allowing to stand || ~ **intempestif** (ordures menagères) / indiscriminate dumping

abandonné, être ~ / be abandoned, be shut down

abandonner / abandon, leave standing o. untouched || ~ (mines) / abandon, give up || ~ pour **congélation** / let congeal o. freeze || ~ **pour cristallisation** / let crystallize || ~ **pour refroidissement** / let cool down

abaque *m* / abacus (a bead frame) || ~, nomogramme *m* / nomogram, nomograph || ~ (bâtim) / abacus || ~ de **fonctionnement** (magnétron) / performance chart || ~ à **radiantes** (math) / net chart

abat-jour *m* / light shade o. screen (also:) lamp shade || ~ / skylight, abatjour || ~ (auvent contre les rayons du soleil) / sun shade

abat-son *m* (télécom) / screen || ~ (pl: abats-son ou abat-sons) (bâtim) / louver o. luffer board

abattage *m*, abatage *m* (mines) / mining, working, winning || ~ (filage) / taking down the threads from the hooks || ~ (silviculture) / felling, cutting || **faire l'**~ / cut, fell, hew || ~ par **air comprimé** (mines) / breaking of coal by high-pressure air, airdox (US) || ~ des **arbres** / wood felling o. cutting, logging || ~ par l'**auger** (mines) / auger mining || ~ **coupant** (mines) / drum shearing || ~ par **explosifs** (mines) / shooting and blasting, blasting || ~ de la **houille** / working of coal || ~ **hydraulique** (mines) / hydraulic excavation o. mining, hydraulicking, sluicing (rare) || ~ en **masse** (mines) / well drill blasting || ~ **montant** (mines) / overhand stoping, stoping in the back || ~ **radial** (excavateur) / radial working || ~ de la **roche** (mines) / stone work[ing], dead work[ing] || ~ **souterrain** / underground winning || ~ du **terrain à gradins droits** (bâtim) / working by banks o. graduations || ~ par **tranchée** (mines) / working by trenches

abattant *m* / flap door, trap door || ~ (bonneterie) / faller || ~, abatant *m* (phot) / base board || ~ (fenêtre) / pivot-hung window || ~ de **table** / leaf o. flap of a flap table || ~ de **W.C.** / toilet seat

abattée *f*, abaté *f* (aéro) / stalling, pancaking

abat[t]ée, faire l'~ sur une aile (aéro) / side-slip, roll-off

abatteur *m* (mines) / getter

abatteuse *f* (mines) / winning machine || **~-chargeuse** *f* pour **creusement** (mines) / advance working machine || **~-chargeuse** *f* **multidisques** (mines) / disk shearer || **~-chargeuse travaillant par fraisage** (mines) / longwall shearing and heading machine

abattis *m*, abatis *m* (silviculture) / volume felled || **faire l'**~ / cut, fell, hew

abattoir *m* / slaughter house, abattoir || ~ de **ville** / town abattoir

abattre / break down, tear down, demolish || ~ (forêt) / cut, fell, hew || ~ (mines) / mine, win, work, break, dig || ~ (poussière) / settle, precipitate || ~ (charp) / turn over || ~, arrondir des arêtes / break corners o. edges || ~ le **bain** (teint) / lessen a bath || ~ à l'**explosif** (mines) / blast || ~ la **roche dure dans une mine** (mines) / break rocks || ~ à la **scie** / saw down

abélite *f* (explosif) / abelite

aber *m* / ria

aberrant / aberrant, deviating || ~ (essais) / runaway

aberration *f* (astr, opt) / aberration || ~ **annuelle** (astr) / annual aberration || ~ **chromatique** / colour aberration, chromatic o. colour defect || ~ **diurne** (astr) / daily aberration || ~ **extra-axiale** / extra-axial aberration || ~ de **lentille** (phot) / lens error o. impairment, lens aberration || ~ **prismatique** / prismatic aberration || ~ de **réfrangibilité ou de réfraction** / refractive o. Newtonian aberration || ~ **sphérique** / spherical aberration || ~ **zonale** / zonal aberration

aberré (essais) / runaway

abîme *m* / abyss

abîmé, gâté / spoiled, ruined

abîmer / spoil o. mar the beauty of the landscape

ablatif (espace) / ablative, ablation...

ablation *f* (ELF) (espace) / ablation

ablatir (s') (ELF) / ablate

abloquer (m.outils) / chuck, grip, clamp, load

aboli, annulé / cancelled

abolir, abroger / abolish

abolition *f* / abolishment

à-bond *m* (forge) / blow die to die

abondance *f* / abundance || ~ des **herbes** (hydr) / excessive growth of weed || ~ **isotopique** (nucl) / natural abundance, isotopic abundance || ~ de **poils** (drap) / nappiness

abonné *m* (télécom) / party, subscriber || ~ **demandé ou appelé** (télécom) / wanted subscriber || ~ **domestique** (électricité) / domestic customer || ~ **local ou régional** (télécom) / local subscriber || ~ au **réseau Télex** / telex subscriber || ~ au **service progiciel** (télécom) / packet-terminal customer

abonnement *m* (gén) / subscription || ~ (ch.de fer) / season ticket, commutation ticket (US)

abord *m* / approach road || **~s** *m pl* / approach incline o. ramp || **à ~ difficile** / hard-to-get-to, hard-to-get-at || **~s** *m pl* d'un **port** / mouth of a harbour || ~ *m* de **puits** / shaft adit

abordable / accessible

abordage *m* (nav) / fouling || ~ (aéro) / airplane collision

aborder (nav) / run foul [of] || ~ (s') (auto) / collide

[with], bump [against] || ~ **l'aiguille en ou par la pointe, [en ou par le talon]** (ch.de fer) / pass the point facing, [trailing]
aboucher (tuyaux) / butt-weld
about *m*, extrémité *f* / end || ~ du **châssis** (ch.de fer) / frame end || ~ de **tôles** / butt of plates || ~ de **wagon** (ch.de fer) / end of a car, end wall
aboutage *m* (bois) / finger jointing
aboutées *f pl* / extremities *pl*
aboutement *m* (gén) / joining || ~ (bâtim) / abutment || ~ (charp) / assembling butt on butt
abouter *vt* / butt joints, butt-joint, abut || ~ (s') / butt, abut
aboutir *vi* / end [in] || ~ à la **délivrance d'un brevet** / result in the grant of a patent || ~ **l'un à l'autre** (mines) / abut *vi*
aboutissement *m* (bâtim) / abutment || ~ (PERT) / end point o. node
abras *m* / hoop, ferrule
abraser / abrade
abrasif *adj* / abradant, abrasive || ~ *m* / abrasive || **~s** *m pl* (routes) / abrasives *pl* || ~ *m* **artificiel** / manufactured abrasive || ~ de **corindon** / aluminous abrasive || ~ de **décapage** (fonderie) / abrasive grit || **~s** *m pl* en **fonte coquillée** (fonderie) / chilled cast shot || ~ *m* de **lapping** / lapping abrasive || ~ **métallique** / metal abrasive || **~s** *m pl* sur **support** (terme collectif) / coated abrasives *pl*
abrasimètre *m* / abrasion tester
abrasion *f* / abrasion || ~ de **l'épaisseur du revêtement** (émail) / subsurface abrasion || ~ en **forme de cratère** (outil) / crater wear || ~ de **sous-surface** / subsurface abrasion || ~ **Taber** / Taber abrasion
abrégé *adj* / short[ened] || ~ (multiplication) / short[-cut] || ~ *m* / excerpt, abstract, compendium, short summary, digest
abréger (temps) / abridge, curtail (time) || ~ des **mots** / abbreviate words
abreuvage *m* (fonderie) / burning in, metal penetration
abreuver / water || ~ (teint) / ground, bottom || ~ (bâtim) / soak
abreuvoir *m* (agr) / drinking bowl
abréviation *f* / abbreviation || ~ **élémentaire** / elementary abbreviation || ~ **radio** / radio brevity
abri *m* / shelter, cover || ~ (nav) / weather deck || ~ (mines) / blast shelter || ~ (ELF) (guerre) / air-raid shelter o. refuge, shelter || **à l'~** [de] / safe [from], protected [from] || **à l'~ de l'air** / air sealed || **à l'~ des courants d'air** / protected from draft, no-draught || **à l'~ des hautes eaux** / above high water mark, out-of-reach of high water || **à l'~ de la lumière** / under absence of light, protected from light || **à l'~ des voleurs** / burglarproof, unpickable, pilferproof || ~ **assurant une protection contre la retombée radioactive** / fall-out shelter || ~ d'**attente** / shelter, waiting room || ~ de **chantier** / shed, site hut || ~ pour **deux roues** / bicycle shed || ~ **étanche** / gas protection shelter || ~ du **mécanicien** (ch.de fer) / engineer's (US) o. driver's (GB) cab || ~ **promenade** (nav) / covered promenade deck || ~ du **quai** / platform shelter, platform roofing || ~ contre le **vent** / windscreen, windbreak[er] (GB)
abrité (électr) / (motor:) drip-proof, (lighting:) rain-proof || ~ des **poussières** / protected from dust, dustproof
abriter [de] / shade o. shelter o. screen [from dust, light, etc], protect [from] || ~ / stow [away]
abroger / abolish, repeal

ABS *m* (= styrène-acrylo-nitrile-butadiène) (plast) / ABS
abscisse *f* / absciss[e] (pl: abscisses), abscissa (pl: abscissae, abscissas) || ~ **cartésienne** (math) / X-axis, axis of abscisses
absence *f* / absence || ~, manque *m* / shortage, lack || ~ de **bruits** / noiselessness || ~ de **convection** (espace) / absence of convection || ~ de **courant** (électr) / absence of current || ~ de **dangers** / safety [against] || ~ de **dérangements** (techn) / freedom from troubles || ~ de **distorsion** / freedom from distortion || ~ de **fragilité** / lack of brittlenes || ~ **injustifiée** (ordonn) / absence without leave, AWOL || ~ d'[**ondes] harmoniques** (électr) / absence of harmonic waves || ~ de **pleurage et de papillotement** (bande sonore) / no flutter and wow || ~ de **rétroaction** (gén) / absence of interaction o. of feedback || ~ de **secteur** (électr) / power outage o. failure || ~ de **système** (math) / absence of pattern || ~ de **troubles** (techn) / freedom from troubles
absentéisme *m* / absenteeism
absolu (gén) / absolute || ~ (chimie) / absolute, abs, ab
absolument contraire / diametrical || ~ **divergent** (math) / properly diverging
absorbabilité *f* / absorbability
absorbance *f* (opt) / absorbance, -ence || ~ (éclairage) / coefficient of absorption
absorbant *adj* / absorbent, absorbing, absorptive || ~ (pap) / absorbent, bibulous || ~ *m* / absorbent || ~ de **bruit** / sound absorber || ~ la **lumière** / absorptive to light, light absorbing || ~ les **ondes** / absorbing surges || ~ le **son** / absorptive to sound, sound absorbing o. absorbent o. deadening, acoustic[ally] absorbing
absorbé (énergie) / consumed
absorber / absorb || ~ (gaz) / occlude, absorb || ~ (chimie) / take up, absorb || ~ un **acide** / neutralize an acid || ~ des **chocs** / absorb shocks || ~ **l'eau** / absorb water, soak up water
absorbeur *adj* / absorptive || ~ *m* (réfrigération) / absorber [type refrigerator], absorption refrigerator || ~ (électron) / absorption circuit, [spark] absorber || ~ (nucl) / absorber || ~ des **basses** (électron) / bass absorber || **~-neutralisateur** *m* (ELF) / gas scrubber o. washer, washer-scrubber || **~-neutralisateur** *m* (ELF) (espace) / scrubber || ~ de **neutrons** / neutron absorber || ~ d'**ondes** (télécom) / spark absorber || ~ d'**oxygène** (eau d'aliment.) / oxygen scavenger || ~ de **résonance** (acoustique) / resonance absorber
absorption *f* (gén, teint) / absorption || ~ (sidér) / absorbing || ~ **acoustique** / sound absorption || ~ par l'**air** (acoustique) / atmospheric absorption || ~ **atomique** / atomic absorption || ~ d'**azote** (sidér) / nitrogen content increase || ~ du **bain** (teint) / liquor pickup || ~ de **chaleur** / thermal o. heat absorption || ~ **Compton** / Compton absorption || ~ d'**eau** / water [ab]sorption || ~ d'**encollage** / size take-up || ~ de l'**encre** (typo) / ink absorption || ~ d'**énergie** / power consumption || ~ d'**énergie** (nucl) / energy absorption || ~ de **fond** (opt) / background absorption || ~ de **gaz** (ampoule) / clean-up, gettering || ~ de **gaz** (vide) / gas clean-up || ~ d'**huile** / oil absorption || ~ d'**huile** (couleur) / oil adsorption || ~ d'**humidité** / absorption of humidity || ~ d'**impulsions** (télécom) / digit absorption || ~ **interne** / individual absorption || ~ de **liquide** / liquid absorption || ~ de **lumière** / optical absorption || ~ **massique** (atome) / mass absorption || ~ de **neutrons** (nucl) / neutron absorption o. capture || ~ de **neutrons de résonance** / resonance absorption of

neutrons || ~ de **particules** (nucl) / particle absorption || ~ **photoélectrique** (nucl) / photoelectric absorption || ~ de **plastifiant** / plasticizer sorption || ~ de **pression ou de poussée** / pressure absorption || ~ de **rayonnement** / radiation absorption || ~ de **rayons gamma** / gamma ray absorption || ~ par **résonance** (nucl) / resonance absorption || ~ **sélective** / selective o. specific absorption || ~ par le **sol** (électron) / ground absorption || ~ du **son** / sound absorption || ~ **thermale** / thermal o. heat absorption || ~ de **vapeur d'eau** / water vapour absorption

absorptivité *f* / absorbing power o. capacity, degree of absorption, absorbency

ABS-plastiques *m pl* / ABS range of plastics

abstraction faite [de] / apart [from]

abstraire / abstract *vt*

abstrait / abstract *adj* || ~ (math) / non-dimensional, pure

absurde / absurd

absurdité *f* (math) / absurdity

abus *m* / abuse

abyssal / abyssal, bathysmal

Ac / antibody [substance]

acacia *m* / acacia

acajou *m* / cashew tree, acajou || ~ **chenillé ou moucheté** / mottled mahogany || ~ à **meubles** / mahogany || ~ **ronceux** / curled mahogany || ~ **veiné** / veined mahogany, curled mahogany

acanthite *f* (min) / acanthite, vitreous silver

acaricide *m* / acaricide

acarien *m* / acarid

accablant / overwhelming, oppressive || ~, étouffant / sultry

accalmie *f* du **centre** / eye of a storm, central calm

accastillage *m* (nav) / dead o. upper works *pl*, top-hamper

A.C./C.C. / A.C. to D.C...

accéder [à] (ord) / access, gain access

accélérant la **corrosion** / developing corrosion

accélérateur *adj* / accelerating || ~ *m* (gén, chimie, phot) / accelerator || ~ (auto) / accelerator o. gas pedal, foot throttle, throttle pedal || ~ (chauffage) / circulating o. circulation pump || ~ à **courant de Hall** (espace) / Hall-current accelerator || ~ **cyclique ou circulaire** / circular accelerator || ~ de **décollage Jato** (aéro) / JATO rocket || ~ de **désintégration** (fonderie) / decomposition promoter || ~ de **fermentation** / fermentation accelerator || ~ **F.F.A.G.** (nucl) / FFAG-machine (= fixed field alternating gradient) || ~ de **freinage** (ch.de fer) / brake accelerator || ~ d'**ignition** (chimie, auto) / ignition accelerator, cetane number improver || ~ **intermédiaire** / intermediate accelerator || ~ d'**ions** / ion accelerator || ~ **linéaire** / lineac, linear accelerator || ~ **linéaire d'électrons** / linear electron accelerator || ~ de[s] **particules** / electronuclear o. particle accelerator || ~ **plasmatique** (espace) / plasma accelerator || ~ de **prise** (béton) / accelerating admixture || ~ de **protons** / proton accelerator || ~ de la **réaction** / reaction accelerator || ~ **tandem** (nucl) / tandem generator || ~ de **wagons** (triage par gravité) (ch.de fer) / wagon accelerator (hump working)

accélération *f* (phys) / acceleration || ~ (film) / quick motion effect, time compression || **à ~ irrégulière** / variably accelerated || **d'~** / accelerating || ~ **angulaire** / angular acceleration || ~ **centripète** / centripetal acceleration || ~ de la **chute** / acceleration of the fall || ~ de **Coriolis** / Coriolis [component of] acceleration || ~ au **démarrage** / starting acceleration, acceleration from dead stop (US) || ~ d'**entraînement** / absolute acceleration of coincident point || ~ des **masses** / mass acceleration || ~ **normale** (phys) / normal acceleration || ~ en **orbite** / acceleration along the path || ~ de la **pesanteur ou due à la gravité** / g, acceleration due to gravity || ~ à **pleine vitesse** / run-up || ~ au **renversement de marche** / reverse acceleration || ~ de **rotation** / angular acceleration || ~ **séculaire** (astr) / secular acceleration || ~ **tangentielle** / tangential acceleration || ~ **terrestre** / gravitational acceleration || ~ **thermoionique** (plasma) / thermo-ionic acceleration || ~ **uniforme** / uniform acceleration

accéléré (vitesse) / accelerated, increasing || ~ (procès) / rapid, short-cut, accelerated

accélérer (phys) / accelerate || ~ (s') / run up

accélérocompteur *m* (aéro) / counting accelerometer

accélérographe *m* / recording accelerometer || ~ (astron) / whirling arm o. table

accéléromètre *m* / acceleration meter, accelerometer || ~ (astron) / whirling arm o. table || ~ **enregistreur** / recording accelerometer || ~ d'**impact** (aéro) / impact accelerometer || ~ **intégrateur à pendule** / pendulous integrating gyro accelerometer

accent *m* **aigu** (typo) / acute accent || ~ **circonflexe** (typo) / circumflex accent || ~ **grave** (typo) / grave accent || ~ **long** (typo) / macron, long accent || ~ **superposé** (typo) / floating accent

accentuation *f* (électron) / accentuation || ~ (typo) / display || ~ d'**atténuation du retour d'écho** (radar) / echo return loss enhancement, ERLE || ~ des **basses ou des graves** / bass accentuation o. boost[ing] o. control || ~ des **résonances série** (électron) / series peaking

accentuer / emphasize

acceptable / acceptable

acceptation *f* / acceptance || ~ d'une **information parasite** (ord, télécom) / hit || ~ **marchandises** / acceptance of goods

accepter / accept

accepteur *adj*, électrophile / electron-affine || ~ *m* (semi-cond) / acceptor || ~ d'**acide** / acid acceptor || ~ de **protons** (chimie) / proton acceptor

acception *f*, sens *m* / meaning, sense, signification, acception

accès *m* / adit, entrance || ~, approche *f* / approach || ~ (ord) / access || ~ (profession) / admission || ~ (auto) / entrance || **d'~ difficile** / hard-to-get-to, hard-to-get-at || **d'~ facile** / easily accessible, of easy access || **donner ~ à l'air ou à l'eau** / lose, leak, let escape || **qui donne ~ à l'eau** (bâtim) / unretentive || ~ **aléatoire** (ord) / random access, direct access || ~ d'**autoroute** / highway approach o. entrance || ~ **direct** (ord) / direct o. immediate access || ~ **direct à l'abonné** (télécom) / direct dialling-in, DDI (GB), direct inward dialling (US), in-dialling || ~ **direct par clés** / keyed direct access || ~ **direct à la mémoire** (ord) / direct memory access, DMA || ~ aux **disques** (ord) / disk access || ~ au **fichier** (ord) / file access || ~ **impossible** (ord) / access inoperable || ~ **index-séquentiel** (ord) / index sequential access [method], ISAM || ~ **interdit sauf aux riverains ou excepté circulation locale** / no public throughfare ! || ~ **libre pour riverains** / residents only || ~ **médian** (ch.de fer) / central entrance || ~ à la **mémoire** (ord) / storage (US) o. store (GB) access || ~ **minimal** (ord) / minimum o. minimal latency, minimum access time || ~ du **mot** (ord) / word access

|| ~ **multiple** (ord) / multiple access || ~ **multiple** (ou à multiplexage) **en partage des fréquences** (télécom) / frequency division multiple access, FDMA || ~ **multiple** (ou par multiplex) **en temps partagé ou en partage de temps ou par répartition dans le temps, AMRT** (télécom) / time division multiple access, TDMA || ~ **multiple par code à répartition** (ord) / code division multiple access, CDMA || ~ **multiple par détection de porteuse** (ord) / carrier sense multiple access, CSMA || ~ en **parallèle** (ord) / parallel access || ~ **particulier** (bâtim) / postern, private entrance || ~ **public** (routes) / occupation road (GB) || ~ **quasi direct** (ord) / quasi-random access || ~ **sélectif** (ord) / random access, direct access || ~ **séquentiel** (ord) / sequential access, serial access || ~ à **temps d'attente nul** (ord) / zero access

accessibilité *f* / accessibility || **d'~ facile de l'avant** / close-approach

accessible / accessible || ~ (bâtim) / ascendable, accessible, man-sized

accessoire *adj* / accessory, by... || ~, peu important / accidental, incidental || ~, secondaire / secondary, minor || **~s** *m pl* / accessories *pl*, fittings *pl* || **~s** *m pl* (costing) / extras *pl*, incidental expenses *pl* || **~s** *m pl* (radio, phot) / attachment, additional implement || **avec les ~s** (bâtim) / with all conveniences || **~s** *m pl* d'**antennes** / antenna hardware || ~ *m* d'un **appareil photographique** (phot) / attachment, camera bezel adapter || **~s** *m pl* **automobiles** / motor car accessories *pl* || **~s** *m pl* pour **bicyclettes** / bicycle accessories *pl* || **~s** *m pl* pour **câbles** (électr) / cable fittings *pl* || **~s** *m pl* de **chaudières à vapeur** / steam boiler fittings *pl* || **~s** *m pl* pour **conduites de gaz et d'eau** / plumbing, fittings *pl* || ~ *m* pour **dresser les meules à la forme** / wheel forming attachment || ~ pour **étudier le contraste interférentiel différentiel** (microsc.) / differential interference contrast attachment, DIC-attachment || **~s** *m pl* de **fixation** / mounting devices *pl* || ~ *m* de **flammes** / flame attachment || **~s** *m pl* de **garde-corps** / railing fittings *pl* || **~s** *m pl* pour **moteurs Diesel** / diesel equipment || ~ *m* **porte-charge** / load bearing implement || **~s** *m pl* de **série optionnels** (auto) / production option || **~s** *m pl* de **soudage** / welding supplies *pl* || ~ *m* **supplémentaire optionnel** / optional feature || **~s** *m pl* **supplémentaires** (auto) / extras *pl* || ~ *m* **tournant à droite** (aéro) / right-hand o. clockwise drive

accessoirisation *f* (Néol) / providing with accessories o. requisites

accessoiriser, garnier daccessoires (Néol) / provide with accessories o. requisites

accident *m* / failure || ~, panne *f* / mishap || ~ (géogr) / relief || ~ (mines) / dislocation, throw, fault || ~ par **accrochage par arrière** / whiplash injury || ~ d'**auto** / motorcar accident || ~ de **chemin de fer** / train disaster || ~ de la **circulation** / traffic accident, wreck (US) || ~ de **décompression** / caisson disease, compressed-air disease || ~ d'**exploitation** / industrial accident, operating o. shop accident || ~ **grave** / severe accident || ~ **[grave] de mines** / mine disaster || ~ aux **machines** / failure of machinery, accident to machinery || ~ **maximal prévisible** (nucl) / maximum credible accident, MCA || ~ de **moteur** / engine failure o. breakdown o. trouble || ~ par **perte de fluide de refroidissement** / loss-of-coolant accident, LOCA || ~ de **réacteur** / reactor accident || ~ de **référence** (nucl) / design basis accident, DBA || ~ du **travail** / occupational o. industrial accident, shop accident || ~ de **voiture** / motorcar accident

accidenté (terrain) / undulating || ~ (géol) / faulted || ~ (voiture) / involved in an accident, crash...

accidentel, fortuit / accidental, fortuitous, casual || ~, causé par un accident / accidental || ~ (nucl) / accidental

acclimatation *f* / acclimat[iz]ation, acclimation (US)

acclimatement *m* / state of being acclimatized

acclimater / acclimatize, accustom || ~ (bot) / acclimatize, naturalize (US) || **[s']** ~ / acclimat[iz]e

accoche-sac *m* **automatique** / automatic sack filling device

accoinçon *m* / jack o. dwarf rafter

accolade *f* (typo) / brace || ~ (qui surplombe le linteau) (bâtim) / doorway arch

accolé (espace) / strapdown ... || ~ (gén) / mounted-on, attached || ~ (p. ex. symbole) / attached

accoler [en **louvoyant**] (cale-étalon) / slip o. wring on

accommodation *f* / accommodation

accommoder / accommodate

accomodation *f* / accommodation

accompagnateur *m* (ch.de fer) / convoy man, train guard, pilot (US)

accomplir, achever / accomplish, achieve || ~, exécuter / execute, perform, accomplish, carry out || ~ un **mesurage** / take a measurement || ~ un **rendez-vous** (astron) / rendevouse (US), perform a rendevouz

accomplissement *m* / performance, accomplishment || ~ de l'**ordre d'exécution** (ordonn) / fulfillment of a work order

acconier *m*, aconier *m* (France du Midi) (nav) / stevedore || ~ (nav) / stevedore

accord *m* / accordance || ~ (filtre de bande) / transmission band || ~ (phys) / chord || ~ (ELF) (radio) / tuning || **à ~ décalé** (TV, électron) / stagger-tuned || **à ~ double** / double tuned || **à un** ~ (filtre) / with one transmission band || **en** ~ [avec] / commensurate [with] || **en** ~ / tuned to natural frequency, in tune || ~ **aigu** (électron) / sharp tuning || ~ d'**antennes** / aerial syntonizing, antenna tuning || ~ à **bruit minimum** / noise tuning || ≗ **concernant le Transport International des Voyageurs par Chemin de Fer**, A.I.V. *m* / Agreement concerning the International Carriage of Passengers and Baggage by Rail || ~ **décalé** (TV, électron) / staggering || ~ **électronique** (oscillateur) / electronic tuning || ~ d'**entreprise** / employment agreement || ~ par **étalage des ondes courtes** / short wave band spread [vernier] tuning || ~ **flou** / flat o. broad tuning || ~ des **fréquences** / frequency tuning || ~ **gros** / coarse tuning || ~ d'**hauteur de son** (radio) / note tuning || ~ avec la **loi** (gén) / regularity || ~ de la **longueur d'onde** (électron) / matched wavelength || ~ **manuel** / manual tuning || ~ **multiple** (antenne) / multiple tuning || ~ par **noyau de fer** (radio) / slug tuning || ~ **parfait** / common chord, triad || ~ de **phase** / phase matching || ~ **pointu ou précis** (électron) / sharp tuning || ~ **tarifaire** (ordonn) / collective wage agreement o. contract || ~ **thermique** / thermal tuning || ~ par **variation de perméabilité** (électron) / permeability tuning || ≗ **concernant le Transport International des Marchandises par Chemin de Fer**, A.I.M. *m* / Agreement concerning the International Carriage of Goods by Rail

accordable (électron) / tun[e]able

accordance *f* / accordance, conformity

accordé [à] / keyed [to] (US), matching [with]

accordéon *m* / accordion, accordeon

accorder [à] / coordinate [with] || ~ / arrange || ~,

attribuer / apportion, allot || ~, concéder / allow || ~, mettre d'accord [avec] / phase || ~, régler (électron) / syntonize || ~, obtenir ou chercher l'accord (radio) / tune-in || ~ (s') / contract *vi* || ~ un **brevet** / grant a patent || ~ des **instruments** / match instruments || ~ à une **station** / tune the station || ~ en **supplément** / add
accordoir *m* / tuning hammer o. lever
accore *adj* (côte de mer) / dropping sheer || ~ *m* (nav) / shore
accostage *m* (ch.de fer) / buffing, bumping || ~ (NC) / approach || ~ (ELF) (espace) / docking manœuvre
accoster *vi* (nav) / land, harbor, dock || ~ (ELF) (astron) / dock || ~ **le quai** (nav) / dock, come alongside
accosteur *m* de **tôles** (m. à river) / plate grip o. closer
accotement *m* (ch.de fer) / four-foot way, side path, cess side || ~ (routes) / marginal strip, shoulder, roadside || ~**s** *m pl* **non stabilisés** (routes) / soft shoulder
accoter / stay, support, [under]prop || ~ (horloge) / produce friction || ~ (s') (nav) / list, heel
accotoir *m* (ch.de fer) / head rest
accoudoir *m* / arm rest of seats, side rail || ~ de **fenêtre** / window board, elbow board || ~ pour **téléphone** (télécom) / telephone bracket
accouplé / coupled || ~ (techn, agr) / gang... || ~ (techn) / linked || **être** ~ (engrenages) / mate
accouplement *m* (résistances) / ganging || ~ (funi) / coupler, coupling apparatus || ~ (chimie, techn) / coupling || **à** ~ (méc, électron) / coupled || **à** ~ **de charge** (électron) / charge coupled || **à** ~ **rigide** / positive [locking], mechanically operated, controlled, constrained || ~ à **aimant** (techn) / magnetic clutch o. coupling || ~ à **aimant radial** / radial magnetic coupling || ~ d'**ancrage** / wire rope socket || ~ de l'**arbre** (techn) / shaft coupling || ~ **articulé** / flexible coupling || ~ **automatique pour remorques** (auto) / automatic trailer coupling || ~ à **bande d'écartement** / expanding band clutch, radially expanding clutch || ~ à **barres** / bar o. rod coupling || ~ à **boulons ou à broches** / pin o. bolt coupling || ~ à **boyaux** (pomp) / hose coupling o. union || ~ à **broche de cisaillement** / [shear] pin clutch || ~ avec **câble tracteur au-dessous** (funi) / undertype coupler || ~ avec **câble tracteur au-dessus** (funi) / overtype coupler || ~ **cardan** / universal coupling || ~ de **chauffage** (ch.de fer) / heating coupling || ~ à **clavette** / wedge socket fitting || ~ à **clavettes annulaires** (funi) / ring wedge coupling || ~ **compensateur** (techn) / compensating coupling || ~ **conique ou par cônes** / cone clutch || ~ à **coquille** (techn) / clamp o. shaft o. split coupling || ~ à **cosses** / double cone clamping coupling, thimble coupling || ~ **coulissant** / sliding coupling || ~ à **déclic** (magnéto) / impulse coupling o. starter || ~ à **déconnexion par traction** (électr) / pull-off coupling || ~ à **dents** / denture clutch || ~ **direct** (techn) / direct coupling || ~ **direct** (télécom) / launching || ~ **[direct]** (radio) / direct coupling || ~ à **disque** / flange coupling, face plate coupling || ~ à **disque pour directions** (auto) / flexible disk coupling for steering gears || ~ à **disques** (auto) / flexible [Thermoid-Hardy] disk || ~ à **double cône** / double cone coupling || ~ à **douilles** voir accouplement à cosses || ~ **élastique** / flexible coupling || ~ **élastique** (auto) / dry disk joint || ~ **élastique par ressorts hélicoïdaux** (ch.de fer) / flexible helical spring coupling o. gear, helical spring gear || ~ **élastique à tôle ressort** / leaf spring coupling || ~ d'**embrayage** (auto) / clutch coupling || ~ à **entraînement sur un seul tour** / one-stop clutch || ~ **extensible** / slip joint || ~ **femelle à l'abri de poussière** (camion citerne) / female dust coupling || ~ **[fixe]** (techn) / coupling box || ~ **flexible** / flexible coupling || ~ **[flexible] à courroie** / belt coupling || ~ de **frein** (ch.de fer) / brake hose half coupling, brake hose coupling || ~ à **friction** / friction clutch, slipping o. sliding clutch || ~ à **glissement** / slip[ping] o. sliding clutch, friction o. safety clutch || ~ à **glissement**, joint *m* glissant / slip joint || ~ à **griffes** (techn) / dog o. claw coupling, positive o. jaw clutch || ~ à **griffes et à cônes de friction** / claw clutch coupling, cone dog || ~ par **groupes de ressorts** / laminated spring coupling || ~ **hydraulique** / hydraulic coupling o. transmitter, (auto:) fluid flywheel || ~ à **induction** (électr) / induction coupling || ~ **instantané** / instantaneous clutch || ~ à **joint universel** / universal joint coupling, pin-and-bushing coupling || ~ de **lignes** (TV) / twinning, pairing || ~ à **manchon** (techn) / box o. muff coupling, butt coupling || ~ d'**obturation** (pomp) / cap fire hose coupling || ~ **Oldham** / Oldham coupling || ~ **parasite** (électron) / stray coupling || ~ à **particules magnétiques** / magnetic particle o. powder clutch, magnetic particle coupling || ~ **patinant** / slip[ping] o. sliding clutch, friction o. safety clutch || ~ à **plaquettes** / shackle joint || ~ à **plateaux** / flange coupling, face plate coupling || ~ de **rattrapage** / overrunning clutch, overriding clutch || ~ de **remorquage** (auto) / draw bar coupling || ~ de la **remorque** / trailer coupling || ~ à **ressort** / spring coupling o. clutch || ~ par **ressort enroulé** / wrap spring clutch || ~ **réversible** / reversing clutch || ~ à **roue libre** (auto) / free engine clutch, overriding clutch, overrunning o. sprag clutch || ~ à **ruban** / band coupling || ~ à **ruban d'acier** / steel band coupling || ~ de **sécurité** / safety clutch o. coupling || ~ à **segments extensibles** / expanding band clutch, radially expanding clutch || ~ par **semelles de cuir** / laminated leather coupling || ~ à **serrage** / clamp coupling || ~ de **surcharge** / overload clutch, safety clutch o. coupling || ~ de **sûreté** / safety clutch o. coupling || ~ de **sûreté à glissement** / safety friction clutch || ~ **synchrone** (électr) / synchronous coupling || ~ **synchroniseur à crabots** (auto) / override clutch gear change o. shift || ~ à **tiges** / bar o. rod coupling || ~ à **trous angulaires** / ring-eye coupling || ~ à **verrou et à cônes de friction** / conical bolt clutch, cone pawl clutch (US) || ~ à **vis** (ch.de fer) / screw coupling
accoupler / couple, join || ~, embrayer / throw-in, clutch-in, engage the coupling || ~ (électr) / couple, connect || ~ (funi) / couple || ~, grouper / gang *vt* || ~ par **attelage lâche** (ch.de fer) / couple loose[ly] || ~ des **colonnes** (bâtim) / couple columns || ~ **côté à côté** (constr.mét) / couple girders || ~ **rigidement** (ch.de fer) / couple rigidly
accoupleur *m* de **berlines** (mines) / jig, jink, coupling link || ~ à **câble en dessous** (funi) / undertype coupler || ~ à **câble en dessus** (funi) / overtype coupler
accoutumance *f* / habit, practice || ~ (ordonn) / acquisition of routine
accoutumer *vt* / acclimatize, accustom, acclimate (US)
accrétion *f* (astr) / increase of masses, accretion || ~ (ELF) (météorol) / accretion
accreusement *m* (hydr) / erosion, scouring, underwashing, deepening
accrochage *m* / catching, clinging, capture || ~,

oscillations parasites *f pl*(électron) / squeaking, squealing || ~ (berlines) / pushing the tubs into the cage || ~ (électr) / pulling into synchronism || ~ (sidér) / hanging of the burden, sticking, scaffolding || ~ (pneu) / bead region || ~ (mines) / bottom, collecting station under ground || ~ (auto) / grazing, collision || **à** ~ (touche) / holding, [self-]locking || ~ par l'**arrière** (auto) / rear end collision, tailgating (US) || ~ des **attelages** (autocoupleur) / securing of couplings || ~ de l'**enduit** (bâtim) / bonding of the plaster || ~ des **pare-chocs** / overriding o. interlocking of bumpers (US) o. fenders (GB) || ~ au **réseau** (TV) / locking, mains hold || ~ de la **tête** (mémoire à disque) / crash

accroché, être ~ / hang

accrochement *m* (vice d'échappement de montre) / getting caught

accrocher / hang [up] || ~ / hook, fasten with hooks || ~ (télécom) / hang up, replace, ring off || ~ (ch.de fer) / attach cars || ~ [sur] / fasten by cramps [on] || ~ (la voiture en a accroché une autre) (auto) / collide [with], foul, drive against, crash [into], bust (US) || ~ (s') / catch, get stuck || ~ (s') (mines) / become caught, be o. get caught || **s'**~ **entre les contacts** / blackout a relay || ~ les **wagonnets** (mines) / push tubs into the cage || ~ les **wagons** (ch. de fer) / couple cars

accroche-ressort *m* / spring hook

accrocheur *m* (mines) / coupler-on, hanger-on || ~ (tiss) / thread feeder || ~ de **flamme** (propulsion par jet) / flame retention baffle || ~ au **puits** (mines) / pusher || ~ de **sonde** (mines) / sound catch

accrocheuse-sécheuse *f* (pap, tex) / festoon drier

accrocs et enfoncements *m pl* (plast) / surface defects

accroissance *f* (biol) / growth on the surface (e.g. saprobes)

accroissement *m* / growth, increase, increment, accretion || ~, augmentation *f* / increase || ~ (hydr) / swelling of water || ~ de **charge** / increase of load || ~ des **cristaux** / accretion of crystals || ~ de **pression** (techn) / increase of pressure || ~ de **puissance** / run-up of power, bringing-up, raising || ~ par **résonance** / resonant o. resonance rise || ~ de **tension** / increase of tension o. voltage || ~ **terrestre par les poussières interplanétaires** / terrestrial accretion of interplanetary dust

accroître [s'] / multiply, propagate || ~ *vt* / increase *vt*, augment *vt* || ~ *vi* (tension) / increase *vi*, rise, climb || ~ (s') (oscillations) / build up *vi* || ~ en **réticule** / reticulate *vi*

accru en **durée** / protracted

accrue *f* / atterration (caused by retreating water)

accu *m* (électr) / accumulator

accueil *m* / acceptance

acculée *f* (nav) / immersion depth of the after-body

acculement *m* (varangue) / rise of floor line, slope of the ship's bottom, dead rise

accumulateur *m* (électr) / accumulator, storage battery || ~ (ord) / accumulator [register] || ~ (hydr) / accumulator || ~ (phys) / secondary cell, reversable cell || ~ **aérohydraulique** (presse) / air[-hydraulic] accumulator, air bottle || ~ **alcalin ou en acier** / alcaline o. Ni-Fe accumulator o. battery || ~ **aquifère** (gaz naturel) / aquifer storage || ~ à l'**argent-cadmium** / silver-cadmium accumulator || ~ à l'**argent-zinc** / silver-zinc accumulator || ~ en **bac monobloc** (auto) / battery in a one-piece composition case || ~ de **chaleur** / heat accumulator || ~ pour **chariots électriques** / traction o. vehicle battery || ~ pour **clôture électrique** (agr) / electric fencer || ~ de **combustible** (turbine) / fuel accumulator || ~ à **deux éléments** (accu) / two-cell accumulator || ~ d'**énergie** / energy storing device || ~ d'**étoffe sur bande transporteuse** (tex) / accumulator of fabrics on conveyor || ~ du **gaz** / gas accumulator || ~ **hydraulique** / hydraulic accumulator, weight load (US) || ~ **hydro-pneumatique** / hydro-pneumatic accumulator || ~ d'**itinéraires** (ch.de fer) / route storage arrangement || ~ de **jour** (électr) / daily storage basin || ~ à **minerais** / ore bin o. bunker || ~ **nickel-cadmium** / nickel-cadmium battery || ~ **nickel-fer** / nickel-iron[-alcaline] battery, NIFE battery || ~ au **nickel-zinc** / nickel-zinc storage battery || ~ à **pierres** (énergie solaire) / rock-bed storage || ~ au **plomb** / lead accumulator, lead storage battery || ~ de **pression** / receiver-type compressed air system || ~ **thermique** / heat accumulator || ~ de **vapeur** / steam accumulator

accumulation *f* (gén, ord) / accumulation || ~ (math) / cumulation || ~ (hydr) / banking || **à** ~ (gén) / accumulating || ~ sur **bande magnétique** / tape storage || ~ de **boue** / accumulation of mud || ~ de **câbles** / accumulation o. grouping of cables || ~ de **chaleur** / accumulation of heat, heat accumulation o. build-up || ~ d'**énergie** / energy storage || ~ de **matière** / material accumulation || ~ de la **matière textile** / cloth storing || ~ de **métal** (fonderie) / material accumulation || ~ des **points de mesure** / point cloud, bivariate point distribution || ~ par **pompage** (électr) / pumped storage

accumuler / accumulate, store || ~, amasser / agglomerate, heap up || ~, entasser / pile up, store up || ~ (s') / add up

accusant une **pente** [de ...] / with a gradient [of...]

accusé *m* de **réception** / acknowledg[e]ment || ~ de **réception d'ordres** (électron) / command acknowledgment || ~ de **réception positif** (information) / positive acknowledge

accuser réception [de] (télécom) / acknowledge, ack (coll)

acerbe (saveur) / tart, acrid

acerbité *f* / acerbity, tartness

acéré / sharp, keen, sharp-edged

acérure *f* / small plate for steel-facing

acescence *f* / acescency

acescent / acescent

acét... / aceto...

acétal *m* (chimie) / acetal || ~ **polyvinylique** / polyvinyl acetal

acétaldéhyde *m* / acetaldehyde, ethanal

acétamide *m* / acetamide, ethanamide

acétate *m* / acetate || ~ d'**alumine** / basic alumin[i]um acetate || ~ d'**amyle** / amyl acetate || ~ **benzylique ou de benzyle** / benzyl acetate || ~ de **butyle** / butyl acetate || ~ de **calcium** / calcium acetate || ~ de **cellulose** / cellulose [tetr]acetate, acetyl cellulose || ~ de **chrome** / chromium acetate || ~ de **cuivre** / acetate of copper, crystallized verdigris (US) || ~ **cuivrique** / cupric acetate || ~ de **cyclohexanol** / cyclohexanol acetate || ~ de **désoxycorticostérone** / desoxycorticosterone acetate, DOCA || ~ d'**éthyle** / ethyl acetate || ~ de **fer** / acetate of iron || ~ **ferreux** (commerce) / black mordant, iron liquor o. mordant || ~ **ferreux** (chimie) / ferrous acetate || ~ **isoamylique** / isoamyl acetate, pear oil || ~ de **méthyle** / methyl acetate || ~ **neutre de plomb** / neutral o. normal lead acetate, lead sugar || ~ de **potassium** / potassium acetate || ~ de **sodium** / sodium acetate || ~ d'**uranyle** / uranyl acetate

acétification *f* / acetic o. acetous fermentation

acetimeter *m* / acetometer, acetimeter

acétine *f* / monacetin, glycerylmonoacetate
acétique / acetic
acéto-arsénite *m* de **cuivre** / Paris o. Vienna o. Schweinfurt green, emerald o. parrot green
aceto-arsenite *m* de **cuivre**, vert *m* de Paris / Paris green, copper arcetoarsenite
acéto·butyrate *m* de **cellulose** / cellulose acetobutyrate || ~**cellulose** *f* / acetyl cellulose, cellulose [tetr]acetate || ~**mètre** *m* / acetometer, acetimeter
acétone *f* / acetone, propanone, dimethylketone
acéto·nitrile *m* / acetonitrile || ~**phénone** *f* / acetophenone, phenylethanone
acétyle *m* / acetyl
acétylène *m* / acetylene, ethine, ethyne || ~**s** *m pl* / acetylenes *pl* || ~ *m* **dissous** / dissolved acetylene
acétyler (chimie) / acetylate
acétylure *m* / acetylide
achat *m* / purchase || ~ [de **courant**] (électr) / purchase of external o. outside current
acheminement *m* (ordonn) / job planning o. scheduling o. routing, operations scheduling, planning and lay-out || ~ de la **bande de papier** (typo) / paper guide || ~ à **contre-sens** (ch.de fer) / wrong-direction running || ~ du **courrier** / forwarding of letter mail, letter post service || ~ des **marchandises** / dispatching o. routing of goods, transportation of goods (GB), freightage (US) || ~ de **messages** (télécom) / message routing || ~ du **trafic** (télécom) / route control || ~ des **trains** / routing of trains || ~ **ultérieur** (ch.de fer) / reforwarding
acheminer (télécom, trains, marchandises) / route, direct || ~ un **appel** [vers] (télécom) / put through [on o. to], connect [with]
acheté / bought, outside, purchased
acheteur *m* (gén) / purchaser || ~ (industrie) / purchaser, buyer (US)
achevé / finished || ~ **clés [en main]** (bâtim) / all ready for occupation, turnkey... (US)
achèvement *m*, fin *f* / end[ing], finish[ing] || ~, accomplissement *m* / completion || ~ **intérieur ou des intérieurs** / completion of the interior || ~ des **travaux** / completion of works
achever / complete, implement, accomplish || ~, finir / finish *vt* || ~ la **construction** / complete, finish a construction || ~ l'**impression** (typo) / finish printing || ~ le **soufflage** / blow full
achromat *m* / achromatic objective o. lens
achromatique (théorie des couleurs) / achromatic, neutral || ~ (opt) / achromatic
achromatiser / achromatize
achromatisme *m* / achromatism || ~ **sphérique** / spherical achromatism
aciculaire, aciculé (sidérurgie) / acicular, aciculate
acide *adj*, aigre / acid, sour || ~ (géol) / acidic || ~ (chimie) / acid || ~ [à] / with an acid reaction, acid [to] || ~ (vin) / sour, sharp, harsh || ~ *m* (oppos: base) (chimie) / acid || ~ (sel de l'acide hydroazoïque) / azide, hydroazoate, trinitride || **à l'épreuve des ~s** / acid-fast, acidproof, acid-resisting || **d'~ gras** / fatty-acid... || **sans ~** / acid-free, free from acid, non-acid || ~ **α-aminobutirique** / 2-aminobutanoic acid || ~ **abiétique** / colophonic o. abietic acid || ~ pour **accumulateurs** / accumulator acid, electrolyte || ~ **acétique** / acetic acid, ethanoic acid || ~ **acétique aminé** / aminoacetic acid, glycocoll || ~ **acétique anhydre** / acetic anhydride || ~ **acétique cristallisable ou glacial ou pur** / crystallisable acetic acid, glacial o. pure acetic acid || ~ **acétique étendu d'eau** / aqueous acetic acid || ~ **acétoacétique ou acétylacétique** / aceto-acetic acid, diacetic acid || ~ **acétylsalicilique** / acetylsalicylic acid, aspirin || ~ **aconitique** / aconitic acid || ~ **acrylique** / acrylic acid || ~ **adipique** / adipic acid || ~ **alizarique** / benzene dicarboxylic acid, phthalic acid || ~ **aminé indispensable** / essential amino acid || ~ **aminobenzoïque** / aminobenzoic acid || ~ **aminoglutamique** / glutamic acid, glutaminic acid || ~ **amygdalique** / mandelic acid || ~ **angélique** / angelic acid || ~ **anthranilique** / anthranilic acid || ~ **arabique** / arabic acid, arabin, acacin[e] || ~ **arsénieux** / arsen[i]ous acid, H_3AsO_3 (ortho-isomer), $HAsO_2$ (meta-isomer) || ~ **arsénique** / arsenic acid || ~ **ascorbique** / ascorbic acid || ~ **aspartique** / aspartic acid || ~ **aurique** / gold hydroxide || ~ **azoteux** / nitrous acid || ~ **azothydrique** / azoimide, hydronitric acid || ~ **azotique** / nitric acid, azotic acid (US) || ~ **barbiturique** / barbituric acid || ~ de **Ben** / behenic acid || ~ **benzoïque** / benzoic acid, benzene carboxylic acid || ~ **biliaire** / bile acid || ~ **borique** / bor[ac]ic acid || ~ **bromhydrique** / hydrobromic acid || ~ **bromique** / bromic acid || ~ **butyrique** / butyric acid, butanoic acid || ~ **cachoutannique** / catechutannic acid || ~ **cacodylique** / cacodylic acid || ~ **camphorique** / camphoric acid || ~ **camphorique droit** / dextro-camphoric acid || ~ **camphorique gauche** / laevo-camphoric acid || ~ **caprique** / capric acid || ~ **caproïque** / caproic acid || ~ **carbamique** / carbamic acid || ~ **carbolique** / phen[yl]ic acid || ~ **carboxylique** / carboxylic acid || ~ de **Caro** (chimie) / peroxosulfuric acid, Caro's acid || ~ **carthaminique** / carthamine, carthaminic o. carthamic (US) acid || ~ **ca[té]chouique** / catechuic acid || ~ **cellulosique** / cellulosic acid || ~ **cérotique** / cerotic acid, cerin of bees-wax || ~ **cétonique** / ketonic acid || ~ des **chambres** / chamber acid (53°Bé) || ~ **chloracétique** / chlor[o]acetic acid || ~ **chloraurique** / acid gold trichloride, chlor[o]auric acid || ~ **chloreux** / chlorous acid || ~ **chlorhydrique** / hydrochloric acid, (formerly:) muriatic acid || ~ **chlorhydrique inhibé** (forage de pétrole) / inhibited hydrochloric acid || ~ **chlorique** / chloric(V) acid || ~ **chlorogénique** / chlorogenic acid || ~ **chloroplatineux** / chloroplatinous acid || ~ **chloroplatinique** / chloroplatinic acid || ~ **chloropropionique** / chlorpropionic acid || ~ **chlorostannique** / chlorostannic acid || ~ **cholique** / cholic acid || ~ **chromique** / chromic acid o. anhydride, chromium trioxide || ~ **chromosulfurique** / chromosulphuric acid || ~ **chrysophanique** / chrysophanic acid || ~ **cinnamique** / cinnamic acid || ~ **citraconique** / methylmaleic o. citraconic acid || ~ **citrique** / citric acid, 2-hydroxypropane-1,2,3-tricarboxylic acid || ~ **clupanadoique** / clupanadonic acid || ~ **concentré** / concentrated o. strong acid || ~ **contenant un atome d'oxygène en moins** / lower oxygen acid || ~ **coumarinique** / coumarinic acid || ~ **créosotique** / creosotic acid || ~ **crotonique** / crotonic acid || ~ de **cuve** / vat acid || ~ **cyanhydrique** / hydrocyanic acid, prussic acid, hydrogen cyanide || ~ **cyanique** / cyanic acid || ~ **cystéique** / cysteic acid || ~ à **densité élevée** (engin) / HDA, high density acid || ~ **désoxyribonucléique** / deoxyribonucleic acid, DNA || ~ **dextrotartrique** / dextrotartaric acid, dextroacid || ~ **diacétique** / acetoacetic acid, diacetic acid || ~ **diamino-2,6 caproïque** (chimie) / lysine || ~ **dichloracétique** /

dichloroacetic acid || ~ **dilué** / dilute acid || ~ **dilué à décaper** (sidérurgie) / dilute acid for scouring || ~ **disulfurique** / pyrosulfuric ester || ~ **dithionique** / hyposulphuric o. dithionic acid || ~ **dodécanoïque** / lauric acid || ~ **élaïdique** / elaidic acid || ~ **épuisé de décapage** (sidér) / pickling acid waste || ~ **érucique** / erucic acid || ~ **étalon** / standard acid || ~ **étendu** / dilute acid || ~ **éthylsulfurique** / ethylsulphuric acid || ~ **ferrocyanique** / ferrocyanic acid, ferroprussic acid || ~ **fluoborique** / fluoboric o. borofluoric acid, hydrofluoboric acid || ~ **fluorhydrique**, fluorure *m* dhydrogène / hydrofluoric acid, fluohydric acid || ~ **fluosilicique ou fluosilicohydrique** / hydrofluosilicic o. hydrosilicofluoric acid, fluosilicic o. silicofluoric acid || ~ **folinique** / folinic acid || ~ **folique** / folic acid || ~ **formique** / formic acid || ~ **fort** / strong acid || ~ des **fruits** / fruit acid || ~ **fulminique** / fulminic acid || ~ **fumarique** / fumaric acid || ~ **galacturonique** / galacturonic acid || ~ **gallique** / gallic acid || ~ **gallotannique** / tannin, [querci]tannic acid, gallotannic acid || ~ **gluconique** / gluconic o. glyconic acid || ~ **glucuronique** / glucuronic o. glycuronic acid || ~ **glutamique** / glutamic acid, glutaminic acid || ~ **glutarique** / glutaric acid || ~ **glycérique** / glyceric acid || ~ **glyoxylique** / glyoxylic o. -oxalic acid, formylformic acid, oxoethanoic acid || ~ **graphitique** / graphitic acid || ~ **gras** / fatty acid || ~ **gras d'huile de coton** / cotton seed fatty acid || ~ **gras de l'huile de lin** / linseed fatty acid || ~ **gras polyinsaturé** / polyethenoid fatty acid || ~ **gras synthétique** / synthetic fatty acid || ~ **H** / H-acid || ~ **hexavanadique** / hexavanadic acid || ~ **hippurique** / hippuric acid || ~ **humique** / humic o. ulmic acid || ~ **hydrargyro-fulminique** / acid of fulminate of mercury || ~ **hydrazoïque** / azoimide, hydronitric acid || ~ **hydrocyanique** / hydrocyanic acid, prussic acid, hydrogen cyanide || ~ **hydrofluoborique** / fluoboric o. borofluoric acid, hydrofluoboric acid || ~ **hydronitrique** / hydroazoic acid, hydrogen azide, azoimide || ~ **hydrosulfurique** / hydrosulfuric acid, hydrogen sulfide || ~ **hydrotellurique** / hydrotelluric acid || ~ **hydroxylique** / hydroxy acid, polyhydric acid || ~ **hydroxypropionique** / hydroxypropionic acid, lactic acid || ~ **hydroxysuccinique** / hydroxysuccinic acid, malic acid || ~ **[hy]perchlorique** / perchloric acid || ~ **[hy]periodique** / periodic acid || ~ **hypochloreux** / hypochlorous acid, chloric(I) acid || ~ **hypodiphosphorique** / hypo[di]phosphoric acid || ~ **hyponitreux** / hyponitrous acid || ~ **hypophosphoreux** / hypophosphorous acid || ~ **hyposulfureux** / hyposulphurous o. hydrosulfurous acid || ~ **hyposulfurique** / hyposulphuric o. dithionic acid || ~ **iodhydrique** / hydriodic acid || ~ **iodique** / iodic acid || ~ **isobutyrique** / isobutyric acid || ~ **isocyanique** / isocyanic acid || ~ **isophthalique** / isophthalic acid || ~ **isovalérianique** / isovaler[ian]ic acid || ~ **itaconique** / itaconic acid || ~ **lactique** / hydroxypropionic o. lactic acid || ~ **laurique** / lauric acid || ~ **lévotartrique** / laevotartaric acid || ~ **lévulique** / levulinic acid || ~ **linoléique** / linoleic acid || ~ **linolénique** / linolenic acid || ~ **locaonique** / locain, locao[nic acid], lokao || ~ **lupulique** / lupulic acid, lupulinic acid || ~ **lysergique** / lysergic acid || ~ **maléique** / maleic acid || ~ **malique** / hydroxysuccinic acid, malic acid || ~ **malonique** / malonic acid || ~ **mandélique** / mandelic acid || ~ **margarique** / margaric acid || ~ **mélissique** / melissic acid || ~ **melli[ti]que** / mellitic acid, mellic acid (US) || ~ **mésotartrique** / mesotartaric acid || ~ **mésoxalique** / mesoxalic acid || ~ **métaborique** / metaboric acid || ~ **métaphosphorique** / metaphosphoric acid || ~ **métastannique** / metastannic acid || ~ **méthacrylique** / methacrylic acid || ~ **méthylmaléique** / methylmaleic o. citraconic acid || ~ **méthylstannique** / methylstannic acid || ~ **mimotannique** / catechutannic acid || ~ **minéral** / mineral acid || ~ **molybdique** / molybdic acid || ~ **monocarboxylique** / monocarboxylic acid || ~ **monochloracétique** / monochloracetic acid || ~ **montanique** / montanic acid, nonacosanoic acid || ~ **moringatannique** / mori[n]tannic acid || ~ **mucique** / mucic acid || ~ **muconique** / muconic acid || ~ **muriatique** / hydrochloric acid, (formerly:) muriatic acid || ~ **myricique** / melissic acid || ~ **myristique** / myristic acid || ~ **naphtaline-sulfonique** / naphthalene sulfonic acid || ~ **naphténique** / naphthenic acid || ~ **naphtionique** / naphthionic acid, naphthylamine-sulfonic acid || ~ **nicotique** / nicotinic acid, niacin || ~ **niobique** / niobic acid || ~ **nitreux** / nitric(III) acid || ~ **nitrique** / nitric(V) acid, azotic acid (US) || **~s** *m pl* **nitriques** (terme collectif) / nitric acids *pl* || ~ *m* **nitrique fumant** / fuming nitric acid || ~ **nitrique fumant rouge** / inhibited red fuming nitric acid, IRFNA || ~ **nitrobenzoïque** / nitrobenzoic acid || ~ **nitrosulfurique** / nitrosulphuric acid || ~ **nitrosylsulfurique** / nitrosylsulphuric acid || ~ **nonacosanoïque** / montanic acid, nonacosanoic acid || ~ **nonylique** / pelargonic acid || ~ **nucléique** / nucleic acid || ~ **nucléique de levure** / yeast nucleic acid || ~ **octylique** / caprylic acid || ~ **oléique** / oleic acid, 9-octadecenoic acid || ~ **organique** / organic acid || ~ **ortho** / ortho acid || ~ **orthophosphorique** / orthophosphoric acid || ~ **oxalique** / oxalic acid, ethanedioic acid || ~ **oxygéné** / oxo-acid || ~ **palmitique** / palmitic o. hexadecanoic acid, cetylic acid || ~ **palmito-oléique** / palmitoleic acid || ~ **pantothénique** / pantothenic acid || ~ **para-amino-salicylique** / para-aminosalicylic acid, PAS || ~ **paracamphorique** / paracamphoric acid || ~ **paralactique** / paralactic acid || ~ **pectique** / pectic acid || ~ **pélargonique** / pelargonic acid || ~ **pentathionique** / pentathionic acid || ~ **perborique** / perboric acid || ~ **percarbonique** / percarbonic acid || ~ **perchlorique** / perchloric acid || ~ **perchromique** / perchromic acid || ~ **performique** / performic acid || ~ **periodique** / periodic acid || ~ **permanganique** / permanganic acid || ~ **peroxocarbonique** / peroxocarbonic acid || ~ **peroxosulfurique** (chimie) / peroxosulfuric acid || ~ **persulfurique** / persulfuric acid || ~ **phénique** / carbolic acid, hydroxybenzene, phenol || ~ **phénolsulfonique** / phenolsulphonic acid || ~ **phénolsulfurique** / penolsulphuric acid || ~ **phénylacétique** / phenylacetic acid || ~ **phénylglycolique** / mandelic acid || ~ **phosphoreux** / phosphorous acid || ~ **phosphorique** / [ortho]phosphoric acid || ~ **phosphotungstique** / phosphotungstic acid || ~ **phtalique** / phthalic acid, benzene-1,2-dicarboxylic acid || ~ **phytique** / phytic acid || ~ **picramique** / picramic acid || ~ **picrique** / picric o. picronitric o. nitroxanthic acid, carbazotic acid, trinitrophenol || ~ **pimélique** / pimelic acid || ~ **platichlorhydrique** / platinic chloride || ~ **polyacrylique** / polyacrylic acid || ~

polyméthacrylique / polymethacrylic acid || ~ **polyphosphorique** / polyphosporic acid || ~ **polythionique** / polythionic acid || ~ **propénoïque** / acrylic acid || ~ **propiolique ou propynoïque** / propiolic acid, propine o. propargylic acid || ~ **propionique ou propanoïque** / propionic acid, propanoic acid || ~ **protocatéchique** / protocatechuic acid || ~ **prussique** / hydrocyanic acid, prussic acid, hydrogen cyanide || ~ **ptéroylglutamique** / folic acid || ~ **pyrogallique** / pyrogallol, pyro, pyrogallic acid || ~ **pyroligneux** / pyroligneous acid o. vinegar || ~ **pyrophosphorique** / pyrophosphoric acid || ~ **pyrosulfurique** / pyrosulphuric acid || ~ **pyruvique** / pyruvic acid || ~ **[querci]tannique** / gallic acid || ~ **R** (teint) / R-acid || ~ **récupéré** / residuary acid, waste acid || ~ de **référence** / standard acid, test acid || ~ de **remplissage** (accu) / electrolyte, accumulator acid || ~ **résiduaire** / residuary acid, waste acid || ~ **résinique** / resin[ic] acid, rosin o. gum acid || ~ **ribonucléique** / ribonucleic acid || ~ **ribonucléique messager** / messenger ribonucleic acid, mRNA || ~ **ricinol[é]ique** / ricinoleic acid || ~ **ricinolsulfurique** / ricinolsulfuric acid || ~ **rosolique** / coaltar acid, rosolic acid || ~ **S** (teint) / S-acid || ~ **saccharique** / saccharic acid || ~ **salicylique** / salicylic acid, 2-hydroxybenzene-carboxylic acid || ~ **sarcolique** / paralactic acid || ~ **sébacique** / sebacic acid || ~ **sélénieux** / selenious acid || ~ **sélénique** / selenic acid || ~ **silicique** / silicic acid || ~ **silicofluorhydrique** / hydrofluosilicic o. hydrosilicofluoric acid, fluosilicic o. silicofluoric acid || ~ **sorbique** / sorbic acid || ~ **stannique** / stannic acid || ~ **stéarique** / stearic acid, octadecanoic acid || ~ **stéarol[é]ique** / stearolic acid, octadecynoic acid || ~ **subérique** / suberic acid || ~ **succinique** / succinic acid || ~ **sulfamique** / sulphamic acid || ~ **sulfanilique** / sulphanilic acid, anilinesulphonic acid || ~ **sulfhydrique** / hydrosulphuric acid, hydrogen sulphide || ~ **sulfocarbolique** / sulphocarbolic acid, p-phenolsulphonic acid || ~ **sulfocarbonique** / sulphocarbonic acid || ~ **sulfocyanique** / sulphocyanic o. thiocyanic acid || ~ **sulfonique** / sulphonic acid || ~ **sulfosalicylique** / sulphosalicylic acid, 3-carboxy-4-hydroxybenzene-sulphonic acid || ~ **sulfovinique** / ethylsulphuric acid || ~ **sulfoxylique** / sulphoxylic acid || ~ **sulfureux** / sulphurous acid || ~ **sulfureux à la fuchsine** / Schiff's reagent || ~ **sulfurique** / sulphuric acid, [brown] oil of vitriol (US), BoV (US) || ~ **sulfurique concentré par évaporation** / concentrated sulphuric acid || ~ **sulfurique de contact** (chimie) / contact acid || ~ **sulfurique fumant** / fuming o. Nordhausen sulphuric acid, oleum || ~ **sulfurique fumant de haute concentration** / fuming sulphuric acid of high strength forming a crystalline solid || ~ **sulfurique [mono]hydraté** / hydrated sulphuric acid || ~ **sulfurique non fumant** / non-fuming sulphuric acid || ~ **tampon** (chimie) / buffer acid || ~ **tantalique** / tantalic acid || ~ **tantalique anhydre** / tantalum (V) oxide || ~ **tartrique** (chimie) / tartaric acid, 2,3-dihydroxy-butanedioic acid || ~ **tellureux** / tellurous acid || ~ **tellurhydrique** / hydrotelluric acid || ~ **tellurique** / telluric acid || ~ **téréphtalique** / terephthalic acid || ~ **tétraborique** / tetraboric acid || ~ **thiocarbonique** / sulphocarbonic acid || ~ **thiocyanique** / sulphocyanic o. thiocyanic acid || ~ **thioglycolique** / thioglycol[l]ic acid || ~ **thiosulfurique** / thiosulphuric acid || ~ **tiglique** / tiglic acid || ~ **titanique ou de titane** / titanic acid || ~ de **titrage** / titrating acid || ~ **tropinique** / tropinic acid || ~ **tropique** / dl-tropic acid, α-phenylhydracrylic acid || ~ **tungstique** / tungstic acid o. oxide, tungsten(IV) oxide, wolframic acid || ~ **ulmique** / ulmic acid, humic acid || ~ **uranique** / uranic acid || ~ **urique** / uric acid || ~ à **valence 1** / primary acid || ~ **valéri[ani]que** / valeric acid || ~ **vanadique** / vanadic acid || ~ **xanth[ogén]ique** / xanth[ogen]ic acid

acideuse *f* (tex) / acidifing beck, sourer, acidifier || ~ d'**imprégnation au large** (tex) / acidifier for fabrics in open width, beck for acidifying in open width

acidifère / acidic

acidifiable / acidifiable

acidifiant / acid forming

acidificateur *m* / acid former, acidifier

acidification *f* / acidification || ~ des **puits** (pétrole) / deep well acidizing

acidifié (chem) / acidified || ~ (tex) / soured

acidifier (chimie) / acidify, acidulate || **[s']**~ / sour, make o. become sour o. acid || ~ (tex) / sour

acidimètre *m* / acidimeter

acidimétrie *f* / acidimetry, acid determination

acidité *f* / [degree of] acidity || ~ du **jus** (sucre) / acidity of the juice || ~ au **méthylorange/TAF** (= titre en acides forts) / equivalent mineral acidity || ~ à la **phénolphtaléine** / total acidity || ~ de **vin** / acidity of wine

acidolyse *f* / acid hydrolysis, acidolysis

acidule, -dulé / acescent, acidulous, slightly sour, sourish, tartish

acidulé (tex) / soured

aciduler / acidify, acidulate

acier *m* / steel || **d'**~ / made of steel, steely, steel... || ~ **acide** / acid steel || ~ **ADX** / commercial quality constructional steel || ~ **affiné** (gén) / refined steel || ~ **affiné au vent** / air-refined steel || ~ pour **aimants** / magnet steel || ~ **allié** / alloyed steel || ~ d'**amélioration** / quenched and subsequently drawn steel || ~ à **arbres** / shaft steel || ~ d'**armatures** voir acier à béton || ~ **austénitique** / austenitic steel || ~ **austénitique au manganèse** / austenitic o. Hadfield's manganese steel || ~ **autopatinable** / steel resistant to atmospheric corrosion || ~ **autotrempant** / air hardening steel || ~ en **barres** / hot rolled bar, merchant bar, (collective term:) [steel] bars, [steel] rods *pl*, bar stock || ~ en **barres façonné en L** / angle steel || ~ en **barres pour ressorts** / spring steel bar || ~ à **bas carbone ou de basse teneur en carbone** / low carbon steel || ~ **basique** / basic steel || ~ pour **basses températures** / low temperature steel || ~ **Bessemer** / Bessemer steel || ~ **Bessemer soumis au traitement acide** / acid Bessemer steel || ~ à **béton [armé]** / reinforcing steel, reinforced concrete rounds || ~ pour **béton précontraint** / steel for prestressed concrete, prestressing wire || ~ de **béton torsadé** / twisted reinforcing steel || ~ à **billes** / steel for ball bearing balls || ~ **blanc** / bright steel || ~ de **blindage** / armour steel || ~ au **bore** / boron steel, boralloy || ~ à **boudin** / bulb rail o. steel || ~ pour **boulonnerie** / screw steel, steel for screws || ~ pour **broches** / spindle steel || ~ **brut** / raw steel || ~ **brut de forge** / crude forging steel || ~ **calibré** / bright steel || ~ **calmé** / dead o. [fully] killed steel, solid steel || ~ au **carbone** / carbon steel || ~ au **carbone pur** / straight carbon steel || ~ **carburé** / converted steel || ~ **carré** / square bar steel || ~ **cémenté ou de cémentation** / blister steel, cemented steel, converted steel || ~ à **chaînes** / chain steel || ~ **chromé** / chrome steel || ~ au **chrome-molybdène** / chromium o. chrome molybdenum steel || ~ **chrome-nickel ou chromé-nickelé** / chromium-nickel steel || ~ au **chrome-nickel résistant à la corrosion** / corrosion-resistant chromium-nickel steel || ~ au **chrome-tungstène** / chrome tungsten steel || ~ au **chrome-vanadium** / chrome vanadium steel || ~ **clair** (ISO) / bright steel || ~ pour **clavettes** / key bar || ~ **coiffé** / capped steel || ~ **commercial ordinaire** / ordinary low carbon steel, tonnage steel || ~ **composite** / composite o. compound steel || ~ de **construction** / structural steel, constructional steel || ~ de **construction allié** / structural alloy steel || ~ de **construction au carbone** / high-carbon structural steel || ~ pour la **construction navale** / shipbuilding steel || ~ de **construction à résistance elevée ou à haute résistance** / high-quality structural steel || ~ de **construction spécial** / special structural steel || ~s *m pl* de **construction d'usage général** / general purpose constructional steels *pl* || ~ *m* pour **constructions mécaniques** / engineering steel, machinery steel || ~ de **convertisseur** / basic oxygen furnace steel, converter steel || ~ à **cornière** / angle steel || ~ **corroyé** / refined o. shear steel || ~ du type **Cor-Ten** / a type of steel resistant to atmospheric corrosion || ~ **coulé malléable** / malleable cast steel || ~ à **coupe extra-rapide au cobalt** / cobalt high speed steel || ~ [à **coupe**] **rapide** / high-speed steel, rapid machining steel || ~ à **coupe très rapide** / super-speed steel || ~ de **coutellerie** / knife steel || ~ au **creuset** / crucible [cast] steel || ~ au **creuset produit par chauffage inductif** / crucible steel produced by induction heating || ~ **creux pour outils** / steel for fluting tool || ~ au **cuivre** / copper bearing steel || ~**-cuivre** *m* (électr) / copper covered o. clad steel || ~ de **décolletage** / free cutting steel, machining steel (US) || ~ **demi-rond aplati** / half-oval steel || ~ **dentelé à béton** / indented bar || ~ **doux** / low carbon steel, soft steel || ~ **duplex** / compound steel || ~ **dur** / high-carbon steel || ~ **écroui** / strain-hardened steel || ~ **effervescent** / effervescent steel, rimming o. rising steel, unkilled steel || ~ **électrique** / electric steel o. metal, electrosteel || ~ à **enveloppe de cuivre** (électr) / copper covered o. clad steel || ~ pour **estampage à chaud** / hot pressing steel || ~ **étiré poli blanc** / silver steel (GB), Stub's steel (US) || ~ **eutectique** / eutectic steel || ~ pour **extrusion à froid** / cold extruding steel || ~ **faiblement allié** / national emergency steel, NE steel || ~ à **ferrite delta** / delta ferrite steel || ~ **ferritique** / ferritic steel || ~ **feuillard** / steel strip o. hoop, strips *pl*, hoops *pl* || ~ **feuillard pour ressorts** / steel strip for springs || ~ **fin** / high-grade steel || ~ pour **fleurets** (mines) / drill steel || ~ **fondu [au creuset]** / crucible [cast] steel || ~ pour **forets creux** (mines) / hollow core drill steel || ~ de **forge** / forge[d] o. wrought steel || ~ **fritté** / sintered steel || ~ à **grain fin** / fine-grained steel, close-grained steel || ~ à **gros grain** / coarse-grained steel || ~ de **grosse production** / ordinary low carbon steel, tonnage steel || ~ à **haute limite élastique** / high-yield point steel || ~ **haute qualité** / high-quality steel || ~ à **haute teneur en carbone** / high-carbon steel || ~ **H.P.N.** / HPN-steel || ~ **H.S.L.A.** / high strength low alloy steel, HSLA steel || ~ pour **huisseries** / sash and casement sections *pl*, window framing steel || ~ d'**hydrogénation** / hydrogenation steel || ~ **inox[ydable]** / stainless steel || ~ **inoxydable au chrome** / stainless chromium steel || ~ **inoxydable à ressorts** / spring stainless steel || ~ **inoxydable terné** / terne-coated stainless steel || ~ pour **lames de ressort** / spring steel plate || ~ **laminé** / rolled steel || ~ **laminé marchand** / hot rolled bar, merchant bar, (collective terms:) [steel] bars, [steel] rods *pl*, bar stock || ~ à **lime[s]** / file steel || ~ au **manganèse** / [austenitic o. Hadfield's] manganese steel || ~ au **manganèse moulé** (le produit) / manganese steel casting || ~ **maraging** (sidér) / maraging steel || ~ **marchand** / commercial quality steel || ~ **marchand en barres** / merchant bar || ~ **Martin** / open-hearth steel || ~ **Martin acide** / acid open hearth steel || ~ **Martin basique** / basic open-hearth steel || ~ à **matrices** / die steel || ~ au **molybdène** / molybdenum steel, moly-steel || ~ **moulé** (produit) / steel casting || ~ **moulé** (matière) / cast steel || ~ **moulé électrique** / electric steel casting || ~ **moulé soudable** / mild cast steel, welding cast steel || ~ **nichrotherme** / nichrotherm steel || ~ au **nickel** / nickel steel || ~ au **nickel cémenté** / case-hardened nickel steel || ~ au **nickel-chrome** / chromium-nickel steel || ~ pour **nitruration** / nitriding steel || ~ **nitruré** / nitrided steel || ~ **non calmé** / rimming steel, rising o. unkilled steel, effervescent steel || ~ à **noyau tendre** / soft-center steel || ~ **octogonal** / octagon stock o. bars, octagons *pl* || ~ à **outils** / tool steel || ~ à l'**oxygène** / oxygen steel, basic oxygen steel || ~ pour **perforatrice au rocher** / mining drill steel || ~ **phosphoreux** / phosphor-steel || ~ **plat étiré** [à froid] / bright flat steel || ~s *m pl* **plats** / flat [bar] steel || ~ *m* **procédé acide** / acid steel || ~ du **procédé direct** / direct process steel || ~ **produit au four électrique [à induction] H.F.** / electric steel o. metal, electrosteel || ~ **profilé** / section[al] steel o. bar, structural shape || ~ **profilé pour construction [métallique]** / concrete reinforcing steel bars *pl* || ~ **profilé en croix** / cross-section bar o. steel || ~ **puddlé** / puddled steel || ~ pour **rails** / rail steel || ~ **rapide** (sidér) / high-speed steel, rapid machining steel || ~ **renforcé aux fibres de tungstène** / tungsten fiber reinforced steel || ~ à **résistance élevée** / high-tensile steel, H.T.S., high-strength steel || ~ à **résistance moyenne** / medium strength steel || ~ **résistant aux acides** / acidproof steel || ~ **résistant au fluage à température élevée** / creep resistant steel || ~ à **ressorts** / spring steel || ~ **riche en carbone** / high-carbon steel || ~ pour **rivets** / rivet iron o. steel o. stock || ~ **rond blanc** / bright round steel || ~ **semi-calmé** (sidér) / open steel, semi-killed o. -rimming steel, balanced steel || ~ **Siemens-Martin** / open-hearth steel || ~ au **silicium** / silicon steel || ~ au **silicomanganèse** / silico-manganese steel || ~ **[soufflé] à l'oxygène** / oxygen steel, basic oxygen steel || ~ pour **soutènement** / colliery arches *pl* || ~ **spécial** / special steel || ~ **spécial allié ou à alliage** / alloyed special steel || ~ **suédois** / Swedish steel || ~ **[sur]fin** / special steel || ~ à **T** / tee-sections, tees *pl* || ~ à **T à large semelle** / broad- o.wide-flanged T-bar o. -steel || ~ à 0.005 % **teneur en carbone** / zero-carbon steel || ~ **Thomas** / basic Bessemer o. converter steel, Thomas steel (GB) || ~ à **tiers-point** (lam) / triangular section steel || ~ **TOR** (bâtim) / TORSTAHL, TOR-steel, reinforcing steel || ~ **TOR à verrou** (bâtim) / ribbed reinforcing steel || ~ **torsadé** (bâtim) / twisted [reinforcement] steel || ~ **torsadé à bourrelet** (sidér) / twisted [reinforcement] bulb steel || ~ de **traitement** / quenched and subsequently drawn steel, (material:) steel for hardening and tempering, heat treatable steel || ~ pour **travail à chaud** / hot-work steel || ~ pour **travail à froid** / cold work steel || ~ **trempant à l'air** / air hardening steel || ~ **trempant à l'huile** / oil hardening steel || ~ de **trempe à l'eau** / water hardening steel || ~ à **trempe secondaire martensitique** (sidér) / maraging steel || ~ pour **trépans** (mines) / drill steel || ~ **triplex** / two-sided clad steel || ~ **trop carburé** / supercarburized steel || ~ au **tungstène** / tungsten steel || ~ en **U** / channel, U-section || ~ à **U en barres** / channel bar || ~ **UGINOX** / a type of stainless steel || ~ **universel** / wide flat [steel], universal [mill] plate, universals || ~**s** d'**usage général** *m pl* / general purpose steels *pl* || ~ *m* **V2A** / V2A-steel (a chromium-nickel steel) || ~ au **vanadium** / vanadium steel || ~ sous **vide** / vacuum steel

aciérage *m* de **plaques de cuivre** / acierage of copper plates

aciération *f* / acieration

aciérer / steel-face, steelify, steel

aciéreux / steel-like, steely

aciérie *f* / steel works, steel making plant, (also:) steel melting shop || ~ [de **conversion] à l'oxygène** / oxygen converter steel plant || ~ **électrique** / electric steel plant || ~ **Martin** / open-hearth plant, O.H. plant || ~ [de **moulage]** / steel foundry || ~ **Thomas** / basic steelworks

aciériste *m* / steel maker

aclinique (géogr) / aclinic, aclinal

aconitine *f* (chimie) / aconitine

à-côté *m* / secondary o. side effect o. action

à-coup *m* / jerk, jolt, bump || **par** ~**s** / by jerks and jolts, jerkily, by fits and starts || **sans** ~**s** / smooth, vibrationless || **sans** ~**s** (démarrage) / without jerks, smooth[ly] || ~ de **charge réactive** (électr) / blind load impulse || ~ de **courant** (électr) / rush of current, line transient, surge || ~ de **courant de commutation** / switching surge || ~ de **courant direct** (semicond) / surge forward current || ~ de **remplissage** (freins) / filling stroke of air brakes

acoustique *adj* / acoustic[al] || ~ *f* (science) / acoustic *sg* || ~ (bâtiment) / acoustics *pl*, audition || ~ **architecturale** / architectural acoustics || ~ **moléculaire** (phys) / molecular acoustics

acousto-optique / acousto-optical

acquéreur *m* / purchaser, buyer

acquisition *f* (ELF) (espace) / acquisition || ~ de **but** (mil) / target acquisition

acre *m* (Québec) / acre (a surface measure of 4840 squ.yards)

âcre / acrid (taste), pungent, sharp, acid (smell), sour

âcreté *f* / acidity, acidness, tartness, sour

acridine *f* / acridin[e]

acrobatie *f* **aérienne** / trick o. stunt flying, stunts, acrobatics [of aviation], aerobatics

acroléine *f* / acrolein[e], acrylaldehyde

acronyme *m* / acronym

acrylate *m* / acrylate

acrylique / acrylic

acrylnitrile *m* / acryl[o]nitrile, pentenenitrile

acte *m* (droit) / document || ~ **manqué** / slip

A.C.T.H., hormone *f* corticotrope / corticotropin, adreno-corticotropic hormone, ACTH

actif / active, acting || ~, fonctionnel / functional, active || ~ **anionique** *adj* (chimie) / anionic-active || ~ **cationique** (chimie) / cationic-active

actinides *m pl* (chimie) / actinides *pl*

actinique / actinic

actinisme *m* / actinism, actinity

actinium *m* (chimie) / actinium

actino... / actino...

actino·mètre *m* (phot) / exposure meter || ~**mètre** *m* (phys) / actinometer || ~**métrie** *f* (phys) / actinometry || ~**mycètes** *m pl*, (sing:) actinomyces / actinomycetes *pl*

actinon *m* / actinium emanation, Ac Em, actinon

actinote *f* (min) / radiated schorl, actinolite

actino-uranium *m* / actino-uranium

action *f*, activité *f* / activity, action || ~, fonctionnement *m* / working, operation || **à** ~ **continue** / continuous[ly working] || **à** ~ **demi-retardée** (fusible) / semi time-lag || **à** ~ **par dérivation** (instr) / derivative, differentiating || **à** ~ **directe** (m.à vap) / direct action || **à** ~ **discontinue** (contr.aut) / discontinuous action... || **à** ~ **égale** / equally acting || **à** ~ **instantanée** / instantaneous, rapid || **à** ~ **par intégration** (instr) / integrating || **à** ~ **lente** / slow-speed... || **à** ~ **négative sur le milieu** / harmful to the environment || **à** ~ **progressive** (contr.aut) / with progressive action, with continuous action || **à** ~ **réductrice** / reducing || **à** ~ **retardée** (fusible) / delay-action..., time-lag... || **à** ~ **retardée** (relais) / time-delay... || **être en** ~ / be at work || **sous l'**~ **d'un ressort** / spring-weighed o. -loaded || ~ d'**appeler l'opératrice** (télécom) / operator recall || ~ d'**arrondir** (math) / round-off || ~**s** *f pl* d'**assemblage** (m outils) / assembling work || ~ *f* sur le **bouton-poussoir** / pressing down the press-button || ~ en **brevet** / patent suit || ~ de **brûler** / combustion, burning || ~ de **chasser** (auto) / skid, side slip || ~ **combinée des pièces d'un mécanisme** / interlock || ~ de **compléter** / complement || ~ **composée** (contr.aut) / multiple action || ~ de **construire** / engineering, designing || ~ de **contact** (chimie) / contact action || ~ **corrective** (contr.aut) / corrective action || ~ **corrodante** / corrosive action o. effect || ~ de **couvrir** / coating, covering || ~ de **dépouiller**, épluchette *f* (Canada) (maïs) / husking || ~ de **dépouiller en alésant** / back-drilling, backing-off boring || ~ par **dérivation**, action *f* dérivée (contr.aut) / derivative o. derivation action || ~ de la **dérivation seconde** (contr.aut) / second derivative action || ~ à **distance** / distant effect || ~ d'**écran** (électr) / screening, radio-shielding || ~ **et réaction** / action and reaction || ~ d'**éviter** / avoidance || ~ de **faire son charbon** / coaling || ~ de **faire de l'eau** (ch.de fer, nav) / watering || ~ de **faire passer au tarare** (agr) / seed cleaning || ~ de **faire le plein** / refuel[l]ing || ~ de **faire revenir le fil** (filage) / retracting the yarn || ~ de **faire le vide** / evacuation || ~ de **freinage** / braking effect || ~ **glaciaire** / glacial action || ~ d'**indexer la tourelle** / turret indexing mechanism || ~ par **intégration** (contr.aut) / integral action || ~ **laser** / laser activity o. action, lasing || ~ de **lever** / lifting || ~ de la **lumière** / action of light || ~ de **masse** / mass action || ~ de **mater un joint** (soudage) / ca[u]lking || ~ **mol[écul]aire** / molecular action || ~ à **niveaux multiples** (contr.aut) / multilevel action || ~ en **opposition** (p.e. dévoltage) / bucking || ~ **optique** / optic performance || ~ sur **parcelles limitrophes** (essai agricole) / adjacent effect || ~ de **peindre les joints** (bâtim) / pencilling || ~ **permanente** (contr.aut) / permanent action || ~ **photochimique** / photochemic[al] activity || ~ des **pointes** (électr) / point effect o. action || ~ de **prémélange** / premixing || ~ de se **procurer** / procurement || ~ en **profondeur** (biol) / depth action, translaminar effect || ~ de **ramener à zéro** (chronographe) / flyback action || ~ **réciproque** / interaction, mutual reaction, reciprocal action o. effect || ~ **réciproque gauche** / skew interaction || ~ de **réduire en pâte** (pap) / development of fibres, defibration, pulping || ~ **refroidissante** / cooling o. refrigerating effect o. action || ~ de **rendre étanche à l'immersion** (électr) / making watertight || ~ de **rendre méplat le temps de propagation** (électron) / response delay flattening || ~ **résiduelle** / residual effect || ~ de **rester à l'écoute** (télécom) / clamp-on || ~ de **retracer une ligne** / retracing of a line || ~ de **saisir** / grip, grasp || ~ **secondaire** / secondary o. side effect o. action || ~**s** *f pl* de **séparation** (m outils) / severing operation || ~ *f* **soufflante** / blowing action || ~ à **trois paliers par plus ou moins** (contr.aut) / positive-negative three-level action || ~ **tunnel** (électron) / tunnel action || ~ du **vent** / wind load

actionnariat *m* **populaire** (participation ouvrière) / formation of wealth

actionné, mû / driven, operated || ~ par **air comprimé** / driven by compressed air, pneumatically operated || ~ par **courroie** / belt driven || ~ à l'**électricité** / electric[ally] driven o. operated || ~ par **énergie nucléaire** / atomic powered || ~ par **machine** / machine [driven] || ~ à la **main** / hand driven || ~ **mécaniquement** / mechanically operated || ~ par un **mécanisme** / machine driven || ~ par **moteur** / power driven o. operated, powered, motorized || ~ par **poussoir** / tappet actuated || ~ par la **pression** / pressure controlled || ~ par le **train** (ch.de fer) / train-actuated

actionnement *m* / operation, control || ~ (relais) / pick-up || **à ~ électromoteur** / electric[ally] driven o. operated || **à ~ forcé** / forcibly actuated || **à ~ retardé** (relais) / time-delay || ~ par **air comprimé** / compressed-air drive, pneumatic drive || ~ des **freins** / brake application o. operation || ~ d'une **machine** / working of a machine || ~ par **source d'énergie extérieure** / power operation

actionner / activate, set working, put into action o. motion o. in gear o. to work || ~ (relais) / attract || ~ à **cliquet** / pawl *vt* || ~ par **énergie nucléaire** / nuclear-drive *vt* || ~ le **frein** / brake *vt*, set o. apply o. put on o. pull the brake || ~ le **kick [starter]** (mot) / kick *vt* || ~ des **machines** / run o. operate machines || ~ d'un **mouvement alternatif** / reciprocate, move to and fro, move back and forth || ~ les **soufflets** (sidérurgie) / blow up the blast

actionneur *m* / actuating gear, operating gear || ~ (électr) / electromagnet, solenoid (US) || ~ (contr.aut) / acting element || ~ (électron) / actuator

activant *m* / activator || ~ le **frittage** / sinter-activating

activateur *m* (gén, mines) / activator || ~, coenzyme (chimie) / activation agent, activator, coenzyme || ~ (mines) / activator || ~ (substance lumineuse) / activator || ~ (semi-cond) / F-center || ~ (teint) / carrier

activation *f* (gén, chimie) / activation || ~, stimulation *f* / incitation, stimulation, spin-off (US) || ~ (ELF), utilisation *f* / activation, utilization || ~ des **boues** / activation of sludge, bioaeration || ~ de **cathodes** (électron) / activation of thermionic cathodes || ~ **nucléaire** / nuclear excitation || ~ du **Skylab** / skylab activation

activé / activated || ~ par **chaleur solaire** / solar

activer / expedite, promote, advance, quicken || ~ (ouvrage) / accelerate, expedite, hasten || ~ (flottation) / activate || ~ (accu) / form

activimètre *m* (nucl) / activity meter

activité *f*, efficacité *f* / activity || ~ (techn) / running, operation || ~ (chimie) / power, strength || **en** ~ (haut fourneau) / furnace in blast, furnace blown-in || ~ de **construction** / building activities *pl* || ~**s** *f pl* de **construire et projeter** / engineering, designing || ~ *f* du **cristal** (ultrasons) / crystal activity || ~ **extérieure ou à l'extérieur** / outdoor job || ~ **extravéhiculaire** (espace) / extravehicular activity, EVA || ~ **fictive** (PERT) / dummy activity || ~ de **frittage** (mét.poudre) / sintering activity || ~**s** *f pl* **intellectuelles** (brevet) / mental activities *pl* || ~ *f* **inventive** / inventive activity || ~ du **laser** / laser activity, lasing || ~ **linéaire** (nucl) / linear activity || ~ **manuelle** / manual labour || ~ **massique** (nucl) / specific activity || ~ **n'exigeant pas de temps** (PERT) / zero-time activity || ~ **non sédentaire** / outdoor job || ~ **optique** / optical activity || ~ **professionnelle** / professional activity || ~ **résiduelle** (nucl) / residual activity || ~ **sans dépenses** (PERT) / zero-cost activity || ~ **spécifique** (déconseillé) (nucl) / specific activity || ~ de **surface** (chimie) / surface activity || ~ **surfacique** (nucl) / surface activity || ~ de **tannage** / tanning action || ~ **volumique** (nucl) / activity concentration

actuaire *m* (assurances) / actuary

actualiser (ord) / update

actualités *f pl* (radio) / newscast

acuité *f* (m.outils) / sharpness || ~ d'**accord** / sharpness of tuning || ~ **auditive** / auditory acuity || ~ de **direction** (électron) / sharpness of directivity || ~ de l'**entaille** (essai de mat.) / notch acuity || ~ **gustative** / sensitivity of taste || ~ de l'**image en profondeur** (phot) / definition of the image, picture definition, focus (US) || ~ de **résonance** / sharpness of resonance || ~ de **résonance** (contr.aut) / resonance ratio o. sharpness || ~ d'un **son** / [painful] pitch of a sound || ~ **visuelle** / power of vision, visual acuity || ~ **visuelle de l'œil nu** / visual performance || ~ **visuelle proche** / near visual acuity

acutangle (triangle) / acute

acutangulaire, -angulé / sharp-cornered

acyclique / acyclic || ~ (chimie) / aliphatic, acyclic

acyle *m* / acid radical, acyl group

adac *m* (ELF), A.D.A.C. (aéro) / short take-off and landing plane, STOL plane

adacport *m* (ELF) / stolport

adamantin / adamantine || ~ (crist) / adamantine

adaptabilité *f* / accommodating power, adaptability || ~ **fonctionnelle d'un système** / dependability of a system (DIN 40042)

adaptable / adaptable, adaptive || ~, à usages multiples / flexible, versatile

adaptateur *m* / conversion unit, adapter || ~ [sur] (phot, espace) / adapter, adaptor || ~ (opt) / attachment || ~ (électr) / socket adapter || ~ d'**accostage** / docking adapter || ~ d'**accostage multiple** (espace) / multiple docking adapter, MDA || ~ **bi-courbe** (ord) / dual-trace adapter || ~ du **canal de données** / data channel adapter || ~ à **carré mâle avec entraînement hexagone mâle** / square drive extension hexagon insert || ~ **cinématographique** (microsc.) / cine adapter || ~ **entrée-sortie** (ord) / terminal adapter || ~ d'**essai** / test adapter || ~ de **guide d'ondes** / waveguide-to-coax adapter || ~ à **hexagone femelle avec entraînement hexagone mâle** / hexagon drive extension for hexagon insert bits || ~ d'**impédance** / impedance corrector || ~ de **ligne** (ord) / transmission terminal, line adapter [set] || ~ **multicanal** (ord) / parallel data adapter || ~ **panoramique** (phot) / panoramic adapter || ~ de **phase** (ELF) (électr) / phase adapter || ~ **phono** (électron) / phono adapter || ~ à **prismes** / prism

attachment || ~ de **section** (guide d'ondes) / taper, transition piece || ~ **synchrone de données** (ord) / synchronous communication o. data adapter || ~ **U.H.F.** (électron) / UHF-converter
adaptatif (ord) / adaptive, trainable
adaptation *f* / adaptation, adaption || ~ (phot; bricoleur) / attachment || ~ (TV) / arrangement of a play, adaptation || ~ (ordonn) / break-in || ~ d'**antenne** / antenna matching || ~ **automatique de lumière ambiante** / automatic room light adaptation || ~ à **bruit minimum** / noise matching || ~ **chromatique** / change of chromatic adaptation || ~ **delta** (antenne) / delta matching || ~ d'**impédance** / impedance matching || ~ de l'**impédance acoustique** / acoustical impedance matching || ~ d'**interface** / interface adaptation || ~ à la **lumière** / bright adaptation || ~ **naturelle** / inherent regulation, self-recovering || ~ à l'**obscurité** / dark adaptation || ~ au **point de vue code** (ord) / adaptation of the code system || ~ de **résonance** / resonance matching || ~ à la **sortie** (ord) / output matching || ~ à l'**usinage** / processibility, processability
adapté / adapted || ~, proportionné / measured || ~ à la **forme** / shaped || ~ à une **forme** / true to form || ~ à la **lumière** / light-adapted || ~ à la **matière mise en œuvre** / appropriate for the material involved || ~ à l'**obscurité** / dark-adapted || ~ aux **processus** (contr.aut) / process oriented
adapter / fit [on, into, together] || ~, ajuster / match, mate *vt*, adjust || ~, approprier / make fit, accommodate, suit || ~ (courbes) / adapt || ~ (s') / match *vi*, suit, fit *vi* || ~ (s'), épouser / conform || ~ **spécialement à un besoin** / tailor *vt* || ~ à l'**usager** / customize
adav *m*, A.D.A.V. *m* / vertical take-off and landing plane, VTOL-plane
addeur *m* (TV) / adder || ~ (ord) / full adder || ~ de **rouge** (TV) / red adder
additif *adj* / additive || ~ *m* (chimie) / additive || ~ (pétrole) / dope, additive || ~ **abaissant le point d'écoulement** / pour-point depressor || ~ pour **abaisser le point de congélation des huiles** (pétrole) / paraflow || ~ **admissible** / permissible admixture || ~ **antimousse** / foam inhibitor || ~ pour les **bains [galvaniques]** (galv) / addition agent || ~ à **base de plomb** / lead-base additive || ~ pour le **contrôle d'allumage** (auto) / ICA, ignition control additive || ~ **dispersant** / dispersant || ~ **dispersant** (pétrole) / dispersant, dispersing additive || ~ **extrême-pression** / extreme pressure additive || ~ **fluidifiant** (béton) / plasticizer, wetting agent (GB) || ~ **hydraulique** (bâtim) / hydraulic additive || ~ de **viscosité** / viscosity index improver
addition *f* / addition, admixture, additament || ~, augmentation *f* / increase, augmentation || ~ (math) / addition, summation, add || ~ à l'**alliage** / alloying addition || ~ **complémentaire** (ord) / complement add || ~ **diénique** / diene addition || ~ de **fines** (routes) / adding of filler || ~ pour **fonte à graphite sphéroïdal** / nodulizing agent || ~ dans le **moule à la fonte coulée** (fonderie) / in-mould addition || **~s** *f pl* en **poche** (fonderie) / ladle additions *pl* || ~ *f* **vectorielle** / vector addition || ~ en **virgule flottante** / floating add || ~ **vraie** (ord) / true add
additionné [de] / [with] ... added || ~ **ou non [de]** / with or without
additionnel / accessory, additional
additionner, ajouter / add || ~ (math) / sum up, cast up, add, tot up || ~ (s') / add up || **s'~ à zéro** / sum up to zero || ~ d'**eau** / dilute with water || ~ **et soustraire** / balance || ~ de **fluorure** / add fluorine || ~ **graphiquement** / sum up graphically || ~ **horizontalement** / cross-add
additionneur *m* / adding device, adder, summing-up mechanism || ~ **analogue** / analog adder, summer || ~ **complet** (ord) / full adder || ~ à **deux entrées** / two-input adder, half adder || ~ **parallèle** (ord) / parallel adder || ~ à **trois entrées** / three-input adder, full adder
additionneur-soustracteur *m* / adder-subtracter
additionneuse *f* / adding machine, adder || ~ **imprimante à bande** / adding-listing machine
additivité *f* (math, chem) / additive property, additivity
adducteur *adj* / feeding device, feeder || ~ *m* d'**eau** (mines) / retriever
adduction *f* / conveyance, conveying, transport || ~ d'**air** / aeration, ventilation || ~ de **chaleur** / heat supply, addition of heat || ~ d'**eau** / water supply || ~ d'**eau potable** / supply of potable water, drinking water supply || ~ des **eaux d'égout** / sewage flow || ~ de **polyol** (galv) / polyol adduct
adénine *f* (chimie) / adenine, 6-aminopurine
adénosine *f* (chimie) / adenosine || **~-monophosphate** *m*, A.M.P. / adenosine monophosphate, AMP || **~-phosphate** *f* / adenylic acid, adenosine phosphate || **~-triphosphate** *f* / adenosine triphosphate, ATP
adent *m* (men) / indent[ation] || ~ en **queue d'aronde** / dovetail indent
adéquat / adequate || ~, conforme au but / answering its purpose, expedient || ~ (méthode) / purposeful, concerted
adéquation d'une **distribution** (math) / goodness of fit of a distribution
adhérence *f* / adherence || ~ (routes) / skid resisting properties *pl* || ~ (bande adhésive) / tackiness || ~, frottement *m* statique / stiction, static friction, (also:) frictional connection || ~ / frictional connection || ~ de l'**armature** (relais) / adherence, adherency, adhesion || ~ du **béton** / bonding of concrete || ~ de **contact** (électr) / contact blocking || ~ de **contact entre feuilles** (plast) / blocking effect || ~ des **couches** (carton) / plybond strength || ~ **électrostatique** / electrostatic adhesion || ~ des **jauges étalon** / wringing of block gauges || ~ du **noyau** (fonderie) / gunning of the core || ~ entre **plis** (caoutchouc) / ply adhesion || ~ des **pneus** (auto) / tire grip, road adherence || ~ sur la **poulie** / rope friction || ~ **réelle** (ch.de fer) / true adhesion || ~ sur **route** (auto) / road feel || ~ de **sable vitrifié à la pièce** (défaut) / scab, sand buckle || ~ **totale** (ch.de fer) / total adhesion
adhérent / sticking, adherent, adhesive || ~ (nœud en bois) / ingrown
adhérer / adhere, cohere, be adhesive, stick close o. fast o. on o. together || **qui peut** ~ / sticking, clinging || ~ par **contact** (feuilles) (plast) / block *v* (sheets) || ~ **uniformément** (techn) / fit close[ly]
adhésif *adj* / adhesif, sticky || ~ *m* / fixing agent o. medium o. means || ~ **expansif en feuille** / expanding adhesive film || ~ **fusible** / hot-melt adhesive
adhésion *f* / adhesive force o. power o. strength, adhesiveness, adherence, adherency || ~ **interlaminaire** / interlaminar bonding || ~ entre les **plis** (caoutchouc) / ply adhesion || ~ des **pneus au sol ou au freinage** / tire adhesion when braking
adhésivité *f* / adhesive force o. power o. strength || ~ (laque) / adhesiveness, tack
adiabatique *adj* / adiabatic || ~ *f* / adiabatic curve o.

line
adiactinique (filtre) / adiactinic
adion *m* / adion, adsorbed ion
adipeux / adipose, lardaceous
adipone *m* / adipic ketone
adjacent / adjacent || ~, proche / contiguous
adjectif (teint) / adjective
adjoindre / allocate
adjoint *adj* (math) / adjoint, adjunctive || ~ *m* de la **densité de flux neutronique** (nucl) / adjoint of the neutron flux density
adjonction *f* / allocation || ~ / joining, junction || ~ (ord) / option, addition record || ~ [de **wagons**] (ch.de fer) / addition of a wagon
adjudication *f* (ordre) / adjudication || ~ **publique** / call for tenders, invitation to tender || ~ de **travaux publics** / allocation of orders || ~ **«vente»** / tender, bid
adjuger / award the contract
adjustable / adjustable
adjuvant *m* (agent de lavage) / builder, ancillary || ~ (chimie) / additive, admixture, assistant || ~ d'**apprêtage** / finishing assistant || ~ de **blanchiment** / bleaching assistant || ~ de **débouillissage ou d'hydrophilisation** / kier boiling assistant || ~ de **désencollage** (tex) / desizing agent || ~ de **filtrage** (chimie) / filter aid || ~ du **malt** / malt adjunct || ~ de **pénétration** (chimie) / penetrant || ~ **retard** (béton) / retarding admixture || ~ **tinctorial ou de teinture** / dyeing auxiliary
admettre / admit
administration *f* / administration || ~ **centrale** / headquarters *sg*, head office || ~ **et exploitation des mines** / industrial mining || ~ du **personnel** / personnel administration
administrer / manage
admis à la **vérification** / appropriate for verification
admissible / allowable, permissible, admissible, safe || **~, neutre** (vivres) / generally recognized as safe, GRAS
admission *f* (gén; turbine, mot) / admission || ~, autorisation *f* / authorization || **à ~ réduite** / at half throttle, with engine half throttled down || ~ d'**eau** / ingress of water || ~ **opposée à l'échappement** (mot) / I.O.E., intake opposite exhaust || ~ **partielle** (turbine) / partial admission || ~ **radiale** / radial admission || ~ **réduite** (mot) / throttling down of the engine || ~ de la **soufflante** (mot) / blower inlet || ~ **totale** / full admission, full supply || ~ de **vapeur** / steam admission
admittance *f* (électr) / admittance || ~ **cyclique** / cyclic admittance || ~ d'**électrode** / electrode admittance || ~ **électronique de l'espace d'interaction** / electronic gap admittance || ~ d'**entrée** / input admittance || ~ d'**entrée [avec] sortie en court-circuit** (semi-cond) / input admittance with output shorted || ~ **équivalente** (contr.aut) / describing function || ~ de l'**espace d'interaction** (électron) / gap admittance || **~-image** *f* / image admittance || ~ **indicatrice** (télécom) / indicial admittance || ~ **inverse de transfert** (semicond) / feedback admittance || ~ **mutuelle** / transadmittance || ~ de **sortie** / output admittance || ~ de **sortie [avec] entrée en court-circuit** (semi-cond) / output admittance with input shorted || ~ de **sortie [avec] entrée en circuit ouvert** (semi-cond) / open circuit output admittance || ~ de **source** (électron) / source admittance || ~ **supplémentaire due à la réaction d'anode** (électron) / feedback admittance o. susceptance || ~ de **transfert** / transfer admittance || ~ de **transfert en court-circuit** / [short-circuit] transfer o. forward admittance || ~ de **transfert direct en court-circuit** (tube) / short-circuit forward transfer admittance || ~ de **transfert direct [avec] sortie en circuit ouvert** (semi-cond) / transmittance || ~ de **transfert inverse** (électron) / reverse transfer admittance || ~ de **transfert inverse [avec] entrée en court-circuit** (semi-cond) / reverse transfer admittance with input shorted
A.D.N. *m*, acide *m* désoxyribonucléique / deoxyribonucleic acid, DNA
adobe *m*, brique *f* crue / cob
ados *m* (agr) / list (US), banked-up bed
adossement *m* (routes) / slope of embankment
adosser (bâtim) / build [against o. on] || ~ (routes) / slope, escarp
adouci / softened, mollified || ~ (huile, gaz) / sweet
adoucir / soften || ~, polir / polish *vt*, grind || ~ (lumière) / dim || ~, édulcorer / sweeten || ~ l'**eau** / soften water, condition *vt* || ~ l'**effet d'une couleur** / relieve a colour, tone down || ~ à la **lime** / file smooth || ~ à la **meule** (verre) / smooth, face || ~ avec du **papier de verre** / sandpaper *vt*
adoucissage *m* (teint) / tempering, allaying || ~, poli *m* / polish
adoucissement *m* (pétrole) / sweetening || ~ (eau) / softening, conditioning || ~ (teint) / tempering, allaying || ~ (métal) / softening || ~ à l'**acide sulfurique** (pétrole) / acid treatment o. sweetening || ~ au **chélate** (pétrole) / chelate sweetening || ~ d'un **coude** / smoothing of a curvature || ~ des **couleurs** / softening of colours, relieving, toning down || ~ de l'**eau d'alimentation** / feed-water softening || ~ **intermédiaire** (sidér) / intermediate tempering || ~ par **soude-chaux** (eau) / lime-soda process || ~ du **spectre** (nucl) / spectrum softening
adoucisseur *m* (eau) / softener || **~s** *m pl* (tex) / softenings *pl*
adrénaline *f* / adrenaline
adressable (ord) / addressable
adressage *m* (ord) / addressing || ~ à **accès direct** / random addressing || ~ d'un **canal** (ord) / channel addressing || ~ de **groupes** (ord) / group addressing || ~ de **lignes** (ord) / line addressing || ~ de la **mémoire centrale** (ord) / main frame addressing || ~ en **pages** (ord) / paging || ~ à **progression automatique** (ord) / stepped addressing, implied o. one-ahead addressing || ~ **relatif** (ord) / floating addressing || ~ **relatif de canaux** / floating channel addressing || ~ **sélectif** / random addressing || ~ **séquentiel** (contr.aut) / sequential addressing
adresse *f* / workmanship, art, [artistic] skill || **à deux ~s** (ord) / two-address || **à une** ~ (ord) / single-address, one-address || **sans** ~ (ord) / zero-address || ~ **absolue** / absolute o. actual o. effective o. specific address || ~ d'**appel** / call address || ~ **autorelative** / self-relative address || ~ de **base** / reference address, base address || ~ en **blanc** / blank address || ~ de **bloc** / record address || ~ de **branchement** / branch address || ~ **calculée** / generated address, synthetic address || ~ de **chaînage** / sequence link || ~ **chaînée** / chaining address || ~ **clé** / key address || ~ de **début** / starting address o. location || ~ **différentielle** / differential address || ~ **directe** / direct address, one-level address || ~ **effective** / absolute o. actual o. effective o. specific address || ~ **externe** / external address || ~ **fictive** / dummy address || ~ **finale** / end address, right-hand address || ~ **immédiate** / immediate address, zero address || ~ d'**implantation** / load point || ~ **indirecte** / indirect

address, multilevel address || ~ **initiale de chargement** / initial loading location || ~ de l'**instruction** / instruction address, location instruction || ~ de **lancement** / entry point || ~ de **mémoire** / storage location || ~ **modifiée** / effective address || ~ à **nombre pair** / even-numbered address || ~ d'**opérande ou de nombre opérateur** / operand address || ~ d'**origine** / starting address o. location || ~ **piste** / home address o. track || ~ à **plusieurs destinataires** / multi[ple]-address message || ~ **primitive** / reference address, base address || ~ de **recherche** / seek address || ~ **réelle** / effective address || ~ **réelle d'unité** / physical unit address || ~ **relative** / relative address, floating o. symbolic address || ~ de **retour** / return address || ~ de **secteur** / sector address || ~ **spécifique** voir adresse absolue || ~ **suite** / continuation address || ~ **symbolique** / symbolic o. floating address || **~s** *f pl* **synonymes** / synonyms *pl*, duplicate addresses *pl* || ~ *f* de **transfert** / transfer address || ~ **translatable** / relocatable address || ~ de **translation** / relocation address

adressé (ord) / addressed

adresser / address, consign

adret *m* / sunny side, side exposed to the sun

adsorbant *adj* / adsorbent, adsorptive || ~ *m* / adsorbent || ~, agent de sorption / sorbent

adsorbat *m* / adsorbate

adsorption *f*(phys) / adsorption || ~ de **carbone** / carbon pick-up || ~ **irréversible de colorants** (teint) / fouling

adulaire *m* (min) / adularia, adular

adulte *f* **de cinquième percentile** (auto) / 5th percentile adult female

adultérant *m* (chimie) / adulterant

adultération *f*(chimie) / adulteration

adultérer (chimie) / adulterate

advection *f*(ELF) (météorol, espace) / advection

aegirine *f*, aegirite *f*(min) / aegirine, aegirite

A.E.N., affaiblissement *m* équivalent pour la netteté (télécom) / equivalent attenuation, equivalent articulation loss

aérage *m* / aeration, airing, ventilation || ~ (mines) / air supply || ~ **aspirant** (mines) / exhaust ventilation || ~ par **aspiration** (tunnel) / forced ventilation || ~ **auxiliaire ou secondaire** (mines) / auxiliary o. independent ventilation, sectional air supply || ~ de la **surface** / surface aeration

aérateur *m* / window fan || ~, souffleur *m* (ch.de fer) / ventilator o. fan for coaches || ~ (bassin) / aeration tank || ~ (tuyauterie) / air bleed valve, vent valve || ~ d'**andains** (agr) / swath aerator o. lifter || **~-climatiseur** *m* **sur vitres ou sur gaines** / room unit || ~ pour la **conduite forcée** / anti-vacuum device || ~ de **toiture ou de plafond** (ch.de fer) / roof ventilator || ~ pour le **tube de pression** / anti-vacuum device || ~ **ventilateur type mural** / wall fan

aération *f* / ventilation, airing || ~ (mines) / ventilation, aeration || ~ (flottation) / pneumatic flotation || ~ **contrôlée** / artificial ventilation || ~ **naturelle** (tunnel) / natural ventilation || ~ [d'une **substance]** / airing

aéraulique *adj* / ventilation ... || ~ *f* / aeraulics *pl*

aéré / containing air

aérer / ventilate, aerate, air || ~ (mines) / ventilate, aerate || ~ (cuir) / sam, dewater || ~ la **cuve** (bière) / aerate, rouse in the vat || ~ le **sable** (fonderie) / aerate the sand

aérien / aerial, air... || ~ / aerial, overground, overhead

aérobie *adj* (biol) / aerobic || ~ (ELF) (aéronaut) / air breathing || **~s** *pl* / aerobes *pl*

aéro·bus *m* (funi) / aerobus (a ropeway) || **~câble** *m* / material ropeway || **~cartographe** *m* / aerocartograph || **~chauffeur** *m* / air heater, air heating apparatus || **~condensateur** *m* / air capacitor || **~densimètre** *m* / air densimeter || **~drome** *m* / airport, aerodrome (GB), airdrome (US), air harbour (US) || **~drome** *m* **supplémentaire** / supplementary aerodrome || **~dynamique** *adj* / aerodynamic[al] || **rendre ~dynamique** / streamline *vt* || **~dynamique** *f* / aerodynamics *sg* || **~dyne** *m* / heavier-than-air craft, aerodyne || **~élasticité** *f* / aeroelasticity || **~électronique** *f* / avionics *sg* || **~frein** *m* (techn, funi) / air brake || **~frein** *m* (aéro) / air brake o. deflector || **~gare** *f*(ch. de fer) / airport station || **~gare** *f*(toutes les installations utiles pour les passagers) / airport building || **~gare** *f*(dans la ville) / air terminal, airways terminal || **~gel** *m* / aerogel, solid foam, porous solid || **~glisseur** *m* (ELF) / air cushion vehicle o. craft, ACV, hovercar o. -craft (GB), aeromobile (US), air car (US) || **~glisseur** *m* **marin** (ELF) / air cushion boat, marine air cushion craft, marine hovercraft || **~glissière** *f* / air slide || **~graphe** *m* / [paint] spray gun o. sprayer || **~graphe** *m* (savant) / aerographer, aerologist || **~graphie** *f* / aerography || **~lit[h]e** *m* / stony meteorite, mesosiderite || **~logie** *f*(ELF) / aerology || **~mécanique** *f* / aeromechanics *sg* || **~modélisme** *m* / aeromodelling || **~moteur** *m* / wind power engine, windmill, wind wheel || **~nautique** *adj* / aeronautical || **~nautique** *f*, navigation *f* aérienne / air navigation || **~nautique** *f* (aérostats) / aerial navigation, aeronautics *sg* || **~nautique** *f*(avions) / aviation || **~nautique** *f* **et espace** / aeroplace || **~nef** *m* (ou fém., Acad. 1938) / aircraft, craft || **~nef** *m* plus **léger que l'air** / lighter-than-air craft, aerostat || **~nef** *m* plus **lourd que l'air** / heavier-than-air craft, aerodyne || **~nef** *m* à **voilure fixe** / rigid- o. fixed-wing aircraft || **~nomie** *f*(ELF) / aeronomy || **~pause** *f* / aeropause || **~photogramme** *m* / aerial survey photograph, airscape, aerophotogram || **~photographie** *f*(arp) / aerophotogram || **~pompe** *f* / ram-air turbine || **~port** *m* / airport, aerodrome (GB), airdrome (US), air harbour (US) || **~port** *m* de **destination** / airport of destination || **~port** *m* d'**entrée** / airport of entry || **~port** *m* **franc** / free airport || **~port** *m* **régulier** / regular aerodrome || **~porté** / by air, airborne || **~portuaire** (ELF) / airport... || **~propulseur** *m* / airscrew, propeller || **~réfrigérant** *m* (techn) / cooling tower || **~réfrigérant** *m* d'**air** / air-to-air cooling tower || **~séparateur** *m* / air separator, pneumatic sifter, wind sifter || **~séparateur** *m* à **force centrifuge** (moulin) / centrifugal bolting o. dressing machine || **~sol** *m* (chimie) / aerosol || **~spatial** (ELF) / aerospace... || **~stat** *m* / lighter-than-air craft, aerostat || **~station** *f* / aerostation || **~statique** *adj* / aerostatic || **~statique** *f* / mechanics of elastic fluids || **~surface** *f* / air strip || **~technicien** *m* / aeronautical engineer, aeroengineer || **~technie** *f*, aérotechnique *f* / aeronautical engineering, aerotechnics *pl* (US) || **~therme** *adj* / aerothermal || **~therme** *m* / unit heater || **~train** *m* (ch.de fer) / aerotrain || **~triangulation** *f* / aerotriangulation || **~tronique** *f* / aerotronics *sg*

A.E.T. *m*, agent *m* détude de travail / time study man

AFDIN = Association Française de Documentation et d'Information Nucléaires, Saclay

affaibli / attenuate[d] || ~ (phono) / no bottom, no top || ~ (chimie, liaison) / loose

affaiblir, réduire / lessen, reduce, weaken || ~, amortir / cushion, damp[en], deaden || ~ (phot) / reduce || ~ (s') / abate || ~ (s') (électron) / fade || ~ par **régulation** / dim || ~ une **teinte** (teint) / soften, temper, allay
affaiblissement *m* / weakening || ~ (couleur) / fading || ~ (télécom) / attenuation || ~ **acoustique** / acoustic attenuation || ~ d'**adaptation** (télécom) / matching attenuation || ~ des **aiguës** (acoustique) / treble cut o. attenuation, top cut || ~ des **bruits** / noise attenuation || ~ **caractéristique** (télécom) / attenuation measure, transmission equivalent || ~ de **champ** (électr) / weakening of field || ~ **composite en puissance apparente** (télécom) / overall attenuation, composite o. effective attenuation, overall [transmission] loss || ~ **conjugué** (télécom) / conjugate-complex attenuation || ~ de **couple** / torque decrease || ~ des **courants réfléchis** (télécom) / reflection attenuation o. loss || ~ **diaphonique** (télécom) / crosstalk attenuation || ~ de **distorsion harmonique [totale]** / harmonic distortion attenuation || ~ de **distorsion harmonique totale** / harmonic distortion attenuation || ~ **effectif** (télécom) / overall attenuation, composite o. effective attenuation, overall [transmission] loss || ~ d'**équilibrage** (télécom) / balance return loss (GB), return loss between line and network (US) || ~ **équivalent** (télécom) / equivalent attenuation, equivalent articulation loss || ~ sur **images** (télécom) / image attenuation coefficient o. constant (US) || ~ sur **impédances conjuguées** / conjugate attenuation constant || ~ **infini** (télécom) / infinite attenuation || ~ d'**insertion** (télécom) / insertion loss || ~ d'**interaction** (télécom) / interaction loss || ~ **itératif** (télécom) / iterative attenuation constant o. coefficient, attenuation constant (GB) || ~ d'une **liaison** (chimie) / loosening of a linkage || ~ sur **lignes hertziennes** (électron) / path attenuation o. loss || ~ **linéique** (télécom) / attenuation coefficient || ~ **paradiaphonique** / near-end crosstalk attenuation || ~ **passif d'équilibrage** / passive return loss || ~ dû à la **perditance** (télécom) / shunt loss, leakage attenuation || ~ de **référence** (télécom) / reference equivalent o. attenuation || ~ de **régularité** (télécom) / regularity (GB) o. structural (US) return loss || ~ du **signal local** (télécom) / anti-side-tone device || ~ de **sol** (télécom) / earth attenuation || ~ de **télédiaphonie** / far-end crosstalk attenuation || ~ **total** (radar) / overall saturation, net transmission equivalent (US) || ~ **transductique** (télécom) / transducer loss
affaiblisseur *m* (phot) / reducer || ~ (télécom) / attenuator || ~ du **champ** (électr) / field suppressor || ~ à **coupure** (guide d'ondes) / cutoff attenuator || ~ à **guillotine** (guide d'ondes) / guillotine attenuator || ~ **non réciproque** (guide d'ondes) / isolator || ~ **non réciproque à ferrite** (guide d'ondes) / ferrite isolator || ~ à **quart d'onde** (guide d'ondes) / quarter-wave attenuator o. filter || ~ **réactif** (télécom) / reactive attenuator || ~ au **sable** (guide d'ondes) / sand load, waveguide high power load
affaire *f* / business || **~s** *f pl* **maritimes** / naval matters *pl*
affaissé (mines) / pinched
affaissement *m* (terrain) / subsidence, sinking, subsidency, subsiding, set[tling], settlement || ~, fléchissement *m* (TV) / treble equalization, treble o. top cut || ~ (sidér) / cratering || ~ (produit alvéolaire) / collapse || ~ (toit) / collapse || ~ (plancher) / sag[ging] || ~ des **appuis ou des supports** / settlement of supports || ~ sous **charge** (voûte) / sagging || ~ de **fondements** / yield of foundations || ~ **graduel du toit** (mines) / gradual coming-down of the hanging wall || ~ **latéral** / lateral yielding || ~ **latéral du remblai** (ch.de fer) / side-slip of the embankment || ~ **plat** (géol) / sink || ~ d'une **rive** / slump of a bank || ~ du **sable** [sous la pression du métal] (fonderie) / swell || ~ du **sol** (mines) / subsidence, caving-in || ~ de **surface** (mines) / cave to the surface || ~ de **terre** / caving-in of the ground || ~ d'une **théorie** / failure of a theory || ~ de la **voie** (ch.de fer) / subsidence of the track
affaisser / press down || ~ (s'), fléchir / sag || ~ (s') (bâtim) / set, give way, sink, subside, weigh down || ~ (s'), céder / give [way], yield
affectation *f* / allocation || ~ (électron) / allotment || ~ de la **capacité et de la fluence** / capacity and flow assignments *pl*, CFA || ~ de **caractères** / character assignment || ~ du **connecteur** / connector assignment || ~ **imbriquée de la mémoire** (ord) / interlaced storage assignment || ~ de la **mémoire** (ord) / storage allocation o. assignment || ~ de la **mémoire centrale** (ord) / main storage allocation
affecté [à] (homme) / assigned [to], appointed [to]
affecter (chimie) / have an effect [upon] || ~ [à] / allocate || ~ une **mémoire** (ord) / allocate
affermé / leasehold
affermer, donner à ferme (agr) / farm out || ~, prendre à ferme (agr) / take a lease [of], rent
affermir / stay, make firm || ~ (serr, charp) / truss, strengthen || ~ avec des **coins** / wedge, fasten by wedges o. keys, key
affichage *m* (ord) / display || ~ *f* (ELF) (ord) / display, read-out || ~ *m* **agrandi** / expanded display || ~ **alphanumérique** (ord) / alpha[nu]meric display || ~ de **caractères** (ord) / character display, symbol display || ~ à **cristaux liquides** / liquid crystal display, LCD || ~ à **décharge de gaz** / gas discharge display || ~ **lignes** (ord) / line display || ~ **numérique** / digital display || ~ du **numéro d'outil** (NC) / tool number read-out || ~ du **numéro de séquence** / record number display || ~ **plasma** / plasma display || ~ **radar** / radar display
affiche *f* / poster, bill, placard || ~ **horaire** / timetable poster o. sheet
afficher / display, (esp:) post up || ~ (cuir) / attach, fasten || ~ **[optiquement]** (ELF) (ord) / display by visual means
afficheur *m* / indicator || ~ [de la **valeur] de consigne** / set-point adjuster
affilée, trois fois d'~ / three successive times
affiler / whet, set an edge || ~ (couteau) / glaze, polish
affiloir *m* / rubber, grindstone, whetstone, rubstone || ~ (acier) / tool sharpening steel
affinade *f* (sucre) / white refined sugar
affinage *m* (drap) / fining || ~ (verre) / plaining, [re]fining, founding || ~ (métaux) / fining, refining || ~ (sidér) / carbon elimination o. drop || ~ (sucre) / fining || ~ (sucre) / refining || ~ d'**argent** / silver refining, separation of silver || ~ au **bas foyer par charbon de bois** (sidér) / charcoal hearth process || ~ sous **couche gazeuse** (cuivre) / gas poling || ~ par **cristallisation** (argent) / Pattinson's process, pattinsonizing || ~ du **cuivre** / toughening of copper || ~ à **découvert** (sidér) / refinery o. refining process, refining in hearths || ~ au **four ou au feu** / furnace refining || ~ de la **matte** (nickel) / matte refining || ~ du **platine** / platinum refining || ~ **premier** (sidér) / first fining || ~ par **procédé Martin** (sidér) / Siemens-Martin process || ~ sur **sole** (sidér) / hearth refining || ~ par **soufflage** (sidér) / air refining

o. blowing, converting || ~ par **soufflage au-dessus du bain** (sidér) / top blowing || ~ au **vent** (sidér) / air refining o. blowing, converting || ~ dans le **vide** (sidér) / vacuum refining process
affine (math) / affine
affiné / fine || ~ (sidér) / good
affinement *m* **du grain** / grain refining
affiner (sidér) / decarburize, decarburate, fine || ~ (filage) / attenuate, refine, improve || ~ (chimie) / cupel, capel, refine || ~ (sucre) / refine || ~ (métal) / refine || ~ l'**argent** / refine silver || ~ le **chanvre** / clean hemp || ~ le **cuivre** / toughen copper
affinerie *f* d'**acier** / steel finery [forge hearth] || ~ d'**argent** / silver [re]finery
affinité *f* (math) / affine mapping, affinity || ~ **chimique** (chimie) / affinity || ~ pour **colorant** (teint) / receptivity for dyes, absorptive power || ~ de **composition** (chimie) / affinity || ~ **différentielle** (biol) / selective absorption || ~ **électronique** (chimie) / electron affinity || ~ **restante** (chimie) / residual affinity, partial valency
affinoir *m* (chanvre) / finishing heckle, fine heckle
affixe *m* / affix
affleurant (conducteur, circ.impr.) / flush
affleuré / faying, close o. snugly fitting || ~ / flush [countersunk] || ~ (serrure) / mortised || **être** ~ / fay *vi*
affleurement *m* (géol, mines) / basset, outcrop || ~ (mines) / cropping of ores, outcrop, outburst, showing on the surface || ~ de **déchets** (nucl) / disinternment of waste || ~ d'**huile** (géol) / oil indication o.seepage
affleurer *vt* / make even o. flush o. level, level, trim flush || ~ *vi* (géol) / outcrop *vi*
afflouer (nav) / refloat
affluence *f* / afflux || ~ (circulation) / rush || ~ de **vent** (sidér) / streaming of the air into the furnace
affluer / stream in, pour in
afflux *m* / afflux, influx, streaming in
affoler (s') (mot) / roar
affouillement *m* (géol) / scouring, erosion, washout || ~ (lam) / spalling || ~ d'un **remblai** / washout of the embankment, erosion of the embankment || ~ d'un **talus** / washing of a bank, bank erosion
affouiller (bâtim) / lay bare || ~ (hydr) / undermine, underwash, erode
affouragement *m* (agr) / feeding || ~ en **sec** (agr) / stall feeding
affourager en **vert** (agr) / soil
affranchir / free *vt* || ~ (nav) / free *vt*, pump out water || ~ les **bouts** (lam) / top, crop, cut off
affranchisseuse *f* / postal franker o. franking machine (GB), postage meter (US)
affrètement *m* / chartering
affréter (aéro, nav) / charter
affronter, mettre de niveau et bout à bout / butt-joint, jump-joint
affusion *f* (chimie) / adding of liquid, affusion
affût *m* / gun carriage o. mount || ~ (gén) / trestle || ~ (techn) / wire edge || ~**-colonne** *m* (mines) / jack column || ~**-colonne** *m* **ou à colonne pour perforatrice** (mines) / trestle, tripod, column || ~ **pneumatique [articulé]** (mines) / compressed air tripod || ~ à **trépied** / tripod || ~ à **trépied** (mines) / trestle, tripod
affûtage *m* / sharpening, grinding, removing the wire edge || ~ (foret) / removing the wire edge || ~ avec **arrosage** / cool o. wet grinding || ~ à **biseaux** (scie) / alternating bevel grinding || ~ en **croix** / crosswise grinding || ~ à l'**eau** / cool o. wet grinding || ~ **manuel** / off-hand grinding || ~ **mécanique** / machine grinding || ~ des **profils des dents** / profile grinding of gear teeth
affûté à la **machine** / machine ground
affûter / grind, sharpen, point
affûteur *m* (m.outils) / grinder, emery wheel man || ~ (lime) / saw file || ~ d'**outils** / tool grinder
affûteuse *f* de **fleurets** (mines) / drill grinder || ~ d'**outillage universelle** / universal tool grinder || ~ d'**outils** / tool grinder o. grinding machine
A.F.I.D. = Agence Française d'Information et de Documentation
AFNOR / French Standards Committee AFNOR
afocal / afocal
agar *m* **nutritif** / nutrient o. nutritive agar || ~**-agar** *m* / agar[-agar], Bengal o. Ceylon o. Chinese o. Japan gelatin o. isinglass
agate *f* / agate || ~ **brèche** / broken agate || ~ **mousseuse** (min) / moss agate, mocha stone || ~ **ponctuée verte** (min) / heliotrope || ~ **versicolore** / variegated agate
agave *m* (bot) / agave, pita
age *m* / beam of the plow
âge *m* / age || ~, maturité *f* / age, maturity || ~ de **calcium** / calcium age || ~ d'**essai** / test age || ~ de **Fermi** (nucl) / Fermi o. neutron age || ~ du **four** / age of the furnace || ~ d'**hélium** / helium age || ~ de la **marée** / age of tide, age of phase inequality || ~ d'un **neutron** (nucl) / Fermi o. neutron age || ~ du **peuplement** (silviculture) / age class || ~ de **plomb** (nucl) / lead age || ~ de **strontium** / strontium age
Agence Nationale pour l'emploi, ANPE / the French placement service
agent *m* (techn) / means *sg pl* || ~ / salaried employee o. worker (US) || ~ / [permanent] employee o. clerk || ~ (chimie) / active ingredient, agent || ~ **acétylant** / acetylation agent || ~**s** *m pl* d'**addition**, adjuvants *m pl* (galv) / addition agents *pl* || ~ *m* **adhésif** / bonding agent || ~ d'**allongement** / extender || ~ **alourdissant** (chimie, tex) / loading, weighting o. loading agent || ~ **amollissant** / emollient agent || ~ **anticongélation** / viscosity index improver || ~ **anticorrosif** / preven[ta]tive against corrosion, corrosion preventive, anticorrosive [agent], slushing compound || ~ **antifriction** / lubricant || ~ **antigrippant** / antiseize [agent] || ~ **antimousse** / antifoam o. antifroth additive, antifoaming agent, foam breaker, antifoamer || ~ **antiozone** / antioxidant (GB), antiozonant (US) || ~ **antipoussière[s]** / antidust compound || ~ **antiradar** / radar absorption material, RAM || ~ d'**anti-redéposition** (détergent) / antiredeposition agent, soil carrier || ~ **antirouille** / rust removing agent || ~ **antisolaire** / anti-sunchecking agent || ~ d'**apprêtage** / finishing o. dressing o. sizing preparation o. agents *pl* || ~ d'**attaque** (chimie) / means of attack, of dissolution || ~ **auxiliaire** (teint) / auxiliary || ~ d'**azurage optique** (pap, teint) / brightener, optical whitener, brightening agent || ~ **bactéricide** / bactericide || ~ de **blanchiment** / bleaching agent || ~ de **blanchiment optique** (pap, teint) / brightener, optical whitener, brightening agent || ~ à **braser** / soldering agent || ~ de **brevet agissant comme solliciteur** / patent solicitor || ~ de ou en **brevets** / patent attorney (US), patent agent (GB) || ~ [du **cadre**] **permanent** / permanent employee o. clerk || ~ **caloporteur** / heat exchanging o. transfer medium || ~ **carburant ou de carburation** (sidér) / carburizing o. carbonizing agent || ~ **caustique** / corrosive, corroding agent || ~ **chargeant** (chimie, tex) / loading, weighting o. loading agent || ~ de **chemin de fer** / railway employee o. servant || ~ **chimique** / reagent || ~

chimique de combat / warfare agent || ~**s** *m pl* **chimiques pour le comptage des scintillations** / chemicals *pl* for scintillation counting || ~ *m* à **clarifier** / fining o. clearing agent || ~ de **combat chimique** (mil) / chemical [warfare] agent || ~ **commissionné** / permanent employee o. clerk || ~ **complexant** (chimie) / complexing agent || ~ **comptable** / accountant || ~ de **conduite** (vieux) / engine driver o. man (GB), engineer (US) || ~ **conservateur ou de conservation** / means of preservation, preservative || ~ de **contrôle** / quality inspector, checker || ~ de **copulation** (teint) / dye coupler || ~ **corrosif** / corrosive, corroding agent || ~ à **couchage direct** (galv) / direct coater || ~ de **couplage de couleurs** (opt) / colour coupler || ~ **décapant** (sidér) / pickle || ~ **décapant à mercure** (galv) / quick o. blue dip || ~ **décolorant** (teint) / bleaching agent || ~ **dégivreur** (pétrole) / antistalling additive || ~ de **démontage** (teint) / stripping agent || ~ de **démoulage** (fonderie) / parting o. releasing agent || ~ de **démoulage** (plast) / parting agent || ~ **déprimant** (flottation) / deadening agent, deadener, depressing agent, depresser || ~ **dérouilleur** / rust removing agent || ~ **désacidifiant** (teint) / deoxidizing agents, deacidification agents *pl* || ~ **désémulsionnant** / defoaming agent, demulsifiying agent, antifoam o. antifroth [additive], dismulgator || ~ **déshydratant** (chimie) / dehydrating agent || ~ **désinfectant** (agr) / seed dressing agent || ~ de **desserte** (mines) / hauling means || ~**s** *m pl* **dessiccatifs** / desiccating agents *pl* || ~ *m* **diluent** (caoutchouc) / extender, filler || ~ de **dilution** / diluent, diluting agent || ~ **dispersant** (pap, caoutchouc) / peptizer, dispergator || ~ **dispersant ou de dispersion** (chimie, pétrole) / dispersant (capillary active agent), dispersing agent || ~ de **dissolution** (chimie) / means of attack, means of dissolution || ~ de **dissolution** (teint) / solutizing agent || ~ de **dissuasion** (ELF) (mil) / deterrent || ~ de **dopage** (semicond) / dopant || ~ **égalisant** (dérivé tensio-actif) / levelling agent || ~ **égalisateur** / dispersing agent || ~ **émulsionnant** / emulsifying agent || ~ d'**étanchement de carapace** (fonderie) / shell mould sealer || ~ d'**étouffement** / quencher, quench || ~ **[d'étude] des méthodes** / methods engineer || ~ d'**étude de temps** (ordonn) / time study man, assistant time-study engineer, time observer, timer, timekeeper || ~ d'**études du travail** / time and motion study man || ~ de l'**examen de brevet** / examiner [assistant] || ~ d'**expansion** (caoutchouc) / blowing agent || ~ **extincteur** / fire extinguishing substance || ~ de **fabrication** (Neol.) / skilled man (US), journeyman (GB) || ~ de **fermentation** / zymogen, ferment || ~ **filmogène** / film former, film forming medium || ~ de **finissage** (tex) / finishing agent || ~ **fixateur** (teint) / fastener || ~ de **fixation** (émail) / floating agent, set-up agent || ~ de **flétrissement bactérien de la tomate** / tomato wilting agent || ~ **formant une pellicule** / film former, film forming medium || ~ du **Gaz de France** / gasman || ~ **gélifiant** / gelling agent || ~ **gonflant** / swelling agent || ~ **gonflant** (caoutchouc) / blowing agent || ~ de **gravure** (circ.impr.) / corrosive || ~ de **grenaillage** (fonderie) / abrasive, blasting shot || ~ d'**harmonisation** (teint) / levelling agent || ~ **humectant** / moistening agent, damping agent || ~ **hydrofuge** / water-repellent impregnation means || ~ **hydrofuge** (bois) / antiswelling agent || ~ **inhibiteur** (sidér) / inhibitor, restrainer || ~ **inhibitif** (chimie) / inhibitor || ~ d'**inoculation** (gén, fonderie) / inoculant, inoculum || ~ de **lancement** (ordonn) / production planning engineer || ~ de **lavage** / washing agent o. material || ~ de **maîtrise** (industrie) / foreman || ~ de **manœuvre** / shunter || ~ de **méthodes** / methods engineer || ~ **modifiant** (chimie) / modifier || ~ **moteur** / propellant, motive agent || ~ **mouillant** (chimie) / surface-active agent, wetting o. bathotonic o. interlacing agent || ~ **mouillant** (rince-vaisselles) / clear rinse, wetting agent || ~ **moussant** / expanding o. foaming agent, gas-developing agent || ~ **moussant** (mines) / frother, frothing reagent || ~ **neutralisant** (chimie) / killer, neutralizing agent || ~**s** *m pl* de **nourriture pour les cuirs** / fat liquors and greases for leather || ~ *m* d'**ordonnancement** / methods o. production engineer || ~ d'**oxydation** / oxidant, oxidizer, oxidizing agent || ~ de **parcours** (ch.de fer) / ganger, lineman, patrol man, trackman (US), trackwalker (US) || ~**s** *m pl* de **peinture** / coating materials *pl*, lacquers and paints *pl*, paints varnishes, and similar products *pl* || ~ *m* **pénétrant** / penetrant || ~ **peptisant** (flottation) / deflocculant || ~ **permanent** / permanent employee o. clerk || ~ **photorésistant** / photoresist || ~ de **planning** / layout engineer || ~ de **polissage spéculaire** (galv) / colouring composition || ~ de **pontage** (verre textile) / coupling agent || ~ **porogène** / pore forming material || ~ **préservateur** / conserving agent || ~ **préservatif** / preservative || ~ **protecteur contre le vieillissement** / ag[e]ing protecting agent, anti-ag[e]ing dope || ~**s** *m pl* **protecteurs pour bâtiments** / building protective agents *pl* || ~ *m* **réceptionnaire** / quality inspector, checker || ~ de **réduction** (chimie) / reducing agent, reductive || ~ **réfrigérant ou refroidisseur** (gén) / coolant, cooling agent || ~ **relargent** (nucl) / salting out agent || ~ de **réserve** (circ. impr.) / photoresist || ~ de **réserve** (teint) / reserve, resist [paste], resisting agent || ~ **retardateur** (chimie) / retarding agent, retarder || ~ de **réticulation** / cross-linking agent || ~ de **saturation** / saturant || ~ **séparateur** (plast) / separating o. stripping agent || ~ de **séparation** (fonderie) / parting medium || ~ **séquestrant** (chimie) / sequestering agent || ~ **solidifiant** (plast) / solidifying o. gelling agent || ~ de **solubilisation** (chimie) / solubilizer || ~ de **sorption** / sorbent || ~ **soufflant** (plast) / expanding o. foaming agent, gas-developing agent || ~ de **surface** / surface-active agent, surfactant || ~ de **surface ampholyte** / ampholytic surface active agent || ~ de **surface anionique,** [cationique, ionique] / anionic, [cationic, ionic] surface active agent || ~ de **suspension** (peinture) / antisettling agent || ~ de **suspension** (émail) / floating agent || ~ **technique** / laboratory technician || ~ **titularisé** / regular clerk o. employee || ~**s** *m pl* de **train** (ch.de fer) / train crew (US) o. staff o. personnel || ~ *m* de **transport** / means of transport[ation] o. conveyance || ~ d'**unisson** (teint) / levelling agent || ~ **véhiculaire** (teint) / carrier || ~**s** *m pl* **vésicants** / vesicants *pl* || ~ *m* **voyer** / surveyor of highways

aggloméraat *m* / conglomerate || ~ (géol) / agglomerate || ~ de **molécules** / cluster

agglomération *f* / agglomeration, aggregate || ~ (bâtim) / aggregation, assemblage, built-up area || ~ (sidér) / nodulizing || ~ par **grillage et frittage** (sidér) / roast-sintering || ~ sur **grille avec aspiration** / downdraft roasting, blast roasting || ~ **rurale [urbaine]** / rural, [urban] settlement

aggloméré (abrasif) / bonded || ~ *adj* / conglomerate || ~ *m* (charbon) / compressed o. patent fuel, briquet[te] || ~ (géol, bâtim) / conglomerate || ~ /

formed o. pressed part o. article || ~ (liège) / agglomerated cork || ~ de **béton** / concrete block || ~ *adj* en **boulets** (mines) / lumpy || ~ *m* **composé** (liège) / composition cork || ~ **creux** / hollow concrete block || ~ **expansé** / expansed o. expanded cork || ~ **laminé ou stratifié** / laminate || ~ de **ponce** (bâtiment) / pumice block || ~**s** *m pl* de **poussière des hauts fourneaux** / flue dust briquet[te] || ~ *m* [par **voie humide**] / briquet[te] made with a binder
agglomérer / briquet || ~ (sidér) / agglomerate, sinter, pelletize || ~, cumuler / agglomerate || ~ (s') / agglomerate, aggregate, clot || **[s']~ par frittage** (sidér) / roast and sinter || ~ en **boulettes** (mines, sidér, plast) / pelletize
agglutinant *adj* (charbon) / baking, caking || ~ *m* / gum, adhesive
agglutination *f* / agglutination, caking, binding
agglutiner (s') / bake *vi*, cake *vi* || ~ (s') (phys, chimie) / aggregate *vi*, ball together
aggravation *f* / aggravation, worsening
agilité *f* des **fréquences** (radar) / frequency agility
agir [sur] / act [upon] || **faire** ~ (chimie) / allow to react || ~ en **annulation** (brevet) / challenge the validity || ~ en **sens inverse** / retroact || ~ l'un **sur l'autre** / interact
agissant / operative || ~, actif / active, acting || ~ dans la **même direction ou dans le même sens** (méc) / acting in the same direction
agitateur *m* / beater, agitator, paddle || ~ / agitating machine, stirring apparatus || ~ (bière) / mash stirrer || ~ à **ailes** / impeller agitator || ~ à **ancre** / anchor agitator || ~ à **ancres croisées** / anchor agitated mixer || ~ du **bain** (fonderie) / rabble || ~ à **bras croisés** / cross-arm agitator || ~ à **hélice** / propeller mixer || ~ à **induction** / induction stirrer || ~ au **jet** / jet agitator o. mixer || ~ à **jet de vapeur** / steam jet agitator || ~ **magnétique** / magnetic stirrer || ~ de **malaxage et de transport** (sucre) / mashing and stirring conveyor || ~ **mélangeur** / agitating mixer || ~ à **mouvement contraire** / blades working in opposite direction *pl*, counteracting stirring mechanism || ~ **multi-étages à contre-courant** / multistage impulse counter-current agitator || ~ **oscillant** / oscillating agitator || ~ à **pales** / blade agitator, paddle mixer || ~ **pendulaire** / pendulum type oscillator || ~ **turbinaire** / turbomixer || ~ à **vibration** / vibratory agitator || ~ à **vis** / typhoon mixer
agitation *f* (mer) / swell || ~ (p.e. avec d'éther) (chimie) / shaking out || ~ du **bain** (galv) / circulation of the electrolyte || ~ **thermique** (électron) / thermal agitation
agité (mer) / troubled, rough, choppy
agiter / agitate || ~, balancer / sway, swing || ~, secouer / shake || ~ (s') (eau) / ripple || ~ en **remuant** / stir || ~ avant de s'en **servir** / shake well before using!
agrafage *m* (tôles) / saddle joint, folded seam connection || ~ (gén) / stapling || ~ par **agrafes recourbées** (tôlerie) / staked joint, staking || ~ du **boudin** (ch.de fer) / fastening of the tire clip || ~ à **plat** (typo) / wire stabbing || ~ de **tôles** / joining metal sheets by cramps
agrafe *f* / cramp, clamp, clip, wire hook || ~ (ELF) (béton) / clip || ~ (tôle) / folded seam connection, folded joint || ~ (reliure) / staple, wire stitch[ing hook] || ~ (filage) / clasp || ~ en **accordéon** / accordion fold o. pleat || ~ de **bandage** (auto) / detachable locking ring || ~ de **bandage** (ch.de fer) / spring clip o. ring || ~ [de **bureau**] / paper clip || ~ pour **conduits électriques** (électr) / wall clamp || ~ de **courroie** / claw type belt fastener o. joint || ~ de **courroie en zigzag** / zigzag connector || ~ à **demi-tour de rappel** / adjusting clasp || ~ en **fil métallique** / wire loop || ~ **filetée** (télécom) / U-bolt || ~ pour **harnais de câbles** / cable form cleat || ~ de **jonction pour câbles** / rope sockets *pl* (hook and eye coupling for ropes) || ~ de **papier** / staple || ~ pour **perçage** / drill yoke || ~ **[recourbée]** (découp) / tab || ~ de **serrage** / pipe clamp o. clip, wall clamp for pipes
agrafer / brace, cramp || ~ (tôle) / join by folded seam || ~, attacher / fasten with a hook o. clip || ~ à **plat** (typo) / staple
agrafeuse *f* / tacker || ~ (m.outils) / looper || ~ (bois) / stapling [and stitching] machine, stapler || ~ (reliure) / block stitching machine || ~ de **bureau** / stapler
agraire / agrarian
agrandir / augment, increase, make bigger, enlarge || ~ (s') / accumulate, grow, increase || ~ un **trou**, mandriner / open out [by a mandrel]
agrandissement *m* / increase, enlargement, amplification || ~ (phot) / enlargement || ~ (opt) / magnification || **le plus fort** ~ (opt) / highest magnification || ~ **cent ou 100 fois** (opt) / hundred times magnification || ~ à l'**échelle** / scale-up || ~ d'un **établissement** / enlarging of a plant || ~ **géant** (phot) / photomural || ~ **ultérieur** / aftermagnification
agrandisseur *m* (phot) / enlarging machine, enlarger
agravitation *f* / weightlessness, zero-g, zero-gravity
agrégat *m* (gén, géol, bâtiment) / aggregate || ~ **additionnel** (électr) / additional set || ~ **additionnel de puissance** / power boost || ~ **concassé** (routes) / stoning, ballast o. crushed stone, metal (GB) || ~ **enrobé** (routes) / precoated aggregate || ~ **grossier** (bâtim) / coarse aggregate || ~**s** *m pl* **légers** / lightweight aggregate
agrégatif (chimie) / aggregative
agrégation *f* (chimie, phys) / aggregation
agrément *m* (bâtim) / agrément (GB) || ~**s** *m pl* (ELF) / improving local amenities
agrès *m* (nav) / tackle, rigging cordage || ~ *m pl* (nav) / lifting gear || ~ *m* **amovible** / removable tackle || ~ de la **poche** (sidér) / ladle bail
agressif / aggressive
agressivité *f* / aggressivity, aggressiveness
agreste (bot) / growing wild
agricole / agricultural
agriculture *f* / agriculture, farming, husbandry || **d'~** / agricultural || ~ **électrique** / electrofarming
agrippeur *m* (conteneur) / spreader
agro·logie *f* / science of land cultivation, geoponics (rare), sg. || ~**nomie** *f* / agronomy || ~**technie** *f* / chemurgy
agrumes *m pl* / citrus fruits *pl*
agrumiculture *f* / citriculture
AGULF = Association Générale des Usagers de la Langue Française
AICB = Association Internationale contre le Bruit
aide *m f* / helper, hand, assistant || ~ *m* (bâtim) / assistant building labourer, bricklayer's helper || ~ *f* / remedial measures *pl*, aid || **à l'~** [de] / with the aid [of] || **à l'~ d'un volant** / by using a handwheel || ~**-arpenteur** *m* / chainman, rodman (US), staffman (GB) || ~ *f* à l'**atterrissage** (aéro) / landing aid, LAN, ground support for landings || ~**-conducteur** *m* (ch.de fer) / assistant driver || ~ *f* au **démarrage** (auto) / starting aid || ~ **directionnelle** (auto) / steering booster || ~**-éclateur** *m* à **étincelle** / auxiliary spark gap || ~**-forgeron** *m* (forge) / hammer man ||

~-**géomètre** *m* (mines) / chainman || ~-**maçon** *m* / bricklayer's helper || ~-**mécanicien** *m* (auto) / garage hand || ~-**mémoire** *m* / pocket book, vade-mecum || ~-**mineur** *m* (mines) / helper || ~ *f* de **navigation** / navigational aid, navaid || ~-**porion** *m* (mines) / assistant deputy || ~**s-radio** *f pl* à la **navigation** / radio aids to navigation *pl* || ~**s** *f pl* **radiogoniométriques** / radio fixing aid || ~**s** *f pl* de **radioralliement** / homing aid || ~-**rentreur** *m* (tiss) / getter-in

AIEA, Agence *f* Internationale de lÉnergie Atomique / International Atomic Energy Agency, IAEA

aigre (couleur) / harsh, hard, sharp || ~, acide (goût) / tart, sour, acrid

aigrette *f* (phys) / brush, aigrette || ~ (astr) / coma || ~ **anisotrope** (TV) / anisotropic coma || ~ **électrique ou lumineuse** / electrical brush aigrette || ~ **lumineuse** (électr) / brush discharge || ~ de **papier** (électr) / paper tuft

aigreur *f* (goût) / tartness, acerbity || ~ de **revenu** / temper[ing] brittleness

aigrir / turn sour

aigu (gén, angle) / acute || ~ (ton) / harsh, shrill, piercing, strident

aiguayer le **linge** / rinse the laundry

aigue-marine *f* (pl: aigues-marines) / aquamarine

aiguës *f pl* / high pitch, treble || ~ (phys) / treble || ~ (haut-parl) / treble frequencies

aiguigeois *m* (géol) / sinkhole, swallowhole, katavothre, ponor

aiguillage *m* (ord) / switch[ing] || ~ **aérien** / aerial o. overhead frog, contact wire frog || ~ à **barillet** / multiway valve || ~ **croisé de la ligne de contact** (ch.de fer) / overhead junction crossing || ~ **électrique** (ch.de fer) / electrical throwing o. operating of points || ~ des **fils de contact** (ch.de fer) / contact wire crossing, overhead crossing o. switch || ~ à **guillotine à deux directions** / spectacle type slide valve || ~ de **programmes** / program switch || ~**s** *m pl* **semi-indépendants** (ch.de fer) / semi-independent point tongues *pl* || ~ *m* de **tuyaux** / pipe switches *pl* || ~ de **voies** (électron) / channel branching filter, channel diplexer

aiguille *f* (gén, m.à coudre) / needle || ~ (ch.de fer) / shunt, switch, points *pl* || ~ (fonderie) / wire riddle, venting wire o. rod || ~ (instr) / pointer, hand, index hand || ~ (balance) / index, needle, tongue || ~ (mines) / lye, double parting || ~ (typo) / fist || **l'~ oscille** / the hand deviates o. deflects || **en** ~ / in the shape of a needle, needle-shaped || **en** ~ (mines) / fingery, spiky, columnar || ~ **abordé par le talon** (ch.de fer) / trailing points *pl* || ~ **aimantée** / magnetic o. compass needle || ~ **antagoniste** (ch.de fer) / trap points *pl* || ~ à **barbe ou à bec** (tex) / spring o. beard[ed] needle, spring beard needle || ~ de **barrette** / gill pin || ~ à **bec pour métier Cotton** / narrowing point || ~ de **bifurcation** (ch.de fer) / diverging points *pl* || ~ à **broder** / embroidery o. lace o. tapestry needle || ~ de **cadran solaire** / gnomon, style, needle, cock || ~ de **carde** / tooth of cards || ~ **centralisée** (ch.de fer) / automatic switch || ~ au **charbon** (mines) / hand punch || ~ du **compas à pompe** (dessin) / pivot needle for drop-bow || ~ à **contrepoids** (ch.de fer) / weighted points *pl* || ~ **[à coudre]** / sewing needle || ~-**couteau** *f* (instr) / edgewise pointer, knife-edge pointer || ~ **cristalline** (crist) / needle || ~ à **crochet** / hook needle || ~ à **crochet** (m. à tricoter) / latch type needle || ~ **déclinatoire** / declining needle || ~ de **dédoublement** / points leading from single to double line || ~ de **déraillement** (ch.de fer) / derailing switch o. points *pl*, catch points (GB) *pl*, safety switch || ~ du **détecteur** (électron) / cat's whisker || ~ à **deux pointes** / double-ended o. -headed bearded needle || ~ à **deux talons** (m.à coudre) / double butt needle || ~ de **distribution** (ch.de fer) / distributing switch || ~ d'**emballage [à trépointe]** / packing needle, collar needle || ~ **enclenchée** (ch.de fer) / interlocked points *pl* || ~ **entraînée** / maximum indicator o. pointer, M.D. indicator || ~ **entrebâillée** (ch.de fer) / half-closed points *pl* || ~ d'**entrée** (ch.de fer) / entry points *pl* || ~ d'**essai** (orfèvre) / proof needle, touch[ing] needle || ~ **estampée** (tex) / plate needle || ~ **étirée** (tex) / drawn needle || ~ d'**évitement** (ch.de fer) / trap points *pl* || ~ à **filet** / netting needle || ~ **flexible** (ch.de fer) / spring point o. tongue, spring switch blade || ~ du **flotteur** (carburateur) / float spindle o. needle o. valve, inlet valve needle || ~ **folle** / untrue needle || ~ **glissante** (tiss) / compound needle || ~ de **grande marche** (carburateur) / high-speed needle || ~ d'**heure** (montre) / hour hand || ~ d'**impression** (ord) / printing needle o. pin || ~ d'**inclinaison** / dip[ing] o. inclinatory needle, inclinometer || ~ d'**injecteur** (brûleur) / injector needle o. pump || ~ de l'**injecteur** (turbine) / needle type turbine governor || ~ d'**injection** (diesel) / valve needle || ~ d'**instrument** / needle o. pointer of an instrument || ~**s** *f pl* **jumelées** (m à coudre) / twin needle || ~ *f* à **lame flexible** (ch.de fer) / point with flexible tongue || ~ de **lecture** / sensing pin || ~ pour ou de **machine à coudre** / sewing machine needle || ~ pour **machines** / machine needle || ~ pour **mailles retournées** (tex) / double head needle || ~ **manœuvrée à distance** (ch.de fer) / automatic switch || ~ **manœuvrée à la main** (ch.de fer) / points operated by hand || ~ du **maximum** / maximum indicator o. pointer, M.D. indicator || ~ de **mémoire** / adjustable o. reference pointer || ~ du **mineur** (mines) / gad || ~ de **minute** (horloge) / minute hand || ~ des **minutes sauteuse** (horloge) / jumping minutes hand || ~ à **moteur** (ch.de fer) / motor points *pl* || ~ **pendante** (charp) / stirrup piece, truss post || ~ de **pertuis** (hydr) / water stop pin o. pole o. plank o. needle || ~ **phosphorescente** / luminous hand || ~ de **pin** / pine needle[-leaf] || ~ **plate** (tex) / flat needle || ~ **pointe épaulée** (dessin) / needle with shoulder point || ~ **pointe simple** (dessin) / needle with simple point || ~ **porte-contact** / contact pointer || ~ en **position déviée** (ch.de fer) / points in reverse position || ~ **prise en pointe** (ch.de fer) / facing points *pl* || ~ de **protection** (ch.de fer) / derailing switch o. points *pl*, catch points (GB) *pl*, safety switch || ~ de **rabattement** (funi) / fall switch || ~ à **raccommoder** / darning needle || ~ de **raccordement** / junction points *pl* || ~ à **raccoutrer** (bonnet) / Stelos point || ~ de **ralenti** (carburateur) / low speed needle, part-load needle || ~ en **rampe** (ch.de fer) / ramp for climbing || ~ à **ravauder** / darning needle || ~ de **référence** / adjustable o. reference pointer || ~ **réglant le débit** (turbine) / needle type turbine governor || ~ de **repère** / adjustable o. reference pointer || ~ à **repriser** / darning needle || ~ à **ressort** (ch.de fer) / spring points *pl* || ~ au **rocher** (mines) / hand punch || ~ de **sapin** / pine needle[-leaf] || ~ **sauteuse** (détonomètre) / bouncing pin || ~ de **seconde** (montre) / second hand || ~ de **secteur** (radar) / sector pointer, bisector || ~ à **section tronconique** (instr) / wedged hand || ~ de **sécurité** voir aiguille de protection || ~ à **talon bas** (tex) / short butt needle || ~ à **talon haut ou long** (tex) / long butt needle || ~ **talonnable** (ch.de fer) / trailable point || ~

à **tambour** (lam) / drum[-type] switch || ~ de **transfèrement** (m. de bonnet.) / topping point, transfer needle || ~ de **tri** (c.perf.) / sorting needle || ~ à **tricoter** / knitting needle || ~ à **velours ronde** / round velvet needle, velvet pile wire || ~ de **Vicat** (béton) / Vicat needle

aiguillée *f* / sewing thread || ~ (filage) / stretch

aiguiller [les voies] (ch.de fer) / make the road, throw the points

aiguilletage *m* (tapis) / needling, needle bonding

aiguilleté (tex) / needled

aiguilleter (nav) / lash, tie down

aiguilleteuse *f* (tex) / needle-felting machine, needle loom

aiguilleur *m* (mines) / shunter || ~ (ch.de fer) / signalman, points man, switchman (US) || ~ du **ciel** (coll) / air traffic controller || ~ de **pavillon** (Suisse) (ch.de fer) / points man, signalman, switchman (US)

aiguisage *m* / sharpening

aiguisé / sharp, keen, sharp-edged

aiguiser / sharpen, set an edge || ~ (crayon) / sharpen, point || ~ en **creux** / hollow-grind

aile *f* (gén) / wing || ~ (aéro) / deck, wing, plane, airfoil, aerofoil (GB) || ~ (auto) / mud guard (GB), fender (US) || ~ (bâtiment) / wing, aisle || ~ (mines) / side of a work || ~ (filage) / flyer, whorl || **à ~s égales** (lam) / equal-sided || **à ~s inégales** (cornière) / unequal || **à une seule ~** / single-wing[ed] || ~ **agitatrice** / agitator blade || ~ à **allongement** (aéro) / variable span wing, telescope wing || ~ **annulaire** (aéro) / annular wing, ring foil || ~ **arrière** (aéro) / afterwing || ~ **avant** (aéro) / front wing || ~ **avant,** [arrière] (auto) / front, [rear] fender (US) o. mudguard (GB) || ~ **bâbord** (aéro) / port wing || ~ d'un **bâtiment** / wing, aisle || ~ **battante** (aéro) / beating o. flapping wing || ~ **biaise d'adossement** (pont) / splayed retaining wall || ~ **cambrée** (aéro) / cambered wing || ~ en forme de **coin** (aéro) / wedge aerofoil, knife-edge wing || ~ de **cornière** / leg o. flange of angle steel || ~ en **croissant** (aéro) / crescent wing || ~ [en] **delta** (aéro) / delta wing || ~ de **dérive** (nav) / leeboard || ~ en **dièdre** (aéro) / dihedral wing || ~ en **double delta** (aéro) / double delta wing || ~ **étirable ou à étirement** (aéro) / variable span wing, telescope wing || ~ de **face** (pont) / parallel wing || ~ à **fente** (aéro) / slotted wing o. aerofoil || ~ à **fente avec fentes variables** (aéro) / slotted wing with adjustable o. variable slots || ~ du **fer profilé** / leg o. flange of rolled steel || **~s** *f pl* en **flèche** (aéro) / sweptback o. sweepback (US) wings || ~ *f* à **flèche variable** (aéro) / variable wing || ~ **Flettner** (aéro) / air brake o. deflector || ~ **gauche** (aéro) / port wing || ~ d'**hydroptère** (ELF) (nav) / hydrofoil, -vane || ~ **inférieure** (constr.mét) / bottom flange || ~ **latérale** (bâtiment) / lateral wing, side-wing || ~ **lourde** (ELF) (aéro) / wing dropping || ~ de **moulin à vent** / sail, sweep, wing, arm || **~s** *f pl* **orientables** (navire) / antirolling fins *pl* || ~ *f* de **palette** / wing of pallet || ~ **parabolique** (aéro) / parabola wing || ~ **parachute** (aéro) / paraglider || ~ **parallèle** (pont) / parallel wing || ~ de **pare-choc** (auto) / corner bumper || ~ de **passerelle** (nav) / wing of the bridge || ~ à **pointe avant** (aéro) / wedge aerofoil, knife-edge wing || ~ de **pont** / wing of a bridge || ~ **portante** (nav) / hydrofoil, -vane || ~ de **refroidissement** (électrode) / electrode radiator || ~ de **régulateur à vent** (techn) / fly regulator o. governor, governor fly || ~ **repliable vers le haut** (aéro) / upward folding wing || ~ de **retordage** (filage) / twisting flyer || ~ à **rotor**, aile *f* rotatoire (aéro) / rotor wing || ~ **soufflée** (aéro) / jet flap[ped wing] for STOL || ~ à **surface variable** (aéro) / variable surface wing || ~ **télescopique** (aéro) / variable span wing, telescope wing || ~ de **tête** (pont) / parallel wing || ~ **tournante** (aéro) / rotary wing, rotating wing || ~ **trapézoïdale** (aéro) / tapered wing || ~ de **volant** (horloge) / fly vane || ~ **volante** / all-wing type airplane, flying wing, tailless airplane, wing body, flying body || ~ à **volets** (aéro) / slotted wing o. aerofoil

ailé / winged

aileron *m* (aéro) / aileron || ~ (nav) / fin keel || ~ (horloge) / nut, pallet || ~ d'**arbre d'hélice** (nav) / shaft o. shell bossing || ~ **classique** (sans fente ni recul) (aéro) / flap aileron || ~ de **courbure** (aéro) / plain o. camber flap || ~ de **passerelle** (nav) / wing of the bridge

ailettage *m* (turbine) / blading

ailette *f* (filage) / flyer, whorl || ~ (turb. à vap) / blade || ~ (plast) / fin || **à ~s transversales** / with transverse ribs || ~ d'**amortisseur** / damper vane || ~ **battante** (filage) / beater rod || ~ de la **broche** (tex) / spindle flyer || ~ **circulaire** (techn) / gill || ~ **dorsale** (pompe) / vane on the back of the impeller || ~ de **filage** / spinning flyer || ~ **hydrométrique** (hydr) / current meter, hydrometric vane, Woltmann's sail wheel || ~ d'**isolateur** / rib of an insulator || ~ de **prétorsion** (filage) / pre-twist flyer, creel o. supply flyer || ~ de **refroidissement** / cooling rib o. fin || ~ de **refroidissement annulaire** / cooling gill || ~ de **turbine** / turbine bucket (US) o. blade (GB) || ~ de **ventilateur** / fan blade

A.I.M. *m* / Agreement concerning the International Carriage of Goods by Rail

aimant *m* (phys) / magnet || ~ **adhérent** / magnetic clamp || ~ **alni** / alni magnet || ~ **amortisseur ou d'amortissement** / damping magnet || ~ de **Bitter** / Bitter magnet || ~ en forme de **cloche ou de défendu** / bell-shaped magnet || ~ **compensant la bande** (nav) / Flinders bar, heeling magnet || ~ **compensateur** / compensating magnet || ~ de **concentration** / focus[s]ing magnet || ~ **contrôleur** (instr) / control[ling] magnet || ~ de **convergence** (TV) / convergence magnet || ~ **correcteur** / control magnet || ~ **cuirassé** / iron-clad magnet || ~ de **déflexion ou de déviation** / deviation magnet || ~ de **démagnétisation** / erase magnet || ~ **directeur** / control magnet || ~ **droit** / bar magnet || ~ **effaçant** / erase magnet || ~ **enregistreur** (télécom) / recording magnet || ~ en **fer à cheval** / horseshoe magnet, U-shaped magnet || ~ **ferrimagnétique** / ferrimagnet || ~ **ferromagnétique** / ferromagnet || ~ **feuilleté** / lamellar o. laminate[d] magnet || ~ de **focalisation** (TV) / convergence magnet || **~-frein** *m* (instr) / brake magnet, braking magnet, retarding magnet || ~ **fritté** / sintered powder magnet || ~ **lamellé ou à lames** / lamellar o. laminated magnet || ~ **naturel** / loadstone, lodestone || ~ **permanent** / permanent magnet || **~-piège** *m* à **ions** (électron) / ion trapping magnet || ~ **plongeur** (électr) / solenoid || ~ **poinçonneur** / punching magnet || ~ **porteur de charge** / hoisting o. lifting magnet, crane magnet || ~ **Recoma** / Recoma magnet || ~ du **relais** / relay magnet || ~ de **repêchage** (mines) / finger disk || ~ **rotatif** / rotary magnet || ~ de **soufflage** / arc-blow[ing out] magnet, blow magnet || ~ de **suspension** / hoisting o. lifting magnet, crane magnet || ~ **torique** / toric magnet, ring magnet

aimantabilité *f* / magnetizability

aimantable / magnetizable

aimantation *f* / magnetization || ~ **circonférentielle** / circular magnetization || ~ par **impulsions** / flash magnetization || ~ par **induction** (électr) / cross magnetizing effect || ~ **longitudinale** / longitudinal magnetization || ~ **normale** / normal magnetization || ~ **oblique** / oblique magnetization || ~ **périphérique** / circular magnetization || ~ **rampante** / magnetic creeping || ~ **rémanente** (phys) / remanence, retentivity, residual magnetism || ~ à **saturation** / saturated magnetization || ~ de **surface** / free o. surface magnetization || ~ **transversale** / cross o. perpendicular o. transverse magnetization

aimanté / magnetized

aimanter / magnetize

air *m* / air || ~ (mines) / [mine] air || ~ [forcé] (sidér) / blast, forced air || ~, aspect *m* / appearance, look, aspect || **à ~ aspiré** / vacuum... || **à ~ comprimé** / compressed air... || **au grand ~** / in the open || **d'~ raréfié** (espace) / under diminished air pressure || **sans ~** / air-free || **sans ~** (injection) / airless || ~ **additionnel** / secondary o. additional air, supplementary air || **~-air** (aéro) / air-to-air... || ~ **ambiant** / ambient air || ~ **amené** / additional air || ~ d'**appoint** / secondary o. additional air, supplementary air || ~ d'**aspiration** (mot) / intake air || ~ **aspiré ou d'aspiration** / suction air || **~-bag** *m* (auto, vulcanisation) / air bag || ~ de **balayage** (mot) / scavenging air || ~ **chaud** / hot air || ~ **circulé ou de circulation** / circulating air || ~ de **combustion** / air for combustion, combustion air || ~ de **compensation** (carburateur) / compensating air || ~ **complémentaire** / secondary o. additional air || ~ **comprimé** / compressed air || ~ **délétère** (mines) / white damp || ~ en **dépression** / suction air || ~ d'**échappement** / drawing-off air, outgoing air || ~ **entré accidentellement** / secondary o. additional air, air [entering through a] leak, bleed air || ~ d'**évacuation** / drawing-off air, outgoing air || ~ **extérieur** / outer air, surrounding air || ~ **forcé** / forced air || ~ **frais** / fresh air || ~ **froid** / cold air || ~ **grisouteux** / firedamp, black o. choke damp, mine damp o. gas || ~ de **haut fourneau** / blast furnace blast || ~ **humide** / humid air || ~ **immobile** / still air || ~ **inhalé** / inhaled air || ~ **libre** / open air || ~ **liquide** / liquid air || ~ **lourd ou méphitique** (mines) / black o. choke o. after-damp || **~-masse** *m*, AM (météorol) / air mass, AM || ~ **mouvementé** / air in motion || ~ **parasite** / secondary o. additional air, air [entering through a] leak, bleed air || ~ **polaire** / polar air || ~ sous **pression dynamique** (aéro) / ram air || ~ **primaire** / primary air || ~ **propané** / propane-air mixture || ~ **pulsé** / forced o. pulsated air || ~ **refroidissant ou de refroidissement** / cooling air || ~ de **réglage** (contr.aut) / control air || ~ **résiduel** / residual air || ~ **secondaire** / secondary o. additional air || ~ de **secours** (aéro) / emergency air || **~-sol** (aéro) / air-ground... || ~ **sortant** / drawing-off air, outgoing air || ~ **soufflé ou de soufflage** / blast || ~ **supplémentaire** / supplementary air || ~ **tertiaire** (brûleur) / tertiary air || ~ **toxique** (mines) / white damp || **~-vapeur** *m* **bag** (caoutchouc) / steam airbag || ~ **vicié** (gén) / pulsated air || ~ **vicié** (mines) / vitiated air, bad o. foul air

airain *m* / bronze

airbus *m* (aéro) / airbus

aire *f* / area || ~, plancher *m* / floor || ~, claire-voie *f* / clear space || ~ d'**admission** (vide) / nozzle clearance area || ~ en **asphalte** / asphalt floor[ing] || ~ d'**atterrissage** (aéro) / landing area || ~ **balayée** (TV) / scanning pattern || ~ **balayée** (auto) / wiped area || ~ de **captation** (antenne) / absorption area, effective area o. surface || ~ **centrale urbaine** / area of the urban center || ~ du **cercle** / area of a circle, circular area || ~ de **chaux** / mortar floor || ~ en **ciment** / cement floor, composition floor || ~ de **compensation des compas** / compass base || ~ de **cuivre** (électron) / shorting bar || ~ **cultivée** / cultivated area || ~ de **danger** / danger spot || ~ d'un **demi-cercle** / area of the semi-circle || ~ du **diagramme des moments** / diagram of moments || ~ de **diffusion** (nucl) / diffusion area || ~ des **efforts tranchants** / area of shearing force || ~ d'**emballage** / shipping bay, packing area || ~ d'**emballage de boîtes** / cartooning area || ~ d'**enclume** / anvil face o. plate || ~ d'**évolution** (aéro) / apron || ~ d'**évolution bétonnée** (aéro) / concrete apron || ~ **exposée au vent** / area o. side o. surface exposed to the wind || ~ de **fonderie** / sole, hearth, smelting area || ~ des **fours à coke** / [inclined] coke bench || ~ de **grille** (techn) / grate area o. surface || ~ **imperméable** (bâtim, routes) / watertight coating || ~ [sélectionnée] **de Kapteyn** (astr) / selected area || ~ de **lancement** (ELF) / launching ramp || ~ **latérale de cône** / envelope of cone || ~ de **lavoir** (mines) / frame, buddle, strake || ~ **libre de décollage** (aéro) / clearway || ~ **magnésienne** / magnesia flooring || ~ de **manœuvre** (aéro) / tarmacadam, manœuvring area || ~ **marginale** (électron) / fringe area || ~ **métropolitaine** / area of the urban center || ~ de **migration** (nucl) / migration area || ~ de **moments** / diagram of moments || ~ des **moments de Culmann** / Culmann's diagramm of moments || ~ du **passage de vapeur** / steam passage || ~ **pavée** / paved floor || ~ en **plâtre** / composition floor, plaster floor || ~ d'un **pont** / bridge floor[ing] o. deck[ing] || ~ de **ralentissement** (nucl) / slowing down area || ~ de **repos** / lay-by (GB) || ~ de **repous** / cast plaster floor || ~ de **sas** / lock-bay || ~ **[sélectionnée] de Kapteyn** (astr) / selected area || ~ à **signaux** (aéro) / signal area || ~ de **stationnement** (aéro) / apron || ~ de **stationnement et d'accès** (aéro) / apron || ~ de **stockage** (bâtim) / storage area || ~ d'une **surface** / superficial contents *pl* || ~ en **terre glaise** (bâtim) / clay floor || ~ de **trafic** (aéro) / ramp, apron || ~ de **transit direct** / direct transit area || ~ de **vent** / rhumb o. rumb of the compass || ~ de **verse** (excavation) / spoil area

airlift *m* (pétrole) / airlift

ais *m* / board || ~ de **contre-marche** / riser || ~ à **distribuer** (typo) / distributing rule || ~ d'**entrevous** (bâtim) / sound board

aisceau *m* (couvreur) / roofer's hammer

aisé / comfortable || ~ [à] / easy || ~ à **lire** / readily readable, easy-to-read || ~ à **manier** / convenient in operation

aisément / smooth, vibrationless

aisseau *m* (couvreur) / roofer's hammer

aisselier *m* (charp) / brace, bracket, strut || ~ **suspendu** / suspension stay o. strut

aisselle *f* (bâtim) / haunch of an arch

A.I.V. *m* / Agreement concerning the International Carriage of Passengers and Baggage by Rail

ajour *m* / opening, open work (in wood carving) || ~ (plast, défaut) / breakout || ~ pour **montage** (typo) / mounting cut-out

ajourage *m* (découp) / punching of lateral recesses

ajouré / open-worked || ~ (découp) / punched

ajoureuse *f* / hemstitcher, decorative seaming and hemstitching machine

ajourner / defer, postpone

ajout *m* / addition

ajoutage *m* (chimie, fonderie) / addition, admixture

ajouté (techn) / mounted [on], [directly] attached

ajouter / add || ~ (chimie) / add, admix || ~, joindre / join || ~ par **alliage** / add by alloying || ~ une **annexe** (bâtim) / build [against o. on] || ~ un **fondant** (sidér) / add as a flux || ~ du **minerai** (sidér) / ore || ~ une **pièce** / add [to] || ~ au **tour** (tourn) / turn-on on the lathe
ajoutoir *m* / nozzle-pipe
ajustable / adjustable
ajustage *m* / adjusting, adjustment || ~ (mot) / tuning || ~ (gén) / fitting work, matching || **à ~ automatique** / self-adjusting || **d'~** / adjusting, adjustment... || ~ d'**air de ralenti** (auto) / idling adjustment || ~ d'**altitude** / elevation adjustment || ~ **angulaire** / angular adjustment || ~ du **brûleur** / combustion adjustment || ~ de **cannelure** (lam) / reduction of roll passes || ~ de **frein** / brake adjusting || ~ à **frottement doux** / snug fit || ~ à **frottement dur** / tight fit || ~ **gras** / push fit || ~ **libre** / loose fit || ~ du **niveau** (électron) / level adjustment, line-up || ~ des **outils** / setting of tools || ~ **permanent** (arp) / permanent adjustment || ~ à **ralentissement** (auto) / low speed adjustment || ~ **serré par retrait** / shrink fit || ~ de la **valeur de consigne** (contr.aut) / set-point adjustment
ajusté / matching || ~ par **rodage** / ground in || ~ à l'**usine** / factory-alined
ajustement *m* (techn) / fit || ~ de l'**aiguille** / pointer setting || ~ **angulaire** / angular adjustment || ~ **appuyé** (techn) / close sliding fit || ~ **appuyé à cheval** / wringing fit || ~ **collant** / wringing fit || ~ **conique** / cone fit || ~ **conique avec jeu** / cone clearance fit || ~ **conique avec serrage** / cone interference fit || ~ de **courbe** (ord) / curve fitting || ~ **cylindrique** / cylindrical fit || ~ **exact** (techn) / plain fit || ~ de **filetage [ou de taraudage]** / [class of] thread fit || ~ **fin** / snug fit || ~ **fretté** (déformation plast.) / shrink o. expansion fit || ~ **fretté** (techn) / shrink[age] fit || ~ **glissant** / sliding o. bearing fit || ~ **gros** / coarse fit || ~ de **haute précision** / sensitive adjustment || ~ d'**horizon** (arp) / level[l]ing of the head || ~ avec **jeu** / loose fit, clearance fit (US) || ~ **lâche** / easy fit || ~ de **phase** / phase adjustment || ~ en **profondeur** (m.outils) / depth adjustment || ~ de **sélection** / selective assembly || ~ **serré** (techn) / drive o. driving fit, force o. press fit || ~ **tournant** / running fit || ~ de **transition** (techn) / medium o. transition fit
ajuster / adjust, set || ~, dresser (techn) / adjust, straighten || ~, adapter / dress, adjust || ~ (instr) / adjust || ~ les **colonnes** (typo) / make up, adjust || ~ des **courbes** / ease curves || ~ les **moules** (fonderie) / align moulds || ~ à **puissance maximale** (mot) / tune up || ~ une **solution** / standardize a solution
ajusteur *m* (typo) / adjuster || ~ (m.outils) / set-up man || **~-mécanicien** *m* / mechanic, fitter, mechanic installer || **~-mécanicien qualifié du fond** *m* (mines) / rock cutting machine driver, machine driller || ~ de **moteurs d'autos** (auto) / motor mechanic || ~ d'**outils** / tool mechanic || **~-serrurier** *m* / locksmith || ~ de **tension** (transfo) / [off-circuit] tap changer || ~ de **tension** (contr. autom.) / voltage set-point adjuster || ~ [de la **valeur] de consigne** / set-point adjuster
ajutage *m*, ajutoir *m*, ajoutoir *m* / faucet pipe, [regulating] nozzle
alabandine *f* (min) / alabandite, -dine
alabastrite *f* / gypseous alabaster
alaise *f* de **chants** (men) / edge band, bandings *pl* || ~ **embrevée** (men) / inlet edge band, concealed edge band
alambic *m* (chimie) / distilling flask, still, kettle || ~ à **condensation et à distiliation** (plast) / condensing and distilling kettle
alandier *m* (céram) / round kiln
alanine *f* / alanine
alarme *f* / danger-signal, emergency signal, alarm || ~ (télécom) / bell set, ringer, alarm [bell] || ~ d'**effraction** / intruder o. burglar alarm || ~ d'**incendie** / fire alarm || **~-pneu** *m* (auto) / tire alarm
albâtre *m* / alabaster
albédo *m* (astr, phys) / albedo || ~ (lumière) / coefficient of reflex luminous intensity || ~ de **neutrons** / neutron albedo
albite *f* (min) / albite
albraque *f* (mines) / water gate o. level
albumen *m* / albumen || ~ d'**œuf** / egg albumen, white of egg
albuminage *m* (phot) / albumin process, albuminizing
albuminate *m* / albuminate
albumine *f* / albumin || ~ d'**œuf** / egg albumin, ovalbumin || ~ **végétale** / vegetable albumin, phytoalbumin
albumineux / albuminous
alcalescence *f* / alcalescency, alcalescence, putrefaction by alcalis
alcali *m* / alkali [salt] || **~s** *m pl* / alkalis *pl* || ~ *m* **caustique** / caustic alkali || ~ **volatil** / ammonia solution o. water, ammonium hydroxide, aqueous o. liquid ammonia || **~fère** / containing alcali, alkaliferous || **~fiant** / alkalifying || **~gène** *adj* / alkalifying || **~gène** *m* / alkalifier || **~métrie** *f* / alkalimetry
alcalin / alkaliferous, alkaline || ~ **caustique** / caustic alcaline
alcalinisation *f* (chimie) / alkalinization
alcaliniser / alkalify, alkalinize
alcalinité *f* / alkalinity || ~ (éch. d'ions) / acid capacity || ~ **au méthylorange/TAC** (= titre alcalimétrique complet) / bicarbonate alcalinity || ~ **caustique** / caustic alkalinity || ~ **optimale** (sucre) / optimal alkalinity || ~ à la **phénolphtaléine/TA** (= titre alcalimétrique) / total alkalinity
alcalino-terreux / alkaline-earth...
alcaloïde *m* / alkaloid, vegetable base || ~ du **poivrier** / pepper alkaloid
alcane *m* (chimie) / alkane || **~s** *m pl* / aliphatics *pl* || **~sulfonate** *m* / alkane sulphonate
alcanna *m* (chimie) / orcanette
alcannine *f* / alkannin, anchusin
alcène *m* / alkene, alkylene
alcool *m* / alcohol || ~ , esprit *m* de vin / spirit of wine || **sans** ~ / non-alcoholic || ~ **absolu** / 100% pure alcohol || ~ **allylique** / allyl alcohol || ~ **amylique ou d'amyle** / amyl alcohol || ~ **amylique tertiaire** / tertiary amyl alcohol || ~ **anhydre** / pure alcohol || ~ **benzoïque ou benzylique** / benzyl alcohol || ~ de **betteraves** / beet root alcohol || ~ de **bois** / wood alcohol o. spirit, methyl alcohol || ~ **bon goût** / potable spirits *pl* || ~ **brut** / crude o. raw spirit || ~ **butylique** / butyl alcohol, butanol || ~ **butylique de fermentation** / fermentation butyl alcohol || ~ **camphré** / spirit of camphor || ~ **caprylique** / caprylic alcohol || **~-carburant** *m* / alcohol motor fuel || ~ **cétonique** / alcoholic ketone || ~ **cru** / crude o. raw spirit || ~ **cyclique** / cyclic alcohol || ~ **décylique** / decyl alcohol || ~ **dénaturé** / denaturated alcohol o. spirit, methylated spirit || ~ **déshydraté** / pure alcohol || ~ **diacétonique** / diacetone alcohol || ~ **dodécylique** / lauryl alcohol || ~ **durci** / hard o. solid spirit, canned fuel (US), meta (US) || ~ **éthylique** / ethyl alcohol || ~ de **fermentation** / grain alcohol, ethyl alcohol || ~

furfurylique / furfur[yl] alcohol || ~ de **grains** / alcohol of grain || ~ **gras** / fatty alcohol || ~ **heptylique** / heptyl alcohol || ~ **hexadécylique** / hexadecanol, cetyl alcohol || ~ d'**industrie** / industrial alcohol || ~ **isoamylique** / fermentation amylalcohol, isoamyl alcohol || ~ **isobutylique** / isobutyl alcohol, 2-methyl propan-1-ol || ~ **isopropylique** / isopropanol, isopropyl alcohol, IPA, 2-propanol, secondary propyl alcohol, propan-2-ol || ~ **laurique** / lauryl alcohol || ~ **médical** / benzine, medical grade, surgical spirits *pl* || ~ **mélissique** / melissyl o. myricyl alcohol || ~ **méthylique** / methyl alcohol, carbinol, methanol || ~ **monovalent** / monohydric alcohol || ~ **myricique** / melissyl o. myricyl alcohol || ~ **nonylique** / nonyl alcohol, nonalol || ~ **octylique** / octyl alcohol || ~ **œnanthique** / enanthic alcohol || ~ **ordinaire [dénaturé par méthyline régie]** / methylated spirit, industrial methylated spirit, I.M.S. || ~ **phénolique** / phenolic alcohol || ~ de **plus que 94%** / rectified spirit || ~ **polyvalent** / polyhydric alcohol, polyol || ~ **polyvinylique** / polyvinyl alcohol, PVA || ~ de **pommes de terre** / alcohol of potatoes, potato o. starch spirits *pl* || ~**-preuve** *m* / proof spirit || ~ **primaire** / primary alcohol || ~ **propargylique** / propargyl alcohol || ~ **propylique** / propyl alcohol, propanol || ~ 100% **pur** / 100% pure alcohol || ~ **purifié** / rectified alcohol || ~ de **queue** / fermentation amyl alcohol, isoamyl alcohol || ~ **rectifié** / rectified alcohol || ~ de **résine** / resinol, resin alcohol || ~ **salicylique** / saligenin[e], saligenol, salicyl alcohol || ~ **solidifié** / hard o. solid spirit, canned fuel (US), meta (US) || ~ **térébenthiné ou de térébenthine** / turpentine alcohol || ~ **terpénique** / terpene alcohol || ~ **vinylique ou de vinyle** / vinyl alcohol || ~ de **Ziegler** / Ziegler alcohol

alcoolat *m* / alcoholate

alcoolémie *f* (circulation autom.) / percentage of alcohol

alcoolification *f* / formation of alcohol

alcoolique / alcoholic

alcoolisation *f* / alcoholization, reduction into alcohol

alcoolomètre *m*, alcoomètre *m* / alcoholmeter, alcoholometer || ~ **centésimal** / centesimal alcolmeter || ~ de **Sikes** / Sikes hydrometer || ~ à **titres alcoométriques massiques [volumiques]** / alcoholmeter working by mass-, [volume-]percentage

alcoolométrie *f* / alcoholmetry

alcoométrie *f* / alcoholometry

alcootest *m* (circulation) / alcotest

alcoxyler / alcoxylate

alcoylation *f* voir alkylation

alcoyle *m*, alcoyl *m*, alkyle *m* / alkyl

alcoylène *m* / alkylene

alcoyler / alkylate

alcoylidène *m* / alkylidene

aldéhyde *m f* / aldehyde || ~ *m* **acétique** / acetaldehyde, (preferred chemical name:) ethanal || ~ **acrylique** / acrolein[e], acrylaldehyde || ~ **anisique** / anisaldehyde, anisic aldehyde || ~ **benzoïque** / benzaldehyde, bitter almond oil || ~ **cinnamique** / cinnamic aldehyde, cinnamal[dehyde] (US) || ~ **crotonique ou de croton** / crotonaldehyde || ~ **dodécanoïque** / lauryl aldehyde || ~ **formique** / formaldehyde, aldoform, formic aldehyde (preferred chemical name:) methanal || ~ **glycérique** / glyceric aldehyde, glyceraldehyde || ~ **laurique** / lauryl aldehyde || ~ **méthacrylique** / methacrolein || ~ **méthylique** / formaldehyde, formic aldehyde, oxomethane || ~ **œnantique** / oenanthal[dehyde], oenanthic aldehyde || ~ **phénolique** / phenol aldehyde || ~ **propionique ou propylique** / propylaldehyde, propionaldehyde (preferred chemical name:) propanal || ~ **salicylique** / salicylaldehyde, salicylic aldehyde

aldol *m* / aldol

aldose *m* (chimie) / aldo[hexo]se

aldoxime *f* / aldoxime

aldrey *m* / Aldrey

aléa *m* / chance

aléatoire *adj* (phys) / aleatory, hazardous || ~ (math) / random, stochastic || ~ *f* / random variable

alêne *f* / awl, bodkin, broach, pricker || ~ (cordonnier) / awl || ~ **plate** / bradawl

alentours *m pl* / adjacencies *pl*

aleph zéro *m* (théorie des ensembles) / aleph zero

alerte *f* / alarm || ~ (ELF) / readiness, preparedness || ~ d'**incendie** / fire alarm || ~ au **smog** / smog warning

alésage *m* (techn) / boring [operation o. work] || ~ (mot) / cylinder bore || ~ avec un **alésoir** (m.outils) / reaming || ~ **biais** / inclined bore || ~ avec **centrage et taraudage** / bore with internal thread and centering location || ~ pour **centrage d'outillage** / stem hole || ~ **conique** / taper hole o. bore || ~ du **diffuseur** (auto) / atomizer mozale || ~ au **foret aléseur** (m.outils) / boring || ~ **gai** / clearing hole || ~ du **gicleur de ralenti** (auto) / bore of the slow-speed nozzle || ~ à **logement de tenon** / bore with keyslot || ~ **normal** / basic hole || ~ du **pivot** / dead eye || ~ à **rainure de clavetage** / bore with keyway || ~ du **roulement** / bore of the bearing

alèse *f* (men) / edge band

aléser / bore, open by boring || ~ (m.outils) / turn interior diameter || ~ avec un **alésoir** (techn) / ream || ~ à **butée fixe ou à butées-limites** / trip || ~ **conique** / taper internally || ~ une **ligne d'arbre** / bore bearings in line || ~ à la **meule** / grind internally || ~ au **tour** (m.outils) / hollow out by turning, turn-out o. hollow, bore

aléseuse *f* / turning and boring machine || ~ à **cylindres** / cylinder boring machine || ~**-fraiseuse** *f* **horizontale** / horizontal boring and milling machine || ~**-fraiseuse** *f* à **montant déplaçable** / portable boring and milling machine || ~ **horizontale** / horizontal boring machine o. mill || ~ **multibroche** / multihole boring machine || ~**-pointeuse** *f* (m.outils) / jig boring machine o. mill || ~ **surfacique** / fine boring machine

alésoir *m* (techn) / reamer || ~ (tournage) / boring tool, opening bit || ~ **carré** / square broach || ~ de **chaudronnerie à machine** / bridge reamer || ~ **creux** / shell reamer || ~ à **dents droites** / straight fluted reamer || ~ en **disque** / disk reamer, boreamer || ~ **expansible [au milieu]** / solid expansion [chucking] reamer || ~ **finisseur ou de finition** / finishing reamer || ~ de **finition pour cônes [Morse ou métriques]** / taper [pin] reamer || ~**-fraise** *m* **creux ou à rapporter** / shell drill || ~ à **guide** / reamer with pilot guide || ~ **long** / gun reamer || ~ à **machine** / chucking reamer, machine [chucking] reamer || ~ pour **machines automatiques** / stub reamer || ~ à **main** / hand reamer || ~ à **main pour trous de goupilles coniques** / hand taper pin reamer || ~ **oscillant** / floating reamer || ~ **réglable** / solid expansion [chucking] reamer || ~ **rotatif pour canaux** / engine root canal reamer || ~ pour **tour automatique** /

stub reamer || ~ à **trous borgnes** / bottoming reamer, rose chucking reamer || ~ à **trous de rivets** / bridge reamer
alésomètre *m* / measuring instrument for bores
alésure·s *f pl* / bore chips *pl*, borings *pl* || **~s** *f pl* en **métal** / metal borings o. bore chips *pl*
alfa *m* / esparto, alfa[grass], Spanish grass
alfénide *m* / argentan
algarobille *f* (tan) / algarobilla
algèbre *f* / algebra || ~ de **Boole** / boolean algebra o. notation || ~ de **branchement ou de commutation ou des circuits**, algèbre *f* logique / circuit algebra || ~ de **Lie** / Lie algebra || ~ **quaternionique** / algebra of quaternions || ~ **vectorielle** / vector algebra
algébrique / algebraic[al]
alginate *m* / alginate
algorithme *m* (math) / algorithm || ~ de **déviation de fluence** (télécom) / flow deviation algorithm, FD || ~ de **Gauss** (math) / Gaussian algorithm
algorithmique / algorithmic
algraphie *f* / aluminium print, algraphy
algue *f* / alga || **~s** *f pl* **brunes** / brown algae *pl* || ~ *f* **marine** (bot) / sea-wrack || **~s** *f pl* **rouges**, Rodophycées *f pl* / red algae || **~s** *f pl* **vertes**, Chorophycées *f pl* / green algae
alicyclique (chimie) / aliphatic-cyclic, alicyclic
alidade *f* (arp) / alidade, sight rule || ~, instrument *m* azimutal / azimuth circle o. instrument o. sight, azimuth reading device || ~ **[munie de télescope]**, alidade *f* holométrique ou à lunette (instr. opt.) / alidade with telescope, tilting level || ~ du **sextant** / index arm || ~ **tachygraphique pour le levé des profils** (arp) / telescopic alidade and cross sectioning apparatus
aliestérase *f* / aliesterase
alignage *m* de la **courroie** / belt trainer
aligné / in a straight line || ~ (bâtim) / flush
alignement *m* (bâtim) / building line, alignment, alinement || ~ (techn) / alignment || ~ (auto) / tracking || ~ (typo) / type line, body line || ~ (nav) / alignment bearing, transit bearing || ~ (électron) / alignment, alinement || **à ~ automatique** / self-aligning || **à ~ automatique** (indicateur de gisement panoramique) (radar) / azimuth stabilized (PPI) || **à l'~** (typo) / flush || **en ~** (ch.de fer) / in a straight line || ~ d'**antennes en longueur** (antenne) / linear array, array of parallel dipoles || ~ d'**antennes en nappes** (électron) / broadside o. christmastreee antenna || **~s** *m pl* de **calamine** (sidér) / scale pattern, breaker roll scale || ~ *m* de la **caméra** (TV) / camera alignment || ~ de **crête** (TV) / peaking || ~ de **criques** (sidér) / crack pattern || ~ **droit** (ch.de fer) / tangent track || ~ à **gauche, [à droite]** (graph) / justification left-hand, [right-hand] || ~ **grossier** (radio) / coarse alignement || ~ de **hausse** / adjustment of sight || ~ **incorrect** / maladjustment || ~ des **molécules** / molecular alignment || ~ du **multiplicande** (ord) / multiplicand line-up || ~ d'un **mur** / wall line || ~ **nucléaire** / nuclear alignment || ~ des **pales** (hélicoptère) / tracking of the blades || ~ avec la **piste** (aéro) / runway alignment, localizing || ~ en **quinconce** (pneu) / diagonal lining || ~ de **roues** / alignment o. alinement of wheels || ~ d'une **rue** / building line, alignment, alinement || ~ en **V** (pneu) / diagonal lining || ~ de la **virgule décimale** / decimal point alignment
aligner (gén; électron) / align, aline || ~ (arp) / sight out || ~ (s') / line up || ~ (s') (bâtim) / be in alignment, align || ~ **latéralement** / align laterally || ~ l'**un sur l'autre** / bring into line
aliment *m* / food[stuff], nourishment, nutriment || ~ (chauffage) / fuel || ~ du **bétail** / fodder, forage, feed, provender
alimentaire / nutritive, nutritional, nutrient, nourishing, alimentary || ~ (filage) / feed...
alimentateur *m* / feeder, feeding device || ~ (électr) / feeder, supply line || ~ (hydr) / feeder || ~ **agitateur** / feeder with stirring apparatus o. with agitator || ~ par **bol vibrant** (m.outils) / centrifugal hopper feeder || ~ de **coton** (filage) / cotton supplier || ~ à **courroie** (techn) / belt feeder || ~ **multiple** (électr) / multiple feeder || ~ à **palettes** / scoop wheel elevator o. feeder || ~ à **pelle** / pan feeder || ~ à **roue cellulaire** / cellular wheel feeder || ~ à **secousses** / hopper shoe o. vibrator, reciprocating feeder || ~ par **sole tournante** / vane feeder || ~ à **tambour** / drum feeder
alimentation *f*, nourriture *f* / feeding, nutrition || ~, point d'alimentation / feeding point || ~ (techn) / feed[ing], supply || ~ (fonderie) / hot topping || ~ (électr) / power supply || ~ (séparation isotopique) / feed, input || ~ (moulin) / grain supply || ~ (prépar) / feed[ing] || ~ (turb. à vap.) / admission || ~ (électron) / power pack o. supply || **à ~ automatique** / self-feeder o. feeding || **à ~ inductive** / reactance fed || **à ~ statorique** (électr) / double-fed || **ayant manqué d'~** (fonderie) / unfed || **d'~** / alimentary || ~ d'**aiguës** (acoustique) / top feed || ~ d'**air** / aeration, ventilation || ~ d'**air aspiré** / vacuum feed || ~ en **air comprimé** / compressed-air supply || ~ à **auge** / box charging || ~ **automatique** / automatic feed, autofeed, power feed || ~ des **avions en carburant** / aircraft fuelling || ~ des **barres** (m.outils) / bar stock feed || ~ par **bobine** (électr) / choke feed || ~ de **bobines** (tex) / bobbin loading || ~ par **bol vibrant** (m.outils) / barrel hopper feed, vibratory bowl feed || ~ en **carburant** (auto) / fuel delivery o. feed || ~ de **carburant par pression** / forced fuel feed || ~ de **cartes** (c.perf.) / card feed || ~ en **champ magnétique rotatif** / energizing in field- o. phase-rotation || ~ en **charge** (auto) / syphon feed (fuel) (US), gravity feed || ~ des **chaudières** / boiler feed || ~ par **circuit normalement ouvert** (relais) / circuit closing connection || ~ **colonne par colonne** (c.perf.) / endwise feed || ~ en **combustibles** / fuel feed, fuelling || ~ **continue** (ord) / continuous feeding || ~ **continue** (électr) / d.c. insertion, d.c. supply || ~ **continuelle d'énergie** (accu) / continuous battery power supply || ~ par **corne** (radio) / horn feed || ~ en **courant** (ou énergie) **électrique** / current supply o. feed, electric power supply || ~ en **courant alternatif** / A.C. [power] supply || ~ en **courant constant** / stabilized power supply || ~ du **courant de pointe** (électr) / peak current supply, peak shave o. shaving || ~ en **courant porteur** (électron) / carrier supply || ~ en **courant triphasé** (nav) / three-phase A.C. ship's supply system || ~ à **courroie** (techn) / belt feeder || ~ à **dépression** / vacuum feed || ~ par **dévidage ou par déroulement** (filage) / feeding by unwinding || ~ par **disque** / [rotary] plate feed || ~ par **distributeur** (verre) / gob o. gravity feeding o. process || ~ en **eau** / water supply || ~ en **eau autonome** / self-supply of water, independent water supply || ~ en **eau domestique** / water service || ~ en **eau et en électricité** / light and power plant operation and water supply || ~ en **eau indépendante** / independent water supply || ~ **électrique** (électron) / power pack o. supply o. unit, mains supply circuit || ~ des **électro-aimants** / feeding of electromagnets || ~ en **énergie** / power supply || ~ à **étable** (agr) / stable o. indoor o. barn (US) feeding || ~ **externe**

(électron) / external power supply || ~ en **fantôme** (télécom) / phantom powering || ~ en **gaz** / gas supply || ~ en **gaz et en eau** / gas and water supply || ~ en **gaz forcée** / forced induction of gas || ~ par **gravité** (m.outils) / gravity feed || ~ par **gravité** (auto) / syphon feed (fuel) (US), gravity feed || ~ par **gravité** (verre) / gob o. gravity feeding o. process || ~ selon la **gravité** (céram) / scattering firing || ~ de **haute tension** (repro) / high-voltage panel || ~ **individuelle de cartes** / single card feed || ~ **individuelle en eau** / individual water supply || ~ **ininterrompue en courant** / uninterruptible power supply, UPS || ~ **intempestive** (c.perf.) / sneak feed || ~ à **large bande** (antenne) / wide band supply || ~ **ligne par ligne** (c.perf.) / sideways feed || ~ au **loin** / long-distance supply || ~ des **machines à chambre froide** (fonderie) / ladling || ~ à la **main** / hand feed || ~ **manuelle** (repro) / hand feed o. input || ~ de **matière** / feed of material || ~ **médiane** (antenne) / apex drive (US), centre feed (GB) || ~ du **microphone** / microphone current, voice current (US) || ~ en **papier** / form feeding device, form guides *pl* || ~ **parallèle** / parallel feed || ~ à **plan incliné** (m.outils) / gravity chute feed system || ~ à **plateau tournant** (découp) / dial feed || ~ **pondérale** / weight feeding || ~ par **pression** / pressure feed || ~ sous **pression** (mot) / supercharging, pressure charging || ~ **réfrigérante** (m.outils) / coolant supply || ~ [par le ou sur] **secteur** (électron) / mains supply, public [current] supply || ~ **secteur 110/220 V** / dual voltage ... || ~ de **sécurité** / safety supply system || ~ en **série** (tube) / series feed || ~ en **sirop** (sucre) / drawing-in o. intake of syrup || ~ par **sole tournante** / rotary plate feeding || ~ **souterraine en courant** / underground current supply || ~ **statorique** / stator feed || ~ par **surverse** (bidet) / over rim supply (bidet) || ~ en **travers** (carde) / transverse fiber feed || ~ en **vapeur** / steam supply || ~ par **vibration** / vibratory bowl feeder

alimenté (courant, tension) / applied (current, voltage) || ~ par **batteries solaires** / solar powered || ~ **commandé par flotteur** / float-feed... || ~ par **convertisseur** / static-converter fed || ~ en **courant** / current-fed || ~ par l'**énergie électrique** / electrically energized || ~ en **parallèle** (antenne) / shunt fed || ~ en **phase** (antenne) / inphase-fed || ~ à **réactance** / reactance fed || ~ du **réseau** (électr) / on the line, line powered (US) || ~ par **thyristor** / thyristor-fed

alimenter (gén) / feed *vt*, supply *vt* || ~ (liquide) / refill, replenish || ~ (four) / charge *vt* || ~ (fonderie) / feed *vt* || ~ en **eau chaude** (bière) / underlet || ~ le **feu** / put on, replenish || ~ l'**ordinateur** / feed data, input *v*

alimenteur *m* de **laine** / wool supplier || ~ **mécanique** (feu) / automatic stoker || ~ à **piston** / piston feeder

alinéa *m* (typo) / paragraph, par., (also:) inden[ta]ion || **faire un** ~ (typo) / indent

aliphatique (chimie) / aliphatic, acyclic || **~-cyclique** (chimie) / aliphatic-cyclic, alicyclic

aliquante *adj f* (math) / aliquant *n and adj*

aliquote (math) / aliquot || ~ (acoustique) / resonant, resonance...

alite *f* (ciment Portland) / alite

alizarine *f* / madder red, alizarin

alkamine *f* / amino alcohol

alkanna *m* (chimie) / orcanette

alkannine *f* / alkanet, anchusin

alkoxyde *m* / alkoxide

alkylamine *f* / alkyl amine

alkylat *m* / alkylate

alkylation *f* / alkylation || ~ par l'**acide fluorhydrique** (chimie) / HF-alkylation || ~ à l'**acide fluorhydrique par procédé Perco** (pétrole) / Perco HF-alkylation || ~ de **Kellog à l'acide sulfurique** / Kellog sulphuric acid alkylation || ~ **U.O.P.** (pétrole) / UOP alkylation

alkyle *m* / alkyl || **~-métal** *m* / alkyl metal || **~-phényle** *m* / alkyl-phenyl

alkylène *m* / alkylene

alkyler / alkylate

alkylidène *m* / alkylidene

alkylphenol *m* / alkyl phenol

allant bien ensemble / matching

allée *f* / passage || ~ au **centre de la rue** / terrace || ~ de **garage** (routes) / parking line || ~ **latérale** (bâtim) / lateral alley o. passage || ~ des **remblais** (mines) / gob, goaf || ~ de **stockage** / lane in a warehouse || ~ **tourbillonnaire de Bénard-Karman** / Karman vortex street || ~ de **tourbillons** (météorol) / vortex street o. path (US), vortex trail o. train

allège *f* (bâtim) / allaying, shouldering wall || ~ (ch.de fer) / [engine] tender || ~ (nav) / lighter || ~ à **charbon** / coal lighter || ~ de **décharge** (hydr) / mud boat o. lighter || ~ de **fenêtre** / parapet, wall breast-high, window breast, breast wall

alléger, allégir (techn) / lighten, reduce the volume || ~ (nav) / lighten

allémontite *f* (min) / allemontite

allène *m* (chimie) / allene, propadiene

aller [à] (ord) / go [to] || ~ (électr) / flow || ~ (géol) / run from... to... || ~ (techn) / work, operate, go || ~ / outward journey || ~ (TV) / scan, trace, sweep || ~ (chauffage) / flow [pipe] || **[faire] ~ à toute vitesse** / race || **faire** ~ (techn) / operate || **s'en** ~ / leave, depart || **s'en** ~ (liquide) / overflow, spill over || **s'en** ~ (couleur) / loose colour *vi*, fade || **s'en ~ en fumée** (chimie) / go up in smoke || ~ en **bateau ou par mer** / go o. travel by boat, sail || ~ à **bicyclette** / ride on a bicycle, cycle, bike (US coll) || ~ **bien** / be well matched, fit snugly || ~ en **dérive** (ch.de fer, wagon) / break away || ~ **et retour** / to-and-fro movement, reciprocating motion o. movement, reciprocation || ~ **et venir** / reciprocate || ~ **et venir**, circuler / run, operate || ~ à **excès de vitesse ou à régime trop rapide** / overspeed || ~ en **file** / string (coll), drive in line o. queue || ~ au **fond** (nav) / sink, founder, subside || ~ à **moteur débrayé** (auto) / coast || ~ en **parallèle** / parallel || ~ en **pente** / descend steeply || ~ en **pente** (bâtim) / lean, incline || ~ à **petite vitesse** (auto) / crawl, drive slow || ~ à **pleins gaz** / crack on || ~ à **reculons** / go back, back [up] || ~ au **regagnage** (typo) / indent *vi* || ~ **reprendre** / fetch back || ~ en **roue libre** / freewheel || ~ **serré** (typo) / indent || ~ en **spirale** / spiral || ~ en **spirale** / coil || ~ **tout doucement** (auto) / crawl || ~ **trop vite** (auto) / speed || ~ et **venir**, circuler / run *vi*, operate || ~ **vite** / drive fast || ~ en **voiture** / ride

alliable / alloyable

alliage *m* (métal) / alloy || ~ (mines) / conglomerate || **à ~ moyen** (sidér) / medium-alloy... || ~ d'**acier** / alloy[ed] steel || ~ d'**acier moulé** / alloyed cast steel || ~ **Al-20%Sn** / aluminium-20%tin alloy || ~ d'**aluminium** / aluminium alloy || ~ **aluminium-nickel-cobalt** / alnico || ~ d'**apport** / hard-facing alloy || ~ d'**argent** / silver alloy || ~ **binaire** / binary alloy || ~ **blanc à base d'étain et de plomb** / tin and lead based white metal alloy || ~ **corroyé ou de corroyage** / wrought alloy || ~ **corroyé d'aluminium** / aluminium forging alloy || ~ à **coulée sous pression** / diecasting alloy || ~ pour **coulée en sable** / sand casting alloy || ~ de **coupe** /

cutting alloy || ~ 52% **Cu, 25% Ni, 23% Zn** / nickel-silver alloy (52% Cu, 25% Ni, 23% Zn) || ~ 60% **Cu, 40% Sn** (nav) / yellow metal || ~ de **cuivre corroyé ou de corroyage** / wrought copper alloy, copper wrought alloy || ~ de **cuivre pour introduire des autres éléments dans les alliages de cuivre** / intermediate copper alloy || ~ **cuivre-aluminium** / copper-aluminium alloy, (also:) aluminium bronze || ~ **cuivre-étain** / copper-tin alloy, bronze || ~ **cuivre-étain 78-22** / bell metal || ~ **cuivre-manganèse** / copper-manganese alloy || ~ **cuivre-nickel** / cupro-nickel || ~ **cuivre-nickel-zinc** / copper-nickel-zinc alloy, nickel silver || ~ **cuivre-plomb ou coupro-plomb** / copper-lead alloy || ~ **cuivre-plomb-étain** / leaded bronze || ~ **cuivreux** / copper base alloy || ~ **cuivreux de fonte** / copper cast alloy || ~ **cuivre-zinc** / copper-zinc alloy, brass || ~ **cuivre-zinc pour braser** / brazing solder o. spelter, spelters *pl* || ~ **cupro-plomb à l'étain** / leaded bronze || ~ de **Darcet** / fusible Rose metal || ~ de **décolletage** / free-cutting steel alloy || ~ **deuxième titre** / base alloy || ~ de **Devarda** / Devarda's metal o. alloy || ~ **dur** / hard alloy || ~ **dur aux carbures frittés** / sintered hard carbide o. metal carbide || ~ **et titre** (numism) / weight and fineness || ~ **et titre** (numism.) / weight and fineness || ~ à l'**étain** / tin alloy || ~ **étain-argent pour braser** / tin-silver-solder || ~ **étain-cadmium** / tin cadmium alloy || ~ **étain-plomb 40/60** / tin-lead alloy (40% Sn, 60% Pb) || ~ **fer-carbone** / iron-carbon alloy || ~ de **fonderie** / cast[ing] alloy || ~ de **fonte non-ferreux réfractaire** / cast nonferrous refractive alloy || ~ de **forge** / forge alloy || ~ **fusible** / fusible alloy o. metal || ~ **Heusler** / Heusler's alloy (Cu, Al, Mg) || ~ **inerte** (nucl) / inert metal || ~ d'**inoculation** (fonderie) / treatment alloy || ~ **intermédiaire** / intermediate alloy || ~ **intermétallique** / intermetallic alloy, semiconductor || ~ **léger** / light metal alloy || ~ de **magnésium** / magnesium alloy || ~ de **magnésium corroyé** / magnesium forging alloy || ~ **magnétique** / magnetic alloy || ~ **magnétique doux fritté** / sintered soft magnetic metal || ~ **magnétique dur** / magnetically hard material, hard magnetic material || ~ **magnétique dur fritté** / sintered hard magnetic material || **~s** *m pl* de **manganèse** / manganese alloys *pl* || ~ *m* **mécanique** / mechanical alloying || ~ à **mémoire** / memorious metal, memory alloy || **~s** *m pl* **mère** (fonderie) / master alloy || ~ *m* au **métal lourd** / heavy-metal o. tungsten alloy || ~ **métallique ou des métaux** / metal alloy || ~ **métallique** (métallurgie) / metallic mixture || ~ des **métaux autres que le fer** / nonferrous alloy || ~ **monétaire** / coinage alloy || ~ **monétaire d'or ou d'argent** / bullion || ~ de **moulage en or** / gold casting alloy || ~ **Newton** / Newton alloy o. metal || ~ de **nickel corroyé au chrome, [au cuivre]** / wrought nickel-chromium, [-copper] alloy || ~ au **nickel et titane** / NiTi-alloy || ~ **non ferreux** / nonferrous alloy || ~ d'**or** / gold alloy || ~ **organométallique** / metallocene, organo-metallic compound || ~ de **Parker** / Parker's alloy || ~ **plastique** / plastic alloy || ~ de **plomb** / lead alloy || ~ de **plomb et d'antimoine** / lead-antimony alloy || ~ **premier titre** / high-grade alloy || ~ **pyrophorique** / pyrophorous alloy, spark metal || ~ **réfractaire** / refractory alloy || ~ **René** / René alloy || ~ de **renfort sur l'embase électroformée** / backing alloy of electroforms || ~ pour **résistances électriques** / [electric]resistance alloy || ~ d'une **teneur plus haute** / higher-grade alloy || ~ **ternaire** / ternary alloy [system] || ~ au **titane-zirconium-molybdène** / TZM-alloy || ~ **titre mixte** / medium grade alloy || ~ **transcalorique** / heat conducting alloy || ~ au **tungstène** (nucl) / heavy-metal o. tungsten alloy || ~ **T.Z.M.** / TZM-alloy || ~ **Wood** / Wood's alloy o. metal || ~ **Y** / Y-alloy (a duraluminium alloy)

allié / alloyed || ~ à **faible teneur** / low alloy...

allier / alloy

allingre *m* (hydr) / leading grate

allobare *f* (nucl) / allobar

allocation *f* (ordonn) / allowance || ~ / allowance, reimbursement, aid || ~ d'**attente** (ordonn) / delay allowance || ~ **auxiliaire** (ordonn) / contingency allowance || ~ pour **besoins personnels** / personal [need] allowance || ~ de **chômage** / dole || **~s** *f pl* **familiales** / family allowance || ~ *f* pour **fatigue** (ordonn) / relaxation o. fatigue o. rest allowance || ~ **journalière** / daily allowance || ~ de **journée** / shift differential || ~ des **longueurs d'ondes** (électron) / allocation of frequencies, wave allocation || ~ pour **travail sale** / dirty work allowance, dirt money (GB)

allo·chroïque / allochroic, allochrous || **~chromatique** (min) / allochromatic || **~chtone** (géol) / alloc[h]thonous || **qui subit l'~morphie** (min) / allomorph[ic]

allonge *f*, rallonge *f* / lengthening piece, extension, elongation piece || ~ (typo) / fly leaf || ~ (bureau) / stub || ~, crochet *m* de boucherie / gambrel [stick] || ~ du **compas** (dessin) / lengthening bar for compasses || ~ en **fer** (mines) / forepoling iron || ~ pour **outils** / tool extension socket || ~ de **poupe** (nav) / stern frame, after frame

allongé (enveloppe d'électrons) / expanded || ~ (géom) / prolate || ~ (caractère) / elongated || ~, pointu / tapered, tapering || ~ (liquide) / weak || **[très]** ~ / long stretched-out

allongement *m* / elongation, prolongation || ~ (techn) / elongation, prolongation, extension, lengthening, projection || ~ (aéro) / aspect ratio || ~ du **câble** / elongation o. extension of a rope || ~ de **châssis** (auto) / frame extension || ~ **contrainte** / reciprocal value of modulus of elasticity || ~ **élastique** (méc) / elastic stretch || ~ **équivalent** (aéro) / effective aspect ratio || ~ **et accourcissement** (béton) / internal action || ~ à l'**état humide** (pap) / wet expansion || ~ du **fil** (tex) / regain, increase in length || ~ au **fluage dans un temps défini** (techn) / creep || ~ **géometrique** (aéro) / aspect ratio || ~ à la **lampe de sûreté** (mines) / firedamp cap o. gaseous cloud in a safety lamp, flame cap || ~ de la **ligne de base** (gén, radar) / base line extension || ~ **longitudinal** / linear o. longitudinal expansion o. extension || ~ à la **mise en place** / elongation during installation || ~ *f* **ou déformation** / stress-strain curve || ~ *m* **permanent** (tex) / permanent elongation || ~ de **pliage** / bending elongation || ~ **pour cent** / percentage elongation || ~ **principal** / principal elongation || ~ du **ressort** / spring travel o. excursion || ~ à la **rupture** / elongation at rupture, breaking elongation || ~ de **rupture par fluage** / creep elongation || ~ à la **rupture par traction** / stretch at break || ~ avant **striction** / elongation before reduction of area || ~ de **striction** / elongation on necking || ~ de **traction** (méc) / stretching strain || ~ **transversal** / lateral o. transverse extension || ~ **ultérieur** (pap) / re-elongation || ~ **uniforme** (méc) / uniform extension || ~ **uniformément réparti** (méc) / elongation before reduction of area || ~ **unitaire** /

specific elongation, elongation per unit length, ultimate elongation || ~ **visqueux** / creep
allonger / lengthen, elongate, prolongate, extend || ~, rabouter / add a piece, piece on || ~ (liquide) / dilute || ~ (s') / spread, expand, dilate || ~ **excessivement** / overstrain, overstretch
allo·phane *f* (min) / allophane || ~**prène** *m* / alloprene
allotissement *m* (ELF) / allotment
allo·tropie *f* / allotropy, -tropism || ~**tropique** / allotropic[al]
allouer / allot, assign || ~, attribuer / apportion, allot
alloxane *m* / alloxane
alluchon *m* (techn) / cog
allumable / ignitable
allumage *m* (arc) / arcing, arking || ~ (mil, auto) / ignition || ~ (mot) / ignition device || ~ à **arc** / arc ignition o. starting || ~ **avancé** (auto) / advanced ignition, sparking advance || ~ **basse tension** (auto) / low tension ignition || ~ par **batterie** (auto) / battery[-coil] ignition, coil ignition || ~ au **bord inférieur** (tex, essai de mat) / ignition at the lower edge || ~ **commandé** (mot) / spark ignition, positive ignition || ~ par **compression** / compression ignition || ~ par **condensateur** / reactor-capacitor firing || ~ à **double étincelle** (mot) / two-spark o. dual ignition || ~ à **étincelles** (mot) / spark ignition || ~ à **haute énergie** (mot) / high-energy o. HE ignition || ~ [à] **haute tension** / high-voltage ignition || ~ par **incandescence** (mot) / auto-ignition, surface o. self-ignition || ~ **ininterrompu** / steady burning light || ~ **intempestif** (électron) / false firing || ~ **jumelé** (mot) / twin ignition || ~ par **magnéto** (auto) / magneto ignition || ~ du **plasma** (plasma) / start-up || ~ **prématuré** / pre-ignition, premature ignition || ~ **retardé** (auto) / sparking retard, retarded ignition || ~ en **retour** (auto) / backfire, backflash || ~ à **simple étincelle** (auto) / single-spark ignition || ~ **spontané** / auto-ignition || ~ du **spot** (TV) / trace unblanking, trace bright-up || ~ à **transistors** (auto) / transistor ignition || ~ à **tube incandescent** / hot-tube ignition
allumé (électr) / lit || **être** ~ / light
allume-feu *m* / kindler, fire lighter (GB)
allume-gaz *m* / gas lighter
allumer / ignite, light, kindle || ~ (s') / catch fire || ~ (s') (lampe témoin) / light || **ne pas** ~ (allumage etc) / misfire, fail || ~ la **lumière** / turn on o. switch on the light || ~ le **spot** (TV) / bright-up the spot || **une lampe rouge s'allume** / a red lamp lights up
allumette *f* / match || ~ **suédoise ou de sûreté** / safety match || ~**-tison** *f* / fusee, fuzee
allumeur *m* (auto) / ignition distributor || ~ (électr) / igniter, ignitor, ignition device || ~ à **pression** / pressure igniter || ~ **transistorisé** / transistorized ignition system
allumoir *m* / igniter, ignitor || ~**s** *m pl* / inflammables *pl*, flammables *pl*, matches and other igniters *pl* || ~ *m* de la **veilleuse** / gas lighter
allure *f*, marche *f* / course || ~, vitesse *f* / pace, tempo, [rate of] speed || ~ (haut fourneau) / throughput of a blast furnace || ~ (mines) / quality of the lode || ~ (techn) / run[ning], work[ing], operation || ~ (ordonn) / rate || **à toute** ~ / at full speed || ~ de **combustion** / rate of combustion || ~ de la **courbe** / course o. run of a curve || ~ **excessive** (mot) / overspeeding || ~ du **fil de chaîne** (tex) / way of the warp thread || ~ du **filon** (mines) / bearing of the lode || ~ de **fourneau** / furnace operation o. working || ~ des **fréquences** / frequency response curve || ~ **froide** (haut fourneau) / cold working || ~ des **lignes de force** (méc) / course of the strain lines || ~ **modale** (ordonn) / most frequent rate, modal rate || ~ **moyenne** (ordonn) / average performance || ~ **normale** (ordonn) / standard performance || ~ de **ralenti de moteur** / idling [speed] of a motor || ~ de **référence** (ordonn) / reference performance || ~ **silencieuse** / smooth o. soft running o. working, quiet running || ~ de **température** / march of temperature
alluvial, alluvien / alluvial, alluvious
alluvionnement *m* / atterration, deposit
alluvionner (cours d'eau) / deposit
alluvions *f pl* (géol) / alluvial soil o. deposits *pl* || ~ (mines) / alluvial rocks *pl* || ~ **aurifères** / auriferous gravels *pl* || ~ **métallifères** (mines) / alluvial placers *pl*
allylamidon *m* / allyl starch
allyle *m* / allyl
allylène *m* (chimie) / allylene, propine
allylique / allylic
almanach *m* **nautique** / nautical almanac
almandin *m* (min) / almandine, -dite
almasilium *m* (alliage) / almasilium
alnico *m* / alnico
ALO-DIA = analogique-digital
aloi *m* (numism.) / weight and fineness
alourdir / charge, burden, load, weight || ~ (s') / become heavy || ~ la **mise en œuvre** / waste material *vt*, overdo
alpaca *m*, alpaga *m* (zool) / alpaca
alpax *m* (alliage) / Alpax (US)
alpha cellulose *f* (plast) / alpha cellulose || ~**-radiateur** *m* / alpha radiator || ~ de **Rossi** (nucl) / Rossi-alpha
alphabet *m* à **cinq éléments** / five-unit code || ~ **Morse** (télécom) / Morse code o. alphabet
alphabétique (ord) / alphabetic[al], alpha || ~ (c.perf.) / alphabetic
alphanumérique / alpha[nu]meric
alphatisation *f* / alphatization
alquifoux *m* (céram) / lead glazing, potter's lead, glost
altazimut *m* (arp) / altazimuth
altération *f* de la **coupe transversale** / change of cross-section || ~ de **surface** / spotting out
altéré / spoiled || ~ par les **intempéries** / weather-beaten
altérer / spoil || ~ (chimie) / falsify, adulterate || ~ (s') / get stale o. flat || ~ (s') / fall off in quality || ~ (s') / get decomposed, get putrid, deteriorate, decay, spoil
alternance *f* (gén, électr) / alternation || ~ de **bobinage**, spire *f* / yarn layer || ~ de **charge** / alternation of load || ~ des **cultures** (agr) / rotation o. shift of crops || ~ **directe** (impulsion) / forward swing || ~ de l'**effort** / alternation o. change of load, load alternation || ~ **inverse** (impulsion) / back swing || ~**s** *f pl* du **milieu** (acoust) / sound particle velocity
alternant / changing, varying || ~, pendulaire / pendulous, penduline
alternariose *f* / early blight of potato
alternateur *m* / A.C. generator, alternator || ~ (auto) / alternator || ~ à **arbre vertical** (hydr) / vertical-shaft alternator || ~ **asynchrone** / asynchronous o. induction generator || ~ en **cloche** (électr) / umbrella-type alternator || ~ [à **courant**] **triphasé** / rotary current generator, three-phase alternator o. generator o. dynamo || ~ **diphasé** / two-phase alternator || ~ à **double enroulement** (électr) / double wound generator || ~ à **fer tournant** / inductor generator || ~ à **flux ondulés** / homopolar generator || ~ à **fréquences vocales** / audiofrequency generator o. oscillator || ~ à **haute**

fréquence / high-frequency generator o. alternator || ~ **homopolaire** / homopolar generator || ~ de **ligne d'arbre** (nav) / shaft-driven alternator || ~ **monophasé** / monophase o. single-phase alternator || ~ **pilote** / variable-voltage generator || ~ **pilote à aimants permanents** / cradle dynamometer, dynamometric dynamo || ~ à **pôles intérieurs** / internal pole generator o. dynamo o. alternator || ~ **synchrone** / synchronous alternator o. generator o. machine || ~ **triphasé** (auto) / alternator, three-phase dynamo
alternatif *adj* / alternative || ~, changeant / changing, varying || ~, pendulaire / swinging, pendulous, pendular || ~ *m* (électr) / alternating current, A.C., a-c (US) || ~ **redressé** / rectified alternating current, r.a.c.
alternation *f* **complète** (électr) / complete alternation o. cycle || ~ du **courant** (électr) / half period, alternation
alternative *f* / alternative
alterné / changing, varying || ~ (bot) / alternate *adj*
alterner / alternate *vi* || ~ (agr) / rotate, revolve
altérogène / harmful to the environment
altimètre *m* / altimeter || ~ **enregistreur** / altigraph, altitude recorder || ~ de **nuages** / ceilograph || ~ de **précision** / three-pointer altimeter
altimétrie *f* / altimetry
altiport *m* (ELF) / high altitude airport
altisurface *f* (ELF) / high altitude airfield
altitude *f* / absolute altitude, height [above sea level] || ~, niveau *m* / altitude, height, level || ~ (astr) / altitude, elevation || ~ **apparente** (astr) / apparent altitude || ~ **assignée** (aéro) / assigned altitude || ~ d'**attente** (aéro) / holding altitude || ~ **barométrique** / pressure altitude || ~ de **cabine** (aéro) / cabin altitude || **~-densité** *f* (aéro) / density altitude || ~ de **détection** (radar) / unmasking altitude || ~ d'**équilibre** (aéro) / equilibrium height || ~ de l'**étoile** (astr) / astronomical o. celestial altitude || ~ d'**explosion** (nucl) / height of burst || ~ **géopotentielle** / geopotential height || ~ de la **limite inférieure d'un conduit atmosphérique** (électron) / duct height || **~-masse** *f* **volumique** / density altitude || ~ **orthométrique** (arp) / orthometric height || ~ d'un **point** (arp) / spot elevation o. height o. level || **~-pression** *f* / pressure altitude || ~ par **rapport au point de référence** / height above ground || ~ de **régime** (aéro) / rated altitude || ~ **relative** / height above ground || ~ de **rétablissement** (aéro) / critical height || ~ de **sécurité** (aéro) / safety height || **~-température** *f* / temperature altitude
altocumulus *m* / alto-cumulus cloud
alto-fréquence *f* (méd) / high frequency
altostratus *m* / alto-stratus cloud
altrose *f* (chimie) / altrose
aluminate *m* / aluminate || ~ de **sodium** / sodium aluminate
alumine *f* / aluminium (GB) o. aluminum (US) oxide, alumina || ~ de **schiste plastique** / bind-shale || ~ **silicique** / silicate of alumina || ~ **verte** / raw alumina
aluminer / aluminize
alumineux / aluminic || ~ / aluminous
aluminiage *m* (vide) / vacuum metallization with aluminium, aluminizing
aluminier, caloriser (techn) / alitize, alite
aluminifère / containing alumina
aluminium *m* / aluminium, aluminum (US) || ~ **blanc** (couleur) / white aluminum || ~ de **deuxième fusion**, aluminium *m* de récupération / secondary aluminium pig || ~ **extra-pur** / highest grade aluminium || ~ en **feuilles** / aluminium foil, leaf aluminium || ~ **fondu** / cast aluminium || ~ **gris** / gray aluminum || ~ **plaqué de cuivre** / copper clad aluminium stock o. sheet || ~ de **première fusion** / primary aluminum pig || ~ **pur** / high-grade aluminium || ~ de **recyclage** / recycling aluminium, circulating o. revert aluminium
aluminose *f* / aluminosis
aluminothermie *f* / thermite process, aluminothermics *pl*
aluminothermique / aluminothermic
alun *m* / alum[en] || ~ **brulé ou calciné** / burnt o. calcined alum || ~ de **chrome** / chromic alum, chrome-alum || ~ de **chrome potassique** / potash chrome-alum, chrome-alum || ~ **ferrugineux** (min) / iron alum, halotrichite || ~ **ordinaire ou de potassium** (chimie) / common o. potash alum || ~ des **papetiers** (pap) / pearl alum
alunage *m* / steeping in alum || ~ (chimie) / alum bath || ~ (phot) / toning bath
Alundum *m* / Alundum (pure crystallized alumina)
aluner (tan) / steep in alum
aluneux / aluminous
alunifère / aluminous
alunir (déconseillé), atterrir sur la lune / moon
alunissage *m* (déconseillé), atterrissage sur la lune / alighting on the moon, moonlanding
alunite *f* (min) / alum stone, alunite, stone alum
alunogène *m* (min) / alunogen
alvéogramme *m* / alveogram
alvéograph *m* / alveograph
alvéolaire / alveolate[d], alveolar[y]
alvéole *m* (abeille) / honeycomb || ~ (typo) / gravure cell || ~ (gén, plast) / cell || ~ (électr) / female connector, plug socket o. receptacle, pinbushing || **à ~s** / honeycombed || **à ~s fermés** (plast) / closed-cell... || **à ~s ouverts** (plast) / open-cell... || **à ~s ouverts et fermés** (produit alvéolaire) / with open and closed cells || **à petits ~s** / close meshed || ~ d'une **canalisation multitubulaire** (électr, télécom) / cement duct || ~ pour les **contacts plats** / receptacle for tabs || ~ *f* pour les **contacts plats** (électron) / plug receptacle || ~ *m* **élastique** / split pin bushing || ~ **fermé**, cellule *f* (plast) / closed cell || ~ **ouvert**, pore *m* (plast) / open cell || ~ de **trieur** / separator indent
alvéolé / alveolate[d], alveolar[y]
amagat *m* / unit of density of gas, amagat
amagnétique / non-magnetic
amaigrir / batter || ~ (céram) / grog *vt*, add opening material
amaigrissement *m* (céram) / grogging
amalgamation *f* / amalgamation || ~ au **mortier** (mines) / mortar o. pan amalgamation || ~ à **plaques** / plate amalgamation
amalgame *m* / amalgam || ~ d'**argent** / silver amalgam || ~ d'**étain ou stannique** / amalgam of tin, electric amalgam || ~ d'**or** / gold amalgam || ~ **zincique ou de zinc** / amalgam of zinc
amalgamer / amalgamate
amande *f* / almond || **en forme d'~** (géol) / amygdaline, tonsillar
amarante *m* (bois) / purpleheart, amaranth (US)
amarrage *m* (ELF) (astron) / docking
amarre *f* (nav) / mooring rope || ~ de **sauvetage** / rescue line
amarrer (bâtim) / anchor, secure, lash || ~ (nav) / berth || ~, assujettir (nav) / lash, tie down || ~ (ELF) (astron) / dock
amas *m* / mass, pile || ~ (mines) / flat bed || ~ d'**eau**

(mines) / water in abandoned workings || ~ d'**échos** (radar) / echo cluster || ~ **[entrelacé]** (géol) / stockwork || ~ d'**étain** / tin lode o. floor || ~ d'**étoiles** / star cluster || ~ **galactique** (astr) / open cluster || ~ **globulaire** (astr) / globule || ~ *m pl* **globulaires** (astr) / globular clusters *pl* || ~ *m* de **grisou** / bag of fire damp || ~ de **minerai isolé** / ore body || ~ de **neige** / snow-drift, bank of drifted snow || ~ **ouvert** (astr) / open cluster || ~ de **points** / cluster of points || ~ de **recul** (nucl) / aggregate recoil || ~ de **roches-magasins** (pétrole) / reservoir bed || ~ *m pl* de **savon** (tréfilage) / caking
amassé / piled
amasser / pile up, agglomerate || ~, accumuler / store up, accumulate || ~ (s') / bank, accumulate, swell
amateur, en ~ / amateurish, buckeye (US) || ~ *m* de **musique** / audiophile
amatir / deaden, dull, mat, tarnish
ambiance *f*, milieu *m* / milieu, environment || ~ (illumin) / floodlight, floodlights *pl* || ~ de **température** / ambient temperature
ambiant (phys) / ambient
ambidextre / ambidextrous
ambigu / ambiguous
ambiguïté *f* / ambiguity
amblygone *m* (min) / amblygonite
ambre *adj* / orange, amber || ~ *m* **gris** / ambergris || ~ **jaune** (min) / amber, succinite || ~ **liquide** / liquidamber (a balsam) || ~ **pressé** / pressed amber
ambrette *f* / ambrette seeds oil
ambulance *f* (mil) / ambulance car || ~ (auto) / motor ambulance
ambulant *m* **postal** (Suisse) (ch.de fer) / postal van, post wagon (GB), mail car o. van (US)
âme *f* (canon) / bore || ~ (gén) / core || ~ (stratifié) / core sheet || ~ (tiss) / soul of the shuttle || ~ (profilé) / web || ~ (constr.en acier) / web plate || **à** ~ **double** (constr.en acier) / of the open box girder type || **à** ~ **mince** (constr.mét) / thin-webbed || **à** ~ **pleine** (constr.en acier) / solid o. plain web, plate webbed || **à** ~ **résine** (brasure) / resin cored || **à** ~ **simple** (constr.en acier) / single-truss o. -webbed || **à deux** ~**s** (constr.en acier) / double-webbed || ~ d'un **câble** / cable core || ~ de **chanvre** (câble) / hemp core || ~ en **cuivre** (électr) / copper core || ~ **fibreuse ou en fibres** / fiber core || ~ de **fil** / core, wire conductor || ~ **lamellée** (à partir de planches) (ménuis) / core of plywood || ~ en **métal** (câble) / metal core || ~ de **nervure** / web of a rib o. gill || ~ de **poutre** / girder web o. stem || ~ de la **presse à tuyaux** / core bar of the tube press, triblet || ~ de **rail** / stem of a rail || ~ à **résine** (brasure) / solder core || ~ **tendre** (sidér) / soft core || ~ **textile** (filage) / core thread, foundation thread || ~ **textile** (câble) / fiber core
améliorant *m* (agr) / soil conditioner, soil improver || ~ du **point d'écoulement** / pour point depressant || ~ [le **sol]** *adj* (bot, agr) / improving the soil
amélioration *f* / processing (US), shaping || ~ / soil improvement o. amelioration, conditioning the soil || ~ à **chaud** / heat refining || ~ du **cos φ ou du facteur de puissance** / power factor improvement o. correction || ~ des **éléments d'orientation** (arp) / correction of orientation elements || ~ de l'**environnement** / promotion of the environment || ~ **foncière** (agr) / subsoil improvement || ~ de **qualité** / improvement of quality || ~ du **sol** (agr) / amelioration, land improvement
amélioré / improved
améliorer / improve || ~ (sol) / meliorate, ameliorate, improve || ~ par **trempe et revenu** / quench and temper, harden and temper
amenage *m* / supply || ~ (presse) / feed[ing], loading || ~ **mécanique** (m.outils) / power loader || ~ par **pinces** / gripper feed [system] || ~ à **rouleaux** (presse) / [single o. double] roll feed [attachment]
aménagé (bâtim) / with full amenities || ~ pour **ordinateur** (accessoires) / computergrade
aménagement *m* / arranging, preparation || ~ (maisons) / arrangement, disposition || ~ (ord) / housekeeping, red tape || ~ (hydr) / harness || ~, facilités *f pl* pour le personnel / amenities *pl* || ~ d'**aérage** (mines) / air supply || ~ des **bâtiments** / disposition of the building || ~ **écologique** / ecological recovery || ~ des **espaces ou du territoire** / planning || ~ en **gradins** / terrace shaped block of flats, terraced dwellings *pl* || ~ en **îlots fermés** / block system planning || ~**s** *m pl* **industriels** / engineering facilities *pl* || ~ *m* **intérieur** / parts of a building *pl*, (also:) interior fittings *pl* || ~ de **magasins** / store o. shop (US) construction || ~ [sur une **rivière]** / barrage weir with lock || ~**s** *m pl* pour **stabulation** (agr) / housing equipment || ~ *m* du **terrain** / breaking of fresh ground, development of building sites || ~ du **territoire** / regional policy o. development || ~ du **territoire au niveau régional** / country planning || ~ de **villes** / town o. city planning, urbanism || ~ **vivant** / stabilization of banks o. dams by planting, site stabilization by seeding
aménager (hydr) / harness [water power] || ~ / arrange, contrive, provide || ~ du **courant** / carry current
amendement *m* (brevet) / amendment || ~ (agr) / improvement of the soil
amenée *f* / admission, supply, feed[ing] || ~ de **carburant** / fuel supply || ~ de **chaleur** / heat supply, addition of heat || ~ de **charbon** / coal supply || ~ de **combustible** / fuel supply || ~ du **courant** / electric mains, lead-in, power lead || ~ du **courant par ligne aérienne** / overhead current supply || ~ du **courant par troisième rail** (ch.de fer) / third rail system || ~ **[d'eau etc] au loin** / long-distance supply || ~ d'**huile** / oil duct o. feed, oil lead
amener / fetch, bring || ~, alimenter / feed, supply || ~ un **levier** / move a lever, shift o. relocate a lever || ~ en **position** / bring into position || ~ à un **titre déterminé** / standardize to a certain normality || ~ au **zéro** / adjust to zero
aménités *f pl* (ville) / local amenities *pl*
amer *adj* / bitter || ~ *m* (nav) / landmark || ~ de la **bière** (bière) / yeast bitter || ~ de **levure** (bière) / yeast bitter || ~ du **soccage** / motherlye, bittern
américium *m*, Am / americium
amerrir, amérir (aéro) / alight o. descend on the water, water
amerrissage *m*, amérissage *m* (aéro) / alighting on water, (space:) splashdown
amer[r]issage, faire un ~ **forcé** (aéro) / ditch
amerrissage *m* **forcé** (ELF) (aéro) / ditching
ameublement *m* / household furniture o. goods *pl* || ~ **métallique** / steel furniture
ameublir (agr) / loosen the ground, mellow soil || ~ le **ballast** (ch.de fer) / scarify the ballast
ameublissement *m* (sol) / loosening the ground
ameublisseur *m* (charrue) / track loosener, wheel mark eliminator
amiante *m* (min) / amianthus || ~, asbeste *m* / asbestos || ~ au **carton gris** / millboard stock asbestos || ~**-ciment** *m* / asbestos cement, transite || ~ **courte-soie** / short-staple asbestos || ~ **fibreux** / fibrous asbestos, mineral flax || ~ **filé** / spun

asbestos || ~ **floconneux** / flaked asbestos || ~ **ligniforme** / ligneous asbestos || ~ **palladié** / palladinized asbestos || ~ de **platine** / platinized asbestos || ~ en **plumes** / plumose asbestos || ~ **soyeux** / silky asbestos || ~ de **trémolite** / Italian asbestos
amiantin / asbestrine
amibe *f* / amoeba, ameba
amibien / am[o]ebic, am[o]eban, am[o]ebous
amicron *m* (nucl) / amicron, subsubmicron
amide *m* / amide || ~ d'**acide** / acid amide, amic acid (US) || ~ de l'**acide gras** / fatty acid amide || ~ de l'**acide propionique** (chimie) / propanamide || ~ **formique** / formamide || ~ **nicotinique** / pellagra preventive factor, P.P.-factor || ~ de **sodium** / sodium amide, sodamide
amidification *f* / amidation, amide formation
amidol *m* / amidol
amidon *m* / starch flour || ~ (des céréales) / starch, amylum || ~ en **aiguilles** / crystal starch || ~ de **blanchisserie** / laundry starch || ~ de **blé ou de froment** / wheat starch || ~ **brut** / crude starch || ~ à **coffrets** / moulding starch || ~ **dialdehyde** / dialdehyde starch || ~ **extractible** / free starch || ~ des **floridées** / floridean starch || ~ **fluide ou soluble** / thin boiling starch, soluble starch || ~ **gonflant ou pré-gelatinisé** / pregelatinized starch || ~ de **maïs** / maize starch, cornstarch (US) || ~ **non extractible** / bound starch || ~ de **pomme de terre** / potato starch || ~ **réticulé** / cross-linked starch, cross-bounded starch || ~ **soluble à froid** (tex) / swelling starch
amidonner / starch
amidonnerie *f* / starch industry o. mill
amination *f* / amination
aminci *m* (gén) / thin spot, thin place
amincir / bevel, chamfer, lighten down || ~ / thin || ~ (s') / thin, become thinner
amincissement *m* / thinning || ~ du **profil** / tapering in section
amine *f* / amine || ~ **analeptique** (chimie) / analeptic amine || ~ d'**éthyle** / ethyl amine, aminoethane || ~ **grasse** / fatty amine || ~ **octylique** (chimie) / octyl amine || ~ **primaire** / primary amine || ~ **secondaire** (chimie) / secondary amine
amino-... / amino... || ~**acide** *m*, amino-acide *m* / amino acid || ~**acide** *m* **essentiel** / essential amino acid || ~**-alcool** *m* / aminoalcohol || ~**antipyrine** *f* / aminoantipyrine || ~**azobenzène** *m* / aminoazobenzene || ~**cétone** *m* / aminoketone || ~**méthylpropanol** *m* (chimie) / aminomethylpropanol || ~**naphtol** *m* / aminonaphthol || ~**phénol** *m* / aminophenol || ~**plaste** *m* / carbamide o. carbamidic resin, aminoaldehyde o. aminoaldehydic resin, urea resin
ammochryse *f* / golden mica
ammonal *m* (explosif) / ammonal
ammoniac *m* / ammonia, ammonia[cal] gas, alcaline air || ~ **anhydre** / anhydrous ammonia || ~ **combiné ou fixé** / fixed ammonia || ~ **craqué** / dissociated ammonia
ammoniacal / ammoniacal
ammoniacate *m* / ammine
ammoniaque *f m* / liquid ammonia, ammonia solution o. water, ammonium hydroxide || ~ *f* **caustique** / caustic ammonia || ~ **synthétique** / synthetic ammonia
ammonium *m* / ammonium || ~ **tétraéthyle** / tetraethylammonium, T.E.A.
ammoniure *m* d'**argent** / fulminating silver, silver fulminate || ~ d'**or** / explosive o. fulminating gold, aurate of ammonia
ammonolyse *f* / ammonolysis
ammoxydation *f* / ammoxidation
amodiation *f* (ELF) (pétrole) / farming out
amoindrir / diminish, lower, reduce, decrease || ~ (s') / diminish
amoindrissement *m* / diminution, reduction, decrease, decrement
amollir / soften, mollify
amollissant *m* / softening agent, emollient agent
amoncelé / piled up, accumulated
amonceler (routes) / throw up the ground o. dam
amoncellement *m* / piling up, heaping up, accumulation
amont *m* (hydr) / upstream water, head water || **en** ~ / upstream || ~ d'un **signal** (ch.de fer) / approach to a signal
amontement *m* (mines) / upbrow, upset, cutting upwards
amont-pendage *m* (mines) / thickness of vein above the gallery sole
amorçage *m* (gén) / start, beginning || ~ (arc) / arcing, arking || ~ (électr) / disruptive discharge || ~ (électron) / triggering || ~ (tube) / primer ignition || ~ (pompe) / lighting, priming, fetching || ~ (crist) / inoculation || ~ (ord) / bootstrapping || **à** ~ **automatique** (pompe) / self-priming, regenerative || ~ de l'**anode** / anode breakdown || ~ de l'**arc** / arc ignition o. starting || ~ d'**arc entre électrodes** / arcing, arking || ~ **basse fréquence** / motorboating || ~ en **cascade** (électr) / cascading of insulators || ~ du **feu** / baiting || ~ à **froid** / cold start || ~ d'**impulsions** / pulse triggering || ~ **inverse** (tube) / restrike || ~ du **laser** (laser) / triggering of the laser || ~ des **oscillations** / stimulation of oscillations || ~ par **pointe** (soud) / tip ignition || ~ en **tension** (électr) / voltage build-up
amorce *f* (mil) / copper cap of a primer || ~ (mines) / [detonating] primer || ~ (pompe) / fetching || ~ (ord) / bootstrap || ~**s** *f pl* (film) / leader and trailer || ~ *f* (chargement automatique, film) / film leader (automatic threading) || ~ (astron) / squib || ~ (verre) / crizzling || ~ **antigrisouteuse** (mines) / safety detonator o. fuse || ~ d'**arrivée** (repro) / leader || ~ de **bande** (bande perf.) / leader || ~ de la **bande** (b.magnét) / leader of a tape || ~ de **crique** voir amorce de fissure || ~ de **cristallisation** (chimie) / initial nucleus || ~ de **début** (b.magnét) / leader tape, tape leader || ~ de **départ** (film) / protective trailer, run-out, tail-leader || ~ à **écroûter** / progressive cut of a reamer || ~ **électrique** (mines) / discharger || ~ **électrique à haute résistance ou à fente** (mines) / high-tension fuse o. detonator || ~ à **filament** (mines) / bridge-wire cap || ~ de **fin** (b.magnét) / trailer tape, tape trailer || ~ de **fin** (b. magn.) / tape trailer || ~ de **fissure** / incipient crack o. fracture, superficial fissure, cleft || ~ **fulminante** (jeu d'enfants) / percussion cap || ~ à **incandescence** (mines) / low tension blasting machine o. detonator o. fuse || ~ **instantanée** / high-sensitive fuse, instantaneous fuse o. detonator || ~ à **mèche** (mines) / slow fuse o. match || ~ **ordinaire** / high-sensitive fuse, instantaneous fuse o. detonator || ~ à **percussion** (obus) / percussion fuse, contact fuse || ~ à **pont** (mines) / bridge-wire cap || ~ à **retard** (mines) / delayed detonator || ~ de **rupture** (techn) / starting point of a fracture, incipient fracture
amorcé (tube électron) / fired || **être** ~ (pompe) / work
amorcement *m* voir amorçage
amorcer, commencer / start, begin || ~ (oscillation) / incite, stimulate || ~ (électron) / trigger *vt* || ~ (crist) / inoculate || ~ (obus) / activate, arm, fuse || ~ (électr) /

excite || ~ (ord) / bootstrap || ~ l'**arc** (soudage) / strike || ~ l'**atterrissage** (aéro) / come in to land || ~ une **mine** / fire o. detonate a mine || ~ le **moteur** (auto) / prime the motor || ~ [au **pointeau]** / center, mark with the center punch || ~ une **pompe** / fetch a pump, light o. prime a pump || ~ une **réaction** / trigger a reaction || ~ un **virage** / turn a curve
amorceur *m* (mines) / priming apparatus
amorçoir *m* (charp) / first bit || ~ (techn) / center punch
amorphe / amorphous, amorphic, noncrystalline
amorti (acoust) / muffled || ~ (compas) / dead-beat || ~ (électr) / damped
amortir (techn, mot) / choke, throttle || ~ (choc) / damp[en], deaden, cushion, soften || ~ (s') / damp[en], decay || ~ (s') (oscillation) / die
amortissage *m* des **bruits** / silencing, muffling of noises || ~ **structural** (aéro) / structural damping
amortissant le **bruit** / sound absorbing o. deadening
amortissement *m* / damping, dampening || ~ (commerce) / depreciation || ~ (télécom) / damping || ~ (électron) / muting || ~ (oscillation) / dying out || **à ~ périodique** / damped periodic... || **à ~ trop faible** (électron) / underdamped || ~ **aérodynamique** / aerodynamic damping || ~ par **air** / air o. pneumatic cushioning o. damping o. pad, pneumatic shock absorption || ~ par **anneaux de caoutchouc travaillant à la compression** / rubber [pressure] shock absorber || ~ d'**antenne** / antenna decrement || ~ de **bord** (acoustique) / edge damping || ~ de **boucle** (télécom) / loop attenuation || ~ du **bruit** / sound deadening || ~ par **caoutchouc** / rubber shock absorber || ~ par **chambre d'air** (instr) / air vane damping || ~ du **choc de découpage** / dampening of the cutting shock || ~ à ou par l'**huile** / oil damping || ~ **hydraulique ou par liquide** / liquid dampening || ~ **magnétique** / magnetic damping || ~ de **matières** / internal damping o. friction || ~ **périodique** (télécom) / periodic damping || ~ **pneumatique** voir amortissement par air || ~ **pneumatique** (auto) / pneumatic spring action || ~ **polaire** / polar damping || ~ **surcritique** / overdamping || ~ par **torons de caoutchouc** (techn) / rubber cord springing || ~ de **transmission** / transmission loss || ~ **trop faible** (télécom) / underdamping || ~ **utile** (télécom) / reference equivalent || ~ **visqueux** (oscillations) / viscous damping
amortisseur *adj* / damping, deadening || ~ *m* (phys, techn) / damper, damping device, dampener || ~ (auto) / shock absorber || ~ **accordé** / dynamic vibration reducer, tuned reducer || ~ à **accumulation d'énergie** / energy accumulation type buffer || ~ à **air** / air buffer o. cushion o. pad || ~ d'**atterrissage** (aéro) / hop damper || ~ de **béquille** (aéro) / tailski[d] springing || ~ de **bruit** / sound absorber || ~ à **caoutchouc [en compression]** / rubber [pressure] shock absorber || ~ de **choc** (montre) / shock-absorber || ~ de **chocs en caoutchouc** (auto) / rubber shock absorber || ~ de **choc du châssis d'atterrissage** (aéro) / landing gear springing || ~ de **chocs de direction** (auto) / anti-kickback snubber || ~ de **choc à l'huile** (aéro) / oleoleg, oleo [strut] || ~ du **cristal** (ultrasons) / crystal backing || ~ de **direction** (motocyclette) / steering damper, steering shock eliminator || ~ à **dispersion d'énergie** / energy dissipation type buffer || ~ à **fluide** (ELF) / hydraulic shock absorber, dashpot, dashing vessel || ~ à **friction** (mot) / frictional damper || ~ à **friction** (auto) / snubber || ~ à **huile** / oil dampe[ne]r o. dashpot, oil brake || ~ **hydraulique** / hydraulic shock absorber, liquid damper || ~ de **lacet** (ELF) (aéro) / yaw damper || ~ **oléopneumatique** / oleo-pneumatic shock absorber || ~ d'**oscillations** (gén) / oscillation damp[en]er o. absorber, vibration absorber || ~ d'**oscillations** (bâtim) / oscillation damper || ~ **réglable** (auto) / ride selector || ~ à **ressort** (auto) / spring shock absorber || ~ de **roulis** (aéro) / roll damper || ~ de **surtension** (électr) / surge absorber o. arrester o. diverter o. modifier || ~ de **tangage** (ELF) / pitch damper || ~ **télescopique** / telescopic shock absorber || ~ du **tremblement** (aéro) / shimmy damper || ~ de **vibrations** / vibration absorber
amourette *f* (bois) / snakewood, letterwood, leopard o. tortoiseshell wood
amovible / removable, movable, moveable || ~ / movable, moveable, portable || ~ **[à chariot]** / run-out...
A.M.P. / adenosine monophosphate, AMP
ampasite *f* (canne de sucre) / trash, [fine] fiber bagasse
ampélographie *f*, ampélologie *f* / ampelography
ampérage *m* (incorrect), intensité *f* de courant / amperage
ampère *m* / ampere, amp || **~-conducteurs** *m pl* (électr) / electric loading || **~-conducteurs** *m pl* **spécifiques** (électr) / specific electric loading || **~heure** *f* / ampere-hour || **~heuremètre** *m* / ampere-hour meter, a.h.m. || **~heuremètre** *m* **réactif** / reactive current meter, reactive ampere-hour meter
ampèremètre *m* (électr) / ammeter || ~ **balistique** (électr) / surge crest ammeter || ~ **enregistreur** / current recorder || ~ à **fil chaud** / thermal ammeter || ~ **magnéto-électrique** / moving coil ammeter || ~ de **maximum** / maximum ammeter || ~ à **pince** / tong-test ammeter, clip-on ammeter || ~ de **poche** / pocket ammeter || ~ **thermique** / thermal ammeter || ~ **thermoélectrique** / thermocouple ammeter, thermoammeter
ampèremétrique (titrage) / conductimetric
ampèreseconde *f* / ampere-second, coulomb, C
ampèretour·s *m pl* (électr) / linkage, ampere-windings o. -turns, at || ~ *m* **antagoniste** (électr) / back ampere turn, counter-ampere turn, demagnetizing ampere turn || **~s** *m pl* de **champ** / field ampere-turns *pl* || ~ *m* de **compensation** / compensating ampere turn || ~ **transversal** / cross ampere turn
ampexage *m* / electronic video recording, EVR
amphibie *adj* / amphibian, amphibious || ~ *m* / amphibian [plane] || ~ (graph) / compositor-pressman, twicer (coll)
amphibien / amphibian, amphibious
amphi·bole *f* (min) / amphibole || **~bolie** *f* (ord) / amphiboly || **~bolite** *f* (géol) / amphibolite || **~bologique** (ord) / amphibolous || **~phile** (chimie) / amphiphilic || **~théâtre** *m* / lecture hall o. room o. theatre || **~typie** *f* (phot) / ferrotype, melano-type, tin-type
ampholyte *m* / ampholyte
amphotère / amphoteric
ample, abondant / ample, rich, copious || ~, spacieux / ample, large, spacious, capacious || ~, large / broad, wide || ~, étendu / comprehending, comprehensive || ~ **régime de vitesses** / wide adjustable-speed range
ampleur *f* / width || ~ / bigness, extent, range, size
ampli *m* (coll) (électron) / amplifier, amp.
amplidyne *m* (électr) / amplidyne generator
amplificateur *m* (électron) / amplifier || ~ à **accord double** / double tuned amplifier || ~ **acoustique**

(télécom) / sound amplifier o. intensifier || ~ **additif ou d'addition** / summing amplifier || ~ à **anode mise à la masse ou à la terre** / grounded anode amplifier, grounded plate amplifier || ~ à **anode négative** / inverted amplifier || ~ d'**antenne** / distributing amplifier, multi-coupler || ~ **asservi** voir amplificateur opérationnel || ~ d'**attaque** (électron) / driver stage || ~ à **audiofréquence** / audiofrequency amplifier || ~ **automatique** (TV) / automatic volume control amplifier || ~ à **base commune** / grounded-grid amplifier, grounded base amplifier || ~ **basse fréquence** (radio) / audiofrequency amplifier || ~ [à] **basse fréquence** (électron) / low frequency amplifier || ~ de **blocage** (laser) / lock-in amplifier || ~ de **cadre** (électron) / loop amplifier || ~ de **canal** (électron) / channel amplifier || ~ en **cascade** / cascade amplifier || ~ à **cathode mise à la terre** / anode follower, grounded cathode amplifier || ~ **cathodique différenciateur** (électron) / differential cathode follower || ~ à **cavité** (électron) / cavity amplifier || ~ à **cellules photoélectriques** / photocell o. PEC amplifier, electron multiplier phototube || ~ à **champ croiseé** / crossfield amplifier || ~ à **circuits accordés** / resonance amplifier || ~ **classe A** (électron) / A-amplifier, class A amplifier || ~ **classe AB** (électron) / AB-amplifier || ~ **classe B** (télécom) / B-amplifier, class B amplifier || ~ **classe C** / C-type amplifier || ~ à **contre-réaction** / stabilized feedback amplifier || ~ de **contrôle** (télécom) / monitoring o. bridging amplifier || ~ à **cordons** (télécom) / cord circuit repeater || ~ de **correction** (TV) / processing amplifier || ~ à **couplage direct** / direct resistance-coupled amplifier || ~ à **couplage par transformateurs** (électron) / transformer-coupled amplifier || ~ de **couple** / torque amplifier || ~ de **courant continu** / direct-current amplifier || ~ pour **courants porteurs** / carrier repeater || ~ **déphaseur** (TV) / paraphase o. seesaw amplifier || ~ à **deux étages** (électron) / two-stage amplifier || ~ à **deux voies** / dual-trace amplifier || ~ **diélectrique** / dielectric amplifier || ~ **différenciateur** (électron) / long-tail[ed] pair amplifier, differential amplifier || ~ **différentiel** / differential amplifier || ~ **différentiel à couplage direct** / differential d.c.-amplifier || ~ **différentiel d'entrée** (électron) / difference amplifier || ~ **direct** / straight amplifier || ~ **distribué** (télécom) / transmission-line amplifier, distributed amplifier, D.A. || ~ de **distribution** / distributing amplifier || ~ **Doherty** / Doherty amplifier || ~ **doubleur** (électron) / amplifier doubler || ~ **duplex** / go-and-return repeater || ~ d'**effets spéciaux** (TV) / special effects amplifier || ~ **enclenché** (électron) / lock-in amplifier || ~ d'**énergie** / energizer || ~ d'**enregistrement** (m. à dicter) / recording amplifier || ~ d'**enregistrement** (ord) / digit driver || ~ d'**entrée** (électron) / primary amplifier || ~ d'**excitation** / drive amplifier || ~ d'**extrémité** (électron) / final amplifier, output amplifier || ~ **fluidique** (contr.aut) / fluid amplifier || ~ de **flux** (nucl) / donut, doughnut || ~ **fonctionnel à rétroaction** (ord) / regenerative operational amplifier o. op amp || ~ à **fréquence intermédiaire** (électron) / intermediate frequency amplifier, superheterodyne amplifier || ~ à **gain élevé** / high-gain amplifier || ~ de **gravure** (phono) / recording amplifier || ~ [à] **grille mise à la terre** / grounded-grid o. -base amplifier || ~ à **haute fréquence** / high-frequency transformer || ~ de **haut-parleur** / P.A. amplifier, public address amplifier || ~ **hybride** (télécom) / hybrid amplifier || ~ **image** (TV) / image intensifier, video amplifier || ~ d'**impulsions** / pulse amplifier || ~ d'**impulsions par opto-électronique** / optoelectronic pulse amplifier, OPA || ~ **inhibiteur** (ord) / inhibit driver || ~ **intermédiaire** (électron) / intermediate amplifier || ~ à **large bande** (TV) / wide band amplifier || ~ de **lecture** (c.perf.) / read amplifier, sense amplifier || ~ de **lecture** (b.magnét) / reproducing amplifier || ~ de **ligne** (télécom, TV) / line amplifier, line repeater || ~ **magnétique** / magnetic amplifier, magamp, magnet intensifier, saturable reactor, d.c. controlled reactor, transductor || ~ **mélangeur** / mixing amplifier || ~ de **mesure** / measuring amplifier, meter amplifier, test amplifier || ~ de **microphone** / microphone amplifier, bullet amplifier (coll) || ~ **miniature** / midget amplifier || ~ avec **mise à la terre monopolaire** (contr.aut) / single-ended amplifier || ~ **multiple** / multiple amplifier, multistage amplifier || ~ **N.L.T.** (télécom) / negative-line-transistorized amplifier, NLT amplifier || ~ à **ondes décimétriques** / microwave amplifier || ~ à **ondes progressives** / travelling-wave amplifier || ~ **opérationnel** (calc anal) / operational amplifier, op amp || ~ **parallèle en montage push-pull** (électron) / parallel push-pull amplifier || ~ **paramétrique** (électron) / paramp, parametric amplifier || ~ à **paroi ondulée** (électron) / rippled wall amplifier || ~ à **photopile** / PEC o. pec amplifier || ~ **piège** / trap amplifier || ~ à **plusieurs étages** voir: amplificateur multiple || ~ en **pont** (électron) / bridge amplifier || ~ sur **poteau** (électron) / mast-head amplifier || ~ de **puissance** / power amplifier, P.A. || ~ de **puissance hydraulique** / hydraulic amplifier || ~ de **puissance symétrique ou en montage push-pull** (électron) / push-pull power amplifier, PPPA || ~ de **puissance à vidéofréquence** (TV) / image power amplifier, IPA || ~ **purement fluidique** / PFA amplifier, pure fluid amplifier || ~ **push-pull** (électron) / push-pull amplifier, balanced amplifier || ~ de **quotient** (électron) / ratio amplifier || ~ à **réactance** (électron) / mavar, parametric amplifier || ~ à **réaction** / feedback amplifier || ~ **récepteur ou de réception** (électron) / receiving amplifier || ~ de **recul** (mil) / recoil intensifier, muzzle attachment || ~ de **récupération** / booster amplifier || ~ **redresseur** (électron) / rectifier amplifier || ~ de **réglage** (TV) / volume control amplifier || ~ à **réinjection** (électron) / regenerator, regenerative amplifier || **~-répéteur** *m* **immergé** (télécom) / submerged repeater || ~ à **résistance** (électron) / resistance amplifier || ~ à **résistance négative** (électron) / negistor || ~ à **résonances moléculaires** / molecular resonance amplifier || ~ **rotatif** (électr) / rotary amplifier || ~ **sans transformateur** / air-core amplifier || ~ **sélectif** / resonance amplifier || ~ **sigma** (nucl) / sigma amplifier || ~ du **signal d'arrêt** (nucl) / shut-down o. trip amplifier || ~ du **signal vidéo** / video amplifier || ~ des **signaux de balayage** (électron) / scanner amplifier || ~ des **signaux d'échantillonnage et de maintien** (contr.aut) / sample and hold amplifier || ~ à **simple alternance** (contr.aut) / single-ended amplifier || ~ **son** (TV) / audio amplifier || ~ de **son** (télécom) / sound amplifier o. intensifier || ~ de **sortie** (électron) / pack amplifier, output amplifier || ~ à **superhétérodyne** (électron) / intermediate frequency amplifier, superheterodyne amplifier || ~ de **suppression** (TV) / blanking amplifier || ~ **symétrique** (électron) / push-pull amplifier, balanced amplifier || ~

symétrique adapté / low-loading amplifier, (formerly:) loaded push-pull amplifier || ~ de **télévision** / television amplifier || ~ **terminal** (électron) / final amplifier, output amplifier || ~ **thermoélectrique** / thermionic amplifier o. magnifier (GB) || ~ à **transducteur** / transductor amplifier || ~ à **transistors** / transistor amplifier || ~ à **trois étages** / three-stage amplifier || ~ à **tubes** / tube o. thermionic amplifier o. magnifier (GB) || ~ à **turbulence** / turbulence intensifier || ~ **unidirectionnel** / one-way amplifier o. repeater || ~ **vertical** (électron) / vertical amplifier || ~ à **vidéofréquence** (TV) / video amplifier

amplification *f* / amplification, increase, enlargement || ~ (électron) / amplification || ~ (opt) / magnification || ~ (télécom) / transmission gain || ~ de **basses fréquences** (radio) / bass boost || ~ en **boucle ouverte** (amplificateur opérat) / open-loop voltage gain || ~ en **cascade** (électron) / cascade amplification || ~ des **contours** (TV) / contour accentuation || ~ de **courant** / current amplification || ~ de la **force mécanique** / mechanical advantage, MA, purchase || ~ due au **gaz** / gas amplification || ~ en **hauteur** (r.cath) / Y-gain, vertical gain || ~ **image** / image amplification || ~ en **largeur** (r.cath) / X-gain, horizontal gain || ~ **latérale** / lateral amplification || ~ **linéaire** (électron) / flat gain amplification || ~ de **lumière** (laser) / light amplification || ~ **maximale de puissance disponible** (électron) / completely matched power gain || ~ par **montage réflexe** (électron) / dual amplification || ~ **multiple** (électron) / multistage amplification, multiple amplification || ~ **proportionnelle** (contr.aut) / proportional sensitivity || ~ de **puissance** (électron) / power gain, power amplification || ~ par **réinjection** (électron) / regenerative amplification || ~ de **résonance** (électr) / resonance step-up || ~ du **signal de gyroscope** / gyro gain || ~ en ou de **tension** (électr) / voltage amplification || ~ **vidéo** / video amplification

amplifié (électron) / amplified

amplifier, grossir / scale up || ~ (méc, électron) / amplify || ~ (force) / intensify, boost, amplify

ampli-séparateur *m* (électron) / isolating o. buffer amplifier

amplistat *m* / amplistat

amplitude *f*, étendue *f* / width || ~ (phys, astr) / amplitude || **à ~ constante** / constant amplitude... || ~ d'**aberration** / amplitude of aberration || ~ de l'**accommodation** / amplitude of accommodation || ~ d'**adaptation** / range of adaptation || ~ d'**avance** (auto) / timing range || ~ de **balayage** (TV) / scanning o. sweep amplitude || ~ de **charge** / load swing || ~ de la **classe** (statistique) / class amplitude o. swing || ~ du **courant grille** / grid current swing || ~ **crête-à-crête** (oscillation) / peak-to-peak amplitude, double amplitude || ~ **crête-crête** (électron) / swing || ~ de **déphasage** (électron) / phase deviation o. swing || ~ de la **déviation** (nav) / deviation figure o. value || ~ de **diffusion** / scattering amplitude || ~ **double** / peak-to-peak o. double amplitude || ~ d'**image** (TV) / frame amplitude || ~ d'**impulsion** / pulse amplitude || ~ de **ligne** / line amplitude || ~ de la **marée** / tidal range, lift o. rise of the tide || ~ **maximale** (électr) / maximum amplitude || ~ **maximale d'onde** (onde stationnaire) / current antinode || ~ **maximale de tension** (électr) / potential loop, antinode || ~ de la **modulation** / modulation amplitude || ~ **modulée** / amplitude modulation, AM || ~ de l'**onde porteuse** / carrier amplitude || ~ des **oscillations de pendule** / amplitude of pendulum swing, pendulum swing || ~ **pointe-pointe** (électron) / swing || ~ de **porteur** (électron) / carrier amplitude || ~ **quadratique moyenne** / mean square amplitude || ~ du **signal vidéo ou du signal d'image** / picture signal amplitude || ~ de **suroscillation** (TV) / overshoot amplitude || ~ de la **tension grille entre neutre et pointe** (électron) / grid swing || ~ de la **tension grille pointe/pointe** / grid sweep || ~ de **tensions d'oscillations** (essai de mat) / alternating stress || ~ de **variation** / variation, fluctuation || ~ de la **variation de charge** / load swing || ~ **zéro** (électron) / zero carrier || ~ **zéro** (TV) / zero amplitude

ampli-tuner *m* (phono) / combined amplifier-tuner, ampli-tuner

ampoule *f* (méd) / amp[o]ule, ampulla || ~ (électr, électron) / glass bulb || ~ (lampe incand) / bulb of an electric lamp || ~ de l'**aréomètre** / hydrometer syringe || ~ **autos** / automobile bulb || ~ **bilux** (auto) / bilux bulb || ~ **blanchie à l'intérieur** / internally [white-]coated bulb || ~ à **brôme** (chimie) / [spherical] dropping funnel || ~ de **cadran** / scale lamp || ~ à **décanter** (chimie) / [spherical] separating funnel || ~ à **deux filaments ou à filament double** (auto) / two-filament bulb || ~ **émaillée** / enamelled bulb || ~ à **filament simple ou à un filament** / single-filament bulb || ~ **flash** / flash bulb || ~ pour **fuseaux èlectroniques** / electron beam tube bulb || ~ **lentille** / lens tip lamp || ~ **miniature pour illuminations** / decorative lamp || ~ **opale** (électr) / opal lamp || ~ à **plusieurs filaments** (électr) / multifilament lamp || ~ à **réflecteur argenté** / reflector lamp || ~ pour **tube à rayons cathodiques** / bulb for cathode ray tubes || ~ du **tube à vide** (électron) / tube bulb || ~ **veilleuse** (auto) / sidemarker lamp (US), sidelamp (GB) || ~ de ou en **verre** (redresseur) / glass tube || ~ à **verre dépoli** (électr) / frosted lamp || ~ en **verre double paroi** / container of the vacuum bottle

Amtrak *f* (ch.de fer) / Amtrak (US)

amygdalaire, amygdaloïde (géol) / amygdaline, tonsillar

amygdaloside *f* / amygdalin[e], amygdaloside

amylacé / amylaceous, starchy

amylase *f* / amylase, diastase

amyle *m* / amyl radical, Am

amylène *m* / pentene, amylene

amylocellulose *f* / amylocellulose

amylodextrine *f* / amylodextrine

amylofermentation *f* / amylo fermentation

amylose *f* / amylose

amyloxyde *m* **hydraté** / hydrated amyloxide

an *m* / year

anacarde *m* / cashew nut

anacardier *m* / cashew tree, Anacardium occidentale

anaérobie *adj* / anaerobic, anaerobiotic || **~s** *m pl* / anaerobes *pl*

anaglyphe *m*, anaglypte *m* (arp) / anaglyph, anaglyptic

analcime *m f* (min) / analcime, analcite, analcidite

analeptique *m* (pharm) / analeptic

analgésique / analgetic

anallatique (arp) / analla[c]tic

analogie *f* / analogy

analogique (ord) / analog[ous] || **d'~ en analogique** / analog to analog || **~-numérique** / analog to digital, A/D

analogue / analogous

analysable / analyzable

analysateur *m* voir analyseur

analyse *f*(chimie) / determination, analysis, analyzation || ~ (math) / analysis || ~ (TV) / scanning, fram scan || ~ (d'un livre) / review || **faire une** ~ **automatique** (ord) / auto-abstract || ~ de l'**acide** (chimie) / acid test || ~ par **activation** / [radio]activation analysis || ~ par **activation des neutrons** / neutron activation analysis, NAA || ~ par **adsorption** / chromatographic analysis, chromatography || ~ de l'**anneau** (pétrole) / ring analysis, structural group analysis || ~ d'**arbitrage** / arbitrary o. arbitrational analysis || ~ **automatique de nomenclature** (ord) / abstracting || ~ **avantages-coûts** / cost-benefit-analysis, gain-cost analysis || ~ des **besoins** (ord) / demand analysis || ~ à **blanc** / blank [test] || ~ [du **bruit] par filtres d'octaves** / octave filter analysis || ~ des **caractéristiques** (ord) / feature analysis || ~ sur **carbone^{14}** / carbon 14 analysis || ~ **chimique** / chemical analysis || ~ **chromatographique en couche mince** / thin layer chromatography || ~ **combinatoire** / combinatorial analysis || ~ **complète** (chimie) / complete analysis || ~ **conformationnelle** (chimie) / conformation analysis || ~ **conique** (radar) / conical scan[ning] || ~ **continue** (TV) / sequential scanning || ~ de **corrélation** / correlation analysis || ~ **cristallographique** / crystal analysis || ~ **densimétrique par catégories granulométriques** (mines) / float and sink analysis [by sizes] || ~ **densimétrique avec détermination de la teneur en cendres des différentes tranches** (mines) / weight-ash analysis || ~ de **déplacement** (engrenage) / displacement analysis || ~ par **déplacement** (TV) / staggered scanning || ~ des **déplacements** (contr.aut) / motion balance || ~ de **déroulement** (ordonn) / process analysis || ~ de **déroulement d'une défaillance** / incident sequence analysis || ~ par **diffraction** (rayons X) / diffraction analysis || ~ par **dilution isotopique** / isotopic dilution analysis || ~ **dimensionnelle** (math) / dimensional analysis || ~ **documentaire** (chimie) / documentary analysis, check analysis || ~ d'**eau** / water analysis || ~ **élémentaire** (chimie) / ultimate analysis || ~ par **élutriation** / analysis by elutriation o. by decantation || ~ **entrelacée** (TV) / line-jump scanning, interlaced scanning, line o. progressive interlace || ~ **entrelacée à lignes impaires** (TV) / odd-line interlaced scan || ~ **enzymatique** (chimie) / enzymatic analysis || ~ d'**étincelle** / spark analysis || ~ **événement/conséquences** / incident/sequence analysis || ~ d'**exécution** (ordonn) / execution analysis || ~ par **exploration** (c.perf., ord) / flight sensing || ~ d'**extraction à chaud** / gas analysis by hot extraction || ~ **factorielle** / factorial analysis || ~ par **faisceau ionique** / ion beam scanning || ~ du **fichier** (ord) / file scan || ~ par **flottant et plongeant par liqueurs denses ou par flottant et dépôt** (triage) / float and sink analysis || ~ **fluoroscopique aux rayons X ou par fluorescence X** / X-ray fluorescent analysis || ~ **fonctionnelle** (ord) / functional analysis || ~ de **Fourier** / harmonic o. Fourier analysis || ~ **fractionnée** / fractional analysis, distillation test || ~ de[s] **gaz** / gas analysis o. testing || ~ par **goutte** / drop o. spot analysis || ~ **granulométrique** / particle size analysis, granulometry || ~ **granulométrique par sédimentation** / sedimentation analysis || ~ **graphique** / graphic[al] solution o. evaluation || ~ **[graphique] de déroulement** (ordonn) / flow diagram, flow process chart || ~ **graphique de processus** / process chart || ~ **gravimétrique** / gravimetric o. ponderal analysis || ~ **harmonique** / harmonic o. Fourier analysis || ~ **hydrotimétrique sur sels calcaires** / lime test of water || ~ de l'**image** (TV) / analyzing of the image || ~ **immédiate** / proximate analysis || ~ par **incinération** / combustion analysis || ~ **inorganique** / inorganic analysis || ~ des **interruptions** (ord) / interrupt analysis o. decoding || ~ **isotopique** / isotopic analysis || ~ par **lévigation** / analysis by elutriation o. by decantation || ~ **ligne par ligne entrelacée** (TV) / interlaced scanning, skipping line scanning, progressive o. line interlace || ~ **ligne par ligne non entrelacée**, analyse par lignes contiguës (TV) / progressive o. sequential scanning, line sequential system || ~ des **lignes** (TV) / ratchet[t]ing || ~ par **lignes contiguës** (TV) / consecutive scanning || ~ **linéaire** (rayons X) / line scan || ~ sur **lingotin de coulée** (sidér) / ladle analysis || ~ par **liquides denses** / float and sink analysis || ~ **mécanique** (opt) / mechanical scanning || ~ de la **mémoire** (ord) / memory o. storage dump o. print-out || ~ des **minerais** / ore assaying || ~ des **mouvements** (ordonn) / motion analysis || ~ **moyenne** (chimie) / average analysis || ~ **néphélométrique** (chimie) / turbidimetric o. nephelometric analysis || ~ de **neutrons par activation** / neutron activation analysis || ~ des **opérations** (ordonn) / operational analysis || ~ **organique** (ord) / system design || ~ **organique** (chimie) / organic analysis || ~ d'**oscillations** / vibration analysis || ~ de **performances** (ord) / performance evaluation || ~ des **performances** (gén) / evaluation, exploitation, interpretation || ~ du **pétrole brut** / crude assay o. evaluation || ~ de **Podbielnak** (chimie) / POD analysis || ~ par **points** (TV) / dot scanning || ~ par **points successifs** (TV) / dot interlace scanning, dot interlacing || ~ **pollinique** / pollen analysis || ~ **P.O.N.A.** (chimie) / PONA analysis (paraffines, olefines, naphthenes, aromatic compounds) || ~ **ponctuelle** (chimie) / point analysis || ~ **pondérale** / gravimetric o. ponderal analysis || ~ par **précipitation** / precipitation analysis || ~ sur **produit** / product analysis || ~ **qualitative** (chimie) / qualitative analysis || ~ **quantitative** / quantitative analysis || ~ **quantitative par les liqueurs titrées** / volumetric analysis by titration || ~ **rapide** / rapid analysis || ~ du **rapport coût/valeur d'usage** / cost/service value analysis || ~ sur le **rapport des frais et du profit** / cost-benefit-analysis, gain-cost analysis || ~ à **rayons X** / X-ray analysis || ~ **rectiligne** (TV) / rectilinear scan[ning] || ~ **redox** / oxidimetry || ~ par **réflexion** (TV) / indirect scanning || ~ par **réfractomètre** / analysis by refraction || ~ par **régression** (contr.aut) / regression analysis || ~ des **rejets** (isotopes) / standard tails assay || ~ des **réseaux électriques** (électr) / network analysis || ~ des **résidus** / residue analysis || ~ de **sécurité** (ordonn) / safety analysis || ~ **sélective de la mémoire** (ord) / storage snapshot || ~ de **sensibilité** (contr.aut) / sensitivity analysis || ~ **sensorielle** / sensory analysis || ~ par **séparation à l'air** (mines) / pneumatic size analysis || ~ en **séries de Fourier** / harmonic o. Fourier analysis || ~ de **signal en pas à pas** (électron) / signal tracing || ~ du **sol** / soil analysis || ~ des **sons** / sound analysis o. spectrography || ~ **spectrale** / spectral o. spectroscopic o. spectrum analysis || ~ **spectrale optique par émission** / optical emission spectral analyses || ~ à **spot mobile** (TV) / flying-spot scanning || ~ **statistique** / analyse by frequency statistics || ~ **structurale**

(crist) / structure analysis || ~ de la **structure cristalline** / crystal analysis || ~ de **structure par rayons X** / X-ray structure analysis || ~ **superficielle** (chimie) / area analysis || ~ de **systèmes** / systems analysis || ~ au **tamis** / sieve analysis || ~ **témoin** / check analysis || ~ de la **teneur en cendres par catégories granulométriques** / ash analysis by sizes || ~ **thermique** / thermal analysis || ~ **thermique differentielle**, ATD / differential thermal analysis, DTA || ~ **thermopondérale ou thermogravimétrique** / loss-in-weight test o. curve || ~ de **traces** (chimie) / trace analysis || ~ de [la] **valeur** / value analysis o. engineering, VA || ~ de la **variance** / scatter o. variance analysis || ~ **vectorielle**, analyse *f* tensorielle (math) / vector analysis || ~ de[s] **ventes** / sales analysis || ~ par **voie humide** / analysis by wet process, fluid o. humid analysis || ~ par **voie sèche** / analysis by dry process o. way, dry analysis || ~ **volumétrique** (chimie) / volumetric analysis, volumetry, titration || ~ **Waterman** (pétrole) / ring analysis

analyser (chimie) / analyze || ~ (ord) / scan, strobe || ~ le **disque** (ord) / scan the disk

analyseur *m* (gén) / analyzer || ~ (chimie) / analyst, assayer (as for ore) || ~ (contr aut) / pick-up, scanner, detector || ~, agent *m* technique / laboratory technician || ~ d'**amplitude des impulsions** (électron) / amplitude analyzer || ~ du **circuit de commande** / circuit analyzer || ~ de **couleurs** / colour analyzer || ~ de **courbes** / curve analyser || ~ de **diapositives** / slide scanner || ~ **différentiel** (ord) / differential analyzer || ~ **différentiel numérique** / digital differential analyzer, DDA, incremental computer || ~ de **dimensions de particules** (opt) / particle size analyzer || ~ de **disques** (tachygraphe) / chart analyzer || ~ de **distorsion** (électron) / distortion analyzer || ~ **électrique de Fourier** / electric harmonic analyzer || ~ **électronique de diagrammes** / electronic diagram scanner || ~ de **films** (TV) / film pick-up o. scanner || ~ de **fréquences** / frequency analyzer, wave analyzer || ~ de **fumées type Orsat** / Orsat type flue gas analyser, Orsat apparatus, gas testing apparatus || ~ des **gaz de fumée** / flue gas analyser, dasymeter || ~ d'**harmoniques** (acoustique) / harmonic analyzer || ~ d'**image** (TV) / scanner || ~ d'**image** (sidér) / image analyzer || ~ d'**image** (ord) / image analyzing computer || ~ d'**image [de Farnsworth]** (TV) / dissector [tube] || ~ d'**images fixes** (TV) / diplexer || ~ d'**index** (ord) / index analyzer || ~ de l'**infrarouge** / ultrared o. infrared analyzer, U.R.- o. I.R.-analyzer || ~ de la **longueur de fibres** (tex) / staple analyzer || ~ **[mécanique] à couronne de lentilles** (TV) / lens [carrying scanning] disk || ~ de **métal** / metal analyzer || ~ **monopole** (vide) / monopole mass spectrometer || ~ **numérique** / digit analyzer || ~ **numérique différentiel** / digital differential analyzer, incremental computer || ~ des **oscillations** / oscillation analyser || ~ de **Palmer** (radar) / Palmer scanner || ~ de **pertes d'énergie** (microscope) / energy analyser || ~ de **perturbations** / incidentals analyzer || ~ à **point mobile** / flying spot scanner || ~ des **points de mesure** / scanner || ~ du **polariscope** / analyzer of the polariscope || ~ des **procédés chimiques** / process analyzer || ~ des **procédés transitoires** / transient analyzer || ~ **quadripole** (vide) / quadrupole mass spectrometer || ~ de **réseau** / network calculator o. analyzer || ~ de **sons** / sound analyser, [sound] spectrograph analyzer || ~ en **sons purs** / pure tone analyzer || ~ des **tubes** / tube tester

analyste *m* / analyst || ~ **des systèmes** (ord) / systems analyst o. engineer

analytique / analytic[al]

analytiquement pur / analytically pure

anamorphose *f* / anamorphosis (pl:) -phoses

anamorphosique, anamorphotique / anamorphic

anaphorèse *f* (galv) / anaphoresis

anastatique / anastatic

anastigmat *adj*, anastigmatique / anastigmatic || ~ *m* / anastigmat[ic lens]

anatase *f* (min) / octahedrite

anche *f* (instr. à vent) / reed

ancien / obsolete

ancienneté *f* / seniority

ancrage *m* / anchorage || ~ (fournée) / hanging, sticking o. scaffolding of the burden || ~ à **boulon de scellement** (bâtim) / permanent soil anchor || ~ des **câbles** (pont suspendu) / cable anchorage || ~ à **coin** (ch.de fer) / wedge rail anchor || ~ de l'**extrémité** (funi) / end anchorage || ~ **mécanique** (bâtim) / mechanical bond || ~ par la **poupe** (ballon) / tail-guy mooring

ancre *f* (bâtim, nav) / anchor || ~ (horloge) / pallets *pl* (part of the escapement) || ~ (ligne aérienne) / anchor log o. block || ~ de **bossoir** / bower o. mooring anchor || ~ à **chevilles** (horloge) / pin pallet fork, pin lever fork || ~ **flottante** (nav) / drag [anchor], sea anchor || ~ de **fondation** / foundation anchor o. bolt, anchor bolt || ~ à **fourchette** (bâtim) / forked tie || ~ **garnie** (montre) / jewelled pallets *pl* || ~ **Hall**, ancre *f* sans jas (nav) / stockless anchor || ~ à **jas** (nav) / common o. stock anchor || ~ à **jet** (nav) / kedge [anchor] || ~ à **ligne droite** (horloge) / straight-line lever [escapement], clubtooth lever escapement || ~ **maîtresse ou de miséricorde** (nav) / waist anchor, spare anchor || ~ **Marrel** (nav) / stockless anchor || ~ de **mur** / wall clamp [iron] || ~ **principale ou de poste** (nav) / bower anchor, mooring anchor || ~ *m* de **rail conducteur** / conductor-rail anchor || ~ *f* à **râteau** (horloge) / rack lever pallets *pl* || ~ de **réserve** (nav) / waist anchor, spare anchor || ~ de **roche** / rock anchor || ~ de **salut** (nav) / sheet anchor || ~ de **terre** (nav) / shore anchor || ~ de **tête** (bâtim) / wall anchor || ~ de **touée** (nav) / kedge [anchor] || ~ de **voûte** / tie anchor

ancrer (gén) / anchor

andain *m* (agr) / windrow || ~ **longitudinal** (agr) / long windrow || ~ **transversal** (agr) / cross-windrow

andainage *m* des **feuilles de betteraves** / beet-top saving

andaineur *m* des **feuilles de betteraves** / beet-top windrower

andaineuse *f* (agr) / windrower

andalousite *f* **prismatique** / prismatic andalusite

andésine *f* (géol) / andesine

andésite *f* (géol) / andesite

andiroba *m* / crabwood

andouille *f* / patch in paper

andradite *f* / precious garnet

anéantir / obliterate, annihilate, destroy, wipe out

anéantissement *m* / annihilation, obliteration, destruction

anéchoïde, anéchoïque, anécoïde / anechoic

anel *m* / retainer ring of blacksmith's tongs

anélectrolyte *m* / anelectrolyte

anellation *f* (chimie) / anellation

anémo·chorie *f* (bot) / wind dispersal, anemochory || ~**graphe** *m* / anemograph || ~**graphe** *m* à **moulinet** / rotating o. rotational wheel anemograph, fan wheel o. wind-wheel o. wind-vane anemograph

anémomètre *m* / air speed indicator o. meter, ASI, anemometer || ~ à **coupelles** (à axe vertical) / windmill type anemometer, [revolving] vane anemometer || ~ à **croix à coquilles** (météorol) / cup anemometer, cross arms (US) *pl* || ~ **hydrostatique** / hydrostatic wind gauge || ~ à **moulinet** (à axe horizontal) / plate anemometer || ~ à **résistance électrique** / hot-wire anemometer

anémo·métrie *f* / anemometry || ~**scope** *m* / anemoscope

anergie *f* / anergy (loss o. lack of energy)

anéroïde *m* / aneroid barometer || ~ d'**altitude** / altimeter aneroid

anéthol *m* (chimie) / anethole

angélique *m* (hydr) / basralocus wood

anges *m pl* (radar) / clutter

angle *m* / angle || ~, coin *m* / corner || ~ (bâtim) / quoin, corner stone || ~ de **360°** (math) / perigon, round angle || **à ~ aigu** / acute-angled || **à ~ oblique** / oblique-angled || **à ~ obtus** / obtuse-angled || **à ~ obtus** (cône) / steep (cone) || **à ~s** / angular, angled || **à ~s droits** / right-angled, orthogonal || **à ~s inégaux** / unequal-angled || **à ~s saillants** / sharp-angled || **à ~s vifs** (lam) / squared-edge, square-edged, -angled || ~ **adjacent** (math) / adjacent o. adjoining angle, contiguous o. supplementary angle || ~ d'**affûtage** (tourn) / lip angle || ~ **alterne** (math) / alternate angle || ~ d'**amorçage** (électron) / firing angle || ~ **annulaire** (chaudière) / stiffening ring || ~ **apparent** / angle taken o. observed o. of observation || ~ d'**approche** (aéro) / angle of approach, approach angle || ~ de l'**arête complémentaire** (tourn) / minor cutting edge angle || ~ de l'**arête transversale** (foret) / chisel edge angle || ~ d'**arrivée** (projectile) / angle of descent || ~ d'**ascension** / elevation angle, angle of altitude || ~ d'**attaque** (m.outils) / working angle || ~ d'**attaque** (lam) / angle of bite o. of contact || ~ d'**attaque** (aéro) / angle of attack o. incidence || ~ d'**attaque de l'aile** / wing setting || ~ d'**attaque d'hélice** (aéro) / chord incidence || ~ d'**attaque du taraud** / lead angle || ~ d'**avance** / angle of advance o. of lead, lead angle || ~ d'**avancement de l'hélice** / angle of propeller advance || ~ des **axes** (engrenage conique) / angle between axes, shaft angle || ~ **axial** (opt) / axis angle || ~ d'**azimut d'antenne** / antenna azimuth angle || ~ **azimutal** / radio bearing, azimuth direction angle || ~ de **bande** (nav) / angle of the heel || ~ du **bec** (tourn) / nose angle || ~ **bigle** (ultrasons) / squint angle || ~ de **biseau** (m.outils) / cutting angle || ~ de **bord d'attaque** (d'un profil de pointe avant) (aéro) / leading edge angle || ~ de **Bragg** (opt) / grazing angle, glancing angle, Bragg angle || ~ de **braquage** (aéro) / control surface angle, flap angle || ~ de **braquage** (auto) / angle of [steering] lock || ~ de **braquage du bogie** (ch.de fer) / truck swing || ~ de **brillance** (opt) / grazing angle, glancing angle, Bragg angle || ~ de **câblage des torons** / angle of closing of strands, strand angle || ~ de **calage** / phase angle || ~ de **calage de l'empennage horizontal** / tail-setting angle || ~ de **calage des manivelles** / angle between cranks || ~ de **calage de la pale** (aéro) / blade angle || ~ de **calage des plans** (aéro) / rigging angle of incidence || ~ de **came** (auto) / dwell angle || ~ au **centre** / angle at center || ~ du **chanfrein** / angle of the bezel || ~ de **chasse** (auto) / steering error angle || ~ de **choc** (méc) / angle of impact || ~ de **circonférence** / angle at circumference || ~ de **cisaillement** (m.outils) / shear angle || ~ de **commettage** (câble) / angle of twist || ~ de **commettage des torons** / angle of closing of strands, strand angle || ~ **complémentaire** / explementary angle, conjugate angle, explement || ~ **concave** (math) / concave angle || ~ de **conduction** (semicond) / conduction angle || ~ de **conduite apparent** (engrenage) / transverse angle of transmission || ~ de **cône** (m.outils) / angle of taper || ~ de **cône d'éboulement** (frittage) / angle of repose || ~ de **contact ou d'enroulement** (techn) / angle o. arc of [belt] contact o. wrap (US), belt wrap (US) || ~ **contigu** (math) / adjacent o. adjoining angle, contiguous o. supplementary angle || ~ de **contingence** (math) / angle of contingence || ~ de **conversion** (nav) / conversion angle || ~ de **correction du vent** (nav) / drift correction angle || ~ **correspondant** (math) / corresponding angle || ~ **correspondant au dixième de l'intensité de pointe** (opt) / tenth angle of dispersion || ~ **correspondant à la moitié d'intensité de pointe** (opt) / half angle of dispersion || ~ de **coudage** / bend angle || ~ de **coupe** (ciseaux) / angle of shear blades || ~ de **coupe** (m.outils) / cutting angle || ~ de **coupe** (filière) / rake angle on cutting part (die stock) || ~ de **coupe vers l'arrière d'outil** (m.outils) / tool back rake o. clearance, tool back wedge angle || ~ de **coupe latéral effectif** / effective tool side rake || ~ de **coupe latéral de l'outil** / tool side rake, radial rake || ~ de **coupe latéral en travail** / working side rake || ~ de **coupe orthogonal de la facette de la face de coupe** (m.outils) / first tool orthogonal rake, primary rake || ~ de **coupe orthogonal de la facette de la face de coupe en travail** / first working orthogonal rake || ~ de **coupe orthogonal de l'outil** (m.outils) / tool orthogonal rake o. plane || ~ de **couplage** (électron) / circuit angle || ~ de **couronne** (pneu) / crown angle || ~ de **creux** (roue conique) / dedendum angle || ~ de **cuve** (sidér) / angle of the blast furnace stack || ~ de **décalage** (électr) / angle of [brush] lead || ~ de **décalage des balais en retour** (électr) / angle of [brush] lag || ~ de **décrochage** (aéro) / critical angle of attack, angle of stall || ~ de **déflexion** (arp, opt) / deflection angle || ~ de **dégagement** (moule) / included o. cone angle, angle of VEE || ~ de **dégagement d'une matrice** / exit angle of a die || ~ **delta trois** (hélicoptère) / delta-three angle || ~ de **déphasage** (électr) / angle of phase difference || ~ de **déphasage interne** / rotor displacement angle || ~ de **déplacement de l'aileron** (aéro) / aileron angle o. deflection || ~ de **dépouille** (m.outils) / relief angle || ~ de **dépouille** (plast) / draft angle || ~ de **dépouille de face** (outil à un seul tranchant) / front clearance angle || ~ de **dépouille orthogonal** (m.outils) / first working orthogonal clearance || ~ de **dépouille orthogonal de la facette de la face de dépouille de l'outil** (m.outils) / first tool orthogonal clearance || ~ de **dérapage** (pneu) / slip o. attitude angle || ~ de **dérapage** (aéro) / angle of yaw || ~ de **dérive** (aéro) / angle of side-slip, crab angle || ~ de **dérive** (bloc-pilote) / drift angle || ~ de **descente** (aéro) / angle of approach, gliding angle || ~ de **deux droites croisées** (cybernétique) / angle between axes || ~ de **déversement** / angle of repose || ~ de **déviation** (compas) / angle of deflection || ~ de **déviation** (ch.de fer) / crossing angle in a switch || ~ de **déviation** (opt) / deviation angle || ~ **dièdre** (géom) / dihedral angle || ~ **dièdre** (aéro) / dihedral angle (of navigation lights) || ~ **dièdre des ailes** (aéro) / dihedral angle of wings || ~ de **dièdre latéral négatif** (aéro) / anhedral angle || ~ de **diffusion** (nucl) / scattering angle || ~ **directeur** / radio bearing, azimuth direction angle || ~ de **direction** (gén) / direction angle || ~ de **direction** (mines) / angle formed by the direction and meridian line || ~ de **direction d'arête de l'outil** (tourn) / tool cutting edge angle || ~ de **direction d'arête de l'outil** / tool cutting edge angle || ~ de **direction complémentaire de l'outil** / tool approach angle (GB), tool lead angle (US) || ~ de la **direction effective de coupe** (foret) / angle of the effective direction of cut || ~ de la **directivité** (antenne) / directivity angle || ~ de **dispersion** (opt) / angle of dispersion || ~ de **divergence** (opt) / divergence angle || ~ de **divergence** (faisceau) / angle of beam spread || ~ **droit** (géom) / right angle || ~ **droit** (scie) / ordinary pitch || ~ **efficace d'un potentiomètre** / function angle of a potentiometer || ~ **électrique** / electrical angle || ~ d'**élévation** (balistique) / elevation angle, angle of site || ~ d'**élévation** (radar) / elevation angle || ~ d'**embardée** / yaw angle || ~ **embrassé** (phot) / coverage, covering power || ~ d'**émergence** (phys) / angle of emersion || ~ d'**empiètement** (électr) / angle of overlap || ~ de l'**encoche de fixation** (matrice) / angle of locking flat of a die || ~ d'**engrenage** / angle of pressure, flank o. gearing angle || ~ d'**entraînement** (lam) / entering o. wedge angle || ~ d'**entrée** (filière de filage) / approach angle || ~ d'**entrée hélicoïdale** (taraud) / spiral face inclination || ~ d'**équerre** / right angle || ~ d'**étalages** (sidér) / bosh angle || **~s** *m pl* **eulériens** / Eulerian angles *pl* || ~ *m* **externe** (math) / exterior angle || ~ d'**extinction** (électron) / extinction angle || ~ de la **face de dépouille** (m.outils) / [first] tool orthogonal clearance || ~ de **face de la dent** / tooth face angle || ~ de **faisceau** (antenne) / beam angle || ~ de la **feuille** (pap) / foil angle || ~ de **fonctionnement ou de flux** (électron) / operating angle || ~ de **fraisure** (vis) / countersinking angle || ~ de **froissement** (tex) / crease angle || ~ de **frottement** (méc) / angle of friction o. of resistance || ~ de **frottement** (bâtiment) / angle of repose, natural angle of incline || ~ de **fusion** (stéréo) / fusion angle || ~ **générateur du cône** / cone generating angle || ~ de **gîte aérodynamique** (aéro) / air-path bank angle || ~ de **glissement** / natural angle of incline || ~ de **hausse** (fusil) / angle of elevation o. of altitude || ~ de **hausse** (balistique) / elevation angle, angle of site || ~ d'**hélice** (roue hélicoïdale, filage, filet) / helix angle || ~ d'**hélice de base** (roue) / base helix angle || ~ **horizontal** / horizontal angle || ~ [de retard] **d'hystérésis** / angle of hysteresis || ~ d'**image** / image angle || ~ d'**impulsion** (horloge) / locking angle || ~ d'**incidence** (aéro) / angle of attack o. incidence || ~ d'**incidence** (opt) / angle of incidence || ~ d'**incidence apparent** (engrenage) / transverse pressure angle at a point || ~ d'**incidence de l'arête principale de coupe** (tourn) / side cutting [edge] angle || ~ d'**incidence brewstérienne** / Brewster o. polarizing angle || ~ d'**incidence correspondant à la traînée minimale** (aéro) / angle of attack of minimum drag || ~ d'**incidence géométrique** (aéro) / geometrical angle of attack || ~ d'**incidence d'hélice** (aéro) / chord incidence || ~ d'**incidence de la lumière** / angle of incidence || ~ d'**incidence des ondes** / wave angle || ~ d'**incidence réel** (roue hélicoïdale) / normal pressure angle at a point || ~ d'**inclinaison** / angle of inclination o. of slope || ~ d'**inclinaison d'arête de l'outil** (tourn) / tool cutting edge inclination || ~ d'**inclinaison d'une faille** (par rapport à la verticale) (géol) / hade, angle of hade || ~ d'**inclinaison du fer de rabot** (bois) / pitch of the blade || ~ d'**inclinaison longitudinale** (aéro) / pitch angle || ~ d'**inclinaison de la meule** / set angle of the grinding wheel || ~ d'**inclinaison du talus** (ch.de fer) / gradient of slope || ~ **inscrit** / angle at circumference || ~ d'**interface** (crist) / interfacial angle || ~ **interne** (math) / interior o. internal angle || ~ d'**intersection** (math) / angle of intersection || ~ d'**introduction** (tréfilage) / die approach o. entrance angle, angle of die taper || ~ d'**irradiation acoustique** (ultrasons) / acoustic irradiation angle || ~ de **jet** (aéro) / correction angle || ~ de **lacet** (nav) / yaw angle || ~ des **lames de cisaille** (m.outils) / angle of shear blades || ~ de **largeur** (vis sans fin) / width angle || ~ de **liaison** (chimie) / bond angle || ~ formé par la **ligne de direction et le méridien** (mines) / angle formed by the direction and meridian line || ~ **limite** (phys) / critical angle || ~ de **Mach** / Mach angle || ~ de la **maison** / quoin || ~ **mâle** (NC) / external angle || ~ de **mire** / angle of sight || ~ de **mise au point** / setting angle || ~ de **montée** (aéro) / angle of climb || ~ de **morsure** (concasseur) / angle of nip || ~ **mort** (auto) / blind angle || ~ **mort** (NC) / dead zone || ~ **mouillant ou de mouillage** (rhéologie) / wetting angle || ~ de **mur obtus** (bâtim) / obtuse quoin, birdsmouth quoin || ~ **naturel de repos ou de talus** / natural angle of repose o. of incline o. of slope, natural slope || ~ au **niveau** (mil) / angle of departure || ~ **nominal d'outil** (roue dentée) / nominal pressure angle || ~ **oblique** / oblique angle || ~ d'**observation** / angle of observation || ~ **observé** / angle taken o. observed o. of observation || ~ **obtus** / obtuse angle || ~ **opposé** / opposite angle || **~s** *m pl* **opposés** (math) / opposed angles *pl* || **~s** *m pl* **opposés par le ou au sommet** / vertical and opposite angle || ~ *m* **optique** / optical o. visual angle, angle of sight || ~ d'**orientation** (pelle excavatrice) / swing angle || ~ d'**oscillation** (horloge) / escaping arc || ~ de l'**outil** / tool angle || ~ d'**ouverture** (gén) / aperture angle, beam width || ~ d'**ouverture du faisceau** (projecteur) / aperture (of the searchlight) || ~ de **pas** (aéro) / blade angle o. twist || ~ de **pente** (aéro) / angle of bank || ~ **périphérique** / angle at circumference || ~ de **pertes [diélectriques]** (électr) / loss angle, angle tan δ || ~ de **phase** (électr) / phase angle, change of phase || ~ de **phase diélectrique** / dielectric phase angle || ~ de **pied** (roue conique) / root angle || ~ de **pivotement** (ch.de fer) / pivoting angle || ~ **plan** (math) / angle of 180 degrees, flat o. straight angle || ~ **plat** (mil) / low angle, LA || ~ **plat** (géom) / plane angle || ~ de **pliage** (m. à plier) / bending angle || ~ de **pointe** (math, foret) / apex o. apical angle, vertex o. vertical angle || ~ de **pointe de l'outil** (tourn) / tool included angle || ~ **polaire** (électr) / angle of polar span, polar angle || ~ de **polarisation** / angle of polarization || ~ de la **portance** (aéro) / lifting angle || ~ de **position** (astr, opt) / position angle || ~ de **pression** (roue dentée) / angle of pressure, pressure angle (US) || ~ de **pression apparent** (roue conique) / transverse pressure angle || ~ de **pression de fonctionnement** (denture) / working angle of pressure || ~ de **pression normal** (roue dentée) / normal pressure angle || ~ de **pression réel** (roue droite) / real pressure angle || ~ **primitif de référence** (roue conique) / pitch angle || ~ de **prise de vue** (film) / camera angle, shooting angle || ~ de **projection** (mil) / angle of departure || ~ de **projection** (phys) / angle of cast, angle of throw || ~ de **rayonnement** (phys) / angle of radiation || ~ de **recouvrement** (roue dentée) / overlap angle || ~ de **recul d'hélice** / slip angle of the propeller || ~ de **redressement après pliure** (tex) / crease recovery angle || ~ de **réflexion** (opt) / angle of reflection || ~ de **réflexion**, complément *m* dangle d'incidence / glancing angle || ~ de la **réflexion de Bragg** (nucl) / Bragg angle || ~ de **réfraction** (phys) / angle of refraction, refracting o. refraction angle || ~ de **réfraction** (ultrasons) / acoustic irradiation angle || ~ **relevé** / angle taken o. observed o. of observation || ~ de **relèvement** (radar) / relative bearing || ~ de **relèvement** (mil) / angle jump || ~ **rentrant** / re-entering angle, nook || ~ de **renvidage** (bobine) / winding angle || ~ de **repos** / angle of repose, natural angle of incline || ~ de **retard à la commande** (thyristor) / trigger delay angle || ~ de **retard de phase** (phys) / angle of lag || ~ de **retour spontané** (tex) / snap-back angle, elastic recovery angle || ~ de **retreinte d'une matrice** / extrusion angle of a die || ~ de **rotation** (ch.de fer) / pivoting angle || ~ de **rotation du volant** (auto) / turning angle of the steering wheel || ~ de **roulis** (aéro) / roll angle || ~ de **route** (nav) / compass course o. heading, course steered || ~ de **route géographique ou vrai** / route o. track angle || ~ de **route magnétique** / magnetic course angle, magnetic track angle (US) || ~ **saillant** / cant || ~ de **saillie** (roue conique) / addendum angle || ~ de **site** (mil) / angle of site, angular height of target || ~ de **site** (radar) / elevation angle || ~ **solide** / solid angle, cubangle || ~ au **sommet** (math) / apex o. apical angle, vertex o. vertical angle || ~ du **sommet** [sigma] (foret) / point angle || ~ au **sommet du cône** (géom) / cone angle, angle of the cone || ~ du **sommet d'un cristal** / vertical solid angle of a crystal || ~ **sphérique** (math) / spherical angle || ~ **supplémentaire** (math) / adjacent o. adjoining angle, contiguous o. supplementary angle || ~**-support** *m* / support [angle], angle [bracket] || ~ de **surplomb** (auto) / overhang angle || ~ de **sustentation** (aéro) / lifting angle || ~ de **synchronisme** / synchro-angle || ~ de **taillant latéral** (outil) / tool side wedge angle || ~ de **taillant orthogonal des facettes de l'outil** (m.outils) / first tool orthogonal wedge angle || ~ de **taillant orthogonal d'outil** (tourn) / tool orthogonal wedge angle || ~ de **taillant vers l'arrière de l'outil** (m.outils) / tool back clearance o. rake, tool back wedge angle || ~ de **talus** (gén, frittage) / angle of repose || ~ **terminal d'un cristal** / vertical solid angle of a crystal || ~ de **tête** (roue conique) / tip angle || ~ de **tête d'outil** (tourn) / cutter-tip angle || ~ du **tétraèdre** / tetrahedral angle || ~ **tg** δ (électr) / loss angle, angle tan δ || ~ de **toronnage des fils** (câble) / angle of stranding of wires, wire angle || ~ de **torsion** (câble) / angle of twist || ~ de **torsion** (méc) / twisting angle || ~ **total du taillant** (pince) / edge angle || ~ de **traction** / angle of traction || ~ de **tranchant** (tourn) / lip angle, wedge angle || ~ formé par le **tranchant transversal avec les tranchants principaux** (m outils) / chisel edge angle || ~ de **transit** (nucl) / transit [phase] angle || ~ de **transmission** (méc) / transmission angle || ~ en **travail** (tourn) / working angle || ~ de **traversée** (ch.de fer) / angle of crossing || ~ **visuel ou de visée** / optical o. visual angle, angle of sight || ~ de **V-latéral renversé** / downward dihedral o. negative dihedral angle (of the wing) || ~ [de **vol] plané** (aéro) / angle of approach, gliding angle

angledozer *m* (déconseillé), bouteur *m* biais (ELF) / angledozer

anglésite *f* (min) / anglesite

angrois *m*, engrois *m* / wedge for hammer handles

angström *m*, angstroem *m* (unité désusitée) / Å, ÅU, A, AU, Angström unit (= 10^{-10} m)

anguillule *f* des **tiges** / stem o. bulb eelworm

anguilluleuse *f* (agr) / eelworm o. nematode disease

angulaire, angulé / angular, angled

anguleux / angular, sharp-angled || ~ (bâtim) / arris

anhydrase *f* **carbonique** / carbonic acid anhydrase

anhydre (chimie) / anhydrous || ~ (pétrole) / clear, clean, dry

anhydride *m* (chimie) / anhydride || ~ **acétique** / acetic anhydride || ~ d'**acide** / acid anhydride || ~ d'**acide tantalique** / tantalic acid anhydride || ~ **antimonique** / antimonic anhydride o. "acid" || ~ **benzoïque** / benzoic acid anhydride || ~ **borique** / boric anhydride o. oxide || ~ **carbonique** / carbon dioxide, carbonic acid o. anhydride || ~ **chromique** / chromium(VI) oxide, chromic acid anhydride || ~ **iodeux** / iodine oxide || ~ **iodique** / iodine(V) oxide, iodic anhydride || ~ **molybdique** / molybdic oxide, molybdenum(III) oxide, molybdic [acid] anhydride || ~ **nitreux** / nitrous anhydride, nitrogen(III) oxide || ~ **nitrique** / nitric anhydride, nitrogen(V) oxide || ~ **permanganique** / manganese(VII) oxide || ~ **phosphoreux** / phosphorous oxide || ~ **phosphorique** / phosphorus(V) oxide, phosphoric anhydride || ~ **phtalique** / phthalic anhydride || ~ **sélénieux** / selenious anhydride || ~ **sulfureux** / sulphurous anhydride o. oxide, sulphur dioxide || ~ **sulfurique** / sulphuric anhydride, sulphur trioxide || ~ **tellureux** / tellurium(II) oxide || ~ **tellurique** / tellurium(III) oxide || ~ **tungstique** / tungstic anhydride, tungsten(III) oxide

anhydrite *f* / anhydrite || ~ **artificielle** / chemical anhydrite

anhydrogéné / poor in hydrogen, anhydrogenous

anil *m* **chloré** / chloranil

anilide *m* / anilide || ~ d'**acide benzoïque** / benzanilide

aniline *f* / aniline, aminobenzene, phenylamine || ~ **chlorhydrique** / aniline salt o. hydrochloride || ~ **industrielle** / aniline oil

anilisme *m* / aniline poisoning, anilinism

animal / animal... || ~ de **bât** / beast of burden

animaliser / animalize (cellulose fibers)

animateur *m* / disk jockey || ~ (TV) / discussion chairman, anchor man, presenter, moderator (US), promotor || ~ [du **dessin animé**] (film) / animator, cartoonist || ~ de **sécurité** / security officer

animation *f* (film) / animation || ~ par **image arrêtée** (film) / stop-frame animation

animé *m* (résine) / animé

animer / incite, stimulate || ~ (TV) / present

anion *m* / anion

aniséïconie *f* / aniseikonia

anisoélastique (dérive) (ELF) / aniosoelastic (drift)

anisol *m* / anisole, methoxybenzene

aniso·mère / anisomeric || ~**métrique** / anisometric || ~**métropie** *f* / anisometropia || ~**trope** (phys) / anisotropic, acolotropic || ~**trope-biais** (bâtim) / skew-anisotropic || ~**tropie** *f* / anisotropy, anisotropism || ~**tropie** *f* de **cristaux** / crystal anisotropy

ankérite *f* (min) / brown spar, ankerite

annaline *f* (pap) / unburnt powdered plaster

anneau *m* (techn) / ring, collar, hoop, band || ~, boucle *f* / ring, loop, link || ~ (aire) / ring area || ~ (ELF) (routes) / loop || **en forme d'**~ / annular, ring-shaped || ~ d'**amarrage** (nav) / lashing ring || ~ **amortisseur** (électr) / damper o. damping winding o. ring || ~ **annuel de croissance** / annual ring || ~ **antiballon** (tex) / balloon control ring || ~ **arrache-carotte** (pétrole) / fishing socket ring || ~ d'**arrêt** / stop ring ||

~ d'**arrêt à crochets** / hook spring ring, snap hook (US) || ~ d'**arrosage** (bière) / sparger || ~ d'**attelage** / bugle (US) || ~ de **bâchage** (ch.de fer) / tie ring, tarpaulin eye || ~ de **blocage** / retaining ring || ~ **broyeur** / grinding o. breaking ring, muller ring || ~ de **Buller** (réfractaire) / Buller's ring || ~ à **came** / cam ring || ~ pour **canette-trame** (tiss) / filling (US) o. weft (GB) noose || ~ de **caoutchouc** / rubber ring || ~ de **centrage** / eccentric ring || ~ de **chasse** (manuf.de câbles) / fleeting ring || ~ de **cintres en acier** (mines) / steel ring || ~ **circulaire** / annular ring, toroid || ~ de **circulation** (routes) / orbital road || ~ de **ciseaux** / scissor handle || ~ de **clé** / key bow || ~ **collecteur** (techn) / junction ring, concentration ring (US) || ~**x** *m pl* **collecteurs de courant alternatif** / a.c. slip rings *pl*, collector of an a.c. motor || ~**x** *m pl* **colorés** / coloured rings *pl*, Newton's rings *pl* || ~ *m* de **concasseur** / breaking o. crushing ring || ~ **conique amovible** (auto, jante) / detachable endless taper, bead seat ring || ~ de **contrôle du ballon** (tex) / balloon control ring || ~ de **couplage de la remorque** (auto) / trailer coupling ring || ~ à **creuset** (chimie) / crucible ring || ~ de **culasse** (électr) / yoke ring || ~ **curseur ou coulant** / sliding ring || ~ de **cuvelage** (électr) / supporting ring of an umbrella-type alternator || ~ de **cuvelage** (mines) / ring of cast-iron o. steel tubbings, tubbing || ~ de **cuvelage** (hydr) / well casing || ~ **denté** / gear rim o. ring, toothed ring, crown gear, toothed wheel rim || ~ à **détacher** (verre) / cracking ring || ~ à **deux axes en croix** / crossring || ~ de **diffraction** / diffraction ring || ~ de **disque enjoliveur** (auto) / ornamental disk ring || ~ de **distance** (radar) / range ring || ~ d'**eau** (pompe) / water ring || ~ d'**écartement** / expanding o. spreader ring || ~ d'**écoulement** (pompe) / suction o. volute insert || ~**x** *m pl* **électriques** (phys) / Nobili's rings, metallochromes *pl* || ~ *m* d'**électrode** (four céram) / electrode ring, bull's eye || ~ d'**empreinte** (découp) / knife-edged ring || ~ **enjoliveur** (auto) / ornamental ring, wheel trim || ~ **étalon du fusible** / sleeve-type gauge ring of the fuse || ~ d'**étanchéité** / packing ring o. disk o. washer, joint disk o. gasket o. ring || ~ [d']**étanchéité en caoutchouc** / rubber packing ring || ~ d'**étranglement** (mot) / choking ring || ~ **extérieur** (routes) / outer ring road, belt highway (US) || ~ de **faïence munie de deux crochets** (télécom) / shackle || ~ de **fermeture** / terminating ring, (esp.:) pull ring || ~ de **filage** / spinning ring || ~ **fileté** / thread[ed] ring || ~ de **fixation** / ring fastener || ~ de **fixation d'axe de piston** / piston pin lock ring || ~ du **fond** / bottom ring || ~ de **friction** / friction ring || ~ de **garde** / guard ring || ~ de **garniture** voir anneau d'étanchéité || ~ de **glissement** / sliding ring || ~ **gradué** / graduated collar || ~**-Gramme** *m* (électr) / Gramme ring || ~ **guide-fil** (tex) / guide ring || ~ **intermédiaire** / intermediate ring || ~ de **jante** / wheel rim locking ring || ~ de **jarretière** (télécom) / jumper ring || ~ [de] **joint** voir anneau d'étanchéité || ~ de **levage** / eye bolt, eye screw || ~ à **lèvre[s]** / lip seal || ~**x** *m pl* de **Liesegang** (chimie) / Liesegang rings *pl* (pl.) o. phenomenon, periodic precipitation || ~ *m* **liquide** / water ring || ~ de **manutention** (fonderie) / eyebolt || ~ de **matrice** (découp) / die ring || ~ **mobile** (coussinet) / oil ring, lubricating ring || ~**x** *m pl* de **Newton** / Newton's rings *pl* || ~**x** *m pl* de **Nobili** (phys) / Nobili's rings, metallochromes *pl* || ~ *m* **non-réversible** (filage) / non-reversible ring || ~ **obturateur** / obturating ring || ~ de **Pall** (chimie) / Pall ring (column) || ~**x** *m pl* **parasites** (radar) / ring arounds *pl* || ~ *m* **pare-gouttes** / drip ring || ~ de **piston D** / D-ring, narrow land drain oil control ring || ~ de **piston à faible conicité** (mot) / M-ring, taper-faced compression ring || ~ de **piston G** / G-ring, double bevelled slotted oil control ring || ~ de **piston M** / M-ring, taper faced compression ring || ~ de **piston N** / N-ring, oil scraper ring || ~ de **piston R** / R-ring, plain compression ring || ~ de **piston S** / S-ring, slotted oil control ring || ~ de **piston à section rectangulaire** / rectangular piston ring || ~ de **piston à section en trapèze rectangle** / wedge type ring || ~ de **piston trapézien ou trapézoïdal** / keystone ring || ~ de **piston trapézoïdal ou T** (mot) / T-ring, keystone ring || ~ à **platines** (tex) / jack ring, sinker ring || ~ **porte-guide-fil** (filage) / straight inner ring, carrier ring || ~ **porteur** (puits) / wedging crib o. curb, bearing ring, crib curb || ~ **porteur de l'objectif** (phot) / lens ring o. adapter, focussing ring o. adapter || ~ de **puits** (hydr) / well casing || ~ de **puits** (mines) / ring of tubbings || ~ de **raccord** / intermediate ring || ~ de **raidissement** (ch.de fer) / strengthening ring || ~ **Raschig** (chimie) / Raschig ring || ~ **réducteur** (presse) / bedplate ring || ~ de **refroidissement** / cooling gill || ~ pour **relevage de la carotte** (mines) / core lifter ring || ~**-ressort** *m* / annular spring || ~**-ressort** *m* **pour contacts** (électr) / spring contact ring || ~ à **ressort de soupape** / valve spring seat retainer || ~ de **retenue** (découp) / knife-edged ring || ~ de **retenue** (électr) / retaining ring || ~ de **retenue d'huile** (auto) / oil seal of the crankcase || ~ de **retenue métallique** / wire snap ring o. spring ring || ~ de **retenue [type Seeger ou Circlip ou Truarc]** / Seeger circlip ring || ~ de **retordage** / twisting ring || ~ de **rigidité** (plasma) / restraint ring (plasma) || ~ de **roulement** / roller [crown] ring, roller flange || ~ [de **roulement] à billes** / raceway of a ball bearing, ball race || ~ de **serrage** / clamping o. locking ring || ~ de **serrage** (piston) / piston pin lock ring || ~**x** *m pl* de **stockage à intersection** (nucl) / intersecting storage rings *pl* || ~ *m* de **sûreté** / piston pin lock ring || ~ de **suspension** / suspension ring || ~ **tendeur** (gén) / straining ring, tension ring || ~ **torique d'étanchéité** / O-ring seal || ~ de **tourbillon** (électr) / vortex ring || ~ en **uranium** (nucl) / breeding end of tubular fuel elements || ~ d'**usure** (pompe) / wearing ring of pumps || ~ **verrouilleur** (jante) / [spring] lock ring || ~ à **vis** (techn) / jack ring

année *f* / year || **d'**~ / annual, yearly || ~ d'**activité réduite du Soleil** / quiet sun year || ~ **bissextile** / leap year, intercalaire o. bissectile year || ~ de **fabrication** / date o. year of construction || ~ **hydrologique ou d'écoulement** (hydr) / water year || ~ d'**inspecteur** (nucl) / man-year of inspection || ~ d'**installation** / date o. year of construction || ~ **Internationale de Géophysique** / geophysical year, GPY || ~**-lumière** *f* (astr) / light-year, l.y. || ~ **normale** / normal year || ~ **sidérale** / sidereal year (= 365,25636 d) || ~**-travailleur** *f* / man year

annexe *adj* (gén) / annex[e] || ~ *f* / enclosure, inclosure, appendix (of a document) || ~ (livre) / add, addendum, appendix, supplement || ~ (bâtim) / annex, detached o. additional building || ~, construction *f* d'agrandissement / enlargement of premises || ~ (nav) / dinghi

annexer / annex, add

annihilation *f* (phys) / annihilation

annihiler / annihilate, destroy

annonce *f* / advertisement, ad || ~ (radio) / announcement || ~ sur le **couvre-livre** (typo) / blurb

|| ~ **publicitaire** / ad[vertisement] || ~ **publicitaire** (radio) / spot announcement || ~ **publicitaire de télévision** / television spot
annoncer / announce || **s'~ sur la ligne** (télécom) / offer
annonceur *m* / speaker, announcer, (TV:) presenter
annonciateur *m* (télécom) / annunciator board || ~ **de fin de conversation** (télécom) / supervisory indicator
annotation *f* / write-out, annotation
annotatrice *f* (télécom) / recording operator
annuaire *m* des **marées** / tide table || ~ **officiel des abonnés au téléphone** / telephone directory || ~ **téléphonique par professions** / classified directory
annuel / annual, yearly || ~ (bot) / annual
annulaire / annular, ring-shaped
annulant (s') / counterbalancing each other, at equilibrium
annulation *f* / cancelling || ~ de **bloc** (ord) / optional block skip || ~ d'un **itinéraire** (ch.de fer) / route cancellation o. release
annulé / canceled, cancelled
annuler / cancel, undo || ~ (p.e. une décision) / invalidate, repeal (e.g. a decision) || ~ (s') (tension) / break down || **s'~ peu à peu** / die, decay
anobie *m* / wood-boring beetle o. borer
anode *f* / anode || ~ **accélératrice** (r.cath) / ultor || ~ d'**amorçage ou d'allumage** (électron) / exciting o. ignition anode || ~ **auxiliaire** / auxiliary anode || ~ **carbonisée** (électron) / carbonized anode || ~ **collectrice** / gathering anode || ~ **crénelée** (galv) / ripple-round anode || ~ **creuse** / tubular anode || ~ **décapée** / etched anode || ~ **dentelée** (galv) / ripple-round anode || ~ **elliptique** (galv) / elliptical anode || ~ d'**entretien** (tube) / holding anode || ~ **équivalente** / equivalent anode || ~ d'**excitation** (tube) / excitation anode, keep-alive anode || ~ **fendue** / split anode || ~ de **focalisation** / focus[s]ing anode || ~ **forte** (galv) / heavy anode o. plate (US) || ~ de **graphite** / inert carbon anode || ~ **insoluble** / insoluble anode, inert anode || ~ en **mailles** / meshed anode || ~ **normale** (galv) / normal anode || ~ **nulle** / null anode || ~ **réactive** (corrosion) / reactive o. sacrificial anode || ~ **soluble** (électr) / soluble anode || ~ de **soulagement** / auxiliary o. relieving anode || ~ **terminale** (r.cath) / ultor
anodique / anodic, anodal
anodisation *f* / anodic o. electrolytic oxidation || ~ de **décoration** / galvanic colouring of metals
anodiser / oxidize, anodize || ~ **brillant** / anode-brighten, anode-polish, electropolish
anolyte *m* / anolyte
anomal / anomalous, abnormal
anomalie *f* / anomaly || ~ de **Dent** (horloge) / middle temperature error, Dent's anomaly || ~ **excentrique** (math) / polar angle || ~ de **fonctionnement** / unwanted condition || ~ de **gravité** / gravity anomaly || ~ **magnétique** / magnetic anomaly || ~ de **trempe** / quenching anomaly || ~ de la **vision des couleurs** / defective colour vision
anomalistique (astr) / anomalistic
anormal / abnormal, contrary to rule, irregular || ~ (irradiation) / abnormal
anorthite *f* (min) / biotine, anorthite
anorthose *f*, anorthoclase *f* (min) / anorthoclase
anorthosite *f* (géol) / anorthosite
anse *f* / arched handle, bail || ~ (électr) / ear, staple || ~, poignée *f* / grab handle, purchase || ~ (géogr) / little bay, cove, bight || ~ de **panier** (géom) / three-center curve, compound curve, false ellipse || ~ de **poche** (fonderie) / shank
anser / ansate
anspect *m* (nav) / handspike || ~ (ch. de fer) / crow-bar, capstan bar
antagonisme *m* / antagonism
antagoniste / antagonistic, opposed, opposing || ~ (voie de ch. de fer) / incompatible, conflicting, convergent || **rendre** ~ (aimantation) / back-magnetize
antarctique / antarctic
antébois *m* (bâtim) / baseboard, skirting[board], washboard, mopboard
antécédent *m* (math) / antecedent
antenne *f* (electron) / antenna (pl: -nae, -nas), aerial || ~, ligne *f* affluante (ch.de fer) / feeding line, feeder (US) || ~ à **accord multiple** / multiple tuned antenna || ~ **accordée à impédance élevée** / Q-antenna, stub-matched antenna || ~ **active** / active antenna || ~ à **adaptation delta** / delta [matched impedance] antenna || ~ [d']**Adcock** / Adcock antenna || ~ **Alexanderson** / Alexanderson antenna || ~ d'**alignement de piste I.L.S.** / ILS localizer antenna || ~ **alimentée par le haut** / top-fed antenna || ~ **alimentée en shunt** / shunt-fed antenna || ~ **antifading** / antifading antenna || ~ **antiparasite** / noise antenna || ~ **antistatique** / anti-interference o. antistatic antenna || ~ **apériodique** / untuned antenna, aperiodic antenna || ~ en **arête de poisson** / fishbone antenna, christmastree antenna || ~ **artificielle** / artificial antenna, dummy o. phantom o. mute antenna || ~ à **attaque directe** / driven antenna (US), directly fed aerial (GB) || ~ **attaquée indirectement** / parasitical[ly excited] antenna || **~-auto** *f* / car antenna || ~ **auxiliaire à diagramme circulaire** (radiogoniométrie) / sense antenna || ~ pour **base** / base antenna || ~ en **bâton** / bar o. rod o. flagpole antenna, vertical whip || ~ de **Beverage** / Beverage antenna, wave antenna || ~ **bicône ou biconique** / biconical antenna || ~ **bifilaire** / two-wire antenna || ~ **bi-pinceaux** / double-beam antenna || **~-cadre** *f* / loop[-wire] antenna, coil o. frame antenna || ~ [à] **cadre croisé double** / double crossed loop antenna || ~ **cadre orientable ou tournant** / rotating coil antenna || ~ **canalisée** / channelized array || ~ **Cassegrain** / Cassegrain antenna || ~ de **chambre** / indoor o. inside antenna || ~ à **champ magnétique** / magnetic field antenna || ~ à **champ tournant** / turnstile antenna || ~ **chargée** / loaded antenna || ~ **chargée à la base** / base-loaded antenna || ~ en **cierge** (guide d'ondes) / polyrod antenna || ~ **circulaire** / circular antenna || ~ **circulaire plate** / wheel antenna || **~s** *f pl* **colinéaires** / linear array, array of parallel dipoles || ~ *f* **collective ou commune** / combined o. common o. communal o. community antenna || ~ sur **comble** / roof o. top antenna || ~ **communautaire** / community o. communal o. block antenna || ~ de **compensation** / balancing antenna || ~ **compensée** / cosec[ant] squared antenna || ~ à **condensateur** / capacitor antenna || ~ **conique** / cone antenna || ~ à **cornet** / hoghorn antenna o. radiator, hornshaped emitter, electromagnetic horn || ~ en **cornet exponentiel** / exponential horn || ~ **croisée** / turnstile antenna || ~ **croisée multiple** / bat[-wing] o. superturnstile antenna || ~ en **cube** / cubical antenna || ~ **cylindre-parabolique** / parabolic cylinder antenna || ~ **cylindrique** / cylindrical antenna || ~ **DATTS** / DATTS antenna, data acquisition telemetry and tracking station antenna || ~ à **demi-cornet** / half-cheese antenna || ~

demi-onde / half-wave antenna || ~ en **dents de scie** / zigzag antenna || ~ à **deux conducteurs** / two-wire antenna || ~ en **dièdre** / corner reflector antenna || ~ **diélectrique en tige** (guide d'ondes) / polyrod antenna || ~ **dipôle** / dipole antenna o. radiator, doublet [antenna] (US) || ~ **directionnelle ou directive ou dirigée** / shaped-beam antenna || ~ **directionnelle en arête de poisson** / directional fishbone antenna || ~ **disposée autour de l'aile** / wing antenna || ~ à **disque** / disk-type antenna || ~ **disque-cône** / discone antenna (v.h.f.) || ~ à **double cadre** / rotating spaced loop || ~ **élémentaire** / elementary antenna || ~ à **éléments demi-onde superposés** / stacked array || ~ **élevée** / elevated antenna || ~ **émettrice** / sending o. transmitting antenna || ~ **émission-réception** / duplexer || ~ à **encoches** / notch antenna || ~ **enterrée** / ground antenna || ~ en **entonnoir** / funnel-shaped o. -type antenna, horn antenna o. radiator || ~ d'**espacement** / clearance antenna || ~ en **éventail** / fan o. harp antenna, spider web antenna || ~ **extérieure ou à l'extérieur** / exterior o. external antenna || ~ à **faisceau** / directional antenna o. transmitter, beam antenna || ~ à **faisceau combiné** / cosec[ant] squared antenna || ~ à **faisceau étalé** / fanned beam antenna, beavertail (coll) || ~ à **faisceau filiforme** / pencil beam antenna || ~ à **faisceau tournant** / rotary beam antenna || ~ à **feeder coaxial** / coaxial antenna || ~ à **feeder coaxial à contrepoids** / sleeve-stub antenna, ground plane antenna || ~ à **feeder coaxial avec piège à ondes** / sleeve o. skirt dipole [antenna] || ~ **fendue** / slot antenna || ~ **fendue cylindrique** / slotted cylinder antenna || ~ **feuilletée** / laminate[d] antenna || ~ **fictive** / artificial antenna, dummy o. phantom o. mute antenna || ~ **fixe** (aéro) / fixed antenna || ~ de **fortune** / auxiliary antenna || ~ **fouet** / whip antenna || ~ **Franklin** / Franklin antenna || ~ **fromage** / cheese antenna || ~ de **gouttière** / gutter antenna || ~ à **grand gain** / high gain antenna || ~ à **guide d'ondes** / waveguide radiator || ~ en **guide d'ondes à fente** / leaky pipe antenne || ~ en **H** / H-antenna || ~ **harmonique ou à harmoniques multiples** / harmonic antenna || ~ **hélicoïdale ou en hélice** / helical[-beam] antenna, corkscrew antenna || ~ **horizontale** / horizontal antenna || ~**-image** *f*, antenne *f* imaginaire / image antenna || ~ **immergée** / underwater antenna || ~ **incorporée** / built-in antenna || ~ **isotropique** / isotropic o. ball antenna, unipole (US) || ~ **J** / J-antenna || ~ **Janus** / Janus antenna || ~ en **K** (TV) / K-antenna || ~ en forme **L** / inverted L-antenna, gamma antenna || ~ à **large bande** / wide band antenna, all-channel antenna || ~ **lentille** / [metal] lens antenna || ~ à **lentille échelonnée** / echelon lens antenna || ~ **lestée** / weighted antenna || ~ à **long fil** / long-wire antenna || ~ en **losange** / rhombic antenna || ~ à **manchon** / sleeve-dipole antenna || ~ type **Marconi** / Marconi antenna || ~**-mât** *f* / mast antenna || ~ à **microondes** / microwave antenna || ~ **mise à la terre** / capacitor antenna || ~ **monopinceau** / single beam antenna || ~ **monopolaire** / monopol[e] antenna || ~ **monopulse** / monopulse antenna || ~ **multiple** / multiple antenna || ~ en **nappe** (électron) / sheet antenna, plane aerial (GB), flat-top antenna || ~ en forme de **nasse** / pyramid o. prism antenna, pyramidal horn || ~ **non accordée** / untuned antenna, aperiodic antenna || ~ **non résonnante** / dumb antenna || ~ à **noyau magnétique** / magnet core antenna || ~ **noyée** (aéro) / suppressed antenna || ~ **omnidirectionnelle** / omnidirectional o. omni-antenna, equiradial o. nondirectional antenna, uniform diffuser || ~ à **ondes progressives** / travelling wave antenna, T.W. o. TW antenna || ~ à **ondes stationnaires** / stationary wave antenna || ~ à **ondes de surface** / surface wave antenna || ~ **orientable** / mechanically steerable antenna || ~ **orientée** / directional o. beam antenna || ~ **panoramique** / panorama antenna || ~ **parabolique** / parabolic [reflector] antenna, mirror reflector || ~ **parabolique excentrée** / offset paraboloidal antenna || ~ **parabolique orientable** / steerable dish antenna || ~**-parapluie** *f* / umbrella antenna || ~ **passive** / parasitical[ly excited] antenna || ~ d'une **plage de fréquences** / band antenna || ~ à **plusieurs fils** / multiple wire antenna || ~ en **porte à faux** / cantilever antenna || ~**-pylône** *f* / tower antenna || ~ en **pyramide** voir antenne en forme de nasse || ~ **Q** / Q-antenna, stub-matched antenna || ~ **quart d'onde** / quarter-wave antenna, QWA || ~ **quart d'onde à contrepoids** / ground plane antenna, sleeve-stub antenna || ~ de **radar** / scanner (radar) || ~ **radar** (sous-marin) / radar scanner for submarines || ~ **radar à couverture panoramique**, antenne *f* radar tournante / spinner || ~ à **radiation horizontale bloquée** / folded top antenna || ~ **radiogoniométrique ou de radioralliement** / DF antenna o. frame o. loop (= direction finding), aural null loop (US) || ~ à **rayonnement longitudinal** / end-on o. end-fire array, alignment array || ~ à **rayonnement transversal** / broadside array || ~ à **rayonnement zénithal réduit** / diversity antenna || ~ de **réception à grand gain** / high-gain receiving antenna || ~ **réceptrice** / reception antenna || ~ **réelle** / real antenna || ~ **réfléchissante** / backfire antenna || ~ à **réflecteur** / reflector [antenna] || ~ à **[relais] émission-réception** / duplexer || ~ de **relais hertzien** / microwave antenna || ~ de **relais troposphérique** / scatter-wave antenna || ~ **résonnante** / resonant antenna || ~ à **revêtement diélectrique** / sleeve dipole || ~ **rhomboïdale multiple** / MUSA, multiple-unit steerable antenna || ~ en **rideau** / curtain antenna || ~ en forme de **roue** / wheel antenna || ~ en **ruban** / band antenna, tape antenna || ~ en **sapin** / christmastree antenna, fishbone o. pine-tree antenna, billboard antenna array || ~**-secteur** *f* / light sector antenna || ~ de **sol** / ground antenna || ~ **sous-marine** / underwater antenna || ~ **sphérique** / isotropic antenna, unipole (US) || ~ **stationnaire** / stationary antenna || ~ **suspendue** / trailing o. reel antenna || ~ en **T** / T-aerial, T-type antenna || ~ en **T à branches horizontales prolongées** / extended T-shape antenna || ~ **table** (espace) / table antenna || ~ **télescopique** / telescopic antenna || ~ de **télévision** / television antenna, TV antenna || ~ **tige** / bar o. rod o. flagpole antenna, vertical whip || ~ à **tige diélectrique** / dielectric rod antenna || ~ à **tige de ferrite** / ferrite rod antenna || ~ sur **toiture** / roof o. top antenna || ~ **tournante** / rotating antenna || ~ **tournante Adcock** / rotary Adcock antenna || ~ **tournante à faisceau directionnel** / rotating radar antenna || ~ en **tourniquet** / turnstile antenna || ~ en **tourniquet multiple** / bat[-wing] o. superturnstile antenna || ~ **toutes directions** / omnidirectional o. omni-antenna, equiradial o. nondirectional antenna, uniform diffuser || ~ de **transmission** / sending o. transmitting antenna || ~ à **tronçon de ligne** / stub antenna || ~ en **U** / U-type antenna || ~ pour **U.H.F.** / uhf antenna || ~ à **un réseau** / single

bay antenna, single boom antenna || ~ en **V** / V-antenna || ~ **Yagi** / Yagi antenna o. array || ~ **Yagi en collimation** / collineal antenna array || ~ **Zeppelin** / Zepp[elin] antenna || ~ en **zigzag** / zigzag antenna
antérieur / previous, preceding, prior, earlier
antériorité *f* (brevet) / publication of prior art, reference [cited], anteriority
antho·cyane *f* / anthocyanin || **~phyllite** *m* (min) / anthophyllite || **~xanthine** *f* / anthoxanthin
anthra·cène *m* / anthracene || **~céniques** *f pl* (huiles) / green oil || **~cite** *m* (mines) / anthracite [coal] || **~cite** *m* **filandreux ou fibreux** / fibrous anthracite || **~cnose** *f* (agr) / anthracnose || **~cose** *f* / anthracosis || **~pyrimidine** *f* / anthrapyrimidine || **~quinone** *f* / anthraquinone || **~quinoneazine** *f* / anthraquinone azine
anthrène *m* / anthrenus, carpet beetle
anthropo·morphe / antropomorph || **~radiamètre** *m* (nucl) / whole body radiation meter, whole body counter || **~radiocartographie** *f* / body radiocartograph || **~technique** *f* / anthropotechnics
anti·-usure / resistant to wear, abrasionproof, resistant to abrasion, wear resisting, anti-attrition || **~acide** (chimie) / antacid || **~acide** (teint) / fast to acids, acid-fast o. -resisting || **~adhérant** / antiadhesive *adj* || **~adhérent** (plast) / non-blocking || **~adhésif** *m* / antiadhesive || **~-aérien** / anti-aircraft..., A.A., ack-ack (coll) || **~aveuglant** / non dazzling, antidazzle, non-glare, antiglare
antibalançant *m* (ch.de fer) / steady brace o. arm || ~ **poussant** (ch.de fer) / pressure registration arm || ~ **tirant** (ch.de fer) / tractive registration arm
anti·baryon *m* / antibaryon || **~base** (chimie) / base resistant || **~biotique** *adj* / antibiotic, microbicidal || **~biotique** *m* / antibiotic || **~bloqueur** (contr.aut) / antilock... || **~bois** *m* (bâtim) / baseboard, skirting[board], washboard, mopboard || **~boulochage** *m* (tex) / antipilling finish || **à ~brouillage** (électron) / interference-free, clear of strays, free from jamming o. interferences || **~brouillage** *m* / antijamming || **~brouillage** *m* du **zéro** (repérage) / minimum o. zero clearing || **~brouilleur** (électron, TV) / antijamming *adj* || **~buée** *adj* / non fogging || **~buée** *f* (auto) / antimist agent, clear vision agent || **~calcaire** *m* / antiliming [agent] || **~cathode** *f* / anticathode || **~char[s]** (mil) / antitank || **~cheminant** *m* (ch.de fer) / [rail] anchor o. clamp, rail anchoring device, anticreeper || **~choc** / shock-proof, rough-service... || **~choc** (électr) / shockproof, all- o. double insulated, Home-Office... (GB) || **~choc** (montre) / shock resistant, shockproof || **~cipation** *f* / anticipation || **~cipé** (brevet) / anticipated || **~ciper** / anticipate || **~clinal** *m* (géol) / anticline || **~coagulant** *m* (chimie) / anticlotter || **~cohéreur** *m* / anticoherer, decoherer || **~compound** (électr) / differentially compounded, anticompounded, countercompound... || **~compoundage** *m* / differential compounding, countercompounding || **~-contre-mesures** *f pl* (guerre) / counter-counter-measures *pl* || **~-contre-mesures** *f pl* **électroniques** (guerre) / electronic counter-counter measures || **~coque** (câble) / antikink... || **~cornes** (bobinage) / anti-patterning, ribbon-breaker || **~corps** *m*, Ac / antibody [substance] || **~corrosif** *adj* / anticorrosive, antistain || **~corrosif** *m* / preven[ta]tive against corrosion, corrosion preventive, anticorrosive [agent], slushing compound || **~cyclone** *m* (météorol) / high, high [pressure] area, anticyclone || **~cyclotron** *m* (nucl) / anticyclotron || **~déflagrant** / explosion-proof, flameproof || **~dépression** *f* / antivacuum || **~dérailleur** *m* / derailment guard || **~dérapant** *adj* (auto) / nonskid, -skidding, antiskid, skid defied (US) || **~dérapant** *m* (auto) / slide preserver o. preservation || **~dérapant** *m* tout **caoutchouc** / rubber-studded [non-skid] tire || **~dérapant** *m* à **chaîne** (auto) / nonskid chain, tire chain || **~dérapeur** *m* **automatique ou électronique** (auto) / antilocking system, antiskid system || **~détonant** *m* (mot) / antiknock compound || **~diazoïque** *m* / antidiazo compound || **~dote** *m* / remedy || **~dote** *m*, contrepoison *m* / antitoxin[e] || **~éblouissant** / non dazzling, antidazzle, non-glare, antiglare || **~-écraseur** *m* / guard net, tray || **~électrostatique** / antistatic || **~engin** *m* / anti-missile missile || **~-éraillant** (tex) / antislip..., non-slip... || **~-étincelle** / sparkproof || **~fading**, antiévanouissant *adj* / antifading || **~fading** *m* / automatic gain control || **~fading** *m* **retardé** / biassed automatic gain control, delayed automatic gain control || **~ferment** *m* / antifermenting agent || **~fermentescible** / antifermentative || **~ferromagnétique** / antiferromagnetic || **~ferromagnétisme** *m* / antiferromagnetism || **~feu** / fireproofing, protecting against fire || **~feutrant** (tex) / antifelt[ing] || **~friction** *adj* / antifriction, antiattrition || **~friction** *m* / white metal, babbit o. bearing metal || **~frictionner** (coussinets) / line bearings, metal bearings || **~frictionneur** *m* / antifriction device || **~froiss[e]** (tex) / non-creasing, no-crush, crush resistant, crease-proof, -resist[ant] || **~-g** / anti-g || **~gaz** / antigas... || **~gel** *adj* (chimie) / antigeling || **~gel**, empêchant la congélation / non-freezing, antifreezing || **~gel** *m* (chimie) / antigel || **~gel** *m* (auto) / antifreeze, antifreezing compound || **~gène** *m* / antigen || **~giratoire** (câble) / nonspinning, -twisting, -rotating, twist-free, preformed || **~givrage** *m* (aéro) / anticer || **~gliss[e]** (tex) / antigliss || **~glissant** (tex) / antislip..., non-slip... || **~gréviste** *m* (ordonn) / scab, black-leg (coll) || **~grilleur** *m* / antiscorcher, antiscorching agent || **~grippant** (techn) / antigalling || **~grisouteux** / explosionproof, flameproof || **~halo** (phot) / non-halo, nonhalating, -halation, antihalation, -halo || **~histaminique** *m* / antihistamine || **~homologue** (flanc d'une dent) / opposite || **~-incrustant** *m* / disincrustant || **~lepton** *m* (nucl) / antilepton || **~logarithme** *m* / inverse logarithm, antilogarithm || **~lueur** *m* / flash reducer || **~magnétique** / antimagnetic, nonmagnetic || **~matière** *f* (phys) / antimatter || **~mère** / antimer || **~microphonique** (tube) / antimicrophonic || **~missile** *m* / antimissile missile || **~mite** *adj* / mothproof, moth-repellent, -resistant || **~mite** *m* / mothproofing agent
antimoine *m* / antimony, stibium, Sb || ~ **capillaire ou en plumes** (min) / plumose antimonial ore || ~ **natif ou pur** / native antimony, regulus of antimony || ~ **sulfureux nickélifère** (min) / nickel antimony glance, ullmanite
antimonial / antimonial
antimoniate *m* / antimonate, antimony salt
antimonieux / antimony(III)..., stibous
antimonique / antimony(V)..., stibic
antimonite *f* (min) / antimonite, needle antimony
antimoniure *m* / antimonide || ~ de **gallium** / gallium antimonide, GaSb || ~ d'**indium** (semicond) / indium antimonide
anti·mottant (chimie) / preventing the formation of clots || **~mousse** *m* (mines) / foam breaker, antifoaming agent || **~muon** *m* / antimuon ||

~neutrino *m* (phys) / antineutrino || **~neutron** *m* (phys) / antineutron || **~nœud** *m*, ventre *m* / antinode, loop || **~nutritif** *adj* (insecticide) / antifeedant || **~oxydant** *m* / oxidation inhibitor, antioxidant || **~oxygènes** *m pl* / antioxidant agents, antioxygenes *pl* || **~ozone** *m* / antioxidant (GB), antiozonant (US) || **~parallaxe** *f* / antiparallax || **~parallélogramme** *m* / opposite pole quadrilateral || **~parasitage** *m* / radioshielding o. screening, interference suppression o. elimination || **~parasitage** *m* **rapproché** (auto) / short-range interference suppression || **~parasite** *adj* (électron) / immune from interference || **~parasite** (antenne) / antiparasitic, anti-interference, antistatic || **~parasite** *m*, insecticide *m* / vermin killer, insecticide, disinfestant || **~parasite** *m* (électron) / interference eliminator o. suppressor || **~parasite** *m* **automatique** (radar) / sensitivity time o. gain time control, STC, GTC, swept gain, anticlutter sea, anticlutter gain control || **~parasites** *m pl* [pour] **bougies** / spark plug suppressor || **~parasité** / with noise suppression, shielded (cable), screened (cable) || **~parasité** en **ondes métriques** / ultrahigh frequency screened || **~particule** *f* (phys) / antiparticle || **~patinage** (auto) / nonskid, -skidding, antiskid, skid defied (US) || **~patinage** *m* (phono) / antiskating device || **~pilling** *m* (tex) / antipilling finish || **~pilonnement** *m* / pitch damping || **~piqûre** / antipitting, depitting, non-pitter || **~podaire** (math) / antipodal || **~pode** *m* (chimie) / antipode || **~polaire** *m* (méc) / reciprocal polar, antipolar || **~pôle** *m* (méc) / reciprocal pole, antipole || **~pollution** / antipollution || **~pollution** *f* / pollution control o. abatement || **~poussière** / dust preventing || **~proton** *m* / antiproton || **~radar** / antiradar || **~réactivité** *f* (nucl) / negative reactivity, reactivity deficit || **~rédéposition** / anti-redepositing || **~réducteur** (agent de surface) / reduction inhibitor ... || **~reflet** (opt) / coated || **~reflets** *adj* / non dazzling, antidazzle, non-glare, antiglare || **~reflet** *m* / blooming, coating || **~répétiteur** *m* de **signal** (ch.de fer) / one-pull signal lock || **~répétition** *f* / nonrepetition || **~résonance** *f* (électron) / antiresonance, shunt o. parallel resonance || **~retour** (techn) / reverse-lock || **~ronflement** (électron) / antihum... || **~rotation** *f* / antirotation || **~rouille** *adj* / stainless, nonrusting, rustless, -proof, rust-resisting, -resistant, antirust || **~rouille** *m* / rust preventing agent o. medium o. means, rust inhibitor o. preventive, preservative for iron work || **~rouille** *m* (qui enlève la rouille) / rust removing agent || **~rubans** voir anticornes || **~salissant** / dirt repelling, antisoiling || **~septique** *adj* / antiseptic || **~septique** *m* / antiseptic || **~sérum** *m* / immune serum || **~siccatif** *m* (peinture) / antidrier || **~solaire** / infrared absorbing || **~soluble** (chimie) / scantily o. hardly soluble, antisoluble || **~sonique** (ch.de fer, auto) / sound absorbing o. deadening, antidrum... || **~statique** / antistatic, anti-electrostatic || **~statique** (antenne) / anti-interference, antistatic || **~symétrie** *f* (math) / antisymmetry || **~symétrique** / antisymmetric || **~tache** (tex) / soil repellent, stain repellent || **~tartre** *m* / disincrustant || **~ternissure** (pap) / anti-tarnish || **~thixotropie** *f* / antithixotropy, rheopexy || **~toxine** *f* / antitoxin[e] || **~toxique** / antitoxic || **~traction** (électr) / pull- o. strain relieving || **~vénéneux** / antitoxic, antidote || **~venimeux** / antivenomous || **~vibratile**, -vibratoire, antivibrations (Neol) (bâtim) / vibrationless, free from vibrations || **~vibratile** (fondation) / vibration reducing || **~vieillisseur** *m* / ag[e]ing protecting agent, anti-ag[e]ing dope

antivol / burglarproof, unpickable, pilferproof || ~ (auto) / theft (GB) o. joy-ride (US) protection || ~ (bicycl) / bicycle lock || ~ sur la **direction** (auto) / steering wheel lock, steering column lock

anti·vrombissant (ch.de fer, auto) / sound absorbing o. deadening, antidrum... || **~zymotique** / antizymotic

apaiser / allay, mollify, appease, quiet

apatite *f* (min) / apatite, asparagus stone

aperceptivité *f* / perceptibility

aperçu *m* / summary, résumé

apériodique / aperiodic || ~ **amorti** (électr) / dead-beat

apesanteur *f* / weightlessness, zero-g, zero-gravity

apex *m* / apex || ~ (astr) / vertex

aphanite *f* (géol) / aphanite

aphélie *m* (astr) / aphelion

aphidien *m* / aphid

aphtalose *m* (min) / aphtitalite, Vesuvian salt

apiéceur *m* / task worker

aplanat *m* / aplanatic lens

aplanétique / aplanatic

aplanétisme *m* / aplanatism

aplanir / flatten, plane, level || ~ (bâtim) / level, grade, even, plane the soil || ~ (joints) / fill up joints || ~ (m.outils) / smooth, dress || ~ des **difficultés** / overcome difficulties, surmount difficulties || ~ au **rabot** / plane *v* || ~ avec la **règle** (bâtim) / draw-off with the rule || ~ par **rouleau** / roll *v*

aplanissement *m* / level[l]ing

aplanisseur *m* (galv) / level[l]er

aplati / flat, even || ~ (caractères) / bottlenecked || ~ (tex) / pressed flat, flattened

aplatir / flatten || ~ (lam) / flatten, roll, laminate || ~ (agr) / roll, crush || ~ (verre) / flatten out || ~ (rivets) / clench, close, upset || ~, écraser / squash, squelch || ~ au **marteau** / beat out, planish || ~ la **pointe d'un clou** / clench o. clinch nails || ~ par **rouleau** (fil mét) / flatten

aplatissement *m* / flatness, (curve:) oblateness || ~, aplatissage *m* / flattening || ~ (pneu) / contact area || ~ par **matage** (tête de burin etc) / mushrooming || ~ de la **Terre** / flattening of the Earth

aplatisseur *m* (agr) / roller crusher o. mill

aplatissoir *m*, aplatissoire *f* (forge) / stretching o. flattening hammer

aplet *m* / herring net || ~ à **hameçons** / longline

aplomb *m* / perpendicularity || **d'~** / vertical, right by the plummet || **d'~** (mines) / perpendicular, vertical, normal

apoastre *m* (ELF) / apastron

apocrine / apocrine

apoenzyme *m f* / apoenzyme

apogée *m* (astr) / apogee

apolaire (chimie) / nonpolar

apolune *m* / apolune

apomorphine *f* / apomorphine

apophyllite *f* (min) / apophyllite, ichthyophthalm[it]e

apostilb *m* (unité desusitée) / apostilb, asb

apostrophe *f* (typo) / apostrophe

apothème *m* / apothem

apparaître / appear

apparaux *m pl* (techn) / heavy goods handling gear || ~ (nav) / gear, tackle || ~ de **bord** (nav) / equipment on board || ~ de **chargement ou de hissage ou de levage** (nav) / cargo handling gear || ~ de **hissage** (nav) / cargo handling implements || ~ à **palettes** (nav) / pallet handling gear

appareil *m* / apparatus, device, mechanism, implement || ~, attirail *m* / tackle || ~ (bâtim) / [wall] bond || ~ (ELF) (pétrole) / rig || **gros ~s électroménagers** / big household appliance || ~

d'**accouplement** / coupler, coupling apparatus || ~ **acoustique** (mil) / acoustic device || **~s** *m pl* **adaptables** (gén) / attachments *pl* || ~ *m* **adaptateur** (opt) / adapter, adaptor || ~ d'**aération** / deaerator, air separator || ~ à **aérer la levure** / barm o. yeast cultivating o. rousing apparatus || ~ à **affûter** / grinding device o. apparatus o. attachment || ~ à **air chaud** / hot air apparatus || ~ à **air chaud avec des tuyaux à pistolet** / pistol pipe oven || ~ d'**alarme** / alarm, alerter || ~ d'**alarme électrique** / electric alarm || ~ d'**alimentation** (techn) / feeder, feeding apparatus || ~ d'**alimentation** (m.outils) / automatic advance || ~ d'**alimentation** (bière) / filling apparatus || ~ d'**alimentation** (carde) / layering apparatus || ~ d'**alimentation à avance par rouleaux** (presse) / [single o. double] roll feed [attachment] || ~ d'**alimentation par pinces** (découp) / slide feed || ~ d'**allumage** (auto) / ignition apparatus || ~ d'**allumage** (électr) / igniter, ignitor, ignition device || ~ pour l'**amélioration de la vue** / aid to vision || ~ d'**aménage par pinces** (découp) / slide feed || ~ d'**amenée** (m.outils) / automatic advance || ~ d'**amenée à magasin** (m.outils) / magazine feed attachment || ~ d'**amerrissage** (aéro) / float chassis o. strut || ~ **amortisseur** (phys, techn) / dampener, damping device || ~ pour l'**analyse thermale simultanée** / apparatus for simultaneous thermal analysis || ~ d'**analyse volumétrique** (chimie) / volumetric o. titrating apparatus || ~ **analyseur de grisou** (mines) / Haldane apparatus || ~ **angulaire ou d'angle** (bâtim) / corner connection o. joint, edge bond o. joint || ~ d'**appel** / call signal apparatus || ~ d'**application de la piste sonore** (film) / striping o. tracking apparatus || ~ en **arêtes de hareng** (bâtim) / herringbone work || ~ d'**arrachage des tirefonds** (ch.de fer) / spike extractor o. puller || ~ d'**arrêt** / blocking o. locking device o. gear, stop gear o. work || ~ **d'arrosage** / sprinkler, sprinkling installation || ~ à **arroser** (gén) / sparger || ~ **aspiratoire** / aspirator || ~ **«Astron»** (plasma) / astron engine || ~ d'**audiovision** / audio-visual set || ~ **autographique pour machines-outils** / autographic recording instrument for machine tools || ~ **automatique pour changer les canettes** (tex) / cop changer || ~ **automatique d'enroulement et de levée de rouleau de batteur** (filage) / automatic lap doffer || ~ d'**autosauvetage à filtre contre l'oxyde de carbone**, appareil *m* auto-sauveteur à filtre CO (mines) / CO-filter self-rescuer || ~ **auxiliaire** / accessory o. additional o. auxiliary o. supplementary apparatus o. implement || ~ d'**avance** (m.outils) / automatic advance || ~ d'**avance à double rouleau** (découp) / double roll feed attachment || ~ **avertisseur** / alarm || ~ **bactériologique pour cultures** / bacteriological culture apparatus || ~ en **besace** (bâtim) / double Flemish bond || ~ de **blanchiment en cuve autoclave** (tiss) / apparatus for bleaching in autoclaves || ~ à **blanchir** / bleaching apparatus || ~ de **block** (ch.de fer) / block apparatus, electric signalling/block-apparatus || ~ à **blocs** (bâtim) / block bond, [Old] English bond || ~ en **boîtier** (phot) / box camera || ~ à faire le **bonding** (semicond) / lead bonder || ~ à **boudonner une série de tonneaux** (bière) / section bunging apparatus || ~ à **bouillir** / cooker, cooking apparatus || ~ à **boutisse** (bâtim) / quarter o. header o. heading bond || ~ de **brasage** / soldering equipment o. apparatus, brazing apparatus || ~ à **braser [au butane]** / copper bit o. bolt || ~ **Brinell** / Brinell [hardness testing] apparatus, ball thrust apparatus || ~ de **briques** / wall bond, walling manner o. bond || ~ de **broyage** / grinding device o. apparatus || ~ à **cadre fixe** / polarized-vane o. stationary-coil instrument || ~ de **carbonatation** (sucre) / carbonation pan o. tank, carbonator || ~ de **catapultage** / catapult launching gear || ~ **centrifuge pour nettoyer le feuillard** / hoop-steel tumbling device || ~ à **changement de jeteurs** (tex) / ringless attachment, alternating three carrier attachment || ~ de **chargement** (fourneaux) / charging device o. apparatus || ~ **chargeur** (nucl) / fuel charging machine || ~ **chargeur à choc** / impact o. percussion feeder || ~ de **chasse** [d'eau] **pour W.C.** / water closet flushing apparatus || ~ de **chauffage** / heating device o. appliance, heater || ~ de **chauffage de pétrole brut** / crude oil heater || **~s** *m pl* pour le **chauffage électrique** / electric heating apparatus *pl* || ~ *m* à **chauffage électrique pour grande cuisine** / catering equipment with electric heating elements || ~ **chauffeur** / preheater || ~ de **cheminée** (bâtim) / chimney bond || ~ **chercheur pour câbles** / cable detector o. locator || **~s** *m pl* de **chloration** (eau) / chlorinators *pl* || ~ *m* à **chlorurer** (tex) / chlorine machine, chemic machine (US) || ~ de **choc** (ch.de fer) / buffing gear || ~ à **chute libre** (phys) / detent apparatus || ~ à **cintrer les filets** (typo) / rule bender || ~ **classeur** / sorting apparatus || ~ de **classification** (télécom) / classifying device || ~ **colonne** / column apparatus || ~ **combiné pour revêtement plastique par pistolet et par poudre en suspension** / apparatus for combined whirl sintering and flame spraying || ~ de **commande** / control[ling] apparatus o. equipment o. implement o. instrument o. mechanism o. device, control || ~ de **commande à huile sous pression** / forced oil control gear || ~ de **commande de la soudure** / welding controller || ~ de **communication** / communication equipment o. facility || ~ à **compter** / counting device, counter || ~ à **compter les cellules de la levure** / yeast counting apparatus || ~ **compteur** (techn) / counting train, counter || ~ de **concentration dans le vide** / vacuum evaporator || ~ de **condensation** (bière) / refrigeratory || ~ de **conditionnement** (tex) / testing oven for moisture || ~ de **conditionnement d'air** / under-window air conditioning unit || ~ de **conditionnement de l'air** (pap) / air conditioner || ~ de **conditionnement d'air pour locaux** / room conditioner || ~ de **congélation** / congealing apparatus || ~ de **contre-pression** (découp) / counterpressure device || ~ de **contrôle** / check apparatus o. implement o. instrument || ~ de **contrôle** (gén) / testing apparatus o. instrument o. set, test control unit, TCU, tester || ~ de **contrôle de concentration du jus** (sucre) / sweet tester || ~ de **contrôle de continuité** (électr) / [wiring] continuity checker o. tester, circuit indicator || ~ pour le **contrôle de dureté** / durometer, hardness tester || ~ de **contrôle de montres** (horloge) / watch timer, watch rate recorder || ~ pour le **contrôle de numéros** (m.compt) / number check || ~ de **contrôle des signaux primaires** (TV) / primary signal monitor || ~ de **contrôle des soudures** / weld seam tester || ~ pour le **contrôle des tensions internes** / stress testing device || ~ de **contrôle de vitesse** (auto) / speed regulator, cruise control || ~ de **contrôle de vitesse**, indicateur *m* temps-course / time-traverse recorder || ~ **contrôleur** (gén) / check apparatus o. implement o. instrument || ~ **contrôleur de rupture de fil** (électr) / electric [wire] break alarm || ~ **contrôleur des sons** / sound alerter || ~ de

correction auditive / acoustic o. hearing aid || ~ de **coulée sous vide** (plast) / vacuum casting apparatus || ~ de **coupage oxyélectrique** / oxygen arc cutting device || ~ **coupe-feuilles** (typo) / sheet cutter || ~ de **coupure** (électr) / switchgear || ~ de **court-circuit** (électr) / short-circuiting device || ~ **cribleur** (mines) / coarse sieve || ~ à **croisettes** (bâtim) / cross bond || ~ à **cuire ou de cuisson** (sucre) / vacuum pan, boiling apparatus || ~ à **cuire à faisceau tubulaire** (sucre) / calandria || ~ à **cuire en U** (sucre) / U-shaped crystallizer || **~s** *m pl* pour la **cuisson des aliments** (électr) / cooking utensils *pl*, electric cookers *pl* || ~ *m* pour la **culture** (agr) / agricultural implement || ~ pour la **culture de levure** / barm o. yeast cultivating o. rousing apparatus || ~ de **curage** / scourer, cleansing apparatus || **~s** *m pl* **dameurs** (routes) / rollers *pl* || ~ *m* de **débit** (bière) / retailing apparatus || ~ pour **débiter les gâchettes** (c.intégré) / dicer || ~ de **débouillissage** (tiss) / scouring apparatus, kier boiling apparatus || ~ de **débouillissage en cuve autoclave** (tiss) / apparatus for scouring in autoclaves, scouring autoclave, pressure kier || ~ de **débourrage des chapeaux** (filage) / flat stripping apparatus || ~ à **décanter** (chimie) / decanter || ~ de **déchargement** (réacteur) / fuel handling machine || ~ de **déchargement de navires** / ship unloader || ~ à **déchiffrer** / deciphering device || ~ **déclencheur** / disengaging apparatus o. device, releasing apparatus o. device || ~ à **découper par jet d'eau** / water torch || ~ de **défournement** (sidér) / drawing device || ~ de **demande** (télécom) / operator's phone o. set || ~ à **démarrage** / starting device || ~ de **démarrage par manivelle** / cranking device || ~ **demi-Jacquard** / dobby [apparatus] || ~ pour la **démonstration** / apparatus for demonstrating purposes, demonstration model || ~ pour **démontrer l'accélération de la chute des corps** / detent apparatus || ~ de **démoulage** (sidér) / stripper || ~ de **dépannage** / set analyser (GB), trouble shooter (US) || ~ à **déposer** (mines) / spreader (GB), stacker (US) || ~ à **déposer à bande** (mines) / belt type spreader (GB) o. stacker (US) || ~ de **dépoussiérage** / dust separator o. collector o. catcher || ~ **déprimogène** / pressure reducer || ~ **dérivateur** (math) / differentiator || ~ de **dérivation** / by-pass device o. apparatus || ~ de **désaération** / deaerator, air separator || ~ **désagrégeur [remorqué par tracteur]** (routes) / scarifier || ~ de **déshydratation de goudron** / tar desiccating device || ~ de **désincarcération** (auto) / rescue scissors *pl* || ~ **désinfecteur** / disinfecting apparatus || ~ **désinfecteur pour le traitement à sec** (agric) / dry dressing installation || ~ **désodorisant** / deodorizer || ~ à **dessiner** / drafting o. scribing machine || ~ de **dessouchage** / stump plucking apparatus, uprooting machine || ~ **détecteur de gaz** / gas indicator o. detector || ~ **détecteur de gaz** (fuite de câbles) / cable sniffer || ~ à **déterminer le point d'éclair** / flash point tester || ~ à **développement par aspersion** (film) / spray processor || ~ de **déversement** (ch.de fer) / wagon tipper (GB), freight car dumper (US) || ~ de **dévulcanisation** (caoutchouc) / devulcanizer || ~ pour la **diathermie** / diathermic apparatus || ~ à **dicter** / dictating machine o. apparatus || ~ **différenciant ou à différenciation** (math) / differenciator || ~ de **diffusion** (sucre) / diffusion apparatus o. cell, diffuser || ~ de **dilatation des rails soudés** (ch.de fer) / expansion device for continuously welded rails, expansion o. feathered joint || ~ de **dilution** (laboratoire) / dilutor || ~ à **disperger** (pap) / dispergator, peptizer || ~ à **dispositif d'impression** (instr) / printing instrument || ~ de **distillation circulatoire** / circulatory apparatus || ~ pour la **distillation du goudron** / tar distilling apparatus || ~ **distillatoire** / distilling apparatus || ~ **distillatoire ou à distiller** (eau de vie) / still || ~ **distributeur** (auto) / fuel dispenser || ~ de **distribution** (électr) / switchgear || ~ **diviseur** (m.outils) / dividing attachment o. apparatus o. head, divider || ~ **diviseur pour crémaillères** / rack indexing o. spacing attachment || ~ **diviseur pour engrenages** / gear indexing attachment || ~ pour le **dosage instantané de cendres** / apparatus for the rapid determination of ash || **~s** *m pl* de **dragage** (nav) / sweeper, sweep[ing gear] || ~ *m* pour **dresser le collecteur au tour** / commutator turning device || ~ **dresseur ou de dressage** / straightening device || ~ **dynamométrique** / dynamometer || ~ d'**échange de chaleur** / heat regenerator o. economizer o. exchanger || ~ d'**éclairage** / lighting gear o. fixture o. fitting, fixture, lamp || **~s** *m pl* pour l'**éclairage** / lighting equipment || ~ *m* d'**éclairage** (instr) / illuminating device o. attachment || ~ d'**écoute** (télécom) / listening device || ~ à **écrire en clair** / deciphering device || **~s** *m pl* d'**écriture et à dessiner à encre de Chine** / ink writing and drawing instruments *pl* || ~ *m* à **effet de sol** / ground effect machine, GEM || ~ **électrodomestique ou électroménager** / electrical household appliance || ~ **électroménager** (gén) / domestic machine || ~ **électronique à éclair pour la photographie** / electronic flash apparatus for photographic purposes || ~ **électrostatique** / electrostatic generator o. machine || ~ d'**élutriation** (mines) / elutriator || ~ à **embrayage** / engaging device || ~ d'**empoussiérage** / dusting machine || ~ **émulsifiant** / emulsifier, emulsifying machine || ~ d'**encartage** (tex) / papering apparatus || ~ à **enduire le papier** / coating apparatus for paper || ~ à **enfiler les busettes** (tex) / tubing apparatus || ~ à **enfoncer les clous par explosion** / nail firing tool || ~ **énoueur** (filage) / clearing apparatus || ~ d'**enregistrement incrémentiel** / incremental tape recorder || ~ d'**enregistrement au point de vente** / point-of-sale recorder || ~ d'**enregistrement sur ruban ou sur bande [magnétique]** (électron) / tape recorder || ~ **enregistreur d'annonce des trains** (ch.de fer) / magazine train describer || ~ **enregistreur sur bande magnétique** / tape recorder || ~ **enregistreur à disque** / circular o. radial o. round chart recorder || ~ **enregistreur sur fil métallique** / wire recorder || ~ **enregistreur gyroscopique de roulis et de tangage** (nav) / gyroscopic roll and pitch recorder || ~ **enregistreur des ondes de surtension** (électr) / clydonograph, ondograph || ~ **enregistreur par perforation** / punching recorder || ~ **enregistreur à plume** / ink writer, inker, pen recorder || ~ **enregistreur à tambour** / drum chart recorder || ~ **enregistreur de la torsion** / recording torsiometer, torsiographe || ~ **enregistreur des vibrations** / vibrograph || ~ en **épi** (bâtim) / herringbone work || ~ **Epstein** / Epstein hysteresis tester || ~ d'**essais** (phys) / demonstration apparatus, experimentation device || ~ d'**essai ou à essayer** (gén) / testing device, tester || ~ d'**essais d'abrasion** / abrasion tester || ~ pour **essais d'adhérence** / adhesion tester || ~ d'**essai automatique** / automatic testing device || ~ d'**essai à bille** voir appareil Brinell || ~ pour **essais de dureté** / hardness tester || ~ d'**essais de**

fatigue sous efforts alternés de traction et de compression / compression-tension endurance tester || ~ d'**essai par fauteuil roulant** (tapis) / roller chair testing device || ~ d'**essai d'induits** (électr) / armature tester, growler || ~ d'**essai pour injecteurs** (auto) / injection nozzle tester || ~ d'**essai magnétique à culasse double** / double yoke magnet tester || ~ pour l'**essai des matériaux** / material testing apparatus || ~ d'**essais multiples** / multitester || ~ pour **essais par rebondissement** / hardness drop tester, [Shore] scleroscope || ~ d'**essai de la résistance au gaufrage** (pap) / crease resistance tester, grooving tester || ~ d'**essai à roues à pédales** (tapis) / treading wheel testing device || ~ pour **essais sur tôle unique** / single sheet tester || ~ à **essayer le CO_2** / CO_2-recorder || ~ à **essayer par réflexion** (ultrasons) / reflection testing unit || ~ à **essayer la zone d'absorption** (pap) / absorption zone tester || ~ d'**étirage** / drawing apparatus || ~ pour l'**étude des bandes ou des stries** / striae measuring apparatus, schlieren set-up || ~ d'**évacuation de l'air** (chaudière) / feed-water de-aerator || ~ d'**évaporation** (sucre) / evaporating apparatus, evaporator || ~ d'**évaporation à calandre** (sucre) / calandria pan || ~ d'**évaporation rapide** / high-speed steam generator || ~ à **évaporer** / evaporator || ~ d'**évasement** / tube flaring tool || ~ d'**exhaure** (mines) / pumps *pl*, pumping station || ~ d'**exposition aux agents atmosphériques** (plast) / weatherometer || ~ d'**extraction** / extraction apparatus, extractor || ~ pour la **fabrication du chlore** / chlorine apparatus || ~ à **faire descendre les boues** / mud valve || ~ à **fer mobile** (électr) / moving iron instrument || ~ pour **fermentation** / fermentation plant || ~ à **fiches** (électron) / plug-in device || ~ à **film** (phot) / film camera || ~ à **filtrer** / filter, filtering device o. apparatus o. facility || ~ à **fixer ou de fixation** / chucking o. fixing o. mounting device || ~ [de **forage]** (ELF) (pétrole) / rig || ~ de **forage rotary** / rotary drilling o. boring implement || ~ **foreur ou de forage** / drilling device || ~ en **fougère** (bâtim) / herringbone work || ~ de **fractionnement** / fractionating apparatus || ~ à **fraiser les cames cylindriques** / cylindrical cam profiling apparatus || ~ à **fraiser hélicoïdal** / helical milling attachment || ~ à **frottement pour dégermer le malt** / malt detrition apparatus || ~ **fumigène** (gén) / smoke producer o. generator || ~ **fumigène** (parasites) / fumigating apparatus || ~ de **fusion** / fusing apparatus || ~ de **Galton** / Galton board || ~ à **ganser** (m.à coudre) / ribbon binder || ~ **générateur des rayons X à une cuve** / single tank X-ray apparatus || ~ pour **gerber le foin** / hay stacker || ~ pour **gouverner ou de gouvernail** (nav) / helm, steering gear || ~ de **graissage ou à graisser** / lubricator, lubricating equipment || ~ de **graissage centralisé d'huile** / centralized lubricating system || ~ pour la **grande cuisine** / utensil for canteens, catering equipment || ~ à **griller** (cuisine) / grill unit || ~ de **guidage par référence cartographique** (radar) / chart comparison unit, C.C.U. || ~ à **guinder** (bâtim) / building elevator (US) o. hoist o. lift (GB) || ~ **hacheur** (télécom) / scrambler || ~ à **hachurer** / hatch liner || ~ [pour le traitement] **à haute fréquence** / high-frequency apparatus || ~ **hydropneumatique** (chimie) / pneumatic trough || ~ d'**impression au cadre** / serigraph || ~ **imprimeur** (typo) / printer || ~ **indicateur** / indicator || ~ **indicateur de pertes à la terre** / earth leakage indicator || ~ **indicatif** (télécom) / answer-back unit || ~ d'**indication à distance du niveau de liquides** / remote level indicator, level teleindicator || ~ à **induction** / Ferraris measuring instrument || ~ d'**infusion** (bière) / sprinkler, sprinkling apparatus || ~ **ingénieux** / gimmick, gadget || ~ d'**injection** (ciment) / grouting apparatus || ~ pour **intercepter une ligne** (télécom) / switching-in device || ~ d'**introduction** (gén) / introducing device || ~ **irradiateur** / radiation apparatus o. lamp || ~ **irrigatoire** / irrigation apparatus || ~ à **I.S.M.** (électr) / I.S.M. apparatus || ~ **isolant** (gaz) / breathing mask || ~ à **jalousies** (bière) / lattice apparatus || ~ à **jauger** (bière) / ga[u]ging apparatus || ~ à **jet** / jet apparatus || ~ à **jet de sable** / sand blast [apparatus] || ~ à **jet de vapeur** / steam jet [blower] || **~s** *m pl* de **laiterie** / dairy equipment || ~ *m* **lance-fusée** (nav) / rocket o. mortar apparatus || ~ de **lavage à courant ascendant** (pétrole) / upward current washer || ~ **laveur** (chimie) / scourer, scouring o. rinsing apparatus, washer || ~ pour la **lecture de disques** (phono) / disk record reproducing equipment || ~ de **levage** / hoisting o. lifting device o. apparatus o. tackle o. gear || ~ de **levage** (nav) / cargo hoisting device, lifting tackle || **~s** *m pl* de **levage en série** / series hoisting tackles *pl* || ~ *m* à **levier** / lever apparatus o. gear || ~ **localisateur de radioguidage** (électron, aéro) / localizer || ~ en **losange** (routes) / diamond bond || ~ à **lubrifier** / lubricator || ~ de **maçonnerie** / wall bond, walling manner o. bond || ~ de **manipulations à distance** / robot || ~ de **manœuvre** (m.outils) / control gear || ~ de **manœuvre d'aiguille** (ch.de fer) / point mechanism, point operating apparatus || ~ **margeur** (typo) / feeder, feed, feeding attachment, automatic o. paper feeder || ~ à **marquer les tailles** (bonnet) / lace-clock attachment, marking attachment || ~ **marqueur ou à marquer** (gén) / marker, marking apparatus || ~ **marqueur** (tiss) / marking motion, cut marker || ~ **mécanique de précision** / precise mechanical apparatus || ~ à **mélanger** / mixing apparatus, mixer || ~ **ménager** / kitchen machine || ~ de **mesurage de la rugosité des surfaces sur un profil** / instrument for the measurement of surface roughness by profile method || ~ de **mesure** / measuring apparatus o. device o. instrument || ~ de **mesure à action indirecte** (instr) / indirect acting measuring instrument || ~ de **mesure d'affaiblissement** (télécom) / attenuation measuring instrument || ~ pour les **mesures d'alésages ou pour mesures intérieures** / internal measuring instrument || ~ de **mesure d'alignement des roues** (auto) / wheel alignment indicator || ~ de **mesure à distance** / telemeter || ~ de **mesure de distorsion** (TV) / distortion measuring set || ~ de **mesure d'épaisseur par rétrodiffusion** / backscatter gauge || ~ de **mesure des états de surface** (p.e.: rugomètre; profilomètre; surfascope, etc.) (techn) / surface analyzer || ~ pour la **mesure de faibles capacités** / small capacity meter || ~ de **mesure des fumées** / flue gas tester || ~ de **mesure du glissement** (électr) / slip meter || **~s** *m pl* de **mesure H.F.** / high-frequency measuring equipment || ~ *m* de **mesure d'humidité** / moisture meter o. teller o. tester || ~ de **mesure de l'inclinaison** (aéro) / pitch indicator || ~ de **mesure du niveau longitudinal** (aéro) / fore-and-aft level || ~ de **mesure de perditance** (électr) / leakage meter || ~ de **mesure à pince** (électr) / clip-on instrument, tong-test instrument || ~ de **mesure pneumatique** (techn) / pneumatic gauge || ~ de **mesure de précision** /

micro measuring apparatus, dial bench gage (US) || ~ de **mesure de puissance active** (électr) / active power meter || ~ de **mesure de retrait** (tex) / shrink tester || ~ de **mesure simple** / single instrument || ~ de **mesure subjective de bruit** / subjective noise meter || ~ de **mesure du taux d'impulsions** / duty cycle meter o. cyclometer || ~ de **mesure du temps d'arrêt en fonction de la vitesse** (auto) / dwell tach tester || ~ de **mesure du temps d'écoulement** / flow time meter || ~ [de **mesure] type tableau** / switchboard instrument || ~ de **mesure à vis micrométrique** / micrometer caliper || ~ pour **mesurer le couplage** / capacity unbalance meter || ~ pour **mesurer la distance** / telemeter || ~ à **mesurer l'épaisseur** / thickness tester || ~ à **mesurer l'hauteur d'aspiration** (chimie) / absorption tester || ~ à **mesurer des quantités** / volumeter || ~ à **mesurer le tirage** / draft indicator o. ga[u]ge || ~ à **mesurer la visibilité** / visual range meter || ~ **mesureur ou de mesur[ag]e** / measuring apparatus o. device o. instrument, ga[u]ge || ~ **mesureur ou de mesure d'allongement** / tensometer || ~ **mesureur de compliance** / compliance gauge || ~ **mesureur de déformations** / deformeter || ~ **[mesureur] distributeur** (auto) / fuel dispenser || ~ **mesureur de la force transversale** (aéro) / side-force meter || ~ **mesureur de la marche** (aéro) / speedometer, air speed indicator, ASI || ~ **mesureur pour mèches de préparation** (filage) / wrapping block || ~ **mesureur de la valeur efficace** / RMS responsive meter || ~ pour la **métallisation au vide** / vaporization plant, metallizer || ~ pour **mettre la bière en perce** / beer fountain o. tapping apparatus || ~ de **meulage et de polissage** / grinding and buffing attachment || ~ **miniature de soudage au laser** / laser microwelder || ~ pour **mise en couleurs** (phot) / tinting equipment || ~ de **mise à feu** (mines) / firing apparatus, blasting machine, exploder || ~ de **mise au point** / regulating device || ~ de **mise au stock** / stacker || ~ de **mise au stock fixe** (mines) / fixed rotating stacker || ~ de **mise au stock sur rails** / rail mounted stacker || ~ **mixte** (bâtim) / opus mixtum || ~s *m pl* de **modulation de groupe** (fréqu. porteuse) / group translating o. modulating equipment || ~ *m* **monétaire** / coin o. slot machine, automat (US) || ~ **moniteur** (opt) / monitor || ~ de **montage des cartes** (repro) / mounter || ~ **moteur** / mover, moving apparatus || ~ de **mouillage** (nav) / anchor equipment, ground tackle || ~ de **moulage** (typo) / casting apparatus || ~ de **mouture** / grinding device o. apparatus || ~ de **mouture** (moulin) / milling course || ~ de **nettoyage** / cleaning apparatus || ~ à **nettoyer par pulvérisation** / spray cleaner || ~ de **nitrification** / nitrator, nitrating o. nitrifying apparatus || ~ de **numérotage** / numbering apparatus o. machine, numberer || ~ d'**opératrice** (télécom) / operator's phone o. set || ~ d'**oxycoupage** / oxygen arc cutting device || ~ **panneresse ou de ou à panneresses** (bâtim) / stretcher o. stretching o. facing o. running bond, chimney bond || ~ **pare-choc** / buffer gear || ~ de **parement** (bâtim) / curtain wall bond || ~ à **pénombre** / half-shadow apparatus o. analyzer || ~ à **peptiser** (pap) / dispergator, peptizer || ~ **périphérique** (ord) / peripheral [unit] || ~ **photogrammétrique à 2 ou 4 chambres** (arp) / multiple photogrammetric chamber || ~ **photogrammétrique à 5 [ou plusiers] chambres** (arp) / panoramic camera || ~ **photogrammétrique de restitution** / instrument for photogrammetrical evaluations || ~ de **photographie foraine** / Photomaton camera || ~ **photographique** / camera || ~ **photographique à développement instantané** / instantaneous developing camera || ~ **photographique du fond d'œil** / fundus camera || ~ **photographique à l'infrarouge** / infrared camera || ~ **photographique multispectral** (phot) / multispectral camera || ~ **photographique de photogrammétrie** / photographic surveying camera || ~ **photographique pliant** / folding camera, (special:) tongs vest-pocket camera || ~ **photographique pour radiographie** / photo roentgen unit || ~ **photographique spatial** / space camera || ~ **photographique type œil de mouche** (phot) / fly's eye camera || ~ **photomacrographique** (opt) / photomacrographic system || ~ de **pierres** (bâtim) / walling bond of building stones, stone bond || ~ de **pilier** (bâtim) / pier bond || ~ à **planer tubulaire** (allumettes) / tubular planing machine || ~ à **plaque chaude gardée** (essai sur la thermorésistance) / guarded hot plate apparatus || ~ de **pliage** (m.à coudre) / feller || ~ à **plier** / bending device, bender || ~ **plieur de voile** (tex) / web laying apparatus || ~ à **plusieurs gammes de mesure** / multirange meter || ~ **pneumatique et transportable pour l'imprégnation** / portable pneumatic impregnating unit || ~ pour **point d'éclair Tag[liabue]** / Tag closed cup tester (US) || ~ de **pointage** (radar) / plotter || ~ de **pointage** (mil) / telescopic sight, range finder || ~ à **poisser** (fûts) / pitching apparatus || ~ **POLAROID** / Polaroid o. Land camera || ~ **polygonal** (bâtim) / polygon bond || ~ de **pompage** (mines) / pumps *pl*, pumping station || ~ à **pont** / measuring bridge || ~ **porteur** / supporting structure || ~ **porteur de pont** / supporting structure of a bridge || ~ de **pose** (carde) / layering apparatus || ~ de **précouchage** (pap) / precoater || ~ de **prédécapage** (galv) / [brass] bright dip, brass pickling apparatus || ~ **prédistillateur ou de première distillation ou de distillation prèalable** / primary still || ~ de **préfixage** (tex) / equipment for presetting || ~ de **préhension** / gripping device o. instrument o. tool || ~ pour les **premiers jets** (agr) / fore-milk cup || ~ de **préparation de tir** / fire [control] director, predictor || ~ de **pression pour débit de bière** / beer engine o. fountain o. pump || ~ de **prise de son** / sound pick-up || ~ de **prise de vues** (microfilm) / microfilm camera || ~ de **prise de vues** / motion-picture o. film camera || ~ de **prise de vues** (TV) / pick-up equipment || ~ de **prise de vues à défilement continu** (aéro) / automatic camera (US) || ~ de **prise de vues électronique** (TV) / cathode ray camera, TV-camera || ~**-producteur** *m* de **vapeur** / steam generator, steam raising unit || ~ de **production d'eau chaude** / water heater || ~ de **profil** / edgewise instrument || ~ **projecteur ou de projection** / projecting o. projection apparatus, projector || ~ de **projection de cinéma** / cinema[tograph] o. movie projector || ~ à **projeter le béton** / concrete gun || ~ **propagateur ou à propager** (bière) / propagating apparatus || ~ **protecteur contre les accidents** / accident preventer o. preventing device || ~**s** *m pl* **protecteurs antigaz** / gas protection equipment || ~s *m pl* de **protection** / protecting apparatus o. device, protector || ~ *m* de **protection pour presses** (découp) / accident preventer for presses || ~ **pulvérisateur** (liquides) / spraying device || ~ **pulvérisateur à poisser** / pitch spraying apparatus || ~ pour la **pupinisation des lignes aériennes** (télécom) / loading coil for open lines || ~ de

purification (chimie) / purifying apparatus || ~ de **purification** (mines) / washer || ~ à **quatre billes** (essais de graisse) / four ball tester for luboils || ~ de **radio** / wireless (GB) o. broadcast o. radio (US) receiver o. set, radio (US), receiving set || ~ **radio** (pour la radiotéléphonie) / radio o. wireless transmitting o. receiving set o. apparatus || ~ **radiographique** / X-ray apparatus || ~ à **raffiner le chocolat** / conche || ~ **raidisseur** / wire stretcher o. strainer, draw-tongs *pl* || ~ à la **ranimation** / life restoring apparatus || ~ à **rayons ultraviolets** / radiation apparatus o. lamp || ~ à **rayons X** / X-ray apparatus || ~ **récepteur** / receiver || ~ **récepteur de télévision** / television receiver o. apparatus, televisor, teleceiver, TV (coll), telly (GB, coll) || ~ **rectificateur de la photographie** / photoplanigraph || ~ à **rectifier** / grinding device o. apparatus o. attachment || ~ à **rectifier l'alignement des rails** (ch.de fer) / gauge setting device || ~ **redistillateur** / secondary still || ~ de **redressement des photographies aériennes** / rectification o. restitution apparatus for aerial photographs, rectifier || ~ à **redresser l'alignement des rails** (ch.de fer) / gauge setting device || ~ de **référence de la détermination des affaiblissements équivalents pour la netteté** (télécom) / reference apparatus for the determination of transmission performance ratings || ~ **reflex** (phot) / reflex camera || ~ **refouleur** (bâtim) / dozer || ~ **réfrigérant** / cooler, cooling apparatus, refrigerator || ~ **registreur d'ondes de surtension** (électr) / klydonograph || ~ de **réglage** (contr.aut) / regulating device || ~ de **réglage pour projecteurs** (auto) / headlight setter || **~-régleur** *m* de **tir** / fire [control] director, predictor || ~ de **remplissage** / filler, filling apparatus || ~ de **rencontre** / circulatory apparatus || ~ à **renverser les tôles** / plate tilter || ~ à **répandre** (liquides) / sparger || ~ à **repasser** / strop[ping apparatus] || ~ de **repérage** / locating equipment o. device || ~ de **repérage par le son** (mil) / synchronized sound locator || ~ de **réponse** (télécom) / operator's phone o. set || ~ de **reprise au stock** (mines) / reclaiming appliance || ~ à **reproduction photomécanique** (repro) / projection printer || ~ de **résistance**, rhéomètre *m* (télécom) / electrodynamometer, rheometer || **~s** *m pl* de **respiration** / respiratory equipment || ~ *m* de **respiration à air liquide** / liquid air breathing apparatus (US) || ~ à la **respiration artificielle** / life restoring apparatus || ~ de **respiration aux hautes altitudes** (aéro) / breathing apparatus for high altitudes || ~ **respiratoire** / respiratory organs o. system || ~ **respiratoire** (méd) / breathing apparatus, respirator || ~ **respiratoire à air frais** / fresh air respirator || ~ **respiratoire à air frais ou à aspiration d'air frais** (mines) / smoke helmet || ~ **respiratoire anti-méphitique** (mines) / antimephitic respirator || ~ de **restitution** (photogrammétrie) / plotter || ~ de **restitution simple** (photogrammétrie) / simple plotter || ~ **retardateur** (auto) / retarder || ~ **réticulé** (bâtim) / net-masonry, reticulate[d] bond o. work || ~ pour **revêtement plastique par poudre en suspension ou en lit fluidisé** / whirl sintering installation || ~ de **rinçage ou à rincer** / scourer, flush apparatus, scouring o. rinsing apparatus, rinser || ~ à **rincer les égouts** / sewer rinsing apparatus || **~s** *m pl* de **robinetterie pour tubes** / valves and fittings *pl* || ~ *m* **Röntgen** / X-ray apparatus || ~ de **roulement** (grue) / running carriage || ~ à **S** (gaz) / S-shaped gas cooler || **~s** *m pl* **sanitaires** (céram) / sanitary ware || ~ *m* de **sauvetage** / rescue o. saving apparatus || ~ de **sauvetage par câble** / escape rope || ~ de **sauvetage dans mines** / rescue apparatus for mines || ~ de **sauvetage à l'oxygène** / oxygen breathing (US) o. inhaling (GB) apparatus, oxygen respirator (US) || ~ de **scaphandrier** / diving apparatus o. equipment || ~ de **séchage à vide** (électr) / vacuum oven || ~ de **secours** / rescue o. saving apparatus || ~ à **sérigraphie** / serigraph || ~ de **serrage** / chucking o. fixing o. mounting device || ~ **«Shell» à quatre billes** (graisse) / Shell four-ball tester || ~ de **sondage** (nav) / sounding apparatus, depth finder o. gear || ~ de **sondage à frappe rapide à suspension funiculaire de la tige de sonde** / quick-blow percussive rope boring outfit || ~ de **sondage [à plomb]** (nav) / sounding apparatus || ~ de **sondage du sol** (bâtim) / soil sampler o. borer o. pencil || ~ de **sortie** (électron) / output device || ~ de **soudage** / welding equipment || ~ de **soudage multiple** / multiple operator welding unit || **~s** *m pl* **soumis à pression** (collectif) / Pressure vessels *pl* || ~ *m* à **sous** (fonctionnant par introduction d'une pièce de monnaie) / slot paying mechanism, coin machine || ~ de **soutirage** (bière) / bottling o. racking apparatus || ~ **start-stop** (télécom) / start-stop apparatus || ~ **stéréo** (phot) / stereo camera || ~ **stéréorestituteur** / stereo plotting machine, stereoplotter || ~ **stéréoscopique** / stereo[scopic] camera, binocular camera || ~ à **stériliser** / sterilizer, sterilizing apparatus o. tray || ~ à **striction** (plasma) / pinch device || ~ **stroboscopique** / stroboscope, timing light (US) || ~ à **succion** (sucre) / suction pipes *pl* || ~ de **superfinition** (m.outils) / superfinish device || ~ à **suralimentation** (filage) / overfeed attachment || ~ de **suspension** / suspension gear, hanger || ~ de **synchronisation** / synchronizing device, synchronizer || ~ de **tableau** / switchboard instrument || ~ à **tamiser** / screening o. sieving device || ~ **tamiseur** (préparation) / sifting plant || ~ de **tassement** (frittage) / tapper || ~ de **teinture** (laboratoire) / dyeing apparatus for laboratory purposes || ~ de **teinture en cuve autoclave** / pressure dyeing machine in autoclave || ~ de **teinture sur l'ensouple** / [warp] beam dyeing apparatus || ~ de **teinture à plis suspendus** (tex) / suspending apparatus for dyeing || ~ de **télécommunication** / communication apparatus, transmitting apparatus, transmitter || ~ de **téléenregistrement sur bande magnétique** (TV) / telerecording equipment for magnetic tape || ~ **télégraphique** / telegraph apparatus o. instrument || ~ *f* de **télémesure** / telemeter || ~ *m* **téléphonique** / talking set, telephone apparatus o. set || ~ **téléphonique avec émetteur de numéros abrégés à cartes** / card-dialer type telephone set || ~ **tendeur de segments à piston** / piston ring clamp o. spanner o. compressor || ~ à **tendeurs** (phot) / tongs vest-pocket camera || ~ à **tenir au chaud les aliments** / food warmer || ~ **terminal** / remote terminal || ~ à **thermocouple** / thermal converter || ~ à **tirage des cristaux** / crystal puller || ~ à **tirer des copies** / office copying apparatus || ~ à **tirer les épreuves** (typo) / proof-press || ~ à **tiroirs** (électr) / rack type apparatus || ~ de **titrage** (chimie) / volumetric o. titrating apparatus || ~ **tordeur** (filage) / torsion apparatus || ~ à **tordre les fils** / wire twisting apparatus || ~ **Touch-Tone** (Canada) / card dialer telephone, touch-tone telephone || ~ pour **tourner des collecteurs** / commutator turning device || ~ **tourneur** (m.outils) / turner || ~

traçant (mil) / plotting equipment || ~ de **traction** / pulling device || ~ à **tramer** (tiss) / inlaying apparatus || ~ de **transbordement** / reloading o. trans[s]shipping device o. plant || ~ de **transformation** (phot. aérienne) / transforming apparatus || ~ **transmetteur** (télécom) / transmitter, transmitting device || ~ de **transmission des données à courant continu** (ord) / low-level d.c. data transmission facility || ~ à **transport à pinces** (presse) / gripper || ~ **trembleur** / shaking apparatus o. device, shaker || ~ de **trempage** / steeping bath || ~ pour **tricoter le rond-ouvert d'un côté** (tiss) / half-open work appliance || ~ de **trucage ou de truquage** (TV) / special effects mixer || ~ **vaporifère** / steam generator, steam raising unit || ~ pour **vaporisage éclair** (tex) / flash ageing steamer, high-speed steamer, quick acting ager || ~ pour **vaporisage rapide** (tex) / rapid steamer || ~ pour la **vaporisation acide** / acid steam ager || ~ à **vaporiser** / steaming apparatus || ~ de **ventilation** / deaerator, air separator || ~ **Verdol** (tex) / Verdol jacquard || ~ **vérificateur des joints de rails** (ch.de fer) / rail joint testing device || ~ à **vérifier le couple** / torque check fixture || ~ à **vérifier les engrenages** / gear testing machine || ~ à **vérifier le point d'ébullition** / boiling point apparatus || ~ en **verre** / implement made from glass || ~ de **verrouillage** / blocking o. locking device o. means, stop gear o. work || ~ à **vide** / vacuum apparatus || ~ à **vidéodisque** / video disk player || ~ de **vieillissement** / ag[e]ing apparatus, ag[e]ing oven || ~ pour **vinaigrerie rapide** / acetifier || ~ à **vis pour tirer les crampons** / spike drawing winch || ~ de **visée** / collimator, sighting device || ~ de **voie** (ch.de fer) / switch gear, points and crossing *pl* || ~ de **voie enroulé** (ch.de fer) / switch and crossing work with main line curved || ~ à **volets** (télécom) / drop board device || ~ pour la **vulcanisation de pneus** / tire vulcanizer || ~ de **W.C.** / water closet (toilet bowl and its accessories) || ~ à **zéro central** / zero center instrument || ~ à **zéro supprimé** (électr) / suppressed-zero o. inferred-zero instrument, set-up[-scale] instrument, set-up-zero instrument, step-up instrument

appareillage *m* / equipment, installation || **~s** *m pl* / industrial instrumentation || ~ *m* d'**asservissement et de contrôle** / control equipment || ~ **automatique de mesure** / automatic testing equipment, ATE || ~ **électrique** (électr) / switchgear and control gear || ~ **électrique de commutation et de commande** / switching and control gear || ~ d'**enregistrement et de reproduction sonore** / sound recording and reproducing equipment || ~ **industriel basse tension** / low tension switch gear || ~ de **laboratoire** / laboratory equipment || ~ pour le **laquage des particules très fines** / film coating device || ~ de **mesure** / measurement equipment || ~ **optique** / optical equipment || ~ **porteur** (aéro) / wing unit, main plane structure || ~ pour la **reproduction des films sonores** / sound film projector || ~ de **roulement** / travelling o. traversing gear o. device o. mechanism || ~ de **sonorisation** / sound equipment || ~ **universel pour les ateliers** / universal workshop equipment || ~ en **verre entier ou tout verre** / all-glass apparatus *pl* || ~ **VOR** (aéro) / VOR-installation (= very high frequency omnidirectional range) || ~ **VOR/DME** / VOR/DME (= very high frequency omnidirectional range/distance measuring equipment)

appareiller / match, mate, pair || ~ (m.à coudre) / fell *vt*

appareilleur *m* / pipe fitter, pipelayer, plumber

apparence *f* / appearance, look, aspect || ~ de **rupture** / appearance of fracture, fracture appearance

apparent / apparent || ~ (roue hélicoïdale) / transverse || ~ (bâtim) / common, raw || ~ (installation) / on the surface

apparenté / related, allied, cognate, connate

appariage *m* / mating

apparié / mated

appariement *m* / copulation || ~ (ord) / matching || ~ par **élimination** (techn) / selective assembly || ~ des **matériaux** / mating of material

apparier / match, mate, pair

apparition *f* / appearance || ~ (biol) / occurrence || ~ d'une **zone claire** / brightening

appartement *m* à **copropriété** / freehold flat (GB), condominium (US), sectional title unit || ~ en **location** / lodging, rent controlled flat || ~ de **quatre pièces** / four-room apartment o. flat (GB) || ~ sur **[terrasse de] toit** / penthouse on a roof || ~ de **trois pièces** / three-room apartment o. flat (GB)

appartenance *f* (bâtim) / appurtenance

appartenant [à] / belonging [to], [ap]pertaining [to] || ~ la **technique** [de] / pertaining [to]

appartient, qui ~ [à] / belonging [to], [ap]pertaining [to]

appât *m* / bait

appauvri (nucl) / depleted

appauvrir (bain) / deplete || ~ **(s')** / get base || ~ **(s')** (mines) / become sterile

appauvrissement *m* (nucl) / depletion || ~ (mines, sidér) / loss || ~ **croissant de la concentration** / growing dilution

appel *m* (télécom) / [telephone] call, ring || ~ (cheminée) / draft, draught || ~ (aéro) / suction, pull || ~ (p.e. d'un sous-programme) (ord) / call-in, invocation || ~ d'**air** / draught o. draft of chimney || ~ **automatique** (télécom) / keyless ringing || ~ de **cent secondes** (télécom) / hundred second call || ~ de **central** (télécom) / exchange call || ~ de **chargement** (ord) / load call || ~ à un **co-abonné** (télécom) / reverting call || ~ **collectif en groupes** (télécom) / multiparty call || ~ **continu** (télécom) / continuous call || ~ de **courant** (électr) / rush of current, line transient, surge || ~ de **courtier** (télécom) / broker's call || ~ avec **détente** (télécom) / delayed call || ~ de **détresse** (télécom) / emergency call || ~ de **détresse** (nav) / SOS-signal || ~ **direct** (télécom) / direct dialling-in, DDI (GB), direct inward dialling (US), in-dialling || ~ **erroné** (télécom) / false call o. ring || ~ du **fil** (filage) / yarn delivery system, feeding device || ~ à **frais virés** (Canada) (télécom) / collect call, reversed charge o. transferred charge call || ~ par **haut-parleur** (électron) / paging || ~ par **hurleur** (télécom) / howler connection || ~ **immédiat** (télécom) / immediate ringing || ~ **interurbain** / long-distance call o. connection o. conversation o. communication (US) || ~ pour **intervention** (ord) / service call || ~ à **lampe à incandescence**, appel *m* lumineux (télécom) / lamp call || ~ **magnétique ou par magnéto** (télécom) / magneto o. generator call || ~ **mécanique** (télécom) / machine ringing || ~ de **note** (typo) / [sign o. mark of] reference, reference [mark o. sign] || ~ d'**offres** / tender || ~ **permanent** / continuous call || ~ de **personne à personne** (télécom) / person to person call || ~ de **phares** (auto) / headlight signal o. flash || ~ de **postes** (ord) / station cycle polling || ~ de **puissance** / taking up of power || ~ du **pupitreur** (ord) / operator call o. request || ~ **régional** (Belg) (télécom) / short-haut call || ~

sélectif (ord) / select message || ~ **sélectif** (télécom) / selective calling, selective station call || ~ **semi-automatique** (télécom) / machine key ringing, manually started ringing, semi-automatic ringing || ~ **S.O.S.** (nav) / SOS-signal || ~ **suburbain** (télécom) / short-haul call || ~ de **superviseur** (ord) / supervisor o. monitor call || ~ de **système** (ord) / system call || ~ de **terminaux** (ord) / poll[ing] || ~ à **tous** (enseignement) / all-call
appelant, soyant ~ (télécom) / being caller
appelé *adj* (télécom) / called || ~ *m* (télécom) / called sub[scriber] || ~ **ne répond pas** (télécom) / party does not answer
appeler / call || ~ (ord) / call, invoke || **faire** ~ **par haut-parleur** (électron) / page (US) || ~ par **radio** / page || ~ **sélectivement** (ord) / poll || ~ au **téléphone** / ring up
appeleur *adj* (télécom) / calling || ~ *m* (télécom) / caller, calling sub[scriber]
appellation *f* / denomination, designation
appendice *m* / appendix, lengthening piece, piece joined on || ~ (aéro) / petticoat
appentis *m* / lean-to roof, pent[house] roof, monopitch roof, shed roof (US)
appétence *f* / appetence, -tency
applicable [à] / applicable [to] || ~ **immédiatement** (peinture) / prepared for use, p.f.u., ready for use, ready-mixed
application *f* / application, use, using || ~ (math) / adaptation || ~ (théorie des ensembles) / mapping, map || **d'~s techn[olog]iques** / application technology... || ~ d'**antireflet** / coating, lumenizing, blooming (GB) || ~ **automatique des freins** / automatic train stop, automatic application of the brakes || ~ du **boudin contre le champignon du rail** / striking of the flange against the rail head || ~ à la **brosse** (peinture) / brush application || ~ d'un **cache** (phot) / vignetting || ~ de la **couche de fond** (opération) / priming || ~ de la **couche d'usure** (routes) / surface treatment || ~ de **couleur** / application of colours o. paints, painting || ~ d'une **force** / exercise of a force, application of a force || ~ du **frein** / application of the brake || ~ **goutte-à-goutte** / drip process || ~ **industrielle** / industrial application || ~ de la **marque distinctive** / marking, identification [marking] || ~ de la **première couche** / priming || ~ du **signe distinctif** / marking, identification [marking] || ~ **technique** (chimie) / application technology o. technique
applique *f* / wall lamp || ~ / marble lining of a wall, (also:) tessellated work || **en** ~ (serr) / surface mounted || **en** ~ (serr) / surface-mounted, screw-on... || ~ **murale** / wall bracket o. bearer o. support || ~ à **plafond** / ceiling lamp || ~ de **relèvement** (goniomètre) / bearing plate, pelorus (US) || ~ **spot** (éclairage) / directional lighting fitting, spot[light] || ~ **tournante** (m.outils) / turner
appliqué (science etc.) / applied || ~ (tension) (électr) / applied (voltage) || **être** ~ (forces) / be applied
appliquer / put on o. to || ~ (peinture) / apply || ~ [à] / employ [in, for] || ~ [à] / apply a thing [to], bring to bear [upon] || ~ (math) / assign || ~ (théorie d'ensembles) / map *vt* || **s'**~ [à] / apply [to] || ~ des **bandages** [à] / put on tires || ~ les **bandes [de fermeture]** / apply banderoles, secure by banderoles || ~ par **brosse** / apply by brush || ~ un **cachet** / stamp *v* || ~ le **compas** / set the compasses || ~ une **couche antireflet** / bloom (GB), coat lenses, lumenize || ~ des **couleurs** / apply colours o. paints, coat || ~ la **couverture à la brochure** / case || ~ des **dessins** [sur] / pattern, figure, make designs [on] || ~ l'**émail par la fusion** / melt-on enamel || ~ du **laiton** [sur] / brass || ~ au **pistolet** / spray-paint || ~ de la **pression** / press, apply pressure || ~ au **rouleau** / apply by roller o. by rolling || ~ une **tension** / impress a voltage
appoint, d'~ / booster..., make-up ... || **d'**~ (électron) / adjusting, trimming || ~ *m* **annuel**, appoint *m* / annual throughput || ~ de **puissance** / power margin o. reserve o. surplus, reserve power
appointage *m* / pointing, sharpening
appointé *m* / salaried employee o. worker (US)
appointements *m pl* / salary, remuneration || ~ *m* en **charbon** / free coal, allowance coal
appointer / point, sharpen
appointeuse *f* / pointer || ~ de **fil** / pointing machine for wire
appontage *m* (aéro) / alighting on deck
appontement *m* de **déchargement** / discharging platform o. ramp || ~ de **transbordement** (ch.de fer) / gangway for transhipment
apponter / alight on deck || **faire** ~ (aéro) / spot a plane on the deck
apponteur *m* / batman (US), landing officer
apport *m* / availability, supply || ~ / conveyance, conveying, transport || ~ d'**air** / aeration, ventilation || ~ d'**air filtré** / filtered air supply, F.A.S. || ~ **calorifique** / heat supply || ~ de **carbone aux riblons** / scrap carburization || ~ d'**eau** / water supply || ~ d'**énergie** / energy supply || ~ **journalier** (irradiation) / daily uptake || ~ **linéaire de réactivité** / ramp insertion of reactivity || ~ de **milieu dense frais** / make-up medium || ~ par un **organe** (nucl) / uptake by an organ || ~ de **réactivité** (nucl) / insertion of reactivity || ~ de **réactivité par palier** (nucl) / step insertion of reactivity
apporter / bring || ~ des **modifications** / carry out modifications || ~ un **prédépôt** (galv) / preplate
apposer le **timbre** [sur] / affix, put on a stamp
appréciable / distinguishable, observable, sensible
appréciation *f*, estimation / assessment, [e]valuation, estimation, rating || ~, interprétation *f* / evaluation, exploitation, interpretation || ~ du **travail** / job evaluation
apprendre / learn
apprenti *m* / apprentice || ~**-mineur** *m* (ayant le certificat d'aptitude professionnelle) / miner, pitman
apprentissage *m* / apprenticeship || **d'**~ / learning || ~ **automatique** (ord) / machine learning [in data processing]
apprêt *m* (peinture) / couch, primer, size || ~ (tex) / finish, appret || ~ (les substances) / finishing o. dressing o. sizing preparation o. agents *pl*, finishing assistant || **à** ~ **léger** (pap) / low machine o. mill finish || **donner l'**~ (tex) / finish, dress || **sans** ~ (pap) / unfinished || ~ à l'**air chaud** / hot-air finish || ~ **anti-éraillant ou antiglissant** / slipproof finish || ~ **antifroisse** / non-crease o. no-crush finish, wrinkle-resistant finish, crease-proofing || ~ **antigliss** / antigliss finish || ~ **antigonflant** / swell-resistant finish || ~ **antimoisissure** / mildewproofing || ~ **antiretrait** / shrinkproof finish || ~ **antisalissant ou antisouillure** / soil release finish || ~ de **brillant permanent** / permanent sheen finish || ~ **chargé ou chargeant ou de charge** / weight giving finish, weighting size || ~ **complet** / full finish || ~ **craquant** / scroop finish || ~ **easy-care** / easy-care finish || ~ à l'**eau** / luster, lustre (GB) || ~ **éliminant le repassage** / non-iron o. no-iron finishing || ~ par **enduction** / coating finish || ~ [de l'] **envers** / back finish || ~ de **fils** / yarn

finishing || ~ **fini toile pour reliure** (pap) / linen finish, cambric finish || ~ **fort** / hard twist || ~ **gaufré** / embossed finish || ~ par **immersion** / immersion finishing || ~ **indémaillable** / snag-free finish, ladder-proof o. non-run finish || ~ d'**infroissabilité à l'état mouillé** / wet crease resistance finish || ~ **infroissable** / non-crease o. no-crush finish, wrinkle-resistant finish, crease-proofing || ~ **infroissable**, apprêt *m* sans repassage / wash'n wear finish || ~ **infroissable permanent** / permanent crease finish || ~ **intachable** / soil release finish || ~ **noble** / high grade finish || ~ **no-iron** / non-iron o. no-iron finishing || ~ des **peaux** (tan) / dressing hides || ~ **permanent** / permanent finish || ~ **pilonné** / beetled finish || ~ **plastique** (verre textile) / coupling finish || ~ **plein** / weight giving finish, weighting size || ~ de **pontage** / crosslinking finish || ~ **préparatoire** / preparatory finish || ~ par **pulvérisation** / spray finish || ~ **rasé** / pileless finish || ~ aux **résines synthétiques** / resin finishing || ~ **sans repassage** / wash'n wear finish || ~ **Schreiner** / Schreiner finish || ~ **sec** / dry finishing || ~ à **sec** (agent) / dry sizing || ~ de **silicone** / silicon[e] finish || ~ **similitoile** (pap) / linen finish, cambric finish || ~ au **sulfate de magnésium** / magnesium sulphate finish || ~ des **textiles** / textile finishing || ~ **tondu ou rasé** / pileless finish || ~ du **velours** / velvet finish

apprêtage *m* (tube électron) / priming || ~ (peinture) / priming, sizing || ~ (tex) / finish || ~ en **plein bain** / ordinary bath finishing || ~ **ultérieur** / final finish (textile)

apprêtant *m* / retexturing agent

apprêté (pap) / machine-finished, M.F., mill finished, M.F.

apprêter / prepare, make ready || ~ (tex) / finish, dress || ~ les **peaux** (tan) / dress hides

approche *f* (gén, math) / approximation, approach || ~ (bâtim) / approach ramp o. incline || ~ (aéro, NC) / approach || ~ (m.outils) / feed motion o. engagement o. control, infeed, advance || ~ (roue dentée) / contact approach || ~s *f pl* (géogr) / coastal waters *pl*, nearshore waters pl || ~s *f pl* (comble) / ridge course || ~ *f* **automatique** (m.outils) / automatic traverse o. feed || ~ **contrôlée du sol** / precision o. PAR-approach || ~ **directe** (aéro) / straight-in approach || ~ à **écroûter** (m.outils) / rough feed || ~ sur **faisceau** (aéro) / beam approach || ~ **finale** (aéro) / final approach || ~ aux **instruments** (aéro) / instrument approach || ~ **manquée** (aéro) / missed approach || ~ de **piste** / runway approach || ~ **PPI** (aéro) / plan position indicator approach, PPI-approach || ~ **précise** (m.outils) / fine feed, sensitive adjustment || ~ **précise automatique** (m.outils) / automatic fine feed || ~ de **précision** / precision o. PAR-approach || ~ **probabiliste** / probabilistic approach || ~ sur **radar de précision** / precision radar approach || ~ **radioguidée** (aéro) / radio homing || ~ par **radiophares** (aéro) / tracking || ~ **sans visibilité** (aéro) / approach under IFR (= instrument flight rules) || ~ **sous-critique** (nucl) / approach to criticality || ~ de **synchronisation** / tracking || ~ à **vue** (aéro) / visual [contact] approach

approché (drap) / short nap || ~ (math) / approximate, -mative

approcher *vt* / bring o. draw near || ~ (m.outils) / feed, advance || ~ (s') / approach || **s'~ par approximation** (math) / approximate || **s'~ en asymptote** / approach asymptotically

approfondir / deepen

approfondissement *m* / cavity, hollow

approprié / answering its purpose, expedient, pertinent || ~ (méthode) / purposeful, concerted || ~ (P. et T.) (télécom) / overground o. overhead line || ~ comme **réactif** (chimie) / reagent grade

approprier la **distance** [à] / accomodate o. adapt the distance

approvisionnement *m* / placing at disposal o. in readiness, making available || ~ (ordonn) / inventory control || ~ **charbonnier** / coaling, coal supply || ~ en **eau** / water delivery || ~ en **eau potable** / supply of potable water, drinking water supply || **~s** *m pl* en **fuel[-oil] ou en pétrole** / oil supplies *pl* || **~s** *m pl* des **raffineries** / refinery feedstocks *pl* || ~ *m* de **substance d'émission** (électron) / dispensation of emission substance || ~ de **tirage** (mines) / blasting implements *pl* || ~ d'**usine sidérurgique** / auxiliary material for iron and steel works

approvisionner / procure, supply || **s'~** [en] (auto) / top up || **s'~ en combustible** (auto) / take in fuel, fuel, tank || **s'~ en eau** (ch.de fer, nav) / water || **s'~ indûment en courant électrique** (électr) / tap o. milk the wire

approximatif / approximate, -mative, rough || ~ (math) / approximate || ~ (électron, TV, radar) / rough

approximation *f* (math) / approximation || **par** ~ / by estimation || ~ **PN** (nucl) / PN-approximation

appui *m*, soutien *m* / support, rest, mainstay || ~, poignée *f* / handle || ~, base *f* / base, stand, pedestal || ~ (techn, constr.en acier) / bearing, support || ~ (touret) / pressure rest || ~ (bâtim) / breast wall || ~ (moule) / land || **d'~** / booster... || **prendre** ~ (vis) / rest [on], take its bearing [on] || **sur deux ~s** (méc) / freely supported || ~ d'**arrêt** (électr) / pole with line stays, strutted pole || ~ **articulé de Gerber** (constr.en acier) / Gerber joint || ~ à **biellette double** (pont) / double rocker bearing || ~ sur un **bouton** / push of a button || ~ **central** (pont) / center bearing || ~ de **chaîne** (pont) / chain saddle || ~ **cylindrique** (pont) / rocker o. roller bearing, rolling contact bearing || ~ **double** (télécom) / double pin o. pole, U-cupholder || ~ **élastique** / elastic suspension || ~ de **fenêtre** / window sill o. cill (GB), window ledge || ~ **fixe** / firm bearing || ~ d'**isolateur H.T.** / high-voltage insulation support || ~ de la **main** / hand rest || ~ de **main en L** (m.outils) / L-rest || ~ de **meulage** / grinding rest || ~ **mobile libre** / pivoting o. rocker o. tilting bearing, swing support o. bearing || ~ en **N** (télécom) / N-pole || ~ **oscillant cylindrique** (constr.en acier) / pin rocker bearing || ~ **oscillant à pivot sphérique** (pont) / ball jointed rocker bearing || **~-papier** *m* (m.à ecrire) / paper rest o. shelf o. table || ~ **pendulaire ou à pendule** (pont) / pendulum bearing || ~ **pendul[air]e ou à pendule** (constr.en acier) / articulated column, pendulum o. rocking o. socketed stanchion o. pier, hinged pier o. pillar || ~ à **pivot** (grue) / central [vertical] pivot, king journal o. pillar o. post, slewing journal || ~ à **pivot** (constr.en acier) / trunnion bearing o. rest || ~ **plan** (pont) / surface bearing || ~ en **plaques** (pont) / plate bearing || ~ d'un **pont** / bridge bearing || ~ des **poutres** (bâtim) / beam o. joist bearing || ~ sur **quatre points** / four-point [contact] bearing || ~ à **rotule** (pont) / articulated bearing || ~ à **rouleaux de dilatation** (pont) / rocker o. roller bearing, rolling contact bearing || ~ du **sillon** (phono) / tracking || ~ **sphérique oscillant** (pont) / rocking ball bearing || ~ à **surface plane** (pont) / surface bearing || ~ **tangentiel** (constr.en acier) / self-cent[e]ring seating || ~ **tangentiel à oscillation** / tangential rocker bearing || **~-tête** *m* (pl: appuis-tête) (auto) / neck-rest, headrest || **~-tête** *m* **rembourré** /

upholstered head rest || ~ sur **toiture** (électr) / house pole || ~ de **transposition** (télécom) / transposition tower || ~ à **un seul rouleau** (constr.des ponts) / one roller bearing || ~ **uni** (pont) / plate bearing
appuyer / support, sustain, bear, uphold || ~ (mines) / underpin || ~ [sur] / lean || ~ [contre] (bâtim) / build [against o. on] || ~ (ch.de fer) / close-up || **s'**~ [contre, sur] / lean against || ~ sur un **bouton** / press upon a button || ~ sur une **touche** / press down a key
âpre / unequal, uneven || ~ (goût) / harsh
après-coulant *m* (distillation) / heavy ends o. tails *pl*, tails *pl*, last runnings *pl* || ~**-cuisson** *f* / after-bake, stoving || ~**-cuisson** *f* (plast) / after-bake, stoving
apside *f* (astr) / apse, apsis
A.P.T. *m* (outils programmés automatiquement) (NC) / APT-program (automatically programmed o. positioned tools o. tooling)
APT *m* de **DCA** (mil) / fire director, predictor
apte [à] / appropriate [for o. to], suitable [for], fit [for o. to] || ~ à être **centrifugé** (tex) / extractable || ~ à la **déformation** / ductile, workable || ~ à l'**enfournement** (sidér) / ready to be charged || ~ à **être filé** / spinnable, fit for spinning || ~ à la **mise en circulation** (auto) / roadworthy || ~ à la **stéréophonie** / stereo-capable || ~ au **travail** / able to work, (man:) able-bodied
aptitude *f* / capability, aptitude || ~, utilité *f* / usability, useability, usefulness, utility, serviceableness, serviceability || ~, dextérité *f* / aptitude, ability || ~ à l'**adhérence** / contact power || ~ à l'**apprêt** / capacity to take the finish || ~ au **boudinage** (plast) / extrudability || ~ au **broyage** / grindability || ~ à la **cémentation** (sidér) / case hardenability || ~ de ou au **clivage** / cleavage property, divisibility || ~ à la **cokéfaction** / cokability, coking quality || ~ à être **coloré** / colourability || ~ au **concassage** / crushability || ~ au **concassage** / crushability || ~ à être **copié** / printability || ~ au **dédoublement** / cleavage property, divisibility || ~ à la **déflagration** / deflagrability || ~ à la **déformation** / ductility || ~ au **détachage** (tex) / stain release || ~ à la **dissolution** (sidér) / capacity for decomposition || ~ à **distinguer les couleurs** / colour difference sensitivity || ~ à **distinguer les nuances de couleur** (physiol) / hue sensibility || ~ à **donner des émulsions** / emulsive quality || ~ au **durcissement par trempe** / potential hardness increase by quenching || ~ à l'**écoulement** / flowability || ~ à l'**écoulement** (frittage) / flowability, flow properties *pl* || ~ à l'**égouttage** / drainability || ~ à l'**emboutissage profond** / deep-drawing quality || ~ à **estampage** / punching quality || ~ à l'**étirage** / tractility, [ex]tensibility || ~ au **façonnage** / workability || ~ au **façonnage à chaud** / hot-workability || ~ au **façonnage à froid** / cold-workability || ~ au **filage** / capability of being spun || ~ à la **filtration sélective** (pap) / separating capacity || ~ à la **fracture** (fer) / shortness || ~ à la **fracture** (gén) / shortness, brittleness || ~ de **grimper** / climbing ability o. capacity || ~ à l'**impression** (pap) / printability || ~ à l'**inscription en courbes** (ch.de fer) / compliance with curves || ~ au **laminage** (sidér) / rollability, rolling ability || ~ à la **maintenance** / ease of maintenance || ~ à la **militarisation** (nucl) / weapon accessibility || ~ pour une **mission** (aéro) / mission capability || ~ au **moulage** (fonderie) / mouldability || ~ au **passage de gué** (auto) / water-crossing ability, fording ability || ~ au **pliage** (pap) / creasing ability || ~ au **pompage** / pompability || ~ à être **projeté** (film) / producibility || ~ **réactionnelle** / reactiveness || ~ à **réagir** / reactivity, capability of reacting || ~ à la **récupération d'épaisseur après compression** / ease of recovery of thickness after compression || ~ à la **remise en état** / restorability || ~ à être **scarifié** (routes) / rippability || ~ au **serrage** (fonderie) / compactability || ~ **tous-terrains** (auto) / cross-country mobility || ~ au **traitement de trempe et revenu** / heat treating quality || ~ à la **trempe ou de prendre la trempe** / hardenability
apyre / apyrous, incombustible
aqua·culture *f* / aquaculture (fish raising in the sea), aquiculture || ~**dag** *m* / aquadag || ~**naute** *m* / aquanaut || ~**planing** *m*, aquaplanage *m* (auto) / aquaplaning || ~**stat** *m* / aquastat
aquatique / aquatic
aqueduc *m* / aqueduct || ~ dans le **bajoyer** / culvert of a lock || ~ de **chasse** (hydr) / scavenging culvert || ~ de **digue** / drainage lock o. sluice, dike lock o. drain || ~ **larron** (écluse) / cross culvert || ~**-siphon** *m* (hydr) / siphon, culvert, sewer pipe || ~ **voûté** / culvert
aqueux / aqueous, watery, (ground:) water-logged
aquiculture *f* / hydroponics, aquiculture, aquaculture, tray o. tank agriculture (US)
aquifère / water bearing o. carrying, aquifer[ous]
aquinite *f* (mil) / chloropicrin, aquinite (US)
aquosité *f* / aquosity
arabe (nombres) / arabic
arabine *f* / arabic acid, arabine, arabin, acacin[e]
arabinose *m* / arabinose, pectin sugar
arable (agr) / arable
arachine *f* / arachin
aragonite *f* (min) / aragonite, aragon spar
araignée *f* / spider || ~ de **gouttière** / strainer basket || ~ **rouge** / fruit tree red spider mite, metatranychus ulmi, paratranychus pilosus
araire *m* / wheel plow (with one wheel), swing-plow
araldite *f* (plast) / araldite
aramide *m* (plast) / aramid
arasage *m* (découp) / shaving || ~ par **vibrations** / shaving with reciprocating punch
arase *f*, pierre *f* darase (bâtim) / levelling stone
arasement *m* (bâtim) / level[l]ing || ~ (fonderie) / strickling || ~ (coke) / struck levelling || ~ **sanitaire** (bâtim) / horizontal insulation
araser (découp) / shave || ~ (fonderie) / strickle off level || ~ de **niveau** / make even o. flush o. level
araucaria *m* / araucaria
arbaléter / truss *v*
arbalétrier *m* (constr. en acier) / truss frame || ~ (bâtim) / rafter || ~ d'un **toit à pannes** / principal rafter of a purlin roof
arbitrage *m* / arbitration || **d'**~ / arbitral, arbitrational, arbitration...
arbitraire / arbitrary
arbitral / arbitral, arbitrational
arbitrer / arbitrate
arborescence *f* (diélectr) / treeing
arborescent (bot) / arborescent
arboriculteur *m* / fruit farmer, fruiter
arboriculture *f* **fruitière** / fruit farming, pomiculture
arbre *m* (bot) / tree || ~ (techn) / arbor, shaft, spindle, axle || **à un seul** ~ / single-spindle || ~ d'**aileron** (aéro) / aileron spindle || ~ **allant de bout en bout** / continuous shaft, straight-through shaft, through-going shaft || ~ **arrière de roue motrice** (auto) / rear-axle shaft, drive shaft, differential car axle (GB) || ~ **articulé** (gén) / universal joint [propeller] shaft || ~ **baladeur** / sliding shaft || ~**-barillet** *m* (pompe H.P.) / pump plunger shaft || ~ de **brin ou d'un beau brin** (charp) / straight tree || ~

de **butée** (techn) / thrust shaft || ~ à **cames** (techn) / camshaft || ~ à **cames** (mot) / half-speed o. half-time shaft, accessory o. secondary o. side shaft, camshaft || ~ à **cames baladeur** / shifting o. sliding camshaft || ~ à **cames désaxé** / offset camshaft || ~ à **cames en tête ou par le haut** / overhead camshaft, O.H.C. || ~ **cannelé** / spline[d] shaft, reamer shaft || ~ **cannelé à cannelures multiples** / multi-spline shaft || ~ **cannelé commandant la roue avant** (auto) / front-wheel drive shaft || ~ **cannelé en spirale** / spiral spline shaft || ~ à **cannelure à développante** / involute spline shaft || ~ **cardan** (auto) / cardan shaft || ~ de **cardan à double bride** / double flange cardan shaft || ~ **carré** / square shaft || ~ de **changement de marche** / reversing shaft || ~ de **changement de vitesse avec levier sélectif** (auto) / gear shift column and gear shift lever || ~ de **[colonne de] direction** (auto) / steering shaft || ~ de **commande** / driving axle, live axle || ~ de **commande** (auto) / axle shaft || ~ de **commande** (presse) / drive shaft || ~ de **commande de la prise de mouvement** (aéro) / power take-off shaft || ~ **compensateur de frein** (auto) / brake-compensating shaft || ~ **continu** / continuous shaft, straight-through shaft, through-going shaft || ~ de **couche** / power shaft || ~ **coudé [en vilebrequin]** / crankshaft || ~ à **coulisse** / sliding shaft || ~ **creux** / sleeve shaft, hollow shaft, quill || ~ du **crochet** (m.à coudre) / hook shaft || ~ de **cylindre** (lam) / roll shaft o. spindle || ~ à **dé[sem]brayage** (techn) / disengaging shaft || ~ du **différentiel** / differential [gear] shaft || ~ de **direction** (auto) / steering shaft o. spindle || ~ de **distribution** voir arbre à cames (mot) || ~ du **doigt tournant** (auto) / steering finger shaft || ~ à **double joint de cardan** / double-jointed cardan shaft || ~ d'**embrayage** (auto) / clutch shaft || ~ d'**entraînement** / primary shaft, drive shaft || ~ d'**essieu** / axle shaft || ~ de l'**essieu avant** / front axle shaft || ~ d'**excentrique** / eccentric shaft || ~ **fileté** / screw rod o. spindle, male screw || ~ **formant pignon** / long-face pinion || ~ de **frein** / brake axle o. shaft || ~ **fruitier** (bot) / fruiter || ~ à **fût droit ou rectiligne** (bois) / straight tree || ~ de **grande moyenne** (horloge) / center arbor || ~ de **harnais d'engrenages** / gear shaft || ~ en **haute tige** (agr) / standard || ~ d'**hélice** (nav) / propeller o. screw-shaft, propelling screw-shaft, tail shaft || ~ d'**induit** (électr) / rotor shaft || ~ **intérieur dans un arbre creux** / quill shaft || ~ **intermédiaire** / countershaft, intermediate shaft, jackshaft || ~ **intermédiaire**, arbre de couche / power shaft || ~ **intermédiaire** (nav) / intermediate shaft || ~ **intermédiaire** (auto) / layshaft, countershaft || ~ **inverseur** / reversing shaft || ~ du **levier de commande** (auto) / drop arm spindle || ~ de **levier de vitesse** (auto) / control lever o. gearshift lever fulcrum pin || ~ **longitudinal** (techn) / longitudinal shaft || ~ de **main-douce** (filage) / back shaft || ~ **mammouth** (bot) / sequoia, Wellingtonia, giant redwood || ~**-manivelle** *m* (locomotive) / crankshaft || ~ de la **manivelle de lancement** (auto) / starting crankshaft || ~ de **marche arrière** (auto) / reverse idler shaft || ~ **menant** / primary shaft, input shaft || ~ **mené** / output shaft, driven shaft || ~ des **molettes** (m.à onduler) / crimp wheel shaft || ~ **moteur** / primary shaft, driving shaft || ~ du **moteur** / motor shaft, main o. engine shaft || ~ **moteur** (m.outils) / work spindle || ~ de **Noël** (pétrole) / christmastree, Xmas tree || ~ **normal** / basic shaft || ~ **oscillant** (techn) / rock shaft || ~ du **papillon d'un robinet** / disk shaft of a valve || ~ de **pignon** / pinion shaft || ~ de la **pile** / beater shaft || ~ **porte-fraise** (fraiseuse horizontale) / cutter spindle, milling spindle || ~ **porte-graines** (silviculture) / seed tree || ~ **porte-hélice** (nav) / propeller o. screw-shaft, propelling screw-shaft, tail shaft || ~ **porte-hélice** (aéronaut) / propeller cone o. pin (US) || ~ **porte-lames** (m.outils) / cutter block || ~ du **porte-pignons** / planet carrier shaft || ~ de **poulie** (charp) / pulley-beam || ~ de la **poulie fixe d'un tour** (m.outils) / live spindle || ~ de **poussée** / pressing o. pressure screw || ~ **primaire** / primary shaft, driving shaft || ~ **primaire tubulaire** (auto) / tubular transmission shaft || ~ **principal** / main shaft || ~ de **prise de force** (agr) / power take-off, p.t.o. || ~ à **rainures multiples** / multi-spline shaft || ~ **récepteur** / output shaft, driven shaft || ~ à **réglage** (lam) / roll shaft o. spindle || ~ de **renversement de marche** / reversing shaft, rocker shaft || ~ de **renvoi secondaire** (ch.de fer) / jack shaft || ~ du **renvoi suspendu** / overhead jackshaft || ~ de **rotor** (turbo) / impeller shaft || ~ de **roue motrice** / rear-axle shaft || ~ de **Saturne** (chimie) / lead tree || ~ de **sciage** / plank log o. timber || ~ de **scie circulaire** / axle of a circular saw || ~ **sec** (silviculture) / dry wood, dead standing tree || ~ **secondaire** (techn) / auxiliary o. secondary shaft || ~ **secondaire** (auto) / sliding shaft, spline[d] shaft, third motion shaft || ~ **secondaire de renvoi** (ch.de fer) / jack shaft || ~ du **segment de la vis sans fin [de direction]** (auto) / steering worm sector shaft || ~ de **sortie** / output shaft, driven shaft || ~**-support** *m* du **batteur** (filage) / main cylinder shaft of a battering willey || ~ **télescopant** / telescopic shaft || ~ de **torsion** / torque shaft || ~ de **torsion creux** / quill shaft || ~ d'un **tour** / mandrel || ~ du **traîneau** / sledge runner || ~ de **transmission** / propel shaft || ~ de **transmission** (auto) / transmission main shaft, output shaft || ~ de **transmission** (engrenage) / gear shaft || ~ de **transmission** (techn) / transmission shaft || ~ de **transmission [entre deux machines]** / dumb-bell shaft (GB), spacer shaft (US) || ~ de **transmission à joint de cardan** (auto) / propeller shaft with universal joints || ~ de **transmission tubulaire** (auto) / tubular [propeller] shaft, tubular drive shaft || ~ **transversal** / continuous shaft, straight-through shaft, through-going shaft || ~ **vertical** (techn) / upright o. vertical shaft

arbrisseau *m* / shrubby tree, shrub

arbuste *m* (agr) / bush

arc *m* (bâtim) / arch || ~ (gén) / arc, bow || ~ **en doucine** (bâtim) / ogee arch || **en** ~ (gén) / arc-shaped || **en** ~, voûté (bâtim) / arched, vaulted || ~ en **air libre** (électr) / open arc || ~ à **âme pleine** (constr.en acier) / solid web arch || ~ d'un **angle** / arc of an angle || ~ d'**approche** (roue dentée) / arc of approach || ~ à **articulation double**, arc *m* articulé aux naissances ou aux appuis / two-hinged arch, double-hinged arch || ~**-boutant** *m* / flying buttress || ~**-boutement** *m* (fournée, soute) / hanging, sticking, scaffolding || ~**-bouter** (bâtim) / stay by flying buttresses, buttress *vt* || ~**-bouter** (mines) / underpin || ~**-bouter** par des **contre-fiches** / brace by diagonals || ~ en **briques** / brick arch || ~ en **brique taillée** (bâtim) / ga[u]ged arch, Gd.A. || ~ **brisé** (bâtim) / ogive || ~ **capillaire** (source d'ions) / capillary arc || ~ en **carène** (bâtim) / keel arch || ~ [de **cercle**] / arc of a circle || ~ en **chaînette** / catenarian arch || ~ de **clôture** / arc on closure o. on closing circuit o. before contact || ~ **cloué en planches** / laminate[d] arch || ~ **coloré** (électr) / luminous o. flame arc || ~ **composé** /

compound arc || ~-**conducteur** *m* (techn) / slide sweep || ~ de **conduite apparent** (roue dentée) / transverse arc of transmission || ~ du **contact** (roue dentée) / arc of contact || ~ de **contact ou d'enroulement** (techn) / angle o. arc of [belt] contact o. wrap (US), belt wrap (US) || ~ de **contacts** (télécom, m.compt) / bank [multiple] || ~ **cosinus**, arc *m* cos / arc cosine, inverse cosine, arc cos, anticosine, cos^{-1} || ~ **cotangente**, arc *m* cot[g] / arc cotangent, anticotangent || ~ de **côté** / skew arch || ~ de **coupure** (électr) / break[-induced] arc, interruption arc || ~ de **courant continu** / direct-current arc || ~ **court** (soud) / short arc || ~ de **court-circuit** / arc fault || ~ **croisé** / cross arch, cross springer || ~ de **décharge** (bâtim) / discharging arch || ~-**doubleau** *m* (pl.: arcs-doubleaux) / arch band, pier arch, binding arch || ~ à **effet de champ** / high-field-emission arc || ~ **électrique** (électr) / electric arc || ~ **elliptique** (bâtim) / scheme o. skene o. segmental arch || ~ en **encorbellement** / straight trefoil arch || ~ à l'**envers** (bâtim) / dry arch, inverted arch || ~ de **fermeture** / arc on closure o. on closing circuit o. before contact || ~ à **flamme** (électr) / luminous o. flame arc || ~-**formeret** *m* (bâtim) / wall arch || ~-**formeret** *m* du **long d'un mur** (bâtim) / [longitudinal] wall arch || ~ avec **fusion en pluie** (soudage) / spray-arc || ~ **gradué** / limb, graduated circle || ~ **gradué** (mines) / protractor, miner's level || ~ **gradué vertical** (arp) / graduated vertical arc o. circle || ~ à **haute intensité** (électr) / high current spark channel || ~ à **haute intensité avec électrode de carbone** / high-current carbon arc || ~ **lancéolé ou en lancette** (bâtim) / lancet arch || ~ **long** (soud) / long arc || ~ à **mercure** / mercury arc || ~ en **ogive** (improprement dit), arc *m* brisé (bâtim) / ogee arch || ~ en **orbe-voie** / blind arch || ~ d'**oscillation** / arc o. amplitude of oscillation o. vibration || ~ **outre-passé** (bâtim) / horseshoe arch || ~ de **parabole** (math) / arc of parabola, parabolic curve || ~-**plasma** *m* à **xénon** / xenon plasma arc || ~ en **plein-cintre** / semicircular arch, full-center arch || ~ **polaire** (électr) / pole arc || ~ **pulsé** (soud) / pulsed arc || ~ à **quatre cintres** (bâtim) / Tudor arch, four-centered pointed arch || ~ **quintilobé** / cinquefoil arch || ~ de **raccordement** (ch.de fer) / vertical curve, levelling curve || ~ de **radier** (pont) / defence of a pier || ~ **rampant** (bâtim) / rising arch || ~ de **râtelier** (m. à retordre) / creel bow || ~ de **recouvrement** / overlapping arc || ~ **renforcé ou rentrant** (bâtim) / re-entering arch || ~ **renversé** (bâtim) / dry arch, inverted arch || ~ en **retour** (redresseur) / flashback, arc[ing] back || ~ de **retraite** (roue dentée) / arc of recess || ~ de **rupture** (électr) / break[-induced] arc, interruption arc || ~ en **segment** (bâtim) / surbased o. diminished arch, segmental arch || ~ **simple** (électr) / simple arc || ~ **sinus**, arc *m* sin / arc sine || ~ de **soudage** (électr) / welding arc || ~ **sous-tendu** / bowstring girder || ~ de **soutènement** (bâtim) / discharging o. relieving arch || ~ **surbaissé** (bâtim) / surbased o. diminished arch, segmental arch || ~ **surbaissé en briques** (bâtim) / French o. Dutch arch || ~ **tangente**, arc *m* tg / arc tangent o. tan, antitangent, inverse tangent, tan^{-1}, arc tan || ~ en **terre** (bâtim) / dry arch || ~ à **tirant** / bowstring girder || ~ en **tôle à âme simple** (pont) / single-web plate girder || ~ en **travers** (bâtim) / transversal rib || ~ **trèfle ou trilobé** (bâtim) / trefoil arch || ~ en **treillis** / trelliswork arch, trussed arch || ~ en **treillis à trois articulations** / trussed arch o. trelliswork arch with three hinges || ~ à **trois articulations ou à trois rotules** / three-hinged o. -pinned arch || ~ **Tudor** (bâtim) / Tudor arch, four-centered arch || ~ **unipolaire** (plasma) / unipolar arc

arcade *f* (tiss) / harness cord o. thread || ~ (robinet) / yoke of slide valve || ~ (bâtim) / arcade || ~**s** *f pl* (bâtim) / covered walk || ~**s** *f pl* **croisées** / London o. crossed tie || ~ *f* de **lunettes** / nose saddle o. piece || ~ du **robinet à soupape** / yoke of the globe valve

arcanson *m* / colophony, rosin

arcature *f* / wall arches *pl*, arcades *pl* || ~ **aveugle ou borgne ou feinte** / dead arcature, wall arcature, sham arcade

arceau *m* (bâtim) / small arch || ~ **articulé du cadenas** / shackle of a padlock || ~ de **bâche** (auto) / hoop || ~ de **capote** (auto) / bow of the folding top || ~ **coulissant** (auto) / slide bow || ~ **droit** / straight bow || ~ de **fermeture** (toit coulissant) / shutter bow || ~ de **galerie** (mines) / gallery ring || ~ à **galets** (auto) / roller bow || ~ de la **machine à river** / bale, yoke || ~ **pliant** (auto) / folding bow || ~ **porte-frotteur** (ch.de fer) / bow-shaped slipper holder || ~ de **renforcement** (bâtim) / reinforcing rib || ~ de **sécurité** (auto) / roll bar || ~ de **toit** (auto) / roof bow

arc[eau] *m* **de voûte** / arch

arche *f* (pont en pierres) / arch of a stone bridge || ~, voûte *f* / vault || ~ à **décorer** (verre) / burning-in kiln || ~ du **franc-bord** (pont) / shore span || ~ à **fritter** / ash o. calcar furnace || ~ **maîtresse** (pont) / main arch || ~ **marinière** (pont) / passage || ~ de **pont** / arch of a bridge || ~ à **pots** (verre, céram) / glory-hole, pot arch || ~ à **recuire** (verre) / lehr, leer

archéen *m* (géol) / Proterozoic

archet *m* / bow, hoop, shackle, strap || ~ en **arcade** (turb. à vapeur) / arcade || ~ de **frottement** / bow contact || ~ **latéral** (électr) / side bow || ~ de **pantographe** (ch.de fer) / horned slipper holder (pantograph) || ~ de **prise de courant** (ch.de fer) / bow collector, current collector bow || ~ de **scie** / saw bow || ~ à **suspension pendulaire** (pantographe) / pendular-suspended bow (pantograph)

archipompe *f* (nav) / pump well

architecte *m* / architect || ~ **naval** / shipbuilder, shipwright, naval architect || ~-**paysagiste** *m* / landscape architect

architectonique / architectonic

architectural / architectural

architecture *f* / architecture, art of building || ~, style *m* / architecture, style, structure || ~ (ord) / architecture || ~ **brutaliste** (bâtim) / brutalisme || ~ d'un **calculateur** (ord) / architecture of a computer || ~ **hydraulique** / hydraulic architecture || ~ **industrielle** / industrial architecture o. construction || ~ de **paysage** / landscape architecture || ~ **solaire** / solar architecture

architecturologie *f* / science of building

archive·s *f pl* / depository || ~**s** *f pl* (ord) / stack || ~ *f* **active ou de manœuvre** / operation registry || ~**s** *f pl* **centrales** / main reference library || ~**s** *f pl* d'**images** / picture data base || ~**s** *f pl* de **sécurité** (ord) / security file

archiviste *m* / archivist, librarian

archivolte *f* (bâtim) / subarch

arcine *f* (mines) / principal o. main adit o. gallery, drainage gallery

arctique / arctic

arcure *f* / bowing, bending

ardent, brûlant / flaming || ~, incandescent / glowing, incandescent || **être** ~ / glow *vi*

ardeur *f* du **travail** (ordonn) / enthusiasm for work

ardillon *m* (typo) / spur, bodkin, point || ~ d'une

boucle / tongue of a buckle
ardoise *f* / slate, schist || ~ d'**amiante** / asbestos slate || ~ **grauwacke** / graywacke slate o. schist || ~ **grosse** / coarse clay || ~ **memphytique** / greenstone slate, memphytic slate || ~**s** *f pl* **métalliques** / galvanized roofing plates || ~ *f* **quartzeuse** / quartz slate, quartzose schist || ~ en **tables** / slate tablet || ~ **[tégulaire ou de toiture]** / roof[ing] slate
ardoisé / slate gray, slaty
ardoiser (bâtim) / slate
ardoiseux / slatelike
ardoisier *adj* / slaty || ~ *m* (ouvrier) / slate quarrier || ~ (bâtim) / slater
ardoisière *f* / slate quarry o. pit
ardu / difficult (e.g. access)
are *m* / are (= 100 m^2)
areine *f* (mines) / gallery dip road
aréique (géol) / arid
arène *f* (bâtim) / grit, gravel
arénicole (bot) / arenaceous, arenicolous
aréomètre *m* / hydrometer, areometer, araeometer || ~ (sel) / saline hydrometer, brine gauge, halometer, salinometer || ~ pour les **gaz combustibles liquéfiés** / LPG areometer || ~ pour **masse volumique** / density hydrometer || ~ **technique ou de service** / workshop hydrometer || ~ à **thermomètre** [incorporé] / thermohydrometer
aréopycnomètre *m* / areopyknometer
arête *f* (gén, math) / edge || ~ (géol) / ridge, crest || ~ (hydr) / summit of a dike || ~ (plast) / fin || ~ (poisson) / fish bone || ~ (tiss) / mark || ~ (bot) / awn || ~ (méthode Toeppler) / knife edge in the Toeppler method || **à ~ arrondie** / round edged, with round edge || **à ~ vive** / edged, sharp-edged || **à trois ~s** / triangular, triangled, three-edged, three-cornered, three-square || ~ d'**absorption** (rayons X) / absorption edge || ~ de l'**angle de surplomb arrière,** [avant] (frein d'auto) / edge of rear, [front] overhanging angle || ~ **arrondie** / radiu[s]sed edge || ~ **avant** / front edge || ~ **avant** (formulaire) / leading edge || ~ à **basculer** (lam) / tipping edge || ~ de la **base d'un cristal** / base edge of a crystal || ~ de **bois scié** / arris of sawn timber || ~ de **bois scié** / arris of sawn timber || ~ **centrale** (turb. Pelton) / splitter edge || ~ **coupante** (du foret) / cutting edge on the feed side, major cutting edge || ~ de **coupe secondaire** (tourn) / minor cutting edge || ~ de **couteau** / knife edge || ~ du **cristal** / crystal edge || ~ **culminante d'un cristal** / terminal edge of a crystal || ~ en **dos** (bâtim) / arris || ~ **émoussée** / cant || ~ d'**estampage** (découp) / burr || ~ **extérieure de dent** / upper edge of a tooth || ~ de **fermeture** (boîte) / closing edge of a can || ~ d'une **fraise** / cutting edge || ~ de **guidage** (typo) / pitch edge || ~ **intérieure du rail** / inner o. inside edge || ~ **latérale** / lateral edge || ~ **longitudinale** / longitudinal edge || ~ de **montagne** (géol) / mountain ridge o. crest o. range || ~ **mousse** / blunt edge || ~ de **mur** / edge of a wall || ~ de **planage** (m.outils) / wiper edge || ~ **principale de l'outil** / tool major cutting angle || ~ **principale en travail** / working major cutting angle || ~ **rapportée** (m.outils) / built-up edge, pick-up || ~ de **rebroussement** (géom, laser) / edge of regression || ~ **saillante** (bâtim) / inner edge || ~ **secondaire de l'outil** / tool minor cutting angle || ~ **secondaire en travail** / working minor cutting angle || ~ de **soudure** / welding edge || ~ du **toit** / ridge of a roof, comb || ~ de **tôle** / plate edge || ~ **transversale** (foret) / chisel edge || ~ **vive** (techn) / sharp edge || ~ d'une **voûte d'arêtes** (bâtim) / groin, cross springer
arêtier *m* / angle rafter, angle ridge, hip rafter || ~ de **noue** / valley rafter
argent *m* / silver, Ag || **d'~** / silver..., of silver || ~ **antimonié rouge ou sulfuré** / light red silver ore, proustite || ~ d'**apport de brasage** / silver filler for brazing || ~ d'**apport de brasage pour protection** / silver protective solder || ~ en **barres** / silver in bars o. ingots, bar o. ingot silver || ~ **bas** / silver of base alloy || ~ **bismuthal** / alloy of silver and bismuth || ~ **blanc** / coined silver || ~ **colloïdal** / colloidal silver, Collargol || ~ **corné** (min) / cerargyrite, chlorargyrite || ~ **émaillé** / burnished silver || ~ en **épis** / spicular silver || ~ **fin** / fine silver || ~ **fulminant** / silver fulminate || ~ **gris** / fahl ore, fahlerz || ~ en **lames** / flattened silver wire || ~ en **lingots** / silver in bars o. ingots, bar o. ingot silver || ~ **mus[s]if** / mosaic silver || ~ **natif réticulé** / capillary native silver || ~ **obtenu par la liquation** / liquation silver || ~ **plaqué d'or** / vermail, gilt silver || ~ **précipité** / precipitated silver || ~ **raffiné** / refined silver || ~ **spiciforme** / spicular silver || ~ **sterling** / sterling silver || ~ **telluré** (min) / telluride of silver, hessite || ~ au **titre** / silver with the assay-stamp, standard silver
argentage *m* / silvering, silver plating
argentan *m* / nickel o. German silver, paktong, alpaca, argentan || ~ pour le **bâtiment** / argentan for building purposes
argentation *f* **galvanique ou par électrolyse** / electro-silverplating o. -deposition
argenté / silvery, argenteous, argentine
argenter / silver || ~ **légèrement** / presilver
argenterie *f* / silverware o. goods *pl* || ~ **plate** / flat silver
argentière *f* / silver mine
argentifère / argentiferous, argental, containing silver
argentin / silvery, argenteous, argentine || ~ / silvery
argentine *f* (min) / silver glance, argentite
argentométrie *f* (chimie) / argentometry
argentométrique (chimie) / argentometric
argenture *f* / silvering || ~ (miroir) / silver coating o. foil[ing] || ~ **brillante** / bright silver plating || ~ en **couche légère** / silver strike o. flash, pre-silver plating || ~ **électrique** / electro-silverplating o. -coating o. -deposition || ~ en **flash ou d'attaque ou de couverture**, argenture *f* légère / silver strike o. flash, pre-silver plating || ~ à **froid** / cold plating, plating by rubbing o. friction || ~ **mate** / dull silver plating || ~ par **voie humide** / wet silvering
argile *f*, terre *f* glaise / argil, potter's clay || ~ (agric) / clay [soil], clayey ground o. land o. soil, loam || ~ (fonderie, géol) / clay, loam || **d'~** / earthen, fictile || ~ **absorbante** (pétrole) / clay || ~ **apyre** / plastic clay, pipe clay || ~ **bigarrée** / mottled o. motley clay || ~ **blanche** / terra alba, kaolin, China clay || ~ à **blocaux** (géol) / boulder clay, till[ite] || ~ à **briques** / common clay || ~ **calcifère** / calcareous clay, lime marl || ~ **calcinée ou détruite** (fonderie) / dead clay || ~ **chamottée** / fireclay chamotte, quickclay || ~ à **ciment** / cement clay || ~ **colloïdale** / bentonite || ~ **crue active** (fonderie) / fresh o. active o. live clay || ~ **décolorante** (pétrole) / clay || ~ **expansée** / light expanded clay aggregate || ~ à **faïence** / earthenware clay, whiteware clay || ~ de **fer conglomérée** / conglomerate iron clay || ~ **figuline** / potter's clay o. earth o. loam, ball clay, figuline || ~ **flint** / flint clay || ~ à **foulon** / fuller's earth, bentonite || ~ pour **fours** (céram) / oven o. furnace lute o. clay || ~ **grasse** / rich o. unctuous clay || ~ **graveleuse** / gritty clay || ~ **grossière** (géol) / coarse clay || ~ **hydratée** (bâtim) / hydrated clay || ~ à

lignites / lignite clay || ~ **marneuse** / argillaceous o. clay marl, sandy marl, clay grit, marl[y] clay || ~ à **moraines** (géol) / boulder clay || ~ **pauvre** / lean clay || ~ **plastique** / plastic clay || ~ à **pot** / pot clay || ~ des **prairies [en bordure d'un fleuve]** / meadow loam || ~ **réfractaire** / fireclay, pipe clay, refractory clay || ~ **réfractaire alumineuse** / high-alumina fireclay || ~ **réfractaire plastique** / plastic fireclay || ~ **résiduelle** (géol) / gumbo || ~ **rubanée** (géol) / varve clay || ~ **sableuse** / sandy clay || ~ **salifère** (géol) / saliferous o. salt clay || ~ **savonneuse** / fuller's earth, bentonite || ~ **schisteuse** / argillaceous o. clay schist o. slate, shale clay, argillite, adhesive o. coal slate || ~ **schisteuse gréseuse** / shale of coal measures || ~ **séparée à l'air** / aeroclay || ~ **sidérolithique** / iron stone clay || ~ à **siler** (géol) / clay[ey] till || ~ **standard AFS** / standard clay AFS (= American foundrymen's society) || ~ **tripoléenne** / tripoli powder, tripoli[te], diatomite, adhesive slate, terra cariosa || ~ **varvée** / varved clay || ~ **wéaldienne** (géol) / clay of the Wealden formation, weald clay
argileux / clayey, argillaceous
argilière *f* / clay pit
argilifère *adj* / argilliferous
argilite *f* / argillaceous o. clay schist o. slate, argillite, adhesive o. coal slate, mudstone || ~ **calcareuse** / calcareous mudstone || ~ **marneuse** / marly mudstone
argilocalcite *f* / argillaceous limestone, argillocalcite
argiloïde / clay-like
arginase *f* / arginase
arginine *f* (chimie) / arginine
argon *m*, Ar (chimie) / argon
argument *m* (math) / argument || ~ (électr) / phase angle, change of face || **~s** *m pl* / justification || ~ *m* **fictif** (ord) / dummy argument || ~ pour **recherche de fonction** (ord) / search argument || ~ de **similitude de l'hélice** / coefficient of propeller advance, propeller modulus || ~ de **table** (ord) / table argument
argumentation *f* / reasoning, argumentation
argyrose *f* (min) / silver glance, argentite
aride / arid, barren
aridité *f* / aridity, aridness
arithmétique *adj* / arithmetic[al] || ~ *f* / arithmetic || ~ **dyadique** / dyadic o. binary arithmetic || ~ en **virgule fixe** / fixed point arithmetic || ~ en **virgule flottante** / floating point arithmetic
arkose *f* / arcose, arkose
armature *f* (charp) / truss || ~ (bâtim) / reinforcement, armouring || ~ (serrure) / lock furniture || ~, buxter *m* (four céram) / buckstay, buckstave || ~ (pap) / reinforcement board || ~ (câble) / armour[ing] || ~ d'**acier doux** voir armature classique || ~ en **acier rond** (bâtim) / rod reinforcement || ~ d'un **aimant** / armature of a magnet || ~ en **anneau** (électr) / ring [wound] armature || ~ par **anneaux** / ring-shaped armouring || ~ à **bande d'acier** / steel tape armouring || **~s** *f pl* pour **chaudières à vapeur** / steam boiler fittings *pl* || ~ *f* de **cintre** / center scaffolding o. cradling || ~ **cintrée de toiture** (ch.de fer) / roof arch, roof stick || ~ de **cisaillement** (bâtim) / bent-up bars || ~ **classique** (bâtim) / conventional o. non-prestressed o. untensioned o. mild-steel reinforcement || ~ du **condensateur** / foil o. armament of the capacitor || ~ de **console** (béton) / cantilever reinforcement || ~ à **court-circuit** (électr) / short circuit armature o. rotor || ~ **crénelée** / twisted type deformed concrete steel || ~ **cristalline** (géol) / skeleton crystal || ~ **croisée** (bâtim) / mattress || ~ à **deux poinçons** (charp) / queen [post] truss || ~ **diagonale** (bâtim) / diagonal reinforcement || ~ de **dock** (nav) / dock structure || ~ **double** (aimant) / double armature || ~ d'**éclairage** / lighting gear o. fixture o. fitting, fixture, lamp || ~ en **étrier** (béton) / stirrup || ~ en **feuillard** / steel tape armouring || ~ **feuilletée** (électr) / laminated armature || ~ à **fils métalliques plats** (câble) / flat-wire sheathing || ~ **hublot étanche** / watertight side scuttle fitting || ~ **lâche** voir armature classique || ~ **lamellée** (électr) / laminated armature || ~ de **linteau** (bâtim) / reinforcement of the girder lintel || ~ **magnétique** (haut-parleur) / magnetic armature || ~ **[métallique] de piliers** / reinforcement of piles || ~ **non tendue** voir armature classique || ~ de **noyau** (fonderie) / core barrel o. grid || ~ à **pôles saillants** (électr) / salient pole armature || ~ de **précontrainte** (bâtim) / prestressing steel armature || ~ **relevée** (bâtim) / bent-up bars || ~ **secondaire en treillis diagonal** / mesh-type stirrup || ~ à un **seul poinçon**, armature *f* simple (charp) / simple truss, kingpost truss || ~ du **tent** / tent pegs and poles *pl* || ~ de **tête du mât de charge** (nav) / derrick-head fitting || ~ de **traction** (bâtim) / tensile reinforcement || ~ par **treillis soudé** (bâtim, routes) / mesh reinforcement || ~ de **verrière** / small iron work
arme *f* / weapon, arm || **~s** *f pl* **ABC** / ABC weapons *pl* || **~s** *f pl* **anti-sous-marines** / antisubmarine weapons *pl*, ASW || ~ *f* **automatique** / automatic weapon [o. gun o. rifle o. pistol], automatic || ~ **automatique à emprunt de gaz** (mil) / gas operated rifle || ~ **automatique fonctionnant par recul** / recoil-operated gun || **~s** *f pl* **biologiques** / biological weapons *pl* || **~s** *f pl* **C.B.R.** / CBR weapons *pl* (= chemical, biological, radioactive) || ~ *f* **défensive** / defensive weapon || ~ à **feu** / fire arm || ~ **individuelle** / light weapon || **~s** *f pl* **nucléaires** / atomic o. nuclear weapons *pl* || ~ *f* de **poing** / small-arm || ~ **portative** / light weapon
armé / sheathed || ~ (bâtim) / reinforced || ~ (p.e. aux fibres de verre) (plast) / reinforced (e.g. by glass fibers) || ~ de **cuirasse** / armour-plated o. -cased, armoured, steel-clad || ~ à **feuillard** / band-armoured || ~ aux **fibres de verre** / glass fiber reinforced
armement *m* / armament || ~ (relais) / pick-up || ~ (nav) / gear, tackle || **à ~ retardé ou temporisé** / time-delay... || ~ des **nappes de filet** (pêche) / hanging of fishing nets || ~ d'un **navire** / fitting-out a vessel || ~ de l'**obturateur** (phot) / setting the shutter || **~s** *m pl* du **puits** (mining) / pit lining || ~ *m* **rapide par levier** (phot) / lever wind || ~ de **voûte** (bâtim) / center [scaffolding], cent[e]ring, cradling
armer / arm *v*, fortify || ~ (serr, charp) / truss *v*, strengthen || ~ [de] / furnish [with], provide [with] || ~ (nav) / fit out || ~ (arme à feu) / cock || ~ (obus) / activate, arm, fuse || ~, retirer le cran darrêt (mil) / take off safety || ~ le **béton** (bâtim) / reinforce concrete, armo[u]r *vt* || ~ un **câble** / sheathe, armo[u]r *vt* || ~ d'une **cuirasse** / armo[u]r *vt*, [armour-]plate
armeuse *f* de **câbles** / armo[u]ring machine
armoire *f* (techn) / cupboard, cabinet, box || ~ en **acier** / steel locker || ~ d'**appareils** / shelf of apparatus || ~ d'**appels** / calling concentrator || ~ pour **archives ou de classement** / file cabinet || ~ à **câbles** / cable cabinet || ~ **climatique ou de climatisation** / climatic [test] cabinet || ~ de **commande** (m.outils, conteneurs) / control box || ~ de

commande ou de distribution (électr) / switch cupboard o. cabinet, control box || ~ de **conditionnement d'air en locaux** / air conditioning room unit || ~ de **distribution de câbles** / cable terminal cubicle || ~ de **distribution pour des chantiers** (électr) / building site main cabinet || ~ **électrique ou d'énergie** / switch cupboard o. cabinet, control box || ~ d'**essai** / test console || ~ pour des **essais climatiques** / climatic [test] cabinet || ~**-fichier** *m* / filing box o. cabinet || ~ *f* **frigorifique** / cold chamber || ~ **frigorifique [commerciale]** / commercial refrigerator || ~ d'**instruments** / locker for instruments || ~ de **Martens** / Martens cabinet || ~ **métallique à rouleaux pour les outils** / all-steel roll cabinet || ~ à **outils** / tool cabinet o. cupboard || ~ à **plaques embrochables** (électron) / rack || ~ **plombée** (nucl) / lead cubicle || ~ de **redresseur** / rectifier cubicle || ~ à **relais** / relay bay o. box o. frame o. rack || ~ à **rideau** / shutter cabinet || ~ **séchoir** / drying chamber o. closet o. cupboard o. oven, compartment drier, hot-air cabinet || ~**-vestiaire** *f* / wardrobe, locker (US)

armure *f* (câble) / arm[o]ur[ing], sheathing || ~ (tiss) / [kind of] weave, texture || ~, encordage *m* (tex) / harness tie || ~ (tissu) / armure (a kind of textile fabric) || ~ en **acier** (bâtim) / steel reinforcement, armo[u]ring || ~ de **base** voir armure fondamentale || ~ **bouclée** / terry [towel] weave || ~ du **câble [en fil]** / wire armouring of a cable || ~ **cachemire** / cashmere weave || ~ **cannelée en chaîne** / warp rib weave || ~ **chaîne** / chain weave || ~ **classique** voir armure fondamentale || ~ de **croisé à angle aigu** / whipcord weave || ~ **croisée** / twilled weave || ~ de **damas** / damask weave || ~ **diagonale** / diagonal weave || ~ **double-lisse** / tricot weave || ~ **fausse gaze** / mock leno weave || ~ en **feuillard d'acier** (câble) / metal-armo[u]ring, hoop-steel armo[u]ring || ~ **fondamentale**, armure *f* de base (tex) / ground o. standard o. plain weave || ~ de **gaze** (tex) / leno o. doup[e] weave || ~ **grain d'orge** / huckaback weave || ~**-granité** *f* / granite weave || ~ **lisse** / plain o. tabby weave || ~ à **mailles retournées** (tricot) / left/left construction || ~ **nattée** / hopsack o. Celtic o. matt weave, basket weave || ~ **ombrée** / shadow weave, ombré weave || ~**s** *f pl* **ombrées** / shaded weaves *pl* || ~ *f* **Panama** / hopsack o. Celtic o. matt weave, basket weave || ~ du **perçage** / peg plan || ~ **pointillée** / polka dot || ~ **reps** / rib weave || ~ **reps lisse** (tiss) / plain rep weave || ~ **satin** / satin weave || ~ **sergée**, sergé *m* / twill weave || ~ **taffetas ou unie**, armure-toile *f* / linen o. plain weave, basket weave || ~ pour **tissu éponge** / terry [towel] weave

armurerie *f* / arms factory

A.R.N. *m* / ribonucleic acid, RNA || ≗ **messager** (chimie) / messenger RNA || ≗ **ribosomique** / ribosomal RNA || ≗ de **transfert** / transfer ribonucleic acid, tRNA

arnotto *m* (teint) / annatto, methyl yellow

arobas *m* (ord, typo) / at-sign, 22ERNST

arolle *m*, Pinus cembra / Swiss stone pine, arolla pine, cembran pine, Siberian yellow pine

aromate *m* / flavo[u]r || ~ **artificiel pour denrées** / food flavouring, condiment || ~**s** *m pl* d'**Huckel** / Hückel aromatic substances *pl*

aromatique / aromatic

aromatiser / aromatize

arôme *m* / flavo[u]r, aroma

arondisseur *m* (typo) / warper, rounder

arpent *m* (Québec) / surface measure of 36800 squ.ft., length measure of 191835 ft.

arpentage *m* / practical geodesy, land survey, surveying || ~ **aérien en bandes** / aerial strip survey || ~ **itinéraire** / itinerary survey || ~ de **mine** (activité) / underground o. mine survey || ~ des **mines** (science) / underground surveying, mine surveying || ~ **parcellaire** / survey of lots || ~ en **polygones** / traverse [survey], traversing || ~ **souterrain** / underground survey, mine survey

arpenter / survey *v*

arpenteur *m* / geometer, geometrician, [land] surveyor, measurer || ~**s** *m pl* / surveyor's gang, surveying gang

arqué / arc-shaped

arrachage *m* (pap) / picking || ~ des **betteraves** / beet pulling || ~ **étalé de pommes de terre** / broadcast potato digging || ~ du **lin** / pulling of flax || ~ des **pommes de terre** / potato digging

arraché *m* (film) / whip pan

arrache-carotte *m* (pétrole) / core catcher || ~**-carotte** *f* (plast) / sprue lock || ~**-clavette** *m* / key pulling device || ~**-clous** *m* / nail catcher, nail claw || ~**-disques** *m* / wheel puller o. withdrawer, withdrawing screw || ~**-étais** *m* (mines) / timber withdrawal device || ~**-fanes** *m* (agr) / stripper || ~**-fanes** *m* de **pommes de terre** / potato haulm picker || ~**-goupille** *m* / cotter pin o. split-pin extractors o. pliers || ~**-pied** *m* / dowel puller

arrachement *m* (pneu) / chunking || ~ **lamellaire** (défaut) (lam) / lamination (defect) || ~ de **mur** / dentelation, toothing of walls

arrache-moyeux *m* voir arrache-disques || ~**-pignon** *m* / pinion extractor || ~**-portes** *m* (sidér) / door removing device

arracher / tweek out, twitch, tear out o. up o. away || ~ (pommes de terre) / lift, dig o. take up (potatoes) || ~ les **clous** / draw out nails, extract o. pull out nails || ~ [en **déchirant]** / tear off, pull off, rip off || ~ les **étais** (mines) / draw timbers || ~ [en **extirpant]** / draw out, pull out || ~ le **filetage** / strip threads || ~ [de **force]** / break loose || ~ en **pinçant** / nip off, pinch off

arrache-racines *m* (bâtim) / rooter || ~**-roues** *m* voir arrache-disques || ~**-roulement** *m* / ball bearing extractor || ~**-sonde** *m* (mines) / sound catch || ~**-tube** *m* (mines) / pipe dog, casing dog o. spear || ~**-tuyaux** *m* (mines) / pipe-catch

arracheur *m* / stripper, stripping device || ~ d'**emboutis** (découpage) / ejector, knockout || ~ d'**étais** (mines) / prop drawer

arracheuse-aligneuse *f* des **betteraves** / beet lifter and windrower || ~**-aligneuse** *f* à **grille transversale** (agr) / dwars shaker digger || ~**-aligneuse** *f* à **grilles oscillantes** (agr) / shaker digger || ~**-aligneuse** *f* **oscillante** / potato delivery shaken sieve digger || ~ de **betteraves** / beet lifter || ~**-chargeuse** *f* (agr) / pick-up loader || ~**-chargeuse** *f* de **betteraves** / sugar-beet harvester || ~**-chargeuse** *f* avec **élévateur latéral** / complete beet harvester, side delivery || ~**-chargeuse** *f* de **pommes de terre** / potato harvester || ~ à **crible convoyeur à chaînes** (agr) / potato elevator on tracks || ~ à **crible convoyeur à roues** (agr) / potato elevator on wheels || ~**-décolleteuse-chargeuse** *f* de **betteraves** (agr) / complete beet harvester || ~ à **fourches dirigées** (agr) / fork-type [potato] spinner o. potato digger || ~**-groupeuse** *f* / windrowing beet lifter and collector || ~ de **pommes de terre** / potato lifter o. digger || ~ de **pommes de terre à fourches** / fork type potato digger || ~ de **pommes de terre à grilles oscillantes** / potato shaking sieve digger || ~ de **pommes de terre à soleil** / spinner

type potato digger, potato spinner || ~-**ramasseuse** *f* (betteraves) (agr) / beet lifter and collector || ~ à **turbine** / potato spinner
arrache-vis *m* / screw extractor
arramer / tender *vt*, stretch *vt*
arrangement *m* / arrangement, disposition, scheme, ordering || ~, accord *m* / understanding, agreement || **action de prendre un** ~ / measure, proceeding[s] || ~ des **atomes dans les cristaux** (crist) / arrangement of the crystals in lattices, packing of particles || ~ **atomique dans l'espace** (nucl) / diffraction pattern || ~ **«eagle»** (opt) / eagle arrangement || ~ des **feuilles de normes** / arrangement of standard sheets || ~ des **fils** (composants électron) / lead dress, wiring arrangement || ~ des **jonctions** (télécom) / grouping of junction lines, bunch of trunks || ~ de **leviers** / lever arrangement || ~ des **machines-outils par groupes** (ordonn) / group order || ~ de la **structure** (crist) / structural arrangement || ~ **typographique** / typographic arrangement
arranger / arrange || ~ de **nouveau** / rearrange || ~ dans un **ordre organique** / organize || ~ les **pages** (typo) / lay pages || ~ en **sandwich** / sandwich
arrangeur *m* des **appels** (télécom) / allotter, consecution controller
arrêt *m* (acte) / stopping, halt || ~, fermeture *f* / closing, locking || ~ (mines) / kep, fang || ~ (ord) / outage || ~ (ordonn) / shutdown (US), closure || ~ (techn) / stop motion device, stopper || ~, boulon *m* de butée / trip dog, detent, stop pin || ~ (horloge) / ratchet || ~, déclic *m* / trigger || ~ (tuyau) / obstruction, choking || ~, suspension *f* (techn) / rest, stop, interruption || ~ (interrupteur) / off-position || ~, pause *f* / pause, break (US) || ~ (au cours d'un voyage) / interruption, check, stop-over || ~ (p.e. arrosage) (NC) / off || ~ **- marche** (électr) / off - on || **sans** ~ **intermédiaire** (ch.de fer) / non-stop || ~ **accidentel de la circulation** / traffic breakdown o. block o. interruption || ~ **accidentel de la production** / production pitfall || ~ d'**alimentation de documents** (ord) / disengage instruction || ~ d'**autobus** / bus stop || ~ **automatique** / automatic [inter]lock, selflocking device || ~ **[automatique] de trains** (ch.de fer) / automatic train stop, train control, automatic warning system, AWS || ~ dans le **bain** (brasage) / stationary dwell time || ~-**barrage** *m* à **poussières stériles** (mines) / barrier, hanging shelf || ~ du **battant** (tiss) / dwell of the slay || ~ du **bloc** (ord) / abort || ~ de **bloc terminus** (ch.de fer) / block control effected mechanically || ~ de **block origine** (ch.de fer) / mechanical device locking the lever of the entry signal to a section || ~ de **braquage** (auto) / steering stop || ~ **brusque** (techn) / deadlock, full stop || ~ de la **chaîne** (ordonn) / line stoppage || ~ **champignon d'axe de piston** / mushroom type retainer || ~ *f* de **chassis** / cockspur fastener || ~ *m* de **cheminement** (ch.de fer) / [rail] anchor o. clamp, rail anchoring device, anticreeper || ~ de **course** / stroke o. travel limiter || ~ à **cran[s]** / catch || ~ à **demi-tour** / two stop clutch || ~ **devant la cage** (mines) / pit barrier for tubs || ~ de **distancement** (ch.de fer) / stop to maintain block distance || ~ du **doigt** (télécom) / finger stop || ~ de **doubles feuilles** (typo) / double sheet interlock, double feed stop || ~ **dynamique** (ord) / breakpoint halt o. instruction, dynamic stop (GB) || ~ de l'**encrage d'une page** (typo) / page cut-off || ~ par **équisement** (ELF) (espace) / burn-out, all-burnt (GB) || ~ d'**espacement** (ch.de fer) / stop to maintain block distance || ~ d'**étincelage** (meule) / spark-out || ~ d'**extraction** (mines) / drawing stop || ~ de **fabrication** / production stop || ~ **facultatif** / optional stop || ~ **fixe** / compulsory stop || ~ **fixe** (essuie-glace) / parking position || ~ du **fourneau** (sidér) / furnace shutdown || ~ de **gâchette** (serr) / staple, tumbler, follower || ~ sur l'**image** (film) / freeze-effect || ~ **imprévu** (ord) / hang-up (coll) || ~ **instantané** (b.magnét) / instantaneous o. high-speed o. temporary stop || ~ **instantané** (techn) / dwell || ~ **interdit** (auto) / prohibition of stopping, "no stopping" || ~ **intermédiaire** (ch.de fer) / intermediate station o. stop || ~ de **jeu de block d'autorisation** (Suisse) (ch.de fer) / device for effecting manual block || ~ de **marche** / breakdown, failure, interruption || ~ par **mentonnet et butée** / catch stop || ~ **mobile** (ch.de fer) / movable scotch block || ~ **momentané d'excentricité** / dwell of the cam || ~ **momentané de mouvement** / dwell || ~ **obligatoire** (ch.de fer) / compulsory stop || ~ de la **poignée** / handle latch || ~ de **poussée** (ELF) (fusée) / burn-out, all-burnt (GB) || ~ de **poussée par commande** (ELF) / [propellant] cutoff, thrust cutoff || ~ **précis** (m outils) / accurate stop || ~ de **production** / production stop || ~ **rapide** / quick stop, instantaneous stop || ~ de **rotation de broche** (NC) / spindle stop || ~ à **serrage** / ratchet brake || ~ de **service** / breakdown, failure, interruption || ~ de **sûreté** (découp) / safety stop || ~ de **tabulation** (m.à écrire) / tabular insert || ~ de **tabulation** / tabulator stops *pl* || ~ du **trafic** / traffic breakdown o. block o. congestion o. interruption o. jam (US) || ~ du **tramway** / tramway stop || ~ d'**urgence** (réacteur) / scram, emergency shutdown || ~ d'**urgence** (gén) / emergency stop || ~ d'**urgence par constante de temps insuffisante** / fast reactor period protection || ~ de **vanne** / valve guard || ~ de **vis** / screw retention, screw locking [device]
arrêtage *m* / lock, catch, locking o. fixing device
arrêté, être ~ / stall, get stuck || **être** ~ **au pilote** (découp) / pilot
arrête-éclats *m* / splinter catch[er]
arrête-nœuds *m* (pap) / branch catcher
arrête-porte *m* / doorstop
arrêter *vt* / cut out, shut down, lay up, stop || ~, mettre obstacle [à] / stop, check || ~, attraper / catch || ~, bloquer / lock, block || ~ (radio) / tune out || ~ (réacteur) / shut down || ~ (haut fourneau) / bank the furnace || ~ (p.e.vis) / secure, lock || ~ (s') / stand, stop, come to a stop o. standstill || ~ (s'), s'enfoncer / stall, get stuck || ~ (s') (montre) / run down || ~ (s') (auto) / pull up o. in || **faire** ~ / arrest, stop, check, halt || **faire** ~ **la voiture à la porte** / drive up || **s'**~ [à] / level out [at] || **s'**~ [de] / cease, discontinue || **s'**~ **pile** / stop outright || ~ d'un **coup de poinçon** (p.e. vis) / stake (e.g. screw) || ~ par une **digue** / dam up || ~ le **feu** / check || ~ le **groupe-alternateur** (électr) / stop a turboset || ~ **momentanément** (techn) / dwell || ~ un **plan** (gén) / plan || ~ la **vapeur** / cut off o. shut off the steam || ~ le **vent** (sidér) / shut off o. disconnect the blast
arrête-verge *m* (techn) / collar, shoulder
arrière / on the backside, in the rear || **[en]** ~ / backward || ~ (travail) / backlog || ~ (aéro, auto) / tail || **à l'**~ (nav) / aft, astern || **de ou à l'**~ / back[ward] || **en** ~ **!** (nav) / backward[s]!, turn astern! || **en** ~ [de] / after || ~-**bec** *m* (pont) / back o. tail starling || ~-**bief** *m* (hydr) / headbay || ~ **carré ou à plateau** (nav) / square tuck || ~-**corps** *m* (bâtim) / back wing || ~-**cour** *f* (bâtim) / back yard o. court, base court || ~ *m* de **croiseur** (nav) / cruiser stern || ~-**incandescence** *f* (allumettes, lampe) / after-glow ||

~-**pays** *m* / up-country || ~-**plan** *m* / background || ~-**pont** *m* (nav) / after-ship, after-body || ~ **profilé** (auto) / fastback || ~-**radier** *m* (barrage) / foot of fall || ~-**taille** *f* (mines) / abandoned workings *pl*, old *pl* [filled up] work[ing]s, gob, goaf || ~-**train** *m* (voiture) / hind carriage || ~-**voussure** *f* d'une **fenêtre** / arch behind a window
arrimage *m* (nav) / stowage || ~ de **charge utile** (espace) / stowage of useful load
arrimer (nav) / stevedore
arrimeur *m* (nav) / trimmer, stevedore || ~ de **charge** (mines) / clipper, hanger-on
arrivant / incoming
arrivée *f* / entry, entering || ~ (ch.de fer) / arrival || ~ (électr) / leading-in || ~ (stock) / amount increased, arrival || **d'**~ (télécom) / incoming || ~ d'**air** / air admission o. access || ~ de **courant** / current supply o. feed || ~ d'**eau** / water intake o. feed, inflow, influx || ~ du **gaz** / gas supply || ~ du **jus** / juice draw-in || ~**s** *f pl* de **marchandises** / arrivals *pl* || ~ *f* de **météorites** (espace) / meteorite influx
arriver (ch.de fer) / draw-in, arrive || ~ [à] / bring about || ~ (aéro) / land || ~ (ship) / sail in || ~ à un **but** / achieve an end || ~ à **fonctionner** / start running
arrondi *adj* / rounded || ~ *m*, arrondissage *m* / rounding || ~ / quarter circle || ~ (aéro) / flaring out, flattening out || ~ des **bords ou des rives** / edge rounding || ~ *adj* en **dos d'âne** (routes) / barrelled || ~ [à l'**unité supérieure ou inférieure]** (math) / rounded [to the next unit], half-adjusted, half-corrected
arrondir / round, make round, round off o. out || ~ (ELF) (aéro) / flare [out], flatten out || ~ au **chiffre supérieur, [inférieur]** / round up, [down] || ~ par **défaut** / round down || ~ à un **dixième, [centième] près** / round to one decimal place, [to two decimal places] || ~ les **entrées des dents** (techn) / round off the teeth || ~ par **excès** / round up || ~ au **plus prés** (math) / round off || ~ à une **unité près** / round to one unit
arrondissage *m* / curve, curvature || ~ (engrenage) / rounding [off] || ~ (modèle de fonte) / hollow
arrondissement *m* (gén, math) / rounding off || ~ à l'**atterissage** (aéro) / flattening out, flaring
arrondisseur *m* **hélicoïdal** (horloge) / rounding-up tool
arrosage *m* / sprinkling, spraying, sparging || ~ (hydr) / irrigation || ~ (agr) / application by rain gun, irrigation by gun || ~ de **champs** / field irrigation || ~ **contre le gel** / frost protection irrigation || ~ **fort** (agr) / heavy precipitation || ~ par **huile** / oil humidifying || ~ **léger** (agr) / low precipitation [rate] (1/4 "/h) || ~ **moyen** (agr) / medium precipitation rate || ~ sous **pression** (sidér) / pressure spray process || ~ des **sillons** / furrow irrigation
arroser (agric) / water *v* || ~, humecter / moisten, humidify, wet, damp[en] || ~, asperger / spray, syringe, squirt, splash || ~ d'**huile** (jute) / batch || ~ [par **tourniquet]** (agr) / sprinkle, spray
arroseur *m* / sprinkler, sprinkling apparatus || ~-**asperseur** *m* à **lisier** (agr) / liquid manure rain gun || ~ **circulaire** / rotary o. rotating sprinkler o. sprayer || ~ à **jet propulseur** (agr) / turbine sprinkler, Pelton wheel sprinkler || ~ à **levier agitant** (agr) / swing-arm sprinkler || ~ **oscillant** / swivel sprinkler || ~ **rotatif** (agr) / turning sprinkler || ~ **rotatif à grand débit** / high-capacity turning sprinkler || ~ à **secteur** (agr) / sector sprinkler || ~ **tournant à jets d'eau** / rain gun
arroseuse *f* **[automobile] de voierie** / sprinkler, street flusher truck (US) || ~-**baladeuse** *f* (routes) / wet-pickup vacuum cleaner || ~-**balayeuse** *f* / mechanical street sweeper || ~ à **poussière de liquide** / liquid spray diffuser
arrosoir *m* / rose head, shower o. spray head || ~ (forge) / sprinkle || ~ **rotatif** (agr) / rotary o. revolving sprinkler o. sprayer
arrow-root *m* / arrowroot
arséniate *m* / arsenate (V) || ~ **cobalteux** / erythrine, cobalt(III) arsenate || ~ de **cuivre** (insecticide) / copper arsenate || ~ de **nickel** / nickel arsen[i]ate o. ochre, annabergite || ~ de **plomb** / lead arsen[i]ate
arsenic *m* / arsenic || ~ **blanc** / arsenic trioxide, arsenous oxide, white arsenic || ~ **natif ou naturel ou testacé** / native arsenic
arsenical, arsénié / arseniferous, arsenical
arsénieux / arsen[i]ous
arsénite *m* (min) / arsen[ol]ite, arsenic bloom || ~ (chem) / arsenate III, (formerly:) arsenite || ~ de **cuivre** (chimie) / copper arsenite || ~ **cuivrique** / cupric arsenite
arséniure *m* / arsenide || ~ *f* de **cobalt** / arseniuret of cobalt, cobalt regulus || ~ de **cobalt** (de Skutterud) (min) / cobalt arsenide (from Skutterud) || ~ *m* de **gallium** / gallium arsenide, GaAs
arsénopyrite *f* (min) / arsenical iron [pyrites], arsenopyrite
arsin (bois) / destroyed by fire
arsine *f* / arseniuretted hydrogen, arsine
art *m*, faculté, adresse *f* / art[ifice], skill, kraft || ~ **appliqué** / applied o. industrial art || ~ **céramique** / ceramic art, fictile art, pottery || ~ du **cinéma** / cinema, cinematic techniques *pl* || ~ de la **construction** / art of building, architecture || ~ **décoratif** / applied o. industrial art || ~ *f* **dentaire** / dentistry || ~ *m* d'**essayer** / assaying, docimasy, dokimasy || ~ **et technique de l'éclairage** / lighting || ~ *f* d'**imprimerie** / printing, art of printing || ~ *m* **industriel** / applied o. industrial art || ~ des **mines** / science of mining || ~ **nautique** / navigation, nautics *pl* || ~ **ornemental** / ornamental art, decorating art || ~ **plastique** / plastic art || ~ du **potier** voir art céramique || ~ de **tisser** / textile art || ~ **typographique** / printing, art of printing
artère *f* (ch.de fer) / trunk [line], principal road o. railway || ~ (routes) / traffic artery || ~ de **distribution** (électr) / main distribution cable || ~ à **gaz** / gas main || ~ de **grand roulage** (mines) / [main] gangway, main haulage entry (US) o. road (GB) || ~ à **gros trafic** (ch.de fer) / heavy traffic route || ~ **périphérique** (routes) / tangential trunk road || ~ **principale**, grande artère / main arteria || ~ **radiale** (ch.de fer) / radial arteria o. route || ~ de **trafic rapide** / speedway
article *m*, marchandise *f* / merchandise || ~, sujet *m* / article, item || ~, traité *m* / paper, article || ~ (ord) / frame || ~ (dictionnaire) / article o. entry o. item of a glossary || **par** ~**s** / itemized || ~ **acheté** / procured commodity o. part || ~**s** *m pl* d'**acier** / steel goods *pl*, hardware || ~**s** *m pl* **artistiques en fonte** / art[istic] castings *pl*, artistic cast goods *pl* || ~**s** *m pl* en **caoutchouc** / rubber articles o. goods *pl* || ~**s** *m pl* **chaîne** (tiss) / warp fabric, warp knit[ted] fabric || ~**s** *m pl* **chaussants** / footwear || ~**s** *m pl* **chimiques** / chemicals *pl* || ~**s** *m pl* de **commerce ou de vente** / commodity goods [o. wares], [daily] commodities, consumer products *pl* || ~ *m* [de **compte]** / entry, item || ~ de **consommation** / article of consumption, daily commodity || ~**s** *m pl* de **consommation** / supplies, requisites *pl* || ~**s** *m pl* de **corseterie** (tex) / foundation garments *pl*, foundations *pl* || ~ *m* en **côte perlée** / royal rib

fabric || ~s *m pl* à **côtes** (tex) / rib fabric || ~s *m pl* **creux** / hollow ware || ~ *m* en **débordement** (ord) / overflow record, non-home record || ~s *m pl* **découpés** (tricot) / cut-up goods *pl* || ~ *m* de **double conversion** (tiss) / two-tone conversion style || ~ du **fichier permanent** (ord) / master record || ~s *m pl* en **fil métallique** / wire goods *pl* || ~s *m pl* en **fils frisés** (tex) / stretch fabrics o. goods *pl* || ~s *m pl* de **fonte** / cast iron ware, cast work, castings *pl* || ~ *m* **gratté** (tex) / raised fabric o. style || ~ **imprimé en colorant direct** (tex) / print-on style || ~ à **jeter** / disposable [matter] || ~s *m pl* en **jonc** / furniture made of cane || ~ *m* **lainé** (tex) / raised fabric o. style || ~ de **longueur fausse** (ord) / wrong length record || ~ de **longueur fixe** (ord) / fixed-length record || ~ de **longueur variable** (ord) / variable length record || ~s *m pl* à **maille jersey** (tricot) / plain jersey || ~s *m pl* à **mailles cueillis** / weft knit[ted] fabric, filling knit fabric || ~ *m* **Malimo** (tex) / Malimo fabrics *pl* || ~ de **marque** / brand[ed] o. trade-marked o. name article, proprietary o. proprietor article || ~s *m pl* en **métal** / metal goods o. articles *pl* || ~s *m pl* du **métier circulaire** (tex) / circular loom fabric o. goods, tubular [knitted] goods || ~ *m* **mi-laine** (tiss) / union fabric || ~s *m pl* de **mode** / fancy goods *pl* || ~s *m pl* **moulés** (caoutchouc) / moulded goods *pl* || ~s *m pl* de **papeterie** / stationery || ~s *m pl* en **papier** / paper goods *pl* || ~ *m* **réserve sous noir Prud'homme** (tex) / Prud'homme style || ~s *m pl* de **sellerie** / saddlery || ~ *m* de **série** / mass produced article, bulk article || ~s *m pl* en **silice** / silicon o. silica goods *pl* || ~ *m* **sportif ou de sport** / sporting good || ~s *m pl* **stretch** (tex) / stretch fabrics o. goods *pl* || ~s *m pl* **textiles en pièce** (tex) / piece goods *pl* || ~ *m* en **tissu dévoré** (tex) / burnt-out o. etched-out article, cauterized article || ~s *m pl* de **tricotage en chaîne** / warp-knit[ted] fabric, warp fabric || ~s *m pl* **utilitaires** / commodity goods [o. wares], [daily] commodities *pl* || ~s *m pl* en **velours** / velveting, pile fabric

articulation *f* / link, joint || ~ (méc) / slewability, slewing capacity || ~ (télécom) / articulation, intelligibility || ~ à **bascule** / cradle type joint || ~ à **boutonnières** (pince) / slip joint || ~ sur **caoutchouc** / rubber cushioned spring hanger || ~ à **charnière** / hinge || ~ de **commande** (auto) / universal joint || ~ **cylindrique** (cinématique) / revolute joint, R || ~ **démultipliée** (pince) / toggle joint || ~ **démultipliée** / toggle joint || ~ **élastique** / resilient joint, flexible joint || ~ de la **flèche** (pelle mécan.) / foot pins *pl* || ~ de **genouillère** / toggle joint || ~ de **Gerber** (constr.en acier) / Gerber joint || ~ à **glissière** (pince) / slip joint || ~ **idéale** (télécom) / ideal articulation || ~ aux **naissances** (pont) / abutment hinge || ~ de la **pale** (aéro) / rotor hinge || ~ **parallèle** (pince) / parallel action joint || ~ à **pendule** (pont) / pendulum joint || ~ de **pied d'une colonne** / ball-and-socket footing || ~ à **pivot** (pont) / pivot joint || ~ **plane** / prop o. rule joint || ~ [du **renvoi de direction**] (auto) / steering joint || ~ **rotoïde** (cinématique) / revolute joint, R || ~ à **rotule** / spherical plain bearing || ~ à **rotule de poussée** (auto) / thrust ball and socket || ~ à **roulement** / rolling contact joint || ~ à **simple ou double section** / single-shear o. two-shear joint || ~ au **sommet** / crown hinge || ~ **sphérique** (techn) / ball-and-socket joint, globe o. socket joint || ~ d'une **structure** (géol) / structuring of a structure || ~ **suspendue** / suspension hinge || ~ **torsionale en caoutchouc** / torsional rubber mount || ~ à **tourillon** (constr.en acier) / pin joint || ~ **tournante** / turning knuckle || ~ du **trépied** / tripod knuckle screw || ~ de **tube** / tube joint

articulé, pivotant / swing-out, swinging out || ~, flexible / jointed, articulated || ~ (gén, aéro) / hinged, tilting || ~ (tracteur) / articulated

articuler / joint *vt*, articulate, hinge *vt*, link *vt* || ~ [par des **charnières**] / couple *vt*, link *vt*

artifice *m* / artifice, trick, contrivance

artificiel / artificial, manufactured, man-made || ~ (électr, télécom) / dummy, artificial

artificier *m* / blaster, (mines:) shot-firer

artillerie *f* **antiaérienne ou D.C.A.** / anti-aircraft artillery, A.A.A.

artisan *m* / craftsman, artisan || ~**-commerçant** *m* / craftman's establishment || ~**-constructeur** *m* / building tradesman

artisanal / manual, mechanical

artisanat *m* [d'art] / handicraft || ~ (ensemble des artisans) / trade

artison *m* / wood worm, powder post

artistique, artiste / artistic

artoison *m* voir artison

arylamine *f* / aryl amine

arylation *f* / arylation

aryle *m* / aryl

aryler / convert into aryle

arylurée *f* / aryl urea

asa *f* **foetida**, assa foetida, Ferula assafoetida L. / asa-fetida, assa-fetida

A.S.A. / A.S.A., American Standards Association

asb (vieux) / apostilb, asb

asbeste *m* (vieux), amiante *m* / asbestos

asbestose *f* / asbestosis

ascendance *f* (aéro) / ascending current [of air] || ~ **thermique** (aéro) / thermal [up-]current, thermal, ascending convection current

ascendant (série, math) / ascending || ~ (gén) / mounting, climbing

ascenseur *m* / lift (GB), elevator (US) || ~ de **bateaux** / ship['s] lift o. hoist || ~ à **chaîne sans fin** / paternoster [lift o. elevator], continuous lift (GB) || ~ **hydraulique** / hydraulic lift || ~ **hydraulique ou à flotteurs** (nav) / float type ship lift || ~ de **marchandises** / freight elevator o. lift, goods lift (GB) || ~ de **mines** / mining lift o. elevator || ~ de **mines** / mine hoist || ~ **mixte** / combined passenger and freight elevator || ~ **patenôtre** / paternoster [lift o. elevator], continuous lift (GB) || ~ [pour] **personnes** / passenger lift (GB) o. elevator (US) || ~ sur **plan incliné** / inclined hoist || ~ sur **plan incliné** (haut fourneau) / inclined blast furnace hoist, transverse hoist || ~ à **poulie motrice** / friction driven hoist || ~ à **tambour** / lift o. elevator with drum

ascension *f* / ascension, ascent || ~ (aéro) / climb, climbing flight || ~ **capillaire** / capillary ascension || ~ **capillaire de l'eau** (pap) / capillary rise of water || ~ **droite** (astr) / right ascension, R.A. || ~ du **rail par le boudin** (ch.de fer) / overriding of the rail

ascensionnel / ascensional

ascente ! (engin de levage) / up !

asdic *m* / sonar, A.S.D.I.C., asdic, sound navigation and ranging

ASDIC *m* (Allied Submarine Detection Investigation Committee) (mil) / ASDIC (Allied Submarine Detection Investigation Committee)

aselfique (capaciteur) / anti-induction, -inductive, noninductive

aseptique / aseptic

askarel *m* (liquide isolant) / askarel

asparaginase *f* / asparaginase

asparagine *f* / asparagine

aspe *m* (filage) / reel || ~ (soie) / silk reel || ~ à **doubler ou à mouliner** / doubler [winder] || **~-guindre** *m* / silk doubling machine || ~ d'**ourdissage** / warping spool
aspect *m* / appearance, look, aspect || ~ (ord) / aspect || ~ de l'**attaque ou de corrosion** / etch figure, corrosion aspect || ~ de l'**écriture** (gén, ord) / print image || ~ de la **flamme** / flame aspect || ~ **granulé ou granuleux** (peinture) / seediness || ~ **graveleux** (caoutchouc, plast) / pebbling || ~ **grisâtre des pigments blancs** (TV) / colour cast || ~ d'**image ou de l'image** (TV) / impression made by the picture || ~ **laineux** / wool[l]iness || ~ de **mailles** (tex) / mesh structure || ~ d'un **signal** (ch.de fer) / signal indication || ~ **structural** (sidér) / structure, texture || ~ de **surface usinée lisse** / smoothed surface || ~ **visuel d'une éprouvette** / appearance of the test piece
asperger / spray, syringe, squirt, splash
aspergeuse *f* (tex) / damping machine
aspergillus *m*, aspergille *f* / aspergillus
aspérité *f* / rough[ness] || **à ~s** (routes) / bumpy, rough
asperseur *m* en **briques** (eaux usées) / brick scrubber
aspersion *f* / sprinkling, spraying || ~ **antigel** / frost protection irrigation || ~ de **goudron** / spraying of tar
asphaltage *m* / asphalt laying
asphalte *m* (routes) / asphalt || ~ **artificiel** / artificial asphaltum, coaltar pitch o. asphalt[um] || ~ de la **Barbade** / Barbados tar || ~ pour **câbles** / cable compound || ~ **comprimé** / compressed asphalt || ~ **coulé** / mastic asphalt, melted o. poured asphalt || ~ **cru** / asphalt block, crude asphalt || ~ **damé** / compressed asphalt || ~ **fluxé** (routes) / cutback, cutback bitumen, bituminous emulsion || ~ du **lac** / lake asphalt || ~ **mastic** / mastic asphalt, melted o. poured asphalt || ~ **naturel** / natural asphalt [rock], rock asphalt || ~ en **pains** / asphalt blocks o. cakes *pl* || ~ de **pétrole** / petroleum asphalt
asphaltènes *pl* / asphaltenes *pl*
asphalter / asphalt, bituminize
asphalteur *m* / asphalt worker o. man, asphalter
asphaltier *m* (nav) / asphalt carrier
asphérique / aspheric
asphyxier (s') / asphyxiate *vi* || ~ (s') (mot) / die
aspirail *m* (mines) / air hole o. flue, vent draught o. hole, ventiduct || ~ (fonderie) / air hole
aspirant (mines) / exhausting
aspirateur *m* / exhauster, extract fan, extractor, aspirator || ~ (économie domestique) / vacuum cleaner || ~ (agr) / aspirator, grain receiving and milling separator || ~ (chimie) / aspirator bottle || **~-balai** *m* / hand vacuum cleaner || ~ de **boue d'égouts** / sewer mud exhauster || ~ **centrifuge** / centrifugal exhauster || **~-diffuseur** *m* (turb. d'eau) / draft o. draught tube || ~ des **fils cassés** (tex) / broken-end collector || ~ de **gaz** / gas exhauster || ~ **industriel** / industrial type vacuum cleaner || ~ **industriel antipollution** / vacuum cleaner for working places || ~ de **poussières** / vacuum dust extractor || ~ pour la **sciure** (bois) / sawdust collector || **~-traîneau** *m* / sled-type vacuum cleaner
aspiration *f* (mot) / induction || ~ du **combustible** (mot) / induction of fuel || ~ de la **couche limite** (aéro) / boundary layer suction || ~ des **fils de lisière** (tex) / outside sliver suction || ~ des **mèches cassées** (filage) / broken-end suction [device] || ~ **naturelle** / natural aspiration
aspirer (chaux, pétrole) / suck in || ~, évacuer / evacuate || ~ (chimie) / soak in o. up || ~ [à] / aim [at], aspire [to o. after] || ~ du **gaz** / draw-in gas
aspiro-batteur *m* / beating vacuum cleaner || **~-brosseur** *m* / brushing vacuum cleaner
assa *f* **foetida** voir asa foetida
assainir (mines) / ventilate || ~ (bâtim) / redevelop
assainissement *m* / slum clearance, redevelopment || ~, évacuation *f* des eaux usées / sewerage, sanitation, effuent disposal || ~, drainage *m* / soil draining o. drainage || ~ d'une **agglomération** / sewage removal o. disposal, sewerage || ~ d'**immeuble** / house drainage o. pipe drains *pl* || ~ des **mines** / improved ventilation || ~ de **vieux quartiers** / urban renewal || ~ de **ville** / municipal sewage removal o. disposal
assaisonner / season *vt*
assaut *m* / assault
asseau *m*, asse *f* / tiler's hammer, cooper's adze
assèchement *m* / desiccation || ~ (bâtim) / drain, drainage || ~ **préalable** / preliminary desiccation
assécher (agr) / drain || ~ des **marais** / drain swamps
assemblage *m*, collection *f* / assemblage, gathering, collection || ~ (charp) / joining, junction || ~, montage *m* (techn) / mounting || ~ (filage) / ply doubling || ~ (ord) / assembly routine || ~ (m outils) / assembling work || ~ (électr) / packing of stampings || ~ (constr.en acier) / web system || ~ d'**aciers plats en croix** / crosswise assembly of flat bar steel || ~ **affleuré** (charp) / flush joint || ~ par **agrafage** (tôle) / saddle joint, folded seam connection || ~ par **agrafage avec soyage** / flat o. flush locked seam joint (GB), grooved outside seam (US) || ~ par **agrafe sur bords relevés** (toit) / standing seam joint, elbow seam (US) || ~ par **agrafe simple** / plain lock seam joint (GB), grooved seam (US) || ~ d'**angle** (constr.en acier) / corner connection o. joint || ~ d'**angle à agrafage intérieur** / clinched-on bottom seam, joint-inside lock seam (GB), internal double corner seam (US) || ~ d'**angle agrafé** / standing end lock joint (GB), single bottom seam (US) || ~ d'**angle à double agrafage** / knocked up joint (GB), side locked seam joint (GB), corner double seam (US) || ~ d'**antiparasitage** (auto) / radioshielding assembly o. unit || ~ **articulé** / hinge joint || ~ à l'**atelier** / shop assembly || ~ de **barres** (constr.en acier) / bar joint o. connection || ~ **biais à trait de Jupiter** (constr.mét) / oblique joint || ~ en **biaisement** / mitre joint || ~ des **bois** / construction of the frame o. timber- o. lumberwork, lumberwork o. timber construction || ~ de **bois** (charp) / bond, joining, junction || ~ par **boulons H.R.** (constr.en acier) / friction grip bolted joint, high-strength friction grip o. HSFG-joint, prestressed high-strength connection || ~ par **boulons traversants** / through bolt joint || ~ **bout-à-bout** / butt-joint, flush joint, flushing || ~ par **brasage emboîté** / taft joint || ~ à **bride de serrage** / fish joint, fishing || ~ par **brides boulonnées** (techn) / flange joint || ~ **carré** (bois) / edge joint || ~ à la **chaîne** / progressive assembly, [conveyor] line assembly || ~ à **charnière** / swivel, hinge fitting || ~ par **chevilles** / dowelled joint || ~ à **clavette** / gib and cotter || ~ par **clavette en coin** / cotter joint || ~ par **coin de serrage** (men) / wedge action connector || ~ **collé** / glued joint || ~ **collé de bout** / glued butt joint || ~ **combustible** (nucl) / fuel assembly || ~ **conditionnel** (ord) / conditional assembly || ~ des **conducteurs** (électr) / core assembly || ~ **conique rodé** (verre) / standard ground joint, conical ground joint || ~ à **contre-clavette** (charp) / foxtail wedging || ~ sur **cornières** (constr.en acier) / L-bar connection || ~ à **couvre-joint** (soudage) / strapped joint || ~ par **couvre-joint** (constr.en acier) / fish joint, fishing || ~ à **couvre-joint agrafé** / keyed lock seam joint (GB),

cap strip seam (US) || ~ **crampon** (charp) / spike grid joint o. connection || ~ en **crémaillère** (charp) / tabled joint, lacing bond || ~ **critique** (nucl) / critical assembly || ~ **définitif** / final assembly || ~ à **dents ou en adent** (charp) / joggle, indenting || ~ **dents collées** (bois) / dovetail joint, [wood] finger jointing || ~ en **diagonale** / diagonal joint || ~ **disparate** / patchwork || ~ à **double agrafage sur bords relevés** / double lock cross welt || ~ en **double U** (soudage) / double-U-butt weld || ~ **droit** (charp) / square joint || ~ d'**éléments redresseurs** / rectifier stack || ~ **emboîté** (constr.mét) / sleeve joint || ~ à **emboîtement** (techn) / push-in connection || ~ par **embrèvement** (charp) / cross joint || ~ par **embrèvement** (men) / groove-and-tongue joint || ~ à **enclenchement** / snap connection || ~ à **enfourchement** (charp) / cross joint || ~ par **enfourchement avec onglet** / mitre dovetail || ~ à **entaille** (charp) / cogging, cogging, corking, caulking || ~ à **entretoises** (constr.en acier) / web system || ~ **étanche à l'eau** / water joint || ~ **exponentiel** / exponential arrangement o. assembly || ~ **extrême à mi-bois** (charp) / end cogging || ~ avec **faible torsion** (filage) / folding with low twist || ~ à **fausse coupe** (men) / diagonal joint || ~ à **fausse languette** (charp) / tongue-and-groove joint || ~ **fertile** (nucl) / breeder o. blanket subassembly || ~ à **feuillure** / rebate joint || ~ par **fil** (tex) / stitched seam || ~ à **flûte** (charp) / skew scarf || ~ par **formation d'œillets** / eyeletting, riveting, burring || ~ par **goujons** / screw-bolt-joint, -bolt-connection || ~ **H.R. ou à haute rigidité** (constr.en acier) / friction grip bolted joint, high-strength friction grip o. HSFG-joint, prestressed high-strength connection || ~ à l'**huile sous pression** / mounting by oil pressure || ~ par **jonc** (tôles) / lock beading, canaluring || ~ à **lanterne** / turnbuckle joint || ~ **longitudinal** (nav) / longitudinal structure || ~ par **lots** (ord) / batch assembly of several programs || ~ à **manchon fileté** / sleeve joint || ~ à **manchons** / bell-and-spigot-joint, sleeve o. socket joint, spigot-and-socket joint (GB) || ~ à **mi-bois** (charp) / cogging, cogging, corking, caulking || ~ à **mi-bois coupé en biseau** (charp) / scarf joining, tapered overlap || ~ à **mi-bois [par entaille]** (charp) / rebating || ~ à **mi-bois à queue d'aronde** (men) / dovetail halving || ~ à **mortaise et tenon** / tenon joint || ~ des **nappes de filet** (tex) / joining of netting || ~ aux **nœuds** (constr.en acier) / joint connection || ~ à **onglet** / mitre joint || ~ à **onglet et à enfourchement** (men) / splayed mitre joint || ~ avec **panneaux** (men) / pannelling || ~ à **pannes** / purlin joint || ~ de **pannes bout-à-bout** / purlin butt joint || ~ **parallèle** (filage) / folding, doubling || ~ à **paume** (charp) / rebating || ~ des **pièces de bois** / wooden bond, joining o. junction of wood || ~ **[à plat joint] par rainure et languette** (men) / groove and tongue, tongue-and-groove joint || ~ de **poutres** (charp) / trabeation || ~ **préalable** (filage) / two-end cheese winding || ~ avec **prétorsion** (filage) / folding with low twist || ~ à **queue d'aronde** (men) / dovetailing, dovetail joint || ~ à **queues d'arondes triangulaires** / mitre dovetail [joint] || ~ à **rainure et langette** / feather-and-tongue joint || ~ de **rallonge** (charp) / eking || ~ à **recouvrement** (bâtim) / lap joint o. seam (US) || ~ par **recouvrement avec renvoi d'un bord** (tôle) / joggle, joggled lap seam (US) || ~ **rigide** (constr.mét) / rigid joint || ~ **rigide aux moments** (constr.en acier) / moment transmitting joint || ~ **rivé** (constr.mét) / riveted joint || ~ à **rotule** / knuckle o. link joint || ~ à **sifflet** (charp) / skew scarf || ~ **soudé** / welded assembly || ~ **sous-critique** (nucl) / subcritical assembly || ~ **sphérique rodé** (chimie) / spherical ground joint || ~ **système treillis** (const.mét) / steel structural work, steel trelliswork || ~ au **tapis roulant** / progressive assembly, [conveyor] line assembly || ~ à **tenon [et mortaise] d'angle** (charp) / corner tenon [jointing] || ~ à **tenon et mortaise** (charp) / joint by mortise and tenon, tenon dowel joint || ~ à **tenon et mortaise** (men) / slit-and-tongue-joint || ~ à **tête de marteau** / hammerhead connection || ~ par **torsion** (filage) / folding [with low twist], doubling || ~ **transversal des bandes** (typo) / cross-association || ~ **transversal des files de rails** (ch.de fer) / cross-tying of rails || ~ à **tubes et ailettes** (radiateur auto) / fin and tube assembly || ~ par **vis** (constr.en acier) / screwed joint || ~ en **X** (soudage) / double V-butt weld

assemblé / assembled || ~ (filage) / multiple-wound || ~ à **rainure et languette** (men) / ploughed and tongued || ~ **sur lieu** / assembled on spot

assemblée *f* / meeting

assembler (gén) / assemble, gather, collect || ~ (techn) / assemble, put together, fit together || ~ (charp) / join the timberwork, joint bond *vt* || ~ (ord) / assemble || ~ (filage) / double, twist || ~ (fonderie) / close the mould || ~ par **agrafage** (ferblantier) / lock-seam || ~ par **agrafage** (découp) / lock-form || ~ en **biais** (charp) / bevel || ~ en **carré** (charp) / simple lap join, assemble by straight halving || ~ au **chantier la charpente d'un bâtiment** (charp) / join the timberwork on the timber yard || ~ le **châssis** (typo) / arrange the form || ~ à **enture** (charp) / graft up || ~ avec la **fausse équerre** / bevel *vt* || ~ **[la ferme]** (charp) / assemble the rafters || ~ par **goupilles** / pin [together] || ~ par **jonc** (ferblantier) / lock-bead || ~ à **mi-bois** (charp) / joint by means of a rebate o. scarf || ~ à **mitre** (men) / mitre, miter || ~ de **nouveau** / reassemble || ~ à **part** / assemble separately || ~ en **queue d'aronde** (men) / dovetail || ~ à **rainure et languette** (men) / groove-and-tongue joint || ~ les **sous-groupes** / subassemble, pre-assemble || ~ à **tenon et entaille** (charp) / cog, join by cogging || ~ à **tenon et mortaise** (charp) / mortise, mortice, tenon [and mortise] || ~ par **torsion** (filage) / fold with low twist || ~ par **torsion les fils métalliques** / cable *vt*

assembleur *m* (ord) / assembler || ~ (filage) / doubler || ~ en **cartes** / card assembler || ~ pour les **cartes perforées** / punched card assembler || ~ pour les **mémoires à disques** (ord) / disk assembler

assembleuse *f* / wire stranding machine || ~ (électr) / core stranding machine || ~ (filage) / doubling winder, multiple spooling machine || ~ (typo) / assembling machine, gathering machine, collating machine (misnomer) || ~ de **conducteurs électriques** / conductor stranding machine || ~**-retordeuse** *f* (filage) / flyer doubling machine, doubling o. folding twister

asseoir *vt* / place *vt* || ~ (aéro) / contact *vt*, touch down || ~ (bâtim) / lay o. sink the foundation, found || ~ les **ventes** (silviculture) / fix the sale of timber

asservi au **traitement** (contr.aut) / process bound

asservir / control *vt* || ~ (électron) / trigger *vt vi*

asservissement *m* / automatic control || ~, système *m* asservi / servo-system, -mechanism || ~ **continu** / continuous control || ~ **électrique** / electric interlocking system || ~ par **plus ou moins ou par + et -** / on-off control system || ~ **positif** (contr.aut) / regenerative feedback || ~ de **position ou de poursuite** / follow-up o. follower control || ~ à **variables multiples** / multivariable o. -variate

control system
asservisseur *m* / controller, control unit, control system (GB), controlling means (US)
assette *f* / tiler's hammer, cooper's adze
assez soluble / weakly soluble
assiette *f* (action) / laying out o. down || ~ (position) / stable position, seat || ~, plat *m* / plate, dish || ~ (aéro, nav) / trim || **donner l'**~ (aéro, nav) / trim || ~ à **brochettes** (filage) / skewer plate || ~ **longitudinale** (aéro) / inclination angle, elevation || ~ **poreuse** (chimie) / porous plate || ~ d'une **poutre** / beam o. joist bearing || ~ de **procédé Hager** (fibres de verre) / Hager disk || ~ de **rail** (ch.de fer) / seat of a rail || ~ de **réglage** (aéro) / rigging position || ~ de la **voie** / track bed
assignable (statistique) / assignable
assignation *f* (fréquences) / assignment o. allocation o. allotment of frequencies || ~ **libre d'acheminement** (télécom) / free routing || ~ du **travail** (ordonn) / job instruction, instruction card
assigner / allocate, assign || ~ / assign
assimilable par une **machine** (ord) / machinable
assimilation *f* / assimilation || ~ **chlorophyllienne** / photosynthesis
assimilé / assimilated
assimiler / assimilate
assis / sitting, from a sitting position, while sitting down || **être** ~ [sur] / rest
assise *f* / base plate, bed o. sole plate, foundation || ~ (talus) / footing, patten o. projection o. sally o. sole of a talus || ~ (mines) / measure, stratum, seam, bed || ~ (bâtim) / course of bricks, layer of cement || ~ **arénacée** (mines) / sand stratum, layer of sand || ~ **arquée debout** (bâtim) / upright shell || ~ de **béton** / concrete bed o. layer || ~ de **bout[isses]** (bâtim) / brick-on-end course, course of headers || ~ de **briques en palissade** (sidér) / soldier course || ~ de **briques posées de chant** (bâtim) / brick course laid on edge, brick-on-edge course, upright course, rowlock || ~ de **briques posées de plat** / course of bricks laid flatwise || ~ de la **craie** (géol) / chalk bed || ~ en **épi** (mur) / course of diagonal o. raking bricks || ~ de **feutre** / felt pad o. cushion o. mat || **~s** *f pl* de **houille** / coal bed o. seam o. stratum || ~ *f* en **panneresse** (bâtim) / stretching course || ~ de **parpaing ou en parpaigne** (bâtim) / perpend o. through course || ~ de **pierre dure ou en pierres dures** (mur) / footing of walls || ~ de **pignon** (bâtim) / barge-course of a wall || ~ **régulière** (tailleur de pierres) / block-in-course masonry, coursed work || ~ de **rouleau** / roller seating || ~ de **sable** (mines) / sand stratum, layer of sand || ~ **saillante** (bâtim) / patten, off-set, offset base || ~ de **sommiers de voûte** / skew-back, springer || ~ **subéro-phellodermique** (bot) / phellogen || ~ de **tuiles** / roof course
assistance *f* / assistance || ~ du **frein à main** / hand brake booster || ~ **hydraulique pour directions mécaniques** / steering booster || ~ **technico-commerciale** (ord) / system engineering, systems approach
assistant *m* / helper, hand || ~ de **caméra** (ciné) / focus puller || ~ **opérateur** (ciné) / cameraman || ~ de **prise du son** / sound assistant || ~ **technique** / assistant [to the] works manager, junior o. shop assistant
assisté (techn) / servo assisted || ~ (ord) / computer aided, -assisted
assister / assist
associable / designed for modular concept
associatif (ord) / associative
association *f*, groupe *m* / association, society || ~ (physiol, chimie, astr) / association || ~ en **cascade** (électr) / cascade o. concatenated connection, tandem connection || ~ **économique** / industrial association || ~ pour l'**exploitation** / operating association || ~ **maître-esclave** (électronique) / master-slave arrangement || ~ **moléculaire** (chimie) / molecular association o. interaction || ~ des **propriétaires d'appareils à vapeur** / Boiler Inspection Association || ~ **végétale** / climax o. plant association o. community o. society
Association des Electrotechniciens Allemands, VDE / Association of German Electrotechnical Engineers, VDE
Association Française de Normalisation, AFNOR / French Standards Committee
Association des Ingénieurs Allemands, VDI / Association of German Engineers, VDI
Association Suisse de Normalisation, VSM, SNV / Swiss Standards Committee
associé *adj* / structurally similar || ~ *m* (bâtim) / partner
associer / associate
assolement *m* (agr) / rotation o. shift of crops || ~ **triennal** (agr) / three-field-system
assombrir (teint) / darken *vt* || ~ (s') / darken *vi*, grow dark
assombrissement *m* **atmosphérique** / overcast
assorti, être ~ [à] / suit *vi*, be suitable
assortiment *m*, ensemble *m* / combination, composition || ~ (outils) / set || ~ de **cardes** / set of cards || ~ de **cardes à laine cardée** (tex) / set of worsted cards || ~ **complet de caractères** / font, fount || ~ de **couleurs** / colour combination o. scheme || ~ de **deux cardes** (filage) / two-card set || ~ de **deux cardes doubles** / set of four cards || ~ de **trois cardes** / set of three cards
assortir / assort, sort, classify, grade || ~ les **cartes** (c.perf.) / match
assortisseur *m* / rolling screen
assoupli / softened, mollified
assouplir (linge) / soften || ~ (soie) / half-boil || ~ le **jute ensimé** / soften jute || ~ par **rouleaux** (découp) / flex-level
assouplissage *m* (soie) / partial boiling, half-boiling || ~ (filage) / batting
assouplissant *m* (linge) / softener
assouplisseur et repasseuse-lustreuse pour écheveaux (tex) / softener, stretcher, and polisher for hanks
assouplisseuse *f* (lin) / rolling machine || ~ pour **jute** / jute softening machine o. softener
assourdir / muffle
assujetti [à] / subject [to] || ~ à l'**impôt** / taxable
assujettir, fixer solidement / stay *vt*, make firm, fix *vt* || ~ avec des **coins** / wedge, fasten by wedges o. keys, key || ~ avec des **crampons** / cramp || ~ un **joint** / secure a connection || ~ les **pompes** (mines) / secure pumps *vt*
assurance *f* contre les **accidents du travail** / occupational accident insurance || ~ de la **qualité** / quality assessment
assuré *adj* / safeguarded, secured, fastened || ~ *m* / insured person
assurer / guard [against] || ~, fixer / stay *vt*, make firm, fix *vt* || ~ une **couleur** / fix a colour || ~ la **soudure** (gén) / cover a time lapse
assureur *m* / insurance carrier, insurer
astable / unstable
astasie *f* (phys) / astaticism
astate *f* / astatine

astatique / astatic
asténosphère *f*(géol) / astenosphere
astérie *f*(min) / asteria
astérisme *m*(min) / asterism
astérisque *m*(typo) / asterisk || ~ **protecteur** (m.compt) / protective asterisk
astéroïde *m*(astr) / asteroid, planetoid || ~ *f*(math) / tetracuspid, astroid
asticot *m* / larva, grub
astigmat[iqu]e / astigmatic
astigmatisme *m* / astigmatism
astiquer (cuir, filage) / glaze
astragale *m*(moulure) / astragal || ~ (escalier) / nosing of stairs
astrakan *m*(tex) / astrakhan, astrachan
astreinte *f*(ordonn) / exertion || ~ à **domicile,** [sur le lieu de travail] (ordonn) / standby duty at home, [at the place of working]
astringence *f* / astringency
astringent *adj* / adstringent || ~ *m* / adstringent, styptic
astrionique *f* / astrionics
astro·dôme *m*(aéro) / astrodome || **~dynamique** *f* (espace) / astrodynamics || **~graphe** *m*(phot) / astrograph || **~graphie** *f* / astrographics || **~ïde** *f* (math) / astroid, tetracuspid || **~labe** *m* / astrolabe || **~labe** *m* à **prismes** (astr) / prismatic astrolabe || **~métrie** *f* / astrometry || **~métrie** *f* **sphérique** / positional astronomy, astrometry, uranometry
astron *m*(vieux), parsec *m* / parsec, parallax second
astro·naute *m*(vieux), cosmonaute *m* / spaceman, astronaut, (Russian:) cosmonaut || **~nautique** *f* (ELF) / astronautics *sg*, cosmonautics || **~nautique** *f* **opérationnelle** / operational space travel || **~nef** *m* / space ship || **~nome** *m* / astronomer || **~nomie** *f* / astronomy || **~nomie** *f* à **rayons X** / X-ray astronomy || **~nomie** *f* **sphérique** / positional astronomy, astrometry, uranometry || **~nomique** / astronomic[al] || **~photographie** *f* / astrophotography || **~physique** *adj* / astrophysical || **~physique** *f* / physical astronomy, astrophysics || **~spectroscopie** *f* / astrospectroscopy || **~vision** *f* (TV) / astrovision
astuce *f* / artifice, contrivance, trick, dodge
asymétrie *f* / asymmetry, unsymmetry, nonsymmetry, dissymmetry || ~ (électr) / unbalanced load
asymétrique / asymmetric[al], dissymmetrical, unsymmetrical, non symmetrical || ~ (électr, télécom) / unbalanced
asymptote *f*(math) / asymptote, asymptotic line o. curve
asymptotique / asymptotic
asynchrone / asynchronous, nonsynchronous
asynchronisme *m* / asynchronism
asyndétique (ord) / asyndetic
at (electr) = ampère-tours / ampere-turns *pl*
atacamite *f*(min) / atacamite, halochalzite
atactique (chimie, plast) / atactic
atactosol *m* / atactosol
ATD, analyse *f* thermique différentielle / differential thermal analysis, DTA
atébrine *f*(chimie) / mepacrine
atelier *m* / workshop, engineering shop, shop || ~ (le lieu) / work room || **~s** *m pl* / works *sg*, plant, factory || ~ *m* (ELF) (techn) / engineering shop || **qui se passe dans l'~** / intra-company, intra-plant || ~ d'**affûtage ou d'aiguisage** / grinding shop o. department || ~ d'**ajustage** (ordonn) / fitter's shop || **~s** *m pl* **annexes** / auxiliary plants and shops o. installations || ~ *m* d'**apprentissage** / apprentice [training] shop || ~ d'**avions** / aircraft factory || ~ de **bobinage** / winding room || ~ de **broyage [des charbons]** / coal breaking plant || ~ de **burinage des billettes** (lam) / billet bank || ~ de **carbonisation** / carbonizing workshop o. works o. plant || ~ **central de préparation** (mines) / centralized preparation plant || ~ de **centrifugation** (sucre) / curing department || ~ de **charpentier** / carpenter's workshop || ~ de **chaulage** (sucr) / [milk-of-]lime plant o. station o. house, liming station o. house || ~ des **chemins de fer** / railroad shop, railway repair[ing] workshop || ~ de **chromage** / custom plater || ~ de **concassage [des charbons]** / coal breaking plant || ~ **conditionné** / dustproof room, white room || ~ de **construction** (charp) / timber yard || ~ de **constructions mécaniques** / mechanical workshop || ~ de **constructions métalliques** / structural steel o. structural engineering workshop || ~ [de **construction] de moteurs** / engine works || ~ de **construction de wagons** / car factory || ~ de **coupe** (cordonn.) / clicking room o. department for upper leather, cutting room o. department for soles || ~ de **cristallisation** (sucre) / boiling house, vacuum-pan house || ~ de **dactylos** / typing center o. unit, (formerly:) typing pool || ~ de **décapage** (sidér) / pickling plant || ~ de **découpage** / fabrication shop (US), pressroom (GB) || ~ de **dressage** (sidér) / dressing shop, finishing department || ~ d'**ébarbage** (fonderie) / dressing room, casting cleaning room || **~-école** *m* / apprentice [training] shop || ~ d'**écroûtage de barres** / bar turning shop, bar peeling shop || ~ d'**emballage** / shipping bay, packing area || ~ d'**encollage** (tiss) / sizing room o. department || ~ d'**entretien** / repairshop || ~ d'**essai sur traitement des minerais** / experimental station for dressing o. separating o. treating ores || ~ d'**essorage** (sucre) / curing department || ~ d'**estampage ou de pressage** / pressing plant, pressroom || ~ d'**estampage** (forge) / stamp shop || ~ d'**estampage de métaux** / metal stamping shop o. works || **~s** *m pl* **et bureaux d'usine** / shops and offices of a factory || ~ *m* d'**étamage** / tinning shop || ~ de **fabrication** / workshop hall || ~ de **fabrication** (m.outils) / machine shop || ~ pour la **fabrication de maquettes** / model workshop || ~ de **filtration** (sucre) / filter station || ~ de **finissage** (lam) / finishing department o. shop || ~ de **flottage** / flotation plant || ~ de **fonderie** / melting o. smelting house || ~ **[à fours] Martin** / Martin steel works || ~ de **fraisage** / milling shop o. department || ~ de **frittage** (sidér) / blast roasting plant o. sintering plant || ~ de **galvanisation ou de zingage** / zinc coating shop || ~ de **galvanoplastie ou de galvanisation** / electroplating shop || ~ de **grenaillage d'acier** / steel blast installation || ~ de **lainage** (tex) / teaseling shop || ~ de **laminage et de soudure de tubes** (sidér) / pipe welding mill || ~ de **lavage** (betteraves) / beet washing station || ~ de **lavage et criblage des charbons** / coal preparation plant || ~ de **malaxage** (sucre) / crystallizer house o. station || ~ de **menuiserie** / joiner's [work]shop || ~ de **meulage** / grinding mill o. plant || ~ de **modelage** (fonderie) / [wood] pattern making shop || ~ de **monnayage ou de la monnaie** / mint || ~ de **montage** / assembling o. erecting shop || ~ de **montage** (cordonnier) / lasting room o. department, making room || ~ de **moulage** / moulding shop || ~ de **moulage d'acier** / steel foundry || ~ de **moules** (plast) / tool room || ~ de **nettoyage des blooms ou des demi-produits**

(sidér) / bloom conditioning yard || ~ de **nettoyage des lingots** (sidér) / chipping shop || ~ **orbital** / space o. orbital workshop || ~ d'**outillage** / toolmaker's shop || ~ de **parachèvement** (sidér) / dressing shop, finishing department o. shop || ~ à **peigner la laine** / wool combing works || ~ de **peinture** / paint shop || ~ **peinture** (constr.en acier) / painting shop || ~ de **peinture d'autos** / automotive paint shop || ~ de **petit entretien du matériel remorqué** (ch.de fer) / shop for light repairs to trailer stock || ~ de **photogravure** (graph) / photogravure shop || ~ de **piquage** (cordonnerie) / stitching o. closing room o. department || ~ de **placage électrolytique** / electroplating shop || ~ de **polissage** / slicking shop (US), polishing shop || ~ de **poterie** / pottery || ~ de **pressage** (sucre) / pressing department for beet pulp || ~ de **presses à forger** / forging press department || ~ **principal** / central workshop, main shop || ~ **principal** (ch.de fer) / main workshop || ~ des **prototypes** (techn) / model shop || ~ de **recyclage** (nucl) / rework cell || ~ de **relaminage** / reroller || ~ de **relieur** / book bindery, book binder's workshop || ~ de **réparations** / repair shop || ~ de **réparations d'automobiles** / motorcar repair shop || ~ [de **réparation] de carosserie automobile et de peinture** / panel beating shop || ~ de **retordage de coton** / cotton thread mill, cotton twist o. twine mill || ~ de **sablage** (fonderie) / sand blasting shop || ~ de **serrurier** / locksmith's shop || ~ de **soudage** / welding shop || ~ de **soudage électrique** / electric welding shop || ~ de **soudure** (lam) / welding plant || ~ de **soudure des tubes** / tube welding plant || ~ **[stationné] en orbite** (espace) / orbital workshop || ~ de **tamisage** / separation, screening o. dressing o. separating plant || ~ de **tirage** / blueprint shop || ~ de **tissage** / weaving mill || ~ de **tissage de fil métallique** / wire weaving mill || ~ de **tournage ou de tours** / turnery || ~ de **transformation** / finishing plant (for half-finished goods) || ~ de **travail de gros** (charbon) / coarse jigging plant || ~ des **travaux préliminaires** (tissage) / weaving preparation department || ~ de **trempe** / hardening shop o. bay || ~ de **triage** / picking plant || ~ de **triage et criblage** voir atelier de tamisage || ~ de **turbinage** (sucre) / curing department || ~ de **vernissage** / paint shop || ~ de la **voie** (ch.de fer) / permanent-way workshop, maintenance-of-way shop || ~ de **vulcanisation ou à vulcaniser** / vulcanization o. vulcanizing works

A.T.E.N. = Association Technique pour l'Energie Nucléaire

athermane (ELF), athermique / athermanous

atled *m* (math) / nabla [operator], del

atm abs (vieux) / absolute atmosphere, atm_{abs} || ~ **rel** (vieux) / atmosphere above atmospheric pressure

atmomètre *m* / atmometer

atmosphère *f* / atmosphere || ~ **absolue** (vieux) / absolute atmosphere, atm_{abs} || ~ de **conditionnement** / conditioning atmosphere || ~ **constante** (essai de mat) / constant atmosphere || ~ **contrôlée** / controlled atmosphere, CA || ~ **contrôlée** (four) / protective furnace gas || ~ d'**essai** / test conditions *pl*, test atmosphere o. environment || ~ de **frittage** / sintering atmosphere || ~ de **gaz ammoniacal** / ammoniacal atmosphere || ~ **humide alternante** / damp alternating atmosphere || ~ **humide saturée** (essai de mat) / damp heat atmosphere || ~ **humide saturée alternante** (essai de mat) / damp heat alternating atmosphere || ~ **inerte** (soudage) / shielding gas o. atmosphere || ~ **normale de référence** (essai des mat) / standard reference atmosphere || ~ **normalisée internationale** / international standard atmosphere, INA, normal o. ISA atmosphere || ~ **physiologique** (aéro) / exosphere || ~ de **protection** / protective atmosphere || ~ **protectrice** (four) / protective furnace gas || ~ de **référence** / reference atmosphere || ~ **relative** (vieux), atm_{rel} / atmosphere above atmospheric pressure || ~ **resserrée** / close air || ~ **standard** (aéro) / standard atmosphere || ~**-standard** *f* **I.C.A.O.** / ICAO standard atmosphere (= International Civil Aviation Organization) || ~ **stellaire** / stellar atmosphere || ~ de la **Terre** / earth atmosphere || ~ **type** / international standard atmosphere, ISA o. normal atmosphere, INA

atmosphérique / atmospheric[al], aerial

atmosphérisation *f* / weathering

atome *m* / atom, mote, jot || ~ (phys) / atom || ~ d'**attache** / trapped atom || ~ d'**autre origine** (semicond) / foreign atom, impurity || ~ de **Bohr** / Bohr atom || ~ **chaud** / hot atom || ~ **contigu** / contiguous atom || ~ **dépouillé** / nuclear atom, stripped atom || ~ **donneur** (chimie) / donor atom || ~ **dopant** (semicond) / dopant || ~ **étranger** (semicond) / foreign atom, impurity || ~ de **fixation** / trapped atom || ~ **fondamental** / host atom || ~**-gramme** *m* (désusité), mole *f* d'atome / gram-atom || ~**-hôte** *m* / host atom || ~ **hôte-hôte** (semicond) / host-host-atom || ~ **hôte-impureté** (semicond) / host-impurity atom || ~ d'**hydrogène** / hydrogen atom || ~ d'**impureté** (semicond) / impurity atom || ~ **indicateur** (phys) / radioactive tracer, labelled o. tagged atom || ~ **initial** / parent atom || ~ **libre** / free atom || ~ **lié** / bound atom || ~ **marqué** voir atome indicateur || ~ **més[on]ique** / mesonic atom || ~ **muonique** / muonic atom || ~ **nucléaire** voir atome dépouillé || ~ **percuté** / knocked-on atom || ~ **père** / parent atom || ~ **pontal** / bridge atom || ~ de **recul** (nucl) / recoil atom o. nucleus || ~ de **Sommerfeld** / Sommerfeld atom || ~ **trivalent** / trivalent atom, triad

atomicité *f* / nuclear charge [number], atomic number, at. no., charge on the nucleus

atomique / atomic

atomisation *f* (liquides) / atomization, spraying disintegration || ~ du **filament** / disintegration of filament

atomiser / atomize, subject to atomic bombing || ~ des **liquides ou des solides** / atomize, spray, pulverize

atomiseur *m* / pulverizer || ~ (fuel-oil) / atomizer || ~ d'**huile** / oil atomizer || ~**-poudreuse** *m* à **moteur combiné** (agr) / motor atomizer and duster

atomisme *m* / atom theory

atomistique *adj* / atomistic || ~ *f* / atomistics *sg*

atonal / atonal

atonalité *f* / atonality

atoxique / poisonless, non-poisonous, atoxic

atramenter / atramentize

âtre *m* / hearth

atropine *f* (chimie) / atropine

attachage *m* / attaching, fixing, fastening

attache *f* / fastener, holding o. fastening strap || ~ (auto) / clip, shackle || ~**s** *f pl* (gén) / fasteners *pl* || ~ *f*, queue *f* de bouton / button shank || ~ de l'**aile au fuselage** (aéro) / wing attachment to fuselage || ~ de **barres** (constr.en acier) / bar joint o. connection || ~ de **barres articulée** (constr.en acier) / hinged connection || ~**-bave** *f* (soie) / piecer || ~ à **bille** (remorque) / ball-shaped coupling || ~ du **câble** (mines) / rope clamp at the cage || ~ de **câble** / cable clip o. grip || ~ de **câble à auto-serrage** / wedge socket fitting || ~ de **câbles**, épissage *m* / rope splice || ~ de **câbles** (funi) / rope sockets *pl* || **~-capot** *f* (auto) / hood [lock] catch, hood fastener || ~ à **cosse d'auto-serrage** (mines) / undertype coupler || ~ de **coulisse** / link bracket || ~ pour **courroies** / belt joint o. coupling o. fastener || ~ **équerre** (chaîne à rouleaux) / bent lug link plate || ~ d'**extrémité** (électr) / end fastening, terminal || ~ d'**extrémité à autoserrage** / self-clamping terminal || ~ d'**extrémité par cosse** [pleine] / terminal by [solid] thimble || ~ d'**extrémité avec des culots** / terminal with socket || **~-feuilles** *f*, attache *f* / [letter o. paper] clip || ~ de **fil de contact** (ch.de fer) / feeder ear || ~ de **harnais de câbles** / cable form (GB) o. harness (US) cleat || ~ **parisienne** / mailing bag || ~ à **pattes** / branch conduit of the aerial line || ~ **plane** (chaîne à rouleaux) / straight lug link plate || ~ par **serrage** / clamp

attaché, être ~ [à] / cling [to]

attachement *m* / contractor's account memorandum of costs || ~ des **électrons** [à] / electron attachment

attacher (s') [à] / cling [to], stick [to], be stuck [to] || ~ / fasten, make fast, secure || ~ (s') / burn (e.g. potatoes) || ~ (s') (nav) / grow (fouling) || ~ avec un **chaînon** / chain, fasten with a chain || ~ à la **clenche[tte]** / latch *vi* || ~ avec un **clou** / nail [together] || ~ avec de la **colle** / glue, fasten by glueing || ~ [avec une **corde**] / bind, tie up o. down || ~ avec des **cordons** / tie with strings || ~ avec des **crochets** / fasten with hooks || ~ **ensemble** / tie up || ~ avec une **épingle** / clip, pin on || ~ en **liant** / lash, tie down o. up, bind [to] || ~ en **passepoil** (m.à coudre) / braid, pipe, trim with piping o. braids || ~ en **pliant** / fold in || ~ en **rivant** / rivet on, fasten by rivets || ~ par **sangle** / buckle [on], fasten by buckles, clasp || ~ avec une **serrure** / fasten with a lock || ~ les **tuyaux au trépan** (mines) / fasten the pipes to the terrier

attache-ressort *f* / spring anchor

attacheur *m* (sidér) / hooker

attaquable par corrosion / corrodible, corrosif

attaque *f* (engrenage) / catching, gearing, mesh[ing], engagement || ~, corrosion *f* / corrosion || ~ (chimie) / attack || ~ (agr) / infestation || ~ (électron) / input voltage || ~ (ord) / drive || ~ (mines) / counter-excavation, -heading, -headway || ~ (sidér) / mouth of the ingot mould, funnel || ~ (fonderie) / gate, runner || **à ~ directe** (électron) / direct drive..., direct feed... || **à ~ directe** (techn) / directly joint || **à ~ profonde** (typo) / deeply etched || ~ **angulaire** (engrenage) / angular meshing || ~ **angulaire au flanc de creux** (roue conique) / heel contact || ~ **angulaire au flanc de saillie** (roue conique) / toe contact || ~ **annulaire** (fonderie) / ring gate o. runner || ~ à l'**arête** (roue dentée) / point interference || ~ en **bavure** (fonderie) / Connor runner bar || ~ par **champignons** / fungal attack || ~ **chimique** (galv) / etch[ant] || ~ en **chute** (fonderie) / top gate, drop gate || ~ en **cornichon** (fonderie) / horn sprue, horn gate || ~ par **corrosion** (acier) / corrosive attack o. action || ~ **corrosive sous les dépôts** / deposit attack || ~ de **coulée** (fonderie) / gate, geat, git, ingate || ~ des **coupures de grains** / intergranular attack, grain boundary attack || ~ en **crayons ou en pluie** (fonderie) / pencil gate || ~ **directe** (techn) / direct coupling || ~ **directe** (fonderie) / kiss gating || ~ **dirigée** (fonderie) / ingate || **~s étagés** *m pl* (fonderie) / side step gating || ~ *f* en **éventail** (fonderie) / fan gate || ~ de **front** (fonderie) / down gate || ~ de la **grille** (électron, tube) / drive || ~ **grossière** / macro-etching || ~ par le **laitier** (sidér) / erosion by slags, slag action || ~ **médiane** (antenne) / apex drive (US), centre feed (GB) || ~ par **noyaux** (fonderie) / core gate || ~ de l'**outil** / cutting action || ~ par **oxydation à chaud** / temper etch || ~ **plate** (fonderie) / slit gate || ~ à **pleine section** (tunnel) / excavation of full section || ~ en **pluie** (fonderie) / pencil gate || ~ **profonde** / deep etching || ~ en **série** (antenne) / end feed, base feed || ~ de **surface** / surface attack || ~ à **talon** (fonderie) / side runner

attaqué (outil) / in attack || ~ [par] / affected [by] || ~ **directement** (électron) / directly fed || ~ **indirectement** (antenne) / indirectly fed, parasitically excited, passive (US)

attaquer, actionner (techn) / move, drive, work || ~ (corrosion) / affect, attack, corrode, eat [into] || ~ (chimie) / desintegrate, disintegrate || ~ (fonderie) / gate || ~ / loosen by hacking || ~ (acoustique, ord, électron) / drive || **s'~** [à] / attack a work, tackle, get down [to] || ~ un **correspondant** (radio) / get into contact by radio || ~ une **veine** (mines) / open, examine by cutting

atteindre / attain, obtain || ~, rattrapper / overtake || ~, toucher / meet, reach, strike || **ne pas ~** / fall short [of] || ~ un **niveau** / reach a level || ~ le **synchronisme** (électr) / run synchronous[ly]

atteint / struck || ~, affligé (biol) / diseased, affected

attelage *m* / drawbar, drawgear, draught- o. drag-bar, hitch || ~ (ch.de fer) / coupling || ~, action *f* d'atteler / coupling || ~ **annulaire** / ring strainers *pl* || ~ **automatique** (ch.de fer) / automatic coupling || ~ de **câbles** / intermediate coupling || ~ de **cage** (mines) / intermediate cage suspension, intermediate gear || ~ à **chape** (auto) / coupler head || ~ à **éclisse** (mines) / side-bar coupling || ~ **«hitch»** (agr) / pick-up hitch || ~ de la **locomotive** (ch.de fer) / coupling of the locomotive || ~ de **secours** (ch.de fer) / emergency coupling || ~ **serré** (ch.de fer) / tight o. close coupling || ~ de **sûreté** (ch.de fer) / safety coupling || ~ [à **tampon] central** (ch.de fer) / central buffer coupling || ~ à **trois points** (agr) / three-point linkage o. hitch || ~ à **vis** (ch.de fer) / screw coupling

atteler / couple, connect || ~ **rigidement** (ch.de fer) / couple rigidly

atteleur *m* (ch.de fer) / yardman, shunter || ~ (mines) / flatter

attenant / adjacent, adjoining, contiguous || ~ (p.e. réservoir de W.C.) / coupled (e.g. cistern of a W.C.)

attendresseur *m* de **viande** (chimie) / meat tenderizer

attente *f* (ord) / stand-by || ~ (ELF) (aéro) / waiting time || **en ~** / prepared, ready, in readiness || ~ **continue** (télécom) / continuous attention || ~ **inévitable** (ordonn) / inherent delay, unavoidable delay, unoccupied time || ~ **technologique** (p.e. due à la machine-outil) (ordonn) / machine idle time

attention *f* / caution || ≗ **!** / look out!, take care!, warning!, attention! || ≗ **! Fragile!** / Fragile! Handle with care! || ≗ dans la **machine !** (nav) / stand-by below || ≗ à la **marche!** / Watch your step! || ≗ à la **peinture!** / Wet paint! || ≗ aux **travaux!** / Road works ahead!

atténuant le **bruit** / noise-reducing || ~ les **réflexions** / reflection-reducing

atténuateur *m* (électron) / attenuator [pad] || ~ (électr) / damping o. buffer resistor || ~ (télécom) / attenuator || ~ (électr) / dimmer || ~ d'**antenne** / antenna attenuator || ~ à **cloison longitudinale** (guide d'ondes) / flap o. vane attenuator || ~ à **disque tournant** (guide d'ondes) / rotary attenuator || ~ **guillotine** (guide d'ondes) / guillotine attenuator || ~ de **microbande** / stripline attenuator || ~ **réglable**

(aéro) / stability augmentation system, SAS || ~ en **T** / T-type attenuator || ~ **variable** (télécom) / variable attenuator, fader
atténuation *f* (électron, radiation) / attenuation, fading, reduction || ~ / extinction of light || ~ (électr) / current attenuation || ~ d'**antenne** / antenna decrement || ~ à **circuit fermé** (télécom) / closed circuit attenuation || ~ de **couplage** (guide d'ondes) / coupling attenuation in dB || ~ de **crête** (électron) / peak attenuation || ~ des **distorsions non-linéaires** (électron) / linearization of characteristics || ~ en **espace libre** / free space attenuation || ~ **fondamentale** (télécom) / fundamental attenuation || ~ **géometrique** / geometrical attenuation || ~ des **graves** (électron) / low-frequency rejection filter, bass-cut || ~ de **lumière** / subdueing of light || ~ de **puissance** / power attenuation || ~ **résiduelle** (TV) / overall saturation || ~ *m* des **sons** / silencing
atténué / subdued, soft || ~ (chimie) / dilute, weak
atténuer / dull || ~ (télécom, électron) / attenuate || ~ (bière) / attenuate || ~ (réaction) / retard *vt* || ~ (radio) / deaccentuate || ~ (haut fourneau) / bank *vt*, damp down || ~ (chimie) / attenuate, weaken, dil[ute] || ~ les **tensions** (méc) / relieve the stress
atterrages *m pl* / coastal waters *pl*, nearshore waters pl
atterri (aéro) / landed
atterrir / land *vi*, alight, touch down || ~ sur la **Lune** / moon *vi*, alight on the moon
atterrissage *m* (câble) / point of emergence from the sea || ~ (aéro) / alighting, landing, landfall || ~ **brutal** (aéro) / pancake landing, squash landing || ~ en **deux points** (aéro) / two-point landing || ~ en **douceur** (espace) / soft landing || ~ **forcé** (aéro) / emergency o. forced landing || ~ **intermédiaire** (aéro) / intermediate stop o. landing || ~ sur la **Lune** / alighting on the moon, moonlanding || ~ au **panneau** (aéro) / spot landing || ~ en **parachute** / parachute landing || ~ à **plat ventre** / belly-landing || ~ sur le **sol** (aéro) / alighting on ground, ground landing || ~ à **trois points** (aéro) / three-point landing || ~ **trop court** (aéro) / undershoot || ~ **vent arrière** (aéro) / downwind landing, Chinese landing (coll) || ~ **vent de côté** (aéro) / crosswind landing || ~ **vent debout ou contre le vent** (aéro) / landing against o. into the wind, headwind landing || ~ sans **visibilité** / blind landing
atterrissement *m* / deposit, atterration || ~ (hydr) / sea ooze deposit, alluvial deposit (i.e. by running water)
atterrisseur *m* (aéro) / landing gear || ~ **escamotable** (aéro) / extendable landing gear, retractable undercarriage || ~ **principal** (aéro) / main landing gear
attestation *f* / certificate || ~ de **conformité** / attestation of conformity || ~ de **conformité ou de bonne qualité** / approval || ~ **de conformité à la commande** / attestation of conformity with the order
attirail *m* / tackle, gear, outfit, implements *pl* || ~ de **marteau** (forge) / frame of the forge hammer
attirant les **électrons** / electron-attracting
attiré (aimant) / attracted
attirer / attract || **s'**~ **mutuellement** / attract each other mutually || ~ par la **succion** / take in, suck
attisement *m* (béton) / rodding
attiser (feu) / stoke, stir
attisoir *m* / fire rake, poker || ~ (fonderie, bâtim) / stirrer, poker
attitude *f* / attitude || ~ / behaviour || ~ (ELF) (aéro) / attitude, aspect || ~ **peu naturelle** (au travail) / constrained position || ~ envers le **travail** / attitude towards work
atto... / atto... (= 10^{-18})
attouchement *m* / contact, touch
attractif (phys) / attractive
attraction *f* (relais) / pick-up || ~ (aimant) / attraction, attractive power o. force || ~ **capillaire** / capillarity, capillar[y] [attr]action || ~ **locale** (mines, arp) / local attraction || ~ des **masses** / mass attraction, gravitation || ~ **moléculaire** / molecular attraction || ~ **mutuelle** / mutual attraction || ~ **opposée** / counterattraction || ~ **terrestre** / [force of] gravity
attraits *m pl* (ELF) / improving local amenities
attrape *f* (nav) / heaving line || ~**-maille** *m* (m.à coudre) / loop catcher
attraper / capture
attremper (acier) / anneal [for relieving stresses] || ~ (verre) / heat up, warm up, fire up
attribuer / allow || ~, assigner / apportion, allot || ~, répartir / allocate || **à** ~ [à] / reducible [to]
attribut *m* / attribute || ~ , caractère *m* distinctif / characteristic feature || ~ de **données** (ord) / data attribute
attribution *f* / allocation || ~ (électron) / allotment || ~ de **fréquences** (électron) / frequency allocation o. allotment o. assignment o. distribution || ~ de **groupes** (ord) / group allocation || ~ de **mémoire** (ord) / storage allocation || ~ des **unités périphériques** (ord) / device allocation o. assignation
attrition *f* / attrition
aubage *m* (turbine) / turbine blades (GB) o. buckets (US) || ~ **distributeur** (aéro) / nozzle guide vanes *pl*
aube *f* (techn) / blade || ~ (ventilateur) / paddle || **sans ~s** (diffuseur) / vaneless || ~ de **diffuseur** / diffuser vane || ~ **directrice**, aube fixe (turbine) / guide vane || ~ **directrice** (distribution d'air) / turning vane || ~ **directrice d'admission** / intake o. inlet guide vane, IGV || ~ **directrice d'admission toroïdale** (aéro) / toroidal intake guide vane || ~ **directrice fortement chargée** (compresseur) / high-lift stator blade || ~ **mobile** (turbine) / moving o. rotor o. rotating blade || ~ **redresseuse** (aéro) / guide vane || ~ de **roue d'admission** (aéro) / impeller intake guide vane, rotating guide vane || ~ de **turbine** (hydr) / turbine bucket (US) o. blade (GB)
auberon *m*, auberonnière *f* (serr) / staple plate
aubette *f* (routes) / passenger o. bus shelter
aubier *m* / sapwood, alburnum
au-dessous [de] / under, below
au-dessus [de] / above || ~ de la **terre** / overground
audibilité *f* / audibility || ~ **minimale** / minimum audibility
audible / audible
audio-... / audio..., auditory || ~ *m* / audio signal || **à ~fréquence** / audiofrequency ... || **~fréquence** *f* / audiofrequency, A.F., a.f., a-f || **~gramme** *m* / audiogram || **~mètre** *m* / audiometer || **~mètre** *m* de **bruits** / noise audiometer || **~mètre** *m* à **logatomes** / logatom audiometer || **~mètre** *m* **objectif** / objective noise meter || **~métrie** *f* / audiometry || **~métrie** *f* du **son pur** / pure-tone audiometry || **~-réception** *f* (électron) / audio-reception || **~-transmetteur** / sound emitting || **~visuel** *adj* / audio-visual
auditeur *m*, -trice *f* (électron) / listener[-in] || ~ **clandestin ou marron** / pirate listener, radio pirate
auditif / auditory
audition *f* (acoustique) / hearing || ~ (radio) / listening-in || ~ (télécom) / hearing || ~ d'une **bande** (électron) / play-back of a tape || ~ **rapide** / speed

hearing
auditoire *m*, les auditeurs / public || ~ (salle) / auditorium, auditory
auer *m* / Welsbach burner
auftrieb *m* (océanologie) / upwelling
auge *f* / trough, vat, tub || ~ (roue hydr.) / bucket || ~ (tex) / continuous trough || ~ (or d'alluvions) / sluice [box] || ~ (verrerie) / trough || ~ (turb. de vap) / blade || ~ (techn) / bowl || **en [forme d']**~ / trough shaped || ~ d'**alimentation** (nettoyeuse pour déchets) / feed plate || ~ **basculante ou à bascule** / swing o. dumping trough o. pan || ~ de **batteries** (électr) / container for batteries || ~ de **bottelage** (sidér) / cradle || ~ de la **carde** (filage) / undercasing of a card || ~ de **chargement** (sidér) / charging box o. tray || ~ à **crasse de la carde** (tex) / dirt pan of a card || ~ au **défilé** (pap) / trough for the first stuff || ~ d'une **effilocheuse** / bottom plate of a tearing machine || ~ à **fouler** (tan) / drum tumbler || ~ d'**imprégnation** / impregnating trough o. vat o. vessel || ~ **inférieure de la noria** / bottom trough o. box || ~ **Pelton** / bowl of the Pelton wheel || ~ **réfrigérante** / cooling trough || ~ **vibrante** / vibrofeeder
auget *m* (moulin) / spout || ~ (turb. Pelton) / bucket || ~ à **ferrailles** (sidér) / scrap charging box || ~ à l'**huile** / oil pan, oil sump
augite *f* (min) / augite, maclurite
augmentant, en ~ (acoustique) / ascending
augmentateur *m* à **carrés mâle-femelle** / attachment for square drive socket wrenches, adapter socket wrench
augmentation *f* / growth, increase, increment, accretion, augmentation || ~, hausse *f* / additional charge || ~, intensification *f* / raise, increase, heightening || ~ d'**amortissement** (haute fréqu) / roll-off || ~ de **charge** / increase of load || ~ de la **charge** (câble en acier) / increment of load || ~ de **contraste** / heightening of contrast, accentuation of contrast || ~ du **courant** / increase of current || ~ du **coût** / cost increase || ~ de la **fixation** (émail) / complementary setting || ~ de la **longueur d'ondes** (électron) / wavelength prolongation || ~ de **poids** / gain in weight, weight gain || ~ du **poids par réduction** (sidér) / pick-up || ~ de **poussée** (aéro) / thrust augmentation || ~ de **pression** (techn) / rise o. increase of pressure || ~ de la **production** / increase of production || ~ de la **puissance nominale** (réacteur) / power stretch || ~ du **rendement** / increase of performance || ~ du **rendement** (techn) / increase of efficiency || ~ de **rendement**, excédent *m* de bénéfice / increment, extra yield || ~ de **salaire** / wage o. pay increase o. increment, raise (US), rise (GB) || ~ du **tarif** / increase of scale wages o. of union wage (US) || ~ de **température** / elevation o. rise o. raise (US) o. increase of temperature || ~ de **vitesse** / increase of speed, speeding up, revving up (US) || ~ de **volume** / increase in volume, expanding, dilatation || ~ de **volume d'acide sulfurique concentré** / volume increase of concentrated sulphuric acid, Sk value
augmenté [de] / augmented [by], increased [by] || ~ par **effet de champ** (émission) / field enhanced
augmenter *vt* / raise, augment, increase || ~, multiplier / make more numerous, augment || ~ (tex) / widen || ~ *vi* / accumulate, grow || ~ le **courant** (électr) / augment o. increase the current || ~ la **dureté par écrouissage**, écrouir / strain-harden, wear- o. work-harden || ~ les **mailles** (tex) / increase the meshes || ~ la **puissance** / increase the power, up the output (US) || ~ la **tension** (électr) / step up the voltage || ~ d'un **troisième** (phot) / open by 1/3 stop || ~ la **vitesse** / speed up || ~ la **vitesse** (mot) / pick up
aune *m*, aulne *m*, Alnus / alder || ~ **blanc ou vert**, Alnus incana / gray o. white alder || ~ **commun ou glutineux**, aulne *m*, Alnus glutinosa / black o. European (US) alder || ~ **madré** / curled alder
auramine *f* (teint) / auramine
aurate *m* / aurate || ~ d'**ammoniaque ou fulminant** / explosive o. fulminating gold, aurate of ammonia
auréole *f* (mines) / blue cap o. gas cap of safety lamp || ~ (météorol) / aureole, aureola || ~ (astr) / corona, aureole, aureola
auréomycine *f* / aureomycin
aureux / aurous
aurifère / gold bearing, auriferous
aurine *f* / aurin, pararosolic acid
aurique / auric
auro... / aurous || ~**chlorure** *m* de **sodium** / gold sodium chloride
aurore *f* **australe** / aurora australis || ~ **polaire ou boréale** / polar light, aurora borealis
ausforming *m* (sidér) / ausforming
aussière *f* (nav) / cable, hawser || ~ de **remorque** (nav) / tow[ing] [line o. cable o. hawser o. rope], dragging cable
austéniser (sidér) / austen[it]ize
austénite *f* (chimie, sidér) / austenite || **à** ~ / austenitic || ~ de **trempe** (sidér) / retained austenite
austénitique / austenitic
austéni[ti]sation *f* / austenit[iz]ing || ~ **complète** / complete austenitization
autel *m* (four) / firebrick arch, flue bridge, fire stop || ~ (four à briques) / partition-wall of a brick kiln || ~ (céram) / fantail [arch] || ~ à **refroidissement à l'eau** (sidér) / water bridge o. table
auto *f* (auto) / motor vehicle, motorcar, automobile
auto-densification *f* (fonderie) / self-compacting || ~-**entretenu** / self-sustained || ~-**équilibrage** *m* / self-balancing || ~-**ionisation** *f* / auto-ionization || ~-**absorption** *f* (nucl) / self-absorption || ~-**adaptatif**, -adaptateur (contr aut) / self-adaptive || ~-**adhésif** / self-adhesive, pressure sensitive, self-sealing || ~-**adjoint** (math) / self-adjoint || ~-**aimantation** *f* (b.magnét) / self-magnetization [effect] || ~-**ajustable** / self-adjusting || ~-**alarme** *m* / auto-alarm || ~-**aligneur** *m* / line-find attachment || ~-**allumage** *m* (mot) / auto-ignition, surface o. self-ignition, pre-ignition || **à** ~**amorçage** (pompe) / self-priming, regenerative || ~-**amortissage** *m* (méc) / internal damping o. friction, self-damping || ~-**apprentissage** *m* **d'ordinateur** / learning ability of a computer || ~-**assemblage** *m* / self assembly || ~**berge** *f* / motor-road on a riverbank || ~-**blocage** *m* (écrou) / locking of the nut || ~**bloquant**, à autoblocage / self-locking || ~**brasquage** *m* (nucl) / self-brasquing
autobus *m* / city bus, urban motorbus || ~ **articulé** / articulated bus || ~ à **cabine sur moteur** / cabover bus || ~ à **impériale** / doubledeck bus || ~ à **impériale américain** / doubledeck topcovered bus || ~ **interurbain** / interurban bus || ~ sur **rails** / railbus, rail car, rail motor coach || ~ **surbaissé** / low-level o. low-mount bus
autocabrage *m* (tracteur) / jacking-up, lifting of front wheels || ~ (ELF) (aéro) / pitch-up
autocar *m* / sightseeing car o. bus || ~ type **cab-over** / cabover bus, forward drive bus, C.O.E. bus (= cab over engine) || ~ **interurbain ou de ligne** / interurban coach || ~ **long courrier ou de grand tourisme** / long distance coach || ~ **panoramique** / excursion vehicle

auto·caravane *f* / camping car, motor home || **~catalyse** *f* / autocatalysis || **~catalytique**, sans courant (galv) / electroless, autocatalytic || **~-centreur** (m.outils) / self-cent[e]ring || **~certification** *f* / self-certification || **~chargeable** (ord) / self-loading || **~chauffage** *m* / self-heating || **~chenille** *f* / tracklaying craft o. vehicle, crawler || **~chrome** (phot) / autochrome *adj* || **~chromie** *f* / autochrome || **~chtone** / autochthonous, indigenous, native || **~clavage** *m* / autoclave treatment, autoclaving

autoclave *m* / pressure digester, autoclave || ~ de **créosotage** (bois) / creosoting cylinder || ~ de **débouillissage** / bucking kier || ~ pour le **décatissage** / kier decatizing machine, decatizing autoclave || ~ pour **imprégner [le bois]** / impregnating boiler, impregnating pressure cylinder || ~ de **régénération** (caoutchouc) / digester || ~ de **vulcanisation** / vulcanizing autoclave

auto·claver (aliments) / autoclave, treat by autoclave || **~code** *m* (ord) / autocode || **~codeur** *m* / autocoder || **à ~-coincement** / self-locking, seizing || **~collant** / self-adhesive, pressure sensitive, self-sealing || **~colleur** *m* (typo) / autopaster, flying paster, automatic reel changer || **~collimateur** / autocollimation... || **~collimation** *f* / autocollimation || **~combustion** *f* / spontaneous combustion || **~commutateur** *m* (électr) / automatic commutator, self-reversing switch || **~commutateur** *m* (télécom) / unit automatic exchange, U.A.X. || **~commutateur** *m* **satellite** (télécom) / line concentrator || **~commutation** *f* (électron) / self-commutation || **~consistant** / self-maintained, self-consistent || **~consommateur** *m* / consumer of his own products || **~consommation** *f* (agr) / farm household consumption || **~contrôlé** / self-regulating, self-checking || **~convergent** (TV) / self-converging || **~copiant** (pap) / carbonless copy... || **~copiste** *m* / duplicating machine || **~correcteur** / self-correcting || **~corrélation** *f* / autocorrelation || **~coupleur** *m* (gén, ch.de fer) / automatic coupling, autocoupling || **~coupleur** *m* **Scharfenberg** / Scharfenberg type automatic coupling || **~coupure** *f* (électr) / automatic opening o. interruption || **~curage** *m* (eaux usées) / natural purification || **procédé de l'~-creuset** (nucl) / skull melting || **~débrayage** *m* / automatic throw-off o. disengagement || **~décharge** *f* (accu) / spontaneous discharge, self-discharge, running-down || **~déchargeur** *adj* (manutention) / self-dumping || **~déchargeur** *m* (ch.de fer) / self-discharger, automatic discharger || **~déchargeur** *m* à **fond plat** (ch.de fer) / flatbottom self-discharging car || **~défroissement** *m* (tex) / self-smoothing || **~démarrage** *m* / self-starting || **~démarreur** *adj* / self-starting *adj*, starting automatically || **~démarreur** *m* (électr) / self-starter || **~dépliant**, autodépliable (grue de chantier) / self-erecting || **~déschisteur** *m* (prépar) / automatic extractor, de-shaler || **~destructible** (plast) / self-decomposing || **~diffusion** *f* / self-diffusion || **~directeur** *m* / homing head || **~distributeur** *m* (m.outils) / hopper feeder || **~-distributeur** *m* **électromagnétique** (m.outils) / vibratory hopper feeder, bowl feeder || **~distributeur** *m* **vibrant** / vibratory bowl feeder || **~drome** *m* (auto) / racing course || **~durcissant** / self-hardening || **~dyne** *adj* (électron) / self-heterodyning || **~dyne** *f* (électron) / self-heterodyne, endo-, autodyne || **~-école** *f* / driving school || **~-émulsifiant** / self-emulsifying || **~-enregistreur** / self-recording, -registering || **~-entretien** *m* (relais) / lock, catch || **à ~-entretien** (relais) / sealing, locking, trigger... || **~-épuration** *f* (élimination d'une partie des bactéries pathogènes) (hydr) / self-purification || **~-étanchéifiant** / self-sealing || **~-excitateur** / self-exciting || **~-excitation** *f* / auto-excitation, differential o. self-excitation || **~-excitation** *f* d'**oscillations** / self-excitation, -oscillation || **~-excité** / self-excited, self-induced || **~-extincteur**, -extinguible (gén) / self-quenching, self-extinguishing || **~-extincteur**, -extinguible (terme deconseillé) (plast) / self-extinguishing, SE || **~financement** *m* / self-financing || **~fondant** (sidér) / self-fluxing || **~frettage** *m* / autofrettage, self-hooping, cold working || **~fretter** / cold-work, self-hoop || **~gène** / autogenous || **~générateur** (condensateur) / self-sealing || **~générateur** (isolement) / self-restoring || **~génération mutuelle** *f* (phys) / bootstrap || **~gire** *m* voir autogyre || **~graisseur** / self-lubricating, self-greasing || **~gramme** *m* / communication to motorcar drivers put up in service stations || **~graphe** *m* **de restitution stéréoscopique** / instrument for photogrammetrical evaluations || **~graphie** *f* (typo) / transfer on stone || **~graphié** (typo) / autographed || **~graphier** / manifold || **~grue** *f* sur **chenilles** / tracklaying crane, crawler [tracked] crane || **~guérison** *f* (galv) / self-healing || **~guidage** *m* / automatic control || **~guidage** *m* (espace) / autotracking || **~gyre** *m*, autogire *m* / autogiro, -gyro, windmill air-plane || **~-hétérodyne** (électron) / self-heterodyning || **~-indesserrable** / self-locking || **~-indesserrable** (différentiel) / spin-resistant || **~-inductif** / autoinductive || **~-induction** *f* (électr) / self-induction || **à ~-induction** (vibration) / self-induced, self-excited || **~-inflammation** *f* / self-ignition, spontaneous ignition || **~-intoxication** *f* / autointoxication || **~-jigger** *m* (électr) / autojigger || **~lanceur** (pont) / launching || **~lecteur** *m* (m.compt) / automatic account card feed device || **~ligneur** *m* / line-find attachment || **~lubrifiant** / self-lubricating, self-greasing || **~lubrification** *f* / autolubrication || **~lumineux** / luminous

automalithe *f* / gahnite, zinc spinel

automate *m* (tourn) / automatic lathe, autolathe || ~ (ord) / automaton (pl: automata) || ~ de **couture** / robot || ~ d'**insertion de la trame** (tiss) / automatic picking motion || ~ à **table tournante** (plast) / automatic turntable || ~ **tachymétrique** (électr) / centrifugal switch || ~ **thermostatique** / temperature switch || ~ **universel à affûter et à rectifier** / automatic universal sharpening and grinding machine

automaticité *f* (p.e. des réflexes) / automaticity || ~ (action) / automatism, automatic action || ~ de **réglage** / automatic control

automation *f* (application) / automation, automatization || ~ à **boucle ouverte** / open-loop automation

automatique *adj* / automatic, self-acting || ~ *m* (télécom) / dial-in handset || ~ *f* / automation, automatization || ~ (science) / automation || ~ *m* **interurbain** (France), interurbain *m* automatique (Canada) (télécom) / subscriber trunk dialling (GB), STD, direct distance dialling (US), DDD

automatisation *f* / automatization, automation

automati[sati]on *f* du **bureau** / office automation

automatisation *f* par **lecture optique** / optical input automation optimation

automatisé (ord) / computer aided, -assisted

automatiser / automate, automatize, make automatic || ~ (ord) / computer[ize]
automatisme *m* voir automaticité || ~ **asservi** / automatic control || ~ **industriel** (ord) / process control
automobile *adj* / automobile, -motive || ~ *f* / motor vehicle, motorcar automobile || ~ de **commande des pompiers** / fire fighting conduct car || ~ **découverte** / open car || ~ **démolie** / car wreck || ~ **électrique** / electric motorcar o. truck, electromobile || ~ du **lot pilote** / pilot production car, pre-production car || ~ de **pompiers** / fire brigade truck o. vehicle || ~ à **six roues** / sixwheeler
automobilière *f* (Canada) (ch.de fer) / car carrier
automobilisme *m* / automobilism
automobiliste *m* / driver, chauffeur, motorcar driver
auto·morphe / automorph || **~morphisme** *m* (math) / automorphism
automoteur *adj* / automobile, -motive, locomotive, self-propelled || ~ *m* / self-propelled vehicle || ~ **fluvial** (nav) / self-propelled vessel, motor barge
automotrice *f* (ch.de fer) / railcar || ~ à **accumulateurs** / accumulator o. battery tramcar (GB) o. streetcar (US) || ~ à **accumulateurs** (ch.de fer) / battery railcar || ~ **articulée** (tramway) / articulated tramcar (GB) o. streetcar (US) || ~ **électrique** / electric railcar
auto·multiplicateur (nucl) / self-multiplying || **~nettoyage** *m* (gén) / self-cleaning || **~nettoyant** (gén) / self-cleaning
autonome / autonomic[al], -nomous, self-contained || ~, indépendant / self-sustaining || ~ (contr.aut) / non-interacting || ~ (ELF) (électr) / off the line || ~ (ELF) (ord) / off-line || **en** ~ (calc.industriel) / off-line
autonomie *f* (contr.aut) / autonomics || ~ (ch.de fer) / autonomy, operating radius, independence || ~ (aéro) / prudent limit of endurance || ~ (guerre) / endurance [time] || ~ **théorique** / specified maximum range || ~ **théorique** (aéro) / endurance || ~ de **vol** / flying range
auto·-optimisant, -optimalisant (contr.aut) / self-optimizing || **~-organisateur** (ord) / self-organizing || **~-oscillation** *f* (électron) / self-oscillation || **~pilote** *m* (nav) / autopilot || **~plate** *f* (typo) / autoplate || **~polarisation** *f* (électron) / self-bias || **~polymérisation** *f* / self-polymerization || **~pompe** *f* (auto) / fire engine || **~pont** *m* (autoroute) / overbridge || **~porteur** (charrue) / sulky..., buggy... || **~porteur** (bâtim) / self-supporting || **~positif** *m* (repro) / direct positive || **~producteur** *m* (électr) / house-load generator || **~propulseur** *m* / self-propelling vehicle, automotive vehicle || **~propulsion** *f* / self-propelling || **~protecteur** / self-shielding || **~protection** *f* (radiochimie) / self-protection || **~protection** *f* (dans une matière) (nucl) / self-shielding || **~protection** *f* **énergétique** (nucl) / energetic self-shielding factor || **~protégé** / intrinsically safe
autopsie, d'~ (ord) / postmortem
auto·radio *f* / car radio, in-car radio || **~radiogramme** *m* / autoradiograph, -gram || **~radiographie** *f* (essai de mat.) / autoradiogram, -graph[y] || **~radiographique** / autoradiographic || **~radiolyse** *f* (nucl) / autoradiolysis
autorail *m* (ch.de fer) / motor [rail] coach o. car, rail coach, railcar || ~ à **accumulateurs** / accumulator o. battery car o. vehicle || ~ **Diesel** / internal combustion engined railcar, power railroad car (US), self-contained motor coach, diesel railcar || ~ de **grand parcours** / long distance railcar
autorail *m* à **moteur à combustion interne** / internal combustion engined railcar
autorail *m* **panoramique** (ch.de fer) / observation railcar || ~ **rapide** / fast motorcoach o. railcar, high-speed rail-coach || ~ pour **service à courte distance** / railbus, railcar, rail motor coach || ~ à **turbine à gaz** (ch.de fer) / gas turbine railcar
auto·régénération *f* (échangeur d'ions) / counter ion effect || **~réglable** / self-adjusting || **~réglage** *m*, -régulation *f* (électr) / self-regulation || **~régulateur** *m* / self-regulating device || **~régulateur** *m* (étirage) / autoleveller || **~régulation** *f* / inherent regulation, self-recovering, self-regulation || **~régulé**, -régulateur / self-regulating, regulating automatically || **~relatif** (ord) / self-relative || **~renforçant** (élastomère) / self-curing || **~restauré** (ord) / self-resetting
autorisation *f* / permit || ~, admission *f* / approval, permit || **d'~** (signal) / enabling || ~ de **circulation** (locomotive) / running permit || ~ de **circuler** (auto) / vehicle registration || ~ de **décollage** (aéro) / clearance || ~ d'**exploitation** / type approval || ~ de **faire des fouilles** (mines) / grant, concession, prospecting rights *pl* || ~ de **vol au-dessus des nuages** (aéro) / on-top altitude clearance
autorisé / approved || ~ / permitted, permissible, admissible, allowed || ~ pour **diriger ou décider** (ordonn) / policy-level...
autorité·s *f pl* **accordant le permis de construire** (bâtiment) / chief building authorities *pl* || ~ *f* **délivrant l'agrément** / approval authority || ~ **locale** / local authority || ~ de **surveillance** / Supervisory Board, supervising authority || ~ **surveillant les travaux** / Office o. Board of Works, building authorities *pl*
autorotation *f* / pivoting || ~ (aéro) / autorotation
autoroute *f* / autobahn, (GB): motorway, (US): express way, parkway, freeway, superhighway || ~ de **dégagement** / motorway circuit, orbital motorway, by-pass motor road || ~ à **péage** / turnpike [road], toll road, pike (US) || ~ **urbaine** / city expressway, express highway || ~ **verte** / parkway
auto·saturable (électr) / self-saturating || **~saturation** *f* / self-saturation || **~sauveteur** *m* (mines) / CO-filter self-rescuer || **~scripteur** *m* / logger || **~serrage** *m* (électron) / squegging, squagging || **à** ~ (câble) / self-clamping || **~serrant**, -serreur / automatically closing, self-closing || **~serreur** (frein) / self-servo... || **~soudant** / self-fusing o. -amalgamating || **~stabilisé** (électron) / automatically stabilized || **~stéréographe** *m* / autostereograph || **~stoper** *m* (mines) / autostoper || **~taraudeur** (filetage) / self-cutting || **~taraudeur** (vis) / self-cutting || **~téléphone** *m* / motorcar telephone || **~thermique** / autothermal || **~tondeuse** *f* / land tractor || **~tracté** (tondeuse) / automotive || **~transducteur** *m* (électr, électron) / autotransductor || **~transformateur** *m* (électr) / autotransformer, one-coil transformer || **~transformateur** *m* de **mesure** / instrument autotransformer || **~transformateur-diviseur** *m* / potential regulator || **~trempant** (acier) / self-hardening || **~trophe** / autotroph || **~typie** *f* (typo) / autotype || **~typie** *f* **duplex** (graph) / duplex autotype || **~ventilation** *f* / self-ventilation || **~ventilé** (électr) / self-ventilated, self-cooled || **à ~verrouillage** / self-locking || **~vulcanisation** *f* / self-vulcanization
autoxydation *f* / autoxidation
autre que le fer / nonferrous, non-ferruginous
autunite *f* (min) / lime- o. calco-uranite, autunite
auvent *m* / penthouse, shed || ~ (bâtim) / marquise,

canopy [roof] || ~ (auto) / scuttle || ~ de **capot** (mot) / louver type slot
auxiliaire *adj* / subsidiary, auxiliary || ~ / stand-by... || ~ *m* (teint) / auxiliary || ~ (ouvrier) / odd-jobber, help-mate || ~**s** *m pl* (personnel) / auxiliary o. temporary staff || ~**s** *m pl* (ateliers) / auxiliary plants and shops o. installations || ~**s** *m pl* (ch.de fer) / auxiliary equipment || ~**s** *m pl* de **caoutchouc** / caoutchouc auxiliaries *pl* || ~**s** *m pl* des **chaudières** / auxiliary machines *pl* || ~ *m* de **commande** (électr) / control switch || ~ de **commande manuel** (appareillage basse tension) (électr) / hand actuated auxiliary switch || ~ **égalisant** (teint) / level dyeing assistant || ~ d'**extrusion** (plast) / extrusion aid || ~ d'**impression** (teint) / printing auxiliary || ~ de **mercerisage** / mercerizing assistant || ~**s** *m pl* de **montage** / assembling auxiliaries *pl* || ~ *m* de **pont** / deck machinery || ~ **tinctorial ou de teinture** / dyeing auxiliary
auxine *f* / auxin
auxochrome *m* / auxochrome
A.V., acétate *m* de vinyle / vinyl acetate, V.A.
aval, en ~ / down the river, downstream || ~ d'un **signal** (ch.de fer) / advance of a signal
avalanche *f* / avalanche || ~ **électronique ou d'électrons** / electron avalanche || ~ de **fond** / ground o. wet avalanche || ~ **ionique** / ion avalanche || ~ de **pierres** / rock slide o. avalanche o. fall || ~ **poudreuse ou de poudre** / dry o. drift avalanche || ~ de **roches** / rock slide o. avalanche o. fall || ~ de **terre** (géol) / landfall o. -slip o. -slide || ~ de **Townsend** (phys) / Townsend avalanche
avalée *f* (filage de laine) / ply, stretch
avaler *vt* (mines) / drive o. sink a pit || ~, aller aval *vi* / go downstream
avaleresse *f* (mines) / pit during sinking operation
avaleur *m* / navvy (GB)
avalies *f pl* / pulled o. skin wool, fellmongered wool (GB)
avaloir *m* (bâtim) / yard gully || ~ (routes) / gully hole, sink water trap, slop sink || ~ du **plancher** (bâtim) / floor gully
avance *f*, marche *f* en avant (m.outils) / advance, approach, run-on, forward motion o. movement || ~, approche *f* (m.outils) / feed motion o. engagement o. control, infeed, advance || ~ (techn) / advance, lead, leading || ~ (bâtim) / projection, projecture, jut, bearing-out, overhang || ~ [sur] / lead, guidance || **en** ~ (horloge) / fast || **être en ~ de phase** / lead in phase || ~ à l'**allumage** / advanced ignition, sparking advance || ~ à l'**allumage automatique** (auto) / automatically timed advance || ~ **angulaire** / angle of advance o. of lead, lead angle || ~ **automatique** (m.outils) / automatic traverse o. feed || ~ **automatique** (auto) / automatic spark advance || ~ **automatique à came** (m.outils) / automatic cam feed || ~ **automatique centrifuge** (auto) / centrifugal spark advance || ~ **automatique de la table** (m.outils) / automatic table traverse, table power traverse || ~ **automatique en travers** (m.outils) / power crossfeed o. cross traverse || ~ des **barres** (tourn) / feeding of stock, bar feed || ~ par **barres** (m.outils) / rod feed, feeding by means of bars || ~ de la **broche** / advance of the spindle || ~ à **carrousel** / circular feed || ~ du **champ** (électr) / lead of the field || ~ du **chariot** (m.outils) / travel of the turning carriage || ~ à **cliquet** (m.outils) / intermittent o. jump feed o. control || ~ à **contrepoids** / weight [operated] feed || ~ par **course** (m.outils) / feed per revolution o. per stroke || ~ **cyclique** (mines) / face advance || ~ de **dégrossisage ou d'ébauche** / coarse o. rough feed || ~ **discontinue** / jump feed, intermittent feed || ~ en **espèces** (ordonn) / paid-on || ~ **et retard** (horloge) / index adjuster, regulator adjuster (US) || ~ **faible** / sensitive feed || ~ **fine ou de finition** / fine feed || ~ **grossière** (m.outils) / coarse motion o. feed || ~ **intérieure** (m.à vap) / inside lead || ~ **intermittente** (m.outils) / jump feed o. control, intermittent feed o. control || ~ **lente** (m outils) / creep speed || ~ **longitudinale** (m.outils) / longitudinal feed || ~ **manuelle des plateaux mobiles pour le réglage** (fonderie) / jogging || ~ de **matières** (m.outils) / stock feed || ~ **mécanique** / power feed || ~ d'**outil** / tool feed o. travel || ~ de **perçage** / drill feed || ~ de **phase** / phase lead || ~ **pleine** (mot) / full advance || ~ de **plongée** / infeed || ~ **précise** (m.outils) / fine feed || ~ **rapide** (m.outils) / fast o. quick o. rapid motion o. traverse o. movement || ~ de **ruban** (m.à ecrire) / ribbon feed o. movement || ~ **semi-automatique** (auto) / semi-automatic advance o. control o. timing || ~ **sensitive** (m.à percer) / sensitive feed, hand lever feed || ~ de **serrage** (m.outils) / closing travel || ~**s** *f pl* **simultanées** (m.outils) / simultaneous feed motions || ~ *f* de **table à cliquet** / intermittent table feed || ~ du **tiroir** / lead of slide valve || ~ par **tour** (m.outils) / feed per revolution o. per stroke || ~ **transversale** / crossfeed, cross traverse || ~ **très fine** / very fine feed
avancé / advanced || ~, perfectionné / advanced, improved || ~, saillant / projecting, salient, protruding, overhanging || ~ (fer de rabot) / rank
avancée *f* (mines) / head of a gallery, face, benk || ~ de l'**axe d'attelage ou de sellette** (semi-remorque) / fifth wheel lead || ~ de l'**axe d'attelage ou de sellette** (semi-remorque) / fifth wheel load || ~ du **toit** / eaves *pl*
avancement *m* / progressive movement o. motion, progression || ~ (m.outils) / feed motion o. engagement o. control || ~ (mines) / advance o. development heading, (gallery:) driving || ~ (m.à ecrire, m.outils) / forward travel o. motion || ~ (aéro) / propulsion || ~ (ordonn) / promotion, upgrading || ~ **angulaire** / angular advance || ~ de la **bande** (ord) / tape feed o. transport || ~ du **film** (phot) / film transport || ~ des **fils** (filage) / flow of material || ~ des **formulaires** / form feed[ing] || ~ à **griffes** / gripper feed [system] || ~ par **homme-poste** / man-shift face advance || ~ d'une **interligne** (télex) / line feed || ~ d'**interligne** (m.compt) / line feed, LF, line skipping || ~ du **journal** (m.compt) / journal feed || ~ en **liste** (c.perf.) / single-item ejection || ~ **manuel rapide** (m.outils) / hand motion o. feed || ~ du **papier** (m.à ecrire) / paper feed || ~ du **quantième** (horloge) / movement of the calendar || ~ **rapide** (m.outils) / coarse motion o. feed, rapid feed || ~ **rapide à main** (m.outils) / hand motion o. feed || ~ au **rocher** / pushing through the rock || ~ à **saut de papier** (ord) / slew feed || ~ de **somme** (taximètre) / increment || ~ de **travail** / work progress
avancer *vt* (gén) / advance, bring o. move forward || ~ (m.outils) / feed, advance || ~ (mines) / drift || ~ (ord) / move || ~ *vi* / advance, proceed, progress, move forward || ~ / project [from o. above o. over], be salient, jut [out], protrude || ~ (horloge) / gain || ~ (s') / move on, (person:) come o. push forward, approach || **faire** ~ / move
avanceur *m* **automatique** (m.outils) / automatic advance || ~ de **phase** / phase advancer o. shifter || ~ de **phase en cascade** (électr) / Scherbius advancer || ~ de **phase de Kapp** (électr) / Kapp vibrator, Kapp phase advancer

avant *m* (nav) / forebody, forward quarter || ~ (roulotte) / front || **à ~ renflé** (nav) / bluff-bowed o. -headed || **en ~** / forward || **~-arc** *m* (bâtim) / fore-arch || **~-bassin** *m* (port) / outer basin, dock || **~-bassin** *m* (verre) / refiner || **~-bassin** *m* (céram) / working end || **~-bec** *m* (pont) / fore-starting || **~-bec** *m* de **lancement** (pont) / launching nose || **~-bras** *m* (techn) / extension arm, bracket || **~-butte** *f* (géol) / outlier || **~-corps** *m* (céram) / fore-hearth || **~-corps** *m* d'un **bâtiment** / fore-part o. front part of a building || **~-corps** *m* d'un **véhicule** / front part of a vehicle || **~-costière** *f* (sidér) / side wall || **~-coulant** *m* (distillation) / first o. fore-runnings *pl*, light ends *pl*, low wine, singlings *pl* || **~-cour** *f* (bâtim) / forecourt, front-court o. -yard || **~-coureur** *m* / forerunner || **~-creuset** *m* (fonderie) / fore-hearth, settler, receiver || **~-dernier** / next-to-last, penultimate || ~ **droit**, A.v.D. / on the right at the front, in front righthand || ~ du **fourneau** (sidér) / working o. operating side || **~-foyer** *m* / fore-hearth || ~ **gauche**, A.v.G. / on the left at the front, in front lefthand || **d'~** / produced prior to the war, prewar || ~ l'**heure** / premature || ~ **maigre** (nav) / fine o. lean o. sharp bow || **~-nettoyage** *m* / pre-purification || **~-pieu** *m* (bâtim) / pile helmet, dolly || **~-pont** *m* / shore-span || **~-port** *m* (nav) / outer dock o. harbour, outport || **~-porte** *f* / outer door || **~-projet** *m* / preliminary project o. study || **~-puits** *m* (mines) / pilot shaft || **~-série** *f* / pilot lot o. production o. run (US) || ~ le **temps** / premature || **~-titre** *m* (typo) / outer title page, half o. bastard title || **~-toit** *m* / eaves *pl* || **~-train** *m* (agr) / forecarriage || **~-train** *m* (gén) / bogie, (crane:) bogie truck || **~-train** *m* (ch.de fer) / leading bogie, leading truck (US) || **~-trou** *m* (fonderie) / core removing hole || **~-trou** *m* (pétrole) / mouse hole, rat hole || **~-trou** *m* de **bouchon** (mines) / easer shot || **~-trou** *m* de **taraudage** / tapping drill hole

avantage *m* / advantage, profit || **~s** *m pl* / usefulness, utility || ~ *m* [sur] / lead, guidance || **~s** *m pl* (mines) / cross-vein || ~ *m* **coût/performances** / cost-performance tradeoff || **~s** *m pl* **découlant de la situation** / locational advantage

avantageux / advantageous, expedient || ~, d'un prix avantageux / budget priced || ~ à l'**écologie** / ecologically beneficial

avarie *f* (nav) / average || ~ (gén) / breaking-down, failure || ~, panne *f* / accident || ~ **grosse ou commune** / general average || ~ **particulière** (nav) / particular average || ~ de **transport** / shipping damage

A.v.D. voir avant droit

aventurine *f* (min) / [a]venturine

avenue *f* (bâtim) / approach [road] || ~ de **grande communication** / main arteria

avers *m* / face of coins, obverse [side]

averse *f* (météorol) / [passing] shower || ~ **météorique** (astr) / meteoric shower

avertir / announce, warn || ~ (auto) / sound the horn, honk, hoot

avertissement *m* / warning || ~, notification *f* / notice || ~ (ch.de fer) / distant o. warning signal || ~ (téléscripteur) / intro[duction], lead-in, cue || ~ d'**incendie** / fire alarm

avertisseur *m* / alarm || ~ (ch.de fer) / marker || ~ (auto) / horn || ~, espion *m* / window mirror || ~ (gén) / monitor || ~, indicateur *m* / indicator, indicating device || **faire usage de l'~** / sound the horn, honk, hoot || ~ **acoustique** (ch.de fer) / annunciator || ~ à **air comprimé** / compressed air horn || ~ d'**alimentation** (m.à vap, ch.de fer) / feed warning device || ~ pour **appel à plusieurs tons** (auto) / multitone horn || ~ [d'**auto]** / signal horn || ~ **automatique** / automatic alarm || ~ **automatique d'incendie** / automatic fire alarm || ~ **bitonal** (auto) / twin horn set, two-tone horn set || ~ à **clapet de fin de conversation** (télécom) / clearing drop shutter, ring-off drop || ~ de **crevaison** / deflation o. puncture alarm, low pressure warning device || ~ de **crevaison** / air pressure alarm, deflation o. puncture alarm, low-pressure warning device (US) || ~ du **détachement du courant d'air** (avion) / stall-warning indicator || ~ à **distance** (ch.de fer) / distant warning device || ~ d'**effraction** / intruder alarm, burglar alarm || ~ **électrique** / electric alarm [safety device] || ~ **«fanfare»** (auto) / fanfare horn || ~ de **fuite** / seepage warning device || ~ de **givrage** (aéro) / ice indicator, ice detector || ~ de **grande puissance** (auto) / supertone horn || ~ d'**incendie** / fire alarm box, call point || ~ [d'**incendie] mural** / wall type fire alarm || ~ **lumineux** (auto) / headlamp flasher || ~ de **manque d'eau** / water level transmitter o. teleindicator || ~ de **marge d'altitude** (aéro) / terrain clearance indicator, TCI, radio altimeter || ~ **optique** (ch.de fer) / visual warning sign || ~ de **perte de pression** voir avertisseur de crevaison || ~ de **pression** (app.de gaz) / pressure switch || ~ de **pression** (pneum) / pressure control device || ~ de **radioactivité** / radiation monitor || ~ à **son pénétrant** (auto) / supertone horn || ~ de **température** / temperature alarm || ~ à **trembleur** (télécom) / trembler, trembling bell || ~ à **un seul coup** (télécom) / single stroke bell

aveuglant (lumière) / blinding, dazzling

aveugle (gén, bâtim) / blind || ~ par sa **routine professionnelle** / department centered

aveugler une **voie d'eau** / stop a leak

A.v.G. voir avant gauche

aviateur *m* / aviator, flier, flyer, airman || ~ **commercial** / commercial pilot || ~ **professionnel ou de profession** / professional pilot

aviation *f* (activité) / aviation, flying || ~ (technique) / aviation, aeronautics sg. || ~ **civile ou commerciale** / commercial air traffic, commercial aviation || ~ **maritime** / maritime aviation || ~ **militaire de mer** / naval aviation || ~ à **moteur** / mechanical flight, engine flying (US) || ~ **navale** / maritime aviation || ~ **sans moteur** / gliding, motorless flying || ~ **sportive** / sporting aviation

avide d'eau / hygroscopic

avidité *f* (chimie) / avidity

avigation *f* / avigation

avion *m* / [air]plane (US), aeroplane (GB), aircraft || **par ~** / by air, airborne || **type ~** / aviation type || ~ **ADAV** / vertical take-off and landing plane, VTOL-plane || ~ d'**affaires** / business aircraft, executive transport || ~ **aile delta** / airplane with sweptback o. sweepback (US) wings || ~ à **aile à double flèche**, avion *m* à aile en M ou en V / gull-wing o. cranked-wing aircraft, M-wing aircraft || ~ à **ailes en flèche** / airplane with sweptback o. sweepback (US) wings || ~ à **ailes inclinables** / tilt-wing plane || ~ à **aile [semi-]haute** / high-wing plane || ~ à **aile soufflée** / ground effect vehicle, air cushion vehicle o. craft, ACV, aeromobile (US), air car (US) || ~ à **ailes demi-surélevées** / mid[-set] wing monoplane || ~ à **ailes surbaissées** / monoplane with low set wings, low wing plane || ~ à **ailes surélevées** / monoplane with high set wings || ~ d'**altitude** / high-altitude airplane || ~ **amphibie** / amphibian [plane] || ~ à **atterrissage et décollage verticaux**, ADAV,

VTOL / vertical take-off and landing plane, VTOL-plane || **~-avion...** (mil) / air-to-air... || ~ **biplace** / two-seated airplane || ~ **bipoutre ou bifuselage** / double fuselage plane, twin boom aircraft || **~-canard** *m* / canard [type airplane], duck-type plane, tail-first machine || ~ **capable d'atterrir sans champ d'atterrissage** / no-airfield plane || **~-cargo** *m* / transport plane, cargo o. freight plane || ~ à **changement rapide** / quick- o. rapid-change aircraft || ~ **cible** / queen bee, target plane || **~-citerne** *m* / tanker airplane, refuelling craft, refueller || ~ de **combat** / combat plane o. aircraft, fighter [plane], strike aircraft || ~ **convertible** / converta-, convertiplane || ~ **CTOL**, avion *m* à décollage et atterrissage normaux / CTOL- o. NTOL-aircraft (= conventional o. normal take-off and landing) || ~ à **décollage et atterrissage réduits** / RTOL-plane (= reduced take-off and landing) || ~ à **décollage et atterrissage courts** (ELF) / short take-off and landing plane, STOL plane || ~ à **décollage vertical par basculement des propulseurs ou des hélices** / tilting-duct aircraft || ~ à **deux flotteurs ou à flotteurs en catamaran** / double-float seaplane || ~ **école** / trainer, training o. school plane || ~ **embarqué** / ship plane || ~ **entièrement métallique** / all-metal plane || ~ à **flèche variable** (ELF) / swing-wing aircraft || ~ à **flotteurs** / float o. pontoon seaplane || ~ à **force ascensionnelle engendrée par réacteur** / jet-lift aircraft || ~ **fusée** / rocket assisted airplane || ~ à **fuselage double** / double fuselage plane, twin boom aircraft || ~ à **géométrie variable** / VG-plane (= variable geometry) || ~ de **haute performance** / high-performance aircraft || ~ **HTOL** / HTOL plane (= horizontal take-off and landing) || ~ **indécrochable** / non-stalling plane || ~ **léger** / light plane || ~ de **ligne** (ELF) / commercial [air] plane, air carrier || ~ de **ligne à réacteur** / jet airliner || ~ de **lignes régulières** / airliner || ~ de **lutte tactique** / tactical strike fighter || ~ **manœuvré par la queue** / tail-controlled plane (US) || **~-modèle** *m* / model airplane || ~ **monofuselage** / single-fuselage aeroplane || ~ **M.R.C.A.**, Tornado *m* / MRCA-plane, multirole combat aircraft, Tornado || ~ **navette** / shuttle aircraft || **~-photographe** *m*, avion *m* pour la photogrammétrie aérienne / aerial survey plane || ~ à **plans bas** / monoplane with low set wings, low wing plane || ~ **pliant** / folding plane || ~ du **porte-avions** / carrier plane || ~ **postal** / mail plane || ~ à **pulsoréacteur** / pulse-jet o. pulso-jet o. intermittent-jet aircraft || ~ **quadriréacteur** / quadrijet || ~ à **queue double** / twin [tail] boom airplane || ~ **ravitailleur** / supply aircraft || ~ à **réaction** (ELF) / jet [propelled air] plane, jet || ~ de **reconnaissance** / reconnoitering o. reconnaissance plane, scout plane || ~ de **référence** (aéroport) / reference aircraft || ~ **remorqueur** / glider tug, tow-plane || ~ à **roues et à skis** / wheel-ski airplane || ~ **RTOL** / RTOL-plane (= reduced take-off and landing) || ~ de **saupoudrage** / airplane for dusting purposes || ~ de **secours** / support aircraft || ~ de **série** / production o. stock (US) airplane || ~ **silencieux à décollage et atterrissage courts** / QSTOL, quiet short take off and landing airliner || ~ de **sport** / sporting plane || ~ à **statoréacteur** / ram jet airplane || ~ **stratosphérique** / stratocruiser, -liner || ~ **supersonique** / supersonic aircraft o. plane, supersonic || **~-taxi** *m* / air-taxi, taxiplane (US) || ~ **terrestre** / land plane || ~ **transbordeur** / piggyback airplane || ~ de **transport** / transport plane, transporter || ~ **triplace** / three-seater || ~ **triréacteur** / trijet || ~ à **turboréacteur à double flux** / turbofan aircraft || ~ à **un fuselage** / single-fuselage aeroplane || ~ **VISTOL** / VISTOL aircraft (vertical + short take-off and landing) || ~ de **vol à voile dynamique** / dynamic glider o. sailplane || ~ **VTOL** / vertical take-off and landing plane, VTOL-plane

avionette *f* / small airplane

avionneur *m* / aircraft constructor

aviotage *m* (lam) / lifting levers [suspended from the roof structures]

aviron *m* (nav) / oar

avis *m*, nouvelle *f* / news || ~, expertise *f* / expert opinion, expertise || **jusqu' à ~ contraire** / unless revoked o. canceled || ~ d'**arrivée** / arrival note o. advice || ~ de **concours** / announcement of requests to tender || ~ de **coup de vent** (force de vent 8-9) / storm warning || ~ d'**expédition** / shipping advice || ~ de **livraison** / shipping note, delivery note || ~ de **manquant** / nil return || ~ de **modifications** (ordonn) / variation instruction o. order || ~ aux **navigateurs aériens** / notam (notice to airmen) || ~ de **nouveauté** (brevet) / novelty report || ~ de **tempête** (force de vent 9-10) / gale warning || ~ **urgent aux navigateurs** / urgent notice to mariners

aviso-escorteur *m* (guerre) / escort destroyer, frigate

avisure *f* (tôle) / folding border

avitailleur *m* (ELF) (aéroport) / bowser, bouser, fuelling vehicle

avivage *m* (tex) / reviving, brightening || ~ (galv) / colouring off, coloring (US) || ~ **acide** (tex) / brightening with acid || ~ à l'**acide oléique** (teint) / oil-acid brightening || ~ à **graisse** (tex) / brightening with fat || ~ à **huile** (tex) / brightening with oil || ~ **postérieur ou subséquent** (tex) / after-scrooping, final brightening || ~ sous **pression** (tex) / pressure brightening

aviver (tex) / revive, brighten || ~, tailler à vive arête / square-edge

avoine *f* / oat, oats *pl*, corn (Ireland, Scotland)

avoisinant / contiguous, adjacent, conterminal, -minous [to]

avorté (bot) / stunted

avorter / abort *vi*

avoyage *m* (scie) / pitch of saw teeth, set

avoyer (scie) / set the teeth

avtag *m* (combustible) / avtag, wide cut fuel

avurnav *m* / urgent notice to mariners

A.W.G. / Brown and Sharpe Wire Gage, American Standard Wire Gage

axe *m* (math, opt, méc) / axis (pl: axes), center line || **~s** *m pl* (math) / system of coordinates || ~ *m* (cristal) / median line || ~, boulon *m* / axle, pin, shaft || ~, tige *f* (techn) / spindle || ~ (horloge) / staff || **à ~ courbe** / crooked, bent, arcuated || **à ~s décalés** / axially offset || **à trois ~s** / triaxial || **d'~ en axe** / center to center, C to C || ~ de l'**abscisse** / X-axis, axis of abscisses || ~ des **abscisses en droit** (math) / righthand abscissa axis || ~ d'**approche** (aéro) / flight base line, extended center line || ~ de l'**arbre** / shaft axis || ~ de l'**arbre intermédiaire** (auto) / idler shaft || ~ d'**arrière ou de derrière** / hind axle || ~ d'**articulation** (clapet) / hinge pin, hinge bolt, pintle || ~ d'**articulation du battant d'un robinet** / hinge pin of a valve || ~ d'**articulation de genouillère** / fulcrum pin o. member || ~ d'**attelage** (ch.de fer) / coupling o. drag bolt, knuckle bolt o. pin || ~ d'**attelage** (auto) / fifth wheel kingpin || ~ **auxiliaire**

de la remorque / trailer converter dolly || ~ **avant** / front axle || ~ de la **bague** (roulement) / ring axis || ~ de **balancier** (horloge) / balance staff || ~ de **barre** (constr.en acier) / axis of a member || ~ de **battement** (hélicoptère) / flapping hinge || ~ de **blocage** (compt.gaz) / burning-off shaft, action spindle || ~ de **bobinage** (magnétophone) / hub for a magnetic tape || ~ de **bobine** / reel spindle, spool spindle (e.g. of ink ribbon) || ~ de **came de frein** / brake camshaft o. toggle shaft || ~ de **cardan** / gimbal pivot || ~ **central principal d'inertie** / central principal axis of inertia || ~ des **centres de poussée** (méc) / line of resultant pressure, axis o. center line of pressure o. of thrust || ~ des **centres de rotation** (méc) / pole line || ~ de **collimation** / axis of collimation || ~ de **commutateur** (électr) / switch shaft || ~ **conjugué** (math) / conjugate axis || ~ des **coordonnées** (math) / coordinate axis, axis of coordinates || **~s** *m pl* de **coordonnées obliques** / oblique coordinates *pl* || **~s** *m pl* de **coordonnées rectangulaires** / rectangular o. Cartesian coordinates *pl* || ~ *m* **coulissant** / sliding axle || ~ d'un **cristal** / crystallographic o. crystal axis || ~ du **crochet de traction** (ch.de fer) / draw-hook pin || ~ de **crosse de piston** / piston cross-head joint pin || ~ de **culbuteur** (auto) / rocker shaft || ~ **débrochable** / socket pin (DIN 80403) || ~ de **déclinaison** (opt) / declination axis || ~ de **défibreur** (pap) / grinder shaft || ~ de **déformation** (forge) / deformation axis || ~ d'**écoulement** (hydr) / axis of streaming || **~s** *m pl* des **efforts** / axes of stress *pl* || ~ *m* **électrique** (crist) / electric axis || ~ d'**enroulement** (magnétophone) / hub for a magnetic tape || **~s** *m pl* dans l'**espace** / three-dimensional [system of] axes || ~ *m* d'**essieu [ac]couplé** (ch.de fer) / coupled axle pin || ~ d'**essieu moteur** / driving axle pin || ~ d'**essieu orientable** (ch.de fer) / radial axle pin || ~ d'**essieu porteur** / carrying axle pin || ~ du **faisceau sonore** (ultrasons) / sound beam axis || ~ **fixe** (balance) / center of oscillation || ~ **fixe** (math) / fixed axis || ~ de **flexion** / bending axle || ~ de **flottaison** (hydr) / axis of floating || ~ **focal** / focal axis || ~ de **galet de poussoir** (auto) / tappet roller pin || ~ de **giration** (aéro) / normal o. vertical axis || ~ **horaire** (phys) / polar axis || ~ **imaginaire** / imaginary axis || ~ d'**incidence** (opt) / normal line, axis of incidence || ~ d'**inclinaison** / tilting o. tipping axle || ~ d'**inertie** (phys) / axis of inertia || ~ **instantané** (méc) / instantaneous axis || ~ de **jonction** / connecting pin || ~ de **levée de pale** (hélicoptère) / flapping hinge || ~ du **levier de commande de changement de vitesse** (auto) / selector shaft || ~ du **levier fourché** (auto) / forked steering arm shaft || ~ de **levier oscillant** (auto) / rocker shaft || ~ de **liaison** / connecting pin || ~ **libre** (bicycl) / free-wheel || ~ **libre à frein à contre-pédale** / free-wheeling hub with back-pedal brake || ~ **libre [de rotation]** (méc) / free axis [of rotation] || ~ **lié à l'aéronef** (aéro) / body axe || **~s** *m pl* **liés au vent** (aéro) / wind axes *pl* || ~ *m* de **lobe** (antenne) / beam axis || ~ **longitudinal** (gén, avion) / longitudinal axis || ~ **magnétique** (électr) / magnetic axis || ~ de **manille goupillé** / shackle pin || ~ de **manille vissé** / clevis o. shackle bolt || ~ **médian de chaussée** (routes) / center line || ~ **médian d'écoulement** / midstream || ~ de **mire** / sight axis || ~ de **mise à l'heure** (montre) / set-hands arbor || ~ **moyen d'une barre** (constr.en acier) / axis of a member || ~ du **navire** / midship center line || ~ **neutre** (méc) / neutral axis, N.A., neutral line || ~ **neutre plastique** (méc) / plastic neutral axis || ~ **non traverse** (hyperbole) / imaginary axis || ~ **normal** (aéro) / normal o. vertical axis || ~ **optique** / axis of vision, optical o. visual axis || ~ **optique** (crist) / optic o. principal axis || ~ des **ordonnées** (math) / Y-axis, axis of the ordinate || ~ d'**ordonnées en haut** (math) / upward ordinate axis || ~ d'**oscillation** / axis of oscillation || ~ du **palier** / bearing axis || ~ de **parabole** / principal diameter of the parabola || ~ **parallactique** / equatorial o. parallactic axis || ~ de **pédale** (auto) / pedal [pivot] shaft || ~ de **piston** (auto) / gudgeon [wrist] pin (GB), piston pin (US) || ~ de **piston flottant** (mot) / floating gudgeon pin o. wrist pin || **~-pivot** *m* de **fusée d'essieu avant** (auto) / king pin, pilot [pin], king bolt (US), steering [knuckle o. pivot] pin (US), steering swivel pin (GB) || ~ de **pivotement** / swivel pin || ~ de **pointage** (radar) / sight axis || ~ à **pointes** (montre) / centered staff || ~ **polaire** (math, astr) / polar axis || ~ **principal d'inertie** / principal axis of inertia || ~ **principal de rotation** / principal axis of revolution || ~ de **prise de vue** (phot) / camera axis || ~ **quaternaire** (crist) / tetragyre || ~ **radical** (math) / radical axis || ~ de **référence** / reference axis || ~ de **référence d'un angle** / initial side of an angle || ~ de **réfraction** / axis of refraction || ~ de **renversement** / dumping axle, tilting o. tipping axle || ~ de **ressort** / spring bolt || ~ de **révolution ou de rotation** / axis of revolution o. of rotation, rotation[al] axis, spin axis || ~ de la **rondelle-logement ou -arbre** (roulement) / large bore washer axis || ~ de **rotation** (crist) / gyre || ~ de **rotation du tambour de câble** / longitudinal axle of the cable drum || ~ de **roulis** (aéro) / x-axis, longitudinal axis || ~ **sans tête** / clevis pin without head || ~ des **satellites du différentiel** (auto) / differential spider || ~ du **spin** / axis of spin || ~ **suspendu sur ressorts** / springborn axle || ~ de **suspension** (funi) / suspension tackle pin || ~ de **suspension des ressorts** / spring-suspension link pin || ~ de **symétrie** (gén) / axis of symmetry || ~ **[de symétrie]** (dessin) / construction line || ~ de **symétrie** (crist) / gyre || ~ de **symétrie directe d'ordre 4** (crist) / tetragyre || ~ de **tangage** (aéro) / pitch axis || ~ de **tenailles** / joint rivet of tongs || ~ de la **Terre** / earth's axis || ~ à **tête cylindrique bombée fendue mince à bout fileté réduit** / slotted flat mushroom head fit bolt || ~ de **torsion** (théorie quantique) / rotatory || ~ de **traînée** (aéro) / drag axis || ~ de **traînée** (hélicoptère) / drag-link, drag- o. lag-hinge || ~ suivant la **trajectoire** (aéro) / axis parallel to the path || ~ **transversal** (aéro) / transverse axis || ~ **transverse** (géom) / transversal, traverse || ~ **transverse** (math) / transverse axis || ~ **tubulaire** / tubular axle || ~ de **variation de pas** (hélicoptère) / feathering hinge || ~ **vertical** (théodolite) / vertical axis || ~ **vertical** (aéro) / normal o. vertical axis || ~ de **visée** / axis of sight || ~ **visuel** (opt) / optical o. visual axis, axis of vision || ~ **visuel ou de visée** (théodolite) / visual axis, telescope axis || ~ de la **voie** (ch.de fer) / center of the track || ~ des **x** (math) / X-axis, axis of abscisses || ~ des **y** (math) / Y-axis, axis of the ordinate || ~ des **z** (math) / Z-axis || **~s** *f pl* de **coordonnées** [rectangulaires] / system of coordinates

axial / axial

axiflow *adj* / axial flow...

axinite *f* (min) / axinite, hyalite

axiomatique *adj* / axiomatic || ~ *f* (math) / science of axioms

axiome *m* / maxim || ~ (math) / axiom || **~s** *m pl* de **Newton** / Newton's axioms *pl* || ~ *m* d'**ordre** (math) / ordering axiom

axiomètre *m* (nav) / axiometer, telltale

axisymétrique / axisymmetric
axono·métrie *f* / axonometry || **~métrique** (dessin) / axonometric
ayous *m* (Cameroons) / wawa, Ghana obeche
azéo·trope / azeotropic, constant-boiling || **~tropisme** *m* / azeotropism
azide *m* / acid azide || ~ d'**iode** / iodine azide || ~ de **sodium** / sodium azide
azimut *m*, azimuth *m* / azimuth || ~ **aérodynamique** / air-path azimuth angle o. track angle || ~ **magnétique** / magnetic azimuth || ~ **précis** / fine bearing || ~ de la **trajectoire**, route *f* / flight-path azimuth angle, angle of track || ~ du **vecteur vent** / wind azimuth angle
azimutal *adj* / azimuthal || ~ (radar) / azimuth... || ~ *m* (nav) / sea compass || ~ **gyroscopique** / azimuth gyro
azine *f* (teint) / azine
azo·... (chimie) / azo... || **~benzène** *m* / azobenzene || **~dicarbonamide** *m* / azodicarbonamide
azoïque *adj* (chimie) / azo... || ~ *m* / azo compound || ~ (géol) / Proterozoic
azolitmine *f* / turnsole [acid], litmus
azotate *m* / nitrate || ~ d'**ammoniaque** / nitrate of ammonium || ~ d'**argent** / silver nitrate || ~ de **mercure** / mercury nitrate || ~ de **plomb** / lead nitrate
azote *m* / nitrogen, N || ~ **actif** / active nitrogen || ~ **amidé** / amidated nitrogen || ~ **ammoniacal** / ammonia nitrogen || ~ **atmosphérique ou de l'air** / atmospheric nitrogen || ~ pour **mesurage** (réacteur) / measuring nitrogen || ~ **phosphorisé** / phosphoretted nitrogen
azoté / azotized, nitrogenous
azoter / nitrogenize
azoteux (vieux), nitreux / nitrous, nitrogen(II)...
azotique (vieux), nitrique / nitric, nitrogen(III)... o. (V)...
azotite *m* / nitrite(III)
azoto·bacters *m pl* / nitrifying bacteria, Nitrobacteriaceae *pl*, azotobacter || **~mètre** *m* / nitrometer, azotometer
azoture *m* / nitride || ~ de **carbone** / carburet of nitrogen, cyanogen || ~ de **chlore** / hydrochloride of nitrogen, nitrogen [tri]chloride || ~ d'**iode** / nitrogen iodide || ~ de **plomb** / lead azide || ~ de **silicium** / silicon nitride
azotyle... / nitrile
azur *m* / copper carbonate
azurage *m* **optique** (pap, teint) / fluorescent brightening
azurant *m* **optique** / optical bleach o. brightener o. white, fluorescent whitening agent
azuré (couleur) / azure[d] || ~ **optique** (pap) / optically whitened o. brightened
azurer (tex) / bleach [and blue]
azurin / bluish
azurite *f* (min) / azurite (of Beudant)

B

b / bar, b
B.A., béton *m* armé / armoured concrete, reinforced concrete, ferroconcrete, R/C
babillage *m* (télécom) / spluttering
baboen *m* (bois) / banak
bac *m* (nav) / ferry boat, double ender || ~, baquet *m* / tun, vat || ~, caisse *f* / receiver, container, box || ~ (teint) / tub, vat || ~ (filage) / continuous trough || ~ (manutention) / box, stock box || ~ d'**accumulateur** / accumulator case o. box o. tank, battery case o. box || ~ à **acider** (tex) / beck for acidifying, sourer || ~ à **acidifier au large** (tex) / acidifier for fabrics in open width, beck for acidifying in open width || ~ **acier** (bâtim) / sheet with trapezoïdal corrugations for flat roofs || ~ **aérien** (ELF) / car ferry (over long distances), air ferry (over short distances) || ~ à **agitation** / stirrer vessel o. tank, agitated vessel || ~ à **agitation** (mines) / tossing tub o. kieve, dolly tub o. kieve || ~ à **air comprimé**, bac *m* Baum (mines) / Baum [type wash]box, Baum jig || ~ **basculant** / dump body || ~ en **batterie [en flux parallèles à travers le bac]** (mines) / jig battery || ~ à **câble** / flying bridge || ~ à **cartes** / tray (for account cards) || ~ de **chargement** (sidér) / charging box o. tray || ~ de **chaulage** (sucre) / defecator, liming o. defecation o. defecating pan o. tank || ~ à **colle** (tex) / sizing apparatus || ~ **collecteur** / drip pan, dropping cup, dish || **~-collecteur** *m* de **copeaux** (m.outils) / chip pan o. tray || ~ à **cyanuration** / cyanidation vat || ~ de **décantation** (prépar) / pointed box o. trunk, sloughing-off box, V-box, box classifier, spitzkasten (GB) || ~ **décanteur à eau courante et ascendante** (mines) / counterflow classifier || ~ à **décharge** (bière) / beer vat o. back || ~ à **décombres** / rubbish box || ~ de **dégivrage** (réfrigérateur) / drain pan || ~ à **diaphragme** (mines) / diaphragm type washbox || ~ à **égout** (sucre) / tank for run-off || ~ d'**élément** (accu) / cell box || ~ à **encre de la presse** (typo) / ink duct o. fountain of the press || ~ d'**épuration pneumatique** (mines) / pneumatic o. air jig || ~ d'**expansion** / expansion vessel || ~ à **feldspath** (prép) / feldspar type washbox || ~ **fermé** (bière) / hot wort receiver || ~ de **fermentation de la crème** / cream fermenting tank || ~ à **fines** (mines) / fine grain washing machine, fine coal jig || ~ **finisseur** (flottation) / finishing trough || ~ à **fond conique** voir bac de décantation || ~ à **fruits** (réfrigérateur) / fruit drawer || ~ à **glaçons** (réfrigérateur) / ice bucket, ice-cube chest o. bin || ~ à **grains** (mines) / coarse [coal] jig, coarse grain washer || ~ à **grenaille fine** voir bac à fines || ~ à **huile** (électr, techn) / oil tank || ~ **hydraulique** (mines) / hydraulic o. plunger jig[ger] || ~ d'**isolement** (accu) / insulating case o. box || ~ **jaugeur** / gauging tank || ~ de **lavage** (techn) / washing tank || ~ de **lavage**, bac *m* laveur (mines) / jig, pan, settling tank || ~ de **lavage à gros grains** (mines) / coarse [coal] jig, coarse grain washer || ~ de **lavage oscillant** (mines) / vibrating jigger || ~ de **lavage à pistonnage mécanique** (mines) / piston jig || ~ de **lavage à pulsion** (mines) / Baum jig || ~ de **lavage à refoulement sur tamis** / movable sieve jig || ~ **laveur circulaire** / circular jig || ~ **laveur continu** (mines) / self-acting jig || ~ **laveur à tamis** (mines) / jigger || ~ à **légumes [pivotant]** (réfrigérateur) / [swing-out] crisper o. vegetable drawer || ~ à **liquide dense** (prépar) / dense-medium washer, heavy-medium separator || ~ à **lit filtrant** / feldspar type washbox || ~ à **mazout** (calorifère) / oil trough || ~ **mesureur** (sucre) / gauging tank || ~ à **moteur** / motor-driven ferry || ~ à **œufs** (réfrigérateur) / egg bin o. bucket o. shelf o. rack o. tray || ~ **ouvert** (teint) / vat, tub, tun || ~ **passant les autos** / motorcar ferry, ferry[boat] || ~ à **pasteurisation** (sucre) / sterilizing apparatus o. tray || ~ à **pâte** (pap) / stuff box || ~ de **pied** (sucre) / collecting tank || ~ de **pied du condenseur** (sucre) / hot well seal tank, falling water tank || ~ à **piston** / jig || ~ à **piston mécanique**

(mines) / plunger-type jig || ~ à **pistonnage pneumatique** (mines) / Baum jig || ~ **plastique** / plastic stock box || ~ à **plusieurs compartiments** (mines) / compartment jig || ~ **primaire** / primary jig || ~ à **produits lessiviels** (m. à laver) / detergent container || ~ à **pulsion** (mines) / pulsator o. pulsating jig || ~ de **réfrigération** / cooler || ~ **refroidisseur** (bière) / refrigeratory, cooling vat, coolship, cooler, bac, back || ~ de **relavage** (mines) / re-wash box || ~ **reverdoir** (bière) / underback || ~ de **sédimentation** (mines) / jig, pan, settling tank || ~ de **stockage** (pétrole) / storage tank || ~ à **table mobile** (prép) / movable sieve type washbox || ~ à **tamis mobile** (mines) / kieve, keeve || ~ à **tamis oscillant** (mines) / pulsator o. pulsating jig || ~ de **teinture** / dyeing vat o. jigger o. kettle o. copper || ~ à **tissu** (tricot) / work tin, fabric container || ~ à **traille** / flying bridge || ~ de **transformateur** / transformer shell o. case || ~ de **trempage** (émail) / dip tank || ~ de **trempage** (tex) / steeping vat o. tub o. bowl || ~ en **verre** (chimie) / glass trough || ~ à **viande** (réfrigérateur) / meat keeper, chiller tray

bâchage *m* (ch.de fer) / sheeting of freight cars

bâche *f* / container for liquids, tank || ~ (turb. à eau) / turbine housing || ~, citerne *f* / cistern || ~ (électr) / switch vessel || ~ / tarpaulin, tarred canvas || ~ (mesure de houille) / one hectoliter of coal || ~ (un panier) (mines) / basket for carrying coal || ~ **alimentaire** (m.à vap) / feed water tank || ~ d'**alimentation** (prép) / headbox || ~ de **condensation** / condensation water tank || ~ **goudronnée** (nav) / tarpaulin, tarred canvas || ~ **imperméable** / tarpaulin, awning || ~ de **refroidissement** (céram) / stave cooler || ~ de **refroidissement** (four céram) / stave cooler || ~ **spirale** (turbine) / spiral housing || **~-tampon** *f* / equalizing reservoir || ~ de **tête** (prép) / head tank

bâché (auto) / with tarpaulin

bachot *m* / ship's boat

bacille *m* / bacillus, bacterium || ~ **virgule** / comma bacillus

bacneur *m* (Belg) (mines) / drifter

bacnure *f* (Belg) (mines) / cross cut o. heading, traverse heading, cross measures drift, crossway

bactéria *m pl* (sg: bactérium) / bacteria *pl* (sg: bacterium)

bactéricide *adj* / bactericidal || ~ *m* / bactericide

bactérie *f*, Bactérie *f* / bacterium || ~ **dénitrificante** / nitrogen reducing bacterium, denitrifying bacterium || **~s** *f pl* des **eaux d'égout** / waste water bacteria *pl* || **~s** *f pl* **fixatrices d'hydrogène** / hydrogen bacteria || **~s** *f pl* **lumineuses** / luminous bacteria *pl* || **~s** *f pl* **nitrifiantes** / nitrifying bacteria, Nitrobacteriaceae *pl* || **~s** *f pl* **nitriques** / nitric bacteria *pl* || ~ *f* des **nodosités** / nodule bacterium || **~s** *f pl* **oxydant le fer** / iron bacteria *pl* || **~s** *f pl* du **pétrole** / oil well microorganism

bactérien / bacterial

bactério·logie *f* / bacteriology || **~logique** / bacteriological || **~logiste** *m*, bactériologue *m* / bacteriologist || **~phage** *m* / bacteriophage || **~stasie** *f* / bacteriostasis || **~statique** / bacteriostatic || **~statique** *m* / bacteriostat

badamier *m* / storax tree

baddeleyite *f* (min) / baddeleyite

badge *m* / badge

badigeon *m* (bâtim) / cream o. milk of lime || ~ (menuis.) / milk-of-lime || ~ (coll) (bâtim) / whitening brush || ~ **jaune** / yellow badigeon, yellow mason's colour

badigeonnage *m* / whitewashing, whitening || ~ des **lingotières** / ingot mould blackening

badigeonner (lingotières) / reek, blacken || ~ (men) / smooth, level out || ~ (bâtim) / limewash o. -white, L.W., whitewash, wash || ~ (coll) / daub || ~ **d'ocre rouge** (fonderie) / dress with rouge

badigeonneur *m* (bâtim) / limer

badin *m* (aéro) / dynamic airspeed indicator, relative speed indicator, Pitot head

baffle *m* (vide) / baffle, vapour trap || ~ (hydr) / baffle || ~ (acoustique) / cushioning, acoustic baffle || ~ **astrotorus** (vide) / astrotorus baffle || ~ à **chapeau**, baffle-chapeau *m* (vide) / cold cap [baffle], top nozzle baffle, guard ring, vapour catching cone cap || ~ à **chevron** / chevron baffle || ~ **réfléchissant** / reflex baffle

bafouiller (mot) / splutter, spit

bag *m* (vulcanisation) / air bag

bagasillo *m* (sucre) / bagasillo

bagasse *f*, bagace *f* / [cane] trash, bagasse

bague *f* (techn) / ring, collar, hoop, band || **en forme de** ~ / annular, ring-shaped || ~ d'**adaptation pour roulements à billes** / self-aligning ring || ~ d'**ajustage** / gauge ring, adjusting ring || ~ **apparente** (résistance) / external collar || ~ d'**appui** / back-up ring || ~ d'**arrêt** (haubanage) / bull ring || ~ d'**arrêt** (techn) / set collar, slide [index] || ~ d'**autorisation d'écriture** (b.magnét) / write-enable o. permit ring, file protection ring || ~ **bicône** (techn) / conical nipple || ~ **bicône de transition** / sealing cone for transition || ~ à **billes** / raceway of a ball bearing, ball race || ~ de **butée** / stop ring, adjusting ring, set o. thrust collar || ~ de **butée séparée** (roulem. à rouleaux) / separate thrust collar || ~ de **calage** / tapered ring || ~ de **caoutchouc** / rubber ring || ~ de **caoutchouc** (boîte de conserves) / lever ring || ~ de **centrage** / eccentric ring || ~ **centrifuge** / oil splash ring || ~ du **collecteur** (électr) / commutator ring || ~ **collectrice** (électr) / slip ring, collector ring || ~ **conique** (métrologie) / taper ring gauge || ~ **conique en deux pièces** (mot) / valve collets *pl* || ~ **conique ou de calage** / tapered ring || ~ **coupante** (assembl. de tuyaux) / olive, cutting ring || ~ **court-circuitée** / short-circuit ring || ~ du **cylindre** (typo) / bearer ring, cylinder bearer || ~ **cylindrique de jauge** / ring o. female ga[u]ge, ga[u]ging ring, plain ring ga[u]ge || ~ **dosimètre** (nucl) / film ring || ~ d'**écartement** / spacer ring, spacer collar || ~ **élastique de fermeture** (emballage) / clamping ring || ~ à **encoche** / one-tooth ratchet || ~ d'**espacement** / spacer ring || ~ **[étalon]** / gauging ring, plain ring gauge || ~ d'**étanchéité** / seal[ing] washer, gasket || ~ d'**étoupage** / packing ring o. disk o. washer || ~ **extérieure** (roulement à billes ou à rouleaux) / outer ring || ~ **extérieure** (une douille) / pressed-on bush, press-fit bush || ~ à **fente** / split ring || ~ de **fermeture** (plast) / locking ring || ~ **filetée** / ring follower, ring nut || ~ **filetée ENTRE** / thread ring gauge Go || ~ **filetée N'ENTRE PAS** / thread ring gauge Not-Go || ~ de **fixation** / ring fastener || ~ de **fond** / bottom ring || ~ du **frein** (axe libre) / brake jacket of the free wheeling hub || ~ de **frein pour arbres** / circlip [securing ring] || ~ **glissante** (embrayage) / slipring || ~ de **graissage** / oiling ring, lubrication ring || ~ **gratte-huile** / oil [control] ring, oil wiper o. wiping ring o. deflector, scraper ring || ~ de **guidage** / guide ring || ~ des **indices de lumination** (phot) / light value setting ring || ~ **inférieure sans épaulement** (filage) / straight inner ring, carrier ring || ~ d'**insertion** / spacer ring || ~ **intérieure** (roulement à billes ou à rouleaux) / inner raceway || ~

intérieure (une douille) / press-fit bush || ~ **intérieure à alésage conique** (roulement à billes) / inner race with taper bore || ~ **intermédiaire** / intermediate ring || ~ de **jauge ENTRE** / GO-ring gauge || ~ de **jauge N'ENTRE PAS** / NOT-GO ring gauge || ~ à **labyrinthe** / labyrinth box o. gland o. seal || ~ de **laminage** (extrudeuse) / retaining ring || ~ à **lèvre[s]** / lip seal || ~ à **lèvres [en caoutchouc ou en élastomères] avec ressort** / rotary shaft [lip] seal || ~ **moletée de blocage** / knurled stop ring || ~ de **moyeu** / hub bush || ~ **pare-étincelles** (électr) / spark extinguishing ring || ~ de **pression de la butée** (auto) / throwout collar o. bearing of the clutch, clutch thrust bearing || ~ de **projection** / oil splash ring || ~ de **raccord** / intermediate ring || ~ de **radiateur** / radiator safety ring || ~ de **réduction** / bushing || ~ de **renfort** / compensation ring, reinforcing ring || ~ de **retard** (relais) / slug of a relay || ~ [de **roulement] à billes** / raceway of the ball bearing, ball race || ~ de **roulement bombée** / annular barrel bearing || ~ de **roulement à trous de chevilles** / thrust ring with pin holes || ~ de **serrage** / shrunk-on o. shrink ring o. collar o. hoop || ~ de **sortie** (extrudeuse) / relief ring of the die || ~ de **support** / supporting ring || ~ de **suspension** / suspender ring || ~ **taraudée étalon** / standard thread ring ga[u]ge || ~ de **tube** / tube ferrule || ~ d'**usure** / wear ring || ~ de **ventilateur** / fan guard || ~ de **ventilateur** (auto) / fan cowl || ~ **vissée de calibrage** / screw-in gauge ring

baguette *f* / rod, flexible o. slender stick || ~ (men) / batten, ledge, cover strip || ~ (techn) / fitting strip || ~ (ord) / wand || ~ (plast) / rod || ~ (balance) / index, needle, tongue || **en forme de** ~ / rod shaped || ~ d'**application** (chimie) / application rod || ~ **[d'apport]** (soudage) / welding o. filler rod o. wire || ~ d'**apport pour soudage au gaz** / gas welding filler rod || ~ de **brasage fort** / brazing rod || ~ de **brasage tendre** / stick of solder || ~ de **carde** / teasling bar || ~ de **changement** (tex) / reversing rail || ~ de **charbon** / arc lamp carbon || ~ de **couverture** (charp) / ledge, tringle, cover strip || ~ **couvre-joint** (men) / capping || ~ **divinatrice ou de sourcier** / dowser's rod, divining rod || ~ **dorée** / gilt mo[u]lding || ~ d'**encadrement** / chamfer for picture frames || ~ d'**envergure** (tiss) / crossing o. dividing rod, lease [bar] || ~ de **lisière** (men) / [overlapping] edge band o. foil o. veneer, bandings *pl* || ~ **non enrobée ou nue** (soud) / bare electrode || ~ à **rainure [pour sertir le plomb]** (fenêtre) / leaden came o. fillet, fretted lead || ~ de **renvidage** (filage) / faller wire, guide wire, front faller || ~ de **séparation d'envergure** (tiss) / shed rod || ~ de **traçage** (aéro) / batten || ~ en **verre** / glass rod o. stirrer o. bar

bahut *m* (bâtim) / cambered crest of a wall || ~ (un coffre) (gén) / chest with cambered lid

baie *f* (ord) / pull-out slide, drawer || ~ **19"** (électron) / 19" rack || ~ (bot) / berry || ~ (bâtim) / void, structural opening || ~ (télécom) / telephone switchboard || ~ (géogr) / bay || ~ (central autom) / rack, shelf || ~ (ELF) (électron) / rack || ~ de **clocher** (bâtim) / louver (US) o. louvre (GB) window || ~ de **connexions** (télécom) / patch bay || ~ à **coulisse** (ch.de fer) / sliding window || ~ de **fenêtre** / window bay o. niche o. recess || ~ de **fenêtre coulissante** (bâtim) / sliding sash || ~ à **feuillure** / structural opening with rebated reveal || ~ à **glace fixe** (ch.de fer) / fixed window || ~ à **guillotine ou à glace mobile** (ch.de fer) / drop window || ~ de **lignes de jonction** (télécom) / junction line panel || ~ de **mesure de répéteurs** (télécom) / repeater test rack || ~ de **porte** / door bay || ~ de **répéteurs** (télécom) / repeater rack || ~ **sans feuillure** (bâtim) / structural opening with non-rebated reveal || ~ **semi-ouvrante** (ch.de fer) / sliding window || ~ de **signaux** (télécom) / signalling frame o. shelf || ~ **standard** (électron) / standard rack || ~ **universelle** (télécom) / miscellaneous apparatus rack (MAR)

baignage *m* (chanvre) / watering || ~ par **bassins** / irrigation by means of ponds

baignant dans l'**huile** (auto) / running in oil

baignoire *f* / bathtub || **~-douche** *f* / trough for showers, shower receptor, shower bath || ~ **encastrée** (bâtim) / built-in [bathing] tub, encased bathtub, magna pattern bath || ~ **mobile** (bâtim) / detachable [bathing] tub, tub pattern bath || **~-sabot** *f* / hip-bath || ~ en **zinc** / zinc bath

bâillant, être ~ / gape, be ajar

bâillement *m* (auto) / toe-out

bâiller / gape, be ajar

bain *m* (sidér) / heat, melting bath || ~ (tex) / liquor, bath || ~ (galv) / bath solution, electrolyte || **à** ~ **d'huile** / oil-cooled || **à** ~ **d'huile** (électr) / oil-break..., oil-immersed || **en** ~ **unique** (teint) / single-bath..., one-bath..., one-dip... || ~ **acide** (teint) / acid bath o. liquor || ~ **acide d'étain brillant** (galv) / bright-tin acid bath || ~ à l'**acide sulfurique** (teint) / sulphuric acid bath || ~ d'**air** (chimie) / air bath || ~ d'**alimentation** (teint) / replenishing liquor, feed[ing] liquor || ~ d'**alun** (chimie) / alum bath || ~ d'**amalgame d'argent** (galv) / quick o. blue dip || ~ à **argenter** (galv) / silvering bath || ~ d'**argent[ure]** (phot) / silver bath || ~ d'**arrêt** (phot) / stop bath || ~ de **blanchiment** (tex) / bleaching liquor o. bath || ~ de **blanchiment** (galv) / matt[e] dip || ~ de **brasage** / soldering bath || ~ de **brasage au trempé stationnaire ou à immersion** / dip soldering bath || ~ de **brillantage** (galv) / pickling bath, pickle || ~ **caustique** / caustic bath || ~ au **chrome** / chrome bath || ~ **circulaire** (galv) / ring bath || ~ en **circulation** (tiss) / circulating liquor || ~ de **coagulation** (chimie) / coagulating bath || ~ de **couverture** (galv) / strike bath || ~ **cryostatique** / bath cryostat || ~ à **cyanure de sodium** / [sodium] cyanide bath || ~ de **décapage** (sidér) / pickling bath || ~ de **décapage mat** (galv) / matt[e] dip || ~ de **décapage usé** (sidér) / spent pickle liquor || ~ de **dégraissage** / degreasing bath || ~ de **dégraissage** (teint) / cleansing liquor || ~ de **dégraissage électrolytique** / liberator, liberation tank o. cell (electrolysis) || ~ à **démétalliser** (galv) / stripper, stripping solution || ~ pour **dépôt en flash** (galv) / strike bath || ~ de **dérochage électrolytique** / electrolytic pickling bath || ~ **détergent** (tex) / washing liquor o. bath || ~ de **développement** (phot) / developing bath || **~-s-douches** *m pl* (mines) / coop, coe, pithead baths *pl* || ~ *m* d'**eau salée** / brine bath || ~ **effervescent** (sidér) / wild melt || ~ **électrolytique** / galvanic o. electrolytic bath, electroplating bath o. vat || ~ d'**encollage** / sizing liquor || ~ d'**étamage** / tinning bath || ~ d'**étamage de circuits imprimés** (galv) / solder plating bath || ~ de **filage** / rayon spinbath || ~ de **finition mate** (galv) / matt[e] dip || ~ **fixateur ou de fixage** / fix[at]ing bath || ~ **fixateur rapide** (phot) / high-speed fixing bath || ~ de **fixation durcissant** (phot) / hardening bath || ~ de **fluoborate acide** (galv) / acid fluoborate bath || ~ de **foulardage au naphtolate** (tex) / naphthol padding liquor || ~ de **fusion** / melting bath, melt || ~ d'**huile** (chimie) / oil-bath || ~ d'**huile pour la trempe** / oil quenching bath || ~ **immobile** (galv) / still bath || ~

d'**imprégnation** / impregnating bath || ~ **inverseur ou d'inversion** (phot) / reversing bath || ~ de **lavage lié** (tex) / tied-up water || ~ à **lessive** / lye [bath], alkaline solution, liquor || ~**-marie** (pl: bains-marie) *m* (chimie) / water bath || ~**-marie** *m* (bière) / malt extract bath || ~ de **matage** (galv) / matt[e] dip || ~ **métallique** / molten metal bath || ~ **mince** (bâtim) / thin mortar bed || ~ **mince de mortier** (bâtim) / thin mortar bed || ~ de **mouillage** (tex) / wetting liquor || ~ de **nickelage** (galv) / nickel bath || ~ de **nickelage brillant** / bright nickel bath || ~ **noir** / black mordant, iron liquor o. mordant || ~ de **nourrissage** (teint) / feeding liquor || ~ de **plomb** / lead bath || ~ de **prédécapage** (galv) / pickling bath, pickle || ~ de **prédépôt** (galv) / strike bath || ~ de **prérinçage** (galv) / drag-out rinse o. swill || ~ de **rechange** (galv) / replacement bath || ~ de **recuit** / annealing bath || ~ de **régénération** (cellulose) / regenerating bath || ~ de **remplacement** (galv) / replacement bath || ~ de **renforcement** (phot) / intensifying bath || ~ de **revenu** (sidér) / tempering bath || ~ de **revenu après trempe** / oil quenching bath || ~ de **rinçage** (tex) / rinsing bath || ~ **salin ou de sel** / salt bath || ~ de **savon** / soap bath || ~ de **savon de grès** (tex) / bast soap bath || ~ de **séparation** (prép) / separating bath || ~ de **soudure avec agitation** / agitated soldering bath || ~ de **stannate alcalin** (galv) / alcaline stannate bath || ~ au **sulfamate** (galv) / sulphamate bath || ~ de **sulfate acide** (galv) / acid sulphate bath || ~ de **sulfate d'ammonium** / ammonia sulphate bath || ~ **sulfureux** / sulphur bath || ~ de **teinture** / dye[ing] fluid o. liquor || ~ **thermostatique** / thermostatic bath || ~ **tournant** (galv) / revolving bath || ~ de **trempage** (tex) / steep bath || ~ de **trempe** (sidér) / quenching bath || ~ de **vapeur** (gén, chimie) / steam o. vapour bath || ~ de **verre** (verrerie) / metal, found, melting || ~ de **virage** (phot) / toning bath || ~ de **virage à l'or** (phot) / gold toning || ~ de **Watts** (galv) / Watts-type solution || ~ de **zinc** / zinc bath

bainite *f* (sidér) / bainite (US)

baïonnette *f* à **pas de vis** (lampe) / threaded bayonet

baisse *f* / lowering || ~**-aiguilles** *m* (tricot) / draw-down cam, knock[ing]-over cam || ~ *f* de **niveau d'eau** / falling o. receding o. sinking of the water level || ~ de **rendement** / decrease of performance

baisser *vt* / let down, lower || ~, diminuer / abate || ~ *vi* / sink, fall || ~ (se), pencher (se) / stoop || ~ le **ton** (instr) / tune down || ~ le **train d'atterrissage** / let down o. lower o. extend the landing gear

bajoyer *m* (hydr) / lock side wall

bakéliser / bakelize

bakélite *f* (plast) / bakelite, Bakelite || ~ **fibreuse** / fibrous bakelite

B.A.L., block *m* automatique lumineux (ch.de fer) / automatic colour light block

baladeur *m* (horloge) / sliding gear, rocking bar, yoke || ~ (auto) / sliding shaft, spline shaft || ~ (m.outils) / sliding gear wheel

baladeuse *f* / hand lamp, portable o. trouble (US) lamp, inspection lamp || ~ (auto) / trailer || ~ pour **tonneaux** / barrel inspection lamp

balai *m* (électr) / sliding o. wiper contact, brush || ~ (télécom) / contact arm o. wiper, wiper || ~ (ustensile de ménage) / broom, [sweeping] brush || ~**-brosse** *m* (routes) / revolving o. rotary brush o. broom || ~ de **charbon** / carbon o. graphite brush || ~ **circulaire** / circular broom || ~ de **commande** / control brush || ~ **conducteur** (électr) / collector [brush] || ~s *m pl* **échelonnés** / staggered brushes *pl* || ~ *m* d'**essai ou d'épreuve** (électr) / exploring brush, pilot brush || ~ **explorateur** (électr) / scanning brush || ~ **feuilleté** (électr) / lamellar brush || ~ **feuilleté métallique** (électr) / copper strip brush || ~ en **fils** (électr) / copper wire brush || ~ **[frotteur]** (électr) / brush || ~ **graphitique** / graphite brush || ~ de **lecture** (c.perf.) / reading brush || ~ de **mise à la terre** / earthing brush || ~ **négatif** / negative brush || ~ **pilote** (électr) / exploring brush, pilot brush || ~ **positif** (électr) / positive brush || ~ **rotatif**, balai-rouleau *m* (routes) / revolving o. rotary brush o. broom || ~ en **toile métallique** (électr) / woven wire brush, [wire] gauze brush

balance *f* / balance, [pair of] scales *pl* || ~, équilibre *m* / balance, equilibrium || ~ (m.compt) / positive and negative operation || ~ (électr) / bridge, balance || **hors de** ~ / unbalanced || ~ pour **analyses** / analytical balance, chemical o. precision balance || ~ **annulaire** / ring balance || ~ **automatique** / patent weighing machine, patent scale beam || ~ **automatique à cadran** / grocer's scale || ~ à **bascule** / weighing machine || ~ à **cadran** / dial o. indicator balance, bent-lever balance || ~ de **Cavendish** / gravity balance o. meter || ~ **chimique** / analytical balance, chemical o. precision balance || ~ de **comparaison de deux inductances mutuelles** / comparison balance of two mutual inductances || ~ **compteuse** / weighing machine with counting scale || ~ de **comptoir** / counter balance o. scales pl. || ~ de **Coulomb** / Coulomb's balance || ~ de **cuisine** / kitchen balance o. scales pl. || ~ **décimale** / decimal balance, decimal weighing machine || ~ **dynamique** / dynamical equilibrium, running o. dynamic balance || ~ à **échantillonner** (tex) / quadrant || ~ à **échantillonner les œufs** / egg weigher and grader || ~ pour **échevettes** / yarn tester || ~ **électrodynamique** (électr) / electric balance, ampere o. current balance o. weigher, Kelvin [ampere] balance o. weigher || ~ **électrodynamique déca-ampèremétrique** / deca-ampere balance || ~ d'**ensachage**, balance *f* ensacheuse / sack filling and weighing machine, sacking weigher, bagging scale || ~ d'**ensachage brut** / sack gross weigher || ~ d'**ensachage net** / sack net weigher || ~ d'**essayeur ou d'essai** / assay balance || ~ d'**essieux** / locomotive axle weighbridge || ~ d'**Euler** (crist) / Euler's balance || ~ à **feuilles** / paper scale || ~ de **film** (phys) / surface balance || ~**s** *f pl* **fines** / gold balance, assay o. physical balance || ~ *f* à **fléaux** / beam scale || ~ à **friction** / friction balance || ~ à **gaz** / gas weighing scales *pl* || ~ **hydrostatique** / hydrostatic balance || ~ d'**induction** / induction balance || ~ du type **industriel** / industrial scale || ~ **intégrante** (mines) / integrator || ~ de **Jolly** (phys) / Jolly balance || ~ à **levier** / beam scales *pl* || ~ **magnétique** / field balance || ~ **magnétique** (instr) / magnetic balance || ~ à la **main** / hand scales *pl* || ~ de **maison** / kitchen scales *pl* || ~ **manométrique** / deadweight pressure gauge, monometric scale || ~ pour **mèches** (filage) / roving quadrant || ~ de **ménage** / kitchen balance o. scales *pl* || ~ de **Mohr** / Mohr balance || ~ à **papier** / paper scale || ~ à **pendule** / pendulum level || ~ pour **pharmaciens** / tare balance || ~ à **plateaux** / shop scales *pl* || ~ à **poids curseur** / sliding weight balance, poise beam scale, jockey balance, steelyard || ~ de **précision** / balance of precision, precision scales || ~ de **pression** / pressure balance o. governor (GB) o. regulator o. scale (US) || ~ à **projection optique** / projection balance || ~ à

quatre composantes / four-component balance o. scale || ~ à **ressort** / spring balance (GB) o. scale (US) || ~ **romaine** / beam and scales *pl*, beam balance, pair of scales || ~ **scalaire** / single-component scale || ~ à **six composantes** / six component balance || ~ des **soldes** / payment of [the] balance || ~ **thermogravimétrique** / thermobalance, thermo gravity balance || ~ de **titrage** (filage) / titer balance || ~ de **torsion** / torsion balance || ~ de **trainée** (aéro) / drag balance o. scale || ~ à **trois composantes** / three-component balance o. scale || ~ à **une composante** / single-component scale || ~ de **vérification** / check weigher || ~ à **voyant lumineux** / projection balance

balancelle *f* (manutention) / swing-tray

balancement *m* / oscillation, vibration, undulation, undulating motion || ~, flottement *m* / poise || ~ **régulier** / libration || ~ **transversal** (ch.de fer) / side rocking o. sway

balancer / balance, equilibrate, equipoise || ~, faire balancer / sway *vt*, swing *vt* || ~ *vi* (balance) / be in equipoise, balance out || ~, mouvoir comme un pendule / oscillate o. swing o. move in pendulum fashion, oscillate, vibrate, librate || **se** ~ [à] / level out [at]

balancier *m* / handle of a pump || ~ (forage) / rocking lever || ~ (poche de coulée) / bail, pendant || ~ (mot) / rocker o. rocking arm o. lever, rocker || ~, presse *f* à vis / screw press || ~ (horloge) / balance o. pendulum wheel, balance, wheel fly || ~ (oscillant autour d'un axe horizontal) / walking beam || ~ à **affixes** (montre) / Ditisheim o. affix balance || ~ **bimétallique** (horloge) / bimetallic balance || ~ **bimétallique ordinaire** (horloge) / compensation balance || ~**s** *m pl* de **boussole** / trunnion arms of the compass || ~ *m* de **calage à losange** (aiguille) / inside locking, sector lock of points || ~ **circulaire** (horloge) / torsion[al] pendulum, ring o. rotary pendulum || ~ du **compas** / gimbals *pl* || ~ **[compensateur]** / compensating lever || ~ **compensateur** (horloge) / compensation balance || ~ à **coulisse** (mécanisme à manivelle) / oscillating lever, rocker || ~ à **coulisse** (étau-limeur) / rocker arm || ~ **flottant** (montre) / floating balance || ~ **pendule** (horloge) / pendulum || ~ de la **pompe** (pétrole) / walking beam || ~ **tournant** (horloge) / torsion[al] pendulum, ring o. rotary pendulum || ~ **transversal** (ch.de fer) / swing bolster || ~ **transversal** (pont) / pendulum bearing || ~ **transversal de la timonerie de frein** (ch.de fer) / brake balancing arm || ~ **Vincent** (forge) / Vincent friction screw press

balançoire *f* / swing, see-saw || ~ (verre) / bird cage o. swing

balata *m* / balata

balayage *m* (ord) / scanning || ~ (mot) / scavenging || ~ (électron) / sweep, time base sweep || ~ (rayons cath) / sweep || ~ (routes) / sweep[ing], scavenging, cleaning, cleansing || ~ (radioprotection) / scavenging || ~ (ELF) (TV, radar) / scanning, scan, scansion (GB), sampling, sweep || ~ **aléatoire** (TV) / random scan || ~ d'**amplificateur ou d'amplification** / parasitic o. spurious oscillation || ~ **approximatif** (TV) / coarse scanning || ~ en **boucle** (mot) / reverse scavenging, loop scavenging || ~ par le **carter de vilebrequin** / crankcase scanning || ~ **circulaire** (radar) / circular scanning || ~ **commandé** / driven sweep || ~ **commandé par lumières** (mot) / port-controlled scavenging || ~ **continu** (mot) / uniflow scavenging, parallel flow scavenging || ~ de **contour** (identif. des caractères) / contour tracing || ~ en **dents de scie** (TV) / ratchet time base, saw tooth scanning || ~ **électronique** (radar) / electronic scanning || ~ **entrelacé** (TV) / interlaced scanning, skipping line scanning, progressive o. line interlace || ~ **entrelacé à lignes paires** (TV) / even-line interlace || ~ **entrelacé multiple** (TV) / multiple interlacing || ~ **équicourant ou longitudinal** (mot) / uniflow scavenging, parallel flow scavenging || ~ **étalé** / expanded sweep || ~ **étalé** (ultrasons) / expanded time base sweep, scale expansion || ~ du **faisceau** (radar) / beam sweep, beam scanning || ~ **final** (mot) / rescavenging || ~ de **fréquence** / sweep width || ~ de **fréquence de modulation** / frequency deviation o. sweep, frequency excursion || ~ à **haute précision** (TV) / close scanning || ~ à **haute tension** (électron) / high-voltage scanning || ~ **hélicoïdal** / helical scanning || ~ **horizontal** / horizontal swing o. sweep || ~ **horizontal ou linéaire** (TV) / linear sweep || ~ [en] **lignes** (TV) / line scanning || ~ **longitudinal** voir balayage équicourant || ~ **multiple** (TV) / multiple scanning || ~ par **oscillations d'échappement** (mot) / exhaust pulse scavenging || ~ **oscillatoire** (TV) / oscillatory scanning || ~ **partiel** / fractional scan || ~ du **plan image** / image plane scanning || ~ par **points successifs** / dot interlacing, dot interlaced scanning || ~ **principal** (électron) / main sweep || ~ **rapide** (radar) / fast search || ~ **relaxé** / time base || ~ par **scanner** / scanning || ~ d'un **secteur** (radar) / sector scan[ning] || ~ par **soufflante** (mot) / scavenging by blower || ~ **spiral ou en spirale** (TV) / circular o. spiral scanning || ~ **synchrone** (TV) / synchronous scanning || ~ de **trame** (TV) / field sweep (US) || ~ **transversal** (auto) / cross scavenging || ~ **unique** (r.cath) / single sweep operation || ~ **vertical** (TV) / vertical scanning

balayer (mot, gaz) / scavenge || ~ (antenne) / scan || ~ (essuie-glace) / wipe the windshield || ~ (ELF) (électr, TV) / sweep, scan *vt* || ~ par des **ondes sonores** / scan by sound waves || ~ les **rues** / scavenge o. sweep o. cleanse o. clean o. dust streets || ~ **simultanément** / sample in parallel [to] || ~ **successivement** / sample sequentially

balayeur *m* (TV) / line scanning unit || ~ d'une **carde à travailleurs** (filage) / stripper roller of a card with workers || ~ d'une **garnette** (filage) / fancy roller of a garnetting roller || ~ de **soudure** / weld scanner

balayeuse *f* / street cleansing machine, street cleaner || ~**-arroseuse** *f* **[automobile]** / street sprinkler and cleaner || ~ à **gazon** / lawn sweeper || ~**[-ramasseuse]** *f* **[automobile]**, balayeuse *f* aspirante / suction sweeper

balayures *f pl* / sweepings *pl*, refuse

balcon *m* / balcony || ~**-solarium** *m* (bâtim) / antesolarium

baldaquin *m* / baldachin, baldachino, canopy top

baleine *f* / little steel o. plastic rod || ~ (coll), paquet *m* de mer / breaker, heavy sea || ~ de **parapluie** / umbrella bar o. strip

baleinier *m* / floating blubber factory || ~ (personne) / whaler

baleinière *f* / whale boat, whaler

balisage *m* (nav) / beaconing || ~ (aéro) / navigation lights *pl* || ~ (routes) / count-down marker || ~ d'**aéroport** / airfield o. airport lighting || ~ d'**approche** (aéro) / approach lighting || ~ de l'**axe central des pistes** / runway center line lights *pl* || ~ des **bords de l'aérodrome** (aéro) / boundary lights *pl* || ~ des **bords des pistes** / runway border lights *pl* || ~ **encastré** (aéro) / blister lights *pl* || ~ de **ligne** / route beacons *pl* || ~ des **lignes d'approches** (aéro) /

approach lighting || ~ d'**obstacles** (aéro) / hazard lighting || ~ des **pistes d'approche** / landing area lighting || ~ des **pistes de roulement** / taxiway lighting || ~ du **seuil** (aéro) / limit lights *pl*
balise *f* (ELF) (aéro) / marker || ~ de **circulation** (routes) / roadmarker cone || ~ **codée** (radar) / code beacon || ~ de **délimitation** (aéro) / boundary marker || ~ de **déviation** (nav) / deviation beacon || ~ d'**entrée de piste** / airway marker || ~**s et feux** *pl* (nav) / placing of buoys || ~ *f* **extérieure, [intérieure]** / outer, [inner] main marker || ~ **flottante** (nav) / beacon [surmounted] buoy, pillar o. topmark buoy || ~ **lumineuse ou éclairée** (nav) / lighted buoy || ~ de **marquage du cône de silence** / cone-of-silence marker beacon || ~ de **navigation** / navigation buoy || ~ d'**obstacle** (aéro) / obstruction marker || ~ de **piste** (aéro) / airfield runway beacon || ~ **principale** (aéro) / main marker || ~ de **radioralliement** (aéro) / radio homing beacon || ~ à **rayon de guidage** / beam approach beacon || ~ **répondeuse** (ELF) / racon, responder beacon || ~ **répondeuse rapide** / chain radar beacon || ~ **ronflante** (nav) / drone beacon || ~ de **signalisation de chantier** / roadmarker cone
baliser (nav) / place buoys, buoy *vi* || ~ (chenal) / mark the navigation channel
balistique *adj* / ballistic || ~ *f* / ballistics
baliveau *m* (bâtim) / scaffold[ing] pole || ~ (silviculture) / hold-over tree, seed o. remnant o. reserve tree
baliver des **arbres** / blaze
ball clay *m* / ball clay
ballades *f pl* d'**encrage** (typo) / wavers *pl*, distributing rollers *pl*
ballage *m* (acier) / kneading operation before the final drawing pass
ballant *m* / swaying, rocking
ballast *m* (ch.de fer) / ballast || ~ (bâtim) / small aggregate (under 3 mm) || ~ (lampe fluorescente) / fluorescent lamp ballast || ~ (nav) / ballast tank o. container || ~ (routes) / road metal || ~ (électr) / current limiting ballast lamp || **sans** ~ / ballastless || ~ **bi-puissance** (tube fluorescent) / dual voltage choke || ~ [en **cailloux ou en pierres concassées**] (ch. de fer) / broken stone ballast, ballast chips *pl* || ~ de **carrière** (ch.de fer) / gravel ballast || ~ **colmaté** (ch.de fer) / choked o. foul ballast || ~ **encoffré** (hydr) / gabion || ~ en **galets** (ch.de fer) / shingle ballast || ~ **inductif** (lampe fluorscente) / fluorescent lamp ballast, choke || ~ **rond** (ch.de fer) / round ballast || ~ en **sable** (ch.de fer) / sand ballast || ~ de **voie** (ch.de fer) / ballast of the track
ballastage *m* (ch.de fer) / ballasting || ~ de **première, [deuxième] couche** (ch.de fer) / bottom, [top] ballast
ballaster (ch.de fer) / lay ballast, ballast *vt* || ~ une **voie** (routes) / metal *vt*
ballastière *f* (sable, cailloux) / ballast pit o. quarry || ~ / side-tipping ballast wagon (GB), side-dump ballast car (US) || ~ à **trémie** (ch.de fer) / hopper ballast wagon
balle *f* / ball || ~ (emballage) / bale || ~ (agr) / chaff || ~ (bot) / palea, pale[t] || ~ d'**acier** / steel ball || ~ de **caoutchouc** / rubber ball || ~ de **caoutchouc brut** / crude o. raw rubber bale || ~ **comprimée normale** (tex) / standard pressed bale || ~ de **coton** / cotton bale || ~ de **cotons mélangés** (filage) / blending cotton bale, mixing cotton bale || ~ **élastique** / rubber ball || ~ d'**étoffe** / fabric roll o. bolt || ~ **flottante** / float, ball || ~ de **fusil** / ball, projectile of a fire arm, bullet || ~ de **laine** / bale of wool, wool bale || ~ de **paille fortement comprimée** (agr) / bale made by the ram baler || ~ **pleine** / full jacketed [spitzer] bullet || ~ à **pointe molle**, balle *f* semi-blindée / soft nose bullet || ~ de **tabac** / bale of tobacco || ~ de **tourbe** / bale of peat || ~ **traçante** (ELF) / tracer shell o. bullet
baller / wobble, waddle || ~ / ball *vi*, form o. gather into a ball
Balling *m* de **moût** (bière) / original gravity
balloélectricité *f* / balloelectricity
ballon *m* (jeu, aéro, filage) / balloon || ~ (chimie) / recipient, spherical glass receiver, balloon, flask || ~ d'**air comprimé** / compressed air reservoir || ~ **annonciateur de tempête** / storm signal || ~ **captif** / captive balloon || ~ **cerf-volant** / kite balloon || ~ de **Claisen** (chimie) / Claisen flask || ~ **clissé** / wicker bottle || ~ à **col court** (chimie) / short-neck flask || ~ **[de cristal]** / spherical glass receiver, balloon || ~ de **distillation** / distilling o. distillation flask || ~ pour **distillation d'Engler** / Engler flask || ~ d'**eau chaude** / boiler, hot water tank || ~**s** *m pl* **enfilés** (chimie) / inserted balloons || ~ *m* à **extraction** (chimie) / extraction flask || ~ de **fil** / balloon of thread || ~ **fluorescent HQL** / high-pressure mercury-arc o. -vapour lamp || ~ à **fond plat** (chimie) / conical flask, Erlenmeyer flask || ~ **[à fond] rond** (chimie) / round[-bottomed] flask || ~ **gradué** (chimie) / volumetric flask, delivery flask || ~ **horaire** (nav) / time ball || ~ de **Kjeldahl** (chimie) / Kjeldahl flask || ~ **libre** / free balloon || ~ d'un **litre** (chimie) / liter flask || ~ à **long col** (chimie) / long-neck flask || ~ **piriforme** (chimie) / pear shape flask || ~ à **réaction** (chimie) / reaction flask || ~ **récepteur** (chimie) / collecting flask || ~ **rodé** / flask with standard taper-ground joint || ~**-sonde** *m* (ELF) (météorol) / balloon sonde, pilot o. sounding balloon || ~ **sphérique** (aéro) / spherical balloon || ~ **témoin** (chimie) / control flask || ~ à **tubulure** (chimie) / tubulated flask || ~ de **verre** / spherical flask
ballonnement *m* (filage) / ballooning
ballonnet *m* / ballonet
ballot *m* / small bale || ~ (tex) / package of yarn
ballotini *m pl*, ballotines (Belg) *f pl* (routes) / ballotini *pl*
ballute *f* (espace) / ballute (balloon-parachute)
balnéologie *f* / balneology
balourd *adj* / gross || ~ *m* / unbalance, unbalance[d mass]
balsa *m* / balsa [wood]
balustrade *f* (bâtim) / parapet, balustrade || ~ d'un **pont** / bridge rails *pl*
balustre *m*, balustre-ressort *m* (dessin) / bow compasses, [spring] bows *pl*, spring bow divider || ~ (bâtim) / baluster || ~ de **départ** / newel post, rail post || ~ à **pièce réversible** / reversible spring bow dividers *pl* || ~ à **pièces de rechange** / spring-bow with interchangeable points || ~ à **pointes sèches** / spring-bow divider || ~ à **porte-mine fixe** / spring-bow pencil || ~ à **tire-ligne fixe** / spring-bow pen
bambou *m* / bamboo
bambrochage *m* (tex) / roving operation
banalisation *f* (ch.de fer) / two-way working, either-direction working
banalisé (ch.de fer) / for two-way working, reversible (US) || ~ (ord) / general purpose
banaliser (ch.de fer) / prepare for either-direction working
banane *f* (coll) (auto) / overrider
bananier *m* / banana boat
Banbury *m* / Banbury mixer
banc *m* / bench || ~, établi *m* / work bench || ~ (géol) / bed, seam || ~ (expl. à ciel ouvert) / bank, bench, step ||

~ (m.outils) / base, bed, bottom || **~-balance** *m* / torque balance o. dynamometer o. scale || ~ à **bobines** (tex) / jack machine || ~ à **broches** (tex) / fly o. speed frame, flyer spinning frame || ~ à **broches à bobines comprimés** (tex) / presser [fly-]frame || ~ à **broches extra-fin** (filage) / super roving flyer || ~ à **broches pour fil peigné** / flyer frame for worsted yarn || ~ [à **broches] en fin** / finishing o. fine fly-frame, roving frame || ~ à **broches à grand étirage ou à étirage élevé** (tex) / high-draft speed frame || ~ [à **broches] en gros** (filage) / slubbing flyer o. frame o. machine, coarse roving flyer || ~ [à **broches] intermédiaire** (filage) / intermediate flyer o. frame || ~ à **broches superfin** (filage) / super roving flyer || ~ à **broches en surfin** (filage) / jack frame || ~ [à **broches] tout fin ou en surfin** / fine-roving frame || **~-brocheuse** *f* en **surfin** / speeder [tenter], female roving frame tenter || ~ *m* de **brume** (nav) / fog bank || ~ de **contacts** / contact bank || ~ **[continu] à ailettes** (filage) / fly o. speed frame, flyer spinning frame, flyer, flier || ~ de **décapage** (tréfilage) / beetling bench, shakers *pl* || ~ à **deux glissières** (tourn) / dual track bed, bed with two guide-ways || ~ à **dresser** / dressing o. straightening bench || ~ d'**essai**, banc *m* dépreuve (techn) / test bay o. bed o. stand, testing stand || ~ d'**essai à frein** (techn, mot) / torque stand o. bed o. room || ~ d'**essai pour moteurs** / engine test bench o. bed || ~ d'**essai à rouleaux** (auto) / roller type dynamometer, roller type test stand || ~ d'**étirage** (filage) / draw[ing] frame || ~ d'**étirage** (tiss) / tenter (US) o. stenter (GB) frame || ~ d'**étirage à barrettes commandées par vis** (filage) / screw gill drawing frame || ~ d'**étirage à chaud** (sidér) / push bench || ~ d'**étirage de dernier passage ou de passage en fin** (filage) / finisher drawing frame, finishing draw frame || ~ d'**étirage élevé** (tex) / high-draft drawing frame || ~ d'**étirage à lanière simple** (tex) / single-apron drafting system || ~ d'**étirage à plusieurs passages ou têtes** (filage) / multiple-head draw frame || ~ d'**étirage pour soie** (tex) / draught frame || ~ d'**étirage à poussées** (lam) / tube piercing bench || ~ d'**étirage préparatoire** (filage) / first o. preliminary o. preparatory drawing frame, preparer gill box || ~ d'**étirage à quatre cylindres** (filage) / four-roller drawing frame || ~ d'**étirage à un passage ou à une tête** (filage) / single-head drawing frame || ~ à **étirer** (tréfilage) / wire drawing machine o. bench o. mill || ~ à **étirer à disque** (filage) / disk-type drawing frame || ~ à **étirer pour gros fil** / thick wire drawing bench, rod breakdown machine || ~ à **étirer à tenailles traînantes** / drawing bench with tongs || ~ à **étirer les tubes** / tube drawing o. sinking bench || ~ à **fils forts** (tréfilage) / bull block || ~ en **fin** (filage) / finisher drawing frame, finishing draw frame || ~ à **glissières** / travelling table || ~ de **gravier** / gravel bank || ~ en **gros** (filage) / slubbing flyer o. frame o. machine, coarse roving flyer || ~ **inférieur** (mines) / bottom layer || ~ **intercalaire** (mines) / rock vein || ~ à **lanternes** (filage) / can roving frame || ~ **latéral** (m.outils) / lateral extension of the bed || ~ de la **lunette** / steady bed || ~ de **machines** / machine bed o. engine bed o. foundation [plate] || ~ de **mesure** (gén) / measuring bench || ~ de **mesure** (guide d'ondes) / slotted line, slotted [measuring] section || ~ de **neige** (Canada) / snow drift || ~ [d']**optique** / optical bench || ~ **photométrique** / photometer bench, bench photometer || ~ de **pierre** (mines) / stone bed || ~ de **plongée** (sous-marin) / hydroplane || ~ de **poissons** / shoal of fish || ~ à **polir** / polishing lathe o. head o. machine || ~ à **polir au disque toile** / buffer (US), buffing machine (US), rag wheel stand || ~ à **polir au disque toile sur pied** / pedestal buffer || ~ **porte-anneaux** (filage) / ring rail || ~ de **pose** (apprêt) / inspection table || ~ **pousseur** (lam) / push bench || ~ de **précontrainte** (béton) / prestressing bed o. table || ~ de **presse** (typo) / bed of a press || ~ à **quatre glissières** (m.outils) / four track bed || ~ **rocheux** / rock bed || ~ **rompu** (m.outils) / gap bed || ~ de **sable** / sand bank, sandbar || **~s** *m pl* de **sable [découverts à marée basse]** (hydr) / banks of sand *pl* || ~ *m* de **sélection** (télécom) / selector bank || ~ **stérile** (mines) / rock vein || ~ de **stériles** (géol) / rock formation o. bed o. sheet || ~ de **suintement** (bâtim) / rubble drain bed || ~ de **table** (fraiseuse) / cross bed || ~ à **tirer** / wire drawing bench, drawing mill || ~ de **touches** (addit) / key bank || ~ de **tour** / lathe bed || ~ de **tréfilage multibarres** / multiple drawing bench o. machine || ~ à **tréfiler**, banc *m* de tréfilerie / wire drawing bench, drawing mill || ~ à **tréfiler les gros fils** / bull block || ~ à **trois glissières** (m.outils) / triple track bed || ~ à **tronçonner les tubes** / tube cutting-off lathe o. slicing lathe || ~ à **tubes** (tex) / tube loom || ~ de **verrier** (verre) / chair (a fixture)

banche *f* (bâtim) / sheeting for heaped concrete wall || ~ (géol) / marl[y] clay layer

bancher (bâtim) / board, plank, place the sheeting

bancomat *m* / bank note dispenser, cash dispenser

bandage *m* (électr) / binding, band || ~ (techn) / shroud[ing] || ~ (tiss) / tension of the warp || ~ (ch.de fer) / tire (US), tyre (GB) || **~s** *m pl* [pleins ou pneumatiques] / tire equipment || ~ *m* (auto) / outer cover, casing (US) || ~ [pneumatique] (auto) / tire (US), tyre (GB) || ~ (méd) / bandage, swathe || ~ en **acier** / steel tyre o. tire (US) || ~ en **caoutchouc** / rubber tyre (GB) o. tire (US) || ~ **conique** (ch.de fer) / bevel tire || ~ **creux** (auto) / cushion tyre || ~ de **cylindres** (lam) / tire of a roll || ~ d[e l]'**induit** (électr) / armature binding o. bands *pl* || ~ **jumelé** (auto) / dual o. double o. twin tires *pl* || ~ **métallique** / steel tire o. tyre || ~ **plein** (auto) / solid tyre || ~ **plein double** (auto) / block tyre || **~s** *m pl* **pleins doubles** / dual solid tires *pl* || ~ *m* **pneumatique** (auto) / pneumatic tire o. tyre || ~ **pneumatique pour bicyclettes** / bicycle tire || ~ **rapporté** (ch.de fer) / separate tire || ~ de **roue** (ch.de fer) / tire (US), tyre (GB) || ~ d'une **roue de turbine** (aéro) / turbine shroud ring o. shroud band, turbine static shroud

bandagé (ch.de fer) / with separate tires, tired, tyred

bande (ELF) *f* / strip, band || ~ (tex) / ribbon || ~ (opt) / streak, stripe || ~ (électron) / frequency band || ~ (bandage) / band || ~ (défaut, tiss) / streak || **~s** *f pl* (spectre) / bands *pl* || ~ *f* (phys) / schliere, stria || ~ (nav) / list, lop-side, heel[ing] || ~ (pap) / web || **à ~[s]** (ord) / tape-oriented || **à ~ étroite** (électron) / narrow band ... || **à ~s** / barred, striped || **à ~s rapprochées ou serrées** (spectre) / close banded || **à deux ~s** (télécom, électron) / double-band... || **avec ~ accumulatrice** / with storage band || **donner de la** ~ (nav) / list, heel || **en ~s** / in stripes || ~ **4 des fréquences radioélectriques** / myriametric waves *pl* || ~ **5 des fréquences radioélectriques** / long waves *pl* || ~ **6 des fréquences radioélectriques** / hectometer o. -metric waves *pl*, medium waves *pl* || ~ **7 des fréquences radioélectriques** / decametric waves *pl*, short waves *pl* || ~ **8 des fréquences radioélectriques** / very high frequency range, metric waves *pl* || ~ **9 des fréquences radioélectriques** / ultra-high frequency wave band, decimetric waves *pl* || ~ **10 des fréquences radioélectriques** / S.H.F., super high frequency wave band, centimetric waves *pl* || ~ **11 des fréquences radioélectriques** / dwarf waves *pl*, millimetric waves *pl* || ~ de **27 MHz pour stations radioélectriques privées** (utilisable ou non pour les loisirs) (radio) / citizen's band, CB || **sur** ~ (composant, électron) / taped || ~ **abrasive** / abrasive belt o. band, sanding o. grinder o. grinding belt || ~**s** *f pl* d'**absorption** / absorption bands *pl* || ~ *f* d'**adaptation** (guide d'ondes) / matching strip || ~ **additionnelle de réserve** (ord) / alternate band || ~ **adhérente en cellulose** / cellulose tape, cel[l]otape, sellotape (GB) || ~ **adhésive** / adhesive tape || ~ d'**agglomération par frittage** (sidér) / sintering belt o. strand || ~ d'**agglomération [par frittage] Dwight-Lloyd** (sidér) / Dwight-Lloyd sintering o. blast-roasting plant || ~ d'**alimentation** / feeder, feeding belt [conveyor], delivery belt || ~ **amorce** (film) / start o. head leader || ~ **amorce de début** (b.magnét) / leader tape || ~ **annonce** (film) / trailer || ~ d'**arrêt d'urgence**, B.A.U. (autoroute) / [hard] shoulder, lay-bye, layby || ~ d'**atterrissage** (ELF) (aéro) / air strip || ~ **attribuée** (électron) / service band, [allocated] channel || ~ en **auge** / scraper o. scraping conveyor o. chain o. belt o. band || ~ **autorisée de radiodiffusion** / standard broadcast band (USA) || ~ **bas bruit** (électron) / low-noise tape || ~ de **base de modulation** / baseband || ~ **basses fréquences** (TV) / low band (between 54 and 88 MHz) || ~ de **béton** (routes) / haunching || ~**-bibliothèque** *f* **en langage d'origine** (ord) / source [language] library tape || ~ **blanche**, bande *f* jaune (routes) / traffic line || ~ à **bourrelet** (pneu) / flap, clincher band || ~ de **bruitage** (ciné) / sound effects tape || ~ **brute** (typo) / minimum-coded o. unjustified o. idiot tape || ~ **C** (radar) / C-band || ~ de **carbure** (sidér) / carbide band o. streak || ~ **centimétrique** (électron) / centimetric band || ~ de **chargement** / loading belt o. conveyor || ~ **chauffante de grande surface** (bâtim) / heating conductor for panel heating || ~ à **cinq canaux** / five-channel tape || ~ des **citoyens en télécommunication** (électron) / citizen's band, CB || ~ de **collage** (presse rotative à imprimer) / paster tab || ~ **collante** / adhesive tape || ~ de **commande** (ord) / control tape || ~ de **communication** (télécom) / communication channel || ~ **composée** (bande perf.) / composite tape || ~ de **conduction**, BC (phys) / conduction band || ~ de **connexion à la masse** (auto) / ground (US) o. earthing (GB) strap, braided strap, ground (US) braiding o. strap || ~ de **contact** (ord) / contact tape || ~ à **contre-pression** (convoyeur) / hugger belt || ~ de **contrôle** / control strip || ~ du **convoyeur** / belt of a conveyor || ~ **corrigée** (ord) / clean tape || ~ à **couche magnétique** (b.magnét) / magnetic powder coated tape || ~ de **couleur** (nav) / boot top || ~ **coulissante** / sliding band || ~ **couvre-joint préformée** (men) / preformed gasket || ~ de **cuivre** (circ.impr.) / strip conductor, track || ~ de **cuivre** (gén) / copper band || ~ du **cylindre** (mot) / cylinder packing face || ~ du **cylindre** (typo) / bearer ring, cylinder bearer || ~ de **détresse** / emergency radio channel, (nav:) distress frequency || ~ de **diagramme** / recording strip || ~ **dialogue** (film) / dialog track || ~ de **diffusion** (radio) / scatter band || ~ **discontinue** (routes) / broken line, discontinuous line || ~ de **dispersion d'erreurs** (statistique) / error band || ~ de **dispersion de trempabilité Jominy** (mét) / scatter band of Jominy hardenability || ~ **droite** (lam) / flat strip || ~ à **dupliquer** (ord) / master tape || ~ en **écriture** (ord) / output tape || ~ **effets** (film) / separate effects track || ~ **éliminée [par un filtre]** (électron) / stop band, filter attenuation band || ~ d'**émission** (opt) / emission band || ~ d'**énergie** (semi-cond) / energy band || ~ d'**énergie occupée** (semicond) / full o. filled band || ~ d'**enregistrement** (m.à dicter) / transcription record || ~ d'**enregistrement de langage** / speech tape || ~ **enregistreuse** / strip chart, recording strip || ~ **enroulée** (cuivre) / coiled sheet o. strip || ~ d'**envol** (aéro) / landing ground o. terrain || ~ d'**espaces verts** (routes) / grass strip o. verge || ~ **étalon** (b.magnét) / reference tape, standard o. test tape || ~ **étalon DIN** (b.magnét) / DIN standard tape, DIN test tape || ~ **étamée** (mét) / tinned strip || ~ **étroite** (électron) / narrow band || ~ **étroite** (lam) / narrow strip || ~ de **fer-blanc** (sidér) / tinband o. -strip || ~ de **fermeture** / closing band o. tape || ~ de **feuille** (plast) / continuous material || ~ de **film fixe** (phot) / strip, film [strip] || ~ de **fond de jante** (auto) / tube protector, tire chafing strip, tire flap, rim band || ~ de **frein** / brake band o. strap || ~ de **fréquences** / frequency band || ~ de **fréquence amateurs** (radio) / citizen's band, CB || ~ de **fréquence de la voix humaine** / frequency range of the human voice || ~ **gamme** (ord) / printing tape || ~ de **garde** (électron) / guard band || ~ de **garde** (pare-chocs) / rebound strap || ~ **garnie d'œillets** / buttonhole ribbon || ~ de **glissement** (sidér) / slip band || ~ à **glu** (agr) / sticky band || ~ de **guidage** (routes) / marginal strip || ~ **homogène** (b.magnét) / dispersed magnetic powder tape, homogeneous tape || ~ **humide** (pap, défaut) / wet streak || ~**-image** *f* (électron) / image band || ~ à **images** (repro) / film strip || ~ **index ou repère** (m. à dicter) / index slip || ~ d'**insensibilité** (contr.aut) / dead band o. zone || ~ **interdite** (nucl) / band gap || ~ **interdite**, BI (phys) / forbidden band || ~ **internationale** (film) / music and effects track, museffex *n* || ~ **J** (radar) / J-Band || ~ **jaune** (routes) / traffic line || ~ de **jointure** (bâtim) / connecting band || ~**-journal** *f* (m.compt) / journal tape o. audit tape roll, tally roll || ~ **K** (radar) / K-band (11000 - 33000 MHz) || ~ **Ku** (radar) / Ku-band (15.4-15.7 GHz) || ~ **L** (radar) / L-band || ~ de **labour** / furrow slice, list (US) || ~ de **lancement** (film) / trailer || ~ de **lancement** (typo) / blurb || ~ **latérale** (TV, électron) / sideband || ~ **latérale asymétrique** / asymmetric sideband || ~ **latérale inférieure** (TV) / lower sideband, LSB || ~ **latérale parasite** / spurious sideband || ~ **latérale principale** (TV) / main sideband || ~**s latérales réduites** *f pl* / reduced side bands *pl* || ~ *f* **latérale résiduelle** (TV) / vestigial sideband || ~ **latérale supérieure** (TV) / upper sideband, USB || ~ **latérale unique**, B.L.U. / single sideband || ~ de **liège** / cork strip || ~ de **lisière** (men) / [overlapping] edge band o. foil o. veneer, bandings *pl* || ~ de **longue durée** / long-playing tape || ~ de **longueurs d'ondes** (électron) / waveband || ~ **lumineuse** (électr) / luminous band || ~ **lumineuse à faux plafond** / strip light ceiling || ~**s** *f pl* **lumineuses** / striation || ~ *f* **magnétique** / magnetic tape, magtape || ~ **magnétique à l'acétate** / acetate base tape || ~ **magnétique à deux couches** / powder coated tape || ~ **magnétique à deux pistes** / double track tape || ~ **magnétique pour enregistrement sonore** / audio tape || ~ **magnétique pour la filmothèque** / permanent record tape, library tape || ~ **magnétique homogène** / powder impregnated tape || ~ **magnétique pour musique** / music tape || ~ **magnétique négative** / negative tape || ~ **magnétique passante de 0,15”** / magnetic tape 0,15” width || ~ **magnétique passante de 1/4”** /

magneic tape of 1/4" width || ~ **magnétique perforée** / perforated magnetic tape, magnetic film || ~ **magnétique positive** / positive tape || ~ **magnétique pré-couchée** (phot) / pre-striped magnetic track, single-system stripe || ~ **magnétique vierge** / virgin tape || ~ **magnétoscopique** (TV) / video tape, vision band || ~ **maîtresse** (ord) / master tape || ~ **maîtresse du système** (ord) / system master tape || ~ de **manœuvre** (ord) / scratch tape || ~**s** *f pl* de **manutention** (gén) / conveyor belts *pl* || ~ *f* **médiane** (nav) / center line plane || ~ **médiane gazonnée** (routes) / median strip, mall, planted area || ~ **mémoire** / storage tape || ~ **mère** / master copy o. tape || ~ de **mesure** / measuring tape || ~ **métallique** / metal stud || ~ **métallique du collier de serrage** / hose strap || ~ **métreuse** / measuring tape, tape measure || ~ **microfilm** / microfilm tape || ~ **mince** (cuivre) / thin strip || ~ de **mise à la masse** (auto) / ground (US) o. earthing (GB) strap, braided strap, ground (US) braiding o. strap || ~ de **mixage** (électron) / mixing tape || ~ de **modification** (ord) / change tape || ~ de **montage sous cache** (phot) / slide binding strip || ~ **moyenne** (TV) / intermediate frequency band (between MF and channel 7) || ~ **multipiste** (disque magnét) / band of a magnetic disk || ~ **multipiste** (b.magnét) / multitrack tape || ~ **musique** (film) / separate music track || ~ **noire** (électr) / black band || ~ **non justifiée** (typo) / minimum-coded o. unjustified o. idiot tape || ~ **non peuplée** (transistor) / empty band || ~ du **numéro** (instr) / number strap || ~ **oblique** (tex) / bias cut ribbon || ~ d'**octaves** / octave band || ~ **ondulée** (bois) / corrugated fastener || ~ pour **ordinateur** / computer tape || ~ **P** (radar) / P-band (225 - 390 MHz) || ~ de **papier** / paper strip o. tape || ~ de **papier**, feuille *f* continue / paper web || ~ de **papier pour l'enregistrement** / strip chart, recording strip || ~ **papier-mylar-papier** / paper-mylar-paper tape || ~ **passante** (électron) / pass-band of a band-pass filter, , pass-range || ~ **passante d'amplificateur** / amplifier frequency response || ~ **passante de base** (électron) / baseband || ~ **passante de F.I.** / I.F. pass-band || ~ **perforée** / punched tape, (GB also:) paper tape || ~ **perforée** (liège) / blocker waste || ~ **perforée à durabilité importante** / high durability tape || ~ **perforée large** (ord) / wide punched tape || ~ **perforée ne comportant que des perforations d'entraînement** / blank coil || ~ **perforée pilote** / format tape [loop] || ~ **perforée à quatre pistes** / four-channel tape || ~ **perforée en sous-produit** (bande perf.) / by-product tape || ~ **photographique** (aérophotométrie) / strip || ~**-piège** *f* de **glu** (agr) / sticky band || ~ **piétonne** (pont) / footpath || ~ **pilote** (b.magnét) / master copy o. tape || ~ **pilote [d'alimentation]** (ord) / carriage control tape, paper feed [punched] tape || ~ **pilote d'entraînement** (ord) / feed control tape, printer carriage tape || ~ de **plomb** / strip of lead || ~ de **ponceuse** / abrasive belt o. band, sanding o. grinder o. grinding belt || ~**s** *f pl* de **pourriture rouges** / red stripiness || ~ *f* **principale** (TV) / full side band || ~**-programmathèque** *f* / program library tape, PLT || ~**-programmes** *f* / program tape || ~ **projeteuse** / thrower belt conveyor || ~ **proportionnelle** (contr.aut) / proportioning o. proportional band || ~ de **protection** (électron) / guard band || ~ de **protection** (escalier) / linoleum nosing || ~ de **protection** (routes) / central reserve || ~ de **protection latérale** / side guard strip || ~ **publicitaire** (TV) / publicity spot, commercial || ~ de **publicité** (typo) / blurb || ~ **publique** (terme à proscrire), bande *f* des citoyens / citizen's band, CB || ~ **Q** (radar) / Q-band (26-40 GHz, radar: › 33 GHz) || ~ **quasi millimétrique** / quasimillimeter band || ~ **racleuse** (convoyeur) / stripping-off band || ~ de **radiodiffusion** / broadcast band || ~ de **rechapage** (pneu) / camelback (tires) || ~ de **reconstitution** (manutention) / return belt || ~ de **recouvrement** / cover strip || ~ de **recouvrement** (m.à coudre) / welt || ~ de **référence** (b.magnét) / standard level tape || ~ de **réglage couleur** / colour cinex test strip || ~ de **réglage proportionnelle** (contr.aut) / proportioning o. proportional band || ~ pour les **réglettes de jacks** (télécom) / jack strip band || ~ de **remplacement** (ord) / alternate tape drive || ~ de **renforcement des aubes** (turbine) / shroud[ing] || ~ **repère** (m.à dicter) / index slip || ~ de **reprise à tablier** (mines) / discharging plate conveyor || ~ en **réserve** (ord) / back-up || ~ de **retour** (manutention) / return belt || ~ de **roulement** (ch.de fer) / running tread || ~ de **roulement** (auto) / tire tread || ~ **rythmographique** / lip-sync band || ~ **S** (radar) / S-band (1500 - 5200 MHz) || ~ **S** (électron) / S-band (3000 MHz range) || ~ de **schiste** (mines) / slate, vein of rock || ~ de **sécurité** (film) / protective trailer || ~ de **sécurité sur document magnétique** (ord) / clear band || ~ de **ségrégation** (sidér) / ghost [line], segregation line o. streamer || ~ **s[é]ismique** / seismic area || ~ de **séparation** (ord) / channel separation || ~ de **serrage** / tightening strap, strap retainer || ~**-son** *f* **internationale** / international sound track, music and effects track, M and E track || ~ **sonore** / sound [recording] tape, magnetic [record] tape || ~ **sons** (film) / sound track || ~ **sortie** (ord) / output tape || ~ pour **stations radioélectriques privées utilisable ou non pour les loisirs** / citizen's radio band, CB || ~ **statistiques** / statistical tape || ~ de **stérile** (mines) / slate, vein of rock || ~ de **suspension** / rigging o. suspension band || ~ de **synchronisation** (TV) / retention range, locking o. hold range || ~ **système** (ord) / system band || ~ à **tablier métallique** / steel plate conveyor || ~**-tampon** *f* / buffer o. spreader strip || ~ de **télécommunication** (électron) / communication band || ~ de **téléimprimeur** (télécom) / perforated strip o. slip (GB) o. tape (US) || ~ de **télévision** / television band || ~ **Télex** / teletypewriter (US) o. telex (GB) tape || ~ de **test** / test strip || ~**-texte** *f* **finale** (phot) / final title strip || ~ de **tiroir** (m.à vap) / main face of the slide valve || ~ **titre** (film) / title strip, title negative || ~ à **titre** (repro) / title space o. strip || ~ de **toile** / linen band o. strip || ~ de **transbordement ou de transfert** (convoyeur) / delivery o. feeder o. transfer conveyor || ~ de **transfert** (expl. à ciel ouvert) / transfer belt conveyor || ~ de **transmission** (filtre de bande) / transmission band || ~ **transporteuse** / belt o. band (GB) conveyor, conveying belt || ~ **transporteuse en acier** / steel belt o. band || ~ **transporteuse à col de cygne** / gooseneck conveyor || ~ **transporteuse à copeaux** / chip conveyor || ~ **transporteuse de galerie** (mines) / drift conveyor || ~ **transporteuse aux lettres** / letter belt || ~ **transporteuse en long le magasin** / stockpile length conveyor || ~ **transporteuse à maillons** / link conveyor || ~ **transporteuse pour personnes** / people conveyor || ~ **transporteuse de taille** / longwall conveyor, face conveyor, underground chain conveyor || ~ **transversale** / cross belt || ~ de **trempabilité** / hardenability curve || ~ de **triage** (mines) / picking o. sorting belt o. band || ~ à **tuyaux** (lam) / tube strip,

skelp || ~ d'**usure** (pneu) / cap of the tire || ~ **V** (radar) / V-band (4,5 - 6 · 10^{10} Hz) || ~ **va-et-vient** (mines) / reversible conveyor || ~ de **valence**, BV (semicond) / filled o. valence band || ~ de **verdure** / grass strip o. verge || ~ **vide** (ord) / blank tape || ~ **vide** (semicond) / empty band || **~-vidéo** *f* (ELF) / video tape || ~ **vierge** (b.magnét) / raw tape || ~ **vierge** (film) / virgin tape, raw o. new tape || ~ **X** (radar) / X-band (5,2 - 11 GHz)
bandeau *m* (bâtim) / fascia
bandelette *f* (men) / profiled border || ~ (tex) / slit film yarn || ~ de **fermeture** / [stick-on] label || ~ **support talon** (pneu) / bead filler, bead apex core o. strip || ~ **talon** (pneu) / chafer strip
bander (câble, ressort) / stretch, tense *vt* || ~ une **voûte** / arch *vt*, vault *vt*
banderoleuse *f* / hoop casing machine
bandinet *m* (nav) / taffrail
bang *m* **supersonique** / [super]sonic bang o. boom
banlieue *f* / urban area, municipal area || ~ (urbanisation) / suburb
banne *f* / awning, tilt || ~ pour **boutiques** (bâtim) / awning, canvas blind
banque *f* (télécom, m.compt) / bank || ~ de **données** (ELF) (ord) / data bank o. base, information bank o. base
banquette *f* (meuble) / seating unit || ~ (routes) / berm, verge (GB) || ~ (mines) / bench, bank, step || ~ **arrière** (auto) / backseat || ~ de la **voie** (ch.de fer) / track bench || ~ de **voiture** (ch.de fer) / carriage o. coach seat
banquise *f* / pack, pack-ice
baquet *m* / wooden bucket o. tub || ~ d'**élévateur** / lifting bucket || ~ à **marbrer** (pap) / mottling chest || **~-siège** *m* (auto) / integral moulded seat, bucket seat || ~ de **vidange des huiles usées** (garage) / collecting pan for waste oil
baquettes *f pl* (tréfilerie) / draw tongs *pl*
bar *m* / bar, b || ~, comptoir *m* / bar, counter
baraque *f* / barracks *pl*, shed || ~ de **chantier** (bâtim) / shed, site hut || ~ d'**habitation** / housing barracks *pl*
barattage *m*, barattement *m* (margarine) / churning
baratte *f*, baratte *f* mécanique / churning machine, churner || **~-malaxeuse** *f* / butter worker || ~ **[manœuvrée à la main]** / churn || ~ **mécanique** (margarine) / churner
baratter (margarine) / churn || ~ (agr) / churn
barbacane *f* (dans un mur de soutènement) (bâtim) / weephole
barbe *f* / barb || ~ (coton) / tuft || ~ (bot) / awn, glume || ~ (fond. de caract.) / rough || ~ (galv, défaut) / whisker || ~ (ELF) (crist) / whisker || **~s** *f pl* de **hérisson** (filage) / roller waste || **~s** *f pl* du **panneton** (clé) / wards of key bit || ~ *f* **[du pêne]** (serr) / beard, bolt toe || ~ de **perçage** / bur, burr, fin
barbelé *adj* / barbed || ~ *m* / barbed wire, barbwire || ~ (clou) / barbed nail
barbin *m* (continu à anneau) / lappet
barbiturique *m* / barbiturate
barbotage *m* (nucl) / sparging || ~ (sucre) / clearing sugar by steam || ~ (bain) / dipping, splashing || ~ (graissage) / oil splash lubrication || ~ (fonderie) / bubbling through
barboter *vi* / bubble through
barboteur *m* (chimie) / bubble-through device, bubbler || ~ à **gaz ou pour le lavage des gaz** (chimie) / gas washing bottle
barbotin *m* (élévateur à chaîne) / head sprocket || ~ (excavateur) / tumbler || ~ (nav) / chain rim || ~ (techn) / chain wheel, crawler o. bull wheel || ~ de **drague à godets** / dredging tumbler o. drum
barbotine *f* (ciment) / laitance || ~ (porcelaine) / porcelain slip || ~ (frittage, émail) / suspension, slip || ~ (céram) / slip, slop, barbotine || ~ **coulable** (céram) / castable slip
barbouiller / daub || ~ (typo) / slur || ~ (papier) / blur
barbouilleur *m* / house painter, limer
bardage *m* (bâtim) / cladding panels *pl*, curtain wall
bardeau *m* / shingle, clap-board (US) || ~, hourdi[s] *m* (bâtim) / Hourdis stone, hollow gauged brick o. slab
bardeur *m* de **blocs** (bâtim) / gantry crane for blocks
bardis *m*, bardit *m* (nav) / grain bulkhead, shifting boards *pl*
barémage *m* / adjustment of gauging rods
barème *m*, barrême *m* / union scale for wages || ~ (ordonn) / tally sheet || ~ (gén) / reckoner, ready-reckoner || ~ en **carton** (statistique) / tally card || ~ des **prix** / price list || ~ **variable** / gliding o. sliding scale
barge *f* (nav) / dumb craft, barge || ~ / barge || ~ de **débarquement** (nav) / landing craft || ~ à **fond ouvrant ou à deblais** / hopper barge || ~ de **forage** (pétrole) / drilling rig o. platform, oil rig (GB) || ~ de **forage auto-élevatrice ou sur vérins** (pétrole) / jack-up drilling platform || ~ **marine ou en mer** (pétrole) / offshore platform || ~ du **navire LASH** / lighter aboard ship, LASH-lighter || ~ **semi-submersible** (pétrole) / semi-submersible floating platform
baril *m* / small barrel || ~ d'**huile** / oil barrel
barille *f* (chimie) / barilla
barillet *m* (horloge) / spring barrel o. box || ~ (serrure) / plug of the cylinder lock || ~ (gaz) / tar cleaning tube || ~, petit baril / small cask || ~ (instr. de musique) / barrel || **en** ~ / barrel-shaped || ~ de **bobines** (électr) / coil turret || ~ **chargeur** (tiss) / magazine, battery || ~ **denté** (montre) / going barrel || ~ **métallique** / canister || ~ à **ressort** / spring barrel || ~ **suspendu** (horloge) / hanging barrel
barkhane *f* (géol) / barkhan
barn *m* (nucl) / barn, b
baro·cline (phys) / baroclinic || **~graphe** *m* / baro[metro]graph, recording barometer, self-registering aneroid
baromètre *m* / barometer || ~ à **aiguille** / wheel barometer || ~ à **cadran** / wheel barometer || ~ **enregistreur** / baro[metro]graph, recording barometer, self-registering aneroid || ~ **Fortin** / fortin [barometer] || ~ à **liquide ou à dilatation de liquide** / liquid barometer || ~ à **mercure** / mercury barometer || ~ à **siphon** / siphon barometer || ~ de **station** (météorol) / station barometer || ~ **stationnaire** / stationary barometer
barométrique / barometric[al]
baro·stat *m* / barostat || **~thermographe** *m* / barothermograph, meteorograph || **~trope** (phys) / barotropic
barque *f* / boat || ~ à **tourniquet** (teint) / winchback (US), winchbeck (GB) || ~ à **tourniquet à haute température** (teint) / HT winchback (US) o. winchbeck (GB)
barrage *m* (routes) / road block, barrier || ~ (hydr) / dike, barrage || ~, barrage-réservoir *m* / dam, barrage [fixe] || ~ d'**accumulation** / storage dam || ~ à **aiguilles** / pin o. needle weir || ~ en **aile** / wing dam || ~ **anti-pollution à l'entrée d'un port** / boom at the harbour mouth || ~ en **arc ou arqué** / arch dam || ~ en **béton** / concrete dam || ~ en **béton à contreforts** / concrete buttress dam || ~ pour le **bois flotté** / grating for floated wood || ~ de la **circulation** / road closed for traffic || **~-clapet** *m*

(hydr) / lever o. shutter weir || ~ à **coins tronconiques** (mines) / spherical dam || ~ **composite terre-enrochements** / riprap dam || ~ **construit pour la fabrication de l'énergie électrique** (électr) / power basin, power dam || ~ **contre le feu** (mines) / fire dam || ~ **contre les gaz** (mines) / air barrier o. stop[ping], ventilation dam || ~ à **contreforts** / counter-arched retaining wall, buttress dam || ~ à **contreforts et à voûtes multiples** / multiple-arch buttress dam || ~ à **contreforts à tête ronde** / round-head buttress dam, mushroom head buttress dam || ~ en **coque** / shell-type dam || ~ dans la **couche** (mines) / band, parting || ~ **coupant l'estuaire** / tidal barrage || ~ en **coupole** (hydr) / multiple dome dam || ~ de **déversement** / waste weir, spillway || ~ **déversoir**, barrage *m* déversant / spillway dam, overfall dam, overflow dam || ~ **distant** (usine él) / distant reservoir || ~ à **dômes multiples** / multiple dome dam || ~ à **eaux** / barrage || ~ **écarté** / distant reservoir || ~ à **écluse** / lock weir, sluice o. regulating weir || ~ à **encoffrement en charpente** / crib-work dam || ~ en **enrochements en vrac** / rockfill dam || ~ **évidé** / hollow dam || ~ **évidé à contreforts** / hollow buttress dam || ~ d'**exhaussement** / buttress dam || ~ **fixe** / dam, barrage fixe || ~ **fixe** (céram) / bridge wall || ~ **flottant** (céram) / floater || ~ de **garde** (hydr) / protecting weir || ~ de **glace** / ice barrier, ice blockage || ~ de **longue durée** (hydr) / long-term reservoir || ~ en **maçonnerie** (mines) / wall of brickwork, brick wall || ~ en **maçonnerie en pierres sèches**, barrage *m* en maçonnerie à sec / dry masonry wall || ~ **mobile** / weir || ~ **noyé** (hydr) / incomplete overfall, submerged weir || ~ **photoélectrique** / photoelectric safety locking || ~ en **pierres sèches** / dry masonry wall || ~**-poids** *m* / gravity dam || ~**-poids** *m* en **béton** / solid concrete gravity dam || ~**-poids** *m* **courbe** / arch gravity dam || ~**-poids** *m* **déversoir** / gravity dam with overfall, gravity dam with overflow || ~**-poids** *m* **évidé** / cellular construction gravity dam || ~**-poids** *m* **voûte** / arch gravity dam || ~ à **poutrelles** (hydr) / stop gate || ~ de **protection** (découp) / hand o. finger guard || ~ **radial** (hydr) / radial gate, sector regulator o. weir || ~ pour **régularisation annuelle** (hydr) / perennial regulation basin || ~ **régulateur** (hydr) / level control weir || ~**-réservoir** *m* / barrage, storage dam, catchment basin o. storage basin o. reservoir || ~ de **retenue** / retaining weir o. dam, pounding dam || ~ de **retenue [pour usine génératrice]** / power dam || ~ de **secours** / waste weir || ~ à **secteur ou à segment** (hydr) / radial gate, sector regulator o. weir || ~ en **sol compacté avec noyau en béton** (hydr) / earth dam with concrete core || ~ **submersible** (hydr) / incomplete overfall, submerged weir || ~ à **tambour** / drum type weir || ~ en **terre** / earth [fill] barrage, earth dam, embankment dam || ~ en **terre cylindrée** / rolled-earth dam || ~**-toit** *m* / bear-trap gate || ~**-usine** *m* / retaining barrage o. dam of the tidal power station || ~ à **vannes** / sliding panel weir, sluice o. lock o. draw-door weir || ~**-voûte** *m* / arch dam || ~**-voûte** *m* à **contreforts** (hydr) / round-head buttress wall || ~ en forme de **voûte mince** / shell type arch dam || ~ **voûte-poids** / arch gravity dam

barras *m* / barras, galipot

barre *f* / rod, bar || ~ (constr.en acier) / member || ~, pêne *m* / bar, bolt || ~ (hydr) / coastal bar || ~, ski *m* / snow skid || ~ (électr, sidér) / bar || ~ (charp) / crossbar, rail, putlog, transom || ~ (presse à vis) / bar, cross-arm, fly lever || ~ (m.à plier) / bending rail || ~ (opt) / streak, stripe || ~ (TV, défaut) / flagpole || ~ (défaut d'acier rond) / string || ~, barrette *f* (pneu, soulier) / cleat, stud, lug || ~ (nav) / handspike || ~ (nucl) / rod || ~ (typo) / dash || **en forme de** ~ / in bars, bar-shaped, rod-shaped || ~ d'**abattage** (tex) / knock-over bit, knocking-over bit || ~ d'**absorption** (nucl) / absorbing rod || ~ d'**accouplement** (auto) / steering tie rod (US) o. track rod (GB) || ~ d'**acier** / steel rod || ~**s** *f pl* en **acier** (lam) / bars *pl*, bar steel o. stock || ~**s en acier hexagones** *f pl* / hexagonal bar o. stock, hexagons *pl* || ~ *f* [à] **aiguille** (m.à coudre) / needle bar || ~ à **aiguilles** (filage) / faller [gill], gill || ~ à **aiguille glissante** (tiss) / compound needle bar || ~ à **aiguille oscillante** (m.à coudre) / vibrating needle bar || ~ **aimantée** / magnetic bar o. rod || ~ d'**alésage** (m.outils) / boring o. cutter bar || ~ d'**allègement** (ch.de fer) / assister bar || ~ d'**allongement** / extension bar || ~ d'**anspect** (ch.de fer) / crow bar, capstan bar || ~ **antipanique** / panic bolt || ~ **anti-roulis** (auto) / antiroll bar, stabilizing bar, stabilizer || ~ d'**appui** / bearing o. supporting rail || ~ d'**appui** (ch.de fer) / window protection rod || ~ d'**argent** / silver bar o. ingot || ~ d'**arrêt d'urgence** (nucl) / scram o. safety o. shut-down rod, emergency rod || ~ d'**attelage** (agr) / tractor drawbar o. hitch (US), drawbar || ~ d'**attelage** (auto) / reach (US), pole of the trailer || ~ d'**attelage** (cage d'extraction) / king bolt || ~ d'**attelage** (ch. de fer) / coupling rod || ~ **automatique** (nav) / automatic helmsman, autopilot || ~ **auxiliaire** (constr.mét) / auxiliary member || ~ du **blanc** (m.à ecrire) / space bar o. key || ~ **blanche** (TV) / white bar || ~ de **bore** (nucl) / boron rod || ~ **brute** (lam) / mill bar || ~ **bus** (électr) / bus bar || ~ **bus de générateur** (électr) / generator bus bar || ~ de **cabestan** (nav) / capstan bar || ~ de **cadrage** (film) / barrier, frame line || ~ de **cadre** (méc) / frame bar || ~ de la **cage amortissante** (électr) / bar of the damping cage || ~ à **caractères** (ord) / print bar, type bar || ~ à **caractères ou porte-caractères** (m.à ecrire) / type shank o. shaft || ~ **carrée** (lam) / square bar || ~**s** *f pl* **carrées** / square bar o. stock (US) || ~ *f* de **changement de marche** / reversing rod || ~ de **chariotage** (tourn) / feed rod o. shaft || ~ de **châssis** (fonderie) / moulding box bar || ~ pour **clé glissante ou coulissante** (télécom) / sliding lever bar || ~ **collectrice** (électr) / bus bar || ~ de **combustible** (nucl) / fuel rod || ~ de **commande** (ELF) (nucl) / control o. absorber rod || ~ de **compensation** (nucl) / shim rod || ~ de **compression** (techn) / forcing lever || ~ **comprimée** (constr.en acier) / compression[al] member o. bar, member in compression || ~ à **conducteurs transposés** (électr) / transposed conductor || ~ **conductrice** (techn) / drag-link o. rod || ~ **conductrice**, listel *m* (techn) / guide gib o. rail || ~ **conductrice** (électr) / busbar, bus duct o. rod, feed-through || ~ de **connexion** (électr) / link || ~ de **contact** (télécom) / contact arm o. wiper, wiper || ~ de **contreventement** / wind-resisting stay || ~ de **contrôle ou de cadmium** (nucl) / cadmium rod || ~ de **couleur** (TV) / colour bar || ~ de **coupe** (moissonneuse) / cutter bar || ~ de **coupe à coupe moyenne, [normale, courte]** (agr) / medium, [standard, narrow] pitch cutter bar || ~ de **coupe à deux lames** (agr) / double-knife mower || ~ de **coupe pour tracteur** (agr) / tractor mower || ~ **coupeuse [nue]** (agr) / finger bar || ~**s** *f pl* en **couronnes** / coiled bar || ~ *f* **creuse** / hollow bar, pipe || ~ de **cuivre** (électron) / shorting bar || ~ de **décalotteuse** (tiss) / down sinker, holding-down sinker, knocking-over sinker || ~ de

demi-espacement (m.à ecrire) / half space key || ~ à **dents de rat** (bonnet) / lock-stitch bar || ~ de la **détente** / expansion rod || ~ de **détour** (tex) / guide rod || ~ **diagonale** (constr.en acier) / diagonal rod o. stay o. brace || ~ **directrice** (techn) / drag-link o. rod || ~ de **distribution** (électr) / distributing [bus-]bar || ~ de **dopage** (ELF) (nucl) / booster element || ~ **double du poteau en A** (électr, télécom) / double brace || ~ de **drap** / bar of cloth || ~ d'**éjecteur** (plast) / ejection tie bar || ~ d'**éjection** (presse) / knockout bar || ~ d'**éjection** (fonderie) / bumper bar || ~ **élargisseuse** (teint) / expander rod || ~ d'**enclenchement** / interlocking bar || ~ d'**ensouple** (tiss) / rod of the warpbeam || ~ **équivalente** (méc) / equivalent member || ~ d'**espacement** (m.à ecrire) / space bar o. key, spacing bar o. key || ~ d'**étirage** (verre) / drawbar || ~ de **fer** / iron rod o. bar || ~ à **fil** (lam) / wire bar || ~ de **fixation des tapis** / stair [carpet] clip o. rod || ~ du **fleuret** / mining drill steel, drill steel || ~ de **Flinders** (nav) / Flinders bar, heeling magnet || ~ de **fraction** (typo) / oblique o. fraction stroke, slash mark || ~ de **fraction oblique** (math) / stroke, fraction stroke || ~ **franche** (gouvernail) / pintle || ~ **frontale** (lunettes) / brow bar || ~ de **garde-corps ou de garde-fous** / hand rail[ing] || ~ **glissière** / copping o. shaper rail || ~ **glissière de guide-fils** (tricot) / carrier sliding bar || ~ des **glissières** (techn) / motion o. drag link o. rod || ~ du **gouvernail** / tiller || ~ de **graphite** / graphite bar || ~ de **grillage** (constr.en acier) / lacing o. lattice bar || **~s** *f pl* de **grille en fonte dure** / grate o. fire bars from chilled cast iron *pl* || ~ *f* **guide-mèche** (continu à anneau) / slubbing guide rail || ~ de **havage** (mines) / cutter bar || ~ **hexagonale** / hexagon bar || ~ d'**horizon d'un gyroscope** (aéro) / horizon bar || ~ **horizontale** (TV) / strobe line || ~ à **huit pans** / octagon [bar] || ~ **idéalement parfaite** (méc) / ideal bar o. member || ~ d'**impression** (ord) / print bar, type bar || ~ d'**induit** (électr) / armature bar, rotor bar || ~ d'**insertion** (tiss) / insertion bar || ~ d'**interconnexion** (électr) / feed-through || ~ d'**interférence** (TV) / interference pattern o. stripe || ~ **intermédiaire de direction** (auto) / radius rod, drag link || ~ de **liaison** (électr) / link || **~s** *f pl* **longues** (ch.de fer) / long-welded rails *pl*, continuous welded rail, ribbon rails (US) *pl* || ~ *f* **magnétique** / magnetic bar o. rod || **~-mandrin** *m* **lisseur** (lam) / reeling mandrel rod || **~s** *f pl* **marchandes** / hot rolled bar, merchant bar, bar stock || ~ *f* **massive** / solid bar || ~ de **membrure inférieure** (constr.en acier) / bottom boom member || ~ de **membrure supérieure** / upper boom member (GB), upper chord member (US) || ~ **métallique** / metal bar || ~ de **métallisation** (circ.impr.) / plating bar || ~ à **mine** / jumper bar || ~ **motrice** (m. compt) / motor bar || **~s** *f pl* **nervurées** / ribbed bars *pl* || ~ *f* **nodale** (équilibrage) / nodal bar || ~ de **noyau** / core bar of the tube drawing press, triblet || ~ **oblique** (ord) / slash, slant, solidus || ~ **oblique inverse** (ord) / left oblique, reverse solidus, reverse slant || ~ **octogonale** / octagon [bar] || ~ à l'**œil** (constr.en acier) / eye bar || ~ **omnibus** (électr) / [omni]bus bar, distributing [bus-]bar, bus duct o. rod o. wire || ~ **omnibus d'alimentation** (électr) / feeder bus bar || ~ **omnibus de distribution** (électr) / distributing bus bar || ~ **omnibus d'éclairage** / lighting bus bar || ~ **[omnibus] de force motrice** (électr) / power bus bar || ~ **omnibus lamellée** / laminated conductor || ~ **omnibus principale** / generator o. main busbar || ~ **omnibus de puissance** (électr) / power bus bar || ~ **[omnibus] de terre** / earthing bus bar || ~ d'**or** / gold ingot o. bar, bar o. ingot of gold, bullion || ~ à **palissonner** (cuir) / stake || ~ de **pan d'acier** (constr.en acier) / web member || ~ **Panhard** (auto) / Panhard rod || ~ à **passettes** (tiss) / guide bar of a Rashel machine || ~ à **picot** (bonnet) / lock-stitch bar || ~ de **[pied] presseur** (m.à coudre) / pressure bar || ~ de **pilotage** (ELF) (nucl) / fine control rod, regulating rod || ~ **plate** / flat rolled steel, flat [steel bar] || ~ à **platines** (tiss) / sinker bar || ~ à **poinçons** (tricot) / narrowing rod || ~ **porte-anode** (galv) / anode carrying rod || ~ **porte-caractères** (m.à ecrire) / type bar || ~ **porte-lame** (cis. guillotine) / blade carrying rail || ~ de **presse** (m. Rachel) / chopper bar, fall plate || ~ **presse-papier** (m.à ecrire) / auxiliary feed roller rod || ~ **presse-papier** (ord) / bail of a printer || ~ **presse-papier** (typo) / guide rail || ~ de **pression** (plast, m.outils) / pressure pad || ~ de **raccordement** / connecting rod || ~ de **réacteur** / reactor rod || ~ à **reboucher** (fonderie) / pattern tie bar || ~ **redondante** (constr.en acier) / redundant member o. bar || ~ de **réglage** (réacteur) / power control rod || ~ de **relevage** (ch.de fer) / reversing rod || ~ de **remorquage** (aéro) / draw tongue || ~ de **remorqu[ag]e** (auto) / tow-rod, towing bar || ~ de **remplacement** (méc) / equivalent member || **~s** *f pl* pour **ressorts** / spring steel bar || ~ *f* de **retenue** (ligne de contact) / brace, registration arm || ~ de **retournement** (typo) / angle bar, turner o. turning bar || ~ **ripante** (mines) / cutter bar || ~ **Roebel** (électr) / transposed conductor || ~ **ronde** / round rod o. pole || ~ **ronde en acier** (lam) / rod stock o. steel, round [bar] steel, rounds || ~ due au **ronflement excessif** (TV) / hum bar || ~ de **savon** / bar of soap, cake || ~ **sèche** (nav) / hold beam, strong beam || ~ de **sécurité** (nucl) / emergency rod, scram rod || ~ de **sélecteurs** (télécom) / combination o. selector bar || ~ de **soudure** / solder stick || ~ **soumise au flambage** (méc) / long column || ~ **stratifié moulée** (plast) / laminated moulded rod || ~ **surabondante** (constr.mét) / excess member || ~ **suspendue** (constr.en acier) / suspension rod || ~ **suspendue** (teint) / loop rod || ~ en **T** (lam) / tee, T-bar || ~ à **talon** (tricot) / splicing and heel-knitting gear || ~ de **teinte** (défaut) / list (defect) || ~ de **teinture en trame** (tiss, défaut) / streak, stripe || ~ **tendue** (méc) / tensional bar o. member || ~ **tendue ou de traction** (gén) / connecting rod, con-rod, tie rod || ~ de **tension** (carde) / tension bar, winder beam || ~ de **tension** (tiss) / back rest roller || ~ de **torsion** (méc) / torque rod || ~ de **torsion** (ressort) / torsion bar || ~ de **torsion à double action** / double-acting torsion bar || ~ de **traction** (ch.de fer) / drawbar, drawgear, draught- o. drag-bar || ~ du **traîneau** / sledge runner || ~ en **trame** (tiss, défaut) / weft bar || ~ **transversale** (math) / fraction bar o. line || ~ **transversale** (gén) / transverse o. transversal bar o. beam o. girder, traverse, crossbeam, browpost || ~ **transversale** (typo) / dash || ~ **trapézoïdale** (lam) / trapezoid || ~ **travaillant à l'extension** (constr.en acier) / tensional bar o. member || ~ de **treillis** (constr.en acier) / bar, member, strut member || ~ en **treillis** (constr.en acier) / lattice member || ~ de **triangulation** (constr.en acier) / lacing o. lattice bar, web member || ~ en **U** (lam) / channel [section o. steel], U-shaped beam || ~ d'**uranium** (réacteur) / uranium rod o. bar || ~ de **verrouillage d'aiguille** / lock bar of the point machine || ~ **verticale** (constr.en acier) / vertical rod o. member

barré (mines) / chat, intergrown, complex, textured || ~ / crossed || **être** ~ / clog *vi* || **~s** *m pl* de **triage** (mines) / middlings *pl*

barreau *m* / stanchion['s lance] || ~ (essai de mat) / specimen, test piece || ~ (garde-fou) / baluster, banister || ~ **aimanté** / bar magnet || ~ de **combustible** (nucl) / fuel slug || ~ **entaillé** / notch[ed] bar || ~ **éprouvette** (essai de traction) / tension bar || ~ d'**essai** (essai des mat) / test bar o. specimen || ~ de **Flinders** (Schiff) / Flinders bar || ~ de **grille** (serr) / grate bar o. rod || ~ de **grille** (chaudière) / fire bar, grate bar o. rod, bar of a fire grate || ~ **magnétique** / bar magnet || ~ de **néodyme sous incidence brewstérienne** (laser) / Brewster neodymium rod || ~ **plat** (lam) / flat rolled steel, flat [steel bar] || ~ **transversal ou à travers** (essai de mat) / transverse test piece o. specimen

barrel *m* / barrel (petrol: 42 US gallon = 159 l; fermented beverage: 31 1/2 US gallon = 119,5 l)

barrême *m* voir barème

barrer (hydr) / bank, pen up, stem || ~, endiguer / dam in o. up || ~, fermer / close, lock, block || ~ (nav) / steer || ~ une **route** / close a road

barrette *f* (gén) / small bar || ~ (montre) / axle of spring box || ~ (tex) / gill bar || ~ (fonderie) / stay || ~ (accu) / terminal o. connector bar, terminal yoke || ~ (feu d'approche) / barrette || ~ (antenne) / stub || ~ (constr.mét) / batten o. tie o. stay plate || ~ (pneu, soulier) / cleat, stud, lug || ~ (tamis) / sieve bar || **à ~s** (pneu) / studded || ~ à **aiguilles** (filage) / comb strip || ~ de la **bande de roulement** (pneu) / tread bar o. lug || ~ à **bornes** (électr) / connecting o. connector block || ~ de **cosses à braser** / tagboard || ~ de **couplage série-parallèle** (électr) / series-parallel connector bar || ~ de **cuisson** (céram) / point bar || ~ de **fixation de relais** / relay rail || ~ de **jonction** (électr) / terminal junction || ~ **photosensible** (semicond) / photosensible linear array || ~ de **raccordement** (électr) / terminal strip || ~ à **ressort** (montre à bracelet) / spring pin || ~ de **sectionnement** (électr) / isolating blade || ~ de **terre** (électr) / earthing rod

barretter *m* / barretter (measuring instr.)

barrière *f* (routes, géol) / barrier || ~ (séparation des isotopes) / diffusion barrier || ~ (ch.de fer) / railway barrier o. gate || ~ (semicond) / gate || ~ (IGFET) / gate electrode of IG-FET || ~ d'**accès aux quais** / platform barrier o. gate || **~s** *f pl* **accouplées** (ch.de fer) / sympathetic gates *pl*, interlocked gates (US) *pl* || ~ *f* **anti-humidité** / dampproof insulating layer || ~ d'**arrêt** (aéroport) / arrester barrier || ~ **basculante** (ch.de fer) / lifting barrier o. gate || ~ **centrale** (nucl) / central barrier || ~ de **charge d'espace** (semicond) / barrier layer || ~ de **confinement** (nucl) / confinement o. containment barrier || ~ par **contournement** (électr) / insulation barrier || ~ **coulombienne** / coulomb barrier || ~ de **dégel** (routes) / frost heave || ~ de **diffusion** (nucl) / diffusion barrier || ~ d'**énergie** (chimie) / energy barrier o. hill || ~ de **fission** / fission threshold || ~ **géologique** (nucl) / geological barrier || ~ d'**humidité** / moisture barrier || ~ **infra-rouge** / infrared barrier || ~ **invisible** / photoelectric safety locking || ~ à **lisse glissante** (ch.de fer) / sliding barrier o. gate || ~ à **lisse suspendue** (ch.de fer) / rod barrier || ~ de **lumière à grille** (presse) / light-grille barrier || ~ **oscillante** (ch.de fer) / lifting barrier o. gate || ~ **ouverte à la demande** (ch.de fer) / on-call barrier || ~ **pivotante** (ch.de fer) / revolving o. turning o. swing barrier o. gate || ~ **p-n ou PN** / p-n-barrier || ~ de **potentiel** / potential barrier o. threshold || ~ **protectrice primaire** (nucl) / primary protective barrier || ~ de **puits** (mines) / pit gate || ~ **roulante** / crossing gate on wheels, rolling gate || ~ de **Schottky** / Schottky barrier gate || ~ de **sécurité** (aéro) / safety barrier || ~ **thermique** (réacteur) / thermal barrier || ~ **thermique** (ELF) (phys) / thermal o. heat barrier || ~ à **transmission par fil** (ch.de fer) / wire barrier || ~ de **vapeur** (bâtim) / vapour barrier, vapour seal

barrique *f* / barrel

barrot *m* (nav) / deck beam, beam || ~ de **pont** (nav) / riser

barycentre *m* / center of gravity o. of mass o. of inertia, gravity center

barycentrique / barycentric, centrobaric

baryon *m* (nucl) / baryon

barysphère *f* (géol) / barysphere

baryte *f* (min) / barite, barytes, heavy spar || ~ **anhydre** / barium oxide, oxide of barium, calcined baryta || ~ **hydratée** / barium hydroxide, caustic baryta || ~ **sulfatée bacillaire** (min) / barrel spar || ~ **sulfatée fibreuse** / fibrous spar || ~ **sulfatée terreuse** / barium oxide, baryta

barytine *f* (minéral) / tiff (US), barium sulphate

barytocalcite *f* / barytocalcite

baryum *m* / barium

bas *m* / hose, stocking || ~ **diminué** / full[y]-fashioned stocking || ~ à l'**envers** (tex) / reverse-knit o. inside-out stocking || ~ **stretch** / stretch hose o. stocking

bas *adj* / low || ~ (voix) / soft, slight, low, faint || ~ (eau) / shallow || ~ (typo) / inferior || ~ **!** (emballage) / this side down ! || ~ *m* / lower part, underpart, bottom [part] || ~ (météorol) / low-pressure area, minimum || **à ~ niveau** (électr) / weak || **à ~ nombre de fils** (tissu) / low-warp || **à ~ point de fusion** / low melting point... || **à ~ point d'ébullition** / low-boiling || **à ~ rendement** / light-duty... || **à ~se compression** / low-compression... || **à ~se constante de temps** / low-time constant... || **à ~se impédance** (batterie) / low-drain... || **[à] ~se tension** / low-voltage... || **à ~ses températures** / low temperature... || **au ~** [de] / under || **de ~ niveau** (télécom) / low-level... || **de ~se puissance** / low-powered || **en ~** (bâtim) / downstairs || **en ~** (p.e.ascenseur) / down || **le plus ~** / lowest || **plus ~** / lower || **vers le ~** / down || ~ de **caisse** (auto) / bottom of the car body || ~ de **casse** (typo) / lower case, LC || ~ de la **chaîne** (tiss) / lower shed || ~ de **colonne** (pétrole) / bottom product || **~se consommation de courant** *f* / low power drain || **~-côté** *m* de **route** / pedestrians sidepath || **~-cotons** *m pl* / linters *pl* || **~se définition** *f* (TV) / low definition || **~ses eaux** / low water || ~ **étage** *m* (bâtim) / basement, underground floor, lower story || **~se fluidité** *f* (plast) / low flow || **~-fond** *m* (géogr) / bottom land, lowland, flat || ~ **fourneau** / low shaft furnace || ~ **fourneau électrique** / electric low shaft furnace || **~-foyer** *m* (sidér) / bloomery hearth, Renn furnace || **~se fréquence** *f* (acoust) / audiofrequency, AF, a.f., a-f || **~se fréquence** *f* (radio) / low frequency, kilometric o. long waves *pl* || **~se fréquence** (25 - 60 Hz) *f*, B.F. (électr) / low frequency, mains frequency || **~se mer** *f* / ebb-tide, low water || **~se œuvre** *f* (bâtim) / basement, underground floor, lower story || ~ *m* de **page** (typo) / bottom of a page || **~se-palée** *f* (pont) / foundation piles *pl* || **~se portion** *f* (chem) / low boiling portion || **~se pression** *f* (météorol) / low pressure, depression || **~se pression** *f*, B.P. (techn) / low pressure, LP || **~-produit** *m* (sucre) / second-class sugar, low-grade sugar || **~-relief** *m* / low relief, bas-relief || **~se tension** (c.c: 50-600 V, c.a.: 24-250 V) *f* / low voltage || **~se tension de protection** / protective low voltage

basal, de base / basal, fundamental || ~ (math) / basal ||

~, minimal (biol) / basal, minimal
basalte *m* / basalt, basaltes *pl* || ~ **aggloméré** / artificial basalt || ~ **fondu** / [fusion-]cast basalt || ~**s** *m pl* de **plateau** (géol) / plateau eruptions o. basalt *pl* || ~ *m* **prismatique** / columnar basalt
basaltique / basaltic || ~ (min) / fingery, spiky, columnar
basane *f* (reliure) / roan (GB), rutland (US) || ~ (tan) / basil
basanite *f* (géol) / basanite
basculage *m* / rocking, seesawing, teetering (US)
basculant / tiltable, tilting, folding up o. down || ~, à suspension compensée (ch.de fer) / tilting, body-tilt... || ~ (véhicule) / dumping
bascule *f* / swing, see-saw || ~ (pompe) / handle of a pump || ~ (balance) / platform balance o. scales *pl*, weighbridge || ~ (électr) / sweep circuit || ~ (TV) / canted shot || ~ (tiss) / picker, [loom] driver || ~ (fenêtre) / staple || ~, pince *f* de déclic / tongs o. pincers of a pile engine, detaching hook || ~, porte-à-faux *m* de saillis (bâtim) / projection, overhang, bearing-out || **à** ~ / hinged, tilting || **faire la** ~ / seesaw, teeter (US), rock || **faire la** ~, verser / dump *vi* || **faire la** ~ (véhicule) / topple over *vi* || ~ **arrière** (phot) / swing back || ~ **astable** / astable circuit, free-running circuit || ~ **automatique à cadran** / grocer's scale || ~ **automatique pour colis postaux** / Post Office scale || ~ **avant** (phot) / swing front || ~ **bistable** / bistable [trigger] circuit, bistable trigger, Eccles-Jordan circuit, flip-flop (term strongly deprecated) || ~ à **cadran lumineux** / luminous dial scale || ~ **centésimale** / centesimal weighing machine o. weigh-bridge o. balance || ~ **continue** / continuous weigher || ~ **coup par coup** / intermittent weigher || ~ **courroie** / belt weigher, conveyor type weigher || ~ **courroie intégratrice et enregistreuse** / weightometer || ~ **décimale** / decimal balance, decimal weighing machine || ~ de **dérouleurs prématurée** (b.magnét) / forced tape swap || ~ **électronique RS** (ord) / RS-bistable circuit (= reset/set) || ~ d'**ensachage** / sacking weigher || ~ à **grues** / crane weigher || ~ à **houille** / coal dump o. tip || ~ **intégratrice** / weighing machine with counting scale || ~ **interne** (opt) / internal swing-in standard || ~ **monostable** / monostable multivibrator, monovibrator, MV, one-shot o. gated multivibrator, monoflop (US), monostable [trigger] circuit (US) || ~ pour **personnes** / weighing machine, (esp.:) bathroom scales *pl* || ~ de **pesage d'essieux** / locomotive axle weighbridge || ~ de **pesée de charge** (fonderie) / scales *pl* for charge make-up || ~ à **rail aérien** / weighing machine for overhead trolley || ~ à **ressort** / spring balance (GB) o. scale (US) || ~ de **retard** / delay unit || ~ à **sac** / sack weigher || ~ de **Schmitt** (électron) / cathode coupled binary, Schmitt [trigger] || ~ à **wagons** / track scales *pl*, wagon weighbridge (GB), freight car scales (US)
basculement *m* (véhicule) / tipping, toppling over, tilting over || ~ de la **bande** (b.magnét) / switching unit || ~ d'**ondes** / deflection of waves
basculer *vt* (électron) / flip, trick-over || ~ *vi* / swing, rock, see-saw || ~ (véhicule) / topple over || **faire** ~ (électron) / trip || ~ en **aile de moulin** (typo) / work and twist, work and whirl || ~ de **côté ou sur le côté** / cock || ~ en **haut** / swing up || ~ une **poche** (sidér) / tip o. pour o. dump the ladle || ~ en **retour** (électron) / flop back
basculeur *m* (mines) / check weighman || ~ / tip, tipper, tippler || ~ (électr) / trigger circuit || ~ **arrière ou A.R.** (routes) / rear dump [truck] o. dumper, end dump truck, end tipper, rocker || ~ à **caisse** / box tip wagon, tip o. dump box car || ~ à **commande par leviers croisés** / high dumper || ~ **frontal** / front dump [truck] o. dumper || ~ de **wagons** (mines) / car dumper o. tipper o. tilter, rotary dumper || ~ à **wagons** (ch.de fer) / wagon tipper (GB), freight car dumper (US) || ~ de **wagons en bout** / end discharge tippler || ~ de **wagons à grue** / crane tip for wagons
base *f* (gén) / basis, base, foundation || ~**s** *f pl* / base o. basic material || ~ *f*, fondement *m* (bâtim) / sole, foundations *pl* || ~, fond *m* / sole, base, bottom, lower part || ~ (m.outils) / stand, base || ~ (arp) / datum line, base o. basis line || ~ (galv) / precoat, preplating || ~ (math) / base, ground line || ~ (repro) / base material, base stock || ~ (composante électron) / low end || ~ (semicond) / base || ~ (chimie) / base (contradict.: acid) || ~ (luminescence) / bulk material, host crystal || ~ (méc) / fixed centrode o. polode || ~, pied *m* / footing, foot || ~, appui *m* / base, stand, pedestal || **à** ~ **de naphtène** / naphthenic || **à** ~ **de paraffine** (huile) / paraffin-base... || **de** ~ / base *adj*, basic || ~ **active** (dynamite) / active base || ~ **aérienne** / air base || ~ **alcalino-terreuse** / alkaline earths *pl* || ~ d'**antenne** / antenna base || ~ **auxiliaire** (arp) / base of verification, by-station line || ~ en **béton de ciment** (routes) / cement-concrete base || ~ de **bourrelet** (pneu) / bead base || ~ **box** (sidér) / base box of sheets || ~ de **calcul** / basis of design, design fundamentals *pl* || ~ de la **canette** / cop stand || ~ de la **caractéristique** (ord) / floating point radix || ~ de **chargement** (transports) / base point || ~ de **colonne** / footing of a column, column base || ~ du **complément** (ord) / complement base || ~ de **coulisse** / skid base || ~ **cuproammoniacale** / ammoniacal copper oxide compound || ~ **cyanogène** / cyanogen base || ~ de la **dent** (roue dentée) / root of the tooth || ~ de la **digue** (hydr) / embankment, footing of a sea embankment || ~ de **données** (ELF) (ord) / data bank o. base, information bank o. base || ~ de **données distribuée** / distributed data base || ~ d'**émulsion** (phot) / base, film base, emulsion carrier || ~ de **feutre** / felt pad o. cushion || ~ d'une **figure** (dessin) / datum line || ~ du **film** (phot) / base, emulsion carrier || ~ de **fixation de la plaque** (circ.impr.) / housing shroud || ~ du **forfait** / incentive rate basic pay, piecework base rate || ~ **grise ou bleue** (repro) / gray o. blue base || ~ **inerte** (dynamite) / inert base || ~ **isolante** / insulating base o. foot || ~ de **jante** (auto) / well o. base of a rim || ~ de **lancement** (ELF) (espace) / launch o. launching pad o. platform o. base, rocket launcher || ~ [d'un **levé topographique]** (arp) / datum line, base [line] || ~ de **lingotière** / ingot mould bottom plate (GB), ingot mold stool (US) || ~ des **logarithmes** / base of logarithm || ~ de **milieu nutritif** / nutritive substratum || ~ **militaire** (mil) / base || ~ **morte rouge** (mines) / deads below the vein || ~ de **mur** / wall bottom || ~ de **numération** (ord) / radix || ~ **organique** (chimie) / organic base || ~ d'**oxydation** / oxidation base || ~ pour **papier peint** / wall paper base o. raw paper || ~ de **poteau** (électr, télécom) / pole base o. footing || ~ de **puissances** (math) / base || ~ **rationnelle** (math) / integral base || ~ de **Schiff** / Schiff's base || ~ de la **semelle** / foundation level || ~ de **séparation flottante** / floating point base o. radix || ~ d'un **solide** (géom) / base, basis || ~ pour **statifs** (lab. chim.) / stand base || ~ de **strychnine** / strychnine base || ~ au **sulphure** / sulphonic base || ~ de **sustentation** (méc) / support polygone || ~ du

talon (pneu) / bead base || ~ de **teinture** / dye base || ~ de **teinture solide** / fast colour base || ~ de **temps** (oscilloscope) / time axis o. base || ~ de **temps** (TV) / time base, sweep || ~ de **temps circulaire** / circular time base || ~ de **temps à déclenchement** / triggered time base || ~ de **temps d'encliquetage** (TV) / ratchet time base || ~ de **temps à gaz ou au néon** (électron) / neon time base || ~ de **temps d'image** / picture time base || ~ de **temps libre** / free running time base || ~ de **temps de ligne** (TV) / line time base || ~ de **temps linéaire** / linear time base || ~ de **temps de précision** (radar) / precision sweep, precision time base || ~ de **temps radiale** (radar) / radial time base, RTB || ~ de **temps de trame** (TV) / frame sweep, frame time base || ~ **transparente** (pellicule) / clear base || ~ de **tunnel** / tunnel floor || ~ de **vérification** (arp) / base of verification, by-station line || ~ de **vitesse** (aéro) / speed course

baser [sur] / base [upon]

BASF-moteur *m* / BASF-motor

basicité *f* (chimie) / basicity

basidiomycètes *m pl* / basidiomycetes *pl*

basifiant *m* (tan) / basifying agent

basification *f* (chimie) / basification, conversion into a base || ~ (tannerie) / basification

basin *m* / union linen

basique (chimie) / basic, alkaline || ~, élémentaire / primitive, basic

basophile (teint) / basiphil, basophil

basralocus *m* (hydr) / basralocus wood

bass-reflex (enceinte) / bass-reflex...

basse-lisse, à ~, -lice (tex) / low-warp

bassin *m* (gén, géol, mines) / basin || ~ (bâtim) / swimming pool, pool || ~ (balance) / weighing scale o. basin || **passer au** ~ (nav) / dock *vt* || ~ d'**achèvement** (nav) / fitting-out basin || ~ d'**aérage** / aeration tank || ~ d'**alimentation** / feeding basin o. reservoir o. tank || ~ d'**amortissement** (hydr) / whirlpool basin || ~ d'**aspiration de pompe** (mines) / pump sump || ~ de la **batellerie** / inner harbour for river boats (in a seaport) || ~ à **boue** (pétrole) / mud tank, slush pit (US) || ~ de **carénage** / dry dock || ~ des **carènes** (nav) / towing tank || ~ des **chantiers** / shipyard basin || ~ **charbonnier** (géol) / coal basin o. field || ~ de **chasse** (W.C.) / flush basin || ~ à **chaux** (bâtim) / lime pit o. pan o. chest || ~ **circulaire de sédimentation** (eaux usées) / circular [settling] tank || ~ **collecteur de neige** (bâtim) / snow trap || ~ de **colmatage** (hydr) / basin of the groin o. jetty || ~ de **consommation d'énergie** (hydr) / whirlpool basin || ~ de **construction** (nav) / building basin o. dock || ~ de **coulée** (fonderie) / pouring basin || ~ de **curage ou à clarifier** / clearing o. settling basin o. sump o. pool o. reservoir o. cistern || ~ à **débordement** / overfall basin || ~ de **décantation** / sedimentation basin o. tank o. pit, precipitation o. settling tank || ~ de **décantation** (égout) / lagoon || ~ de **décantation** (excavation) / sedimentation pond || ~ de **décantation** (bâtim) / absorbing well, drainage pit, sump || ~ de **décantation** (pap) / settler || ~ de **décantation des boues** / slurry pond || ~ de **décantation finale** (eaux usées) / final humus o. sedimentation tank, secondary settler || ~ de **dégorgement** (sidér) / sump, bottom of furnace || ~ de **dépôt** / slime pit, sludge pit || ~ de **dépôt** (sucre) / lime pond (for waste-lime slurry), mud pond (for the slurry of flume water) || ~ de **dépôt de boue** (tout-à-l'egout) / silt chamber o. box o. trap || ~ de **dessablement** (eaux usées) / grit chamber || ~ de **déversement** (hydr) / discharge basin || ~ à ou d'**eau** / well, water reservoir o. cistern o. tank || ~ d'**eau pluviale** / storm water tank o. reservoir || ~**-écluse** *m* (nav) / wet dock, inner harbour || ~ d'**égalisation d'afflux** (hydr) / equalizing basin || ~ d'**épargne** (écluse) / side pond || ~ d'**étalonnage** (liquides) / rating tank || ~ d'**évier** (eaux usées) / basin, sink, gutter || ~ d'**évier** (cuisine) / sink basin || ~ d'**évolution** (hydr) / turning basin || ~ **filtrant** (eau potable) / filtering basin o. tank || ~ d'un **fleuve** / river basin || ~ à **flot** / wet dock, inner harbour || ~ **[fluvial ou lacustre]** / water system || ~ de **fontaine** / fountain basin o. vase || ~ **houiller** (géol) / Carboniferous o. Carbonic o. coal formation o. series || ~ **houiller** (mines) / coal district || ~ **hydrologique** (hydr) / drainage o. catchment area o. basin, water shed (US) o. basin || ~ d'**imprégnation** / impregnating vat o. trough o. vessel || ~ d'**infiltration** (géol) / region of infiltration of water || ~ d'**inondation** / high-water bed o. basin || ~ **journalier** (verrerie) / day tank || ~ **libre** (port) / duty-free district || ~ de **lignite** / brown coal o. lignite district || ~ de **marée** / tidal basin o. dock || ~ à **palettes** (eau d'égouts) / paddle tank || ~ **permanent** (verre) / permanent tank || ~ à **poids** / weighing scale o. basin || ~ d'un **port** / basin, inner harbour || ~ **principal de décantation** / main settling basin || ~ de **prise** / collecting tank || ~ de **putréfaction** / putrefaction basin || ~ **quadripartite de nettoyage système O.M.S.** (eaux usées) / four-chamber O.M.S. cesspit || ~ de **radoub** / dry dock || ~ de **réception** (fonderie) / pit, sump || ~ de **refoulement** / pump fed basin || ~ pour **refroidir ou de refroidissement** / cooling pond o. basin || ~ pour **remorqueurs** / tug-boat o. tow-boat basin || ~ de **reprise avec noria** (mines) / dredging sump || ~ de **retenue**, réservoir *m* de barrage (hydr) / catchment o. storage basin o. reservoir || ~ de **retenue** (écluse) / reserve lock || ~ de **retenue** (nucl) / retainer, retention basin || ~ de **retenue voisin à l'usine** / near storage basin || ~ à **schistes** / tailings pond || ~ à **schlamms** / slime pit, mud pond || ~ à **schlamms** (mines) / slurry pond || ~ **secondaire de putréfaction** (eaux usées) / secondary digestion tank || ~ **sédimentaire ou de sédimentation** / sedimentation basin o. tank o. pit, precipitation o. settling tank || ~ **sédimentaire à contre-courant** / counterflow subsider || ~ de **sédimentation** (mines) / water lodge || ~ **solaire** / solar pond || ~ **surélevé** (hydr) / area affected by dammed water || ~ à **tourbillonnement** (hydr) / whirlpool basin || ~ de **trempe** / hardening tank o. trough || ~ **versant** (hydr) / drainage o. catchment area o. basin, water shed (US) o. basin || ~ à **vide** / vacuum tank o. vessel o. chamber || ~ de **virement** (hydr) / turning basin

bassine *f* (gén) / tin tub || ~ (techn) / evaporating boiler o. vessel || ~ de **lavage** (phot) / plate washer || ~ **plastique** / plastic basin o. tub

bassiner (céram) / wet with warm water

bassiot *m* (mines) / bucket, kibble

bastingage *m* (nav) / rail[ing], breastwork

bastite *f* (min) / bastite

bastringue *f* (silviculture) / slide caliper

bastude *f* (pêche dans les étangs salés) / fishing net for salt lakes

bâtard *m* (biol) / cross[breed], hybrid

bâtarde *f* (typo) / bastard fount

batardeau *m*, batardeau-palplanches *m* (hydr) / cofferdam, sheet piling || ~ à **double encoffrement**, batardeau-caisson *m* (hydr) / box dam, coffer [dam]

Batavia *m* / double twill, four-end twill

batayole *f* / railing stanchion

bateau *m* / watercraft, boat, [merchant] vessel || **en** ~

/ boat-shaped || **par** ~ / by ship || ~ **antipollution** / oil pollution fighter, oil-spill combating o. clearance vessel || ~ **automobile** / motorboat || ~ **avalant**, bateau avalisant *m* / down-stream going boat || ~ **brise-rochers** / rock-chiseling boat || ~**-citerne** *m* / tanker || ~ de **course** / racing boat, racer || ~**-drague** *m* / floating o. floater dredge[r] || ~ **dragueur** (hydr) / dredging boat, drag o. mud boat || ~**-feu** *m* / fireship || ~ **fluvial** / river boat || ~ de **loch** (nav) / log chip || ~ **marchand** / merchant ship o. vessel o. man || ~ [à] **moteur** / motorboat || ~ pour **navigation intérieure** / ship for inland navigation || ~ de **pêche** / fishing boat o. craft o. vessel || ~ **pilote** (nav) / pilot boat o. vessel || ~**-plongeur** *m* / diving ship || ~**-pompe** *m* (nav) / pump engine boat || ~**-pompe** *m* [à **incendie**] / fire boat o. tug || ~ à **ponton** / pontoon, bridging boat || ~**-porte** *m* (écluse) / caisson gate || ~**-porte** *m* (bassin) / floating [coffer]dam o. caisson o. gate || ~**x** *m pl* de **poussage** (nav) / pushing unit, push tow, compartment boat train, pusher train || ~ *m* à **rames** / row[ing] o. pulling boat || ~**-releveur** *m* / salvor || ~ **remorqueur** / towboat, tug[boat], towing boat || ~ de **rivière** / river boat o. barge || ~ de **sauvetage** / rescue cruiser || ~**-soute** *m* / tanker || ~ de **trottoir** / depression of the curb || ~**-usine** *m* / factory ship || ~ à **vapeur** / steamship, steamer

batée *f* voir battée

batelage *m* (nav) / lighter traffic, lighterage

batellement *m* (bâtim) / margin tiles *pl*

batellerie *f* / inland water transport

batho·lite *m* (géol) / batholith, bathylite || ~**mètre** *m*, bathymètre *m* / bathometer || ~**métrie** *f*, bathymetrie *f* / bathymetry || ~**tonique** / bathotonic

bathyale / bathyal

bathy·plancton *m* / bathyplankton || ~**scaphe** *m* / bathyscaph[e] || ~**sphère** *f* / bathysphere

bâti *m* / supporting member o. structure, frame, stand || ~ (techn) / engine frame || ~ (électr) / pole box o. casing || ~ (couture) / basting thread o. cotton, (also:) basting stitch || ~ (porte) / door frame || ~ d'**appareils ou d'appareillage** / apparatus rack o. shelf || ~ de l'**appareil tendeur** (ch.de fer) / compensator frame o. stand || ~ d'**appareils de manœuvre** (ch.de fer) / points box o. stand, switch box, switchstand || ~ de **base** / foundation frame, bed plate, base || ~ *adj* en **briques** / brick-built || ~ *m* en forme de **caisse** (m.outils) / box-type bed || ~ **central multi-côtés** (m outils) / multi-sided center base || ~ des **compteurs** / meter rack || ~ **côté gond** (porte) / hanging o. hingeing o. swinging post || ~ **départ** (câble) / pay-out stand || ~ **dormant** / door o. window jamb o. case o. trim (US) || ~ de **dynamo** / dynamo frame o. carcass || ~ d'**ensemble** / base frame || ~ des **équilibreurs** (télécom) / balancing network rack || ~ **extrême**, bâti *m* d extrémité (filage) / out end, end section || ~ d'**extrémité** (tréfilage) / end frame || ~ **fixe** (bâtim) / door case o. jamb o. trim (US) || ~ en **fourche** (mot) / forked bed || ~ **Hi-Fi** / hi-fi rack || ~ **intermédiaire** (filage) / spring piece || ~ **latéral** (m outils) / wing base [unit] || ~ de **machine** / machine frame, bed plate || ~ **magnétique** (électr) / magnet frame o. keeper || ~ **métallique** (bâtim) / steel frame o. framing || ~ de **moteur** (électr) / motor frame o. casing || ~ de **placage** / core of plywood || ~ de **presse** (m.outils) / pressbody o. -frame || ~ des **sélecteurs** (télécom) / selector bay o. frame o. rack, apparatus rack || ~ **tendant des bâches** (routes) / curing tent || ~ pour **têtes de câble** / cable support rack || ~ du **tour** / lathe stand || ~ **universel** (télécom) / miscellaneous apparatus rack (MAR)

batik *m* / batik

batillage *m* (hydr, aéro, nav) / roach

bâtiment *m* (gén) / building trade, civil engineering and building activities *pl*, construction industry || ~ / building, edifice || ~, construction *f* / construction || ~ (nav) / ship, boat, craft, vessel || ~ (par opp.: génie civil) / overground workings *pl*, building construction || ~ **accessoire**, bâtiment *m* annexe / annex[ed building] || ~ **administratif** / office building || ~ **arrière** / back premises *pl* || ~ **attenant** / annex, detached o. additional building || ~ en **béton** / concrete building || ~ en **bois** (bâtim) / wooden construction || ~ de **captation** (eau) / water chamber, well chamber o. house || ~ des **chaudières** / boiler house o. room || ~ à **colonnes** / columnar architecture, columniation || ~ de **commerce** / office building || ~ en **construction** / new building, building under construction || ~ **crépi** / roughcast building, roughcasting || ~ des **douches** (mines) / coe, locker-room, hovel, coop || ~ en **dur** / massive type of construction || ~**s** *m pl* **et travaux publics** (ELF) / civil engineering and building activities *pl*, building and civil industry || ~ *m* d'**extraction** (mines) / mine hoist building || ~ **fonctionnel** / functional building || ~ de la **gare** / station building || ~ de **graduation** (saunerie) / graduation works, thorn house || ~ de **grande hauteur** / high building o. structure || ~ de **grande pêche** / deep-sea fishing vessel || ~ d'**habitation** / dwelling house || ~ **hydrographe** / surveying vessel || ~ **industriel** / industrial structure || ~ des **machines** / machine[ry] house o. hall || ~ **océanographique** (nav) / research craft || ~ à **ossature métallique** / steel construction o. structure || ~**s** *m pl* de **plain-pied** / low buildings *pl* || ~ *m* des **pompes** (distrib. d'eau) / dry well, pump house || ~ de **puits** (mines) / pitheads *pl* || ~ des **recettes** (ch.de fer) / passenger o. station building || ~ **résidentiel** / residential building || ~**s** *m pl* **ruraux** / farm offices o. buildings *pl* || ~ *m* à **sécher** / stove, stove o. drying room || ~ de **sécurité aérienne** / air traffic control ship || ~ [de **soutien] logistique**, B.S.L. (nav) / supplier, logistic ship, replenishment ship || ~ de **surface** / surface craft || ~ d'**usine** / factory building, manufactory || ~ des **voyageurs** (ch.de fer) / passenger o. station building

bâtiments, sans ~ (terrain) / not built-up [upon]

bâtir / build, erect || ~ [sur] / superstruct || ~ (couture) / baste || ~ **au-dessus** [de] / build over, erect on top [of], superstruct || ~ par **épaulées** / build regardless of alignment || ~ un **mur** / build a wall || ~ **sans soin** (bâtim) / jerry-build

bâtisse *f* / poor building, ramshackle building || ~ / brick building

batiste *f* (tex) / lawn, batiste || ~ de **Canton** / grass cloth || ~ d'**écosse** / cotton cambric || ~ de **lin** / sheer lawns *pl*, linen cambric || ~ de **soie** / silk batiste

bâton *m* / rod, bar || ~ (horloge) / baton || ~ de **carde** / teasling bar || ~ de la **chaîne [d'arpenteur]** (arp) / chain pole || ~ de **jauge** (tarage) / ga[u]ging rod o. rule || ~ de **jauge** (arp) / ranging rod o. pole, range rod || ~ **leste** (mesure de débit) / velocity rod || ~**-pilote** *m* (ch.de fer) / single-line token || ~ de **planche à andain** (agr) / swath o. grass stick || ~ à **polir** / polishing stick || ~ **profilé** (bois) / profiled rod o. pole || ~ de **rodoir** / honing o. hone stone || ~ **rond** / round rod o. pole || ~ en **verre** / glass rod o. stirrer o. bar

bâtonnet *m* / small stick || ~ (électron) / slash || ~ (œil) /

rod || ~ de **ferrite** / ferrite rod, ferrod
battage *m* (tex) / beating, knocking, breaking || ~ (agr) / threshing || ~ [de **feuilles] d'or** / beating of gold || ~ à **froid** / cold-hammer, cool-hammer || ~ à la **massette** / percussive boring by hand || ~ des **pieux** / piling || ~ des **pilotis** / pile driving
battant *adj* (porte) / swinging || ~ *m* / door leaf o. valve o. wing || ~ (tiss) / batten, slay, sley || **à deux ~s** (porte) / double-wing..., two-leaf[ed] || ~ **basculant autour de l'axe vertical** (fenêtre) / sash opening about a vertical axis || ~ à **bascule en haut** (fenétre) / top-hung sash || ~ **brodeur** (tiss) / embroidering loom || ~ à **charnière inférieure** (fenêtre) / pivot-hung window || ~ de **chasse** (tex) / picker o. picking stick || ~ d'une **cloche** / bell clapper o. swipe || ~ d'une **croisée** / half o. wing of a window, leaf of a window, casement [opening on hinges at the side] || ~ **libre** (tiss) / suspended lay (GB) o. sley (US) || ~ à **meneau** (men) / mullion-wing || ~ à **plusieurs navettes** (tiss) / drop-box lay || ~ de la **porte pliante** / fold of a folding door || ~ **revolver** (tiss) / circular o. revolving box
batte *f* (ferblantier) / flattening hammer || ~ (forge) / flatter, flattener, flattening hammer || ~ (tailleur de pierres) / knapping hammer, knapper, stone hammer o. sledge, spalling hammer || ~ **bombée** (réparation d'autos) / bumping hammer || ~ **bombée** (forge) / round beater || ~ à **bourrer** (ch.de fer) / beater o. packing o. tamping pick || ~ **coudée** (ch.de fer) / packing rod || ~ **demi-ronde** (forge) / top fuller || ~ de l'**or** / beating of gold || ~ à **planer** / square flatter, broad-set hammer, smoothing o. straightening hammer || ~ **plate** / square set hammer || ~ de **pneu** (auto) / tire driver || ~ de **volant** (filage) / beater blade o. striker
battée *f*, batée *f* (pap, typo) / batch, pile || ~ (men) / door folding o. rabbet || ~ (orpaillage) / gold buddle || ~ **double** (men) / double rabbet
battellement *m* (comble) / margin tiles *pl*
battement *m* (men) / rabbet, rebate || ~ (engrenage) / backlash || ~ (gén, ordonn) / waiting time, latency || ~ (hélicoptère) / flapping || ~ (électron) / beats *pl*, beat[ing], interference || ~ (action de battre) / battering, beating || **après ~ zéro** (électron) / after zero-beat || ~ **axial** (défaut) / axial run-out, wobble || ~ **circonférentiel** (engrenage) / circumferential backlash || ~ de **diapason** (phys) / fork beat || ~ **double** / double frequency changing, DFC || ~ **intermédiaire** (addit) / idle stroke || ~ **latéral** / wobble of flywheel || ~ du **piston** (mot) / canting of the piston || ~ de **porteuse** (électron) / carrier beat || ~ de **porteuse intermédiaire** (TV) / intercarrier beating || ~ **radial** / excentricity, radial deviation || ~ de **soupapes** / hammering of valves || ~ entre **trains** / time between trains || ~ **zéro** (phys) / zero beat
batterand *m* (outil) / stone hammer o. sledge, spalling hammer
batterie *f* (électr, mil, sanitaire) / battery || ~ d'**accus** / accumulator battery || ~ d'**anodes** / anode battery, high-tension battery, plate battery, B-battery (US) || ~ d'**appel** / calling o. ringing battery || ~ d'**atterrissage** (aéro) / battery of landing [flood]lights || ~ d'**automobile** / traction o. vehicle battery || ~ **centrale** (télécom) / central o. common battery, CB || ~ **chaude** (cond. d'air) / preheater battery || ~ de **chaudières** / boiler battery || ~ de **chauffage** (électron) / A-battery, filament o. heating battery, low tension battery, L.T.B. || ~ **chauffante ou de chauffage** / heating battery || ~ **circulaire à diffusion** (sucre) / circular diffusion battery || ~ de **cisailles** (ch.de fer) / group of scissor crossings || ~ de **condensateurs** / bank of capacitors, capacitor battery || ~ à **courant permanent** (électr) / closed circuit battery || ~ de **cuisine** / cooking o. kitchen utensils *pl* || ~ de **déconnexion** (télécom) / cutout battery || ~ **démarreur ou de démarrage** (auto) / starter battery || ~ des **distributeurs** (presse hydraul.) / control battery || ~ de **distribution d'eau réfrigérante** / cooling water distributor || ~ en **échange standard** (auto) / exchange battery || ~ pour l'**éclairage des trains** / train lighting battery || ~ **fixe** / stationary battery || ~ de **fours à coke** / coke oven battery || ~ **froide** (conditionnement de l'air) / cooling battery || ~ de **galets** (funi) / roller battery || ~ **génératrice de vapeur** / boiler battery || ~ de **grande capacité** / high-capacity battery || ~ de **grille** (électron) / grid battery || ~ à **immersion** (électr) / bichromate o. dipping battery, immersion battery, plunge o. plunging battery || ~ de **laminoirs** / train of rolling mills || ~ à **laver en boyau** / rope washing range || ~ **locale** (télécom) / local battery, L.B. || ~ de **mesure** / testing battery || ~ **monobloc** (accu) / block battery || ~ **nucléaire** (espace) / atomic battery, nuclear battery || ~ pour **pacemaker** / heart pacemaker battery || ~ de **piles sèches** / dry battery || ~ de **plaque** / anode battery, high-tension battery, plate battery, B-battery (US) || ~ de la **polarisation de grille** / grid-bias battery (GB), C-battery (US) || ~ de **projecteurs** (film) / bank of lamps, soft source || ~ **rechargeable** / recharge[able] battery || ~ de **renfort** (auto) (électr) / booster battery || ~ à **renversement** (électr) / reversible o. turn battery || ~ de **réserve** / stand-by batterie || ~ de **rouleaux** (funi) / roller battery || ~ **sèche** / dry battery || ~ **sèche** (accu) / dryfit battery || ~ **secondaire** (électr) / storage battery || ~ de **secours** (électr) / floating battery || ~ à **service continu** (électr) / closed circuit battery || ~ **solaire** / solar battery || ~ de **sonnerie** (télécom) / calling o. ringing battery || ~ **starter** (auto) / starter battery || ~ **stationnaire** (électr) / stationary battery || ~ pour **stimulateur cardiaque** / pacemaker battery || ~ **survoltrice** (électr) / booster battery || ~ **tampon** (électr) / balancing o. buffer battery, floating o. spacing battery || ~ de **traction** / traction o. vehicle battery || ~ de **trains** (ch.de fer) / group of trains || ~ de **vérification** (électr) / testing battery || ~ **zinc-air** / zinc-air battery
batteur *m* (coton) / scutcher || ~ (agric) / threshing cylinder || ~ (techn) / beating machine, beater || ~ (forge) / hammer man || ~ (trémie) / knocker || **~-broyeur** *m* (sucre) / pug mill, mixer || **~-broyeur** *m* (tex) / machine for beating and crushing, beater-crusher || ~ pour **chiffons** / rag beater o. shaker || ~ **double** (filage) / double scutcher || ~ **égreneur ou à dents** (coton) / porcupine cylinder o. roll, porcupine || ~ **électrique** / domestic blending mixer || ~ **enrouleur**, batteur *m* étaleur (filage) / scutcher || ~ **éplucheur** (filage) / cleaning machine || ~ **finisseur** (coton) / finisher scutcher || ~ **hélicoïdal** (tex) / helicoidal spreader || **~-mixeur** *m* / mixer-settler || ~ **ouvreur** (filage) / Crighton o. beater opener || ~ **porc-épic** (coton) / porcupine cylinder o. roll, porcupine
batteuse *f* (agr) / threshing machine o. mill, thresher || ~ (drap) / beating machine || ~ / stirring machine || ~ pour **chiffons** / rag beater o. shaker || ~ **large** (agr) / broad threshing machine || ~ de **latex** / latex beater || ~ **nettoyeuse** (filage) / breaker || ~ pour **parcelles d'essai** (agr) / parcel thresher, test thresher || ~ à **pointes** (agr) / peg drum thresher, pin thresher || ~ de **sacs** / sack beating o. dusting machine o. duster

bat[t]ik *m* / batik [cloth]
battiture *f* de **cuivre** / copper ashes o. scales *pl* || ~**s** *f pl* de **fer** (forge) / hammer-scale || ~**s** *f* de **laminage** (sidér) / iron sinter, mill o. roll scale, secondary scale
battoir *m* / beater || ~ (techn) / beating arm || ~ (forge) / recoil, rabbit, spring beam || ~ (men) / maul, mall || ~ à **fils** (tréfilage) / beetling bench, shakers *pl*
battrant *m* (outil) / stone hammer o. sledge, spalling hammer
battre *vt* / batter, bounce || ~, étirer à coups de marteau / forge [out], hammer || ~ (mines) / cut, hew || ~, frapper / beat || ~ (c.perf.) / joggle || ~, enfoncer à la hie / drive in || ~ (tex) / willow || ~ (routes) / beat down, ram in || ~ (coton) / batter || ~ (briques) / mould *vt*, form *vt* || ~ *vi* / pulsate || ~ (voiles) / flutter, wave, flap || ~ le **beurre** / churn || ~ le **blé** (agr) / beat, thresh || ~ les **cartes** (c.perf.) / joggle cards || ~ les **faux** / beat out, sharpen (by hammering) || ~ des **liquides** / shake liquids || ~ au **marteau** / beat, hammer || ~ **monnaie** / coin, mint || ~ les **pieux** / pile-drive
battu (tex) / devilled, willowed
battude *f* (pêche dans les étangs salés) / fishing net for salt lakes
batture *f* / gold lacquering o. mordant o. size || ~ (Canada) / land dry during ebb-tide || ~ d'**or** / beating of gold
bau *m* (nav) / deck beam, beam
baud *m* (télécom) / baud (1 bit per second)
baudet *m* (bière) / power shovel
baudruche *f* / gold beater's skin
baume *m* / balsam, balm || ~ du **Canada** / balsam of Gilead o. of fir, Canada balsam o. turpentine, balsam Canada o. Mecca || ~ de **copayer ou de copaïer ou de copahu** / balsam copaiba o. capivi, copaiba [balsam] || ~ de **Fioraventi** / balsam Elemi || ~ du **Pérou** / balsam [of] Peru, black o. Peruvian o. Indian balsam || ~ de **Tolu** / tolu balsam, balsam o. resin tolu, Thomas balsam
bauquière *f* (nav) / beam-shelf, shelf[-piece]
bauxite *f* / bauxite
bavaudage *m* (coll) / patchwork, patch-up, patchery
bavette *f* (pneu d'avion) / chine || ~ pour les **étoffes tricotées** / feeder for knitted goods || ~ [de **garde-boue] [avant ou arrière]** (auto) / mud flap (GB), fender flap (US)
bavochage *m* (typo) / maculature, maculation, macule, mackled paper
bavocher (typo) / mackle
bavure *f* (plast, fonderie)) / fin, flash[-fin], spewline, mould parting line, mould seam, burr || ~ (typo) / matrix hairline, beard || ~ (coulée par injection) / flash || ~ (couture) / fin || ~**s** *f pl*, projection *f* de métal (fonderie) / runout || **sans** ~ (plast, lam, fonderie) / finless || ~ *f* de **découpage** (découp) / burr || ~ d'**estampage** (forge) / flash, seam || ~ de **joint** (fonderie) / joint flash || ~ du **joint de moule** / mould[ing] seam, mould parting line, joint flash || ~ de **laminage** / burr || ~**s** *f pl* **latérales** (moule de caoutchouc) / lateral flow || ~ *f* de **moule** (pierre) / mould mark || ~ de **noyau** (fonderie) / veining || ~**s** *f pl* des **noyaux** (fonderie) / veining of cores || ~ *f* de **pied du lingot** (sidér) / bottom flash o. fin || ~ **résiduelle** (forge) / residual flash || ~**s** *f pl* de **soudure** / excess material at root of seam || ~ *f* de **tête** (lingot) / top flash o. fin
bavurée *f* (fonderie) / strained casting
bayou *m* (hydr) / oxbow (US), bayou (US), stagnant water, dead channel
BCD (ord) / binary coded decimal code, BCDC
B.d.F., bruit *m* de fond / background noise
Beam Lead *m* (semicond) / beam lead
béant (porte) / wide open
beau (temps) / fine, fair || ~ **côté d'une étoffe** (tiss) / good o. right side, [cloth] face
beaupré *m* (nav) / bowsprit
bec *m* (vase) / nose, mouth, spout || ~ (oiseau) / bill, beak || ~ (instr. de musique) / bill || ~ (pied à coulisse) / jaw || ~ à **acétylène** / acetylene burner || ~ d'**aile flexible** (aéro) / flexible tip || ~ **aminci de mesure** / measuring knife edge || ~ d'**amont** (pont) / fore starling || ~ d'**âne** voir bédane || ~ à **anneaux ou à boucle** (pince) / half-round jaw || ~ **annulaire** (gaz) / annular burner || ~ d'**aval** (pont) / back o. tail starling || ~ du **bras** (ancre) / fluke || ~ de **brûleur** / burner head o. jet o. nozzle || ~ de **Bunsen** / Bunsen burner || ~ de **canard** (pince) / duck-bill || ~ du **chariot porte «torpedo» à fonte** (sidér) / torpedo car mouth || ~ de **convertisseur** / neck o. nose of a converter || ~ de **corbine** / pointed pliers *pl* || ~ de **coulée** (fonderie) / pouring spout || ~ à **couteaux** (pied à coulisse) / jaw with knife-edge points || ~ à **couteaux** (pince) / jaw with knife-edged joints || ~ d'une **cuillère** / tip of a spoon || ~**-de-cane** *m* (forge) / flat-bit tongs *pl*, forge tongs *pl* || ~**-de-cane** *m* (nom impropre), béquille *f* / door handle o. latch || ~**-de-cane** *m* à **tête** / poll pick || ~ **éventail** (gaz) / batwing o. fishtail o. slit burner || ~ **fixe** (pied à coulisse) / fixed jaw || ~ de ou à **gaz** / gas burner || ~ de **godet** (excavateur) / digging tooth || ~ **inférieur** (filage) / under-nipper || ~ d'**intérieur** (pied à coulisse) / internal measuring jaw || ~ de **mesure** / measuring jaw || ~ **mobile** (pied à coulisse) / movable jaw || ~ du **noueur** (moissoneuse-lieuse) / bill o. knotter hook || ~ d'un **objet triangulaire** / corner of an triangular object || ~ d'**outil** / tool tip || ~ de **papillon** voir bec éventail || ~ de **passage du laitier** / slag o. cinder hole o. notch o. tap || ~ de **pile** (pont) / cutwater || ~ de **pince** / jaw of tongs || ~ de **plume** / nib o. point of a pen || ~ de la **poche de coulée** / pouring spout || ~ à **pointes** (pied à coulisse) / jaw with knife-edge points || ~ à **pointes** (pince) / jaw with knife-edged joints || ~ **simple** (pied à coulisse) / simple jaw || ~ en **stéatite** / steatite burner || ~ de **support** (wagon surbaissé), bec porteur (ch.de fer) / gooseneck, supporting tip || ~ **Teclu** (chimie) / Teclu burner || ~ du **tire-ligne** / point of the ruling pen || ~ de **trémie** / hopper gate o. chute o. trap-door
bêche *f* / spade || ~ à **épaule arrondie** / round-treaded spade || ~ **pneumatique** / pneumatic spade || ~ à **rebord en avant** / front treaded spade
bêcher *vt* / break up the ground, dig up
bécher *m* (chimie) / beaker [glass] || ~ (plast) / cup
becquerel *m*, Bq / becquerel, Bq, Bq
becquet *m* (auto) / front spoiler || ~ (typo) / correction sheet, paster
bédane *m* (mines, serr) / mortising chisel, broad chisel, groove cutting chisel || ~ à **bois** (men) / cross-cut chisel
bedaux *m* (ordonn) / standard performance in one minute
bédière *f* (géol) / spillway, rill
beetler (tex) / beetle
beige (couleur) / beige || ~ (laine) / beige, natural undyed || ~ **brun** / brown beige || ~ **gris** / gray beige || ~ **vert** / green beige
bel *m* (phys) / bel
bêle *f* (Belg) (mines) / mine cap, tymp
bélier *m* / pile-driver || ~ **hydraulique**, bélier-aspirateur *m*, bélier-siphon *m* / hydraulic o. water ram, suction ram
bélière *f* de **cloche**, belière *f* / bell clapper ring
bélinogramme *m* / photo-radiogram [system Belin]

|| ~**graphe** *m*(télécom) / phototelegraphic receiver || ~**graphie** *f* / video communication
belle page *f*(typo) / recto, odd o. uneven page
belvédère *m*(mines) / platform of the shafthead frame
bénarde *f* / mortise dead lock, double shutting lock
benday *m*(typo) / relief pattern foil, shading medium, screen tint
bénéfice *m*, avantage *m* / advantage || ~ , profit *m* / gain, profit, return, earnings *pl* || **faire du ~ [sur]** voir benne polype || ~ **annuel** / annual proceeds *pl* || ~ **brut** / gross profit || ~ **net** / net profit
bénéficier d'un **repos** *vi*(conducteur) / enjoy a rest time
benjoin *m*, benjamin *m* / [gum o. resin] Benjamin o. benzoin
benne *f* / grab[bing] bucket, claw bucket || ~ (funi) / skip, bucket || ~ (auto) / open semitrailer || ~ (sidér) / charging bucket (US) o. basket, skip || ~ **basculant en bout** (routes) / front dumper || ~ **basculante**, culbuteur *m* / tip, tipper || ~ **basculante** (auto) / dumping o. tilting body || ~ **basculante à déchargement de côté** (auto) / side dump body || ~ **basculante à déchargement unilatéral** / one-side dump body || ~ **basculante à déchargement en retour** / rear dump body || ~ à **béton** / concrete bucket || ~ du **camion-benne** / body of a trough tipping wagon || ~ **carrière** (auto) / rock body || ~ à **charbon** (mines) / coal hutch o. tub o. truck, mine car o. tub, cocoa pan (coll) || ~ de **chargement** (sidér) / larry [car] || ~ de **chargement d'une bétonnière** / batcher || ~ à **clapet** / hinged o. trap bucket || ~ de **creusement** (mines) / sinking bucket, mine kibble (GB) || ~ **culbutante** voir benne basculante || ~ d'**extraction** (mines) / skip, skep || ~ à **fond ouvrant** (sidér) / drop bottom tub o. bucket || ~ à **fond ouvrant ou à fond mobile** (four à arc) / set-down bucket, charging bucket || ~ à **griffe** / grab bucket || ~ de **mine** voir benne à charbon || ~ **piocheuse** (bâtim) / bowl of the scraper || ~ **piocheuse** / steel scoop bucket, excavating bucket || ~ **polype** / grapple, grappel, grapnel, orange peel bucket || ~ **preneuse** / grab [bucket], clam-shell bucket || ~ **preneuse à deux câbles** / double chain grab, two-rope grab || ~ **preneuse à moteur** / single rope motor driven grab, motor driven grab || ~ **preneuse à plusieurs mâchoires** voir benne polype || ~ **preneuse de puits** / hammer grab || ~ **preneuse à quatre câbles** / four-rope grab || ~ **preneuse à trois câbles** / three-rope grab || ~ **racleuse** / scraper, dragline || ~ **racleuse** (routes) / scraper for coated materials || ~ **racleuse sur chenilles** / crawler type scraper || ~ **repliable** / hinged o. trap bucket || ~ à **stériles** / debris kibble || ~ **traînante ou à traction** / steel scoop bucket || ~-**trémie transporteuse** / carrier, conveying tank || ~-**trémie** *f* / hopper bucket || ~ **universelle** / multi-purpose o. universal dredge
benthique / benthal, benthonic, benthic
benthos *m* / benthos || ~ **nectique** / nectonic benthos
bentonite *f*, smectite *f*(géol) / bentonite || ~ (tex) / fuller's o. bleaching earth, bentonite
benz·aldéhyde *m f* / benzaldehyde, benzenecarbaldehyde || ~**aldoxime** *m* / benzaldoxime || ~**amide** *m* / benzamide, benzenecarboxamide || ~**amine** *m* / benzamine, betacaine || ~**anilide** *f* / benzanilide || ~**anthrone** *m* / benzanthrone
benzène *m*(chimie) / benzene, benzol[e] || ~ **90/100** / 90's benzene || ~-**auto[mobile]** *f* / benzol[e] mixture || ~ *m* **brut [provenant des fours à coke]** / crude benzole || ~ **lourd** / homologues of benzene *pl* || ~ **qualité nitration, [normale, synthèse]** / nitration grade, [pure, synthesis grade] benzene || ~ pour **solvants** / industrial grade benzene
benzèniques *m pl* / benzole and allied products
benzènisme *m* / benzolism
benzhydrol *m* / benzhydrol
benzidine *f* / benzidine
benzile *m* / benzil
benzine *f* / benzine || ~ **lourde** / heavy naphtha, heavy benzine o. petrol (GB) || ~ **médicale** / benzine, medical grade, surgical spirits *pl*
benzo... / benzo...
benzoate *m* / benzoate
benzoïne *f*(chimie) / benzoin
benzol *m* / benzene || ~ pour **automobiles**, benzol *m* moteur / benzol[e] mixture || ~ **[brut]** / crude benzole (GB), crude light oil (US) || ~ du **commerce** / commercial o. crude benzene, benzol[e]
benzolisme *m* / benzolism
benzo·naphthol *m* / benzonaphthol || ~**nitrile** *m* / benzonitrile || ~**phénone** *f* / benzophenone, diphenylketone, diphenylmethanone || ~**purpurine** *f* / Sultan red (US) || ~**pyrone** *m*(teint) / chromone || ~**quinone** *f* / benzoquinone
benzoyle *m* / benzoyl
benzyl·amine *f* / benzylamine || ~**cellulose** *f* / bencyl cellulose
benzyle *m* / benzyl || **de** ~ / benzyl [group]
benzylique / benzylic
bepp *m* / bepp
béquet *m*(typo) / correction sheet, paster
béquette *f*(tréfilage) / pliers *pl*
béquille *f*(appui fourchu) / crotch, prop with forked ends || ~ (auto) / sustainer || ~ (aéro) / skid || ~ (motocycl) / motorcycle stand || ~ (nav) / shore || ~ (porte) / door handle, (also:) knob of the locking bar || ~ , soutien *m*(gén) / crutch, prop, stay || ~ d'**aile** (aéro) / wing [tip] skid || ~ **arrière** (aéro) / tailski[d], -spar || ~ **articulée de capot** / elbow brace || ~ de **bicyclette** / parking stand, kick stand || ~ de **capot** (auto) / bonnet stay || ~ **centrale,** [latérale] (motocyclette) / central, [side] stand || ~ **fourchue** / fork rest, forked support, prop rod, crotch || ~ de **freinage** (aéro) / brake skid o. shoe || ~ de **portique** (constr.mét) / frame strut || ~ de **queue** (aéro) / tailski[d], -spar || ~ de **semi-remorque** / landing gear for semi-trailers, dolly for semi-trailers || ~ en forme de **ski** (aéro) / tailski[d] || ~ à **suspension élastique** (aéro) / shock absorbing tail skid || ~ pour **tuyaux** / bracket, support for pipes
ber *m*(nav) / launching cradle o. slide, sliding ways *pl*
béraunite *f*(min) / beraunite
berbérine *f* / berberine, jamaicin, xanthopicrite
berceau *m*(nav) / launching cradle o. slide || ~ (aéro) / engine mount || ~ (fabr.de câbles) / pay-off stand, cradle || ~ (presse à col de cygne) / leg || ~ de **bascule** / slanting o. pivoting cradle o. saddle || ~ **biais** (bâtim) / skew arch || ~ de **citerne** / tank cradle || ~ de la **cuve à scorie** (sidér) / support for the slag ladle || ~ de **renversement** / slanting o. pivoting cradle o. saddle || ~ de **sertissage** (électron) / crimp anvil
bercelle *f* / nippers *pl*, pliers *pl*
berge *f* de **canal** / canal bank || ~ d'une **rivière** / steep bank of a river
berginisation *f*(chimie) / Bergius process (hydrogenation of coal)
berkélium *m*, Bk / berkelium, Bk
berline *f*(auto) / saloon (GB), sedan (US), berline

(Europ. Continent) || ~ (mines) / coal hutch o. tub o. truck, mine car o. tub, cocoa pan (coll) || ~ **découvrable** / convertible saloon o. landau (US) || ~ à **déversement latéral** (mines) / trough-tipping truck || ~ **électrique** (mines) / electric haulage car || ~ à **grande capacité** / large-volume tub
berlingot *m* / tetrahedral plastic o. paper packing for milk o. juice, sachet of shampoo
berme *f* (hydr) / berm[e], offset, set-off, retreat of a sloping
berthiérite *f* / berthierite
berthon *m* / a collapsible boat for submarines
béryl *m* / beryl
béryllium *m* (chimie) / beryllium, Be
besoin *m* / need, want, requirement || **dont on a** ~ / required || **en** ~ **de réparations** / in need of repairs || **en cas de** ~ / in case of need, if need be || ~**s** *m pl* **accumulés à couvrir** / pent-up demand (US) || ~**s** *m pl* **auxiliaires** / own requirements *pl* || ~**s** *m pl* de **calories pour le chauffage des fours à coke** / amount of calories required for heating the coke oven || ~**s** *m pl* en **chaleur** / heat consumption, heat demand || ~**s** *m pl* de **courant** (électr) / current demand o. requirement || ~ *m* d'**eau** / water demand, amount of water required || ~ de **force** / power requirement o. required, power demand, necessary o. requisite power || ~ en **indice d'octane** (mot) / octane number requirement || ~**s** *m pl* **intérieurs** / own requirements *pl* || ~**s** *m pl* de **matière brute** / raw material requirements *pl* || ~ *m* en **matières consommables** (ordonn) / utility, -ties;pl. || ~ **maximal** (électr, tarification) / maximum demand || ~ de **soins** (tex) / necessary care for a fabric || ~ **supplémentaire** / increased demand || ~**s** *m pl* en **vapeur** / steam requirement o. required
bestiole *f*, bestion *m* / small insect
bêta-... / beta..., β... || ~ *m* / beta
bétafite *m* (min) / betafite
bétaïne *f* / betaine
bêtatron *m* / betatron, rheotron
bête *f* d'**attelage**, bête *f* de labour ou de trait / draught (GB) o. draft (US) animal || ~**s** *f pl* à **laine** / laniferous animals *pl* || ~ *f* d'**orages** / onion thrips || ~ de **somme** / beast of burden
bétoire *f* (géol) / swallow hole in a river
béton *m* / concrete, (less used): béton || ~ **activé** / preplaced o. prepacked aggregate concrete, prepact concrete || ~ **aéré** / air-entrained concrete || ~ **alourdi à barytine** / barium concrete || ~ **alvéolé** / cellular concrete || ~ d'**amiante** / asbestos concrete || ~ **apparent** / fair-faced concrete, exposed concrete || ~ **armé** / armoured concrete, reinforced concrete, ferroconcrete, R/C || ~ **armé à muraillement en verre** / glass-crete, reinforced concrete with glass-tile fillers || ~ **asphaltique ou d'asphalte** / asphalt[ic] concrete || ~ **banché** / heaped concrete || ~ **banché ou coulé par goulotte** / poured concrete || ~ à **baryte [hydratée]**, béton *m* baryté / barytes concrete || ~ au **basalte** / artificial basalt || ~ **bitumineux** / asphalt[ic] concrete || ~ **bitumineux fin** / asphaltic fine concrete || ~ **bitumineux gros** / asphaltic coarse concrete || ~ de **briquaillons** / clinker concrete || ~ **caverneux** / no-fines concrete || ~ **cellulaire** / cellular concrete || ~ **cellulaire autoclavé** / cellular autoclave concrete || ~ de **cendres** / ash[es] concrete || ~ de **centrale** / ready-mix[ed] concrete || ~ **centrifugé** / concrete moulded by centrifugal action || ~ de **chaux** / lime concrete || ~ de **ciment** / ciment concrete || ~ de **ciment et de chaux** / lime diluted cement concrete || ~ **[à ciment] expansif** / expanded concrete || ~ de **ciment et de fibres** / fiber concrete || ~ **colloïdal** / colcrete, colloid concrete || ~ **compact** / heavy [-aggregate o. -weight] o. high-density concrete || ~ **comprimé** / compressed concrete || ~ à **consistence de terre humide** / slightly moist o. damp concrete, dry to stiff concrete || ~ **corde à piano** / prestressed concrete with thin wire armouring, Hoyer prestressed concrete || ~ **coulé** / heaped concrete || ~ **coulé en ou sur place** / [cast] in-situ concrete, poured-in-place concrete || ~ **damé** / compressed concrete || ~ de **départ** / base concrete || ~ à la **diabase** / artificial diabase || ~ **écumeux** / porous o. gas concrete || ~ **épais** / stiff concrete || ~ **essoré** / vacuum concrete || ~ d'**étanchement** / waterproofing concrete || ~ **exposé** / fair-faced concrete, exposed concrete || ~ **faiblement dosé en ciment** / lean mixed concrete || ~ à **fibres d'acier** / steel fiber concrete || ~ **filtrant** / filtering concrete || ~ **fluidifié** / flow concrete || ~ de **fondation** / subconcrete, concrete subbase || ~ **fraîchement malaxé** / fresh concrete || ~ **frais ou fraîchement malaxé** / unset concrete || ~ **[gâché] plastique** / plasticized concrete || ~-**gaz** *m* / porous o. gas concrete, aerated concrete || ~ **goudronneux** / tar concrete || ~ au **granite** / artificial granite || ~ de **granulats légers** / lightweight aggregate concrete || ~ de **gravier ou de gravillon** / gravel concrete || ~ à **gros grains** / no-fines concrete, coarse concrete || ~ à l'**hématite** / h[a]ematite concrete || ~ **humide** / moist concrete || ~ de **laitier** / slag concrete || ~ **lavé** / exposed aggregate concrete || ~ **léger** / lightweight o. breeze concrete || ~ à **limonite** / limonite concrete || ~ **lourd** / heavy [-aggregate o. -weight] o. high-density concrete || ~ au **magnétite** / magnetite concrete || ~ **maigre** / compressed o. rammed o. tamped concrete, lean o. poor concrete || ~ **manufacturé** / ready-mix[ed] concrete || ~ en **masse ou en grosses masses** / bulk o. mass concrete || ~ **moulé** / poured concrete || ~ **mousse** / porous o. gas concrete || ~ de **parement** / fair-faced concrete, (esp:) shell lime facing || ~ **peu mouillé** / dry concrete || ~ de **pierraille** / rubble concrete || ~ **plastique** / plast concrete || ~ de **plâtre cuit** / gypsum concrete || ~ au **polyester** / polyester concrete || ~ au **polymère** / concrete polymer || ~ **pompé** / pumped concrete || ~ **ponce** / pumice stone concrete || ~ **poreux** / foam mortar || ~ de **pouzzolane** / pozzolanic concrete || ~ **précomprimé** / precompressed concrete || ~ **précontraint** / prestressed concrete, PC || ~ **préfabriqué ou préparé**, béton *m* prêt à l'emploi / ready-mix[ed] concrete || ~ **prépack** / preplaced o. prepacked aggregate concrete, prepact concrete || ~ en **prise** / concrete during setting || ~ **projeté** / air-placed concrete, shotcrete || ~ **qui n'a pas fait la prise** / unset concrete || ~ **réfractaire** / refractory concrete, castable refractory || ~ **renforcé par fibres de polypropylène** / polypropylene reinforced concrete || ~ de **résine synthetique** / polymer-concrete composite material || ~ **restant** / remaining concrete || ~ **sans éléments fins**, béton *m* sans sable / coarse concrete, no-fines concrete || ~ de **scorie** / slag concrete || ~ à **serpentine** / serpentine concrete || ~ **simple** / bulk o. mass concrete || ~ au **titanate de fer** / ilmenite concrete || ~ **traité par le vide** / vacuum concrete || ~ **translucide** / glass-crete, reinforced concrete with glass-tile fillers || ~ **transporté ou de transport** / ready-mix[ed]

concrete || ~ de **trass** / trass concrete || ~ **très plastique** / high-slump concrete || ~ **trop mouillé** / wet mix || ~ **vibré** / vibrated concrete || ~ sous **vide** / vacuum concrete
bétonnage *m* / concrete work || ~ / concrete work, concreting || ~ d'**hiver** / winter-time concrete work || ~ du **sol** / grouting of the ground || ~ du **sol** (routes) / ground stabilization [by soil-cement mix]
bétonner (bâtim) / concrete, work concrete || ~ **bout-à-bout** (bâtim) / match-cast
bétonneur *m* / concrete worker, concreter || ~ **[de route]** / concrete road worker
bétonnière *f* / concrete mixer o. mixing machine || ~ à **camion** / truck mixer || ~ **motorisée** (routes) / paver || ~ **motorisée à deux tambours** (routes) / dual drum [concrete] paver, twin-batch paver || ~ **transporteuse** / truck mixer
bétoure *f* / swallow hole in a river
bette *f* (agr) / mangel
betterave *f* / beetroot (GB), beet (US) || ~ **commerciale** / high yield[ing] beet || ~ **demi-sucrière** / fodder sugar beet || ~ **échantillon** (sucre) / specimen beet || **~s** *f pl* en **excès** (sucre) / surplus beets *pl* || ~ *f* **fourragère** / fodder beet || ~ **gelée** (sucre) / frozen beet || ~ **industrielle** (sucre) / commercial beet || ~ **marchande** / purchased beet || ~ **montée** / bolter || ~ **montée prématurée** (sucre) / early bolter || ~ **séchée** / dried sugar beet || **~s** *f pl* **semées en automne** (sucre) / fall-planted beets *pl* || ~ *f* **sucrière** / [sugar] beet (US), sugar-beetroot (GB)
betteravier *m* / beet grower
beurre *m* de **cacao** / cocoa butter, cocoa-nut oil || ~ de **coco** / coconut butter || ~ de **Galam** / bassia oil o. fat o. butter || ~ de **karité ou de balam** / shea butter, karité butter || ~ de **palmier** / palm oil o. butter || ~ **végétal** / vegetable butter || ~ de **zinc** / zinc chloride
bevaélectronvolt *m*, BeV / BeV, billion electron volts
bévatron *m* (phys) / bevatron
bévue *f* / blunder, mistake, slip || **faire une** ~ / commit a slip
beyrichite *f* (min) / polydymite
bezel *m* / front rim
B.F., basse fréquence *f* (gén) / low frequency
BI, bande *f* interdite (phys) / forbidden band
biais *adj* (gén, math) / slanting || ~ *m* / bias, skew of a tool, slant of a wall || **de** ~ / slantwise, aslant || **sans** ~ / unbiassed, unbiased
biaisement *m* (courroie) / off-track running || ~ des **imprimés** (m.à ecrire) / skewing of forms
biaiser *vt* (bâtim) / slope || ~ *vi* (bâtim) / weather
biarritz *m* (tex) / russel cord
biarticulé / double-jointed
biaxe (crist, math) / biaxial
bibase *f* (chimie) / bivalent base
bibasique / bibasic, dibasic, secondary (acid)
bible *m* / bible paper, India paper
bibliothèque *f* **d'instructions** (ord) / instruction library || ~ en **langage d'origine** (ord) / source library || ~ de **modules [d'exécution]** / object modul library || ~ de **programmes** / program library, PL || ~ des **programmes système** (ord) / system [load] library || ~ de **superviseurs** / [system] executive library || ~ **système** (ord) / system library
bibrin / double-strand...
B.I.C. (ch.de fer) / Intern. Container Bureau, B.I.C.
bicâble *m* (funi) / bicable [ropeway]
bicarbonate *m* / bicarbonate || ~ d'**ammonium** / bicarbonate of ammonia || ~ de **calcium** / calcium hydrogen carbonate || ~ de **magnésite** / magnesium bicarbonate || ~ de **potassium** / potassium bicarbonate o. acid carbonate || ~ de **sodium** / sodium hydrogen carbonate o. bicarbonate
bichromatage *m* / chromating
bichromate *m* / bichromate, dichromate || ~ [de] / chromate [of] || ~ de **potassium** (chimie) / potassium dichromate || ~ de **potassium** (teint) / bichromate of potash || ~ de **sodium** / bichromate of sodium
bichromie *f* / two-colo[u]r printing o. process, duotone printing
bicisaillé (méc) / two-shear
bicolore / bicolor, bicolo[u]red, two-colo[u]red || ~ (plast) / two-tone
biconcave / biconcave, concavo-concave, double-concave
biconique / biconical, double cone..., -conical
biconvexe / biconvex, convexo-convex, double-convex
bicouche (revêtement routier) / two-grade
bicyclette *f* / cycle, bicycle, bike (US coll) || ~ pour **enfants** / child's bicycle o. bike (US) || ~ d'**homme** / man's cycle || ~ à **moteur auxiliaire léger** / motorbicycle, moped
bicyclique / bicyclic
bicylindre *adj* / two-cylinder... || ~ *m* à **plat** (ELF) / twin-[horizontal] opposed cylinder engine, two-cylinder flat type engine, flat twin
bidet *m* / bidet || ~ sur **pied** / pedestal bidet
bidimensionnel / two-dimensional, 2D
bi-directionnel (impropre), bi-directif / bidirectional
bidirectionnel *m* à l'**alternat** (ord) / half duplex transmission
bidon *m* / can[ister] || ~ (camping) / gas bottle || ~ d'**acier** / steel can || ~ de **développement** (phot) / developping tank || ~ d'**essence** (≧ 10 L) / petrol (GB) o. gasoline (US) can || ~ en **fer-blanc** / tin, tin box o. can || ~ à **lait** / milk can (US) o. churn (GB) || ~ de **mesure à essence** / measuring tin for gasoline
bidule *m* / gadget[ry], gag (US)
bief *m* / reach of a canal || ~ (rivière) / pond of a river || ~ d'**amont** (turbine) / feeding o. working o. supply canal, head race channel || ~ d'**amont** voir aussi bief supérieur || ~ **aval**, bief *m* inférieur / tail, lower water course || ~ de **moulin** / mill race o. course o. flume || ~ de **partage** (hydr) / summit-level pond || ~ **supérieur** (écluse) / upper level o. pond of the sluice, forebay || ~ **supérieur** (rivière) / upper water course
biellage *m* / crank mechanism o. gear || ~ **plan** (méc) / plane linkage
bielle *f* / link || ~ (cinématique) / connecting rod, con-rod, coupler || ~ (m.à coudre) / connecting rod, con-rod || ~ (m. à vapeur) / pitman (US), [connecting] rod || ~ (auto) / connecting rod || ~ [motrice] (locom.) / connecting rod, con-rod, driving rod || ~ d'**accouplement** (méc) / motion link || ~ d'**accouplement** (locom.) / coupling rod, side-rod (US) || ~ **articulée** (mot) / forked assembly, forked connection rod || ~ d'**asservissement des essieux** (ch.de fer) / axle guide || ~ d'**attaque** (électr) / switch rod || ~ d'**attelage** (ch.de fer) / shackle link || ~ du **battant** (tiss) / rocking tree || ~ **bifurquée** (m.à vap) / sling || ~ de **commande de tiroir** (m.à vap, ch.de fer) / radius bar o. rod || ~ de **compression** (techn) / pressure rod || ~ de **direction** (auto) / steering rod || ~ **directrice** (ch.de fer) / driving rod, side rod || ~ d'**excentrique** / eccentric rod || ~ à **fourche** (mot) / forked assembly, forked connection rod || ~ **fourchue** (m.à vap) / sling || ~ de **guidage** / joint rod,

toggle link || ~ **isolante** (électr) / switch [operating] lever || ~ **jumelée** (mot) / forked assembly, forked connection rod || ~ de la **manivelle** / connecting rod, pitman (US) || ~ **mère** (mot) / master [connecting] rod, mother rod || ~ **[motrice]** (ch.de fer) / connecting rod, main o. driving rod || ~ **oscillante** (concasseur) / rocker bar || ~ **oscillante** (ch.de fer, m.outils) / link || ~ du ou de **parallélogramme** (m.à vap) / parallel motion side rod || ~ de **poussée du pont arrière** (auto) / rear-axle radius rod || ~ de **ressort de traction** (ch.de fer) / draw-spring connecting rod || ~ de **suspension** (bogie) / swinging link, suspension rod || ~ de **suspension de la timonerie de frein** (ch.de fer) / brake hanger o. hangers *pl*, brake suspension link || ~ **type marine** / marine type connection rod

biellette *f* (méc) / seesaw, rocker bar || ~ d'**appui à biellette[s]** / rocker pendulum o. post of the rocker bearing || ~ **articulée** (mot) / articulated connecting rod, link connection rod || ~ **pivotante** (molette à onduler) / crimp wheel connecting rod || ~ de **suspension** (ch.de fer) / small suspension rod o. link

bien s'adapter / fit well o. snugly || ~ **aéré** (graph) / opened up || ~ **affilé** / sharp, keen, sharp-edged || ~ **agiter** / mix thoroughly, stir, agitate || ~ **ajusté** / well fitted o. adjusted || ~ **capable** [à] / capable || ~ **centré** / dead true || ~ **défini** / definite || ~ **défini** (plan) / clean-cut, clear-cut || ~ **dispersé** / microdispersed || ~ **disposé** / easy to survey o. watch, clear || **~s** *m pl* **immobiliers** / real estates o. properties *pl*, fixed property || **~s** *m pl* d'**investissement ou d'équipement** / producer's goods *pl* || ~ en **main** (outil) / handy || ~ **modéré** (nucl) / well moderated || ~ **pénétré par le colorant** / dyed throughout || ~ **posé** / well set || ~ à **rabattre** / folding down || ~ **suspendu** / well sprung || ~ **tassé** / brimfull || ~ **tenu** / neat, nice, clean || ~ **travailler** / work up o. well o. through

bien *m* **de consommation** / daily commodity

bien *m* **d'équipement** / equipment piece

bien-fonds *m* / soil and ground

bière *f* / beer || ~ en **boîte** / canned beer || ~ en **bouteilles** / bottled beer || ~ **brune** / porter || ~ de **fermentation haute** / top fermentation beer || ~ **forte** / strong beer, high-alcohol content beer, stout || ~ de **froment** / wheat beer || ~ de **garde** / lager [beer] || ~ **jeune** / new o. young o. green beer || ~ **légère** / light beer, lager || ~ de **malt** / malt beer || ~ en **perce** / beer on draught, draught o. keg beer || ~ de **reste** / ullages *pl* || ~ de **trouble** / sediment beer

biergol *m* (ELF) / biergol

biétagé (compresseur, fusée) / two-stage

biez *m* voir bief

biffer / cross out, strike out, cancel, delete, line through

bifilaire (électr) / bifilar || ~ / bifilary, bifilar conductor

bifilm *adj* / for single and double eight

bifluorure *m* d'**ammonium** / ammonium bifluoride

bifocal (opt) / bifocal

bifolium *m* (math) / double folium, bifolium

bifréquence *adj* (ch.de fer) / dual frequency...

bifurcation *f* / bifurcation, forking || ~ (ch.de fer, routes) / branch, branching, junction || ~ (autoroute) / junction of motor roads || ~ (ord) / branchpoint || ~ d'**équilibre** (méc) / equilibrium bifurcation || ~ **radio** / radio bifurcation

bifurqué / bifurcate[d] || ~ (betterave) / forked || ~ (astr) / dichotomic, bifurcated

bifurquer *vi* (ch.de fer, routes) / bifurcate || ~ dans un **carrefour** (auto) / swing around a corner

bigarade *f* / bitter o. Seville orange

bigarré / variegated, parti-coloured, motley, pied

bigarrure *f* / variegation of colours

big-bang *m* (astr) / big bang

bigorne *f* / two-beaked o. two-horned anvil || ~ à **river** / riveting horn

bigorner / forge on the two-beaked anvil

bigue *f* (nav) / bipod mast || ~ (bâtim) / gin || ~ (nav) / heavy-lift derrick || ~ (à deux ou trois montants) / derrick

bi-iodure *m* de **mercure** / [red] mercuric iodide

bijouterie *f* / jeweller's art o. work

bilame *adj* / bimetal[lic] || ~ *f* / bimetal, bimetallic strip || ~ **thermique** / thermostatic bimetal

bilan *m* / balance-sheet || ~ **annuel** / annual gross balance || ~ de **bruit** (télécom) / noise budget || ~ **brut** / gross o. trial balance || ~ **charbonnier** / coal balance || ~ du **dessèchement** (prépar) / dry basis || ~ **énergétique** / energy balance || ~ **énergétique d'une réaction** (nucl) / reaction energy, Q-value || ~ **gazier** / gas balance || ~ **hydraulique** / power water balance || ~ **hydrologique** / hydrological balance, water balance || ~ **neutronique** / neutron balance || ~ de **réactivité** / reactivity balance || ~ **thermique** / heat o. calorific balance

bilatéral / bilateral, two-sided || ~, bi-directionnel / in either direction

bile *f* / bile, gall

bilharziose *f* / bilharziasis

bilinéaire / bilinear

bilirubine *f* / bilirubin

biliverdine *f* / biliverdin

billage *m* (essai de mat) / indentation of the ball, hollow || ~ par **billes de verre** / abrasive blasting with glass beads

bille *f* (bois) / plank log o. timber || ~ , globule *m* / globule, spherule || ~ d'**acier** / steel ball || ~ de **bois préparée pour le tranchage** / flitch || ~ à **moulures** (tôle) / creasing die || ~ de **pression** / pressure ball || ~ de **soupape** / valve ball || ~ de **synchroniseur** (auto) / synchronizing ball || ~ de **verrouillage** (auto) / interlock ball

billet *m* / ticket || ~ d'**abonnement** / season ticket || ~ d'**aller et retour** / return ticket || ~ de **banque** / banknote || ~ à **coupons** (ch.de fer) / book of tickets || **~-feuillet** *m* (ch.de fer) / leaflet ticket || ~ **passe-partout** (ch.de fer) / blank-to-blank ticket || ~ **périmé** / expired ticket, out-of-date ticket || ~ de **pesage** / weight card || ~ de **vol** / air ticket

billette *f* (caoutchouc) / puppet, roll of uncured rubber || ~ (sidér) / billet || ~ (fileuse) / billet, slug || ~ d'**aluminium** / aluminium bar || ~ **carrée** (lam) / square billet || ~ de **cuivre** / copper billet || ~ **rectangulaire** (lam) / rectangular billet || ~ **ronde** (lam) / round billet o. bloom

billicondensateur *m* / billi-capacitor

billion *m*, 10^{12} / billion (GB), trillion (US)

billon *m* (alliage de métaux) / billon || ~ (agr) / list (US), ridge, stitch

billot *m* (forge) / recoil, rabbit, spring beam || ~ (panier) / fruit basket || ~ (Canada) / stem, stock o. trunk of a tree || ~ de **batte** / ram block, rammer, monkey, tup, beetle head || ~ d'**enclume** / anvil bed o. stock o. stand || ~ à **estamper** (forg) / swage block || ~ de **mouton** (m. de forg) / ram, tup

billoteuse *f* / basket stapling machine

billure *f* (tiss) / tying up

bilogarithmique / log-log...

bimétal *m* (électr) / bimetal

bimodal (statistique) / bimodal

bimoléculaire / bimolecular
bimoteur / two o. twin-engined, double motor...
binage *m* / hacking, hoeing
binaire *adj* / binary || ~ *m*(ord) / bit (= binary digit) || **~s** *f pl*(astr) / double stars *pl* || ~ *m* par **colonne** (c.perf.) / Chinese o. column binary o. coding || ~ **spectroscopique** (astr) / spectroscopic binary || ~ en **virgule fixe** / fixed point binary
binardeur *m*(scie) / block carriage operator
binauriculaire / binaural
binder *m*(routes) / binder || ~ **asphaltique** (routes) / asphalt binder
biner / hack, hoe
binette *f*(agr) / hoe || ~ **sarcleuse** / weedhook, weeding hoe
bineuse *f*(agr) / hoeing machine, mechanical hoe || ~ à **betteraves** / beet hoeing set
bi-nickel *m*(galv) / double nickel layer
binistor *m*(semicond) / binistor
binoculaire / binocular
binode *f*(électron) / binode, double diode, duo-diode
binôme *m*(math) / binomial || **de ou à** ~, binômial (math) / binomial *adj* || ~ de **Newton** / binomial theorem
binon *m*(math) / binary character
binoquet *m*(c.perf.) / column split
bio voir biologie || **~astronautique** *f* / bioastronautics *sg* || **~catalyseur** *m* / biocatalyst || **~chimie** *f* / biochemistry || **~chimique** / biochemical || **~cide** / biocide || **~climatologie** *f* / bioclimatology || **~cristal** *m* / biocrystal || **~cristallographie** *f* / biocrystallography || **~cybernétique** *f* / biocybernetics *sg* || **~dégradabilité** *f* / biodegradability || **~dégradable** / biodegradable || **~dynamique** / biodynamic || **~dynamique** *f* / biodynamics *sg* || **~électricité** *f* / bioelectricity || **~gaz** *m* / biogas || **~gène** / biogenic || **~géochimique** / biogeochemical || **~lite** *m*, biolithe *f*(géol) / biolith, biolite, biogenic rock
biologie *f* / biology || ~ **écologique** / ecological biology || ~ **générale** / life science || ~ **quantique** / quantum biology
bio·logique / biological || **~luminescence** *f* / bioluminescence || **~masse** *f*(égout) / biomass || **~médical** / biomedical || **~météorologie** *f* / biometeorology || **~métrie** *f* / biometry || **~minéralisation** *f* / biomineralization || **~nique** *f* / bionics *sg* || **~physique** *f* / biophysics *sg*
Bios I *m*(chimie) / bios || ~ **IIa** / pantothenic acid
bio·salissure *f*(nav) / biofouling || **~satellite** *m*(espace) / biosatellite || **~sphère** *f* / biosphere
biot *m*, Bi (vieux, 1 Bi = 10 amp) / biot
bio·technie *f* / biotechnics *sg*, bio-engineering || **~télémétrie** *f*(espace) / biotelemetry || **~tique** / biotic || **~tite** *f*(min) / biotite, black mica || **~tope** *m* (biol) / biotope || **~-usine** *f* / biological sewage treatment plant
bioxalate *m* de **potassium** / salt of sorrel, sal acetosella
bioxyde *m* / dioxide, bioxide || ~ de **manganèse** (min) / brownstone, manganese dioxide o. peroxide o. ore || ~ de **sodium** / sodium peroxide o. dioxide o. superoxide
bipasse *m*(pétrole) / bypass
bipède *adj* / two-legged || ~ *m* / biped
bipenne *f* / double-bit ax[e]
biphényle *m* **chloriné** / Chlophen (chlorinated biphenyl o. diphenyl)
bipiste (bande magnét) / double edged, dual track...
biplace *adj* / two-seated || ~ *m* / two-seater
biplan *m*(aéro) / biplane
BIPM = Bureau International des Poids et Mesures
bipolaire (phys) / bipolar, double-pole... || ~ (électr) / double-pole..., two-pole, bipolar
bipôle *m* **élémentaire** [linéaire] / [linear] two-terminal circuit element
biporte *m*(électr) / two-port network, two-terminal pair network || ~ **équilibré** / balanced two-port network || ~ **réciproque** / reciprocal two-port network || ~ en **treillis** / lattice network
bi-poutre (grue) / double-beam..., two-beam...
biprisme *m* / biprism || ~ de **Fresnel** / Fresnel's biprism || ~ de **Kosters** / beam-splitting prism
biprocesseur *m*(ELF) (ord) / bi-processor
biquadratique (math) / biquadratic, fourth-power...
biquinaire (math) / biquinary
biquotient *m*(math) / cross ratio
birail / running on two rails
biréacteur *adj*(aéro) / twin-jet || ~ *m* / twin-jet plane
biréflexion *f*(crist) / double reflection
biréfringence *f* / double refraction, birefringence || ~ par **compression** / strain double refraction o. birefringence || ~ d'**écoulement** / streaming birefringence || ~ **magnétique** / magnetic double refraction, Cotton-Mouton effect || ~ d'**orientation** / orientation birefringence
biréfringent / double refracting o. refractive, birefringent
biroute *f*(coll) (aéro, routes) / wind cone o. sleeve o. sock, wind stocking, air sleeve
bisage *m*(teint) / redying
bisaiguë *f*(charp) / mortise axe
bisaille *f* / flour mixed with bran
biscuit *m*(émail) / bisque || ~ (céram) / semivitrified porcelain, biscuit, bisque
biseau *m* / basil, bezel, sloping edge o. face || ~ (verre) / arris edge || ~ (outil) / blade taper || ~, chanfrein *m* / bevel[ling], chamfer || ~ (typo) / bevel || ~ (chariot à fourche) / blade taper || ~ sur **boutisse** (four céram) / feather end, end feather || ~ du **ciseau** / cannel of a chisel || ~ **court** (four céram) / skew brick || ~ du **couteau ménager** / swage of the kitchen knife || ~ **droit de face polaire** (électr) / pole face level || ~ **extérieur du ciseau** / chisel face || ~ du **fer de rabot** / bezel of the plane knife || ~ **intérieur du ciseau** / incannel || ~ sur **panneresse** (four céram) / feather side, side feather || ~ du **pôle** (moteur électr) / pole bevel || ~ **profilé de face polaire** / pole face shaping || ~ du **tourneur sur bois** / turning chisel
biseautage *m* **émoussé** / standing bevelling
biseauté / cut with facets, bevelled || ~ (p.e. dent) / bevelled
biseauter, chanfreiner / chamfer *vt*, bezel *vt* || ~, amincir / bevel *vt*, chamfer, lighten down || ~ (tourn) / bevel-off
biseauteuse *f*(typo) / bevel routing machine
biseautoir *m*(opt) / bevelling o. boarding machine
biser / redye
bisilicate *m* / bisilicate
bismuth *m* / bismuth
bismuthine *f*(min) / bismuthinite, bismuth glance
bismuthique / bismuthic
bisoc *adj*(agr) / two-share || ~ *m* / two-bottom plow (US), two- o. double-furrow plough (GB)
bisphénoide *m*(crist) / bisphenoid
bispiralé / coiled-coil...
bissecter (math) / bisect
bissecteur / bisectional, bisecting
bissectrice *f*(crist) / bisectrix || ~ (math) / bisector, bisectrix, (esp:) bisecting line of an angle
bissel *m*(ch.de fer) / bissel type truck, bissel pony truck

bissoc voir bisoc
bistable / bistable
bistre *adj* / bistre, bister (US) || ~ *m* / bistre, -ster (US)
bisubstitué (chimie) / double-substituted
bisulfate *m* / bisulphate, -sulfate (US) || ~ de **potassium** / potassium bisulphate
bisulfite *m* / bisulphite, -sulfite (US), hydrogen sulphite || ~ d'**ammonium** / ammonium bisulphite || ~ de **calcium** / calcium bisulphite || ~ de **sodium** / sodium bisulphite
bisulfure *m* / disulphide, -sulfide (US), bisulphide, -sulfide (US) || ~ de **molybdène** / molybdenum disulphide || ~ de **sodium** / sodium disulphide
bisulphite *m* de **magnésium** (pap) / magnefite, magnesium bisulphite
bisynchrone (électr) / bisynchronous
bit *m* (ord) / bit (= binary digit) || ~ (forage) / diamond bit || ~ d'**arrêt** (ord) / stop bit || ~ **clé** / check bit || ~ de **contrôle** (ord) / check bit || ~ de **contrôle cyclique** / cyclic check bit, CCB || ~ de **contrôle transversal** / lateral check bit || ~ **creux** (mines) / annular borer || ~ de **départ** (ord) / start element, start bit || ~ **drapeau** / tag bit || ~ d'**effacement** (ord) / erase bit || ~ **erroné** / error bit || ~ **fonctionnel** / function bit || ~ **hors texte** (ord) / zone bit || ~ d' **imparité** / odd parity bit || ~ **indicateur** (ord) / flag bit || ~ d'**information** / information bit, data bit, intelligence bit || ~ **initial** (ord) / sentinel || ~ de **masque** (ord) / mask bit || ~ de **mode** (ord) / mode bit || ~ **modificateur d'état** / status modifier bit || ~ de **module** / bank bit || ~ de **parité** (ord) / parity bit || ~ de **place** (b.magnét) / sprocket bit || ~ de **poids faible, [fort]** / low, [high] order bit || ~ de **service** / service bit || ~ de **signe** (ord) / sign bit || ~ **significatif** / data bit || ~ de **synchronisation** / sync bit || ~ **utile** (ord) / data bit || ~ de **vérification** / check bit
bitord *m* (nav) / spun yarn
bitte *f* / bitt, bollard (on deck of a ship) || ~ en **croix** (nav) / cross shaped bitt o. bollard || ~ en **double croix** / double riding bitt || ~ d'**enroulement en croix** (nav) / cross pole || ~ **plate** / flat bollard
bitton *m* (petite bitte) / bitt || ~ d'**amarrage** / mooring block || ~**s** *m pl* à **croix** (nav) / small cross shaped bitt o. bollard
bitumacadam *m* / asphalt macadam
bitumage *m* / bituminization
bitume *m* (géol) / bitumen || ~ (chimie) / bitumen, asphalt (US) || ~**s** *m pl* **asphaltiques** / asphaltic bitumen || ~ *m* **consistant** / bituminous cement, asphalt cement (US) || ~ de **craquage** / cracked bitumen || ~ obtenu par **distillation**, bitume *m* direct / straight-run [asphaltic] bitumen, straight-run asphalt (US) || ~ **dur** / hard [grade] bitumen || ~ **émulsionné**, bitume *m* émulsifié / emulsified bitumen, asphalt emulsion (US) || ~ **fluidifié** / bituminous emulsion, cutback [bitumen] || ~ **fluxé** / fluxed bitumen || ~ **malte** / bituminous tar o. pitch, Barbados tar, pissasphaltum, semicompact bitumen || ~ **oxydé** / oxidized bitumen, [air-]blown bitumen o. asphalt (US) || ~ de **pétrole** / residual asphalt || ~ de **pétrole fluxé** (routes) / cutback, cutback bitumen, bituminous emulsion || ~ **projeté** / spray bitumen || ~ **routier** / road bitumen || ~ **soufflé** / oxidized bitumen, [air-]blown bitumen o. asphalt (US) || ~ sous **vide** / vacuum asphaltic bitumen, vacuum asphalt (US)
bitumé imprégné (carton feutré) / saturated, uncoated
bitumer (routes) / asphalt, bituminize
bitumeur *m* / asphalt worker o. man, asphalter
bituminer / coat with bitumen
bitumineux / bituminous
biturbopropulseur *m* / twin-engined prop-jet
biunivoque / biunique
biuret *m* / biuret
bivalence *f* / bivalence
bivalent (chimie) / bivalent, divalent || ~ (acide) / bibasic, dibasic, secondary (acid)
bivoie *f* (ch.de fer) / splitting point
bixine *f* (teint) / bixin[e]
black band *m* / black-band [iron ore], carbonaceous ironstone || ~**butt** *m* (bot) / blackbutt
black-rot *m* (agr) / black-rot
blaireau *m* (fonderie) / swab, water brush
blaise *f* / watt silk
blanc *adj* / white || ~, vierge (pap) / blank || **[en]** ~ (pap) / blank || ~ *m* / white || ~ (TV) / picture white, white level || ~ (forge) / incandescence, incandescency, incandescent heat, white [flaming] heat (1570 K) || ~ (dessin) / white print || ~ (télécom) / blank key || ~ (typo) / bowl (letter), counter || ~ (mil) / look-through || ~ (terre nitreuse) / spent earth of salpetre || **[porté ou chauffé] à** ~ / incandescent || ~ d'**adresse** / address blank || ~ d'**argent** (couleur) / carbonate of lead || ~ de **baleine** (chimie) / cetin || ~ de **baryte** / baryta white, blanc-fixe, fixed white || ~ **brillant** / brillant white || ~ **brillant** (pap) / gloss-white || ~ de **céruse** (min) / cerussite, black o. white lead ore (depending on colour) || ~ de **chaux** (bâtim) / lime paint, white-wash, wash[ing], limework || ~ de **chiffres** (touche) (télécom) / figure o. cipher blank key || ~ de **chiffres** (écartement) (télécom) / figure blank || ~ entre les **colonnes** (typo) / space between columns || ~ *adj* **comme lait** / milky white || ~ **comme la neige** / snow white || ~ *m* de **couture** (typo) / gutter || ~ **couvrant** / zinc white || ~ **crayeux** / prepared chalk, Spanish white, whitening, whiting || ~ *adj* **crème** / cream || ~ **doux** / bright-soft || ~ **dur** / bright-hard || ~ *m* **éblouissant** / white heat (1675 K) || ~ **enlevage** / white discharge || ~ d'**Espagne ou de fard** / pearl (GB) o. paint (US) white (bismuth subnitrate), cosmetic bismuth || ~ **étalon** / normal white || ~ **fixe** / blanc-fixe, baryta o. fixed white || ~ des **graminés** / powdery mildew of cereals and grasses || ~ **gris** *adj* / gray white || ~ *m* **idéal** (TV) / equal energy white || ~ d'**image** (TV) / picture white || ~ de **lettres** (télécom) / letter blank || ~ **mat** / dull white || ~ de **Meudon** / prepared chalk, Spanish white, whit[en]ing || ~ **minéral** / mineral white || ~ **mourant** / pale blue || ~ **moyen** (TV) / equal signal white || ~ **naissant** / incipient white heat (1500-1700 K) || ~ de **neige** (chimie) / zinc white || ~ **parfait** (TV) / white peak || ~ de **perle** / pearl (GB) o. paint (US) white (bismuth subnitrate), cosmetic bismuth || ~ **perlé** (pap) / pearl white || ~ **permanent** / permanent o. constant white, baryta white, blanc-fixe || ~ de **pied** (typo) / lower white line || ~ de **plomb** / [basic] lead carbonate, lead subcarbonate, white o. flake lead, ceruse, cerussa || ~ de **prise**, blanc *m* des pinces (typo) / gripper allowance o. bit o. margin o. pad || ~ *adj* **pur** / pure white || ~ *m* de **référence** (TV) / reference white || ~ **réserve** (tex) / resist white || ~ **satiné** (couleur) / satin white || ~ **soudant** / white heat (1675 K) || ~ de **tête** (typo) / upper white line || ~ de **titane** / titania (GB), titanium dioxide || ~ de **tungstène** / tungsten white || ~ de la **vigne** / powdery mildew of grape || ~ de **zinc** (chimie) / zinc white, non-leaded zinc oxide || ~ de **zinc** (couleur) / zinc white || ~ de **zirconium** / zirconium white
blanchâtre / whitish

blanchet *m* (typo) / blanket || ~ (filtre) / woollen filter cloth || ~ (teint) / print back cloth, printer's blanket o. felt, back gray || ~ **contre blanchet** (graph) / blanket to blanket || ~ **offset** (typo) / offset blanket
blancheur *f* / whiteness *n* || **d'une ~ aveuglante** / shining o. snow white || ~ de la **pâte** / brightness of pulp
blanchi / bleached || ~, étamé à chaud / fire-tinned, hot[-dip] tinned, tin-coated || ~ **optique** (pap) / optically whitened o. brightened || ~ sur **pré** (pap) / grass-bleached, sun-bleached
blanchiment *m* / bleaching || ~ (bâtim) / limewash, L.W. || ~ des **articles teints** (tex) / bleaching of coloured goods || ~ de la **chaîne d'ensouple** / beam bleaching || ~ à **chaux chlorurée** / chloride of lime bleaching || ~ **chimique** / chemical bleaching || ~ au **chlore** / chlorine o. chemical bleaching || ~ de **coton** / cotton bleaching || ~ de **cotonnade et de fil de coton** (tex) / bleaching of cotton || ~ **discontinu en boyaux** (tex) / discontinuous rope bleaching || ~ **discontinu au large** (tex) / discontinuous open-width bleaching || ~ sur **ensouple** / beam bleaching || ~ à **gaz du potier** (pap) / potching || ~ à l'**huile** (tex) / oil bleaching || ~ au **large** / open-width bleaching || ~ **optique ou par agents fluorescents** (pap) / optical bleaching, fluorescent whitening || ~ à l'**oxygène** / oxidation bleach || ~ à l'**oxygène à froid** (tex) / oxygen cold bleaching || ~ à l'**ozone** (tex) / ozone bleach || ~ au **pré** / sun bleaching, grass bleaching || ~ **réducteur** (tex) / reduction bleaching || ~ au **soufre** (teint) / sulphur bleach || ~ au **soufroir** (tex) / stoving, stove bleaching
blanchir *vi* (tex) / bleach *vi* || ~ *vt* (tex) / bleach *vt* || ~ (bâtim) / limewash o. -white, L.W., whitewash, wash || ~ (réfrigération) / blanch food || ~ (pap) / potch || ~ (linge) / wash laundry || ~ (typo) / white out, lead[-out] || ~ un **arbre** / decorticate, bark, unbark, peel || ~ l'**argent** / blanch o. whiten silver || ~ **encore une fois** (tex) / after-bleach || ~ à **neuf** (tex) / clear-starch || ~ dans le **soufroir** (tex) / stove
blanchissage *m* / bleaching || ~ / laundry, washing || ~ **bouillant** (tex) / wash at the boil || ~ **chimique** / quick bleach, rapid bleaching || ~ de la **laine** / wool bleaching
blanchissement *m* (tapis) / whitening, chalking, frosting
blanchisserie *f* / bleachery, bleach[ing] works o. house || ~, lavage *m* / laundry || ~ **automatique** / launderette || ~ à **vapeur** / steam laundry
blanchisseuse *f* (pap) / potcher, washer (US)
blanquette *f* / singlings *pl*, fore-runnings *pl*, low wine
blastomycètes *m pl* / blastomycetes *pl*
blé *m* / breadgrain, bread cereals *pl*, (esp.:) wheat || ~ **améliorant** / improver wheat || ~ d'**automne**, blé *m* d'hiver / winter wheat || ~ **dur** / flint[y] o. hard o. durum wheat || ~ d'**Espagne** / maize, Turkey o. Indian corn, corn (US, Australia) || ~ de **froment** / wheat, corn (GB) || ~ d'**Inde** (Canada) / maize, Turkey o. Indian corn, corn (US, Australia) || ~ de **mars**, blé *m* de printemps (agr) / spring o. summer corn || ~ **moulu** / grist, grain, ground corn || ~ **noir** / buckwheat || ~ de **semence** / seed corn || ~ de **Turquie** voir blé d'Espagne
blende *f* (min) / black-jack, blende, glance || ~ **fibreuse** (min) / fibrous blende || ~ **grillée** (sidér) / roasted blende || ~ **[de zinc]** / zinc blende, black-jack, sphalerite
bleu *adj* (flamme) / non-luminous || ~ (couleur) / blue || ~ *m* / blue || ~, boule *f* d'azur / laundry blue || ~ (dessin) / blueprint || ~ *adj* **acier** / steel blue || ~ *m* d'**alizarine** / alizarin o. anthracene blue || ~ d'**amidon**, bleu *m* de fécule / starch blue || ~ **anglais** / China o. porcelain blue, English blue || ~ d'**aniline** / gentian[a] blue || ~ d'**application** / pencil blue || ~ d'**azur** / copper carbonate || ~ d'**azur**, bleu *m* d'émail / cobalt blue, oxide blue || ~ de **Berlin** / mineral o. Berlin o. Prussian blue (ferric ferrocyanide) || ~ *adj* **brillant** / brilliant blue || ~ *m* de **bromothymol** (indicateur pH) / bromothymol blue || ~ de **bromphénol** / bromphenol blue || ~ de **Chine** / China o. porcelain blue, English blue || ~ *adj* **ciel** / sky blue o. coloured || ~ *m* **ciel** / blue of the sky || ~ *adj* **clair** / light blue || ~ *m* de **cobalt** / cobalt blue || ~ **Coupier** (teint) / induline || ~ de **cuivre** / copper carbonate || ~ **diamine** / Congo blue || ~ à l'**eau** (teint) / soluble blue, water blue || ~ de **faïence** / China o. porcelain blue, English blue || ~ *adj* **foncé** / dark blue, mazarine || ~ *m* de **gentiane** / gentian[a] blue || ~ d'**indigo** / indigo blue, indigotin[e] || ~ *adj* **marine** / navy blue || ~ *m* **méthyle** / methyl blue, brilliant cotton blue || ~ de **méthylène** / meth[yl]ene blue || ~ de **molybdène** / molybdenum blue || ~ de **montagne**, bleu minéral ou d'Anvers (min) / azurite (of Beudant), mountain blue || ~ **naphtylamine** / trypan blue || ~ de **Nil** / Nile blue || ~ *adj* **noir** / black blue || ~ *m* d'**outremer** (chimie) / Thénard's blue, cobalt blue || ~ à **paraphénylène** / paraphenylene blue || ~ de **Paris** / mineral blue (ferric ferrocyanide), Prussian blue || ~ **phénylène** / phenylene blue || ~ **phtalocyanine** / phthalocyanine blue, Alcian blue (ICI) || ~ *adj* **pigeon** / pigeon blue || ~ *m* de **pinceau** (teint) / pencil blue || ~ de **porcelaine** / China blue, porcelain blue || ~ **profond** *adj* / deep blue || ~ *m* de **Prusse** (ferrocyanide de fer) / mineral o. Berlin o. Prussian blue (ferric ferrocyanide) || ~ de **quinoléine** / quinoline blue, cyanine || ~ **résorcinol** / resorcinol blue || ~ de **roi** / royal blue || ~ *adj* **saphir** / sapphire [blue] || ~ *m* **solide** / Oxford blue || ~ **soluble** (teint) / China o. soluble blue, water blue || ~ de **Thénard** / Thénard's blue, cobalt blue || ~ **toluidine** / toluidine blue || ~ de **tournesol** / sap blue || ~ **trypane** / trypane o. benzo blue, dianil blue || ~ **végétal** / sap blue, anthocyanin
bleuâtre / bluish
bleuir *vt* (acier) / blue [anneal], temper, draw [the temper] || ~ (tex, sucre) / blue || ~ *vi* (teint) / turn bluish || ~ (bois) / become blue-stained
bleuissement *m* (peinture) / bloom[ing], blushing || ~ (mot) / blueing || ~ (bois) / blue stain || ~ (plast) / blueing
bleutage *m* (opt) / antireflection coating, lumenizing, blooming (GB)
bleuté / bluish || ~ (opt) / coated, lumenized, bloomed (GB) || ~ (sucre) / blued
blimp *m* (cinéma) / blimp
blin *m* (tiss) / warp beam guide
blindage *m* / armour, armor, armouring, armoring || ~ / incapsulation, encapsulation || ~ (électr) / screening, radio-shielding || ~ (bâtim) / sheeting || ~ (tunnel) / wall shoring || ~ (nucl) / radiation shielding || ~ (pétrol) / shield || ~ de **choc** (four céram) / armouring || ~ **circulaire** (puits) / cribwork, ring support || ~ du **creuset** (sidér) / hearth casing o. jacket || ~ de la **cuve** (haut fourneau) / stack casing || ~ du **four** / furnace shell || ~ de **haut fourneau** / blast furnace armour o. [steel] jacket, steel plate lining || ~ **insonorisant** (cinéma) / blimp || ~ **métallique** / metal sheathing || ~ en **palplanches** / enclosure of [sheet] piles, timber walling || ~ **pare-chocs** (sidér) / throat armour || ~ de **protection** / protective

armour || ~ **[semi-]jointif** / shoring with [non-]overlapping planks || ~ en **tôle d'acier** / sheet steel armo[u]r, steel sheet armo[u]r || ~ de **tube** / radio-shielding of the tube
blindé / armour-plated o. -cased, armoured, steel-clad || ~ (électron) / immune from interference || ~ (électr) / metal-clad || ~ d'**acier** / steel plated o. coated || ~ **et étanche** (bougie) / screened and waterproof || ~ **fermé ou en fonte** (électr) / iron-clad, metal-clad, moulded case... (GB) || ~ **H.F.** (électron) / RF-shielded || ~ en **tôle** / sheet metal clad || ~ **ventilé** (électr) / enclosed-ventilated
blinder / metal-clad || ~ (électron) / radioshield o. -screen || ~ (fossé) / shore *vt* || ~ (câble) / sheathe, armour (GB), armor (US) || ~, cuirasser / armour, armor || ~ (bobinage) / encase || ~ en **fonte** / metal-clad, cast-iron-clad
blip *m* (radar) / pip, blib || ~ (repro, ord) / document mark, blip
blisterpack *m* / blister pack
blob *m* (nucl) / blob
bloc *m* / chunk || ~ (géol) / massif || ~ (ord) / physical record || ~ (tex) / printing block || ~ (verre) / shaping block, forming block || ~**s** *m pl* (tamisage) / overs of a screen *pl*, screening refuse, rejects *pl*, oversize products *pl*, plus mesh || ~ *m* (un four) / sealed tube furnace, Carius oven || ~ (p.e. de diodes) / stack (e.g. diode...) || ~ de **brûleur** (céram) / quarl block || **en** ~ / toto, in toto || ~ d'**accord** (TV, radio) / tuner, tuning variometer || ~ d'**accord à ajustement continu** (électron) / continuous o. spiral tuner || ~ d'**accord de télévision** / TV tuner || ~ d'**alimentation** (électron) / power pack o. supply o. unit, mains supply circuit || ~ d'**alimentation H.T.** / high-tension power pack || ~ d'**alimentation miniaturisé** / mini power pack || ~ d'**alimentation réglé** (électron) / regulated power supply || ~ d'**alimentation stabilisé** / stabilized power pack || ~ **antiretrait** (plast) / shrinkage block o. jig || ~ d'**articles** (ord) / record block || ~ **artificiel en ciment** / cement brick || ~ d'**assemblage** / appliance unit || ~ **automatique lumineux** / automatic colour-light block || ~ **avancé** (ord.) / advance block || ~ de **bande** (b.magnét) / tape block || ~ de **bassin**, bloc *m* de cuve (céram) / tank block, flux block || ~ de **bassin ou de cuve** (verre) / tank block || ~ de **béton** (bâtim) / concrete block, cast stone || ~ de **béton de granulat lourd** / dense aggregate concrete block || ~ de **béton manufacturé** / finished building fabric || ~ de **béton ponce** / Rhenish o. floating brick || ~ en **béton-gaz** / gas aerated concrete block || ~ de **bobinage** (électr) / yoke assembly || ~ de **bois** / billet of wood || ~ de **bois pour fourrure d'huisserie** / wood o. timber brick, nog[ging] piece || ~ de **boutons-poussoirs** / press button block || ~ **broché** (typo) / stitched book || ~ *m* de **brûleur** (céram) / quarl o. burner block || ~ *m* **brut** (ord) / unformatted record || ~ à **colonnes [de guidage]** (découp) / die set, subpress, post jig || ~ à **colonnes de guidage par billes** / ball-bearing die set || ~ de **commande** (ord) / control block || ~ de **commande des données** (ord) / data control block, D.C.B. || ~ de **commande de la file d'attente** (ord) / queue control block, QCB || ~ **complet** (NC) / alignment function, full information block || ~ de **connexion** (contr.aut) / terminal block || ~ de **construction** / building block || ~ de **contact** / contact block || ~ de **contrôle et de répartition** (électr) / cut-out o. service cabinet || ~ **coulissant ou à coulisse** / sliding block, slider || ~**-couronne** *m* (pétrole) / crown-block || ~ **cousu** (typo) / stitched book || ~ **creux** (bâtim) / hollow block || ~ **creux en béton** / hollow concrete block || ~ **cubique** (bâtim) / concrete test cube || ~**-cuisine** *m* (bâtim) / kitchen block o. unit || ~ de **culasse** (mot) / cylinder block || ~ de **déflexion** (TV) / scanning coil || ~ **descripteur de piste** (ord) / track description record || ~ **détecteur** (contr.aut) / sensor unit || ~**-diagramme** *m* (pl: blocs-diagrammes) / block diagram || ~ de **distribution secteur** / distributing o. distribution o. distributor cabinet || ~**-eau** *m* / plumbing unit || ~ **échappement** (m.à ecrire) / escapement unit || ~ à **effeuiller** / tear-off block || ~ d'**émeri** / emery brick || ~ **enfichable** (électr) / sub-unit || ~ d'**engrenages** / gear unit || ~ d'**entrée** (ord) / input block o. store || ~ d'**entrée** (céram) / feed-end block || ~ **erratique** (géol) / erratic o. errant block, erratics *pl* || ~**-fenêtre** *m* / window unit ready to be installed || ~ en **feuilles** / tear-off block || ~ **fin** (ord) / trailer-file block || ~ de **fixage étagé** (m.outils) / stepped setting-up block || ~ **fixe** (fonderie) / cover [die] || ~ de **flottaison** (céram) / flux-line block || ~ de **flottaison** (céram) / flux line block || ~ de **fonction** (électr) / series terminal, terminal block || ~ **fonctionnel** (ord) / functional block || ~ **fonctionnel** (électron) / module, unit || ~ **fonctionnel à broches** (électron) / plug-in module || ~ de **fondation** / foundation block || ~**s** *m pl* pour la **fondation** (routes) / spalls *pl* || ~ *m* à **gradins** (m.outils) / stepped packing block || ~ d'**habitations** / block of buildings, quadrangle || ~ d'**impression** (teint) / printing block || ~ **inférieur** (géol) / upcast side, upthrow side || ~ **interchangeable** (électron) / plug-in unit || ~ **intermédiaire** (instr) / intermediate mounting plate || ~ de **jonction** (électr) / modular terminal block || ~ en **liège** / agglomerated cork brick, cork brick || ~ à **matrice** (découp) / die block || ~ de **mémoire** / memory stack o. bank, storage block || ~ de **métal** (docimasie) / metallic button || ~ de **mica** / mica block || ~ de **minerai** (mines) / boulder || ~ **mobile** (fonderie) / ejector die || ~**-moteur** *m* (auto) / engine gearbox unit, unit construction, unit power plant || ~ **nid d'abeilles** (typo) / honeycomb base o. mount || ~ **non édité** (ord) / unformatted record || ~**-notes** *m* / memo o. scribbling pad || ~ **obturateur de puits** (pétrole) / blow-out preventer, BOP || ~ en **palissade** / one-piece construction, soldier course || ~ **parasite** (b.magnét) / noise block || ~ **passerelle** (nav) / bridge || ~ de **pilotage** (ELF), bloc-pilote *m* (ELF) / automatic flight control unit, autopilot || ~ pour le **placement des aiguilles** (carde) / building block || ~ de **plaques** (accu) / block of plates || ~ de **plâtre** / plaster block || ~ **plein** (bâtim) / solid block || ~ **[plein] de béton léger** / lightweight-concrete solid block || ~**-porte** *m* / door unit ready to be installed || ~ de **poudre** (ELF) (astron) / grain [of propellant] || ~ de **puissance** (astron) / thruster, power unit o. module || ~ de **rechange** (cardan) / complete journal cross || ~ **réflecteur** (nucl) / reflector block || ~ de **reprise** (ord) / reference block || ~**-ressort** *m* / spring assembly || ~ de **roche** / block o. lump of rock || ~**s** *m pl* de **rochers** / boulders *pl* || ~ *m* de **sciage** / plank log o. timber || ~ de **serrage** (outil) / stepped setting-up block, setup block || ~ de **sole** (céram) / oven-sole block || ~ **superieur** (géol, faille) / upcast o. upthrow side || ~ **système** (ord) / system pack || ~**-tension** *m* (m à coudre) / tension block, complete tension unit || ~ de **traitement** (ord) / procedure block || ~ de **transmission** (ord) / transmittal record || ~ de **transmission de données** / data

transmission block, frame || ~ **très haute tension** (ou T.H.T.) **et de balayage des lignes** (TV) / ETH block || ~**-tube** *m* (électr) / concrete moulded component for cable conduit || ~**-tube** *m* (lam) / tube ingot || ~ **usine-écluse** / power station with sluice || ~ de **verre** / glass block

blocage *m* / blocking, blockage, stoppage, obstruction, check action || ~, verrouillage *m* / lock, catch || ~, serrage *m* / clamping || ~ (m.outils) / chucking || ~ (typo) / turned letters o. sorts *pl* || ~ (bâtim) / expletives *pl*, rubble || ~ (routes) / foundation, bottoming || **à** ~ **automatique** / self-locking || **de** ~ (ord) / inhibit... || ~ d'**aiguilles** (ch.de fer) / point locking || ~ d'**alimentation de cartes** / card feed interlock || ~ **automatique** / automatic [inter]lock, selflocking device || ~ **automatique** (méc) / locking over center || ~ d'**avancement** (imprimante) / carriage interlock || ~ de **berlines** (mines) / truck stop || ~ de la **cage d'extraction** (mines) / bearing-up stop (of the cage during loading operation) || ~ par **champ coercitif** (mém à bulles) / pinning || ~ de **chaussée** (routes) / base, bed, bottoming, hard core, metal foundation (US) || ~ **coercitif** (mém. à bulles) / pinning || ~ de **communications extérieures** (télécom) / trunk barring || ~ du **cycle de conversion** (ord) / conversion cycle interlock || ~ de **différentiel** / differential lock || ~ d'**effacement** (b.magnét) / erase prevention || ~ de l'**enregistrement** (b. magn.) / recording stop || ~ des **freins** / locking of brakes, brake lock-up || ~ par **grilles** / grid blocking o. cut-off, grid extinguishing || ~ **interne** (ord) / internal blocking || ~ d'**introduction dû à la limite de capacité** (m.compt) / keying capacity limit || ~ par **levier à excentrique** (m.outils) / lever actuated eccentric clamp || ~ des **lignes d'impression** / fixed line posting || ~ de **marche arrière** (auto) / recoil blocking device, reverse gear lock || ~ du **moteur** / stalling, stall (due to overload) || ~ du **niveau** (TV) / clamping || ~ en **phases** (laser) / mode coupling || ~ en **pierre** (bâtim) / drainage pit || ~ **principal** / final stop || ~ **programmé** / programmed interlock || ~ de **retenue** / holding interlock || ~ des **roues** / locking of wheels, wheel lock-up || ~ de **route** (télécom) / route barring || ~ des **salaires** / wage stop o. freeze || ~ de **sécurité** (auto) / safety locking of all doors || ~ **sonique** (ELF) / sonic o. sound barrier || ~ **thermique** (ELF) / heat barrier, thermal barrier || ~ des **touches** / key [inter]lock, keyboard lock || ~ de **tube** (électron) / tube blocking

blocaille *f* (bâtim) / expletives *pl*, rubble || ~ d'**empierrement** (ch.de fer) / boxing material

blochet *m* (charp) / tie-beam, tie piece || ~ d'**arêtier**, blochet *m* mordant ou de recrue / dragon o. dragging beam o. piece, hammer arris beam, arris beam || ~ d'**arrêt ou d'appui** (ch. de fer) / stop block, supporting block (track works)

block *m* (chemin de fer) / block system || ~ **absolu** / absolute block system || ~ d'**assentiment** / permissive block || ~ d'**assentiment à circuits de voie** / track circuit permissive block || ~ **automatique** / automatic block apparatus || ~ à **circulation intéressée** / lock and block || ~ **enclenché** / interlocked block || ~ de **gare** / station block || ~ à **impulsions codées** / coded current block [section] || ~ de **libération** / clearing block || ~ de **ligne** (Suisse) / section block || ~ **logique** (pneum) / logical block || ~ **manuel** / hand-operated block apparatus || ~ **permissif** / permissive block || ~ **permissif absolu** / absolute permissive block, A.P.B. || ~ de **pleine voie** / section block || ~ de **section** / section block || ~**-système** *m* / block system, space system || ~**-système** *m* **manuel** / manual blocking system

blocking *m* (plast) / blocking effect

blonde *f* / light beer

blondin *m* / cableway || ~ pour **abattage** / logging cablecrane, skyline crane for lumber, overhead skidder (US)

bloom *m* (lam) / cog[ged ingot], bloom, rolled-down o. rough rolled ingot

blooming *m* (TV, lam) / blooming || ~ **duo** / two-high blooming mill || ~ **réversible** (lam) / reversing blooming mill || ~**-slabbing** *m* / ingot slab mill

bloqué, verrouillé / barred, locked, blocked || ~ (mouvement) / stuck || ~ (fusée) / put on safety || ~ (aéro, manche à balai) / fixed || ~ (écrou) / tight || **être** ~ / bind, seize, gripe, get o. be stuck || ~ en **inverse** (semi-cond) / reverse blocked

bloquer, arrêter *vt* / stop, arrest || ~, verrouiller / bar, lock[-up] || ~, caler / fasten, set, fix, lock, immobilize || ~, fermer / block up, obstruct || ~, paralyser / tie up || ~ (typo) / turn letters || ~ (oscillateur) / lock-in || ~ (ord) / inhibit || ~ (mutuellement) / interlock || ~ (se) / jam *vi*, get jammed, stick || **à** ~ / which may be locked, lock-type... || ~ des **comptes** / block the accounts || ~ par **contre-écrou** (techn) / fix by a locknut || ~ le **frein**, serrer à fond / lock, block [up] || ~ les **freins** (auto) / overbrake, jam the brakes || ~ les **gyroscopes** (aéro) / cage gyros || ~ la **ligne** (télécom) / preempt the capacity || ~ un **mur** / garret, gallet || ~ des **vis** / tighten

bloquette *f* (ord) / blockette

bloqueur *m* (monorail) / stop station || ~ de **chariot** (m.outils) / carriage o. saddle clamp || ~ d'**impulsions parasites** (télécom) / parasitic stopper

blouse *f* / smock frock, overall

blousse *f* (filage) / noil || ~ de **laine** / wool noil

blue-ground *m* (géol) / Blue Ground

blutage *m* / comminution

bluté (fécule) / powdered

bluteau *m* / wiping pad

bluter (farine) / bolt, sift, shake || ~ des **produits pulvérulents** (gén) / bolt

bluterie *f* / flour sifter, bolting machine, bolter, centrifugal, reel || ~ **centrifuge** / centrifugal bolting o. dressing machine || ~ **horizontale** (mines) / plansifter, plan sifting machine, flat sifter || ~ **rotative** / rotary bolter

bluteuse *f* voir bluterie

blutoir *m* (pap) / duster || ~ **rotatif à chiffons** (tex) / rag shaker, rag duster, rag shaking cylinder || ~ **trieur** / plansifter

BMT *m* (ordonn) / basic motion times *pl*

B.N. = Bureau de Normalisation

BNIST = Bureau National d'Information Scientifique et Technique

bobin *m* / bobbinet frame

bobinage *m* (électr) / winding || ~ (tex) / spooling and winding || ~ (poids) / reelage, weight of bobbin || ~ (pap) / reeling || ~ de **cops** (tex) / copping || ~ à **course radiale type canette** / cop winding || ~ **croisé**, bobinage *m* en forme de croix (filage) / cross winding || ~ **croisé de précision à spires jointives** (tex) / closed precision cross winding || ~ **croisé de précision à spires quelconques non jointives** (tex) / open precision cross winding || ~ **croisé au hasard** (filage) / constant angle cross winding, random cross winding || ~ **croisé à pas constant** / constant pitch cross winding || ~ **croisé de précision** / precision cross winding || ~ **double** (électr) / compound winding || ~ d'**excitation** /

exciting winding, field coil o. winding || ~ à **facettes** (tex) / rhomboidal winding, diamond winding || ~ à **fils croisés et pointes coniques** / cop winding || ~ **irrégulier**, bobinage à la main (électr) / hand winding || ~ à la **machine ou mécanique** / machine winding || ~ **progressif** (filage) / head-wind || ~ **rétrograde** (filage) / after-wind || ~ **simple** / single o. simple winding of coils || ~ à **spires jointives** / closed winding || ~ à **spires quelquonques** / open winding

bobine *f* (lam) / coil || ~ (tréfilage) / coil o. bundle of wire || ~ (électr) / coil, bobbin || ~ (tex) / spool, pirn, bobbin || ~, Pelote *f* (tex) / package in the creel || ~, roll-film *m* (pellicule) / roll film || ~ (phot) / film cartridge spool, film reel o. roll || **à ~ acoustique**, à bobine d'excitation (haut-parleur, microphone) / moving coil..., coil-driven, [electro]dynamic || **à une** ~ (électr) / single-coil... || ~ d'**absorption** (électr) / balance o. drainage coil, absorption inductor, interphase reactor o. transformer || ~ d'**accord** / tuning coil o. inductance || ~ d'**accouplement** / coupling coil, jigger (coll) || ~ d'**alimentation** (filage) / supply coil o. bobbin o. package o. spool, take-off spool || ~ d'**alimentation en position sur le rateau** / roving bobbin on the creel || ~ d'**allongement** (antenne) / loading coil o. inductance || ~ [d'**allumage]** (auto) / ignition coil || ~ d'**amortissement** (électr) / damping coil || ~ **ampèremétrique** / current coil || ~ à **ampère-tours antagonistes** (électr) / antagonistic coil || ~-**antenne** *f* / antenna coil || ~ d'**armement** (relais) / trip coil || ~ d'**arrêt** voir bobine de choc || ~ d'**arrêt de haute fréquence** (électron) / R.F.C., radio frequency choke || ~ d'**arrêt des interférences** / suppressor choke || ~ d'**aspiration** voir bobine d'absorption || ~ d'**atelier** (fil mét) / manufacturing spool o. reel || ~ d'**attaque** (électron) / pick coil || ~ d'**attraction** (relais) / trip coil || ~ **auxiliaire** / dummy coil || ~ de **banc à broches** / flyer bobbin || ~ de **banc ou de condensateur** (tex) / roving bobbin || ~ de **bande** (b.magnét) / tape reel o. spool || ~ de **bifurcation** (électr) / tapped coil || ~ de **Bitter** (phys) / Bitter coil || ~ à **borne** (électr) / clamp roller || ~ **bouteille** (filage) / bottle shaped bobbin, single flanged bobbin, taper bobbin || ~ **brute [non rebobinée]** (pap) / jumbo reel || ~ pour **câbles** / cable drum o. reel || ~ **[à cadre] mobile** (électr) / moving coil || ~ de **carte brute** (pap) / reel of board || ~ en **carton** / board spool || ~ de **champ** / exciting coil, field coil || ~ de **charge** (télécom) / loading coil o. inductance || ~ de **charge du circuit combinant** (télécom) / side circuit loading coil || ~ de **chauffage** / heating coil || ~ de **choc** (électr) / inductance o. reactance o. reactive coil, self-inducting coil, reactor, choke [coil], choking coil, kicking coil || ~ de **choc** (guide d'ondes) / choke || ~ de **choc à air** (électron) / air-core choke || ~ **circulaire** (télécom) / adapted ring transformer, ring transformer, toroïdal repeating coil || ~ de **compensation** (électr) / bucking o. backing coil || ~ de **compensation ou de correction** (TV) / peaking coil o. inductance || ~ **compensatrice** (TV) / compensating coil || ~ **compound** (électr) / compound coil || ~ de **concentration** (TV) / focus[s]ing coil || ~ de **condensateur** (tex) / condenser o. roving bobbin || ~ **conique** (filage) / conical bobbin, tapered bobbin, cone || ~ de **cordelettes** (câble) / filler bobbin || ~ de **correction** (TV) / peaking coil o. inductance || ~ à **coulisse** / sliding coil || ~ de **couplage** (électron) / coupling coil, jigger (coll) || ~ de **crête** (TV) / peaking coil o. inductance || ~ **croisée** (tex) / cheese, cross-wound bobbin, parallel bobbin, tube || ~ **croisée conique** (tex) / pineapple cone || ~ **croisée prédoublée** (filage) / assembled cheese || ~ à **curseur** / sliding coil || ~ **cylindrique** (électr) / cylindrical coil || ~ **cylindrique idéale** (électr) / ideal cylindrical coil || ~ **débitrice** (pellicule) / magazine drum || ~ **débitrice** (b.magnét) / take-off reel, supply reel, supply spool || ~ de **découplage du filament** (électron) / filament decoupling coil || ~ de **déflexion** (TV) / scanning coil || ~ de **démagnétisation** (b.magnét) / degausser || ~ de **démarrage** (ELF) (mot) / booster coil || ~ de **déphasage** / quadrature coil || ~ en **dérivation** (électr) / shunt coil || ~ **détectrice** (électr) / exploring coil || ~ à **deux plateaux** (filage) / double-flanged package || ~ de **déviation** (TV) / frame deflecting coil || ~ de **drainage** (électr) / drainage coil || ~ **droite** (filage) / flange o. straight bobbin || ~ **écrannée** (électron) / screened coil || ~ **égalisatrice** (électr) / a.c. o. static balancer || ~ **égalisatrice** voir aussi bobine d'absorption || ~ d'**électro[-aimant]** / magnet o. magnetizing coil || ~ **élémentaire** / single coil || ~ **éliminatrice du ronflement** / hum-bucking coil || ~ à **embase conique** (filage) / small bottle package || ~ **embrochable** (électron) / plug-in coil || ~ **émettrice** (b.magnét) / supply reel, take-off reel || ~ **enfichable à varier le champ de mesure** / plug-in range bobbin, range bobbin || ~ **enroulée** (électr) / wire-wound coil || ~ à **enroulement fractionné** (électr) / stepped [resistance] coil || ~ en **épingle à cheveux** / hairpin coil || ~ d'**équilibrage** / balancing coil, equalizing coil || ~ d'**étirage-torsion** (filage) / twisting drawing frame, draw-twister head || ~ d'**étouffement de bruits** (télécom) / smoothing choke || ~ d'**étouffement demi-onde** / half-wave suppressor coil || ~ à **étouffement d'étincelles** (électr) / blow-out coil || ~ **étroite** (typo) / dinky sheet || ~ d'**excitation** (relais) / trip coil || ~ **excitatrice** (électr) / field coil o. winding || ~ **exploratrice** / pick-up coil, probe coil || ~ **fantôme** (télécom) / phantom coil || ~ de **feuillard** (lam) / coil || ~ à **fiches** / plug-in coil || ~ **fichier** (b.magnét) / file reel || ~ **fictive** / dummy coil || ~ de **fil** (filage) / yarn reel o. spool || ~ de **fil** (tréfilage) / wire coil || ~ de **fil d'aiguille** (m à coudre) / sewing spool, reel of thread || ~ de **filé** (tex) / spool, pirn, bobbin || ~**s** *f pl* pour **filé gros** (tex) / bobbins for slubbing and roving *pl* || ~ *f* de **film** / film cartridge spool, film reel o. roll || ~ **filtre ou de filtrage** (électron) / filter choke || ~ à **flancs tronconiques [pour fils à coudre]** / knitting o. sewing spool, spool with conical flanges || ~ de **focalisation** (TV) / convergence coil || ~ pour le **format 127** (rayons X) / film reel size 127 || ~ **formée [sur gabarit]** (électr) / pulled coil || ~ à **froid** / cold rolled strip in coils || ~ de **Helmholtz** / Helmholtz coil || ~ **hybride** (auto) / hybrid coil || ~ à **impédance [à noyau d'air]** / impedance coil || ~ d'**inductance** / inductance coil, inductor || ~ d'**inducteur** / exciting coil, field coil || ~ d'**induction** / induction coil, spark coil || ~ d'**induction à résonance** / resonance induction coil || ~ d'**induction Ruhmkorff** / Ruhmkorff coil [apparatus] || ~ **inductrice** (mach.électr) / exciting coil, field coil || ~ **inductrice série** (électron) / series inductance coil || ~ d'**induit** (électr) / armature coil || ~ à **joues** (filage) / double flanged bobbin || ~ à **joues** (film) / reel || ~ de **liaison** (électron) / coupling coil || ~ **limiteuse** / current limiting reactor || ~ de **lissage** / smoothing choke, ripple filter choke || ~ de **livraison** (tréfilage) / delivery spool || ~ **magnétisante** / exciting coil, field coil || ~ de **maintien** (électr) / hold[-on] coil || ~ de **mèche**

peignée (filage) / worsted bobbin || ~ **mère** (pap) / jumbo reel || ~ du **métier à la barre** (tiss) / bobbin of the bar loom || ~ de **mise à la terre** (électr) / earth leakage coil || ~ de **mise à la terre type Petersen** (électr) / Petersen coil, earth leakage coil, arc suppression coil || ~ **mobile** (électr) / plunger, moving coil || ~ **mobile** (haut-parleur) / voice coil, plunger || ~ **multiplicatrice ou de multiplicateur** / multiplying coil || ~ en **nid d'abeilles** / lattice [wound] coil || ~ à **noyau de fer** (électr) / iron-core coil || ~ pour **noyau en pot** (électron) / pot-core coil || ~ à **noyau de fer doux mobile** (électr) / coil and plunger || ~ à **noyau en fil** / wire core coil o. ring || ~ à **noyau plongeur** / sucking coil || ~ **ouverte** (lam) / open coil || ~ **ouverte** (électr) / open-ended coil || ~ en **panier** (électr) / basket coil || ~ de **papier** / reel of paper || ~ **pare-étincelles** (électr) / blow-out coil || ~ de **pellicule** / reel of the projector, roll of the camera || ~ de **pellicule[-photo]** / film reel o. roll o. spool, film cartridge spool || ~ **perdue** / throw-away bobbin || ~ **petit format** (typo) / dinky sheet || ~ **plate** (électron) / flat o. disk coil, slab o. pancake coil || ~ **plate rectangulaire** / rectangular flat coil || ~ à **plateaux** (filage) / flange o. straight bobbin || ~ à **plusieurs sections** / multi-section coil || ~ de **préparation** (tex) / condenser o. roving bobbin || ~ **primaire** (électr) / primary coil || ~ de **prise de terre Petersen** / Petersen coil, earth leakage coil || ~ de **projection** / reel for projection of films || ~ **protectrice ou de protection** (électr) / safety coil || ~ **Pupin** (télécom) / loading coil o. inductance, Pupin coil || ~ **réactance** (électr) / inductance o. reactance o. reactive coil, self-inducting coil, reactor, choke [coil], choking coil, kicking coil || ~ de **réactance à bain d'huile** (électr) / oil-immersed reactor || ~ de **réactance d'entrée** (télécom) / input reactor || ~ de **réactance pour les ondes harmoniques** / choking coil for higher harmonics || ~ de **réactance de substitution** / compensating choking coil || ~ à **réaimanter** / magnetizing coil || ~ **réceptrice** (b.magnét, phot) / take-up [reel] || ~ **réceptrice** (b.magnét) / rewind spool || ~ **réceptrice** (bande perf, m.à écrire) / take-up reel o. spool || ~ **refendue** (lam) / slit coil || ~ de **régénération ou de réinjection** / retroactive o. reaction coil || ~ **régulatrice du courant de plaque** (électron) / tickler [coil] || ~ de **résistance** (électr) / resistance coil || ~ de **ruban** / tape reel || ~ à **ruban** (électr) / ribbon coil || ~ de **ruban-encreur** (m. à écrir) / ribbon spool || ~ **Ruhmkorff** / Ruhmkorff coil [apparatus] || ~ **sans fer** / air-core[d] coil || ~ **secondaire** / secondary coil || ~ de **self** (électr) / inductance o. reactance o. reactive coil, self-inducting coil, reactor, choke [coil], choking coil, kicking coil || ~ de **self à air** (électr) / air-core choke || ~ de **self-induction** / self-inductive coil || ~ en **sellette** (r.cath) / saddle coil || ~ **shunt** (électr) / shunt coil || ~ de **soufflage** / arc-quenching coil || ~ de **soufflage magnétique** (électr) / magnetic blow-out || ~ **souffleuse d'étincelles** (électr) / blow-out coil || ~ **standard** (phot) / standard cartridge spool || ~ du **stator** (électr) / stator coil || ~ de **stricture** / stricture coil || ~ **supportée** / slip-on coil || ~ **syntonisatrice ou de syntonisation** / tuning coil o. inductance || ~ de **tension** / potential o. voltage coil || ~ **thermique** (télécom) / heat coil || ~ de **tôles** (lam) / sheet metal coil || ~ de **ton de cadran** (télécom) / dialling tone coil || ~ **toroïdale** (électr) / toroid, torus || ~ de **trame** (tex) / weft pirn || ~ **translatrice** (télécom) / repeater, repeating coil, translator || ~ **trembleuse** (électr) / bucking coil || ~ en **U** / hairpin coil || ~ pour l'**usage en plein jour** (phot) / daylight loading spool || ~ **vide** / empty reel o. spool

bobiné de **chant** (électr) / edgewise wound || ~ à **fil croisé** (électr) / lattice wound, criss-crossed || ~ en **opposition** / buck wound

bobineau *m* (filage) / barrel-shaped package, embroidery spool

bobiner / coil [round o. up], wind [on] || ~ à **fils croisés** / cross-wind

bobineur *m* (m à coudre) / bobbin winder || ~ (ouvrier) / winder

bobineuse *f* / coiler, reeler, coiling o. reeling machine || ~ (pap) / wind up turret, reel-up || ~ (personne) / winder || ~ (câble) / rewinding stand, coiler, take-up || ~ (lam) / coiler || ~ (filage) / warp winding engine o. frame o. machine || ~ à **deux tambours** (pap) / two-drum winder || ~ **enrouleuse** (lam) / coiler, recoiler, coiling machine, pouring reel || ~ à **fil** (tréfilage) / wire o. rod reel || ~ pour **fil à coudre** / sewing-thread reeling machine || ~ pour **fil-machine** / rod reel || ~ pour **fils** (tex) / reeling machine || **~-refendeuse** *f* (pap) / roller cutting and winding-up machine, slitter-winder || ~ de **tension** (sidér) / tension reel

bobinoir *m* / coiler, reeler, coiling o. reeling machine || ~ (m.à coudre) / bobbin winder || **~-assembleur** *m* / high speed doubler winder || ~ **automatique de trame** (tiss) / autocopser, automatic weft o. filling o. pirn winder, automatic quiller (US) || ~ à **bobines-bouteilles** (filage) / winding machine for bottle bobbins, bottle bobbin [winding] machine || ~ pour **canette** (filage) / cop o. bobbin winder o. winding machine || ~ **différentiel** (filage) / differential fly frame || ~ **doubleur pour gros fils** / doubling frame o. winder for coarse yarn, folding frame for coarse yarn || ~ **doubleur à renvidage croisé** / quick traverse winding frame for coarse yarn || ~ pour **enroulement sur carton** (filage) / card winder o. winding machine || ~ à **feuillards** / hoop-steel spool o. reel || ~ à **fil croisé** / cone-and-cheese winder || ~ à **godets** / cup winder || ~ à **pots** / can winder || ~ de **précision** (tex) / precision crosswinder || ~ **rapide** / high-speed winder || ~ pour **trame** / pirn winding o. weft winding machine, pirn cop winder

bobinot *m* (filage) / tube, empty bobbin, holder || ~ pour **banc à broches** / flyer bobbin || ~ **cylindrique** (filage) / tube for peg o. skewer

bocage·s *m pl* (fonderie) / admixture of scrap || ~ *m* de **fonte** / cast iron scrap || ~ de **lingotières** / ingot mould scrap

bocal *m* / jar || ~ à **confitures ou à stériliser** / preserve jar || ~ à **couvercle fileté**, bocal à couvercle à vis / screw cap jar || ~ d'**isolateur** / insulator bell

bocard *m* / pounding o. crushing o. stamp[ing] mill

bocardage *m* (sidér) / crushing

bocarder le **minerai** / pound o. crush the ore

bocardeur *m* / pounding o. crushing mill for ore, ore stamp[er] o. crusher

bodymaker *m* (boîtes de conserves) / bodymaker

boehmite *f* (min) / boehmite

boghead *m* / boghead coal

bogie *m*, boggie *m* (techn) / undercarriage, truck, bogie [truck o. waggon], running gear || ~ (ch.de fer) / truck, [pivoted] bogie || ~ (auto) / bogie || ~ **avant** (ch.de fer) / leading bogie, leading truck (US) || ~ **bissel** (ch.de fer) / bissel type truck || ~ à **deux essieux** (ch.de fer) / fourwheel bogie || ~ de **grue** / crane truck || ~ **médian placé entre les caisses**

(ch.de fer) / common bogie for two car bodies, Jacobs o. Görlitz type bogie || ~ **moteur** (ch.de fer) / power truck (US) o. bogie [truck] (GB), motor bogie || ~ **normal** (ch.de fer) / standard bogie || ~ **porteur** (ch.de fer) / carrying bogie || ~ en **tôle emboutie ou embouti en tôles** (ch.de fer) / pressed steel bogie || ~ en **treillis** (ch.de fer) / framework bogie || ~ avec **trois jeux d'essieux** / three-axle bogie || ~ à **un seul essieu** / single-axle bogie

boie *f* (tex) / boy, baize

boin *m* (coulée continue) / billet

boire (pap) / blot || **faire** ~ (tan) / drench the hides, bate, puer

bois *m* (matériau) / wood || ~ (petit forêt) / wood, coppice, copse, spinney || **avec** ~ (pap) / containing [mechanical] wood, wood containing || **de ou en** ~ / of wood, wooden || **sans** ~ (pap) / without wood [pulp], wood-free || ~ d'**acajou** / mahogany || ~ **affecté de pourriture rouge** / red-rotting wood || ~ **aggloméré** / high-density wood, compreg, compregnated laminated wood || ~ d'**aigle** / satin wood || ~ pour **allumettes** / matchwood || ~ **amélioré** / improved wood || ~ d'**arbres à feuilles caduques** / wood bearing leaves, wood of deciduous o. foliage trees || ~ d'**arrimage** (nav) / dunnage bar || ~ d'**assemblage** (charp) / framing piece || ~ d'**aubier** / sapwood, alburnum || ~ d'**automne** / autumn timber o. lumber || ~ de **balsa** / balsa [wood] || ~ de **bâtis** / core of plywood || ~ **bien séché** / dry wood || ~ en **billes** / stock lumber || ~ de **bouleau** / birchwood || ~ de **bout** / cross- o. end-grained wood, grain-cut timber || ~ de **Brésil** / Brazil o. Queen's wood, Caesalpinia echinata || ~ de **bridage** (mines) / repair-timber || ~ de **brin** / whole beam || ~ à **brûler** / firewood || ~ en **bûches** / logs *pl* || ~ de **buis** / box[wood], Buxus sempervirens || ~ de **calage** (charp) / stand, block, stock || ~ de **campêche** (teint) / campeachy o. campeche wood, logwood || ~ **camphré ou du camphrier** / camphor wood, laurus camphora || ~ **carré en solive** / squared timber, timber in logs, beam || ~ de **cèdre de Virginie** / red cedarwood || ~ de **cerisier** / cherrytree wood || ~ de **charpente** / straight o. strength o. structural timber || ~ de **châtaignier** / chestnut tree wood || ~ de **chauffage** / firewood || ~ de **chêne courbe** / curved oak wood, compass oak || ~ de **chêne droit** / straight oak timber || ~ de **chêne [mâle ou rouge ou rou[v]re]** / oak wood || ~ du **citronnier de Ceylon** / East Indian o. Ceylon satinwood || ~ de **cocus** / Jamaica ebony, cocuswood || ~**-cœur** *m* (bois) / duramen, heart wood || ~ **colorant** / dyeing wood || ~ **compressible** (mines) / footboard || ~ de **compression** (défaut) / compression wood || ~ **comprimé** / compressed wood || ~ **conifère ou de conifères** / wood of coniferous o. cone-bearing trees, pine wood o. timber || ~ de **construction** / timber (GB), lumber (US) || ~ **contreplaqué jointé** / scarfed plywood || ~ en **copeaux** / planing chips *pl*, wood shavings *pl*, parings *pl* of wood || ~ de **couchis** (bâtim) / lining board, [close] poling board o. plank || ~ **coupé en croix** / scantling || ~ **courbe** / arched o. bent o. crooked o. curved timber, compass timber || ~ de **cyprès** / cypress wood || ~ **débité de construction** / converted building timber || ~ **débité suivant le désir des clients** / dimension lumber o. stock sawn to order || ~ *m pl* **débités sur liste** / dimension lumber o. timber, timber sawn to definite dimensions || ~ *m* en **défends** (silviculture) / young forest plantation || ~ de **démolition** / timber from demolished buildings || ~ **densifié** / compressed wood || ~ de **déroulage** / wood for peeling || ~ de **double courbure** (escalier) / string wreath || ~ **douvain** / wood for barrel making, stave wood || ~ **droit** / straight lumber (US) o. timber (GB) || ~ **dur** / hardwood || ~ **écorcé** / barked o. peeled wood || ~ d'**écrasement au toit** (mines) / head block o. board, crusher block, lid || ~ **empilé** / [compregnated] laminated wood, compreg || ~ d'**enfonçure** (charp) / ledger || ~ d'**épicéa** / white deal, whitewood || ~ d'**épinette** (Canada) voir bois conifère || ~ **équarri** / squared timber, beam || ~ **équarri environ 8 x 12 cm** / carcassing timber, framing timber (GB) || ~ **équarri trois faces** (charp) / billet || ~ d'**équarrissage** / squared timber, timber in logs, beam || ~ d'**essences diverses** / mixed forest || ~ en **état** / standing timber o. wood, stock o. trunk wood o. timber, unhewn timber || ~ d'**eucalyptus** / gum wood || ~ **exotique** / colonial timber || ~ d'**exploration estivale** (bot) / summer wood || ~ de **fer** / teak[wood] || ~ de **fer australien**, bois *m* de fer de Queenslande / ironwood, backhousia myrtifolia || ~ de **fer blanc** / white ironwood || ~ de **fer de Bornéo** / Borneo ironwood, billian || ~ **feuillu** / wood bearing leaves, wood of deciduous o. foliage trees || ~ **flache[ux]** / unedged sawn o. waney sawn timber || ~ **flottant** / driftwood, raft (coll) || ~ **fondrier** / wood which sinks o. founders || ~ de **frêne** / ash wood o. tree || ~ de **fustet** (teint) / fustic || ~ de **gaïac** / pock wood, lignum vitae || ~ de **garnissage** (bâtim) / facing board || ~ de **garnissage** (mines) / lagging || ~ **gras** / resinous wood, lightwood || ~ de ou en **grume** / log (piece of wood) || ~ de **haute futaie** / high standing timber, lofty timber, tall wood || ~ d'**if** / yew wood, taxus wood || ~ **imprégné densifié** / [compregnated] laminated wood, compreg || ~ à **instruments** / sounding timber, resonant wood || ~ **jaune fustet** / yellow [dye]wood, fustic || ~ **lamellé** / laminated wood || ~ **lamellé densifié** / densified impregnated laminated wood, jablo (GB) || ~ **lamellé densifié Lignofol** / densified impregnated laminated wood, compreg, compregnated laminated wood || ~ de **lance** / lancewood || ~ de **lettres** / snakewood, letterwood, leopard o. tortoiseshell wood || ~ **long de chêne** / straight oak timber || ~ à **lunure** / wood with circular splits inside || ~ **madré** / variegated o. veined wood || ~ de **marronnier** / chestnut tree wood || ~ de **marronnier [d'Inde]** / wood of the horse chestnut tree || ~ **massif** / solid wood || ~ de **mélèze** / larch wood || ~ **mé-plat** / half-round timber || ~ **métallisé** / metal-faced wood || ~ de **mine** / timber for mining, mine o. pit props *pl* || ~ du **modeleur** / wood for model[l]ers || ~ **modifié** / high-density wood, compreg, compregnated laminated wood || ~ **modifié ou comprimé à résine synthétique** / synthetic resin-compressed wood || ~ **mort** / dead wood || ~ **moucheté** / bird's eye wood || ~ **moulé** / moulded solid wood, bent wood || ~ **moyen** / timber of middle length || ~ **naturel** (présentation) / natural wood colour || ~ de **Nicaragua** voir bois de campêche || ~ **noueux** / knotty wood || ~ de **noyer** / walnut || ~ du **noyer blanc d'Amérique** / hickory wood || ~ d'**œuvre** / lumber (US), sawn wood (GB) || ~ d'**outre-mer** / colonial timber || ~ de **Panama** / Panama bark || ~ **parfait** / free stuff || ~ à **pâte** (pap) / pulp wood || ~ à **pâte chimique** / chemical pulp wood || ~ de **pays** / domestic wood || ~ **pelard** / barked o. peeled wood || ~ **pélucheux** / rough saw cut timber || ~ de **[petit] baume** / balm wood || ~ de **peuplier noir ou commun** / black poplar wood || ~ de **peuplier**

pyramidal ou d'Italie / Lombardy poplar wood || ~ sur **pied** / standing timber o. wood, stock o. trunk wood o. timber, unhewn timber || ~ de **pile** (mines) / chock o. cog wood || ~ de **pin d'Amérique** / longleaf pine wood || ~ de **pin commun**, bois *m* de pin sylvestre / pine wood o. timber || ~ du **pin Douglas** / wood of the Oregon o. Douglas fir o. pine || ~ de **pitchpin** / longleaf pine wood || ~ de **placage hétérogène** / mixed plywood || ~ de **plancher** (bâtim) / floor board || ~ **plastique** / plastic wood || ~ de **platane** / plane o. platan wood || ~ de **poirier** / pear [tree] wood || ~ **primaire** / primary wood, xylem || ~ de **printemps** (agr) / spring wood || ~ **provenant des surbilles** / topping || ~ **puant** / buttonwood, American plane o. sycamore || ~ de **quebracho** / quebracho wood || ~ de **racine** / root timber || ~ de **ramassage et bois sec** / dead and down [timber] || ~ de **rebut** / waste wood || ~ de **refend** (gén) / split o. lath wood || ~ de **refend** (charp) / cuttings *pl* || ~ des **régions tempérées** / domestic wood || ~ de **remplissage** (emballage) / filler block (US), wood packing || ~ **résineux** / lightwood, resinous wood || ~ en **retard d'exploitation** / timber decayed from age, overseasoned timber || ~ **rond** / round wood o. timber o. stock (US), cordwood (US), uncleft wood || ~ de **rose** / rosewood || ~ à **roulure** / wood with circular splits inside || ~ de **Santal** / santalwood || ~ de **sap[p]an** (teint) / sap[p]anwood || ~ de **satin** / satin wood || ~ de **sciage** / sawtimber || ~ de **sciage pour mines** / sawn pit timber || ~ de **sciage résineux** / coniferous sawn timber || ~ **scié** / sawn timber || ~ **scié sur maille** / rift sawn o. radial sawn timber, mirror wood || ~ de **séquoia** / redwood || ~ de **souche** / stock o. stump wood || ~ **stratifié** / laminated wood || ~ **stratifié en direction de la longueur** / [compregnated] laminated wood, compreg || ~ **suranné** / overseasoned wood, wood decayed from age || ~ **taillé contre le fil** voir bois de bout || ~ **tardif** / late o. autumn wood || ~ de **te[c]k** / teak[wood] || ~ de **teinture** / dyeing wood || ~ **tendre** / soft wood || ~ de **tension** (défaut) / tension wood || ~ **tordu ou tors** voir bois courbe || ~ de **tremble** / aspen[-tree] wood || ~ **vert** / live wood || ~ **violet ou de violette** / kingwood, violetwood, violetta (US) || ~ de **wellingtonia** / redwood

boisage *m* (charp) / construction of the frame o. timber- o. lumberwork, lumberwork o. timber construction || ~ (mines) / timbering, lining, support || ~ (revêtement) / wooden lining, wood lagging || ~ **ancré par cadres complets** (mines) / roof-bolt frame timbering || ~ **anglais** (mines) / square setting o. timbering || ~ au **bouclier** (tunnel) / fore-poling boards *pl* || ~ à **cadres jointifs** (mines) / cribbing || ~ par **cadres polygonaux** (mines) / square setting o. timbering || ~ des **chantiers** (mines) / face support || ~ par **flandres** (mines) / roof timbering || ~ des **galeries** (mines) / timbering, tubbing, lining || ~ **parallélépipédique** (mines) / square sets *pl* || ~ à **perches** (mines) / bar timbering || ~ **polygonal** (mines) / square setting o. timbering || ~ au **poussage** (mines) / advance timbering, spil[l]ing || ~ **poussardé** / braced timbering || ~ **provisoire ou perdu** (mines) / provisional timbering || ~ de **puits** / shaft timbering || ~ du **tunnel** / tunnel timbering

boisement *m* (mines) / timbering, lining, support

boiser (silvicult) / reafforest, reforest || ~ (tunnel) / timber *vt* || ~ (mines) / timber *vt*, box *vt*

boiserie *f* / wooden panelling

boiseux / woody, ligneous

boisseau *m* / chimney block for built-on chimneys || ~ (Québec) / eight gallons (= 36.36 l) || ~ du **robinet** / cock o. faucet plug, faucet key (GB) || ~ de **tampon** (ch.de fer) / buffer box o. case o. casing o. guiding

boisson *f* **énivrante** / intoxicant || ~**s** *f pl* **gazeuses ou sans alcool** / soft drinks *pl*

boîte *f* / box, case || ~ (techn) / liner, lining, bush[ing] || ~ (électr) / switch cover || ~, capsule *f* / capsule, enclosure || ~, carter *m* (techn) / shell, cage, housing, case, casing box || ~ (p.e. de conserves) / can, tin || ~ d'**accouplement** (ch.de fer) / junction o. coupling box || ~ pour **aérosols** / aerosol can || ~ d'**alimentation** (électr) / current supply box || ~ [d'**alimentation] de courant** (électron) / power pack o. unit || ~ d'**allumettes** / match box || ~ en **aluminium** / aluminium box || ~ **automatique** (auto) / automatic gear, self-changing gear || ~ d'**avance** (m.outils) / feed box || ~ de **bi-, [tri]furcation** (électr) / bi-, [tri]furcating joint || ~-**bidon** (à la **section rectangulaire, ‹ 60 litres).f.** / canister || ~ **bifurquée de jonction de câbles** / dividing cable box || ~ de **blindage** (électron) / screening can o. box || ~ **bobinée** (fer-blanc) / convolute can || ~ en **bois** / wooden box || ~ de **bornes** (électr) / terminal o. conduit box || ~ à **bourrage compensatrice** / compensation packing box || ~ de **branchement** (électr) / distributing o. connection box, junction box || ~ de **branchement encastrée** (électr) / flush box || ~ de **branchement d'immeuble** (électr) / house connection box, private connection box, service switch cabinet (US) || ~ à **broches** (filage) / spindle box || ~ à **canette** (m à coudre) / bobbin case || ~ à **canettes** (tiss) / pirn box || ~ de **capacité à fiches** / plug capacitor || ~ de **capacités à commutateur** (électr) / capacity box with lever switches || ~ à **carillon** / musical clock || ~ en **carton** / cardboard box, cardbox || ~ en **carton d'expédition** / cardboard box, cardbox || ~ de **cartothèque ou de casier** / card index box o. cabinet, filing box o. cabinet || ~ à **cémenter ou de cémentation** / cementing o. carburizing case o. box o. chest, case-hardening box || ~ **céramique** (électron) / ceramic envelope || ~ de **changement de vitesse** (m.outils) / change gear box, change wheel box || ~ de **charge** (télécom) / loading coil case o. pot || ~ **chaude** (ch.de fer) / hot-box || ~ **chaude** (fonderie) / hot core box || ~ **cigare** (four céram) / cigar box || ~ à **cinq vitesses** (auto) / five speed gear box || ~ à **clapet** (pompe) / valve box o. chest o. chamber || ~ **clignotante** (auto) / flasher [unit], clignoteur (GB) || ~ de **combustion** (essai des mat) / combustion box || ~ de **commande** (m.compt) / control board || ~ de **compas** / case of mathematical o. drawing instruments (US), mathematical o. drawing set o. box || ~ de **compas de précision** / precision drawing instruments *pl* || ~ de **compas scolaire** / school drawing instruments *pl* || ~ de **compteur** (électr) / meter case || ~ **conductrice** (gén) / guide o. fairlead bush, steady bush || ~ à **confettis** (c.perf.) / chip box || ~ de **connexion** (électr) / branch box || ~ de **connexion en T** (électr) / branch-T || ~ de **connexion en T**, manchon *m* de branchement (tuyau) / branch sleeve o. socket || ~ de **connexions**, boîte *f* de bornes (électr) / terminal o. conduit box || ~ de **connexions à l'épreuve de la pression** (électr) / pressure containing terminal box || ~ de **connexions à isolation de phases** / phase insulated terminal box || ~ de **connexions à séparation de phases** / phase separated terminal box || ~ de **conserves** / preserve tin o. can, tin [box], can (US) || ~ de **contact** (électr) / connecting o. connector box

|| ~ de **contact à suspension** (électr) / suspension contact box o. plug box, suspended plug box || ~ de **contrôle du décodeur** (aéro) / decoding control box || ~ du **contrôleur** (ch. de fer) / controller drum o. cover || ~ de **couleurs** / colour case || ~ de **coupure** (télécom) / jointing chamber o. manhole o. box, distribution chamber, main box || ~ de **coupure** (électr) / manhole || ~ de **courant** (électr) / connecting o. connector box || ~ à **couteaux** (jacquard) / knife box, griffe box || ~ à **couvercle cloche** / hooded lid can, slip-lid can || ~ à **couvercle rentrant** / lever lid can, single-friction can || ~ à **défets** (typo) / hell-chest o. -box || ~ de **dérivation** (câbles) / branch box, splice box || ~ de **dérivation d'angle** (électr) / angle conduit box || ~ de **développement** (phot) / developping tray || ~ du **différentiel** (auto) / differential [gear] case, axle drive casing || ~ de **direction** (auto) / steering box, steering gear case o. housing || ~ de **distribution** (m. à vapeur) / valve housing || ~ de **distribution** (électr) / distributing o. distribution o. distributor o. dividing box, feeder box || ~ de **distribution ou de division** / multiple joint box || ~ **dynamométrique** / load cell || ~ à **eau** / water cistern o. reservoir o. box o. tank || ~ à **eau du radiateur** (auto) / radiator tank, water box || ~ à **échantillons** / sample case || ~ d'**échappement** (auto) / exhaust stub o. head || ~ à **électrodes** (soud) / electrode case o. bag || ~ **emboutie et étirée** / D I can (drawn and ironed) || ~ d'**embranchement de câble** / cable junction box, splice box || ~ **encastrée** (électr) / wall box || ~ d'**engrenage** / gearbox case o. casing || ~ d'**engrenages d'avancement** (m.outils) / change wheel box || ~ d'**engrenages pour filetage** (tourn) / screw-cutting gearbox || ~ à **engrenages planétaires** / sun [and planet] gear, planet[ary] gear, epicyclic o. epicycloidal gear || ~ **enroulée** (fer-blanc) / convolute can || ~ d'**entrée** (électr) / transition box || ~ d'**envoi** (poste pneumat) / pneumatic traveller, pneumatic dispatch container, conveying capsule o. case (US) || ~ d'**équerre** (électr) / angle junction box || ~ **essai bougies [à compression]** / spark plug cleaner and tester || ~ d'**essieu** (ch.de fer) / axle box, wheel box o. bush || ~ d'**essieu** / wheel bush || ~ d'**essieu à billes** / ball bearing axle box || ~ d'**essieu à palier lisse ou à coussinets** (ch.de fer) / plain bearing axle box || ~ d'**essieux à ressorts** / elastic journal box || ~ d'**essieux à rouleaux** (ch.de fer) / roller bearing axle box || ~ à **étoupes** / packing o. stuffing box || ~ **extérieure** / outside o. external bearing || ~ d'**extinction d'arc** (interrupteur à huile) / explosion chamber o. pot || ~ d'**extrémité** (électr) / sealing end, pothead || ~ d'**extrémité de câbles** / cable end piece o. sleeve o. connector, cable head o. terminal, pot head || ~ d'**extrémité à rapporter** (électr) / plug-in sealing end || ~ d'**extrémité tripolaire** (câble) / three-core termination || ~ en **fer-blanc** / tin can o. canister || ~ en **fer-blanc** (emballage) / tin box o. container, sheet metal box o. container || ~ de **fer-blanc décorée** / decorative tin can || ~ à **feu** (ch.de fer) / outer firebox, outer wall of the firebox || ~ de **fichier** / card index box o. cabinet, filing box o. cabinet || ~ à **film** (film) / reel container || ~ **floche [bombée par pression intérieure]** / flipper || ~ **froide** (fonderie) / cold core box || ~ à **fumée** (ch.de fer) / smoke box o. chest || ~ à **fusibles** (électr, auto) / fuse box || ~ à **gants** (nucl) / glove box || ~ à **garniture** / packing o. stuffing box || ~ à **graisse** (techn) / grease box o. cup, greaser, lubricator || ~ à **graisse angulaire** / angle lubricator || ~ de **guidage**, boîte-guide *f* (gén) / guide o. fairlead bush, steady bush || ~ à **huile** / oil cup o. box || ~ pour l'**humidification** (tricot) / yarn conditioning box o. jar || ~ **intérieure** (ch.de fer) / inner axle box o. bearing || ~ d'**interrupteur de section** / section[alizing] switch box || ~ **J** (tiss) / J-box || ~ de **jack** (télécom) / jack box || ~ de **jonction**, manchon *m* de jonction (électr) / joint box, splicing o. coupling sleeve || ~ de **jonction**, prise *f* de courant (électr) / contact box || ~ de **jonction au sol** (électr) / ground junction box || ~ de **jonction pour tirage des conducteurs** (électr) / fishing box || ~ de **jonction à trou d'homme** (électr) / manhole junction box || ~ à **labyrinthe** (turb.à vapeur) / labyrinth box o. gland, diaphragm gland || ~ en **laiton** / brass bush || ~ à **lumière** (repro) / light box || ~ de **manivelle** / engine crankcase, crankcase || ~ de **manœuvre** (électr) / switch box o. case || ~ de **mesure hydraulique** / load cell, fluid gauge chamber || ~ en **métal** / metal bush[ing], brass || ~ **métallique** / canister || ~ **[métallique] pour ou à conserves** / tin [box], can (US), preserve tin o. can || ~ à **monnaie** (distr. monétaire) / cash o. coin box o. receptacle || ~ **montante** (tex) / drop box || ~ de **montée de câble** (électr) / cable distribution box (from cable to overhead line), transition cable box || ~ de **montre** / watch frame || ~ pour **montres** / case for clocks o. watches || ~ de **moteur** / engine crankcase, crankcase || ~ à **musique** / musical clock || ~ à **navettes** (tiss) / shuttle box || ~ **noire** / blackbox, black box || ~ **noire** (coll) (auto) / tachograph, speedograph, black box (coll) || ~ **Norton** (m.outils) / feed box || ~ à **noyau** (fonderie) / core box || ~ à **noyau chauffée** (fonderie) / hot-box || ~ à **onglets** / mitre block o. box || ~ à **ordures** / dustbin (GB), garbage can (US) || **~-palier** *f* **[à coussinet]** (électr) / plug-in type bearing || **~-palier** *f* **[à roulement]** (électr) / cartridge-type bearing || ~ de **Pétri** (chimie) / Petri dish, culture dish || ~ à **pince pour câbles** / clamp for cables || ~ faite de **planches légères** / chip box, splint box || ~ **pliante** / collapsible cardboard box, folded o. folding [cardboard] box || ~ **pliante à monter** / collapsible folding box || ~ **pliée** (espace) / folded can || ~ à **plusieurs trames** (tiss) / reversing box || ~ de **premiers secours** [d'urgence] (auto) / first-aid box o. kit || ~ de **prise de courant** (habitation) / outlet || ~ à **prise de courant** (électr) / connecting o. connector box || ~ de **protection de bornes** / terminal protection box || ~ à **quatre vitesses** / four-speed gear || ~ pour **raboter les onglets** / mitre planing box || ~ de **raccordement** (électr) / fishing box || ~ de **raccordement de maison pour câbles** / house o. private [cable] connection box, service switch cabinet (US) || ~ de **raccordement quadruple** (antenne) / four-way junction box || ~ de **raccordement sous chaussée** (télécom) / carriageway manhole || ~ de **raccordements** (auto) / branch connector || ~ **radiale à billes** / radial ball bushing || ~ à ou de **refroidissement** / water box o. tank || ~ de **refroidissement** (haut fourneau) / cooling box || ~ de **refroidissement plate** (furnace) / plate cooler || ~ de **remplissage** (bâtim) / filling chest || ~ de **remplissage de câbles** / sealing box || ~ à **réparations** / repair[ing] box o. kit || ~ de **résistance** / box bridge, commercial Wheatstone [bridge] || ~ de **résistance à fiches** / resistance box, plug rheostat || ~ de **résistances à commutateur** (électr) / lever o. switch resistance box, rotary rheostat || ~ de **résistances double** (télécom) / double resistance box || ~ de **roues** / wheel bush || ~

sèche (nucl) / dry box || ~ de **sécurité** (techn) / breaking piece, shearing member || ~ à **selfs** (électr) / coil box || ~ de **séparation** (électr) / barrier box [between open and hazardous locations] || ~ de **serrage** / clamp for cables || ~ de **serrure** (serr) / case o. plate o. socket of a lock || ~ au **sou** / lever lid can, single-friction can || ~ de **soufflage** (électr) / spark blow-out chamber || ~ à **soufflets** / dry gas meter || ~ à **soupape** (pompe) / valve box o. chest o. chamber || ~ de **sûreté** (lam) / pressure piece o. pad || ~ **tangentielle** (câble) / tangential joint || ~ **téléscopique** / can with slip lid || ~ **terminale** (électr) / box head || ~ de la **tête magnétique** / case o. can of the magnetic head || ~ de **tirage** (électr) / pull box || ~ à **tirer les câbles** / hauling box for cables, draw-in box o. pit || ~ du **tiroir** (m.à vap) / slide valve case o. casing o. box, steam chest || ~ en **tôle noire** / black tin o. can || ~ de **torsion** (lam) / twist box || ~ **toute-synchronisée** (auto) / fully synchronized gear || ~ **transfert** (auto) / power divider || ~ de **transposition** (électr) / crossbonding o. link box || ~ à **trois vitesses** / three-speed gear || ~ à **tuyère** (sidér) / blast box || ~ de la **vanne** / valve housing || ~ à **vapeur** / steam chest || ~ à **vent** (convertisseur) / wind box, air o. blast box, air chamber || ~ de la **vis sans fin** / worm casing o. box || ~ [de **vitesse**] (auto) / transmission o. gearbox case o. casing || ~ de **vitesse et d'inversion** (mot) / power shift gear || ~ de **vitesse hydraulique** (auto) / fluid drive || ~ de **vitesse incorporée** / built-in gear || ~ avec **vitesse surmultipliée** (auto) / overdrive gear || ~ de **vitesse à tous rapports synchronisés** (auto) / fully synchronized gear || ~ de **vitesses** (auto) / transmission, gear box || ~ de **vitesses** (m. outils) / wheel gear || ~ à **vitesses composite** (auto) / compound transmission || ~ de **vitesses pour l'équipement auxiliaire** (aéro) / accessory gearbox || ~ de **vitesses intermédiaire** (auto) / transfer case o. gear-box || ~ de **vitesses «power-shift»** (mot) / power shift gear || ~ de **vitesses à présélection** (auto) / preselector gearbox || ~ de **vitesses à quatre rapports synchronisés** / four-speed synchromesh gear || ~ de **vitesses synchronisées** (auto) / synchronized shifting gear, synchromesh gear || ~ **vitrée** (balance) / glass-enclosed balance case

boîtier *m*, collet *m* (techn) / bearing for the upper gudgeon of an upright shaft, neck [journal] bearing, top step || ~, boîte *f* (techn) / shell, cage, housing, case, casing box || ~ (phot) / box camera || ~ **circulaire** (transistor) / TO-style can || ~ de **compteur** (électr) / meter case || ~ à **cristal** (électron) / crystal can || ~ **DIL**, boîtier *m* DIP o. Dual-In-Line (c.intégré) / DIP, dual-in-line o. dip package || ~ **DIL à 14 ergots** (semicond) / 14-pin dual-in-line package, 14-pin dip package || ~ de **direction** (auto) / steering box, steering gear case o. housing || ~ à **disque** (thyristor) / presspack package o. case (US) o. housing (GB) || ~ **étanche** (relais) / relay can || ~ du **haut-parleur** / loudspeaker housing || ~ **isolant** / insulating case || ~ de **manœuvre** (électr) / switch box o. case || ~ en **matière plastique** / insulating case || ~ **[métallique]** (électron) / can || ~ de **montre** / watch o. clock case || ~ **presspack** (thyristor) / presspack package o. case (US) o. housing (GB) || ~ **profil** (instr) / edgewise instrument case || ~ de **récepteur** / receiver cap o. case || ~ du **ressort** / spring bushing || ~ de **robinet** / cock o. tap chamber || ~ du **sélecteur** (télécom) / selector shelf o. panel || ~ **TO** (transistor) / TO-style can, TO can || ~ de **transistor** / transistor can || ~ des **tubes vides** (filage) / pirn box o. container || ~ du **type TO-5** (transistor) / TO5 can || ~ de **verre** (électron) / glass envelope

bol *m* (min) / bole || ~ (techn) / bowl || ~ **perforé** (centrif.) / basket || ~ **plein** (centrif.) / bowl || ~ de **procédé Hager** (fibres de verre) / Hager disk || ~ **rouge** (galv) / red bole o. chalk, reddle || ~ **vibrant** (m.outils) / vibratory hopper feeder, bowl feeder

bolet *m* **destructeur** / wood fungus, boletus destructor

bolide *m* / bolide

bollard *m* (nav) / bollard, bitt

bolomètre *m* / bolometer

bolus *m* (min) / bole || ~ (galv) / red bole o. chalk, reddle

bombage *m* / swell (of a can)

bombardement *m* (gén, nucl) / bombardment || ~ **atomique** / atomic bombardment || ~ **électronique ou cathodique** / electron o. cathodic bombardment || ~ **ionique** / ion bombardment || ~ par **neutrons** / neutron bombardment || ~ **nucléaire** / nuclear bombardment || ~ **particulaire** / particle bombardment || ~ par **protons** / proton bombardment

bombarder (gén, nucl) / bombard

bombax *m* / kapok tree, Ceiba pentandra o. bombax

bombe *f* (gén, géol) / bomb || ~ **aérienne ou d'avion** / aerial bomb || ~ **aérosol** / aerosol can || ~ **antireflet** / antireflex spray || ~ **antistatique** / antistatic spray || ~ **atomique** / atomic o. atom (US) bomb, A-bomb, fission bomb || ~ **calorimétrique** / bomb calorimeter, combustion o. explosion o. oxygen bomb || ~ **calorimétrique Hempel** / Hempel's calorimetric bomb || ~ au **cobalt** / cobalt bomb || ~ à **digestion d'acide** / acid digestion bomb || ~ **éclairante** / light bomb, flare bomb, marker || ~ à **fission nucléaire** / nuclear fission bomb || ~ **fission-fusion-fission**, bombe *f* 3F / fission-fusion-fission bomb, three-F-bomb || ~ **H ou à hydrogène** / hydrogen o. fusion bomb, thermonuclear bomb || ~ **illuminante** voir bombe éclairante || ~ **insecticide** / insecticide spray || ~ **neutronique** / neutron bomb || ~ **thermonucléaire** / thermonuclear bomb, hydrogen o. fusion bomb

bombé *adj* / bellied, bulged, bulgy || ~ (mur) / battering || ~ (vis empierrée) / rounded || ~, convexe / convex, bellied || ~ (plast) / domed || ~ *m* (vis) / rounded end || ~ (dent) / crowning || ~ d'une **bande** (lam) / crown of a strip || ~ **concave** / negative crown || ~ des **cylindres** / roll camber o. crown || ~ **[longitudinal]** (engrenage) / crowning

bombement *m* / bulging, convexity, barrelling, swell || ~ (engrenage) / crowning || ~ (routes) / camber[ing] || ~ (essai d'éclatement) / vaulting, swell || ~ d'un **mur** (bâtim) / battering

bomber / bulge *vt*, belly *vt* || ~ / render convex, swell, distend || ~ au **tour** / crown *vt*

bombure *f* / bulging, convexity, barrelling, swell

bombyx *m* à **livrée** (agr) / lackey moth || ~ **moine** (parasite des pins) / black-arched moth, nun o. night o. tussock moth, pine moth

bon / appropriate [for o. to], suitable [for] || ~ (valeur mesurée) / acceptable || ~ (bâtim) / stable || **de ~ usage** / serviceable || ~ d'**accompagnement** (ordonn) / operating sheet || ~ d'**approvisionnement** / voucher for material || ~**ne brise** *f* / fresh breeze || ~ *m* de **commande** / written order || ~ de **commande** (ordonn) / factory o. work order || ~ **creux** / permanent mould || ~ de **débit** / debit note || ~**ne dirigeabilité** *f* / steerability || ~ *adj* pour la **ferraille** / to be discarded || ~**ne feuille** *f* (typo) / proof sheet o. copy, show o. specimen [sheet], clean sheet || ~s *m pl* à **fondre** (mines) / concentrates *pl* || ~ au **foulage** (tex) / millable, good for fulling || ~-**homme** *m* (m.à vap) / float stick || ~**ne mesure** *f* / makeweight || ~**ne mitraille** *f* / solid scrap || ~**ne odeur** *f* / perfume, fragrance || ~ *m* de **prélèvement** / bin card || ~**ne qualité courante** / fair average quality, F.A.Q., faq, good merchantable quality || ~ **rapport** / good yield || ~ **rendement** / good result o. yield, (esp.:) productivity || ~ **teint** *adj* / washfast, -proof, wash-resistant, laundry-proof || ~ **teint** *m* / fast dyestuff || ~**ne tenue** *f* (vis) / reliable holding || ~ à **tirer** (typo) / ready for press || ~ *m* à **tirer** (typo) / signature for press || ~ **tombant** (étoffe) / good drape || ~ **tracé** (ch.de fer) / good alignment || ~ de **travail** / job o. work o. time ticket || ~ **vide** / base pressure

bonbonne *f* / carboy, wicker bottle || ~ (Belg) / steel cylinder (for gas) || ~ à **acide** / acid carboy || ~ d'**ammoniaque** / ammonia carboy || ~ d'**oxygène** (Belg) / oxygen cylinder o. bottle o. flask

bond *m* / jump, leap, bound || ~, impact *m* / impact, bounce || ~ d'**inductance** (télécom) / reactance joint || ~ d'une **onde** (radio) / hop, skip

bonde *f*, bondon *m* / racking faucet, spile-pin || ~ (trou) / bunghole, bung || ~ (sidér) / shutter || ~ / drop-out || ~ de **barrillet** (montre) / barrel arbor o. core || ~ d'**évier**, bonde *f* de lavabo / drain plug, plug || ~ **siphoïde de trop-plein** / standpipe || ~ à **soupape** (robinetterie) / valve plug

bonder par **mastic** (chimie, sidér) / lute

bondérisé / bonderized

bondériser / bonderize

bonding *m* (semi-cond) / bonding || **faire le** ~ (c.intégré, tiss) / bond *v* || **faire le ~ à température ambiante** (semicond) / cool-solder || ~ par **diffusion** (c.intégré) / diffusion bonding o. welding

bondir / jump, leap, spring, make a dart || ~ (balle) / bounce, caper || ~ (p.e. par ressort) / pop up, rebound || **faire** ~ / cause to rebound

bondissement *m* / rebounding

bondon *m*, bonde *f* / bung, plug || ~ (bière) / racking faucet, spile-pin

bondonner (fûts) / bung *vt*

boni *m* / premium, pm || ~ pour **économie de temps** (ordonn) / premium for saving of time || ~ **progressif ou à paliers** (ordonn) / step-bonus

bonification *f* / premium, pm

bonifier le sol / ameliorate, improve

bonnet *m* (sans bordure) / cap

bonneterie *f* (merchandise) / hosiery, knit[ted] fabrics *pl* || ~ (activité) / machine-knitting || ~ (industrie) / knitting and hosiery industry || ~ à **effets à jour** (tiss) / lace warp fabric || ~ au **polyester** (tex) / polyester knits *pl*

bonnetier *m* (tex) / knitter

bonnette *f* (opt) / cup of the eye-piece || ~ (opt) / front-lens filter || ~ **[antivent]** (microphone) / wind gag, wind shield || ~ pour **contours adoucis**, bonnette *f* diffusante (phot) / diffusion attachment || ~ d'**oculaire** / eyepiece cup

booléen, de Boole (math) / Boolean

boomer *m* / woofer, boomer, bass speaker

booster *m* (espace) / booster || ~ (terme à éviter), pompe *f* intermédiaire (vide) / booster [pump], medium vacuum pump

bootstrap *m* (terme à éviter), amorce *f* (ord) / bootstrap

B.O.P., bloc *m* obturateur de puits (pétrole) / blow-out preventer, BOP

boracite *f* (min) / boracite

BORAM (ord) / BORAM, block oriented random access memory

borane *m* / borane, boroethane, boron hydride

borate *m* / borate || ~ de **sodium hydraté** / borax

boraté / containing borax, bor[ac]ic

borax *m* / sodium [tetra]borate o. pyroborate || ~ **brulé ou calciné** / boiled borax || ~ **brut** / tincal, native o. raw borax || ~ **vitrifié ou anhydre** (chimie) / borax glass

borazon *m* / borazon (a boron nitride)

bord *m* (aéro, nav) / board || ~, bordure *f* / edge, border[ing] || ~ (tex) / lining, bordering || ~, extrémité *f* / margin, border || ~ (tôle, lime) / edge || ~ (drap) / trim, border, hem || ~ (astr) / limb || **à** ~ / aboard || **à ~ arrondi** / round edged, with round edge || **à ~ bombé** / edged || **à ~ non travaillé** / with unfinished edge || **à ~s cisaillés** / with sheared edges || **à ~s émoussés** / blunt edged || **à ~s vifs** / square- o. sharp-edged || **à trois ~s** / triangular, triangled, three-edged, three-cornered, three-square || **au** ~ / marginal || **au ~ de la mer** / inshore || **produire un ~ noir** / black-edge || ~ d'un **affaissement** (sidér) / cratering lip || ~ d'**appui** (plast) / cutoff, shear edge || ~ **arrière** / trailing edge || ~ d'**attaque** (parachute) / peripheral hem || ~ d'**attaque de l'aile** (aéro) / entering o. leading edge of a wing || ~ d'**attaque d'un balai** (électr) / entering o. leading edge of brush, toe of brush || ~ d'**attaque de la pale d'hélice** / leading edge of the airscrew [blade] || ~ d'**attaque supersonique** (aéro) / supersonic leading edge || ~ à **bord** (assemblage) / butt-jointed, jump-jointed || ~ **brut** (lam) / mill edge || ~ d'un **carter** / collar of a housing, flange || ~ **cisaillé** (tôle) / cutoff edge, sheared edge || ~ de **cloche** / rim of a bell || ~-**côte** *m* (tex) / rib end || ~ **crispé** (pap) / curled edge || ~ du **crochet de jante** (auto) / gutter tip || ~ **découpé** (tôle) / cutoff edge || ~ de **départ** / working edge || ~-**déversoir** *m* / overflow edge || ~ de l'**eau** / waterfront || ~ **effilé** (outil) / bezel || ~ **extérieur** / outer edge || ~ du **fond de chaudière** / flange of boiler end || ~ **frangeux** (pap) / deckle edge || ~ de **fuite** (parachute) / vent hem || ~ de **fuite d'aile** (aéro) / trailing edge || ~ de **guidage** / guide edge || ~ **inférieur** / lower edge o. border || ~ **intérieur du rail** (ch.de fer) / gauge side of the rail || ~ d'un **joint** / fusion face (GB), groove face (US) || ~ de **laminage** / rolled [mill] edge, mill edge || ~ **lisse** (nav) / carvel work || ~ à **mater** / ca[u]lking edge || ~ de la **mer** / sea shore, seaside || ~ **non cisaillé** (lam) / unsheared edge || ~ **obtus** (charp) / jumper joint || ~ **oxydé** (sidér) / blue edge || ~ **pinces** (typo) / gripper edge || ~ d'un **précipice** / brink of a precipice || ~ **rabattu** (fer-blanc) / bead || ~ de **référence** (ord) / guide edge, reference edge || ~ **renforcé** / strengthened border || ~ de **rivière** / river bank || ~ **rogné à vif** (typo) / flush mounting || ~ de **roulement** (ch.de fer) / running edge || ~ de la **route** / road verge, roadside || ~ de **sortie** / leaving o. trailing edge, heel, back || ~ **soyé** / offset edge || ~ **supérieur** / top o. upper edge o. surface || ~ **supérieur en avant** / top edge first || ~ de la **table** / table edge || ~ de **tôle** / plate edge || ~ **tombant** (tôle) / cutoff edge || ~ du **trottoir** / kerb, curb (US) || ~ d'un **verre** / rim

bordage *m* / flanged sheet work || ~ (nav) / ship's side || ~ (Canada) / ice formation along the shore || ~ **extérieur de navire**, bordage *m* de carène / skin of a vessel || ~ à **froid** (pliage) / cold forming by press brake || ~ à **froid** (sertissage) / cold edging || ~ à la **molette** / roller flanging || ~ à la **presse** (découp) / flanging, cupping

bordé *adj* / flanged, bordered || ~ *m* (nav) / planking || ~ / gold braid o. lace, bordé || ~ de **carène ou**

extérieur (nav) / skin of a vessel || ~ à **clin** (nav) / clinker built, clincher-built || ~ de **côté** (nav) / side shell plating || ~ à **franc-bord en diagonale** (nav) / diagonal carvel planking || ~ **intérieur** (nav) / ceiling
bordeau *m* (ELF) (bâtim) / shingle, clap-board (US)
bordeaux *m* (couleur) / claret, Bordeaux || ~ **glace** (teint) / ice bordeaux
bordée *f* (nav) / watch
bordelaise *f* / a cask of 225 l
bord[el]er / bead, flange, border || ~ à la **presse** / flanging, cupping
border (gén, routes) / border || ~, borner / border || ~, emboutir / dish, flange, border || ~ (nav) / plank || ~ (couture) / hem *vt*, edge *vt* || ~ en **dedans** / flange inward || ~ à **vive arête** (tôle) / edge *vt*, edge-form o. -raise, border
bordereau *m* / detailed statement || ~ (gén) / list (of names, of articles etc.) || ~ de **caisse** / cash statement || ~ de **compte** / statement of accounts || ~ de **contrôle** / tally-sheet || ~ d'**envoi** / packing list, docket (GB) || ~ de **livraison** / shipping note, delivery note || ~ de **paie** / payroll *n* || ~ des **pièces en bois** (bâtim) / list of timber
bordeur *m* (m.à coudre) / trimmer, binder
bordeuse *f* **circulaire** (tricot) / rib circular knitting machine
bordier (nav) / lopsided
bordillon *m* (bâtim) / clap-board
bordure *f* / edge, border[ing] || ~ (typo) / vignette, border, floret || ~ (routes) / kerb, curb (US), border o. edge o. cheek stone || ~ (m.à coudre) / border, trimming, braid, edging || ~ (élastomère) / top binding || ~ **arasée en pierre** (routes) / flash kerb edge beam || ~ en **bois** / wood border || ~ en **caoutchouc** / rubber edge || ~ du **foudroyage** (mines) / breaking limit, fault limit || ~ **haute en pierre** / raised kerb, upstanding kerb || ~ de **papier peint** / room border, moulding for paper hangings || ~ de **pignon** / verge o. barge board || ~ de **protection** (escalier) / stair nosing [protection] || ~ du **quai** / edge of platform || ~ **réactionnelle** (géol) / reaction rim o. border || ~ de **rive** (bâtim) / verge o. barge board || ~ de **table** (men) / [overlapping] edge band o. foil o. veneer, bandings *pl* || ~ du **trottoir** / curbstone (US), kerbstone (GB)
bore *m* (chimie) / boron
boré / boronic
borgne (bâtim) / dummy, feigned, mock
borin *m* (Fr. Nord., Belg) / coal miner
borinage *m* (Fr. N., Belg) / coal miners on the payroll *pl*, also: coal mining
borique / containing borax, bor[ac]ic
boriqué / containing boric acid
borne *f* (routes) / guard fender o. post || ~**s** *f pl* (mines) / border of a claim, boundary || ~**s** *f pl*, limitation *f* / limitation || ~ *f*, borne-limite *f* / boundary stone, area limiter, (ALGOL:) bound || ~ (ord) / delimiter || ~ (électr) / binding post o. screw, connection o. connecting terminal, terminal [plug], connector || ~ (pop.) / kilometer, kilometre (GB), km || ~**s** *f pl* d'**abonné** (électr) / consumer's terminals *pl* || ~ *f* d'**accumulateur** / battery terminal || ~ d'**alimentation** / supply terminal || ~ d'**anode** / anode plate, anode terminal || ~ d'**antenne** / antenna terminal || ~ d'**appareils** (électr) / appliance terminal || ~ d'**appel** (routes) / telephone post || ~ d'**arrêt** (électr) / straining clamp || ~ **articulée** / hinge clip || ~ d'**attache** (électr) / end terminal o. binder || ~ de **base** (transistor) / base terminal || ~ de **batterie** / battery terminal o. stop || ~ de **branchement** (électr) / derivating post o. screw, branch terminal || ~ à **bride** / clamp-type terminal || ~ de **câble** / cable socket, cable terminal screw, binding post o. screw || ~ à **cage** / tunnel terminal || ~ **centrale** (électron) / center terminal || ~ à **chemise** / sheath clamp || ~ du **[circuit] primaire** (électr) / primary winding terminal || ~ **collecteur** (transistor) / collector terminal || ~ de **concession** (mines) / border of a claim, boundary, limit || ~ de **connexion** (électr) / binding post, binder || ~ pour **connexion enroulée** (électr) / wrap post || ~ de **connexion externe** / supply terminal || ~ de **connexion interne** / appliance terminal || ~ de **coupure** (électr) / testing clamp, connector for testing points || ~ de **court-circuit** (électr) / bridge connector, bridging-over terminal || ~ de **cristal** / crystal junction || ~ de **dérivation** (électr) / derivating post o. screw, branch terminal, T-connector || ~ **desserrée** / loose terminal || ~ de **distribution** (télécom) / distribution terminal, cable terminal || ~ **double** (électr) / double terminal || ~ de **drain** (semi-cond) / drain, drain terminal o. electrode o. zone || ~ d'**écartement** (électr) / distance terminal || ~ d'**élément** / cell terminal || ~ d'**émetteur** / emitter terminal o. electrode || ~ [d'**enroulement] en série** / series terminal || ~ d'**entrée** / input terminal || ~ d'**essai** / testing terminal || ~ d'**extrémité** / end terminal || ~ à **fiche** / plug-in terminal || ~ du **fil neutre** (électr) / neutral o. zero terminal || ~ du **filament chauffant** (tube) / heating filament terminal || ~**-fontaine** *f* / water post || ~**-fontaine** *f* à **soupape** / valve well || ~ en **forme de griffe** / claw-type clamp || ~**-fusible** *f* / fuse terminal || ~ de **gâchette** (thyristor) / gate terminal || ~ de **gâchette en bloc** (MOSFET) / bulk terminal || ~ d'**incendie** / fire pillar, street hydrant, hydrant || ~ d'**indice** (ALGOL) (ord) / subscript bound || ~ **inférieure** (math) / lower limit, lower bound || ~ [d'**instrument] de mesure** / measuring terminal || ~ d'**interrupteur** / switch terminal || ~ d'**irrigation** / irrigation hydrant || ~ de **jonction** (électr) / connection o. connecting terminal, connector || ~ **kilométrique** (routes) / mile stone o. post || ~ **lumineuse** (routes) / illuminated bollard, guard post || ~ de **masse** (au carter) / earth[ing] (GB) o. ground[ing] (US) terminal || ~ de **mise à la masse** (auto) / terminal for earthing to crank case || ~ de **mise à la terre** / earth clip || ~ [de] **neutre** (électr) / neutral terminal || ~ de **phase** (électr) / phase terminal || ~ **plate** (électr) / strip terminal || ~ **plate à connexion rapide** / flat quick-connect termination || ~ **polaire** (accu) / terminal, pole binder o. terminal || ~**s** *f pl* **principales** (semicond) / main terminals *pl* || ~ *f* [de **raccord]** (électr) / binding post o. screw, connection o. connecting terminal, terminal [plug], connector || ~ de **repérage** / cable identification sign || ~ à **résistance incorporée** / compensation terminal || ~ à **ressorts** (électr) / spring loaded terminal, snap-on clip || ~ **routière** / road identification sign || ~ **sans vis** (électr) / screwless terminal || ~ **sectionnable** / disconnect terminal || ~ de **serrage** / clamping terminal || ~ **serre-fils** / terminal block || ~ de **sortie** / output terminal || ~ **supérieure** (math) / upper bound || ~ **supérieure** (cybernét) / least upper bound || ~ de **suspension** (électr) / straining clamp || ~ **téléphonique d'urgence** (routes) / emergency telephone || ~ **terminale** (électr) / end terminal o. binder || ~ de **terre** (électr) / earth[ing] (GB) o. ground[ing] (US) terminal || ~ de la **tête distributrice** (auto) / stationary terminal o. stationary distributor pin of the distributor cap o. disk, terminal pin of the

distributor cap o. disk || ~ de **thermocouple** (contr.aut) / thermocouple point || ~ à **tige** (électr) / stud terminal || ~ **tournante** / turning clip || ~ de **traversée** / lead-through terminal || ~ à **vis** (électr) / screw terminal || ~ pour **wire wrap** (électron) / wire wrapping post
borné / limited, restricted, partial || ~ / qualified, qualificatory || ~ (contr.aut) / bounded
bornéol *m* (chimie) / borneol, 2-camph[an]ol
borner / limit || ~ (arp) / demarcate borders || ~ [à] / confine, restrict
bornite *f* (min) / bornite
bornoyer / sight with one eye
bornyle *m* (chimie) / bornyl
bort *m* / bort [stone], boart, bortz || ~ à **tourner** (m.outils) / dressing diamond
borure *m* / boride
boruré / containing boron
bosco *m*, maître *m* d'équipage / boatswain
boson *m* (nucl) / boson || ~ **intermédiaire** (phys) / intermediary boson
bossage *m* / hunch, hump || ~ (aéro) / boss || ~ (découp) / dimple || ~ (nav) / shaft o. shell bossing || ~ (fonderie, plast)) / boss || ~ **annulaire** (soudage) / annular projection || **~s** *m pl* d'**axe de piston** (auto) / piston pin bushing || ~ *m* **circulaire** (soudage) / annular o. circular projection || ~ **[circulaire] de la came** / cam catch o. hump o. nose || ~ pour **contournement** (robinet) / by-pass boss || ~ **fileté** / threaded boss || ~ **oblong** (soudage) / elongated projection || ~ pour **orifice de purge** (robinet) / drain boss || ~ du **palier d'axe de piston** / piston pin boss || ~ du **piston** / piston boss || ~ de **positionnement avec la bride de la tuyauterie** (robinet) / body and facing || ~ **rustique** (bâtim) / rockwork, rustication, rustic [work], bossage
bosse *f* (techn) / boss || ~ (bâtim) / boss || ~, bosselure *f* / bruise, dent || ~ (défaut) / bump, hump || ~ (verre) / convex surface || ~ (courbe) / hunch, hump || ~ (tôle) / dent, ding (coll) || ~, hernie *f* (pneu) / bulge || **à ~s** / bulged, dented || ~ à **échappement** (nav) / chain slip stopper || ~ **sortante** (bâtim) / battering || ~ de **triage** (ch.de fer) / hump, incline, summit || ~ de **triage double** (ch.de fer) / double incline, dual hump || ~ du **varron** (cuir) / warble lump, grub boil
bosselage *m* / embossed work, chased work
bosselé (techn) / raised, embossed
bosseler / dent, bruise, bust, indent || ~, bossuer / emboss
bossellement *m* / dent, indentation
bosselure *f* / dent, dint, ding (coll) || ~ (objet) / embossed article
bossette *f* / boss, embossed garnishment
bossoir *m* (ch.de fer, nav) / davit || ~ de **côté** (nav) / quarter davit || ~ **[d'embarcation]** / boat davit || ~ à **gravité** (nav) / rolling davit || ~ **pliable** (nav) / folding o. collapsible davit || ~ de **traversière** / fish davit
bossué / chased
bossuer / bruise, batter || ~ / dimple
bostryche *m* (parasite) / bark beetle
botryogène *m* (min) / botryoid[al] blende
botryoïde (géol) / botryoid[al]
botryolite *f* (min) / botryolite
Botrytis cinerea / gray mould, Botrytis cinerea
botte *f* / bunch; bundle; cluster || ~ (gén, filage) / bale, pack || ~ (cordonn.) / boot || ~ (lam) / coil || ~ (Belg) (verre) / potette, boot, hood || **en** ~ (fusée) / strap-on || ~ de **blanchiment** (tex) / bleaching J-box || ~ de **cannes** (sucre) / cane bundle || ~ de **fil** / bundle of wire || ~ de **lin** / hank of flax || ~ **ouverte** (lam) / open coil || ~ de **paille ou de foin** / truss of straw o. hay || ~ **pliée** (lam) / folded bundle || ~ de **sécurité** / safety boot, hard-toed boot
botteler / bunch, bundle, pack, put up o. tie up in bundles
botteleuse *f* de **foin** / hay baler o. packer
botulisme *m* / botulism
boucassin *m* (verre) / shoe
boucau *m* / mouth of a harbour
boucaut *m* / keg, cask for dry goods
bouchage *m* / sealing || ~ à l'**émeri** (verre) / ground-in connection
bouchain *m* (nav) / bilge, bottom, bulge || ~ de **carlingue** / bilge keelson
bouchardage *m* **[diagonal]** (tailleur de pierres) / droving, boasted work
boucharde *f* / granulating o. bush hammer
boucharder (pierres, béton) / granulate, roughen
bouche *f* / opening, mouth, orifice, port || ~ (canon) / muzzle || ~ (tenaille) / bit of tongs || ~ d'**aérage** (bâtim) / air drain || ~ d'**aération** / air vent || ~ d'**amarrage** / wharf shackle || ~ **avaloir** (routes) / gully hole, road gully, drain, sink || ~ **avaloir** (bâtim) / yard gulley || **~-bouteille** *m* / corking machine || ~ *f* de **chaleur** / hot air opening || ~ à **clé** (routes) / sluice valve for underfloor installation || ~ à **eau** / water plug, hydrant, H || ~ d'**égout** (bâtim, routes) / manhole, gully || ~ d'**évacuation du bain** / bath waste gully o. drain || ~ à **feu** / cannon, gun || ~ d'un **fleuve** / mouth of a river || ~ de **four** / opening of the kiln || ~ du **fusil** / muzzle || ~ d'**incendie** (pomp) / water tower, pipe riser, pillar tap, stand pipe, hydrant || ~ d'**incendie pour l'extérieur** / street hydrant || ~ d'**incendie d'hiver** / winter hydrant || ~ d'**incendie à l'intérieur** / inside hydrant || ~ d'**incendie souterraine** / underfloor hydrant || ~ d'**incendie de surface** / fire pillar, [street] hydrant || ~ de **métro** / underground (GB) o. subway (US) entrance || ~ du **moule** (fonderie) / orifice of a mo[u]ld || ~ de **pavillon** (haut-parl) / horn throat || **~-pores** *m* (matière) / knifing filler, filler, stopper || **~-pores** *m* (peinture) / sealer || ~ *f* de **pulsion** (climatisation) / intake opening || ~ de **reprise ou de retour** (climatisation) / renewal opening || ~ de la **sortie** / exhaust opening || ~ de **soufflage** (climatisation) / intake opening || ~ des **tenailles** / bit of tongs || **~-trou** *m* / stop-gap, makeshift || ~ *f* du **trou d'homme** / raised manhole || ~ de la **tuyère** (sidér) / tuyère hole o. orifice o. mouth o. opening, nozzle || ~ de **vent** (techn) / draught catcher
bouché (tuyau) / clogged, choked || ~ (météorol) / overcast, cloudy || ~ (passage) / blocked || ~ (trou) / stopped || **être ~ par la rouille** / get covered (surface) o. stopped (pipe) with rust
boucher *vt* (tuyau) / clog, choke || ~, bloquer / block || ~, sceller / smear over || ~ (techn) / make close o. [water]tight, pack, seal, stuff, obturate || ~ (phot) / blank out || ~ (bouteille) / cork || ~ (émail) / plug || ~ (vue) / obstruct the view || ~ (se) / choke [up], get choked clog, stop || ~ par une **construction** / build up || ~ les **fentes** (fût) / make leakproof, tighten up || ~ par un **mur** / block up (e.g. a door) || ~ un **trou** / stop o. fill a hole || ~ les **trous** (bâtim) / trowel off
boucherie *f* en **gros** / wholesale butchery
bouchoir *m* de **fourneau** (sidér) / lid, stopper
bouchon *m* (bouteille) / bottle cork, cork, cork stopper || ~, tampon *m* / plug || ~ (bâtim) / boss stone || ~ (sidér) / bot[t], botter, clay plug || ~ (tiss, défaut) / burl || ~ (tuyau) / plug || ~ (verrerie) / tweel block, sealing strip || ~ (égout) / end cap || ~ (électr) / plug || ~ (découp) / sheet scrap cut-off || ~ (montre) / bearing bush || ~ (laboratoire) / stopper || ~ (nucl) / plug ||

envoyer un deuxième ~ (pétrole) / afterflood *vi* || ~ d'**air** (ELF) / air lock in a pipe || ~ **antivol d'essence** / locking gas (US) o. petrol (GB) cap || ~ d'**argile** (sidér) / clay plug, tap hole plug || ~ **canadien** (mines) / burn cut || ~ [de] **caoutchouc** / rubber bung || ~ de **circulation** / back-up, traffic congestion o. jam (US) || ~ à **clé** / screwdriver cap || ~ de **contact ou de commutation** / contact plug o. wedge || ~ de **contact à vis** (électr) / screw plug box || ~ de **coulée** (fonderie) / bot[t] || ~**-couronne** *m* (bière) / crown cap, crown [cork] || ~ **creux** / cap plug || ~ de **culasse**, bouchon *m* de coupole (p.e. cubilot) / dome plug || ~ à **déclic** / snap-on cap || ~ d'**échappement** / blow-out nozzle || ~ d'**élément de batterie** (accu) / inspection o. vent plug || ~ à l'**émeri** / fitting stopper || ~ **empierré** (montre) / jewelled bushing || ~ d'**évier** / sink stopper || ~ à **extrémité hexagonale, [sphérique]** (valve pneum) / hex, [dome] top cap || ~ de **fermeture** (accu) / inspection o. vent plug || ~ de **fermeture à vis** / screwed sealing plug, screw plug || ~ **fileté** / screw[ed] plug || ~ **fileté**, couvercle *m* fileté / screw cap || ~ **fileté de décharge** (auto) / drain plug || ~ **fileté indicateur de niveau d'huile** / oil-level plug || ~ **filtre** (accu) / vent cap || ~ **fusible** (chaudière) / fusible plug || ~ **fusible** (électr) / fusible cut-out || ~ **fusible embrochable** / plug fuse || ~ **fuyant** (sidér) / running o. leaky stopper || ~ de **graissage à vis** (ch.de fer) / oil hole screw || ~ en **grès** (chimie) / stone stopper || ~ à **joint à baïonettes** (auto) / bayonet type cap || ~ **[de liège]** / bottle cork, cork, cork stopper || ~ de **lingotière** (sidér) / cone of the ingot || ~ pour **lyophilisation** / freeze drying bung || ~ **magnétique** (auto) / magnetic plug || ~ de **manchon** / socket plug || ~ **mécanique** (bouteille) / cliplock || ~ de **nettoyage** / mud plug || ~ à **noyaux** / core stopper o. plug || ~ d'**objectif** (phot) / lens cap o. cover o. guard || ~ **obturateur à fente** / slotted screwed sealing plug || ~ d'**obturation six pans** / hexagon cap nut || ~ **«pilferproof»** (bouteille) / pilferproof finish || ~ de **pont** (nav) / deck scuttle || ~ **porte-fusible** / fuse carrier || ~ de **purge** (mot) / drain plug || ~ de **radiateur** (auto) / filler cap o. plug || ~ de **remplissage**, bouchon réservoir (auto) / gasoline (US) o. petrol (GB) o. fuel tank cap, fuel filler [cap] || ~ de **remplissage du radiateur** (auto) / radiator filler cap || ~ **rodé** / ground-in stopper, taper-ground stopper || ~ à **six pans creux et embase** / hexagon head socket pipe plug || ~ à **six pans fileté** / hexagon head pipe plug || ~ de **soupape d'admission** (mot) / inlet valve cap || ~ de **soupape d'échappement** (auto) / exhaust valve cap || ~ en **trompette** / flaring spout of a waveguide || ~ de **trou de coulée** (fond) / ladle plug || ~ du **trou de poing** / blank plug || ~ de **tuyau** / tube o. pipe [closing o. closer o. end] plug || ~ de **vapeur** (ELF) / vapour lock || ~ de **verre** / glass stopper || ~ de **verrouillage** (auto) / interlock plug || ~ de **vidange** (mot) / drain plug || ~ de **vidange du carter** / oil drain plug || ~ de **vidange d'huile résiduaire** (transfo) / oil o. oilpan drain plug || ~ à **vis de nettoyage** / threaded mud plug || ~ **vissé** / tube end plug

bouchonner (techn) / spot-grind || ~ (linge) / rumple, wrinkle

bouchonneux (soie) / knotty

bouchonnier *m* / cork maker

bouchure *f*, haie *f* vive / hedge

bouclage *m* (câblage) / looping-in || ~ (mémoire) / wrap-around || ~ (ord) / looping || ~ (m.compt) / balancing || ~ (contr.aut) / feedback

boucle *f* (ceinture) / buckle, shackle || ~, ganse *f* / bend, loop, eye, lug || ~, anneau *m* / ring, loop, link || ~ (rivière) / bend o. winding of a river, oxbow (US) || ~ (électr, électron) / loop || ~ (télécom) / looped circuit, loop, double wire circuit || ~ (ord) / loop || ~ (tiss) / eye of the heddle o. heald, heald hole, warp eye, mail || ~ (tricot) / stitch, loop || ~ (tiss, défaut) / snarl || ~ (filage, défaut) / snarl || ~ (contr.aut, nucl) / loop || **à** ~ **fermée** (contr.aut) / closed-loop... || **à** ~ **ouverte** (contr.aut) / open-loop... || ~ d'**abattage ou d'entre-mailles** (tiss) / sinker loop || ~ **absorbant les oscillations électromagnétiques** / electromagnetic ripple pickup || ~ **absorbant les oscillations électrostatiques** / electrostatic hum pickup o. ripple pickup || ~ d'**accouplement de segments** (guide d'ondes) / segment fed loop || ~ **active** (nucl) / active loop, hot loop || ~ d'**asservissement** (contr.aut) / open-loop || ~ d'**asservissement fermée** (contr.aut) / closed loop, automatic control system closed loop (GB) || ~ d'**asservissement ouverte** / open loop || ~ de **bande magnétique** (b.magnét) / tape loop || ~ **bloquée** (ord) / closed loop || ~ de **câble** / cable loop || ~ de **charge** (tiss) / tuck loop || ~ de **chauffage par induction** / applicator || ~ **continue** (b.magnét, film) / continuous loop, endless loop || ~ de **Costa** (télécom) / Costa's loop || ~ de **couplage** (guide d'ondes) / probe, coupling loop || ~ de **couplage** (magnétron) / probe || ~ de **cuir** / leather sling || ~ **déliable** / noose || ~ d'**entre-mailles** (tiss) / sinker loop || ~ **expérimentale** (nucl) / experimental loop || ~ **fermée** (contr.aut, NC) / closed loop || ~ du **fil d'aiguille** (tex) / upper loop || ~ en **fil métallique** / wire loop || ~ du **film** / loop of film, buckle in the camera or projector || ~ **galvanique de captage des bruits** (électron) / conductive hum pickup o. ripple pickup || ~ **hélicoïdale** (ch.de fer) / spiral mountain route || ~ **hertzienne** / Hertzian loop || ~ d'**hystérésis** / hysteresis loop || ~ d'**hystérésis magnétique** / magnetic hysteresis loop, B/H loop, recoil loop (US) || ~ d'**hystérésis rectangulaire** / right-angled hysteresis loop || ~ **inférieure** (tiss) / underloop, lower loop || ~ **isolante** (électron) / isolating section o. loop || ~ d'**itération** (ord) / iterative loop || ~ de **ligne** / circuit loop, looping-in || ~ en **lisière** (tiss) / selvedge loop || ~ de **lovage** / stowage loop || ~ de **maintien pour passager** (auto) / supporting loop, toggle strap || ~ de **mesure** / loop of the measuring circuit || ~ de **mise à la terre** (télécom) / earth loop || ~ de **Murray** (électr) / Murray's test loop || ~ **ouverte** (NC) / open loop || ~ en **pile** (nucl) / in-pile loop || ~ de **programme** / program loop || ~ du **réacteur** / reactor loop || ~ de **réacteur** (à des fins expérimentales) / reactor trial loop || ~ de **réglage automatique de phases** (TV) / automatic phase control loop || ~ de **régulation** / regulation loop || ~ de **retour** (ch.de fer) / terminal loop || ~ de **rétroaction** (contr.aut) / feedback control loop || ~ à **rétroaction** (électron) / regenerative loop || ~ **sans fin** (b.magnét, film) / continuous loop, endless loop || ~ à **serrage** / strap buckle || ~ **simple de la bougie de préchauffage** / heater loop of the glow plug || ~ de **Varley** (télécom) / Varley loop || ~ de **verrouillage de phase à matrice E de sinus et de cosinus** / sine-cosine E-matrix phase lock loop

bouclé *adj* (électr) / looped || ~ (laine) / crimped, cockled || ~ *m* (tex) / bouclé [yarn]

boucler *vt* / buckle [on], fasten by buckles || ~, mettre une boucle / loop *v* || ~ [sur] / twist *v*, wind round, loop || ~ (télécom) / loop a line || ~ *vi* (bâtim) / batter, bulge || ~ la **boucle** (aéro) / loop [the loop] || ~ un **fil**

(électr) / loop a line || ~ une **ligne** (électr) / connect into an existing circuit, loop-in
bouclette *f* / plush loop || ~ **tricotée** (tex) / looping plush, knitted pile fabric
boucleur *m* (m à coudre) / looper
boucleuse *f* (tex) / loop yarn twister
bouclier *m* / buckler, shield || ~ (réacteur) / shield[ing], protective screen || ~ (mines) / driving shield || ~ **annulaire à béton** (réacteur) / annular concrete shield || ~ **biologique** (ELF) (nucl) / biological shield || ~ **biologique en béton** (réacteur) / concrete biological shield || ~ **pare-chocs** (auto) / deformable safety bumper (US) o. fender (GB) || ~ de **plomb** (nucl) / lead shielding || ~ **thermique** (ELF) (espace) / thermal shield || ~ **universel** (scarificateur) / U-blade
boudin *m* / bulge, enlargement || ~, saucisson *m* (fusée) / mine exploder || ~ (ch.de fer) / wheel flange || ~ (techn) / cast-on flange || ~ (nav) / permanent fender || ~**s** *m pl* (tréfilage) / balling up || ~ *m* (tex) / condensed sliver || **en** ~ / spiral || ~ **aminci ou réduit** (ch.de fer) / worn-thin flange || ~ [en **fil métallique]** / wire spiral || ~ de **mélange pour bande de roulement** (pneu) / tread strip || ~ de **pâte** (céram) / extruded column || ~ **résistant** / helixed resistor, wound wire resistor || ~ de **roue** / wheel flange
boudinage *m* (géol) / boudinage || ~ (plast) / extrusion mo[u]lding, extrusion || ~ **discontinu** (lampe) / space winding || ~ **hydrostatique** (forge) / hydrostatic extrusion || ~ avec **remontée de matière** / back-extrusion || ~ à **sens direct** / direct extrusion
boudine *f* (forge) / dowel o. peg of a die
boudiné / coiled
boudiner / extrude || ~ (filage) / prespin, slub || ~ par **extrusion** / flow o. transfer moulding || ~ à **froid** / cold-mould
boudineuse *f* (plast) / extruder || ~ (métaux) / metal-bar extruder o. extrusion press || ~ à **briques** / plodder || ~ de **caoutchouc** / rubber extruder || ~ de **coton** / cotton roving frame || ~ à **deux vis** / twin-screw o. double-screw extruder || ~ à **drains** (céram) / pipe machine || ~ pour **enrobage de câbles** / extruder for wire coating || ~ **filtreuse ou à tête filtrante** (caoutchouc) / [stock] strainer || ~ à **grand rendement** (plast) / high-speed extruder || ~ **hydraulique** / hydraulic extruder, stuffer || ~ à **tuyaux** / tube extruding o. extrusion press || ~ pour les **tuyaux métalliques** / metal tube making machine o. press || ~ à **tuyaux souples** / profile extruding machine for hoses || ~ à **vis** / screw-type extrusion o. extruding machine
boudinoir *m* (filage) / slubbing machine
boue *f* (gén) / mud, mire || ~ (auto) / sediment, sludge || ~ (pétrole) / sludge || ~ (mines) / slime, middum tails *pl* || ~ **acide** (pétrole) / acid sludge || ~ **activée** / activated sludge || ~ **activée de recyclage** (eaux usées) / return activated sludge || ~ **anodique** / anode slime o. mud || ~ d'un **bain** / bath sludge || ~ **brune** / sludging || ~**s** *f pl* de **caustification** (pap) / lime mud o. sludge || ~ *f* de **charbon** / coal slime o. sludge o. washings *pl* || ~**s** *f pl* de **citerne** (pétrole) / slops *pl* || ~ *f* **coulante** / sludging || ~**s** *f pl* de **curage** / sewage sludge || ~**s** *f pl* de **décapage** / pickling residue, carbon smut || ~ *f* de **défécation séchée** (sucre) / dried defecation scum || ~ à **diatomées** / diatom[aceous] deposits *pl*, diatom ooze || ~**s** *f pl* d'**électrolyse** / residual slimes of electrolysis *pl*, electrolytic mud o. slime || ~**s** *f pl* **épaissies** / thickened sludge || ~**s** *f pl* **épaissies** (sucre) / thickened carbonation slurry || ~ *f* de **fer** / iron slurry || ~**s** *f pl* de **filtration** (sucre) / scum || ~ *f* de **forage** (mines) / slime, sludge, drilling mud || ~ de **forage** (pétrole) / drilling fluid || ~ de **forage à base d'eau** (pétrole) / water base mud || ~ **fraîche** / crude o. fresh o. raw sludge || ~ de **germination** (crist) / seed[ing] sludge || ~ de **globigérines** / globigerina ooze || ~ **gonflée** (eaux usées) / bulking sludge || ~**s** *f pl* du **jus** (sucre) / juice slurry || ~**s** *f pl* **métalliques** (mines) / sands *pl* || ~ *f* du **procédé Weldon** / Weldon mud || ~ **putréfiée** (eaux usées) / digested sludge || ~ **putride** / ripe sludge || ~ de **recyclage** / return[ed] sludge || ~ **résiduaire de flottation** / flotation slimes *pl* || ~**s** *f pl* **résiduaires de chaux** (pap) / lime mud o. sludge || ~ *f* **rouge** (océanologie) / red clay || ~ **rouge** (procédé Bayer) / red mud of the Bayer process || ~ **saline** / salt grained sludge || ~ **schlammeuse** / sludge water || ~ **séchée** / dry sludge || ~ de **sélénium** / selenium mud o. slime, seleniferous deposit || ~ **surnageante** (eaux usées) / scum || ~ en **suspension** (mines) / float slime
bouée *f* / buoy || ~ (filet de pêche) / dan buoy, bowl, pellet, buff || ~ **acoustique** / sonobuoy, radio-sonic buoy || ~ d'**ancre** / cable o. anchor buoy || ~ d'**avertissement** (nav) / danger buoy, mark buoy || ~ à la **balise** (nav) / beacon [surmounted] buoy, pillar o. topmark buoy || ~ de **bonne route** / channel buoy, fairway buoy || ~ à **cloche** / bell buoy || ~ en **cône tronqué** (nav) / obtuse o. can buoy || ~ **conique** / conical buoy || ~ **conique noire** / black nun buoy || ~**-culotte** *f* (nav) / breeches buoy || ~ **indicatrice** (nav) / top marker, marker buoy || ~ **lumineuse** / beacon buoy, light[ed] buoy || ~ **mugissante** / howling buoy || ~ de **navigation** (nav) / making buoy, landfall o. approach buoy || ~ **radar** / radar marker float || ~ à **réflexion de radar** / radar reflector buoy || ~ à **sifflet** / whistling buoy || ~ de **signalisation d'épave** (nav) / wreck buoy || ~ **sonore** / sounding buoy || ~**-sphère** *f* **conique** / conical buoy || ~ **tonne** (nav) / cask buoy || ~ à **trompe** / howling buoy || ~ de **virage** (nav) / rounding o. turning mark || ~ à **voyant** (nav) / top marker, marker buoy
boueux / muddy, miry || ~ (ballast) / slurried
bouffant *m* / bulk of paper || **être** ~ / flare, bulge
bouffée *f* (ELF) (nucl) / neutron burst || ~ de **grisou** (mines) / fulmination || ~ de **vent** / gust, blast of wind
bouffer *vi* / flare, bulge || ~ (chaux) / grow, swell, rise
bouffir *vt* / swell, distend, expand
bouge *m* [de **fût]** / belly of a cask, bilge o. bulge of a barrel
bouger / move || ~ **mm par mm** / inch *vi*
bougie *f* / candle || ~ [d'**allumage]** (auto) / spark (US) o. sparking (GB) plug, ignition plug || ~ d'**allumage compacte** / compact spark plug || ~ d'**allumage à étincelle glissante** (auto) / surface gap o. discharge plug, air-surface gap spark plug || ~ **chaude** (auto) / hot plug || ~**-crayon** *f* de **préchauffage** (auto) / sheathed-element glow plug || ~ **froide** (auto) / cold plug || ~ [à **incandescence] de réchauffage ou de préchauffage** (mot) / glow plug (US), heater plug (GB) || ~ **naine** / miniature plug || ~ **non-démontable** (auto) / nonseparable [spark] plug || ~ de **noyau** (fonderie) / wax vent || ~ de **paraffine** / paraffin o. mineral (US) candle || ~ de **préchauffage à fourreau** (auto) / sheath type glow plug || ~ de **préchauffage en spirale** (auto) / spiral-type glow plug || ~ **stéarique ou de stéarine** / composite candle
bougnou *m* (mines) / sink, sump, pump sump, bottom
bougran *m* (typo) / buckram || ~ (cordonnier) / wigan, shoe lining || ~ (tailleur) / interlining canvas, stiffness cloth, tailor's canvas

bougraner (tex) / buckram *vt*, stiffen
bouillant / boiling || **ne ~ qu'à une température relativement élevée** / boiling at high temperature, high boiling || ~ **bas** / low boiling
bouilleur *m* (sel) / scratch pan || ~ (chaudière) / fire o. heating tube, smoke tube o. pipe
bouillie *f* (émail) / slip || ~ **bordelaise** (agr) / Bordeaux mixture || ~ de **ciment** / laitance || ~ **neigeuse ou de neige** (météorol) / slush || ~ **sulfocalcique** / sulphur-lime [solution], lime-sulphur
bouillir *vi* / boil, seethe, bubble || **faire** ~ / boil *vt* || ~ **doucement ou légèrement ou à feux doux ou à petit feu** / boil gently, simmer || ~ à l'**excès** / dead-boil, overboil
bouillissage *m* du **jus** (sucre) / boiling of the juice
bouilloire *f* / kettle, boiler, boiling pan, boiling vessel || ~ (sel) / scratch pan || ~ **électrique** / electric cooker || ~ **rapide** / rapid boiler o. boiling device
bouillon *m* (teint) / scouring, liquor, bath || ~ (vapeur) / vapour o. steam bubble || ~ *f* (verre) / seed || ~ *m* de **culture** / culture medium, nutrient solution || ~ **noir** / black mordant, iron liquor o. mordant || ~ **[pour journaux]** (typo) / overissues *pl*, returns *pl*
bouillonnant / ebullient, effervescent, effervescing, briskly boiling (US) || ~ (chimie) / effervescent, effervescing
bouillonnement *m* / ebullition, effervescence || ~ (accu) / formation of bubbles (GB), gassing (US) || ~ (chimie) / effervescence || ~ (émail) / blister || ~ (sidér) / boiling || ~ au **repos** / aftergeneration of gas || ~ **rétrograde** / retrograde boiling
bouillonner (eau) / boil briskly, bubble || ~ (fermentation) / effervesce || ~ (accu) / gas || ~ (chimie) / effervesce || ~ au **repos** (accu) / continue gassing
bouillotte *f* / kettle, boiler, boiling pan, boiling vessel || ~ de **porte** (sidér) / door cooling frame || ~ de **refroidissement** (four S.M.) / monkey, coolers *pl*
boulangerie *f* / breadmaking, bakery
boulangérite *f* (min) / boulangerite
bouldozeur *m* (ELF) / dozer [tractor], bulldozer
boule *f* / ball || ~ (m. à écrire) / spherical [type] head, single-printing element (IBM), golfball (coll) || ~ (opt) / sphere, bruiser || ~ (forge) / socket || **en** ~ / agglomerate[d] || **en forme de** ~ / bulbous, bulbiform || ~ **antivent ou anti «P»** (microphone) / windscreen, wind cap o. gag || ~ du **balancier** / ball of the fly press || ~ de **bleu ou d'azur** / laundry blue || ~ de **régulateur** / governor balance weight || ~ de **verre** / glass globe || ~ **volante** / ball of the fly press
bouleau *m* / birch, betula
boulet *m* (mines) / egg shape briquet, ovoid || ~ d'**acier** (prép) / steel ball || ~ de **graphite** (nucl) / graphite pebble
bouleter (mines, sidér, plast) / pelletize
boulette *f* / pellet
boulevard *m* / boulevard, avenue, ave || ~ **périphérique** / circular avenue (Paris)
bouleversement *m* (géol) / dislocation
bouleverser, renverser / revolve, tumble || ~, verser / overthrow, overturn, turn upside down
boulier *m* / abacus
boulin *m* (bâtim, le trou) / putlog hole, scaffolding hole || ~ (bâtim, la pièce de bois) / ledger, putlog
boulochage *m* (tiss) / pilling || ~ (tiss, défaut) / nep
bouloir *m* (bâtim) / lime rake, larry, mortar beates
boulon *m* / [screw] bolt || ~, goujon *m* / mandrel, mandril (GB), arbor (US) || ~ **abattu ou aplati** / clinch[ed] bolt || ~ d'**accouplement** / rolled thread screw, undersize body screw || **~-agrafe** *m* / nip bolt, snug bolt || **~-agrafe** *m* à **tête bombée** / mushroom head anchor screw || **~-agrafe** *m* à **tête plate** / claw bolt, flat T-head bolt, flat head anchor screw || ~ d'**ajustage** / setting plug || ~ **ajusté** / dowel screw, [body-]fit screw o. bolt || ~ d'**ancrage** / fastening screw || ~ d'**ancrage** (soutènement mines) / roof bolt for mining support || ~ d'**ancrage** (bâtim) / anchoring bolt o. rod, tie bolt o. rod || ~ d'**ancrage à friction** / friction grip bolt || ~ d'**ancrage à coller** (mines) / roof bolt for imbedding in plastic mortar || ~ d'**ancrage traversant** / crab bolt || ~ d'**arrêt** / indexing bolt, stop bolt || ~ d'**articulation** / pivot shaft || ~ d'**assemblage** (techn) / holding bolt || ~ d'**assemblage** (charp) / tie bolt || ~ d'**assemblage de ressort** / spring bolt || ~ d'**attache** / fastening screw || ~ de **blocage** / barring bolt, locking pin || ~ de **boulonneuse** / projectile of a bolt setting gun || ~ **brut à tête bombée et collet carré** / carriage o. coach bolt, mushroom head bolt (square necked) || ~ **brut à tête bombée plate renforcée et collet carré** / reinforced head square neck bolt [for looms] || ~ **brut à tête fraisée** / tire bolt o. countersunk-head bolt with deep cone head || ~ **brut à tête fraisée et à ergot** / plow bolt, countersunk nip head bolt || ~ de **butée** / trip dog, detent, stop pin || ~ **calibré** / dowel screw, [body-]fit screw o. bolt || ~ de **centrage** / centering bolt o. pin o. spigot, spigot shaft o. pin o. bolt || ~ à **charnière** / hasp screw || ~ pour **charrue** / plow bolt, countersunk nip head bolt || ~ à **chasser** / forcing screw (for wheels), pulling[-off] screw (US) || ~ de **chenille** / track pin || ~ de **cisaillement** / shearing pin || ~ à **clavette** / cotter o. linch pin, key bolt, forelock || ~ **connecteur** (électr) / connector o. connecting bolt || ~ à **coquilles d'expansion** (bâtim) / expansion bolt || ~ avec **corps ajusté, à tête hexagonale, avec gorge de dégagement** / hexagon head [body-]fit bolt o. screw || ~ de **courroie** / plate screw || ~ de **coussinet de frein** (ch.de fer) / brake anchor pin || ~ **creux à filet femelle** / banjo bolt || ~ à **croc** / screw hook || ~ d'**écartement** / distance bolt || ~ d'**éclisse** (ch.de fer) / fishbolt || ~ à **écrou** / bolt with nut, stove bolt (US) || ~ à **embase** / shoulder screw || ~ à **embase à épaulement et rainure** / stud with rim and groove || ~ d'**entretoisement** / distance bolt || ~ à **épaulement** / stud || ~ **étrier** / stirrup bolt, strap bolt || ~ d'**excentrique** / eccentric bolt || ~ **explosif** (espace) / explosive bolt || ~ **fendu** / expansion bolt || ~ de **fermeture de chaîne de roulement** / master pin || ~ à **filet à gauche** / lefthand thread[ed] bolt || ~ **fileté** / screw bolt || ~ **fileté à tête de rivet** / rivet head screw bolt || ~ de **fixation** / holding down bolt || ~ de **fixation de roue** (auto) / wheel stud, wheel mounting bolt || ~ de **fondation** / foundation anchor o. bolt || ~ en **forme d'U** / U-bolt || ~ à **fourche** / forked bolt || ~ à **goujon et crochet** (serr) / hook bolt || ~ à **goupille fendue** / cotter bolt || ~ **goupillé** / cotter bolt, bolt with cotter pin || ~ **hexagonal** / hexagon head cap screw || ~ **H.R.** (= haute résistance) (constr.en acier) / high-strength friction grip bolt, HSFG-bolt, high tensile o. HT bolt || ~ à **indexer** (tour revolver) / indexing bolt o. pin || ~ à **manivelle** / crank bolt || ~ pour **métier de tissage** / reinforced head square neck bolt [for looms] || ~ de **mise au point** / indexing bolt o. pin || ~ de **montage** / erection o. temporary bolt || ~ à **œillet** / eyebolt || ~ à **planches de pont** (nav) / cover screw (DIN 80441) || ~ **plein trou** / dowel screw, [body-]fit screw o. bolt || ~ de ou à **pression** / set bolt, stud || ~ de **raccord** (électr) / connector o. connecting bolt || ~ pour **remoulage** (fonderie) / coring-up pin || ~ à **ressort** / spring bolt || ~ de

retenue / retaining bolt || ~ **rivé** / clinch[ed] bolt || ~ avec **rondelle incorporée** / screw with washer assembly || ~ à **rotule** / ball pin || ~ de **roue** / countersunk head bolt o. tire bolt with deep cone head || ~ de **sécurité** (charrue) / stump-jump device || ~ de **serrage** / fastening bolt || ~ de **serrage** (étoupe) / gland o. packing bolt || ~ à **serrer** (m.outils) / clamping o. retaining screw || ~ à **[serrer les] ressorts** / spring [center] bolt, spring shackle screw || ~ à **six pans** / hexagon head cap screw || ~ à **six pans creux** / hexagon socket screw || ~ de **sûreté à cisailler** (techn) / shearing pin o. bolt || ~ **tendeur** (collier de serrage) / tightening screw || ~ de **tension** / pulling bolt || ~ à **tête** (techn) / cap screw || ~ à **tête bombée** / saucer head screw || ~ à **tête bombée à ergot** / cup square nip head bolt || ~ à **tête bombée et collet carré** / cup square bolt || ~ [à] **tête carrée** / square head bolt || ~ à **tête carrée à embase** / collar-head screw || ~ à **tête conique** / countersunk head screw o. bolt || ~ à **tête conique 90° à ergot, exécution grossière** / countersunk nip head bolt, plough bolt || ~ à **tête conique 90° à deux ergots** / countersunk bolt with double nip || ~ à **tête conique 90° et collier carré** / square neck countersunk head bolt || ~ à **tête conique 90° et collet carré, exécution grossière** / square neck countersunk head bolt, countersunk head bolt with square neck || ~ à **tête conique à ergot, [à collet carré]** / countersunk flat nib bolt, [flat square bolt] || ~ de **tête de bielle** / connecting rod bolt || ~ à **tête en équerre** / clip bolt || ~ à **tête fraisée** / countersunk head screw o. bolt, flat head bolt || ~ à **tête en goutte-de-suif et collet carré** / coach bolt, mushroom head bolt (square necked) || ~ à **tête hexagonale** / hexagon head cap screw || ~ à **tête polygonale** / multipoint head cap screw || ~ à **tête rectangulaire** / hammer head bolt, T-head bolt || ~ à **tête refoulée** / bolt with upset head || ~ à **tête ronde à ergot** / cup [head] nib bolt || ~ à **tige élastique** (techn) / necked-down bolt, reduced shank bolt || ~ **tirant** / holding o. tie bolt || ~ **traversant** / through bolt, passing bolt || ~ de **traversée** (électr) / duct bolt || ~ en **U** / U-bolt || ~-**verrou** *m* (serr) / pin bolt || ~ de **verrouillage** (conteneur) / twistlock || ~ **[de vis]** / screw bolt

boulonnage *m* / screw-bolt-joint, -bolt-connection || ~ / threaded joint || ~ **latéral** (ch.de fer) / cross-bolt fastening || ~ du **toit** (mines) / anchor support system

boulonner / bolt || ~, visser / bolt o. screw together || ~ **[à bloc]** / fasten with screws, screw down

boulonnerie *f* / bolt and screw manufacture || ~ (gén) / fasteners *pl*, bolting

boulonneuse *f* **[à enfoncer par explosion]** / bolt firing tool, cartridge-operated hammer, explosive-actuated tool

bouniou *m* (mines) / sink, pump sump, sump, bottom

bouquet *m* **foliaire** (betterave) / bunch of leaves

bourbasse *f* / cesspit sludge

bourbe *f* / mud

bourbeux / muddy, miry

bourbier *m* (mines) / tye || ~ / slime pit, clearing basin o. cistern

bourdillon *m* / stave wood, wood for making barrels

bourdon *m* (typo) / omission, out

bourdonnement *m* / hum[ming] of toothed wheels || ~ (ELF) (télécom) / hum[ming] || ~ de **moteur** (techn) / hum[ming], motor hum

bourdonner (bruire sourdement) / boom, drone || ~ *vt vi* (ELF) / buzz, hum, zoom

bourgeon *m* (galv, défaut) / button

bourlinguer (nav) / roll and pitch heavily

bournonite *f* (min) / bournonite, antimonial lead ore, cog-wheel ore

bourrage *m* / narrow filling || ~ (film) / buckling of the film, pile-up, rip-up, shredded wheat (coll) || ~ (mines) / tamping || ~ (câble H.T.) / filler, valley sealer || ~ (boîte à garniture) / packing of the stuffing box || ~, matériaux *m pl* d'étancheité / packing o. sealing material, jointing o. leakproofing material || ~ (fonderie) / tucking || ~ (p.e. dictionnaire) / padding || ~ d'**argile** (mines) / stemming o. tamping with clay || ~ de **cartes** (c.perf.) / card jam || ~ **central** (câble) / center filler, center blind core || ~ d'**encoche** (électr) / slot packing || ~ **jute** (câble) / jute filler || ~ des **pièces comptables** (ord) / jam || ~ **pneumatique** (ch.de fer) / pneumatic packing o. tamping || ~ sur **tringle** (pneu) / apex, [bead] filler

bourre *f* / quilt hair || ~ (teint) / flock, fluff || ~ (filage) / combing[s] *pl* || ~, amas *m* de poils détachés / shearing wool o. flock || ~ **[d'argile]** (mines) / tamping clay for blast holes || ~ de **cardes ou à carder** / coarse o. short o. clothing wool || ~ de **laine** (filage) / flock of wool || ~ de **laine** (rembourrage) / flock wool || ~ de **laine à nettoyer ou de nettoyage ou à polir** / cleaning wool o. waste, engine waste, waste cotton o. wool || ~ en **masse** / cocoon matted waste || ~ de **papier** / fluff || ~ **[de soie]** / flock silk, floss o. knub o. waste silk, sleave

bourrelet *m* (fenêtre) / draught preventer o. excluder || ~ (auto) / piping, weatherstrip, rand || ~ (nav) / permanent fender || ~ (techn) / bulb, enlargement || ~ (défaut de peinture) / fatty edge || **en forme de** ~ / padded, stuffed || ~ de **brasure** / brazed flange || ~ en **caoutchouc** (ch.de fer) / pneumatically sprung [rubber] connection || ~ d'un **carter** / flange of a housing, collar || ~ de **centrage** / centering band o. shoulder || ~ de **défense** (nav) / sheer rail, rubbing strake || ~ de l'**enveloppe**, bourrelet de pneu (auto) / tire bead || ~ de **fermeture** / sealing flange || ~ de **raccordement** / connecting flange, fitting o. joining flange || ~ de **tuyau** / pipe flange

bourrer [de] / pad, cram || ~, fourrer / stuff, upholster || ~ (se) (outil) / stick, gum, clog || ~ les **traverses** (ch.de fer) / pack the sleepers, tamp the ties (US) || ~ les **trous** (mines) / stem, tamp, clay

bourrette *f* / coarse silk, silk noil o. waste, bourette

bourreur *m* de **traverses** (ch.de fer) / packer, tamper

bourreuse *f* (mines) / tamper || ~ (soie) / watt silk || ~ **mécanique** (ch.de fer) / mechanical tamper, packing machine || ~ **pneumatique** (ch.de fer) / pneumatic packing o. tamping machine o. packer o. tamper || ~ **pneumatique** (mines) / pneumatic stemmer || ~ de **traverses** / track o. tie (US) o. sleeper (GB) tamping o. packing machine, mechanical tamper

bourrier *m* / leather shavings o. scrapings *pl*

bourriquet *m* (bâtim) / winch

bourru (soie) / knotty || ~ (pierre) / undressed, uncut, unhewn, rough

boursouflé (fonderie) / blown, blowy || ~, enflé / swollen [up]

boursouflement *m* / inflation, swelling || ~ du **sol** (mines) / creep, heaving of floor

boursoufler *vt* / swell, distend, bloat || ~, gonfler / inflate || ~, enfler / swell *vt* || ~ (se) (coke) / swell *vi*

boursouflure *f* (action) / blistering || ~ (couleur) / boil || ~ (fonderie) / blister || ~ **marginale ou superficielle ou de peau** (fonderie) / subcutaneous blow hole

bousculade *f*, bousculement *m*, (Canada:) bouscueil *m* / ice shove

bousillage *m* / blunder, bungling, scampwork, botching, slap-dash, sloppy work || ~ (bâtim) / cob

bousillé / botchy

bousiller (bâtim) / mud wall, cob wall || ~, gâcher / bungle
bousilleur *m* / scamper
bousin *m* / brittle layer on a stone
boussole *f* (arp, nav) / compass || ~ d'**arpenteur** / surveyor's compass o. dial || ~ **avec anneau de route rotatif** / compass with rotatable course ring || ~ en **boule** / spherical glass compass || ~ **déclinatoire** / declination compass, rectifier || ~ pour **géologues** / geologic[al] compass || ~ **gyroscopique** / gyro compass, gyroscope, gyrostat || ~ d'**inclinaison** (aéro) / inclinometer, heeling error instrument || ~ d'**inclinaison** (géol) / inclinometer || ~ d'**induction** (nav) / fluxgate compass || ~ **lumineuse** / illuminated o. luminous compass || ~ **marine** / marine o. nautical compass || ~**-mère** *f* à **gyroscopes** / master gyro compass || ~ du **mineur** / miner's compass, mine o. mining dial, dial, circumferentor || ~ de **poche** / portable compass || ~ **radiogoniométrique à répétition** / radio-magnetic indicator || ~ **secondaire ou à répétition** / auxiliary o. slave o. repeater compass || ~ en forme **sphérique** / spherical glass compass || ~ des **tangentes** (électr) / tangent galvanometer || ~ de **topographie** / land compass
bout *m* / end, final point || ~ / end o. tail piece || ~, section *f* / section, division || ~, tronçon *m* / stub, stump, end || ~ (tuyauterie) / dead end || ~ (bois) / top end || ~**s** *m pl*, chiffons *m pl* non effilochés (pap) / untorn rags *pl* || ~ *m* (chaussure) / toe || **à ~ plat** (vis) / with plain point || **à ~s coniques** / double conical || **à deux ~s** / double-ended || **de ~ en bout** (ch.de fer) / throughout... || **par ~s** / piecemeal || ~ d'**aiguille** / pinpoint || ~ d'**aile** (aéro) / wing tip || ~ d'**arbre** (techn) / shaft [butt] end || ~ d'**arbre primaire** / input shaft extension || ~ en **attente** (bâtim) / indented o. toothed end of a wall || ~ de **becs** (tenaille) / point || ~ de **bois scié** / edge of sawn timber || ~ **bombé** (vis) / oval point, blunt start || ~ du **bourrelet ou du talon** (pneu) / bead heel || ~ à **bout** / end to end, butt o. jump jointed || ~ à **bout** (charp) / butt joint || ~ de **câble** / end of rope || ~ de **câble** (électr) / [sealed] cable end, stub cable || ~**s** *m pl* de **câble** (nav) / tarred junk || ~ *m* **carré** / square point || ~ **chanfreiné** (gén) / chamfered end || ~ de **cigarette** / tip of a cigarette || ~ d'un **couteau** / knife tip || ~**-dehors** *m* (nav) / boom || ~ d'**entrée de la mâchoire** (auto) / toe of a brake shoe || ~ en **escalier** (bâtim) / indented o. toothed end of a wall || ~ de **fil** / starting end of a thread || ~ de **fil** (tiss) / thread end, fluff || ~ **gauchi de l'aile** / warped wing tip || ~ de **ligne** (typo) / break line || ~ de **lingot** (lam) / ingot butt || ~ **mâle** [d'un tuyau à emboîtement] / spigot end || ~ du **manche** (faux) / handle-end || ~ de la **matière à filer** / starting end of a thread || ~ **mort** (bobinage) / dead end || ~ **oscillant** (ch.de fer) / drop end || ~ de **papier** / paper slip || ~ de **pied** (bas) / toe || ~ **pilote** (vis) / oval half dog || ~ **plat** (vis) / plain point || ~ **plat chanfreiné** (vis) / blunt start (screw), flat point || ~ **pointu** (vis) / coned point || ~ d'une **poutre** / beam head || ~ **[qui pend]** / tag || ~ **reposant librement** (constr.en acier) / free end || ~ de **sortie de la mâchoire** (frein à tambour) / face side of the brake shoe || ~ de **soulier dur ou renforcé ou bombé** / toecap, tip of the shoe || ~ **sphérique** (boulon) / rounded end || ~ de **tête** (tan) / cheek || ~ **tombé** (techn) / clipping, cutting || ~ de **traverse** (ch.de fer) / end of sleeper (GB) o. tie (US) || ~ du **vilebrequin** (auto) / tail shaft || ~ de la **vis** / point of the screw
boutage *m* **à côtes ou en diagonale** (tex) / diagonal stitch o. set || ~ à **lignes** (carde) / rib set
boutefeu *m*, **boute-feu** (mines) / shot firer
bouteille *f* (gén, soud) / bottle || ~ à **acétylène** / acetylene gas bottle o. tank, acetylene cylinder || ~ en **acier** / steel cylinder || ~ à **air** / air bottle || ~ d'**air comprimé** / compressed air bottle || ~ d'**air pour gonflage des pneumatiques** (auto) / tire inflating bottle, tire inflator || ~ à **bière** / beer bottle || ~ à **bouchon fileté** / screw cap bottle || ~ **clissée** / wicker bottle || ~ à **compte-gouttes** (chimie) / dropping bottle || ~ à **dégagement de gaz** (chimie) / gas bottle || ~ d'**échantillonnage** / sample bottle || ~ **électrique** / Leyden jar || ~ d'**emballage** / packaging bottle || ~ à **embouchure filetée** / screw cap bottle || ~ **«Euro»** / bottle "Euro" || ~ d'**exposition** (chimie) / show o. storage flask o. vessel, jar || ~ à **filtrer** (chimie) / aspirator, filter flask || ~ **forme ale** / ale-shape bottle || ~ à **gaz** / gas o. steel cylinder, gas bottle (coll) || ~ à **hydrogène** / hydrogen cylinder || ~ **isolante** / thermos flask o. bottle, vacuum o. insulating bottle || ~ à **jeter** / non returnable bottle, disposable o. expandable bottle || ~ pour le **lavage des gaz** / gas washing bottle, wash bottle || ~ de **Leyde** / Leyden jar || ~ de **magasin** (chimie) / show o. storage flask o. vessel, jar || ~ **magnétique** (nucl) / magnetic bottle, mirror machine, adiabatic trap || ~ **médicinale** / medicine bottle || ~ d'**oxygène** / oxygen cylinder o. bottle o. flask || ~ de **produits chimiques**, bouteille *f* de réactifs / reagent bottle || ~ **Steinie** / Steinie type o. shape bottle || ~ **Thermos** / thermos flask o. bottle, vacuum o. insulating bottle || ~ à **trois cols** / Woulff bottle || ~ d'**un litre** / one liter bottle || ~ de **verre** / glass bottle || ~ de **verre mince** / bottle of thin glass
bouterolle *f* (outil) / riveting head o. die, snap [head] die || ~ (riveteuse) / snap [head] die, riveting die o. header o. set, set (US) || ~ (serr) / ward of key bit || ~ (abattoir) / bouterole || ~ à **emboutir** (forge) / thimble of the anvil || ~ à **œil** / snap o. set hammer, snapping tool
bouterollé (rivet) / snapped
bouteroller / snap rivets
bouteroue *m* (bâtim, routes) / spurpost
bouteur *m* (lam) / bulldozer || ~ (ELF) (exploit. en découv.) / elevating grader || ~ (ELF), bouldozeur *m* / dozer [tractor], bulldozer || ~ **biais** (ELF) (routes) / angle o. angling dozer || ~ **inclinable** (ELF) / gyrodozer, tiltdozer || ~ à **pneus** (ELF) / tournadozer, wheeldozer, tournapull || ~ **tout-terrain** / off-road earth mover
bouteuse *f* (filage) / card wire setting machine
boutique *f* / store, shop (US) || ~ (coll) / booth, shed || ~ **franche** / tax-free shop, duty-free shop
boutisse *f* (bâtim) / header, end face || ~ **arrondie** (bâtim) / bullheader (brick)
boutoir *m* (lam) / stopping device, stop[per] || ~ (tan) / paring knife || ~ (fusil) / cartridge ejector
bouton *m* (bot) / bud || ~ (techn) / button || ~ (docimasie) / assay grain || ~ (lam, défaut) / button || ~ (plast) / pimple (defect) || ~ (jacquard) lam) / peg || ~ (filage) / nep || ~ d'**annulation** (m.compt) / cancel o. erasing key || ~ d'**appel** / call button || ~ d'**arrêt** / stop button || ~ **basculant** (télécom) / jack, conjoiner || ~ **basculant à deux voies** (télécom) / two-way jack || ~ de **cadrage** (film) / image framing knob || ~ à **clé** (électr) / key-operated switch, loose-key o. detachable-key switch || ~ de **commande** / control knob o. button || ~ de **commande**, bouton-poussoir *m* / push button, push || ~ de **commande du marqueur de gisement** / bearing cursor control || ~ de **commande de synchronisme vertical** (TV) / vertical centering control, vertical hold || ~ de

commande tournant / rotary type push button || ~ **commutateur tournant** (électron) / rotary [type] switch || ~ de **contact** / contact button o. plot o. stud || ~ à **coquille** (couture) / hollow button || ~ de **coton** / cotton knop || ~ de **coupure** (télécom) / end of message key || ~ de **cylindre** (m.à ecrire) / platen knob, twirler || ~ de **cylindre avec dispositif de dégagement** (m.à ecrire) / platen positioning control || ~ de **déclenchement** / release button || ~ de **déclenchement** (ord) / activate button || ~ de **décoration** / fancy knob o. button || ~ de **démarrage** (auto) / starter [push-]button, starting button || ~ à **deux positions** (comm.pneum) / two-position push-button || ~ à **effacer** / erase button || ~ d'**encrage** (repro) / ink o. gravure cell, cup || ~ de **fenêtre** / window knob || ~ à **fleur** / flush type push-button || ~**-fusion** *m* (émail) / button [fusion] test || ~ d'**intercommunication** (télécom) / transfer button || ~ **intérieur de condamnation** / inner locking button || ~ d'**interligne variable** (m. à écrire) / platen variable button || ~ d'**interrupteur** / switch button || ~ **isolant** / insulating button || ~ d'**itinéraire à réitération** (ch.de fer) / one-way route button || ~ de **laine** / burl, wool knob || ~ de la **manivelle** / crank pin, stud, journal || ~ de **mise à l'heure** (montre) / adjusting knob || ~ de **mise au point** (instr) / pinion knob || ~ **moleté** / knurled knob o. button || ~ de **paiement** (télécom) / pay button || ~ de **porte** / olive[-shaped] button o. handle || ~ de **porte** (électr) / push- o. press-switch || ~ **pousser-tourner** / push- and turn-switch || ~**-poussoir** *m* (électr) / push-button, push || ~**-poussoir** *m* d'**appel** (ascenseur) / landing call push || ~**-poussoir** *m* d'**avertisseur** (auto) / horn button || ~**[-poussoir]** *m* du **combiné** / earphone pressure knob || ~**-poussoir** *m* d'**échantillonnage de couleurs** (TV) / colour sampler || ~**-poussoir** *m* à **impulsion électronique** (électr) / maintained contact switch || ~**-poussoir** *m* de **réenclenchement** (électr) / reset button of the cut-out || ~**-poussoir** *m* d'**urgence** / emergency [press] button || ~**-poussoir** *m* à **verrouillage** / locking pushbutton || ~**s-poussoirs** *m pl* **concentriques** (électron) / concentric control || ~ *m* de **pression** (électr) / push-button, push || ~ [à] **pression** (couture) / patent fastener, snap [fastener] (US), spring button || ~ à **queue** (couture) / button with eye, shank button || ~ de **recherche des stations** (radio) / station selector button || ~ de[s] **réglage[s]** (électron, TV) / adjusting button || ~ de **réglage** (app. à dessiner) / drafting machine button || ~ de **réglage** (rabot) / blade adjusting screw || ~ de **réglage d'ondes** (électron) / wave passage button || ~ de **réglage de la syntonisation** (radio) / tuning knob o. control || ~ de **réglage de la tonalité** (sons aigus et graves) / tone control button || ~ de **réglage du volume** / volume control button || ~ de **sélection** (trad. simult.) / language selector || ~**s** *m pl* de **sélection de case** (c.perf.) / classification keyboard || ~ *m* de **sélection de programme** (m.compt) / job selector knob || ~**s** *m pl* de **soie** (tex) / silk nops || ~ *m* de **sonnerie** / bell knob o. handle o. button o. push || ~ de **sonnerie à répétition** / repeating bell push || ~ **sphérique** / spherical button o. handle || ~ à **tirer** / draw-button || ~ de **touche** / key button o. head || ~ **tournant** / turning knob || ~ **tournant pour sélection** (m.outils) / selector switch || ~ à **vernier** / vernier knob

boutonneux (filage) / knotty

boutonnière *f* (techn) / oblong opening || ~ / button hole machine || ~ (m.à coudre) / button hole

bouveleur *m* (mines) / rock picker, drifter, rock o. stone man

bouvement *m* / cornice of a wood mo[u]lding

bouvet *m* / mo[u]lding plane || ~ à **doucine** / fillet o. moulding plane || ~ **femelle** / router plane, routing plane || ~ à **joindre** (men) / match planes *pl* || ~ à **joindre** / edge trimming plane, chamfer plane || ~ à **languette**, bouvet *m* mâle / tongue plane || ~ **mâle**, rabot *m* à queue d'aronde / dovetail plane || ~ à **rainure** / plough plane || ~ [à **rainure et à languette]** (men) / plough and tongue plane, tongue plane, slit deal plane

bouvetage *m* **rectangulaire** (hydr, charp) / square groving and tonguing || ~ **triangulaire** / wedge o. Vee grooving and tonguing

bouveter / flute wood

bouwette *f*, bovette *f*, bowette *f* (mines) / cross cut o. heading, traverse heading, cross measures drift, crossway

bowetteur *m* (mines) / drifter

bow-string *m* (constr.en acier) / bowstring girder

bow-window *m* (pl:) bow-windows) / bay window || ~ **rond** (bâtim) / bow window

box *m* (bâtim) / box || ~ (pl: boxes) (auto) / lock-up, stall in a garage || ~**-calf** *m* / box calf || ~**-palette** *f* / box pallet || ~**-palette** *f* **fermée** / covered box pallet

boyau *m* (pomp) / fire hose || ~ (tiss) / rope || ~, fil *m* de gril inactif (tex) / dead yarn for floor covering || ~ pour **bicyclette** / bicycle tube || ~ en **caoutchouc** / rubber hose with fabric ply || ~ de **chauffage** (ch.de fer) / hose for heating || ~ de **frein** (ch.de fer) / brake [air] hose || ~ de **marchandise** / goods *pl* in rope form || ~ de **raccord** / connecting hose || ~ de **remplissage** / filling tube o. hose

B.P., b.p., basse pression *f* / low pressure, LP

Bq, becquerel *m* (nucl) / becquerel, Bq

bracelet *m* **élastique ou caoutchouc** (bureau) / rubber band

brachyaxe *m* (crist) / brachy-axis

bractée *f* de **houblon** (bière) / bract of hops

bradel *m* (typo) / combination style cover

brai *m* / pitch || ~ (céram) / compounded clay || ~ de **bois**, poix *m* / wood pitch, wood-tar pitch || ~ **gras** / common black pitch || ~ de **houille** / coal pitch || ~ **mi-dur à briquettes** / briquetting pitch || ~ de **pétrole** / petroleum pitch || ~ pour **revêtement de toiture** (ch.de fer) / roofing asphalt

braille *m* / braille o. embossed printing

braise *f* / live coals *pl*, red hot coal || ~ de **coke** / coke cinder o. dust o. breeze

braisettes *f pl* **15/30** (Belg) / single nuts *pl* || ~**s** *f pl* **10/15** (Belg) / pea coal || ~**s** *f pl* **lavées pour forges** / smithy peas *pl*

brame *f* (sidér) / [plate] slab || ~ **aplatie** (lam) / flat slab || ~ **dégrossie** (sidér) / rough-rolled slab

bran *m* de **scie** / sawdust

brancard *m* (charrette) / shafts *pl* || ~ / litter, hand barrow || ~ (charrue) / plow beam || ~ de **caisse** (auto) / bottom runner || ~ de **châssis** (ch.de fer) / sole bar || ~ à **manche** (fonderie) / hand shank || ~ de la **poche** (fonderie) / ladle shank

brancart *m* de **creuset** (fonderie) / crucible lifter

branchant, se ~ (ord) / branching, branch...

branche *f* (bot) / branch, bough || ~ (compas etc) / branch, leg || ~ (filtre électron.) / series arm || ~**s** *f pl* (pince) / handle || ~ *f*, subdivision *f* / subdivision, branch || ~ (électr) / arm of a circuit || **à deux ~s** (circuit) / two-legged || **à une** ~ (circuit) / one-legged || ~ d'**aimant** / leg of a magnet, magnetic arm || ~ de **ciseaux** / handle of scissors || ~ **collatérale** / lateral, side part || ~ d'une **courbe** (math) / branch of a curve || ~ **courbée** (pince) / bowed handle || ~ **courbée en S** (pince) / flared handle || ~**s** *f pl* **découplées** (électr) / conjugate branches *pl* || ~ *f* **dendritique** (fonderie) / dendrite arm || ~ en **dérivation** (électron) / shunt arm || ~ **déviée d'une aiguille** (ch.de fer) / deflecting section of a switch || ~ **directe dans un changement de voie** (ch.de fer) / main section of points || ~ d'**enseignement** / discipline || ~ d'**entraînement** / guide lever || ~ **femelle** (tondeuse) / lower blade || ~ de **filons** (mines) / dropper || ~ d'**industrie** / branch of industry, manufacturing branch || ~ d'un **levier** / lever arm of a force || ~ de **ligne** / leg || ~ de la **ligne principale** (télécom) / branch of the exchange line || ~ des **lunettes** / bow of spectacles || ~ **mâle** (forces) / slider || ~ **mutuelle** (électron) / mutual branch || ~ **orientable [avec] écrou de blocage** (pince) / swivel stem || ~ de **programme** / program branch || ~ de **ressort** / spring leg || ~ de [la] **science** / branch of knowledge, discipline || ~**s** *f pl* de **tenailles** / handle of tongs

branchement *m* / ramification, branching || ~ (ord) / branch || ~ (électr) / connection, (esp.:) tapping || **de** ~ / branching, branch... || **pour** ~ **sur secteur** / mains operated || ~ d'**abonné** / substation, extension || ~ d'**appareil** / connecting branch || ~ **cintré** (Suisse) (ch.de fer) / switch and crossing work with main line curved || ~ **conditionnel** (ord) / conditional jump o. branch, conditional transfer [of control] || ~ de **conduits** / branch-off point || ~ de **couple** / torque division or split || ~ d'un **cycle mémoire** (ord) / cycle stealing || ~ à **deux abonnés** (télécom) / dual subscriber connection, shared-service connection || ~ à **deux voies** (ch.de fer) / single turnout || ~ à **deux voies à déviation à droite** (ch.de fer) / right-hand turnout, points for righthand turnout || ~ à **deux voies à droite cintré intérieur ou C.I.N.** / right-hand turnout on similar flexive curve || ~ à **déviation à droite ou à gauche cintré extérieur** / right-hand turnout with contraflexive curve, left-hand turnout with contraflexive curve || ~ à **déviation à gauche** (ch.de fer) / points for lefthand turnout, lefthand switch o. turnout || ~ à **déviation à gauche C.I.N.** (= cintré intérieur) / lefthand turnout on similar flexive curve || ~ **double** (ch.de fer) / double switch, double o. tandem turnout, three-throw turnout || ~ **double à équerre** (tuyau) / double branch for corners || ~ **double unilatéral** (Suisse) (ch.de fer) / tandem turnout [both switches to the same side] || ~ d'**égout** (immeuble) / connection to the sewage system, draining of buildings || ~ **électrique** / electric power supply || ~ **entrecroisé** (ch.de fer) / double switch, double o. tandem turnout, three-throw turnout || ~ des **entrées/sorties** (insolateur) / plenum || ~ à **faible inclinaison** (ch.de fer) / points *pl* with a small turnout angle || ~ d'**immeuble** (électr, télécom) / house service connection, private connection[s], service (US) || ~ **inconditionnel** (ord) / unconditional jump o. transfer || ~ **intérieur** / distributing cable || ~ **non programmé** (ord) / trap || ~ **particulier ou privé** (électr, télécom) / house service connection, private connection[s], service (US) || ~ à **pattes** / branch conduit of the aerial line || ~ de la **prise de force** / power-take-off connection || ~ de **programme** / jump || ~ de **regard** / manhole || ~ au **réseau** (électr) / network branch || ~ **simple** (ch.de fer) / single turnout || ~ **téléphonique** / telephone connection || ~ à **trois voies** (ch.de fer) / double switch, double o. tandem turnout, three-throw turnout || ~ à **trois voies non-symétrique** (ch.de fer) / tandem turnout [both switches to the same side]

brancher [sur] (électr) / connect || ~, ficher (électr, électron) / plug || ~ (télécom) / put through [on o. to] || ~ (ord) / branch || **se** ~ [dans] / be plugged [into] || ~ sur l'**appareil** / connect to an apparatus || ~ sur l'**égout** / drain buildings || ~ en **parallèle** (électr) / connect in parallel o. across, connect side by side, shunt

brandevin *m* / brandy distilled from wine, wine brandy

branlant / loose, slack || ~ (auto) / ramshackle, rickety || ~ (bâtim) / tumble-down

branle *m* / swing || ~ (cloche) / swing[ing] of the bell

branler / be o. hang loose

braquage *m* (auto) / [angle of] lock || ~ de **40° de part et d'autre** (auto) / steering lock of 40° on either side || ~ d'**aileron** (aéro) / aileron angle o. deflection || ~ du **bogie** (ch.de fer) / truck swing || ~ à **fond** (auto) / steering lock || ~ de la **gouverne** (aéro) / motivator deflection || ~ de la **gouverne de lacet, [de roulis, de tangage]** (aéro) / yaw, [roll, pitch] motivator deflection || ~ de **tuyère[s]** (ELF) (astron) / thrust-vector control, nozzle swivelling

braquer [sur] / aim [at], point [at] || ~ **bien** (auto) / have a good lock || ~ à **droite** (auto) / lock to the right || ~ à **fond** (auto) / lock hard over || ~ une **lunette** [sur] / point a telescope, bring to bear upon || ~ [les **roues avant]** (auto) / cramp the frontwheels

braquet *m* (bicyclette) / transmission ratio

bras *m* (m. à souder) / contact bar, arm, horn (US) || ~ (techn) / arm || ~ (électr) / arm of a circuit || ~, avant-bras *m* (techn) / extension arm, bracket || ~ (compas etc) / branch, leg || ~ (roue) / spoke || **à** ~ / done by freehand || **à** ~ **inégaux** / dissymetrical || **à quatre** ~ / four-armed || **à trois** ~ / three-armed || ~ d'**agitateur** / agitating arm, stirring arm || ~ d'**ailette** (filage) / flyer leg || ~ **amortisseur de bande** (bande perforée) / tape tension arm || ~ **amovible du téléphone** / telephone swivel arm || ~ d'**ancrage** (ch.de fer, fil de contact) / anchor arm || ~ de l'**ancre** (nav) / arm of the anchor || ~ **articulé** / articulated arm o. bracket || ~ **auxiliaire de circuit** / auxiliary arm of a circuit || ~ de **centrage** (cadre de levage) / flipper of the spreader || ~ de **chasse** (tex) / picker o. picking stick || ~ **collecteur** (pelleteuse) / handle of a dipper shovel || ~ **conducteur** (m.outils) / over[hang]-arm || ~ de **côté** (techn) / side arm || ~ d'**enregistrement et de lecture** (ord) / recording and playback head || ~ **esclave** (nucl) / slave arm || ~ d'**essuie-glace avec raclette** (auto) / wiper arm assembly || ~ d'**extinction** (électron) / turn-off arm || ~ de **fleuve** / arm of a river, branch (US) || ~ de **fourche à tenon** (chariot élév) / hook-on type fork arm || ~ **gicleur** (rince-vaisselle) / spray arm || ~ de **grue** / crane jib || ~ **haveur ou de havage** / cutter bar of the coal cutting machine || ~ à **joints sphériques** / ball-jointed arm || ~ **latéral** (techn) / side arm || ~ de **lecture phonographique** / pick-up arm || ~ de **lecture tubulaire** (phono) / tubular tone arm || ~ de **lecture/écriture** (disque magn.) / access arm || ~ de **levier** / lever arm o. crank || ~ **libre** (m.à coudre) / free arm || ~ de **malaxeur** (plast) / kneading blade, kneader arm || ~ de **manivelle** / web of a crank, crank web, crank arm (US) || ~ de **mélangeur** / agitating arm, stirring arm || ~ de **mer** / arm of the sea, inlet, branch (US) || ~ de **monture d'essuie-glace** (auto) / wiper arm || ~ **mort d'un fleuve découpé** / oxbow (US), bayou (US), stagnant water, dead channel || ~ **mouvement**

arrière / return motion lever || ~ **oscillant** / swinging arm, swivel arm || ~ **oscillant** (auto) / pull rod || ~ **oscillant longitudinal** (auto) / longitudinal swinging arm o. control arm, pull rod, trailing link || ~ **oscillant transversal** (auto) / transverse link, transverse control linkage o. control arm, wishbone (US) || ~ de la **pelle** / shovel arm (US), dipper arm (GB), handle of a dipper shovel || ~ **pétrisseur** / kneading arm || ~ **pivotant** / swinging arm, swivel arm || ~ **pivotant et extensible** / swing concertina arm || ~ en **porte à faux** / jib [boom], gibbet || ~ **porte-balais** (télécom) / contact arm || ~ **porteur de la caméra** (repro) / camera support || ~ de **pression** (filage) / weighting arm || ~ de la **puissance** (levier) / power arm of the lever || ~ de **raclage** (four roulant) / rabble arm || ~ de **rappel** (techn) / radius rod || ~ de **râtelier** / creel bow || ~ de **réactance** (guide d'ondes) / adjustable short, stub || ~ de **réactance coaxial** / coaxial stub, non-dissipative stub || ~ **réglable** (filage) / card bracket || ~ de **remueur** / agitating arm, stirring arm || ~ **repaleur** (four de coke) / leveller bar o. beam || ~ de **résistance** (levier) / work arm of the lever || ~ de **retenue** (ch.de fer, fil de contact) / anchor arm || ~ de **retenue** (Suisse) (ch.de fer) / steady brace o. arm || ~ de **retenue tendu** (Suisse) (ch.de fer) / tractive registration arm || ~ de **rivière** / arm of a river, branch (US) || ~ de **rivière découpé et rempli d'eau** (hydr) / dead channel || ~ de **roue libre** (électron) / free wheeling arm || ~ **rouilleur** (mines) / shear jib || ~ de **scie** / blade holder, cheeks *pl* || ~ d'une **scie à châssis** / slit set pin || ~ du **sémaphore** (ch.de fer) / semaphore arm || ~ de **shuntage** (électron) / by-pass arm || ~ de **stabilité** (aéro) / stability [lever] arm || **~-support** *m* (m. à fraiser) / arm brace || **~-support** *m* (perceuse) / end support || **~-support** *m* (techn) / lug, bracket || ~ de **timon** / shaft pole, pole arm (US) || ~ à **ventouses** / sucker arm || ~ de la **vis sans fin de direction** (auto) / pitman shaft gear

brasable / solderable

brasage *m* / soldering, brazing || **sans** ~ / solderless, non-soldered || ~ sous **atmosphère protectrice** / brazing under protective atmosphere || ~ par **bombardement** / electron-beam brazing || ~ par **capillarité** / capillar soldered joint, capillary brazing o. soldering || ~ à l'**étain par friction** / tinning, friction soldering || ~ **fort** / brazing, hard soldering || ~ au **four** / furnace brazing, sweating || ~ **froid** / dry joint, high resistance joint, rosin connection || ~ par **fusion** / reflow soldering || ~ à **haute fréquence** / high-frequency soldering || ~ à **joint capillaire** / capillar soldered joint, capillary brazing o. soldering || ~ au **laiton** / soldering with brass solder || ~ à la **louche** / wiped solder joint, wiping gland || ~ en **masse** / mass soldering || ~ en **phase vapeur** / vapour phase soldering, condensation soldering || ~ au **plomb** / lead soldering || ~ par **projection** / spray soldering || ~ **sec** / dry joint, high resistance joint, rosin connection || ~ **tendre** / [soft] soldering, sweating || ~ **tendre au trempé** / dip soldering || ~ **tendre à la vague** / flow solder method, wave soldering || ~ à la **traîne** / drag soldering || ~ au **trempé** / dip soldering || ~ par **ultrasons** / ultrasonic soldering

brasé / soldered || ~ **fort** / hard soldered, brazed || ~ **tendre** / soft-soldered

braser [sur] / solder || ~ au **feu** / open flame soldering o. brazing || ~ **[fort]** / braze, hard-solder || ~ au **four** / sweat || ~ au **moufle** / muffle-braze || ~ au **plomb** (techn) / plumb || ~ **tendre** / soft-solder, sweat || ~ à la **trempe ou au trempé** / molten metal bath dip soldering, dip soldering

brasquage *m* (fonderie) / relining, glazing, luting (of crucible)

brasque *f* / fireproof casing o. lining, lute

brasquer / lute *vt*

brassage *m* (bière) / beer brewing, mashing || ~, remuage *m* / agitating, stirring || ~ à l'**air** (flottation) / pneumatic flotation

brasse *f* (= 1.62 m en France) (nav) / fathom (= 6 feet = 1,8287 m) (old measure)

brasser / agitate, stir up || ~ (bière) / mash, (also:) brew

brasserie *f* / brewery, brewing house

brasseur *m* / brewer

brassière *f* / shoulder strap || ~ **gonflable de sauvetage** / life vest, Mae West || ~ de **sauvetage ou de sécurité** / life jacket o. vest

brassin *m* (bière) / brew[ing], gyle || ~, cuve *f* à préparer la bière / brewer's copper

brassoir m. (sidér) / poker, stirrer

brassour *m*, brassoure *f* / brine conduit

brassure *f* / wheel spider o. center

brasure *f* / soldering joint o. surface o. seam || ~ (alloi) / copper base brazing alloy

braunite *f* (min) / braunite

break *m* (auto) / station wagon

breaker-strip *m* (pneu) / breaker strip of a tire

brèche *f* / blank, gap, vacancy || ~ (outil) / gap, jag, nick[ing], notch || ~ (géol) / breccia || ~ (bâtim) / gap of a wall || ~ d'**abat[t]age** (mines) / lift, buttock || ~ **boueuse** / fanglomerate || ~ **calcaire** (géol) / calcareous breccia || ~ de **faille** / fault breccia || ~ **volcanique meuble** / unconsolidated volcanic breccia

breeder *m* / breeding reactor, [nuclear] breeder

bref *adj* (temps) / short, brief || ~ *m* de **rentrage** (tiss) / lifting o. pegging plan, tie-up

breffage *m* [d'un **équipage]** (aéro) / briefing

brêler, breller / strap, lace together

brésil *m* / Brazil o. Queen's wood, Caesalpinia echinata

brésiline *f* (teint) / brazilin[e], brasilin, breziline

brésiller (teint) / dye with brazilin[e] || ~ *vi* / fall to pieces (like dry Brazil wood), crumble *vi*

brésillet *m* / brasiletto wood

bretelle *f* (gén) / neck o. shoulder strap || ~ (ch.de fer) / double-cross-over || ~ (autoroute) / interweaving lane || ~ d'**accès d'autoroute** / access road || ~ de **fusil** / gun sling || ~ de **raccordement** / motorroad link o. junction || ~ de **sortie d'autoroute** / exit road || ~ **symétrique** (Suisse) (ch.de fer) / scissors crossing

brettelage *m* (tailleur de pierres) / rough hewing

brettèlement *m* (bâtim) / regrating skin

brett[el]er (pierres) / kernel *vt*

breunérite *f* (min) / breunnerite

breuvage *m* (bière) / brew[ing]

brevet *m*, brevet *m* dinvention / patent letter, letters of patent *pl* || ~ **additionnel ou d'addition** / patent-of-addition || ~ de **blocage** / defensive patent || ~ de **composition** / product patent || ~ **demandé** / patent applied [for] || ~ d'un **dispositif** / device patent || ~ **européen** / European patent || ~ **expiré** / expired patent || ~ **France** / French patent || ~ **initial** / parent patent || ~ **non examiné** / unexamined o. non-examined patent || ~ de **pilote** / pilot licence || ~ **principal** / basic o. master patent || ~ de **procédé** / method o. process patent || ~ de **substance** / product patent

brevetable / patentable

breveté / proprietary

breveter / patent || **faire** ~ / take out a patent

bricolage *m* / craftwork, do-it-yourself
bricole *f* / carrying girth o. strap
bricolé / haywire
bricoler / tamper, meddle, mess o. potter [about]
bricoleur *m* / amateur [mechanic], do-it-yourselfer (coll), handyman, potter (coll) || ~ de **radio** / radio [home] constructor o. builder, radio fan, ham (US coll)
bricolo *m* / fixture
bricoteau *m* (tiss) / jack
bridage *m* **à froid** / cold flanging
bride *f* (sellier) / bridle || ~ (pompe) / nominal bore || ~ (constr. en acier) / shackle, strap || ~ (tuyaux) / flange || ~, épaulement *m* (techn) / collar || **à ~s d'équerre** (clapet) / angle type || ~ d'**accouplement** / coupling flange, half coupling || ~ **angulaire** / angle flange || ~ de l'**arbre** / shaft collar || ~ d'**arcade** (robinet) / yoke cap || ~ d'**assemblage** (tuyaux) / connecting flange || ~ d'**attache**, bride *f* pour conduit / pipe clamp o. clip o. bracket, collar band || ~ d'**attache** / adapter o. attaching flange || ~ **aveugle** / black o. blind o. blank flange, dummy flange || ~ **aveugle enfichable** / orifice plate for insertion between flanges, stop plug, spade || ~ de la **boîte de vitesses** (auto) / gearbox flange || ~ de **boîtes cylindriques** / flange of cans || ~ du **carburateur** / carburetor connecting flange || ~ **carrée à quatre trous** / four-hole square flange || ~ avec **collerette** / flange with neck || ~ à **collerette à souder en bout** / welding neck flange || **~s** *f pl* **comprimées** (constr.en acier) / compression chord (US) o. boom (GB) o. flange || ~ *f* pour **conduit** voir bride d'attache || ~ pour **conduit**, patte *f* de fixation (électr) / saddle || ~ à **cornières** / angle flange || ~ à **deux boulons** / two-bolt flange || ~ à **deux trous** / two-hole flange || ~ à **double emboîtement mâle-femelle** / flange with groove and tongue || ~ avec **emboîtement femelle** / grooved flange || ~ à **emboîtement pour insertion de caoutchouc** / grooved flange for rubber packing || ~ avec **emboîtement mâle** / flange with tongue || ~ à **épaulement de soudure** / welding neck flange || ~ en **équerre** / corner flange || ~ **feinte** / black o. blind o. blank flange, dummy flange || ~ **femelle** / flange with recess || ~ de **fermeture** / end flange || ~ **filetée** / screwed flange || ~ de **fixation** / clamp, clip || ~ de **fixation** (électr) / pipe clamp o. clip o. bracket || ~ de **fixation** (constr.mét) / bottom flange || ~ de **fixation pour cuvette de cabinet** / closet flange, cabinet bowl floor flange || ~ de **fixation du radiateur** / radiator flange || ~ **fixée** / fixed flange, cast-on flange || ~ **folle** / movable o. saddle flange, loose flange, lapped flange || ~ en **fonte grise** / cast iron flange || ~ **glissante** (horloge) / brake spring, slip[ping] spring || ~ à **griffe** / clamped flange || ~ **laminée** / flange secured by rolling || ~ à **laminer** / expanded flange || ~ de **liaison** (charp) / tie beam, collar, brace || ~ **libre** voir bride folle || ~ de **longeron** (aéro) / flange spar o. chord, spar flange || ~ **mâle** / flange with projection || ~ du **mandrin** (m.outils) / flange for lathe chucks || ~ **mobile** / loose flange, movable o. saddle flange, lapped flange || ~ de **montage** / mounting flange || ~ à **mors** / claw flange || ~ du **nez** (table de presse) / stem clamp || ~ d'**obturation** voir bride pleine || ~ à **oreilles** / eared flange || ~ à **orifice** / orifice flange || ~ **ovale** / oval flange || ~ de **parquet** / floor flange || ~ de **parquet pour cuvette de cabinet** / closet flange, cabinet bowl floor flange || ~ à **piège** (guide d'ondes) / choke connector o. flange || ~ pour **planchers** (bâtim, béton) / loop for ceilings || ~ **plane**, bride *f* plate (techn) / plain flange || ~ **pleine** / black o. blind o. blank flange, dummy flange || ~ **portante** / stop o. check flange || ~ de **presse-étoupe** / packing- o. stuffing- || ~ de **protection** / hoop guard || ~ de **raccord** / connecting flange || ~ **rainurée** / grooved flange || ~ de **rancher** / stanchion strap || ~ de **recouvrement** / covering flange || ~ de **ressort** (auto) / shackle, strap, spring clip, spring band o. buckle || ~ pour **ressort de barrillet** (horloge) / bridle for the main spring || ~ de **ressort formant palier** (auto) / spring bushing o. bearing, dumb iron || ~ de **retenue** / backing-up flange, retaining flange || ~ **rivetée** / riveted flange || ~ à **scellement** (télécom) / wall bracket || ~ de **serrage** (m. outils) / gripping yoke || ~ à **souder** / welding flange || ~ à **souder à collerette** / welding neck flange || ~ de **support** / carrier, strap || **~-support** *f* du **boîtier de direction** (auto) / steering box flange || ~ de **suspension** (câble) / cable suspender || ~ à **tourillon** / trunnion flange || ~ **tournante** / lapped flange || ~ **triangulaire** / stirrup, triangular frame || ~ à **trois trous** / three-hole flange || ~ de **tuyau** / pipe flange || ~ pour **tuyaux**, bride *f* de fixation / pipe clamp o. clip o. bracket || ~ **usinée** / machine-faced flange || ~ **venue de fonte** / integrally cast flange || ~ **vissée** / screwed flange
bridé / flanged
brider / flange || ~ [à] / flange-mount, flange [to] || ~, serrer / brace, cramp || ~ (tourn) / grip, chuck, clamp, load || ~, bordeler / bead, flange, border || ~ en **angle droit** / flange at right angle
brideur *m* de **charge** / anti-spreader chain
briefing *m* (aéro) / briefing
brièveté *f* de la **vie** / short life
bright stock *m* (pétrole) / bright stock
brillance *f* (gén) / luminosity, brilliance, -ancy, lucidity, brightness, luster, lustre (GB) || ~ (galv) / brightness || ~ (peinture) / high finish o. gloss || ~ (désusité) (opt) / radiant intensity per unit area, brightness, luminance || ~ **acoustique** / acoustic brilliance || ~ des **couleurs** / brightness of colours || ~ du **spot explorateur** (TV) / scanning spot brilliance || ~ **subjective** / brightness sensation o. impression || ~ **superficielle** / [surface] brightness || **~mètre** *m* (pap) / glarimeter
brillant *adj* (peinture) / high-gloss... || ~ (fil mét.) / white, bright || ~ (galv) / bright || ~ (gén) / lustrous, bright, shining, luminous || ~ (fig) / outstanding || ~ *m* / high sheen, gloss || ~ (pierre précieuse) / fire, glow || ~, diamant *m* taillé à facettes / brilliant, cut diamond || **être ~ comme une glace** / be [highly] polished || ~ **cireux** / resinous luster o. lustre || ~ **gras** / grease luster || ~ [pour **métaux**] / metal polish || ~ de **moulage** (plast) / press-polish || ~ de **presse** (tiss) / pressing lustre, gloss
brillanteur *adj* (galv) / bright || ~ *m* (galv) / brightener
brillantine *f* (percale lustrée) (tex) / brilliantine
briller *vi* / beam || ~ (réflexion) / shine, sparkle || **se mettre à ~** / light up || ~ **faiblement** / glimmer
brimbale *f* / pump handle
brin *m* / bit, chip || ~ (bot) / blade || **à ~ court** / short-fiber... || **à deux ~s** / double-strand || **à trois ~s** (corde) / three-ply || **à trois ~s** (électr) / three-conductor..., -core... || **à un ~** (câble) / single-strand[ed] || **de ~**, en brin (bois) / unhewn, unsquared || ~ d'**antenne** / antenna cord[ing] || ~ de **bois** / whole beam || ~ de **câble** / end of rope, side of a rope || ~ d'un **câble** (électr) / conductor of a cable || ~ de **caoutchouc** / rubber cord || ~ de **chaîne** / chain strand || **~s** *m pl* de **chanvre** / hemp fibers *pl* || ~ *m* **conducteur** (courroie) / driving end || ~ **conduit** (courroie) / slacked o. unwound end || ~ de **courroie** /

side o. end of a belt || ~ **descendant** / side of delivery || ~ **détendu** (câble) / slack-side || ~ **double** / double line, pair [of lines] || **~s** *m pl* **doubles croisés** (électr) / crossed pair || ~ *m* de **fil** / end [of thread o. yarn] || ~ **inférieur** (transporteur) / return belt, lower o. bottom belt || ~ **lâche** / slacked o. unwound rope || ~ de **lin** / heckled o. dressed flax || ~ **marchant vers la poulie**, brin *m* montant / side engaging with the pulley || ~ **moteur** (pétrole) / drilling cable o. line, block line || ~ **mou ou mené de la courroie** / slack o. loose side of a belt || ~ **portant** (câble) / loaded side [of a] rope || ~ **quittant la poulie** / side of delivery || ~ de **retour** (transporteur) / return belt, lower o. bottom belt || ~ de **retour** (câble) / empty side [of a] rope || ~ de **ruban** / side o. end of a belt || ~ **supérieur** (bande transp.) / carrying run

brion *m* (nav) / fore-foot, gripe

briou *m* / stone rubbish, broken stones *pl*

briquaillon *m* / brick bat || **~s** *m pl* / broken bricks *pl*

brique [cuite] *f* / clay brick, brick || ~ à **angle arrondi** / bullnose, jamb brick || ~ **angulaire** / angular brick || ~ pour **appui de fenêtre** / window sill brick || ~ d'**argile** / clay tile || ~ d'**argile réfractaire** / fire brick, fireclay refractory || ~ **argileuse non cuite** / airdried o. unburnt brick, air o. clay brick || ~ d'**assemblage** / bond brick, bonder || **~-barrage** *f* (fonderie) / skimmer brick || ~ **basique chimiquement liée** (céram) / chemically bonded basic brick || ~ à **bâtir pour usines** (sidér) / granulated-slag brick || ~ de **boudineuse** / wire-cut brick || ~ de **brûleur** (sidér) / nozzle brick, burner port || ~ de **calage** (verre) / tuckstone || ~ **canal** (céram) / runner o. channel brick, bottom plate brick || ~ de **carbone** (sidér) / carbon brick o. block || ~ de **carbure de silicium** / silicon carbide brick || ~ **cellulaire en conduits de cheminée** / round concrete flue, chimney block || ~ **centrale** (réfractaires) / center brick, crown brick, distributor brick || ~ **centrale** (fonderie) / cluster bottom mould, king brick, runner core, spider || ~ de **chamotte** / alumina silicate brick, fireclay brick || ~ **chanfreinée** / level brick || ~ à **chaperon** / cap[p]ing o. coping brick || ~ de **chrome-magnésie** / chrome-magnesite brick || ~ de **chromite** / chromite brick || ~ de **ciel** / roof block || ~ de **ciment portland** / Portland clinker || ~ **complète** (bâtim) / whole brick || ~ **composite** / composite brick || **~s** *f pl* **concassées** / stone chips *pl* || ~ *f* de **corindon** / corundum brick || ~ de **coupole** / dome brick || ~ de **couronnement** / cap[p]ing brick || ~ de **cowper** / hot blast stove brick || ~ **creuse** (sidér) / tile of a recuperator || ~ **creuse** (bâtim) / ventilated o. ventilating brick, hollow o. perforated brick, hollow shape || ~ **creuse de ruche** (sidér) / hollow checker brick || ~ **[creuse] à trous transversaux** (bâtim) / end construction tile with vertical cells || ~ **creuse en verre** / hollow glass block o. brick || ~ **creuse pour voûtes** / hollow gauged brick o. slab, Hourdis stone || ~ **crue** / green product || ~ **crue**, brique *f* d'argile / clay brick || **~s** *f pl* **crues** / green bricks *pl* || ~ *f* de **cubilot** / roof block || ~ **demi-cuisson** / medium baked brick || ~ **demi-cuite** / semiburnt brick, burnover brick || ~ de **diatomite** / diatomite brick || ~ **dinas** (sidér) / ganister o. dinas brick, silica o. siliceous brick o. refractory || ~ de **dolomie goudronnée** / tar dolomite brick || ~ de **dolomie semi-stabilisée** / semistable dolomite refractory || ~ **droite ou normale** / [standard] square brick, straight brick || ~ **dure** / hard burnt brick, hard stock || ~ pour **égouts** / sewer brick || ~ **émaillée** / enamelled o. encaustic brick, glazed o. vitrified brick || ~ d'**empilage** (sidér) / filler brick, checker o. chequer brick || ~ **entière** (bâtim) / whole brick || ~ **et demie** (bâtim) / fourteen inches, brick-and-a-half || ~ d'**étain** / brick of tin || ~ **extérieure** / external brick || ~ de **façade** / jamb brick || ~ **faiblement cuite** (sidér) / soft brick || ~ **faite à la machine** / machine made brick || ~ **fendue ou mince** / split || ~ de **ferrocarbure** (sidér) / ferrocarbide brick || ~ **flamande** / Flemish clinker o. brick || ~ **flottante** / floating brick || ~ en **forme de console** / console, bracket, corbel, rest brick || ~ pour **four** / furnace brick || ~ de **four à coke** / coke-oven brick || ~ de **garnissage** (sidér) / filler brick, checker o. chequer brick || ~ de **glaise** / clay brick || ~ de **grande taille** (sidér) / jumbo brick || ~ de **graphite** (sidér) / graphite brick || ~ **hollandaise** / Flemish clinker o. brick || ~ **hollandaise**, brique *f* recuite (bâtim) / klinker o. clinker [brick] || ~ de **hourdis** / hollow gauged brick o. slab, Hourdis stone || ~ **intérieure de goulotte** (sidér) / spider || ~ **[jaune] de pavage** / Dutch clinker o. brick || ~ en **kieselguhr** / brick from infusorial earth, fossil meal brick || ~ de **laitier** / slag brick || ~ de **laitier granulé** / granulated slag brick || ~ de **laitier ponce** (sidér) / foamed o. pumice slag brick || ~ **légère** / light [clay] brick || ~ **légère réfractaire** / lightweight refractory brick || ~ de **liaison** / bonder, bond stone || ~ en **liège** / cork brick, agglomerate[d] cork brick || ~ de **linteau** / lintel brick || ~ de **magnésite** / magnesite brick || ~ *f* **mixte** / composite brick || ~ *f* **moulée** / moulded brick || ~ **moulée en fusion** (sidér) / fused block || ~ **moulée à la main** (réfractaire) / dobie || ~ pour **mur portant** / engineering brick || ~ à **nez** (verre) / plate block || ~ **normale** voir brique ordinaire || ~ **ondulée** (bâtim) / corrugated brick || ~ **ordinaire** / standard o. statute brick || ~ de **parement** / hard-burnt facing brick, facing brick || ~ de **parement vitrifiée en couleur** / glazed brick, vitrified o. enamelled o. encaustic brick || ~ à **paver** (bâtim) / paving [brick] || ~ **perforée** (bâtim) / ventilated o. ventilating brick, hollow o. perforated brick || ~ **perforée en losanges** / honeycomb brick || ~ **perforée pour planchers** / perforated ceiling brick || ~ **pleine** / solid brick || ~ **pleine calibrée** / standard square || ~ **pleine en verre** / solid glass block o. brick || ~ de **poche** (sidér) / ladle brick || ~ en forme **pointue** (sidér) / feather end || ~ de **ponçage** (polissage) / rubbing block o. brick o. stone || ~ de **ponce de laitier** (sidér) / foamed slag brick || ~ **pontée à plancher** (bâtim) / hollow floor brick || ~ **poreuse** / porous brick || ~ de **porte** (sidér) / jamb brick || **~s** *f pl* **posées de chant** (bâtim) / brick course laid on edge, brick-on-edge course, upright course, rowlock || ~ *f* en **poterie creuse** / hollow moulded brick || ~ **pressée** / pressed brick || ~ **profilée** / moulded brick || ~ **protectrice pour câbles** / cable protecting cap || ~ **radiale** / radial brick || ~ **recuite pour égouts** / Dutch clinker o. brick, sewer brick || ~ **recuite [hollandaise]** (bâtim) / klinker o. clinker [brick] || ~ **recuite à tunnels** / tunnel clinker || ~ **réfractaire** / fireproof brick, fire brick, refractory brick || ~ **réfractaire alumineuse** voir brique à chamotte || ~ **réfractaire armée à l'intérieur** / internal plated o. reinforced refractory brick || ~ **réfractaire pour fours** / kiln-brick || ~ **réfractaire légère** / lightweight refractory || ~ de **remplissage** / lining brick, common o. backing brick || **~s** *f pl* de **remplissage pour cowpers** (sidér) / stove fillings *pl*, blast stove fillers *pl* || ~ *f* de **répartition** (réfractaires) / center brick, nozzle brick, distributor brick || ~ de résistance **élevée** / hard burnt brick, hard stock || ~ de **ruche** (sidér) / checker brick || ~**s** *f pl* **rustiquées** / rustics *pl*, tapestry o. texture bricks *pl* || ~ *f* de **savon** / bar of soap || ~ de **scorie** / slag brick || ~ **séchée à l'air** / adobe, airdried o. unburnt brick || ~ à **section angulaire** (sidér) / straight brick || ~ **semi-siliceuse** / semi-silica refractory (› 72% SiO_2) (US), semi-silicons refractory (‹ 93 % SiO_2, ‹ 10 % Al_2O_3 + TiO_2) (GB) || ~ de **siège** (sidér) / nozzle seating block || ~ de **silex** (sidér) / flint brick || ~ **siliceuse ou de silice** / silica refractory, siliceous brick || ~ **silico-calcaire ou de sable calcaire ou en chaux et sable** (bâtim) / sand-lime brick, lime sand brick, lime malm brick || ~ de **sillimanite** / sillimanite brick || ~**-siphon** *f* (fonderie) / skimmer brick || ~ de **sole** (sidér) / oven-sole block || ~ de **source** (sidér) / runner brick || ~ **spéciale de magnésidon** / magnesidon special brick || ~ **standard** (bâtim) / standard o. statute brick || ~ à **tête oblique** (bâtim) / bevel end brick || ~ **treillissée** / honeycomb brick || ~ **trois-quarts** / three-quarter brick || ~ de **vermiculite** (sidér) / vermiculite brick || ~ **vernie** voir brique émaillée || ~ de **verre** / glass block o. brick || ~ **vitrifiée** / vitrified stock brick, gray o. red stock || ~**s** *f pl* **vitrifiées catégorie A** / ironbricks *pl* || ~ *f* de **voûte** / arch brick o. stone, voussoir

briquet *m* / lighter || ~ (ordonn) / non-working time

briquetage *m* / brick architecture, brickwork, bricking || ~ **feint** / counterfeit brickwork || ~ du **haut fourneau** / blast furnace brickwork o. masonry

briqueté (sidér) / brick lined

briqueter (sidér) / briquette *vt* || ~ / brick *vt*, face in imitation brickwork

briqueterie *f* / brickworks *pl*, brickyard || ~ des **poussières de gueulard** / flue dust briquetting plant

briqueteur *m* / bricklayer, mason

briquetier *m* / brick o. tile maker o. burner || ~ **mouleur** / brick moulder

briquette *f* / briquet[te] || ~ [de charbon] / coal briquet[te] || ~ (céram) / split, cone brick || ~ de **lignite** / brown coal o. lignite briquet[te] || ~ de **poussier de charbon** / coal dust briquet[te] || ~ de **tan** (tan) / brick made from refuse tans, tan ball o. cake

bris *m* / wreck || ~ (verre) / cullet, broken glass, scraps *pl* of waste glass || ~ (charbon) / breakage

brisance *f* (mil) / brisance, detonating violence, shattering power

brisant / high-explosive...

brise *f*, **bonne** ~ (force 5) / fresh breeze (force 5) || ~ de **vallée** (aéro) / valley breeze

brisé / broken || ~ (dessin) / stippled

brise-balles *m* (filage) / cotton puller, bale opener o. breaker o. picker || ~**-balles** *m* **mélangeur** (filage) / mixing bale opener, blending bale opener || ~**-balles** *m* à **pédales** (filage) / pedal bale breaker || ~**-béton** *m* / jack hammer || ~**-carotte** *m* (mines) / carrott breaker || ~**-copeaux** *m* / chip breaker || ~**-flot** *m* (wagon citerne) / wash plate || ~**-glace** *m* (nav) / ice-breaker || ~**-glace[s]** *m* (pont) / cut-water, ice apron o. guard o. breaker || ~**-jet** *m* / built-in anti-splash plug, anti-splash plug || ~**-lame** *m* (wagon citerne) / wash plate || ~**-lames** *m* / mole, breakwater || ~**-mariage** *m* (filage) / breaker

brisement *m* des **flots** / breakers *pl*, surf

brise-mottes *m* (agr) / clod breaker

briser / shatter, break up, crash, smash, kluge (US coll) || ~ (chiffons) / tear o. pull rags || ~ (se) / crack, break, splinter, burst || ~ (se) (aéro) / crash a plane || [se] ~ **par éclats** / crack, splinter, shiver || ~ les **angles** (charp) / level, cant off || ~ à **coups de marteau** / beat to pieces

brise-soleil *m* (bâtim) / sunbreaker

brise-tourteaux *m* / oil cake breaker

briseur *m* (filage) / taker-in, licker-in || ~ d'**avalanche** / avalanche breaking-up installation [at the starting point] || ~ de **grève** (ordonn) / scab, black-leg (coll) || ~**-mélangeur** *m* (tex) / mixing bale opener, blending bale opener

briseuse *f* de **chanvre** / hemp breaking machine

brise-vent *m* / windscreen

bristol *m* / bristol [board o. paper], Balston's paper, ivory board

brisure *f* (bâtim) / break of a wall || ~ **[due au flambage]** / break point

britannia *m* / Britannia o. britannia metal

broc *m* / jug

brocart *m* / brocade || ~ d'**or** / gold brocade

brochable *adj* (électr) / pluggable

brochage *m* (m. outils) / broaching || ~ avec **broche creuse** / pot broaching || ~ au **fil métallique** (typo) / wire stitching o. stapling || ~ à **points** (typo) / French sewing

brochantite *f* (min) / brochantite

broche *f* (techn) / spindle || ~ (télécom) / contact lamination || ~ (tourn) / [work] arbor || ~ (horloge) / runner || ~ [extérieure ou intérieure] (m.outils) / broaching tool, broach, cutter bar || ~ (fût) / faucet, spigot || ~ (balance) / index, needle, tongue || ~ (clou) / spike || ~ (fonderie) / core pin || ~ (frittage) / core rod || ~ (plast) / pin || ~ (serr) / broach, hinge pin o. wire || ~ **Acmé** (filage) / acme spindle || ~ à **ailette** (filage) / flyer spindle || ~ d'**alésage** / boring spindle || ~ d'**arrêt** / plunger pin || ~ [d'**arrêt**] (m.compt) / pin of the pin carriage || ~ **articulée** / articulated spindle || ~ d'**assemblage** / rivet o. gudgeon pin || ~ de **bobinoir** (filage) / spindle of the winding machine || ~ à **bouts sphériques** (métrologie) / measuring rod with spherical ends, radial o. spherical end measuring rod || ~ de **brasage** (électron) / soldering pin || ~ du **câble de déclenchement** (parachute) / rip pin || ~ **câbleuse à double torsion** (filage) / two-for-one twisting spindle || ~ de **calage** / timing pin || ~ de la **canette** / cop spindle || ~ de **cantre** (filage) / creel spindle o. peg || ~ de **centrage** / wiggler, wriggler || ~ de **changement de marche** (m.outils) / reversing arbor || ~ du **chariot transversal** (m.outils) / crossfeed screw || ~ de **chariotage** (tourn) / feed rod o. shaft || ~ de **chasse** (jute) / picking spindle || ~ de **châssis** (fonderie) / box pin || ~ de **cisaillement** / shear[ing] pin || ~ pour **continus à anneau** (tex) / ring spindle, ring and runner, ring and traveller || ~ de **copsage** (filage) / package spindle of the pot spinning frame || ~ **creuse** / hollow spindle || ~ du **culot** (électron) / base pin o. prong, contact o. connection pin || ~ à **déclic** / locking pin || ~ à **dégorger** / broach[ing tool] || ~ à **deux ressorts** (filage) / double spring tongue || ~ à **diviser** / dividing arbor || ~ d'**éjecteur** (outil) / ejector, knock-out || ~ **empointeuse** (filage) / suppressed balloon spindle || ~ d'**entraînement** / driving pin, tappet || ~ d'**entraînement** (m.outils) / live spindle || ~ **épaulée** / sliding Tee-bar with reduced diameters || ~ **équipée d'un mandrin** (filage) / spindle with a mandrel || ~ de **fermeture du câble automatique** (parachute) / static pin || ~ **filetée** / threaded spindle || ~ **filetée** (plast) / threaded insert || ~ de **finissage** / finishing spindle || ~ de **fraisage** / cutter o. milling spindle || ~ avec **gaine isolante** / partly insulated pin || ~**-guide** *f* /

guide pin || ~ **inclinable** / swivelling milling spindle || ~ pour **ligne d'arbre** (m.outils) / line ream || ~ **lisse** (outil) / spanner handle, tommy bar, sliding Tee-bar || ~ de **manœuvre** / actuating bolt || ~ de **meulage** / grinding arbour || ~ de **navette** (tiss) / shuttle tongue o. peg o. spindle || ~ à **noyau** (plast, outil) / plain core pin || ~ de **noyau** (fonderie) / spindle core || ~ de **perçage** / drill[ing] spindle || ~ à **pierre** (mines) / borer, jumper, stone drill || ~ pour **placages** (men) / glue clamp spindle || ~ de **plaque** / anode pin || ~ **portant une gravure** (plast) / marking pin || ~ **porte-bobine** (m.à coudre) / spool pin || ~ **porte-canette** (m.à coudre) / hook pin || ~ **porte-fraise** / cutter o. milling spindle || ~ **porte-fraise principale** / main cutter spindle || ~ **porte-meule** / grinding spindle || ~ **porte-outil** / tool holder spindle || ~ **porte-pièce** / work piece spindle || ~ de **pot tournant** (filage) / pot spindle || ~ de la **poupée à diviser** / indexing o. dividing spindle || ~ **poussée** (m.outils) / push broach || ~ **principale** (m.outils) / main arbor || ~ à **prisonnier** / insert pin || ~ de **réglage** / adjusting spindle || ~ de **renversement** (lam) / housing screw || ~ à **renvider** (coton) / winding bobbin || ~ **retordeuse à anneaux** (tex) / ring spindle, ring and runner, ring and traveller || ~ sur **roulement à billes** / ball bearing spindle || ~ **secondaire** / auxiliary spindle || ~ de **serrage** / tensioning spindle || ~ de **sortie** (électron) / connection pin || ~ **tirée** / pull broach || ~ de **tournage** (tourn) / spindle of the headstock, head spindle || ~ pour **tourner les clés à écrous** / tommy-bar || ~ à **trou lisse** (plast, outil) / plain core pin || ~ à **vis** / screw rod o. spindle, male screw

broché *adj* (tiss) / brocaded, broché... || ~ (typo) / stitched, sewed, sewn || ~ *m* (tiss) / figured o. swivel fabric, broché fabric, brocade || ~ (procédé de tissage) / swivel weaving, broché weaving || ~ d'**or** / interwoven with gold threads

brocher (m.outils) / broach || ~ (typo) / stitch, sew || ~ une **étoffe** (tiss) / brocade, figure || ~ à l'**intérieur ou les intérieurs** / broach inside surfaces || ~ à **mesure exacte** / broach to size

brochette *f* (filage) / spool carrier o. holder, skewer, bobbin carrier o. holder || ~ de **cantre** (filage) / creel peg

brocheur *m* / broché weaving machine

brocheuse *f* (typo) / book sewing machine, stitcher || ~ **automatique sans couture** (typo) / flexible binding machine, threadless o. adhesive o. thermoplastic binding machine || ~ à **chaîne** (m outils) / chain broaching machine

brochure *f* (ouvrage imprimé) / printed paper o. booklet, pamphlet, brochure || ~ (typo) / stitched o. unbound book || ~ (tiss) / brocading || ~ **cartonnée** (typo) / booklet bound in paper-boards, bds || ~ de **feuilles détachées** / loose-leaf pamphlet || ~ **illustrée en couleurs** / multicolour leaflet

broder / embroider

broderie *f* / embroidery || ~ à la **main** / handmade embroidery || ~ **mécanique** (tex) / machine embroidery || ~ au **métier à navette** / embroidering on a shuttle loom || ~ **plate** (m.à coudre) / broad stitch

brodeuse *f* / embroidering o. embroidery machine

brodoir *m* (tex) / trimming frame

broie *f* **mécanique** (lin) / stripping machine, breaking machine

bromable / brominable

bromate *m* / bromate

bromatologie *f* / chemistry of aliments

brome *m*, Br / bromine

bromélinase *f* (chimie) / bromelin, bromelain

bromer / brominate

bromhydrine *f* / bromhydrine

bromique / bromic

bromisme *m* / bromine poisoning, bromism

bromite *f* (min) / brom[yr]ite

bromo-acétone *f* / bromacetone, BA1 || ~**fluorure** *m* de **plomb** / lead bromfluoride || ~**forme** *m* / bromoforme || ~**métrie** *f* / brom[at]ometry || ~**styrène** *m* / bromostyrene

bromure *m* [de] / bromide || ~ d'**argent** / silver bromide || ~ **benzylique ou de benzyle** / benzyl bromide, α- o. ω-bromotoluene || ~ d'**éthyle** / bromoethyl || ~ d'**hydrogène** / hydrogen bromide, bromide of hydrogen || ~ **iodé ou d'iode** / iodine bromide || ~ **mercurique** / mercuric bromide || ~ de **méthyle** / methyl bromide, bromomethane || ~ de **potassium** / potassium bromide || ~ de **radium** / radium bromide

bromyrite *f* (min) / brom[yr]ite

bronzage *m* / bronzing || ~ du **fer** / blueing of iron

bronze *m* / bronze || ~, couleur *f* bronzée ou de bronze / bronze pigment || ~ **alpha ou α** / alpha bronze || ~ d'**aluminium** / aluminium bronze || ~ d'**argent** (alliage) / white o. silver bronze || ~ au **béryllium** / beryllium bronze || ~ **blanc** / white o. silver bronze || ~ **chinois** / lead[ed] bronze || ~ à **cloches** / bell metal || ~ **complexe coulé d'aluminium** / cast multi-alloy aluminium bronze || ~ **coulé** / cast bronze || ~ **coulé d'aluminium** / cast aluminium bronze || ~ **coulé d'aluminium au fer** / cast aluminium iron bronze || ~ **coulé d'aluminium au nickel** / cast aluminium nickel bronze || ~ **coulé au plomb** / lead bronze for castings || ~ **coussinets** / bronze for bearings and bushes || ~ de **cuivre** (couleur) / copper powder || ~ **doré** / real o. gilt bronze || ~ **dur** / hard bronze || ~ **fritté** / sintered bronze || ~ **jaune** / yellow bronze || ~ au **nickel** / nickel bronze || ~ d'**or** / real o. gilt bronze || ~ **[ordinaire]** / tin bronze || ~ **phosphoreux**, bronze au phosphore / phosphor bronze, Ph.Bz. || ~ **phosphoreux à l'étain** / phosphor tin bronze || ~ au **plomb** / lead[ed] bronze || ~ à **plusieurs composants**, bronze *m* polynaire / multi-alloy bronze || ~ **siliceux** / silicon bronze || ~ **spécial** / special bronze || ~ au **tungstène** (techn) / tungsten bronze || ~ au **zinc** / gunmetal, red bronze

bronzer / bronze *vt* || ~ (fer) / blue *vt*

bronzite *f* (min) / bronzite

brookite *m* (min) / brookite

broquette *f*, semence *f* / tack, pin || ~, clou *m* de tapissier / blueheaded tack, upholstering nail

brossabilité *f* d'une **peinture** / brushability

brossage *m* / brushing || ~ à la **vapeur** / brushing with steam

brosse *f* / brush || ~, gros pinceau *m* / painter's o. painting brush || ~ d'une **balayeuse**, brosse *f* cylindrique / brush roll o. cylinder, revolving brush || ~ **circulaire** (tex) / wheel brush || ~ à la **colle** (bâtim) / glue brush || ~ **cylindrique** (tex) / brushing roller || ~ à **décrotter** / scrub[bing] brush || ~ pour **dégommage** (tamis) / sieve cleaning brush || ~ à **gommer** (tiss) / size brush || ~-**grain** *f*, brosse *f* à blés / germinal brush || ~ de **grain** / beard of grain || ~ de **lainage** (tondeuse) / raising brush || ~ pour **laver les autos** / car washing brush || ~ à **limes** / file brush, (esp.:) file card || ~ à **lustrer** / lustring o. shining brush || ~ **métallique** / scratch o. wire brush, steel brush || ~ à **parer** (tex) / dressing brush || ~-**pinceau** *f* **rectangulaire** (bâtim) / whitewash brush || ~ **plate** / flat brush || ~ à **polir** (galv) / polishing brush || ~ à **reluire** / lustring o. shining brush || ~ à **répandre** /

distributing brush || ~ en **rouleau** / revolving brush, brush roll o. cylinder || ~ à **saupoudrer** / dusting brush (for powder) || ~ en **soie** / bristle brush || ~ à **son** / bran brush o. duster o. finisher || ~ à **tuyau** / brush for sweeping pipes, duct cleaner
brossée *f* / brushing
brosser / brush [over]
brosserie *f* / brush factory
brosseur *m* de **cardes** / card stripper o. cleaner o. brusher
brosseuse *f* / brushing mill o. machine || ~ **circulaire** (tex) / round brushing machine || ~ à **rubans** (tex) / belt brushing machine || ~ **transversale** (tex) / cross brushing machine
brouette *f* / wheelbarrow || ~ de **terrassier** / tipping barrow
brouetter / cart
brouetteur *m* de **charbon** (mines) / coal carrier
brouillage *m* (électron) / interference, jamming, mush (US) || ~ par **appareils électriques** (électron) / manganese(III) oxide, manganic oxide || ~ **arbitraire** / jamming || ~ par **balayage [de fréquence]** / sweep frequency interference || ~ par **barrage de fréquence** (électron) / wide band random vibration || ~ du **code** (radar) / garbling || ~ **électronique ou radioélectrique** (guerre) / jamming || ~ par **harmonique** / harmonic interference || ~ **H.F. arbitraire** (mil) / jamming || ~ **intentionnel** (radio) / jamming || ~ au **niveau de la voix** (télécom) / speech interference level, SIL || ~ d'**origine naturelle** (électron) / natural static || ~ de **parole** / speech deception || ~ **permanent** (électron) / continuous interference || ~ **ponctuel** / narrow band random vibration || ~ par **radiation du dehors** (radio) / radiated interference || ~ **sélectif** (radar) / selective interference || ~ **surimprimé** / superimposed noise || ~ entre **symboles** / intersymbol interference, ISI || ~ de **zones** (filage) / ribbon breaking
brouillard *m* / fog || ~ **artificiel** / smoke screen, screening smoke || ~ de **fines gouttelettes** / spray, drizzle || ~ de **peinture** / fog || ~ **salin** / salt spray [fog]
brouillé / filmy, hazy
brouiller (signal) / garble, mutilate || ~ (électron) / interfere, jam
brouilleur *m* (électron) / IU, interference unit || ~ (télécom) / scrambler || ~ (ELF) (mil) / jammer, [radio] jamming transmitter || ~ à **balayage de fréquence** / wobbulating interference unit || ~ de **bord** / airborne jamming transmitter || ~ de **données numériques** / digital data scrambler || ~ de **langage** / speech scrambler || ~ au **sol** / ground jamming transmitter || ~ **suiveur de fréquence** (guerre) / frequency seeking interference unit || ~ de **zone** (filage) / pattern breaking mechanisme
brouillon *m* / rough draft (US) o. copy
brouir / dessiccate
broussailles *f pl* / brush, shrubs *pl*, shrubbery
broussailleux (agr) / bushy
broussin *m* d'**érable** / curled maple, bird's eye maple
broutage *m* (m.outils) / chattering || ~ d'**embrayage** / grabbing of the clutch || ~ des **essieux** (locomotive) / stick-slip of wheel sets, torque pulsation of wheel sets || ~ des **freins** / brake squeal
broutant (usure) / plucking
broutement *m* (techn) / vibration, niril || ~ (m.outils) / chattering
brouter (embrayage) / grab || ~ (mot) / splutter, spit || ~ (m.outils) / chatter || **faire** ~ (agr) / graze, browse
broutilles *f pl* / brushwood
broyabilité *f* / grindability
broyage *m* (gén, céram) / grinding || ~ (charbon) / grinding, pulverizing || ~ (frittage) / milling || ~ (moulin) / breaking || ~ **autogène** / autogenous grinding, rock-on-rock grinding || ~ à **boulets vibratoires** (pap) / vibratory ball milling || ~ à **l'eau** / wet crushing || ~ **et épuration en plusieurs stades** (mines) / crushing and rewashing || ~ **humide** / wet grinding || ~ de **matières dures** / crushing hard materials || ~ à **sec** (mines) / dry crushing o. grinding
broyé (mines) / crushed || ~, trituré / ground
broyer / grind || ~ (chimie) / pound in a mortar || ~ (pierres, sucre) / crush || ~ des **couleurs** / grind colours || ~ **et mélanger simultanément** / grind and mix || ~ à l'**excès** (pap) / overbeat || ~ **finement** / pulverize || ~ le **lin** / break flax || ~ à **mort** / overgrind || ~ le **savon** / refine soap
broyeur *m* / grinder || ~ (minerai, sable) / chat roller || ~ (pap) / pulper, defibrator || ~, raffineur *m* (pap) / beater [roll], finisher || ~ (couleurs) / colour grinder o. grinding machine o. mill || **~s** *m pl* / size reduction machines || ~ *m* à **anneau cylindrique** / ring-roll[er] crusher o. mill || ~ à **anneau de mouture** / roller crusher || ~ à **barres** / rod mill || ~ à **barres** (sidér) / beater mill || ~ à **battoirs** / hammer bar mill, hammer pulverizer, fixed hammer mill, cross beater o. cross hammer mill, blade disintegrator || ~ à **boule[t]s**, broyeur à billes / ball mill, ball type of mill o. crusher || ~ à **boules Fuller-Bonnot** (mines) / Fuller-Bonnot mill || ~ à **boulets à vidange par gravité** / gravity-discharge ball mill || ~ à **boulets à séparation à air** / air-swept ball mill || ~ à **boulets et à cylpeps** / ball and pebble mill || ~ à **boulets vibrants** (céram) / vibrating ball mill || ~ **Bowl-Mill** (charbon) / bowl-mill crusher || ~ à **broches** / toothed roll crusher || ~ **Carr** / pinned disk mill || ~ **centrifuge** / centrifugal mill, disintegrator || ~ **centrifuge**, concasseur *m*. giratoire / cone type gyratory crusher, gyratory [crusher], rotary o. centrifugal crusher || ~ **centrifuge Fuller** / Fuller mill || ~ à **chaux** / lime crusher, lime [grinding and bolting] mill || ~ á **choc** (céram) / desintegrator, disintegrator || ~ à **chocs** / rebound crusher || ~ à **coke** (fonderie) / coke mill || ~ **compound à chambres multiples** / compeb mill, compartment pebble mill || ~ **concasseur** / crusher || ~ à **cône** / cone o. conical breaker o. crusher || ~ **conique Hardinge** / Hardinge type conical crusher, Hardinge mill || ~ de **copeaux** (m.outils) / chip breaker || ~ à **couteaux fixes et mobiles** / impact disk mill, impeller breaker (US) || **~-cribleur** *m* à **boulets** / Ferraris mill || ~ à **croix percutrices** voir broyeur à battoirs || ~ à **cylindres** / crushing roll || ~ à **cylindres** (plast) / roll mill || ~ à **cylindres** (prépar) / cylinder crusher || ~ **cylindrique pour la préparation humide de la pâte** (céram) / mass mill || ~ à **déchets** (atelier) / swarf mill || ~ des **déchets de cuisine** / kitchen refuse grinder || ~ **dégermeur** (moulin) / degerming mill || ~ **dégrossisseur** / primary crusher || ~ à **deux meules superposées** (mines) / emery mill, buhr o. burr mill || ~ à **deux rouleaux** / double roll crusher || ~ à **disque denté** / toothed disk mill || ~ à **disques** / disk mill o. pulverizer || ~ d'**évier** / garbage disintegrator o. grinder, kitchen-waste disposer, garburetor || ~ **fin à impact** / impact mill || ~ à **fonction discontinue** (pap) / batch pulper || ~ par **frottement** / attrition mill || ~ à **galets** / jar mill || ~ à **galets** (céram) / pebble mill || ~ à **galets MPS** / MPS type roller mill || ~ **giratoire** / cone type gyratory crusher, gyratory [crusher], rotary o. centrifugal crusher ||

~-granulateur *m* / granulating crusher || ~ à **gravité** / gravity mill || ~ à **impact pour rochers** / impact breaker (US) || ~ **incliné à boules** / inclined ball mill || ~ de **laboratoire** / laboratory crusher o. grinder || ~ à **litharge** / glaze crusher o. mill || ~ à **mâchoires** / jaw crusher o. breaker || ~ à **mâchoires à genouillère** / toggle lever jaw crusher || ~ à **marteaux** / [swinging] hammer mill || ~ à **marteaux fixes en croix** voir broyeur à battoirs || ~ à **matière dure** / disintegrating mill, hard crusher || **~-mélangeur** *m* **à meules** / mixing [edge] runner, mixing pan mill || ~ à **meules fixes** / mill with fixed rollers || ~ à **meules pour mortier** / mortar mill, pan mill mixer || ~ à **meules perforé** / open base grinding mill, edge runner dry mill || ~ à **meules verticales** / edge mill, Chili[an] o. Chilean mill || ~ à **meules verticales par voie sèche** / dry pan, dry edge runner mill || ~ de **minerai** / pounding o. crushing mill for ore, ore stamp[er] o. crusher || **~-mixeur** *m* (agr) / food masher || ~ de **mottes** (fonderie) / sand lump breaker || ~ d'**ordures** voir broyeur d'évier || ~ d'**os** / bone breaker || ~ de **paille** / straw bruiser || ~ à **percussion** / impact grinding mill || ~ à **plaques à pointes** / pin disintegrator, pin beater mill || ~ de **pont** (fonderie) / bridge breaker || ~ **pulvérisateur** / pulverizer, triturator || **~-pulvérisateur** *m* à **cage** / cage mill || ~ à **sable** / sand grinder o. mill || ~ à **sable** (fonderie) / sand muller || ~ de **scories** / slag grinding plant, pulverized-slag mill || ~ à **séparation par action mécanique** (mines) / mechanically sifting coal dust mill || ~ **tourbillonnaire** / eddy mill || ~ à **trois cylindres annulaires tournants dans une cuve** (mines) / Kent mill || ~ **tubulaire** (céram) / Alsing cylinder, tumbling mill || ~ à **un disque de choc** / impact disk mill, impeller breaker (US) || ~ à **une mâchoire** / forced feed jaw crusher || ~ **ventilé pour charbon pulvérisé** / directly feeding coal dust mill, direct-fired coal mill || ~ **vibrant** / vibratory mill

broyeuse *f* / refining machine, refiner, rotary grater || ~ de **savon** / soap mill || ~ **secondaire** / regrinder || **~-tailleuse** *f* (filage) / breaking scutcher || **~-tailleuse** *f* **combinée** (tex) / scutching and breaking machine

broyon *m* (chimie) / pestle

brucelles *f pl* / forceps, [pair of] tweezers *pl*, spring nippers *pl*

bruche *f* du **haricot** / bean weevil

brucine *f* / brucin[e]

brucite *f* (min) / brucite, texalite

bruine *f* (météorol) / sprinkle, drizzle

bruir / whiz[z]

brui[ssemen]t *m* (gén) / noise

bruissement *m* de l'**arc** (électr) / hissing of the arc

bruit *m* / noise || **à ~ faible** / of low noise [level], with little noise, silent || **à ~ réduit** (électron) / of low noise, low-noise level... || **faire un ~ de cahots** / bump || **sans** ~ (électron) / noisefree, noiseless || ~ **additif gaussien** / Gaussian noise || ~ **aérien** / airborne sound o. noise || ~ d'**agitation thermique** (électron) / resistance o. thermal noise || ~ d'**aiguille** (phono) / needle chatter || ~ **aléatoire** / random disturbance o. noise || ~ **aléatoire** (TV) / picture noise, shot o. random noise, grass || ~ d'**alimentation** (télécom) / battery supply circuit noise || ~ d'**allumage** (auto) / ignition noise || ~ d'**ambiance** / room noise, ambient noise || **~s** *m pl* **ambiants** (télécom) / room noise || ~ *m* d'**amplificateur** / amplifier noise || ~ d'**antenne** / antenna pickup || ~ d'**avions** / airplane noise || ~ de **bande** (électron) / white noise, flat random noise || ~ de **bande magnétique** / tape hiss o. noise || ~ **basse fréquence** (TV) / low frequency noise || ~ **blanc** / random noise || ~ **blanc Gaussien** / white Gauss (o. gaussian) noise || ~ **cathodique** / cathode hum o. noise || **~s** *m pl* de **chocs** (bâtim) / footfall sound, impact sound || ~ *m* de **circuit** (télécom) / line noise, circuit noise || ~ de la **circulation** / traffic noise || ~ **coloré** (électron) / coloured noise || ~ de **commutation** (électr) / generator hum || ~ de **commutation [et de friture]** (télécom) / key click o. chirp || ~ du **compresseur** (aéro) / compressor noise || ~ du **corps** (acoustique) / structure-borne noise, solid-borne sound, impact sound || ~ de **courant** / current noise || ~ **delta** (ord) / delta noise || ~ de **doublage** (film) / dubbed effect || ~ **dû à la fluctuation de l'angle d'incidence** (radar) / angle noise || ~ **émis par les véhicules routiers à l'arrêt** / noise emitted by stationary road vehicles || ~ d'**environnement** / ambient noise || ~ **équivalent à l'entrée** / equivalent noise at input || ~ **étranger** (gén) / ambient o. wild noise || ~ **étranger** (électron) / extraneous noise || ~ en **1/f** (tube électron) / 1/f noise || ~ en **1/f** / 1/f noise || ~ de **fond** / ground noise || ~ de **fond** (électron) / background [noise] || ~ de **fond** (ultrasons) / grass || ~ de **fond uniforme** (électron) / white noise, flat random noise || ~ de **friture** (électron) / frying o. burning o. stew of the microphone || ~ de **friture** (télécom) / frying || ~ **galactique** / galactic noise || ~ **gaussien** / Gaussian random noise || ~ de **grenaille** (électron) / shot noise o. effect, popcorn noise (US) || ~ d'**impact** voir bruit de corps || ~ **impulsif** / impulsive noise o. disturbance || ~ d'**impulsion** / impulse noise || ~ **induit** (télécom) / power induction noise (GB), induced noise || ~ **induit ou par influence** (électron) / induced grid noise || ~ à **large bande** (aéro) / broadband noise || ~ des **lignes de séparation** (film) / frame [line] noise || ~ du **local** (télécom) / room noise || ~ **machine** (techn) / machinery noise || ~ des **machines textiles** / textile machine noise || ~ de **microphone** (télécom) / frying o. burning o. stew of the microphone || ~ de **mire** (TV) / pattern noise || ~ de **mise en circuit** / starting hum || ~ de **modulation** / modulation noise, noise behind the signal || ~ de **moteurs** / engine noise || ~ de **motopropulseur** (aéro) / power unit noise || ~ **naturel** / natural noise || ~ de l'**oscillateur** / oscillator noise || ~ **parasite** (gén) / ambient o. wild noise || ~ **parasite** (télécom) / disturbance || **~s** *m pl* **parasites** (radio) / radio interference o. disturbance || **~s** *m pl* **perçus** (aéro) / perceived noisiness || ~ *m* dû à la **perforation** (film) / sprocket hum o. noise || ~ **perturbateur** (télécom) / disturbance || ~ **photonique** / photon noise || ~ de **porteur** / carrier noise || ~ **propre** (électron) / internal o. set noise, residual noise, noise background || ~ **provenant du circuit** (TV, électron) / circuit noise || ~ **provenant du gaz** / gas noise || **~s** *m pl* **provenants du chantier** / construction noise || **~s** *m pl* **pseudo-aléatoires** / pseudonoise || ~ *m* de **quantification** (électron) / quantization noise || ~ de **quantification** (télécom) / quantification noise || ~ **radioélectrique** / radio noise || ~ **radioélectrique ou de radio** / radio noise || ~ du **réacteur** (aéro) / jet noise || ~ d'un **réacteur** (nucl) / reactor noise || **~s** *m pl* de **récepteur** / set noise || ~ *m* de **référence** (télécom) / reference noise || ~ de **répartition de courant** (électron) / partition noise || ~ de **répéteur** (télécom) / repeater noise || ~ dû au **réseau** voir bruit de secteur || ~ **résiduaire** / residual ripple o. hum || ~ **rose** / pink noise || ~ de **roulement** / running noise || ~ de **salle** (télécom) /

room noise || ~ de **secteur** / mains noise o. hum, power line noise o. hum, A.C. hum || ~ **solaire** (électron) / solar [radio] noise || ~ dans les **solides** voir bruit de structure || ~ **sourd** / rattling, clattering || ~ à **spectre uniforme et continu** (électron) / white noise, flat random noise || ~ de **structure** (acoustique) / structure-borne noise, solid-borne sound, impact sound || ~ dans la **structure du plancher** / floor impact sound || ~ de **surface** (phono) / surface o. needle scratch o. noise || ~**s** *m pl* de **télégraphe** / telegraphic noise || ~ *m* de **tension continue** (bande son) / dc-noise || ~ **thermique** (TV) / grass || ~ **thermique** (électron) / resistance o. thermal noise || ~ de **toc** / click, cracking || ~ **transitoire** (électron) / transient noise || ~ **transmis par l'air** / airborne sound o. noise || ~ de **transmodulation** (TV) / cross noise

bruitage *m* (électron) / noise || ~ (radio) / sound effects *pl* || ~ en **mode commun** / common-mode interference o. noise

bruiteur *m* (radio) / effects man || ~ (mil) / acoustic device

bruiteux (contr.aut) / noise-infested, noisy

bruitomètre *m* / noise meter || ~ **objectif** / objective noise meter

brûlage *m* (nucl) / fuel burn-out || ~ (frittage) / burn-off || ~ en **bas** (nucl) / melt-down || ~ des **électrodes** / electrode consumption

brûlant / blazing hot

brûlé *adj* / charred || ~ (métal) / dry, over-refined || ~ *m* / burnt smell, smell of burning

brûler *vt vi* / burn || ~ (câble) / char through, scorch (US) || ~ (eau-de-vie) / distil || ~ l'**acier** (sidér) / spoil by too high annealing temperatures || ~ à **demi-feu** / smolder, smoulder || ~ un **feu rouge** (circulation) / go through red, jump the traffic light || ~ la **pointe du poteau** / carbonize the points || ~ [en **profondeur]** / burn-in || ~ **sans flamme** / glow away || ~ la **station** (ch.de fer) / run past the station || ~ à la **torche** (pétrole) / burn off || ~ à la **torchière** (four de coke) / bleed off

brûleur *m* / burner || ~ (four) / port-end || ~ **adaptable à tous les gaz** / all-gas burner, universal burner || ~ à **air soufflé** / forced air gas burner || ~ d'**angle** / tangential corner burner || ~ **atmosphérique** / atmospheric burner || ~ à **béton** / concrete burner || ~ de **cendres** / cinder burner || ~ à **chambre de mélange** / atmospheric gas burner || ~ à **charbon pulvérisé** / pulverized coal burner, coal dust burner || ~ à **combustible liquide** / liquid fuel burner, vaporizing oil burner || ~ à **couronne** / annular o. ring burner || ~ à **dame** (sidér) / scotch block || ~ à **deux étages de gazéification** / combustor, two-stage burner, gasification burner || ~ à **double débit** (ELF) (turb. à gaz) / duplex burner || ~**-étoile** *m* / star burner || ~ à **évaporation** / atomizing burner, vaporizing burner || ~ à **filets parallèles** (gaz) / non-premixed burner, nozzle mixing burner || ~ à **flamme de diffusion** / non-aerated burner, pin burner || ~ à **flamme laminaire** / flat burner || ~ à **fuel[-oil]** (ELF) / oil burner || ~ de **gaz à basse pression** / low-pressure gas burner || ~ à **gaz comprimé à deux étages** / two-stage pressure gas burner || ~ à **gaz surpressé** / high-pressure gas burner || ~ de **gaz à veilleuse** / gas pilot burner || ~ à **gazéification** / vaporizing burner, pot-type burner || ~ d'**induction à plasma** / induction type plasma burner || ~ **industriel** / industrial gas burner || ~ **intensif** / high-capacity burner || ~ à **jet de gaz** (gaz) / gas jet || ~ à **jets croisés** / nozzle mixing burner || ~ à **mazout** (ELF) / oil burner || ~ à **mazout à jet sous pression** / pressure-jet oil burner || ~ à **mazout avec réglage automatique** / self proportioning oil burner || ~ de **Meker ou de Méker** (gaz) / Meker burner || ~ à **mélange au préalable** (gaz) / premix burner || ~ à **mélange surpressé** / gas-and-pressure-air burner || ~ **mixte** / combined fuel burner || ~ **noyé** / submerged combustion burner || ~ **plat** / flat burner || ~ à **pulvérisation à combustible liquide** / vaporizing oil burner, atomizing oil burner || ~ à **pulvérisation sous pression** (pétrole) / pressure pulverizer || ~ **radiant** / radiant burner || ~ **rectiligne** (gaz) / line burner, pipe burner || ~ à **retour** (aéro) / spill burner || ~**-ruban** *m* (gaz) / ribbon [flame] burner || ~ **sans mélange préalable** / non-aerated burner, pin burner || ~ **simplex** (turb. à gaz) / simplex burner || ~ au **sol** (aéro, essais) / ground burner || ~ de **substitution** / conversion burner || ~ à **surface d'impact** / target impact burner || ~ **tangentiel** / tangential burner, tangentialer || ~ **«tous-gaz»** / all-gas burner, universal burner || ~ de **transformation** / conversion burner || ~ **transversal** / cross-firing burner || ~ à **turbulence** / turbulent burner || ~ à **tuyère de pulvérisation** / jet spray burner || ~ à **une bouche** / single-throat burner || ~ à **vapeur de mercure à très haute pression** / very high pressure mercury burner || ~ à **vaporisation du fuel[-oil]** / vaporizing oil burner, atomizing oil burner || ~ en **voûte** / roof burner

brûlis *m* (agr) / fire clearing, (also:) patch of burn-baited land

brûloir *m* à **café** / coffee roaster

brûlure *f* (gén) / hot spot, heat mark || ~ (semicond) / black death || ~ (électr) / burning through o. out || ~ (TV) / ion spot, screen burning || ~ (méd) / burn || ~ par **acide** / causticization || ~ de **congélation** (lyophilisation) / freezer burn || ~ des **contacts** / contact burn || ~ d'**écran** (r.cath) / screen burning || ~**s** *f pl* d'**exploration** (TV) / scan burns *pl* || ~ *f* de **foulon** (tex) / milling rig || ~ de **mire** (tube électron) / raster burn || ~ due aux **rayonnements** / radiation burn || ~ de **trame** (TV) / raster burn

brumaille *f* / mist (visual range ≧ 1 km; particle size ≦ 2 μm)

brume *f* (atmosphère) / murkiness of air || ~ **sèche** / haze (visual range › 1 km)

brumeux / hazy

brun argile / clay brown || ~ *m* **Bismarck** (teint) / Bismarck- o. gold brown, English o. cinnamon brown, Manchester o. phenylene brown || ~ de **Cassel** / Cassel brown || ~ *adj* **clair** / light-brown || ~ *m* de **cuir** (tex) / tan shade || ~ **cuivreux** / mahogany brown, copper-brown || ~ *adj* **fauve** / fawn brown || ~ **foncé** / dark-brown || ~ **jaune ou jaunâtre** / yellowish brown || ~ *m* de **manganèse** / manganese bister o. bistre o. brown || ~ *adj* **noir** / blackish brown || ~ *m* **ordinaire** (tex) / ordinary brown || ~ **résorcinol** / resorcin brown || ~ *adj* **rougeâtre** / bay, rufous || ~ **tirant sur le jaune** / yellowish brown || ~ *m* **Van Dyck** / Vandyke brown, Cassel o. mahogany brown

brunâtre / brownish

brunir (teint) / brown *vt* || ~ (métal) / burnish *vt* || ~ (acier) / brown *vt*, burnish || ~ (se) / brown *vi*, get o. become brown || ~ le **laiton** / burnish brass || ~ à **pression à galets ou à rouleaux** / burnish

brunissage *m* / burnishing || ~ **brillant** (laiton) / bright dip, pickling || ~ **chimique**, brunissage *m* galvanique (galv) / black finishing, chemical black process || ~ par **combustion d'huile de brunissage** (acier) / bronzing, browning, burnishing || ~ à

pression / press-polish, burnishing || ~ à **rouleaux** / roller burnishing || ~ au **tonneau** / barrel burnishing
brunissoir *m* / burnisher, burnishing tool || ~ **carrelette** / dead-smooth file || ~ **rotatif** / engine burnisher, power operated burnisher
brunissure *f* / burnish
brusque / sudden || ~ **changement de temps** (météorol) / snap
brusquement / abruptly, all of a sudden
brut / raw, crude || ~ (bâtim) / common, raw || ~ (pétrole, métal, mica) / crude || ~ (diamond) / raw || ~ (pierre) / undressed, uncut, unhewn, rough || ~ (commerce) / gross || ~ (brique) / raw, unbaked, unburnt || ~ (techn) / rough, undressed, unworked, unwrought || ~ (cuivre) / unrefined || ~ (café) / green, raw || ~ (charbon) / raw, uncleaned || ~ (pap) / untrimmed || ~ *m* **corrosif** (pétrole) / sour crude || ~ de **coulée** (fonderie) / as cast || ~ de **fabrication** (lam) / rolled straight, in rough manufactured state || ~ de **forgeage** / as forged || ~ de **laminage** / as-rolled condition || ~ **moins 0,5 mm environ** (charbon) / uncleaned fines *pl* || ~ de **presse** (circ.impr.) / having plate finish || ~ **reconstitué** (prépar) / reconstituted feed, calculated feed || ~ **réduit** (pétrole) / reduced crude || ~ de **soudure [sans apprêt et non peint]** (auto) / in white
brutalisme *m* (bâtim) / brutalisme
bruyant / noisy, loud || ~, murmurant / gurgling, burbling
B.T., basse tension / low voltage
buanderie *f* / laundry
bûche *f* (bois) / log of wood || **~s** *f pl* / billet wood
buchelle *f* / spring nippers *pl*, pair of tweezers *pl*, tweezers *pl*
bûcher (Canada) (forêt) / cut *vt*, fell, hew
bûcheron *m* / woodcutter, woodman, lumberman, -jack (US)
bûcheteux (pap) / knotty
bûchettes *f pl* (pap) / shives *pl*
buck skin *m* (tiss) / buckskin
buckythérapie *f* (nucl) / Bucky therapy
buée *f*, vapeur *f* / steam of boiling water, mist on a mirror, vapo[u]r on glass panes || ~, fumée *f* / vapour, exhalation || **se couvrir de** ~ / mist *vi* || ~ **corrosive** / acid fume o. vapo[u]r
bufflage *m* / polishing with the raw-hide wheel
building *m* / high building o. structure, highrise [building] || ~ / high-rise building
build-up *m*, accumulation *f* (nucl) / build-up
buis *m* / box[wood], Buxus sempervirens || **en** ~ / of boxwood
buisson *m* / brush, shrubs *pl*, shrubbery, bushes *pl*
bukal *m* (bois) / bulletwood
bulbe *m* (bot) / bulb || ~ (nav) / bulbous bow, (esp.:) bulb of a bow || **en** ~ / bulbous, bulbiform || ~ **chaud** (mot) / hot bulb || ~ du **thermomètre** / thermometer bulb, basin o. bulb o. cistern o. reservoir of a thermometer
bulbeux / nodular, nodulized
bulbkeel *m*, bulb-keel *m* (nav) / bulb keel
bullage *m* (chimie) / bubbling through || ~ dû au **retrait** / shrinkage cavity, shrink hole
bulldozer *m* (déconseillé), bouteur *m* (ELF) / bulldozer, dozer [tractor], earth mover || ~ pour **cintrer et former** (m.outils) / horizontal bending [and forming] press
bulle *f* / bubble || ~ (mousse) / bead, froth bubble || ~ (verre) / seed || ~ (plast) / contraction cavity || ~ d'**air** (fonderie) / pore || ~ de **gaz** (fonderie) / blowhole, gas pocket o. cavity, void || ~ **magnétique** / magnetic bubble || ~ **ouverte** (plast) / open bubble, bubble || ~ **ouverte** (fonderie) / pin hole, blister || ~ de **savon** / soap bubble || ~ de **vapeur** / vapour o. steam bubble
bulletin *m* / bulletin, report || ~ de **bagages** / luggage way bill || ~ de **commande** / written order || ~ de **dépôt** / warehouse warrant o. receipt || ~ d'**enneigement** / snow report || ~ d'**entreprise** / company magazine o. newspaper, house organ || ~ d'**étalonnage** / gauger's certificate || ~ d'**expédition** (ch.de fer) / dispatch note || ~ d'**expédition de colis express** / dispatch note for express parcels || ~ de **garantie** / guarantee o. warranty certificate || ~ **météorologique** / weather forecast o. report || ~ **officiel de la propriété industrielle** / patent reports *pl* || ~ de **paye** / pay slip, wage slip || ~ de **pesage** (ch.de fer) / weight docket || ~ des **routes** (radio) / informations on road conditions, road news *pl* || ~ **téléphonique automatique** (télécom) / playout message
bulleux (gén, phys, verre) / blistered
buna *m* / buna (made by Hüls), GR-S (USA Gvt), Polysar S (Sarnia Corp)
bungalow *m* / bungalow
bunsénite *f* (min) / bunsenite
bure *f* (tiss) / coarse woollen cloth || ~ *m f* (mines) / blind pit o. shaft, jack-head pit, wince, winze staple [pit] || ~ *m* d'**aérage** (mines) / casing tube || ~ à **balance** (mines) / brake shaft || ~ **descendant** (mines) / staple [pit], winze, shaft [between galleries] cut downward || ~ **montant** (mines) / rise, riser, raise, blind pit leading upward, shaft cut upwards, rising shaft || ~ **oblique** (mines) / underlay shaft, underlayer || ~ aux **pompes** (mines) / sump shaft, engine pit o. shaft || ~ de **roulage** (mines) / slide, rolling-shaft
bureau *m* / office || ~, service *m* / department, dept. || ~ (meuble) / desk, bureau || **de la taille d'un** ~ / desk sized || **large** ~ **collectif** / open plan office || **qui se passe entre les ~x** / cross-office || ~ **annexe** (télécom) / branch exchange o. office || ~ d'**architecture** / architect's office o. studio o. firm || ~ d'**arrivée** (télécom) / called exchange || ~ **automatique** (télécom) / automatic circuit exchange, ACE || ~ **automatique privé** (télécom) / private automatic exchange, P.A.X. || ~ de **brevets et de marques** / patent agent's office (GB), patent law firm (US) || ~ de[s] **calcul[s]** / costing office || ~ **central** (télécom) / central exchange o. office || ~ **central automatique**, bureau *m* central à service automatique (télécom) / automatic exchange, auto-exchange || ~ **central interurbain** (télécom) / main exchange o. office, trunk exchange || ~ **central télégraphique** / central telegraph office || ~ **central urbain** (télécom) / local central office, minor exchange || ~ **central urbain automatique** / community automatic exchange, CAX, (US auch:) CDO || ~ de **construction** / site office || ~ des **constructions** / engineering office, technical bureau || ~ **correspondant** (télécom) / distant exchange o. office || ~ de **dactylographe** / typewriter desk || ~ de **départ** (télécom) / originating exchange || ~ des **départs** (ch.de fer) / forwarding office || ~ de **dessins** / designing o. drawing office, drafting office || ~ de **douane** / customs office o. house || ~ d'**enregistrement des demandes** (télécom) / record office || ~ d'**enregistrement avec sélecteurs** (télécom) / record section with selectors || ~ **entièrement satellite** (télécom) / full satellite exchange || ~ à **espace décloisonné ou à aire ouverte** / open-plan office || ~ d'**étude** (ELF) / engineering and design department || ~ **fictif** (télécom) / hypothetical exchange || ~ d'**ingénieurs** / engineering office, technical bureau || ~ d'**ingénieurs-conseils** / patent agent's office (GB),

patent law firm (US) || ~ **intermédiaire** (télécom) / intermediate exchange o. office o. station
Bureau International *m* des **Containers**, B.I.C. (ch.de fer) / Intern. Container Bureau, B.I.C.
bureau *m* **interurbain** (télécom) / trunk exchange (GB), long-distance o. toll exchange (US) || ~ **interurbain extrême** / terminal trunk exchange || ~ de **lancement** / Planning Department || ~ **local** (télécom) / local exchange || ~ **marchandises** (ch.de fer) / goods o. forwarding department || ~ **Météo Aérienne** / aeronautical meteorological station o. office || ~ d'**origine** (télécom) / originating exchange || ~ **partiellement satellite** (télécom) / discriminating satellite exchange || ~**-paysage** *m* / open-plan office || ~ du **pompiste** / attendant's office || ~ de la **préparation du travail** / Planning Department || ~ **principal** (télécom) / head o. master office || ~ des **prix** (ordonn) / costing department || ~ **public rural** (télécom) / rural automatic exchange, R.A.X. || ~ **régional** (télécom) / district exchange, main district office || ~ **régional automatique** (télécom) / RACE, regional automatic circuit exchange || ~ à **rideaux** / roll-top desk || ~ **rural** (télécom) / district exchange, terminal exchange || ~ des **salaires** / wages department, payroll office || ~ **satellite** (télécom) / satellite exchange || ~ **secondaire** (télécom) / dependent exchange o. office || ~ **semi-automatique** (télécom) / semiautomatic exchange || ~ **suburbain** (télécom) / district exchange, terminal exchange || ~ **tandem** (télécom) / transit office o. exchange, tandem exchange || ~ **télégraphique** / telegraph office || ~ **téléphonique** (télécom) / exchange, central office || ~ **téléphonique automatique** / automatic exchange || ~ **téléphonique intermédiaire** (télécom) / tandem exchange o. office || ~ **[téléphonique] interurbain** (télécom) / trunk exchange (GB), toll exchange (US), long-distance exchange (US) || ~ **Télex** (Europe) / teleprint (GB) o. teletypewriter (US) exchange || ~ des **temps** / time- o. work-study department || ~ **tête de ligne international** (déconseillé), centre *m* international (télécom) / international call exchange || ~ de **trafic direct** (télécom) / toll exchange (GB) || ~ de **transit** (télécom) / transit office o. exchange, tandem exchange || ~ à **trois figures** (télécom) / three-figure exchange || ~ de **vérification des poids et mesures** / Board of Weights and Measures, Gauging Office
bureautique *f* / office automation
burette *f* / small can || ~ (chimie) / buret[te] || ~ de **départ** / separating burette || ~ à **gaz** / gas burette || ~ **graduée** (chimie) / graduated measuring glass, glass gauge || ~ à **graisse** / grease gun || ~ **Hempel** (chimie) / Hempel burette || ~ à l'**huile** / oil can || ~ de **mesure** / graduated burette || ~ à **pesée** (chimie) / weight burette || ~ à **piston** / piston burette || ~ **[plate] d'huile** / bench oiler, hand oiler || ~ à **pression** / plews oiler || ~ à **projection d'huile** / squirt oiler
burin *m* (m.outils) / burin, graver || ~ (serr) / chisel || ~ (m.outils) / cutter, cutting edge || ~ d'**alésage** / boring cutter || ~ d'**alésoir** / bit || ~ **brise-roc** (mines) / rock chisel || ~ à **contours** / contour graver || ~ à **fileter** / threading cutter || ~ **fixe** (horloge) / mandrel || ~ à **graver par fraiseuse** / milling graver || ~ de **gravure** (phono) / [sapphire] recording stylus, cutting stylus || ~ à **mater** / ca[u]lking tool || ~ de **mécanicien** / engineer's chisel || ~ à **métaux** / chipping chisel || ~ **minier** (mines) / drill bit || ~ **plat** / cold o. flat chisel || ~ à **queue** / shank chisel || ~ à **rainures** / grooving chisel
burinage *m* (soud) / chipping || ~ des **billettes** (lam) / billet bank
buriner (forge) / chip, chisel
burnishing *m* / burnishing of gears
burtoniser (bière) / burtonize
bus *m* (ord) / bus || ~ (coll), autobus *m* / autobus, motorbus, [omni]bus || ~**-bar** *m* / bus bar || ~ à **cabine avancée** / cabover bus, forward drive bus, C.O.E. bus (= cab over engine) || ~ **collectif** (ord) / collective bus || ~ pour les **données** / data bus || ~ **I.E.C.** (ord) / GTIB || ~ **multiplex** (ord) / multiplex bus || ~ de **ramassage scolaire** / school bus
busc *m* / mitre o. lock o. clap sill, shutting sill || ~ **proprement dit** (heurtoir) (hydr) / pointing sill
buse *f* (plast) / injection moulding nozzle || ~ (instr) / orifice [jewel] || ~ (haut fourneau) / nozzle || ~ (carburateur) / nozzle || ~ (appareils chimiques) (chimie) / nozzle for chemical equipment || ~ d'**aérage** (mines) / air conduit o. tube, airduct, casing tube, duct fan || ~ d'**air** / air jet o. nozzle || ~ d'**arrosage** / sprinkler || ~ d'**arrosage** (plast) / coolant nozzle || ~ d'**aspiration** (mot) / aspiration port, intake || ~ d'**aspiration d'air** / aspiration hole || ~ d'**aspiration des copeaux** / shavings exhauster || ~ d'**aspiration de mèche** (filage) / broken end collecting device || ~ d'**atomisation** / liquid spray diffuser || ~ à **brouillard** / mist projector || ~ de **brûleur** / burner head o. jet o. nozzle || ~ du **canal chaud** [froid] (plast) / hot, [cold] gate o. nozzle o. runner || ~ du **carburateur** (auto) / choke || ~ de **carotte** (plast) / feed o. sprue bush || ~ du **chalumeau** (soud) / tip, nozzle || ~ de **chalumeau** (brasage) / blow-pipe nozzle || ~**s** *f pl* **concentriques** (soudage) / concentric nozzle || ~ *f* de **décharge** / delivery nozzle, discharge nozzle || ~ **dégivreuse** / defroster o. de-icer nozzle || ~ de **départ** (four) / flue socket || ~ **éjectrice**, buse *f* à jet de sable / sand blast nozzle || ~ à **injection de thermodurcissables** (plast) / jet molding nozzle || ~ à **jet libre** / open jet nozzle, free jet nozzle || ~ **mélangeuse** / proportioning o. mixing nozzle o. jet, combining nozzle || ~ à **obturation** (plast) / shut-off nozzle || ~ de **pot d'alimentation** (plast) / feed bush, sprue bush || ~ de **projection** / sand blast nozzle || ~ **propulsive à section variable** (aéro) / variable area propelling nozzle || ~ de **pulvérisation** / liquid spray diffuser || ~ de **sableuse**, buse *f* soufflante / sand blast nozzle || ~ de **séchoir** (tex) / drying nozzle || ~ **souple en toile** (mines) / canvas air conduit || ~ de la **tuyère** (sidér) / blast pipe, nozzle, tuyère, twyere
buselure *f* (nav) / rudder pintle
busette *f* (filage) / cop tube || ~ (plast) / feed bush, dispensing nozzle || ~ (sidér) / nozzle || ~ de **coulée** (gén) / spout, snout, nozzle || ~ de **coulée** (fonderie) / pouring spout and channel || ~ de **dessablage** (fonderie) / sand blast nozzle || ~ de **poche** (sidér) / ladle lip o. nozzle || ~ de **sablage** / sand blast nozzle
bushel *m* / bushel
busillon *m* (sidér) / blast pipe, nozzle, tuyère, twyere
but *m* / target, mark || ~, objectif *m* / purpose || ~ (radar) / distant object, target || ~ (ordonn) / target || **à un seul** ~ (techn) / single-purpose... || ~ **concourant** (radar) / cooperative target || ~ d'**essai** / object of trial || ~ **immédiat** (gén) / short-range objective || ~ **lointain** / long-range objective || ~ de **transfert** (ord) / transfer target || ~ de **travail** / purpose of work, object of work
butadiène *m* / butadiene, divinyl [B]
butanal *m* / butyraldehyde
butane *m* / butane || ~ en **bouteilles** / butagas
butanier *m* (nav) / butane carrier

bute *f* / paring knife
butée *f* (bâtim) / abutment || ~ (techn) / stop, limit stop, stop motion device, catch || ~ (palier) / thrust bearing || ~ , culée *f* de voûte (bâtim) / vault abutment || ~ (découp) / pin stop, pilot pin, button stop, stop ga[u]ge o. pin || **à ~ simple** (roulement à billes) / single-thrust || ~ d'**aiguille** (ch.de fer) / bearing stud || ~ de l'**aiguille** (instr) / pointer stop, index stop pin || ~ de l'**aileron différentiel** (aéro) / differential aileron linkage || ~ d'**ancrage supérieur** (pétrole) / top hold down || ~ d'**arrêt** / crash stop || ~ d'**avance** / feed stop || ~ pour la **barre** (m.outils) / bar stop || ~ de **basculage** / tilting stop o. dog || ~ à **billes** / thrust ball bearing || ~ à **billes à double effet** / double thrust ball bearing || ~ **centrale** / center stop o. dog || ~ de **chariotage** (m.outils) / length [feed]stop || ~ de la **clé** / key neck || ~ de **débrayage** / clutch release bearing || ~ au **déplacement transversal** (tourn) / facing stop, transversal stop, cross-stop || ~ de **direction** / steering stop || ~ **double [à billes]** / double thrust ball bearing || ~ **éclipsable ou escamotable** (découp) / trigger stop || ~ d'**éjecteur** (plast) / ejector pad || ~ d'**entrefer** (relais) / non-freeze pin || ~ **escamotable** (projection par diapositives) / locking pin || ~ d'**espacement** (plast) / spacer || ~ d'**essieu** (techn) / axle stirrup of a tractor || ~ [de **fin de course]** / limit stop || ~ **fixe** / positive stop, dead stop || ~ **fixe réglable** (diesel) / control rod stop sleeve || ~ de **frein** / brake stop || ~ à **gradins** / stepped thrust block || ~ à **griffes** / claw stop || ~ **intermédiaire** (m.outils) / intermediate stop || ~ de **jumelle** (bâtim) / shackle stop || ~ de **levée de pale** (aéro) / droop stop || ~ de **limitation** / limit stop || ~ **longitudinale** / longitudinal dead limit || ~ **longitudinale** (m.outils) / length stop || ~ de **mandrin** (sidér) / mandrel thrust block || ~ de **marche en sens inverse** (auto) / reverse gear stop || ~ **marginale** (m.à ecrire) / margin o. marginal stop || ~ de **mesure** (lam) / measuring stop || ~ **orientable** / swing stop || ~ de **pleine charge** / full load stop || ~ d'un **pont** (pont) / abutment pier || ~ de **profondeur** (m.outils) / bit stop o. gauge || ~ à **rainure à billes** / deep groove ball thrust bearing || ~ de **recul de la table** (m.outils) / table reversing dog || ~ **réglable** / adjustable stop || ~ de **renvoi d'éjecteur** (plast) / ejector plate return pin || ~ à **ressort** (gén, découp) / buffer [stop] || ~ à **rouleaux** / thrust roller bearing || ~ à **rouleaux coniques** / taper roller thrust bearing || ~ à **rouleaux cylindriques** / cylindrical roller thrust bearing || ~ à **roulement à rotule** / self-aligning roller thrust bearing || ~ de **sécurité** (techn) / safety stop || ~ de **soupape** / valve guard || ~ de **table** (m.outils) / table stop || ~ de **taquet** (techn) / tappet stop || ~ à **vis** / screw stop || ~ d'une **voûte** (bâtim) / abutment || ~ à **zéro** / zero dead stop
butène *m* / butene, normal butylene
buter [à] / meet [with], find || ~ [contre] / abut (against)
butoir *m* / keep-off rail || ~ (ch.de fer) / buffer [block o. stop], bumper, bumping post, fender beam || ~ (mot) / cam catch o. hump o. nose || ~, buttoir *m* / buffer [gear], cushioning, bumper, shock absorber || ~ (men) / door stop || ~ (lam) / stopping device, stop[per] || ~ **bumper** / bumper rail || ~ en **caoutchouc** / rubber buffer o. cushion || ~ de **clapet** / valve guard || ~ de **déviation** (techn) / baffle plate || ~ **élastique ou à ressort** / spring buffer, spring bumper pad || ~ d'**excentrique** / eccentric catch || ~ du **frappeur** (filage) / buffer of the beater arm || ~ de **mesure** (lam) / measuring stop || ~ de **palier** / lip o. joggle of a bearing || ~ de **pare-chocs** (auto) / overrider (on the bumper), bumper guard || ~ de **parquet** / floor stop
buton *m* (constr. en acier) / diagonal rod o. stay o. brace
butte *f* (bâtim) / heap, mound || ~ (ch.de fer) / hump, [double] incline, summit || ~ (mines) / wooden prop, prop || ~ (tir) / butt, stop-butt || **en** ~ (pelle) / above level working || ~ **médiane** (mines) / center prop || ~ de **taille** / mine prop, pit prop, stull
butter (agr) / hill *vt*, ridge *vt*
butteur *m* à **pommes de terre** / potato hiller o. cultivator o. ridger
butteuse *f* / ridge o. ridging plough
buttoir *m* (agr) / double plough
button *m* (mines) / prop
buttonner (mines) / prop *vt*
butyl *m* / butyl rubber, Government rubber isobutylene, GRI
butylaldéhyde *m*, butyraldéhyde *m* / butyraldehyde
but[yl]ène *m* / but[yl]ene
butyrate *m* **isobutylique** / isobutyl butyrate
butyrine *f* / butyrine
butyromètre *m* / butyrometer
buvable / potable
buvard (pap) / absorbent, bibulous, blotting
buxter *m*, poteau *m* d'ancrage (four céram) / buckstay, -stave
buzz-track *m* (film) / buzz track
B.V., bâtiment *m* des voyageurs (ch.de fer) / passenger o. station building
B.W.R. *m*, réacteur *m* à eau bouillante / boiling water reactor
by-pass *m* (gén) / bypass device o. apparatus, bypass || ~ (électr) / cross-leakage, by-path || **à** ~ / bypass...
by-passer *vt* (hydr) / bypass
byssinose *f* / cotton mill fever, cotton dust asthma
byssus *m* / shell-silk, mussel o. sea o. byssus silk
byte *m* (ord) / byte || ~ de **contrôle de chaîne** (ord) / string control byte || **~-série bit-parallèle** / byte-serial bit-parallel

C

C / coulomb, C
C14, C^{14} (datation) / C 14
°C / degree Celsius, °C
ca, centiare *m* / square meter
C.A., c.a., courant *m* alternatif (électr) / alternating current, A.C., AC, a.c., a-c (US)
cabane *f* / hut, shack, shanty, cabin || ~ de **chantier** (bâtim) / shed, site hut || ~ à **rideau d'eau** / rinsing spray booth
cabestan *m*, treuil *m* à axe vertical / capstan || ~ (bande magn) / drive capstan, (esp:) deck motor || ~ (nav) / capstan, whim capstan, cat head || ~ à **bras** / bar capstan || ~ de **chaîne** / chain capstan || ~ pour **filets** (nav) / trawler winch || ~ de **halage** (nav) / warping winch, gipsy spool o. winch || ~ de **manœuvre** (ch.de fer) / car puller (US), capstan || ~ de **poupe** (nav) / aft capstan || ~ **tireur ou de tirage** (câblage) / pull-off capstan || ~ de **touage** (nav) / warping winch
cabillot *m* (nav) / belay pin
cabine *f* (télécom) / booth, box, cabin || ~ (nav) / cabin || ~ d'**altitude** / low-pressure chamber || ~ d'**appareils** / shelf of apparatus || ~ d'**ascenseur** / elevator car, lift car o. cage || ~ **avancée** / driver's cab beside the engine || ~ **basculante** (auto) /

binnacle (GB), tilting type driver's cab || ~ de **chauffeur** (auto) / driver's cab, cab || ~ **circulante** (funi) / circulating cabin || ~ du **conducteur** (grue) / driver's cabin, driver-stand || ~ du **conducteur** (auto) / driver's cab, cab || ~ de **conduite** (ch.de fer) / engineer's (US) o. driver's (GB) cab || ~ de **contrôle** (télécom) / control cubicle || ~ à **couchettes** (camion) / cab with bunk || ~ de **dessablage** (fonderie) / sand-blast chamber || ~ de **distribution** / cutout o. service cabinet || ~ d'**enregistrement** / recording room || ~ **étanche** (aéro) / hermetic cabin || ~ à **grande capacité** / large volume cabin || ~ du **grutier** (grue) / driver's cabin, driver-stand || ~ **insonorisée** (film) / camera booth || ~ **isolée contre le bruit** / sound booth || ~ de **mixage** (film, radio) / control box o. booth, (film, radio) || ~ **panoramique** (aéro) / green-house (coll) || ~ des **passagers** (aéro) / passenger cabin || ~ à **peindre ou de peinture au pistolet** / spray booth || ~ **pressurisée ou sous pression** (aéro) / pressurized cabin || ~ de **projection** (film) / projection cabin o. room o. booth || ~ du **routier** (auto) / driver's cab, cab || ~ de **secours** (funi) / emergency car || ~ de **signalisation** (ch.de fer) / signal box o. tower (Am) || ~ **téléphonique** / telephone o. call box o. kiosk, phone booth (US) || ~ de **tracteur** / cab || ~ de **transformateur** / transformer station o. kiosk

cabinet *m* / closet || ~ d'**aisance[s]** / lavatory, water closet || ~ d'**architecture** / architect's bureau o. office || ~ **conditionné aux atmosphères normales** / cabinet conditioned with standard atmosphere || ~ d'après **Kesternich** (essai matériaux) / Kesternich type corrosion testing apparatus || ~ **sec** / chemical o. earth closet || ~ à **siège** / seat-type WC || ~ à **tiroirs** (électron) / cabinet-type rack || ~ de **toilette** (gén) / lavatory o. washing accommodation, washroom, restroom, lavatory

câblage *m* (opération) / wiring || ~ (électr) / wiring system || ~ (cordage) / braiding, type of lay o. twisting o. stranding || ~ (comm.pneum) / piping || ~ (composants électron) / lead dress, wiring mode || ~ (télécom) / cabling, communication by cable || ~ **aéré** / wiring with single wires || ~ d'**alimentation principale** (électr) / supply mains || ~ **arrière** (électron) / back-panel wiring || ~ [à] **basse tension** / low-voltage wiring || ~ en **code de couleurs** / pole wiring || ~ de **contrôle** / control circuitry || ~ en **cordons** / flexible wiring || ~ **côtelé** / cord cabling || ~ à **droite** / right-hand lay, Z-lay || ~ en **étoile** (électr) / star quad twisting, spiral quad formation || ~ en **fil nu** / bare o. bright wiring || ~ à **gauche** / left hand lay, S-lay || ~ en **huit fils** / quad pair formation || ~ **imprimé** / printed wiring, P.W. || ~ **imprimé au verso** (circ.impr.) / platter, back panel wiring || ~ **long ou Lang** / Lang['s] lay, long lay || ~ **multiple** / multiple stranding || ~ **point par point** (électron) / point-to-point wiring

câblage *m* **rangé ou en nappes** / flat bundle wiring o. installation

câblage *m* **rectangulaire** (télécom) / rectangular wiring || ~ **S** / left-hand lay, S-lay || ~ **sans prétorsion** / stranding without pretwist || ~ en **sens alterné ou à couches croisées** / reverse lay || ~ **SZ** / SZ stranding

câblage *m* en **torons** / round bundle wiring o. installation

câblage *m* au **verso** / back panel wiring || ~ **Z** / right-hand lay, Z-lay

câble *m* (cordage) / cable, rope || ~ (électr) / cable || ~ (nav) / cable || ~ (pneu) / cord || **en** ~ (télécom) / cabled || **par** ~ / telegraphically || ~ d'**abonné** / subscriber's cable, local cable || ~ en **acier** / steel cable || ~ **ACSR**, câble *m* à fils d'aluminium autour d'un fil central en acier / aluminium-steel cable, aluminium cable steel reinforced, A.C.S.R. || ~ d'**actionnement** / check cable (US), cords *pl* || ~ **aérien** (télécom) / aerial o. air cable, overhead cable || ~ **aérien** (électr) / aerial line o. wire, air o. overhead line || ~ d'**alimentation** / feeder cable, incoming feeder, supply line || ~ d'**alimentation du courant** (électr) / main cable o. feeder, feeding cable || ~ d'**alimentation monoconducteur** / single-wire feeder || ~ **[d'alimentation] de retour** / negative feeder cable || ~ d'**allumage** (auto) / spark plug cable || ~ d'**aluminium** (électr) / aluminium cable || ~ **aluminium-acier** voir câble ACSR || ~ d'**amarrage** (nav) / mooring cable o. line || ~ d'**amarre** / guy o. stay rope || ~ d'**amenée du courant** / electric mains, lead-in, power lead || ~ d'**ancrage** / guy o. stay rope || ~ d'**antenne** / antenna cord[ing] || ~ **antigiratoire** / preformed rope, non-rotating rope || ~ pour **appareils électroménagers** (électr) / appliance wire || ~ à **armature en fils d'acier** / steel-wire armoured cable || ~ **armé** (auto) / flexible steel armo[u]red cable || ~ **armé sous plomb** / lead-covered cable || ~ **armé sous plomb isolé au papier** / paper-insulated lead-covered cable || ~ d'**arrêt** (porte-avions) / arrester cable o. wire || ~ d'**ascenseur** / lift o. elevator cable o. rope || ~ **asphalté** / bitumen cable || ~ d'**atterrissage** voir câble de bas fond || ~ **autoporteur** / self-supporting cable || ~ de **bas fond** / coastal cable, shallow water cable, shore end of a cable || ~ à ou sous **basse pression d'huile** / self-contained oil-filled cable || ~ **basse tension** / low-voltage cable || ~ **blindé** / shielded cable || ~ **blindé** (auto) / flexible steel armo[u]red cable || ~ de **bord** / ship wiring cable || ~ en **boucle** (télécom) / loop cable || ~ **Bowden** / Bowden cable o. wire, Bowden pull wire || ~ de **branchement** / stub cable || ~ de **branchement domestique** (électr) / branch o. service cable || ~ de **bras de lecture** (phono) / audio-cable || ~ en **caoutchouc** / elastic rubber cable, rubber cord, sandow || ~ au **caoutchouc** (électr) / rubber cable || ~ au **caoutchouc sous plomb** / lead covered rubber cable || ~ **carré** / square cable || ~ à **ceinture** (électr) / belted-type cable || ~ de **ceinture** (contr.aut) / party line || ~ à **ceinture séparée** / separate lead type cable, S.L.-type cable || **~-chaîne** *m* (nav) / anchor chain o. cable, cable chain || ~ de **chaîne à étais** (nav) / studded anchor chain || ~ à **champ radial** / radial field cable, shielded conductor cable || ~ de ou en **chanvre** / hemp rope o. cable || ~ à **charge continue** (télécom) / continuously loaded cable || ~ **chauffant** / heating cable || ~ **clos** / fully lock[ed] coil rope, aerial rope o. cable || ~ **clos à fils ronds et profilés alternants** / half locked rope || ~ **coaxial** / coaxial cable o. lead, coax || ~ de **commande** (ascenseur) / control cable || ~ à **commettage tordu simple à pas droit** / right-hand long-lay cable || ~ **composé** / composite cable || ~ **compound** (électr) / compound cable || ~ à **compression externe de gaz** / compression cable, external gas pressure cable || ~ à **conducteur simple** / single-core cable || ~ à **conducteurs en faisceaux** / bunch[ed] cable || ~ à **conducteurs isolés au polyéthylène** / PIC-cable || ~ de **conduite du courant** / current transmission rope || ~ de **connexion** / connecting o. connection cable || ~ de **connexion de l'abonné** (électr) / service main || ~ de **contrepoids** / counterweight rope || ~ de **contrôle** (électr) / jumper, test cable || ~ à **couches**

concentriques ou en couches / layer-stranded o. layered cable || ~ à **courant continu** / d.c. cable || ~ pour **courant fort ou pour courant de grande intensité** / power [current] cable || ~ pour **courant téléphonique ou télégraphique** / communication cable || ~ de **court-circuit** / ground (US) o. earth (GB) cable, earthing wire, jumper || ~ **creux** / hollow cable || ~ **croisé** / ordinary lay rope, regular lay rope || ~ de **croisillonnement** / tensioning rope || ~ **cryogénique** / cryogenic cable || ~ **cuirassé** (électr) / insulated metal sheathed wire, conduit wire || ~ **déclencheur** (phot) / flexible o. cable release o. trigger || ~ pour **découper les pierres** / stone-cutting strand || ~ de **démarrage** (auto) / starter cable || ~ de **dépannage en acier** / steel towing rope || ~ de **dérivation** / stub cable || ~ **descendant** (électr) / down-lead || ~ à **deux conducteurs** / twin core o. two-core cable, twin wire cable || ~ **DINA** voir câble à fils parallèles || ~ de **direction** / guide cable o. rope || ~ de **distribution** / distributing cable || ~ de **distribution**, câble *m* de réseau / mains cable, line cord || ~**s** *m pl* **domestiques** (bâtim) / house wiring cables *pl* || ~ *m* d'**éclairage** (auto) / lighting cable || ~ pour **éclairage [électrique]** / electric light[ing] cable || ~ sous **écran** / shielded cable || ~ à **écran en papier métallisé** (électr) / Höchstädter cable, H-type cable, shielded conductor cable || ~ **élastique** / elastic rubber cable, rubber cord, sandow || ~ **électrique** (électr) / connecting cord o. flex (GB) o. lead, power cord || ~ **enclavé** / fully lock[ed] coil rope, aerial rope o. cable || ~ d'**énergie** / power [current] cable || ~ d'**enrouleur**, câble *m* pour engin mobile (grue) / trailing cable || ~ **enterré** / underground cable, buried cable || ~ **entièrement clos** / fully lock[ed] coil rope, aerial rope o. cable || ~ d'**entrée** / leading-in cable || ~ sous **enveloppe de jute** / jute-lead cable || ~ d'**équilibre** (mines) / balance rope || ~ d'**équilibre** (funi) / ballast rope || ~ d'**équipement** (automobile) / motorcar cable || ~ **étalon** / calibration cable || ~ pour l'**extérieur** / outside cable || ~ d'**extraction** (mines) / hoisting o. winding o. pit o. haulage cable o. rope, main rope, shaft cable || ~ d'**extraction** (proprement dit) (mines) / upper rope || ~ à **faible capacité** / small capacity cable, small sized cable, small make-up cable || ~ pour **faible intensité** / weak current cable || ~ à **faible torsion** / rope with low torsional stresses || ~ à **faibles torsions internes** / rope with low internal stresses || ~ de **fermeture** (télécom) / terminal cable || ~ de **fermeture de benne** / closing rope of a grab || ~ **fibre optique** / glass- o. fiber-optic[al] light guide o. waveguide || ~ sous **fibres** / fiber covered cable || ~ de **fibres continues** (tex) / filament tow || ~ en **fibres [naturelles ou synthétiques]** / rope from [natural o. synthetic] fibers || ~ à **fiches** (télécom) / plug cord || ~**s** *m pl* de **filaments** (filage) / sliver [combing], tow || ~ *m* en **[fils d']acier** / steel wire rope || ~ à **fils armés** / armoured wire cable || ~ à **fils fins** / small-gauge wire cable || ~ à **fils non parallèles** / crosslay rope, non-parallel lay rope || ~ à **fils parallèles** (cordage) / equal-lay rope, parallel lay rope || ~ à **fils parallèles**, câble *m* DINA ou HiAm (pont) / DINA o. HiAm cable || ~ à **fils profilés** / shaped conductor cable || ~ **flexible** / flexible cable o. shaft || ~ **flexible de tachymètre ou du compteur** / speedometer drive || ~ de **forage** / drilling rope || ~ en **fourche** (c.perf.) / split wire || ~ de **frein** / brake pull cable, brake cable assembly || ~ à **fréquence radioélectrique** / radiofrequency cable || ~ sous **gaine** / Bowden control, sheathed cable || ~ sous **gaine caoutchouc** / rubber [sheathed] cable || ~ sous **gaine métallique** / metal-clad cable || ~ sous **gaine de néoprène** / neoprene covered o. sheathed cable || ~ sous **gaine nu** / uncovered cable || ~ sous **gaine plastique** / plastic sheathed cable || ~ sous **[gaine de] plomb** / lead covered cable || ~ sous **gaine de plomb à deux conducteurs concentriques** / concentric lead covered double cable || ~ sous **gaine de plomb nu** / plain lead covered cable || ~ sous **gaine de plomb avec revêtement extérieur** / served lead cable || ~ sous **gaine séparée de plomb** / separate lead type cable, S.L.-type cable || ~ de **garde** (ligne aérienne) / lightning protection rope || ~ de **garde** (électr) / earth cable (GB), ground cable (US) || ~ à **gaz** / gas cable || ~ de **grand fond** / deep-sea cable || ~ de **grand rendement** (funi) / heavy-duty ropeway || ~ à **grande capacité** (télécom) / large-capacity o. large-sized cable, multipaired cable || ~**s** *m pl* **groupés** / bunched cables *pl* || ~**-guide** *m* / guide cable o. rope || ~ sous **guttapercha** / gutta-percha covered cable || ~ de **halage** / hauling line || ~ de **halage** (haveuse) / coal cutter traction rope || ~ de **hauban[age]** / guy rope, stay [rope] || ~ **haute fréquence ou H.F.** (électr) / high-frequency cable || ~ de **haute mer** / deep-sea cable || ~ à ou sous **haute pression d'huile** / high-pressure oil filled cable || ~ **haute tension** / high-voltage cable || ~ **hélicoïdal** / spiral rope o. strand || ~ **hertzien** (télécom) / carrier frequency radio transmission || ~ **hertzien** (radio) / directional radio link || ~ **H.F.** / HF-cable || ~ **HiAm** voir câble à fils parallèles || ~ de **hissage ou de levage** (nav) / cargo o. winch runner || ~ du type **Hochstadter** (électr) / Höchstädter cable, H-type cable, shielded conductor cable || ~ à **huile** / oil-filled cable || ~ à **huile sous basse pression** / self-contained oil-filled cable || ~ à **huile sous haute pression** / high-pressure oil filled cable || ~ **hydrofuge** (électr) / dampproof installation cable || ~ pour **installation intérieure** / house o. inside cable, indoor wiring cable || ~ **isolé à caoutchouc sous plomb** (électr) / plain lead covered cable || ~ **isolé à papier sous gaine de plomb** / paper-insulated lead-covered cable || ~ **isolé au papier imprégné sous** [gaine de] **plomb avec armature feuillard** / paper-insulated lead-covered cable with steel type armour || ~ **isolé à papier imprégné à matière visqueuse** / paper insulated mass impregnated cable || ~ **isolé au papier verni** / varnished paper cable || ~ **isolé à la toile vernie** / varnished cambric cable || ~ **[isolé] au caoutchouc** / rubber sheathed cable || ~ à **isolement par air** (électr) / air-space[d] o. as-cable || ~ **[isolé] au papier** / paper insulated cable || ~ d'**itinéraire** (ch.de fer) / spoor cable (for geographical connections) || ~ de **jonction** (télécom) / junction cable || ~ de **jonction** (ord) / patch cord, jumper cable || ~ de **jonction** (ch.de fer) / jumper || ~ de **jonction à l'appareil de mesure** (électr) / instrument leads *pl* || ~ **jumelé** / paired o. twin cable || ~ au **jute sous plomb** / jute-lead cable || ~ **krarupisé** (télécom) / continuously loaded cable || ~ **Lang** / Lang lay rope || ~ à **large bande** (électron) / broad band o. large band cable || ~ **lest** (funi) / ballast rope || ~ **lest** (mines) / ballast rope, counter rope || ~ de **levage** / lifting rope || ~ de **levage** (benne) / holding line || ~ de **levage** (nav) / cargo o. winch runner || ~ à **lignes de fuite** / leakage cable || ~ pour **lignes électriques aériennes** / overhead conductor o. rope || ~ **limiteur** / check cable || ~ pour **lisses** (tex) / heald twine o. thread || ~ pour **locaux humides** (électr) / dampproof installation cable || ~ à **matière non migrante** (électr) / non-draining o. nd-cable || ~ de **mesurage du débit de liquides** / pendant wire, tag line || ~ de **mesure** / measuring cable || ~ **métallique** / wire cable o. rope, metal rope, steel cable || ~ **métallique** (pneu) / metallic o. steel cord, wire cord (US) || ~ **métallique avec âme en chanvre** / wire rope with hemp core || ~ **minier** / mine cable || ~ **mis sous la terre** / underground cable, buried cable || ~ de **mise à la masse ou à la terre** / ground (US) o. earth (GB) cable, earthing wire || ~ **mixte** / combined rope, non-parallel lay rope || ~ **monoconducteur** / single-core cable || ~ **monotoron** / single-strand rope || ~ **moteur** (funi) / hauling o. traction rope o. cable || ~ **multiconducteur** / multicore o. multiple cable || ~ **multifilaire** / multi-conductor cable, bunch[ed] cable || ~ **multipaire ou multitoron** (télécom) / large-capacity o. large-sized cable, multipair[ed] cable || ~ **multiple** / multiple cable || ~ **multiple ou multiconducteur** / multi-conductor cable || ~ de **navire** / ship wiring cable || ~ **nd** (électr) / non-draining o. nd-cable || ~ à **neutre concentrique en fils disposés en méandres** / waveconal cable || ~ à **nœuds** (grue à câbles) / knot o. button rope || ~ **non armé** / uncovered cable || ~ **non pupinisé** / non-loaded cable || ~ **normalisé** / association cable || ~ **noyé dans le sol** / buried cable, underground cable || ~ **oléstatique** / oilostatic cable (US), high-pressure oil-filled pipe type cable || ~ **ordinaire** voir câble croisé || ~ d'**outre-mer** / ocean cable, submarine cable || ~ à **paires**, câble *m* pairé / paired o. twin cable || ~ à **paires coaxiales** / coaxial cable o. lead, coax || ~ à **paires combinables** (télécom) / multiple-twin cable || ~ **palonnier** / brake pull cable, brake cable assembly || ~ au **papier** / paper-insulated cable || ~ sous **papier** (télécom) / paper-core [telephone] cable || ~ sous **papier et coton** / paper-cotton-covered cable, paper and cotton covered cable || ~ de **parachutage** / static cable || ~ **pendentif** (ascenseur) / elevator o. lift cable || ~ **plat** (électr) / flat [twin] cable, ribbon cable || ~ **plat** (techn) / flat rope || ~ à **plusieurs couches de torons spiroïdaux antigiratoires** / multilayer stranded rope of equal round strands || ~ de **pont volant** / ferry rope || ~ de **pontage** (ch.de fer) / jumper || ~ de **pontage de rails** (électr) / rail o. track-rail o. traction bond || ~ **porte-charge à crochet** / lifting rope with hook || ~ **porteur** (télécom) / bearer cable, messenger wire, cable messenger || ~ **porteur** (funi) / standing (GB) o. carrying rope, track o. main rope o. cable || ~ **porteur** (pont) / suspension cable || ~ **porteur** (ligne de contact) / bearer cable, messenger wire || ~ **porteur et tracteur** (funi) / monocable traction rope, carrying-hauling rope || ~ **porteur longitudinal** (ch.de fer) / longitudinal carrying cable || ~ **porteur principal** / messenger (US), main carrying cable || ~ **porteur transversal** (bâtim, constr.en acier) / transverse bracing, sway bracing, cross-tie || ~ **pour cadran** (radio) / pulley cord, drive cord || ~ de **poussée** (aéro) / thrust wire || ~ **pouvant se déplier ou se fermer** / drape cable || ~ sous **pression d'azote** / nitrogen filled cable || ~ sous **pression de gaz** (électr) / internal gas pressure cable, gas filled [internal pressure] cable || ~ à **pression d'huile** / oil pressure cable, pressure-assisted oil-filled cable || ~ à **pression interne de gaz à isolant air/papier** / air-space paper-core cable, aspc-cable || ~ sous **pression en tube d'acier** / steel pipe pressure cable || ~ **principal** (électr) / main cable o. feeder, feeder mains *pl* || ~ **provisoire** / interruption cable || ~ **provisoire** (bâtim) / building site cable || ~ de **puissance** / power [current] cable || ~ **Pupin ou pupinisé** (télécom) / pupinized o. Pupin cable, coil-loaded cable || ~ à **quartes DM** / multiple twin quad cable || ~ à **quartes en étoile** / star-quad cable, quad cable || ~ **queue** (mines) / tail rope || ~ de **raccord[ement]** / connection o. connecting cable || ~ de **raccordement**, prise *f* débrochable (gén) / patch cord || ~ de **raclage** / scraping rope || ~ **radiofréquence** / radiofrequency cable || ~ **raidisseur** / reinforcing cable || ~ **régional** (télécom) / trunk cable || ~ de **relevage** / hoisting rope || ~ de **remorque** / drag rope, trailing rope || ~ de **remorque** (nav) / tow line, tow || ~ de **remorque** (grue) / trailing cable || ~ de **réseau** / mains cable, line cord || ~ de **retenue** / guy rope, stay rope || ~ de **retour** (électr) / return cable || ~ **rigide sous gaine légère en matière plastique** (électr) / light plastic sheathed cable || ~ **rond** / round rope || **~-ruban** *m* (électr) / flat [twin] cable, ribbon cable || ~ de **rupture d'attelage** (remorque) / contact breaking cable || ~ **sans fin** (funi) / monocable traction rope, carrying-hauling rope || ~ **sans inductivité** (télécom) / Thomson cable || ~ de **sciage** / stone-cutting strand || ~ **sec** / dry cable || ~ de **secours** (électr) / emergency o. interruption cable || ~ de **secours** (funi) / auxiliary o. emergency rope o. cable || ~ **secteur**, câble *m* à âmes sectorales (électr) / sector conductor || ~ de la **seine** (nav) / trawl line || ~ de **signalisation** / signalling cable || ~ à **sodium** / sodium [filled] cable || ~ **souple** (électron) / flylead || ~ **souple sous caoutchouc** (électr) / rubber sheathed cable, cab-tyre sheathing cable, C.T.S.cable || ~ **souple de raccordement** (électr) / appliance cord || ~ **sous-fluvial** / subfluvial o. river cable || ~ **sous-marin** / ocean cable, submarine cable || ~ **sous-marin pour téléphonie** / submarine telephone cable || ~ **souterrain** / subterranean o. underground cable || ~ **spiralé** / helix cable || ~ **standard** (télécom) / standard cable || ~ au **styroflex** / styroflex cable || ~ **suburbain** (télécom) / exchange o. intercity o. trunk cable || ~ **supraconducteur** / superconducting cable || ~ de **sûreté** (funi) / auxiliary o. emergency rope o. cable || ~ **suspendu pour débardage** (silviculture) / skyline || ~ de **suspension** (benne) / holding rope || ~ de **synchronisme** (TV) / sync cable || ~ de **télécommunication de parcours ferroviaire** / railway telecommunication cable || ~ **télédynamique** (électr) / long-distance cable || ~ **télégraphique** / telegraph cable || ~ **téléphonique** / telephone cable || ~ **téléphonique de fermeture** / telephone end cable || ~ **téléphonique de réseau local** (télécom) / local junction cable || ~ **[téléphonique] à grande distance** (télécom) / long-distance cable || ~ de **télévision** / television cable || ~ **tendeur** (funi) / tensioning rope || ~ **terminal de téléphone** / telephone end cable || ~ **terrestre** / subterranean o. underground cable || **~-tête** *m* (mines) / main rope || ~ **textile** (pneu) / textile cord || ~ **Thomson** (télécom) / Thomson cable || ~ **tordu alternatif** / cross-lay cable || ~ **tordu alternatif à pas droit** / right-hand cross-lay cable || ~ **tordu simple à gauche** / left-hand long-lay cable || ~ **toronné** (électr) / stranded cable || ~ **toronné ou à torons** (techn) / stranded rope || ~ à **torons croisés** / cross-lay cable || ~ à **torons croisés à gauche** / left-hand cross-lay cable || ~ à

torons ronds / round strand rope || ~ **tors** / spiral rope || ~ **tracteur** (monocâble) / hauling o. carrying rope o. cable || ~ **tracteur** (bicâble) / hauling o. traction rope o. cable || ~ **tracteur en arrière** / pull-back rope, hauling back rope || ~ de **traînage** (drague) / drag cable [for excavators] || ~ **traînant** (grue) / trailing cable || ~ de **transfert d'énergie**, câble *m* de transmission / transmission cable || ~ de **transmission**, câble *m* Bowden / Bowden control, sheathed cable || ~ de **transmission du son** / sound transmission cable || ~ **transocéanique** (électr) / submarine cable || ~ de **transport à haute tension** / high-voltage transmission cable || ~ de **transport incliné ou par gravité** (funi) / gravity cable o. cableway, rope incline || ~ **triphasé à haute tension** / three-phase high tension cable || ~ **triplomb** [trigaine] / separate lead type cable, S.L.-type cable || ~ à **trois brins ou à trois fils ou à trois conducteurs** (électr) / three-core cable || ~ à **trois conducteurs concentriques** (électr) / triple concentric cable || ~ en **tube** / pipe type cable, duct-laid cable || ~ en **tube d'acier sous haute pression d'huile** / oilostatic cable (US), high-pressure oil-filled pipe type cable || ~ en **tube sous pression de gaz** / gas pressure pipe cable || ~ **type Seale** / Seale-type steel wire rope || ~ à **un conducteur** (télécom) / single-conductor cable || ~ **vernissé** (auto) / varnished cable || ~ de **vidage** (grue) / discharge o. discharging cable, emptying rope || ~ de **voie** (ch.de fer) / track conductor || ~ **Warrington** / Warrington rope [compound]

câblé (ord, programme) / hard wired || ~ (retors) / cabled || ~ **acier** (pneu) / steel cord || ~ **discrètement** (électron) / discretionary wired || ~ en **faisceau** / unit stranded || ~ **lâche** / loose [stranded o. laid-up]

câbleau *m* (nav) / hawser

câbler (techn) / strand, lay up || ~ (électron) / wire || ~ (électr) / cable *v*, wire *v* || ~ des **fils** / cable wires || ~ de **nouveau** / rewire

câblerie *f* (électr) / cable factory o. maker || ~ (chanvre) / rope making o. manufacture || ~ (acier) / steel cable o. rope factory

câbleur *m* (ELF) / cable installer

câbleuse *f* / wire stranding machine, laying machine || ~ (électr) / strander, cabler, stranding cabler (US) || ~ à **cage** / cage stranding machine o. strander, planetary strander || ~ à **grande vitesse** / high-speed strander || ~ **in versée [à flyer]** / flyer type stranding machine || ~ **tubulaire** / tubular laying machine

câblier *m* / cable [laying] ship o. vessel || ~ (ELF) / cable maker o. manufacturer

câbliste *m* (TV) / cableman

câblodiffusion *f* / cable o. wired television, cablecasting

câblogramme *m* / cable[gram]

câblot *m* (nav) / hawser || ~ d'**accouplement** (ch.de fer) / connecting cable

câblovision *f* / cable o. wired television, cablecasting

caboche *f* / roofing nail, clout nail

cabochon *m* / upholstering nail, bullen nail || ~ (lampe) / cover glass for lamps || ~ (typo) / tail piece

cabosse *f* / cacao pod

cabosser / dent, bruise, bust, indent

cabotage *m* / coastwise trading, coasting [trade], cabotage (US)

caboter (nav) / coast *vi*

caboteur *m* / coastal o. coasting vessel, coaster, (esp:) motor-coaster

caboteur-citerne *m* **pétrolier** / intercoastal tanker

cabrage *m* d'**essieu** / weight transfer from an axle, load transfer from an axle

cabrer *vt* (aéro) / pull up, nose up, hoick (coll) || ~ (se) / bounce up, right-up || ~ (se) (aéro) / nose up, zoom *vi* || ~ (se) (tracteur) / rear *vi*

cabriolet *m* (auto) / cabriolet, convertible o. open tourer, roadster, spider, convertible sedan (US)

cabron *m* / kid[-skin]

cab-signal *m*, signal *m* dabri (ch.de fer) / cab signal

cacahuète *f*, cacahuette *f* (bot) / earthnut, groundnut, peanut, arachis

cacao *m* / cocoa || ~ [en **fèves]** / cacao beans *pl* || ~ en **poudre** / cacao powder o. meal

cacaoyer *m*, cacaotier *m* / cacao [tree]

cache *m* / screen, mask || ~ (phot) / mask, matte || ~ (instr) / cover || ~ (peinture) / masker || **~-bornes** *m* / terminal cover || **~-culbuteurs** *m* (auto) / rocker cover || ~ **électronique** (TV) / inlay || **~-entrée** *m* (pl: des cache-entrée ou -entrées) / [e]scutcheon, key drop || **~-flamme** *m* (aéro) / exhaust flame damper || **~-flammes** *m* (mil) / flash reducer || ~ de **lumière** / light gate || **~-poussières** *m* / dust guard o. shield o. screen || **~-radiateur** *m* / radiator cover || ~ en **ruban** / masking tape || **~-soupapes** *m* / valve gear casing || ~ de **tirage** (phot) / printing mask

caché / concealed || ~ (défaut) / subsurface, hidden || ~ (men) / secret || ~ (inventaire nucléaire) / hidden

cachemire *m* (tex) / cas[h]mere, cassimere

cacher / cover, hide

cachet *m* / seal || ~ **commercial** / firm stamp o. die, business stamp || ~ de **contrôle en tôle** / tin control plate, badge || ~ d'**entreprise ou de firme** / firm stamp o. die, business stamp || ~ de la **maison** / trade mark, brand || ~ en **plomb** / leaden seal || ~ de la **poste** / postmark

cacheter / seal

cachou *m* (tan, teint) / catechu [black], cashoo, cutch

cacodyle *m* / cacodyl

cadastral / cadastral

cadastre *m* / land registry, cadastre

cadavérine *f* / cadaverine, pentamethylenediamine

cadenas *m* / padlock || ~ à **combinaison** / puzzle lock, wheel lock, letter[-keyed] lock

cadenasser / padlock

cadence *f* (gén) / rythm, cadence || ~ (techn) / speed, rate || ~ (découp) / rate of ram strokes || **à ~ accélérée** / quick-motion ... || **en ~** / in time || ~ de **10 frappes à la seconde** / 10 strokes-per-second rate || ~ d'**atterrissage** (aéro) / number of landings || ~ d'**avancement de travail** / progress of work || ~ de **conversion** (convertisseur anal.-num.) / conversion rate (of analog-digital converters) || ~ d'**échantillonnage** (contr aut) / sampling rate || ~ d'**images** (film) / frame rate || ~ d'**impression** / printing speed, printing rate || ~ des **manœuvres** / switching rate || ~ à **obtenir** / desired quantity || ~ des **pliages** (câble) / rate of bending || ~ de **prise de vues** (film) / number of frames/sec, speed of shooting || ~ de **production** (coulée sous pression) / rate of shots || ~ de **production** (m.outils) / cycle rate || ~ de **projection** (film) / number of frames/sec || ~ de **répétition des impulsions** (ord) / pulse repetition frequency, PRF || ~ de **tir** / rate of fire || ~ du **travail** / working speed || ~ **[uni]horaire** (techn) / hourly capacity, outpout per hour || ~ des **valeurs** (COBOL) / source-sum value

cadène *f* (nav) / chainplate, channel plate || ~ de **haubans** (nav) / chain plate

cadette *f* / cube (a pavement stone)

cadmiage *m* / cadmium plating

cadmie *f* (sidér) / metallic soot, tutty || ~ des

fourneaux (sidér) / cadmia, tutty
cadmier / cadmium-plate
cadmique / cadmic, cadmium...
cadmium *m*, Cd / cadmium
cadmi[um]age *m* / cadmium plating
cadrage *m* / framing || ~ (mines) / frame timbering, goal-post support system || ~ (TV) / picture shift || ~ de **carte** (c.perf.) / card cornering position || ~ des **formules** (ord) / form alignment || ~ en **hauteur** (phot) / panel
cadran *m* (montre) / clockface, dial plate || ~ (instr) / graduated dial o. disk, indicating dial || ~ (bois) / heart shake || ~ d'**appel** (télécom) / dial o. finger disk, selector o. calling dial, [number] dial || ~ **circulaire** / circular scale, circscale || ~ à **clavier ou à touches** (télécom) / keyboard || ~ **divisé** (techn) / graduated circle, limb || ~ **diviseur** (techn) / dividing machine || ~ **éclairé par la tranche** (instr) / concealed edge lighting || ~ à **fenêtre** (instr) / dial with window || ~ des **gammes d'ondes** / frequency range dial || ~ **gradué** / graduated arc || ~ **km** / kilometer dial || ~ **lumineux** / luminous dial || ~ de **réglage** / adjusting dial || ~ de **réglage de l'obturateur** (phot) / shutter scale || ~ **solaire** / sun dial || ~ du **téléphone automatique** voir cadran d'appel
cadrannerie *f* / dial maker
cadran[ur]é (bois) / having heart shakes, quaggy
cadrat *m* (typo) / quadrats *pl*
cadratin *m* (typo) / em quad, em, mutton
cadrature *f* (horloge) / dial train
cadre *m* (gén, typo) / frame || ~ (techn) / frame[work], mounting, framing || ~ (moto, bicycl) / frame || ~, milieu *m* (gén) / scope || ~ (charp) / window o. door frame, architrave [jambs] || ~ (fenêtre) / window frame || ~ (film) / frame || ~ (mil) / shelter [for instruments] || ~ (ordonn) / executives *pl* || ~ (antenne) / loop[-wire] antenna, frame antenna || ~ (moulage en motte) / jacket || **à** ~ **à C** (m.outils) / throat-type, throated || **à** ~ **mobile** / magneto-electric, moving-coil... || **dans le** ~ [de] / within the scope o. limits [of] || **du** ~ **supérieur** (ordonn) / policy-level... || **sans** ~ / frameless || ~ **articulé** / hinged frame || ~ d'**assise** (mines) / bottom frame || ~ d'**avant d'un wagon à plateforme** / end frame of a flat car || ~ de **base** / base frame || ~ de **battant** (fenêtre) / sash-wing frame, casement || ~ du **battant** (porte) / leaf of a door || ~ de **bicyclette** / bicycle frame || ~ en **bois** / wooden framework || ~**-cache** *m* (diapositif) / slide frame o. mount || ~ pour **canettes** / cop stand || ~ du **cantre** (tiss) / creel frame, tension frame || ~ de **cave** (bâtim) / cellar frame || ~ de **châssis** (auto) / chassis frame || ~ **chromatique** (TV) / colour frame || ~**-cible** *m* (balistique) / velocity frame || ~ **complet** (mines) / drift set, squaring, frame || ~ **comptable** / standard form of accounts || ~ de **conformation** / moulding frame || ~ **couvreur** (lucarne) / covering frame || ~ **croisé** (antenne) / cross-coil o. crossed coil o. crossed loop antenna, Bellini-Tosi antenna || ~ **distributeur de groupes** (ord, télécom) / group distribution frame || ~ de **dosses clouées** (charp) / balloon framing || ~ **double** voir cadre croisé || ~ d'**éjecteur** (plast) / ejector frame || ~ d'**entretoisement** (pont) / braced box frame || ~ **Epstein** (essai magnét.) / Epstein square || ~ à **étages multiples** (constr.en acier) / multistage frame, multistorey frame || ~ d'**extrémité** (constr.mét) / dead-end frame || ~ d'**extrémité** (conteneur) / end frame || ~ **ferrite** (électron) / ferrite antenna, wave magnet || ~ de **filtre** / filter[ing] frame o. disk || ~ à **filtrer** (chimie) / filtering frame, straining frame || ~ **fixe** (antenne) / fixed loop aerial || ~ [venu] **de fonderie** / cast iron frame || ~ **formé par les dormants, la traverse dormante et la pièce d'appui** (bâtim) / window frame || ~ de **glissement** (électr) / sliding bow contact || ~ **gonio** / loop antenna || ~ d'**impression** (tex) / film screen || ~ **latéral** (conteneur) / side frame || ~ de **levage** (grue) / spreader || ~ de **levage ajustable** (nav) / adjustable spreader || ~ de **levage de conteneurs ou de préhension** (portique de levage) / spreader || ~ de **levage standard** / standard spreader || ~ de **levage télescopique** / telescope spreader || ~ de **liaison** (aéro) / spar frame || ~ à **lisses** (tiss) / heald frame || ~ de **mesure** / gauge slide || ~ de **mesure** (bâtim) / measuring frame for aggregates || ~ **métallique [cintré]** (mines) / metal frame || ~ **métallique ou en bois** (mines) / gallery frame || ~ **mobile** (électr) / moving coil || ~ de **moulage** / moulding frame || ~ **multiple** (constr.en acier) / multistage frame, multistorey frame || ~ **multispire à bobinages en croix** / crossed coil antenna || ~ **orienté** (antenne) / directional frame antenna || ~ **ouvrant de survitrage** / inner frame of a countersash window || ~ de **page** (ord) / page frame || ~ de **palette** (ch.de fer) / pallet frame || ~ de **panneau arrière** (auto) / rear panel frame || ~ de **panneau avant** (auto) / front panel frame || ~ de **panneau latéral** (auto) / side panel frame || ~ de **pantographe** (ch.de fer) / pantograph frame || ~ de **plancher** (auto) / floor frame || ~ de **plaque** / plate frame || ~ **porte-pièces** (galv) / cage, holder || ~ **porteur** / supporting framework o. structure || ~ **porteur** (auto) / chassis frame || ~ **porteur** (mines) / supporting frame || ~ de **préhension** (grue, conteneurs) / spreader || ~ de **préhension ajustable** / adjustable spreader || ~ de **préhension standard** / standard spreader || ~ **presseur** (film) / platen, pressure plate || ~ de **puits** (mines) / squaring set || ~ du **rack** (électron) / rack module || ~ du **radiateur** (auto) / radiator frame || ~ du **radiocompas** / radiocompass frame aerial || ~ **radiogoniométrique** / loop antenna || ~ **raidisseur** / frame stiffener || ~ **rectangulaire** (télécom) / crossed coil || ~ **rectangulaire** (mines) / drift set, porch set || ~ à **réservoir** (motocycl) / frame with incorporated tank || ~ **rigide** (bâtim) / rigid frame || ~ **rotatif de sérigraphie** / rotary screen printing machine || ~ à **rouleaux** (teint) / rolling frame || ~ à **sceller** (bâtim) / plaster frame || ~ de **scie** / reciprocating o. gang o. gate o. frame[d] saw, saw frame o. gate o. sash, deal frame || ~ de **serrage** (relieur) / vise (US), vice || ~ de **soufflet** (ch.de fer) / bellow frame || ~ de **soutien du toit** (mines) / roof support system || ~ **stabilisé** / trussed frame || ~ de **stabilité** (pont) / braced box frame || ~ **statiquement déterminé** (constr.en acier) / perfect frame || ~ **[supérieur]** / executive (US) || ~ **supérieur** (fonderie) / cope || ~**s** *m pl* **supérieurs d'une entreprise** (ordonn) / top management, (also:) executives *pl* || ~ *m* **suspendu** / suspended frame || ~ à **système de coordonnées** / coordinate frame || ~ en **T** (instr) / T-shaped coil || ~ **télescopique de levage ou de préhension** / telescope spreader || ~ de **tension** (tex) / tension frame || ~ à **titre** (dessin) / title space || ~ de **toit** (auto) / roof frame || ~ en **tôle d'acier** (auto) / sheet steel frame || ~ du **tour** / lathe stand || ~ **tournant** (antenne) / rotatable loop aerial || ~ à **travées multiples à deux étages** / multi-span two-story frame || ~ **triangulaire** / A-frame || ~ **tubulaire à suspension indépendante** / tubular frame with independent suspension of wheels || ~ pour **tunnel** / set || ~ en **U** (m.outils) / C-frame || ~ **uni** (mines) / corner frame || ~ de **vie** / environment ||

~ de **vitre** (auto) / window frame || ~ en **X** (auto) / X-frame
cadré à **droite** (typo) / right-aligned, right-justified, right-most, flush right || ~ à **gauche** (typo) / left justified, flush left
cadrer *vt* (typo) / justify || ~ (tan) / strain *vt*, stretch || ~ (ord) / scale *vt* || **faire** ~ / conform || ~ **[avec]** *vi* / square, agree [with] || ~ le **film** / center the picture
cadreur *m* (ELF) (film) / cameraman, operator
caduc, caduque (bot) / deciduous || ~ (bâtim) / dilapidated, ruinous, decaying
caducité *f* / dilapidation, deterioration, decay
caelostat *m* (astr) / coelostat
c.a.f., C.A.F. (coût, assurance, fret) / cif
C.A.F. = commande automatique de fréquence
café *m* **décaféiné** / decaffeinated coffee || ~ **lyophilisé** / freeze-dried instant o. soluble coffee || ~ **soluble** / instant coffee || ~ **torréfié** / roasted coffee
caféier *m* / coffee shrub
caféière *f* / coffee plantation
caféine *f* / caffeine || **sans** ~ / without caffeine, decaffeinated
cafetière *f* / coffee machine
C.A.G. = commande automatique de gain || ~ **directe** (électron) / forward [automatic gain] control o. AGC
cage *f* (gén) / cage || ~, enveloppe *f* / sheath, box || ~ (bâtim) / cage, carcass || ~ (mines) / cage, [drawing] frame || ~ (moufle) / pulley case o. cheek o. frame o. shell || ~ (lam) / roll housing o. frame || ~**s** *f pl* (lam) / stand || ~ *f* (p.e. pour immersion) / cage, holder, case || **en passant la** ~ **spatart** (lam) / during the planishing pass || ~ **amortissante** (mot. synchr.) / dampening cage || ~ d'**armature** (béton) / reinforcing cage || ~ d'**ascenseur** voir cage d'élévateur || ~ à **billes** / ball [bearing] retainer o. cage, retainer ring || ~ **blooming** (sidér) / blooming stand || ~ de **boîte d'essieu** (ch.de fer) / sole-bar cage, opening for axle box guide || ~ à **boues** (centrifugeuse) / dirt cage || ~ à **bouts** (filage) / scray || ~ à **chapeau** (lam) / open top type housing || ~ à **circuler** (mines) / drawing o. hoisting cage for men || ~ de **clocher** / cage of the bell || ~ **décalamineuse** (lam) / scale breaker || ~ **dégrossisseuse** (lam) / shaping mill, blooming [mill] stand, cogging-down stand || ~ **dégrossisseuse pour tôles fines à cylindres non trempés** / soft rolling mill || ~ à **deux cylindres**, cage *f* duo (lam) / two-high stand [of rolls] o. rolling stand || ~ du **différentiel** (auto) / differential [gear] case, axle drive casing || ~ **duo à pignons** / two-high pinion stand || ~ **duo de refoulement à cylindres horizontaux** / two-high horizontal edging stand || ~ **ébaucheuse** voir cage dégrossisseuse || ~ d'**écrouissage** (lam) / skin-pass mill stand, sizing stand || ~ d'**écureuil** (électr) / cage winding || ~ **élargisseuse** (lam) / broadside rolling mill stand || ~ d'**élévateur** (bâtim) / elevator shaft, lift shaft, hoist shaft, well || ~ d'**escalier** / staircase, stairway, stair well o. enclosure, well hole || ~ d'**extraction** (mines) / cage, drawing frame || ~ d'**extraction à compartiments superposés ou à deux étages** / two-stage drawing cage, double-deck cage || ~ de **Faraday** / Faraday cage o. shield || ~ de **fenêtre** / window grate, grille || ~ **fermée de laminage** (lam) / closed top housing || ~ de **filière** (m.outils) / die box o. head, screwing chuck || ~ **finisseuse** (lam) / finishing stand || ~ **finisseuse pour fil** / finishing stand for wire || ~ d'**hélice** (nav) / propeller well, screw aperture || ~ de **laminoir** (sidér) / roll stand || ~ de **laminoir planétaire** (sidér) / planetary mill || ~ de **laminoir réducteur** (lam) / reducing roll stand || ~ de **longeron** voir cage de boîte d'essieu || ~ **médiane** (lam) / intermediate roll stand || ~ d'une **moufle** / block cage || ~ de **palier à aiguilles** (techn) / needle cage, needle retainer ring || ~ à **pignons** (lam) / pinion stand || ~ **polisseuse** (lam) / planishing stand || ~ de **porte-balai** (électr) / brush box || ~ d'une **poulie** / pulley case o. cheek o. frame o. shell || ~ à **profilés ou à profiler** (lam) / section mill frame || ~ de **protection au retournement** (auto) / roll cage || ~ **protectrice** / protecting cage || ~ **protectrice pour l'engrenage** / gearwheel guard || ~ **quarto ou à quatre cylindres** / four-high stand || ~ de **rechange** (lam) / change stand || ~ de **rechange en duo** (lam) / alternate upper and lower two-high stand || ~ **refouleuse**, cage *f* à refouler (lam) / edger || ~ **refouleuse de finition** (lam) / finishing edger o. edging mill || ~ de **ridoir** / turnbuckle sleeve o. barrel (US) || ~ de **rouleaux** / roller cage || ~ du **roulement à billes** / ball bearing housing o. cap || ~ de **soupape** / valve box o. chest o. chamber || ~ **spatard** (lam) / planishing stand || ~ de **transmission planétaire** (engrenage) / pinion cage || ~ de **transport** (nucl) / birdcage || ~ **trio** (lam) / three-high stand || ~ de la **vanne** / gate chamber || ~ **vitrée** / show case o. cage o. box
cageot *m* / fruit basket, hamper
cagette *f* (atelier) / small tote box
cagniardelle *f* (acoustique) / siren
cahier *m*, 24 feuilles *f pl* (graph) / quire (= 1/20 ream) || ~, brochure *f* (typo) / booklet, pamphlet, brochure || **en** ~**s** (typo) / in sheets || ~ à **anneaux** / ring binder || ~ de **charge** (techn) / specifications sheet || ~ des **charges fonctionnelles** / performance specification || ~ de **charges pour des travaux du bâtiment** / contract procedure for building works
cahot *m* / jolt, bump || **à** ~**s** (aéro) / bumpy || **sans** ~ / smooth, vibrationless
cahotage *m* / jogging, jolting, bumping
cahoter *vt vi* / jolt *vt vi*, jog, shake, bump *vt vi.*
cahoteux (routes) / rugged, bumpy, rough
caillé (lait) / curdled
caillebotis *m* / lath floor || ~ (nav) / grating across openings || ~ (bâtim) / grate || ~ (agr) / slatted floor
caillebottage *m* / curdling
caillebotte *f* / curd[s pl.]
caillebotté / caseous, cheesy, curdy
caillebotter / curdle, coagulate, curd
caillement *m* / coagulation, concretion
cailler *vt* / curdle, coagulate, curd || ~ (se) (lait, gras) / curdle, clot
caillet *m* (nucl) / blob
caillot *m*, coagulum *m* / clot || ~ de **caoutchouc** / clod o. clot of caoutchouc
caillou *m* / pebble [stone] (› 63 mm) || ~**x** *m pl* / broken stones o. rock *pl* || ~ *m* à **facettes** (géol) / dreikanter || ~ **roulé** / boulder stone || ~**x** *m pl* **roulés** / coarse gravel (30 - 55 mm) || ~ *m* **tout venant**, feldspath *m* compact / compact fel[d]spar, petrosilex
cailloutage *m* (bâtim) / pebble dash
caillouter (routes) / metal *vt* (GB), coat with broken stones, ballast *vt*
caillouteux / stony
cailloutis *m* (routes) / ballast layer, ballasting || ~ voir cailloux roulés
cairel *m* (salin) / separating dam in a crystallizer pond
caisse *f* / chest, box, case || ~ (sidér) / box || ~ (voiture) / body, (esp:) box body || ~, carter *m* (techn) / shell, cage, housing, case, casing box || ~ (moufle) / pulley case o. cheek o. frame o. shell || ~, réservoir *m* /

storage basin, tank, reservoir || ~, auge *f* / tub, bucket || ~, coffre *m* / cash box || ~, coffre-fort *m* / safe || ~ à **air** / air receiver || ~ d'**air d'aspiration** / suction-air o. vacuum tank o. vessel o. chamber || ~ d'**arrivée** (pap) / breast box || ~ d'**arrivée sous pression** (pap) / pressurized flow box || ~ d'**arrivée primaire** (pap) / primary headbox || ~ **aspirante** (pap) / suction box || ~ d'**assiette** (nav) / trimming tank || ~ d'**assurance des mineurs** / miner's union || ~ d'**auto** (auto) / car body, body, coach || ~ de **batterie** (auto) / accumulator case o. box o. tank, battery case o. box || ~ de **bouteilles de bière** / stacking box for beer bottles || ~ **brute de soudure [sans couche d'apprêt]** (auto) / shell || ~ à **canettes** / pirn box || ~ **carrée pour films cinématographiques** / film box || ~**-carton** *f* / cardboard box, carton (GB) || ~ à **cémenter ou de cémentation** (sidér) / cementing box o. chest o. trough, hardening case || ~ à **claire-voie** / crate || ~ à **contrepoids** / counterweight o. balance box || ~**-coque** *f* / skin stressed sheet metal body || ~ de **décantage ou de décantation [d'huile]** (nav) / [oil] settling tank || ~ de **dépôt** (pap) / stuff chest, mellowing box || ~ de **distribution** (électr) / distribution o. distributor box, connector o. junction box || ~ à **eau** / water cistern o. reservoir o. box o. tank || ~ d'**emballage** / packing case o. box || ~ d'**empilage** (manutention) / stacking box || ~ **empileuse en treillis** / box pallet || ~ **enregistreuse** / cash register || ~ d'**épargne de construction** / building society (GB), saving and loan association (US) || ~ d'**épuration** / clarifying tank || ~ d'**évaporation** (sucre) / evaporator vessel || ~ **gerbable** / stacking box || ~ de **groupement** (accu) / battery tray || ~ à **huile usagée** / waste oil tank || ~ à **huile végétale** (nav) / vegetable oil tank || ~ à **jet de sable** / sand blast box apparatus || ~ **journalière** (nav) / service tank || ~**-maladie** *f* (ord) / panel, sickness fund || ~ de **mélange** (pap) / mixing box || ~ **métallique** / sheet steel case || ~ **mobile [à prise par pinces]** (auto, ch.de fer) / swap body || ~ **monocoque** (auto) / integral body and frame o. body-frame || ~ à **outils** / case of tools and implements, tool box o. chest || ~ à **pâte** (pap) / stuff box || ~ pour **pièces** (ordonn) / tote box, work tray || ~ **pointue** (prépar) / box classifier || ~ avec **portes de côté rabattables** / box with side flaps folding down || ~ à **poussière** (sidér) / dust catcher o. arrester || ~**-poutre** *f* (auto) / box [section o. type] frame || ~**-poutre** *f* (ch.de fer) / frame-built body || ~ de **prévoyance contre les accidents** / [German] employer's liability insurance association || ~ de **ramassage** (tiss) / collecting vat, chute, receiver, receptacle || ~ de **réception** / receiving box || ~ de **recuit**, caisse *f* à recuire (sidér) / annealing box o. pot || ~ de **recuit en fonte** / cast annealing pot || ~ pour la **refonte** (typo) / hell-chest o. -box || ~ du **réfrigérateur** / refrigerator cabinet || ~ de **réserve** / feeding basin o. reservoir o. tank || ~ de **résonance** / sound[ing] board || ~ de **service** (mot) / service tank || ~ de **sortie** (supermarché) / check-out (supermarket) || ~ d'une **soufflerie aérodynamique** / wind tunnel shell || ~ **téléscopique** (emballage) / telescope box || ~ de **tête** (pap) / headbox, breastbox || ~ de **tête à microturbulence** (pap) / high-turbulence headbox || ~ en **tôle** / sheet steel case || ~ de **transformateur** / transformer shell o. case || ~ en **treillis** / skeleton container || ~ de **trop-plein** (nav) / spill tank || ~ de **voiture** / box || ~ de **wagon** (ch.de fer) / waggon (GB) o. freight car (US) body

caissette *f* à **cannettes** (tiss) / pirn box

caisson *m* / caisson || ~ (bâtim) / coffer || ~ d'**altitude** (nav) / deep tank || ~ de **barres collectrices** (électr) / busbar box || ~ en **béton précontraint** (réacteur) / prestressed concrete vessel || ~ de **chargement** / charging box || ~ **cylindrique** / cylinder caisson || ~ **filtrant** (flottation) / screen with side and bottom apertures || ~ **fixe** (hydr) / fixed caisson || ~ **[foncé ou de fonçage]** (hydr) / float case || ~ de **mélange** (climatisation) / mixing chamber || ~ **mobile** / portable caisson || ~ **ouvert** / open o. stranded caisson || ~ **perdu** (hydr) / fixed caisson || ~ de **réacteur** / reactor vessel || ~ **rectangulaire** (hydr) / square caisson || ~ **résistant d'un réacteur** / reactor pressure vessel

cajeput *m* / cajuput o. cajeput oil

cal (vieux) / [gram o. small] calorie, cal, gram calorie o. degree (US), g.ca.

calage *m* / fastening by wedges || ~, ajustement *m* / regulating, regulation, adjustment || ~ (sérigraphie) / setting || ~ (antenne) / inclination angle || ~ (typo) / furniture || ~ (mot) / tuning || **avec ~ automatique** (arp) / self-adjusting || **avec ~ automatique de la ligne de visée** (arp) / self-levelling || ~ des **balais** (électr) / brush adjustment || ~ par **compression des stéréos** (typo) / compression plate lock-up || ~ de la **pale** / blade pitch || ~ à **retrait** / shrunk-on fit

calaison *f* (nav) / load draught || ~ de **franc-bord** / freeboard draft || ~ **franc-bord d'été** (nav) / summer draught

calambac *m* (bois) / agalloch, agalwood, eaglewood

calaminage *m* (acier) / scaling, high temperature oxidation || ~ (auto) / carbon deposit, coking

calamine *f* (sidér) / scale, cinder, oxide || ~ (mot) / oil carbon || ~ (min) / hemimorphite, calamine || ~ **commune** / oxide of common calamine || ~ de **four** / furnace scale || ~ de **recuit** / mill scale

calaminer / oxidize *vi*, scale *vi*

calamite *f* (sorte d'argile) / calamite

calandrage *m* (pap) / bowl glazing || ~ (filage) / calendering || ~ **humide [avec boîte à eau]** (pap) / water finish || ~ **intérieur** (pneu) / inner liner, liner (US)

calandre *f* / calender || ~ (pap) / calender, glazing machine || ~ (nucl) / calandria || ~ (sucre) / calandria, steam chest || ~ (parasite) / corn earworm, calandria granaria || ~ (tex) / calender, flatwork ironer, mangle || ~ **beetleuse** (tex) / beetle o. beetler o. beetling o. chasing calender || ~ **cannelée ou classique** (tex) / riffle o. Schreiner calender || ~ **[à catir ou à friction]** / glazing o. friction[ing] calender || ~ **chasing** voir calendre beetleuse || ~ à **chaud** (blanchisserie) / hot mangle || ~ **classique** (tex) / conventional calender || ~ à **eau** / water calender || ~ pour **empeser** (tex) / stiffening machine o. calender || ~ à **estamper** (techn) / embossing o. stamping calender || ~ à **feuilles** (pap) / sheet calender || ~ pour **feuilles en films** (plast) / sheeting calender || ~ au **feutre** / felt calender || ~ **finisseuse** (pap) / finishing calender || ~ de **foulardage** (tex) / cloth stiffening machine, padding machine o. mangle, pad || ~ à **frapper le velours** / calender for beating velvet o. velours || ~ à **friction** (pap, tex) / glazing o. friction[ing] calender || ~ à **froid** / cold mangle || ~ à **gaufrer** (tex) / embossing machine o. calender || ~ à **glacer** voir calendre à friction || ~ à **glacer la soie** (tex) / silk lustring calender || ~ à **grainer** / graining calender || ~ d'**imprégnation en boyau** (tex) / rope padding mangle || ~ **intermédiaire** (pap) / breaker stack || ~**-jumelle** *f* pour **papier en feuilles** / twin calender || ~ à **linge** /

calender, mangle, laundry press || ~ à **mailloches** voir calandre beetleuse || ~ à **mater** (tex) / delustering calendar || ~ à **moirer** (tex) / moiré calender || ~ à **moirer par compression d'un rouleau de tissu** / moiré calender by compression by a fabric roller || ~ à **moirer par passage en deux épaisseurs de tissu** / moiré calander by passage of two layers of fabrics between rollers || ~ pour **papier** / paper calender || ~ à **profiler** (plast) / embossing calender || ~ à **quatre cylindres** / four-roll calender || ~ à **quatre rouleaux** (filage) / four-roller friction[ing] calender || ~ de **radiateur** (auto) / radiator cowl[ing] o. grille || ~ de **satinage**, calandre *f* à satiner (pap) / satinizing calender || ~ à **satinage soyeux** (pap) / glazing calender || ~ **Schreiner** (tex) / Schreiner calender || ~ **Schreiner à similiser** (tex) / Schreiner calender, silk-finishing calender || ~ **tandem** / tandem calender || ~ pour **textiles** / textile calender || ~ pour **tricots tubulaires** / calender for tubular knitted fabrics || ~ *m* à **trois cylindres** / three-roll calender

calandré / calendered || ~ **Schreiner** (tex) / schreinered

calandrer / calender *vt* || ~ (linge) / mangle *vt* || ~ à **chaud** (pap) / hot-roll, hot-calender || ~ à **chaud** (linge) / hot-mangle

calandrier *m* [de **réalisation**] / schedule

calcaire *adj* / calcareous, calcic, calciferous, limy || ~ *m* / limestone || ~ **argileux** / argillaceous limestone || ~ **bituminé ou fétide** (géol) / stinkstone, swinestone, bituminous limestone || ~ **caverneux** / cave limestone || ~ **coquillier** / shell[y] marl o. lime[stone], muschelkalk || ~ **corallien ou à coralliaires** / reef limestone || ~ d'**eau douce** / fresh water limestone || ~ à **foraminifères** / foraminiferal o. -ferous lionstone || ~ **grauwacke** / graywacke limestone || ~ à **indusies** (géol) / indusial limestone || ~ **jurassique** / Jurassic limestone || ~ **lacustre** / fresh water limestone || ~ **marneux** / marly limestone || ~ **mélangé** / graywacke limestone || ~ à **nummulites** / nummulitic limestone || ~ **oolithique** / oölitic limestone, oölite || ~ **pisolithique** / pisolite || ~ **portlandien** / Portland rock o. [lime]stone || ~ **primitif** (géol) / primitive lime stone || ~ **purbeckien** (géol) / Purbeck limestone || ~ **récifal** / reef limestone || ~ **saccharoïde** (géol) / primitive limestone || ~ **siliceux** / silicalx, silicious limestone

calcareux / calcareous, chalky

calcarone *m* / sulphur melting furnace (Sicily)

calcédoine *f* (min) / chalcedony

calcicole (bot) / calcicole, calcicolous

calcifère / calcareous, calcic, calciferous, limy

calcifier / convert into lime

calcifuge / calcifuge, calciphobe, -phobous

calcimètre *m* / calcimeter

calcin *m* (verre) / cullet, broken glass, scraps of waste glass *pl* || ~ (m.à vap) / boiler scale || ~ (céram) / kiln, (also:) hottest part of the kiln || ~ **tiré à l'eau** (verre) / quenched o. dragaded o. dragladled cullet

calcination *f* / calcination, calcining || ~ (sidér) / calcination, calcining, roasting, burning || ~ de la **chaux** / calcination of limestone, lime burning || ~ **et fonte** / roasting [and] smelting || ~ **haute** (vide) / flash heat

calciné (magnésie) / calcined || ~ (chimie) / calcined, roasted || ~ **doux** (céram) / soft burned

calciner / calcine || ~ (chimie) / roast, calcine, ignite

calciphile / calciphile, calciphilous

calcique / limy, containing lime || ~ (chimie) / calcic, rich in calcium

calcite *f* (min) / calcareous spar, calcite

calcium *m*, Ca / calcium || **~-silicium** *m* (sidér) / calcium-silicon

calcul *m* / computation, calculation, reckoning || ~ (math) / calculus || **de** ~ / computational || **faire une opération de** ~, faire un calcul / compute, calculate, reckon || **par** ~ **graphique** / by graphic solution || **par le** ~ / calculated, theoretic[al] || ~ à **accès multiples** (ord) / multi[ple]-access computing || ~ d'**adresse** / address arithmetic o. adjustment o. computation || ~ **algébrique** / algebra || ~ **analogique** / analog computation || ~ **approché** / approximate o. -mation calculation o. calculus o. computation || ~ **approximatif** / rough estimation o. estimate || ~ des **bénéfices** / ascertainment of profits || ~ à la **charge limite** (bâtim, constr.en acier) / plastic design o. theory, plasticity theory, limit design, ultimate load method, collapse design method || ~ en **chiffres significatifs** / significant digit arithmetic || ~ **composé des intérêts** (ord) / compound calculation of interests || ~ **continu** (math) / chain calculation || ~ des **coûts** / cost calculation || ~ **décimal** / decimal arithmetic || ~ des **différences** (math) / difference calculus || ~ **différentiel** / differential calculus, method of fluxions o. fluctuations || ~ **différentiel et intégral** / differential and integral calculus o. method, infinitesimal calculus o. analysis || ~ des **écarts** / cost sheet || ~ **élastique** / elastic design || ~ **électronique** / computer calculation || ~ d'**erreur[s]** / error calculation o. calculus || ~ des **étirages** (filage) / draft calculation || ~ **forfaitaire** / rate fixing o. setting || ~ des **fractions** / fractions *pl*, fractional arithmetic || ~ **graphique** (méc) / graphic solution || ~ **graphique des masses** (bâtim) / mass diagram || ~ **infinitésimal** / differential and integral calculus o. method, infinitesimal calculus o. analysis || ~ **intégral** (math) / integral calculus || ~ de **lit de fusion** / burdening || ~ **logarithmique** / logarithmic calculus || ~ des **masses** (bâtim) / computation of quantities, taking-off || ~ **matriciel** (math) / matrix algebra o. calculus o. method || ~ de **mélange** (math) / rule of alligation || ~ **mental** / mental arithmetic || ~ **numérique** / numerical calculation o. computation || ~ **opérationnel** (math) / operational calculus || ~ par **perturbation** (math) / perturbation theory calculation || ~ en **plasticité** voir calcul à la charge limite || ~ du **poids** / calculation o. computation o. determination of weights || ~ de **pourcentages** / percentage calculation || ~ **préalable** / previous estimation o. calculation || ~ **préalable** (ordonn) / advance o. preliminary calculation, precalculation || ~ de **prix de revient** / prime cost calculation || ~ des **probabilités** / probabilistic calculus, theory o. calculus of probabilities || ~ de **résistance** / calculation of stability o. strength || ~ de la **résistance** / calculation of the carrying capacity || ~ de **Ricci** / Ricci calculus || ~ à la **ruine** / ultimate load method || ~ à la **rupture** / rupture calculation || ~ **statique** / static calculation || ~ **statique de construction** / structural calculation || ~ des **surfaces** / calculation of surfaces o. areas || ~ **symbolique** (math) / operational calculus || ~ en **temps réel** / real-time computation || ~ des **terrassements** / mensuration of earthwork || ~ des **théorèmes** / theorem calculus || ~ des **tolérances** / calculation of tolerances || ~ **transversal** (ord) / crossfooting || ~ **ultérieur** (ordonn) / post-calculation || ~ de la **variance ou des variations** (math) / calculus of variations || ~ **vectoriel** / vector calculus || ~ en **virgule fixe** / fixed-point calculation o. computation || ~ en

virgule flottante / floating point computation
calculable / calculable, computable || **devenir** ~ / become calculable
calculateur *m* / computing machine, (esp.:) computer || ~ (ordonn) / accountant, calculator || ~ par **accroissements** / incremental computer || ~ **adaptateur ou adaptatif** / self-adapting computer || ~ **analogique** / analog computer || ~ **analogique-différentiel** / differential analyzer || ~ **asynchrone** / asynchronous computer || ~ **autoorganisateur** / self-organizing computer || ~ de **bureau quatre opérations** / calculating machine, [four function desk] calculator || ~ de **carburant** (poste d'essence) / computer head, countmetering head || ~ **consécutif-séquentiel** / consecutive-sequence computer || ~ d'un **dispositif anti-bloqueur** (auto) / controller of an anti-lock system || ~ **électronique**, ordinateur *m* / computer || ~ **électronique analogique** / electronic analog computer || ~ d'**estime** (ELF) (aéro) / CSC, course and speed computer || ~ d'**exécution** / object computer || ~ de **hauteur par radar** / radar aircraft altitude calculator, RAA || ~ **hybride** / hybrid computer || ~ **hybride parallèle** / parallel hybrid computer || ~ **industriel** / process control computer, in-process computer || ~ **industriel à transaction** / transaction process computer || ~ **interpolateur** / director, interpolator || ~ **numérique differentiel** / digital differential analyzer || ~ **numérique ou numéral** / digital computer || ~ **parallèle** / parallel computer || ~ à **pas de progression** / incremental computer || **~-poinçonneur** *m* **électronique** / electronic calculating punch || ~ de **poison** (réacteur) / poison computer || ~ à **programme enregistré**, ordinateur *m* / stored program computer || ~ de **route** (ELF) (aéro) / CSC, course and speed computer || ~ **satellite** / satellite computer || ~ **séquentiel** / sequential o. consecutive computer || ~ **séquentiel à enchaînement arbitraire ou à sauts** / arbitrary sequence computer || ~ **séquentiel à enchaînement fixe** (NC) / consecutive sequence computer || ~ **sériel** / serial computer || ~ **simultané** / simultaneous computer || ~ **spécial[isé]** / special purpose computer || ~ de **surface** (circuit imprimé) / area calculator || ~ **synchrone** / synchronous computer || ~ **terminal de communication** / data circuit terminating equipment, DCE || ~ à **traitement** / host computer || ~ **universel** / general-purpose computer
calculation *f* / calculation
calculatoire / computational
calculatrice *f* / calculator || ~ **automatique** / automatic calculator || ~ **commerciale** / business computer || ~ **électronique numérique** / electronic computer || ~ **numérique automatique** / digital computer || ~ de **poche** / pocket calculator || ~ **scientifique** / scientific computer
calculé / calculated || ~ à la **troisième décimale** / carried to three decimal places
calculer / calculate, reckon, figure o. work out, cipher || **se** ~ [de] / be calculated [from] || ~ par **approximation** / estimate || ~ d'un **bout à l'autre** / count o. go over, examine || ~ **largement** / dimension generously || ~ la **moyenne** / take the mean || ~ le **point** (nav) / work o. make the reckoning, work up the fix, prick the chart || ~ le **total de contrôle** / to accumulate a hash total || ~ à **trois décimales** / carry to three decimal places || ~ par **voie statique** / determine statically
calculette *f* / pocket calculator
caldeira *f*, caldère *f* (géol) / summit caldera
cale *f* / block, bolster || ~ (techn) / shim || ~, coussinet *m* (techn) / pillow, lining || ~ (nav) / ship's hold || ~ (mines) / miner's o. packing wedge || ~ (céram) / dot || ~ (aéro) / chock (for wheels) || ~, chantier *m* (nav) / shipbuilding slip, building berth o. cradle, slipway, slip || ~ **ajustée ou d'ajustage ou adaptée** / fitting block o. bolster, regulating wedge || ~ d'**arrêt** / chock [block] || ~ **arrière** / stern hold || ~ d'**assemblage** (men) / shooting board o. block || ~ **avant** (nav) / fore-hold || ~ en **bois** (emballage) / filler block (US), wood packing || ~ en **bois tendre** (mines) / footboard || ~ de **butée** (tourn) / saddle stop || ~ de **carénage flottante** / floating [dry] dock, wet dock || ~ de **coffrage** (bâtim) / releasing key || ~ de **construction** / slipway, slip || ~ de **dock** (nav) / building block || ~ d'**échafaudage** (bâtim) / key of scaffolds || ~ d'**encoche** (électr) / slot wedge || ~ d'**encoche magnétique** (électr) / magnetic slot-wedge || ~ d'**épaisseur** (techn) / shim || ~ d'**épaisseur à lames multiples** / peel shim || ~ **étalon pour alésages ou à bouts cylindriques** / gauge block with cylindrical ends || ~ **étalon d'angle** / angle block o. gauge || ~ **étalon combinable** / gauge block || ~ **étalon [de Johansson]** / block gauge, gauge block, slip gauge || ~ **étalon à traits** / hairline gauge || ~ de **fixation** / wedge || ~ de **freinage** (aéro, auto) / chock [block] || ~ **froide** (nav) / refrigerating hold || ~ **hélicoïdale** (auto) / helical spline || ~ **inférieure** (mines) / foot lid || ~ **lamellaire** / laminated shim || ~ de **lancement** / shipbuilding slip, building berth o. cradle, slipway, slip || ~ de **lancement transversal** (nav) / sideslip[way] || ~ **magnétique d'encoche** (électr) / magnetic slot wedge || ~ [à **marchandises]** (nav) / cargo hold o. space, [freight] hold, ship's hold || ~ de **plomb** / insertion of lead || ~ à **poissons** (nav) / fish hatch || ~ pour **profilés U et I** / square taper washer || ~ de **radoub** / dry dock || ~ de **rattrapage** / regulating wedge, tightening wedge, wedge bolt || ~ de **réglage** (bâtim) / adjusting wedge, lightening key || ~ de **réglage** (électr) / pole shim || **~s** *f pl* de **remplissage** / linings *pl* || ~ *f* de **renfort** (moule) / pressure pad || ~ de **roue** (aéro, auto) / chock [block] || ~ **sèche** / dry dock || ~ de **serrage** (mines) / head block o. board, cap piece
calé / fixed by pins o. wedges || ~, d'aplomb / steady || ~, bloqué / jammed || **être** ~ / bind *vi*, seize, gripe, get o. be stuck
caléfaction *f* (chimie) / heating || ~ (réacteur) / burn-out || ~ sous **pression** / heating under pressure
calendrer / mangle, calender
calendrier *m* (ELF) / timing || ~ **mural** / sheet almanac
calepin *m* (bâtim) / working drawing o. plan || ~ (tailleur de pierres) / work drawing
cale-porte *m* (pl.: cale-portes) / door stop
caler *vt* / quoin *vt* || ~ (techn) / wedge *vt*, fasten by wedges || ~ / fasten, set, fix, lock, immobilize || ~ *vi* (nav) / draw ... meters of water || ~ (roues) / lock-up *vi* || **à** ~ / which may be locked, lock-type... || **faire** ~ (auto) / kill the engine, stall, lug down || ~ à **chaud** / contract, shrink, join by shrinking || ~ les **coussinets** / line bearings || ~ un **meuble** / level a piece of furniture || ~ le **moteur** (auto) / kill the engine, stall, lug down || ~ en **phase** (électr) / phase *vt*
calfatage *m* / ca[u]lking || ~ des **vitres** / packing for roof glazing
calfater / ca[u]lk *vt*

calfeutrage *m*, calfeutrement *m* / stopping up of chinks || ~ de la **nappe souterraine** / ground water packing || ~ de **portes** / weather stripping of doors || ~ des **vitres** / packing for roof glazing

calfeutrer / weather-strip

calibrage *m* (gén) / calibration || ~, étalonnage *m* / calibration (of tubes), standardization (of weights), testing o. gauging (of instruments) || ~, triage *m* / sizing, sorting || ~ (techn) / ga[u]ging || ~ (mines) / screening, separation || ~ (forge) / sizing || ~ (frittage) / sizing || **en ~ automatique** (m outils) / size controlled || **en ~ automatique** (m.outils) / size controlled || ~ **automatique** (NC) / dimensional control || ~ de la **copie** (typo) / casting-off || ~ des **cylindres** (lam) / roll drafting, roll pass design || ~ **forcé** (métrologie) / force calibration || ~ par **frappe** (découp) / sizing, coining || ~ par **frappe à froid** (découp) / cold finishing, squeezing || ~ **logarithmique** / logarithmic calibration || ~ à **sec** (prépar) / dry cleaning

calibration *f* du **compas** / compass calibration

calibre *m* (gén) / size || ~ (horloge) / caliper (GB) || ~, étalon *m* / measuring tool o. instrument || ~ (instr) / rating || ~ (alésage) / bore size || ~ (canon) / caliber, bore || ~ (lam) / roll pass o. groove || ~ (céram, fonderie) / template, pattern || ~ (houille) / particle size || ~ (bâtim) / template, templet, reverse (GB) || **à ~s exacts** / true to gauge size || ~ d'**alésages** / hole gauge || ~ **Américain de fil**, A.W.G. / Brown and Sharpe Wire Gage, American Standard Wire Gage || ~ de l'**arbre** / shaft diameter || **~-bague** *m* **fileté ou à filetage** / screw ring, thread [ring] gauge || ~ **centreur**, calibre *m* de centrage / centering gauge || ~ pour **cône Morse** / Morse taper gauge || ~ de **conicité** / taper gauge || ~ de **contrôle d'atelier** / factory acceptance gauge, workshop inspection gauge || ~ à **coulisse** / caliper gauge || ~ à **coulisse de profondeur** / caliper depth o. height gauge || ~ à **coulisse de profondeur à vernier** / vernier depth gauge || ~ des **cylindres** (lam) / roll pass o. groove || ~ **double** / go-and-no-go gauge || ~ **ENTRE** / go-ga[u]ge || ~ d'**épaisseur** / feeler [gauge], thickness ga[u]ge || ~ d'**épaisseur de tôles** / Birmingham gauge, B.G., Birmingham gauge for sheets and hoops, metal gauge, sheet and o. hoop-gauge || ~ **étalon** / standard gauge || ~ à **étirer** (lam) / breaking-down pass || ~ de **fabrication** / manufacturing o. shop gauge, working gauge o. standard || ~ du **fil** / wire size o. diameter || ~ **fileté de réglage** / threaded setting gauge, setting plug screw gauge || ~ **[des fils]** / gauge for wires and rods, [standard] wire gauge, S.W.G. || ~ pour **gicleurs** (auto) / nozzle checking gauge || ~ **limite** (techn) / limit gauge || ~ **limite de réception** / check gauge || ~ **limite de travail** (techn) / working [limit] gauge || ~ à **limites électrique** / electrolimit gauge || ~ en **losange** (lam) / diamond pass || ~ **mâchoire** / gap o. snap ga[u]ge || ~ **mâchoire ENTRE** / go-gap gauge, go-snap gauge || ~ **mâchoire étalon** / standard snap gauge || ~ **mâchoire de fabrication** / workshop gap gauge || ~ **mâchoires double** / limit gap gauge, snap gauge "GO" and "NOT GO" || ~ à **marquer** / marking o. scribing gauge || ~ **micrométrique** / external micrometer, micrometer [gauge], (US coll:) mike || ~ de **moulage** (fonderie) / frame board, flask board, moulding o. modelling board, template || ~ **négatif** / ring o. female ga[u]ge, ga[u]ging ring, plain ring ga[u]ge || ~ **«N'ENTRE PAS»** / "NOT GO" gauge || ~ **normal** (prép) / normal size || ~ **ouvert** (lam) / open pass || ~ de **pas** (filetage) / thread pitch gauge || ~ de **perçage** / hole gauge || ~ pour la **pose des noyaux** (fonderie) / core setting jig || ~ **positif** / barrel o. cylinder o. plug gauge || ~ de **profilage** (lam) / shaping groove || ~ de **profondeur** / depth ga[u]ge, penetration gauge || ~ de **réception** / check gauge || ~ **réel d'ouverture** (prép) / effective screen aperture || ~ à **refouler** (lam) / edging pass || ~ de **réglage** (tex) / card gauge, setting gauge || ~ de **réglage** (techn) / setting gauge || ~ de **réglage de soupapes** (mot) / valve adjusting gauge || ~ à **rouleaux** / thread-roll snap gage || ~ à **rouleaux limite** / thread limit roll-snap gauge || ~ **tampon ENTRE** / GO plug gauge || ~ **tampon fileté ENTRE** / thread plug gauge GO || ~ **tampon fileté N'ENTRE PAS** / thread plug gauge NOT-GO || ~ **tampon pour moyeux cannelés** / plug gauge for serrated hubs || ~ de **taraudage** / internal screw thread gauge || ~ des **tôles** / Birmingham wire gauge for sheets and hoops || ~ à **trous** / hole gauge || ~ à **tuyaux** / pipe gauge || ~ **type** / standard gauge || ~ à **vis** / screw ga[u]ge, caliper rule || ~ à **vis micrométrique** / micrometer caliper || ~ **voisin de la coupure** (sidér) / near-mesh grain

calibré *adj* / ga[u]ged || ~ (prép) / graded, sized || **~s** *m pl* **6/80** (mines) / nuts *pl* || **~s** *m pl* **lavés** / washed [single o. double o. treble] nuts o. trebles, washed pearls *pl*

calibrer / calibrate || ~, trier / grade, size || ~ par **frappe** (découp) / reshape, restrike for sizing

calibreuse *f* à **bande abrasive** (bois) / abrasive planer, disk grinder || ~ de **pommes de terre** / potato sorting drum o. screen

calice, en forme de ~ / bell-shaped

caliche *m* / caliche

calicot *m* (tex) / calico || ~ pour **chemises** (tiss) / shirting || ~ **écru** / cotton cloth || ~ **fort** / plain cotton fabric, calico || ~ pour **literie** (tex) / bed ticking, bedstout, feather drill o. twill

californium *m*, Cf / californium

califourchon, à ~ / astraddle, astride

calimaçonnage *m* (horloge) / snailing

caliorne *f* (nav) / winch for heavy lift

calmage *m* (sidér) / deoxidizing

calmant *m* (sidér) / calming agent

calme *adj* / calm, quiescent || ~ *m* / calm, wind force 0 || **~s** *m pl* (météorol) / doldrums *pl*

calmé à l'**aluminium** (sidér) / aluminium-killed

calmer / allay, mollify, appease || ~ (sidér) / kill a melt || ~ (se) (chimie) / calm down

calmouk *m* (tex) / calmuc, frieze

calomel *m* / calomel, mercurous chloride

caloporteur *m* / heat exchanging o. transfer medium || ~ (ELF) (réacteur) / coolant

calorescence *f* / calorescence

calorie *f* (aliments) / calorie || ~ (vieux; 1 cal = 4.1868 Joule) / [gram o. small] calorie, cal, gram calorie o. degree (US), g.ca. || **~-gramme** *f* / gram o. small calorie, cal || ~ **internationale de table** / international table calorie

calorifère *m*, appareil *m* générateur d'air chaud sans ventilateur / thermophor, air heater without ventilator || ~ à **eau chaude** (chauffage) / hot water heating system || ~ pour **grands espaces** / air stove

calorification *f* / heat generation by animals o. by organic matter

calorifique / caloric, of o. relating to heat o. calories || ~, qui produit de la chaleur / calorific, heat generating

calorifuge *adj* / non-conducting, heat insulating || ~ *m* / heat insulator || ~ **frigorifique** / cold insulator

calorifugé / heat insulated, lagged
calorifugeage *m* / cleading against loss of heat, heat insulator o. insulation, lagging (GB), thermal covering o. insulation o. protection || ~ de la **chaudière** / boiler cleading o. insulation o. lagging (GB) || ~ **frigorifique** / low temperature insulation, cold insulation || ~ par **plastique alvéolaire** / cellular plastic heat insulation
calorimètre *m* / calorimeter || ~ de **Berthelot** (phys) / Berthelot's calorimeter || ~ à **condensation** / condensation calorimeter || ~ **différentiel** / differential scanning calorimeter || ~ à **eau** / water calorimeter || ~ à **étranglement** (phys) / throttling calorimeter || ~ à **glace de Bunsen** (phys) / ice calorimeter || ~ de **Junkers** / continuous flow o. Junkers waterflow calorimeter || ~ **séparateur** (phys) / separating calorimeter
calorimétrie *f* / calorimetry || ~ par **analyse différentielle** / differential scanning calorimetry
calorimétrique / calorimetric
calorique *adj* / caloric, of o. relating to calories || ~ *m* **spécifique** (phys) / specific heat, sp. ht.
calorisateur *m* (sucre) / juice heater, calorisator
calorisation *f* (cémentation) / caloric treatment, calorizing
caloriser (sidér) / calorize, alit[iz]e || ~, aluminier / alitize, alite
calotte *f* (gén) / cap || ~ (distillation) / bubble cap || ~ (cintre) / centered vault, cent[e]ring || ~ (bâtim) / dome || ~ (radar) / hood || ~ (verre) / moil || ~ (travaux de percement) / roof section of a tunnel || ~ (casque de sûreté) / upper part of a protective helmet || ~ (chapeau) / body of a hat || ~ (lampes) / cover glass of lamps || ~ (montre) / protective container [during manufacture] || ~ à **barbotage** (chimie) / bubble cap || ~ **chaude** (mot) / hot bulb || ~ de l'**empreinte** (essai mat.) / indentation cup || ~ de **gaz** (pétrole) / gas cap || ~ **glacière** (géol) / ice cap (of a continent) || ~ d'**obturation** (forage) / stuffing box || ~ **protectrice** (bouteille à gaz) / cap of a gas cylinder || ~ **sphérique** (géom) / spherical cap || ~ de **tube** (électron) / shield of the tube
calquabilité *f* / printability
calque *m*, papier *m* calque / ca[u]lking paper, tracing paper || ~ / traced design, tracing || ~ **bleu** / blueprint || ~ **bleu positif** (dessin) / Pellet's process print || ~ **brun** / brown print || ~ **mère** (typo) / master print || ~ **Ozalid** / ozalid print || ~ en **rouge** (dessin) / red print
calquer / trace *v*
calutron *m* / calutron (a mass spectrometer)
camarade *m* **mineur** (mines) / miner, pitman, collier
camasite *f* (min) / kamacite
cambouis *m* / gome, coom (GB) || ~ (pétrole) / sludge, dirty oil || ~ de **meulage** / grits and grinds, wheel swarf
cambrage *m* (lam) / deviation from straightness, curvature || ~ (découp) / raising (embossing around curved edges) || ~ / slight bend, camber
cambrai *m* (coton) / cambric (a cotton fabric) || ~ (toile de lin fine) / cambric (a fine thin white linen fabric)
cambre *f* / slight bend, camber
cambré (techn) / arched
cambrer / raise, bend about two axes o. two planes || ~ (découp) / raise *vt*
cambrien *m* / Cambrian
cambrion *m* de **soulier** / shank of a shoe
cambrure *f* / slight bend, camber || ~ (cordonnerie) / waist, shank || ~ d'**aile** (aéro) / wing camber o. curvature
cambuse *f* (nav) / cook's room, caboose, galley
came *f* (gén, mot) / cam || ~ (techn) / lifter, lifting cog || ~ (horloge) / snail || ~ (lam) / cam, cog || ~, came *f* de commande (m.outils) / cam plate o. disk o. wheel, eccentric disk, radial cam || **à ~s** / cogged, toothed || ~ d'**admission** (auto) / inlet [valve] cam || ~ d'**allumage** (auto) / ignition cam o. lobe || ~ d'**arrêt** / stopping cam || ~ d'**ascension** (tex) / knit cam || ~ d'**avance** (m.outils) / feed cam || ~ **baladeuse** / sliding cam || ~ de **bout** / end cam || ~ de **butée** / stop boss || ~ de **chariotage** (m.outils) / lead cam || ~ de **chasse** (tiss) / picking tappet || ~ de **contacteur** (électr) / control cam || ~ **coulissante** / sliding cam || ~ de **couplage à roue libre** / overrunning clutch cam || ~ **cylindrique** / cylindrical cam, cam barrel o. drum || ~ de **déclenchement** / releasing cam || ~ de **décompression** / compression release || ~ à **déplacement** / sliding cam || ~ en **disque** (m.outils) / cam plate o. disk o. wheel || ~ du **distributeur** (auto) / lobe of the distributor shaft || ~ d'**échappement** (mot) / exhaust cam || ~ d'**entraînement du papier** / paper guide cam || ~ **et aiguille en position de tricotage** (tricot) / clearing position || ~ **façon-métier** (tiss) / tuck bar o. cam, cardigan o. clearing cam || ~ de **frein** / brake cam o. toggle || ~ **guide-papier** / paper guide cam || ~ **intégrale** (techn) / integral cam || ~ de **levage** / eccentric disk || ~ de **mise en marche** / starting cam || ~ de **pas** (techn) / pitch cam || ~ **périphérique** (m.outils) / barrel cam, cylinder o. cylindrical cam || ~ **plate** / face cam || ~ **plate rectiligne** / rectilinearly moving disk cam || ~ **plate rotative** / rotating disk cam || ~ de **platine** (tex) / jack cam || ~ de **pompe à carburant** / fuel pump cam || ~ **porte-butée** (m.outils) / trip cam || ~ **radiale** / peripheral o. radial cam || ~ à **rainure** (techn) / cam with groove || ~ à **réduction** / slowing-down cam || ~ à **retour** (m.outils) / withdrawal cam, return cam || ~ en forme de **tambour** voir came périphérique
caméline *f* **sative** / cameline
camelle *f* (salin) / a large pile of sea salt ready for shipment
camelote *f* / junk o. job goods *pl*, trash, job lot (US) || ~ (coll) (techn) / rejects *pl*, scrap
caméra *f*, camera *f* (film) / shooting camera || ~ **dynamique** (phot) / continuous flow camera || ~ **électronique** (TV) / electron camera || ~ d'**enregistrement du son** (film) / sound camera || ~ **enregistreuse** / recording camera || ~ à **épaule** / walkie-lookie, creepi-peepi (US), hand-held TV-camera (GB) || ~ pour **film d'amateur** / narrow film [movie] camera, amateur movie camera || ~ de **microfilm** / microfilm camera || ~ de **microfilm à mouvement continu ou à pose dynamique** / microfilm flow camera, rotary camera || ~ **miniature** / miniature camera || ~ sur **pied** (phot) / stand camera || ~ **planétaire** / planetary camera, flatbed camera || ~ de **plateau** / studio camera || ~ **portative** / hand-held o. portable camera || ~ pour **prise de vues en accéléré** / quick motion camera || ~ pour **prise de vues au ralenti** (film) / slow-motion o. high-speed camera || ~ de **reproduction** (c.intégré) / process camera, reproduction camera || ~ **rotative** (phot) / continuous flow camera || ~ **sonore** (film) / sound camera || ~ **stéréophonique** / stereosound camera || ~ de **studio** / studio camera || ~ de **télévision**, caméra *f* TV / television camera, T.V. camera || ~ de **télévision couleur** / colour television camera || ~ de **télévision pour reportage en extérieurs** / field television camera || ~ **TV thermographique** / thermographic T.V. camera || ~

verticale / rostrum camera
camion *m* / motor lorry (GB), [auto]truck (US), motor truck (US) || ~ (épingle) / smallest size pin, minikin || ~ (bâtim) / paint bucket || ~ **atelier** / service car, repair truck || ~ **basculant** / tip lorry (GB) o. truck (US) || ~ **basculant dans toutes les directions** / allround [tipping] dump car || ~**-benne** *m*, camion *m* à benne basculante / dumper, trough tipping wagon, V-dump car (US), skip lorry (GB) o. truck (US), dump truck || ~ à **benne ouvrante** / flap-hinge car || ~ à **bestiaux** / cattle truck || ~ **bétonnière** / truck mixer, concrete mixer truck || ~ à **bière** / beer lorry (GB) o. truck (US) || ~ à **cabine avancée** / forward control type truck, cab-over-engine o. COE truck || ~ à **capot** / truck with hood || ~**-citerne** *m* / water tank car o. wagon || ~ de **collecte** / refuse removing truck, garbage car o. truck (US), refuse collector o. lorry (GB), dust cart || ~ **communal** / public utility vehicle, communal vehicle || ~ **dépanneur** / service car, salvage lorry (GB) o. car (US), breakdown lorry (GB), towing ambulance (US), wrecking car (US), trouble car || ~ à **deux essieux** / fourwheel vehicle, fourwheeler || ~ à **déversement par le fond** / bottom discharger o. discharging truck, bottom dumper || ~ à **dix roues** / ten wheeler || ~ à **double bascule ou basculant des deux côtés** / dumping truck tipping to both sides || ~ **dragueur de boue à pompe aspirante** / eductor-basin cleaner, gully emptier || ~ **électrique** / electric truck || ~ **élévateur-culbuteur** (ordures) / lift tipping vehicle || ~ **et remorque** / trailer train, road convoy || ~ à **fond mobile** / flap-hinge car || ~ à **fond ouvrant** / bottom discharger o. discharging truck, bottom dumper || ~ **gadoue-ménagère** voir camion de collecte || ~ **isotherme** / refrigerated truck || ~ de **livraison** / multi-stop [delivery truck], delivery car o. vehicle o. truck, van (GB) || ~ pour **livraison à domicile** (ch.de fer) / door-to-door delivery van || ~ à **long bois** / timber truck || ~ **mixer ou mélangeur** (bâtim) / truck mixer, concrete mixer truck || ~ **navette** / shuttle car || ~ d'**outillage** / tool and gear truck || ~**-plateau** *m*, -plateforme *m* / flatbed [truck] || ~ **porteur d'automobiles** / motorcar transporter o. hauler, haulaway || ~ **ramasse-tout ou de ramassage** (Canada) / pick-up [body] truck || ~ pour le **répandage du sel** / salt spreader o. distributor || ~ de **secours** / emergency car || ~ à **six roues** / sixwheeler || ~ de **traite commune** (agr) / cooperative mobile milking bail || ~ à **triple mouvement de bascule** / dumping truck tipping to three sides || ~**-vidange** *m* / eductor-basin cleaner
camionnage *m* / road transport, trucking (US) || ~ (gén) / conveyance o. transport by lorry (GB) o. by truck (US), haulage || ~ (ch.de fer) / drayage (US), cartage, carting
camionner / transport by lorry *vt* (GB) o. truck (US), truck goods (US)
camionnette *f* / pick-up, delivery van || ~ à **caisse** (auto) / pick-up [body] truck || ~ **électrique de livraison** / electric delivery van || ~**s** *f pl* **et voitures de livraison** / light *pl* motor lorries and delivery vans || ~ *f* **fermée** / delivery van || ~ **surbaissée** (auto) / low loader, low bed van
camionneur *m* (entreprise) / [motor] carrier, carter, trucker (US) || ~, chauffeur *m* / lorry (GB) o. truck (US) driver, trucker (US), teamster
camouflage *m* / camouflage
camoufler / camouflage || ~ les **lumières** (défense antiaér.) / black out *vt*
campagne *f* (sucre) / campaign || **en pleine** ~ / in the open country, in the open || ~ du **fourneau** (sidér) / furnace campaign || ~ d'un **haut fourneau** / blast furnace campaign
campagnol *m* **terrestre** / black water rat
campane *f* (filage) / vertical reel, whisk
campêche *m* (teint) / campeachy o. campeche wood
camphane *m* / bornane, (formerly:) camphane
camphène *m* (chimie) / camphene
camphine *m* / camphine
camphre *m* / [common o. Japan] camphor || ~ **artificiel** / pinene hydrochloride, turpentine camphor || ~ de **Bornéo** / Borneo o. Malay o. bhimsaim camphor, borneol
camphré / camphorated
camphrier *m*, Cinnamomum camphora / camphor tree
camwood *m*, Baphia nitida (teint) / camwood
canal *m* (hydr) / waterway, canal (an artificial waterway), channel (a natural waterway) || ~ (sidér) / drain, pig mould, [sow] channel || ~ (fenêtre) / canal of a window frame || ~ (ELF) (électron) / channel, band || **à un** ~ / single-channel... || ~ d'**accès** / entry channel || ~ d'**accès de mémoire** (ord) / storage access channel || ~ **adjacent** (électron) / flanking channel, off-channel || ~ d'**admission** (mot) / scavenging o. entrance port || ~ d'**admission des gaz** (gaz) / admission port o. manifold || ~ d'**admission des gaz du moteur à deux temps** / transfer port || ~ d'**admission de vapeur** (m.à vap) / inlet || ~ d'**air** (fonderie, bâtim) / airduct, air flue o. channel || ~ d'**alimentation** (gén) / admission channel || ~ d'**alimentation** (moule, plast) / runner || ~ d'**alimentation** (extrud) / die approach || ~ d'**alimentation** (hydr) / feeder || ~ d'**amenée** / feeding o. working o. supply canal, head race channel || ~ d'**amont** (hydr, mines) / floating channel || ~ d'**amont** (hydr) / supply canal, feeding o. head o. working canal, head race [channel] || ~ **antiparasite** (télécom) / clear channel || ~ d'**arrivée** / feeder || ~ d'**arrosage** (agr) / irrigating ditch, watering o. irrigation ditch, catch feeder o. drain, drain for irrigation || ~ d'**aspiration d'air** / suction channel || ~ d'**aspiration des poussières** / canal for dust collection by ventilation || ~ d'**assèchement** / drainage channel || ~ **audio** (TV) / audiofrequency channel, sound channel || ~ **auxiliaire** (ord) / backward channel || ~ d'**aval** (hydr) / aft-bay race || ~ **banalisé** (radio) / CB-channel || ~ de **bande perforée** (bande perf.) / track o. channel of punched holes || ~ **bidirectionnel** (ord) / duplex channel || ~ **binaire symétrique** / binary symmetric channel || ~ de **câbles** / cable tunnel || ~ du **câble de précontrainte** (béton) / prestressing cut || ~ de **carotte** (plast) / runner || ~ de **ceinture** / ring channel || ~ **chaud** (nucl) / hot channel || ~ de **chauffe** (briqueterie) / heating channel || ~ de **circulation d'huile** / oil duct || ~ **colateur** (hydr) / discharging culvert of a dam || ~ de **combustible** (nucl) / fuel channel || ~ de **coulée** (fonderie) / runner || ~ de **couleurs** (TV) / colour channel || ~ de **décharge** / discharge o. discharging canal, surpassing canal || ~ de **décharge** (hydr) / outfall || ~ de **décharge** (drainage) / drawing ditch, drain, outlet trench || ~ de **déchargement du combustible** (nucl) / transfer canal || ~ de **dérivation** (hydr) / branch o. lateral o. side canal o. channel, by-pass channel || ~ de **dérivation** (barrage) / by-channel o. -wash || ~ de **déversement** / discharge canal, exhaust way o. canal || ~ en **disque** (plast) / disk runner || ~ de **distribution** (céram) / feeder channel || ~ de **données** (ord) / data channel || ~ de **données** (par

opposition au canal d'entraînement) (bande perf.) / information channel || ~ de **drainage** (ch.de fer, routes) / drop pipe || ~ des **eaux d'égout** (inst. de décantation) / drain, sewer || ~ des **eaux de trop-plein** (hydr) / diversion cut || ~ d'**échappement des gaz** / waste gas duct, flue duct || ~ à **écluses ou éclusé** / lock channel o. canal || ~ d'**écoulement** (extrud) / die approach || ~ d'**écoulement** (drainage) / delivery canal o. channel, drain channel, drains *pl* || ~ d'**écoulement** (barrage) / by-channel o. -wash || ~ d'**écoulement principal** (bâtim) / main drain || ~ à **écoulement rapide** / sluice || ~ d'**égout** / drain, sewer || ~ **émissaire** / outfall || ~ d'**émission** / transmission channel || ~ d'**entraînement** (b.magnét) / sprocket channel o. track || ~ d'**entraînement** (bande perf) / feed track || ~ d'**entrée** (mot) / entrance port, scavenging pool || ~ d'**entrée des données** / digital input channel || ~ d'**entrée de turbine** (aéro) / turbine entry duct || ~ d'**entrée-sortie** (ord) / input-output channel, [serial] I/O channel || ~ d'**étalonnage** (télécom) / calibration channel || ~ d'**évacuation ou évacuateur de crue** / spillway, by-channel, by-wash, diversion cut || ~ **expérimental** (réacteur) / test hole, experimental hole || ~ **expérimental à irradiation** / experimental irradiation channel || ~ **expérimental [à sortie de faisceau]** (réacteur) / beam hole || ~ à **forte pente** (évacuateur à siphon) (hydr) / spillway chute || ~ de **fréquences** / frequency channel || ~ de **fuite** / outlet, outfall || ~ de **fumée** / air[ing] hole o. pipe, smoke funnel || ~ de **garage** (hydr) / branch o. junction o. loading canal, side-cut || ~ de **gaz riche** (chauffage) / gun flue, gas gun || ~ de **grande navigation** / ship canal || ~ formant une **impasse** (hydr) / dead-end canal || ~ d'**intercommunication** (électron) / intercommunication channel || ~ d'**intérêt local** (hydr) / branch o. junction o. loading canal, side-cut || ~ d'**introduction des données** / digital input channel || ~ d'**irrigation** / irrigation channel o. canal || ~ **jaugeur ou de jaugeage** / flow measuring flume, meter flume || ~ de **jonction** (hydr) / junction canal || ~ **latéral** / branch o. lateral o. side canal o. channel, by-pass channel || ~ de **luminance** (TV) / luminance channel || ~ de **marais** / moor canal o. drain || ~ de la **marée** / flood channel || ~ **maritime** / ship canal || ~ de **mesure** / flow measuring flume, meter flume || ~ **multiple** (télécom) / multiple channel || ~ **multiplexeur** (électr, ord) / multiplexer channel || ~ **multiplexeur pour blocs** (ord) / block multiplexer channel || ~ **multiplexeur pour bytes** / byte multiplexer channel || ~ **N** (semicond) / N channel || ~ de **navigation** / navigation canal o. channel || ~ de **navigation intérieure** / inland canal || ~ **oscillant** (hydr) / oscillating flume || ~ **ouvert** (hydr) / open channel || ~ **pilote** (télécom, électron) / pilot channel || ~ à **point de partage** / summit canal || ~ **principal** / runner, feeder || ~ de **propagation atmosphérique** / tropospheric radio duct, duct || ~ **protecteur** (télécom) / protection channel || ~ de **raccordement** (hydr) / junction canal || ~ de **[raccordement du carneau à] la cheminée** / smoke flue, chimney flue || ~ aux **radeaux** (hydr) / raft chute o. channel || ~ **radio** / radio channel || ~ **rapide** (ord) / high-speed channel || ~ de **refoulement** (turboprop) / compressor delivery duct || ~ de **refroidissement** / cooling duct o. channel || ~ de **retour** (contr.aut) / backward path o. channel || ~ de **retour** (hydr) / return channel || ~ d'une **rivière** (hydr) / river channel || ~ de **saignée** (caoutchouc) / tapping cut || ~ **sans écluses** / level canal, ditch canal || ~ **sans issue** (hydr) / dead-end canal || ~ de **séchage** / tunnel drier o. drying oven || ~ **secondaire** (eaux usées) / subsidiary o. tributary canal || ~ **secondaire d'injection** (plast) / runner || ~ **sélecteur** / selector channel || ~ de la **serrure** (tricot) / needle race, knitting channel, cam groove || ~ de **service** (électron) / service channel || ~ **simplex** (télécom) / simplex channel || ~ **son** (TV) / audiofrequency channel, sound channel || ~ **symétrique binaire** (ord) / binary symmetric channel, BSC || ~ de **télécommande** (espace) / command channel || ~ de **télécommunication** (télécom) / communication channel || ~ **téléphonique** (télécom) / speech channel || ~ de **télévision** / television o. video channel || ~ **temps** (télécom) / time slot || ~ de **transfert** (nucl) / transfer canal || ~ de **transmission** (ord) / information channel, bus || ~ de **transmission des données** / data o. information channel || ~ en **tunnel** / tunnel-canal || ~ à **tuyaux** (bâtim) / pipe canal o. duct || ~ **unidirectionnel** (ord) / one-way channel || ~ de **ventilation** (électr) / core duct || ~ de **ventilation** (auto) / louver, louvre || ~ de **Venturi** (hydr) / Venturi flume || ~ **voisin** (électron) / flanking channel, off-channel || à canaux **multiples** (électron) / multi[ple]-channel...

canalisation *f* / canalization || ~ (égout) / sewerage || ~ (semicond) / channel effect, channeling || ~, tuyauterie *f* / conduit [of pipes], duct || ~ (à l'extérieur) / mains *pl* || ~ (à l'intérieur) / pipes *pl*, piping || **à ~ d'air** (électr) / pipe ventilated || ~ d'**aérage secondaire** (mines) / air duct system, conduit of air pipes || ~ à **air** / air pipe o. piping o. tube, air pipeline || ~ d'**air** (électr) / ventilating o. cooling duct, air duct || ~ d'**air chaud** / hot air passage o. flue || ~ d'**alimentation** (électr) / feeder, incoming feeder, supply line || ~ d'**alimentation de gaz** / gas soil pipes *pl* || ~ d'**aller** (chauffage) / flow pipe || ~ d'**amenage** / feeding conduct o. pipe || ~ **[d'amenée] d'huile** / oil duct o. feed, oil lead || ~ **ascendante** / supply riser || ~ **blindée isolée au SF_6** (électr) / SF_6-insulated metal clad tubular bus || ~ pour **câbles** / cable duct || ~ pour **câbles en ciment** (électr, télécom) / cement duct || ~ **circulaire** / closed circular pipeline || ~ **descendante** (chauffage) / return pipe || ~ **domestique** / interior o. house wiring || ~ de **drainage** / catch water drain || ~ d'**eau** / water conduit || ~ d'**eau couverte** / covered drain || ~ **électrique** (électr) / feeder, feed line || ~ **électrique souterraine** / underground laying of cables || ~ d'**essence** / gasoline o. petrol feed[ing] pipe || ~ d'**évacuation** / drain channel, sewerage, drains *pl* || ~ d'**expansion** (chauffage) / expansion flow pipe || ~ d'un **fleuve** / canalization of a river, river training [works] || ~ de **force [motrice]** (électr) / power line (US), mains *pl* (GB) || ~ de **gaz** / gas conduit o. line || ~ des **gaz d'échappement** / exhaust piping || ~ à **grande distance** / pipeline || ~ à **grande distance de gaz** / gas pipeline || ~ à **guide-d'ondes le long de la ligne visuelle** (télécom) / line-of-sight microwave link || ~ à **haute pression** / high-pressure conduit || ~ d'**huile** / oil duct o. feed || ~ d'**huile** (techn) / oil duct o. hole (e.g. in a bearing) || ~ d'**huile** (coussinet) / oil way || ~ **intérieure** (électr) / interior o. house wiring || ~ de **jonction** (bâtim) / supply o. service pipe o. tube || ~ **montante** (chauffage) / flow pipe || ~ **préfabriquée** (électr) / busbar trunking system, busway || ~ sous **pression** (techn) / pressure pipe, force pipe || ~ **principale de gaz** / gas main || ~ de **retour** (chauffage) / return pipe || ~ de **rivières** voir canalisation d'un fleuve || ~ de **transfert** (pétrole) / transfer line || ~ pour le

transport de solides / solid matter pipeline || ~ **transversale** (routes) / transverse drainage system || ~ pour **tuyaux** / pipe duct
canaliser / canalize
canar *m* (mines) / air conduit o. tube, airduct, casing tube, duct fan || ~ d'**aérage en plastique souple** (mines) / unarmoured plastic air duct || ~ **souple en toile** (mines) / canvas air conduit
cancer *m* du **bois** / tree wart
candela *f*, cd / candela
candélabre *m* / lamp post || ~ à **crosse** / lighting column with bracket || ~ **droit** / post top lighting column || ~ d'**éclairage public** (routes) / light pole o. standard o. mast, lighting pole o. column || ~ à **retreint** / stepped lighting column || ~ **tronconique** / tapered lighting column
candi *m* / candy, candied sugar
candoluminescence *f* / candoluminescence
canetière *f*, cannetière *f* (filage) / spooling frame, spooler, quiller, bobbin winding machine || ~ de **chaîne** (tiss) / warp winding engine o. machine o. frame || ~ **doubleuse** (tex) / multiple spooling machine || ~ à **fil croisé** / crossing motion pirn winder || ~ à **godets** (tex) / cup winding frame o. machine || ~ de **trame** (tiss) / pirn o. weft winder o. winding machine
canettage *m* [de **trame**] (tiss) / weft winding, pirn winding
canette *f* (mines) / fuze, fuse || ~, cannette *f* (filage) / cop || ~ (m à coudre) / bobbin || ~, canette-trame *f* (tiss) / weft-cop || ~ (bière) / small beer bottle (with patent stopper) || ~**-chaîne** *f* / twist-cop, warp-cop || ~ **cocon** (filage) / hollow o. tubular cop || ~ à **dérouler** (tex) / loose cop, movable pirn, rolling o. revolving bobbin || ~ pour **filés** / yarn cop || ~ avec **joues** / condenser bobbin with flanges || ~ de **métiers automatiques** / weft pirn for automatic loom || ~ de **schappe** / single schappe silk || ~ **tubulaire** (filage) / hollow o. tubular cop
canetter [la **trame**] / quill, weft-wind
canetteuse *f* voir canetière
canevas *m* / fine canvas || ~ (tapisserie) / duck, gunny canvas || ~ (bâtim) / truss of a center || ~ (dessin) / canvas, sketch, first layout || ~ **géodésique ou de lignes géographiques** / network of parallels and meridians, map grid || ~ **Mercator** / Mercator grid || ~ **triangulaire ou de triangles** / triangulation network || ~ **trigonométrique** / trigonometrical survey o. chain o. system
canif *m* / pen knife
caniveau *m* (hydr) / sluice || ~ (sucre) / flume || ~ (routes) / gutter, gully, (also:) gutter stone || ~ (soud) / undercut || ~ de **câblage** / duct for wiring || ~ des **câbles** (électr) / cable duct || ~ d'**écoulement des eaux** (routes) / drainage channel || ~ d'**écoulement des eaux** (mines) / slough, slovan, gullet || ~ **électrique** (ch.de fer) / cable pit, troughing || ~ d'**encoche** (électr) / slot liner || ~ à **fente** (électr) / slotted conduit || ~ de la **ligne de contact** / contact line duct || ~ à **passages multiples** / multiple tile duct for cables || ~ **praticable** / practicable duct || ~ en **terre cuite** (câble) / clay conduit || ~ de **transmission par fil** (ch.de fer) / trough for signal wire || ~ de **transmission rigide** (ch.de fer) / trough for signal rods
cannabis *m* / hemp
cannage *m* / cane plaiting
canne *f* / chair cane, rush || ~, jonc *m* / cane || ~ (bâtim) / cane, reed, reeds-thatch || ~ d'**acier** (verre) / blowing iron, blowpipe || ~ à **chute** (arp) / drop rod || ~ d'**échantillonnage** / sampling tube, sample thief || ~ d'**injection d'eau pour charbon** / water injection pipe for coal heap || ~ de **niveau** (ELF) (espace) / depletion o. level sensor || ~ **pyrométrique** / insertion pyrometer || ~ à **sucre** / sugar cane
cannelage *m* / ribbing, fluting
cannel-coal *m* / cannel coal
cannelé *adj* / ribbed, fluted || ~ (lam) / grooved || ~ *m* (tiss) / cannele weave || ~ (filage) / fluted roller of the drawing frame
canneler / rib || ~ (colonnes) / flute, chamfer, groove || ~ (lam) / groove a roll || ~ (techn) / furrow || ~ (se) / become fluted o. grooved
cannelle *f*, cannette *f* / spigot, tap || ~ de **Chine** / cassia bark || ~ de **Padang** / cinnamon
cannelure *f* (gén) / ribbing, fluting || ~ (bâtim) / cable (an ornamentation in rope form) || ~ (men) / concave o. hollow moulding || ~ (four) / hollow, valley, trough || ~ (lam) / pass, groove || ~ (colonne) / fluting || ~ (numismatique) / milled edge, fluting of coins || ~ (taraud) / flute of the tap || ~ (techn) / flute, groove, chamfer, channel || ~, denture *f* Rudge / serration, groove o. channel toothing || ~, denture *f* darbres / involute spline || ~ (carton ondulé) / flute || ~ d'**arbre cannelé** / female spline || ~ à **brames** / slabbing pass || ~ des **cylindres** / groove, hole, pass || ~ **dégrossisseuse** (lam) / cogging o. blooming o. roughing pass || ~ **dentée** / toothed fluting || ~ de **départ** (lam) / initial pass, leading pass, first pass || ~ *n* à **développante** (techn) / involute spline || ~ *f* **ébaucheuse** (lam) / blooming pass, cogging o. breaking-down o. roughing pass || ~ **emboîtée ou fermée** / bullhead pass, box pass, flat groove || ~ d'**étirage** (lam) / drawing pass || ~ **fendeuse** (lam) / knife pass || ~ **finisseuse** (lam) / finishing groove || ~ **hélicoïdale** / helical groove || ~ **inférieure** (lam) / bottom pass || ~ **losange** (lam) / diamond pass || ~ de **mur** / wall chase || ~ **normale** (pap) / B-flute || ~ **ogive** (lam) / Gothic groove o. pass || ~ **ovale** (lam) / oval pass || ~ **plate** (lam) / bullhead pass || ~ **profilée** (lam) / sectional groove || ~ de **recul** (lam) / pull-back pass || ~ **refouleuse** (lam) / tongue and groove pass || ~ **ronde** (lam) / round pass || ~ **roulante** (lam) / box groove o. hole o. pass || ~ **spatard** (lam) / finishing groove || ~ à **vide** (lam) / dummy pass, false pass
cannetière *f* voir canetière
cannetille *f* / wire spiral
cannibaliser / cannibalize
cañon *m* (géol) / canyon, cañon
canon *m* (arme) / gun, cannon || ~ (fusil) / barrel || ~ (pompe) / barrel of a pump || ~ (pomp) / spout, jet pipe || ~ (clé) / key pipe o. barrel o. shank || ~ (verre) / cylinder, muff || ~ **antiaérien** / anti-aircraft gun, A.A. gun || ~ **basculant** (mil) / drop barrel || ~ à **béton** / concrete gun || ~ de **bouchage** (four) / taphole gun || ~ **cathodique** / electron gun || ~ à **cimenter** / cement gun || ~ de **contre-pointe** (tourn) / tailstock [center] sleeve, tail spindle || ~ de **décolletage** / lathe barrel || ~ à **détonation** / detonation gun (for coatings) || ~ à **deux coups** / double-barrelled gun, double barrel || ~ à **eau** (pomp) / monitor, cannon || ~ d'**eau haute pression** / high-pressure water jet || ~ à **éjection** (aéro) / ejection gun || ~ **électronique ou à électrons** / electron gun || ~ **électronique à accélération externe** / work accelerated electron-gun || ~ **électronique à auto-accélération** / self accelerated electron-gun || ~ **électronique à champ croisé** (électron) / crossed-field gun || ~ **électronique de couleurs** (TV) / [colour] gun || ~ **électronique à faisceau circulaire** / circle beam

tube electron-gun || ~ **électronique à palier atmosphérique** / atmospheric stage electron-gun || ~ **électronique rouge** (TV) / red electron gun || ~ d'**entretien** (tube) / holding gun || ~ à **faisceau annulaire** (opt. électron.) / ring beam gun || ~ de **forage amovible** / renewable drill bush, headed drill bush || ~ à **gaz léger** / light gas gun || ~ de **gaz [riche]** (chauffage) / gun flue, gas gun || ~ de **gouttière** / cesspool, spout of the gutter || ~ à **graisse** / grease gun || **~-harpon** *m* (nav) / harpoon gun, whale gun || ~ **immergé** (tube) / immersed gun || ~ d'**inscription** (tube) / writing gun || ~ **ionique** / ion gun || ~ **jumelé** / double barrel || ~ de **lecture** (tube) / reading gun || ~ **lisse** (fusil) / shotgun barrel || ~ **long** / long barrelled gun || ~ de 155 **long** / long barrelled gun of 155 calibers length || ~ de **minuterie** (montre) / motion work [for hands] || ~ à **mousse** (pomp) / foam gun || ~ de **perçage** / drill bush[ing] || ~ à **plombs** (fusil) / shotgun barrel || ~ **rayé** / rifle barrel || ~ de **serrure** / nozzle of a key || ~ **transversal à électrons** / transverse [slit] electron-gun
canonique (math) / canonical
canonner / cannonade, shell
canopée *f* (déconseillé), verrière *f* (ELF) (aéro) / canopy
canot *m* / canoe, dinghi || ~, bateau *m* à rames / whale boat (carried by sea-going ships) || ~ **automobile** / motorboat || ~ de **bord** / launch || ~ **bordé à clin** / clinker- o. clincher-built boat || ~ à **cabine** / cabin boat || ~ **démontable ou pliant** / collapsing boat, collapsible o. folding boat || ~ à **fond en V** / V-bottom boat || ~ **pneumatique** / inflatable o. pneumatic boat || ~ **pneumatique**, Zodiak *m* (nav) / [inflatable] liferaft || ~ **pneumatique** (ELF) (aéro) / dinghy [boat] || ~ de **sauvetage** / life-boat, long boat
cantharidine *f* (chimie) / cantharidin
cantilever *m* (constr.en acier) / cantilever
cantine *f* d'**entreprise** / company store o. canteen (GB) o. lunchroom (US)
canton *m* de **block** (ch.de fer) / block section o. action
cantonnement *m* (ch.de fer) / block system, space system || ~ **absolu** (ch.de fer) / absolute block || ~ **manuel** (ch.de fer) / hand-operated block apparatus || ~ **permissif** (ch.de fer) / permissive block || ~ **permissif absolu** / absolute permissive block, A.P.B.
cantonnier *m* (ch.de fer) / lengthman, platelayer || ~, agent *m* de routes (routes) / roadman, roadsman
cantre *m* (retordeuse) / creel || ~ à **bobines** (tex) / bank creel || ~ à **claire-voie** (filage) / skeletonized reel || ~ **magasin** / magazine [warp] creel || ~ d'**ourdissage** / warping creel || ~ de **pots** (filage) / can creel
canule *f* / hollow needle
canyon *m* (nucl) / canyon || ~ (géol) / canyon, cañon
caoutchine *f* / caoutchine
caoutchouc *m* / [commercial o. India] rubber, caoutchouc || ~, rondelle *f* / lute (a rubber ring for bottles) || ~, élastique *m* en caoutchouc / rubber band o. tape || **du** ~ / rubber ... || ~ **alvéolaire** / cellular rubber || ~ **artificiel** / artificial caoutchouc || ~ de la **bande de roulement** / tread rubber || ~ **brut** / raw rubber || ~ **brut nerveux** / strong rubber || ~ **butadiène**, BR / butadiene rubber || ~ **butadiène acrylo-nitrile** / butadiene acrylonitrile rubber || ~ **cellulaire** (alvéoles fermées) / cellular rubber with closed cells || ~ **chloré** / chlorinated rubber || ~ **chloroprène**, CR / chloroprene rubber, CR || **~-ciment** *m* / rubber cement || ~ **collant** / sizing rubber || **~-crêpe** *m* / crêpe rubber || ~ **cyclique** / cyclocaoutchouc, cyclorubber || ~ **dur** / hard rubber || ~ **durci** / hard rubber, ebonite, vulcanite || ~ **étendu à l'huile** / oil-extended caoutchouc || ~ d'**éthylène-propylène** / ethylene propylene rubber, EPR || ~ **expansé** / expanded rubber || ~ **factice** / factice || ~ en **feuilles** / sheet rubber, India-rubber sheet || ~ **fluoré** / fluor[o]caoutchouc || ~ **froid** / cold rubber || ~ pour **garnitures** / joint o. packing rubber || ~ **gel** / gel rubber || ~ **haut module** / strong rubber || ~ **Hévéa** / hevea rubber || ~ **industriel** / technical rubber goods *pl*, mechanical rubber goods *pl* || ~ **isobutylène-isoprène**, IIR / isobutylene-isoprene rubber, IIR || ~ **lié** / bound rubber || **~-maillet** *m* / mallet || ~ au **méthyle** / methyl rubber || ~ **microcellulaire** / microcellular rubber, moss rubber || ~ **micromousse** / microfoam rubber || ~ **minéral** (min) / elaterite, elastic bitumen || ~ **mou** / soft rubber || ~ **mousse** / expanded rubber || ~ **naturel**, NR / caoutchouc, natural o. India- o. india-rubber, NR || ~ **nitrile** / nitrile rubber || ~ de **nitrile acrylique** / acrylo-nitrile rubber || ~ **nitroso** / nitroso rubber || ~ **Para** / para rubber || ~ **plantation** / estate o. plantation rubber || ~ **polyisoprène**, IR / isoprene rubber, IR || ~ **polymérisé à basse température** / cold rubber || ~ **profilé** / rubber profile || ~ **profilé pour étanchement** / sealing profile || ~ **pulvérisé** / pulverized caoutchouc || ~ **régénéré** / reclaim[ed rubber], devulcanized waste rubber, recuperated o. regenerated waste [rubber] || ~ **régénéré par un acide** / acid regenerated rubber || ~ **régénéré par une huile** / oil regenerated rubber || ~ **silicone** / silicone rubber || ~ **sol** / sol rubber || ~ **souple** / soft rubber || ~ **spongieux** / sponge o. cellular rubber, rubber sponge || ~ au **styrène-butadiène**, SBR / styrene-butadiene rubber, SBR || ~ **sylvestre** / wild rubber || ~ **synthétique ou de synthèse** / artificial caoutchouc o. rubber || ~ **tendre** / soft rubber || ~ **tressé** / elastic rubber cable, rubber cord, sandow || ~ **uréthane** / urethane caoutchouc || ~ à **vide** (chimie) / forcing o. delivery hose, flexible pressure tubing || ~ **vulcanisé** / converted India rubber, vulcanized rubber, cured caoutchouc
caoutchoucine *f* / caoutchoucen[e]
caoutchoutage *m* / rubber coating o. film
caoutchouté (cylindre) / rubber coated, rubberized || ~ (tex) / rubber coated o. covered, rubberized
caoutchouter / gum || ~ (tex) / proof, rubber-proof
caoutchouteux / rubber-like
caoutchoutier *m* / hevea [caoutchouc]
cap *m* (nav) / course || ~, acétopropionate *m* de cellulose / cellulose acetate propionate, cap || ~ **[géographique ou vrai]** (aéro, nav) / heading || ~ **prescrit** (aéro) / desired course || ~ **présélecté** (aéro) / preselected heading || ~ **vrai** (nav) / Co. T., true course
capabilité *f* d'**emploi** / performance capability
capable / capable || ~ [de] / appropriate [for o. to], suitable [for], fit [for o. to] || ~ d'**être amélioré** / improvable, capable of being improved || ~ de **fonctionner** / operative || ~ de se **mouvoir** / mobile || ~ de **performances élevées** / heavy-duty, high-capacity, high-performance, high-power, -powered || ~ de **porter** / capable of bearing, portative || ~ de **produire** / productive, efficient || ~ de **tenir la mer** / seagoing, seaworthy
capacimètre *m* / capacitance meter
capacitance *f* / capacitance, capacitive reactance || ~ **céramique plate** / plate ceramic capacitance || ~ **différentielle** / small-signal capacitance || ~ de **diffusion** (semicond) / hole storage effect, diffusion capacitance || ~ de **neutralisation** (électron) /

balancing o. neutrodyne o. neutrodyning o. neutralizing capacitance || ~ de **pénétration** (électron) / direct capacitance || ~ **répartie** / distributed capacitance

capacité *f*(gén) / capability, aptitude, capacity || ~, puissance *f* / power || ~, débit *m* / throughput, thruput, operational capacity || ~ (électr) / capacitor || ~, volume *m* / capacity, content, volume || ~ (m.outils) / work[ing] capacity || **à** ~ **réduite** / reduced capacity... || **de** ~ / solid || **de ou à faible** ~ (électr) / anticapacitance... || **sans** ~ / capacitance-free || ~ d'**accumulation** (hydr) / storage capacity || ~ en **Ah** (accu) / ampere-hour capacity || ~ pour l'**allumage** (accu) / ignition rating || ~ d'**amortissement** (caoutchouc) / buffering capacity || ~ d'**amortissement interne** (méc) / internal damping o. friction || ~ de l'**anode** / plate capacity || ~ d'**antenne** / antenna capacity o. capacitance || ~ **après complètement ou après installation complète** / capacity when completed || ~ d'**aspiration** / suction capacity || ~ d'**aspiration** (vide) / pumping o. suction speed, displacement || ~ d'**attache** (gén) / bonding capacity || ~ **auditive en pour-cent** / percent hearing || ~ [en mm] **pour barres** (m.outils) / bar capacity [in mm] || ~ de **bobine** (électr) / internal capacitance || ~ du **boîtier** (électron) / case capacitance || ~ de **calcul** (m.compt) / register length, calculating capacity || ~ **calorifique** / heat o. thermal capacity || ~ **calorique** / caloric content || ~ **cathode-anode** / cathode-plate capacity || ~ **cathode-grille** / cathode-grid capacity || ~ de la **centrale** / plant capacity || ~ de **chaleur massique** / specific heat capacity || ~ de **charge** / carrying o. loading capacity, load carrying ability || ~ de **charge** (câble) / current-carrying capacity || ~ de **charge** (véhicule) / carrying o. loading o. lading capacity || ~ de **charge de sortie** (ord) / output loading capability || ~ de **charge d'espace** / space charge o. volume charge capacity || ~ de **charge de pneu** / load capacity or rating || ~ de **chargement** (sidér) / charging capacity || ~ de **chargement** (nav) / available cargo space || ~ à **chaud** (électron) / capacitance when hot || ~ de **chauffe** / heating capacity || ~ **cible** (TV) / target capacitance || ~ **collecteur-base** (semicond) / collector-base capacity o. capacitance || ~ de **colmatage** (filtre) / dust holding capacity || ~ de **composition** (m.compt) / entering o. setting capacity || ~ du **compresseur à suralimentation** / supercharger capacity || ~ **concentrée** (électr) / concentrated capacitance || ~ d'un **condensateur** (électr) / capacitance of a capacitor || ~ d'un **condenseur** (vapeur) / condenser capacity o. output o. power || ~ entre **conducteur et gaine ou terre** (électr) / earth (GB) o. ground (US) capacitance || ~ du **corps** (électr) / body capacitance || ~ par **coup** (plast) / shot capacity || ~ de **coupe** / cutting capacity || ~ de **couplage** (électr) / coupling capacity || ~ de **coupure** (électr) / breaking o. rupturing capacity || ~ en **court-circuit** / short-circuiting power || ~ **cube** / cubature, cubage, cubic[al] contents *pl*, capacity, volume || ~ de **décharge** / discharge o. discharging rate o. capacity || ~ de **décharge en 10 heures** (accu) / capacity at ten-hour rate, ten-hours discharge rate || ~ de **décharge pour charges électrostatiques** / derivation ability for electrostatic charges || ~ de **déformation** / deformation capability, ductility || ~ en **dérivation** / by-pass o. shunt capacitor || ~ **différentielle** (semi-cond) / small-signal capacitance || ~ de **dispersion** (électr) / stray capacity || ~ d'**eau** (agric, sol) / water holding capacity || ~ d'**éclaircissage** (couleur) / whitening power || ~ d'**éclusement** / maximum tonnage capacity || ~ **[électrique]** / capacitance, capacity || ~ entre **électrodes** (électron) / internal capacitance || ~ d'**enlèvement des copeaux** / chip capacity || ~ d'**enregistrement d'un support** (ord) / medium registering capacity || ~ d'**entrée-sortie en court-circuit** / input capacitance-short circuit output || ~ d'**équilibrage** (électron) / balancing o. neutrodyne o. neutrodyning o. neutralizing capacitance || ~ d'**essai** / test capacity || ~ d'**évacuation** (hydr) / spillway capacity || ~ d'**extraction** (mines) / production of a mine, yield, output || ~ de **fixation** (gén) / binding capacity || ~ de **fluage** / flowability || ~ de **forage** (m.outils) / diameter drilled || ~ **frigorifique** / refrigerating capacity || ~ à **froid** (électr) / capacitance when cold || ~ de **fuite** (électr) / stray capacity || ~ de **fusion** / melt-in performance || ~ **gazométrique** / gas volume of a gas holder || ~ de **gonflement** / swelling capacity || ~ du **grappin** / grab capacity || ~ **grille-plaque** / grid-anode capacitance || ~ **hors tension** (diode) / zero capacitance || ~ **inductrice** / induction power || ~ **inhérente** (crist) / inherent capacitance || ~ d'**injection** (plast) / shot capacity || ~ **interélectrode** (tube) / partial capcitance, inter-electrode capacitance || ~ **intérieure des tubes** / internal tube capacity || ~ **journalière** (sucre) / daily beet slicing capacity || ~ d'une **ligne** (ch.de fer) / track capacity || ~ **limite** (ch.de fer) / load limit, limit of carrying o. loading capacity || ~ **limite** (dépassant la capacité nominale de 50%) (four) / load limit || ~ **linéique** / capacitance per unit length || ~ de la **main** (électron) / hand capacitance || ~ **mécanique maximale** (prép) / mechanical maximum capacity || ~ de **mémoire** (ord) / memory o. storage capacity o. size || ~ de **mesure** (NC) / measuring range || ~ de **modulation** / modulation capability || ~ du **moteur** / motor output o. power || ~ **mutuelle** (télécom) / mutual capacitance || ~ **nominale** / nominal capacitance || ~ **nominale de charge** (véhicule) / nominal load capacity || ~ **opératoire** (prép) / operational capacity || ~ **parasit[air]e** (électr) / stray capacity || ~ de **perçage** / diameter drilled || ~ de **planement** (aéro) / gliding quality || ~ **plaque-cathode** / anode-cathode capacitance || ~ **plaque-grille** / anode-grid capacitance || ~ de **pointe du projet** / peak design capacity || ~ de **pompage** / pumping capacity, displacement capacity || ~ **portante** / carrying o. loading capacity, load carrying ability || ~ de **positionnement** (NC) / positioning capacity o. range || ~ de **production en kg/h** (catalyseur) / productive capacity in kg/h || ~ **productive** / efficiency, capability || ~ **productive ou de production** / production rate || ~ **propre** / self-capacitance || ~ en **quantité d'électricité** (accu) / ampere-hour capacity || ~ par **rapport à la terre** / earth (GB) o. ground (US) capacitance || ~ de **recouvrement de grille** / gate overlapping capacity || ~ de **refoulement** / pump capacity || ~ de **régénération** / recuperative capacity || ~ de **registre** (m.compt) / register length || ~ de **rendement** / efficiency, capability || ~ **répartie de bobines** / distributed capacity of coils || ~ de **reprise au stock** / stockpile removing capacity || ~ de **réserve** / reserve capacity, RC || ~ de **retenue** / retaining capacity || ~ de **rupture** (électr) / breaking o. rupturing capacity || ~ de **serrage de la douille** (tourn) / collet capacity || ~ en **service** / operating capacity || ~ de **sortie** (électron) / output capacitance || ~ de **soute** / bunker capacity || ~ **spécifique horaire du four** (par m^2 de sole) (sidér) / specific furnace capacity, hearth area output, hearth surface output || ~ de **stockage d'attente** (nucl) / hold-up capacity || ~ de **surcharge** / overload capacity, peak load allowance (US) || ~ de **tamisage** / sieving rate, screening capacity || ~ **terminale** / final capacity || ~ **thermique** (cowper) / regenerative capacity of a hot blast stove || ~ **totale** (chimie) / total capacity || ~ de **tournage** / turning capacity o. range || ~ de **traction d'un moteur** (ch.de fer) / haulage capacity of a motor || ~ de **transition** (semicond) / depletion layer capacitance || ~ de **transport** / transport capability o. capacity || ~ de **transport** (galv) / throwing power || ~ de **transport** (nav) / stowage factor || ~ d'**usinage** / machining range || ~ d'**usine** (électr) / plant capacity || ~ **utile d'une centrale** (hydro-électr) / load factor of a hydroelectric power plant

capacité/résistance *f* (électron) / capacitor/resistor

capaciteur *m* (néologisme) / capacitor

capacitif / capacitive, capacitance..., capacity... || ~ (refroidissement) / capacitive

capacitron *m* / capacitron

cape *f* d'un **batardeau** (hydr) / cover of a dam

capillaire *adj*, capillacé / capillary || ~ *m* à **ébullition** (chimie) / air leak tube || ~ à **hématocrite** / hematocrit capillary

capillarimètre *m* / capillarimeter

capillarité *f* / capillarity, capillar[y] [attr]action

capitaine *m* des **pompiers** (Paris) / divisional officer

capital / cardinal, chief, principal, main

capitale *f* (typo) / block capital [letter], cap, majuscule

capitonnage *m* (rembourrage piqué à intervalles réguliers) / quilted upholstering o. upholstery || ~ **intérieur** / upholstery padding

capitonner (tex) / quilt

capoc *m* / kapok, capoc

capot *m* (gén) / covering cap || ~ (accu) / cap || ~ (auto) / engine bonnet (GB) o. hood (US) || ~ (radar) / hood || ~ (borne électr) / shrouding cover || ~ **annulaire** / NACA o. ring cowling || ~ d'**aspiration** / fume hood || ~ de **blindage** / screening cap || ~ de **cheminée** / cowl || ~ d'**étanchéité** (câble) / sealing cap || ~ d'**évacuation des copeaux** (bois) / chip ejector || ~ d'**extrémité du rotor** (électr) / rotor end-winding retaining ring || ~ d'**isolateur** / insulator cap || ~ de **moyeu d'hélice** (aéro) / airscrew spinner || ~ **N.A.C.A.** voir capot annulaire || ~ de **plombage** / cap for lead seal, tamper-proof || ~ **protecteur ou de protection** / protecting o. protective o. protection cap o. bonnet o. hood, guard cap o. bonnet o. hood, safety hood || ~ de **recouvrement** / cover plate o. strip || ~ de **refoulement de ventilateur** (électr) / fan shroud || ~ de **rejet** (convoyeur) / throw-off cap || ~ en **tôle** / sheet metal hood o. cap, tin cap || ~ de **ventilation** (cheminée) / extract ventilator, ventilator cowl

capotage *m* (auto) / cowling || ~ (aéro) / engine cowling || ~, bâche *f* / awning, tilt || ~ **non étanche**, capotage *m* sous pression (aéro) / pressure cowling, unsealed cowling || ~ de **ventilateur** (auto) / fan cowl

capote *f* (auto) / folding o. canopy top (US), cape hood (GB) || ~ de **protection** / protecting hood o. top, safe coverings *pl* || ~ en **toile** (auto) / canvas hood (GB) o. top (US)

capoter *vt* (auto) / close the hood o. top || ~ (aéro) / turn over, overturn, ditch

capro-lactame *m* (chimie) / caprolactam

capsule *f* / capsule, case, enclosure, sheath || ~ (manomètre) / capsule element || ~ (chimie) / dish, basin, pan || ~**-amorce** *f* / copper cap of a primer || ~ **anéroïde** / sylphon bellows of the aneroid barometer, barometric cell || ~ à **bouteilles** / bottle cap || ~ en **carton** / cardboard capsule (a bottle stopper) || ~ de **concentration** / concentrating o. concentration cup || ~ de **coquelicot** / poppy head || ~ du **cotonnier** / boll || ~ **décorative pour bouteilles de vin** / wine bottle closure || ~ **détonante ou fulminante** (gén) / blasting o. detonating o. percussion cap, primer, priming cap, initiator, detonator || ~**-éclair** *f* (phot) / clear cap-type bulb || ~ d'**évaporation** (chimie) / evaporating basin o. dish o. pan || ~ **fantaisie** / fancy cap || ~ **fulminante à percussion** / percussion cap || ~ **fulminante à la résorcine** / resorcinate detonator || ~ **gélatineuse ou de gélatine** / gelatin[e] capsule || ~ à **irradiation** (nucl) / rig || ~ à **manche** (chimie, labor) / casserole || ~ **médicamenteuse** / medicine capsule || ~ **métallique** [de Vidie] (baromètre) / barometric cell, sylphon bellows of the aneroid barometer || ~ **microphonique** / button of a microphone, microphone capsule || ~ en **plomb plaqué d'étain** / wine bottle closure of tinned lead || ~ **quart de tour** / quarter turn cap || ~ à **radium** / radium cell o. capsule, radiode || ~ de **récepteur** (télécom) / receiver cap o. case || ~ **spatiale** / space [craft] cabin, space capsule || ~ **téléphonique** / button of a microphone, microphone capsule || ~**-verrou** *f* / sealing cap || ~ de **Vidie** / barometric cell, sylphon bellows of the aneroid barometer

capsulé / incased, encased, incapsulated, encapsulated

capsuler / incapsulate, encapsulate, enclose in a capsule, incase, encase

captage *m* / capture, absorption, pick-up || ~ (gén) / picking up || ~ (source) / catching of a source o. spring, water catchment || ~ de **bruits** / hum pick-up || ~ **cryogénique** (vide) / cryotrapping || ~ d'**eau** / gathering of water || ~ de l'**hydrogène** / hydrogen absorption || ~ *f* de **poussière** / dust control || ~ *m* de **source** / spring water chamber || ~ de **sous-produits** / recovery of by-products

captation *f* d'**énergie solaire** / collection of solar heat || ~ des **poussières** / dust recovery

capter (nucl) / capture || ~ (forces) / harness || ~ (son) / record || ~ (radio) / turn into a station || ~ les **émissions d'un poste radio émetteur** / pick up, intercept || ~ un **gaz** / collect gas || ~ un **liquide** / catch o. collect a liquid || ~ la **poussière** / control dust || ~ une **source** / catch a spring

capte-suies *m* / soot catcher o. arrester

capteur *m* (vide) / gauge head || ~ (contr.aut) / sensor || ~ (métrologie) / transducer || ~ (ELF) (électr) / probe, sensor || ~ (ELF) (astron) / sensor || ~ **absolu** (espace) / absolute position transducer || ~ à **absorbeur en spirale** (héliotechnie) / spiral collector, sea shell collector || ~ **acoustique** / acoustic pick-up || ~ **angulaire** (contr aut) / angle transmitter || ~ par **concentration** (héliotechnie) / concentrating mirror, solar concentrator || ~ **décomposeur** (contr.aut) / resolver transmitter || ~ de **déplacement** / displacement transducer o. pickup || ~ de **déplacement inductif** / inductive displacement transducer || ~ d'**énergie rayonnante** / rectenna || ~ **extensométrique** / extension sensor || ~ **fin de course** / end-of-travel transducer || ~ de **forces** /

force meter || ~ **héliotechnique direct** / solar collector || ~ **héliotechnique indirect** / concentrating mirror, solar concentrator || ~ **inséré** (vide) / nude gauge || ~ de **mesure** / measurement transducer, sensor, pick-off || ~ **miniature** (comm.pneum) / miniature limit sensor || ~ à **miroir fixe et chaudière mobile** (héliotechnie) / SRTA concentrating collector (= stationary reflector tracking absorber) || ~ **mural HELIBAT** (héliotechnie) / Trombe wall || ~ d'**oscillations** / vibration pickup || ~ **phonographique** / sound pick-up || ~ **pneumatique** / pneumatic limit sensor || ~ de **position** (ELF) (espace) / attitude sensor || ~ de **position de vilebrequin** (auto) / crankshaft position sensor || ~ à **potentiomètre** / potentiometer pickoff || ~ de **poussière** / dust separator o. collector o. catcher || ~ de **poussière à tourbillonnement** (sidér) / whirler type dust catcher || ~ de **pression** (contr aut) / pressure sensor || ~ de **proximité** / proximity sensor || ~ des **rayons infrarouges** / infrared sensor || ~ **relatif** (espace) / incremental position transducer || ~ à **ruissellement** (héliotechnie) / trickling water collector || ~ **solaire** (espace) / sun sensor o. seeker, solar sensor || ~ **solaire** (héliotechnie) / solar collector || ~ **thermique** / thermal collector || ~ **vertical** (héliotechnie) / vertical collector || ~ de **vibrations** / vibration pickup || ~ de **voie** (identification automatique des wagons) (ch.de fer) / scanner for indentification of freight cars

captif / captive || ~ (nappe souterraine) / confined

capture *f* (gén, nucl) / capture || ~ **dissociative** (nucl) / dissociative capture || ~ d'un **électron K** / K-electron capture || ~ **électronique** / orbital electron capture || ~ des **électrons** / electron capture o. trapping || ~ par **fission** / fission capture || ~ **K** (nucl) / K-capture || ~ **L** (nucl) / L-capture || ~ des **neutrons** / neutron capture || ~ de **neutrons de résonance** / resonance capture of neutrons || ~ de **neutrons de résonance** / resonance capture of neutrons || ~ **parasite** (nucl) / parasatic capture || ~ **radiative** (nucl) / radiative capture || ~ de **résonance** (nucl) / resonance capture || ~ de **transpondeur** (radar) / capture of the transponder || ~ par **trous** (semicond) / hole capture

capuchon *m* / cowl, hood || ~ / microphone blanket || ~ **antiparasite** (auto) / spark plug suppressor || ~ à **cendres volantes** / flue dust catcher o. collector o. retainer || ~ **protecteur ou de protection** / protecting o. protective o. protection cap o. bonnet o. hood, guard cap o. bonnet o. hood, safety hood || ~ de **protection** (auto) / rubber cap for the distributor terminal || ~ de **reniflard** (mot) / breather cap || ~ de **stylo** / cap of ball point pen || ~ du **tube** (électron) / top cap || ~ de **valve** (auto) / valve cap || ~ de **ventilateur** (nav) / ventilator cowl

capuchonnement *m* de **ventilateur** / fan cowling o. shroud

caput-mortuum *m* (chimie) / phlegm

car *m*, autocar *m* / long-distance bus, motor coach || ~ de **coulée** / casting car[riage] || ~ **enfourneur des lingots** / ingot charging bogie || ~**-ferry** *m* / motorcar ferry, ferry[boat] || ~ à **lingots** (sidér) / ingot buggy o. chariot o. truck || ~ de **reportage** (radio) / recording car || ~ de **reportage pour télévision** / television mobile unit

carabine *f* / rifled gun || ~ (mil) / carbine || ~ à **deux canons lisses et un canon rayé** / three-barrelled gun

carabiner / rifle

caracole *f* (mines) / catch hook || **en** ~ (escalier) / winding, screw..., cockle...

caractère *m*, caractéristique *f* / characteristic feature, quality || ~ (techn) / type, character, kind || ~ (NC) / letter || ~ (typo) / letter, character, type || **en gras** ~**s** (typo) / bold[-faced], extra bold, black-faced || ~ **accusé de réception** [positif] (ord) / acknowledge character, ACK || ~ **accusé de réception négatif** (ord) / negative acknowledge character, NAK || ~ d'**acheminement de messages** / data routing character || ~**s** *m pl* pour **affiches** / poster type || ~ *m* **angulaire** / angularity || ~ d'**annulation** (ord) / cancel character, CAN || ~ **appel** (ord) / bell character, BEL || ~ d'**appoint** (ord) / fill character, filler || ~**s** *m pl* à **autocontrôle** / selfcheck fount (Farrington) || ~ *m* **autorisé** (ord) / legal character || ~ **blanc substitut** (ord) / substitute blank || ~**s** *m pl* **brisés** (typo) / broken type || ~ *m* de **changement de code** (ord) / code change character || ~ de **changement de jeu** (ord) / font-change character, face change character || ~ en **code** (ord) / shift-in character, SI || ~ **codé binaire** / binary character || ~ de **commande** (ord) / control character || ~ de **commande d'appareil** (ord) / device control character || ~ de **commande de code normal** (ord) / shift-in character, SI || ~ de **commande de code spécial** (ord) / shift-out character, SO || ~ de **commande de transmission** (ord) / transmission control character, communication character (US) || ~ **continu** / continuous character || ~**s** *m pl* **couchés** (typo) / off-its-feet || ~ *m* **dangereux** / dangerous nature o. character, dangerousness || ~ **début d'en tête** (ord) / start of heading character, SOH || ~ **début de texte** (ord) / start-of-text character, STX || ~ de **dérivation** (ord) / drifting character || ~ de **destination ou d'emploi** / characteristic of purpose || ~ **discret** (statistique) / discrete characteristic || ~ **distinctif** / main characteristic feature || ~ **distinctif d'une marque** (brevet) / distinctiveness of a trade mark || ~**s** *m pl* **duplexés** (typo) / display types *pl* || ~ *m* d'**échappement** (ord) / escape character, ESC || ~ d'**échappement de transmission** / link escape character, DLE || ~**s** *m pl* d'**écriture** (typo) / sqaure bodied script || ~ *m* d'**édition flottant** (ord) / floating report sign || ~ d'**effacement** (b.magnét) / erase character || ~**s** *m pl* **endommagés** (typo) / batter || ~ *m* **entier** (math) / integrity || ~**s** *f pl* **équivalents** / equivalent characteristics *pl* || ~ *m* d'**erreur** (ord) / erase character, rub-out character || ~ **espace** (m.compt) / blank [character] || ~ **espace** (ord) / blank [space] || ~ d'**espace** (ord) / space character, SP || ~ **espace arrière** (ord) / backspace character, BS || ~**s** *m pl* **espacés** (typo) / spaced type || ~**s** *m pl* **fantaisie** (typo) / ornamental o. fancy type o. letters *pl* || ~ *m* de **fin de mot** (ord) / end of word character || ~ **fin de support** (ord) / end of medium character, EM || ~ **fin de texte** (ord) / end of text character, ETX || ~ **fin de transmission** / end of transmission character, EOT || ~ de **fonction** (ord) / control character || ~**s** *m pl* à **fractures** (typo) / broken type || ~ *m* **graphique** (ord) / special character, graphic || ~**s** *m pl* **graphiques imprimables** (c.perf.) / printer graphics *pl* || ~ *m* **gras** (typo) / bold-faced type, fat type || ~ **grec** / greek letter o. character || ~ **hors code**, caractère de commande de code spécial (ord) / shift-out character, SO || ~ **huileux** / oiliness || ~ d'**imprimerie** (typo) / letter, type, character || ~**s** *m pl* d'**imprimerie** / printing types *pl*, block letters *pl* || ~ *m* **incertain** (ord) / uncertainity || ~ **industriel** (brevet) / industrial application || ~ d'**insertion** (ord) /

insertion character || ~ **interdit** (ord) / illegal o. invalid character || ~ **interligne** (ord) / line feed character, LF || ~ **ISO** / ISO character || ~ **isolé** (ord) / single character || ~**s** *m pl* à **jour** / outline o. open-faced letters *pl* || ~**s** *m pl* **larges** / wide-spaced lettering || ~ *m* **machine** (typo) / type-written printing, type script (US) || ~**s** *m pl* **magnétiques** / magnetic ink font || ~**s** *m pl* **mal taqués** (typo) / off-its-feet || ~ *m* **minuscule** / small letter, minuscle || ~ de **mise en page** (électron) / format effector, FE, layout character || ~ **nuisible** / nocuousness || ~ **nul** (ord) / null character, NUL || ~ **numéral** / numeral || ~ d'**oblitération** / delete o. rub-out (US) character, erase character, DEL || ~ d'**omission** (ord) / ignore o. error character || ~**s** *m pl* **onciaux** (typo) / Antique Roman || ~ *m* **pair** / being even-numbered || ~ **pictographique** / pictograph || ~ **plein** / bold-faced letter || ~ de **poids faible** (ord) / least significant digit, LSD || ~ de **présentation** (ord) / format effector, FE, layout character (GB) || ~ de **présentation de feuille** / form feed character, FF || ~ de ce qui est **proportionnel** / proportionality || ~ de **provenance** / characteristic of origin || ~ pour **réclame** (typo) / advertisement type || ~ **redondant** (ord) / redundant character || ~ de **rejet** (ord) / cancel character, CAN || ~ de **remplacement** (ord) / replacement character || ~ de **remplissage** (ord) / fill character, filler, gap character || ~ de **répétition** (ord) / repetition character || ~ **retour de chariot** (ord) / carriage return character, CR || ~ **sans information** (ord) / null character, NUL || ~ **séparateur** (ord) / separator, separating character, SP || ~ **séparateur d'information** (ord) / information separator, IS, separating character || ~ de **service** (ord) / control character || ~ de **signe** (ord) / sign character || ~ du **sol** / character o. nature of soil, soil o. ground conditions *pl* || ~ **sonnerie** (ord) / bell character, BEL || ~ de **soulignement** (ord) / underscore o. break character || ~ **spécial** (ord) / special character || ~**s** *m pl* **spéciaux** (typo) / peculiar characters *pl* || ~**s** *m pl* **standard** (typo) / normal text print || ~ *m* **substitut** (ord) / substitute character, SUB || ~ **substitutif** (ord) / replacement character || ~ de **suppression** (ord) / ignore o. error character || ~ de **synchronisation** (ord) / synchronous idle character, SYN || ~ de **tabulation** (ord) / tabulation character || ~ de **tabulation horizontale,** [verticale] (ord) / horizontal, [vertical] tabulation character, HT, [VT] || ~**s** *m pl* pour **travaux de ville** (typo) / jobbing founts *pl* || ~**s** *m pl* **[typographiques]** (typo) / printing type, printed script

caractérisation *f* (gén) / designation

caractériser / characterize, mark, feature

caractéristique *adj* / characteristic || ~ (rampe) / limiting, ruling || ~, propre / own, typical || ~ *f* / character[istic], feature || ~ (courbe) / characteristic curve o. line || **à ~ raide** (mines) / early-bearing (prop) || ~ des **amplitudes** / amplitude characteristic, amplitude response || ~ d'**angle de charge** (électr) / load angle characteristic || ~**s** *f pl* **assignées** / rating (e.g. of a machine) || ~ *f* **bi-directive** (électron) / bidirectional characteristic || ~ **cardioïde** (électron) / cardioid pattern o. characteristic || ~ en **charge** / load characteristic || ~ à **circuit ouvert** (génératrice) / open-circuit characteristic || ~ de **compoundage** (électr) / compounding characteristics *pl* || ~ de **conduite** (auto) / driving quality || ~**s** *f pl* **constructives ou d'une construction** / construction features o. details, constructional characteristics *pl* || ~ *f* **couple-vitesse** (électr) / torque characteristic, mechanical characteristic || ~ en **courant alternatif** (électron) / A.C. valve characteristic || ~ à **courant constant** / constant-current characteristic || ~ **courant-lumière d'un tube image** / picture tube characteristic || ~ **courant-tension** / voltage-current characteristic || ~ en **court-circuit** / short circuit characteristic || ~ **critique de grille** (thyratron) / firing characteristic || ~ de **décompression** / decompression characteristics *pl* || ~**s** *f pl* de **démarrage** / start characteristics *pl* || ~ *f* à **déphasage nul** (électr) / zero power-factor characteristic || ~**s** *f pl* de **diodes** / diode characteristic || ~ *f* **directive** (haut-parl) / space pattern || ~ de **distribution** / distribution characteristic || ~ **dynamique** (soudage) / time of recovery diagram || ~ **dynamique** (électron) / dynamic characteristic || ~ d'**écoulement** (émail) / flowing property, drainage behaviour || ~ d'**électrode** / electrode characteristic || ~**s** *f pl* des **émulsions** / demulsifying power || ~ *f* d'**enregistrement** (b.magnét) / recording frequency response || ~ d'**entrée** (transistor) / input characteristic || ~ à l'**état bloqué** (thyristor) / off-state characteristic || ~ **extérieure d'un alternateur** (électr) / external characteristic of a generator || ~ **externe** (électr) / voltage regulation characteristic || ~ à **facteur de puissance nul** (électr) / zero power factor characteristic || ~**s** *f pl* de **fatigue** (essai de mat) / fatigue properties *pl* || ~**s** *f pl* de **fiabilité** / reliability characteristics || ~ *f* de **flexibilité** (ressort) / spring rate || ~**s** *f pl* au **fluage** / creep properties *pl* || ~ *f* de **fonctionnement** / working characteristic || ~**s** *f pl* de **fonctionnement** / operational characteristics *pl* || ~ *f* de **fréquences** / transfer locus, frequency response || ~ en **huit** (électron) / bidirectional characteristic || ~ d'**impulsion** (électron) / pulse characteristic || ~**s** *f pl* d'une **installation** / statement of performance || ~ *f* **interélectrode** (électron) / transfer characteristic || ~ de l'**invention** / element of an invention || ~ de **limite de charge** (accu) / charging limits *pl* || ~ du **logarithme** / characteristic of a logarithm, index of a logarithm || ~ **luminance-éclairement** / brightness characteristic || ~ de **matière** / subject characteristic || ~ **mécanique** / mechanical property || ~ **mécanique à la traction** / physical o. strength property || ~ de **modulation** / modulation characteristic || ~ du **moteur** / characteristics of a motor in curve-form, motor diagram || ~ du **niveau** / level characteristic o. diagram || ~**s** *f pl* **nucléaires** / nuclear characteristics o. properties *pl* || ~ *f* d'**opération** (contrôle de qualité) / operating characteristic curve || ~ de **phase** / phase characteristics *pl* || ~ **phase-fréquence** (électron) / group delay-frequency characteristic, phase-frequency characteristics, phase response || ~ de **plaque** / anode current characteristic, dynamic o. tube characteristic || ~**s** *f pl* **pn** (semicond) / p-n properties *pl* || ~ *f* **principale tension/courant** (semi-cond) / principal voltage/current characteristic || ~ de **puissance** / power curve o. diagram, load diagram || ~ de **qualité** / quality characteristics *pl* || ~**s** *f pl* de **refroidissement secondaire** (réacteur) / emergency cooling features *pl* || ~**s** *f pl* de **régime** / operational characteristics *pl* || ~ *f* de **réglage** / characteristic of a control system (GB) o. of controlling means (US) || ~ de **réglage automatique** (contr.aut) / control characteristic || ~ de **réponse en fréquence** (mach. à cour. alt.) / frequency response characteristic (a.c.

machine) || ~ de **reproduction** (image) / picture display transfer characteristic || ~ d'un **réseau d'antennes directives** (antenne) / space factor || ~ à **rotor bloqué** (machine asynchrone) / locked rotor impedance characteristic || ~ de **saturation** (aimant) / saturation characteristic || ~ de **saturation** (phys) / saturation curve || ~ de **sélection** (relais) / selectivity characteristic of a relay || ~ **série** (électr) / inverse-speed o. series characteristic || ~ **shunt** (électr) / shunt characteristics *pl*, constant speed characteristics *pl* || ~ **signal/bruit** / signal-to-noise characteristic || ~ **spectrale** / spectral [response] characteristic || ~ **spectrale d'une substance luminescente** (TV) / spectral energy distribution || ~ **statique** (électron) / steady state characteristic || **~s** *f pl* **techniques générales** / ratings *pl* (e.g. of a machine) || ~ *f* de **temps** (électr) / time characteristic || ~ de **tension stabilisée** (électron) / stabilized output characteristic || ~ **tension/courant direct à l'état bloqué** (thyristor) / forward off-state characteristic || ~ **tension/courant direct** (semicond) / forward voltage-current characteristic || ~ **tension/courant d'une diode tunnel** / current voltage characteristic of a tunnel diode || ~ **tension/courant à l'état passant** (semi-cond) / on-state characteristic || ~ **tension/courant à l'état bloqué** (semicond) / off-state characteristic || ~ **tension/courant inverse** (semi-cond) / reverse current-voltage o. voltage-current characteristic || ~ de **transfert** (circuit numérique) / transfer characteristic || ~ en **V** (électr, machine synchrone) / V-curve characteristic || ~ des **valeurs limites de courant de surcharge** (semi-cond) / limiting overload characteristic || ~ à **vide** / no-load o. open-circuit characteristic || ~ de **vie** / life characteristic || ~ de **vitesse** / speed characteristics *pl* || ~ de **vitesse** (électr) / speed regulation characteristic || ~ à **vitesse constante** (électr) / shunt characteristics *pl*, constant speed characteristics *pl* || ~ du **vol** / flying qualities o. characteristics, aerodynamical qualities o. characteristics *pl*

caramel *m* (sucre) / caramel, burnt sugar

caranda, carnauba (cire) / carnauba wax, caranda

carapa *m* **rouge** / crabwood

carapace *f* (fonderie) / shell [mould] || ~ en **béton** (réacteur) / concrete shield

carat *m* (or pur = 24 carat) / carat, karat || ~ **métrique** (= 200 mg) / metric carat, M.C., m.c.

caravane *f* / trailer caravan (US), caravan (GB)

caravanerie *f* / caravan garden

caravanier *adj* / caravaning

caravaning *m* / caravaning

carbamate *m* / carbamate

carbamide *f* / carbanide, urea, carbonyldiamide

carbanilide *m* / carbanilide

carbanion *m* (chimie) / carbanion

carbazol *m* / carbazol[e]

carbènes *m pl* / carbenes *pl*

carbinol *m* / carbinol, methanol, methyl alcohol

carbo·cation *f* / carbocation || **~cérine** *f* / carbocerine || **~cyclique** (chimie) / homocyclic || **~gel** *m*, carboglace *f* / compressed solid carbon dioxide

carbogène *m* (90 % O_2, 10 % C) / carbogen

carbo·hydrase *f* / carbohydrase || **~ïdes** *m pl* / carboids *pl*

carboléochimie *f* / carboleochemistry

carbolinéum *m* / carbolineum

carboliser / impregnate with carbolic acid

carbolisme *m* / phenol poisoning

carbonado *m* / carbon[ado], black diamond

carbonage *m* (typo) / carbonizing

carbonatation *f* (sucre) / carbonation, deliming, saturating the juice with carbonic acid, saturation || ~ **finale** (sucre) / final saturation || ~ en **lots** (sucre) / batch carbonation || ~ du **sirop** / thick juice carbonation || ~ **triple** (sucre) / triple carbonation

carbonate *m* / carbonate || ~ **acide** / bicarbonate || ~ d'**ammonium** / ammonium carbonate || ~ de **baryum** / barium carbonate || ~ **basique de cuivre** / basic copper carbonate || ~ de **chaux ou de calcium** / calcium carbonate, carbonate of calcium o. lime || ~ **cuivrique** / carbonate of copper, cupric carbonate || ~ de **magnésie** / magnesium carbonate || ~ **manganeux** / manganese carbonate, (as a pigment:) manganese white || ~ de **nickel** / nickel carbonate || ~ de **potassium** / potassium carbonate || ~ de **sodium** / soda [salt], sodium carbonate, sal soda, washing soda, soda ash (GB)

carbonater / carbonate, saturate with carbonic acid || ~ (chimie) / carbonate, convert into carbonate

carbonateur *m* / carbonator

carbonatite *f* / carbonatite

carbone *m*, c / carbon || ~ **14**, C14, C^{14} / radiocarbon, C14 || **au ~ recuit** / converted into mild steel || ~ **combiné ou fixé** / combined carbon || ~ à **fusion** / melt-down carbon || ~ en **graphite** / graphite carbon || ~ de **recuit ou de trempe** / temper carbon || ~ **résiduaire** (sidér) / carbonized residue || **~-soie** *m* (ord, typo) / printing cloth, carbon silk || ~ **total** / total carbon, TC, TC

carboné / containing carbon

carboner (sucre) / carbonate, delime, saturate

carbonifère *adj* (carbone) / carboniferous, containing carbon, producing carbon || ~ (charbon) / carboniferous, containing coal || ~ (géol) / Carbonic, Carboniferous || ~ *m* (géol) / Carboniferous o. Carbonic o. coal formation o. series || **être** ~ (mines) / carry coal, contain o. bear coal

carbonique / aerated

carbonisage *m* (filage) / carbonizing

carbonisation *f* / carbonization, coking process, (esp.:) destructive distillation || ~ (géol) / carbonization, transformation into coal || ~ (textile, bois, eau) / carbonization, carbonizing || ~ (câble) / scorching || ~ (pilotis de bois) / charring || ~ [à l'**abri de l'oxygène**] (sidér) / carbonization, coking process || ~ à **basse température** / low temperature carbonization || ~ de **bois** / carbonization of wood, charring || ~ des **chiffons** / rag carbonizing || ~ des **contacts** (électr) / burning o. charring of contacts || ~ dans des **cylindres ou par la distillation** / cylinder burning o. charring o. coking o. carbonization || ~ des **draps** / cloth carbonization o. carbonizing || ~ de la **houille** / gasification of coal || ~ en **meules** / charring of wood in heaps o. piles

carbonisé (coke) / carbonized || **être** ~ (électr) / burn, char

carboniser *vt* / carbonize || **[se]** ~ / carbonize *vi; vt* || ~ à l'**abri de l'oxygène** (sidér) / carbonize, coke || ~ à **basse température ou lentement** / carbonize at low temperatures || ~ le **bois** / char wood

carboniseuse *f* (tex) / drying and carbonizing machine, carbonizer

carbonite *m* (mines) / carbonite (a dynamite)

carbonitruration *f* (sidér) / carbonitriding

carbonitrure *m* de **bore** / titanium carbonitride

carbonium *m* / carbenium o. carbonium ion

carbonyle *m* / carbonyl || ~ de **manganèse** / manganese carbonyl

carborundum *m* / Carborundum

carboxylase *f* / carboxylase
carboxyle *m* / carboxyl
carboxyméthylamidon *m* / carboxymethyl starch
carboxyméthylcellulose *f* / carboxymethyl cellulose
carburane *m* (chimie) / carburan
carburant *m* / motor fuel (on base of hydrocarbon) || ~ (sidér) / carburizing o. carbonizing agent, carburizer, case hardening compound || ~ (engins) / rocket propellant || **à ~ métallique** (réacteur) / metal fueled || ~ à l'**alcool** / alcohol fuel || ~ **aviation pour turbines** / I.P. fuel, [aviation] turbine fuel o. gasoline o. kerosene, avtur, ATF, ATG, ATK || ~ à **base de charbon liquéfié** / synfuel || ~ **composé** / composite [fuel] || ~ **Diesel** / diesel oil, fuel oil for IC engines, motor oil || ~ d'**énergie élevée** / high-energy o. -energetic o. -power fuel, H.E.F. || **~s et huiles** *pl* / fuel and oil || ~ *m* **gazeux** / fuel gas, motor o. power gas || ~ **léger** / light fuel (US) || ~ pour **moteurs** / motor fuel || ~ pour **moteurs à réaction** / I.P. fuel (I.P. = Institute of Petroleum), jet propulsion fuel || ~ **pulvérisé** / fuel spray || ~ à **réaction** / jet fuel o. propellant, J.P. || ~ de **référence** (auto) / reference fuel || ~ de **synthèse** / synfuel || ~ pour **tracteurs** / power kerosene
carburateur *m* (auto) / carburet[t]or, carburet[t]er || ~ **alimenté sous pression** / pressure-fed carburetor || ~ à **chemise** / jacketed carburetor || ~ à **craquage** (auto) / cracking carburetor || ~ à **dépression** / suction carburetor || ~ à **deux gicleurs** / double jet carburetor || ~ à **diffraction** (auto) / cracking carburetor || ~ **double corps** / duplex carburet[t]or, dual carburet[t]or || ~ à **double jet** / double jet carburetor || ~ à **flotteur** / constant level carburetor, float type carburetor || ~ à **giclage ou à gicleur** / injection carburetor, Pitot tube carburetor || ~ à **gicleurs multiples** / multiple jet carburetor || ~ **horizontal** / side-draught carburetor, transverse draft o. traverse draft carburetor || ~ **inversé** / downdraft carburetor || ~ **jumelé** / duplex carburet[t]or, dual carburet[t]or || ~ à **léchage** / surface carburet[t]or || ~ à **niveau constant** / constant level carburetor, float type carburetor || ~ à **pétrole** / paraffin[e] oil carburet[t]er || ~ à **pompe de reprise** / dashpot [pump] carburetor || ~ à **pulvérisation** (aéro) / injection carburetor || ~ à **registre** / multiple jet carburetor || ~ **Solex** / Solex carburetor || ~ **sonique** / sonic idle carburetor || ~ à **surface** / surface carburet[t]or || ~ à **tirage par en bas** / downdraft carburetor || ~ à **tiroir de gaz** (motocycl) / throttle valve carburetor || ~ **vertical** (auto) / updraft carburetor
carburation *f* (mot) / carburation, carburetion || ~ / carburation, carburetting || ~ (sidér) / carburization (e.g. by pig iron), carburizing, carbonizing || ~ en **caisse** / pack carburization || ~ **catalytique** / catalytic carburetion || ~ **double** (auto) / double carburetion || ~ par de la **fonte** (sidér) / pigging [back o. up], carburization by pig iron || ~ du **gaz** / gas-carburetting || ~ par [un] **gaz** (acier) / gas carburizing
carbure [métallique] *m* / carbide || **~s** *m pl* **aromatiques** / aromatic [series of] hydrocarbons *pl* || ~ *m* de **bore** / boron carbide || ~ de **calcium** / calcium carbide || ~ de **carbone** / carbide carbon || ~ **cémenté** / cemented carbide, (better): sintered [hard] carbide o. metal carbide || ~ de **chrome** / chromium carbide || ~ de **fer** (chem) / iron carbide || ~ **fritté** voir carbure cémenté || ~ **granulé** / acetylene stones *pl*, acetylith || ~ d'**hydrogène** / hydrocarbon, carbon hydride || ~ **interstitiel** / interstitial carbide || ~ de **manganèse** / manganese carbide || ~ **métallique** / metal carbide || ~ **mixte** (sidér) / composite carbide || ~ de **niobium** / niobium carbide || ~ **primaire** / primary carbide || ~ de **silicium** (chimie) / carbon silicide, silicon carbide, SiC || ~ de **silicium** (outils) / silicon carbide, SiC || ~ de **titane** / titanium carbide || ~ de **tungstène** / tungsten carbide
carburé (combiné avec du carbone) / carbonized, carburized
carburéacteur *m* (ELF) / I.P. fuel (I.P. = Institute of Petroleum), jet propulsion fuel
carburer (sidér) / carburize, carbonize || ~ (mot) / carburet || ~ *vt* (mélanger à l'air des hydrocarbures; réduire CO_2 en CO) / carburet || ~ le **combustible** / carburet the fuel
carburol *m* (terme à préscrire), essence-alcool *f* / gasohol, gazohol
carbylamine *f* / carbylamine
carcaise *f* (verre) / glory-hole || ~ (four céram) / cooling arch || ~ de **recuisson** (verre) / annealing kiln
carcasse *f* (pneu) / carcass of tire, body, casing || ~ (nav) / framing || ~ (électr) / yoke ring || ~ (bâtim) / framework || ~ (techn) / mount || ~ (géol) / truncated fault rock || **à ~ soufflée** (électr) / totally enclosed fan-cooled || **à une** ~ (turbine) / single-cylinder || ~ de l'**aile** / wing framework || ~ **câblé acier** (auto) / steel cord casing || ~ **coulissante** (électr) / end-shift frame || ~ de **cuisinière** / cabinet of the kitchen hearth || ~ **diagonale** / diagonal ply carcass o. casing, bias ply carcass || ~ **double** (turbine) / double shell o. casing o. housing || ~ de **dynamo** / dynamo frame o. carcass || ~ de **faux-cadre** (pann. à part) / concealed frame core || ~ **fermée** (machine électr) / box frame || ~ à **fils métalliques** (auto) / steel cord casing || ~ du **four** (sidér) / furnace vessel o. casing || ~ de **fuselage** (aéro) / fuselage framework || ~ de **haut fourneau** / blast furnace frame[work] o. stell structure || ~ **magnétique** (électr) / field frame o. carcass || ~ **métallique** / metal frame || ~ de **moteur** (électr) / motor frame o. casing || ~ d'un **moule à parties rapportées** / holding block || ~ **orientable** (électr) / rotatable frame || ~ d'une **pile** (électr) / battery rack || ~ de **poche** / ladle casing o. shell || ~ **radiale** / radial ply carcass o. casing || ~ **refoulée du pneu** (défaut) / buckled o. upset tire || ~ de **siège** (auto) / seat frame || ~ du **stator fermée** (électr) / stator frame || ~ de **turbine** / turbine cylinder o. casing o. housing o. shell
carcinogène / carcinogenic
carcinotron *m* / carcinotron || ~ **O** / O-type backward-travelling wave oscillator tube
cardage *m* (filage) / carding [work] || ~ en **gros** (filage) / scribbling
cardan *m* / universal o. cardan drive o. transmission || ~ à **carrés mâle-femelle** (outil) / articulated square-drive socket adapter || ~ à **joint coulissant** / slip universal joint || **à la** ~ / cardonic, on gimbals
cardasse *f* / card for carding waste silk, waste card
carde *f* / card[ing] engine o. machine, carder, card || ~ à **amiante** / asbestos card || ~ **boudineuse** / carding engine for slubbing o. for obtaining endless slubbings, condenser o. finisher endless card[ing engine] || ~ **briseuse** / breaker [card], breaking o. scribbler card || ~ **briseuse avec alimentation à auge** / shell breaker card || ~ à **chapeaux** / flat card || ~ à **chapeaux marchants ou à chapelets** / revolving flat card || ~ **circulaire** / full circle downstriker card || ~ à **coton** / cotton card[ing

engine] || ~ à **cylindres** / cylinder card || ~ à **deux peigneurs** / double doffer card || ~ **double** / double card || ~ **double à deux peigneurs** / two-doffer two-card set || ~ **droussette** / opener card for hard twisted thread waste, garnetting machine, gilljam carding machine (a scribbler card) || ~ en **feuille** / card sheet || ~ à **feuilles** / flat card || ~ à **fil cardé** / wool[en] card || ~ pour **fil de futaine** / condenser yarn card || ~ **fileuse** / finisher card || ~ en **fin** / condenser card || ~ **finisseuse** / finishing card, finisher || ~ à **garniture à fil d'acier** / wire card || ~ à **garniture Garnett ou à garniture à dent de scie** / garnett clothing card, card with saw tooth wire filleting || ~ en **gros** voir carde briseuse || ~ à **hérisson** / worker and stripper card, roller [and clearer] card || ~ à **laine** / wool card || ~ à la **laine peignée** / worsted card || ~ à **limes** / file card || ~ à **loquettes continues** voir carde boudineuse || ~ **mixte** / mixed card || ~ à **nettoyage** / cleaning card || ~**s** *f pl* pour **peignée** / worsted cards *pl* || ~ *f* à **poils** / hair card || ~ à **tambour enrouleur ou à toile sans fin** / intermediate card, second breaker || ~ à **travailleurs** / roller o. clearer card, card with workers || ~ à **un peigneur** / one-doffer card

cardé / carded, combed || ~**-mixte** *m*, -peigné *m* (tex) / mock-worsted, half worsted, stocking yarn

carder (tex) / card *vt*

carderie *f* (filage) / card room

cardeur *m* (personne) / card minder o. tenter, carder || ~ d'une **carde droussette** / worker of a gilljam carding machine

cardeuse *f* (tex) / card[ing] engine o. machine, carder, card || ~ à **crin végétal** / sea-weed carding machine

cardinal *m* (théorie des ensembles) / cardinal number o. numeral || ~ (tiss) / raising card, teasel

cardiographe *m* / cardiograph

cardioïde *f* / cardioid [curve]

cardonnet *m* pour le **poteau tourillon** (écluse) / hollow quoin

carénage *m* (aéro) / fillet[ing] || ~ **aérodynamique** / streamline fairing o. filleting || ~ de l'**essieu** / axle fairing

carence *f* de **vitamines** / vitamin deficiency

carène *f* / underwater hull, submerged part of the vessel || ~ (aéro) / hull

caréné / streamline[d], streamline shaped, faired

caréner (aéro, nav) / fair, streamline

caret *m* (ord) / caret

cargaison *f* (ch.de fer) / charge, freight || ~ (nav) / shipload, cargo || ~ **additionnelle** / additional load || ~ **arrimée sur le pont** (nav) / deck cargo o. load || ~ **réfrigérée** (nav) / refrigerated cargo || ~ **supplémentaire** / additional load || ~ en **vrac** (nav) / bulk [cargo]

cargo *m*, cargo-boat *m* (gén) / cargoboat, freighter, dry-cargo boat o. ship o. vessel || ~ avec **assiette automatique** (nav) / self-trimming bulk freighter || ~ **automoteur autonome** / self-contained motor cargoboat || ~ à **bois** / lumber carrier || ~ à **charbon** / collier || ~ **fruitier** (nav) / fruit ship, fruiter || ~ **lourd** / heavy-lift cargoboat || ~ à **manutention horizontale** (nav) / roll-on/roll-off vessel, drive-on/drive-off ship || ~ de **marchandises en colis** / general cargo vessel, cinema[tograph] projector (GB), movie projector (US) || ~ de **marchandises en vrac** / universal bulk carrier || ~ **mixte [passagers-marchandises]** / passenger cargo ship || ~ à **moteur** (nav) / motor freight vessel o. freighter || ~ **ordinaire** / general cargo vessel, breakbulk ship || ~ **polyvalent** [à charge hétérogène] / multi-purpose carrier, all-freight ship || ~ à **roulage direct** (nav) / roll-on/roll-off vessel, drive-on/drive-off ship || ~ **submersible** / submarine cargoboat

cargue *f* (nav) / guy rope

cariatide *f* (bâtim) / caryatid

carie *f* / caries || ~ du **bois** / [dry] rot, rotting || ~ des **murailles** (bâtim) / exudation, efflorescence || ~ **ordinaire du blé** / [black] smut (by tilletia tritici) || ~ **sèche** (bois) / dry rot

carillonner / ring a peal

cariste *m* (manutention) / industrial truck driver

carlingue *f* (nav) / keelson, kelson || ~ (déconseillé), poste *m* de pilotage (aéro) / flight deck, cockpit || ~ **centrale** (nav) / center keelson

carmin *m* / carmine, [rich] crimson o. scarlet || ~ d'**indigo** / soluble indigo blue

carminer / encrimson

carnallite *f* / carnallite

carnauba *m*, caranda *m* (cire) / carnauba wax, caranda

carne *f* / edge, salient angle (of a stone etc.)

carneau *m* (fumée) / smoke flue, flue || ~ de **brûleur** (sidér) / combustion chamber || ~ de **chauffage** / heating flue || ~ de **cheminée** / chimney flue || ~ **collecteur** / main flue || ~ **collecteur de gaz de chauffage** / producer gas flue, reducer gas flue, CO-flue || ~ de **raccordement** (sidér) / fantail || ~ entre **récupérateur et valve d'inversion** (sidér) / reversal conduit || ~ de **sole** (sidér) / bottom flue of the coke oven

carnelle *f*, carnèle *f* (numism.) / border ornamentation

carnet *m* / note-book, memorandum book || ~ d'**armement** (électr) / pole diagram || ~ de **billets** (ch.de fer) / book of tickets || ~ de **câblage** / list of cables || ~ à **calquer** / copy book, duplicating book, transfer copying book || ~ de **chèques** / checkbook || ~ de **commande** / order book || ~ **[de garantie et] d'entretien [programmé]** (auto) / owner protection plan booklet || ~ d'**inscription des poteaux télégraphiques** (télécom) / list of the telegraph poles || ~ de **stations** (radio) / log

carnotite *f* (min) / carnotite

carotène *m*, carotine *f* / carotene

caroténoïdes *m pl* / carotenoids *pl*

carottage *m* (mines) / core drilling o. boring, (esp.:) core sampling

carotte *f* (fonderie) / sprue || ~ (plast) / sprue, stalk || ~ (coulée sous pression) / sprue || ~ (mines) / drilling core || ~ (tabac) / tobacco roll o. carrot o. twist || **sans** ~ (plast) / runnerless || ~**-échantillon** *f* (mines) / core sample || ~ de **fonte solidifiée dans le trou de coulée** (sidér) / chestnut || ~ de **maïs** / maize o. corn (US) cob || ~ **multiple** / multiple sprue

carotteur *m* (mines) / calyx of the core drill

carottier *m* **double** / double-core barrel drill

carottière *f* / core drilling machine

carpette *f* (auto) / floor covering || ~ (emballage) / pack-duck

carpocapse *m* (des pois), Laspeyresia nigricana / pea moth || ~ (des pommes) / codling moth, apple moth o. worm (US)

carquaise *f* de **recuisson** (verre) / annealing kiln

carquois *m* (soudage) / bag for welding rods o. electrodes

carragaheen *m* / carrag[h]een

carrageenan *m* / carrageenan, carrag[h]eenin

Carrare *m* / Carrara marble

carre *f* / flange of boiler end

carré *adj* / square || ~, quadrangulaire / four-edged || ~, pourvu d'un quatre-pans / squared || ~ (typo) / full measure, flush || ~ (mot) / square || ~ *m* (géom) / [four]square || ~ (math) / square number || ~ (ch.de fer) / station signal || ~ (lam) / square, square bar steel || ~ (pap) / format 45 x 56 cm || **à ~s mâle-femelle** / with external square and square socket || **x au** ~ / x raised to the second power || ~ **augmentateur [ou réducteur] double mâle** / external square drive adapter || ~ du **carré** (math) / fourth power || ~ **conducteur double mâle** (tournevis) / square coupler || ~ **creux** / square socket || ~ **éloigné** (ch.de fer) / outer home signal || ~ d'**entraînement** (tournevis) / driving square || ~ d'**entraînement d'outils** / driving square for tools || ~ d'**entraînement du train de forage** (pétrole) / drill stem kelly bushing || ~ **étiré** / drawn square bar steel || ~ **femelle ou creux** / square socket || ~ **inscrit dans un cercle** (math) / quadrilateral inscribed in a circle || ~ **mâle** / external square || ~ **moyen des erreurs** / RMS error, r.m.s. o. root mean square error || ~ du **plan** / grid square

carreau *m* / check, square || ~ (fer à repasser) / pressing iron || ~ (nav) / sheer strake || ~ (lime) / arm file, coarse file || ~ (verre) / pane || ~ (brique recuite) / clinker o. klinker [brick] || ~, dalle *f* / tile || ~, plancher *m* / stone floor || **à ~x** (tiss) / checkered || **à petits ~x** (tiss) / dice checks *pl* || **sur le** ~ / on the surface || **sur le** ~ / ex mine || ~ d'**argile** / earthenware slab || ~ [de sol] **céramique** / ceramic floor slab o. pavement slab || ~ **céramique pour paillasses de laboratoire** / ceramic tile for laboratory bench tops || ~ de **ciment** / promenade o. quarry tile, (pl:) quarries || ~ de **coin** (routes) / border o. check o. edge stone, kerbstone (GB), curbstone (US) || ~ de **faïence** / wall tile o. flag[stone] || ~ **fendu** (bâtim) / split tile || ~ de **gaillard** / foredeck sheer strake || ~ de **glace** / plate glas pane || ~ **grès étiré** (bâtim) / split tile || ~ de **mine** (mines) / pit yard, (esp:) pit-head || ~ **mural ou pour murs** / wall plate, wallboard || ~ à **parois** / precast concrete wall block o. concrete unit || ~ de **pierre** / broad stone, hewn o. cut stone, ashlar, ashler || ~ **plastique** / plastic tile || ~ de **plâtre** / gypsum wallboard || ~ de **poêle de faïence** / [stove] tile, Dutch tile || ~ en **terrazzo** (bâtim) / artificial flag || ~ de **terre cuite** / square brick o. tile || ~ en **verre** / glass block o. brick || ~ de **verre** (fenêtre) / glass pane

carrefour *m* / road o. street crossing || ~ en **double huit** (routes) / clover-leaf [intersection o. crossing] || ~ **giratoire** / roundabout o. rotary intersection, roundabout

carrelage *m* (action) / tiling of walls o. floors || ~ (résultat) / pavement of paving tiles o. slabstones || ~ **céramique** / ceramic tiles *pl* || ~ de **mosaïque** / tesselated pavement, Roman mosaic, mosaic floor || ~ **plastique** / plastic tiles *pl*

carreler / tile *vt* walls o. floors, flag, lay flags

carrelet *m* (lime) / flat needle (a file) || ~ (aiguille) / packing needle, collar needle || ~ (brosse) / scratch o. wire brush, steel brush || ~ **plat pointu** / taper cotter file

carrelette *f* / flat file (small size), (also:) square polishing file

carreleur *m* / paver, pavior, floor tiler

carrer (gén) / square [up]

carrette *f* / two-wheel cart

carreur *m* / glass blower

carrier *m* / quarry man, quarrier || ~ (teint) / carrier

carrière *f* / quarry, pit || ~ d'**amiante** / asbestos quarry || ~ d'**ardoise** / slate quarry o. pit || ~ de **bauxite** / bauxite quarry || ~ d'**exploitation de lignite** / brown coal o. lignite mine o. pit || ~ de **pierre à chaux** / limestone quarry

carriole *f* (Canada) / travelling sledge

carrossable (routes) / practicable

carrossage *m* (auto) / camber of wheels, wheel rake || ~ (bâtim) / sheet steel facing || ~ **négatif** (auto) / negative scrub steering geometry

carrosserie *f* (gén) / appearance cover || ~ / body maker o. works || ~ (auto) / car body, body, coach || ~ d'**automobile** / automotive body || ~ **carénée** (auto) / streamline[d] body || ~ **couverte** (auto) / closed body || ~ **décapotable** / body with collapsible o. folding hood o. top o. roof || ~ **découverte** / open body || ~ d'**essai** (auto) / test body || ~ **«fast-back»** (auto) / fast-back || ~ **frigorifique** (auto) / refrigerator body || ~ **interchangeable** (auto) / interchangeable body, swap body || ~ **monocoque** (auto) / integral body and frame o. body-frame || ~ à **plateforme** (auto) / stake body, flatbed body (US) || ~ du **réfrigérateur** / refrigerator cabinet || ~ **spéciale** (auto) / special body || ~ à **toit ouvrant** / sliding roof body || ~ **tout acier** (auto) / all-steel body

carrousel *m* (réfractaire) / carrousel || ~ (ELF) (aéro) / turntable, carrousel (for baggage) || **en** ~ / circulating, revolving || ~ à **balancelles** / circular conveyor with hangers || ~ à **déclenchement** (m.outils) / table conveyor || ~ à **palettes et à plateaux porteurs** / continuous plate conveyors *pl*

carroyage *m* (carte) / implantation of a grid

carroyer, tracer le réseau de lignes / trace the grid

car/s *m pl* (ord) / characters *pl* per second

carsaye *f* (tiss) / kersey, Scotch twilled woollen stuff

cartahu *m* (nav) / cargo runner o. winch

carte *f* (gén, géogr, c.perf.) / card || ~ (électron) / board || ~ [géographique] / map || **à ~s** (ord) / card programmed || ~ **80 colonnes** / 80-column card || ~ d'**abonnement** / season ticket || ~ **aérienne** (aéro) / aerial o. air map || ~ à **aiguilles** / edge-notched o. -punched card || ~ d'**amorçage de programme**, carte *f* amorce / bootstrap card || ~ **bancaire** / bank card || ~ **bibliographique** / bibliographical card || ~ à **bord perforé** / edge punched card || ~ de **branchement** (ord) / transfer o. transition o. header card || ~ de **câblage** (circ.impr.) / cable card || ~**-catalogue** / catalogue card || ~ de **charge[ment]** (ord) / bootstrap card, load card || ~ du **ciel**, carte *f* céleste (astr) / star map || ~ de **circuits imprimés**, carte *f* de C.I. (électron) / printed circuit [board], PCB, printed card o. board || ~ de **circuits imprimés embrochable** (ord, électron) / insert card || ~**-code** *f* (c.perf) / code card || ~ à **coins arrondis** / round-edge punched card, round cornered card || ~ **compte** (m.compt) / ledger card (US), account card || ~ de **contrôle** (contr.qual) / control chart || **~s** *f pl* **correspondantes** (c.perf.) / equal o. matching cards || ~ *f* à **courbes de niveau** / contour [line] map o. plan || ~ **détail** (c.perf.) / detail card || ~ de **division** / card index guide [card] || ~**-document** *f* (c.perf.) / dual card || ~ **«données» de ré-adressage** (ord) / relocation dictionary card, RDL-card || ~ à **encoches marginales** (c.perf.) / edge-notched o. -punched card || ~ **en-tête** (c.perf.) / heading card || ~ **en-tête** (ord) / transfer o. transition o. header card || ~ **[d']entrée** (c.perf.) / input card || ~ d'**essai** / test card || ~ d'**essai de densité neutrale** (opt) / gray chart || ~ en **étoile** / yarn package || ~ d'**exécution** (ord) / execute card || ~ d'**exécution normale** (ord) / standard execute card || ~ à **fenêtre** / microfilm aperture card || ~ de **fermeture** / trailer card || ~ de **fichier** / card index guide [card] || ~ **fractionnaire** (c.perf.) / fractional card || ~ **[géographique] préparée à l'aide de radar** / radar map || ~

géographique quadrillée / lattice chart || ~ **géologique** / geologic[al] map || ~ de **gris** (opt) / gray chart || ~ **historique** (c.perf.) / history card || ~ **hydrographique** / marine o. nautical chart o. map, [sea] chart || ~ d'**identification** (repro) / identification frame || ~ d'**identification** (ord) / identification card || ~ d'**identité** / identity card || ~ **imprimée** (électron) / printed circuit [board], printed card o. board || ~ **imprimée multicouche** (circ.impr.) / multilayer printed wiring board || ~ **imprimée souple** / flexible printed board || ~ d'**index** (repro) / indexing frame || ~ d'**isodoses** (nucl) / isodose chart || ~ des **isothermes d'altitude** / high altitude isothermal chart || ~ d'**itinéraire** (aéro) / course map || ~ **ivoire contrecollée** / pasted ivory card || ~ **levée à la planchette [au 1/25000]** / plane survey sheet [scale 1 : 25000] || ~ **maîtresse** (c.perf.) / master card || ~ **marine** / marine o. nautical chart o. map, [sea] chart || ~ de **marque** / trade mark slip || ~ **mécanographique** / tabulating card || ~ **mère** (circ.impr.) / mother board || ~ **météorologique** (météorol) / synoptic chart, weather map || ~ à **microfilm** / aperture card, microcard || ~ **mouvement** (c.perf.) / posting card || ~ **multiligne** (c.perf.) / multiple line card || ~ **murale** / wall map || ~ **nautique** / marine o. nautical chart o. map, [sea] chart || ~-**ordre** *f* (c.perf.) / pilot card, control o. parameter card || ~ **orographique** / relief map || ~ d'**ouverture** (c.perf.) / lead card || ~ **paramètre[s]** (ord) / parameter card, control o. pilot card || ~ à **perforation marginale** / edge punched o. edge slotted card, border o. margin punched card, verge perforated card (GB) || ~ **perforée** / punched card, p.c., (formerly:) unit record card || ~ **perforée en binaire par ligne** / row-binary card || ~ **perforée manuellement ou à main** / manual punched card, hand punched card || ~ **perforée en recherche documentaire** / visual punch card, peek-a-boo card || ~ **perfostyle** (c.perf.) / port-a-punch card || ~ **photogrammétrique** / photomap || ~ **photographique du ciel** (astr) / star photo-map || ~ **plane** (nav) / flat map || ~ **pneumatique** / pneumatic post card || ~ de **pointage** / clock card, attendance card || ~ **primaire** (c.perf.) / first card || ~ de **production** (circ.impr.) / production board || ~ **programme** / load card || ~ **récapitulative** (c.perf.) / summary card, result card || ~ de **recherche** (ord) / search card || ~ **réduite** (c.perf.) / short card, scored card || ~ à **réseau pour la navigation hyperbolique** / hyperbola lattice chart || ~ **route** (nav) / course map, track chart || ~ **routière** / road map || ~ **routière** (nav) / general course map || ~ **signalétique** (c.perf.) / definition card, specification card || ~ de **soldes** (c.perf.) / balance card || ~ **somme cumulée** (statistique) / cumulative sum chart, cusum chart || ~ **statistiques** / statistic[al] record card || ~ **stratigraphique** / seam plan || ~ **suite** (c.perf.) / continuation card || ~ de **surface prévue** (météorol) / prebaratic chart, surface prognostic chart || ~ **synoptique** / general o. key o. outline map, sketch map || ~ à **talon** / stub card, ticket || ~ **temps de travail [passé sur une pièce]** (c.perf.) / individual job card || ~ de **test** (repro) / resolution chart || ~ **topographique** (au 1:50000 jusqu'au 1:20000) / topographical survey map || ~ de **travail-équipe** / gang job card || ~ **vierge** (c.perf.) / blank card || ~ à **volets** (c.perf.) / stub card

cartel *m* / a wall clock (in an ornamental case)

carter *m* / box, case, casing, housing || ~ (auto) / crankcase, oil pan, engine sump || ~ d'**admission** (mot) / inlet housing || ~ **antidéflagrant** / explosion-proof case || ~ de **boîte de vitesses** (auto) / transmission o. gearbox case o. casing || ~ de **carburateur** / carburettor bowl || ~ de **chaîne** (bicycl) / gear case || ~ de **chaînes** (techn, auto) / chain case || ~ **clos** / explosion-proof case || ~ du **concasseur** / shell of the crusher || ~ des **cônes** (filage) / cone gear case || ~ en **deux parties** / split[-type] crankcase || ~ du **différentiel** (auto) / differential gear case || ~ de **direction** (auto) / steering box, steering gear case o. housing || ~ d'**embrayage** (auto) / clutch housing o. case || ~ d'**engrenage** / transmission case, gearbox, gear casing || ~ d'**engrenage** (m. outil) / gearbox case o. casing || ~ de l'**essieu** / axle casing o. housing || ~ **étanche aux flammes** / explosion-proof case || ~ à **huile** / oilpan, oil tray o. trough o. sump, sump pan || ~ **inférieur** (filage) / cylinder undercasing || ~ **inférieur** (mot) / crankcase bottom half o. lower half || ~ **inférieur en tôle** (auto) / underscreen o. -shield o. -protection o. -pan, engine shield, mud pan o. shield || ~ du **mécanisme de commande** (filage) / driving gear case || ~ **métallique** / metal casing || ~ de **meule** / wheel guard [cover] || ~ **monobloc** (motocycl.) / monobloc housing || ~-**moteur** *m* / crankcase || ~ du **moyeu** (bicyclette) / hub shell o. barrel o. body || ~ à **paroi pleine** / full o. solid jacket || ~ de **pont arrière** (auto) / rear-axle casing o. housing || ~ de **pont banjo** (auto) / banjo axle casing || ~ de **protection** (m.outils) / splash guard || ~ de **protection des engrenages** / change gear box o. wheel box || ~ du **régulateur** / governor housing o. casing || ~ de **roue** (techn) / wheel case o. guard || ~ de **roue libre** (auto) / free-wheel housing || ~ **supérieur** / crankcase upper half || ~ en **tôle** / sheet metal box, tin box || ~ en **tôle d'acier** / sheet steel case || ~ de **turbine** / turbine cylinder o. shell o. casing o. housing || ~ de la **vis sans fin** / worm casing o. box || ~-**volant** *m* (mot) / flywheel casing

carthame *m* des **teinturiers** / safflower

carthamine *f* / carthamine, carthaminic o. carthamic (US) acid

cartilage *m* / cartilage

cartodiagramme *m*, cartogramme *m* / diacartogram, cartogram (a map showing statistics geopraphically)

cartographe *m* / cartographer, map maker

cartographie *f* / cartography, chartography, map making || ~ **commerciale** / commercial cartography

cartographique / cartographic

carton *m*, carton *m* compact (50 - 150 g/m²) / cardboard || ~, boîte *f* en carton / cardboard box, cardbox || ~ (jacquard) / jacquard card || ~ (épaisseur 0,2 - 5 mm) (gén) / board || **de** ~ / cardboard... || ~ pour **affiches** / poster board || ~ d'**amiante** / asbestos [mill] board || ~ d'**apprêt imitation** / imitation pressboard || ~ **apprêté** / machine-finished board, M.F. board || ~ **bakélisé** (plast) / resin board || ~ **bitumé** (gén) / tar [card]board || ~ **bitumé** (bâtim) / prepared roofpaper || ~ **bitumé non sablé** / smooth surface roofing paper || ~ **bitumé sablé** / mineral surface roofing paper || ~ **blanchi pour boîtes pliantes** / bleached lined folding || ~-**bois** *m* / wood pulp board || ~ **bois blanc en continu** / wood pulp board || ~ **bois blanc à enrouleuse** / white wet machine board || ~ **bois brun en continu** / brown wood pulp o. mechanical pulp board || ~ pour **boîtes** / box board || ~ pour **boîtes [pliantes]** / folding boxboard || ~ à **broder** (tex) / punched card paper for tapestry-work || ~ **brun à l'enrouleuse** / brown stained millboard || ~ **caisse** / container board || ~ **calendré** / calendered board || ~ **calendré humide** / water-finished board || ~ **calorifuge** / fiber thermal board || ~ **cannelé** / fluted board || ~ pour **carrosserie** / panel board, K-B-board || ~ de **cartes** / thick paper || ~ pour **cartes de division** / board for guide cards || ~ de **cartonnage** / millboard || ~ pour **cartouches** / ammunition board || ~ de **changement** (jacquard) / change box card || ~ pour **chaussures** / shoe board || ~ pour **chemises** / folder stock, cover board || ~ **chiné** / veined board || ~ **chromo grainé** / granulated art cartoon || ~ pour **clicherie** (typo) / matrix board, flong || ~ de **collage** / sheet lined board, pasteboard || ~ pour **collage** (phot) / paste-on mount || ~ **compact** / solid fiber board || ~ **comprimé** / pressboard || ~ **comprimé et contrecollé** / laminated pressboard || ~ à **conserves surgelées** / frozen food carton || ~ **contrecollé** / pasteboard || ~ **couché pour boîtes pliantes** / coated folding boxboard || ~ **couché duplex** / chrome litho duplex board || ~ **couché à haut brillant** / cast coated board || ~ **couché à haute brillance ou à haut brillant** / cast coated board || ~ **couverture** / dobby board || ~ **cuir** / artificial leather board || ~ à **dessin** / artist's illustration board || ~ pour **dessous de bocks** / beer mat board || ~ en **deux couches** / two-layer board, duplex || ~ entre **deux toiles ou fils** / cloth-centered board || ~ **diélectrique** / electrical insulating board || ~ **diélectrique combiné** (plast) / combined pressboard || ~ à **dossier manille** / document manila || ~ **double ou duplex** / two-layer board || ~ **dur** / glazed millboard || ~ **dur** (fibreux) / fiberboard || ~ **dur isolant** / fiber board sheathing, structural fibre insulation board, building paper || ~ **écru** / unbleached cardboard || ~ d'**emballage** / cardboard for packing || ~ d'**emboutissage** / moulded board, deep-drawn board || ~ pour **emboutissage** / board for pressing || ~ à l'**enrouleuse** / millboard || ~ **entoilé une face** / cloth-lined board || ~ **épais pour cartonnage** / box board || ~ d'**exposition** / display box || ~ de **feutre de laine** / felted woollen board || ~ de **feutre rubéroïde** / ruberoid insulating felt || ~ **feutré** (bâtim) / felt-cardboard || ~ **feutré bitumé** / bitumen roofing felt, bituminized felt || ~ **feutré brut** / roofing felt base || ~ pour **fiches** / index card board || ~ à la **forme** / millboard || ~ **fort** / tagboard || ~ **frictionné** / machine-glazed board, M.G. goard || ~ **glacé** / enamel o. glazed [press]board || ~ **goudronné** / statuary pasteboard || ~ **gris** / millboard, hard cardboard || ~ **gris fin** / fine gray cardboard || ~ **gris de vieux papiers** / gray board, chipboard || ~ **homogène** / solid board || ~ **imperméable aux graisses** / grease resistant board || ~ pour l'**intérieur** / reinforcement board || ~ **isolant** (bâtim) / structural fibre insulation board || ~ **isolant** (électr) / electrical insulating board || ~ **isolant bitumé** / bituminous felt || ~ **isolant vernis** / varnished paper board, isolite || ~-**ivoire** *m* / ivory board || ~ **Jacquard** / Jacquard board || ~ **laminé** / laminated board || ~ **laminé à la plaque** / plate-glazed board || ~ à la **main** / millboard || ~ **manille** / document manila || ~ **mécanique** / machine made board || ~ de **mécanique d'armures** (tex) / dobby card || ~ **micro-ondulé** / micro-corrugated board || ~ **mixture** / mixed board || ~ de **moulage** / model board || ~ **multicouches**, carton *m* multiplex / multilayer board, multiplex || ~ **multijet** / multiply board || ~ **ondulé** / corrugated board o. cardboard o. fibreboard o. paperboard o. pasteboard || ~ **ondulé double face**, carte *m* ondulé simple cannelure / double face corrugated board, double facer, single wall corrugated fibreboard || ~ **ondulé double-double**, carton *m* ondulé double cannelure / double wall corrugated fibreboard || ~ **ondulé fin** / fancy corrugated board || ~ **ondulé simple face** / single-faced corrugated board, single facer || ~ **ondulé triple cannelure** / triple wall corrugated board || ~ **ordinaire** / non-test chip board || ~ **paille** / strawboard, -s *pl* || ~ **paille gris** / mixed strawboard || ~ **paraffiné** / paraffined cardboard || ~-**pâte** *m* / paperboard || ~-**pâte** *m*, papier *m* mâché / papier-mâché || ~ de **pâte brune** / brown solid board, brown pulp board || ~ de **pâte de cuir** / compo leather, leather fiber board || ~ de **pâte mécanique** / mechanical pulp board || ~ de **pâte mécanique brune** / brown cardboard || ~ pour **patrons** / pattern board, friction board || ~-**pierre** *m* / carton pierre || ~-**pierre** *m* **incombustible** / [tar] roofing paper o. fabric, felt roofing, roofing felt o. cardboard, asphalt board, asphalted cardboard o. felt || ~ à **plat** / board in the flat || ~ de **pointage** / clock card, time card || ~ **pure paille** / yellow strawboard || ~ pour **reliure** / bookbinder's board, bookboard || ~ à **rouleaux** (tiss) / roller card || ~ **sans bois** / woodfree board || ~ pour **séparation** (typo) / layer board || ~ **simili cuir** / imitation leather board || ~ **support** / base board, body board || ~ pour **toiture** / roofing board || ~ **triplex**, carton *m* trois couches / three layer board || ~ pour **valise** (pap) / trunk board, panel board, suitcase board

cartonnages *m pl* / cardboard o. pasteboard articles o. boxes *pl*

cartonné *m*, cartonnage *m* (typo) / binding in boards, boarding

cartonner / board, bind in board

cartonnerie *f* / cardboard mill

cartothèque *f* / card index o. register || ~ **machine** (NC) / catalogue of machines || ~ **matière** (ordonn) / material catalogue || ~ **outil** (m.outils) / tool catalogue

cartouche *f* / cartridge (propellant charge with container), gun cartridge [case] || ~ (bâtim) / cartouch[e] || ~ (dessin) / title block o. box, case in a drawing || ~ (ord, TV, électron) / cartridge, cassette || ~ (manutention pneum) / unit load container || ~ (gén) / cartridge || ~ (tourn) / cartridge (a chucking tool) || ~ **à extraction** (chimie, labor) / extraction thimble || ~ d'**acide carbonique** / carbonic acid cartridge || ~ d'**allumage** / priming cartridge || ~-**amorce** *f* (mines) / primer o. priming cartridge || ~ à **balle** (mil) / live o. service cartridge || ~ à **blanc** / blank cartridge || ~ de **carbone** (télécom) / carbon button o. capsule || ~ de **chasse** / sporting cartridge || ~ de **chauffage** / cartridge type heater, heating inset o. cartridge || ~ de **combustible** (nucl) / fuel cartridge || ~ à **cristal** / crystal unit || ~ de **dynamite** / dynamite cartridge || ~ **enfichable** (techn) / plug cartridge || ~ **[explosive]** (mines) / torpedo || ~ de **filetage** / leader || ~ **filtrante** (gén) / filter cartridge o. element || ~ **fusible** / fuse cartridge || ~ à **gaz** / gas cartridge || ~ à **graisses de pompes à levier** / grease cartridge || ~ de **lecteur** (phono) / pick-up cartridge || ~ de **masque à gaz** / filter insert || ~ de **parafoudre** (électron) / fuse cartridge for lightning protector || ~ à **plombs** / shotgun cartridge || ~ **[de rechange]** / refill || ~ de **secours** (aéro) / emergency cartridge || ~ à **silicagel** / silica gel unit || ~ de **stylo à bille** / ball point pen cartridge o. refill || ~ à **visser** / screw type cartridge, screwed cartridge

cartoucherie *f* / rifle ammunition factory
carvacrol *m* / carvacrol
carvone *f*(chimie) / carvone
caryatide *f*(bâtim) / caryatid
caryopse *m*(bot) / grain, caryopsis
cas *m* / case, matter || ~ d'**ajustement** / kind of fit || ~ de **charge** (méc) / type of burden || ~ d'**égalité** (math) / coincidence, congruence || ~ **extrême ou limite** / limiting type o. case, limit case, borderline case || ~ **fortuit** / accident, chance || ~ **normal** / normal case || ~ d'**occupation** (télécom) / engaged condition || ~ **particulier ou spécial** / special case, particular case || ~ de **sévérité** / conditions of severity *pl* || ~ de **sinistre** (assurance) / case of damage || **~-type** *m* / typical case || ~ d'**urgence** / case of emergency
C.A.S., commande *f* automatique de sensibilité / automatic sensitivity control
cascade *f*(gén, chimie, électr) / cascade || ~ (une chute d'eau) / cascade, waterfall (from rock to rock) || ~ de **compression** / compressor cascade || ~ **constante** (nucl) / square cascade || ~ **[cosmique]** (astr) / cascade, cosmic shower, burst || ~ de **décades** (électron) / cascade of decimal counting units || ~ de **stripage** (nucl) / stripping cascade
cascode *f*(électron) / cascode
case *f* / partition, case, compartment || ~ (céram) / saggar, sagger, seggar || ~ (moule) / mantle of the mould || ~ (ord) / pocket, bin, stacker || ~ à **équipements** (espace) / module || ~ d'un **formulaire ou d'un blanc** / space on a form || ~ de **germination** / germinating box || ~ d'**inscription** (dessin) / title block || ~ **lysimétrique** (agr) / lysimeter || ~ **rebut** (ord) / reject pocket o. stacker || ~ **rebut de la trieuse** / reject pocket || ~ de **réception de cartes**, case *f* de tri / card stacker, card bin || ~ de **réception normale** (c.perf.) / normal o. accept stacker || ~ de **réglettes** (typo) / furniture case || ~ de **serrure** (serr) / case of a lock, lock case o. plate o. socket || ~ entre **traverses** / space between sleepers
caséation *f* / caseation
caséeux / caseous, cheesy, curdy
caséification *f* / caseation, curdling, turning into cheese
caséifier / curdle, curd
caséine *f* / casein || ~ de la **présure** / rennet casein || ~ **végétale** / vegetable casein
caséinerie *f* / casein factory
caséinogène *m* / caseinogen
casemate *f*(nucl) / [hot] cave
caséose *f* / caseose
caser *vt* / house *vt*, stow away
caserne *f* / barracks *sg* || ~ des **sapeurs-pompiers** / fire station (GB), firehouse (US)
casette *f*(céram) / saggar, sagger, seggar
cash (paiement) / [in] cash (payment)
casier *m* / card index box o. cabinet, filing box o. cabinet || ~ / set of pigeon holes || ~ / materials handling case || **~-armoire** *m* / card index cabinet || ~ **automatique à bagages** (Suisse) (ch.de fer) / luggage locker || ~ de **banque** / locker (US), safe || ~ à **bouteilles** (brass) / bottle case || ~ pour les **cartes erronées** (c.perf) / bin for error cards || ~ **distributaire** / flow rack || ~ de **stockage** / warehouse rack
casimir *m* (tex) / cas[h]mere, cassimere
casing *m* (forage de pétrole) / casing
casque *m* / helmet || ~ (téléphone) / headphone || ~ **[amortisseur] de pilote** / flying o. pilot's helmet || **~s** *m pl* **anti-bruit** (aéro) / ear muffs *pl* || ~ *m* **antifeu** / fire-protective helmet || ~ de **battage** / helmet of a pile (GB), cushion head (US) || ~ de **chantier** / industrial safety helmet || ~ **combiné** (téléphone) / headset || ~ à **deux écouteurs**, casque *m* double (téléphone) / headphone || ~ de **mineur** / safety helmet for miners, miner's cap || ~ **moto** / crash helmet, helmet for road users || ~ de **pilote** / crash o. flying helmet || ~ de **pression ou supportant la pression** (aéro) / pressure helmet || ~ de **protection** (électr) / protective helmet || ~ de **radio** / helmet of the radio operator || ~ **respiratoire** / smoke helmet || ~ **respiratoire pour travaux en atmosphère poussiéreuse** / dust protection helmet || ~ **serre-tête** (télécom) / headband o. [head]strap of the headphone || ~ [de] **soudeur** / welder's helmet, head screen
casquette *f* / cap (with visor; without brim), peaked cap || ~ de **mineur** (mines) / hard hat
cassage *m* / tearing, breaking
cassant / brittle, short, shivery || ~ (métal) / dry, over-refined || ~ à **chaud**, cassant au rouge (sidér) / hot-short || ~ sous **chocs** / impact-brittle || ~ à **froid** / cold-short || ~ en **long ou dans la longueur** / long-cracking
casse *f* / breakage, rupture, disruption || ~ / broken pieces *pl* || ~ (bot) / cassia || ~ (verrerie) / ladle || ~ (typo) / letter case || ~ (Canada) (pap) / broke, -s *pl* || **faire la** ~ (aéro) / crash-land || ~ à l'**atterrissage** (aéro) / crash[-landing], prang (coll), crack-up || ~ à l'**atterrissage** (espace) / crash-landing || **~-chaîne** *m* (tiss) / warp stop motion, stopper || ~ *f* **double** (typo) / pair of cases || ~ de **fabrication** (Canada) (pap) / broke, -s *pl* || **~-fer** *m* (enclume) / hardyhole || **~-fil** *m* / thread dynamometer || **~-fil** *m* (tiss) / catch thread device, stop motion || ~ *f* de **fil** (filage) / thread breakage || **~-fil** *m* du **bobinoir** (filage) / knocking-off motion || **~-fil** *m* de la **retordeuse** (filage) / stop[ping] motion || ~ *f* de **fil de trame** (tiss) / break of the filling (US) o. of the weft (GB) || **~-gueuses** *m* (sidér) / pig breaker, stamp, drop work || ~ *f* **humide** (pap) / wet broke || **~-lingots** *m* / ingot breaker o. crusher || **~-mottes** *m* (agr) / clod breaker || **~-pierres** *m* / stone breaker o. crusher o. crushing machine, rock breaker || **~-ruban** *m* (filage) / sliver stop motion || **~-trame** *m* / weft stop motion || **~-trame** *m* à **fourchette** (tiss) / weft fork motion || **~-vide** *m* / vacuum breaker
cassé *adj* / broken || ~ (teinte) / broken
casser *vt vi* / break || ~ les **arêtes** / break edges, chamfer || ~ à l'**atterrissage** (aéro) / crash-land || ~ à **chaud** / be red-short || ~ les **pierres** / break o. crush stones
cassetin *m* (typo) / box, cell || ~ au **diable** (typo) / hell-chest o. -box
cassette *f*(gén) / case, (esp.:) money box || ~ (céram) / sagger || ~ (ord, TV, électron) / cartridge, cassette || ~ à **bande courte** / strip can || ~ de **bande magnétique** (ord) / cassette, tape cartridge || ~ à **boucle sans fin** / endless-loop cassette || ~ pour la **caméra** (film) / camera cartridge || ~ **droite** (diapos.) / straight cartridge || ~ à ou de **film** / film [pack] adapter, film cassette || ~ **métallique** / metal box, tin box || ~ **radiographique** / X-ray cartridge || ~ **vide** / empty cassette || ~ **vierge** / blank cassette
casseur *m* de **gueuses** (sidér) / pig breaker, stamp, drop work
cassinoïde *f*(math) / oval of Cassini
cassis *m* (routes) / cross-drain, bump, (also:) open culvert
cassitérite *f* / cassiterite, tinstone
cassonade *f* / raw cane sugar
cassure *f* / break[age] || ~ (géol, mines) / fracture || **à ~ vitreuse** (géol) / vitroclastic || ~ à **angles vifs** / sharp

[angular] fracture || ~ à **bois pourri** (sidér) / woody structure, fibrous fracture, fibering || ~ **céroïde** / hackly fracture || ~ à **chaud** / red shortness || ~ par **cisaillement** / shear fracture || ~ de **clivage** (méc) / cleavage fracture || ~ **conchoïdale** / conchoidal fracture || ~ **cristalline** / crystalline fracture || ~ en **cuvette** (sidér) / cupping, cup-and-cone fracture || ~ **déchirée** / hackly fracture || ~ en **degrés** (géol) / step fault || ~ **ductile** (méc) / ductile o. plastic fracture || ~ à **éclats** (mines) / splintery fracture || ~ **esquilleuse** (min) / spall fracture || ~ de **fatigue** / fatigue failure, repeated stress failure || ~ **fibreuse ou à fibres** / fibrous fracture || ~ en **forme de godet** (sidér) / cupping, cup-and-cone fracture || ~ à **grains fins ou à grains serrés** / fine-grained fracture, silky fracture || ~ **granuleuse ou grenue** / crystalline o. granular o. granulated fracture || ~ à **gros grains** / coarse grained fracture || ~ **hachée** / hackly fracture || ~ de **meule** (m.outils) / wheel breakage || ~ **noire** (sidér) / black shortness || ~ au **rouge** (sidér) / red shortness || ~ **schisteuse** (sidér) / fibrous o. flaky o. slaty fracture, fish-scale fracture || ~ du **toit** (mines) / roof cleavage || ~ à la **torsion** / torsion failure || ~ **transversale** / cross break || ~ de **verre** / broken glass, cullet || ~ **vitreuse** / vitrous fracture

castine *f* (fonderie) / castina, castine, limestone flux

castor *m*, castorite *f* (min) / petalite

castorine *f* (tex) / beaver cloth

casuarina *f* (bot) / beef-wood, casuarine

casuel *m* (typo) / jobbing

cata·caustique *f* / catacaustics || **~clysme** *m* (géol) / cataclasm, -clysm || **~clysmique** (géol) / kataclastic, -klastic, -clysmal || **~coustique** *f* / catacoustics || **~dioptre** *m* voir cataphote || **~dioptrique** *f* / catadioptrics || **~lase** *f* / catalase || **~logue** *m* / catalogue, catalog (US)

catalogue *m*, brochure *f* / leaflet, prospectus, booklet || ~, liste *f* / enumeration, list || ~ des **temps élémentaires** (ordonn) / list of time elements

cataloguer / catalog

catalyse *f* / catalysis || ~ de **contact**, catalyse *f* hétérogène / contact catalysis, heterogenous catalysis || ~ **négative** (chimie) / reaction inhibition, negative catalysis || ~ de **paroi** / wall catalysis

catalysé par **lumière** (chimie) / light-induced

catalyser / catalyse

catalyseur *m* / catalyst, catalyzer, cat || ~ **aminé** / amine catalyst || ~ à **étain** / tin based catalyst || ~ **fluidisé** / fluidized catalyzer || ~ d'**imprégnation** / introfier || ~ **mixte** / mixed catalyser || ~ **négatif** / depressor, anticatalyst || ~ de **Raney** / Raney catalyst || ~ de **réduction** / reduction catalyst || ~ de **Ziegler** / Ziegler catalyst

cata·lytique / catalytic || **~maran** *m* (nav) / catamaran || **~phorèse** *f* / cataphoresis || **~phorique** / cataphoretic

cataphote *m* / rear [red reflex] reflector || ~ **suspendu ou à pendule** / pendulum type rear reflector || ~ **triangulaire** / triangular rear reflector

catapultage *m* (aéro) / catapult start

catapulte *f* (aéro) / catapult || ~ de **lancement** (aéro) / launching o. starting catapult || ~ de **lancement par air comprimé** / compressed-air impulse catapult

catapulter / catapult *vt*

cataracte *f* / waterfall (a large one over a precipice)

catastrophique / catastrophic[al], catastrophal

catathermomètre *m* / katathermometer

catéchine *f* (tan, teint) / catechin

catéchu *m* (tan, teint) / catechu [black], cashoo, cutch

catégorie *f* / category || ~ de **danger** / danger classification || ~ d'**inflammabilité** / inflammability classification || ~ de **machines** / class of machinery || ~ des **salaires** (ordonn) / job class || ~ **touriste** (aéro) / economy class, coach class o. service (US) || ~ de **vitesse** (pneu) / speed category

caténaire *f* / catenary, overhead contact line || ~ **compound** (électr) / compound catenary || ~ **gauche ou inclinée** (ch.de fer) / curved catenary, inclined overhead contact line || ~ **générale** (math) / funicular curve, catenarian curve, catenary || ~ **polygonale** (ch.de fer) / polygonal catenary

caténane *f* (chimie) / catena compound

caténoïde *f* / catenoid

catergol *m* (ELF) (espace) / catergol

catgut *m* / catgut

cathétomètre *m* / cathetometer

cathétron *m* (électron) / cathetron, kathetron

cathode *f* / cathode || ~ à **bain de mercure** / mercury pool cathode || ~ à **cavité** / dispenser cathode with reservoir || ~ **chaude**, cathode *f* à chauffage direct (électron) / glow o. hot o. thermionic cathode, heating filament o. cathode || ~ à **chauffage ionique** (tube à gaz) / ionic heated cathode || ~ **concrétée** / matrix oxide cathode || ~ de **contact** / contact cathode || ~ à **couche émissive** / coated filament cathode || ~ à **couche à oxydes** / oxide [coated] cathode || ~ **économisatrice** / dull-emitter cathode || ~ **émettrice de radiation visible** (électron) / bright emitter || ~ **équipotentielle** / equipotential cathode || ~ **évidée** / cylindrical cathode || ~ **filiforme** (électron) / filamentary cathode || ~ à **film métallique** / metal film cathode || ~ **flottante** / cathode follower || ~ **froide** / cold cathode || ~ de **fusion** / melt-stock cathode || ~ **imprégnée** / impregnated cathode || ~ **incandescente** (électron) / glow o. hot o. thermionic cathode, heating filament o. cathode || ~ **inclinable** / tilting cathode || ~ **ionique** / cold cathode || ~ à **jeter** / expendable cathode || ~ **métallique ou en métal** / metal cathode || ~ à **oxyde** / oxide cathode || ~ à **oxyde de baryum** / barium oxide cathode || ~ à **oxydes avec une structure quasi-métallique** / oxide-coated cathode || ~ de **pâte** (électron) / paste cathode || ~ **perdue** / expendable cathode || ~ **photovoltaïque** / photocathode || ~ **plate** / plate cathode || ~ **réelle** / actual cathode || ~ de **réserve** (tube) / dispenser cathode || ~ **thermoionique** / glow o. hot o. thermionic cathode, heating filament o. cathode || ~ en **tungstène** / tungsten cathode || ~ **virtuelle** (électron) / virtual cathode || ~ de **Wehnelt** / Wehnelt cathode

cathodique / cathodic

cathodoluminescence *f* / cathodoluminescence

cathodophone *m* / cathodophone, diaphragmless microphone

cathodyne *f* / cathode follower

catholyte *m* / catholyte

cathoscope *m* (TV) / cathoscope

cati *m* / pressing lustre, gloss

catin *m* (fonderie) / pit, sump

cation *m* (électr) / cation

cationique (chimie) / basic, alkaline || ~ (phys) / cationic

catir (drap) / gloss, press || ~ à **froid** / dress cold

catissage *m* à **froid** (tex) / cold dressing

catoptrique *f* / catoptrics

cauliforme (min) / columnar

cause, être ~ [de] / be responsible [for] || ~ de **dérangement** / source of disturbance o. interruption || ~ d'**erreurs** / source of errors

causé, être ~ [par] / result [from] || ~ par **magnétostriction** / magnetostrictive,

magnetostriction...
causer *vt* / cause *vt*, be the cause [of], occasion || ~ des **dégâts** (auto) / crash, bust (US) || ~ des **dégâts matériels ou des dommages mécaniques** / bruise *vt*, work distructions || ~ des **parasites** (électron) / interfere, disturb
causticité *f* / causticity
caustification *f* (pap) / recausticizing
caustifier / causticize
caustique *adj* / caustic || ~ *m* (chimie) / caustic, mordant || ~ *f* (opt) / caustic [surface]
C.A.V., commande *f* automatique de volume / automatic volume control, A.V.C., automatic gain control, A.G.C., automatic amplitude control
cavalier *m* (fiche) / file signal || ~ / staple (a U-shaped wire) || ~ (balance) / rider || ~ (circ. int) / jumper link || ~, butée *f* / limit stop, stop motion device || ~, fil *m* volant (électr) / patch cord, jumper cable || ~ (grue à câbles) / carrier || ~, crampon *m* (électr) / ear || ~ (m.à écrire, balance) / slide || ~ (pap) / format 46 x 62 cm || ~ (ligne de contact) (ch.de fer) / hanger, dropper clamp || ~ **gerbeur** / straddle loader o. lift, van carrier || ~ de **jonction** (ELF) / U-bracket || ~ à **rabattement** (grue à cable) / disengaging carrier || ~ **transporteur** / straddle carrier
cave *f* / cellar || ~**s** *f pl* de **brasserie** (bière) / cellarage || ~ *f* de **fermentation** / fermentation room, fermenting cellar
caver / hollow
caverne *f* (géol) / cavern
caverneux (sidér) / blistered, cavernous, porous || ~ (béton) / .with hollow texture
cavet *m* (bâtim) / concave o. hollow moulding || **à ~s** (bâtim) / coved
cavitation *f* / cavitation || **engendrant la ~** / cavitating || ~ en **fissures** / crevice cavitation
cavité *f* / cavity, hollow || ~ (acoust) / cavity || ~ (moule) / nest || ~ (électron) / resonant cavity o. chamber, [cavity] resonator, shell circuit || ~ (klystron) / cavity || ~, coussinet *m* / ball socket o. cup || ~, retassure *f* interne (fonderie) / internal shrinkage || ~ (p. e. dans le béton) / air void || **en ~s couplées** (électron) / cavity coupled || ~ **accordée** / tuned cavity || ~ **articulaire** / socket of a ball and socket joint || ~ d'**infiltration** (hydr) / swallow hole || ~ [du] **laser** / laser resonator || ~ de **matrice** / cavity || ~ entre **murs** (bâtim) / cavity || ~ d'**oscillateur** / oscillator cavity || ~ **repliée** / folded cavity || ~ **résonnante** (laser) / Q-switch || ~ **résonnante** (électron) / resonant cavity o. chamber, [cavity] resonator || ~ **résonnante d'échos** (radar) / echo box || ~ **résonnante d'échos artificiels** (radar) / phantom target || ~ **sphérique aplatie** / sectionalized spherical cavity
cayat *m* (mines) / brake o. braking incline, running jig
cazette *f* (céram) / saggar, sagger, seggar
C.B., cercle-boulons *m* / screw-hole circle
CBMC = Communauté de Travail des Brasseurs du Marché Commun
c/c = caoutchouc cellulaire
Cc (météorol) / cirro-cumulus [cloud]
C.C., c.c., courant *m* continu (électr) / direct-current, D.C., DC, d.c., d-c, (obsolete:) continuous current
C.C.C. (ch.de fer) / centralized traffic control, C.T.C.
CCIR = Comité Consultatif International des Radiocommunications
CCIT = Comité International Télégraphique
C.C.I.T.T. / Intern. Telegraph and Telephone Consultative Committee, CCITT
CCR, Couleurs de la Collection Réduite / a colour sample collection
cd = candela
C.D., chemin *m* départemental (routes) / county road
C.D.A., couche *f* de demi-atténuation (nucl) / half-value layer, HVL
CdF = Charbonnages de France
C.D.M., centre *m* de diffusion de modulation (radio) / dispatching center
CDU, classification *f* décimale universelle / universal decimal classification
C.E.A. (Commissariat d'Energie Atomique) / Atomic Energy Commission, AEC (US)
cébéiste *m* (radio) / CB [fan], cibiste
CECA = Communauté Européenne du Charbon et de l'Acier
CECC, comité *m* CENELEC pour les composants électriques / CECC, CENELEC electric components committee
cécidomyie *f* / gall midge || ~ du **chou**, Contarinia nasturtii / turnip and swede midge || ~ du **froment**, Contarinia tritici / wheat blossom midge
C.E.C.L.E.S. / ELDO, European Launching Developement Organization
cédant du **carbone** / yielding carbon, releasing carbon
céder *vt* / give [up], yield || ~ *vi* / give way || ~ (plast) / yield *v* || ~ le **passage** / yield (US), give way (GB)
cédille *f* (typo) / cedilla
cèdre *m* / cedar [tree], cedar [wood] || ~ (Canada) / arborvitae || ~ d'**Amérique** / cedro, American cedar || ~ de l'**Himalaya**, cèdre *m* déodar / Himalaya o. deodar ceder || ~ de **Virginie** / pencil cedar, Juniperus bermudiana
cédrène *m* (chimie) / cedrene
cedro *m* (bois) / cedro, American cedar
cédrol *m* / cedrol
C.E.H. (ch.de fer) / European Passenger Train Time-table and Through-Coach Conference
C.E.I. = Commission Electrotechnique Internationale
ceindre / surround, encircle, compass
ceinture *f* / belt || ~ (nav) / rubbing bands o. piece o. strake o. strip *pl* || **pourvoir de ~s à glu** (arbres fruitiers) / band || ~ **chauffante** / heating belt (e.g. for barrels) || ~ du **convertisseur** / converter ring || ~ [de **forcement] de l'obus** / driving o. rotating band || ~ à **glu** (agr) / sticky band || ~ de **muraille**, mur *m* de clôture / close o. enclosure wall || ~ de **natation ou de sauvetage** / life-belt o. preserver o. protector || ~ de **protection** (érosion) / shelter belt || ~ de **radiations** / Van Allen [radiation] belt || ~ de **sécurité** (aéro, auto) / safety o. seat belt || ~ de **sécurité à enrouler** / rerolling safety belt || ~ à **triple point d'appui**, ceinture *f* en Y (auto) / three-point seat belt || ~ de **Van Allen** / Van Allen [radiation] belt || ~ **verte** (ville) / green belt
ceinturon *m* à **mousquetons** (pomp) / snap-hook belt
céladon / bluish green
célérité *f* de la **lumière** / velocity of light, light velocity o. propagation || ~ d'**ondes** / wave propagation speed || ~ du **son** / speed of sound
céleste / celestial
célestine *f* (min) / celestine, celestite (US) || ~ (couleur) / cobalt blue
cellite *f* (chimie) / cellite, cellulose acetate
cellobiose *f* / cello[bio]se
cellon *m* / Cellon
cello-texte *m* (typo) / typon
cellul, à ~es / cell..., celled, cellular
cellulaire / cell..., celled, cellular, cellular-type... || ~ (tex) / cellular || ~ (plast) / closed-cell ...
cellulase *f* / cellulase

cellule *f* (électr, ord, bot, aéro) / cell || ~, alvéole fermé (plast) / closed cell || ~, étage *m* (turbine) / stage || ~, armoire *f* / cubicle || **en** ~ (électr) / cubicle-type, cellular-type || ~ d'**affinage** (alumin) / aluminium refining cell || ~ d'**aile** (aéro) / wing unit || ~ **alternat TR** (guide d'ondes) / TR-cell || ~ **antérieure** (photoélectr) / frontwall cell || ~ **ATR** (radar) / anti-transmit-receive cell, anti-TR-cell || ~ d'**avion** (aéro) / airframe || ~ **binaire de mémoire** / binary cell || ~ au **césium** (photoélectr) / cesium cell || ~ **chaude** (nucl) / hot cell o. cave || ~ **climatique** / air conditioning cell || ~ de **compteurs** (électr) / meter cubicle || ~ de **coupure** / switchboard cubicle o. cell || ~ **dégrossisseuse** (prép) / rougher cell || ~ à **diaphragme** (électrolyse) / diaphragm cell, divided cell || ~ de **diffusion** (chimie) / diffusion cell || ~ **électrochimique** (électr) / fuel cell || ~ **électrochimique au carbone** / carbon combustion cell || ~ d'**électrolyse** / electrolyzer outfit || ~ **élémentaire** (crist) / elementary cell, unit cell || ~ d'**épuisement** (prép) / scavenger cell || ~ de l'**espace de phase** (phys) / phase-space cell || ~ **finisseuse** (prép) / cleaner cell, recleaner cell || ~ de **flottation à subaération** / pneumatic flotation cell || ~ à **glace** / ice can || ~ de **gouverne** (aéro) / rudder bay || ~ de **haute activité** (nucl) / hot cell o. cave || ~ de **Hull** (galv) / Hull cell || ~ **Kerr** (électron) / Kerr cell || ~ à **l'électrolyse** (alumin) / electrolytic cell || ~ **logique mémoire** (comm.pneum) / memory relay || ~ **logique NON-inhibition** (comm.pneum) / NOT logic element || ~ **magnétique** / [static] magnetic cell || ~ de **mémoire** (ord) / memory location o. cell o. bucket o. unit || ~ à **mercure** (électr) / mercury cell || ~ **multicolore** (héliotechnie) / multiple junction o. multiple gap structure, multibandgap solar cell || ~ **phono-électrique** / pick-up cartridge || ~ **photochimique** / photo-electrolytic cell, photo electromotive cell, photochemical o. Becquerel cell || ~ **photoconductrice** voir cellule photoélectrique || ~ **photo-électrique** / photoelectric cell, photoresistive cell, photoconductive cell, photocell || ~ **photoélectrique alcaline** / alkali[ne] photoelectric cell || ~ **photoélectrique antérieure** / front-wall photovoltaic cell || ~ **photoélectrique de couche d'arrêt** / photovoltaic cell, photobarrier cell, sandwich photocell || ~ **photoélectrique à grille** / three-electrode photocell || ~ **photoélectrique au sélénium** / selenium [barrier] cell || ~ **photoélectrique semi-conductrice** / semiconductor photocell || ~ **photoémettrice à atmosphère gazeuse** / gas-filled photocell || ~ **photoémissive** / photo-emissive cell || ~ **photorésistante** voir photoelectric cell || ~ **photovoltaïque** / photovoltaic cell || ~ **photovoltaïque postérieure** / backwall photovoltaic cell || ~ **pneumatique** (comm.pneum) / pneumatic relay || ~ **[pneumatique] de Golay** (phys) / Golay cell || ~ **postérieure** (photoélectr) / backwall cell || ~ de **radar** / radar cell || ~ d'un **réacteur** / reactor cell || ~ **sanitaire** (bâtim) / sanitary cell || ~ au **sélénium** / selenium cell || ~ **sensible à l'ultraviolet** / ultraviolet cell || ~ **solaire** / solar cell || ~ **solaire MIS** (métal-isolant-semicond) / MIS solar cell, surface insulator solar cell || ~ **solaire au silicium** / silicon solar cell || ~ **thermo-ionique solaire** / solar-thermionic cell || ~ du **transformateur** / transformer cubicle || ~ en **treillis** (télécom) / bridge network || ~ en **treillis d'un compensateur de phase** / lattice type network of the phase compensator || ~ de **turbine** / turbine stage || ~ à **vide [poussé]** (électron) / vacuum cell || ~ **visuelle** (biol) / photoreceptor cell

celluloïd *m* / celluloid

cellulose *f* / cellulose || ~, pâte *f* de cellulose / pulp || ~ à l'**acide nitrique** / nitric acid cellulose || ~ **alcaline** / alkaline cellulose || ~ **alpha** (plast) / alpha cellulose || ~ [de **bois]** (pap) / woody fiber, wood cellulose || ~ **carboxyméthylique** / carboxymethylcellulose || ~ **disodique** / disodic cellulose || ~ **éthylique** / ethyl cellulose || ~ à **haute teneur en alpha** / [high] alpha pulp, dissolving pulp, noble cellulose || ~ **hydratée** / hydrate[d] cellulose || ~ **méthylique** / tylose, methyl cellulose || ~ **native** / true cellulose || ~ de **paille** / straw cellulose || ~ **régénérée** / regenerated cellulose || ~ à **soude cuivrique** / copper sodium cellulose || ~ **technique** / cellulose, woodpulp

cellulosique / cellulosed, of cellulose

Celsius (thermomètre) / Celsius, centigrade

CEM, centre *m* d'écoute et de mesure (radio) / receiving and measuring station

cément *m* / carbonizing o. carburizing mixture o. powder, case hardening composition || ~ **[en poudre]** / carburizing powder || ~ d'**hématite rouge** (fonderie) / malleablizing ore

cémentabilité *f* (sidér) / case hardenability

cémentation *f* (sidér) / carburizing, carbonizing, case hardening || ~ (géol) / secondary enrichment || ~ [de l'**acier] aux gaz carburants** / carburization, carbonization, case hardening || ~ par l'**azote** / nitriding [process], nitrogen case hardening, nitration o. nitride hardening || ~ en **bain** / salt bath nitriding || ~ en **caisse** / pack-hardening || ~ par le **carbone** (sidér) / carburization, carbonization || ~ par le **carbone dans un bain [de sels]** / bath carburizing || ~ **et trempe** / case hardening || ~ en **milieu gazeux ou par le carbone** (acier) / gas carburizing || ~ en **milieu pulvérulent** (sidér) / pack carburizing || ~ à la **pâte ou en milieu pâteux** (sidér) / paste carburizing || ~ **secondaire** (géol) / secondary enrichment || ~ par les **sels de soufre** / case hardening by sulphur salts

cémenter / case-harden || ~ **l'acier aux gaz carburants ou au carbone** / carburize, carbonize || ~ en **caisse** / case-harden, pack-harden || ~ au **chrome** / chrom[al]ize || ~ **et tremper** (quelque soit l'addition) / case-harden

cement-gun *m* / cement gun, cement throwing jet

cémentite *f* (sidér) / cementite || ~ **coalescée** (sidér) / spheroidized carbide

CEN / European Committee for Standardization, CEN

cendrage *m* (fonderie) / ashing-over, blackening

cendre *f*, cendres *f pl* / ash[es pl.] *pl*, cinders *pl* || ~**s** *f pl* (chimie) / ash[es pl.] *pl*, combustion residues *pl* || **sans** ~ (pap) / ashless || ~ *f* **bleue** (min) / azurite || ~**s** *f pl* de **bois** / wood ash || ~**s** *f pl* **brutes** (chimie) / total ash || ~**s** *f pl* de **combustibles** / fuel ash || ~**s** *f pl* de **constitution** / inherent ashes || ~ *f* qui **couve** / sleeping o. smo[u]ldering embers *pl* || ~**s et eau** (charbon) / inerts *pl* || ~**s** *f pl* **étrangères** (mines) / extraneous ash || ~**s** *f pl* de **fumée** (sidér) / airborne dust, flue-dust || ~ *f* de **houille** / coal ash || ~**s** *f pl* **inhérentes** (mines) / inherent ash || ~**s** *f pl* d'**os calcinés** (chimie) / bone ash[es pl.], bone earth || ~**s** *f pl* de **pétrole** / incineration ash of oil || ~**s** *f pl* de **plantes** / constitutional ash || ~ *f* de **plomb** / lead dross, lead ashes *pl* || ~**s** *f pl* de **pyrite** / pyrite[s] cinder, calcined o. roasted pyrite[s], burnt ore || ~ *f* **sulfatée** (pétrole) / sulphate ash || ~ **totale** (prép) / total ash || ~ **verte** (min) / malachite || ~ **volante** / flue dust, quick- o. fly-ash, flue ash, light ashes *pl* || ~

volante pulvérisée (routes) / pulverized fuel ash, fly ash || **~s** *f pl* **volantes** (sidér) / airborne dust, flue-dust || **~s** *f pl* **volcaniques** (géol) / scoria (a cindery lava)
cendrée *f* (auto) / dirt-track, cinder track || ~ (verre) / heavy seed
cendreux / high-ash... || ~ (sidér) / flawy
cendrier *m* / ash box o. chest o. pan o. pit
CENEL[EC] = Comité Européen de Normalisation
cénozoïque *m* / kaenozoic period
cent *m* (nucl) / cent
centaine *f* (math) / hundred, the hundred, hundreds place o. digit || ~, écheveau *m* de 100 tours (filage) / skein [of 100 turns] || ~ (brin qui lie ensemble les fils d'un écheveau) (filage) / skeining thread, tying-up thread [for a skein]
centésimal / centesimal
centiare *m*, ca / square meter
centibel *m* / centibel, cB (= 1/10 dB)
centième *m* (musique) / cent (= 1/100 half tone) || **à un ~ près** / to the hundreds place o. digit
centigrade *adj* / centigrade || ~ *m*, cgr / 1/100 of the centesimal degree
centigramme *m* / centigram
centile *m* / percentile
centilitre *m* / centilitre
centimètre *m* / centimetre (GB), centimeter (US) || ~ (coll) / centimeter rule || ~ **cube** / cubic centimeter
centimétrique / centimetric, centimeter...
centi·poise *m* / centipoise, cP, C.P. || **~stokes** *m* / centistokes, cSt
cent-pour-cent (contrôle) / hundred percent
centrage *m* / centering || **à ~ automatique** (gén) / self- o. auto-centering, self-locating || **à ~ automatique** (m.outils) / self-cent[e]ring || ~ **automatique des têtes** (bande vidéo) / auto-tracking of heads || ~ des **caractères** (imprimante) / character alignment || ~ par **courant continu** (TV) / d.c. centering || ~ du **faisceau** (TV) / beam alignment, centering control || ~ **forcé** / positive centering || ~ **horizontal** (r. cath) / horizontal centering control || ~ **intérieur** / self-centering || ~ **latéral** (aéro, nav) / lateral trim || ~ de la **pièce à usiner** / work locating device || ~ de la **tête [sur piste]** (b.magnét) / tracking
central *adj* / central || ~ / centric[al] || ~ *m* (télécom) / central office (US), exchange, telephone exchange (GB) || **à travers le** ~ (télécom) / cross-office... || ~ d'**alarme incendie** / central fire alarm system || ~ **automatique** (télécom) / automatic o. auto-exchange || ~ **automatique électronique** (télécom) / electronic automatic exchange, EAX || ~ **automatique inter[urbain]** (télécom) / automatic trunk exchange || ~ **automatique rural** (télécom) / community dial office, CDO || ~ **automatique urbain** / local automatic [circuit] exchange, LACE || ~ **avertisseur d'incendie à une boucle** / single-line fire alarm system || ~ de **bord** (nav) / central station || ~ d'une **firme** / home office (US), head office (GB) || ~ **interurbain** (télécom) / toll center || ~ **interurbain** (télécom) / long distance exchange, trunk exchange (GB), toll exchange (US) || ~ à **main ou manuel** (télécom) / manual exchange || ~ d'**origine** (télécom) / office of origin || ~ **privé** (télécom) / extension board, private exchange, PX || ~ **radio** (nav) / radio cabin || ~ de **répétition** (télécom) / repeater station || ~ à **sélecteurs rotatifs** (télécom) / rotary exchange || ~ de **télécommande** / remote control office, RCO || ~ **téléphonique et télégraphique de l'aéroport** / communication center || ~ **téléphonique rural** (télécom) / rural automatic exchange, R.A.X. || ~ de **transit** (télécom) / transfer exchange
centrale *f* (gén) / central office || ~, hall *m* des machines (électr) / power house || ~, centrale *f* électrique ou d'énergie ou de flore motrice / power plant o. station (US) || ~ d'**autoproducteur industriel** / industrial power plant || ~ à **béton** / ready-mix plant || **~-caverne** *f* / underground hydro-electric power plant || ~ de **chauffage [urbain]** / heating station || ~ de **conditionnement d'air** / central air conditioning plant || ~ **Diesel** / diesel generating station || ~ **électrique à accumulation par pompage** (électr) / pump-fed power station, pumped storage power station || ~ **électrique interrégionale** / central power station, long-distance supply station || ~ **électrosolaire** / solar power station o. plant, heliostation, solar [power] farm || ~ **éolienne** / wind [driven] power station || ~ à **grande puissance** / superpower station, huge power station, long-distance supply station || ~ **hélioélectrique ou héliothermodynamique** voir centrale électrosolaire || ~ **horaire** / time central || ~ **hydro-électrique** / hydroelectric plant o. [power o. generating] station, hydrostation, water power station o. plant || ~ **hydro-électrique souterraine** / underground hydro-electric power plant || ~ **inertielle** (ELF) (aéro) / inertial unit || ~ de **mesure** / measuring center || ~ en **montage-bloc** / unit-type o. block power station || ~ **nucléaire** / atomic o. nuclear power station || ~ d'**orientation** (ELF) (astron) / attitude control unit || **~-pile** *f* / power station in a pier || ~ de **protection électronique d'alarme** / burglar alarm installation || ~ **réglante** / regulating power station || ~ **robot**, centrale *f* à télécommande / remote-controlled power station || ~ **solaire à tour** / solar tower || ~ **thermique** (électr) / thermal [electric] station, fuelled power station (GB) || ~ **thermique à vapeur** / steam generating station (GB) o. power station o. plant || ~ **turbo-électrique à vapeur** / steam turbine power station
centralisation *f* / centralization
centraliser / centralize
centre *m* / centre (GB), center (US), central point, center point || ~, siège *m* / center || ~ (dessin) / horn center || ~ (de cercle passant par quatre positions infiniment voisines du plan mobile) (cinématique) / centering point || **de ~ en centre** / center to center, C to C || **sans ~[s]** / centerless || ~ d'**alimentation** (électr) / feeding o. distributing point || ~ d'**alimentation du réseau** (électr) / nodal point of a network || ~ d'**application de la sustentation totale** / center of gross lift o. of total lift || ~ d'**apprentissage** / training center || ~ d'**attraction** / center of attraction || ~ de **bricolage** / bati-center || ~ de **calcul** / electronic data processing center, EDPC, data center || ~ de **capture** (semicond) / deathnium centre o. trap || ~ à **centre** / center to center, c to c || ~ de **cercle** / center of a circle || ~ du **cercle inscrit** / incenter || ~ de **cisaillement** / shear center || ~ de **classe** (statistique) / mid-point of class || ~ de la **classe la plus nombreuse** (statistique) / mode, modal value || ~ **commercial** (urbanisme) / commercial center || ~ de **commutation** (ord, télécom) / relay center || ~ de **commutation automatique de messages** (télécom) / automatic message exchange, AMX || ~ de **commutation manuelle** (bande perforée) (ord, télécom) / torn tape switching center || ~ de **commutation de messages** (télécom) / message switching center || ~ de **commutation de programme de télévision** / program switching center || ~ de **contrôle des**

missions (espace) / mission control center || ~ de **contrôle radar d'approche** (aéro) / radar approach control center || ~ de **contrôle radiogoniométrique** (aéro) / direction finding control station, DFCS || ~ de **contrôle du trafic aérien** / area control, air route traffic control center || ~ de **coordination des hélicoptères SAR** (aéro) / rescue coordination center (SAR = search and rescue) || ~ des **couleurs** (TV) / colour o. U-center || ~ de **courbure** / center of curvature || ~ de **cristallisation** (gén) / crystal center || ~ de **diffusion** (nucl) / scattering center || ~ de **diffusion de modulation** (radio) / dispatching center || ~ de **direction** (ELF) (espace) / control center of a manned satellite || ~ de **distribution** / center of distribution || ~ de **distribution** (électr) / load dispatching center || ~ d'**écoute et de mesure**, CEM (radio) / receiving and measuring station || ~ d'**entretien routier** / motorway maintenance area || ~ d'**équilibre** / equilibrium center || ~ d'**essais** (ord) / test center || ~ d'**études et de recherches** / think tank, think factory || ~ d'**études nucléaires** / nuclear research center || ~ **fixe** (méc) / center of motion, [bearance] fulcrum || ~ de **flottaison** (nav) / center of flotation || ~ de **formation professionelle** / professional training center || ~ de **frais** / cost center || ~ de **friction** / center of friction || ~ de **gravité** / center of gravity o. of mass o. of inertia, gravity center, centroid || ~ de **gravité du gyroscope** / center of gravity of the gyroscope, gyro-center || ~ de **gravité de référence** (aéro) / cg datum point || ~ de **gravité du triangle** (géom) / center of gravity of a triangle || ~ de **groupement** (télécom) / group center || ~ à **hauteur réglable** (m.outils) / adjustable center || ~ d'**impact** (météor) / center of impact || ~ de l'**incendie** / seat of fire, source of fire || ~ d'**inertie** / center of mass o. of inertia || ~ d'**information de vol** / flight information center, FIC || ~ **instantané des accélérations** / instantaneous center of acceleration || ~ **instantané de rotation ou des vitesses** (cinématique) / instantaneous center of rotation, velocity pole || ~ **instantané de rotation du mouvement relatif** (méc) / relative center of rotation [of two moving links] || ~ d'**instruction** / training center || ~ **international** (télécom) / international call exchange || ~ **international de transit** (télécom) / international transit exchange || ~ du **joint articulé** (cinématique) / center of turning joint || ~ de **loisirs dominicaux** / recreation area in the vicinity || ~ de **lumière de la lampe** / light center position || ~ de **luminescence ou luminogène** / luminescent centre || ~ de **magasins** / shopping complex o. center || ~ de **masse** (ELF) / center of gravity o. of mass o. of inertia, barycenter, mass center, centroid || ~ **nodal de télévision** / switching point of TV lines || ~ **optique** / optical center || ~ des **oscillations** / center of oscillation || ~ de **percussion** / center of impact o. of percussion, point of impact || ~ de **perspective ou de projection** (opt) / accidental o. vanishing point || ~ **piège** (semicond) / trapping center || ~ de **pinning** (supraconduction) / pinning center || ~ de la **portance** / center of buoyancy o. of lift || ~ de **poupée** (tourn) / headstock center || ~ de **poussée** (méc) / center of pressure, C.P. || ~ de **poussée en avant** / center of propulsion o. of traction o. of thrust || ~ de **pression** (méc) / center of pressure, C.P. || ~ de **projection** voir centre de perspective || ~ de **propulsion** / center of propulsion o. of traction o. of thrust || ~ **radical** (math) / radical center || ~ à **rais** / wheel spider o. center, star of spokes || ~ de **recherches** / research center || ~ de **relais hertziens au sol** (télécom) / land-based satellite station || ~ de **rotation** (méc, NC) / center of rotation || ~ de **roue** / wheel spider o. center, star of spokes || ~ de **roue à disque** / disk wheel center, center web of a wheel, wheel disk || ~ de **roulis** (auto) / roll center || ~ de **secours des sapeurs-pompiers** / fire station || ~ de **secteur automatique** (télécom) / chief o. main center office, junction o. repeating center || ~ de **sécurité aérienne** / area control center, ACC || ~ du **service de télécommunication aéronautique** / air-ground control radio station || ~ de **similitude** (math) / center of similarity, ray center || ~ **spontané de rotation** / spontaneous centre of gyration || ~ de la **sustentation** / center of buoyancy o. of lift || ~ de **traction** / center of propulsion o. of traction o. of thrust || ~ de **traitement de l'information** / electronic data processing center, EDPC || ~ de **transit** (télécom) / group center || ~ de **translation** / center of propulsion o. of traction o. of thrust || ~ d'**usinage** (NC) / machining center || ~ d'**usinage de précision** (m outils) / high-accuracy machining center || ~ de la **volute** (bâtim) / center of a volute

centré / centered || ~ (techn) / true, alined, aligned || ~ [à] (télécom) / centered [at] || ~ (erreur) (ord) / balanced (error) || **être** ~ [sur] / be placed [around] || **non** ~ (erreur) (ord) / bias (error) || ~ à l'**arrière** (nav) / trim by the stern || ~ **cubique** (crist) / cubically centered || ~ dans l'**espace** (crist) / body centered || ~ à **surface de base** (crist) / end-centered

centre-auto *m* (ELF) / autocenter

centre-boulons *m*, C.B. / screw-hole circle

centrer / centre *vt* (GB), center *vt* (US) || ~, amorcer au pointeau / center, mark with the center punch

centreur *m* / center punch || ~ d'**images** (TV) / centering control [magnet]

centre-ville *m* / centre of town (GB), downtown (US)

centrifiner *m* (pap) / centrifiner

centrifugateur *m* / centrifugal [machine], centrifuge, whizzer

centrifugation *f* / centrifuging, hydro-extraction || ~ (nucl) / centrifugal process

centrifuge / centrifugal

centrifuger / hydro-extract, whiz[z], centrifuge

centrifugeur *m* / centrifugal [machine], centrifuge, whizzer

centrifugeuse *f* / centrifugal [machine], centrifuge, whizzer || ~ (m.à laver) / spin drier || ~ (astron) / whirling arm o. table || ~ **aspirante** (tex) / suction hydro-extractor || ~ **avec racleur** / trailing blade centrifuge || ~ **blindée** / steel armoured centrifugal [machine] || ~ à **bol perforé** / basket centrifuge || ~ à **bol plein** / solid bowl centrifuge || ~ de **clairçage** (sucre) / centrifugal machine for washing sugar, sugar washing centrifugal [machine] || ~ **conique** / conifuge || ~ de **filature** / spinning centrifuge || ~ de **gaz** / gas centrifugal machine, gas whizzer || ~ d'**ions** / ionic centrifuge || ~ à **plateau** / disk centrifuge || ~ **séparatrice** (m outils) / centrifugal chip separator || ~ à **trois colonnes** / three column [suspended basket] centrifuge

centripète (phys) / centripetal

centrique / in [dead] center, centric[al]

centuple / centuple, hundredfold

céphaline *f* (chimie) / cephalin

cèphe *m* des **chaumes**, cèphe *m* pygmée, Cephus pygmaeus / wheat-stem borer sawfly

céphéide *f* (astr) / cepheid variable || ~**s** *f pl* (astr) / short-period variables

CEPT = Conférence Européenne des Administrations des Postes et des Télécommutations
CER = Conférence Européenne de Radiodiffusion
céramique, [en] ~ / ceramic, pottery ... || ~ *f* / ceramics, pottery || ~ (produit) / piece of pottery, ceramic article || ~ d'**art** / art ceramics *pl* || ~ de **bâtiment** / architecturally applied ceramics *pl* || ~ de **coupe** / ceramic cutting material, ceramic tools *pl* || ~ **fine** / fine ceramics *pl* || ~ **grosse** / ordinary ceramics *pl* || ~**s** *f pl* pour **hautes fréquences** / high frequency ceramics || ~ *f* **oxydée** / oxide ceramics *pl*
céramiste *m* / ceramist
céramizer / ceramize
cérargyr[it]e *f* (min) / cerargyrite
Ceratitis *f* **capitata** / fruit fly
cératophyre *m* (géol) / keratophyre
cerce *f*, cerche *f* / contour stencil || ~ (routes) / banking screed || ~, monture *f* (tamis) / frame of a sieve || ~ de **fin de réglage** (routes) / final finishing screed || ~ de **réglage** (bâtim) / screed
cerceau *m* / band, ring, collar, hoop || ~ (auto) / hoop o. bow for trucks || ~ (tonneau) / barrel hoop || ~ en **bouge** (tonneau) / center hoop || ~ de **fer** / iron hoop
cerclage *m*, serrage *m* (emballage) / hoop, tightening strap || ~, ficelage *m* / tying up || ~ du **four** / furnace shell
cercle *m* / circle || ~, circonférence *f* / circuit, circumference, compass || ~ d'**aberration** / crown of aberration || ~ *m pl* des **accélérations tangentielles** (méc) / Bresse circle, tangential acceleration circle || ~ *m* d'**adhérence-limite** (auto) / tire-road adhesion circle || ~**-agrafe** *m* de **bandage** (ch.de fer) / spring clip o. ring || ~**-agrafe** *m* de **bandage** (auto) / detachable locking ring || ~ d'**alidade** / alidade circle || ~ d'**arpenteur** (arp) / graphometer [circle] || ~ d'**ascension droite** / circle of rectascension || ~ **balayé par les pales de l'hélice** (aéro, nav) / propeller disk || ~ de **base** (roue dentée) / base circle || ~ de **blocage de pneu** / tire locking ring, rim ring || ~**-boulons** *m* / screw-hole circle || ~ de **Bresse** (méc) / Bresse circle, tangential acceleration circle || ~ à **calculer** / circular slide rule || ~ du **cardan** / gimbals *pl* || ~ **chromatique** / chromatic circle || ~ **circonscrit** / circumcircle, circumscribed circle || ~ **circonscrit à un triangle** / escribed circle || ~ de **contraintes [de Mohr]** (méc) / Mohr's circle || ~ de **coupe** (excavateur) / cutting circle || ~ de **déclinaison** / declination circle || ~ **décrit** (auto, nav) / circle described, turning circle || ~ de **diffusion** (phot) / circle of diffusion o. of confusion || ~ de **direction** (auto) / turning circle || ~ de **dispersion** (phot) / circle of confusion, coma || ~ de **distance** (radar) / range circle || ~ de **divergence** (phys) / circle of divergence || ~ **divisé** / graduated circle || ~ **divisé en minutes d'arc** / circle gauging minutes of arc || ~ d'**échanfreinement** (roue dentée) / crest track || ~**s** *m pl* **échelonnés** / staggered circles || ~ *m* **entier** / complete o. full circle || ~ d'**étoupe** (mot. à chemise tiroir) / junk ring || ~ **exinscrit** (math) / excircle || ~ en **fer** / iron hoop || ~**s** *m pl* en **fer** / casing of a shaft, tubbing || ~ *m* de **Feuerbach** (math) / nine-point circle (of a triangle) || ~ de **fixation** (compas) / verge ring || ~ de **fonctionnement** (engrenage) / working o. pitch circle || ~ à **fond de gorge** (vis sans fin) / circle at root of gorge || ~ de **friabilité** (mines) / sphere of compressed and split soil || ~ **[de fût]** / barrel hoop || ~ de **garniture** / junk ring || ~ **générateur du tore** / generant of the toroid || ~ **gradué** / graduated circle || ~ de **Heyland** (électr) / Ossanna's circle || ~**s** *m pl* de **Hönig** (aéro) / Hönig's circles *pl* || ~ *m* **horaire** (astr) / horary o. hour circle, right ascension circle, circle of rectascension || ~ **horaire** (arp) / compass card o. dial o. face || ~ **horizontal** / [graduated] horizontal circle, horizontal limb || ~ des **inflexions** (méc) / inflection circle || ~ **inscrit** (math) / incircle, inscribed circle || ~ **intérieur** / inner circle || ~ de **jante à simple agrafe** (ch.de fer) / retaining ring of a wheel tyre || ~ de **La Hire** (méc) / inflection circle || ~ des **linguets** (nav) / pawl rim || ~ de **longitude** (astr) / circle of longitude || ~ de **moule** (fonderie) / mould-hoop || ~ **orthoptique** (math) / orthoptic o. director circle || ~ **osculateur** / osculatory circle, circle of curvature || ~ **parallèle** (math) / parallel circle || ~ **parallèle de latitude** (géogr) / parallel [of latitude] || ~ de **pied** (roue dentée) / dedendum o. root circle || ~ de **position** (astr) / position circle || ~ **primitif de fonctionnement** (roue dentée cyl.) / pitch circle || ~ **primitif de référence** (roue dentée cyl.) / reference circle || ~ de **qualité** (contr. qual) / quality loop || ~ au **rayon 1** / circle with radius 1 || ~ de **rebroussement** (méc) / return o. cuspidal circle || ~ de **référence** (vis sans fin) / reference circle || ~ **réglementaire du braquage de direction** (auto) / turning circle according to German regulations || ~ de **renversement de circulation** (routes) / turning circle || ~ de **repère du spectroscope** / finder circle of a spectroscope || ~ **répétiteur** (arp) / repeating circle || ~ de **retenue** / retaining ring || ~ de **rotation** (ch.de fer) / swivel ring || ~ **roulant** (méc) / rolling circle || ~ de **roulement** / roller [crown] ring, roller flange || ~ de **roulement** (ch.de fer) / tread of wheels || ~ de **tête** (techn) / addendum circle o. line, tip circle || ~ des **trous** / pitch circle for holes, hole circle || ~ **vertical** (arp) / vertical circle o. limb || ~ de **virage** (auto, nav) / circle described, turning circle
cerclé / hooped, with hoops
cercler / hoop
cercosporellose *f*, Cercosporella herpotrichoides (agr) / eyespot of cereals, root rot, stem break (US)
céréale·s *f pl* / cereals *pl*, grain || ~**s** *f pl* d'**automne ou d'hiver** / winter crop o. corn o. grain || ~**s** *f pl* **fourragères ou secondaires** / fodder grain || ~**s** *f pl* **panifiables** / bread-stuffs *pl*, bread grain o. cereals *pl*
cérésine *f* / ceresin[e] [wax], cerosin
cérétite *f* (min) / cerite
céreux (du cérium trivalent) / cerous, cerium(III)...
cerfeuil *m* / chervil
cerf-volant *m* (aéro) / kite || ~ **captif** / captive kite || ~ **cellulaire** (aéro) / box kite
cérides *m pl* / minerals *pl* containing cerium
cérine *f*, albanite *f* (min) / albanite
cérique / ceric
cerisier *m* / cherry tree
cérite *f* (min) / cerite
cérium *m*, Ce / cerium
cermet *m* / cermet, ceramal || **de** ~ / of metal-ceramic, [of] cermet, ceramic/metal...
CERN = Centre Européen des Recherches Nucléaires
cerne *m* / annual ring || **à ~s étroits** (bois) / with small annular rings || **aux ~s larges** (bois) / coarsely ringed
cerner / surround, encircle
céroïde / waxlike, ceraceous
cérotine *f* / cerotic colour
C.E.R.S. (Commission européenne de recherche spatiale) / ESA
certain / safe, secure, sure
certificat *m* / certificate || ~ d'**aptitude** / competence certificate || ~ de **conformité** / certificate of conformity || ~ de **contrôle par l'usine** / work's test certificate || ~ d'**essai** / test

certificate, inspection sheet || ~ de **fabrication** / manufacturer's certificate || ~ d'**homologation** / type certificate, certificate of homologation || ~ de **jaugeage** (nav) / rating certificate, measuring certificate || ~ de **Kew** (horloge) / Kew certificate (GB) || ~ de **laminoir** / mill test certificate || ~ de l'**opérateur radio** / operator's certificate || ~ d'**origine** / certificate of origin || ~ de **qualification** / qualification || ~ de **réception ou de recette** / acceptance certificate || ~ d'**usine** / works certificate || ~ d'**utilité** / registration of design
certification *f* / certification
certifier / certify, attest
certitude *f* / certainity
cérulé / azure[d]
céruléen / bluish
céruse *f* / [basic] lead carbonate, lead subcarbonate, white o. flake lead, ceruse, cerussa
cérusite *f* (min) / cerussite || ~ **carbonifère** (min) / black lead ore
cervantite *f* (min) / cervantite
césium *m*, Cs / caesium, cesium (US)
cessation *f* / cessation, decrease, stop || ~ du **courant** / power failure o. outage, failure of the electric current supply
cesser [de] *vi* / cease *vi*, discontinue, stop, desist (from) || ~ *vt* / discontinue *vt*, intermit, interrupt, stop, cease *vt* || ~ le **travail** / stop working, knock off work (coll)
cession-bail *f* (ELF) / lease-back || ~ d'un **brevet** / assignment of a patent || ~ d'**intérêt** (ELF) (pétrole) / farming out || ~ de **licence** / licensing, granting a license
cessionnaire *m* de **licence** / licenser, -or
césure *f* (téléphérique) / gap
cétane *m* / cetane, hexadecane
cétène *f* (chimie) / ketene
céto-acide *m* / ketonic acid
cétogène *m* / ketone former o. producer
céto-hexose *f* / ketohexose
cétone *f* / ketone || ~ à l'**oléfine** / olefinic ketone
cétose *m* / ketose
cétoxime *f* / ketoxime
cétraire *m* / Iceland moss
CETS = Conférence Européenne pour Télécommunication par Satellites
ceylanite *f*, ceylonite *f* (min) / ceylonite
CF, résine *f* crésol-formaldehyde / CF, cresol formaldehyde resin
CFR-moteur *m* / C.F.R. engine (= Cooperative Fuel Research Committee)
cgr, centigrade *m* / 1/100 of the centimal degree
ch, cheval-vapeur *m* (vieux) / continental horsepower, cont. hp. || ~, cosinus *m* hyperbolique / hyperbolic cosine, cosh
chabasie *f* (min) / chabasite, -zite
chablis *m* (silviculture) / fallen tree || ~ par le **vent** / wind fall[en wood], rolled lumber (US)
chablon *m* (Suisse) (dessin) / writing pattern
chablot *m* (bâtim) / cordage
chabotte *f* / anvil bed o. stock o. stand
chadburn *m* (nav) / engine room telegraph
chagrin *m* (cuir) / shagreen || **en** ~ (cuir) / shagreened
chagriner (cuir) / shagreen *vt*, grain *vt*
chaînage *m* (bâtim) / anchorage || ~ (ord) / concatenation, chaining || ~ de **données** (ord) / data chaining || ~ de **programmes** (ord) / program bind o. chaining
chaîne *f* (gén, chimie) / chain || ~ (tiss) / warp, chain || ~, tapis *m* roulant / conveyor line, assembly line || ~ (p.e. production) / production line || ~, suite *f* (ord) / string, sequence || ~, courroie *f* (méc) / belt, chain || ~, série *f* d'instructions (ord) / catena || **à ~ longue** (chimie) / long-chain || **à ~ ramifiée** (chimie) / branched-chain... || **à la** ~ / continuously || **de ~ courte** (chimie) / short-warp ... || **en [forme de]** ~ (chimie) / forming a chain || **en** ~ (ord) / in-stream || **en ~ linéaire ou rectiligne** (chimie) / straight-chain..., linear-chain... || ~ en **acier rond** / round steel chain || ~ d'**action** (contr.aut) / forward path o. channel || ~ **alimentaire** / food chain || ~ **alphabétique** (ord) / alphabetic string || ~ d'**amarre** / backstay || ~ d'**amenage** / feed chain || ~ d'**ancre** (nav) / anchor chain || ~ **anglaise** / close-link chain || ~ d'**angle** (bâtim) / belting course || ~ **antidérapante** (auto) / nonskid chain, tire chain || ~ **anti-neige** (auto) / nonskid o. snow chain, skid chain || ~ d'**arpentage ou d'arpenteur**, chaîne *f* Gunter / land chain, measuring o. surveyor's chain (length 66 ft = 20,12 m) || ~ d'**arrêt** (isolateur) / tension string || ~ d'**arrêt** / check chain || ~ à **articulations détachable** / detachable link chain || ~ à **articulations ou articulée** / flat link articulated chain, plate link chain, link chain, ladder o. pitch o. sprocket o. pintle chain || ~ d'**assemblage** (ordonn) / conveyor o. assembly line || ~ d'**attelage** (ch.de fer) / coupling chain, drag chain || ~ à **augets** (hydr) / bucket chain || ~ d'**avancement** / feed chain || ~ à **barbotin** / sprocket chain || ~ à **barrer un passage** / barring chain || ~ à **barrette** / ladder chain || ~ à **bicyclette** / bicycle chain || ~ à **blocs** / block chain || ~ de **boucle** (tiss) / snarl warp, loop o. terry warp || **~-brosse** *f* / chain brush || **~-câble** *f* / cable chain || ~ **calibrée** / calibrated chain || ~ de **caractères** (ord) / string of characters || ~ de **caractères en sens propre** (ord) / proper string || ~ des **carbones** / chain of carbon atoms || ~ à la **Catalane** / chain with hand-in-hand rings || ~ des **chapeaux** (filage) / flat [driving] chain || ~ de **chasse d'eau** / pull chain || ~ à **chenille** / endless chain o. track || ~ de **chiffres** / string of digits || ~ de **chiffres binaires** (ord) / binary digit string || ~ **cinématique** / kinematic chain o. linkage || ~ **cinématique à joint de glissière** / wedge chain || ~ **cinématique plane avec deux joints à glissière voisins** / Scotch-yoke chain || ~ **cinématique à quatre joints articulés** / four-bar chain || ~ de **circuits identiques** (télécom) / iterative network, recurrent network || ~ de **commande** (satellite) / command link || ~ de **commande** (techn) / driving chain || ~ de **commande de canal** (ord) / command word sequence || ~ de **comptage** (ord) / counting chain || ~ **conductrice d'énergie** (grue) / trailing cable || ~ de **convoyeur** / conveyor chain || ~ pour **convoyeur à charnières** / slat band conveyor chain || ~ de **coton** (tiss) / cotton warp || ~ à **crochet** / hook-ended sling, chain sling [with hook] || ~ de **crochet de traction** (agr) / hook-up chain || ~ à **crochets** / hook-link chain || ~ à **croisement** (tex) / crossing warp || ~ **dentée**, chaîne *f* à mortaiser (m.outils) / chain cutter, moulding chain || ~ **dentée ou à dents** / inverted tooth type chain || ~ à **dents rondes** / chipper chain || ~ de **déroulage de placage** / veneer peeling line || ~ de **désintégration** / decay chain || ~ **détachable** / detachable chain || ~ à **diminuer** (m. Cotton) / narrowing chain || ~ de **direction** (rouleau dameur) / lock chain || ~ **disparaissante** / disappearing chain || ~ de **distribution** (auto) / timing chain || ~ à **doigts entraîneurs** / drag chain || ~ à **doubles rouleaux** / double roller chain, twin roller chain || ~ à **doubles rouleaux de tôle** / double bush chain || ~ à **douilles** / bush chain || ~ à **drague** / dragline, drag chain || ~

de **dynodes** (TV) / dynode chain || ~ d'**élingue** (nav) / sling chain || ~ **énergétique** (chimie) / energy chain || ~ d'**entraînement** / transmission chain, driving chain || ~ d'**entraînement à racletttes** (mines) / drag chain || ~ à **étais**, chaîne *f* étançonnée / studded chain || ~ **excitatrice** (électron) / driver chain || ~ d'**explosions** / explosion train || ~ de **fabrication** / conveyor o. assembly line || ~ de **fabrication des boîtes** / can line || ~ **façonnée** (tiss) / binding o. stitching warp, figure[d] warp || ~ au **fil retordu** / double warp, ply warp || ~ de **filtres** (électron) / filter ladder || ~ de **finition** (atelier) / completion o. finishing line || ~ de **fission** / fission [decay] chain || ~ **flyer à mailles jointives** / flyer chain, leaf chain || ~ **F.M.** (électron) / FM system || ~ de **fond** (tiss) / back o. ground warp, foundation o. main warp || ~ **fondamentale** (télécom) / fundamental chain || ~ **fondamentale** (chimie) / even series || ~ des **forces électromotrices** / thermoelectric series || ~ de **fourrure** (tex) / filling warp || ~ du **froid** (aliments) / cold chain, freezer chain || ~ à **galets** / block chain || ~**-Galle** *f* voir chaîne à articulations || ~ en **gerbe** / figure-8-type chain || ~ à **godets** (excavateur) / bucket chain || ~ à **godets** (convoyeur) / bucket [chain] conveyor, bucket elevator || ~ pour **goupilles fendues** / pin chain || ~ de **gouvernail** / tiller chain || ~ pour **gratteurs** / drag chain || ~ de **grue** (forge) / crane chain || ~ de **haubans** (nav) / chain plate || ~ **haute-fidélité** / hi-fi system o. unit || ~ de **havage et chargement** (mines) / loading cutter chain || ~ **hydrocarburée** / hydrocarbon chain || ~ d'**impression** (ord) / print chain || ~ d'**isolateurs** / string of insulators, insulator string || ~ d'**isolateurs ovoïdes ou en forme de noix** / chain of egg insulators || ~ de **lampes d'illumination** / decorative chain o. string || ~ **lançante** (agr) / spreading conveyor || ~ **latérale** (chimie) / side chain || ~ de **lecture** (TV) / play-back o. reproducing system || ~ de **liage** (tiss) / binder o. binding warp, stitching warp || ~ **linéaire** (chimie) / straight chain || ~ en **mailles d'acier moulé à goujons** / pintle chain || ~ à **mailles jointives** / leaf chain || ~ à **maillon de jonction détachable** / detachable chain || ~ à **maillons** / link chain || ~ à **maillons nouées** / knotted link chain || ~ à **maillons pleins** / block chain || ~ à **maillons ronds** / round link chain || ~ à **maillons soudés** / welded o. weld-link chain || ~ des **matières** (chimie) / material chain || ~ **mise en mailles** (tricot) / chain warp || ~ **modèle** (tiss) / pattern o. sample warp || ~ **modulatrice** / modulating part o. system || ~ **moléculaire linéaire ou droite** / linear molecular chain, straight molecular chain || ~ de **montage** (ordonn) / conveyor o. assembly line || ~ à **mortaiser** / chain cutter, moulding chain || ~ **motrice** / driving chain || ~ **multiple à douilles** / multiple bush chain || ~ **multiple à rouleaux** / multiple strand roller chain || ~ à **neige** (auto) / nonskid o. snow chain, skid chain || ~ **non étançonnée** (techn) / ordinary link chain, non-studded chain || ~ **ouverte** (ord) / open string || ~ d'**oxydoréduction** / reduction-oxidation cell || ~ **partielle de caractères** (ord) / substring || ~ de **patins** (auto) / creeper band o. chain || ~ à **picots** (tex) / pin chain || ~ de **pierres** (bâtim) / stone facing || ~ de **pilotage** (ELF) (astron) / attitude control system || ~ **plate à charnières** / flat top chain || ~**s** *f pl* à **pneu** (auto) / steel tire chain || ~ *f* de **poil** (tiss) / pile [warp], nap [warp] || ~**s** *f pl* de **polypeptides** (chimie) / polypeptide chains *pl* || ~ *f* **porte-caractères** (ord) / print chain || ~ **porteuse** / carrying chain || ~ **porteuse** (pont) / suspension chain || ~ de **postes** (électron) / chain of radio stations || ~ de **production ou de montage** / production line, assembly line || ~ de **production** / manufacturing chain || ~ de **protection** (routes) / guard chain, safety chain || ~ **pyrotechnique** (ELF) / pyrotechnic chain || ~ de **qualité** / quality chain || ~ **radar** / CR system, chain radar system || ~ **radioactive** / radioactive chain o. series || ~ **ralentisseuse à raclettes** / scraper o. scraping conveyor o. chain || ~ **ramifiée** (chimie) / branched chain || ~ de **réactances** / choke filter || ~ de **réaction** (contr.aut) / feedback chain || ~ de **réactions** (chimie) / reaction chain || ~ de **recouvrement** (tiss) / covering warp || ~ de **réfrigération** (aliments) / cold chain, freezer chain || ~ de **remplissage** (tex) / filling warp || ~ du **renvideur** (filage) / mule twist, medium warp yarn || ~ de **réseau vidéo** / video network channel || ~ de **retenue** / backstay chain || ~ **rotary** / rotary chain, heavy duty cranked transmission chain || ~ à **rouleaux** / roller chain || ~ à **rouleaux** (excavateur) / bush[ed] roller chain || ~ à **rouleaux avec axes entraîneurs** / roller chain with extended pins || ~ à **rouleaux duplex** / double roller chain, twin roller chain || ~ à **rouleaux simple** / single-bush roller chain || ~ à **rouleaux triples** / triplex roller chain || ~ à **ruban d'acier** / band chain || ~ **sans fin** (jacquard) / pattern chain || ~ à **scier** / chain of a chain saw || ~ **silencieuse**, chaîne *f* sourde / silent chain || ~ **silencieuse de distribution** (mot) / silent timing chain || ~ **simple à rouleaux** / single-bush roller chain || ~ **soudée** / welded o. weld-link chain || ~ de **stations émettrices** (TV) / television chain || ~ de **sûreté** (gén) / safety chain, (esp:) door chain || ~ de **sûreté** (ch.de fer) / check o. safety o. side chain || ~ de **suspension** (isolateur) / suspension string || ~ de **suspension** (isol. d'antennes) / saddle frame || ~ de **symboles** (ord) / symbol string || ~ de **télévision** / television station link || ~ **tendeuse** / tension chain || ~ de **tension** (tiss) / tentering chain, tension chain || ~ **terminant en anneaux** (grue) / ring-ended sling || ~ **torse** / jack chain || ~ à **torsion ordinaire** (tiss) / warp yarn || ~ de **traction** (techn) / pull chain || ~ et **trame** (tiss) / warp and weft || ~ **transfert** (m.outils) / transfer line o. street || ~ de **transmission à maillons coudés** / rotary chain, heavy duty cranked transmission chain || ~ de **transmission simple** / pin chain || ~ de **transport** / chain of transportation means || ~ **transporteuse** / conveyor chain || ~ **transporteuse à douilles** / bush conveyor chain || ~ **transporteuse pour sacs** / bag conveyor

chaîne *f* [de] **tronçonneuse** (bois) / chisel chain

chaîne·s *f pl* **unies** / warp ends *pl* || ~ *f* **unitaire** (ord) / unit string || ~ de **velours** (tiss) / velvet pile || ~ de **vernissage** (tapis roulant) / enamelling line || ~ **vide** (ord) / null string

chaîner (arp) / chain[-survey]

chaînette *f* / small chain || ~ (géom) / funicular o. catenarian curve, catenary || ~ (pap) / water line, chain o. water mark || ~ (verre) / block rake, cullet cut || ~ (tex) / chain o. pillar stitch || ~ **fermée, [ouverte]** (tex) / closed, [open] loop pillar stitch || ~ **parabolique** / common o. parabolic catenary || ~ à **résistance uniforme** / catenary of uniform strength

chaîneur *m* (ch.de fer) / yardman (US), shunter

chaînon *m* / chain link || **à petits ~s** (chaîne) / with small links || ~ de **voie** (télécom) / link

chair *f* / flesh || ~ (cuir) / fleshside of skins || ~ (fruits, sucre) / pulp

chaise *f* / seat, chair || ~ (charp) / framework || ~, console *f* / bracket, lug || ~ (lam) / chock || ~ (pour fondements) (bâtim) / batter boards *pl* || **en** ~ (chimie) / chair form || ~ d'**antibalancement** (ligne de contact) / counterpoise seating || ~**-ascenseur** *f* / stair glider || ~ de **clocher** / cage of the bell || ~ de **lignes d'arbres** (nav) / stern tube bearing || ~ **murale** / wall bracket || ~ **palier** (techn) / pedestal bearing, pillow o. plummer block || ~ pour **paliers à roulement** / plummer block for roller bearings || ~ **pendante ou suspendue** (techn) / hanger bracket, drop hanger frame || ~ de **roue** (techn) / wheel frame o. trestle || ~ **tournante** (bureau) / swivel o. pivot seat o. chair || ~ pour **tuyaux** / pipe hanger

chaland *m*, chalan *m* / river barge || ~**-citerne** *m* / tank barge || ~ à **déblais** / mud boat o. lighter || ~ à **grue** / crane barge || ~ **motorisé** / motor barge || ~ **poussé** (nav) / push boat || ~ **remorqueur** / tug barge

chalcogène *m* (chimie) / chalcogen

chalco·lithe *f* (min) / copper o. cupro-uranite, torbernite || ~**phile** (chimie) / chalcophilous || ~**pyrite** *f* (min) / chalcopyrite, yellow copper ore, copper pyrite || ~**sine** *f* (min) / chalcosite, copper glance || ~**stibite** *f* (min) / chalcostibite, wolfsbergite

chalet *m* (bâtim) / chalet

chaleur *f* / warmth, heat || ~ (sidér) / heat, melting charge || **qui laisse passer la** ~ / transparent to heat, diathermic, -thermanous || ~ **accablante** / sultry o. oppressive heat || ~ d'**activation** / heat of activation || ~ **apparente** / uncombined heat, free heat || ~ **ardente** / burning heat, scorching heat || ~ **atomique** / atomic heat || ~ de **combinaison** (chimie) / heat of combination || ~ de **combustion** / combustion heat || ~ de **compression** / heat of compression || ~ de **conversion** / conversion heat || ~ de **décalaminage** / wash heat || ~ **dégagée** / uncombined heat, free heat || ~ de **dilution** / heat of dilution || ~ de **dissociation** / heat of dissociation || ~ de **dissolution** (chimie) / heat of solution || ~ **[douce]** / mild heat, warmth || ~ d'**ébullition** / boiling heat || ~ **effective** / available heat || ~ **électrique** / electric heat || ~ **emmagasinée** / stored heat || ~ **étouffante** / sultry o. oppressive heat || ~ d'**évaporation** / evaporation o. vaporization heat, heat of vaporization || ~ de **formation** (chimie) / heat of formation || ~ de **freinage** / braking heat || ~ de **friction** / heat due to friction, frictional heat || ~ de **fusion** / heat of fusion, latent o. melting heat || ~ des **gaz brûlés** / waste gas heat || ~ du **gueulard** (sidér) / upper heat || ~ d'**hydratation** / heat of hydration, hydration heat || ~ due à l'**hystérésis** (électr) / hysteresis heat || ~ d'**incandescence** / incandescent heat || ~ **latente** / latent heat || ~ **latente de cristallisation** / latent heat of solidification || ~ **latente de gaz** / latent heat of gas || ~ **latente de transformation** / latent heat of transformation || ~ de **liaison** / heat of linkage, hydration heat || ~ **libre** / free heat || ~ **massique** / specific heat, sp.ht. || ~ **massique moyenne** / mean specific heat || ~ de **mélange** / heat of mixing || ~ **mol[écul]aire** / molecular o. molar heat || ~ **nécessaire** / heat requirement || ~ de **neutralisation** / neutralization heat || ~ **perdue** / lost heat, waste heat || ~ **propre** / sensible heat || ~ **rayonnante** / radiant o. radiating heat || ~ de **réaction** / heat of reaction || ~ **résiduelle** (nucl) / after-heat || ~ au **rouge** / glowing, glow, incandescence || ~ **rouge** / red heat, redness (800 - 1250 K) || ~ **sensible** / sensible heat, sensible energy || ~ de **serre** (agr) / hothouse heat || ~ **solaire** / solar heat || ~ de **solidification** / solidification heat || ~ **soudante** / sparkling heat, welding heat || ~ **spécifique** (vieux), chaleur *f* massique / specific heat, sp.ht. || ~ de la **sublimation** / sublimation heat || ~ **utile** / available heat || ~ **volumique** / volumetric heat

chaloupe *f* (nav) / launch || ~ de **débarquement** (astron) / lunar ferry || ~ **SAR** / rescue [SAR] launch

chalumeau *m* (télécom) / sheep gong || ~ (soudage) / welding torch (US), blowpipe (GB) || ~ à **basse pression** (soudage) / low-pressure torch || ~ **biflamme** (soudage) / twin-flame blowpipe o. torch || ~ à **buses interchangeables** (soudage) / variable head torch || ~ **coupeur** / flame cutter o. cutting torch || ~ **coupeur à deux tuyaux d'oxygène** / double oxygen hose cutting torch || ~ **coupeur sous l'eau** / submerged combustion burner, underwater cutting torch || ~ **coupeur-soudeur** / welding and cutting torch || ~ **découpeur** / flame cutter || ~ **décriqueur** / deseaming torch || ~ **dérouilleur** (soudage) / derusting torch || ~ d'**ébarbage** (sidér) / deseaming blowpipe || ~ **gougeur** (soudage) / gouging blowpipe || ~ à **hydrogène atomique** / atomic hydrogen torch || ~ **injecteur** (soud) / injector type blowpipe || ~**x** *m pl* **jumelés** (soudage) / twin-flame blowpipe o. torch || ~ *m* **manuel** / hand o. manual blowpipe o. torch || ~ **non-variable** (soudage) / non-variable [head] torch || ~ **oxhydrique** / oxyhydrogen [gas] blow pipe || ~ **oxyacétylénique** / oxyacetylene blowpipe o. torch || ~ d'**oxycoupage à la flamme** / oxyacetylene cutting apparatus o. torch || ~ **oxyhydrique** / oxyhydrogen gas blowpipe || ~ à **plasma** / plasma o. electron torch || ~ à **pressions égales** (soudage) / balanced pressure torch || ~ de **scellage** (ampoules) / tipping torch || ~ à **souder à l'autogène** / gas welding torch || ~ **soudeur ou à souder ou de soudage** / welding torch o. blowpipe || ~ de **soudure** (verre) / sealing-in burner || ~ pour **travaux sous l'eau** / underwater cutting torch || ~ de **trempe** / flame hardening blowpipe (GB) o. torch (US) || ~ à **un seul tube d'oxygène** / single-oxygen-hose cutting torch

chalut *m* / trawl [net] || ~ **pélagique** (nav) / pelagic trawl

chalutage *m* / trawling

chaluter / trawl, haul up

chalutier *m* / trawler || ~**-congélateur** *m* (nav) / deep-freeze trawler || ~ **équipé pour la pêche par le côté** (nav) / side trawler || ~ de **grande pêche** / deep-sea trawler || ~ à **pêche arrière ou à slip** (nav) / stern trawler || ~**-usine** *m* / factory trawler

chalybé (pharm) / chalybeate

chambrage *m* / recess || ~ (trou) / counterboring || ~ (mines) / excavation of a blasting chamber || ~ à **alésoir hélicoïdal** / countersinking (or -boring) with spiral flute counterbore (or bore-drill) || ~ de **forme** / countersinking

chambranle *m* (bâtim) / jamb lining, trim || ~ de **cheminée** (bâtim) / mantel[-piece] || ~ de **pierre** (bâtim) / jambstones *pl*

chambre *f* (gén, hydr, mines, techn) / chamber || ~ (fonderie) / blow hole || ~ (bâtim) / room || ~, cornue *f* (céram) / chamber[-oven], retort || ~, cornue *f* (céram) / chamber[-oven], retort || ~, laboratoire *m* (céram) / oven || ~ (phot) / camera [body] || **à** ~ **incorporée** (pneu) / tubeless || **à** ~ **unique** (techn) / single-chamber... || **à** ~**s multiples** (techn) / multiple chambered || **à une** ~ (techn) / single-chamber... || ~ d'**accélération** (nucl) / accelerating chamber || ~ d'**accrochage** (mines) / plat || ~ d'**accumulation du gaz de fission** (nucl) / fission-gas plenum o. space ||

~ à **acide sulfurique** / sulphuric acid chamber || ~ d'**aération** (flottation) / air chamber || ~ **aérophotographique** / aerial camera || ~ **aérophotométrique** / air o. aerial survey camera, aerial mapping camera || ~ d'**air**, réservoir *m* d'air / air chamber o. reservoir || ~ à **air** (pneu) / inner o. air tube || ~ d'**air d'aspiration** / suction-air o. vacuum tank o. vessel o. chamber || ~ à **air pour bicyclettes** / bicycle tube || ~ à **air de cuisson** (caoutchouc) / air bag, curing bag || ~ d'**altitude** / low-pressure chamber, altitude cabin || ~ d'**amont d'une écluse** / upper chamber lock || ~ **annulaire** (hydr) / vortex chamber || ~ d'**aspiration d'une pompe** / inlet chamber of a pump || ~ **blanche** / clean room || ~ de **branchement** (électr) / branch box || ~ de **brasage** / cable jointing chamber o. manhole o. box || ~ à **brouillard** (nucl) / cloud chamber || ~ de **bulles** (nucl) / bubble chamber || ~ de **câbles sous chaussée, [sous trottoir]** / carriageway, [footway] jointing chamber o. manhole || ~ de **captage** (eau) / water chamber || ~ de **captage d'une source** / well chamber o. house || ~ de **carbonisation** (four à coke) / retort || ~ de **carburation** (auto) / carburettor mixer chamber, secondary venturi || ~ de **cartes** (nav) / chart room || ~ de **chauffe** (nav) / stokehole o. -hold || ~ de **chauffe du gaz** / gas heating chamber || ~ **claire** / camera lucida || ~ **claire pour aérovue** / aerial sketchmaster || ~ **climatisée ou climatique** / climatic chamber, environmental chamber || ~ de **cokéfaction** / retort || ~ de **combustion** / combustion chamber o. space || ~ de **combustion** (cowper) / combustion chamber || ~ de **combustion** (mot) / combustion chamber o. space || ~ de **combustion à écoulement direct** (aéro) / straight flow system || ~ de **combustion d'engin** / rocket combustion chamber, reactor of a rocket, combustor || ~ de **combustion à pulsation** / pulsating combustor || ~ de **combustion à retour** (aéro) / return o. reverse flow system combustion chamber || ~ de **combustion symétrique** (aéro) / can-type o. cannular combustion chamber || ~ de **commerce artisanale** / chamber of handicrafts || ~ de **compensation** (hydr) / surge tank o. chamber || ~ de **compression** / pressure chamber || ~ de **compression** (plast) / material well, loading chamber || ~ de **compression** (mot) / compression space, clearance volume || ~ de **concentration** (électr) / branch box || ~ de **concentration ou de distribution ou de raccordement des câbles** / cable branch box || ~ de **congélation** / chill room || ~ à **crasses** / slag chamber, slag pocket || **~-dé** *f* / thimble ionization chamber || ~ de **décharge** (prépar) / delivery chamber || ~ de **décompression** / compression chamber relief (US), decompression device (GB) || ~ de **dégrillage** (hydr) / screening chamber || ~ de **dépôt des cendres volantes** (sidér) / condensing chamber || ~ de **dépôt de poussières** / dust separator o. collector o. catcher || ~ de **dépression** (aéro) / low-pressure chamber, altitude cabin || ~ à **dépression** (auto) / vacuum tank, autovac || ~ de **dessablage** / sand blasting chamber || ~ de **détente** (dessalement) / flash chamber || ~ à **détente** (nucl) / expansion type cloud chamber, Wilson cloud chamber || ~ de **détente** (vide) / expansion chamber || ~ de **diffusion** / diffusion cloud chamber || ~ de **digestion des boues** (eaux usées) / digestion tank || ~ de **distillation** (goudron) / distillation chamber || ~ à l'**eau inférieure** (auto) / lower water box || ~ d'**éboulement** (mines) / subterranean quarry || ~ **échos** (acoustique) / live room, echo chamber || ~ d'**écluse** / lock chamber || ~ d'**élutriation** / elutriation chamber || ~ d'**équilibre** (hydr) / surge tank o. chamber || ~ d'**équilibre déversante** / overflow surge tank o. chamber || ~ d'**étanchéité** (lam) / seal housing || ~ d'**expérience** / laboratory || ~ d'**expérience** (soufflerie) / test chamber || ~ **expérimentale d'irradiation** / radiation chamber || ~ d'**explosion** (mot) / combustion chamber o. space || ~ d'**extraction** (prépar) / refuse extraction chamber || ~ **fonctionelle** / climatic chamber || ~ **froide** / cold storage, refrigerating chamber, refrigerator || ~ du **gaz** (soudage) / gasholder || ~ à **gaz** (sidér) / gas chamber || ~ à **gaz** (aéro) / gas bag of a balloon || ~ de **gazéification** / gasification chamber || ~ **grand format** (phot) / large negative camera || ~ d'**huile** / oil chamber || ~ d'**ionisation** / ionization chamber, Compton meter || ~ d'**ionisation à** [dépôt de] **bore** (nucl) / boron [lined ionization] chamber || ~ d'**ionisation à différence** / differential ionization chamber || ~ d'**ionisation étalon** / standard ionization chamber || ~ d'**ionisation à fission** / fission [ionization] chamber || ~ d'**ionisation à impulsions** (nucl) / pulse ionization chamber || ~ d'**ionisation à paroi d'air** / air wall ionization chamber || ~ d'**ionisation à paroi épaisse** [à paroi mince] / thick-, [thin-]wall ionization chamber || ~ d'**ionisation sans paroi** / wall-less ionization chamber || ~ d'**irradiation** / irradiation chamber || ~ **laboratoire** (phot) / darkroom [process] camera || ~ à **laitier** / slag chamber, slag pocket || ~ **lambrissée** / panelled attic room || ~ à **mâchefers** / slag pocket || ~ **machine** (nav) / machine room, engine room || ~ de **malaxage à jet** / jet chamber || ~ **mansardée** (bâtim) / mansard || ~ de **mesure balistique** / ballistic camera || ~ de **mine** / blasting chamber || ~ de **navigation** (nav) / chart room || ~ de **nettoyage** (grenaillage) / dedusting chamber || ~ **noire** (app. phot) / body, back of the camera || ~ **noire** (opt) / camera obscura || ~ **noire**, laboratoire *m* (phot) / dark room || ~ **noire d'Aston** / Aston dark space || ~ **noire cathodique ou de Crooke ou de Hittorf** (électron) / cathode dark space, Crooke's dark space || ~ **noire pour la reproduction** (phot) / camera for copying work || ~ **noire à sténopé** / pin camera, camera obscura || ~ à **nuage** (nucl) / cloud chamber || ~ **petit format** (phot) / 35 mm camera, candid o. miniature camera || ~ **photographique de Schmidt** / Schmidt camera || ~ de **plomb** (chimie) / lead chamber || ~ d'un **port** / inner harbour, basin || ~ de **post-combustion** (nucl) / afterburner || ~ à **poudre** (arme) / powder chamber || ~ de **précombustion** (mot) / antechamber, precombustion chamber, pre-chamber || ~ [de **prise de vues]** / photo camera || ~ de **prise de vues en série** (arp) / series topographic camera for panoramic photography, mapping camera || ~ de **pulsation** (traite) / pulsation chamber || ~ de **pulvérisation** / pulverizing o. spraying chamber || ~ de **purge** / clean-out chamber || ~ de **putréfaction des boues** (eaux usées) / sludge digestion chamber || ~ à **rayonnement bêta** / beta radiation chamber || ~ à **rayonnement mou** / soft radiation chamber || ~ à **réactifs** (laboratoire) / reagent room || ~ de **réaction** (aéro) / reaction chamber || ~ de **réception** (traite) / receiver || ~ de **réchauffage** / preheating o. warming chamber || ~ de **réenroulage** (blanchiment) / rebatching chamber || ~ **régénérative** / regenerative chamber || ~ de **résonance** (télécom) / screen || ~ de **réverbération** / reverberation room || ~ de **sablage** / sand blast chamber || ~ de **sas** / lock chamber || ~ de **séchage ou à sécher** /

compartment drier, chamber drying oven || ~ de **séchage par congélation** / freeze-drier || ~ **secondaire** (frein) / non-pressure service chamber || ~ de **séjour** / recreation room || ~ **séparatrice** (essai de combustibles) / separating room || ~ à **sillages lumineux** (nucl) / streamer chamber || ~ de **simulation d'espace** / space simulation chamber || ~ de **soudure** (télécom) / jointing chamber o. manhole o. box, distribution chamber, main box || ~ de **soufflage** (électr) / spark blow-out chamber || ~ de **soufflage à plaques parallèles** / parallel-plate spark chamber || ~ à **soufflet** / extensible camera, bellows camera || ~ de **soupape** / valve housing || ~ **sourde** / anechoic o. dead room || ~ **stéréométrique** / mapping camera, stereometric camera || ~ **stérile** (ord) / clean room || ~ à **streamers** (phys) / streamer chamber || ~ de **tête d'écluse** (hydr) / water cushion || ~ de **tirage** (électr) / cable pit o. shaft o. manhole || ~ de **tirage** (télécom) / jointing chamber o. manhole o. box, distribution chamber, main box || ~ de **tirage à l'entrée** (électr, télécom) / leading-in manhole || ~ **toroïdale** / toroidal chamber || ~ de **tourbillonnement ou de turbulence** (mot) / rotochamber, swirl o. whirl chamber || ~ à **traces** (nucl) / track chamber o. detector || ~ de **treuil** (mines) / hoist room || ~ de **trop-plein** / overflow vessel || ~ à **vapeur** / steam chamber o. reservoir || ~ à **vapeur**, étuve *f* / steam chest || ~ de **vapeur** (sucre) / steam belt o. chest, calandria || ~ de **vapeur segmentaire** (sucre) / segmental downtake calandria || ~ de **vaporisation** (tex) / steaming chamber || ~ de **veille** (nav) / chart room || ~ à **vide** / vacuum chamber o. vessel || ~ à **vide** (bêtatron) / doughnut, donut, toroid || ~ **voisine** / room next to..., adjoining room || ~ de **vulcanisation pour air et vapeur d'eau** (caoutchouc) / steam airbag || ~ de **Wilson** (nucl) / Wilson cloud chamber || ~ de **Zehender** (microscope) / chamber of Zehender

chambrer (m.outils) / countersink (with a conical tool), counterbore (with an end-mill reamer) || ~ à l'**intérieur ou les intérieurs** / broach inside surfaces

chambrette *f* (ch.de fer) / roomette

chambrière *f* (nav) / becket

chambrion *m* / ionization chamber, Compton meter

chameau *m* / camel (vessel for raising ships)

chamois *adj* / chamois [colour] || ~ *m* / chamois o. chammy o. shamoy o. shammy [leather]

chamoisage *m* / chamoising

chamoiser / chamois[-dress], shamoy-dress

chamoiserie *f* / fat o. oil dressing o. tanning, chamois dressing

chamoisite *f*, chamosite *f* (min) / chamosite

chamotte *f* / chamotte, dead-burned fireclay [grog with plastic fire-clay as binder] || ~ **alumineuse** (sidér) / clay-bond fire clay, aluminous refractory || ~ de **caolin et argile réfractaire** / china clay - fireclay chamotte || ~ **moulue** (sidér) / grog || ~ **pulvérisée** (sidér) / pulverized grog || ~ de **silice vitreuse** / vitreous silica grog

champ *m* (électr, phys) / field || ~ (agr) / field, land, country || **à ~ croisé** (électron) / crossed field... || **à ~ nul** (électr) / zero-field..., field-free || **de** ~ (erroné), de chant / on edge, edgewise, edgeways || **sur** ~ (p.e. essai) / field... (e.g. test) || ~ d'**abattage** (mines) / district || ~ d'**activité ou d'action** / field of action o. activity, working scope o. sphere || ~ **alternant**, champ *m* alternatif (électr) / alternating field || ~ **ambiant** / surround of a comparison field, surrounding field || ~ **angulaire** (opt) / image angle || ~ d'**application** / range o. field of application, scope, coverage || ~ d'**application thermique** / temperature range || ~ **autodémagnétisant ou d'autoémagnétisation** / self-demagnetization field || ~ **caractéristique** (math) / performance characteristics || ~ des **charges** / area o. field of load || ~ de **commutation** (électr) / commutating field || ~ **compensatoire** (électr) / compensating field || ~ **conservatif** (math) / zero divergence field || ~ **continu** (électron) / continuous field, d.c. field || ~ **contrôleur** (électr) / controlling field || ~ de **courant continu** (électron) / continuous field, d.c. field || ~ **croisé** (électron) / crossfield || ~ de **déflexion** (électr) / deflecting field || ~ de **déplacement** (opt) / displacement area || ~ de **dérive** / drift field || ~ **direct** (son) / direct field || ~ **directeur** (électr) / controlling field || ~ de **dispersion** / stray field || ~ de **dispersion magnétique** / magnetic stray field || ~ **éboulé** (mines) / caved area, fall-in area || ~ d'**écoulement** (contr.aut) / flow field || ~ **efficace** (électr) / useful field || ~ d'**élargissement** (tiss) / tentering limit || ~ **électrique** / electric o. electrostatic field, field of force || ~ **électrique disruptif** / disruptive electric field strength || ~ **électrique équidirectionnel** (phys) / constant field || ~ **électrostatique** voir champ électrique || ~ **élémentaire** (phys) / elementary field || ~ **emblavé ou ensemencé** / cornfield, grainfield (US) || ~**s** *m pl* d'**épandage** (eaux usées) / sewage farm o. fields *pl*, sewage irrigated fields *pl*, floating meadows *pl* || ~ *m* d'**essai ou d'épreuve** (électr, électron) / inspection department, test department o. lab || ~ **étranger** (électr) / interfering field || ~ d'**excitation** / energizing field || ~ d'**exploitation** (mines) / working field || ~ d'**exposition** (repro) / recording area || ~ **fendu** (électr) / split field || ~ à **flux conservatif** (math) / zero divergence field || ~ de **force** (électr) / field of force, electric o. electrostatic field || ~ de **fouille** / prospecting area || ~ en **friche** (agr) / fallow [ground] || ~ de **fuite** (électr) / leakage o. stray field || ~ de **Galois** (électron) / Galois field, GF || ~ **géomagnétique** / earth's magnetic field, terrestrial magnetic field || ~ de **gravitation** / gravitation[al] field || ~ **gris** (reprographie) / gray patch || ~ de **guidage** / guide field || ~ **hertzien** / radio link hop, relay line section || ~ **homogène** / uniform field || ~ **identificatif** (ord) / identification field || ~ d'**image** / picture field, image field || ~ d'**image couvert** (typo) / image frame || ~ d'**image projetée** (film) / projected image area || ~ **important d'applications** / diversity of usefulness || ~ **indivergentiel** (math) / zero divergence field || ~ **inducteur** (électr) / induction field || ~ d'**induction magnétique** / magnetic field [of force] || ~ de l'**induit** (électr) / armature field || ~ **ionisant** / ionizing field || ~ **irrotationnel** (math) / irrotational field || ~ **jachéré** / new-ploughed field || ~ **libre** (acoust) / free [sound] field || ~ **lumineux** (opt) / radiant field || ~ **magnétique** / magnetic field || ~ **magnétique alternatif** / alternating magnetic field || ~ **magnétique de bobines** / magnetic field of coils || ~ **magnétique caractéristique** (magnétron) / characteristic magnetic field || ~ **magnétique critique** (magnétron) / critical magnetic field || ~ **magnétique destructif** / obliterating magnetic field || ~ **magnétique longitudinal** / longitudinal magnetic field || ~ **[magnétique] parasite** / interfering o. parasitical magnetic field || ~ **magnétique rotatif** (électr) / rotary o. rotating o. rotatory field || ~ **magnétique du type miroir** (plasma) / mirror magnetic field, magnetic mirror || ~

maximum / full excitation || ~ de **même polarité** (électr) / field of same polarity || ~ **mésonique**, champ *m* des mésons (nucl) / meson field || ~ de **mesure** (instr) / measuring range o. capacity, range of an instrument || ~ de **mines** / mine field || ~ de **noircissement** (phot, repro) / blackening field o. frame, recording area || ~ du **noyau** / nuclear field || ~ de **nutation** (radar) / nutation field || ~ de l'**objet** / object field || ~ d'**ondes progressives** / field of travelling waves || ~ **optique** (instr) / field of view || ~ d'**ouverture** (antenne) / radiation field || ~ **parasitaire** / noise field || ~ **périphérique** / surround of a comparison field, surrounding field || ~ de **pesanteur** / gravitational field || ~ **pétrolifère** / oilfield || ~ de **polarité inverse** (électr) / field of opposite polarity || ~ **poloïdal** (fusion nucl.) / poloidal field || ~ de **potentiel** / potential field || ~ **principal** (électr) / main field || ~ de **prise de vues** / camera coverage *pl*, camera shooting field || ~ **proche** (antenne) / near field || ~ **quadripolaire** (nucl) / quadrupolar field || ~ **quaternionique** / quaternion field || ~ **radial de sélection** (télécom) / rotary selector bank || ~ de **raves** / beet field || ~ de **rayonnement** / radiation field || ~ du **regard** / field of sight || ~ **retardateur** (électr) / brake field, retarding field || ~ **rotationnel** (électr) / curl field, rotational field || ~ **série** (électr) / series field || ~ **sinusoïdal** / sinusoidal field || ~ **solénoïdal** (électr) / solenoidal field || ~ **solénoïdal** (math) / zero divergence field || ~ **sonore** / range of sound o. tune || ~ **sonore** (ultrason) / sound field || ~ de **sortie** (tex) / delivery end || ~ **spinoriel** (nucl) / spinor field || ~ **terrestre** (télécom) / earth field || ~ de **tir** / rifle range || ~ de **tir** (terme à proscrire), aire *f* de lancement (espace) / launch o. launching pad o. platform o. base o. frame || ~ **tourbillonnaire ou de tourbillon** (électr) / curl field, rotational field || ~ **[tournant] inverse** (électr) / opposing field || ~ de **traçage** (table traçante) / plotting field || ~ des **trajectoires des tensions tangentielles** (méc, forge) / slip-line field || ~ de **transmission** / transmission field || ~ **transversal** (électr) / cross-field || ~ **transversal magnétique** / magnetic traverse field || ~ **transversal statique** (électron) / static transverse field || ~ de **travail** (techn) / power range, range of capacity || ~ d'**utilisation** / range o. field of application, scope || ~ de **vent descendant** / downwind area || ~ **visible** / visible region || ~ **visuel ou de vision** / scope o. field of vision, visual field

champignon *m* / fungus, mushroom (edible) || **en ou à** ~ / mushroom-shaped, fungiform || ~ d'**aération** / mushroom ventilator || ~**s** *m pl* **basidiomycétes** / basidiomycetes *pl* || ~ *m* du **bois** / dry-rot, wood fungus || ~ des **eaux d'égout type leptomite** / sewage fungus || ~ de **fusée** / axle journal head || ~ de la **levure** / thrus fungus, saccharomyces albicans || ~ des **maisons** / wood fungus, boletus destructor || ~ de **pulvérisateur** / atomizer cone || ~ de **rail** / rail head

chanarcilite *f* (min) / chanarcilite

chances *f pl* de **survie** / life expectancy

chancelant / unsteady, staggering || ~ (solide de révolution) / drunken

chanceler / be unsteady, stagger *vi*

chancellement *m* (techn) / drunkenness || ~ (électron) / wobbling, sweeping || ~ de la **fréquence** (au-dessous de 6 Hz) / wine, wow

chancre *m* du **chou** / dry rot and cancer of swede and turnip

chandelier *m* de **bastingage** / handhold stanchion || ~ **pendant** (lampe) / chandelier

chandelle *f* / candle || ~, entretoise *f* / stanchion, stay || ~ (filage) / lifter o. lifting rod o. poker || ~ (m. outils) / bar stand || ~ de **calage** / adjustable prop || ~ de **démoulage** (fonderie) / moulder's o. moulding pin o. stake, stripping o. lifting pin || ~ de **suspension** (ch.de fer) / suspension pin || ~ de **suspension** (auto) / spring support, spring bracket || ~ de **taille** (mine) / mine prop, pit prop, stull

chanfraindre, -freindre voir chanfreiner

chanfrein *m* / chamfer, bevel[ling] || ~, profil *m* (palette) / deck board chamfer || ~ de **bec ou de pointe** (outil coupant) / chamfered corner || ~ de **clavette** / key taper || ~ **creux** / hollow chamfer || ~ de **matage** (soudage) / ca[u]lking edge || ~ de **soudage** / welding bevel || ~ en **X** (soudage) / double bevel joint

chanfreinage *m* / bevelling, chamfering || ~ (forage) / countersink, -sinking

chanfreiné (p.e. dent) / levelled, chamfered || ~ **en X** / bevelled with an X

chanfreiner / cant off || ~, biseauter / bevel || ~, tailler cône (techn) / taper [to a point] || ~ au **foret à fraiser** (m.outils) / countersink (with a conical tool), counterbore (with an endmill reamer)

chanfreineuse *f* / plate edge-planing o. edging machine, edger

changeant / alternating *adj*, altern[ate] *adj*, alternately *adv* || ~ (tex) / changeable, shot coloured, glacé

changement *m* / change, alteration || ~, échange *m* / exchanging, interchanging, shift || ~, transformation *f* / change, transformation || ~ **adiabatique d'état** / adiabatic change of condition || ~ d'**adresse** / address conversion || ~ à **aiguille élastique** (ch.de fer) / flexible switch o. points *pl*, heelless switch || ~ d'**air** / change of air, ventilation || ~ **automatique de navettes** (tex) / automatic shuttle changing || ~ de **barres** (méc) / exchange of members || ~ de **bobines en pick-à-pick** (tex) / pick-and-pick bobbin changing || ~ **brusque** (opt) / cut[ting] || ~ **brusque de section** / abrupt change of cross section || ~ **brusque de phase** / phase jump o. shift || ~ de **cannettes** (tiss) / change of bobbins o. pirns || ~ de **cap** / change of course || ~ des **connexions polaires** / pole changing || ~ de **couleur** / colour change || ~ de la **coupe transversale** / change of cross section || ~ de **couplage** (ch.de fer) / transfer o. transition of connections || ~ de **course** / change of stroke || ~ de **croisement d'un train** (ch.de fer) / switching-over of a train || ~ de **déclivité** / change in gradient || ~ de **dénomination** / renaming || ~ de **dessin** (tiss) / pattern changing || ~ de **dimension** / dimensional change || ~ de **direction**, virage *m* / traverse [motion], slewing motion || ~ de **direction** (mines) / change of direction of a vein || ~ de **direction de marche** / change of direction || ~ d'**écoulement** / change from laminar to turbulent flow || ~ d'**emploi** / job rotation || ~ d'**équipe** (ordonn) / shift change-over || ~ d'**état** / change of state, constitutional change || ~ d'**état physique** (chimie) / transition, change || ~ du **fil de contact** (électr) / overhead frog, trolley frog || ~ de la **foule** (tiss) / change of shed || ~ **graduel** (TV, phot) / lap dissolve || ~ d'**itinéraires** (ch.de fer) / change of line || ~ de **jeu** (caractères) (télécom) / change-over || ~ de **largeur** / change in width || ~ **lent de vitesse** / long-term speed variation || ~ de **liage** (tiss) / change of weave || ~ de **lieu** / change of place, shifting || ~ de **locomotive** (ch.de fer) / change of engines || ~ de

longueur / change o. alternation of length || ~ de la **luminosité** / change of light intensity, modification o. variation of light intensity || ~ de **marche** / change of direction || ~ de **marche** (mécanisme) / reversing gear || ~ de **marche à vis** / screw reversing gear || ~ de **membre** (math) / transposing || ~ de la **microstructure** (sidér) / microstructural change || ~ de **mode** / mode transformation || ~ de **navette** (tiss) / shuttle change || ~ de **navettes par boîte tournante** (tiss) / circular box motion || ~ du **nombre des pôles** / pole changing || ~ de **nuance** (teint) / change o. deviation of shade || ~ d'**orbite ou de trajectoire** / orbit modification || ~ d'**outil** / tool change || ~ de **page** (transfert d'une page de mémoire auxiliaire à mémoire centrale) (ord) / page turning || ~ du **pas** (tiss) / change of shed || ~ du **pas** (câble) / lay changing, reversal of lay || ~ en **pH** / change of pH-value || ~ de **phase** (phys) / phase transition o. change || ~ de **place** / shift, transposition || ~ de **plan** (film) / pan shot, camera pan, panning || ~ à **plaque d'assise** (ch.de fer) / switch with sliding plates || ~ du **poids** / change in weight || ~ de **position de course** (bobinage) / traverse displacement || ~ de **poste** / shift change-over || ~ de **prises** (transfo) / tap change || ~ de **programme en cas de dépassement** (ord) / overflow program transfer || ~ à **rails pivotants ou à rails mobiles** (ch.de fer) / stub switch || ~ de **rotation** / change of sense of rotation || ~ de **route** (aéro, nav) / change of course || ~ à **sauterelle** (ch.de fer) / stub switch || ~ de **section** (lam) / change of section || ~ de **section droite** / change in the cross section || ~ du **sens** (électr) / current reversal || ~ du **sens** (techn) / reversal, reversing || ~ de **service** (télécom) / change, relief, relieving || ~ de **signe** (math) / change of sign, CH, CHS || ~ de **teinte** / colour change || ~ de **teinte**, décoloration *f* / loosing of colour, fading, discolouration || ~ de **temps** (météorol) / change in the o. of weather || ~ du **temps alloué** (ordonn) / rate change || ~ de **type d'onde** / mode transformation || ~ de **vitesse** / speed variation || ~ de **vitesse** (auto) / gear shift[ing] || ~ de **vitesse** (un mécanisme) / range o. shift transmission, change speed gear || ~ de **vitesse à air comprimé** (auto) / pneumatic gear shifting || ~ de **vitesse à commande hydraulique** (auto) / hydraulic gear change o. shift || ~ de **vitesse à commande par dépression** (auto) / vacuum-power gear change o. shift || ~ de **vitesse à coulisse ou par levier coulissant** (auto) / gate type gear shift[ing], gate shift || ~ de **vitesse avec dispositif à roue libre** (auto) / free-wheel drive mechanism || ~ de **vitesse en haut** (auto) / upshift || ~ de **vitesse gradué** / gradual speed variation || ~ de **vitesse à main** (auto) / hand gear shift || ~ de **vitesse à poignée tournante** / twist-grip shift || ~ de **vitesse à présélecteur** (auto) / selective system of gear shifting, preselection change || ~ de **vitesse sous le volant** / steering column type gear change || ~ de **vitesse à tablier** (auto) / dashboard gear change || ~ de **vitesse télécommandé** (auto) / remote control change o. shift || ~ de **vitesse au volant** (auto) / finger-tip gear shift, steering column [type] gear change o. shift || ~ de **voie** (mines) / lye, double parting || ~ de **voie** (ch.de fer) / switching device || ~ de **voie aérien ou de fil de ligne** (électr) / overhead frog, trolley frog || ~ de **voie à aiguille** (ch.de fer) / point switch || ~ de **voie à plans inclinés** (mines) / inclined plane switch o. points *pl* || ~ de **voie de tramway** / streetcar (US) o. tramway (GB) switch || ~ de **volume** / change in volume

changer, modifier / change, alter || ~, remplacer *vt* / change, replace || ~, échanger / exchange, interchange || ~, déplacer / shift, move || ~ *vi* / change [by] *vi* || ~ (filon) / lose the direction || ~ (marée) / turn *vi*, reverse *vi* || **se** ~ [en], se transformer [en] / change [into] || **se** ~ [en], évoluer brusquement / change suddenly [into] || **se** ~ **en marais** / get marshy || ~ à une **adresse calculée** (ord) / randomize || ~ l'**aérage** (mines) / change the ventilation || ~ de **bord** (nav) / shift the helm || ~ en **chrysalide** / cocoon *vi* || ~ les **connexions** (électr) / change the connections || ~ de **couleur** / change colour, (esp:) discolour || ~ les **cylindres** (lam) / change rolls || ~ par **degrés** / graduate o. grade [into], change gradually || ~ de **direction** *vt vi* / by-pass, change direction || ~ l'**écartement des véhicules** (ch.de fer) / change-over the axle gauge || ~ d'**emballage** / repack, new-pack || ~ de **face** (arp) / change face || ~ de **marche** / change gears || ~ la **marche ou le mouvement** / change direction, reverse || ~ par **mutation** (biol.) / mutate || ~ la **nuance** (teint) / releave a colour || ~ de **place** / displace, dislocate, remove, transfer, change place || ~ en **pupe** / cocoon *vi* || ~ des **roues** / change, replace || ~ de **sac** / resack || ~ de **signe** / change sign || ~ **subitement** (temps) / break || ~ de **teinte** / discolour, become discoloured || ~ de **train** (ch.de fer) / change trains, change-over || ~ de **vitesse** (auto) / shift gears || ~ de **vitesse** (techn) / change gears

changeur *m* de **disques** / autochanger, record changer || ~ d'**échantillons** / sample changer || ~ de **fréquence** / frequency converter || ~ de **fréquence**, convertisseur *m* de fréquence / frequency changer, cyclo-inverter || ~ de **grossissement** / magnification changer || ~ d'**oculaires** / eyepiece head o. changer o. changing device, eyepiece revolver || ~ de **phase** (électr) / phase regulator

chanlate *f*, chanlatte *f* (bâtim) / eaves lath, furring, firring

chant *m* / narrow cant o. edge o. side || **de** ~ (erroné: de champ) / on edge, edgeways, -wise || ~ de **brique** / edge of a brick || ~ d'une **cuiller** / edge of a spoon || ~ de **lime** / small face of a file

chantage *m* (électron) / whistling, singing

chanteau *m* / gore, gusset

chantepleure *f* (bâtim) / weephole || ~ (bière) / faucet, spigot

chanter, chantonner / hiss || ~ (télécom, électron) / whistle, sing

Chantier ! Travaux ! (routes) / Danger! Road Works Ahead! || ~ *m* (charp) / timberyard (GB), lumberyard (US) || ~ (mines) / working point, heading || ~ (bière) / ga[u]ntry, gantree, stillage, settles *pl* || ~ (accu) / battery rack || ~, parc *m* de stockage / stockyard || **pour ~s extérieurs** / for outdoor sites || **sur** ~ / at site || ~ d'**abat[t]age** / dead face of the workings, [working] stall, benk (GB) || ~ d'**assemblage** (charp) / yard for joining the timberwork || ~ de **batteries** / battery rack || ~ de **boisage** (mines) / timberyard || ~ de **chargement** (ch.de fer) / loading yard || ~ de **charpentes** / carpenter's yard || ~ de **construction** / building ground o. lot o. plot o. site o. yard, location, site (GB), field (US) || ~ de **construction des embarcations** / boat building work[ing]s, boat builders *pl* || ~ de **construction immobilière** / residential building site || ~ [de **construction navale]** / shipyard, dockyard || ~ de **construction de wagons** / waggon (GB) o. freight car (US) building plant || ~ de **coulée** / casting bay || ~ de **démolition d'autos** / car dump, car breaker's yard ||

~ d'**entretien pour le matériel roulant** (ch.de fer) / repair sidings *pl* || ~ d'**expédition** / loading yard || ~ d'**exploitation** / working place || ~ de **lavage** (ch.de fer) / train washing tracks || ~ de **montage** / assembly yard || ~ **naval** / yard, dockyard || ~ de **pierres** (tailleur de pierres) / stone yard || ~ de **transbordement** (ch.de fer) / transfer station (US), transshipment yard || ~ de **triage à la gravité** (ch.de fer) / gravity marshalling yard
chantignole *f* (charp) / cleat
chantoir *m* (géol) / sinkhole, swallowhole, katavothre, ponor
chantonner / hiss
chantoung *m* (tiss) / shantung
chantournage *m* (men) / sawing round
chantournement *m* (men) / rounding, sweeping, curve
chanvre *m* / hemp || ~ de **Bombay ou du Bengale** / Bombay o. Bengal hemp, sun[n][hemp] || ~ **brut** / raw hemp || ~ de **Calcutta ou des Indes** / jute || ~ **cru** / raw hemp || ~ **femelle** / female hemp || ~ **goudronné** / oakum || ~ **hâtif** / spring hemp || ~ des **Indes orientales** / Indian cannabis o. hemp, cannabis sativa indica || ~ de **Madras** / gambo fiber, kenaf || ~ **mâle** / fimble hemp || ~ de **Manille** / manil[l]a hemp, abaca || ~ en **masse** / raw hemp || ~ du **Mexique** / Mexican fiber o. grass || ~ en **passe** / raw hemp || ~ **pelé** / stripped hemp || ~ de **printemps** / spring hemp || ~ de **Sisal** / sisal hemp || ~ de **Tampico** / tampico hemp || ~ **teillé** / scutched hemp
chaos *m* de **trafic** / road havoc
chape *f* / cap, cover || ~ (fonderie) / cheek || ~ (auto) / eye joint link, fork joint || ~ (enduit) / flat coating || ~ (pneu) / cap tread rubber, top cap (US) || ~ (aiguille du compas) / cap || ~ (charp) / cross-top, cap piece || ~ (chimie) / dome || ~ (moule) / case of a mould || ~ (hydr) / ridge beam || ~ (plancher) / [waterproof] floor screed || ~, étrier *m* / clevis || ~ d'**air** (météorol) / air dome || ~ d'**ancrage** (ligne de contact) / staying strap || ~ d'**attelage de remorquage** (auto) / draw bar coupling || ~ du **bâti** (auto) / yoke end of frame || ~ à **blocs latéraux** (pneus) / lateral block profile || ~ de **burette** / burette head || ~ en **ciment** (bâtim) / wear resisting layer of cement || ~ d'**égalisation** / levelling course o. layer || ~ **flottante** (bâtim) / floating floor screed || ~ **lissée au ciment** / smooth cement finish || ~ de **magnésie** / magnesia floor screed || ~ en **matières dures** / hard-aggregate floor screed || ~ de **mortier** / bed o. layer of mortar || ~ d'une **moufle**, chape *f* du palan / pulley case o. cheek o. frame o. shell || ~ d'un **mur** / crown of a wall, parapet weathering || ~ du **palan à câble** / rope block || ~ **plate** / flat bow || ~ d'une **poulie** voir chape d'une moufle || ~ de **poulie** (ch. de fer, trolley) / trolley head o. fork o. harp (US) || ~ de **protection** (bâtim) / wear resisting layer || ~ de **ressort** (auto) / shackle, strap, spring clip, spring band o. buckle || ~ de **rose** (compas) / pivot bearing, card socket || ~ de **roulette** / fork || ~ de **scie** / blade holder of a saw || ~ **tournante** (cheminée) / turn cap || ~ de **trolley** voir chape de poulie || ~ d'**usure** (bâtim) / wear resisting layer
chapeau *m*, plaque *f* de recouvrement / covering plate || ~ (techn) / hat, cover || ~, garniture *f* (techn) / cap, top || ~ (bâtim) / capping piece, sleeper, string piece || ~ (bière) / head || ~ (eau d'égouts) / surface scum || ~ (mines) / mine cap || ~ (filage de coton) / top clearer || ~ d'**aération de la tubulure de remplissage d'huile** / oil filler breather || ~ **articulé** (mines) / articulated cap || ~ du **battant** (tiss) / slay cap, sley o. lay o. batten cap || ~ de **bière dans la cuve de fermentation** / yeast head || ~ de **borne-fontaine** (routes) / hydrant case and lid || ~ du **cadre** (mines) / cornice beam || ~ de **cadre dans un dressant** (mines) / prop, stemple, stay, strut || ~ de **carde** (filage) / card flat || ~ de la **cheminée** (parachute) / vent cap || ~ de **cylindre** (filage) / cap bar of the flyer doubler || ~ d'**échappement d'air** (bâtim) / ventilator cowl || ~ d'**élévateur** / top casing of the elevator || ~ d'**essieu** / axle cap, hub cap || ~ de **fer ou ferrugineux** (mines) / gossan, ironhat || ~ de **ferment** (bière) / white head o. scum || ~ de **fermeture** / closing cap, sealing cap || ~ de **fixation** / fixing cap || ~ de **haut fourneau** / blast furnace lid || ~ de **houille** (mines) / crop-out || ~ de **mineur** (mines) / hard hat || ~ du **montant** (télécom) / sealing cap || ~ **Morand** (vide) / cold cap [baffle], top nozzle baffle, guard ring, vapour catching cone cap || ~ de **moyeu** / axle cap, hub cap || ~ de **palée** / grating beam o. sill || ~ de **palier** (techn) / cap piece of the bearing, plummer block cover || ~ de **palier de vilebrequin** / cap piece of the crankshaft bearing || ~ de **presse-étoupe** / gland || ~ de **propreté** (tex) / clearer flat of the card || ~ en **rail** (mines) / cap rail || ~ de **réservoir d'essence** / fuel tank o. gas tank (US) cap, petrol tank cap (GB) || ~ **résistant** (géol, mines) / capping || ~ de **soupape ou d'un robinet** (techn) / valve bonnet || ~ de **la tête de bielle** / rod head cap || ~ **tournant** (filage) / dirt roller || ~ **unique** (mines) / one-piece cap || ~ de **valve** (auto) / dust cap
chapelet *m* (excavateur) / bucket chain || ~ (filage) / flat chain || ~ **hydraulique** (hydr) / water engine o. scoop, water drawing machine || ~ **noria** / bucket [chain] conveyor, bucket elevator
chapelle *f* (four) / main arch || ~ (four Martin) / dog-house || ~ à **clapet ou à soupape** (pompe) / valve box o. chest o. chamber || ~ de **laboratoire** / laboratory cupel || ~ de **soupape** (gén, auto) / valve cage || ~ de la **tuyère** (sidér) / tuyere opening
chaperon *m* (mur) / cap[p]ing, coping || ~ (horloge) / locking plate || ~ (aiguille du compas) / cap || ~ en **briques** / brick coping || ~ de l'**entablement** (bâtim) / cornice coping
chaperonner (mur) / cope
chapiteau *m* (bâtim) / chapiter, capital of a column || ~ (cheminée) / chimney top o. head o. cowl || ~ de la **cucurbite** (chimie) / still-head
chapitre *m* (typo) / chapter || ~ **comptable** / cost[s]
chaplash *m* (bois) / chaplash
chaploir *m* / scythe anvil
chaptalisage *m*, chaptalisation *f* (vin) / chaptalization, sugaring of wine
char *m* (ELF) / armoured car, tank
charançon *m* des **betteraves**, Bothynoderes punctiventris / beet root weevil || ~ de la **capsule**, Antonomus *m* grandis Boh / cotton boll weevil, wool weevil || ~ **mangeur de blé**, Calandra *f* granaria / corn earworm
charbon *m* / coal || ~ (électr) / carbon brush || ~ (l.à arc) / arc lamp carbon || **faire du** ~ / break coal, get o. win o. mine coal || **faire du** ~ (ch.de fer, nav) / coal *vi* || ~ **abattu** (mines) / won coal o. minerals *pl* (before washing) || ~ **actif** / activated carbon o. charcoal || ~ **agglomérant par frittage** / cherry o. sintering coal || ~ **aggloméré** / briquet[te] || ~ **agglutiné** / caking o. coking coal, rich coal || ~ à **âme métallique** / metal-cored carbon || ~ **animal** / animal charcoal, bone black o. charcoal, spodium || ~ **anthraciteux** / close-burning coal || ~ d'**arc flammant** / coloured arc carbon, core o. flame carbon, impregnated core carbon || **~s** *m pl* **ardents** / glowing fire || ~ *m*

barré / bone (a low-grade coal) || ~ **bitumineux** / bituminous o. fat coal || ~ du **blé**, Ustilago nuda (agr) / loose smut || ~ de **bois** / char[coal] || ~ en **briquettes** / briquet[te] || ~ **brut** (classé ou non) / uncleaned coal, raw coal, run of mine o. of mill [coal] (GB), unwashed coal (sized or not) || ~ **brut d'environ 30-6 mm** / unwashed coal abt 30-6 mm || ~ **brut d'environ 80-30 mm** / raw coal abt 80-6 mm || ~ **calibré** / sized coal, graded coal || ~ de **chaudière** / boiler coal || ~ à **coke**, charbon *m* cokéfiant / caking o. coking coal, weakly o. feebly caking coal || ~ à **coke boursouflé**, charbon *m* collant / caking o. coking coal, rich coal || ~ **colloïdal** / colloidal fuel || ~ **colorant ou couleur** (l. à arc) / coloured arc carbon, core o. flame carbon || ~ de **cornue** / retort coal || ~ **couvert**, Ustilago hordei (agr) / covered smut || ~ **criblé** / sifted coal || ~ **cru** / unwashed coal (sized or not) || ~ **cuivré** (électr) / copper-plated o. coppery carbon || ~ **décolorant** / decolour[iz]ing coal || ~ **demi-gras** / semibituminous coal || ~ **destiné à la carbonisation à basse température** / coal for low-temperature carbonization || ~ **domestique ou pour usages domestiques** / household o. domestic coal || ~ **égoutté en tour** / coal drained in towers || ~ **épuré** / cleaned coal || ~ **étranger o. extérieur** / imported coal, foreign coal || ~ *f* d'**exploitation souterraine** / deep mining coal || ~ *m* **extra-pur** / super-clean coal (under 0,5% of ash) || ~ à **filtrer** / filtering charcoal || ~ **flambant** / bright burning coal || ~ **flambant gras** / open burning coal, gas flame coal || ~ à **flamme** voir charbon colorant || ~ de **forge** / forge o. smithy o. smith's coal || ~ **frottant** / sliding coal || ~ **gazeux ou à gaz** / gas coal || ~ pour **gazogène** / generator o. producer coal || ~ **glaiseux** / clay coal || ~ à **grande intensité** (électr) / high-intensity carbon || ~ **graphitique** / graphitic carbon || ~ **gras [à courte flamme]** / rich coal || ~ **gras à longue flamme** / open burning coal, gas flame coal || ~ **gratuit** / allowance-coal || ~ en **gros morceaux** / best o. lump coal || ~ à **haute teneur en matières volatiles** / high-volutile coal || ~ **homogène** (arc électr) / solid carbon || ~ **humique** / humic coal || ~ **importé** / imported coal || ~ **lamelleux** / slate-foliated lignite, paper coal, papyraceous lignite || ~ de **lampe à arc** / arc lamp carbon || ~ **lavé** / washed coal || ~ **limoneux** / coal sludge o. slime o. washings *pl*, mud coal || ~ **maigre** / non bituminous coal, non baking o. non caking coal, uninflammable coal || ~ **maigre sableux** / sintering sand coal || ~ **marchand** / commercial coal || ~ **mat** / dull coal, kennel o. cannel coal || ~ à **mèche** / cored carbon || ~ **menu** / small o. pea coal || ~ **métallographitique** (électr) / compound brush, metal bearing carbon [brush] || ~ de **mine** / pit coal || ~ en **morceaux** / best o. lump coal, clod coal, large coal || ~ **nu du blé** voir charbon du blé || ~ d'**os** / animal charcoal || ~ d'**os activé** / activated animal charcoal || ~ en **parc** / stock coal || ~ **piciforme** (mines) / pitch coal || ~ **pilé** / pulverized charcoal || ~ **pulvérisé** / pulverized o. powdered coal || ~ **pulvérulent** / dust coal, fine coal, duff (GB) || ~ **pur** / pure coal || ~ **pur sans cendre et sec** / clean coal, cleans *pl* || ~ **pyritifère** / brazil || ~ de **rang bas,** (haut] / low-, [high-]rank coal || ~ **reconnu** / known coal deposits *pl* || ~ **roux** / torrefied charcoal || ~ **sabl[onn]eux** / sandy coal || ~ de **sang** / animal charcoal || ~ **sapropélique** / sapropel coal || ~ **schisteux** / schistous coal || ~ **scorifère** / clinkering coal || ~ de **soute** / bunker coal || ~ en **stock** / stock coal || ~ de **sucre** / charcoal from sugar || ~ **tendre** / soft coal || ~ de **terre** / glance o. hard coal || ~ de **tourbe** / peat coal || ~ **tout-venant** / rough o. unscreened coal, run of mine o. of mill [coal] (GB), pit coal || ~ **[ultrapur] à électrodes** / electrode carbon || ~ à **vapeur** / boiler coal || ~ **végétal** / vegetable [char]coal

charbonnage *m* / mining o. winning of coal || ~, ravitaillement *m* en charbon / coaling

charbonné (agr) / smutted

charbonner / carbonate, carbonize, char || ~, noircir / blacken || ~, embarquer du charbon (nav) / coal *vi* || ~ (se) (géol) / turn into coal

charbonnette *f* / wood for charcoal

charbonneux (géol) / carbonaceous || ~ (agr) / smutted

charbonnier *adj* / coal..., coal mining... || ~ *m* / charcoal burner || ~ (nav) / collier

charbonnière *f* / charcoal stack o. kiln o. pile o. mound

charcoal *m* / small charcoal plates used as thermal insulation

charcuter (coll) / butcher *vt*

chardon *m* **métallique** (filage) / wire card, metal teasel || ~ **naturel** / teazle, burr

chardonnet *m* pour le **poteau tourillon** (hydr) / hollow quoin

charge *f* (méc) / load, burden || ~, poids *m* / weight || ~, alimentation *f* / feeding || ~ (accu) / charging || ~, prix *m* (gén) / charge, expense || ~ (sidér) / batch, charge, burden || ~ (fonderie) / melting charge || ~ (explosif) / charge || ~ (mines) / blast, charge || ~ (chimie, pap, plast) / filler, filling material || ~ (électr) / burden o. load on an instrument transformer, apparent ohmic resistance || ~ (guide d'ondes) / adapted load || **à ~ d'espace contrôlée** / space-charge controlled || **à ~ normale ou pleine** / at full load || **à ~ terminale** (antenne) / capacity-loaded || **à une seule** ~ (nucl) / singly charged || **aux ~s inductives** / dephased, under inductive load || **en** ~ / on-load..., under load || **en** ~, sous pression / under pressure || **en ~ réduite** / under-loaded || **en ~s** / in batch quantities || **sans** ~ (électr) / no-load ... || **sans** ~ (bâtim) / disencumbered || **sans ~s** (plast) / unloaded || **supportant la ~ maximale** / fully loaded || ~ **accidentelle** / random loading || ~ **accidentelle** (méc) / accidental o. shock load || ~ d'**accouplement** (semi-remorque) / fifth wheel load || ~ par **à-coups** / shock load || ~ due à l'**action du vent** / load due to o. from wind pressure, wind load stressing || ~ **active** (plast) / reinforcing filler || ~ **additionnelle** / increase of load, additional load || ~ **additionnelle**, supplément *m* du poids / load allowance o. tolerance || ~ **admise** (ch.de fer) / weight of load, weight loaded, load || ~ **admissible** / admissible o. permissible load, safe load || ~ **admissible par essieu** / maximum load per axle, maximum [admissible] axle load || ~ **admissible du pneu** (auto) / tire safe load || ~ d'**affaissement** / buckling o. column load, critical load on a column || ~ à **aimant** (mil) / sticking charge || ~ **alaire** (aéro) / surface o. wing loading || ~ d'**alimentation** (pétrole) / feedstock || ~ **alternative ou alternante** / alternating load || ~ d'**amorçage** / priming charge || ~ d'**amorçage** (mines) / igniter || ~ **axiale** / axial thrust || ~ de **base** / basic load || ~ de **base** (méc) / load rating || ~ de **base limite** (canalisation aérienne) / basic loading || ~ **brute remorquée** (ch.de fer) / gross load hauled, gross trailing load || ~ **brute totale [du train]** (ch.de fer) / weight of a train || ~ de **calcul** (méc) / assumed load, loading sollicitation || ~ **calorifique** (essai au feu) / fire load || ~ **capacitive**

(électr) / leading load, capacitive load || ~ de **carbure** (soudage) / carbide charge || ~ **cellulosique** / cellulose filler (E. = high electric, G. = best general, I. = best impact resistance), C.F. || ~ de **charbon** (sidér) / coal burden || ~ de **coke** (sidér) / burden o. charge of coke || ~ **combinée** / compound load || ~ de **compensation** (accu) / compensation charge, trickle charge || ~ **complète** (ch.de fer) / waggon load (GB), car load, C.L. (US) || ~ **concentrée** / point load (US), concentrated o. lumped load || ~ **concentrée** (mil) / concentrated charge || ~ aux **conducteurs** / conductor load || ~ **connectée** / connected load o. wattage || ~ **constante** / constant load, steady load || ~ **continue** / constant o. continuous load || ~ **corporelle** (nucl) / body burden || ~ en **couche** (électr) / layer charge || ~ à **courant constant** (accu) / constant current charging || ~ **creuse** (mil) / hollow o. shaped charge, beehive || ~ **croissante** (électr) / rising load || ~ de **démarrage** / starting load || ~ de **départ** (pétrole) / feedstock || ~ **déséquilibrée** (électr) / unbalanced load || ~ **déwattée** (électr) / reactive load || ~ **différentielle** (hydr) / elevation of setting of the machine sets || ~ **directe** / direct acting load || ~ **disponible** (aéro) / disposable load || ~ du **disque balayé** (aéro) / disk loading || ~ **dorsale** (aéro) / inverted load, load on the inverted aeroplane || ~ de **dose** (nucl) / dose load || ~ **dynamique** / dynamic load, live load || ~ à **eau** (guide d'ondes) / water load || ~ d'**eau** (usine él.) / hydrostatic pressure, effective head, pressure head || ~ d'**eau**, pression *f* de leau / water pressure, hydraulic o. hydrostatic pressure || ~ en **eaux d'égout** (rivière) / sewage load || ~ **économique** / optimum load || ~ d'**égalisation** (accu) / equalizing charge || ~ **électrique** / free electricity || ~ **électrique**, intensité *f* de courant / current load || ~ **électrostatique** / charge accumulation, electrostatic charging || ~ **élémentaire** (phys) / elementary quantum, atomic charge || ~ **élevée** (accu) / boost charge, quick o. rapid charge || ~ sur l'**envergure** (aéro) / span loading || ~ sur l'**environnement** / environmental load || ~ d'**épreuve** / test load || ~ **équilibrant le poids total** (aéro) / actual load factor, full load factor || ~ **équilibrée** (électr) / balanced load || ~ d'**espace** (électron) / space o. volume charge || ~ de l'**espace d'interaction sous l'effet d'impacts multiples** / multiplier gap loading || ~ d'**essai** / test load || ~ par **essieu** / axle pressure o. load[ing], weight on the axle || ~ d'**essieu monté** / axle load || ~ d'**étain** (tex) / tin loading, tin weighting || ~ **excessive** / surcharge || ~**s** *f pl* d'**exploitation** / operating expenses *pl*, operation o. working expenses *pl* || ~ *f* **explosive** / blasting o. bursting o. demolition charge, charge of explosives, burster || ~ **explosive [pour déboucher le trou de coulée]** (sidér) / explosive charge for the tap hole, jet tapper || ~ **explosive tamponnée** (mines) / cushioned blasting charge || ~ **extrême** (méc) / breaking load, load at rupture || ~ **faible** (accu) / light o. slow charge || ~ **fibreuse** (plast) / fibre-filler || ~ **fictive** (électr) / phantom load[ing], dummy load || ~ **fixe** / permanent o. dead load || ~ de **flambage** (méc) / buckling o. column load, critical load for a column || ~ de **flexion** / bending load || ~ de **fondant** (fil de soudure) / flux filling || ~ **formelle** / formal charge || ~ de la **foule** / load by human crowd || ~ du **fourneau** / load, mass || ~ au **foyer** (sidér) / hearth load || ~ **fulminante des capsules** / priming composition o. matter || ~ de **gerbage** (conteneur) / superimposed load || ~ **globale connectée** (électr) / total connected load || ~ de **gonades** (nucl) / gonadial dose o. load || ~ **horaire effective** (tamis) / effective hourly capacity of a screen || ~ **humaine** / load by human crowd || ~ d'**incendie** / fire load || ~ **incomplète** / fractional load, underload || ~ **indirecte** / indirect load || ~ **inductive** / lagging o. inductive load, inductance load || ~ **inerte** / inert filler || ~ **initiale** / initial load || ~ **ionique partielle** / split ionic charge || ~ **isolée** (gén) / unit load || ~ **isolée** (méc) / lumped load, concentrated o. point (US) load || ~ au **kW** (aéro) / power load[ing] || ~ au **kW** (mot) / specific weight of the engine, weight per unit power || ~ **latente** / latent electric charge || ~ **libre** (phys) / free charge || ~ de **ligne** (électr) / line load || ~ **limite** / limit load || ~ **limite** (accu) / limiting charge || ~ **limite** (câble) / current-carrying capacity || ~ **limite** (véhicule) / load[-bearing] o. load[ing] capacity || ~ **limite d'affaissement** / ultimate collapsible load, failure load in buckling || ~ **limite en ampères** / ampacity || ~ à la **limite apparente d'élasticité** (essai de mat) / stress at the apparent limit of elasticity || ~ **limite de grippage** (roue dentée) / scuff-limited load || ~ **linéaire** (méc) / knife-edge o. line load || ~ **linéaire répartie uniformément** / uniformly distributed linear load || ~ **liquide en masse** (procédés industriels) / hold-up || ~ **lourde** (nav) / heavy lift || ~ de **maintien** (accu) / compensation charge, trickle charge || ~ de **masse cuite finale** (sucre) / strike, batch of finished massecuite || ~ **maximale** / maximum o. highest o. peak load || ~ **maximale** (électr) / load peak, peak load || ~ **maximale admissible** / fully factored load || ~ **maximale concentrée par mètre** / maximum concentrated charge per meter || ~ **maximale par essieu** / maximum axle pressure o. loading || ~ **maximale offerte** (tarification él) / maximum demand || ~ en **métal liquide** (sidér) / liquid metal charge || ~ au **mètre carré** (bâtim) / load per surface o. area unit, load per square meter || ~ de **mine** (mines) / charge || ~ de **minerai** / burden of ore || ~ **minérale** (plast) / mineral filler, stone powder || ~ **minimale** / minimum load || ~ **mobile** / live load || ~ **mobile** (pont) / traffic o. travelling load, live o. movable o. moving load, rolling o. working load || ~ **mobile** (guide d'ondes) / moving load || ~ d'un **moule** (fonderie) / weight of a mould || ~ **musicale** (télécom) / music loading || ~ **négative** (électr) / minus charge || ~ due à la **neige** (bâtim) / snow load o. pressure || ~ **nominale** / nominal load || ~ **nominale efficace** (électr) / effective nominal load || ~ **normale** / normal load, off-peak load || ~ **normale**, charge *f* répartie uniformement / uniform[ly distributed] load || ~ **normalisée** (méc) / standard loading || ~ **nulle** / no-load || ~ en **œuvre** (ELF) (pipeline) / hold-up || ~ en **œuvre** (ELF) (nucl) / inventory, hold-up || ~ **offerte** (locomotives) / tonnage rating (locomotives) || ~ **ohmique** (électr) / resistive load || ~ **ondulée** / pulsating load || ~ **ouvrable** (procédés industriels) / hold-up || ~ de la **pale** (aéro) / blade load || ~ sur le **palier** / bearing load || ~ **parabolique** / parabolic load || ~ **partielle** / fractional load || ~ **partielle**, sous-charge *f* / fractional load, underload || ~ **partielle** (ch.de fer) / part-load, partial load || ~ **partielle sur l'essieu avant** / partial load on front axle || ~ **pauvre** (sidér) / light burden || ~ **périodique** (accu) / intermittent charge || ~ **permanente** / permanent load || ~ **peu fluide** (sidér) / cool melt || ~ au **piston** / piston load || ~ au **piston totale** / total piston load || ~ du **plancher** (bâtim) / floor o. imposed loading || ~ sur le **plancher** / floor load || ~ **plate** (roquette) / plate charge || ~ de **pointe** / peak load, maximum o. highest load || ~ de **pointe** (électr) / peak load, load peak || ~ **polluante** / pollution burden || ~ **ponctuelle** (méc) / lumped load || ~ **ponctuelle** (phys) / point charge || ~ **positive** (nucl) / positive charge || ~ de **poudre** / powder charge || ~ de **poussée axiale** / axial load || ~ **pratique** / working stress || ~ **préliminaire** / bias || ~ de **pression** / pressure load || ~ **prévue** / rated load || ~ **propulsive** (obus) / cartridge propellant [charge] || ~ **propulsive** (engin) / propelling charge, propellant [charge] || ~ **pulsatoire** / pulsating load || ~ **radiofréquence** / R.F. load || ~ **réactive** (électr) / reactive load || ~ **recouvrée** (semi-cond) / recovered charge || ~ **réduite** / light load || ~ **réelle** (conteneur) / actual payload || ~ de **référence** (méc) / equivalent load || ~ de **régime** / rated load || ~ en **régime capacitif** (électr) / leading load || ~ **remorquée** (ch.de fer) / load hauled || ~ du **rendement utile** (électr) / useful performance load || ~ **renforçante** (plast) / reinforcing filler || ~ **répartie** / distributed load || ~ **répartie uniformément** / uniform[ly distributed] load || ~ au **repos** / permanent load, dead load || ~ **résiduelle latente** (électr) / residual charge || ~ sur le **ressort** / spring weight o. loading || ~ **riche** (sidér) / heavy burden || ~ de **rôtissage** (sidér) / roasted ore, roasting charge || ~ par ou de **roue** / wheel pressure o. load || ~ sur la **roue motrice en fonction de l'effort de traction** / tractive efficiency || ~ **roulante** / live load || ~ de **rupture** (méc) / breaking load, load at rupture || ~ de **rupture** (filage) / maximum o. ultimate tensile strength || ~ de **rupture du câble** / breaking load of a rope || ~ de **rupture au mouillé** / wet tear load || ~ de **rupture nominale totalisée de tous les fils** (câble) / nominal aggregate breaking load of all the wires || ~ de la **soie** / silk weighting || ~ du **sol** / pressure on the building ground o. soil || ~ de la **soupape** / valve loading || ~ de la **soupape de sûreté** / load of a safety valve || ~ par **source étrangère** (électr) / external charge || ~ **spatiale** (électron) / space o. volume charge || ~ **spécifique** (nucl) / specific charge, charge-mass ratio || ~ **spécifique du coussinet** / pressure per surface unit of bearing || ~ **spécifique de combustible** (nucl) / specific fuelling o. fuel feed || ~ **spécifique de l'électron** / electron-charge mass ratio, electron specific charge || ~ **spécifique de sole** (sidér) / metallurgical load per surface unit of hearth || ~ **standard** (méc) / standard loading || ~ **statique** / permanent load, dead load, static load (on a rope) || ~ **statique de base** (méc) / static load rating || ~ **superficielle** (phys) / surface charge || ~ **supposée** / theoretical load || ~ du **tablier** (pont) / load on roadway || ~ à **tension constante** (accu) / constant voltage charge || ~ **terminale annulaire** (antenne) / ring load || ~ sur le **terrain à bâtir** / pressure on the building ground o. soil || ~ **thermique** / heat load || ~ **thermique nominale** (nucl) / design heat load || ~ de **tir en forme de cale** (mines) / wedge type charge || ~ en **tissu** (plast) / fabric filler || ~ du **toit** (mines) / roof pressure || ~ sur le **toit** / roof load || ~ **totale** / total load || ~ de **traction** (méc) / tension o. tensile load || ~ **transversale** / transverse load || ~ **trapézoïdale** (méc) / trapezoidal load o. burden || ~ de **travail** (ord) / work-load || ~ **triangulaire** (méc) / triangular load || ~ **uniformément répartie** (méc) / evenly distributed load, uniform load || ~ **unihoraire** (électr) / one-hour duty cycle || ~ **unique** (méc) / single-load, concentrated o. point (US) load || ~ **unitaire** (nav) / unit load || ~ par **unité de poussée** (aéro) / thrust loading || ~ par **unité de surface** (bâtim) / load per surface o. area unit, load per square foot o. square meter || ~ **utile** / carrying capacity || ~ **utile** (ELF) (aéro, auto) / pay load || ~ **utile de sécurité** / safe carrying capacity || ~ **utile nominale** (auto) / rated payload || ~ **utile d'outillage de télécommunication** (espace) / communications package || ~ **utile réglementaire** (ch.de fer) / regulation carrying capacity || ~ **utilisable** / available capacity || ~ **utilisable normale** (véhicule) / carrying capacity || ~ **variable** (pont) / traffic o. travelling load, movable o. moving o. rolling load, live load, working load || ~ **variable** (méc) / changing load || ~ **verticale sur tracteur** (auto) / vertical load on tractor || ~ **volumique** (échangeur d'ions) / specific flow rate, flow rate per volume

chargé / loaded || ~, à charge pleine / full || ~ (électr) / under tension || ~ (accu) / charged || ~ (phot) / loaded || ~ (apprêt) / weighted, loaded || ~ (météorol) / overcast, cloudy || ~ (typo) / muddy, blotted || ~ (laine) / dusty || ~ (arme, phot) / loaded || ~ (nav) / laden || ~ à **balle** (arme) / shotted || ~ en **calcaire** / calcareous || ~ d'une **couche** / coated || ~ pour **diffusion musicale** (télécom) / coil-loaded with musical loading || ~ à **fibres artificielles** (plast) / chemical fiber reinforced || ~ à 30% **fibres de verre** (plast) / with 30 % glass fiber || ~ de **fines** (ELF) (routes) / upgraded with filler || ~ **fortement** (méc) / strained || ~ **fortement** (télécom) / heavy-loaded || ~ en **gaz** (pétrole) / live || ~ à **haute tension** / carrying high voltage || ~ **initialement** / biassed || ~ **initialement** (ord) / initially loaded || ~ de **nitre** / containing niter, nitrous || ~ de **nuages** / overcast, cloudy || ~ à la **poupe** / trim by the stern || ~ de **poussières** / dust laden || ~ **préliminaire** / preloaded || ~ à **ras bords** / level loaded || ~ par **ressort** / spring-weighed o. -loaded || ~ en **soi-même** (tex) / self-weighted || ~ **verre** / glass fiber reinforced

chargeage *m* (mines) / pit eye, shaft o. filling station

chargement *m* (activité) / loading, charging, lading || ~ (nucl) / feed, supply || ~ (soie) / weighting || ~ (sidér) / batch, charge, burden || ~, cargaison *f* (ch.de fer, nav) / charge, freight || ~ (pap) / furnish || ~ (prépar) / feed[ing] || ~ (ord) / loading || **à ~ automatique** (film) / self-lacing, self-threading || ~ par **bennes** (sidér) / basket charging || ~ en **blocs** (ord) / block loading || ~ d'un **camion** / load of a lorry (GB), freight of a truck (US) || ~ d'un **canal** (ord) / channel load[ing] || ~ par **charges successives** (sidér) / batch charging || ~ **dépassant à l'arrière** / load projecting behind the vehicle || ~ **dur de soudage** (outil) / hardfacing || ~ **et déchargement** (nav) / loading and unloading || ~ **et déchargement** (réacteur) / loading and unloading || ~ par **étapes successives** (sidér) / batch charging || ~**-exécution** *m* (ord) / load-and-go || ~ en **grenier** / bulk goods || ~ du **haut fourneau** / charging o. burdening of the blast furnace || ~ **initial du microprogramme** (ord) / initial microprogram loading || ~ **initial de programme** / initial program loading, IPL || ~ **mécanique de la grille** / mechanical stoking || ~ d'un **obus** (mil) / filler charge || ~ de l'**outil** (NC) / tool loading || ~ **partiel** (ch.de fer) / part-load, partial load || ~ sur le**plancher** / floor load || ~ de **porteuse** (télécom) / carrier loading || ~ à l'aide de **pousseur** (pusher) / tandem push loading || ~ **rapide** (accu) / boost charge, quick o. rapid charge || ~ par **skip** (sidér) / skip charging || ~ par **soudure** / build-up welding, resurface welding || ~ **vertical** (nav) / lift-on/lift-off || ~ en **vrac** / bulk goods

charger / load into cars || ~ [de] / load o. charge

[with] *vt* || ~ (méc) / charge *vt*, load, burden || ~ (sidér) / charge, burden || ~ (four) / charge *vt* || ~ (accu) / charge *vt* || ~, alimenter / feed *vt* || ~ (bière) / fill *vt* || ~ (mines) / insert tubs into the cage || ~ (film) / lace-up, thread-up || ~ (typo) / cram || ~ (tex) / weight *vt*, load *vt* || ~ un **appareil** (phot) / load a camera || ~ un **compteur** / set a counter || ~ un **filtre** / load a filter || ~ **fortement** / charge to capacity || ~ **insuffisamment** / undercharge || ~ un **moule** (fonderie) / weight a mould || ~ un **navire** (nav) / lade, load || ~ **outil** (NC) / load tool || ~ au **pink** (soie) / load with tin || ~ **sans arrêt** (fusil) / charge || ~ la **soie jusqu'à l'équivalence du poids** (tex) / load par || ~ par **soudure** / build-up weld, resurface by welding || ~ le **tour automatique** (m.outils) / load the automatic || ~ le **trou du pétard** (mines) / tamp, stem || ~ par **vibration** / charge by vibration

chargeur *m* / loader || ~, alimentateur *m* / feeder || ~ (transports) / carrying agent, carrier, mover (US) || ~ (ord) / disk cartridge, cassette || ~ (mines) / loader || ~ (arme mécanique) / magazine || ~ d'**accumulateurs** / battery charger o. charging set || ~ d'**accumulateurs automatique** (électr) / automatic battery charger || ~ **arrière** (agr) / rear loader || ~ **automatique** (m.outils) / automatic magazine bar feed || ~ **automatique** (four) / mechanical stoker || ~ **autorégulé** (électr) / automatic battery charger || ~ **baladeur** (typo) / rider o. riding roller || ~ à **bande** (ord) / [magnetic-tape] cartridge || ~ de **batteries** (électr) / battery charger o. charging set || ~ à **benne frontale** / front-end loader || ~ avec **bobine** (film) / magazine for film || ~ de **bottes** (agr) / bale gripper loader || ~ aux **cages** (mines) / bottom cager || ~ pour la **caméra** (film) / camera cartridge, cassette || ~ de **copeaux** (pap) / chip packer || ~ **descendant** / lowering stage o. platform || ~ **Euclid** (bâtim) / scoop charger, scooper || ~ **excavateur** / elevating grader o. loader || ~ de **foin** / hay loader || ~ de **foin à chaîne élévatrice** / hay elevator || ~ de **fourrage** (agr) / crop loader || ~ **frontal** (agr) / front loader || ~ à **godets** / multiple-bucket loader || ~ de **laine** / wool supplier || ~ **latéral** / side loader || ~ **lecteur** (nucl) / charger-reader || ~ à **lumière du jour** / daylight loading cartridge || ~ à **magasin** (m.outils) / hopper feeder || ~ **magnétique interchangeable à 12 disques** (ord) / interchangeable magnetic twelve disk pack || ~ **mécanique** (foyer) / mechanical stoker || ~ **mécanique** (four) / charging o. feeding device || ~ de **mise en stock** / stacker || ~ de **navires à fonctionnement continu** / shiploader || ~ de **pommes de terre** (agr) / potato elevator || ~ de **programme** (ord) / initial program loader || ~ par **projection** / bulk throwing machine || ~ à **roues** (bâtim) / wheel loader || ~ de **sacs** / sack loader || ~ **simple** (ord) / single-disk cartridge || ~ de **six disques** (ord) / six-disk pack, six-high disk pack || ~ **télescopique** / telescopic loader || ~ **télescopique hélicoïdal** (mines) / telescopic loading spiral

chargeuse *f* / loader || ~ (sidér) / charging machine || ~ (mines) / loader for headings || ~ (ELF) (routes) / loader || ~ **automatique** (filage) / automatic feeder, hopper feeder || ~ à **benne** (routes) / load legger || ~ à **benne frontale** (bâtim) / loading shovel || ~ sur **chenilles** / loading tractor o. shovel || ~ sur **chenilles** (Caterpillar) / traxcavator || ~ à **déversement latéral** (routes) / side tipping loader || ~ avec **disque** (routes) / elevating grader || ~ **frontale** / front-end loader || ~ à **grappin** (mines) / mechanical crab || ~ pour **laine** (filage) / feeder for wool || ~ **mécanique** / mechanical loader || **~-mélangeuse** *f* à **trémie** (filage) / hopper bale breaker || ~ à **pelle culbutante** (routes) / rocker shovel loader, throwshovel loader || ~ à **pelle percutante** / percussion shovel loader || **~-pelleteuse** *f* (ELF) / dragshovel, pullshovel, hoe || **~-peseuse** *f* de **laine** (filage) / automatic weighing hopper feeder || ~ à **racloir** (mines) / scraper loader || ~ **ramasseuse** (agr) / pick-up loader || ~ **rotopelle** (Belg) / bucket wheel loader || ~ sur **roues** (bâtim) / wheel loader || ~ **transversale** (mines) / parallel working loader || ~ à **vidage latéral** (bâtim) / swing loader

chariot *m* / fourwheel cart || ~ (techn, m.à ecrire, filage) / carriage || ~ (funi) / carriage of a ropeway car || ~ (tourn) / lathe saddle o. slide || ~ (scie) / traveller || ~, bogie *f* (techn) / undercarriage, truck, bogie [truck o. waggon], running gear || ~ (grue) / trolley, crab || ~ (film) / [camera] dolly, doll buggy (US) || **à** ~ (interrupteur) / carriage o. truck type, horizontal draw-out... || **à** ~ **court** (m.outils) / short-carriage... || **sur** ~ / movable, moveable, portable || ~ d'**aléseuse** (m.outils) / boring slide || ~ d'**amenée** (sidér) / travelling hopper, larry car || ~ pour **amener les lingots** (lam) / ingot conveying device || ~ **arrière** (m.outils) / rear rest || ~ **[automobile] électrique** / electric industrial truck || ~ **automoteur à plateforme basse ou surbaissée** / low platform truck || ~ **auxiliaire** / auxiliary saddle o. slide || ~ **avant** (tourn) / front saddle o. slide || ~ à **bande pilote** (ord) / tape controlled carriage || ~ à **bascule** / portable weighing machine || ~ à **bennes** (sidér) / skip car, bucket car || ~ à **bobines** (typo) / reel bogy, dolly o. reel truck || ~ de **bobines** (tex) / balling carriage, bobbin rail || ~ à **broches** (m.compt) / pin carriage || ~ pour **câble d'enrouleur** / trailing cable truck || ~ à **câbles** / cable trailer || ~ au **cadre plat pour impression** / screen printing carriage || ~ de **caméra** (film) / dolly, camera car o. truck || ~ **cavalier** / straddle loader o. lift, van carrier || ~ **central** (tourn) / center saddle o. slide || ~ de **chargement** (sidér) / charging larry, larry [car] || ~ de **chargement** (four à coke) / hopper car, car loader || ~ **chargeur** / car loader || ~ à **claies** / hurdle car || ~ de **commande des bobines** (filage) / bobbin drive car || ~ pour **conteneurs** (aéro) / container dolly || ~ **contrepoids** (mines) / dummy || ~ au **côté** (m.outils) / tool arm || ~ de **coulée pour moulerie d'acier** / steel pouring ladle car || ~ à **couler** (fonderie) / pouring car, casting car || **~-coulisseau** *m* (étau-limeur) / ram saddle || **~-coulisseau** *m* (raboteuse) / ram-head o. tool-head slide || ~ pour **course longitudinale** (tourn) / plain turning slide || ~ en **croix** (tourn) / compound [slide] rest || ~ en **croix** (repro) / cross slide || **~-cuve** *m* à **laitier** / slag ladle car || ~ **dépalletiseur** / depalletizer || ~ **déposeur** (céram) / finger car || ~ **déverseur** / travelling tripper, (South Africa:) wing tripper || ~ **dévidoir** / hose truck o. cart || ~ **distributeur** (sidér) / travelling hopper || ~ du **distributeur** (coulée continue) / tundish carriage || ~ **double** / double o. duplex tool rest, connected rests *pl* || ~ en **double croix** (m.outils) / duplex compound rest || ~ **droit de traverse** (tour vertical) / right-hand railhead || ~ des **dunes** (auto) / beach buggy, buggy || ~ **élévateur** / lifting truck, lift-truck || ~ **élévateur à plateforme à bras** / hand platform stacker || ~ **élévateur électrique** / electric lift truck || ~ **élévateur électrique à fourche** / electric fork lift truck || ~ **élévateur à fourche** / fork lift truck || ~ **élévateur à fourche automoteur à conducteur porté** / driver controlled fork truck || ~ **élévateur à fourche à conducteur à pied** / pedestrian controlled fork truck || ~ **élévateur à**

fourche rétractable / fork-lift reach truck, reach fork lift truck || ~ **élévateur à fourche transversale** / side fork-lift [truck] || ~ **élévateur à grande levée** / high-lift truck || ~ **élévateur guidé [à timon]** / lift truck hand-guided || ~ **élévateur latéral** / side loader || ~ **élévateur pour palettes** / pallet truck o. stacker || ~ **élévateur à pied** / walking lift truck || ~ **élévateur à plateforme** / platform lift-truck || ~**-élévateur** *m* de **préparation des commandes** / commissioner || ~ **élévateur à trois roues** / three-wheel lifting truck || ~ à **étagères** (céram) / rack type car, finger car || ~ d'**extinction de coke** / coke quenching car || ~ au **façonnage** (tourn) / forming rest || ~ à **flèche** (grue) / gib o. boom trolley || ~ à **fourche** / fork truck || ~**s** *m pl* à **fourche rétractable** / reach trucks *pl* || ~ *m* à **fourches déplaçables en avant** / reach fork lift truck || ~ à **fourrage** / farm gear (US) o. truck o. wagon || ~ de **fraisage** / milling saddle o. carriage || ~ **frontal** / front stacker || ~ à **fumier** / dung cart || ~ à **[galets de] gabarit** (tourn) / duplicating saddle o. slide || ~ **gauche de traverse** (tour vertical) / left-hand railhead || ~ **gerbeur** / stacker truck || ~ **gerbeur électrique** / electric stapler o. stacker || ~ **gerbeur [à fourche]** / fork lift truck || ~ **gerbeur à mât rétractable** / reach mast truck || ~ **[à glissières] à deux mouvements rectangulaires** (m.outils) / compound slide rest || ~ **graisseur** / greasing car, lubricating car || ~ de **grue** / crane trolley o. crab || ~**-grue** *m* (manutention) / crane truck || ~ de **grue à câble** / cable crane trolley, rope trolley || ~ à **grue électrique** / electric crane truck || ~ à **grumes** (scie) / drag, log carriage || ~ **guide-coke** (sidér) / lead wagon, coke cake guide car || ~ de **jetée** / travelling tripper, (South Africa:) wing tripper || ~**s** *m pl* **jumelés** (m.outils) / connected rests *pl* || ~ *m* à **laitier** (sidér) / slag bucket waggon, slag ladle car || ~ **latéral** (m.outils) / tool arm || ~ **latéral** (raboteuse) / side head || ~ **latéral** (tour vertical) / side head || ~ de **levage** (m outils) / lifting slide || ~ **longitudinal** (tourn) / plain turning slide, saddle carriage o. slide || ~**s** *m pl* à **main** (manutention) / hand carriages *pl* || ~ *m* de **manutention** / materials handling car || ~ de **manutention électrique** / electric industrial truck || ~ pour **mettre en plis** (tex) / folding truck, plaiting truck || ~ de la **meule de réglage** (m outils) / regulating wheel slide || ~ **monorail à grappin** / monorail grab trolley || ~ **monorail suspendu** / monorail trolley || ~ de **montage** (électr, télécom) / mounting car || ~ **monte-pentes** (grue) / climbing trolley || ~ **mû par câbles** (grue) / rope-drawn trolley o. crab || ~ **navette** (m.compt) / shuttle carriage || ~ à **niveau** (ch.de fer) / surface traverser o. travelling platform, transfer table || ~ **orientable** (m.outils) / swing rest || ~ d'**outillage** (atelier) / tool car || ~ à **outils multiples** (tourn) / multiple tool rest || ~ **passe-formules** (ord) / bill feed || ~ du **peigne miseur** (tex) / reed wraith carriage || ~ de **perçage** / sliding drill head o. arm || ~ **peseur** (sidér) / charge o. charging carriage o. bogie o. wagon || ~ **pilonneur [automatique]** (four de coke) / ramming machine || ~ **pivotant** (tourn) / swivel head || ~ à **plateforme** / platform trolley || ~ à **poche** (sidér) / bogie ladle || ~**-ponton** *m* / pontoon wagon o. carriage || ~ de **porte-balais** (électr) / brush carriage || ~ **porte-bobines** (tex) / balling carriage, bobbin rail || ~ **porte-broche** (m. à fraiser) / spindle slide rest, spindle head || ~ **porte-meule de contrôle** (m outils) / regulating wheel slide || ~ **porte-meule [à surfacer]** / wheelhead o. workhead of the face grinder || ~ **porte-moule** (fonderie) / mould carrying car || ~ **porte-outil** (m.outils) / tool carriage o. slide || ~ **porte-outil circulaire** (tourn) / round block rest || ~ **porte-outil à déplacement vertical** (m.outils) / rise and fall rest || ~ **porte-palan** / trolley with pulley-block || ~ **[porte-papier]** (m.à ecrire) / paper holder o. carriage (US) || ~ **porte-perforatrice** (mines) / drill carriage, waggon drill || ~ **porte-pièce** / work piece slide || ~ **porte-poche** (fonderie) / buggy ladle, ladle car || ~ **porte-poche de coulée** (sidér) / ingot casting car || ~ **porte-roules** (tex) / batch wagon, portable batch carrier || ~ **porteur du plan incliné** (mines) / jig trolley || ~ à **poteaux** (auto) / pole trailer || ~ de **poupée** (ou de tête) **porte-meule** / grinding spindle head saddle || ~ à **poussée** / push car || ~ de la **presse rapide** (typo) / carriage, bed || ~ de **rectification** / grinding saddle || ~**-remorque** *m* / tow car || ~**-remorque** *m* pour **hydravions** (aéro) / beaching gear || ~ du **renvideur** (filage) / mule carriage || ~ **répartiteur de béton** (routes) / concrete distributor || ~ **roulant** (ch.de fer) / rolling truck || ~ **roulant** (grue) / crane trolley, crab || ~ **roulant sur l'aile inférieure** / trolley running on bottom flange || ~ **roulant orientable** (grue) / revolving crab || ~ **roulant à poste** (ou à cabine) **de conducteur** / man o. driver trolley, driver seat crab || ~ **roulant sur rails** / trolley running on rails || ~ **roulant suspendu** / overhead trolley || ~ **[roulant] à grappin** / grab trolley || ~ de **rouleau** (typo) / roller frame || ~ de **roulement du pont roulant** / trolley o. crab of the bridge crane || ~ à **rouler** (tan) / sole leather roller, carriage roller || ~ de **scie** / traveller, saw carrige || ~ de **scie à cadre** (scie) / carriage of a saw || ~ de **serrage à griffes** (scierie) / clamping carriage || ~ de **service** (ch.de fer) / rolling truck || ~ **stapleur** / lift truck, stacker || ~ **supérieur du tour parallèle** / top slide rest || ~ **suspendu** (grue) / suspended trolley || ~ à **table** (m.outils) / table saddle || ~ à **table** (manutention) / table trolley || ~ à **tabulation automatique** (m.compt) / list-add carriage, motor returned carriage, tabulating carriage || ~ de **tête porte-meule** / grinding spindle head saddle || ~ à **tiges de positionnement** (m.compt) / pin carriage || ~ de **tourelle** (m.outils) / ram (US), turret rail head, railhead turret || ~ à **tournage longitudinal** / carriage of an automatic lathe, plain turning slide || ~ **tournant 360°** (m.outils) / full swing rest || ~ à **tourner les billes ou les sphères** (m.outils) / ball turning rest || ~ **tracteur de manutention** (ch.de fer) / truck for handling luggage o. parcels || ~ **transbordeur** (techn) / traverser || ~ **transbordeur** (ch.de fer) / traverser, travelling o. sliding platform, transfer car || ~ **transbordeur à fosse** / trench type traverser || ~ à **translation par chaîne** / chain hoist trolley || ~ de **transport** / trolley || ~ **transporteur** (mines) / donkey || ~ **transporteur** (techn) / traverser || ~ **transporteur d'auges** (sidér) / charging box handling trolley || ~ **transversal** (tourn) / facing slide rest o. tool rest, cross-slide rest || ~ de **traverse** (m.outils) / railhead support || ~ de **traverse de la machine verticale à tourner** / railhead of the vertical turning mill || ~ de **traverse à tourelle** (m.outils) / crossbeam turret head || ~**-trémie** *m* (sidér) / travelling hopper || ~ de **treuil** (grue) / winding gear trolley || ~ **va-et-vient** (mines) / shuttle car || ~ **verseur** / travelling tripper, (South Africa:) wing tripper

chariotage *m* **longitudinal** (m.outils) / longitudinal o. straight turning

charioter / turn on a lathe

charme *m* (nucl) / charm || ~ de **Caroline** (bois) / American hornbeam, ironwood || ~ **commun** (bot) /

common beech, hornbeam, Carpinus betulus || ~ des **couleurs** / colourfulness, gaiety of colours || ~ **noir** (bot) / American hop-hornbeam, ironwood
charmeuse *f* (tiss) / locknit fabric, charmeuse
charnerons *m pl* (horloge) / knuckles *pl*
charnier *m* / larder
charnière *f* / hinge || ~ (méc) / revolute o. turning pair, hinge || ~ (pince) / joint of pincers || **à** ~ / hinged, tilting || ~ en **bande** / piano hinge || ~ en **bande enroulée** / continuous o. piano hinge || ~ du **capot** (auto) / bonnet hinge || ~ de **clapet** / valve hinge || ~ **encastrée** (men) / pin hinge || ~ **encastrée [avec fonctionnement réversible]** (pince) / single joint [with reverse action] || ~ **entre-passée** (pince) / box point || ~ de **force** (nav) / torque hinge || ~ **inférieure** (fenêtre) / sash center || ~ **invisible à boîtier** (men) / cup hinge || ~ à **lames** (men) / rolled steel hinge || ~ **lève-porte** / rising butt hinge || ~ de **paravent** (men) / screen hinge || ~ à **pattes** / flap hinge || ~ de **porte** (auto) / door hinge || ~ **superposée** (pince) / lay-on joint
charpente *f* (bâtim) / woodwork || ~, ossature *f* (bâtim) / skeleton, frame[work] || ~ (métier) / carpentry || ~ en **acier** / steel construction o. structure, structural steel work || ~ **d'appareils ou d'appareillage** / apparatus rack || ~ d'**appui** / supporting structure || ~ en **bois** / timberwork, wooden construction || ~ de **bois**, treillis *m* / timber framework o. framing || ~ en **cadre** (bâtim) / framework || ~ de **comble** / roof truss, main couple o. truss, framework o. woodwork of a roof || ~ d'**élévateur** / elevator frame || ~ de **four** (sidér) / blast furnace frame[work] || ~ d'une **galerie** (mines) / timber of a gallery || ~ de la **grue** / gantry of a crane || ~ de **haut fourneau** / blast furnace frame[work] || ~ **métallique** / steel structural o. structure work, steel trelliswork || ~ **métallique**, ossature *f* métallique / steel frame o. framing || ~ **métallique du tableau de distribution** (électr) / skeleton-type o. frame-type switchboard || ~ de **mine** (mines) / timbering, lining || ~ en **portique** (bâtim) / frame, portal, bent (a transverse framework) || ~ du **profil** (bâtim) / profile || ~ en **profilés** (bâtim) / sectional steel frame || ~ de **support** / supporting frame[work] o. structure || ~ du **tablier** (pont) / floor framing o. skeleton, floor grid || ~ en **tôle pliée** (bâtim) / folded plate structure, folded plates *pl* || ~ à **treillis** (constr.en acier) / lattice work, trelliswork || ~ **[à treillis et chevalets]** (bâtim) / scaffolding
charpenté, solidement ~ / well-built
charpenter / do carpenter's work || ~ (tex) / spoil by faulty cutting, cut badly
charpenterie *f* (activité) / carpentry, carpenter's work || ~ (atelier) / timber yard || **faire de la** ~ / do carpenter's work || ~ **et menuiserie** / building joinery
charpentier *m* / carpenter || ~ **marin** / ship carpenter, shipwright
charrée *f* (prép) / tailings *pl* (GB), tails *pl* (US) || ~ (mines) / deads *pl* (underground)
charrette *f* / [hand-]cart (two wheels, two shafts) || ~ **basculante** / dumping cart || ~ **basculante à bras** / tipping barrow || ~ à **bras** / hand-cart (drawn by hand) || ~ **culbutante** / dumping cart
charriable, être ~ (géol) / shear *vi*
charriage *m* / carrying || ~, transport *m* / carrying-off, conveyance, conveying, transport || ~ (géol) / overthrust [fault] || ~ **annuel de sédiments** / annual bed load || ~ de **débris minéraux** (hydr) / bed load carried by a stream || ~ des **glaçons** / breaking-up of the ice, ice motion || ~ de **sédiments ou de matières solides** (hydr) / bed load carried by a stream || ~ de **sédiments par seconde** / bed load carried per second
charrier, charroyer / cart *vt*, carry, transport *vt* || ~ (hydr) / carry the bed load || ~ du **terroir** / deposit *vt*
charron *m* / wheelwright, cartwright
charroyer / cart *vt*, carry, transport *vt*
charrue *f* (agr) / plough, plow || ~ (ch.de fer) / underground collector, plough || ~ **alternative** / reversible plough, alternating type, two-way [sulky] plow (US), pick-up plough (GB) || ~ **alternative sous tracteur** (agr) / underslung alternate plow || ~ **araire** / swing plow || ~**-arracheuse** *f* **ou -souleveuse de pommes de terre** / blade type potato digger || ~ **automobile** / motor plough || ~ à **avant-train** / plough with fore-carriage, carriage o. gallows plow || ~ **balance**, charrue *f* à bascule / balance o. swivel plough, balance type reversible plow || ~**-bêche** *f* / rotary spading machine || ~ **bisoc ou bissoc** / two-bottom plow (US), two- o. double-furrow plough (GB) || ~ à **boulon de sécurité** / stump jump plow (US) || ~ **brabant** / turn-about plough, turnover plough || ~ à **butter**, charrue *f* butteuse, charrue-buttoir *f* / ridge o. ridging plough || ~ à **cadre** / two-wheel frame plough || ~ **centrifuge toupie** (agr) / rotary plough || ~ à **charbon** / coal plow || ~ **chasse-neige** / snow plow || ~ **défonceuse** / drainage o. trench plough || ~ **défricheuse** (agr) / reclamation plow, buster || ~ **déportée** (agr) / offsetting plough attachment || ~ à **deux corps** / two-bottom plow (US), two- o. double-furrow plough (GB) || ~ à **disques** / disk plough || ~ à **disques non réversibles** / non-reversible disk plough || ~ à **disques réversibles** / reversible disk plough || ~ à **disques semi-portée** / semimounted disk plough || ~ à **disques semi-portée simple** / semimounted non-reversible disk plough || ~ **double tour** / reversible plough, double-turn plough || ~ à **effondrer** / trench plough || ~ **enfouisseuse de câble** / cable burying plough || ~ à **flèche** / wheel[ed] plough with one wheel || ~ **hélice** (agr) / helical digger || ~ pour **labour à plat** / hillside o. reversible plow, one-way plough (GB), two-way plow (US) || ~ pour **labour en planches** / general-purpose plow, one-way o. non-reversible plough || ~ pour **labour profond** / digger plow || ~ **monosoc ou à un soc** / single-furrow plough, one bottom plow (US) || ~ **montagnarde à treuil** (agr) / upland plow, winch traction || ~ à **neige** (Canada) / snow plow || ~ à **parer** / scuffler, plow shifter || ~ à **peler** / paring o. sward o. turf cutter o. plough || ~ à **plusieurs socs** / gang plough || ~ **polysoc** / multi-furrow plough, gang[ed] plow (US) || ~ **portée** / mounted o. hitched plow || ~ **portée alternative** / mounted alternating plow || ~ **portée à disques** / mounted disk plow || ~ **portée pour labour en planches** / mounted general purpose plow || ~ **portée réversible, type roulante** / mounted roll-over type reversible plough || ~ **réversible** / reversible plough || ~ **réversible type balance** / balance type reversible plough || ~ **réversible à retournement transversal** (agr) / roll-over plough || ~ **réversible, type 1/4 tour** (agr) / quarter-turn plough, reversible plough, quarter turn type || ~ **réversible, type 1/2 tour** / reversible plough, half turn type || ~ à **rigole** (agr) / drainage o. trench plough || ~ à **roues** / wheel[ed] plough || ~ à **saigner** / trench plough || ~ à **semailles** / furrow sowing plough || ~ **semi-portée** / semimounted

plough || ~ **serrée** (tailleur de pierres) / fine nigging o. chiseling || ~ avec **siège** / plough with seat || ~ **simple** / general-purpose plough, one-way o. non-reversible plough || ~ à **soc** (agr) / share plough, mouldboard plough || ~ **souleveuse** / lifter, lifting plough (e.g. for potatoes) || ~ **sous-soleuse** (agr) / subsoiler, subsoiling attachment || ~ [à] **support** / wheel[ed] plough with one wheel || ~**-taupe** *f* (agr) / mole plough || ~ de **terril** / dump plough || ~ **tourne sous-âge** / reversible carriage plough, turnwrest carriage plough || ~ **tourne-oreille** / alternating plough, two-way plough || ~ pour **tracteur**, charrue *f* traînée / tractor-drawn plough, trailer o. tractor plow, pull type plow || ~ à **traction animale** / horse[-drawn] plough || ~ **traînée à disques** / trailed disk plough || ~ **traînée réversible** / trailed reversible plough || ~ pour **trancher le gazon** / sward o. turf cutter o. plough, paring cutter || ~ à **trois socs** / three furrow plough (GB), three-bottom plow (US) || ~ à **un corps** / single-furrow plough, one-bottom plow (US) || ~ **vergère** (agr) / orchard plough || ~ pour **vignes ou vigneronne** / vineyard plough

charrué (bâtim) / nidged, nigged

charte *f* de **couleurs** / colour control chart || ~**s** *f pl* de **couleurs** / colour atlas || ~**s** *f pl* de **couleurs d'Ostwald** / Ostwald colour atlas || ~**s** *f pl* d'**harmonie des couleurs** / colour harmony manual

chas *m* / needle eye

chassant (géol) / longitudinal

chasse *f* (forge) / flatter, flattener, flattening hammer || ~ (typo) / set || ~ (auto) / wheel caster || ~ (techn) / positive allowance, clearance, free motion, looseness, floating || **avoir peu de** ~ (techn) / have too little play || ~ d'**air** / air blast || ~ par le **bas** (tiss) / underpick || ~**-boulons** *m* / pin drift o. driver || ~ *f* **carrée** / square set hammer || ~**-clavette** *m* (m.outils) / cotter key || ~**-clou** *m* / nail punch o. set || ~**-coin** *m* (ch.de fer) / hammer for driving coins || ~ *f* de **couverture** (typo) / squares *pl* || ~**-crampon** *m* / spike driver || ~ *f* **demi-ronde** / round beater || ~ de **direction** (auto) / castor o. caster (US) of the front wheels, trailing effect o. action || ~ d'**eau** (bâtim) / flushing || ~ d'**eau** (W.C.) / water flush[ing apparatus] || ~**-foret** *m* / drill drift || ~**-foret** *m* **conique** (m.outils) / cotter key || ~**-goupille** *m* / drift punch, backing-out punch, taper punch || ~**-goupilles** *m* (pour goupilles fendues) / pin punch || ~ *f* par **le haut** (tiss) / overpick || ~ de **métier** / batten o. lath of a loom || ~**-navette** *m* (m à coudre) / shuttle driver || ~**-navette** *m* (tiss) / picker, [loom] driver || ~**-neige** *m* (invar) / snow plough, snowplough || ~**-neige** *m* à **étrave** (ch.de fer) / snow plough with blades || ~**-neige** *m* **rotatif ou à turbine** / rotary snow plough, snow blower o. propeller || ~**-outils** *m* (outil) / ejector drift || ~ *f* aux **pannes** / fault finding || ~ à **parer** (forge) / flatter, flattener, flattening hammer || ~**-pierres** *m* (ch.de fer) / track clearer, rail guard, sweeper (GB), fender (US), pilot (US), cow-catcher (US) || ~**-piston** *m* (extrudeuse) / extrusion die || ~**-pointe** *m* / drift punch, backing-out punch || ~**-pointe** *m*, rivoir *m* / riveting hammer, dolly || ~**-rivets** *m* voir chasse-pointe || ~**-rivets** *m*, tire-rivets *m* / rivet setter, rivetting set || ~**-roue** (pl. chasse-roue ou -roues) *m* (pont) / curb, kerb || ~**-roue** *m*, démonte-roue *m* / gear puller o. withdrawer

châsse *f* (tiss) / batten

chassé (typo) / spaced

chasser *vi*, déraper *vi* (auto) / float, skid, side-slip || ~ *vt* (hydr) / flush || ~, expulser / expel || ~ (typo) / space out, lead || ~ (p.e. des clous) / beat in, drive home o. in (e.g. nails) || **faire** ~ **les quatre roues** (auto) / put into a four-wheel drift || ~ en **avant** (gén) / drive || ~ des **boulons** / start bolts || ~ des **coins** (mines) / wedge in, drive || ~ un **défaut** / trace a fault || ~ par **distillation** / distil off || ~ un **doublon** (typo) / drive out a double || ~ les **gaz** / scavenge gas || ~ la **navette** (tiss) / cross o. ply the shuttle || ~ les **rivets** / break the rivet joint, drive out o. punch rivets

châssis *m* (techn) / mounting, framework, framing || ~, infrastructure *f* (techn) / underframe || ~ (grue) / bogie truck o. wagon || ~ (auto) / chassis || ~ (radio) / chassis || ~ (lam) / rolling stand || ~ (filage) / skeleton || ~ (bâtim) / window o. door frame, architrave [jambs] || ~ (fonderie) / flask || ~ (ch.de fer) / [under]frame, chassis || ~, manteau *m* de moule (plast) / chase, bolster, frame || **sans** ~ (fonderie) / boxless, flaskless || ~ d'**aiguille** / switch sleepers *pl* || ~ **au-dessous de l'essieu arrière** (auto) / rear axle chassis || ~ **auxiliaire** (techn) / auxiliary frame || ~ en **barres** (ch.de fer) / sectional frame o. underframe || ~ à **barres** (fonderie) / barred box || ~ de **battant** / sash-wing frame || ~ pour **batterie** (accu) / battery tray || ~ de **bobines** (filage) / bobbin o. spool carrier o. holder || ~ en **bois** / wooden framework || ~ en **bois du bure** (mines) / shaft bottom frame || ~ pour **brochette** (filage) / bobbin creel || ~**-cadre** *m* **surbaissé** (auto) / [double] drop frame, low frame || ~ en **caisson** (auto) / box type chassis || ~ à **cardes** / carding frame || ~ de **changement** / changing frame, alternate frame || ~ du **chariot** (tex) / carriage square || ~ de **commande** (tiss) / headstock || ~ en **corps creux** (ch.de fer) / dished frame || ~ de **couche** (fonderie) / adapter frame || ~ **coulissant ou à coulisse** (fenêtre) / sliding sash (horizontally) || ~ **coulissant à un vantail** / single-sash window || ~ du **crible** / screen frame || ~ **démotteur** (fonderie) / snap flask, pop-off flask || ~ de **dessous** (fonderie) / bottom box o. flask, drag [box] || ~ de **dessus** (fonderie) / top part, cope || ~ à **deux chariots** (phot) / double dark slide, double book || ~ en **deux parties** (fonderie) / two-parted mould || ~ **dormant** / window frame || ~ à **double coulisse** (phot) / double dark slide, double book || ~ d'**échantillonnage** (prép) / sampling frame || ~ **élevé** (auto) / elevated frame || ~ **équipé** (ord) / sub-rack || ~ **équipés** (électr) / sub-rack || ~ **et carrosserie en construction séparée** (auto) / chassis and body as separate units || ~ de la **fenêtre à guillotine**, châssis *m* à guillotine / casement of a sash window, English casement, sash frame, fast sash || ~ **fermé** (fonderie) / tight flask || ~ de **fondation** / bed o. base plate, foundation o. sole plate || ~ à **guillotine** / sash window || ~ d'**imprimerie** (typo) / form (US), forme (GB) || ~ **inférieur** (fonderie) / drag, drag o. bottom box || ~ **intermédiaire** (fonderie) / check || ~ de **locomotive** (ch.de fer) / engine frame || ~ de **lunettes** / spectacle frame o. mount o. rim || ~ en **madriers** (bâtim) / plank frame of a door || ~ de **mesurage** / test bay || ~ de **mesure** (aéro) / measuring frame || ~ **métallique** (phot) / metal adapter || ~ **métallique** (bâtim) / metal casement of windows o. doors || ~ de **milieu** (fonderie) / cheek || ~ des **molettes** (mines) / headframe, headgear, lift frame, poppet head (GB) || ~ de **moule** (fonderie) / moulding box, flask || ~ **nu** (auto) / bare frame || ~ **oblique** (banc d'essais) / inclined o. oblique frame || ~ **ouvrant** voir châssis démotteur || ~ à **panneaux** / door frame with panels || ~ de **photographie** (phot) / adapter, plate holder || ~ à **plaquer** / veneering press || ~ d'une **porte** (bâtim) / door case o. jamb o. trim (US), door frame || ~

porte-lames (scie) / saw frame o. gate of a mill saw || **~-poutre** *m* de **locomotive** / girder-built underframe || **~-presse** *m* (phot) / printing frame || ~ en **profilé en U** (auto) / channel steel frame || ~ en **profilés** (ch.de fer) / sectional frame o. underframe || ~ à **relais** / relay bay o. box o. frame o. rack || ~ **rigide** (ch.de fer) / rigid underframe || ~ de **scie vertical** / vertical saw frame || ~ **secondaire** (locomotive) / auxiliary frame, subframe || **~-support** *m* (ELF) (techn, télécom) / mounting, frame, framework, framing || ~ **surbaissé** (auto) / drop base frame || ~ **système CAMAC** / CAMAC crate || ~ en **tôle** (auto) / sheet steel chassis || ~ **tournant** (fenêtre) / turn window, pivoted window || ~ **tournant** (pelle) / revolving superstructure || ~ du **transporteur** / framework of a conveyor || **~-trémie** *m* / hopper window, hopper o. hospital light o. sash || **~-truck** *m* à **chenilles** / crawler chassis || ~ à **tube central** (auto) / center tube frame || ~ **tubulaire ou en tuyaux** / tubular o. pipe frame || ~ **type boîte** (auto) / box type chassis || ~ à **vide** (phot) / vacuum printing frame o. exposure frame || ~ à **vis** (typo) / screw chase || ~ de **voie** (ch.de fer) / track length o. panel o. span, line o. track section || ~ à **zone déformable** (auto) / crush control frame

chassoir *m* (men) / drift, driver

châtaigne *f*, Castaneia sativa / [edible] chestnut

châtain / chestnut, light brown, auburn, maroon

château *m* d'**eau** / water tower, overhead water tank || ~ de **plomb** (nucl) / lead castle || ~ de **transport ou de transfert** (nucl) / cask, flask

chatière *f* (bâtim) / ventilating brick || ~ **vitrée** (bâtim) / garret window

chatoiement *m*, chatoîment *m* (gén, tiss) / iridescence, irisation, chatoyment || ~ (min) / chatoyancy

chaton *m* (horloge) / jewelled bearing

chatoyant / chatoyant, iridescent

chatoyer / exhibit a play of colours, iridesce

chatterton *m* / adhesive o. insulating tape, electric o. friction tape (US) || ≗ **compound** (télécom) / Chatterton's compound

chaud *adj* / warm || ~ (nucl) / hot, active || ~ *m* / mild heat, warmth || **à** ~ (colle) / hot-setting

chaude *f* (sidér) / melt, heat || ~ **blanche** / incandescence, -cency, incandescent heat, white [flame] heat || ~ de **forgeage** / flame heat || ~ **incandescente** / incandescence, -cency, incandescent heat || ~ de **retrait** / shrinkage heat || ~ **rouge** / glowing o. read heat, redness (Engl. 800 - 1150 K) || ~ au **rouge-blanc** voir chaude blanche || ~ **soudante** / sparkling heat, welding heat || ~ **[vive]** voir chaude rouge

chaudière *f* / kettle, boiler || ~ (techn) / steam boiler || ~ à **charbon** / coal fired boiler
~ d'**alimentation** (m.à vap) / feed boiler || ~ des **apprêts** (tex) / starch boiler || ~ **aquatubulaire** / water-tube boiler, tubular boiler || ~ **aquatubulaire à un seul collecteur** / water-tube boiler with single header || ~ **aquatubulaire à deux collecteurs** / water-tube boiler with two headers || ~ **aquatubulaire verticale** / vertical tube boiler || ~ d'**asphalte** / asphalt boiler || ~ **auxiliaire** / auxiliary o. supplementary boiler || ~ type **Benson** / Benson boiler || ~ à **blanchiment** / bleaching boiler || ~ avec **boîte à feu et faisceau tubulaire** / combined flue and water-tube boiler || ~ à **bouilleur** / shell-type boiler || ~ à **bouilleurs croisés [transversaux]** / cross-tube boiler || ~ à **bouillir** / bleaching boiler || ~ de **brasserie ou à brasser** / brewer's copper || ~ de **carbonatation** (sucre) / carbonator || ~ à **[chambre de] fusion** / slag tap fired boiler || ~ de **chauffage** / heating boiler o. furnace || ~ de **chauffage central** / central heating furnace || ~ à **chauffe au mazout** / oil-fired boiler || ~ **chauffée par la chaleur perdue** / waste heat boiler || ~ à **chiffons** / rag boiler || ~ à **circulation d'eau forcée** / forced circulation boiler || ~ **combinée de tube-foyer et de tubes de fumée** / combined flue and smoke-tube boiler || ~ à **courant inverse** / countercurrent boiler, reverse current boiler || ~ de **créosotage** (bois) / creosoting cylinder || ~ à **cuire** (sucre) / vacuum pan || ~ en **cuivre** / copper kettle o. boiler || ~ à **défécation** (sucre) / clarification pan, clearing pan, clarifier, second boiler || ~ à **deux ballons** / bi-drum boiler || ~ à **deux foyers intérieurs** / double-flue boiler || ~ à **deux passes** / two-pass boiler || ~ à **deux tubes-foyers** / double-flue boiler || ~ **électrique** / electrically heated [steam] boiler, electric steam boiler || ~ **fixe** / land type boiler, stationary boiler || ~ à **foyer mixte** / change-over boiler (for different kinds of fuel) || ~ de **fusion** (sidér) / melting pot || ~ à **gaz spéciale** / special gas fired heating boiler || ~ à **goudron** / tar boiler || ~ à **grand débit** / heavy-duty boiler || ~ à **grand volume d'eau** / large waterspace boiler, tank type of boiler || ~ à **houblon** / hop boiler || ~ d'**imprégnation** / impregnating boiler, impregnating pressure cylinder || ~ **intérieure mobile** / removable inner boiler || ~ **La Mont** / La Mont boiler || ~ de **liquation** (sidér) / liquation o. refining pan || ~ de **locomotive** / locomotive boiler || ~ **marine** / marine boiler || ~ à **mazout** / oil-fired boiler || ~ **monobloc** / package boiler || ~ à **moût** / wort copper || ~ **multitubulaire** / fire tube boiler, [multi]tubular boiler || ~ à **parcours multiples** / multipass boiler || ~ à **passage forcé unique** / once-through boiler || ~ à **rayonnement** / radiant type boiler || ~ de **ressuage** (sidér) / liquation o. refining pan || ~ à **retour de flamme** / return flame boiler || ~ **roulante** / portable boiler || ~ à **sauner** / scratch pan || ~ **sectionale ou sectionnée à tubes d'eau** / sectional [chamber] water tube boiler || ~ **sectionnée** (chauffage) / sectional boiler || ~ **semi-tubulaire** / sectional [chamber] water tube boiler || ~ **stationnaire** / land type boiler || ~ **Stirling** / Stirling boiler || ~ de **sulfitation** / sulphitation tank, sulphitator, sulphirator || ~ **supérieure** / upper boiler || ~ à **trémie de fusion** / boiler with melting hopper || ~ à **trois passes** / threepass boiler || ~ à **tube-foyer montant** / vertical tube boiler || ~ à **tube-foyer ondulé** / boiler with corrugated flues || ~ à **tubes cornières** / corner tube boiler || ~ à **tubes d'eau** / water-tube boiler, tubular boiler || ~ à **tubes d'eau à circulation forcée** / controlled circulation boiler, forced circulation o. forced flow boiler || ~ à **tubes de fumée** / fire tube o. smoke tube boiler (multitubular) || ~ à **tubes inclinés** / inclined tube boiler || ~ à **tubes-foyer** / [internal] flue boiler, flame tube boiler || ~ **tubulaire** / tube o. tubular boiler || ~ **tubulaire** (pétrole) / tubular boiler || ~ à **un tube-foyer** / single flame-tube boiler || ~ de **vapeur** / steam boiler || ~ de **vapeur aquatubulaire à collecteur** / water chamber boiler || ~ à **vapeur auxiliaire** / donkey boiler || ~ à **vapeur d'échappement** / exhaust steam boiler || ~ à **vapeur tournante** / rotating o. spinning boiler, rotating steam generator || ~ type **Velox** / Velox boiler

chaudron *m* / kettle, boiler, boiling pan, boiling vessel || ~ en **cuivre** / copper kettle o. boiler

chaudronnage *m* (plast) / fabrication || ~ (métal) / [metal] fabrication, sheet metal working
chaudronner (découp) / dish
chaudronnerie *f* / boiler construction
chaudronnier *m* **[en cuivre]** / coppersmith
chauffable / heatable
chauffage *m* (activité) / warming, heating || ~, feu *m* / firing, heating || ~, chauffe *f* (p.e. des locaux) / heating || ~, échauffement *m* (coussinets) / heating of bearings || ~, éclairage et énergie / heat, light, and power || **à ~ direct** (sidér) / direct-fired || **à ~ indirect** / indirectly heated || **à ~ intérieur** / internally fired || ~ par **accumulation** / night storage heating || ~ à **air [chaud]** / hot-air heating [system] || ~ à l'**air chaud circulé** / heating by means of forced o. pulsated air || ~ à **air chaud forcé** / forced hot-air heating || ~ par l'**air chaud ou réchauffé** / hot-air heating || ~ à l'**air chaud par pulsion** (bâtim) / hot-air pulsation heating || ~ d'**air [frais]** (auto) / fresh-air heating || ~ d'**appartement** / single-stor[e]y heating || ~ d'**appoint** / interseasonal heating || ~ d'**arbre** (techn) / overheating, heating, running hot, firing || ~ à l'**arc** / heating by electric arc || ~ **auxiliaire** / supplementary heating || ~ à **basse pression** / low-pressure heating || ~ au **bois** / wood firing || ~ par **bombardement de retour** (électron) / backheating || ~ par **brûleur immergé** / submerged combustion || ~ **capacitif** / capacitance current heating, dielectric heating || ~ à **carneaux** / flue heating || ~ **central** / central heating || ~ **central à un étage** / single-stor[e]y heating || ~ **central au mazout** / oil[-fired] central heating || ~ au **charbon** / coal firing, combustion of coal || ~ au **charbon pulvérisé** / pulverized coal firing, coal dust firing || ~ de la **chemise** / jacket heating || ~ à **circuit fermé** / closed circuit heating || ~ à **circulation d'air** / recirculating air heating || ~ **combiné** / compound heating || ~ **diélectrique** / capacitance current heating, dielectric heating || ~ **diélectrique transverse** (électron) / transverse heating || ~ par **distribution collective**, chauffage *m* à distance / distant heating || ~ par **distribution du combustible à la main** (céram) / scattering firing || ~ **dynamique** (aéro) / kinetic o. dynamic heating || ~ de l'**eau d'alimentation** (m.à vap) / heating the feed-water || ~ à **eau chaude** / warm-water [system of] heating, hot-water heat[ing system] || ~ par **effet Joule** / resistance heating || ~ **électrique** / electric heating || ~ **électrique au plafond** / electric panel heating || ~ par le **fond** / floor heating || ~ par **fourneaux indépendants** (bâtim) / stove heating || ~ au **fuel[-oil]** / oil heating || ~ au **gaz** / gas heating || ~ par **gaz d'échappement** (auto) / exhaust gas heating || ~ du **gisement** (pétrole) / formation heating || ~ de **grande capacité** / large-capacity heating installation || ~ de **groupes d'îlots** / district heating || ~ à **haute fréquence** / high-frequency o. radio frequency heating, electronic heating, eddy current heating, induction heating || ~ à **haute pression** / high-pressure heating || ~ à la **houille** / coal heating || ~ d'**îlot** / district heating || ~ **immergé** / submerged heating || ~ **indirect par l'arc électrique** / independent o. indirect arc heating || ~ **individuel** / individual heating || ~ **inductif** / inductive heating || ~ par **jaquette électrique** / electric blanket heating || ~ des **locaux** / room heating || ~ au **mazout** / oil heating || ~ **mural** / panel heating || ~ **mural électrique** / electric panel heating || ~ **ohmique** / resistance heating || ~ par **ondes de choc** (plasma) / shock heating || ~ par **pertes diélectriques** / dielectric [loss] heating || ~ au **plafond** / radiant ceiling heating, overhead radiation heating || ~ par les **plinthes** / baseboard radiation heating || ~ à **poêle** (bâtim) / stove heating || ~ **préalable** / initial heating || ~ sous **pression** / heating under pressure || ~ **progressif** / progressive o. scanning heating || ~ **radiant au plafond** voir chauffage au plafond || ~ par **radiation réfléchie** / reflective radiant conditioning o. heating || ~ à **rayonnement** / radiant heating, panel heating || ~ aux **rayons infrarouges** / infrared heating || ~ à **régénération** / regenerative firing o. heating || ~ par **ruban** / strip heating || ~ du **sol** / floor heating, floorwarming, concealed o. coil heating in the floor || ~ **solaire** / solar heating || ~ de **sole** (sidér) / bottom heating || ~ par **surfaces étendues** / radiant [panel] heating, panel heating, concealed heating || ~ par **tubes radiants** / radiant tube heating || ~ **ultra-court** / ultra-heat treatment || ~ **urbain** / distant heating, long-distance heating, tele-heating || ~ à la **vapeur** / steam heating || ~ par la **vapeur à basse pression** / low-pressure steam heating || ~ au **vide** / vacuum heating || ~ **voiture** / car heater || ~ en **zones** / zone heating
chauffant / heating, calefactory, -factive
chauffe *f*, chauffage *m* / heating || ~ (sidér) / fire chamber of furnace || ~, chaufferie *f* / body of a furnace, combustion chamber || ~ (four à réverbère) / heating chamber o. body of a reverberatory furnace || ~ (paliers) / overheating || **~-assiettes** *m* / plate warmer, dish warmer || **~-bains** *m* / hot-water apparatus, bath heater || **~-bain[s]** *m* (gaz) / geyser (GB), flow heater, gas circulator for bathrooms || **~-bains** *m* à **mazout** / oil fired bath water heater || ~ *f* à **blanc** / incandescence, -cency, incandescent heat, white [flame] heat || **~-corps** *m* / heating pad || **~-eau** *m* / hot-water apparatus || **~-eau** *m* à **accumulation** / storage water heater, hot-water cylinder || **~-eau** *m* à **eau bouillante** (électr) / water heater for boiling water || **~-eau** *m* à **écoulement libre** / inlet-control[led] water heater, single-faucet water heater || **~-eau** *m* à **électrodes** / electrode boiler o. steam generator o. water heater || **~-eau** *m* à **gaz pour bains** / gas geyser (GB), flow heater, gas circulator for bathrooms || **~-eau** *m* **instantané ou rapide** / continuous flow heater || ~ *f* à **gaz** / gas heating || **~-glace** *m* (auto) / defrosting screen, clear-vision screen defroster, window heater || **~-huile** *m* à **écoulement libre** / inlet controlled oil heater || **~-liquide** *m* (électr) / immersion heater o. boiling device || **~-plats** *m* / plate warmer, dish warmer
chauffé / heated, warmed-up || ~ des **deux côtés** (four) / double-fired || ~ au **fuel[-oil]** / oil-fired, oil-burning || ~ au **gaz** / gas-fired || ~ à **huile** / oil-fired || ~ à l'**intérieur** / internally fired || ~ au **mazout** / oil-fired, oil-burning || ~ par **rayonnement** / heated by radiation || ~ au **rouge** / red hot, at red heat
chauffe-eau *m* à **immersion** / immersion heater
chauffer *vt* / warm[-up] || ~ *vi* (four, coussinet) / heat *vi* || ~ (radiateur) / boil || ~ (locomotive) / be under steam || ~ (température élevée) / heat *vt* || ~ à **blanc** / bring up to incandescent heat, incandesce || ~ au **brûleur à gaz** (vide) / heat by means of a gas burner || ~ **légèrement** *vt* / begin to heat || ~ la **machine** (mot) / warm up the engine || ~ en **pit** (sidér) / soak || ~ au **rouge** / make glow, bring up to red heat || ~ au **rouge-cerise** / bring up to cherry-red heat || ~ **simultanément** / warm up simultaneously

chaufferette *f* (auto) / car heater
chaufferie *f* / boiler plant || ~ / furnace o. stove room || ~ (nav) / stokehold, stokehole || ~ / body of a furnace, combustion chamber || ~ à **eau chaude** / water heating system || ~ à **gaz** / gas heating system
chauffeur *m* (m.à vap) / fireman, stoker || ~ (auto) / driver, chauffeur || ~ de **métier** / commercial driver || ~ de **rivets** / rivet furnace o. forge || ~ de **taxi** / taxi driver, cabman (GB)
chaufournerie *f* / calcination of limestone, lime burning
chaufournier *m* / lime burner
chaulage *m* (sucre) / lime defecation o. treatment || ~ / chalk mark || **~-carbonatation** *f* (sucre) / defecocarbonation || ~ *m* à la **chaux en roche** (sucre) / defecation with dry lime
chaulé / limed || ~ (bâtim) / washed || ~ (sucre) / carbonated, limed
chauler (tan) / lime || ~ (tôle, fil) / lime || ~ (agr) / lime || ~ (bâtim) / whitewash || ~ le **jus** (sucre) / lime the juice
chaumard *m* (nav) / fairlead || ~ à **rouleaux** (nav) / fairleader, warping chock
chaussé (auto) / tired, with tires
chaussée *f*, (spéc:) file *f* de chaussée / road, highway, carriageway (GB), (esp:) lane || **en** ~ (routes) / on embankment || **en** ~ (rail) / paved-in || ~ **accidentée** (routes) / bumpy road, rough track || ~ en **bois** (pont) / wooden floor[ing] o. decking || ~ **déformée** / rough o. rugged road || ~ de **digue** / dike path o. way || ~ **glissante!** (routes) / danger! icy road! || ~ **lanternée** (horloge) / cannon pinion of the lantern gear || ~ de **montre** (horloge) / cannon pinion || ~ en **noir** / bituminized road || ~ d'un **pont** (ch.de fer, routes) / bridge deck o. platform o. road o. way || ~ **rétrécie!** / road narrows! || ~ **rétrécie** (routes) / pinch || ~ de **rivière** (hydr) / training dike o. dam || ~ **temporairement glissante [par la pluie]** (routes) / Slippery Carriageway! (GB), Slippery when wet! (US) || ~ en **tôle d'acier amovible** (routes) / steel plate auxiliary road || ~ à **trois files** (routes) / three-lane carriageway (GB) o. highway
chaussette *f* (réacteur) / thimble || ~, tétine *f* (électr) / cable support sleeve || ~ (ELF) / sleeve, bush
chaussure *f* (gén, techn) / shoe || ~ (industrie) / footwear industry || ~ à **coquille** / hardtoe shoe || ~ **Goodyear** / welt[ed] shoe, welt-sewn shoe, Goodyear welt shoe || ~ **retournée** / sewround, turned-over shoe || ~ de **sécurité** / safety boot, hard toed boot || **~s** *f pl* **vulcanisées** / moulded o. vulcanized footwear
chauves *f pl* (mines) / fissures in strata *pl*
chaux *f* / lime || ~ **active** / available lime || ~ **aérienne** (5 % d'argile au max.) / rich o. fat lime || ~ **amortie** voir chaux en pâte || ~ **anhydre** / quick lime, unhydrated lime || ~ **argileuse** / argillaceous limestone, argillocalcite || ~ **artificielle** / artificial o. hydraulic limestone || ~ **azotée** / lime-nitrogen || ~ pour **bâtiment** / lime for building purposes, building lime || ~ **blanche** / fat o. white lime || ~ **blanche** (sucre) / temper || ~ **calcinée** (bâtim) / burnt o. caustic o. quick lime || ~ **carbolique** / carbolic lime || ~ **carbonatée concrétionnée** (chimie) / calcareous fur || ~ **carbonatée cristallisée** / lime spar, calcareous spar, double spar, calcite || ~ **carbonatée fétide** (géol) / stinkstone, swinestone, bituminous limestone || ~ **carbonatée fibreuse** / satin spar || ~ **carbonatée lamellaire** / calcareous slate o. schist o. shale || ~ **carbonatée magnésifère** / magnesian lime[stone] || ~ **caustique** (bâtim) / quick lime || ~ pour le **chaulage** (sucre) / defecation lime || ~ **chlorurée** / chlorinated lime, (improperly:) chloride of lime, bleaching powder o. lime chemic || ~ **concrétionnée** / calcareous slate o. schist o. shale || ~ **coulée** voir chaux en pâte || ~ **dolomitique** / dolomitic limestone || ~ **durcissante à l'air** / air hardening lime || ~ d'**enduit** / lime for plastering || ~ pour **engrais** (agr) / fertilizing o. manuring lime, lime powder o. dust || ~ **éteinte** / dead lime || ~ **éteinte à l'air** (bâtim) / lime powder o. dust || ~ pour la **fabrication de ciment [à une teneur supérieure à 22 % d'argile]** / eminently hydraulic lime || ~ de **fer** / ferruginous o. red limestone || ~ **fluatée de baryte** / fluorspar of baryta || ~ **fondue** voir chaux en pâte || ~ **grasse** / fat lime, rich lime || ~ **hydratée sèche** / dry hydrated lime || ~ **hydraulique** / water o. lean lime, hydraulic cement || ~ **hydraulique**, chaux *f* artificielle / artificial o. hydraulic limestone || ~ **hydraulique [à teneur d'argile de 5-12 %]** / feebly hydraulic lime || ~ **hydraulique [à teneur d'argile de 12-22%]** / moderately hydraulic lime || ~ **jurassique** / Jurassic limestone || ~ **liasique** / lias stone || ~ **maigre** / gray o. brown o. meager lime o. chalk || ~ **marneuse** / calcareous clay, lime marl, marl lime || ~ **marneuse** (agric) / fertilizer marl || ~ **métallique** / China o. porcelain blue || ~ **métallurgique** / slag lime || ~ **naturelle en poudre** (min) / rock milk, agaric mineral || ~ en **pâte ou fondue ou coulée ou amortie** (bâtim) / lime paste || ~ **permienne** / Permian limestone || ~ en **pierre calcinée** (bâtim) / lump lime || ~ en **poudre** / powdered lime || ~ **pulvérisée** (bâtim) / lime powder o. dust, powdered lime || ~ **riche ou grasse** / rich o. fat lime [mortar] || ~ **sulfatée fibreuse** / fibrous gypsum, English talc || ~ **sulfatée hydratée** / hydrated sulphate of lime || ~ **tufeuse** (géol) / tufa, tufaceous limestone || ~ de **Vienne à polir** / Vienna [polishing] chalk o. lime || ~ **vive** / unhydrated lime, quick lime || ~ **vive** (tan) / quick lime
chavirer (nav) / capsize, upset, overturn
check-list *f* (aéro) / check list
cheddite *f* (explosif) / cheddite
chef *m* **aiguilleur** (ch.de fer) / chief signalman (GB) o. towerman (US) || ~ d'**appontement** / batman (US) || ~ **artificier** / blaster || ~ d'**atelier** / shop manager || ~ de **bord** (aéro) / pilot-in-command || **~-brasseur** *m* / brewing master, head brewer || ~ de **brigade d'ouvriers** (ch.de fer) / foreman || ~ de **bureau d'études** / chief designer || ~ de **canton ou cantonnier** (Suisse) (ch.de fer) / foreman ganger (permanent way) || ~ de **chantier** (bâtim) / assistant architect, general foreman || **~-chevron** *m* (charp) / common o. binding rafter, principal rafter || ~ de **coulée** / foundry foreman || ~ de **département** / chief of department, departmental head o. chief || ~ de **dépôt** / warehouse keeper o. superviser || **~-d'œuvre** *m* / masterpiece || ~ d'**équipe** (mines) / face boss || ~ d'**équipe** (fabrique) / foreman, ganger, overseer || ~ d'**équipe** (ch. de fer) / gang foreman || ~ **foreur** (mines) / master borer || ~ de **groupe** (ordonn) / group leader || ~ **lamineur** / head o. boss (US) roller, rolling mill foreman || **~-lampiste** *m* (mines) / davyman, davykeeper || ~ de **lavoir** (mines) / washery foreman || **~-magasinier** *m* / store keeper o. man || ~ de **manœuvre** (ch.de fer) / foreman shunter || **~-monteur** *m* / chief erecting engineer, chief erector o. fitter || ~ des **navigateurs** (aéro) / leader navigator || ~ **pilote** / chief pilot, captain || **~-porion** *m* (mines) / assistant underground undermanager (GB) o. foreman (US), mine captain || ~ de **poste** (pomp) / head fireman, divisional officer of the fire-department o. -brigade (GB) || ~ de la **production** / production manager o. supervisor || ~

de **projet** / head of project || ~ de **publicité** / publicity manager || ~ de **section** (ch.de fer) / district permanent way inspector || ~ de **sécurité** (France) (ch.de fer) / station master || ~ de **service** / works manager o. superintendent, shop manager || ~ de **service** voir aussi chef de département || ~ de **service du fond** (mines) / underground manager || **~-sondeur** *m* (barge) / toolpusher || **~-sondeur** *m* (mines) / master borer || ~ **terrassier** (mines) / foreman of navvies || ~ de **train** (ch.de fer) / train conductor (US), guard || ~ [de **travaux]** (gén) / master, foreman || ~ de **vente** / seller, vendor

cheimatobia *f*, phalène *f* d'hiver / great winter moth, mottled umber || ~ **brumeuse** / [small] winter moth

chélate *m* (chimie) / chelate

chélation *f* / chelation

chemin *m* / way, path, road, track || ~ (méc) / way, path || ~ (scie) / saw cut || ~ (tapis) / runner, [narrow] carpet || ~ (électron) / path || ~ (verre) / fire vault || ~, piste *f* / trail || ~ **aérien** / ropeway, aerial tramway o. cableway || ~ **aérien de montage** / auxiliary ropeway || ~ **aérien [pour le transport de personnes]** / passenger ropeway o. cableway || ~ de **cames** (tricot) / needle race, knitting channel, cam groove || ~ de **campagne** (routes) / cart track o. road o. way, estate road || ~ de **cartes** (c. perf) / card path || ~ **charretier** / cart-road, -track (GB) || ~ **critique** (plan de réseau) / critical path || ~ **cyclable** / bicycle way, bikeway (US) || ~ **départemental** (routes) / county road || ~ de **desserte** / connecting path || ~ **détourné** (routes) / detour, by-pass, diverted route || ~ à **deux voies** / double track || ~ de **diffusion** / diffusion path || ~ d'**exploitation rurale** / farm way, all-purpose rural road || ~ **extérieur** (roulement à billes) / outer ring || ~ de **fer** voir ce mot || ~ **fermé** (math) / closed path || ~ **forestier** / forest road o. way || ~ de **grande communication** / highway, highroad || ~ de **halage** / towing path || ~ **incurvé** / curved path || ~ d'**interrogation** (radar) / interrogation path || ~ en **madriers** / track made of planks laid lengthwise || ~ **optique** (laser) / optical path || ~ **parcouru par le système amortisseur** / range of spring, travel of the spring system, spring excursion || ~ des **piétons** (pont) / footway || ~ **principal** (informatique) / main path || ~ à **rails** (mines) / rail line, tramroad, tramway || ~ de **refoulement** / upsetting course || ~ de **rondins** / corduroy [road] || ~ de **roulement** (ch.de fer) / runway || ~ de **roulement à billes** / ball race || ~ de **roulement de grue** / craneway, travelling path of a crane, crane rails o. track, runway (US) || ~ de **roulement radial** (roulement à billes) / radial raceway || ~ **rural** / farm way, all-purpose rural road || ~ **sans issue** / blind alley, cul-de-sac, dead end, impasse || ~ de **service** (ch.de fer) / service path o. road || ~ de la **solution** (essai) / approach || ~ **taluté** (routes) / approach incline o. ramp || ~ de **transport** / service tramway, hauling track || ~ de **traverse** / side street (town), side road (country) || ~ **vicinal**, C.V. / parochial o. parish road, country road

chemin de fer *m* / railroad (US), railway (GB) || ~ à **adhérence** (ch.de fer) / adhesion railway || ~ **alpin** / alpine railroad (US), mountain railway (GB) || ~ de **ceinture** (ch.de fer) / belt line (US), circle o. circular railway || ~ **correspondant** (ch.de fer) / branch line, feeder [line] (US) || ~ à **crémaillère** / cogwheel railway, rack[-and-pinion] railway || ~ **démontable** / construction [rail]way, portable railway, temporary line || ~ **électrifié** / electric o. electrified railway || ~ **élevé [sur arcades]** (ch.de fer) / high-level railway || ~ d'**exploitation** / mine tramroad, pit railway || ~ **exploité en traction électrique** / electric o. electrified railway || ~ **funiculaire** / cable car || ~ **industriel** / industrial o. works railway || ~ d'**intérêt général** (ch.de fer) / main-line railway || ~ d'**intérêt local** / local railway || ~ de **jonction** (ch.de fer) / junction line o. railway || ~ **métropolitain** / metropolitan railway o. line, city o. urban railway o. railroad || ~ **métropolitain** (Paris) / underground [railway] (GB), subway (US) || ~ **minier ou de mine** / colliery o. mine railway || ~ de **montagne** / mountain railway (GB), alpine railroad (US) || ~ de **montagne** / alpine railroad, mountain railway || ~ **national** / state railroad, national railway || ~ de **port** / harbour railway, dock railway, dockline || ~ **privé** / private [railway] line o. railroad (US) || ~ **souterrain** / underground [railway] (GB), subway (US) || ~ **surélevé** / elevated o. high-level railway || ~ **suspendu** / suspended railway || ~ **suspendu monorail** / monorail conveyor, overhead trolley conveyor || ~ à **sustentation magnétique** (ch.de fer) / magnetic cushion railroad || ~ à **traction électrique** / electric o. electrified railway || ~ à **un rail** / monorail [railway] || ~ **vicinal** / local railway || ~ à **voie étroite** / narrow gauge o. light railway || ~ à **voie normale** / standard ga[u]ge railway o. railroad o. line

cheminée *f* (foyer) / fireplace || ~ (conduit) / chimney, smokestack, chimney stack || ~ (géol) / eruption vent o. chimney || ~ (parachute) / vent || ~ **accessible** / ascendable o. accessible chimney || ~ en **acier** / steel smokestack || ~ d'**aération** (mines) / shaft o. aperture of a gallery || ~ d'**aération** (mot) / breather || ~ d'**aération** (bâtim) / air shaft o. well || ~ d'**aération** (mines) / air hole o. flue, ventilating shaft || ~ pour l'**arsenic** (sidér) / horizontal chimney to catch the arsenic || ~ d'**ascension de câbles** / cable shaft, vertical wall duct for cables || ~ [au **charbon]** (mines) / chute, slide, rolling-shaft || ~ **différentielle** (hydr) / differential surge tank || ~ d'**équilibrage** (hydr) / surge tank o. chamber || ~ d'**évacuation** (mines) / ore pass, chute || ~ d'**évasée** (ventilateur) / air escape || ~ d'**extinction d'arc** / arc blow-out chimney || ~ de **fondation par caisson** / air o. shaft cylinder || ~ de **forge** / smith's hearth || ~ pour **gaz chauds** (au delà 300 °C) / hot gas smokestack || ~ pour **gaz froid** / cold gas smokestack || ~ de l'**injecteur** / steam cone of the injector || ~ de **moule** (plast) / feed bush || ~ **pare-étincelles** / spark extinction chamber || ~ à **remblais** (mines) / fill-raise, rubbish dumping shaft || ~ de **soufflage d'étincelles** / spark extinction chamber || ~ **système Schofer** / compound chimney || ~ en **tôle** / sheet iron smokestack || ~ d'**usine** / factory chimney, chimney stack, smokestack || ~ de **ventilation** (W.C.) / vent pipe, continuous vent || ~ de **visite** (nav) / manhole

cheminement *m*, orientation *f* (p.e. dans une aérogare) / orientation || ~ (géol) / flowage || ~ (mines) / dialling, surveying o. draft underground || ~ (électr) / creep[age] o. leakage distance o. path || ~ (nucl) / push-through || ~ (action) (électr) / creeping, leaking, tracking || ~ d'**arc** (électr) / arc tracking || ~ par **dépôt conducteur** (électr) / deposit tracking || ~ par **étincelles** (électr) / spark tracking || ~ de l'**information** / information rate per time, information flow || ~ **polygonal ou en polygones** (arp) / draft of traverse, progression || ~ **polygonal fermé** (arp) / closed [compass] traverse || ~ des **rails** (ch.de fer) / rail creep[ing], slip o. creeping of the rails

cheminer (chimie) / creep || ~, marcher / walk along
cheminot *m* / railwayman (GB), railroad-man, trainman (US)
chemisage *m* (gén) / panelling, sheathing || ~ (mines) / lagging
chemise *f* (gén) / liner, casing, jacket || ~ (sidér) / shell, second o. outer casing, mantle || ~, gaine *f* / pipe liner o. lining || ~ (nav) / hull o. outside plating, shell, [outer] skin || **à** ~ (cylindre) / jacketed || **à** ~ **d'eau** / water-jacketed || ~ **amovible du canon** (mil) / liner of a gun || ~ de **carburateur** / carburettor air heater o. heat jacket || ~ de **cheminée** (nav) / funnel casing || ~ de **cheminée** (bâtim) / air case o. casing of a chimney || ~ du **cylindre** (m.à vap) / cylinder jacket || ~ de **cylindre** (mot) / cylinder liner || ~ de **distributeur** (sidér) / feeder sleeve o. tube || ~ de **dossier** / folder || ~ d'**eau** / water jacket || ~ d'**eau de la lingotière** (coulée cont.) / mould cooling jacket || ~ **extérieure du générateur de vapeur** (réacteur) / outer shroud of the steam generator || ~ en **fer** / iron jacket o. case o. casing o. shell || ~ de **four** (sidér) / lining, bricking up || ~ à **glissière** (France) (bureau) / document cover, [rapid] letter file || ~ de **gooseneck** (fonderie sous pression) / cylinder liner || ~ **humide de cylindre** (mot) / wet [cylinder] liner || ~ **intérieure de puits** (mines) / shaft lining || ~ d'**obus** / jacket of the cannon shell || ~ de **plomb** / lead coating o. covering || ~ de **[ré]chauffage** / heating jacket || ~ **réfrigérante [d'eau]** / [water] cooling jacket || ~ de **refroidissement de la chambre de combustion** / combustion chamber cooling jacket || ~ du **robinet à piston** / piston valve liner || ~ **sèche de cylindre** (mot) / dry liner || ~ **tiroir** / sleeve valve || ~ à **vapeur** / steam casing o. jacket
chémosorption *f* / chemisorption
chémo-stérilisant *m* / chemosterilant
chenal *m* / channel || ~ (navigation) / shipping channel o. passage || ~, eau *f* profonde (nav) / fairway || ~ (mines) / launder || ~ d'**alimentation en métal liquide** (fonderie sous pression) / launder || ~ **annulaire d'induction** / induction channel || ~ **basculant** (sidér) / swinging launder || ~ à **basculer** (lam) / guide channel || ~ de **butée ou de conduite** (lam) / guiding channel || ~ de **coulée** (sidér) / casting gutter, [casting] spout, launder || ~ de **coulée de la fonte** (fonderie) / iron runner || ~ de **coulée de laitier** / slag spout o. launder || ~ d'**égout** (hydr) / outlet channel o. ditch || ~ **incliné souterrain** (sidér) / looping floor, sloping loop channel || ~ de **moulin** / mill race o. course o. flume || ~ de **piquée**, chenal *m* de coulée de métal (sidér) / tapping spout, [tapping] launder, runner
chêne *m* / oak || **de** ~ / oaken, made of oak || ~ **chevelu ou de Bourgogne** / Turkey oak, moss-cupped o. mossy oad, Quercus cerris L. || ~**-liège** *m* / cork tree o. oak || ~ **pédonculé ou d'Europe**, chêne *m* rouvre / common oak, Quercus robur o. pedunculata || ~ **sessiliflore** / sessile oak, durmast oak
chéneau *m* (fonderie) / chute, gutter || ~ (bâtim) / eaves gutter o. trough (US), eaves (sing), gutter, cullis (US) || ~ à l'**anglaise** / parapet gutter || ~ de **boue** / sludge trough || ~ **encaissé** (bâtim) / rectangular section eaves gutter, box gutter, trough gutter || ~ **posé sur le mur** / eaves lying on the wall || ~ de **transport** / trough o. tray conveyor o. scraper
chènevière *f* / hemp plantation
chènevis *m* / hempseed
chenille *f* (zool) / larva, caterpillar || ~ (soudage) / bead || ~ (tex) / chenille || ~, chaîne *f* à chenille / crawler, endless chain || **à ou sur ~s** (auto) / tracked, tracklaying || ~ du **coton** / cotton [leaf]worm, cotton leaf caterpillar (larva of Alabama argillacea) || ~ des **épis de maïs** / boll worm || ~ de **fidonie du pin** / pine looper || ~ de **tirage** (câble) / caterpillar pull-off, caterpuller
chenillette *f* / a light tractor || ~ d'**hiver** / snow tractor
chèque *m* / cheque (GB), check (US) || **faire ou établir un** ~ / write [out], make out, issue || ~ d'**assignation** (Poste), chèque *m* non barré (banque) / cashable cheque (GB) o. check (US), open cheque (GB) o. check (US) || ~ **bancaire** / bank cheque (GB) o. check (US) || ~ à **porter en compte**, chèque *m* barré / voucher check, crossed cheque || ~ **postal** / postal cheque || ~ de **règlement de salaire en forme de carte perforée** / payroll card cheque
cherche-fuite *m* (pl.: cherche-fuites) / leakage detector o. finder || ~**-mines** *m* (inv) (nav) / snag boat || ~**-pôles** *m* (inv) / polarity [direction] indicator
chercher (gén, mines) / search || ~, rechercher / research || ~ (mines) / prospect, explore, search, dig || ~ à **découvrir** / explore
chercheur *m* / research worker, scientist || ~ (électron) / data scanner || ~ (astr) / finder of a telescope || ~ (télécom) / testing spike, test pick (US) || ~ d'**acheminement** (télécom) / routing group selector || ~ d'**appels** (télécom) / finder switch, [line] finder || ~ d'**appels à relais** (télécom) / relay line finder || ~ du **détecteur** (électron) / cat's whisker || ~ d'**enregistreur** (télécom) / register finder, sender selector || ~ à **fréquence acoustique** (télécom) / voice frequency selector || ~ de **grisou** (mines) / gas detector || ~ de **ligne** (télécom) / line finder o. selector o. switch || ~ de **pôle** / polarity [direction] indicator || ~ du **remotum** (opt) / far-point finder
chermès *m*, chermes *m* / adelgid, spruce gall aphid
chernozem *m* / haploboroll, chernozem
cheval *m* de **bois** (aéro) / ground looping (while taxying) || ~ **fiscal**, chevaux *m pl* fiscaux (auto) / taxable horsepower || ~**-heure** *m* (vieux), chh / horsepower hour, hph (= 1,0139 PSh) || ~**-vapeur** *m*, ch, CV (vieux), (1 CV = 735,5 W) / continental horsepower, cont. hp.
chevalement *m* (bâtim) / gallows frame || ~ d'**extraction** (mines) / hoist o. pit o. shafthead frame, head frame, headgear, winding tower, poppet head (GB) || ~ d'**extraction en béton armé** (mines) / ferroconcrete headgear || ~ d'**extraction en charpente métallique** (mines) / steel framed headgear || ~ d'**extraction du type poussard** / strut frame headgear || ~ de **pompage** (pétrole) / pumping station head frame || ~**-tour** *m* / tower-type headgear
chevalet *m* / trestle, frame, bracket || ~ (m. Cotton) / slurcock || ~ (violon) / bidge, chevalet of the violin || ~ à **chaudières** / boiler cradle || ~ à **coussin d'air** / hovering rig (VTOL) || ~ à **crochets** / hook trestle || ~ à **effet de sol** / hovering rig (VTOL) || ~ de **montage** / assembling o. erecting trestle || ~ à **rouleaux** / roller bracket o. block || ~ de **scieur** / saw horse o. buck o. trestle || ~ de **sondage** (mines) / boring frame || ~ de **soutènement** (mines) / stope support || ~ **suspendu** (techn) / hanger bracket, drop hanger frame || ~ **tendeur ou de tension** / stretching o. tautening o. tensioning trestle o. block || ~ pour **tirer au cordeau** (bâtim) / sight rail o. board, batter board
chevauchant / overlapped
chevauchement *m* (techn) / overlap, overlapping || ~

(géol) / overthrust [fault], thrust || ~, recouvrement *m* / lap [joint] || ~ de **câbles** / cabling of ropes || ~ des **soupapes** / valve lap
chevaucher *vi* / lap over, overlap, cover || ~ (typo) / be broken, ride || ~ (valeurs) / scatter *vi*, disperse *vi* || ~ (bâtim) / be misaligned || ~ la **ligne jaune ou blanche** (auto, fam) / straddle the continuous line
chevelu (ferme maîtresse) / fastened with rod irons (truss)
chevelure *f* (bâtim) / metal lattice work || ~ (astr) / meteor tail
chevêtre *m* (charp) / joint beam || ~ d'**arête retroussée**, chevêtre *m* de noue / valley jack rafter
cheveu *m* / hair
chevillage *m* (soie) / glossing || ~ / pegging, plugging, fastening
cheville *f* (charp) / peg, dowel, pin || ~, cheville *f* à ergot (bâtim) / plug, wall dowel || ~ (électr) / plug || ~ (violon, piano) / tuning peg o. pin || ~, ranche en fer / steel rung || ~ (jacquard) / peg || ~ (fonderie) / guide peg, pin || ~ d'**arrêt** / retention pin || ~ d'**arrêt**, boulon *m* de blocage / barring bolt, locking pin || ~ d'**attelage principal** (ch.de fer) / main coupling pin || ~ **barbue ou barbelée** / spike nail || ~ en **bois** / peg, wooden dowel || ~ de **charnière** / joint o. hinge pin o. wire, hinge lug o. pintle || ~ de **contact ou de commutation** / contact plug o. wedge || ~ de **cordonnier** / tack, [square] pin || ~ de **déclenchement** / detent pin || ~ **démontable** / stop pin || ~ à **double pointe** (men) / dowel pin || ~ à **enfoncer** / drive-in peg || ~ pour **fixation** / wall dowel || ~ **flexible** (constr.en acier) / flexible connector || ~ **grillée** / spike nail || ~ **maîtresse**, pivot *m* central (auto) / king-bolt, king-pin || ~ **[métallique]** (techn) / [parallel] pin, bolt || ~ à **œillet** / eye bolt || ~ **ouvrière** / key-man || ~ de **plateau** (horloge) / impulse pin || ~ de **réglage** / adjusting pin || ~ de **renversement** (horloge) / striking peg || ~ à **résistance infinie** (électr) / dummy plug || ~ à **talons** (cordonnerie) / square pin || ~ de **tension** (piano) / tuning peg o. pin || ~ pour **trous de traverses** (ch.de fer) / tree nail, trenail, trunnel || ~ **vissée** / screw plug
cheviller / fasten with a peg o. pin, peg, pin [together], dowel || ~ (coton) / wring || ~ (soie) / gloss *vt*
chevillet *m* (serr) / key pipe
chevilleur *m* (filage) / yarn wringer
chevillot *m* (horloge) / set-hands arbor
cheviot[t]e *f* (tiss) / cheviot || ~ (filage) / cheviot wool
chèvre *f* / lifting jack || ~ (ch.de fer) / track lifter
chevreau *m* / goatskin o. kid [leather], kidskin
chevron *m* (tex) / zigzag twill, arrowhead o. herringbone o. feather twill || **à ~s** / with rafters *v* || **en ~** (engrenage) / double helical... || **forme** *f* **en ~** (bulles magnétiques) / chevron shape || ~ *m* d'**arête ou de croupe** (charp) / hip o. angle rafter, jack o. dwarf rafter || ~ de **comble ou de ferme** (bâtim) / rafter || ~ de **ferme à pannes** / principal rafter of a purlin roof || ~ **intermédiaire** / intermediate rafter, edge rafter || ~ à **noulet** / valley rafter
chevronnage *m* (charp) / rafters *pl*
chevronner (charp) / provide with rafters
chevrotement *m* (électron) / flutter
chevrotine *f* (chasse) / buckshot
chh (vieux) / horsepower hour, hph (= 1,0139 PSh)
chiastolithe *f* (min) / chiastolite, cross stone
chic *m*, habileté *f* / knack, skill
chica *f* (teint) / chica red
chicane *f* / chicane, obstacle || ~, déflecteur *m* / baffle || ~, tôle-chicane *f* / baffle plate || ~, écran *m* d'étranglement (hydr) / sharp-edged orifice || ~ (vide) / baffle, vapour trap || **~s** *f pl* (tubes, fours) / baffles *pl* || ~ *f* de **décharge** / discharge [measuring] orifice, discharge diaphragm plate || ~ de **mesure** / measuring aperture o. orifice, static plate || ~ pour **retenue d'huile** (mot) / oil baffle || ~ **transversale** (échangeur de chaleur) / segmental baffle, cross baffle, transverse baffle, support plate
chicorée *f* à **café** / roasted chicory
chicot *m* / stump o. stub of a tree
chien *m* (fusil) / cock || ~ (pour plan incliné) (mines) / transfer car || ~ de **bouche à feu** (mil) / cocking piece || **~-en-lit** *m* / dormer of a roof || ~ de **fusil** / cocking rod || ~ de **tréfilage** / drawing tongs *pl*
chiendent *m* (agr) / couch grass, witchgrass
chiffer (ord) / digitize
chiffon *m* (tex) / chiffon || **~s** *m pl* (pap) / rags *pl* || ~ *m* d'**essuyage** / rubber, cleaning rag, scouring cloth, duster || ~ de **nettoyage** / swab || **~s** *m pl* **non effilochés** / untorn rags *pl* || **~s** *m pl* pour **papier filtre** (pap) / rags *pl* for filtering paper || **~s** *m pl* de **serpillière** (pap) / packing cloth rags *pl*
chiffonner / crumple, wrinkle, rumple, ruffle
chiffrage *m* / ciphering, coding || ~ de **parole** (télécom) / ciphony, scrambling of voice transmission
chiffraison *f* / numbering
chiffre *m* / cipher, numeric character, digit, numeral || ~, nombre *f* charactéristique / key, cipher || ~, somme *f* totale / total || ~, place *f* (math) / place digit || **à quatre ~s** / four-figure... || **de ...~s** / figure, digit || **de deux ~s** / two-figure || **de trois ~s** (math) / of three places, three-place || **d'un seul ~** (math) / of one place, one-place, single-decade... || **en ~s ronds** (math) / rounded || **les ~s 1** (ord) / ones *pl* || **~ 1 signifie...** / numeral 1 designates... || ~ d'**affaires** / turnover || ~ d'**affaires journalier** / daily o. day's turnover || **~s** *m pl* **alignés** (typo) / lining o. ranging figures *pl* || ~ *m* **binaire** / binary digit, bit || ~ des **centaines** / hundred, the hundred, hundreds place o. digit || **~-clé** *m* du **wagon** (ch.de fer) / check digit of wagon code || ~ **codé** (télécom) / coded digit || ~ de **comparaison** / comparative figure || **~s** *m pl* en **condensé** (ord) / packed numerics *pl* || ~ *m* de **contrôle** (ord) / check digit || ~ **décimal** / decimal digit, decit || ~ des **dizaines** / tens digit || ~ de **dureté Brinell** / Brinell hardness figure || **~s** *m pl* **elzéviriens** (typo) / old style figures *pl* || **~s** *m* d'**exploitation** / operational data *pl* || **~s** *m pl* d'**imprimante par points** (m.compt) / pinpoint figures || ~ *m* d'**indice** / index number || **~s** *m pl* **inférieurs** (math) / inferior characters *pl* || ~ *m* des **milliers** (math) / thousands place o. digit, the thousands || ~ **octal** / octal digit || ~ de **poids fort** / most significant digit, MSD || **~s** *m pl* à **poinçonner en acier** / steel stamping numerals || ~ *m* de **pondération** / rating number || ~ de **position** / place digit || **~s** *m pl* de **production** / production figures *pl* || ~ *m* de **protection** (ord) / guard digit || ~ **qualificatif** / quality coefficient || ~ **romain** / Roman numeral || **~s** *m pl* **sauteurs,** [rampants] / jumping, [floating] figures *pl* || ~ *m* de **signe** (ord) / sign digit || ~ **significatif** / significant digit o. figure || ~ **symbolique pour des indications de matières** / numeral designating the material || ~ des **unités** / units digit o. place o. position
chiffrement *m* / ciphering, coding
chiffrer, numéroter / number, give a number || ~, fixer un chiffre / estimate || ~, marquer d'un chiffre / mark the number, ticket || ~ [en **signes cryptographiques]** / cipher, code, encrypt

chiffreur *m* (ord) / cipher clerk || ~, calculateur *m* (ordonn) / calculator for preliminary calculations || ~ de **parole** (télécom) / [speech] inverter, scrambler, ciphony apparatus
chignol[l]e *f* (men) / hand brace, crank brace, breast borer o. drill || ~ (coll) (autoaéro) / flivver (coll), jalopy (coll)
chignon *m* (électr) / leading-out wire of a winding
chimico-métallurgique / chemical-metallurgical || **~-physique** / chemico-physical || **~-technique** / chemico-technical
chimie *f* / chemistry || **de ~** / chemic[al] || **de ~ nucléaire** / chemonuclear || **de ~ technologique** / chemico-technological || ~ **agricole** / agricultural chemistry || ~ **analytique** / analytical chemistry || ~ **analytique minérale** / analytical inorganic chemistry || ~ **appliquée à l'agriculture** / agricultural chemistry || ~ **aromatique** / chemistry of aromatic compounds || ~ du **bois** / chemistry of wood || ~ **capillaire** / capillary chemistry || ~ de la **cellulose** / cellulose chemistry || ~ des **céréales** / cereal chemistry || ~ **chaude** (nucl) / hot chemistry || ~ des **colloïdes** / chemistry of colloids, colloid[al] chemistry, collochemistry || ~ des **combustibles** / fuel chemistry || ~ de **coordination** / coordination chemistry || ~ des **couleurs** / colour chemistry || ~ des **denrées alimentaires** / food[stuff] chemistry || ~ **expérimentale** / experimental chemistry || ~ **galvanoplastique** / galvanochemistry || ~ du **goudron de houille** / coaltar chemistry || ~ de **haute pression** / piezochemistry || ~ **houillère** / coal chemistry || ~ **industrielle** / chemico-technology, manufacturing o. industrial o. technical chemistry || ~ **inorganique** / inorganic chemistry || ~ des **isotopes** / isotope chemistry || ~ **légale** / forensic o. legal chemistry || ~ **manufacturière** / applied chemistry || ~ **minérale** / inorganic chemistry || ~ **minérale et analytique** / analytical inorganic chemistry || ~ **nucléaire** / nuclear chemistry || ~ **organique** / organic chemistry || ~ des **pétroles** / petrochemistry, petrol chemistry || ~ **pharmaceutique** / pharmaceutic[al] chemistry || ~ **physiologique** / physiological chemistry || ~ **physique** / physical chemistry || ~ **quantique** / quantum chemistry || ~ **radioactive** / radiochemistry || ~ des **radio-indicateurs** / tracer chemistry || ~ de **recul** (nucl) / recoil chemistry || ~ de **Reppe** / Reppe chemistry || ~ des **roches** / petrochemistry, chemistry of rocks || ~ **sidérurgique** / iron works chemistry || ~ du **sucre** / chemistry of sugar, sucrochemistry || ~ des **surfaces** / surface chemistry || ~ **théorique** / philosophical o. theoretical chemistry || ~ d'**usines génératrices** / power station chemistry
chimigraphie *f* / chemigraphy, process engraving
chimio-luminescence *f* / chemiluminescence, oxyluminescence || **~synthèse** *f* / chemosynthesis || **~thérapie** *f* / chemotherapy
chimique / chemic[al]
chimiquement pur / chemical[ly pure], chempure, C.P. || ~ **stable** / chemically stable
chimisme *m* / chemism
chimisorption *f* / chemisorption, activated adsorption
chimiste *m* / chemist || ~ **essayeur** / ore assayer || ~ **organicien** / organic chemist || ~ **spécialisé en couleurs ou en colorants**, chimiste *m* coloriste / colour o. dyestuff chemist
chimosphère *f* / chemosphere
china-clay *m* / China clay, kaolin
chinage *m* par **impression** / warp printing
china-grass *m* / ramie, China grass
chine *m* / China o. Japan paper, Japanese paper
chiné *adj* (pap) / veined || ~ (tex) / variegated || ~ *m* (tex) / chiné, variegated colouring
chiner (tiss) / weave in colours
chinois *m* (défaut d'émail) / shiner
chintz *m* (tex) / chintz
chinure *f* / dyeing the warp threads after a pattern, variegated colouring
chiot *m* à **laitier** / slag o. cinder hole o. notch o. tap
chip *m* (c.intégré) / chip, dice || **~-condensateur** *m* / capacitor chip
chiquet *m* / bit, chip
chiralité *f* (nucl) / chirality
chirurgical / surgical
chitine *f* / chitin
chitinisation *f* / chitin formation
chlamydobactériales *f pl* / chlamydobacteriales *pl*
chlamydospore *f* (agr) / brand spore, chlamydospore
chloanthite *f* (min) / chloantite, rammelsbergite
chloracétique / [mono]chloroacetic
chloracétophénone *m* / chloracetophenone, C.A.P.
chloracétyle *m* / acetyl chloride
chlorage *m* (chimie) / chlorination, substitution o. addition of chlorine || ~ à **sec** (blanchissage) / dry-chemicking || ~ **total ou complet** / perchlorination
chloral *m* / chloral
chloramine *f* / chloramine
chlorate *m* (I), hypochlorite *m* / chlorate (I) || ~ (III), chlorite *m* / chlorate (III) || ~ de **potassium** / chlorate of potassium, potassium chlorate || ~ de **zinc** (brasage) / soldering fluid, liquid flux, killed spirits *pl*, zinc chloride solution
chloration *f* (gén) / chlorination || ~ (eau) / chlorination, chlorine application || ~ (prod. aurifère) / chlorination process || **faire la ~** / chlorinate
chloraurate *m* / gold chloride
chloraurure *m* **chloropotassique** / gold potassium chloride || ~ de **soude** / gold sodium chloride
chlorazide *m* / chlorazide, nitrogen trichloride
chlorbutyl caoutchouc *m* / chlorbutyl rubber
chlordane *m* / chlordan[e]
chlore *m*, Cl / chlorine, chloric gas
chloré / chlorinated || ~, renfermant du chlore / chloric, chlorous
chlorer (phot, sidér) / chloridize || ~ (eau) / chlorinate || ~ (plast) / [post]chlorinate
chloreux (chimie) / chlorous
chlorhydrate *m* de **pinène** / pinene hydrochloride, turpentine camphor
chlorhydrine *f* / chlorohydrin[e], 3-chloro-1,2-propanediol || ~ d'**éthylène** / ethylene chlorohydrin[e], 2-chloroethanol
chlorhydrique / hydrochloric
chlorier *m* / chlorine maker o. factory
chlorinage *m* à la **vapeur** (tex) / steam chemicking
chlorination *f* de la **laine** / wool chlorination || ~ au **point critique** / break-point chlorination
chlorique / chloric
chlorite *m*, chlorate *m* (III) (chimie) / chlorite, chlorate (III) || ~ (min) / chlorite
chloriteux / chloritic
chloritoschiste *m* / chlorite schist o. slate
chloro-benzène *m* / chlorobenzene, benzene chloride || **~éthane** *m* / chelen, chloroethane, ethyl chloride || **~fibre** *f* (tex) / chlorofiber || **~formation** *f*, -formisation *f* / chloroforming || **~forme** *m* / trichloromethane, chloroform || **~former**, -formiser / chloroform *vt* || **~mètre** *m* / chlori-, chlorometer || **~métrie** *f* / chlori-, chlorometry || **~phylle** *f* /

chlorophyll, green of leaves, leaf green || ~**phyllien** / chlorophyllous || ~**picrine** *f* / chloropicrin, trichloronitromethane || ~**platine** *m* d'**ammonium** / platinic ammonium chloride || ~**prène** *m* / chloroprene
chlorose *f*(bot) / chlorosis || ~ par excès de **calcaire** (bot) / lime chlorosis || ~ **ferrique** (bot) / iron-induced chlorosis
chloro·sulfoné / chlorosulfonated || ~**toluène** *m* / chlorotoluene, chlortoluene
chlorphénol *m* / chlorophenol
chloruration *f* / transformation into chloride || ~ **ascendante** (pap) / upstream chlorination || ~ du **benzol** / benzene chlorination
chlorure *m* / chloride || **au ~ de sodium** (calcination) / chlorinating || ~ d'**acétyle** / acetyl chloride, ethanoyl chloride || ~ d'**acide** / acid chloride || ~ de l'**acide benzoïque** / benzoyl chloride || ~ d'**aluminium** / aluminium chloride || ~ d'**ammonium** / ammonium chloride, sal ammoniac || ~ **antimonieux** / antimony (III) chloride || ~ d'**argent** (min) / chlorargyrite || ~ d'**argent** (chimie) / silver chloride, chloride of silver, lunar cornea (US) || ~ **arsénieux** / arsen[i]ous chloride, arsenic (III) chloride || ~ **aureux** / gold (I) chloride || ~ **aurique** / gold (III) chloride || ~ de **benzène** / chlorobenzene || ~ de **benzoyle** / benzoyl chloride || ~ de **benzylidène** / benzal o. benzylidene chloride || ~ **benzylique ou de benzyle** / benzyl chloride || ~ de **bismuth** / bismuth chloride || ~ de **cadmium** / cadmium chloride || ~ de **calcium** / calcium chloride, chloride of lime || ~ de **carbone** / carbon tetrachloride, tet (US), tetrachloromethane || ~ de **chaux** / bleaching lime, bleaching powder, chlorinated lime, chemic || ~ **cobalteux** / cobalt (II) chloride, $CoCl_2$ || ~ de **cuivre** / copper chloride || ~ **cuivreux** / copper (I) chloride || ~ **cuivrique** / copper (II) chloride || ~ **décolorant** / chlorine bleaching agent || ~ de **diphénylarsine** / diphenyl arsinchloride, D.A., diphenyl arsincyanide || ~ d'**étain ammoniacal** / double chloride of tin and ammonium, ammonium stannic chloride || ~ d'**éthyle** / ethyl chloride, chloroethane, Chelen || ~ d'**éthylène** / ethylene dichloride || ~ d'**éthylmercure** / ethylmercuric chloride || ~ **ferreux** / iron (II) chloride, ferrous chloride || ~ **ferrique** / iron (III) chloride, ferrie chloride || ~ d'**iode** / iodine [mono]chloride || ~ de **lithium** / lithium chloride || ~ de **magnésium** / magnesium chloride || ~ **manganeux** / manganese dichloride, manganous chloride || ~ **mercureux** / calomel, mercurous chloride, mercury (I) chloride || ~ **mercurique** / mercuric chloride, mercury (II) chloride, corrosive || ~ **métallique** / chloride || ~ de **méthyle** / methyl chloride, chloromethane || ~ de **méthylène** / methylene chloride, dichloromethane || ~ de **nickel** / nickel chloride || ~ de **nitrosyle** / nitrosyl chloride || ~ **palladeux** / palladium (II) chloride || ~ de **phénylmercure** / phenylmercury chloride || ~ **phosphoreux** / phosphorus (III) chloride || ~ **phosphorique** / phosphorus (V) chloride || ~ de **phosphoryle** / phosphorus oxychloride, phosphoryl [tri]chloride || ~ de **picryle** / picryl chloride, 2-chloro-1,3,5-trinitrobenzene || ~ de **plomb** / chloride of lead, lead chloride || ~ de **polyvinyle**, CPV, PVC / polyvinyl chloride, PVC || ~ de **polyvinyle chloré**, CPV *m* / chlorinated polyvinyl chloride, CPV || ~ de **polyvinyle dur** / rigid polyvinylchloride o. PVC || ~ de **polyvinyle non surchloré** / not postchlorinated PVC || ~ de **polyvinyle surchloré** / postchlorinated PVC || ~ de **polyvinylidène** / polyvinylidene chloride || ~ de **polyvinylidène** / polyvinylidene chloride || ~ de **potassium** / potassium chloride || ~ de **radium** / radium chloride || ~ **rhodique** / rhodium (III) chloride || ~ de **silicium** / silicon [tetra]chloride || ~ de **sodium** / sodium chloride, salt || ~ de **soufre** / sulphur [mono]chloride || ~ **stanneux** / stannous chloride, tin (II) chloride || ~ **stannique** / stannic chloride, tin (IV) chloride || ~ **stannique hydraté** / tin butter || ~ de **sulfuryle** / sulphur dichloride dioxide, sulphuryl chloride || ~ **tellureux** / tellurium (II) chloride || ~ de **titane** / titanium chloride || ~ **uraneux** / uranous chloride, uranium (IV) chloride || ~ de **vinylidène** / vinylidene chloride || ~ **vinylique ou de vinyle** / vinyl chloride, chloroethylene || ~ de **zinc** / zinc chloride, butter of zinc
chloruré (eau) / chlorinated
chlorurer / chlorinate || ~ (soie) / load with ammonium stannic chloride
choc *m* / impact, knock, percussion, shock || ~, entrechoquement *m* / impact, clash || ~ (température, tension) / transient || ~ (essai de mat.) / impact, shock || ~ (échangeur d'ions) / shock || ~ (méd) / shock || **à ~s brusques** (aéro) / bumpy || **à ~s rythmés** / pulsating || **sans ~s** / smooth, vibrationless || ~ **acoustique** (microphone) / pop [noise] || ~ **appliqué** / applied shock, shock excitation || ~ en **arrière** / return kick o. shock o. stroke, back kick o. stroke, blowback || ~ d'**atterrissage** (aéro) / landing shock || ~ **demi-sinusoïdal** (méc) / half-sine shock pulse || ~ en **dent de scie à front lent, [à front raide]** / final o. terminal peak, [initial peak] sawtooth shock pulse || ~ de l'**eau** (turbine à eau) / water shock o. impact || ~ de l'**eau** (tuyauterie) / water hammer, hammer blow in pipes || ~ de l'**eau dans la pompe** / impact of water || ~ en **écharpe** / glancing blow || ~ d'**électrons** / electron impact || ~ de la **forme** (1 - cos α T) (méc) / [haver]sine shock pulse || ~ **frontal** (ch.de fer) / end-on collision, telescoping || ~ d'**ionisation** (nucl) / burst of ion pairs || ~ de **manœuvre** (électr) / switching impulse || ~ **mécanique** (méc) / [mechanical] shock || ~ d'**ondes** (hydr) / wave impact, dashing of waves || ~ **parfait** (méc) / ideal shock pulse || ~ **[parfaitement] élastique** / bounce, bound || ~ de **première espèce** / collision of the first kind || ~ en **rectangle** (méc) / rectangular shock pulse || ~ en **retour** / bounce, bound, rebound, repercussion, recoil || ~ en **retour** (forge) / return stroke o. shock || ~ de la **roue sur le joint** (ch.de fer) / kick on the joint || ~ **tellurique** / earth shock || ~ de **tension** / transient || ~ **thermique** (essai des mat, astron) / thermal shock || ~ des **tiges à caractères** (m.à ecrire) / striking of the type bars || ~ en **triangle isocèle** (méc) / symmetrical triangular shock pulse || ~ **triple** (nucl) / threefold collision || ~ **trottoir** (pneu) / kerbing (GB) o. curbing (US) shock on the tire || ~ des **vagues** / dashing of waves, wave impact || ~ de **vitesse** (méc) / velocity shock
chocolat *m* (teint) / chocolate brown
choisi / choice || ~ **arbitrairement** / random *any*, any || ~ au **hasard** / random, haphazard, casual
choisir / choose, select || ~ (laine) / sort || ~ la **date** / time || ~ des **échantillons au hasard** / sample each batch, random-test || ~ **une loi de variation ou d'évolution ou de croissance** (math) / set up, arrange
choix *m* / choice || **de ~** / picked, choice, select || ~ d'**implantation**, choix *m* de site / siting, localization, locational choice || ~ **secondaire** / second quality || ~ **standard** / standard quality || ~

du **zéro** (instr) / zero point establishment
choke-bore *m* / choke of a gun
cholestérol *m*, cholestérine *f* / cholesterol, -sterin (US)
choline *f* / choline
chômage *m* / non-working time || ~ **technique** / machine down-time
chondrine *f* / chondrin[e]
chondrite *f* (géol) / chondrite
chondroïtine *f* (chimie) / chondroitin
chopine *f* (Canada) / 0,5 pint = 0,568 liter (measure of capacity)
choquer (essai) / shock
chose *f* **ronde** / round
chouleur *m* / shovel loader || ~**-pelleteur** *m* / loading o. tractor shovel
chou-navet *m* / Swede [turnip]
chouquage *m* (ELF) (nucl) / chugging
chroma *m* (TV) / chroma || ~ (chromatique) / chroma[ticity], chrominance
chromage *m* / chromium plating || ~ **dur** / hard [chromium] plating || ~ sur **mesure** / chromium plating to size || ~ **terne brossé** / brushed chrome finish
chromatage *m*, passivation *f* / chromating, passivation
chromatation *f* (chimie) / chromating
chromate *m* / chromate (VI) || ~ (opt) / chromatic lens || ~ [de] / chromate (VI) [of] || ~ de **baryum** / barium chromate o. yellow, gelbin, lemon chrome, ultramarine o. baryta o. Steinbühl yellow || ~ **basique de plomb** / chrome red, basic lead chromate, lead chromate red, chrome o. Persian red || ~ de **calcium** / calcium chromate, gelbin, yellow ultramarin || ~ de **fer** / chrome o. chromic iron [ore], chromite || ~ **ferrique** (céram) / ferric chromate, siderin yellow || ~ de **plomb** (chimie) / lead chromate || ~ de **plomb** (couleur) / chrome yellow, Paris o. Leipzig o. Cologne o. lemon yellow || ~ de **plomb** (min) / cracoisite, lead chromate || ~ de **potassium** / potassium chromate || ~ de **strontium** / strontium chromate o. yellow || ~ de **zinc** / zinc chromate [pigment], zinc chrome (GB) o. yellow, citron yellow
chromater (tex) / chrome, chromate
chromaticité *f* (chromatique) / chroma[ticity], chrominance || ~ de **Planck** / Planckian colour
chromatine *f* / chromatin
chromatique *adj* / chromatic || ~ *f* (phys) / chromatics
chromatisme *m*, ensemble *m* de couleurs / chromatics *sing*
chromatogène (TV) / chromatogenous
chromatographe *m* pour **phase gazeuse** / gas-phase chromatograph
chromatographie *f* / chromatography || **par ~ en phase gazeuse** / gas-chromatographic || ~ par **adsorption** / adsorption chromatography || ~ sur **colonne échangeuse** / column chromatography || ~ en **couche mince** / thin-layer chromatography || ~ **gazeuse ou en phase gazeuse** / gas chromatographic analysis, gas-chromatography || ~ **gaz-liquide** / gas-liquid chromatography || ~ à **gouttelettes en contre-courant** / droplet countercurrent chromatography || ~ **liquide** / liquid chromatography || ~ sur **papier** (chimie) / paper [strip] chromatography || ~ de **partage** (chimie) / partition chromatography || ~ de **partage sur colonne** / partition chromatography on a column || ~ par **perméation du gel** / gel permeation chromatography || ~ en **phase gazeuse pour le contrôle et l'analyse en cours de production** / process gas chromatography
chromatographier / chromatograph
chromatome *m* (TV) / chromatom
chromatométrie *f* / chromatometry
chromatophore *m* (bot) / chromatophor
chromatron *m* (TV) / chromatron
chrome-... voir chromite-... || ~, Cr / chromium, chrome (US)
chromé / chromium plated || ~ **brillant** / bright chromium plated || ~ **dur** / hard chrome plated || ~ **mat** / brushed chromium plated, mat chromium plated
chromel *m* (alliage 80 % Ni, 20 % Cr) / chromel
chrome-mica *m* (min) / chrome-mica, verdite, fuchsite
chromer / chromium-plate || ~ par **diffusion** / chrom[al]ize
chromeur *m* / custom plater
chromeux / chromous, chromium (II) ...
chromifère / containing chromium
chrominance *f* (opt) / chrominance || ~ (théorie des couleurs) / chroma[ticity], chrominance || ~ (un élément d'information) (TV) / chrominance o. colour information
chromique / chromic, chromium (III) ...
chromisation *f* (acier) / chrom[al]izing, chrome diffusion
chromiser / chrom[al]ize
chromite *f* (min) / chrome o. chromic iron [ore], chromite || ~**-alumine** *f* / chrome-alumina || ~**-dolomie** *f* / chrome-dolomite || ~**-magnésie** *f* / chrome-magnesite || ~**-silice** *f* / chrome-silica || ~**-sillimanite** *f* / chrome-sillimanite
chromo *m* / misprinted colour impression || ~, chromophotographie *f* (épreuve) / colour print || ~, chromolithographie *f* (procédé, épreuve) / chromolithograph (print), chromolithography (process) || ~**gène** (chimie) / chromogenic || ~**-isomère** *m* / chromoisomer || ~**-isomérie** *f* / chromoisomerism, chromotropy || ~**lithographie** *f* voir chromo || ~**mètre** *m* / chromometer || ~**mètre** *m* de **Saybolt** / Saybolt chromometer || ~**phore** *adj* / chromophoric || ~**phore** *m* / chromophor || ~**photographie** *f* / colour print, coloured impression || ~**scope** *m* / chromoscope || ~**some** *m* / chromosome || ~**sphère** *f* / chromosphere || ~**type** *m* / multicolour printing block || ~**typ[ograph]ie** *f* / multicolour o. process printing || ~**virage** *m* (phot) / chromotoning
chromyle *m* / chromyl
chronique *f* (prép.trav) / chronicle
chrono·comparateur *m* / timing machine || ~**cyclogramme** *m* (ordonn) / chronocyclegraph (the photographic pattern of the operator's movements) || ~**cyclographie** *f* (ordonn) / chronocyclography || ~**gramme** *m* / timing diagram
chronographe *m*, chronomètre *m* compteur / stop-watch, timer || ~ (ordonn) / chronograph, time recorder || ~ **imprimant** / time printer || ~ à **spirale** / spiral chronograph
chronographe-compteur *m* avec **graduation en 1/100 min.** (ordonn) / decimal minute stop watch
chrono·logie *f* (science) / chronology || ~**logie** *f* **absolue** / age determination, geochronology || ~**logie** *f* de **lancement** (ELF) (espace) / chronology of launching || ~**métrage** *m* (science) / chronometry || ~**métrage** *m* (télécom) / timing || ~**métrage** *m* (ordonn) / chronometrical study
chronométrage *m* **continu** (ordonn) / continuous method timing, continuous watch reading

chronomètre *m* / chronometer, timekeeper ‖ ~ (nav) / box o. marine chronometer, ship's clock ‖ ~ de ou à **bracelet** / wrist chronometer ‖ **~-compteur** *m* **photoélectrique** / photoelectric counter chronometer ‖ ~ de **poche** / pocket chronometer
chronométré / timed
chronométrer / take the time ‖ ~, accorder [à] / time ‖ ~ (ordonn) / make a time and motion study, time *vt*
chronométreur *m* (gén) / timer
chrono·métreur *m* (ordonn) / time study man, assistant time-study engineer, time observer, timer, timekeeper ‖ **~micromètre** *m* / microchronometer, time interval meter, TIM ‖ **~-programmateur** *m* / programmable timer (a contact making clock) ‖ **~relais** *m* **électronique** / electronic time-limit switch ‖ **~scope** *m* / chronoscope ‖ **~timbre** *m* / time stamp
chrysalide *f* / chrysalis, pupa (of insects)
chrysalider(se) / cocoon *vi*
chrysaniline *f* (teint) / chrysaniline, phosphine, leather yellow
chrysarobine *f* (chimie) / chrysarobin
chrysène *m* / chrysene, 1,2-benzenanthrene
chrysobéryl *m* (min) / chrysoberyl
chrysoïdine *f* (teint) / chrysoidine
chrysolit[h]e *f* (min) / chrysolite
chrysoprase *f* / chrysoprase
chrysotile *f* / chrysotile, Canadian asbestos
chuck *m* à **mâchoires** / jaw chuck
chuintement *m* de l'**arc** (électr) / hissing of the arc
chutage *m* (forge) / cropping ‖ ~ (sidér) / dead head, top discard ‖ ~ des **rives** (lam) / side shearing, edging, edge trimming
chutant (courbe) / falling
chute *f* / plunge, fall ‖ ~, déclivité *f* / chute, steep declivity ‖ ~, baisse *f* / fall[ing] ‖ ~ (eaux usées) / soil pipe, S.P. ‖ ~, pièce *f* inutilisée / clipping, chip[ing], cutting, scrap, discard ‖ ~ (foudre) / striking of the lightning ‖ ~, impact *m* / [fall] impact ‖ ~, rognure *f* (pap) / trimming ‖ ~ (aéro) / crash ‖ **faire une** ~ / fall down ‖ ~ **absolue de tension** (électr) / voltage loss ‖ ~ de **blocs** (routes) / falling racks *pl* ‖ ~ de **blooms** / heavy scrap, bloom scrap ‖ ~ de **brochage** / stock removal by broaching ‖ ~ du **carbone** (sidér) / carbon drop o. elimination ‖ **~s** *f pl* en **cascades ou en gradins** (hydr) / stepped fall o. drop ‖ ~ *f* **cathodique** / cathode fall o. drop (US) ‖ ~ de **chaleur** / temperature drop, thermal head ‖ ~ de **charbon** (mines) / fall of coal ‖ ~ des **charges** (sidér) / slipping of the burden ‖ ~ de **concentration** / concentration gradient ‖ ~ des **corps** / drop o. descent of bodies ‖ ~ d'une **courbe** / drop o. falling of a curve ‖ ~ **dans l'arc** / arc voltage drop ‖ ~ de **découpage** (mousse plast) / waste loss ‖ ~ **dénoyée** / free o. complete fall o. drop ‖ ~ d'**eau** / waterfall ‖ ~ d'**eau** (usine électr) / hydrostatic pressure, effective head, pressure head ‖ ~ d'**eau à grand débit [d'un fleuve]** / big waterfall, cataract (over a precipice) ‖ ~ d'**eau utilisée** (électr) / hydrostatic pressure utilized for current generation ‖ ~ de l'**écluse** / lift of the lock ‖ ~ **électrique** / electric loss ‖ ~ d'**énergie** / energy drop ‖ ~ de **fréquence** / frequency fall-off ‖ ~ **inductive de tension** / reactance o. inductive drop ‖ ~ **jaugeuse** (hydr) / tumbling bay, meter fall o. drop ‖ ~ **libre** / free descent o. fall ‖ ~ de **lingot** (sidér) / crop ‖ **~s** *f pl* de **lingots** (sidér) / heavy scrap, bloom scrap ‖ ~ *f* du **loquet** (serr) / fall of the tumbler ‖ ~ du **mélange** / segregation ‖ ~ **nette** (hydr) / net pressure head ‖ ~ **ohmique** / ohmic drop, resistance drop, IR-drop (I = current, R = resistance) ‖ ~ de **pierres** / falling rocks *pl* ‖ ~ de **potentiel** / potential o. voltage drop, line drop ‖ ~ du **potentiel thermique** / temperature drop, thermal head ‖ ~ de **pression** (techn) / decrease o. fall of pressure ‖ ~ de **pression**, différence *f* de pression / drop o. difference of pressure, pressure head ‖ ~ de **pression** (contr.aut) / pressure drop ‖ ~ de **pression** (filtre) / pressure drop across a filter ‖ ~ de la **pression atmosphérique** / fall of the atmospheric pressure ‖ ~ de **pression dynamique** / dynamic head ‖ ~ de **puissance** (réacteur) / trip ‖ ~ du **relais** (relais) / drop-out of the pallet ‖ ~ de **son** (b.magn.) / drop-out ‖ ~ de **température** / sudden fall of temperature, temperature drop ‖ ~ de **température** (géol) / temperature drop ‖ ~ de **tension** (électr) / potential difference, P.D., pd, line drop ‖ ~ [de **tension] anodique** / anode drop o. fall ‖ ~ de **tension dans l'arc** / voltage [drop] across an electric arc, arc drop ‖ ~ de **tension dans l'arc** (décharge gazeuse) / voltage drop of a discharge gap ‖ ~ de **tension interne** / impedance drop ‖ ~ de **tension dans un récepteur** / voltage across a consumer ‖ ~ de **toit** / pitch of a roof ‖ ~ de **tôle** / plate o. sheet scrap, waster, cut, slice ‖ ~ **totale** (hydr) / total head ‖ ~ **utile** (hydr) / effective o. useful o. working head ‖ ~ de **vitesse de rotation** / speed drop
chuter *vi* (lam) / crop *vi*
chymosine *f* / chymosin, rennin, ferment of rennet
chymotrypsine *f* (chimie) / chymotrypsin
CIAT = Compagnie Industrielle d'Applications Thermiques
cible *f* / mark, aim, target ‖ ~ (TV, nucl, ordonn) / target ‖ ~ (rayons X) / transmission target ‖ ~ (mil) / practice target ‖ ~ **fantôme** (radar) / phantom radar target ‖ ~ de **radar** / radar target, distant object ‖ ~ **radar mobile** / moving radar target ‖ ~ **réfléchissante** (rayons X) / reflection target ‖ ~ de **réglage** (mil) / registration target
cicatrice *f* (couture) / seam ‖ ~ **foliaire** (betterave) / leaf scar
cicutine *f* (chimie) / coniine
CIE = Commission Internationale de l'Eclairage
C.I.E., Commission Internationale d'Eclairage / I.C.I., International Commission on Illumination ‖ ~̊, **Commission Internationale Electrotechnique** / I.E.C., International Electrotechnical Commission
ciel *m* (mines) / back[s], roof ‖ ~ (four) / roof ‖ **à** ~ **ouvert** / on the surface ‖ **à** ~ **ouvert** (mines) / open ‖ ~ de **carrière** / roof ‖ ~ de **chambre** (four à coke) / oven roof ‖ ~ de **chaudière** / top of the boiler ‖ ~ de **gorge** (verre) / throat cover [block] ‖ ~ **massif** (bâtim) / solid ceiling ‖ ~ **moutonné** / cirro-cumuli *pl*, mackerel sky ‖ ~ **suspendu** (bâtim) / suspended roof o. ceiling ‖ ~ **variable** / cloudiness with bright intervals
cielomètre *m* / ceilograph, ceilometer
c.i.f. / cif (= cost, insurance, freight)
CIGRE = Conférence Internationale des Grands Réseaux Electriques
C.I.M. (Convention Internationale Marchandises) (ch.de fer) / Intern. Convention concerning the Carriage of Goods by rail, C.I.M.
cimaise *f* (bâtim) / ogee, OG, cyma ‖ ~ (moulure) / room border, moulding for paper hangings
cimblot *m* / centering piece (a contrivance)
cime *f* (bâtim) / pinnacle ‖ ~ (géol) / cone, summit, peak ‖ ~ d'un **arbre** (silviculture) / top end of a trunk ‖ ~ de **poteau** (réverbère) / pole end
ciment *m* (bâtim) / cement ‖ ~, liant *m* / adhesive [cement] ‖ ~ **alumineux**, ciment *m* fondu / high-alumina cement, Ciment Fondu ‖ ~ **amiante** /

asbestos cement, transite || ~ **anglais** / alum-soaked gypsum || ~ à l'**asphalte** / asphalt cement || ~ **basal** (réfractaire) / basal cement || ~ à **bois** / wood cement o. putty || ~ **bouche-pores** (techn, bâtim) / beaumontage || ~ à **boucher** (émail) / filler || ~ de **caoutchouc** / rubber mastic || ~ **collant** / adhesive [cement] || ~ **dentaire** / dental cement || ~ **[dentaire] au silicate** / silicate cement || ~ **expansif** / expanding cement || ~ de **fer** (fonderie) / iron cement || ~ de **fer** voir aussi ciment Portland de fer || ~ de **haut fourneau** / blast furnace slag cement || ~ de **haut fourneau alumineux** / montan cement || ~ de **haut fourneau à sulfate** / sulfate slag cement || ~ à **haute teneur en alumine** / high alumina cement || ~ **hydraulique** (techn) / hydraulic cement || ~ de **laitier** / slag cement || ~ de **laitier au clinker [Portland]** / blast furnace Portland cement 85 || ~ à **maçonner** / masonry cement || ~ à la **magnésie** / magnesia cement, magnesium oxychloride cement || ~ pour **métaux** / metal bonding cement || ~ **naturel**, N.C. / natural cement || ~ **normal** / standard cement || ~ **normalisé** / cement conforming to standards || ~ d'**optique** / optical cement || ~ à l'**oxychlorure** (bâtim) / oxychloride cement || ~ **phénolique** / phenolic ciment || ~ au **phosphate de zinc** / zinc phosphate cement || ~ au **plâtre** / selenitic cement o. lime || ~ **Portland** / Portland cement || ~ **Portland de fer** / Portland blast furnace cement 20 to 35 || ~ **pouzzolanique** / pozzolanic cement || ~ à **prise lente** / slow-setting cement || ~ à **prise rapide** / quick-taking cement || ~ **pulvérisé** / cement dust o. powder || ~ **réfractaire** / grog fireclay mortar, fireclay o. refractory cement (GB) o. mortar (US) || ~ **résistant aux acides** / acid-resisting cement || ~ **romain** / Roman o. Parker's cement || ~ de **scellement pour lampe** (plast) / lamp capping cement || ~ au **silicate** / silicate cement || ~ **silico-phosphate** / silico-phosphate cement || ~ **sursulfaté** / supersulphated cement || ~ **synthétique** (plast) / synthetic resin cement || ~ au **trass** / pozzolanic o. trass cement || ~ à **très haute résistance initiale** / high early strength Portland cement, Portland cement type III (US) || ~ au **verre soluble** / water glass cement || ~ en **vrac** / bulk cement

cimentation *f* (bâtim) / cement work || ~ (bâtim) / weather o. cement fillet || ~ (puits de forage) / bore hole cementation

cimenté / cemented

cimenter / cement || ~ [sur] / paste on

cimenterie *f* / cement plant o. works

cimentier *m* / concrete worker

cimetière *m* **radioactif** (nucl) / graveyard, burial ground

cinabre *m* (min) / cinnabarite || ~ (couleur) / cinnabar red, vermilion || ~ **artificiel** / artificial cinnabar, red mercuic sulphide, vermilion, Chinese red

cinchonine *f* / cinchonine

cinéaste *m* / film-producer o. -maker

cinéma *m* (spectacle) / film, motion picture, movies *pl* (coll) || ~ (art) / cinema, film || ~ (lieu) / cinema, film palace o. theater, motion picture theater || ~ **accéléré** (film) / time accelerator || ~ pour **automobiles** / drive-in movies *pl* || ~ **chez soi** / home cinema o. movies (US) || ~ en **plein air** / open air cinema, drive-in theater (US) || ~ en **relief** / 3d film, three-dimensional film || ~ au **volant** / drive-in movies *pl*

cinémascope *m* / CinemaScope

cinémathèque *f* / film library

cinématique *adj* / kinematic || ~ *f* / kinematics *sing* || ~ **spatiale** / spatial kinematics

cinématographie *f* / cinematography || ~ **ultra-rapide** / high-frequency cinematography

cinématographique / cinematograph[ic]

cinémodérivomètre *m* (aéro) / cinemo derivometer o. drift indicator

cinémomètre *m* / tachometer, revolution o. speed counter || ~**-radar** *m* / road traffic radar

ciné-parc *m* (Canada) / drive-in movies *pl*

cinéradiographie *f* / cineradiography

cinérama *m* / Cinerama

cinéscope *m* (TV) / telerecording equipment for film

cinéthéodolite *m* / recording theodolite

cinétique *adj* / kinetic || ~ *f* / kinetics *sing pl* || ~ **chimique** / chemical kinetics || ~ des **gaz** / gas kinetics || ~ **moléculaire** *adj* / molecular-kinetic

cinéto-élastodynamique *f* (méc) / kineto-elastodynamics *sing*

cinglage *m* (nav) / run || ~ de **coton** / cotton dressing

cingler (bâtim) / mark out with a line, line out || ~ [vers] (nav) / steer o. sail [for] || ~ à la **craie** (bâtim) / line out with chalk

cingleur *m* / squeezer, squeezing machine

cinq *f* (typo) / pearl (kind of type fount) || **à ~ chiffres ou décades** / five-digit... || ~ au **carré** / five squared || ~ **et quatre** (télécom) / nine

cinquième *f* (auto) / overdrive [ratio] || **du ~ degré** (math) / quintic

cintrage *m* / flection, flexion (GB), curving || ~ (lam) / roll bending || ~ (bâtim) / erection of a center scaffolding, centering || ~ par **flambement** (m outils) / upset bulging || ~ d'une **poutre** / bending of a girder || ~ au **retrait** (fonderie) / shrinkage bend

cintre *m* (techn) / arch, curve of an arch || ~ (bâtim) / bow member || ~**s** *m pl* (théâtre) / loft of a stage, flies *pl* || **en plein** ~ (voûte) / semi-circular || ~ *m* d'**acier** (mines) / steel arching, arch type support || ~ **autolanceur** (pont) / launching arch, (esp.:) formwork launching girder || ~ de **bétonnage** (bâtim) / center [scaffolding], cent[e]ring, cradling || ~ de **charpente** (bâtim) / center scaffolding, false work || ~ **flexible** (carde) / flexible bend || ~ **intérieur d'une chambre à air** (pneu) / base of a tire tube || ~ **métallique** (mines) / arch type support || ~ **[métallique] articulé** (mines) / articulated roadway support || ~ **métallique de soutènement** (mines) / centering o. gallery arch || ~**s** *m pl* **métalliques en voies** (mines) / steel arching || ~ *m* **ouvert** / camber arch (with concave underside and straight topside) || ~ de **pavillon** (ch.de fer) / roof arch

cintré (bâtim) / arched || ~ (surface) / curved || ~ (forge) / roll-bent || ~, en cintre / arc-shaped

cintrer / arch *vt*, deflect, curve, bend [in circular shape] || ~ (lam) / bend o. roll round || ~ (découp) / roll, bend || ~ les **tôles de chaudières** / roll shell rings of boilers

cintreuse *f* / bending press || ~ pour **douves** / stave bending machine || ~ de **rails** / rail bending press || ~ pour **tubes** / pipe bending machine o. press

CIOS = Conseil International pour l'Organisation Scientifique (Genève)

cipolin *m* (géol) / cipolin[o], onion marble

C.I.P.R., Commission Internationale de Protection Radiologique / ICPR, International Commission on Radiological Protection

cirage *m* (tex) / wax finishing || ~ pour **souliers** / shoe polish

circlip *m* (auto) / circlip [securing ring] || ~ **extérieur** / circlip for shafts || ~ **intérieur** / circlip for bores

circon *m* (coll), vrillette *f* / wood-boring beetle o. borer

circonférence *f* / periphery, circumference, girth || ~ (cercle) / periphery of a cercle, circle || ~ (p.e. d'arbres) / girth, girt, circumference, periphery || ~ **circonscrite** / circumscribed circumference || ~ au **milieu** (bois) / mid-[timber]girth || ~ **primitive d'une gorge de poulie** / pitch circumference of a pulley groove || ~ de **roulement** / rolling circumference
circonférentiel / circumferential
circonscription *f* **téléphonique ou de taxe** (télécom) / meter pulse rate, metering zone
circonscrire / circumscribe || ~ [à] (math) / circumscribe
circonscrit / circumscribed
circonvolution *f* de l'**enroulement** (électr) / convolution of the winding
circuit *m* / circuit (a circular line encompassing an area) || ~ (électr) / circuit || ~ (ord) / element, circuit || ~ (télécom) / line || ~, pourtour *m* / periphery || **à ~ fermé** (contr.aut) / closed-loop... || **à ~ magnétique fermé** / with closed magnetic circuit || **à ~ ouvert** (contr.aut) / open-loop... || **à ~ unique** / single-circuit..., one-shot... || **à deux ~s** (électron) / two-circuit..., double circuit... || **à deux ~s fermés** (enroulement) / doubly reentrant || **en ~** / on || **en ~** (électr) / in circuit, connected || **en ~ fermé** / closed circuit ... || **en ~ ouvert** (électron) / open circuit... || ~ d'**absorption** (électr) / suction circuit, spark absorber, absorption circuit || ~ **accepteur** (électron) / acceptor circuit || ~ d'**accommodation** (télécom) / accommodating connection || ~ d'**accord** / tuning circuit || ~ d'**accord à haute qualité** / high-Q tuned circuit || ~ **accordé** / tuned circuit || ~ d'**actionnement** (relais) / feed circuit || ~ d'**adaptation** (télécom) / accommodating connection || ~ **addeur** (TV) / adder || ~ **additif** (contr.aut) / compound circuit || ~ d'**addition de vert** (TV) / green adder || ~ d'**aérage** (mines) / current of air, ventilating current || ~ d'**alerte** / alarm circuit || ~ d'**alimentation** (électr) / feed circuit || ~ d'**alimentation** (ELF) (espace) / feed system || ~ d'**allumage** / firing o. ignition o. sparking circuit || ~ **A.M.** (électron) / AM circuit || ~ d'**amenée** (chimie) / feed stream || ~ d'**amorçage** (ord) / bootstrap circuit || ~ d'**amorçage** (contr aut) / starting circuit || ~ **amortisseur** (télécom) / damping circuit || ~ **amplificateur à charge anodique** / anode follower || ~ **amplificateur à contre-réaction** / bootstrap circuit || ~ à **amplification directe** (radio) / tuned amplifier circuit, resonant circuit || ~ d'**antenne** / antenna circuit || ~ **antenne-terre** / antenna-ground system || ~ à **anticoïncidence** / anticoincidence circuit || ~ **antipompage** (électron) / antihunting circuit || ~ **antirésonant** (électron) / antiresonant circuit || ~ **antironflement** (électron) / hum buckling || ~ **approprié simultanément à la télégraphie et à la téléphonie** (télécom) / bunch circuit || ~ d'**arrêt** / retaining circuit, hold[ing] o. locking o. maintenance circuit || ~ d'**arrêt des interférences** / interference rejection circuit || ~ d'**arrivée** / leading-in wire, incoming circuit || ~ d'**assourdissement** (électron) / muting, squelch || ~ **astable** / astable o. free-running circuit || ~ d'**attaque** (ord) / driving circuit || ~ d'**attente** (aéro) / holding pattern || ~ à **autoserrage** / stick circuit || ~ **auxiliaire** (instr) / auxiliary circuit || ~ de **balayage** (électron) / sweep circuit || ~ de **barrière** (transistor) / gate o. gating circuit || ~ de **bascule** (TV) / seesaw circuit || ~ **base intermédiaire** (électron) / grounded base circuit || ~ **basse tension** (électr) / low-potential lead o. circuit || ~ **binaire** (électron) / binary circuit || ~ **bistable** (électron) / lock-over circuit, bistable [trigger] circuit || ~ de **blocage** (électron) / inhibit gate o. circuit || ~ de **blocage** (r.cath) / hold-off circuit || ~ de **blocage** (TV) / clamper, clamp circuit || ~ de **blocage automatique** (TV) / automatic locking circuit || ~ de **blocage pour déterminer le nombre du demandeur** (télécom) / interception circuit || ~ **bouchon** (électron) / block o. trap circuit, wave trap || ~-**bouchon** *m* (guide d'ondes) / trap circuit, wave trap || ~-**bouchon** *m* (TV) / interference trap || ~ **bouchon F.I.** (électron) / parallel tuned IF-trap || ~ **cascode** (électron) / cascode circuit || ~ de la **cathode chaude ou incandescente** (électron) / heating circuit || ~ de **charge** (télécom) / load circuit || ~ de **charge fictif** (électron) / phantom load circuit || ~ de **charge fictif** (télécom) / equivalent load || ~ de **chauffage** / heater circuit || ~ de **clampage** (TV) / clamper, clamp circuit || ~ de **codage** / coding circuit || ~ de **coïncidence** (électron) / coincidence gate || ~ **combinant** (télécom) / physical circuit o. line, side circuit || ~ **combinatoire** (électronique) / combinatorial circuit (GB), combinational circuit (US) || ~ **combiné** (télégraphie) / composite circuit || ~ **combiné** (télécom) / phantom circuit, superposed circuit || ~ **combiné double** (télécom) / double phantom circuit || ~ de **commande** (électr) / control circuit || ~ de **commande** (contr.aut) / pilot circuit, signal circuit (US) || ~ **commandé par quartz** / crystal-controlled circuit || ~ de **communication d'un appel interne** (ord) / local call switching circuit || ~ de **commutation** / switching circuit || ~ **compatible** (semicond) / compatible circuit || ~ de **compensation** / compensation circuit o. network || ~ à **composants discrets** (électron) / lumped circuit || ~ **compteur** (compteur Geiger-Müller) / quenching circuit || ~ **compteur ou de comptage** (électron) / counting circuit o. chain || ~ de **conférence** (télécom) / conference system || ~ du **contacteur** (électr) / contactor control circuit || ~ de **contrôle** (contr.aut) / pilot circuit || ~ de **conversation** (télécom) / mesh || ~ de **conversation quadruple** (télécom) / phantom [circuit] || ~ de **cordon** (télécom) / cord circuit || ~ **correcteur** (TV) / compensating o. equalizing circuit || ~ de **correction** (électron) / antiresonant circuit || ~ à **couche** (électron) / film circuit || ~ à **couche mince** (ord) / thin-film circuit || ~ de **courant** / current circuit || ~ du **courant de freinage** / brake circuit || ~ pour **courant fort** / power circuit || ~ **court-circuité** / short[ed] circuit || ~ à **cristal** / crystal circuit || ~ de **Darlington** (électron) / Darlington arrangement o. circuit o. combination, compound-connected transistors *pl* || ~ du **débrouillement de code** (radar) / degarbling circuit || ~ de **décharge** (électron) / discharge circuit || ~ de **déclenchement** (radar) / gate || ~ de **déclenchement** (électr) / trip o. trigger circuit || ~ de **déclenchement** (NC) / cutoff circuit of a closed-loop system || ~ à **déclenchement périodique** (radar) / double limiter, window || ~ de **déflexion** / deflecting coil circuit || ~ de **délai** (électron) / delay circuit || ~ de **demande** (télécom) / operator's circuit || ~ de **démarrage** (télécom, auto) / starting circuit || ~ de **départ** (électr) / leading-out wire, outgoing circuit || ~ **déphaseur** (électr) / quadrature circuit || ~ en **dérangement** (télécom) / faulty connection || ~ en **dérivation**, circuit *m* dérivé (électr) / shunt [circuit], derived circuit || ~ **dérivé**, circuit *m* à fil fin (électr) / voltage path || ~ **détecteur d'erreurs** (ord) / error detecting circuit || ~ à **deux fils** / two-wire circuit || ~ de **déviation**

(électron) / sweep circuit || ~ de **déviation verticale ou en Y** / vertical scanning circuit || ~ **différenciateur** (ord, électron) / differentiator [circuit o. network], differentiating circuit || ~ **différenciateur** (modulation) / differentiator, differentiating circuit o. network || ~ **différenciateur de crêtes** (radar) / fast time [gain] control, F.T.C., peaker (US), differentiating circuit || ~ de **disjonction** (électron) / exclusive OR gate || ~ de **distribution** / distributing network || ~ **diviseur de fréquence** / frequency dividing network || ~ **double de résonance** (électron) / dual tank || ~ **doubleur de tension** (TV) / voltage doubling circuit || ~ **duplex** (pour duplexage) (télécom) / duplex circuit || ~ de l'**eau** (prép) / water circuit o. circulation || ~ d'**Eccles-Jordan** (électron) / flip-flop, flipflop (US), toggle (GB), bistable trigger circuit, bistable multivibrator, bivibrator, Eccles-Jordan circuit || ~ d'**échantillonnage** (contr.aut) / sampling gate || ~ d'**éclairage [électrique]** (électr) / light[ing] circuit o. mains *pl* || ~ **économique** (électron) / saver circuit || ~ d'**égalisation** (TV) / compensating o. equalizing circuit || ~ d'**émission** (électron) / transmitter circuit || ~ **émittodyne** / emitter-follower circuit || **~s** *m pl* **enchaînés** (électr) / linked circuits *pl* || ~ *m* d'**enroulement de l'induit** / path of the armature circuit || ~ d'**entrée** (électron) / input circuit || ~ d'**envoi** (électron) / transmitter circuit || ~ d'**épreuve** / test circuit || ~ d'**équilibrage** / compensation o. balancing circuit || ~ d'**équilibre** / balancing circuit, corrector circuit || ~ d'**équivalence** (électron) / IF-AND-IF-ONLY gate o. element || ~ **équivalent** (ord) / equality circuit o. unit || ~ **équivalent ou d'équivalence** / equivalent circuit || ~ d'**essai de tension en régime pulsionnel** (électron) / surge generator || ~ **ET** (électron) / logical AND circuit, AND-gate o. element || ~ **étalon ou d'étalonnage** / calibration circuit || ~ **étendeur de base de temps** (r.cath) / sweep magnifier || ~ **ET-NON** (électron) / inhibit gate o. circuit, NAND gate o. element || ~ **ET-OU** / AND-to-OR network o. gate, OR-to-AND network o. gate || ~ **excitateur** / exciting circuit || ~ d'**excitation** (télécom) / primary circuit || ~ à **excitation brusque** (électron) / surge generator || ~ d'**exclusion** (électron) / NOT-IF-THEN gate o. element || ~ **expanseur** (électron) / extender circuit || ~ **expérimental** (nucl) / experimental loop || ~ **extérieur** / external circuit || ~ **fantôme** (télécom) / phantom circuit, superposed circuit || ~ **fantôme** (pour téléphonie fantôme) (télécom) / duplex circuit || ~ **fantôme double** / double phantom circuit || ~ **fantôme de noyau** (télécom) / core phantom circuit || ~ **fantôme quadruplex** / quadruple phantom circuit || ~ **fantôme avec retour par la terre** / earth phantom circuit || ~ **fantôme [simple]** (télécom) / phantom [circuit] || ~ **fermé** (électr) / closed circuit || ~ **fermé** (contr aut) / closed loop || ~ **fermé** (TV) / closed-circuit television, CCTV || ~ **fictif de référence** (télécom) / reference phantom circuit || ~ à **fil fin** (électr) / voltage path || ~ de **filtrage**, circuit filtre ou filtrant / filter network || **~-filtre** *m* à **caractère de cloche** (TV, Secam) / gaussian filter circuit || ~ **filtre à plusieurs sections** (électron) / multi-section filter [circuit] || ~ de **fixation de l'amplitude** (électron) / clamp[ing] circuit, clamping || ~ de **force** (électr) / power circuit || ~ de **force motrice**, ligne *f* aérienne / power line (US), mains (GB), pl || ~ de **formage des signaux** (télécom) / signal shaping network || ~ **formant un carré de diodes** / diode squaring circuit || ~ à **fréquence vocale** / voice grade channel o. line || ~ de **gâchette** / gate circuit || ~ de **garde** (électr) / guard circuit || ~ de **garde de la voix** / voice protection [network] || ~ **générateur** (électron) / generator circuit || ~ de **graissage** / lubrication circuit || ~ [de] **grille** / grid circuit || ~ à **grille commune** (électron) / grid base connection, grounded grid circuit || ~ **grille-filament** / grid-filament circuit || ~ **hybride** (semicond) / hybrid o. film circuit, hybrid integrated circuit || ~ **hybride en couche épaisse** / thick-film hybrid circuit || ~ **hydraulique** (aéro) / hydraulic circuit || ~ d'**identité** (électron) / identity gate o. element || ~ **imprimé** / printed circuit, printed circuit || ~ **imprimé flexible** / flexprint || ~ **imprimé multilayer ou multicouche** / multilayer printed board, platter || ~ **imprimé noyé** (électron) / flush [bonded] circuit || ~ **imprimé par superposition** / additive printed wiring board || ~ d'**impulsions** (électr) / pulse circuit || ~ d'**inclusion** (électron) / IF-THEN gate o. element || ~ à **inductance** (télécom) / L-network o. attenuator o. filter || ~ **inducteur** / inductive circuit || ~ **inducteur**, circuit *m* primaire / primary circuit || ~ de l'**information** / data path || ~ d'**inscription des appels** (télécom) / recording trunk || ~ d'**intégration** / integrating circuit o. network, integrator || **~s** *m pl* à **intégration et décharge** / integrate and dump circuits *pl* || ~ *m* **intégré** / IC, integrated circuit || ~ **intégré analogique** / integrated analog circuit || ~ **intégré pour client** / consumer [designed] IC || ~ **intégré à couche** / integrated film circuit || ~ **intégré à couche épaisse** (électron) / thick film integrated circuit || ~ **intégré à couche mince** / thin-film integrated circuit || ~ **intégré à film** / integrated film circuit || ~ **intégré de haute capacité** / high-dissipation IC || ~ **intégré linéaire** / linear integrated circuit, linear IC, LIC || ~ **intégré L.S.I.**, circuit *m* intégré à grande intégration / large scale integrated circuit, LSI circuit || ~ **intégré monobride** (électron) / monobrid integrated circuit || ~ **intégré monolithique à semiconducteurs** / solid state IC, monolithic [integrated] circuit || ~ **intégré numérique** / integrated digital circuit, digital integrated micro-circuit || ~ d'**interface** (ord) / interface circuit || ~ **intérieur** / internal circuit || ~ **intermédiaire** (télécom) / transfer circuit || ~ **intermédiaire** (électron) / intermediate circuit || ~ d'**interrupteur** / switch circuit || ~ **interurbain** (télécom) / communication line, transmission line || ~ **inverseur binaire** (ord) / NOT-circuit o. element o. gate, inverter, negator, negater || ~ **inverseur de phase** / phase inverter circuit || ~ **inverseur à semi-conducteurs** (électr) / semiverter, semiductor and inverter || ~ de **liaison** (électron) / link circuit || ~ **limiteur d'amplitude** (TV) / amplitude limiter circuit o. separation circuit o. lopper (US) || ~ **local** (télécom) / local circuit || ~ **logique** / logic circuit || ~ de **logique à couplage d'émetteur ou couplé à l'émetteur** (ord) / emitter coupled logic, ECL, current mode logic, CML || ~ **magnétique dans le fer** (électr) / magnetic circuit || ~ **magnétique fermé** / closed magnetic circuit || ~ de **maintien** / retaining circuit, hold[ing] o. locking o. maintenance circuit || ~ **majoritaire** (électron) / majority element o. gate || ~ de **masse** / ground (US) o. earth (GB) loop || ~ **matrice** (TV) / matrix circuit o. unit || ~ **mémorisant ou de mémoire** (ord) / resonant circuit, tank [circuit] || ~ de **mesure** (instr) / measuring circuit || ~ **métallique** / copper circuit || ~ de **mise en attente** / queuing circuit || ~ de **mise**

en attente pour l'émetteur (télécom) / transmitter queueing device || ~ de **mise au point** (électr) / control circuit, regulator circuit || ~ de **mise en forme** (ord, TV) / sine wave clipper, pulse shaper o. former || ~ **modulateur** / modulation circuit || ~ à **modulation d'amplitude** (électron) / amplitude modulation o. AM circuit || ~ **monolithique** (électron) / solid-state o. monolithic circuit, microcircuit || ~ **MOS intégré** / MOS-IC (MOS integrated circuit) || ~ **multiple** / multiple circuit || ~ **multiplex** (télécom) / conference connection, multiplex connection || ~ **multipoint** (ord) / multidrop circuit || ~ **neutrodyne** / neutrodyne circuit || ~ **NON** (ord) / NOT-circuit || ~ **NON-ET** (ord) / NAND circuit || ~ **NOR** (électron) / NOR circuit || ~ **numérique** / digital circuit || ~ **oscillant** (électron) / oscillatory o. oscillation o. oscillating circuit, oscillator || ~ **oscillant à cristal à modulation de fréquence** / frequency modulated quartz circuit, FMG || ~ **oscillant parallèle** / parallel resonant circuit || ~ **oscillant peu amorti** (électron) / ringing circuit || ~ **oscillateur** / oscillator o. generator circuit || ~ **oscillatoire** (électr) / oscillating circuit || ~ **OU** (ord) / logic[al] OR circuit || ~ **OU connecté en parallèle** / parallel connected OR-gate || ~ **OUI** (ord) / YES-circuit || ~ **ouvert** (électron) / open circuit || ~ **papillon** (guide d'ondes) / butterfly circuit || ~ **parallèle** (électr) / parallel o. shunt circuit || ~ en **parallèle** / parallel line o. circuit, shunt line || ~ de **paralysie** (électron) / clamp[ing] circuit, clamping || ~ de **paralysie** (tube compteur) / paralysis circuit (counting tube) || ~ à **paramètres concentrés** (électron) / lumped circuit || ~ **passif** (télécom) / passive circuit || ~ de **permutation** / permuting circuit || ~ **phantastron** (radar) / phantastron, phant || ~ **piège** (électron) / acceptor circuit, series tuned wave trap || **~-pilote** *m* (contr.aut) / pilot circuit, signal circuit (US) || ~ de **piste** (aéro) / aerodrome traffic circuit || ~ de **plaque** / plate o. anode circuit || ~ **PLL** / PLL circuit, phase-locked loop circuit || ~ en **pont ou à pont** (électr) / bridge circuit o. connection o. method, lattice network || ~ **porte**, circuit *m* de portillon (transistor) / gate circuit o. element || ~ **porte de disjonction** / exclusive OR element o. gate || ~ **porte ET** / AND gate o. element || ~ **porte d'exclusion** / NOT-IF-THEN element o. gate || ~ **porte d'inclusion** / IF-THEN element o. gate || ~ **porte NON-ET** / NAND element o. gate || ~ **porte NON-OU**, circuit *m* porte NI / NOR element o. gate || ~ **porte OU** / [inclusive] OR element o. gate || ~ de **poursuite** (radar) / tracking circuit || ~ **primaire** (électr) / primary circuit || ~ **principal** (électr) / main circuit || ~ de **principe** / basic circuit o. wiring || ~ de **production** / production flow || ~ **protecteur** (télécom) / guard circuit || ~ **protecteur** (électr) / protective circuit || ~ de **puissance** (gén) / energy circuit || ~ de **puissance** (réseau) / power circuit || ~ de **puissance** (ch.de fer) / traction o. main circuit || ~ **pulsé** (électr) / impulse circuit || ~ à **quatre fils** (télécom) / four-wire termination || ~ à **quatre gâchettes** (électron) / quad gate || ~ **radio[télé]phonique** / radiotelephone communication || ~ **RC** (électron) / RC module || ~ **RCL** / RCL module || ~ de **réactance** (électr) / choke o. choking circuit, reactance circuit || ~ du **réacteur** / reactor circuit || ~ de **réaction** / regenerative o. reaction circuit, feedback circuit || **~-récepteur** *m* **ou de réception** / receiving circuit || ~ de **reconnaissance** / identification circuit || ~ **réducteur de l'effet de pluie** (radar) / fast time constant circuit || ~ **réel** (télécom) / physical circuit o. line, side circuit || ~ **réel à quatre fils** / four-wire side circuit || ~ de **référence** (radio) / reference circuit || ~ de **référence** (télécom) / standard reference circuit || ~ de **réfrigération du foyer** / combustion chamber cooling circuit || ~ de **refroidissement ouvert** / open circuit cooling || ~ **régional** (télécom) / toll line o. circuit (GB), junction circuit || ~ de **réglage** (électr) / control circuit, regulator circuit || ~ de **réglage bouclé ou à réaction** (contr.aut) / closed [control] loop || ~ de **réglage ou régulateur ou de régulation** / control loop || ~ **Reinartz** (électron) / Reinartz circuit || ~ **réjecteur** (TV) / interference trap || ~ **réjecteur de canal** (TV) / channel rejector circuit || ~ de **relaxation verticale** (TV) / picture traversing circuit o. traverse || ~ de **remise à zéro** (ord) / reset circuit || ~ **résonnant ou à résonance** (électron) / resonant circuit, tank [circuit] || ~ **résonnant coaxial** (électron) / coaxial resonant circuit || ~ **résonnant en série** (électron) / acceptor circuit, series tuned wave trap || ~ de **retard** (ord) / delay line || ~ de **retard** (électron) / delay line, helix || ~ de **retour** (électr) / return wire o. conductor || ~ à **retour par la terre** (télécom) / earth-return circuit || ~ de **rétroaction** / regenerative o. reaction circuit, feedback circuit || ~ **rotorique** / rotor circuit || ~ **routier** (routes) / orbital road || ~ **secondaire** (électr) / secondary [circuit] || ~ **secondaire** (réseau électr) / feeder circuit || ~ **secondaire de refroidissement** (nucl) / secondary coolant circuit || ~ à **semi-conducteurs** (électron) / solid-state o. monolithic circuit, microcircuit || ~ **séparateur de synchro** (TV) / clipper || ~ de **séparation** (TV) / separator circuit || ~ de **séparation de courant continu** (électron) / d.c. separating network || ~ **séquentiel** (électron) / sequential circuit || ~ de **service** (électr) / service o. operating circuit || ~ de **seuil** (radar) / threshold circuit || ~ **shunt** / parallel line o. circuit, shunt line || ~ de **silence** (électron) / squelch [circuit] || ~ de **sonnerie** (télécom) / ringing circuit || ~ à une **sortie** (électron) / single-end circuit || ~ de **sortie en totem** (ord) / totem pole fanout || ~ de **stabilisation** / stabilizing circuit || ~ **suburbain** (télécom) / suburban jonction || ~ **superfantôme** (télécom) / double phantom circuit || ~ **superposé** (télécom) / phantom circuit, superposed circuit || ~ de **supervision** (télécom) / supervisory circuit || ~ de **suppression piloté** (radar) / killer circuit || ~ de **suppression de réponses asynchrones** (radar) / defruiter || ~ de **synchronisation** (électron) / synchronizing circuit || ~ de **synchronisation** (ord) / timing circuit || ~ de **tampon** (électr) / buffer [circuit] || ~ de **tarage** (électr) / bucking circuit || ~ de **télécommande à sécurité** [totale] / remotely controlled safety circuit || ~ **télégraphique** / telegraph circuit || ~ **téléphonique** / telephone circuit o. line || ~ de **télévision à grande distance** / chain of television lines || ~ de **temporisation** (électron) / delay line || ~ de **tension** (électr) / voltage o. pressure circuit, shunt circuit || ~ de **tension en parallèle** (instr) / voltage circuit in parallel || ~ de **tension en série** (instr) / voltage circuit in series || ~ **ternaire** (ord) / ternary circuit || ~ **terrestre** / earth (GB) o. ground (US) circuit || ~ de **traction** (ch.de fer) / traction o. main circuit || ~ **transmetteur** (électron) / transmitting circuit || ~ pour **transmission radiophonique** / programme line, music circuit || ~ de **travail** / operating circuit, operation o. working circuit || ~ à **très grande intégration** / very large scale integrated circuit || ~

utilisateur ou d'utilisation (électr) / load circuit || ~ de la **valeur absolue** (ord. anal.) / absolute value circuit || ~ de **validation** (ord) / enable circuit || ~ **vérificateur de réception** (électron) / reception test set || ~ de **verrouillage** (électron) / clamp[ing] circuit, clamping || ~ de **verrouillage** (ord) / inhibiting circuit, locking circuit || ~ de **verrouillage de nœud** (ultrasons) / clamped node || ~ à **verrouillage de phase** / phase locked loop circuit, PLL-circuit || ~ **vidéo** (TV) / vision o. video circuit || ~ de **voie** (ch.de fer) / track circuit, bond wire (US) || ~ de **voie à courant pulsé** (ch.de fer) / pulsating current track circuit || ~ de **voie à courants codés** (ch.de fer) / coded current track circuit || ~ de **voie d'immobilisation d'aiguille** (ch.de fer) / ground track point lock || ~ de **voie isolé sur les deux files de rails** (ch.de fer) / double rail track circuit || ~ de **voie à réactance** (ch.de fer) / reactance alternating current track circuit || ~ **volant** (électron) / flywheel circuit

circulaire *adj* / circular || ~ *f* (sidér) / bustle pipe || ~ / circular [letter] || ~ **réciproque ou inverse** (math) / inverse trigonometric, antitrigonometric, arc-trigonometric || ~ dans le **sens de rotation gauche** (polarisation) / lefthanded circular

circulant / circulatory || ~ à **vive allure** / at high speed o. pace

circular pitch *m* / circular pitch, C.P.

circularité *f* / circular form

circulateur *m* (guide d'ondes) / circulator || ~ (chauffage) / circulation o. circulating pump

circulation *f* / circuit, circular movement o. motion || ~ (trafic) / circulation [road] traffic, running || ~ (ordonn) / process flow || ~ (biol, bot) / circulation || **de** ~ (ch.de fer) / traffic... || **mettre en** ~ (film) / release a film || ~ d'**air** / air circulation || ~ **alternée** (auto) / alternating trafic || ~ **automobile** / motor traffic || ~ du **bain** (tex) / liquid circulation o. flow || ~ des **berlines** (mines) / tub circulation || ~ **continue d'un c.c.** (électr) / continuous flow of d.c. || ~ à **contre-voie** (routes) / two-way traffic || ~ **contrôlée** / forced circulation o. flow || ~ **discontinue d'un c.c.** (électron) / intermittent flow of d.c. || ~ de **données** / data flow || ~ à **droite** (routes) / right-hand drive || ~ d'**eau** / water circulation o. circuit || ~ d'**eau unidirectionnelle** (teint) / one-way circulation || ~ **fluide** / smooth traffic || ~ **forcée** / forced circulation o. flow || ~ à **grande vitesse** / express o. rapid traffic || ~ d'une **grandeur vectorielle** (math) / scalar line integral || ~ **individuelle** / individual motor car traffic, private transport || ~ de l'**information** / information rate per time, information flow || ~ **intérieure** / home o. internal o. inland traffic o. communication, domestic traffic || ~ **inverse** (mines) / reverse flushing || ~ d'un **journal** / covering of a newspaper || ~ de **locomotive isolée ou haut-le-pied** (ch.de fer) / light running || ~ en **mouvement** / moving traffic || ~ en **navette** / shuttle traffic || ~ du **personnel** (mines) / man haulage || ~ **piétonnière ou pédestre ou de piétons** / foot traffic || ~ **routière** / motor traffic || ~ **[routière ou dans les rues]** / highway traffic || ~ en **sens unique** / single-lane traffic || ~ en ou sur **site propre** / running on right of way || ~ au **sol** (aéro) / ground traffic || ~ **temporaire à voie unique** (ch.de fer) / temporary single-line working || ~ à **thermosiphon** (liquide) / thermosiphon circulation system || ~ des **trains** / running of trains || ~ dans **un seul sens** (ch.de fer) / single running, one-direction running || ~ **unidirectionnelle** / one-way traffic || ~ **urbaine** / street traffic || ~ d'un **vecteur** (math) / contour integral || ~ à **voie unique** (ch.de fer) / single-track running o. working

circuler / circulate || ~ (ch.de fer) / ply, run || ~ (météorol) / shift, move || ~ (véhicules) / circulate *vi*, tool *vi* || ~ (électr) / flow || **faire** ~ / [make] circulate || ~ en **marche arrière** / reverse

circumduction *f* / rotation

circumférence *f* de **roulement** / rolling circumference

circum·lunaire / circumlunar || ~**polaire** / circumpolar

cire *f* / wax || **de ou en** ~ / waxen, waxy || **qui ressemble à la** ~ / waxlike, ceraceous || ~ de **baie de laurier** / Bayberry wax || ~ de **câbles** / cable wax || ~ de **candellila** / candelilla wax || ~ de **carnauba** / carnauba o. Brazil wax || ~ de **Chine** / Chinese wax (from ericerus o. coccus pela) || ~ à **dorer** / gilder's wax, gilding wax || ~ **fossile** / ozokerite, ozocerite, mineral o. earth wax, lignite wax (US), petrostearin[e] || ~ **grasse** / common black pitch || ~ du **Japon** / Japan o. sumac[h] wax o. tallow || ~ **microcristalline** / microcrystalline wax || ~ **minérale** / purified ozokerite, ceresin[e] [wax] || ~ à **modeler** / moulding wax || ~ de **modeleur** / plasticine, plastilina (US) || ~ de **paraffine** / hard paraffin, paraffin wax || ~ de **pétrole** / petroleum wax || ~ à **polir** / polishing wax || ~ **servant au décollage** (plast) / wax releasing agent || ~ du **suint** (laine) / yolk wax || ~ de **terre** voir cire fossile || ~ **végétale** / vegetable wax

ciré *adj* / waxed, waxen, waxy || ~ *m* / oilsilk, oilskin

cirer / wax, coat with wax || ~ le **parquet** / wax

cireuse *f* / floor polisher || ~ (tex) / waxing machine

cireux / waxlike, ceraceous

C.I.R.P. = Collège International pour l'Etude Scientifique des Techniques de Production Mécanique

cirro-cumulus *m*, Cc / cirro-cumulus [cloud]

cirro-stratus *m*, Cs / cirro-stratus [cloud]

cirrus *m* / cirrus cloud

cisaillage *m* (découp) / cropping, shearing || ~ **et dissolution** (nucl) / chop and leach, chop-leach || ~ par **lames mobiles** (découp) / cutting with two approaching blades || ~ en **paquet** (tôles) (sidér) / mill shearing (sheet steel)

cisaille·s *f pl* / snips *pl* || ~**s** *f pl*, cisaille *f* (m.outils) / shearing machine, shears *pl* || ~ *f* (découp) / shearing o. cropping tool || ~**s** *f pl* **articulées** / steel slitting shears *pl* || ~ *f* **auxiliaire** (sidér) / auxiliary shears *pl* || ~ à **banc** / bench shears *pl* || ~ pour **bandes en rouleaux** / circular o. rota[to]ry strip shears *pl* || ~ à **barres** (m.outils) / bar cutting machine o. cutter, bar shearing machine || ~ à **billettes** / billet shears *pl* || ~ à **blooms** (sidér) / bloom o. billet o. ingot shears *pl* || ~**s** *f pl* à **boulons** / bolt shears *pl* || ~**s** *f pl* à **brames** / slap shears *pl* || ~ *f* à **bras** / bench shears *pl* || ~ de **bureau** / paper trimmer || ~ à **chanfreiner** / side-cut shears *pl* || ~ **circulaire** / circular o. rota[to]ry shears *pl* || ~ **circulaire à chanfreiner les arêtes de soudure** / bevel edge cutting shears *pl* || ~ **[circulaire] à couper les bandes** / circular o. rota[to]ry strip shears *pl* || ~ à **col-de-cygne** / open-gap plate shears *pl* || ~ à **cornières** / angle steel shears *pl* || ~ à **coulisses** / vertically guided guillotine shear || ~ **[coupant] à chaud** / hot shears *pl* || ~ **[coupant] à froid** / cold shears *pl* || ~ à **coupe longitudinale** / slitting shears *pl* || ~ à **coupe oscillante** / swing beam [guillotine] shear || ~**s** *f pl* **coupe-câble** / cable shears *pl* || ~ *f* **coupe-déchets** / scrap cutter || ~ **coupe-poutrelles** / I-beam shears o. shearing machine, joist shears *pl* || ~ à

coupes curvilignes / curve shear || ~ à **couteaux multiples** / multiblade shears *pl* || ~ **cylindrique** / circular shears *pl* || ~ à **déchets** / scrap cutter || ~ pour **diviser les bandes et les plaques** / strip shears *pl* || ~ à **dresser en long** / side cut shears *pl*, trimming shears *pl* || ~s *f pl* d'**établi** / bench shears *pl* || ~ *f* à **étêter ou à ébouter** (sidér) / squaring shears *pl* || ~s *f pl* à **fer** / iron cutters o. shears *pl* || ~s *f pl* de **ferblantier** / tin o. tinner's (US) shears || ~ *f* pour **fers ronds** / bolt cutter || ~ à **feuillards** (sidér) / slitting shears *pl* || ~ à **fil métallique** / wire cutter o. nipper, bulldog snip || **~-guillotine** *f* / gate o. guillotine shears *pl*, squaring shears *pl* || **~-guillotine** *f* **à bielle** / crank type plate shears *pl* || **~-guillotine** *f* à **coupe effectuée en tirant** / plate shears with drawing cut *pl* || ~ à **haies** / hedge clippers o. shears *pl*, lopping shears *pl* || ~ de **jardinier** / pruning shear, pruner, garden shears *pl* || ~s *f pl* à **largets** (sidér) / mill bar shears *pl*, sheet billet shears *pl* || ~ *f* à **levier** / crocodile shears *pl*, lever shear, -s *pl* || ~s *f pl* à **levier à bras** / hand lever shear || ~ *f* à **lingots** (sidér) / bloom o. billet o. ingot shears *pl* || ~ à **main** / hand shears *pl* || ~ à **main pour tôle** / plate [hand] o. hand plate shears, snips *pl* || ~ **mécanique** (techn) / shearing machine || ~ à **molettes** (sidér) / edge trimming cutter and wind-up roll || ~ à **onglet** / miter cutting shear, bevelling shear, beveller || ~ **pendulaire** / pendulum shears *pl* || ~ **percutante** (lam) / impact shears *pl* || **~-poinçonneuse** *f* / blanking and cutting press || ~ à **poing** (outil) / snips *pl* || ~ à **poutrelles** / I-beam shears o. shearing machine, joist shears *pl* || ~s *f pl* à **profilés** / section cutter o. shears *pl*, shape shears *pl* || ~ *f* à **refendre** / slitting shears *pl* || ~ à **riblons** / scrap cutter o. shears *pl* || ~ de **rives** / side-cut shears *pl* || ~ à **rivets** / rivet shearing machine || ~ à **rogner** / side-cut shears *pl*, trimming shears *pl* || ~ à **rogner les rives** (sidér) / edge trimming cutter and wind-up roll || ~ pour les **ronds** / shears for round steel bars || ~ pour **ronds de béton** / round steel cutting o. shearing machine || ~ à **ronger les bords matés** / plate trimming shears || ~ **rotative** / circular o. rota[to]ry shears *pl* || ~ à **roulettes** / roller shears *pl* || ~ à **tôles** (m.outils) / plate shears *pl* || ~ à **tôles à col de cygne** / open-gap [plate] shear || ~ à **tronçonner** (sidér) / separating shears *pl* || ~ **universelle à tôles et à profilés en métal** / universal plate and shape shears *pl* || ~ **volante** (sidér) / flying shears *pl*

cisaillement *m* / shearing[-off] || ~ (méc) / shear[ing action] || ~ des **bords** / edging, trimming || ~ **intime** (plast) / high-shear agitation || ~ des **itinéraires** (ch.de fer) / cutting across || ~ **ultra-rapide** / high-speed cropping || ~ du **vent** (météorol) / wind shear

cisailler (méc) / shear off || ~ (techn) / shear || ~ (lam) / trim || ~ à **largeur** (tôle) / edge-plane, trim

ciseau *m* (serr) / chisel || ~ (men) / socket paring chisel || **~x** *m pl* / scissors *pl*, a pair of scissors || ~ *m* à **bédane** / mortise chisel || ~ en **biseau à brides** / corner chisel, cant [firmer] chisel || ~ à **bois** / firmer chisel [with tang] || ~ à **bord** / edge trimming chisel || ~ à **boucharde** (pierres) / serrated pick, pitching tool, drag, drove, stone cutter's chisel (US) || **~x** *m pl* à **boutonnières** / button hole scissors *pl* || **~x** *m pl* à **branches plates** / flat-blade shears *pl* || **~x** *m pl* à **bretteler** / pinking shears *pl* || **~x** *m pl* de **bureau** / paper scissors *pl* || ~ *m* à la **charrue** (pierres) / bricklayer's chisel (US), broad chisel || ~ à **déballer** / box chisel || **~x** *m pl* à **découdre** (tailleur) / ripping shears *pl* || ~ *m* **dentelé ou à dents** / denticulate[d] o. indented chisel || ~ à **écolleter** / curved chisel || ~ à **froid** / chipping chisel, cold chisel (US) || ~ à **gouge** / firmer gouge || ~ de **graveur** (m.outils) / burin, graver || **~-manche** *m* / chisel shank o. fang o. prong o. tongue || ~ à **mortaiser** / mortise chisel || **~x** *m pl* à **pelouse** / edging shears *pl* || ~ *m* **plat** / cold o. flat chisel || ~ **pointu** (mines, carreaux) / diamond-pointed punch || ~ **sculpteur [à soie]** / firmer chisel [with tang] || **~x** *m pl* de **tailleur** / tailor's shears *pl* || **~x** *m pl* à **tondre** / sheep clippers o. shears *pl*, wool shears *pl* || **~x** *m pl* à **tubes** / pipe shears *pl* || **~x** *m pl* du **vitrier** / shears for cutting glass

ciselé (velours) / carved

ciseler / chase, emboss || ~, orner / enchase, engrave, carve o. cut with the graver || ~ (forge) / chip, chisel

ciselet *m* / chasing chisel

ciselure *f* / enchasing o. engraving work

cisoir *m* / plate shears *pl* || ~ à **levier** / crocodile shears *pl*, lever shears *pl* || ~ à **va-et-vient** / seesaw shears *pl*

C.I.S.P.R. = Comité International Spécial des Perturbations Radioélectriques

cissoïde *f* (math) / cissoid || **en** ~ / cissoidal

C.I.T. (ch.de fer) / Intern. Rail Transport Committee, C.I.T.

citation *f* (brevet) / citation || ~ de **procédure** (ord) / procedure reference

cité-jardin *f* / garden suburb o. city

CITEPA = Centre International Technique d'Etudes de la Pollution Atmosphérique

citerne *f* / cistern || ~, réservoir *m* / tank, reservoir for liquids || ~ (hydr) / cistern, collecting well || ~, wagon-citerne *m* (ch.de fer) / tank wagon o. car (US) || ~, bassin *m* de décantation / sedimentation o. precipitation basin o. tank o. pit, settling tank || ~, caisse *f* à eau / water cistern o. reservoir o. box o. tank || ~ à l'**acide** / acid cistern || ~ d'**eau chaude** (m.à vap) / hot-water well o. tank || ~ d'**eau pluviale** / cistern (US) || ~ d'**essence** / petrol o. gasoline barrel o. drum || ~ à **mazout** / fuel oil tank || ~ de **pétrolier** / tank of a tanker || ~ **routière** / road tank car o. tanker, tank truck (US) o. lorry (GB) || ~ **routière de ravitaillement** (aéro) / refueling tanker || ~ **souple** / plastic floating reservoir || ~ avec **suceuse de remplissage** (agr) / bulk milk collection lorry || ~ à **toit flottant** (pétrole) / floating roof tank, tank with floating top

citral *m* (chimie) / citral, geranialdehyde, geranial, 3,8-dimethyl-2,6-octadienal

citrate *m* / citrate || ~ d'**ammonium ferrique** / iron (III) ammonium citrate

citrène *m* (chimie) / limonene, dipentene

citrine *f* (teint) / citrine [dye] || ~ (min) / citrine, yellow quartz

citronellal *m* (chimie) / citronellal, rhodinal

citronellol *m* / citronellol, rhodinol

C.I.V. (ch.de fer) / Intern. Convention concerning the Carriage of Passengers and Luggage by Rail, C.I.V.

civette *f* (chimie) / civet

civière *f* / litter, hand barrow

clabot *m* / positive clutch || ~ (techn) / dog o. claw of a positive clutch

claboté (embrayage) / positive [locking], interlocking, form-fit

cladosporiose *f* de la **tomate** / tomato leaf mold

claie *f* / hurdle, tray for fruit || ~, table *f* de triage / picking table || ~ d'**arrosage** (filature) / wire netting dripper

clair / bright, polished, glossy || ~ (météorol) / clear, visible || ~ (ton) / clear[-toned] || ~, aisé à comprendre / plain || ~ (liquide) / weak || ~, luisant / bright || ~, distinct / distinct, clear || ~, bien disposé / easy to survey o. watch, clear || ~ (fil mét.) / white, bright || ~, limpide / lucid, limpid, transparent || **en** ~ (ord) / clear || **être** ~ / be translucent || **les ~s d'une étoffe** *m pl* (tex) / yaws *pl*, thin places *pl* || ~ **comme du cristal** / crystalline || ~ *m* de **terre** (ELF) / earth light o. shine

clairance *f* (ELF) (nucl) / clearance

clairçage *m* (action) (sucre) / clearing sugar || ~ à l'**eau** (sucre) / water washing || ~ **raffiné** (sucre) / refined liquor || ~ au **sirop** / covering liquor, clearing || ~ [à] **vapeur** (sucre) / steam washing o. clearing

clairce *f* (matière) (sucre) / clearing liquor

claircé (sucre) / washed

claircer (sucre) / wash, whiten

claire *f* (sucr) / clarification o. clearing pan, clarifier, second boiler

claire-voie *f* (pl: claires-voies) (nav) / skylight || **à** ~ (agr) / broadcast || **à** ~ (tiss) / open || ~ en **lattes** / lath floor

clairière *f* (silviculture) / clearance, clearing, glade || ~ (tiss, défaut) / stripe, lane, dent bar

clairsemé (agr) / thin-sown || ~ (maisons) / scattered (houses) || ~ (population) / sparse (population)

clame *f* (outil) / clamping claw

clameaux *m pl* (bâtim) / cramp || ~ à **deux faces ou à deux plans** / bitch

clamping *m*, clampage *m* (électron) / clamp[ing] circuit, clamping

clap *m* (film) / clap-board, clappers *pl*

clapée *f* / throw of mortar

clapet *m* / shutter, flap || ~, soupape *f* à clapet / flap o. clack valve, leaf valve, clapper || ~ (égout) / flap trap || ~, soupape *f* (gén) / stop valve, shut-off o. check valve || ~ (électr) / discriminating relay, (espec.:) battery cutout || **sans ~[s]** / valveless || ~ d'**aération** / vent cap || ~ d'**aiguille** / latch of a needle || ~ pour **air comprimé** (poste pneum.) / pressure flap || ~ d'**alimentation** / service door, charging door || ~ à **anneau O** / annular valve || ~ **antirefouleur** / backflow check valve || ~ **antiretour** / nonreturn valve || ~ **antiretour à battant** / tilt check valve, swing-type check valve || ~ **antiretour double** / double check valve || ~ **antiretour avec étranglement** / one-way restrictor || ~ **antiretour à levée verticale** / lift-type check valve || ~ **anti-retour piloté** / remote controlled nonreturn valve || ~ **antiretour taré** / spring-loaded check valve || ~ d'**appel** / switchboard drop, drop shutter || ~ d'**arrêt** / shutting clack o. flap o. gate || ~ d'**arrêt automatique** / pipe-break valve, isolating [stop] valve || ~ de **chasse** / scouring [slide] valve || ~ de la **cheminée** (bâtim) / damper register || ~ **coupe-feu** / fire valve o. damper || ~ à **couronne** / cup valve, bell-shaped valve || ~ de **décharge** / delivery valve || ~ **déflecteur** / reversing flap || ~ de **drainage** (aéro) / jettison valve || ~ d'**échappement** (auto) / exhaust o. muffler cutout || ~ d'**entrée d'air** / air choke o. damper o. strangler || ~ d'**équerre** / angle valve || ~ d'**étranglement ou de réglage par l'étranglement** / butterfly valve || ~ d'**étranglement d'air** / air choke o. damper o. strangler || ~ d'**explosion** (sidér) / bleeder valve || ~ de **fermeture** / closing flap o. gate || ~ de **frein à air comprimé** / air brake valve || ~ de **lavabo** / drain plug || ~ de **minimum de pression** (aéro) / minimum burner pressure valve || ~ de **non-retour** voir clapet antiretour || ~ de **pompe** / pump valve || ~ de **ralenti** (aéro) / fuel cut-off, slow-running [fuel] cut-out || ~ de **réchauffeur** (auto) / pre-heating valve || ~ de **regard** / peep hole o. sight hole flap || ~ de **réglage** / throttle valve, regulating flap || ~ de **réglage d'air** / air choke o. damper o. strangler || ~ de **retenue** voir clapet antiretour || ~ **réversible** / change-over flap || ~ pour **rinçage** / flushing flap || ~ **sélecteur** (aéro) / selector valve || ~ **sensible** / feather valve || ~ de **séquence** (techn, aéro) / sequence valve || ~ pour **silos** / hopper gate o. chute o. trap-door || ~ de **soupape** / butterfly valve, flap o. clack o. leaf valve, valve flap || ~ de **sûreté** (sidér) / bleeder valve || ~ de **surpression d'huile** / oil pressure relief || ~ de **tête** / head valve, upper valve || ~ à **trois leviers d'équilibrage pour gaz chauds** / three-lever flap || ~ **universel** / general-purpose flap || ~ du **ventilateur** / ventilator valve || ~ de **ventilation** (bâtim) / ventilating flap || ~ de **visite** / peep hole o. sight hole flap

clapot *m* (tex) / rope soaper o. washer, rinsing machine for rope-like goods

clapotage *m*, clapotement *m*, clapotis *m* / chopping o. rippling [sea]

claquage *m* (semicond) / channeling, breakdown || ~ (électr) / disruptive breakdown, blow-out, puncture || ~ (condensateur) / pin discharge, puncture || ~ par **avalanche** (semi-cond) / avalanche breakdown || ~ **disruptif** / disruptive breakdown || ~ par **effet Zener** (électron) / Zener breakdown || ~ d'**étincelles** / spark discharge, arc-over, jump spark || ~ de **porteuse** / carrier break-through || ~ **secondaire** (semicond) / secondary breakdown || ~ **sous tension de choc** (électr) / impulse breakdown || ~ entre **spires** / short-circuit in coil || ~ **thermique** (semicond) / thermal catastrophe o. runaway

claque *f*, bande *f* (soulier) / foxing

claqué (fusible) / burnt-out, fused, gone, open || ~ (condensateur) / punctured, open

claquement *m* / sharp report, bang, clap, crack || ~ (télécom) / click

claquer / clap, crack || ~, cliqueter / rattle || ~ *vt vi* (isolant) / break down

claquette *f* (film) / clap-board, clappers *pl*

clarain *m* (mines) / clarain

clarière *f* de **glace** (Canada) / lead o. channel between ice floes

clarifiant *m*, clarificateur *m* (gén, bière) / clarifying agent, clarifier

clarificateur *m* à **tôles inclinées** (mines, prépar) / baffle plate thickener

clarification *f* (chimie) / clarification, clearing, purification || ~ (bière) / clarification, cleansing || ~ des **eaux d'égout** / sewage clarification || ~ des **eaux de lavage** (séparation) / washery water clarification || ~ **préliminaire** / preliminary sedimentation

clarifier / cleanse, purge, purify, defecate || ~ (bière) / fine || ~ (vin) / neutralize the acid by calcium carbonate || ~ par **filtration** / filter *vt* || ~ des **liquides** / clarify

clarinette *f* d'**arrosage** / pipe shower

clarté *f* / brightness, clearness, lightness || ~, netteté *f* / clearness, unambiguousness || ~ (météorol) / visibility || ~ (opt) / brightness || ~, transparence *f* / lucidity || ~ **géométrique** (lentille) / aperture o. f-number of a lens, speed o. rapidity of a lens || ~ d'un **instrument** (opt) / light gathering power

classage *m* (pap) / screening

classe *f*, espèce *f* / sort, class || ~, catégorie *f* / category || ~ (ch.de fer) / class || ~ (école) / class room, lecture room || **de grande** ~ / high-grade || ~

d'**ajustements** / class of fits || ~ de **charbon** / rank of coal || ~ des **cristaux** / crystal class || ~ de **feu** / fire classification || ~ **granulométrique** (sidér) / particle size class, cut || ~ **granulométrique par tamisage** / sieve fraction || ~ d'**isolation ou d'isolement** / insulation class (Y = up to 365 K) || ~ de **luminosité** (astr) / luminosity class, LC || ~ **modale** (statistique) / modal class || ~ **NLGI** (graisse) / NLGI grade (National Lubrication Grease Institute) || ~ de **pénétration** / penetration class || ~ de **pression** (p.e. de réservoirs) / pressure class (e.g. of receivers) || ~ de **qualité** (gén) / quality class || ~ de **rendement** (prépar) / yield power || **~s** *f pl* **résiduelles [de l'anneau]** (math) / residual classes *pl* || ~ *f* de **résistance** (câble) / tensile grade || ~ du **R.I.D.** (= Règlement international sur le transport des marchandises dangereuses) (chimie) / danger class || **~s** *f pl* **spectrales** (astr) / spectral types *pl* || ~ *f* de **symétrie** (crist) / symmetry class || ~ de **température** (électr) / temperature class || ~ **touriste** (aéro) / economy class, coach class o. service (US)

classé *adj* / ordered || ~, rangé / graded || **~s** *m pl* **6/80** (mines) / nuts *pl*

classement *m* / summary, résumé || ~, classification *f* / classification || ~, mise *f* en séquence / sequencing || ~, triage *m* / sizing, sorting || ~ (minerais) / grading o. sizing of ores || ~ (ordonn) / classification || ~ **alphabétique** / alphabetic arrangement o. order || ~ en **conformité à la non-linéarité** (nucl) / nonlinear grading of fuel || ~ par **courant d'eau** (mines) / water sizing || ~ de **dossiers** / depository || ~ **granulométrique** (mét.poudre) / [particle] classification || ~ **granulométrique** (minerais) / particle sizing || ~ **préliminaire** / primary classification || ~ par **rang** (essai de mat) / ranking || ~ par le **vent** (mines) / air separation o. classification

classer / class *vt*, classify || ~ (documents) / file *vt*, pigeonhole || ~ (c.perf.) / file *vt* || ~, trier / sort *vt*, assort, size || ~, cribler / screen *vt*, sieve, sift || ~, séparer / separate || ~ (mines) / riddle *vt*, screen *vt* || ~ par **grandeur** / classify, grade, size *vt* || ~ un **navire** (nav) / rate *vt* || ~ **suivant la qualité** (laine) / staple *vt* || ~ par **voie humide** (mines) / classify

classeurs *m pl* (bureau) / files and folders *pl* || ~ *m* (gén) / grader, sorter, sorting machine || ~ (mines, pap) / screen || ~ à **anneaux** / ring binder || ~ des **appels** / allotter, consecution controller || ~ de **charbon** / coal picker || ~ [de **lettres**] / letter file || ~ à **pince** (typo) / spring-back file || ~ **rapide** (Suisse) / document cover, [rapid] letter file || ~ à **tamis roulant** / screening belt || ~ de **trains** (mines) / truck setter

classificateur *m* à **bol** (mines) / bowl classifier || ~ à **contre-courant** (mines) / counterflow classifier || ~ **contre-courant par gravité** / gravitation counterflow sizer || ~ à **courant ascendant** / up-current classifier || ~ à **racloirs** (mines) / drag classifier || ~ à **râteaux** (mines) / rake classifier || ~ à **vis hélicoïdale** (mines) / spiral [type] classifier

classification *f* / classification || ~ **décimale** / decimal classification || ~ **décimale universelle** / universal [or Dewey] decimal classification || ~ des **défaillances suivant leur effet** / classification of failures by effects || ~ des **fibres** / fiber classification || ~ de **formats** (pap) / size classification || ~ **granulométrique** / particle size classification || ~ de **Harvard** (astr) / Harvard classification || ~ de **laine** / wool grading o. classification || ~ des **marchandises** (ch.de fer) / general classification of merchandise, G.C.M. || ~ de la **matière** / classification of matter || ~ **MK** (astr) / MK- o. Yerkes-system || ~ des **navires** / classification of ships || ~ **périodique des éléments** / classification of elements, periodic system o. arrangement o. law of elements, Mendeleev's table || ~ **pneumatique** / air classification || ~ en **raison de la qualité** / grading || ~ par **sédimentation libre** (mines) / free settling [classification] || ~ **[suivant la dimension]** / arrangement according to size || ~ **Yerkes** (astr) / MK- o. Yerkes-system || ~ des **zones** (électr) / classification of areas

classifier / class[ify] || ~, établir des classifications / range into classes, class[ify]

classique (phys) / non-quantized

classologue *m* (mines) / classification specialist

clastique (géol) / clastic

clathrate *m* (chimie) / clathrate

clathration *f* / clathration

clause *f* (ord) / clause || ~ de **contrat** / contract clause || ~ de **description** (ord) / description clause || **~s** *f pl* **écrites en tout petit** (typo) / fine print

claustre *m* (ELF) (bâtim) / fabric

claveau *m* / arch brick o. stone, voussoir || ~, clé *f* (four céram) / key [brick], crown o. cupola brick, bullhead || ~ de **naissance** (bâtim) / springer, springing stone

clavet[t]age *m* / wedging, keying || ~ **libre** / loose keying || ~ **serré** / firm keying

clavette *f* (constr.en acier) / shear connector || ~ (serrure) / hasp || **en forme de ~** / wedge-shaped, cuneiform || **sans ~s** (techn) / keyless || ~ d'**arrêt** / retainer key || ~ d'**arrêt**, boulon *m* à clavette / cotter o. linch pin || ~ **baladeuse** / sliding dog || ~ **baladeuse** (auto) / sliding key, feather key || ~ à **bouts ronds sans jeu radial** / radially tight fitting key || ~ à **brochage** (typo) / staple, wire stitch[ing hook] || ~ de **calage** (techn) / tightening key, driving wedge, gib || ~ de **calage de roue** (ch.de fer) / wheel key o. wedge || ~ de **cardan** / face key || ~ **carrée** / square wedge || ~ **conique** / taper key || ~ **coulissante** / sliding dog || ~ **coulissante** (auto) / sliding key, feather key || ~ **creuse** (techn) / hollow key, saddle key || ~ **creuse à talon** / gib headed tapered saddle key, hollow gib key || ~ à **deux talons** / double-nose sunk key [for vertical shafts] || ~ **disque [Woodruff]** / Woodruff key || ~ **double** / spring cotter of a bolt || ~ **encastrée sans jeu dorsal** / sunk tapered key || ~ d'**entraînement** / driving key || ~ **et contre-clavette** (techn) / key and gib || ~ **fendue** / split pin || ~ en **fibre** (électr) / fiber key || ~ **inclinée** / [plain] taper key || ~ **inclinée à bouts droits** / forced-in key, taper[-sunk] key, tapered driving key, wedge || ~ de **lancement** (nav) / launching pawl o. trigger || ~ pour le **montage des caméras** / camera wedge || ~ **noyée** / sunk key || ~ **parallèle** (techn) / flat o. parallel o. plein key || ~ **parallèle à bouts ronds** (techn) / round ended sunk key, laid-in o. sunk[-tapered] key || ~ **parallèle fixée par vis** / feather key || ~ **plate à talon** / flat gib key, gib-headed flat taper key || ~ en **queue d'aronde** (techn) / dovetail key || ~ à **rainure** (men) / sunk key || ~ à **ressort de soupape** / valve spring seat retainer || ~ **ronde** / round key || ~ de **serrage** (techn) / tightening key, driving wedge, gib || ~ de **serrage à vis** / screw actuated driving wedge, screw key || ~ de **soupape** (mot) / valve key o. lock || ~ à **talon** / gib-headed key, nose key, foxwedge || ~ à **talon sur plat** / flat gib key, gib-headed flat taper key || **~s** *f pl* **tangentielles** (techn) / tangent[ial] keys *pl* || ~ *f* **transversale** / cotter || ~ de **verrouillage** (techn) / locking key || ~ **Woodruff** / Woodruff key

clavet[t]er / wedge *vt*, key, fasten by wedges o. keys || ~ un **châssis** (fonderie) / clamp a box
clavier *m* (gén) / keyboard || ~ (électron) / key unit || **à ~ de programmation** (type de machine) / keyboard programmed || ~ [à] **10 touches** (m.compt) / ten-key keyboard || ~ **actif** (ord) / live keyboard || ~ à **action fugitive** / touch contact keyboard || ~ **alphabétique** / alphabetic keyboard || ~ de **codage** / encoding keyboard || ~ de **commande** / control keyboard || ~ **complet** (m.compt) / ten-column o. multi-column o. full o. complete keyboard || ~ à **curseur** / slide-set keyboard || ~ **décimal** (m.compt) / ten-key keyboard || ~ à **deux mains** / two-hand keyboard || ~ à **dix touches** (m.compt) / ten-key keyboard || ~ de **dix touches en bloc** / ten key block keyboard || ~ à **effleurement** / touch contact keyboard || ~ **élargi** / expanded keyboard || ~ à **enregistrement différé** / key-set keyboard || ~ à **enregistrement direct** / key-driven keyboard || ~ d'**entrée** / entry keyboard, input keyboard || ~ **fonctionnel** / control keyboard || ~ à **fonctions programmées** (ord) / programmed function keyboard || ~ d'**introduction** / entry keyboard, input keyboard || ~ à **levier** / lever-set keyboard || ~ à **matrice** (télécom) / matrix keyboard || ~ à **mémoire** (électron) / storage keyboard || ~ **mi-complet** (ord) / semifull keyboard || ~ **multiplicateur** / multiplier keyboard || ~ d'**opération** (ord) / operational keyboard || ~ **overlay** (ord) / overlay keyboard || ~ **programmé** / programmed keyboard || ~ **réduit** / condensed keyboard || ~ **réduit** (m.compt) / ten-key keyboard || ~ **semi-complet** / semi-full keyboard || ~ **serré** (télécom) / condensed keyboard || ~ de **service** / control keyboard || ~ à **touches motrices** / live keyboard
claviste *m* (typo) / machine compositor
clayette *f* (frigo) / refrigerator shelf || ~ **en porte à faux**, demi-clayette *f* / cantilever o. half shelf
clayonnage *m* (hydr) / wattle || ~ en **roseaux** (bâtim) / cane plaiting
clé *f*, clef *f* (horloge, serr) / key || ~, clé *f* à écrous / spanner (GB), wrench (US, GB) || ~ (ord) / check digit || ~ (brique) / feather edged o. wedge edged brick o. stone, wedge, radial brick || ~ (électr) / key || ~ de **16** / 16 mm wrench || ~ **anglaise** / monkey o. screw o. coach wrench || ~ d'**appel** (télécom) / calling key || ~ d'**arc** / crown of an arch || ~ d'**arrêt** (gén) / stop[ping] lever || ~ **articulée** (outil) / flexible head spanner || ~ **articulée à douille** / flex head socket wrench || ~ **basculante** / flip switch || ~ **bénarde** (serr) / key with a solid shank || ~ à **béquille** / Tee-handled socket wrench || ~ à **béquille à carré femelle** / Tee-handled square socket wrench, socket single square Tee wrench || ~ à **béquille à carré mâle** / Tee-handled square wrench, male square Tee wrench || ~ à **béquille double** / Tee-handled double-end socket wrench, socket and double-end Tee-wrench || ~ à **béquille simple** / socket and single-end Tee-wrench || ~ à **béquille à triangle mâle** / male triangular Tee wrench || ~ à **bout aplati** / flat-ended key || ~ à **broche** / box o. socket wrench || ~ **brochée** / serrated box o. socket wrench || ~ de **bureau** (télécom) / exchange switch || ~ **cannelée** / flute wrench || ~ à **canon** (techn) / box o. socket wrench || ~ **carrée [de douze]** / [12 mm] square spanner (GB) o. wrench (US) || ~ **carrée [de Berne]** (ch.de fer) / Berne key, carriage key || ~ à **chaîne** / chain pipe wrench, chain tongs *pl* || ~ d'une **cheminée** (bâtim) / damper [plate], register || ~ à **chiffre** (serr) / snapped key bit || ~ à **cliquet [réversible]** / ratchet handle [reversible] || ~ **combinée d'écoute et de conversation** (télécom) / listening and speaking key || ~ de **comptage** (télécom) / meter o. register key || ~ de **concentration** (télécom) / position switch || ~ de **contact** (auto) / switch key || ~ de **contact ou de commutation** / contact plug o. wedge || ~ de **conversation** (télécom) / speaking key || ~ de **coupure** (télécom) / cut key || ~ à **crémaillère** / rack spanner || ~ en **croix** (auto) / spider [wrench], four-way socket wrench || ~ à **dentelure** / serrated box o. socket wrench || ~ à **deux encoches** / double-ended open-jawed spanner, double [head] open ended wrench o. spanner || ~ **double**, clé *f* à deux encoches / double-ended open-jawed spanner, double [head] open ended wrench o. spanner || ~ **double** (télécom) / duplicate jack || ~ à **douille** / box o. socket wrench, shifting spanner || ~ à **douille** (serr) / box key || ~ de **douille** (électr) / key, switch || ~ à **douille articulée double** / double ended swivel wrench, double end and flex head socket wrench || ~ à **douille emmanchée** / hexagon socket spinner wrench, spin type socket wrench || ~ **droite** (serr) / straight key || ~ **dynamométrique** / torque wrench, torque check fixture || ~ **dynamométrique à lecture directe** / dial type torque wrench || ~ **dynamométrique à déclenchement** / torque setting wrench || ~ d'**écoute** (télécom) / listening key, monitoring key || ~ pour **écrous à fente** / straddle wrench, face wrench for slotted lock rings || ~ pour **écrous de jante** / wrench for wheel rim nuts, rim nut wrench || ~ pour **écrous de roues** (auto) / nut wrench || ~ à **ergot** (pour écrous à encoches) / hook wrench || ~ à **ergot** (pour écrous à trous) / pin wrench || ~ à **ergot pour écrous à créneaux** / sickle spanner for castle nuts || ~ à **ergots** [réglable] / spanner wrench || ~ à **ergots articulés pour écrous** / adjustable pin wrench || ~ d'**essai** (télécom) / test key || ~ **extensible à serrage instantané** / one-hand speeder wrench || ~ **extinctive** (télécom) / erasing key || ~ **femelle à béquille** / socket Tee-wrench || ~ **fixe à ergots** / pin type face wrench || ~ **forée** / hollow [piped] key, pipe key || ~ à **fourche** / [fixed] spanner (GB), [machinist's] wrench || ~ à **fourche à frapper** / open-jaw slugging wrench, striking-face open-end spanner || ~ à **fourche double** / double-headed [open end] engineer's wrench (US), double-ended open-jawed spanner || ~ à **fourche simple** / single-ended open-jaw[ed] wrench o. spanner, single [head open] end spanner, single-head engineer's wrench || ~ à **frapper** / striking-face wrench || ~ de **garde** (télécom) / holdover key || ~ d'**inversion de courant** (télécom) / reversing key || ~ **Janus** (télécom) / Janus switch || ~ en **main** (bâtim) / all ready for occupation, turnkey... (US) || ~ à **main** / handle wrench || ~ **mâle à béquille** / male Tee-handled wrench || ~ **mâle à broche coulissante** / male sliding T-handle wrench || ~ **mâle coudée pour denture multiple** / key for screws with internal serrations || ~ **mâle coudée pour empreinte à créneaux** / spline socket screws key || ~ **mâle coudée à téton [pour vis à 6 pans creux à trou pilote]** / key for hexagon socket screws with pilot || ~ **mâle coudée pour vis à six pans creux** / hexagon socket offset screw key || ~ **mâle droite emmanchée pour denture multiple** / screwdriver for screws with internal serrations || ~ **mâle [droite emmanchée] pour vis à 6 pans creux** / key with handle for hexagon socket screws || ~ **mâle pour empreinte à créneaux** (outil) / key for

spline socket screws || ~ **mâle normale** / hexagon socket head wrench, hexagon key, hex head wrench, socket head wrench || ~ de **mandrin** (m.outils) / key for chucks || ~ de **mesure** (électr) / measuring o. testing commutator o. switch || ~ de **mise en court-circuit** / short circuit key, shorting key || ~ **mixte** / combination wrench o. spanner || ~ **mixte contrecoudée** / deep offset combination wrench || ~ **mixte inclinée 12 pans** / double end socket wrench, 90° offset one end || ~ à **molette** / open end adjustable wrench, adjustable spanner || ~ **multiple parallèle** (télécom) / bridging jack || ~ à **œil multipan double** / double-ended ring spanner || ~ **pendante** (bâtim) / pendant key [stone] || ~ **pendante** (charp) / queen-post || ~ **pendante** (pont) / suspender, suspension post || ~ **pendante pour comble** (charp) / truss post || ~ à **pipe** / tubular hexagon box spanner o. box wrench || ~ à **pipe double** / double end and 90° offset one end socket wrench, elbowed spanner || ~ à **pipe simple ou coudée** / single end and 90° offset socket wrench || ~ **plate à douille [monobloc à] empreinte carrée** / single end and square box wrench o. square ring wrench || ~ **plate ouverte** / split key || ~ à **poignée** (techn) / handle wrench || ~ **polygonale** / box o. ring wrench o. spanner || ~ **polygonale double** / double ended ring spanner || ~ **polygonale double contre-coudée, [contre-coudée profonde]** / double ended offset, [double offset] ring wrench || ~ **polygonale double inclinée** / double ended cranked ring wrench, double end and 15° offset box wrench o. offset ring wrench || ~ **polygonale à frapper** / striking face box spanner, box o. ring type slugging wrench || ~ **polygonale à grande puissance** / heavy-duty box spanner || ~ **polygonale simple** (ISO) / simple ring spanner, single head box o. ring wrench (ISO) || ~ **polygonale à tuyauter** / double ended flat flare nut ring wrench || ~ **queue de pic** (serr) / two-way key || ~ à **radiateurs** (outil) / radiator wrench || ~ de **rappel** (télécom) / ring-back key, enquiry key || ~ de **recherche** / search key || ~ **réglable** / adjustable wrench || ~ **réglable pour écrous à fente** / adjustable face wrench for slotted lock nuts || ~ **réglable à ergots** / adjustable pin type face wrench || ~ de **réglage des culbuteurs** / double open end tapped spanner || ~ **réversible** (télécom) / double [tapper] key || ~ du **robinet** / plug key, tap wrench || ~ à **robinet de montée** / basin wrench || ~ à **roue à main** / hand wheel wrench || ~ **saillante** / pendant key [stone] || ~ de **serrage** (pétrole) / beche || ~ de **serrage** (mandrin) / chuck key || ~ **serre-tubes** / gas wrench, pipe o. cylinder wrench, pipe tongs *pl* || ~ **[serre-tubes] Stillson ou modèle suédois** / pipe wrench (Swedish pattern), Stillson wrench || ~ **six-pans en croix** / spider [wrench o. spanner], four-way rim wrench || ~ de **sûreté** / patent key || ~ à **tirefonds** (ch.de fer) / box spanner || ~ de **tri** / sort key o. criterion || ~ **triangulaire ou à triangle mâle** / male triangular wrench || ~ **tricoise** / hydrant key || ~ en **tube** / tubular socket wrench || ~ en **tube double** / double-ended tubular box wrench || ~ en **tube droite** / tubular tee handled socket wrench || ~ en **tube à empreinte triangulaire [avec broche]** / three-square socket wrench (US) o. box spanner (GB), triangular [tee] wrench (ISO) || ~ pour **tubes** / pipe wrench || ~ **tubulaire** / pipe key || ~ d'un **tuyau de poêle** / register, damper || ~ à **vis** / spanner (GB), wrench (GB, US) || ~ à **voiture** / shifting spanner, coach wrench || ~ de **voûte** (bâtim) / key stone

cleaner *m* / [motor] car cleaner

clenche[tte] *f* (serr) / sliding catch-bolt, spring bolt

cléone *m* de la **betterave** / beet root weevel

clévéite *f* (min) / cleveite

clic *m* (télécom) / click, cracking

clichage *m* / block making || ~, stéréotypage *m* (typo) / stereo[type] printing, stereotyping, stereotypography || ~ (mines) / pithead, -bank, -top, (also:) landing dogs *pl*, keeps *pl*

cliché *m* (typo) / [processed o. printing] block, cut, cliché, plate || ~, planche *f* stéréotypée (typo) / stereo[type] || ~ (phot) / negative [material], exposure || ~ de **base**, cliché-clé *m* (typo) / key form, register o. colour form || ~ en **blanc** (typo) / dummy plate || ~ de ou en **caoutchouc** / rubber printing plate || ~ de **cartes** (c.perf.) / card format || ~ **cintré en relief** (graph) / wrap-around (GB) o. wrap-round (US) plate || ~ **composite** (typo) / composite block || ~ en **contraste de phase** / phase contrast print || ~ en **couleurs** (graph) / colour process etching || ~ d'**instruction** (ord) / instruction format || ~ **matrice** / master form || ~ **microphotographique en couleurs** / colour microphotogram || ~ **photogrammétrique** / airscape || ~ **photopolymère** (typo) / photo-polymeric printing plate || ~ **phototopographique** / aerial survey photograph || ~ en **plomb** (typo) / lead stereo || ~ de **production** (circ.impr.) / production master || ~ de **production à image multiple** / multiple image production master || ~ de **production original** (circ.impr.) / original production master || ~ en **relief accusé** (phot) / relief process picture || ~ **repro** (typo, phot) / repro o. process photo || ~ **simili** (graph) / autotype || ~ **simili et trait** (typo) / line-halftone combination, combination plate || ~ de **similigravure** (graph) / autotype || ~ **téléphotographique** (phot) / telephoto[graph] || ~ au **trait** / line block || ~ de **trait coloré** (typo) / line-colour || ~ **trait-simili combiné** (typo) / composite block, combination plate, combined line and half-tone block o. cut || ~ **typo à relief obtenu par dépouillement** (typo) / nylon printing plate, collobloc plate || **~-verre** *m* / glass printing plate || ~ **wrap-around** (graph) / wrap-around (GB) o. wrap-round (US) plate

clicher / stereotype || ~ (phot) / expose

clicherie *f* / stereotype department, stereotype shop || ~ (activité) / stereo[type] printing

clicheur *m* / block maker, process engraver || ~ **et galvanotypeur** / stereotyper

clicheuse *f* / engraving machine || ~ **électronique** (typo) / electronic engraving machine o. engraver

client *m* / customer, purchaser, client

clignotant *m*, clignoteur *m* (feu) / direction indicator, flashlight [turn signal] (US), clignoteur (GB), turn signal lamp (US), blinker (GB), trafficator, winker || ~, clignoteur *m* (Belgique) (appareil) / flasher [unit], clignoteur (GB) || ~, clignoteur *m* (commutateur) / commutator switch || **~s** *m pl* de **détresse** (auto) / flashing alarm lamp || ~ *m* **thermique** / thermal flasher

clignoter / blink *vi*, signal *vi*

clignoteur *m* à **cadence rapide** / quick flasher

climat *m* / climate || ~ **alternant ou changeant** / alternating climate || ~ **aride** / dry climate || ~ **continental** / continental climate || ~ d'un **espace clos** / room climate || ~ au **grand air** / open air climate || ~ **maritime** / maritime climate || ~ **social ou de travail ou d'usine** / shop moral, in-house environment (US) || ~ **standardisé** / standard climate || ~ de **technique** / climate in technological applications, climate with regard to technology || ~

tropical / tropical climate
climatique / climatic
climatisation *f* / air conditioning || ~ en **plein air** / outdoor air conditioning
climatisé / air-conditioned
climatiser (local) / air-condition || ~ (techn) / make climate-proof o. -fast
climatiseur *m* / under-window air conditioning unit
climatologie *f* / climatology || ~ **aéronautique** / aeronautical climatology
climax *m* / climax || ~ (bot) / climax dominant || ~ **forestier** (bot) / forest climax
clinche[tte] *f* (serr) / sliding catch-bolt, spring bolt
clinker *m* (pl.: clinkers) / cement clinker || ~ **alumineux** / high alumina clinker || ~ de **Portland** / Portland clinker
clinkerisation *f* (ciment) / clinkering, burning of clinkers
clinographe *m* / clinograph
clinomètre *m*, clinoscope *m* (bâtim) / clinometer, batter level || ~ (arp) / grad[i]ometer, gradiograph, grading instrument, gradient indicator, clinometer || ~ **gyroscopique** (aéro) / gyrostatic level, gyro[in]clinometer (US)
clinopinacoïde *m* (crist) / clinopinacoid
clinoscope voir clinomètre
clinquant *m* (gén) / leaf metal, metal foil, (also:) tinsel || ~, or *m* faux en feuilles / Dutch gold o. metal || ~ / a set of steel shims for adjusting || ~ [d'**argent**] / Dutch silver
clip *m* / [crocodile] clip || ~ de **câble** / receptacle for tabs
clipper *m* (aéro, nav) / clipper
cliquet *m*, cliquet *m* de positionnement / click, [safety] catch, detent pawl, ratchet, jumper (US) || ~, tournevis *m* à cliquet / ratchet lever || ~, encliquetage *m* (techn) / ratchet gear o. mechanism, click and ratchet wheel || ~ (horloge) / nut, pallet || ~ (outil) / ratchet, catrake || ~ (découp) / spring mounted pilot pin || ~ (compteur) / return stop || ~ **adaptable** (outil) / ratchet spanner || ~ d'**arrêt** (auto) / check pawl || ~ d'**arrêt en état baissé du train d'atterrissage** (aéro) / retraction lock, ground safety lock || ~ **deux sens** / reversible ratchet || ~ à **forer**, cliquet *m* à percer / ratchet o. lever brace o. drill, cat-rake || **~s** *m pl* **jumelés** / double ratchet || ~ *m* de **positionnement** / detent pawl || ~ **poussant** / driving pawl || **~-ressort** *m* (horloge) / click[ing] spring || ~ à **ressort** / spring trigger || ~ de **retour** (techn) / back-run safety device o. mechanism, return stop || ~ **réversible** (outil) / reversible ratchet handle || ~ de **rotation** (téléph. autom) / rotary pawl || ~ de la **roue à rochet** / ratchet of a ratchet wheel || ~ **simple** (outil) / ratchet handle || ~ de **solidarisation** / latch || ~ de **sûreté** / keeper
cliquetage *m* du **piston** / piston knock, piston slap o. slack
cliqueter / rattle || ~ (moteur) / pink, knock || ~ (vitres) / jingle, rattle, jar
cliquetis *m*, déclic *m* / striking noise of a limit stop || ~ (pap) / rattle || ~ d'**allumage** (mot) / spark ping o. knock || ~ [d'une **chaîne**] / rattle, clatter || ~ du **moteur** / pinking
clisse *f* / wicker covering
clivable / cleavable, divisible
clivage *m* (géol, crist) / cleavage || ~ (gén) / splitting || ~, pièce *f* clivée (gén) / split piece || **travaillant avec des ~s constants** [plongeants] (mines) / working on the face slip [back slip] || ~ **ardoisier** / slaty cleavage || ~ **cétonique** / ketonic cleavage || ~ des **cristaux** / cleavage of crystals || ~ de **mica** / rifting of mica || ~ **produit par la pression** (géol) / pressure parting
cliver (pierres) / cope
clivure *f* (mica) / splitting || ~ en **livret** (mica) / book-form splitting || ~ en **vrac** (mica) / loose-pack splitting
clo *m* (isolement thermique de la vêture) / clo (thermal resistance of clothing)
cloaque *m* / sink, sewer, cesspool, cesspit, sump
cloche *f* (gén, chimie) / bell || ~ (pap) / format 30 x 40 cm || **en forme de** ~ (TV) / bell-shaped || **sans** ~ (haut fourneau) / without top bell || ~ d'**appel** / call bell, signal bell || **~-avertisseur** *f* **[d'alarme]** / alarm bell, warning bell || ~ de **cabestan** / capstan head || ~ **électrique** / electric bell, signalling bells *pl* || ~ d'**entrée** (électr) / leading-in insulator, inlet insulator o. bell || ~ de **faïence** (télécom) / shackle || ~ à **fritter sous vide** (sidér) / vacuum sintering bell || ~ du **gazomètre** / crown of the gasholder || ~ **graduée en verre** (chimie) / graduated glass jar || ~ de **haut fourneau** / cone o. throat stopper of a blast furnace, stopper o. upper bell || ~ à **immersion** (fonderie) / bell, plunger || ~ **isolante** / bell-shaped insulator, cup o. shed o. petticoat (US) insulator || ~ à **joint de sable** (four) / bell damper || ~ [à] **plongeur** / diving bell || ~ du **plongeur à l'hélium** / helium diving bell || ~ à **recuire** (sidér) / annealing hood || ~ de **rentrée** (filage) / taking-in friction || ~ de **sauvetage** (mines) / rod catcher || ~ de **sonnerie** / gong of the bell, alarm bell || ~ **taraudée** (mines) / rod catcher || ~ à **vide** / vacuum bell jar
clocheton *m* en **forme de pignon** (bâtim) / bell gable o. cot o turret
clofénotane *m* **technique** (chimie) / DDT, pp'-dichlorodiphenyl trichlorethane
cloison *f* / internal partition[ing] || ~ (électr) / partition || ~ (guide d'ondes) / septum || ~ (serr) / key bit, web of a key || ~ d'**abordage** (nav) / collision bulkhead || ~ **accordéon** (bâtim) / accordion, concertine partition || ~ d'**aérage** (mines) / brattice [work] || ~ **amovible** / sliding panel || ~ **autoporteuse** (bâtim) / trussed partition || ~ **avant frontale** (nav) / break-bulkhead || ~ en **baïonnette** (nav) / recessed bulkhead || ~ **blindée** (nav) / armour bulkhead || ~ en **bois** (bâtim) / wooden partition || ~ à **briques à plat** / half-brick wall, four-inch wall || ~ en **carreaux de plâtre** / plaster of Paris slab partition || ~ **centrale** (pap, pile raffineuse) / midfeather || ~ de **charpente** / timber framework o. framing, framework wall || ~ de **cheminée** / partition of a chimney, midfeather || ~ à **claire-voie** (nav) / batten and space bulkhead || ~ de **colombage** / timber framework o. framing, framework wall || ~ de **coqueron arrière** (nav) / stern tube bulkhead || ~ à **coulisse** / sliding panel || ~ **coupe-feu** (nav) / fireproof bulkhead || ~ **coupe-feu** (mines, bâtim) / fire-proof party wall || ~ **cuirassée** (nav) / armour bulkhead || ~ en **dalles creuses de plâtre** / lightweight plaster slab partition wall || ~ de **décrochage** (ELF) (aéro) / fence, stall o. wing fence || ~ de **division** (mines) / brattice, partition in a shaft || ~ **double** (bâtim) / double partition (for sliding door) || ~ à **enduit** / lath and plaster partition || ~ à [une **épaisseur de**] **madriers** (bâtim) / single-plank wall || ~ **étanche** (nav) / bulkhead || ~ **[étanche] longitudinale** (nav) / longitudinal bulkhead || ~ d'**incendie** (nav) / fireproof bulkhead || ~ à **jour** (nav) / batten and space bulkhead || ~ **lattée et plâtrée** / lath and plaster partition || ~ **lattée à jour** / lath o. lattice partition, (also:) lathed space || ~ en **lattes** /

battened partition, batten wall || ~ **légère** / lightweight partition wall || ~ **médiane de brûleur** (verre) / port baffle || ~ **mitoyenne double** (bâtim) / double partition || ~ **naine** / dwarf wall (lower than ceiling height) || ~ en **palplanches** (bâtim) / bulkhead || ~ à **pans de bois** / timber framework o. framing, framework wall || ~ **pare-étincelles** (électr) / arcing plate of a drum controller || ~ **pare-feu** (bâtim) / fire barrier o. stop, fire wall (of a single story) || ~ de **pieux** / row o. rank of piles, piling, spiling || ~ [en ou de **planches]** / boarded partition || ~ de **planches à recouvrement** (charp) / lap-jointed sheeting || ~ **portante** / bearing partition || ~ du **presse-étoupe** (nav) / stern tube bulkhead || ~ **ravalée** / battened partition, batten wall || ~ **remplie d'eau** (héliotechnie) / waterwall || ~ de **séparation** (auto) / bulkhead || ~ de **serrure** (serr) / nab, locking o. staple o. striking plate || ~ **suspendue** (bâtim) / suspended partition || ~ **temporaire** (nav) / temporary bulkhead || ~ **transversale** (nav) / transverse o. cross bulkhead || ~ **transversale** (guide d'ondes) / transverse septum || ~ en **verre** / glass partition || ~ **volante** (nav) / temporary bulkhead

cloisonnage *m* (bâtim) / screen of boards || ~ de **briques** (bâtim) / brick nogging partition || ~ **hourdé** (bâtim) / nogged bay work, nogging

cloisonné *m* / cloisonné [enamel]

cloisonnement *m* (bâtim) / partioning

cloisonner / partion off

cloître *m* / cloister

clone *m* (bot) / clone

cloporte *m* / woodlouse

cloquage *m* (peinture) / boil, bubble, blister[ing] || ~ (pap) / bubble coating || ~ des **parois cylindriques** / swelling

cloque *f* (défaut, contreplaqué) / blister, blow || ~ (plast) / blister || ~ (fonderie) / blister, pin hole || ~ (pap) / blister

cloqué *adj* (peinture) / showing boils || ~ *m* (tex) / cloqué

cloquelé (tex) / blister effect ...

cloquer / bubble

clore, entourer d'une muraille / wall in || ~ (lettre etc.) / close

clos *adj* (électr, gén) / closed || ~ (câble) / full lock coil ..., fully locked || ~ *m*, enclos *m* / close, walled-in area || ~ pour **duvets** *adj* (tiss) / downproof, down resistant || ~ **hermétiquement** / hermetically sealed o. closed, airproof, airtight || ~ *m* **résidentiel** / residential and play street

clothoïde *f* / clothoid, Cornu o. Euler's spiral || ~ (routes) / clothoid, transition o. junction o. easement curve

clôture *f* (activité) / cutoff || ~, enceinte *f* / enclosure, fence || ~, termination *f* / seal, lock || ~ **barbelée** / barbed wire fence || ~ du **chantier** / hoarding, boarding, fencing, paling, railings *pl* || ~ **commune** / party fence (between neighbours) || ~ d'un **compte** / settlement of an account, winding up || ~ **électrique** / electric fence o. fencing || ~ d'**exercice** (compte) / annual gross balance || ~ en **fil de fer** / wire fence || ~ du **jardin** / garden fence || ~ de **lattes** / lath partition || ~ en **lattes ou en lattis** / lath o. batten fence o. fencing || ~ en **planches** / planking, boarding [fence]

clou *m* / nail || ~ (routes) / stud || ~ **antirémanent** (relais) / antisticking pin, non-freeze pin || ~ à **applicage** / stud, bullen nail || ~ **becquet** / shoe bill || ~ de **brodequin** / round-headed nail (for shoe soles) || ~ **cannelé** / grooved drive stud || ~ **cannelé à tête conique** / grooved drive stud, countersunk flat head || ~ **cannelé à tête demi-ronde** / grooved drive stud, round head, round head grooved pin || ~ à **carton-pierre** (bâtim) / nail for prepared roof paper || ~ de **charnière** / joint o. hinge pin, hinge lug || ~ à **chevron** / spike 9 - 14 cm long || ~ **cordonnier** (cordonnerie) / square pin || ~ d'**enverjure** (tiss) / lease pin || ~ de **fantaisie** / decorative o. ornamental nail, stud || ~ à **ferrer** / horse-nail || ~ **fileté** / screw nail, drive screw || ~ **fileté [à] tête fraisée** / countersunk screw nail o. nail screw || ~ **forgé** / forged nail o. spike || ~ de **Girofle** / clove, Eugenia carcophyllata || ~ à **lattes** / nail 2.7 cm long || ~ à **liteau** / nail 5.5 cm long || ~ pour **machine à clouer** / nail for nailing machines || ~ à **madriers** / plank nail || ~ **marinier** / forged nail 4 cm long || ~ **millésimé** (ch.de fer) / date nail || ~ à **noyau** (fonderie) / core nail || ~ de **Paris** / wire nail || ~ à **parquet** (nav) / spike, plank nail, brad || ~ à **piston** / nail 1.6 cm long || ~ à **planches** / plank nail || ~ **refroidisseur** (fonderie) / chill nail || ~ de **rembourrage** / decorative o. ornamental nail, stud || ~ à **roseaux** (bâtim) / reed tack || ~ de **tapissier** / upholstery nail, tin tack (GB), bullen nail || ~ **taraudeur** / screw nail, drive screw || ~ à **tasseau** / nail 7 cm long || ~ à **tête large pour tôles** / flat headed sheet metal nail || ~ à **tête plate** / flat-headed plank-nail || ~ à **tirer** (fonderie) / draw nail || ~ à **toiture à large tête** / roofing nail, clout nail || ~ en **U** / U-bracket || ~ à **voliges** / nail 4 cm long

clouable / nail-holding, nailable

clouage *m*, clouement *m* / nailing

clou-boule *m* (pl.: clous-boules) / round-headed stud

clou-épingle *m* (pl.: clous-épingles) / brad

clouer / nail [together] || ~ [sur] / nail [on], (esp.:) tack a carpet || ~ (typo) / block, mount printing blocks || ~ pour **fermer** / nail down o. up

cloueur *m* / nail driver

clouté (routes) / studded

cloutière *f* (outil) / heading tool, nail mould

CLR-moteur *m* / CLR-test engine (= coordinating lubricant and equipment research)

clupéine *f* (chimie) / clupeine

clydonographe *m* (électr) / klydonograph

clystron *m* / klystron || ~ à **cavités multiples** / multicavity klystron || ~ **reflex ou réflexe** / reflex klystron

C.M.A., concentration *f* maximale admissible / maximum allowable concentration, MAC, threshold limit value, TLV

C.M.E., concentration *f* maximale d'émission / lower emission limit, maximum emission concentration

C.M.I., concentration *f* maximale d'immission / lower immission limit, maximum immission concentration

C.M.O.S. *m* / CMOS, compatible MOS

C.N. (m outils) = commande numérique / numerical control

CNC = commande numérique par calculateur

CND (m outils) = commande numérique directe par ordinateur / direct numerical control, DNC

CNES = Centre National d'Etudes Spatiales

CNET = Centre National d'Etudes de Télécommutations, Paris

C.N.R.S. = Conseil National de la Recherche Scientifique

coabonné *m* (télécom) / partner

coacervat *m* (chimie) / coacervate

coacervation *f* (chimie) / coacervation

coadjuvant / cooperative

coagel *m* (chimie) / coagel
coagulable (chimie) / coagulable
coagulase *f* / coagulase || **à ~ positive** (chimie) / coagulase-positive
coagulation *f* / coagulation, concretion, curdling, congealing, clotting || ~ (chimie) / coagulation || **qui entrave la ~** / preventing coagulation
coaguler *vt* / coagulate || ~ / curdle, coagulate, curd || ~ (se) / coagulate *vi*, become coagulated o. congealed
coagulum *m* / coagulator || ~, caillot *m* / coagulum, clot
coaille *f* (tex) / tail locks, britch, breech (GB)
coalescé (cémentite) / spheroidized
coalescence *f* / coalescence
coalescer (fonderie) / over-age, coalesce
coalesceur *m* (pétrole) / coalescer
coaxial *adj* / coax[i]al, co-axial, concentric || ~ *m* (ELF) / coax[ial] cable
cobalt *m*, Co / cobalt || ~ **60 ou radio-actif** / cobalt 60, ^{60}Co, radio-cobalt || ~ **arsénical** / safflorite || ~ **gris ou luisant** / cobaltine, -tite, bright white cobalt glance, shining cobalt
cobalter / cobalt-plate
cobalteux / cobaltous, cobalt (II) ...
cobaltifère / cobaltiferous
cobaltine *f*, cobaltite *f* (min) / cobaltine
cobaltique / cobaltic, cobalt (III) ...
cobaye *m* (coll) / person experimented upon, guinea pig (coll)
COBOL *m* (ord) / COBOL (common business oriented language)
coca *m* (arbuste) (bot) / coca || ~ *f* (substance extraite) / coca
cocaïne *f* / cocaine, benzoylmethyl-ecgonine
cocarboxylase *f* / co-carboxylase
coccide *f* / scale insect, coccid, mealybug
coche *f* (charp) / score || ~ (nav) / channel o. jag o. notch of a thimble
cochenille *f* (teint) / cochineal || ~ **australienne** / cottony cushion scale || ~ du **chêne**, cochenille *f* au kermès (teint) / kermes (from ilicis o. vermilis)
cocher / check off, mark off, tick [off] || ~, faire des entailles / nick, notch || ~ **d'une croix** / mark with a cross
cochléiforme / cochleate
cochléoïde *f* / cochleoid
cochon *m* (sidér) / sow, salamander
cochonnet *m* (verre) / jockey o. monkey pot
cockpit *m* (nav) / cockpit || ~ (des avions rapides) (aéro) / pilot's cockpit
coco *m* / coco, coconut
cocobolo *m* (bois) / cocobolo
cocon *m* / ball bottom of the silk worm, cod of a silkworm, cocoon || ~, épeule *f* (tiss) / hollow cop || ~ **vert** / raw cocoon
co-condensation *f* (chimie) / co-condensation
coconisation *f* (plast) / spray webbing, cocooning
coconner / spin its cocoon, cocoon *vi*
coconneuse *f* (filage) / winding machine for tubular cops
cocontractant *m* (bâtim) / partner of a contractor combination
cocose *f* / coconut butter, nutter
cocotier *m* / coconut palm
cocotte *f* **minute** (pl.: cocottes minute) / pressure cooker
coction *f* / cooking || ~ (savon) / saponification, boiling of soap
cocyclique / on the same circle
cocymase *f* / cozymase, NAD, DPN
codage *m* (ord) / coding, encoding, keying || ~ (télécom) / encoding, coding || **à ~ de formants** (analyseur de langage) / formant coding || ~ **automatique** (ord) / automatic coding, autocoding || ~ par **bandes subdivisées** / sub-band coding, SBC || ~ des **impulsions** / pulse coding || ~ par **lignes** (repro) / line indexing || ~ du **niveau par corrélation** / correlative level coding || ~ **subséquent** / subsequent encoding
code *m* (ord) / code [set] || ~ (télécom) / code || ~ (auto) / lower beam (US) o. dipped beam (GB) headlamp || ~ d'**accès** (télécom) / access code || ~ d'**adresse** / address reference number || **~-Aiken** *m* / Aiken code || ~ **alphabétique, [alphanumérique]** / alphabetic, [alphameric] code || ~ d'**arrêt** (bande perf.) / stop code || ~ **ASCII** (ord) / American Standard Code for Information Interchange, ASCII-code, USASCII || ~ **autocorrecteur** (ord) / error correcting code || ~ **auxiliaire** (ord) / auxiliary code || ~ de **bande** / punched-tape code || ~ **Baudot** / Baudot code || ~ **binaire à quatre bits** / four-line binary code || ~ **binaire réfléchi ou cyclique** / reflected binary code, Gray code || ~ **bipolaire à densité élevée** / high-density bipolar code || ~ **biquinaire** / biquinary code || ~ de **bonne pratique** (bâtim) / code of practice || ~ de **caractères** (télécom) / character code || ~ **carte** (c.perf.) / card code || ~ à **cinq canaux** / five-channel code || ~ à **cinq moments** / Baudot code || ~ à **cinq pas ou éléments** (télécom) / eleven-unit code || ~ de **coordonnées cartographiques** / coordinate code, map reference code || ~ **correcteur d'erreurs** (ord) / error correcting code, self-checking code || ~ des **couleurs** / colour code || ~ des **couleurs pour résistances** / resistor color code || ~ **cyclique** (ord) / unit-distance code, cyclic code || ~ **décimal codé binaire** / binary coded decimal code, BCDC || ~ **décimal cyclique** / cyclic decimal code || ~ de **désignation** / type designation || ~ de **destination** (téléscripteur) / destination code || ~ **détecteur d'erreurs** / error detecting code || ~ à **détection d'erreur** / error detecting code || ~ **deux sur cinq ou parmi cinq** (ord) / two-out-of-five code || ~ **deux sur un** (ord) / two-for-one code || ~ à **distance de Hamming 1** (ord) / unit-distance code || ~ à **distance de Hamming minimale** (ord) / minimum distance code || ~ de **données** (télécom) / data code || ~ **EBCDIC** (ord) / EBCDIC = Extended Binary Coded Decimal Interchange Code || ~ **ECMA** (European Computer Manufacturers Association) / E.C.M.A. code || ~ par **excès de trois**, code *m* à excès 3 (ord) / three-excess-code, excess-three code || ~ **externe** / external code || ~ sur le **film** / film code || ~ **gecom** (ord) / gecom (= general computer) || ~ du **genre de travail** (ord) / occupation code || **~-Gray** *m* / reflected binary code, Gray code || ~ **groupe** (ord) / group code || ~ **hardware** / hardware code (PERT) || ~ d'**identification** (ord) / identifying code || ~ d'**identification mondiale des constructeurs**, WMI / world manufacturer identifier, WMI, WMI || ~ **industriel** (ord) / industry code || ~ d'**instructions** (ord) / instruction code, machine code || ~ **international de télégraphie** / international telegraph o. teletype alphabet o. code || ~ à **inversion de marque alternée** / alterned mark inversion code, AMI code || ~ **ISO 7-bits** (bande perf.) / ISO-7-bit code || ~ de **longueur des instructions** / instruction length code || ~ **machine** (ord) / computer o. machine code || ~ **matières** (c.perf.) / material code || ~ des **mines** / miner's code

of laws, miner's statutes and regulations || ~ **mnémonique** (ord) / mnemonic code || ~ **mouvement** / transaction code || ~ de **Murray** (m.à ecrire) / Murray code o. style || ~ à **nombre égal de pas** (télécom) / equal-length code || ~ **normal** (ord) / SI, shift in || ~ **normalisé d'enregistrement** / standard recording code, SRC, SRC || ~ **numérique** / numeric code || ~ **opération ou d'opérations** (ord) / operation code || ~ **outil** (NC) / tool code || ~ de **perforation** (c.perf.) / card code || ~ **plus soixante quatre** / excess-64-code || ~ **plus trois** (ord) / three-excess-code, excess-three code || ~ **pondéré** / weighted code || ~ **postal** (France) / zip code (US), post code (GB) || ~ **Q** (électron) / Q-code || ~ **quibinaire** (ord) / quibinary code || ~ **quinaire** / two-out-of-five code || ~ **redondant** / redundant code || ~ **relatif au temps** (b.magnét) / time code || ~ **relatif au temps** (sur film) / time code (on film) || ~**-repère** *m* / search code || ~ de **réponse** / answer-back code || ~ de **retour** (ord) / return code || ~ de la **route** / Motor Vehicle [Traffic] Regulations, Highway Code || ~ des **signaux** (ch.de fer) / signal code || ~ à **six moments** (ord) / six-bit code || ~ **sortie** (ord) / output code || ~ **spécial** (ord) / SO, shift out || ~ **télégraphique** / telegraph code || ~ **télégraphique** (téléscripteur) / telegraph o. teletype code || ~ **temporel de commande** (bande vidéo) / time and control code, time and location code || ~ **ternaire à sélection par paires** / pair selected ternary code || ~ **trivalent** (télécom) / three-condition code || ~ **typographique** / proofreader's mark o. symbol || ~ **universel de produits** / UPC code, universal product code || ~ **un-sur-dix** (ord) / one-out-of-ten code || ~ de **validation** (ord) / control code || ~ de **van Duuren** (télécom) / van Duuren code

codé / coded || ~ **couleur** (phot) / colour-coded || ~ **décimal** / coded decimal || ~ par **impulsions** / impulse-coded

codec *m* **PCM** / PCM codec (= coding/decoding)

codéine *f* / codeine, methylmorphine

coder (ord) / code, encode || ~ (télécom) / encode, code, key || ~ en **conversion de code** / encode

codeur *m* (ord) / coder, encoder || ~ (télécom) / encoder || ~, quantificateur *m* / digitizer, encoder || ~ **angulaire** / angle encoder || ~ **couleur** (TV) / colour [en]coder o. -flexer || ~**-décodeur** *m* (télécom) / coder-decoder || ~ **optique** (ord) / optical encoder || ~ de **position angulaire** (électron) / shaft position encoder || ~ à **réinjection** / feedback encoder || ~ de **rotation analogique-digital** / angular digitizer

codex *m* (pharm) / dispensatory

codiastase *f* / coenzyme || ~ **A** / coenzyme A, Co A

codificateur *m* de **caractères** / character encoder

codification *f* **B.T.E. des éléments de travail** (= Bureau des Temps Elémentaires) (ordonn) / classification of the elements of work according to B.T.E.

codimère *m* (chimie) / codimer

coefficient *m* (gén) / coefficient || **affecté d'un ~** / weighted || ~ d'**Abbe** / Abbe coefficient || ~ d'**absorption** / absorption coefficient || ~ d'**absorption acoustique** / acoustical absorption coefficient || ~ d'**absorption atomique** / atomic absorption coefficient || ~ d'**absorption effective** / effective absorption coefficient || ~ d'**absorption d'énergie massique** (nucl) / mass absorption coefficient || ~ d'**absorption linéaire** (opt) / linear absorption coefficient || ~ d'**absorption du son** / acoustic absorption factor o. coefficient || ~ d'**absorption totale** (nucl) / total absorption coefficient || ~ d'**action par intégration** / integral action factor || ~ d'**action proportionnelle** (contr.aut) / proportional action factor || ~ d'**activité** / activity coefficient || ~ d'**adaptation** (télécom) / return current coefficient || ~ d'**adhérence** (ch.de fer) / coefficient of adhesion || ~ d'**adhérence** (route) / skid number || ~ d'**adhérence pneu/route** (auto) / coefficient of adhesion || ~ d'**adhésion** (tracteur) / adhesion coefficient || ~ d'**affaiblissement** (télécom) / attenuation factor || ~ d'**agrandissement** / enlargement ratio || ~ d'**aimantation** / magnetic susceptibility || ~ d'**allongement** / reciprocal value of modulus of elasticity || ~ d'**amortissement** (électr) / damping coefficient || ~ d'**amortissement visqueux** / viscous damping coefficient || ~ d'**amplification** (électron) / amplification factor || ~ d'**anamorphose** (phot) / anamorphose coefficient || ~ d'**atténuation** (nucl) / attenuation coefficient || ~ d'**augmentation de pression** (aéro) / pressure coefficient || ~ d'**autocorrélation** (poudre) / autocorrelation coefficient || ~ d'**auto-induction** / coefficient of self-induction, self-inductance || ~ de la **balance d'eau** / water balance coefficient || ~ du **binôme** / binomial coefficient || ~ de **bobinage** (électr) / winding coefficient o. factor || ~ de **bruit** (électron) / noise factor o. figure, NF || ~ de **capacité** (électr) / capacitance coefficient || ~ de **captation [d'eau]** (météorol, aéro) / efficiency of catch || ~ de **charge** / charge o. load coefficient || ~ de **chargement** (pap) / furnish factor || ~ de **chocs** (méc) / shock coefficient || ~ de **chocs** (constr.en acier) / impact o. shock coefficient o. number || ~ de **commettage** (filage) / spinning factor || ~ de **compensation d'erreurs** (repérage) / error compensation value || ~ de **concentration des contraintes** (méc) / stress concentration factor, notch factor || ~ **concret** / determinate o. defined coefficient || ~ de **condensation** (vide) / condensation coefficient, accommodation coefficient for condensation || ~ de **conductibilité** / temperature conductivity, thermal diffusivity || ~ de **conductibilité thermique** / coefficient of thermal conduction || ~ de **confiance** (contr. qual) / confidence coefficient o. level || ~ **constant** / constant coefficient || ~ de **contraction** / area contraction o. reduction factor || ~ de **contraction** (tuyère) / coefficient of contraction || ~ de **conversion** (nucl) / conversion ratio || ~ de **conversion** (techn) / conversion factor || ~ de **correction** / coefficient of correction, correction value || ~ de **corrélation** (math) / correlation coefficient || ~ de **couplage** (électron) / coupling coefficient o. factor || ~ des **courants réfléchis** (télécom) / return current coefficient || ~ de **débit ou de décharge** (hydr) / discharge o. discharging coefficient || ~ de **débit** (vanne) / Cv-factor || ~ de **débit** (dans une conduite fermée) / flow coefficient || ~ de **dépense** (hydr) / coefficient of expenditure o. of effluxion || ~ de **déport** (denture) / addendum modification coefficient || ~ de **dérapage** (routes) / skid number || ~ de **détente** (fluide compressible) / expansibility factor, expansion factor || ~ de **diffusion** (vacuum, nucl) / diffusion coefficient || ~ de **dilatation** / coefficient of expansion o. of dila[ta]tion || ~ de **dilatation cubique ou spatiale** / expansion coefficient || ~ de **dilatation linéique** / coefficient of elongation o. of linear [thermal] expansion || ~ de **dilatation superficielle** / coefficient of superficial thermal expansion || ~ de **dilatation thermique** / coefficient of thermal expansion, C.T.E. || ~ de **dispersion** / leakage coefficient o. factor, dispersion coefficient || ~ de **distorsion différentielle** / intermodulation distortion (of SMPTE) || ~ de **distorsion harmonique** (télécom) / coefficient of harmonic distortion, harmonic distortion coefficient || ~ de **distorsion harmonique totale** (télécom) / coefficient of total harmonic distortion, total harmonic distortion, THD || ~ de **distorsion inhérente** (électron) / inherent distortion || ~ de **distribution** (chimie) / distribution coefficient || ~ de **diversité** (électr) / reduction factor || ~ **Doppler** / Doppler coefficient || ~ d'**écoulement** (hydr) / coefficient of discharge || ~ de l'**écoulement** (frittage) / flow rate || ~ d'**effet d'entaille** / fatigue strength reduction factor, fatigue notch factor || ~ d'**efficacité** (essence) / performance number, figure of merit || ~ d'**efficacité** (phys) / effect, yield || ~ d'**efficacité de la source lumineuse** / luminosity factor, luminous efficiency o. power, light efficiency || ~ d'**élancement** (bâtim) / ratio of slenderness, slenderness ratio || ~ d'**élasticité** / modulus of elasticity, Young's modulus of elasticity, elastic modulus || ~ d'**émission secondaire** / coefficient of secondary emission || ~ d'**encombrement** / space factor || ~ d'**équilibrage** (télécom) / impedance unbalance factor || ~ de l'**erreur de bande** (compas) / heeling error coefficient || ~ d'**évaporation** / evaporation coefficient || ~ d'**évaporation** (vide) / evaporation coefficient || ~ d'**excentricité** (méc) / eccentricity coefficient o. factor || ~ d'**expansion** / expansion coefficient || ~ d'**exsudation** (graisse) / bleeding number || ~ d'**extinction** (chimie) / extinction coefficient || ~ de **filtrage ou du filtre** (phot) / filter factor || ~ de **finesse** (nav) / coefficient of fineness, fatness ratio || ~ de **foisonnement** (panneau solaire) / array packing efficiency, cell packing factor || ~ de **forme** / form o. shape factor || ~ de **forme** (bois) / form factor o. figure o. number || ~ de **fourniture** (pap) / furnish factor || ~ de **frottement ou de friction** / coefficient of friction || ~ de **frottement par glissement** / coefficient fo sliding friction || ~ de **fuite** / leakage coefficient o. factor, dispersion coefficient || ~ **G** (nucl) / G-value || ~ de **glissement** (aéro) / lift/drag ratio, L/D ratio || ~ **global de passage de chaleur ou de transmission thermique** / heat transition coefficient || ~ de **gradation** (démarreur) / grading coefficient || ~ de **Hall** / Hall coefficient || ~ **Ho** (pompe à diffusion) / Ho coefficient, speed factor || ~ d'**hystérésis** (électr) / hysteresis o. Steinmetz coefficient || ~ d'**imprégnation** / coefficient of impregnation || ~ d'**induction** / coefficient of induction, inductivity || ~ d'**induction magnétique** / induction constant || ~ d'**induction mutuelle** (électr) / mutual inductance || ~ d'**intermodulation** / intermodulation distortion (of SMPTE) || ~ **Izod** / Izod figure o. value || ~ **Mach de glissement** / drag-lift Mach ratio, drag-rise Mach ratio || ~ de **majoration de la masse du train** (ch.de fer) / coefficient of increase of mass of a train || ~ des **masses tournantes** / rotational inertia coefficient || ~ **massique de réactivité** (nucl) / mass coefficient of reactivity || ~ **microphonique** (électron) / microphonic coefficient || ~ de **minoration** (méc) / reduction coefficient || ~ de **modification d'entraxe** (engrenage) / center distance modification coefficient || ~ de **moment** (aéro) / moment coefficient || ~ de **moment de charnière** (aéro) / hinge-moment coefficient || ~ de **moment de lacet, [de roulis, de tangage]** (aéro) / yawing, [rolling, pitching] moment coefficient || ~ **négatif** (math) / minus coefficient || ~ **non dénommé** / non-dimensional coefficient, undefined o. indeterminate coefficient || ~ d'**occupation des places** / seat occupany coefficient || ~ **osmotique** / osmotic coefficient || ~ de **partage** (chimie) / partition coefficient || ~ de **partage** (nucl) / splitting ratio, cut || ~ de **partage** (isotopes) / cut || ~ **Peltier** / Peltier coefficient || ~ de **pénétrabilité** / coefficient of permeability || ~ de **perméabilité** (mét.poudre) / permeability coefficient || ~ de **perte** / reduction factor, diminution coefficient || ~ de **perte au commettage** / spinning loss factor || ~ de **perte due aux réflexions** (télécom) / return current coefficient || ~ de **pertes** (électr) / figure of loss || ~ des **pertes hydrauliques** / hydraulic loss figure || ~ **photo-élastique par traction** (verre) / stress optical coefficient || ~ **pluviométrique** / pluviometric coefficient || ~ de **portance** (aéro) / lift coefficient, coefficient of lift || ~ de **potentiel** / potential coefficient || ~ de **poussée** (électron) / pushing figure || ~ de **pratique expérimentale** (télécom) / crew factor || ~ de **pression** (nucl) / pressure coefficient of reactivity || ~ **prismatique** (nav) / prismatic coefficient || ~ de **proportionnalité** (électr) / meter constant || ~ **proportionnel** (statistique) / proportional number || ~ de **puissance** (nucl) / reactivity power coefficient || ~ de **puissance en altitude** (aéro) / [height] power factor || ~ **qualitatif ou de qualité** / quality coefficient || ~ de **qualité** (électron) / Q-value, circuit Q, factor of quality || ~ de **qualité du condensateur** / capacitor Q || ~ de **radiation** / radiation coefficient || ~ de **réactivité** (nucl) / danger o. reactivity coefficient || ~ de **recombinaison** (semicond) / recombination coefficient || ~ de **récupération** (pétrole) / ultimate recovery || ~ du **redressement** / rectification o. detector factor o. coefficient || ~ de **réduction** / conversion factor || ~ de **réduction de charge** / derating ratio || ~ de **réduction d'une fréquence de plasma** (électron) / reduction factor of a plasma frequency || ~ de **réflexion** (gén) / reflection coefficient o. factor || ~ de **réflexion du son** / sound reflection factor o. coefficient || ~ de **réglage** (électron) / level control coefficient || ~ de **régression** (statistique) / regression coefficient || ~ de **régularité** / degree of uniformity o. of [angular] [ir]regularity, coefficient of cyclic variation || ~ de **remplissage** (enroulement) / space factor, bulk factor || ~ de **remplissage** (câble) / fill factor || ~ de **remplissage** (mot) / trapping coefficient o. efficiency || ~ de **rendement** (pompe) / volumetric efficiency || ~ de **renflement** (silviculture) / form factor o. figure o. number || ~ de **résistance** (aéro, auto) / drag coefficient || ~ de **résistance à la conductibilité de chaleur** / heat insulation factor || ~ de **restitution** (méc) / collision coefficient, restitution coefficient || ~ de **rupture** / breaking factor || ~ de **saponification [par rapport à 1 g]** / saponification number || ~ de **sécurité** / factor of safety || ~ de **sécurité par rapport à la charge extrême** (aéro) / ultimate factor || ~ de **sécurité de retenue** / safety factor for holding || ~ de **sensibilité** (instr) / coefficient of sensitivity || ~ de **solubilité** (chimie) / absorption coefficient, solubility coefficient || ~ **spécifique d'ionisation** (électron) / specific ionization coefficient || ~ de **stabilisation de la tension à l'entrée** (c.intégré) / input stabilization coefficient || ~ de **surtension** / magnification of the circuit || ~ de **sustentation en**

N/m³ (aéro) / specific lift coefficient || ~ de **synchronisation** (électr) / synchronizing coefficient || ~ de **tassement** (nucl) / packing fraction o. factor || ~ de **température** / temperature coefficient || ~ de **température de la chute de tension** (électr) / temperature coefficient of voltage drop || ~ de **température positif, [négatif]**, C.T.P., [C.T.N.] / positive, [negative] temperature coefficient, PTC, [NTC] || ~ de **température de réactivité** / temperature coefficient of reactivity || ~ **température-pression** (gaz) / temperature-pressure coefficient || ~ de **temps** / time coefficient || ~ de **tension** / voltage coefficient || ~ de **tirage** (phot) / printer density factor || ~ de **tordage** (filage) / twist factor o. value || ~ de **torsion** (méc) / Poisson's ratio || ~ de **torsion** (filage) / number of turns per cm, constant number for twist, twist multiplier || ~ de **traction K** / factor K || ~ de **traînée** / drag coefficient || ~ de **transfert d'énergie** (nucl) / energy transfer coefficient || ~ de **transfert d'énergie massique** (nucl) / mass energy transfer coefficient || ~ de **transfert MA/MI** / AM/PM transfer coefficient || ~ de **transfert de matière** / mass-transfer coefficient || ~ de **transmission** (guide d'ondes) / transmission coefficient || ~ de **transmission de la chaleur** / thermal transmission coefficient || ~ de **transmission de contraste** (TV) / contrast transfer factor || ~ de **transmission d'un faisceau électronique** / transmission coefficient of electron beam || ~ de **transmission pour lumière diffuse** / diffuse transmission factor || ~ de **transmission thermique** / heat transmission coefficient || ~ **trichrome** / trichromatic coefficient || ~ d'**uniformité** / degree of uniformity o. of [angular] [ir]regularity, coefficient of cyclic variation || ~ d'**usure** / abrasion factor, wear index || ~ d'**utilisation** / coefficient of utilization, load factor, utilization factor o. coefficient || ~ d'**utilisation** (électr) / duty factor || ~ de **vide** / void coefficient of reactivity || ~ de **viscosité** (pétrole) / viscosity coefficient || ~ **viscosité-température** (pétrole) / viscosity-temperature coefficient || ~ de **vitesse d'approche** (liquide) / velocity-of-approach factor || ~ de **volume** (compresseur) / volume factor

cœlostat *m* (astr) / coelostat

coenzyme *f* / activation agent, activator, coenzyme || ~ **1** / cozymase, diphosphopyridine nucleotide, DPN || ~ **A** / coenzyme A, Co A

coéquipier *m* / crew member

coercimètre *m* / coercimeter

coercitif (électr) / coercive

coercition *f* / compulsion, restraint

coercitivité *f* / coercivity

coésite *f* (min) / coesite

cœur *m* (techn) / core || ~ (bois) / kernel || ~ (réacteur, combustible) / core || ~ (fruit) / core of a fruit || ~ (ELF) (ville) / core of a city o. town || **en** ~ (réacteur) / in-core || **en [forme de]** ~ / heart-shaped || ~ d'**acier** (coulée centrif.) / steel core || ~ en **acier moulé** (ch.de fer) / cast steel frog, steel cast frog || ~ **actif** (nucl) / reactor core || ~ d'**aiguille** (ch.de fer) / frog point, diamond || ~ de l'**atome** / atomic residue || ~ du **croisement** (ch.de fer) / diamond, frog || ~ de **croisement assemblé** (Suisse) **ou en rails assemblés** (ch.de fer) / built-up crossing || ~ de **croisement monobloc** (ch.de fer) / cast crossing || ~ **double** (ch.de fer) / diamond crossing, double frog || ~ **dur** (nucl) / hard core || ~ de l'**électron** / electron kernel || ~ d'**entraînement** (tourn) / lathe carrier, heart-shaped driver, driving dog || ~ d'**enveloppe** (nucl) / core plate || ~ **équilibré** (réacteur) / equilibrated core, balanced core || ~ **large** (agr) / sweep, broad duckfoot || ~ **mobile** (ch.de fer) / movable frog, switch diamond || ~ du **mur** (bâtim) / hearting || ~ du **noyau** / nucleor, core of a nucleon || ~ à **patte d'oie** (agr) / duckfoot [sweep] || ~ en **plomb** / lead core || ~ **rouge du hêtre** / red heartwood of beech || ~ à **sortir après passage unique** (nucl) / once-through then out core || ~ de **traversée** (ch.de fer) / diamond crossing, double frog

cœurelle *f* / hard gritstone

coexploitant *m* / co-user, joint user

coextrusion *f* (métal, plast) / coextrusion

coferment *m* / coenzyme || ~ **A** / coenzyme A, Co A

coffrage *m* (béton) / mould, form[work], shuttering, falsework || ~, couche *f* de pierres concassées (hydr) / layer of broken stones || **bâti avec ~ glissant** / sliding moulded, slip formed || ~ **glissant** (bâtim) / slip o. sliding form, sliding moulding || ~ **itinérant** (bâtim) / moving o. travelling form[work] || ~ du **plafond** (béton) / form o. falsework for ceiling, ceiling boarding || ~ par **planches** (hydr, mines) / sheeting, lagging || ~ de **poutres** / girder casing || ~ à **progression horizontale** (bâtim) / travelling formwork, moving form[work] || ~ à **recouvrement** (charp) / lap-jointed sheeting || ~ **rempli d'enrochements** (hydr) / cribwork || ~ **serré** (bâtim, béton) / stout close-boarded shuttering || ~ en **tiroir** / push-in framework || ~ en **tôles** / sheet metal casing || ~ en **tunnel** / tunnel sheeting o. framework || ~ de **voûte** / arch casing

coffre *m*, caisse *f* / cash box || ~ (auto) / spare part kit || ~ (ELF) / chest, box || ~ d'**amarrage** (nav) / mooring buoy || ~ de l'**arbre porte-hélice** / propeller shaft tunnel || ~ à **bagages** (auto) / luggage boot o. trunk, rear trunk || ~ à **bagages couché sous plancher** (auto) / underfloor hold || ~ de **distribution** (électr) / cutout o. service cabinet || ~ à **eau** (techn) / water chamber || **~-fort** *m* (pl.: coffres-forts) (armoire) / strong box || **~-fort** *m* de la **banque** / [armoured] strong room, safe || ~ du **mineur** (mines) / miner's box, tool chest || ~ à **outils** / tool box o. case || ~ de **pesage** / balance case || ~ de la **serrure aubéronnière** / box case of the case lock || ~ à **vapeur** / steam cone o. dome

coffrer (mines) / lag || ~ (bâtim) / board, plank, line

coffret *m* / small box || ~ (électron) / case, cabinet, enclosure || ~ (électr) / switch cupboard o. cabinet, control board o. cubicle || ~ d'**analyse** (chimie) / test kit || ~ **blindé antidéflagrant** (électr) / flameproof enclosure || ~ pour **bobines de film** / can || ~ à **bornes** / terminal box || ~ de **capacitances** / capacitance box || ~ de **chantier** (électr) / power distribution on building sites || ~ de **commande** (électr) / switch box o. case || ~ de **commande d'éclairage** / light switch box || ~ à **coupe-circuits fusibles blindé** / iron-clad cutout box || ~ des **coupe-circuits principaux** / distribution fuse board || ~ de **distribution** (électr) / distributing o. distribution o. distributor o. dividing box, feeder box, splitter box || ~ de **distribution intermédiaire** (électr) / intermediate distribution box || ~ de **distribution terminal** (électr) / dead-end distribution box || ~ **électrique** (électr) / switch box o. case || ~ **embrochable** / plug-in box || ~ en **fonte** / moulded case, cast-iron box || ~ de l'**interrupteur** / switch box o. case || ~ en **matière plastique** / plastics case o. cabinet || ~ du **poste** / radio cabinet || ~ de **prise de terre** / grounding (US) o. earthing (GB) box || ~ de **protection** / protective motor switch || ~ de **raccordement** / mains box || ~ pour

relais / relay box || ~ à **tiroirs standard** (électron) / standard rack cabinet || ~ en **tôle** / sheet-metal cubicle for switch cupboards || ~ **vide-poches** (auto) / cubby hole, glove box
coffreur *m* (bâtim) / formwork setter
COGEMA = Compagnie Générale des Matières Nucléaires
cogénération *f* / cogeneration (of two useful forms of energy)
cogestion *f* d'**entreprise** (et non: participation!) / worker-manager participation (misnomer: industrial democracy)
cognée *f* / axe, ax (US) || ~ à **blanchir** / paring axe || ~ du **bûcheron** / cleaver, felling axe || ~ à **équarrir** / carpenter's axe
cognement *m* **comme un Diesel** (compresseur) / dieseling || ~ du **moteur** / knock[ing] o. detonation of the motor || ~ à **vitesse élevée** / high-speed knock
cogner *vt* / beat in, drive in, hammer in || ~ *vi* (mot) / knock, detonate || ~ comme un **Diesel** (mot, compresseur) / diesel, run diesellike
cognet *m* / tobacco roll o. carrot o. twist
cogroupe *m* (math) / coset
cohérence *f* / coherence, cohesion, cohesiveness || ~ (sol) / coherence, coherency || ~ (électron) / coherence || ~ (math) / consistency || ~ de **modulation** / modulation coherence || ~ **spatiale** / coherence of space || ~ **temporelle** / coherence of time
cohérent / adherent, adhesive, coherent, sticking || ~ (phys) / coherent || ~ (math) / self-consistent || ~ (sol) / cohesive || ~ dans l'**espace** / coherent in space || **~-interrompu** (électron) / coherent-interrupted || ~ dans le **temps** / coherent in time
cohéreur *m* (télécom) / coherer
cohésif / cohesive
cohésion *f*, cohérence *f* / coherence, cohesion, cohesiveness || ~ (électron) / coherence || ~ du **coke** / coke strength || ~ des **fibres** (pap, typo) / bonding strength || ~ **globale des granules** (carbon) / mass pellet strength || ~ d'un **granule** (carbon) / crush strength of a pellet
cohibant *adj* (phys) / insulating
coiffe *f*, tôle *f* de protection / cover plate || ~ / cap, cover || ~ (ELF) (engin spécial) / nose cone, shroud, fairing || ~ d'**or** (horloge) / gold cap || ~ de **retenue** / holding cap o. cover
coiffer / cover [over], overlap
coiffure *f* **rigide** (soudage) / helmet
coil *m* (lam) / coil || ~ **coating** (galv) / coil coating || ~ **refendu** (lam) / slit coil
coin *m* / block, bolster || ~ (mines) / quoin, iron wedge || ~ (four) / wedge brick, wedge (US), (also:) end arch [brick] || ~ (ch.de fer) / wedge || ~, angle *m* de la maison / quoin, corner || ~ (bas) / clock of stockings || **à ~ arrondi** / round edged, with round edge || **à ~s** (moule) / split, composite || **de ou en** ~ / corner... || **en forme de** ~ / wedge-shaped, cuneiform || ~ d'**absorption** (guide d'ondes) / wedge || ~ d'**arc** (bâtim) / spandrel || ~ de **blocage** / locking wedge || ~ en **bois** (emballage) / wood packing, filler block (US) || ~ de **calage** / locking wedge, chock || ~ **coupé** (c.perf.) / corner cut || ~ **coupé** (repro) / corner cut || **~-cuisine** *m* / kitchenet[te] || ~ de **culasse** (mil) / breech wedge || ~ de **desserrage** / loosening wedge || ~ à **double diminution** (bas) / double narrowing toe || ~ à **échelons** (repro) / step wedge || ~ d'**effigie** (numism.) / effigy die || ~ pour l'**entretien des valves** / valve key replacer || ~ **fenêtre** (siège) / window seat || ~ de **Goldberg** / sensitometric wedge, step o. density wedge || ~ d'**huile** / oil wedge || ~ de **jante** (ch.de fer) / rim wedge || ~ de **mesure** / measuring wedge || ~ **mort** (bâtim) / dead corner || **~s** *m pl* d'un **moule** (plast) / splits *pl* of a mould || ~ *m* **neutre** (opt) / density wedge || ~ **neutre échelonné** / sensitometric wedge, step wedge || ~ à **pierre** / stone wedge || ~ sur **plat** (four) / end arch [brick] || ~ en **quartz** / quartz wedge || ~ **rectangulaire** (bâtim) / square quoin || ~ à **refendre** / wood splitting wedge, wood cleaver || ~ **repas** (bâtim) / dining recess, dinette (US) || ~ de **ressort** / spring leaf o. blade o. plate || ~ **roulant** (manutention) / triangular roller || ~ **sensitométrique** (phot) / extinction meter, wedge photometer || ~ **sensitométrique** (opt) / sensitometric wedge, step o. density wedge || ~ de **serrage** (techn) / [plain] taper key || ~ de **serrage à bois** (mines) / head block o. board, cap piece || ~ **supérieur** (matriçage) / punching die, counter die || ~ **[supérieur et inférieur]** (numism.) / coining dies *pl* || ~ de la **voûte** / spandrel, empty haunch
coinçage *m* (gén) / wedging
coincement *m* / jam, clamping || ~ (m.outils) / skewing
coincer, fendre par coins / wedge apart || ~ (mines) / wedge in, drive || ~, immobiliser (techn) / wedge, fasten by wedges o. keys, key || ~, bloquer / jam, chock *vt* || ~ (se) / wedge *vi*, become wedged || ~ (se), gripper / bind, seize, gripe, get o. be stuck || **se ~ par la rouille** / rust [in o. into]
coïncidence *f* / coincidence || ~ (math) / coincidence, congruence || ~ (NC) / bi-conditional equivalence operation || ~ **multiple** (ord) / multiple coincidence || ~ de **trous**, correspondance *f* de trous / register of holes || ~ **vraie** (nucl) / true coincidence
coïncident / coincident
coincident (math) / congruent
coïncider / coincide, meet || **faire** ~ / conform
co-ion *m* (nucl) / coion
coir *m* / coir (outer fiber of coconut)
coite *f*, **coitte** voir couette
coke *m* / coke || ~ d'**allumage** (sidér) / bed coke, coke packing || ~ de **basse carbonisation** / low temperature carbonization coke || ~ **broyé** / milled coke || ~ **brut** / run-of-oven coke || ~ **calibré** / graded coke || **~-car** *m* (pl: coke-cars) / coke car || ~ **concassé et calibré** / broken and graded coke, coke nuts *pl* || ~ de **cornue** / retort carbon, gas carbon || ~ au **creuset** / crucible coke || ~ de **fonderie** / foundry coke || ~ de **fonderie** / foundry coke || ~ de **gaz ou provenant des usines à gaz** / gas coke, gas cokes *pl* || ~ de **goudron** / pitch o. tar coke || ~ **granulé** / rubbly culm coke || ~ du type **Gray-King** / Gray-King type of coke || ~ **gros** / lump coke || ~ de **haut fourneau** / blast furnace coke || ~ de **haute température** / high temperature carbonization coke || ~ de **lignite** / coalite, semicoke || ~ de **lignite produit par distillation lente** / carbonized lignite || ~ **maigre** / lean coke || ~ [de **mazout**] / oil coke || ~ **menu** (0 - 10 mm) / coke ballast o. breeze o. dross || ~ **métallurgique** / byproduct coke[s pl.], metallurgical coke, blast furnace coke || ~ en **morceaux** / lump coke, large coke || ~ **moyen** / broken coke || ~ de **pétrole** / oil o. petrol coke || ~ de **poix** / pitch o. tar coke || ~ de **rampe** / run-of-wharf coke || ~ **sidérurgique** / metallurgical coke, byproduct coke[s] || ~ **solide** / lump coke || ~ au **stock** / stock coke || ~ **volant** (sidér) / quick coke
cokéfaction *f* / destructive coal distillation, carbonization, coking process || ~ à **haute température** / high temperature carbonization
cokéfiable / coking

cokéfiant / coking
cokéfier *vt* / coke *vt*, change into coke || ~ (se) / become coked
cokerie *f* / coking plant, coke oven plant, [retort] bench || ~ **gazière** / gas works || ~ à **sous-produits** / byproduct coking plant
cokeur *m* / coke oven worker
col *m* (bouteille) / neck || ~ (math) / saddle point || ~ (géogr) / pass || ~ d'**ampoule**, col *m* du ballon (chimie) / neck of a flask || ~ **barométrique** (météorol) / col || ~ de la **cartouche** / case neck o. mouth || ~ de **colonne** (bâtim) / column neck || ~ de la **crosse** (fusil) / handle of the stock || ~ de la **tour de refroidissement** / throat of cooling tower || ~ du **tube T.V.** / neck of a television tube || ~ de **tuyère** (ELF) (espace) / blast pipe neck, nozzle throat
cola *m* / kola o. cola o. guru o. gooroo nut
colateur *m* (agr) / drain, drawing ditch
colatitude *f* (astr) / co-latitude
colature *f* (chimie) / colature || ~ (action) / filtering, filtration
colchicine *f* / colchicine
colcotar *m*, colcothar *m* (couleur) / colcothar, red iron oxide, iron(III) oxide, Venetian o. stone o. Indian red || ~ (galv, verre) / jeweller's [trip] red, English o. Paris red
colcrete *m* (bâtim) / colcrete, colloid concrete
col de cygne *m* (m.outils) / throat, overhang, sally || ~ (tracteur) / gooseneck || ~ (ch.de fer) / swanneck, gooseneck || ~ (moule d'injection) / gooseneck || **en** ~ / swanneck-shaped || **en** ~ (m.outils) / throat-type, throated || ~ d'**aération** (nav) / swanneck ventilator
coléoptère *m* / beetle, bug (US) || ~ (aéro) / coleopter [plane] || ~ de l'**aulne** / alder leaf beetle
colgrout *m* / colgrout
colibacille *m* / colibacterium
colidar *m* / colidar (coherent light detection and ranging)
colifichet *m* (four) / wedge stilt
coliformes *m pl* / coliforms *pl*
colimaçon *m* (phono) / crossover spiral || **en** ~ (bâtim) / wheeling, diminishing (step)
coliques *f pl* de **plomb** / lead poisoning, plumbism, saturnism
colis *m* / [filled] package || ~ (ch.de fer) / parcel || ~ *m pl* de **détail** (ch.de fer) / part-load traffic, less-than-carload freight (US), L.C.L. (US), smalls || ~ **encombrants** / cumbersome o. bulky parcels *pl* || ~ *m* **express** / express parcel || ~ **postal** / postal parcel || ~ **volant** (nav) / union purchase
collable / bonding, sizing
collaboration *f* / collaboration
collage *m* / adhesive bond[ing], glueing || ~ (soud) / weld, welding, weldment joint || ~ (tex) / gumming || ~ (four) / clinker coating || ~ (pap) / sizing || ~ (contreplaqué) / bond || ~ (plast) / glueing || ~ (ELF) (gén) / bonding || ~ des **alèses** (men) / edge banding || ~ de l'**armature** (électr) / adherence, -ency of the armature || ~ de **béquets au blanchet** (typo) / patching up || ~ de **bois en long** / longitudinal glueing || ~ du **charbon** / caking || ~ en **cuve** (pap) / tub sizing || ~ **homogène** (plast) / solvent bonding o. welding || ~ dans la **masse** (pap) / intermass sizing || ~ **métal-métal** / metal-to-metal bonding || ~ des **métaux** / glu[e]ing of metals, metal bonding || ~ du **noyau** (électr) / adherence, -ency of the core || ~ en **pile** (pap) / internal o. beater sizing || ~ en **sifflet** (men) / finger-jointing || ~ par **solvant** (plast) / solvent bonding o. welding || ~ en **surface** (pap) / surface sizing
collagène *m* / collagen, collogen
collant *adj* / agglutinative, adhesive, sticky, gluey || ~ [sur] / sticking [on] || ~ (habits) / tight fitting || ~ *m* (film) / joiner o. splicing patch || **~s** *m pl* / panty, pantee hose, tights *pl*
collapsar *m* (astr) / black hole
collargol *m* / collargol
collatéral / parallel, collateral
collationner (typo) / collate
colle *f* / glue, adhesive || **à ~ animale** (pap) / animal o. tub sized || **à ~ résinique** (pap) / resin-sized, engine-sized, vegetable-sized || **sans** ~ (pap) / badly sized, unsized, (esp:) waterleaf ... || ~ à l'**albumine** (tex) / protein size || ~ **albuminoïde** / glue of gluten || ~ d'**alun** (pap) / alum glue || ~ d'**amidon** / paste, pap || ~ d'**amidon** (filage) / starch paste || ~ **animale** / animal glue o. size || ~ à l'**argile ocreuse** (laque) / yellow earth size || ~ à **[base de] matière plastique ou de résine synthétique** / synthetic resin glue, plastic adhesive || ~ à **base de résorcine** / resorcin glue || ~ à **bois** / wood glue || ~ de **carragheen** (tiss) / carragheen size || ~ de **caséine** / casein [cold] glue || ~ à **cire** (pap) / wax size || ~ **conductrice** / conductive adhesive || ~ de **contact** / contact adhesive || ~ pour **contreplaqué** / plywood glue || ~ de **cuir** / leather glue || ~ à **deux composants** / two package system, mixed adhesive || ~ à **dextrine** / dextrin[e] o. crystal gum || ~ à **dispersion** / dispersion binder || ~ **durcissable à chaud** / hot-setting adhesive || ~ **durcissable à froid** / cold-setting adhesive || ~ en **émulsion** / emulsion adhesive || ~ d'**encollage** (tex) / lime water for sizing, size || ~ en **feuille** / film adhesive || ~ de **film** / film o. splicing cement || ~ **forte** / joiner's glue || ~ à **froid** / cold bonding agent || ~ **froide ou pour collage à froid** (men) / cold glue || ~ **[froide] de caséine** / casein [cold] glue || ~ à **fusion** / hot-melt-type adhesive || ~ de **gélatine** / size for distemper || ~**-gluten** *f* / glue of gluten || ~ à l'**huile** / oil size || ~ **hydraulique** / hydraulic glue || ~ **industrielle** / industrial adhesive || ~ pour **joints** / edge-jointing adhesive || ~ **liquide** / mucilage, liquid glue (US) || ~ **mélamine** / melamin[e] adhesive || ~ de **mélange** / mixed adhesive || ~ de **menuisier** / joiner's glue || ~ pour **métaux** / metal adhesive || ~ de **mousse perlée** (tiss) / carragheen size || ~ à **noyaux** (fonderie) / core gum, core binder || ~ d'**os** / glutine || ~ de **pâte** / paste, pap || ~ de **pâte** (filage) / starch paste || ~ de **peau** / leather glue || ~ de **peau de lapin** / size for distemper || ~ de **placage** / plywood adhesive || ~ en **plaques** / tablet glue || ~ à **plusieurs constituants** / mixed adhesive || ~ de **poisson** / fish glue, (esp.:) isinglass || ~ de **polymérisation** / polymerization adhesive || ~ au **polyvinylacétate** / PVAC glue o. cement || ~ en **poudre** / powder adhesive, powdered glue || ~ **préparée pour le collage** / adhesive ready for use || ~ **[à résine]** / synthetic-resin glue, plastic adhesive || ~ à **résine thermodurcissable** / thermosetting adhesive || ~ à **résine thermoplastique** / thermoplastic adhesive || ~ **résinique** (pap) / resin size, paper making rosin || ~ **résorcinol-phénol** / resorcinol-phenolic adhesive || ~ de **soie** / silk gum, sericine || ~ en **solution** / solution adhesive || ~ **synthétique** / synthetic resin adhesive || ~ **synthétique en feuille** / film adhesive || ~ **thermofusible autoadhésive** / hot-melt glue || ~ à **une composante** / single-package system || ~ **universelle** / all-purpose glue o. cement || ~ **végétale** / vegetable glue || ~ **végétale** (bière) / beer scale || ~ **végétale amylacée** / starch-derived liquid adhesive

collé / bonded, cemented || ~ (lentille) / cemented || ~ (lame d'aiguille) / closed || ~ [sur] (men) / laid-on || ~ (aimant) / attracted || **être** ~ / adhere, cohere, stick close o. fast o. on o. together || **être ~s l'un à l'autre** / cohere || ~ à la **cuve** (pap) / animal o. tub sized || ~ dans la **pâte** (pap) / stock sized || ~ en **pile** (pap) / beater sized || ~ à la **résine** (pap) / resin-sized, engine-sized, vegetable-sized || ~ par **ruban adhésif** (film) / patch joined o. spliced || ~ et **supercalandré** (pap) / sized and supercalendered, s. and s.c. || ~ en **surface** (pap) / surface sized

collecte *f* de **vieux matériaux** / salvaging, salvage campaign

collecter des **données** (ord) / collect o. capture data

collecteur *adj* / collecting || ~ *m* / collector || ~ (récipient) / collecting basin || ~, égout *m* (hydr) / main drain o. sewer || ~, cours *m* d'eau récepteur (eaux usées) / receiving [body of] water, drainage o. draining ditch o. canal, main outfall, outfall ditch || ~ (mot) / header, exhaust manifold || ~ (chaudière) / header of a boiler || ~ (gén. de vapeur) / manifold || ~ (pap) / manifold distributor, manifold type flow spreader || ~ (routes) / street gully o. inlet || ~ (électr) / commutator, collector || ~ (semicond) / collector || ~ (TV) / target || ~ (plasma) / collector || ~ (ventilation) / main duct, trunk duct || ~ (prép) / collecting agent || ~ (ELF) (conduit commun de fumée ou de ventilation) (bâtim) / shunt || ~ d'**admission** (auto) / induction pipe o. elbow, suction o. intake manifold || ~ d'**admission et d'échappement** / intake and exhaust manifold || ~ d'**alimentation** / main feed line || ~ d'**assainissement** (hydr) / collecting drain (leading to the receiving body of water) || ~ de **boue** / mud drain, sump || ~ de **cendres volantes** / flue dust catcher o. collector o. retainer || ~ de **décombres** / bucket for debris o. rubble || ~ **déprimé** (électron) / depressed collector || ~ en **deux pièces** / two-part commutator || ~ en forme de **disque** (électr) / disk o. radial commutator || ~ de **données** (ord) / data sink || ~ d'**éboulis** (hydr) / shingle trap || ~ d'**échappement** / exhaust head || ~ **égout** / main sewer o. drain || ~ **frontal** (électr) / disk o. radial commutator || ~ à **gaz** / gas collector || ~ de **gaz** (four à coke) / collecting main || ~ d'**huile** / oil collector || ~ d'**impuretés** (gén) / dirt pan o. catcher || ~ à **lames** (électr) / bar commutator, multi-part commutator || ~ de **lumière** (laser) / light collector || ~ de **messages** / message designation o. sink, signal designation || ~ **mis à la terre** (semicond) / grounded collector, GC || ~ de **monnaie** (distributeur autom.) / coin collector || ~ à **patin** / current collector for conductor rail || ~ **plat** (électr) / disk o. radial commutator || ~ de **poussière** / dust separator o. collector o. catcher || ~ de **poussière** (sidér) / dust catcher o. arrester || ~ de **poussière à cyclone** (sidér) / cyclone dust catcher || ~ **principal** (égout) / main sewer || ~ de **purge** (m.à vap) / flash tank || ~ du **radiateur** (auto) / radiator header || ~ à **segments** voir collecteur à lames || ~ de **terre** (électr) / earth bus bar || ~ de **tête** (radiateur) / header tank || ~ de **vapeur** / steam collecting vessel || ~ du **vide** / vacuum main

collectif *adj* / collective, aggregated, multiple || ~ *m* (opt) / condensing lens, field lens

collection *f*, ensemble *m* (math) / set, group || ~ de **charge** (nucl) / refuelling || ~ des **données** / data acquisition o. collection, data logging o. recovery o. preparation

collectivité *f* **importante** / urban settlement || **~s publiques** *f pl* / municipal works o. services, public service enterprises

collectron *m* (nucl) / collectron, self-powered neutron detector

Collège International pour l'Etude des Techniques de Production Mécanique / Int. Institution for Production Engineering Research

collenchyme *m* / collenchyma

coller *vt* / glue [on], paste [on], cement, stick || ~ (men) / glue || ~ (pap) / size || ~, monter (phot) / mount pictures || ~ (toile de lin) / stiffen || ~ (bière) / fine || ~ [sur] / glue o. paste over [with] || ~ [dans] / cement in place, glue in place || ~ *vi* / cling [to], adhere [to] || ~ (colle, mortier) / set, cement || ~, tenir exactement / fit close o. tight || ~ (se) / bake, cake || ~ (se) / adhere, stick || ~ sur le **cylindre** (lam) / cobble || ~ **ensemble** *vt* / glue o. paste together, agglutinate, conglutinate || ~ **ensemble** *vi* / adhere, stick || ~ un **film** / splice a film

collerette *f* (découp) / plunged boss || ~ (bière) / neck label of bottles || ~ (guide d'ondes) / skirt (around the end of a waveguide) || ~ (vis) / collar of a bolt || ~ (tuyau) / flange || ~ de **fixation** (gén) / attachment o. fixing o. mounting flange || ~ de **fixation** (fiche) / coupling ring of a plug || ~ de **fixation** (commutateur) / ring fastener, fastening ring || ~ **[fixée]** / fixed flange || ~ d'**isolateur** / insulator rib || ~ **laminée** (dôme de chaudière) / rolled-on flange || ~ du **moyeu** / hub plate || ~ **«Prestole»** / pretapped o. Prestole plunged boss || ~ à **souder** / welding neck

collet *m* / collar || ~, bride *f* (techn) / flange, (esp.:) flared flange || ~, palier *m* à collets (techn) / bearing for the upper gudgeon of an upright shaft, neck [journal] bearing, top step || ~ (tube de verre) / socket || **à** ~ **intérieur** (fond de chaudière) / flanged inward || **faire un** ~ / flange *vi*, border *vi*, i. || ~ de l'**arbre** (techn) / shaft collar || ~ de **barbotage** / oil splash ring o. splasher, oil striker, oil splasher [ring], oil slinger o. retainer, oil thrower ring || ~ de la **betterave** (sucre) / beet top || ~ **blanc** / black o. blind o. blank flange, dummy flange || ~ d'une **boîte** / welt of a can || ~ de **broche** (filage) / spindle collar || ~ de **butée** (techn) / stop collar || ~ **carré** (vis) / square neck || ~ de **cylindre** (lam) / collar between grooves || ~ de l'**essieu** / axle collar || ~ d'**étanchéité** / packing collar || ~ **plié en double** (découp) / hem flange || ~ de **presse-étoupe** / stuffing box lid o. gland, packing box lid o. gland || ~ **rabattu** / flared flange || ~ de **serrage universel** (tourn) / universal master gripping collet || ~ **supérieur** (techn) / neck [journal] bearing, top step || ~ de **tube** / tube shoulder || ~ de **vis** / neck of a bolt

collette *f* (techn) / collar || ~ (tex) / tail cord, lifting cord

colleur *m* / glueing o. pasting o. cementing device || ~ à la **machine** (tiss) / starch machine operator || ~ de **papier** / decorator (US), [paper] hanger (GB)

colleuse *f* / glu[e]ing o. gumming machine || ~ (film) / joining press, splicer || ~ (men) / glue spreading machine, glueing o. gumming machine || ~ (phot) / mounting press || ~ (typo) / pasting machine || ~ **bifilm** / film splicer for 8 and super 8

collier *m* (techn) / ring, collar, hoop || ~, bord *m* (techn) / yoke, collar || ~, anneau *m* de bride / flanged ring || ~ (auto) / clip, shackle || ~ **ajustable** (résistance) / adjustable collar || ~ **apparent** (résistance) / external collar || ~ de l'**arbre** (techn) / shaft collar || ~ d'**attache** (conduite d'eau) / pipe clamp o. clip o. bracket, wall clamp for pipes || ~ d'**attelage** (constr.en acier) / straining o. tension ring || ~ **bout simple, [double]** / single, [double] ended pipe clip || ~ de **câble** / cable clip o. grip || ~ **chauffant** / electric band heater, heater band, strip heater || ~

de **déviation** (r. cath) / deflecting yoke, deflection yoke || ~ de **déviation** (affichage) / character yoke || ~ **double** (tuyau) / double pipe clip || ~ d'**essieu** (techn) / shoulder of the journal, collar || ~ d'**excentrique** / eccentric strap || ~ de **fixation** / mounting clip, bracket || ~ de **fixation**, éclisse *f* (auto) / bracket || ~ de **fixation** (bâtim) / leader hook for the soil pipe || ~ de **fixation**, bande *f* de serrage / tightening strap, strap retainer || ~ de **frein** / brake band o. strap || ~ pour le **hauban** / guy clamp || ~ de **mise à la terre** / earth clip || ~ **noyé** (résistance) / lug || ~ **porte-balais** / brush rocker o. yoke || ~ de **prise** (tuyauteur) / boring pipe box, tapping sleeve || ~ de **refroidissement** (électron) / cooling clamp || ~ **réglable** (techn) / set collar, slide [index] || ~ de **serrage** / clamp fitting, clamping collar || ~ de **serrage** (tuyau souple) / hose band clip o. clamp, band clamp fitting || ~ de **serrage** (funi) / rope clamp o. cramp || ~ de **serrage commandé à vis tangente ou à vis sans fin** / hose clamp with worm wheel drive, worm drive hose clip || ~ de **serrage à griffes** / hose and holder clamp || ~ **tendeur** (gén) / straining o. tension ring || ~ de **trou d'homme** / manhole ring o. frame o. reinforcement || ~ de **tuyau d'échappement** / exhaust manifold clamp || ~ pour **tuyaux** voir collier d'attache

collimateur *m* / collimator, sighting device || ~ (opt) / collimator || ~, lunette *f* de visée / telescope sight || ~ de **neutrons** / neutron gun o. howitzer, neutron collimator || ~ de **pilotage** (ELF) (aéro) / head-up display || ~ de **spectroscope** / slit tube of a spectroscope, collimator

collimation *f* (opt) / collimation

collin *m* (sucre) / beet top

colline *f* (géogr) / elevation, hill || ~ **contournée** (géol) / meander core || ~ de **potentiel** / potential hill o. wall

collinéation *f* / collineation

collision *f* (gén, ch.de fer) / collision || **avoir une ou entrer en** ~ [avec] / crash o. run [against] || **être en** ~ (brevet) / interfere [with...] || ~ [par l']**arrière** (auto) / rear end collision, tailgating (US) || ~ en **chaîne** (trafic) / multiple pile-up, multiple collision || ~ à **échange d'énergie** (nucl) / exchange collision || ~ en **écharpe** (trafic) / side-on collision || ~ **élastique** (nucl) / elastic collision || ~ d'**électrons** / electron collision || ~ des **électrons avec l'atome** / collision of the electron with an atom || ~ de **flanc** (trafic) / side-on o. broadside collision || ~ **frontale** (nucl) / head-on collision (US) || ~ **frontale** (trafic) / frontal collision, head-on collision, telescoping || ~ **frontale sur barrière fixe** (auto) / frontal fixed barrier collision || ~ **frontale et arrière sur barrière fixe** (auto) / front-and-rear fixed barrier impact test || ~ **secondaire** (auto) / second collision

collodion *m* / collodion || ~ d'**acétone** / acetone collodion

collodionner / collodionize

colloïdal / colloidal

colloïdalité *f* / colloidality

colloïde *m* / colloid || ~**s** *m pl* **linéaires** / linear colloids *pl* || ~ *m* **lyophile** / lyophilic colloid, emulsoid || ~ **mol[écul]aire** / molecular colloid || ~ **non réversible** / irreversible colloid || ~ **protecteur** / protective colloid || ~ **réversible** / reversible colloid || ~ de **suspension** / suspension colloid, suspensoid

colloque *m*, conférence *f* / symposium

collotypie *f* / collotype [process]

collure *f* (film) / splice || ~ (plast) / glue line, bond || ~ **mécanique** (bande vidéo) / mechanical splice

colmatage *m* (hydr) / colmation || ~ (filtre) / clogging-up || ~, gommage *m* (tamis) / blinding || ~ du **ballast** (ch.de fer) / incrustation of the ballast, choking o. fouling of the ballast || ~ de la **couche anodisée** (galv) / sealing of anodic coating || ~ de la **tête** (b.magn) / head clogging || ~ d'un **tube** / pipe choking o. stoppage

colmaté (ballast) / choked, silted || ~ (p.e. tamis) / clogged, choked, dirty

colmater / seal *vt* || ~ (se) / choke [up], get choked, clog, stop

cologarithme *m* / cologerithm

colombage *m* / studding

colombelle *f* (typo) / column rule

colombier *m* (nav) / poppet, driver, spur || ~ (pap) / format 63 x 90 cm || ~ entre les **mots** (typo) / gutter, river, street, gap, hound's teeth (US coll) *pl*

colombin *m* (réfract) / wad

colombite *f* (min) / columbite

colonnade *f* (bâtim) / colonnade

colonnaire / columnar, column[at]ed || ~ (min) / fingery, spiky, columnar

colonne *f* (bâtim) / column, pillar || ~ (fig) / pillar, support || ~ (phys) / column (of water, air, etc.) || ~ (ord, typo) / column || ~ (électr) / section || ~ (m.outils) / pillar, support, upright || ~ (lam) / mill o. roll standard o. housing, bearing || ~, support *m* / post, prop || ~ (classification périodique) / group of the periodic table || **à ~s de production** (mines) / cased-in || **à deux ~s** (typo) / in or with two columns || **à quatre ~s** (m.outils) / four-column... || **à quatre ~s** (typo) / four-column[ed] || **à trois ~s** (typo) / three-columned || **de 90 ~s** (c.perf.) / ninety column || **en forme de** ~ / columnar, column[at]ed || ~ **A** (auto) / A column || ~ **acoustique** (électron) / radiator column, column speaker, line-source loudspeaker, sound column, "tannoy" || ~ **adossée** / semicolumn, embedded o. engaged column o. shaft || ~ d'**air** / air column || ~ **[d'air] ascendante** (aéro) / ascending convection current || ~ **angulaire** / angular column || ~ **articulée** (barge de forage) / articulated loading platform || ~ **B** (auto) / B column || ~ en **balustre** (bâtim) / baluster, banister || ~ de **bande magnétique** (b.magnét) / frame || ~ **barométrique** / barometric column || ~ **barométrique** (sucre) / barometric [tail o. leg] pipe o. tube, drop leg || ~ **barométrique** (pap) / drop leg || ~ **barométrique ou de mercure** / mercury column || ~ à **boules** (chimie) / ball top attachment || ~ à **bulles** (chimie) / bubble column || ~ à **bulles à écoulement en boucle[s]** (chimie) / loop type bubble column || ~ de **carte** (c.perf.) / card column || ~ de **chaulage** (chimie) / liming column o. still || ~ de **Clusius** / Clusius column || ~ à **coke** / coke quench tower || ~ de **commande** (électr) / switchgear column o. pillar, switch column, pillar type switchgear || ~ **composée** / box column || ~ de **concentration** (chimie) / concentrating column || ~ de **condensation** (chimie) / condensation column || ~ **continue à tous les étages** / continuous story column o. post, thorough o. passing column || ~ **contre-fichée** (constr.en acier) / lean-to strut || ~ à **corps de remplissage** / packed column o. tower || ~ de **couloirs** (mines) / line of troughs || ~ de **dégazage de couches minces** / thin film degassing column || ~ pour **dernières nouvelles** (typo) / stop press, fudge || ~ de **diffusion** / diffusion column || ~ de **direction** (auto) / steering column o. pillar o. post || ~ de **direction désaxée** / forward folding steering column || ~ à **disques rotatifs** (chimie) / rotating o. rotary disk contactor o. column || ~ à **disques**

rotatifs (pétrole) / rotating strip column || ~ de **distillation** / distillation tower o. column, distilling column || ~ de **distillation à ailes tournantes** (chimie) / rotary fin distillation column || ~ de **distillation primaire** (chimie) / stripper column || ~ de **distillation à pulvérisation** (chimie) / spray column || ~ de **distillation à ruissellement** (chimie) / wetted wall tower || ~ à **distiller ou à boules** (chimie) / ball top attachment || ~ de **distribution** (électr) / distribution pillar || ~ de **distribution** (auto) / filling o. gas o. [roadside] gasoline station (US), service station, filling o. petrol station (GB) || ~ en **dur** (bâtim) / solid column || ~ d'**eau** / head of water, water column o. head || ~ **échangeuse d'ions** (chromatographie) / scrubber column || ~ d'**éléments cristallins** / column of crystal elements || ~ **engagée** voir colonne adossée || ~ **éruptive** (géol) / neck || ~ d'**extraction** (chimie) / extraction column, extractor || ~ d'**extraction** (pétrole) / tubing, flow string || ~ d'**extraction à pulsations** / pulsed sieve plate extraction column || ~ en **faisceau** / clustered column, compound pillar o. pier || ~ de **fractionnement** / fractionating column, fractionater, dephlegmator || ~ de **galerie** (bâtim) / baluster, banister || ~ **garnie de lavage** (chimie) / packed tower-washer || ~ à **garnissage** (chimie) / packed column o. tower || ~**s** *f pl* **géminées** (bâtim) / twin columns *pl* || ~ *f* **haute de cinq mètres** / column of 5 m height, 5 m column || ~ d'**impression** (ord) / print position || ~ de **laminoir** (lam) / mill o. roll housing o. standard, housing frame, bearer, upright || ~ de **lavage** (chimie) / wash[ing] column o. tower, shower deck baffled tower || ~ de **lavage** (laine) / wool scouring machine, scourer for semi-worsted || ~ de **lavage par pulvérisation** (chimie) / spray tower || ~ de **liquide** / liquid column || ~ de **machine** / machine tool table || ~ de **mailles** (tricotage) / wale, stitch wale || ~ de **matrice** (math) / matrix column || ~ de **mercure** / mercury column || ~ **montante** (électr) / riser || ~ **montante** (bâtim) / ascending o. rising pipe || ~ **montante** (condensation de gaz) / ascension o. offtake pipe || ~ **montante** (pétrole) / riser, standpipe || ~ **montante de la boue** (pétrole) / standpipe, riser || ~ **passante** / thorough column, passing column, continuous passing column o. post || ~ de **pâte** (céram) / extruded column || ~ **perdue** (pétrole) / lost casing, liner || ~ du **pied** / pillar of a stand || ~ de **plasma** / plasma column || ~ à **plateaux** (chimie) / plate column || ~ à **plateaux de barbotage** (pétrole) / bubble column o. tower || ~ **pleine** (bâtim) / solid column || ~ **pneumatique** (mines) / jack column || ~ **positive** (électron) / positive column || ~ de **préfractionnement** (chimie) / prefractionator || ~ de **production** (ELF) (pétrole) / tubing || ~ à **pulsations** (pétrole) / pulsed spray column || ~ **pulsée** (chimie, nucl) / pulsed column || ~ à **réaction** (chimie) / reaction tower o. chamber || ~ de **rectification** (pétrole) / stripper, stripping column || ~ de **rectification** (chimie) / stripping column o. tower, rectifiying column || ~ de **rétention** (chimie) / retention column || ~ à **sécher** (agr) / drying tower || ~ de **séparation** (fractionnement) / splitter || ~ de **séparation d'air** / air separation installation || ~ de **séparation de fraction C3** (pétrole) / C3-stripper || ~ de **strippage** (chimie) / column stripper || ~ de **sulfitation** (pap) / sulphite tower || ~ par **tambours** (bâtim) / drum column || ~ **thermique** (nucl) / thermal column || ~ **thermométrique** / thermometric column || ~ de **transformateur** / transformer leg || ~ de **travailleurs** / gang of workmen, working squad || ~ de **tubage** (pétrole) / string of casing || ~ **vierge** (ord) / space || ~ à **vis** (presse) / threaded spindle || ~ à **vis** (mines) / jack column || ~ **volante de travailleurs** / utility squad

colonnette *f* (c.intégré) / small column || ~ (grue à câbles) / carrier || ~ (bornes électr) / distance sleeve || **sans ~s** (grue à câbles) / carrierless

colophane *f* / colophony, rosin || ~ à **braser** / soldering rosin

colophone *f* / wood rosin (US)

colorant *adj* / colorific || ~ *m* / colouring agent, stainer, colorant || ~ (tex) / dye || ~ (bois) / water stain || ~, agent *m* de peinture / paint || ~ **acide** / acid dye[stuff] || ~ **alizarique** / alizarin[e] dye[stuff] || ~**s** *m pl* **anthracèniques** / anthracene dyes *pl* || ~**s** *m pl* **anthraquinoniques** / anthraquinone dyes *pl* || ~ *m* **auronal** / auronal dyestuff || ~ **azidole au chrome** / chromium azidol dye || ~ **azoïque** / azo dye || ~ **azoïque insoluble** (teint) / naphthol-AS-combination || ~**s** *m pl* à **base de diamine** / diamine dyes *pl* || ~**s** *m pl* à **base de xanthène** / xanthene dyestuffs *pl* || ~**s** *m pl* **basiques** / basic dyes *pl* || ~ *m* **benzamique** / benzamine dyestuff || ~**s** *m pl* **benzo** / benzochrome || ~**s** *m pl* **cationiques** / basic dyes *pl* || ~ *m* de **chromatage** / chrome dye || ~ au **chrome** / chrome dye || ~ au **chrome pour mi-laine** / union chrome dye || ~ **combiné** (tex) / mixed dye || ~ à **complexes métallifères** (tex) / metallic complex dye, metallized dye || ~**s** *m pl* **Congo** / Congo dyes *pl* || ~ *m* pour **coton** / cotton dyestuff || ~ pour **coton direct** / direct o. substantive cotton dyestuff || ~ de **cuve** / vat dye || ~ de **cuve pour impression** (tex) / printing vat dye || ~ de **cuve-mère** (tex) / parent vat dye || ~ pour **denrées alimentaires** / food[stuff] colour[ing] || ~ **dérivé de goudron de houille** / coaltar dye || ~ **dérivé des goudrons** / coaltar dye, tar dye || ~**s** *m pl* **dérivés de la pyrazolone** / pyrazolone dyes *pl* || ~ *m* de **développement** / developing dyestuff, developer || ~ à **développement par vapeur** (teint) / steam developing dye || ~**s** *m pl* **diazo[ïques] ou diazotables ou à diazoter** / diazo o. bis-azo dyes *pl* || ~ *m* **dioxazine** / dioxazine dye || ~ **direct** / direct o. substantive dyestuff || ~ **disazo** / disazo dye || ~ **dispersable**, colorant *m* de dispersion (teint) / disperse dye || ~ **dispersé** / dispersed dye || ~ **dispersol** (teint) / dispersol dye || ~**s** *m pl* **du diphénylméthane** / diphenylmethane dyes *pl* || ~ *m* **Duranol** / Duranol dye || ~ **égalisant** (tex) / level[l]ing dye, distributing dye || ~ d'**essai** (teint) / standard colour || ~**s** *m pl* à la **glace** (teint) / azoic o. ice colours || ~ *m* pour **graisses alimentaires** / oil-soluble dye || ~ **grand-teint** / fast dye || ~ **gris de fer** / black lead || ~ **hydrone** / hydron dyes *pl* || ~ d'**impression** (tex) / printing dye || ~ d'**impression solide** / fast printing colour || ~ **indigosol** / indigosol dyestuff || ~ **insoluble** / insoluble colorant, pigment || ~ **mélangé** (tex) / mixed dye || ~ **mère** (tex) / parent dye, stock dye || ~**s** *m pl* au **méthine** / methine dyes *pl* || ~ *m* à **mordant** (teint) / mordant dye, lake || ~ à **mordant solide** / fast mordant dye || ~ **naturel** / natural dyestuff || ~ **nitro** / nitro dye || ~ **nitroso** / nitroso dye || ~ **nitroso bleu** / nitroso blue || ~ **nuanceur ou de nuançage** (teint) / shading dye || ~**s** *m pl* **organiques** / organic dyes *pl* || ~**s** *m pl* **oxaziniques** / oxazin dyes *pl* || ~ *m* **oxyazoïque ou oxyazoté** / oxy-azo dye || ~ d'**oxycétone** / oxyketone dye || ~ d'**oxydation** / oxidation dye || ~ **para** / para dye || ~ **phénolique ou au phénol** / phenol dye[ing matter] || ~

phtaléine / phthalic dye || ~ **phtalocyanine** / phthalocyanine dye || ~ **phtalogène** / phthalogen dye || ~ à **pigment** / pigment dyestuff, organic pigment || ~ **polygénétique** (tex) / polygenetic dyestuff || **~s** *m pl* **pyrogénés** / pyrogen dyes *pl* || ~ *m* **quinoléique** / quinoline dye || ~ à **radical onium** (tex) / onium dye || ~ **rapide solide** / rapidazol dyestuff, rapid fast dye || ~ **rapidogène** (tex) / rapidogen dye || ~ **réactif** / reactive dyestuff || ~ **solide** / fast dye || ~ **soluble** / soluble colorant || **~s** *m pl* **solubles en huile minérale**, colorants oleosol *m pl* / oil soluble dyes *pl* || ~ *m* au **soufre** (teint) / sulphide dye || ~ **stilbénique** / stilbene dye || ~ **substantif** / direct o. substantive dyestuff || ~ au **sulfure** (teint) / sulphide dyestuff || ~ **terindosol** / terindosol dye || **~s** *m pl* au **thiazol** / thiazole dyestuffs *pl* || **~s** *m pl* **tinosol** / tinosol dyes *pl* || **~s** *m pl* **triazoïques** / triazo dyes *pl* || ~ *m* au **triphénylméthane** / triphenylmethane dye || ~ **turquoise** / turquoise dyestuff || ~ d'**unisson** (tex) / level[l]ing dye, distributing dye || ~ **végétal** / vegetable dyeing matter

coloration *f* (action) / staining, colo[u]ring || ~ (effet) / colo[u]ration || ~ par **absorption** / absorption colouring || ~ **anormale** / discolouration || ~ de l'**aubier** / fungal sapstain || ~ du **bois [par imprégnation]** / wood staining || ~ **claire** (bois) / light sapstain || ~ à la **cuve** (pap) / tub colo[u]ring || ~ des **flammes** / flame colo[u]ration || ~ par le **Gram** (chimie) / Gram's stain || ~ dans la **masse** (tex) / dope dyeing || ~ due à l'**oxydation du tanin dans le bois** (défaut) / tannin colo[u]ration

coloré / colo[u]red || ~ à la **cuve** (pap) / tub-colo[u]red || ~ dans la **masse** (tex) / spun-dyed || ~ en **pâte ou en pile** (pap) / pulp colo[u]red || ~ par **soi-même** (chimie) / self-colo[u]red

colorer / colour, color (US) || ~ (pap) / stain || ~ (se) / take on colo[u]r || ~ **jaune** / yellow

coloriage *m* / colo[u]ration

colorier / colour, color (US)

colorifique / producing colour, colorific

colorimètre *m* (phys) / colorimeter || ~ **comparatif** / colo[u]r matcher || ~ **continu** / continuous colorimeter || ~ **trichrome** / trichromatic colorimeter

colorimétrie *f* / colorimetry

colorimétrique / colorimetric

coloris *m* / coloration

colorisation *f* **anodique** / colo[u]ring of metal by anodic oxidation || ~ **électrochimique** / electrochemical color[is]ation o. colo[u]ring, galvanochromy

coloristique / colo[u]ration..., colo[u]ristic

columbite *f* (min) / columbite

columnaire (géol) / columnar

colures *m pl* (astr) / colures *pl*

colza *m* / rape, colza, Brassica napus oleifera

COM, computer-output-microfiche *f* / computer-output microfilming, COM

coma *m f* (pl: comas) (opt, astr, tube électron) / coma (pl: comae) || ~ **anisotrope** (TV) / anisotropic coma

combinable (chimie) / combinable

combinaison *f* / combination, composition || ~ (chimie) / combination, compound || ~ (bits, perforations) / configuration || ~ (astron, plongeur) / combination (one-piece garment) || ~ **ammoniacale** / ammonia o. ammonium compound || ~ **anti-g** (espace) / anti-g suit, g-suit (coll) || ~ d'**argent** / silver compound || ~ **chimique saturée** (chimie) / saturated compound || ~ des **circuits** (télécom) / phantom working o. telephony, phantoming || ~ de **code** / coded representation || ~ **cyclique** (chimie) / cyclic o. ring compound || ~ **diazoïque** / diazo compound || ~ **époxy-goudron** / pitch-epoxy coating || ~ du **fer** (chimie) / iron compound || ~ **hydro** (chimie) / hydro compound || ~ de l'**hydrogène** / hydrogen compound || ~ d'**impulsions** (téléimprimeur) / code combination o. group || ~ **interdite** / forbidden combination || ~ **interhalogène** / interhalogen compound || ~ **iodoxy** / iodoxy compound || ~ **irideuse** / iridium (III) compound || ~ **iridique** / iridium (IV) compound || ~ **isothermique de plongée ou de plongeur** / diving dress o. suit o. combination || ~ **isotopique** / isotopic compound || **~s** *f pl* **libres** (chimie) / dangling bonds *pl* || ~ *f* de **morphèmes** / complex term o. form, combination of words, morphem combination || ~ d'**oxygène** / oxygen compound || ~ de **perforations** (bande perf., c.perf.) / punch combination, pattern of holes || ~ **poly** (chimie) / polycompound || ~ **résistance-capacité** (électron) / RC-module || ~ des **signaux** (contr.aut) / combination of signals || ~ **siliciée ou au silicium** / silicon o. silicic compound || ~ **spatiale intravéhiculaire** (espace) / intravehicular pressure garment || ~ **spatiale sous pression** (espace) / extravehicular pressure garment || ~ de **sulfonium** / sulphonium compound || ~ **superficielle** (chimie) / surface compound || ~ des **termes spectraux** (nucl) / intercombination || ~ **ternaire** (chimie) / ternary compound || ~ de **trois unités** (compteur) / three-unit aggregate

combinateur *m* (électr) / [cam type] control switch || ~ (télécom) / sequence switch || ~ (électr, ch.de fer) / switchgroup || ~, coffret *m* électrique / switch box o. case || ~ **automatique de triage** (ch.de fer) / automatic marshalling controller || ~ **auxiliaire ou de manœuvre** / contactor controller, pilot controller || ~ à **cames** / cam type control switch || ~ de **commande** (ch.de fer) / traction switch || ~ de **contrôle** (ch.de fer) / power o. control switchgroup || ~ de **couplage des moteurs** (ch.de fer) / motor grouping switchgroup || ~ pour **courant limite** (électr) / control limit switch || ~ **cylindrique ou à tambour** (ch.de fer) / cylindrical o. drum controller || ~ de **démarrage** / drum controller || **~-inverseur** *m* à **tambour** (électr) / reversing drum controller || ~ d'**inversion** (électr) / reversing switch, reverser || ~ d'**isolement** (ch.de fer) / isolating switchgroup || ~ de **manœuvre** / contactor controller, pilot controller || ~ **manuel de commande** / contactor-controller || ~ à **moteur** (ch.de fer) / motor-driven switchgroup || ~ **pilote** (ch.de fer) / pilot controller || ~ de **puissance** (ch.de fer) / power o. control switchgroup || ~ de **récupération** (ch.de fer) / regeneration switchgroup || ~ de **réglage en charge** (électr, ch.de fer) / on-load tap changer || ~ **réversible** / reversing drum controller || ~ **séquentiel** (contr.aut) / cycle control timer || ~ **séquentiel** (électr) / sequence switch || ~ **série-parallèle** (ch.de fer) / series-parallel controller || ~ de **shuntage** (ch.de fer) / shunt controller || ~ à **tambour** (ch.de fer) / cylindrical o. drum controller

combination *f* **chimique** / chemical compound || ~ **code du signal de fin de conversation** (télécom) / clearing signal code combination

combinatoire / combinational, combinatorial

combinatorique *f* / combinatorial analysis

combiné *adj* / compound, composite, combined || ~ (techn) / connected || ~, à plusieurs usages / multi[ple]-purpose ... || **[en]** ~ / in combination || ~ [à] (chimie) / combined [with], attached [to] || ~ (câble)

/ compound || ~ *m* (phono) / radio-gramophone, radiogram (GB) || ~ (télécom) / handset || ~ (ELF) (aéro) / compound helicopter || ~ à **cadran incorporé** (télécom) / dial-in handset || ~ **chimiquement** *adj* (chimie) / chemically combined || ~ *m* **électrostatique** (téléphone) / capacitor receiver || ~ **fermement** [à] *adj* (chimie) / in a combined state || ~ *m* **feu rouge catadioptre** / bicycle rear light with reflector || ~ **radio-enregistreur sur cassette** / cassette recorder || ~ **réfrigérateur-congélateur** / combined refrigerator-freezer || ~ **téléphonique** (télécom) / telephone handset || ~**-guindeau** *m* (nav) / combined windlass, mooring winch

combiner / combine, collect || ~, établir un lien [entre] / connect, link || ~ (propriètés) / combine || ~ **chimiquement** / combine chemically

comble *m* / roof || ~**s** *m pl* / attics *pl*, attic storey o. floor, loft || ~ *m* (coll) / rip-up, pile-up (coll) || ~ en **appentis** / pent roof, penthouse o. aisle roof || ~ avec **avant-toit** / umbrella roof || ~ **brisé** / broken roof || ~ à **croupe** / corner o. hip[ped] o. Italian roof || ~ à **croupe faîtière** (charp) / false o. half o. partial hip roof || ~ à **deux pentes** / gable o. ridge roof, span roof || ~ à **entrait** / collar roof with strut, collar beam roof || ~ à **ferme en arbalète** / roof with hanging post-truss || ~ **habitable** / habitable attic || ~ à l'**impériale** (bâtim) / Moorish dome o. imperial dome o. roof || ~ à la **mansarde** / broken roof, mansard roof || ~ à **noue** / intersecting o. valley roof || ~ à **pannes** / purlin roof || ~ à **pannes sans chevrons** / roof with purlins o. templets without common rafters || ~ en **pente** / pitched roof || ~ **perdu** / uninhabitable attic || ~ à **pignon** / gable o. ridge roof || ~ **plat** / flat roof, platform roof, terrace || ~ **polygonal** / polygonal roof || ~ en **potence** / pent roof, penthouse o. aisle roof || ~ en **pyramide** / pyramidal broach roof, high-pitched roof, spire roof || ~ en **retour d'équerre** (bâtim) / junction o. meeting of two roofs || ~ en **selle** / gable o. ridge roof, double pitch roof || ~ à **trois quarts** / broken roof || ~ **vitré**, verrière *f* / glass roof o. glazed roof construction

comblement *m* / filling up

combler (bâtim) / fill up || ~, remplir par-dessus les bords / fill to overflowing, overload

comburant *adj* / oxidant || ~ *m* (chimie) / oxygen carrier

combustibilité *f* / combustibility

combustible *adj* / combustible || ~ *m* / fuel || ~ (nucl) / atomic o. nuclear fuel || ~ **appauvri** (nucl) / depleted fuel || ~ **colloïdal** / colloidal fuel || ~ **composite** (fusée) / composite [fuel] || ~ **consommé** (chaudière) / grate load || ~ en **dispersion** (nucl) / dispersion fuel || ~ à **énergie élevée** / power fuel || ~ **enrichi** (nucl) / enriched fuel || ~ **épuisé** (nucl) / spent fuel, nuclear ash || ~ **étalon** (auto) / reference fuel || ~ **gazeux** / gaseous fuel || ~ **lourd** / highly viscous fuel || ~ **lourd pour moteurs Diesel** / marine diesel fuel, heavy diesel oil || ~ **nourricier** (nucl) / driver fuel || ~ **nucléaire** / nuclear fuel || ~**s** à **oxydes mixtes** *m pl* / mixed oxide fuel || ~ *m* à **point d'ébullition élevé**, combustible *m* peu volatil / high-boiling-point fuel || ~ **pulvérisé** / pulverized fuel || ~ de **recyclage thermique** (nucl) / thermal recycle fuel || ~ **recyclé** (nucl) / regenerated fuel || ~ de **référence** (auto) / reference fuel || ~ **sans gaine** (réacteur) / uncanned fuel || ~ **secondaire** (houille) / low-grade coal || ~ **solide** / solid fuel || ~ à **surrégénération** / breeding fuel || ~ **synthétique** / synfuel || ~ **très inflammable** / highly inflammable fuel || ~ de la **zone nourricière** (nucl) / driver fuel

combustion *f* / combustion || ~ (chimie) / process of combustion, combustion process || **à ~ interne** / internal combustion..., I.C., i.c. || **à ~ lente** (plast) / slow burning, SB || **à ~ rapide** (plast) / fast burning, FB || ~ **complète** / complete combustion || ~ **diffusive** (pétrole) / diffusive burning || ~ par **explosion** / combustion by explosion || ~ de la **fumée** / smoke burning o. consumption || ~ des **gaz de fumée** / combustion of waste gases || ~ à **haute température** / high temperature combustion || ~ **humide** / wet combustion || ~ **imparfaite** / partial combustion || ~ **in situ** (pétrole) / thermal drive, in-situ combustion || ~ **incomplète** / low temperature carbonization || ~ **instabile** (ELF) (fusée) / chuffing || ~ **massique** (ELF) (nucl) / specific burn-up, fuel irradiation level || ~ **nucléaire** (ELF) (nucl) / burnup || ~ **parfaite** / perfect combustion || ~ **partielle** / partial combustion || ~ à **pression constante** / constant-pressure combustion || ~ **programmée** (mot) / proco, programmed combustion || ~ **pulsée instable** (mot) / chugging || ~ dans des **sels fondus** / molten salt combustion || ~ **spontanée** (charbon) / spontaneous combustion || ~ **spontanée dans la soute** (mines) / bunker fire || ~ **superficielle ou à la ou de surface** / superficial combustion || ~ **totale** / burn-out

comeback (laine) / crossbred

comestible·s *m pl* / edibles *pl*, foodstuff[s pl] || ~**s** *m pl* de **garde** / non-perishable foodstuff

comète *m*, coma *m*, *f* (distorsion du spot) (tube électron) / coma (spot distortion) || ~ *f* (astr) / comet

comité *m* / Board, Committtee || ~ des **composants électroniques du CENELEC** / CENELEC electronic components committee || ~ **scientifique et technique** / committee for scientific and technical matters || ≗ **Consultatif International**, C.C.I. (électron) / International Consultative Committee, CCI || ≗ **Européen de Normalisation** / European Committee for Standardization, CEN || ≗ **International Spécial des Perturbations Radioélectriques**, C.I.S.P.R. / International Special Committee on Radio Interference || ≗ **International des Transports par Chemin de Fer**, C.I.T. (ch.de fer) / Intern. Rail Transport Committee, C.I.T.

comma *m* (math) / division sign o. mark || ~ (typo) / colon || ~ (acoustique) / comma

commag *m* (mot code) (film) / commag (code name)

commandant *m* (aéro) / commander

commande *f*, ordre *m* / command, comd || ~, actionnement *m* / operation, control || ~, gestion *f* / conduct, lead, guidance || ~, asservissement *m* (ne pas dire «contrôle») / control || ~, mode *m* de commande / [kind of] drive, mode of driving || ~ (commerce) / order || ~, instruction *f* (ord) / instruction || **à ~...** / controlled [by], actuated [by], driven [by] || **à ~ à air comprimé** / driven by compressed air, pneumatically operated || **à ~ automatique de gain ou de volume ou de sensibilité** / automatic volume control..., AVC..., automatic gain control..., AGC... || **à ~ par grille** / grid-controlled, (esp:) cumulative-grid... || **à ~ manuelle ou à main** / hand operated || **à ~ numérique** / numerical control ..., N/C..., numerically controlled || **à ~ pneumatique** / compressed-air controlled || **à ~ pneumatique** (actionnement) / driven by compressed air, pneumatically operated || **à ~ principale** (électr) / master controlled || **à ~ proportionnelle à la course** / displacement controlled || **à ~ sous-sol**

(ch.de fer) / floor operated || **à la** ~ / with an order [of ...] || **de** ~ / operating || **en** ~ **numérique** (m. outils) / N/C ..., numerically controlled || **faire une** ~ / order || **fait sur** ~ / custom-made o. -moulded o. built || ~ par **absorption** (nucl) / absorption control || ~ **ACC** (tourn) / ACC, adaptive control constraint || ~ à **action directe** / feed forward control || ~ **adaptative** (m.outils) / adaptive control || ~ **adaptive à contrainte** (tourn) / adaptive control constraint, ACC || ~ **adaptive de la vitesse** (auto) / adaption speed control, ASC || ~ des **aiguës** (radio) / high-tone control, treble control || ~ d'**aileron** (aéro) / aileron booster || ~ d'**air frais** (auto) / fresh air control lever || ~ d'**allumage automatique** (auto) / automatic [spark] advance, automatic timer || ~ **altimétrique** (radar) / altitude control equipment, A.C.E. || ~ d'**altitude** / altitude control || ~ d'**amorçage** (électron) / triggering || ~ de l'**amplitude de ligne** (TV) / horizontal size control, line amplitude control || ~ **antipompage** / antihunting control || ~ des **appareils périphériques** (ord) / device control || ~ d'**appel** (ascenseur) / fetch command || ~ par **arbre creux** (ch.de fer) / quill drive || ~ à l'**arbre de transmission** (auto) / cardan drive o. universal drive o. transmission || ~ sur l'**arrière** / rear-wheel drive, rear-axle drive, final drive || ~ **automatique** / automatic control || ~ **automatique d'arrêt des trains** (ch.de fer) / automatic train stop, automatic warning system, AWS || ~ **automatique continue de la marche des trains** (ch.de fer) / continuous automatic train running control || ~ **automatique de la fréquence**, C.A.F. (électron) / automatic frequency control, AFC || ~ **automatique de gain**, C.A.G. (électron) / automatic amplitude control o. gain control, AGC, automatic volume control, AVC || ~ **automatique de gain directe** (électron) / forward [automatic gain] control o. AGC || ~ **automatique de gain par impulsions** (TV) / keyed o. pulsed automatic gain control || ~ **automatique des groupes fonctionnels** / functional group control || ~ **automatique instantanée de gain** (radar) / instantaneous automatic gain control || ~ **automatique intermittente de la marche des trains** / intermittent automatic train running control || ~ **automatique du niveau de blanc** / automatic white-level control || ~ **automatique du niveau de noir** (TV) / automatic black-level control || ~ **automatique d'un processus** (chimie) / automatic process controller || ~ **automatique des processus industriels** / process control system || ~ **automatique de sélectivité** (électron) / automatic selectivity control, ASC || ~ **automatique de sensiblité**, C.A.S. (électron) / automatic sensitivity control, ASC || ~ **automatique silencieuse de volume** / quiet automatic volume control || ~ **automatique des trains** / automatic train stop, automatic warning system, AWS || ~ **automatique de volume**, C.A.V. (électron) / automatic amplitude control o. gain control, AGC, automatic volume control, AVC || ~ par **autorégulation** (nucl) / self-regulating control || ~ **auxiliaire** / accessory drive || ~ d'**avance à dépression** (auto) / vacuum [spark] advance o. control || ~ d'**avance à l'injection** (mot) / injection timing gear o. timing mechanism || ~ [en anneau] **de l'avertisseur** (auto) / horn ring || ~**s** *f pl* d'**avion** (aéro) / air controls *pl*, flight control system || ~ *f* d'**axes** (NC) / axis control || ~ de **bande magnétique** / magnetic tape control || ~ par en **bas** / drive from below, underneath drive || ~ à **bielle** / crank mechanism o. gear || ~ par **bielle à excentrique** / side rod drive || ~ **bilatérale** / bilateral drive || ~ **bimanuelle** / two-hand control unit || ~ des **bobines** (filage) / drive of packages || ~ à **boucle fermée** / closed loop control || ~ en **boucle ouverte** (contr aut) / open loop control, [open] control circuit, control system (GB), controlling means (US) || ~ par **boule roulante** / rolling ball control || ~ par **bouton de pression ou par boutons[-poussoirs]** / push-button control || ~ à **bouton unique** (électron) / single-dial o. -knob control || ~ par **boutons suspendue** (m.outils) / suspended push-button control [panel] || ~ **Bowden** / Bowden control, sheathed control || ~ à **bras** / hand drive o. operation, working by hand || ~ des **broches** (filage) / spindle drive || ~ par **câble** (techn) / rope drive || ~ par **câble** (ascenseur) / hand rope operation || ~ par **câble**, tirant *m* à câble / cable pull o. control, tackle line || ~ de la **cadence de manœuvre** (microscope) / electronic shutter control || ~ du **cadran** (électron) / dial drive || ~ à **came** (mot) / cam control || ~ à **came** (cinématique) / disk cam mechanism || ~ en **cascade** (contr.aut) / master-and-slave control || ~ à **cellules pneumatiques** / pneumatic control system || ~ **[centrale]** (engrenage) / gear assembly o. set || ~ **centralisée** / centralized control || ~ **centralisée de la circulation**, C.C.C. (ch.de fer) / centralized traffic control, C.T.C., C.T.C. || ~ par **chaîne** / chain drive || ~ à **charge d'espace** / space charge control || ~ à **chenille** / chain o. crawler drive, track drive || ~ par **clavier** / push-button control || ~ par **clé amovible** (techn) / control by individual keys || ~ des **clignotants** / direction indicator control || ~ des **clignotants à lampe témoin** (auto) / illuminated [indicator] control switch || ~ **CNC** (m. outils) / computerized numerical control, CNC || ~ de **collier porte-balais** / brush rocker gear || ~ des **colonnes** (TV) / column control || ~ **combinée à main et à pédale** (motocycl) / combined hand and foot control || ~ par le **combustible** (nucl) / fuel control || ~ par **compensation chimique** (pétrole) / shim control || ~ à **compteur digital** (NC) / incremental-digital control || ~ par le **conducteur** (frein) / control by the driver || ~ par **cône [à gradins etc]** / cone pulley drive || ~ des **cônes** (filage) / drive of packages || ~ par **configuration** (nucl) / configuration control || ~ à **contacteurs** / contactor control || ~ **continue** (NC) / continuous-path-control || ~ de **contournage** (NC) / continuous-path-control, contouring control system || ~ de **copiage** (NC) / tracer control || ~ par **corde** (p.e. d'une échelle) / cord drive || ~ de **correction** / correcting instruction || ~ de **correction physiologique** / loudness control || ~ **côté par côté** (freins,auto) / side control || ~ à **coulisse** (raboteuse) / crank drive, Scotch crank o. yoke || ~ à **courroie** / belt drive || ~ de **courroie à 90°** / 90°turn belt drive || ~ à **courroie croisée** / cross band || ~ à **courroie demi-croisée** / half-cross (GB) o. quarter turn (US) belt drive || ~ à **courroie trapézoïdale** / V-belt drive || ~ par **cristal** (électron) / crystal drive || ~ de **croisière** (aéro) / cruise control || ~ de **démarrage à contacteurs** / contactor [switching] starter o. startor (GB) || ~ par **déphasage** (électr) / phase-angle control || ~ de **déplacement linéaire** (NC) / straight cut [control system] (US), linear path control || ~ par **dérive spectrale** (nucl) / spectral shift control || ~ de **deux machines** / two-machine operation || ~ à **deux mains** (presse) / two-hand trip guard || ~ à **deux modes de fonctionnement** /

dual-mode control || ~ par **déviation** (électron) / deflection control || ~ **différentielle** / differential gear || ~ **digitale directe** / DDC, direct digital control || ~ **directe** (techn) / direct drive || ~ **directe** (aéro, ord) / direct control || ~ à **distance** (ELF) / distance o. remote control || ~ à **distance** (action) / long-distance operation, remote control operation || ~ à **distance pour la transcription** (bureau) / typist remote control || ~ à **distance par radio** / radio control o. steering (US) || ~ de la **distribution** (auto) / camshaft drive || ~ de **distribution** (mot) / timing control || ~ au **doigt** / finger-tip o. -touch control || ~ à **double face** / bilateral drive || ~ d'**édition** (ord) / format control || ~ **électrique** / electric drive o. motion || ~ **électrique des aiguilles** (ch.de fer) / electrical throwing o. operating of points || ~ **électrique jumelée** (lam) / twin drive || ~ **électrique de roulement ou de déplacement** (grue) / electric travelling gear o. traversing gear || ~ **électronique** / electronic control || ~ de l'**élève** (avion) / training control || ~ d'**enchaînement** (m.à dicter) / review control || ~ d'**enfilement** (circulation) / ramp control || ~ par **engrenage** / gear drive || ~ par **engrenage d'angle** / right-angle gear drive || ~ par **engrenage conique** / bevel gear drive || ~ par **engrenages faisant ressort** / resilient gear drive || ~ par **engrenages planétaires** / control by epicyclic or planet gear || ~ d'**enregistrement** (m.à dicter) / dictation control || ~ d'**enregistrement téléphonique** (m.à dicter) / telephone recording control || ~ par **ensemble de plusieurs essieux, [roues]** / combined multi-axle, [multi-wheel] control || ~ de l'**ensouple** (tiss) / warper's o. weaver's beam drive || ~ d'**envoi** (ascenseur) / send command || ~ de l'**essieu arrière** / rear-axle drive, rear-wheel drive, final drive || ~ d'**essieux avec inverseur** (ch.de fer) / reversing wheel set gearing || ~ **et sectionnement** / switching and isolation || ~ par **excentrique** / actuation by cam o. excentric || ~ à **excitation rapide** (mot. de laminoir) / field forcing device || ~ **extérieure** / external control || ~ des **fichiers** (ord) / file control || ~ par **fil** / wire pull || ~ **Flexball** / flex ball cable || ~ à **fourche** (funi) / rope fork drive || ~ du **foyer** / focussing control || ~ du **frein à air** (ch.de fer) / air brake lever || ~ de **fréquence par diapason** (électron) / tuning fork control || ~ de **fréquence de lignes** (TV) / horizontal hold control || ~ de **fréquence par quartz** (électron) / crystal control o. drive || ~ à **friction** / friction drive || ~ de **gain** (électron) / fading o. gain control || ~ de **gain** (m.à dicter) / gain control, play-back level control || ~ des **galets** / roller drive || ~ des **gaz** (auto) / accelerator to throttle rod assembly, carburetter linkage || ~ par **gravité** / gravity control || ~ par **gravité** (allg) / gravity drive || ~ de la **griffe** (film) / pin movement || ~ par ou de **grille** / grid control || ~ par **groupes** / group drive || ~ à **huile sous pression** / oil pressure drive, hydraulic drive || ~ **hydraulique** / hydraulic drive || ~ **hydraulique** (méc) / incompressible fluid as a link || ~ **hydraulique [ou pneumatique]** / fluid drive || ~ **hydrostatique** / static displacement drive || ~ par **igniteurs** / igniter control || ~ en **image symétrique** (NC) / mirror image switch || ~ d'**impression** (ord) / print control || ~ de l'**imprimante** (ord) / printer control || ~ par **impulsions inverses** (télécom) / revertive control || ~ par **impulsions inverses** (électron) / back bias || ~ **indépendante** / separate drive || ~ **individuelle** / separate o. individual drive, single drive || ~ **individuelle des essieux** (ch.de fer) / individual o. independent axle drive || ~ par **inertie** (frein) / control by inertia || ~ **inertielle** (espace) / inertial control || ~ **intérieure** / internal drive o. movement || ~ d'**interligne** (m.à écrire) / line spacer || ~ des **itinéraires** (ch.de fer) / route control || ~ **jumelée** (cinématique) / double drive || ~ **jumelée** (lam) / twin drive || ~ **Krämer** (électr) / Krämer system || ~ **Krämer statique** (électr) / static Kraemer system || ~ de **lames engageantes** (typo) / flying tuck || ~ du **laminoir** / rolling mill drive || ~ de **largeur de l'image** (TV) / width control || ~ de la **largeur de ligne** (TV) / horizontal size control, line amplitude control || ~ **latérale** (aéro) / lateral control || ~ **latérale** (tex) / lateral feed gear || ~ de **lecture** (m.à dicter) / playback control || ~ par **levier** / lever control || ~ par **levier oscillant** / grasshopper mechanism for rocking conveyor || ~ par **levier roulant** / cam lever o. roller lever control || ~ par **leviers croisés** / crossbar control mechanism || ~ **librement programmable** (NC) / programmable controller, PC || ~ des **lignes** (TV) / line control || ~ sur **lignes parallèles** / multi-way control || ~ **locale** (techn) / local control || ~ de **locomotive** (électr) / locomotive drive || ~ **logique** (ord) / logical control || ~ par **machine** / engine drive || ~ de la **machinerie** (techn) / drive, gear, wheel work || ~ à **main** (asservissement) / manual control || ~ à [la] **main** (actionnement) / hand drive o. operation, working by hand || ~ à **main** (auto) / hand control || ~ à **manivelle** / crank mechanism o. gear || ~ **manuelle** (actionnement) / hand drive o. operation, working by hand || ~ **manuelle par fils** / hand wire pull || ~ de **marche arrière** (ord) / backward supervision || ~ de **marche avant rapide** (m.à dicter) / fast forward control || ~ de la **marche des trains** (ch.de fer) / train running control || ~ à **marchepied** / foot-board steering || ~ **mécanique à distance** / mechanical remote control, telemechanics || ~ de **mise en action ou en marche** (m.outils) / indexing drive || ~ de **mise en marche** (m.à dicter) / stop start control || ~ de **mise en position** (ord) / positioning control system || ~ par le **modérateur** (nucl) / moderator control || ~ **monomoteur** (ch.de fer) / single-motor drive o. equipment, monomotor drive || ~ par **monopoulie** / single-speed drive, constant speed drive || ~ à **moteur** / motor-actuated control || ~ du **moteur** / motor-control, speed control || ~ par **moteur** (actionnement) / mechanical o. motor drive, power o. engine drive || ~ par **moteur Diesel** / diesel drive || ~ par **moteur électrique** / electric motor drive, electromotor drive || ~ par **moteur individuelle** / individual motor drive || ~ par **moulinet à vent** (aéro) / impeller o. windmill drive || ~ à **mouvement alternatif** / grasshopper mechanism for rocking conveyor || ~ des **mouvements** (ch. de fer) / traffic control || ~ **multiaxes** (NC) / multiaxis control || ~ **multiple** (ch.de fer) / multiple-unit control || ~ **multiple** (mécanisme) / multiplex control || ~ **multiquadrant** (NC) / multi-quadrant operation || ~ **musculaire** / manual control || ~ de la **netteté** (opt) / focussing control || ~ **normale** / normal drive || ~ **numérique** / numerical control, N/C || ~ **numérique par calculateur ou par ordinateur** (m outils) / computerized numerical control, CNC || ~ **numérique directe** (ou centralisée) (NC) / direct numerical control, DNC || ~ **numérique directe de processus industriel** / direct digital control, DDC || ~ **numérique à microcalculateur** / microcomputer numerical control, MNC, MNC || ~ d'**opérations** (ord) / operation control || ~ **oscillante** / pendulum drive || ~ de **palpeur** (m.outils)

/ tracer control || ~ **paraxiale de mouvement** (contr aut) / line motion control system || ~ par **partage de colonne** (c.perf.) / split column control || ~ de **pas cyclique** (hélicoptère) / cyclic pitch control || ~ de **pas général** (hélicoptère) / collective pitch control || ~ de **pas des pales** (hélicoptère) / pitch setting || ~ à **pédale** / pedal o. foot control || ~ par **pédale** (auto) / pedal control || ~ à **pédale ou au pied** (actionnement) / treadle o. foot operation o. drive || ~ **périphérique** / surface drive || ~ au **pied** (m.à coudre) / treadle starter || ~ à **pied ou à pédale** / foot o. pedal control || ~ à **pignon** (techn) / pinion drive || ~ **pilote** (hydr) / pilot control || ~ de **pivotement** / swing gear (US) || ~ de **plateau circulaire** (fraiseuse) / rotary attachment feed gear || ~ **plot par plot** (électr) / multiple contact switching || ~ de **point de fuite** (arp) / vanishing point control || ~ par **poison fluide** (nucl) / fluid poison control || ~ de la **position verticale** (TV) / vertical centering control || ~ de **positionnement** / position drive || ~ **positive** (techn) / gear[ed] drive || ~ à **poursuite** (mil) / tracking control || ~ de **poursuite d'antenne** (radar) / antenna following control || ~ **principale** / main drive || ~ par **priorité** / priority control || ~ des **processus industriels** / process o. feedback control || ~ par **processus multiples** / multiprocessor control || ~ **programmable** (NC) / programmable control, PC || ~ [à] **programme** (NC) / programmed control, PC, PC || **~-programme *f* par tableau perforé** (m outils) / plug board control || ~ **programmée par mémoire** / memory-programmed control || ~ **progressive ou proportionnelle** / proportioning control || ~ des **projecteurs** (radar) / searchlight control || ~ de **puissance** / power control || ~ de **rappel arrière** (m.à dicter) / backspace control || ~ du **rapport** (p.e. de débits) (contr.aut) / ratio control || ~ d'un **réacteur** (ELF) (nucl) / reactor control || ~ à **réaction** / reaction control || ~ de **rebobinage** (b.magnét) / rewind control || ~ par le **réflecteur** (nucl) / reflector control || ~ à **réglage à courroie trapézoïdale** / variable speed belt drive || ~ à **réglage [sans graduation]** / [infinitely variable] change-speed gear || ~ par **réglage du spectre** (nucl) / spectral shift control || ~ par **relais** / relay control || ~ par **relais ampèremétriques** (électr) / automatic contactor control || ~ **répétitive** (NC) / playback control || ~ par **ressort** / spring drive o. motor o. work, clock movement, clockwork [motion] || ~ de **retour du chariot** (m.à ecrire) / carriage return control || ~ **réversible** / reversible drive || ~ **rigide** / rod control, push and pull control || ~ de la **rotation de l'image** (radar) / picture rotation control || ~ par **roue** (frein) / individual wheel control || ~ par **roue dentée élastique** (locomotive) / cushion geared drive || ~ aux ou des **roues arrières** / rear-wheel drive, rear-axle drive, final drive || ~ à **roues coniques** / bevel gear drive || ~ à **roues dentées** / geared drive || ~ de **saut** (c.perf.) / carriage control || ~ de **saut** (ord) / skip control || ~ de **sensibilité** / sensitivity control || ~ **séparée** / separate drive || ~ à **séquences orientée temps** / time-oriented sequential control || ~ **séquentielle ou à séquences** / run-off control, sequential o. sequence control || ~ **servomotrice** (aéro) / powered control system || ~ des **signaux** (ch.de fer) / control of signals || ~ **simple** / operating convenience || ~ de **simple file** (ord) / single-job scheduling || ~ du **soudage en boucle fermée** / closed loop control of welding || ~ à **soupapes** (mot) / timing gear, engine timing || ~ de **soupapes** / valve actuation, valve control || ~ de **soupapes** (mot) / valve gear || ~ de **sous-traitance** / component supply order || ~ **spéciale** / special drive || ~ **statique** / static control || ~ **supplémentaire** / repeat [order] || ~ de **suppression** (radar) / suppression control || ~ **symbolique** (ord) / numerical control, N/C || ~ **symétrique double** / twin drive || ~ de **synchronisation** / synchronizing control || ~ de **synchronisation** (TV) / hold[ing] control || ~ de **synchronisation verticale,** [horizontale] (TV) / vertical, [horizontal] hold control || ~ **synchronisée** / clocked control || ~ de la **table** (m.outils) / control of table movements || ~ **tangentielle** (tex) / surface drive, tangential drive || ~ **télémécanique** / mechanical remote control, telemechanics || ~ par **thyristor** / thyristor industrial drive || ~ par **tiges** / push and pull control || ~ de **tonalité** (m.à dicter) / tone control || ~ par **touche** (électron) / push-button control || ~ à **touches** (ord) / finger-tip set-up control || ~ du **train** / train control || ~ de **transmission de données** (ord) / data transmission control || ~ de **treuil** / winch controller || ~ à **un seul levier** / single-lever control || ~ par **un seul moteur** / single-motor drive o. equipment || ~ en **unités multiples** (ch.de fer) / multiple-unit control || ~ des **unités périphériques** (ord) / activation of the peripherals || ~ **universelle** (grue) / universal control || ~ d'**urgence** (nucl) / emergency control || ~ à **vapeur** / steam drive || ~ de **variation de vitesse** / variable speed control || ~ de **ventilateur** / fan motor || ~ à **vis sans fin** (collier de serrage) / wormgear drive || ~ de **vitesse à distance** (auto) / remote gear || ~ de **vitesse [par levier] à rotule** (auto) / ball-and-socket [type] gear shift[ing] || ~ de **vitesse sur volant de direction** (auto) / finger-tip gear shift, steering column [type] gear change o. shift || ~ sur **voies multiples** / multi-way control || ~ à la **voix** (m.à dicter) / voice operating control || ~ par **volant** / handwheel control || ~ par **volant pour gyrobus** (auto) / gyro drive for busses || ~ de **volume compensée** (électron) / compensated volume control

commandé, asservi / controlled || ~ (mouvement) / positive [locking], mechanically operated, controlled, constrained || ~, actionné / driven, operated || **pouvant être ~ par coupe** (électr, soupape) / phase controllable || ~ par **bande** / [punched] tape controlled o. operated || ~ par **bande magnétique** / magnetic tape controlled o. fed || ~ par le **bas** (soupape) / by-the-side, side-by-side || ~ à **bras** / hand driven || ~ par **came** / cam controlled || ~ par **carte programme** / [punched] card controlled || ~ par le **champ** (électron) / field controlled || ~ par **clavier** / keyboard controlled || ~ par **compteur** (c.perf.) / count-controlled || ~ par **courant porteur** / carrier operated o. derived || ~ par **cristal** / crystal- o. quartz-controlled || ~ du **dehors** / externally controlled || ~ à **distance** / telecontrolled, remote controlled || ~ par **électricité** / electric[ally] driven o. operated || ~ par **flotteur** / float-controlled || ~ par **flux magnétique** (électr) / controlled by magnetic flux || ~ par la **grille [de commande]** (électron) / cumulative-grid..., grid-controlled || ~ par le **haut** (soupape) / overhead, O.H., in the head || ~ par l'**influence de la gravité ou du poids ou d'un ressort etc.** / non-positive, actuated by gravity o. by spring etc. || ~ par **lumière** / light activated || ~ par **machine** / machine-operated || ~ à **main** / hand driven || ~ par **moteur** / power driven

o. operated, powered, motorized || ~ par **moteur électrique** / electric motor driven, electromotor driven || ~ par l'**opération** / process-controlled || ~ par **ordinateur** / computer controlled, cybernated || ~ par **palpeur** / tracer controlled || ~ par **perche** (électr) / actuated by switch-rod || ~ par **pesanteur** / gravity controlled, weight operated || ~ par **piston** / piston controlled || ~ à la **platine avant** (électron) / panel controlled || ~ par **pression** / pressure controlled || ~ par la **pression acoustique** (acoustique) / pressure actuated || ~ par **programme** / program controlled || ~ par **radar** / radar controlled || ~ par **radio** / radio-controlled || ~ par **ressort** / spring-weighed o. -loaded || ~ par **rythmeur** (ord) / clock-actuated o. controlled || ~ par **surface tension-temps** (transducteur) / controlled by voltage-time surface || ~ par **tâteur** / tracer controlled || ~ en **tension** (électron) / voltage-controlled || ~ en **tête** / overhead, O.H., in the head || ~ par **thyristor** / thyristor-controlled || ~ par **touches** (ord) / key-driven || ~ par la **voix** / voice-operated, speech-operated

commandement *m* / order

commander, manœuvrer / control, regulate || ~, actionner / drive, actuate || ~ (contr. aut) / control || ~ (commerce) / order || ~ à **distance** / operate by remote control || ~ **mécaniquement** / actuate, operate, control, command

commençant *m* (gén) / learner, beginner || ~ **[à] mousser** (plast) / just foaming

commencement *m* / begin[ning] || ~, formation *f* / formation || ~, mise *f* en œuvre / attack of a work, setting to work || ~ de la **conversation** / beginning of conversation || ~ de **course** (techn) / start || ~ **d'incendie** / outbreak of a fire || ~ d'une **voûte** / spring[line] of a vault

commencer *vt* / begin *vt*, start, commence || ~, entreprendre / engage [in] || ~, instaurer / open *vt*, inaugurate || ~ *vi* / begin *vi*, start *vi* || ~ l'**affûtage** / start grinding || ~ l'**exploitation** / start operations || ~ à **feutrer** / plank *vt*, full lighty (US) || ~ à **fonctionner ou à marcher** / start acting o. working o. running || ~ à **manquer** / run short || ~ à **marcher** / start acting o. working o. running || ~ une **nouvelle filée** / start spinning || ~ l'**ouvrage** (mines) / descend, go down o. underground, ride in o. inbye || ~ à **rompre** / begin to break || ~ à **sécher** (couleur) / begin to dry || ~ la **vulcanisation** / start vulcanizing

commensurabilité *f* (astr) / commensurability

commensurable / commensurable, commensurate || ~ (math) / commensurable

commentaire *m* / comment, -s [on] *pl* || ~ (ord) / comment, annotation, remark, note || ~ sur **image** (radio) / running commentary

commerce *m* / business || ~, trafic *m* / commerce, trade || **du** ~ / bought, outside || ~ de **ferrailles [en gros]** / scrap [wholesale] trade || ~ de **métaux ferreux** / iron and steel trade

commercial *m* (Neol.) / sales specialist o. engineer || **[de type]** ~ / commercial[ly available], usual commercial

commercialisable (bois) / mature

commercialisé / available

commercialiser / market, launch on the market, come out [with], bring out

commettage *m* (cordage) / turn, lay || ~ (câble) / spinning, stranding || **à ~ long** / long-lay || ~ **croisé** / ordinary o. regular lay, crosslay || ~ en **grelin** / hawser o. cable laid construction || ~ **long** / long lay, Lang['s] lay || ~ **parallèle** / Seale o. Warrington type rope design, parallel lay || ~ **tordu simple** voir commettage long || ~ à **torons alternatifs ou croisés** / ordinary o. regular lay, crosslay

commettant *m* / orderer, customer, client

commetteuse *f* pour **torons métalliques** / stranding machine

commettre une **faute d'impression** (typo) / misprint

comminuer (prép) / mill

commis (corderie) / laid || ~ en **grelin ou en [h]aussière** / hawser laid, laid hawser fashion

Commissariat *m* **à l'Énergie Atomique**, C.E.A. / Atomic Energy Commission, AEC (US)

commission *f* / Board, Committee, Commission || ~ **arbitrale** / arbitration commission o. board || ~ d'**enquête** / committee of inquiry, investigation board || ~ d'**examen** / examining board || ~ de **sécurité pour les réacteurs** / Reactor Safety Commission || ≗ **européenne pour la mise au point et la construction de lanceurs d'engins spatiaux**, C.E.C.L.E.S. / ELDO, European Launching Developement Organization || ≗ des **Normes** / Standards Committee, standardizing body

commissionnaire-expéditeur *m*, commissionnaire *m* de transport / motor carrier, forwarding agent

commissure *f* / spliced joint

commode / comfortable || ~, aisé à manier / handy, convenient [to handle]

commodité *f* / habitability || ~**s** *f pl* (ELF) (bâtim) / utility, -ties *pl* || ~ *f* d'**emploi** / handiness, convenience in handling

commotion *f* **électrique** / electric shock

commun (gén, math) / common || ~ (métal) / base || ~ **diviseur** *m* / common denominator || ~ de **sélection** (c.perf.) / common of a selector

Communauté *f* **européenne de l'énergie atomique**, C.E.E.A. / EURATOM || ≗ **Européenne du charbon et de l'acier** / European Coal and Steel Community || ≗ d'**Exploitation des Wagons EUROP** (ch.de fer) / EUROP wagon pool

communicant / [inter]communicating

communicateur *m* (télécom) / communicator

communication *f* / communication || ~ (télécom) / connection, (GB also:) connexion, telephone call || ~**s** [sur] *f pl* / informations *pl*, communications *pl*, (esp:) company magazine o. newspaper, house organ || ~ *f* (bâtim) / connection || ~ (mines) / intersection || **donner la ou mettre en** ~ [avec] (télécom) / put through [on o. to], connect [with] || **faire la** ~ (galerie) / cut through || ~ **aérienne** / air connection || ~ **automatique** / dial switching o. service, dial-up system (US) || ~ **avion-avion** (aéro) / air-to-air communication || ~ **bidirectionnelle** / both way communication || ~ **bidirectionnelle alternée** / either way communication, two-way alternate communication || ~ **collective ou pour conférence** (télécom) / conference connection || ~ de **départ** (télécom) / originating connection || ~ entre **deux postes reliés à une même ligne partagée** (télécom) / reverting call || ~ **diplex** / diplex transmission || ~ **directe** (télécom) / direct communication || ~ de **données** / data communication || ~ en **duplex** (télécom) / duplex operation, up-and-down working || ~ en **duplex** (ord) / duplex transmission || ~ à l'aide d'**essaims d'étoiles filantes** (télécom) / meteor burst communication || ~ **ferroviaire** (ch.de fer) / train connection || ~ sur **fil** (télécom) / wire communication || ~ avec la **grande banlieue** / toll call || ~ à **image fixe** / still frame communication || ~ par **impulsions inverses** (télécom) / revertive communication || ~ **intérieure** / home o. internal o.

inland traffic o. communication, domestic traffic || ~ **interurbaine** (télécom) / trunk connexion (GB), long-distance connection (US) || ~ **locale** / local call || ~ **payable à l'arrivée**, PCV (télécom) / collect call, reversed charge o. transferred charge call || ~ avec **préavis**, PAV (télécom) / person to person call || ~ **radio** / radio circuit o. link || ~ **radio[télé]phonique** / radio conversation, wireless phone [call] (GB), radiophone (US) || ~ **régionale** (Belg) / district call || ~ **secondaire** (télécom) / substation, subscriber's station, extension || ~ à **sélection automatique** (télécom) / dialed-up connection (US) || ~ de **service** / exchange line call || ~ **simplex** (télécom) / simplex traffic, alternate talking || ~ **simplex sur deux voies** (télécom) / double channel simplex || ~ **simplex à fréquences écartées** (aéro) / offset frequency simplex || ~ **sol-air** (aéro) / ground-to-air[craft] communication || ~ **suburbaine** (télécom) / junction call || ~ **téléphonique** / telephone call o. connection o. conversation o. communication || ~ **téléphonique**, liaison *f* téléphonique / telephone connection || **~s** *f pl* **téléphoniques** / telephone communication o. traffic o. service o. operation, telephony || ~ *f* **texte** / text communication || ~ de **transit** (télécom) / built-up connection, through connection, indirect call || ~ de **transit double** (télécom) / double switch call || ~ de **transit simple** (télécom) / single switch call || ~ **unidirectionnelle** / one-way o. unidirectional connection || ~ **vocale** / voice communication

communiqué [à] / imparted [to]

communiquer *vt vi* / communicate || ~ [à] / confer, impart || ~ (mines) / open the communication passage, pierce, hole o. cut through || ~ (mouvement) / impart (movement) || ~ l'**énergie** / impart energy || ~ une **propriété** / confer o. impart a property || ~ par **radio** / give out by wireless, broadcast

communition *f* (prép) / size reduction

commutateur *m* / commutator, reversing switch, circuit changing switch o. changer || ~ (contraire: poussoir) / switch (contr dist:) pushbutton || ~ **actif** (comm.pneum) / active function relay || ~ à **action fugitive** / touch contact switch || ~ **actionné par la pression** / manometric switch || ~ d'**ampèremètre** / measuring o. testing commutator o. switch || ~ à **anneau résonnant** (guide d'ondes) / ring switch || ~ d'**antenne** / antenna change-over switch || ~ **approche** / coarse control switch || ~ à **bascule** (électr) / rocker switch || ~ **bilatéral au silicium** (électron) / SBS, silicon bilateral switch || ~ **bipolaire à couteaux** [avec prise arrière] / 2-P.D.T. [back connected] knife switch || ~ **bipolaire à bascule** / double pole snap switch, DPS, DPSS || ~ **bipolaire à couteaux** / double-pole double-throw knife switch, d.p.d.t., D.P.D.T. || ~ de **block** (ch.de fer) / block switch || ~ de **cadran d'appel** (télécom) / dial plate o. switch || ~ à **cames** (électr) / drum starter o. controller, cam-shaft controller || ~ **capacitif** / approach switch, capacitive switch || ~ de **cavité résonnante** / resonant cavity switch || ~ du **champ de mesure** (électr) / range switch, scale switch || ~ pour le **changement des ondes** (électron) / wave changing switch || ~ de **charge** (auto) / regulator cutout || ~ en **charge** / power circuit breaker (for cos $\varphi < 0.7$) || ~ [d'éclairage] **code** (auto) / dimmer switch, antidazzle o. dip o. selector switch || ~ **code [commandé] à main** / hand dimmer switch || ~ à **combinaison** (électr) / series switch || ~ de **commande** / control switch || ~ de **commande** (électr) / [cam type] control switch || ~ de **commande et d'accusé de réception** (électr) / control discrepancy switch || ~ de **concentration** (télécom) / concentration switch || ~ **[conjoncteur]** (électr) / circuit closer || ~ à **contactage progressif** / continuity switch || ~ de **contrôle** (télécom) / check switch || ~ de **contrôle de bande** (bande sonore) / tape monitor switch || ~ de **correction** (NC) / offset switch || ~ de **couplage des accumulateurs de charge et décharge simultanées** / double battery [regulating] switch, double accumulator switch || ~ de **couplage des barres** (électr) / bus-coupler switch || ~ à **couteaux à deux directions** / double-throw knife switch || ~ **crossbar** (télécom) / crossbar distributor || ~ **crossbar** (électron) / crossbar switch || ~ **cylindrique** (électr) / drum[-type] switch || ~ à **décades** (électron) / decade switch || ~ de **démarrage** / starting changeover switch || ~ de **dérivation** (électr) / shunting switch || ~ de **desserrage** / release switch || ~ à **deux directions** / double-throw switch || ~ à **deux positions** (comm.pneum) / two-position relay || ~ à **deux voies** (électron) / two-channel switch || ~ de **direction** (électr) / direction commutator || ~ de **direction** (m.outils) / direction switch || ~ **discriminateur de compteurs** (électr) / discriminator of supply meters || ~ **disjoncteur** (électr) / circuit breaker || ~ de **distribution de courant** [p.e. entre deux électrodes] / current mode switch || ~ de **durée des impulsions** (radar) / pulse switch || ~ d'**éclairage** / light switch || ~ d'**éclairage rotatif** (auto) / light spindle switch || ~ **écoute-parole** (télécom) / combined listening and speaking key || ~ **électrosyntonique** / electrosyntonic switch || ~ **émission-réception** (radar) / duplexer || ~ **enfoncé ou encastré** (électr) / panel o. flush o. recessed switch || ~ d'**escalier** (électr) / three-way o. -point o. -position switch || ~ d'**étage .m.** (ascenseur) / landing switch, floor switch || ~ **étoile-triangle** / star-delta o. Y-delta starter o. starting switch || ~ d'**exploration** / sampler || ~ à **fiches** / plug switch || ~ de **fin de course** / limit [stop] switch, LS, smart aleck (coll) || ~ **fixé à la colonne de direction** (auto) / steering column switch || ~ de **flux** (électr) / flow switch || ~ de **fonctions** (électr) / function selector || ~ **frotteur** / friction switch || ~ à **gradins** (électr) / multiple contact switch, step switch || ~ de **guide d'ondes** / waveguide switch || ~ à **impulsion** / latching relay, [time] pulse relay || ~ pour **indicateur de direction** (auto) / commutator switch || ~ **inverseur** / change-over switch || ~ **inverseur**, inverseur *m* va-et-vient (électr) / three-way o. -point o. -position switch || ~ à **inversion** (électr) / reversing drum switch || ~ à **jacks** (électr) / jack switchboard || ~ à **lame[s]** / double-throw knife switch || ~ de **ligne** (électr) / line commutator || ~ de **ligne secondaire** (télécom) / secondary line switch || ~ de **longueur d'onde** (radio) / wave-change switch, range changing switch, change tune switch || ~ **magnétique** (électr) / magnetic switch || ~ de **magnéto** (auto) / ignition switch, short-circuiting switch || ~ à **manette** (électr) / lever commutator switch, double-throw knife switch || ~ **manométrique** / manometric switch || ~ **mémoire** (comm.pneum) / memory function relay || ~ de **mesure** / check switch, scanner || ~ **miniature** (électr) / miniature o. microswitch || ~ de **mise en court-circuit à la terre** (électron) / earth arrester, cutout to earth || ~ de **mise en veilleuse** / dimmer switch || ~ **multiple** (électr) / series switch || ~

multiple à gradins (électron) / multi-contact gang switch || ~ à **multiples directions** / four-wire connection switch || ~ **multiplex** (télécom) / multiplex switch || ~ en **paquet** / wafer switch || ~ en **parallèle** (électr) / multiple switch || ~ **pas à pas** / step-by-step switch, stepper o. stepping switch || ~ **passif** (comm.pneum) / passive function relay || ~ à **pédale** / foot actuated throw-over switch, treadle commutator switch || ~ de **perforateurs** (ord) / punch switch || ~ de **phares** (auto) / headlight switch || ~ de **phases** / phase changing switch || ~ de **pile** / commutator, reversing switch || ~ à **plots** (électr) / multiple contact switch, step switch || ~ à **plusieurs directions** (électr) / series switch || ~ à **plusieurs voies** / multiple way switch || ~ du **point de mesure** / check switch, scanner || ~ à **poussoir** (électr) / rocker switch || ~ de **préchauffage** (auto) / glow plug switch || ~ **précision** / precision switch || ~ **présélecteur à disque «multiswitch»** (électron) / thumb wheel switch || ~ **principal** / main switch || ~ à **prises** / tap switch || ~ de **proximité** (électr) / proximity switch || ~ **rapide** (électr) / quick throw-over switch || ~ à **rappel automatique** / self-cancelling steering column switch || ~ de **réglage** (accu) / cell switch, battery [regulating] switch || ~ de **réglage en charge** (électr) / on-load tap changer || ~ à **ressort** (électr) / spring commutator || ~ **rotatif** (électron) / rotary [type] switch || ~ **rotatif** (télécom) / rotary [type] selector, single-motion type selector, uniselector || ~ **rotatif** (install. électr) / rotary switch || ~ **rotatif de feu stop** (auto) / stoplight rotating switch || ~ **rotatif à galette** / rotary wafer switch || ~ **rotatif de ligne** (télécom) / rotary line switch || ~ **rotatif à ressort** / snap switch, spring[-controlled] switch || ~ **satellite** (télécom) / line concentrator || ~ de **secteur** / mains switch || ~ de **sécurité** / grounded (US) o. earthed o. Home-Office (GB) switch || ~ **sélecteur ou de sélection** (m.outils) / selector switch || ~ **sélecteur de commande** / control switch || ~ **sélecteur d'essai** / test selector switch || ~ **sélectif ou de sélection** (électr) / selective switch || ~ **semi-automatique** (télécom) / semiautomatic switch || ~ de **sens de marche** / commutator switch || ~ de **sensibilité** (électron) / band switch o. selector || ~ en **série** (électr) / series switch || ~ **série à levier** (aéro) / series lever switch || ~ de **signal** (ch.de fer) / signal circuit controller || ~ des **signaux de tête** (bande vidéo) / switcher || ~ à **six directions** (télécom) / six-way switch || ~ **SMTI** (radar) / mosaic switch || ~ à **tambour** (électr) / drum[-type] switch || ~ **téléphonique multiplex** / multiple switch board || ~ à **temps** (électr) / automatic switch, switch clock, clock relay || ~ de **tension** (électr) / voltage selector switch o. change-over switch || ~ des **tensions d'alimentation** (TV) / voltage selector switch || ~ de **test** (ord) / test button || ~ des **têtes** (TV) / video head switcher || ~ à **thermostat** (électr) / thermostat || ~ à **tige** (électr) / joy-stick selector || ~ à **tirette de feu stop** (auto) / stop light pull switch || ~ **«tourner-pousser»** (électr) / lock-down switch || ~ **T-R** / transmit-receive switch, TR-switch || ~ **tripolaire** / three-pole [changing-over] switch || ~ **tripolaire à couteaux** [avec prise arrière] / three-pole [back connected] knife switch || ~ à **trois directions ou voies** (électr) / three-way o. -point o. -position switch || ~ **unipolaire** / single-pole double-throw switch || ~ **universel** (électr) / line commutator || ~ d'**urgence** (ascenseur) / emergency stop || ~ de **verrou d'aiguille** / facing point lock circuit controller || ~ **vidéo** (TV) / video switch || ~ du **voltmètre** (électr) / voltmeter switch || ~ des **zones de mesure** (électr) / range switch, scale switch

commutatif (math) / commutative

commutation *f* / change-over, changing over, commutation || ~ (m.électr.) / commutation || ~ (comm.pneum) / relay operation || ~ (math) / transposition || ~ (électron) / commutation || **faire la** ~ (électr) / commutate || ~ **active** (comm.pneum) / active function relay operation || ~ **antenne** / antenna change-over || ~ de **canaux** / channel switching || ~ de **circuits** (ord) / circuit switching || ~ des **connexions polaires** / pole changing [control] || ~ du **courant** / current change-over || ~ à **distance** (électr) / remote o. distant control, remote[-controlled] switching || ~ de **données** / data switching || ~ **étoile-triangle** (électr) / Y-delta o. y-delta o. star-delta o. wye-delta connection || ~ **externe** (électron) / external commutation || ~ **forcée** (électr) / forced commutation || ~ de la **gamme d'ondes** / band switch o. selector || ~ **mémoire** (comm.pneum) / memory relay operation || ~ de **messages** (télécom) / message switching || ~ par **multiplexage de durée** / time multiplex switching || ~ du **palier avant** (TV) / front porch switching || ~ par **paquets** / packet switching, P/S || ~ **passive** (comm.pneum) / passive function relay operation || ~ **pilote** (comm.pneum) / pilot operation || ~ de **piste** (b.magnét) / track switching || ~ **plot par plot** (électr) / notching || ~ de **polarité** (électr) / change-pole..., pole changing || ~ **rapide de la gamme d'ondes** (électron) / quick wave changing || ~ par le **réseau** (électr) / line commutation || ~ à **séquences** (électron) / sequential circuit || ~ **téléphonique** / telephone switching, through switching || ~ **téléphonique à quatre fils** / four-wire telephone switching

commutativité *f* (math) / commutativity

commutatrice *f* / rotary o. synchronous converter || ~ **asynchrone** / binary converter || ~ **C.A. en C.A.** (électr) / rotary a.c.-a.c. converter, dynamomotor || ~ à **courant alternatif en courant continu**, commutatrice *f* C.A. en C.C. / a.c.-d.c. rotary converter || ~ à **courant triphasé en courant continu** / rotary current-direct-current synchronous converter

commuté par le **réseau** (électr) / line-commutated

commuter (électr) / commutate, switch || ~, faire un passage (électr) / switch over

comopt *m* (mot code) (film) / comopt (code name)

compacité *f* (gén, géol) / compactness, density || ~, solidité *f* / solidity, firmness, consistency || ~ (qualité de ce qui est serré) / density, compactness, closeness, tightness || ~ des **fils dans des tissus** / setting of threads, pick count, sett (GB) || ~ du **terrain** / compactness of the ground || ~ de **tissu** (tiss) / compactness of the fabric

compact *adj* / compact, concrete, firm, solid || ~ (géol) / compact || ~ (roches) / conglobate || ~, serré / cramped || ~, dense / dense bodied || ~ (construction) / compact || ~, résistant / firm, fast, strong, sound || ~ *m* (gén) / compact || ~ (frittage) / sintered part o. product || **~s** *m pl* / powdered metal parts, sintered parts *pl* || ~ *m* **fritté** / sintered compact || ~ **stratifié** (frittage) / compact in layers o. in sandwich || ~ **vert ou cru** (frittage) / green compact, green

compactage *m* / densification, compaction || ~ (béton) / compactability || ~ du **sol** (routes) / ground stabilization [by soil-cement mix] || ~ par **vibrations** / vibratory compaction, vipacking

compacté (routes) / padded-down || ~ / rammed

compacter / compact, compress || ~ (routes) / pack, consolidate, compact, pad down || ~ (frittage) / compact || ~ (ord) / pack
compacteur *m* à **pneus** (routes) / multi-rubber-tire roller (US), multityred roller (GB) || ~ **vibrant** (routes) / compacting beam
compaction *f* (géol) / compaction
compagnie *f* d'**ingénieurs-conseils** / engineering company o. firm || ~ de **navigation** / shipowner's o. shipping firm || ~ **pétrolière** / oil o. petroleum company || ≗ des **Ingénieurs-Conseils en propriété industrielle** / Chartered Institute of Patent Agents (GB), Patent Attorney's Society (US)
compagnon *m* **charpentier** / journeyman carpenter
compandeur-expanseur *m* (télécom) / compandor, -der
comparable / comparable
comparaison *f* / comparison || **de** ~ / comparison... || **en** ~ [à] / compared [to o. with], by o. in comparison [with] || **en** ~ [de] / in ratio [with] || ~ **électrique** / electrical balance || ~ des **forces** (contr.aut) / force balance o. comparison || ~ des **grandeurs** / dimensional comparison || ~ **logique** / logical comparison || ~ de **masques** (ord) / mask matching || ~ **mécanique** / mechanical balance || ~ des **phases** / phase monitoring o. indication || ~ des **teintes** / colour matching || ~ de **zone** (ord) / field compare
comparateur *m* (ord, NC) / comparator, reference input element || ~ (contr.aut) / differential element || ~ (métrologie) / comparator, compensator || ~**-amplificateur** *m*, comparateur *m* à cadran / dial gauge o. indicator for linear measurement, indicating caliper (US), dial test indicator || ~**-amplificateur** *m* à **levier** / lever ga[u]ge || ~ d'**égalité** (ord) / equivalence element || ~ de **Hellige** / Hellige comparator || ~ **industriel à palpeur** voir comparateur-amplificateur || ~ d'**interférence** / interference comparator || ~ **logistique** (ord) / logistic comparator || ~ à **microscopes micrométriques** / comparator for linear measurements || ~ **optique** / optical comparator || ~ de **pas** (m.outils) / thread [dial] indicator || ~ de **phase** (TV) / phase detector o. discriminator || ~ des **systèmes asservis** (contr. aut) / comparator [device] || ~ des **teintes** / tintometer || ~ de **valeurs limites** / limit comparator
comparatif / comparative
comparer [à, avec] / compare [to, with]
comparez / confer, cf.
compartiment *m* (gén, ch.de fer) / compartment, compt. || ~ (men) / compartment, shelf, section || ~ (aéro, nav) / nacelle || **à un** ~ (puits) / non-partitioned || ~ d'**aérage** (mines) / ventilating compartment of the shaft || ~ **avant** (auto) / front compartment || ~ d'un **bac de lavage à piston** (prép) / washbox cell || ~ à **bagages** (ch.de fer) / vestibule, luggage space || ~ de **circulation du puits** (mines) / man-ride compartment of the shaft || ~ **congélateur** / freezer section || ~ de **connexions** (électr) / separate terminal enclosure || ~**-correspondance** *m* (ch.de fer) / typewriting compartment || ~ à **disques** (phono) / record storage space o. (esp.:) storage well || ~ des **échelles** (mines) / footway || ~ d'**empilage** (lam) / piler bin || ~ d'**extraction** (mines) / winding compartment, hoistway, cageway || ~ **frigorifique** / cooling section || ~ pour **fumeurs** (ch.de fer) / smoking compartment || ~ de **fusion** (verre) / melting end || ~ **[grand] à un lit** (ch.de fer) / single berth compartment || ~ **haute tension** / high tension compartment || ~ d'**huile** (auto) / oil pocket o. well, splash basin || ~ de **logement de train** (aéro) / landing gear well || ~ **machine** (nav) / machine room || ~ à **marchandises** / [nav] cargo hold o. space, ship's hold, [freight] hold || ~ au **moteur** / engine room || ~ [des] **passagers** / passenger compartment || ~ **propulsion** (aéro) / thrust section || ~ d'un **puits** (mines) / compartment o. division o. partition of a shaft made by a brattice, trunk || ~ **réfrigérateur** / refrigerator section || ~ de **réservoir** (aéro) / fuel cell || ~ de **service** (ch.de fer) / service compartment || ~ de **service** (espace) / service module || ~ de **silo** / compartment of a silo || ~ **simple** (routes) / chessboard pavement, lozenge pavement || ~ à **surgélation** / deep-freeze section, freezer section || ~ de **travail** (four) / working end || ~ de **tuyaux** (mines) / pipe compartment, pipe way [compartment] || ~ de **wagon-lit** (ch.de fer) / compartment of a sleeping car, roomette (US)
compartimentage *m* / sectioning, divisioning, compartmentation || ~ (bâtim) / distribution of rooms
compas *m* (dessin) / pair of compasses, compasses *pl* || ~ (aéro, nav) / compass || ~ (mécanisme de liaison du train d'atterrissage) (aéro) / torque links *pl* || **avoir le** ~ **dans l'œil** / have a sure o. accurate eye || ~ pour **abattants articulé** (men) / scissor type flat stay || ~ pour **abattants à glissière** (men) / flap stay || ~ à **aiguille flottant sur un liquide** (nav) / liquid compass || ~ d'**alésages** / inside callipers *pl* || ~ **apériodique** / aperiodic compass || ~ **astronomique** / astrocompass || ~ **azimutal** / amplitude compass || ~ [à] **balustre** (dessin) / spring-bow compass, -es *pl*, drop pen || ~ à **branches ouvertes** / inside cal[l]ipers *pl* || ~ à **branches recourbées** (dessin) / caliper compasses *pl* || ~ de **cabine ou de chambre** / cabin compass || ~ à **charnière** (dessin) / hinge o. joint compasses *pl* || ~ [à] **charnière de capot** (auto) / elbow brace || ~ à **couper** / cutting compasses *pl* || ~ à **crémaillère** / rack compasses o. dividers *pl* || ~ de **dérive** (aéro) / drift compass || ~ à **diviser à ressort** / spring compass o. divider, bow compasses, [spring] bows *pl* || ~ à **ellipse** / elliptic trammel o. compasses *pl*, trammel (US) || ~ d'**engagement** (horloge) / depthing tool || ~ d'**épaisseur** / outside cal[l]ipers *pl* || ~ d'**épaisseur** (forêt) / slide caliper || ~ d'**épaisseur à ressort** / spring callipers *pl* || ~ **étalon** (aéro) / standard compass || ~ **forestier** / slide caliper || ~ **gyromagnétique** / gyro-magnetic compass || ~ **gyroscopique** (aéro) / directional gyro || ~ **gyroscopique** (nav) / gyro compass, gyroscope, gyrostat || ~ **gyroscopique d'attitude** / attitude gyro || ~ **gyroscopique dirigé vers le nord** / north seeking gyro-compass || ~ **gyrostatique** / master gyro[compass] || ~ de **hayon** (auto) / tail gate support bracket || ~ à **induction terrestre** (nav) / fluxgate compass || ~ d'**intérieur ou à jauge** / inside cal[l]ipers *pl* || ~ [à] **liquide** / liquid compass || ~ **magnétique** / magnetic compass || ~ **maître-à-danser** / external and internal cal[l]ipers *pl* || ~ **marin** / marine o. nautical compass || ~**-mère** *m* / master gyro[compass] || ~ de **mesure** / measuring compasses *pl* || ~ de **mineur** / miner's compass, [mine o. mining] dial || ~ à **miroir** / reflecting o. mirror compass || ~ **monogyroscopique** / single-gyro compass, monogyro compass || ~ de **navires** / marine o. nautical compass || ~ **normal** / standard compass || ~ à **ovale** / oval compasses *pl* || ~ pour **pas de vis** / screw o. thread callipers o. calipers *pl* (US) || ~ **pendant** (nav) / cabin o. hanging compass || ~

périscopique / periscopic compass || ~ à **pièces de rechange ou à pointes interchangeables** / compass with interchangeable points || ~ de **pilotage automatique** / automatic steering compass || ~ **planimètre** / divider with setting arm || ~ à **pointes sèches** / divider || ~ à **pointes sèches à vis centrale** / center-screw bow-point o. -spacer || ~ à **pompe** / drop-bow with interchangeable points || ~ à **pompe pour géomètres** / drop-bow pen || ~ **portatif** / portable compass || ~ pour **porte relevante** (men) / lid stay || ~ **porte-crayon** / compasses with pencil point *pl* || ~ de **précision** / hair compasses *pl* || ~ à **prismes** (arp) / prismatic compass || ~ de **profil** (m.outils) / profile tracer || ~ à **projection** / projector compass || ~ de **proportion ou de réduction** / proportional divider o. compasses *pl* || ~ **quart-de-cercle** / quadrant divider o. compasses *pl* || ~ à **réflexion** / reflector compass || ~ **renversé** / overhead compass || ~ à **ressort** / screw compasses *pl* || ~ de **route** (nav) / steering compass || ~ **sec** (nav) / dry compass || ~ de **sécurité** (fenêtre) / window stop || ~ **standard** / standard compass || ~ à **tête** / bullet o. club divider o. compasses *pl* || ~ de **traçage** / marking compasses *pl* || ~ à **transmission** / transmitting compass || ~ **trigyroscopique ou à trois gyroscopes** / three-gyro o. triple[gyro] compass || ~ à **trois branches ou de trisection** / compasses with three legs *pl*, triangular compasses *pl* || ~ à **un seul gyroscope** / single-gyro compass, monogyro compass || ~ à **variation** / amplitude compass || ~ à **verge** / beam trammel (US) o. compasses || ~ à **vis** / screw compasses *pl* || ~ à **volute** / volute compasses *pl*

compassage *m* / dividing by compasses

compasser / measure distances with compasses || ~, jauger / gauge *vt* || ~ la **carte** (nav) / work o. make the reckoning, work up the fix, prick the chart

compatibilité *f* (ord) / compatibility || ~ de **7 pistes** / seven-track compatibility || ~ **électromagnétique** / electromagnetic compatibility, EMC || ~ **matérielle** / equipment compatibility || ~ **partielle** (TV) / partial compatibility || ~ **vers le bas,** [vers le haut] (ord) / downward, [upward] compatibility

compatible / compatible, consistent [with] || ~ (ch.de fer) / compatible, simultaneously possible || ~ vers le **bas, [vers le haut]** (ord) / downward, [upward] compatible || ~ aux **modèles élevés** / upward compatible

compensant / compensative, compensatory

compensateur *adj* / compensating || ~, compensé / compensated || ~ *m* / compensator || ~ (ELF) (aéro) / Flettner servo-tap, Flettner control surface || ~ **asynchrone** (électr) / phase advancer o. adjuster o. changer o. shifter, phase converter || ~ d'**atténuation** (télécom) / equalizing network, equalizer, correcting circuit o. network || ~ **automatique du cos φ** / reactive power compensator || ~ **automatique à ressort** (ELF) (aéro) / geared spring tab, tab || ~ **Babinet** (opt) / Babinet's compensator || ~ de **charges asymétriques** (électr) / balancer || ~ des **chocs** / shock compensator o. equalizer || ~ de **dilatation** (tuyauterie) / bellow expansion joint || ~ de **dilatation en acier** / steel expansion joint || ~ de la **distorsion** (câble) / attenuation equalizer || ~ de **distorsion** (TV) / tilt mixer || ~ d'**erreur de vitesse des têtes** (bande vidéo) / velocity error compensator, VEC || ~ d'**erreurs de temps** / time error compensator || ~ pour **fils métalliques** / wire compensator || ~ en **forme de coin** / wedge-shaped compensator || ~ de **freinage** / brake compensating device || ~ de la **longueur du câble** (télécom) / cable-length compensator o. equalizer || ~ **mécanique** (repérage) / mechanical compensator o. corrector || ~ du **niveau** (électron) / level compensator || ~ à **oscillation lente** (opt) / slow-oscillating compensator || ~ de **phase** (électr) / phase advancer o. adjuster o. changer o. shifter, phase converter || ~ de **phase de Scherbius** (électr) / Scherbius advancer || ~ de **phase à dérivation** / susceptor phase advancer || ~ de **phase synchrone** / synchronous capacitor o. phase advancer o. [phase] modifier, rotary phase shifter o. changer || ~ de **phases** (télécom) / phase compensator || ~ à **ressort** (ELF) (aéro) / spring tab || ~ à **soufflet de caoutchouc** / rubber expansion joint || ~ **synchrone** / synchronous condenser

compensatif / compensative

compensation *f* / compensation, offset || ~ (ELF) (radio) / trimming [adjustment] || ~ (ELF) (aéro) / compensation || **à ~ de dérive** / drift compensated or compensating || **à ~ interne** / internally compensated || **à ~ intramoléculaire** / internally compensated || **de ~** (électron) / adjusting, trimming || ~ **aérodynamique interne** (aéro) / shrouded balance || ~ de l'**amortissement** / attenuation equalization || ~ d'**amortissement ou d'affaiblissement** (télécom) / attenuation compensation o. correction || ~ de la **bande** (nav) / heel[ing] compensation || ~ par **bandes** (arp) / strip adjustment || ~ de **charge** / load compensation o. balance || ~ **chimique** (nucl) / chemical shimming || ~ du **compas** (nav) / compas compensation || ~ par **compression d'air** / air pressure compensation, compressed-air compensation || ~ de **courant** / current compensation || ~ de **décalage du zéro** (NC) / zero offset compensation || ~ du **déphasage** / phase compensation o. correction || ~ des **déséquilibres de capacité** (télécom) / capacitance balancing || ~ de la **distorsion en parallèle** (électron) / shunt-admittance [type] equalization || ~ de la **distorsion en série** (télécom) / equalization in series || ~ de **distorsion de la trame** (TV) / frame bend || ~ de **dommage** / indemnity, indemnification, damages *pl*, recovery of damages || ~ des **erreurs** / compensation of errors || ~ des **erreurs de la boussole** / compensation of the compass || ~ du **facteur de puissance** / power factor compensation || ~ de **forces** / force balance || ~ du **gouvernail de direction** (aéro) / rudder balance || ~ de la **haute fréquence** (TV) / high-boost (US), high-frequency compensation (GB) || ~ de **lignes** (TV) / line bend o. tilt || ~ de **perturbation** (contr.aut) / disturbance [variable] feedforward, disturbance variable compensation || ~ de **phase** (télécom) / delay equalization || ~ de **phase** (électr) / phase compensation o. correction || ~ de **pointe** (électr) / peak current supply, peak shave o. shaving || ~ de **potentiel** / potential compensation || ~ de **pression** / pressure compensation || ~ de la **pression atmosphérique** / balancing o. compensation of air pressure || ~ **rayon d'outil** (NC) / tool radius compensation || ~ par **réactance** (électr) / reactor compensation || ~ du **retard de ligne** / cable-delay equalization || ~ des **taches** (TV) / shadow compensation || ~ en **température** / temperature balance o. equalization || ~ du **temps de parcours** (radar) / transit time compensation || ~ **vidéo** (TV) / vision alinement || ~ à **zéro ou à nul** / null balance

compensatoire / compensating

compensé / compensated || ~ (électr) / balanced

compenser / compensate, balance || ~, mettre au même niveau / match, adjust || ~, neutraliser / compensate, counterbalance, make up [for] || ~ une **force** / counterbalance, equipoise || ~ [l'**un par l'autre**] / compensate
compensographe *m* (thermoélectr.) / compensograph
compétence *f* / sphere of responsibility, area, province, department, field (US) || ~, expérience *f* / special knowledge o. experience, subject knowledge, expert opinion, expertise
compétent / competent || ~, expert [en] / competent, expert, proficient, skilled [in]
compilateur *m* (ord) / compiler, compiling routine, compile program
compilation *f* (ord) / compilation
compiler / collate, compile || ~ (ord) / compile
complément *m* (gén, géom) / complement || ~, addition *f* / addition || ~ (contr.aut) / inversion || ~ d'un **angle** / complementary angle, complement of an angle || ~ d'**angle d'incidence** / glancing angle || ~ à la **base** (math) / radix o. naughts o. true complement || ~ à la **base moins un** / diminished radix complement || ~ **booléen**; (ord) / false state, bar (e.g. x) (read X bar o. X false) || ~ à **deux** (math) / two's complement || ~ à **dix** (math) / ten's complement || ~ de **ligne** (télécom) / line building-out network || ~ de **ligne** (télécom) / loading section complement || ~ à **neuf** (ord) / ninth's o. nines complement, complement on nine || ~ **restreint** / diminished radix complement || ~ d'une **section de pupinisation** (câble, télécom) / building-out section || ~ à **un** (ord) / one's complement
complémentaire / complementary
complémentarité *f* (phys) / complementarity
complémentation *f* (algèbre bool.) / complementation
complémenteur *m* (ord) / completer
complet, entier / complete, entire, whole || ~, plein (ch.de fer, aéro) / full || **au [grand]** ~ / completely
complètement automatique / full[y] automatic, all-automatic || ~ **monté** / ready assembled o. fitted || ~ **sec** / entirely dry
compléter / complete || ~ (auto) / refill, replenish, tank up || ~ une **livraison** / complete the delivery || ~ le **niveau de la batterie** / top up the battery
complétion *f* (ELF) (pétrole) / completion
complexant *adj* (chimie) / complexing || ~ *m* (teint) / sequestering agent, complexing agent
complexation *f* (chimie) / complexing
complexe *adj* (gén, math) / complex || ~, compliqué / intricate, complicate[d] || ~, varié (gén) / many-sided || ~, composé / complex, multi-part, -piece, of many parts o. pieces, composed || ~ (mines) / complex; intergrown; textured || ~ *m* / complex || ~ (géol) / aggregate, congeries, congery || ~ (minerai) / intergrowth || ~ (mines) / intermediate product || ~ (chimie) / complex || ~, composé *m* coordonné, complexe *m* composé (chimie) / complex o. coordination compound || ~ (plast) / composite || ~ **ionogène** (chimie) / ionogenic complex || ~**s** *m pl* **simpliciaux** (math) / simplexes *pl*
complexeur *m* (math) / complexor, phasor (US)
complexion *f* (agent de surface) / complexing
complexité *f* (chimie) / complexity || ~ des **circuits** (électron) / design effort, circuit complexity
complexométrie *f* (chimie) / complexometry
complexométrique (chimie) / complexometric
compliance *f* (phono) / compliance || ~ **acoustique** / acoustic compliance
compliqué / intricate, complicate[d], sophisticated
comportement *m* / behaviour, properties *pl*, characteristics *pl* || **du** ~ **cinétique à la réaction** / of kinetic reaction || ~ à l'**allongement** (sidér) / creep characteristics *pl* || ~ de **brûlement** / burning behaviour || ~ des **cendres à la fusibilité** / ash fusibility || ~ au **collage** / stickiness || ~ à la **collision** (auto) / crash behaviour || ~ **défavorable** / adverse o. detrimental behaviour || ~ de **déformation en charge** / load-deflection response || ~ au **démarrage à froid** (mot) / cold start performance || ~ de **direction à la marche par inertie** (auto) / roll steer effect || ~ au **feu** / behaviour in fire || ~ au **fluage** (essai de mat) / creep characteristics *pl* || ~ sous **friction** / frictional behaviour || ~ à **froid** / low temperature behaviour || ~ au **glissement** / sliding behaviour || ~ à l'**humidité** / moisture behaviour || ~ en **longue durée** (méc) / long-term behaviour || ~ de **mémoire** (électron) / storage characteristics *pl* || ~ **moléculaire** / molecular behavior || ~ d'un **réacteur** / operating characteristics *pl* || ~ en **régime transitoire** / transient response || ~ en **relation des coups de terrain** (géol) / rock burst properties *pl* || ~ à la **relaxation** / relaxation properties *pl* || ~ du **système** (contr.aut) / system performance || ~ dans le **temps** (essai mat) / time response || ~ au **transfert** (contr.aut) / dynamic system behaviour
comporter / include, consist [of] || ~ (se) / behave, act
composant *m* (électron) / component [part] || ~ (chimie) / constituent || ~ **actif** (électron) / active component || ~ d'**alliage** / alloying constituent || ~**-col** *m* (TV) / colour separation, chromatic component || ~ de **construction** (bâtim) / building component || ~ **déterminant** / determining constituent o. member, submember || ~ **déterminé** / determined constituent o. member || ~ à **effet Gunn** (électron) / Gunn effect component, bulk effect diode, transferred electron device || ~**s** *m pl* **électroniques à injection de charge** (laser) / charge injection device, CID, CID || ~ *m* **flat-pack** / flat pack component || ~**s** *m pl* **fluidiques** / fluidics *pl*, fluid elements, fluidic devices *pl* || ~ *m* **imprimé** (c.intégré) / printed component || ~ pour **joint** (bâtim) / jointing component || ~ **L** (électron) / L-component o. member || ~**s** *m pl* **LC** (L = inductance, C = capacitance) (électron) / L.C.-components o. members *pl* || ~ *m* **LSA** (électron) / LSA component, limited space charge accumulation component || ~ pour **micro-ondes** / microwave module || ~ **monolithique ou semi-conducteur** / solid-state device o. component, monolith || ~ à **onde surfacique** / surface acoustic wave component, SAW-component || ~ **passif** / passive component || ~ d'un **terme** / constituent, component || ~ **volatil** / volutile matter
composante *f* (méc) / component [force] || ~ **active** (électr) / active o. energy component || ~ **aléatoire** / stochastic component || ~ **alternative** (courant) / alternating component || ~ **alternative** (tension) / alternating component, ripple component || ~ **ascendante** / upward component || ~ **blanche** (opt) / white content || ~ **continue** (radar) / d.c. component || ~ **continue** (électron) / zero-sequence component, homopolar component || ~ de **couleurs pures** (opt) / full colour content || ~ de **courant continu** (TV) / d.c. component || ~ **déwattée** (électr) / reactive o. wattless component || ~ **directe** (électr) / positive phase sequence component || ~**s** *f pl* **directionnelles** / direction components o. numbers o. ratios *pl* || ~ *f* **dirigée**

vers le haut / upward component || ~ **duale** / dual component || ~ **effective** (électr) / effective o. real component || ~ **efficace** (électr) / energy component || ~ **électrostatique** (d'ondes) / electric component (of waves) || ~ **équiphasée** (électr) / zero-phase sequence component || ~ **étrangère** (TV) / extraneous pattern || ~ **fondamentale** (math) / fundamental [component] || ~**s** *f pl* **harmoniques d'oscillation** / harmonic components *pl* || ~ *f* **homopolaire** (électr) / zero-sequence component, homopolar component || ~ **horizontale** / horizontal component || ~ **inverse** (électr) / negative phase sequence component || ~ **latérale** / lateral component || ~ **latérale de vitesse** / lateral component of velocity || ~ **longitudinale du courant d'induit** (électr) / direct-axis component of current || ~ **longitudinale d'une force électromotrice** (électr) / longitudinal component of e.m.f. || ~ **longitudinale de la force électromotrice synchrone** (électr) / direct-axis component of synchronous generated voltage || ~ **longitudinale de la force magnétomotrice** (électr) / direct-axis component of magnetomotive force || ~ **longitudinale de la tension** (électr) / direct-axis component of voltage || ~ **longitudinale transiente d'une force électromotrice** / direct-axis transient e.m.f. || ~ **mésonique** / mesonic component || ~ **noire** (opt) / black content || ~ **nucléonique** / nucleonic component || ~ **ohmique** (électr) / resistive component || ~ en **phase** (TV) / in-phase component || ~ en **phase avec la tension** (électr) / active o. energy component || ~ **radiale** / radial component || ~ **réactive** / wattless component || ~ **réelle** (math) / real component || ~ **réelle** (électr) / energy component || ~ **réfractive** / refractivity component || ~**s** *f pl* **R-L-C ou RLC** (électron) / RLC-components *pl* || ~ *f* du **ronflement** (électron) / hum o. ripple component || ~ de la **rotation instantanée** / angular velocity component || ~ **séquentielle de phase nulle** (électr) / zero-phase sequence component || ~ **spectrale** / spectral component || ~ [de la **tension] continue** (TV) / d.c. component || ~ **transversale** (électr) / quadrature axis component || ~ **transversale du courant** (électr) / quadrature-axis component of current || ~ **transversale d'une force électromotrice** / quadrature axis component of the E.M.F. || ~ **transversale de la force magnétomotrice** (électr) / quadrature-axis component of magnetomotive force || ~ **transversale de la force synchrone électromotrice** / quadrature-axis component of synchronous generated voltage || ~ **transversale de la tension** (électr) / quadrature-axis component of voltage || ~ **trichromatique du spectre** / tristimulus value of the spectrum || ~ **trichromatique [dans le système colorimétrique C.I.E.]** / standard colour value || ~ du **vecteur «facteur de charge»** / component of the load factor vector || ~ du **vecteur vent** / wind velocity component || ~ du **vecteur vitesse air** / aircraft velocity component || ~ du **vecteur vitesse terre** / component of the flight path velocity || ~ **verticale** / vertical component || ~ **wattée** (électr) / active o. energy component

composé *adj* / complex || ~, mixte / composite || ~ (typo) / [being] in type || ~ [de] / consisting [of], made up [of], being composed [of], comprising || ~, interrompu / intermittend, intermitting, at intervals, interrupted || ~, compound (électr) / compound[-wound], double-wound || ~, à phases reliés (électr) / interlinked || ~ *m* / composition || ~ (chimie) / compound || ~ III-V (semicond) / III-V compound || **être** ~ [de] / consist [of], be composed [of], be built up [of] || ~ d'**addition** / addition compound, additive compound || ~ à **alkyle de mercure** / alkyl mercury compound || ~ à base d'**amiante** / asbestos compound || ~ **ammonium quaternaire** / quaternary ammonium base || ~ **amphotère** / amphoteric compound || ~ en **anse** / ansa compound || ~ **azoïque** / azo compound || ~ **azoxy** / azoxy compound || ~ **binaire** / binary compound, homochemical compound || ~ en **cage** / inclusion compound, adduct || ~ **carbocyclique** / carbocyclic compound, all-carbon compound || ~ **carboné** / carbon compound || ~ **carboné hétérocyclique** / heterocyclic carbon compound || ~ **carbonyle** / carbonyl compound || ~ en **chaîne** / chain compound || ~ du **chlore** / compound of chlorine || ~ de **coordination** / complex o. coordination compound || ~ **cuivrique** / cupric compound || ~ **cyclique** / cyclic o. ring compound || ~ **cyclique hydrogéné** / hydrogenated ring || ~ **diazoïque** / diazo compound || ~ **europeux** (bivalent) / europium (II) compound || ~ **europique** (trivalent) / europium (III) compound || ~ **homocyclique** / carbocyclic compound, all-carbon compound || ~ **hydrazoïque** / hydrazo compound || ~ d'**inclusion** / adduct, inclusion compound || ~ **indicateur** / tracer compound || ~ **inorganique** / inorganic compound || ~ **intermétallique** / intermetallic alloy, semiconductor || ~ d'**iode** / iodine compound || ~ **iodosé** / iodoso compound || ~ à **main** *adj* (typo) / handset || ~ *m* **moléculaire** / molecular bond o. compound || ~ **nitreux** / nitroso compound || ~ de **nitrocellulose tirant de 9 à 11% d'azote** / cellulose dinitrate, collodion cotton || ~ **nitrolique** / nitrol[ic] compound || ~ **non-stœchiométrique**, composé *m* non-daltonien / intersticial o. non-stoichiometric o. non-daltonide compound || ~ **organique** / organic compound || ~**s** *m pl* **organo-étain** / organotin compounds *pl* || ~ *m* **organo-halogéné** / organic halogen compound || ~ **organo-magnésien** / Grignard reagent, organomagnesium compound || ~ d'**oxyde de cuivre ammoniacal** / ammoniacal copper oxide compound || ~ **peroxo** / peroxo compound || ~ *adj* de **quatre parties** / quadripartite || ~ *m* **résineux polymérisable sans solvant** / solventless polymerizable resinous compound || ~ **sandwich** / sandwich compound || ~ **syndiazo** (teint) / syndiazo compound || ~ *adj* de **triangles** / triangulate[d]

composer / compose, compound || ~ (typo) / compose, set type || ~, constituer / constitute || **se** ~ [de] / be made [of], consist [of] || ~ un **ensemble** / configure, shape || ~ le **numéro** (télécom) / dial, select || ~ **serré** (typo) / compose closely

composeur *m* de **numéros téléphoniques** (télécom) / telephone dialer (an apparatus)

composeuse *f* (typo) / composing machine, [type] setter || ~ de **caractères** (typo) / type setting machine, [type] setter || ~ à **deux magasins** (typo) / double-magazine composing machine || ~ **Rotofoto** (typo) / Rotofoto machine (GB)

composite / compound, composite

compositeur *m* / typesetter, compositor, typographer || ~**-distributeur** *m* (typo) / machine for composing and distributing type || ~ à la **machine** (typo) / machine compositor || ~ à la **main** / hand compositor || ~ de **pages** (hologramme) / page composer

composition *f* / composition || ~, structure *f* / contexture, composition, texture || ~ (typo) / type matter || ~ (typo, activité) / composition, typographic composition, typography, typesetting || ~ (meule) / bond || ~ (émail, réfractaires) / batch[-composition] || ~ (ord) / configuration || ~ (pap) / furnish || ~, antifriction *m* / antifriction o. babbittt o. bearing o. white metal || ~ (plast) / compound || ~ (pétrole) / compounding || **à ~ céramique** (meule) / ceramic o. vitrified bonded || **à ~ à la matière plastique** (meule) / resinoid-bonded || **en** ~ (typo) / [being] in type || ~ en **attente** (typo) / live matter, standing matter || ~ de **bois** / composite wood || ~ **bon à tirer** (typo) / live matter || ~ à **brunir** / burnishing compound || ~ en **caoutchouc** (meule) / rubber bond || ~ **céramique** (meule) / ceramic bond, vitrified o. porcelain bond || ~ de **chemin de fer** / train formation o. consist (US) || ~ **chimique** / chemical composition, structure || ~ par **colonnes** (typo) / composition in columns || ~ **combustible de la balle traçante** / tracer || ~ **conservée** (typo) / live matter, standing matter || ~ à **distance [par télétypesetter]** (typo) / remote typesetting, teletypesetting || ~ à **distribuer** (typo) / dead matter for distribution || ~ en **drapeau** (graph) / unjustified print || ~ **dry-blend** (plast) / PVC-dry-blend || ~ **éclairante** (balle traçante) / composition for light flares || ~ **erronée** (m.compt) / erroneous setting up on keyboard || ~ **espacée** (typo) / [widely] spaced print || ~ de **fabrication** (pap) / furnish || ~ **fibreuse** (pap) / fiber composition || ~ des **forces** / composition of forces || ~ en **forme de carré** (typo) / grouped style || ~ en **forme de table** (typo) / tabular work o. matter, table matter || ~ des **formules scientifiques** (typo) / printed formulae *pl* || ~ à **froid** (typo) / cold composition || ~ **fusante** / fuse composition || ~ des **gaz de fumée** / composition o. constitution of flue gases || ~ en **gomme-laque** (meule) / shellac[k] bond, elastic bond || ~ **granulométrique** / particle size distribution || ~ **granulométrique** (mines) / yield of grades || ~ **hectographique** / hectograph gelatin || ~ **incendiaire** / incendiary composition || ~ d'**indigo** / chemical blue || ~ **[in]flammable pour allumettes** / igniting composition o. mixture || ~ **interurbaine** / long-distance automatic dialling || ~ **large** (typo) / open matter || ~ **lourde d'un train** / heavy composition of a train || ~ par **machine à écrire** (typo) / typewriter composition || ~ à **main** (typo) / hand composition o. setting || ~ de **matière** (brevet) / composition of matter (US) || ~ à la **matière plastique** (meule) / resinoid bond || ~ de **matières vitrifiables** / frit, glass composition o. metal || ~ **mécanique** (typo) / machine composition || ~ du **mélange** (mot) / mixture strength || ~ **minéralogique quantique** (géol) / mode || ~ des **mouvements** (méc) / superposed motion || ~ **navette** (ch.de fer) / pull-and push train, reversible train || ~ **non interlignée** (typo) / solid matter || ~ d'un **numéro** (télécom) / dialling || ~ du **numéro à fréquence acoustique** (télécom) / audiofrequency o. voice frequency dialling o. signalling || ~ de **numéro au clavier ou par cadran à clavier** (télécom) / push-button dialling || ~ de **numéro à fréquence infra-acoustique** (télécom) / low frequency dialling || ~ **ordinaire** (typo) / running-on matter, common composition || ~ par **ordinateur** (typo) / computer typesetting || ~ d'un **ordinateur** / configuration || ~ du **papier** (pap) / composition of paper || ~ **photo** / phototypography || ~ sur **plomb** (typo) / lead o. hot composition || ~ à **polir** / polishing agent o. material o. composition || ~ de la **poudre** (chimie) / powder composition o. ingredients *pl* || ~ en **pour-cent** / composition by percentage || ~ d'une **rame** (ch.de fer) / train formation o. consist (US) || ~ de **remplissage** / [re]filling compound o. composition o. paste || ~ **résineuse ou de résine** / resinous compound o. composition || ~ **résineuse à mouler** / resin moulding material || ~ **retardatrice** (tir) / delay-action composition || ~ **sans plomb** (graph) / cold composition o. type || ~ au **silicate** (meule) / silicate bond || ~ **stéréo** (typo) / stereo metal (Pb-Sb-Sn alloy) || ~ de **tableaux** (typo) / column matter || ~ du **toit** / roof design || ~ du **train** (ch.de fer) / train formation o. consist (US) || ~ **typographique** (graph) / typographic composition, typography, typesetting, composition

compost *m* / compost, mixed manure || ~ à base d'**ordures ménagères** / compost from refuses

compostage *m* (agr, bâtim) / compost preparation o. formation

composter (agr) / compost *vt* || ~ (typo) / compose with composing stick || ~, dater / date *vt*, perforate tickets

composteur *m* (typo) / setting o. composing stick || ~, timbre *m* dateur / date stamp, dater, stamp of receipt, (esp.:) cancellation stamp || ~ de **billets** (ch.de fer) / ticket dating machine

compound *adj* (électr) / compound[-wound], double-wound || ~ *m* (extrusion) / extrusion compound || ~ pour **câbles** / cable covering o. sheathing compound || ~ de **remplissage** / casting compound, [pourable] sealing compound

compoundage *m* / compound operation, compounding (US) || ~ (pétrole) / compounding || ~ (m. à vap) / compounding (US), two-stage expansion || **à ~ accumulé** (électr) / cumulatively compound || **à ~ différentiel** (électr) / differentially compounded

compoundé (électr) / compound-filled

compounder / compound *vt*

comprendre / grasp, understand || ~, contenir / comprehend, comprise

compressé / compressed

compresser / compress *vt*

compresseur *m* / compressor || ~ (marteau) / pressure cylinder || ~ (aéro, auto) / supercharger, blower || **sans** ~ (mot) / direct o. solid injection ..., airless injection ... || ~ d'**air** / air compressor || ~ d'**air pour freins** (ch.de fer) / brake compressor || ~ d'**alimentation** (turb. à gaz) / gas producer || ~ d'**alimentation** (auto) / supercharger, blower || ~ à **anneau liquide** / liquid ring compressor || ~ de **balayage** / scavenging blower || ~ **blindé** / enclosed compressor || ~ de **cabine** (aéro) / cabin supercharger || ~ **cellulaire à piston rotatif** / sliding vane rotary compressor || ~ **centrifuge** / turbo blower o. -compressor || ~ **centrifuge axial** / axial flow compressor || ~ **centrifuge radial** / radial flow compressor || ~ à **chambres ou à cellules multiples** / sliding vane compressor, vane-in-rotor blower || ~ à **diaphragme** / diaphragm-type compressor || ~ de **dioxyde de carbone** / carbonic acid compressor || ~ **dynamique** (acoust) / dynamic compressor || ~ d'**essieu** (ch.de fer) / axle compressor || **~-expanseur** *m* (télécom) / compandor, -der || ~ de **faible puissance** / small-capacity o. small-type compressor || ~ de **frein** / brake compressor || ~ **frigorifique** / refrigerating machine compressor || ~ à **gaz** / gas compressor || ~ à **grand débit** / high-capacity compressor || ~ **harmonique** (électron) / harmonic compressor || ~ à **haute pression** / high-pressure compressor || ~ **hélico-centrifuge** / mixed turbocompressor || ~ **hermétique** / hermetic refrigeration compressor || ~ pour **machines frigorifiques** / refrigeration compressor || ~ **mobile de chantier** (routes) / job compressor, compressor for road works || ~ **mobile à moteur Diesel** / portable Diesel compressor || ~ à **moteur linéaire alternatif** / oscillating compressor || ~ **multicellulaire ou multichambres** / sliding vane compressor, vane-in-rotor blower || ~ à **palettes** / rotating piston compressor || ~ à **palettes** (aéro) / vane supercharger || ~ à **palettes** (vide) / rotary sliding vane pump || ~ à **piston** / piston compressor, reciprocating [piston] compressor || ~ à **piston axial** / axial piston compressor || ~ à **pistons libres** / free piston compressor || ~ à **piston rotatif** / rotary piston o. rotary displacement compressor || ~ à **piston rotatif à palettes** / rotary blade piston compressor || ~ à **pistons rotatifs** / rotary compressor || ~ à **piston sec** / oil-free o. dry-running compressor || ~ à **plusieurs étages** / multistage compressor || ~ à **pression plafond [autolimité]** / high-pressure self-governed compressor || ~ **rotatif** / rotary compressor || ~ **rotatif à palettes** / blade type blower o. booster || ~ **rotatif à piston** / rotary compressor || ~ **semi-hermétique** / semi-hermetic compressor || ~ à **simple flux** / single-entry compressor || ~ **supersonique** / supersonic compressor || ~ à **suralimentation ou à surcompression** / supercharger, blower || ~ de **suralimentation à pistons** / piston type supercharger || ~ **transsonique** / transonic compressor || ~ à **vibreur électrique** / piston compressor with electromagnetically actuated piston || ~ à **vis** / screw-type compressor || ~ **volumétrique** / positive type compressor, displacement compressor || ~ **Wankel** / Wankel rotary piston compressor

compressibilité *f* / compressibility || ~ des **gaz** / elasticity of gases, compressibility o. expansibility of gas

compressible / compressible

compression *f* (techn) / compression || ~ , pression *f* de compression / compression load o. pressure || ~ (fonderie) / impression, pressure on the mould || ~ (frittage) / pressing, compacting || **à basse** ~ / low-compression... || **soumis à la ou sous** ~ (méc) / under pressure, in compression || **sous** ~ **élevée ou poussée** / highly compressed || ~ des **arêtes** / compression across the edges, edge pressure || ~ de la **bande** (électron) / compression of the band || ~ **bilatérale** (frittage) / double-action pressing || ~ du **blanc** (TV) / white compression o. crushing || ~ à **chaud** (frittage) / hot pressing o. compacting || ~ **collective** (frittage) / multiple-pressing technique || ~ de **données** (ord) / data compression o. reduction, packing of data || ~ **et expansion sonore ou de volume** / volume contraction and expansion, companding || **~-expansion** *f* d'un **signal à impulsion** (radar) / chirp || ~ de[s] **frais** / decrease in costs, cost reduction o. decrease || ~ à **froid** (frittage) / cold pressing o. compacting || ~ à **froid après frittage** (mét.poudre) / cold repressing || ~ **hydrostatique** (frittage) / hydrostatic pressing o. compacting || ~ des **impulsions de synchronisation** / sync compression || ~ **initiale** (étoupage) / initial compression || ~ **isostatique** (frittage) / isostatic pressing || ~ **isostatique par un liquide** (frittage) / hydrostatic pressing || ~ par **martelage** (frittage) / compacting by swaging || ~ avec **matrice flottante** (frittage) / floating-die pressing || ~ du **niveau du blanc** (TV) / white compression o. crushing || ~ du **noir** (TV) / white after black || ~ de **plusieurs couches** (frittage) / multilayer pressing technique || ~ du **ressort** (auto) / spring deflection || ~ du **sol** (bâtim) / soil o. foundation pressure || ~ **sonore** (électron) / compression of volume || ~ de la **synchronisation** (TV) / synchronization compression || ~ du **temps** (film) / quick motion effect, time compression || ~ **unilatérale** (frittage) / single action pressing || ~ de la **vapeur** / vapour compression || ~ par **vibration** (frittage) / compacting by vibration, vibratory compaction || ~ de **volume** (électron) / compression of volume || ~ de **volume** (acoustique) / volume contraction o. compression

compressomètre *m* (mot) / compression recorder

comprimable / compressible

comprimé *adj* / compressed || ~ (barre) / compression..., in compression || ~ *m* (mét. poudre) / compact || ~ (extrusion) / tablet || ~ **composite** / compound compact || ~ **cru ou vert** (mét.poudre) / green compact, green || ~ **éclairant** / composition for light flares || ~ **fritté** (mét.poudre) / sintered compact || ~ au **maximum** (électron) / maximally flat || ~ **stratifié** (mét.poudre) / compact in layers o. in sandwich

comprimer / compress, condense || ~, serrer / squeeze || ~ (ord) / pack || ~, refouler / upset, jolt, jump-up, upend || ~ (plast) / press || ~ à **chaud** (frittage) / hot-press || ~ à **froid** (frittage) / cold-press || ~ **toujours** (p.e. bouton-poussoir) / press down continuously

comprimeur *m* (filage) / presser, spring-finger || ~ **ailé** (m.à coudre, filage) / presser-flyer || ~ [du] **sous-sol** / land packer

compris [dans] (gén, math, arp) / included

compromettre / impair, affect

compromis *m* / trade-off, compromise, arrangement

comptabilisation *f* / accouting, booking || ~ des **ventes** / sales accounting

comptabilité *f* / accountancy, accounting (US), bookkeeping || ~ (section) / bookkeeping department, accounting o. accounts department || ~ des **appels** (télécom) / message accounting, toll ticketing (US) || ~ **automatique centralisée des appels** (télécom) / centralized automatic message accounting, CAMA || ~ **bilan-matières** (nucl) / material balance accountancy || ~ des **commandes** / job order cost system || ~ **créditeurs** / accounts *pl* payable || ~ **débiteurs** / accounts *pl* receivable || ~ par **décalque** / duplicating bookkeeping || ~ d'**exécution du budget** / cameralistic accountancy || ~ **financière** / financial accountancy || ~ **industrielle** / performance cost accountancy, internal operational cost accountancy || ~ **matières** (action) / material accounting || ~ **matières** (section) / material accountancy || ~ [en **partie double**] / bookkeeping [by double entry] || ~ des **salaires** / payroll accounting || ~ du **stock** / stock accounting

comptage *m*, évaluation *f* / count[ing] || ~ , dénombrement *m* / enumeration, numbering || ~ (électr) / metering || ~ d'**appels** (télécom) / peg count || ~ de **blocs** (ord) / block count || ~ par **clé** (télécom) / key metering || ~ des **colonies** / colony count || ~ en **continu** / serial count || ~ de **coups parasites** (nucl) / multiple tube counts *pl* || ~ **erronné** / miscount || ~ des **mouvements** (ord) / activity count || ~ à **précoups** / measurement of events per unit time || ~

répété (télécom) / repeated metering, multimetering || ~ de **secteur** (ord) / sector count || ~ **séparé** (télécom) / single-fee metering, detailed registration || ~ **simple** (télécom) / single metering || ~ de **temps à vernier** / vernier counting of time

comptant / [in] cash (payment) || **en** ~ / counting, integrating

compte *m* / calculation, computation || ~ (nucl) / count || ~ (tiss) / sett o. density o. gauge of cloth || **à ~ de fils important** / thick-woven || **à ~ serré de chaîne** (tex) / high warp || **à son propre** ~ (bâtim) / in economy || **tenir** ~ [de] / take into account, allow [for] || ~ **additionnel** / extra charge || **~-bulles** *m* (chimie) / bubble counter || **~-cartes** *m* (c.perf.) / card count[er] || ~ en **chaîne** (tiss) / sett (GB) o. set (US) of the reed o. warp || ~ **courant postal**, C.C.P. / postal cheque account || ~ **débiteur** / debit item o. entry || **~-duite** *m* (tiss) / pick o. weft o. shoot counter, pick clock || ~ des **fils** (tex) / closeness || ~ des **fils** (action) / thread count, pick count || **~-fils** *m*, loupe *f* (tiss) / thread counter, pick counter o. glass, weaver's o. whaling glass, cloth prover || ~ **général** / general account || **~-gouttes** *m* / sight-feed nozzle || **~-gouttes** *m* (graissage) / drop tube || **~-lignes** *m* (c.perf.) / item counter || ~ **particulier** / individual account || **~-pas** *m* / pedometer, odograph || ~ du **peigne** voir compte en chaîne || ~ à **piste [magnétique)** / magnetic stripe account card, magnetic ledger card || **~-pose** *m* (phot) / time control || **~-pose** *m* **automatique** (phot) / automatic exposure timer || ~ **positif** (ELF) / count-up || ~ à **rebours** (ELF) / countdown || ~ **rendu** / report || ~ **rendu**, publication *f* / proceedings *pl* || ~ **rendu**, exposé *m* / statement || ~ **rendu**, écrit *m* / write-up || ~ **rendu des essais** / test evaluation || ~ **rendu de «néant»** / nil return || ~ **rendu provisoire** / progress report || ~ **rendu scientifique** / transaction || ~ **synthétique** / collective account || **~-tours** *m* / revolution counter, rev-counter, tachometer || **~-tours** *m* (calculateur) / multiplier o. quotient o. revolution register || **~-tours** *m* **enregistreur** / recording tachometer || **~-tours** *m* à **lecture directe** / direct reading tachometer, direct revolution counter || **~-tours** *m* [avec **lecture] à distance** / distant reading tachometer, remote speed indicator, remote R.P.M. indicator || **~-tours** *m* à **pendule centrifuge** / inertia revolution counter o. speed counter

compter / count, score || ~ [sur] / depend [on, upon] || ~, calculer / calculate, reckon || ~, dénombrer / number, count out || ~ à **rebours** / count down

compteur *m* / meter, counter, counting device || ~ **actionné par pièces de monnaie** / coin-freed meter || ~ **additif** (c.perf.) / adding counter || ~ d'**air** / air meter || ~ d'**alimentation** (tex) / roving indicator || ~ d'**allocation** (ord) / location counter || ~ **ampèremétrique** (électr) / supply meter || ~ à **anneaux à dix membres** (télécom) / scale-of-ten, scaling circuit || ~ **annulaire** (ord) / ring counter || ~ d'**anticoïncidences** (nucl) / anticoincidence counter || ~ d'**appels** (télécom) / call counter o. [counting] meter, message register, communication counter, service o. conversation meter || ~ **automatique des charges** (sidér) / furnace filling counter || ~ **automatique à paiement préalable** / prepayment meter || ~ **automatique à paiement préalable** (électr) / penny-in-the-slot meter || ~ **automatique de stationnement** / parking meter || ~ **binaire** / binary counter || ~ **[calculateur]** / [calculating] counter || ~ à **canal pour échantillons** (nucl) / well counter || ~ de **chaleur** / heat counter || ~ de **changement** (métier Cotton) / changeable friction || ~ de **combustible** / fuel meter || ~ de **consommation** / supply meter || ~ de **contrôle** (télécom) / position meter || ~ de **cote prescrite** (NC) / command value counter || ~ de **courant** (électr) / supply meter || ~ de **courant alternatif** (électr) / a.c. meter || ~ pour **courant continu** / d.c. meter || ~ du **courant d'éclairage** (électr) / light-current meter || ~ [à **courant] triphasé** / three-phase meter || ~ de **courses** / lift counter, stroke o. ratchet counter || ~ à **cristal** (nucl) / crystal counter || **~-cross** *m* (m.compt.) / crossfooter, balance counter || ~ de **cycles** / cycle counter || ~ de **débordements** (télécom) / overflow meter, congestion traffic meter || ~ à **décades** (nucl) / decade counter || **~-décompteur** *m* (ord) / reversible counter || ~ de **défilement** (bande vidéo) / tachometer || ~ à **dépassement** / excess meter || ~ à **dépassement totalisateur** (électr) / excess and total meter, excess-energy meter || ~ des **dépassements** (électr) / frequency meter of exceedings || ~ à **déplacement** (gaz) / displacement meter || ~ **différentiel d'impulsions** / difference pulse counter || ~ à **disque en nutation** / swashplate o. wobbleplate meter || ~ à **distance** / telecounter || ~ de **distance ou de la distance parcourue** / odometer || ~ **divisionnaire** (électr) / house service meter || ~ **divisionnaire à eau** / house water meter || ~ **divisionnaire ou en décompte** (gaz) / house gas meter || ~ à **double tarif** / double o. two tariff o. two-rate o. double-rate meter || ~ de **douzaines** (ord) / twelfths counter || ~ de **durée** (télécom) / timing register || ~ de **durée des communications téléphoniques** (télécom) / elapsed time indicator o. clock o. meter || ~ à **eau ou d'eau** / water meter || ~ à **eau à disque** / disk water meter, by-meter || ~ à **eau enregistreur** / water quantity recorder o. recording apparatus || ~ à **eau à hélice** / sail wheel type water meter || ~ à **eau type humide** / wet running meter || ~ **eau à jet unique** / single-jet water meter || ~ à **eau à piston rotatif** / cylindrical piston water meter || ~ à **eau à roues ovales** / oval disk o. oval wheel [liquid] meter, elliptical gear meter || ~ à **eau type sec** / dry running meter || ~ à **eau à trois pistons** / nutating piston water meter || ~ **eau à venturi** / Venturi water meter || ~ à **eau à vis** / worm wheel water meter || ~ à **eau volumétrique à piston rotatif** / cylindrical piston water meter || ~ **effectif** (électr) / active current meter || ~ **électrique ou d'électricité** (électr) / supply meter, electricity meter || ~ **électrique intégrateur** (électr) / integrating current meter || ~ **électrique à tarifs multiples** (électr) / multiple tariff o. multirate meter || ~ **électrolytique** (électr) / electrolytic meter, Bastian meter || ~ **électromagnétique à collecteur** / direct-current commutator meter, permanent-magnet motor meter || ~ **encaisseur de parking** / parking meter || ~ d'**énergie active** (électr) / watt-hour meter, active-energy meter || ~ d'**énergie apparente** / [kilo]volt-ampere-hour meter || ~ d'**énergie réactive** / idle-current wattmeter, reactive energy meter o. power meter, reactive volt-ampere-hour meter, wattless component meter || ~ d'**essieux** (ch.de fer) / axle counter, wheel counting device || ~ d'**exposition** (phot) / exposure timer || ~ d'**expositions** / exposure counter || ~ à **fenêtre** / end-window counter || ~ de **feuilles** (typo) / sheet counter || ~ pour **force motrice** (électr) / power current meter || ~ de **fréquences** (statistique) /

frequency counter || ~ à **gaz** / gas o. station meter || ~ à **gaz en dérivation** / shunt gas meter || ~ à **gaz divisionnaire ou domestique** / house gas meter || ~ à **gaz hydraulique** / wet gas meter || ~ à **gaz à paiement préalable ou à prépaiement** / prepayment gas meter || ~ à **gaz à piston rotatif** / rotary piston o. rotary displacement gas meter || ~ à **gaz sec**, compteur *m* à gaz à soufflet / pneumatic gas meter, dry gas meter || ~ **Geiger** / Geiger[-Müller] counter || ~ **général** (électr) / main supply meter || ~ à **grande étendue de mesure** / large range meter || ~ pour **gros débits** / large volume flow meter || ~ d'**hectares** (agr) / area meter || ~ d'**heures de fonctionnement** / operating time meter o. counter || ~ d'**heures de fonctionnement ou de travail ou de service**, compteur *m* horométrique (techn) / elapsed working time meter, time meter, working hour meter, running time meter (US) || ~ **horaire** (électr) / hour counter o. meter, time meter || ~ d'**images** (film) / frame counter || ~ d'**impulsions** / pulse counter || ~ d'**impulsions haute vitesse** / high-speed pulse counter || ~ à **indicateur de maximum** / maximum demand indicator, MD-indicator || ~ à **induction** / induction [supply] meter || ~ d'**instruction** (ord) / sequence [control] register, instruction [location] counter, location o. control counter || ~ à **jets mixtes** / mixed-jet water meter || ~ **journalier** / trip-mileage counter, trip recorder || ~ **kilométrique** / odometer || ~ **kilométrique au moyeu** (auto) / hub [cap] counter, axle cap counter, hub mileometer o. odometer || ~ **kilowatt-heuremétrique** / kilowatt-hour meter, energy meter || ~ à **lait** / milk meter || ~ de **liquide avec turbine [à aubes] ou à moulinet** / impeller water meter || ~ de **longueur** (tiss) / length counter, yardage counter || ~ de **mailles** (tex) / stitch glass || ~ **mécanique** / mechanical counter || ~ à **mercure** (électr) / mercury meter || ~ de **métrage** (film) / footage counter || ~ de **métrage** (tiss) / length counter, yardage counter || ~ **métreur** / length meter || ~ **métrique du fil** / yarn counter || ~ **modulo n** (ord) / modulo-n-counter || ~ **monophasé** / single-phase meter || ~ **monophasé à trois fils** / single-phase three-wire meter || ~ à **moteur** / motor meter || ~ de la **multiplicatrice** (m. à calculer) / counter o. quotient register || ~ de **neutrons** / neutron counter || ~ **nucléaire** / nuclear counter || ~ **numérique** / digital counter || ~ d'**orbites** (espace) / orbit counter || ~ **ordinal** (ord) / location counter || ~ **P** voir compteur d'instruction || ~ **pas à pas** / step counter || ~ **pendulaire ou à pendule** (électr) / pendulum meter || ~ de **pertes** (électr) / loss counter || ~ **photoélectrique** / photoelectric counter || ~ de **pièces** / piece o. cut counter || ~ à **piston rotatif** / cylindrical piston water meter || ~ de **pointes** (électr) / demand meter || ~ de **poussière** (mines) / konometer, konimeter || ~ de **poussière type Aitken** / Aitken's dust counter || ~ à **prédétermination ou à présélection**, compteur *m* préréglé / predetermining o. preset counter || ~ à **présélection de temps** (électron) / counter timer || ~ **progressif** / count-up counter || ~ **progressif et régressif** (ord) / count-up and -down counter || ~ **proportionnel** (nucl) / proportional counter || ~ [de la **quantité] de chaleur** / heat counter || ~ de **rangées** (tricot) / course counter || ~ **régressif** / count-down counter || **~-relais** *m* / contact-making counter || ~ à **remise** (électr) / rebate meter || ~ de **remise à zéro** / reset[ting] counter || ~ des **révolutions** / revolution counter || ~ de **Rossi** (rayons X) / Rossi counter || ~ à **roues ovales** / oval disk o. oval wheel [liquid] meter, elliptical gear meter || ~ à **scintillation** / scintillation counter || ~ de **scintillations** (nucl) / scintillameter, scintillation counter || ~ à **soufflet** (gaz) / pneumatic gas meter, dry gas meter || ~ **soustractif** (c.perf.) / balance counter || ~ à **soustraction directe** (c.perf.) / direct subtract counter || ~ de **stationnement** / parking meter || ~ **statistique [des communications]** (télécom) / communication counter || ~ de **surcharge** (télécom) / all-trunks-busy register, congestion meter || ~ **tangentiel** / tangential meter || ~ à **tarif unique** / single-tariff o. -rate meter || ~ à **tarifs alternatifs** / double o. two tariff o. two-rate o. double-rate meter || ~ **téléphonique** (télécom) / elapsed time indicator o. clock o. meter || ~ de **temps** / stop-watch, timer || ~ de **temps et de zone** (télécom) / timezone meter || ~ de **tirage** (typo) / circulation counter || ~ **totalisateur** / adding o. accumulating counter || ~ **totalisateur** (télécom) / peg count meter || ~ **totalisateur** (hydr) / volumeter for liquids || ~ **totalisateur à distance** / summation telemeter || ~ de **tours** / tachometer, revolution o. speed counter || ~ de **tours** (calcul) / multiplier o. quotient o. revolution register || ~ de **tours de métrage** (film) / footage o. meter counter || ~ de **trafic** (télécom) / position meter || ~ de **vapeur ou à vapeur** / steam [consumption] meter, steam counter || ~ de **ventes** (caisse) / transaction counter || ~ [de] **Venturi** / Venturi flow meter || ~ **Venturi partiel [avec by-pass et compteur divisionnaire]** / shunt water meter || ~ [de] **vitesse** / speedometer, speed indicator || ~ à **volants à jets multiples** (eau) / impeller multi-jet water meter || ~ de **volées ou de courses** / lift counter, stroke o. ratchet counter || ~ **volumétrique de carburant** / fuel volumeter || ~ **volumétrique intégral** / integrated flow meter || ~ **volumétrique à piston** / reciprocating piston water meter, positive o. piston water meter || ~ pour **wagonnets** / car counter || ~ **watt-heuremétrique** / watt-hour meter

comptoir *m* (meuble) / bar, counter || ~ [**de magasin]** / sales counter || ~ en **verre** / shelf gondola

computateur *m* / computer

concamération *f* / arching, concameration

concassage *m* / [coarse] crushing || ~ **cryogénique** / cryogenic crushing || ~ **électro-hydraulique** / electrohydraulic crushing || ~ **étagé** / graded crushing || ~ **fin** / braying || ~ **grossier** (moulin) / bruising, rough grinding || ~ au **jet d'eau** / jet crushing || ~ de **matières dures** / crushing hard materials || ~ **préalable** / preliminary disintegration || ~ des **riblons** / scrap crushing

concasser (minerai) / crush, break || ~ (moulin) / bray || ~, piler / pound *vt* || ~ le **ballast** / break o. crush ballast

concasseur *m*, pilon *m* / stamp hammer, stamper || ~ (techn) / crusher || ~ (moulin) / crushing mill for corn || ~ **armé** / armo[u]red crusher || ~ d'**avoine** / oat rollers *pl* || ~ **centrifuge** / cone type gyratory crusher, gyratory [crusher], rotary o. centrifugal crusher || ~ des **colloïdes** (céram) / micronizer || ~ à **cône** / cone o. conical breaker o. crusher || ~ à **cylindre denté** / toothed roll crusher || ~ à **cylindre[s]** / roll type crusher, rolling crusher, breakdown mill || ~ à l'**eau** / wet grinding mill || ~ avec **enveloppe en acier** / armo[u]red crusher || ~ **giratoire ou conique** / cone type gyratory crusher, gyratory [crusher], rotary o. centrifugal crusher || ~ de **grains** / break roller mill, bruising mill, rough grinding mill || ~ à **impact** / rebound crusher || ~ à **mâchoires** / jaw crusher o. breaker || ~ à **mâchoires à cadence rapide** (mines) / impact crusher || ~ à **malt** (bière) / malt mill || ~ à **marteaux** / hammer crusher o. mill || ~ à **marteaux articulés** / swing-hammer crusher o. pulverizer o. mill || ~ à **marteaux fixes** / rigid-hammer crusher o. pulverizer o. mill || ~ à **minerais** / ore crusher || ~ de **mottes** (fonderie) / sand lump breaker || ~ d'**os** / bone breaker || ~ **oscillant** / single toggle crusher || ~ à **percussion** / rebound crusher || ~ **percuteur** / percussion breaker o. crusher || ~ à **pierres** / stone crusher o. breaker, rock crusher || ~ à **plaques de blindage** / armo[u]red crusher || ~ à **pointes** (mines) / pick breaker || ~ de **pont** (fonderie) / bridge breaker || ~ **préliminaire ou primaire** / primary crusher || ~ **séparateur à chute libre** (mines) / Bradford drum || ~ à **stériles** (mines) / rock crusher || ~ par **voie humide** / wet grinding mill

concave / concave || ~, pour tête fraisée / countersunk || ~**-concave** / concavo-concave || ~**-convexe** / concavo-convex

concavité *f* / concavity

concéder / allow, concede

concentrateur *m* (gén) / concentrator || ~ (télécom) / concentrator, concentration section o. switchboard || ~ d'**appels** / calling concentrator || ~ de **données** (ord) / data concentrator || ~ **héliotechnique ou solaire** / solar concentrator || ~ à **secousses pour dragues d'étain** / rocking concentrator for tin || ~ de **sirop** (sucre) / thick juice blow-up

concentration *f* (gén) / concentration || ~ (mines) / concentrating || ~ (chimie) / concentration, concn., density || ~ (sidér) / concentration, concentrating, preparation || ~ (TV) / focus[s]ing || ~ (ord) / pool || ~ d'**acide** (état) / acid concentration || ~ d'un **acide** (action) / acid concentration || ~ d'**activité maximale admissible** (chimie) / maximum admissible concentration, MAC || ~ d'**activité maximale à l'emplacement du travail** (nucl) / threshold limit value, lower toxic limit || ~ des **appels** / call concentration || ~ par **congélation** / freeze concentration || ~ de **contraintes** (méc) / stress concentration || ~ **critique** (nucl) / critical concentration || ~ du **dopage** (semicond) / doping level, dopant concentration || ~ de l'**écoulement du plateau** (chimie) / tray effluent concentration || ~ de l'**électrolyte** / electrolyte strength || ~ **électrostatique** (électron) / focus[s]ing electrode, electrostatic focus[s]ing || ~ àl' **equilibre** / equilibrium concentration || ~ par **évaporation** / inspissation || ~ du **faisceau** (TV) / beam concentration o. convergence o. forming, beam focussing, beaming || ~ **galactique** / galactic concentration || ~ par **gaz** (électron) / gas focussing || ~ **idéale** / ideal o. thermodynamic concentration || ~ **ionique ou d'ions** / ionic concentration || ~ des **ions d'hydrogène** / concentration of hydrogen ions, hydrogen ion concentration, available acidity || ~ **magnétique** (r.cath) / magnetic focussing || ~ **maximale admissible**, C.M.A. / maximum allowable (o.permissible) concentration, MAC || ~ **maximale d'émission**, C.M.E. / lower emission limit, maximum emission concentration || ~ **maximale à l'emplacement du travail** / maximum working place concentration || ~ **maximale d'immission**, C.M.I. / upper immission limit, maximum immission concentration || ~ **minimale d'inhibitation** / minimum inhibit concentration || ~ **minimale létale** / minimum lethal concentration || ~ **molaire** / molar concentration || ~ au **niveau du sol** / ground level concentration, GLC || ~ **normale** (chimie) / normal concentration, N., N- || ~ en **oxygène** / oxygen concentration || ~ par **poids** (chimie) / weight concentration || ~ des **points de mesure** / point cloud, bivariate point distribution || ~ des **porteurs** (semicond) / carrier concentration || ~ des **produits polluants** / pollutant concentration || ~ des **rayons** / corradiation || ~ de **saturation** / saturation concentration || ~ du **spot** (TV) / spot focus || ~ des **tensions** / stress concentration || ~ **thermodynamique** / thermodynamic o. ideal concentration || ~ du **trafic** / density (US) o. concentration (GB) of traffic

concentré *adj* / concentrated || ~ *m* (sidér) / concentrate, -trates *pl* || ~ d'**enrichissement** (mines) / concentrator product, concentrate, -trates *pl* (esp.: of ore) || ~ par **évaporation** *adj* (latex) / evaporated || ~ *m* de **flottation** / flotation concentrate || ~ **normal** (prépar) / standard concentrate || ~ **uranifère ou d'uranium** / yellow cake

concentrer (gén) / concentrate || ~ (rayons) / centre *vt* (GB), center (US), focus || ~ (mines) / beneficiate || ~ (chimie) / concentrate || ~ un **acide** / concentrate an acid || ~ par **évaporation** / inspissate, condense || ~ un **faisceau de rayons** / condense rays || ~ une **solution** (chimie) / reduce [by boiling]

concentricité *f* / concentricity || ~ (techn) / truth of running

concentrique / concentric

concept *m*, notion *f* / concept || ~ d'**énergie** / energy concept || ~ **plus extensif** / generic term

concepteur *m* **industriel** / industrial designer

conception *f* / type and style || ~, création *f* / creation || ~, idée *f* / notion, idea || ~, conformation *f* / shaping || ~ (s'oppose à réalisation) / design, concept || **de par sa** ~ (p.e. appareil) / intended [for], designed [for] || ~ en **éléments démontables ou mobiles**, conception *f* [par] bloc-éléments / building block flexibility, modular organization o. concept, unit[ized construction] principle || ~ **fonctionnelle** / functional design || ~ **fondamentale** / basic idea o. concept, fundamental idea || ~ **industrielle** / industrial design || ~ **logique** (ord) / logic[al] design || ~ **nouvelle** / new concept || ~ **probabiliste de la sécurité** / probability concept of safety

conceptuel / mathematical, imaginary

concernant, ne ~ [que] / unique to || ~ les **bâtiments etc.** / constructional, structural

concert, en ~ / tuned to natural frequency, in tune

concerté (irradiation) / planned

concesseur *m* de **licence** / licenser, licensing party

concession *f* / concession, franchise || ~ **minière** / concession, mineral right (US) || ~ **non exploitée** / mine field || ~ **pétrolifère** / oilfield

concessionnaire *m* / exclusive o. sole agent o. distributor || ~ de **licence** / licensee, licencee, licensed party, license holder

concevoir (techn) / conceive, design, contrive

conche *f* (chocolat) / conche

concher / conche *vt*

conchiforme / conchate, conchiform

conchoïdal, en coquille / conchoidal || ~ (math) / conchoidal

conchoïde *adj* / conchate, conchiform || ~ *f* (math) / conchoidal curve || ~ de **Nicomède** / conchoidal curve of Nicomedes

conchylis *f* de la **vigne** / grape berry moth

conciergerie *f* / gate house, gate keeper lodge

concis / concise, brief
concluant / conclusive || ~, logique / logical
conclure [de] / deduce o. infer [from]
conclusion *f* / inference, conclusion
concordance *f* / concord, agreement || ~ (circ.impr.) / registration || ~ d'**études diagnostiques** (ordonn) / consistency || ~ des **phases** / phase balance o. coincidence || ~ **stratigraphique** (géol) / conformability, conformable strata
concorder [avec] (enregistrements) / coincede [with], correspond
concourant (math) / conpunctal, concurrent || ~ (méc) / cooperating || ~ (engrenage) / intersecting
concours *m* / combined effect o. action o. efforts *pl*, cooperation || ~ de **circonstances** / concourse o. conjunction of circumstances
concourt, qui ~ également / equally acting
concret, concrète (gén) / concrete || ~ (math) / denominate, concrete, defined, determinate || ~ (chimie) / dense || ~ (phys) / solid
concréter, [se] ~ / sinter, bake || ~ / concrete *vi*, solidify || ~ (se) / concrete
concrétion *f* (gén) / concretion || ~ (chimie) / concretion, coagulation || ~ **calcaire** (géol) / dripstone || ~ **diamantée** (pétrole) / diamond impregnation || ~ **préliminaire** / presintering || ~ **saline** / body of salt, salt o. saline deposit
concrétionnement *m* (géol) / concretion[ary structure]
conçu pour l'**utilisateur** (ord) / problem oriented
concurremment [à] / in competition [with], competitively
concurrence *f* / competition || ~ **déloyale** / unfair competition
concurrent *adj* / concurrent || ~ *m* / competitor || ~, rival *m*, candidat *m* à un prix / entrant, rival
condamné (porte) / inoperative, blocked, walled up
condamner l'**arrivée de gaz** / interrupt o. stop the gas supply || ~ [une **porte**] / wall up, block a door
condensable / condensable
condensance *f* / capacitance, capacitive reactance || ~ **neutrodyne** (électron) / balancing o. neutrodyne o. neutrodyning o. neutralizing capacitance
condensat *m* / condensation water, condensate
condensateur *m*, capaciteur *m* (électr) / capacitor || ~ (filage) / blowroom condenser || ~ (électron) / capacitor, C-component || **à** ~ (haut-parl) / electrostatic, capacitor... || ~ d'**accord** / tuning capacitor || ~**s** *m pl* d'**accord accouplés ou jumelés** / gang tuning capacitor || ~**s** *m pl* **accouplés** / gang capacitor || ~ *m* à **air** / air capacitor || ~ **ajustable** (électron) / trimming capacitor, padder, pad trimmer || ~ **ajustable à air** (électron) / air-space trimmer || ~ **ajustable à mouvement spiral** / cone capacitor || ~ d'**allumage** / ignition capacitor || ~ à **anneau de garde** (électron) / guard ring capacitor || ~ **antiparasite** / radio interference suppression capacitor || ~ **antironflement** (électron) / filter capacitor || ~ d'**appoint** (électron) / trimming capacitor, padder, pad trimmer || ~ d'**appoint à picofards** / billi-capacitor || ~ d'**arrêt**, condensateur *m* de blocage / blocking capacitor, stopping capacitor || ~**s** *m pl* **associés en cascade ou en série** / series connected capacitors *pl* || ~**s** *m pl* **associés en parallèle ou en surface** / parallel connected capacitors *pl* || ~ *m* de **blocage de la grille** / grid blocking capacitor || ~ **bloquant les courants d'appel** (télécom) / block capacitor for signalling purposes || ~ **bobiné** / wound o. wrapped capacitor || ~ en **boîtier** / encased capacitor || ~ à **capacité variable** / voltage-variable capacitor, VVC || ~ **cardioïde** / cardioid capacitor || ~ **central** / central capacitor || ~ **céramique** / ceramic capacitor || ~ du **circuit secondaire** (électron) / secondary circuit capacitor || ~ de **compensation** (électron) / trimming capacitor, padder, pad trimmer || ~ à **couche** / film capacitor || ~ à **couche mince** (électr) / thin-film capacitor || ~ de **couplage** / coupling o. gang capacitor || ~ **couplé en deux points** (électron) / twin-coupled capacitor || ~ à **décades** / decimal o. decade capacitor || ~ de **découplage** / bypass capacitor || ~ **déphaseur** (électr) / phase shifting capacitor, phase modifier || ~ en **dérivation** / by-pass capacitor || ~ à **diélectrique liquide** / wet electrolytic capacitor || ~ **différentiel** / differential capacitor || ~ en **disque** / disk capacitor || ~ **droit** / stand-off o. vertical capacitor || ~ **échelon** / precision capacitor || ~ d'**égalisation ou de filtrage** (électron) / smoothing capacitor || ~ **électrochimique ou électrolytique** / electrolytic capacitor || ~ à **électrolyte sec** (électron) / dry electrolytic capacitor || ~ **étalon** / reference capacitor || ~ **étouffant** / quenching condenser || ~ à **feuille isolante de polyéthylène-téréphthalate** / polyethyleneterephthalate film dielectric capacitor || ~ à **feuille isolante de polystyrène** / polystyrene film dielectric capacitor, polystyrene foil capacitor || ~ à **feuille métallisée d'acétate de cellulose** / metallized cellulose acetate film capacitor || ~ à **feuille métallisée de P.E.T.P.** (électr) / capacitor with metallized polyethyleneterephthalate foil || ~ à **feuille métallisée de polycarbonate** (électr) / capacitor with metallized polycarbonate foil || ~ à **feuille plastique métallisée** / metallized film capacitor || ~ **filtre ou de filtrage** (électron) / filter capacitor || ~ **fixe** / fixed capacitor || ~ à **fréquences linéaires** / straight-line frequency capacitor || ~ sous **gaz comprimé** / pressure-type capacitor || ~ de **grille** / grid capacitor || ~ de **grille à self** / leaky grid capacitor || ~ dans l'**huile** (électr) / oil-immersed capacitor || ~ à **immersion** / plunger type capacitor, submerged capacitor || ~ pour **impulsions** / pulse capacitor || ~ **inséré dans l'antenne** / antenna shortening o. series capacitor || ~ **jumelé** / twin [gang] capacitor || ~ à **lames** / plate capacitor || ~ de **liaison** / coupling o. gang capacitor || ~ à **liquide** / liquid capacitor || ~ de **lissage** / charging capacitor || ~ **lumineux** / luminous capacitor, panel light || ~ **métallisé à feuille** voir condensateur à feuille métallisée || ~ au **mica** / mica capacitor || ~ **mis en parallèle** / by-pass o. shunt capacitor || ~ **M.N.O.S.** / MNOS capacitor (= metal-nitride-oxide-silicon) || ~ de **neutralisation** (électron) / neutralizing capacitor || ~ **orthométrique** (radio) / straight-line capacitor || ~ **oscillant** (électr) / oscillating o. vibrating capacitor || ~ à **papier métallisé** / metallized paper condenser || ~ à **papier paraffiné ou huilé** / oil[ed paper] capacitor || ~ de **passage** / bushing type capacitor, duct capacitor, feedthrough capacitor || ~ **pelliculaire** / film capacitor || ~ à **pellicule de polycarbonate** / polycarbonate film dielectric capacitor || ~ **pliant** / book capacitor || ~ **polarisé** / polarized capacitor || ~ de **précision** / precision capacitor || ~ de **puissance** (électr) / power capacitor || ~ **quadratique** / square-law capacitor, straight-line wavelength capacitor || ~ de **raccourcissement** (antenne) / shortening capacitor || ~ à **rebord** (H.T.) / rim capacitor || ~ à **résistance-shunt** / leaky grid capacitor || ~ **rotatif**

(électr) / rotary capacitor || ~ **semifixe** / trimming capacitor, padder, pad trimmer || ~ **série** (électron) / series capacitor || ~ de **shuntage** / by-pass o. bridging capacitor || ~ de **stoppage** / blocking capacitor, stopping capacitor || ~ de **syntonisation** / tuning capacitor || ~ au **tantale** (électron) / tantalum capacitor [with solid electrolyte] || ~ **téléphonique** / telephone capacitor || ~ **terminal** (électron) / block[ing] capacitor || ~ de **traversée** / bushing type capacitor, duct capacitor, feedthrough capacitor || ~ de **traversée à papier métallisé** / metallized paper bushing o. feedthrough capacitor || ~ **triple** / triple variable-ganged capacitor || ~ **tubulaire** / tubular capacitor || ~ **variable** / variable capacitor || ~ **variable d'accord** / variable tuning capacitor || ~ **variable à air** / variable air capacitor || ~ **variable à disques** / adjustable o. variable disk capacitor, variable ganged [disk] capacitor || ~ **variable à disques en série** (électron) / series-gap capacitor || ~ **variable double** / variable two-disk capacitor || ~ **variable à réinjection** / reaction capacitor || ~ **variable semi-fixe** / variable preset capacitor || ~ **variable en trois cases** / triple variable disk capacitor || ~ à **variation linéaire de longueur d'onde** / square-law capacitor, straight-line wavelength capacitor || ~ à **vernier** / billi-capacitor

condensation *f* / condensation || ~ **atmosphérique** / precipitation || ~ **capillaire** (chimie) / capillary condensation || ~ de **Claisen** / Claisen condensation || ~ du **débit binaire** (ord) / bit rate compression || ~s *f pl* d'**eau** / condensation of water || ~ *f* **fractionnée** / fractional condensation || ~ en **gouttes** (phys) / dropwise condensation || ~ par **injection** / condensation by injection || ~ à **mélange** (chimie) / co-condensation || ~ **nucléaire** / nuclear condensation || ~ de **Perkin** / Perkin's synthesis || ~ par **refroidissement de la surface** / condensation by surface cooling || ~ sur les **vitres** / damp

condensé *adj* (chimie) / condensed || ~ *m* (ELF), sommaire *m* / summary, digest || ~ (ELF), résumé *m* / résumé, digest || **en** ~, serré / packed || **très** ~ (chimie, crist) / close-packed

condenser (gaz) / condense *vt*, precipitate || ~ (oppos: dilater) (phys) / contract || ~ (ELF) (livre) / digest || ~ (se) (chimie) / condense *vi*

condenseur *m* (opt) / condenser [lens] || ~, frotteur *m* (filage) / [rota]frotteur || ~ (chimie, m.à vap) / condenser || ~ **alternatif** (opt) / change-over condenser || ~ **antérieur** (filage) / front condenser || ~ à **boules** (bière) / ball top attachment || ~ à **buées** / vent condenser || ~ à **contre-courant** / countercurrent condenser o. cooler || ~ à **écoulement** / efflux condenser || ~ à **filtre teinté** (microsc.) / coloured-disk condenser || ~ **[fonctionnant à] sec** (opt) / dry condenser || ~ pour **fond clair** / brightfield condensor || ~ à **fond noir** / dark-field condenser, spot lens || ~ à **fond noir à sec** / dry spot lens, dark-field dry condenser || ~ à **glace** / ice condensor || ~ de **goudron à choc** / impact type tar extractor || ~ à **images lumineuses** / luminous spot ring condenser || ~ à **immersion** / immersion condenser || ~ par **injection ou à jet** (m.à vap) / injection o. jet o. spray condenser || ~ **intermédiaire** (filage) / middle condenser || ~ à **jet d'eau** / water jet condenser || ~ **Körting** (sucre) / Körting condenser || ~ à **lanières** (filage) / tape condenser o. divider || ~ à **refluement** / reflux o. return condenser || ~ de **réserve** (nucl) / damp condenser || ~ à **ruissellement** / surface spray condenser || ~ de **Scoop** / Scoop condenser || ~ **séparateur** (filage) / blow room condenser || ~ à **serpentins** (chimie) / coil o. spiral condenser o. radiator o. refrigerator, coiled cooling pipe || ~ à **surface** / surface condenser || ~ **tubulaire** / multitubular surface condenser || ~ de **vapeur** (réacteur) / steam condenser || ~ de **voile** (filage) / condenser, concentrator

condiment *m* / condiment, seasoning

condition *f* / condition, circumstance || ~ (ord) / "if"-clause, condition || ~ (bière) / condition || **à** ~ / on appro[val] || **à** ~ [que] / assumed, assumptive || **à ~s ambiantes specifiées** (semicond) / ambient rated || **aux ~s d'usine** / on manufacturer's conditions *pl* || **dans des ~s modifiées** / under modified conditions || **dans les ~s habituelles** / normally || **toutes ~s égales [par ailleurs]** / under otherwise equal conditions || ~ **additionnelle** / marginal o. boundary condition o. value || ~s *f pl* d'**agrément ou d'agréation** / conditions *pl* of admission || ~s *f pl* d'**air stérile** / clean-air conditions *pl* || ~ *f* d'**arrêt** (ord) / stop condition || ~s *f pl* **atmosphériques** / atmospheric o. meteorological conditions *pl* || ~s *f pl* **atmosphériques standard** (gén) / standard atmospheric conditions *pl* || ~s *f pl* sur **chantier** / field conditions *pl* || ~s *f pl* de **chargement** (essais) / load conditions || ~ *f* de **compatibilité** / condition of compatibility || ~ **composée** (math) / compound condition, Boolean o. conditional o. logical expression || ~ de **continuité** / condition for continuity || ~s *f pl* de **coupe** (m.outils) / cutting conditions *pl* || ~s *f pl* de **démarrage** / start conditions *pl* || ~ *f* de **départ du cycle** (contr.aut) / cycle starting conditions *pl* || ~s *f pl* d'**entrée** (ord) / entry conditions *pl* || ~s *f pl* **environnantes** / environmental conditions *pl* || ~ *f* d'**environnement** / ambiance o. ambience condition || ~ d'**équilibre** / condition of equilibrium || ~s *f pl* d'**espace extra-atmosphérique** / space environment || ~s *f pl* d'**essai** / test conditions *pl*, test atmosphere o. environment || ~s *f pl* d'**essai sous charge** (électr) / conditions of severity *pl* || ~ *f* d'**état** / condition of state || ~s *f pl* en **état de blocage** (électron) / off-period conditions *pl* || ~s *f pl* en **état de déblocage ou d'ouverture** (électron) / on-period conditions *pl* || ~s *f pl* de **fabrication** / conditions of preparation *pl* || ~ *f* de **finitude** / finitness condition || ~s *f pl* de **fonctionnement** / service conditions *pl* || ~s *f pl* **froides** (électr) / cold connections *pl* || ~s *f pl* **hygiéniques** / hygienic conditions *pl* || ~s *f pl* d'**injection** (engin) / injection conditions || ~ *f* de **lancement** (ord) / entry condition || ~ **limite ou aux limites** / boundary condition o. value, marginal condition || ~s *f pl* de **livraison** / terms of delivery *pl* || ~ *f* de **marche** / operational o. operative o. working condition || ~ **marginale** voir condition limite || ~s *f pl* de **mesure** / measurement conditions *pl* || ~s *f pl* de **mesure au repos** / standby conditions *pl* || ~s *f pl* **météorologiques** / atmospheric o. meteorological conditions *pl* || ~s *f pl* **météorologiques aux instruments** (aéro) / instrument meteorological conditions, IMC *pl* || ~s *f pl* **météorologiques minimales d'un aéroport** / aerodrome meteorological minima *pl* || ~s *f pl* **météorologiques de radiocommunications** / meteorological radio conditions *pl* || ~s *f pl* **météorologiques de visibilité** / visual meteorological conditions, VMC *pl* || ~ *f* **nécessaire et suffisante** / necessary and sufficient condition || ~ **normale d'aspiration** (compresseur) / standard inlet condition || ~ **normale de refoulement** (compresseur) / standard discharge condition || ~**s** *f pl* **normales** (gén) / standard conditions *pl* || ~**s** *f pl* **normales de température et de pression** (thermodynamique) / standard o. normal temperature and pressure, S.T.P., s.t.p. || ~ *f* **opératoire d'essai** / test condition || ~ du **point de fuite** (arp) / vanishing point condition || ~ **préalable** / requisition, prerequisite, requirement || ~**s** *f pl* **préalables de pureté d'air** / clean-air conditions *pl* || ~ *f* **quantique** / quantum condition || ~**s** *f pl* de **réception** (électron) / reception conditions *pl* || ~**s** *f pl* de **réception ou de prise en recette** (commerce) / acceptance conditions *pl*, test code || ~ *f* de **référence** / reference condition || ~ de **réglage final** (contr.autom) / final controlled condition || ~**s** *f pl* **régnantes** / prevailing conditions || ~ *f* de **répétition automatique** / automatic repeat request, ARQ || ~ de **reprise** (ord) / restart condition o. point || ~ **requise au point de vue de l'appareillage** / prerequisite in the nature of methods || ~**s** *f pl* de **salle blanche** / clean-room conditions *pl* || ~ *f* **secondaire** / secondary condition || ~ du **service** / operational condition || ~**s** *f pl* de **service** / operating o. working conditions *pl* || ~ *f* [de] **seuil** (phys) / threshold condition || ~**s** *f pl* **sévères** / heavy conditions *pl* || ~ *f* de **sinus [d'Abbe]** / sine condition || ~ de **stabilité** / stability condition || ~**s** *f pl* **techniques de livraison** / technical requirements || ~ *f* de **test** (ord) / sense condition || ~**s** *f pl* de **travail** / working o. operative o. job conditions *pl* || ~**s** *f pl* de **travail normales** (ordonn) / standard conditions *pl* || ~**s** *f pl* en **vigueur** / prevailing conditions

conditionné [par] / conditional [on, upon] || ~ (pap) / conditioned || ~ (brûleur) / regulating || ~ (commerce) / packed, prepacked || **être** ~ [par] / be conditional [on, upon], be conditioned [by]

conditionnel (ord) / conditional

conditionnellement stable (télécom) / conditionally stable

conditionnement *m* / conditioning || ~, emballage *m* / processing (US), shaping, packaging || ~ (tex) / conditioning || ~ (fermentation) / conditioning || **à** ~ **d'air** / air conditioned || ~ d'**air** / air conditioning || ~ d'**ambiance** (caoutchouc) / environmental conditioning || ~ des **échantillons** / conditioning of samples || ~ du **fil**, bobinage *m* et emballage / winding and packing of yarn || ~ des **gîtes** (mines) / stratification [conditions;pl.] || ~ **hôpital** (pharm) / hospital package || ~ **mécanique** (caoutchouc) / mechanical conditioning || ~ sous **plaquettes thermoformées** / blister pack || ~ des **poissons** (nav) / handling of fishes, fish conditioning

conditionner / condition, put in a proper state || ~, soumettre à des conditions / condition, make conditional || ~ (tex) / condition || ~, emballer / make up, package *vt* || ~ l'**air** / air-condition || ~ l'**humidité** (tex) / condition yarn || ~ la **soie** / condition silk

conditionneur *m* (céram) / conditioner, conditioning zone of the furnace || ~ (mines) / conditioner || ~ d'**air autonome** / room conditioner || ~ d'**air compact** / compact air conditioner || ~ d'**air comprimé** / compressed air conditioner || ~ de **fourrage** / hay conditioner

conductance *f*, conductance *f* efficace (phys) / conductance || ~ (vide) / conductance || ~ (d'un diélectrique) / conductance (of a dielectric), "G" || ~ **apparente** (électr) / admittance || ~ **collecteur-base** / collector-to-base conductance || ~ de **corrélation** / correlation conductance || ~ en **courant continu** / direct-current conductance || ~ en **dérivation** (électr) / shunt conductance || ~ en **dérivation complexe** / shunt admittance || ~ **différentielle** (semicond) / incremental conductance || ~ **différentielle négative** (semicond) / negative differential conductance || ~ de **diffusion** (semicond) / diffusion conductance || ~ **directe** (semicond) / forward conductance || ~ d'**électrode** / electrode conductance || ~ **électronique d'entrée** / electronic input conductance || ~ d'**entrée** / input conductance || ~ d'**entrée interne** (semicond) / internal input conductance || ~ **équivalente** / equivalent conductance || ~ à l'**état bloqué** (électron) / back conductance || ~ en l'**état passant** (semicond) / conducting-state conductance || ~ de **fuite** (semicond) / leakage conductance || ~ **interne dans le sens inverse** (tube) / short-circuit reverse transfer admittance || ~ **intrinsèque** (vide) / intrinsic conductance || ~ d'un **isolant** (électr) / leakage conductance, leakance || ~ **maximale équivalente** / maximum equivalent conductance || ~ **molécules** / molecule conductance || ~ **mutuelle** (électron) / reciprocal of the voltage amplification factor in %, passage, penetration coefficient o. factor, inverted o. inverse amplification factor || ~ **négative** (semicond) / negative conductance || ~ par **unité de longueur** / conductance per unit length

conducteur *adj* / conductive || ~, parcouru par le courant / current-carrying o. -bearing, live, energized || ~ *m* (phys) / conductor, cond. || ~ (câble) / core, wire conductor, lead || ~ (sidér) / operative, operator || ~ (ch.de fer) / guard || ~ (techn) / operative, operator, mechanic || ~ (auto) / driver || ~ (tramway) / crankman, streetcar motorman (US) || **à** ~ **accompagnant** (agr) / walking || **à** ~ **mobile** (haut-parleur, microphone, électron) / moving coil... || **à** ~ **à pied** (chariot) / walking || **à** ~ **porté** / seat ... || **à** ~**s aller et retour isolés** / insulated system, two-wire system || **à deux** ~**s** (électr) / bifilar || **à quatre** ~**s** / four-conductor... || **à trois** ~**s** (électr) / three-conductor..., -core... || **à un** ~ / single-wire || ~ **acier-cuivre** / copper covered steel conductor || ~ **aérien** / aerial (GB) o. antenna (US) conductor || ~ **aérien** (ch. de fer) / contact wire, overhead o. aerial wire || ~ d'**amenée** (électr) / feeder, incoming feeder, supply line || ~ **d'amenée d'antenne** / feeder to antenna || ~ d'**amenée positif** (électr) / positive feeder || ~ d'**autobus** / bus driver || ~ des **bancs d'étirage** (filage) / drawing frame tenter || ~ d'un **câble** / lead of a cable || ~ **câblé** / conductor strand, stranded conductor || ~ de **camion** / lorry (GB) o. truck (US) driver, trucker (US), teamster (US) || ~ de forme **carré** / biscuit connector || ~ **central d'un câble** / core wire of a cable || ~ de **chaleur** *adj* (phys) / conducting || ~ *m* de la **chaleur** / conductor of heat || ~ de **chaudière** / boilerman, stoker || ~ **chauffant** / heating resistor || ~ **coaxial** (électron) / concentric tube feeder o. tube transmission line || ~ **composite** (électr) / composite conductor || ~ en **cuivre** / copper conductor || ~ **diélectrique** / dielectric guide (v.h.f.) || ~ de **direction** (câble) / direction core || ~ **disposé en faisceau** (ligne H.T.) / multiple o. bundle conductor || ~ de **distribution** (électr) / service conductor || ~ **double** (guide d'ondes) / double conductor || ~**-électricien** *m* (ch.de fer) / cab operator (US) || ~ **électrique** / conducting wire, wire line, wiring || ~ **électrique ou de l'électricité** (phys) / electric conductor || ~ **électrique souple** / stranded wire conductor || ~ **élémentaire** (électr) / subconductor || ~ **extérieur** (coax) / external o.

outer conductor || ~ à **fibres optiques** / glass- o. fiber-optic[al] light guide || ~ **intérieur** (câble) / inner o. internal conductor || ~ d'**ions** (électron) / ion conductor || ~ **isolé au caoutchouc ou sous gaine [de] caoutchouc** / rubber insulated wire || ~ à **isolement air/papier à rubanage lâche** (câble) / air-space paper insulated core (loosely wrapped) || ~ à **isolement air/papier à rubanage serré** (télécom) / air-spaced paper insulated tightly wrapped core || ~ **jumelé parallèle** / twin conductor || ~**s** *m pl* **jumelés** (ligne H.T.) / multiple o. bundle conductor || ~ *m* du **loup briseur** (laine) / deviller, opener || ~ de **machine** / engine man o. driver o. operator, [stationary] engineer (US) || ~ de **machine** (typo) / printer, pressman, machine man (GB) || ~ à la **masse ou à la terre** / ground o. earth wire || ~ **massif** / solid conductor || ~ **médian** (électr) / central o. inner conductor || ~ **médian isolé** / insulated neutral || ~ **Millikan** / Millikan conductor || ~ **mobile** (électr) / plunger, moving coil || ~ **neutre** (courant triphasé) / neutral o. mid-point conductor o. wire, neutral || ~ **nouvellement titulaire du permis de conduction** (auto) / learner driver (US) || ~ d'**ondes décimétriques** / ultrahigh frequency conductor || ~ pour **ondes progressives** (électr) / flat line || ~ **parfait** / perfect conductor || ~ de **phase** / phase conductor || ~ de **pilon** / hammer o. forge driver, hammerman || ~ **plat** (électr) / flat cord o. conductor || ~ **plein** / solid conductor || ~ du **point nodal** (électr) / nodal conductor || ~ de **pression** / pipeline under pressure || ~ **principal** (électr) / electric main || ~ **profilé** / profile[d] o. figured wire, shaped o. section wire || ~ de **rechange** (câble) / spare conductor o. wire || ~ **résistant** (électron) / heating resistor || ~ **résonnant** / resonant conductor || ~ à un **seul brin**, conducteur *m* solide / solid conductor || ~ de **sonnette** / ringing wire || ~ **supra-ionique** / super ion conductor || ~**s** *m pl* **symétriques** (télécom) / pair || ~ *m* à la **terre** (électr) / ground (US) o. earth (GB) wire || ~ à la **terre du paratonnerre** / ground o. earth wire of the lightning conductor || ~ de **thermocouple** / thermoelectric element || ~**s** *m pl* **transposés** (câble) / transposed conductors o. cores || ~ *m* de **travaux** (bâtim) / assistant architect, general foreman || ~ d'un **véhicule** (auto) / driver, chauffeur || ~ d'un **véhicule** (code de la route) / road user on wheels (Highway Code) || ~ **virant à droite** / right-turning vehicle || ~ **virant à gauche** / left-turning vehicle || ~ de **wagon-lits** / porter (US), sleeping car attendant

conductibilité *f* (phys) / conductivity || ~ **anisotrope** / anisotropic conductivity || ~ **atomique** / atomic conductance || ~ de **chaleur** / heat conductivity || ~ d'**eau** (géol) / water conductivity || ~ **I.A.C.S.** / IACS conductivity || ~ **intrinsèque** / intrinsic conduction o. conductivity || ~ **ionique** / ionic conductivity || ~ par **lacunes** (semicond) / p-type o. hole conduction || ~ **molaire** / molar conductance o. conductivity || ~ par **pores** / pore conductivity || ~ **symétrique** (électr) / symmetric[al] conductivity || ~ **thermique** / thermal conductivity, thermal diffusivity || ~ **thermo-ionique** (phys) / thermionic conduction || ~ par **trous** (semicond) / p-type o. hole conduction || ~ **unidirectionnelle** (électr) / asymmetrical o. unilateral conductivity, tube effect o. action || ~ **unidirectionnelle** (électron) / valve effect o. action, unilateral conductivity || ~ de **volume** (semicond) / volume conductivity

conductible / conductive || ~ à l'**électricité** / electrically conductive, electroconductive

conduction *f* (phys) / conduction || ~ de **courant** / current conduction || ~ par **électrons**, conduction *f* type N (semi-cond) / n-type conduction, electron conduction || ~ **extrinsèque** (semicond) / extrinsic conduction, conduction by extrinsic carriers || ~ **gazeuse** / gas conduction || ~ **gazeuse [non-]autonome** / [non-]self-maintained gas conduction || ~ **intrinsèque** / intrinsic conduction o. conductivity || ~ **ionique** / ion o. ionic conduction || ~ par **lacunes**, conduction *f* par trous / p-type o. hole conduction || ~ **métallique** (phys) / metallic conduction || ~ d'**obscurité** / dark conduction || ~ **osseuse du bruit**, conduction *f* par les os / bone conduction || ~ **protonique** / proton conduction || ~ de **substitution** (phys) / substitution conduction || ~ des **travaux** (bâtim) / management of works || ~ **type P** / p-type o. hole conduction

conductivité *f* / conductivity, cond. || **de ~ P** / showing p-type conductivity || ~ de **compensation** (semicond) / compensation conductivity || ~ **I.A.C.S.** / IACS conductivity (= Intern. Annealed Copper Standard) || ~ **moléculaire** / molecular conductivity || ~ **superficielle** / surface conductivity || ~ **thermique** / coefficient of thermal conduction, thermal conductivity || ~ de **vacances d'électrons** / p-type o. hole conduction

conductométrie *f* / conductimetry

conductométrique (titrage) / conductometric, conductimetric

conduire, mener / conduct, lead || ~ (auto) / drive || ~ (techn) / run, operate || ~, diriger / handle || ~ (se) / behave || ~ **[à] travers** / lead through || ~ une **automobile** (auto) / motor, drive || ~ **autour** [de] / lead around || ~ un **avion** (aéro) / pilot, fly a plane || ~ **[en bateau] de ou sur l'autre côté** / pass o. carry over || ~ un **caniveau** (mines) / cut a trench || ~ la **chaleur ou l'électricité** / conduct heat o. electricity || ~ la **charrue** (agr) / drive the plough || ~ des **machines** / operate machinery || ~ un **mur** / erect a wall

conduisant la **pression** / being under pressure

conduit *adj* / directed || ~ *m* / conduit [pipe] || ~ (techn) / conduit, channel || ~ (câble) / duct || ~ (nav) / fairlead, warping chock || **à ~ de ventilation** (électr) / duct-ventilated || ~ d'**admission** (mot) / admission o. intake o. induction port o. manifold || ~ d'**admission de la vapeur** / steam inlet || ~ d'**aération** (réservoir) / fuel tank ventilator pipe || ~ d'**aération** (électr) / ventilating o. cooling duct || ~ **aéraulique ou d'air** / airduct, air flue o. funnel || ~ d'**alimentation** (chauffage) / flow pipe || ~ **[d'amarres]** (nav) / through-bearing, fairlead || ~ **atmosphérique** (électron) / elevated duct (in the troposhere), tropospheric radio duct || ~ d'une **cheminée** / flue || ~ **collecteur** (ELF) (conduit commun de fumée ou de ventilation) (bâtim) / shunt || ~ **coudé** / elbow conduit, elbow || ~ de **décharge** / discharge o. drain o. outlet pipe || ~ **distributeur** / distributing main, distributor || ~ d'**eau** / water conduit || ~ pour l'**eau de condensation** (bâtim) / condensation gutter o. drainage o. sinking || ~ d'une **écluse** (hydr) / paddle hole || ~ d'**entrée** / leading-in conduit || ~ d'**évacuation** / delivery tap o. pipe, exhaust pipe || ~ d'**évacuation par combustion** (pétrole) / flare conduit || ~ d'**évacuation des émanations** / ventilating pipe o. chimney o. flue, foul-air escape || ~**s** *m pl* d'**évacuation de la vapeur** / vapour escape || ~ *m* à **gaz principal** / main gaspipe, public main || ~ pour l'**huile de fuite** / oil leakage pipe || ~ pour **installations électriques** / conduit for electrical installations || ~ de ou en

plomb / lead o. leaden pipe o. tube || ~ **près du sol [pour ondes radioélectriques]** / surface duct, ground-based duct || ~ **presseur** (agr) / baling channel || ~ **principal** / main pipe, (esp.:) street main || ~ **principal ascendant** (eau domestique) / rising mains *pl* || ~ **principal de gaz** / public main || ~ de **raccordement** / connecting conduit || ~ de **remorque** (auto) / [truck-]trailer jumper cable, trailer conduit || ~ **souterrain** (télécom) / underground line || ~ **souterrain** (routes) / cu!vert || ~ **souterrain pour câbles** (électr) / underground conduit || ~ de **surface [pour ondes radioélectriques]** (électron) / surface duct, ground-based duct || ~ **trifil** (mines) / threecore cord || ~ de **trop plein** (auto) / overflow oil line || ~ **troposphérique** (électron) / elevated duct, tropospheric radio duct || ~ de **tuyaux** / conduit [of pipes] || ~ de **vapeur** / steam conduit o. pipe || ~ de **ventilation** (électr) / ventilating o. cooling duct, air duct

conduite *f*, action *f* de conduire / operation, control, direction, management || ~, tube *m* / pipe, duct || ~, canalisation *f* (hydr) / conveyance, delivery, feeding || ~ (sidér) / operation, practice || ~ (fig) / behaviour, conduct || ~ (engrenage) / path of contact || ~ d'**abonné** (eau) / main || ~ d'**adduction d'eau potable** / pipeline for drinking water || ~ d'**adduction de gaz** / gas main || ~ **aérienne** / air conduction || ~ d'**air comprimé** / compressed-air piping || ~ d'**air pour des travaux d'excavation** / funnel (o. air hole) for excavation work || ~ d'**alimentation** (bâtim) / live main || ~ d'**alimentation ou d'amenée** / feeding main o. pipe || ~ **aller** / supply line || ~ d'**amenée** (électr) / feeder, feed wire || ~ d'**amenée d'antenne** / feeder to antenna || ~ **amovible de l'arroseur** / portable water piping || ~ d'**arrivée** / inlet o. feed pipe || ~ **ascendante** / riser, rising pipe, ascending pipeline || ~ **ascendante pour bouches d'incendie** / fire rising main || ~ d'**aspiration ou d'admission** (mot) / suction pipe || ~ **automatique des trains** (ch.de fer) / automatic train operation, A.T.O. || ~ de **balayage** (mot) / scavenging conduit o. duct || ~ à **bière** / beer pipe || ~ de **câbles** (gén) / cable channel o. conduit o. duct[ing], cable tunnel || ~ de **carburant** (auto) / fuel pipe o. line || ~ de **carburant assemblée** (auto) / fuel piping o. pipes o. pipe assembly || ~ de **chaudière** / boiler operation || ~ de **chute** (hydr) / bed of fall || ~ **circulaire** (sidér) / bustle pipe || ~ **circulaire à vent chaud** (sidér) / hot-blast circulating duct || ~ **collectrice** (électr) / power line o. supply, mains *pl* (US), distributing wire o. main || ~ **collectrice annulaire** / ring header || ~ **collectrice des gaz brûlés** / common o. multiple o. shared flue, common vent (US) || ~ de **commande multiple** (ch.de fer) / multiple-operation control line || ~ de **connexion** / connecting o. connection line, coupler, interconnection || ~ du **coton** (filage) / cotton passage, spin || ~ du **courant d'air** (mines) / air supply || ~ de **courroie** / guide pulley || ~ de **dérivation** / by-pass || ~ **dérivée** / branch piping, shunt pipe || ~ **directrice** / guiding channel || ~ à **distance** / remote control || ~ de **distribution** / distributing conduit || ~ de **distribution de l'étage** / floor distributer || ~ à **droite** (auto) / right-hand drive || ~ de l'**eau** / water channel o. path || ~ d'**eau** / water main o. conduit o. piping || ~ d'**eau sous pression** / pressure water piping || ~ d'**eau principale** / water main, Water Board main (GB) || ~ d'**eau de refroidissement** / cooling water pipe || ~ de l'**eau de remplissage** (écluse) / filling conduit || ~ d'**eau de sources de montagnes** / mountain spring water supply || ~ d'**échappement** (auto) / exhaust pipe [assembly] || ~ d'**échappement intégrale** (auto) / integral exhaust manifold || ~ à **écoulement libre** / open channel || ~ d'**écurage** (hydr) / flushing conduit || ~ d'**évacuation** (techn) / flushing main || ~ d'**évitement** / by-pass line || ~ de l'**exploitation** / works management || ~ **forcée** (hydr) / penstock, forced conduit || ~ du **frein** (ch.de fer) / brake air conduit, train pipe o. line || ~ de **fuite** (hydr) / leakage pipe || ~ de **fumée** (bâtim) / gathering || ~ de la **fusion** (sidér) / conduct of a heat || ~ de la **fusion** (fonderie) / working of the melt || ~ à **gauche** (auto) / lefthand drive || ~ des **gaz d'échappement** / exhaust gas conduction || ~ du **gaz du gueulard** / blast furnace gas main || ~ **générale du frein** (ch.de fer) / main brake pipe || ~ de la **germination** (bière) / flooring || ~ **greffée sur une autre** / branch piping, shunt pipe || ~ de **guerre aux armes chimiques** / chemical warfare || ~ à **haute pression** / [high-]pressure pipe line || ~ **intérieure** (auto) / limousine, saloon (GB), sedan (US) || ~ **intérieure à sept places** / seven passenger sedan || ~ **monotubulaire** / single-duct conduit || ~ **montante** / riser, rising pipeline, ascending pipe || ~ **montante de gaz** / [house] riser pipe || ~ de **passage de la vapeur** / steam transfer pipe || ~ de **pilotage** (hydr) / control conduit || ~ **principale** (électr) / main, trunk [line] || ~ **principale de bouchain** (nav) / main drain || ~ **principale de l'eau** / water main || ~ **principale de gaz** / gas main || ~ de **prise de gaz** (sidér) / downcomer || ~ de **processus automatisée** / computerized process control, CPC || ~ de **processus industriel** (ord) / process control || ~ de **purge** (hydr) / rinsing channel || ~ de **raccordement** / connecting o. junction line || ~ d'un **réacteur** (ELF) (nucl) / reactor control || ~ de **refoulement** (pompe) / delivery piping o. pipe || ~ de **retour** (techn) / recirculating o. return piping o. line || ~ de **retour de l'huile de balayage** (mot) / scavenge oil pipe || ~ du **soufflage** (sidér) / air o. blast conduction || ~ **souple** (grue) / trailing cable || ~ en **terre cuite** (câble) / clay conduit || ~ des **travaux** / direction o. management of works, supervision of works || ~ **tubulaire de turbines** / turbine pipes *pl* || ~ en **tuyaux souples** / hose pipe o. assembly || ~ en **tuyaux souples** (électr) / sheathed flexible cable || ~ par ou à **un seul agent** (engin de traction) (ch.de fer) / one-man operating o. driving || ~ de **vapeur** / steam line o. main || ~ de **vapeur d'échappement** / exhaust steam main || ~ de **vapeur principale** / steam [collecting] main || ~ de **vent** (sidér) / blast pipe || ~ à **vent chaud** / hot blast main || ~ de **vent principale** / blast main || ~ de **vidange** (bâtim) / flushing pipe || ~ de **vide** / vacuum pipe

cône *m* (bot) / cone || ~ (physiol) / retinal cone || ~ (haut fourneau) / hopper || ~ (techn) / cone, taper || ~ (tuyau) / taper || ~ (filage) / cone, tapered bobbin || ~ (raccord de tube en verre) / cone || ~ (prépar) / conically shaped tank, pointed box o. trunk, sloughing-off box, V-box, spitzkasten (GB) || ~ (r.cath) / cone || ~ (ELF) (engin spécial) / nose cone, shroud, fairing || **à ~ allongé** / acutely conical || **en ~** / reduced, taper[ed], drawn, diminished || **en [forme de] ~** / conic[al, cone shaped, coniform *conoid[al]* || **en forme de ~ effilé** / acutely conical || **en forme de ~ ou de tenon** / peg-shaped || **faire ~**, côner (techn) / taper [to a point] || ~ d'**ablation** (ELF) (espace) / ablating cone || ~ **adjustable** (filage) / adjustable warping cone || ~ **allongé** / slight taper, pointed cone || ~ d'**alluvions** (géol) / alluvial cone || **~-ancre** *m* (nav) / drag anchor

|| ~ à **angle aigu** / steep angle taper || ~ à **angle obtus** / obtuse angle taper || ~ d'**appel** (eaux souterr) / cone of depression o. of exhaustion || ~ d'**arrachage** (plast) / restricted gate || ~ d'**arrêt** (mot) / cone stop, stop collar || ~ d'**arrêt** (câble) / stress cone || ~ **arrière** (aéro) / tail cone || ~ d'**attaque** (guide d'ondes) / launcher, launching device || ~ de **base** (engrenage) / base cone || ~ **biais** / oblique cone || ~ **broyeur** / crushing o. breaking cone, crusher head || ~ de **chantier** (routes) / roadmarker cone || ~ **circonscrit** / circumcone || ~ **classeur** / cone classifier || ~ **collecteur** / collecting funnel o. hopper || ~ de **collecteur** (électr) / commutator V-ring || ~ **complémentaire** (engrenage) / back cone || ~ **complémentaire externe, [interne, moyen]** (engrenage) / back, [inner, middle] cone || ~ de **concassage** / crushing o. breaking cone, crusher head || ~ à **conicité 7/24** (outil) / taper 7/24 || ~ de **contrainte** (câble) / stress cone || ~ de **coulée** (fonderie) / pouring basin || ~ **creux** / hollow cone || ~ de **débris** (géol) / debris cone, talus cone || ~ de **décantation** (prépar) / settling cone o. tank || ~ de **déjections** (volcan) / cone of ejected masses || ~ de **départ pour cops-fusée** (tiss) / initial cone || ~ de **départ pour supercops** (filage) / initial cone for supercops || ~ de **dispersion** / dispersion o. scattering cone || ~ du **dispositif de synchronisation** (auto) / synchronizing cone || ~ **droit de révolution** / right circular cone || ~ d'**échappement** (aéro) / tail cone || ~ d'**écoulement** (frittage) / flow meter || ~ d'**élutriation** / elutriating o. washing funnel || ~ d'**emmanchement pour mandrins de perceuses** / taper shaft for drill chucks || ~ d'**enclume** / anvil beak || ~ d'**entrée** / feed o. feeding hopper, admission hopper || ~ d'**entrée** (outil de brochage) / pilot taper, front pilot || ~ d'**entrée** (filière) / entry cone || ~ **érodable** (ELF) (espace) / ablating cone || ~ **étagé** (techn) / step o. cone pulley, stepped speed pulley, speed pulley o. cone || ~ d'**étanchéité** / sealing cone || ~ **extérieur** (m.outils) / male taper || ~ **faible** / slight taper, pointed cone || ~ en **faïence brune** (télécom) / shackle || ~ **femelle du houblon** / strobile || ~ à **filtrer** / filtering cone || ~ de **forcement** (canon) / forcing cone, increaser || ~ **fort** (outil) / steep-angle taper || **~-frein** *m* de l'**axe-libre** / brake cone || ~ à **friction** / friction cone || ~ à **gradins** voir cône étagé || ~ du **houblon** / cluster of hops, catkin, cone, strobile || ~ **intérieur** / female taper || ~ **intérieur Morse** (m.outils) / Morse taper bore || ~ d'**introduction** / pilot pin || ~ d'un **Jordan** (pap) / Jordan plug || ~ de **justification** (typo) / justification wedge || ~ **limite** / limit cone || ~ *f* **lumineux ou de lumière** / cone of light, luminous o. light cone, illuminating pencil || ~ *m* de **Mach** / Mach cone o. front || ~ de **mica** (électr) / mica cone, mica V-ring || ~ de **molette** (mines) / cone of the headwheel || ~ **Morse** (m.outils) / Morse taper o. cone || ~ **normal** (m.outils) / standard o. Morse cone || ~ d'**obturation** / sealing cone || ~ d'**ombre** / shadow cone || ~ **Orton** (céram) / Orton cone || ~ d'**outillage** / tool taper || ~ **perforé** / perforated cone || ~ de **perte** (nucl) / loss cone || ~ de **petit angle** / pointed cone || ~ de **pied** (roue dentée) / root cone || ~ de **pied** (engrenage) / root cone || ~ **plein** / solid cone || ~ **pointu** / pointed cone || ~ à **poncer au papier de verre** (galv) / sander cone || ~ de **poulies** voir cône étagé || ~ **primitif de fonctionnement** (engrenage) / pitch cone || ~ **primitif de référence** (engrenage) / reference cone || ~ de **projection** / atomizing cone || ~ de **pulvérisateur** / atomizer cone || ~ **pyrométrique** / pyrometric cone || ~ **pyrométrique de Seger** / Seger o. fusion cone, melting cone || ~ de **raccordement** / forcing cone, increaser || ~ **rapide** (outil) / slight taper, pointed cone || ~ de **réduction** (tréfilage) / drawing angle || ~ de **réduction** (m. outils) / reduction cone || ~ de **réémission** (foyer) / radiation cone || ~ de **régulateur** (auto) / governor cone || ~ de **remplacement** (filage) / transfer cone || ~ de **révolution** (math) / circular cone || ~ de **rotation** / cone of revolution || ~ de **roulement** (ch.de fer) / running cone || ~ à **sédimentation d'Imhoff** / Imhoff sedimentation cone || ~ de **Seger** / Seger o. fusion cone, melting cone || ~ de **serrage** / thrust collar || ~ de **silence** (radar) / cone of silence || ~ de **sortie** (filière) / exit cone || ~ de **soupape** / valve cone o. face || ~ **sphérique** (math) / spherical cone || ~ de **talus** / cone of a slope || ~ du **tambour** (tiss) / warping cone || ~ de **tête** (roue dentée) / tip cone || ~ **tronqué ou tronconique** / truncated cone, conic o. conoid[al] frustum, frustum o. ungula of a cone (US) || **~s** *m pl* **tronqués** / conical drum || ~ *m* **tubulaire d'essieu arrière** / flared rear axle tube || ~ de **Tyndall** (chimie) / Tyndall cone

confection *f* (gén) / making, construction || ~ (tex) / garment industry || ~ (caoutchouc) / building up || ~ de **données** (ord) / preparation of data

confectionné / ready to wear, ready-made

confectionnement *m* des **pneus** (auto) / case making

confectionner / fashion, lay up || ~ (techn) / construct, put together

conférence *f* [sur] / lecture [on] || ~ **accompagnée de projections** / slide lecture, keyed talk || ~ de **radiodiffusion** / frequency planning conference || ~ **téléphonique** (télécom) / conference call || ≗ **Européenne des Horaires des Trains de Marchandises**, L.I.M. (ch.de fer) / European Goods Train Time-table Conference, L.I.M. || ≗ **Européenne des Horaires des Trains de Voyageurs et des Services Directs**, C.E.H. (ch.de fer) / European Passenger Train Time-table and Through-Coach Conference

confetti *m pl* (c.perf.) / chads *pl*, chips *pl*

confiance *f* (contr.qual) / confidence

configuration *f* (ord) / configuration || ~, conformation *f* / formation || ~ (chimie) / configuration, constitution || **de** ~ (chimie) / configurative || **~s** *f pl* de **base** (ord) / fundamental configurations *pl* || ~ *f* de **champ** (électron) / field configuration || ~ à **champ minimal** (plasma) / minimum B configuration || ~ **critique** (nucl) / critical assembly || ~ **cuspidée** (nucl) / cusp geometry || ~ **électronique** / electronic configuration || ~ d'**entrée** (electronique) / input configuration, input pattern || **~s** *f pl* **fondamentales** / fundamental configurations *pl* || ~ *f* **géométrique** (nucl) / geometric configuration || ~ **minimale** (ord) / minimum configuration || ~ de **perçage** (circ.impr.) / hole pattern || ~ des **pôles et des zéros** (contr.aut) / pole zero configuration o. pattern || ~ des **rives** / shape of the banks || ~ de **sortie** (électronique) / output configuration, output pattern || ~ de la **superficie** / surface shape || ~ du **système** (électr) / network structure || ~ du **terrain** / lay o. lie of the land || ~ de **trous** (c. perf) / hole pattern

configurer / configure

confiné (air) / stifling, suffocating

confinement *m* (nucl) / containment || ~ (ELF) (plasma) / [plasma] containment o. confinement || ~ **inertial** (plasma) / inertial confinement || ~ **magnétique** (plasma) / magnetic confinement || ~

pour un **réacteur** (ELF) (réacteur) / containment [shell], reactor containment || ~ **sec** (nucl) / dry well || ~ **sphérique** (réacteur) / containment sphere
confiner [à] / be adjacent, border [to], confine [to]
confins *m pl* / border || ~ de la **science** / limits *pl* o. boundary of science
confire (tan) / drench the hides, bate, puer
confirmation *f* **chronométrique** (ordonn) / check study
confirmer / prove, confirm
confit *adj* (cuisine) / canned || ~ (tan) / dressed || ~ (dans du sucre) / crystallized, candied (GB), glacé (GB) || ~ *m* (tan) / ooze, bate
confitage *m* (tan) / bating, drenching hides
confluent *adj* (math) / confluent || ~ *m* / confluence, junction
confluer / flow together, meet, join
confondre / confuse, mix up || ~ [avec] / mix up, mistake || ~ (se), se mêler / blend, merge || ~ des **couleurs** / blend colours
conformant, en se ~ [à] / in accordance [with]
conformateur *m* (plast) / cooling jig o. fixture || ~ (cordonn.) / expandable last || ~ des **feuilles extrudées** (plast) / squeeze rollers *pl* || ~ d'**impulsions carrées** (radar) / pulse forming line
conformation *f* / conformation, adaptation || ~ (chimie) / configuration, constitution || ~ d'**impulsion** / pulse shaping || ~ du **joint** (constr.mét) / joint formation
conforme [à] / conformable [to], congruent [with], congrous [with] || ~ (mines) / hading with the dip, normal || ~ (géom, arp) / conformal || **être** ~ / correspond || ~ au **but** / answering its purpose, expedient || ~ à l'**horaire** / according to schedule || ~ à la **loi** (phys) / natural || ~ aux **mesures** / accurate to size o. dimension o. measurement || ~ au **plan** / scheduled || ~ aux **prescriptions** / in accordance with regulations, conforming to specification || ~ aux **règles du métier** / workmanlike, workmanly || ~ au **sens** / analogous || ~ à la **surface actuelle** (math, projection) / equal area ..., conformal || ~ aux **usages commerciaux** (action) / usual commercial
conformément [à] / in compliance [with], in conformity [with] || ~ aux **normes** / conforming to standards || ~ au **terme fixé ou au délai** / on schedule
conformer à **froid** (plast) / cold-form
conformité *f* (norme) / conformity || ~ / conformability || **en** ~ **[de, avec]** voir conformément [a] || **en** ~ **avec les normes** / conformity to standards || ~ des **couleurs** / colour match || ~ à la **loi** (gén) / conformity with the law || ~ aux **normes** / conformity with standards || ~ aux **spécifications techniques** / conformity with technical specifications
confort, [avec tout le] ~ (bâtim) / modern conveniences *pl*, mod cons *pl*, amenities *pl* || ~ *m* / comfort || ~ de **manœuvre** / operating convenience
confortable / comfortable
confrontation *f* / comparison
confuse / faint, indistinct
confusion *f*, méprise *f* / mistake || ~ **électronique** (guerre) / electronic confusion || ~ des **filés** (défaut) / mixed yarn || ~ entre le **rouge et le vert** / red blindness, protanopia
congé *m* (plast) / fillet || ~ (ordonn) / vacation, leave || ~ de l'**arbre** / groove of the shaft || ~ du **bandage** (ch.de fer) / tire groove || ~ du **collet d'essieu** / shoulder of the journal || ~ du **moyeu** (ch.de fer) / hub fillet o. throat || ~ du **moyeu** (ch.de fer) / hub fillet o. throat || ~ **payé ou avec solde**, congés payés *m pl* / leave with pay || ~ de **raccord âme-champignon** (rail) / fillet radius between the web and head of rail || ~ de **raccord de la table de roulement** (rail) / rail shoulder
congelable, non ~ / antifreezing, nonfreezing
congélateur *m* / freezer, deep freezer || **~-armoire** *m* / deep-freezing cupboard, upright [deep-]freezer || **~-bahut** *m* / freezer chest || ~ **coffre** / small-capacity o. compact freezer, chest freezer || ~ par **contact** / contact freezer || ~ par **contact à bande glissante** / slideway contact freezer || ~ à **courant d'air** / air blast freezer
congélation *f* / freezing up || ~ (sidér) / solidification, freezing || ~ (huile) / solidification || **de** ~ / low temperature... || **de** ~ / refrigerating, freezing || ~ par **contact** / contact freezing || ~ par **déshydratation** / dehydro-freezing || ~ **rapide** / sharp o. quick freezing || ~ **ultrarapide [par azote liquéfié]** / cryotransfer
congelé / congealed, frozen, solidified
congeler / freeze *vt* || ~ (se), glacer / get covered by ice o. sleet, ice, freeze up || ~ (se) / congeal, freeze *vi* || ~ (se), solidifier (se) / solidify, congeal, freeze, set
congémination *f* (crist) / pairing
congénital / congenital
congère *f* / snow-drift
congestion *f* (circulation, télécom) / blocking, jam || ~ (télécom) / congestion || ~ du **trafic** / rush of traffic
conglobé, entassé / agglomerate[d] || ~, réuni en globe / conglobate
conglomérat *m* / cluster || ~ (géol) / conglomerate || ~ **boueux** (géol) / lahar o. mudflow deposit
conglomération *f* / conglomerate || ~ **colloïdale** (agr) / hardpan
conglomérer / conglomerate
conglutiner / coagulate
congru (math) / congruent, equal in all respects
congruence *f* (math) / congruence, coincidence
conicine *f* voir conine
conicité *f* / amount of taper, taper, conicity || ~ de **bandage** (ch.de fer) / conical tread
conico-cylindrique / conicocylindrical
conifères *m pl* / conifers *pl*
coniférine *f* (chimie) / coniferin, abietin, laricin
coniférylique (chimie) / coniferyl...
conine *f* (chimie) / coniine, 2-propylpiperidine, circutine, conicine
coniomètre *m*, conimètre *m* (mines) / konometer, konimeter
conique *adj* / conic[al], cone shaped, coniform, conoid[al] || ~, effilé / reduced, taper[ed], drawn, diminished || ~ *f* (math) / conic [section] || ~ **arrondi** (forme) / dumpy (shape) || ~ **dégénérée** / degenerate conic [section]
conjoint (information) / joint
conjointement / together [with], concomitant [to], conjoined [with]
conjoncteur *m* (électr) / self-acting switch || ~ du **démarreur** / starting switch, switch starter || **~-disjoncteur** *m* (accu) / cell switch, battery [regulating] switch || **~-disjoncteur** *m* (électr) / differential reverse current relay || **~-disjoncteur** *m* (auto) / reverse-current circuit-breaker o. cut-out, cut-out relay
conjonction *f* (astr, contr. aut) / conjunction || ~ de **filons** (mines) / junction of lodes
conjoncture *f* / economic situation o. activity
conjugaison *f* de **charge** (nucl) / charge conjugation
conjugué *adj* (techn) / connected || ~ (chimie) / conjugated || ~ (math, opt) / conjugate || ~ (roues) / conjugate, paired || ~ (méc, électron) / coupled,

connected || ~ (efforts) / joint, united, combined || ~ (flanc) / mating || ~ *m* (verre) / droplet cutter || ~ **complexe** (math) / conjugate-complex || **~s** *m pl* **harmoniques** (math) / harmonic conjugates *pl*
conlock *m* (conteneur) / conlock
connaissance *f* / knowledge, science, understanding || ~ des **faits ou de la matière** / special knowledge o. experience, subject knowledge, expert opinion, expertise || **~s** *f pl* **positives** / practical knowledge || **~s** *f pl* **professionnelles** / professional knowledge o. qualifications *pl* || **~s** *f pl* **spéciales** / special knowledge o. experience || **~s** *f pl* **usuelles de l'homme de métier** (brevet) / expert knowledge
connaissement *m* / bill of lading, B/L
connectable (électr) / pluggable
connecté / coherent, connected || ~, interdépendant / syndetic || ~ (ELF), en ligne (ord) / on-line || ~ **directement** (électr) / electrically connected || ~ en **parallèle** (électr) / placed in parallel || ~ **rigidement** / rigidly mounted || ~ **symétriquement** / push-pull connected
connecter (électr) / connect, cut in, put in, join up in circuit || ~ (gén, électr) / couple, connect || ~ (télécom) / switch, connect || ~ [à] (ord) / interface *vt* || **se** ~ [à] (ord) / interface *vi* || ~ à la **borne** (électr) / connect to the binding post || ~ en **parallèle** (électr) / connect in parallel o. across, connect side by side, shunt || ~ en **tandem** (techn) / connect in tandem
connecteur *m* (guide d'ondes) / connector || ~ (techn) / joining piece, tie || ~ (électr) / circuit connector || ~ (télécom) / tandem connector || ~ (tableau de connexions) / plug cord, cord and plug || ~ (inform) / connector || ~ à **accouplement à baïonnette** (électron) / bayonet type connector (GB), quarter-turn type connector (US) || ~ à **accouplement à vis** (électron) / screw-type locking connector || ~ de **bords** (électr) / edge connector || ~ **carte mère-carte fille** (circ.impr) / mother-daughter-board connector || ~ pour **circuits imprimés** / rack o. panel connector || ~ au **cisaillement** (bâtim) / shear connector || ~ **coaxial** (électr) / concentric plug-and-socket, circular connector, coaxial plug o. connector || ~ à **cônes** (électr) / cone connector || ~ à **encliqueter** / snap-on connector || ~ à **ergots** (électron) / pin plug || ~ **femelle** / contact socket of a connector || ~ à **fiches** (électr) / pin and socket connector || ~ pour **gaine isolante** / connector for insulating plastic tubes || ~ **H.F.** / RF-connector || ~ à **languettes** / flat plug || ~ **mâle** / contact pin || ~ **marginal** (circ.impr) / card-edge finger || ~ **multibroche** (électron) / multipoint o. multipole connector || ~ **multibroche ou mâle-femelle** (électr) / pin and socket connector || ~ **multicontact** / multiple contact connector || ~ **multiple** / multipole connector || ~ **multipolaire à ressorts** (électron) / female multipoint connector, multiple contact strip, multipole connector || ~ à **orifice Bethe** (guide d'ondes) / multihole coupler || ~ **rack** / rack connector || ~ **rectiligne encartable sur cartes imprimées** / rectangular edge socket connector for printed boards || ~ **réversible** (électr) / sexless connector, hermaphrodite connector || ~ **rotatif pour abonnés à plusieurs lignes groupées** (télécom) / rotary hunting connector || ~ à **section rectangulaire** (électr) / rectangular-section connector || ~ **soudé** (bâtim) / shear connector || ~ **type AMP** (électr) / edge connector || ~ pour **usage domestique** / appliance coupler for housefold purposes || ~ **vis** (accu) / screw-on terminal
connectique *f* (électr) / connection, connexion (GB)
connexe (science) / related
connexion *f* / connection, connexion (GB) || ~ (télécom) / connection, communication || **en ~ conductrice** / electrically connected || ~ d'**angle** (serr) / assembly angle || ~ par **anneau de serrage** / clamping ring connection || ~ **brasée** / soldered connection || ~ **brasée au trempé** / dip solder conncection || ~ en **carré** / four-phase mesh connection || ~ en **cascade** (électr) / cascade connection || ~ par **clip** (électr) / slip-on terminal, push-on connection || ~ **conductrice ou directe ou galvanique ou ohmique** / electrical connection || ~ de la **conduite d'éclairage** (électr) / lighting connection || ~ par **cordon** (télécom) / sleeve control, cord circuit || ~ entre **couches** / interlayer connection || ~ de **couplage** / electrical connection || ~ à **couplage volant** (électron) / flywheel circuit o. connection || ~ **desserrée** / loose connection || ~ sur le **devant** (électr) / front connection || ~ **directe** (télécom) / through line || ~ **directe ou conductrice** / electrical connection || ~ **égalisatrice** (électr) / equalizer connection || ~ **électrique** / current supply || ~ des **éléments** (accu) / cell connector || ~ **enroulée** (télécom, électron) / wire wrap connection, wrapped connection || ~ **équipotentielle** (électr) / equalizer connection || **~s** *f pl* d'**essais au sol** (aéro) / ground test couplings *pl* || ~ *f* en **étoile** (électr) / Y o. star connection, Y o. star connected threephase system || ~ **étoile-triangle** (électr) / Y-delta o. y-delta o. star-delta o. wye-delta connection || ~ par **fil** (électron) / wire lead || ~ **frontale** (électr) / armature end connections *pl*, (esp.:) coil end || ~ **galvanique** / electrical connection || ~ de **grille** / grid connection || ~ **inductive** (ch.de fer) / impedance bond || ~ **inductive à résonance** (ch.de fer) / resonated impedance bond || ~ **instantanée** (action) / rapid action coupling || ~ **instantanée** (comm.pneum) / instant [plug-in] connector || ~ **interurbaine par cadran d'appel** (télécom) / automatic trunk dialling || ~ des **lampes-éclair** (phot) / flash synchronizing socket || ~ en **ligne** / on-line connection || ~ **lisse** (guide d'ondes) / plain coupling o. coupler || ~ **mauvaise** (électr) / poor connection || **~s** *f pl* de **mesure** (électr) / connections for measurement *pl* || ~ *f* **mini-wrapping** (électron) / mini-wrap connection || ~ du **moteur** (électr) / motor connection || ~ **multiple** (châssis du radio) / unitor || ~ **multiple** (électr) / multiple connection || ~ **ohmique** / electrical connection || ~ **organique** (gén) / organic o. structural connection || ~ des **périphériques** (ord) / attachment for peripheral units || ~ **plane** (guide d'ondes) / plain coupling o. coupler || ~ **plate ou poutre** (semicond) / beam lead connection || ~ **plot** (électron) / flip-chip connection || ~ de **plusieurs unités périphériques** (ord) / attachment for peripheral units || ~ de **principe** / principal o. fundamental circuit || ~ de **rail à rail** / rail bond || ~ **réactive** (ch.de fer) / impedance o. reactance bond || ~ de **régime** (électr) / service o. working connections *pl* || ~ **résistante** (ch.de fer) / resistive bond || ~ à **ressort** (électr) / clamp-type terminal || ~ **serrée** (électr) / clamp[ed] connection || ~ **sertie** (électron) / crimp connection || ~ de **sonnerie** (télécom) / bell [in] circuit || ~ **souple** (gén) / expansion joint || ~ à la **terre** (électr) / connection to earth o. to ground o. to frame || ~ **transversale** (électr) / cross connection || ~ **transversale** (télécom) / inter-switchboard line, tie line, liaison circuit, cross connection || ~ **transversale** (circ.impr.) / through-connection || ~ **transversale à fil** (circ.impr.) / wire through connection || ~ en **triangle**

(électr) / triangle o. delta o. mesh connection || ~ en **V** (électr) / V-connection || ~ **wrapping** / wire wrap connection, wrapped connection || ~ **zigzag** (électr) / zigzag connection, interconnected star connection
connu en **soi** (brevet) / known in the art
conode *f* (crist) / tie line
conoïdal, conoïde / conic[al], cone shaped, coniform, conoidal
conoïde *m* (géom) / conoid
conoscope *m* (crist) / conoscope, konoscope
conoscopie *f* / conoscopy
conoscopique (opt) / conoscopic
conque *f* (mot) / delivery space, diffuser, volute chamber
consanguinité *f* (min) / consanguinity
conscience *f* (perceuse) / breast plate of the hand drill || ~ des **frais** / cost consciousness
conscient (c.perf., défaut) / conscious
consécutif / consecutive, successive, sequential [to] || ~ [à] / conditional [on, upon], consequent [upon] || ~ (ord) / sequential
consécutives, trois fois ~ / three successive times
conseil *m* de **mise en œuvre** / advice for application o. use || ~**s** *m pl* en **organisation** / system information
conseiller / advise *vt*, counsel || ~ *m* **technique** / engineering consultant, technical adviser, business efficiency consultant
conséquence *f* / sequel, consequence || ~, action *f* en manière logique / [logical] consistency || ~ (astr) / orbit of a planet from east to west || **avoir pour** ~ / result [in], bring about, cause || **de** ~ / relevant || **être la** ~ **nécessaire** [de] / be conditioned [by]
conséquent (gén, géol) / consequent
conservabilité *f* / conservability, preservability
conservateur *m* de **cap** (aéro) / direction indicator, left-right indicator || ~ **[d'huile]** (transfo) / oil conservator, conservator tank, oil expansion tank
conservation *f* / conservation, preservation || ~ dans une **archive** / filing || ~ du **bois** / preservation of wood, preserving timber o. lumber || ~ en **boîtes** (aliments) / canning, tinning || ~ de la **chaleur** / heat retention o. retaining || ~ des **denrées périssables par irradiation** / radiation preservation of food || ~ de l'**énergie** / conservation of energy || ~ des **forces vives** (phys) / inertia, force o. power of inertia, vis inertiae || ~ de la **masse** / mass conservation || ~ de la **matière** / conservation of matter || ~ des **peaux brutes** / skin curing || ~ des **ressources naturelles** / resource conservation || ~ du **secret** / secrecy, privacy (GB)
conservationniste *m* / environmentalist, conservationist, ecologist
conserve·**s** *f pl* (opt) / sun glasses, light protecting goggles *pl* || ~ *f* (typo) / live o. standing matter || ~**s** *f pl* [de] / preserve, -ves pl. || ~**s** *f pl* **[alimentaires]** / preserve, -ves *pl*, tinned (GB) o. canned (US) goods || ~**s** *f pl* de **fruits** / preserved o. tinned o. canned (US) fruits || ~ *f* de **poissons** / preserved fish, tinned (GB) o. canned (US) fish || ~ au **sel** / salted preserves *pl* || ~ **surgelée** / deep-frozen food || ~ de **viande** / tinned o. canned (US) meat
conservé / preserved
conserver / keep, preserve || ~, garder / keep, store, preserve || ~ (briques) / season, mature || ~ (propriétés) / preserve || ~ (se) (bois, men) / keep well || ~ en **boîte** / pack, can (US), tin (GB) || ~ en **bon état** (bâtim) / keep in good order || ~ la **chaleur** / retain heat || ~ **pendant l'été** (briques) / season in summer || ~ la **route** / keep the course || ~ par le **sulfimide de l'acide benzoïque** (bois) / powellize
conserverie *f* / tinnery (GB), cannery (US), pack[ing] house (US)
considération, prendre en ~ / take into account, allow [for]
consignation *f* (commerce) / consignment || ~ par **écrit** / write-out
consigne *f* / order, instruction || ~ (contr.aut) / desired o. index value of controlled variable (GB), control point, set-point, reference input o. variable (US) || ~ **automatique** (ch.de fer) / luggage locker || ~ des **bagages** (ch.de fer) / check room (US), cloak room (GB), left-laggage department || ~ de **bouteille** / bottle deposit || ~**s** *f pl* de **cheminement** (NC) / path o. position data || ~**s** *f pl* d'**exploitation** (ord) / operator's manual
consigner par **écrit** / put down in writing
consistance *f* (matière fluide) / consistency, consistence, thickness || ~ (métrologie) / reproducibility, consistency || ~, permanence *f* / consistency, duration, stability || ~ (math) / consistency || ~ du **cuir** / leather hardness || ~ d'**essai normalisée** / standard testing consistency || ~ du **gel** (couleur) / false body || ~ **Mooney** / Mooney viscosity || ~ **normale** (plâtre) / standardized consistency || ~ du **parc** (ch.de fer) / make-up of stock || ~ en **pourcent** (pap) / consistency || ~ d'une **surface** / superficial contents *pl*, area
consistant (chimie) / consistent, compact || ~, visqueux / consistent, viscous, viscid || ~ [dans, en, à] / consisting [of], made up [of], being composed [of], comprising [of] || ~ (math) / consistent, self-consistent || ~ (métrologie) / consistent, reproducible || ~ / self-consistent || ~ (boue) / compact || **devenir** ~ / thread, become threaden || ~**-pâteux** / pasty
consister [en] / be composed [of], consist [of]
consistomètre *m* / consistometer || ~ **Mooney** / shearing disk viscometer
console *f* (techn) / bracket, rest, sustainer || ~ (bâtim) / summer, console || ~ (men) / console table || ~ (grue) / jack leg || ~ (charp) / cleat || ~ (radio) / console (a floor-standing cabinet) || **en** ~ / projecting, salient, protruding, overhanging || ~ d'**arrêt** (télécom) / straining o. terminal pin o. pole || ~ **articulée** (ligne de contact) / articulated bracket || ~ de **commande** (électron) / operator's console || ~ **double** (télécom) / U-cupholder, double pin o. pole || ~ **double en W** / terminal double pin || ~ à **équerre** / corner bracket || ~ de **fenêtre** / corbel under a window jamb || ~ se **fixant à des colonnes** / post bracket o. bearing || ~ de **hauban** (ligne aérienne) / stay crutch || ~ d'**isolateur** / insulator bracket || ~ d'**isolateur en U** (électr) / single I-spindle || ~ de **mélange** (TV, électron) / mixer [console] || ~ **murale** / wall bracket || ~ **porte-modèle** (m.outils) / template holder || ~ de **poteau** (électr) / pole arm (US) || ~ à **scellement** (télécom) / bridge bracket || ~ de **support** / supporting o. lifting bracket o. lug || ~ **support du trottoir** (pont) / footway cantilever bracket || ~ **terminale** (électr) / end bracket (GB), bearing bracket (US) || ~ de **visualisation** / microfilm reader || ~ de **visualisation** (ELF) (ord, radar) / display, display device o. unit || ~ de **visualisation et de dialogue** / display and dialogue console
consolidation *f* / consolidation || ~ (matière fluide) / consolidation, solidification, concretion || ~ (bâtim, routes) / fortification || ~ (matériaux) / hardness increase, hardening || ~ de **route** / road crust [work] || ~ par ou en **solution solide** (sidér) / solid-solution strengthening || ~ des **trottoirs** / footway

consolidation o. packing
consolider / consolidate, strengthen || ~ (mines) / secure || ~ (routes) / pack, consolidate, compact || ~ les **rives ou les berges** (hydr) / protect a bank
consommable / expendable || ~ (poison) (nucl) / burnable (poison)
consommateur *m* / consumer || ~ de **courant** (électr) / current o. power consumer, user of electric power || ~ de **courant domestique** / domestic current consumer || ~ d'**énergie** (techn) / machine || ~ **final** / end-user, final o. ultimate consumer
consommatico-orienté / not harmful to the consumer
consommation *f* / consumption || **à ~ minimale de combustible** (contr.aut) / minimum fuel... || **à faible ~ de courant** / low current drain ... || **avec ~ de courant** (ord) / current sinking || ~ d'**air** / air consumption || ~ **annuelle ou par an** / annual consumption || ~ de **carburant** / fuel consumption || ~ de **carburant par siège et mile en gallons anglais** (aéro) / seat statute mile per Imperial Gallon || ~ de **carburant sous règlement d'essai** / fuel consumption under test conditions || ~ de **chaleur** / heat consumption || ~ de **charbon par kWh** / coal consumption per kWh || ~ de **coke** / coke consumption || ~ au **collage** (relais) / consumption due to adherence of contacts || ~ de **combustible** / petrol o. gasoline consumption || ~ de **combustible spécifique** / specific fuel consumption || ~ de **courant** / current consumption, current drain || ~ de **cuivre** / copper consumption, amount of copper used || ~ d'**eau** / water consumption || ~ **économique** / economical consumption || ~ d'**électrodes** / electrode consumption || ~ d'**énergie** / power consumption || ~ **[d'énergie] active** (électr) / watt-hour consumption || ~ d'**essence** / petrol o. gasoline consumption || ~ d'**essence conforme à la normalisation** (auto) / gasoline (US) o. petrol (GB) o. fuel consumption under standard conditions || ~ d'**essence spécifique ou par 100 km ou en litres aux 100 km** (auto) / gas mileage (US), petrol consumption per 100 km o. miles (GB) (10 miles/gal: USA = 23,5 l/100 km, Engl = 28,2 l/100 km) || ~ de **force** / power consumption || ~ **intérieure** / own consumption || ~ des **matériaux** / consumption of material o. sheets o. bars etc. || ~ de **matières** / consumption of material || ~ **moyenne** / average consumption || ~ d'**oxygène** / oxygen demand o. consumption || ~ **privée** / private consumption || ~ **propre** / own consumption || ~ **spécifique** / specific consumption || ~ **spécifique électrique** (ch.de fer) / specific energy consumption || ~ **spécifique d'une lampe** / specific consumption || ~ par **tête** / per capita consumption || ~ de **vapeur** / steam consumption || ~ en **watt** / wattage
consommer / consume || ~ à **bâtir** / consume for building purposes, use up in building || ~ du **courant** / drain current
consomptible / expendable
consonance *f* (musique) / consonance
conspirant (méc) / conspiring, cooperating
constance *f* / constancy || ~ en **point zéro** / zero point constancy || ~ de **température** / constancy of temperature || ~ de **volume** / constancy o. stability of volume
constant, stable / constant, continuous, permanent || ~, invariable / unchangeable, constant || ~ (charge) / permanent, dead (load) || ~ dans le **temps** / invariable with time (US), constant in time || ~ dans le **temps** (ord) / constant in time (parameters)

constantan *m* / constantan
constante *f* (math, phys) / constant || ~ **A de l'équation Richardson** (électron) / Richardson constant || ~ α **d'Hubble** (astr) / Hubble constant || ~ d'**affaiblissement** (télécom) / attenuation constant o. factor || ~ d'**amortissement** (instr) / damping constant || ~ d'**amplification** (électron) / amplification constant || ~ **arbitraire** / arbitrary constant || ~ de **cardage** / carding constant || ~ de **champ [électrique ou magnétique]** / [electric o. magnetic] field constant || ~ de **circuit** (télécom) / line constant || ~ du **circuit R-C** / RC-constant || ~ du **compteur** (électr) / meter constant || ~ de **débit d'exposition** (nucl) / exposure rate constant || ~ de la **décharge** (tube) / damping constant || ~ de **déphasage** (télécom) / wavelength (US) o. phase (GB) constant || ~ de **désintégration** (nucl) / disintegration o. decay constant || ~ **diélectrique** / dielectric constant || ~ **diélectrique** (isolateur) / relative permeability || ~ **diélectrique du vide** / absolute permittivity of the vacuum || ~ de **diffusion** (semi-cond) / diffusion constant || ~ de **dissociation** / dissociation constant || ~ **distribuée** (électr) / distributed constant || **~s** *f pl* **élastiques** / elastic constants *pl* || ~ *f* **électrique** ε_0 / absolute permittivity of the vacuum, electric constant ε_0 || ~ d'**énergie cinétique** (électr) / stored energy constant || ~ d'**équilibre** (chimie) / equilibrium constant || ~ **essentielle** (ord) / essential constant || ~ d'**Euler** (méc) / Euler's constant || ~ de **Faraday** / Faraday's constant || ~ de **Fermi** / Fermi constant || ~ **figurative** (ord) / literal || ~ **galvanométrique ou de galvanomètre** / galvanometer constant || ~ des **gaz** / gas constant || ~ **gravitationnelle** / gravitation constant, constant of gravitation || ~ d'**induit** (électr) / constant of armature || ~ d'**inertie** (électr) / inertia constant || ~ d'**intégration** (ord) / constant of integration, integration constant || ~ d'**ionisation** / ionization constant || ~ **k de Boltzmann** / Boltzmann's constant k, black body constant || ~ **K de taximètre** / constant K for a taximeter || ~ de **liaison** (nucl) / coupling constant || ~ de **longueur d'onde** (télécom) / wavelength (US) o. phase (GB) constant || ~ de **longueur d'onde** (phys) / wave number, wavelength constant || ~ **magnétique** (vide) / magnetic constant || ~ **naturelle** / natural o. physical constant || ~ de **notation** (ord) / notation constant || ~ d'**oscillation** / oscillation constant || ~ de **phase** (électr, télécom) / phase angle, change of phase || ~ de **phase** (ondes) / phase constant || ~ de **phase générale** (télécom) / effective phase angle || ~ **photoélectrique** / photoelectric constant || ~ **physique** / physical constant || ~ de **Planck** / Planck's constant, Planck's [elementary] quantum of action || ~ de **Poisson** / Poisson's ratio || ~ **positive de mot** (ord) / full-word positive constant || ~ de **propagation** (télécom) / propagation constant o. factor || ~ de **propagation des ondes** (phys) / wave number, wavelength constant || ~ de **propagation par unité de longueur** (télécom) / propagation constant per unit length || ~ **propre aux matières** / matter constant || ~ **radioactive** (nucl) / disintegration o. decay constant || ~ de **rappel** (ressort) / spring rate o. constant || ~ de **rayonnement gamma** / gamma ray constant || ~ de **réaction** / reaction constant || ~ **répartie** (électr) / distributed constant || ~ de **réseau** (nucl) / lattice constant || ~ de **réseau** (électr) / network constant || ~ **secondaire** (télécom) / secondary constant || ~ de **sensibilité** (microphone) / sensitivity constant || ~ **solaire** / solar constant || ~

de **solidification** (sidér) / solidification constant || ~ **spécifique de rayonnement gamma** (nucl) / specific gamma-ray constant o. gamma-ray emission || ~ de **structure fine** / fine structure constant || ~ de **temps** / time constant [of time delay] || ~ de **temps** (contr. aut) / rate time || ~ de **temps électrique à la charge d'un détecteur** / electric charge time constant of a detector || ~ de **temps de l'excitatrice** / exciter time constant || ~ de **temps du limiteur d'impulsions** (électron) / clipping time constant || ~ de **temps longitudinale** (électr) / direct axis of time constant || ~ de **temps d'un réacteur** (nucl) / reactor time constant, reactor period || ~ de **temps du retard** (contr.aut) / time constant [of time delay] || ~ de **temps rotorique** / rotor time constant || ~ de **temps transitoire en court-circuit** / transient short circuit time constant || ~ de **temps transversale** (électr) / quadrature axis of time constant || ~ pour la **torsion** (filage) / twist constant, constant number for twist || ~ **unifiée de masse atomique** / atomic mass unit, a.m.u || ~ **universelle** / universal constant || ~ **universelle des gaz** / Boltzmann's constant k, black body constant || ~ de **Verdet** (opt) / Verdet's constant || **~s** *f pl* à **virgules flottantes à haute précision** (ord) / long-precision floating point constants || ~ *f* **viscosité-gravité** / viscosity-gravity constant || ~ de **vitesse** (chimie) / specific reaction rate, velocity constant || ~ **w** (auto) / constant W for vehicles

constater (chimie) / ascertain, determine

constellation *f* / constellation

constituant *adj* / constituent, constitutive, component || ~ *m* (chimie) / constituent || ~ (math) / constituent || **à un ~ indépendant** (chimie) / unary || **à un ~ indépendant** (chimie) / unary || ~ de **copulation azoïque** / azoic coupling component || ~ **diazoïque** / azo[ic] o. diazo component || ~ **électronique intégré** (ord) / integrated electronic component, IEC || ~ de **mélange** (pétrole) / blending component o. stock || **~s** *m pl* **nucléaires** (nucl) / nuclear components *pl* || ~ *m* **perturbateur** / undesirable constituent || ~ d'une **structure** (sidér) / structural constituent

constituer / constitute

constitutif (phys) / constitutive || ~ / essential, fundamental

constitution *f* / structure, constitution || ~ du **champ magnétique** / build-up [period] of the magnetic field || ~ **chimique** (chimie) / configuration || ~ du **cœur** (réacteur) / core data *pl* || ~ **fibreuse** / fibrousness || ~ de la **matière** (chimie) / structure of matter || ~ **quantitative** / quantitative proportion o. relation o. composition || ~ **schématique** / basic o. elementary structure || ~ de la **structure** / structural constitution || ~ de la **superficie** / character o. condition o. kind of surface

constitutionnel / constitutional

constriction *f* / constriction, contraction || ~, étranglement *m* / pinch-off

constringence *f* (opt) / constringence

constructeur *m* / constructor, manufacturer, maker || ~ d'**appareils** / appliance manufacturer || ~ d'**automobiles** / automobile o. automotive (US) factory || ~ **électricien** (électr) / wireman, installer || ~ de **machines** / engine builder o. maker || ~ de **matériel** / original equipment manufacturer, OEM || ~ **mécanicien ou de machines** / mechanical engineer || ~ **métallique** / steel fabricator, structural steel works || ~ de **moules** / mould designer || ~ de **périphériques** / peripheral computer manufacturer, PCM || ~ de **ponts** / bridge engineer || ~ de **routes** / highway maker o. engineer o. builder, road engineer o. maker || ~ de **vaisseaux** / shipbuilder, shipwright, naval architect

constructible (ELF) / ready for building

constructif / constructive

construction *f* / construction, style, design || ~ (action) / erection, erecting || ~ (techn, bâtim) / building [activity] || ~, assemblage *m* / erection, mounting, assembly, assembling, assemblage, raising || ~, développement *m* / engineering, designing || ~, édifice *m* / building, edifice || ~ (math) / geometrical construction || ~ (p.e. française) / make, workmanship || **de ~** / constructional || **de ~ navale** / shipbuilding || **en ~** / under construction || **~s** *f pl* **additionnelles** / extensions *pl* || ~ *f* **aéronautique** / aircraft construction, construction of airplanes || ~ d'**agrandissement** / enlargement of premises || ~ à l'**aide d'unités de montage ou d'éléments unifiés** (bâtim) / system-building, industrialized building || ~ **allégée** / light construction, lightweight construction || **~s** *f pl* **anciennes** / old buildings *pl* || ~ *f* d'**antennes** / antenna erection [service], antenna rigging || ~ **antisonique** / acoustic construction || ~ **aplatie** / pancake design || ~ des **appareils** / apparatus engineering || ~ en **appentis** (bâtim) / lean-to, penthouse || ~ d'**arc ou en arc** / arch construction || ~ **automatique** (ord) / automated design engineering, ADE || ~ **automobile ou d'automobiles** / construction of cars o. vehicles || ~ **autoporteuse** (bâtim) / self-contained construction || ~ à **axe incliné** (pompe) / bent axis design || ~ en **baies** (télécom, électron) / rack [and panel] construction || ~ de **bateaux** / boat building || ~ en **bâti** (bâtim) / framework construction || ~ de **bâtiments à ossature métallique** / steel structural engineering || ~ en **béton** / concrete construction || ~ en **béton armé** / reinforced concrete construction || ~ en **béton armé et en verre** / glass-crete construction, reinforced concrete construction with glass-tile fillers || ~ en **béton simple** / plain concrete structure || ~ **bien mûrie** / perfected type || ~ en **bois** / timberwork, wooden construction || ~ en **bois et métal** / wood and metal design || ~ en **brique** / brick masonry o. work || ~ en **briques brutes** / common o. raw brickwork || ~ d'un **câble** / cable design o. construction || ~ en **cadre** (bâtim) / framework structure || ~ **caractéristique** / distinctive design || ~ **cellulaire** / cellular design o. construction || ~ en **charpente** / framed building o. construction || ~ de **chaudières** / boiler construction || ~ des **chemins de fer** / railway construction || ~ en **chevalet** / trestle structure || ~ avec **coffrage glissant** (bâtim) / sliding moulding method || ~ **collée** / glued wood construction || ~ en **colombages** / framed building o. construction || ~ à **colonne monobloc** (grue) / unit-column design || ~ **combinée ou composite** (bois) / composite trussing || ~ **compacte** / compact design || ~ **composite** / composite o. combined building o. construction || ~ en **coque** (bâtim) / shell structure || ~ en **coquilles rigides** (ch.de fer) / rigid-shell construction || ~ **défectueuse** / faulty design || ~ de **digues** / dam construction || ~ en **dur** / solid construction || ~ d'**écluses** / construction of sluices o. locks || ~ d'**édifices** / house building || ~ à **emboîtement** / interlocking construction || ~ à **enrobé** (routes) / mix construction || ~ **entièrement en bois** / all-wood construction || ~ **entièrement métallique** / all-metal construction || ~ d'**établissements**

industriels / plant engineering || ~ en **faisceaux de tubes** (bâtim) / bundled tube o. modular tube design || ~ **fermée** (électr) / enclosed type o. construction || ~ à **fils de remplissage** (câble) / filler wire construction || ~ **fluviale** / river training || ~ des **gabarits et montures ou montages** / construction of jigs and fixtures || ~ **géodésique** / geodetic construction || ~ en **grands panneaux** (bâtim) / large panel technique || ~ **graphique du champ** (phys) / field plotting || ~ d'**habitations à loyer modéré**, H.L.M., construction *f* H.L.M. / social housing scheme || ~ des **halls ou des hangars** / hall o. hangar construction || ~ en **hourdis creux** / hollow gauged brick o. slab construction || ~ **hydraulique** / water engineering || ~**s** *f pl* **hydrauliques en acier** / hydraulic steelwork o. steel structure || ~ *f* **immobilière** / domestic architecture || ~ **immobilière** (p. opp.: génie civil) / overground workings *pl*, building construction || ~ **indépendante** (treuil) / self-contained execution || ~**s** *f pl* **industrielles** / industrial architecture o. construction || ~ *f* d'**irrigation** / irrigating plant, trickling installation || ~ **légère** / light construction, lightweight construction || ~ **légère en acier** / light-gauge steel construction || ~ de **lignes etc.** / construction of lines, line construction || ~ des **lignes télégraphiques** / telegraph o. line construction || ~ de **locomotives** / engine building || ~ de **logements** / domestic buildings *pl* || ~ de **machines** / engine o. machine construction o. building || ~ des **machines agricoles** / agricultural machine industry || ~ de **machines électriques** / construction of electic machines || ~ des **machines-outils** / machine tool building o. manufacture || ~ en **maçonnerie brute** / common o. raw brickwork || ~**s** *f pl* **mécaniques** / engine o. machine construction o. building || ~ *f* des **mécanismes** (cinématique) / technology of mechanism design || ~ **métallique** / constructional o. structural steel work || ~ **métallique légère** / light-gauge steel construction || ~ **métallique pour ouvrages hydrauliques** / hydraulic steel work o. steel structure || ~ **mixte** / mixed construction || ~ **mixte**, construction composite / composite structure || ~ **modulaire** (électron) / modular design || ~ **modulaire** (bâtim) / modular design o. concept || ~ [en] **monobloc** / unit construction || ~ **monobloc** (aéro) / integral construction || ~ **[mono]coque** (bâtim) / monocoque construction, stressed-skin construction || ~ des **moules** / mould making || ~ en **mur-rideau** (béton, constr.en acier) / veneered construction || ~ **navale** / naval architecture o. construction, shipbuilding || ~**s** *f pl* **navales** / building of ships || ~ *f* en **nid d'abeilles** / honeycomb design o. construction || ~ **nouvelle** / new design || ~ en **ossature** / skeleton structure || ~ à ou en **ossature métallique** / steel framed [super]structure, steel skeleton construction o. superstructure || ~ **ouverte** / open type || ~ **particulière** / special type || ~ **perfectionnée** / revised design o. construction, improved design || ~ en **pierres** / stone structure || ~ sur **pilotis** / structure on pile foundation || ~ du **plancher** / floor construction || ~ à **pont plat** / flush deck design || ~ des **ponts** / bridge building o. construction || ~**s** *f pl* du **port** / docks *pl* || ~ *f* de **port ou portuaire** / dock o. wharf o. harbour construction o. structure || ~ en **portique** (bâtim) / framework structure || ~ de **presses** / press manufacture o. making || ~ **protectrice au fond de la rivière** (hydr) / river bottom protection structure || ~ **protégée** (électr) / protected type || ~ de **puits** / well sinking o. building o. tubbing || ~ **ramassée** / compact design || ~ de **réservoirs** / tank construction || ~ de **réservoirs sous pression** / pressure vessel manufacture || ~**s** *f pl* **résidentielles** / residential buildings *pl* || ~ *f* **résistant à l'acide** / acidproof installation || ~ **routière avec béton précontraint** / prestressed concrete road construction || ~ **routière ou de routes** / highway engineerring, street o. road building o. construction || ~ en **saillie** (bâtim) / projection, bearing-out, overhang || ~ **sandwich** / sandwich construction o. structure || ~ en **sandwich** (plast) / sandwich construction || ~ **sandwich chambrée ou à cœur en nid d'abeilles** / honeycomb sandwich construction || ~ en **série** / series construction || ~ **serrée** / compact design || ~ **soudée** / weldment || ~**s** *f pl* **sous-marines** / subaqueous structures *pl* || ~ *f* **spéciale** / special type || ~ **surajoutée** (techn, bâtim) / mounted-on construction, directly attached construction || ~ des **télégraphes** / telegraph o. line construction || ~ dans ou à la **terre** (bâtim) / earthwork || ~ de **théâtre** / construction of theaters || ~ de **toit** / roof construction || ~ en **tôle** / fabricated steel sheet structure, steel plate work o. construction || ~ **tout acier** / all-steel design o. construction || ~ [en **treillis métallique] système Rabitz** / Rabitz [wire lattice o. wire netting] plaster construction || ~ en **tubes d'acier** / tubular steel construction || ~ **tubulaire** / tubular construction || ~ de **tunnels** / tunnel construction, tunnelling || ~ de **type unifié** / standard type o. execution, standard type construction || ~ **unique** / construction in single units, small-scale o. single-piece production, individual construction (US) || ~ à l'aide d'**unités de montage** (bâtim) / system-building, industrialized building || ~ de la **voie** / railway (GB) o. railroad (US) construction || ~ en **voile mince autoportante ou autostable** / stressed-skin construction, monocoque construction || ~ de **voûtes** / vault construction || ~ de **wagons** / waggon (GB) o. freight car (US) building

construire / construct, build, engineer *vt* || ~ (bâtim) / build, erect || ~, planter (bâtim) / lay on o. down, construct || ~ [sur] / build over, erect on top [of], superstruct || ~, donner forme / construct, design || ~, monter / erect, mount, assemble || ~ (p.e. un triangle) (géom) / construct (e.g. a triangle) || ~ des **barrages contre l'eau** (mines) / dam in o. up || ~ un **canal** / build a canal, canal || ~ un **dessin** / design, sketch || ~ une **galerie** / drive o. work a gallery || ~ une **galerie autour d'un gîte** (mines) / cut a gallery round a lode || ~ un **pont** / construct a bridge, lay a bridge || ~ une **route** / build o. make a road || ~ une **voûte** (bâtim) / strut a vault

construit sur **cave** (bâtim) / with basement || ~ **selon le principe modulaire** / designed in modular system || ~ sur **vide sanitaire** / without understairs

consultation *f* **industrielle** / industrial consultation || ~ de **tables** (ord) / table lookup || ~ **verbale** (aéro) / briefing

consumé, être ~ par le feu / burn away o. down o. off

consumer, brûler / burn || ~, épuiser / consume, use up || ~, détruire / consume, destroy || **se ~ par le feu** / burn away o. out

contact *m* / contact, touch || ~ (engrenage) / gearing, mesh, engagement || ~ (électr) / contact || ~ ! / on! || **à ~ central** (électr) / center contact ... || **être en ~ radio** / communicate by radio || **faire ~** (électr) / contact, make contact || **faire ~ entre les conducteurs**

d'une boucle (télécom) / short-circuit *vt*, short-out || **qui établit un** ~ / contacting || **sans** ~ (électr) / contactless || ~ à **accompagnement** (interrupteur) / continuity contact || ~ **accroché** (défaut) / hang-up || ~ **actionné par le train** (ch.de fer) / rail contact actuated by the train || ~ **annulaire** / annular contact || ~ d'**approche** (engrenage) / approach contact || ~ d'**arc** / arcing contact || ~ d'**archet** (électr) / sliding bow contact || ~ d'**asservissement** / interlocking contact || ~ d'**auto-entretien** (relais) / catching o. locking contact || ~ **autonettoyeur** (télécom, électron) / self-wiping contact, slider, wiper || ~ **auxiliaire** / series contact || ~ **auxiliaire d'abonnés à plusieurs lignes** (télécom) / master number contact, hunting contacts *pl* || ~ **avancé** / pre-mating contact || ~ à **bague glissante** / slip ring contact || ~ à **balai** / brush type of contact, laminated contact || ~ **basculant à mercure** / mercury switch, wet reed relay (US) || ~ en **bloc** / block type contact || ~ à **braser** / soldering contact || ~ à **buter** / push contact, dotting contact || ~ du **cadran d'appel** (télécom) / impulse contact || ~ **central** / center contact || ~ de **charbon** / carbon contact || ~ par **charbon frottant** / carbon sliding o. slip contact || ~**s** *m pl* à **chevauchement** / make-before-break contacts *pl* || ~ *m* de **commutation de commande** / switching contact || ~ pour **connexion enroulée** / wrap contact || ~ **contacteur** (relais) / make contact || ~ de **court-circuit** / short-circuiting o. shorting contact || ~ **court-circuitant** (relais) / make-before-break contact || ~ à **couteau** (électr) / knife contact || ~**s** *m pl* **croisés** / crosspoint contacts || ~ *m* de **débordement** (télécom) / overflow contact || ~ à **déclic** / snap contact || ~ des **dents** / full-face contact || ~ de **dernière colonne** (c.perf.) / last column contact || ~ **«dernière ligne»** / last line contact || ~ **double** / collateral contacts *pl* || ~ **double de fermeture** / double make contact || ~ à la **douille** (lampe) / shell contact || ~**-éclair** *m* (phot) / flash contact || ~ **élastique** (instr) / spring stop || ~ d'**entretien** / locking contact || ~ d'**espacement** (télécom) / space contact || ~**s** *m pl* **établis avant ouverture** / make-before-break contacts *pl* || ~**s** *m pl* d'**extrémité de carte** (circ.impr.) / edge board contacts *pl* || ~ *m* à la **face** / partial face contact || ~ **femelle** (électr) / socket contact || ~ de **fermeture** / make contact, normally open contact || ~ **feuilleté** / brush type of contact, laminated contact || ~ à **fiches** / plug contact, contact plug || ~ à **fiches** (télécom) / plug contact || ~ entre **fils** / line to line fault || ~ de **fin de course** (gén) / limit stop contact || ~ de **fin de course** (NC) / limit switch || ~ **fixe** (électr) / fixed contact || ~ **fixe d'un instrument** / positive stop, dead stop || ~ **fixe de voie** (ch.de fer) / contact ramp of the track || ~ au **flanc** / flank contact || ~ de **flash** (phot) / flash contact || ~ en **forme de ligne** (engrenage) / rolling line contact || ~ de **freinage** / braking contact || ~ par **frottement** (électr) / rubbing contact || ~ **frotteur ou à frottement** / sliding o. wiper contact, plot, slide || ~ par **galet** (électr) / trolley contact || ~ sous **gaz protecteur** / [dry-]reed contact o. relay o. switch || ~ **glissant ou à glissement** / sliding contact, plot, slide || ~ **glissant** (télécom, électron) / glide o. slide contact, slider || ~ à **haute vitesse de recombinaison** / high recombination rate contact || ~ d'**impulsion** (relais) / impulse contact || ~ à **impulsion** (électr) / touch control contact || ~ **intermittant** (électr) / intermittent o. tottering contact, loose connection o. contact || ~ **intermittant entre fils** / intermittent contact || ~ **intermittant avec le sol** (électr) / swinging earth || ~ **inverseur** (relais) / change-over contact || ~**s** *m pl* **jumelés** (relais) / twin contacts *pl* || ~ *m* à **lame** / rubbing spring contact, wedge contact || ~ à **lame souple** / [dry-]reed contact o. relay o. switch || ~ à **languette** / snap contact || ~ **linéaire** (méc) / extended contact || ~ **lyre** (électr) / tuning fork contact || ~ de **maintien** (relais) / locking contact || ~ **mâle** / plug pin || ~ à **mercure** (électr) / mercurial contact || ~ de **mise à la terre** / earthing contact || ~ de **niveau** (télécom) / decade selector contact || ~ **non court-circuitant** (relais) / break-before-make contact || ~ **normalement fermé** (électr) / break o. rest contact (GB), normally closed contact, NC contact (US), spacing contact || ~ **normalement ouvert** / make contact, normally open contact || ~ **pare-étincelle** / series contact || ~ **parfait avec le sol** / dead o. full o. total earth [contact] || ~ de **passage** / passing contact || ~ de **passage fermant** (électr) / passing make contact || ~ à **pédale** (électr) / floor contact o. push, treading contact || ~ à **permutation** / change-over contact || ~ **platiné ou de platine** (électr) / platinum contact || ~ **ponctuel** (méc) / point contact, localized contact || ~ **ponctuel ou à pointe** (transistor) / point contact || ~ à **pont** (électr) / bridge forming contact || ~ de **pontage** / short-circuiting o. shorting contact || ~ de **pontage** (boulon de raccord) / link || ~ de **porte** (électr) / door contact || ~ de la **porte d'entrée** (électr) / street door contact || ~ par **pression** / push contact, dotting contact || ~ **radio** / radio circuit o. link || ~ de **rail** (ch.de fer) / rail contact, pedal || ~ **rapporté** (circ imprimé) / stake contact || ~ de **réception** (électr) / break o. rest contact (GB), normally closed contact, NC contact (US), spacing contact || ~ **redresseur** / contact rectifier || ~ **réglable** (instr) / adjustable stop || ~ du **relais** / relay point || ~ de **report circulaire** / carry contact || ~ de **repos** (électr) / break o. rest contact (GB), normally closed contact, NC contact (US), spacing contact || ~ **repos auxiliaire** / normally closed auxiliary contact || ~ de **repos secondaire** (télécom) / secondary off-normal contact || ~ de **repos d'un sélecteur** (télécom) / normal contact of a selector || ~ à **ressort** / spring contact || ~ à **ressort ou à languette** / snap contact || ~ de **retraite** (engrenage) / recess contact || ~ **roulant** (mouvement) / rolling butt contact || ~ à **roulette** (dispositif) / roller type contact || ~ avec la **route** (auto) / road feel || ~ à **ruban** / ribbon contact || ~ **rupteur ou de rupture** (relais) / break contact || ~ [de] **rupture** (auto) / breaker contact o. point, make-and-break contact || ~ à **rupture brusque** / snap contact || ~ **sabre** / blade contact || ~**s** *m pl* **sans chevauchement** / break-before-make contacts *pl* || ~ *m* **scellé** / [dry-]reed contact o. relay o. switch || ~ **secondaire** / accessory contact || ~ de **secours** / auxiliary contact || ~ au **sol** (auto) / contact surface of the tire, wheel tread, foot print || ~ avec le **sol** (électr) / earth (GB) o. ground (US) contact o. fault || ~ avec les **sommets des dents de la roue correspondante** / contact with the crest of the corresponding wheel || ~ de **substrat** (semicond) / base contact || ~ de **sûreté** / safety contact || ~ de **synchronisation** (phot) / synchronizing contact || ~ de **synchronisation «F», [«M», «X»]** (phot) / F-,[M-, X-]contact, F-,[M-, X-]synchronization contact || ~ à la **terre ou terrestre ou avec le sol** / earth contact o. connection o. fault o. leakage, ground (US) contact of fault || ~ à la **terre passager**

(électr) / temporary earth || ~ à la **terre simple** / single earth || ~ **terrestre oscillant** / swinging earth || ~ **thermique** / thermal contact || ~ à **tirage** (électr) / pull contact || ~ **total avec le sol** / full earth (GB) o. ground (US) contact || ~ de **travail** (relais) / make contact, normally open contact || ~ de **travail** (téléph. autom) / off-normal contact || ~ de **travail auxiliaire** / normally open auxiliary contact || ~ **travail avant repos** / make-break contact with continuity transfer, change-over contact make before break || ~ à **tunnel de Josephson** (semicond) / Josephson tunnel contact || ~**s** *m pl* **une face** (circ int) / one-face contacts || ~ *m* de **verrouillage** / locking contact || ~ de **verrouillage réciproque** / interlocking contact || ~ **vissé** / screwed contact || ~ **visuel** / visual contact o. communication || ~ de **voie** (ch.de fer) / rail contact, pedal

contactage *m* **permanent** (électr) / latching contact operation

contactant / contacting

contacter / contact, make contact

contacteur *m*, interrupteur *m* à distance / contactor || ~ (cadran) / impulse contact || ~, générateur *m* dimpulsions / pulser || ~, conjoncteur *m* (électr) / circuit closing contactor || ~ (relais) / make contact, normally open contact || ~ dans l'**air** (électr) / air gap relay, air break contactor || ~ à **air comprimé** (électr) / compressed-air switch || ~ d'**allumage** (auto) / ignition switch || ~ **annonceur** (radio) / acknowledging contactor || ~ **auxiliaire** / contactor relay || ~ d'**avertisseur** (auto) / horn switch || ~ à **[bain d']huile** / oil-immersed contactor || ~ **bloc** / block type contactor || ~ de **chauffage** (ch.de fer) / heating contactor || ~ de **commande** / [control circuit] contactor || ~ de **couplage** / contactor || ~ de **démarrage** (électr) / accelerating contactor || ~**-disjoncteur** *m* (électr) / contactor || ~**-disjoncteur** *m*, interrupteur *m* de retour / directional o. discriminating relay, reverse current o. reverse power relay || ~ d'**éclairage-allumage** (auto) / light and ignition switch || ~ **électromagnétique** (électr) / contactor || ~ **électronique** / electronic switch || ~ à **entrefer** (électr) / air gap relay, air break contactor || ~ **instantané** (télécom) / instant-on switch || ~**-interrupteur** *m* (électr) / contactor || ~**-interrupteur** *m* **et inverseur** (électr) / reversing contactor || ~ **kick-down** (auto) / kick-down switch || ~ de **lancement** (auto) / starting relay || ~ **limiteur électronique** (m.outils) / multi-limit switch || ~ de **manœuvre** / contactor || ~ **manométrique** / contactor for pressure gauges || ~ de **moteur ou pour moteurs** / motor [starting] contactor || ~ **multiple** (électr) / multiple-unit contactor || ~ de **portière** (auto) / door contact [switch] || ~ à **pression d'huile de feu stop** / hydraulic stop light switch || ~ à **prises de réglage** (électr) / tapping contactor || ~ à **réenclenchement** / reset contactor || ~ **sélectif** / discriminating relay o. contactor || ~ à **semiconducteur** / semiconductor contactor || ~ de **sensibilité** (électron) / band switch o. selector || ~ de **stop** / stop-lamp switch || ~ à **trois positions** / three-switch contactor

contagion *f* / contagion

container *m* (terme anglais), conteneur *m* / container, transport box

contaminamètre *m* / contamination meter

contaminant / contaminating

contamination *f* (nucl) / contamination || ~ (environnement) / pollution (GB), polution (US) || **sous ~ radioactive** / radioactive, r.a., hot || ~ des **couleurs** (TV) / colour contamination || ~ de l'**eau** / water contamination || ~ d'**environnement** / environmental contamination || ~ **interne exceptionnelle concertée, [non concertée]** / emergency, [accidental bright] exposure to radioactive materials || ~ **radioactive** / radioactive contamination

contaminé (nucl) / contaminated || ~ par **radioactivité** / radium-contaminated

contaminer / contaminate

contenance *f* / capacity, content || ~ (bouteille) / contents *pl* || ~ du **godet** / bucket capacity || ~ du **réservoir** / tank capacity

contenant des **additifs** (pétrole) / containing additives o. dope || ~ du **chiffon** / rag containing || ~ des **couches** / stratified, stratiform || ~ de l'**huile** (bot) / oleiferous || ~ de l'**hydrogène** / hydrogenous || ~ du **mercure** / mercurial || ~ du **minerai** / paying, rich, ore-bearing || ~ du **talc**, de talc, talcique / talcose, talcous

conteneur *m* (coulée sous pression) / shot sleeve || ~ (ELF) / [freight] container, transport box || ~ **aéré** / ventilated container || ~ à **bâches** / tilt container, tiltainer || ~ de **billettes** (presse à filer) / billet container (extruder) || ~ **calorifique** (ch.de fer) / heat insulated container || ~ en **caoutchouc** / rubber container || ~**-citerne** *m* / tanktainer, tank freight container || ~ à **claire-voie** (manutention) / skeleton container || ~ à **claire-voie** (transports) / skeleton container, lattice sided container || ~ à **congélation** / cooltainer, refrigerated o. reefer container || ~ **démontable** / folding container, flexible container || ~ **fermé** (ch.de fer) / covered container || ~ **fermé** (Norme Française) / closed container || ~ **frigorifique** (ch.de fer, auto) / mechanical refrigerator container, mechanically refrigerated container, cooltainer, reefer container || ~ type **igloo** (aéro) / igloo o. iglu (US) container || ~ pour **immondices à compactage** / compaction container for garbage || ~ **interchangeable** (auto) / interchangeable container || ~ **ISO** / ISO freight container (of an internal volume of 1 m^3 o. more) || ~ **isotherme** / insulated container || ~ **loué en banalisation** / lease container || ~ à **marchandises** / freight container || ~ **[à marchandises] pour trafic intérieur** / inland container || ~ **moyen** / medium container || ~ **multimodal** / internodal container || ~ **non retour** / one-trip container o. drum || ~ **non retour type C** (nav) / disposable C-container || ~ **ouvert** / open-top o. tilt-top container || ~ **p.a.** (ch.de fer) / pa-container || ~ à **paroi ouverte, [ouvrant]** / open, [opening] wall freight container || ~ **perdu en possession du transporteur** / disposable C-container || ~ **pliant ou repliable** / folding container, collapsible container || ~ pour **pont inférieur** (aéro) / belly container, lower deck container || ~ de **port à port** / port-to-port container || ~ à **porteur aménagé** (ch.de fer) / container with special fittings for handling || ~ en **possession du transporteur** / carrier-owned container || ~ **propriétaire d'expéditeur** (nav) / shipper-owned container || ~ à **pulvérulents** / [dry] bulk container || ~ **réfrigérant** / cooltainer, refrigerated o. reefer container || ~ **repliable** / collapsible container, folding container || ~ **sans toit ou à toit ouvert** / open-top o. tilt-top container || ~ de la **série 1 d'usage général** / general purpose series 1 container || ~ **standard** / standard container || ~ pour **stock** (atelier) / stock box || ~ à **toit ouvert, [ouvrant]** / open top, [opening roof] freight container || ~ en **treillis** /

skeleton container, lattice sided container || ~ d'**usage courant** / general purpose o. general cargo container || ~ d'**usage spécialisé** / special purpose container || ~ **ventilé** / mechanically ventilated freight container || ~ **vide en retour** / returned empty container || ~ pour **vivres** / foodtainer
conteneurisable (ELF) / containerizable
conteneurisation *f* / containerization
conteneurisé / containerized
contenir / contain, include, encompass || ~, retenir / bound *vt*, restrain
contenu *m* / content, capacity || ~ (fig) / content || ~ **conditionnel moyen en informations** (ord) / average conditional information content || ~ **cubique** / cubical content || ~ du **filon** (mines) / quality of the lode || ~ en **informations des symboles** (ord) / information content per symbol || ~ de la **mémoire** (ord) / storage fill, memory contents || ~ de **message** / message contents *pl* || ~ **moyen en informations** / average information content, entropy || ~ **moyen d'informations par symbole** / average information content per symbol || ~ **moyen de transinformation** / average transinformation content || ~ du **réservoir** (électr) / capacity of a storage basin || ~ **total d'informations** / gross information content
contestation *f* / claim, dispute, contest
contexte *m* / context
contexture *f* (tiss) / set[t] o. density o. compactness of cloth || ~ des **fibres de la matière** / flow of the fibers || ~ de la **peau** (tan) / cutaneous structure
contigu / in contact, contiguous || ~ *(fem: contiguë)* / adjacent, adjoining, contiguous, next [to]
contiguïté *f* / contiguity
continent *m* (géogr) / mainland
continental / continental
contingence *f* / contingency, coincidence, accidentality || ~ (statistique) / contingency
contingent *m* / quota, allotment
contingentement *m* / economic control
continu *adj* / continuous, continued, non-intermittent || **[en]** ~ / continuous || ~ (tiss) / fully-threaded || ~ (techn) / passing, continuous || ~ (rail) / without gap || ~, sans vide / continuous, without a gap || ~, progressif / continuous[ly adjustable o. variable] || ~, de longue durée / long duration... || ~ (poutre) / continuous, through-going || ~ *m* (électr) / direct-current, D.C., DC, d.c., d-c, (obsolete:) continuous current || ~ (filature) / ring spinning frame || **de façon ~e** / uninterruptedly || **en** ~ (m. outils) / in a continuous operation || ~ à **ailettes** / fly o. speed frame, flyer spinning frame || ~ à **filer à cloches** / cap spinning frame o. machine || ~ à **filer à anneaux** (tex) / ring [spinning] frame, ring spinner, throstle [frame] || ~ à **filer par centrifuge ou à filer à pots** / box o. pot spinning frame || ~ à **hydrogène** (spectre) / hydrogen continuum || ~ *adj* **ininterrompu** / fully continuous || ~ *m* à **retordre** (fibres chimiques) / doubling frame o. twister, twisting frame o. machine || ~ à **retordre à anneau** / ring doubling frame, ring twisting frame
continuation *f* / continuance || ~ de **chauffage** / coasting of temperature || ~ de **tintement** / hum note || ~ du **travail** / continuation of work
continuel / sustained, continual, incessant
continuer *vt* / carry on, continue *vt* || ~ [à, de] *vi* / continue *vi* || ~ à [se] **déchirer** / continue tearing || ~ d'**exister** / last, persist, endure || ~ de **marcher** / proceed, progress, advance || ~ à **marcher par inertie** (auto) / coast
continuité *f* / continuity || ~ de **courant** / current conduction
continuum *m* (math, phys) / continuum || ~ **de Cosserat** (méc) / Cosserat continuum
contour *m* / contour, [profile] outline || ~ (scie) / set o. pitch of saw teeth || ~ de **came** (techn) / cam contour o. shape o. profile o. outline || ~ du **champ visuel selon S.A.E.** / S.A.E. eye range contour || ~ du **noyau central** (méc) / core line || ~ **polygonal** / continuous lines
contourné / wry, crooked, contorted || ~ (techn) / winding, warped
contournement *m* / wind, warp[ing] || ~ de la **bande** (acoust) / tape curvature || ~ d'un **isolateur** / flash-over
contourner, déformer / distort, warp, twist || ~, suivre les contours / lead around || ~ (électr) / avoid, go round, evade || ~ (mines) / cut a gallery round a lode || ~ (se) (bois) / warp, get warped, set, cast || ~ [les **dents]** (scie) / set the teeth
contractant *m* / contracting party
contracté / contracted, shrunk || ~, resserré / narrowed, constricted
contracter, raccourcir / contract || ~ (m. à coudre) / tighten up || ~, faire une convention / contract *vt* || ~ (se) / contract *vi*, shrink
contracteur *m* (Canada) / contractors *pl*
contractile / contracti[b]le
contractilité *f* / contracti[bi]lity
contraction *f* / constriction, contraction || ~, rétrécissement *m* / contraction || ~ (tiss) / contraction, shrinkage || ~ du **diamètre** / contraction of diameter || ~ **latérale** (mesure de débit) / side contraction || ~ de **section droite** / contraction || ~ **thermique** / thermal contraction || ~ **transversale** / lateral o. transversal contraction || ~ **verticale** (mesure de débit) / bottom contraction || ~ de **volume** / contraction of volume || ~ de **volume** (acoust) / constriction o. contraction of volume
contractuel / as per agreement, contractual
contracture *f* (colonne) / taper of a column
contracturer (techn, bâtim) / taper
contradiction, en ~ [avec] / in opposition [with]
contradictoire / contrary, contradictory
contrahélice *f* (nav) / contra-rotating propeller, c.-r. propeller
contra-impédance *f* / counterimpedance
contraint / forced, compelled
contrainte *f* (position) / constrained position || ~ (cinématique) / constraint, compulsion, coercion || ~ (contr.aut) / constraint || ~ (méc) / stress || ~ (essai de fatigue) / repeated stress || ~ par **à-coups** / strain produced by shocks o. jolts o. jerks || ~ d'**adhérence** (béton/acier) / bond strength || ~ d'**adhérence au cisaillement** / adhesive shear strength || ~ d'**adhérence de traction** / adhesive pull strength || ~ **alternée** / alternating stress || ~ d'**appui** (bâtim) / bearing stress || ~ **augmentant peu à peu** / creeping stress o. strain || ~ de **base** / primary stress || ~ au **bord** / edge stress, extreme fiber stress || ~ de **câble** / tension of the cable || ~ de **câble** (ligne aér) / conductor load || ~ de **cisaillement** / shear stress || ~ de **cohérence** / coherency stress || ~ **combinée par flexion et cisaillement** / combined bending and shearing stress || ~ de **commande adaptative** (NC) / adaptive control constraint, ACC || ~ de ou en **compression** / compression o. compressive stress || ~ de **compression dynamique** / dynamic compression stress || ~ **congelée** (méc) / frozen-in strain || **~s** *f pl* du **coqueron** (nav) / panting || ~ *f* **critique d'Euler** /

Euler's critical tension || ~ **croîssant à petite allure** / creeping stress o. strain || ~ **déviatrice** (méc) / deviatoric o. reduced stress || ~ **dynamique** / dynamic stress || ~ d'**écoulement** / yield stress || ~ d'**étirage** / stretching stress || ~ **externe** / external stress || ~ de **fatigue en flexions** / repeated flexural stress || ~ de **flambage** / collapsing stress (US) || ~ de **flexion** / bending stress || ~ due aux **forces centrifuges** / centrifugal tensile stress || ~ à **froid** / stress in cold state || ~ **initiale en relaxation** / initial stress in stress relaxation || ~ **interne** (méc) / internal o. residual stress || **~s** *f pl* **internes** (géol) / stress || ~ *f* de **laminage** / stress due to rolling || ~ en dehors de la **limite d'élasticité** / strain beyond the elastic limit, permanent distortion strain || ~ **marginale** / edge stress, extreme fiber stress || ~ due au **martelage** (forge) / cold[-hammering] stress || ~ **maximale, [minimale, moyenne]** (essai de mat.) / maximum, [minimum, mean] stress || ~ **maximale de tension** (méc) / maximum tensile stress || ~ **normale** / normal stress || ~ **normale positive** / tensile stress || ~ **ondulée** / vibrating stress, waved stress || ~ **ondulée** (essai de mat.) / dynamic load || ~ d'**oscillations** / dynamic stress, stress due to vibrations o. oscillations || ~ **périphérique** (réservoir sous pression) / peripheral o. hoop stress || ~ **pondérée** (constr.en acier) / factored stress || ~ de **portage** (plast) / bearing stress || ~ **primaire** (méc) / primary stress || ~ **propre** (méc) / internal o. residual stress || ~ **rémanente ou résiduelle** (méc) / residual stress || ~ de **retrait** (sidér) / contraction stress || ~ de **rupture** / breaking stress, stress at break o. at failure || ~ **secondaire** (méc) / secondary stress || ~ de **section nette** (méc) / net sectional stress || ~ de **service** (gén) / operating stress || ~ de **soudage** (méc) / welding stress || ~ **spécifique** / restoring force per unit area, unit stress || ~ **statique** / static stress || ~ **statique** (essai de fatigue) / mean stress || ~ **tangentielle** / shear stress || ~ **thermique** / temperature stress || ~ **thermique** (effort) / thermal stress || ~ **tolérée** / maximum admissible strain || ~ de **torsion** / torsional stress || ~ de **traction ou de tension** / tensile stress || ~ de **traction pour un allongement donné** (caoutchouc) / tensile stress at a given elongation || ~ due à la **trempe** / hardening stress || ~ **triaxiale** / triaxial stress || ~ par **unité de surface** (méc) / specific tension, tension reduced to unit area || ~ d'**utilisation** / service stress || ~ de **vibrations alternantes** / cyclic stress || ~ **vibratoire** / vibrating stress

contraire (météorol) / contrary || ~ (mines) / hade against the dip || ~ (rotation) / opposed, working in opposite direction || ~, réciproque / converse || ~ [de] *m* / contrary [of] || ~ au **but** / unsuitable, unsuited, inexpedient, inappropriate || ~ aux **lois de la mécanique** / immechanical || ~ aux **règles** / aberrant, irregular, contrary to the rules

contrarotation *f* de l'**hélice** (aéro) / counterrotation (US) o. reverse rotation (GB) of the airscrew

contraste *m* (phot) / contrast || **à faible** ~ (phot) / flat, weak, without contrast || **à grand** ~ (phot) / rich in contrast, high-contrast ..., contrasty || **être en ou faire** ~ [avec] / contrast [with] || **sans** ~ (TV, phot) / uncontrasty || ~ de **brillance** / brightness contrast || ~ des **brillances** (TV) / overall brightness transfer o. brilliance transfer characteristic || ~ **brusque** (TV) / brightness step o. jump || ~ des **couleurs** / colour contrast || ~ **fin** (TV) / detail contrast || ~ **gros** (TV) / large area contrast || ~ **interférentiel** (opt) / interference contrast || ~ **interférentiel différentiel** (opt) / differential interference contrast, DIC || ~ des **luminances du sujet** (phot) / contrast range o. brightness range of object || ~ **maximum** (TV) / contrast range || ~ de **phase[s]** / phase contrast || ~ **total** (TV) / [acceptable] contrast ratio, ACR, contrast range

contrasté (TV, phot) / rich in contrast, high-contrast

contraster / contrast [with] || ~ (couleurs) / conflict, clash [with each other]

contrat *m* / contract, agreement || ~ d'**affrètement** / charter || ~ **collectif de travail** / collective labour agreement || ~ d'**entretien** (ord) / maintenance o. service contract || ~ d'**études** / research contract o. commission o. assignment || ~ de **licence** / license agreement || ~ de **travail** / terms *pl* of employment

contravariant (math) / contravariant

contravention *f* de **circulation** / violation of the traffic regulations

contre-... / opposed, counter... || **~-admittance** *f* / counteradmittance || **~-aiguille** *f* / rigid o. stock rail || **~-allée** *f* (bâtim) / lateral alley o. passage || **~-arbre** *m* (techn) / countershaft || **~-baguette** *f* (filage) / counterfaller || **~balançant** (se) / counterbalancing each other, at equilibrium || **~balance** *f* / balance o. balancing weight, counterweight, -balance, -poise || **~balancer** / balance, equilibrate, counterbalance, compensate || **~-bande** *f* d'**arrêt d'urgence** (routes) / shoulder, lay-bye, layby || **en** ~ [de] / under || **en** ~ / lower down || **~-bascule** *f* (tiss) / supplementary lever || **à ~-biais** / in an opposite direction || **~-boutant** *m* (techn) / prop, stay, shore || **~-boutant** *m* (bâtim) / buttress || **~-bouter, -buter** (bâtim) / prop, stay, shore up || **~-bouterolle** *f* / holding-up hammer, holder-up, dolly || **~-bouterolle** *f* à **rouleaux** (m.outils) / roller back-rest o. steady-rest || **~-bride** *f* / mating flange || **~-cache** *m* (phot) / counter mask || **~-calque** *m* / transparent copy || **~-calquer** / take a reversed tracing || **~-came** *f* / cam follower || **~-came** *f* (ISO) (mot) / cam follower o. lifter || **~carrer** / frustrate, interfere [with] || **~-chaîne** *f* / backstay || **~-champ** *m* (phot) / reverse angle o. shot, counter shot || **~charge** *f* / balance o. balancing weight, counterweight, -balance, -poise || **~-châssis** *m* (fenêtre) / winter window, double window || **~-châssis** *m* (fonderie) / top flask o. box of a mould || **~-clavette** *f* (techn) / tightening key, driving wedge, gib || **~-cliquet** *m* / safety pawl || **~-cœur** *m* (sidér, forge) / fire wall, breast, chimney back || **~collage** *m* (pap) / pasting || **~collage** *m* à l'**état humide** (pap) / wet lamination || **~collage** *m* **marbré** (pap) / marbled lining o. pasting || **~collage** *m* sur **rouleau** (pap) / roll laminating || **~-collé** (pap) / laminated || **~collé** (pap) / pasted || **~coller** (pap) / cover, laminate || **~-contre-mesures** *f pl* (guerre) / counter-counter-measures *pl* || **~-coudé** / bent at right angles, cranked, elbow[ed], offset || **~-coudé profond** / deep offset

contrecoup *m* / after-effect || ~, répercussion *f* / repercussion || ~ (mot) / back-kick || ~ d'une **balle** / bounce, bound, rebound, repercussion, recoil

contre-couplage *m* (électr) / negative o. reverse feedback o. reaction, degenerative o. inverse feedback, countercoupling || **~-courant** *m* (électr) / countercurrent, -flow, opposed o. opposite current || **~-courant** *m* (hydr) / countercurrent, -flow, reverser direction flow || **~-courant** *m* [entre les **épis**] (hydr) / countercurrent between groins || **~-courant** *m* **sous-marin** (hydr) / underset (GB), undertow (US) || **~-courbe** *f* (ch.de fer) / return o. reversed curve || **~-couteaux** *m pl* (pap) / bedknives *pl*, beater plate o. bedplate || **~-découpage** *m* / reciprocating blanking method || **~-dépouille** *f* (techn, outil) / re-entrant angle, undercut || **~-dépouille** *f* (coulée sous pression) / undercut || **~-dépouille** *f* (fonderie) / draft of the mould || **~-dépouiller** / undercut *vt* || **~-dévers** *m* (rails) / counter-cant || **~-diagonale** *f* (pont) / counterbrace, countertie || **~-dotage** *m* (semicond) / contradope

contrée *f* / district || **~s** *f pl* **basses** (géogr) / bottom land, lowland

contre-écrou *m* / counternut, lock (GB) o. check o. jam (US) o. pinch nut || **~-électromoteur** / back-electromotive || **~-émail** *m* / enamel laid on the back of a plate || **~-épreuve** (typo) / counterproof || **~-épreuve** *f* / proof to the contrary || **~-épreuve** *f*, contre-essai *m* / repeat test || **faire la ~-épreuve ou le contre-essai** / retest || **~-éprouvette** *f* / duplicate test specimen || **~-examen** *m* / duplicate o. check test || **~-expertise** *f* / counter-expertise || **~façon** *f* / copy, mock, imitation, counterfeit || **~façon** *f* (typo) / piracy, piratic edition || **~façon** *f* (brevet) / infringement of (GB) o. on (US) a patent, patent infringement

contrefaire / counterfeit || ~ (document) / forge || ~ (brevet) / infringe on a patent

contrefait / counterfeit

contre-fenêtre *f* / double o. winter window, counterwindow || **~-fenêtre** *f* **composée** / composite double window || **~-fer** *m* (rabot) / break-iron || **~feuillure** *f* (porte) / rebate || **~-fiche** *f* / stanchion, brace, shore || **~-fiche** *f* (charp) / counterbrace, cross-brace || **~-fiche** *f* (bâtim) / strut || **~-fiches** *f pl* en **croix** / diagonal bracing || **~-fiches** *f pl* **diagonales** (constr.en acier) / counters *pl* || **~-fiche** *f* d'**extrémité** (constr.mét) / inclined end post, end raker o. kneebrace || **~-fiche** *f* **inclinée** (ferme) / strut, straining beam || **~-fiche** *f* **inclinée suspendue ou de suspension** / suspension stay o. strut || **~-fiche** *f* du **pont arrière** (auto) / rear-axle strut o. tie-bar || **~-fiche** *f* **pyramidale ou en pyramide** / pyramidal strut || **~-fiche-treillis** *f* (constr.en acier) / web member || **~ficher** / brace, stay, shore, strut

contre-fil *m* (tiss) / wrong way of the grain || **à** ~ (tiss) / in an opposite direction || **à** ~ (bois) / across the grain

contre-flèche *f* (pont) / camber

contrefort *m* / buttress || ~ (cuir) / welting [leather] || ~ **arrière** (soulier) / back puff, heel cap o. stiffener || ~ **avant** (soulier) / toe puff, box toe || ~ d'un **mur** (bâtim) / abutment

contre-fossé *m* (ch.de fer) / side drain || **~-fossé** *m* (hydr) / boundary trench || **~-foulement** *m* (hydr) / counterpressure || **~-galerie** *f* (mines) / counter-headway, -heading || **~-haut** / upward || **en** ~ / above || **~-indiqué** / inappropriate (treatment) || **~-ion** *m* / counter ion || **~-jour** *m* (bâtim) / false light || **~-jour** *m* (phot) / opposite light, counterlight, backlighting || **à** ~ / against the light || **~-lame** *f* / support strap || **~-lames** *f pl* (tiss) / spring shaft || **~-latte** *f* (bâtim) / wind beam, cross lath || **~-limon** *m* / wall string[board]

contremaître *m* (atelier) / head-workman, master-workman, work master || ~ (bâtim) / head mason, overseer, foreman || ~ (charp) / carpenter foreman || ~ (Suisse) (ch.de fer) / foreman || ~ **mécanicien** / machinist || ~ du **service des bâtiments** (mines) / foreman of buildings || ~ de **tissage** (tex) / overlooker (GB)

contre-manivelle *f* / fly o. return crank

contremarche *f* / raiser of stairs || **à** ~ (tiss) / positive motion..., return-motion...

contre-marque *f* / countercheck mark || **~-membrure** *f* (nav) / reverse frame || **~-mesures** *f pl* **électroniques** / ECM, electronic countermeasures *pl* || **~-mesures** *f pl* **hertziennes ou radio** (guerre) / radio countermeasures *pl* || **~-mesures** *f pl* **passives** (guerre) / passive countermeasures *pl* || **~-mesures** *f pl* de **télécommunication** / communication countermeasures *pl* || **~-mesures** *f pl* radar / counterradar measures *pl* || **~-miroir** *m* / reverse mirror || **~-moule** *m* (fonderie) / countermould || **~-mouvement** *m* / countermovement || **~-mur** *m* / supporting wall, lining o. prop wall || **~-mur** *m* de **four** (sidér) / lining || **~-mur** *m* en **pierres sèches** / dry wall, stone packing || **~-parement** *m* de **contreplaqué** / back of plywood || **~-paroi** *f* (sidér) / external face of furnace walls, second o. third lining o. casing of furnace walls || **~-paroi** *f* d'un **fourneau à cuve** (sidér) / shell of a magazine stove || **~-partie** *f* (pap) / paper cylinder of an embossing o. goffering machine || **~-pente** *f* (géogr) / ascending gradient o. slope || **~-pente** *f* (mines) / counterinclination || **~-pente** *f* (bâtim) / counterslope || **~-pente** *f* (auto, jante) / contre-pente || **~percer** (m.outils) / countersink, counterbore (with end-mill reamer) || **~-peser** / balance, equilibrate, equipoise || **~-pilastre** *m* / counterfort, counterpilaster, buttress, spur

contreplacage *m* (activité) / veneering || ~ (matière) / veneer, sheet of veneer || ~ à **joints collés** / jointed veneer

contre-planche *f* (tiss) / counterplate, -block || **~-plaque** *f* / backplate || **~-plaque** *f* (sucre) / cover disk || **~-plaque** *f* des **doigts** (moissonneuse) / finger liner, ledger plate (US) || **~-plaque** *f* d'**éjection** (fonderie) / top plate || **~-plaque** *f* d'**éjection** (coulée sous pression) / ejector retaining plate || **~-plaque** *f* d'**éjection** (fonderie) / top plate

contreplaqué *m* / plywood || ~, bois *m* contreplaqué / veneered wood || ~ **alvéolaire** / cellular board || ~ à **âme** / core-plywood || ~ à **âme en bois** / wood core plywood || ~ **assemblé dents collées** / finger-jointed plywood || ~ **blindé** / plymase || ~ **cintré** / curved plywood || ~ [pour **emploi**] **extérieur** / plywood for external use, exterior plywood || ~ [pour **emploi**] **intérieur** / plywood for internal use, interior grade plywood || ~ en **étoile** / star plywood || ~ à **fil en long,** [en travers] / long-, [cross-]grained plywood || ~ **jointé** / trimmed veneer, scarfed plywood || ~ **lamellé à lamelles minces** (men) / laminboard || ~ **lamellé ou latté** / laminated board, blockboard || ~ **moulé** / moulded plywood || ~ **panneauté** / battenboard || ~ à **plis** / veneer plywood || ~ en **plusieurs épaisseurs** / multi-ply plywood || ~ **préfini** / prefinished plywood || ~ **qualité pour l'intérieur** / plywood for internal use, interior grade plywood || ~ à **quatre feuilles** / four-ply plywood || ~ **revêtu** / overlaid plywood || ~ **transformé** / transformed plywood || ~ à **trois épaisseurs ou en trois feuilles** / three-ply plywood

contreplaquer / veneer || ~ (tissu) / back, line || ~ sur les **deux côtés** / counterveneer, veneer on both sides

contre-plateau *m* (tourn) / surface plate, face plate o. chuck, flanged chuck (GB) || **~pli** *m* d'un **contreplaqué** / back of a veneer || **~-plongée** *f* (phot) / low-angle shot, tilt-up

contrepoids *m* (funi) / balance weight, counterweight || ~ (grue, pont) / counterweight || ~ (antenne) / balancing antenna || ~ d'**antenne artificiel** / counterpoise [antenna], artificial o. capacity earth (GB) o. ground (US) || ~ d'**équilibre**

/ balance o. balancing o. counterbalance weight || ~ de **fenêtre à guillotine** / sash weight || ~ de **rappel** (ch.de fer) / return balance-weight || ~ des **roues** / balance weight in wheels || ~ de **soupape de sûreté** / safety valve weight o. load o. tumbler || ~ de **tension de caténaires** (ligne de contact) / pull-off (US), counterweight

contre·, à ~-poil (tex) / against the nap || **~-poil** *m* / counterstroke against the hair o. nap || **~-point** *m* / counterpoint || **~-pointe** *f* (tranchant) / back-edge || **~-pointe** *f* (m. à rectifier) / footstock, tailstock || **~-pointe** *f* de **centrage** (m.outils) / center punch || **~-pointe** *f* **[fixe]** (m.outils) / back center, dead center || **~-pointe** *f* **fixe** (m.outils) / back center, dead center || **~-pointe** *f* **réglable** (m.outils) / adjustable center || **~-pointe** *f* **tournante** / running tail center, live center || **~-pointe** *f* de **traversée** (ch.de fer) / wing rail of a crossing || **~-porte** *f* (bâtim) / double door || **~-porte** *f*, porte *f* battante / vestibule o. swing door || **~-porte** *f* (ch. de fer) / inner door || **~-poulie** *f* / opposite pulley || **~-poupée** *f* (m.outils) / tailstock || **~-poupée** *f* **réglable latéralement** (m.outils) / extension type tailstock || **~-pression** *f* (m.à vap, techn) / back pressure || **~-pression** *f* à l'**échappement** / exhaust back pressure || **~-pression** *f* **extérieure** / superimposed back pressure || **~-projet** *m* / counterproject || **~-racle** *f* (teint) / lint ductor, counter-ductor || **~-racle** *f* (sérigraphie) / bottom knife || **~-rail** *m* (ch.de fer) / counterrail, check o. safety o. side rail, rail guard, guard-rail || **~-réaction** *f* (contr.aut) / negative follow-up || **~-réaction** *f* (électr) / negative o. reverse feedback o. reaction, degenerative o. inverse feedback, degeneration, countercoupling || **~-réaction** *f* de **courant** / negative current feedback || **~-réaction** *f* d'**erreurs** / negative error feedback || **~-réaction** *f* **interne** (transistor) / voltage feedback || **à ~** / degenerative || **~-rivoir** *m* / holding-up hammer, holder-up, dolly || **~-rotatif** (câble) / despun

contresens *m* / wrong side

contre·sep *m* (charrue) / landside || **~-support** *m* (m.outils) / counterstay || **~-surface** *f* / opposite surface || **~-tasseau** *m* (bâtim) / counterbracket || **~-tension** *f* / countervoltage || **~-tour** *f* (grue à câbles) / tail tower || **~-tourbillon** *m* / counter-eddy || **~typage** *m* (film, activité) / duping || **~typage** *m* (film, produit) / duplicated film

contretype *m* (b.magnét) / dupe (US) || ~ (typo, phot) / contact copy o. print || ~ **combiné** / combined dupe negative || ~ **diazo** / diazo duplicate || ~ **négatif** (film) / dupe negative || ~ **positif** / dupe positive

contre·typer (film) / dupe *vt*, duplicate *vt* || **~-vapeur** *f* / countersteam, backsteam

contrevent *m* (fenêtre) / shutter, blind || ~ (sidér) / stone rest o. facing of the twyer || ~ de **traverses** (bâtim) / crossbracing, wind o. sway bracing, traverse bracing

contreventement *m* (bâtim, constr.en acier) / crossbracing, wind o. sway bracing, transverse bracing || ~ (charp) / cross lath || ~ en **croix [de St. André]** (constr.en acier) / cross stay || ~ de **freinage** (constr.en acier) / brake structure || ~ **horizontal** / horizontal wind bracing o. sway bracing || ~ de **lacet** (pont) / stringer bracing || ~ **triangulaire** (constr.en acier) / triangular crossbracing

contre·venter (charp) / crossbrace || **~-vérifier** / crosscheck || **~-vis** *f* / check screw || **à ~-voie** (ch.de fer) / on the wrong track || **~-voie** *f* (mines) / counter-heading, counterroad || **~-voie** *f* (routes) / opposite lane || **~-voûte** *f* / countervault

contributaire / contributory

contribution *f* **relative bleue, [rouge, verte] à la sensibilité** (phot) / blue, [red, green] contribution o. fraction

contrôlable / controllable, to be checked

contrôle *m* / control, check[ing] || ~, surveillance *f* / checking, supervision || ~, examen *m* / examination, inspection || ~ (or, argent) / hallmarking, assaying of gold o. silver || ~ (local) / official acceptance [room] || ~ (ord) / control || ~ (ELF) (astron) / check-out || **faire le ~ de parité** / parity-check || **hors ~** / out of control || **sous ~** / under control || ~ d'une **activité nucléaire pacifique** / safeguards *pl* (in a peaceful nuclear activity), control (of a peaceful nuclear activity) || ~ de l'**adhérence** / inspection of the adhesion || ~ d'**aérage** (mines) / control of ventilation || ~ **arithmétique** (ord) / mathematical check, arithmetic check || ~ des **articles achetés** / vendor inspection department (US) || ~ pour l'**assurance de qualité** / quality conformance inspection || ~ par **attributs** / inspection by attributes || ~ **automatique**, asservissement *m* / automatic control || ~ **automatique** (c.perf.) / automatic control || ~ **automatique** (ord) / built-in o. automatic check || ~ **automatique de fréquence** (électron) / automatic frequency control, AFC || ~ **automatique de gain**, C.A.G. (électron) / automatic amplitude control o. gain control, AGC, automatic volume control, AVC || ~ **automatique de luminance** (TV) / automatic brilliance (US) o. brightness (GB) control || ~ **automatique à séquence** (contr.aut) / automatic sequence control || ~ **automatique des trains** / automatic train control || ~ **automatisé** / computer assisted testing, CAT || ~ d'**avancement** (c.perf.) / feed check || ~ de l'**avancement des formulaires** (ord) / vertical forms control || ~ des **avancements** (P.E.R.T.) (plan de réseau) / progress control (PERT) || ~ d'**avaries** / malfunction detection || ~ par **balance carrée** (ord) / cross-totals *pl*, cross-check[ing] || ~ des **basses** / low check || ~ par **bloc** (ord) / longitudinal parity [check] o. redundancy check, LRC || ~ par **bon ou mauvais** / quality control || ~ du **broutement** (pompe d'inj. diesel) / vibration control || ~ du **bruit d'avions** / monitoring aircraft noise || ~ des **câbles** / inspection of ropes || ~ à **cent-pour-cent** / a hundred percent inspection, screening inspection || ~ de la **circulation** / traffic control || ~ de la **circulation aérienne** / air traffic control, ATC || ~ à **clavier** (électron) / push-button tuning || ~ de **cohérence** (ord) / consistency check || ~ de **colonnes vierges** (ord) / blank column verification, space check (IBM) || ~ **colonnes vierges et doubles perforations** (c.perf.) / double punch blank column detection o. check || ~ **complet** / inspection of all the items of a sample || ~ de **conduite** (câble) / ringing test, buzz out test || ~ **continu** (radio) / monitoring || ~ de **continuité** (électr) / continuity check || ~ de **continuité par sonnage** (électr) / ring-out test || ~ de **contraste** (TV) / contrast control || ~ de la **couche limite** / boundary layer control || ~ du **courant de répartition** (électron) / partition current control || ~ en **cours de fabrication** / production control || ~ à **cycle fermé** / closed loop control || ~ **cyclique par rédondance** (ord) / cyclic redundancy check, CRC check || ~ du **débit** / rate control || ~ du **défilement** (TV) / vertical lock || ~ du **dépassement de virgule** (ord) / floating point trap || ~ par **déplacement des ailes** (aéro) / wing control || ~ par **détection de code interdit** (ord) / forbidden combination check || ~ de la

déviation (nav) / deviation control || ~ par **différences** / difference check || ~ **dimensionnel** / dimensional inspection, checking measures || ~ à **distance** / remote monitoring o. control || ~ **double flan** (découp) / double blank check || ~ par **duplication** (ord) / duplication check || ~ par **duplication** (c.perf.) / duplicate operation check, duplication o. twin check || ~ en **échelle de temps** (ord) / time scale check system || ~ par **écho** (b.magnét) / echo check || ~ d'**éclairage** (film) / light control || ~ d'**éclosion** (insectes) / emergence check || ~ d'**écoute** (TV) / audio monitoring || ~ par **élimination** (ordonn) / secondary inspection || ~ d'**émission** / emission control || ~ de l'**énergie atomique** / atomic control || ~ de l'**environnement** / environmental o. pollution control || ~ des **erreurs** / error detection || ~ d'**erreurs** (ord) / error control procedure || ~ [à l'**étage**] **intermédiaire** (c.perf.) / intermediate control || ~ à l'**étage supérieur** (c.perf.) / major control || ~ d'**état** / condition monitoring || ~ de **fabrication** / manufacturing control || ~ de **façon sommaire** / judgement test || ~ **fin d'allongement** / determination of elongation by extensometer || ~ **final** / final inspection || ~ **final** (aéro) / check-up || ~ du **gaz brûlé ou du gaz d'échappement** / exhaust gas test o. control || ~ **holographique de la qualité** / holographic quality control || ~ d'**homogénéité** (ord) / consistency check || ~ d'**image** (TV) / video monitoring || ~ d'**imparité** / odd parity check || ~ **impératif des aiguilles** (ch.de fer) / absolute control of the switch points || ~ **individuel** (nucl) / personal monitoring || ~ **individuel des cartes** (c.perf.) / single-card checking || ~ par **induction électrique** / testing by electric induction || ~ **intégral ou à 100 %** / screening inspection, one-hundred-percent inspection || ~ **inverse** (télécom) / reversive control || ~ d'**ionisation par défilement continu** (câble) / scanning test || ~ au **laboratoire** / lab-examination || ~ à la **lampe de sûreté** (mines) / gas testing || ~ par **lecture** (ord) / read check || ~ par **lecture après écriture** (b.magnét) / read-after-write check || ~ du **lisse microcontour** (pap) / micro contour test || ~ de **lot** (ord) / batch control || ~ **magnétoscopique** / magnetic flow detection || ~ **majeur** (c.perf.) / major control || ~ **manuel** / manual control || ~ **marginal** (NC) / marginal testing || ~ du **matériel** (ord) / unit check || ~ du **matériel** (ordonn) / acceptance test o. inspection, lot o. receiving inspection || ~ des **mesures** / dimensional check || ~ par **mesures** (qualité) / inspection by variables || ~ du **milieu naturel** (ou vital) / environmental control || ~ **mineur** (c.perf.) / minor control || ~ **minimums-maximums** (m.compt) / minima-maxima check || ~ **minutieux** / tight o. strict inspection || ~ **modulo n** (ord) / modulo-n-check, residue check || ~ du **montage à la chaîne** (ordonn) / assembly line inspection || ~ **multiple** (c.perf.) / multi-control || ~ par **multiprocesseur** / multiprocessor control || ~ de **niveau** / level control || ~ au **niveau inférieur** (c.perf.) / minor control || ~ du **niveau de rayonnement** / frisking, radiation monitoring || ~ par **nombre de défauts** (qualité) / inspection by defect-counting || ~ du **nombre de perforations** (ord) / hole count check || ~ par **onze** / eleven check || ~ par l'**opérateur** (ordonn) / operator control || ~ d'**opération** / process monitoring o. control || ~ **organisateur** (ord) / housekeeping control || ~ de **parité** / parity check, odd-even check || ~ de **parité par lecture après écriture** / parity read after write || ~ de **parité longitudinale** (ord) / longitudinal parity [check] o. redundancy check, LRC || ~ de **parité verticale** (ord) / vertical parity check || ~ **particulier** / special examination || ~ de **perforation** (c.perf.) / punch check || ~ des **phases** / phase monitoring || ~ de **pistage** / tracking control || ~ de **piste** (b.magnét) / track check || ~ de **plausibilité** (ord) / reasonableness check o. test, plausibility control || ~ de la **portance d'une couche de sol au moyen de l'indice C.B.R.** (bâtim) / California bearing ratio || ~ de **position d'aiguille** (ch.de fer) / point detection || ~ de **positionnement** (r.cath) / positioning control [knob] || ~ a **posteriori** (ordonn) / secondary inspection || ~ de **postes** (ord) / station control || ~ **poussé** / extended o. strict inspection || ~ **pratique** (nucl) / operation control || ~ en **première présentation** / original inspection || ~ de **pression** / hydraulic pressure test || ~ de **programmation** (ord) / code check || ~ **programmé** / program check o. test || ~ de la **puissance de l'émission** (radar) / transmitted power monitor || ~ de **qualité** / quality control o. inspection || ~ [de la **qualité du sol**] (agr) / classification of soil, valuation || ~ **radar** / radar control || ~ **radio** / radio monitoring || ~ **radiographique** / radiographic test, radiation test || ~ par **rayons X** / X-ray examination || ~ du **réacteur** (ELF) / reactor control || ~ à la **réception** / acceptance test o. inspection, lot o. receiving inspection || ~ par **redondance** (ord) / redundancy check || ~ par **redondance verticale** (ord) / vertical redundancy check, VRC || ~ **réduit** / reduced inspection || ~ de **rendement** / efficiency survey || ~ **renforcé** / tightened inspection || ~ par **répétition** (ord) / transfer check || ~ des **résidus d'hyposulfite** (phot) / hypo test || ~ de **sélection** (ord) / selection check || ~ de **séquence** (ord) / sequence check o. control || ~ **serré ou sévère** / severe o. rigid o. exacting control || ~ de **signal** (ch.de fer) / signal indicator || ~ de **signal à la fermeture** (ch.de fer) / "on" signal proving || ~ **simple de parité** / single parity check || ~ par **sonnage** (électr) / ringing test || ~ des **soudures** / weld seam testing || ~ **statistique de la qualité ou de fabrication** / statistical quality control || ~ **strict** / tight o. strict inspection || ~ au **strontium** / strontium control || ~ des **surfaces lisses** / measuring the smoothness || ~ de **synchronisation** (ord) / sync[hronism] check || ~ au **tapis roulant** / assembly line inspection || ~ du **temps de travail** / work time control || ~ des **tolérances** (ord) / marginal check[ing] || ~ de **tonalité** (électron) / tone control || ~ par **totalisation** (ord) / summation check || ~ du **trafic aérien** / flight clearance || ~ de **trames** / field o. frame monitoring || ~ **tronqué** / curtailed inspection || ~ **ultrasonore** / ultrasonic checking || ~ d'**uniformité** (ord) / consistency check || ~ en **usine** / factory inspection || ~ de **validité** (ord) / validity check[ing] || ~ de **validité des caractères** (ord) / invalid character check, validity check[ing] of characters || ~ à **verre-regard** / oil sight-feed ga[u]ge || ~ de **verrou d'aiguille** / facing point lock proving || ~ de **vibrations** / vibration test || ~ **visuel** / visual inspection || ~ à **zéro** (m.compt) / zero balancing

contrôlé / checked || ~ (mouvement) / positive [locking], mechanically operated, controlled, constrained || ~ (ord) / checked-out || ~ par **impulsions** / pulse controlled

contrôler (ordonn) / check [up], inspect || ~ (télécom, TV, électron) / monitor || ~, surveiller / supervise, overlook, oversee, control || ~, vérifier / verify, check || ~ l'**atterrissage par radiophone** (aéro) / talk down || ~ par **balance carrée** / crosscheck || ~ au **marteau** (soudage) / tap || ~ l'**or** / hallmark *vt*, assay gold

contrôleur *m* (ordonn) / inspector || ~, combinateur *m* (électr) / master controller, manual-controlled switchgroup || ~, multimètre *m* (électr) / multimeter, volt-ohm-milliammeter, VOM || ~ (nav) / winch controller || ~ (ELF) / testing device, tester || ~ **aérien** (aéro) / flight-traffic control pilot || ~ d'**allumage** (auto) / ignition tester || ~ des **articles achetés** / checker || ~ de **batterie [à pointes]** / battery tester || ~ de **billets** (ch.de fer) / controller, travelling ticket inspector || ~ de **bougies** / spark plug cleaner and tester || ~ à **cames** / cam[shaft] controller || ~ de **circuit** / line tester, line fault finder, circuit tester || ~ à **cylindre** (électr) / drum-type controller, drum switch || ~ de **débit** / flow control instrument || ~ de **démarrage** (électr) / starting switch o. control || ~ de **dépicotage ou de dépincement** (tex) / unclipping control device || ~ de **dépression** (auto) / vacuum tester || ~ de **dérouleurs** (ord) / tape control unit || ~ à **deux sens de marche** / reversing controller drum o. cylinder, reversing camshaft o. drum controller || ~ **électronique de puissance** (électron) / electronic power controller || ~ d'**entrée-sortie** (ord) / input-output controller, I/O controller, IOC, peripheral control unit, synchronizer || ~ de **fissures** (sidér) / flaw o. crack detector || ~ de **flammes** / automatic flame guard, flame failure controller || ~ de **fréquence** / frequency monitor || ~ de **gonflage** (auto) / pressure gauge || ~ de **grille septuple** (laque) / grid tester || ~ d'**indicatif numérique** / check digit verifier || ~ **indirect** (électr) / contactor controller, pilot controller || ~ **inverseur** / reversing [switch] drum, reversing drum controller || **~-inverseur** *m* **universel** (grue) / universal controller || ~ d'**isolement** / insulation tester o. detector o. indicator || ~ de **lames d'aiguille** (ch.de fer) / switch blade detector, point detector || ~ de **lames d'aiguille conduit** (ch.de fer) / facing point lock stretcher || ~ de **lames d'aiguille à poussoir** (ch.de fer) / plunger proving of switch blades || ~ de **levage** / hoisting o. lifting controller || ~ des **mines** (mines) / back-overman || ~ de **modulation** / modulation monitor || ~ **[de périphériques]** (ord) / control unit o. section, routing circuits *pl* || ~ **photoélectrique de flammes** / photoelectric flame failure detector || ~ de **pincement** (tex) / clipping controller || ~ de **piquage** (tex) / pinning controller || ~ de **piste** (aéro) / runway controller || ~ de **position d'aiguilles** (ch.de fer) / point detector || ~ de **pression** (hydr) / pressure regulating valve || ~ de **pression d'air** (pneu) / tire gauge, air pressure gauge || ~ pour **radar de précision** / precision radar controller || ~ pour **radar de surveillance** / surveillance controller || ~ de **rondes portatif** / telltale watch o. clock, watchman's clock o. [time] detector, controller || ~ au **sol** (aéro) / radar controller || ~ à **tambour** (électr) / drum-type controller, drum switch || ~ de **température** / temperature controller || ~ de **tension** (filage) / tension control o. device || ~ de **terre** / ground (US) o. earth (GB) detector || ~ du **trafic aérien ou de la circulation aérienne** / air traffic controller || ~ de **transmission** (électron) / TC, transmission control || ~ de **transmission** (ord) / communication controller || ~ **universel** (instr) / multimeter, volt-ohm-milliammeter, VOM || ~ de **vol** / flight instrument system

controller *m* (électr) / multiple throw switch

contrôlographe *m* / tachograph, speedograph

conurbation *f*, groupement *m* de centres urbains / conurbation || ~ (activité) / conurbation

convecteur *m* / convector || ~ **électrique** / electric convector

convection *f* / heat convection || **de ou à** ~ / convective

convenable, pratique / relevant, pertinent, appropriate || ~, conforme au but / answering its purpose, expedient

convenir [à] / be suitable o. suited, suit *vi* || ~ [de] / stipulate, agree

convention *f* **collective** / collective wage agreement || ~ **collective de travail** / collective labour agreement || ~ de **forfait** / piecework agreement || ~ **tarifaire** (ordonn) / union (US) || ≗ **Internationale des Télécommunications** / Intern. Telecommunications Convention || ≗ **Internationale concernant le Transport des Marchandises par Chemin de Fer**, C.I.M. (ch.de fer) / Intern. Convention concerning the Carriage of Goods by rail, C.I.M. || ≗ **Internationale concernant le Transport des Voyageurs et des Bagages par Chemin de Fer**, C.I.V. (ch.de fer) / Intern. Convention concerning the Carriage of Passengers and Luggage by Rail, C.I.V.

conventionnellement vrai (ord) / conventional true

convergence *f* (météorol) / convergence, -ency || ~ (opt) / power of a lens, focal power || ~ (TV) / convergence || ~ (math) / convergence || ~ (circulation) / merging || ~ (phot) / longitudinal tilt || ~ (p.e. de roues) / toe-in || ~ des **couleurs** (TV) / convergence of colours || ~ **intertropicale ou équatoriale** (météorol) / intertropical convergence, ITC || ~ de **lignes** (phot) / convergence of verticals || ~ **statique** (TV) / static convergence || ~ **uniforme** (math) / uniform convergence

convergent *adj* (nucl) / convergent || ~ (ELF) / convergent, converging || ~ *m* (brûleur) / mixer head || **être** ~ (lignes) / intersect, cut

convergent-divergent *m* (vide) / diffuser

converger / converge || **faire ~ vers un point** / assemble in one point

conversation *f* **à comptage de temps** / timed call || ~ **fortuite à heure fixe** (télécom) / fixed time call, appointment call || ~ **internationale** (télécom) / international call, long-distance call o. connection o. conversation o. communication (GB) || ~ **interurbaine** / long-distance call o. connection o. conversation o. communication (US), trunk call (GB), toll call (US) || ~ **locale** (télécom) / local call, unit-fee call (GB) || ~ **régionale** (Belg) (télécom) / local call || ~ **sans comptage de temps** / untimed call || ~ de **service** (télécom) / service call || ~ **téléphonique** / telephone call o. connection o. conversation o. communication || ~ **urbaine** (télécom) / local call, unit-fee call (GB)

conversationnel (ord) / interactive

converser / turn *vi*, swing into position (e.g. bridge)

conversion *f* (chimie, ord) / conversion || ~, changement *m* de forme / forming, shaping || ~ **analogique-numérique** / A/D conversion, analog-digital conversion || ~ de **binaire en décimal** / binary-to-decimal conversion || ~ **catalytique d'oxyde de carbone** (chimie) / shift reaction, CO shift conversion || ~ en **code** / coding, encoding, keying || ~ de **code** (ord) / code conversion || ~ de **décimal en binaire** / decimal-to-binary conversion || ~ **directe d'énergie** / direct energy conversion || ~ **directe**

d'énergie thermique en énergie électrique / direct energy conversion from heat to electric power || ~ d'**eau saline** / saline water conversion || ~ de l'**énergie** / conversion o. transformation of energy, energy conversion || ~ du **fer en acier** / iron-into-steel conversion || ~ du **fer de forge en acier par carbonisation** / carbonisation || ~ **groupée** (TV) / group conversion || ~ des **informations** / information conversion || ~ **interne** (nucl) / internal conversion || ~ de **modulation en amplitude en modulation en phase** / amplitude-to-phase modulation conversion || ~ **numérique-analogique** / digitization, quantization || ~ **photovoltaïque** / photovoltaic conversion || ~ **thermodynamique** / solar thermal electric conversion || ~ des **unités de mesure d'angles** / conversion of angles || ~ **vidéo** / image conversion

converti / converted

convertibilité *f* / convertibility

convertible / convertible

convertir / convert || ~ [en] / manufacture [into], make up [into] || **se** ~ [en] / change o. verge [into] || ~ le **code** / transliterate, convert the code, transliterate || ~ en **ester xanthogénique** / xanthogenize || ~ en **farine** / powder *vt*, reduce to powder || ~ la **fonte brute** / convert into steel || ~ en **numérique** / digitize

convertissable / convertible

convertissage *m* (sidér) / iron-into-steel conversion

convertisseur *m* (gén) / converter || ~ **[acide ou Bessemer]** (sidér) / Bessemer converter || ~ **amplitude-temps** / height-to-time converter || ~ **analogique-numérique ou ALO-DIA** / analog to digital converter, ADC || ~ à **bague de déphasage** / split-pole converter || ~ du **balayage de l'image** (TV) / scan converter || ~ **bande magnétique/imprimeuse** / magnetic tape-to-printer converter || ~ **bande perforée/bande magnétique** / paper tape-to-magnetic-tape converter || ~ **bande-bande** (ord) / tape-to-tape converter || ~ **bande/cartes** / tape-to-card converter || ~ de **base** (ord) / radix converter || ~ de **binaire en décimal** / binary-to-decimal converter || ~ de **canal** / channel converter o. translator o. modulator || ~ de **canal de télévision** / TV-frequency transposer o. converter || ~ **cartes/bande magnétique** / card-to-magnetic tape converter || ~ en **cascade** (électr) / Bragstad o. cascade converter, La Cour o. motor o. concatenated converter || ~ **catalytique à oxydation** (auto) / oxidation type catalytic converter || ~ à **champ magnétique rotatif** / rotary-field o. rotating field converter || ~ de **CO** / CO-converter || ~ de **code** / code converter || ~ à **commutation automatique** / self-commutated converter || ~ à **commutation par la charge** / load commutated converter || ~ **continu-continu** / d.c.[-d.c.]converter, voltage transformer (coll) || ~ **coupeur** (filage) / staple cutter o. converter || ~ de **couple** / torque converter || ~ de **couple à deux phases** (dynamique des fluides) / two-phase torque converter || ~ de **couple hydraulique** (techn) / hydrodynamic [power] transmission, fluffy torque converter || ~ de **couple hydraulique** (auto) / hydraulic torque converter || ~ en **courant continu** (électr) / d.c. converter || ~ de **courant continu en courant alternatif** / inverted rotary converter || ~ de **courant continu à hacheur** (contr aut) / d.c. chopper converter, direct d.c. converter || ~ de **courant continu [en courant continu]** voir convertisseur continu-continu || ~ **craqueur** (filage) / stretch breaking converter || ~ de **définition** (TV) / line converter || ~ **direct de courant alternatif** (électr) / direct a.c. converter || ~ **direct de courant continu** (contr aut) / d.c. chopper converter, direct d.c. converter || ~ de **données** / data translator, data converter || ~ de **données numériques** / digital data conversion unit o. element, DDCE || ~ **double** / double converter || ~ d'**énergie** / energy o. power converter || ~ **étoupe-peigne** (filage) / tow-to-top converter || ~ à **faisceau électronique** / electron-beam converter || ~ du **flux** (nucl) / flux converter || ~ de **fréquence** / frequency changer o. converter, cyclo-inverter || ~ de **fréquence à collecteur** / commutator type frequency converter || ~ de **fréquence à fer tournant** / inductor frequency converter || ~ de **fréquence à induction** (électr) / induction frequency transformer || ~ de **fréquence rotatif** / rotary frequency converter, frequency changer set || ~ **fréquence-courant** / frequency-current converter || ~ de **fréquences de signaux** (électron) / conversion mixer o. transducer, frequency converter o. changer, converter (US) || ~ d'**images** / image converter || ~ d'**images infrarouges** / infrared image converter || ~ d'**images ultrasonores** / ultrasonic image converter || ~ d'**informations** (ord) / control terminal || ~ **magnétohydrodynamique ou M.H.D.** / magnetohydrodynamic generator o. converter || ~ **magnétoplasmadynamique ou M.P.D.** / MPD converter, magnetoplasmadynamic converter || ~ de **mesure** / measuring transducer o. transmitter || ~ de **modes** / mode changer o. transducer o. transformer || ~ de **neutrons** (nucl) / neutron converter || ~ des **niveaux** (électron) / level converter || ~ de **nombre de lignes** (TV) / line rate converter || ~ de **normes** / [international] television transducer o. transposer, standards converter || ~ **numérique-analogique** / digital-to-analog converter, dac, DAC || ~ à **oscillateur bloqué** (électron) / blocking oscillator o. B.O.-type converter || ~ **parallèle-série** / serializer, dynamitizer || ~ de **phases** / phase converter || ~ de **puissance** / power converter || ~ de **puissance pour le matériel roulant** / power converter for electric rolling stock || ~ de **rayonnement** (opt) / radiation converter || ~ des **rayons gamma** / gamma ray converter || ~ **réversible** / reversible converter || ~ **rotatif** (électr) / rotary converter, motor-generator, revolving commutator, (dc to dc:) rotary transformer || ~ de **sélection** (télécom) / dial converter || ~ **série-parallèle** (ord) / serial-parallel converter, staticizer || ~ de **signaux** (contr.aut) / pick-off || ~ de **signaux à l'entrée** (contr.aut) / input element o. computer || ~ **simple** / single converter || ~ **solaire** / solar converter || ~ à **soufflage latéral** (sidér) / tropenas, side blow converter || ~ à **soufflage d'oxygène au-dessus du bain** (sidér) / basic oxygen furnace, basic top-blowing furnace || ~ de **source** / current source inverter || ~ **statique** (électr) / static inverter || ~ **[statique] de fréquence** / frequency changer o. converter, cyclo-inverter || ~ **synchrone** (électr) / synchronous converter || ~ à **tambour** (usine à cuivre) / drum type converter || ~ de **télévision** / [international] television transducer o. transposer || ~ **tension-fréquence** / tension-frequency o. voltage-to-frequency converter || ~ **thermoélectrique** / thermoelectric converter || ~ **thermoionique [à vide]** / thermionic converter || ~ **thermoionique à chauffage interne** / internal flame heated thermionic converter || ~ **Thomas** /

basic converter || ~ au **thyristor** / thyristor converter || ~ **tournant** (électr) / rotary converter, motor-generator, revolving commutator, (dc to dc:) rotary transformer || ~ à **un quart de cercle** / single-quadrant converter || ~ à **un seul soudeur** / single-operator welding set || ~ à **vapeur de mercure** / mercury-arc o. -vapour converter

convertisseuse *f* (filage) / converter

convexe, bombé / convex, bellied || ~**-concave** / convexo-concave

convexité *f* / convexity || ~ du **globe** / earth curvature

convoi *m* (nav) / convoy || ~ **articulé** (tramway) / articulated tramway set || ~ **poussé** (nav) / pushing unit, push tow, compartment boat train, pusher train || ~ **tracté** / towed convoy

convoiement *m* / conveyance, conveying, transport, transfer

convoluté (molécules) / convolute

convolution *f* (lam) / coiling

convoyage *m* / conveyance, conveying, transport, transfer

convoyer / transport, convey

convoyeur *m* / conveyor, -er || ~ (ch.de fer) / convoy man, train guard, pilot (US) || ~ (auto) / co-driver, assistant driver || ~ en **accordéon** (manutention) / folding conveyor || ~ **aérien à double voie «Power and Free»** / overhead twin rail chain conveyor power and free || ~ **aérien à simple voie avec balancelles ou avec crochets** / overhead monorail chain conveyor || ~ **aérien à simple voie entraîneur de chariots au sol** / overhead monorail chain conveyor towing floor trucks || ~ à **air aspiré** / suction o. vacuum conveyor || ~ **ascendant** / ascending conveyor || ~ en **auge** / scraper o. scraping conveyor o. chain o. belt o. band || ~ à **augets** / scraper o. scraping conveyor o. chain o. belt o. band, trough conveyor o. scraper || ~ à **bac à chaîne simple** / single-chain trough conveyor || ~ à **bande** / belt o. band (GB) conveyor, conveying belt || ~ à **bande en auge** / troughed belt conveyor || ~ à **bande en caoutchouc** / rubber belt o. band conveyor || ~ à **bande de reprise** / discharging belt conveyor || ~ à **bande en galerie** (mines) / roadway belt conveyor || ~ à **bande glissante** / sliding belt conveyor || ~ à **bandes jumelées** / twin-belt conveyor || ~ à **bande plate** / flat belt conveyer || ~ à **bande souple** / rubber belt o. band conveyor || ~ à **barreaux** / crossbar conveyor || ~ **blindé [à raclettes]** (mines) / armoured chain conveyor || ~ de **boue** / mud conveyor || ~ à **brin inférieur porteur** / belt o. band (GB) conveyor carrying the load on the lower belt, bottom belt conveyor || ~ à **caisses [à rouleaux par gravité]** / slat o. apron conveyor || ~ en **caisson** / scraper o. scraping conveyor o. chain o. band, trough o. tray conveyor || ~ à **chaîne à raclettes** (mines) / chain scraper conveyor || ~ à **chaînes à rouleaux** / roller-flight conveyor || ~ **chargeur mobile** / car loader || ~ **chargeur à raclettes** / charging scraper conveyor || ~ à **charnières** / flat top chain || ~ **continu** / continuous conveyor o. transporter || ~ à **courroie** / belt o. band (GB) conveyor, conveying belt || ~ à **courroie caoutchoutée ou de caoutchouc** / rubber belt o. band conveyer || ~ **curviligne à écailles type navette** (mines) / curving shuttle conveyor || ~ à **double chaîne** / double chain conveyor || ~ à **écailles curvilignes** / curved continuous conveyer || ~ **élévateur pour abattage par bancs** (mines) / bench lift belt conveyor || ~**-élévateur** *m* à **bande souple pouvant former gaine étanche** / closed belt conveyor || ~ à **fermeture éclair** / zipper [closing] conveyor || ~ **freineur** (mines) / downward conveyor || ~ **frontal** (mines) / frontal conveyor || ~ à **godets basculants** / gravity bucket conveyor || ~ à **lattes** / batten conveyor, lath o. slat o. apron conveyor || ~ **métallique à lamelles** / metal-slat conveyor || ~ à **mouvement alternatif**, convoyeur *m* navette ou oscillant (gén) / shuttle conveyor || ~ **orientable** / slewing conveyor || ~ **oscillant** / vibrating conveyor, vibroconveyor || ~ **oscillant en tuyau** / tubular vibroconveyor || ~ à **palettes** / pallet type conveyor || ~ **perpendiculaire** (mines) / perpendicular conveyor || ~ à **plateaux** / tray conveyor, apron conveyor || ~ **pneumatique** / pneumatic conveyor || ~ **«power and free»** / power-and-free conveyor || ~ à **raclettes** / scraper o. scraping conveyor o. chain, trough o. tray conveyor || ~ à **raclettes blindé** / armoured tray conveyor || ~ **ralentisseur** (mines) / downward conveyor || ~ de **refroidissement** (sidér) / cooling conveyor || ~ de **remenage** (mines) / reclaiming belt || ~ pour la **reprise au tas** / reclaiming belt conveyor || ~ type **sandwich** / sandwich conveyor || ~ à **secousses** / shaker conveyor || ~**s** *m pl* au **sol** (gén) / floor conveyors *pl* || ~ *m* au **sol entraîneur de chariots, chaîne au-dessus du sol [au-dessous du sol]** / single strand floor mounted truck conveyor, chain above floor, [below floor] || ~ à **tabliers** / plate belt o. conveyor || ~ de **taille** / roadway belt conveyor || ~ à **tapis** / carpet conveyor || ~ **type sandwich** (mines) / cover band, sandwich band || ~ à **vibrations** / vibrating conveyor, vibroconveyor || ~ **vibratoire** (m.outils) / vibratory hopper conveyor || ~ à **vide** / vacuum conveyor || ~ à **vis sans fin** / feed screw

coopératif / cooperative

coopération *f* / cooperation

coopérative *f* **agricole** / agricultural cooperative || ~ de **construction**, coopérative *f* immobilière / building society (GB), building and loan association (US) || ~ d'**habitation** (bâtim) / cooperative housing society

coopère, qui ~ / cooperative

coopérer / cooperate

coordinat *m* (d'un complexe), ligand *m* (chimie) / Ligand

coordination *f* / coordination || ~ **dimensionnelle dans la construction** / dimensional coordination of buildings || ~ des **isolements** / insulation coordination || ~ **modulaire** (bâtim) / modular co-ordination

coordinence *f*, nombre *m* de coordination (chimie) / coordination number, CN || ~, liaison *f* semi-polaire (chimie) / covalent bond, coordinate bond || **de** ~ **égale à 4** (chimie) / in fourfold coordination

coordonnateur *m* (ord) / sequencer || ~ d'**émissions** (TV) / transmitter allotter

coordonné / coordinate[d] || ~ (chem) / coordinate *adj*

coordonnée *f* (math) / coordinate || ~**s** *f pl* **cartésiennes** / cartesian coordinates *pl* || ~ *f* de **chromaticité** / chromaticity coordinate || ~**s** *f pl* de **C.I.E.** / CIE coordinates *pl* || ~**s** *f pl* des **couleurs** / colour coordinates *pl* || ~**s** *f pl* **curvilignes gaussiennes** / curvilinear coordinates *pl* || ~**s** *f pl* **cylindriques** / cylindrical coordinates *pl* || ~ *f* **homopolaire** / homopolar coordinate || ~**s** *f pl* **horizontales** / horizontal coordinates *pl* || ~**s** *f pl* **linéaires** / linear coordinates *pl* || ~**s-objet** *f pl* / object coordinates *pl* || ~**s** *f pl* **obliques** (math) / oblique axes *pl* || ~**s** *f pl* du **pays** (arp) / state plane

coordinates || ~s *f pl* **planes** / planar coordinates *pl* || ~s *f pl* **polaires** / polar coordinates *pl* || ~ *f* **spatiale** / space coordinate || ~s *f pl* **sphériques** / spherical coordinates *pl* || ~s *f pl* du **terrain** / ground coordinates *pl* || ~s *f pl* **tétraédrales** / tetrahedral coordinates *pl* || ~s *f pl* **triangulaires** / trilinear coordinates *pl* || ~ *f* **trichromatique** / chromaticity coordinate
coordonner / coordinate
copahier *m*, copaïer *m* / copaiba [tree]
copahine *f* / solidified copaiba
copahu *m* / [resin] copaiba
copal *m* / copal, copal resin || ~ **Congo** / Congo copal || ~ de **kauri** / kauri copal, cowrie, kaurie || ~ **mi-dur** / mean copal || ~ de **Zanzibar** / copal from Zanzibar
copalier *m* / kauri [pine], cowrie, cowdie, agathis australis, copal tree
copaline *f* (min) / copalite, copaline, Highgate resin
copayer *m* / copaiba [tree]
copeau *m* / splinter, sliver, shiver, chip || **à ~x continus** (m.outils) / long-chipping || **à ~x fragmentés** (m.outils) / short-chipping || ~ de **bois** / wood chip, shaving, shred || ~x *m pl* de **bois à cellulose** (pap) / crumbs *pl* || ~ *m* au **cisaillement** (m.outils) / shear chip, continuous chip || ~ **déchiré** (m.outils) / tearing chip || ~ **écoulant** (m.outils) / flow chip || ~ d'**écroûtage** (m.outils) / curled chip || ~ **emmêlé** (m.outils) / snarl chip || ~x *m pl* de **forage** / bore chips *pl*, borings *pl* || ~ *m* en **forme d'aiguille** / needle chip || ~ **fragmenté** (m.outils) / discontinuous chip || ~ **hélicoïdal type A** (tourn) / helical chip type A || ~ **hélicoïdal type B** (tourn, m.outils) / helical chip type B || ~ **long** (m.outils) / ribbon chip || ~ en **poussière** (m.outils) / discontinuous chip || ~ **spiral** (m.outils) / spiral chip || ~x *m pl* de **toile** / linen chips *pl* || ~ *m* de **tournage** / turning chip, cutting, turning || ~ en **vrille** (perçage) / helical chip
copiage *m* (m.outils) / reproduce, copy, form || ~ par **inversion** (repro) / negative working || ~ **optique** / optical copying || ~ en **plongée** (m.outils) / transverse taper turning and forming, crossfeed forming and profiling, transverse copying || ~ par **réflexion** / reflex copying process, player-type
copie *f* (gén) / copy || ~, imitation *f* / copy, mock, imitation, counterfeit || ~ (film) / print || ~ (phot) / copy, print || ~ **antenne** (TV) / broadcasting print, master o. show print || ~ **anticipée** (typo) / advance copy || ~ de **bande magnétique** (TV) / video tape duplication || ~ **bistre** (film) / sepia prints || ~ **combinée** (film) / combined print || ~ par **contact** (typo, phot) / contact copy o. print || ~ **diazo** / diazo print, diazotype, diazo copy || ~ **diazo sèche** (dessin) / dry diazo copy || ~ de **distribution** (film) / release print || ~ pour **doublage** / dubbing print || ~ d'**étalonnage** / timing o. grading print, answer print || ~ d'**exploitation** (film) / release print, TH, positive copy for theatre use || ~ en **fonte** (objet) / cast taken from an other, second cast || ~ **grain fin** (film) / fine-grain print || ~ **hectographique** / transfer printing process || ~ **image seule**, copie *f* muette (TV) / mute print || ~ par **inversion** / reversal print || ~ **lavande** (film) / lavender print, picture duping print || ~ d'un **livre** / copy || ~ [à la **machine]** / typewritten copy || ~ **magnéto-optique** (film) / magoptical print || ~ **marron** / duplicating positive, master positive || ~ **master** (film) / interpos[itive], intermediate positive || ~ **microscopique** / microcopy || ~ de **montage** (film) / first answer print, cutting copy, work print || ~ au **net** / fair copy || ~ de **nième génération** / n^th^-generation copy || ~ **obtenue par réflexion** (typo) / reflex copy, player type || ~ **opaque** (typo) / opaque copy || ~ **optique** (repro) / optical projection print || ~ **originale** / master print o. copy || ~ **originale** (cinéma) / master copy || ~ **originale de sécurité** / protection master || ~ **papier** (repro) / hard copy || ~ sur **papier charbon** / pigment paper copy || ~ **photographique du traçage** (m.outils) / photo lofting || ~ **photostatique** / Photostat, photostatic copy || ~ à **piste magnétique couchée** (TV) / combined magnetic sound print || ~ à **piste optique standard** (TV) / combined optical sound print || ~ **positive** / positive copy || ~ de **présentation ou de série** (TV) / first release print, show print || ~ de **preuve** (typo) / proof copy || ~ **réduite ou par réduction** (phot) / reduction copy o. print || ~ de **référence** / reference print || ~ d'un **réseau** (spectre) / grating replica || ~ **sèche** / dry copy || ~ de **série**, copie *f* standard (film) / release print, TH, positive copy for theatre use || ~ **standard** / composite o. combined print, release o. married print || ~ **télévision** / TV print || ~**-tirage** *f* (repro) / copy-print || ~ au **trait** (typo) / line copy || ~ par **transparence** / transmission print, translucent print || ~ **transparente** / transparent copy sheet || ~ **transparente ou translucide** (phot) / transparency || ~ **zéro** (phot) / check print || ~ **zéro** (film) / first trial composite print, first release print
copier (phot, m.outils) / copy || ~, reproduire / duplicate || ~ [dans] / copy [in] || ~ (se) (dessin) / copy *vi* || ~ dans un **dessin** / copy from a drawing || ~ sur un **patron** / make a stencil o. template
copieur *m* par **contact** / contact printer || ~ **dynamique ou en continu**, copieur *m* rotatif (film) / continuous film printer, rotary copier
copieux (dimension) / conservative
copilote *m* (aéro) / copilot
coplanaire (math) / coplanar
copolycondensation *f* / copolycondensation
copolymère *m* (un macromolécule) / copolymer[ide] || ~ **acétal** / acetal copolymer || ~ [d']**acrylnitrile-styrène-butadiène**, ABS / acrylonitrile-butadiene-styrene copolymer, ABS || ~ **éthylène/acétate de vinyle** / ethylene vinyl acetate, EVA || ~ **greffé** (chimie) / graft copolymer || ~ en **masse**, copolymère *m* bloc ou séquence / block copolymer || ~ **styrène-acrylo-nitrile**, SAN / styrene-acrylonitrile copolymer, SAN
copolymérisat *m* (produit) / copolymer[ide]
copolymérisation *f* / copolymerization, heteropolymerization
copolymériser / copolymerize
copra[h] *m* / copra
coprécipitation *f* (nucl) / coprecipitation, coseparation
coprécipité (chimie) / coprecipitated
coprécipiter (chimie) / coprecipitate
coprolit[h]e *m* (géol) / coprolite
coprostérol *m* (chimie) / coprosterol
cops *m* (filage) / supercop
cops-fusée *m* (filage) / rocket bobbin
copulant *m* (chimie, phot) / coupler || ~ **DIR** (phot) / DIR coupler (= development inhibitor release) || ~ **naphtol AS** / naphthol AS coupling compound
copulateur *m* (chimie, phot) / coupler
copulation *f* **diazo** (chimie) / diazo coupling
copulé (chimie) / linked, united
copyright *m* / copyright
coque *f* (nav) / hull || ~ (bâtim) / shell || ~ (corderie) / kink || ~ (auto) / integral body and frame o. body-frame || ~ (aéro) / body || ~, boucle *f* (câble) /

formation of loops || ~ (œuf) / egg shell || ~ **aplatie** (bâtim) / shallow shell || ~ de **cacao** / cacao shell o. husk || ~ en **calotte** (bâtim) / calotte shell || ~ de la **chaudière** / boiler barrel o. shell || ~ **cylindrique aplatie** (bâtim) / shallow cylindrical shell || ~ **cylindrique circulaire** (bâtim) / circular cylindrical shell, cylindrical shell [structure] || ~ de **dégainage** (nucl) / cladding hull || ~ **enroulée** (bâtim) / wire wound concrete shell || ~ **épaisse** (nav) / pressure hull, strength hull || ~ **grosse** (moulin) / coarse husk || ~ **latérale** (lunettes) / lateral protection || ~ **mince** (bâtim) / thin shell || ~ d'**œuf** (porcelaine) / porous glaze || ~ en **paraboloïde hyperbolique** (bâtim) / hyperbolic paraboloid || ~ **plate** (bâtim) / shallow shell || ~**-sphère** *f* (bâtim) / spherical dome o. shell || ~ **torique** (bâtim) / toroidal shell || ~ de **translation** (bâtim) / translation shell || ~ **tronconique** (bâtim) / circular conoid

coqueron *m* **arrière** (nav) / after-peak || ~ **avant** (nav) / fore peak

coquille *f* (zool) / shell || ~ (fonderie) / casting die, lasting o. permanent mould || ~ (plast) / slide follower || ~ (docimasie) / regulus of silver, silver grain || ~ / compositor's o. printer's error, P.E., misprint, erratum, typo (US) || **à deux ~s** / two- o. double-walled || **en forme de ~** / conchate, conchiform || ~ **articulée** (fonderie) / book-type mould || ~ de **coulée centrifuge** / centrifugal casting mould || ~ de **coussinet** / bearing shell, pillow || ~ de **coussinet lisse** / plain bearing half liner || **~s** *f pl* en **croix** (météorol) / cup anemometer, cross arms (US) *pl* || ~ *f* du **différentiel** / differential casing || ~ pour **fonte centrifugée** / centrifugal casting mould || **~s** *f pl* en **liège** / cork *pl* mo[u]lds for pipes || ~ *f* de **noix** (teint) / walnut husk o. peel || ~ **pelure** / copy paper, flimsy [paper] || ~ **rapportée** (forge) / die insert || ~ **refroidisseur** (fonderie) / chill mould || ~ de **séchage** (fonderie) / core carrier (GB), core drier (US) o. plate || ~ de **support** / backing shell

cor *m* de **chasse coulissant** (serr) / spring catch

corail *m* / coral || ~ (teint) / barwood

corallien *m* (géol) / coral rag, Corallian

corbeau *m* (bâtim) / corbel, console, bracket

corbeille *f* / basket || ~ à **coke** (bâtim) / coke basket, fire devil || ~ en **fil métallique** / wire basket || ~ d'**impression** (m.à ecrire) / typebar segment, type basket || ~ à **papier** / waste-paper basket || ~ **protectrice** (lampe) / protecting cage

corbillard *m* / funeral car

cord *m* / cord[uroy], cord fabric

cordage *m* / rope, cordage || **~s** *m pl* (nav) / rigging, cordage, tackle || ~ *m* **câblé** / laid o. cabled rope || ~ en **chanvre** / hemp rope || ~ en **chanvre de manille ou en abaca** / manil[l]a rope || ~ **commis en aussières ou commis deux fois** / cable laid rope || ~ **enduit** / coated rope || ~ **imprégné** / dipped rope || ~ **tressé** / plaited rope

corde *f* / cord, line || ~ (musique) / string, chord || ~ (reliure) / cord[ing] || ~ (tiss) / neck twine || ~ (math) / chord, subtense || ~ (bâtim) / [free] span, width || ~, broché *m* (tex) / broché || **mettre des ~s** / string *vt* || ~ d'**acier** / steel string, music[al] wire || ~ **aérodynamique moyenne** (aéro) / mean aerodynamic chord || ~ d'**allongement** (électr) / extension cord (US), [extension] flex (GB) || ~ d'**amarrage** / line, cord || ~ en **amiante** / asbestos rope o. cord o. twine || ~ de l'**arc** (math) / bowstring, chord || **~s** *f pl* pour **armatures de pneumatiques** (auto) / cord ply in tires || ~ *f* de **bourrage** / packing cord || ~ à **boutons** (tiss) / cone cord || ~ de **boyau** / gut string || ~ pour **cadran** (radio) / pulley cord, drive cord || ~ de **cercle** (math) / chord || ~ du **cercle primitif entre les flancs d'une dent** / chordal tooth thickness || ~ de ou en **chanvre** / hemp rope || ~ de **commande** / driving band || ~ **constante réelle** (engrenage) / constant chord || ~ **cooscillante ou covibrante** (phys) / sympathetic cord o. string || ~ de **déchirure ou de déclenchement** (aéro) / release cord o. line || ~ de la **dent** (engrenage) / normal chordal tooth thickness || ~ à **drague** / dragline o. -chain || ~ en **fibres [naturelles ou synthétiques]** / fiber rope, natural o. synthetic || ~ **filée d'argent** / silvered string || ~ de **garniture** / packing cord || ~ de **levée de chaîne** (tiss) / lifting cord of the warp || ~ **métallique** / thin wire rope || ~ **métallique** (musique) / steel string, music[al] wire || ~ à **nœuds** / knot rope || ~ à **oscillation sympathique** / sympathetic cord o. string || **~s** *f pl* [du **papier à patrons]** (tiss) / cords *pl*, banding || ~ *f* à **piano** / steel string, music[al] wire || ~ à **plomb** / plumb line || ~ de **poulie** / round belt, endless string || ~ de **raccord** (électr) / connecting cord o. flex (GB) o. lead || **~-remorque** *f* (auto) / tow[ing] rope || ~ de **remorque** (nav) / drag rope || ~ **résistante** (électr) / cord resistor || ~ de **saisine** / seizing line || ~ de **sauvetage** / life line || ~ de **sauvetage** (mines) / fishing rope || ~ de **sécurité** / safety cable || ~ de **semple** (tiss) / simple cord || ~ **supplémentaire** (math) / supplemental chord || **~s** *f pl* de **suspension** (aéro) / grappling rope, rigging o. shroud line || ~ *f* de **suspension** (électr) / carrier cable || ~ **tendue** / wound-up rope, tightened rope || ~ **tubulaire** (tex) / tubular banding

cordeau *m* / small laid cord || ~ (bâtim) / marking line || **au ~** / by the line || ~ **bickford** / slow match wick || ~ **détonant** / detonating fuse, primacord fuse

cordée *f* (mines) / journey || ~ du **personnel** (mines) / descending by the rope, man-ride, winding of persons

cordelet *m* (tiss) / cord, corduroy, cord o. rib velvet

cordelette *f* / small rope, twine || ~ en **chanvre** / hemp twine || ~ de **déclenchement** (aéro) / rip cord

cordelière *f* / carrying strap

cordeline *f* (verre) / trying iron || ~ (d'une étoffe en soie) / selvedge, selvage, (Seide:) leizure

corderie *f* (commerce) / cordage, ropes and cords *pl* || ~ (atelier) / rope making o. manufacture, rope factory

cordeur *m* (m.à coudre) / braiding o. piping device

cordier *m* / rope maker, roper

cordiérite *f* (min) / cordierite, dichroite, iolite

cordite *f* (poudre sans fumée) / Cordite

cordon *m* / strand (of a rope) || ~, petite tresse / small braid || ~ (électr) / flexible lead o. cord || ~ (tableau de connexions) / patch cord || ~ (tiss) / neck twine || ~ (soudage) / bead, reinforcement || **~s** *m pl* (pap) / ribbing || ~ *m*, niveau *m* de laitier (sidér) / slag line || **à trois ~s** / treble-twisted, three-cord... || ~ d'**alimentation** (électr) / line cord, power o. attachment cord, A.C. extension cord || ~ en **amiante** / asbestos cord o. twine || ~ d'**antenne** / antenna cord[ing] || ~ d'**appel** (télécom) / calling cord || ~ de **bavure** (moule) / land of a die o. mould || ~ pour **cadran** / pulley cord, drive cord || ~ de la **cannelure** (lam) / collar between grooves || **~s** *m pl* de **cartons** (jacquard) / lacing *pl* cords for jacquard cards || ~ *m* pour **casques** / head [phone] cord || ~ à **casser** / breaking cord || ~ de **chanvre** / hemp twine || ~ de **communication** (télécom) / plug cord, jumper [cable] || ~ **connecteur** (électr) / connecting cord o. flex (GB) o. lead || ~ à **deux brins** (électr) / double flex, twin cord (US) o. flex, twin flexible cord || ~ d'**écouteur** / telephone flex (GB) o. cord (US) || ~ **élastique** (gén) / elastic strap || ~ **élastique d'écouteur** (télécom) / tensile cord || ~ **électrique** (électr) / flexible lead, flex (GB), flexible cord (US) || ~ de la **fiche** (électr) / cord and plug, plug cord || ~ avec **fiche non démontable** / cord with non-rewirable plug || ~ [à **gaine de] caoutchouc** / rubber-insulated cord || ~ à **guipage de soie** (télécom) / silk cord || ~ de l'**indicateur** (techn) / indicator cord || ~ à **isolation plastique** (télécom) / plastics insulated cord || ~ pour **lisses** (tex) / heald o. heddle (US) cord || ~ **multiple** (soudage) / multiple bead || ~ de **protection** (pneu) / kerbing o. curb (US), rib, scuff (US) || ~ de **raccordement** (électr) / connecting cord o. flex (GB) o. lead, power cord || ~ pour **radio** / radio o. wireless cord || ~ de **rallonge** (électr) / appliance cord || ~ **routier** (routes) / windrow || ~ de **rupture** / breaking cord || ~ en ou de **saillie** (bâtim) / fascia || ~ **sans fin** / round belt, endless string || ~ de **sonnette** (conducteur) / bell cord o. strand || ~ de **sonnette** (tirette) / bell cordon o. pull || ~ de **soudure** / weld [seam], welding bead, welding pass o. run || ~ de **soudure sans surépaisseur** / flush weld [seam] || ~ **souple** (électr) / flexible lead o. cord || ~ **souple de mise à feu** (mines) / igniter cord || ~ **souple rétractile** (électr) / retractile cord || ~ **surmoulé** (électr) / cord set || ~ pour **suspension** (électr) / pendant cord || ~ pour **suspension avec cordelette porteuse** / pendant cord with suspending cord || ~ **toronné** (électr) / stranded cord || ~ **triple câble**, cordon *m* tripolaire (électr) / triple cord o. flex

cordonner / braid, plait, tress || ~ (monnaie) / knurl axially

cordonnet *m* (tex) / cordonnet

cordon[net] *m* **de caoutchouc** / rubber cord, elastic

cordouan *m* / cordovan [leather]

core *m* (sidér) / core || ~ de **ferrite** / ferrite core

coriace / leathery

corindon *m* / corundum, alpha alumina || ~ **artificiel** / aluminium oxide abrasive, aluminous abrasive, synthetic corundum || ~ **fondu** / fused corundum || ~ **granulaire** / abrasive powder || ~ **naturel** / mineral corundum || ~ **raffiné** / special fused alumina

corium *m* / corium

corkscrew *m* (tex) / corkscrew twill

cormier *m* (bot) / mountain ash

cornailler / misfit

corne *f* (gén) / horn || ~ (nav) / boom || ~**s** *f pl* (tôle) / distortion wedge || ~**s** *f pl* (électr) / pole horns *pl* || ~ *f* (rabot) / horn o. handle of a plane, ramshorn handle || ~ d'**archet de pantographe** (ch.de fer) / horn of the pantograph || ~ **artificielle** / casein plastics *pl*, galalith || ~ de **brume** (nav) / foghorn || ~ de **charge** (nav) / beam || ~**s** *f pl* de **charrue** / tail of a plough || ~ *f* de **compensation** (aéro) / horn balance || ~ de **garde** / insulator arcing horn || ~ de **garde** (ligne aérienne) / arc horn || ~ de **pantographe** (ch.de fer) / horn of the pantograph || ~ **pivotante ou rayonnante** (nav) / swinging derrick || ~ **polaire** / pole piece o. shoe || ~ **polaire d'entrée** (électr) / leading pole tip o. horn || ~ **polaire de sortie** (électr) / trailing pole tip o. horn || ~ de **scie** / cheeks *pl*, blade holder || ~ de **signal[isation]** (ch.de fer) / tyfon

cornéenne *f* (géol) / hornfels

corner / sound the horn, honk, hoot

cornet *m* (haut parleur) / flare || ~ (pap) / cornet bag || ~ (télécom) / mouth piece || ~ de **brume** / foghorn || ~ **conique** (antenne) / conical horn || ~ **conique double** / biconical horn || ~ **électromagnétique** / spark conductor || ~ **multicellulaire** (antenne) / sectoral horn || ~ **parabolique** (antenne) / hoghorn || ~ à **phase corrigée** (antenne) / phase corrected horn || ~ **pyramidal** (antenne) / pyramidal horn, pyramid o. prism antenna || ~ **quasi hybride** (radio) / quasi hybrid horn || ~ **récepteur** / receiving horn || ~ en forme de **segment** (électron) / segmental horn || ~ à **trois tons** (auto) / triple tone horn

corniche *f* / cornice || ~ (géol) / shelf of a mountain || ~ (routes) / cliff road || ~ d'**étage** (bâtim) / string cornice o. course || ~ de **fenêtre** (bâtim) / plain moulding || ~ au **pied du toit**, corniche *f* principale (bâtim) / principal cornice o. moulding, cornice, eaves mouldings *pl* || ~ du **piédestal** / base moulding

cornier / corner ...

cornière *f* (lam) / angle steel || ~, jointure *f*, *(bâtim) / valley gutter* || ~ en **acier à ailes égales et à coins arrondis** / round-edge equal angle || ~ en **acier à ailes égales et à angles vifs** / equal angle squared edge steel, square edge equal angle, LS-steel || ~ à **ailes [in]égales** / [un]equal angle || ~ à **ailes inégales et à coins arrondis** / round-edge unequal angle || ~ d'**angle** (constr.en acier) / angle bracket, corner angle || ~ **annulaire** / ring made of angle steel || ~ d'**assemblage** (constr.en acier) / connection o. lug angle, angle cleat, splicing angle || ~ de **bordure** / gravel fillet || ~ à **boudin ou à bourrelet** / bulb angle || ~ à **boudin navale** / shipbuilding bulb angle || ~ **couvre-joint** (constr.en acier) / angle [steel] covering a joint || ~ **couvre-joint à recouvrement** (constr.en acier) / wrapper || ~ d'**éclisse** (constr.en acier) / splicing angle || ~ de **fixation** / angle bracket || ~ de **joint** (constr.en acier) / splicing angle || ~ **membrure** (nav) / frame angle [steel] || ~**-membrure** *f* **ou de la membrure** (constr.en acier) / angle [steel] of the flange || ~ **perforée** / perforated shelf angle || ~ **protectrice** (bâtim) / angle o. corner staff || ~ de **renforcement** (constr.en acier) / angle bracket, corner angle || ~ de **renfort** / web plate stiffener || ~ de la **semelle horizontale** (constr.en acier) / horizontal boom angle

cornue *f* (chimie) / retort || ~ (mercure) / aludel || ~ (sidér) / breast of the converter || ~ (coke) / inclined retort oven || ~ **Bessemer** (sidér) / Bessemer converter || ~ à **fond mobile** / revolving o. rotary retort || ~ **tubulée** / tubulated retort

corollaire *m* (math) / corollary

corona *f* (astr) / corona || ~ (électr) / corona [effect] || ~ (repro) / corona charging

coronelle *f* (filage) / spindle cap

coronographe *m* (astr) / coronagraph

corozo *m* / corozo o. ivory nut

corporel (gén) / physical, corporeal, body ...

corps *m* (géom, chimie, phys) / body, substance || ~ (méc) / body || ~ (vernis) / body, consistency, viscosity || ~ (bâtim) / solidium || ~ (typo) / size of type (in points) || ~ (tissu) / body, strength || ~ (moufle) / pulley case o. cheek o. frame o. shell || ~ (outil de tournage) / shank || ~ (nav) / the ship itself (contradist: cargo) || **à deux** ~ (turbine) / two-cylinder || **du** ~ (gén) / physical, corporeal, body ... || **faire** ~ **à l'air** (bâtim) / set *vi* in air || **faisant** ~ (fonderie) / cast en bloc o. integral, integrally cast || ~ **adsorbé** / adsorbate || ~ *m pl* par **agrégation** (chimie) / aggregate body || ~ *m* à **ailes** (espace) / winged body || ~ *m pl* **amphigènes** / amphides *pl* || ~ *m* d'**appareil de robinetterie** / valve body || ~ d'**arbre** / stem o. stock o. trunk of a tree || ~ **avant** (phot) / lens carrier o. standard || ~ de **bâtiment** / main building || ~ de **bielle** (mot) / connecting rod shank || ~ de **boîte** / body of a can || ~ de **boîte d'essieu** / axle box case o. body || ~ de

boulon à agrafe / anchor screw || ~ de **boulon de fixation pour rainures** / T-slot screw || ~ de **boulon de ressort**, etoquiau *m* / spring bolt || ~ de **boulon à tête bombée à collet** / mushroom head sguare neck bolt, cup square bolt || ~ de **boulon à tête bombée à ergot** / mushroom head nib bolt, cup nib bolt || ~ de **boulon à tête fraisée** / countersunk flat bolt || ~ de **boulon à tête hexagonale** / hexagon bolt || ~ de **boulon à tête rectangulaire avec coins abattus** / T-head bolt, hammer-head bolt || ~ de **boulon à tête ronde à collet carré** / bolt for railway ties || ~ de **boulon à tête ronde à collet carré large** (ch.de fer) / fishbolt || ~ **butteur** (agr) / double plough || ~ de **caisse en carton ondulé** / tube of a corrugated box || ~ du **carburateur** / carburettor bowl || ~ **céleste** / celestial body || ~ **cellulaire** / cellular body || ~ **central du bâtiment** (bâtim) / frontage || ~ **cétonique** / ketone body || ~ de **charrue** / plough base, plow bottom (US) || ~ de **charrue escarpé cylindrique** / ruchadlo digger body || ~ de **chauffage** (bâtim) / radiator || ~ de **chauffe** (électr) / [heating] element, fire bar || ~ de **chaussée** (routes) / road construction, pavement || ~ de **cheminée** / chimney cope o. coping o. head o. neck o. shaft || ~ d'une **cloche** / body of a bell || ~ **colorant** / colouring body, pigment || ~ **colorant d'Ostwald** / Ostwald colour body || ~ **commutatif** (math) / field, domain [of rationality], corpus || ~ de **comparaison** / test object || ~ **creux** / hollow body o. part o. piece || ~ de **croissance** / growth promoting substance o. factor, growth hormone, phytohormone || ~ de **cylindre** (mot) / cylinder barrel || ~ du **cylindre** (lam) / roll barrel o. body || ~ **cylindrique de la chaudière** / boiler barrel o. body || ~ **cylindrique à deux plats opposés** (techn) / pivot with cheeks || ~ de **dégorgement** (pompe) / lifting tube, ascending pipe || ~ **déposé** (chimie) / solid remaining at the bottom of a solution || ~ **dièdre** (géom) / dihedral, dihedron || ~ d'**élévateur** / elevator trunking || ~ d'**équilibrage** / balancing body || ~ d'**essai** / test object || ~ d'**essieu** / body of axle, axle shaft || ~ **étranger** / foreign matter || ~ *m pl* **étrangers** (environnement) / grit, coarse dust particles || ~ *m* d'**évaporation** (sucre) / evaporator vessel || ~ **fendu** (piston) / split skirt || ~ de **filière** (extrusion) / die base o. body || ~ d'un **filtre** / filter frame || ~ **flottant** / floating body || ~ de **four** / body of a furnace || ~ du **gazogène** (techn) / generator o. producer shaft o. body || ~ **gris** (phys) / gray body || ~ **haute pression ou H.P.** (turbine) / H.P. turbine housing o. casing o. shell || ~ d'**induit** (électr) / armature spider o. body || ~ d'**induit à encoches** (électr) / slotted core || ~ **intégral** (espace) / integral body || ~ **isolant** / insulator, nonconductor || ~ de **lettre** (typo) / body, shank, stem, depth of the letter || ~ de **levée** / solid body of an embankment || ~ de **logis** / main building || ~ de **métier** / craft, trade || ~ de **meuble** / carcass furniture || ~ de **moindre résistance** (méc) / body of least resistance || ~ **mort** (nav) / mooring buoy || ~ à **moyenne pression** / medium pressure housing o. casing o. shell || ~ **noir** (phys) / black body, full radiator || ~ de **nombres** (math) / number field || ~ *m pl* à **noyau benzénique** (chimie) / aromatic compounds *pl* || ~ *m* d'**ouvrage** (typo) / inner book || ~ **parallèle** (nav) / parallel body || ~ **participant à la réaction** / reactant || ~ du **piston** (mot) / piston barrel || ~ *m pl* **platoniques** (math) / regular convex solids *pl* || ~ *m* de **pointes d'électrode à embout amovible** / resistance spot welding electrode adapter || ~ de **pompe à eau** / barrel of a pump || ~ de **pompe d'injection** / fuel pump case || ~ des **pompiers professionnels** / professional firemen || ~ de **pompiers d'usine** / factory o. works fire brigade (GB) o. department (US) || ~ de **pont arrière** (auto) / rear-axle differential casing, rear axle assembly || ~ de **porte-injecteur** (auto) / nozzle holder case || ~ **porte-objectif à décentrement vertical** (phot) / rising front || ~ de **procédure** (ord) / procedure body || ~ de **programme** (FORTRAN) / program body || ~ de **projecteur** / headlamp, -light casing || ~ du **propulseur** (moteur-fusée à poudre) / engine o. jet o. motor body (rocket) || ~ **pur** (chimie) / elementary body || ~ de **radiateur** / radiator core || ~ de **référence** / test object || ~ de **remplissage** (chimie) / tower packing || ~ de **résistance** / resistor || ~ de **résonance** (auto, couineur) / tone disk || ~ de **révolution ou de rotation** (géom) / solid of o. generated by rotation o. revolution, rotational solid, body of revolution || ~ de **rivet** / shank o. stem o. shaft of a rivet || ~ de **robinet** / cock o. tap chamber, valve body || ~ du **rotor** (électr) / rotor body o. spider || ~ de **roue** / wheel body, wheel center || ~ de **roue à disque** / disk wheel center || ~ de **Saint Venant** / St. Venant body, StV-body (a rigid-plastic body) || ~ de **[sapeurs] pompiers** (Paris) / fire company o. department (US), fire brigade (GB) || ~ du **semiconducteur** / bulk of semiconductor || ~ **simple** (chimie) / element || ~ de **sirop** / thick juice body || ~ **solide** / solid body || ~ **soluble** / soluble matter || ~ de **soupape** (mot) / valve body || ~ **toroïdal** / toroid || ~ de **turbine à vapeur** / turbine housing o. casing o. shell || ~ de la **vanne** (hydr) / valve body || ~ à **vert** (fonderie) / green bond

corpusculaire / corpuscular, particulate

corpuscule *m* / corpuscle, particle || ~ **maxwellien** / Maxwellian corpuscle

corpusculum *m* **tactus** / touch-body, -corpuscule, corpusculum tactus

corrasion *f* (géol) / corrasion || ~ **éolienne** (géol) / sand cutting o. scratch, eolian corrasion

correct / correct

correctement / correctly

correcteur *adj* / corrective || ~ *m* (électr) / attenuation equalizer || ~, compensateur *m* / compensator || ~, régulateur *m* / controller, control unit, control system (GB), controlling means (US) || ~ (typo) / [proof] reader || ~ d'**affaiblissement pour câbles** / distortion corrector of cables || ~ d'**atténuation** / attenuation equalizer || ~ **automatique du freinage en fonction de la charge** / automatic load controlled braking || ~ en **dérivation** (électr) / shunt admittance [type] equalizer || ~ d'**enregistrement** (son) / recording equalizer || ~ *adj* d'**erreurs** (ord) / error-correcting || ~ *m* du **flanc de l'impulsion** (TV) / pulse corrector || ~ de **freinage de la remorque** (auto) / brake regulator of the trailer || ~ de **mélange** (mot) / mixture control || ~ **parallèle** / parallel equalizer || ~ de **phase** (télécom) / delay equalizer || ~ en **série** (télécom) / series equalizer || ~ pour **signaux télégraphiques** (télécom) / regenerative repeater || ~ de **temps de propagation** (télécom) / delay equalizer || ~ de **tonalité** (radio) / tone control || ~ pour **travail en pente** (agr) / slope compensation

correctif / corrective

correction *f* / correction || ~ (typo) / correction, correcting, reading || ~ (radiogonio) / correction || ~ (ord) / patch || ~ (p.e. des valeurs mesurées) / adjustment, reduction || **à ~ auditive** / aurally compensated || **ne comportant pas de ~** (chimie) /

without numerical result of blank test || ~ des **aiguës** (acoustique) / treble correction o. equalization || ~ des **amplitudes** (TV) / correction of amplitudes || ~ d'**angle** (mesure de débit) / angularity correction || ~ d'**angles** (arp) / correction of angles || ~ d'**astigmatisme** / astigmatism control || ~ de l'**atténuation** (télécom) / attenuation equalization || ~ **automatique d'erreur** / automatic request for repeat, ARQ || ~ du **blanc** (TV) / white peaking || ~ de la **boussole** / compass error || ~ du **cap** (aéro) / heading correction || ~ due à la **colonne hors du milieu** (instr) / stem correction || ~ de **cotes** (dessin) / correction of dimensions || ~ des **couleurs** / colour correction || ~ des **courbes au cordeau** (ch.de fer) / realignment by string line and versine offset || ~ de **Dancoff** (nucl) / Dancoff correction || ~ du **délai acoustique** / acoustic correction || ~ du **diamètre d'outil** (NC) / tool diameter offset || ~ de **distorsion** / distortion correction || ~ de **distorsion d'une ligne** (télécom) / correction of the line distortion, line o. phase equalization, phase compensation, lumped loading || ~ de **distorsion de trame** (TV) / frame tilt || ~ de **durée d'établissement** (TV) / rise time correction || ~ **dynamique de convergence** (TV) / dynamic convergence correction || ~ des **épreuves** (typo) / proof correction in slips || ~ d'**erreur de chrominance** (bande vidéo) / colour correction || ~ de l'**erreur prévisionnelle** (stockage) / forecast error correction || ~ d'**erreur quadrantale** (nav) / quadrantal correction || ~ d'**erreur sans voie de retour** (télécom) / forward error correction || ~ des **fautes d'impression** (typo) / correction, correcting || ~ en **feuilles** (typo) / proof in sheets || ~ **finale** / end correction || ~ d'un **fleuve** / river training [works] || ~ du **freinage en fonction de la charge** (auto) / load-controlled braking || ~ du **gamma** (tube) / gamma correction, gammation || ~ de **justesse** (instr) / rectification of accuracy of the mean || ~ de **longueur d'outil** (NC) / tool length offset || ~ du **mélange** (mot) / mixture control || ~ d'**outil** (NC) / tool correction || ~ d'**outil normale à sa trajectoire** / cutter compensation || ~ de **parallaxe** / antiparallax, parallax compensation o. correction || ~ de la **Polaire** (nav) / Q-correction || ~ du **quantième** (horloge) / movement of the calendar || ~ de **rayon d'outil** (NC) / tool radius offset || ~ d'une **rivière** (hydr) / river training [works] || ~ en **site** (arp) / station correction || ~ des **taches** (TV) / shadow compensation || ~ de **température** / temperature correction || ~ du **temps de résolution** (nucl) / resolution o. resolving time correction || ~**s** *f pl* des **torrents** / regulation of a torrent, torrent control o. damming o. works *pl* || ~ *f* du **vide** / vacuum correction || ~ à la **voix** (m à dicter) / overspeaking

corrélateur *m* (contr.aut) / correlator

corrélatif, qui est ~ [à] / correlative

corrélation *f* / correlation, interrelation ship, interdependence || **sans** ~ / uncorrelated || ~ **croisée** / cross correlation || ~ **illusoire** / illusory o. nonsense correlation || ~ **mutuelle** (contr.aut) / crosscorrelation || ~ **négative** / negative correlation || ~ **propre** / autocorrelation || ~ par **rang** / rank correlation

correspondance [pour] *f* (ch.de fer) / correspondence, -ency, communication, connection [with o. to] || ~ (math) / correspondence, coordination || ~, renvoi *m* / cross reference || **de** ~ (billet) / direct (ticket) || ~ entre **angles et positions** / coordination of positions and angles || ~ **bijective** (math) / one-to-one correspondence o. transformation || ~ **non équivoque** / monovalence || ~ **ou non** (ord) / match or non-match || ~ de **trous** / register of holes

correspondant *adj* / corresponding || ~ *m* (télécom) / partner || **sans** ~ (ord) / unmatched

correspondre / correspond || ~ [à] / tie in, agree [with]

corridor *m* / corridor, passage, gallery

corrigé / corrected || ~ (nav) / true (course) || ~ (erreur) (ord) / cleared

corriger / correct || ~ (télécom, électron) / correct, equalize || ~ (typo) / proof-read || ~ l'**accord** / trim the frequency || ~ au **cordeau** (arpent) / realign by string line and versine offset || ~ des **épreuves** (typo) / correct the press || ~ la **fréquence** / trim the frequency || ~ le **jeu** / eliminate backlash

corrodant *adj* / corroding, corrosive || ~, caustique / caustic, etching || ~ *m* / corrosive, corroding agent

corrodé / etched || **être** ~ / corrode

corroder, mordancer / etch || ~, ronger (chimie) / corrode, bite in, fret

corroi *m* (tan) / currying, dressing, finishing || ~ (hydr) / puddle [of clay and sand]

corroirerie *f* (tan) / currying work

corrompre *vt* / decompose *vt* || ~ (se) / decompose *vi*, get spoiled

corrompu / decomposed, spoiled

corrosif *adj* / corrosive || ~, caustique / caustic || ~ (gaz, pétrole) / sour || ~ *m* / corrosive, corroding agent || ~ (chimie) / caustic, mordant

corrosion *f* / corrosion, (also:) corrosiveness || ~ (géol) / sand cutting o. scratch || **être attaqué par la** ~ / corrode || ~ **atmosphérique** / atmospheric corrosion || ~ par **chlorure** / chloride corrosion || ~ par **contact** / contact corrosion || ~ sous **contraintes** / stress corrosion || ~ en **criques** / crevice corrosion || ~ sous les **dépôts** / deposit attack || ~ **électrochimique** / bimetallic corrosion || ~ des **faces en contact** / frictional o. rubbing o. fretting corrosion, interface corrosion || ~ en **filigrane** / filigrane corrosion || ~ **fissurante** / intercrystalline o. -granular corrosion || ~ **fissurante due à la contrainte** (méc) / stress corrosion cracking || ~ en **fissures** / crevice corrosion || ~ **humide** / aqueous corrosion || ~ par l'**influence du sol** / soil corrosion || ~ aux **intempéries** / atmospheric corrosion || ~ **intercristalline ou intergranulaire**, corrosion *f* des joints de grains / intercrystalline o. -granular corrosion || ~ **ionique** (circuit imprimé) / ion etching || ~ **local[isé]e** / localized o. selective corrosion || ~ aux **piqûres** / pitting corrosion || ~ **sèche** / chemical corrosion || ~ en **solution** / electrolytic corrosion || ~ due au **soudage** / corrosion due to welding || ~ sous **tension** / stress corrosion || ~ due à l'**usure par frottement** / abrasion fretting corrosion

corroyage *m* (glaise) / wedging o. slapping of clay || ~ de **cuir** / leather finish[ing] o. dressing o. currying

corroyer (tan) / curry, dress, finish || ~ (men) / plane off || ~ (sidér) / weld *vt* || ~ (bâtim) / puddle o. work clay || ~ l'**étain** / refine tin

corroyeur *m* (tan) / currier

corser / give body, stiffen

corset *m*, manchon-guêtre (auto) / blow-out patch, tire gaiter

cortège *m* **électronique** / cloud of electrons, electron cloud

corticotropine *f*, corticostimuline *f* / corticotropin, adreno-corticotropic hormone, ACTH

cortisone *f* / cortisone

coruscation *f* / coruscation, flashing

corydal[l]ine *f* (chimie) / corydaline

cos *m* (math) / cos, cosine
cosécante *f*, cosec / cose[cant]
cosinoïde *f* / cosine curve
cosinus *m* (math) / cos, cosine || ~ de **direction** (nucl) / direction cosine || ~ **hyperbolique**, ch / hyperbolic cosine, cosh || ~ **inverse** / cos^{-1}, inverse cosine
cos[inus] φ *m* (électr) / power factor, PF, pf, cos φ
coslettiser / coslettize
cosmétique *adj* / cosmetic *adj* || ~ *f* / cosmetic
cosmique / cosmic
cosmo·drome *m* / cosmodrome || **~gonie** *f* / cosmogony || **~graphie** *f* / cosmography || **~logie** *f* / cosmology || **~naute** *m* / spaceman, astronaut, cosmonaut (Russia) || **~nautique** *f* (rare) / cosmonautics || **~nef** *m* / space ship || **~tron** *m* (nucl) / cosmotron
cosse *f* (légumes) / pod, hull, husk, shell || ~ (charp) / cutting[s pl.] || ~ (techn) / cable eye stiffener, thimble, rope eye || ~ **annulaire** / annular thimble || ~ de **batterie** / battery clip || ~ de **bougie d'allumage** (auto) / spark plug connector || ~ de ou pour **câble** (électr) / cable bracket o. socket o. terminal, lug || ~ de **câble angulaire** / angle socket || ~ de **câble à plage fermée** (électr) / ring terminal o. tongue || ~ de **câble à pointe** / pin-type cable socket || **~-câble** *m* à **ressort** / spring terminal || **~-câble** *m* à **serrage** / clamp type socket || **~-câble** *m* à **sertir** / crimp type socket || ~ *f* de **carrière** / overburden of a quarry || ~ **circulaire à œil** / ring terminal || ~ en forme de **cœur** / heart shaped thimble || ~ à **cordage** / grummet o. grommet thimble, rope eye || ~ de **hauban** (ligne aérienne) / guy o. stay thimble || ~ à **mâchoires** (mines) / clamp eye || ~ **marine** / thimble, cable eye stiffener || ~ à **rapporter** / push-on type socket || ~ à **souder** / soldering terminal o. eye[let] || ~ **terminale** (électr) / cable bracket o. socket o. terminal, lug
cossette *f* (sucre) / slice, cossette || **~s** *f pl* **ensilées** (agr) / wet pulp silage || **~s** *f pl* **épuisées** (sucre) / beet pulp || **~s** *f pl* **faîtières** / ridge slices o. cossettes *pl* || ~ *f* de **manioc** / manioc root || **~s** *f pl* **séchées** / dried pulp, dried sugar beet cossettes *pl* || **~s** *f pl* à la **sortie du coupe-racines** / fresh beet slices *pl*, cossettes *pl* || **~s** *f pl* **triangulaires** (sucre) / triangular slices *pl*
costresse *f* (mines) / gateroad
cotage *m* (dessin) / dimensioning
cotangente *f* (math) / cotangent, cot || ~ **hyperbolique** / hyperbolic cotangent, coth
cotation *f* (dessin) / dimensioning
cote *f* (arp) / indication of elevation o. altitude, elevation, altitude || ~ (thermomètre, etc) / reading || **~s** *f pl* / details *pl* || ~ **720** *f* / hill 720 || **à la ~** / to size || **à la ~ plus 2 m** / at altitude 2 m || ~ d'**ajustement** / dimension in a class of fits || ~ **barométrique** / barometer reading || ~ **demandée** (NC) / setting o. desired value, command value || ~ d'un **dessin** / dimension line || ~ sur **dessin** / dimension o. size [given in a drawing] || ~ **dimensionnelle** / dimension figure || ~ de **dureté** / hardness designation || ~ **effective** / actual dimension o. size o. scale || ~ **enregistrée** / dimension to be measured || ~ de **fabrication** / manufacturing dimension || ~ **finale** (tourn) / stop measure || ~ **finie de meulage** / diameter to be ground || ~ **géopotentielle** / geopotential elevation indication || ~ de **hauteur ou des hauteurs** / height above datum, relative elevation || ~ d'**implantation** (bâtim) / data of building site || ~ **indiquée** / dimension to be measured || ~ **inscrite** (dessin) / given o. figured dimension o. measurement || ~ **limite** (ajustement) / allowance, size limit || ~ **maxi**, cote *f* maximale ou maximum / upper allowance, over-allowance || ~ **maxi[mum] et mini[mum]** / plus and minus limits *pl* || ~ **mini[mum]**, cote *f* minimale / under-allowance || ~ de **montage** (dessin) / assembly dimension || ~ de **niveau** / height above datum, relative elevation || ~ **nominale** / nominal o. rated size || ~ **nominale avec écarts** / nominal size including allowance || ~ de **nu** (bâtim) / dimension in unfinished state || ~ de **passage** (bouche avaloir) / clear opening || ~ sur **plats** (boulon) / wrench size across flats, width across [flats], nut across flats || ~ de **préréglage de l'outil** (NC) / presetting distance || ~ **prescrite** (NC) / setting o. desired value, command value || **~s** *f pl* de **raccordement** / mating o. companion o. fitting dimensions *pl*, connecting o. inter-related dimensions || ~ *f* **réelle** / actual dimension o. size o. scale || ~ de **référence** (arp) / datum height || ~ de **retrait** / amount o. measure of shrinkage o. contraction, moulding shrinkage || ~ **théorique** / basic dimension || ~ du **thermomètre** / thermometer reading || ~ **unifiée** / unit measure, standard dimension || ~ par rapport au **zéro** (arp) / absolute altitude
côte *f* (bâtim) / nerve, nervure || ~ (tiss) / wale, rib || ~ (géogr) / sea shore || ~, barrette *f* (pneu, soulier) / cleat, stud, lug || **à ~s** (tiss) / corded, ribbed || **à ~s fines** (tricot) / small mesh..., fine- o. close-meshed || **plein de ~s** (routes) / with many gradients || ~ **basse** (géogr) / low coast, flat strand || **~s** *f pl* **diagonales** (tex) / diagonal cords *pl* || ~ *f* **escarpée** (géogr) / steep bank || **~s** *f pl* d'un **navire** / framing of a ship || ~ *f* à **pic** / steep bank || ~ **plate** / low shore || ~ **raide** / steep bank || ~ **un plus un**, côte *f* 1 + 1 (tricot) / right/right construction
coté *adj* (NC) / dimensioned
côté *m* (bâtim, géom) / side || **[du] ~ alternatif** / on a.c. side || **à ~ de coupe** (pap) / offcut || **à ~ de fabrication** (pap) / side-run || **à ~s égaux** / equal-sided || **à ~s inégaux** / with unequal sides || **à ~s renversés** / laterally transposed o. reversed, side-inverted || **à deux ~s** (tiss) / reversible, double faced || **au ~ de bagues** / slipring side... || **de ~** / aside || **de ~**, de travers / sideways || **de l'autre ~ [de la page]** / overleaf || **des deux ~s** / on both sides || **des deux ~s** / in either direction || **d'un ~** / one-sided, one-side... || **d'un ~ du couloir** (bâtim) / at one side of the corridor || **l'un à ~ de l'autre** / side-by-side || **sur le ~** (nav) / lopsided || **sur les deux ~s** / on both sides || ~ à l'**abri du vent**, côté *m* abrité / lee, lee[ward] side || ~ **adjacent à** α (math) / side adjacent to α || ~ d'**admission du moteur** / inlet o. induction side || ~ d'**alimentation** (électr) / line side || ~ **alternatif** / a.c. side || ~ d'**angle** / terminal side of an angle || ~ de l'**angle droit** (math) / cathetus, leg of a right-angled triangle || ~ **aspiration** (mot) / inlet o. induction side || ~ d'**axe d'articulation** (frein à tambour) / face side of the brake shoe || ~ **basse pression** / low pressure side || ~ **basse tension ou B.T.** (transfo) / low voltage side || ~ **bavure** (découp) / raw edge || ~ **brasage** (circ.impr.) / solder side || ~ **buse** (plast) / injector side || ~ **carburateur** (mot) / carburettor side || ~ **chair** / fleshside of skins || ~ de **charge** (four) / feed end || ~ de **charge** (convoyeur) / load surface || ~ **chaud** (résisteur) / supply side || ~ **chaussée ou de circulation** (auto) / left[-hand] side (France, USA), right[-hand] side (England, Japan) || ~ de la **commande** (moteur électr) / off-side, driving o. drive side, pinion end, rear [end] side || ~ de la **commande** (dynamo) / rear [end] side || ~ **commande** (techn) / tending side || ~ **composants**

(circ.impr.) / component side || ~ **conductif** (circ.impr.) / foil side of a board || ~ **continu** (électr) / d.c. side || ~ à **côté** / adjacent || ~ de la **coulée des scories ou du laitier** (sidér) / slag tapping side || ~ **courroie** (électr) / pulley end || ~ de **défourneuse** / coke ram side || ~ de **derrière** / back [part] || ~ de **deux** (typo) / inner form || ~ de **devant** / front, face || ~ **distribution** (électr) / sending end || ~ **droit** / right [side], (traffic:) off side || ~ de l'**échappement du moteur** / exhaust side || ~ **embrayage** (mot) / coupling end || ~ **émetteur** / on transmitter side || ~ **émulsionné** (phot) / sensitized side o. face, emulsion face || ~ d'**entraînement** (dynamo) / rear [end] side || ~ d'**entraînement** (moteur électr) / off-side, driving side, pinion end, rear [end] side || ~ **entre d'un calibre** / go-end side of a limit gauge, standard side of a limit gauge, go-gauge || ~ **envers** (tiss) / wrong side, back || ~ **étroit** (guide d'ondes) / narrow dimension || ~ **exposé aux pluies** (bâtim) / weather side || ~ **exposé au soleil** / sunny side || ~ **extérieur d'une digue** / floodside of a dam || ~ d'**extinction du coke** / coke side o. end, coke withdrawal side || ~ **extracteur** (plast) / ejector side, knock-out side || ~ **face** / head of a coin || ~ **feutre** (pap) / felt side, top side || ~ **frontal** / face, front || ~ **générateur** (électr) / generator end || ~ **haute tension ou H.T.** (électr) / high voltage side || ~ de l'**hélice du moteur** / airscrew end of the engine || ~ **imprimé** (électron) / printed side || ~ **intérieur** / inside || ~ d'**introduction** (lam) / entry side || ~ **jus** (sucre) / juice side || ~ **large** / broadside || ~ **large** (guide d'ondes) / broad dimension || ~ de **lime non taillé** / safe-edge || ~ **machine** (four de coke) / ram side, machine side, pusher side || ~ de la **marge** (typo) / lays *pl*, feed guide || ~ de la **mise en marche du moteur** (aéro) / airscrew end of the engine || ~ de **navire** (nav) / ship's side || ~ **n'entre pas**, côté *m* non-entre / scrap side of a gauge || ~ **objet** (opt) / object [side] ... || ~ **opérateur** (techn) / tending side || ~**s** *m pl* de l'**ouvrage** (mines) / breast o. side of work || ~ à **ouvrir !** / open here! || ~ *m* de la **percée** (fonderie) / side of the running || ~ **pied** / foot, lower end || ~ **pignon** (bâtim) / gable end || ~ **pile** / tail o. reverse of a coin, pile || ~ de **pince** / back of the tongs || ~ **plat** / broadside || ~ **poil** (cuir) / grain o. hair side || ~ **porté** (convoyeur) / bottom cover || ~ **porteur** (convoyeur) / carrying side || ~ **postérieur** / back, rear [side] || ~ **poulie** / pulley side of belt || ~ de **première** (typo) / outer form || ~ **primaire** (électr) / primary || ~ **rangement** (auto) / rumble || ~ **récepteur** (électr) / receiving end || ~ **récepteur ou de réception** (radio) / receiver side || ~ de **refoulement de la pompe** / delivery side of a pump || ~ de **roulage en galerie** (mines) / roadside gangway || ~ de **roulement** (convoyeur) / backing of a belt || ~ de **roulement des rails** (ch.de fer) / guiding surface of rails, inner o. inside o. running side of rails || ~ **rue** (bâtim) / street[ward] front || ~ **rupteur** (auto) / breaker side || ~ **sensible** (phot) / sensitized face o. side || ~ **serrure** (porte) / lock side of a door || ~ **sortie** (mot) / drive side || ~ **sous le vent** / lee, lee[ward] side || ~ **supérieur du feutre** (pap) / top side of felt || ~ **supérieur du papier** / top side, felt side || ~ **support** (film) / base side || ~ **talon de la mâchoire** (frein) / heel side of the brake shoe || ~ de la **tête d'une pince** / flank of the head of a plier || ~ **tirant** (courroie) / tightened o. tight end, driving side || ~ **toile** (pap) / wire side || ~ du **triangle** (math) / subtense || ~**s** *m pl* du **trou perforé** (découp) / lateral sides of a punched hole || ~ *m* **vapeur** (sucre) / steam end || ~ du **vent** (bâtim) / windward side, side exposed to the wind || ~ du **vent** (nav) / weather o. windward side || ~ **volant** (mot) / flywheel end

coteau *m* / hill, hillock || ~ d'un **barrage** / sloping side of a barrage

côtelé (tiss) / corded, ribbed

coter / mark, number || ~ **[un dessin]** / draw o. write dimensions into a design

cotg. (math) / cot, cotangent

côtier / coastal, shore based

côtière *f* (bonnet) / legging frame || ~**s** *f pl* (sidér) / side walls *pl*, side o. twyer stone

coton *m* / cotton || **de** ~ / made of cotton || ~ **azotique ou collodion** / nitrocellulose, nitro cotton, n.c. (US), gun cotton || ~ en **bourre**, coton *m* brut / cotton wool (US), natural o. raw cotton || ~**-cordonnet** *m* / glacé thread, sewing cotton || ~ **courte-soie** (filage) / pin-head staple || ~ **écru** / gray cotton cloth || ~ **effiloché** / reprocessed cotton || ~ d'**Egypte** / Egyptian cotton, jumel cotton || ~ **épluché** (tex) / pulled cotton || ~ d'**essuyage** / cotton cleaning waste || ~ **explosif ou fulminant** / guncotton, pyroxylin[e], explosive o. exploding cotton || ~ **filé** / cotton twist o. yarn, spun cotton || ~ **hydrophile** / cotton wad[ding] o. wool (GB), absorbent cotton || ~ **immunisé** / immunized cotton || ~ **longue soie** / long-staple[d] cotton, peeler || ~ **pluché** / picked cotton || ~ à **polir** / cotton cleaning waste || ~**-poudre** *m* / nitrocellulose, pyroxylin[e] || ~ **tacheté** / stained cotton || ~ de **verre** / glass fiber o. wool

cotonnade *f* (tiss) / cottonnade || ~ / cotton fabric, calico || ~ à **fleurs** / figured cotton fabric

cotonne[ette] *f* / cotton fabric o. goods *pl*

cotonner / cottonize

cotonnerie *f* / cotton plantation || ~, culture *f* du coton / cultivation of cotton, cotton growing || ~ (fabrique) / cotton mill

cotonneux / cottony

cotonnier *adj* / cottony, gossypine || ~ *m* (bot) / cotton [plant]

cotonniser / cottonize

cotractant *m*, cotraitant *m* (bâtim) / partner of a contractor combination

cotre *m* (nav) / cutter

cotret *m* (hydr) / fascine, faggot, fagot

cottage *m* / cottage, small house

cotte *f* **[bleue]** / work dress

cotunnite *f* (min) / cotunnite, chloride of lead

cou *m* / collar, neck || ~ de **cathode** / cathode neck

couaille *f* (tex) / tail locks, britch, breech (GB)

couchage *m* / coating || **de** ~ (pap) / coating || ~ sur **bande** (galv) / coil coating || ~ à la **brosse** (pap) / brush coating || ~ par **carbure de titanium** / TiC-[coating] layer || ~ **différencié** (sidér) / differential coating || ~ par **étalement** (pap) / spread coating || ~ par **extrusion** (pap) / extrusion coating || ~ par **fusion** (pap) / hot melt coating || ~ par **gravure** (pap) / gravure coating || ~ par **immersion** (pap) / dip coating || ~ à la **lame** (pap) / blade coating || ~ par **lame d'air** (pap) / air knife coating || ~ par **léchage** (pap) / kiss coating || ~ par **matières fondues** (pap) / hot-melt coating || ~ par **métal dur** / carbide coating layer || ~ à **pellicule brillante** / high gloss foil laminating, celloglazing || ~ de **piste magnétique ou sonore** / magnetic striping || ~ à **plusieurs couches** / multilayer coating || ~ par **presse encolleuse** (pap) / size press coating || ~ par **projection** (pap) / curtain coating || ~ par **rouleau** (pap) / roll coating || ~ avec **rouleaux lisseurs** (pap) / smoothing roll coating || ~ sur **tambour chromé** (pap) / cast coating || ~ par **thermocollage ou**

thermosoudage / heat seal laminating || ~ par **voile** (pap) / curtain coating
couchant, en ~ le poil (tex) / with the hair
couche *m* (tube électron) / knee-point || ~ *f* / coating, covering || ~ (horticulture) / cold frame || ~, planche *f* à modèle (fonderie) / pattern board, moulding board || ~ (géol, mines) / seam, stratum, deposit, bearing, bed || ~ (céram) / batch, burning, baking || **à ~ antireflet** / coated, lumenized || **à ~ intermédiaire de caoutchouc** / rubber lined || **à ~ projetée au pistolet** / spray-coated || **à ~s annuelles serrées** (bois) / closely ringed, narrow-circled, with small annular rings || **à ~s multiples** / multilayer[ed] || **à ~s multiples** (tiss) / multi-ply || **à deux ~s** / double layer..., double-ply || **à quatre ~s** / four-layer... || **à trois ~s** / three-layer[ed] || **à une ~** / single-layer || **à une [seule] ~** / single-layer... || **donner la ~ de fond** / prime || **donner la ~ d'impression** (bois) / prime *vt*, seal *vt* || **en ~s** (mines) / in strata || **en ~s croisées** (cordonnerie) / reversed lay ... || **en ~s superposées** / lying stratified || **en ou par ~s** / in plies o. layers || **par ~s** (mines) / in layers, in strata || ~ **adhésive** (tex) / adhesive coat, tie coat || ~ d'**affleurement** (géol) / superficial layer || ~ d'**air** / air layer || ~ d'**air intermédiaire** / air gap || ~ d'**amiante** / asbestos base o. square || ~ **annuelle** (bot) / annual ring o. zone || ~ **anodique** / anodic coat[ing] || ~ **anti-abrasion** (repro) / lamination sheet || ~ **anti-abrasive** (phot) / anti-abrasion layer || ~ **antiacide** (accu) / anti-acid o. antispray film || ~ **antidérapante** / nonskid coating || ~ **antihalo** (phot) / backing || ~ **antireflet ou antiréfléchissante** / blooming, coating || **~s** *f pl* **anti-usure** / coatings *pl* || ~ *f* **anti-usure** (bâtim) / anti-wear blinding || ~ **anti-usure de béton** / wearing course of concrete || ~ d'**Appleton** / Appleton o. F2-layer || ~ d'**apprêt** / first coat[ing], subcoating || ~ **aquifère** (mines) / water bearing stratum, aquifer || ~ **arable** / top soil, tilled soil || ~ d'**ardoise** / slate bed || ~ d'**argent** (galv) / silver deposit || ~ d'**argile damée** (routes) / rammed clay bed || ~ **argileuse ou d'argile** (géol) / clay band o. layer || ~ d'**arrêt** (cell. photovolt) / barrier o. blocking o. depletion layer, resistive layer || ~ d'**arrêt** (bâtim) / barrier layer || ~ d'**arrêt collecteur** (semicond) / collector barrier, collector depletion layer || ~ d'**arrêt émetteur** (semicond) / emitter barrier, emitter depletion layer || ~ d'**assise** (routes) / lower layer o. coating o. stratum || ~ d'**assise** (bâtim) / stone bed o. course || ~ **atomique** (K,L etc.) / electron shell || ~ de **barrage** (bâtim) / barrier layer || ~ de **barrage d'humidité** (bâtim) / damp[proof] course || ~ de **base** (routes) / base course || ~ de **base** (sidér) / outer lining || ~ de **base** (galv) / undercoating || ~ [de **base**] (dorure, émail) / ground coat || ~ de **base bitumineuse** (routes) / bituminous base course || ~ **Beilby** (chimie) / Beilby layer || ~ de **béton** / concrete bed || ~ **blanche** (sidér) / white layer (of nitrides) || ~ de **bois mince** / lamina of wood, thin board || ~ de **briques** / brick course || ~ de **brume** / mist layer || ~ **C** (atmosphère) / C-layer || ~ en **caoutchouc** / rubber coating o. film || **~s** *f pl* **carbonifères** (géol) / coal formation o. series || ~ *f* **cémentée** (sidér) / case || ~ **centrale** / medial layer || ~ de **charbon** (mines) / coal seam o. stratum || ~ **chaude** (agr) / hot o. seed bed || **~s** *f pl* des **cheminées** / layers of chimneys || ~ *f* de **chrome** (galv) / chromium deposit || ~ de **cocon** / cocoon coating || ~ de **coke** / coke bed || ~ de **colle** / glue spread o. layer || ~ **colorée ou de couleur** / colour coat || ~ de **combustible** (sidér) / fuel bed || ~ **composite de carbone** (électr) / carbon composition film || ~ **conductrice** (électr) / conducting coat || ~ **conductrice équivalente** / equivalent conducting layer || ~ de **conversion** (galv) / conversion coating || ~ **cornée** (cuir) / corium, true skin || ~ de **coulée** (fonderie) / casting bed || ~ **crétacée** (géol) / chalk bed || ~ de **cuivre** / copper deposit || ~ **D, [E etc.] de l'ionosphère** / D-layer, [E-layer etc] || ~ **damée** (bâtim) / rammed layer || ~ de **demi-atténuation** (ELF), C.D.A. (nucl) / half-value layer, HVL || ~ de **diamants** (outil) / diamond impregnation || ~ **dorsale** / backing || ~ **double** / double layer || ~ **durcie** (fonderie) / chilled zone || ~ **durcie par cémentation** / case || ~ **E** (ionosphère) / E-layer || ~ d'**eau** (mines) / aquifer, water bearing stratum || ~ d'**eau de la chaussée** / water film on the road surface || ~ d'**égalisation** (routes) / levelling layer || ~ d'**égalisation de la pression de vapeur** (bâtim) / vapour pressure equalizing layer || ~ d'**égalisation en sable** (pipeline) / equalizing bed || ~ **électronique** / atomic shell || ~ **émettrice** / emitting layer || ~ d'**enroulement** (électr) / lap || ~ **enterrée** (semicond) / buried layer || ~ **épaisse** / thick layer || ~ **épaisse** (semicond) / thick film || ~ **épaisse de couleur** / impastation || ~ **épitaxiale** (électron) / epitaxial layer || ~ d'**épuisement** (semicond) / depletion layer of barrier || ~ d'**étain-nickel** (galv) / tin-nickel [finish] || ~ **étanche à l'eau** (hydr) / lining of a canal || ~ d'**étanchement** (hydr) / sealing layer || ~ **extérieure** (allg) / top o. covering layer || ~ **extérieure** (électron) / outer coating || ~ **extérieure** (sandwich) / facing || ~ **extérieure du placage** / face veneer || ~ **externe** / outer layer || ~ **F2** (ionosphère) / F2-layer, Appleton layer || ~ **fertile** (nucl) / blanket || ~ en **feuille d'étain** / tin foil coating || ~ de **feutre** / felt pad o. cushion o. mat || ~ de **fibres** / layer of fibers || ~ de **fibres neutres** (méc) / neutral zone o. surface of a deflected beam || ~ **fibreuse** (pap) / furnish layer || ~ de **fil sur la canette** / cop layer || ~ **filtrante** / filter bed || ~ **filtrante** (mines) / jig bed, filtering bed o. layer || ~ de **finition** (peinture) / finishing o. top coat || ~ **fluidifiée** (chimie) / fluid[ized] bed || ~ **fluidifiée par gaz** / gas fluidized solid system || ~ de **fond** / bottom layer || ~ de **fond** (peinture) / priming || ~ de **fond au phosphate** / wash primer, reaction o. self-etching (GB) primer || ~ de **fondation** (routes) / foundation layer || ~ de **forme** (ch.de fer) / track formation, subgrade (US) || ~ de **freinage** (réacteur) / moderating zone || ~ à **fumier** (agr) / hot o. seed bed || ~ **galvan[oplast]ique** / electroplating, electrodeposit || ~ des **gaz rares** (nucl) / inert o. noble o. rare gas shell || ~ de **gel** (plast) / gel coat || ~ de **gélatino-bromure d'argent** / bromide emulsion coat || ~ de **givre** / frost coating || ~ de **Heaviside** / Kennelly-Heaviside layer || ~ de **houille**, couche *f* houillère / hard coal seam || ~ d'**huile** / oil film || ~ **ignifuge** / fire-resisting o. -resistant (US) layer || ~ d'**impression à l'atelier** / shop priming || ~ d'**impression pour bois** / wood primer o. sealer || ~ **inférieure** (carton) / lower ply || ~ **inférieure** (routes) / subbase || ~ **inférieure granulaire** (routes) / granular subbase || ~ **intérieure** / medial layer || ~ **intérieure** (stratifié) / core sheet || ~ **intérieure en bâtons** (contreplaqué) / block core || ~ **intérieure de feutre** / felt ply o. insert || ~ **intérieure en lames** (bois) / laminated core || ~ **intérieure de toile** / linen ply || ~ **intermédiaire** / intermediate layer, ply || ~ **intermédiaire** (émail) / intermediate coat || ~ **intermédiaire** (peinture) / intermediate coat, undercoat || ~ **intermédiaire en béton asphaltique** (routes) / asphalt binder || ~ **intermédiaire de caoutchouc** / rubber ply o. core || ~ **intermédiaire**

isolante / insulating ply || ~ **intermédiaire métallique** / intermediate metal ply || ~ **intermédiaire en papier** / paper insert || ~ **intrinsèque** (semicond) / intrinsic layer || ~ d'**inversion** (météorol) / layer of atmospheric inversion || ~ **ionisée ou d'ionisation** / ionization layer, ionized zone || ~ **ionisée** (de l'ionosphère) / ledge || ~ d'**ionosphère** / ionospheric region || ~ **isolante** / insulating layer o. film o. course || ~ **isolante** (tube flex.) / insulation layer || ~ **isolante en bitume** (bâtim) / bituminous protective coating || ~ de **jonction** (gén) / diffusion layer || ~ de **jonction** (transistor) / junction || ~ de **jonction par alliage** (électron) / alloy junction || ~ de **jonction diffuse** (semicond) / diffuse junction || ~ de **jonction pn** (semicond) / p-n-boundary || ~ **K** (phys) / K-shell || ~ de **Kennelly-Heaviside** / Kennelly-Heaviside o. E-layer || ~ **L** (nucl) / L-shell || ~ de **laque** / coat of lacquer o. varnish, enamel (US) || ~ **légère** (mines) / slight coat || ~ de **liage** (caoutchouc) / bonding layer || ~ **limite** / boundary layer o. film || ~ **limite sur disques** / boundary layer on rotating disks || ~ **limite de paroi** / [end-]wall boundary layer || ~ **limite planétaire** (météorol) / planetary boundary layer, PBL || ~ **limite de profil** / profile boundary layer || ~ **limite turbulente** (aéro) / turbulent boundary layer || ~ **M** (nucl) / M-shell || ~ **magnétique** / magnetic film || ~ **magnétique d'emmagasinage ou à mémoire** / magnetic memory film || ~ **marginale** / boundary layer || ~ **médiane** / medial layer || ~ **médiane en bâtons** (contreplaqué) / block core || ~ de **métal lustré** (résistance) / metal glaze film || ~ de **métal vaporisé** / coat of vapourized metal || ~ **métallique [par galvanoplastie]** / metal plating o. deposit, metallic plating o. deposit || ~ **mince** / film, coat[ing] || ~ **mince** (ord) / thin film || ~ **mince de colle** / adhesive film || ~ **mince déposé sous vide** / vacuum coated film || ~ **mince ferro-électrique** / ferroelectric thin film || ~ **mince métallisée** / thin metal deposit || ~ **mince d'or** / gold flash, gold wash || ~ **mince de rouille** / rust film || ~ de **minerai** / mineral o. ore deposit, ore bed || ~ **mitoyenne** / boundary layer o. film || ~ **monomoléculaire** / monomolecular film o. layer, monofilm, -layer || ~ **monomoléculaire** / monolayer || ~ de **mortier** / bed o. layer of mortar || ~ **N** (nucl) / N-shell || ~ au **niveau du sol** (bâtim) / earth table || ~ **nourricière** / nutritive substratum o. medium, nutrient medium || ~ de **nuages** / cloud stratum || ~ **nucléaire** (nucl) / nuclear shell || ~ **O** (nucl) / O-shell || ~ d'**or** / gold ground || ~ d'**oxyde** / oxide film || ~ d'**oxyde**, écaille *f* (acier) / scale || ~ d'**oxyde métallique** / metal oxide film || ~ d'**oxyde protectrice** / protective oxide coat || ~ **passivante à phosphate** / wash primer, reaction primer, self-etching primer (GB) || ~ de **peinture** / coat of paint || ~ de **peinture protectrice** / protecting o. protective coating of paint || ~ de **phosphate insoluble** / phosphate coating || ~ **photoélectrique** / photoelectric layer || ~ **photographique** (phot) / emulsion layer || ~ de **pierres concassées** (hydr) / layer of broken stones || ~**-point** *m* (soulier) / rand || ~ *f* de **polyuréthane et goudron** / pitch-polyurethane coating || ~ de **poussière** / dust coat o. layer || ~ **primaire** (émail) / ground coat || ~ **«primer»** / reaction o. wash primer, self-etching primer (GB) || ~ **profonde** (mines) / deep seam || ~ **protectrice ou de protection** / protective layer || ~ **protectrice** (galv) / protective coating || ~ **protectrice contre les flammes** / flame-proofing coat || ~ de **pulvérisation** (protect. de plantes) / spray deposit || ~ **Q** (nucl) / Q-shell || ~ de **recouvrement** (gén) / cover, outer layer || ~ de **recouvrement** (bâtim) / wear resisting layer || ~ **réflectrice** (électron) / reflection o. reflecting layer || ~ de **résistance à l'usure** / wearing coat || ~ **résistante aux termites** (bâtim) / termite shield, antproof course || ~ **résistive** / resistive coat || ~ de **revêtement** / cover, protective layer || ~ de **roulement** (routes) / upper layer of ballast, road carpet || ~ de **roulement en asphalte coulé** (routes) / mastic asphalt || ~ de **sable** (routes) / coat of sand || ~ de **sable** (filtre) / layer of sand || ~ de **sable** (bâtim) / sanding || ~ à **sécher** (eaux usées) / drying bed || ~ de **séparation** / separation layer || ~ **simple** (pap) / individual ply || ~ de **stockage souterrain** (gaz) / storage horizon || ~ **superficielle** / surface layer || ~ **superficielle**, couche *f* limite (semicond) / surface barrier || ~ **supérieure** / surface, upper layer || ~ **supérieure de ciment** / upper cement layer || ~ **supérieure de l'enduit** (bâtim) / final o. finishing coat, setting o. skimming coat || ~ **supérieure du sol** / top soil || ~ de **surface** (bâtim, routes) / topping || ~ de **surface** (électron) / surfacing || ~ à la **surface du sol** (air) / surface layer, SL || ~ **sus-jacente** (mines) / overlying stratum || ~ de **terre de découverte** / overburden, rubbish || ~ de **textile intermédiaire** (pneu) / fabric o. textile ply o. insert || ~ de **tissu** (pneu) / casing ply || ~ **transversale** / cross band || ~ **transversale** (contreplaqué) / cross band || ~ **trempée** (fonderie) / chilled zone || ~ **très mince** / film, coat[ing] || ~ de **tuiles qui prévient les fissures de la muraille** (bâtim) / layer of bricks to prevent fissures || ~ **turbulente** (chimie) / fluid[ized] bed || ~ **turbulente à gaz** / gaz fluidized solid system || ~ **turbulente à liquide** / liquid fluidized solid system || ~ **unie de mortier** (maç) / even bed of mortar || ~ **uniforme sur un convoyeur** / uniform laydown on a conveyor || ~ d'**usage** (tex) / use-surface || ~ d'**usure** / wear layer || ~ d'**usure** (bâtim) / wearing course || ~ d'**usure** (routes) / top of road bed || ~ d'**usure** (revêtement de sol) / wear layer || ~ d'**usure en asphalte** (routes) / full-depth asphalt construction || ~ d'**usure en béton** (routes) / top concrete layer || ~ **végétale** (agr) / topsoil || ~ de **vernis** / coat of lacquer o. varnish || ~ de **voiles** (filage) / fleece, lap || ~ **voisine** / neighbo[u]ring layer o. stratum || ~ de **zinc** / zinc coating || ~ en **zone dipôle** (semicond) / dipole layer || ~ **zoogléique** (égout) / zoogloeal layer, schlammdecke

couché (pap) / coated || ~, versé (blé) / lodged || ~ (pli) (géol) / inverted || **être** ~ / lie || ~ sur les **deux faces** (pap) / twoside[d] coated || ~ *m* à l'**émulsion** / emulsion coated paper || ~ en **feuilles** (pap) / couched || ~ à **haut brillant** (pap) / cast coating || ~ à **haute brillance ou à haut brillant** (carton) / cast coated board || ~ **machine** (pap) / machine coated || ~ **mat** (pap) / dull coated || ~ *adj* **mousse** (pap) / bubble coated || ~ *m* **mousse** / bubble coated paper || ~ à **pellicule brillante** (typo) / celloglazed || ~ à **plat point** / well set || ~ au **solvant** / solvent coated paper || ~ d'**une seule couche** (pap) / single coated || ~ par **voile** (pap) / curtain coated

coucher / lay down || ~ (pap) / coat || ~ (se) (typo) / be broken, ride || ~ en **feuille** (pap) / couch || ~ le **malt** (bière) / couch the malt

couchette *f* (nav) / berth, bunk || ~ (auto) / bunk || ~ (ch.de fer) / reclining berth, couchette || ~ de **travail** (auto) / [mechanic's o. auto] creeper

couchettes *f pl* **superposées** (ch.de fer, nav) / two-tiered couchettes

coucheur *m* (pap) / coucher || ~ **chaînette** (pap) /

polka felt
coucheuse *f*(pap) / coating machine, converter || ~ **contraire** (pap) / contracoater || ~ à **lame d'air** (pap) / air knife coater || ~ à **lame glissante** (pap) / blade coater || ~ à **racle sur blanchet** (pap) / knife-on-blanket coater || ~ à **racle sur rouleau** (pap) / knife-over-roll coater || ~ par **rouleau contraire** (pap) / reverse-roll-coater || ~ à **rouleau essoreur** (pap) / squeeze roll coater
couchis *m* (routes) / sand bed o. layer || ~ d'un **grillage** / grating plank || ~ **jointif d'un cintre** / boarding o. bridging of a falsework || ~ d'un **plancher** / floor grid
coucou *m* / cuckoo clock
coudage *m* / cranking
coude *m* / bend, flaw || ~ , raccord *m* coudé / knee, angle, elbow || ~ , coudure *f*(techn) / right-angle bend || ~ (tuyau) / ell || ~ **90°** (tuyau) / quarter bend, elbow || ~ au **1/4** (tuyau) / socket bend (135°) || **à deux ~s** / bent at right angles, cranked, elbow[ed], offset || **à deux ~s** (manivelle) / two-throw... || ~ au **1/16 ou 1/8** (tuyau) / standard socket and spigot bend || ~ d'**amorçage** (électron) / breakdown knee || ~ à **angle droit** / right angle bend, square elbow o. bend || ~ d'**aspiration** (pompe) / suction bend || ~ **compensateur** (tuyau) / expansion bend || ~ d'un **conduit** / elbow [joint], knee piece || ~ d'une **courbe** / kink of a curve || ~ d'une **courbe caractéristique** / bend of the characteristic || ~ d'**échappement** (m.à vap) / exhaust elbow o. [quarter] bend || ~ d'**équerre ou en équerre** / sharp bend || ~ **glissant** (tuyau) / expansion bend || ~ du **lit d'un fleuve** / bend of a river || ~ à **manchon d'un seul côté** / standard socket and spigot bend || ~ de **manivelle** / crank of the shaft, crankthrow || ~ **plissé** (tuyau) / creased bend || ~ **plissé** (poêle) / creased stovepipe bend || ~ de **porte-vent** (sidér) / bootleg, goose-neck || ~ **progressif E** (guide d'ondes) / E-bend, flatwise bend || ~ **progressif H** (guide d'ondes) / edgewise bend || ~ de **raccord** / union elbow || ~ de **raccord** (tuyau) / crossover bend || ~ de **rallonge[ment]** / connection piece || ~**s** *m pl* de **renvoi** / double bend, S-bend || ~ *m* de **saturation** (aimantation) / saturation bend || ~ à **souder** / bend for welding || ~ **supérieur de la caractéristique** / upper bend (GB) o. flexion point in the characteristic of a diode || ~ de **tube** / pipe bend || ~ [du **tube] de trafic** (poste pneum) / forwarding tube bend, transmission tube bend || ~ en **U** (tuyau) / U-bend, return bend || ~ de **vilebrequin** / crank throw || ~ de **Zener** / breakdown knee
coudé / elbow[ed] || ~, courbé en arc / curved, bent || ~ **deux fois** (manivelle) / cranked twice, two-throw
couder / bend, bow, crook, curve || ~ [en **angle droit]** / bend at right angles
coudoir *m* **pliable** (auto) / folding armrest
coudre / sew || ~ [à] / sew on || ~ [sur] / sew up || ~ (reliure) / stitch, sew || ~ (cuir) / stitch || ~ **ensemble** / stitch o. sew o. seam together || ~ en **spirale** (typo) / whip[stitch] || ~ en **surjet** / overcast, oversew
coudrement *m* (tan) / soaking
coudreuse *f*(tan) / paddle [vat o. wheel]
coudure *f*(techn) / cranking
couenne *f*(lard) / pork-rind
couette *f*(nav) / bilge o. bulge o. keel block || ~**s** *f pl* **mortes** (nav) / bilgeways *pl*, sliding baulk || ~**s** *f pl* **vives** (nav) / launching cradle o. slide, sliding ways *pl*
couinement *m* (freins) / screeching
couineur *m* / electronic horn
coulabilité *f*(fonderie) / castability, pourability
coulable (fonderie) / castable, pourable
coulage *m* / casting, pouring || ~ , fuite *f* / waste, leakage || ~ (câble) / difference between theoretical and actual length of a submarine cable || ~ d'**acier** / steel casting || ~ d'**aluminium sous pression** / aluminium die casting || ~ en **barbotine** (céram) / slip casting || ~ de **béton** / concrete heap[ing] o. layer || ~ par **centrifugation** / centrifugal casting || ~ en **coquille** (fonderie) / gravity die casting (GB), permanent mold casting (US) || ~ à **creux perdus** (fonderie) / dead-mould casting || ~ par **embouage** / slush casting o. moulding || ~ par **embouage** / slush casting o. moulding || ~ de **feuille** (plast) / film casting || ~ de **marmites** (fonderie) / casting of iron pots || ~ à **moule perdu** (fonderie) / dead-mould casting || ~ à **noyau** / casting on a core, hollow casting || ~ par **rotation** (plast) / rotational casting || ~ en **sable** / casting in sand || ~ sous **vide** / vacuum casting process
coulant *adj* / flowing, fluid || ~ (chimie) / pourable || ~ (géol) / shifting, loose || ~ *m* / runner, slide || ~ (tenaille) / coupling o. sliding o. tongs ring, coupler of pliers || **ne ~ pas** (couleur) / non-bleeding o. -crawling || ~ du **chariot de traverse** (tourn) / railhead ram || ~ *adj* **facilement** / fluid, liquid
coulé et calmé / [fully] killed || ~ **et traité** / cast and annealed || ~ **froid** / cold cast || ~ *m* de **plomb** / lead casting || ~ **préalablement** (trou) / cored || ~ sous **pression** / castmetal ..., [pressure] diecast
coulée *f*(fonderie) / pouring || ~ , fusion *f* / fusion, melting, smelting || ~ (géol) / effusion || ~ (sidér) / heat, melting charge || ~**s** *f pl* (émail) / run-down || ~ *f* (contenu d'un four) (sidér) / mouth of the ingot mould, funnel || **faire la** ~ (sidér) / stroke, tap o. open the furnace || ~ d'**acier en moule** / steel casting || ~ des **alliages non-ferreux** / metal casting || ~ **arrêtée** [à la teneur en carbone visée] (sidér) / catch carbon heat || ~ **ascendante** / bottom casting o. teeming, uphill casting || ~ en **barbotine** (céram) / slip casting || ~ à **bec** (sidér) / lip pouring || ~ de **béton** / concrete heap[ing] o. layer || ~ avec **boîte à noyau chauffé** / hot-box casting || ~ de **boue** (géol) / mud stream || ~ sur **car** (sidér) / car o. bogie o. buggy casting || ~ **centrifuge** / centrifugal casting || ~ en **chute** / top-casting, direct o. downhill teeming || ~ à la ou en **cire perdue** / lost-wax o. waste-wax process o. casting, precision investment casting, cire-perdue process || ~ **composite** (fonderie) / composite o. compound casting || ~ **continue** / continuous casting || ~ **continue** (action) / continuous tapping || ~ **continue du bronze** / continuous casting of bronze || ~ **continue ininterrompue ou permanente** (sidér) / continuous continuous casting || ~ **continue de tuyaux** / continous casting of pipes || ~ **coquille** (fonderie) / casting in iron moulds, chilling || ~ **debout** (fonderie) / vertical o. gravity casting || ~ en **dépression** / choked runner system || ~ **directe** / top-casting, direct o. downhill teeming || ~ de la **fonte brute** / tapping o. run-off of pig iron || ~ de **fonte en coquille** / cast iron chilled work || ~ en **fosse** (fonderie) / pit casting || ~ par **fusion** (réfractaire) / fusion casting || ~ en **grappe** / stack moulding || ~ par **immersion** (électron) / slush casting [process], dip casting || ~ **interrompue** / interrupted pouring || ~ de **lave** / lava flow || ~ en **lingotière** (sidér) / chill[ed] casting, gravity die-casting, permanent-mold casting (US) || ~ des **lingots** / ingot casting, ingotting || ~ de **lingots sous vide** (sidér) / vacuum ingot casting || ~ de **métal lourd** / heavy metal castings || ~ en **moule étuvé** / dry casting || ~ en **moule de fonte de haut**

fourneau / direct casting || ~ en **moules creux** (plast) / slush moulding || ~ en **moules pleins** (fonderie) / full mould casting || ~ en **panier** / tundish pouring || ~ à **partir d'un four** (sidér, fonderie) / tapping || ~ à **partir d'une poche** / teeming, pouring, casting || ~ de **précision** / precision investment casting, lost-wax o. waste-wax process o. casting || ~ sous **pression** / [pressure] die-casting || ~ **ratée** / off heat, misfit cast || ~ au **renversé** (fonderie) / slush casting [process] || ~ **résiduelle** (sidér) / remaining melt || ~ de **résine** (circ.impr.) / resin smear || ~ en **sable** / sand casting || ~ en **sable étuvé** (sidér) / dry-moulded casting || ~ en **source** / bottom casting o. teeming, uphill casting || ~ en **suspension** (sidér) / suspension casting || ~ à **turbulence** (fonderie) / spinner- o. whirl-gate || ~ à **vert** (fonderie) / green sand casting || **~-filtre** *f* / filter gate

couler *vi* (gén) / run, flow || ~ (couleur, vernis) / drip || ~, fuir / drain off, leak || ~ (temps) / glide by || ~ (fonderie) / pour [from o. out of] || ~, glisser / glide, slip, creep || ~ (sources) / spring, gush || ~ *vt* / pour out || ~ (fonderie) / cast || **faire** ~ (p.e. courant d'air) / furnish, deliver || **faire ~ la fonte** (sidér) / tap the pig iron || ~ d'**asphalte ou de goudron** / run in asphalt o. tar || ~ **bas** *vi* (nav) / sink *vi*, founder, subside || ~ **bas ou au fond** *vt* (nav) / sink *vt*, send to bottom || ~ du **béton dans une fondation** / underpour || ~ une **bielle** / line o. metal a piston rod || ~ en **chute** [directe] (sidér) / top-cast, pour from the top, top-pour, teem direct, direct teem, downhill teem || ~ du **ciment [dans les joints]** / grout [in] with cement || ~ en **coquille** / chill-cast || ~ **debout** / cast in a vertical mould || ~ [par **dessus]** *vi* / flow over || ~ **encore** / continue flowing || ~ **goutte à goutte** / trickle || ~ en **grappe** / cast a nest of moulds || ~ par **injection** / injection-mould || ~ les **joints** (bâtim) / seal joints || ~ la **lessive** / wash the laundry in hot lye || ~ dans un **moule** / cast in a mould || ~ à **plat** / cast horizontally || ~ en **plomb** / bed in o. run in with molten lead, lead || ~ en **pluie** / cast a mould using spray runner || ~ en **presse** / cast in vertical clamped moulds || ~ sous **pression** / diecast || ~ en **sable** / sand-cast || ~ en **source** (sidér) / pour from the bottom, bottom-cast, cast uphill o. up-end, uphill-cast || ~ à **travers** / flow through || ~ **vers le bas** / trickle down

couleur *m* / pourer, ladle man

couleur *f* (opt) / colour, color (US), tint || ~, matière *f* colorante / colouring matter o. substance || ~ (teint) / primitive colour, matrix || ~ (bâtim) / paint || **à ~s désagréables** / discoloured || **aux ~s vives** / gay in colo[u]rs, colorific, colourful || **de ~** / coloured, colored (US) || **de ~ cuivreuse** / copper coloured || **de ~ défectueuse** / inharmonious in colour || **de ~ résistante** / colour-fast, non-fading, unfading, fadeless, sunfast (US) || **de ~s différentes** / varicolo[u]red, party- o. parti-coloured || **de ~s éclatantes** / gay in colo[u]rs, colorific, colourful || **de deux ~s** / bicolor, bicolo[u]red, two-colo[u]red || **de diverses ~s** / many-coloured, multicoloured || **d'une seule ~** / single-colour ... || **en ~ fleur de pêcher** / peach-red || **en ~s** / coloured || **en ou de ~** / [many-, multi]coloured || ~ d'**acier** / steel colo[u]red || ~ d'**acridine** / acridine dye || ~ **additive** / additive colour || **~s** *f pl* **amalgamées** / colour mix-up || ~ *f* à l'**aniline** / aniline dye || ~ **antirouille** / antirust[ing] o. anticorrosive paint, rust-proofing paint || ~ d'**application** (teint) / topical colour || ~ d'**apprêt** / flat colour || **~s** *f pl* **apyres** (céram) / fireproof colour || ~ *f* à l'**aquarelle** / water-colo[u]r || **~s** *f pl* de l'**arc en ciel** / rainbow colours o. tints *pl* || ~ *f* **argentine** / silver colour, argentine || ~ de **base** (teint) / ground colour o. shade, bottom shade || ~ de **base d'un mélange soustractif** / fundamental o. ground o. primary colour || ~ **basique** (auto) / primary o. elementary colour || **~s** *f pl* de **Benham** (phys) / Benham colours *pl* || ~ *f* à **beurre** / butter colouring || ~ au **blanc de plomb** / white lead paint || ~ de **bronze**, gris *m* de fer / black iron oxide || ~ **bronzée ou de bronze**, bronze *m* / bronze pigment || ~ à **caséine** / casein paint || ~ pour **céramique** / ceramic colour || ~ à la **céruse** / white lead paint || ~ de **chair** / flesh coloured || ~ des **chaudes** (forge) / heat colour || ~ **chromatique** / chromatic colour || ~ de **chrome** / chrome colour || ~ pour **ciment** / cement paint || ~ **citron** (adj.: invar.) / citrine o. lemon colour, lemon chrome (US) o. yellow (GB) || ~ au **cobalt** / cobalt colour || ~ **code** / code colour || ~ **compensative ou compensatrice ou de compensation** / compensation colour || ~ **complémentaire** / complementary colour || ~ **composée** / combination colour || ~ **contrastante ou de contraste** / contrasting colour || ~ de **conversion** (teint) / conversion colour || ~ **criarde ou crue** / striking colour || ~ **détectrice** (teint) / sighting colour || ~ à **détrempe** / distemper || ~ à **détrempe à base d'huile** / oil-bound distemper || ~ à l'**eau** / water-colour || ~ **élémentaire** / principal colour || ~ **engendrée par l'huile de trempe** (m.outils) / black oil finish || **~s** *f pl* de **Fechner** (phys) / Benham colours || ~ *f* de **fer** / iron colour || ~ du **feu** (auto) / colour of the lamp || ~ **finale** / opaque pigment o. colour, body colour || ~ **fluorescente** / fluorescent colour || ~ **fondamentale** / primary, one of the primary colours || ~ **forte vive** / warning colour || **~s** *f pl* de **goudron** / coaltar dye, tar dye || ~ *f* **grise** / gray, grey (GB) || ~ à l'**huile** / oil-bound o. oil paint, oil colour || ~ pour **impression en tôle** / tin plate ink || ~ d'**imprimerie** / printer's o. printing colour (not black) || ~ d'**incandescence** (forge) / heat colour || ~ **indicatrice de température** / thermocolor || ~ **intermédiaire** / intermediate colour || ~ **jaune pâle** / citron yellow || ~ **kaki** / kakhi || **~s** *f pl* des **lames minces** / colours of thin films, interference colours *pl* || ~ *f* pour le **lavis** / water colour || ~ **libre** (phys) / non-object [perceived] colour || ~ **limite de tolérance** / tolerance limiting colour || ~ **lithographique** / lithographic colour || ~ **locale** / topical colour || ~ **magenta** / magenta || ~ **marengo** (tex) / Oxford grey || ~ de **marquage** / indicator colour || ~ **matrice** / matrix || ~ **mêlée ou mélangée** (verre) / broken o. mixed colour || ~ de **métal** / metal colour || ~ **minérale** / body o. mineral colour || ~ de **moufles** (céram) / muffle colour, enamel colo[u]r, vitrifiable pigment || ~ **naturelle** / inherent colour || ~ **non transparente** / opaque pigment o. colour, body colour || ~ **N.P.A.** (pétrole) / NPA color (NPA = National Petroleum Association) || ~ d'un **objet** / colour of object || ~ **opaque** / opaque pigment o. colour, body colour || ~ d'**or** / gold colour || ~ [d']**orange** / orange [colour] || ~ de **plomb** / plumbiferous o. lead paint || ~ en **poudre** / dry colour || ~ en **poudre**, couleur *f* pulvérisée / powdered colo[u]r o. dye || ~ à **poudrer** / powdering ink || ~ **pourpre du premier ordre** (phys) / red first order || ~ **primordiale ou primaire**, couleur *f* primitive / primary o. elementary colour || ~ **prismatique** / prismatic colour || ~ **propre** / non-self-luminous [perceived] colour, body o. object o. surface colour || ~ **pure** / pure colour (lying on the purple boundary) || ~ de **recuit** (forge) / heat colour || ~ de **repérage** / tracer colour || ~ **rétroréfléchissante** / reflex o. reflecting colour || ~ de **revenu** (sidér) / temper colour || ~ de **rouille** / rust colour || ~ de **sable** / sand-colo[u]red || ~ de **safran** / saffron-colo[u]red, -hued, saffron[y] || ~ **Saybolt** (pétrole) / Saybolt colour || ~ **secondaire** (teint) / secondary colour || ~ **simple** / matrix || ~ **solide ou stable** / permanent colour || ~ **sonore** / timbre, tone colo[u]r || ~ **soustractive** / subtractive colour || ~ de **spectre** / spectral o. spectrum colour || ~s *f pl* de **sucre** / sugar dye, browning, burnt sugar [colouring], caramel || ~ *f* **suivie** (tiss) / continuous colours *pl*, continuous stroke of the shuttle || ~ **superficielle** (phys) / non-object [perceived] colour || ~ de **surface cuite** / fired colour || ~ de **sur-glaçure** (céram) / muffle colour, enamel colo[u]r, vitrifiable pigment || ~ **tendre** (porcelaine) / muffle colour || ~ à **térébenthine** / sharp oil paint || ~s *f pl* **ternaires** (tex) / ternary colours *pl* || ~ de **terre** / earth coloured || ~ *f* **tertiaire** / tertiary colour || ~ **tétrazoïque** / tetrazo dye || ~ **topique** (teint) / topical colour || ~ **tranchante** / warning colour || ~ **tranchante**, couleur *f* criante / striking colour || ~ **translucide** / translucent colour || ~s *f pl* **vapeur** / steam colours *pl* || ~ *f* au **verre soluble** / water glass colour, silicate paint || ~ **vitrifiable** (céram) / muffle colour, enamel colo[u]r, vitrifiable pigment || ~s *f pl* de **voyants lumineux** / colours *pl* of indicator lights

coulière *f* / clay slurry

coulis *m* / slurry || ~ (fonderie) / black wash, blackening, founder's black || ~ (sidér) / packing [between roof bricks] || ~ au **ciment** / cement grout o. slurry || ~ au **ciment** (mortier) / grouting compound, grout || ~ pour **joints** / pointing compound || ~ pour **noyaux** (fonderie) / core dressing, core coating o. wash || ~ **réfractaire** / refractory cement o. mortar *pl*

coulissant / sliding || ~, enfilable / slip-on...

coulisse *f* / slide || ~ (men) / coulisse, culiss || ~ (tiss) / eye of the heddle, mail || ~, bielle *f* oscillante (ch.de fer, m.outils) / link, (esp.:) slotted link || ~ (découp) / press tool || ~ (méc) / slide, crosshead guide, loop || ~, jumelle *f* (m.outils) / cheek || ~ (mines) / fish-joint of bore-rods || ~, glissoir *m* / slide-way || **à** ~ / sliding || ~ du **changement de vitesse** (auto) / shifting gate of the transmission || ~ en **croix** / parallel motion device || ~ à **expansion** / expansion slide valve || ~ **latérale** / lateral slide || ~ **latérale de fenêtre** (auto) / window channel o. run || ~ à **levier** (m.outils) / tumbler lever o. yoke || ~ **longitudinale** (tourn) / plain turning slide || ~ du **moule** / mould slide || ~ de **porte** (men) / floor guide || ~ **supérieure** / top slide || ~ des **supports** (renvideur autom.) / slide || ~ de **tourelle** (m.outils) / turret slide || ~ du **train baladeur** (tourn) / tumbler lever o. yoke || ~ **transversale** (tourn) / cross slide

coulisseau *m* (presse) / press ram o. slide, [slide-]bar o. plunger of a press || ~ (men) / tongue || ~ (méc, opt) / translating part || ~ (m. outils) / sliding [crank] block || ~, glissoir *m* (techn) / cradle, slide || ~, curseur *m* de guidage / guide block || ~ (étau-limeur) / ram saddle || ~ (mil) / rear sight elevating slide, sliding leaf, sight slide || ~ (auto) / rub block of the contact arm, cam follower || ~ (instr.de mesure) / slider || ~ (m. à raboter) / saddle of a planer || ~ de **crosse** (m.à vap) / crosshead block o. shoe || ~ **porte-diaphragmes de champ** / lamp field stop slider || ~ **porte-filtres** / filter slider || ~ **porte-filtres d'arrêt** / barrier filter slider || ~ **porte-outil** (m.outils) / tool carriage o. slide || ~ **porte-outil de presse** / press ram o. slide || ~ **radial** (fraiseuse) / radial facing slide || ~ **revolver** / turret carriage o. saddle o. slide || ~ à **semelle élargie** (presse) / flanged slide || ~ du **té** (m.à vap) / motion o. guide o. slide bar || ~ de **tournage intérieur** (m outils) / interior diameter turning slide || ~ **transversal** (m.outils) / compound carriage o. slide

couloir *m* (bâtim) / connecting passage, corridor || ~ (atelier) / working aisle || ~, glissoir *m* / slide, shoot, chute || ~ (autobus) / gangway, aisle (US) || **à** ~ **unique** (autoroute) / single-lane... || ~ en [forme de] **gouttière** / channel type chute || ~ **aérien** (aéro) / air corridor || ~ **aérien d'entrée** (aéro) / entry lane || ~ d'**alluvionnement** (mines) / trough washer || ~ d'**amenage ou d'alimentation** / feeding chute || ~ à **boucles** (lam) / looping floor, sloping loop channel, looper || ~ de la **caméra** / runner plate || ~ **central** (ch.de fer) / central passage o. corridor, aisle (US), centre corridor (GB) || ~ **conique** (filage) / sliver funnel || ~ à **contre-courant** (sidér) / counterflow launder || ~ à **culotte** / breeches chute || ~ **[de gauche] au milieu de la route** (routes) / turn filter || ~ de **décharge des remblais** (mines) / rubbish withdrawal chute || ~ de **défilement** (projecteur) / threading slot || ~ de **déversement** / tip chute || ~ **distributeur** (prépar) / vanner || ~ de **distribution** / throw-off chute || ~ à **droite** (routes) / right turn filter || ~ d'**écoulement** (chimie) / downcomer || ~ d'**envol** / departure corridor o. lane || ~ en **équerre** / corner chute || ~ d'**exposition** (caméra) / film track || ~ à **gauche** (routes) / left turn filter || ~ **glissant** voir couloir à secousses || ~ **incliné**, manche *f* de déversement (sidér, mines) / elevated inclined chute || ~ **incliné souterrain** (lam) / looping floor, sloping loop channel || ~ **latéral** (bâtim) / lateral alley o. passage || ~ **mobile couvert** (aéro) / telescopic gangway, jetway || ~ de **navigation** / ocean lane || ~ de **nutrition** (bois) / feeding tunnel, worm groove || ~ **[oscillant] de collecte** / collecting chute || ~ **oscillant suspendu** / tipping trough || ~ **oscillant suspendu** (mines) / suspended chute || ~ de **rentrée** (espace) / [earth] re-entry corridor || ~ à **secousses** / rocking conveyor o. channel o. runner o. spout o. trough, shaking conveyor o. channel o. trough, oscillating o. grasshopper conveyor || ~ **semi-cylindrique** / trough shaped chute || ~ de **service** / operating aisle o. corridor || ~ de **sortie** (aéro) / departure corridor o. lane || ~ de **transport** / conveyor chute o. shoot || ~ **vibrant ou vibré** voir couloir à secousses

coulomb *m*, C / coulomb, C

coulombe *f*, poteau *m* d'une cloison / frame member

coulomètre *m* / Coulomb meter, coulometer, voltameter || ~ à l'**argent** (phys) / silver voltameter || ~ **électrolytique** (électr) / gas coulometer || ~ à **mercure** (électr) / mercury coulometer

coulométrie *f* (chimie) / coulometry

coulométrique / coulometric

coulure *f* (laque) / crawling || ~ (fonderie) / flash, seam || ~ de **peinture** / fat edge formation || ~ de **trempe** (émail, défaut) / drain line || ~ de **trempe en V** (émail, défaut) / V-draining

coumarine *f* / coumarin, tonka bean camphor

coumarone *m* (chimie) / coumarone

coup *m* / blow, stroke, striking, beat || ~ (horloge) / stroke, (esp.:) peal || ~ (techn) / stroke || ~ (rayonnement) / pulse, impulse || ~, secousse *f* / jerk || ~ (tube compteur) / count || **à un** ~ (fusil) / single-barrel || **donner le** ~ **de feu** (bière) / kiln-dry || **donner un** ~ **de chiffon** / polish at the buff wheel, buff || **donner un** ~ **de frein** / jam on || **donner un** ~ **de téléphone** / ring up, call up || **par** ~ **d'essai** / on appro[val] || **passer un ~ de fil** [à] / give a call [to] || ~ pour **arracher** / wrench || ~ d'**arrière** (techn) / return stroke || ~ en **arrière** / blow-back, kick || ~ de **battant** (tiss) / stroke of the slay, beat-up || ~ de **bêche** / cut with the spade || ~ de **bélier** / hammer blow in pipes, water hammer || ~ de **bouchon** (mines) / opening shot, buster shot (US) || ~ de **brosse** / brush-up, touch || ~ au **but** / hit || ~ de **chaleur [pour la séparation d'isotopes]** / heat flush || ~ de **charge** (mines) / rock o. pressure burst || ~ de **courant** (électr) / rush of current, line transient, surge || ~ de **couteau** / cut with the knife || ~ d'**eau** (mines) / inrush o. irruption o. intrusion of water || ~ **effleurant** / glancing blow || ~ d'**épingle** / prick of a pin o. needle || ~ de **feu** / shot, (esp.:) gunshot || ~ de **feu** (céram) / burn, stain from baking || ~ de **feu** (chaudière) / overheating || ~ de **feu** (locom. à vapeur) / flashback || ~ de **fil** / telephone call o. connection o. conversation o. communication, [originating] call || ~ **fort** (forge) / hard blow || ~ de **foudre** / lightning stroke || ~ de **foudre direct** / direct stroke || ~ de **foudre indirect** / indirect lightning stroke || ~ de **fouet** (câble en acier) / large oscillation due to shock load || ~ de **frein** / brake jerk o. knock o. shock || ~ de **grisou** (mines) / mine explosion || ~ de **hache** / stroke of an ax[e] o. hatchet, chop || ~ du **lapin** (auto) / whiplash effect || ~ de **lime** / file stroke || **~s** *m pl* de **lime par cm** / number of cuts per cm || ~ *m* de **main** / artifice, knack, trick || ~ **manqué** / miss || ~ de **marteau** / blow of the hammer, hammer blow o. stroke || ~ de **mer** / blow o. wash of the sea || ~ de **mine** (mines) / blast, charge || **~s** *m pl* par **minute** / cycles *pl* o. strokes per min. || ~ *m* de **navette** (tiss, défaut) / smash || ~ d'**ongles** (émail, défaut) / fish-scales *pl* || ~ d'**ongles postérieur** (émail, défaut) / [delayed] fish-scaling || **~s** *m pl* **parasites** (nucl) / spurious counts || ~ *m* de **pinceau** / touch-up, stroke || ~ de **piston** / piston stroke || ~ dans le **plein** / direct hit || ~ de **pointeau** / center o. dotting mark || ~ **portant** / hit || ~ de **poussières** / dust explosion || ~ de **poussières** (mines) / coal dust explosion || ~ **qui a fait canon** (mines) / blow-out, blown-out shot, failed hole || ~ de **raccroc** / accidental hit || ~ de **ricochet** / rebounding || ~ de **sabre** (verrerie) / flux line || ~ **sec** (forge) / dead o. quick blow || **~s** *m pl* par **seconde** (radiation) / counts per sec *pl* || ~ *m* de **sifflet** (ch.de fer, nav) / whistle || ~ de **sonnette** (télécom) / ring || ~ de **souffle** / air blast || ~ de **tampon** (ch.de fer) / buffer stroke || ~ de **terrain** (mines) / rock o. pressure burst || ~ en **tirant** / pull || ~ de **tonnerre** / thunderclap || ~ pour **travail d'étirage** (forge) / drawing-out blow, forging-out blow || ~ de **vent** / gust, flaw || ~ de **vent** (force du vent) / fresh gale

coupage *m* / cutting || ~, atténuation *f* (liquides) / reduction || ~ (boissons) / blend[ing] || ~ (talus) / cutting of inclined planes || ~ **électrique** / electric [arc] cutting || ~ au **jet de plasma avec arc transféré** / plasma arc cutting, constricted arc cutting, transferred constricted arc cutting (US) || ~ au **jet de plasma avec oxygène** / plasma oxygen cutting || ~ **oblique** / oblique shearing, draw[ing] cut || ~ **oxyélectrique** / oxy-arc cutting || ~ à la **poudre** / powder flame cutting || ~ par **tirage** (mines) / widening by blasting, stripping down || ~ en **tirant** / draw[ing] cut || ~ à **très haute température** (soudage) / hot cropping

coupant *adj* / cutting || ~ *m* / cutting means || ~ en **cisaille** (pince) / shear edge || ~ de **côté** (pince) / side cutting edge, side cutter || ~ de **côté** (pince universelle) / side cutter || ~ en **couteau** (pince) / knife edge and anvil || ~ **diagonal** / angle[d] cutter || ~ à **droite** *adj* (m. outils) / right-hand cut[ting] || ~ le **filetage** / thread-cutting, threading || ~ à **gauche** (m.outils) / lefthand cutting

coupassage *m* (pneu) / cutting

coupe *f* (gén, film) / cutting || ~ (m.outils, outil) / cutting path || ~, surface *f* de cisaillement / cut edge || ~ (phot) / trimmed o. cropped area || ~ (silviculture) / cut[ting], felling || ~ (biol, zool) / [freeze] section || ~ [sur] (dessin) / sectional drawing, section [of] || ~ (tourn) / cutting || ~, pièce *f* découpée / blank || ~ (distillation) / fraction, distillation cut || ~ (chimie) / tray, basin, (esp.:) beaker [glass] || ~ (verre) / beaker, cup || ~, écuelle *f* (gén) / bowl, basin || ~ (lampe) / all-glass ceiling lamp || **à ~ rapide** (métal) / free-machining, rapid machining || **à deux ~s** (méc) / two-shear || **de ou en ~ transversale** / cross-sectional || **en forme de ~** / cupular, cupulate || ~ **annuelle** (silviculture) / annual felling, fell || **~-argile** *m* (céram) / pug sealer || **~-bande** *m* (électron) / band eliminating capacitor || ~ *f* **biaise** / angular o. bevel cut || ~ **biaise ou de biais** (men) / bevel cut || ~ **bien franche** (m.outils) / clean cut || ~ à **blanc-étoc** (silviculture) / clear cutting o. felling || **~-bordure** *m* (pap) / edge cutters *pl* || **~-boulons** *m* / bolt cutter || ~ *f* de **brochage** (m.outils) / broaching cut || ~ en **butte** (excavateur) / cut above grade, cut above track level || ~ **C_4** (pétrole) / butane plus fraction || ~ **C_3** (contenant propane et propylène) (pétrole) / PP fraction || ~ à **caractère jardinatoire** (silviculture) / selection cutting || **~-carotte** *m* (plast) / gate knife || **~-cercle** *m* / circle o. circular cutter || ~ *f* en **chanfrein** / bevel cut || **~-circuit** *m* voir ce mot || ~ *f* **cisaillée** / separating cut, severance o. parting cut || ~ de **cisaillement** (découp) / shearing cut || ~ **congelée** / freeze section || ~ **consistométrique** / flow cup || **~-copeaux** *m* / chip breaker || ~ *f* de **côté** (pince) / angle[d] cutter || ~ de la **couche** (mines) / seam cross section || ~ d'un **cristal** / crystal cut || ~ **curviligne** (soudage) / profile cut || ~ **diagonale** / diagonal cut || ~ d'**ensemble d'un bassin houiller** (mines) / section through the entire coal field || ~ **étroite** (chromatogr) / narrow cut || ~ **fermée** (point d'éclair) / closed cup || **~-fer[s]** *m* (m.outils) / iron cutters *pl* || **~-feu** *adj* (pendant un certain temps) (bâtim) / fire resisting o. resistant, fire retarding o. retardant || **~-feu** *m* (bâtim) / fire barrier o. stop || **~-feu** *m* (ch.de fer, aéro) / fire break || **~-feu** *m* (silviculture) / fire lane, firebreak || **~-feuille** *m* (pap) / main squirt || **~-fil** *m* (tiss) / thread cutter || **~-fils** *m* (outil) / cutting pliers *pl* || ~ *f* de **forme** (soudage) / profile cut || ~ en **fouille** (pelle) / cut below grade o. below track level || ~ de **fractionnement** / fractionating cut || **~-froid** *m* **[de feutre]** / draught excluder, door o. weather strip || **~-gazon** *m* / paring o. sward o. turf cutter o. plough || ~ *f* **géométrale** / engineering drawing showing horizontal and upright projection || ~ en **gradins** (pelle) / terracing cut || ~ **horizontale** (dessin) / horizontal section || ~ **horizontale** (bâtim) / plan, layout || ~ **horizontale du niveau des tuyères** (sidér) / horizontal section through the tuyère level || ~ **individuelle** (m.outils) / individual o. independent cut || ~ **interrompue** (m.outils) / interrupted cut, jump cut || ~ **jardinatoire** (silviculture) / selection felling o. cutting o. logging || **~-jet** *m* (fonderie) / sprue cutter || **~-joint** *m* (routes) / joint cutter || ~ *f* **latérale** (distillation) / side cut || ~ en **long** (charp) / cut with the grain || ~ **longitudinale** (arp) / axial o. longitudinal section || ~ **longitudinale en direction du filon** (mines) / longitudinal section of the seam || ~

losange (pap) / angle cutting || **~-mariage** *m* (filage) / breaker || ~ *f* **métallographique** / metallographic section || ~ **microscopique** / microscopic section || ~ **mince** / thin section || ~ **mince** (géol, sidér) / thin [ground] section, transparent cut || ~ **moyenne** (agr) / middle cut (2" spacing) || **~-net** *m* / cutting pliers *pl* || ~ *f* **oblique** / angular o. bevel cut || ~ **oblique** (pap) / angle cutting || ~ d'**onglet** / bevel cut || ~ **optique** / split-beam [method] || **~-paille** *m* / straw cutter, chopper || **~-papier** *m* / paper cutting machine, paper cutter, guillotine || ~ *f* d'une **peinture** / trimmed picture o. print, trimming || ~ **perpendiculaire** / profile, section, profile section || ~ des **pierres** (bâtim) / hewing of stones || ~ **polie** / ground section of a specimen || ~ **poussante** (m.outils) / push cut || ~ **précise** (m.outils) / clean cut || ~ **préparatoire** (pelle) / preparatory cutting || **~-racines** *m* (agr) / hoeing machine, mechanical hoe || **~-racines** *m* (sucre) / slicing machine, slicer || **~-racines** *m* à **éjection** / impeller type root chopper || **~-racines** *m* à **serpettes** (agr) / root chopper o. cutter || **~-racines** *m* à **tambour** (sucre) / drum slicer || ~ *f* **radiale** / radial cut || ~ **réglée** (silviculture) / annual felling, fell || **~-rondelles** *m* (men) / borer with circular bit, annular bit, hollow o. wimble auger || ~ *f* **sagittale** / sagittal section || ~ **sans qualité particulière** (soudage) / disintegrating cut, severance cut || ~ à la **sciotte** / stone saw || ~ **sèche** (film) / jump cut || **~s** *f pl* **sombres** (silviculture) / seeding felling, shelterwood method of felling || ~ *f* de **sondage** (pétrole) / drill log || ~ **tangentielle** (bois) / tangential flat sawn o. plain sawn section || **~-tirage** *m* (bâtim) / draft limiter || ~ *f* **transversale** (tourn) / facing cut || ~ **transversale** (bois) / perpendicular-to-the-grain cut, cut[ting] across the grain || ~ **transversale** (arp) / side projection, lateral o. cross section || ~ **transversale d'un dessin d'armure** (tex) / weave cross section diagram || ~ **transversale en I ou en double T** / double T-section, H- o. I-section || ~ **transversale de moindre résistance à l'avancement** / streamline[d] section || ~ en **travers** (bois) / perpendicular-to-the-grain cut || ~ en **travers** (arp) / profile, section, profile section || ~ en **treillis** (laque) / cross hatching o. cutting || **~-tube** *m* / pipe cutter || **~-tubes** *m* (pétrole) / casing cutter || **~-tubes** *m* pour **tubes de cuivre** / tube cutter for non-iron tubes || ~ *f* de **tuyau** / cut length of a hose || **~-tuyaux** *m* / pipe cutter || **~-tuyaux** *m* à **chaîne** / chain pipe cutter || **~-verre** *m*, diamant *m* / glass cutter || **~-verre** *m* à **molette** (outil) / wheel glass cutter || ~ *f* **verticale** (dessin) / vertical section || ~ **verticale** (mines) / perpendicular elevation, [vertical] section || ~ **X** (crist) / X-cut, normal cut, face-perpendicular cut || ~ **Y** (crist) / Y-cut, face-parallel cut || ~ **Z** (crist) / zero [-degree] cut

coupé *adj* / cut[-off] || ~ (fusible) / burnt-out, fused, gone, open || ~ (condensateur) / punctured, open || ~ (électr) / "off" || ~ *m* (auto) / coupé || ~ à la **demande d'une autre pièce** / cut to fit well || ~ en **deux** / halved, by halves || ~ **deux côtés** (pap) / two edges trimmed || ~ par **petits carrés** / checkered || ~ à **vif** (typo) / cut flush

coupe-circuit (à fusible) *m* / fuse || ~ (mécanique) / circuit breaker || ~ à **action instantanée** / quick acting fuse, fast blow fuse (US) || ~ à **alarme** / alarm type fuse || ~ **automatique** / automatic cutout || ~ **automatique à fort pouvoir de coupure** / automatic cutout for power circuits || ~ **automatique d'antenne** / antenna fuse || ~ **automatique à minimum de courant** / automatic minimum o. underload circuit breaker || ~ **automatique à vis** / screw plug type automatic cutout || ~ à **bain d'huile** / oil-quenched fuse || ~ **blindé** / cutout box || ~ à **boîte** / round o. rotary switch, box cutout || ~ à **bouchon** / plug fuse, cartridge fuse (US) || ~ à **bouchon fusible à vis** / screw plug fuse || ~ à **broches** / two-pin fuse || ~ **B.T. à haut pouvoir de coupure** / low voltage power fuse, low voltage HRC-fuse || ~ à **cartouche** / plug fuse || ~ sous **coffret** / cutout box || ~ **cornu** / horn-break fuse || ~ pour **courants forts** / power fuse || ~ d'**éclairage** / light fuse || ~ à **expulsion dirigée** / expulsion fuse || ~ pour **faible intensité** / fuse for feeble currents, fine-wire fuse || ~ **[à fil] fusible** / wire fuse || ~ à **fort pouvoir de coupure** / quick-break fuse || ~ à **fusibles basse tension** / low-voltage fuse-link || ~ à **haute tension** / high-voltage fuse o. protector || ~ dans l'**huile** / immersed liquid-quenched o. oil-quenched fuse || ~ **interruptible [à poignée]** / switch fuse || ~ à **lame** / strip fuse || ~ à **lame d'argent** / silver strip fuse || ~ à **lame de plomb** / lead fuse o. cut-out || ~ pour **lignes aériennes** / aerial cut-out || ~ **magnétique** / magnetic circuit breaker || ~ à **maximum de tension** / overvoltage cutout o. fuse || ~ **miniature** / microfuse || ~ **multiple** / multiple cutout || ~ à **plomb fusible** / lead fuse o. cutout || ~ à **poignée** / hand-operated fuse switch, handle-type fuse || ~ **principal** / main fuse || ~ **protecteur de ligne** / line protecting cutout || ~ **rotatif** / round o. rotary switch, box cutout || ~ de **secteur** / mains fuse || ~ de **sécurité** / safety fuse || ~ de **surtension** / overvoltage protection || ~ **thermique** / thermal circuit breaker || ~ à **tube** / tubular o. tube fuse, enclosed fuse || ~ à **verre** / visible type fuse || ~ à **vis** / screw plug fuse

coupellation *f* (sidér) / cupellation, cupelling, cup assay o. test || ~ (99,9 % Ag) / refined silver || ~ en **grand** (sidér) / refining by cupellation

coupelle *f* (sidér) / assay crucible || ~ (chimie) / cupel, assay porringer, muffle || ~, nacelle *f* (chimie) / boat || **la petite** ~ (chimie) / assay test || ~ **collectrice d'huile** / oil sump pan, oilpan, oil tray o. trough, oil dish (for collecting dripping oil) || ~ de **platine** / platinum dish || ~ de **ressort** / spring plate o. collar

coupeller (sidér) / cupel

couper / cut [up] || ~, hacher / chop || ~ (électr, télécom) / cut *vt*, disconnect, interrupt, switch off || ~ (arbres) / cut down, fell, hew || ~ (tourn) / cut off, crop || ~ (eau) / shut off || ~ (fond. de caract.) / trim, shave, plane || ~ (vin) / adulterate, (esp.:) dilute, water down || ~ (bois) / chip || ~ (tailleur) / cut out || ~, graver / engrave || ~, tondre / clip, shear || ~ (tourbe) / cut o. dig peat || ~, cisailler / shear off || ~, scier / saw || ~ (bouts de fils mét.) / trim, crop || ~ *vi* (lignes) / intersect, cross || ~ (se) / overlap || ~ (se) (drap) / rub out in the folds || ~ (se), se fendre / split *vi* || ~ (se) (math, méc) / cut each other, intersect || **se ~ à très petit angle** (math) / intersect at very small angles || ~ l'**allumage** (mot) / cut off o. switch off the ignition || ~ en **arrière, [en avant]** (arp) / intersect backward, [forward o. ahead] || ~ l'**arrivée d'essence** / shut off, turn off || ~ **bien** / be sharp-edged || ~ le **bois** (pap) / chop, chip || ~ par le **bout** (charp) / cut off the end || ~ **carrément** / cut square || ~ au **chalumeau** (soudage) / cut autogenously, flame-cut || ~ en **chanfrein** (charp) / taper, bevel || ~ le **circuit** / open the circuit, switch off the current || ~ la **communication** (télécom) / ring off, cut off || ~ le **contact** (mot) / cut off o. switch off the ignition || ~ **[par les côtés]** / trim the edges || ~ en **cubes** / cube, cut into cubes, dice || ~

par **degrés** / slope, work by gradations || ~ en **détachant** / cut off || ~ en **deux** / halve || ~ en **deux**, fendre / chop || ~ l'**eau** / turn off water || ~ **[en ouvrant]** / cut open o. up || ~ [en **façonnant]** / cut out, clip || ~ **faux** (scie) / cut untrue || ~ les **gaz** (auto) / shut off, cut off the engine || ~ le **gaz** / turn off the gas || ~ les **lignes de force** / cut lines of force || ~ la **lisière** / cut off the selvage || ~ **mal** / bungle, miscut || ~ en **morceaux** / cut into pieces || ~ en **morceaux**, hacher / chop, mince || ~ à l'**oxygène** / cut autogenously, flame-cut || ~ à la **pince** / nip off, pinch off || ~ les **racines** (agr) / shred beets || ~ en **redans** (mines) / cut by degrees, work by gradations || ~ la **route** [à] (trafic) / cut in [on] || ~ à la **scie** / saw off || ~ le **téléphone** / cut off the telephone || ~ la **tôle [à dimension]** / cut to size || ~ en **travers** (bois) / cut wood across the grain || ~ la **vapeur** / cut off o. shut off the steam || ~ en **zigzag** / zigzag *vt*

couperet *m* / chopper, chopping blade o. knife, hacking knife, cleaver || ~, coupe-fils *m* / cutting pliers *pl* || ~ à **verdure** / fodder chopping machine, chaff o. straw cutting machine o. cutter

couperose *f* **blanche** (teint) / white vitriol

coupeur *m* (outil) / cutter, cutting tool || ~ (personne) / cutter || ~ (réfractaires) / cutter, cutting off table || ~ de **bouts** (scie) / tail edger || ~ par **fusion** / fuse o. fusing disk, fusion disk, friction saw || ~ de **nappe** (filage) / lap breaker

coupeuse *f* (charcutier) / cutter || ~ (pap) / press-cutter || ~ d'**argile** / clay cutter || ~ pour **barres** / rod cutter || ~ à **chiffons** / rag cutting machine o. cutter o. chopper o. shredder || ~ à **disque plate** (bois) / horizontal flat disk shaver || ~**-empileuse** *f* (pap) / cutter piler || ~ pour **ensil[ot]age** (agr) / ensilage cutter || ~ de **fer** (m.outils) / iron cutter || ~ **mécanique à chaînes** (filage) / warp snipping machine || ~ **mécanique pour chanvre** / hemp snipping machine o. snipper || ~ **multiple** (tex) / multiple cutter || ~ **rotative** (pap) / rotating centrifugal cutter || ~ **rotative pour bois** (pap) / rotary wood chipper || ~ à **velours** / velvet cutting machine

coupez le **circuit!** / switch off current!

couplage *m* (gén, électron) / coupling || ~ (transfo) / connection symbol || ~ (électr) / circuit || ~ (chimie) / coupling || **à ~ direct** / directly joint o. coupled || **à ~ électronique** / electron-coupled || **à ~ hélicoïdal** (électron) / helix-coupled || ~ d'**alerte** (électr) / stand-by mounting || ~ d'**antenne** / antenna coupling || ~ **antiparallèle** (électr) / antiparallel connection, inverse parallel connection || ~ des **appels** / calling connection scheme || ~ en **batterie** (électr) / multiple arc connection || ~ **capacitif** / capacitive o. capacity o. capacitance coupling, electrostatic coupling || ~ en **carré** (électr) / four-phase star connection || ~ à **cathode commune** / cathode grounded circuit, grounded cathode connection || ~ **conductif** (électron) / conductive o. resistance coupling || ~ entre **couches** (câble) / interlayer coupling || ~ à **courant continu** (électr) / closed circuit system o. working || ~ en **croix** (électron) / cross coupling || ~ du **cylindre splitté** (m.à ecrire) / normalizing of split platens || ~ en **delta** (électr) / delta o. triangle connection, mesh connection || ~ en **dérivation** (électr) / parallel connection || ~ à **deux alternances** / push-pull circuit o. connection || ~ **diaphonique** (télécom) / transversal crosstalk coupling || ~ **diaphonique entre réel et réel ou entre quartes voisines** (télécom) / side-to-side crosstalk coupling || ~ **direct** (guide d'ondes) / junction coupling || ~ **direct** (électron) / conductive o. resistance coupling || ~ par **dispersion** (électron) / leakage o. stray coupling || ~ en **double étoile** (électr) / double star connection || ~ à **double voie** / double path connection || ~ en **double zigzag** (électr) / double zigzag connection || ~ **duplex à pont** (télécom) / bridge duplex connection || ~ **électrostatique** / capacitive o. capacity o. capacitance coupling, electrostatic coupling || ~ d'**éléments** (électron) / link coupling || ~ en **étoile** (électr) / Y o. wye o. star connection, Y o. star connected threephase system || ~ **faible** / loose coupling || ~ **faux** (électr) / faulty o. wrong connection, faulty switching, switching error || ~ **ferme** (électr) / close o. tight coupling || ~ de **filtres** (électron) / filter coupling || ~ **hétérodyne** / heterodyne coupling || ~ **hexaphasé** / six-phase o. hexaphase connection || ~ **hexaphasé polygonal** (électr) / hexagon connection || ~ **impédance-capacité** (électron) / L.C.-coupling, choke coupling || ~ d'**impédances** (électr) / impedance coupling || ~ **inductance-capacité ou LC**, couplage *m* à inductance et à capacitance (électron) / inductance-capacitance o. LC coupling || ~ **inductif** / inductive coupling, reactance coupling, mutual inductance coupling, flux linkage || ~ par **inertie** (espace) / inertia coupling || ~ à l'**intérieur de la quarte**, couplage *m* inhérent à la quarte (télécom) / inherent quad o. internal quad coupling || ~ **intermédiaire** (nucl) / intermediate coupling || ~ **j-j** (nucl) / j-j-coupling || ~ **lâche** / loose coupling || ~ de **lampes en duo** (électr) / lead-lag circuit || ~ **L-S** (nucl) / l-s coupling, Russel-Saunders-coupling || ~ **mécanique** (électron) / ganging || ~ de **moteurs** (électr) / coupling of motors || ~ **normal** (nucl) / l-s coupling, Russel-Saunders-coupling || ~ **ohmique** (électron) / conductive o. resistance coupling || ~ **ondes de spin** / spin wave coupling || ~ **palpeur-pièce** (ultra-son) / probe-to-specimen contact || ~ **parasitaire** (électron) / stray coupling || ~ **parasite** (contr.aut) / crosstalk || ~ **parfait** (électron) / unity coupling || ~ à **passe-bande** (TV) / band-pass tuning, filter coupling || ~ de **permanence** (électr) / permanent connection || ~ **polygone** (électr) / polygonal circuit || ~ en **pont monophasé** / single-phase bridge connection || ~ de la **prise de réglage** (électr) / tap connection || ~ à **quatre fils** (télécom) / four-wire termination || ~ **RC** (électron) / resistance-capacitance coupling, R.C.-coupling || ~ à **réactance** / inductive coupling, reactance coupling, mutual inductance coupling || ~ **réactance-capacité** (électron) / L.C.-coupling, choke coupling || ~ **redresseur en pont** / rectifier bridge connection || ~ **réglable** (électr) / variable coupling || ~ par **résistance-capacité** / resistance-capacitance coupling, R.C.-coupling || ~ **rigide ou serré** / close coupling || ~ à **roue libre** (auto) / free engine clutch, overriding clutch, overrunning o. sprag clutch || ~ de **Russel-Saunders** (nucl) / l-s coupling, Russel-Saunders-coupling || ~ **scalaire** / scalar coupling || ~ en **série** (électr, techn) / serial o. series connection o. mounting || ~ **série-parallèle** (électr) / series-parallel connection || ~ **spin-orbite** (nucl) / spin-orbit coupling || ~ du **stator** / stator connection || ~ **superhétérodyne** / superheterodyne coupling || ~ de **superréaction** (électron) / superregenerative coupling, superreaction || ~ **symétrique** / push-pull connection o. circuit || ~ **tétraphasé** (électr) / four-phase star connection || ~ de **tiers circuits**

(électr) / third circuits coupling || ~ en **transformateur** / mutual o. transformer coupling || ~ **transversal** (électr) / cross-coupling || ~ en **triangle** (électr) / delta o. triangle connection, mesh connection || ~ à **valeur d'exposition constante** (phot) / constant E.V. coupling (= exposure value) || ~ de **véhicules moteurs** (ch.de fer) / coupled running o. coupling of motor vehicles || ~ en **Y** (électr) / Y o. star connection, Y o. star connected threephase system

couple *m* (gén) / pair || ~ (aéro, nav) / frame, rib || ~, moment *m* d'une force (méc) / moment, couple of forces || ~ [en un point] (méc) / torque about a point || ~, pile *f* (électr) / couple, cell || **par ~s** / mated || ~ d'**accrochage** (électr) / pull-in torque || ~ **actif** (instr) / driving torque || ~ d'**allumage** (mot) / firing torque || ~ d'**amortissement [fini]** / finite damping moment || ~ **antagoniste** / restoring moment o. torque, righting moment || ~ d'**arrêt** (électr) / standstill torque || ~ de l'**arrière** / stern frame o. rib || ~ **axial de rotation** / axial momentum of a couple || ~ **carré** (nav) / square rib || ~ de **coltis** (nav) / foremost frame || ~ de **commande** / controlling torque || ~ **conventionnel d'accrochage** (électr) / nominal pull-in torque || ~ **décélérateur** / decelerating torque || ~ de **décrochage** / overturning moment || ~ de **décrochage synchrone** (électr) / pull-out torque || ~ de **démarrage** / starting torque || ~ de **démarrage** (mot) / breakaway torque, starting torque || ~ **déséquilibré ou de déséquilibre** / out-of-balance moment, unbalance couple || ~ **directeur** / controlling couple o. torque || ~ d'**embardée** (aéro) / yawing moment || ~ d'**entraînement** / driving torque || ~ de **flexion ou fléchissant** / bending moment, moment of flexion, transverse moment || ~ de **forces** (méc) / force couple, couple of forces, opposite forces *pl* || ~ de **freinage** / braking moment o. torque || ~ **frottant** / friction pairing || ~ de **fuselage** / fuselage frame || ~ de **giration du cable autour de son axe** / rotating torque of rope around its axis || ~ de **glissement** / slipping moment || ~ **gyroscopique** / torque acting in a gyroscope || ~ **initial de décollement** / breakaway torque || ~ **initial de démarrage** / starting torque || ~ de **levée** (nav) / chief frame || ~ **longitudinal** (nav) / longitudinal frame || ~ **maximum du moteur** (électr) / pull-out torque, breakdown torque (US) || ~ **minimal pendant le démarrage** (mot. à courant alt.) / pull-up torque || ~ **moteur** / engine torque || ~ **moteur**, couple *m* d'entraînement / driving torque || ~ **nominal** / rated load torque || ~ **[par rapport] aux appuis** / moment about the points of support || ~ **photoélectrique Karolus** / Karolus cell || ~ **physique** (astr) / binary [star] || ~ **pulsatoire** / oscillating couple || ~ de **rappel** / restoring moment o. torque, righting torque || ~ de **renversement** / overturning moment || ~ **résistant** / load moment || ~ **résistant ou de résistance** (méc) / section modulus || ~ de **rotation** / torque, turning moment, moment of torsion || ~ du **rotor bloqué** (électr) / standstill torque || ~ de **roulis** (aéro, nav) / rolling moment || ~ **synchroniseur** (électr) / pull-in torque || ~ **thermoélectrique** (électr) / thermoelectric couple o. cell, thermoelement, -couple, thermal converter || ~ **thermoélectrique différentiel** / differential thermocouple || ~ de **torsion** / torsional moment o. couple || ~ **tournant** (cinématique) / revolute pair || ~ **transversal** (nav) / transverse couple || ~ **voltaïque** / voltaic cell o. couple

couplé (techn) / linked || ~ (méc, électron) / coupled || ~ (électr) / connected || **qui peut être ~** (conteneur) / coupleable || ~ **antiparallèle** (électr) / counterconnected || ~ **en amont** / connected in series, series connected || ~ par **iris** (satellite) / iris-coupled || ~ par **photons** / photon-coupled || ~ en **série** (électr) / connected in series

couplemètre *m* / torquemeter, torsion meter, torsiometer

coupler (gén; techn, astron) / couple, connect || ~ (électr) / connect || ~ des **câbles directement** (électr) / splice cables straight through || ~ en **dérivation** (électr) / shunt, connect side by side, connect in parallel o. across || ~ **mécaniquement** (interrupt.) / gang *vt* (US), operate simultaneously || ~ en **parallèle**, coupler en shunt (électr) / connect in parallel o. across, connect side by side, shunt || ~ avec **terminaison adaptée** (guide d'ondes) / match-terminate

couplet *m* (fenêtre) / window hinge o. ride || ~ (caisse) / joint o. strap hinge, hinge joint

coupleur *m* (électr) / coupler || ~ (techn) / coupling, clutch || ~, diplexeur *m* (télécom) / diplexer || ~ à **3 dB** (guide d'ondes) / hybrid coupler || ~ d'**antenne** / antenna diplexer, antenna two-way splitter || ~ **automatique** (électr) / automatic synchronizer || ~ **centrifuge** (techn) / centrifugal clutch || ~ **directif ou directionnel** (guide d'ondes) / directional waveguide coupler || ~ **électrique** (ch.de fer) / control circuit coupler || ~ **étoile-triangle** / star-delta o. Y-delta o. wye-delta starting switch || ~ **hélicoïdal** (guide d'ondes) / helix coupler || ~ **hybride** (satellite) / hybrid [coupler] || ~ **hybride à fente courte** (satellite) / short-slot hybrid || ~ **hydraulique** / Föttinger coupling o. transmitter, hydraulic clutch || **~-inverseur** *m* pour **bouteilles de gaz** / gas connector || ~ **lisse** (électr) / plain conduit o. coupler || ~ **opto-électronique** / optoelectronic coupler || ~ à **poudre** (techn) / magnetic particle o. powder clutch o. coupling || ~ du **récepteur** (phys) / receiver diplexer, receiver two-way splitter || ~ **série-parallèle** (électr) / series-parallel connector o. switch || ~ à **trois barres** (électron) / tri-rod coupler || ~ du **type cadre** (guide d'ondes) / loop coupler

coupoir *m* / cutting instrument o. knife, cutter || ~ **circulaire** / circle o. circular cutter

coupole *f* (bâtim) / dome, cupola || **sans ~** (télescope) / domeless || ~ **circulaire ou sphérique** / circular dome || ~ **double** / double dome || ~ **sphérique** / circular dome || ~ **tournante** / revolving dome

coupon *m* (commerce) / coupon, ticket || ~ (tex) / remnant || ~ (techn) / length (e.g. cut off from coils) || ~ de **contrôle** / check, control coupon || ~ d'**échantillon** (tex) / swatch || ~ de **ronds** (lam) / length of rounds

coupure *f* / cut (by a knife), cutting, gash || ~ (chimie) / detachment || ~ (électr) / disconnection, cutoff, switching off || ~ (teint) / reduced print, reduction of print pastes || ~ (oscilloscope) / cutoff || ~ (hydr) / through-cut, (esp.:) drain, ditch || ~ (anneau de piston) / piston ring joint || ~ (math) / reducing || ~ (couleur) / diluent, diluting agent || ~ (télépherique) / gap || ~ (prép) / cut-point || **à ~** (électr) / open transition... (GB), open circuit... (US) || **sans ~** (électr) / closed transition... (GB), closed circuit... (US) || ~ **acide** (chimie) / acid cleavage || ~ des **aiguës** (acoustique) / treble cut o. attenuation, top cut || ~ à **air libre** (incendie) / lane to prevent the spreading of fire || ~ d'**amplitude** (télécom) / speech clipping || ~ **cadmium** (nucl) / cadmium cut-off || ~ de **contrôle** (c.perf.) / control break || ~ des **couleurs** (TV) /

colour break-up || ~ de **courant** / failure o. interruption o. breaking-off of circuit, outage || ~ de **courant**, manque *m* de courant (électr) / power cutoff || ~ des **cristaux** / cut of crystals || ~ de **Dedekind** (math) / Dedekind cut || ~ de **distance** (ch.de fer) / sectional distance || ~ **étanche injectée** (hydr) / injected sealing layer || ~ à **froid** (peinture) / cold cut || ~ de **grain** / particle size grading || ~ de **journal** / press cutting, press clipping (US) || ~ de **ligne** / line disconnection || ~ **longue** / elongated slot || ~ de **mots** (b.magnét) / split[ting] || ~ du **mur de voie** (mines) / ripping of the wall || ~ du **niveau du blanc** / white-level limiting o. clipping || ~ du **pneu** / cut, gash || ~ **progressive** (m.outils) / progressive cut || ~ de la **tension** / voltage cutoff || ~ d'un **train** (ch.de fer) / division of a train, breaking of coupling || ~ de **trame** (tiss) / break of the filling (US) o. of the weft (GB) || ~ **transversale** (mines) / transverse fault

cour *f* (bâtim) / court[yard] || ~ de **débord** (ch.de fer) / approach for trucks || ~ de **devant ou d'entrée** (bâtim) / forecourt o. front-court o. -yard || ~ *m* pour **manutention des betteraves** (sucre) / beet slab || ~ *f* **vitrée** (bâtim) / glass roofed light well

courant / flowing, fluid || ~, ordinaire / regular, conventional, usual || ~ (eau) / running || ~ (nav, manœuvre) / running || ~ *m* (électr) / current, juice (US coll) || ~ (hydr) / flow, flowing, flox, current || **à ~ fort ou de forte intensité** (électr) / power current ... || **à ~ triphasé** (électr) / three-phase || **le 10 ~** / the 10th instant || **le ~ est nul** / the current is at zero || **parcouru par le ~** / current-carrying o. -bearing, live, hot || **sans ~** (électr) / dead, idle || ~ d'**accrochage** (thyristor) / latching current || ~ **acheté au dehors** (électr) / external o. outside current || ~ **actif** (fusible) / minimum blowing o. fusing current || ~ **actif** (électr) / active o. actual current, wattful current || ~ **actif nominal** (fusible) / rated blowing current || ~ d'**actionnement** (relais) / pick-up current || ~ **admissible** (câble) / withstand current || ~ d'**agitation thermique non atténué** / full shot current || ~ d'**air** (mines) / current of air, ventilating current || ~ d'**air** (bâtim) / draft, draught || ~ d'**air à l'arrière de l'hélice** (aéro) / slipstream || ~ d'**air ascendant** / upward current, air bump || ~ d'**air chaud** / hot-air current || ~ d'**air forcé** / blast || ~ d'**air forcé sous la grille** / under-grate blast || ~ d'**air passant dans la mine** / downcast current of air || ~ **alternatif**, c.a., C.A. (électr) / alternating current, A.C., a.c., a-c (US) || ~ **[alternatif] diphasé** (électr) / two-phase [alternating] current || ~ **[alternatif] monophasé** / monophase o. single-phase [alternating] current || ~ **alternatif redressé** / rectified alternating current, r.a.c. || ~ **anodique** / plate o. anode current || ~ **anternatif superposé** / superimposed a.c. || ~ **apparent** (électr) / apparent current || ~ d'**appel** (télécom) / ringing current || ~ d'**appel à fréquence vocale** / voice frequency signalling current || ~ d'**arrêt** (télécom) / holding current || ~ **atmosphérique ou d'air** / air current o. flow || ~ d'**attaque** (électron) / drive o. driver current || ~ d'**autre origine** (électr) / external o. outside current || ~ pour **bain** (galv) / bath current || ~ **bas niveau**, courant *m* basse tension (électr) / weak current || ~ de **boucle** / loop current || ~ de **branchement** / shunt o. branch current || ~ d'un **bras du redresseur** / current of a rectifier arm || ~ de **bruit** / noise current || ~ de **bruit équivalent** (semi-cond) / equivalent noise current || ~ **b.t. ou [à] basse tension** (électr) / weak current || ~ de **canon** (r. cath) / gun current || ~ de la **cathode noire** / cathode dark current || ~ **cathodique** / cathode current || ~ **cathodique de crête** / peak cathode current || ~ de **charge** (électr) / charging current || ~ de **charge d'espace** (tube) / space-charge-limited current || ~ de **chauffage** (électron) / heating o. filament current || ~ de **cheminement** (électr) / leak o. tracking current || ~ de **choc** (électr) / surge current || ~ de **circuit fermé** / closed circuit current, rest o. static current || ~ **circulaire** / cyclic flow || ~ **circulant** / circulating current || ~ **codé** (ch.de fer) / coded current || ~ **coïncident** (électron) / coincident current || ~ de **collage** (relais) / retaining current || ~ **collecteur** (semi-cond) / collector current || ~ **collecteur maximum** / collector peak current || ~ de **commande** (électr) / control[ling] current || ~ de **commutation** / commutation current || ~ **compensateur** (électr) / compensating current, equalizing current || ~ **composé** / mesh current || ~ de **conduction** (semicond) / conduction current || ~ **continu**, c.c., C.C. (électr) / direct-current, D.C., DC, d.c., d-c, (obsolete:) continuous current || ~ **continu de diode** / diode d.c. current || ~ **continu direct** (semicond) / continuous direct o. forward current || ~ **continu de grille** / direct grid current || ~ **continu de grille-écran** (électron) / d.c. screen current || ~ **continu interrompu** / interrupted d.c. || ~ **continu permanent à l'état passant** (semi-cond) / continuous on-state current || ~ **continu pulsé** / pulsed d.c. current || ~ de **convection** / convection[al] current || ~ de **conversation** / speaking o. talking current, telephone current || ~ de **correction** (télécom) / correcting current || ~ de **coupure** / cut-off current || ~ de **coupure du magnétron** / magnetron cut-off current || ~ de **court-circuit** / short-circuit current || ~ de **court-circuit instantané** / momentary short-circuit current || ~ du **court-circuit permanent** / continuous short-circuit current || ~ de **crête** (électr) / peak current || ~ de **crête à l'état passant** (électron) / peak conducting current || ~ de **crête de grille** / peak grid current || ~ de **crête grille-déclencheur** (triac) / peak gate-trigger current || ~ **critique de grille** / critical grid current || ~ de **décharge** / discharging current || ~ de **décharge à haute intensité** (accu) / overload current || ~ de **déclenchement** / release current, breaking current || ~ de **déclenchement** (relais) / drop current || ~ de **déclenchement nominal** (électr) / rated breaking current || ~ au **décrochage** (électr) / pull-out current || ~ de **défaut** / fault current || ~ de **démarrage** / starting current || ~ en **dents de scie** / saw-tooth current || ~ **déphasé en avant, [en retard]** / leading, [lagging] current || ~ de **déplacement** / displacement current || ~ de **dérivation** / drift current || ~ de **dérive** (océan) / drift || ~ **dérivé** / shunt o. branch current || ~ **déwatté** / reactive o. wattless current || ~ **diaphonique** / crosstalk current || ~ de **diffusion** / diffusion current || ~ **direct** (semi-cond) / forward current || ~ **direct** (circulation) / straight through traffic || ~ **direct continu moyen** (semicond) / continuous average forward current || ~ **direct efficace** (semi-cond) / r.m.s. forward current || ~ **direct de gâchette** / forward gate current || ~ **direct moyen** (semi-cond) / mean forward current || ~ **direct non répétitif de surcharge accidentelle** / surge non repetitive forward current || ~ **direct de pointe répétitif** / repetitive peak forward current || ~ **direct de surcharge prévisible** (semi-cond) / overload on-state current || ~ **discontinu** / intermittent current || ~ **domestique** / domestic current || ~ du **drain** (semi-cond) / drain current || ~ à

50 % **durée de mise en circuit** (soudage) / 50 % duty cycle current || ~ d'**eau** / current of water, flow o. stream of water, race || ~ des **eaux souterraines** / passage of seepage flow, flow through seepage passages || ~ d'**éclairage** (électr) / light[ing] current, current for lighting purposes || ~ d'**effacement** (b.magnét) / erase current || ~ **effectif** (électr) / active o. actual current || ~ d'**effet de grêle** (électron) / shot current || ~ **efficace à l'état passant** (semicond) / effective conducting state current || ~ **égaliseur** (électr) / compensating current, equalizing current || ~ **[électrique]** / electric current || ~ d'**électrode** (électron) / electrode current || ~ d'**électrons** / electron flow o. stream || ~ **élémentaire** (phys) / elementary [conduction] current || ~ à **émetteur vallée** / emitter valley current || ~ **émetteur-base** / emitter-to-base current || ~ d'**émission** (thermionique) / emission current || ~ d'**enclenchement de crête** (électr) / peak switching current || ~ d'**enregistrement** (b.magnét) / recording current || ~ d'**entrance** (ord) / fan-in current || ~ d'**entrée** (électr) / inrush current || ~ d'**entretien** (redresseur) / energizing current || ~ d'**espace** (électron) / thermionic o. space current || ~ d'**essai** (électr) / testing current || ~ à l'**état bloqué** (semi-cond) / off-state current || ~ à l'**état bloqué en direction directe** / off-state forward current || ~ à **l'état passant** (électron) / on-state current || ~ d'**étoiles** (astr) / moving cluster || ~ **étranger** (électr) / external o. outside current || ~ d'**évanouissement** / decay current || ~ d'**excitation** / exciting o. energizing current || ~ d'**excitation** (relais) / trip current || ~ de **faible intensité** (électr) / weak current || ~ de **faisceau** (TV) / beam current || ~ de **fermeture** (électr) / make-induced current, making current, current at make || ~ de **filament** (électron) / heating o. filament current || ~ de **flot ou de flux** / flowing tide || ~ de **fond** (hydr) / undercurrent || ~ [de] **force** (électr) / power current, heavy o. intense current || ~ **fort** / high-voltage o. -tension o. -potential current || ~ de **Foucault** / eddy current || ~ de **freinage** / brake current || ~ de **fuite** / leakage current || ~ de **fuite** (tube) / fault current || ~ de **fuite**, courant *m* vagabond / stray o. vagrant current || ~ de **fuite d'une électrode** / electrode fault current || ~ de **fuite émetteur-base** (semicond) / emitter base leakage current || ~ de **fuite de grille** (semi-cond) / gate leakage current || ~ de **fuite superficielle** (électr) / leak o. tracking current || ~ de **gâchette** (semi-cond) / gate current || ~ de **gâchette d'amorçage** (thyristor) / minimum gate trigger current, striking current || ~ de **gâchette de désamorçage** (thyristor) / gate turn-off current || ~ sur la **gaine** (câble) / sheath current || ~ de **gaz** / flow of gas || ~ de **glissement** (aéro) / slip flow || ~ de **grenailles** (électron) / shot current || ~ de **grille** (électron) / grid current || ~ de la **grille** (semi-cond) / gate current || ~ de **grille inverse** (électron) / reverse grid current || ~ de **haute fréquence** (électr) / HF-current || ~ de **haute intensité** / strong current, heavy o. intense o. power current || ~ **haute tension** (électr) / high-voltage current || ~ **homopolaire** (électr) / zero current || ~ **hypostatique** (thyristor) / holding current || ~ **hystérétique ou d'hystérésis** / hysteresis current || ~ **indépendant de la charge** (électr) / load independent current || ~ **inducteur** / induction o. inducing current || ~ **inducteur**, courant *m* principal (électr) / main current || ~ d'**induit** (électr) / armature current || ~ **induit** (transfo) / induced o. secondary current || ~ **induit de fermeture** (électr) / induced current on closing || ~ **induit d'ouverture** (électr) / induced current on opening || ~ d'**influence** / electrostatic induction current || ~ **initial de démarrage** / break-away starting current || ~ **initial symétrique de court-circuit** / initial symmetrical short circuit current || ~ d'**injection** (semicond) / injection current || ~ **instantané** / instantaneous current || ~ **intense** / strong current, heavy o. intense o. power current || ~ **inverse** (télécom) / inverse-induced current, return current || ~ **inverse** (semi-cond) / reverse current || ~ **inverse** (électr) / opposing field current || ~ **inverse base-émetteur** (semicond) / cutoff current || ~ **inverse à l'état bloqué** / reverse locking current || ~ **inverse non-répétitif de surcharge accidentelle** / surge non-repetitive reverse current || ~ **inverse résiduel** (électron) / residual reverse current || ~ **inverse résistif** (semicond) / resistive reverse current || ~ **ionique ou d'ions** / ionic current || ~ d'**ionisation** / ionization current || ~**-jet** *m* (météorol, aéro) / jet [stream] || ~ de la **journée** / day current || ~ de **lacune de la grille** / lattice vacancy current || ~ de **ligne** (électr) / public o. mains current, line o. power current, current from the house-lighting circuit (US) || **~s** *m pl* de **lignes parallèles** / push-push currents *pl* || ~ *m* **limite** (transfo) / limiting overload current || ~ **local** (électr) / local current || **~s** *m pl* **longitudinaux** (télécom) / longitudinal currents *pl* || ~ *m* **magnétisant** / magnetizing current || ~ **magnétisant** (transfo) / no-load current || ~ de **maintien** (relais, thyristor) / retaining current || ~ de la **marée** / tidal current || ~ **marginal** (télécom) / marginal current || ~ **marin** / oceanic current || ~ **maximal** / peak current, (also:) limit of current || ~ **maximal asymétrique de court-circuit** / maximum asymmetric short-circuit current || ~ de **mesure** (électr) / testing current || ~ **microphonique ou de microphone** / microphone o. voice (US) current || ~ **minimal** / minimum current || ~ de **mise au repos** (relais) / drop current || ~ **modulateur** / modulating current || ~ **moléculaire** (magnétisme) / molecular current || ~ des **muscles** / muscle current || ~ **nominal** / nominal o. rated current || ~ **nominal de décharge** / nominal o. rated discharge current || ~ **nominal de fusible** (électr) / fuse rating || ~ **nominal du moteur** (électr) / nominal o. rated motor current || ~ de **non-amorçage pour la gâchette** (thyristor) / non-trigger current || ~ **non-répétitif de surcharge accidentelle** (semi-cond) / surge non-repetitive current || ~ de **nuit** / night current || ~ d'**obscurité** (semicond) / dark current || ~ d'**obscurité de dynode** / dynode dark current || ~ **ondulé ou ondulatoire** (électr) / ripple current || ~ **opposé** (électr) / countercurrent, -flow, opposed o. opposite current || ~ **oscillant** / oscillating current || ~ **parallèle** (vapeur, eau) / parallel flow, uniflow current || ~ **parasitaire** / parasitic current || ~ **parasite ou de Foucault** (électr) / eddy current || ~ **parasite** (télécom) / external current || ~ **parasite de gaine** (câble) / sheath eddies *pl* || ~ **parasite de palier** (électr) / bearing current || ~ de **parole** / speaking o. talking current, telephone current || ~ **partiel** / partial o. component current || ~ de **passage** / transition current || ~ **permanent** / constant current || ~ **permanent** / static current (ctr.dist. impulse) || ~ **permanent de plaque** / feed current || ~ de **perte à la terre** / current to earth || ~ de **phase** / phase current || ~ **photoélectrique** / photocurrent, photoelectric current, light-current || ~

photoélectrique de la cathode / photoelectric cathode current || ~ **pilote** (contr.aut) / pilot current, signal current (US) || ~ de **plaque** / plate o. anode current || ~ de **pointe** (électr) / peak current || ~ de **pointe en état bloqué** (semi-cond) / peak off-state current || ~ de **pointe de gâchette** (semi-cond) / peak gate current || ~ de **pointe de recouvrement inverse** / peak reverse recovery current || ~ de **polarisation** (b.magnét) / bias current || ~ de **polarisation** (électr) / polarization current || ~ **polyphasé** / polyphase current || ~ **porteur** (électron) / carrier current || ~ **porteur de téléphonie** / telephone carrier current || ~ **présumé ou propre** (électr) / prospective current || ~ **primaire** (électr) / primary current || ~ **principal** (électr) / main current || ~ **professionel** / industrial current || ~ de **pulpe** (mines) / pulp stream || ~ **pulsatoire** / pulsatory current || ~ **pulsé** (électr) / pulsatory o. pulsating current, PC || ~ de **queue** (électron) / tail current || ~ **réactif** (électr) / wattless o. idle o. blind current, reactive current o. amperes *pl* || ~ de **recouvrement inverse** (semicond) / reverse recovery current || ~ **redressé** (électr) / rectified current || ~ **réfléchi** (télécom) / return current || ~ de **régime** (électr) / working o. operating current || ~ de **repos** (télécom) / spacing current || ~ de **repos** (électron) / zero signal current, quiescent current || ~ de **repos émetteur** / emitter d.-c. bias current || ~ de **reprise** (ch.de fer) / pick-up current || ~ de **réseau** / mains current || ~ **résiduel** / residual current || ~ **résiduel collecteur-base** / collector-base cut-off current || ~ **résiduel collecteur-émetteur** / collector-emitter cut-off current || ~ **résiduel du drain** (semi-cond) / drain cut-off current || ~ **résiduel de la grille** (semi-cond) / gate cut-off current || ~ de **rétablissement** (semicond) / recovery current || ~ de **retour** (électr) / reverse current, return o. back current || ~ **rotatoire** / rotary current, three-phase current || ~ à **rotor bloqué** / locked rotor current || ~ **rotorique** (électr) / rotor current || ~ de **rupture** (électr) / break-induced current, current on break || ~ **sans harmoniques** / current without harmonic components || ~ **sans tourbillonnement** / streamline motion || ~ de **saturation** / saturation current || ~ de **saturation à l'état bloqué** (électron) / off-state saturation current || ~ **secondaire** (liquide) / secondary flow || ~ **secondaire** (électr) / induced o. secondary current || ~ **secondaire induit** (électr) / induced secondary current || ~ **secteur** / mains current || ~ de **service** / working o. operating current || ~ **service nominal** (électr) / rated duty current, nominal working o. operating current || ~ de **seuil** (laser) / threshold current || ~ de **signaux** (télécom) / marking current || ~ de **Silsbee** (cryotechn.) / Silsbee current || ~ **simple** (télécom) / single-current || ~ **sinusoïdal** / sinusoidal current || ~ de **sonnerie** / ringing current || ~ de **sortance** (ord) / fan-out current || ~ de **soudage** / welding current || ~ de la **source** (semi-cond) / common source current || ~ **sous-marin** (hydr) / underset, undertow (US) || ~ **statorique** (électr) / stator current || ~ **stellaire** (astr) / moving cluster || ~ **subsonique** / subsonic flow || ~ du **substrat** (transistor à effet de champ) / substrate current || ~ **superficiel ou de surface** / surface current || ~ **supersonique** (aéro) / supersonic flow || ~ de **supraconductivité** / superconductivity current || ~ de **surcharge** / overcurrent, overload || ~ de **surcharge à l'état passant** (semi-cond) / overload on-state current || ~ de **sustentation** (gaz d'échappement) / up-current || ~ **téléphonique** / speaking o. talking current, telephone current || **~s** *m pl* **telluriques ou terrestres ou dans la terre** (étude des gisements) / telluric currents *pl* || ~ *m* **Tesla** (électr) / Tesla current || ~ **thermoélectrique** / thermoelectric current, thermocurrent || ~ **thermo-ionique** (électron) / thermionic o. space current || ~ **total** (photodiode) / total o. illumination current || ~ **tourbillonnaire** / turbulent o. eddy flow, sinuous flow || ~ **tournant** (trafic) / turning traffic || ~ de **traction** / traction current || ~ de **trafic** / stream of traffic || ~ de **trafic tourne-à-gauche** / left-turning traffic || ~ **transitoire** (électr) / transient [current] || ~ de **transmission** (télécom) / transmission current || ~ **transversal ou en travers** / cross-flow, cross-current || ~ de **travail** (contr.aut) / load current || ~ **triphasé** / rotary current, threephase current || ~ **trop faible** (électr) / undercurrent || ~ de **trous** (semicond) / hole current || ~ de **turbidité** (hydr) / turbidity current || ~ **unihoraire** / one-hour current || ~ **utile ou d'utilisation** (électr) / active o. actual o. useful current || ~ **vagabond** / stray o. vagrant current || ~ **vent descendant** (météorol) / descending current, downdrought || ~ à **vide** / no-load current || ~ de **voie codé** (ch.de fer) / coded track-circuit current || ~ de **voie pulsé** (ch.de fer) / impulse track-circuit current || ~ **watté** (électr) / active o. actual current, wattful current || ~ de **Zener** / Zener current

courantille *f* / tuna trawl net

courbage *m* / flection, flexion (GB), curving

courbaril *m* (bois) / courbaril

courbature *f* de **Petzval** / Petzval curvature

courbe *adj* / curved || ~ (techn) / arched, vaulted || ~ *f* / curve, bow, bend || ~ (routes) / sweep, curve || ~ (rivière) / bend || **en** ~ / curved || ~ d'**absorption** (nucl) / absorption curve || ~ **aclinique** / aclinal line || ~ d'**activité [mesurée en curies]** (nucl) / activity curve, decay curve || ~ **adiabatique** / adiabatic curve o. line || ~ d'**aimantation** / magnetization curve, B/H-curve || ~ d'**aimantation normale** / curve of normal magnetization || ~ des **allongements** / elongation curve || ~ **allongement-temps** (sidér) / creep curve, creep-time diagram || ~ d'**allure** / behaviour curve || ~ d'**analyse calorimétrique différentielle à compensation de puissance** (chimie) / DSC curve || ~ d'**analyse thermique différentielle**, courbe *f* ATD (chimie) / DTA curve, differential thermal curve || ~ d'**analyse thermique simple à l'échauffement, [au refroidissement]** (chimie) / heating, [cooling] curve in differential thermal analysis || ~ en **anse de panier** (géom) / compound o. three-center curve, false ellipse || ~ **ascendante de came** / lift o. rise curve of a cam || ~ **asymptotique temps-tension de claquage** (électr, câble) / asymptotic breakdown voltage curve || ~ **balistique** / ballistic curve || ~ **binodale** / binodal curve || ~ de **Bragg** (nucl) / Bragg curve || ~ **caractéristique de l'anode** / anode [current] characteristic, tube characteristic, dynamic characteristic || ~ **caractéristique de la grille** (électron) / grid characteristic || ~ **caractéristique à inflexion** (auto, électr) / steep-drop characteristic curve || ~ **caractéristique interne** (électr) / internal characteristic || ~ **caractéristique de redressement** / rectifier characteristic || ~ **caractéristique des ressorts** / spring characteristic || ~ **caractéristique tension grille/courant plaque** / grid potential-anode current characteristic || ~ **caractéristique du tube électronique** (électron) /

anode [current] characteristic, dynamic o. tube characteristic, load line || **~s** *f pl* de **Cassini** (astr, math) / Cassini's curves *pl* || ~ *f* **c.c.** (transistor) / d.c. curve || ~ des **centres** / center point curve || ~ du **cercle primitif** / pitch circle curve || ~ du **changement de voie** (ch.de fer) / curve of the switch || ~ de **charge** (accu) / charge characteristic || ~ **charge-extension** / load-extension curve || ~ **charge-flexion ou -flèche** (plast) / load-deflection curve || ~ en **cloche** (statistique) / bell curve || ~ **cochléiforme** / cochleoid || ~ **composée** (arp) / compound curvature o. curve || ~ de **compressibilité** (mét.poudre) / compressibility curve, compactability curve || ~ de **condensation** (diagramme du point d'ébullition) / taulinie, vapourus || ~ de **consommation journalière** / daily consumption curve || ~ **contrainte-déformation** / stress-strain curve || ~ **couple-vitesse** / speed-torque curve || ~ ayant une **courbure forte** / short-radius o. sharp curve || ~ **cumulée** (prép) / cumulative curve || ~ de **débit** / yield curve || ~ de **débit**, caractéristique *f* en charge / load characteristic || ~ des **débits cumulés** (métrologie) / cumulative volume curve, mass discharge curve || ~ de **décroissance** (nucl) / decay curve || ~ du 3ème **degré** / cubic curve || ~ de **démagnétisation** / demagnetization curve || ~ **densimétrique** (prép) / densimetric curve, relative density curve || ~ des **densités** (ord, prép) / frequency curve || ~ **déphasage-fréquence** (électron) / group delay-frequency characteristic, phase-frequency characteristics, phase response || ~ de **dépouille** (m.outils) / relief o. relieving curve o. cam || ~ **descendante** (came) / drop o. return curve || ~ de **déviation** (tamisage) / deviation curve || ~ **diacaustique** / diacaustic curve || ~ **dilatométrique** (chimie) / dilatometric curve || ~ **directrice d'un arc** (constr.mét) / axis of the arc || ~ de **dispersion** (géol) / dispersion curve || ~ de **distillation** (pétrole) / distillation curve || ~ de **distribution cumulative** (tamisage) / cumulative distribution curve || ~ de **distribution d'erreurs de Gauss**, courbe *f* de distribution de fréquence / Gaussian distribution curve, Gaussian error distribution curve, curve of normal distribution of errors || ~ de **distribution granulométrique** (tamisage) / size distribution curve || ~ de **distribution spectrale** (phys) / spectral distribution curve || ~ de **dommage** (essai des mat) / damage curve || ~ **donnant la variation dans l'espace et dans le temps** / path-time curve || ~ **dose-effet** / dose effect curve || ~ d'**échauffement** / heating-up curve || ~ d'**efficacité** (contr qual) / operating characteristic o. OC curve, power function of a test || ~ de l'**effort de traction** / tractive-force curve || ~ **effort-vitesse** / tractive-force/speed curve || ~ **égalisatrice** / compensating o. correcting curve || ~ **élastique** / elastic curve o. line || ~ **élémentaire** (mines) / instantaneous ash curve, characteristic ash curve || ~ **élémentaire de possibilité de lavage** (mines) / effective instantaneous ash curve || ~ **énergétique** (lumière) / energy curve || **~-enveloppe** *f* / envelope curve || ~ **épitrochoïde** (math) / epitrochoid[al curve] || ~ d'**équerre** / square knee || ~ **équipotentielle** (électr) / equipotential line || ~ d'**erreur** / error [correction] curve || ~ d'**erreurs normale** (math) / normal error curve || ~ des **erreurs de partage selon Tromp** (flottation) / Tromp error curve || ~ en **escalier** / stepped curve || ~ **et contre-courbe** (routes) / double bend, hair pin bend || ~ d'**étalonnage** / calibration curve || ~ d'**évanouissement** / fading curve || ~ d'**expansion** (indicateur) / expansion curve o. line || ~ **exponentielle** / exponential curve || ~ d'**extinction** / extinction curve || ~ de l'**extinction des oscillations de roulis** (nav) / curve of extinction of rolling || ~ **flash** (vapeur) / flash curve || ~ de **flexion élastique** (méc) / elastic line || ~ du **flux magnétique** / magnetic flux density curve || ~ de **fontionnement** / characteristic curve o. line || ~ de **fréquence** / frequency curve || ~ [des **fréquences] cumulée** (statistiques) / S-curve || ~ de **fusion** / melting point curve, fusion curve o. line, line of fusion || ~ de **Galton** / Galtonian curve || ~ **gauche** / three-dimensional curve || ~ de **Gauss** / probability curve || ~ de **glissement** (électr) / slip curve || ~ de **gradation** (phot) / characteristic o. sensitometric curve, C log E curve, H and D curve (Hurter, Driffield), gamma characteristic || ~ en **gradins** / stepped curve || ~ par **gradins successifs** / stair type curve || ~ de **grand rayon** / curve of large radius || ~ de **grandissement** (nucl) / growth curve || ~ **granulométrique** (béton) / particle-size distribution curve, grading curve || ~ **granulométrique cumulée des passées** / minus mesh o. size curve, undersize curve || ~ **granulométrique cumulée donnant les refus** / cumulative oversize distribution curve || ~ **H-D** voir courbe de gradation || ~ **hypsométrique** (arp) / contour line || ~ d'**incidence de Kelvin ou de Thomson** (phys) / Kelvin arrival curve || ~ **inflexionnelle** (math) / inflection curve || ~ **instantanée des cendres** (prép) / instantaneous ash curve || ~ d'**intensité** (acoust) / loudness contour || ~ d'**intrados** / interior curve of an arch, intrados curve || ~ **involvante** (géom) / involute || ~ **is[o]acoustique** / loudness contour, isoacoustic curve, equal loudness curve || ~ **isochrone** / tautochrone || ~ **isocline** / isoclinal line, isocline || ~ **isodensite** (phot) / equidensity line || ~ **isodose** (nucl) / isodose [surface o. curve] || ~ **isodynamique** (carte géogr) / isodynamic [line] || ~ **isohèle** / isohel || ~ **isométrique** / isometric curve || **~s** *f pl* **isophoniques** (aéro) / noise contours *pl* || ~ *f* **isophote** (astr, phot) / isophot, isolux || ~ **isotherme** / isotherm[al line] || ~ **journalière de charge** (électr) / daily load curve || ~ de **lavabilité** (basée sur analyse par liqueurs denses) (prép) / washability curve based on float-and-sink test || ~ de **lavabilité en densité** / specific gravity curve, washability curve based on gravity || ~ de **lavage en fonction de la densité** (prép) / effective washability curve based on gravity || ~ des **légers** (prép) / cumulative float curve || ~ **limite de la zone de saturation** / solubility curve, binodal curve || ~ de **Lissajous** / cyclogram, Lissajous figure || ~ des **lourds** (mines) / cumulative sink curve || ~ de **luminosité** / luminosity curve || ~ de **luminosité scotopique** / scotopic luminosity curve || ~ **M ou de Mayer** (mines) / Mayer curve, M-curve || ~ de **manche cyclique** (aéro) / stick displacement curve || ~ des **moments** / moment curve o. line || ~ de **niveau** / contour line || ~ du **niveau [re]haussé** (hydr) / curve of raised water surface, banked[-up] curve || ~ de **noircissement** (phot) / gradation curve, gamma characteristic || ~ **normale** (statistique) / Gaussian distribution curve, Gaussian error distribution curve, curve of normal distribution of errors || ~ **osculatrice** (math) / osculating curve || ~ de **partage** (flottation) / partition curve, Tromp curve || ~ **Phillips** (montre) / Phillips o. terminal curve || ~ **photométrique** / polar distribution curve || ~ des **points circulaires** / circle point curve || ~ des **points d'ébullition** /

boiling point diagram o. curve, liquid-vapour equilibrium diagram || ~ de **possibilité de lavage** (prép) / washability curve || ~ de **possibilité de lavage des légers** (prép) / effective cumulative float curve || ~ de **possibilité de lavage des lourds** (prép) / effective cumulative sink curve || ~ de **possibilité de lavage en fonction de la densité** (prép) / effective washability curve based on gravity || ~ de **poursuite** / dog-curve || ~ de la **première magnétisation** (phys) / virgin curve of magnetization || ~ de **pression de fusion** / melting point pressure curve || ~ de **probabilité de Gauss** voir courbe normale || ~ des **probabilités** / probability curve || ~ de **production** / output o. production curve || ~ **psophonétique** (acoustique) / psophonetic curve || ~ de **puissance** / power curve, load diagram o. curve || ~ de **raccord[ement]** (ch.de fer, routes) / transition o. junction curve, easement curve || ~ de **raccordement** (math) / connecting curve || ~ de **réchauffement** / heating curve || ~ de **réflexion spectrale** / reflectance curve || ~ de **régulation** (m.à vap) / curve for adjusting the slide-valves || ~ de **rendement** / efficiency curve || ~ de **rendement** (mines) / yield curve || ~ de **répartition de la résistance** (potentiomètre) / linear taper || ~ de **répartition spectrale** (phys) / spectral distribution curve || ~ de **réponse** / frequency characteristic, frequency response curve || ~ de **réponse** (TV) / amplitude characteristic || ~ de **réponse d'un amplificateur** / amplifier response curve || ~ de **réponse de réverbération** (acoustique) / random o. reverberation response curve || ~ de **résonance** / resonance curve || ~ de **rétablissement** (contr.aut) / recovery curve || ~ de **retenue** / curve of raised water surface, banked[-up] curve || ~ de **rupture par fluage** / creep strength curve || ~ en **S** (dessin) / reverse o. S-curve, ogee curve || ~ de **salinité** (pétrole) / chlorine log[ger] || ~ de **saturation** / saturation curve || **~s** *f pl* de **Schmidt** (nucl) / Schmidt lines o. limits *pl* || ~ **sens opposé à la marche** / bent backwards || ~ *f* de **sensitivité auditive** / ear response curve || ~ de **solidification** (sidér) / curve of solidification || ~ **solidus** (sidér) / solidus [line] || ~ de **solubilité**, courbe *f* binodale / binodal curve, solubility curve || ~ de **solubilité** (sidér) / solvus [curve], solid solubility curve || ~ **spatiale** / three-dimensional curve || ~ **spectrale de visibilité relative** / spectral sensitivity curve || ~ **standard des températures** / standard temperature curve || ~ **standard temps-température** (incendie) / standard curve time-temperature || ~ de **survie** / survival curve || ~ de **tamisage** (béton) / particle-size distribution curve, grading curve || ~ **tautochrone** / tautochrone || ~ de **température** / temperature curve || ~ de **température de chauffage** (sidér) / heating temperature curve || ~ **température-chaleur totale** / temperature-total heat diagram || ~ des **températures dangereuses** / critical temperature curve || ~ **température-temps normalisée ou standard** (incendie) / standard curve time-temperature || ~ **temps-course** / time-travel diagram, time-traverse diagram || ~ **temps-sédimentation** (mines) / time-settlement curve || ~ **temps-tension de claquage** (câble) / voltage [short-]time-to-breakdown curve, V.T.B. curve || ~ **teneur en cendres/densité** (prép) / ash/relative density curve || ~ de **tension** (méc) / stress curve || ~ de **tension** (électr) / voltage curve || ~ **terminale** (montre) / Phillips o. terminal curve || ~ **thermogravimétrique** (chimie) / thermogravimetric curve, TG curve, thermogram || ~ **thermogravimétrique isobare, [isotherme]** (chimie) / isobaric, [isothermal] mass-change curve || ~ **toroïdale** (math) / toroid || ~ de **torsion** (math) / twisted curve || ~ **tricuspide** / [Steiner's] tricusp || ~ en **trois dimensions** / three-dimensional curve || ~ de **Tromp** (flottation) / partition curve, Tromp curve || ~ **unicursale** (math) / unicursal curve || ~ de **vie** (câble) / voltage time-to-breakdown curve, VTB curve || ~ de **vitesses maximales du courant en surface** (hydr) / axis of streaming || ~ de **vol** / flight path o. curve o. line || ~ de **Wöhler** / stress/number curve, S/N curve, stress/cycle diagram

courbé / bent, curved || ~ [dans le] **même sens que la marche** / curved forward || ~ en **S** (tenaille) / flared

courbement *m* / flection, flexion (GB), curving

courber *vt* / curve *vt*, bend *vt* || ~ (découp) / round [off o. out] || ~ *vi* (bâtim) / bow *vi*, fold, sag *vi* || ~ à **chaud** / bend hot, hot-bend

courbure *f* (gén, fleuve) / bend || ~ (techn) / bend, curve || ~, rondeur *f* / curve, curvature || ~ d'**aile** (aéro) / wing camber o. curvature || ~ du **câble** / sag of a cable || ~ du **champ** / curvature of the field, field curvature || ~ de l'**espace** / curvature of space || ~ de l'**espace-temps** / space-time curvature || ~ de **face** (lentille) / figure || ~ **gaussienne ou de Gauss** (math) / Gaussian curvature, total normal curvature || ~ **légère** / flection (US), flexion (GB) || ~ des **lignes aérodynamiques** / streamline curvature || ~ **lombaire** (maladie professionnelle) / lumbar flexure || ~ **longitudinale** (b.magnét) / longitudinal curvature || ~ **principale** (math) / principal curvature || ~ **sphérique** / camber || ~ d'une **surface** / top camber, surface curvature || ~ **terrestre** / earth curvature || ~ **transversale** (b.magnét) / tape cupping || ~ de **tuyau** / pipe bend, tube bend

courir / run || ~ **dans les directions opposées** / run in opposite directions || ~ sur son **erre** (ch.de fer, auto, nav) / coast *vi*

couronne *f* / border, ring, collar || ~ (bâtim) / coping stone || ~ (ch.de fer) / crest of an embankment || ~ (mines) / back[s], roof || ~ (filage) / spindle cap || ~ (tréfilage) / coil o. bundle of wire || ~ (météorol) / corona, aureole, aureola || ~ (pap) / format 46 x 36 cm || **à deux ~s** (turbine) / double- o. two-row || **en** ~ / on top || **en** ~ (tuyau souple) / in rings || ~ d'**aberration** / crown of aberration || ~ **abrasive** (lapping) / external o. ring lap || ~ d'**action** (turbine) / action wheel || ~ d'**angle du différentiel** (auto) / differential master gear || ~ **antipoussière** (palier) / bearing cap || ~ d'**appui** / bearing ring || ~ d'**assemblage** (câbleuse) / stranding cage disk || ~ d'**aubes** (turbine) / blade ring || ~ d'**aubes fixes** / distributor of a turbine, guide blades *pl* || ~ d'**aubes mobiles** / moving o. rotor o. rotating blade ring || ~ d'**avertisseur au volant** (auto) / auto horn ring || ~ du **ballast** (ch.de fer) / crown o. top of the ballast || ~ à **berceaux** (câbleuse) / cradle ring || ~ de **câble** / cable coil || ~ de **carottage** / annular core bit || ~ pour **chaîne** / chain rim o. ring || ~ **circulaire** (math) / area of an annulus || ~ de la **cloche** / crown of a bell || ~ de **concassage** / grinding o. breaking ring, muller ring || ~ d'une **corniche** (bâtim) / heading [course] || ~ de la **cornue** / rim of the converter || ~ de la **coupole** (observatoire) / observatory dome ring || ~ de **crasses** (fonderie) / sullage head o. bridge || ~ dans un **cubilot** / bridge in a cupola furnace || ~ du **cylindre** (typo) / bearer ring, cylinder bearer || ~ **dentée** / annular gear || ~ **dentée**, couronne *f* à dents (mines) / tooth crown of drill || ~ **dentée**

(mandrin) / scroll || ~ **dentée en acier** (forage) / indented drilling head || ~ **dentée de démarrage** (auto) / starting ring gear || ~ **dentée intérieure** / internal ring gear || ~ **dentée du plateau** (tourn) / rim gear o. gear drive of the face plate || ~ **dentée du volant** (mot) / barring gear || ~ **dentée du volant** (auto) / toothed flywheel ring || ~ avec **denture de chant** (horloge) / wheel with contrate teeth || ~ à **denture [extérieure]** / gear rim o. ring, toothed ring, crown gear, toothed wheel rim || ~ de **déroulement** (câble) / pay-off crown || ~ **diamantée ou à diamants** / diamond bit || ~ du **différentiel** (auto) / ring gear || ~ de **direction** (chariot de manutention) / steering ring || ~ **directrice** (turbine) / nozzle ring || ~ **directrice** (turboréacteur) / vane ring || ~ d'**écriture** (b.magnét) / write-enable o. permit ring, file protection ring || ~ à **empreintes du cabestan** / sprocket wheel of the capstan || ~ d'**entraînement** (auto, différentiel) / drive [bevel] wheel, differential master gear, crown wheel || ~ **extérieure d'un roulement à rouleaux** / external race of a roller bearing || ~ de **feuillard** (lam) / coil of strip || ~ de **fil** (lam) / coil o. bundle of wire || ~ de **fil machine** / rod coil || ~ de **fleuret** (mines) / cutter, drill bit || ~ de **fleuret percutant** (mines) / percussion drill bit || ~ en **fonte** / cast rim o. ring (US) || ~ du **four à gaz** / vault of a gas furnace || ~ de **freinage venue de fonte** / cast-on brake rim || ~ à **fuseaux** / pin wheel gear ring || ~ de **galets** / roller [crown] ring, roller flange || ~ de **galet à garniture en caoutchouc** (funi) / rubber lined wheel rim || ~ de **gisement** / bearing ruler || ~ de **guidage d'entrée** (ventilateur) / distributor rim || ~ de **lame** / wave summit || ~ de **lumières** (mot) / belt of ports || ~ **mobile** (turbine) / rotor disk, [blade] wheel || ~ de **mouture** / grinding o. breaking ring, muller ring || ~ d'**orientation** / live ring || ~ d'**orientation [ou pivotante] à billes** (techn) / ball transfer table || ~ à **pales de guidage** / guide vane ring || ~ de **pédalier** (bicyclette) / bottom bracket bearing cap || ~ en **pierre** (bâtim) / open cusp || ~ d'un **pieu** (mines, hydr) / pile crown o. hoop o. ring || ~ **pivotante à billes** / ball bearing slewing rim || ~ de **pivotement** (pont) / rim bearing, slewing rim || ~ à **platines** (tex) / jack ring, sinker ring || ~ **pleine pilote** (mines) / pilot bit || ~ **porte-balais** / brush yoke o. ring || ~ de **presse-étoupe** / packing box o. stuffing box lid o. gland || ~ de **raccordement tournant ou rotative sur chemin de billes** / ball bearing slewing rim || ~ en **rail ou de rails** / circular rail o. track (US) || ~ de **remontoir** (montre) / button of a watch, winding button || ~ de **rotation de la lame** (niveleuse) / blade swivel ring || ~ de **rouleaux** / roller [crown] ring, roller flange || ~ de **roulement** (four tournant) / running ring of a revolving cylindrical furnace || ~ **solaire** (astr) / corona || ~ de **sondage** (pétrole) / annular bit, bore-crown || ~ de **support** (haut fourneau) / lintel girder, mantle ring || ~ de **tige de piston** / packing box gland || ~ de **train planétaire** (auto) / ring gear || ~ à **vis sans fin** / worm wheel rim

couronné de succès / effectual

couronnement *m* / cap, crown, top, crest || ~ (crasses) / bridging || ~ (cheminée) / chimney head o. crest || ~ (hydr) / crest of a dike || ~ (bâtim) / crest o. crowning o. top of a wall, top course, cap[p]ing, coping || ~ (pour sonnette) / running rails *pl* (pile driver) || ~ d'un **arbre** / withering of tree from the top || ~ de **bouche avaloir** / gully grating || ~ en **briques** / brick coping || ~ des **torches de brûlage** (pétrole) / flare stack tip

couronner (bâtim) / cap *vt*, top *vt*

courrier *m* **électronique** / electronic mail system

courroi *m* (fonderie) / fettling, (also:) preparation of sand

courroie *f* / strap, sling || ~ (techn) / [driving o. transporting] belt || ~ (méc) / belt, chain || ~, lanière *f* / thong || ~ d'**alimentation** / feeder, feeding belt [conveyor], delivery belt || ~ d'**alimentation** (m. de bureau) / picker belt || ~ **articulée** / link belt || ~ à **boucles** / buckle strap || ~ en **caoutchouc** / rubber belt || ~ **caoutchoutée ou de caoutchouc** / rubber belt conveyor || ~ de **chasse** (tex) / picker strap o. band || ~ de **commande** (techn) / driving o. drive belt || ~ de **commande en** [cuir-coton] **balata ou en caoutchouc** / balata driving belt || ~ du **convoyeur** / belt of a conveyor || ~ **crantée** / synchronous belt, (esp.:) timing belt || ~ en **cuir** / leather belt o. strap || ~ de **déchargement** (mines) / stacker belt || ~ **dentée** / toothed belt, synchronous belt || ~ **dentée double face** / two-face toothed belt || ~ **dentée à flanc ouvert** / raw edge cogbelt || ~ à **deux plis** / double belt, two-ply belt || ~ à **éléments détachables** / link belt || ~ d'**entraînement** (techn) / driving o. transmission belt || ~ de **fermeture ou à boucles** / buckle strap || ~ de **fond** (convoyeur) / bottom belt || ~ **limiteuse en caoutchouc**, courroie-guide *f* (pap) / deckle strap || ~ à **maillons** / link belt || ~ de **moulage** (fonderie) / moulding strap || ~ **plate** / flat belt || ~ **positive** / synchronous belt || ~ **positive à double denture** / two-faced synchronous belt || ~ **ronde** / round belt || ~ en **ruban de soie** (m.outils) / silkband belt || ~ **simple de transmission** / single-ply belt || ~ de **soutien** / arm strap || ~ **synchrone** / synchronous belt || ~ de **synchronisation** (mot) / timing belt || ~ de **tirage** / pulling strap || ~ de **transmission** / driving o. transmission belt || ~ de **transport mobile** / mobile o. travelling belt conveyor || ~ **transporteuse**, courroie *f* de transport / belt conveyor, conveying belt || ~ **transporteuse en auge** / pan conveyor || ~ **transporteuse en caoutchouc** / rubber belt conveyor || ~ **transporteuse à carcasse métallique** / steel cord conveyor belt || ~ **transporteuse inclinée** / steep belt conveyor || ~ **transversale** / crossband, crossbelt, intertie || ~ **trapézoïdale** / V-belt, Vee-belt || ~ **trapézoïdale en caoutchouc** / rubber V-belt || ~ **trapézoïdale dentée ou crantée ou positive** / toothed V-belt, synchronous V-belt || ~ **trapézoïdale étroite** / wedge belt, spacesaver || ~ **trapézoïdale jumelée** / joined V-belt || ~ **trapézoïdale à lamelles** / lamellar V-belt || ~ **trapézoïdale à trou en longueur agrafable** / cut V-belt || ~ de **ventilateur** / fan belt

cours *m* / course, flow || ~, suite *f* de leçons / curriculum, school, course || ~ (météorol) / march || ~ (hydr) / flow[ing], flux, current || ~, marche *f* (événement) / course, progression, march || ~ (qualité) / trend || ~ (réaction) / course || ~ (argent) / circulation, currency || **au long** ~ (nav) / on an ocean voyage || **en** ~ / current || **en ~ de construction** / under construction || **en ~ de finition** (production) / phasing-out || ~ d'**assise** (bâtim) / continuous bed of stones || ~ du **calcul** / method of calculation || ~ d'**eau** / water course, stream || ~ d'**eau récepteur** (eaux usées) / receiving [body of] water, drainage o. draining ditch o. canal, main outfall, outfall ditch || ~ d'**enseignement** / curriculum || ~ d'**entretoises** (bâtim, constr.en acier) / crossbracing, wind o. sway bracing, transverse bracing || ~ d'un **fleuve** / course of a river || ~ **inférieur** (fleuve) / lower course || ~ d'**instruction** / training course || ~ de **pannes** (bâtim)

/ purlin course || ~ de **perfectionnement** / advanced course || ~ **rapide** (hydr) / strong current || ~ de **rééducation professionnelle**, cours *m* de réadaptation / con-course, conversion course || ~ de **révision ou de perfectionnement** / refresher course || ~ **suivi par le courant** / current path, flow of the circuit || ~ du **temps** / variation in time || ~ d'un **torrent** (géol) / descending, gulley (GB) || ~ du **travail** / procedure, process

course *f* (ch.de fer) / train ride || ~ (piston etc) / stroke, travel, throw || ~ (cinématique) / displacement || ~, cours *m* (eau) / course, flow || ~, levée *f* / height o. length o. lift of stroke || ~ (techn) / operation, working || **à faible** ~ / short-stroke... || ~ d'**admission** (mot) / intake o. induction o. suction stroke || ~ **alternative du piston** / back and forward movement, stroke o. travel o. motion of the piston || ~ d'**application du frein** / brake application stroke || ~ **ascendante** / upstroke, ascending stroke || ~ d'**aspiration** (mot) / intake o. induction o. suction stroke || ~ d'**avance** (techn) / fore stroke || ~ de **balayage** (mot) / scavenging stroke || ~ de **braquage** (aéro, auto) / steering lock || ~ de la **broche** / travel of a drill spindle || ~ de **came** / cam pitch || ~ des **caractères** (m.à ecrire) / track of the types || ~ du **chariot** / carriage travel || ~ de **chariotage de la tourelle** / turret feed length || ~ de **collision** (radar) / collision course || ~ de **compression** (gén) / pressure stroke || ~ de **compression** (frein) / overrun travel || ~ de **compression** (mot) / compression stroke || ~ **continue** (presse) / continuous stroke || ~ de **coulisseau** (étau-limeur) / ram stroke, slide stroke || ~ de la **coupe** (m.outils) / primary o. cutting motion || ~ **croissante** (bobinage) / traverse lengthening || ~ au **décollage disponible** ((aéro) / take-off run available || ~ **décroissante** (bobinage) / traverse shortening || ~ **descendante du piston** (mot) / downstroke of piston, return o. descending stroke || ~ de **descente** (grue) / lowering course || ~ de **détente** (mot) / firing o. expansion o. power o. working stroke, combustion stroke || ~ **double d'un piston** / turn of the piston, up-and-down stroke || ~ de l'**eau motrice** (turb. à l'eau) / admission, throw of the water || ~ d'**échappement** / exhaust stroke, scavenging stroke || ~ **élastique** (ressort) / range of spring, travel of the spring system, spring excursion || ~ d'**essai** (techn) / test o. trial run || ~ d'**essai** (gén) / trial trip o. ride || ~ de l'**excentrique** / throw of eccentric || ~ d'**explosion** (mot) / firing o. expansion o. power o. working stroke, combustion stroke || ~ d'**expulsion** / exhaust o. scavenging stroke || ~ de **fabrication** / course of manufacture || ~ de **fil** (bobinage) / traverse || ~ des **frottoirs** (filage) / traverse of the rubbing leathers || ~ de **grande ouverture** (soudage) / work clearance stroke || ~ **isolée** (presse) / single stroke || ~ **libre** (auto) / free running || ~ **longitudinale** (m.outils) / longitudinal feed o. travel o. traverse || ~ **morte** (techn) / dead travel, lost motion, play, backlash || ~ **morte** (frein) / application stroke || ~ **motrice** (mot) / firing o. expansion o. power o. working stroke, combustion stroke || ~ de la **navette** / shuttle course o. traverse || ~ de l'**outil par coupe** / tool travel during one revolution || ~ **parcourue** / distance covered, run || ~ de la **passe à la presse** / press stroke || ~ de **piston** / piston stroke o. travel, length of stroke || ~ de **polissage** / grinding feed traverse || ~ de la **presse** / press stroke || ~ de **retour** / back stroke, return o. reversing stroke o. travel || ~ de **retour d'une raboteuse** / return stroke of a planer || ~ de **retour rapide** / rapid o. quick return traverse o. motion || ~ **rétrograde** (m.outils) / return traverse || ~ **sous-marine** / travelling underwater o. in submerged state || ~ de la **table** / table travel o. traverse || ~ du **tirage oculaire** / eye-piece draw-tube extension || ~ du **tiroir** / course o. stroke o. travel of the slide valve || ~ des **touches** / lift of keys || ~ de **travail** (raboteuse) / cutting stroke of shaper || ~ **utile du frein** / pedal travel || ~ à **vide** (raboteuse) / return stroke of planer

coursier *m* **droit** (hydr) / straight channel

coursière *f* **droite** (fonderie) / straight channel || ~ de **navette** (m à coudre) / shuttle race

coursive *f* (nav) / walkway, alleyway

court / short || **à** ~ **brin** (tex) / short-staple..., short-fibered || **à** ~ **rayon d'action** (aéro) / short-haul..., short-distance... || **à** ~ **temps** / short-time..., short-period..., -duration... || **à** ~ **terme**, à courte échéance / short-term... || **à** ~**e flamme** (charbon) / short-flame o. -flaming || **[à]** ~**e soie** (tex) / short staple, short-fibred || ~**-courrier** (nav) / for coasting track || ~ **tirage** *m* (typo) / short run || ~**e vue** / near-sightedness, myopia

court-circuit *m* (électr) / short circuit, short || ~ **brusque** (électr) / sudden short circuit || ~ au **châssis** (relais) / frame leakage || ~ **direct** (électr) / dead short || ~ dû aux **intempéries** (électr) / weather cross || ~ **interne** (accu) / internal short circuit || ~ à la **masse** / ground (US) o. earth (GB) o. body contact || ~ dû aux **oscillations** (conducteurs) / swinging cross || ~ **parfait** / dead short || ~ **permanent** / sustained short-circuit || ~ **phase-terre** (électr) / leakage on one phase || ~ entre **plaques** (accu) / short circuit between plates || ~ entre les **spires** (électr) / short circuit in coil, short[-circuit]ed coil

court-circuité (électr) / short-circuited

court-circuiter, ponter (électr) / short-out || ~, mettre en court-circuit (électr) / short[-circuit], short-out || ~ la **résistance** / short-cut resistance

court-circuiteur *m* (électr) / short-circuiting device || ~ de **mise à la terre** (électron) / earth arrester

couseuse *f* **circulaire** (tex) / edge stitcher || ~ au **fil de fer** / wire stitcher || ~ au **fil textile** (typo) / thread sewing o. stitching machine

couso-brodeur *m* / crank operated sewing machine

coussin *m* / pillow || ~ (auto) / upholstery || ~ (techn) / buffer, cushion, pad || **en** ~ / pulvinate[d] || ~ de ou à **air** / air buffer o. cushion of pad || ~ d'**air** (auto) / pneumatic spring || ~ d'**ancre** (nav) / anchor o. bow lining || ~ en **caoutchouc** (découp) / rubber pad || ~ de **collision** (auto) / crash-pad || ~ de **contre-pression** / pressure pad || ~ de **contre-pression pneumatique** (découp) / air cushion || ~ **élastique** / resilient pad || ~ **électrique** / electric [heating o. warming] pad || ~ **encreur** / ink[ing] pad o. cushion || ~ **est-ouest** (TV) / EW o. east-west pincushion distortion || ~ **magnétique** / magnetic cushion || ~ de **moulage** (plast) / forming pad, blanket || ~ **nord-sud** (TV) / NS o. north-south pincushion distortion || ~ **pivoté du palier Michell** / pad of the Michell bearing, pivoted pad || ~ **pneumatique** / air buffer o. cushion o. pad || ~ **pneumatique de sécurité** (auto) / air bag || ~ de **pression**, tampon *m* presseur / pressure pad || ~ de **serre-flan** (m.outils) / die cushion || ~ de **sustentation** / carrying cushion

coussinet *m*, palier *m* (techn) / bearing || ~ / bearing bush o. shell, brass || ~, cale *f* (techn) / pillow, lining || ~, cavité *f* / ball socket o. cap || ~ (techn, constr.en acier) / bearing, support || ~ (funi) / bearing o. saddle for main cable || **en** ~ / pin-cushion o. pillow shaped

|| ~ d'**air** (techn) / air bearing || ~ **ajustable** / movable bearing || ~ **antifriction** / antifriction bush o. bearing || ~ **autolubrifiant** / self lubrication o. -greasing bearing || ~ d'**axe de mâchoires de frein** / brake anchor pin || ~ de **bascule** / slanting o. pivoting cradle o. saddle || ~ de **bielle** / connecting rod bearing, big-end bearing || ~ en **bronze** (techn) / bronze o. gunmetal bearing o. bush || ~ de **contact** / contact shoe o. saddle || ~ de **cuir** / leather pad || ~ de **déviation** (funi) / deflection saddle || ~**-éclisse** *m* (ch.de fer) / fishplate griping beneath the foot of rail || ~ d'**excentrique pour réglage de course** (presse) / eccentric bush || ~ **fermé** (techn) / eye type bearing, solid journal bearing || ~ de **filière** / adjustable screw die || ~ **flottant** (techn) / floating bearing || ~ **fritté** / porous bearing || ~ de la **fusée d'essieu** / journal bush || ~ **garni de régule** / antifriction bush o. bearing || ~ **gazeux ou à couche de gaz** (techn) / [pressurized] gas journal bearing, air o. gas bearing || ~ de **glissement d'une aiguille** (ch.de fer) / slide plate o. chair || ~ pour **graissage par barbotage** / splash-fed bearing || ~ en **laiton** / brass bush || ~ **lisse** / plain bearing bush || ~ en **matière plastique armée aux fibres de verre** / composition bearing || ~ de **moteurs d'auto** / automotive bearing || ~ à **œil** (techn) / eye type bearing, solid journal bearing || ~ de **palier de vilebrequin** / crankshaft bearing bush || ~ de **pied de bielle** (m.à vap) / small end bearing || ~ de **pied de bielle** (mot) / small end bearing bush || ~ de **pivotement** / pivot bearing o. rest || ~ à **plat** (pont, funi) / supporting shoe o. saddle || ~ de **pose** (funi) / bearing o. saddle for main cable || ~ de **rail** (ch.de fer) / seat of a rail, rail chair (GB) || ~ de **réduction** / sleeve socket || ~ de **renversement** / slanting o. pivoting cradle o. saddle || ~ en **résine synthétique** / fabric o. plastic o. synthetic resin bearing || ~ en **rubis** (horloge) / jewelled bearing || ~ de **serrage** / clamping o. gripping jaw, jaw, clamp || ~ **sphérique** / ball socket o. cup || ~ de **suspension des rails** (funi) / suspension shoe || ~ de **tête de bielle** (m. à vap) / big end bearing || ~ de **tête de bielle** (auto) / big end bearing bush || ~ à **vis** (montre) / screw type bearing

cousu Blake (cordonnerie) / machine- o. through-sewn, stitched || ~ **double** (cordonnerie) / inverted seam-sewn, inverted inseam work, vertical welt...

cousure *f* en **brochure** (typo) / French sewing || ~ à un **cahier** (typo) / all-along stitch

coût *m* / cost[s pl.], charges, pl || ~ d'**approvisionnement** / cost of acquisition || ~ **commun** / overhead [cost], indirect cost o. costs *pl*, establishment charges *pl*, general expenses *pl*, oncost (GB) || ~**s** *m pl* **directs** / direct cost || ~**-efficacité...** / cost-effectiveness... || ~ *m* **fixe** / fixed cost, standing charges *pl* || ~**s** *m pl* **indirects** / loading, oncosts, establishment charges *pl* || ~ *m* **marginal** / marginal cost || ~ des **matières premières** / cost of material, material cost || ~ **normalisé** (ordonn) / standard cost || ~ de **pénurie** (stockage) / out-of-stock costs *pl* || ~ **prévisionnel** (ordonn) / target cost || ~ de **production** / production cost, cost of production o. manufacture || ~ de **remplacement** / replacement costs *pl* || ~ de **stockage** / stockkeeping cost

couteau *m* / cutting knife, knife || ~ (bâtim) / shallow arch brick, side arch brick || ~ (coulée sous pression) / chopper || ~ (four) / side arch, arch (US) || ~ d'**abat[t]age** (mines) / scraper knife || ~ d'**alimentation de cartes** (c.perf.) / card knife || ~ de **balance [latéral ou central]** / knife-edge, balance blade || ~ **circulaire** / circular knife || ~ **circulaire** (typo) / rotary cutter || ~ de **coupe-racines** (sucre) / beet o. sliver knife || ~ de **coupure** (électr) / isolating o. disconnecting link || ~ du **cylindre briseur** (filage) / mote knife || ~ à **découdre** / ripping knife || ~ de **découpage** (découp) / punching tool || ~ à **découper** / chopping blade o. knife || ~ à **découper** (m. à gruger) / nibbling blade || ~ de **dégagement** / trimming punch, punch for border cutting || ~ à **denture** (m.outils) / gashed cutter || ~ **diamanté** (m.outils) / ID blade (= industrial diamond) || ~ à **écharner** (tan) / paring knife || ~ à **égraminer** (tan) / breaking iron || ~ d'**encre** (typo) / slice, ink slab || ~ **faîtière** (sucre) / ridge o. splitter knife, tile shaped knife || ~ à **fendre** / slitting knife || ~**x** *m pl* **fixes** (pap) / bedknives *pl*, beater plate o. bedplate || ~ *m* **[de Foucault]** (laser) / schlieren diaphragm o. edge || ~ **[de Foucault] déphaseur** (laser) / phase shifting schlieren diaphragm || ~ **[fraisé] Koenigsfeld** (sucre) / milled knife (Koenigsfeld type) || ~ **frappeur** / fly cutter || ~ **Goller [en tôle]** (sucre) / Goller knife || ~ de **hachoir** / chaff-cutter, chopper o. chopping blade o. knife || ~ d'**interrupteur** (électr) / switch blade || ~ **lancéolaire** / lancet || ~ de **lève** (tex) / lifting blade || ~ à **mastiquer** / putty knife o. spattle, glazing knife || ~ **mécanique** / machine knife || ~ **nettoyeur** (tex) / doctor blade || ~ de **peintre** / spattle, spatula, stopping knife || ~ de **platine** (pap) / knife of the bedplate, shell bar || ~ **pliant** / clasp knife || ~ à **plomb** / cable stripping knife || ~ de **poche** / pocket knife, jackknife || ~ de **positionnement** (découp) / notching punch, locating o. pilot punch || ~ de **répartition** / knife-edge bearing || ~ à **sangles** / strap o. strip o. welt cutting knife || ~ de **sectionnement** (électr) / isolating o. disconnecting link || ~ à **tailler** / knife, blade || ~ **traçoir** (mèche à bois) / nicker || ~ à **tranchant à dents** (m.outils) / gashed cutter || ~ à **velours** / velvet knife, trevet[te], trivet

coutelier *m* / cutler

coutellerie *f* / cutlery

coutil *m* (tex) / drill, drilling || ~ **grossier** / crash || ~ pour **literie** / ticking || ~ à **matelas** / mattress ticking o. duck o. drill

co-utilisation *f* / co-application

coutre *m* (agr) / coulter (GB), colter (US) || ~ **circulaire ou à disque** (agr) / rolling o. disk colter || ~ de **devant** / front colter

coutume *f* / practice, praxis

couture *f* / sewing || ~ (typo) / stitching, sewing || ~ (m à coudre) / stitched seam || **sans** ~ (bas) / seamless, -free, no-seam: circular-knit || ~ d'**arrêt** (m à coudre) / reinforcing rows *pl*, shaped tack || ~ **collée** / pasted seam || ~ **double** / double stitch[ing] || ~ sur **ficelles** (typo) / kettle stitch || ~ d'un **filet de pêche** / seaming, lacing || ~ **haute fréquence** (plast) / stitch welding || ~ en **lisière** / stitching at the selvedge || ~ en **long** / longitudinal seam || ~ de **moulage** (fonderie) / bur[r] || ~ **overlock** (tex) / overlock seam || ~ **perlée** / bead suture || ~ **piquée** / quilting o. closing seam || ~ à **points de chaînette** (m.à coudre) / chain stitch seam || ~ **rabattue** (m.à coudre) / lap seam || ~ de **remmaillage** / linking o. coarse seam || ~ **renforcée** (bas) / reinforced selvedge || ~ **trépointe** (cordonn) / welted o. cleat work || ~ de **tuyau** / tube seam || ~ entre les **virures de bordage** (nav) / plank seam

couver / smo[u]lder

couvercle *m* / covering cap || ~ (bière) / yeast head || ~ (électr) / switch cover || ~ de **barrillet** (horloge) / mainspring cover || ~ du **battant** (tiss) / slay cap, sley

o. lay o. batten cap || ~ de **batterie** (accu) / battery block cover || ~ de **boîte de conserves** / packer's end of tins || ~ de **boîte à gants** / clove compartment cover || ~ de **bouche d'incendie** / valve box, surface box || ~ de **carter de boîte de vitesses** (auto) / gearbox case cap || ~ du **carter de distribution** / valve gear cover, timing case cover || ~ du **carter du pont arrière** / rear-axle casing cover || ~ en **carton** / cardboard cap o. lid || ~ de **chambre de soupape** (mot) / valve chamber cover || ~ **chapeau** (auto) / crankcase upper half || ~ du **chapeau de palier** (techn) / crown of a bearing || ~ à **charnière** / hinged cover o. lid || ~ à **charnière du réservoir** (auto) / hinged dome cover || ~ **cloche** / hooded lid, slip lid || ~ à **coulisse** / slide plate o. cover || ~ de **creuset** (sidér) / tile of a crucible || ~ du **crochet** (m.à coudre) / hook plate || ~ de la **cuve** (chimie) / cell cover || ~ de **cylindre** / cylinder cover o. top o. lid || ~ de **déchirage** (boîte conserves) / easy-open tinplate end, pull-tab lid || ~ à **déclic** / captive cover || ~ de **diaphragme** (téléphone) / diaphragm cap || ~ de **drain** (routes) / gully o. drain cover || ~ d'**élément de batterie** (accu) / cell cover || ~ **encliqueté** / snap cover || ~ à **encliqueter** / snap-on cap || ~ à **enfoncer** / snap cover || ~ à **enfoncer** (boîte à conserves) / lever lid, plug lid, press-in lid, friction top || ~ en **fer-blanc à ouverture facile** (boîte conserves) / easy-open tinplate end, pull-tab lid || ~ de **fermeture** (gén) / [screw] cap, [sealing] cover || ~ **fileté** / screw cap o. cover || ~ à **friction** (boîte à conserves) / lever lid, plug lid, press-in lid, friction top || ~ d'**habitacle** (compas) / compass helmet || ~ de **houssette** (serr) / spring-loaded latch || ~ à **manchon** (tuyau) / socket cover || ~ de **membrane** / diaphragm cap || ~ d'**obturation** (gén) / [screw] cap, [sealing] cover || ~ du **piston** / piston cover o. head, top plate of the piston || ~ **pivotant** (four) / swing roof || ~ de **pompe à eau** / water pump cover || ~ **protecteur ou de protection** / covering o. protecting cap || ~ du **puits** (mines) / trap door of the mouth of a pit || ~ **rabattant** / hinged cover o. lid, lift-up lid || ~ **rabattant à ressort** / spring-return cover || ~ **rapporté** / inserted cover || ~ de **recouvrement** / cover plate o. strip, sealing cover || ~ de **regard** (bâtim, routes) / manhole cover || ~ **rentrant** (boîte à conserves) / lever lid, plug lid, press-in lid, friction top || ~ à **ressort** / spring cover || ~ de **soupape** / valve bonnet || ~ **supérieur des soupapes** / cylinder head cover || ~ de **tige de poussoir de soupape** (auto) / push rod cover || ~ de **transistor** / transistor cover || ~ du **trou de regard** (auto) / inspection hole cover || ~ à **vis** / screw cap o. cover || ~ **vitré** / glass lid o. cover o. top

couvert [de] *adj* / covered [with] || ~ (météorol) / overcast, cloudy || ~ (men) / secret || ~, abrité / covert, sheltered || ~ (bâtim) / roofed || ~ *m* / flatware, fork and spoon || ~ (ch.de fer) / goods van o. wagon (GB), freight car (US) || ~ par **brouillage** (télécom) / clouded || ~ par une **couche fusée** / surfused || ~ de **gazon** / grass-covered, -grown, grassy || ~ de **givre** (météorol) / rimy, frosty || ~ de **poussière** / dusty

couverte *f* (porcelaine) / glaze, glazing || ~ (pap) / deckle frame || ~ sur une **masselotte** / liquefier, antipiping compound || ~ sur du **métal liquide** / covering flux

couverture *f* / cover, covering || ~, couche *f* de revêtement / cover, protective layer || ~ (radio) / coverage, service area || ~ (sidér) / covering blanket || ~ (bâtim) / roof[ing], covering || ~ (pap) / liner || ~ (carton) / liner || ~, enveloppe *f* / covering, case || ~ (radar) / vertical o. horizontal coverage || ~ (tiss) / blanket[ing], blanket cloth || ~ (typo) / book cover || ~ (ch.de fer) / protection of train running || ~, couche *f* fertile (nucl) / blanket || ~ **angulaire** (radar) / angular coverage || ~ du **barrage fixe** (four de verre) / bridge cover || ~ en **bois** / wooden cover o. roofing || ~ en **caoutchouc** / rubber coating o. film || ~ de **chocolat** / chocolate covering || ~ de **coton** / cotton blanket || ~ en **cuivre** (bâtim) / copper covering || ~ à **dalles** / paving with flags o. slabstones o. tiles, pavement of paving tiles, flagging, slabstone paving, slabbing || ~ **électrique** / heating blanket || ~ du **faîte** (bâtim) / ridge capping o. covering || ~ **flottante** (réservoir de pétrole) / floating cover || ~ de **gare** / structures *pl* above station compounds || ~ **kraft** (pap) / kraft liner || ~ de **laine** / rug, woollen blanket || ~ de **lit** / blanket || ~ d'un **livre** / binding, book cover, bock case || ~ en **madriers** / plank bottom o. covering || ~ **nuageuse** (météorol) / cloud amount || ~ **ordinaire** (pap) / common liner || ~ en **plomb** / plumb roofing, lead covering || ~ de **protection** / book jacket || ~ par **radar** / radar range || ~ de **sol** / floor covering || ~ **spéciale** (pap) / test liner || ~ des **trains** (ch.de fer) / protection of train running || ~ en **tuile** / tile roof || ~ en **tuiles [en] S** / pantiled roof, pantiling || ~ en **verre** / glass roof, glazed roof || ~ en **zinc** (bâtim) / zinc covering

couveuse *f* / breeding o. hatching apparatus, incubator

couvrage *m* de l'**encre** (typo) / ink coverage o. mileage

couvrant / covering || **à peine ~ le coût** / marginal

couvre·-bornes *m* / terminal box cover plate, terminal cover || **~-câble** *m* / cable cover || **~-engrenage** *m* (techn) / wheel case o. guard || **~-engrenage** *m*, couvercle du carter des engrenages / gear case || **~-enroulement** *m* (électr) / end bell || **~-étoupe** *m* / packing box o. stuffing box lid o. gland || **~-joint** *m* (constr.en acier) / butt plate || **~-joint** *m* (bâtim) / welt || **~-joint** *m* (men) / capping || **~-joint** *m*, tuile arêtière / hip o. ridge tile || **~-joint** *m*, gousset *m* (constr.en acier) / junction plate, stay o. gusset plate || **~-joint** *m* d'**âme double** (constr.en acier) / double strap web joint || **~-joint** *m* d'**angle du cadre** (constr.en acier) / corner piece o. plate of a frame, gusset [plate] of a frame || **~-joint** *m* **cintré** (constr.en acier) / angle butt strap || **~-joint** *m* **tubulaire** / tube jointing sleeve || **~-moyeu** *m* (auto) / wheel boss cap, axle cap, hub cap || **~-nuque** *m* / neck flap o. guard || **~-objet** *m* (microscope) / cover slip o. slide || **~-objet** *m* (soudage) / cover glass || **~-poulie** *m* (techn) / pulley guard || **~-poulie** *m* (électr) / protection cap, fender || **~-radiateur** *m* (auto) / radiator cover || **~-rayons** *m* (auto) / spoke disk || **~-roue** *m* (techn) / wheel case o. guard

couvreur *m* / roofer, tiler || ~ en **ardoise** / slater

couvrir / cover || ~ [de] / cover [with], pour over [with] || ~ (mines) / cover [with rubbish etc.] || ~ (odeur, bruit) / mask, swamp, blanket || ~ [de], coller [sur] / glue o. paste over [with] || ~, envelopper / muffle || ~, revêtir [de] / plate, line || ~, protéger / protect [from], cover || ~, garnir / coat || ~ (b.magnét) / register sound-on-sound || **se ~** [de] / become encrusted o. covered [with], become coated [with] || **se ~ [d'une couche] de buée** (vitre) / steam, fog, grow damp || ~ **l'acier d'une couche d'aluminium** / alucoat || ~ d'**ardoises** (bâtim) / slate || ~ de **bardeaux** (bâtim) / shingle, clap-board (US) || ~ de **bâtiments** (bâtim) / cover with buildings || ~ les **besoins** / furnish o. meet the demand || ~ de

charrée (mines) / cover with deads || ~ d'une **couche [mince]** / coat || ~ d'une **couche mince par électrolyse** / electroplate || ~ une **distance** / travel, cover a distance || ~ par **extrusion** / extrusion-coat || ~ de **fil** / cover with web || ~ de **fondant** (soudage) / flux || ~ de **givre** / cover with hair frost, frost || ~ de **gravier** / gravel || ~ de **neige** (routes) / cover with snow || ~ de **paillis** (agr) / mulch || ~ de **poussière** / cover with dust || ~ de **roseau** (bâtim) / cover with reed o. cane || ~ un **son** / drown out || ~ de **stuc** / coat with stucco, stucco || ~ **subséquemment** (teint) / fill up || ~ un **toit** / roof || ~ un **toit de tuiles** / tile a roof || ~ le **train** (ch.de fer) / protect the train || ~ d'un **treillis** / cover with a trellice o. grid || ~ de **vernis** / varnish *vt* || ~ d'une **voûte** (bâtim) / over-arch, vault
covalence *f* (chimie) / covalent o. dative bond
covalent (chimie) / homopolar
covar *m* / covar (Co-Va-Rh-alloy)
covariabilité *f* / covariability
covariance *f* (math) / covariance
covariant (math) / covariant
covelline *f*, covellite *f* (min) / covellite
covibration *f* **harmonique** / sympathetic resonance
covolume *m* (chimie) / co-volume
cowper *m* / hot blast stove, Cowper stove
coyau *m*, coyer *m* (bâtim) / eaves lath, chantlate, furring, firring || ~ **retroussé** / valley rafter
cozymase *f* (vieux), *f/f* / cozymase, diphosphopyridine nucleotide, DPN, coenzyme I
C.P. 500 (ciment) / cement 50
C.P.V. dur *m* / PVC rigid || ~ **mou** / PVC non-rigid
C.R. = commission des rapporteurs
CR = chloroprène
Crabe, Le ~ (astr) / Crab nebula
crabot *m* / positive clutch || ~ / claw of a claw coupling
crabotage *m* (techn) / claw coupling, positive o. denture o. jaw clutch
craboté (embrayage) / positive [locking], interlocking, form-fit
crachat *m* (verre) / feather, dirt
crachement *m* (microphone) / pop [noise] || **sans** ~ / sparkless || ~ aux **balais** / commutator sparking
cracher (électr) / flash, spark || ~ (chimie) / spit, spurt || ~ (soupape de sûreté) / blow off noisily (safety valve)
crachoir *m* / spittoon, cuspidor (US)
crachoter / sputter
crachouiller (mot) / splutter, spit
cracking *m* (déconseillé), craquage *m* (chimie) / cracking process
craie *f* / chalk || ~ de **Briançon** (min) / lardstone, lardite, steatite, talc || ~ **cathodique** / cathodic chalk from anticorrosion protection || ~ **grasse ou lithographique** / lithographic chalk || ~ **lévigée** / prepared chalk, Spanish white, whit[en]ing || ~ **siliceuse** / siliceous chalk || ~ **tailleur**, craie *f* de Meudon / tailor's chalk, French o. Spanish chalk
crain *m* (géol) / fault plane || ~ (couche de houille) (mines) / fault in coal seam
craint la **chaleur!** / keep in cool place! || ~ l'**humidité!** / keep dry!, keep in dry place!
cramer / smo[u]lder
cramoisi *m* / carmine, crimson
crampe *f* / clamp, cramp iron, staple || ~ (serr) / cramp
crampon *m* / ice spur, calk (US) || ~, clameau *m* / cramp iron || ~ (tuile de chenille) / grouser [bar], lug for tractor wheels || ~, crochet *m* mural / wall hook || ~ (bâtim) / cramp [iron], dog || ~, griffe *f* de serrage / clamping chuck || ~, cheville *f* forcée / press-fit dowel || ~, manche *f* / handle || ~ (ch.de fer) / [rail o. dog o. track] spike || ~ d'**angle** / corner clip || ~ **antidérapant** (auto) / spike (GB), (stud (US) || ~ **articulé** / toggle clamp || ~ pour **câbles** / cable hanger || ~ **élastique** (ch.de fer) / elastic [rail] spike, resilient nailspike || ~ en **fil de fer** / wire binder o. staple, binder || ~ **fileté** (ch.de fer) / clip bolt || ~ à **glace** / ice grouser || ~ de **tracteur** / dirt grouser || ~ à **vis** / screw spike o. stud (US) || ~ à **vis de serrage** (ch.de fer) / screw rail clip o. anchor
cramponné (pneu) / spiked, studded
cramponner / cramp, clamp || ~ (sabots) / stud, cleat || **se ~ [à]** / cling [to], hold on [to]
cran *m* / notch, (esp.:) index notch || ~ (typo) / kerf, nick, notch || **à ~ d'arrêt** (couteau) / having a catch || ~ d'**arrêt** / catch, holding o. stop notch || ~ du **combinateur** (électr) / notch of a controller, position of a controller || ~ de **freinage** (électr) / brake step o. notch || ~ de **graduation** / division mark, graduation mark || ~ de **marche** (ch.de fer) / regulating o. running step o. notch || ~ de **mire** (mil) / notch of a sight, backsight [notch] || ~ **premier ou deuxième de descente** / lowering notch o. point (US), first o. second etc. || ~ à **ressort** / spring pawl || ~ de **shuntage réduit** (électr) / step of field weakening, step of shunting || ~ de **sûreté** (mil) / slide o. sliding bolt, safety [bolt] || ~ de **sûreté ou d'arrêt** / safety catch || ~ en **V** / triangular o. V-notch
crantage *m* / catching, locking, latching || ~ **Hirth à dents de loup** / serration || ~ de **pince** / serration of gripping face
cranté (m.outils) / indexed || ~ (acier à béton) / corrugated
cranter / catch, latch, lock
crapaud *m* / clip, holdfast || ~ (ch.de fer) / adjusting o. sleeper clip || ~ **élastique** (ch.de fer) / spring steel sleeper clip
crapaudine *f* / footstep bearing, step bearing o. block || ~ (montre) / balance stud || ~ (filage) / step || ~ (bain) / waste hole || ~ **annulaire** / collar step bearing || ~ **femelle ou inférieure** / step bearing o. block, footstep bearing || ~ du **gond** (bâtim) / pan, socket || ~ de **pivot de bogie** (ch.de fer) / center bearing o. plate for the truck pin || ~ à **ressort** / spring type cup bearing || ~ **supérieure** / head o. top bearing || ~ en **verre** (filage) / glass foot step
craquage *m* (ELF) (chimie) / cracking || **de** ~ (chimie) / cracked || ~ **catalytique** (ELF) / cat-cracking, catalytic cracking o. raffination || ~ **catalytique fluide** (pétrole) / fluid cracking || ~ **catalytique à lit fluide** (chimie, pétrole) / fluid catalyst process || ~ **catalytique au lit mobile** (pétrole) / moving-bed catalytic cracking process || ~ de **cire** / wax cracking || ~ **Dubbs** / Dubbs cracking || ~ du **gaz** / gas cracking || ~ **hydrogénant Houdry** / Houdry hydrocracking || ~ à **lit mobile** (pétrole) / airlift thermofor catalytic cracking, TCC || ~ de **paraffines** / wax cracking || ~ par **radiation thermique** (pétrole) / radiation thermal cracking || ~ **thermique** (pétrole) / thermal cracking || ~ à la **vapeur** (chimie) / steam cracking
craquantage *m* (tex) / scroop finish
craque *f* (géol, mines) / cleavage, fissure, crevice
craqué / cracked, flawy, chinky, cleft || ~ (chimie) / cracked
craquelage *m* / grating, squeak, creak || ~ des **moules** (fonderie) / heat checking
craquelé (céram) / crackled || ~ (céram) / crazing
craqueler (céram) / crackle, crack, craze
craquellement *m* (uranium) / [surface] wrinkling

craquelure *f*(plast) / crack, crazing || ~ par **choc thermique** (fonderie) / heat checking || ~ par la **lumière solaire** (bois) / sun crack o. check || ~ due à l'**ozone** / ozone cracking || ~ **saisonnière** / ageing crack
craquement *m* / crack, creak || ~ (télécom) / crack || ~ (soie) / scroop || ~ des **engrenages** (auto) / grating, creak || ~ de la **neige** / crunching of snow
craquer / click || ~ (chimie) / crack || **faire** ~ / crack
craqueter (électron) / sizzle, crack
craqueur *m* (ELF) / cracking plant || ~ **catalytique** (ELF) / catalytic cracker
craquillement *m* (uranium) / [surface] wrinkling
crash *m* (aéro) / belly-landing, crash landing
crasse *f* / slush, dirt, filth, grime || ~ (fonderie) / sullage, scum || ~**s** *f pl* (métal) / dross, slag || ~**s** *f pl* d'**étain** / tin refuse o. sweepings *pl* || ~ *f* de **galvaniseur** / galvanizer's dross || ~ d'**huile** / pasty sediment of oil, oil mud o. deposit o. sludge || ~ de **plomb** / lead slag, dross of lead || ~**s** *f pl* de **zinc** / zinc ash o. dross
crasser, [se] ~ / sinter, bake
crasseux / dirty, filthy, grimy || ~ (fer) / drossy, slaggy, wet
crassier *m* (sidér) / slag pile o. tip || ~ (mines) / mine dump
cratère *m* (géol, soudage) / crater || ~ (m.outils) / crater || ~ (émail, défaut) / dimple || ~ (fourneau de verrier) / neck || ~ (mil) / mine crater || ~, creux *m* (plast) / crater, pit || ~ de l'**arc** / arc crater || ~ d'**impact** (géol) / astrobleme, impact crater || ~ **liquide** (coulée cont.) / crater, liquid phase || ~ **météorique** / meteor crater
cratérisation *f*(tourn) / formation of craters
crayeux / chalky, cretaceous
crayon *m* / pencil || ~ [à l']**aniline** / copying-ink pencil || ~ à **bille** / ball point pen || ~ **blanc** / white pencil || ~ *f* de **charbon** (lampe à arc) / carbon electrode || ~ *m* de **charpentier** / carpenter's pencil || ~ **combustible** (nucl) / fuel rod || ~ **conducteur** (c.perf.) / conductive pencil, electrographic pen || ~ de **couleur** / coloured crayon o. pencil, pastel [crayon] || ~ à **dessin[er]** / drawing pencil || ~**-encre** *m* / copying-ink pencil || ~**-feutre** *m* / felt-tip[ed] pencil, marker || ~ **graphité** (c.perf.) / conductive pencil, electrographic pen || ~ [de **mine de plombagine]** / lead pencil || ~ **noir** / black lead pencil || ~ **pastel** / pastel [crayon] || ~ **rouge**, pierre *f* sanguine / ochreous red clay iron-ore || ~ **rouge** / red pencil || ~ **rouge de suif** / red crayon || ~ de **suif** / tallow pencil, chinagraph pencil || ~ **thermocolor** / thermocolor pencil, temperature indicating crayon
crayonnage *m* / pencil drawing
créateur / creative
créatine *f*(chimie) / creatine
créatinine *f*(chimie) / creatinine
création *f*(gén, phys, ord, repro) / generation || ~, conception *f* / creation || ~, design *m* / design || ~ de **défaut** (nucl) / disordering || ~ des **dessins par la chaîne** (tex) / pattern produced by the warp || ~ de **données** / data origination || ~ de **paires** (nucl) / pair emission o. generation o. production || ~ d'un **train** / introduction of a train
crécelle *f* / rattle
crèche *f* d'**atterrissement** / alluvion groin
crédit *m* **bail** (ELF) / leasing || ~ **plutonium** (nucl) / plutonium credit
creep *m* à **froid** (caoutchouc) / cold creep o. flow
créer / generate || ~ (ord) / generate || ~, imaginer / contrive || ~ un **canal** / canal, build a canal || ~ des **dessins au métier** / loom-figure || ~ un **train** (ch.de fer) / introduce a train
créma *f*(sidér) / scale loss
crémage *m* (émulsion) / creaming
crémaillère *f*(techn) / rack || ~ (escalier) / notch-board || ~ (céram) / serrated saddle || ~ (ch.de fer) / rack rail || ~ **articulée** (ch.de fer) / articulated rack || ~**-étalon** *f* / master rack gear tester || ~ **génératrice** / counterpart rack || ~ à **grande étendue latérale** / tooth rack || ~ à **mèches** (lampe) / wick rack || ~ de **référence** / basic rack || ~ de **Riggenbach** (ch.de fer) / ladder rack || ~ de **Strub** (ch.de fer) / strub rack || ~ du **type Locher** (ch.de fer) / locker rack
crémateur *m* / crematory [furnace]
crémation *f* des **cadavres animaux** / carcass cremation
crématoire *m* / crematory [furnace]
crème *f* / cream || ~ à **braser** / paste solder, solder paste || ~ à **chaussures** / shoe polish || ~ de **tartre** / cream of tartar
crémer (lait) / cream
crémomètre *m* / creamometer
crémone *f* / bascule[-bolt] (US), espagnolette [bolt] (GB)
créné *m* (typo) / kerf, nick, notch
créneau *m* / nick, notch || ~ (bâtim) / pinnacle, battlement || ~ (électron) / strobe [pulse] || ~ (radio) / [on] air time || ~ de **lancement** (ELF) (espace) / launch window, firing window || ~ sur le **marché** / gap on the market || ~ de **voie** (ch.de fer) / distance between [adjacent] sleepers
crénelé (lam) / ribbed
créneler / nog, notch, indent || ~ (bâtim) / crenelate || ~ (monnaie) / knurl
crénelure *f*(TV, radar) / mouse's teeth, jitter, serration
créner (typo) / kern
créosotage *m* du **bois** / creosoting of wood
créosote *f* / creosote
créosoter / creosote *vt*
crêpage *m* (pap) / creping || ~ (filage) / crepe twisting
crêpe *m* (caoutchouc) / crêpe rubber || ~**-chiffon** *m* (tex) / chiffon || ~ de **Chine** / crêpe-de-Chine || ~ **cloqué** (tex) / cloqué || ~**-écorce** *m* (tiss) / tree bark crêpe || ~ **gaufré** (tex) / embossed crêpe || ~ **georgette** / crêpe Georgette, georgette || ~ **isolant** / insulating crêpe || ~ **marocain** (tiss) / marocain || ~ **mousse** (tiss) / moss[y] crepe, sand crepe || ~ **nitrifié** (pap) / nitrated crêpe || ~ **ondulé** (tex) / crimp cloth || ~ *f* de **soie** / ciselé velvet || ~ *m* **zéphyr** / light crêpe
crêpé / crepey, crepy || ~ (pap) / creped || ~ à l'**état humide** (pap) / full- o. water-creped
crêpeline *f*(tex) / crepeline
crêper (tiss) / crepe, crinkle, crimp
crépi *m* (bâtim) / roughcast [plastering], rough plaster, first coating, pargeting || **sous** ~ (install) / flush mounted, buried, concealed || **sur** ~ (électr) / exposed, on the surface || ~ à **deux couches** (bâtim) / two-coat work || ~ **et enduit** / fair-faced plaster, floated coat || ~ de **plâtre** / rendering with plaster || ~ **rustique** / rusticated plaster
crépine *f*(tex) / fringe || ~ / pump kettle o. sieve o. strainer || ~ d'**aspiration** (pompe) / strainer, suction basket || ~ d'**incendie** / fire extinguishing rose, sprinkler || ~ pour **naissance de gouttière** (bâtim) / wire gutter top
crépir (tiss) / curl || ~ (bâtim) / plaster, render with plaster || ~ **et enduire** (bâtim) / render, float and set, R.F.S.
crépissage *m*, crépissement *m* (bâtim) / first coating of two coat work, rendering || ~ au **gypse** / lime plastering
crépissure *f*(bâtim) / cast, plaster || ~ **unie** (bâtim) /

lime cast, smooth pargeting
crépitation *f* (chimie) / crackle, crackling
crépitement *m* / decrepitation, crackling || ~ (télécom) / cracking, click
crépiter / crackle *vi* || ~ (chimie) / spit, spurt || ~ (télécom) / crack *vi*, click *vi* || **faire** ~ [sur] / sputter [on]
crépon *m* (tiss) / crepon
crépu (tex) / nappy, napped
crépusculaire / crepuscular
crépuscule *m* **nautique** / nautical twilight
crescendo / ascending
créseau *m* (tiss) / kersey, Scotch twilled woollen stuff
crésol *m* / cresol, cresylol, cresylic acid || **~-formaldéhyde** *m* / cresol-formaldehyde
crésyle *m* / cresyl, tolyl
crétacé / chalky, cretaceous || ~ (géol) / cretaceous || ≗ (géol) / cretaceous system, Cretaceous || ≗ **inférieur** / lower cretaceous [stage]
crête *f* (bâtim) / ridge of the roof, crest || ~ (géol) / crest of a mountain, ridge || ~ (hydr) / top o. summit of a dike, crown of a dam || ~ (TV) / maximum, peak || ~ d'**affaiblissement** (télécom) / attenuation peak || ~ de **blanc** (TV) / white peak || ~ à **crête** (électron) / point-to-point, peak-to-peak || ~ du **déversoir** / weir crest || ~ d'une **impulsion** (électron) / impulse peak || ~ **journalière** / maximum daily peak || ~ de **mur** / crest o. crowning o. top of a wall, cap[p]ing, coping || ~ de **parasites** (électron) / interference peak || ~ de **partage** (hydr, ch.de fer) / water shed o. parting, drainage divide (US) || ~ du **remblai** (ch.de fer) / top, crest || ~ du **taillant** (outil) / land, heel || ~ de **tension** / spike, glitch (coll) || ~ de **vague** / crest of a wave || ~ de la **vis** (plast) / land of the screw || ~ à **zéro** (électron) / p-z, peak to zero
crêter (impulsions) / peak
cretonne *f* (tiss) / cretonne
creusage *m* (gén) / digging || ~ d'un **puits** / sinking of a pit || ~ des **rigoles** / trenching || ~ au **tour** / inside turning
creusement *m* / cavity, hollow, deepening || ~, excavation *f* / digging || ~ (mines) / advance o. development heading, (Strecke:) driving || ~ d'un **canal** / excavation of a canal || ~ de **galerie** (mines) / drifting || ~ en **montant** (mines) / upbrow, upset, cutting upwards || ~ en **montant d'un bure** (mines) / overbreak, upraise || ~ en **section complète** (mines) / full section driving || ~ **sous-stot** (mines) / undercut || ~ en **tranchée** (bâtim) / cut-and-cover || ~ de **tranchées** / trench work
creuser / excavate, hollow out, dig || ~, foncer (mines) / sink || ~ (routes) / rut || ~, aléser / bore *vt* || ~ (fossés) / dig, trench || ~ (se) / deepen *vi* || ~ avec le **ciseau** / work out with the chisel || ~ en **descendant** (mines) / work to the dip || ~ par **dessous** (bâtim) / undermine || ~ en ou par **dessous** (mines) / undermine, undercut || ~ par **explosifs** (mines) / clear by blasting || ~ au **fermoir** / chisel out || ~ [la **fouille]** / excavate || ~ en **fouille** / deep-dredge || ~ en **limant** / deepen by filing || ~ les **marches** / wear down steps || ~ en **montant** (mines) / raise, overstope, head to the rise || ~ un **puits** / sink a shaft o. fountain || ~ en **redans** (bâtim) / dig in steps || ~ le **sol** / mine the ground, scoop out || ~ au **tour** (m.outils) / hollow out by turning, turn-out o. hollow, bore || ~ des **tranchées** / dig o. trench ditches || ~ un **trou** (bâtim) / dig a hole || ~ un **tunnel** / drive a tunnel
creuset *m* (chimie, sidér) / crucible, pot || ~ (haut fourneau) / hearth of the blast furnace || ~ (verre) / glass [melting] pot || ~ (du four à cuve) (fonderie) / cupola well || ~ d'**argent** / silver crucible || ~ **basculant** (sidér) / tilting hearth || ~ de **cémentation** (sidér) / cementing box o. chest o. trough, hardening case || ~ en **chamotte** / fireclay crucible || ~ en **charbon** / coal o. graphite crucible o. melting pot || ~ **damé** / rammed bottom o. hearth || ~ de **derrière** / inner crucible, back o. hind part || ~ **électrique** / electric furnace || ~ d'**étamage au trempé** / hot tinning hearth || ~ d'**évaporation** / evaporation boat || ~ **filtrant à verre fritté** (chimie) / sintered glass crucible || ~ de **four** / furnace body o. hearth || ~ du **four à induction** / crucible of the induction furnace || ~ **Gooch** (chimie) / Gooch crucible || ~ en **graphite** / graphite o. coal crucible o. melting pot || ~ **graphite-argile** (sidér) / clay-graphite crucible || ~ à **imbibition** / crucible for imbibition || ~ **intérieur** / inner crucible, back o. hind part || ~ en **platine** / platinum crucible || ~ à **plomb** / lead melting kettle || ~ de **poche** (fonderie) / bowl of a ladle || ~ en **porcelaine** (chimie) / porcelain crucible || ~ **réfractaire** / fireclay crucible || ~ de **Rose** (chimie) / Rose crucible || ~ de **sels** / salt bath pot
creuseur *m* des **tranchées** (agr) / dyker || ~ de **tranchées à godets** / ladder ditcher
creusure *f* / hollow || ~ pour l'**huile** (horloge) / oil sink
creux *adj* / hollow || ~ (joint) / keyed || ~ (outil) / shell-type || ~ (fonderie) / cored || ~ (temps) / slack || ~ (tiss) / flimsy || ~ *m* / hollow space, hollow || ~ (techn) / recess || ~, vide *m* / break, gap || ~, entredent *m* (techn) / tooth space, gash (US) || ~, trou *m* / [drilled] hole || ~ (soudage) / crater || ~, enfoncement *m* (mines) / subsidence, caving-in || ~, espace *m* creux (mines) / cavity || ~ (tunnel) / excavation || ~ (hydr) / gully, pool, pond, erosion behind a broken dam || ~ (plast, moule) / cavity, recess || ~ (plast, défaut) / crater, pit || ~ (nav) / depth || **en** ~ (gravure) / sunk, recessed || ~ d'**attaque** (nucl) / etching pit || ~ d'**aube** / concave side of a blade || ~ du **bandage** (ch.de fer) / hollow tread in the tire || ~ **barométrique** (météorol) / trough || ~ [en **béton]** / hollow concrete block || ~ de la **courbe** (math) / trough, minimum, valley || ~ de la **courbe de charge** (électr) / off-peak load, (esp.:) seasonal minimum || ~ de la **dent** / dedendum || ~ **dépressionnaire** (météorol) / trough || ~ **enroulé** / strip-wound pressure vessel || ~ d'**escalier en colimaçon** (bâtim) / well hole || ~ de **fonctionnement** (vis sans fin) / working dedendum || ~ **formé par retrait** (fonderie) / shrink hole, contraction o. shrinkage cavity o. cavitation || ~ de **graissage** / bore relief, lubrication bore relief || ~ d'**impulsion** / pulse valley || ~ de **Langmuir** (phys, chimie) / Langmuir [-film] trough || ~ **longitudinal** (conteneur) / longitudinal recess for handling || ~ du **moule** / mould cavity || ~ de l'**onde** (électron) / hollow of a wave, wave trough || ~ sur **quille** (nav) / moulded depth || ~ de **référence** (roue dentée) / dedendum || ~ de **référence** (vis sans fin) / reference dedendum || ~ de **terrain** (géogr) / bottom land, lowland, flat || ~ d'**usure** (électr) / wearing depth || ~ de la **vague** (hydr) / trough of the sea
crevaison *f* de **pneu** / puncture, blow-out
crevasse *f* / cleft, breach, fissure, fracture, tear[ing], rent, chap, chink || ~ (géol) / crevasse, crevice || ~ (mines) / crevasse || ~, affaissement *m* de surface (mines) / cave to the surface || ~ **annulaire** (bois) / annular cleft o. shake || ~ de **cœur** (bois) / heart shake || ~ **intérieure causée par le forgeage** / forging burst || ~ **métallifère** (mines) / feeder || ~ de **rupture** (mines) / break, crack, fissure || ~ de **traitement thermique** / heat treatment crack || ~ **transversale** / transverse o. transversal crack[ing] || ~ due au **vent** (bois) / wind shock

crevassé (géol) / fissured, cleft || ~ (porcelaine) / chapped, chinky || ~ (gén) / cracked, cleft, split || ~ (bois) / split || ~ **circulairement** (bois) / with internal annular shakes, with circular splits inside
crevassement *m* / burst[ing], disruption
crevasser, [se] ~ / crack
crevé *adj* / cracked, flawy, chinky, cleft || ~ *m* (découp) / lancing || **le pneu a** ~ / have a blow-out, have a puncture
crevée *f* (découp) / plunged boss
crever *vt* / recess *vt* || ~, frapper des empreintes / emboss || ~ (découp) / lance *vt* || ~ *vi* / burst *vi* || ~ (pneu) / burst *vi*, blow off, puncture *vi*
cri *m* de **l'étain** / tin cry o. crackling || ~ de la **soie** / scroop
criard (couleur) / loud
criblage *m* (gén) / screening || ~ (mines) / screening, separation || **[atelier de]** ~ **de coke** / coke screening o. sifting o. riddling plant || ~ à l'**air** (pann.part.) / wind screening || ~ de **coke** / coke screening o. sifting o. riddling plant || ~ à la **cuve** (mines) / jigging || ~ de la **houille** / screening of coals || ~ **hydraulique** / hydrosizing || ~ **pneumatique** / pneumatic o. air sizing
crible *m* / riddle, sieve || ~ (mines) / screen || ~ pour l'**alliage des métaux** (sidér) / mingling riddle || ~ **avant-classeur** / fore-screen, primary classifying screen || ~ à **balourd réglable** / vibrating screen with adjustable counterweight || ~ à **barreaux** / bar screen o. sieve || ~ à **barreaux** (prépar) / grizzly || ~ à **bascule** (mines) / swing sieve || ~ à **béquille** / riddle || ~ au **blé ou pour le blé** / corn sieve o. screen o. sifter || ~ **classeur conique** / cone classifier || ~ **classeur à rouleaux** / roller classifying screen || ~ **classeur à secousses** / classifying [jigging] screen, sizing jig[ging screen] || ~ à **commande par deux manivelles** / double crank screen || ~ de **contrôle des déclassés trop petits** / undersize control screen || ~ **déschlammeur** (mines, prépar) / depulping o. desliming screen || ~ à **deux étages** (chimie) / double deck screen || ~ d'**égouttage** (mines) / dewatering screen || ~ d'**égouttage du milieu dense** (prép) / medium draining screen, depulping screen || ~ à **étages multiples** (mines) / multideck screen || ~ à **farine** / flour sifter || ~ en **fil métallique** / wire sieve o. screen, wire-cloth screen || ~ **fin** / fine sieve o. screen || ~ à **grillage métallique** (mines, prépar) / wire riddle || ~ à **grosses mailles** / coarse screen || ~ à **grosses mailles** (mines) / screen, riddle, cribble || ~ de **lavage** (mines) / jigger, jig screen [plate] || ~ à **manivelle** / crank sieve || ~ à **manivelle** (houille) / swing sieve || ~ à **manivelle** (minerai) / shaking o. oscillating screen for ore || ~ à **mouvement giratoire** (prépar) / gyratory screen o. sifter || ~ **oscillant** / shaking o. reciprocating screen o. table || ~ **oscillant circulaire** / circular vibratory screen || ~ **[oscillant] à résonance** / oscillating resonance screen || ~ à **oscillation libre** / vibrating screen || ~ **plan à secousses** (mines) / shaking o. reciprocating screen o. sieve o. table, riddle, griddle || ~ à **plusieurs étages** / multiple-deck screen || ~ **préclasseur ou préparatoire** / fore-screen, primary classifying screen || ~ de **protection** / oversize control screen, guard o. check screen || ~ de **reclassement** (houille) / nut sizing screen || ~ de **récupération** (prép) / medium recovery screen || ~ de **rinçage** / spraying screen || ~ **rond** / circular screen, grading o. classifying screen || ~ **rotatif** / rotary screen || ~ **rotatif à action centrifuge** (pap) / rotating centrifugal screen || ~ **rotatif à trier** / rotary screen || ~ **scalpeur** / scalping screen, scalper || ~ à **schlamms** / slurry screen || ~ **secoueur ou à secousses** (mines) / jigging screen || ~ à un **seul étage** / single-deck screen || ~ à **tambour** / sieve o. screening drum, trommel o. revolving screen || ~ **[à terreau]** / earth riddle || ~ à **toile chauffée** / electrically heated screen || ~ à **tôle en gradins** / step screen || ~ à **tout-venant** / raw coal screen || ~ de **triage** / assorting sieve || ~ **trieur** / sectional jigging machine || ~ à **trous ronds** / round-hole screen || ~ **vibr[at]eur ou à vibration ou à châssis vibrant** / vibrating screen, vibration sifter || ~ à **vibration circulaire** / circular vibratory screen || ~ à **vibration elliptique** / elliptical vibratory screen
criblés 80 *m pl* / lump coal (over 80 mm)
cribler / screen || ~ (mines) / riddle, screen, sieve, sift
cribleur *m* / laboratory sifter || ~ (agr) / grain cleaning o. dressing machine, smut mill o. machine, fanner || ~ (prépar) / trommel [screen], rotary o. revolving screen || ~ de **particules** / sifter for particle board production
cribleuse *f* à **ballast** (ch.de fer) / ballast cleaning o. screening machine
criblure *f* / siftings *pl* || ~**s** *f pl* (ch.de fer) / screenings [of ballast] *pl* || ~ *f* (mines) / breeze from screening || ~, Clasterosporium carpophilum (agr) / shot hole disease
cric *m* / jack || ~ à **broche double** (auto) / two spindle jack || ~ à **crémaillère** / rack[-and-pinion]-jack, tooth and pinion jack || ~ à **crochet** / foot winch || ~ à **deux pattes** / handjack with a double claw || ~ à **emboîtement** (auto) / body lifting jack || ~ **hydraulique** (auto) / hydraulic jack || ~ à **levier** / lever jack || ~ à **main** / hand screw || ~ de **montage** / windlass || ~ à **noix** / chain jack || ~ à **parallélogramme articulé** (auto) / scissor type jack || ~ de **précontrainte** (béton) / prestressing jack || ~ **rouleur** / movable car lifter, trolley jack, garage jack (US) || ~ **simple** / hand-jack || ~ **télescopique** / telescopic jack || ~ à **vis** / lifting screw o. jack, screw jack (US) || ~ à **vis** (rivure) / screw dolly || ~ de la **voie** (ch.de fer) / rail lifting jack, track jack
crier / shriek, screech, scream, squeak, squeal
Crighton *f*, ouvreuse *f* verticale (filage) / Crighton, vertical opener
crin *m* / coarse hair || ~, crin *m* de cheval (filage) / horsehair || ~ **artificiel** / artificial [horse]hair || ~ de **brosserie** / bristle || ~ **caoutchouté** / rubberized hair || ~ **crêpé**, crin *m* frisé / curled hair || ~ de **laine** / wool hair || ~ **plat** / smooth horsehair || ~ de **rembourrure** / quilt hair || ~ **tampico** / Istle o. Tampico hemp o. fiber || ~ **végétal**, fibre *f* de la tillandsia usnéoïde / vegetable hair || ~ **végétal**, Zostera marina / sea weed
crinoline *f* / caisson brick lining || ~, arceau *m* de sécurité / safety bow of the fire ladder, safety loop
criquage *m* (sidér) / cracking, splitting
crique *f* (fonderie) / hot tear, hot crack || ~ (emboutissage) / deep drawing crack || ~ d'**allongement** / expansion crack || ~ d'**arête ou de bord** (lam) / edge break, corner crack || ~ due à des **bandes de ségrégation** (sidér) / ghost line || ~ **capillaire** / hairline crack || ~ à **chaud** / thermal o. heat crack || ~ à **chaud** (sidér) / chill crack, fore check o. crack, clink || ~ de **clivage** (métal) / fibrous o. flaky fracture, fishscale o. slaty fracture || ~ de **contraction** / crack due to shrinkage || ~ d'**étonnage** / grinding crack o. check || ~ de **forgeage** / forging crack o. burst || ~ **initiale** / incipient crack || ~ **longitudinale** / longitudinal crack of the material || ~ **longitudinale d'arête**

(lam) / longitudinal corner crack || ~ de **rectification** / grinding crack o. check || ~ de **retrait ou de retassure** (techn) / shrinkage crack || ~ de **soudage** / welding crack o. fissure || ~ de **stratification** (mét.poudre) / slip crack || ~ **superficielle de fatigue** / fatigue crack || ~ par **suspension** (défaut de lingot) / hanger crack || ~ de **tension** (gén) / stress o. tension crack || ~ **transversale d'arête** (lam) / transverse corner crack || ~ **transversale de face** / transverse facial crack || ~ en **travers** / transverse o. transversal crack[ing], cross-crack || ~ de **vieillissement** / ag[e]ing crack

criqué (sidér) / cracky, seamy

crise *f* de l'**énergie** / energy crisis

crispage *m* (pap) / cockle

crispation *f* en **arrière** / curling

crisper *vt* / contract *vt*, clench *vt* || ~ (se) (pap) / curl *vi*, cockle *vi*

crissement *m* (scie, lime) / noise of sawing o. filing || ~ des **freins** / squeaking of brakes || ~ des **pneus** / squeal of tires

cristal *m* / crystal || ~ (verre) / lead glass, potassium lead crystal o. glass || ~ (électron) / crystal, quartz || ~ (ultrason) / crystal || ~ (pap) / glassine || ~ voir aussi cristaux || **à** ~ (haut-parleur, microphone) / crystal..., piezo[electric] || **de** ~ / crystalline || ~ **aciculaire ou en aiguilles** (crist) / needle || ~ de **chambres de plomb** / chamber crystal || ~ **coupe X** / X-cut crystal || ~ **coupe Y** / Y-cut cristal || ~ **coupé en BT** / BT-cut crystal || ~ d'**étain** / crystallized oxide of tin, tin crystal || ~ **étalon** / crystal calibrator || ~ **filtrant** / resonator o. filter crystal || ~ **fondamental** (luminescence) / bulk material, host crystal || ~ **fondamental** (électron) / fundamental crystal || ~ en **forme de basalte** / columnar crystal || ~ **[de galène]** (électron) / detecting crystal || ~ **hémièdre** (crist) / hemihedron || ~**-hôte** *m* (luminescence) / bulk material, host crystal || ~ **idéal** / ideal crystal || ~ d'**Islande** (min) / calcareous o. double o. lime spar, calcite || ~ **jumeau**, mâcle *m* / twin || ~ à **liaison ionique ou polaire** / polar crystal || ~ **liquide** / anisotropic liquid, liquid crystal || ~ **liquide cholestérique** / cholesteric liquid crystal, CLC || ~ **lumineux** (phys) / luminous o. luminator crystal || ~**-mère** *m* / mother crystal || ~ **mince** (pap) / thin glassine || ~ à **mode de flexion** (électron) / flexure crystal || ~ **moléculaire** / molecular crystal || ~ **multiple** / multiple crystal || ~ **négatif** / negative crystal || ~ de **noyau** / nucleus crystal || ~ **oscillateur** voir cristal piézoélectrique || ~ **oscillateur d'harmoniques** (électron) / overtone crystal, harmonic mode crystal || ~ de **phtalocyanine** (teint) / phthalocyanin[e] crystal || ~ **piézoélectrique** / piezoelectric quartz o. resonator, oscillator crystal o. quartz, quartz resonator || ~ au **plomb** voir cristal (verre) || ~ de **précision** / high precision crystal || ~ de **quartz** / quartz crystal, QC || ~ **réal** / real crystal || ~ de **roche [naturel]** / mountain o. rock crystal, pebble || ~ **solide** / crystalline solid || ~ de **sucre** / sugar nucleus || ~ de **suie** / shining soot || ~ à **torsion** / twister [crystal] || ~ **zoné** / zoned crystal

cristallerie *f* / glassworks, (also:) art of making glass || ~ (articles) / crystal glass ware

cristallin / crystalline

cristallisable / crystallizable

cristallisateur *m* (coulée continue) / crystallizer

cristallisation *f* / crystallization, granulation || ~, formation *f* de cristaux / crop of crystals || ~ (sucr) / crystallization || ~ **aciculaire** / scorching || ~ **extractive** / extractive crystallization || ~ **fractionnée** / fractionated crystallization || ~ **primaire** / primary crystallization || ~ **subséquente ou ultérieure** / aftercrystallization || ~ sous **vide** (sucre) / vacuum crystallization

cristallisé en **phase vapeur** / vapour-grown

cristalliser (sucre) / crystallize out, candy, sugar || **[se]** ~ / crystallize || ~ en **aiguilles** / needle *vi*

cristalliseur-agitateur *m* (sucre) / crystallizer with stirring device

cristallisoir *m* / crystallizer, crystallizing apparatus

cristallite *f* (chimie) / crystallite

cristallo·blastique (géol) / crystalloblastic || ~**chimie** *f* / crystal chemistry || ~**chimique** / crystal-chemical

cristallode *f* (semicond) / crystallode

cristallo·-électrique / crystallo-electric || ~**génèse** *f* / crystal growth || ~**gramme** *m* / crystallogram, crystal pattern || ~**graphie** *f* / crystallography || ~**graphique** / crystallographic || ~**ïde** *m* / crystalloid

cristalloir *m*, surface *f* saunante / crystallizing basin for marine salt

cristallo·luminescence *f* / crystalloluminescence || ~**métrie** *f* / crystallometry || ~**nomie** *f* / science dealing with crystals || ~**phyllien** (géol) / crystallophylian, foliated crystalline

cristallose *f* (chimie) / crystallose

cristau *m* (coll), soude *f* de commerce / washing soda

cristaux, à ~ / grain-oriented || **en fins** ~ / compact grained || **en petits** ~ / in small crystals || ~ *m pl* des **chambres de plomb** / nitrosylsulphuric acid || ~ **colonnaires ou basaltiques** / fringe crystals *pl* || ~ **hémièdres** / hemiedral forms of crystals *pl*, hemiedrism, hemiedry || ~ **métalliques** / metallic crystals *pl* || ~ **paramagnétiques** / paramagnetic crystals *pl* || ~ de **soude** / washing soda (GB)

cristobalite *f* (min) / cristobalite

critère *m*, critérium *m* / criterion, (pl:) criteria, ions || ~ (ord) / key || ~ d'**acceptation** (contr qual) / acceptance number o. criterion || ~ d'**acheminement** (ord) / routing criterion || ~ d'**Alembert** (math) / Cauchy's ratio test, generalized ratio test || ~ de **cercle** (contr.aut) / circle criterion || ~ de **choix d'une site** / siting criterion || ~ de **code** (ord) / key || ~**s** *m pl* de **défaillance** / failure criteria *pl* || ~ *m* d'**efficacité d'une pale** (aéro) / blade activity factor || ~ **essentiel** / important criterion || ~ d'**Hurwitz** / Hurwitz criterion of stability || ~ d'**identification** (ord) / control data, defining argument, key || ~ de **performance** (contr.aut) / performance criterion || ~ de **qualité** / criterion of quality || ~ de **recherche** / search key || ~ de **rejet** (contr qual) / rejection number o. criterion || ~ de **rigidité** (aéro) / stiffness criterion || ~ de **ruine** / criterion of failure, failure criteria *pl* || ~ de **stabilité de Kupfermüller** / stability criterium of Kupfermüller || ~ **[de stabilité] de Nyquist** (télécom) / Nyquist criterion, stability criterion of Nyquist || ~ de **tri** / sort key o. criterion || ~ de **vidage de la mémoire** / memory dump key

critérium *m* voir critère

crith *m* (nucl) / crith (unit of mass, that of 1 litre H at s.t.p.)

criticisme *m* / criticism

criticité *f* (ELF) (nucl) / criticality

critique *adj* / critical || ~, décisif / crucial || ~ *f* / judgement, criticism, opinion [of, on] || ~ **à cœur froid non empoisonné** (réacteur) / cold-critical || ~ **différé** (nucl) / delayed critical || ~ **instantané** / prompt critical

critiquer / criticize, blame || ~ un **ouvrage** / review

croc *m* / hook, crook || ~ à **betteraves** (agr, outil) /

beet drag || ~ de **cargaison** (nav) / cargo hook, runner hook || ~ à **chaux** (bâtim) / lime rake, larry, mortar beates || ~ à **cosse** / thimble hook || ~ à **échappement** (nav) / slip o. pelican hook || ~ à **émerillon** / swivel hook || ~ de **hissage** (nav) / hoisting o. lifting hook || ~ à **incendie** (pomp) / ceiling hook (GB), pikepole (US) || ~ à **levier** (silviculture) / cant-hook o. dog, rolling dog || ~ de **marine** (nav) / cargo hook, runner hook || ~ de **remorquage** (auto) / tow-hook || ~ de **remorque** (nav) / towing hook || ~ à **S** (toit) / roof hook || ~ de **suspente** (nav) / hoisting o. lifting hook || ~ du **triquet** (toit) / roof hook || ~ à **viande** / gambrel [stick]

crocher, [se] ~ / hook, form a hook, become hooked || ~ *vt* / hook on, make fast by a hook

crochet *m* / hook, crook || ~ pour usages domestiques / cuphook || ~ (tourn, bois) / heel o. hook tool || ~ (tiss) / notched bar || ~ (téléphone) / telephone switch hook || ~**s** *m pl* (typo) / bracket, square brackets, (esp.:) angle brackets || ~ *m* (radar) / blip || ~ (horloge) / anchor escape lever || ~ (routes) / detour, by-pass, diverted route || ~ (maçon) / pointing trowel || ~ (bâtim) / cramp [iron] || ~ (m. à coudre) / [oscillating] shuttle || ~ (serr) / picklock || ~ (essais des réfractaires) / peak || ~ à **applique murale** / wall hook || ~ d'**arrêt** / catch hook || ~ d'**arrière** / tow-hook for trailers || ~ d'**attache** / catch hook || ~ d'**attelage** (techn, auto) / tow-hook || ~**-bascule** *m* / beam and scales *pl*, beam balance, pair of scales || ~ à **bec et à collet de suspension** / point hook with suspending collar || ~ **C à œil, [à tige]** (grue) / eye, [shank] C hook || ~ de **carde** / card wire point, (pl:) card crown || ~ type **CB** (m.à coudre) / central bobbin shuttle, CB-shuttle || ~ **commutateur** (télécom) / gravity hook o. switch || ~ **commutateur** (ch.de fer) / hook switch, switch hook || ~ du **couvercle** (tiss, navette) / cover hook of the shuttle || ~ de **couvreur** (bâtim) / roof hook || ~ du **cylindre** (tex) / operating hook || ~ **débouchoir** (verre) / pick || ~ **deux tours** (m.à coudre) / rotary hook || ~ **double** (grue) / sister o. ramshorn hook, clove hook || ~ **double** (serr) / double hook bolt, double wing bolt || ~ pour **écriteaux** (ch.de fer) / hook for train course sign || ~ à **expansion** / straddling dowel || ~ de **fenêtre** / window stay || ~ **fermé** / loop || ~ **flottant** (m à coudre) / driving hook || ~ de **gouttière** / brace o. bracket of a gutter || ~ de **grue** / crane hook || ~ à **grumes** (silviculture) / cant-hook o. dog, rolling dog, peavey || ~ de **hauban** (ligne aérienne) / guy rope hook, stay rope hook || ~ à **images** / wall hook || ~ à **incendie** / ceiling hook (GB), pikepole (US) || ~ **isolant** (électr) / strap [for cables] || ~ **lamellaire** / laminated hook || ~ de **levage** (grue) / crane o. lifting o. load hook || ~ à **linguet de sécurité** / safety hook, lock-on hook || ~ à **liseron** (tex) / shaft hook || ~ **mural** / wall hook || ~ à **navette centrale ou circulaire** (m.à coudre) / central bobbin shuttle, C.B. shuttle || ~ à **œil** (grue) / eye hook || ~ pour **palplanches** / clutch of sheet piles || ~ à **pince** / detaching hook || ~ de **plaque** (accu) / [suspension] lug || ~ **porte-charge** (grue) / crane o. lifting o. load hook || ~ **porte-charge à suspension unifilaire** (grue) / hook tackle || ~ **preneur** / grab hook, catch || ~ **rond** / round hook || ~ **rotatif** (m à coudre) / rotary hook || ~ **simple** (grue) / hook with point || ~ à **tige** (grue) / shank hook || ~ à **tige à bec** (grue) / hook with point || ~ de **touage** (nav) / towing hook || ~ de **traction** (ch.de fer) / coupling hook, draw hook || ~ **trois tours** (m à coudre) / driving hook || ~ **un tour** (m à coudre) / rotary shuttle, one-turn rotary shuttle || ~ à **vis** / [straight] screw hook

crochetage *m* (lam) / lifting levers [suspended from the roof structures]

crocheter une **serrure** / picklock *vt*

crochu / hooklike, hook-shaped, hooked || ~, courbé en croc / bent, crooked

crocine *f* / crocine (saffron yellow)

crocodile *m* (ch.de fer) / contact ramp of the track || ~ (m.outils) / alligator sheet o. band metal shearing machine

crocoïse *f* (min) / crocoite, crocoisite

croisé *adj* / crosswise || ~ (tiss) / crossworked || ~ (mines) / promiscuous || ~ (courroie) / crossed, wrenched in alternate directions || ~ (pince) / with crosswise serration || ~ *m* (tiss) / double milled twill, twilled cotton fabric || ~ **blanc** (tiss) / twilled tape || ~ **Botany** (tex) / Botany twill || ~ en **chevron** (tiss) / feather twill, herringbone twill || ~ à **cordons multiples** (tex) / combined twill, stitched twill || ~ à **double face** / double-face twill || ~ **fantaisie** (tex) / fancy twill || ~ de **gauche à droite** (tex) / left-to-right twill, twill left to right || ~ du **grain** (cuir) / artificial grain || ~ à **quatre lames** (tex) / four-end o. -leaf o. -harness o. -shaft twill || ~ **sans envers** (tex) / double-face twill || ~ **Z** / right-hand twill

croisée *f* (fenêtre) / crossbar || ~ (treuil) / spindle stick of a windlass || ~ (routes) / intersection (US), crossing, cross-roads *pl* || ~ d'une **ancre** (nav) / cross o. crown of the anchor || ~ **basculante** / center-hung sash window || ~ en **bois** / window made of wood-profiles || ~ de la **fenêtre à guillotine** / casement of a sash window, English casement, sash frame, fast sash || ~ de **fils** (opt) / graticule, reticule, reticle, hair cross, cross hairs o. wires *pl* || ~ à la **française [à l'anglaise]** / window with two wings opening inward, [outward] || ~ s'**ouvrant à l'extérieur** / casement (window) || ~ **sans visibilité** (routes) / blind intersection || ~ à **vantaux** / valved window, wing-type window

croisement *m* (gén, biol, voies) / crossing, (esp.:) cross-breed || ~ (ch.de fer) / point of intersection, junction || ~, encroix *m* (tiss) / lease || ~, croisure *f* (tiss) / crossing, cross-weaving || ~ (méc) / offset || ~ (circulation) / passing [in oncoming traffic] || ~ (partie d'appareil de voie) (ch.de fer) / crossing (track) || ~ **aérien** (ch.de fer) / contact wire crossing, overhead crossing || ~ **anti-inductif** (télécom) / transposition || ~ des **circuits** (électr) / circuit crossing || ~ à **dés** (tex) / basket weave, hopsack o. Celtic o. matt weave || ~ de **deux canalisations raccordées** / intersection of two ducts || ~ de **deux canalisations non raccordées** / cross-over of two ducts || ~ de **deux trains** (ch.de fer) / crossing of two trains || ~ **double** (ch.de fer) / double crossing o. junction, obtuse crossing || ~ des **étoffes doubles** (tex) / diagonal arrangement of the layers of the double fabric || ~ des **fils** (électr) / single-circuit transposition || ~ des **fils** (télécom) / transposition of lines || ~ des **fils** (tiss) / thread crossing || ~ des **fils de contact** (ch.de fer) / contact wire crossing, overhead crossing || ~ à **gaufres** (tiss) / honeycomb o. waffle weave || ~ **huckaback** (tiss) / huckaback weave || ~ de **lignes** (électr) / crossing of lines || ~ **perdu** (tiss) / blank crossing || ~ à **plan incliné** / double inclined plane || ~ **routier** / road o. street crossing, cross-roads *pl*, intersection (US) || ~ **satin** (tiss) / atlas o. satin o. sateen weave || ~ **simple** (ch.de fer) / single-crossing, common crossing || ~ **spécial de circuits combinés** (télécom) / phantom transposition, twisting of wires || ~ dans les **tissus**

(tiss) / weaves *pl*, textures *pl* || ~ en **trèfle** (routes) / clover-leaf || ~ du **tricot [longitudinal]** / tricot [weave] || ~ des **voies** / crossing of tracks o. lines
croiser / cross *vt* || ~ (biol) / grade, cross, hybridize || ~ (tiss) / twill || ~ (filage) / twist together || ~ (auto) / meet, pass [one another] || ~ (découp) / set || ~, rayer / efface || ~, emboîter / cross, interlace, stagger || ~ *vi* (nav) / cruise *vi* || ~ (se) / cross *vi*, intersect *vi* || ~ les **courroies** / cross belts, wrench in alternate directions
croiserie *f* / basket o. wicker work
croisillon *m* / spider, cross-pieces *pl* || ~ (techn) / cross pin || ~ (charp) / herringbone strut || ~ (m.outils) / star handle o. knob || ~ (poulie) / wheel spider || ~ (haut-parleur) / spider of the loudspeaker || ~ (électr) / armature spider || ~ (fenêtre) / cross-bar, -piece, -rail, (esp.:) window cross[work] || ~ du **cardan** / journal cross || ~ de **manœuvre** (tourn) / star handle o. knob || ~ à **marteaux** / beating cross || ~ de **roue** (auto) / spoke wheel centre || ~ des **satellites** (différentiel) / differential spider
croisillonnement *m* en **corde à piano ou par fils** / wire bracing
croisillonner / brace, wire, stay
croissance *f* / growth, growing || ~, augmentation *f* / accretion || **de ~ rapide** / rapid o. fast growing || ~ de **barbes** / whisker growth || ~ **cristalline** / crystal growth || ~ **démographique** / population growth || ~ **dendritique** (semicond) / dendritic [web] groath || ~ en **diamètre ou en épaisseur** / diameter growth || ~ des **grains** (sidér) / grain growth || ~ des **plantes** (bot) / plant growth, vegetation || ~ de **plaques à partir d'un film délimité par un contour**, méthode EFG *f* (semicond) / edge-defined film-fed growth, EFG || ~ **postérieure** (gén) / after-growth, secondary growth || ~ de **rubans** (semicond) / ribbon growth || ~ en **spirale** / torch growth, twisted growth || ~ de la **température** / temperature rise || ~ de la **tension à l'état bloqué** (électron) / rise of off-state voltage || ~ avec **torsion** / torch growth, twisted growth || ~ de **trichite** / whisker growth
croissant *m* (techn) / crescent || ~ (pneu) / cap tread rubber, top cap (US) || **[en forme de] ~** / crescent-shaped, lunate[d], lunulate, sickle shaped || ~ pour **rechapage** (pneu) / camelback
croisure *f*, intersection *f* (tiss) / crossing, cross-weaving || ~, envergeure *f* (tiss) / lease || ~ (mines) / tubing ring || ~ en **acier** (mines) / steel ring
croître / grow, increase *vi* || ~ (hydr) / rise *vi*, swell *vi* || ~ [sur] (nav) / foul *vi*, become encrusted || ~ (fonte) / grow || ~ en **nombre** / multiply *vi*, propagate *vi*
croix *f* (gén) / cross || ~ (typo) / cross, dagger, obelisk || **en ~** / crosswise, across, four-way... || **en [forme de] ~** / crosswise, in the form of a cross, cruciform || ~ d'**amarrage** / pocket type bitt o. bollard || ~ d'**avertissement** (ch.de fer) / warning cross, cross buck sign (US) || ~ **blanche** (mil) / lachrymatory o. tear gas || ~ **bleue**, gaz *m* irritant le nez et la gorge (mil) / blue cross gaz || ~ de **croisée** / window cross, crosswork, crossbars *pl* || ~ **écossaise** (bière) / Scotch cross, rotary sparger || ~ **lumineuse** (météorol) / light cross || ~ de **Malte** / Geneva stop, crosswheel, Maltese cross (GB) || ~ de **Malte** (montre) / Maltese cross || ~ **[à manchons]** (tuyau) / standard cross || ~ de **repère** (typo) / lay mark, register mark || ~ de **Saint André** (ch.de fer) / St. Andrew's cross (signal not-in-use sign) || ~ en **sautoir**, croix *f* de St-André (charp) / [St.Andrew's] cross || ~ en **tubes** / pipe cross || ~ **verte**, poison *m* respiratoire (mil) / superpalite, diphosgene
crookésite *f* (min) / crookesite
croquis *m* / free-hand sketch || ~ de **construction** / constructional o. design sheet || ~ **coté** / dimensioned sketch
crosse *f* (bâtim) / crosshead, tie bar || ~ (mot) / crosshead || ~ (poste pneum.) / transfer bend || ~ d'une **ancre** (nav) / cross o. crown of the anchor || ~ d'**appontage** (aéro) / tail hook || ~ **bifurquée** / fork type crosshead || ~ dans un **croisement** (ch.de fer) / opening of wing rails || ~ de **fusil** / shaft, gun-stock, stock || ~ du **pare-chocs** (auto) / overrider || ~ de **piston** (m.à vap) / [piston] crosshead, tie-bar
crossette *f* (bâtim) / corner moulding
crossing *m* d'**aérage** (mines) / air crossing || ~ d'**aérage en sous-sol** (mines) / undercast
crossover *m* pour **émission secondaire** / crossover point
crosstalkmètre *m* (télécom) / crosstalk [attenuation]-meter
crotonylique, crotonyl... / crotonyl
crotte *f* / mire, mud || ~ (sucre) / [screened] dirt || **~s** *f pl* de **laine** (laine) / dag[ging]s, crutchings *pl*
croulant / decayed, decaying, rotten || ~ (bâtim) / rickety
croulement *m* (mines) / bump
crouler (mines) / break down
croupe *f* (comble) / hip, slope || **donner une ~ à un comble** (bâtim) / hip a roof || ~ **boiteuse** / false o. half o. partial hip || ~ **conique** (bâtim) / conical hip || ~ **faîtière** (bâtim) / shread o. jerkin head || ~ de **montagne** / ridge || ~ **sphérique** (bâtim) / spherical hip
croupon *m* (cuir) / butt
crouponner (cuir) / butt, round
croûte *f* / crust, rind || ~ (céram, fonderie) / flat piece, cake || ~ (cuir) / flesh split || ~ (chimie) / membrane, film, coat[ing] || ~ (plast) / skin of plastic foam || ~ (sidér) / scab || ~ (fonderie) / [casting] skin || **~s** *f pl* **adhérentes** (chimie) / incrustation || ~ *f* **cristalline** / coat of salt crystals || ~ de **laitier** (sidér) / slag blanket || ~ de **laminage** (lam) / rolling skin o. scale || ~ de **liège** / back of cork || ~ de **moulage** (fonderie) / casting o. outer crust o. skin, skin o. crust of cast iron || ~ d'**oxyde** (sidér) / scale, cinder, oxide || ~ de **sel** / coat of salt crystals || ~ **solidifiée** (coulée cont.) / casting shell || ~ **terrestre** / crust of the earth, earth crust, lithosphere
crown[-glass] *m* / crown glass, soda-lime glass, optical crown || ~ au **lanthane** / lanthanum crown [glass] || ~ **lourd** / dense barium crown
cru *adj*, brut / raw, crude || ~ (techn) / crude, rough, undressed, unwrought, unworked || ~ (laine) / natural, raw || ~ (brique) / raw, unbaked, unburnt || ~ (frittage) / green || ~ (lait) / raw || ~ (couleur) / harsh || ~ *m* du **mur** / plain wall
cruche *f* / pitcher, jug, crock || ~ à **lait** (Belg) / milk churn
cruciforme / cross..., crucial, cruciform, cruciate || ~ (tête de vis) / recessed, cross-recess ...
crue *f* (hydr) / high-water, rising of water, flood || ~ **centenaire** / centennial flood
crusher *m* (mil) / crusher-gauge || ~ (essai des matériaux) / crusher
Crylor *m* / Orlon, fibre A (of polyacrylonitrile)
cryo·broyage *m* / low-temperature disintegration, cryocomminution || **~câble** *m* / cryogenic cable || **~décapage** *m* / freeze etching || **~dessication** *f* / freeze drying, lyophilization, vac-ice-process || **~électricité** *f* / cryoelectricity || **~fixation** *f* / cryogenic trapping, cryotrapping || **~gène** *m* / cryogen, freezing mixture || **~génie** *f* / cryogenics *sg pl*, cryogeny || **~génique** / cryogenic || **~hydrate** *m* /

cryohydrate || ~**lit[h]e** *f* (min) / cryolite, Greenland spar || ~**mètre** *m* / cryometer || ~**physique** *f* / cryophysics *sg* || ~**plancton** *m* / cryoplankton || ~**pompage** *m* / cryopumping || ~**sar** *m* / cryosar || ~**scope** *m* (semicond) / cryoscope || ~**scopie** *f* / cryoscopic method, cryoscopy, freezing point method || ~**scopique** (chimie) / freezing, cryoscopic || ~**stat** *m* / cryostatic temperature regulator, cryostat || ~**trapping** *m* / cryogenetic trapping, cryotrapping || ~**tron** *m* (ord) / cryotron
crypto-... (télécom) / crypto... || ~**cristallin** / cryptocrystalline || ~**gramme** *m* / cryptogram || ~**graphie** *f* / cryptography || ~**logie** *f* / cryptology || ~**logique** / cryptological || ~**phonie** *f* (télécom) / hatting, scrambling, jumbling || ~**scope** *m* (fluoroscopie) / kryptoscope, cryptoscope
C.T.P., [C.T.N.], coefficient de température positif, [négatif] / positive, [negative] temperature coefficient
cubage *m* / cubage, cubature, cubic content, capacity, volume || ~, cubature *f* (phys) / cubature, determination of cubic contents || ~ d'**eau** / water capacity
cubane *m* (chimie) / cubane
cube *adj* voir équation cubique || ~ *m* / cube || ~, troisième puissance (math) / third power, cube || **à ~ centré** (crist) / cubic body centered, body-centered cubic, b.c.c. || ~ **pyramidé** / tetra[kis]-hexahedron
cuber, évaluer le volume / gauge, determine the capacity || ~ un **nombre** (math) / cube *vt*, raise to the third power
cubilot *m* / cupola furnace || ~ à **double rangée de tuyères** / divided blast cupola || ~ à **vent chaud** / hot-blast cupola furnace
cubilotier *m* / cupola hand
cubique / cubic[al], hexa[h]edral || ~ (crist) / isometric || ~ **centré** / cubically centered || ~ à **faces centrées** / face-centered cubic, f.c.c., cubic face-centered
cuboïde / cuboid
cucurbite *f* (chimie) / cucurbit
cudbear *m* / cudbear, persio
cueillage *m* de la **maille** / sinking o. kinking the loop
cueillette *f* de l'**or** / gold washing o. buddling, placer [gold] mining
cueilleur *m* (verre) / lifter || ~ (tricot.) / taker-up || ~ d'**épis de maïs** / maize picker o. snapper, corn picker (US) || ~ de **houblon** / hop-picker, hopper
cueilleuse *f* **mécanique de coton** / cotton picker
cueillir / gather, pick, pluck, cull || ~ (lin) / pull flax || ~ (verre) / gather || ~ (tiss) / sink the loops || ~, guillocher (tex, aiguille) / tuck
cuffat *m* (mines) / bucket, kibble || ~ **basculant** / tipping o. dumping bucket || ~ pour **remblais** (mines) / debris kibble
cuiller *f*, cuillère *f* / spoon || **en forme de ~** / spoon-shaped, spoonlike || ~ de **chargement** (sidér) / charging box || ~ à **clapet** (mines) / sand pump || ~ de **contact** (électr) / collector [brush] || ~ de **coulée** / hand ladle || ~ à **déflagration** (chimie) / deflagrating spoon || ~ de **drague** / dipper ladle (GB), shovel (US), scoop || ~ de **fondeur** (fonderie) / spoon tool, sleeker, smoother || ~ **ouverte** / auger for drill pipes || ~ de **pesée** (chimie) / weighing-in spoon || ~ de **sondage ou de tarière** (mines) / bailer, scooping iron, shell o. spoon of an auger, scouring bit, sludger
cuilleriste *m* / cutlery maker
cuilleron *m* / bowl of the spoon
cuir *m* / leather || **de ou en ~** / leathern || ~ d'**ameublement** / upholstery leather || ~ **anglais** / moleskin || ~ **artificiel fibreux** / artificial skin || ~ de **bœuf** / neat's leather, cowhide leather || ~ à **brides** / bridle leather || ~ **brillant** / enamelled leather, varnished o. japanned o. patent leather || ~ **chamoisé** / oil leather || ~ à **chapeaux** / hat leather || ~s *m pl* pour **chasse à sabre** (tiss) / lug strap || ~ *m* de **chèvre** / goatskin o. kid [leather], kidskin || ~ de **choix** / butt || ~ **chromé** / chrome leather || ~ pour **courroies de chasse** (tex) / picker leather || ~ en **croûte** / tanned hide || ~ **doré** / gold skin || ~ pour **empeigne** / shaft o. upper leather || ~ **froissé** (tan) / crinkled o. crush leather, Corfam || ~ pour **ganterie** / glove leather || ~ pour **garnitures** / hydraulic o. oil-seal o. valve leather || ~ **glacé** / kid [leather], kidskin, [alum-tanned] glove kid, glacé leather o. kid || ~ pour **harnachement ou pour harnais** / sleek leather || ~ en **huile** / oil leather || ~ **imité** / imitation o. near leather, compo leather, leather cloth, Leatherette || ~ **imperméable** / waterproof leather || ~ **léger** / fine leather || ~ de **lézard** / lizard leather || ~ **maroquiné** / moroquine leather || ~ de **maroquinerie** / bag leather o. hides *pl* || ~ **mégi[ssé]** / alumed o. tawed o. white leather, alum-tanned leather || ~ de **molleterie ou à œuvre** / shaft leather || ~ **nubuck** / nubu[c]k leather || ~ **passé en alun ou en mégie** / alum o. white leather || ~ **passé à l'huile de baleine** / leather dressed in train oil || ~ en **poils** / fell, pelt || ~ de **polissage** / buff leather || ~ de **porc[s]** / pigskin [leather], hogskin || ~ **protège-main** / hand leather || ~ **refendu** / split || ~ à **relier ou de relieur** / book leather || ~ de **reptiles** / reptile leather || ~ **ridé** / shrink o. shrunk o. wrinkled leather || ~ de **Russie** / yuft, yufts *pl*, Russia leather || ~ à **sacs** / leather for bags || ~ à **semelles** / crop hide o. butt || ~ à **toucher bougie** / oil tanned leather || ~ de **vache** / cow leather o. hide || ~ de **veau** / calf [leather] || ~ **velours** / velours leather, suede || ~ **verni** voir cuir brillant || ~ à **vernis frippé**, cuir *m* verni froissé / crinkled patent leather, crushed [grain] patent leather || ~ **vert** / green o. raw hide || ~ à **vêtements** / clothing o. garment leather
cuirasse *f* / armour (GB), armor (US) || ~ (sidér) / casing, steel jacket, steel plate lining || ~ (lampe de sûreté) (mines) / bonnet || ~ **antimagnétique** / magnetic screen[ing] o. shield[ing] || ~ de la **cuve** / stack casing || ~ du **four** / furnace shell || ~ **métallique** / metallic incapsulation, metal cladding || ~ en **tôle d'acier** / sheet steel armo[u]r, steel sheet armo[u]r || ~ de **transformateur** / transformer shell o. case
cuirassé / armour-plated o. -cased, armoured || ~ (électr) / metal-clad
cuirasser / metal-clad || ~ (câble) / sheathe, armour (GB), armor (US)
cuire *vi* (accu) / gas || ~ *vt* (colle; noyaux) / bake *vt* || ~ (résine à couler) / bake *vt* || ~ (plast) / cure || ~ (sucre) / refine || ~ (pap) / digest *vt*, cook || ~ (laque) / stove[-enamel] *vt* || ~ (céram) / bake *vt* || ~ (gypse; chaux) / calcine || ~ (caoutchouc) / cure *vt*, vulcanize || ~ au **blanc** (argent) / blanch, whiten || ~ à **bloc** (céram) / bake thoroughly || ~ des **briques** / fire bricks || ~ les **couches épaisses** (semicond) / fire thick-films || ~ l'**émail** / fuse-on enamel, fire enamel || ~ à la **plume** (sucre) / boil in || ~ la **soie une deuxième fois** / boil off a second time || ~ le **verre** (glass) / burn in colours
cuirer / leather *v*, cover with leather
cuiret *m* (tan) / skin free from hair, smoothed skin
cuisant poreux (céram) / open-burning
cuiseur *m* (sucre, personne) / sugar man || ~ (sucre, appareil) / cooker || ~ (pap) / digester || ~ **basculant à**

vapeur électrique (agr) / electric potato steamer (tipping type) || ~ d'**épaississants** (tex) / cooker for thickeners || ~ à **fourrages** / fodder steamer || ~ à **pommes de terre** / potato steamer || ~ à **vapeur** (agr) / steamer, stewer
cuiseuse *f* / cooker, cooking apparatus
cuisine *f* / kitchen || ~ **faisant salle de séjour**, cuisine *f* avec coin repas / family room (US), eat-in kitchen, kitchen living room || ~ **fonctionnelle** / functional kitchen || ~ à **sauce** (pap) / coating kitchen
cuisinette *f* (ELF) / kitchenet[te]
cuisinière *f* / [kitchen o. cooking] range, kitchener (GB) || ~ **électrique** / electric hearth o. [kitchen] range o. kitchener o. cooking range || ~ **électrique à usage domestique** / household electric range || ~ à **gaz** / gas hearth o. [kitchen] range o. kitchener || ~ **mixte électricité-charbon** / combined electric and coal range || ~ **mixte gaz-électricité** / combined electric and gas range
cuissard *m* (chaudière) / boiler-to-evaporator connecting pipes || ~ (caoutchouc) / thigh extension rubber
cuisson *f* (gén) / boil[ing], cooking || ~ (gén, ciment) / burning || ~ (plast) / curing || ~ (sidér) / burning in, firing in || ~ (céram) / burning, baking, firing || ~ (coke) / coking || ~ (savon) / saponification || ~ (caoutchouc) / curing, vulcanizing || ~ (pap) / digestion, cooking || ~ à l'**air libre** / open cure || ~ de **biscuit** (céram) / biscuit baking || ~ du **clinker** / clinkering, vitrification || ~ **demi-gazeuse** (céram) / half-gas firing || ~ par **électrochoc** (plast) / shock curing || ~ en **émail** / glost firing || ~ d'**étanchéité** (céram) / dense o. tight burning || ~ par **faisceau électronique** (laque) / electron beam curing o. E.B.C.-process || ~ **fautive** (pap) / imperfect cooking || ~ de la **fritte** (verre) / calcination, calcining || ~ de la **houille** / destructive coal distillation, carbonization, coking process || ~ du **jus à vide sans cristallisation** (sucre) / boiling of the juice in vacuum without crystallizing || ~ dans le **moule** (caoutchouc) / heat moulding process || ~ **préalable** (céram) / preburning || ~ sous **pression** (chimie) / pressure boiling || ~ **rapide** (pap) / quick cook || ~ de **vernis** (céram) / glaze baking
cuit (émail) / fired || ~ à **mort** (céram) / dead-burned
cuite *f* (sucre) / pan boiling, cooking || ~ (céram) / burning, baking || ~ de la **chaux** / calcination of limestone, lime burning || ~ de **décoration** (céram) / graining || ~ **douce** / mild cooking || ~ **finale** (sucre) / final boiling || ~ **finale** (céram) / finishing firing || ~ **lente** (sucre) / hard o. slow boiling || ~ du **plâtre** / gypsum o. plaster burning o. calcination || ~ de bas **produit** (sucre) / lowgrade cooking || ~ pour **sucre raffiné** / white sugar boiling
cuivrage *m* / copperplating || ~ **additionnel** (galv) / re-copperplating || ~ **alcalin ou en bain cyanuré ou au cyanure** / cyanide copper plating, alcaline copper plating || ~ d'**attaque** voir cuivrage flash || ~ **brillant** / bright copper plating || ~ **double ou en deux couches** / duplex copper plating || ~ **flash**, cuivrage *m* pelliculaire / flash copper-plating, copper flash o. strike || ~ **intermédiaire** / pre-copper plating, copper undercoating
cuivre *m*, Cu / copper, Cu || **en ou de** ~ / cupreous, of copper || ~ à **99,75%** / best selected copper || ~ **affiné** / fire-refined copper, commercially pure copper || ~ **ammoniacal** / cuprammonium, ammoniacal copper || ~ **ampoulé ou blister** / blister copper, coarse o. crude o. black o. blown copper || ~ d'**apport pour brasage** / copper filler metal || ~ d'**apport pour brasage protecteur** / copper protective solder || ~ **arsenical** / arsenical copper || ~ en **barres ou en lingots** / bar o. rod copper || ~ **battu** / wrought copper || ~ **blanc** / white copper || ~ **brut ou blister** voir cuivre ampoulé || ~ **carbonaté bleu** / copper carbonate || ~ **cathodique électrolytique** / CATH copper, electrolytic cathode copper || ~ **chimique** (dépôt) / electroless copper || ~ **dur** / hard copper || ~ **écroui** / hard-drawn copper || ~ **électro[lytique]** / cathode o. electrolytical copper || ~ **employé** / copper consumption, amount of copper used || ~ **érugineux** / eruginous copper || ~ **étiré à froid** / hard-drawn copper || ~ **exempt d'oxygène à haute conductivité** / oxygen-free high-conductivity copper, O.F.H.C. || ~ en **feuilles** / sheet copper || ~ **fin** / refined copper || ~ pour **fonderie** / casting copper || ~ **fritté** / sintered copper || ~ **galvanique** / electrolytic[al] o. cathode copper || ~ **GFHP** / gasfree high purity copper, GFHP-copper || ~ **granulé** / granulated copper || ~ **gris antimonial** (min) / tetra[h]edrite, fahlerz, fahlore, grey copper ore || ~ **gris argentifère** / argentiferous grey copper ore || ~ **gris mercurifère** (min) / mercurial grey copper || ~ à **haute conductibilité** / electrical conductor grade copper, EC-copper || ~ d'**inducteur** (électr) / field copper || ~ **jaune** (déconseillé), laiton *m* / yellow copper, brass || ~ **[mé]plat** / flat copper || ~ **nitré** / nitrocopper || ~ **noir cru**, cuivre *m* non affiné / coarse o. rude o. black copper || ~ **OFHC** (cuivre exempt d'oxygène, à haute conductivité) / OFHC copper, oxygen-free high conductivity copper || ~ **oxydulé ferrifère ou terreux** / brick o. tile ore || ~ **phosphorisé ou phosphoreux** / phosphor[ized] copper || ~ de la **pile** / electrolytic[al] o. cathode copper || ~ de **pluie** / copper rain || ~ **précipité** / deposit of copper || ~ de **premier raffinage** / first refined copper || ~ **pyriteux** / pyritic copper || ~ **[r]affiné** [au feu], cuivre *m* de première fusion / dry o. refined copper || ~ **raffiné chimiquement** / chemically refined copper || ~ **raffiné électrolytique** / electrical grade copper, electrolytic tough pitch o. ETP copper || ~ **raffiné thermique** / fire-refined copper || ~ à **refondre** / dross of copper || ~ **repoussé** / spun copper || ~ **retiré des scories** / copper recovered from cinders || ~ **sans gaz et de grande pureté** / gasfree high purity copper || ~ en **saumons** / pig copper || ~ **surperché** / overpoled copper || ~ **tenace** / hard-drawn copper || ~ **vert** (min) / copper green || ~ **vierge capillaire ou filamenteux** / capillary native copper
cuivré / copper-plated || ~ (couleur) / copper-coloured
cuivrer, garnir de cuivre / copperplate, sheath *vt* with copper || ~ (galv) / copper *vt*, copperplate || ~ (fausse dorure) / copper-gild || ~ **brillant** / bright copperplate || ~ par **électrolyse** / electrocopper
cuivreux / cupreous, coppery || ~ (chimie) / cuprous, copper (I) ...
cuivrique / cupric, copper (II) ...
cul *m* de **barrique** / barrel head || ~ de la **canette** (tex) / cop bit o. bottom || **~-de-bouteille** *adj* / bottle-green, dark green || **~-de-bouteille** *m* (pl.: culs-de-bouteille) / bottom of a bottle || **~-de-lampe** *m* (pl: culs-de-lampe) (typo) / tail piece || **~-de-sac** *m* (mines) / dead end || **~-de-sac** *m* (pl.: culs-de-sac) (routes) / blind alley, cul-de-sac, dead end, impasse || **~-de-sac** *m* de **sécurité** (ch.de fer) / trap o. refuge siding || **~-d'œuf** *m* (fonderie) / slag pocket o. trap || ~ du **sommier** (bâtim) /

springing stone rest
culasse *f*(électr) / yoke || ~ (canon) / action of a gun, breech || ~ (fusil) / chamber, bolt mechanism, gun lock || ~ (four) / furnace end || ~ d'**aimant** / magnet yoke o. frame || ~ à **coin** (mil) / wedge breech block || ~ d'un **couteau** / cap of a knife || ~ de **cylindre** (mot) / cylinder head || ~ **incandescente** (mot) / hot bulb || ~ de **transformateur** / transformer frame
culbutable / tiltable, tilting, tumbling
culbutage *m*(mines) / dumping || ~ (ELF) (espace) / tumbling motion
culbuter *vt*, retourner / tilt *vt*, tip *vt* || ~, renverser / upset, overthrow || ~, déverser / dump || ~ *vi*(gén) / tumble down, fall over, topple over || ~ (aéro) / somersault || ~, tourner (lam) / fall over, tilt o. turn over, upset || ~ les **barriquets** (mines) / dump the tubs || ~ une **poutre** / overturn a piece of timber || ~ sur **terril** / dump, heap deads
culbuterie *f*(mot) / rocker arms *pl*
culbuteur *m* / tip, tipper || ~ (mines) / tipple, tippler || ~ (sidér) / upender, downender, tilting cradle || ~ (mot) / rocker arm, tripper device || ~ (lam) / manipulator, tilter || ~ aux **charbons** / coal tipp[l]er || ~ à **commande mécanique** (mines) / tipper || ~ **latéral** (ch.de fer, auto) / side dumper o. dump car, side tipper o. tip car || ~ en **long ou en bout** / front dumper || ~ de **remblais** (mines) / rubbish tipper o. tipping device || ~ **rotatif** (mines) / rotary [wagon] tipp[l]er, rotary dump[er], kick-up || ~ à **tambour** (lam) / drum-type manipulator || ~ **type fourchette** (lam) / fork manipulator || ~ de **wagons** (ch.de fer) / waggon o. car dumper || ~ de **wagons charbonniers** / coal dumper o. tip
culée *f*(bâtim) / abutment || ~ (nav) / going astern || ~ (silviculture) / rootstock || ~ (cuir) / tail piece || ~ d'**ancrage** (pont) / abutment pier || ~ de l'**arc ou de voûte** (pont) / arch abutment || **~s** *f pl* **façon russe**, culées *f pl* miroir (cuir) / crup leather, cordovan || ~ *f* **réfractaire** (four) / end wall
culm *m*(géol) / culm measures *pl*
culmination *f*(astr) / culmination, southing
culot *m*(électron) / tube cap o. base, tubular lamp cap || ~ (électr) / lamp cap o. base || ~ (métrologie) / measuring orifice, diaphragm || ~ (gén) / remainder || ~ (fusil) / cartridge case || ~ (plast) / gate mark || ~, carotte *f*(plast) / cull, slug || ~ (obus) / shell base || ~ à **14 broches** (électron) / diheptal base || **sans** ~ / capless, bodyless || ~ à **ailettes** / flange base || ~ d'**argent** / silver grain, regulus of silver || ~ **[BA7, BA9 etc]** (auto) / lamp cap o. base [BA7, BA9 etc] || ~ **baïonnette** / bayonet o. swan cap, B.C. || ~ **baïonnette 16 mm** / small bayonet cap, S.B.C. || ~ de **bouteille** / punt o. kick of a bottle || ~ de la **cartouche** (mil) / case base || ~ **C.E.I.** / IEC lamp cap || ~ de **centrifugation** / residue from hydro-extraction, concentrate (US) || ~ à **cinq broches** (électron) / five-pin base || ~ à **clé** / key type base || ~ **conique fermé** (câble en acier) / closed type socket || ~ **conique ouvert** (câble en acier) / tapered open socket || ~ à **contacts latéraux** (ampoule) / side-contact base || ~ en **disque** / prefocus base || ~ **duodécal** (électron) / duodecal base || ~ **Edison** (électr) / Edison screw cap o. base || ~ **Edison 1/2"** (électr) / small Edison screw cap || **~s** *m pl* d'**ergols** (ELF) (espace) / ergol bottom o. base || ~ *m* à **ergots** (électr) / pin base || ~ de **filage** (extrusion) / remainder, discard (GB), butt (US) || ~ **fileté** (lampe) / screw cap, screw base || ~ de **fusible** (électr) / fuse base o. block o. socket || ~ **géant** (électron) / giant cap || ~ **Goliath** (électr) / goliath [Edison] screw cap, mogul base || ~ de **grille** (électron) / grid cap o. clip || ~ d'**injection** (plast) / sprue, stalk || ~ de **lampe** / lamp cap o. socket || ~ de **lave** (géol) / pipe || ~ **loctal** (électron) / loctal base || ~ **métallique [de bougie]** / spark plug barrel o. shell || ~ **miniature à vis** / miniature Edison screw cap || ~ **noval** (électr) / nine-pin cap || ~ **octal** / octal cap, loktal base (GB) || ~ à **œillets** (électr) / cap with connecting loops || ~ à **onze broches** (r.cath) / magnal base || ~ en **porcelaine** / porcelain lamp base || ~ à **précentrage** / prefocus base || ~ à **quatorze broches** / diheptal base || ~ **supergéant** (électron) / super giant base || ~ **super-jumbo** (électron) / super jumbo base || ~ **Swan** (électr) / bayonet o. swan cap, B.C. || ~ **Swan standard** (électr) / standard bayonet cap || ~ **transcontinental** (ampoule) / side-contact base || ~ **tubulaire** (électr) / tubular lamp cap || ~ à **vis** (électr) / Edison screw cap o. base || ~ à **vis 11 mm** / pocket lamp [Edison] screw cap
culottage *m* / sweating of ropes, fastening of sockets to a cable || ~ (lampe) / mounting o. fitting the base
culotte *f* / pressure [pipe] joint || ~ (sidér) / pit furnace || ~ d'un **bouilleur** / boiler-to-evaporator connecting pipes || ~ **double** / Y-pipe, (esp.:) breeches chute || ~ **simple** / tubular chute
cultivable (agr) / arable
cultivateur *m*(machine) / [field] cultivator, grubber, extirpator, lister (US), tormentor, tooth cultivator || ~ (plantes) (personne) / grower, raiser || ~ **butteur** / lister cultivator || ~ à **dents flexibles** (agr) / spring-tine cultivator || ~ à **dents rigides** (agr) / rigid tine cultivator || ~ **hélice** (agr) / helical tiller || ~ à **main** / hand cultivator
cultivation *f* de **plantes** / cultivation of plants
cultivé (agr) / under crop
cultiver, faire pousser / grow *vt*, raise, cultivate || ~ (agr) / till *vt*, cultivate, farm
culture *f*(agr) / cultivation, culture, farming, tilling || ~ (plantes) / growing, culture, cultivation || **~s** *f pl*, récoltes *f pl* / crops *pl* || **~s** *f pl*, terres *f pl* / cultivated lands *pl* || ~ *f*(jardin) / gardening || **en** ~ (agr) / under crop, cultivated || ~ des **abeilles etc.** / culture of bees, fishes, bacteriae || ~ sur **ados** (betterave) / ridge cultivation || ~ **alternante** (tex) / crop rotation farming, alternate husbandry || ~ **bactérienne** / bacterial o. bacteriological culture || ~ **bactérienne d'acide lactique** (lait) / starter || ~ **betteravière** / beet root culture || ~ sur **billons** (betteraves) / ridge cultivation || ~ **dérobée** (agr) / catch-crop growing, intercropping (US) || ~ **hydroponique** / hydroponics *sg*, aquaculture, tray o. tank agriculture (US) || ~ **intensive** / high farming || ~ de la **levure biologique pure** / culture of [biologically] pure yeast || ~ en **lignes** (agr) / cultivation in row crops || ~ **maraîchère** / market-gardening, olericulture || ~ des **marais** / cultivation of bogs, of marshy soil, muck farming || ~ de **pommes de terre** / potato growing o. cultivation || ~ sur **porte-objet** / slide culture || ~ **pure** / pure culture || ~ des **semences** / seed growing o. cultivation || ~ **séricicole** / sericulture, cultivation of silk, silk husbandry o. culture || ~ de **sol** / soil cultivation o. tilling || ~ du **sol sablonneux** (agr) / sand culture || ~ du **tabac** (agr) / tobacco cultivation || ~ de **tissus** / tissue culture || ~ de la **vigne** / vine culture, viniculture
cumène *m* / cumene, isopropylbenzene
cumul *m*(ord) / running total
cumulande *f*(math) / augend
cumulateur *m*(math) / addend
cumulatif / accumulative, cumulative || ~ (ionisation) /

cumulative || ~ (résultat) / cumulated, cumulative
cumulation *f* de **tolérances** / build-up of tolerances, stack-up of tolerances
cumulé / cumulated, cumulative
cumuler / agglomerate
cumulonimbus *m* / cumolo-nimbus
cumulus *m* (météorol) / cumulus
cunéiforme / wedge-shaped, cuneiform
cunette *f* (routes) / gutter || ~ (hydr) / low water channel, cunette || ~ (routes) / trapezoidal ditch
cupferron *m* / cupferron
cuprifère / cupriferous, containing copper, coppery
cuprique / cupreous, coppery
cuprisme *m* / copper poisoning
cuprite *f* (min) / cuprite, red copper ore
cupro *m* (fibre synthét) / cupro || **~-alliage** *m* / copper base alloy || **~-nickel** *m* / cupro-nickel || **~-nickel** *m* d'**aluminium** / cupro-nickel-aluminium || **~-phosphore** *m* / phosphorized copper || **~-plomb** *m* / copper-lead || **~plomb** *m* **fritté** / sintered lead[ed] bronze
curage *m* / cleaning || ~ (mines) / mud clearing || ~ (pétrole) / oil well fluid || ~ (égout) / sewage purification || ~ de **fossés** / ditch cleaning
curare *m* / curare, curari
curcuma *m* (teint) / curcuma, turmeric
curcumin *m* (teint) / turmeric yellow
curcumine *f* (colorant pour denrées) / curcumin
cure *f* du **béton** / curing
cure-cendres *m* / ash drawing tool
curement *m* / sewage purification
cure·mètre *m* (caoutchouc) / curemeter || **~métrie** *f* (caoutchouc) / curemetry
cure-môle *m* / harbour dredger
curer / clean out ditches || ~ (hydr, bâtim) / wash, flush
curet[t]age *m* d'un **bloc de maisons** / curet[t]age, slum clearance
curette *f* / raker || ~ à **boule ou à clapet** (mines) / sand pump
curie *m* (vieux) (nucl) / curie, Ci
curium *m*, Cm / curium, Cm
curl *m* (électr) / curl, rotation
curly-top *m* (maladie des betteraves) / leaf curl, curly top
curseur *m* (instr) / cursor || ~ (arp) / vane of the levelling staff || ~ (filage) / [ring] traveller, urchin (US) || ~ (électr) / slide contact, slider || ~ (techn) / traveller, slide, coupler || ~ (électr, ch.de fer) / sliding o. wiper contact, slide, plot || ~ (filage) / fly, card fancy || ~ (m.à écrire) / slide || ~ (balance) / rider || ~ **électronique** (radar) / electronic cursor || ~ de **guidage** / guide block || ~ de la **hausse** (mil) / rear sight elevating slide, sliding leaf, sight slide
curtosis *f* (statistique) / kurtosis
curvature *f* de la **Terre** / earth curvature
curviligne / curved
curvimètre *m* / opisometer
cut-back *m* (déconseillé), diluant *m* dasphalte / cutback [asphaltic] bitumen, cutback asphalt (US)
cutter *m* (film) / cutter
cuvage *m* (tex) / vatting
cuve *f* / tun, trough, vat, tank, cistern || ~, cuvette *f* (chimie) / bulb, cell, vessel || ~ (filtre) / feed trough || ~ (teint) / vat, copper, boiler || ~ (nav) / tank || ~ (tan) / tanning pit || ~ (sidér) / shaft o. stack of the blast furnace || ~ (géol) / pothole || ~ (techn) / dish || ~ (galvanisage) / galvanizing kettle || **à la** ~ (pap) / hand-made, mould-made || **en** ~ **ouverte** (app. de débouillissage, tiss) / in an open pan o. vat || ~ d'**absorption** (chimie) / absorption cell o. vessel || ~ **âcre** (teint) / sharp vat || ~ d'**agglomération** / sintering furnace || ~ **autoclave** (teint) / autoclave || ~ du **bac** (mines) / washer o. jigging box || ~ du **bain** (galv) / plating tank o. unit || ~ à **blanc** (tex) / blank vat || ~ de **blanchiment** / bleaching vessel || ~ au **bleu** (teint) / blue vat || ~ à **boue sous pression** / sludge pressure container || ~ **céramique à encastrer** (laboratoire) / built-in sink || ~ **champagne de vaporisage** (tex) / cottage steamer || ~ de **chasse**, cuve *f* de circulation (opt) / flow-through cell || ~ de **clarification** (bière) / clarifying o. straining vat o. tub, lauter tub o. vat || ~ **collectrice** (tiss) / collecting vat, chute, receiver, receptacle || ~ à **colonne liquide** / absorption cell o. vessel, absorber || ~ à la **couperose** (teint) / blue o. copperas vat || ~ de **décantation** (pap) / settler || ~ de **décr[e]usage**, cuve *f* de dégommage (soie) / boiling pan || ~ de **développement** (phot) / tank || ~ à **double tan** (tan) / binder pit || ~ d'**ébullition** (panneaux de particules) / soaking tank || ~ d'**évier** / sink basin || ~ de **fermentation** (bière) / gyle tun || ~ de **fermentation** (teint) / warm vat o. copper o. trough || ~ de **fermentation à pression** (bière) / pressure fermentation tank || ~ à **filtration** (bière) / clarifying o. straining vat o. tub, lauter tub o. vat || ~ du **filtre** (prép) / filter feed trough || ~ de **foulon** / well || ~ de **four** / furnace shaft || ~ de **gaz** / gas cell || ~ en **grès-cérame** / stoneware tank || ~ **guilloire** (bière) / pitching tub o. vessel, starting tub || ~ du **haut fourneau** / shaft o. stack of the blast furnace || ~ d'**imbibition** / imbibition trough || ~ à **immersion** / dip tank || ~ d'**imprégnation** / impregnating trough o. vat o. vessel || ~ d'**indigo à la potasse** / indigo vat || ~ en **J** (tiss) / machine for storage and reaction in rope form, J-box || ~ à **laitier basculante** (sidér) / dump cinder car || ~ de **lavage** (phot) / plate washer || ~ à **lavage ou servant en lavoir** (mines) / tossing tub o. kieve, rinsing buddle || ~ de la **machine à neutraliser** (teint) / operating trough || **~-matière** *f* (bière) / mash copper || ~ à **mazout** / fuel oil tank || ~ **mélangeuse** (prépar) / conditioner || **~-mère** *f* (tex) / stock vat, parent vat || ~ **monoanodique** / single-anode rectifier || ~ de **mouillage** (bière) / steeping cistern o. tank o. vat || ~ à **niveau constant** (carburateur) / carburettor float chamber o. float bowl (US) || ~ à **niveau constant de régulation** / float regulator || ~ à **pâte** (pap) / pulp vat || ~ de la **pile défileuse** (pap) / breaker vat || ~ en **porcelaine** (chimie) / porcelain cell || ~ à la **potasse** (teint) / potash vat || ~ sous **pression** (nucl) / pressure vessel || ~ à **radiateurs** (transfo) / radiator tank || ~ de **réacteur** / reactor vessel || ~ à **recuire** (sidér) / annealing box || ~ de **redresseur** (électr) / rectifier tank || ~ **réfrigérante** / cooling trough || ~ du **réfrigérateur** / inner liner of the refrigerator || ~ au **révélateur** (phot) / tank || ~ **rhéographique** / electrolytic tank || ~ **sèche** (pap) / dry vat || ~ à **sécher** / drying box || ~ à la **soude** (teint) / potash o. soda vat || ~ **sphérique** (gaz) / spherical gasholder || ~ en **spirale** (tex) / spiral dye back o. beck (US) || ~ de **stockage du schlamm** (cément) / slurry storage tank || ~ au **sulfate ferreux** (teint) / blue o. copperas vat || ~ **supérieure du haut fourneau** / upper chamber o. shaft || ~ de **teinture** / dyeing vat o. jigger o. kettle o. copper || ~ pour la **teinture à la continue** (tex) / continuous dyeing machine || ~ de **transformateur** / transformer tank || ~ de **trempage** (teint) / steeping vat o. warm vat o. copper o. trough, steeper || ~ de **trempe** (bière) / soaking tub o. cistern, steeping tank || ~ à **tremper** (acier) / hardening crucible || ~ à **tubes** (transfo) / tube tank || ~ **tubulaire** (opt) / tubular cell || ~ de

vaporisage / evaporator || ~ de **vitrification** (verre) / melting end || ~ au **vitriol** / copperas vat, blue vat
cuvelage *m* (bâtim) / tanking, basement waterproofing || ~ (mines) / shaft lining o. walling || ~ (ELF) (pétrole) / casing || ~ en **acier** (puits) / casing of a shaft, steel tubbing || ~ en **béton armé** (hydr) / reinforced concrete shell || ~ en **bois** (mines) / plank tubbing || ~ en **bois** (bâtim) / timbering || ~ en **fer** (mines) / iron tubbing || ~ en **maçonnerie** / stone tubbing || ~ **métallique ou de fonte** (mines) / tubbing, ring lining
cuveler (mines) / tub || ~ avec des **anneaux de fonte** / line with cast iron rings
cuvellement *m* (bâtim) / ground water protection
cuvette *f* (gén) / [wash] basin o. bowl || ~ (gén, géol, mines) / basin || ~ (horloge) / dome of a watch || ~ (phot) / filter trough || ~ (vis) / cup point || ~ (volcan) / caldera || ~ (phot) / tank, tray || ~ (verre) / cistern, cuvette || ~ (thermomètre) / thermometer bulb o. basin o. cistern o. reservoir || ~ (W.C.) / bowl, pan || **en** ~ / dished || **en forme de** ~ / saucer-type || ~ d'**avant-corps** (verre) / nose, feeder spout o. nose || ~ à **boule ou à clapet** (mines) / mud bailer o. socket || ~ de **boussole ou de compas** / compass bowl || ~ à **brûleurs longitudinaux** (verre) / longitudinal flame tank || **~-carter** *f* à **huile** (auto) / oil sump, oilpan, lower crankcase, crankcase bottom o. lower half || ~ de **coucheuse** (pap) / coater o. coating pan o. trough || ~ de **développement** (phot) / developping tray || ~ d'**égouttage** / oil drip pan || ~ d'**empilage** (conteneur) / stacking cup || ~ d'**évaporation** / evaporating o. vaporization basin o. dish o. pan || ~ de **gazogène** / ash pan of a gas producer || ~ de **gouttière** / rainwater o. hopper head || ~ **inférieure du carter** (auto) / crankcase bottom o. lower half || ~ de **pied d'élévateur à godets** / feed boot of the bucket elevator || ~ de **potentiel** (nucl) / potential trough || ~ **ramasse-gouttes ou de propreté** (cuisinière) / drip pan, unit pan || ~ de **ressort** / spring plate o. collar || ~ de **ressort de piston** (pompe d'injection) / seat of the plunger spring || ~ de **ressort de soupape** (auto) / valve spring retainer || ~ **rotule** / ball socket o. cup || ~ **tournante d'aspiration** (verre) / revolving pot || ~ de **vaporisation** / evaporating o. vaporization basin o. dish o. pan || ~ de **W.C.** / lavatory bowl || ~ de **W.C. [à chasse directe]** / water closet bowl, WC bowl o. pan || ~ de **W.C. à action siphonique** / syphonic type WC bowl || ~ de **W.C. à fond plat** / flush-out type WC bowl o. pan || ~ de **W.C. à nappe d'eau profonde** / flushdown type WC pan
cuvier *m* / bucket, trough || ~ de **machine** (pap) / machine chest || ~ **mélangeur** (pap) / mixing chest || ~ de **tête** (pap) / stuff chest
CV (auto) / taxable horsepower
C.V., chemin *m* vicinal / parochial o. parish road, country road
C.V., chlorure *m* de vinyle / vinyl chloride, VC
C.V²., chlorure *m* de vinylidène / vinylidene chloride
CV (vieux) (1 CV = 735,5 W) / continental horsepower, cont. hp.
cyanamide *m* / cyanamide, carbodiimide || ~ *f* de **calcium** / lime-nitrogen
cyanate *m* / cyanate (I) || ~ d'**ammonium** / ammonium cyanate (I)
cyanhydrine *f* / cyan[o]hydrin
cyanine *f* (phot) / cyanine, chinolin[e] blue || ~ (bot) / cyanin, cyanidin glucoside
cyaniser (bois) / kyanize
cyanite *m* (min) / cyanite, kyanite, disthene
cyan[o]acrylate *m* / cyanoacrylate
cyanobenzène *m* / cyanobenzene
cyanoferrate(II) *m* / ferrous cyanide, iron (II) cyanide, ferrocaynide, prussiate || **~(III)** *m* / ferricyanide, iron (III) cyanide, prussiate || ~ (III) **de potassium** / potassium ferricyanide, [tri]potassium hexacyanoferrate (III), red prussiate of potash || **~(II) de potassium** / potassium ferrocyanide, [tetra]potassium hexacyanoferrate (II), yellow prussiate of potash
cyano·gène *m* / cyanogen, carburet of nitrogen || **~hydrine** *f* / cyan[o]hydrin || **~platinite** *m* (écran X) / cyanoplatinite || **~platinite** *m* (chimie) / cyanoplatinite, platinum (II) cyanide || **~silicone** *m* / cyanosilicone || **~toluène** *m* / cyanotoluene
cyanuramide *m* (chimie) / melamin[e]
cyanuration *f* (acier) / cyanide o. cyanogen hardening || ~ (or) / cyanide process
cyanure *m* / cyanide, prussiate || ~ d'**argent** / silver cyanide || ~ **aureux** / gold [mono]cyanide, gold (I) cyanide || ~ **aurique** / gold (III) cyanide || ~ de **bromo-benzyle** / bromobenzyl cyanide, B.B.C. || ~ de **calcium** / black cyanide || ~ de **cuivre** / copper cyanide || ~ **cuivreux** / cuprous cyanide, copper (I) cyanide, cupricin (US) || ~ de **diphénylarsine** / diphenyl arsincyanide, blue cross gas || ~ d'**éthyle** / propanonitrile || ~ de **fer** / cyanide of iron, iron cyanide || ~ d'**hydrogène** / hydrocyanic acid, prussic acid, hydrogen cyanide || ~ **jaune de fer et de potassium** voir cyanoferrate (II) de potassium || ~ de **potassium** / potassium cyanide || ~ **rouge de fer et de potassium** voir cyanoferrate (III) de potassium || ~ de **sodium** / sodium cyanide
cyanurer / treat by potassium cyanide || ~ (acier) / cyanide- o. cyanogen-harden || ~ (bois) / kyanize
cybernéticien *m* / cybernetician, -ticist
cybernétique *f* / cybernetics *sing; pl*
cyclable (bicyclette) / rid[e]able for bicycles, cycle-path ...
cyclage *m* (hydr) / circulation installation || ~ **thermique** / thermal cycle
cyclane *m* / cyclane, cycloparaffin
cycle *m* / cycle, circle || ~ (ord., m.outils) / cycle || ~ (éch. d'ions) / exchange cycle || ~, bicyclette *f* / cycle, bicycle, bike (US coll) || ~ (mot) / trip, cycle || ~ (électr) / cycle || ~, fréquence *f* (choc) / [cyclic] frequency || **à ~s automatiques** (m.outils) / program-controlled || ~ d'**acide citrique** (biol) / citric acid cycle, tricarboxylic acid cycle || ~ d'**activité solaire** / solar cycle || ~ d'**air d'un bac** (prép) / washbox air cycle || ~ d'**avancement** (mines) / round of shots || ~ de l'**azote** / nitrogen cycle || ~ de **base** (ord) / basic machine time || ~ **Beau de Rochas** (mot) / constant volume cycle, Otto cycle || ~ **benzénique** (chimie) / benzene ring || ~ de **Bethe**, cycle *m* du carbone ou carbone-azote (astr) / Bethe-Weizsäcker progressive reaction || ~ de **broyage** (prép) / grinding cycle || ~ **cablé** (ord) / fixed o. canned cycle || ~ du **carbone** / [organic] carbon cycle || ~ du **carbone et du nitrogène** / carbon-nitrogen cycle || ~ de **Carnot** (phys) / Carnot cycle || ~ de **Carnot renversé** / vapour compression cycle || ~ des **cartes** (c.perf) / card cycle || **~s** *m pl* de **charge** (électr) / current loading cycles *pl*, load cycles *pl* || ~ *m* de **charges** / alternation of load || ~ de **Clausius-Rankine** / Rankine cycle || ~ d'un **cœur** (nucl) / core cycle || ~ de **combustible** (nucl) / fuel [breeding] cycle || ~ **complet** / complete cycle || ~ de **concassage** (prép) / crushing cycle || ~ de **contrainte** / stress cycle || ~ de **coulée** (production en masse) / casting cycle || ~ de **défroissage** (m. à laver) / dewrinkle cycle || ~ [à]

deux temps / two-stroke [cycle] (GB), two-cycle (US) || ~ **Diesel** / diesel cycle o. process || ~ **direct** (réacteur) / direct cycle || ~ d'**eau** / hydrological cycle || ~ de l'**effort** / alternation o. change of load, load cycle || ~**s** *m pl* d'**effort** / endurance, stress cycles endured *pl* || ~ *m* d'**équilibrage** (techn) / balancing run on a balancing machine || ~ d'**équilibre** (nucl) / equilibrium cycle || ~ d'**extension et de compression** / extension and compression cycle || ~ d'**extraction** (traitement du combustible irradié) (nucl) / extraction cycle, solvent extraction || ~ de **fabrication** / production sequence || ~ **fermé** / closed cycle, loop || ~ **fixe** (ord) / fixed o. canned cycle || ~ de **fonctionnement** (mot) / working o. operating cycle, cycle, trip || ~ de **fonctionnement** (essai de m.) / load cycle || ~ de **fonctionnement à quatre temps** / four-stroke [cycle] (GB) o. four-cycle (US) principle || ~ **frigorifique** / refrigeration cycle || ~ de **haut fourneau** (sidér) / blast furnace cycle || ~ d'**hystérésis** / hysteresis loop o. cycle || ~ d'**instruction** / instruction cycle || ~ **isolé** / single-cycle || ~ de **Krebs** (biol) / citric acid cycle, tricarboxylic acid cycle || ~ de **laminage** (lam) / rolling cycle || ~ **limite** (contr.aut) / limit cycle || ~ de **Linde** / Linde process || ~ du **liquide** / liquid cycle || ~ de **listage** (ELF) (ord) / list cycle || ~ de **machine** / machine cycle || ~ **machine** (ord) / machine cycle || ~ **majeur** (ord) / major cycle || ~ de **mesurage** (techn) / measuring run on a balancing machine || ~ de **mesure** / measuring cycle || ~ **mineur** (ord) / minor cycle || ~**s** *m pl* par **minute** (essai de fatigue) / stress reversals *pl*, stress cycles endured *pl* || ~ *m* **moteur** (m.compt) / motor operation o. stroke || ~ de **moteur** [de Carnot] / Carnot cycle || ~ de **moulage** (plast) / moulding cycle || ~ des **mouvements** (ordonn) / motion cycle || ~ de **neutrons** / neutron cycle || ~ de **nutrition** / nutrition cycle || ~ d'**opération** (mines) / haulage o. operating o. winding cycle || ~ d'**opérations** (chimie) / process cycle o. sequence || ~ **opératoire** / working o. operating cycle || ~ **opératoire** (c.perf.) / intercycle, control cycle || ~ à **passage unique** (nucl) / once-through fuel cycle || ~ de **points Morse** (télécom) / dot cycle || ~ de **programme** (ord) / program loop || ~ **proton-proton** / proton-proton cycle || ~ **pyranique** (chimie) / pyran ring || ~ à **quatre temps** (mot) / four stroke cycle (GB), four cycle (US) || ~ de **réception** (contr.aut) / receive run || ~ de **recherche** (ord) / search cycle || ~ de **régénération** / recovery cycle || ~ de **rétablissement** / recovery cycle || ~ **réversible** / reversible cyclic process || ~ **simple** / single-cycle || ~ **solaire** / solar cycle || ~ de **soudure** / welding cycle || ~**s** *m pl* **successifs** (ord) / successive cycles *pl* || ~ *m* de **surrégénération** (nucl) / breeding cycle || ~ de **tabulation** (c.perf.) / non-list[ing] cycle, group printing || ~ de **température** (nucl) / temperature cycle || ~ **tendu** (chimie) / three- o. four-membered ring || ~ **thermique** (essai de mat) / thermal cycle || ~ de **tonnelage** (galv) / tumbling cycle || ~ **total** (c.perf.) / total cycle || ~ de **traitement** (ord) / machine cycle || ~ de **traitement** (gén) / process cycle o. sequence || ~ de **travail** (m.outils) / working cycle || ~ de **travail**, élément *m* cyclique (ordonn) / cycle of work, cyclic element || ~ à **trois chaînons** (chimie) / three-membered ring || ~ à **une seule ligne** / one-way cycle || ~ de **va-et-vient** (filage) / to-and-fro cycle || ~ **vide** (ord) / idle stroke || ~ à **vide** (c.perf.) / idling cycle || ~ de **vie** / life-cycle

cyclecar *m* / mini o. small o. baby car, midget, light car (US)

cyclène *m* / cyclene, cyclo-olefine

cycler / cycle *vi*

cyclique / cyclic || ~, périodique / periodic, periodical || ~ (chimie) / cyclic, ring... || ~ (électr) / cyclic, rotary-field ... || ~**-binaire** (math) / cyclic binary

cyclisant (chimie) / ring-forming

cyclisation *f* (chimie) / cyclization, ring formation || ~ **pyridique** (chimie) / pyridine ring formation

cycliser (chimie) / aromatize

cycliste *m* / [pedal] cyclist

cyclo·alcane *m* voir cyclohexane || ~**-aliphatique** / cyclo-aliphatic || ~**butane** *m* / cyclobutane, tetramethylene || ~**convertisseur** *m* (électr) / cycloconverter || ~**dextrine** *m* / cyclodextrin || ~**gramme** *m* (ordonn) / cyclograph picture || ~**hexane** *m* / cyclohexane, hexamethylene, hexanaphthene, hexahydrobenzene || ~**hexane** *m* d'**hexachlorure** / benzene hexachloride, BHC || ~**hexanol** *m* / cyclohexanol, hexahydrophenol || ~**hexanol** *m* de **commerce** / commercial cyclohexanol || ~**hexanonoxime** *m* / cyclohexanonoxim

cycloïdal / cycloid[al]

cycloïde *f* / cycloid

cyclo·métrique (math) / inverse trigonometric, antitrigonometric, arc-trigonometric || ~**moteur** *m* / motorized bike

cyclone *m* (météorol) / cyclone || ~ (sidér) / cyclone dust catcher || ~ (pap) / sand collector o. trap || ~ **clarificateur** / cyclone clarifier || ~ **classeur** / cyclone classifier || ~ de **décantation** / settling cyclon || ~ **dépoussiéreur** / dust chamber o. precipitator, cyclone || ~**-épaississeur** *m* / cyclone thickener || ~ de **lavage** / dust scrubber || ~ de **séparation** / settling cyclone || ~ à **tirage par en bas** / downcomer cyclone

cyclo·oléfine *f* / cyclene, cyclo-olefine || ~**paraffine** *f* / cyclane, cycloparaffin

cyclopéen (bâtim) / cyclopean, cyclopic

cyclo·pentadiène *m* / cyclopentadiene || ~**pentane** *m* / cyclopentane, pentamethylene || ~**pentanone** *m* (chimie) / cyclopentanone, ketocyclopentane || ~**rama** *m* / cyclorama || ~**rama** *m*, toile *f* de fond circulaire (théâtre) / cyclorama, back drop || ~**scope** *m* / cyclograph || ~**silicate** *m* / cyclosilicate

cyclotron *m* (nucl) / cyclotron || ~ aux **collines spiralées** / spiral ridge cyclotron || ~ **isochrone** / isochronous cyclotron

cylindrage *m* (routes) / rolling

cylindre *m* (turbine) / cylinder, casing, housing, shell || ~ (montre) / cylinder, barrel || ~ (techn) / cylinder || ~ (m.à écrire) / platen || ~ (soudage) / cylinder, bottle || ~ (filage) / cylinder, main cylinder, swift || ~ (Jacquard) / cylinder || ~ (verre) / cylinder, muff || ~ (mot) / cylinder || ~ (lam) / roll || **à deux ~s** / two-cylinder... || **à quatre ~s** (turbine) / four-cylinder... || **à un ~** (mot) / single-cylinder || **deux ~s essoreurs** / squeezing rollers *pl* || ~ d'**accélération** (panneau de partic.) / flinger roll || ~ à **ailettes** (mot) / gilled o. ribbed cylinder || ~ à **air** / air cylinder || ~ à **air comprimé** (mot) / starting air cylinder || ~ **alimentaire ou alimentateur ou d'alimentation** (filage) / feed roller || ~ **alimentaire à pointes ou à dents** (filage) / spiked feed roller || ~ **alimentateur** (m.outils) / feed cylinder o. roller || ~ d'**alimentation** (cintreuse) / transporting roller || ~ d'**alimentation d'un batteur** (tex) / compression roller of a beater || ~ d'**alimentation d'un continu** (tex) / feeder roller of a ring spinning frame || ~ d'**amenage** (m.outils) / feed cylinder o. roller || ~ d'**appui** (lam) / back[ing]-up roll[er] || ~ d'**appui composite** / sleeve back-up roll || ~

arracheur (métier Cotton) / detaching roller || ~ **aspirant** (pap) / suction roll || ~ **aspirateur** (soufflerie) / aspirating cylinder || ~ d'**assemblage ou d'accumulation** (typo) / collecting cylinder || **~s** *m pl* **assouplisseurs** / chat roller || ~ *m* d'**avance** (cintreuse) / transporting roller || ~ **avant** (tex) / front roller, delivery roller || ~ de **barrage** (hydr) / weir roller || ~ de **base** / base cylinder || ~ **basse pression** (turbine) / low-pressure cylinder, L.P. cylinder || ~ **batteur** (agric) / threshing cylinder || ~ **batteur** (tex) / scutcher || ~ **blanchisseur** (pap) / bleaching engine || ~ **bobineur** (lam) / coiler || ~ **briseur** (filage) / taker-in roller of a flat card || ~ **broyeur** (techn) / grinding roll || ~ de **cage intermédiaire** (sidér) / strand roll || ~ de **calandrage d'un batteur** (tex) / calender roller of a beater || ~ de **calandre** (plast) / bowl of a calender || ~ à **cames de réglage de la vitesse** / contactor-controller, camshaft o. drum controller || ~ **cannelé** / corrugated roll, fluted o. serrated roller || ~ **cannelé**, cylindre *m* à granuler / granulating roller, toothed roller || ~ **cannelé** (tiss) / fluted roller || ~ **cannelé ou à cannelures** (lam) / grooved roll o. cylinder || ~ en **caoutchouc** / rubber cylinder || ~ **capteur** (contr.aut) / master cylinder || ~ à **caractères** (imprimante) / type drum, line printer barrel || ~ de **carde** / card cylinder || ~ de **cartes** (Jacquard) / card cylinder || ~ **centrifuge** (pap) / centrifugal rag engine || ~ à **chambre d'explosion hémisphérique** (mot) / dome-head cylinder || ~ de **changement de vitesse à air comprimé** (auto) / pneumatic gear change cylinder || ~ de **changement de vitesse à commande par dépression** (auto) / vacuum shift cylinder || ~ à **chariot** (tan) / sole leather roller, carriage roller || ~ à **cintrer ou de cintrage** / bending roller[s;pl.] || ~ à **clous** (pann.part.) / nail o. pin roll || ~ **collecteur** (typo) / collecting cylinder || ~ de **commande** / contactor-controller || ~ **communicateur d'une carde** / transfer roller of a card || ~ **compresseur** (marteau) / compressor of an air hammer || ~ **comprimeur** (agr) / press[ing] roll[er] || ~ **contacteur** / contact roll || ~ à **contrôler le niveau** (pann. de part.) / level controlling roll || ~ du **contrôleur** / controller drum o. cover || ~ à **coucher** (pap) / couch roll || ~ de **coupe** (typo) / cutting cylinder || ~ **creux** / hollow cylinder || ~ **creux du frein** / brake ring || **~-crible** *m* / sectional jigging machine || ~ de **cuivre** / copper cylinder || ~ **débourreur** (carde) / stripping roller || ~ **décatisseur** / decatizing roller || ~ de **décharge** (filage) / sliver calender, delivery roller, calender [take-off] roller || ~ **déchargeur** (tex) / clearer [roller], stripper || ~ **dégrossisseur** / break[ing]-down roll || ~ **délivreur** (cardage) / delivery roller, calender [take-off] roller, draw-off roll, withdrawal roll || ~ à **dents** (filage) / toothed o. spiked pulling roller || ~ à **dents de scie** (filage) / saw-tooth roller o. cylinder || ~ aux **dessins** (tiss) / design cylinder || ~ **détacheur d'un brise-balle** (filage) / stripper roller of a bale opener || **~s** *m pl* **détacheurs de l'étaleuse** (tex) / delivering rollers of a spreader *pl* || ~ *m* à **direction** (rouleau dameur) / pony truck || **~s** *m pl* **disposés dans une file** (lam) / strand of rolls || ~ *m* **distributeur** / distributing roll[er], spreader roll || ~ **distributeur** (techn) / feeding cylinder || ~ **double** (turbine) / double casing || ~ **double plaque** (typo) / two set, double production o. plating || **~s** *m pl* **dresseurs** / straightening rollers *pl* || **~s** *m pl* **duo** / duo-rolls, two-high rolls *pl* || ~ *m* de **duvets** (laine) / angle stripper || ~ **ébaucheur** (lam) / breakdown roll, cogging o. roughing-down roll || ~ **égalisateur d'un brise-balle** (filage) / evener roller of a bale opener || ~ **égalisateur de la charge des essieux** (ch.de fer) / compensating axle-load cylinder || ~ **égaliseur** (filage) / stripper comb o. roll, even roll[er] || ~ à **égrener** (tex) / roller gin, Congreve's granulation machine || ~ **elliptique** (math) / cylindroid || ~ à **émeri** / grinding drum o. cylinder o. roll || ~ **émoussant** (pap) / diluting roller || ~ **encolleur** (tex) / dressing cylinder, sizing roller || ~ **encolleur** (men) / glue spreading roll || ~ **encreur** (typo) / duct roller || ~ **enfonceur** (filage) / dubbing roller || ~ **enregistreur** / recording drum o. cylinder || ~ d'**enroulement** (typo) / winder, winding roller o. drum || ~ **enrouleur ou d'enroulement** (mines) / hoisting o. hauling o. winding drum o. barrel || ~ **enrouleur** (grue) / rope o. cable drum o. barrel o. reel || ~ **enrouleur** (lam) / coiler || ~ d'**entraînement** (lam) / withdrawal o. pinch roll || ~ d'**entraînement du papier** / paper [feed] roller || ~ d'**entrée** (tex) / back o. feed roller || ~ d'**entrée à dents de scie** (laine à peigne) / porcupine roller o. cylinder || ~ d'**étirage** (tex) / draw frame roller || ~ **étireur** (filage) / withdrawal roll[er] || ~ **étireur de dessous** (filage) / fluted o. bottom o. drawing roller (drawing frame) || **~s** *m pl* **étireurs** (filage) / drawing rollers *pl*, roller drafting zone || **~s** *m pl* **étireurs** (lam) / stretch rollers *pl* || ~ *m* **extérieur** (vis cylindr) / external o. tip cylinder || ~ de **fermeture** (serr) / cylinder of a lock || ~ de **fermeture des portières** (auto) / door lock cylinder || ~ **feutré** (pap) / felted cylinder || ~ à **filigraner** (pap) / watermark cylinder || ~ à **fils** (lam) / wire [rod] roll || ~ **finisseur** / finishing roll || **~s** *m pl* **finisseurs** (lam) / stretch rollers *pl* || ~ *m* **flotteur** (filage) / slip draft roller || ~ **fondu en coquille ou en fonte dur[ci]e** / chilled roll[er] o. cylinder || ~ de **fonte composite** / composite cast roll || ~ de **fonture** (tricotage) / section[al] warp[ing] beam, small beam || ~ **fournisseur** (tex) / licker-in, feeding rollers *pl* || ~ de **frein** / brake o. braking cylinder || ~ de **frein à air comprimé** / air-cell brake cylinder || ~ de **frein à ressort accumulateur** / spring brake actuator o. cylinder || ~ de **frein de roue** (auto) / wheel brake cylinder || ~ de **frein télescopique** (auto) / telescopic brake cylinder || ~ **frictionneur** (pap) / cylinder of the yankee machine || ~ à **froid** (lam) / cold roll || ~ de **frottoir** (filage) / rubbing roller || ~ à **gaz comprimé** / gas o. steel cylinder, gas bottle (coll) || ~ à **goupilles** (serr) / pin tumbler cylinder || ~ à **gradins** / stepped roll || ~ à **gradins** (lam) / squabbing roll, staggered roll || ~ **gradué** / glass measure, graduated vessel || ~ **graisseur** / grease gun || ~ à **granuler** / granulating roller, toothed roller || ~ **gravé** / engraved o. form cylinder || ~ de **guidage** / guide roller || **~-guide** *m* (contr.aut) / guide cylinder || ~ d'en **haut** (filage) / rubbing o. top o. upper roller, traversing condenser roller || ~ **hérissé** (filage) / toothed o. spiked pulling roller || ~ **hydraulique** / hydraulic cylinder || ~ d'**immersion** / immerged drum || ~ d'**immersion** (filage) / immersion o. dipping drum || ~ d'**impression** (typo) / impression cylinder || ~ d'**impression** (imprimante) / impression roller, print roller || ~ d'**impression** (m.à ecrire) / platen, roller || ~ **imprimeur** (typo) / impression cylinder || ~ **inférieur** (tex) / fluted o. bottom o. drawing roller (drawing frame) || ~ **inférieur** (lam) / bottom o. lower roll || ~ **inférieur alimentaire** (filage) / bottom feed roller || ~ **inférieur délivreur** (filage) / bottom delivery roller || ~ **inverseur** / reversing roll || ~ à **lainer** (tex) / brushing cylinder, raising o. teazeling roller || ~ pour **laminage fin** / fine section roll || ~ pour **laminage à froid** / cold roll || ~ pour **laminer les feuillards** / strip mill roller || ~ à **laminer les filets** / thread roller || ~ pour **laminer les ros** (tiss) / reed roller || ~ **laveur** (pap) / washer, washing o. breaking engine, breaker || ~ de **levage** (hydr) / lifting cylinder || ~ **lisse** (tiss) / low back roller || ~ **lisse** (lam) / plain roll[er] || ~ **lisse** (routes) / smooth roller || ~ de la **machine à écrire** / typewriter platen || ~ **magnétique de renvoi de la bande** (lam) / magnetic roll for strip || ~ à **mandrin plongeant** (plast) / melt accumulator, dipping barrel || ~ de **manœuvre des portes** (auto) / door operating cylinder || ~ **massif** (techn) / solid cylinder || ~ en **matière plastique** / plastic roll[er] || ~ **médial ou médian ou du milieu** / central o. middle roll || ~ **moteur** / working cylinder || ~ de **nettoyage du tambour** (filage) / clearer roller for carding engine, drum stripper roller || ~ **nettoyeur d'un brise-balle** / stripping o. cleaner roller of a bale breaker || ~ **nettoyeur d'une garnette** (filage) / clearer roller of a garnetting machine || ~ **non entraîné** (lam) / drag roll || ~ **oblique** (lam) / skew o. slant roll || ~ **oléopneumatique** (frein) / servo-cylinder || ~ **ouvreur [à dents]** (tex) / opening cylinder || ~ **parabolique** / parabolic cylinder || ~ **peigneur d'une carde** / doffer cylinder of a card || ~ **perforé** / perforated cylinder || ~ à **picots** (ord) / pin feed drum || ~ de **pied** (roue dentée) / root cylinder || ~ de **pile** (pap) / cylinder of the rag engine, beater roll || ~ de **piquage** / roughing roller || **~s** *m pl* de **planage** / straightening rollers *pl* || ~ *m* de **plaque** (typo) / plate cylinder || ~ **plieur** (typo) / folding cylinder || ~ **plongeur** / immerged drum || ~ **plongeur** (filage) / immersion o. dipping drum || ~ à **pointes** (filage) / toothed o. spiked pulling roller || ~ à **polir** (lam) / smoothing roll || ~ **poreux** / porous cell o. cylinder o. pot || ~ **porte-caoutchouc** (typo) / blanket cylinder || ~ **porte-clichés** (typo) / form cylinder || ~ **porte-papier de l'indicateur** (techn) / indicator drum, registering drum o. cylinder || ~ **porte-plaque** (typo) / plate cylinder || ~ **porteur** (calandre) / king roll || ~ **poussoir** / thruster, thrustor || ~ à **presser** / pressing cylinder || ~ **presseur** / press roller of the bale breaker || ~ **presseur d'un loup-carde** / compression roller of a carding willow || ~ de **pression** / roller, press-cylinder o. roll[er] || ~ **primitif de fonctionnement** (engrenage) / pitch cylinder || ~ **primitif de référence** (engrenage) / reference cylinder || ~ **principal du frein** (auto) / main brake cylinder || ~ de **proctor** (agr) / Proctor cylinder || ~ à **profilés** (lam) / section roll, pass roller || ~ pour **profilés U** (lam) / roll for channels || ~ à **rainures** (filage) / grooved drum || ~ **ramasseur d'une carde** / collector roller of a card || ~ **ravanceur** / pneumatic thruster o. thrustor || ~ **récepteur** (contr.aut) / slave cylinder || ~ de **référence** (vis sans fin) / reference cylinder || ~ de **renversement** / reversing roll[er] || ~ de **retenue d'un batteur** (tex) / single feed roller and pedal of a breaker || ~ de **retour** (plast) / pull-back [cylinder] || ~ à **retour** (lam) / returning roll || ~ de **ripage** / pneumatic thruster o. thrustor || ~ **rotatif d'alimentation** (lam) / feeding roller || ~ **rotatif sur essieu fixe** / loose o. movable o. idle[r] roll || ~ de **roulement de l'ensouple** / warp beam bearing roller || ~ à **rouler les filets** / thread roller || ~ de **rupture** (typo) / web breaking roller || ~ **sécheur** / drying drum o. cylinder o. roll[er], rotary drier || ~ **secondaire** / slave cylinder || ~ **secteur** (tricotage) / section[al] warp[ing] beam, small beam || ~ de **séparation** (prép) / separating drum || ~ de **serrage** / cylinder of a cylinder lock || ~ **solide** (math) / solid cylinder || ~ de **sortie** (typo) / delivery cylinder || ~ de **soutènement** / doubling roll || ~ de **soutien** (lam) / back[ing]-up roll[er] || ~ **splitté** (m.compt) / split platen || ~ **supérieur** (lam, filage) / top o. upper roll[er], pressure roller || ~ **supérieur alimentaire** (filage) / top feed draughting roller || ~ **supérieur délivreur** (filage) / top delivery roller || ~ **supérieur flotteur d'étirage** (tex) / slip draught top roller || ~ de **tête** (engrenage) / tip cylinder || ~ à **tôles** / plate roll || ~ de la **tondeuse** (tex) / cutting cylinder || ~ de **transfert d'une carde** / transfer roller of a card || ~ de **travail** (lam) / work[ing] roll || ~ de **travail** (techn) / working cylinder || ~ **trieur** / sorting drum || **~s** *m pl* **trijumeaux** / rolling mill three-high || ~ *m* **tronqué** / truncated cylinder || ~ de **tube** / tube cylinder || ~ de **turbine** / turbine cylinder o. casing o. housing o. shell || ~ **V** (roue dentée) / V cylinder || ~ à **vaporiser** / steaming cylinder || ~ **vérificateur** / calibre (GB), caliber (US) || ~ en **verre** / glass cylinder, muff || ~ **vibrant pour chantiers routiers** / vibratory roller || ~ à **vide** (lam) / dummy roll || ~ à **vis** (pap) / rag engine cylinder, beater roll || ~ de **Wehnelt** / cathode o. modulating electrode, Wehnelt cylinder

cylindrée *f* (mot) / cubic capacity of the engine, volumetric displacement, piston swept volume || ~ (pompe) / size of a pump || ~ **unitaire** (mot) / piston capacity o. displacement, piston swept volume

cylindrer (agr, routes) / roll || ~ (tex) / mangle || ~, aplatir (lam) / roll flat

cylindricité *f* / cylindrical form, cylindricity

cylindrique / cylindrical, cylindric

cylindrosymétrique / cylindrically symmetric

cylpeps *m* (ciment) / cylpebs, cylindrical pebble

cymaise *f* (bâtim) / ogee, OG, cyma

cymène *m* (chimie) / cymene

cymophane *m* (min) / cymophane, chrysoberyl o. Oriental cat's eye

cymoscope *m* / zymoscope

cynips *m* / gall wasp

cyrillique / cyrillic

cystéine *f* / cysteine

cystine *f* / cystine

cytase *f* / cellulase

cytisine *f* / cytisine, ulexine

cyto-... / cyto... || **~chrome** *m* (chimie) / cytochrome || **~gène** / cytogenous || **~génie** *f* / cytogenesis || **~plasme** *m* / cytoplasm, cell protoplasm

D

D&I / drawing and [wall-]ironing, D&I

dacite *f* (géol) / dacite

dactylo *m f* / typist

dactylographe *f* avec **magnétophone** / audio secretary

dactylographie *f* / typewriting, typescript (US) || ~ aux **doigts des deux mains** / touch typing

dactylographier / type, typewrite

dag, décagramme *m* / decagram, dekagram

daim *m* (cuir) / buckskin, doeskin || ~, cuir *m* velours / suede, suède

daîne *m*, daine *m* (mines) / floor

dais *m* / canopy

dallage *m* / paving with flagstones o. slabs o. tiles || ~ (tôle) / flooring plate || ~ (bâtim) / stone floor || ~ en

échiquier / diamond pavement || ~ **magnésien sans joints** / magnesite o. xylolite floor[ing], stone-wood floor || ~ en **verre** / pavement light
dalle *f* (bâtim) / plate || ~, pierre *f* plate / plate of stone, broad stone, slab, flag || ~, cuvette *f* de gouttière / cesspool of gutter, spout of the gutter, rainwater head || ~ (mines) / facing board || ~ d'**ardoise** (bâtim, routes) / flag, flagstone || ~ en **béton** / concrete slab || ~ en **brique** / square brick o. tile || ~ en **ciment** / concrete deal o. slab || ~ de **circulation réservée aux piétons** / pedestrian level || ~ de **compression** (plafond) / compression plate || ~ en **console** / cantilever plate || ~ **continue** (bâtim) / continuous slab || ~ **creuse en plâtre** / hollow plaster of Paris slab || ~ d'**écran** (télétube) / glass envelope of the TV-tube || ~ **flottante** (bâtim) / flooring substitute, floating floor || ~ **flottante** (toiture) / floating ceiling || ~ **formant filet** / ribbed flooring slab || ~ du **fourneau** (sidér) / flagstone of the furnace sole || ~ **Gerflex** / carpet tile || ~ en **grès-cérame** / stoneware tile || ~ **lumineuse** (bâtim) / panel light || ~ **magnésienne** voir dallage magnésien || ~ servant de **marche** / stair slab || ~ **mince**, galette *f* / batt, bat || ~ **nervurée ou à nervures** (bâtim) / double webbed slab || ~**-parking** *f* / parking area || ~ à **parois** / precast concrete wall block o. concrete unit || ~ de **pavage** / paving o. floor tile || ~ de **plancher** / floor tile || ~ en **plâtre creux** / hollow plaster of Paris slab || ~ en **plâtre dur** / hard plaster of Paris slab || ~ **pleine** (bâtim) / solid slab || ~ **pleine** (béton armé) / reinforced concrete slab || ~ de **recouvrement** / cover slab || ~ du **tablier** (pont) / floor plate || ~ de **trottoir** / pavement (GB) o. sidewalk (US) plate o. slab o. tile || ~ en **verre**, carreau *m* en verre / glass block o. brick
dallé en **quadrilatère blanc et noir** / checkered
daller / plate *vt*, pave with slabs o. flagstones || ~, poser des carreaux céramiques / lay flags o. tiles
dalot *m* (bâtim, routes) / culvert, canal || ~ (nav) / scupper
dalton *m* (vieux) (nucl) / dalton
daltonien / colour-blind
daltonisme *m* / colour blindness, daltonism
dam, décamètre *m* / decameter, dekameter
damage *m* (four) / ramming of the lining
damas *m* / damask || ~ **cafard** / half damask || ~ à **demi-soie** / half damask || ~ **fleuri** / flower damask
damassade *f* / half damask
damassé *m* (tiss) / damassé [fabric] || ~ **lin** / linen damask
damasser / damask
damassin *m* / half damask
damassure *f* / damask work
dame *f* (routes) / beater, paving beetle o. rammer || ~ (hydr) / retaining dam || ~ (routes) / old man, witness || ~ à **air comprimé** / pneumatic beetle o. rammer || ~ de l'**avant-foyer** (sidér) / dam stone || ~ à **béton** / concrete rammer || ~ à **explosion** / detonating rammer || ~ à **fer chaud** (routes) / asphalt smoothing iron || ~**-jeanne** *f*, tourie *f* / acid carboy || ~**-jeanne** *f* (pl: dames-jeannes) / demijohn || ~ à **moteur** / detonating rammer || ~ **pneumatique** / pneumatic beetle o. rammer || ~ de **remblais** / dam of packing materials || ~ **sauteuse** (routes) / heaving type detonating rammer, leap-frog
damé / rammed
damer / ram [down], stamp, tamp || ~ (mét, garnissage) / ram the lining
dameuse *f* / tamper, rammer || ~ à **explosion** (routes) / detonating rammer, (esp:) leap-frog
damier *m* (bâtim) / diamond moulding || **en** ~ / checkered || **en** ~ (tex) / checked, checky, check || ~ pour le **croisement** (tiss) / weave design
dammar *m* / dam[m]ar, dammer, demara resin
damme *f* (Canada) (hydr) / cross-dam
damper *m* / oscillation damper for crankshafts
dandinement *m* (élément de précontraite) / wobble || ~ des **roues avant** (auto) / shimmy
dandy-loom *m* (tex) / dandy-loom
danger *m* / hazard, danger || **sans** ~ / harmless, not dangerous || ~ d'**accident** / danger of accident || ~ de se **boucher** (pompe) / danger of stopping up || ~ de **coups de grisou** / danger of fire-damp || ~ d'**électrocution** (électr) / shock hazard, hazard of contact || ~ d'**explosion** / explosion hazard || ~ d'**incendie** / danger o. risk of fire, fire hazard || ~ d'**incendie à l'intérieur** (bâtim) / internal hazard || ~ d'**incendie interne** (bâtim) / internal hazard || ~ de **mort !** / danger!, danger to life || ~**s** *m pl* de **radiations ou par rayonnement** / radiation hazard || ~ *m* de **rupture** / risk of fracture
dangereux / dangerous || ~ **!** / warning!, attention!
danse *f* de la **voie** (ch.de fer) / pumping of the track
danseuse *f* (ch.de fer) / pumping sleeper
danseux (traverse) (ch.de fer) / dancing, pumping
daraf *m* / daraf (unit of elastance)
darc[ine] *f* / inner harbor, open basin of harbour
darcy *m*, D, d / darcy (unit of mechanical permeability)
dard *m* (soufflerie) / sting || ~ (flamme) / inner cone of a flame || ~ de **chalumeau** (soudage) / darting flame, jet flame || ~ d'**échappement à ancre** (horloge) / guard pin, safety finger o. pin, dart || ~ d'**oxygène** (soudage) / inner cone of oxygen
dardaine *f* / real o. gilt bronze
dars[in]e *f* / open basin of harbour, inner harbour
dartre *f* (sidér) / [sand] buckle, scab
dash-pot *m* (électr, techn) / damping tube, dashpot
data division (COBOL) *f* / data division (COBOL)
datage *m* / dating
datalogger *m* / data logger
Data-Phone *m* (télécom) / Data-Phone
datation *f* / dating || ~ **au carbone 14 ou au radio-carbone** / radiocarbon assay o. method o. dating || ~ par **radioactivité** / radioactive dating
date *f* / date || ~, datage *m* / dating || ~ de **base** / critical date || ~ du **dépôt** (brevet) / filing date || ~ d'**écriture d'un programme** (ord) / creation date, date written || ~ d'**entrée en vigueur** / effective date || ~ d'**expiration ou d'échéance** (gén) / expiration date || ~ de **fin de validité**, date *f* d'expiration (ord) / expiration date, purge date || ~ **finale** (P.E.R.T.) / final date || ~ **julien** (astr) / Julian date || ~ **limite** / dead line date || ~ de **livraison** / date of delivery, delivery date o. period || ~ de **péremption** (ord) / expiration date, purge date || ~ de **priorité** (brevet) / priority date || ~ de **publication** (brevet) / issue date || ~ de **relâchement** (ordonn) / release date || ~ **repère** / critical date
dateur *m* **automatique** / date stamp, dater || ~ de **billets** (ch.de fer) / ticket dating machine
datolite *f* (min) / datolite, date stone
dauphin *m* (bâtim) / lower end of the gutter pipe, foot of drainpipe || ~ (fonderie) / launder
davier *m*, valet *m* / joining press || ~ (forge) / grip[ing] pliers *pl*
dB / decibel, dB, (formerly:) transmission unit, T.U.
D.B.O., demande *f* biochimique doxygène (eaux usées) / biochemical oxygen demand, B.O.D. || ≗ **5**, demande *f* biologique doxygène / biological oxygen demand, B.O.D. 5
DBP, di-butylphtalate (chimie) / n-butyl phthalate,

dibutyl phthalate
D.C.A. *f*, défense *f* contre avions / air defense, anti-aircraft defence (GB)
D.C.O., demande *f* chimique doxygène / chemical oxygen demand, COD
d.d.p., différence *f* du potentiel (électr) / difference of potential, potential difference, P.D. || ~ **appliquée** (électr) / applied pressure
D.D.T. *m* (chimie) / DDT, pp'-dichlorodiphenyl trichlorethane
dé *m* / die (pl.: dice) || ~ (cyclotron) / dee || ~ (forge) / swage, forging die || ~ (télécom) / jack, conjoiner || ~ [à **coudre ou fermé]** / thimble || ~ de **van Helmont** / spheroidal concretion of marl
déazoturant / nitrogen extracting, denitriding
débâclement *m* (rivière) / debacle, débâcle, break[ing]-up of ice in a river
déballer / unpack || ~, dépalletiser / depalletize
déballeur *m* / bale opener
débalourdage *m* par **voie statique** / static equilibration
débalourder (roues) / counterbalance wheels, balance wheels
débander / loosen, make loose || ~ (se) / unbend itself, spring off, snap, fly back || ~ (se) (ressort) / resile, recoil || ~ un **ressort** / unbend a spring, release a spring
débarbouillette *f* (Canada) / face flannel
débardage *m* / unloading || ~ à l'**aide de moufle** (silviculture) / slacklining || ~ de **bois** / logging, hauling of timber || ~ en **longueur** (silviculture) / end hauling
débarder / unload
débardeur *m* (nav) / longshoreman (US), lumper, docker, stevedore
débarquement *m* (nav) / landing
débarquer *vi* (nav) / go ashore, land *vi* || ~ *vt* (marchandises) / land *vt*, unload
débarras *m* / relief
débarrassé des **glaces** / freed o. cleared of o. from ice
débarrasser *vt* / rid [of], clear, empty || ~ (mines) / stow || ~ de **débris** / clear *vt* of rubbish || ~ de l'**eau** (mines) / drain, fork a mine
débasculage *m* / dumping
débasculer / dump *vt*
débaser (chimie) / free *vt* from alkaline constituents
débattement *m* (ressort) / bottoming || ~, passage *m* des roues / clearance of wheels || ~ d'**essieux** (ch.de fer) / clearance of axles
débenzolage *m* / debenzolation, benzole stripping
débile / faint, feeble
débiliter / weaken
débillarder (bois) / cut diagonally
débimètre voir débitmètre
débit *m* (techn, mines) / output, yield || ~, rendement *m* / effect, yield || ~ (prépar) / delivery, discharge || ~, rendement *m* effectif / labour efficiency || ~, puissance *f* débitée / power output, power delivery || ~, quantité *f* passée / throughput, thruput || ~, quantité *f* débitée / delivery, quantity delivered || ~ (m.outils) / productive capacity, productivity, -tiveness || ~ (pompe) / delivery rating, pump capacity, flow rate of a pump, discharge rate || ~ (ord) / data rate, transmission speed || ~ (hydr) / discharge [rate] || ~ (comptabilité) / debit[-side] || ~, dose *f* / dose || ~ (nucl) / emission rate || **à ~ visible** (p.e. graisseur) / sight-feed... (e.g. lubricator) || **de bon** ~ (gén) / mostly required || ~ **annuel** (hydr) / annual throughput o. run-off || ~ **annuel moyen** / mean annual run-off || ~ d'**apport maximum** (hydr) / designed capacity || ~ **binaire** (ord) / bit rate || ~ **calorifique** / rate of heat release || ~ **capacitif** (électr) / charging capacity || ~ **caractéristique moyen** (hydr) / mean run-off || ~ de **chaleur** / heat emission || ~ de **charriage** (hydr) / bed load || ~ **continu** / permanent o. continuous o. constant power o. output || ~ de **coupe** (m.outils) / cutting duty || ~ de **courant** / current delivery || ~ du **défibreur** (sucre) / crushing o. defibrating performance || ~ de **démarrage** (électr) / starting duty || ~ de **dimensionnement** (turbine) / absorption capacity || ~ de **données** (ord) / throughput, thruput, run || ~ de **dose** (nucl) / dose rate || ~ de **dose absorbée** (nucl) / absorbed dose rate || ~ de **dose ionique** / ion dose rate || ~ d'**eau** / water supply || ~ d'**entropie** (ord) / information rate || ~ d'**équivalent de dose** / dose equivalent rate || ~ **évaporatif** / evaporative capacity o. duty || ~ en **excédent** (hydr) / surplus water || ~ d'**exposition** (rayonnement) / radiation dose || ~ d'**exposition** (radiation photonique) / exposure rate || ~ **final** (électron) / output || ~ de **fluence** (nucl) / particle flux density || ~ de **fluence de 2200 ms^{-1}** (nucl) / conventional flux density || ~ de **fluence angulaire** (nucl) / angular particle flux density || ~ de **fluence énergétique** (rayonnement) / intensity of radiation || ~ de **fluence énergétique** (nucl) / energy flux density o. fluence rate || ~ de **fluence de neutrons** (nucl) / neutron flux density || ~ de **fluence [particulaire] angulaire** (nucl) / differential particle flux density || ~ de **fuite** (vide) / rate of leak, leak rate || ~ de **fuite** (commerce) / leakage rate || ~ du **gros** (mines) / coarse yield || ~ dans les **heures creuses** / off-peak power || ~ **horaire** (pompe) / hourly capacity, hourly flow rate, discharge rate || ~ **horaire ou par heure** (techn) / hourly capacity, outpout per hour || ~ **inférieur** / unsufficient output, deficiency in output || ~ d'**information** / information output rate || ~ **intermittent** / intermittent rating || ~ **intermittent par heure** (électr, mot) / one-hour rating || ~ **journalier** / daily output o. capacity || ~ de **kerma** (phys) / kerma rate || ~ d'une **ligne** (ch.de fer) / traffic density o. turnover || ~ **limite** / limit of capacity || ~ du **lit majeur** (rivière) / flood plain discharge || ~ **masse** (vide) / mass flow rate || ~ **massed'humidité** (vide) / mass flow rate of humidity || ~ **massique inverse** (vide) / backstreaming || ~ **maximal** (électr) / peak load || ~ **maximal** (gén) / outstanding o. peak achievement || ~ **maximal permanent** / continuous maximum rating, CMR || ~ **molaire** (vide) / molar flow rate || ~ **moyen** (rivière) / mean water || ~ en **N/h** / capacity in N/h || ~ **normal ou nominal** (techn) / nominal o. rated capacity o. output, [power] rating, service output (GB) || ~ **[de passage]** / rate of flow, quantity passing o. passed || ~ **permanent** / permanent work || ~ en **pièces/heure** (m.outils) / capacity in pieces per hour || ~ de la **pompe à vide** / vacuum pump capacity || ~ **solide** (géol, hydr) / bed load || ~ d'une **source de radiation** (nucl) / emission rate || ~ **spécifique par unité de surface et unité de temps** (tamisage) / discharge per unit of surface and unit of time || ~ du **tamisage** / sieving rate || ~ en **temps de crue** / quantity of flood || ~ **total** / total output || ~ de **traçage** (mines) / drifting performance || ~ de **transinformation** (ord) / transinformation rate || ~ de **transmission de données** / data signalling rate o. transfer rate || ~ des **turbines** / absorption capacity of turbines || ~ de **vapeur** / steam generating capacity || ~ du **ventilateur** / blower output || ~ **volume** (vide) / volume flow rate || ~ **volumétrique** (vide) / pumping o. suction speed,

displacement
débitage *m* de **bois** / conversion of timber
débité (puissance) / outgoing
débiter / serve out, share out, spend || ~ (pompe) / discharge, deliver || ~ le **bois** / convert o. buck timber || ~ le **bois à dimensions** / mill timber
débiteur *m* (filage) / sliver calender || ~ **inférieur** (phot) / take-off o. take-up sprocket wheel, lower o. bottom sprocket [wheel]
débiteuse *f* (verre) / debiteuse || ~ (Belg) (verre) / drawbar
débitmètre *m* / flow meter || ~ (rayonnement) / ratemeter || ~ (plast) / baffle || ~ de **dose** / dose rate meter || ~ à **flotteur** / rotameter || ~ de **fluence de particules** (nucl) / particle fluence ratemeter || ~ de **gaz** / gas flow counter || ~ **intégré** / integrated flow meter || ~ de **vapeur** / steam [consumption] meter, steam counter || ~ à **vent** (sidér) / blast meter
débit-molécules *m* (vide) / molecule flow rate, molecular flux
déblai *m* (ch.de fer, routes) / cut, digging, cutting || **~s** *m pl* / excavated earth o. material, dug earth || **~s** *m pl* (bâtim, routes) / overburden || **~s** *m pl* (mines) / debris || **~s** *m pl* (géol) / heap of debris || **~s** *m pl* (découverte) / overburden || **~s** *m pl* de **dragage** / spoil, excavated earth o. material, waste || **~s** *m pl* de **forage** (mines) / drillings *pl* || ~ *m* **latéral** (routes) / side cutting || ~ **unilatéral** / sidehill cut
déblaiement *m*, déblayement *m* (céram) / encallowing || ~ (mines) / removing the overburden, stripping || ~ / clearing, clearance || ~ (ruines) / clearing of rubble and debris, freeing from ruins || ~ (d'un éboulement) (mines) / clearing-out
déblayer / clear, open || ~ (routes) / cut, excavate, dig || ~ (ruines) / free from ruins || ~ (mines) / remove broken rock || ~ des **morts-terrains** / strip o. remove the overburden || ~ le **terrain** (bâtim) / break ground, cut the ground
déblayeur *m* / scuffler, plow shifter
déblayeuse *f* de **passage** (agr) / crop divider, track clearer
déblocage *m* / clearing, freeing, releasing, (brake:) unjamming || ~ (électron) / unblocking || ~ d'**ensemble** (mines) / total extraction || ~ des **tailles** (mines) / gateroad haulage
débloqué (ch.de fer) / clear
débloquer / release, unblock || ~ (ch.de fer) / unblock, clear || ~ (techn) / unlock || ~, déverrouiller / free || ~ le **frein** / release the brake, unjam
débloqueur *m* de **lin** / flax rougher
débobinage *m* (gén) / unwinding, winding off, reeling off
débobiner / unwind, wind off, reel off
débobineuse *f* (lam) / pay-off reel
déboisé / logged-off, deforested, clear-cut
déboiser / clear of trees, deforest o. dis[af]forest a country, untimber (GB), lumber (US) || ~ (mines) / draw timbers, clear, encroach
déboîter (se) / come apart, come out of joints, go to pieces || ~ d'une **file de véhicules** (trafic) / move out, cut out (US) || ~ du **parking** (auto) / park out, pull out || ~ pour **prendre un stationnement** / park in
débonder (se) / flow *vi*, overflow
débord *m* (ch.de fer) / approach for trucks || ~ **queue de vache** (toit) / overhanging roof
débordement *m* / overflowing || ~ (émission de satellites) / spillover || ~ (télécom) / overflow || ~ d'un **fleuve** / overflowing of a river
déborder *vi* / flow over, run over || ~ (hydr) / overflow its banks || ~, faire saillie / project, jut out || ~ *vt* (techn) / trim *vt*, cut the edges || ~ en **bouillant** / boil over || ~ une **embarcation** (nav) / stay in safe distance
débordoir *m* (hydr) / dolphin || ~ (outil) / edging tool
déborer (nucl) / deborate
débosseler / flatten, planish, beat out o. remove dents o. bumps, straighten
débouchage *m* (hydr) / opening of a weir
débouché *m* / outlet, discharge || ~ (eaux usées) / receiving body of water, draining o. outfall ditch || ~ (géogr) / orifice, opening || ~ (pont) / waterway, shipping channel || ~ (commerce) / avenue for products || ~ des **hautes eaux** / high-water arch || ~ **linéaire** (pont) / fairway o. shipping arch || ~ **superficiel** (pont) / high-water section, overflow
déboucher / clear, unstop, clean out, unchoke a pipe || ~ [dans, sur] (routes) / join, open [into] || ~ *vt* (fibre de verre) / pick down || ~ (forge) / pierce, hole, punch || ~ le **gicleur** (auto) / clear the nozzle || ~ sur la **place à sens giratoire** / enter the rotary o. roundabout (GB) traffic
déboucheur *m* **flexible** / flexible cable for cleaning plumbery
débouchoir *m* (verre) / pick
débouchure *f* de **poinçonneuse** (découp) / cutting, punching, piece punched out
débouillir (tex) / scald, boil out, scour
débouillissage *m* en **cuve ouverte** (teint) / open boil || ~ sous **pression** (tex) / kier boiling
déboulonner / unbolt || ~, enlever les boulons / remove the bolts
débouquement *m* (hydr) / disemboguement, mouth of a river
débourbage *m* / flushing
débourber / clear from mud || ~ (sidér) / elutriate, levigate, wash || ~ (hydr, bâtim) / wash, flush || ~ une **rue** / clean a street
débourbeur *m* (mines) / clearing o. washing o. picking drum o. cylinder, trommel washer
débourrage *m* (tex) / fluffing, shedding || ~ (fonderie) / decoring || ~ (mines) / untamping || **aptitude** *f* **au** ~ / collapsability || ~ *m* des **garnitures de carde** / stripping o. fettling of the card clothing
débourrement *m* (bot) / bud burst
débourrer (fonderie) / decore, fettle-out sand cores || ~ (filage) / eject, strip || ~ (tan) / pare off o. scrape off the hair || ~ le **chapeau** (filage de coton) / fettle o. clean o. strip the card top
débourreur *m* (filage) / stripper, stripping machine || ~ d'une **carde-droussette** / stripper roller of a Gilljam carding machine || ~ de **cardes** / card stripper o. cleaner o. brusher || ~ du **cylindre d'alimentation** (tex) / feed-roller clearer || ~ à **vide** (filage) / vacuum stripper || ~ du **volant** (tex) / fancy stripper
débourreuse *f* (filage) / self-acting stripper
débourrures *f pl* (tex) / card waste || **~s** *f pl* de **carde** (déchets de coton) / strips *pl*, card strips *pl* || **~s** *f pl* du **grand tambour** (coton) / drum waste, cleanings *pl* of the drum || **~s** *f pl* de **hérisson** (filage) / roller waste
débours *m pl* / sundries *pl* || ~ de **voyage** / travelling expenses *pl*
debout / right, upright, standing || ~ / on edge, edgeways, -wise || **être** ~ / stand *vi*
débranché (combiné) / on-hook
débranchement *m* (ch.de fer) / splitting up of trains || ~ par **gravité** / gravity marshalling, gravity classification || ~ au **lancer** / fly shunting o. switching || ~ en **palier** (ch.de fer) / flat shunting, shunting on level tracks || ~ d'un **tuyau souple** / loosening o. disconnecting o. detaching of a hose
débrancher (électr) / cut out, switch off, put out of

circuit || ~ (fiche) / open the circuit, pull the plug || ~ le **téléphone** (télécom) / hang up the receiver
débrayable (techn) / disengageable || ~ (roller) / friction-driven
débrayage *m* / throwout, disengaging || ~ (activité) / putting out of operation o. action || ~ (travail) / walk-out || ~ (auto) / clutch-pedal || **à** ~ **automatique** / self-disengaging || ~ **automatique** / automatic disconnection o. tripping
débrayé / out-of-gear o. action o. operation
débrayer (embrayage) / throw off, disengage the clutch, declutch || ~ une **machine** / put out of operation o. action, stop, throw out of gear
débrayeur *m* / disengaging bar o. fork, belt shifter || ~ de **secours** / emergency o. safety disconnector
débris *m pl* (gén) / rejects *pl*, scrap || ~ (géol) / debris || ~ (mines) / debris || ~ *m*, tesson *m* / fragment || ~ *m pl* (céram) / grog || ~, restes *m pl* / remains *pl* || ~ *m* de **briques** / broken bricks *pl* || ~ *m pl* d'**érosion** (géol) / float debris || ~ de **fonte** / foundry scrap || ~ *m* de **roches sédimentaires** / detritus || ~ *m pl* **végétaux** / shives *pl*, vegetable matter || ~ *m* de **verre** / broken glass, scraps of waste glass, cullet
débrochable (commutateur) / carriage o. truck type, horizontal draw-out... || ~ (électron) / pull-out..., draw-out...
débrocher (électron) / pull out, draw out || ~ **la fiche** / pull the plug
débromation *f* / debromination
débromer (chimie) / debrominate
débrouiller / ravel, unravel, disentangle
débrouilleur *m* / demister || ~ de **données** (ord) / data descrambler
débroussailleuse-dessoucheuse *f* (agr) / bush piller
débrutir / grind from the solid
début *m* / beginning, start, set-out || ~ **apparent d'affaissement** (réfractaires) / apparent initial softening || ~ de la **contrainte** / initial stress || ~ d'**ébullition** / initial boiling point, I.B.P. || ~ d'**en-tête**, SOH (ord) / start of heading, SOH || ~ **logique de bande magnétique** (ord) / logical leading end || ~ de **programme** / program start || ~ de **texte** (ord) / start of text, STX
débutaniseur *m* (pétrole) / debutanizer
débutant *m* (gén) / learner, beginner || ~ (atelier) / trainee
debye *m* / Debye unit, D.U. (= 10^{-18} electrostatic units)
déca... (poids et mesures) / deca..., ten times the unit
décaborane *m* (chimie) / decaborane
décade *f* / decade, decennium || ~ (ord) / decade || ~ de **comptage** / decade counter
décadence *f* / decadence || ~ (bâtim) / dilapidation, deterioration, decay
décadrage *m* des **perforations** / off-punching
décadrer (mines) / draw timbers, remove the timbering, clear
décaèdre / decahedron, -hedral, ten-sided || ~ (math) / decahedron
décaféiné / without caffeine, decaffeinated
déca·gonal / decagonal, ten-angled || ~**gone** *m* / decagon
décagramme *m*, dag / decagram, dekagram
décahydraté (chimie) / decahydrate
décalable / non-rigid, shifting, movable
décalage *m* (gén) / dislocation || ~ (ord) / shift || ~ (bande perforée) / shift-out || ~, interinclinaison *f* / crossing, wrenching in alternate directions || ~, gauchissement *m* / inclination, pitch || ~ (rivets) / staggering || **faire le** ~ **circulaire** / cyclic-shift || **faire un** ~ (ord) / shift || ~ **[accidentel]** (roue) / [accidental] slipping || ~ des **ailes** / stagger (multiplane) || ~ **angulaire** / angular displacement || ~ **arithmétique** / arithmetic shift || ~ d'**armature** (béton) / displacement, shift || ~ en **avant** (électr) / forward brush displacement, forward lead o. shift || ~ des **axes** (engrenage) / deviation error || ~ des **balais** (électr) / brush adjustment o. displacement o. lead o. shift, shifting o. lead of brushes, brush pitch || ~ de **chiffre** (math) / digit shift || ~ **circulaire** (ord) / end-around o. cyclic shift || ~ de **colonne** (c.perf.) / column shift || ~ du **cycle** / cycle delay || ~ à **droite** (ord) / right shift || ~ **entre deux opérations** / lag between operations || ~ **et troncage** (programme) / shift and round decimal || ~ de **fréquence** / frequency translation o. shift, FS || ~ de **fréquence** (TV) / carrier deviation, frequency lag || ~ de l'**image** / displacement of image || ~ **latéral** (TV) / lateral shift || ~ **latéral** (aéro) / overhang || ~ de **ligne[s]** / displacement of lines || ~ de **lobe** (radar) / beam lobe switching || ~ **logique** (ord) / logic[al] shift || ~ du **neutre** / zero displacement || ~ d'**origine** (métrologie) / zero shift o. offset || ~ d'**outil** (NC) / tool offset || ~ de la **pale d'hélice** (aéro) / out-of-pitch of the blade || ~ de **phase** (électr) / phase shift || ~ de **porteur** / carrier shift, carrier deviation || ~ de **précision** (TV) / precision offset || ~ par **pression** (spectre) / pressure shift || ~ de la **raie** (spectre) / line displacement || ~ par **rapport à la fréquence ligne** (TV) / line offset || ~ vers le **rouge** (astr) / red shift, redshift || ~ **simple** (TV) / line offset || ~ **son-image** (projection) / pull-up sound advance, sound-to-image stagger || ~ **son-image** (prise de vues) / frames picture to sound separation || ~ **spectral** / spectral shift || ~ dans le **temps** / time lag || ~ de la **virgule** (ord) / point shift
décalaminage *m* (mot) / decarbonization, decarbonizing, decoking || ~ (sidér) / scale removing, [de]scaling || ~ à **eau [sous pression]** (sidér) / water descaling
décalaminer / descale || ~ un **cylindre** (mot) / decarbonize
décalcifier / decalcify
décalcomanie *f* (céram) / transfer process || ~ **céramique** / ceramic decal || ~ à **sec** / pressure sensitive label o. decal, waterless decal
décalé / offset, out-of-line || ~ (électr) / phase-shifted || ~ (TV, électron) / stagger-tuned || ~ **axialement** / axially shifted o. displaced || ~ d'un **quart de période** / 90° out of phase, in quadrature
décaler (ord) / shift || ~ (techn) / offset || ~, ôter les cales / loosen the wedge || ~ les **uns par rapport aux autres** / offset *vt*, stagger *vt*
décaleur *m* de **phase** / static phase shifter
décaline *f* / decahydronaphthalene, decalin, dec, bicyclo(4,4,0)decane, naphthane
décalquage *m*, décalque *m* / transfer of decals
décalque, faire des ~s de Ben-Day (typo) / apply a pattern
décalquer / calk, counterdraw, trace || ~ (décalcomanie) / transfer decals
décamètre *m*, dam / decameter, dekameter || ~ (10 m) (arp) / measuring tape, tape measure, tapeline (US) || ~ **[ou double ou triple ou demi-décamètre] d'arpentage** / tape measure (length 10 o. 20 o. 30 o. 5 meters), tapeline (US), builder's tape || ~ à **ruban** (arp) / measuring tape, tape measure, tapeline (US) || ~ à **ruban acier** (10 m) / steel [measuring] tape o. band
déca-mired *m* (opt) / deca-mired (mired = micro reciprocal degree)
décane *m* / decyl hydride

décanewton *m* / decanewton, daN
décantage *m* / decantation
décantation *f* / decantation, settlement || ~ (mines) / sewage purification by filtration || ~ d'**argile** / clay washing || ~ **composée** (eaux usées) / compound clarification || ~ des **eaux d'égout** / sewage clarification || ~ du **jus** / juice decantation
décanter (chimie) / decant || ~ l'**argile** / wash clay || ~ l'**eau** / clarify water || ~ le **sucre** / clarify the juice
décanteur *m* (sucre) / clarification pan, clarifier, clearing pan, second boiler || ~ (chimie) / decantation o. decanting glass, precipitation vessel, decanter || ~ (pap) / settler || ~ (pétrole) / settler || ~ (prépar) / purification cone || ~ **continu type Dorr** / Dorr agitator || ~ à **courant parallèle** (sucre) / parallel-flow subsider || ~ **primaire** (eaux usées) / detritus chamber o. pit || ~ **type Dortmund** (eaux usées) / Dortmund tank
décanteuse *f* **centrifuge à bol perforé** / screen type centrifugal machine
décapage *m* / pickling || ~ **brillant ou à l'acide** / bright dip[ping] || ~ au **chalumeau** (mét) / flame descaling o. deseaming, scarfing || ~ **chimique** (galv) / chemical pickling || ~ **chimique** (par décapant) (sidér) / removal of oxide film || ~ d'**ébarbement** (lam) / flash pickling || ~ **intermédiaire** (sidér) / interstage pickling || ~ **mécanique ou à la grenaille ronde** / shot blasting || ~ **préalable** (sidér) / first o. black pickling || ~ au **sable** / sand blasting || ~ des **tôles noires** (sidér) / black pickling
décapant *m* (sidér) / pickle || ~ de **peintures**, décapant-solvant *m* / paint remover o. stripper || ~ de **soudage** / flux, flux additament
décapé à **plusieurs reprises** (tôle) / full-pickled
décapement *m* (bâtim) / earth removal
décaper / scour *vt*, clean, scrape *vt* || ~ (chimie) / etch [slightly] || ~ (acier) / dip, pickle || ~ (peinture) / remove the paint || ~ à l'**acide ou au brillant** (galv) / bright-dip || ~ au **jet de sable** / sand-blast || ~ au **mat** / dead-dip || ~ la **terre végétale** / clear of surface soil
décapeur *m* **automoteur sur pneus** (routes) / tractor-scraper unit, tournapull
décapeuse *f* / earth mover || ~ (lam. de cuivre) / peeling machine || ~ (ELF), scraper *m* / dragging o. scraper bucket || ~ (ELF) (routes) / scraper || ~ avec **avant-train tracteur** (routes) / tractor-scraper unit, tournapull || ~ à **main** / hand [actuated] scraper || ~ **portée** / crawler-drawn scraper || ~ **radiale** / radial scraper || ~ **traînée** (routes) / scraper trailer
décapotable *f* (auto) / touring car, phaeton, open car with folding top
décapsuleur *m* / bottle opener
décarbonater / decarbonate
décarbonisation *f* / decarbonization, decarbonizing, removal of carbon
décarboniser / decarbonize, decarburate, decarb (US), free from carbon
décarboxylase *f* / decarboxylase
décarburation *f* de la **fonte** (sidér) / decarburization || ~ **partielle** (sidér) / partial decarburization || ~ **périphérique ou superficielle** / surface decarburization || ~ **totale** (sidér) / total decarburization
décarburer (gaz, fonderie) / decarburize, decarbonate || ~ (sidér) / decarburize, fine *vt* || ~ la **fonte par le procédé Bessemer** / bessemerize, convert pig-iron into steel by the Bessemer process
decarotter (plast) / degate
décarreler (routes) / tear up
décatir (tex) / decatize (GB), decate (US), hot-press, steam || ~ à la **vapeur** / decatize with dry steam
décatissage *m* / decatizing (GB), decating, hot pressing, steaming || ~ au **bouillon ou au mouillé** / roll boiling, potting [process], wet decatizing (GB) o. decating (US) || ~ à l'**eau** / damping by water || ~ **finish** / finish decat[iz]ing, wet steam decat[iz]ing || ~ **fort [à l'eau bouillante]** / wet decatizing, potting || ~ **glacé** (tex) / luster decatizing || ~ **mat** (tex) / dull decatizing || ~ à la **vapeur** (tex) / steam decatizing
décatisseuse *f* / decatizer || ~ à l'**eau bouillante** (tex) / crabbing jack, decatizing (GB) o. decating (US) machine || ~ d'**effets de brillant de presse** (tex) / press luster decat[iz]ing || ~ au **mouillé** / wet decat[iz]ing machine, potting equipment || ~ en **pot** / pot decat[iz]ing machine || ~ à **vapeur** / decatizer with steam
décatissoir *m* / decat[iz]ing machine, steaming engine o. machine, sponger
décatron *m* / dekatron
décavaillonneuse *f* / vineyard plow
décelable / detectable
décèlement *m* (chimie) / detection || ~ de **liaison double** (chimie) / unsaturation test || ~ **quantitatif** (chimie) / quantification
déceler (chimie) / detect, test
décélérateur *m* (mot) / decelerator
décélération *f* / retarded speed o. velocity, deceleration || ~ des **électrons** / electron deceleration o. retardation || ~ de **freinage** / braking deceleration
décélérer / decelerate, retard, slow down
décéléromètre *m* / decelerometer
décendrer / remove the ash
décennal / decadal
décennie *f* / decade, decennium
décentrage *m* / bringing out of center || ~ (axes) / mismatch o. offset of center lines || ~ de l'**image** (radar) / off-centering
décentraliser / decentralize
décentré / off-center, offset, out-of-line || ~, excentrique / off-center, eccentric
décentrement *m* / bringing out of center || ~ **horizontal** (TV) / horizontal shift || ~ **horizontal** (phot) / horizontal o. side swing of lens panel || ~ **latéral** (phot) / crossfront || ~ **vertical** (phot) / vertical movement of lens panel o. of sliding front || ~ **vertical** (TV) / vertical shift || ~ **vertical incliné** (TV, phot) / [vertical] tilt
décentrer / bring out of center || ~, déplacer / misalign || ~ (se) (foret) / run off center
décevant / illusory, illusive
déchafauder / strike down o. take down a center
déchapage *m* (pneu) / tread looseness, loose tread
décharge *f* / discharge, issue || ~ (hydr) / overflowing [of a weir], overfall || ~ (hydr) / leat || ~ (électr) / discharge || ~ (tube) / dying out || ~ (mines) / delivery, discharge || ~ (bâtim) / bow of a window, relieving arch || ~ (charp) / cross lath || ~, soulagement *m* / relief || ~, échappement *m* / escape, exhaust || ~, déversement *m* / delivery, discharge || ~, verse *f* (mines) / dump || ~, tête daval dun ponceau / down-stream end, lower head || ~ (lieu) / dumping ground o. yard, waste [dump], trash dump (US), tip || ~ d'un **accumulateur** / output of a battery || ~ à l'**air libre** / exhaust in open air, open exhaust || ~ de l'**anode** / anode discharge || ~ en **arc** / arc discharge || ~ en **arc lumineux** / glow-like arc discharge || ~ d'une **arme** / firing of a weapon || ~ de **batterie** / discharging of a battery || ~ à **chasse d'eau** (excavation) / flushing dump, (for spoil:) sluicing

dump || ~ **conductrice** (électr) / conductive discharge || ~ **contrôlée de déchets** / controlled garbage dump || ~ par **convection** / convective discharge || ~ de **déchets** / garbage dump[ing] ground (US), dumping ground (US), waste dump (US), dust tip (GB) || ~ des **déchets radioactifs** / burial || ~ par **défaut** / current discharge || ~ **demi-autonome** / semi-self-maintained discharge || ~ de **détritus** (vieux papiers) / trash discharge || ~ **disruptive** / disruptive discharge, breakdown of a dielectric || ~ d'**eau de refroidissement** / discharge of cooling water || ~ à **éclair** / lightning discharge || ~ en **effet corona ou en effet de couronne** (électr) / corona, (formerly): silent discharge || ~ **électrique** / electric o. field discharge || ~ **[électrique] en aigrette** / brush discharge || ~ sans **électrodes** / electrodeless discharge || ~ d'**entretien** (tube) / primer ignition || ~ à **étincelles** (électr) / spark discharge || ~ d'**étincelles** (télécom) / spark flashing || ~ à **faible lueur** / glow o. brush discharge, luminous o. corona discharge || ~ de **fond** (hydr) / bottom outlet || ~ **fulgurante** / lightning discharge || ~ **gazeuse** (électr) / discharge in gas || ~ **glissante** / sliding discharge || ~ à **haute intensité** (accu) / high-rate discharge, heavy discharge || ~ à **haute intensité** (électr) / impulse discharge || ~ par **huile sous pression** / oil-hydraulic relief || ~ **incontrolée de déchets** / indiscriminate dumping || ~ **latérale** / lateral discharge || ~ **lumineuse** / glow o. brush discharge, luminous o. corona discharge || ~ du **malaxeur** / mixer outlet || ~ **obscure de Townsend** / Townsend discharge || ~ **oscillante** / surging discharge || ~ **oscillatoire** (électron) / oscillatory discharge || ~ **partielle** / partial discharge || ~ **permanente** / permanent discharge || ~ par **pincement Z** (nucl) / Z-pinch discharge || ~ par **pointe** (électr) / point discharge || ~ **profonde** (accu) / total discharge || ~ **publique** / rubbish pit o. dump || ~ **publique en fouille** / dust hole (GB), landfill (US) || ~ **rapide** (accu) / rapid discharge || ~ en **retour** (électron) / back discharge || ~ **sans électrodes** / electrodeless discharge || ~ **sauvage** (immondices) / indiscriminate dumping || ~ **silencieuse** (électr) / corona, (formerly:) silent discharge || ~ **sombre** / dark discharge || ~ **stratifiée** (électr) / stratified o. striate[d] discharge || ~ de **striction** (nucl) / pinch discharge || ~ de la **striction azimutale** (nucl) / theta-pinch discharge || ~ **successive** / successive discharge || ~ **superficielle** / sliding discharge || ~ **thermoionique** / thermionic discharge || ~ de **traction** (électr) / pull o. strain relief, mains lead cleat || **~s** *f pl* **urbaines** / municipal sewage removal o. disposal

déchargement *m* (nucl) / discharge, unloading the fuel || ~ (convoyeur) / unloading || ~, propagation *f* / spreading || ~ (nav) / discharge || ~ de la **cuiller** / shovel discharge || ~ **différé** (nucl) / stretch out || ~ des **éléments combustibles** (nucl) / fuel element unloading || ~ d'**essieu** / weight transfer from an axle, load transfer from an axle || ~ par le **fond** / bottom discharge || ~ par **gravité** / unloading by gravity || ~ **hydraulique des betteraves** / beet unloading || ~ **latéral** / lateral discharge || ~ d'une **machine** (ord) / takedown || ~ du **palier** (techn) / bearing relief || ~ **spontané** (accu) / spontaneous discharge, self-discharge, running-down

déchargeoir *m* (bâtim, routes) / sink, drain, gully hole || ~ (hydr) / overflowing [of a weir], overfall || ~ (eaux usées) / drain[ing] || ~ (tiss) / piece beam, taking-up beam

décharger / discharge, relieve o. free [of the load], ease || ~ (arme à feu) / discharge a shot || ~ (nav) / unlade, unload, land cargo || ~ (véhicule) / unload || ~ (râteau) / dump *vt*, tip *vt* || ~, faire sortir / let flow || ~ (électr) / discharge || ~ (mines) / carry out || ~ (se) / discharge, flow off || ~ (se) (accu) / run down || ~ un **condensateur** / dump a capacitor || ~ une **couleur** / ease o. lighten a colour || ~ **en basculant** / tip *vt*, dump *vt* || ~ une **touraille** (bière) / unload o. discharge the kiln, clear the floor

déchargeur *m* / unloader, unloading equipment || ~ (turb. d'eau) / jet deflector || ~ (nav) / ship unloading o. discharging plant || ~ (tex) / fillet, doffing cylinder || ~ **basculant ou à bascule** (mines) / tipping stage o. platform || ~ de **fourrage haché** (agr) / cutter blower for unloading || ~ de **gerbes** (agr) / pneumatic sheaf conveyor || ~ de **piles de bois** / pile unloader || ~ à **ventilation** / pneumatic conveyor || ~ de **wagons** / waggon unloader

déchargeuse-hacheuse *f* (agr) / unloader chopper blower

déchasser / draw out (to form wires etc) || ~ des **clous** / pull out nails

déchasseur *m* (forge) / releaser

déchaulage *m* (tan) / bate

déchaumeuse *f* / stubble plough || ~ à **disques** (agr) / disk tiller, poly-disk plow

déchaussé (bâtim) / laid bare

déchausser / lay bare

déchaussoir *m* (m outils) / stripper

déchet *m* / offal, waste || ~ (quantité, valeur) / loss, diminution, decrease || ~, perte *f* au feu (sidér) / melting loss, deads *pl* || ~ (produit) / waste product || ~ (charp) / cutting || ~ (gén; pap) / rejects *pl*, scrap || ~, rognure *f* / chip, paring, clip[ping] || **~s** *m pl*, chute *f* / scrap, refuse || **en** ~ / dilapidated || **sans ~s** (découp) / scrap-free || **~s** *m pl* **animaux** / livestock wastes *pl* || **~s** *m pl* d'**assortiment** (filage) / sorting waste || ~ *m* de **bande** (liège) / strip corkwaste || **~s** *m pl* **biologiques** (espace) / biowaste || **~s** *m pl* de **bois** / waste wood || **~s** *m pl* **broyés de caoutchouc** / ground rubber scrap o. waste || **~s** *m pl* de **caoutchouc** / scrap rubber, waste rubber || **~s** *m pl* de **carde** / doffer strip [waste], card waste || **~s** *m pl* de **carrière** / quarry spoil o. chips *pl* || **~s** *m pl* de **chanvre** / herds *pl*, hurds *pl*, tow || **~s** *m pl* de **charbon** / refuse coal, detritus || **~s** *m pl* **chimiques** / chemical waste || **~s** *m pl* de **coke** / scrap coke || **~s** *m pl* de **copeaux** (panneau de partic.) / waste shaving || ~ *m* de **coton** / cotton waste, waste cotton || **~s** *m pl* de **cuisine** / kitchen waste o. slops *pl*, offal, refuse, garbage (US) || **~s** *m pl* résultant du **déclassement** (nucl) / decommissioning wastes *pl* || **~s** *m pl* de **dégainage** (nucl) / cladding waste || **~s** *m pl* de **dévidage** (tex) / reeling waste, strass[e], broken silk || **~s** *m pl* d'**élevage** / livestock wastes *pl* || **~s** *m pl* **encombrants** / bulky refuse || **~s** *m pl* d'**épuration** (pap) / screenings *pl* || **~s** *m pl* dans l'**espace** / space scrap || **~s** *m pl* de **filature** / spinning waste || **~s** *m pl* de **fonte** / foundry scrap || **~s** *m pl* **fortement radioactifs** (nucl) / HAW, highly active waste, high-level radioactive waste || **~s** *m pl* **industriels** / industrial spillage o. waste o. refuse || **~s** *m pl* de **lainage** (tex) / raising waste || **~s** *m pl* de **laine** / waste wool, mungo || **~s** *m pl* de **laine non tordus** / untwisted wool waste || **~s** *m pl* de **lavage du minerai** (mines) / washing refuse || **~s** *m pl* de **lavage purs** (prépar) / pure shale || ~ *m* de **liège** / corkwaste || **~s** *m pl* à **longue vie** / long-lived wastes *pl* || **~s** *m pl* **ménagers** / garbage (US), offal, refuse, dust (GB) || **~s** *m pl* **métalliques** / metal scrap || **~s** *m pl* de **meulage** / abrasive grit || ~ *m* de **mica** / mica scrap ||

~ de **mie** (liège) / belly || ~**s** *m pl* **nucléaires** / nuclear scrap o. waste, radiowaste || ~ *m* de **papier** / paper waste || ~**s** *m pl* de **pisciculture** / fish offal || ~**s** *m pl* de **plomb** / lead waste o. parings *pl* || ~ *m* de **poids** / short weight, shortage [in weight] || ~**s** *m pl* **radioactifs** / nuclear scrap o. waste, radiowaste || ~**s** *m pl* **radioactifs liquides** (nucl) / liquid waste || ~**s** *m pl* de **raffinage** / refinery waste || ~**s** *m pl* de **reliure** / binder's waste || ~ *m* de **retournage** (liège) / shaving (o. ribot) machine waste || ~**s** *m pl* à **retraiter** (nucl) / spent fuel for reprocessing || ~**s** *m pl* de **rognage** (typo) / offcut || ~ *m* de **séchage** (céram) / drying loss || ~**s** *m pl* de **soie** / floret silk, waste o. schappe silk || ~**s** *m pl* **solides** (réacteur) / solid waste || ~ *m* de **tambour** (tex) / drum waste, cleanings *pl* of the drum || ~**s** *m pl* mis au **terril** / deads *pl*, rocks *pl* || ~**s** *m pl* de **tissage** / weaver's waste || ~**s** *m pl* de **tôle** / waster, cut, slice || ~**s** *m pl* de **triage** (mines) / picked deads *pl* || ~ *m* de **visage** (liège) / trimming corkwaste

décheviller (charp) / pull out pegs o. dowels

déchiffrer / decipher

déchiquetage *m* (pap) / shredding of wood

déchiqueter / shred *vt* || ~, denteler / jag *vt* || ~ (caoutchouc) / remill

déchiqueteur *m* (pap) / shredder || ~ de **papier** / paper shredder

déchiré / broken, torn || ~ (cassure) (crist) / hackly

déchirement *m* / tearing || ~ du **bord** / edge tearing, initial tearing || ~ du **corps** (lam) / cup wall fracture || ~ **horizontal** (TV) / line tearing

déchirer / rip up, rend o. tear [to pieces], pull to pieces || ~ (se) (tissu) / tear, rip || ~ (se) (métal) / crack, splinter, fissure || ~ au **bord** / begin tearing || ~ le **bord** / tear the edge

déchirure *f* / tear, rent, rip || ~ (bois) / cracking || ~ (emboutissage) / crack || ~ **amorcée** (tex) / tongue tear growth || ~ de la **bande de roulement** (pneu) / tread tearing || ~ de **côté d'angle** (tex) / leg tear growth || ~ **de rive** (lam) / edge crack o. tearing || ~**s** *f pl* de **toison** (laine) / skirtings *pl*

déchlorurer / dechlorinate

déchromer / deplate (the chromium coat)

déci... (poids et mesures) / deci...

décibel *m* / decibel, dB, (formerly:) transmission unit, T.U. || ~ par rapport **[à]** / decibel referred [to] o. relative [to] || ~**mètre** *m* / decibel meter

décider / fix, appoint

décil *m* (statistique) / decil[e]

décilitre *m* / deciliter

décimal / decimal, denary || ~**-binaire** / decimal to binary || ~ **codé en binaire**, décimal binaire / binary coded decimal, BCD

décimale *f* / decimal [fraction] || ~ **périodique** / repeating decimal, repeater, circulating decimal || ~ **récurrente** / recurring decimal

décimalisation *f* (ord) / decimal positioning, decimalization

déci·mètre *m* / decimetre (GB), -meter (US) || ~**métrique** / decimetric || ~**néper** *m* (télécom) / decineper, hyp || ~**normal** (chimie) / decinormal

décintrer / strike down o. take down a center || ~ (mines) / draw timber

décintroir *m* / double-edged mason's hammer, plasterer's hammer

décioctonal (math) / octodecimal

décirage *m* (fonderie) / dewaxing

décisif / crucial || ~ (action) / decisive || ~ (argument) / conclusive

décision *f* (inform) / decision || ~ d'**attribution [du marché]** / award of the contract, acceptance of tender || ~ du **bureau d'examen** (brevet) / decision || ~ **officielle** (brevet) / official letter (GB), official action (US)

déclarateur *m* de **zone** (ord) / array declarator

déclaration *f* / statement, declaration || ~ (ord, PL/1) / declaration || ~ (FORTRAN) / statement || **à** ~ **obligatoire** / notifiable, reportable || ~ d'**aiguillage** (ord) / switch declaration || ~ de l'**annulation** / declaration of annulment, invalidation || ~ de **cargaison** (nav) / manifest [of cargo] || ~ en **douane** / customs declaration of contents || ~ d'**intention** / declaration of intent || ~ **multiple** (ord) / multiple declaration || ~ **obligatoire** / obligation to inform || ~ de **procédure** (ord) / procedure declaration, declarative sentence, compiler directing declarative || ~**s** *f pl* de **texte** (ord) / text declarations *pl* || ~ *f* de **type** (ord) / type declaration || ~ d'**utilisation** (ord) / use declarative || ~ de la **valeur d'origine** / data initialization statement || ~ de **validité** (aéro) / rendering valid (of a certificate) || ~ de **zone** (ord) / array declaration

déclaré / declared

déclarer / signal[ize], indicate

déclassé·s *m pl* (prép) / outsize, misplaced material || ~**s** *m pl* des **gros** / nutty slack || ~ *m* **inférieur** (tamisage) / undersize [particles] || ~**s** *m pl* **moins 6 mm** / slack || ~ *m* **supérieur** / oversize particle

déclassement *m* d'**installations** (nucl) / decommissioning of facilities

déclasser / downgrade

déclaveter / loosen the key || ~ (bâtim) / loosen the wedge

déclenche *f* / disengaging o. releasing device || ~ de **sûreté** / gas failure device

déclenché (électron) / triggered || ~ (laser) / tunable

déclenchement *m* (électron) / triggering || ~ (techn, télécom) / disengaging [mechanism], release || ~ (relais) / drop-out || ~, amorçage *m* / beginning, outset, start || **à** ~ (télécom) / keyed || ~ **alterné** (télécom) / on-off-keying || ~ **automatique** / automatic disconnection o. tripping || ~ d'**avance** / feed tripping o. release || ~ **bipolaire** / double-pole keying || ~ à **bouton** (phot) / trigger shutter, push-button release (US) || ~ à **câble** (phot) / flexible release o. trigger, wire release, cable release o. trigger || ~ d'un **cycle de fonctionnement** / commencement o. start of a working cycle || ~ à **distance** / remote release || ~ par **excès de puissance et minima de tension** / overload o. overcurrent no-voltage circuit breaker o. switch o. protection o. release || ~ en **fin de course** / limit stop || ~ **indépendant** (électr) / independent trip, independent breaker release || ~ **instantané** / rapid o. quick release || ~ **intempestif** / spurious release || ~ **libre** (électr) / free handle o. free trip release, trip free release, independent breaker release, independent trip || ~ à **manque de tension et à fermeture empêchée** / undervoltage no-close release || ~ du **marteau** (imprimante) / hammer trip device || ~ à **maxima** / excess-current release || ~ à **maximum de tension** / overvoltage release || ~ à **minimum de tension** / undervoltage o. low-voltage release o. trip, undervoltage circuit breaker || ~ à **minimum de tension et à verrouillage de réenclenchement** / undervoltage no-close release || ~ **monétaire automatique** / coin actuated release || ~ **périodique** (radar) / receiver gating || ~ **rapide** / rapid o. quick release || ~ à **retard inversement proportionnel** / inverse time-lag circuit breaking || ~ à **retour de puissance ou de courant** (électr) / directional o.

discriminating circuit breaking o. control, reverse power o. reverse current breaking || ~ de **sonnerie** / alarm triggering || ~ par **surintensité de courant** / excess-current release || ~ **temporisé à maximum de courant** / overcurrent time-lag release || ~ **thermique** (électr) / thermal trip || ~ à **vide** (électr) / no-load release
déclencher / release, disengage || ~ (électron) / trigger || ~, tirer la détente / pull the trigger || ~ (porte) / unlatch || ~ (TV) / blank [out] || ~, amorcer / start, touch off || ~ (se) / come o. go off
déclencheur *m* / release switch || ~ (techn) / release, tripping device || ~ (laser) / Q-switch || ~ (radio) / trigger [circuit] || ~ (phot) / shutter release || ~ à **action différée** (électr) / time-limit attachment || ~ à **action instantanée** (électr) / high-speed circuit breaker || ~ **automatique** (phot) / time-release || ~ **automatique** (techn) / automatic tripping device o. release || ~ **automatique** (gaz) / pressure actuated safety device || ~ à **bascule** (ord) / Eccles-Jordan trigger || ~ à **câble** / cable release || ~ par **courant de défaut** (électr) / fault current breaker || ~ sous **courant de fermeture** / making current release || ~ à **courant maximum** / overload o. overcurrent circuit breaker || ~ par **courant de repos** (électr) / no-volt[age] release o. circuitbreaker o. switch, neutral circuit breaker (US) || ~ de **courts-circuits à la terre** / earth (GB) o. ground (US) fault release || ~ **direct à maximum de courant** (électr) / direct over-current release || ~ **électromagnétique à action instantanée** / electromagnetic tripping mechanism, tripping magnet || ~ **indirect à maximum de courant** (électr) / indirect overcurrent release || ~ **instantané** (électr) / instantaneous release || ~ à **manque ou à minimum de tension** (électr) / undervoltage o. low-voltage release, undervoltage circuit breaker || ~ à **maxima** / overload o. overcurrent circuit breaker o. cutout o. switch || ~ d'**obturateur** (phot) / shutter release || ~ de **pose** / time release || ~ à **retardement automatique** (phot) / automatic release o. releasing, autotimer, self-timer, time release || ~ **souple** (phot) / cable release || ~ par **surintensité de courant** / overload o. overcurrent circuit breaker o. cutout o. switch || ~ de **tension** / overvoltage release || ~ par **tension de défaut** / fault voltage circuit breaker || ~ à **tension nulle** / undervoltage o. low-voltage release o. trip, undervoltage o. no-volt[age] circuit breaker, zero cut-out, neutral circuit breaker (US) || ~ **thermique** / thermal circuit breaker
déclic *m* / releasing gear, trigger, tripping gear || ~ (techn) / trigger || ~ (horloge) / ratchet || ~ (bruit) / click || ~ des **ressorts** (électr) / spring regulating device
décligrille *f* (arp) / grivation (grid irregularity)
déclin *m* / decline, decay || ~ (astr) / wane
déclinaison *f* / magnetic dip, variation || ~ **boréale** (astr) / northing || ~ **magnétique** / magnetic declination o. deviation, declination, dec || ~ **magnétique locale** / magnetic declination o. deviation o. variation
décliner / fall off in quality, wane || ~ (compas) / decline *vi*
déclinomètre *m* (compas) / declination compass, rectifier || ~ (arp) / clinometer, gradient indicator, gradiometer
décliquetage *m* (techn, télécom) / disengaging [mechanism], release
décliqueter, décliquer / release *vt*, disengage *vt*
déclivité *f* / slope, declivity, incline || ~ **base** (ch.de fer) / ruling down-gradient || ~ d'un **palier** (électron) / ramp || ~ d'un **palier** (impulsion) / pulse tilt || ~ d'un **pont** (routes) / bridge gradient || ~ d'un **terrain** / sloping terrace, ascent || ~ de la **voie** (ch.de fer) / down-gradient
déclouer / pull out nails || ~ (se) / loosen, become loose (of nailed parts)
décochage *m* (fonderie) / shaking out, knocking out
décochement *m* (tiss) / step o. move number, counter (in sateen weave)
décocher des **châssis** (fonderie) / shake out, knock out || ~ le **moule** (fonderie) / break the mould, dismantle
décoction *f* (chimie) / decoction || ~ de **son** (teint) / bran bath
décodage *m* (ord) / decoding || ~ des **impulsions d'encadrement** (radar) / bracket decoding
décoder / decode
décodeur *m* (ord) / decoder || ~ (sélecteur de canaux) / decoder in a tuner || ~ **commun** (radar) / common decoder || ~ **couleur** (TV) / colour decoder || ~ des **numéros des wagons** (ch.de fer) / decoder || ~ **PAL** (TV) / PAL-decoder
décoffrage *m* (bâtim) / removal of casings, dismantling of formwork
décoffrant *m* (béton) / release agent, formwork oil
décoffrer (bâtim) / remove the casing, dismantle the formwork
décognoir *m* (typo) / shooting stick, shooter
décohérer (télécom) / decohere
décohéreur *m* (électron) / decoherer
décohésion *f* / loss of cohesion
décoincement *m* du **talon** (pneu) / unseating
décollage *m* (engin spécial) / lift-off || ~ (gén) / break-away || ~ (relais) / opening of relay || ~ **assisté** (aéro) / rocket assisted take-off, jet assisted take-off, RATO (GB), JATO (US) || ~ de **courant** / burble, burbling || ~ **et atterrissage horizontaux** (aéro) / horizontal take-off and landing, HTOL || ~ au **joint** (fonderie) / mismatch, cross joint || ~ avec **vitesse initiale** / rolling take-off
décollement *m* (plast) / let-go || ~ de la **bande de roulement** (pneu) / tread separation, tread looseness, loose tread || ~ des **câblés** (pneu) / cord separation || ~ du **courant d'air** / burble, burbling || ~ **interlaminaire** (circ.impr.) / delamination || ~ entre **nappes** (pneu) / casing looseness, ply separation || ~ du **niveau du noir** (TV) / pedestal || ~ des **plis** (contraplaqué) / delamination, cleaving || ~ du **signal** (TV) / signal lift || ~ **turbulent** (aéro) / turbulent separation
décoller *vi* / lift-off *vi*, let go || ~ (aéro) / take off, start *vi* || ~ (écoulement) / burble || ~ (géol) / shear *vi* || ~ *vt* / unglue, unpaste || ~ (tex) / desize, boil off, scour cotton yarn || ~ (se) / come unstuck, come off o. away || ~ des **objets collés** / unstick *vt*, unglue *vt* || ~ des **objets serrés** / loosen
décolletage *m* (tourn) / slicing, skiving
décolleté / screw machine produced
décolleter (tourn) / cut off, crop || ~ (betterave) / top beets || ~ en **développante** (engrenage) / hob peeling || ~ les **filets** / peel o. whirl thread
décolleteuse *f* (tourn) / automatic lathe, autolathe || ~ (sucre) / beet root topping machine, beet topper || **~-arracheuse** *f* (sucre) / topper-lifter || **~-arracheuse-chargeuse** *f* de **betteraves** (agr) / automatic topper-lifter-harvester, complete beet harvester || **~-chargeuse** *f* de **betteraves** / beet-top harvester || **~-hacheuse** *f* / beet-topper and chopper || ~ à **huit broches** / eight spindle automatic lathe || ~ de **navets** / turnip topping machine || ~ **ramasseuse** (agr) / topper-lifter
décolleur *m* (découpage) / antisticking pin || ~ de

feuilles (typo) / stripping fingers, strippers *pl*
décolmatage *m* / cleaning of filters o. screens
décolmater (hydr) / scour || ~ (tamis) / unblind screens
décolorant *adj* / bleaching || ~ *m* / decolorizer, decolorizing agent, bleaching agent
décoloration *m*, démontage *m* (teint) / stripping || ~ *f*, enlevage de la couleur naturelle / discolo[u]ration || ~ (plast) / fading || ~ (TV) / blacking out, bleaching, fading [down] to black || ~ (pap) / discolo[u]ration || ~ par l'**action d'ozone** (tex) / o-fading || ~ par les **fumées industrielles** / gas fume fading
décoloré / discoloured || ~ / bleached
décolorer / bleach *vt*, discolour, stain || ~ (se) / fade, change, bleach out
décombre·s *m pl* (bâtim) / wreck, debris || **~s** *m pl* (gén) / fragments, ruins *pl*, debris || **~s** *m pl* (excavation) / excavated earth o. materials || **~s** *m pl*, recoupes *f pl* / chippings *pl*
décombrement *m* (carrière) / uncaping
décombrer, ôter, écarter / empty, clear || ~ (mines, bâtim) / remove the rubbish, clear
décommutation *f* (ord) / decommutation
décompacter (ord) / unpack
décomposable (chimie) / decompoundable, decomposable
décomposé / apart, asunder || ~ / decomposed, under decomposition
décomposer / decompose, dismount, disassemble, dismantle, strip, take apart o. asunder, undo || ~, démembrer / dismember || ~, spécifier / classify, organize || ~ (chimie) / decompose || ~ (opt) / disperse || ~ (se) / decay, decompose, rot || ~ (se) (chimie) / decompose, disintegrate || ~ (se) (gén, chimie) / split up || **se ~ à l'air** (min, chimie) / effloresce || ~ des **forces** / resolve forces || ~ une **liaison** (chimie) / break a linkage
décomposeur *m* (NC) / resolver || ~ **sphérique** / spherical o. ball resolver
décompositeur *m* d'**air** / air separation plant
décomposition *f* / decomposition, decay, rot || ~ (chimie) / decomposition || ~, transformation *f* (chimie) / transformation, reaction || ~ à l'**air** (géol) / disintegration || ~ de l'**amidon** (chimie) / decomposition of starch || ~ d'un **composé** (chimie) / decomposition, degradation, separation || ~ des **couleurs** (TV) / colour breaking-up || ~ **double** (chimie) / double decomposition || ~ en **éléments simples** (math) / expansion into partial fractions || ~ en **facteurs premiers** (math) / prime factorization || ~ de **faisceau** / beam splitting || ~ de **forces** / resolution of forces || ~ d'**Hurwitz** (math) / Hurwitz break-up || ~ par les **intempéries** (gén) / weathering || ~ de **nomenclature** (ord) / bill explosion || ~ **photochimique** / photodecomposition, -dissociation || ~ en **radicaux** (chimie) / radical decomposition || ~ **spontanée** / spontaneous decomposition || ~ **thermique** / thermal dissociation o. decomposition, thermolysis || ~ du **travail en éléments** (ordonn) / job breakdown || ~ de la **vapeur d'eau** / dissociation of water vapour
décompresseur *m* / decompression device, compression relief
décompression *f* / decrease o. fall of pressure || ~ (techn) / decompression
décomprimer / decompress
décompte *m* / accounting, following-up || ~ de l'**entreprise** / factory accounting, processing account || ~ des **salaires** / payroll accounting
décompter / count down
décompteur *m* (gaz) / intermediate counter
déconcentration *f* (r.cath) / debunching || ~ (urbanisme) / deconcentration
décondenser (ord) / unpack
déconditionner (circuit, tube) / degate
décongeler / defrost
décongestionnement *m*, décongestion *f* / traffic congestion relief
décongestionner (routes) / relieve, ease the traffic load o. strain
déconnecter (électron) / draw out the rack || ~ (télécom) / cut, disconnect, interrupt || ~ (électr) / cut out, switch off, put out of circuit, branch off
déconnexion *f* (télécom) / clearing || ~ (électr) / disconnection, cutoff, switching-off || ~ (techn, télécom) / disengaging [mechanism], release || ~ **commandée par le bureau** (télécom) / through clearing || ~ à **mercure** / mercury-arc valve
déconseillé (ELF) (terme) / should be avoided, not recommended
déconsolidation *f* de la **voie** (ch.de fer) / pumping of the track
décontamination *f* / decontamination || ~ des **émissions gazeuses** (nucl) / exhaust air decontamination || ~ **intégrée ou système Lancy** (galv) / integrated system, Lancy system
décontaminer / decontaminate || ~ (mil) / decontaminate
décor *m* (gén) / decoration || ~ (TV) / set[ting], decor, scenery || ~ **imitant le marbre** / graining
décorateur *m* / decorator
décoratif / decorative
décoration *f* / ornament, decoration || ~ (bâtim) / decoration || ~ en **échiquier** (bâtim) / checker work style || ~ d'**intérieurs** / interior decoration o. design
décorder / unravel, untwist
décorer / ornament, decorate || ~ la **tranche** (typo) / goffer
décorticage *m* (café) / dehusking
décortiquer (lin) / degum, boil off || ~ (riz) / husk, dehusk || ~ (arbres) / decorticate, bark, unbark, peel || ~ (noix) / shell nuts
décortiqueur *m* / bark peeling o. [un]barking machine, barker
décortiqueuse *f* d'**arachide** (agr) / peanut thresher o. sheller || ~ de **riz** / rice hulling o. husking machine, paddy mill || ~ à **tête pivotante** (bois) / swinghead peeler
découdre / unstitch, unsew, rip up || ~ (se) / rip, rend
découler / trickle down || ~ [de] (brevet) / stem [from]
découpage *m* / cutting o. shearing [work] || ~ à l'**acétylène** / acetylene cutting || ~ au **chalumeau** / gas cut, flame cut || ~ en **ciseaux** (découp) / cutting with two approaching blades || ~ de **cuir** / cutting-out of leather || ~ **électronique** (TV) / pattern || ~ à l'**emporte-pièce** / die cutting || ~ d'un **flan** (découp) / blanking, blank cutting o. shearing || ~ par **fusion plasma** / plasma cutting || ~ à la **lame** (découp) / cutting with a single blade || ~ au **laser sous gaz inerte** / laser beam fusion cutting || ~ sur **matelas de caoutchouc ou sur coussin de caoutchouc** (découp) / rubber-pad blanking || ~ par **meule** / abrasive cutting || ~ **partiel** (découp) / cropping (not scrap-free cutting) || **~-poinçonnage** *m* / cutting and punching, pressroom work || ~ de **précision** (découp) / fine o. precision blanking || ~ **sans perte ou sans chute** (découp) / scrap-free blanking || ~ du **temps** (ord) / time slicing || ~ en **tranches**, découpage en plaques (semicond) / wafering, wafer slicing
découpe *f* / cutting || ~ d'**ébavurage** / die trimm[ing] || ~ de **positionnement** (électr) / polarizing slot
découpé / cut [off] || ~ (sucre) / cut, sliced || ~ (typo) /

cut-out, close-cut, outlined, block-out...
découper / cut off o. up || ~ (m.outils) / punch *vt*, stamp, crop *vt* || ~ [dans] / cut out, clip || ~, permettre le passage d'une partie de signal (électron) / strobe *vt* || ~ à **angle droit** / cut square, square [off] || ~ à **angle oblique** (outil) / basil || ~ à l'**autogène** / gas o. flame cut || ~ la **baleine en tranches** / flense || ~ en **bande et mettre en paquets les tôles de récupération** (sidér) / shred || ~ au **chalumeau** / gas o. flame cut || ~ la **cime** / cut off the top end of timber || ~ aux **ciseaux** / scissor *v* || ~ une **digue** / cut a dam || ~ des **disques** / slice, skive, pare || ~ des **disques par scie rotative** / trepan || ~ les **flanș** (découp) / blank out || ~ à la **matrice** / punch out || ~ par **morceaux** / slice, skive, pare || ~ les **mots** (ord) / split || ~ [en **rognures]** / chip *vt* || ~ dans le **shredder** / shred metal
découpeur *m* (homme) / stamper, press operator, pressman || ~ **longitudinal** / longitudinal cutter
découpeuse *f* / female press operator || ~ (film) / slitter || ~ (typo) / cutter || ~ (plast) / slitter || ~ à **laser** / laser cutter || ~ en **long à couteaux circulaires** (pap) / slitting machine, slitter
découplage *m* (électron) / decoupling || ~ (électr) / uncoupling || ~ de **polarisation** / decoupling of polarization || ~ du **réseau** (électron) / supply isolation, power line (US) isolation
découpler (électr, électron) / uncouple, decouple
découpleur *m* (électron) / stopper, decoupler
découpoir *m* à **levier** / lever operated punch
découpure *f* (techn) / opening || ~, bouchon *m* / cutting, punching, piece punched out || **~s** *f pl* / clipping, waste, refuse, cuttings *pl* || **~s** *f pl* (tiss) / cuttings *pl* || **~s** *f pl* de **papier** / paper scrap o. shavings, shreds pl || ~ *f* d'un **toit** / roof penetration
découvert *adj* / uncovered || ~ (auto) / open-top || **mettre à** ~ / lay bare, uncover *vt*
découverte *f* (expl. à ciel ouvert) / cutting || ~ (acier) / shelled state whilst hardening
découvrir / discover || ~, mettre à nu / uncover || ~ (mines) / discover, strike || ~ (nav) / sight || ~ (se) (acier) / shell whilst hardening || ~ un **filon en minant ou creusant ou fouillant** (mines) / discover o. reach by digging || ~ par **sondage** (mines) / find by sinking shafts
décrassage *m* de la **couronne** (cornue) / clearing the rim
décrassement *m* / dirt removal
décrasser / scour, clean, cleanse || ~ (ch.de fer) / declinker || ~ la **grille du fourneau** / clinker || ~ un **moteur** (mot) / decarbonize
décrassoir *m* (égout) / dirt pan o. bucket
décrément *m* (phys) / decrement || ~ d'**amortissement** / damping decrement || ~ **logarithmique** / logarithmic decrement, log-dec. || ~ **logarithmique** (nucl) / energy decrement || ~ **logarithmique apparent d'affaiblissement** / equivalent logarithmic decrement || ~ de **masse** (nucl) / mass decrement (GB) o. excess (US)
décrémer, écrémer (lait) / cream *vt*, skim, scum
décrémètre *m* (électron) / decremeter || ~ de **boucle** (télécom) / loop decremeter
décrépir (se) (crépi) / fall off, come off
décrépitation *f* (chimie) / crackling
décrépiter (chimie) / crackle, [de]crepitate
décr[e]usage *m*, décreusement *m* (filage) / degumming, bucking, treatment in alkaline solution
décr[e]user (soie) / boil off, degum, buck, leach
décriquage *m* à l'**autogène ou au chalumeau** / flame descaling o. deseaming || ~ à **froid** (sidér) / cold scarfing
décrire / describe || ~ (peuplement forestier) / cruise, survey, scale, estimate || ~ un **cercle** / describe a circle || ~ des **méandres** / meander *vi*
décrochable (aéro) / jettisonable || ~ (broche) / removable, pivoting
décrochage *m* (électr) / pulling out of synchronism || **faire le ~ latéral** (aéro) / side-slip, roll-off || ~ de la **couche limite** (aéro) / burble, burbling || ~ de la **flamme** / flame blow-off || ~ d'**onduleur** / conduction through || ~ **tournant** (écoulement) / rotating stall
décrochement *m* (géol) / horizontal flexure, strike slip fault || ~ du **plan de joint** (forge) / crank of a die
décrocher / hook out o. off, unhook || ~ (aéro) / stall || ~ (ch.de fer, véhicule) / uncouple || ~ (se) (électr) / fall out of step || ~ des **berlines** (mines) / unhook || ~ le **combiné** / take off o. pick up the receiver
décrocheur *m* (ch.de fer) / yardman (US), shunter
décroissance *f* / fall, decline || ~ **exponentielle** (nucl) / exponential decay || ~ **radioactive** / radioactive decay
décroissant (oscillation) / damped, dying out
décroissement *m* de l'**oscillation** / dying out
décroître / decrease *vi*, diminish
décrotter (mines) / clean
décrotteur *m* de **betteraves** (agr) / beet cleaning o. washing machine || ~ pour **betteraves andainées** / beater for beet-windrows || **~-chargeur** *m* de **betteraves** / beet cleaner-loader
décroûtage *m* au **chalumeau des blooms** (lam) / flame-chipping of blooms
décrue *f* (eau) / decline, decrease
décrûment *m* (teint) / decoction || ~ (filage) / treatment with alcaline solution, bucking
décruser, décruer (filage) / boil off, degum
décryptement *m* / cryptanalysis
décrypteur *m* / cryptanalyst
décuire (chimie) / decoct
décuivrer / remove the copper layer
décuple *adj* / decuple, tenfold || ~ *m* / decuple
décuplement *m* / times-ten multiplication
décupler / increase tenfold
décuver (transfo) / dismantle
dedans, [au] ~ / within, inside, on o. in the inside || ~ / inside, interior || **en** ~ / inward, inboard || **en ~ du bord** (nav) / inboard
dédeutérizer (nucl) / dedeuterize
dédommagement *m* [de] / paying o. recovering of damages, compensation
dédommager / compensate
dédoublage *m* des **corps gras** / dissociation of fatty matters || ~ de **graisse selon Twitchell** / Twitchell fat decomposition
dédoublant les **graisses** (chimie) / fat-splitting || ~ le **saccharose [en glucose et en lévulose]** (chimie) / inverting
dédoublement *m* des **cristaux** / splitting of crystals || ~ de l'**image** (TV) / ring[ing], split image (US) || ~ d'un **train** (déconseillé), doublement *m* d'un train (ch.de fer) / duplication of a train
dédoubler, ôter la doublure (tex) / single *vt* || ~ (cuir) / split *vt* || ~ une **liaison** (chimie) / break a linkage || ~ le **moule** (fonderie) / break the mould, dismantle
dédoublure *f* (tôle) / split ends *pl*
déductif / deductive
déduction *f* / trade-off, deduction || ~, conclusion *f* / inference, deduction || **qui peut venir en ~ de la déclaration de revenu** / deductible for taxation || ~ des **trous** (constr.mét) / deduction of [area for] holes
déduire / derive || ~ **par le calcul** / calculate, reckon
deep tank *m* (nav) / deep tank
dé-éthaniseur *m* (pétrole) / de-ethanizer

défaillance *f* / breakdown, failure, malfunction, outage (US) || ~, arrêt *m* / operational failure || ~, manque *m* / deficiency, lack || **avec ~ sans risque** (électron) / fail-safe || **sans ~s** / perfect, perf. || ~ **aléatoire** / random failure o. malfunction || ~ **dépendante** / resulting breakdown || ~ **humaine** / human error || ~**s** *f pl* **initiales** (ord) / infant mortality || ~**s** *f pl* de **jeunesse des matériels** (ord) / early failures *pl* || ~ *f* de **machine** / machine malfunction || ~ **machine** (ord) / hardware malfunction || ~ de **phase** / phase failure || ~**s** *f pl* **prématurées ou précoces** (ord) / early failures *pl* || ~ *f* **progressive** (électr) / degradation failure || ~ **soudaine** (électr) / sudden failure || ~ **totale** / total breakdown || ~ **totale brusque** (ord) / catastrophical failure || ~ **unique** / single failure || ~ d'**usure** / failure caused by wear o. attrition

défaillant / weak, faint || **être** ~ / fail, break down

défaire / undo, unravel || ~, démonter / break up, dismantle, dismount, take apart o. asunder, undo || ~, dénouer / untie, undo || ~, desserrer / unfasten || ~ (se) / come undone o. apart || ~ les **échafaudages** (bâtim) / strike down the scaffolding || ~ le **joint de brasage** / unsolder, unsweat || ~ les **rivets** / break the rivet joint, drive out o. punch rivets || ~ la **soudure** / open the welded joint || ~ un **tissu** (tiss) / take off the warp, undo, unravel, unweave

défait, être ~ / become loose

défanage *m* (agr) / burning off

défausser / straighten, dress

défaut *m* / defect, check, fault || ~, défaillance *f* / fault, failure || ~, manque *m* / deficiency, want, lack, outage (US) || ~, paille *f* (réfractaire) / flaw || **faire** ~ / fail *vi* || **sans ~s** / faultless, sound, perfect, perf. || **sans aucun** ~ / free from all defects || ~ **aléatoire** / random error || ~ d'**alignement** (aéro) / out-of-track, tracking error || ~ d'**alignement de la dent** (roue dentée) / tooth alignment error || ~ d'**alignement de la perforation significative** (bande perforée) / code hole misalignment || ~ d'**alimentation** (m.compt) / misfeed || ~ d'**allumage** (mot) / misfire || ~ d'**aspect** / blemish || ~ de **balance** / im-, inbalance || ~ de **câblage** / defect of lay o. twisting || ~ du **câble** / rope damage o. defect || ~ de **calibre** / caliber error || ~ de **commutation d'un inverseur** (électr) / commutation failure of an inverter || ~ de **compression** (plast) / moulding defect || ~ **constaté** / defect found || ~ de **construction** / construction o. structural error o. fault, error of construction o. design || ~ propre au **contreplaqué** / defect inherent in plywood || ~ de **coulée** / defect in casting || ~ **critique** (contr.de qual) / critical defect || ~ de **dressage** (lam) / straightening fault || ~ d'**empilement** (crist) / stacking fault || ~ d'**épluchage** (lin) / peeling defect || ~ d'**équerrage des semelles** (constr.en acier) / angle defect of flanges || ~ d'**équilibrage** (électr) / balance error, unbalance || ~ d'**équilibrage** (techn) / balance error, out-of-balance || ~ d'**étanchéité** (vide) / leakiness, leakage, leaking || ~ mis en **évidence par le programme** [par les données] / program, [data] sensitive fault || ~ d'**exploitation** (brevet) / non-working, non-exploitation || ~ **extérieur** (semicond) / solute || ~ de **fer cassant à chaud** / red shortness || ~ de **flamme** / flame failure || ~ de **fonctionnement** / faulty operation || ~ au **fond ou à l'envers** (soudage) / incomplete penetration, root defect || ~ de **fonderie** / casting defect || ~ dans la **fonte** / defect in casting || ~**s** *m* de **fonte** (verre) / metal defects *pl* || ~ de **Frenkel** (crist) / Frenkel defect || ~ par **frottement** (tiss) / chafe mark || ~ d'**image** (TV) / image distortion o. defect || ~ **inhérent au bois** / defect inherent in wood || ~ dû aux **insectes et végétaux parasites** (bois) / defects *pl* due to borers and parasitic plants || ~ **intercristallin** / intergranular fracture || ~ d'**isolement** / insulation defect o. failure o. fault, defect in insulation, defective o. faulty insulation || ~**s** *m pl* de **jeunesse** / early life failures *pl*, teething troubles *pl* || ~ *m* **kilométrique** (électr) / short line fault || ~ de **laminage** / rolling defect || ~ de **masse** (phys) / mass defect (GB) o. decrement (US), packing effect || ~ du **matériel** (tex) / structural defect || ~ de **matière [primitive]** / flaw o. fault in material, faulty material || ~ de **mise à la terre sur deux phases** / ground (US) o. earth (GB) leakage on two phases, double earth fault (GB) || ~ de **modelage** (céram) / moulding defect o. fault || ~ de **montage** / defect in assembling || ~ de **montage d'ensouple** (tiss) / bias filling o. weft || ~ de **moulage** (plast) / moulding defect o. fault, flaw || ~ de **moulage** (fonderie) / moulding defect o. fault || ~ du **moule** / defect of form || ~ de **pas** / pitch error || ~ de **peigne** (tiss) / reed mark || ~ de la **perfection cristalline** / crystal defect o. dislocation o. imperfection, crystal disorder || ~ **pilote** (télécom) / pilot breakdown || ~ de **planéité** / flatness defect || ~ de **poids** / short weight, deficiency o. loss o. shortage [in weight], underweight || ~ à la **racine** (Suisse, Belg) (soudage) / incomplete penetration, root defect || ~ dû au **recuit** / defect arising in annealing || ~ de **remise à zéro** / zero[izing] fault || ~ de **rentrage** (tiss) / drawing-in o. draft fault, wrong draw o. draft || ~ de **réseau** (atome) / lattice imperfection o. dislocation o. defect || ~ du **réseau cristallin** / lattice defect || ~ **résistant à la terre** / high-impedance (a.c.) o. -resistance (d.c.) earth (GB) o. ground (US) fault || ~**s** *m pl* de **Schottky** / Schottky defect || ~ *m* dû au **sciage** (bois) / sawing defect || ~ de **sillon** (phono) / tracking error || ~ de **Smekal** (crist) / Smekal defect o. flaw, center of disturbation || ~ de **soudure** / blowhole, crack, cleft || ~ **superficiel ou de surface** / surface flaw o. irregularities *pl* || ~ de **surface** (sidér) / dog leg (coll) || ~ de **symétrie de l'âme** (constr.en acier) / symmetry defect of webs || ~ de **tension** (tiss) / hitch back || ~ à la **terre** / earth (GB) o. ground (US) fault || ~ à la **terre unipolaire** / single-line-to-earth fault || ~ **terrestre** (télécom) / earth fault || ~**s** *m pl* de **texture** (réfractaire) / lamination || ~ *m* de **tissage** / fault in weaving, weave o. weaving fault || ~ de **toronnage** / defect of lay o. twisting || ~ de **transformation** / processing defect || ~ de **travail ou d'usinage** / faulty machining || ~ d'**uniformité de la chaussée** / pavement irregularity || ~ d'**usinage** (opt) / form error || ~ de la **vision** / defect of vision

défavorable (temps) / contrary || ~ (gén) / ill, unfavorable || ~ à la **croissance** / growth inhibiting

défécateur *m* (sucre) / defecator, defecation o. defecating pan o. tank

défécation *f* (sucre) / defecation || **faire la** ~ (sucre) / clarify, clear || ~ par **chaux vive** (sucre) / defecation with dry lime || ~ par **lait de chaux** (sucre) / defecation with milk of lime

défectueux / faulty, defective || ~, endommagé / defective, damaged || ~ **critique** (contr.qual) / critical defective

défectuosité *f* / defectiveness || ~, défaillance *f* / failure, breakdown, interruption, malfunction, outage (US) || ~, imperfection *f* / deficiency || ~ dans le **bas** (tricot) / snag || ~ du **câble** / rope damage || ~ d'**emballage** / fault in packing, faulty packing ||

~ de **matière primitive** / defect of o. in material, material defect
défendre / protect || ~ la **rive** / protect o. defend the bank
défense *f*(nav) / guard o. fender pile || ~ (hydr) / stone filling o. packing || ~ de la **berge** / shore protection, bank protector o. defense || ~ en **cordage** (nav) / pudd[en]ing || ~ des **dunes** (hydr) / protection o. defence of dunes || ~ d'**employer des crochets!** / use no hooks || ~ d'**entrer!** / no admittance, "Private", no entry || ~ de **fenêtre** / window grate o. grille || ~ **[mobile]** (nav) / fender, bumper || ~ **nationale** / national defense || ~ de **passer!** / no thoroughfare! (GB), no thrufare! (US) || ~ de **rive** / protection o. defense of banks o. shore || ~ de **stationner** / no parking || ~ de **stationner, sortie de véhicules!** / keep clear! || ~**s** *f pl* contre les **torrents** / regulation of a torrent, torrent control o. damming o. works *pl*
déféquer / clear liquids, clarify
déferlement *m* en **volutes** (mer) / plunging breaker
déferreur *m* **magnétique** / magnetic separator
déferrisation *f* / elimination of ferruginous matter, de-ironing, deferrization, iron extraction || ~ d'**eau** / extraction o. removal of iron from water
défet *m* (typo) / faulty sheet, oversheet
défeuilletage *m* (sucre) / defoliating, leaf-pruning
défeutrer / unfelt, defelt
défeutreur *m* (filage) / defelter || ~ à **deux étages** (filage) / drawing rollers *pl* || ~ de **laine** / wool frame tenter
défiant toute concurrence / without competitors o. rivals
défibrage *m* (pap) / defibration, pulping || ~ sous **pression** (pap) / pressurized grinding || ~ **séparé** (pap) / separate fiber system o. preparing
défibrer (gén) / extract o. remove the fibers, strip o. divest of fibers || ~ (pap) / defibrate, pulp
défibreur *m* (pann.part.) / defibrator || ~ (pap) / wood grinder o. grinding machine, stuff grinder || ~ à **chaînes à grand rendement** (pap) / high power caterpillar grinder || ~ en **continu** (pap) / continuous grinder o. pulper || ~ à **magasin** (pap) / magazine grinder || ~ à **poches ou à presses** (pap) / pocket grinder || ~ à **poches à grande puissance** (pap) / high power [pocket] grinder || ~ à **trois magasins ou poches** (pap) / three-pocket grinder
défibreuse *f* de **cannes** (sucre) / cane disintegrator o. shredder
déficience *f*(math) / deficiency || ~ de **saturation** / saturation deficit
déficient / deficient || ~ en **neutrons** / neutron-deficient
déficit *m* de **saturation** / saturation deficit
défiguration *f* / deformation, disfiguration
défiguré (arp) / distorted, with vertical exaggeration
défigurer / distort
défilé *m* (géogr) / defile, gorge || ~ (pap) / half stuff, intermediate stuff, first stuff || ~ de **bobines** (filage) / unwinding of bobbins || ~ **suivant C.I.E.** (luminaire) / semi-cutoff
défilement *m* (bande magnétique) / unwinding || ~ (électron) / playing of a tape || ~ **continu du film** / continuous strip system || ~ **hélicoïdal** / hecical scan || ~ en **marche avant** (b.magnét) / forward run
défiler (bobine) / run off, reel off || ~ (p.e. tambour devant marteaux d'impression) / rotate [past] || ~ les **chiffons** / beat rags || ~ à l'**excès** (pap) / overbeat
défini / defined || ~, précisé / definite || ~ **univoquement** (ord) / uniquely defined
définir / define || ~ (NC) / define
définitif / definitive, final, ultimate
définition *f* / definition || ~ (r.cath, radar) / discrimination, resolution (US) || ~ (TV) / definition, resolution || ~ (phot) / definition || **à ~ des fonctions** / function defining || ~ **azimutale** (radar) / azimuth discrimination (GB) o. resolution || ~ du **côté** (tiss) / definition of side || ~ des **couleurs** / chromatic resolution || ~ par l'**emploi** / definition by context, contextual definition || ~ **générique** / definition by extension o. by denotation, extensional definition || ~ **horizontale** (TV) / horizontal definition || ~ de l'**image** (TV) / screen definition || ~ de l'**orbite** / orbit determination, satellite tracking || ~ **poussée** / extended resolution || ~ **prioritaire** (ord) / overlay defining || ~ d'un **projet** / project definition || ~ du **réseau** (TV) / screen definition || ~ **spécifique ou au sens classique** / definition, classical meaning, definition by genus and difference, definition by intention o. by connotation || ~ **verticale** (TV) / vertical definition || ~ de **zone** (ord) / field definition
déflagration *f* / deflagration || ~ **aérienne** / air blast || ~ **subaquatique** / underwater blast
déflagratrice *f* pour **mines** / firing apparatus, blasting machine, exploder
déflagrer / explode *vi*, blow up || **faire ~** / explode *vt*, detonate
défléchir *vi*(opt) / deflect *vi*, turn aside || ~ *vt* / deflect *vt*, bend || ~ (se) / warp, twist, get warped
défléchissant / divergent, diverging
déflecteur *m* / deflector || ~, chicane *f* / baffle plate || ~ (cheminée) / deflector || ~ (hydr) / training wall, stream deflector || ~ (accu) / sloshing baffle || ~ (TV) / deflector, scanning component || ~ (plasma) / divertor || ~ (pneu) / chine || ~ (céram) / deflecting block || ~ de **câble** / cable deflector || ~ de **courant** (hydr) / current fender || ~ de **flammes** (espace) / flame deflector || ~ de **jet** (lancement de fusées) / jet deflector || ~ **ouvrant** (auto) / swivel o. vent[ilation] window, knock-out window || ~ de **poussée** (aéro) / thrust deflector
déflection *f* par la **cible** (tube de prise de vues) / beam bending
déflegmateur *m* (chimie) / dephlegmator, reflux condenser, analyzer
déflegmation *f*(chimie) / dephlegmation
déflegmer (chimie) / dephlegm[ate]
déflexion *f*(phys, TV) / deflection, bending, deviation || ~ (aiguille) / deflection || ~ du **faisceau** (TV) / beam deflection || ~ du **jet** (aéro) / jet deflection || ~ **perpendiculaire** (TV) / vertical sweep
défloculant *m* (flottation) / deflocculant
défloculer / deflocculate
défluent *m* de **crue** / floodway
défocalisation *f* / defocussing, out of focus || ~ de **déviation** (r.cath) / deflecting defocussing || ~ de **phases** / defocussing o. debunching of phases
défocalisé / out-of-focus
défocaliser / defocus
défoliant *m* / defoliant
défomètre *m* (caoutchouc) / defometer
défoncé (routes) / full of potholes, bumpy, rutted
défoncement *m* / subsoiling, underground lifting
défoncer / plough up || ~ (routes) / cut up, break up, tear up || ~ (forge) / punch *vt* || ~ une **porte** / break *vt*, smash, batter
défonceuse *f*(bois) / recessing and shaping machine, top spindle moulder, routing machine || ~ (agr) / trench[ing] plough || ~ à **copier** / profiling, recessing, and shaping machine || ~ **fraiseuse à modèles et à boîtes à noyaux** / pattern milling and recessing machine || ~ **[portée]** (routes) / scarifier || ~

portée à l'arrière (routes) / rear mounted ripper || ~ [tractée] / road scarifier o. plough, rooter plow (US), [trailing] ripper
déformabilité *f* / deformability || ~, capacité *f* de déformation / forming property, deformability || ~ à **chaud** / hot forming property
déformable / ductile || ~ (céram) / plastic, figuline, mouldable
déformation *f* / deformation, change in dimensions o. in shape, strain || ~, défiguration *f* / deformation, disfiguration || ~, bosse *f* / dent, ding (coll) || ~ (méc) / strain || ~, gauchissement *m* / distortion, deformation, warping || ~ (m.outils) / forming || ~ (b.magnét) / buckling || **de** ~ (essais de mat.) / deformational || **sans** ~ (électron) / undistorted, without distortion || ~ par **à-coups** (roue dentée) / peening || ~ **acoustique** (électron, TV) / distortion || ~ **admissible** (électron) / distortion tolerance || ~ en **arc** (nucl) / bowing || ~ en **arc** (pétrole) / bowing || ~ de la **bande** (bande sonore) / tape curling o. deformation || ~ sous **charge** / deformation under load || ~ à **chaud** / heat distortion || ~ à **chaud sous tension** / hot straining || ~ en **cisaillement** (méc) / shear deformation o. strain || ~ du **code** (mil) / code garbling || ~ **critique** (découp) / critical deformation || ~ en **cuvette** (contreplaqué) / disk, dish || ~ **élastique de cadre** / elastic deformation o. elasticity of frame || ~ de l'**enveloppe d'un signal** (électron) / glitching || ~ du **film** / film deterioration || ~ en **flexion** / bending strain || ~ en **fluage** / strain in creep || ~ des **fréquences audio** (radio) / audio distortion || ~ [du] **gamma** (TV) / crushing || ~ **homogène** / homogeneous deformation || ~ de l'**image plastique** (photogrammétrie) / model deformation || ~ d'**impulsions** / pulse deformation || ~ **infiniment petite** / infinitesimal deformation || ~ de la **ligne de base** (électron) / base line distortion || ~ **linéaire** / linear o. longitudinal deformation || ~ **linéaire permanente** / permanent linear deformation || ~ **linéaire relative** (forge) / degree of deformation, unit strain || ~ de **modulation** / modulation distortion || ~ **non élastique** / plastic yield || ~ **permanente** (poutre) / permanent set || ~ **permanente à la cassure** / ductile yield || ~ **permanente par sollicitation de compression,** [de traction] / compression, [tension] set || ~ **permanente [sous l'effet d'une température élevée dans un temps donné]** / compression set || ~ **plane** (méc) / plain strain || ~ **plastique** (m.outils) / forming, non-cutting shaping || ~ **plastique**, fluage *m* / plastic flow || ~ **plastique** (essai des mat) / plastic deformation o. yield, permanent set || ~ **plastique de compression** / forming under compressive conditions || ~ **plastique par flexion** / forming under bending conditions || ~ **plastique par laminage** / flow-turn || ~ **plastique par poussée** (m outils) / forming under shearing conditions || ~ **plastique par traction** (m outils) / forming under tensile conditions || ~ **plastique par traction et compression** / forming under combination of tensile and compressive conditions || ~ sous **pression** / compression set, upsetting deformation || ~**s** *f pl* **principales** / principal strains *pl* || ~ *f* **professionelle** / professional idiosyncrasy || ~ de la **réception** (télécom) / line distortion || ~ **relative** (forge) / degree of deformation || ~ **rémanente ou résiduelle** / permanent deformation || ~ **rémanente après allongement** (caoutchouc) / tension set, tensile set || ~ **résiduelle sous compression** (caoutchouc, plast) / compressive set || ~ **résiduelle sous traction** (caoutchouc) / tensile set || ~ par **roulement et par à-coups** (roue dentée) / rolling and peening deformation || ~ sous **sollicitation** / strain || ~ par **surtension** / transient distortion || ~ en **tire-bouchon** (câble) / waviness || ~ de **torsion** / torsional strain || ~ due à la **trempe** / distortion on hardening
déformé / deformed || ~ (dessin) / deformed, out of drawing, out of shape || ~ (onde) / distorted || ~ [**mutuellement] par chocs** / pounded
déformée *f* / elastic line
déformer, gauchir / deform, distort, twist || ~ (fonderie) / lift o. draw from the mould || ~, bosseler / dent || ~ (vis) / overturn o. overwind threads, strip threads || ~ (m.outils) / form, shape non-cutting || ~ (se) / get out of shape, warp || ~ en **pliant** / spoil by bending
défouiller / hollow out [from below], wash away, erode
défourner / withdraw from the furnace || ~ le **coke brûlé** / deslag, remove the slag
défourneur *m* (lam) / withdrawing machine
défourneuse *f* (sidér) / ingot drawing machine || ~ (coke) / coke pusher machine || ~ **[-repaleuse ou avec bras repaleur et avec arrache-portes]** / coke ram with door lifting device
défraîchi (tiss) / faded || ~ (commerce) / shop-soiled, shop-worn, stale
défraîchir (se) (tiss) / fade
défreinoir *m* / tool for loosening screw locking devices
défrichage *m*, défrichement *m* (silviculture) / grubbing, uprooting
défricher / break fresh ground || ~ **une forêt** / clear, deforest, dis[af]forest, untimber (GB), lumber (US)
défripement *m* / crease recovery
défriser / put out of curl, remove creases
défroissabilité *f*, défroissement *m* (tex) / crease recovery, crinkle recovery
défroncement *m* / pleat o. plait recovery test
dégagé / clear, open || ~ (mines) / prop-free || ~ (affichage) / push-through ... || ~, mis à nu / open, bare || ~ (chimie) / nascent || ~ (p.e. queue) / reduced (e.g. tool shank)
dégagement *m* (bâtim) / aisle, corridor, gallery || ~ (escalier) / stair head o. top, stairs-head, mouth of a staircase || ~ (techn, télécom) / disengaging [mechanism], release || ~ (m.outils) / undercut || ~ [de] / clear distance [from], clearance || ~, porte à côté / additional door || ~ (découp) / lightening hole || ~ (techn) / relief (of a machined to a non-machined surface) || ~ (circ.impr.) / clearance hole || ~ (p.e. par des glaçures) / delivery, elution (e.g. from glazes) || **avec** ~ [de] (chimie) / with delivery [of], with liberation [of] || ~ d'**air** / air release || ~ de **cave** / basement corridor || ~ de **chaleur** / development o. evolution o. generation of heat, heat build-up, (also:) emission of heat || ~ d'**énergie** / release of energy || ~ d'**épaisse fumée** / [dense] smoke development || ~ du **flanc** / flank clearance || ~ à **fond de filet** / thread bottom clearance || ~ de **fumée** / smoke development o. emission || ~ **gazeux** (vide, galv) / gassing || ~ **gazeux ou de gaz** (sidér) / gas evolution || ~ par **gorge** (filetage) / undercut || ~ d'**hydrogène** / evolution of hydrogen || ~ **instantané de gaz** / gas eruption, blow of gas || ~ **latéral** (chariot à fourche) / toe || ~ de **lumière** / evolution of light || ~ de **métal lourd** (glaçure) / delivery of heavy metals || ~ d'**oxygène** / evolution of oxygen || ~ des **picots** (tex) / unpinning || ~ de **pied** (engrenage) / undercut || ~ de **plomb** (glaçure) / delivery of lead, elution of lead || ~ de **poussières** /

formation of dust || ~ des **poussières en suspension** / airborne particulate emission || ~ par **rainure** (m.outils) / undercut, relief groove || ~ de **roue** / wheel clearance || ~ d'une **rue** / widening of a street || ~ [de **sécurité]** (NC) / clearance distance || ~ du **tabulateur** (m.à ecrire) / tab[ulator] release || ~ de **vapeur** / release of steam || ~ de **verrouillage du cylindre** (m à écrire) / platen release
dégager / evolve, give off, emit, disengage || ~ (énergie) / release || ~, soulager / discharge, relieve o. free [of the load], ease || ~, creuser / hollow, deepen || ~, détacher / detach, withdraw || ~ (techn) / free *vt*, cut free || ~, débrayer / uncouple || ~, dépouiller / relieve || ~ (se) (chimie) / come off o. out || ~ (se) (gaz) / escape *vi*, discharge || ~ (se) (ciel) / clear *vi* || ~ de la **chaleur** / emit heat || ~ de la **fumée** / emit o. develop smoke || ~ des **fumées épaisses** / emit dense smokes || ~ les **garnitures** (typo) / strip a form[e] || ~ du **gaz** / degas, free from gas || ~ l'**inconnue** (math) / isolate the unknown quantity || ~ de la **poussière** / give-off dust || ~ les **réserves** / mobilize reserves || ~ la **route** / clear the road || ~ au **tour** (tourn) / relieve, back off, recess || ~ des **vapeurs** / vapo[u]r, steam, give off o. emit vapour o. steam || ~ le **zinc du laiton** / elute zinc from brass
dégailletteur *m* (mines) / nut picker
dégainage *m* (nucl) / decanning, decladding || ~ **chimique** (nucl) / chemical decladding || ~ **mécanique** (nucl) / mechanical decladding
dégainer (nucl) / declad, decan
dégarnir / clear out, empty || ~ un **mur** / strip a wall
dégarnissage *m* du **bec** (convertisseur) / trimming the converter mouth || ~ de la **voie** (ch.de fer) / clearing ballast from the track
dégarnisseuse-cribleuse *f* (ch.de fer) / ballast scarifier and screening machine
dégât *m* / damage || ~**s** *m pl* **causés dans les champs** / damage done to the fields || ~**s** *m pl* **causés aux cultures par les insectes** / skeletonizing || ~**s** *m pl* **causés par les inondations** / damage caused by water || ~**s** *m pl* **causés par les termites** / termite attack || ~ *m* **causé par la foudre** / lightning damage || ~ **causé au transport** / shipping damage || ~**s** *m pl* de **chaussée dûs au gel de la fondation** / break-up of road surface || ~ *m* par un **corps étranger** / foreign object damage, FOD || ~**s** *m pl* **matériels** / material damage || ~**s** *m pl* **matériels [de tôlerie]** (auto) / crash || ~ *m* **nucléaire** / nuclear damage || ~ par **rayonnement[s]** / radiation damage || ~ de **surface** (mines) / damage done by mining
dégauchir / trim, shape, rough down, smooth, straighten || ~ (pierres) / trim, dress || ~ (techn) / adjust, straighten, dress || ~, débosseller / bulge
dégaussing *m*, dégaussage *m*, dégaussement *m* / degaussing || ~ (nav) / degaussing coils o. D.G. coils on board
dégazage *m* (sidér) / degassing, scavenging || ~ (vide) / outgassing || ~ par **circulation** (sidér) / RH-process, circulation degassing || ~ pendant la **coulée** (fonderie) / stream degassing || ~ **final** (ampoule) / clean-up || ~ par **getter** (électron) / getter system, gettering || ~ du **lessiveur** (pap) / digester relief || ~ de l'**outil** (plast) / breathing of the mould || ~ en **poche** (sidér) / ladle degassing || ~ dans la **poche pendant la coulée** (sidér) / ladle stand degassing || ~ dans la **poche de coulée** / run-off degassing || ~ sous **vide** (fonderie) / vacuum degassing
dégazer / degas, free from gas || ~ (électron) / getter
dégazeur *m* / degasser || ~ (électron) / getter || ~ (mét. poudre) / degazifying matter || ~ à **immersion** / dip getter
dégazolinage *m* (pétrole) / stripping
dégazoliné, non ~ (gaz) / unstripped
dégazoliner par **stripage** (pétrole) / strip
dégazolineur *m* (pétrole) / stripper, stripping column
dégazolinifié (pétrole) / stripped
dégazonner / cut sods
dégazonnoir *m*, dégazonneuse *f* (agr) / paring cutter o. plough, skim plow
dégel *m* / thaw[ing]
dégeler *vi* / thaw *vi* || ~ *vt* / thaw *vt*
dégénération *f* / degeneration || ~ du **gaz** (phys) / degeneration of gas, gas degeneration
dégénéré (phys, semicond) / degenerate || ~ en **spin** / spin-degenerate
dégénérescence *f* (biol) / degeneracy
dégermage *m* / degerming || ~ du **malt** / malt degermination
dégermer (agr) / degerminate, degerm
dégivrage *m* (aéro) / de-icing, defrosting
dégivrer (auto) / de-ice, defrost
dégivreur *m* / de-icer || ~ à **air chaud** / hot-air de-icer || ~ [à **résistance] électrique** / clear vision screen, defrosting screen, electric windshield heater
déglacer / mat || ~, dégeler / defrost
dégluer / unglue, deglutinate
dégommer, décreuser / boil off, degum || ~ (mot) / clean the piston rings
dégondable (serr) / demountable
dégonder (men) / take off its hinges, unhinge
dégondoler / straighten sheet steel
dégonfler (gaz) / deflate, release || ~ (pneu) / deflate
dégorgement *m* (eaux usées) / scour || ~ (forg) / necking || ~ (peinture) / bleeding || ~ **mutuel** (teint) / cross-stainage || ~ d'un **tuyau** / discharge o. discharging hole o. mouth, issue, exit
dégorgeoir *m* (forge) / round set hammer, bevel start hammer || ~ (fonderie) / wire riddle, venting wire o. rod || ~ (tissu) / scouring machine || ~ (une gouge) (forge) / necking tool
dégorger / clean, clear of foreign matter || ~ (teint) / bleed [into], stain || ~ (eaux usées) / scour || ~ *vi* / run off, flow off
dégorgoir *m* / rodding tool for pipes
dégoudronner / detar
dégoujonneuse *f* / stud wrench o. remover
dégourdi *m* (céram) / biscuit baking o. firing
dégourdir (céram) / bake
dégouttement *m* / trickling, dripping
dégoutter / drop off, drain off, trickle, drip
dégradable (plast) / degradable || ~ par **influences photochimiques** (plast) / photochemically degradable
dégradation *f* / debasement || ~ (bâtim) / dilapidation, deterioration, decay || ~ (plast, chimie) / degradation || ~ (couleur) / fading || ~, usure *f* / wear [and tear] || ~ (supraconductibilité) / degradation || ~ (sol) / degrading || ~ de l'**amidon** / starch decomposition || ~ **biologique** / biological degradation, biodegradation || ~ d'**énergie** / degradation of energy || ~ de **Hofmann** / Hofmann degradation || ~ par **location** (bâtim) / permissive waste of a dwelling
dégradé *adj* / dilapidated || ~ (filtre) / graded, graduated || ~ **thermiquement** / thermally attacked
dégrader / downgrade *vt* || ~ (couleur) / tone *vt*, tint, shade *vt* || ~ (chimie) / decompose, degrade || ~ (lumière) / reduce slowly || ~ (se) (bâtim) / become dilapidated, fall o. go to ruin || ~ (se) / fall off in quality || **se ~ par les intempéries ou par**

l'atmosphère / weather || ~ la **teinte** (teint) / soften
dégrafer / unhook
dégraissage *m* / extraction of fat, degreasing, cleaning || ~ (céram) / grogging || ~ au **jet** (galv) / spray cleaning || ~ à **mouvement tourbillonnaire** (galv) / eddy cleaning || ~ par **solvants** (galv) / solvent degreasing || ~ au **tonneau** (galv) / barrel cleaning || ~ au **trempé** / soak cleaning || ~ par **ultrasons** (galv) / ultrasonic cleaning
dégraissant *m* / degreasing agent || ~ (céram) / non-plastic material
dégraisser / degrease, remove grease, ungrease || ~ (teint) / remove the superfluous oil || ~ (laine) / scour, desuint || ~ (céram) / grog *vt* || ~ (tan) / slime *vt*, sleek off (remove dirt and fat) || ~, donner du cône / level off, trim || ~ le **poil** (tan) / kill the skin
dégraisseur *m* / detergent || ~ (eaux usées) / grease o. fat trap o. collector o. extractor o. separator, channel gulley
dégraisseuse *f* **de laine** / wool scouring machine
dégras *m* / spent fish oil o. train oil, moellen, degras
dégraver (hydr) / dredge gravel
dégravoîment *m*, **-voiement** / scouring, underwashing, washout
dégravoyage *m* / gravel dredging
dégravoyer / wash [away], erode || ~ (gravier d'un cours d'eau) / wash away the gravel
degré *m* (allg) / grade, degree || ~ (phys, géom) / degree of angle, angular degree || ~ [conventionnel] (phys) / degree (the 360th part of the circumference of a circle) || ~ (escalier) / stair, step || ~ (filage) / grist of yarn || ~ (math) / order, degree || ~ (mines) / step, bank, stope || **à deux ~s de liberté** (chimie) / bivariant, two-degree-of-freedom... || **à trois ~s** / three-stage || **à un seul ~ de liberté** (chimie) / univariant, monovariant || **du second** ~ / quadratic, quadric || **en ~s**, échelonné / stepped || **par ~s** / by degrees || **par ~s**, variable / gradual, stepped || ~ d'**acidité** / [degree of] acidity || ~ d'**acidité** (chimie) / acid value, effective acid || ~ d'**adhérence** / tackiness || ~ d'**admission** (m.à vap) / rate of admission o. filling || ~ d'**adsorption** (phys) / adsorption power o. degree || ~ d'**agglutination** (sidér) / caking index || ~ d'**ajustement** / degree of fit || ~ **alcoolique ou alcoolométrique** / percentage of alcohol || ~ d'**allongement** / taper ratio || ~ d'**allongement** (forge) / drawing-out ratio || ~ d'**amplification** (électron) / amplification factor || ~ d'**amplification** (contr.aut) / gain, amplification || ~ d'**approximation** / degree of approximation || ~ de **basicité** / basicity || ~ **Baumé**, °B / degree Baumé || ~ de **blanc** (pap) / brightness || ~ de **bourrage** (pap) / degree of packing || ~ **brix** / degree Brix || ~ **Celsius** / degree Celsius, °C || ~ **centésimal** (math) / centesimal degree, grade || ~ de **chaleur** / degree of heat || ~ de **concentration** (chimie) / degree of concentration || ~ de **concentration** (TV) / degree of convergence, -ency || ~ de **confiance** / confidence level || ~ de **congélation** / melting point, freezing point || ~ de **contamination** / contamination level || ~ **densimétrique** (mines) / densimetric degree || ~ de **densité** / degree of consistence, -ency || ~ de **déshydratation**, degré *m* de dessèchement (matière fibreuse) / degree of dehydration || ~ de **détente** / degree of expansion || ~ de **difficulté** / degree of difficulty || ~ de **dilution** / degree of dilution || ~ de **dispersion** / degree of dispersion || ~ de **dissociation** / degree of dissociation || ~ de **distorsion arythmique** (télécom) / amount of start-stop distortion || ~ de **distorsion inhérente** (télécom) / degree of inherent distortion || ~ de **distorsion start-stop** / degree of start-stop distortion || ~ de **dureté** / degree of hardness || ~ d'**élancement** (bâtim) / ratio of slenderness, slenderness ratio || ~ **élevé de finesse** (TV) / extended resolution || **~s** *m pl* **Engler** (vieux) / degrees Engler *pl* || ~ *m* d'**enrichissement** / degree of enrichment || ~ d'**étirage** (filage) / degree of draft || ~ d'**évaporation** (peintures) / evaporation rate || ~ d'**exactitude** / accuracy || ~ d'**expansion** / degree of expansion || ~ de **finesse** (TV) / definition, resolution || ~ de **finesse** (opt) / definition || ~ de **frittage** / sintering degree || ~ de **froid** / degree below zero || ~ de **fusion** (chaudière) / ash retention figure || ~ **Gay-Lussac**, °G-L / percentage of alcohol || ~ **géothermique** / geothermal gradient || ~ d'**humidité** / degree of moisture || ~ **hydrotimétrique de l'eau** / water hardness [degree] || ~ **hygrométrique de l'air** / relative humidity of air || ~ d'**imbrication** / degree of intergrowth || ~ d'**incombustibilité** (pap) / degree of incombustibility || ~ d'**ininflammabilité** (pap) / degree of non-flammability || ~ **international de dureté du caoutchouc**, DIDC / international rubber hardness degree, IRHD || ~ de **jaunissement** (pap) / degree of yellowing || **~s-jours** *m pl* (chauffage) / degree days *pl* || ~ *m* de **latitude** / degree of latitude || ~ de **lessivage** (pap) / cooking degree || ~ de **liberté** (méc) / degree of freedom || **~s** *m pl* de **liberté ou de mobilité** (méc) / number of degrees of freedom, degree of mobility || ~ *m* de **longitude** / degree of longitude || ~ de **marchepied** / step of a step ladder || ~ de **mouture** / fineness of grind, grinding fineness || ~ de **noircissement** / density step o. value || ~ d'**obscurcissement ou d'obscurité** (colorimétrie) / blackness value || ~ d'**occupation** (ordonn) / degree of occupation || ~ **Öchsle** / degree Öchsle || ~ d'**oxydation** (chimie) / oxidation number (e.g. + 2) || ~ d'**oxydation** (frittage) / degree of oxidation || ~ de **pollution** / contamination level || ~ de **polycondensation** / degree of polycondensation || ~ de **polymérisation moyen**, DP / average degree of polymerization, DP || ~ de **porosité** / degree of porosity || ~ de **précision** / degree of accuracy || ~ de **précision** (ord) / precision || ~ de **propreté** / cleanliness value || ~ de **protection** (électr) / degree of protection || ~ de **pureté** / purity degree || ~ de **pureté de la couleur** (TV) / excitation purity || ~ de la **racine** / index o. order of a root || ~ de **réaction** / reaction stage o. step || ~ de **réduction** / reduction ratio (with sintering), degree of size reduction (with coal preparation || ~ de **réflexion spectrale** / luminance factor, directional o. diffuse reactance || ~ de **réglage** / regulating step || ~ de **régularité** / degree of uniformity o. of [angular] [ir]regularity, coefficient of cyclic variation || ~ de **remplissage** / filling ratio || ~ de **saturation** / degree of saturation || ~ de **saturation** (couleurs) / saturation || ~ de **sécurité** / degree of safety, safety degree || ~ de **teinte** (TV) / chroma || ~ de **teinte** (couleurs) / saturation [scale] || ~ de **température** / degree of temperature || ~ de **transmission**, degré *m* de transparence / transmission ratio || ~ de **trempe** (acier) / hardness degree || ~ d'**uniformité** (éclairage) / uniformity factor || ~ d'**uniformité** (techn) / degree of uniformity o. of [angular] [ir]regularity, coefficient of cyclic variation || ~ d'**usinage** / machining step || ~ d'**utilisation** (routes) / degree of utilization || ~ d'**utilisation de la capacité** / unit capacity factor || ~ de **vide** (tube) / gas ratio || ~ de **vulcanisation** / state of cure o. vulcanization

dégréer (nav) / unrig || ~ (grue) / take down, dismantle
dégressivité *f* / tapering scale, decreasing scale
dégrillé (eaux usées) / screened
dégrilleur *m* (caoutchouc) / devulcanizer || ~ (hydr) / bar screen
dégrossi / rough-finished, semifinished || ~ (fonderie) / rough cleaned
dégrossir (gén) / rough-machine, rough-work || ~ (lam) / break down || ~ (pierres) / cut stones || ~ (m.outils) / rough-cut || ~ (chimie, verre) / rough-grind || ~ [à la **forge**] / preforge, rough-forge || ~ la **forme** / rough-form || ~ à la **meule** / rough-grind || ~ à la **raboteuse** / rough-plane || ~ un **réglage** / regulate coarsely || ~ au **tour** (tourn) / roughturn, turn roughly
dégrossissage *m* / roughing down, rough-working, rough-machining || ~ (lam) / breaking-down || ~ (miroir) / ruffing || ~ (bâtim) / preliminary planning || ~ à la **meule** (m.outils) / rough grinding || ~ en **plongée** (tourn) / rough facing
dégroupement *m* de **phases** / defocussing o. debunching of phases
dégrouper (ord) / deblock
dégroupeur *m* de **colis** / load collector (e.g. baggage)
déguisé / concealed, disguised
déguiser (gén) / mask, disguise
dégustation *f*, examen *m* organoleptique / organoleptic o. tongue test || ~ **triangulaire** (nucl) / triangular tasting
dehors *m* / outside, exterior || ~ *m pl* (bâtim) / appurtenances *pl* || **au** ~ (ord) / off-premises || **du** ~ / bought, outside || **en ou au** ~ / without, outside
déhouillement *m* (mines) / mining, working, winning || ~ en **chute** (mines) / downgrade cut o. advance
déhouiller (mines) / win coal
déhydrase *f* / dehydrogenase || ~ **citrique** / citric dehydrogenase
déhydratation *f* de **pétrole brut** / crude dehydration
déhydration *f* de **gaz** / gas dehydration
déhydrogénase *f* voir déhydrase
déhydrohalogénation *f* / dehydrohalogenation
déhydrothiotoluidine *f* (teint) / dehydrothiotoluidine
déionisation *f* / deionization
déjantage *m* (pneu) / rolling off the rim
déjeté / skew-whiff, crooked
déjeter (se) (bois; métal) / buckle *vi*, warp *vi* || ~ (se) (planche) / warp *vi*, get warped
déjoindre (se) / come off, go off o. away
déjoint / out-of joint
DEL *f*, diode *f* électroluminescente / LED, light emitting diode
délabré (bâtim) / rickety, dilapidated, ruinous, ram-shackle
délabrement *m* / disrepair, decay
délabrer (se) (bâtim) / fall into disrepair, decay
délacer / unlace
délai *m* / term, appointed date || ~, retard *m* / delay || ~ (télécom) / delay, waiting time || **dans les ~s impartés ou prévis** (brevet) / in due time || **sans** ~ / without delay || ~ d'**achèvement** / completion date, (also:) due date || ~ **acoustique** / acoustic delay || ~ d'**allumage** / ignition lag o. delay, delay period || ~ d'**appel après formation du numéro** / post-dialling delay || ~ d'**attente** (gén, ordonn) / waiting time || ~ d'**attente** (ord) / rotational delay time || ~ d'**attente** (ord, télécom) / time out || ~ d'**attente de la tonalité d'envoi** (télécom) / dial tone delay || ~ de **construction** / time of construction || ~ de **coupure** / switching delay || ~ d'**enfournement** (sidér) / track time || ~ d'**exécution** (ordonn) / lead time || ~ d'**exécution** (ord) / turn-around time || ~ d'**exécution d'un travail** (ord) / turn-around time || ~ **externe** (ord) / external delay, external idle time || ~ de **finition du projet** (P.E.R.T.) / project completion time, scheduled time || ~ **fixé** / time limit || ~ de **garantie** / term of guarantee o. warranty || ~ **haute tension** (électron) / high tension delay time, stabilization time || ~ d'**incubation** / incubation [period] || ~ d'**inflammation** (ELF) (chimie) / ignition delay || ~ d'**informations** (télécom) / message waiting time || ~ de **livraison** / delivery period || ~ de **livraison** (date) / date of delivery || ~ d'**opposition** (brevet) / period for entering an opposition || ~ de **réparation** (ord) / repair delay time
délainage *m* (tan) / wool pulling || ~ (tex) / dewoolling
délaissé *m* de **crue** / flood-mark
délaminage *m*, délamination *f* / delamination
délamination *f* (contreplaqué) / cleaving
délaminer (stratifiés) / delaminate, cleave
délardement *m* (marche d'escalier) / rounding of a stair
délarder (tailleur de pierres) / scabble || ~ (charp) / bevel, cant off
délargable (aéro) / jettisonable
délaver (teint) / wash out
délayable (chimie) / dilutable
délayage *m* des **écumes** / foam dilution || ~ des **écumes des filtres** (sucre) / scum mixing, desugarizing
délayant *m* / diluent, thinner
délayer (chimie) / dilute, dil, attenuate, weaken || ~ (teint) / wash out || ~ les **écumes** (sucre) / desugarize
délayeur *m* d'**écumes** (sucre) / scum mixer
delco *m* (auto) / battery[-coil] ignition, coil ignition, (also:) distributor
deleatur *m* (typo) / dele[atur]
délégué *m* de l'**atelier** / shop steward || **~s** *m pl* du **personnel** / work council || ~ *m* **syndical** / union representative
délestage *m* / relief || ~ (électr) / power cut-off
délester (nav) / lighten || ~ / discharge ballast
délétère / destructive, noxious, fatal, deadly
déliasser (typo) / decollate
déliasseuse *f* (ord) / decollator
délicatesse *f* (tissu) / fineness
délié *m* (typo) / upstroke
délier / loosen
déligner (bois) / edge-saw
déligneuse *f* (bois) / edging circular sawing machine
délignification *f* (pap) / delignification
délimitation *f* / delimitation, demarcation || ~ (brevet) / delimitation
délimiter / delimit, demarcate, divide by boundaries
délinéation *f* (dessin) / delineation
délinéer / design, draw, sketch, delineate
déliquescence *f* (chimie) / deliquescence
déliquescent (chimie) / deliquescing, deliquescent
délit *m* (géol) / layer, ledge || ~ (pierre) / breaking o. cleavage grain || **posé en** ~ (pierre) / bedded against the grain
délitage *m* (prép) / desintegration
déliter (pierre) / split *vt* along the cleavage plane || ~ (maçonnerie) / place the stone vertical after splitting, surbed *vt* a stone || ~ (se) (nucl) / separate
délitescence *f*, efflorescence *f* (min, chimie) / efflorescence
déliteux (mines) / teary, friable
délivrance *f* (brevet) / grant
délivrer / deliver, carry || ~ (brevet) / grant || ~ en **excès** / deliver in excess

délivreur *adj* (filage) / delivery...
délogement *m* du **talon** (pneu) / unseating of bead
déloger / displace, supplant
delphinine *f* (chimie) / delphinine (extract from delphinium seeds) || ~ / delphinin, delphinidin glucoside (pigment from delphinium flowers)
Delrin *m* / Delrin (an acetal resin)
delta *m* (géogr) / delta || ~ **28** (nucl) / delta 28 || **en** ~ (aéro) / backswept || ~ **digité** (géol) / fan delta || ~ d'un **fleuve** / river delta
deltoïde (crist) / deltoid...
démaçonner (bâtim) / strip, pull o. take o. break down, demolish
démagnétisation *f* / demagnetization || ~ (b.magnét) / degaussing, erasing || ~ (mil, nav) / degaussing || ~ **adiabatique** / adiabatic demagnetization || ~ **automatique** (b.magnét) / auto-degausser || ~ par **circuits immunisants** (nav) / degaussing coils o. D.G. coils on board
démagnétiser / demagnetize || ~ (b.magnét) / degauss
démagnétiseur *m* (b.magnét) / degausser, bulk eraser || ~ pour **bande sur bobine** (ord) / bulk eraser
démaigrir / bevel, chamfer, lighten down
démailler (tricot) / unravel || ~ (nav) / unshackle
démancher (se) / come off the handle
demande *f* / demand || ~ (commerce, ord) / requirement, need || ~ (télécom) / request || **fait sur** ~ / purpose-built, custom-built || **sur** ~ / on demand || **sur** ~ **spéciale** / optional || ~ d'**addition** (brevet) / additional application || ~ en **air** / air requirement o. consumption || ~ **biochimique d'oxygène** (eaux usées) / biochemical oxygen demand, B.O.D. || ~ **biologique d'oxygène**, D.B.O. 5 / biological oxygen demand, B.O.D.5 || ~ de **brevet** / patent application, caveat (US) || ~ **chimique d'oxygène**, D.C.O. / chemical oxygen demand, COD || ~ du **client** / customer's need || ~ de **communication** (télécom) / call request || ~ de **communication collective** (télécom) / batch booking || **~s** *f pl* **détaillées** / detail requirements *pl* || ~ *f* de **dommages-intérêts** / claim for damage[s] or indemnification, compensation claim || ~ d'**énergie** / power demand o. requirement || ~ de **force** / power requirement o. required, power demand, necessary o. requisite power || ~ [en **octroi] de concession** (mines) / application for patent of a mining claim || ~ d'**oxygène** / oxygen demand || ~ de **permis d'exploitation** (mines) / application for patent of a mining claim || ~ de **réapprovisionnement** / material requisition || ~ de **renseignements** (ord) / enquiry character, enqu. || ~ de **secours** (télécom) / emergency call || ~ du **segment de recouvrement** (ord) / overlay request || ~ **spéciale du client** / extra, variation || ~ **totale** / total demand || ~ **totale en oxygène**, D.T.O. / total oxygen demand
demandé *adj* (télécom) / called || ~ *m* (télécom) / called party
demander (télécom) / accept the call, answer o. interrogate a calling subscriber, inquire || ~, exiger / demand || ~ un **brevet** / apply for a patent || ~ une **communication** / call the operator || ~ la **concession** (mines) / apply for a concession, claim *vi*
demandeur *adj* (télécom) / calling || ~ *m* (télécom) / caller, calling sub[scriber] || ~ de **concession** (mines) / claimant, claim holder
démandriner / pull out the mandrel plug
démanganisation *f* / demanganizing, demanganization || ~ de l'**eau** / demanganizing of water
démaniller / open the shackle
démanteler (bâtim) / dismount, dismantle
démarcation *f* / boundary || ~ **distincte des fronts** (chromatogr) / sharpening of the fronts
démarche *f* / uneven clipping of sheep
démariage *m* (agr) / crop thinning
démarier (agr) / single, thin
démarrage *m* / start[ing] || ~ (mot) / cranking, starting || ~ à **action lente** / time-delay starting, step-by-step starting || ~ **automatique** / self-starting || ~ **autonome** (turb. à gaz) / self-contained start || ~ à **demi-charge** / half-load start || ~ **étoile-triangle** / star-delta starting || ~ en **fabrication** / start of the production run || ~ sur **fraction d'enroulement** (électr) / part-winding starting || ~ à **pleine charge** / full-load start || ~ d'un **réacteur** / start-up of a reactor || ~ **sans à-coup ou sans choc** / starting without jerk, smooth start || ~ à **vide** / no- o. low-load start
démarrer *vt*, faire démarrer (techn, mot) / start [up] || ~ (télécom) / start up || ~ (turbines) / run-up turbines || ~ *vi* (mot) / start off || ~ **automatiquement** / be self-starting || ~ en **charge** / start off under load || ~ un **forage** (pétrole) / spud, dig with a bull wheel || ~ des **machines** / start machines || ~ à la **main** (auto) / crank || ~ le **relais** / make respond o. operate o. pick-up || ~ **sans à-coups** / start smoothly o. without jerks || ~ **sans charge ou à vide** / start with low o. no load
démarreur *m* (auto) / starting motor || ~ (électr) / starting resistor, [rheostatic] starter || ~ à **air comprimé** (mot) / compressed-air starter || ~ à **arbre coulissant** / sliding armature starting motor, axial type starting motor || ~ **automatique** / self-starter || ~ **auxiliaire** / emergency starter || ~ **Bendix** / Bendix drive o. inertia drive starting motor || ~ à **bouton-poussoir** / push-button starter || ~ à **cartouche** (aéro) / combustion o. cartridge starter || ~ à **combustion interne** (aéro) / internal-combustion starter || ~ à **commande positive électromagnétique** (auto) / pre-engaged-drive starting motor || ~ à **cylindre** / camshaft- o. drum controller, controller drum o. cylinder, barrel controller || ~ à **cylindre à renversement** / reversing [switch] drum, reversing drum controller || ~ pour **démarrage très lent** (électr) / time-delay starter || ~ à **déplacement d'induit** / sliding gear starting motor, axial type starting motor || ~ à **engreneur baladeur** / mechanical gear starting motor, coaxial type starting motor || ~ **étoile-triangle** / star-delta starter || ~ à **gaz comprimé** (aéro) / gas starter || **~-générateur** *m* **monté sur vilebrequin** / crankshaft-mounted starter-generator unit || ~ à l'**huile** (électr) / oil-hydraulic starter || ~ à **impédance** (ch.de fer) / impedance starter || ~ à **inertie** (auto) / inertia o. momentum starter || **~-inverseur** *m* / reversing starter, starting and reversing resistor || ~ à **main** / cranking device || ~ **mécanique ou à moteur** / motor starter || ~ à **pied** / kick starter || ~ à **pignon baladeur** voir démarreur Bendix || ~ à **pignon baladeur à mouvement hélicoïdal** / screw shift pinion starter || ~ à **pignon coulissant** (auto) / sliding gear starting motor, coaxial type starting motor || ~ à **plots** (électr) / face plate starter o. controller, lever type starter || **~-régulateur** *m* / starting rheostat, regulating starter || ~ de **renversement à cylindre** / reversing drum control[ler] || ~ **réversible** / reversing starter, starting and reversing resistor || ~ **rotorique ou de rotor** (électr) / rotor starter || ~ en **série** / series starter || ~ **statorique** (électr) / stator starter || ~ **stator-rotor** (électr) / stator-rotor-starter || ~ à

tambour / drum controller || ~ **triphasé** / rotary current starter || ~ à **turbine à gaz** (aéro) / turbo-starter || ~ à **volant** (auto) / flywheel starter
démasselotter (fonderie) / break off o. cut off runners, remove heads
démastiquer / unlute
dématérialisation *f* (nucl) / annihilation
démêlage *m* des **pigments pendant le séchage** (peinture) / floating o. flooding of paint
démêler / ravel, unravel, disentangle || ~ (tiss) / loosen the loops
démêleur *m* de **balles de coton** / mixing bale breaker o. opener || ~ de **billettes mécanique** (lam) / billet unscrambler
démêleuse *f* / yarn untangler
démêloir *m* **différentiel** / differential windlass || ~ [pour **laine longue**] (tex) / reel for long wool
démembrement *m* / dismembering
démembrer / dismember
déménagement *m* / furniture removal
démergement *m* (mines) / draining of mines, drainage
démerger (mines) / unwater
démesure *f* / excess, excessive amount
démétallisation *f* par **immersion** (galv) / immersion stripping || ~ des **résidus** (pétrole) / demet process, demetallization process
démétalliser (galv) / strip, deplate, demetallize
déméthaniseur *m* (pétrole) / demethanizer [column]
déméthylation *f* / demethylation
demeure, à ~ / permanent
demeurer / dwell, reside, live
demi-... / demi-..., semi... || **~-accouplement** *m* / coupling half || **~-additionneur** *m* (ord) / one-digit adder || **~-amplitude** *f* (oscillation) / half-amplitude || **~-angle** *m* d'**épaisseur de la dent** / tooth thickness half angle || **~-angle** *m* d'**intervalle** / space width half angle || **~-axe** *m* (géom) / semiaxis || **~-barrière** *f* (ch.de fer) / half way gate o. barrier || **~-bau** *m* / half beam || **~-bobine** *f* (électr) / half coil || **~-bois** *m* / half-round timber || **~-boîte** *f* (fonderie) / core box half || **~-bosse** *f* / enchased work || **~-boucle** *f* de **cycle** (comm.pneum) / half cycle || **~-boutisse** *f* (bâtim) / half header || **~-brique** *f* (bâtim) / half-bat, two quarters *pl* || **une ~-brique** / half-brick thick, 4 inch thick || **~-cadratin** *m* (typo) / N o. en-quad[rat], nut || **~-cadre** *m* (mines) / half frame || **~-carter** *m* du **pont arrière** / rear-axle casing section || **~-cellule** *f* (électr) / half cell o. element || **~-cellule** *f* (filtre) / half section || **~-cellule** *f* en **verre** / glass halfcell || **~-cercle** *m* (math) / half the circumference, half-circle, hemicycle, semicircle || **~-cercle** *m* **gradué** (math) / protractor || **~-cercle** *m* **gradué** (mines) / protractor, miner's level || **~-cercle** *m* **navigable** (nav) / navigable semicircle || **~-chaîne** *f* (filage) / mule twist, medium warp yarn || **~-charge** *f* / half load || **~-châssis** *m* **inférieur** / bottom box, drag || **~-châssis** *m* **supérieur** (fonderie) / top box, cope || **~-chaud** / semicold || **~-chopine** *f* (Canada), demiard *m* / measure of capacity of 1/4 pint (= 0,284 L) || **~-circulaire** / semicircular || **~-clef** *f* (un nœud) / half hitch || **~-clefs** *fpl* **couplées** / waterman's knot, clove hitch || **~-cloison** *f* (nav) / partial bulkhead || **~-clos** (câble) / half-lock coil... || **~-coke** *m* / semi-coke || **~-coke** *m* à **lignite** / carbonized lignite || **~-colonne** *f* (bâtim) / semicolumn, embedded o. engaged column o. shaft || **~-conteneur** *m* / demi-container, half-height container || **~-coquille** *f* (moulage) / female mo[u]ld || **~-corde** *f* (section conique) / semifocal chord || **~-courant** *m* **de sélection** (ord) / half select current || **~-cristal** *m* / semi-crystal glass || **~-croisé** / semi-crossed || **~-croix** *f* **de St. André** (charp) / oblique cross || **~-croupe** *f* (bâtim) / shread o. jerkin head || **~-croupon** *m* (cuir) / bend || **~-cuisson** *f* (céram) / demi-baking || **~-cuite** *f* (soie) / partial boiling || **~-cycle** *m* / half cycle || **~-diamètre** *m* / radius || **~-diffuseur** *m* (routes) / half clover-leaf || **~-dipôle** *m* (antenne) / half dipole || **~-doux** / middle (e.g. file) || **~-dressant** (mines) / semi-steep || **~-droite** *f* (géom) / half line, ray || **~-échangeur** *m* (autoroute) / half clover-leaf intersection || **~-écrou** *m* de la **vis mère** (tourn) / half nut of the leadscrew || **~-encastré** (vis) / half-countersunk || **~-entrelaçage** *m* (TV) / field || **~-envergure** *f* de l'**aile** (aéro) / semispan || **~-espace** *m* **infini** / semi-infinite body o. mass o. solid || **~-espacement** *m* (m.à ecrire) / half space || **~-ferme** *adj* / half-hard, medium hard || **~-ferme** *f* / half truss || **~-fermé** (électr) / half-enclosed, semienclosed || **~-fin** / medium fine || **~-fin** (laine) / crossbred || **~-format** *m* (repro) / half-size || **~-frontal** / semifrontal || **en ~-grand** / meniscal, moon shaped || **en ~-grand** (chimie) / semicommercial, semi-industrial || **~-gras** (typo, houille) / bold[-faced] (type), heavy (space rule) || **~-gros plan** *m* (phot) / close shot || **~-image** *f* **suivante** (TV) / consecutive o. opposite field || **~-impulsion** *f* / half pulse || **~-intérieur** *m* **d'un carton** / underliner of board || **~-jonction** *f* **simple**, D.J.S. (ch.de fer) / single-slip || **~-ligne** *f* (TV) / half line || **~-long** / semilong || **~-lune** *f* (came) / eccentric catch || **~-madrier** *m* / half chess o. plank || **~-manchon** *m* d'**accouplement** / coupling half || **~-marke** *m* / half mask || **~-mot** *m* (ord) / half-word, (IBM:) segment || **~-mou** / medium soft || **~-moule** *m* **[inférieur ou supérieur]** voir demi-châssis
déminéralisat *m* / deionized o. demineralized water
déminéralisation *f* / demineralization || ~ (eau) / demineralization, desalting
déminéraliser / demineralize || ~ l'**eau** / demineralize water, desalt o. condition water
demi-noyé / semi-immersed || **~-octave** *f* (acoust) / [one-]half octave || **~-onde** *adj* / half-wave... || **~-onde** *f* / half-wave || **~-ouvré** / rough- o. half-finished || **~-pas** *m* (rivure) / half pitch || **~-pâte** *f* (pap) / half stuff, intermediate stuff, first stuff || **~-pâteux** / pasty, semipasty, doughy || **~-période** *f* (électr) / alternation || **~-période** *f* (oscillation) / semioscillation || **~-période** *f* (compas) / half period || **~-piste** *f* (b.magnét) / half track || **~-plan** *m* / half plane || **~-plan** *m* **déphasant de 90°** (laser) / 90°phase filter || **~-plaque** *f* de **garde** (ch.de fer) / horn plate, half-axle guard || **~-pont** *m* (électr) / half bridge || **~-porcelaine** *f* / semichina, semiporcelain || **~-porcelaine** *f* **anglaise** / English China ware || **~-produit** *m* / half-finished o. semifinished o. semimanufactured good o. product || **~-produit** *m* en **acier** (lam) / half-finished steel product || **~-produits** *m pl* d'**acier électrique** / half-finished product of electric steel || **~-produits** *m pl* **carrés** (lam) / square semi-finished products *pl* || **~-produits** *m pl* pour **forge** / semi-finished products for forging, semis *pl* for forging || **~-quadratin** *m* voir demi-cadratin || **~-quintal** *m* **métrique** / metric hundredweight || **~-rayon** *m* (phys) / half ray || **~-relief** *m* / low relief, bas-relief || **en ~-relief** / enchased || **~-reliure** *f* (typo) / quarter binding o. bound || **~-reliure** *f* à **petits coins** (typo) / half binding o. bound || **~-ressort** *m* (auto) / quarter elliptic spring || **~-rond** *adj* / half-round, semicircular || **~-ronds** *m pl* (sidér) / half-round bar || **~-ronds** *m pl* **aplatis** / flat half-round steel ||

~-rondin *m* / half-round timber || **~-rondin** *m* (mines) / wall plate || **~-roue** *f* / half wheel || **~-sec** / half-dry || **~-sécheux** (pétrole) / half-drying || **~-section** *f* (filtre) / half section || **~-section** *f* (dessin) / half section || **~-simple** *m* (tricot) / half o. single tricot || **~-simple** *m* **fermé ou à mailles fermées** / closed loop single tricot || **~-simple** *m* **ouvert ou à mailles ouvertes** / open loop single tricot || **~-sinusoïdal** / half-sine... || **~-sinusoïde** *f* / half sine wave || **~-soc** *m* **butteur** (agr) / half-ridger || **~-soie** *f* / silk mixed with cotton, union silk, half-silk || **~-solide** / semisolid || **~-soustracteur** *m* (ord) / half-subtracter, one-digit subtracter || **~-teinte** *f* (typo) / half-tone, continuous tone || **~-thierne** *f* (Belg) (mines) / downcast diagonal drift || **~-tige** *f* (arbre) / half standard || **~-toile** *f* (typo) / half cloth || **~-ton** *m* / semitone || **~-valeur** *f* / half-value || **~-varlope** *f* / jack plane || **~-vie** *f* **biologique** / biological half-life || **~-vie** *f* **radioactive** (ISO) (nucl) / half-life value, [radioactive] half-life, half-[value] period, period of decay || **~-vie** *f* d'une **réaction** (chimie) / half-time exchange || **~-vie** *f* **résultante** / effective half-life

démix[t]ion *f* / segregation || ~ (chim) / [im]miscibility gap

démodé / oldfashioned, outdated

démodulateur *m* (télécom, électron) / demodulator, rectifier, detector || ~ (ord) / demodulator || ~ (radio) / demodulator, (formerly:) detector || ~ à **bande latérale résiduelle** / vestigial sideband demodulator || ~ de **chrominance** (TV) / chrominance demodulator || ~ de **données numériques avec maximum de vraisemblance** / maximum likelihood digital data demodulator, MLDDD || ~ de **phases** / phase demodulator || ~ de **puissance** / power detector o. demodulator || ~ **symétrique** / push-pull demodulator o. detector || ~ **synchrone** (TV) / synchronous detector o. demodulator || ~ **vidéo** / video demodulator

démodulation *f* / demodulation, demod, rectification, detection || ~ aux **flancs** (électron) / edge modulation || ~ de la **modulation de fréquence** / FM-demodulation

démoduler (électron) / demodulate, rectify, detect

demoiselle *f* (routes) / beetle, mall, maul || ~ (bâtim) / monkey, tup, beetle head || ~ du **téléphone** / female telephone operator

démolir / demolish, destroy || ~ (bâtim) / strip, pull o. take o. break down, demolish, raze || ~, démonter (techn) / strip, pull o. take down, dismount, scrap || ~ des **arbres** / fell trees by cutting them piece by piece

démolisseur *m* de **bateaux** / ship breaker

démolition *f* / demolition, destruction, pulling down || ~ / demolition || ~ d'**autos** / car dump, car breaker's yard

démonstration *f* / demonstration || ~, argumentation *f* / demonstration, proof, evidence

démontabilité *f* / demountability, dismountability

démontable / detachable, dismountable, demountable, removable || ~, prévu pour être démonté / dismountable

démontage *m* / disassembly, removal || ~ (techn) / dismounting, taking apart || ~, décoloration *f* (teint) / stripping || ~ (moule, plast) / stripping

démonté / apart, asunder

démonter, désassembler / break up, dismantle, dismount, take apart o. asunder, undo || ~, enlever / break up, dismantle, remove, disassemble || ~ (m.outils) / unload || ~, détendre / ease away o. down o. off, slacken || ~ en **bloc** / remove as a whole || ~ la **chaîne** (tiss) / unbeam || ~ l'**échafaudage** (bâtim) / strike down the scaffolding || ~ pour la **réutilisation** / cannibalize, exploit, take apart tor reutilization

démonte-roues *m* (auto) / wheel puller o. withdrawer || **~-soupape** *m* / valve spring lifter

démontré, pas ~ / unproved, unverified

démontrer / demonstrate || ~ / prove, demonstrate, establish

démoulage *m* (fonderie) / drawing o. lifting of the pattern || ~ à **air comprimé** (fonderie) / air lifting || ~ à **chandelles** (fonderie) / pinlifting || ~ à **chaud** / hot stripping

démouler (coquilles) / eject || ~, dévêtir / [break] open the mould || ~ le **châssis** (fonderie) / lift the top box || ~ en **frappant** (fonderie) / rap, tap

démouleur *m* (sidér) / stripper || ~ **de lingots** / ingot stripper || ~ de **noyau** (fonderie) / core drawback

démouleuse *f* / stripping machine

démultiplicateur *m* (télécom) / multiple [change-over] switch || ~ (techn) / step-down gear, reducing gear || ~ (auto) / hill gear || ~, vernier *m* / micrometer o. precise o. vernier adjusting device || ~ **binaire** / scale-of-two [circuit] || ~ à **double réduction** / double reduction gear || ~ de **fréquence** / frequency divider || ~ de **fréquence d'impulsions** (électron) / scaler || ~ de **fréquence par rétroaction** (électron) / regenerative [frequency] divider || ~ à **plusieurs étages** / multi-step reduction gear || ~ de **rapport 2/1** (électron) / scale-of-two [circuit] || ~ à **vis sans fin** / worm gear transmission

démultiplication *f* / gear reduction, demultiplication, stepping o. gearing down || ~ (électron) / scaling || ~ de **direction** (auto) / steering [reduction] ratio || ~ de **fréquence** / frequency demultiplication o. division || ~ de la **fréquence d'impulsions** (radar) / countdown

démultiplié / geared down

démultiplier / reduce, gear down

dénaturant *m* **nucléaire** (nucl) / denaturant

dénaturation *f* (chimie, nucl) / denaturation || ~ des **couleurs** (phot) / colour deviation

dénaturer (alcool, vivres) / denature || ~ (chimie) / denature, falsify || ~ (se) / denaturize || ~ une **matière fissile** (nucl) / denature fission material

dendrite *f* (min) / dendrite

dendritique (min) / dendritic, arborescent

dendrologie *f* / dendrology

dendromètre *m* / dendrometer

dénébulateur *m* (ELF) (aéro) / fog dispersal service

dénébulation *f* (ELF) (aéro) / fog dispersal

déneigement *m* / snow removal

déneiger / free from snow

déni *m* (brevet) / refusal, rejection

dénickeler (galv) / deplate, denickelify

denier *m* (vieux) (tex) / denier

dénitration *f* (nucl) / denitration

dénitrifiant (bactéries) / nitrate-reducing

dénitrification *f* du **sol** (agr) / denitrification

dénitrifier (bactéries) / denitrate, denitrify

dénitrurer / denitride, remove the nitrogen

dénivelé (forme) / stepped || ~ (routes) / grade-separated, fly-over, multi-level || ~, saillant / out of level

dénivelée *f* / relief variation || ~ (m.outils) / difference in level || **~s** *f pl* du **terrain** (arp) / relief variations *pl*

dénivellation *f* (terrain) / fall, drop || ~ des **appuis ou des supports** / lowering of supports || ~ **quadratique moyenne** / mean square deviation

dénivellement *m* (terrain) / fall, drop || ~ (télécom) /

through level (GB), expected level (US) || ~ (canal) / level of a canal
dénombrement *m* / counting
dénombrer / number *vt*, enumerate || ~ / count
dénominateur *m* (math) / denominator || **réduire au même** ~ / reduce to a common denominator || ~ **commun** / common denominator
dénomination *f* / designation || ~ **commerciale** / trade name || ~ **erronée** / misnomer
dénommé (math) / denominational
dénommer / denote, nominate
dénouer / untie, undo
dénoyage *m* (mines) / draining of mines, drainage
dénoyauter / seed, core || ~ (fonderie) / remove the core
dénoyauteuse *f* / stoning machine || ~ (fonderie) / decoring machine
dénoyé (hydr) / live
dénoyer (mines) / unwater
denrée·s *fpl* **[alimentaires]** / food[stuff], eatables, edibles, victuals *pl* || ~**s** *f pl* **alimentaires prêtes à cuire et manger** / convenience food || ~**s** *f pl* **alimentaires surgelées** / deep-frozen food || ~**s** *f pl* **fraîches** / fresh food || ~**s** *f pl* d'**humidité moyenne** / intermediate moisture food, IMF
dense / compact, dense, thick || ~ (phys) / dense, heavy
densification *f* / densification || ~ (frittage) / redensification || ~ (céram) / dense o. tight burning
densifié (bois) / improved
densimètre *m* / densimeter, hydrometer || ~ **chercheur** / range finder hydrometer || ~ de **Gurley** (pap) / Gurley densimeter
densité *f* (gén) / density || ~, poids volumique / specific gravity, density || ~ (phot) / density, opaqueness || ~ (tex) / closeness || ~, fermeté *f* / density, compactness, solidity || ~ (ch.de fer) / density of trains || ~ (nucl) / strength || ~ **100 bit/mm** (b.magnét) / density 100 bit/mm || ~ **absolue** (mét.poudre) / theoretical o. true density || ~ **anodique** / anodic density || ~ **apparente** / bulk density || ~ **apparente** (plast) / apparent density || ~ **apparente de la matière solide** (réfractaires) / apparent density || ~ **après compression** / density after compression, compressed density || ~ **après damage** / tamped density || ~ **atmosphérique** / atmospheric density || ~ des **atomes dopants** / doping level, dopant concentration || ~ de **caractères** (ord) / bit density || ~ de **cathode** / cathode density || ~ de **chaleur** / heat density || ~ de **champ** (électr) / field density || ~ de **change de flux magnétique** / density of flux changes || ~ de **charge** / stress || ~ de **charge calorifique** (essai au feu) / fire-load density || ~ de **charge d'espace** (électr) / density of volume charge || ~ de **chargement** (mét.poudre) / fill factor, loading o. filling weight || ~ de **choc** (nucl) / shock density || ~ de **composants** (électron) / component density || ~ du **comprimé** (mét.poudre) / green density || ~ de **construction** / building density || ~ de **coupure équivalente** (mines) / equal errors cut-point density, wolf cut-point || ~ de **courant** / current density, C.D. || ~ du **courant admissible** (électr) / permissible current density || ~ de **courant sur un conducteur** (électr) / burden on a line, load on a line, conduction current density || ~ de **courant critique** (galv) / critical current density || ~ de **courant de déplacement** / displacement current density || ~ de **courant linéique** / specific current density || ~ de **courant de particules** (nucl) / particle current density || ~ **cristallométrique** (mét.poudre) / density as determined by X-rays || ~ **cubique** / space density || ~ de **déchargement** (plast) / powder density || ~ de **défaillances** / failure density || ~ de **dislocations** (semicond) / dislocation density || ~ **effective** (réprogr) / printing density || ~ d'**électrons** (plasma) / density of electrons, electron density || ~ d'**énergie acoustique** / sound energy density, energy density of sound || ~ d'**énergie cohésive** (nucl) / cohesive energy density || ~ d'**enregistrement** (ord) / storage density || ~ d'**enregistrement sur bande** (ord) / tape packing density || ~ d'**enregistrement en bits** (b.magnét) / pulse packing, bits per inch *pl*, bit density || ~ d'**enregistrement en bytes** (b.magnét) / bytes per inch, BPI || ~ d'**enregistrement du dossier** (ord) / file packing || ~ d'**enregistrement de l'information** (ord) / packing density || ~ d'**équilibre** (semicond) / equilibrium density || ~ **équivalente de séparation** (mines) / equivalent partition density || ~ à l'**état normal** / standard density || ~ d'**états permis** (semicond) / energy state density || ~ de **fission** (nucl) / fission density || ~ de **fluence énergétique** (nucl) / energy flux density || ~ de **flux** / flux density || ~ de **flux [particulaire] angulaire** (nucl) / angular particle flux density || ~ de **flux asymptotique** (nucl) / asymptotic flux density || ~ de **flux conventionnelle** (nucl) / conventional flux density, 2200 ms^{-1} flux density || ~ du **flux électrique** / electric flux density, dielectric strain, displacement || ~ de **flux énergétique** / energy flux density, energy fluence rate || ~ de **flux énergétique différentielle** (nucl) / differential energy flux density || ~ du **flux [d'induction] magnétique** (phys) / flux density || ~ de **flux neutronique** (nucl) / flux density || ~ de **flux de particules** (nucl) / particle flux density, fluence rate of particles || ~ du **fond** (typo) / background density || ~ de **fond** (repro) / base plus fog density || ~ de la **forêt** / thickness of a forest || ~ des **fréquences** (statistique) / frequency density || ~ de **gaz** / gas density || ~ en **houille** (mines) / presence of coal || ~ d'**impulsions** (nucl) / momentum density || ~ d'**intermédiaire** (repro) / reprint D-Max || ~ **intrinsèque**, densité *f* dinversion (semicond) / inversion density || ~ **ionique** / ion o. ionic concentration || ~ **limite** (phys) / limiting density || ~ de **lumière** / density of light || ~ **magnétique** / magnetic density || ~ **massique** / density || ~ **maximale** (phot) / maximum density || ~ **moyenne du flux magnétique** (électr) / specific magnetic loading || ~ **négative** (phot) / negative density || ~ de **niveaux permis** (semicond) / energy state density || ~ des **numéros d'atomes** / number density of atoms || ~ **optique** / optical density || ~ **optique du noir** (typo) / ink density || ~ **optique par réflexion** (micrographie) / reflection density || ~ **optique spécifiée** (feu) / specific optical density || ~ de **partage** (prép) / partition density || ~ de **particules** (nucl) / particle density || ~ de **poil de surface** (tapis) / surface pile density || ~ de **pointes** (brise-balle) / spike density || ~ de **population** / population density || ~ des **porteurs de charge** / charge carrier density || ~ de **probabilité** (nucl) / probability density || ~ de **probabilité bidimensionnelle** (math) / bivariate probability density function || ~ **Proctor** (routes) / Proctor density || ~ de **ralentissement** (nucl) / slowing down density || ~ par **rayons X** (mét.poudre) / density as determined by X-rays || ~ **réciproque** / specific volume || ~**-régie** *f* (betteraves) / cleanness of beet-roots || ~ **relative** / relative density || ~ **relative en %** (frittage) / density ratio || ~ **relative [frittée]** / sintered density ratio || ~ **résidentielle** / occupant density || ~ de **séparation** (prép) /

separation density || ~ du **sol** / bulk density (of subsoil) || ~ du **son** / sound density || ~ de la **source** (nucl) / source density || ~ **spectrale** / colour density || ~ **spectrale de puissance**, DSP / power spectral density, mean[-squared] spectral density || ~ **superficielle** (électr) / density by surface || ~ **surfacique** (électr) / surface density || ~ de **tassement** / packing density || ~ **téléphonique** (d'une région) (télécom) / line density (in an area) || ~ **théorique** / theoretical density || ~ du **tissu** (tiss) / sett o. density o. gauge of cloth || ~ du **trafic** / density (US) o. concentration (GB) of traffic || ~ du **trafic** (télécom) / frequency of calls, traffic flow || ~ de la **transmission** (phot) / transmission density || ~ selon **Tromp** (prép) / partition density || ~ des **trous** (semicond) / hole density || ~ **urbaine** / occupant density || ~ d'**utilisation** (bâtim) / utilization factor || ~ de **vapeur** (phys) / vapour o. steam density || ~ de **voile** (phot) / fog density || ~ des **voitures** / density of motor vehicles || ~ en **volume** / density by volume || ~ **volumique** / space density || ~ en **vrac** / apparent o. piled density o. weight

densitomètre *m* (phot) / densitometer || ~ **photoélectrique** / photoelectric densitometer

densitométrie *f* / densitometry

dent *f* (gén) / tooth || ~, pointe *f* / tooth, indentation || ~, fourchon *m* / tooth of a comb, prong o. tine of a fork || ~ (lam) / cog, cam || ~ (géol) / jag || **à ~s étagées** / with staggered teeth || **à ~s scalènes** (scie) / cutting one way || **à deux ~s** / two-prong[ed] || **à petites ~s** / with small teeth || **en ~s de scie** / saw-tooth..., serrated || ~ **additionnelle** (engrenage) / hunting tooth || ~ **américaine** (scie) / M-tooth || ~ **arrondie** (fraise) / parabolic tooth || ~ de la **batteuse** / tooth of a thresher || ~ de **calibrage de broche** / sizing tooth of a broach || ~ de **carde** / card staple || ~ **chevillée** (scie) / peg tooth, gullet tooth || ~ à **chevrons** / herringbone tooth || ~ **coupante** / cutter, cutting tooth || ~ à **crochet**, dent-de-loup *f* (scie) / peg tooth || ~ de **cultivateur** / cultivator tine || ~ **dégrossisseuse** (brochage) / roughing tooth || **~s** *f pl* de **dragon** (céram) / dog o. dragon teeth || ~ *f* d'**écartement** (tiss) / spacing reed || ~ **élastique de cultivateurs** / cultivator spring tine || ~ en **fer de lance** (bois) / lance || ~ de la **fermeture éclair** / tooth o. scoop (US) of zip fastener || ~ de **finition** / finishing tooth || ~ de **fouille** / digging tooth || ~ de **garniture** / card staple || ~ de la **herse** / harrow tooth, tine o. spike of a harrow || ~ d'**impulsion** (techn) / driver, driving tooth || ~ d'**impulsion** (électron) / spike, pulse overshoot || ~ à [la **lettre**] **M** (scie) / M-tooth || ~ de **longueur normale** (engrenage) / full-depth tooth (US) || ~ de **peigne** / tooth of a comb || ~ du **peigne** (tiss) / dent of a reed || ~ de **peigne** (lin) / hackle pin || ~ de **pignon à chaîne** (techn) / sprocket of a chain wheel || ~ à **pointe** (charrue) / chisel || **~-rabot** *f* / raker of a saw || ~ de **rat** (bonnet) / garterrun-stop, picot edge || ~ **rigide** (agr) / peg tooth, spike tooth || ~ à **saigner** (racloir) / stinger bit || ~ du **scarificateur** / bit (of the scarifier) || ~ de **tension** (électr) / spike, glitch (coll) || ~ **triangulaire** (scie) / crosscutting o. fleam tooth || ~ **tronquée** / stub tooth

dentaire / dental

denté / toothed

dentelé / saw-tooth..., serrated || ~, ébréché / toothed, jagged, jaggy || ~ (littoral) / indented

denteler / serrate || ~, créneler / indent *vt*, jag, notch

dentelle *f* (tex) / lace || **~s** *f pl* pour **application** (tex) / lace ground || ~ *f* en **filet** / filet lace || ~ au **fuseau** / bobbin lace || ~ au **tambour** (tex) / tambour lace

dentelure *f* / denticulation || ~ (littoral) / indentation || ~ (couteau) / serration, scallop || ~ en **dents de scie** / serration

denter / tooth || ~, entailler (techn) / notch, joggle, indent

dentiforme / dentiform

dentiste, de ~ / dental

denture *f* (techn) / toothing || **à ~ droite** / spur toothed || **à ~ intérieure** / annular-toothed, internal geared || ~ **américaine** (scie) / clustered teeth, interrupted hook teeth, M-teeth || ~ à **cannelures** / serration, groove o. channel toothing || ~ **chevronnée ou à chevrons** / double helical gearing, herringbone gearing || ~ **continue** (scie) / continuous peg teeth *pl* || ~ de **démarrage** (auto) / toothing of the flywheel rim || ~ **développante** / involute toothing o. gear teeth *pl* || ~ à **double hélice alternée** (fraise) / staggered teeth *pl* || ~ **droite** / spur toothing || ~ à **droite** / right-hand teeth || ~ **écartée** (scie) / widely spaced teeth *pl* || ~ de l'**engrenage** / gear toothing o. teeth *pl* || ~ **extérieure** / external teeth *pl*, external toothing || ~ **fine** / fine teeth || ~ à **flancs droits** / straight-sided flanked teeth || ~ **frontale** (fraise) / radial tooth || ~ en **fuseaux** / lantern gear || ~ à **gauche** / left-hand teeth || ~ **Gleason** / Gleason type gear teeth || ~ **grosse** / rough teeth *pl* || ~ **hélicoïdale** (engrenage) / helical gearing || ~ **hélicoïdale** (fraise) / helical tooth pattern || ~ **hypoïde** / hypoid-tooth system, spiral toothing || ~ **intérieure** / internal gear o. toothing || ~ **interrompue** (scie) / interrupted peg teeth *pl* || ~ de **longueur normale** / full depth tooth system || ~ **ordinaire** (scie) / plain teeth *pl* || ~ de **piston** (marteau à air comprimé) / serrated piston edge || ~ **plate** / crown gear || ~ **Rudge** / groove o. channel toothing, serration || ~ **sphéroïdale** / spheroidal gear || ~ **spirale** / palloid tooth system, spiral teeth *pl* || ~ dans le **05-système** / 05-toothing

dénudation *f* (géol) / denudation, degradation || ~ (végétation) (bot) / nudation

dénudé (conducteur) / naked, bare, uninsulated

dénuder (géol) / denude, denudate, expose || ~ (électr) / dismantle, peel off, strip || ~ **les plantes** / skeletonize, bare

déodoriser / deodorize

déoxydant *m* (teint) / deoxidizing agents, deacidification agents *pl*

déoxydation *f* (rare) / removal of oxigen, deoxidation

déoxyder / deoxidize

dépalettisation *f* / depalletizing

dépallettiser / depalletize

dépannage *m* / fault clearance, trouble-shooting || ~ (ord) / corrective maintenance, CM || ~ (auto) / [emergency] repairing || ~ (service) / breakdown service || ~ d'une **machine** (ord) / debugging || ~ par **ondoscope** (électron) / signal tracing || ~ par l'**opérateur** (ord) / operator servicing

dépanner (gén) / put into working order, repair [on the spot] || ~, éliminer un défaut / clear a fault || ~ une **machine** (ord) / debug

dépanneur *m* (télécom) / faultsman, troubleman, trouble-shooter || ~ (techn) / serviceman, maintenance man o. engineer || ~ (auto) / garageman (US), (esp.:) breakdown man o. mechanic

dépanneuse *f* / wrecking car (US), breakdown lorry (GB), tow truck (US) || ~ **lourde** (ELF) / tank retriever

dépanouillage *m* (maize) / husking

dépaqueter / unpack, unwrap

déparaffinage *m* / dewaxing || ~ au **propane** / propane dewaxing || ~ de l'**urée** / urea dewaxing
déparasité par **écran** (électron) / shielded, sheathed, screened
déparasiter (électron) / radio-shield o. -screen, shield, screen
déparchage *m* (agr) / hulling
dépareillé / unmatched, odd
dépareiller / unmatch
déparer / mar, spoil the beauty || ~ (environnement) / spoil o. mar the beauty of the landscape
départ *m* / departure, dept. || ~, amorçage *m* / start || ~, sépartion *f* / separation, parting || ~ (électr) / output || **à ~ arrêté** / from a standing start || **au ~** (ch.de fer, nav) / outgoing || **de ~** / original, primitive || **de ~** (électr) / outgoing || ~ **..., arrivée ...** (ch.de fer) / departure-arrival || ~ de **câble** / cable outlet || ~ d'**eau** / penetration of water || ~ à **froid** (auto) / cold start || ~ des **fumées** / escape of fumes || ~ **mine** / ex mine || ~ au **moteur** / engine start || ~ d'**or et d'argent** / parting of gold || ~ de **plomb** (glaçure) / lead release || ~ de **programme** / program start || ~ **usine** / ex works
département *m* / department, dept. || ~ d'**application technique** / department for application technique || ~ de **contrôle des articles achetés** / vendor inspection department (US) || ~ **entretien** / service department || ~ de **galvanoplastie ou d'électrolyse** / galvanic station || ~ des **ingénieurs du service télégraphique** / telegraph engineering department
départir (métaux précieux) / part
dépassant, en saillie / proud
dépassé, être ~ [par] / be outdated o. outmoded [by]
dépassement *m* / overshooting, overswinging || ~ (auto) / overhauling, overtaking, passing || ~, action *f* dexcéder / exceeding || ~ (propagation d'ondes) / overshoot || ~ de **bloc** (mém. à disque) / record overflow || ~ de **capacité** (ord) / size error, overflow || ~ de **capacité du bloc** (ord) / record overflow || ~ de **capacité des exposants** (ord) / exponent overflow || ~ de **capacité de la mémoire** (ord) / storage overflow || ~ de **capacité négatif** (ord) / underflow || ~ de **capacité négatif des exposants** (ord) / exponent underflow || ~ de **capacité de page** (ord) / page overflow || ~ de **capacité des produits** (ord) / product overflow || ~ des **frais** / overruns *pl* || ~ en **marche** (ch.de fer) / overhauling o. overtaking whilst in motion || ~ de **piste** (mémoire à disque) / track overrun || ~ du **temps prévu** / overrun of the time provided, exceeding the time provided || ~ des **têtes** (TV) / tip projection of video heads || ~ par **valeurs inférieures** / underflow || ~ des **vis** / bolt end available for application of nut || ~ de la **vitesse d'avance** (NC) / speed of feed override || ~ de la **vitesse permise** / exceeding the speed limit
dépasser / exceed, surpass, surmount, be in excess [of] || ~, être plus long / not be flush || ~ (auto) / overhaul, overtake, pass || ~ (aéro, m.outils) / overshoot || ~ (bâtim) / bear out, hang over, overhang, project || ~, faire saillie / project [from o. above o. over], be salient, jut [out], protrude || ~ (horloge) / bank || ~ vers le **bas ou la limite inférieure** / fall below [of], remain [under] || ~ la **capacité** / overload, overcharge || ~ la **capacité** (ord) / overflow the computer's capacity || ~ à **droite** / pass righthand || ~ en **hauteur** / rise above || ~ la **limite de contrainte admissible** / overstrain, overstretch || ~ des **limites** (aéro, m.outils) / overshoot || ~ en **nombre** / exceed, outnumber || ~ la **recette** (mines) / overdraw, overwind || ~ un **régime trop élevé** / overspeed, exceed the limits || ~ le **temps prévu** / exceed the time
dépassiver (galv) / depassivate
dépastillage *m* (pap) / cleaning, centrifining
dépastilleur *m* (pap) / centrifiner
dépaver (routes) / take up, unpave, break o. tear o. cut up
dépecer / cut to pieces || ~ (techn) / dismount, dismantle
dépendance [de] *f* / dependence [on], dependance [on] || ~ / follow-up facility || ~ (bâtim) / appurtenances *pl* || **~s** *f pl* (ch.de fer) / premises *pl* || **sous la ~ du programme** / program controlled || ~ *f* d'**état libre** (ord) / free-state dependence || ~ **mise à un - mise à zéro** (électron) / set/reset dependence || ~ de la **pression** / pressure dependence || ~ **sr** (électron) / set/reset dependence
dépendant [de] / depending [on], contingent [upon] || ~ de la **charge** / load-controlled || ~ de la **concentration** (chimie) / colligative, concentration dependent || ~ du **courant** (électr) / current dependent || ~ **linéairement** (math) / linearly dependent || ~ du **moule** (dimension) (plast) / depending on the mould dimensions || ~ de la **voie** / path dependent
dépendre [de] / depend [on, upon] || ~, détacher / take down
dépens *m pl*, frais *m pl* / costs *pl*, expenses *pl* || ~ **courants** / running costs || ~ **indivis** / loading, oncosts, establishment charges *pl* || ~ **[non-]productive** / [in]direct costs *pl*
dépense *f* / expenditure, expense || ~ (hydr) / outflow, discharge, efflux || ~, réserve *f* / pantry, store room || ~ de **chaleur** / heat consumption || ~ de **courant** (électr) / current consumption || ~ d'**énergie** (phys) / consumption of energy o. power || ~ d'**énergie** (techn) / power consumption o. expenditure, expenditure of force || ~ d'**énergie humaine** / physical effort || ~ d'**énergie pour maintenir la température** (sidér) / holding consumption || **~s** *f pl* d'**exploitation** / operating expenses *pl*, operation o. working expenses *pl* || **~s** *f pl* d'**infrastructure** / infrastructure expenditure || **~s** *f pl* d'**installation** (télécom) / establishment charges || **~s** *f pl* de **main-d'œuvre** / labour costs o. charges *pl* || **~s** *f pl* **supplémentaires** / extra cost || ~ *f* de **travail** / labour consumption || ~ de **vapeur** / steam consumption || ~ à **vide** / wasted power o. energy
dépentanisation *f* (pétrole) / depentanization
déperdition *f* / deficiency, loss, perdition || ~ d'**air** (mines) / air leakage || ~ **calorifique de paroi** / wall loss || ~ de **chaleur** / heat loss, loss of heat || ~ de l'**électricité** / electric loss, loss of current || ~ de l'**électricité par suite d'humidité** (électr) / weather contact loss || ~ **latérale** (mousse) / lateral waste || ~ de **qualité** / quality loss o. impairment
dépérir / decay || ~ (agr) / decay, die || ~ pendant l'**hiver** (agr) / be killed by frost
dépérissement *m* (jus) / contamination
déphasage *m* / phase jump o. shift || ~ (transfo) / phase angle error || ~ (télécom) / phase constant || ~ (électr) / displacement of phase, phase displacement o. shift || ~, compensation *f* (électr) / phase[-shift] control || ~, différence *f* de phase / phase [angle] difference || **exempt de ~** / free from phase shift || ~ par **bague** (moteur électr) / pole shading || ~ du **capteur** (métrologie) / transducer phase shift || ~ **caractéristique** (télécom) / image phase change coefficient, [image] phase constant (GB) o. wavelength constant (US) || ~ **conjugué** / conjugate phase constant || ~ sur **images** (télécom) /

image phase change coefficient, image phase constant || ~ sur **impédances conjuguées** (télécom) / conjugate phase constant || ~ **itératif** (télécom) / iterative phase [change] coefficient o. constant || ~ **linéique** (télécom) / wavelength (US) o. phase (GB) constant
déphasé (électr) / dephased, out-of-phase, shifted || **en** ~ / dephased, under inductive load || **être** ~ **en arrière** / lag in phase || **être** ~ **en avant** / lead in phase || ~ d'un **quart de période** / in quadrature
déphaser (électr) / shift o. displace the phase
déphaseur *m* / static phase shifter || ~ **directionnel** (guide d'ondes) / directional phase changer o. shifter || ~ **multiple** (électron) / phase divider, phase splitter || ~ **rotatif** / rotary phase shifter o. changer
déphénoler / dephenolate
déphlegmer / defusel, remove the fusel oils
déphosphoration *f* / dephosphorization || ~ (acier) / quenching of phosphor
dépickler (tan) / depickle
dépicoter (tex) / unpin
dépiécer / cut into pieces
dépilage *m* (découp) / picking blanks from the stack || ~ (mines) / mining, working, winning || ~ en **rabattant** (mines) / retreating working, working home
dépiler (tan) / unhair, pare off o. scrape off the hair || ~ (tan) / depilate, remove the hair || ~ (mines) / remove surplus pit-props
dépincement *m* (tex) / unclipping
dépiquer (agr) / beat, thresh
dépistage *m* d'**autopsie** / postmortem examination || ~ du **défaut** / fault loca[liza]tion || ~ des **erreurs ou des dérangements ou des défauts** / fault finding
dépister une **panne** / trace a fault
déplaçable / travelling, traveling (US), portable, locomotive || ~, amovible / movable, moveable, portable || ~ en **travers** / cross-sliding
déplaçant, se ~ l'un par rapport à l'autre / moving in relation to each other
déplacé en **déport** / offset, out-of-line || ~ **latéralement** / offset, out-of-line, off-center
déplacement *m* (gén) / dislocation, displacement || ~, voyage *m* / travel, voyage || ~, changement *m* de lieu / change of place, shifting || ~, mouvement *m* / displacement, displacing, shifting, moving || ~ (acoustique) / displacement || ~ (pétrole) / migration, displacement || ~ (nav) / displacement, (war vessel:) tonnage || ~ (mot, pompe) / [piston] displacement || ~ (hydr) / buoyancy [lift], buoyant power, power of floating, supernatation || ~ (p.e. d'un agent) / transfer (e.g. of a workman) || **à ~ vers le bas** / lowerable || ~ d'**air** / air volume o. aerodynamic volume displacement || ~ **angulaire** / angular displacement || ~ **angulaire du bogie** (ch.de fer) / truck swing || ~ **atomique** (nucl) / discomposition || ~ **automatique** (m.outils) / power traverse || ~ **axial** / axial displacement o. shift || ~ du **centre de gravité** / eccentricity of center of gravity || ~ de **chaleur** (phys) / heat displacement || ~ du **chariot** (m.outils) / carriage travel || ~ du **chariot** (m.compt) / carriage skip || ~ du **chariot** (grue) / travelling o. traversing of the trolley || ~ par **combustion** (pétrole) / fire drive, fire flood || ~ **commandé à la main** / hand travelling gear || ~ **contraire**, déplacement *m* opposé (sidér) / contra effect || ~ de **corps rigides** (méc) / rigid body displacement || ~ en **déport** / mismatch, offset || **~s** *m pl* **domicile-travail** / commuter traffic, office-hour traffic || ~ *m* **Doppler** / Doppler shift o. displacement || ~ **Einstein** (astr) / Einstein shift || ~ **élastique** / range of spring, travel of the spring system, spring excursion || ~ **électrique** (câble) / electric displacement || ~ **électrique** (électr) / dielectric flux density || ~ d'**électrons** / electron displacement || ~ des **étincelles** (auto) / spark displacement || ~ en **hauteur** (m.outils) / adjustment of height, vertical adjustment || ~ **haut-le-pied** (ch.de fer) / travel to take up duty || ~ **horizontal** (m.outils) / horizontal traverse || ~ de l'**image** / displacement || ~ **indépendant** (m.outils) / individual o. independent traverse || ~ de l'**industrie** / dislocation of industries || ~ **isotopique** / isotope shift || ~ de **Knight** (nucl) / Knight shift || ~ de **Lamb** (nucl) / Lamb shift || ~ **latéral** / lateral traverse || ~ **lent** / fine movement o. feed || ~ des **lignes** (TV) / line pulling || ~ **longitudinal** / longitudinal movement o. motion || ~ **longitudinal** (pont) / lengthwise motion || ~ **magnétique** / displacement of the magnetic field of force || ~ à [la] **main** (m.outils) / hand feed || ~ **mécanique** (m.outils) / power traverse || ~ de **mesure** / measuring path || ~ **minimum** (NC) / output sensitivity, smallest output increment || ~ **miscible** (pétrole) / miscible displacement o. drive
déplacement *m* **miscible** (pétrole) / miscible slug process
déplacement *m* **moléculaire** / molecular transformation || ~ en **montée** (excavateur) / gradability || ~ **oblique** (arp) / oblique offset || ~ **opposé** (sidér) / contra effect || ~ **parallèle** (méc) / translation, translational motion, parallel displacement || ~ **parallèle des coordonnées** (math) / displacement, parallel shift || ~ des **particules** / particle displacement || ~ des **particules acoustiques** / sound particle deflection || ~ de **piston** / piston capacity o. displacement, stroke capacity o. volume || ~ en **plongée** (m.outils) / transverse feed o. movement o. travel, crossfeed, cross movement || ~ des **rails en sens longitudinal** / lengthwise movement of rails || ~ **Raman** / Raman shift || ~ **rapide** (m.outils) / rapid o. fast o. quick motion o. traverse o. movement, power quick traverse o. quick motion || ~ **rectangulaire** (arp) / offset || ~ **relatif entre béton et acier** / relative displacement between concrete and steel || ~ **relativiste des raies vers le rouge** (astr) / Einstein shift || ~ **réticulaire** (sidér) / distortion || ~ du **spot** / scanning traverse, spot travel || ~ **standard** (nav) / standard displacement || ~ de **table** (m.outils) / table travel o. traverse || ~ **transversal** / cross[wise] movement o. motion o. travel || ~ **transversal** (tourn) / cross movement, transverse movement || ~ **transversal automatique** (m.outils) / automatic power traverse || ~ des **valeurs enregistrées** (métrologie) / offset || ~ de **véhicule** (auto) / transit || ~ **vertical** / vertical displacement o. movement || ~ **vertical** (m.outils) / adjustment of height, vertical adjustment || ~ **vertical vers le bas** (m.outils) / down feed || ~ de **volume** (acoustique) / volume displacement || ~ de **zéro** (instrument) / drift
déplacer / change position, shift, move, displace, transpose || ~, déloger / supersede || ~ (p.e. des industries) / dislocate || ~ les **aiguilles** (ch.de fer) / set o. work the points o. switches || ~ des **remorques** / shift trailers
déplétion *f* (ELF) / depletion
dépliant *m* / folding leaf[let], leaflet, folder
déplié / reeled-out fully, stretched o. unfolded fully
déplier / unfold, swing open, open || ~, étaler / unfold, open out, spread out
déplieuse *f* (tex) / unfolder
déplisseur *m* (plast) / stretcher bar (GB), expander

for sheeting (US)
déploiement *m* / spreading, dissemination || ~ (parachute) / development (parachute) || ~ **d'énergie** / expenditure of energy
déployé / out-spread, unfolded, (esp:) reeled-out
déployer / unfold, stretch, spread || ~ (flèche) / telescope
dépointer (filage) / back-off, unwind the coils from the bare spindles
dépolarisant *m* / depolarizer
dépolarisation *f* / depolarization
dépolariser (galv) / depassivate || ~ (électr) / depolarize
dépoli *adj* (verre) / ground *adj*, frosted, satin-finish... || ~ (lampe) / frosted || ~ *m* (verre) / ground state of glass || ~ (phot) / ground glass disk o. screen, groundglass, diffusing o. focus[s]ing screen || ~ à l'**acide** (verre) / [acid] frosted || ~ à l'**extérieur** / outside frosted || ~ [à l'**intérieur]** / internally frosted, inside-frosted, pearl type, satin-etched
dépolir (verre) / deaden, frost || ~ en **ponçant** (vernis) / dull-grind
dépolluer / abate pollution, clean
dépollution *f* / pollution control o. abatement
dépolymère *m* / depolymer
dépolymérisation *f* / depolymerization
dépolymériser / depolymerize
déport *m* / mismatch, offset || ~ (antenne) / squint || ~, déversement *m* latéral / lateral yielding || ~ (engrenage) / addendum modification || **en** ~ / misaligned, mismatched || **en** ~ (excavateur) / offset || **sans** ~ / with no mismatches, well aligned || ~ des **axes** / mismatch of axes || ~ des **centres** / center deviation || ~ de **coulée** (fonderie) / mismatch, crossjoint, shift || ~ **et modification d'entr'axe** (engrenage) / addendum and center distance modification || ~ **externe** (roue) / outset || ~ des **images radar** / retransmission of radar images || ~ **interne** (roue) / inset || ~ en **modification d'angle des axes** (engrenage) / modification of addendum and angle of axes || ~ du **noyau** (fonderie) / core shift o. mismatch || ~ **nul** (roue) / zeroset || ~ de la **pale dans le plan de l'avancement de l'avion** / blade tilt || ~ dans le **plan de rotation** (aéro) / leading sweep of the airscrew blade || ~ du **profil** / profile correction o. offset, addendum modification || ~ de **roue** (auto) / wheel offset || ~ au **sol** (auto) / roll radius, scrub radius
déporté / off-center, offset, out-of-line
déporter, faire dériver / push o. shove aside
déporteur *m* (ELF) (aéro, auto) / spoiler || ~ du **jet** (pompe à inj.) / jet spoiler
dépose *f* / removal || ~ des **arrêts de tabulation** (m.à ecrire) / tabulator clear control || ~ d'un **câble en service** / rope removal || ~ de la **voie** (ch.de fer) / dismantling o. removal of the track
déposé, être ~ (chimie) / deposit *vi*, be deposited, precipitate, sediment, settle to the bottom || **être** ~ **par alluvion** (géol) / be deposited as an accession to land, be increased through alluvion || ~ par l'**électrolyse** / electro-deposited, electrolytic, -ical || ~ par **sédimentation** / deposited, precipitated, sedimented
déposer / deposit, lay down || ~ (ordonn) / dispose (micromotion) || ~, stocker / stock || ~, démolir (bâtim) / demolish, tear down || ~ (se) (chimie) / deposit *vi*, be deposited, precipitate, sediment, settle to the bottom || ~ un **brevet** / apply for a patent || ~ une **couche antireflet** / dereflect || ~ une **couche de plomb par électrolyse** / lead *vt* || ~ par **électrolyse** / electro-deposit || ~ le **limon** (hydr) / silt up || ~ une **marque** / register a trade mark || ~ des **ordures** / shoot o. dump garbage || ~ des **sédiments** / deposit, settle || ~ **une serrure** / remove a lock
déposeur *m* à **bande** (mines) / belt type spreader (GB) o. stacker (US)
dépositaire *m* / agent
déposition *f* **électrostatique des couleurs en poudre** / electrostatic powder coating || ~ **mécanique d'étain** / mechanical plating with tin || ~ de **métaux par électrolyse** / electrodeposition
dépôt *m* / deposit, sediment, precipitation || ~ (chaudière) / boiler deposit o. salt, silt, incrustation || ~**s** *m pl* (sidér) / hearth accretion || ~ *m* (bière) / cask deposit, bottom, deposit, bottoms *pl* || ~ (hydr) / alluvium, silt || ~, magasin *m* / depository, warehouse || ~ (commerce) / depot || ~ (tramway) / streetcar terminus (US), tramway depot (GB) || ~, parc *m* / yard || ~ **60/40 % SnPb** / 60:40 Sn-Pb coating || ~ **adhérent de métal** / metallic coating || ~ d'**alliage** / alloy plating o. deposition || ~ d'**alluvions** / deposit, atterration, alluvium || ~ **amorcé** (galv) / strike || ~ d'**attache** (ch.de fer) / home depot || ~ **autocatalytique** (galv) / autocatalytic o. electroless plating || ~ de **bac** (bière) / cooler sludge || ~ de **bitume** / bitumenizing || ~ de **boue de plomb** (accu) / lead sludge o. deposit || ~ de **boues** / accumulation of mud || ~ de **boues** (auto) / sediment, sludge || ~ **boueux** / mud sediment || ~ **boueux de chaudière** / silt, incrustation, boiler deposit o. salt || ~ **brillant** (galv) / bright plating || ~ **brûlé** (galv) / burnt deposit || ~ de **calcaire** / deposit of boiler scale || ~ **calcaire** (tuyaux) / furring, incrustation || ~ de **carbonatation** (sucre) / carbonation scum || ~ de **carbone** / coal layer || ~ de **carburant** / fuel depot || ~ **cathodique** / cathode deposit || ~ de **charbon** / coal depot, coal storage yard || ~ de **charbon** (ch.de fer, nav) / coaling station || ~ **charbonneux** (auto) / carbon deposit, coking || ~ **chimique** (galv) / chemical deposit || ~ **chimique des nucléides** / plate-out of nuclides || ~ de ou par **contact** (galv) / contact plating || ~ de **couches réfléchissantes** / metal coating of reflectors, (esp:) vaporizing || ~ de **cuivre** (galv) / copperplating || ~ de **cuivre chimique** / electroless copperplating || ~ de **déchets** (nucl) / emplacement of waste materials || ~ de **déchets** (ELF) / garbage pit o. dump || ~ en **demi-lune** (ch.de fer) / roundhouse || ~ **diluvial** / drift deposits *pl* || ~ **électrolytique** / electrodeposit, electroplating || ~ **électrolytique au bain mort ou au cadre ou à l'attache ou au montage** / vat o. still (US) plating || ~ **électrolytique composite ou multicouche** / multilayer deposit, composite electroplating || ~ **électrolytique durci par dispersion** / dispersion-hardened coating || ~ **électrolytique étain-plomb** / tin-lead plating || ~ **électrolytique au tonneau** / barrel plating || ~ **électrolytique de zinc** / electroplated zinc coating || ~ **électronique** / electron deposition || ~ d'**essence** / petrol dump o. station (GB), gas[oline] depot || ~ d'**explosifs** (mines) / explosives magazine || ~ au **fond de l'océan** / deep-sea deposit || ~ de **glace** / ice formation || ~ de **gomme** (pétrole) / gum || ~ de **houille** / coal stockyard || ~ des **impuretés** (auto) / sediment, sludge || ~ **intermédiaire** (galv) / precoating || ~ **limoneux** (hydr) / silt deposit, wash || ~**s** *m pl* **littoraux** / littoral deposits *pl* || ~ *m* de **machines ou de locomotives** / engine shed, running shed || ~ de **métal par ions secondaires** / sputtering of metals || ~ **métallifère alluvionnaire** / alluvial ore deposit || ~ **métallique par**

déplacement / contact plating || ~ de **minerai** / ore stockyard || ~ **multiple** (galv) / composite electroplate, multilayer deposit || ~ d'**ordures** / dumping ground o. yard, waste [dump], trash dump (US) tip || ~ **pélagique** / deep-sea deposit || ~ de **pépins** / lees *pl* of wine || ~ de **phosphate insoluble** / phosphate coating || ~ de **planches** / timber store || ~ en **plis** (de l'étoffe) (tex) / plaiting of the fabric web || ~ de **plomb** (auto) / lead deposit || ~ **poreux** (galv) / burnt deposit || ~ **poussiéreux ou de poussière** / dust deposit || ~ **précipité** (chimie) / precipitation, deposit, sediment || ~ **préformé** (nucl) / preformed precipitate || ~ **radioactif précipité** (nucl) / radioactive rainout || ~ **radioactif sec** (explosion nucl) / dry deposition || ~ **radioluminescent** / radioluminescent agent || ~ par **rotation** / spin-on deposition || ~ de **rouille** / coating of rust || ~ **sablonneux** / sand deposit || ~ **salin** / saline o. salt deposit || ~ **salin en forme de dôme** (mines) / dome-shaped body of salt, salt dome || ~ **sans courant** (galv) / autocatalytic o. electroless plating || ~ des **schistes** (mines) / waste dump o. heap o. tip, dump, tip || ~ **sédimentaire** (géol) / sedimentary deposit || ~ **solide** (combustible) / existent gum || ~ par **spray** (semicond) / spray process || ~ **terne** (galv) / electroplated terne || ~ de **terre** / side piling, dump || ~ des **troubles** (bière) / brown sediment

dépotage *m* [de **carburants**] / filling of fuel

dépoter, transvaser / transfuse || ~ (plantes) / transplant

dépotoir *m* / dumping ground, [rubbish] dump || ~ **controlé, [sauvage]** / [un]controlled dump

dépouillage *m* / husking

dépouille *f* (forge) / draft o. draught o. leave of a die || ~ (plast) / draught, draft || ~ (tourn, m.outils) / clearance o. relief angle, lead angle to work (US) || ~ (fonderie) / draught, draft, taper || ~ (p.e. de tête, de pied) (engrenage) / relief (of tooth) || **être de** ~ (fonderie) / issue freely from the mould || ~ vers l'**arrière de l'outil** (m.outils) / tool back rake o. wedge, tool back clearance || ~ de la **cannelure** (lam) / taper of groove || ~ **directe d'affûtage** (tourn) / tool base clearance || ~ d'**extrémité** (usinage) / end relief (machining) || ~ **inverse** (plast) / reverse taper || ~ **latérale effective** / effective tool side clearance || ~ **latérale de l'outil** (m.outils) / tool side clearance, side rake || ~ **latérale en travail** (tourn) / working side clearance || ~ à la **meule** / clearance o. relief produced by grinding || ~ du **moule** (plast) / draft, draw || ~ **normale de l'outil** (tourn) / tool normal clearance || ~ **orthogonale de l'outil** (m.outils) / [first] tool orthogonal clearance || ~ **orthogonale en travail** / working orthogonal clearance || ~ du **pied** (roue dentée) / root relief || ~ du **taraud** / relief of the tap || ~ de **tête** (engrenage) / tip relief || ~ au **tour** (tourn) / recess

dépouillement *m* / evaluation, exploitation, interpretation || ~ des **observations** / evaluation of observations, analysis o. interpretation of observations

dépouiller / evaluate, analyze || ~, trier / assort, size || ~, ôter / strip, take off || ~ (tan) / skin, flay || ~, éplucher (Canada) (maïs) / husk || ~ (m.outils) / relieve || ~ (fonderie) / taper || ~ à la **fraise** / relief-mill || ~ à la **meule** / relief-grind || ~ au **tour** (tourn) / relieve, back off, recess

dépouilleuse *f* de **maïs** / maize o. corn (US) husker

dépourvu d'**eau** (agr) / ill supplied with water || ~ de **grisou** / free from mine damp, non-fiery, non-gassy

dépoussiérage *m* / freeing from dust, dedusting, dusting || ~ par **cyclones multiples** / multi-cyclone dust collection || ~ **électrostatique ou électrique** / electrostatic precipitation of dust || ~ des **filtres** / dedusting of filters || ~ des **gaz** / dust extraction from gas || ~ **système Cottrell** (sidér) / Cottrell type precipitation of dust

dépoussiérer / remove dust, free from dust, dedust, dust || ~ (mines) / separate o. sift pneumatically

dépoussiéreur *m* / dust separator o. collector o. catcher, deduster, dust arrester || ~ (pap) / duster || ~ de **bande** / tape cleaner || ~ à **cyclone** (sidér) / cyclone [dust separator], dust chamber o. precipitator || ~ **électrostatique ou électrique** / electrical precipitation plant || ~ d'**entrée** (gaz) / pre-settling tank || ~ des **gaz brûlés** / flue gas dust collector || ~ des **gaz de gueulard** (sidér) / flue dust collector || ~ **pneumatique** / pneumatic deduster o. sifter, air separator, wind sifter || ~ à **pulsation d'air**, dépoussiéreur-sélecteur *m* pulsatoire (mines) / pulsating deduster || ~ à **tubes cyclones** / dust chamber o. precipitator, cyclone || ~ par **voie humide** / wet scrubber

dépoussiéreuse *f* de **coton** / cotton cleaner

dépréciation *f* / debasement

dépresseur *m* (chimie) / depressor || ~ (flottation) / deadening agent, deadener, depressing agent, depresser || ~ (vide) / evacuating o. vacuum pump || ~ à **flux axial** / axial flow vacuum pump || ~ à **flux radial** / radial flow vacuum pump || ~ **Roots** / Roots vacuum pump || ~ à **turbine** / turbine vacuum pump

dépressiomètre *m* (auto) / vacuum tester

dépression *f*, vide *m* [partiel] / depression, low pressure, partial vacuum || ~, enfoncement *m* / depression || ~ (géol) / depression || ~ (astr, météorol, phys, mines) / depression || ~, force *f* descensionnelle / depression, descending force, negative lift || ~ (niveau d'eau) / lowering || ~ (sidér) / contraction || **à** ~ (auto) / vacuum || ~ de l'**air** / air dilution o. rarefication, rarefaction of air || ~ **capillaire** (chimie) / capillary depression || ~ de **cheminée** / head of a chimney || ~ **continue de la touche** / sustained depression || ~ d'une **courbe** / dip of a curve || ~ de l'**horizon** / dip o. depression of the horizon || ~ **moléculaire du point de congélation** / molecular depression of freezing point || ~ de **régime** (frein à vide) / rated depression || ~ du **sol** (géol) / sink of ground, hollow, dip || ~ en **surface** (plast) / sunk spot, sink, shrink mark || ~ du **terrain** / shallow subsidence of ground, depression || ~ de la **touche** / depression of key || ~ du **vent** (bâtim) / suction wind loading || ~ du **zéro** (thermomètre) / depression of the zero point

dépressuriser (aéro) / depressurize

déprimant *m* (flottation) / deadening agent, deadener, depressing agent, depresser || ~ (chimie) / depressor

déprimé (flottation) / depressed

déprimer (flottation) / deaden, depress

déprimomètre *m* / vacuum gauge o. indicator o. meter || ~ (cheminée) / draft indicator o. gauge

dépropaniseur *m* (pétrole) / depropanizer

depside *m* / depside

dépulpage *m* (fruits) / pulping

dépulper / depulp, pulp

dépulpeur *m* / peeling drum

dépupinisé (câble, télécom) / deloaded

dépurer (chimie) / purify

déracineur *m* (agr) / root cutter

déracineuse *f* / stump grubber o. puller

déraidir / render pliant

déraillable (ch.de fer) / removable, derailable

déraillement *m* (ch.de fer) / derailing, derailment || ~

(bicyclette) / shifting of the gear
dérailler *vi* (ch.de fer) / derail *vi*, jump the rails || **faire** ~ / derail *vt*, ditch a train
dérailleur *m* (ch.de fer) / derailer, derailing stop || ~ (bicyclette) / gearshift, dérailleur
déramer / cream, skim, scum
dérangé / disturbed || ~ (techn) / deranged, out of order
dérangement *m* (électr, techn) / disorder, disturbance, trouble, malfunction || ~ / defect, check, fault || **en** ~ (télécom) / trouble on the line || ~ par la **fumée** / smoke nuisance || ~ dû au **givre** (télécom) / hoarfrost line failure o. fault || ~ de **ligne** (télécom) / line fault o. failure || ~ de **marche** / malfunction || ~ de **marche** (atelier) / breakdown, failure, interruption || ~ du **pouvoir directif** / disturbance of the directional force || ~ [de la **radiodiffusion]** / disturbance || ~ de **réception** (électron) / interference with reception || ~ du **réseau téléphonique** (télécom) / line fault o. failure || ~ du **secteur** / mains interruption, line disturbance o. failure || ~ de **service** / breakdown, failure, interruption
déranger / disturb, put out of order || ~, ôter de sa place / displace, dislocate, shift || ~ (typo) / impose wrong, transpose
dérapage *m* (aéro) / sideslip[ping], (also:) angle of sideslip || ~ (auto) / side slip, skid[ding] || ~ **latéral** (auto) / broad sliding
dérapement *m* (ch.de fer, auto) / skid, side slip
déraper (auto) / skid, float, side-slip, swerve || ~ (roues) / glide, slide, slip
dératisation *f* / extermination of rats, deratization (US)
dérayer (cuir) / shave, skive
dérayeur *m* (tan) / shaving knife o. tool
dérayure *f* (agr) / dead furrow
déréglage *m* / loss of adjustment || ~ du **zéro** / zero creep
déréglé (techn, horloge) / disturbed
dérégler / misadjust || ~, détraquer / confuse, upset, disturb || ~ (se) / creep *vi*, loose adjustment *vi* || ~ (se) (ord) / go haywire (coll)
dérésinifier / deresinify
déréticulation *f* (chimie) / decrosslinking
dérivateur *adj* (math) / derivative || ~ *m* (radar) / fast time [gain] control, F.T.C., peaker (US), differentiating circuit || ~ (électr) / shunting device, shunter
dérivation *f* (électr) / derivation || ~ (contr.aut) / derivative o. derivation action || ~ (barrage) / diversion cut || ~ (projectile) / drift || ~ (hydr) / drain, draining, drainage || ~ (gén) / branch circuit connection, branch conduit || ~ (conduit d'air) / stub duct || ~ (ELF) (routes) / detour, by-pass, diverted route || ~ (ELF) (conduite) / bypass || **en** ~ (électr) / in parallel || ~ du **courant** / branching-off of current || **~-séqenceur** *f* (comm.pneum) / sequencer deviation module || ~ à la **terre** (électr) / earth (GB) o. ground (US) contact
dérivature *f* (hydr) / drain, draining, drainage
dérive *f* (phys, auto) / drift || ~ (aéro, nav) / drift, leeway || ~ (instrument) / drift || ~, angle *m* de dérive (nav) / derivation angle || ~ (mém à disque, ruban) / drift || ~, gouvernail de direction (aéro) / rudder unit || ~ (ELF) (espace) / fin, guide plate || ~ **aléatoire** (compas) / random drift || ~ des **continents** / continental drift || ~ de **contrôle** (semicond) / control drift || ~ due au **courant** (nav) / drift due to currents || ~ de la **fréquence centrale ou nominale** / center frequency error || ~ d'**image** (TV) / image drift || ~ en **longue durée** (semicond) / long-time drift || ~ de l'**oscillateur** / oscillator drift || ~ **spectrale** (nucl) / spectral shift || ~ **transversale** (aéro) / cross-drift || ~ de **wagons** (ch.de fer) / runaway of wagons || ~ du **zéro** (électron) / zero drift
dérivé *adj* / derived, derivative, secondary || ~ *m* (chimie) / derivative, derivate || ~ **alcoylé du plomb** / lead alkyl [compound] || ~ **allylique** / allyl derivative || ~ **benzénique** / benzene derivative || ~ **fluoré** / fluorine derivative || ~ de **goudron** / derivative of tar || ~ **méta** / meta derivative || ~ **nitré** / nitrocompound, -derivative || ~ **nitré primaire** / primary nitro compound || ~ **nitré secondaire** (chimie) / secondary nitro compound || ~ **nitré tertiaire** / tertiary nitro compound || ~ d'**orseille** / cudbear[d] derivate || ~ du **pétrole** / petroleum derivative || ~ **sodé** / sodium derivative || ~ **tensio-actif** (chimie) / surface-active agent, surfactant, tenside
dérivée *f* / derivative, differential coefficient o. quotient || ~ **partielle** / partial differential o. derivative || ~ **première** / first derivative || ~ par **rapport au temps** / derivative with respect to time || **~s** *f pl* de **rotation** (aéro) / rotary derivatives *pl* || ~ *f* **seconde** (math) / second derivative
dériver *vt* (gén, hydr) / divert, deviate, turn off || ~ (trafic) / divert || ~, déduire / derive || ~ (électr) / shunt *vt*, branch *vt* || ~ (constr.en acier) / unbutton, unrivet || ~ (math) / derive, differentiate || ~ *vi* (chimie) / be derived || ~ (point neutre) / drift *vi*
dériveter / unrivet, drive out o. punch rivets
dériveur *m* (nav) / drifter
dérivographe *m* (aéro) / recording driftmeter, drift recorder, derivograph
dérivomètre *m* (aéro) / cinemo derivometer o. drift indicator
derme *m* / corium, dermis, derma, derm
dermique / dermal, dermic
dernier / last || ~ (modèle) / latest || ~ **arrivé - premier servi** (télécom) / last come - first served || ~ **arrivé - premier sorti** (magasin) / last in - first out, LIFO || ~ **assemblage** / final assembly || ~ **consommateur** / ultimate consumer || ~ **délai** / deadline date || ~ **enduit** / setting skin || ~ **polissage** / finishing polish, finish-polishing || ~ **tréfilage** / last drawing, finishing pass || ~ **utilisateur** / ultimate consumer || **dernière couche de peinture** / final paint || **dernière filière** *f* (tréfilage) / finishing die || **la dernière main** / finishing hand o. stroke || **mettre la dernière main** [à] / put the finishing stroke [to]
dérochage *m* (métal) / metal etching, scouring, pickling || ~, enlèvement de roches / rock cutting, removal of rocks || ~ **chimique** (galv) / etching
dérocher (acier) / dip, pickle
dérocheuse *f* / rock chiseling ship
déroctage *m* / quarrying || ~ (en brisant) / rock cutting
dérogation *f* **à des dispositions** / deviation, diverging || ~ à la **règle** / exception to the rule
dérompeuse *f*, dérompeur *m* dapprêt / finish breaker, finish o. cloth softening machine, softener || ~ à **clous** (tex) / button breaker || ~ à **spirales** (tiss) / scroll breaker
dérouillage *m* par **chalumeau** / flame conditioning (US), flame cleaning (GB)
dérouillé / rust-free, freed from rust, derusted
dérouiller / unrust, derust, rub off the rust
dérouilleur *m* / rust removing agent
déroulé (gén, contreplacage) / peeled
déroulement *m* / uncoiling, unwinding, unrolling || ~, allure *f* / course, march, development || ~ (ordonn) / process flow || ~ (math) / layout of a curved surface ||

~ de la **bande** (ord) / tape run || ~ de la **bande magnétique** / magnetic tape transport || ~ de la **chaîne** (tiss) / winding off the warp || ~ de la **déformation** / development of the deformation || ~ de l'**exploitation** / working, service || ~ d'une **opération d'usinage** / course of a machining operation, machining cycle || ~ du **programme** / program cycle || ~ du **trafic** / traffic regulation || ~ du **travail** / procedure, process
dérouler / reel off, unreel, unspool, unwind, wind off || ~ (lam) / uncoil || ~ (tiss) / unbeam || ~ (se) / run off the reel, reel off, unroll, unwind || ~ un **bloc** (b.magnét) / unwind one block || ~ la **bobine** (mét) / decoil, uncoil || ~ un **câble** / pay-out a cable
dérouleur *m* (câble) / pay-out stand || ~ (bande perforée) / unwinder || ~ de **bande magnétique** (b.magnét) / tape drive || ~ de **chaîne** (tiss) / warp let-off motion || ~ à **collage en marche** (typo) / autopaster, flying paster, automatic reel changer || ~**-empileur** *m* (sidér) / coiling stacker || ~ de **fils de lisières** (tiss) / selvedge thread roll apparatus || ~ de **lisière** / selvedge uncurler || ~ de **lisières** (tex) / selvedge uncurler o. spreader
dérouleuse *f* / uncoiler, unwinder || ~ (tréfilage) / uncoiling device || ~ (apprêt) / unbatcher || ~ de **bobines** (lam) / pay-off reel || ~ à **fil** (lam) / wire o. rod reel || ~ à **placage** / veneer peeling machine
déroutement *m* (ord) / nonprogrammed jump || ~ **radioélectrique** / radio deception
derrick *m* / derrick || ~ (engin de levage) / gin, derrick || ~ (deconseillé), tour *f* de forage (pétrole) / rig || ~ **automatique** (pétrole) / automatic rig || ~ **maintenu par des tirants** / guy derrick || ~ en **mer** / offshore platform || ~ de **production** (pétrole) / production derrick || ~ en **remorque** (pétrole) / trailer drilling rig
derride *m* (chimie) / elliptone
derrière *m* / back, rear (of things) || ~ *(préposition)* / after
désableur *m* / sand catcher
désaccentuation *f* (TV) / de-emphasis || ~ (acoustique) / deemphasis
désaccentuer (récepteur M.F.) / deaccentuate || ~ (acoust) / deaccentuate, deemphasize
désaccord *m* / dissonance || ~ (électron) / mismatching || ~ de la **charge** (électron) / pulling || ~ de **fréquences** / frequency detuning o. mistuning || ~ **partiel** (électron) / fractional detuning o. mistuning || ~ **thermique** / thermal detuning
désaccordé / off-tune, out of tune, untuned
désaccorder (acoust, électron) / detune, tune off o. out
désaccordeur *m* / detuner
désaccoster (hydr) / sweep away, wash away
désaccoupler (auto) / throw out of gear
désacétylé / deacetylated
désacideuse *f* (tex) / machine for neutralizing and rinsing, neutralizer || ~ pour **tissus au large** (tex) / neutralizer for fabrics in open width, rinsing machine in open width
désacidification *f* / deacidification
désacidifier / deacidify
désactivation *f* (nucl) / radioactivity decay, cooling
désactiver (nucl) / cool || ~ / desactivate
désadaptation *f* / maladjustment, mismatch[ing] || ~ d'**impédance** / impedance mismatch
désadapté / mismatched, maladjusted
désaérage *m* / de-airing
désaérateur *m* / deaerator, air separator
désaérer / deaerate
désaffectation *f* (ch. de fer) / railway closure || ~ de la **mémoire** / storage deallocation
désaffecté / put to another purpose
désaffleurer (techn) / project [from o. above o. over], stand proud, be salient, jut out, protrude
désagréable / unpleasant
désagrégation *f* / disintegration || ~, décomposition *f* / decay || ~ (sol) / loosening, breaking up || ~ (bière) / disaggregation, mellowness, friability || ~ par **acide chlorhydrique** (huile) / disintegration by hydrochloric acid || ~ d'**argile dans l'eau** / capacity of elutriation || ~ par les **intempéries** (gén) / disintegration, weathering || ~ **sphéroïdale** (géol) / spheroidal weathering
désagrégé (malt) / undermodified
désagréger (tex) / disaggregate || ~ (moulin) / reduce, detach || ~ (chimie) / disintegrate || ~ (tiss) / loosen the loops || ~ (se) (chimie) / decompose, disintegrate || ~ (se) / decay *vi* || ~ des **résidus** (chimie) / fuse residues || ~ le **sol** / break up the ground, loosen
dés·aimantation *f* / demagnetization || ~**aimanter** / demagnetize
désajusté / out of alignment, maladjusted
désajustement *m* / mismatch
désalcalinisation *f* / dealcalinization
désalignement *m* / misalinement || ~ (bâtim) / misalignement of the building line || ~ (b.magnét) / tape skew || ~ **dynamique** (b.magnét) / dynamic skew || ~ du **noyau** (fonderie) / core shift o. mismatch || ~ de la **poussée** (ELF) (fusée) / thrust misalignment
désalkylation *f* / dealkylation || ~ **hydrogénante** / hydro-dealkylation
désaluminage *m* / dealuminification
désaminase *f* / desaminase
désamination *f* / desamination
désamorçage *m* (électr) / de-energizing || ~ d'une **tuyère** (ELF) (fusée) / ignition cut-off
désamorcé (relais) / de-energized
désamorcer (bombe) / make harmless || ~ (pompe) / drain a pump
désappareiller / unmatch
désargenter / unsilver, desilverize
désargiler (mines) / clear of clay
désarmer (arme) / uncock, unload, disarm || ~ (nav) / lay up, tie up, dismantle
désaromatisation *f* (benzol) / removal o. extraction of aromatics
désasphaltage *m* au **propane** / propane deasphalting
désassembler / separate, dismount, disassemble, dismantle, strip, take apart o. asunder, undo || ~ (bâtim) / strip, pull o. take down, dismount
désassortir / unmatch
désaturation *f* (TV) / desaturation
désaturé (phys) / unsaturated
désavantage *m* / disadvantage
désavantager / prejudice the interests
désavantageux / ill, disadvantageous || ~, défavorable / detrimental, unfavourable
désaxage, en ~ / offset, out-of-line || **en** ~, décentré / misaligned
désaxé *adj* / offset, out-of-line || ~ *m*, désaxée *f* / mismatch o. offset of center lines
désaxement *m* **latéral** (fil de contact) / staggering of the contact wire
desceller un **cintre** / strike down a center
descendance *f* (météorol) / descending current, downdrought
descendant / downward || ~ (ordre, branche de courbe) / descending || ~ (inondation) / outgoing || ~ (fenêtre) / lowerable || ~ (marée) / receding, subsiding || **en** ~ / downward || **en** ~ (fleuve) / down the river, downstream || ~ *m* de **neutron** / neutron offspring ||

~ **radioactif** (nucl) / daughter product
descendante *f* (typo) / descender
descenderie, faire une ~ (mines) / work to the dip || ~ **principale** (mines) / down-grade engine road
descendre *vt* (mines) / lower, descend, let down || ~ *vi* / sink down || ~ (balance) / drop, descend || ~ (thermomètre) / sink, fall || ~ (courroie) / run off || ~ (route) / dip || ~ (mines) / descend, go down o. underground, ride in o. inbye || ~, abaisser(s') / subside, settle || ~ (fonderie) / sink || **faire** ~ / let down, lower || **faire** ~ (mines) / lower, descend, let down || **pouvant** ~ / lowerable, to be lowered || ~ en **flammes** (aéro) / crash in flames || ~ un **fleuve** / go downstream || ~ par **parachute** / descend by parachute, parachute, jump || ~ à **plat** (aéro) / stall, pancake || ~ en **spirale** / spiral down || ~ à **terre** (nav) / land *vi*, go ashore || ~ [un **tonneau] par trévire** / parbuckle *vt* || ~ les **vitesses** (auto) / change down, shift down || ~ en **vol plané** / flatten out
descenseur *m* / chute, shoot || ~ à **cellules** (mines) / perpendicular conveyor || ~ **freineur** (mines) / downward conveyor || ~ **hélicoïdal** / spiral chute, antibreakage chute || ~ **hélicoïdal à rouleaux** / spiral roller chute || ~ **hélicoïdal à vibrations** / helicoidal vibrating conveyor || ~ à **palettes** (mines) / perpendicular conveyor || ~ à **raclettes** / downward chain conveyor || ~ **ralentisseur** (mines) / downward conveyor || ~ **tobbogan** / spiral chute, antibreakage chute
descente *f* / descent || ~ (nav) / companion ladder o. way, sloping ladder || ~, affaissement *m* / descent || ~, déclivité *f* / incline, declivity, [descending] gradient o. slope || ~ (mines) / descent || ~ (tuyau) / downpipe o. -spout || ~ (aéro) / landing procedure || ~ ! (ascenseur) / [going] down ! || ~ (grue) / lowering, letting down || ~ (perceuse) / feed, advance || ~ (électr) / down-lead || ~ (gaz, air) / downtake || **en** ~ / downgrade || ~ d'**antenne** / antenna downlead || ~ en **arrondissage exponentielle** (aéro) / exponential flare-out || ~ de la **charge** (sidér) / descent of charge || ~ d'un **conduit** / duct going downwards, downpipe, downtake || ~ de **coulée** (fonderie) / downgate, downsprue || ~ de **coulisseau** (presse) / downstroke || ~ d'**eaux pluviales** (bâtim) / downcomer, downpipe, -spout, fall-pipe, spout o. gutter o. rain o. water pipe, leader || ~ dans l'**espace** / space step-out || ~ en **feuille morte** (vol acrobatique) / falling leaf || ~ **forcée** (grue) / motor-assisted lowering || ~ **freinée** / countertorque lowering || ~ d'**impulsion** / pulse tilt || ~ **irrégulière des charges** (sidér) / irregular descent o. sinking of the charge || ~ des **matériaux** (mines) / letting down, lowering || ~ de la **matrice** (frittage) / pull-off method || ~ [de **mineurs] à la corde** (mines) / descending by the rope, man-ride, winding of persons || ~ dans l'**orbite circumlunaire** / LOI, lunar orbit insertion || ~ en **parachute** / parachute jump o. descent || ~ du **potentiel** / descent, drop of voltage || ~ de la **poutre** / settling of the girder || ~ de **secours** (aéro) / evacuation slide || ~ en **spirale** / spiral glide || ~ [à **terre]** (nav) / landing
déschisteur, extracteur *m* à rejets (prép) / refuse extractor || ~ *m*, autodéschisteur *m* (prépar) / automatic extractor, de-shaler || ~ par **roues à alvéoles** (prép) / refuse rotor
déschlammage *m* (prép) / deslurrying || ~ sur **tamis** (prépar) / deslurrying by screens
déschlammer (prép) / deslurry
décorier / scum
descripteur *m* (ord) / descriptor || ~ **lié,** [libre] / bound, [free] descriptor
description *f* / description || ~ d'**article ou de bloc** (ord) / record description entry || ~ de **brevet** / specification || ~ **exacte** / detail, detailed description || ~ **fonctionnelle** / functional characteristics *pl*, functional description || ~ du **matériel** (ord) / technical manual || ~ de la **profession** / vocational description || ~ de **programme** (ord) / program system description, program write-up || ~ de la **tâche** (ordonn) / job description || ~ de la **tâche** / job description
déséclisser (ch.de fer, rails) / remove the fishplates
désembrayable / disengageable
désembrayage *m* / throwout, disengaging || ~ **automatique** / automatic disconnection o. tripping
désembrayer (embrayage) / throw off, disengage the clutch, declutch
désemplir / empty *vt* partially
dés·émulsibilité *f* / demulsibility || **~émulsifiant** *m* / defoaming agent || **~émulsifiant** *m* / defoaming agent, demulsifiying agent, antifoam o. antifroth [additive], dismulgator || **~émulsification** *f*, désémulsion *f* / demulsification, de-emulsification, (also:) demulsibility || **~émulsifier** / demulsify, de-emulsify || **~émulsionner** / demulsify, de-emulsify
désenclencher (circuit) / unlock || ~ (techn) / disengage
désenclouer / pull nails
désencollage *m* / desizing
désencollé (tex) / desized, free of size
désencoller (tex) / desize, boil off, scour cotton yarn
désencombrement *m* (carrière) / uncaping
désencombrer / free from ruins, clear of rubbish, clear out
désencrage *m* (pap) / deinking
désenfler (ballon) / deflate
désengageur *m* (gén) / release o. disengaging lever
désengrené (techn) / disengaged, out of gear
désengrener / disengage
désengreneur *m* du **cabestan** / capstan pointer
désensibilisation *f* (phot) / desensitization, -tizing
désensibiliser (phot) / desensitize
déséquilibre *m* / disturbance of equilibrium, lack of balance, unbalance || ~ (roues) / unbalanced state || ~ (électron) / mismatching || ~ (électr) / balance error || ~ de **capacité** (télécom) / capacitance unbalance || ~ de **couple** / couple unbalance || ~ **final ou résiduel** / final o. residual unbalance || ~ **modal d'ordre n** / modal unbalance of order n || ~ par **rapport à la terre** (câble) / unbalance to ground, earth coupling (GB)
déséquilibré / out-of-balance || ~ (roues) / unbalanced || ~ (électr, télécom) / unbalanced || ~, unilatéral / unilateral
déséquilibrer (roues) / unbalance *vt*
déséquiper (mines) / draw timbers, remove the timbering, clear
désertification *f* (sol) / desertification
désessencié (pétrole) / stripped
désexcitation *f* (électr) / de-energizing
désexciter (électr) / de-energize
désexiter un relais à loquetage / latch-trip an interlock relay
déshabilleur *m* (forge) / releaser
dés·herbage *m* (hydr) / weed control || **~herbant** *m* / herbicide, weed killer || **~herber** / weed *vt*, clear *vt* of weeds, clean the field
désherbeuse *f* / weed killing machine
désheurer (ch.de fer) / run out of schedule
dés·homogénéisation *f* / dehomogenization || **~huiler** / free from oil, remove the oil, de-oil

déshuileur *m* / oil separator o. trap, oil interceptor || ~ (m.outils) / oil extractor || ~ de **vapeur** / oil o. grease separator o. filter for steam || ~ de **vapeur d'échappement** / exhaust steam oil separator
déshumidifier / dehumidify
déshydradation *f* / dehydration
déshydratant / dehydrating || ~ *m* / drying agent, drier, [de]siccative, desiccant || ~ (chimie) / dehydrating agent, dehydrator || ~ pour **emballages** / desiccant for packing
déshydratation *f* / dehydration
déshydraté (pétrole) / pure
déshydrater (chimie) / dehydrate || ~ (légumes) / desiccate, dehydrate, dry
déshydrateur *m* / dehumidifier, drier, dryer || ~ (chimie) / dehydrator
déshydratométrie *f* / dehydration test o. curve
déshydrocyclisation *f* (pétrole) / dehydrocyclization
déshydr[ogén]ase *f* / dehydro[ogen]ase
déshydrogénation *f* / dehydrogenation
déshydrogéner / dehydrogenize
désiderata *m pl* des **clients** / customer's needs *pl*
design *m* / design
désignateur *m* des **fonctions** (ord) / function designator
désignation *f* (gén) / designation || ~ (typo) / legend, caption || ~ **abrégée** / code designation || ~ des **bornes** / terminal designation || ~ **commerciale** / commercial name || ~ de la **dimension** / type-size designation || ~ du **fil** / yarn notation || ~ des **fonctions** / function designator || ~ **photométrique** / photometric evaluation
désigné / designated
désigner / designate
designer *m* / designer
désiliciage *m* / desilication || ~ (sidér) / desiliconizing
désilicifaction *f* / desilification
désincrustant *m* / boiler cleansing compound
désincrustation *f* (nav) / removal of marine fouling o. growth
désindexer (m.outils) / unlock the circular indexing table
désinfectant *m* / disinfectant, antiseptic
désinfecter / disinfect || ~ / disinfect || ~ à **sec** (agr) / coat || ~ les **semences** (agr) / dress seed || ~ les **semences par la voie humide** (agr) / immunize
désinfecteur *m* / disinfector
désinfection *f* / disinfection || ~ des **grains** / dressing of seed || ~ au **mouillé** / immunization || ~ à **sec** (agr) / coating, dry dressing
désintégrateur *m* / disintegrating mill, disintegrator, centrifugal flour mill || ~ (moulin) / dismembrator || ~ (bois) / chipping o. shaving machine || ~ (techn) / disintegrator || ~ **Carr** (sidér) / impact pulverizer, beater mill || ~ à **jet d'air** / jet mill, micronizer || ~ à **jet liquide** / fluid energy mill || ~ à **mouvements oscillatoires** / vibrating mill
désintégration *f* / disintegration, decay || ~ (vieux papiers) / repulping || ~, réduction *f* par chocs (bois) / hogging, shredding || ~ (nucl) / disintegration || ~, broyage *m* / disintegration, comminution || ~ **alpha ou héliogène** / alpha decay o. disintegration || ~ **atomique** / radioactive disintegration o. degradation || ~ **bêta composée** (nucl) / dual beta decay || ~ **bêta double** (nucl) / double beta decay || ~ **bêta ou négatogène** / beta decay o. disintegration || ~ en **chaîne** (nucl) / chain disintegration o. decay, series decay || ~ de **champ** / field decay || ~ **électrique** / electrical disintegration || ~ **gamma** / gamma decay || ~ de **neutrons** / neutron decay || ~ **nucléaire** / nuclear disintegration || ~ **positrogène** / positron integration o. decay || ~ **préliminaire** / crushing, preliminary disintegration || ~ **radioactive** / artificial o. radioactive disintegration || ~ **radioactive spontanée** / spontaneous disintegration of radium || ~ des **rayons** / ray disintegration || ~ **thermique** / decomposition by heat, pyrolysis
désintégré, être ~ (nucl) / decay
désintégrer / disintegrate || **se** ~ **spontanément** (nucl) / decay [spontaneously]
désinterligner (typo) / make solid, unlead
désintoxication *f* / detoxification
dés·ionisation *f* / deionization || ~**ioniser** / deionize
déslimage *m* (prép) / desliming
desmine *f* (min) / desmine, stilbite
Desmodur *m* (plast) / Desmodur
desmotrope, mérotrope (chem) / desmotrope, -tropic, merotrope, -tropic
desmotropie *f* / desmotropism, -tropy, merotropy
désobstruer / clear, disencumber
dés·odorisant *m* / deodorant || ~**odorisation** *f* (chimie) / deodorizing || ~**odoriser** / deodorize
désolidariser / disunite [from] || ~ (bâtim) / separate, disconnect
désordonné (crist) / random
désordre *m* (phys) / disorder
désorption *f* / desorption || ~ **thermique pulsée** / flashing of electronic tubes
désourdir (tiss) / take off the warp, undo, unravel, unweave
désoxycorticostérone *f* / desoxycorticosterone
désoxydant *m* (sidér) / deoxidizer, deoxidant
désoxydation *f*, désoxygénation, réduction *f* / deoxidation, reduction || ~ (sidér) / deoxidizing, killing || ~ de l'**eau** / deoxidation of water
désoxydé (sidér) / deoxidized, killed || ~ (cuivre) / deoxidized
désoxyder / deoxidize, reduce || ~ (sidér) / deoxidize, kill
désoxydeur *m* (sidér) / deoxidizer, deoxidant
despumer / scum, skim
dessablage *m* à l'**air ou à l'eau** / blast cleaning || ~ à la **grenaille** / shot blasting || ~ avec **roue contrifuge** / airless blast cleaning
dessablement *m* (eaux usées) / removal of sediments
dessabler / free *vt* from sandy deposits || ~ par **voie humide** (fonderie) / hydroblast, blast o. fettle hydraulically
dessableur *m* (hydr) / sand catcher, grit chamber
dessalage *m* (du porc salé) / desali[ni]zation
dessalement *m* / desali[ni]zation || ~ à **détente étagée** / multistage flash desali[ni]zation || ~ d'**eau de mer** / desali[ni]zation of sea water
dessaler / desalt, desalinize, desalinate
desséchant *adj* / desiccant, [de]siccative || ~ *m* (chimie) / dehydrating agent
desséché, être ~ (vulcanisation) / scorch *vi*, become scorched || ~ **et ratatiné** / high-dried || ~ à l'**étuve** (pap) / oven dry || ~ au **jet** / spray-dried
dessèchement *m* / drying-out
dessécher / desiccate, exsiccate || ~ (aliments) / desiccate, dehydrate, dry || ~ (bois) / season, mature || ~ (terrain) / reclaim, drain || ~ (se) / dry in o. up || ~ au **four** / kiln-dry, kiln || ~ le **goudron** / desiccate tar || ~ par **pression ou à la presse** (pap) / dry by pressing
desserrage *m* / working loose, loosening || ~ du **frein** (techn) / releasing of the brake || ~ **progressif des freins** (ch.de fer) / progressive o. gradual release of the brakes || ~ des **torons** / untwisting of strands
desserré / loose

desserrement *m* / loosening || ~ (urbanisation) / decongestion
desserrer, dévisser / screw off, unscrew || ~, relâcher / loosen || ~ (outil) / unclamp || ~ (se) / loosen, come loose, work loose, slacken || ~ (se) (vis) / back out || ~ une **forme** (typo) / drop o. unlock o. untie a form[e] || ~ le **frein** / release the brake || ~ les **garnitures** (typo) / strip a forme || ~ les **mailles** (tiss) / loosen the loops || ~ des **vis** / unscrew
desserroir *m*, desserron *m* / loosening tool
desserte *f* / development || ~ **chauffée** (grande cuisine) / heated cupboard o. dresser (GB) || ~ **linéaire** (trafic) / point-to-point service || ~ du **quartier** (mines) / telemetry
desservi (aéro) / with scheduled service || ~ par **un opérateur** / one-man operated
desservir (terrain) / develop || ~, soigner / service *vt* || ~ (techn) / work, control, actuate || ~ (m.outils) / operate || ~ (ville) / supply *vt* || ~ (ch.de fer) / ply [between], connect [up]
dessiccant / desiccant, [de]siccative
dessiccateur *m* (gén) / drying agent, dehydrating agent, dehumidifier || ~ / drier, dryer || ~ (chimie) / desiccator || ~ (filage) / testing oven for moisture || ~ d'**air** / humidity drier || ~ **centrifuge** / centrifugal hydroextractor o. drier o. drying machine || ~ de **constructions** / drying oven for the building trades || ~ de **gaz** / gas desiccant || ~ à **vide** / vacuum desiccator
dessiccatif *adj* / desiccative || ~ *m* / drying oil
dessiccation *f* (briques) / hack drying || ~ (chimie) / desiccation || ~ du **bois** / desiccation of timber || ~ par **congélation** / freeze drying, lyophilization || ~ de **goudron ou de vapeur** / desiccation of tar o. steam || ~ **primaire** (vide) / primary drying || ~ **statique** (vide) / static drying
dessileuse *f* / silo unloader, desiling equipment
dessin *m* (activité) / drafting, draughting, drawing || ~ (produit) / drawing, drg., design || ~ (tiss) / design, figure, figuring, pattern || ~ (bâtim) / plan of site, layout plan, plot, drawing || ~, projet *m* / project, plan || **à ~s** (tiss) / [fancy-]figured || **selon** ~ / according to your drawing || ~ **ajouré ou à jour** / knitted lace pattern || ~ **animé** (film) / animated cartoon || ~ **antidérapant** (auto) / nonskid sculpture || ~ d'**armure** (tiss) / weave pattern || ~ d'**assemblage** / assembly o. erection drawing || ~ d'**atelier ou d'exécution** / [work]shop drawing || ~ de la **bande de roulement ou de la chape** (auto) / tire sculpture, tread pattern o. design || ~ d'un **bâtiment** (bâtim) / architect's plan, building plan, working drawing o. plan || **~s** *m pl* de **bâtiment et de génie civil** / building and civil engineering drawings || ~ *m* de **bordures** (tex) / border pattern || ~ de **brevet** / patent drawing || ~ à **cannelures** (tex) / network design || ~ à **carreaux** / check [pattern], checker square || ~ en **chevron** (tiss) / herringbone [twill], feather twill || ~ de **construction** / construction[al] drawing || ~ **coté** / dimensioned drawing || ~ au **crayon** / pencil drawing || ~ de **découpage** (poinçonneuse) / metal blank development || ~ **détaillé ou de détail** / detail drawing || ~ pour le **devis estimatif** / project drawing || ~ de **disposition générale** / general location o. general arrangement drawing || ~ **donnant les mesures de retrait** / shrinkage drawing || ~ d'**enregistrement** (ord) / record layout || ~ d'**ensemble** / general drawing || ~ d'**ensemble ou d'assemblage** / assembly drawing, general drawing || ~ d'**étude** / draft || ~ d'**exécution** / detailed drawing || ~ d'**exécution** (bâtim) / production drawing || ~ de **fabrication** / working drawing o. plan || ~ de **fichier** (ord) / file layout || ~ de **fondement** (bâtim) / foundation plan || ~ **gaufré ou à gaufres** (tiss) / honeycomb || ~ du **génie civil** (bâtim) / architect's plan, building plan, working drawing o. plan || ~ **géométral** / technical drawing || ~ **géométrique** / geometrical pattern || ~ à **grisottes** (bonnet) / shadow clock || ~ de **groupes** / subassembly drawing || ~ d'**homologation** / approval drawing || ~ **imprimé ou d'impression** (tex) / printed fabric pattern || ~ **industriel** / engineering drawing || ~ **isométrique** / isometric drawing || ~ **lavé ou au lavis** / washed drawing || ~ **linéaire** / line o. outline drawing || ~ **linéaire** (nav) / lines plan o. drawing || ~ **lithographié** / lithograph || ~ à la **main** / hand sketch || ~ à **main levée** / free-hand [drawing] || ~ **mis en carte** (tiss) / point paper design o. draft || ~ **modèle** (circ.impr.) / art work, master drawing, photomater || ~ d'après ou sur **modèlle ou sur objet** / object drawing || ~ **modulaire** (électron) / modular design || ~ **modulaire** (bâtim) / modular design o. concept || ~ en **nid d'abeilles** / honeycomb design o. construction || ~ à **noppes** / nap pattern || ~ de **norme** / standard drawing || ~ **original sur papier-calque** / original tracing drawing, master drawing || ~ d'**outil** / tool drawing || ~ d'**outillage** / tooling diagram o. lay-out || ~ **passé à l'encre** / ink drawing || ~ de la **pièce détachée** / component drawing, unit drawing (US) || ~ des **plans** / plan drawing || ~ à la **plume** / line o. outline drawing || ~ **pointillé** (tex) / polka dot || ~ en **points** (ord) / point plotting || ~ **préliminaire** / preliminary drawing || ~ de **presse** (tiss) / tuck pattern || ~ **principal** (animation par ordinateur) (film) / key frame || ~ du **projet** / project drawing || ~ de **projet**, esquisse *f* / sketch || ~ **psychédélique** / psychedelic o. psychodelic design || ~ **publicitaire** / applied graphics *pl*, commercial art || ~ **quadrillé** / lattice design || ~ **rayé** (tiss) / stripe pattern, striping || ~ à **rayures horizontales en travers** (tricot) / horizontal stripe pattern || ~ **régulier** / geometrical pattern || ~ de **rentrage** (tiss) / lifting plan || ~ **schématique** / key plan || ~ de la **section** / drawing of a section || ~ du **socle** (bâtim) / foundation plan || ~ de **sous-ensemble** / unit assembly drawing || ~ **technique** / engineering drawing, technical drawing || ~ **technique en coupe** / sectional drawing || ~ au **trait** (nav) / lines plan o. drawing || ~ de **trame** / screen design || ~ **truqué** (film) / animated cartoon || ~ de l'**usinage** / machining drawing
dessinateur *m* (tiss) / designer, draftsman, sketcher || ~ (techn) / draftsman || **~-cartographe** *m* / cartographer || ~ **détaillant** / detail man, detailer || ~ **industriel** / draftman (US), draughtsman (GB) || ~ du **plan photographique** / photoplanigraph || ~ **projeteur ou principal** / constructing o. design engineer || ~ **publicitaire ou de publicité** / commercial artist, graphic artist || ~ **textile** (tiss) / textile pattern designer
dessiner / draft *vt*, draught, draw *vt* || ~ (tex) / pattern *vt* || ~ (techn) / engineer *vt*, model, design, lay out || ~ en **chevron** / herringbone *vt vi*, produce a herringbone pattern || ~ à l'**échelle** / draw to scale || ~ au **lavis** / wash, render in watercolour || ~ en **perspective [cavalière]** / foreshorten the lines || ~ en **vraie grandeur** / draft natural size
dessoucheur *m* (agr) / root cutter
dessouder / cut by the torch, unsolder || ~ (se) / come off

dessous *m* (mines) / bottom, bottoms *pl* || ~ (tiss) / rear side || ~ (fonderie) / drag, bottom box || **en** ~ (induit) / undertype || **en** ~ / below, underneath || **être ou rester en** ~ [de] / fall short [of] || ~ de **boîte d'essieu** (ch.de fer) / axle box seating || ~ de **caisse** (auto) / underbody || ~ d'**étampe pour ronds** / bottom swage || ~ de **lampe** / lamp stand || ~ de **navire** / underwater hull, submerged part of the vessel || ~ de la **poutre** / lower surface of a beam
dessuintage *m* de la **laine** / scouring wool, wool degreasing o. washing
dessuinter (laine) / scour, desuint
dessus *m* (techn) / crest, top || ~ (bâtim) / plain moulding || ~ (fonderie) / cope, top box || **de** ~ / upper, head, top, superior || **en** ~ / above, uppermost, on top || ~ de la **chaîne** (tiss) / upper part of the warp || ~ d'**étampe pour ronds** (forge) / top swage || ~ de **porte** / cornice of a door, overdoor || ~ de **table** / table board o. leaf o. top, slab, leaf o. top of a table
déstabilisateur *m* (plast) / destabilizer
destination *f* / destination
destiné aux **1000 MW** / intended for 1000 MW
déstockage *m* / reclaiming from dump stocks
déstocker (mines) / take from stock
déstraction *f* / distraction
destructeur *m* de **documents** / paper shredder || ~ de **mousse** / antifoam o. antifroth additive, defoaming agent
destructible / destructible || ~ (chimie) / decomposable, decompoundable
destructif (explosifs) / destructive, annihilating || ~ (ord) / destructive
destruction *f* / demolition, destruction || ~ **automatique d'une commande** (ch.de fer) / automatic route release || ~ **cohésive** / cohesive destruction || ~ d'**environnement** / environmental disruption || ~ de **fanes par pulvérisation** (agr) / haulm o. spray killing || ~ des **insectes nuisibles** / destruction of insect pests, control of parasites || ~ d'un **itinéraire** (ch.de fer) / route cancellation o. release || ~ des **parasites ou des plantes nuisibles** / blight and bindweed eradication || ~ **voulue** (espace) / destruct (deliberate destruction)
désucreur *m* (sucre) / Hodeck safety vessel
désuet / obsolete
désuétude *f* / obsolescence
désuinter (laine) / scour, desuint
désulfiter / desulphurise, desulfurize (US)
désulfuration *f* / desulfonation || ~ (sidér) / desulphurisation, desulfurization (US) || ~ au **chlorure de cuivre** (pétrole) / copper sweetening || ~ au **plombite de soude** (pétrole) / doctor process || ~ au **sulfure de cuivre** / Linde copper sweetening (gasoline) || ~ au **sulfure de cuivre par procédé Perco** (pétrole) / Perco copper sweetening || ~ **U.O.P.** (pétrole) / UOP-copper sweetening
désulfurer (chimie) / desulphurise, desulfurize (US)
désulfurisation *f* / desulphurization, desulfurization (US) || ~ à l'**hypochlorite** (pétrole) / hypochlorite sweetening
désunir / disunite, separate, divide || ~, démonter / dismantle
désurchauffer / desuperheat
désurchauffeur *m* / desuperheater
désutilité *f* / loss by damage
désychronisé / out of step, dropped from synchronism
désynchroniser (se) / drop from synchronism
détachable, escamotable / loose, detachable, removable || ~, démontable / demountable, removable
détachage *m* / removal of stains
détachant *m* / detergent || ~ (tex) / spot o. stain remover, spotting agent, spotter || ~ au **mouillé** / wet spotter
détachant (se) / demountable, removable
détaché / detached, loose || ~ (bâtim) / detached, unconnected, separate, not sharing any wall with another building || ~ (espace) / severed explosively
détachement *m* / detachment, separation || **sans** ~ **de confettis** / chadless || ~ des **ajustements pressés** / releasing of drive fits || ~ de **courant** (aéro) / stall || ~ des **tourbillons** / shedding of vortices || ~ **turbulent** (aéro) / turbulent separation
détacher / loosen, untie, unbind, unfasten || ~, isoler / detach, isolate, separate || ~ (verre) / cut off || ~ (astron) / sever explosively || ~ (faire disparaître des taches) / remove stains, clean || ~ (se) / come off o. away, come undone, come o. work loose || ~ (se), tomber / fall away || ~ (se) (écoulement) / separate *vi* || **se** ~ [sur] / contrast [with] || **se** ~ **par éclats** / come off in splinters || ~ la **farine par percussion** / impact flour || ~ des **minerais** (mines) / break, win || ~ par **morceaux** / beat loose, knock off o. down || ~ [en **rompant**] / break off || ~ en **soulevant** (sidér) / withdraw || ~ en **tordant** / wring off, twist off || ~ les **tranches du cristal** (semicond) / dice
détacheur *m* / detergent, stain remover || ~ (moulin) / detacher || ~ à **batteurs** (tex) / beater detacher || ~ de **déchets** (carde) / dirt remover || ~ **strato** / strato-fractor o. -detacher
détail *m* / detail, particular || ~**s** *m pl* / details *pl*, data *pl* || ~**s** *m pl* **constructifs ou de construction** / details [of the constructions] *pl* || ~ *m* **estimatif** / detailed estimate || ~**s** *m pl* **fins** / fine details *pl* || ~**s** *m pl* d'une **image** (phot) / picture definition
détailler / itemize
détaler le **stand dans une foire** / dismount a stall
détalonnage *m* (pneus) / debeading || ~ (techn) / re-entrant angle || ~ **radial** (filière) / radial thread relief (die stock)
détalonner au **burin** (m.outils) / relieve || ~ à la **fraise** / relief-mill || ~ à la **meule** / relief-grind || ~ au **tour**, soulagement *m* (tourn) / relieve, back off, recess
détapisseur *m* / stripping agent for paper hangings
détartrant *m* / antiliming [agent]
détartrer / scale, strip the scale
détartreur *m* / boiler cleansing compound
détaxe *f* / remission of fees
détectabilité *f* / detectability
détecter / detect || ~ un **défaut** / trace a fault
détecteur *m* (contr aut) / pick-up, scanner, detector || ~ (radio) / demodulator, (formerly:) detector || ~ (instr. électron) / detector (a circuit) || ~ (ELF) (gén) / detector, sensor || ~ (ELF) (mines) / detector || ~ (ELF), capteur *m* (ELF) (métrologie) / probe, sensor || ~ (ELF) (astron) / sensor || ~ par **activation** (nucl) / activation detector || ~ **automatique d'incendie** / signalling fire detector || ~ de **bancs** (nav) / fish finding equipment, fish finder, echometer || ~ de **bris de glace** / fracturing glass detector || ~ de **«burn-out»** (réacteur) / burn-out detector || ~ de **casse** (typo) / web-break detector, detector finger || ~ de **chaleur** / heat detector || ~ au **cobalt** (nucl) / cobalt selfpowered [neutron] detector || ~ de **colonne vierge** (c.perf.) / neutron chopper || ~ de **comptes non mouvementés** (m.compt) / detector of inactive accounts || ~ du **contact avec la terre** (électr) / leakage tester, ground (US) o. earth (GB) tester || ~ de **courant** (électr) / current sensor || ~ de **court-circuits entre spires** (électr) / growler || ~ à **cristal** (radio) / crystal rectifier o. demodulator || ~

différentiel de fuites (vide) / differential leak detector || ~ **diffusé** (semi-cond) / diffused detector || ~ d'**éclats** (de métal dans le bois) / metal detector || ~ **électrolytique** / electrolytic detector || ~ d'**erreurs** *adj* / error-detecting || ~ *m* d'**erreurs** (contr.aut) / error sensing device || ~ d'**étoiles** (espace) / astral sensor, star sensor || ~ de **fils métalliques** (électron) / tracer || ~ de **fissures** / crack detector || ~ de **flamme U.V.** / UV flame detector || ~ **fluidique de proximité** (comm.pneum) / fluidic proximity sensor || ~ de **fuite à halogène** (vide) / halide leak detector || ~ de **fuites** / escape o. leak indicator || ~ de **fuites à** [filtre de] **palladium** (vide) / palladium leak detector || ~ **de fumée** / scattered light detector || ~ **à galène** (radio) / crystal rectifier o. demodulator || ~ de **gaz** / gas detector || ~ de **grisou** (mines) / gas alarm || ~ de **groupes** (c.perf.) / group detector || ~ **H.F.** / H.F. rectifier || ~ d'**horizon** (espace) / horizon sensor || ~ d'**incendie à réfraction de lumière** / deflection light detector || ~ à **infrarouge** / infrared detector || ~ d'**intrusion à effet Doppler** / mobile target indicator || ~ **ionique de fumée** / ionization smoke detector || ~ d'**ionisation de flammes** / FID, flame ionization detector || ~ d'**isolement** / insulation tester o. detector o. indicator || ~ à **jonction** (semi-cond) / junction type detector || ~ **magnétique** / magnetic rectifier || ~ de **mensonges** / polygraph, lie detector || ~ de **métaux** / metal detector || ~ à **micro-ondes** / microwave detector || ~ de **mines** (mil) / mine detector || ~ de **nombres** (c.perf.) / number detector || ~ d'**ondes** (électron) / wave detector o. indicator || ~ à **oscillation des électrons** / electron-oscillating detector || ~ d'**oxyde de carbone** / carbon oxide detector || ~ de **paille** (sidér) / flaw o. crack detector || ~ **photoélectrique** / photocell detector || ~ de **pièces magnétiques** (tex) / iron detector || ~ en **pont** (électr) / ratio detector || ~ de **position angulaire** / angle sensor || ~ **proximité** / proximity detector || ~ de **proximité** (électr) / proximity switch || ~ **quadratique** / square-law demodulator || ~ de **quasi-crête** / quasi peak detector || ~ de **radiation** / radiation detector o. indicator || ~ de **rafales** / gust detector || ~ de **rapport** (télécom) / ratio detector || ~ de **rayonnement** / radiation detector o. indicator || ~ des **rayons gamma** / gamma ray detector || ~ à **réaction** / regenerative detector || ~ de **remplissage des trémies** / stock level o. stock line indicator, silometer || ~ **résonnant** (nucl) / resonance detector || ~ de **rupture d'outil** / tool breakage sensor || ~ **semiconducteur** (nucl) / semiconductor detector || ~ à **seuil** (nucl) / threshold detector || ~ **sismique** / detector for structure borne noise || ~ **solide de traces** (nucl) / solid state track detector || ~ **sonique** / sound locator, S-L, sound detector, sonar detector || ~ à **spot mobile** / flying spot scanner || ~ du **superhétérodyne** (radio) / second rectifier || ~ à **superréaction piloté** (électron) / superregenerative rectifier || ~ de **suréchauffement** (réacteur) / burn-out detector || ~ de **température** / heat sensitive detector || ~ **thermique** / thermal detector || ~ **thermoélectrique** (semi-cond) / thermoelectric detector || ~ **thermovélocimétrique** (pomp) / rate-of-rise detector || ~ de **traces de gaz** (gaz) / gas trace detector || ~ à **ultrasons** / ultrasonic detector || ~ en **1/v** (nucl) / 1/v detector || ~ de **vapeur d'huile** (mot) / crankcase mist detector || ~ **vidéo** / video rectifier

détection *f* / location, localization || ~, action *f* de déceler / detection || ~ (radio) / demodulation, demod, rectification, detection || ~ d'une **anomalie magnétique** (phys) / magnetic anomaly detection, MAD || ~ par **audion** (électron) / grid leak rectification || ~ d'**avions** / detection of aircraft || ~ par **diode** / diode rectification || ~ par **échos** / echo ranging || ~ **et location passive des contre-mesures** (électron) / passive detection and location of countermeasures, padloc || ~ **et télémétrie passives** (électron) / passive detection and ranging, padar || ~ de **fuite par ammoniaque** / ammoniac leak detection || ~ de **fuites** / leakage detection o. finding || ~ des **gaz émis ou effluents**, DGE (chimie) / evolved gas detection in thermal analysis, EGD || ~ des **lèvres** (ciné) / lip synchronizing || ~ de **neutrons** / neutron detection || ~ **passive** (électron) / passive detection, PD || ~ [par **perturbation du champ] magnétique** / magnetic anomaly detection, MAD, MAD || ~ par **radar** / radar contact || ~ **sous-marine** (nav) / sonar (sound navigation and ranging), asdic, A.S.D.I.C. (Allied Submarine Devices Investigation Committee) || ~ **vidéo** (TV) / video detection

déteindre *vt* / decolo[u]r, discolo[u]r, decolorize || ~ *vi* / part with colour, let go the colour

déteint / discoloured

dételer (ch.de fer, véhicule) / uncouple

dételeur *m* (ch.de fer) / yardman (US), shunter

détendeur *m* / pressure reducing valve || ~ (soudage autogène) / welding regulator || ~ (eau) / water pressure reducing valve || ~ pour **gaz comprimé** / gas pressure reducing valve || ~ de **pesée** (ch.de fer) / weight-depending reducing valve || ~ de **vapeur** / steam pressure reducing valve

détendre, relâcher / slacken *vt*, relax *vt*, loosen || ~ (pression) / decrease the pressure || ~ (se) / slacken || ~ (se) (ressort, cordon) / spring off o. back, snap [off] || ~ (se) (pression) / taper off || ~ (se) (ressort) / slacken *vi*, become slack, relax *vi* || ~ (se) (vapeur) / expand || **faire ~ la vapeur** / expand the steam || ~ un **arc** / unbend a bow || ~ un **câble** / pay out a cable, slacken o. loosen a rope || ~ un **ressort** / relax the spring, release *vt*

détendu / relaxed || ~ (pression) / rehieved from pressure || ~, relâché / slack, flabby

détensionner par **recuit** / anneal for relieving stresses, normalize, stress-free anneal

détente *f* (dispositif) / detent || ~ (pression) / pressure reduction || ~, maîtrisage *m* (contraintes) / strain relief || ~ (fusil) / trigger || ~ (méc) / resilience, resiliency, spring-back, backspring[ing] || ~ (horloge) / stop, warning, surprise piece, detent stop || ~ (du comprimé) (frittage) / spring-back of compact || **à ~ automatique** (mil) / self-cocking || ~ du **bâti** (presse) / frame spring o. stretch || ~ à **bossette** (fusil) / two-stage trigger, double-pull trigger || ~ **brusque** (benzol) / flash || ~ **directe** (fusil) / single stage trigger || ~ des **gaz** / expansion || ~ **multiple** (dessalement) / multistage flash || ~ **quadruple** (steam) / quadruple expansion || ~ à **ressort** (méc) / spring device for energy storing and release

détentillon *m* (horloge) / stop, warning, surprise piece, detent stop

détergence *f* (tex) / way of washing

détergent *m* / [synthetic] detergent || **~-actif** *adj* / washing active || ~ *m* **liquide** / liquid detergent || ~ **synthétique** / non-soapy detergent || **~s** *m pl* **synthétiques** / syndets, synthetic detergents *pl*

détérioration *f* / decay || ~, usure *f* / wear [and tear] || ~, dégât *m* / deterioration, impairment, damage || ~ **pendant l'essai** / deterioration (during testing)

détérioré / damaged, impaired || ~, altéré / decayed, perished || ~ aux **extrémités** / lacerated || ~ par l'**usage** / worn [out] || ~ par l'**usure** (cordage) / nagged
détériorer / spoil, destroy || ~ (se) / deteriorate *vi*, degenerate, perish, spoil *vi* || ~ **par l'usage** / wear out, use up
déterminable par la **statique** / statically definable o. determinable
déterminant *adj* / ruling || ~, de base / basic || ~, décisif / deciding, decisive || ~ *m* (math) / determinant || ~ en **cascade** (math) / cascade determinant || ~ d'**élimination** (math) / eliminating determinant || ~ **fonctionnel** (math) / Jacobian || ~ **mineur** (math) / minor determinant || ~ du **quadripôle** / quadripole determinant
détermination *f* / determination || ~ (chimie) / determination, analysis || ~ de l'**âge radioactif** / radioactive dating || ~ **automatique des données** / automatic data acquisition || ~ par le **calcul** / computation || ~ des **cendres** / ash determination || ~ de la **charge** (autobus) / load monitoring || ~ des **contraintes** / stress detection || ~ en **dédoublée** (prép) / duplicate determination || ~ d'un **dérangement** (télécom) / fault localization || ~ en **double** (chimie) / repeat determination || ~ des **efforts** / stress analysis || ~ par **fluorescence X** / X-ray fluorescent analysis || ~ des **frais** / cost ascertainment || ~ du **gradient de dureté après trempe [des aciers de cémentation]** / blank hardness test || ~ de l'**humidité** / moisture determination || ~ du **lieu du défaut ou du dérangement** / fault localization || ~ de la **ligne** / line direction determination o. location o. selection || ~ du **nombre de masse** (nucl) / mass assignment || ~ de la **[perte à la] terre** (électr) / ground (US) o. earth (GB) location || ~ du **poids** / calculation o. computation o. determination of weights || ~ du **poids mol[écul]aire** / molecular weight determination || ~ du **point** (électron) / determination of bearing || ~ du **point d'arrêt** (sidér) / dilatometry, critical point determination || ~ du **point de rosée** / determination of dew point || ~ du **pouvoir fermentatif** / fermentative test || ~ de la **puissance calorifique** / determination of the calorific value || ~ **quantitative** / quantitative determination || ~ de la **quantité de glume** (bière) / glume determination || ~ de la **quantité de glume ou des balles** (bière) / husk o. glume determination || ~ **rapide** / rapid analysis || ~ du **rendement** / efficiency test || ~ du **résidu Ramsbottom** (pétrole) / Ramsbottom coking test || ~ des **résidus** (insecticide) / residue test || ~ de la **résistance** (électr) / resistance measuring || ~ de la **résistance au déchirement** (pap) / tearing resistance determination || ~ du **soufre** / sulphur determination || ~ de **sucre** / determination of sugar || ~ des **tarifs aux pièces** (ordonn) / [piece] rate fixing o. setting || ~ de la **teneur en eau** / determination of water content || ~ du **verre en grains** / grain method
déterminé / determinate || ~, fixé / determined, settled || ~, nettement fixé / determinate, having defined limits || ~ **géométriquement en surabondance** / geometrically overdeterminated o. overdefined
déterminer / determine || ~, fixer / fix, appoint, settle || ~ [à partir de] (math) / determine [from] || ~, causer / cause *vt*, condition, give rise [to] || ~ l'**humidité** (tex) / condition *vt* || ~ la **position** (nav) / estimate by guess, make the dead reckoning || ~ **quantitativement** / quantify
déterministe / deterministic
déterpéné / terpeneless
déterrer / dig out
détersif *m* voir détergent
détersion *f* / detersion, cleaning
détirer / stretcher-level
détisser / unweave
détonateur *m* (mines) / detonator || ~ à l'**azoture de plomb** / lead azide detonator || ~ à **court retard** (mines) / short-delay detonator || ~ **électrique** / electric fuse || ~ à **filament** (mines) / bridge-wire cap || ~ **magnétique** (nav) / magnetic proximity fuse || ~ pour **poudre de mine** (mines) / squib || ~ à **retard** (mines) / delayed detonator || ~ à **retardement à poudre** (mines) / powder-train time-fuse
détonation *f* / detonation, burst || ~ (mot) / knock[ing] o. detonation of the motor || ~ à l'**échappement** (auto) / muffler explosion o. back-firing, exhaust detonation, chug
détoner / detonate || ~ (mot) / misfire || **faire** ~ / explode, detonate
détonner (couleurs) / conflict *vi*, jar, clash [with each other]
détonomètre *m* / detonation meter o. tester (CFR-engine) || ~ à **aiguille sauteuse** / bouncing-pin detonation meter
détordre / untwist *vi*, unravel, untwine
détorsion *f* (câble) / backtwist, twisting
détortiller / undo, untwist *vi* || ~ (tiss) / take off the warp
détour *m* / detour, by-pass || ~ (télécom) / deviation || ~, sinuosité *f* / winding, turn || ~ de la **route** / bend, turn of a road
détourage *m* [par **découpage]** (découp) / clipping, trimming || ~ du **profil extérieur** / routering
détouré (typo) / cut-out, close-cut, outlined, block-out...
détourer par **scie** / saw out
détoureuse *f* (graph) / routing [and trimming] machine, router || ~ (circ.impr.) / router
détournement *m* (hydr) / dike, barrage || ~ (ch.de fer) / route deviation o. diversion, rerouting || ~ (hydr, télécom) / diversion || ~ (nucl) / diversion during control of a peaceful nuclear activity || ~ d'**appel** / call forwarding || ~ du **trafic** (ch.de fer) / diversion of traffic || ~ du **trafic** (télécom) / route control
détourner (filage) / back *vt* off || ~ (trafic) / divert || ~, détordre / unravel, untwine, untwist
détoxication *f* / detoxication, detoxification
détoxiquer / detoxicate, detoxify
détraquer / confuse, upset || ~ (se) / go wrong, get out of order
détrempe *f* (sidér) / annealing below critical point
détremper / soak, dilute || ~ (acier) / draw the temper || ~ à l'**affûtage** / draw the temper when grinding || ~ la **chaux** / water lime, gauge o. dilute lime || ~ dans de l'**eau** / temper, dilute, mix (with water) || ~ le **sol** / make the ground sodden
détresse *f* (ELF) / emergency, danger || **en** ~ (nav) / in distress || **être en** ~ (ch.de fer) / be in trouble o. difficulties || ~ en **air** / distress
détrichage *m* de **laine** / wool breaking o. picking o. sorting
détriment *m* / detriment, damage || ~ (nucl) / detriment
détritus *m* / refuse, rubbish, (pl:) garbage || ~ (géol) / detritus, detrital minerals *pl* || ~ (pap) / rejects *pl*, trash || ~ (mines) / overburden, rubbish || ~ **boueux** / detritus ooze || ~ **ramassé sur les voies publiques** / road sweepings *pl*
détrompage *m* (électr) / polarization (by slot etc)

détrompeur *m* (électr) / polarizing slot
détruire / devastate, destroy, demolish, destruct (US) || ~ par le **frottage** / abrade || ~ par des **gaz toxiques** / destroy pests by poison gas || ~ les **parasites** / disinfect
détruit / defective, destroyed, ruined
deutéranope, deutéranopique / deuteranopic
deutériser (nucl) / deuterize
deutérium *m* / deuterium, D
deutéron *m* (noyau du deutérium), deuton *m* (déconseillé) (phys) / deuteron (deuterium nucleus)
deux, en ~ / asunder || **en** ~ (techn) / split || **en ~ pièces ou parties** / two-piece, bipartite, having two parts || ~ **bandes latérales** / double side band || ~ de **base pour un de hauteur** (pente) / one on two, one to two || ~ **chaussées** *f pl* (routes) / double carriageway || ~ **circuits de commande indépendants de freinage** / dual circuit brakes *pl*, divided brake system || ~ **conducteurs en faisceau** (canalis. aérienne) / twin conductor || ~ en **deux** (film) / colour pilot || ~ **filets** *m pl* / double [start] thread, two-start thread || ~ **fois** / dual, duplex, twofold, duplicate || ~ **fois autant** *adv* / double, doubly, adv. || ~ **fois cinq** (téléphone) / ten || ~ **fois dix** (téléphone) / twenty || ~ **fois huit** (téléphone) / sixteen || ~ **fois quatre** (téléphone) / eight || ~ **fois trois** (téléphone) / six || **~-pièces** *f pl* (logement) / two-room apartment o. flat (GB) || **~-points** *m* (typo) / colon || **~-ponts** *m* / biplane || ~ **quartiers** *m pl* (bâtim) / half-bat, two quarters *pl* || ~ **rames** *f pl* (typo) / 1000 sheets *pl* || **~-roues** *m* / twowheeler || ~ **voies opposées à trois files** *f pl* (routes) / dual three-lane carriageways *pl*
deuxième *f* (auto) / second [gear] || **de ~ ordre** (math) / second-order || **de ~ qualité** / seconds *pl* || ~ etc. **chaîne** (TV) / second etc program || ~ **couche** / finishing o. top coat || ~ **cuisson** (céram) / finishing firing || ~ **écho tour de terre** (télécom) / second-trace echo, second-time-around echo || ~ **jet** *m* (sucre) / second class raw o. white sugar, intermediate raw o. white sugar || ~ **loi de Kepler** / Kepler's law of areas || ~ **membre** (équation) / second member || ~ **puissance** *f* (math) / square, second power || ~ **récepteur** *m* / second[ary] receiver || ~ **retors** / finishing yarn || ~ **scorie** *f* (sidér) / secondary slag || ~ **taille** / second course, up-cut || ~ **temps** *m* (mot) / compression stroke || ~ **tête** *f* (rivet) / closing head, snap- o. set-head || ~ **tors** *m* (soie) / twisting || ~ **tréfilage** / second wire-drawing
dévaloir *m* pour **ordures ménagères** / garbage chute, refuse duct, rubbish dumper, waste disposer
devancer / outdistance, outrun, get ahead [of]
devant *m* / front part, fore-part || ~ (siège) / front-seat || **~s** *m pl* / foreground || ~ *m* (bâtim) / fore-part o. front part of a building || ~ *préposition* / compared [to] || **être** ~ / lead, advance, run at a higher speed || **par ou sur le** ~ / in front || ~ *m* d'une **fourchette** / inside of a fork || ~ de la **voie** (mines) / head end
devanture *f* / show window, shopwindow || ~ (verre) / plate glass pane || ~ (mines) / foretread || ~ du **foyer** / fire door box, firefront
dévastation *f* du **sol par l'homme** / soil erosion
développable / pull-out..., draw-out..., extractable || ~ (math) / developable
développant / developing
développante *f* (géom) / involute || ~ (électr, machine) / end winding || ~ de **cercle** (géom) / involute to a circle || ~ **sphérique** / spherical involute
développateur *m* (phot) / reducing agent of a developer || ~ **photomécanique** (phot) / process developer
développé / advanced || ~ (antenne) / paid-out, reeled out || ~ **industriellement** / industrially advanced
développée *f* (géom) / evolute
développement *m* (phot, gén) / development || ~, plan *m* / plan, drawing || ~ (bicyclette) / gear || ~ (distance) (bicyclette) / distance covered during one revolution of the pedal wheel || ~ par **aspersion** (repro) / spray development || ~ au **bassin** (phot) / stand o. tank development || ~ à la **chaleur** (phot) / thermic development || ~ de **chaleur** (phys) / heat build-up, development o. generation o. evolution of heat || ~ **continu** (phot) / continuous processing || ~ dans la **cuve** (phot) / tank development || ~ en **cuvettes** (phot) / dish development || ~ de **Heaviside** / Heaviside's expansion rule || ~ **mécanique** (phot) / machine development o. processing || ~ **monobain ou de fixage** / monobath o. fixing development || ~ du **pantographe** / reach of a pantograph || ~ par **pâte** (repro) / paste development || ~ **renversé** (phot) / reversal process, silver halide process || ~ à **sec** (phot) / dry process || ~ **semi-humide** (phot) / semidry process || ~ en **série** (math) / expansion in[to a] series, series expansion || ~ en **série de Fourier** / Fourier expansion || ~ d'une **surface** (math) / layout of a surface || ~ au **tambour [de câble]** / barrel outline || ~ **xérographique** (repro) / powder development
développer (gén, phot) / develop || ~ (techn) / engineer, model, design, work out || ~, tailler en développante / hob, generate gears || ~, former / develop, set up, model || ~ (se) (bot) / spread out || ~ en **série de termes à puissances croîssantes** (math) / expand in ascending powers || ~ une **surface** (math) / unroll, lay out a surface
développeur *m* (teint) / developer || ~ **chromogène** (phot) / dye coupling developer || ~ **commercial** / sales promoter
développeuse *f* de **plein jour** / daylight developer
déverminage *m* (ELF) (astron) / sterilization burn-in || ~ de **composantes** (ELF) / burn-in of components
dévernir / strip the enamel
dévernissage *m* / stripping of paint
déverrouillage *m* / clearing, unblocking, releasing
déverrouiller / free || ~ (obus) / activate, arm, fuse || ~ les **aiguilles** (ch.de fer) / release the points
dévers *m* / inclined o. oblique o. slanting o. sloping arrangement o. position || ~ (auto) / axle camber || ~, gauchissement *m* / skewness || ~ (routes) / banking, camber, cross-fall || ~ des **rails** / elevation of the outer rail, cant o. superelevation of rails
déversé / warped, winding, wry
déversement *m* / tilt, cant || ~ / discharging, shedding || ~ des **eaux d'égout** / discharge of sewage || ~ dans la **mer** / ocean dumping || ~ du **rail** (ch.de fer) / rail cant
déverser *vt* / shoot *vt*, dump, pour, shed *vt* || ~, gauchir / tilt *vt*, slant *vt*, warp *vt* || ~, dériver / divert, deviate, turn off || ~ (hydr) / divert a channel || ~ *vi* (hydr) / overtop [the dike], overflow || ~, pencher / lean, incline || ~, gauchir / warp *vi* || ~ (se) / empty *vi*, flow || ~ **les déblais** / dump, tilt
déverseur *m* / discarding device || ~ (mines) / spreader
déversoir *m* (hydr) / weir, (esp.:) wasteway of a dam, spillway || ~ (barrage) / spillway, by-channel, by-wash, diversion cut || ~ (bâtim) / intercepting sewer || ~ (céram) / pot spout || ~, débouché *m* (hydr) / outlet || ~ **commandé** / controlled overfall || ~ **dénoyé** / free-overfall weir || ~ à **échancrure** /

measuring o. notched weir || ~ à **écluse** / lock weir, sluice o. regulating weir || ~ de **fond** (hydr) / drain sluice o. -trunk, outlet-sluice || ~ **latéral** / side weir || ~ **libre** (hydr) / open-jet overfall || ~ de **mesure** / measuring o. notched weir || ~ à **nappe libre** (hydr) / vertical drop weir, overfall weir || ~ **noyé** / drowned o. submerged weir || ~ d'**orage** (hydr) / storm water flow, rain outlet || ~ de **poche** / ladle lip o. spout || ~ en **saut de ski** / ski-jump overfall || ~ de **superficie** / effluent o. leaping o. separating weir, waste weir
dévêtir (fonderie) / open the mould
dévêtisseur *m* (découp) / stripper, stripping device, shedder (US) || ~ **basculant** (m.outils) / tiltable stripper
déviabilité *f* / deviability
déviable / steerable, controllable
déviant à gauche (chimie) / laevo-rotatory, -gyrate || ~ à **droite** (chimie) / dextrogyrated, -rotatory
déviateur *m* (mines) / offset drilling device || ~ de **balles** (agr) / curved bale chute || ~ de **jet** (aéro) / thrust spoiler || ~ de **jet** (lancement de fusées) / jet deflector || ~ de **lumière guidée** / guided-light deflector
déviation *f* (gén) / deviation || ~ (instr) / amplitude || ~ (aéro, arp) / departure, dept. || ~ (phys) / deviation || ~ (nav) / deviation || ~ (mil) / deviation, drift, deflection || ~ (prép) / deviation || ~ (microscope) / amount of deviation || ~ (métrologie) / variation, deviation || ~ (ch.de fer) / diverted line o. track, deviation || ~ de l'**aiguille** / needle deviation o. deflection, swing (US) || ~ **angulaire** / angular deviation || ~ **asymétrique d'erreurs** (ord) / bias || ~ **autour d'une agglomération** (routes) / roundabout || ~ due à la **bande** (nav) / heeling error || ~ de la **circulation** / diversion of traffic || ~ **extrême** / full scale deflection, f.s.d., full deflection o. excursion || ~ de **fréquence** / frequency deviation o. sweep, frequency excursion || ~ vers la **gauche** / backing, left-hand deflection, deflection counterclockwise o. left-hand || ~ à **gauche du plan de polarisation** (chimie) / laevo-gyration || ~ **horizontale** (TV) / horizontal deflection, line deflection || ~ d'**indication** (radar) / indication error || ~ d'**itinéraire** (ch.de fer) / route deviation o. diversion, rerouting || ~ **latérale** / lateral deviation o. deflection || ~ **latérale** (nav) / lateral deviation o. deflection || ~ **maximale** voir déviation extrême || ~ de **mesure** (radar) / indication error || ~ **optique** / optical deviation || ~ **permanente** (plast) / permanent set || ~ de **phase** (fréquence porteuse) / phase deviation o. swing || ~ **quadrantale** (nav) / quadrantal deviation of the compass || ~ de **qualité** / deviation in quality || ~ **radiale,** [verticale] **du rayon cathodique** / radial, [vertical] excursion of cathode ray || ~ de **réglage** (contr.aut) / deviation || ~ **résiduelle** (instr) / residual deflection || ~ de la **route** / by-pass, [temporary] detour || ~ **semi-circulaire** / semicircular deviation || ~ du **signal** / signal deviation || ~ de **sondage** (mines) / throw of a borehole || ~ **totale** (instr) / full scale, f.s., end scale value || ~ **traduite** (contr.aut) / converted deviation || ~ de la **trame** (TV) / field (US) o. frame (GB) deflection || ~ de la **valeur de consigne** (contr.aut) / deviation, error || ~ **verticale** (TV) / vertical deflection || ~ de la **verticale** / deflection of the plumb bob line || ~ de **zéro** / origin distortion, residual deflection
dévidage *m* (gén) / reeling
dévidé à **grande croisure** (tex) / cross-reeled
dévider / unwind, wind off || ~ (filage) / reel off, unreel, unspool, unwind, wind off || ~ (se) / run off the reel, reel off
dévideur *m* (bande perforée) / unwinder || ~ (m à coudre) / bobbin winder || ~ de **cocons** (filage) / cocoon reeler || ~ de **coton** / cotton reeler || ~ d'**écheveaux** / skein maker, skeiner
dévideuse *f* (personne) / skein winder || ~**-teigneuse** *f* (teint) / wince, dye winch, dyeing paddle
dévidoir *m* / paying-out device || ~ (électr) / pay-out reel || ~ (filage) / yarn reel || ~ (m à coudre) / bobbin winder || ~ (soie) / cocoon reeler || ~ (lam) / uncoiler || ~ (tréfilage) / uncoiling device || ~ à **câble** / rope reel || ~ de **câble à enroulement par ressort** / spring cable reel || ~ **compteur** / counting reel || ~ à **doubler** (filage) / doubling reel || ~ à **écheveaux** (tex) / hank reeling machine || ~ **Edenborn** (sidér) / laying reel || ~ **enrouleur avec passage d'eau pour tuyaux d'arrosage** / live reel for watering hose || ~ de **ficelle** (filage) / twine holder || ~ à **main** / hand reel || ~ **mécanique** (filage) / yarn winding machine || ~ **mécanique** (pomp) / hose tender || ~ à **mouliner** (filage) / doubling reel || ~ de **numérotage** (filage) / wrapping wheel o. reel || ~ **pivotant** (pap) / unroll stand || ~ **simple** (tex) / one-sided reel || ~ à **six pans** (filage) / six-armed reel
dévié / crooked, cambered, contorted, deviated
dévier *vt* / deviate, deflect || ~ (phys) / deflect || ~ *vi* / deviate, swerve || ~ (aiguille de compas) / turn off
dévirer (nav) / veer *vi*
devis *m* / estimate || ~ (bâtim) / bill of quantities || **faire le** ~ [de] / estimate *vi* || ~ de **construction** / contractor's estimate || ~ **descriptif** / building specifications *pl* || ~ **estimatif** / offer, estimate || ~ **estimatif** (bâtim) / builder's o. contractor's estimate
dévisse-bouchon *m* du **réservoir** (auto, m.outils) / tank cap opener
dévissé (sens de mouvement) / counterclockwise
dévisser / unscrew, screw off
dévitrifier (verre) / devitrify
dévoiement *m* / inclination, bending
devoir *m* / business, task, mission
dévolter par **transformateur** / step down
dévolteur *adj* (électr) / negative booster... || ~ *m*, dévoltrice *f* (électr) / suction o. sucking o. negative booster || ~ (transfo) / step-down o. reducing transformer, buck transformer (US)
dévonien *adj* / Devonian || ~ *m* / Devonian *n*
dévoyé / missent
dévoyer (bâtim) / place oblique o. sideways, put out of true
dévriller / untwist, untwine
dévulcaniseur *m* (caoutchouc) / digester
déwatté / reactive, inactive, wattless, quadrature, idle
dextérité *f* / skill, craft, art[ifice] || ~ , adresse *f* de la main / dexterity, skill
dextrane *m* (chimie) / dextran
dextrine *f* / dextrin[e] || ~**-maltose** *f* / malto dextrin[e] || ~ **marginale** (chimie) / grenzdextrin
dextrinerie *f* / dextrin[e] industry o. plant
dextrinification *f* / dextrinization
dextrogyre (chimie) / dextrogyrated, -rotatory || ~ (opt) / dextrogyre
dextrose *m* / dextrose, glucose, glycose, grape sugar
dézinguer (galv) / degalvanize, de-zincify
DGE = détection des gaz émis
diabase *f* / diabase (GB), greenstone (US)
diable *m* / sack barrow o. trolley || ~ (filage) / [wool] opener || ~ à **chiffons** (pap) / rag tearing machine, willow rag machine, willowing machine
diableur *m* (tex, personne) / deviller, willower

diabolo *m* pour **semi-remorques** (ELF) / dolly axle
diac *m* (électron) / diac, bidirectional diode thyristor
diacartogramme *m* / diacartogram
diacétate *m* de **plomb** / neutral o. normal lead acetate, lead sugar
diacétyle *m* / diacetyl, 2,3-butanedione
diacide *adj* (chimie) / diacid[ic]
diaclase *f* de **cisaillement** (géol) / shear joint || ~ de **stratification** (géol) / stratification crevasse
diacoptique *f* (math) / diakoptics, method of tearing
diagénèse *f* (geol) / diagenesis
diagnostic *m* / diagnosis, diagnostic[s pl] || ~ d'**erreurs** (ord) / diagnostic, -gnosis || ~ par **laser** / laser diagnostics *pl* || ~ du **plasma** / plasma diagnostics *pl* || ~ aux **rayons X** / X-ray o. radio diagnostics *pl* || ~ des **véhicules** / motor vehicle diagnosis
diagnosticable (défaut) / diagnosable
diagnostique / diagnostic[al]
diagomètre *m* / heat conductivity meter
diagonal / diagonal || ~ (pneu) / diagonal, bias, cross-ply..., conventional || ~ **ceinturé** (pneu) / bias belted
diagonale *f* / diagonal || ~ (échafaudage) / strut of a scaffolding, bracing || ~ (tiss) / biassed cloth || ~ (ch.de fer) / single cross-over || ~ (constr.en acier) / diagonal rod o. stay o. brace || **en** ~ / diagonally, cornerwise, -ways || ~ **comprimée ou travaillant à la compression** (constr.en acier) / diagonal strut || ~ **détendue** (constr.en acier) / loose diagonal || ~ d'**extrémité** (constr.mét) / inclined end post, end raker o. kneebrace || ~ **opposée** (constr.mét) / counterbrace, countertie || ~ de **pantographe** / pantograph diagonal || ~ **secondaire** (math) / secondary diagonal || ~ de **surface** (math) / plane diagonal || ~ **travaillant à la traction**, diagonale *f* tendue (constr.en acier) / main oblique tie, oblique suspension rod, tie o. tension brace o. diagonal, diagonal tie
diagonalement / diagonally, cornerwise, -ways
diagramme *m* / diagram, graph[ical representation], plot || ~ (le papier) / chart || **en forme de** ~ / diagrammatically || ~ **anamorphosé** / anamorphogram || ~ d'**Argand** (math) / Argand diagram || ~ **azimutal** / azimuth diagram || ~ en **barres** / bar chart o. graph || ~ de **bobinage** (électr) / winding diagram || ~ à **cadran de montre** / circular o. clockface diagram, pie chart (US) || ~ de **came** (m.outils) / cam diagram || ~ **caractéristique** / characteristic diagram || ~ du **cercle** (électr) / Heyland diagram || ~ de **charge** / load diagram o. curve || ~ de la **charge saisonnière** (électr) / seasonal load curve || ~ **charge-allongement** / stress-strain diagram || ~ de **cheminement** (méc) / Williot diagram, diagram of transposition || ~ de **chromaticité** / chromaticity diagram, colour triangle || ~ de **chromaticité** (selon C.I.E.) / chromaticity diagram || ~ **chromatique uniforme** / uniform chromacity scale diagram, USC diagram || ~ **circulaire** / circular diagram, clockface diagram, pie chart (US) || ~ **circulaire** (tachygraphe) / diagram chart || ~ de **circulation** / flow diagram || ~ des **connexions** / wiring o. connection diagram o. scheme, circuit diagram || ~ de **connexions complet** / complete circuit diagram || ~ de **constitution** (sidér) / constitutional o. equilibrium diagram, phase diagram || ~ des **contours** (nav) / contour graph || ~ **contrainte-allongement** / stress-strain diagram || ~ des **contraintes** / stress diagram || ~ de **corrélation** / correlogram || ~ **couple-torsion** / torque-twist diagram || ~ de **couverture** (radio) / coverage diagram || ~ de **Crémona** / Cremona's polygon of forces || ~ de **cycles** (NC) / timing diagram || ~ de **Dalitz** (nucl) / Dalitz plot || ~ de **déroulement d'une défaillance** / event tree || ~ de **diffraction Laue** / Laue X-ray pattern, Laue photograph o. diagram || ~ de **diffraction des rayons X** / X-ray diffraction pattern, X-ray diagram || ~ de **diffusion** / dot o. scatter diagram || ~ **directionnel** (microphone) / pick-up characteristic o. pattern || ~ **directionnel ou de directivité** (antenne) / directional diagram o. [response] pattern || ~ de **directivité horizontal** (antenne) / horizontal pattern || ~ de **directivité vertical** (antenne) / vertical pattern || ~ de **distance fixe** (arp) / stationary distance curves *pl* || ~ de **distribution** (m.à vap) / valve diagram || ~ d'**ébullition vrai** / true boiling point curve, T.B.P. curve || ~ d'**échelonnage** (télécom) / grading diagram || ~ des **échos fixes** (radar) / clutter diagram || ~ à **éclairage intérieur** / illuminated diagram || ~ de l'**écoulement de la matière** / flow sheet || ~ d'**élasticité de ressorts** / load deformation curve of springs || ~ **énergétique** / energy-level diagram || ~ d'**enregistrement** / chart || ~ **enthalpie-entropie [de Mollier]** / Mollier diagram || ~ **entropique** / entropy diagram || ~ d'**équilibre** / diagram of equilibrium || ~ d'**équilibre thermique** / heat flow diagram, thermal circuit diagram || ~ d'**équilibre thermique fer-carbone** / iron-carbon diagram || ~ en **escalier** / graduation diagram || ~ en **espace** / space diagram || ~ d'**Euler** / Venn diagram || ~ **fer-carbone** / iron-carbon diagram || ~ **fer-graphite** (sidér) / iron graphite diagram || ~ de **Feynman** (nucl) / Feynman graph || ~ de **fibres** (tex) / staple diagram || ~ à **ficelles** (ordonn) / string diagram || ~ **figuratif des voies** / track diagram o. model o. plan || ~ en **fonction du temps** / time-dependency diagram || ~ **fonctionnel** (ord) / action chart || ~ de **fonctionnement** (ord) / sequence chart || ~ de **force et de dilatation** / force-strain diagram || ~ de la **force tangentielle** / tangential force diagram || ~ de **forces** / diagram of forces, force o. stress diagram || ~ des **forces réciproques** (méc) / reciprocal force o. Bow's force polygon || ~ de **fréquence** (statistique) / target diagram || ~ **graphique de fluage** / creep diagram || ~ de **Hertzsprung et de Russell** (astr) / Hertzsprung-Russell diagram, HRD || ~ de **Heyland** (électr) / Heyland diagram || ~ en **huit** (radiogoniométrie) / figure-of-eight diagram || ~ d'**impédance de charge** (magnétron) / Rieke diagram, load impedance diagram || ~ [de l']**indicateur** (techn) / indicator diagram o. card || ~ de l'**intensité du champ** (antenne) / field pattern || ~ d'**interactions** (bâtim) / interaction diagram || ~ d'**interconnexions téléphoniques** (télécom) / trunking scheme || ~ de **Kapp** (électr) / Kapp's [transformer] diagram || ~ **logarithmique** / logarithmic diagram o. plot (US) || ~ **logique** (NC) / functional design || ~ des **longueurs de fils** (tex) / staple diagram || ~ **lumineux** (ch.de fer) / illuminated diagram o. track diagram || ~ de **luminosité type spectral** (astr) / two-parameter diagram || ~ **Mollier** / Mollier diagram || ~ de **niveau de puissance** (télécom) / power level diagram || ~ de **Nyquist** (électron) / Nyquist plot || ~ de **phases** / phase plot || ~ des **points de fusion** / melting point diagram || ~ **polaire** / clockface diagram || ~ **pression-température absolue** (phys) / p-T-diagram || ~ **pression-volume** (phys) / pressure-volume diagram || ~ du **progrès** (ordonn) /

progress chart || ~ de **puissance** / performance curve o. chart o. diagram || ~ de **radiation primaire** (antenne) / primary radiation diagram || ~ de **Rankine** (m.à vap) / Rankine diagram || ~ de **rayonnement** (antenne) / radiation pattern || ~ de **rayonnement direct** (antenne) / free space [propagation o. radiation] diagram o. pattern || ~ de **rayonnement spatial** (antenne) / solid pattern || ~ **reliant** / correlogram || ~ de **repérage en huit** (radar) / figure-eight pattern || ~ de **résistance à la fatigue** / fatigue strength diagram, stress-number curve, S/N-curve, stress-cycle diagram || ~ de **rétrodiffusion** / backscatter diagram o. pattern || ~ de **Rieke** (magnétron) / Rieke diagram, load impedance diagram || ~ de **Rousseau** (illumination) / Rousseau diagram || ~ de **séquence** / flow chart o. sheet || ~ de **Smith** (guide d'ondes) / Smith chart || ~ **température-entropie** / temperature-entropy diagram || ~ de **temps** / timing diagram || ~ **temps-carburant** (aéro) / time-fuel graph || ~ **tension-allongement ou -déformation** / stress-strain diagram || ~ **thermique** / energy flow diagram || ~ de **traitement** / heat treatment diagram || ~ de **translation** / diagram of transposition, Williot diagram || ~ de **transmission** / transmission diagram || ~ de **travail** / working diagram, operational chart || ~ **T.T.T. (** = transformation, temps, température) (sidér) / S-curve, time-temperature-transformation curve, TTT-curve || ~ de **vapeur** / vapour [pressure] diagram || ~ **vectoriel**, diagramme-vecteur *m* / vector diagram || ~ **vectoriel des accélérations** / acceleration vector diagram || ~ **vectoriel des vitesses** (cinématique) / velocity vector diagram || ~ de **Veitch** (math) / Veitch diagram || ~ de **Venn** (math) / Venn diagram || ~ à **vide** / no-load diagram || ~ des **vitesses** / speed diagram, diagram of velocities || ~ **vitesse-temps** (ch.de fer) / speed-time curve || ~ **Wöhler** voir diagramme de résistance à la fatique || ~ de **Zeuner** (m.à vap) / Zeuner's valve diagram

diagraphie *f* (pétrole) / logging || ~ de **boues** (pétrole) / mud logging || ~ **latérale** / laterolog process || ~ **neutron** (forage) / neutron log || ~ par **résonance magnétique nucléaire** (pétrole) / nuclear magnetic logging, NML || ~ de **teneur en chlorure** (pétrole) / chlorine log[ger] || ~ du **trou de sondage** (pétrole) / logging, bore hole logging o. survey

dialcoïlétain *m* / dialkyltin

dialcool *m* / dihydric alcohol

dialdéhyde *m* / dialdehyde

dialkyldithiophosphate *m* **de zinc** / zinc-dialkyldithiophosphate

diallage *f* (min) / diallage

dialogite *f* (min) / manganese spar

dialogue *m* (contr.aut) / dialog[ue] || **de** ~ (ord) / interactive || ~ **homme-machine** / man-machine communications *pl* || ~ **lors du test** / test dialog[ue]

dialogué (ELF) (ord) / interactive

dialysable (chimie) / dialyzable

dialyse *f* (chimie) / dialysis

dialyser / dialyze

dialyseur *m* (chimie) / dialyzer

diamagnétique / diamagnetic

diamagnétisme *m* / diamagnetism

diamant *m* / diamond || ~ d'une **ancre** (nav) / cross o. crown of the anchor || ~ **brut** / rough diamond, dob || ~ du **Cap** / Cape diamond || ~ **clivé** / cleft diamond || ~ **cristallin** / crystal diamond || ~ de **dressage** / dressing diamond || ~ **dresse-meule** / trueing o. abrasive diamond || ~ de **fleuret** / drill diamond || ~ pour l'**industrie** / industrial diamond, bort [stone], boart, bortz, ballas || ~ **non taillé** / rough diamond, dob || ~ de **vitrier** / glazier's diamond o. pencil, diamond pencil, glass cutter

diamantaire *adj* / adamantine || ~ *m* / diamond cutter

diamanté (outil) / diamond charged o. impregnated

diamanter / make shine like a diamond || ~ (m.outils) / take the finishing cut with diamond charged tool || ~ des **outils** / charge o. impregnate tools with diamonds

diamantifère / diamondiferous

diamantin / adamantine

diamétral / diametral

diamétralement opposé / diametrical || ~ **opposé** (math) / opposite and equal

diametral pitch (déconseillé) *m*, pas *m* diamétral / diametral pitch, D.P.

diamètre *m*, (p.e.: 10 mm de diamètre) / diameter, dia (e.g.: 10 mm dia) || ~ (mot) / cylinder bore || ~ **admissible** (tourn) / capacity of the lathe || ~ d'**alésage** / inner diameter, I.D., bore diameter || ~ d'**alésage de pôles** (électr) / field bore || ~ de l'**âme** (vis) / core (GB) o. minor (US) diameter, root diameter || ~ **apparent** (math) / modulus || ~ d'un **arbre à sa cime** / diameter of the top end of a tree || ~ au-dessus du **banc** (tourn) / swing || ~ de **base** (roue dentée) / base diameter || ~ de **bord d'attaque** (parachute) / mouth diameter || ~ de **braquage** / turning lock || ~ de **calibrage** (tréfilage) / drawing hole diameter || ~ du **cercle de direction** voir diamètre minimum || ~ de **cercle équivalent** / equivalent diameter || ~ du **cercle inscrit** (clé) / inscribed circle of a three-square || ~ du **cercle primitif** (roue dentée) / pitch diameter, P.D., p.d. || ~ [du **cercle] d'électrodes** (four électr) / pitch circle diameter of electrodes || ~ **conjugué** / conjugate diameter || ~ **critique du cylindre infini** (nucl) / minimum critical infinite cylinder || ~ du **dégagement** (écrou) / diameter of crown || ~ de la **diminution** / diameter of the diminution || ~ de l'**empreinte** / diameter of the impression || ~ de l'**empreinte cruciforme** (vis) / diameter of cross recess || ~ d'**encombrement en virage** (auto) / turning clearance circle diameter || ~ d'**enroulement** (tex) / package diameter || ~ sur **enroulement** (câble) / winding diameter || ~ de l'**entaille** / indentation diameter || ~ d'**étalonnage** (foret) / body (GB) o. clearance (US) diameter || ~ **extérieur** / outside diameter || ~ **extérieur de filetage** / outside o. full diameter of thread || ~ du **fil** / diameter o. size of wire || ~ sur **flancs** (filet) / effective diameter, pitch diameter, P.D., p.d. || ~ du **gueulard** (sidér) / diameter of furnace throat || ~ **hydraulique** / hydraulic diameter || ~ **intérieur** / inside diameter, I.D. || ~ **intérieur** (techn) / clear opening, clearance || ~ **intérieur de soupape** / diameter of a valve, free passage of a valve, valve throat || ~ **intérieur du filet femelle** / minor diameter of nut threads || ~ du **mandrin** / mandrel diameter || ~ **minimum du cercle décrit par la partie la plus saillante** (auto) / turning clearance circle diameter || ~ **minimum du cercle décrit par la roue d'avant extérieure** (auto) / minimum turning track diameter || ~ de **montage** / built-in diameter || ~ **nominal** / nominal diameter || ~ **nominal** (filet) / outside o. full diameter of thread || ~ **nominal** (alésage) / nominal bore diameter || ~ du **noyau** (phys) / nuclear diameter || ~ du **noyau** (filet) / core diameter || ~ de l'**objectif** / lens aperture o. opening || ~ de l'**orbite** (nucl) / diameter of the orbit ||

~ de la **partie lisse de la tige** (vis) / shank diameter || ~ de **perçage** / bore diameter || ~ de **perçage des trous** / diameter of pitch circle || ~ de la **pièce à usiner** / work dia[meter] || ~ de **pied** (roue dentée) / root diameter || ~ **primitif** (courroie trapéz) / working diameter || ~ **primitif de référence** (roue dentée) / reference diameter || ~ de **queue** (outil) / shank diameter || ~ de **référence** (vis sans fin) / reference diameter || ~ d'une **soupape** / valve opening || ~ **standardisé** / standard diameter || ~ de **tête** / outside diameter of a gearwheel, tip diameter || ~ à **tourner** (tourn) / [gap] swing || ~ **transversal** / transverse diameter || ~ d'un **trou** / hole diameter || ~ du **tuyau** / diameter of pipes || ~ **utile** (phare) / effective diameter || ~ **utile** (tourn) / swing diameter
diamide *m* / diamide, hydrazine
diamidon *m* / di-starch
diamine *f* / diamine, p,p'-sulfonyldianiline
diaminophénol *m* (phot) / diaminophenol
diane *m* (télécom) / diane (= direct information access network Europe)
diapason *m* / tuning fork || ~ (orgue) / diapason || ~ **étalon** / tuning fork standard || ~ **la3** / concert o. standard pitch, philharmonic pitch
diaphane / translucent, -lucid, pellucid, diaphanous
diaphanéiser par les **rayons X** / transilluminate, radiograph
diaphanéité *f* / translucence, -lucency
diaphone *m* (nav) / hooter, diaphone
diaphonie *f* (télécom) / crosstalk || ~ entre **canaux** (télécom) / interchannel crosstalk || ~ **inintelligible** (télécom) / unintelligible o. inverted crosstalk (US) || ~ **intelligible** (télécom) / intelligible o. uninverted (US) crosstalk || ~ entre **réel et fantôme** (télécom) / [side-to-phantom] crosstalk || ~ entre **réel et réel** (télécom) / inductive disturbance, [side-to-side] crosstalk
diaphonomètre *m* (télécom) / crosstalk [attenuation]-meter
diaphragme *m* (techn, télécom) / jockey, [vibrating] diaphragm, vibrator || ~ (chimie) / porous diaphragme o. barrier || ~ (soupape) / diaphragm || ~, disque *m* réducteur de pression / sharp-edged orifice || ~ (turbine) / diaphragm || ~ (plasma) / limiter || ~ (phot) / diaphragm, lens opening, f-stop, aperture value || ~ (= nombre guide divisé par distance en mètres) / aperture (= guide number divided by distance in feet) || ~ d'**adaptation** (guide d'ondes) / resonant diaphragm || ~ d'**analyse** (TV) / scanning diaphragm || ~ **automatique** (phot) / automatic diaphragm, autoiris || ~ du **ballon** / diaphragm in a balloon || ~ de **centrage** / centering diaphragm || ~ de **champ** (opt) / field diaphragm || ~ du **champ de mesure** (opt) / measuring field diaphragm || ~ de **champ lumineux** / luminous-field diaphragm || ~ de **champ visuel** / lamp condenser diaphragm, luminous-field diaphragm || ~ à **cinq points** / five-point diaphragm || ~ **circulaire** (opt) / circular aperture || ~ à **couche mince** (opt) / ultra-thin metal aperture || ~ **coulissant** / sliding diaphragm, slider || **~-cylindre** *m* / cylinder o. cylindrical diaphragm || ~ d'un **débitmètre** (hydr) / orifice plate || ~ du **débitmètre** / standard orifice plate || ~ à **différentes parties** / diaphragm with several grades || ~ de **dosage** / dosing diaphragm || ~ d'**éclatement** / bursting disk || ~ à **fente** / slit diaphragm o. stop || ~ de **fermeture** / front diaphragm || ~ à **fiche** (phot) / push plug || ~ à **grande étendue** / large area diaphragm || ~ **interchangeable** / interchangeable diaphragm || ~ [à] **iris** (phot) / iris diaphragm || ~ à **lamelles** / lamellar diaphragm || ~ **limitant de champ lumineux** / lamp condenser diaphragm || ~ de **mesure** / measuring diaphragm || ~ à **œil-de-chat** / cat's eye diaphragm || ~ à **orifice** / standard orifice plate || ~ **oscillant** (opt) / chopper || ~ d'**ouverture** / aperture diaphragm o. plate || ~ **parallactique** / telecentric stop || ~ **perméable** (chimie) / porous diaphragm o. barrier || ~ **présélecteur** (phot) / preset diaphragm o. iris o. stop || ~ **présélecteur automatique** / automatic preset-diaphragm || ~ **[régulant le débit]** / regulating orifice plate || ~ **relatif à la transmission** (phot) / T-diaphragm, T-stop || ~ **résonant** (guide d'ondes) / resonant diaphragm || **~-revolver** *m* (phot) / turret lenses *pl*, revolving o. rotary diaphragm || ~ à **secteurs** (film) / rotary disk shutter || ~ pour **similigravure** (typo) / screen aperture || ~ à **suspendre** / inset diaphragm || ~ **T** (phot) / T-diaphragm, T-stop || ~ de **téléphone** / telephone diaphragm, tympanum || ~ **vibratoire** (télécom) / vibrating diaphragm
diaphragmer / stop down, [set the] diaphragm
diapir *m* (géol) / diapir, (esp:) salt dome
diapirisme *m* (géol) / diapirism
diaplectique (géol) / diaplectic
diapositive *f* / transparency (GB), slide (US) || ~ en **couleurs** / colour transparency o. slide || ~ de **dessins** / technical transparency o. slide || ~ de **petit format** / 35mm-diapositive
diapré (tex) / figured, flowered, floral
diaprer (tiss) / diaper
dia-projecteur *m*, diascope *m* / still projector, diascope
diaspore *m* (min) / diaspore
diastase *f* (vieux), enzyme *m* du malt (bière) / malt enzyme, diastase
diastéreo-isomère *m* (chimie) / diastereoisomer
diathermane, -thermique / diathermic, diathermanous
diathermie *f* / diathermy, radiothermy
diatomée *f* / diatom
diatomique / biatomic, diatomic
diatomite *f* / infusorial o. diatom[aceous] earth, diatomite, celite, tripolite, fossil meal o. dust o. flour, kieselguhr, siliceous earth (US)
diazo·benzène *m* / diazobenzene || **~copie** *f* / diazo print, diazotype, diazocopy || **~copie** *f* **bleue** / blue line print || **~copieur** *m* / diazo printing apparatus o. printer, dyeline printer || **~ïque** *m* (chimie) / diazo compound || **~méthane** *m* / diazomethane, azimethylene || **~table** / diazotizable || **~tation** *f* / diazotization || **~ter** / diazotize || **~typie** *f* (phot) / diazotype
dibenzylamine *m* / dibenzylamine
diborane *m* / boroethane
dibromure *m* d'**éthylène** / ethylene dibromide, 1,2-dibromoethane || ~ d'**éthylidène** / 1,1-dibromomethane
dibutylphtalate *m*, DBP / n-butyl phthalate, dibutyl phthalate
dicétène *m* (chimie) / diketen
dicétone *f* / diketone
dichloralurée *f* / dichloralurea
dichloréthylène *m* / dichloroethylene, acetylene dichloride
dichloro-1,2-propane *m* / 1,2-dichloropropane
dichloro·benzène *m* / dichlorobenzene || **~diéthylsulfure** *m* / dichlorodiethyl sulphide, mustard gas || **~méthane** *m* / methylene chloride, dichloromethane
dichlorure *m* d'**éthylarsine** / dick || ~ d'**éthylène** / ethylene dichloride, 1,2-dichloroethane || ~

d'**hydrazine** / hydrazin[e] dihydrochloride, diamine hydrochloride || ~ de **platine** / platinous chloride || ~ de **propène** / prop[yl]ene dichloride, 1,2-dichloropropane || ~ de **soufre** / sulphur dichloride
dichotomie *f*(astr) / dichotomy || ~ (ord) / dichotomy
dichotomique (ord) / dichotomizing
dichroïque (opt, min) / dichroic, dichroitic
dichroïsme *m* / dichroism
dichroïte *f*(min) / cordierite, dichroite, iolite
dichromate *m* / dichromate(VI)
dichromatique / dichromatic
dichroscope *m* / dichroscope
dicorde *f*(télécom) / cord pair
Dictaphone *m* / dictaphone
dictée *f* / dictation
dicter / dictate
dicteur *m* / dictator
dictionnaire *m*(ord) / dictionary || ~ d'**instructions** (ord) / instruction list o. repertoire, command list || ~ **technique** / technical dictionary, engineering dictionary
dicyanamide *m* / dicyanamide, dicy (US)
dicyanodiamide *m* / dicyanodiamide, cyanoguanidin
dicyclopentadienyle *m* **de fer** (pétrole) / dicyclopentadienyl iron
DIDC, degré *m* international de dureté de caoutchouc / international rubber hardness degree, IRHD
didécaèdre (crist) / eight-sided
Didot *m* / type size
didyme *m* (chimie) / didymium
dièdre *adj* / dihedral || ~ *m* / dihedral, dihedron || ~, angle *m* dièdre / dihedral angle || ~ (aéro) / dihedral angle || **en** ~ / V-shaped
dieldrine *f*(chimie) / dieldrin (contact insecticide)
diélectrique *adj* / dielectric || ~ *m* / dielectric, nonconductor, insulator || ~ à **air** / air dielectric || ~ **liquide** / liquid dielectric || ~ **parfait** / perfect dielectric
diène *m* (chimie) / diene, (esp.:) diolefin
diénique (chimie) / containing diene
diergol *m* (ELF) / biergol
dièse *m* (typo) / diesis, double dagger
diesel ..., Diesel ... / diesel... || ≗ / diesel engine || ≗ **électrique** / diesel-electric || ≗ **hydraulique** / diesel-hydraulic || ≗ **mécanique** / diesel-mechanic || ≗**-oil** *m* / diesel oil, fuel oil for IC engines, motor oil
diésélisation *f* / dieselization
diéséliser (ch.de fer) / dieselize
diésis *m* (typo) / double dagger, diesis
diester *m* **malonique** / malonic acid ester
diestérase *f* / diesterase
diéthylamide *m* de l'**acide lysergique** / LSD, lysergic acid diethylamide
diéthylamine *f* / diethylamine
diéthylamino-éthanol *m* / diethanolamine, 2,2-dihydroxidiethylamine
diéthylcarbinol *m* / diethylcarbinol, 3-pentanol
diéthylèneglycol *m* / diethylene glycol, ββ'-dihydroxy-diethylether
diéthylénique / diethylene...
différé (télécom) / deferred || **en** ~ (radio) / pre-recorded, delayed broadcast o. program
différemment / by variation [in]
différence *f* / difference || ~ (statistique) / spread || **sans ~ de tirant d'eau** (nav) / upon an even keel || ~ d'**altitude** / difference in altitude, in elevation, of level, level difference || ~ d'**altitude** (nivellement barométrique) / barometric scale factor || ~ **angulaire du départ** (hélice) / out-of-alignment || ~ des **chemins** (opt) / path difference || ~ des **couleurs** (TV) / colour difference || ~ de **deux ensembles** (math) / difference of two sets || ~ de **deux niveaux** (hydr) / head || ~ d'**efficacité** / difference in effect || ~ de ou en **hauteur** / difference in altitude, in elevation, of level, level difference || ~ d'**inclinaison** / difference of inclinations, of vergence || ~ d'**inventaire**, DI (nucl) / material unaccounted for, MUF, MUF || ~ des **longitudes** (géogr) / difference of longitude || ~ en **longueur** / difference of lengths, of linear extension || ~ en **moins** / deficiency || ~ de **niveau** / difference in altitude, in elevation, of level, level difference || ~ de **niveau de tension** / voltage level difference || ~ de **niveaux** (contr.aut) / level change value || ~ d'**ordonnée** / rise between two points || ~ de **phase spatiale** (antenne) / phase difference || ~ de **phases**, déphasage *m* (électr) / difference of phase [angle], phase [angle] difference || ~ en **plus** / over, extra yield || ~ du **potentiel**, d.d.p. / voltage between lines o. phases, of the system, potential difference, PD || ~ de **potentiel entre les segments** (électr) / pressure o. voltage between collector bars || ~ de **pression** / difference of pressure, pressure difference, P.D. || ~ de **relèvement** (électron) / spread of a bearing || ~ de **retour** (contr.aut) / return difference || ~ des **solubilités** / difference in solubilities || ~ de **température moyenne** / mean temperature difference, M.T.D. || ~ de **temps** / difference in time || ~ de **tension** / voltage difference || ~ de **tension électromotrice** / electromotive difference of potential, E.M.D.P. || ~ de **torsion** (tiss) / mixed twist
différenciable / distinguishable
différenciateur (math) / differentiating, derivative, differentiator...
différenciation *f*(gén) / differentiation
différencié [par] / by variation [in] || ~, échelonné / graduated
différencier / differentiate, distinguish || ~ (math) / derive, differentiate || ~ (se) / differ *vi*, be different
différent / different, unlike, unequal || ~ [en] / by variation [in] || **être** ~ [de] / differ [from] *vi*
différentiation *f*(math) / differentiation || ~ **par rapport au temps [dans le domaine du temps]** / differentiation in the time domain
différentiel *adj* (électr) / decompounded || ~ / differential || ~ (tarif) / discriminating || ~ *m* (auto) / differential [gear o. gearing], equalizing gear || ~ à **autoblocage** (auto) / limited slip differential, self-locking differential || ~ de la **boîte de transfert** (auto) / transfer case differential || ~ **droit** / straight differential || ~ à **glissement contrôlé** (auto) / CSD, controlled slip differential || ~ **total** / complete o. exact o. total differential
différentielle *f*(math) / differential || ~ **exacte ou totale** / exact differential
différer *vi* / differ *vi*, vary *vi* || ~, être différent / be different || ~ *vt* / delay, postpone, (esp:) defer (a payment) || ~ en **phase** / differ in phase
difficile / hard, difficult, exacting || ~ à **lire** / hard-to-read || ~ à **mouvoir ou à mettre en mouvement**, difficile à déplacer ou à remuer / tight || ~ à **remettre en position** / hard-to-adjust
difficilement accessible / hard-to-get-to, hard-to-get-at, difficultly accessible || ~ **fusible** / difficultly meltable o. fusible, refractory || ~ **inflammable** / hardly inflammable || ~ **lisible** / hard-to-read
difficulté *f* / difficulty, trouble, roadblock (coll) || ~

d'**audition** (télécom) / transmission trouble || ~**s** *f pl* **initiales de production** / first-time production difficulties, teething troubles *pl*
diffluence *f* (géol, météorol) / diffluence
diffracter (phys) / diffract
diffractif (phys) / diffractive
diffraction *f* (phys) / diffraction || ~ de **Bragg** / order scattering || ~ **diffusive** (phys) / shadow scattering || ~ d'**électrons** / electron diffraction o. inflection || ~ **électrostatique** / electrostatic o. electromagnetic deflection || ~ de **Fraunhofer** / Fraunhofer diffraction || ~ de **neutrons** / neutron diffraction || ~ aux **petits angles** (opt) / small-angle diffraction || ~ d'**un point** (laser) / diffraction pattern of a point
diffractographie *f* d'**électrons** / electron diffractography
diffractomètre *m* / diffractometer
diffus / diffuse, random || ~, flou / indistinct, indefinite, fuzzy
diffusé / diffused || ~ (acoust) / non-specular
diffuser *vt* (électron) / broadcast, transmit, radio || ~ (phys, chimie) / diffuse || ~ (gén) / publish || ~ *vi*, se diffuser / scatter, diffuse, dissipate || ~ par **gicleur** / atomize, pulverize || ~ à l'**intérieur** / diffuse [into]
diffuseur *m* (mot) / delivery space, diffuser, volute chamber || ~ (pompe) / peeler || ~ (carburateur) / venturi || ~ (phare) / lens of the headlight || ~ (soufflerie) / airscrew blower || ~ (canal d'écoulement) / atomizer cone || ~ (éclairage) / bowl of a lamp || ~ (télécom) / mouth piece || ~ (ventilateur) / diffuser || ~ (acc. par pompage) / diffuser || ~ (fonderie) / sprue pin o. post, spreader || ~ (autoroute) / junction of a motor road || ~ (déconseillé), installation *f* dextraction (sucre) / diffusion apparatus o. cell, diffuser || ~ d'**air** / air diffuser || ~ de la **lumière concentrée** / concentric light diffuser || ~ **orthotrope** / omnidirectional o. omni-antenna, equiradial o. nondirectional antenna, uniform diffuser || ~ **parfait** (opt) / perfect diffuser || ~ **partiel** (autoroute) / one-sided junction of a motor road || ~ **plastique** (auto) / transparent lamp cover || ~ de **sablière** (ch.de fer) / sander, sanding gear || ~ du **surcompresseur** / diffuser plate || ~ **variable** / soft focus lens, softening o. spectacle lens, monocle
diffusibilité *f* / diffusibility
diffusible / diffusible
diffusiomètre *m* / diffusion meter
diffusion *f* (phys) / diffusion || ~ (gén) / spreading, distribution || ~ (électron) / transmission, broadcast (US) || ~ (ELF) (nucl) / scattering, scatter || ~ (déconseillé), extraction *f* (sucre) / diffusion || ~ **accélératrice** (nucl) / upscattering || ~ de **chrome** (acier) / chrom[al]izing, chrome diffusion || ~ en **circuit fermé** (radio) / off-air system || ~ **cohérente** (nucl) / coherent scattering || ~ **continue de musique douce d'ambiance** / non-stop background music, piped music || ~ des **corps solides** / solid diffusion || ~ due à la **distance** (phys) / long-distance scatter || ~ d'**échange de charge** (nucl) / charge exchange scattering || ~ **élastique** (nucl) / elastic scattering || ~ **électron-électron** / electron-electron scattering || ~ d'**électrons** / electron scattering || ~ **gazeuse** (nucl) / gaseous diffusion process || ~ d'**impureté** (semicond) / impurity diffusion || ~ **incohérente** (nucl) / incoherent scattering || ~ **inélastique** (nucl) / inelastic scattering || ~ d'**isolement** (semicond) / isolation diffusion || ~ de **Klein et Nishina** / Klein-Nishina scattering || ~ **libre** (radio) / on-air system || ~ de **liquides** / diffusion of liquids || ~ **locale** (électron) / short-distance scatter || ~ **multiple** (nucl) / multiple scattering || ~ des **neutrons** / neutron diffusion || ~ d'**ombre** (phys) / shadow scattering || ~ **photon-photon** / photon-photon scattering || ~ de **porteurs** (semicond) / carrier diffusion || ~ des **porteurs de charge** / charge carrier diffusion || ~ **potentielle** (nucl) / potential scattering || ~ **proton-proton** / proton-proton-scattering || ~ **Raman** / Raman scattering || ~ de **Rayleigh** / Rayleigh scattering || ~ **résonante** / resonance scattering || ~ en **retour** (chimie) / back diffusion || ~ **simple** (nucl) / single scattering || ~ **thermique** (vide) / thermal diffusion o. transpiration || ~ **thermique** (nucl) / thermal scattering || ~ de **Thomson** (nucl) / Thomson scattering || ~ par **tuyères** (nucl) / nozzle process || ~ de **vapeur** / diffusion of vapour
diffusité *f* (acoustique) / diffusivity
diffusivité *f* (chimie) / diffusivity, diffusion coefficient || ~ **thermique** / [thermal] diffusivity (thermal conductivity divided by the product of the specific heat capacity and the density)
difluorodichlorométhane *m* / difluorodichloromethane, Frigen
digéré *m* (produit) (pharm) / digestion
digérer / digest
digester (pap) / cook, digest
digesteur *m* (pap) / digester || ~ de **Papin** / digester, -or || ~ à **pression** / pressure digester, autoclave
digestible / digestible
digestif / digestive
digestion *f* (pap) / digestion || ~ (action) (pharm) / digestion || ~ **acide** (nucl) / acid digestion || ~ de **boue** / sludge digestion
digitale *f* / foxglove, digitalis
digitaline *f* (chimie) / digitalin
digitalisation *f* en **train** (ord) / stream digitizing
digitonine *f* (chimie) / digitonin
digue *f* / dike, dyke, dam, embankment || ~ d'**appui** (hydr) / inner dam || ~ **avancée** / advanced dike o. dyke || ~ de **barrage** (hydr) / cofferdam || ~ de **bordage** (hydr) / overflow dam || ~ de **ceinture** / annular dike, encircling dam || ~ munie de **chambres** / dam with chambers || ~ de **coupure** / closing dike || ~ de **crue** / flood protection dam || ~ **déversoir** (hydr) / overflow dam || ~ **dormante** (hydr) / spare dike || ~ **écartée** / retired embankment || ~**s** *f pl* **et écluses-régulateurs** / call banks and inlets *pl* || ~ *f* le long d'un **fleuve** / training dike o. dam, river embankment || ~ **formée de deux rangées de pieux** (hydr) / dike formed by two rows of piles || ~ de **garantie** / safety embankment || ~ **insubmersible**, digue *f* dhiver / main dam o. dike || ~ de **mer** / sea dike o. wall || ~ de **pierres** / stone dike, rock fill dam || ~ d'un **port** (hydr) / jetty, mole, breakwater || ~ de **protection** / levee, embankment || ~**-réservoir** *f* / retaining weir o. dam || ~ de **retenue** / [retaining] barrage, reservoir embankment, impounding dam || ~ pour la **retenue de limon** / mud dam o. dike || ~ de **saucisse** / sausage dam || ~ de **sécurité** / retired embankment || ~ **servant au passage** / roadway embankment || ~ **submersible** (hydr) / overflow dam || ~ de **sûreté** / retired embankment || ~ d'un **terrain limoneux** (hydr) / mud dam o. dike || ~ à **travers des eaux** (hydr) / cross-dam || ~ de **vallée** / dam, barrage fixe
dihexaèdre *m* / dodecahedron
dihydrite *f* (min) / dihydrite
dihydrorésorcinol *m*, -résorcine *f* / [di]hydroresorcinol
di[hydr]oxyphénylalanine *f* / β-(3,4-dihydroxyphenyl)-L-alanine, Dopa

diisocyanate *m* de **toluylène** / toluene di-isocyanate
diisocyanatodiphénylméthane *m*, -méthylène *m*, M.D.I. / biisocyanatodiphenylmethane, -methylene, MDI
dike *m* **annulaire** (géol) / ring dyke
dilacérateur *m* / garbage disintegrator o. grinder, kitchen-waste disposer, garburetor
dilatabilité *f* (chaleur) / dilatability
dilatable / dilatable
dilatance *f* (phys) / dilatancy
dilatation *f* (phys) / dilatation, cubical o. volume expansion || ~ (houille) / dilatation || ~ (céram) / growth || ~ de **cuisson** (brique) / firing expansion || ~ **dirigée** (fonderie) / restrained expansion || ~ à l'**humidité** / moisture expansion || ~ **linéaire** / linear o. longitudinal expansion o. extension || ~ du **tambour** (frein) / drum expansion || ~ de **temps** (phys) / time dilatation || ~ de **temps** (film) / slow motion, retarded action || ~ **thermique [réversible]** / thermal expansion || ~ **transversale** / lateral o. transverse extension || ~ **[ultérieure]** (céram) / afterexpansion, secondary expansion
dilaté (pneu) / grown
dilater / dilate, expand *vt* || ~ (se) / dilate, expand *vi*, swell *vi* || ~ (se), évaser (s') / flue *vi*, expand *vi*
dilatomètre *m* (phys) / dilatometer || ~ à **rayures** / scratch gauge
dilatométrie *f* / dilatometry
dilaurate *m* de **dibutylétain** / dibutyltin dilaurate
dilemme *m*, disjonction *f* (ord) / exclusive OR
dilettante, en ~ / amateurish
diluabilité *f* / dilutability
diluant *m* / diluent, diluting agent || ~ (pétrole) / flux || ~ (élastomères) / extender || ~ d'**asphalte** (routes) / cut-back [asphaltic] bitumen, cut-back asphalt (US) || ~ pour **laque cellulosique** / diluent for cellulose lacquers (Cellosolve, Solvol etc), thinner
dilué (min) / dilute || ~ (liquides) / reduced
diluer / water [down], weaken, dilute
dilution *f* (chimie) / dilution || ~ de l'**huile** (auto) / crankcase dilution
diluvial / diluvial, diluvian
diluvium *m* / diluvium
dimension *f* / dimension (physical quantity), size (numerical value) || ~, étendue *f* / dimension, measure [in one length] || **à ~ d'homme** / man-sized || **à ~ zéro** / zero-dimensional || **à ~s exactes**, ayant les dimensions prescrites / coming up to requested dimensions, having exact size || **à deux ~s** (math) / plane, two-dimensional, 2D || **à quatre ~s** / four-dimensional || **à trois ~s** / three-dimensional || **à trois ~s** (acoustique, opt) / three-dimensional, tridimensional, 3-D... || **à trois ~s** (opt) / plastic, three-dimensional, 3D... || **à une** ~ / one-dimensional, unidimensional || **avoir des ~s** / measure *vi*, have a specified measurement || **ayant les ~s prescrites** / coming up to requested dimensions, having exact size || **des ~s importantes** / considerable dimensions || **prendre les ~s** / take the measurements || **sans** ~ (math) / abstract || ~ **absolue** (NC) / absolute dimension || ~ d'**appelation** (bâtim) / nominal size || ~ **après complètement** (bâtim) / size when completed || ~ de **base** (bâtim) / basic size || ~ **brute** / base size || ~ **brute d'étirage** / common draw size || ~ de **calibre** / gauge size o. dimension || ~ du **champ d'image** (film) / size of picture area || ~ de **comparaison** (dessin) / comparison dimension || ~ de **coordination** (bâtim) / coordinating size o. dimension || **~s** *f pl* de **copeaux** / chip dimensions *pl* || ~ *f* **cotée** (dessin) / given o. figured dimension o. measurement || ~ en **coupe transversale** / dimension of cross section || ~ **critique** (guide d'ondes) / broad dimension || ~ **effective** / actual dimension o. size o. scale || ~ d'un **élément déterminée par tamisage** / sieve size of a particle, particle size || ~ d'**encombrement** (bâtim) / overall size || ~ d'**encombrement** (roulement) / boundary dimension || ~ dans l'**espace** / spatial dimension o. extent || ~ **exigée des grains** (mines) / correctly sized product || ~ **extérieure** / external dimension || ~ de **fabrication** (bâtim) / work size || ~ **face-à-face** (robinetterie) / face-to-face dimension || ~ du **fil** / wire size || ~ **finale** / finished size || **~s** *f pl* **hors membres au maître-couple** (nav) / moulded dimensions *pl* || ~ *f* **hors-tout** / overall size || **~s** *f pl* **hors-tout** (nav) / extreme dimensions || **~s** *f pl* **hors-tout des caisses** [pour expédition] / volume boxed for shipment || ~ *f* **incorrecte** / error in dimension, dimensional error, faulty dimension || ~ **incrémentale** (dessin) / incremental dimension || **~s** *f pl* **incrémentales** (NC) / incremental dimension words *pl* || ~ *f* **inférieure** (coke) / lower size, bottom size || ~ **inférieure à la cote préconisée** / undersize || ~ **intérieure** / internal dimension || ~ **intérieure** (tuyau) / clear opening || ~ **intermédiaire** / intermediate size || **~s** *f pl* **libres** / unobstructed dimensions *pl* || **~s** *f pl* **limites** / limits *pl* of size || ~ *f* de **lot** / inspection lot size || ~ **manquée** / foulty dimension o. size || ~ **maximale** / maximum limit of size, upper limit || ~ **minimale** / minimum limit of size, lower limit || ~ **modulaire** (bâtim) / modular dimension || ~ **moyenne** (coke) / mean size || ~ de **navire** / size of a ship || ~ **nominale** / nominal dimension || ~ **nominale avec joints** (bâtim) / nominal dimension (including joints) || **~s** *f pl* **nominales de cône** / basic cone dimensions || ~ *f* **non critique** (guide d'ondes) / narrow dimension || ~ **non tolérancée** (techn) / untoleranced dimension || ~ **normale** / standard size || ~ dans l'**œuvre** (bâtim) / inside dimension || ~ en **pieds** / foot measure || **~s** *f pl* **préférées** / preferred dimensions *pl* || **~s** *f pl* **préliminaires** (bâtim) / preliminary dimensions || ~ *f* **prévue** (bois) / finished size || **~s** *f pl* **principales** / salient dimensions *pl* || **~s** *f pl* de **raccordement** / mating o. companion o. fitting dimensions *pl*, connecting o. inter-related dimensions || ~ *f* **réelle** (roue hélicoïdale) / real dimension || **~s** *f pl* de **retrait** / shrinkage dimensions *pl* || ~ *f* **sans indication de tolérances** / dimension with no indication of tolerances, untoleranced dimension || ~ de **sciage** (bois) / green sawn size || ~ **supérieure** (coke) / upper size, top size (US) || ~ **surélevée** / oversize, outsize || **~s** *f pl* de la **Terre** / terrestrial dimensions *pl* || ~ *f* **théorique** (bâtim) / theoretical size || **~s** *f pl* **tolérées** / toleranced dimensions *pl* || ~ *f* **totale** / overall dimension || ~ de **trame** (TV) / size of picture element || ~ **unité** / unit measure, standard dimension || **~s** *f pl* **utiles** (auto) / useful dimensions || **~s** *f pl* du **véhicule** / overall dimensions of a vehicle
dimensionné / dimensioned || ~ **largement** / conservative, amply dimensioned
dimensionnel / dimensional
dimensionnement *m* / dimensioning || ~ **optimal** (méc) / limit-design
dimensionner [selon] / proportion [to] || ~ [pour] / dimension o. design [for], calculate o. rate [for] || ~ **largement** / dimension amply
dimère *adj* (chimie) / dimeric || ~ *m* (chimie) / dimer
dimérisation *f* (chimie) / dimerization
diméthyl *m*, diméthyle *m* / dimethyl || **~cétone** *f* / dimethylketone, acetone || **~hydrazine** *f* /

dimethylhydrazine || **~hydroquinone** *f* / dimethylhydroquinone || **~phénol** *m* / xylenol, dimethylphenol
diminuant la **friction** / anti-attrition
diminué / tapered, tapering || ~ (bas) / full[y] fashioned || ~ [de] / diminished [by]
diminuende *m* (math) / minuend
diminuer / diminish, decrease (dimensions), shorten (lengths), lessen (noise), reduce (speed, price) || ~ *vt*, modérer / abate, moderate || ~ (p.e. éclairage) / take down || ~ (tiss) / narrow *vt* || ~ (techn, bâtim) / taper *vt* || ~ (typo) / get in, bring in, keep in || ~ *vi* / abate *vi*, decrease (in amount o. value) || ~ (crue) / descend, sink, fall, subside || ~ (se) (vitesse) / drop, fall || **faire ~ le coût** [de] / cheapen, decrease o. reduce cost || ~ les **mailles** / let down stitches, cast off, narrow || ~ en **nombre** / drop off || ~ par **tranches** / decrement *vt*
diminueuse *f* (m. Cotton) / narrowing machine, tickler machine
diminuteur *m* / subtrahend
diminution *f* / decreasing || ~, réduction *f* / diminution, reduction, decrease, decrement || ~ (m. Cotton) / narrowing || **~s** *f pl* (m.Cotton) / narrowing device || ~ *f*, retrait *m* / contraction, shrinking || ~, conicité *f* / taper, tapering || ~ du **brillant** / fading, loosing brilliance || ~ du **coût de production** / manufacturing economics *pl* || ~ de[s] **frais** / decrease in costs, cost reduction o. decrease || ~ de la **longueur d'ondes** (électron) / wavelength shortening || ~ de **pression** (techn) / decrease o. fall of pressure, pressure drop || ~ du **prix de revient** / lowering of production cost, producing economics *pl* || ~ de **puissance** / decrease of performance || ~ de **qualité** / degradation, quality loss o. impairment || ~ de **salaire** / reduction of wage o. pay || ~ de **température** / decrease of temperature || ~ **temporaire** / remission, temporary reduction || ~ des **temps** (ordonn) / rate cutting || ~ de la **teneur en carbone** (sidér) / carbon drop o. elimination || ~ de **valeur** / debasement || ~ de **volume** / decrease in volume
dimorphe / dimorphic, -ous
dimorphisme *m* (crist) / dimorphic condition, dimorphism || ~ (biol) / dimorphisme
DIN / DIN... (a trade name: Deutsche Industrienorm o. Deutsches Institut für Normung)
dinandier *m* / brass worker o. founder, brazier || ~ (forge) / coppersmith
dinantien *m* (géol) / culm measures *pl*
dinas *m* / dinas rock
dinghy *m* (nav) / dinghy (a rubber life raft)
dinitro-ortho-crésol *m* / DN[OC], dinitroorthocresol, 2-methyl-4,6-dinitrophenol || **~benzène** *m* / dinitrobenzene || **~cellulose** *f* (improprement), composé *m* de cellulose tirant de 9 à 11 % d'azote / cellulose dinitrate, collodion cotton || **~crésol** *m* (commerce) / yellow powder || **~naphtalène** *m* / dinitronaphthalene || **~phénol** *m* / dinitrophenol || **~toluène** *m* / dinitrotoluene, di-oil (US)
dinucléotide *m* de **nicotinamide-adénine** / niacinamide-adenine-dinucleotide, NAD
dioctaèdre *m* (crist) / dioctahedron
dioctylétain *m* / dioctyltin
diode *f* (semi-cond) / diode || ~ **absorbante d'énergie** (semicond) / backwash o. overswing diode || ~ d'**accord** / tuning diode || ~ **anti-choc acoustique** (télécom) / click suppressor diode || ~ **antiparasites** (TV) / interference inverter, black spotter || ~ à **avalanche** / avalanche diode o. transit-time diode || ~ à **avalanche contrôlée** / controlled avalanche diode || ~ à **avalanche à effet de transit de temps**, diode *f* à avalanche à temps de propagation (électron) / impatt diode, impact avalanche transit-time diode || ~ à **barrière de Schottky** / Schottky diode || ~ **biplaque** / double diode, dinode || ~ de **blocage ou de fixation** (électron) / clamp[ing] diode || ~ de **bruit** / noise diode || ~ à **capacité variable** / capacitance diode, variable capacitance diode, Varicap [diode], Varactor || ~ à **capacité variable pour accord de fréquence** / tuning diode || ~ à **commande** / control diode || ~ pour **commutation**, diode *f* commutatrice / switching diode || ~ de **commutation à mémoire électrostatique** / charge-storage diode, snap-off o. step-recovery diode, boff diode || ~ à **cristal** / crystal diode, Xtal diode || ~ **détectrice** / detector diode || ~ **directe** / forward diode || ~ **double** (électron) / double diode, duo-diode, full-way rectifier || ~ **économisatrice shunt** (TV) / efficiency o. booster diode || ~ **écrêteuse** / clipper diode, peak limiting diode || ~ à **effet de tunnel** / tunnel o. Esaki diode || ~ à **électroluminescence verte** / green-light luminescence diode || ~ **électroluminescente**, DEL / luminescent diode, light emitting diode, LED || ~ **Esaki** / Esaki o. tunnel diode || ~ à **fil d'or** / gold-bonded diode || ~ **génératrice d'harmoniques ou de sous-harmoniques** / [sub]harmonic generator diode || ~ au **germanium** / germanium diode || ~ **Gunn** (électron) / Gunn diode || ~ à **hétérojonction** / heterojunction diode || ~ à **jonction** / junction diode || ~ à **jonction p-n ou PN** / p-n-junction diode || ~ **laser** / laser diode || ~ **limitant la tension** / catching diode || ~ pour **limitation** / threshold diode || ~ **LSA** / LSA diode || ~ à **luminescence** / luminescent diode, light emitting diode, LED || ~ **luminescente MIN** / MIN-LED (metal insulating n-type) || ~ **magnétique** / magnetic diode || ~ **mélangeuse** / mixer diode || ~ à **mobilité élevée des porteurs** / hot-carrier diode || ~ de **niveau** (TV) / d.c. clamp diode || ~ **oscillatrice** / diode oscillator || ~ **photo-émettrice** / photoemission diode || ~ **p-i-n** / p-i-n-type diode || ~ à **pointe** / point diode || ~ de **puissance** / power diode || ~ à **quartz** / crystal diode, Xtal diode || ~ à **quatre couches** / four-layer diode || ~ **Read** / Read diode || ~ de **redressement** / rectifier diode || ~ de **redressement à avalanche** / avalanche rectifier diode || ~ de **redressement à semiconducteurs** / semiconductor rectifier diode || ~ **régulatrice de courant** / currector, current regulator diode || ~ **régulatrice de tension** / voltage regulator diode || ~ à **rétablissement rapide** / fast recovery diode || ~ de **roue libre** / recovery diode || ~ au **sélénium** / selenium diode || ~ à **semi-conducteur[s]** / semiconductor diode, diode semiconductor || ~ à **seuil d'amorçage** / Zener o. breakdown diode || ~ pour **signaux** / signal diode || ~ au **silicium** / silicon diode || ~ de **tension de référence** (électron) / voltage reference diode || ~ **Trappat** / trappat diode (trapped plasma avalanche triggered transit diode) || ~ **tunnel** / tunnel o. Esaki diode || ~ **unitunnel** / backward o. unitunnel diode, AU diode || ~ de **verrouillage** (électron) / clamp[ing] diode || ~ **Zener** / Zener o. breakdown diode
diol *m* / diol
dione *f* / diketone
diopside *m* (min) / diopside
dioptase *f* (min) / dioptase, emerald copper
dioptre *m* (opt) / diopter, direct vision view finder, sight vane || ~ **micrométrique** (mil) / micrometer

peep sight || ~-**objectif** *m* / lens diopter || ~ de **relèvement** (nav) / bearing diopter
dioptrie *f* / diopter, dioptre, dioptry
dioptrique *adj* / refracting, refractive, refringent, dioptric || ~ *f* / dioptrics
diorama *m* / diorama
di-organo-étain *m* / diorganotin
diorite *f* / diorite || ~ **compacte** / aphanite || ~ **quartzique** / quartz-diorite
dioxanne *m* (solvant) / dioxane, 1,4-diethylene dioxide
dioxime *f* (chimie) / dioxime
dioxyde *m* / dioxide, bioxide || ~ d'**azote** / nitrogen dioxide || ~ de **carbone** / carbon dioxide, carbonic acid o. anhydride || ~ **manganique ou de manganèse** / manganese dioxide o. peroxide, manganese(IV) oxide || ~ d'**osmium** / osmic oxide, osmium(IV) oxide || ~ de **plomb** / plumbic oxide, lead(IV) oxide || ~ de **silicium** / silica, silicon dioxide, siliceous anhydride || ~ de **sulfure** / sulphur dioxide || ~ de **titane** / titania, titanium(IV) oxide
dipentène *m* / dipentene, [inactive] limonene, cajeputene, kautschin
diphasé / two-phase, biphase, diphase, diphasic
diphasique (chimie) / diphase, diphasic
diphényl·amine *f* / diphenylamine || ~**aminochlorarsine** *f* / diphenyl aminochlorarsine, D.M., adamsite || ~**cétone** *f* / benzophenone, diphenylketone
diphényle *m* / diphenyl, biphenyl || ~ **chloruré** / chlorinated diphenyl (e.g. Chlophen of Bayer, Askarel of Gen. Electr., Arochlor of Monsanto etc.)
diphénylène *m* **surchloré** / polychlorinated diphenylene
diphényl *m*, **1,1-~éthylène** (chimie) / unsym. diphenylethylene || **trans-α,β-~éthylène** *m* / stilbene, trans-α,β-diphenylethylene || ~**méthane** *m* / diphenylmethane, benzylbenzene || ~**olpropane** *m* / diphenylol propane
diphénylsulfone *m* / diphenyl sulphone
diphénylurée *f* **symétrique** / carbanilide, sym. diphenylurea
diphosphate *m* de **chaux** (engrais) / di[calcium]phospate
diphosphopyridine *f* **nucléotide** / cozymase, NAD, DPN
diplex *m* (télécom) / diplex
diplexeur *m*, coupleur *m* (antenne) / diplexer (using a common antenna for radar and telecommunication) || ~ d'**antenne** / antenna diplexer, antenna two-way splitter || ~ de **canaux** / channel branching filter, channel diplexer || ~ d'**émission** / transmit diplexer || ~ de **réception** (télécom) / receive diplexer
diploèdre *m* (crist) / diploid
diplopie *f* / diplopia
diploscope *m* / diploscope
dipôle *m* (électr) / dipole || ~ (antenne) / dipole antenna o. radiator, doublet [antenna] (US) || ~ d'**attaque** / driven o. energized dipole || ~**s** *m pl* **croisés** / crossed antennas o. antennae o. aerials *pl* || ~ *m* **demi-onde** / half-wave dipole || ~ **électrique** / electric doublet o. dipole || ~ **élémentaire** (électron) / elementary doublet o. dipole || ~ **excentré** (antenne) / off-center dipole || ~ de **Hertz** / radiating doublet, infinitesimal dipole || ~ **infinitésimal** (antenne) / infinitesimal dipole || ~ **LC** / LC dipole || ~ à **manchon** (antenne) / sleeve dipole || ~ à **manchon coaxial** (antenne) / sleeve dipole antenna || ~ **moléculaire** / molecular dipole || ~ **passif** (télécom) / passive one-part network || ~ **pleine onde** / full-wave dipole || ~ **replié** (antenne) / folded dipole [antenna] || ~ à **tube coaxial** / sleeve-dipole antenna || ~ **tubulaire** / sleeve dipole || ~ en **V** / V-dipole
diproton *m* (nucl) / di-proton
direct *adj* / direct, straight, immediate || ~ (méthode) / straightaway || **[de trajet]** ~ (ch.de fer) / direct, through || ~ (teint) / substantive, direct || ~ (ordonn) / direct, productive || ~ *m* (ch.de fer) / express, express train || **en** ~ (son, vidéo) / live, real || **en** ~ (ord) / on-line
direct costing *m* / direct costing
directement à un **autre constructeur** / on OEM base || ~ **proportionnel** / directly proportional
directeur *adj* / directive || ~ / conducting, leading, guiding || ~ (contr.aut) / controlling || ~ (roue) / steering || ~ *m* / director || ~ (antenne Yagi) / director of the Yagi antenna || ~ d'**atelier** / works manager o. superintendent || ~ **automatique** / autopilot || ~ **commercial** / sales manager || ~ **gérant** / acting manager || ~ de **groupe** (électron) / group [reference] pilot || ~ d'**horizon** (aéro) / director horizon || ~ de la **mine** / agent (GB), colliery general manager || ~ de **production** (radio) / production director o. manager || ~ **technique** / managing engineer
directif / directional || ~ (électron) / [uni]directional
direction *f* (gén) / control, guidance, steerage || ~ (auto) / steering || ~, sens *m* / direction || ~, directive *f* / directive, instruction || ~, gestion *f* / management || ~ (géol) / course, direction, run, strike || ~ (mines) / striking of the vein || **à ~ pivotante au centre** (tombereau) / center pivot steered || **en** ~ (géol) / longitudinal || **prendre une autre** ~ (filon) / loose the direction || **se déplaçant suivant une ~ oblique** (nav) / loxodromic, rhumbline... || ~ d'**action** (phys) / direction of action o. effect || ~ **assistée** (auto) / power [assisted] steering || ~ **automatique** / automatic control || ~ de l'**axe** (compas) / axial direction || ~ du **balayage sonore** (ultrasons) / acoustic irradiation direction || ~ en **biais** / skew, slant || ~ du **centre de rayonnement** (radio) / direction of maximum radiation || ~ du **champ magnétique terrestre** / line of total magnetic force of the earth || ~ par **châssis articulé** (chargeuse) / articulated frame steering || ~ de **circulation** (contr.aut) / direction of flow transferred || ~ de **coupe** (m.outils) / cutting direction, direction of primary motion || ~ de **course** / direction of motion o. traffic, driving direction || ~ à **crémaillère** (auto) / rack[-and-pinion] steering || ~ de **défilement** (bande perf.) / advance direction || ~ du **déroulement en lisant** / tape travel direction for reading || ~ de **descente** (grue) / downward o. lowering direction || ~ par **deux leviers** (aéro) / double-stick control || ~ à **doigt et rouleau** (auto) / roller tooth steering || ~ à **droite** (auto) / right-hand drive || ~ par **écrou et vis** (auto) / screw-and-nut o. worm-and-nut steering [gear] || ~ **effective de coupe** (foret) / effective direction of cut || ~ de l'**exploitation** / works management || ~ de la **flèche** / direction of arrow || ~ à **fusée** (auto) / axle pivot steering, Ackermann steering || ~ à **fusée** (agr) / axle pivot steering || ~ à **gauche** (auto) / left-hand drive || ~ **générale** (mines) / chief bearing || ~ d'**hélice** / sense of helix || ~ **hydraulique à crémaillère** / rack-and-pinion power steering gear || ~ **hydraulique à écrou à billes** / ball and nut type power steering gear || ~ **hydraulique semi-bloc** (auto) / semi-integral power steering gear || ~ **hydraulique à vis et piston** (auto) / column power steering gear || ~ **hydrostatique** (auto) / hydrostatic power steering

gear || ~ **irréversible** (auto) / irreversible steering || ~ de la **largeur** / crosswise direction || ~ par **levier** (aéro) / column o. stick (US) control || ~ de la **longueur** / lengthwise direction || ~ **magnétique de l'aiguille** / magnetic azimuth || ~ du **mouvement rotatoire** / direction o. sense of rotation || ~ **oblique** / bias || ~ d'**œil «Z»** (tiss) / direction of eye "Z" || ~ du **pas** (fraise) / direction of spiral || ~ du **personnel** / personnel management || ~ à **pivot de fusée** (auto) / swivel pin steering || ~ **pivotante** (chargeuse) / articulated frame steering || ~ de **portance nulle** (aéro) / no-lift direction || ~ **principale** (math) / principal direction || ~ **privilégiée** (sidér) / preferred orientation, privileged direction || ~ à **recirculation de billes** (auto) / recirculating ball steering, ball and nut steering || ~ de **regard** / viewing direction || ~ **résultante de coupe** / resultant cutting direction || ~ pour **travail en pente** (agr) / steering in the slope || ~ des **travaux** / direction o. management of works, supervision of works || ~ d'**usine** / works management || ~ de la **valence** (nucl) / bond direction, valency direction || ~ du **vent** / direction o. set of the wind || ~ à **vis et rouleau** (auto) / cam and roller steering gear || ~ par **vis sans fin et secteur** (auto) / worm-and-sector steering [gear], worm[-and-]wheel steering [gear] || ~ de **visée** / viewing direction || ~ à **volant** / wheel steering || ~ en **zigzag** / zigzaging

directionnel *adj* / directional || ~ (électron) / directional, directive || ~ *m* / direction indicator

directive *f* / directive, instruction || ~ (ord) / declaration, directive || ~, pseudo-instruction *f* (ord) / pseudo-instruction

directivité *f* / directivity || ~ (phys) / directive efficiency, directivity || ~ (guide d'ondes) / directivity || ~ (radiogoniom.) / directivity || ~ d'**antenne** / antenna directivity || ~ **individuelle** (électron) / individual directivity

directrice *f* (math) / directrix, directrice (US) || ~ (turbine) / guide blade o. vane, directrix

dirigé / directed || ~ dans la **même direction ou dans le même sens** (méc) / acting in the same direction || ~ en **sens inverse** / opposite, inverse || ~ **vers le bas** / downward

dirigeabilité *f* / manoeuvrability, maneuverability || **bonne** ~ / steerage

dirigeable *adj* / dirigible *adj* || ~ *m* / airship, dirigible [airship] || ~ **rigide** / rigid airship || ~ **semirigide** / semirigid airship, half-rigid airship || ~ **souple** / non-rigid airship, pressure[-type] airship

diriger / direct, control || ~, conduire / direct, manage || ~, tourner / steer || ~ (télécom) / route || ~ (se) (géol) / run from... to... || ~ (en fonction de directeur) / supervise, superintend, manage, run (coll) || **se** ~ [vers] (aéro) / head o. make [for] || ~ l'**appontement** / spot *vt* (on the airplane carrier) || ~ un **fossé** / cut o. run a ditch, dig a trench

disaccharose *f* / disaccharose, disaccharide, saccharobiose

discale *f* / loss in measure o. weight || ~ de **poids** / short weight, shortage [in weight]

discernable / distinguishable

discernement *m* des **fils** / identification of wires

discerner / distinguish, discern

discipline *f* / discipline

discontacteur *m* / overcurrent o. overload release o. cut-out o. circuit breaker, excess-current switch || ~, télérupteur *m* / distance switch, remote-controlled switch || ~ à **maximum d'intensité et manque de tension** / overcurrent-undervoltage release

discontinu *adj* / inconstant || ~ / discontinuous || ~ (math) / discrete, discontinuous || ~ (sidér) / in batch quantities || ~ *m* (crist, math) / discontinuum

discontinuation *f* de la **production** / phase-out of production

discontinuer / discontinue || ~, suspendre / suspend, stop

discontinuité *f* / discontinuity, dis. || ~ (courbe) / discontinuity of a curve || ~, interruption *f* / interruption, intermission || ~ **brusque de pression** / sudden change of pressure || ~ **magnétique** / magnetic discontinuity || ~ de **Mohorovičić** (géogr) / Moho[rovičić discontinuity] || ~ de **Paschen** (astr) / Paschen discontinuity || ~ de **potentiel** / potential jump || ~ **quantique** (phys) / quantum jump o. transition

discordance *f* de **phases** / phase unbalance || ~ de **stratification** (géol) / disconformity, discordance

discordant (géol) / discordant

discothèque *f* (archive) / record library

discret (électron) / discrete || ~ (math) / discrete, discontinuous || ~ (couleur) / quiet

discrétion, à ~ d'utilisateur / user's choice

discrétisation *f* / rendering discrete

discriminant *adj* / discriminating || ~ *m* (math) / discriminant

discriminateur *m* (haute fréqu.) / discriminator || ~ (opt) / threshold control || ~ (télécom, électron) / demodulator, rectifier, detector || ~ (électron) / ratio detector || ~ à **deux circuits** (électron) / dual tank discriminator || ~ de **fréquences** / frequency discriminator o. modulation detector || ~ de **phase de Riegger** (électron) / Armstrong discriminator || ~ de **phases ou de Foster-Seely** / phase discriminator || ~ **urbain** / digit discriminating local selector

discrimination *f* / discrimination || ~ (télécom) / discrimination || ~ (haute fréqu) / demodulation, demod, rectification, detection || ~ (r.cath, radar) / discrimination, resolution (US) || ~ de **fréquences** / frequency discrimination || ~ de **marques** (ord) / mark discrimination || ~ de **polarisation** (télécom) / cross polarization discrimination, XPD

discriminer / distinguish, discriminate || ~ (haute fréqu) / demodulate, rectify, detect

disdodécaèdre *m* (crist) / disdodecahedron

disilane *m* / disil[ic]ane, silicoethane

disilicate *m* de **plomb** / lead frit o. disilicate

disjoindre / sever

disjoint / out-of joint

disjoncter *vi* (électr) / trip *vi*

disjoncteur *m* (ELF) / [circuit] breaker || ~ à **action lente** / time-delay contact breaker || ~ **actionné par air comprimé** / pneumatically operated switch || ~ à **autocoupure dans l'huile** / oil-blast circuit breaker || ~ à **autoformation de gaz** / hard-gas circuit breaker || ~ **automatique** / automatic [circuit] breaker || ~ à **bain d'huile** / oil-trough circuit breaker || ~ de **batterie** / battery switch || ~ **bimétallique ou à bilame** / bimetallic release, bimetal cutoff || ~ de **couplage ou de bouclage** / section switch || ~ pour **coupure en charge** / power circuit breaker [for any value of cos φ], power switch || ~ à **coupure multiple** / multiple circuit breaker || ~ à **courant de défaut** / fault current breaker || ~ à **cuve** / oil-trough circuit breaker || ~ à **deux positions** / on-off switch || ~ à **expansion** / expansion circuit-breaker, air blast switch o. circuit-breaker || ~ d'**extinction d'arc par air comprimé** / air blast switch o. circuit-breaker || ~ à **gaz comprimé ou surpressé** / air blast switch

o. circuit-breaker, compressed-gas cutout, gas-blast switch || ~ à **haut pouvoir de coupure** / heavy-duty circuit breaker || ~ **instantané** / rapid break o. quick break cutout o. switch, instantaneous cutout || ~ **instantané ou rapide à air comprimé** / pneumatically operated quick break switch || **~-inverseur** *m* / reversing switch, reverser || ~ à **jet libre** / free-jet breaker || ~ **jumelé** / linked switch || ~ à **manque de tension** / no-voltage circuit breaker || ~ à **maximum** / overcurrent o. overload switch, excess-current switch || ~ à **mercure** / mercury cut-out || ~ **miniature automatique et vissable** / miniature automatic circuit breaker || ~ à **minimum de charge** / automatic minimum o. underload circuit breaker || ~ à **minimum de puissance** / minimum-power cutout || ~ à **minimum de tension** / undervoltage protection || ~ **pneumatique à haute tension** / pneumatically operated H.T. circuit breaker || **~-protecteur** *m* / protective motor switch || **~-protecteur** *m* à **bain d'huile** / protective motor oil-break switch || ~ de **protection** / protective o. safety switch || ~ de **protection de canalisation** / line safety switch || ~ de **protection à réenclenchement automatique** / auto-reclose circuit breaker || ~ **push-pull** / push-pull switch || ~ **rapide à jet d'huile** / rapid oil-jet circuit breaker, impulse circuit breaker, orthojector circuit breaker || ~ à **rupture dans l'air** / air break switch || ~ de **sécurité** / limiting switch || ~ de **sécurité pour courants de fuite** / leak current protective switch || ~ à **soufflage d'air** / air blast switch o. circuit-breaker || ~ à **tension nulle** / no-voltage circuit breaker || ~ **thermique** / thermal circuit breaker || ~ **ultrarapide** / ballistic o. quick-action circuit-breaker

disjonction *f*(contr.aut) / disjunction || ~ (math, ord, NC) / disjunction || ~, addition *f* logique / disjunction, logical addition o. sum || ~, dilemme *m* / non-equivalence operation, exclusive OR-operation

disk-pack *m*, dispac *m* (ord) / disk pack

disky *m* (espace) / DSKY, disky

dislocation *f*(crist, semicond) / dislocation || ~ (géol) / dislocation || ~ (mines) / accident of a seam || ~ **cristalline** / crystal dislocation || ~ **hélicoïdale** (crist) / helicoidal dislocation || ~ **horizontale** (géol) / horizontal dislocation

disloqué (géol) / faulted

disloquer / dislocate || ~ (se) (géol) / fault *vi* || ~ (se) / break up *vi*, fall to pieces

dismutation *f*(chimie) / dismutation

disodique (chimie) / disodic

dispac *m*, pile *f* de disques (ord) / disk pack

disparaître / disappear, vanish || ~ (électron) / fade || **faire ~** / remove, eliminate || **faire ~ les tensions internes** (méc) / relieve the stress

disparate / disparate

disparités *f pl* **régionales** / differences *pl* in regional level

disparition *f* / disappearance, vanishing

dispatcher *m* (Belg), dispatcheur *m* (élect, mines) / dispatcher || ~ (Belg.), régulateur *m* (France) (ch.de fer) / dispatcher (US), traffic controller

dispendieux / expensive, costly

dispensateur *m* / dispenser || ~ de **savon** / soap dispenser

dispersal *m* (aéro) / apron

dispersant *m* (pétrole) / dispersant (capillary active medium) || ~ (flottation) / dispersing agent

dispersé / scattered || ~ (chimie) / disperse *adj*

disperser / scatter *vt* || ~ (chimie) / disperse || ~ (opt) / disperse || ~ (se) / scatter *vi*, become dispersed || ~ en **gerbes** (liquide) / spray, atomize || ~ du **sable** (crépi) / lose sand

disperseur *m* / dispersing machine

disperseur *m* **non correlé stationnaire** (télécom) / stationary intercorrelated scatterer

dispersibilité *f*(poussière) / dispersibility

dispersible (poudre) / dispersible (dust)

dispersif (chimie) / dispersive || ~ (opt) / divergent, dispersing

dispersion *f* / dispersion, dispersal, scattering || ~ (opt) / dispersion, straggling || ~ (chimie) / dispersion || ~, dissémination *f* / spreading, dissemination || ~ (nucl) / straggling || ~ (spectre) / decomposition, splitting || ~ (phys) / straggling || ~ (NC, essai, etc) / variation, dispersion || ~ (jet électron.) / fanning || ~ (résultats) / spreading, scattering || ~ (électron, TV) / dispersion, scattering || **à haute ~** (haut-parleur) / high-scattering || **en ~** (chimie) / disperse || **en ~ colloïdale** / colloid-disperse || ~ **accidentelle** / chance variation || ~ d'**angle miniature** (nucl) / small angle scattering || ~ des **couleurs** / colour dispersion, chromatic dispersion || ~ **diélectrique** / dielectric dispersion || ~ de **dureté** (essai de mat) / hardness scattering || ~ **dynamique** (crist) / dynamic scattering || ~ **dynamique de la lumière** / dynamic scattering mode, DSM || ~ d'**électricité** (électr) / cross-leakage, by-path || ~ d'**énergie** / dissipation o. waste of energy || ~ en **fréquence** / frequency spread || ~ des **grandeurs** (contr.aut) / variance || ~ au **hasard** (données) / straggling || ~ des **impacts** / dispersion o. divergence of balls || ~ dans l'**induit** / armature leakage || ~ d'**industries** / industrial dispersal || ~ **ionique** / ionic spread || ~ en **large** / dispersion in breadth o. in direction || ~ **latérale d'un projecteur** / beam spread || ~ de la **lumière** / light scatter || ~ **magnétique** (électr) / fringing, magnetic leakage || ~ de **matières collantes** / adhesive dispersion || ~ **naturelle** / natural divergence || ~ **occasionnelle** / chance variation || ~ **polaire** / polar dispersion || ~ de **position** (NC) / positioning variation, scatter || ~ des **résultats** / spreading o. scattering of results || ~ des **résultats d'essais** / dispersion of test results, variation || ~ **rotatoire** (polarisation) / rotatory dispersion || ~ du **son** / sound dispersion || ~ **spectrale du rayonnement** (héliotechnie) / spectral splitting || ~ **statistique** / straggling || ~ **triclinique** (crist) / asymmetric o. triclinic dispersion || ~ par le **vent** (bot) / wind dispersal, anemochory || ~ des **vitesses** / divergence from the average speed

dispersivité *f* / dispersivity

display *m* (ord) / display || ~ (déconseillé), présentoir *m* (commerce) / display unit

disponibilité *f* / operating ability || ~ de **blocs** (ord) / block availability

disponible / available || ~ (commerce) / ready for delivery || ~ (électr) / available || ~ pour l'**impression** (caractère) / printable || ~ sur **stock** / off-the-shelf

disposé / ready, prepared || ~ en **nappe** (câble) / in flat formation, laid side by side || ~ **obliquement** / in inclined arrangement || ~ sur une **pente rapide** / hanging

disposer / arrange, dispose || ~ par **couches** / stack, dispose in layers || ~ en **groupe** / group || ~ **obliquement** / arrange slantingly || ~ **perpendiculairement à ...** / fix at right angles || ~ en **tête une turbine** / top a turbine

dispositif *m* / arrangement, contrivance, device, gear, appliance || ~ (brevet) / control system (GB), controlling means (US) || ~ (sur une machine) / feature || ~ d'**abaissement** / lowering device || ~ d'**accouplement** / coupler || ~ d'**accouplement** (funi) / wire rope coupling || ~ d'**accouplement à bagues et clavettes** (funi) / ring wedge coupling || ~ **accoupleur** (funi) / coupling point || ~ d'**accrochage** (fiche) / latching device || ~ d'**accumulation** / storage mechanism o. system || ~ **acoustique** / acoustic implement || ~ d'**adaptation quart d'onde** (guide d'ondes) / quarter-wave [length] transformer, quarter-wave bar o. line || ~ **additionnel Point Counter** (opt) / point-counter attachment || ~**s** *m pl* d'**adhérence** (agr) / traction aids *pl* || ~ *m* d'**affûtage** / grinding device o. apparatus o. attachment || ~ d'**agitation** (glacière) / shaking apparatus o. device || ~ d'**aiguillage** (mines) / lye, double parting || ~ d'**aiguillage de signaux** / signal splitter || ~ d'**ajustage** (instr) / adjuster, adjusting device || ~ **aléatoire** / random device || ~ d'**alignement** / aligner, aliner || ~ d'**alignement des masques** (électron) / maskaligner || ~ d'**alimentation** (découp) / feeding attachment || ~ d'**alimentation** (m.outils) / hopper feed o. magazine feed attachment || ~ d'**alimentation** (m. à retordre à anneaux) / delivery device || ~ d'**alimentation automatique des comptes** (m.compt) / automatic account card feed device || ~ d'**alimentation des barres** (m. outils) / bar stock carrier || ~ d'**alimentation des cardes** (filage) / chute feed for cards || ~ d'**alimentation des comptes** / account card feed device || ~ d'**alimentation de documents** (m.compt) / document feeder || ~ d'**alimentation par gravité** (m.outils) / gravity feed attachment || ~ d'**alimentation de papier à ergots** (ord) / above platen pin feed device || ~ d'**allumage** / ignition device || ~ d'**amarrage** (conteneur) / seating device || ~ d'**amélioration du contraste** / contrasting device || ~ d'**amenée ou d'amenage** / feeder, feeding mechanism || ~ d'**ancrage de rails** (ch.de fer) / [rail] anchor o. clamp, rail anchoring device, anticreeper || ~ **antiballonnement** (filage) / antiballooning device || ~ **antibattement** / antibeat device || ~ **antibloqueur** (auto) / antilock system, wheel-slip brake control system (US) || ~ **antibris** (houille) / antibreak device || ~ **antibroutage** (ch.de fer) / antistick-slip device, antitorque pulsation device || ~ **antibuée** / demister, fog dispersal device || ~ **anticharge de trémies** / antipressure device in storage bins || ~ **anticornes** (filage) / antipatterning device, ribbon-breaker device || ~ **antidérailleur** / derailment guard || ~ **antidérapant** / antiskid o. antislipping device || ~ **antidétournement** (techn) / back-run safety device o. mechanism, return stop || ~ **antidistorsion** (télécom) / correcting device o. corrector of distortion || ~ **antiéblouissant des phares** / headlamp o. headlight dimming device || ~ **anti-effluves** (électr) / corona shielding || ~ **anti-effraction** / [electric] burglar alarm || ~ **anti-enrayeur** (auto) / antilock device, antiskid system || ~ **anti-enrayeur** (ch.de fer) / nonskid-device, antiskid protection || ~ **antiflamme** / spark arrester o. catcher || ~ **antigrisouteux** / explosion protection, flame-proofing device || ~ **anti-inductif** (télécom) / [anti-]inductive protection || ~ **antimaculateur** (typo) / anti-set-off sprayer || ~ d'**antiparasitage**, dispositif *m* antiparasite (électron) / [noise o. interference] suppressor, atmospheric suppressor || ~ d'**antiparasitage pour distributeurs** (auto) / distributor [interference] suppressor || ~ d'**antiparasitage pour les roues** (auto) / wheel-static collector || ~ **antiparasite** (antenne) / mush killer (coll) || ~ **antipatinage** (ch.de fer) / antispin protection, skid device || ~ **antipompage** (électr) / surge guard || ~ **antipoussière** / dust guard o. shield o. screen || ~ **antirépétition** / antirepeat device || ~ **antiretour** (élévateur à godets) / chain antirun-back device || ~ **antiretour de flamme** / flame arrester o. trap || ~ **antirubans** voir dispositif anticornes || ~ **antislip** (agr) / weight transfer unit || ~ **antitangage** (auto) / antidive mechanism || ~ **anti-télescopage** (ch.de fer) / antitelescoping device || ~ d'**appel** / calling device || ~ d'**appel du fil** (filage) / feeding device || ~ d'**appointage** (tréfilage) / pencilling tool || ~ d'**apprêtage du fil** (filage) / device for application of yarn finish || ~**s** *m pl* d'**approche par radio** / radio approach aids *pl* || ~ *m* d'**arrêt** / stopping device, stop motion, stop || ~ d'**arrêt ou de retenue** / securing device o. contrivance || ~ d'**arrêt ou de blocage** / fixing o. locking device, lock, catch || ~ d'**arrêt** (aéroport) / arrester barrier || ~ d'**arrêt** (funi) / gripping device, safety grip o. brake || ~ d'**arrêt automatique des trains** (ch.de fer) / automatic train stop, automatic warning system, AWS || ~ d'**arrêt au diamètre** (filage) / device for predetermined diameter || ~ d'**arrêt de documents** (repro) / document stop || ~ d'**arrêt à levier** (mines) / lever catching device || ~ d'**arrêtage** (montre) / stopwork || ~ d'**arrimage de queue** (aéro) / tail trimming gear || ~ d'**arrosage** (tourn) / coolant arrangement || ~ d'**aspiration** (presse transfert) / suction blank feed attachment || ~ d'**aspiration** (m.outils) / dust collection by exhaust ventilation || ~ d'**aspiration d'air** / air suction ventilator, exhauster, aspirator || ~ **[d'aspiration] pneumatique** (m.outils) / suction blank feed attachment || ~ d'**aspiration pneumatique à bandes** (m.outils) / pneumatic suction strip feed attachment || ~ d'**assemblage rapide** / quick-fixing device || ~ d'**attach[ag]e** (aéro) / safety belt o. seat belt assembly || ~ d'**attelage de remorque** (auto) / trailer coupling || ~ d'**attelage pour tracteurs** (agr) / drawbar hitch || ~ pour l'**atténuation des tensions internes** (tréfilage) / postforming device || ~ d'**audio-suppression** (télécom) / audio suppression device, gard circuit || ~ pour **augmenter l'effort du frein** / brake booster || ~ **automatique de changement de monnaie** / change dispenser, change-giving machine || ~ **automatique pour génération de courbes** / lagging device || ~ **automatique rendant le montant à rendre [de la monnaie]** / coin dispenser || ~ **automatique de retenue** (auto) / restraint automatic || ~**s** *m pl* **automatiques** (asservissement) / automatic control devices *pl*, controlling equipment || ~ *m* **auxiliaire** / accessory apparatus o. implement o. instrument || ~ d'**avance** / ignition timing device, spark advancer || ~ d'**avance** (diesel) / injection timing gear o. timing mechanism || ~ d'**avance à l'allumage par dépression** / vacuum ignition device || ~ d'**avance automatique** (auto) / automatic[ally timed] spark advancer || ~ d'**avance par lignes** (m.outils) / line feed adjuster || ~ d'**avancement** (moissonneuse) / feeding mechanism || ~ d'**avancement du film** (phot) / winding apparatus || ~ de l'**avant-lainage** (tiss) / raising device || ~ d'**avant-lainage à l'entrée de la machine** (tiss) / raising apparatus before the machine || ~ à **bascule ou de basculement** (gén) / tipping o. tilting device o. contrivance o. attachment, tip[per] || ~ à **bascule** (sidér) / tilting o. rocking device || ~ **bistable** (électron) / two-state device || ~ de **blocage à galets** / roller clutch || ~ de

blockage du fourreau (m.à rectifier) / center sleeve locking mechanism || ~ de **bobinage** (bande perforée) / take-up [reel o. unit] || ~ pour **bobines suspendues** (filage) / bobbin hanger || ~ à **bomber** (m.outils) / convex turning attachment || ~ de **bouclage des ceintures** (auto) / seat belt buckle || ~ de **bridage** / chucking tool o. implement || ~ de **bridage ou de blocage** (m.outils) / work [holding o. gripping o. chucking] fixture, holding o. fixing attachment, mounting o. setting attachment || ~ de **brouillage de zones** (filage) / antipatterning device || ~ de **butée et d'arrêt des berlines** (mines) / tub stop || ~ à **butées multiples** (m.outils) / multiple stop device || ~ à **cacher les projecteurs** (auto) / headlamp o. headlight concealment device || ~ de **cadrage de carte** (c.perf.) / card aligner || ~ de **casse-fil** (tiss) / catch-thread device || ~ de **casse-ruban** (filage) / sliver stop motion || ~ **CCAID,** [CCLID] (vidéo) / charge coupled area, [line] imaging device, CCAID, [CCLID] || ~ **CCD** (semicond) / charge coupled device, CCD || ~ **CCID** (vidéo) / charge coupled imaging device o. imager, CCID || ~ pour **changement de guide-fils** (tex) / striping attachment, yarn striping device || ~ de **changement du régime de desserrage** (ch.de fer) / adjustable brake release device || ~ de **changement de régime «marchandises-voyageurs»** (ch.de fer) / goods-passenger brake change-over device || ~ de **chargement** / loading machine || ~ de **chargement pour lingots** (lam) / putting-on device for ingots || ~ de **chariotage** (m.outils) / plain-turning attachment || ~ **chasing** (tex) / chasing device || ~ de **chauffage** / heating appliance o. device, heater || ~ de **chaulage automatique** (sucre) / automatic liming arrangement || ~ pour **chevalement** (métier Raschel) / shogging box || ~ du **clairçage à vapeur** (sucre) / steaming apparatus [to purge the sugar] || ~ à **claire-voie** / louver || ~ **CMOS à effet de champ** (semicond) / CMOS-FET || ~ de **commande automatique** / automatic [machine] || ~ de **commande électronique** / electronic control unit || ~ de **commande à programme** (contr.aut) / program timer, program control gear || ~ de **commutation ou de connexion** (télécom) / switching device || ~ à **compter** / counter, counting apparatus o. device || ~ **compteur** (techn) / counting train, counter || ~ de **conférence** (télécom) / multiphone device, conference calling equipment || ~ de **confirmation d'ordre** (électr) / acknowledge device || ~ de **contrôle de programme** / programming device || ~ de **contrôle de ferrage** (tracteur agric) / weight transfer unit || ~ de **contrôle horizontal et vertical** (phot) / horizontal and vertical control || ~ de **contrôle de phases** / phase monitor || ~ pour le **contrôle des pièces de monnaie** (introduites dans un monnoyeur) / coin-acceptor unit || ~ de **contrôle à postes multiples** / multiple testing set || ~ de **contrôle de vigilance** (Suisse) (ch.de fer) / dead man's handle || ~ de **contrôle visuel d'image en couleur** (TV) / colour monitor, television monitor || ~ **correcteur de centrage** / trimming gear || ~ **correcteur de température** / temperature adjustment o. correction [device] || ~ de **correction de distorsion** (télécom) / correcting device o. corrector of distortion || ~ à **coupe transversale** / cross cutter, -cutting attachment || ~ **coupe-lisières** (tex) / selvedge trimming device || ~ de **coupe-milieu** / center cutter || ~ **coupeur ou de coupe** / cutting appliance o. implement o. device o. mechanism || ~ de **couplage avec contact à lame souple** (télécom) / reed contact coupler || ~ à **couplage de charge** (électron) / charge coupled device || ~ de **coupure du courant** (électr) / switchgear || ~ à **crans** / snap-in locking device || ~ à **crans à déclic** / click-stop adjustment || ~ de **croisure** (filage) / cross winding mechanism || ~ en **croix de Malte** (montre) / Maltese-cross stopwork || ~ de **cueillage** (filage) / draw[ing] mechanism || ~ de **culbutage** (mines) / tipper || ~ **dateur** / dating device || ~ de **débrayage** (techn) / disconnecting lever, disengaging o. releasing device || ~ de **débrayage** (m.à ecrire) / releasing device o. mechanism || ~ de **débrayage de l'attelage automatique** (ch.de fer) / release device of the automatic coupling || ~ de **débrayage instantané** / instantaneous o. rapid disengaging device || ~ de **décalaminage** / decarbonizer || ~ **décalamineur et dérouleur** (lam) / processing uncoiler || ~ **d'échappement** (horloge) / time-keeping mechanism || ~ de **décharge de frein** (ch.de fer) / brake releasing device || ~ de **déchargement d'électricité statique** (électr) / destaticizer || ~ à **déchiffrer** / deciphering device || ~ à **déchirer le fumier** / manure mulcher || ~ de **déclenchement** / unlatching o. releasing device || ~ à **déclenchements** (ord) / trigger circuit || ~ de **décorticage** (câbles) / jacket remover || ~ de **découpage** / cutting appliance o. implement o. device o. mechanism || ~ de **défournement [en tirant]** (sidér) / ingot drawing mechanism || ~ de **dégagement pour installation de coulée continue** / discharge device for continuous casting || ~ de **démagnétisation** / demagnetization device || ~ de **démarrage** / starting device || ~ de **démarrage d'en-bas** (aéro) / ground starter || ~ **démultiplicateur** / speed reducing gear || ~ **démultiplicateur de pression** / pressure reducer || ~ de **dépicotage** (filage) / unclipping device || ~ de **déplacement** / shifting device || ~ de **déplacement ou de roulement** / travelling o. traversing o. moving gear o. device o. mechanism || ~ de **déplacement de charge** (semicond) / charge transfer device || ~ de **déplacement à règles avec mécanisme culbuteur à crochets** (lam) / manipulator with hook tilter || ~ de **dépose alternée du tissu** / plaiting machine, cuttler || ~ à **dépouiller** (m.outils) / relieving o. backing-off attachment || ~ à **dépouiller à la meule** / relief-grinding device || ~ **désaccoupleur** (funi) / uncoupling point || ~ de **descente** / lowering device || ~ de **désherbage par flammes** (agr) / flame weeder || ~ à **dessin** (tex) / pattern device || ~ **détecteur d'erreurs** / error detection device || ~ **détecteur aux rayons X** / X-ray apparatus || ~ de **détection des perforations doubles ou manquantes** / double punch and blank column detection device || ~ à **détente brusque** (techn) / over-center device || ~ **directeur** (transm. hydr.) / control device || ~ **discret à semiconducteurs** / discrete semiconductor device || ~ de **distribution** / distributing device, spending out device || ~ **double attaque** (ch.de fer) / split switches *pl* || ~ à **dresser par reproduction** (m outils) / copy dressing attachment || ~ de **duplication** / duplicating device || ~ **échangeable** (gén) / alternate device || ~ d'**échantillonnage** (ord) / sample selection feature || ~ d'**écoute** (télécom) / monitor || ~ à **effet de Hall** / Hall effect component || ~ **égalisateur** (filage) / back stripping device || ~ d'**égalisation des charges des essieux** / axle load adjusting device || ~ d'**égalisation du système** / equipment equalizer || ~

électronique / electronic *sg* || ~ **électronique à intensification de lumière résiduelle** / low-light-level camera || ~ d'**élevage et de culbutage** / lifting and tipping device || ~ d'**empilage** / piling o. stacking device || ~ d'**empilage des panneaux** (scierie) / panel stacker || ~ d'**encagement** (mines) / car cager || ~ à **encartage** (typo) / interleaving device || ~ d'**encirement** (tiss) / waxing device || ~ d'**enclenchement pour arrêter des machines** / stop, stopping device || ~ d'**encliquetage** / trip, catch || ~ d'**encliquetage** (montre) / stopwork || ~ à **encoches** / notch, catch || ~ d'**encrage automatique du ruban** (ord) / ribbon inking device || ~ **enfouisseur** / mulcher || ~ d'**enlèvement** / take-off device || ~ d'**enlèvement des gicleurs** (carburateur) / nozzle extractor || ~ à **enlever les flans** (presse transfert) / blank take-off attachment || ~ d'**enroulage de tissu** (tiss) / cloth roll-up || ~ d'**enroulement** / rolling-up attachment, rewinder || ~ d'**enroulement et de déroulement** (lam) / up-coiler, down-coiler || ~ d'**ensouplage** (tiss) / beaming device || ~ d'**ensouplage à trois rouleaux** (tiss) / three-roller warping machine || ~ d'**ensouplage croisé** (mouvement transversal) (tiss) / cross winding device (side traverse motion) || ~ d'**entassement de paille** / straw stacker || ~ d'**entraînement** (tambour de câble) / carrier appliance || ~ d'**entraînement à ergots** (ord) / pin feed system || ~ d'**entraînement par picots pour imprimés à pliage paravent** (ord) / fanfold attachment || ~ d'**entraînement du support de diagramme** (instr) / chart driving mechanism || ~ **envergeur** (tiss) / leasing device || ~ d'**envol** (aéro) / launching device || ~ d'**épandage** / spreading device || ~ d'**équilibrage** (électr) / balancer || ~ d'**équilibrage de meule** / wheel balancing arrangement || ~ d'**espacement automatique** (c.perf.) / automatic carriage || ~ d'**essai** / test[ing] device o. instrument || ~ d'**étalement des impulsions** (TV) / pulse stretcher (US) || ~ **étaleur** (filage) / back stripping device || ~ d'**étanchéité d'arbre** / shaft seals *pl* || ~ d'**étirage** (filage) / drafting arrangement || ~ d'**étranglement du courant** / flow restrictor || ~ d'**évacuation** / evacuating device || ~ d'**évasement** / splaying device || ~ **évitant l'addition des efforts de freinage** / compounding prevention || ~ d'**expansion de volume** (électron) / expander || ~ d'**exploration** (ord) / scan feature || ~ d'**extraction de la meule** / extraction system || ~ de **fendage** / splitter || ~ de **fermeture de puits** (nav) / manhole top || ~ de **fermeture de portes** / door closer o. check || ~ de **filetage ou à fileter** / screwing attachment o. mechanism || ~ de **filetage conducteur** / chasing arm o. jig || ~ de **fixation ou à fixer** / locating device || ~ de **fixation** (m.outils) / work [holding o. gripping o. chucking] fixture, holding o. fixing attachment, mounting o. setting attachment || ~ de **formation de réserve de base** (filage) / device for tip bunch formation || ~ à **fraiser** (tourn) / milling attachment || ~ à **fraiser les filets** / thread milling attachment || ~ à **fraiser symétrique** / mirror image milling attachment || ~ de **freinage à la descente sur le navire** (aéro) / deck brake, arresting gear on deck || ~ à **gabarit** (m.outils) / copying o. profiling o. forming attachment || ~ de **gerbage** (conteneurs) / stacking device || ~ **Gilles** (télécom) / split order wire || ~ de **graissage** / lubricating arrangement || ~ de **guidage** / guide o. guiding device o. appliance o. mechanism, guide || ~ de **guidage du câble** / fairlead || ~ de **guidage des imprimés** / form feeding device, form guides *pl* || ~ d'**homme mort** (ch.de fer) / dead man's handle || ~ **hydraulique à manipuler les pièces à forger** / hydraulic handling device || ~ **I.L.** / low-light-level camera || ~ **image par image** (phot) / stop[ping] motion || ~ **image par image télévisées** / T.V. stop motion, T.V. image freeze || ~ d'**impression du recto** / first forme printing mechanism || ~ d'**impression du verso** (typo) / inner o. inside forme printing mechanism, backing-up mechanism || ~ **imprimant les reçus des clients** / cash register printer, customer's receipt printer || ~ **imprimeur numérique** (balance) / weight card printing device || ~ d'**inclinaison** / tipping o. tilting device o. contrivance o. attachment, tip[per] || ~ d'**inclinaison de caisse dans les courbes** (ch.de fer) / tilting device for car bodies || ~ à **indexer le tambour porte-broche** (m.outils) / spindle drum indexing mechanism || ~ **indicateur** / indicating device, indicator || ~ d'**injection au démarrage** (aéro) / primer || ~ **insérable** / insert || ~ d'**insertion des lignes d'essai** / test line inserter || ~ pour l'**installation** / mounting device || ~ d'**interception des communications anonymes ou des appels abusifs** (télécom) / intercepting device for mischievous calls || ~ d'**interclassement** (c.perf.) / collating device || ~ d'**intercommunication** (m. à dicter) / intercommunication unit || ~ d'**intercommunication** (télécom) / talk-through facility || ~ d'**introduction frontale automatique pour simple [double] insertion des documents comptables** / front-feed || ~ à **Jacquard** / jacquard attachment || ~ à **jour** (tricot) / lace attachment || ~ de **lancement** (aéro) / launching device || ~ de **lancement à catapulte** (aéro) / catapult launching gear || ~ de **lavage d'air** / air washer || ~ de **lecture** (c.perf.) / read feature || ~ de **levage** (gén) / hoisting o. lifting device o. apparatus o. tackle o. gear || ~ de **levage** (grue) / hoisting o. lifting gear || ~ de **levage à main** (grue) / hand lifting gear || ~ de **levage minutieux ou de précision** / precision hoisting gear || ~ de **levage pneumatique** / air jet lift || ~ pour **lisière parlante ou fausse lisière** (tex) / device for written selvedges and false selvedges || ~ de **manœuvre** / control[ling] apparatus o. equipment o. implement o. instrument o. mechanism o. device, control || ~ **marqueur ou de marquage** / marking device || ~ **mélangeur des signaux** (radar) / signal mixer unit || ~ de **mesure** / measuring apparatus o. device o. instrument || ~ de **mesure de courant de plaque** / anode current measuring apparatus || ~ de **mesure de distance**, D.M.E. (aéro) / distance measuring equipment, DME || ~ de **mesure des épaisseurs** / thickness tester || ~ de **mesure de retrait** / shrinkage measuring device || ~ de **métrage** (tex) / measuring device || ~ de **mise à l'heure** (horloge) / dial train, motion work || ~ de **mise en court-circuit et de relevage des balais** (électr) / short-circuiting and brush-lifting device || ~ de **mise en marche** / starting device || ~ de **mise au point** / adjusting device || ~ de **mise au point** (m.outils) / indexing attachment || ~ pour **mise sous tension en largeur** (teint) / expanding device || ~ de **montage** / mounting device || ~ de **montage des garnitures** / card clothing device || ~ de **montage pivotant** (m.outils) / reversible clamping device || ~ de **monte et baisse pour conteneurs** (auto) / container lift[ing device] || ~ à **monter les clichés** (typo) / mounter || ~ de **mortaisage** (m.outils) / slotting attachment || ~ **MOS à effet de champ** / MOS-FET || ~ **moteur** (horloge, montre) / main spring, motor spring || ~ de **mouillage** (typo) /

damping unit || ~ à **mouture intégrale** (moulin) / second reduction rolls *pl* || ~ **multibroche** / multi-spindle attachment || ~ **multiplicateur** (engrenage) / speed increasing gear || ~ **multiplicateur** (pression) / pressure intensifier || ~ **MV** (ch.de fer) / goods-passenger brake change-over device || ~ de **nébulisation** (agr) / low volume mist blower || ~ de **nivelage** (auto) / level[l]ing device || ~ de **nivelage de lame** (tiss) / shaft levelling device || ~ **«non-impression»** (ord) / print suppress, non-print || ~ d'**orientation** (plast) / orientating unit || ~ à **passage brusque** (techn) / over-center device || ~ de **perçage** / drilling appliance || ~s *m pl* de **pesée** / weighing equipment || ~ *m* **photosensible** / photo-sensitive cell || ~ de **picotage à suralimentation** (tex) / overfeed pinning equipment || ~ du **pince du fil** (filage) / thread clip, locking device || ~ de **pivotement** / rotating o. revolving mechanism, sluing (US) o. slewing (GB) mechanism || ~ **plaine-montagne** (ch.de fer) / level-gradient device (brake) || ~ de **pompe à main** (auto) / hand primer || ~ **porte-réticule** (opt) / reticule carrier || ~ **porteur** / carrying device || ~ à **poser les couvercles** (boîte) / seaming chuck || ~ de **post-combustion** (aéro) / [exhaust] reheater (GB), afterburner (US) || ~ de **post-combustion de CO** (auto) / CO-boiler || ~ de **poussée ou à pousser ou pousseur** / pushing device, pusher || ~ **pousseur** (lam) / advancing o. feeding device || ~ de **précaution** / safety apparatus o. appliance o. device o. contrivance o. precaution || ~ de **préchauffage par mise en suspension dans les gaz** / suspension type heat exchanger || ~ de **précipitation** (nucl) / precipitator || ~ de **préréglage ou de présélection** / preselector || ~ à **préserver le fil** (tex) / [yarn] easing motion || ~ **presse-tôle** (découp) / holding down appliance || ~ de **prise à griffes** (lam) / catcher || ~ de **prise préalable** (typo) / auxiliary gripper || ~ de **programmation** (m.outils) / programming attachment || ~ **protecteur contre les accidents** / accident preventer o. preventing device || ~s *m pl* **protecteurs** (électr) / protective gear || ~ *m* de **protection** / protection device, protector || ~ de **protection contre les claquages** (électr) / film cut-out || ~ de **protection contre les démarrages répétés** (auto) / starter safeguard lock || ~ de **protection contre le redoublement de course de la presse** / backing o. locking pawl || ~ de **protection de distance** / distance protective system || ~ de **protection à impédance** (électr) / distance o. impedance protective system || ~ de **purge** (ch.de fer) / discharge valve, drain cock valve || ~ **pyramidal** (m. Cotton) / pyramid o. pointex system || ~ de **raclage des suies** / soot scraper || ~ à **racler les feuillards** / hoop-steel roughing device || ~ de **racroc** (tiss) / catch thread device || ~ de **ramassage** (agr) / pick-up reel || ~ de **ramonage** / garbage chute cleaner || ~ de **rangées lâches multiples** (m. Cotton) / slack course equipment || ~ de **rappel** (contr.aut) / recoil device || ~ des **rayeurs** (m. Cotton) / braking shaft || ~ de **réarmement** (contr.aut) / recoil device || ~ à **refouler les acides par air comprimé** / acid egg || ~ de **réglage** / control[ling] apparatus o. equipment o. implement o. instrument o. mechanism o. device, automatic controller || ~ de **réglage ou d'ajustage** / adjusting device || ~ de **réglage de la carde** (filage) / card bracket || ~ de **réglage des couleurs** (m à écrire) / ribbon reverse lever || ~ de **réglage à distance** / remote adjusting device || ~ de **réglage de la force de frappe** (m.à ecrire) / impression control || ~ de **réglage d'interligne** (m.à ecrire) / line spacing lever || ~ de **réglage de tension** / tension device || ~ pour **régler la marge** (typo) / edge controller || ~ **régleur** / regulating device || ~ **régulateur** / controller, control unit, control system (GB), controlling means (US) || ~ de **relevage** (grue) / luffing gear || ~ de **relevage des balais** (électr) / brush lifting device o. lifter || ~ de **relevage et de court-circuitage des balais** (électr) / brush lifting and short-circuiting device || ~ de **relevage rapide** (m.outils) / quick elevating motion || ~ de **relèvement optique** / visual radio range o. direction finder || ~ **relève-poil** (tex) / pile o. nap lifting apparatus || ~ de **remise à zéro** / zeroizing device || ~ de **remplissage** / feeding o. filling device || ~ à **renversement** (mines) / dumping device o. contrivance o. attachment || ~ de **renversement** (lam) / plate turnover device || ~ de **renversement** (jacquard) / reversing motion || ~ de **renversement d'avance** / feed reverse || ~ de **renversement de marche à friction** / friction reversing gear || ~ de **repérage de position** / fixing aid || ~ de **repérage par le sol** / earth direction finder || ~ de **réponse** (contr.aut) / response synchro || ~ de **report** (additionneuse) / carry-over device || ~ **[re]pousseur** (lam) / advancing o. feeding device || ~ **reproducteur** / copying o. forming o. profiling attachment || ~ de **restitution des pièces de monnaie** (défectueuses, refusées, en trop) / coin dispenser || ~ de **retenue** / clip, holdfast, holding device, holder || ~ de **retenue** (protection) / securing device o. contrivance || ~ de **retenue** (aéro) / docking gear || ~ de **retenue des fils** (tiss) / catch thread device || ~ de **retour** / return motion [device] || ~ de **retour du chariot** / carriage return device || ~ de **retournement** (élévateur à godets) / bucket turnover device || ~ de **retournement des châssis de dessous** (fonderie) / turnover machine for bottom boxes || ~ **retourneur et ripeur** (lam) / side-guards manipulator || ~ de **rétrécissement** (tex) / shrinking device || ~ à **revolver** (microscope) / nose piece || ~ à **revolver** (phot) / revolving objective changer || ~ **roll on/roll off** / roll-on/roll off equipment || ~ de **rotation** (grue) / slewing gear || ~ de **rotation d'antenne** / antenna rotator || ~ de **roulement** / travelling o. traversing o. moving gear o. device o. mechanism || ~ à **ruban tendu** / taut tape attachment || ~ de **rupture** / pull-off o. tear-off attachment || ~ de **saupoudrage** / powdering device || ~ de **sécurité** / safety apparatus o. appliance o. device o. contrivance o. precaution || ~ de **sécurité dans les mines** / mine safety device || ~ de **sécurité positive** / fail-safe device || ~ de **sécurité pour prises de courant** / shutter (for wall outlets) || ~ **sélecteur** / selector || ~s *m pl* **semi-conducteurs d'énergie** / semiconductor power devices *pl* || ~ *m* de **séparation** (lam) / distributing guide || ~ de **séparation de signaux** / signal splitter || ~ de **serrage** / clamping arrangement o. device o. fixture || ~ de **serrage ou de fixation** / locating device || ~ de **serrage** (m.outils) / work [holding o. gripping o. chucking] fixture, holding o. fixing attachment, mounting o. setting attachment || ~s *m pl* de **serrage** (m.outils) / clamping devices o. implements o. tools *pl* || ~ *m* de **serrage à deux endroits** / duplicate work holding fixture || ~ de **serrage avec mandrin** / chucking fixture || ~ de **serrage électromagnétique** / electromagnetic chuck || ~ de **serrage pour fraiseuses** / milling fixture || ~ **spécial** (ord) / special feature || ~ **start-stop** (ord) /

start-stop base || ~ **strioscopique** / striae measuring apparatus, schlieren set-up || ~ **stripeur de transport pour produits laminés** (lam) / stripping device || ~ pour **supprimer les harmoniques** (électron) / suppressor of harmonics || ~ de **suralimentation** (rame tex) / overfeeding device || ~ à **surfacer** (tourn) / facing attachment || ~**s** *m pl* **survivants** (semicond) / surviving components *pl* || ~ *m* de **suspension** / suspension arrangement || ~ de **suspension de la cage** (mines) / suspension device of the cage || ~ de **synchronisation** / synchronizing device, synchronizer || ~ de **syntonisation automatique** / automatic tuner || ~ de **syntonisation silencieuse** / muting device || ~ de **taraudage** (techn) / tapping jig || ~ à **teinturer** (phot) / tinting equipment || ~ de **temporisation du rythmeur** (électron) / clock delay device || ~ **tendeur ou de réglage de tension** (techn) / stretcher || ~ **tendeur** (funi) / tensioning device o. appliance || ~ **tendeur du fil de contact** / contact wire tensioning device || ~ de **tirage de câbles** / cable pulling device || ~ de **tirage de tissu automatique** (métier Rachel) / [sand] roller driving gear || ~ pour **totaliser des quantités** / quantity counter || ~ de **tournage** (soudage) / turnover fixture o. jig || ~ de **tournage conique, à ou pour tourner conique** / taper turning attachment || ~ à **tourner bombé** (m.outils) / convex turning attachment || ~ pour **tourner les brames** / slab turnover device || ~ à **tourner les sphères** / ball turning attachment || ~ pour **tourner le volant des machines Diesel** / flywheel turning device || ~ de **tra[n]canage** / traversing unit of the take-up stand || ~ de **traitement du signal à temps partagé** (ord) / processor charging device || ~ à **transfert de charge** (semicond) / charge transfer device || ~ de **translation** / moving gear o. device o. mechanism || ~ de **transmission d'ordre** (électr) / control switch || ~ pour **travailler en plongée** (tourn) / facing attachment || ~ de **tri par cartes maîtresses** (c.perf.) / group sorting device || ~ de **tri du courrier** / letter sorting device || ~ à **tripler** / tripler || ~ du **troisième pli** / three-folding device || ~ à **vaniser** (tiss) / plaiting tackle || ~ de **veille automatique** (ch.de fer) / dead man's handle || ~ de **vérification** / checking device o. mechanism || ~ de **vérification des contraintes** (méc) / stress testing device || ~ de **vérification d'erreurs** / error detection device || ~ de **verrouillage** / lock, catch || ~ de **vigilance nocturne** / night security device || ~ **vireur** (mot) / cranking device || ~ **vireur** (soudage) / turnover fixture o. jig || ~ de **visualisation** (ELF) (ord) / display unit || ~ **vue par vue** (phot) / stop[ping] motion

disposition *f* / arrangement, disposition, laying out, layout || ~ (techn) / arrangement, contrivance || ~, état *m* / shape, condition || ~ **accidentelle** / random arrangement || ~ d'**accrochage** (mines) / car caging installation || ~ **azimutale de la striction** (plasma) / theta pinch figuration || ~ des **brûleurs dans les coins** / tangential burner system || ~ au **centre** / central position || ~ des **conducteurs** (ligne aérienne) / conductor arrangement || ~ **coplanaire** / in-line arrangement || ~ par **couches** / arrangement in layers || ~ des **données** (ord) / format || ~ à **double corps** (aéro) / two-spool o. twin-spool arrangement || ~ d'**engrenage** (m.outils) / gearing layout || ~ d'**enregistrement** (ord) / record layout || ~ d'**ensemble** / general arrangement o. layout || ~ dans l'**espace** / spatial arrangement || ~ des **essieux** (ch.de fer) / wheel arrangement || ~ **facultative** / permissive o. discretionary provision || ~ de **fichier** (ord) / file layout || ~ des **fils** (électr) / lead dress || ~ des **freins** / arrangement of brakes || ~ par **gradins** / graduation || ~ en **groupes** / arrangement, array || ~ **imbriquée** (ord) / interlace pattern || ~ **intelligente** / convenient arrangement || ~ de **leviers** / lever arrangement || ~ en **ligne** / in-line arrangement || ~ des **lumières** (mot) / porting || ~ des **machines-outils selon les produits** (ordonn) / product order of machine tools || ~ des **machines-outils selon espèces** (ordonn) / performance production arrangement || ~ des **maisons en rangées parallèles** (bâtim) / arrangement in rows || ~ de **masselottes** (fonderie) / risering || ~ d'une **opération** (math) / formulation, statement, arrangement || ~ aux **oscillations** (gén) / inherent instability, tendency to oscillate || ~ des **paliers** (techn) / bearing application || ~ des **ressorts** (techn) / disposition of springs || ~ en **tandem** (techn) / tandem arrangement o. operation || ~**s** *f pl* **transitoires** / provisional o. temporary regulations *pl* || ~ *f* des **trous** / hole arrangement || ~ des **vitesses** (auto) / gearshift diagram, shift pattern, gear arrangement

disproportion *f* / disproportion || ~ entre l'**écoulement du coke et du gaz** / disproportion between coke production and gas consumption

disproportionnement *m* (chimie) / disproportionation

disque *m* / disk, disc || ~ (techn) / disk, plate || ~ (horloge) / pendulum ball o. bob || ~ (ch.de fer) / disk signal || ~ (découp) / blank || ~ (tachygraphe) / chart || ~, échelle *f* circulaire / dial || ~ (phono) / phonographic o. disk o. gramophone record || **en forme de** ~ / discoid || ~ **33 tours** / long play[ing] record, L.P. || ~ **abrasif**, feuille *f* abrasive / abrasive disk || ~ **adhésif** / adhesive disk || ~ à **aiguilles** (galv) / pin wheel || ~ **ajouré** (télécom) / dial || ~ **analyseur** (TV) / scanning disk || ~ **antibuée** (masque à gaz) / antidim eyepiece || ~ d'**arrêt** / star wheel, locking disk || ~ d'**arrêt** (ch.de fer) / stop signal disk || ~ de **balayage** (TV) / scanning disk, disk scanner, aperture[d] disk || ~ de **barbotage** / oil splasher o. striker o. thrower || ~ de **Benham** (phys) / Benham disk || ~ **biologique** / biological disk, biodisk || ~ de **blindage de roue** (auto) / spoke disk || ~ à **brosse** / brush wheel || ~ de **butée** / thrust washer || ~**s** *m pl* **butteurs** / disk hiller (US) o. ridger (GB) || ~ *m* à **came** / eccentric sheave o. disk || ~ à **came** (m.outils) / cam plate o. disk o. wheel, eccentric disk, radial cam || ~ de **carborundum** / carborundum wheel || ~ en **cardioïde** (techn) / heart wheel o. sheave || ~ en **carton** / cardboard disk || ~ de **chute** (horloge) / strike locking plate || ~ **claquant** / bursting o. rupture disk || ~ à **cliquet** / detent wheel || ~ **codeur ou de codage** / code disk || ~ de **commande** / plate o. disk cam || ~ **compteur** / counter, counting wheel || ~ du **compteur** (électr) / meter disk || ~ **contigu** (mém à bulles magn) / contiguous disk || ~ de **contrainte** (verre) / strain disk || ~ de **contrôle des fréquences** / frequency test record || ~ de **contrôle de stationnement** / parking dial || ~ à **côtes** (m.à tricoter) / dial of a knitting machine || ~ de **coton** (galv) / rag o. ray o. buff o. polishing wheel, polishing mop o. pad, glazer, bob, dolly, mop, buff (US) || ~ de **coton écrue ou de coton mousseline** (galv) / gray cotton cloth mop || ~-**couteau** *m* / roller blade || ~ à **couteaux** / cutter o. knife disk || ~ à **crans** / notched disk o. plate || ~ **crénelé** (herse, agric) / cutaway disk || ~ **destiné à la rupture** / bursting o. rupture disk || ~-**diagramme de tachographe** / speed-time chart tachograph o. record chart, chart || ~ de **diaphragme** / diaphragm disk || ~ du **dispositif de synchronisation** (auto) / synchronizing disk || ~ **distributeur** (auto) / cam plate o. wheel, cam o. eccentric disk (US), disk o. plate cam || ~ **doseur** / disk feeder || ~ à **double enveloppe** (sucre) / hollow disk || ~ d'**échantillonnage de caractères** (imprimante) / character strobe disk || ~ **éducteur** (pap) / outlet disk || ~ à **effets sonores** (phono) / sound effect record || ~ d'**embrayage** / clutch disk || ~ **enjoliveur** (auto) / wheel cover || ~ d'**enregistrement** (m. à dicter) / transcription record || ~ **entraîneur ou d'entraînement** (m.outils) / driver o. driving plate, carrier plate, catch o. dog plate || ~ **étalon** (phono) / test record || ~ **étalon de pleurage et de papillotement** (phono) / wow and flutter test record || ~ de l'**excentrique** / eccentric o. cam plate o. wheel o. disk (US) || ~ à **fentes** (interrupteur à cellules photoél) / chopper disk || ~ en **feutre** / felt disk o. washer || ~ de **feutre** (galv) / bob, felt polishing disk || ~ à **filtre chromatique** (TV) / colour disk || ~ **filtreur** (le cadre) / filter frame o. disk || ~ **flexible Hardy** (auto) / flexible o. Hardy disk, rubber universal joint || ~ à **frein** / brake disk o. pulley o. sheave || ~ de **frein d'essieu monté sur train de roues** (ch.de fer) / axle-mounted brake disk || ~ de **frein monté sur la roue** (ch.de fer) / wheel-mounted brake disk || ~ de **freinage** (m.à coudre) / tension disk || ~ de **friction** / friction disk || ~ à **goupille de la croix de Malte** / locking cam of the Geneva stop || ~ de **herse** [rond et concave] / harrow disk [plain and concave] || ~ **intérieur du dispositif de synchronisation** (auto) / inner synchromesh disk || ~ **isolant** / insulating disk || ~ du **lapidaire** / lapping wheel || ~ à **lisser** / smoothing wheel || ~ de **longue durée** (phono) / long play[ing] record, L.P. || ~ **magnétique** (ord) / magnetic disk || ~ **magnétique flexible** / flexible disk cartridge || ~ **magnétique son** / magnetic sound recording disk || ~ de **manœuvre** / plate o. disk cam || ~ de **mémoire magnétique** (ord) / magnetic memory plate || ~ **mère** (phono) / master o. mother record, metal positive || ~ **microsillon** / long play[ing] record, L.P. || ~ à **microsillons variables** / variable grade record || ~ de **Nipkow** (TV) / Nipkow [scanning] disk, aperture[d] disk || ~ en **numérique** (phone) / digital record || ~ en **nutation** / swash plate, wobble plate, nutating disk || ~ **opalin** (repro) / opal plate || ~ **ouvert** (ch.de fer) / clear aspect o. position of the disk signal || ~ à **pédonnes** (app. Verdol) / peg disk || ~ **père** (phono) / master disk, master negative o. original || ~ des **phases lunaires** (horloge) / moon's age || ~ de **phonographe** / phonographic o. disk o. gramophone record || ~ **phonographique [de] longue durée** / long play[ing] record, L.P. || ~**-piston** *m* / disk o. ring piston || ~ **planétaire** / planet disk || ~ à **polir** (galv) / spinner, polishing wheel || ~ à **polir en feutre** (galv) / felt polishing disk || ~ **porte-butée** (m.outils) / index ring o. plate || ~ **porte-ficelle** (moissonneuse-lieuse) / twine o. knotter disc || ~ **porte-lames** / cutter o. knife disk || ~ **porte-tête [vidéo]** / video head wheel || ~ de **pression** / pressure disk || ~ de **queue de train** (ch.de fer) / tail disk || ~ de **Rayleigh** (acoustique) / Rayleigh disk || ~ de **recouvrement** / cover disk || ~ **réducteur de pression** / sharp-edged orifice || ~ pour **régler la course** / eccentric sheave o. disk || ~ **répartiteur de masse-cuite** (sucre) / massecuite mixer || ~ de **résonance** (auto) / tone disk || ~ de **roue** / disk wheel center || ~ de [la **roue de] turbine** turbine disk o. rotor || ~ à **secteurs** (barrière lumineuse) / sector disk || ~ de **signal** (ch.de fer) / signal disk || ~ de **signalisation** / marker (US), traffic o. road sign || ~ à **sillons normaux ou larges** / standard groove record || ~ de **sortie** (pap) / outlet disk || ~ **souple** (ord) / floppy disk || ~ de **stationnement** / parking dial || ~ **stéréophonique** / stereo record || ~ **stratifié** / laminated record || ~ **stroboscopique** / stroboscope disk, rotary o. rotating o. revolving shutter || ~ de **synchronisation** (ord) / timing disk || ~ du **tachygraphe** / speed-time chart, tachograph chart || ~ de **tampon** (ch.de fer) / buffer head o. disk || ~ de **tarif** (taximètre) / tax sign o. indicator o. dial || ~ **tendeur [du fil]** (filage) / tension device || ~ de **tension** (m à coudre) / tension disk || ~ **toile** (galv) / rag o. ray o. buff o. polishing wheel, polishing mop o. pad, glazer, bob, dolly, mop, buff (US) || ~ [de **tôle]**, flan *m* (découp) / blank, round o. circular blank, circle, round || ~ en **tôle d'induit** (électr) / core disk o. plate o. punching o. stamping, armature core disk, lamination || ~ à **trancher** / knifing disk || ~ à **trancher** (opt) / cutting-off wheel || ~ à **trous** (télécom) / dial || ~ de **verrouillage en forme de C** / captive C-washer || ~ **vidéo** (TV) / video disk, television storage disk || ~ **vidéo longue durée** (TV) / video long play disk, VLP || ~ **vierge** (phono) / raw o. blank o. virgin record || ~ à **voie libre** / clear aspect o. position of the disk signal || ~ **volant** / disk flywheel

disquette *f* (ord) / floppy disk, diskette

disruptif (électr) / disruptive, breakdown...

dissecteur *m* d'**image [de Farnsworth]** (TV) / Farnsworth tube || ~ d'**image à multiplication d'émission secondaire incorporée** / image dissector multiplier

dissemblable / dissimilar, unlike, different

dissémination / dissemination

disséminé (minéral) (mines) / interstratified

disséminer / strew, scatter, disseminate

dissimilation *f* (physiol) / dissimilation

dissimulé / hidden, quiet || ~ (bâtim) / dummy, feigned, mock

dissipateur *m* (électron) / sink (US) || ~ de **chaleur ou thermique** (électron) / heat sink, dissipator || ~ de **chaleur à ailettes décalées** (électron) / staggered-finger dissipator o. heat sink

dissipation *f* (électr) / dissipation || ~ (chimie) / dispersion, diffusion || ~ (résisteur) / power dissipation || **à faible** ~ (résisteur) / low power... || **à forte** ~ (résisteur) / power... || ~ **anodique** / anode dissipation || ~ de **bruit** / sound dissipation || ~ de **chaleur** / carrying-off of heat, heat abstraction o. dissipation || ~ d'**électrode** / electrode dissipation || ~ d'**énergie** (phys) / dissipation of energy || ~ de **plaque** / anode dissipation || ~ de **puissance** (techn) / power dissipation || ~ de **puissance** (électron) / dissipated energy, power loss o. dissipation || ~ de **puissance de gâchette** (semicond) / gate power dissipation || ~ de **puissance de grille-écran** / screen dissipation || ~ de **puissance inverse moyenne** (semi-cond) / mean inverse dissipation || ~ du **son** / sound dissipation

dissipé (puissance) / dissipated

dissiper / dispel, scatter (e.g. fog) || ~ (se) (brouillard) / clear up *vi*, lift *vi* || ~ la **chaleur** (électron) / sink heat

dissociable / dissociable, separable

dissociation *f* / dissociation || ~ (chimie) / dissociation, decomposition, breaking up || ~ des **corps gras** / dissociation of fatty matters || ~ **électrolytique** / electrolytic dissociation || ~ du **gaz** / dissociation of gas || ~ **photochimique** /

photodissociation, -decomposition || ~ **thermique** / thermal dissociation o. decomposition, thermolysis
dissocier *vt* (chimie) / dissociate *vt*, decompose
dissoluble (chimie) / soluble
dissolution *f* (chimie) / dissolution || ~ (colloïdes) / introfier || **de** ~ (teint) / solubilizing || ~ [**de caoutchouc**] / rubber solution, tire cement || ~ **électrolytique** / electrodissolution
dissolvant *m* / solvent
dissolveur *m* d'**argile** (pap) / clay dissolver
dissonance *f* / dissonance
dissoudre / dissolve *vt* || ~ (sucre) / remelt *vt*, melt *vt* || ~ (chimie) / render soluble, solubilize || ~ (se) (chimie) / dissolve *vi*
dissous (chimie) / dissolved
dissuasif (mil) / deterrent
dissymétrie *f* / asymmetry, unsymmetry, nonsymmetry, dissymmetry || ~ (électr) / unbalance || ~ (statistique) / skewness
dissymétrique / asymmetric[al], dissymmetrical, unsymmetrical, non symmetrical || ~ (levier) / dissymetrical || ~ (électr) / unbalanced
distal / distal
distance *f*, parcours *m* / distance || ~, écartement *m* / space, clearance, distance, pitch, spacing || ~ (mil, radar) / range || ~ (intervalle de temps ou entre deux lieux) / distance (separation in time o. between two points), interval [of time] || **à** ~ / long-distance || **à** ~ **de sécurité** (ELF) (mil) / out of firing range || **à ~s égales** / equally distant || **à la** ~ **convenable** / clear, distant || **faire une** ~ / travel, cover a distance || ~ **aérienne** / air distance || ~ entre **appuis** / bearing distance, span || ~ d'**arrêt** (b.magnét) / stop distance || ~ d'**arrêt** (auto) / stopping distance || ~ d'**arrêt** (nav) / stopway || ~ d'**arrêt du conducteur** (auto) / stopping distance (depending on the driver) || ~ d'**arrêt totale** (auto) / overall stopping distance || ~ d'**arrêt du vehicule** (auto) / braking distance (of the vehicle) || ~ d'**atterrisage** (aéro) / alighting run || ~ d'**avertissement** (ch.de fer) / presignalling distance || ~ d'**axe en axe** / distance from center to center, center distance || ~ de l'**axe de la broche au bâti** (m.outils) / distance from center of drill spindle to column || ~ d'**axe en axe** (bande transporteuse) / distance between conveyor centers || ~ des **axes croisés** (cinématique) / common perpendicular between axes || ~ entre les **axes de voies** / distance between centers o. center lines of tracks || ~ entre **axes ou entre colonne et broche de la perceuse radiale** / radius of arm of the radial drill || ~ du **bond d'onde** (électron) / skip distance || ~ au **bord** / distance from edge, edge spacing || ~ au **bord du couvre-joint** / distance from center of rivet to end of butt strap || ~ [au] **but** / target distance || ~ de **centre à centre** / distance from center to center, center distance || ~ de **centre à centre de bosses** (techn) / distance between centers of bosses || ~ de **centre à centre des caractères** / character centerline spacing || ~ **châssis-carrosserie** (auto) / mounting height (between chassis and body) || ~ de **cheminement** (électr) / creep[age] o. leakage distance o. path || ~ entre **colonne et broche de la perceuse radiale** / radius of arm of the radial drill || ~ entre **conducteurs** / conductor spacing || ~ entre **crans** / distance between serrations || ~ de **décharge** / spark gap, air gap, sparking distance || ~ de **décollage** (aéro) / take-off run || ~ de **décollage disponible** (aéro) / take-off distance available || ~ de **démarrage** (b.magnét) / start distance || ~ de **départ** (engrenage con.) / locating distance || ~ entre **deux traverses** (ch.de fer) / distance between [adjacent] sleepers || ~ entre **électrodes** (électron, soudage) / electrode spacing o. gap, interelectrode gap || ~ **explosive** voir distance de décharge || ~ **explosive ou d'écartement en série** (électr) / auxiliary spark gap || ~ **explosive à pointes** (électr) / point gap || ~ **explosive de sûreté** / protective [spark] gap, relief gap || ~ de **fenêtre stéréo** / distance of stereo window || ~ **fictive** / hypothetical distance || ~ **focale** (opt) / focal distance o. depth o. length, focus || ~ **focale** (géom) / focal distance o. radius of a conic section || ~ **focale d'un condensateur** / focal intercept of a condenser || ~ **franchissable** (aéro) / total range (out and home again) || ~ **franchissable la plus économique** (aéro) / most economical range || ~ de **freinage** / braking distance, length of brake path || ~ de **freinage** (auto) / braking distance less brake lag distance || ~ de **freinage au crochet** (aéro) / pull-out distance || ~ de **fuite superficielle** (électr) / creep[age] o. leakage distance o. path || ~ de **grand cercle** / great route distance || ~ de **Hamming** (ord) / Hamming o. signal distance || ~ **hyperfocale** / hyperfocal distance || ~ d'**implantation des signaux** (ch.de fer) / signal headway || ~ **importante** / great distance || ~ d'**inertie** (nav) / stopway || ~ **interélectrodes** (électron, soudage) / electrode spacing o. gap, interelectrode gap || ~ **intranucléaire** / internuclear distance || ~ d'**isolement** / clearance || ~ entre **joues** / length over flanges || ~ **lentille-écran** (film) / throw || ~ **libre entre appuis** / clear span || ~ **libre entre les bras** (soudeuse par points) / vertical arm spacing, horn o. throat spacing || ~ **limite** (opt) / limit distance || ~ de **lisibilité** / visibility distance || ~ **mesurée** / measured length o. section || ~ **minimale** / minimum distance || ~ **minimale d'approche** / nearest approach || ~ du **mouvement** (bâtim) / lead (for rubbish conveyance) || ~ du **mouvement des terres** (bâtim, routes) / haul [distance] || ~ **moyenne de transport** (bâtim) / average haul distance || ~ **nadirale** / nadir distance || ~ entre les **noppes** / knob o. burl spacing || ~ **normale à l'axe longitudinal** (aéro) / cross-track distance || ~ **oblique** (arp) / slant range || ~ d'**observation** (ch.de fer) / sighting distance || ~ **parcourue** / covered distance || ~ **parcourue** (nav) / day's run || ~ **perpendiculaire entre deux points** (mines) / perpendicular distance between two points || ~ entre **pivots** (ch.de fer) / distance between [bogie] pivots o. pins, pivot pitch || ~ entre **platines** (horloge) / distance between front plate and back plate || ~ entre les **pointes** (tourn) / distance between centers, center distance || ~ **polaire** (astr) / polar distance || ~ **polaire australe** (astr) / south polar distance, S.P.D. || ~ des **pôles** (méc) / pole o. polar distance || ~ entre les **poteaux** (télécom) / distance between poles, pole spacing || ~ entre les **poutres principales** / spacing of main girders || ~ **[principale] de l'image** / image distance || ~ de **projection** (film) / throw || ~ de **protection** (ch.de fer) / safe distance || ~ du **punctum proximum** / spacing of closest homologues || ~ de **ralentissement** (techn) / slowing-down path || ~ de **réaction** (auto) / reaction distance || ~ de **rebond** (m.à ecrire) / rebound distance || ~ **réelle** (radar) / straight distance || ~ **réglementaire de protection** (ch.de fer) / [regulation] safety distance || ~ entre **repères** / gauge length || ~ des **rivets** / pitch o. spacing of rivets || ~ du **rivet à l'aile** / distance from center of rivet to inside of angle || ~ **rotative explosive** / rotary spark gap, rotary discharger || ~ de **saut des**

ondes réfléchies (électron) / skip distance || ~ de **sécurité** (ELF) (auto) / safe headway o. distance || ~ **[standard] entre l'image et le son** (film) / picture-sound spacing || ~ entre **tampons** (ch.de fer) / distance between buffers || ~ **tangentielle** (arp) / tangent distance || ~ **terrestre** (radar) / ground range || ~ de **tête** (engrenage) / tip distance || ~ de **torsion** (câble) / twisting section || ~ de **traçage** (constr.en acier) / marking off dimension, tracing dimension || ~ de **transition** / transition distance || ~ de **transport non comprise dans le prix du terrassement** (bâtim, routes) / overhaul, over-haul (contr. dist.: free haul) || ~ par le **travers** (nav) / distance on the beam, athwart distance (US) || ~ des **trous** / spacing of holes || ~ entre le **trou de goupille et l'extrémité de la tige** / distance between split pin hole and extreme end of shank || ~ **virtuelle** (ch.de fer) / equated distance || ~ de **visibilité ou de vision** / visual distance o. range, range o. reach of vision o. of sight, visibility, field of vision, optical range, sight[ing] distance || ~ à **vol d'oiseau** / linear distance, beeline, straight line || ~ **zénithale** (astr) / zenith distance, co-altitude

distant / distant, away, remote

distar *m* / distar lens

distendu (contreplaqué) / loose, slack

disthène *m* (min) / disthene, cyanite, kyanite

distillat *m* / distillate || ~ de **craquage** / pressure distillate, PD || ~ pour **huile lubrifiante** / lubricating oil o. lube distillate || ~ **moyen** (pétrole) / middle distillate || ~ **paraffineux** (pétrole) / waxy distillate || ~ de **tête** (pétrole) / overhead [product] || ~ sous **vide** (pétrole) / vacuum distillate

distillateur *m* / distiller || ~ d'**eau** / water distilling apparatus || ~ de **goudron** / coaltar burner || ~ **solaire** / solar still

distillation *f* (liqueurs) / distillation || **de ~ atmosphérique ou primaire** / topped || **de ~ directe** (pétrole) / straight-run..., SR... || ~ à l'**alambic** / batch distillation || ~ **continue** / continuous distillation || ~ à **détentes multiples** / flash distillation || ~ **directe** (pétrole) / straight-run distillation || ~ **discontinue** / batch distillation || ~ **droite** / distillation by ascent || ~ **éclair** / flash distillation || ~ par **entraînement à la vapeur** / distillation by steam entraining || ~ **extractive** / extractive distillation || ~ **flash** / flash distillation || ~ **fractionnée** / fractional o. plate-distillation, fractionation || ~ de **goudron** / coaltar distillation || ~ des **goudrons [de pétrole]** / petroleum-tar distillation || ~ **hétéro-azéotrope** / hetero-azeotrope distillation || ~ de **Kraemer et de Spilker** / Kraemer-Spilker distillation || ~ **lente des charbons** / low temperture [coal] carbonization || ~ **lente de combustibles** / low temperature carbonization of fuels || ~ **lente de lignite** / lignite [low temperature] carbonization o. coking || ~ de **liqueurs fines** / liquor distillation || ~ **moléculaire** / molecular distillation || ~ du **pétrole** / crude oil distillation || ~ la **plus parfaite possible** (chimie) / true boiling point distillation || ~ **primaire** (chimie) / topping || ~ de **schiste** / shale distillation || ~ [par voie] **sèche** / destructive distillation || ~ **simple** (chimie) / topping || ~ **vers le bas** / distillation by descent || ~ dans le **vide** / vacuum distillation || ~ à **vide élevé** / molecular distillation || ~ du **zinc** / zinc fuming process

distillé / distilled || ~ (pétrole) / blown

distiller (liqueurs) / distil || ~ à **basse température** (goudron) / distil tar at low temperature || ~ en **cornues** / retort

distillerie *f* d'**alcool** / distillery [of alcohol] || ~ de **grains** / corn [brandy] distillery || ~ [de **liqueurs]** / distillery [of spirits], brandy distillery, still [house]

distinct / distinct, clear || ~ (opt, typo) / sharp, distinct, well defined

distinctif / distinguishing, distinctive, differential

distingable / distinguishable

distinguer / distinguish, differentiate

distordre (math) / deform

distorsiomètre *m* (acoust) / distortion meter

distorsion *f* / distortion || ~, voilement *m* (bois) / warping, casting || ~ (électron, TV) / distortion, deformation || **à ~s** / distorted || **sans ~** / free from distortion, distortionless, -free || ~ **acoustique** / acoustic distortion || ~ d'**affaiblissement [en fonction de la fréquence]** (télécom) / attenuation o. frequency distortion || ~ de l'**amplitude** / amplitude distortion || ~ **arythmique** (télécom) / start-stop distortion || ~ en **barillet** (TV) / positive distortion (US), barrel distortion || ~ en **barillet sphérique** / spherical barrel distortion || ~ **caractéristique** (télécom) / characteristic distortion || ~ de **champ** (électr) / field distortion || ~ **chromatique** (TV) / colour contamination || ~ en **clé de voûte** / trapezium (GB) o. trapezoidal (US) distortion, keystone distortion || ~ de **contact** (mém. à disque) / tracing distortion || ~ en **coussin** (TV) / pillow distortion, pin-cushion (GB) o. negative (US) distortion || ~ du 3e **degré** (électron) / cubic distortion || ~ de **demi-teintes** (TV) / gradation distortion, gamma error || ~ due au **déphasage en avant** (télécom) / leading distortion || ~ de **déviation** (rayons cath) / deflection o. pattern distortion || ~ par **déviation** (radio) / deviation distortion || ~ en **drapeau** (TV) / tearing of the picture || ~ du **flanc arrière** (impulsion) / end distortion || ~ de la **forme** (forge) / distortion of profile || ~ de **fréquence** (électron) / frequency distortion, frequency response || ~ de **gain différentiel** (TV) / differential gain distorsion || ~ [du] **gamma** / gamma distortion || ~ **géométrique** (TV) / picture geometry fault, geometric distortion || ~ de **groupe** (télécom) / group o. phase distortion || ~ **harmonique** (acoustique) / harmonic distortion || ~ d'**image** (opt) / distortion, deformation || ~ d'**image** (TV) / picture distortion, smear (caused by distortion within the video amplifier), skew, flagging || ~ d'**intermodulation** / intermodulation distortion || ~ **linéaire** / [curvi]linear distortion || ~ de **linéarité** (TV) / linearity distortion || ~ **nominale** / nominal distortion || ~ **non-linéaire** / harmonic distortion || ~ **non-linéaire de la fréquence de modulation** / differential [modulation] distortion || ~ **optique** / optical distortion || ~ d'**ouverture** (opt) / aperture distortion || ~ en **parallélogramme** (TV) / parallelogram o. skew distortion || ~ de **phase** (télécom) / group o. phase distortion || ~ de **phase différentielle** (TV) / differential phase distortion || ~ par **propagation multiple** (télécom) / multipath distortion || ~ de **quantification** / quantization distortion || ~ par **régénération ou par réinjection** / regenerative o. retroactive distortion || ~ par **retard d'envelope** (télécom) / envelope delay distortion || ~ du **retard de phase** (télécom) / phase delay distortion || ~ en **S** (TV) / S-distortion || ~ du **signal** (télécom) / telegraph distortion || ~ **sonore** / sound distortion || ~ par **sous-modulation** (TV) / undershoot || ~ du **spot** (TV) / spot distortion || ~ **start-stop** (télécom) / start-stop distortion || ~ de la **trame** (TV) / frame distortion, tilt || ~ due à la **transmission sous plusieurs angles** (radio) /

multipath distortion || ~ en **trapèze** / trapezium (GB) o. trapezoidal (US) distortion, keystone distortion || ~ **unilatérale** / bias distortion || ~ en **Z** (TV) / Z-distorsion
distribué / distributed
distribuer / distribute || ~ (engrais) / spread || ~, répandre [dans] / spread (e.g. particles) || ~ les **caractères** (typo) / spread type matter || ~ les **signaux de modulation** / dispatch modulation signals
distributeur *adj* / distributing, spreading || ~ / dispensing, dealing out in portions || ~ *m* (gén, mot) / distributor || ~ (c.perf.) / digit emitter || ~ (verrerie) / feeder nose o. spout || ~, dispatcheur *m* (ord) / dispatcher || ~ (commerce) / distributor || ~ (bière) / tapping apparatus || ~ (coulée continue) / tundish, pony ladle || ~ (pap) / manifold distributor, manifold type flow spreader || ~ (électr) / distribution box || ~ (turbine à eau) / distributor of a turbine, guide blades *pl* || ~ (manutention) / feeder || ~ (comm.pneum) / directional control valve || ~ à **3, [5] orifices** (comm.pneum) / 3-, [5-]port directional control valve || ~ à **action rapide** (ch.de fer) / quick acting triple valve o. distributor valve || ~ d'**admission de la vapeur** / steam distributing slide [valve] || ~ d'**air comprimé** / pig, manifold || ~ [d'**allumage**] (mot) / ignition distributor, distributor || ~ à **alvéoles** (sucre) / beet feeder || ~ **annulaire** (aéro, turbine) / guide wheel, nozzle diaphragm o. ring || ~ des **appels** (télécom) / allotter || ~ d'**asservissement** (contr.aut) / control distributor || ~ **automatique** / vending machine, vendometer (US), automatic retailer, automatic delivery apparatus, automaton || ~ **automatique** (four) / stoker || ~ **automatique de billets** / ticket issueing device o. machine, ticket slot machine || ~ **automatique de boissons** / drink dispenser, drink vending machine || ~ **automatique de cuves** (sucr) / cell dispenser || ~ **automatique du gaz** / automatic o. mechanical gas seller, slot gas seller || ~ **automatique de timbres-poste** / stamp machine || ~ **basculant** / rocking distributor || ~ de **béton** (bâtim) / concrete distributor || ~ de **carburants gazeux** / filling station for gaseous fuels || ~ à **chaînes pendantes** (convoyeur) / chain curtain feeder || ~ de **charge** (ELF) (électr) / load dispatcher o. distributor || ~ de **chercheurs** (télécom) / allotter || ~ [de **composants électroniques**] / distributor of electronic components || ~ de **couple** / torque divider || ~ de **courant de pâte** (en avant de la machine) (pap) / approach flow system || ~ à **courroie** (techn) / belt feeder || ~ d'**eau chaude** (plus de 1600 J/min) (gaz) / inlet controlled water heater, single-faucet water heater || ~ **électronique** (ord) / [electronic] digit emitter || ~ d'**engrais** / fertilizer distributor o. spreader, manure spreader o. drill o. distributor || ~ d'**engrais à coffre** (agr) / full width fertilizer || ~ d'**engrais en lignes** / fertilizer [placement] drill || ~ d'**engrais liquide** / liquid manure spreader || ~ d'**essence** / roadside petrol (GB) o. gas[oline] (US) pump || ~ de **fluide pour vanne-pilote** / distributing slide valve || ~ des **groupes primaires** (télécom) / group distribution frame || ~ **gyroscopique** / rotary feeder || ~ d'**huile** / lubricating feed mechanisme || ~ à **impulsion pneumatique** / air pilot valve || ~ d'**itinéraires** (ch.de fer) / route o. track controller || ~ **monétaire** / vending machine, vendometer (US), vendor (GB), automatic delivery apparatus, automatic retailer, mechanical seller, [penny-in-the-]slot machine, automaton || ~ à **mouvement alternatif** (gén) / shaking feeder || ~ **multiplex** (télécom) / distributor || ~ d'**outils** / tool dispenser || ~ à **pales tournantes** (convoyeur) / horizontal rotary feeder with paddles || ~ à **palettes métalliques** / apron feeder || ~ de **pâte** (pap) / pulp meter || ~ à **patins** (mines) / feeder skid || ~ à **pistons à ligne double** / two-conductor piston distributor || ~ avec **positions fixes** / distributing valve with fixed positions || ~ de **pulpe** (prépar) / pulp distributor || ~ de **purin** / liquid manure spreader || ~ à **quatre voies** (comm.pneum) / 5/2-port directional control valve, pulse operated || ~ à **réglage d'allumage** / ignition timer distributor || ~ à **ruban** / feeding conveyor || ~ à **secousses** (prépar) / shaking screen, riddle, jigger || ~ à **siège** (vanne) / directional seat valve || ~ à **sole tournante** / rotary table feeder || ~ à **tambour alvéolé** / rotary vane feeder || ~ à **tambour cylindrique** / rotary drum feeder || ~ de **timbres-poste** / postage stamp slot machine || ~ **tournant** (fonderie) / swivelling tundish || ~ de **turbine** (turbine) / bladed stator || ~ à **va-et-vient** (eaux usées) / travelling distributor || ~ de **vapeur** / steam distributor o. header || ~ de **vapeur** (ch.de fer) / steam reversing gear || ~ **vibrant** / vibrating feeder || ~ **vidéo** (TV) / picture signal distribution amplifier
distributif (math) / distributive
distribution *f* (gén) / distribution || ~ (math) / distribution || ~ (gaz, eau) / supply || ~ (typo) / distribution o. spreading of type matter || ~ (mot) / timing gear, engine timing || ~, répartition *f* / allocation || ~ (ELF) (électr) / load dispatching || ~ (ELF) (télécom) / dispatching || ~ d'**admission** / inlet governor o. gearing || ~ d'**air de mise en marche** / starting air distribution || ~ **asymptotique** (statistique) / asymptotic distribution || ~ **blindée** (électr) / cellular switchboard, metal-clad switchboard, enclosed switch gear || ~ χ^2 (statistique) / chi-square o. χ^2-distribution || ~ de **charge** / load o. weight distribution || ~ à **coulisse** (m.à vap) / link motion || ~ de **courant** (électr) / current distribution || ~ par **courant d'air** (panneaux de partic.) / air spreading || ~ **cumulée de défaillances** (contr.de qual) / cumulative failure distribution || ~ à **deux caractères** (statistique) / bicharacteristic distribution || ~ des **dimensions effectives dans la zône de tolérance** / distribution of actual deviations in the tolerance zone || ~ des **données** / data switching || ~ d'**eau** / water supply || ~ d'**eau pour grandes étendues** / large area water supply || ~ des **échantillons** / sample distribution || ~ d'**électricité** / electric [power] supply || ~ d'**énergie** / energy distribution || ~ de l'**énergie** (horloge) / release control || ~ de l'**énergie des neutrons dans le réacteur** / fissioning distribution o. spectrum, reactor spectrum || ~ d'**erreurs de Gauss** / Gaussian error distribution || ~ dans l'**espace** / geometric distribution || ~ à **excentrique** / eccentric gear || ~ **exponentielle** / exponential distribution || ~ de **Fermi** (semicond) / Fermi distribution || ~ de **force motrice** / distribution of power o. energy || ~ de **fréquence** / frequency distribution, F.D. || ~ des **fréquences** (radio) / allocation of frequency bands || ~ de la **fréquence des défaillances** / failure frequency distribution || ~ de **Gauss** / Gaussian distribution, normal [probability density] distribution || ~ de **gaz à [grande] distance** / long-distance gas supply || ~ **granulométrique** / size distribution || ~ **granulométrique** (sidér) / grain size control || ~ **Heusinger** (ch.de fer) / Heusinger link motion || ~ d'**indice d'octane** / octane number distribution || ~

de **Laplace-Gauss** / normal distribution || ~ **latérale** / lateral distribution || ~ de **luminance** / brightness distribution || ~ **marginale** (statistique) / marginal distribution || ~ de **matières** / material distribution || ~ de **moyenne puissance** (électr) / cellular type distribution switchboard || ~ **multinomiale** / multinomial distribution || ~ **multiple** / multiple distribution || ~ du **niveau énergétique** (phys) / energy-level distribution || ~ du **poids** / distribution of weights o. load || ~ de **Poisson** / Poisson's distribution || ~ du **potentiel** (électr) / potential distribution || ~ **probable** / probability distribution || ~ du **produit en vrac** / bulk material distribution || ~ par **projection** (pann. partic.) / gravity spreading, bucket-wheel type spreading || ~ **radiale** (télécom) / radial distribution || ~ en **série** (électr) / series distribution || ~ par **soupapes** / valve controlled distribution, valve gear || ~ **souterraine d'engrais** / subsurface o. subsoil fertilizing, covered fertilizing (US) || ~ **statistique** / random orientation || ~ des **tensions** (méc) / distribution of stresses || ~ par **tiroir** / slide valve gear || ~ à **trois caractères** (statistique) / tricharacteristic distribution || ~ **tronquée** / truncated distribution || ~ à **un caractère** (statistique) / unicharacteristic distribution || ~ à **un tuyau** (chauffage) / single-pipe distribution || ~ de **vapeur** (conduite) / steam line o. main || ~ de **vitesse des électrons** (phys) / velocity distribution o. sorting

distributivité *f* (math) / distributivity

district *m* / area, district || ~ **houiller** / coal district || ~ **industriel** / industrial district o. area o. region || ~ **minier** / mining [administration] district || ~ à **possibilité** [en minerais etc] / prospect || ~ **rural** (télécom) / rural district || ~ de la **voie** (ch.de fer) / permanent way and structures district

disulfure *m* / disulphide

diterpène *m* / diterpene

dithionate *m* / dithionate

dithionite *m* / hyposulphite

dithiophosphate *m* / dithiophosphate

diurne / diurnal

divariant (chimie) / bivariant, divariant

divergence *f* / divergence, divergency, difference, diff., variance || ~, dispersion *f* / diffusion, dispersion, dispersal, scattering || ~ (réacteur) / divergence, going critical || ~ (circulation) / diverging || ~ en **couleur** / colour deviation o. distortion, hue error || ~ d'**équilibre** / displacement of equilibrium (US), unbalancing || ~ de l'**exécution ou de façonnage** (gén) / process spread || ~ de **faisceau** (phare) / beam spread

divergent *adj* / divergent || ~ (opt) / divergent, dispersing || ~ *m* (brûleur) / mixing (GB) o. injector (US) tube || ~ en **module** (math) / properly diverging

diverger / diverge *vi*, spread *vi* out in opposite directions || ~ (nucl) / go critical, diverge || **faire** ~ / diverge *vt*, deflect

divers *adj* / multiple, manifold, various || ~, hétérogène / different, heterogenous || ~ *m pl* / sundries *pl* || **les ~ types de la même espèce** (typo) / series

diversement / variously

diversicolore / varicolo[u]red, party- o. parti-coloured

diversification *f* / diversification

diversifier / vary, diversify

diversion *f*, déviation *f* / deviation

diversité *f* / variety, multiplicity || ~ (télécomm) / diversity || ~, variété *f* / type, variety, kind || ~ en **espace** (télécom) / space diversity || ~ de **fréquence** (radio) / frequency diversity || ~ à **gain égal** (électron) / equal gain diversity

divertisseur *m* (électr) / diverter

dividende *m* (math) / dividend

divisé / divided, split up || ~, articulé / divided, articulated || **a ~ par b** (math) / a over b, a divided by b || **très** ~ / finely divided || ~ en **degrés** / graduated || ~ en **deux** / two-piece, bipartite, having two parts || ~ en **plusieurs parties** / multipartite || ~ en **quatre parties** / quadripartite || ~ en **zones** / zoned

diviser / divide *vt*, split up, part *vt* || ~ (typo) / divide, split up, hyphen[ate] || ~ [par] (math) / divide [by] || ~ (se) (mélange) / segregate *vi* || **[se] ~ en plusieurs parties** / divide *vi*, become separated into parts || **se** ~ [en] / divide [into] *vi*, be composed [of] || **se ~ exactement** (math) / leave no remainder, divide || ~ en **caissons** (bâtim) / coffer || ~ en **écheveaux** (tex) / skein *vt* || ~ en **pouces** / mark in inches

diviseur *adj* / dividing || ~ *m* (math) / divisor || ~ (m.outils) / dividing attachment o. apparatus o. head, divider || ~ (moulin) / divider, scalping reel || **~-aérateur** *m* (fonderie) / aerator || **~-aérateur** *m* à **courroie** (fonderie) / royer || ~ **biconique** (prép) / double-cone sample divider || ~ **binaire** / binary divider || ~ à **broches ou à doigts** (fonderie) / spike disintegrator || ~ **centrifuge** (fonderie) / centrifuge, centrifugal cutter (US) || ~ **centrifuge à sable** (fonderie) / sand aerator and disintegrator, sand cutter (US) || ~ **[de chaumes]** (agr) / outer divider || ~ **commun** (math) / common divisor || ~ à **crans** / dividing attachment o. head, index center (US) || ~ de **débit** / flow divider || ~ d'**échantillon** (prép) / sample divider || ~ pour **fils desséchés,** [humides] (filage) / dry, [wet] splitting device || ~ de **fréquence** (électr) / frequency divider || ~ d'**impulsions** / pulse divider || ~ à **lanière simple** (filage) / single apron o. tape divider || ~ à **lanières multiples** (filage) / multiple tape divider o. condenser || ~ **numérique** (ord) / digital divider || ~ **ohmique** / resistive voltage divider || ~ de **panneaux automatique** (bois) / automatic panel divider || ~ de **phase** (électron) / phase divider, phase splitter || ~ pour la **production** (pétrole) / in-process dividing head || ~ à **sable** (fonderie) / disintegrator || ~ de **sabot intérieur** (moissonneuse) / main shoe o. inner shoe divider rod || ~ **simple** voir diviseur à crans || ~ de **tension** (électron) / bleeder [chain] || ~ de **tension** (électr) / potential o. voltage divider o. distributor, volt [ratio]-box || ~ de **tension à résistance** (instr) / resistive volt-ratio box || ~ de **tension par résistance** / resistive voltage divider || ~ de **voile** (filage) / tape condenser [with dividers], apron divider

divisibilité *f* / divisibility

divisible / divisible || **être** ~ [par] (math) / be divisible || ~ **par moitié** / bipartile, divisible in two equal parts

division *f* / division, div., dividing, partition || ~ (typo) / hyphen, division || ~ (math) / division || ~ (France Centrale) (mines) / pit || ~ de **brevets** / patent division || ~ **cellulaire** / cell division || ~ **centésimale de la circonférence** / centesimal measure || ~ **centésimale du quadrant** / centesimal division of the quadrant || ~ **centigrade** (thermomètre) / centesimal scale || ~ de la **chaîne** (tiss) / dividing the warp || ~ en ou par **degrés** / graduation || ~ des **données** / data division (COBOL) || ~ de l'**échantillon** (prép) / sample division || ~ de l'**échelle** / dial graduation || ~ en **écheveaux** / dividing into skeins || ~ des **élévations** (bâtim) / membering of façades || ~ de l'**équipement** / environment division (COBOL) || ~ avec **formation d'un reste positif** (math) / restoring

division || ~ en **forme de bancs** (géol) / bed-like jointing || ~ de **fréquence** / frequency demultiplication o. division || ~ **grosse des aiguilles dite Chemnitz** (jacquard) / Chemnitz coarse pitch || ~ de l'**identification** / identification division (COBOL) || ~ de **lecture** / reading line || ~ d'une **ligne en segments** (géom) / division of o. dividing a given length o. a distance || ~ **millimétrique** / graduation in millimeters || ~ de **moule** (fonderie) / joint face (GB), mold joint (US) || ~ du **noyau de la cellule** (biol) / nuclear division || ~ d'**ordonnancement** (ordonn) / layout department || ~ en **sections** / breakdown || ~ du **traitement** / procedure division (COBOL) || ~ en **traits** / line graduation || ~ de **vernier** / vernier scale || ~ en **zones** (typo) / division into zones, sectioning
dix / ten || **à ~ pour-cent** / ten percent... || **de ~ heures** / ten hours...
dixième, à un ~ près / accurate to the decimal place || ~ *m* de **décade** / one-tenth decade || ~ **partie** *f* / one tenth [of a unit etc] || ~ *m* de **pouce** (= 2,54 mm) / line, 1/10 inch
dizaine *f* (math) / the ten, ten's o. tens place || ~ (ord) / decade || ~ **supérieure** / next higher decade
D.J.S., traversée-jonction *f* simple (ch.de fer) / single-slip
DL 50, dose *f* semi-létale (nucl) / median lethal dose
DLF = Défense de la Langue Française
DMA = dose maximale admissible
D.M.E., dispositif *m* de mesure de distance (aéro) / distance measuring equipment, DME
D.N.O.C. = dinitro-ortho-crésol
D.O.C.A. = acétate de désoxycorticostérone
docimasie *f*, docimastique *f* (sidér) / dokimasy, docimasy, assaying
dock *m* (port) / dock, inner harbour || ~, chantier *m* de réparation / dockyard, shipyard (GB) || **~s** *m pl* / harbour sheds *pl*, warehouses *pl* || ~ *m* de **carénage** / dry dock || ~ **flottant** / floating [dry] dock, wet dock || ~ **flottant sectionnel** (nav) / [bolted] sectional dock || ~ **levant** / liftdock || ~ **marin ou en mer** (nav) / offshore dock || ~ en forme de **navire** / dock ship || **~-ponton** *m* (nav) / pontoon dock
docker *m* / longshoreman, lumper, docker, dock worker
docking *m* (déconseillé), accostage *m* (astron) / docking
docteur *m* (tex) / colour ductor || ~ (typo) / ductor || ~ (pap) / doctor blade || ~ (tiss) / doctor, film applicator
doctor test *m* (pétrole) / doctor test, sodium plumbite test
document *m* / bill, list || ~, preuve *f* / document || **~s** *m pl* / records *pl* || ~ *m* (m.compt) / voucher, document || ~ (mines) / mine plot, plan of workings || ~ de **base** (m.compt) / source document || **~s** *m pl* **cités** (brevet) / reference cited || ~ *m* **comptable** / accounting voucher || ~ **établi lors de la mise du véhicule en circulation** (auto) / registration book || ~ d'**harmonisation** (normes) / harmonization document || ~ de **simili** (typo) / halftone copy || ~ **technique** / engineering record || ~ au **trait** (typo) / line original, line document
documentaire *m* (TV, radio) / feature, documentary || ~ (film) / documentary film, information film
documentation *f* / engineering data, reference material || ~ (ord) / documentation || ~ des **produits** / production literature, product informations *pl*
dodécaèdre *m* / dodecahedron || ~ **pentagonal** / pentagon dodecahedron, pyritohedron, hemitetrahexahedron || ~ **rhomboïdal** / rhombic dodecahedron, granatohedron
dodécagone *adj* / twelve-angled || ~ *m* / dodecagon
dodécane *m* (chimie) / dodecane
dodécylbenzène *m* / dodecyl benzene
doeskin *m* (tex) / doeskin
dogger *m* (géol) / lower oolite
doigt *m* (techn) / cog, tappet, lift || ~ d'**arrêt** (horloge) / stopfinger || ~ du **combinateur** / controller finger || ~ **comprimeur** (filage) / presser, spring-finger || ~ **conique de positionnement** (découp) / pilot [pin], pummel || ~ de **contact** (électr) / contact finger || ~ de **crochet** (m à coudre) / hook finger || ~ de **démoulage**, came *f* de démoulage (coulée sous pression) / cam pin o. finger, angle pin, mould release trigger || ~ de **démoulage incliné** (fonderie) / angle pin || ~ de **distributeur d'allumage** (auto) / distributor rotor || ~ d'**encliquetage** (techn) / pawl, click, catch, ratchet || ~ de **guidage** (électr) / guide pin || ~ de **pied** / toe || ~ **presseur** (tex) / presser, spring-finger || ~ **résistant de distributeur** (auto) / resistive distributor brush || ~ **tournant** (auto) / steering finger || ~ de **verrouillage** / catch finger
doit *m* / debit [side] || ~, conduite *f* d'eau / water conduit o. pipe
Dolby *m* (b.magnét) / Dolby system
doler le **bois** / thin by planing, shave *vt*
dolérite *f* (géol) / dolerite, diabase (US)
doline *f* (géol) / doline, sinkhole
dollar *m* (nucl, unité de réactivité) / dollar
doloire *f* / blocking ax[e], chip o. bench o. broad ax[e] || ~ (bâtim) / lime rake, larry, mortar beates
dolomie *f*, dolomite *f* (géol) / dolomite || ~ **calcinée ou frittée** / single-burned dolomite || ~ **compacte** / compact dolomite || ~ **damée** (sidér) / rammed dolomite || ~ **granuleuse** / granular dolomite
dolomitique / dolomitic
dolomitisation *f* / dolomitization
domaine *m* / domain, sphere, scope, range || ~ (agr) / estate, Property || ~ **achromatique** (TV) / achromatic locus || ~ d'**action** / range o. sphere of action || ~ d'**ajustement** (contr.aut) / setting range, set-point range || ~ **annexe** (gén) / skirt || ~ d'**application** / coverage, scope, area of application || ~ d'**application** (techn) / range of application || ~ d'**audition** / auditory sensation area || ~ de **brillance** (galv) / bright plating range || ~ de **certitude** / range of certainity || ~ de **charge** / stress range || ~ de **charge** (essai des mat) / load range || ~ de **communication** (ord) / communication area o. region || ~ de **comptage** (réacteur) / counter range || ~ de **confiance** / practical limit of error || ~ de **confiance** (mines) / claim o. concession area || ~ de **déposition** (galv) / deposition range || ~ de **déposition électrolytique** / [electro]plating range || ~ de **divergence** (nucl) / time constant range, period range || ~ d'**ébullition** / boiling range || ~ des **efforts ondulés** (méc) / range of pulsating stresses || ~ d'**emploi** / coverage, scope, area of application || ~ d'**énergie** / energy field || ~ de l'**énergie modérée** (phys) / intermediate energy region || ~ d'**étirage de l'image** (TV) / pull-in range || ~ **étoilé** (math) / star-shaped domain || ~ **expérimental** (agr) / pilot o. test farm || ~ d'**explosibilité** / ignition range || ~ de **fonctionnement** (nucl) / operating range || ~ **G. O. ou grandes ondes** / long-wave range || ~ d'**indication** / indicating range || ~ **intégral** (math) / integral domain || ~ de **Lawson** (nucl) / Lawson range || ~ **limite** / skirt || ~ **magnétique** / magnetic domain || ~ **magnétique allongé** / elongated single domain magnet || ~ **nominal** / nominal range || ~ **nominal d'utilisation** (instr) / nominal range of use ||

~ **p.p.b.** / ppb-range (= parts per billion) || ~ **p.p.m.** / ppm-range (= parts per million) || ~ de **précision maxima** (instr) / effective range || ~ **professionnel** / domain, sphere, scope || ~ de **puissance** (réacteur) / power range || ~ de **rationalité** (math) / corpus, domain [of rationality], field || ~ des **rayons infrarouges** / infrared range || ~ de **refus** (statistique) / rejection range || ~ de **réglage** (contr.aut) / correcting range, regulating range o. limits *pl*, operating range of the final control element || ~ de **réglage** (auto) / timing range || ~ de **résonance** / resonant range || ~ de **savoir** / field of knowledge, subject [field] || ~ de **Schumann** / Schumann region || ~ d'une **science** / field o. scope of a science || ~ de **sécurité** / safety range, safe area || ~ de la **sensation auditive** / auditory sensation area || ~ de **solidification** (sidér) / solidification range || ~ de **sources** (nucl) / source range || ~ **spectral** / region of the spectrum, spectral region || ~ **technologique** / technological field o. sphere || ~ de **températures** / temperature range || ~ de **températures effectif** / effective temperature range || ~ de **tension** (méc) / tension range || ~ de **transmission** (radio) / coverage || ~ **transpassif** (acier) / transpassive region || ~ de **travail** / working scope o. sphere || ~ **utile** (ord) / useful range || ~ d'**utilisation** / field of application || ~ de la **variable complexe** (contr.aut) / complex variable domain || ~ de **variables** (math) / range of variables || ~ de **variation** / variation range || ~ de **verrouillage** (TV) / pull-in range, lock-in range, collecting range o. zone || ~ de **Weiss** (phys) / Weiss' domain o. sphere

dôme *m* (chimie) / dome || ~ (géol) / cone, summit || ~ (bâtim) / dome-shaped roof, cupola roof || ~ (arp) / mound, witness || ~ (crist) / dome || ~ d'**affaissement** (mines) / arch || ~ de **cloche** (électr) / bell dome || ~ de **commande du changement de vitesse** (auto) / gearshift dome || ~ d'**expansion du radiateur** (mot) / steam dome of the radiator || ~ du **four à réverbère** / reverberating roof, furnace dome || ~ de **prise de vapeur** (chaudière) / steam dome of a boiler || ~ **radar** (aéro) / radome, raydome, blister || ~ de **réacteur** (nucl) / reactor sphere o. dome || ~ **salin ou de sel** (géol) / salt dome

domestique *adj* / home, domestic || ~ *m* (tiss) / domestic

domeykite *f* (min) / domeykite

domicile, à ~ / home || **de ~ à domicile** / from door to door

dominance *f* (opt) / dominance

dominant / dominant, commanding || ~ (opt) / dominant || ~ (vent) / prevailing

dominante *f* (bâtim) / dominant factor || ~ **bleue ou bleutée ou bleuâtre** (phot) / blue o. bluish cast

dominer / dominate, control, rule || ~ le **bruit** / rise above, predominate *vi*

domino *m* / insulating screw joint, lustre terminal, connecting block

dominoterie *f* / domino paper

dommage *m* / damage || **sans** ~ / uninjured || ~ **causé par le feu ou par l'incendie** / damage o. losses [caused] by fire || ~**s** *m pl* **causés par la crue** / flood damage || ~ *m* **minier [causé par l'exploitation d'une mine]** (mines) / damage done by mining || ~ à la **peinture** / defect in paint work || ~ **peu considérable** / minor damage

donillage *m* (étoffe de laine, défaut) / streakiness, barreness

donilleux (étoffe de laine) / streaky, barry, barré

donnant la **minute d'arc** / reading to one minute of arc

donné d'**espèce** / determined as to the shape o. from shape

donnée *f* / datum || ~**s** *f pl* (ord) / data *pl (US auch sg)* || ~**s** *f pl* **analogiques** / analog data || ~**s** *f pl* de **base** (ord) / basic data || ~**s** *f pl* **brutes** (ord) / raw data || ~**s** *f pl* **caractéristiques** / data specification, data *pl*, specifications *pl* || ~**s** *f pl* **caractéristiques assignées** / rating, characteristics *pl* || ~**s** *f pl* de **commande** / data given in order || ~**s** *f pl* **constructives ou de construction** / design data || ~**s** *f pl* **décimales codées binaires** / binary coded data || ~**s** *f pl* **dépassées** (ord) / excessive data || ~**s** *f pl* du **devis** / detailed data, details *pl* || ~**s** *f pl* **directes** (ord) / immediate data || ~ *f* **élémentaire** (programme) / data item || ~**s** *f pl* **enchaînées** (ord) / string data || ~**s** *f pl* [d']**entrée ou en entrée** / input data *pl*, input || ~**s** *f pl* de **fiabilité** / reliability details || ~**s** *f pl* de **génie atomique** / nuclear engineering data *pl* || ~**s** *f pl* de **génie chimique** / chemical engineering data *pl* || ~**s** *f pl* de **gestion** (ord) / commercial data || ~**s** *f pl* d'**identification des matières** (nucl) / material identification data *pl* || ~**s** *f pl* d'**ingénierie** (ELF) / engineering data *pl* || ~**s** *f pl* d'**inventaire** (ord) / inventory data *pl* || ~**s** *f pl* **lexicographiques** (ord) / lexicographical data *pl* || ~**s** *f pl* en **lots** (ord) / batch data *pl* || ~**s** *f pl* en **masse** (ord) / mass data *pl* || ~**s** *f pl* **météorologiques** / meteorological data *pl* || ~**s** *f pl* **numérales ou numériques** / digital data *pl*, numeric data *pl* || ~**s** *f pl* de la **position momentanée** (nav) / present position data *pl* || ~**s** *f pl* **principales** / principal o. main data || ~ *f* de **référence** (c.intégré) / datum reference || ~**s** *f pl* de **référence** / reference figures, auxiliary data *pl* || ~**s** *f pl* **relatives au temps** / time data || ~**s** *f pl* **simulées** (ord) / simulated data *pl* || ~**s** *f pl* de **sortie** / output data, output || ~ *f* **statistique** / statistical figure || ~ **structurale** (NC) / dimensional information || ~**s** *f pl* **techniques de documents d'entreprise** / engineering data *pl* || ~**s** *f pl* **télétransmises** (ord) / line data *pl* || ~**s** *f pl* **terminologiques** / terminological data *pl* || ~**s** *f pl* à **traiter** (ord) / raw data || ~**s** *f pl* de **travail** (NC) / machining data, functional control informations *pl*

donner, livrer / yield || ~ [contre] / dash o. bound [against] || **ne plus** ~ (allumage etc) / fail || ~ **accès à l'air** / ventilate || ~ **l'apprêt** (tex) / finish || ~ de la **bande** (nav) / list, heel || ~ du **bénéfice** / yield || ~ des **chaudes** (sidér) / give heats || ~ une **communication** / connect [with], put through [on o. to], complete a call || ~ du **cône** (techn) / taper *vt* || ~ du **corps** / body *vt* || ~ un **coup de brosse** / brush away o. down o. off || ~ un **coup de fil** (télécom) / call [up], ring up || ~ un **coup de kick** (motocycl) / kick *vt* || ~ **court-circuit** (électr) / short[-circuit], short-out || ~ des **déboires** / trouble *vt*, make trouble || ~ la **dernière teinture** (teint) / finish dyeing || ~ du **fruit** (techn, bâtim) / taper *vt*, diminish, contract || ~ de la **graine** / seed *vt* || ~ la **liberté** / free *vt*, set free || ~ la **lumière** / switch on the light || ~ une **mauvaise communication** (télécom) / give a wrong number || ~ **naissance** [à] / give rise [to] || ~ en **partage** / apportion, proportion, dose, meter || ~ en **plus** / throw in || ~ de la **poussière** / give-off dust || ~ une **propriété** / confer o. impart qualities || ~ comme **résultat net** / net *vt* || ~ de la **saveur** / flavo[u]r *vt*, season *vt* || ~ la **trempe** (acier) / anneal [for relieving stresses] || ~ **un tour de clé** / turn once the key || ~ de la **vitesse** / get up speed || ~ la **voie** (scie) / set the teeth

donneur *m* (chimie) / complexing agent, sequestering agent || ~ [d'**électrons]** (semicond) / donor, actor || ~

de **fil** (ourdissoir) / wave motion || ~ de **fils** (tiss, tricot) / yarn carrier, thread guide, feeder || ~ de **licence** / licenser, licensing party || ~ d'**ordre** / orderer || ~ de **protons** (chimie) / proton donor
D.O.P.A., dopa *m* / dopa, β-(3,4-dihydroxyphenyl)-D-alanine
dopage *m*, doping *m* (semicond) / doping, dotation
dopamine *f* / dopamine
dope *m* (pétrole) / dope, additive || ~ (semicond) / dopant
doper (semicond) / dope *vt*
dorage *m* voir dorure
dorer / gild, gold-plate || ~ par **électrolyse** / electrogild
dormant *adj* / still
dormant *m* (charp) / ground beam o. timber || ~ **avec traverse d'imposte** / door frame with transom || ~ **avec, [sans] feuillure** / door frame with, [without] rebate || ~**-butée** *m* / butt-type door frame || ~ **enveloppé** / wrap-around door frame || ~ de **fenêtre** / window frame o. case || ~ de **porte** (men) / door frame o. case
dorsale *f* (b.magnét) / tape backing || ~ **barométrique** (météorol) / wedge of an anticyclone
dorure *f* / gilding || ~ au moyen d'un **amalgame d'or**, dorure au mercure ou au sauté / hot o. amalgam o. dry o. fire gilding, quick-water o. wash gilding || ~ **chimique** / currentless o. electroless gold plating || ~ en ou à la **détrempe** / water o. burnished gilding, gilding in distemper || ~ **électrolytique** / gold plating || ~ par **empreinte** (reliure) / gold blocking || ~ à la **feuille** / leaf o. burnished gilding || ~ par voie **humide** / currentless o. electroless gold plating || ~ à **mordant** / pigment gilding || ~ par **or battu** / leaf gilding || ~ **superficielle** / gold flashing || ~ **terne** / dead gilding || ~ sur **tranche** (typo) / gilt edge
doryphore *m*, doryphora *m* / Colorado beetle, potato bug o. beetle
dos *m* / back || ~ (techn) / back, rear[side], back wall || ~ (profilé en U) / web of a channel || **en ~ d'âne** (routes) / high-crowned || ~ d'**aile** (aéro) / top o. upper side o. surface of wing || ~ d'**âne** (routes) / hump as a means of speed control, "speed bump" || ~ d'**âne** (ch.de fer) / hump, [double] incline, summit || ~ d'**arête** (geogr) / arête || ~ **basane** (typo) / leather back || ~ **brisé** (typo) / hollow o. loose o. open o. spring back || ~ d'une **chaise**, dossier *m* / back [rest] || ~ de **clavette** / wedge back o. base o. head || ~ **collé sur le corps d'ouvrage** (typo) / drawn-on cover || ~ **convexe** (scie) / convex back || ~ de la **hache** / poll of an ax[e] || ~ du **livre** / book back, back of a book, spine, backbone (US) || ~ d'une **pale** (aéro) / suction face, top camber || ~ **plastique** (typo) / comb binding || ~ **plat** (typo) / flat-back || ~ du **tambour de frein** (auto) / back wall of the brake drum || ~ en **toile** / Swiss Standardization Association
dosable (chimie) / estimable
dosage *m* / apportioning, proportioning, dos[ag]e || ~ (sidér) / burdening || ~ (fonderie) / charge make-up || ~ (alimentation) / uniform feeding || ~ (chimie) / quantitative analysis || ~ de l'**acidité** / acid determination, acidimetry || ~ d'**azote** / nitrogen estimation || ~ de **base** (semicond) / base doping || ~ de **carbone**[14] (nucl) / [radio-]carbon method o. dating o. analysis || ~ du **carbone et de l'hydrogène** / carbon-hydrogen estimation || ~ par **encadrement** (chimie) / calibration by bracketing || ~ de **fer** / quantitative analysis of iron || ~ de[s] **gaz** / gas analysis o. testing || ~ des **gaz de fusion empruntés à vide** (sidér) / vacuum fusion gas analysis, vacuum hot extraction || ~ **granulométrique** (réfractaire) / blending, grading || ~ **photométrique** (essai de mat) / photometric determination || ~ du **plomb** / determination of the content of lead || ~ sur le **poids** / weight feed, weight feeding || ~ **rapide** (chimie) / quick analysis || ~ du **soufre** / determination of sulphur content || ~ **témoin** (sidér) / chemical standard || ~ **volumétrique** / volumetric feed
dose *f* / dose || ~, dosage *m* / dos[ag]e, apportioning, proportioning || ~ **absorbée** (nucl) / absorbed dose || ~ **absorbée intégrale** (nucl) / integral dose, total absorbed dose || ~ **absorbée dans le volume** (nucl) / volume dose || ~ **admissible** / permissible dose || ~ dans l'**air** (nucl) / free-air dose || ~ de **changement de poste** (nucl) / standing-off dose || ~ de **coke** / burden o. charge of coke || ~ **cumulée** (nucl) / accumulated dose, cumulative absorbed dose || ~ d'**empoisonnement** (nucl) / tolerance dose || ~ d'**épilation** / depilation dose || ~ **excessive** / overdose || ~ d'**exposition** (nucl) / exposition dose || ~ de **gonades** (nucl) / gonadial dose o. load || ~ **homme-rem** (nucl) / man-rem dose || ~ **individuelle** (nucl) / personal dose || ~ **intégrale** / integral dose || ~ d'**ions ou ionique** / ion dose || ~ d'**irradiation ou de radiation ou de rayonnement** / radiation dos[ag]e || ~ **létale** / L.D., lethal dosis || ~ **létale moyenne ou 50 %** (nucl) / median lethal dose, LD 50 || ~ **maximale** / peak dosis || ~ **maximale admissible** (rayons X) / maximum permissible dose, MPD || ~ **maximale admissible professionnelle** (nucl) / standing-off dose || ~ de **minerai** (sidér) / ore burden || ~ **partielle** / partial dose || ~ en **profondeur** / depth dose || ~ **semi-létale**, DL 50 (nucl) / median lethal dose, LD 50 || ~ **seuil** (nucl) / threshold dose || ~ **sonore** / noise dose || ~ **stylo** / dose determined by pen dosimeter || ~ **tolérée ou de tolérance** (nucl) / tolerance dose || ~ **trop forte** / overdose || ~ d'**urgence** (nucl) / emergency dose
doser / apportion, proportion, measure out, dose || ~ (chimie) / analyze || ~ par **colorimétrie** / determine by colorimetry || ~ **trop fortement** / overdose
doseur *m* / dosing apparatus, measurer, (esp:) metering hopper || ~ à **lait de chaux** (sucre) / liming and measuring tank || ~ de **sortie d'essence** / gasoline outlet checker
dosifilm *m* (nucl) / film badge
dosimètre *m* / dosimeter, dosemeter, dose rate meter || ~ à **condensateur** / capacitor radiation meter o. r-meter o. dosimeter || ~ à **fil de quartz** / quartz fiber dosimeter || ~ **individuel** / personal dosimeter || ~ **photographique personnel** voir dosifilm || ~ à **rayons X** / X-ray dosimeter || ~ de **verre phosphaté** / phosphate glass dosimeter
dosimétrie *f* (rayons X) / dosimetry || ~ **clinique** / clinical dosimetry || ~ à **ionisation** / ionization dosimetry || ~ **photographique** (nucl) / film dosimetry || ~ à **sulfate de fer** (nucl) / ferrous sulfate dosimetry
doskin *m* (tex) / doeskin
dosse *f* (bois) / slab, flitch
dosser (tex) / fold, ply
dosseret *m* (constr.en acier) / wall pier o. pillar || ~ (bâtim) / pilaster strip || ~ de **lavabos** / skirting of a wash basin || ~ de **protection** (manutention) / load back rest (to protect the driver)
dossets *m pl* (cuir) / backs *pl*
dosseur *m* (tiss) / piece doubler
dosseuse *f* (tex) / folding machine
dossier *m* (ord) / file, casebook || ~ (ordonn) / engineering data, dossier || ~, chemise *f* / folder [for

documents] || ~ (siège) / back of a seat || ~ (pour tapis) / backing || ~ d'**application** (ord) / problem description || ~**-poste** *m* / work place casebook || ~ de **wagon** / end [wall] of a car
doté (graisse) / doped || ~ aux **terres rares** (sidér) / rare earth treated
doter [de] / provide || ~ du **tout-à-l'égout** / sewage, sewer
douane *f* / customs *pl*
douanier *m* **garde-côte** / coast guard vessel
doublage *m* / doubling || ~ (filage) / doubling, folded yarns *pl* || ~, jumelage *m* / duplicate arrangement (of parts) || ~ (phot) / double printing || ~ (film) / dubbing, post-synching || ~ (tiss) / cuttling, plaiting || ~ en **bois** / wooden backing || ~ par **extrusion-laminage** (plast) / extrusion coating || ~ avec **feuille mousse** (tex) / laminating with foam || ~ **protecteur** / protective coating || ~ de **zinc ou au zinc** / zinc lining
double *adj* / dual, duplex, twofold || ~, en deux parties / two-piece, bipartite, having two parts || ~ *m* / double || ~, duplicata *m* / duplicate, dupe (US), double, copy || ~ (bureau) / [desk] pad || ~ [d'un fichier, etc] (ord) / back-up || ~ *f* (astr) / binary [star] || **à ~ alimentation** (électr) / double-fed || **à ~ armure** (câble) / double-armature... || **à ~ armure en fil** (câble) / double wire armoured || **à ~ bande** (film) / double-band..., double-system, double-headed, unmarried || **à ~ boudinage** / doubly coiled || **à ~ cône** / biconical, double cone ..., -conical || **à ~ couvre-joint** (constr.en acier) / double-cover... || **à ~ écartement** (ch.de fer) / mixed gauge..., double-tracked || **à ~ effet** / double action o. acting || **à ~ face** / in either direction || **à ~ face** (tiss) / double faced || **à ~ faisceau** / two- o. double-beam..., dual-beam... || **à ~ flux**, à bypass / bypass... || **à ~ flux** (turbine) / double-flow || **à ~ isolation** (électr) / shockproof, all- o. double insulated, Home-Office... (GB) || **à ~ jambage** (m.outils) / straight-sided, two column... || **à ~ joint** / double-jointed || **à ~ montant** (m.outils) / double column..., double-sided || **à ~ montant** (presse) / open-back, double column..., double-sided || **à ~ paroi** / two- o. double-walled || **à ~ pli** (tex) / double pile || **à ~ portée** / with two bearings, two-bearing... || **à ~ section** (méc) / two-shear || **à ~ sens de circulation** / multilane divided (US), with separate lanes || **à ~ tarif** / two-tariff..., two-rate..., double-rate... || **à ~ travée** (bâtim) / two-span, two-nave, two-aisle || **à ~ usage** / dual o. double purpose... || **à ~ vitesse** / two times as fast || **à ~ voie** (ch.de fer) / double-tracked || **à ~ voûte** / bivaulted || **à ~s chaînons** / with hand-in-hand rings || **en ~ grandeur** / twice full size || **en ~ traction** (ch.de fer) / double headed o. heading... || **faire le ~ débrayage** (auto) / double-declutch || **n ~ prime** / n double prime || ~ **abattant** *m* (W.C.) / toilet seat with lid || ~ **action hétérodyne** (TV) / double superheterodyne effect || ~ **agrafage sur bords relevés** (pneu) / flipper || ~ **alésage** / twin bore || ~ **allumage** (auto) / dual o. double ignition || ~ **alternance** *f* / full wave || ~ **articulé** (ch.de fer) / twin articulated || ~ **aubier** *m* (bois) / double sap, blown sap || ~ **balisage d'obstacles** (aéro) / double obstruction light || ~ **bande** *f* (film) / double band o. system || ~ **bitte d'amarrage** / double bitt || ~ **boucle d'annulation** (MTI-radar) / double suppression loop || ~ **bras de réactance** (guide d'ondes) / double stub tuner || ~ **butée à billes** / double thrust ball bearing || ~ **câble concentrique sous plomb** / double lead sheathed concentric cable || ~ **carbonatation** (sucre) / two-stage carbonation || ~ *m* au **carbone** / carbon copy, duplicate, soft copy (US) || ~ **carcasse et double ventilation** (électr) / jacket cooling o. ventilation || ~**-carde** *f* (tex) / double card || ~ **chaîne d'isolateurs** / double string of insulators || ~ **chaînette** (m.à coudre) / double lapped felling || ~**s chaînons** *m pl* / hand-in-hand rings *pl* || ~ **chambre aérophotogrammétrique pour des prises de vue en série** / twin serial camera || ~ **changement de fréquence** / double frequency changing, DFC || ~ **châssis** *m* / winter window || ~ **circuit de freinage** / dual circuit brakes *pl*, divided brake system || ~ **clapet anti-retour piloté** (hydr) / pilot controlled double check valve || ~ **clé à pipe** / double end socket wrench, 90° offset one end || ~ **commande** *f* / dual o. double control || ~ **commande** (automatique et à main) (ascenseur) / dual lift control || ~ **commande à mains** (découp) / two-hand trip guard || ~ **cône** *m* / double cone || ~ **contrôle** (ord) / twin check || ~ **cornet** (antenne) / double horn antenna || ~ **coude** / double knee o. elbow || ~ **coude d'un conduit** (électr) / offset [bend] of conduit || ~ **coude en S** (électr) / saddle bend of a conduit || ~ **courroie trapézoïdale** / twin V-belt || ~ **croix** *f* (typo) / double dagger, diesis || ~ **décamètre** (20 m) *m* (arp) / 20 m-measuring tape, tape measure, tapeline (US) || ~ **décamètre à ruban acier** (20 m) / 20m-steel [measuring] tape o. band || ~ **décomposition** *f*, échange *m* d'esters / double decomposition, ester interchange || ~ **détente** (fusil) / double set trigger || ~ **drap** *m* (tricot) / double cord lap fabric, double 2 x 1 warp knitted fabric || ~ **duo** / rolling mill two-high, double two-housing mill || ~ **élimination** *f* (radar) / double suppression || ~ **empennage à flasque terminal** (aéro) / double tail unit with end plate || ~ **équipe** (ch.de fer) / double crew || ~ **espace** (typo) / stick space || ~ **exposition** (laser) / double exposition || ~**-face** *adj* (tiss) / double-faced || ~ *f* **face** (tiss) / double-faced cloth o. fabric || ~ **feuille** (typo) / four-page folder || ~ **fond** *m (pl doubles-fonds)* (nav) / double bottom || ~ **fond** *m* (réservoir) / false bottom || ~ **fond cellulaire** (nav) / cellular double bottom || ~ **fond pour chauffage à vapeur** (bière) / jacketed bottom || ~ **fraction** *f* (math) / complex o. compound fraction || ~ **impression** (film) / double exposure || ~ **inverseur** *m* (électr) / two-way switch || ~ **inverseur à pont** (relais) / double change-over [contact] || ~ **isolation** *f* / protective insulation || ~ **jeu de barres** / two sets of bus bars || ~ **levier** *m* / articulated lever || ~ **mètre pliant 10 branches** (2m) **[à ressorts enveloppants]** / zigzag folding rule, folding meter-rule o. -stick, folding rule[r] o. measure || ~ **modulation** *f* (électron) / double modulation || ~ **multiplexage** *m* (électron) / double multiplexing || ~ **normale** *f* (four) / double standard [brick] || ~ **optique** (astr) / optical double || ~ **page** (typo) / center spread || ~ **pas** *m* (engrenage) / double pitch || ~ **peau** *f* (bois) / healing over, callousing || ~ **pentode** / double pentode || ~ **pentode de puissance** (électron) / double output pentode || ~ **perforation** (c.perf.) / double punch || ~ **pesée** (chimie) / double weighing || ~ **piste sonore** (film) / dual track || ~ **plaque** (typo) / double plate, two set || ~ **plaque d'ancrage de paroi** (électr) / double eyed wall plate || ~ **pli** *m* (tôle) / double welt o. seam || ~ **porte** *f* / doubled door || ~**s portes articulées** (ch.de fer) / twin articulated doors *pl* || ~ **précision** (ord) / double precision || ~ **prisme interférentiel** / beam-splitting prism || ~ **production** (typo) / straight run || ~ **rabattage** *m* (m.à coudre) / turned in

seam o. hem, lap seam || ~ **rapport de pont arrière** (auto) / two-speed differential shift gear || ~ **règle graduée** / two-scale rule || ~ **repos** (relais) / break-break contact || ~ **repos à pont** (relais) / double-break double-make contact-on-arm || ~ **repos-travail** (relais) / break-break-make (GB), break-changeover [contact] (US) || ~ **résonance hétéronucléaire** (nucl) / heteronuclear double resonance, HNDR || ~ **siphon** / duplex siphon || ~ **soudure** *f* (verre) / double seal || ~ **spirale** / double helix || ~ **station de tension** (funi) / double tensioning station || ~ **taille** (mines) / double unit face o. panel || ~ **tirage** *m* (phot) / base extension || ~ **tissu** / double cloth (two distinct cloths woven and bound together), two-ply fabric || ~ **torsion** *f* / double twist || ~ **travail** *m* (relais) / make-make-contact o. relay || ~ **travail à pont** (relais) / double-make contact-on-arm || ~ **trempe** *f* (sidér) / double hardening || ~ **triode** (électron) / duotriode || ~ **trou** *m* / twin bore || ~ **tube** (électron) / double tube || ~ **valve d'arrêt** / double check valve || ~ **voie** *f* / double track

doublé *adj* (étoffe) / backed || ~ (film) / dubbed || ~ *m* (or, argent) / rolling-on, plating || **[en] ~ d'or** / gold plated || **être** ~ / double *vi* || ~ **argent** / silver plating || ~ de **matière plastique** / plastics-coated || ~ **or** / gold plating || ~ de **platine** / platinum plating || ~ **une face** (pap) / single-lined || ~ en **zinc** / zinc sheathed

doubleaux *m pl* / common joists *pl*

doublement *m* / doubling || ~ (techn) / duplicate arrangement (of parts) || ~ *adv* / doubly || ~ **blindé** (électron) / double screened o. shielded || ~ **compoundé** (électr, m.à vap) / double-compound... || ~ **coudé** / two-throw (crank), double-drop (chassis) || ~ **indéterminé par la statique** / .with two statically indetermined members || ~ *m* d'un **train** (ch.de fer) / duplication of a train || ~ de la **voie** (ch.de fer) / doubling of the track

doubler / double, render twofold, duplicate || ~ (filage) / double, twist || ~ (lam) / loop *vt* || ~ (verre) / coat *vt*, double, flash, plate || ~ (pap) / cover *vt*, laminate || ~, copier / manifold *vt*, duplicate || ~, dépasser / overhaul, overtake || ~, garnir / line *vt* || ~ (se) / double *vi* || ~ un **cap** (nav) / double a cape, drive round || ~ à **chaud** / double hot *vt*, hot-bend || ~ en **coulant** / back[-up] || ~ le **disque** (ord) / copy *vt* disk || ~ à **gauche** (auto) / overtake left-hand || ~ **[d'or]** / plate with gold

doublet *m*, raie *f* double (opt) / doublet (a spectrum line) || ~ (nucl) / duplet ring || ~ (phot) / doublet (a lens) || ~ (chimie) / pair || ~ (ord) / doublet, 2-bit-byte || ~ (phys) / doublet (energy term) || **à ~ de charge** (phys, nucl) / doubly charged || ~ **électrique** / electric doublet o. dipole || ~ **électronique** / duplet || ~ **élémentaire** (électron) / elementary doublet o. dipole || ~ **impulsionnel** / double pulse || ~ **isolé ou libre** (chimie) / lone pair || ~ **magnétique** / magnetic dipole

doubleur *m* (électron) / doubler, doubling circuit || ~ (filage) / doubler || ~, réunisseur *m* / lap doubler o. machine, sliver lapper o. lap machine || ~ **automatique** (lam) / mechanical repeater || ~ de **focale** (phot) / teleconverter lens, teleextender || ~ de **fréquence** / frequency doubler o. duplicator || ~ de **tension** (électr) / voltage doubler

doubleuse *f* (filage) / doubling winder, multiple spooling machine || ~ (lam) / repeater || ~, doublier *m* (tiss) / back cloth || ~, réunisseur *m* voir doubleur || ~ de **tôles** / plate doubling machine, sheet doubler

doublier *m* (tex) / back cloth, back gray || ~ de **décatissage** / decatizing cloth || ~ **[écru] pour l'impression** (teint) / print back cloth, printer's blanket o. felt, back gray

doublon *m* (typo, défaut) / double, doublet || ~ (défaut de fondage de ligne) / double line

doublure *f* (bâtim) / casing, lining || ~ (tex) / lining || ~ (pap) / liner [paper], lining paper || ~ (gén) / lining, (esp:) interlining || ~, revêtement *m* intérieur / inside lining || ~ (tiss) / back cloth, back gray || ~ (câble en acier) / shell of a steel cable || ~ **arrière** (élastomère) / fabric back || ~ en **étoffes nappées** (tex) / nonwoven interlining || ~ **glacée** / luster lining || ~ pour **poches** (tex) / pocketing || ~ de **renfort arrière** (élastomère) / fabric back stay || ~ de **réservoirs** / lining of vessels o. tanks

douche *f* / shower, douche || ~ **annulaire** / annular shower || ~ à **main** / handspray

doucine *f* (hydr) / ogee || ~ / beading o. fluting o. moulding plane || ~ **guimpée** / ogee plane

doucir (verre) / clear-polish

doucissage *m* du **verre** / polish

doué [de] / endowed o. provided [with] || ~ d'une **grande sécurité de fonctionnement** / reliable, dependable

douelle *f* (bâtim) / intrados || ~ (four) / circle brick on edge

douglas *m* / Douglas fir o. spruce o. pine, British Columbian pine, Oregon pine

douillage *m* (étoffe de laine, défaut) / warp streakiness, warp streaks *pl*, reed o. section marks *pl*

douille *f* / collet, bush[ing], dowel bush || ~ (électr) / jack, socket || ~ (filage) / pirn, tube || ~ (techn) / thimble, bush, socket, sleeve || ~ (lampe él.) / lamp holder o. socket || ~ d'**aiguille** (mot) / needle bush || ~ de l'**aiguille** (horloge) / hand bushing || ~ d'**ampoule** (électr) / bulb holder o. socket || ~ **annulaire** (électr) / annular socket || ~ **arrache-boulons** / withdrawal sleeve for bolts || ~ **avec interrupteur à clé** / switch [lamp]holder o. socket || ~ à **baïonnette** / swan socket, bayonet socket || ~ de **balai** (électr) / brush box, box-type brushholder || ~ **borgne** / bottom bush || ~ de **brasage** / soldering bushing || ~ à **bride** / flanged bush || ~ de **broche de châssis** (fonderie) / pin bush || ~ de la **broche de perçage** / spindle sleeve || ~ de **canette** (tiss) / pirn tube, bobbin case o. tube, package tube || ~ en **caoutchouc** / rubber bushing || ~ à **carré conducteur** / square drive socket wrench || ~ à **clé** (électr) / switch [lamp]holder o. socket || ~ à **collet** / flange sleeve || ~ **conductrice** (gén) / guide o. steady bush, fairlead bush || ~ **conique** / taper bush o. sleeve || ~ **conique de la pince de serrage** (m.outils) / closer || ~ **conique de réduction** / taper sleeve o. bush || ~ du **connecteur mâle** / barrel of the connector pin || ~ de la **contre-poupée** (tourn) / [center o. tailstock] sleeve || ~ de **coulée** (coulée sous pression) / sleeve || ~ **coulissante** / slide bush || ~ **crimp** / crimp barrel || ~ d'**écartement** / distance sleeve o. tube || ~ **Edison** / Edison lampholder o. socket, screw socket || ~ d'**éjecteur** / ejector sleeve || ~ d'**emmanchement du fleuret** (mines) / drill sleeve || ~ pour **encastrement** (électr) / insert socket || ~ **enroulée** (techn) / wrapped bush || ~ d'**entrée** / leading-in tube o. socket || ~ **entretoise** (brochage) / spacer of a broach || ~ d'**essai** (électr) / [insulated] test terminal || ~ **étanche** / moisture-proof lampholder || ~ en **fer-blanc** / sheet metal tube, shell, bush || ~ **filetée** / threaded bush || ~ de **fin** (électr) / terminal sleeve || ~ du **fusible** (électr) / fuse holder || ~ de **glissement** / guide bush, slide bush || ~ de **goujon** / small end bushing of connecting rod || ~ de **guidage** (gén) /

guide bush o. sleeve || ~ de **guidage** (tournevis) / finder sleeve || ~ **guide-foret**, douille *f* de guidage / drill bush[ing] || ~ **guide-foret amovible** / renewable drill bush, headed drill bush || ~ **guide-foret à collet** / headed press fit bush, headed drill bush || ~ d'**identification** (électr, électron) / cable marker || ~ **intérieure** / inner bush || ~ à **interrupteur** (électr) / switch [lamp]holder o. socket || ~ **isolante** / insulating bush || ~ de **jack** / jack bush || ~ de **lampe** / lamp holder o. socket || ~ **linolite** / socket for festoon (o. linolite) lamp || ~ **machine [à cardan]** / cardan type socket for machine driven wrenches || ~ **machine à carré conducteur femelle pour embout 6 pans mâle** / square drive socket for hexagon insert bits || ~ de **marche arrière** (auto) / reverse idler gear bushing || ~ pour **marche à vide** / no-load o. loose bush[ing] || ~ d'un **marteau** / socket of a hammer, hammer socket || ~ de **mât** / strut socket o. fitting || ~ de **mesurage** / [insulated] test terminal || ~ **miniature** / miniature cap o. socket || ~ **murale oblique** (électr) / inclined wall lamp holder || ~ en **papier** (électr) / paper sleeve || ~ du **pied de la bielle** (mot) / connecting rod bushing, small-end bushing || ~ de **pince de serrage** / collet bush || ~ de **plafond** / ceiling lamp holder || ~ pour **plots de connexion** (électr) / switch jack || ~ de **poinçon de perçage** (m.outils, découp) / piercing die bush || ~ **porte-guide** (perçage) / liner, drill[ing] bush || ~ de **presse-étoupe** / packing box o. stuffing box lid o. gland || ~ à **prise de courant** / plug-in socket || ~ à **rainures** / grooved o. fluted bushing || ~ à **réduction** (électr) / diminishing socket || ~ de **réduction** / reducing bush || ~ de **réglage** (outil) / adjustable adapter || ~ de **ressort** / spring bushing || ~ à **rotule à carré conducteur femelle** / universal joint ball type socket wrench || ~ de **serrage** / split taper socket || ~ de **serrage** (m.outils) / collet || ~ de **serrage** (coussinet) / withdrawal sleeve, adapter sleeve || ~ de **serrage de câble à ressort** / spring type rope clamp o. cramp || ~ de **serrage à mâchoires** (mines) / rope sockets *pl* (hook and eye coupling for ropes) || ~ de **serrage poussée** (m.outils) / push-out collet || ~ de **serrage à trois griffes** / three jaw[ed] collet chuck || ~ **six pans** (outil) / six point socket || ~ **six pans mâle pour vis à 6 pans creux** / hexagon male drive socket for socket screws || ~ de **sortie** (c.perf) / exit hub || ~ **taraudée** (plast) / insert [nut] || ~ **taraudée et filetée** / screwed insert || ~ pour **tournevis automatique** / socket shank for use with spiral ratchet screwdriver || ~ **tournevis [carrée]** / square drive screwdriver || ~ de **traversée** (électr) / bushing nipple o. socket o. tube, leading-in tube o. socket || ~ **[du tube à vide]** (électron) / tube holder o. socket || ~ pour **tubes** / conduit bushing || ~ de **vérification** / [insulated] test terminal || ~ à **vis** (électr) / Edison lampholder o. socket, screw socket || ~ **volante ou voleuse** / plug adapter, lampholder plug

douilleux (tiss, défaut) / streaky, striped

doute *m* / ambiguity

douvage *m* de **tourets de câbles** / lagging of cable reels

douvain *m* / stave wood

douve *f* [de corps] / stave || ~ de **fond** / bottom board of cask

doux / sweet || ~, tendre / smooth, soft || ~, modéré / mild || ~ (lime) / smooth || ~ (techn) / fine || ~ (eau, métal, sons) / soft || ~, silencieux / noiseless, quiet || ~ (environnement) / not harmful to the environment (gen), anti- o. low-pollution (engine), conservation-minded (man) || ~ **recuit brillant** (sidér) / bright soft

douzième *m* (horloge) / douzième

Dowtherm *m* (échangeur de chaleur) / Dowtherm

dozzle *m* (céram) / dozzle, hot top, mould brick

DP, degré de polymérisation moyen *m* / average degree of polymerization, DP

D.P.N. / cozymase, NAD, DPN

dragage *m* / dredging || ~ de **gravier** / gravel dredging

dragée *f* / dragée || ~ (agr) / mixed provender, mash || ~ (chasse) / small shot || ~ de **tarage** / tare shot

dragline *f* / scraper excavator, dragline || ~ à **benne** / cable dredger o. excavator, small type, dragline excavator, cable crane scraper || ~ [pour l'**extraction et le transport de déblais ou de sable]** / cable dredger o. excavator || ~ **marchante ou marcheuse ou sur patins** / walking dragline o. scraper [dredger]

dragonne *f* / hand strap (e.g. for cameras), carrying strap

drague *f* / dredging engine o. machine, dredge[r] || ~ (nav) / sweeper, sweep[ing gear] || ~ (pêche) / draw o. dreg net, trawl [net] || ~ **autoporteuse** / hopper-dredger, dredge transporting the dredged material || ~ à **boue** / mud dredger || ~ sur **câble** / cable dredger o. excavator || ~ pour **canaux** / canal excavator || ~ à **chapelet** voir drague à godets || ~ à **cuiller** / dipper dredge (US) || ~ à **désagrégateur rotatif** / cutter dredge || ~ à **désintégrateur** / cutter excavator || ~ d'**extraction sous-marine** / extraction o. winning dredge || ~ **flottante** / floating o. floater dredge[r], dredging boat, dredge[r] || ~ à **godets ou à chapelet** / bucket ladder dredger, elevator dredger || ~ à **grappin** / grab o. grapple dredger o. excavator, clamshell [digger] || ~ **magnétique** (nav) / magnetic sweep || ~ de **mines** / mine sweeping device || ~ **porteuse** / hopper dredger || ~ à **pulsomètre** / pulsometer dredger || ~ de **remblayage** / flushing o. reclamation dredger || ~ **sèche** / excavator, navvy || ~ **suceuse** / sand pump dredger, suction dredger || ~ **suceuse autoporteuse** / hopper o. hold suction dredger || ~ **suceuse pour barges** / suction dredger for emptying barges, barge sucker || ~ **suceuse à chapelet** / compound dredger || ~ **suceuse avec désintégrateur** / suction-cutter dredger || ~ **suceuse à flèche** / boom dredger || ~ **suceuse porteuse** / hopper o. hold suction dredger || ~ à **vapeur** / steam dredger

draguer / dredge *vi* || ~ (pêche) / trawl, haul up || ~ [dans] / dredge out [of] || ~ un **chenal** / deepen the shipping channel by dredging

dragueur *m* **côtier** / coastal dredge[r] || ~ de **mines** (nav) / snag boat || ~ **océanique** / deep-sea dredge[r] || ~ de **sable** / sand-dredge[r]

drain *m*, canalisation *f* poreuse / drain [pipe] || ~ (ch.de fer, routes) / drop pipe, catch water drain || ~ (semi-cond) / drain, drain terminal o. electrode o. zone || ~ (égout) / drain for poisonous waste || ~ (agr) / drainage [works pl.] || ~ **aspirateur ou d'aspiration** / suction drain || ~ à **cailloux** / French o. rubble drain || ~ **commun** (semi-cond) / common drain || ~ pour **eaux souterraines** (mines) / collecting drain || ~ en **fascines** / fascine drain || ~ du **MOS-FET** (électron) / drain of MOS-FET || ~ [en **poterie]** (agr) / land tile, drain pipe || ~ **souterrain par tuyaux** / subsoil o. pipe drain

drainage *m* (agr) / drainage || ~ (hydr) / drain, draining, drainage || ~ par **canalisation enterrée** / drainage with pipes || ~ à **clapets** / field weir drainage || ~ **électrique polarisé** (corrosion) /

electric drainage || ~ par **fossés** / well drain, trench || ~ des **gisements pétrolifères** / petroleum displacement || ~ par **réseau hydrographique** / arterial drainage || ~ du **réservoir** (pétrole) / tank draining || ~ par **rigoles remplies de matière filtrante** (agr) / spall o. rubble drainage, French o. blind drain || ~ des **schlamms** / sludge draining || ~ **souterrain** / underdrainage || ~ **souterrain** (agr) / mole drain || ~ **système d'Elkington** / sinkhole drainage || ~ du **tablier** (pont) / road draining || **~-taupe** *m* (agr) / mole drain || ~ d'un **terrain** / estate drainage || ~ des **terrains** / soil draining o. drainage || ~ de **tuyauterie** / pipe drainage
drainer (gén) / drain *vt*, ditch *vt*
draisine *f* à **moteur** / track motor car
Dralon *m* (tex) / Dralon
drap *m* (tiss) / cloth, fabric || ~ (tricot) / single cord lap fabric, 2 x 1 warp knitted fabric || ~ de **bain** / Turkish towelling || ~ pour **billards** (tex) / billiard cloth || ~ à **chaîne de coton** / cotton warp cloth || ~ **corsé ou frappé ou serré** / strong o. close o. tight cloth, stout cloth || ~ pour **cylindre** (tex) / roller cloth || ~ **fort anglais** (tiss) / buckskin || ~ **grossier** / nap cloth o. fabric || ~ **militaire ou de troupe ou d'uniforme** / army cloth, military o. uniform cloth || ~ de **sauvetage** (pomp) / safety blanket, salvage sheet, jumping sheet (GB) || ~ **teint en pièce** (tiss) / cloth dyed by the piece || **~-velvet** *m* / woollen velvet, worsted long pile
drapage *m* **après pré-étirage sur poinçons** (plast) / air-slip process
drapé *m* des **étoffes** / drape of textile fabrics
drapeau *m* (ord) / marker (GB), sentinel (US), tag [bit], flag, switch indicator || ~ (aéro) / delta shaped tail unit || ~ de **bloc** (ord) / record mark || ~ d'**erreur** (ord) / error flag || ~ **indicateur** (ord) / end mark || ~ **mot** (ord) / word mark[er] || ~ **mot séparateur** (ord) / defining word mark || **~-signal** *m* / signal flag
drapeler (pap) / tear rags
drapelet *m* **cousu** / hem
draper / drape || ~ (m.à coudre) / gather || ~ (plast) / stretcher-level
draperie *f* / cloth [manu]factory || ~ (commerce) / drapery (GB), cloth trade
drapier *m* / clothier
dravée *f*, dravière *f* (agr) / dredge corn o. grain
dravite *f* (min) / dravite, coronite
drawback *m* (douane) / drawback
drayer, derayer (tan) / shave, skive
drayoire *f* (tan) / shaving knife o. tool
drêche *f* / malt husks o. grains o. returns *pl*, spent barley o. grains *pl*, draff || ~ de **houblon** (bière) / spent hops *pl* || ~ de **malt** (bière) / spent barley o. grains *pl*, malt husks o. grains o. returns *pl*
drège *m* (tex) / ripple || ~ *f*, dreige *f* / dredge
dréger (lin) / ripple *vt* flax
dressage *m*, redressage *m* / dressing, flattening, levelling, trueing || ~ (fonderie) / dressing-off || ~ (lam) / pinch rolling || ~ (typo) / back-planing of the printing block || ~ (tourn) / facing, transverse turning [operation] || ~ **[avec étirage]** / patent flattening, stretcher levelling || ~ par **bande abrasive** / belt grinding || ~ des **barres** (tourn) / end facing of bars || ~ à **chaud** / hot straightening || ~ du **cliché** (typo) / slabbing of the electrotype || ~ à **cylindres** / roller levelling || **~-finissage** *m* / finish facing, transverse o. face finishing || ~ à **galets** / roller levelling || ~ par **laminage à froid** (lam) / skin o. pinch passing, temper rolling || ~ en **plan de la voie** (ch.de fer) / lining of the track || ~ en **profil** (ch.de fer) / raising the track || ~ par **rouleaux** / roller levelling || ~ au **ruban émerisé** / belt grinding || ~ par **traction et flexion** / stretcher-and-roller levelling
dressant, en ~ (mines) / steep[-dipping]
dressants *m pl* (géol) / rake
dressé au **ciseau** (bâtim) / nidged, nigged || ~ vers le **haut** / raised, pitched || ~ au **tour** (bois) / turned
dresse-meules *m* / true diamond, wheel trueing attachment
dresser, redresser (techn) / adjust, straighten || ~, lisser / trim, shape, rough down, smooth, straighten || ~ (lam) / straighten || ~, élever / erect, raise, pitch, put up || ~, construire / edify || ~ (découp) / flatten, planish || ~, assembler / assemble, erect, mount || ~ (routes) / beat down, ram, bed in || ~, égaliser / level, equalize || ~, toucher / try-out [by blue ink], touch-up || ~ (bonneterie) / equalize, stretch, extend || ~ (fibres) / straighten || ~ **[avec étirage]** / stretch-form, stretcher-level || ~ par **bande abrasive** / grind on abrasive belt || ~ des **cartes géographiques** / map *vi* || ~ à la **cognée** (charp) / ax[e] *vt*, trim by the ax[e] || ~ des **échafaudages** / scaffold *vi*, raise a scaffold || ~ l'**envers** / dress the wrong side of cloth || ~ **et lisser** (sidér) / crossroll || ~ le **fil** (télécom) / stretch the wire || ~ les **fils** (lam) / straighten the wire || ~ à la **fraise** / trim by surface milling || ~ à **froid** / cold-straighten || ~ à l'**herminette** (charp) / dub || ~ les **lames** (parquet) / dress by planing || ~ à la **ligne** (arp) / sight out || ~ au **marteau** / dress by hammer || ~ à la **meule** / precision- o. finish-grind || ~ les **meules** / dress o. true o. trim grinding wheels || ~ les **minerais** / dress ores || ~ le **niveau** / level [off] || ~ avec du **papier de verre** / sandpaper *vt* || ~ les **pierres** / ax[e] o. dress o. work stones, spall o. broach ashlars || ~ les **planches à rainures et languettes** / double-groove and -slip planks || ~ la **plateforme** (ch.de fer, bâtim) / clear o. finish the formation, top-level *vt* || ~ le **procès-verbal** / draw-up the minutes of a reading || ~ au **rabot** / plane *vt* || ~ la **tôle** (lam) / dress sheet metal || ~ au **tour** (bois) / turn *vt*, shape || ~ au **tour en l'air** / turn wood freehand
dresseur *m* (lam) / straightener || ~ des **bords** (sidér) / edge trimming cutter and wind-up roll || ~ **giratoire** (treillis mét) / spinner
dresseuse *f* (lam) / stretcher-leveller
dressoir *m* / flattening hammer || ~ (m.outils) / flattener, straightening machine
drille *f* / Archimedean o. screw drill || ~ à **main** / hand drill, portable drill[ing machine]
drisse *f* / braided rope
drive-in *m* / drive-in movies *pl*
driver *m* de **ligne** (électron) / line driver || ~ de **mémoire à tores** (ord) / core driver
drogue *f* / drogue || ~ **tinctoriale ou de teinture** / dye drug, dye drugs *pl*, dyeing materials *pl*
droguiste *m* / chemist (US), druggist (GB)
droit *adj* / straight || ~ (bâtim) / straight || ~ (opt) / dextrogyre || ~, vertical / right || ~ (côté) / right-hand || ~ (rainures de la pince) / with transverse serrations (pincers) || ~ *m* / claim || **de ~ public** / under public law || ~ de **brevets** / patent right o. law || ~ de **coexploitation** (patent) / right of joint use || ~ *adj* au **laminage** (lam) / rolled straight, in rough manufactured state || ~ *m* **minimal** / minimum charge || **~s** *m pl* sur le **poids** / duty on the weight || **~s** *m pl* de **publication** / copyright || **~s** *m pl* de **quai** / pier dues *pl* || ~ *m* **régalien sur les mines** / mining rights || **~s** *m pl* des **riverains** / riparian rights *pl* || **~s** *m pl* d'**usage** / usage fee
droite *f* (math, ch.de fer) / straight line || ~ (math) / distance, section o. segment of a line || ~ / right

[side] || **à** ~ / right[-hand] || **à** ~ **en tirant** (serrure) / DIN-left-handed || **à** ~ **selon DIN** (serrure) / DIN-right-handed, right-handed, opening to the right away from one || **à la** ~ **en ascendant** (garde-corps) / right-handed || **en** ~ **ligne** / in a straight line || ~ de **charge** (méc) / load line || ~**s** *f pl* **conjuguées** / conjugate lines *pl* || ~ *f* **entre deux virages** (arp) / straight || ~ de **Fermi** (nucl) / Fermi plot, Kurie plot || ~**s** *f pl* **gauches** (math) / skew lines *pl* || ~ *f* d'un **levé topographique** (arp) / line of bearing taken o. of direction o. of sight || ~ **limitée** (math) / finite length o. [straight] line || ~ à **régression** (statistique) / straight regression line || ~ des **vitesses** (méc) / line giving the linear velocity distribution of a rotating link

droit-fil (chaîne ou trame) (tiss) / in direction of the thread (warp or weft)

droitier / right-handed

dromie *f* / mitten crab

dromochronique (sismologie) / dromochrone

drosomètre *m* (phys) / drosometer

drosophile *f* / drosophila, vinegar o. fruit fly

drosse *f* du **gouvernail** (nav) / tiller chain

droussette *f* (filage) / breaker card, scribbler card

drumlin *m* (géol) / drumlin

drupe *f* / stone fruit, drupe

druse *f* (min) / geode, druse, vug[g] (US), vugh (US), vough (GB) || **en forme de** ~, drusiforme (mines) / drusy, drused || ~ **miarolitique** / miarolitic structure

dry-farming *m* (agr) / dry farming

D.S.M., détection *f* sous-marine (nav) / sonar (sound navigation and ranging), asdic, A.S.D.I.C. (Allied Submarine Devices Investigation Committee)

DSP = densité spectrale de puissance

dtex *m* / dtex (yarn count, g/10000 m)

D.T.O., demande *f* totale en oxygène / total oxygen demand

D.T.U. = document technique unifié

dû, être ~ [à] / be consequential [to]

dual *adj* / dual || ~ *m* (math) / dyad, duad

dualisme *m* (phys) / dualism

dualité *f* / duality

duax *m* (électron) / duax

duc-d'albe *m* (nav) / dolphin

ductile, souple / fictile || ~ (solution à filer) / ductile || ~ (métal) / ductile, flexible || ~ (forg) / ductile, malleable

ductilité *f* (métal) / ductility, [ex]tensibility || ~ **après une exposition à haute température** / retained ductility || ~ à **chaud** / hot ductility || ~ à **l'état brut de moulage** (acier) / as-cast ductility || ~ **transversale** (sidér) / transverse ductility

ductilomètre *m* de **Dow** (bitumen) / Dow ductilometer

dudgeon *m* / tube expander, flanging roller

dudgeonner / roll in tubes, expand by rolling

dufrénite *f* / dufrenite, kraurite

dufrénoysite *f* (min) / lead arsen[ol]ite

D&I *m* (boîtes à conserves) / D&I, draw and iron

duitage *m* (tiss) / sett o. density o. gauge of cloth || ~ **irrégulier** / uneven filling

duite *f*, duitte *f* / one-pick length of weft o. of filling, pick, shoot || ~ (cordage) / yarns group || ~ de **chenille** (tex) / pile pick || ~ **courte** (tiss, défaut) / broken pick || ~ **défectueuse** (tex) / coarse pick || ~ à **façonner** (tiss) / shoot for figuring, figuring shoot o. weft || ~ du **fond** (tiss) / bottom shoot, ground weft || ~ **mêlée à tort** (tiss, défaut) / mixed filling || ~ de **poil** (tex) / pile pick || ~ **sautée** (tiss, défaut) / missed pick || ~ **tendue** (tiss, défaut) / bright pick

dulcine *f* (chimie) / dulcin, p-phenetolcarbamide

dulcite *f* (chimie) / melampyrit, -pyrin, dulcite, dulcitol

dumper *m* (déconseillé), tomberau *m* / dumper, trough tipping wagon, V-dump car (US), skip lorry (GB) o. truck (US), dump truck

dune *f* (géol) / dune || ~ **mouvante** / shifting dune

dunette *f* (nav) / poop deck

dunite *f* (géol) / dunite, dunyte

duo *m* (lam) / two-high mill

duodécimal / duodecimal

duo·diode *f* / double diode, dinode || ~**diode-pentode** *f* / double diode-pentode || ~**dynatron** *m* / duodynatron || ~**triode** *f* (électron) / duotriode

duplex *adj* / double action o. acting || ~ *m* (télécom, électron) / duplex || ~, carton *m* ou papier deux couches / duplex, two-layer board o. paper || ~ (pl invar) / dwelling with rooms in two stories || ~ (Canada) / duplex house (US), two-family dwelling (Canada) || ~ à **deux porteuses** (télécom) / equivalent four-wire [carrier frequency] system || ~ **différentiel** (télécom) / differential duplex || ~ **échelonné** (télécom) / echelon duplex || ~ **fourchu** (télécom) / split duplex system || ~ **incrémental** (télécom) / incremental duplex || ~ *adj* **intégral** / full duplex || ~ *m* à **porteuse commune** (télécom) / common carrier duplex

duplexage *m* (télécom) / duplex operation, up-and-down working

duplexeur *m* (télécom) / duplexer (using the same antenna for transmission and reception) || ~ **hyperfréquence** / microwave duplexer || ~ **T-R** / TR-switch, transmit-receive switch || ~ **T-R d'antenne** / antenna change-over switch

duplicata *m* / duplicate, dupe (US)

duplicateur *m* / duplicator (e.g. manifold writer; cyclostyle etc) || ~, autocopiste *m* / duplicating machine || ~ à **alcool ou hectographique** / spirit duplicator || ~**-assembleur** *m* **à fiches** / fiche duplicator-collector || ~ de **carte à fenêtre** (microfilm) / card-to-card printer || ~ à **cliché en relief** / relief master duplicator || ~ à **encre** / manifold writer || ~ **film sur carte** / roll-to-card printer || ~ **offset** / offset duplicator || ~ à **sélection** / system duplicator || ~ à **stencil** / stencil duplicator

duplication *f* (math) / doubling, duplication || ~ (repro) / duplication || ~ sur **bande** (ord) / tape copy || ~ dans une **mémoire** (ord) / image

dupliquer (ord) / copy *vi*, duplicate *vi*

dur / hard || ~ (rayonnement) / penetrating || ~ (techn) / tight, stiff, sluggish || ~ (roches) / conglobate || ~, écroui / hard drawn || ~ (TV, phot) / rich in contrast, high-contrast || ~ (mer) / rough || ~ (temps) / very cold || ~ **comme cuir** / leathery || ~ **comme la pierre** / petrous || ~ **comme le verre** / glasshard || ~ à [l'épreuve de] **l'ongle** (vernis) / nail-hard

durabilité *f* / stability, permanency || ~, longévité *f* / longevity

durable / lasting, made to last, durable, solid || ~, persistant / persisting || ~ (étoffe) / wearing well

durain *m* (mines) / durain, attritus (US)

duralinox *m* / duralinox

duralumin *m* / duralumin[ium]

duramen *m* (bois) / duramen, heart wood || ~ de **chêne** / heart of oak

durchmusterung *f* (astr) / durchmusterung

durci au **marteau** / hammer-hardened

durcir *vt* / harden *vt* || ~ (se), durcir *vi* / become hardened, harden *vi* || ~ à l'**air** (ciment) / set *vi* || ~ à **blanc** / blank-harden || ~ à **froid** / strain- o. wear- o. work-harden || ~ la **graisse** / harden fat || ~ par **précipitation** (métal léger) / precipitation-harden || ~

par **précipitation** (acier) / age *vt* || ~ par **trempe** (métal léger) / age artificially, temper-harden || ~ **ultérieurement** (plast) / afterbake *vt*
durcissable (gén) / hardenable || ~ par **vieillissement** (métal léger) / age-hardenable, heat treatable
durcissage *m* voir durcissement
durcissant *adj* / hardening || ~ *m* / hardening medium || **ne** ~ **pas** / non-hardening || ~ *adj* **à froid** (plast) / cold-curing || ~ à l'**acide** (plast) / acid hardening
durcissement *m* (gén) / hardening || ~ (matériaux) / hardness increase, hardening || ~ (panneau de part.) / curing || ~ (ampoule) / clean-up, gettering || **à** ~ **rapide** (plast) / quick-curing || ~ **bainitique** (sidér) / austempering || ~ du **béton** / setting of concrete || ~ d'**écoulement** (plast) / flow curing || ~ par les **efforts** / strain-hardening || ~ à **froid** (acier) / strain- o. wear- o. work-hardening || ~ à **froid** (plast) / cold setting || ~ des **graisses** / oil hardening || ~ des **graisses par hydrogénation** / hydrogenation of fats || ~ par **phase dispersée** (frittage) / dispersion strengthening || ~ par **précipitation** (mét) / secondary hardening, structural hardening, hardening by precipitation || ~ par **revenu** / hardening by drawing o. tempering || ~ **secondaire** (mét) / secondary hardening, structural hardening, hardening by precipitation || ~ **secondaire à chaud** (acier) / artificial ageing || ~ du **spectre** / spectral hardening || ~ du **spectre des neutrons** (nucl) / neutron hardening || ~ **structural** (sidér) / secondary hardening, structural hardening, hardening by precipitation || ~ par **trempe** / quench hardening
durcisseur *m* / hardening agent o. medium || ~ à **chaud** / hot setting material
durée *f* / duration || ~ (techn) / life, lasting quality || **de** ~ / continuous, uninterrupted || **de longue** ~ / long duration... || ~ d'**action** / action time || ~ d'**actionnement** / duration of application || ~ d'**activité du catalyseur** / cat[alyst] lifetime || ~ d'**adaptation** (ordonn) / learning time, training period || ~ d'**amortissement** / attenuation o. decaying o. dying-out time || ~ d'**arc** / arc duration || ~ d'**arrêt** (ch.de fer) / stopping time || ~ d'**arrêt** (sidér) / soaking time, holding period || ~ d'**assemblage** (ord) / assembling time, assemble duration || ~ d'**audition** (phono) / play-back time, audition time || ~ de **brûlage** (éclairage) / burning hours *pl* || ~ de **brûlage** (brûleur) / burning time, firing period || ~ **brute de séjour** (ordonn) / door-to-door time || ~ de **carbonisation** / carbonizing time o. period, coking time || ~ de la **chaleur** (sidér) / duration of heat || ~ de **charge** / load period o. duration || ~ de **charge** (électr) / charging time || ~ de **cokéfaction** / carbonizing time o. period, coking time || ~ de **collision** (chimie) / duration of collision || ~ de **compilation** (ord) / compiling time || ~ de **conduite** (auto) / driving period || ~ de **conduite continue** (auto) / uninterrupted driving period || ~ de **conduite journalière** (auto) / daily driving period || ~ de **conservation** / storage o. shelf life, storing properties *pl* || ~ de **conservation en pot** (plast) / potlife || ~ de **cordée** (mines) / hoist cycle || ~ [de **coupe]** (outil) / endurance, tool o. edge life, service[able] life || ~ de **coupure-rétablissement** (électr) / dead time || ~ de **cuisson** (coke) / carbonizing time o. period, coking time || ~ du **cycle** / cycle time || ~ du **cycle** (ordonn) / cycle time o. period || ~ de **débit** (tube redresseur) / conducting period || ~ de **démarrage** / starting time || ~ de **dérangement** / down time || ~ d'**ébullition** / duration of boiling || ~ d'un **échantillon** (satellite) / sampling width || ~ d'**éclairage** / period of lighting || ~ d'**écoulement** (essai de bitume) / flow time || ~ **effective de service** / actual working time || ~ d'**égouttage** / dropping time || ~ d'**emploi** / spell [of employment o. occupation] || ~ d'**engrènement** (techn) / period of contact || ~ d'**enregistrement** (bande magn.) / recording time || ~ d'**entraînement** (ordonn) / learning time, training period || ~ de l'**entretien** (ord) / maintenance time || ~ de l'**essai** / time of experimentation || ~ d'**établissement** (contr.aut) / rise o. build-up time, response time || ~ d'**établissement** (phys, électron) / rise time, build-up time || ~ d'**évacuation** (vide) / pump-down time || ~ d'**évanouissement** / attenuation o. decaying o. dying-out time || ~ d'**exécution** (ord) / throughput time || ~ d'**existence** / service[able] life || ~ d'**exposition** (phot) / exposure [time o. period] || ~ de **fonctionnement** (semicond) / on-transition time || ~ de **fonctionnement** (ordonn) / running time o. period || ~ de **formation** / education o. training time || ~ de **fusion** (coupe-circuit) / fusing time || ~ d'**image** (TV) / picture duration (GB), frame rate (US) || ~ d'**immobilisation** (ch.de fer) / period of immobilization || ~ de l'**imprégnation** / impregnation time o. period || ~ d'**impulsions** / pulse duration o. length o. width || ~ d'**indisponibilité** / outage time || ~ d'**indisponibilité** (ch.de fer) / period of immobilization || ~ de la **ligne** (TV) / line duration || ~ **limite** / maximum duration || ~ **limite d'emploi** (colle) / pot life, working life || ~ **limite de stockage** / shelf o. storage life || ~ de **luminosité** / luminosity period || ~ de **maintien de la pression** (frittage) / pressure keeping period, time of dwell || ~ de **marche** / running period o. time || ~ de **mise en circuit** / duty cycle [factor] || ~ de **mise en circuit** (moteur, électr) / operating factor, duty cycle || ~ de **mise en ciruit préalable** (instr) / preconditioning time || ~ de **mise en température** (acier) / heating time || ~ de la **moitié d'évanouissement** / half-intensity period || ~ **moyenne jusqu'à la première défaillance** (ord) / mean time to first failure, MTTFF || ~ **moyenne de reprise** (ord) / mean time to repair, MTTR || ~ de **non-contamination** (vide) / stay-down-time || ~ d'**occupation** (télécom) / [circuit] holding time || ~ de l'**opération** / cycle time || ~ d'une **oscillation** / period o. time of vibration o. of oscillation || ~ d'**outil** (outil) / endurance, tool o. edge life, service[able] life || ~ d'**ouverture** / open period || ~ du **palier** (compteur Geiger) / plateau length, flat top pulse length || ~ de **parcours** / duration of travel o. run || ~ de **parcours** (interrupteur) / transit time || ~ de **passage** (gén) / flow time || ~ de **passage** (sidér) / time of passage || ~ de **pénétration de la chaleur** / heat penetration time || ~ d'une **période** / duration of a cycle || ~ de **période** (électr) / period || ~ des **périodes taxées en secondes** («une taxe de base toutes les ... secondes») (télécom) / charge period || ~ de **phosphorescence** / time of persistence || ~ du **plateau de courant** / flat top pulse length || ~ de **préchauffage** / warming-up time || ~ de **prise** (techn) / period of contact || ~ de la **prise** (béton, ciment, plast) / setting time || ~ de **projection** (film) / running o. screen time || ~ de **propagation de l'écho** / echo propagation time || ~ de **propulsion** (fusée) / propulsion time || ~ de **réaction** (phys, chimie) / reaction time o. period, response time || ~ de **réchauffage** (acier) / heating time || ~ de **réchauffage à cœur** (sidér) / soaking time || ~ de **refroidissement de trempe** / quenching time || ~ de

réponse (contr. aut.) / attack o. response time, control response time || ~ de **réponse** (gén) / response time || ~ de **réponse [à une stimulation]** (phys, chimie) / reaction time o. period || ~ de **rétablissement** (radar) / reestablishing time || ~ de **retour au zéro** / return-to-zero period || ~ de **réverbération** (acoustique) / reverberation time o. period || ~ d'une **révolution** (méc) / time of a revolution, duration of a revolution || ~ de **rotation** (ch.de fer) / turn-round time || ~ de **séjour dans un four** / sojourn time in a furnace || ~ de **séjour en voie** (ch.de fer) / lifetime o. lay-days of rails in the track || ~ de **serrage des freins** / braking period, duration of brake application || ~ de **service** / service[able] life || ~ de **service** (éclairage) / time alight, lighting hours *pl* || ~ de **service effective** / actual working time || ~ de **service nominale** / nominal working time || ~ de **solidification** (plast) / setting time || ~ des **sorties à la mer** (guerre) / endurance [time] || ~ de **stabilité** (repro) / continuous durability || ~ d'une **tâche** (ordonn) / job time || ~ **taxable d'une conversation téléphonique** (télécom) / charge period || ~ **théorique de vie moyenne** / average rated life || ~ **totale de la conversation** / length of conversation || ~ **totale d'équilibrage** / floor-to-floor time of a balancing cycle || ~ **totale de fabrication** / total production time || ~ **totale du repos hebdomadaire ininterrompue** (auto) / weekly uninterrupted rest time || ~ du **trajet** (aéro) / time of flight, flight o. flying time || ~ de la **trame** (TV) / frame (GB) o. field (US) duration || ~ de **transfert** (ord) / transfer time || ~ du **travail** / working o. operating time, duration of work || ~ **trop longue de chauffage** (sidér) / heating during too long a period, overtiming || ~ d'**usinage** / machining time || ~ d'**utilisation** / period of service, operating time || ~ d'**utilisation** (câble) / service life || ~ d'**utilisation économique** / period of economic use || ~ **variable** / varying lengths of time || ~ d'une **vibration** / period o. time of vibration o. of oscillation || ~ de **vie** (transistor) / lifetime || ~ de **vie médiane** / central lifetime || ~ de **vie moyenne** / mean lifetime || ~ de **vie sous pleine charge** / load life || ~ de **vie sous tension** (câble) / voltage life || ~ de **vie en stock** / shelf o. storage life || ~ de la **vie utile** / working life || ~ de **vigueur de contrat** / duration o. life of contract || ~ de **vol** / time of flight, flight o. flying time || ~ du **vol aux instruments** (aéro) / instrument flight time || ~ de **vol totale** / flying time

durène *m* (chimie) / durene, durol, 1,2,4,5-tetramethylbenzene

durer / stand *vi*, withstand, last *vi* || ~, se prolonger / last *vi*, persist, endure

dureté *f* / hardness || ~, viscosité *f* / viscosity || ~ (phot) / gamma, contrast, hardness || ~ (techn) / stiffness, sluggishness, restriction, binding || **de ~ naturelle** / of natural hardness || ~ des **acides minéraux** (eau) / non carbonate hardness || ~ d'**aluminium** / temper of aluminum || ~ **autre que du carbonate** (eau) / non carbonate hardness || ~ **Brinell** / Brinell hardness || ~ **calcique ou de calcium** (eau) / calcium hardness || ~ **carbonatée** / carbonate o. temporary hardness || ~ de **cémentation** / case hardness || ~ à **chaud** / elevated temperature hardness, red hardness || ~ au **choc** / dynamic hardness || ~ par la **chute d'une bille** / falling-ball hardness || ~ **défo** (caoutchouc) / defo hardness || ~ de l'**eau** / water hardness || ~ de l'**eau résultant du carbonate et de la magnésie** / magnesia-carbonate hardness || ~ de l'**eau partielle au carbonate** / carbonate hardness || ~ par rapport à l'**écartement d'un point de référence** / progression of the hardening process || ~ d'**étirage** / drawing hardness || ~ des **granules** (suie) / pellet hardness || ~ due au **magnésium** (eau) / magnesia hardness || ~ **maximum après trempe** (sidér) / hardness increase || ~ **naturelle** / natural hardness || ~ **non carbonatée** (eau) / non carbonate hardness || ~ **normalisée** (eau) / standardized hardness || ~ à la **pénétration de la bille** / indentation hardness, ball [impression] hardness || ~ **permanente** (eau) / non carbonate hardness || ~ du **rayonnement X** / X-ray hardness || ~ à la **rayure** / abrasive o. scratch hardness || ~ de **rebondissement** / rebound hardness || ~ **résiduelle** / residual hardness || ~ après **revenu** / as tempered hardness || ~ **Rockwell [échelle B ou C]** / Rockwell hardness [B o. C] || ~ **sclérométrique** / sclerometric hardness || ~ au **scléroscope** / scleroscope hardness || ~ **Shore** / Shore hardness || ~ **superficielle à la rayure** / abrasive o. scratch hardness || ~ de la **surface** / surface hardness || ~ aux **températures élevées** / elevated temperature hardness, red hardness || ~ **temporaire** / carbonate o. temporary hardness || ~ **Vickers** / [Vickers] pyramid hardness, diamond penetrator hardness

duromètre *m* / durometer

duvet *m* / down || ~ (tiss, défaut) / fly || **sans ~s** / free from fluff || ~ de **cardage** / card fly || ~ de l'**eider** / eider down || ~ de **filature** / spinning room fly || ~ de **métier** (tex) / loom fly || ~ de **papier** / fluff || ~ de **peigne** (filage) / comber fly, combing fly o. noils *pl* || ~ de **peluchage** (pap) / fluff || ~ **végétal** / vegetable down, capoc

duveté / downy

duveteux / cottony

duvetine *f* (tiss) / duvetyn[e], -tine

dx sur dy (math) / dy by dx

dy *m* (géol) / dy, gyttja

dyade *f* / dyad, duad

dyke *m* (minerai) / alley || ~ **annulaire** (géol) / ring dyke

dynabus *m* (ord) / dynabus

dynamie *f* **grande** (vieux) / dyname, kilodyne

dynamique *adj* (haut-parleur, microphone) / [electro]dynamic, coil driven, moving coil... || ~ (méc) / dynamic, -ical || ~ *f* (gén) / dynamics || ~ (TV) / contrast o. dynamic range || ~ des **couleurs** / colour dynamics || ~ des **électro-fluides** / electro fluid dynamics || ~ des **fluides** / fluid mechanics || ~ des **fluides compressibles**, dynamique *f* des gaz / gas dynamics, dynamics of compressible fluids || ~ **mésonique** / meson dynamics || ~ du **mouvement des véhicules** (ch.de fer) / dynamics *pl* of vehicle movement || ~ **plasmatique** / plasma dynamics

dynamitage *m* / dynamiting, blowing up with dynamite

dynamite *f* / dynamite || **~-gélatine** *f* / gelatin[e] [dynamite] || **~-gomme** *f* / blasting o. explosive o. nitro gelatin[e], solidified nitroglycerol, S.N.G. || ~ au **nitroamidon** / nitrostarch dynamite || ~ de **sûreté** / wetter dynamite

dynamiter / dynamite *vt*, blow up with dynamite

dynamitron *m* (accélérateur de part.) / dynamitron

dynamo *f* / dynamo || ~ à **anneau plat** / flat ring dynamo || ~ **auxiliaire** / booster generator o. dynamo || ~ pour **bicyclettes** / bicycle dynamo || ~ **bloc projecteur** / bicycle dynamo with searchlight || ~ de **charge pour cellules uniques** (accu) / milking generator, milker || ~ **compensatrice** (électr) / d.c.-balancer || ~ **compound [à excitation]**

différentielle (électr) / differentially excited compound generator || ~ à **courant constant** / constant current dynamo || ~ à **courant continu** / d.c. generator || ~ avec **distributeur pour allumage par batterie** (auto) / dynamo-battery-ignition unit || ~ **dynamométrique** / brake dynamo || ~ à l'**éclairage** (auto) / electric generator || ~ d'**éclairage** (ch.de fer) / lighting dynamo || ~ d'**éclairage** (bicyclette) / bicycle dynamo || ~-**électrique** / dynamo-electric || ~ **excitatrice** / exciting dynamo, exciter || ~-**frein** *m* / brake dynamo || ~-**magnéto** *f* (auto) / mag-dyn[am]o, magneto-generator, dynamomagneto || ~ **pilote** / control dynamo, variable-voltage generator || ~ à **pôles extérieurs** / exterior o. external pole dynamo || ~ en **série** / series wound dynamo || ~ **surélévatrice** / [positive] booster machine || ~ **tachymétrique** / impulse transmitter || ~ **tampon** (électr) / buffer dynamo, regulating dynamo || ~ à **tension constante** / constant voltage dynamo || ~ **unipolaire** / unipolar dynamo, acyclic dynamo o. generator || ~-**volant** *m* **magnétique** (auto) / flywheel starter-generator ignition unit
dynamographe *m* / dynamograph
dynamométamorphisme *m* (géol) / dynamic metamorphism, dynamo-thermal morphism
dynamomètre *m* / dynamometer, spring gauge o. scale, fish scale (coll) || ~, boîte *f* dynamométrique / pressure pickup || ~, dynamo *f* dynamométrique / brake dynamo || ~ pour **cordages** / wire rope testing machine || ~ **électrique** (électr) / electrical dynamometer || ~ de **fils** / thread dynamometer || ~ à **frein de Prony** / dynamometrical brake, Prony brake o. dynamometer || ~ à **inertie** / inertia dynamometer || ~ à **lame d'acier ou à ressort** / absorption dynamometer || ~ à **ressort**, dynamomètre-peson *m* / spring dynamometer || ~ de **Siemens** / Siemens dynamometer || ~ de **tension** (télécom) / line dynamometer, tension ratchet || ~ à **traction** / traction dynamometer
dynamo·métrique / electrodynamic, dynamometric, dynamometer...
dynamoteur *m* / dynamotor, rotary transformer
dynastart *m* (auto) / [Dyneto] motor generator, starter-generator unit
dynatron *m* (électron) / dynatron
dyne *f* (= 1 g cm s^{-2}, 10^5 dyn = 1 N) (phys) / dyne
dynode *f* (électron) / dynode
dyscras[it]e *f* (min) / dyscrasite
dysprosium *m* / dysprosium
dysprotide *m* (chimie) / proton donor
dystectique (chimie) / dystectic

E

E.A.C., enduit *m* dapplication à chaud (bâtim) / hot curing cast
EAROM *m* (semicond) / EAROM, electrically alterable read only memory
eau *f* / water || ~**x** *f pl* / body of water, waters *pl* || **commencer à faire** ~ (nav) / spring a leak || **faire de l'**~ (ch.de fer, nav) / water *vi* || **faisant** ~ (nav) / leaky || **les** ~**x et forêts** *f pl* / forestry || **petites** ~**x** (sucre) / leaching effluent || **qui vit dans l'**~ **de mer** / halobio[n]tic || **sans** ~ (gén) / dry || **sans** ~ **et cendres** (prép) / dry [and] ash free, DAF || **sous l'**~ / underwater, subaqueous || ~**x** *f pl* **acidulées** / acidulous mineral water || ~**x** *f pl* **adjacentes aux côtes** / coastal area || ~ *f* **alimentaire ou d'alimentation de chaudière** / boiler feed water || ~ d'**alimentation** / feed-water || ~ d'**alimentation pour l'extraction** (sucre) / diffusion feed water || ~ **ammoniacale** / gas liquor o. water, ammonia water, ammoniacal gas liquor || ~ **ammoniacale concentrée ou forte** / concentrated ammonia water, strong ammoniacal liquor o. gas liquor || ~ d'**amont** (hydr) / upstream water, head water || ~ d'**amont** / upstream water, upper waters *pl* || ~ d'**appoint** (mines) / make-up water || ~ **argentine** / silver-plating liquid, argentine water || ~ **attachée au sol** / hygroscopic moisture o. water, moisture of condensation || ~ **autonome** / inherent water || ~ d'**aval** (fleuve) / down-stream water, tail || ~ à **basse tension superficielle** / low-surface-tension water || ~**x** *f pl* de **battiture** (sidér) / scale-forming water || ~ *f* **blanche** / monobasic lead acetate solution, lead subacetate solution || ~ à **blanchir** / whitewash || ~ de **boisson** / drinking water || ~ de **bordure** (pétrole) / edge water || ~ **boueuse** / muddy water || ~**x** *f pl* **boueuses** (betteraves) / slurry from beet washer || ~ *f* à **brasser** (bière) / mash[ing] liquor || ~ **brute** / untreated water || ~ de **cale** / bilge water || ~ **capillaire ou de capillarité** / water of capillarity || ~ **capillaire semi-contenue** / open capillary moisture o. water || ~ **capillaire du sol** / capillary soil water || ~ **carbonatée** / water containing carbon dioxide || ~ **chargée de flottation** / flotation liquid || ~ **chargée ou boueuse** / muddled o. muddy water || ~ de **chasse** / dish water || ~ **chaude de consommation** / hot water for consumption || ~ **chaude et froide** / hot and cold water || ~ **chaude sanitaire** / hot water for sanitary purposes || ~ des **chaudières** / feed-water for boilers || ~ de **chaux** / lime water || ~ de **chaux pour épurer le sucre** / lime water used in refining sugar || ~ **chlorurée** / chlorine o. chlorurretted water || ~ **chlorurée**, eau *f* de Javel / Javel water, eau de Javel || ~ de **clairçage** (sucre) / washwater || ~ **claire ou clarifiée** / clarified water || ~ **compensant les pertes** / make-up water || ~ **comprimée** / water under pressure, presswater, compressed water || ~ **condensée ou de condensation** (bâtim) / condensation water || ~ du **condenseur barométrique** (sucre) / hot well water, tail tank water, falling water || ~ de **conductibilité ou de conductivité** / conductivity water || ~ de **conduite** (gén) / tap water, water from the main || ~ de **conduite ordinaire** / ordinary tap water || ~ **connée** (géol) / connate water || ~ de **constitution** / water of constitution o. of crystallization o. of hydration, constitutional water || ~**x** *f pl* **continentales** / inland o. fresh waters *pl* || ~**x** *f pl* **côtières** / coastal waters *pl*, nearshore waters pl || ~**x** *f pl* **côtières [de petit fonds]** / inshore waters *pl* || ~ *f* de la **couche aquifère** / stratum water || ~ **courante** (bâtim) / running water || ~ de **cristallisation** voir eau de constitution || ~ **crue** / hard [calcareous] water || ~ de **cuisine** / dish water rinsings *pl* || ~ de **curage de sondage** (mines) / flushing water || ~ **décantée** / decanted water || ~ de **décharge** / waste water || ~ **déminéralisée** / deionized water, demineralized water || ~ de **Derjagin** / polywater, superwater || ~ de **dessus d'un bac** (prép) / top water || ~-**de-vie** *m* de **grains** / alcohol of grain || ~-**de-vie** *f* **première** / first o. fore-runnings *pl*, light ends *pl*, low wine, singlings *pl* || ~ de **diaclases** (géol) / crevasse water || ~ **distillée** / distilled water || ~ de **distribution** (gén) / tap water, water from the main || ~**x** *f pl* du **domaine public** / public waters *pl* || ~ *f* **douce** (par

opp.: eau saline) / fresh water || ~ **douce** (par opp.: eau dure) / soft water || ~ de **drainage** / drainage water || ~ **dure** / hard [calcareous] water || ~ d'**écoulement** / run-off water || ~ d'**écurage** / rinsing o. flushing water || ~ d'**égout** / sewage [water], sewerage, slops *pl*, sloppy water || ~**x** *f pl* d'**égout domestiques**, eaux dégout *f pl* communales / domestic sewage || ~**x** *f pl* d'**égout préclarifiées** / preclarified sewage water || ~**x** *f pl* d'**égout traitées par le procédé mécanique** / mechanically preclarified sewage water || ~**x** *f pl* d'**égouts brutes** / crude waste water || ~ *f* d'**égouttage** / percolating water || ~ **entraînée** (m.à vap) / priming water || ~ d'**entraînement** (prépar) / flushing water || ~ d'**essorage** / centrifugation water || ~ **et cendres exclues** (mines) / dry [and] ash free, DAF || ~ **et matières minérales exclues** (prép) / dry [and] mineral matter free, DMMF || ~ **et sédiments** (pétrole) / water and sediments || ~**x** *f pl* d'**été** / low water || ~ *f* à **éteindre l'incendie** (pomp) / water for fire fighting || ~ **étrangère** / external o. outside water || ~ **exclue** (prép) / dry || ~**x** *f pl* d'**extraction** (sucre) / battery waste water || ~ *f* **favorisant la croissance** / growth water || ~ de **filtration** / filtration water || ~ de **fond** / bottom water || ~ de **fond de cale** (nav) / bilge water || ~ de **fontaine** / fountain water, spring water || ~ de **fonte des neiges** / melt water from snow || ~**-forte** *f* / guilder's aqua fortis, aqua fortis, concentrated nitric acid || ~**-forte** *f* (gravure) / etching [done with caustic] || ~ **fraîche** (nav) / fresh water || ~ de **fuite** / leaking water || ~ **gazeuse** / carbonated o. aerated water || ~**x** *f pl* **gazeuses** / acidulous mineral water || ~ *f* de **gisement** (forage) / edge water || ~ de **goudron** / tar water || ~ de **gravité** (hydr) / gravitational water || ~ **haussée** / banking, banked-up o. dammed-up water, catchment water || ~ d'**hydratation** (chimie) / hydration water || ~ d'**hydratation** (hydr) / water of hydration || ~ d'**imprégnation** (échangeur d'ions) / moisture content || ~**x** *f pl* **incrustantes** (mines) / incrusting water || ~ *f* **indéterminée** (chimie) / undetermined water || ~ **industrielle** / water for industrial use, industrial water || ~ **infiltrante** (bâtim) / infiltration water || ~ **infiltrante [au côté intérieur de la digue]** / rushing-out water (through a dam and/or underground) || ~ **injectée ou d'injection**, bouchon *m* (pétrole) / slug || ~ d'**intercepteur hydraulique** (techn) / seal[ing] water || ~ **interstitielle** / interstitial water || ~ **ionisée** / activated water || ~ de **Javel** / Javelle water (US), liquor of Javelle, Javel water (GB) || ~**x** *f pl* **lacustres** (géogr) / lacustrine waters *pl* || ~ *f* à **laver ou de lavage** / washings *pl*, wash water || ~ **légère** (nucl) / light water || ~**x** *f pl* **limitées** / bounded stream || ~**x** *f pl* **limniques** (géogr) / lacustrine waters *pl* || ~**x** *f pl* **littorales** / coastal waters *pl*, nearshore waters pl || ~ *f* **lourde** / heavy water || ~ **[lourde] au tritium** / double-heavy water || ~ **marginale** (forage) / edge water || ~ de **mélisse** / spirit of melissa, Carmelite water || ~**x** *f pl* **ménagères** / domestic sewage || ~ *f* [de] **mer** / sea o. salt water || ~**-mère** *f* (sucr) / mother liquor || ~**-mère** *f* de **sel** / mother-of-salt || ~ **météorique** / atmospheric o. rain water || ~ **minérale** / mineral water, (as a beverage:) soda water || ~ **mise en réserve en vue d'une production d'énergie** / water stored up for power production || ~ **morte** / dead water || ~ **motrice** (hydr) / driving o. moving water || ~**x** *f pl* **moyennes** (marées) / half tide || ~**x** *f pl* **moyennes** (fleuve) / mean water || ~ *f* **navigable** / shipping channel o. passage || ~ **non potable !** / 'non-drinking water!' || ~ **non potable** / nondrinkable water for industrial etc purposes || ~ **ordinaire** (nucl) / light water || ~ **oxygénée** / hydrogen peroxide 30%, Perhydrol || ~ **ozon[is]ée** / ozone o. ozonized water || ~ de **pénétration dans les grands interstices** / gravitational water || ~ **périphérique** (pétrole) / edge water || ~ **pesant** / pressing water || ~ **phénolée** / phenolic waste water || ~ de **pluie**, eau *f* pluviale / atmospheric o. rain water, storm water || ~ **polluée** / muddy water || ~ **potable** / drinking water || ~ de **précipitation**, eau *f* précipitée / atmospheric o. rain water || ~**x** *f pl* de **presses** (sucr) / pulp press water, press water || ~ *f* sous **pression** / power water || ~ sous **pression** (bâtim) / pressurized water || ~ pour la **production d'énergie** / power house water || ~ **profonde** (nav) / deep water || ~ **projetée** / splash[ed] water || ~ de **puits** / well water || ~ **pure** / pure water || ~ de **recyclage** / recirculation o. recycling water || ~ **refoulante** / backward flowing water || ~ **refoulée** / banking, banked-up o. dammed-up water, catchment water || ~ **réfrigérante ou de refroidissement** / cooling water || ~ **régale** / aqua regia, nitrohydrochloric acid || ~ de la **région propre** / water from home district || ~ **résiduaire** (prép) / effluent || ~ **résiduaire de lavoir** (prép) / washery effluent || ~**x** *f pl* **résiduaires** (réacteur) / liquid waste || ~**x** *f pl* **résiduaires de la distillation lente** / waste water from low temperature carbonization plant || ~**x** *f pl* **résiduaires d'électrolyse** / electroplating waste water || ~**x** *f pl* **résiduaires industrielles** / factory waste water || ~**x** *f pl* **résiduaires de lavage de laine** (filage) / suds *pl* || ~**x** *f pl* **résiduaires suffisamment claires** / preliminary clarified water destined for the receiving body of water || ~**x** *f pl* **résiduaires textiles** / textile waste water || ~ *f* de **rétention** (hydr) / contact moisture, retained water || ~ **[retenue] pour la fabrication d'énergie électrique** / power water || ~ de **réticulation** (chimie) / cross-linkage water || ~ de **retour** / recirculation o. recycling water || ~ de **retour** (chauffage) / return water || ~ de **retrait** (céram) / shrinkage water || ~ de **rinçage** (teint) / rinsing water || ~ de **rivière** / river water || ~ de **rivière fortement chlorurée** / high-chloride river water || ~ de **ruissellement** / trickling water || ~ de **ruissellement** (hydr) / surface water || ~ **sale** / muddy water || ~ **salée**, eau *f* saline / salt solution o. water || ~ **salée**, eau *f* de mer / sea o. salt water || ~ **sanitaire ou pour usages sanitaires** / water for domestic use || ~ **saumâtre** / brackish water, briny water || ~ **savonneuse** (tex) / scouring liquor || ~ **savonneuse ou de savon** / soapy water || ~ **schlammeuse** / sludge water || ~ **schlammeuse de minerais** / ore pulp || ~**x** *f pl* **schlammeuses** (prépar) / effluent || ~ *f* **seconde** / dilute nitric o. azotic (US) acid || ~ de **sel** / salt solution, brine || ~ de **service** / non-drinkable water for industrial etc. use || ~ du **sol** / soil solution o. water || ~ **souillée** / muddy water || ~ **sous grille** (bac laveur), eau *f* de sous-bac / underscreen water, underflow || ~ **sous-jacente** / edge water || ~ **souterraine** (terme collectif) / underground water, subsoil water || ~ **souterraine** (mines) / pit water || ~**x** *f pl* **souterraines** (hydr) / ground water || ~**x** *f pl* **souterraines fossiles** / connate waters *pl* || ~ *f* **stagnante** / stagnant o. motionless water || ~ **suintée** / vadose water || ~ **sulfhydrique** / solution of hydrogen sulphide || ~ **superficielle** / surface water || ~ **sûre** / gut mordant || ~ **sûre** (blanchissage, chimie, tiss) / scours *pl*, acid bath || ~ de **surface** (géol) / surface water || ~ de **transport [dans un jig]** (prépar) / top water || ~ de **trempage** (agr) / corn o. maize steep water, steep water || ~ à **tremper l'acier** / water for tempering steel || ~ **trouble** / thick water || ~ **usée** / sewage [water], sewerage, waste water || **~x** *f pl* **usées de décapage** / pickling acid waste, spent pickling solution, waste o. spent pickle liquor || **~x** *f pl* **usées industrielles** / industrial sewage, trade effluent || **~x** *f pl* **usées de tannerie** / tannery waste water || **~x** *f pl* **usées de teinturerie** / dye waste || **~x** *f pl* **usées des usines à gaz** / gas works waste water || **~x** *f pl* **usées de ville** / municipal wastewater, domestic sewage || **~x-vannes** *f pl* / sewage, effluent || **~x-vannes** *f pl* (prépar) / effluent || ~ *f* de **végétation** / vegetation water || ~ de la **ville** / company's water (if from private source), town water, city supply water || ~ **vive de source ou de fontaine** / mountain spring water, spring o. fountain water || **~x** *f pl* **vives** / running water *pl*

ébarbage *m*, ébarbement *m* / burring, burr removing, [de]buring (US) || ~ (pap) / burring || ~, ébavurage *m* (plast) / deflashing || ~ des **lingots** / dressing of ingots, chipping || ~ de **mica** / trimming of mica

ébarber / burr, [de]bur (US), trim || ~ (gén, peau) / lop || ~ (typo) / plough, cut open || ~ (fonderie) / fettle (GB), clean (US), dress || ~ à **chaud** / hot-trim

ébarbeur *m* (agr) / awner, barley bearder

ébarbeuse *f* / burring machine, trimming machine || ~ (fonderie) / fettling (GB) o. cleaning (US) machine || ~ de **tubes** / tube trimming machine

ébarbure *f* / burring waste o. refuse || **~s** *f pl* (m.outils) / swarf, chips *pl*, shavings *pl* || ~ *f* de **ciselage** (fonderie) / burr

ébat *m* de **pivot** (horloge) / shake

ébauchage *m* (chanvre) / first dressing of hemp || ~ (forge) / preforging, rough forging || ~ à la **presse** / rough-pressing

ébauche *f* (horloge) / rough movement || **~s** *f pl* (techn) / fabricated materials *pl* || ~ *f* (dessin) / rough sketch || ~ (forg) / slug || ~ (lam) / cog[ged ingot], blank, rolled-down o. rough rolled ingot || ~ (plast) / preform, parison || ~ (repro) / layout || ~ (céram) / clot, blank || ~ (mét.poudres) / blank || ~ de **clé** (serr) / key blank || ~ de **compact** (mét.poudre) / green compact || ~ **[de profilé]** (lam) / preliminary section || ~ **découpée** (forge) / cropped piece || ~ pour **extrusion** / extrusion billet, slug || ~ **forgée** / rough [drop] forging, interstage of the forging || ~ d'**interprétation** (dessin) / interpretation sketch || ~ pour **presse à filer** / extrusion billet, slug || ~ de **roue** (sidér) / wheel blank || **~s** *f pl* **sandwich** (mét) / sandwich products *pl* || ~ *f* de **tube** (lam) / rough-pierced tube blank, tube blank

ébauché / rough-machined || ~ à la **presse** / rough-pressed

ébaucher (dessin) / delineate, sketch, draft, draw, trace, plot || ~ (forge) / preforge || ~ (m.outils) / rough down || ~ (lam) / bloom, cog [down], rough [down] || ~ au **tour** (tourn) / roughturn, rough[-machine]

ébauchoir *m* (bois) / paring chisel || ~ (pierres) / boaster, boasting chisel || ~ (lin) / long ruffler

ébavurage *m* (estampage) / clipping || ~ (plast) / deflashing || ~ (mét.poudres) / burring || ~ **thermique;.m.** (m.outils) / thermal deburring

ébavurer / burr, [de]bur (US), trim || ~ (forge) / clip, strip || ~ à **chaud** / hot-trim

ébène *f* / ebony [wood] || ~ **noire**, Crassiflora Hiern / black ebony, African ebony || ~ **rouge** / red ebony || ~ **verte**, ébène *f* jaune, tabebuia, ipé *m* / whalebone o. Surinam greenheart, bosswood, bethabara

ébéner / ebonize

ébéniste *m* / cabinet maker

ébénisterie *f* / cabinet maker's o. making || ~ pour **haut-parleur** / loudspeaker enclosure || ~ du **récepteur** / radio cabinet

ébiseler (forge) / chamfer *vt*, bevel *vt* || ~, tailler en biseau / chamfer, bezel

éblouir / blind, dazzle

éblouissant / blinding, dazzling

éblouissement *m* / dazzle, glare || ~ **direct** / direct glare || ~ des **phares** (auto) / headlamp o. -light glare o. dazzle[ment]

ébonite *f* / ebonite, vulcanite

ébotter (clou) / nip off, pinch off

éboueur *m*, éboueuse / street cleansing machine, street cleaner

éboueuse *f* / street sweeper || ~ des **bouches d'égout** (auto) / eductor-basin cleaner

ébouillanter (tex) / scald, boil out || ~ (cossettes) / scald o. preheat cossettes before diffusion

éboulement *m* / landslip, landslide (US) || ~ (bâtim) / breaking-down || ~ (mines) / falling-in, thrust, downfall, breaking down || ~ (filage) / sloughing off || ~ de **pierres** / sand [and stone] avalanche, fall of stone o. rock || ~ de **remblai** (ch.de fer) / slip[ping] of an embankment || ~ de **roches** / rock slide o. avalanche o. fall || ~ de **sable** / sand [and stone] avalanche || ~ de **terril** (mines) / dump slip

ébouler *vt* (mines) / let fall in || ~ *vi*, ébouler (s') / break down *vi*, fall down o. in, collapse *vi* || ~ (mines) / fall in, fail

ébouleux (mines) / fallen-in, caved || ~ (sable) / loose

éboulis *m* (mines) / caving material, following [dirt], detritus in a bore hole, fall in boreholes || ~ (géol) / rubble || ~, talus *m* déboulis, cône *m* déboulis (géol) / scree, talus || ~ **erratique** (géol) / boulder formation o. drift || ~ de **foudroyage** (mines) / caved area, fall-in area

ébourrer (tan) / unhair, pare off o. scrape off the hair

ébourriffage *m* (tapis) / hairiness

ébousiner / chisel off o. clean off the soft of stones

éboutage *m* (forge) / cropping

ébouter (arbres) / top *vt*, cut off by the axe || ~ (fonderie) / top *vt*, knock off the feeder head || ~ (lam) / top, crop, cut off

E.B.R. *m*, efficacité *f* biologique relative (nucl) / relative biological activity o. effectiveness, RBE

ébrancher / prune *vt*, trim a tree

ébranlement *m* / concussion, shock, shaking, jarring || ~ (aéro) / judder || ~, ébranlage *m* (fonderie) / rapping || ~ du **sol** / soil vibrations *pl*

ébranler *vt* (gén) / shake *vt*, rattle (e.g. window panes) || ~ / shake *vt*, convulse || ~, faire chanceler / stagger *vt* || ~ (fonderie) / shake in, rap the pattern

ébrasement *m*, ébrasure *f* (bâtim) / splay || ~ de **fenêtre** / window reveal

ébraser (bâtim) / splay [off]

ébréché / toothed, jagged, jaggy, notched || ~ (outil) / notchy

ébrécher / jag *vt*, notch *vt*

ébréchure *f* (outil) / gap, jag, nick[ing], notch

ébullio·scope *m*, ébulliomètre *m* / ebullioscope || **~scopie** *f*, ébulliométrie *f* / ebullioscopy

ébullition *f* (chimie) / ebullition, bubbling up || ~ (fermentation) / effervescence || **à** ~ / ebullient, briskly boiling (US) || **à douce** ~ / at a gentle boil || **[jusqu']à l'**~ (chimie) / up to boiling heat || **d'**~ **difficile** / high-boiling, heavy volatile, non-volatile || **être en** ~ / boil, seethe, bubble || **porter à l'**~ / bring to the boil || ~ **nucléée** (nucl) / nucleate boiling || ~

pelliculaire ou par film (nucl) / film boiling || ~ en **réservoir** / pool boiling || ~ **superficielle** / incipient boiling, surface boiling || ~ **transitoire** / transition boiling
écacher (tréfilage) / laminate, flatten, roll flat || ~, écraser / crush
écaillage *m* / peeling, exfoliation || ~ (peinture, crépi) / flaking || ~ (émail) / peeling, spalling || ~ (sidér) / delamination, scaling || ~ (céram) / mechanical spalling || ~ (galv) / peeling of the electro-deposition || ~ (contreplaqué, défaut) / splintering, shell[ing] || ~ (réfractaire) / spalling
écaille *f* / scale, flake || **~s** *f pl* (lam) / shelling || ~ *f* (pierre) / stone chip o. spall o. gallet || **~s** *f pl* (forge) / hammer-slag o. scales || ~ *f* (lam, forge, défaut de surface) / scale, scab, sliver, spill || **~s** *f pl* (bâtim) / imbricated work || **~s** *f pl*, incrustation *f* / boiler scale, incrustation || **à ~s** / scaled, scaly, squamous, squamose, squamate || **en ~s** (sidér) / shelly, scabby || **~s** *f pl* de l'**acier** / chips of steel *pl* || **~s** *f pl* de **cuivre** / copper ashes o. scales *pl* || **~s et pailles** *f pl* (acier) / scabbiness || **~s** *f pl* de **paraffine** / paraffin scales *pl*
écaillement *m* / crumbling away, spalling, scaling
écailler (sidér) / slag off, deslag || ~ (s') / scale *vi* || ~ (s'), se détacher par écailles / split up, fly up in shivers || ~ (s') (céram) / spall
écailleux (mines) / scale-like
écaillure *f* (plomb) / oxide skin
écale *f* (bot, œuf) / shell of a nut o. egg
écaler (tourn) / scalp *vt*, peel *vt* || ~ (s') (bois) / leave the bark, exfoliate || ~ (s') / scale *vi*
écanguer (lin) / scutch, batten, swingle, beat
écarlate *adj* / scarlet *adj* || ~ *f* / scarlet || ~ de **graine ou de cochenille ou de kermès** / kermes (from ilicis o. vermilio)
écart *m* / divergence, difference || ~, divergence *f* / variety || ~ (dessin) / tolerance, allowance || ~ (m outils) / deviation, variation in dimension || ~ (scie) / spacing, space || ~ (nav) / scarf, lashing || **faire des ~s** (men) / scarf *vt* || ~ **admissible** / size tolerance || ~ d'**alésage conique** (roulement) / tapered bore dimension || ~ **angulaire** (électr) / angle of phase difference || ~ de **bouchon** / cork stopper waste || ~ des **centres** / distance between centers || ~ de **circularité** / deviation from circular form || ~ de **consigne** / deviation from desired value || ~ de **consigne transitoire** (contr.aut) / potential correction || ~ de **couleur** (pap) / offshade || ~ de **courbure** (bâtim) / curvature deviation || ~ à **croc**, écart *m* à dent (nav) / hook o. butt scarf || ~ entre **deux degrés de vitesse** / progressive ratio of speed || ~ d'un **diamètre d'alésage** / bore diameter deviation || ~ d'un **diamètre extérieur** / outside diameter deviation || ~ **diaphonique** (télécom) / signal-to-crosstalk ratio || ~ en **direction** (mil) / dispersion in direction o. in breadth || ~ de **disque** (liège) / rejected disk waste || ~ d'**éclairement** / loss of luminance || ~ **effectif** / existing difference in dimensions, actual deviation || ~ **énergétique** (semicond) / energy gap || ~ **expéditeur et destinaire** (nucl) / shipper-receiver difference, SRD, SRD || ~ de **fermeture** (arp) / error of closure, closing error || ~ de **feu** (bâtim) / safe distance to chimney || ~ **fondamental** / fundamental deviation || **~s** *m pl* **fondamentaux ISO** / fundamental ISO deviations *pl* || ~ *m* de **forme** / form error || ~ des **grandeurs** (contr.aut) / variance || ~ **inférieur** / permissible minimum dimension, lower deviation || ~ **interpupillaire** (opt) / interocular o. interpupillary distance || **~s** *m pl* **ISO** / ISO deviations *pl* || ~ *m* de **largeur** / width deviation || ~ de **lignes** (imprimante) / line separation || ~ **limite** / limit deviation || ~ de **linéarité** / linearity deviation || ~ des **modes de fréquences** (électron) / mode separation || ~ en **moins** (dimensions) / lower deviation || ~ **moyen** / mean deviation || ~ **nominal** / nominal allowance o. deviation, nominal dimensional tolerance || ~ de **nuance** / deviation in shade, offshade || ~ d'**ordre** (ord) / ordering bias || ~ d'**ordre** / ordering bias || ~ **permanent** (ord) / sustained deviation || ~ **permanent** (plast) / permanent set || ~ de **phase** (fréquence porteuse) / phase deviation o. swing || ~ en **plus** (dimensions) / upper deviation || ~ **ponctuel** / point deviation || ~ de **porteuse et bruit** (télécom) / carrier-to-noise ratio || ~ de **porteuses** (TV) / [adjacent] vision carrier spacing || ~ des **porteuses image-son** / picture-sound carrier spacing || ~ de **position** (bâtim) / location deviation || ~ de **position** (NC) / deviation of position || ~ de **position effectif, [limite]** / actual, [limit] positional deviation || ~ de **puissance** / efficiency variance || ~ **quadratique moyen** / standard deviation, mean square deviation || ~ **quadratique de réglage** (contr.aut) / r.m.s. deviation || ~ de **rectitude** / deviation from the straight line || ~ de **réglage** (comm.pneum) / operating range || ~ dû au **renversement** (instr) / width of backlash || ~ **signal et bruit** (électron) / signal-to-battery supply circuit noise ratio || ~ **signal et bruit** / signal-noise ratio || ~ **standard** / standard deviation || ~ **supérieur** / upper deviation || **~s** *m pl* **supérieurs et inférieurs** / upper and lower deviations *pl* || ~ *m* de **surface** / surface error || ~ de **températures** / difference in temperature || ~ **type** / standard deviation, mean square deviation || ~ d'**usinage admissible** / machining tolerance || ~ de **voies adjacentes** (électron) / interchannel space
écarté / spaced apart, separated
écarte-lames *m* / spring leaf opener, spring separator
écartement *m* (action) / spacing, spreading || ~, distance *f* / space, distance, gap || ~ (électron) / deviation ratio || ~ (ch.de fer) / gauge, track || ~ [entre] / clearance [between] || ~ (engrenage) / base tangent length || ~ de **1067 mm** (ch.de fer) / cape gauge || ~ d'**antennes** / spacing of antennae || ~ des **barreaux** (tamis à fentes) / opening between bars || ~ des **bords** (soudage) / root gap (GB) o. opening (US) || ~ hors **brides de robinetterie à brides** / face-to-face dimension || ~ des **broches** (filage) / spindle gauge || ~ des **broches** (filage) / spindle gauge || ~ des **cages** (lam) / spacing of mill stands || ~ des **canettes** (filage) / gauge between cans || ~ des **centres de trous** / pitch o. spacing of holes || ~ des **contacts** / contact clearance || ~ des **cylindres** (lam) / nip, roll gap || ~ des **cylindres alimentaires et d'étirage** (tex) / reach, ratch (distance between feed rollers and drawing rollers) || ~ des **dents** (tiss) / set of the reed || ~ des **dents** (engrenage) / base tangent length || ~ des **dents** (carde) / space || ~ **élastique** / elastic yield || ~ des **électrodes** (auto) / spark plug gap, electrode gap || ~ **étroit** (‹ 1435 mm) (ch.de fer) / narrow gauge || ~ entre les **faces de contact pour robinetterie sans brides** / face-to-face dimension of wafer-type valves || ~ entre **faces de soupapes** / face-to-face dimension of valves || ~ entre les **faces intérieures des boudins** (ch.de fer) / distance between the inside surfaces of flanges || ~ de **fente** / gap o. slot width || ~ des **fermes** / distance between trusses, spacing of trusses || ~ du **fond de la mer** / seafloor spreading || ~ de **fréquences** / frequency separation o. spacing || ~ des **godets** / pitch of buckets || ~ des **images successives** (TV) / frame

gauge || ~ **latéral** / lateral distance, side clearance || ~ **longitudinal** (chaînes etc.) / longitudinal pitch || ~ des **mâchoires** (broyeur) / width between jaws || ~ des **mâchoires** (étau) / jaw capacity || ~ des **machoires** (mandrin) / chuck capacity || ~ **métrique** (ch.de fer) / one-meter gauge || ~ du **noir** (TV) / black stretch || ~ **normal** (ch.de fer) / standard gauge (4 ft. 8 1/2 in = 1435 mm) || ~ des **objectifs** / distance between the objectives || ~ des **perforations d'entraînement** (bande perf.) / feed hole spacing || ~ des **pistes** (bande perf.) / track spacing || ~ des **pivots** (ch.de fer) / distance between [bogie] pivots o. pins, pivot pitch || ~ des **plans** (rayons X) / interplanar spacing || ~ des **plans** (aéro) / gap of wings || ~ des **pointes** / distance between centers, center distance || ~ de **points éloignés** (opt) / spacing of infinity homologues || ~ **polaire ou des pôles** (électr) / pole pitch || ~ des **poutres** / carrier spacing, interjoist || ~ des **rails** (ch.de fer) / gauge, rail ga[u]ge || ~ des **rivets** / pitch o. spacing of rivets || ~ des **roues** (aéro, auto) / track [gauge], tread, wheel gauge || ~ des **trains** (ch.de fer) / distance spacing || ~ des **trous** / pitch o. spacing of holes || ~ de la **voie** (ch.de fer) / gauge, rail ga[u]ge || ~ des **yeux** / interocular distance, interpupillary distance

écarte-pneu *m* (auto) / tire spreader, expanding tire chuck

écarter / eliminate, remove || ~, éloigner / spread, straddle || ~ (s') (aiguille) / deflect *vi* || ~ (s') / deviate *vi* || **s'~** (de la route) / deviate from course || ~ du **centre** / bring out of center

écarteur *m* / spreader || ~ de **sauvetage** (auto) / spreader || ~ de **talon** (pneu) / bead expander

écartomètre *m* (ch.de fer) / distance o. spacing gauge o. rule[r]

écarver (charp) / join, scarf *vt*

ecgonine *f* (chimie) / ecgonine, 2-hydroxy-2-tropanecarboxylic acid

échafaudage *m* / stillage || ~ (bâtim) / scaffold[ing] || ~ (charp) / staging || ~ (mines) / platform || ~, amas *m* dobjets / pile, heap || ~ **cantilever** / suspended o. flying scaffold, needle scaffold || ~ de **coffrage** / falsework, formwork || ~ d'**échasses et boulins** / scaffolding of poles and putlogs || **~-échelle** *m* / ladder scaffold || ~ de **façades** / façade scaffolding || ~ de **fonçage** (mines) / sinking trestle || ~ **Gabbart** (bâtim) / gabbart scaffold, gabers scaffold || ~ de **maçon** / bricklayer's scaffold || ~ de **montage** / erecting scaffold o. frame || ~ sur **ponton** (pont) / erecting pontoon stage || ~ en **porte à faux** / suspended o. flying scaffold, needle scaffold || ~ de **protection** (bâtim) / rigger, guard scaffolding || ~ **roulant** / travelling scaffolding || ~ sur **rouleaux** / gantry, gauntry, gantree || ~ à **sécher** (teint) / stillage || ~ **tubulaire** / tubular scaffold[ing] || ~ **volant** / suspended o. flying scaffold, hanging scaffold o. stage

échafauder / erect the scaffold

échalas *m* à **lattis** / lath

échancrer / sweep *vt*, cut curvely, cut into a bend, scallop *vt*

échancrure *f* / scalloping || ~ (fonderie) / cut-up

échange *m* / exchange, interchange || ~ d'**acides** / acid exchange || ~ de **brevets et d'expérience** / patents and processes agreement || ~ de **chaleur** / interchange of heat, heat exchange || ~ de **charge** / charge exchange || ~ de **charge** (ionisation) / umladung || ~ de **données** / transferring of data, data transfer || ~ de **données entre mémoires** (ord) / paging || ~ de **données en paquets** / packet mode operation || ~ des **éléments combustibles** (nucl) / fuel element interchange || ~ d'**énergie** / energy exchange || ~ d'**informations** / communication, information exchange || ~ d'**ions** / ion exchange, IX || ~ **isotopique** / isotope exchange || ~ de **mémoire** (ord) / transfer of storage, exchange, re-storing || ~ de **palettes** (NC) / switch of pallet || ~ de **renseignements** / exchange of information || ~ **standard** / standard repair, substitute servicing

échangeable / exchangeable, interchangeable

échanger / exchange, interchange || ~, troquer [contre ou pour] / barter, trade || ~ l'**un contre l'autre** / interchange

échangeur *m* / exchanger || ~ (routes) / interchange, (esp.:) cloverleaf || ~ d'**air avec l'extérieur** (aéro) / air exchanger || ~ d'**anions** / amine resin, anion exchanger || ~ de **cations** (chimie) / cation exchanger || ~ de **chaleur** / heat exchanger || ~ de **chaleur à aiguilles** / pin-fin heat exchanger || ~ de **chaleur à couche mince** / scraped-surface heat exchanger || ~ de **chaleur à courants inversés** / countercurrent heat exchanger || ~ de **chaleur à faisceau tubulaire** / tubular heat exchanger || ~ de **chaleur à plaques** / plate [heat] exchanger || ~ de **chaleur à raclage** (pétrole) / scraped wall chiller, scraped surface heat exchanger, scrape chiller || ~ de **chaleur par surface** / surface heat exchanger || ~ de **chaleur à tubes jumelés** / double-pipe heat exchanger || ~ de **chaleur à tubes lisses** / bare-tube heat exchanger || ~ de **chaleur tubulaire** (chimie) / shell-and-tube exchanger || ~ à **courant parallèle ou à co-courant** / co-current exchanger || ~ d'**ions** / ion exchanger || ~ d'**ions à lit fixe** / fixed-bed ion exchanger || ~ d'**ions à lit pulsé** / pulsed-bed ion exchanger || ~ de **pression** / pressure exchanger || ~ de **pression air - huile** (hydr) / air-oil actuator || ~ **réversible** / reversing exchanger || ~ **thermique** / heat regenerator o. economizer o. exchanger || ~ **thermique au graphite** / graphite [block] heat exchanger

échantignole *f* (charp) / cleat || ~, chantignole (fût) / chime, chine, chimb, croze

échantillon *m* / sample, specimen || ~, pige *f* / gauge for bore holes || ~ (céram, fonderie) / strickle sweep o. board || ~, étalon *m* / gauge, standard gauge measure || ~ (essai des mat) / test specimen o. sample || **~s** *m pl* (nav) / cross-sectional dimensions *pl* || ~ *m* (tiss) / pattern || ~ d'**achat** / sales sample, purchase sample || ~ pour **analyse** / analysis o. laboratory sample || ~ d'**arbitrage** / arbitrary o. arbitration sample || ~ par **attributs** (nucl) / attributes sample || ~ à l'**avance** / preliminary sample || ~ de **carotte** (mines) / core sample || ~ **choisi au hasard** (en vue de l'essai de réception) / acceptance sampling || ~ de **collecte** / collective o. bulk sample || ~ de **commande** / order sample o. specimen || ~ **commercial** / hand specimen || ~ de **comparaison de rugosité** / roughness comparison specimen || ~ **composite** (nucl) / composite sample || ~ du **consignataire** / receiver sampling || ~ **dédoublé** (contr.qual) / duplicated sample || ~ de **demande** / inquiry sample || ~ d'**eau** / sample of water || ~ pour l'**échange [d'informations etc.]** / exchange sample || ~ **embouti profond** / deep-drawing test specimen || ~ d'**entaille** (mines) / channel sample || ~ de **forgeage** / forging test specimen || ~ de **garantie** / guarantee sample o. specimen, outfall sample || ~ **global** / gross sample || ~ au **hasard** / random sample || ~ **individuel** / individual sample || ~ **justificatif** / proof sample o. specimen || ~ pour **laboratoire** / laboratory sample || ~ de la **matière faisant object d'une réclamation** / sample supporting a claim || ~ de **minerai** / specimen o. pattern of ore || ~ **moyen** / average sample || ~ de **noyau** (fonderie) / core sweep o. board || ~ de l'**offre** / sample accompanying the offer || ~ de **papier** (pap) / outturn [sheet] || ~ **poli** / polished sample || ~ **préalable** / preliminary sample || ~ **prélevé** (chimie, sidér) / assay || ~ **pris dans le tas ou au hasard** / sample taken at random, off-hand sample || ~ **probabiliste** (statistique) / probability sample || ~ **proportionnel** / proportional specimen || ~ de **qualité** / quality specimen, outturn sample || ~ de la **qualité moyenne** / sample of average quality || ~ **réduit**, échantillon *m* partiel / part sample || ~ de **sol** / soil sample || ~ de **sol non remué** / undisturbed o. intact (US) soil sample || ~ de **soudage** / welding test specimen || ~ **témoin** / control o. reference sample || ~ du **terrain** (agr, bâtim) / sample of the soil || ~ de **traction** (essai du terrain) / tension probe || ~ de **travail** / work specimen || ~ par **variables** (nucl) / variables sample || ~ de **zone** (sidér) / cluster sampling

échantillonnage *m* / sampling || ~ (essai de mat) / taking a specimen || ~ (électron) / sampling (a circuit) || ~ (contr.aut) / sampling action || ~ (comparation de couleurs) / matching || ~ par **attributs** (nucl) / attributes sampling || ~ des **betteraves** / beet sampling || ~ **complet** (tiss) / making a range of samples || ~ pour le **contrôle par attributs** / sampling by attributes || ~ de la **couleur** / colour sample o. pattern || ~ **dédoublé** / duplicate sampling || ~ à **deux degrés** / multistage sampling || ~ **double** / double sampling || ~ **exhaustif**, échantillonnage *m* sans remise / sampling without replacement || ~ en **grappes** (math) / cluster sampling || ~ au **hasard** / random sampling || ~ **multiple** / multiple sampling || ~ à **plusieurs étages**, échantillonnage *m* plus / multistage sampling || ~ **préférentiel ou progressif** / sequential sampling || ~ **pris dans les articles achetés** / acceptance sampling || ~ **séquentiel** (télécom) / sequential sampling || ~ **simple** / single sampling || ~ **statistique** / statistical sampling || ~ **stratifiée** / stratified sampling || ~ **subdivisé** / replicate sampling || ~ **successif partiel** (contr.qual) / skip lot sampling || ~ du **travail** (ordonn) / ratio delay study, activity sampling || ~ à l'**usine** / work sampling || ~ par **variables** (nucl) / variables sampling

échantillonner *vt* / sample *vt*, supply with samples || ~ (ord) / sample || ~, confronter avec son étalon / gauge *vt*

échantillonneur *m* / sampler || ~ **automatique** (mer) / bottom sampler || ~ de **betteraves** (sucre) / beet pricker o. sampler

échanvrer (lin) / scutch, batten, beat, swingle

échappée *f* / staircase headway || ~ / turning space for vehicles || ~ de **lumière** / strong light

échappement *m* / exhaust, outlet, outflow || ~ (horloge) / escapement || ~ (m.à ecrire) / escapement || ~ (auto) / exhaust || **à ~ double** / double-exhaust... || ~ d'**air** / air escape || ~ d'**air** (parachute) / spilling || ~ [à] **ancre** (horloge) / anchor o. lever escapement || ~ à **ancre anglais** (horloge) / ratchet tooth escapement, English lever escapement || ~ à **ancre à recul** (horloge) / recoil [anchor o. lever] escapement || ~ à **ancre suisse** / Swiss lever escapement || ~ à **cheville** / pin pallet escapement || ~ à **coup perdu** (horloge) / single-beat escapement || ~ à **cylindre** (horloge) / horizontal o. cylinder escapement || ~ à **détente** (horloge) / chronometer o. detent escapement || ~ **duplex** (horloge) / duplex escapement || ~ à **force constante** (horloge) / constant urge escapement, equal energy escapement || ~ de **Graham** (horloge) / Graham [dead beat] escapement, dead[-beat] escapement || ~ à **gravité** (horloge) / gravity escapement || ~ de l'**horloge** / clock balance || ~ **libre** (horloge) / detached escapement || ~ **libre** (mot) / free exhaust || ~ à **ligne droite** (horloge) / straight-line lever [escapement], clubtooth lever escapement || ~ de **lingot** / ingot retractor || ~ **magnétique** (horloge) / magnetic escapement || ~ **produisant des détonations** / back-firing o. detonating exhaust || ~ à **repos [frottant]** (horloge) / frictional rest escapement || ~ **Roskopf** / pin pallet escapement Roskopf type || ~ à **roue de rencontre** (horloge) / verge escapement || ~ de la **vapeur** / steam exhaust, steam release || ~ à **verge** (horloge) / crown o. fusee o. verge escapement || ~ à **verge de rencontre** (horloge) / verge escapement

échappementier *m* (horloge) / escapement maker

échapper *vi* / slip out o. away || ~ (s') (fumée) / escape || ~ (s') (gaz perdu) / escape *vi*, loose, leak *vi* || **faire ~** (gaz) / blow off, exhaust || **laisser ~** (vapeur) / blow off || ~ à l'**observation** / defy o. elude observation

écharde *f* / splinter || ~ (défaut, lam) / scab, scar

échardonner (laine) / burr *vt*, pick *vt*

échardonneuse *f* **mécanique** (filage) / burr crusher, burring machine o. willow

échardonnoir *m* / weeder

écharner (tan) / shave, skive, flesh out

écharnoir *m* (tan) / fleshing knife o. tool, scraper

écharnure *f* (tan) / scrapings *pl*

écharpe *f* (accident, ch. de fer) / cornering, slanting collision || ~ (charp) / cross lath || ~ [fixe ou mobile] (manutention) / deflection bar || **en ~** / slantwise || **en ~** (bâtim) / raking, inclined, slant || ~ de **bout** (ch.de fer) / end-body brace o. diagonal

échasse *f* (tiss) / slay arm o. sword || ~ (bâtim) / vertical scaffolding pole

échaudage *m* / scalding

échauder / scald *vt* || ~ (s') / scald *vi*

échaudoir *m* / scalding tub

échaudure *f* / scald

échafaudage-coffrage *m* **autogrimpant** / climbing formwork combined with scaffold

échauffé (palier) / heated || ~ (bois, blé) / fusty, rotten, beginning to decay || ~ / smell of heated objects, close smell

échauffée *f* / heating of sea water for salt production

échauffement *m* (électr, techn) / heating || ~ (électr) / temperature rise || ~ (arbre) / overheating, heating, running hot, firing || ~ (mot) / overheating || ~ **aérodynamique** (espace) / aerodynamic heat || ~ d'un **conducteur** (électr) / heating of a conductor || ~ par **courant de Foucault** / eddy current heating, induction heating || ~ **critique** (nucl) / departure from nucleate boiling, DNB || ~ **gamma** (nucl) / gamma heating || ~ **limite** (électr) / maximum permissible temperature rise || ~ **spontané** / spontaneous heating

échauffer / heat *vt* || ~, réchauffer / preheat *vt* || ~ (mot) / run up *vt*, warm up || ~ (s') / heat *vi* || ~ (s') (palier) / overheat *vi*, run hot

échauffure *f* (défaut de bois) / suffocation of wood || ~ (contreplaqué) / dote, incepient decay, hard rot

échauguette *f* (bâtim) / small corner tower

échéance *f* (gén, ord) / expiration date || ~ (brevet) / date of expiration o. lapse

échéancier *m* / memo book, tickler (US)

échec *m* (espace) / abort

échelette *f* / steps *pl*

échelier *m* / peg o. rack ladder
échelle *f* / ladder || ~ , graduation *f* / scale, graduation || ~ (instr) / scale of degrees || ~ (musique) / scale || ~ , limnimètre *m* permanent (hydr) / permanent gauge || ~ (nav) / sloping ladder || ~ (p.e. 1/1000) (dessin) / scale (e.g. 1 : 1000) || **à ~ réduite** / scaled down || **à ~s différentes [pour les hauteurs et pour les longueurs]** (arp) / distorted, in different scales for lengths and heights || **à l'~** / [true] to scale, [to] correct scale || **à l'~ industrielle** / in commercial scale || **d'~ sous-synoptique** (météorol) / meso scale, subsynoptic || **en ~ microméteorologique** (météorol) / small scale || **sur une grande ~** / on a large scale || ~ d'**agrandissement** / enlargement factor || ~ d'**alignement** / aligning scale || ~ d'**altitude** (techn. des satellites) / scale height || ~ d'**analyse** (r. cath) / sweep magnification || ~ aux **anguilles** (hydr) / eel ladder || ~ **annulaire** / dial scale, ring dial || ~ d'**appréciation** / judgement scale || ~ **automobile** (pomp) / ladder truck || ~ **automobile mécanique** (pomp) / turntable fire escape || ~ à l'**aval** (hydr) / downstream gauge || ~ à **barreaux** / rung ladder || ~ **Baumé** / Baumé hydrometer scale || ~ **Beaufort** / Beaufort scale || ~ **brisée** / folding ladder || ~ de **cartographe** (arp) / plotting scale || ~ de la **chambre** (nav) / companion ladder o. way || ~ **circulaire** / circular scale o. dial, cirscale || ~ de **commandement** (nav) / accomodation o. gangway ladder || ~ de **corde** / corded o. rope ladder || ~ de **cotation** / evaluation formula || ~ de **côté** (nav) / gangway || ~ des **couleurs** / colour scale || ~ **coulissante ou à coulisse** (pomp) / extension ladder || ~ de **coupée** (nav) / accommodation ladder, ladder rope, rope ladder, gangway || ~ à **crochets** / hook ladder || ~ **cylindrique** (instr) / cylinder dial || ~ de **diaphragmas** (phot) / aperture scale, stop scale || ~ de **distance** (radar) / range o. calibration marks *pl* || ~ **double** / double ladder || ~ **droite** (électron) / slide rule dial || ~ de **dureté** / hardness scale || ~ d'**eau** / water level indicator o. marker || ~ d'**écluses** / chain o. flight of locks || ~ d'**écoutille** (nav) / pillar ladder || ~ d'**embarquement**, échelle *f* dembarcation (nav) / accommodation ladder, ladder rope, rope ladder, gangway || ~ **embrochable** (pomp) / scaling ladder || ~ **enregistrante à air comprimé** / pneumatic level recorder || ~ **enregistrante des marées** / recording tide gauge, marigraph || ~ **européenne des couleurs** (typo) / European process colours *pl* || ~ d'**évaluation** / judgement scale || ~ **Fahrenheit** / Fahrenheit scale, F-scale || ~ **fluviale** / water level indicator o. marker || ~ des **forces** / scale of forces || ~ **fuyante** / diminishing o. reducing scale || ~ à **godets articulée** / articulated ladder of a bucket excavator || ~ **graduée** / instrument dial || ~ **graduée** / step-ladder || ~ **graduée de manomètre** / manometer scale || ~ de **grenier** / attic o. garret stairs *pl* || ~ des **gris** (TV) / gray scale o. step-wedge || ~ des **gris** (teint) / gray scale || ~ de **gris graduée** / stepped photometric absorption wedge, step wedge || ~ des **hauteurs** / scale of heights || ~ **hédonique** (analyse) / hedonic scale || ~ **hiérarchique de commande** / hierarchical control ladder || ~ **hydrométrique** / water level indicator o. marker || ~ de l'**image** (radar) / image scale || ~ de l'**image** (phot) / photo scale || ~ **imprimée** (fiche comptable) / spacing of [printed] lines || ~ à ou d'**incendie** (bâtim) / aerial o. escape ladder || ~ **industrielle** / commercial scale || ~ d'**intensité** (phot) / light intensity scale || ~ d'**intérêts** / interest gradation || ~ du **jaunissement** (pap) / post colour scale || ~ **justificative** (typo) / justifying scale || ~ **limnimétrique** / staff gauge || ~ des **longueurs** / scale of lengths || ~ de **lumières** (phot) / printer scale || ~ **mécanique** (auto) / fire ladder, aerial ladder (US) || **~s** *f pl* **mécaniques** (mines) / man engine || ~ *f* **micrométrique** / micrometric scale || ~ à **miroir** / mirror[ed] scale || ~ de **mise au point** / focussing scale, focus index marking || ~ **mobile** / gliding scale || ~ **mobile des salaires** / sliding wage scale || ~ du **modèle** / model scale || ~ **Mohs** / Mohs' [hardness] scale || ~ *m* **moyenne d'intégration** (électron) / medium scale integration, MSI || ~ *f* **MSK** (sismologie) / MSK-scale || ~ **musicale** / musical scale || ~ **numérique** / numerical scale || ~ de **peintre** / double ladder || ~ **phonique** / phon scale || ~ de **pilote** (nav) / pilot o. sea o. storm ladder || ~ **pivotante automobile** / motor [turnable] extension ladder o. fire escape || ~ **pliante** / double ladder || ~ **pliante à barreaux** / painter's steps *pl* || ~ aux **poissons** (hydr) / fish ladder, pass for fish || ~ des **pompiers** / fire o. scaling ladder, telescoping ladder || ~ de **pont** / water level indicator o. marker || ~ de **pose** / exposure scale || ~ **poussée [en surcharge]** (électr) / overcurrent scale || ~ de **présentation** / plotting scale || ~ [dite] **primaire** / master scale || ~ de **Rankine** / Rankine scale || **~s** *f pl* dans le **rapport 2/1** (pap. logar) / scales *pl* in the ratio 2/1 || ~ *f* de **Réaumur** / Réaumur scale || ~ de **réduction** / reduction scale || ~ de **réduction** (phot) / reduction ratio || ~ **réduite** / reduced scale, diminished proportions *pl* || ~ de **reproduction** / image scale || ~ à **réseau** / index grating || ~ de **résistance** (électr) / resistance scale o. step || ~ à **revers** (nav) / Jacob's ladder || ~ **roulante** / sliding ladder || ~ de **sauvetage** (bâtim) / aerial o. fire ladder || ~ de **sauvetage automobile** (auto) / motor turntable fire escape || ~ de **secteur** / sector scale || ~ des **tailles** (limes) / cut table for files || ~ de **tamisage** / mesh scale || ~ **tangentielle** (instr) / tangent scale || ~ de **tangon** (nav) / jack o. jacob's ladder, pilot ladder || ~ de **température** / temperature scale || ~ de ou dans le **temps** / time scale || ~ de **temps atomique** / atomic time scale || ~ **thermodynamique** / Kelvin scale, Kelvin thermodynamic scale of temperature (expressed in kelvins o. K) || ~ **thermométrique** / thermometer scale || ~ **thermométrique Celsius** / Celsius o. centesimal [temperature] scale, (formerly:) centigrade scale || ~ de **tirant d'eau** (nav) / Plimsoll lines o. marks *pl* || ~ **tournante d'incendie** (auto) / motor turntable fire escape || ~ des **traitements** / salary scale || ~ à **traits** / line scale || ~ **Twaddle** (chimie) / Twaddle scale, Twaddell scale, °Tw || ~ à **vernier** / vernier scale || ~ en **verre** / glass scale || ~ **zéro** / zero mark
échelon *m* / ladder rung o. spoke || ~ (opt) / echelon grating || **en ~** / step-by-step, stepwise, by steps, by degrees, at stages || **par ~s [de]** / in steps o. increments [of] || **~s** *m pl* de **brillance** / brightness steps *pl* || ~ *m* **[en fer]** / stirrup of a chimney, hand o. step iron || ~ [d'un **puits]** (bâtim) / step o. foot iron || ~ de **salaire** / wage class || **~s** *m pl* de **trou d'homme** (bâtim) / manhole steps *pl* || ~ *m* **unité**, fonction *f* de Heaviside / Heaviside unit step, unit step || **~s** *m pl* **zigzagués de puits d'accès** (bâtim) / staggered manhole steps
échelonnage *m* des **joints de rails** (ch.de fer) / staggering || ~ **multiple** (brochage) / multi-skip stepping
échelonné / graduated || ~ (extérieur) / stepped || ~ (électron, TV) / stagger-tuned
échelonnement *m* / staggering, gradation || ~

(couleurs) / gradation || ~ en **coin** / wedge stepping || ~ dans le **temps** / staggering
échelonner / space out, spread out || ~, étager / stagger *vt* || ~ (télécom) / grade, stagger || ~ **logarithmiquement** / graduate o. grade logarithmically
échenal *m*, échen[e]au *m*, échenet *m*, écheno *m* (fonderie) / launder
écheveau *m* (filage) / hank, skein || ~ (lin) / hank of flax || ~ à **cordons d'envergure** (tex) / lease-banded hank || ~ **lié** (tex) / bundled hanks *pl* || ~ **lié en échevettes** / skeined hank
échevettage *m* (filage) / skeining, tying
échevette *f* (tex) / skein, lea
échiffé, en ~ / resting on brickwork
échiff[r]e *m* / stringboard, notch board
échiffré / resting on brickwork
échiqueté / checkered
échiquier *m* / chequerboard || **en** ~ / white and black checkered, checkered
écho *m* (acoustique) / echo || ~ (radar) / return, echo || **faire** ~ / resound, reverberate, echo || **qui fait** ~ / resonant, echoing || ~ d'**air et de pluie** (radar) / air clutter || ~ d'**ange** (radar) / angel echo || ~ d'**arrière** (radar) / back echo || ~ **artificiel** (radar) / feather, plume || ~ **autour de la Terre** (électron) / round-the-world echo, round trip echo || ~ **autour de la Terre en retour** (radar) / backward round-the-world echo, backward round trip echo || ~ par les **crêtes de vagues** (radar) / sea returns *pl* || ~ de **défaut** (ultrason) / flaw echo, defect echo || ~ **détourné** (radar) / multiple reflection echo, mirror reflection echo || ~ **diffusé** / scatter echo || ~ d'**extrémité** (ultrason) / earth reflection || ~ **final** (télécom) / end echo || ~ **fixe** (radar) / fixed echo || ~ de **fond** (ultrasons) / back o. bottom echo || ~ **frauduleux** (électron, radar) / fraudulent echo || ~ **image** (TV) / double o. ghost image || ~ de **lobe secondaire** (radar) / side echo || ~ **local** (radar) / near echo || ~ de **longue durée** / long-delay echo, long-duration echo || ~ **magnétique parasite** (b.magnét) / magnetic printing o. print-through o. transfer, transfer, print effect, spurious o. accidental printing, crosstalk || ~ de **météorites** (radar) / meteor echo || ~ **multiple** / flutter echo (US), multiple echo || ~ de **nuages** / cloud echo || ~ **parasitaire** (radar) / parasitic echo || ~ **parasite** (b.magnét) / printing attenuation, magnetic printing || ~ **permanent** (radar) / fixed echo || ~ de **pluie** (radar) / precipitation echo, rain clutter || ~ **radar** / return, echo || ~ de **radio** / radio echo || ~ **rapproché** (radar) / near echo || ~ **réfléchi** (radar) / echo return || ~ de **retour** (radar) / back echo || ~ de **retour de mer** (radar) / sea return || ~ **secondaire** (radar) / second-trace echo || ~ de **sol** (radar) / ground returns *pl* || ~**-sonde** *f* (nav) / depth sounder, echo [depth] sounder, echo sounding apparatus || ~**-sonde** *f* **horizontale** (nav) / echo ranging gear o. equipment || ~ *m* du **spin** (phys) / spin-echo || ~ de la **surface limite** (ultrasons) / back o. bottom echo || ~ **tour de Terre direct** (radar) / forward round-the-world echo
échogramme *m* / echogram, -graph, -meter
écholocation *f* / ultrasonic location, echolocation
échomètre *m* / echometer || ~ à **impulsions** / pulse type echometer
échométrie *f* / echometry
échoppe *f* (outil) / punch || ~ **ouverte** / open shed
échoué, être ~ / be grounded o. beached o. stranded
échouement *m* (nav) / pounding
échouer *vi* / abort *vi* || ~, manquer / fail, founder || ~ (réaction) / fail, come to naught || ~ (nav) / ground, strand, beach, run aground o. ashore || ~ (sur un écueil) (nav) / be wrecked, smash
écimer (silviculture) / poll *vt*, pollard, top *vt*
écimeuse *f* de **betteraves** / beet root topping machine, beet topper
éclabousser / splash *vt*, sputter, besputter, squirt
éclaboussure *f* / splash, speckle || ~ (sidér) / splash || ~ d'**encre** / splatters *pl* || ~**s** *f pl* de **mortier** (bâtim) / mortar droppings *pl* || ~ *f* de **robinet** / squirting o. splashing of the tap
éclair *m* / flare || ~ (électr) / lightning discharge o. flash || ~ (sidér) / glance, lightning || **faire des ~s** / flash *vi* || **faire l'~** (plomb, or) / glance *vi* || ~ de l'**argent** / silver shine o. corruscation o. glance o. lightning || ~ en **boules** / globular o. globe o. ball lightning || ~ **diffus** / sheet lightning || ~ **électronique** / electronic flashlamp o. tube, flashtube || ~ en **forme de ruban** / ribbon lightning || ~ à **haute tension** (phot) / speed flash, wink-light || ~ au **magnésium** / magnesium light || ~ d'**or** (sidér) / shine o. coruscation, brightening o. glance o. lightning of gold || ~ au **plafond [en lumière indirecte]** (phot) / bounce light || ~ du **plomb** / glance o. lightning of lead || ~ de **rayons X** / X-ray flash || ~ en **sillons** / furrow lightning || ~ **synchronisé** (phot) / synchroflash
éclairage *m* / illumination, lighting || ~, quantité *f* de lumiére (opt) / light quantity || **à ~ d'approche** (ch.de fer) / approach lighted || **à ~ électrique** / electrically lighted || **à ~ par le fond** / with concealed edge lighting || **à ~ frontal** / with front lens cap || **à ~ latéral** / with light shield cap || ~ d'**ambiance** / flood-lighting || ~ **ambiant** (TV) / ambient light || ~ **artificiel** / artificial lighting || ~ d'**atelier** / factory o. mill fitting || ~ pour **automobiles** / motorcar lighting || ~ **autonome** (ch.de fer) / individual lighting || ~ pour **bicyclettes** / bicycle generator light set || ~ pour **bureaux** / indoor lighting for offices, office lighting || ~ du **cadran** / dial illumination || ~ **chez soi** / home lighting || ~ de **coffre** / lighting of luggage boot o. trunk || ~ **collectif** (ch.de fer) / group lighting system || ~ **collectif** (mines) / mains lighting || ~ **combiné** / mixed light || ~ **concentré** / spot lighting || ~ **continu du train** (ch.de fer) / collective lighting || ~ en **contre-jour** / back lighting || ~ par **corniches lumineuses** / cove lighting || ~ des **côtes** / shore lighting || ~ de **découverte ou de fond** (TV) / back bias o. lighting, background lighting || ~ **direct** / direct lighting || ~ d'**effet** / effect lighting o. illumination, decorative lighting || ~ **électrique** / electric lighting || ~ **électrique de bicyclettes** / bicycle generator light set || ~ **électrique de l'ouvrage ou en taille** / electric coal face lighting || ~ **électro-pneumatique** / pneumatic lighting || ~ d'**escalier** / staircase lighting || ~ d'**étalage** / show window illumination || ~ **extérieur** / outdoor illumination o. lighting, exterior lighting || ~ à **fibres optiques** (instr) / illumination by fiber optics || ~ de **fond** / background lighting || ~ à **fond clair** / bright field illumination || ~ sur **fond obscur** / dark field o. dark ground o. black field illumination, dark wells *pl* || ~ **frisant** / glancing o. rim light || ~ au **gaz** / gas light[ing] || ~ **général** / general lighting || ~ **incident** / vertical o. epi-illumination || ~ **indirect** / indirect lighting o. illumination || ~ **individuel** (ordonn) / localized lighting || ~ **individuel** (ch.de fer) / individual lighting || ~ des **instruments** / instrument lighting || ~ **intensif ou collectif en taille** / electric working place lighting || ~ **intérieur** / artificial lighting for interiors || ~ à **lampes déplaçables** /

lighting with portable lamps || ~ des **locaux** (bâtim) / room lighting o. illumination || ~ **lumineux** / luminous lighting || ~ de **mines** / mine lighting || ~ **mixte** / mixed light || ~ **mural** / wall light || ~ **naturel** / daylighting || ~ au **néon** / neon lights *pl* || ~ **nocturne** / dimmed o. night light o. illumination || ~ **oblique** / oblique o. side lighting || ~ sur **pied** / stand lights *pl* || ~ de la **place de travail** / working place illumination o. lighting, bench illumination, localized lighting || ~ des **places publiques** / lighting of squares etc || ~ de **plafond** / ceiling illumination || ~ **principal** (TV) / key lighting || ~ **public par luminaires montés sur console** / slip fitter street lighting || ~ **publicitaire** / advertisement illumination || ~ de **rampe** / floats *pl*, foot o. ground lights *pl* || ~ **rasant** / glancing o. rim light, edge lighting || ~ par **réflexion** / reflected illumination || ~ **routier ou de la route** / roadway illumination || ~ des **rues et des routes** / street lighting, road lighting || ~ de la **salle** (bâtim) / room lighting o. illumination || ~ **scénique ou de la scène** / stage lighting || ~ de **secours** / emergency lighting || ~ sur **secteur** (mines) / mains lighting || ~ de **studio** / studio lights *pl* || ~ de **sûreté** / emergency lighting || ~ des **trains** / train lighting || ~ par la **tranche** (instr) / concealed edge lighting || ~ par **transmission** (repro) / back lighting || ~ du **travail** / localized work illumination || ~ des **voies publiques** / street lighting, road lighting || ~ *n* **zénithal** / skylight, lay light

éclairagisme *m* / illumination o. lighting engineering

éclairagiste *m* / lighting engineer || ~ d'**atelier** (film) / studio o. lighting electrician

éclairant / bright

éclaircie *f* (silviculture) / clearance, clearing, opening, glade || **~s** *f pl* (météorol) / bright period o. interval

éclaircir *vt* / clear up || ~ (teint) / raise *vt*, clear the shade || ~ (silviculture) / thin *vt* || ~ (s') / clear up *vi*

éclaircissage *m* (silviculture) / thinning || ~ (teint) / clearing, brightening || ~ (agric) / thinning

éclaircissement *m* (gén) / explanation, elucidation || ~ de la **teinte** / clearing of the shade

éclaircisseur de **betteraves** *m* / beet gapper

éclairé / lighted, lit, alight || ~ par **projection** / illuminated

éclairement *m* / illumination || ~ (phys) / illumination, illuminance || ~ d'**amorçage** (cellule photo.) / priming illumination || ~ **énergétique** (phot) / exposure rate, irradiance, -cy || ~ **équivalent au bruit** / equivalent noise irradiation || ~ **scalaire** / scalar illumination

éclairer *vt* / illuminate *vt*, light, lighten || ~ *vi* / lighten *vi*, give light, shine || ~ par **projection** / floodlight *vt*, illuminate

éclat *m* / splinter, sliver, shiver, chip || ~, vive lumière *f* / brightness, clearness, lightness || ~ (électr) / stroke || ~, brillant *m* / luster, lustre (GB) || ~, claquement *m* / sharp report, bang, clap, crack || ~ (émail) / chipping || **à ~ terne** / dull-bright || **à ~s** (cassure) / splintery || **à ~s soyeux** / with silk gloss o. luster || **d'~ métallique** / with metallic luster || **en ~s** (poudre) / fragmented || **sans ~** / lacklustre, lackluster, lustreless, mat, matt[e], dead, dull || **sans ~s** (verre) / non shattering, non splintering || ~ **apparent** / point brilliance || ~ **apparent** (astr) / apparent stellar brightness o. magnitude || ~ de l'**argent** / silvery luster, silveriness || ~ de **bois** / splinter of wood || ~ de **bord** (TV) / edge flare || **~s** *m pl* de **bort** / crushing bort || ~ *m* **[brillant]** / high finish o. gloss || ~ en **cascade des isolateurs** (électr) / cascading of insulators || ~ du **laser** (laser) / spike || ~ de **lumière** / flash of light, glare || ~ **lumineux** / flash[light] signal, intermittent signal || ~ **métallique** / metallic lustre || ~ de **pierre** / stone chip, spall || ~ **soyeux** (gén) / silk gloss o. luster || ~ **superficiel** / surface luster, luster || ~ **terne** / dull finish o. gloss, mat finish || ~ **vitreux** (min) / glassy lustre

éclatant / lustrous, bright, shining, luminous || ~, sonore / sounding

éclaté / chapped, cracked, flawy || **sous forme ~e** (ord) / unpacked

éclatement *m* / burst[ing], disruption || ~ / report, crack || ~, explosion *f* / explosion, exploding, blowing-up || ~ (céram) / mechanical spalling || ~ (pneu) / blow-out, burst || ~ à l'**entrefer** (b.magnét) / gap scatter || ~ d'**étincelles** / spark discharge, jump-spark || ~ de la **fleur** (cuir) / cracking of the grain

éclater / burst *vi*, explode || ~ (pneu) / burst *vi*, blow off o. out || ~, détoner / report *vi*, crack || ~ (orage) / break forth || ~ (éclats) / crack off || ~ (obus) / burst *vi*, explode, detonate || **faire ~** / burst *vt* || **faire ~**, fragmenter / splinter *vt*, shiver, shatter || **faire ~ par explosifs** / explode *vt*, blow up

éclateur *m* (électr)) / discharger, discharging gap || ~ **cornu** (électr) / horn gap || ~ *n* **déchargeur** (électr) / discharger || ~ *m* à **disque** / disk discharger, disk gap transmitter || ~ à **disque muni de prisonniers latéraux** / studded disk discharger || ~ à **électrodes sphériques** / sphere gap || ~ à **électrodes tournantes** / movable disk discharger || ~ à **étincelle** (électr) / discharger || ~ de **fourrage à rouleaux cannelés** (agr) / forage crimper || ~ de **fourrage à rouleaux lisses** (agr) / forage crusher || ~ **fractionné ou à étincelles fractionnées** / multiple[quenched] spark gap || ~ à **gaz** (électron) / gas discharge arrester || ~ à **intervalle micrométrique** / micrometric spark discharger o. [spark] gap || ~ **isolant** / isolating spark gap || ~ de **mesure** / measuring spark gap || ~ de **mise à la terre** / earth terminal arrester || ~ **multiple en série** / multiple spark gap || ~ **parallèle** (électr) / parallel spark gap || ~ **pare-étincelles** (électr) / spark arrester o. blow-out o. extinguisher o. quencher, arc breaker || ~ à **plaques** / disk discharger, disk gap transmitter || ~ de **protection** / protective [spark] gap, relief gap || ~ **rotatif** / rotary spark gap, rotary discharger || ~ en **série** / multiple spark gap || ~ **simple** / simple o. single spark gap || ~ de **sûreté** / safety spark gap, coordinating o. protective gap || ~ **synchrone** / synchronous spark gap

éclatomètre *m* (pap) / mullen tester

éclaveter une **cheville sur virole** (charp) / clinch

éclimètre *m* (théodolite) / angle measuring system

éclipsable (aéro) / extendable, retractable || ~ / clip-on || ~ dans le **sol** / submerging, submersible

éclipse *f* (phare) / eclipse || ~ (astr) / occultation, eclipse || **~-fileur** *m* en **doux** (filage) / eclipse roving frame, strap speeder || ~ *f* **solaire** / solar eclipse

éclipser *vt* (astr) / eclipse || ~ (aéro) / retract || ~ **un faisceau de lumière** / obscure a beam of light

écliptique *m* (astr) / ecliptic

éclissage *m* / fish joint, fishing || ~ de **fortune** (ch.de fer) / emergency fish-plating || ~ à **joints francs** / fishplating with free heads || ~ de **rails** / rail connection || ~ **rapide** (convoyeur) / locator

éclisse *f* (charp) / fishplate || ~ (auto, ch. de fer) / fishplate, fish- o. splice-bar o. -piece, shin || ~ (constr.mét) / cover plate, strap || ~ d'**angle** / corner strap || ~ à **cornière** / angular o. angle fishplate, bracket joint || ~ à **crampon** / hooked fish plate || ~ **double cornière** / double-angle fish plate || ~

isolante / insulated bar (US) o. fishplate o. joint || ~ à **patin** / angular o. angle fishplate, bracket joint || ~ **plate** / flat fishplate || ~ de **raccord** / spliced bar (US), cranked fishplate || ~ [de **raccordement]** / butt strap || ~ de **rattrapage d'usure** / fishplate with wear adjustment || ~ **régénérée** / reformed bar (US), renovated fishplate || ~ de **secours** / emergency fish-plate || ~ de **talon** / heel fishplate
éclisser / clout *vt* || ~ (ch.de fer, charp) / fish[plate] *vt*
éclore (insectes) / emerge, hatch
éclosion *f* (insectes) / hatching
éclusage *m* / sluicing, locking of ships || ~ (réacteur) / inward transfer || ~ au **dehors** (réacteur) / outward transfer
écluse *f* (hydr) / lock, sluice || ~ (trémie) / seal of a hopper, feeder || **~s** *f pl* **accolées** (hydr) / double o. twin lock, two-chamber lock || ~ *f* d'**admission** / inlet sluice || ~ à **air** / air lock || ~ à **air comprimé** / pressed air lock || ~ du **bassin** / harbour lock, entrance lock || ~ à **canots** / boat lock || ~ **carrée** [à quatre têtes] / four-square lock || ~ de **chasse** (hydr) / outlet o. sweeping sluice || ~ à **clapets** (trémie) / flap type seal || **~s** *f pl* **couplées** / twin o. double lock || ~ *f* de **décompression** / man lock || ~ à **déplacement** / displacement lock || ~ à **deux sas** voir écluses accolées || ~ pratiquée par une **digue** (hydr) / dike lock o. drain, sluiceway || ~ **double** (hydr) / twin lock, double lock || ~ pour **équipes** / lock for long tows || **~s** *f pl* **étagées** / chain o. flight of locks || ~ *f* d'**évacuation** / bank o. drainage sluice || ~ à **flotteur** / float type sluice || ~ de **fuite** voir écluse de chasse || ~ de **garde** (hydr) / protecting sluice || ~ à **gaz** / gas lock || ~ d'**inondation** (hydr) / warping hatch || ~ d'**irrigation** (agr) / irrigation sluice || ~ **jumelée** / twin lock, double lock || ~ à **manchon** (trémie) / seal with sleeve || ~ à **marée** / tidal o. tide lock || ~ à **marée montante** (nav) / tide lock || ~ **maritime** / sea lock || ~ d'un **port** / harbour lock, entrance lock || ~ à **porte-coulisse** / sliding gate sluice || ~ de **protection** (hydr) / protecting sluice || ~ **provisionnelle** (hydr) / reserve lock || ~ de **refoulement** / retaining sluice || ~ à **régistres** (trémie) / gate type seal || ~ à **réservoir** / storage sluice || ~ de **rivière** / river lock || ~ **rotative** (trémie) / rotary seal o. feeder || ~ à **sas** / lift-lock, chamber lock || ~ **[à sas]** (dans un canal) / canal lock || ~ **[à sas] à grande chute** (hydr) / chamber lock for a great difference of level || ~ **simple** / harbour lock, entrance lock || ~ **souterraine** / deep level sluice || **~s** *f pl* **superposées** / chain o. flight of locks || ~ *f* à **tambour** (hydr) / circular sluice || ~ à **vannes** / gate sluice
éclusée *f* / water in a lock, lockage water, lockful of water || ~ / number of ships in a lock, lockage
écluser / pass *vt* a boat through a lock, lock o. sluice a ship
éclusseur *m* **rotatif pour cendres et mâchefer** / revolving sluice for ash and slag removal
éclusier *m* / lock o. sluice keeper o. master
écocatastrophe *f* / ecocatastrophe
écoin *m* de **bridage** (mines) / miner's o. packing wedge
écoinçon *m* (bâtim) / quoin
écoine *f* / flat file with single cut
école *f* **commerciale** / trade school || ~ **navale** / naval college || ~ de **pilotage d'avion**, école *f* daviation / aviation o. flying school || ~ **professionnelle** / vocational training school || ~ **supérieure des mines** / mining academy || ~ **technique** / technical school
écoller (tan) / shave, skive, flesh out
écolletter un **vase** / widen by hammering, beat out
écologie *f* / ecology
écologique / ecological
écologiste *m*, écolo *m* / environmentalist, conservationist, ecologist
écolyseur *m* / ecolyzer
économe / thrifty, saving, sparing
économie *f* / economy || ~ / saving, economizing || ~ / commercial life || **en vue d'une** ~ [de] / to save || **pour une raison d'**~ / for economical reasons || ~ de **carburant** / fuel saving || ~ de **chaleur** / economy of heat || ~ **charbonnière** / coal economics *pl sg* || ~ de **combustible** / fuel economy, saving in fuel || ~ de **courant** / saving of current o. power || ~ **domestique** / housecraft || ~ d'**eau** / water economy o. balance || ~ des **eaux** / water economy, water resources policy || ~ **électrique ou d'électricité** / electro-economics *pl sing* || ~ de l'**énergie** / energy o. power economics *pl sg* || ~ d'**énergie** / energy saving, energy conservation || ~ à **énergie intégrée** / interlinked power economy || ~ d'**essence** / fuel saving || ~ **forestière** / forest economy || ~ de **frais** / cost savings *pl* || ~ **hydraulique** / water economy, water resources policy || ~ **hydraulique des agglomérations** / domestic water suuplies *pl* || ~ **industrielle** / industrial administration o. management, works economy || ~ de **main d'œuvres** / saving of labour || ~ de **matériaux** / material saving || ~ de **mémorisation** (ord) / storage economy || ~ **minière** / mine economics *pl sg* || ~ des **neutrons** / neutron economy || ~ de **place** / economy o. saving in space || ~ du **poids** / weight saving || ~ **politique** / national economy || ~ due au **réflecteur** (nucl) / reflector saving || ~ **rurale** / agriculture, farming, husbandry || ~ de **temps** / saving of time || ~ **thermique** / heat economy, thermo-economy
économique / economical, saving, (also:) cheap || ~, diminuant la dépense / thrifty || ~ en **consommation d'essence** / fuel-thrifty
économisant le **temps de travail** / labour-saving
économiseur *m* (auto) / economy jet, economizer jet || ~ (chaudière) / economizer || ~ (hydr) / side pond || ~ d'**énergie** / power miser || ~ **tubulaire vertical** / vertical tube economizer
écope *f* / scoop
écoper / scoop *vt*
écoperche *f* (bâtim) / trestle pole, scaffold[ing] pole
écophile / not harmful to the environment (gen), anti- o. low-pollution (engine), conservation-minded (man)
écorce *f* / [outer] bark, rind, cortex || ~ du **citron** / lemon peel o. rind || ~ **intérieure** (bot) / inner bark o. phloem, secondary cortex || ~ du **liège** / cork [crust] || ~ de **Panama ou de quillaja saponaria** / soap o. China (US) bark, quillai[a] bark, quillia bark || ~ du **quercitron** / quercitron [bark] || ~ de **rouvre** / oak bark || ~ **terrestre** / lithosphere, earth crust
écorcer / decorticate, bark, unbark, peel
écorceur *m* (plasma) / divertor
écorceuse *f* à **couteaux** (silviculture) / knife barking machine || ~ à **disques** (pap) / disk barker || ~ **fine** (pap) / fine barker || ~ à **jet** (pap) / jet barker
écorcher, [s']~ / fray *vi*, wear through *vi* || ~ (tan) / skin *vt*, flay *vt* || ~ par **éraflure** / graze *vt* || ~ par **frottement** / chafe *vt*, gall *vt* || ~ **légèrement** / slit slightly, graze
écorner (charp) / taper *vt*, bevel *vt* || ~ (fond. de caract.) / trim *vt*, shave, plane *vt*
écornure *f* / breaking of corners || ~ du **cristal** /

bevelment
écossais *m* (tex) / plaid, tartan [plaid] cloth
écosser / hull *vt*, husk, shell
écosseur *m*, écosseuse *f* / shelling machine, husker (US)
écosystème *m* / ecosystem
écoté (bois) / lopped
écouane *f*, écouenne *f* / flat file with single cut
écoulement *m* / flowing out, outflow, flow, running || ~, marche *f* / course, progression, march || ~, débit *m* (eau) / runoff || ~ (thixotropie) / flow behaviour o. properties *pl* || ~ (géol) / flowage || ~ (trafic) / traffic flow || **à ~ libre** / free flowing || **à ~ libre** (souterraines) / unconfined || **à ~ plein** (tuyau) / running full || ~ **annuel moyen** (hydr) / mean annual runoff || ~ **atmosphérique ou d'air** / air current o. flow || ~ **autour du profil** (aéro) / flow around the profile || ~ **calme** / laminar o. streamline o. viscous flow || ~ de **chaleur** / heat flow o. flux || ~ des **copeaux** (m.outils) / chip flow o. clearance, chip escape || ~ **dénoyé** / flow in open channel || ~ d'**eau** / fluid flow, running o. flowing of water || ~ **établi** / fully developed velocity distribution || ~ à **froid** (mét) / creep || ~ **idéal** (app. chimiques) / plug flow || ~ d'**infiltration** / passage of seepage flow, flow through seepage passages || ~ **inversé** (hélice élévatrice) / reversed flow || ~ de **jus** (sucre) / juice flow || ~ d'après **Knudsen** / Knudsen o. transition flow || ~ **laminaire** / laminar flow || ~ **libre de matières plastiques granulées** / flotation of granular plastics || ~ de **même sens** / co-current flow || ~ du **métal** (extrusion) / flow [conditions] || ~ **moléculaire** (nucl) / molecular flow || ~ **non-uniforme** / non-uniform flow || ~ de **percolation** voir écoulement d'infiltration || ~ **permanent** / continuous flow || ~ **permanent ou stationnaire** / steady flow || ~ de **Poiseuille** / Poiseuille flow || ~ des **produits** / product flow || ~ **profond** (plast) / deep flow || ~ de **puissance** / power-flow || ~ en **régime intermédiaire** / Knudsen o. transition flow || ~ en **régime moléculaire** (nucl) / molecular flow || ~ en **régime torrentiel ou jaillissant** (eau) / fast o. rapid o. shooting flow, super-critical flow || ~ **rotationnel** / swirling flow || ~ **sans tourbillonnement** / streamline motion o. flow || ~ **secondaire** / secondary flow || ~ **stationnaire** / steady flow || ~ par **temps sec** (hydr) / dry weather flow || ~ **thermique** / heat transition || ~ **tourbillonnaire** (brûleur) / whirling o. swirling stream || ~ de **trafic** (télécom) / traffic dispatch || ~ **turbulent** / turbulent o. eddy flow
écouler (s') / drain off *vi*, flow off o. away, run off || ~ (s') (temps) / pass *vi*, elapse || ~ (s'), fuir (réservoir) / leak [out], lose || ~ (s'), couler de source / spring *vi*, well *vi*, pour *vi* || **s'~ goutte à goutte** / ooze, trickle || **s'~ plastiquement** / undergo plastic creep || ~ des **données à travers un registre de décalage** / revolve data
écourgeon *m* / winter barley
écourter / poll *vt*, crop *vt*, shorten *vt*
écoute *f* / listening || ~ (télécom) / monitoring || ~, lecture *f* / playback || **être à l'~** / listen in || **prendre l'~** / switch into receive position, turn on the radio || **se mettre à l'~** (télécom) / monitor *vi* || ~ **clandestine** (télécom) / wire tapping || ~ **différée** (radio, TV) / prerecorded broadcast || ~ **individuelle** (radio) / individual listening || ~ **permanente** / monitoring
écouter / listen || ~ (télécom) / monitor *vt* || ~ **clandestinement** (radio) / tap *vt*, listen without licence || ~ la **radio** / listen in
écouteur *m* (radio) / broadcast band listener, BCL || ~ (gén, radio) / receiver || ~ (télécom) / earpiece || ~ **auriculaire ou miniature ou interne** / insert[ion] earphone || ~ de **contrôle** / monitor earphone || ~ de **contrôle** (électron) / test phones *pl* || ~ d'un **récepteur téléphonique** (télécom) / earpiece, receiver [earpiece], telephone trumpet, sounder || ~ **[serre-tête]** / headphone || ~ **téléphonique** (télécom) / earpiece || **~[-parleur]** *m* (télécom) / handset, French telephone (US)
écoutille *f* (nav) / hatch[way] || ~ (satellite) / hatch || ~ **arrière** / stern hatch || ~ **avant** / fore-hatchway, fore-hatch[way] || ~ de **chargement** / [main] hatch[way], loading hatch || ~ de **machines** / engine hatch || ~ à **pont plat** / flush deck hatch || ~ de **poupe** / stern hatch
écouvillon *m* (pipeline) / scraper, go-devil, pig || ~ pour **bouteilles** / bottle brush
écrabouiller / mash *vt*, reduce to pulp, squash *vt*
écran *m* / screen, light shade, shade || ~, filtre *m* (phot) / filter || ~ (projection) / projecting screen || ~ (aéro) / screen || ~ (phys) / screen || ~ (nucl) / shield[ing] || ~ (électr) / screening, radio-shielding || ~ (techn) / baffle, barrier, screen || ~ (galv) / screen || ~ (ELF) (espace) / buckler, shield || ~ de **40 mesh[s]** / 40 mesh sieve o. screen || ~ d'**ablation** (espace) / ablation shield || ~ **absorbant** (TV) / dark-trace screen || ~ d'**absorption** (rayons X) / absorption screen || ~ **acoustique** (acoustique) / cushioning, acoustic baffle || ~ **acoustique** (film) / baffle, gobo || ~ **acoustique** (gén, haut-parleur) / [acoustic] baffle || ~ **antiarc** (électr) / flash barrier || ~ **antiarc** (collecteur) / flashing-over screen, ring fire screen || ~ **antidiffusion** (radar) / antidiffusion screen || ~ **antiflash ou antiarc** (électr) / flash barrier || ~ **anti-halo** (phot) / stop-out screen || ~ **antimagnétique** / magnetic screen[ing] o. shield[ing] || ~ d'**antiparasitage** (phys, électron) / screen (US), shield || ~ **argenté** / silver screen || ~ de **béton** (réacteur) / concrete shield || ~ **biologique** (réacteur) / biological shield || ~ **bleu** (phot) / blue filter || ~ **calorifuge ou de chaleur** / thermal sheet o. shield || ~ de **carter** (auto) / oilpan screen || ~ **cathodique** / cathode screen, cathode ray tube || ~ de **chaleur** / heat shield || ~ de **choc thermique** (nucl) / thermal shock shielding || ~ **coloré** (phys, phot) / colour[ed] filter o. screen || ~ de **contrôle** (TV) / monitor screen || ~ de **contrôle** (ord) / monitor || ~ de **contrôle avec oscilloscope** (TV) / picture and waveform monitor || ~ **dépoli** / ground glass screen || ~ **diffuseur** (film) / diffusing screen, scrim (US) || ~ **diffuseur** (phot) / diffusing disk || ~ contre les **effluves** (électr) / corona shield || ~ **électromagnétique** / electromagnetic shielding || ~ **électrostatique** (électr) / static screen || ~ à l'**esculine** (phot) / UV o. ultra-violet filter || ~ d'**étanchéité** (hydr) / watertight injection screen || ~ d'**étranglement** (hydr) / sharp-edged orifice || ~ **exempt de rouge** / filter free from red, red-free filter || ~ **extérieur** (électron) / external shield || ~ **facial** / face shield || ~ **filtre** (TV) / filter screen || ~ **fluorescent** / fluorescent screen || ~ de **fumée** / smoke screen, screening smoke || ~ **G** (radar) / G display || ~ **gaufré** (phot) / lenticular o. lenticulated screen, beaded screen || ~ **gélatine** (film) / jelly || ~ **gris** / neutral gray o. grey filter, neutral absorber || ~ **gris-neutre** / neutral density filter || ~ de **haut-parleur** / loudspeaker baffle || ~ **HF** / radiofrequency shield[ing] || ~ **incorporé** / built-in filter || ~ à l'**infrarouge** (phot) / IR-filter || ~ d'**injection** (hydr) / watertight injection screen || ~

insonorisant (aéro) / detuner || ~ **jaune** (phot) / yellow screen || ~ **large** (film) / wide screen || ~ à **longue durée** (TV) / persistent screen || ~ à **lumière de jour** (TV) / daylight screen || ~ **luminescent** / luminescent screen || ~ à **mailles** (astr) / magnitude o. reduction screen || ~ **modulateur de lumière** (TV) / intensity-control screen || ~ **nacré** (phot) / lenticular o. lenticulated screen, beaded screen || ~ **opaque** (film) / gobo (to shield from light) || ~ **opaque** (repro) / opaque screen || ~ **opaque latéral** (microphone) / gobo (to shield from sound) || ~ **P** (radar) / P-display || ~ **panoramique** (radar) / plan position indicator, PPI || ~ **panoramique** (film) / panoramic screen || ~ **paralume** / louver (illumination), spill shield || ~ **paraneige** (ch.de fer) / snow fence || ~ **pare-lumière** (phot) / lens shield o. screen || ~ **pare-vapeur** / vapour barrier || ~ **partiel** (nucl) / shadow shield || ~ **perlé** (phot) / lenticular o. lenticulated screen, beaded screen || ~ **persistance** (TV) / persistent screen || ~ de **phosphore à plusieurs couches** (TV) / penetration screen || ~ à **plasma** (TV) / plasma screen || ~ en **plomb** (rayons X) / lead protection || ~ de **plomb** (réacteur) / lead screen || ~ de **pointage** (radar) / plotting plate, position o. reflector tracker || ~ de **polarisation** (mot) / polarizing filter, polarizer || ~ **poreux** (film) / porous screen || ~ **PPI à centre ouvert** (radar) / open-center display || ~ de **préformage** (plast) / felting (GB) o. preform (US) screen || ~ de **préformage** (pap) / pulp mould || ~ de **présentation** (radar) / display scope || ~ de **projection** (phot) / projection screen || ~ **protecteur** (nucl) / protective screen || ~ de **protection** / shielding || ~ de **protection** (électr) / protection cap, fender || ~ de **protection** (TV) / safety screen || ~ de **protection de la cabine** / driver's cab shield || ~ **provisoire** (mines) / provisional air trap || ~ **radioscopique** / fluoroscope, fluoroscopic screen || ~ **réducteur de pression** / baffle plate || ~ **réflecteur** / reflector, (film:) sun reflector || ~ **refroidi par l'eau** (foyer) / water screen || ~ pour **rétroprojection** / translucent screen, back projection screen || ~ de **soie** (film) / silk screen || ~ de **soie pour sérigraphie** / stencil for screen printing || ~ **sonore** (film) / gobo, baffle || ~ [de] **soudeur à l'arc** / face shield, welder's hand shield o. screen || ~ **statique H.T.** / arcing o. garding shield || ~ au **sulfure de zinc** / zinc sulphide screen || ~ de **sûreté** (phot) / darkroom filter || ~ **témoin** (TV) / monitor screen || ~ **thermique** (ELF) (espace) / thermal shield || ~ de **toile perlé [multicellulaire]** / silver screen || ~ **transparent** (opt) / transparent glass screen || ~ **transparent** (repro) / translucent screen || ~ en **tresse de cuivre** (câble) / copper braid shielding || ~ du **tube cathodique** / tube face, cathode screen || ~ du **tube T.V.** (TV) / viewing screen || ~ à **tungstate de calcium** (TV) / calcium-tungstate screen || ~ **type A** (radar) / range-amplitude display (GB), A-display, A-scope (US) || ~ **type B** (radar) / B-display o. scope (US), range bearing display, range height indicator || ~ **type H** [I,K,L,R] (radar) / H,[I,K,L,R] display || ~ à la **vapeur d'eau** (bâtim) / vapour barrier, vapour seal || ~ **vert** (phot) / green filter || ~ de **viseur** / viewfinder screen || ~ à **visionner** / viewing screen || ~ de **visualisation** (ord) / visual display device, display device o. unit

écranage *m* par le **gaz de protection** (pétrole) / gas blanketing

écranné (électron) / shielded, sheathed, screened

écrasé (gén, pap) / crushed || ~ (bout de tuyau) / flattened || ~ (lettre) / bottlenecked || ~ / écrasé leather

écrasement *m* / crush, violent pressure || ~, refoulement *m* / compression set, upsetting deformation || ~ (forge) / plating || ~ du **champignon du rail** / crushing of the rail head

écraser / bust *vt*, crush *vt* || ~ (forge) / plate *vt* || ~ (rivets) / jolt rivets || ~ (piéton) / run o. knock down, run over || **s'~ au sol** (aéro) / crash *vi* || ~ l'**accélérateur ou le champignon** (coll) / step on the gas || ~ des **informations** (b.magnét) / overwrite

écraseur *m* de **pommes de terre** / potato crusher o. mashing machine

écrasite *f* / ecrasite (US)

écrasser (sidér) / slag *vt*, tap, pull slag

écrémage *m* (fonderie) / skimming || ~ du **trafic** / discrimination of traffic

écrémer (verre) / skim *vt* || ~ (lait) / cream *vt*, skim *vt* || ~ (fonderie) / slag off, skim || ~ par **écrémeuse mécanique** / separate milk

écrémeur *m* (verre) / skimmer

écrémeuse *f* **[centrifuge]** / cream separator || ~ **[mécanique]** / skimmer || ~ de **nappe de pétrole** / oil slick licker

écréner (typo) / kern *vt*

écrénoir *m* (typo) / trimming knife o. blade

écrêtage *m* (routes) / levelling out of humps, lowering || ~ (électron) / crest o. peak limiting o. clipping || ~ **double des amplitudes** / double limiting of amplitudes || ~ d'**impulsion** / pulse clipping || ~ des **tops** (électron) / clipping of peaks

écrêtement *m* / limiting of peak demand || ~ (acoust) / limiting of noise, noise killing

écrêter (électron) / clip peaks || ~ (routes) / lower the crest, level humps

écrêteur *m* (télécom) / clipper circuit || ~ (TV) / amplitude limiter || ~ de **bruits** / noise limiter o. killer, NL || ~ de **courant grille** / control grid current limiter || ~ de **courant plaque** / anode current limiter

écriquage *m* / repair of cracks

écrire [sur] / write [on], inscribe || ~ la **légende d'un dessin** / letter a drawing || ~ à la **machine** / typewrite

écrit au-dessus (math) / superior, superscripted || ~ à la **machine** / typescript

écriteau *m* / notice board, placard || ~ **avertisseur** / notice o. warning board || ~ de **circulation** / traffic sign, marker (US) || ~ de **direction** (ch.de fer) / destination board o. panel o. sign (on the platform) || ~ **luminescent ou en lettres lumineuses** / luminous signal

écriture *f* (gén, ord) / writing, (esp.:) print image || ~ (tube à mémoire) / writing || ~ (m.compt) / posting || **~s** *f pl* / clerical work || **à ~ dérangée** (ord) / write-disturbed || **d'~** / graphic, -ical || ~ *f* **alphabétique** / alphabetic script o. writing || ~ **anglaise** / italic [letters o. writing] || ~ d'**application** (ord) / application write-up || ~ **Billing** / Billing script || ~ en **caractères d'imprimerie** (dessin) / hand printing || ~ **chiffrée ou en chiffres** / cryptograph, cipher, code || ~ **cursive** (typo) / running hand || ~ **cursive** (gén) / italic [letters o. writing] || ~ **dessinée** (dessin) / drawn lettering || ~ à **double espacement** / spaced type || ~ **gothique** (typo) / black letter, Old English letter, Gothic o. German print o. text || ~ **ideographique** / ideographic o. ideogramic writing || ~ à **intervalle** / spaced type || ~ de **labels de bande magnétique** / magnetic tape labelling || ~ **noire** (m.à ecrire) / ribbon-shift black || ~ **penchée** (dessin) / inclined o. slant letters *pl* || ~ **perle** (typo) / pearl || ~ **pictographique** / pictography, picture writing || ~

en **relief** (fonderie, plast) / raised letters *pl* || ~ **renversée** / mirror writing || ~ **ronde** / round hand || ~ **serrée** / close spaced lettering || ~ **standard** (dessin) / normal text print, standard lettering || ~ **standard penchée** / standard lettering, sloping style, sloping style || ~ **syllabique** / syllabary || ~ **visible** / visible writing

écrou *m* / [screw] nut || ~ d'**accouplement** / union nut, spigot o. swivel nut || ~ d'**ancrage** / special foundation nut || ~ à **anneau** / ring nut, lifting eye nut || ~ à **anse de panier** / lifting nut || ~ **auto-bloquant** / prevailing torque type self-locking nut || ~ **auto-fileteur** / die-nut || ~ à **baïonnette** / bayonet nut || ~ **bas** / thin nut, low nut || ~ **bas hexagonal** / hexagon thin nut (DIN 439) || ~ de **blocage** / spring-action locknut || ~ **borgne** / cap nut, bow o. box nut, acorn nut || ~ **borgne bas, [à calotte]** / low, [domed] cap nut || ~ **borgne à garret** / tommy cap nut || ~ **borgne haut hexagonal** / hexagon domed cap nut (DIN 1587) || ~ **borgne hexagonal** / hexagon cap nut (DIN 917) || ~ de **calage** / tightening nut || ~ **carré** / square nut || ~ à **chapeau** / capped nut || ~ à **chasser** / forcing nut || ~ **clips** / clips nut || ~ de **colonne** (fonderie) / tie bar || ~**-coulisseau** *m* / slide nut || ~ à **créneaux dégagés** / hexagon castle nut || ~ **crénelé bas** / hexagon low castle nut || ~ **crénelé hexagonal** / hexagon slotted nut o. castle nut || ~ **crénelé ou à créneaux** / castel[lated] nut || ~ **cylindrique** / round nut || ~ **cylindrique à encoches ou à gorges** / slotted round nut for hook spanner, groove nut || ~ **cylindrique à fente** / slotted round nut || ~ **[cylindrique] à trous latéraux** / capstan nut || ~ **décolleté** / bright nut || ~ de **dégagement** / forcing nut || ~ à **denture multiple** / twelve point nut || ~ à **deux trous frontaux** / round nut with drilled holes in one face (DIN 547) || ~ **différentiel** / differential nut || ~ de **direction** / steering nut || ~ à **embase** / flanged o. collar nut || ~ **embrayable de la vis-mère** / clasp nut, lead-screw nut || ~ **encastré ou à encastrer** / insert nut || ~ à **épaulement** / shouldered nut || ~ **et contre-écrou** / two nuts *pl*, nut and counternut || ~ à **étrier** / lifting nut || ~ à **fente** / slotted nut || ~ de **fermeture** (fût) / barrel nut || ~ **fini** / bright nut || ~ de **fixation** / adjusting o. checking nut, rifle nut || ~ de **fixation de roue** (auto) / wheel mounting nut || ~**-frein** *m* / set screw for brake || ~ de **freinage** / spring-action locknut || ~ de **freinage type Pal** / PAL-nut || ~ à **garret** / tommy nut (DIN 6305) || ~ **hexagonal** / hexagon nut, hex-nut || ~ **hexagonal à collerette** / washer faced hexagon nut || ~ **hexagonal à embase** / hexagon nut with collar || ~ **hexagonal à embase mince** (auto) / flat collar nut || ~ **indesserable** / spring-action locknut || ~ à **insertion** / insert nut || ~**-mère** *m* / clasp nut, lead-screw nut || ~ **moleté** / knurled nut || ~ **moleté haut [ou bas]** / knurled nut with tall [o. flat] head || ~ **octogonal** / octagon nut || ~ à **œillet** / ring nut, lifting eye nut || ~ à **oreilles** / wing (GB) o. thumb (US) o. fly nut, butterfly nut || ~ à **panier** / lifting nut || ~ 6 **pans** / hex-nut, hexagon nut || ~ **pentagonal** / pentagon nut || ~ de **pose** / adjusting o. checking nut, rifle nut || ~ **presse-étoupe** / gland nut || ~ de **pression** / forcing nut || ~ **prisonnier [par empreinte]** / insert nut || ~ **prisonnier [par rivetage]** / plate nut (DIN 987) || ~**-raccord** *m* / union nut, spigot o. swivel nut || ~**-raccord** *m* à **tuyaux** / spud || ~ pour **rainure à T** / T-nut || ~ **rapide** / speed nut || ~ de **rattrapage de jeu** / adjusting nut || ~ de **rayon** (bicycl.) / spoke nipple || ~ de **réglage** / adjusting o. checking nut, rifle nut || ~ de **réglage** (horloge) / rating nut || ~ de **réglage** (ch.de fer) / adjusting o. regulating nut || ~ de **réglage de la barre de connexion** (auto) / track adjusting nut || ~ à **ressort** / spring nut || ~ de **retenue** / hold-down nut || ~ à **river** / rivet[ing] nut, plate nut (DIN 987) || ~ **rond** / round nut || ~ à **rotule convexe** (auto) / spherical collar nut || ~ de **serrage** / forcing nut || ~ de **serrage**, écrou *m* de réglage / adjusting o. checking nut, rifle nut || ~ à **sertir** / rivet[ing] nut || ~ à **souder** / weld nut || ~ **sphérique** / ball nut || ~ **taraudeur** / die-nut || ~ **tendeur** / adjusting o. tension[ing] nut || ~ **tendeur** (ch.de fer) / adjusting o. regulating nut || ~ de **tension** / turnbuckle sleeve o. barrel (US) || ~ à **tête plate et collet carré** (nav) / cover screw (DIN 80441) || ~ **triangulaire [à embase]** / triangle nut [with collar] || ~ **trois pans** / triangular socket nut || ~ à **trous frontaux** (techn) / round nut with drilled holes in one face || ~ de **verrouillage** (auto) / speed nut || ~ de la **vis-mère** (tourn) / leadscrew nut, clasp nut

écroui / cold-hammered, cool-hammered || ~ (tréfilage) / hard drawn || ~ **grisâtre** (tréfilage) / gray-bright drawn

écrouir / strain- o. wear- o. work-harden, (esp:) cold roll *v* || ~ (s') / become springy || ~ par **martelage** / cold- o. cool-hammer || ~ par **rouleau** (m.outils) / roller-burnish

écrouissage *m*, écrouissement *m* (lam) / skin o. pinch passing, temper rolling || ~ (augmentation de la dureté) / strain- o. wear- o. work-hardening || ~ (travail à froid) / cold- o. cool-hammering o. -working || ~ à la **grenaille** (fonderie) / shot peening || ~ **par étirage** / hard-drawing, cold straining

écroulé (mines) / fallen-in

écroulement *m* / breakdown, breakage, collapse, failure || ~ (mines) / falling-in, thrust, downfall || ~ (bâtim) / falling-in, collapse || ~ de la **cartouche de combustible** (réacteur) / collapsed fuel damage, collapsed cladding, fuel-rod flattening || ~ du **toit** (mines) / fall of the roof

écrouler (s') / break down *vi*, fall down o. in || ~ (s') (bâtim) / cave in, collapse, give way, crumble down || ~ (s') (mines) / break down *vi* || **faire** ~ / cave in *vt*

écroûtage *m* des **barres** (sidér) / bar scalping || ~ au **chalumeau** (sidér) / flame chipping o. descaling o. deseaming o. scarfing

écroûter (agr) / skim || ~ (tourn) / scalp *vt*, peel *vt* || ~ au **chalumeau** / flame-gouge || ~ la **terre** (agr) / turn the soil

écroûteuse *f* de **lingots** / ingot peeling machine

écru *adj* (tex) / gray, grey (GB) || ~ (pap) / natural unbleached || ~ (soie) / crude (silk) || ~ *m* / state of rawness o. crudeness, rawness, crudeness

ecto·parasite *m* (zool), ectophyte *m* (bot) / ectoparasite, epiparasite, ectozoon (zool), ectophyte (bot) || ~**toxine** *f* / ectotoxin

écu *m* (pap) / format 40 x 52 cm

écuanteur *m* de **roue** / king pin angle o. inclination

écubier *m* (nav) / hawse [hole o. pipe], mooring pipe, hawser post || ~ d'**ancre ou de mouillage** (nav) / mooring pipe || ~ de **pavois** / bulwark mooring hawse || ~ de **pont** / chain o. deck pipe || ~ à **rouleaux** / roller hawse

écueil *m* / cliff

écuelle *f* / bowl, porringer || ~ (chimie) / tray, basin, dish || ~ à **broyer** (chimie) / mortar || ~ d'**évaporation** (chimie) / evaporating basin o. dish o. pan || ~ d'**évaporation en porcelaine** / porcelain evaporating dish || ~ d'**incinération** / incineration dish || ~ de **pivot** (instr) / saucer, socket, footstep, cup || ~ **scorificatoire** / scorifying vessel, scorifier ||

~ de **vis** / hollow between turns of thread
écuisser (bois) / splinter *vt*, split *vt* when felling a tree
écumage *m* (repro, défaut) / scum[ming], greasing || ~ (sidér) / dross, scum[ming], skim[ming]
écumant / foaming, frothy
écume *f* / foam, froth, scum, spume || ~ (mer) / spume, foam || ~ (sidér) / scum, spume || ~ (fonderie) / scum, dross (US) || ~**s** *f pl* de **carbonatation** / sediment from carbonation, carbonation slurry || ~ *f* de **fer** / red iron froth || ~ de **flottation** / flotation froth || ~ de **fonte** (fonderie) / refined iron froth o. dross, kish [graphite] || ~ de **mer** (min) / sepiolite, Meerschaum || ~ **Parkes** (sidér) / Parkes' foam || ~ de **plomb** / lead slag, dross of lead
écumer *vi* / froth *vi*, foam *vi* || ~ *vt* / skim [off], scum, defoam, defroth || ~ (flottation) / skim *vt* || ~ (sidér) / skim *vt*, slag off, deslag, tap slag || **faire** ~ / froth *vt*
écumeur *m* (flottation) / float skimmer
écumeux / foaming, foamy, frothy
écumoire *f* de **laitier** / skimmer, skimming ladle, scummer
écurage *m* / rinsing, washing, flushing
écurer / rinse, wash, flush || ~, nettoyer / clean *vt*, cleanse || ~ avec du **sable** / scour with sand
écurette *f* / dragline excavator
écurie *f* / stable, cowshed, cowhouse, byre (GB), barn (US)
écusson *m* (instr) / escutcheon (e.g. behind a radio button) || ~ (auto) / escutcheon (e.g. on the wheel) || ~ (numism.) / verso, pile, reverse of a coin || ~ (serr) / [e]scutcheon, key plate || ~ **circulaire ou rond** (serr) / rose || ~ de **marque** / escutcheon, manufacturer's emblem
écussonner (agr) / bud *vt*, inoculate
édaphique (bot) / edaphic
édaphone *m* / edaphon
eddiographe *m* (essai de mat.) / eddiograph
édenter / break off teeth
édicule *m* / kiosk, (also:) public lavatory
édification *f* / construction, cons.
édifice *m* / building, structure, edifice || ~ **atomique** / atomic structure || ~ **circulaire** (bâtim) / rotunda || ~ **cristallin** / crystal texture || ~ **moléculaire** / molecular structure || ~ **principal** / main building
édifier / build, erect, construct
édité (ord) / formatted
éditer (ord) / edit || ~ (typo) / edit, issue, publish
éditeur *m* de **liens** (ord) / linkage editor
édition *f* (typo) / edition, issue (of a journal) || ~ (ord) / editing || ~ (imprimante) / formatting || ~ **à accès sélectif du répertoire des instructions** (ord) / random access index edit || ~ de la **mémoire** (ord) / memory edit || ~ de **poche** (typo) / pocket edition || ~ **princeps** (typo) / editio princeps, first edition || ~ de **texte** (ord) / text editing o. processing
E.D.M.A. = équivalent de dose maximale admissible
édredon *m* / eider-down
éducation *f* **préparatoire** / preparatory training o. instruction || ~ **professionnelle** / vocational training o. education
éduction *f* / eduction of steam
éduquer / train, educate
E.E.G., ensemble *m* électronique de gestion / large scale data processing plant
éfaufiler (tiss) / pull out the pick
effaçable / effaceable, erasable
effaçage *m* / effacement, (esp.:) zeroizing
effacement *m* / cancellation || ~ (ord) / erasion || ~ (électron) / blanking [out], blackout (US) || ~ **à haute fréquence** (b.magnét) / high-frequency erase || ~ par **tête volante** (bande vidéo) / flying erase
effacer / efface || ~, rayer / cross out, strike out, cancel, delete || ~ (instr) / zeroize, reset to zero || ~ (organisation de la mémoire) / delete || ~ (bande magn) / delete, del || ~ (s') / be extinguished || ~ en **essuyant** / wipe away o. out || ~ le **faisceau** (TV) / blank [out] || ~ avec une **gomme** / rub out || ~ au **grattoir** / erase
effaceur *m* (b.magnét) / tape eraser || ~ de **traces de roue** (agr) / trace lifter, wheel mark eliminator
effaneuse *f* (agr) / stripper
effectif *adj* / effective, eff., actual || ~ *m* / man power, employees on the pay-roll || ~ (stock) / actual inventory, clear amount || ~ (nav) / complement || ~ (statistique) / absolute frequency || ~ du **lot** (constr.qual) / lot size
effectuation *f* / execution, carrying-out, performance
effectué, être ~ / be put in effect, be realized || ~ en **tirant** (coupe) / drawing
effectuer / effect *vt* || ~ / accomplish, carry out, perform || ~ / accomplish, execute || ~ le **craquage** (essence) / crack || ~ un **demi-tour** (auto) / turn back, make an U-turn || ~ un **essai** / carry out o. conduct a test || ~ une **fermeture en fondu** (film) / darken until lost, fade-out || ~ un **mesurage** / take a measurement || ~ de **plusieurs façons** / realize in several designs
effervescence *f* (fermentation) / effervescence || ~ (sidér) / rimming action
effervescent / effervescent, effervescing || ~ (acier) / rimming || **être** ~ (chimie) / effervesce
effet *m* / effect, influence || ~ (phys) / phenomenon || ~ (tiss) / design, figure || **à** ~ **lent** / slow acting || **des** ~**s en série** / sequence of similar effects || **sans** ~ / ineffective, -fectual, inefficient || ~ **abrasif** / abrasion || ~ d'**accélération** (espace) / fly-by-effect || ~ **aléatoire** / random effect (US) || ~ **antinutritif** (parasites) / antifeeding effect || ~ d'**apprêt glacé** (tex) / gloss effect, luster effect, brilliance, -ancy, glazing effect || ~ d'**arête** (électr) / edge effect || ~ d'**aspiration** / suction || ~ **Auger** (nucl) / Auger effect || ~ d'**avertissement** (plast) / memory effect || ~ **balistique** (instr) / ballistic effect || ~ de **bande** (bande vidéo) / banding || ~ de **bande dû à une tête mal réglée** (bande vidéo) / head banding || ~ **Barkhausen** (aimantation) / Barkhausen effect || ~ **barrière** (pap) / barrier effect || ~ de **battement** (électr) / flutter effect || ~ **Becquerel** (nucl) / Becquerel effect || ~ de **Bethe** (nucl) / Lamb shift || ~ de **blocage** (graissage) / blocking effect || ~ de **bond d'onde** / skip effect || ~ de **bord** (instr) / edge fringing || ~ de **bord ou d'Eberhard** (phot) / Eberhard effect || ~ **brisant** (mil) / brisance, detonating violence, shattering power || ~ de **bruit Schottky** / Schottky noise || ~ **calorifique** / thermal o. heat effect || ~ **calorifique** (chauffage) / heating power || ~ **calorique** / caloric power, heating effect || ~ de **canalisation** (nucl) / channelling o. streaming effect || ~ de **cavité** (microphone) / cavity effect || ~ **changeant** (tex) / shot effect || ~ de **charge superficielle** (électron) / S-effect, surface charge effect || ~ **chatoyant** (min) / chatoyancy || ~ de **cheminée** / stack effect || ~ de **choc** / impact effect || ~ de **choc** (clôture électr.) / tent effect || ~ du **choc de vapeur** / steam shock || ~ de **ciel** (nucl) / skyshine || ~ **cinétobarique** (électr) / kinetobaric effect || ~ **Clayden** (phot) / Clayden effect || ~ **clé de voûte** (défaut, film) / keystone effect || ~ **Coanda** (phys) / Coanda effect || ~ **cohéreur** / coherer effect || ~ **Compton** (nucl) / Compton effect || ~ de **contraste** (phot) / contrast achievement o. effect || ~ de **conversion** (tex) / semidischarge style, conversion

effect || ~ de **coquilles d'œufs** (vernis) / bastard flatting, egg-shell gloss || ~ **corona ou de couronne** (électr) / corona [effect o. conduction] || ~ **Cotton-Mouton** / magnetic double refraction, Cotton-Mouton effect || ~ de **couleur** (psychologie) / colour effect || ~ de **coup** / percussive effect || ~ de **coupe total** (m.outils) / resultant o. anti-penetration (US) cutting force || ~ de **couplage** (nucl) / coupling effect || ~ de **couvrir** (bruit, odeur) / masking || ~ de **craquage** (pétrole) / cracker effect || ~ **Curie-Weiss** (aimantation) / Curie-Weiss effect || ~ **Custer** (fonderie) / oxidized blowholes *pl* || ~ **cyclotron** (phys) / gyromagnetic effect || ~ **D.A.P.** / DAP-effect || ~ de **décantation** / cleaning effect, dirt removal || ~ de **dégradé** (tex) / shading || ~ de **densité** (phys) / density effect || ~ de **dénudation** (semicond) / denudation effect || ~ de **dépôt** (chimie) / depot effect, repository effect || ~ de **Destriau** (luminescence) / Destriau effect || ~ **détergent** (pétrole) / detergent effect || ~ **détersif** / cleansing effect || ~ **deux bosses** (électron) / double hump effect || ~ **différé sur une sortie** (électr) / postponement || ~ de **dimensions** / size factor || ~ **directif** (phys) / directivity || ~ **dispersant** (pétrole) / dispersing effect || ~ de **dispersion** (nucl) / scattering || ~ à **distance** / distant effect || ~ **Doppler-Fizeau** (phys) / Doppler's principle o. effect, Doppler beat || ~ **dos de chameau** (électron) / double hump effect || ~ **double** / double action || ~ **dynamique** / dynamic effect || ~ **Early** (semicond) / Early effect || ~ de l'**eau** / effect of water || ~ d'**échelle** (aéro) / scale effect || ~ d'**écho** (b.magn.) / print through || ~ d'**éclatement** / bursting o. explosive effect o. action o. strength || ~ [produit] **par** [les] **éclats** (mil) / fragmentation effect || ~ d'**écran** (électr) / screening o. shielding effect || ~ **Einstein-de-Haas** (aimantation) / Einstein-de-Haas effect, Barnett effect || ~ **électrique transitoire ou momentané** / transient effect o. phenomenon || ~ **électrocalorique** / electrocaloric effect || ~ **électro-optique de Kerr** / electro-optical o. Kerr effect || ~ **électrostatique de Kerr** / electrostatic Kerr effect || ~ d'**empilement** / stacking effect || ~ d'**empreinte** (b magn) / print-through || ~ d'**entaille** / stress concentration, notch effect || ~ d'**entraînement** (espace) / spillover, spin-off || ~ d'**entraînement** (pétrole) / carry-over effect || ~ d'**entraînement de fréquence** (électron) / pulling || ~ de l'**entrefer** (acoust) / gap effect || ~ d'**épuration** / cleaning effect, dirt removal || ~ **Esaki** (semicond) / Esaki o. tunnel effect || ~ d'**escalier** (TV) / step effect || ~ **est-ouest** (nucl) / east-west effect || ~ **Ettinghausen** (phys) / Ettinghausen effect || ~ **explosif ou d'explosion** / bursting o. explosive effect o. action o. strength || ~ d'**exprimage** (tex) / squeezing effect || ~ **extincteur** (électr) / quenching effect || ~ **Faraday** / Faraday effect, magnetorotation || ~ **Ferranti** (électr) / Ferranti effect || ~ de **filtre** / filter effect || ~ de **flou** (phot) / soft-focus effect || ~ de **fluage** (TV) / crawl effect || ~ de **frappe** / percussion effect || ~ de **frisure** (tex) / crimp effect || ~ **galvanomagnétique** / galvano-magnetic effect || ~ **géo-électrique** (bot) / geoelectrical effect || ~ **getter** (lampe) / clean-up, gettering || ~ **getter** (vide) / gas clean-up || ~ de **grenaille** (électr, électron) / [small] shot noise, shot o. Schottky effect, schroteffect || ~ **gyromagnétique** (phys) / gyromagnetic effect || ~ **gyroscopique ou gyrostatique** / gyrostatic o. gyroscopic effect || ~ **Hall** (semicond) / Hall effect || ~ **Hallwachs** (électron) / Hallwachs effect || ~ de **halo** (TV) / halation || ~ de **halo** (ordonn) / halo-effect || ~ du **hasard** / accident, chance || ~ **Herschel** (phot) / Herschel effect || ~ d'**Hopkinson** (charge creuse) / Hopkinson effect || ~ **Hubble** (astr) / Hubble effect || ~ d'**îlôts** (tubes, pare-brise) / island effect || ~ d'**impact** / impact effect || **~s** *m pl* d'**incendies** / fire conditions *pl* || ~ *m* **initial** / initial effect || ~ **Jaques** (sidér) / Jaques effect || ~ **Josephson [soit continu soit alternatif]** (phys) / Josephson effect || ~ **Joule** / heating effect of current, Joule effect || ~ **Joule de magnétostriction** / positive o. Joule magnetostriction || ~ **Joule-Kelvin ou -Thomson** (gaz) / Joule-Kelvin o. Joule-Thomson effect || ~ **K** (astr) / K-effect || ~ **Kamerlingh-Onnes** (phys) / lambda leak, super leak || ~ **Kelvin** (électr) / skin effect, Kelvin effect || ~ **Kerr** (électron) / Kerr effect || ~ **Kikoin** / photoelectromagnetic o. photomagnetoelectric effect, PEM effect || ~ de **Kossel** (rayons X) / Kossel effect || ~ de **lainage** (tex) / nap effect || ~ **Lamb-Rutherford**, effet *m* Lamb-Shift / Lamb shift || ~ **lance-pierres** (espace) / slingshot effect || ~ **Larsen** (acoust) / throwback, acoustic feedback speaker/microphone || ~ de **lavage** / cleansing effect || ~ **Léonard** (fonderie) / Leonard effect || ~ de **levier** / leverage || ~ **local** (télécom) / sidetone || ~ **local pour les bruits de salle** / room noise sidetone || ~ **local pour la parole** / speech sidetone || ~ **lumineux** / effect lighting || ~ **lustrant ou de lustrage** (filage) / polishing action, lustring o. glazing action || ~ de **Luxemburg** (électron) / Luxembourg effect || ~ **magnétomécanique** / magnetomechanical effect || ~ **magnéto-optique de Kerr** / magneto-optical o. Kerr effect || ~ de **magnétron** / magnetron effect || ~ **Magnus** (phys) / Magnus effect || ~ de **main** (électron) / hand capacitance || ~ de **Marx** (électron) / Marx effect || ~ de **masse** (essai de mat) / effect of mass || ~ **mécanothermique** (inverse de l'effet thermomécanique) (hélium) / mechanothermal effect || ~ de **mèche** / wicking || ~ **mémoire** (plast) / plastic memory || ~ **métallisé** / metallic effect || ~ **microphonique** / microphony, -phonism, microphonic effect || ~ de **Mie** (opt) / Mie effect || ~ **Moessbauer ou Mössbauer** (nucl) / Mößbauer o. Mossbauer effect || ~ de **montagne** (radar) / mountain effect || ~ de **mouvement** (électron) / moving effect || ~ de **mouvement** (film) / trucking effect || ~ **Munroe** (charge creuse) / Munroe effect || ~ de **neige** (TV) / black-and-white snow || ~ de **Nernst** (phys) / Nernst effect || ~ **nocturne** / polarization error, (formerly:) night-effect o. -error || ~ d'**obliquité** (b magn) / skew || ~ d'**ombre dans l'image** (TV) / shading || ~ d'**optique magnétique** / magneto-optical effect || ~ de **paroi** (nucl) / wall effect || ~ de **Paschen-Back** (magnétisme) / Paschen-Back effect, Back-Goudsmit effect || ~ **pelliculaire**, effet *m* de peau (électr) / skin effect, Kelvin effect || ~ **Peltier** (phys) / Peltier effect || ~ de **pénétration ou en profondeur** (galv) / throwing power || ~ **perdu** / lost effect o. power, waste power || ~ de **persistance**, eblouissement *m* / dazzling || ~ de **phosphorescence** / phosphorescence effect || ~ **photoconducteur** / photoconductive effect || ~ **photoélectrique** / photoelectric o. photo-effect, photoelectric absorption || ~ **photoélectrique externe** / external photoelectric effect, photo-emission, photoemissive effect || ~ **photoélectrique interne** / photonegative effect || ~ **photomagnéto-électrique** / photoelectromagnetic o. photomagnetoelectric effect, PEM effect || ~ **photovoltaïque** / photovoltaic effect || ~ **piézoélectrique** / piezoelectric effect || ~ de **pilling** (tiss) / pilling effect || ~ de **pincement** (nucl, électr) / pinch effect || ~ de **plastique**, plastique *f*(TV) / plastic effect || ~ de **pluie** (film) / shadow scratch, scar || ~ de **Pockels** (électrooptique) / Pockels effect || ~ dû à la **polarisation** / depolarization effect || ~ de **pompage** / pumpage, pumping action || ~ de **poudre brune** / brown-powder effect (on contacts) || ~ de **poussée de fréquence** (électron) / [frequency] pushing || ~ **Poynting-Robertson** (astr) / Poynting-Robertson effect || ~ **protecteur** / protective capacity o. effect || ~ de **proximité** (électr) / proximity effect || ~ **pseudostéréoscopique** / pseudostereoscopic effect || ~ **pyroélectrique** / pyroelectric effect || ~ **Raman** (opt) / Raman effect || ~ de **Ramsauer** (phys) / Ramsauer effect || ~ de **rayonnement** / radiation effect || ~ de **recouvrement** (semi-cond) / recovery effect || ~ **refroidissant** / cooling o. refrigerating effect o. action || ~ de **relief optique** / stereoscopic effect || ~ de **relief sonore** / stereophonic effect || ~ de **rémanence** (TV) / smearing o. lag effect || ~ de **réserve** (tex) / resist effect || ~ **résiduel** / aftereffect, secondary effect || ~ de **résonance** (TV) / resonance effect || ~ de **ressort** / spring power, springiness || ~ de **rétablissement** (transistor) / recovery effect || ~ **Richardson** (phys) / Richardson o. Edison effect, thermionic electron emission || ~ de **Rocky Point** (tubes d'emission) / Rocky Point effect, flash arc || ~ **Russel** (phot) / Russel effect || ~ **S** (électron) / S-effect, surface charge effect || ~ de **Sabatier** (phot) / Sabatier effect || ~ de **saut [des ondes réfléchies]** (électron) / skip effect || ~ de **Schottky** (électr, électron) / [small] shot noise, shot o. Schottky effect, schroteffect || ~ de **scintillement ou de scintillation** (TV) / flicker effect || ~ **secondaire** / secondary effect || ~ **Seebeck** / thermoelectric o. Seebeck-effect || ~ **sélectif** / selection, selectivity || ~ de **séparation** (nucl) / separation effect || ~ de **serre** (atmosphère) / greenhouse effect || ~ de **seuil** (TV) / threshold effect || ~ **slip-stick** / slip stick effect || ~ **Snoek** (sidér) / Snoek-effect || ~ de **sol** (transport) / ground cushion o. effect || ~ **solvant** / solvent action || ~ de **sonnerie** (électron) / ringing effect || ~ **sonore** / sound effect || ~ **Soret** (chimie) / Soret effect, thermal diffusion (in solutions) || ~ de **soufflage [sur un récepteur] par émission voisine** (électron) / blanking || ~ de **souffle** / blast || ~ de **soupape** (gén) / valve effect o. action || ~ **spatial** / spatial effect || ~ de **spin** (phys) / spin [effect] || ~ **Stark** (phys) / Stark effect || ~ **stéréophonique** / spatial effect, stereophonic effect || ~ de **Stiles-Crawford** (opt) / Stiles-Crawford effect || ~ de **store vénétien** (bande vidéo) / skew error || ~ de **striction** (nucl, électr) / pinch effect || ~ **stroboscopique** (film) / stroboscopic effect || ~ de **Suhl** (semicond) / Suhl effect (inverse Hall effect) || ~ de **surface** / surface action || ~ de **synchronisation** (électron) / pulling effect || ~ **synergique** / synergistic effect, synergy || ~ de **tamponnage** / cushioning effect, buffer action || ~ de **tassement** / stacking effect || ~ de **température** / influence of temperature || ~ **thermique** / thermal o. heat effect || ~ **thermique** (électron) / resistance o. thermal noise, circuit o. Johnson o. output noise || ~ **thermoélectrique** (thermo-couple) / thermoelectric o. Seebeck-effect || ~ **thermoélectrique** (électron) / thermionic emission || ~ **thermomécanique**, effet *m* fontaine (hélium) / thermomecanical effect, fountain effect || ~ **Thomson** (électr) / Thomson effect || ~ de **torsion** (filage) / twisting effect || ~ de **torsion de bande** (bande vidéo) / banding || ~ **total** / total output || ~ de **traînage [de l'image]** (TV) / streaking, trailing, pulling whites || ~ **trame** (tex) / filling (US) o. weft (GB) effect || ~ **tunnel** (semicond) / Esaki o. tunnel effect || ~ de **tunnel Glaever**, effet *m* de tunnel normal / Glaever [normal electron] tunnelling || ~ **Tyndall** (opt) / Tyndall effect || ~ **ultérieur** / aftereffect, secondary effect || ~ **ultérieur diélectrique** / dielectric relaxation o. afterworking o. viscosity || ~ **utile** / useful effect || ~**s** *m pl* de **valence** / valency effect || ~ *m* [de] **valve** (gén) / valve effect o. action || ~ de **verrouillage** (électron) / pulling effect || ~ **vicinal** / vicinal action || ~ **Villard** (phot) / Villard effect || ~ de **volant** (électron) / flywheel effect || ~ de **Wien** (électr) / Wien effect || ~ **Wigner** (nucl) / Wigner o. discomposition effect || ~ **xénon** (nucl) / xenon effect o. paisoning || ~ **Zeeman** (spectre) / Zeeman effect || ~ **Zener** (semicond) / Zener effect

effeuiller (s') / scale

effeuilleur *m* (sucre) / leaf catcher

efficace / efficient, efficacious, effectual || ~ (télécom) / effective, eff., completed || ~ (valeur) / root mean square, R.M.S. || **être** ~ (techn) / work, act, function, operate

efficacement *adv* / effectively, effectually, efficiently

efficacité *f* / efficacy, effectiveness, efficiency || ~ (méc) / efficiency [rating] || ~ (microphone) / output level || ~ (P.E.R.T.) / effectiveness || ~ **absolue d'un estimateur** (statistique) / absolute efficiency of an estimator || ~ **absolue d'un système émetteur [récepteur]** (télécom) / electroacoustic index (sender) || ~ d'une **barre de commande** (nucl) / control rod worth || ~ **biologique relative**, E.B.R. (nucl) / relative biological activity o. effectiveness, RBE || ~ d'une **cathode thermo-électronique** / emission efficiency || ~ de **collection** (héliotechnie) / collection efficiency || ~ du **criblage** / efficiency of screening || ~ de **détection en puissance disponible** (semicond) / rectification efficiency || ~ de **détection en tension** (semicond) / detector voltage efficiency || ~ de **dynode en optique électronique** / electrooptical dynode efficiency || ~ d'**éclairage** / coefficient of utilization || ~ **intrinsèque** / pressure response o. sensitivity || ~ **lumineuse** / luminous efficiency || ~ **lumineuse relative d'un rayonnement monochromatique** / relative luminous efficiency, brightness response || ~ de la **mémoire** (ord) / storage efficiency o. utilization || ~ d'un **modérateur** (nucl) / moderating ratio || ~ **nette** (nucl) / net efficiency || ~ **optique** / lamp o. luminaire (US) efficiency, optical output ratio || ~ d'**ouverture** (antenne) / aperture efficiency || ~ de **plateau** (chimie) / tray efficiency || ~ en **pression** / pressure response o. sensitivity || ~ d'un **système** / system effectiveness

efficience *f*, effet *m* utile / performance || ~ (mot.anglais déconseillé dans ce sens) / efficiency

effigie *f* (numism.) / obverse [side], face of coins

effilé / reduced, taper[ed] || ~ (caractère) / elongated || ~ (pince) / trapezoidal

effilement *m* (aéro) / taper ratio

effiler / fine *vt* || ~ (techn) / lessen, taper || ~ (dessin) / reduce perspectively, foreshorten || ~, désourdir (tiss) / undo, unravel || ~, séparer les fibres (étoffe) / ravel out, fray, unravel || ~ (s') / taper *vi*, become thin || ~ (s') (étoffe) / ravel out *vi*, unravel, fray out *vi*

effilochage *m* (filage) / tearing of rags || ~, frange *m*

(opt) / bleeding
effilochés *m pl* de **laine** / reprocessed wool
effilocher (tex) / disaggregate, unravel || ~ (pap) / tear rags || ~ (s') (tex) / fray out *vi*
effilocheuse *f* (tex) / tearing machine || ~ pour **chiffons** (pap) / rag tearing machine, willow rag machine, willowing machine || ~ pour **déchets et fils** (filage) / waste o. thread opener, garnett machine, hard waste breaker || ~ **humide** (filage) / wet tearing machine
effleurage *m* en **refendant** (cuir) / friz[z]ing [off the grain]
effleurer / graze || ~ (cuir) / fluff (leather on the flesh side) || ~ (auto) / graze *vt*, scratch *vt* || ~ le **sol avec la charrue** / plough fleet || ~ la **surface** / slit slightly
effleurir (s') (min, chimie) / effloresce
efflorescence *f* (min, chimie) / efflorescence || ~ (plast, caoutchouc) / bloom || ~ (mines) / slight coat || ~ (émail) / bloom (defect) || ~**s** *f pl* (tan) / bloom, spue || ~ *f* de **cobalt** (chimie) / cobalt crust || ~ des **murs** / coating, efflorescence of walls || ~ de **soufre** / sulphur blooming
effluence *f* / discharge, outflow, effluent
effluent *adj* / effluent || ~ *m* (mines, sidér) / loss || ~ du **collecteur d'eaux d'égout** (eaux usées) / effluent || ~ d'une **essoreuse** / centrifugal running || ~**s** *m pl* de **four** (sidér) / effluent, emission || ~ *m* **radioactif rejeté dans des conditions contrôlées** / radioactive effluent discharged under controlled conditions
effluvation *f* sous **vide** (teint) / processing in vacuum
effluve *m* en **couronne** (H.T.) / corona || ~ **électrique** / glow conduction, luminous o. corona discharge
effondrement *m* (bâtim) / falling-in, collapse || ~ (géol) / foundering || ~ (mines) / thrust, downfall || ~ des **aubes** (turbine) / blade breakdown o. failure || ~ **gravitationnel** / gravitation collapse || ~ d'une **théorie** / failure of a theory
effondrer (agric) / trench the ground, subsoil *vt* || ~ (s') / subside, settle, sink || ~ (s') (bâtim) / collapse *vi*, fall-in || ~ (s') (terrain) / cave in, subside
effondrilles *f pl* (bière) / brown sediment
effort *m* (techn) / effort, exertion, strain || ~ (méc) / load, stress, pressure, tension || ~ (hydr) / strain || ~ d'**accélération** / accelerating power || ~ d'**actionnement du frein** / brake application force || ~ **admissible** / safe[ty] load o. stress || ~ **admissible en pratique** / working stress || ~ **annulaire** (méc) / edge stress, extreme fiber stress || ~ **axial** / axial load || ~ de ou dans la **barre** (constr.en acier) / bar tension o. stress || ~ de **calage** (grue) / stalling load || ~ **centré** / center stress || ~ de **cisaillement** (m.outils) / resultant cutting force, shear force || ~ au **cisaillement** (méc) / transverse force o. load, shearing force o. load || ~ de **cisaillement longitudinal** / longitudinal shearing load || ~ **combiné** / compound load || ~ en **compression** / compression o. compressive stress || ~ **continu par oscillations** / fatigue loading, alternating [cyclic] stress, repeated alternating stress || ~ de **coupe** (m.outils) / cutting force o. power o. reaction || ~ de **coupe total** (m.outils) / resultant o. anti-penetration (US) cutting force || ~ au **crochet** (ch.de fer, auto) / pull, tractive power o. force || ~ de **décollage** (ch.de fer) / break-away force || ~ de **déformation** / work of deformation || ~ de **démarrage** (techn) / starting power || ~ au **démarrage** (ch.de fer) / starting tractive power || ~ **dynamique** / dynamic stress || ~ d'**écrasement des rails** (ch.de fer) / crushing effort of rails || ~ **effectif de coupe** (m.outils) / effective cutting force || ~ d'**entraînement** (techn) / starting power || ~ **excessif** / overstress[ing] || ~ d'**extension** / tensile stress || ~ de **flexion** / bending strain o. stress || ~ de **flexion par compression axiale** / collapsing stress (US), buckling stress || ~ au **frein** / brake holding load || ~ de **freinage** / brake force o. power, brake effort || ~ de **guidage** (auto) / lateral stability, cornering force || ~ **important** / heavy load || ~ **initial** / initial load || ~ **intermittent** / intermittent load || ~ **interne** / internal strain || ~ **inventif** (brevet) / inventive merit o. step, amount of subject matter || ~ de **laminage** / rolling power o. torque || ~ **latéral** / horizontal drift o. thrust || ~ de **levage au godet** (excavateur) / hoisting power || ~ **limite de tension** / ultimate tensile stress || ~ **longitudinal** / axial o. longitudinal stress || ~ sur le **[manche à] balai** (aéro) / stick force || ~ des **matières** / stress on material || ~ **maximal** / highest o. maximum o. peak stress || ~ **mécanique** / loading || ~ **moteur** / motive force || ~ **normal** / normal force || ~ d'**oscillation** / dynamic stress || ~ sur le **plancher** / floor load || ~ de **pression** / force of pressure || ~ **pulsatoire** / intermittent load || ~ **radial** / radial force o. load || ~ **résiduel** (méc) / residual stress || ~ **résistant** / running o. tractive resistance of vehicles || ~ **résistant en palier** (ch.de fer) / train resistance on level track || ~ **retardateur** / retarding power || ~ de **rotation** / rotating power || ~ de **serrage** (m.outils) / gripping power, chucking power || ~ **statique** / static load || ~ au **tambour** (grue) / drum load, hauling o. hoisting load || ~ de **tension** / tension force || ~ de **tension** (lam) / yield stress || ~ de **tension thermique** / thermal stress || ~ au **timon** / thrust on drawbar || ~ de **torsion** / torsional strain, twisting strain || ~ **total** / total load || ~ de **traction** (ch.de fer, auto) / pull, tractive power o. force || ~ de **traction** (mot) / lugging ability || ~ de **traction** (méc) / stress due to stretching o. straining || ~ de **traction ou de tension** / tension o. tensile load || ~ de **traction à la jante** / tractive effort o. force at wheel rim || ~ de **traction-compression** / compression-tension load o. force || ~ **tranchant** (méc) / transverse action o. force o. load, shearing force o. load, shear || ~ de **verrouillage** (plast, outil) / locking pressure
effraction *f* / intrusion, house-breaking
effranger (s') (tex) / fray out *vi*
effritement *m* / crumbling away o. into dust || ~, désagrégation *f* par les intempéries / weathering || ~ (caoutchouc) / chipping, flaking || ~ **chimique** (géol) / chemical decay || ~ de la **surface** (routes) / fretting, ravelling
effriter (s') / weather, crumble away, flake away o. off || ~ la **terre** / exhaust the soil
effusement *m* (céram) / dusting of calcium orthosilicate
effuseur *m* (aéro) / effuser
effusif (géol) / igneous, pyrogenic
effusiomètre *m* (chimie) / effusiometer
effusion *f* (géol) / effusion || ~ (phys) / diffusion || ~ **moléculaire** (vide) / molecular effusion || ~ **moléculaire d'un gaz** / molecular effusion of gases
éfourceau *m* / two-wheeled timber cart
égaiement *m* (agric) / watering o. irrigation ditch
égal / level || ~, bien égalisé / flush || ~, bien proportionné / regular, well proportioned || ~ (math) / congruent || ~ (p.e. a égal b) (math) / equal || ~ **et opposé** / equal and opposite
également incliné / isogonic, -gonal
égaler *vt* / adjust || ~ (montre) / equalize || ~ [à] / equate, make equal [to] || ~ *vi* / equal, be equal [to],

match || ~, être égal [à] (math) / equal *vi*
galir (techn) / flush, level
galisant bien (teint) / readily levelling
galisateur *adj* / equalizing || ~ *m* d'**affaiblissement** (câble) / attenuation equalizer || ~ du **déphasage en quadrature** (électr) / quadrature equalizer || ~ des **feuilles** (typo) / jogger[-up] || ~ de **phase** / interphase transformer, phase equalizer || ~ de **pointes** / peak-shaving
galisation *f* (télécom) / equalizing || ~ (électr) / line-up, lining-up || ~ des **amplitudes** (télécom) / equalization of the amplitude || ~ de **capacités mutuelles** (télécom) / balancing of the mutual capacities || ~ de **charge** / load compensation o. balance || ~ par **diffusion** / balancing by diffusion || ~ de l'**humidité** / moisture balance || ~ des **pointes** (électr) / peak shave || ~ de **tension** (électr) / voltage equalization o. compensation
galisatrice *f* (électr) / balancer || ~ à **courant continu** / d.c. balancer o. equalizer
galiser / flush *vt*, level *vt* || ~, rendre plat / level *vt*, planish, grade, even, plane the soil || ~, lisser / flatten, even, render smooth, dress || ~, affronter / adjust the level || ~, ajuster / adjust, equalize || ~, tamponner / buffer *vt*, equalize *vt* || ~ (électron) / align, aline || ~ (télécom, électron) / correct *vt*, equalize || ~ les **cartes** (c.perf.) / joggle cards || ~ les **couteaux de coupe-racines** (sucre) / slot beet knives || ~ les **feuilles** (typo) / jog leaves || ~ des **masses** / homogenize masses || ~ à la **truelle** (fonderie) / strike off o. up, strickle || ~ des **valeurs** / even out values
galiseur *m* en **cosinus** (bande vidéo) / cosine equalizer || ~ à **décision rétroactive** (ord) / decision feedback equalizer, DFE || ~ des **feuilles** (typo) / jogger[-up]
galiseuse *f* (cuir) / flattening machine
galité *f* / evenness || ~ (math) / equality || ~ du **tissu** (tiss) / even texture || ~ de **vitesse de chute** (mines) / equal falling o. settling properties *pl*
gard *m* / consideration, respect || **à l'~ de réglements de sécurité** / concerning safety regulations || **avoir** ~ [à] / take into account, allow [for] || **eu** ~ [à] / considering, in view [of]
garé *adj* / misplaced, mislaid, stray, lost || ~ / missent || ~**s** *m pl* (mines) / outsize || ~**s** *m pl* / misplaced material
gayement *m* (agr) / irrigating ditch, watering o. irrigation ditch
.G.D. = électrogazdynamique
germage *m* / malt degermination
germer (bière) / degerminate
glouteronneuse *f* **mécanique** (filage) / burring machine o. willow
goïne *f* / back [pad] saw || ~ à **dos pour onglets** / mitre box back saw || ~ pour **onglets** / mitre-box saw || ~ à **refendre** (Canada) / rip[ping] saw
gout *m* / dripping of water, dropping off, trickling down || ~ (travaux publics) / drain channel, sewerage, drains *pl* || ~ (toit) / eaves *pl* || ~ (sucre) / run-off || ~ (techn) / sewage pipe || ~ (hydr) / main sewer o. drain || ~ **collecteur** / outfall sewer || ~ [du] **deuxième jet** (sucre) / low green sirup || ~ des **eaux de pluie** (bâtim) / cullis (US), eaves *pl* || ~ d'**essoreuse** (sucre) / centrifugal running || ~ **évacuateur des eaux d'orage** / rainwater discharge canal || ~ **d'immeuble** / house drainage o. pipe drains *pl* || ~**s** *m pl* de **mine** / mining sewage || ~ *m* **pauvre** (sucre) / centrifugal running || ~ **pluvial** / storm sewer, storm drain || ~ de la **poche** (fonderie) / lip of the ladle || ~ [du] **premier jet** (sucre) / first run-off o. runnings *pl* || ~ **principal** (bâtim) / main sewer o. drain || ~ **principal** (eaux usées) / outfall sewer || ~ **provenant du clairçage**, égout *m* riche (sucre) / clairce, purging o. wash syrup || ~ du **troisième jet** (sucre) / molasses *pl*
égouttage *m* / dripping, falling in drops || ~ *f* **mécanique** (prépar) / dewatering || ~ *m* **préliminaire** / preliminary desiccation
égoutté après imprégnation (électr) / mass-impregnated and drained
égoutter / let drop || ~ (s') / drip *vi*, fall in drops || **faire** ~ / drip *vt*, drain off
égoutteur *m* (pap) / dandy [roller], egoutteur || ~ à **sortie ouverte** (pap) / open-end dandy
égouttoir *m* / draining rack o. board || ~ / juice separator o. extractor
égrainer (s') (acier) / crack *vi*, fly, splinter
égraminer au **mouillé** (cuir) / set out
égrappeuse *f*, égrappoir *m* / grape picker, stalk separator
égratigner / scratch *vt* || ~ **l'étoffe** / raise *vt*, nap, tease, brush [up]
égratigneuse *f* / raising machine with card wire
égratignure *f* / scratch, scar, scrape
égrenage *m* du **lin** / ginning of flax
égrener (coton) / gin *vt*, clean *vt* || ~ (agr) / shell *vt*, remove the grains || ~ (s') (acier) / crack *vi*, fly, splinter
égreneuse *f* / shelling machine || ~ de **coton** / cotton gin || ~ de **maïs** / maize sheller, corn sheller (US) || ~ à **scie** (tex) / saw gin || ~ à **trèfle** / clover huller
égrenoir *m* à **cylindres cannelés** (tex) / roller gin, Congreve's granulation machine
égrisé *m*, égrisée *f* / diamond dust o. powder
égriser (pierre précieuse) / cut *vt* || ~ le **verre** / grind glass
égrugeoir *m* / hand spice mill || ~ (lin, chanvre) / flax ripple, ripple comb
égruger / bray *vt* || ~ (moulin) / bruise *vt*, rough-grind || ~ (lin, chanvre) / ripple flax o. hemp || ~ le **malt** (bière) / bruise malt
égrugeure *f* / rubbed-off particles *pl*
égyptienne *f* / block letters *pl*, Egyptian
éhouper (arbres) / top *vt*, pollard *vt*
einsteinium *m*, Es / einsteinium
EIRMA = European Industrial Research Management Association
eisenkiesel *m* / iron flint, eisenkiesel
éjecter (agr) / dump *vt* || ~ (nucl) / eject || ~ (plast, découp) / eject, knock out || ~ (c.perf.) / eject || ~ (noyaux) (fonderie) / decore, break cores
éjecteur *m* / ejector || ~ (vide) / air ejector || ~ (m.outils) / ejector, knock-out || ~ (auto) / ejector, booster, extractor || ~ (distribution de l'air) / nozzle || ~ (fusil) / cartridge ejector || ~ à **air** (plast) / air ejector || ~ d'**air à jet de vapeur** / steam jet air ejector || ~ de **bobines** (lam) / coil ejector || ~ de **carotte** (plast) / sprue ejector || ~ de **cartes** (c.perf.) / card dropper || ~ à **eau** (pompe) / water jet blast || ~ à **gaz** (vide) / gas jet pump || ~ **hydraulique** (vide) / hydraulic ejector || ~ sous **pression de ressort**, éjecteur *m* à ressort / spring [actuated] ejector || ~ avec **retour** / ejector with relapse || ~ **soufflant** / steam ejector || ~ **tubulaire** (fonderie) / tubular o. sleeve ejector || ~ [à **vapeur**] (pompe) / ejector, jet pump || ~ pour la **ventilation** (mines) / air nozzle
éjection *f* de **comptes** (m.compt) / ledger card (US) o. account card ejection || ~ par **descente de la matrice** (frittage) / withdrawal process || ~ par le **fond** (plast) / bottom ejection || ~ par le **haut** (plast) / top ejection
éjectoconvecteur *m* (conditionnement d'air) /

induction unit
élaboration *f* (sidér) / working-off, smelting ‖ ~ d'**acier** (sidér) / steel production ‖ ~ des **demi-produits** / manufacture of intermediate products ‖ ~ de **données** / data processing, data handling ‖ ~ **métallurgique des minerais** / metallurgical working of ores ‖ ~ des **plans de constructions** / structural design ‖ ~ du **verre** / glass composition o. metal, frit
élaboré (acier) / molten
élaborer / work out, elaborate ‖ ~, façonner / shape *vt* ‖ ~ (acier) / make steel, melt
élæolithe *m* (min) / nepheline, nephelite, elaeolite
élaguer / lop off branches
élaïomètre *m* / elaeometer, oleometer, oil areometer
élancé / lofty, slender
élancement *m* / slenderness ‖ ~ (méc) / slenderness ratio ‖ ~ de l'**étrave** (nav) / rake of stem
élargir / enlarge *vt*, widen, broaden, make wider ‖ ~ (bâtim) / enlarge *vt* ‖ ~, donner plus d'ampleur / expand *vt*, widen ‖ ~ (mines) / brush down ‖ ~ (s') / widen *vi*, grow wider ‖ **s'~ élastiquement** / expand by elasticity ‖ **s'~ par l'usage** / widen by wear ‖ ~ à **l'aide d'une bille** / press-finish [by means of a ball] ‖ ~ un **tube de chaudière** / expand a tube
élargissement *m* / extension, enlargement, widening, broadening ‖ ~ (figuré) / increase, enlargement, amplification ‖ ~ (lam) / broadside rolling ‖ ~ (m outils) / sizing ‖ ~ du **copeau** (m.outils) / chip width ratio ‖ ~ dans la **courbe** (routes) / curve widening ‖ ~ **Doppler** (nucl) / Doppler broadening ‖ ~ du **faisceau** / beam broadening ‖ ~ du **niveau** (phys) / level broadening ‖ ~ *f* d'une **ouverture** / widening, broadening ‖ ~ *m* des **pieds** (bonnet) / enlarging of feet ‖ ~ par **pression** (spectre) / pressure broadening ‖ ~ des **terminaux** (ord) / terminal extension
élargisseur *m* (m.outils) / sizing tool ‖ ~ (pétrole) / underreamer ‖ ~ (tex) / spreader, expander, fabric expanding device ‖ ~ (plast) / stretcher bar (GB), expander (US) ‖ ~ **basculant** (tex) / oscillating stretcher o. expander ‖ ~ à **lattes** (tex) / slatted expander
élargisseuse *f* (apprêt) / spreading machine
élargissure *f* / gore, gusset
élastance *f* (électr) / elastance
élastase *f* (enzyme) / elastase
élasthanne *m* (fibre synthét.) / elastothane
élasticimètre *m* / elastometer
élasticité *f* / elasticity, elastic force ‖ ~, souplesse *f* / elasticity, flexibility, limberness ‖ ~ (véhicule) / deflection, elasticity ‖ ~ (tex) / stretching ability, extensibility ‖ ~ **Baader** (caoutchouc) / defo hardness ‖ ~ du **ballast** (ch.de fer) / resilience of the ballast ‖ ~ de **cadre** / elastic deformation o. elasticity of frame ‖ ~ de **cisaillement** / elasticity across grain, of shearing, of rigidity, transverse elasticity ‖ ~ de **compression** / elasticity of compression, resilience, -cy ‖ ~ de **crispation** (laine) / cockling power, crimping elasticity ‖ ~ **dynamique** (méc) / rigidity ‖ ~ d'**extension** / elasticity of [ex]tension, of elongation ‖ ~ de **flexion** / flectional elasticity, elasticity of flexure ‖ ~ de **forme** / elasticity of shape ‖ ~ des **gaz** / compressibility of gas ‖ ~ **idéale ou de Hooke** / ideal o. Hookean elasticity ‖ ~ **ondulatoire** (laine) / cockling power, crimping elasticity ‖ ~ de **rebondissement** (plast) / rebound resilience ‖ ~ de **rebondissement** (caoutchouc) / impact resilience ‖ ~ **retardée** / viscous elasticity ‖ ~ de **texturation** (laine) / cockling power, crimping elasticity ‖ ~ de **torsion** / elasticity of torsion ‖ ~ de **traction** / elasticity of [ex]tension, of elongation ‖ ~ **transversale** (bois) / elasticity across grain, transverse elasticity ‖ ~ de la **voie** (ch.de fer) / resilience of the line ‖ ~ de **volume** / elasticity of volume ‖ ~ **volumique** / elasticity of bulk
élastique *adj* / elastic, resilient, springy ‖ ~, souple / elastic, flexible ‖ ~ *m* (tex) / elastic ‖ ~ (bande) / elastic [band], rubber band ‖ ~ à **torsion** / torsionally elastic
élastodiène *m* (fibre synthét.) / elastodiene
élastofibre *f* / elastofiber
élastohydrodynamique *f* (graissage) / elastohydrodynamics, EHD
élastomécanique *f* / elastomechanics
élastomère *m* / elastomer ‖ ~ **alvéolaire**, élastomère-caoutchouc *m* spongieux / sponge rubber, expanded o. cellular o. foam rubber ‖ **~-caoutchouc** *m* / rubber ‖ ~ à **silicone** / silicone elastomer
élastoplastique / elastic-plastic, elastoplastic
élastostatique *f* / elastostatics
élatéridé *m*, Agriotes lineatus / click beetle, elater
élatérite *f* (min) / elaterite, elastic bitumen
élavage *m* de **chiffons** / rag washing
électrète *m* (phys, électr) / electret
électricien *m* (installateur) / electrician, electrical fitter, electragist (US) ‖ ~ (technicien) / electrician, electrical engineer ‖ ~ **auto ou sur automobiles** / motor-vehicle (GB) o. auto electrician ‖ ~ de **service au tableau de distribution** / switchboard attendant ‖ ~ d'**usine** / works electrician
électricité *f* / electricity ‖ **d'~ médicale** / electromedic[in]al ‖ ~ **animale** / animal electricity ‖ ~ **atmosphérique** / atmospheric electricity ‖ ~ d'**automobile** / electric motorcar equipment ‖ ~ par **contact** / contact electricity ‖ ~ **dissimulée** / bound o. dissimulated electricity ‖ ~ **dynamique** / dynamic electricity
Électricité de **France, É.D.F., E.D.F.** / electric supply company, Central Electricity Generating Board, (locally:) Electricity Board (GB), utility [company] (for service of electric power) (US)
électricité *f* par **frottement** / frictional electricity ‖ ~ **industrielle** / electrical engineering ‖ ~ **latente** / bound o. dissimulated electricity ‖ ~ de **même nom ou signe** / electricity of the same kind o. name o. sign ‖ ~ **négative** / negative electricity ‖ ~ **positive** / positive electricity ‖ ~ **propre** / own electricity ‖ ~ **statique** / electrostatics *sing* ‖ ~ **statique**, charge *f* électrostatique / frictional electricity ‖ ~ **terrestre** / geoelectricity ‖ ~ **voltaïque** / dynamic electricity
électrification *f* / electrification ‖ ~ du **fond [des mines]** / electrification below ground
électrifié (ch.de fer) / electrified
électrifier, installer un réseau éléctrique / electrify
électrique / electric[al] ‖ ~ à **usage domestique** / electric household ...
électrisation *f* (gén) / electrification
électrisé / under tension
électriser, communiquer une charge éléctrique / electrify
électro *m* / electromagnet, solenoid (US)
électroacoustique *adj* / electroacoustic ‖ ~ *f* / electroacoustics
électro-aimant *m* / electromagnet, solenoid (US) ‖ ~ **annulaire** / annular [electro]magnet ‖ ~ **armé** / steel-encased electromagnet ‖ ~ d'**attraction** / pull-type electromagnet ‖ ~ de **blocage** / blocking o. locking magnet, closing magnet, electric lock ‖ ~ à **charnière** / hinged o. clubfoot electromagnet ‖ ~

de **commande** (contr. aut) / operating magnet || ~ de **commande** (fil de contact) / control magnet || ~ de **compteur** / counter magnet || ~ à **courant de Foucault** (ch.de fer) / eddy current brake magnet || ~ **cuirassé** / plunger electromagnet, bell-shaped magnet, pot magnet, solenoid || ~ de **déclenchement ou de déconnexion** / release o. releasing magnet || ~ à **déclenchement instantané** (électr) / tripping magnet o. mechanism || ~ d'**embrayage** / clutch operating magnet || ~ de **frein** (grue) / solenoid, brake [lifting] magnet (US), operator (US) || ~ pour **frein électromagnétique sur rail** (ch.de fer) / rail brake magnet || ~ **inducteur** (électr) / field magnet, inductor || ~ de **levage** / crane o. hoisting o. lifting magnet || ~ à **minimum de tension** / no-voltage releasing magnet || ~ **n'assurant que le maintien** / no-work magnet || ~ à **noyau plongeur** / plunger electromagnet, solenoid || ~ **releveur de frein** (grue) / solenoid, brake [lifting] magnet (US), operator (US) || ~ de **suspension** / crane o. hoisting o. lifting magnet || ~ **trifurqué** / three legged o. trifurcate electromagnet

électro·bus *m* / [trackless] trolley bus || **~câblerie** *f* / electric cable manufacture || **~calorimètre** *m* / electric calorimeter || **~capillaire** / electrocapillary || **~cardiogramme** *m* / electrocardiogram || **~cardiographe** *m* / electrocardiograph || **~chimie** *f* / electrochemistry || **~chimique** / electrochemical || **~chimiste** *m* / electrochemist || **~choc** *m* / electric shock || **~chrome** (électron) / electrochromic || **~chromie** *f* à **photoinduction** / photo induced electrochromy || **~ciment** *m* / electric cement, electrocement, ciment fondu || **~cinétique** *adj* / electrokinetic || **~cinétique** *f* / electrokinetics || **~coagulation** *f* / electrocoagulation, diathermic coagulation || **~conducteur** / electrically conductive, electroconductive || **~corindon** *m* / aluminium oxide abrasive, aluminous abrasive, fused alumina o. corundum || **~culture** *f* / electroculture || **~cution** *f* / electrocution

électrode *f* / electrode || ~ **accélératrice** (électron) / accelerating electrode, accelerator || ~ **adhérente** / sticking electrode || ~ à **âme** (soudage) / cored electrode, flux core type electrode, core welding wire || ~ d'**amorçage** (bougie) / igniter || ~ d'**amorçage** (tube) / starting electrode || ~ d'**amorçage** (électron) / initiating electrode || ~ **annulaire** / annular electrode || ~ **anode** (soudage) / reversed polarity || ~ à l'**arc en atmosphère protectrice** (soudage) / shielded arc electrode || ~ **autoconsommable** (sidér) / consumable electrode, consutrode || ~ **auxiliaire**, électrode *f* bipolaire (galv) / bipolar o. secondary electrode || ~ en **baguette** (soudage) / stick electrode || ~ de **base** (transistor) / base electrode || ~ à **boucle** (bougie) / ring twin side electrode || ~ **boudinée** / extruded electrode || ~ de **cadmium** / cadmium electrode || ~ de **captage** / collector electrode || ~ au **carbone** (soudage) / carbon electrode || ~ **cathode** (soudage) / straight polarity || ~ **centrale** (bougie) / center o. central electrode || ~ au **charbon** (électr) / carbon [rod] || ~ **collecteur** (semicond) / collector electrode || ~ **collectrice** (filtre) / collecting o. passive electrode || ~ **collectrice** (TV, iconoscope) / signal plate o. electrode || ~ de **commande** (électr) / control electrode || ~ de **commande du faisceau** / ray control electrode || ~ de **comparaison** / reference o. comparison electrode || ~ **composée** (soudage) / composite electrode || ~ de **concentration** (TV) / focus[s]ing electrode || ~ **consommable** (mét) / consumable electrode, consutrode || ~ **consommable ou fusible** (soud) / welding electrode, consumable electrode || ~ par **contact** / contact conductor o. electrode || ~ de **convergence** (TV) / convergence electrode || ~ à **cornes** / horn-type electrode || ~ **cuirassée** / sheathed electrode, wrapped electrode || ~ en **dé** (cyclotron) / dee || ~ **décélératrice** / decelerating electrode || ~ de **décharge** (électron) / active o. discharge electrode || ~ **déflectrice** / deflector || ~ de **dépôt** (filtre) / collecting o. passive electrode || ~ de **déviation** / deflecting electrode || **~s** *f pl* de **déviation** (TV) / deflector plate, deflecting electrodes *pl* || ~ *f* en **disque** / disk electrode || ~ de **drain** (semi-cond) / drain, drain terminal o. electrode o. zone || ~ d'**émetteur** (transistor) / emitter electrode || ~ **émettrice ou émissive** / emitting electrode || ~ d'**émission** / emission electrode || ~ à **émission secondaire** / secondary emission electrode || ~ **en solution**, électrode-solution *f* (galv) / soluble electrode || ~ **enduite** / electrode with a very thin covering || ~ à **enrobage fait à la presse** (soudage) / extruded electrode || ~ à **enrobage multicouche** (soudage) / electrode with multilayer covering || ~ **enrobée** (soud) / covered o. coated electrode || ~ **étalon** / comparison electrode || ~ à **étincelle glissante** / surface discharge electrode || ~ **extrudée** / extruded electrode || ~ à **fil fourré** / cored wire electrode || ~ à **fil nu** (soudage) / bare wire electrode || ~ à **fil plein** / bare o. uncoated wire || ~ **filée [à la presse]** / extruded electrode || ~ de **focalisation** (électron) / focus[s]ing electrode || ~ **formant le faisceau** (TV) / beam forming electrode || ~ à **forte pénétration** / deep penetration electrode || ~ **fourrée** (soudage) / cored electrode, flux core type electrode, core welding wire || ~ de **freinage**, électrode-frein *f* (gén) / decelerating electrode || ~ **frittée** / self-baking electrode || ~ **frontale** (bougie) / front electrode || ~ **fusible** (mét) / consumable electrode, consutrode || ~ [métallique] **fusible ou consommable** (soudage) / consumable electrode || ~ pour **fusion de verre** / glass-melting electrode || ~ à **gaz** / gas electrode || ~ à **goutte de mercure** / dropping mercury electrode || ~ en ou de **graphite** / graphite electrode o. rod || ~ de **grille** (MOS-FET) (électron) / gate of MOS-FET || ~ **guipée** / flyspun electrode || ~ **hémisphérique** / dished electrode || ~ d'**hydrogène étalon** / standard hydrogen electrode || ~ de **masse** (bougie) / earth (GB) o. shell (US) electrode || ~ de **masse parallèle** (bougie) / parallel side electrode || ~ de **mesurage** / meter electrode || ~ **métallique** (soudage) / metal electrode || ~ de **mise à la terre** (électr, télécom) / earth electrode || ~ de **modulation** / modulator o. modulating electrode || ~ **multiple** (chimie) / polyelectrode, multielectrode || ~ **négative** (galv) / negative plate || ~ **normale d'hydrogène** / standard hydrogen electrode || ~ **[normale] de calomel** / [standard] calomel electrode || ~ à **noyau** (soudage) / cored electrode, flux core type electrode, core welding wire || ~ **nue** / bare electrode || ~ **nulle** (chimie) / null electrode || ~ **périnéale** / perineal electrode || ~ **permanente** (sidér) / continuous o. self-baking o. permanent electrode || ~ **plissée** / electrode with flux folded around || ~ **plongée** / dip-coated o. dipped electrode || ~ à **pointe** / point electrode || ~ **positive** / (gen:) positive electrode, (voltameter:) anode, (primary cell:) cathode || ~ **positive** (galv) / anode || ~ **post-accélératrice** (r.cath) / post-deflection accelerator || ~ **poudre** / powder electrode || ~ en **poudre de fer** / iron powder electrode || ~ de **précipitation** (filtre) /

collecting o. passive electrode || **~s** *f pl* **pulvérisées** (chimie) / crushed electrodes *pl* || ~ *f* à **quinhydrone** (chimie) / quinhydrone electrode (o. half-cell) || ~ de **ralentissement** (gén) / decelerating electrode || ~ de **référence** / reference o. comparison electrode || ~ de **réflexion** (TV) / retarding o. reflecting electrode || ~ **réticulaire** / net shaped electrode, wire gauze electrode || ~ à **rouleau** (soudage) / electrode wheel, contact roller || ~ de **Söderberg** / Soderberg electrode || ~ pour le **soudage** / welding electrode, consumable electrode || ~ de **soudage par points** / point o. spot o. tip electrode, contact point electrode || ~ à **soudure à l'arc** / arc welding electrode, welding electrode || ~ de **source** (semi-cond) / source, source terminal o. electrode o. region || ~ en **toile métallique** / net shaped electrode, wire gauze electrode || ~ **trempée** / dip-coated o. dipped electrode || ~ **trigatron** (radar) / trigatron electrode || ~ en **tungstène** / tungsten electrode || ~ en **verre** / glass electrode || ~ en **zinc** / zinc electrode

électrodéposition *f* / electroplating, galvanostegy || ~ (circ.impr.) / plating || ~ d'**étain en continu sur fil** / continuous electro-tinplating of wire, reel-to-reel plating

électro·désintégration *f* (nucl) / electrodisintegration || **~dialyse** *f* / electrodialysis, electro-ultrafiltration || **~dispersion** *f* / electrodispersion || **~domestique** / electric household ... || **~dynamique** *adj* / electrodynamic, -ical || **~dynamique** (haut-parleur, microphone, électron) / moving coil... || **~dynamique** *f* / electrodynamics *sing* || **~dynamique** *f* **quantique** / quantum electrodynamics || **~dynamomètre** *m* (télécom) / electrodynamometer, rheometer || **~-enrouleur** *m* (sidér) / electrocoiler || **~-érosion** *f* / electroerosion || **~-érosion** *f* **planétaire** / planetary spark erosion || **~filtre** *m* / electrostatic filter || **~fluor** *m* / electrofluor || **~formage** *m* (galv) / electroforming || **~formé** / made by electroforming || **~galvanique** / electrogalvanic || **~galvanisation** *f* **brillante** / bright plating || **~galvanisation** *f* en **plomb** / lead [electro]deposit || **~gazdynamique** *f*, E.G.D. / electro-gasdynamics *pl* || **~gène** *adj* / electrogenic || **~gène** *m* (molécule) / electrogen || **~genèse** *f*, électrogénie *f* (biol) / electrogenesis || **~graphie** *f* / electrophotography || **~graphite** *m* / electrographite || **~gravimétrie** *f* / electroanalysis || **~-imprimeur** *m* / printing magnet || **~jauge** *f* / measuring instrument with electrical indication || **~jet** *m* (météorol) / electro jet || **~laquage** *m* / electrocoating || **~luminescence** *f* / electroluminescence, -fluorescence

électrolysable / electrolyzable

électrolyse *f* / electrolysis || ~ à l'**alcali et chlore** / chlor-alkali electrolysis || ~ de **calcium et de sodium** / calcium sodium electrolysis || ~ **ignée**, électrolyse *f* par fusion ou par voie sèche / electrolysis in the dry way || ~ **ignée de Castner** / Castner's process

électrolyser / electrolyze

électrolyseur *m* / electrolyzer outfit

électrolyte *m* / electrolyte || ~ (galv) / bath solution, electrolyte || ~ **colloïdal** / colloidal electrolyte || ~ **fort** / strong electrolyte || ~ **sec** / solid electrolyte || ~ au **sulfamate** / sulphamate electrolyte || ~ **supplémentaire** / supplementary electrolyte

électrolytique / electrolytic, -ical

électro·magnétique / electromagnetic || **~magnétisation** *f* / electromagnetizing || **~magnétisme** *m* / electromagnetism || **~mécanicien** *m* / electrician || **~mécanique** *adj* / electromechanic, -ical || **~mécanique** *f* / electromechanics || **~médical**, pour l'électromédecine / electromedic[in]al || **~ménager** / electric household ... || **petits ~ménagers** / small [household] appliances *pl* || **~mère** (chimie) / electromer || **~métallurgie** *f* / electrometallurgy

électromètre *m* / electrometer || ~ **absolu** (électr) / absolute electrometer || ~ **absolu de Kelvin** / attracted-disk electrometer || ~ à **feuilles d'or**, électromètre *m* de Bennet / gold-leaf electrometer || ~ **multicellulaire** / multiple electrometer || ~ à **quadrants** / [Dolezalek] quadrant electrometer, Kelvin electrometer || ~ **tachymétrique** / tachometric electrometer

électrométrie *f* (chimie) / electrometry

électrométrique / electrometric

électromeule *m* / wheel stand, floor stand grinder (US)

électromoteur *adj*, -trice / electromotive || ~ *m* / electromotive apparatus

électron *m* (phys) / electron || ~ (alliage) / electron metal || **~s** *m pl* **appariés** / paired electrons *pl* || ~ *m* **atomique ou de l'atome** / atom bound electron || ~ **capté** / trapped electron || ~ **célibataire** / lone electron || ~ de **conduction** (semicond) / conduction electron || ~ de **conversion** / conversion electron || ~ de la **couche la plus externe** / planetary electron || ~ **découplé**, électron *m* de fuite / runaway electron || ~ **excessif** / excess electron || ~ **germe** (électr) / initiating o. primary electron || ~ de **grille** / lattice electron || ~ **interne** / fixed electron || ~ **K**, [L] (nucl) / L-electron || ~ **lent** / slow electron || ~ de **liaison** (phys) / bonding electron, linkage electron || ~ **liant** / outer electron || ~ **libre** / free electron || ~ **lié** / bound electron || ~ **lourd** / heavy electron || ~ **N** (nucl) / N-electron || ~ **[négatif]** / negative electron, negat[r]on || ~ **O** / O-electron || ~ **optique** (nucl) / luminous electron, optically active electron || ~ **optique** voir aussi électron périphérique || ~ **orbital** / orbital electron || ~ **P** / P-electron || ~ **p** / p-electron || ~ **périphérique** / outer[-shell] o. peripheral electron || ~ **pi ou π** / pi electron || ~ **piégé** / trapped electron || ~ **planétaire** (nucl) / spinning electron || ~ **positif** (phys) / positron, positive electron || ~ **Q** / Q-electron || ~ **rapide** / fast electron || ~ de **recul** / recoil electron || ~ de **retour** / back electron || ~ **secondaire** / secondary electron, SE || **~-sensible** / electronsensitive || ~ **tournant** / spinning electron || **~s** *m pl* de **transmutation** (nucl) / transmutation electrons *pl*, conversion electrons *pl* || ~ *m* de **valence** voir électron périphérique || **~-volt** *m* / electron volt, eV (= $60 \cdot 10^{-12}$ erg)

électro·négatif / negatively electric, electronegative || **~négativité** *f* / electronegativity

électronicien *m* / electronics engineer

électronique *adj* / electronic || ~ *f* / electronics *sg* || ~ **aérospatiale** (ELF), avionique *f*, aéro-électronique *f* / avionics *pl* || ~ de **bord** (aéro) / aircraft electronic || ~ de **communications** / communication electronics, C.E. || ~ **microminiaturisée**, électronique *f* à micromodules / micromodule technique || ~ **moléculaire** (électron) / molecular electronics, mole-electronics, molectronics *sg* || ~ **nucléaire** / nuclear electronics || ~ de **puissance** / power electronics || ~ **quantique** / quantum electronics || ~ **spatiale** (ELF) / astrionics *sg* || ~ du **spectacle** / entertainment electronics

électroniser / electronize

électronogène / electronogenic

électrono-optique / optoelectronic, electrooptic
électronothérapie *f* (ELF) / electron therapy
électro-oculaire *m* (radar) / electrocular
électro-optique *f* / electrooptics *sg*, optoelectronics *sg*
électro·phile / electrophilic, electron-seeking || **~phone** *m* / electric phonograph || **~phone** *m* / electrophone (collective term for electronic musical instruments) || **~phone** *m* **portatif** / portable record player || **~phore** *m* (phys) / electrophorus || **~phorèse** *f* / electrophoresis || **~phorèse** *f* au **disque** / disk electrophoresis || **~phorétique** / electrophoretic || **~photocopie** *f* / electrophotocopy || **~photographie** *f* / electrophotography || **~photoluminescence** *f* / electrophotoluminescence || **~physique** *f* / electrics *sg*, science of electricity || **~pince** *f* (électr) / clip-on instrument || **~plaquer** / electroplate || **~pneumatique** / electropneumatic || **~positif** / electropositive
électroréducteur *m* (électr) / back-geared motor, gear[ed] motor || ~ à **train direct** / spur wheel back-geared motor || ~ à **train planétaire** / planetary o. epicycloidal back geared motor
électroscope *m* / electroscope || ~ à **balles [en moëlle] de sureau** / pith ball electroscope || ~ à **condensateur** / condensing electroscope || ~ à **feuilles** / leaf electroscope || ~ à **feuilles d'or** / gold leaf electroscope
électro·shérardisation *f* / electrosherardizing || **~sidérurgie** *f* / electric steel production || **~sol** *m* / electrosol || **~soudure** *f* / electric welding || **~spray** *m* / electrostatic spraying || **~statique** *adj* / electrostatic || **~statique** (microphone, haut-parleur) / electrostatic, capacitor... || **~statique** *f* / electrostatics *sg* || **~sténolyse** *f* (phys, chimie) / electrostenolysis || **~striction** *f* / electrostriction || **~technicien** *m* / electrician, electrical engineer || **~technique** *adj* / electrotechnic[al] || **~technique** *f* (ELF) / electro-technics *sg*, electrical engineering o. technology || **~thérapie** *f* / electro-therapeutics, -therapy, -path[olog]y, electrology, physiotherapy, physical therapy || **~thermie** *f* / electrothermics *sg* || **~thermique** / electrothermal, -thermic || **~thermodynamique** *f* / electrothermics *sg* || **~thermoluminescence** *f* / electrothermoluminescence || **~typie** *f* / electrotype, galvanotype, galvanoplastics *sg* || **~valence** *f* / electrovalency, -valence || **~valve** *f*, **-vanne** / electrovalve, solenoid valve || **~vanne** *f* (pneum) / solenoid valve
électrum *m* (min) / electrum (alloy 55 - 88 % Au)
élégant / streamline[d], streamline-shaped, elegant
élektron *m* / electron metal
élément *m* (gén) / element, constituent, unit, item || ~ (chimie) / element || ~ (télécom) / element, unit || ~ (ord) / element, component || ~ (NC) / circuit element, control element o. member || **~s** *m pl*, données *f pl* / data *pl*, details *pl* || **~s** *m pl*, pièces détachées *f pl* / component parts *pl*, piece parts *pl* || ~ *m* (cinémat) / element, link || ~ (tuyau) / length of pipe || ~ (tamisage) / particle || ~ **absorbeur** / absorber element || ~ d'**accumulateur** / cell of a storage battery || ~ **accumulateur** (électr) / storage cell || ~ **actif d'antenne** (antenne) / active o. primary radiator, exciter || ~ **actif,** [passif] (électron) / active, [passive] component || ~ d'**addition**, élément *m* dalliage (acier) / alloy[ing] addition o. element || ~ **aléatoire** (statistique) / random element || ~ à **anticoïncidence** (NC) / exclusive OR-switch, anticoincidence element || ~ d'**antiparasitage** (électron) / screening unit || **~s** *m pl* d'**appareillage en verre** / glass plant components *pl* || ~ *m* d'**assemblage** (constr.en acier) / connection element, coupling link || ~ **attaqué directement** (antenne) / driven element || ~ à **augmenter la contrainte** (méc) / stress raiser || ~ **automoteur** / motor train unit, rail motor unit, motor coach set || ~ de **balayage** (ord) / scanner || ~ de **bardage** (bâtim) / wall panel || ~ de **base** / basis || ~ d'une **batterie** / cell of a storage battery || ~ **binaire** (ord) / binary character, bit || ~ **bivalent** / bivalent o. divalent bit || ~ de **broche** / broach inset || ~ **broyeur** / grinding body o. medium || ~ de **calibrage** / gauge piece o. inset || ~ de **cannetière** (filage) / winding head || ~ **carburigène** (fonderie) / carbon raiser || ~ de **chaîne** / chain link || ~ de **changement de signe** / sign reverser o. changer || ~ de **charpente en bois lamellé** / laminated structural timber || **~s** *m pl* de **charpente métallique** (bâtim) / structural steel elements *pl* || ~ *m* de la **chaudière** / element o. member of a boiler || ~ de **chaudière** (chauffage) / heating furnace member || ~ de **chauffage** (électr) / [heating] element, fire bar || ~ de **chauffage** (bâtim) / radiator (for heating) || ~ de **chauffage à ailettes** / ribbed radiator || ~ de **chauffage électrique** / element of a heating resistor resistor || ~ **chauffant en plaques d'acier** / steel plate radiator || ~ **chimique** / chemical element || ~ **cible** / target element || ~ de **circuit** (électron) / circuit element || ~ de **circuit** (électr) / control element o. member || ~ de **code** / code element o. value || ~ **combustible** (nucl) / fuel element || ~ **combustible dispersé** (nucl) / dispersion fuel element || ~ **combustible eau bouillante-surchauffe** (réacteur) / boiling water-overheater fuel element || ~ **combustible métallique** (nucl) / metallic fuel element || ~ **combustible scellé** (nucl) / sealed-in fuel unit || ~ de **commande** / control element o. member || ~ de **commande ou d'emploi** / operating element || ~ de **compensation** (nucl) / shim member o. element || ~ **composé** (phys) / mixed element || ~ **conique de tuyau** / conical tube || ~ **constituant** (chimie) / constituent element || ~ **constitutif** / essential part || ~ **[constitutif]** (électron) / component || **~s** *m pl* **constitutifs de circuits intégrés** / IC-components *pl* || ~ *m* de **construction** (techn) / constructional element, structural part || ~ de **construction autoporteur** / structural supporting member || ~ de **construction standardisé** / standard component || ~ de **construction travaillant à la compression** / strut, structural part in compression || ~ **corrosif** / corroding element || ~ de **corrosion à aération** / aeration cell || **~s** *m pl* à **couche mince d'une batterie solaire** / thin-film solar array || ~ *m* du **couloir** (mines) / chute member || ~ de **couplage** (électr) / coupling link || ~ de **courant** (électr) / current element || **~s** *m pl* de **cuisine** / kitchen furniture elements || ~ *m* **cyclique** (ordonn) / cycle of work, cyclic element || **~s** *m pl* **de commande** (aéro) / flying controls *pl* || ~ *m* de **déclenchement pour commutateurs statiques** / trigger equipment for static power converters || ~ de **déclenchement pour onduleurs** / firing unit || ~ de **déconnexion** (accu) / spare cell || ~ de **démarrage** (télécom) / start element o. pulse || ~ de **démarrage** (nucl) / starting element || **~s** *m pl* **dépareillés** / odd parts *pl* || ~ *m* en **dérivation** (électron) / shunt arm || ~ **différenciateur** (contr.aut) / differential element || ~ **directeur** / director element || ~ de **distribution des efforts de cisaillement** / shear force transducer || ~ à **effet Hall** (électron) / Hall element ||

~ d'un **ensemble** (math) / element of a set || ~ d'un **ensemble de données** (ord) / member of a data set || ~ **équivalent** (ord) / equivalence element, equivalent-to element || ~ **essentiel** (constr.en acier) / structural member || ~ d'**exploration** (ord) / scanner || ~ **fertile** (nucl) / breeder element || ~ **filtrant** / filter element || ~ de **filtre** (électron) / filter section || ~ **filtre sec** / dry-type filter element || ~ de **fin** (film) / tail leader || ~ **fini** (méc) / finite element || ~ de **fixage recourbé en arc** / fastening bow || ~**s** *m pl* de **fixation** (gén) / fasteners *pl* || ~ *m* **fixe** (cinématique) / fixed link || ~**s** *m pl* **fluidiques** / fluidics *pl*, fluid elements, fluidic devices *pl* || ~ *m* **fonctionnel du régulateur** (contr.aut) / component [part], fonctional element || ~ **fonctionnel à trois paliers** (contr.aut) / three-state device || ~ en **fonte** (électr) / cast iron resistor element || ~ **[frigorifique] Peltier** / Peltier element o. couple || ~ **fusible** (électr) / fuse cartridge || ~ **galvanique** (électr) / voltaic cell o. couple || ~ de **grillage** / broiler || ~ du **huitième groupe** / 8th group element || ~ d'**identité** (c.intégré) / identity unit o. element || ~ d'**image** (TV) / picture element o. point, scanning element, elemental area || ~ d'**impression** (typo) / printer, printing attachment || ~ **imprimeur d'une rotative hélio** / rotogravure printing unit || ~ d'**information** (ord) / item || ~ **interchangeable de moule** (plast) / unit mould || ~ **inverseur de ligne** / sign-reversing element || ~ **LCR** (électron) / LRC-element || ~ **limite** (tamisage) / near size particle || ~ **linéaire** (math) / linear element || ~ **logique** (ord) / logic[al] element, decision element || ~ **logique** (FORTRAN) / logic[al] element || ~ **magnétique** / molecular magnet || ~ de **manœuvre** / operating device o. element, service part || ~ **marqué** / radioactive tracer || ~ de **masse** / mass element o. particle || ~ **matriciel nucléaire** / nuclear matrix element || ~ **mécanique d'asservissement** (contr.aut) / servo link || ~**s** *m pl* **mécaniques d'assemblage** / fasteners and similar parts || ~ *m* de **mémoire** (électron) / storage element || ~ de **mesure** / measuring unit || ~ **microcircuit** / microcircuit component || ~ **mono** (électr) / round cell R 20 DIN 40 860, mono-cell || ~ **monovalent** / monovalent o. univalent element || ~**s** *m pl* de **montage** / assembly units || ~ *m* **moteur** (compteur) / stator || ~**s** *m pl* **moteurs** / drive units *pl* || ~ *m* de **moule interchangeable standardisé** (plast) / unit mould || ~ **mural** / cupboard unit (for installation along a wall) || ~ **nid d'abeilles** / honeycomb element || ~ **NON** / NOT-circuit o. element o. gate, inverter, negator, negater, inverse gate || ~ **non essentiel** / unessential element || ~ **non métallique** / nonmetal || ~ **NON-ET** / NAND-element || ~ **NOR** (ord) / NOR circuit o. element || ~ de **noyau** (fonderie) / branch core || ~ **nul ou neutre** (math) / null o. zero element || ~ d'**opposition** (accu) / countercell || ~**s** *m pl* **optiques** / optical components *pl* || ~ *m* **OU** / OR-element o. circuit o. gate || ~ **OU exclusif** / exclusive OR-gate || ~ d'**ouvrage** (ordonn) / structural component, subassembly || ~ à **oxyde cuivrique** (électr) / copper oxide cell || ~ **PACE** (semicond) / processor and control element, PACE || ~ **parallélépipédique** (électr) / prismatic cell || ~ de **partie courante** (tapis roulant) / band table unit || ~ **passif** (électron) / passive component || ~ **passif d'antenne** (antenne) / passive radiator, parasitic antenna || ~ **Peltier** / Peltier element o. couple || ~ **pentavalent** (chimie) / pentad || ~ **périphérique** (ord) / peripheral unit || ~ de **pilotage** (nucl) / indenter, crimper, branding iron || ~ **pilote** (accu) / pilot cell || ~ de **piste** (ord) / spot, track element || ~ **polluant** / polluant || ~ de **pompe** (auto) / pump element || ~ du **ponton** / bridge member || ~ **porte-caractères** (ord) / print member || ~ **porteur** / supporting member o. structure || ~ **porteur**, élément *m* essentiel / structural member || ~ de **précontrainte** / tendon || ~ **préfabriqué** / prefabricated element || ~ **préfabriqué en béton** / precast concrete unit || ~**s** *m pl* **préfabriqués** / piece parts, prefabricated parts *pl* || ~ *m* **primaire** (électr) / voltaic element o. couple || ~ **primaire d'antenne** (antenne) / active o. primary radiator, exciter || ~ **principal** / chief constituent, principal component, basis || ~ **principal** (accu) / stock cell || ~ de **produit** (ordonn) / structural component, subassembly || ~ de **programme** / program item || ~ de **puissance** (électron) / power gate || ~ **pur** / pure element || ~ **radiant** (antenne) / radiating element, radiator || ~ de **radiateur** (auto) / radiator [core] section, radiator element, block radiator || ~ **rapporté** / add-on unit || ~ **redresseur** (électron) / rectifier cell o. element || ~ **redresseur** (électr) / rectifier stack || ~ **redresseur** (air) / straightening element || ~ **redresseur de référence** / reference rectifier stack || ~ de **réduction** (accu) / regulating o. regulator cell, end cell || ~ **réflecteur** / reflection device || ~ de **réfrigérant** / cooling radiator section || ~ de **réglage** / operational control, operator's control || ~ de **réglage grossier** (nucl) / coarse control member || ~ de **remplissage** (bâtim) / infilling panel, spandrel panel || ~ de **réserve** (gén) / spare part, spare || ~ de **retard** (relais) / time element, time-lag device || ~ de **retard thermique** / thermal time element || ~ de **retard à un seul bit** (ord) / digit delay [element] || ~ **rotatif** / swivel o. pivoted part || ~ **secondaire d'antenne** (antenne) / passive radiator, parasitic antenna || ~ de **sécurité** (nucl) / safety member || ~ **sensible** (transducteur) / sensing element || ~ **séparateur** / separative element || ~ **séparateur** (nucl) / separative element || ~ à **seuil** (ord) / decision element || ~ à **seuil** (calc. analogique) / threshold element || ~ de **signal** / signal element || ~ de **signaux** (télécom) / code pulse || ~ **simple de construction** / constructional element o. member || ~ de **soutènement** (mines) / support component || ~ **standard** (électron) / standardized cabinet || ~ **standard** (m outils) / modular unit || ~**s** *m pl* de la **statique** / elementary statics || ~ *m* de **surface** (math) / infinitely small area o. surface [element], element of surface o. area, elemental surface, areal element, plane element (US) || ~ de **surréactivité** (nucl) / booster element || ~ de **symétrie** / element of symmetry || ~ **tétravalent** (chimie) / tetrad || ~ **thermique** / heating element o. unit, heating radiator || ~ de **trace** (chimie) / trace element, micronutrient || ~ d'un **train articulé** (ch.de fer) / section of an articulated train || ~ de **transfert** (électron) / square-root law transfer element || ~ de **transfert** (contr.aut) / transfer element || ~ de **transfert à action proportionnelle** (contr.aut) / proportional control unit, P-control unit || ~ de **transfert détectant le signe de la grandeur d'entrée** (contr.aut) / sign detecting element || ~ de **transfert à deux échelons d'action** (contr.aut) / two-position o. two-step control unit || ~ de **transfert avec limitation** (contr.aut) / transfer element with limitation || ~ de **transfert régi par une loi quadratique** (contr.aut) / square-law transfer element || ~ de **transition** (chimie) / transition element o. metal || ~**s** *m pl* de **transmission** (auto) / transmission [line] || ~**s** *m pl* **transuraniens** / transuranic elements, transuraniums, higher chain products *pl*, super[heavy] elements *pl* || ~ *m* **trivalent** / trivalent o. threevalent element || ~ de **tuyau** / a length of pipe || ~ **unifié de montage** / standard component || ~**s** *m pl* **unifiés** / assembly units || ~ *m* **unitaire** (ord) / unit element || ~ **univalent** / monovalent o. univalent element || ~ à **usiner** / workpiece, subject (US), production (US) || ~ de **valve** (électron) / valve element || ~ de **valve ionique ou à gaz** (électron) / ionic o. gas-filled valve device || ~ de **volume** (phys) / space element || ~ de **voûte** / broiler || ~ de **zone** (ord) / array element

élémentaire / elementary || ~ (chimie) / elemental

élémi *m* / [gum] elemi

éléolite *f* (min) / nepheline, nephelite, elaeolite

élevage *m* (agr) / breeding, rearing || ~ **artificiel intensif** / factory farming || ~ des **bestiaux ou du bétail** / cattle breeding, stock farming (US), livestock husbandry

élévateur *adj* / lifting, elevating, hoisting || ~ (électr) / step-up..., positive booster..., booster... || ~ *m* / lift (GB), elevator (US) || ~ (convoyeur) / elevator, vertical bucket conveyor || ~, pont *m* élévateur (auto) / autohoist, car lift || ~ (fusil) / cartridge ejector || ~ à **augets piocheurs** / scraping bucket conveyor || ~ des **bateaux** / ship['s] lift o. hoist || ~ à **bennes** (sidér) / bucket conveyor o. elevator || ~ à **chaînes** / chain bucket elevator || ~ en **colonne** (chimie) / column elevator || ~ pour **constructions** / building elevator (US) o. hoist o. lift (GB) || ~ à **courroie** / belt-type elevator || ~ d'**eau à air comprimé** (mines) / airlift || ~ à **émulsion** (sucre) / airlift beet pump || ~ d'**essence** (auto) / vacuum pump element || ~ **gerbeur** / stacking elevator || ~ à **godets** / bucket [chain] conveyor, bucket elevator || ~ à **godets** (hydr) / noria || ~ à **godets pour agrégats concassés** / ballast elevator || ~ à **godets de chargement** / loading bucket elevator || ~ à **godets de déchargement** / discharging o. unloading bucket elevator || ~ à **godets oscillants ou basculants** / chain and bucket conveyor, pendulum o. swing o. gravity bucket conveyor o. elevator || ~ de **grain** / grain o. corn elevator || ~ de **grain flottant** / floating grain elevator || ~ de **gueulard ou de haut fourneau** (sidér) / blast furnace elevator o. hoist, charging apparatus || ~ à **hélices** / vertical screw conveyor || ~ de **marchandises** / freight elevator o. lift, goods lift (GB) || ~ à **poches** / canvas sling elevator || ~ de **pulpes** (sucre) / pulp elevator || ~ à **ruban** / band elevator || ~**-scrapeur** *m* (bâtim) / elevator-scraper || ~ **télescopique** / telescoping hoist || ~ de **tonneaux** / barrel elevator || ~ **transporteur à balancelles** / suspended swing tray conveyor, jigging o. jigger conveyor || ~ **transporteur à plateaux-supports** / fixed tray conveyor

elevating grader *m* (routes) / elevating grader || ~ (exploit. à ciel ouvert) / elevating grader, belt loader

élévation *f* (géogr) / elevation, height || ~ (dessin) / elevation, upright projection, vertical plan || ~ (astr) / elevation || ~ (bâtim) / measure of altitude || ~ (action) / erection, mounting, rearing-up, (also:) lifting, raising, elevating, hoisting || ~**s** *f pl* (bâtim) / façade, front, face || ~ *f* (p.e. pompe) / lift || ~ (prix, voix) / raising of prices o. of voice || ~ (radar) / elevation angle || ~ (dessin) / vertical section, elevation || **en** ~ (bâtim) / rising || ~ **antérieure** / front view, elevation || ~ au **carré** (math) / multiplication by powers of two, squaring || ~ de **côté** (dessin) / side view, end view || ~ de **derrière** / rear view || ~ de **devant** / front view, elevation || ~ d'**eau** (mines) / raising of water || ~ **latérale ou longitudinale** (dessin) / side view, end view || ~ **moléculaire du point d'ébullition** / molecular elevation of boiling point || ~ **perpendiculaire** (mines) / perpendicular elevation, [vertical] section || ~ de **piston** (pompe) / pump lift || ~ du **point d'ébullition** / elevation o. raising of the boiling point, b.p. elevation || ~ **principale** (bâtim) / face plan || ~ **relative** (arp) / reduced level || ~ de **température** / elevation o. rise o. raise (US) o. increase of temperature || ~ de **tension** / increase of tension o. voltage

élève *m* d'**auto-école** (auto) / learner || ~**-pilote** *m* (aéro) / pilot student o. trainee

élevé / raised || ~ (valeur) / high || ~ (ton) / high [pitch] || ~ (température, résistance) / elevated, high

élever, bâtir / edify || ~, rehausser / heighten || ~, améliorer / improve *vt*, refine, finish || ~, éduquer / train *vt* || ~, faire hausser / raise, elevate || ~ (pompe) / lift *vt*, deliver || ~ (animaux, plantes) (agr) / rear *vt* || ~ (s') / rise up || **s'~** [à] / amount [to] || **s'~ plus haut** [que] / rise above || **s'~ en tourbillons** / whirl up *vi* || ~ des **bâtiments sur ...** (bâtim) / cover with buildings || ~ au **carré** (math) / square, raise to the second power || ~ au **cube** (math) / cube *vt*, raise to the third power || ~ une **digue** (bâtim) / throw up a dam || ~ les **eaux** (hydr) / bank up, pen up, stem || ~ une **perpendiculaire** / draw o. drop o. erect o. let fall a perpendicular || ~ une **protestation** / object, oppose, raise o. lodge objections || ~ à la ... **puissance** / raise to the ... power || ~ à une **puissance plus haute** / raise to a higher power, exponentiate || ~ la **tension** (électr) / step up || ~ la **tension de la vapeur** / raise the steam pressure || ~ le **voltage par transformation** (électr) / step up

éleveur *m* (animaux, plantes) (agr) / grower, raiser

elevon *m* (aéro) / elevon, combined elevator and flap system

élimé (étoffe) / threadbare, shiny

élimer (s') (tiss) / become threadbare

éliminateur *m* d'**argile** (bâtim) / clay separator || ~ de **batterie haute tension** (électron) / high-tension battery eliminator, battery o. B-eliminator || ~ de **brouillage** (électron) / [noise o. interference] suppressor || ~ des **charges électrostatiques** (électron) / static collector o. eliminator || ~ de **couleur** (TV) / colour killer || ~ d'**echo** (radar) / echo canceller, echo suppressor || ~ d'**harmoniques** (télécom) / harmonic suppressor || ~ de l'**hyposulfite** (phot) / hypo o. thiosulphate eliminator || ~ de **parasites** / noise suppressor || ~ d'**X** (c perf) / column split

élimination *f* / elimination || ~ (TV) / blanking [out], blackout (US) || **avec** ~ [de] (chimie) / with delivery [of], with liberation [of] || **par** ~ **d'eau** (chimie) / on losing water, by splitting off water || ~ de l'**air** / venting (e.g. of conduits) || ~ de l'**amertume du lupin** / unbittering of lupines || ~ de **brouillage** / interference elimination o. suppression || ~ des **bruits parasites** / noise cancellation, squelch, muting || ~ des **déchets radioactifs** / fission product disposal || ~ d'un **défaut** (ord) / debugging || ~ d'**eau**, départ deau / losing water || ~ des **échos du sol** (radar) / ground echo killing || ~ des **échos fixes**, VCM, V.C.M. (radar) / moving target indication, MTI || ~ du **fond de poche** (sidér) / deskulling || ~ de l'**indication contrôle** (c.perf.) / group indication elimination || ~ de **mercaptan** (pétrole) / chelate sweetening || ~ **permanente des déchets** (nucl) / permanent disposal || ~ **préalable d'eau par grille fixe** (mines) / dewatering on a preliminary fixed screen || ~ des **produits de la**

fission nucléaire / fission product disposal || ~ du **total** (m.compt) / total elimination || ~ des **zéros** / zero elimination o. compression o. suppression
éliminé (vecteur; rayon etc.) / blanked || **être** ~ / be omitted
éliminer / eliminate, remove, expel || ~, dégager / release *vt*, deliver, yield || ~ par **criblage** / screen out || ~ par **décalage** (ord) / drop off, truncate digits || ~ des **décimales par décalage** / reject decimals || ~ un **défaut** / clear a fault || ~ le **deutérium** (nucl) / dedeuterize || ~ des **erreurs** / eliminate errors || ~ au **moyen de la machine centrifuge** / centrifuge *vt*, whiz[z], hydro-extract || ~ par **oxydation** / eliminate by oxidation || ~ le **silicium** (sidér) / desiliconize || ~ la **torsion du fil** / destroy the torsion of the fiber
élinde *f* (drague) / boom, dredging ladder || ~ **articulée** / articulated ladder
élingue *f* (grue) / sling || ~ (conteneur) / rope lashing || ~ (nav) / hoisting sling || ~ à **canevas** (nav) / canvas sling net || ~ de **chaîne** / chain sling || ~ en **corroie** (nav) / web sling || ~ à **plusieurs brins** / sling with several legs || ~ de la **poche** (sidér) / ladle bail || ~ à **réseau** (nav) / canvas sling net || ~ en **ruban** / flat lifting sling, sling band || ~ **simple à deux boucles** / plain sling with 2 hard eyes
élinguée *f* (nav) / sling load
élinguer (nav) / sling *vt*
élinvar *m* / Elinvar (= elasticity invariable)
élixation *f* (chimie) / elixation
ellipse *f* / ellipse || ~ des **forces élastiques** (méc) / stress ellipse || ~ d'**inertie** / ellipse of inertia || ~ pour **montres** / impulse pin, roller jewel || ~ **parallactique** (astr) / parallactic ellipse || ~ de **soupape** (m. à vapeur) / valve ellipse || ~ des **tensions** (méc) / stress ellipse || ~ de **transition** (espace) / transfer ellipse
ellipsographe *m* / elliptic trammel o. compasses *pl*, trammel (US) || ~ (cinématique) / trammel wheel
ellipsoïdal / ellipsoid[al]
ellipsoïde *m* / ellipsoid || ~ d'**inertie** / inertia ellipsoid || ~ de **révolution ou de protation** / ellipsoid of revolution || ~ de **révolution aplati** / oblate ellipsoid of revolution || ~ de **rotation prolongé** / oblong ellipsoid o. spheroid, prolate ellipsoid of revolution
ellipticité *f* / ellipticity
elliptique / elliptic, -ical
éloïde *f*, épicycloïde *f* / epicycloid
éloigné / remote, distant, far-away, far-off
éloignement *m* (action) / removing, removal || ~ (géom) / height, altitude || ~, distance *f* importante / remoteness, distance
éloigner / remove
élongation *f* (astr, phys) / elongation || ~ (instr) / maximum deflection || ~ (techn) / elongation, prolongation, extension, lengthening, projection || ~ (taille) / elongation ratio || ~ **maximale d'amplitude** / amplitude swing || ~ au **pendule** / amplitude, pendulum swing || ~ à la **rupture** / elongation at tear
élongis *m* (nav) / hatch[way] carling || ~ (gén) / extension piece
éluant *m* (chromatographie) / eluant
éluder / by-pass, evade
élué, être ~ (chimie) / be eluted
éluer / elute
élution *f* (chimie) / elution
élutriateur *m* (frittage) / gas classifier
élutriation *f* (frittage) / gas classification || ~ **pneumatique** / air elutriation
éluvial, éluvien (géol) / eluvial
éluvium *m* (géol) / eluvium (disintegration of rock in situ)
Em (= 10^{-10} Curie/litre) **(vieux)** / eman, Em
émail *m* / [vitreous] enamel, porcelain enamel (US) || ~ (gén) / varnish, lacquer, enamel (US) || ~ (céram) / glaze || ~ pour **aluminium** / aluminium enamel || ~ **blanc** / porcelain enamel (US) || ~ à **border** / beading enamel || ~ **champlevé** / champlevé || ~ de **couverture** / cover coat || ~ à **fini granulé** / leather texture paint || ~ de **fond** / ground coat || ~ **granité** / granite enamel || ~ **luminescent** / luminescent enamel || ~ **noir** / niello || ~ **noir à border** / black-edging enamel || ~ **opaque** / opaque enamel || ~ pour **plaques** / sign enamel || ~ **plombifère** / lead enamel || ~ [au four ou à l'air] [à base de résine] **synthétique** / synthetic lacquer o. enamel (US) || ~ à **tôle** / sheet iron porcelain enamel || ~ **vitrifié** / vitreous enamel || ~ **vitrifié pour fonte** / vitreous and porcelain enamels for cast iron || ~ **vitrifié pour tôles d'acier** / vitreous and porcelain enamels for sheet steel
émaillage *m* / enamelling || ~ (céram) / glaze, enamel || ~ en **direct** / one-coat o. direct-on vitreous enamelling || ~ à **froid** / cold enamelling || ~ au **poudré** / dry[-process] enamelling || ~ au **trempé** / wet enamelling || ~ au **trempé coulé [et secoué]** / dipping and draining [and slushing] vitreous enamell.ing
émaillé / enamelled || ~ (électr) / enamelled || ~ (carreau) / enamelled, glazed || ~ (céram) / glazed || ~ **soudable** / self-fluxing enamelled
émailler / enamel *vt*
émaillerie *f* **industrielle** / metal enamelling works o. manufacture
émaillite *f* / stiffening varnish o. dope
émaillure *f* / enamelling
éman *m*, Em, E (= 10^{-10} Curie/litre) (vieux) / eman, Em
émanation *f* / exhalation, vapour || ~ (géol, phys) / emanation || ~ du **radium** / radium emanation, RaEm
émaner [de] / issue [from], emanate || ~ (p.e. odeur) / emanate
émarger *vt* / cut off o. trim the margin || ~ au **compas, à la règle** / cut by the compass o. by the rule
embâcle *m*, bouscueil *m* (Canada) / packing of ice, ice jam
emballage *m* (gén) / wrapping, packing || ~ (matériaux) / packing o. packaging material || ~ (quantité) / package || ~ (action) / packing || ~ (frittage) / packaging, embedding, packing material || ~ (typo) / packing || **sans** ~ / unpacked, loose || **sous** ~ **maritime** / packed for ocean shipment, packed seaworthy o. for export (US) || ~ **aérosol** / aerosol can || ~ **alimentaire** / food wrapper || ~ **alvéolaire** / blister pack || ~ à **bande déchirableou à bandelette d'arrachage** / tear strip package || ~ **cocon** / spray webbing, cocooning || ~ **consigné** / returnable pack || ~ **consigné** (conteneur) / returnable container || ~ **doublé formant peau** / skinpack, blister pack || ~ **doublé formant peau**, coconisation *f* / cobwebbing, skinpack || ~ **d'expédition** / shipping container || ~ des **extrémités des rouleaux de papier** / header for paper reels || ~ **factice** / display specimen, sham package || ~ en **fer-blanc** / tin box o. container, sheet metal box o. container || ~ **fini** / finished package || ~ **fraîcheur ou pour garder frais** / keep-fresh package, aroma o. vacuum sealed

package, fresh-keeping wrapping || ~ en **fût métallique** / packing drum || ~ **gris** / gray wrapping paper, bogus wrapping || ~ **individuel** / unit pack || ~ **industriel pour les marchés intérieurs** / packing for domestic shipment || ~ à **jeter** / throw-away pack, one way pack, non returnable package, expendable packing, disposable container || ~ **maritime** / boxing for foreign shipment o. for export (US) || ~ **métallique ou en tôle** / sheet metal packing, packing in cans || ~ **moulant** / skinpack, blister pack || ~ d'**origine** / original packing || ~ en **papier** / paper packing o. wrapping || ~ **perdu ou non retour** voir emballage à jeter || ~ de **présentation** / counter display, display pack, dummy || ~ **retournable** / returnable pack || ~ par **rétraction** / shrink packaging o. wrapping || ~ **réutilisable** / dual-use o. reuse package, premium container (US) || ~ sous **tension** (caoutchouc) / stretchwrap || ~ **thermoformé** / blister pack || ~ **thermoformé [en plaquettes perforées]** / bubble pack || ~ **transparent** / transparent packing || ~ **tricheur** / bluff package || ~ pour **usage unique** / single-trip package || ~ **vide** / dummy || ~**s** *m pl* **vides en retour ou à rendre** / empties *pl*

emballé pour **exportation** / boxed for foreign shipment o. for export (US) || ~ **sous carton** / packed in cardbox || ~ pour le **transport sur rail** / packed for rail

emballement *m* (mot) / runaway, racing || ~ d'un **réacteur** / runaway of a reactor

emballer / pack, wrap [up] || ~ (techn) / race an engine || ~ (s') (électr, techn) / race *vi* || ~ **serré** / press-pack

embarcadère *m* (nav) / wharf, pier (US)

embarcation *f* / boat, craft

embardée *f* / yaw, sheer[ing] || ~ (auto) / side slip, skid[ding], lurch || **faire une** ~ (aéro, nav) / yaw *vi*, sheer, lurch

embarder (aéro, nav) / yaw *vi*, sheer, lurch || ~ (auto) / sheer, lurch

embarquement *m* (aéro) / emplaning || ~ (marchandises) / shipping, shipment || ~ de **passagers** / embarkation, embarking

embarquer des **marchandises** (nav) / take on board, ship *vt* || ~ *vt* des **passagers** (nav) / embark, go on board

embarrage *m* **réglable** (tex) / variable tension rails o. rollers *pl*

embarreur *m* (m.outils) / bar feeder

embase *f* / footing || ~ (techn) / seat, seating || ~ (tourn) / projection, shoulder || ~ (mines) / foot lid || ~ (électr) / fixed connector || ~ (électron) / tagboard || **à** ~ (écrou) / washer faced (nut) || ~ d'**ampoule électronique** / tube cap o. base, tubular lamp cap || ~ **associable** (électr) / subbase || ~ de la **canette** (DIN 62510) / pirn butt o. holder || ~ du **ciseau** / bolster of a chisel || ~ **conique** / bevel seat, conical seat || ~ **femelle prise fixe** (électron) / power o. wall outlet, outlet box, convenience outlet o. receptacle (US), plug receptacle (US) || ~ **ovale** (vis) / oval shoulder || ~ à **pincement de tube** / pinch base of tubes || ~ de **tête de vis** / collar || ~ de **transistor** / transistor case || ~ de **tube** (électron) / stem of a tube || ~ de **valve** (pneu) / valve spud

embasement *m* (bâtim) / continuous pedestal, stereobate

embattre / clout

embat[t]re une **roue** / shrink on tires

embauchage *m*, embauche *f* / hiring, employment

embaucher / hire *vt*, engage, sign on

embauchoir *m* (cordonnerie) / last, block, tree

embellie *f* / improvement in the weather

embellir / embellish, beautify || ~ (teint) / brighten

embellissement *m* / decoration, ornament, embellishment || ~ d'une **ville** / town improvement

embiellage *m* (ch.de fer) / rodding

emblavage *m* / sowing the seed

emblème *m* / emblem

embobiner (film) / lace-up, thread-up

embobineur *m* (film) / threader

emboîtage *m* (typo) / slipcase, slipcover || ~ (montre) / frame

emboîté / inserted || ~, enchâssé / made fit || ~ (électron) / potted || ~ (ord) / nested, nesting || ~ (télescope) / nested

emboîtement *m* / fitting [into] || ~ (ord) / nest || ~ (brides) / recess on flanges || ~ (tuile) / [simple] interlocking || **à** ~ / attachable || **à** ~ (ord) / nesting || ~ à **baïonnette** / bayonet catch o. joint o. fixing o. socket (GB), quarter-turn fastener (US) || ~ par **blocs** (ord) / block nesting || ~ par **blocs** (défaut, lam) / curtaining, double skin || ~ pour **insertion de caoutchouc** (bride) / groove for rubber seal ring || ~ **latéral** / joining by lateral sliding joints || ~ de la **matrice** / spigot and recess of a selfsetting die || ~ des **pierres** (bâtim) / joggle jointing || ~ en **tube** / sleeve joint

emboîter / nest [into each other] || ~ (vivres) / pack *vt*, can (US), tin (GB) || ~ (bois) / rabbet *vt*, rebate *vt* || ~ (men) / plough and tongue *vt* || ~ (charp) / mortice *vt*, mortise *vt* || ~ (s') / fit together *vi*, nest *vi* || ~ des **livres** (reliure) / case in || ~ par **pression** / fit together by pressing || ~ **[l'un dans l'autre]** / fit one into the other

emboîture *f* (techn) / nest || ~, assemblage *m* à emboîtement (techn) / insertion || ~ (men) / rabbet, rebate

embolite *f* (min) / embolite

embotteler / bunch, bundle, pack, put up o. tie up in bundles

embouage *m* (fonderie) / slush casting

embouchure *f* / mouth piece || ~, issue *f* / orifice, outlet || ~ (hydr) / disemboguement, mouth || ~ (instr. à vent) / embouchure || ~ (télécom) / mouth piece || ~ (guide d'ondes) / bell-mouthed nozzle o. spout || ~ du **broyeur** / feed opening of crusher || ~ **[étroite]** / throat || ~ à **fente** / slit orifice || ~ de **filière** (tréfilage) / die entrance o. bell || ~ d'un **fleuve** / river mouth || ~ d'**injecteur ou de tuyère** / nozzle end || ~ de **jaumière** (nav) / helm port || ~ des **lèvres de la filière** (plast) / die relief || ~ *m* du **récepteur** (télécom) / hearing tube || ~ *f* de **trémie** (extrusion) / hopper o. feed throat || ~ de **tunnel** / portal of a tunnel, tunnel mouth

embouer sous **pression** (mines) / grout *vt*, inject

embout *m* / joining piece, lengthening o. eking piece || ~ (câble) / cable marker || ~ (bornes) / wire end ferrule || ~ **amovible de pointes d'électrodes** / electrode cap || ~ d'**antiparasitage** (auto) / static screen, radioshielding cap for spark plugs || ~ **blindé** / screened o. shielded (US) spark plug connector || ~ de **bougie d'antiparasitage** / spark plug interference suppressor || ~ à **chape** / fork shaped piece || ~ de l'**écouteur** (correction auditive) / ear knob || ~ **encliquetable** (comm.pneum) / clip-fastened connector || ~ **femelle** / faucet, sleeve || ~ **femelle de réduction** / reducing socket o. sleeve, transition sleeve || ~ **mâle** / muff joint || ~ **mâle à denture multiple** / twelve-point socket || ~ **mâle-mâle** / double socket || ~ de **mât** (aéro) / strut socket || ~ à **olive** (tuyau souple) / hose nozzle || ~ **plan** (verre) / straight faced end || ~ de **réduction mâle** / reducing pipe nipple || ~ de **réduction**

mâle-mâle / reducing double nipple || ~ à **rotule** / toggle link socket || ~ à **rotule** (aéro) / rod end || ~ **six pans mâle** / hexagon shank bit || ~ **six pans mâle à hexagone conducteur mâle** / hexagon shank bit for hexagon socket screws || ~ de **soulier** / toecap || ~ **tournevis** / screwdriver bit || ~ **tournevis cruciforme** / screwdriver bit for recessed head screws || ~ **tournevis à hexagone conducteur mâle, [pour tournevis automatique]** / hexagon shank, [ratchet drivers] screwdriver bit for slotted head screws || ~ de **vilebrequin** (auto) / tail shaft
embouteillage *m* / bottling || ~, encombrement *m* (circulation) / bottleneck || ~, bouchon *m* (circulation) / back-up, pile-up, jam, tie-up (US), congestion
embouteiller / bottle *vt* || ~ (circulation) / jam *vt*, block *vt*
embouteilleuse *f* / bottle filling o. bottling machine
embouter / ferrule *vt*
embouti *adj* (techn) / dished || ~ *m* (pompe) / sleeve [packing] || ~ **[en cuir]** / cup leather || ~ d'une **seule pièce** / pressed from one piece
emboutir (tôle) / chase *vt*, emboss, stamp, press, swage *vt* || ~ (découp) / draw *vt* || ~, border / dish *vt*, flange, border || ~ (s') (auto) / crash *vi* || ~ à **étages** (découp) / reduce [by steps] || **~-étirer** / draw and [wall-]iron, D & I || ~ **peu profond** (découp) / shallow-cup o. -form || ~ **préalablement** / effect the first drawing, pre-draw || ~ **profond** / deep-draw || ~ par **retournement** (découp) / reverse draw || ~ **[au tour]** (tourn) / spin, chase
emboutissabilité *f* / deep-drawing property
emboutissage *m* / chasing, embossing, swaging || ~ (aéro) / pancake landing, squash landing || ~ (découp) / drawing operation || ~, frappe *f* / coining, embossing || ~ **double** (découp) / double draw || **~-étirage** *m* / drawing and [wall-]ironing, D & I || ~ de **finition** (découp) / finish-drawing || ~ **intermédiaire** (découp) / intermediate drawing || ~ de **métal** / metal stamping || ~ **premier ou préparatoire** / first draw || ~ **profond** / deep drawing || ~ **répété** / draw-redraw, DRD || ~ de **reprise** / redraw || ~ au **tour** [avec diminution de l'épaisseur de la paroi] / flow-turn
emboutisseuse *f* / deep drawing press
embranché *m* (ch.de fer) / owner of a private siding
embranchement, d'~ / branching, branch... || ~ (ch.de fer) / branch track o. line, junction || ~ (nucl) / branching || ~ (canalisation, routes) / junction, fork || ~ d'un **canal** (hydr) / secondary arm of a canal || ~ **double** / double branch pipe || ~ **isolant** (électr) / insulating crossknob || ~ **particulier**, embranchement *m* de voie dusine (ch.de fer) / private junction line o. sidings *pl*, industry track (US)
embrancher (charp) / mortice *vt*, mortise *vt* || ~ (s') / fork *vi*
embrasé *adj* / blazing || ~ *m* / fully developed fire
embrasement *m* / full fire development || ~, incendie *f* vaste et violante / conflagration || ~ dans un **local** / flash-over || ~ par la **lumière** / illumination, floodlighting
embraser / ignite *vt*, kindle, light || ~ (s') / catch fire, ignite, kindle *vi*
embrasure *f* (men) / groove of a window || ~ (m.à vap) / live hole || ~ (bâtim) / reveal || ~ de **travail** (sidér) / working arch
embrayable (embrayage) / engaging and disengaging || ~ **et désembrayable** / movable into and out of engagement [with]
embrayage *m* / [engaging and disengaging] clutch || ~, arrêt *m* embrayable / detent || ~ (engrenage) / throwing into gear || **à ~ automatique** (auto) / clutchless || ~ à **arrêt à demi-tour** / two stop clutch || ~ **automatique** (auto) / automatic clutch || ~ d'**avancement** / feed clutch || ~ à **bague double** / double disk clutch || ~ **broutant** (auto) / grabbing clutch || ~ **centrifuge** / centrifugal clutch || ~ à **clavette tournante** / rolling key clutch || ~ à **cliquets** / ratchet clutch || ~ à **cône** / cone clutch || ~ à **cône à friction** / friction cone o. clutch || ~ **conique double** / double cone coupling o. clutch || ~ à **denture** / denture clutch, positive denture o. clutch || ~ à **deux mains** / two-hand trip gear || ~ de **direction** (tracteur) / steering clutch || ~ à **disques** [multiples] (auto) / multi[ple]-disk clutch, multi-plate clutch || ~ **électromagnétique** / electromagnetic clutch || ~ **et désembrayage** (techn) / engaging and disengaging gear || ~ à **friction** / friction clutch, slipping o. sliding clutch || ~ à **griffes et à cônes de friction** / claw clutch coupling, cone dog || ~ **hydraulique** (techn, auto) / hydraulic clutch || ~ **hydraulique [système] Föttinger** / Föttinger coupling o. transmitter || ~ **instantané** / instantaneous o. rapid engaging gear || ~ **magnétique** (auto) / magnetic transmission || ~ **magnétique à friction** / magnetic friction clutch || ~ **métallique** (auto) / metal-to-metal clutch || ~ **monodisque** (auto) / single-disk clutch, plate clutch || ~ **monodisque à sec** / single dry plate clutch, SDP || ~ de **Oldham** (cinématique) / inversion of Scotch-yoke mechanism where the crank is the frame || ~ à **particules magnétiques** / magnetic particle o. powder clutch, magnetic particle coupling || ~ à **plateau** / disk o. plate clutch || ~ à **plateau sous huile** (auto) / single-plate clutch in oil || ~ à **plateau [unique]** (auto) / single-disk clutch, plate clutch || ~ à **poudre de fer** / iron-dust clutch || ~ de **rattrapage** / overrunning clutch, overriding clutch || ~ à **ressort cylindrique** / coil clutch || ~ à **ressort à ruban** / spring band coupling || ~ à **roue libre** / overrunning clutch, overriding clutch || ~ à **roue libre du démarreur** / overrunning clutch of the starting motor || ~ **sans bague** (électr) / stationary field clutch || ~ **sec** (auto) / dry clutch || ~ à **un tour** / one-stop clutch || ~ à **verrou et à cônes de friction** / conical bolt clutch, cone pawl clutch (US) || ~ de **vis-mère** / clasp nut
embrayer / throw-in, connect || ~ (engrenage) / mesh || ~ (méc) / gear || ~ **et désembrayer** / engage and disengage
embrayure *f* de la **vis-mère** (tourn) / leadscrew nut, clasp nut
embrèvement *m* (meule) / inside recess || ~, embreuvement *m* (charp) / bevel shoulder || ~ à **queue d'aronde** (men) / lap[ped] dovetail, countersunk dovetail
embrever (charp) / join by a bevel shoulder || ~ (men) / rebate *vt*, frank *vt*, match boards
embrochable (électr) / pluggable, plug-in...
embroché (électr) / jacked-in (GB), plugged-in
embrocher sur le **circuit** (électr) / connect, cut in, put in, join up in circuit
embroncher / overlap in a regular pattern
embrouillé / tangled
embrouiller / ravel, make tangled || ~ (s') / become entangled, get into a tangle, ravel
embroussaillé (cheveux) / kinky
embrun *m* / spray, sea spray, spoondrift || ~ d'**huile** / oil spray
embuer (s') / mist over *vi*
émergement *m* (géol) / emergence of land

emergence *f* / emergence
émergent (phys) / emergent
émerger / emerge
émeri *m*, émeril *m* / emery || **à l'~** (bouchage) / abrasive || **d'~** (papier, toile) / abrasive
émerillon *m* / sprocket [wheel], chain sprocket || ~ (nav) / swivel block || ~ (tiss) / whirl || **à** ~ / pivoted
émerisage *m* / grinding with emery
émerisé / abrasive, emery...
émeriser / emery, grind with emery || ~ / dust with emery powder
émeriseuse *f* (apprêt) / [energy-]sueding machine
émersion *f* (phys, astr, géogr) / emergence, emersion
émétique *m* [d'**antimoine**] (teint) / tartar emetic, potassium antimonyl tartrate || ~ de **sodium** / antimonyl sodium tartrate
émetteur *adj*, -trice / emitting || ~ (électron) / emitting, transmitting || ~ *m* (TV, électron) / wireless (GB) o. broadcast[ing] o. radio (US) station, transmitter || ~ (semicond, c.perf.; pollution d'air) / emitter || ~ **accessoire de radiodiffusion** / wireless (GB) o. broadcast o. radio (US) relay transmitter || ~ à **attaque directe d'antenne** / plain antenna transmitter || ~ **automatique de télévision** (astron) / television robot || ~ **auxiliaire** / auxiliary emitter || ~ à **bande perforée** / tape transmitter || ~ de **calibrage** / calibration transmitter o. station || ~ à **cinq touches** (télécom) / five-key transmitter || ~ **clandestin** (électron) / illicit o. pirate transmitter || ~ de **commande** (électron) / control transmitter || ~ **commun** (semi-cond) / common emitter o. grounded emitter [circuit] || ~ **commun inverse** / inverse common emitter circuit || ~ à **couplage** [inductif] / inductive transmitter || ~ **demi-point** (c.perf.) / half-time emitter || ~ **directif** / directional transmitter || ~ de **données numériques** / digital data transmitter, DDT || ~ **électronique** / electron emitter || ~ **étalon ou d'étalonnage** / calibration transmitter o. station || ~ à **étincelles** / spark transmitter || ~ à **faible puissance** (électron) / small-power transmitter || ~ sur **fréquence commune** / synchronized transmitter || ~ à **grande couverture** (radio) / wide-coverage transmitter || ~ à **grandes distances** (électron) / high-power[ed] long distance [radio o. broadcasting o. transmitting] station || ~ d'**impulsions** / pulse transmitter || ~ d'**impulsions** (télécom) / register sender || ~ à **impulsions pour canots de sauvetage** (nav) / walter || ~ des **impulsions par des relais** (télécom) / relay sender || ~ des **impulsions aux sélecteurs rotatifs** (télécom) / sender with rotary switch || ~ à **interruption périodique** (électron) / tone wheel, chopper [sender] || ~ **maître** (électron) / master station o. sender, master transmitter || ~ **majoritaire** (semicond) / majority emitter || ~ **mère** (TV) / parent transmitter || ~ **mis à la terre** (semicond) / grounded emitter, GE || ~ de **numéros [abrégés]** (télécom) / automatic dialling unit || ~ de **numéros abrégés mécanique** (télécom) / mechanical dialer || ~ à **ondes courtes** / short-wave o. high-frequency transmitter || ~ à **ondes longues** / long wave transmitter || ~ des **ondes métriques** / ultrashort wave transmitter || ~ d'**ordres** / signal transmitter || ~ **piézoélectrique** / crystal transmitter || ~ **piloté** (électron) / control transmitter, pilot oscillator, drive unit, exciter || ~ à **plusieurs canaux** / multi[ple]-channel radio transmitter || ~ **portatif de télévision** (TV) / portable television camera transmitter || ~ **principal** (TV, électron) / main station || ~ de **programme** / program emitter || ~ **radio[électrique]** / radio transmitter || ~ **radio à tubes** (électron) / tube sender o. transmitter || ~ **radioactif** / emitter (of a nuclear battery) || ~ de **radiodiffusion** / wireless (GB) o. broadcast[ing] o. radio (US) station o. transmitter || ~ **radiotélégraphique** / telegraphic radio transmitter || ~ **radiotéléphonique** / radio telephony transmitter || ~ **rapproché** / short-distance sender o. transmitter, district transmitter || ~ de **rayonnement** (nucl) / radiation emitter || ~ des **rayons bêta** / beta emitter || ~**-récepteur** *adj* / transmit-receive, transmitting-receiving, TR... || ~**-récepteur** *m* / transceiver, transreceiver || ~**-récepteur** *m* (ultrasons) / double probe system || ~**-récepteur** *m* **fonctionnant dans la bande 27 MHz jusqu'à 50 mW pour les loisirs, [entre 50 mW et 3 W non pour les loisirs]** / CB-sender || ~**-récepteur** *m* **portatif** / walkie-talkie || ~ **régional** voir émetteur rapproché || ~**-relais** *m* (électron) / relay transmitter, link transmitter, rebroadcasting o. repeat[er] station, retransmitter || ~ **[relais] à faisceau concentré** (TV) / directional relay transmitter || ~ **répéteur** (radar) / repeater transmitter || ~ de **retransmission** voir émetteur-relais || ~ de **retransmission semi-automatique** (aéro) / semiautomatic relay installation || ~ **satellite** (TV) / fill-in o. satellite transmitter || ~ **satellite** (radio) / low-power o. stand-by transmitter || ~ des **signaux de télévision** / television vision transmitter || ~ des **sons** (télévision) / television sound transmitter || ~ **sous-marin de son** / underwater transducer || ~ de **station-relais** voir émetteur-relais || ~**-suiveur** *m* / emitter follower [amplifier], E.F. || ~ **tél[é]autographique** / telefax || ~ **téléphotographique** / video transmitter || ~ du **téléscripteur** / teleprinter (GB), teletypewriter (US) || ~ de **télévision** / television o. video transmitter, telestation || ~ d'**ultrasons** / ultrasonic transmitter
émettodyne *m* / emitter follower [amplifier], E.F.
émettre, émaner / give out, emit || ~ (électron) / broadcast, transmit, radio || ~ (phys) / radiate || ~ (p.e. odeur) / give off, send forth (e.g. smell) || ~ par **faisceau** (radio) / beam || ~ de la **fumée** / eject smoke || ~ du **gaz** / release gas || ~ en **Morse** (télécom) / key, morse
émier *vt* / crumble
émiettement *m* du **sol** / parceling, partitioning, breaking up
émietter *vt* / crumble *vt* || ~ (sol) / parcel, partition, break up || ~ (s') / crumble [away] *vi*
éminence *f* (géogr) / elevation
éminent / outstanding
émissaire *m* (égout) / receiving [body of] water, drainage o. draining ditch o. canal, main outfall, outfall ditch
émissif / emissive, emittent, emitting
émission *f* (phys) / emission || ~ (hydr) / discharge, outflow || ~ (TV, radio) / transmission, broadcast || ~ en **absence de champ appliqué** (électron) / field-free emission || ~ **alpha** / alpha-particle radiation, alpha ray || ~ **associée** (nucl) / associated emission || ~ à **bande latérale unique**, émission *f* B.L.U. (TV) / single-sideband transmission o. system o. working || ~ à **bandes latérales indépendantes** (électron) / independent sideband transmission || ~ **bêta ou** β / beta particle radiation, beta ray || ~ **B.L.U. compatible** / CSSB, compatible single-sideband-transmission || ~ **cathodique ou de la cathode** / cathode ray emission || ~ de

chaleur / heat emission || ~ de **champ**, émission *f* par effet de champ / field emission || ~ par **champ électrique** / cold emission, autoemission || ~ de **champ sans excitation extérieure** / field electron auto-emission o. cold emission || ~ de **champ d'un film mince isolant** (électron) / thin-film field emission || ~ **[corpusculaire]** (phys) / particle emission, emission || ~ **différée ou en différé** (radio, TV) / prerecorded broadcast || ~ en **direct** (TV, électron) / live transmission || ~ **dirigée** / directional transmission || ~ **documentaire** (TV, radio) / feature || ~ de **données** / data origination || ~ **électronique ou d'électrons** / thermionic emission || ~ **électronique de la grille** / grid emission || ~ d'**électrons de champ avec excitation thermique** / thermionic field electron emission || ~ **[d'électrons] par effet de champ** (électron) / field [electron] emission || ~ **excessive de fumée** / fumigating, excessive smoke emission || ~ **froide** / field electron auto-emission o. cold emission || ~ de **fumée** / smoke development || ~ de **fumée** (aéro) / smoke emission || ~ des **gaz d'échappement** / exhaust emission || ~ d'**hydrocarbure**, émission *f* HC (auto) / HC-emission || ~ des **images** (TV) / video o. picture transmission || ~ d'**impulsions du cadran** / dial pulsing || ~ d'**ions** / emission of ions || ~ à **large bande de la magnétosphère** / broadband emission from magnetosphere, whistler (coll) || ~ à 600 **lignes et 25 trames** (TV) / 600 line 25 frame transmission || ~ de **lumière** / light emission || ~ **monochrome** (TV) / monochrome transmission || ~ **nucléaire** / nuclear emission || ~ **photoélectrique** / photoelectric emission || ~ **primaire** (électron) / primary electron-emission || ~ **primaire de la grille** / thermionic grid emission || ~ **relais** / relay o. link transmission, rebroadcasting, repeating || ~ **relayée** (TV, électron) / simulcast, simultaneous broadcasting || ~ **secondaire** / secondary emission, SE || ~ **secondaire d'électrons** / secondary electron emission || ~ **stimulée** / stimulated emission || ~ du **studio** (électron, TV) / studio broadcast || ~ à **suppression d'onde porteuse** (télécom) / suppressed carrier transmission || ~ par **télévision** / telecast, television broadcast[ing] || ~ de **télévision en couleurs** / colour broadcasting o. casting || ~ **thermoélectronique ou thermo-ionique** / thermionic emission

émittance *f* (phys) / emissivity || ~ **photométrique** / luminous emittance, luminous flux density (GB)

emmagasinage *m* / storage || ~ d'**eau entre écluses** (hydr) / pondage || ~ des **eaux** / storing of water || ~ d'**énergie** / accumulation o. storage of energy || ~ en **silo** / storing in a silo || ~ **temporaire** / temporary storage

emmagasiner / store, warehouse || ~, accumuler / store *vt*, accumulate || ~ (ord) / read in, memorize || ~ la **chaleur** / store up heat || ~ en **vrac** / store in bulk

emmanché par **frettage mis à chaud** / shrunk [on]

emmanchement *m* (foret) / shank of the drill || **pour** ~ **à baïonnette** / made for bayonet fixing || ~ à **chaud** / heat shrinkage, shrink-on technique || ~ d'**outils** (m.outils) / spindle nose, tool shank

emmancher / stock || ~ **[par frettage]** / shrink on, sweat [on], hoop || ~ par **pression** / press on

emmanchure *f* / eye of the hammer

emmarchement *m* (escalier) / length of steps, width of stair || ~ (entaille) / mortising for steps, step groove || ~ (ch. de fer) / footboard design

emmêler / ravel *vt*, entangle, tangle, snarl || ~ (s') / become entangled, kink *vi* || ~ du **fil** / entangle

emménagements *m pl* (nav) / disposition of the cabins

emmener / carry away o. off *vt* || ~ à la **fourrière** (auto) / tow-away (by the police)

emmétrope / emmetropic

emmétropie *f* / emmetropia

emmortaiser (charp) / mortice, mortise, fasten by tenon and mortice

emmurer / surround with walls

émollient *adj* / emollient, softening || ~ *m* / softener

émoluments *m pl* / emolument || ~**s** *m pl* **journaliers** / daily allowance

émonder / prune *vt*, trim, lop, poll

émorfiler un **taillant** / burr, [de]bur (US), trim

émotter / break clods

émotteur *m* (sucre) / sugar lump breaker

émotteuse *f* (agr) / clod breaker, rotary tiller || ~ **combinée** (agr) / weighted rotary harrow || ~ à **spirales** (agr) / rotary spiral cage tiller

émouchet *m* (cuir) / tail piece

émoucheté / blunt, obtuse

émoucheter (lin) / rough *vt* || ~ (techn) / break off the point, dull

émoucheteur *m* de **lin** / flax rougher

émoudre (outil) / sharpen

émoulage *m*, émoulerie *f*, émouture *f* (outil) / sharpening || ~ au **mouillé** / cool o. wet sharpening

émoussé / blunt *adj*, dull, edgeless, pointless

émousser / blunt *vt*, dull *vt* || ~ (charp) / taper *vt*, bevel *vt* || ~ (s') (outil) / blunt, dull, become dull

empagement *m* (typo) / make-up

empan *m* / span (abt. 9 in.)

empanon *m*, empannon *m* (charp) / hip rafter, jack o. dwarf rafter, corner o. angle rafter || ~ d'**arête retroussée**, empanon *m* de noue / valley jack rafter || ~ **double** / double jack rafter || ~ **intermédiaire** / intermediate jack rafter

empaquetage *m* / packing, wrapping || ~, mise *f* en bottes (sidér) / briquetting, busheling, fagotting, piling || ~ (électron) / packaging || ~ **et teinture** (tex) / pack dyeing || ~ par **film rétractable** / tight pack, shrink wrapping

empaqueter / pack [up] || ~ en **caisses à claire-voie** / crate *vt* || ~ les **fils** / bundle yarn

emparer (s') (chimie) / take up, absorb || **s'~ du mordant** / seize the mordant

empâtage *m* (savon) / first change, killing || ~ de **graisse** / saponification of fat

empâtement *m* / impastation

empâter *vt* (couleur) / flow-on paint || ~ (bière) / mash, dough-in || ~ (accu) / paste || ~ (tex) / prepare the paste || ~ (reliure) / paste *vt* || ~ (s') / choke [up], clog

empattement *m*, empattage *m* / spread || ~, empattage *m* (ch.de fer, auto) / wheel base || ~ (typo) / ceriph, serif, seriph || ~ (charp) / triangular notch (for joining the rafter with the purlin) || ~ (aéro) / wing spread || ~ (talus) / projection of a talus || ~ (grue) / outrigger, screw jack || ~ (tuyau) / square elbow o. bend || ~ d'**aubes** (turbine) / rooting of blades || ~ de **fondement** (bâtim) / patten, off-set, offset base || ~ de la **piste** (b.magnét) / track placement o. position, tracking || ~ **rigide** (ch.de fer) / rigid wheel-base

empatter (charp) / join by a triangular notch || ~ les **aubes** (turbine) / root blades *vt* || ~ les **rayons d'une roue** / let in the spokes

empatture *f* (bois) / butt o. flushjoint with cover plate || ~ (charp) / triangular notch (for joining the rafter with the purlin)

empêchant la **croissance** / growth retarding o. inhibiting || ~ le **sifflement** (télécom) / antisinging || ~ la **soudure** / stop-weld

empêchement *m* (gén) / obstruction, obstacle,

impediment, hindrance || ~ **stérique** (chimie) / steric hindrance
empêcher / hinder, impede, stop, inhibit || ~ (ord) / inhibit
empeignage *m* (tiss) / reed space || ~ (tiss, action) / reed binding o. making || ~ **utile** (tex) / maximum reed width
empeigne *f* (tiss) / split of a reed, reed space || ~ (cordonnerie) / vamp || ~ **Derby** (cordonnerie) / derby vamp
empeigneur *m* (tiss) / reeder
empennage *m* (aéro) / tail plane o. unit o. empennage o. group o. surfaces *pl* (US), horizontal stabilizer (GB) || **à** ~ (fusée) / finned || ~ d'**altitude**, empennage horizontal ou de profondeur (aéro) / horizontal tail unit, elevator unit || ~ d'**avant ou canard ou de tête** (aéro) / front (GB) o. forward (US) controls, forward tail group (US) || ~ **horizontal et vertical** (aéro) / horizontal and vertical tail || ~ d'un **projectile** / fin of a rocket || ~ en **T** (aéro) / T-shaped tail unit
empenné (fusée) / fin stabilized, finned
empennon *m* voir empanon
empeser (linge) / starch *vt*
empester / infest with bad smell
empêtrer (s') (scie) / clog *vi* || **s'~ [dans]** / get entangled [in]
empierrage *m* (hydr) / pierre perdue, pierelle, rip-rap
empierré (instr) / on jewel bearings
empierrement *m* (digue) / stone filling o. packing || ~ de **base** (routes) / Telford base, base, hard core, bottoming, metalling, metal foundation (US)
empierrer (routes) / metal *vt*
empiétage *m* (mines) / cutting by opening o. buster shot
empiètement *m* sur le **profil d'espace libre** (ch.de fer) / empiétement sur le profil d'espace libre, encroachment on the clearance gauge
empiéter (trafic) / cut in *vi* || ~ (mines) / draw timbers, remove the timbering, clear || ~ sur l'**axe médian** (auto) / occupy the road center
empilage *m* / stacking, piling up, setting || ~, disposition *f* par couches / arrangement in layers || ~ / stack (e.g. of cup springs) || ~ (feutre aiguilleté) / plaiting down || ~ (électr) / bundling o. packing of laminations || ~ (sidér) / checker work, checker, chequer || ~ **alterné** (radiateur d'auto) / pack construction of radiator || ~ à **cheminée fermée** (sidér) / chimney checkers *pl*, basket weave checkerwork, regenerator packing || ~ **Maerz** (sidér) / Maerz checkers *pl* || ~ sur le **plateau du wagonnet de four-tunnel** (émail) / decking || **~s** *m pl* **réfractaires** (sidér) / fire brick checkerwork || ~ *m* de **tôles** (électr) / bundle of laminations, (esp.:) armature stampings *pl* || ~ de **tôles d'inducteur** (électr) / inductor stampings *pl* || ~ de **tôles de noyau** (transfo) / core stackings || ~ de **tôles polaires** (électr) / field magnet || ~ à **zones** (sidér) / checkerwork arranged in zones o. stages
empilé / stacked, piled [up]
empilement *m* (nucl) / stack || ~ (cristaux) / arrangement of the crystals in lattices || ~ (dans un appareil de comptage) (nucl) / pile-up of pulses || ~ de **briques réfractaires à alvéoles** (sidér) / checker work || ~ **étalon** (nucl) / standard pile || ~ de **sphères** (crist) / sphere packing
empiler / build up in layers, stack, pile up || ~ (électr) / stack *vt*, bundle laminations || ~ (p.e. briques) / pack closely || ~ des **grumes** / bank [up], pile up, deck
empileur *m* (tex) / rope piling device
empileuse *f* à **fourche** / fork lift truck o. lifter, fork stacker || ~ à **mandrin** (sidér) / ram truck || ~ **monte-charge** / stacker truck || ~ à **tôles** / sheet metal stacking machine
empirisme *m* / empiricism
emplacement *m* / place, site, location || ~, lieu *m* / stand, station, location, place || ~ (bâtim) / site || ~ d'**antenne** / antenna site || ~ du **bâtiment** / building ground o. lot o. site, site (GB), field (US) || ~ de **canal** (ord) / channel location || ~ de **caractères** (affichage) / character position || ~ du **compas** / sitting of the compass || ~ pour les **épaules** (auto) / shoulder room || ~ **excentrique** (arp) / eccentric station || ~ pour **installation de meubles** (bâtim) / area required for furniture || ~ pour les **jambes** (auto) / legroom, leg space || ~ du **joint** / location of the joint || ~ de **mémoire** (ord) / storage location || ~ le **mieux approprié** / most suitable location || ~ **nécessaire** / space required o. requirement, spatial requirement, bulkiness || ~ de l'**observateur** / location of the observer || ~ de l'**œil** (opt) / eye location || ~ du **programme [en mémoire]** (ord) / program location || ~ **protégé** (ord) / protected location || ~ d'**usine** / mill site || ~ de la **virgule** (math) / radix point
emplage *m* (bâtim) / plums *pl*, filling-in material
emplanture *f* de l'**aile** (aéro) / root of wing || ~ d'**aubes** (turbine) / footing of blades
emplâtre *m* **adhérent ou adhésif ou collant** / sticking plaster
emplectite *f* (min) / emplectite
empli à **ras [bord]** / struck
emplir / dump, pour in || ~, remplir / fill || **s'~ d'eau** (mines) / drown, become submerged || ~ à **ras bord** / fill to the brim
emploi *m* / application, use, using || ~, occupation *f* / employment, occupation || ~ **abusif** / misus[ag]e || ~ **commun** / co-application || ~ en **déplacement ou sur un chantier ou chez un client ou à l'étranger** (monteur) / outdoor job, field service || ~ d'**espace** / spatial requirement || ~ de la **main d'œuvre** / deployment of labour, work input || ~ **non autorisé** / unauthorized use || ~ du **temps** / time-table
employable / suitable, appropriate
employé *m* / employee, employe, employé || **~s** *m pl* / total staff || **le plus** ~ / most widely used || ~ *m* de **bureau** / [general] office worker, clerical employee || ~ de **chemin de fer** / railway employee, railwayman, railroad employee (US), railroader (US) || ~ **clé** / key man || ~ de l'**entreprise** / works employee || ~ au **guichet** (ch.de fer) / passenger agent || ~ **[percevant un traitement]** / salaried employee o. worker (US)
employer / use *vt*, make use [of] || ~ [comme] / employ [in, for] || ~, donner du travail / employ
employeur *m* / employer || **~s** *m pl* **et employés** / employers and employed *pl*
empoigner / grab, grasp
empois *m* / starch || ~ d'**amidon** (tex) / starch solution || ~ de **farine** / starch paste, slipping || ~ **luisant** / gloss starch
empoise *f* (lam) / chock
empoisonnement *m* / poisoning || ~ (TV) / ion spotting || ~ par **cuivre** / copper poisoning || ~ par **gaz** / gas poisoning || ~ par **métaux** / metal poisoning || ~ par **phénol** / phenol poisoning || ~ **samarium** / samarium poisoning || ~ par **solvants** (chimie) / poisoning by solvents || ~ **xénon** (nucl) / xenon effect o. poisoning
empoisonner / poison || ~ (s') (TV, radar) / become spoiled by ion spots
emportant la **balance** (méc) / preponderant

emporte-pièce *m* / hollow punch || ~ à **pince** (cuir) / belt punch, pinking iron || ~ **revolver** / revolving punch pliers
emporter / take away o. off o. along, carry away || **l'~** [sur] / overbalance *vt*, outmatch, surpass, prevail [over] || ~ la **balance** / weigh down the scale || ~ dans le **caniveau** (sucre) / flume || ~ par l'**eau** / float off, wash away || ~ en **froissant** / separate by pressing, squeeze off, pinch off
empotage *m* / potting
empoussiérer / cover with dust, dust, powder
empoutage *m* (tex) / harness tie || ~ **suivi** / Norwich o. straight tie, straight Jacquard tie
empoutrerie *f* / timber work, framing
empreindre / impress, imprint || ~ (typo) / print *vt*, reprint || ~ [sur] (tension) / impress a voltage
empreinte *f* / mould, shape || ~, impression *f* / impression, imprint, indentation, dent, mark || ~ (géol) / mould || ~ (matrice, découp) / nest || ~ (plast) / cavity, recess || ~ (typo) / pull, proof || ~ (numism., galv) / mould || **faire des ~s par forçage à froid avec un poinçon** / hob *vt* || **faire une ~ en étoile** (techn) / fix by a star-shaped impression || **prendre l'~** (fonderie) / imbed || ~ **acoustique** (aéro) / noise carpet || ~ de la **bille** / indentation of the ball, hollow || **~s** *f pl* de **câble dans la gorge d'une poulie** / rope imprints in a pulley || ~ *f* sur **cire** / wax impression || ~ **cruciforme** / cross recession || ~ **dorée** / gold blocking || ~ des **flans** (typo) / pasteboard matrix pressing || ~ **laissée par le cône** / indentation left by the cone || ~ de **matrice** (plast) / cavity of a die || ~ **mobile** / follower of a mould || ~ de **moule** (fonderie) / cavity of the mould || ~ de l'**outil** (m.outils) / drag mark (of a tool), tool drag mark || ~ sur la **pierre** (typo) / transfer on stone || ~ des **pneus** / skid mark || ~ de **préformage** (plast) / preforming tool || ~ **rapportée** (plast) / bottom plug || ~ **superficielle** (lam) / surface mark || ~ **TORQ-SET** (vis) / TORQ-SET recess || ~ de **vernis** / lacquer replica
emprise *f* / expropriated ground || ~ (lam) / roll nip o. gap || **~s** *f pl* du **chemin de fer** / railway territory
emprises *f pl* de la **gare** (ch.de fer) / station premises and plant
emprotide *m* (chimie) / proton acceptor
emprunt *m* (bâtim, routes) / borrow pit || ~ **latéral de la terre** (routes) / side cutting, side delivery || ~ de **terre** (bâtim, routes) / borrow pit
emprunté (bâtim) / elsewhere taken, E.W.T.
emprunter, se servir [de] / take, make use [of] || ~ du **courant** (électron) / draw current || ~ une voie **latérale** / swing around a corner || ~ une **route** (aéro) / navigate
empuanter / vitiate, infect o. pollute o. taint the air
empyreumatique (chimie) / empyreumatic
empyreume *m* / empyreum[a]
émulateur *m* (ord) / emulator
émulation *f* (ord) / emulation
émulseur *m* / emulsifier, emulsifying machine || ~ à **air comprimé** (mines) / airlift
émulsifiable / emulsifiable
émulsifiant / emulsifying || ~ / emulsifying agent
émulsine *f* (chimie) / emulsin
émulsion *f* / emulsion || **donnant une ~ stable** / emulsion-persisting || ~ d'**accrochage** (liant bitumineux) / bonding emulsion || ~ **antimaculage** (typo) / offset spray || ~ **aqueuse ou du type aqueux**, L-H / oil-in-water emulsion || ~ **autopositive** / reversal emulsion || ~ de **bitume** / bituminous emulsion, cut-back [bitumen] || ~ au **collodion** / collodion emulsion || ~ **diazo** / diazo emulsion || ~ d'**eau en huile** / water-in-oil emulsion || ~ **Goldberg** (phot) / Goldberg emulsion || ~ pour le **graissage de cylindres** / emulsion type cylinder lubricant || ~ à l'**huile** / oil emulsion || ~ d'**huile dans l'eau** / oil-in-water emulsion || ~ **huileuse ou du type huileux**, H-L / water-in-oil-emulsion || ~ **inversible** / reversal emulsion || ~ de **latex et bitumen** / latex-bitumen emulsion || ~ **nucléaire [à traces]** / nuclear [trace] emulsion || ~ de **pétrole brut** / crude oil emulsion || ~ **positive** (phot) / positive emulsion || ~ à **poudre d'émeri** / slurry of abrasive powder || ~ **routière** (routes) / cut-back emulsion || ~ **sensible à l'infrarouge** / infrared sensitive emulsion
emulsionnabilité *f* / emulsifiability
émulsionnable / emulsifiable
émulsionnant *adj* / emulsifying || ~ *m* / emulsifying agent, emulsifier
émulsionné / emulsified
émulsionnement *m* / emulsification
émulsionner (chimie) / emulsify
émulsionneuse *f* (chimie) / emulsifier, emulsifying machine || ~ de **bitume** / bitumen emulsifier
émulsoïde *m* / emulsoid, lyophilic colloid
en soi (math) / intrinsic
énantiomère *adj* (chimie) / enantiomeric || ~ *m* (chimie) / enantiomer
énantiomorphe, inverse optique (crist) / enantiomorphic, -morphous
énantiomorphie *f* / enantiomorphism
énantiotrope / enantiotrope
énantiotropie *f* (chimie) / enantiotropy
énargite *f* (min) / enargite
encablure *f* (= 200 m) (nav) / cable's length (GB: 0.1 sm = 608 ft = 185,5 m, USA: 720 ft = 219,45 m, Frankreich = 200 m)
encadenasser / padlock *vt*
encadrage *m* (dessin) / framing || ~ de l'**image du récepteur** (TV) / framing mask
encadré / framed || ~ (men) / panelled
encadrement *m* / framing || ~ (nav) / hatch coaming || ~ (dosage) / bracketing || ~ du **boutoir** (bouteur) / C-push frame || ~ de **fenêtre** (auto) / reveal mouldings *pl* || ~ en **fer** / steel frame || ~ **métallique de vitrine** / metal frame for show windows || ~ de **porte** (bâtim) / doorway, frame of a door || ~ de **porte de foyer** / fire door box
encadrer (tableau) / frame *vt* || ~ (men) / mount *vt*, [put in] frame || ~ (film) / frame *vt* || ~ (tan) / strain *vt*, stretch
encagement *m* du **culbuteur** (mines) / insertion of tubs into the tipper
encager (mines) / insert tubs into the cage
encageur *m* (ouvrier) (mines) / car pusher || ~ **[automatique]** (mines) / cager || ~ de **berlines** (mines) / tub pushing device
encaissement *m* de **route** (routes) / hard core, bottoming, Telford base, metal foundation (US)
encaisser / box *vt* || ~ (routes) / bottom *vt*, lay the metal foundation (US)
encamionneuse *f* / loading belt o. conveyor, loading unit
encapsulage *m*, encapsulation *f* (électron) / packaging, encapsulation
encapsuler (électron) / pot *vt*, package, encapsulate
encaquer / cask, pack in kegs
encart *m* (dans une brochure) / insert
encartable (circ int) / plug-in type
encartage *m* (typo) / slip sheet, inset sheet
encarter (typo) / slip in a sheet
encarteur *m* (filage) / card winding machine o. winder || ~ d'**étiquettes** (pap) / tag inserter

encarteuse-piqueuse *f*(typo) / gather-stitcher
encartonnage *m* / board packing, cartoning
en-cas *m* / makeshift
encassure *f*(charp) / score
encastage *m*(céram) / setting || ~ à **crémaillère**, encastage *m* vertical (céram) / rearing || ~ au **dé ou horizontal** / dottling
encastré (gén) / embedded, fixed in || ~ (install) / flush mounted, buried, concealed || ~ (électr) / flush-type || ~ (serrure) / mortised, morticed || ~ (gouttière) / concealed || ~ (balises) / blister type... || ~ (par opp.: en saillie) (auto) / boxed || ~ aux **deux extrémités** (méc) / fixed at both ends, constrained || ~ à **une extrémité** (méc) / fixed at one end
encastrement *m*(électr, auto) / flush fitting || ~ (méc) / rigid fixing, fixed end || ~ (bâtim) / mortising, morticing || ~ (techn) / embedding, imbedding || ~ (techn) / footstep bearing || **pour** ~ / flush || ~ d'un **coussinet** / embeddability of a bearing || ~ d'**extrémité** / encastré || ~ **invariant** (contr.aut) / invariant imbedding
encastrer / embed, imbed, let in || ~ (maçon) / enchase || ~ (méc) / fix [at one o. both ends], encastre || ~ (charp) / mortise *vt*, mortice || ~, tendre / stretch, put into frame || ~ (men) / rebate *vt*, rabbet *vt* || ~ en **béton** / encase with concrete, set o. imbed in concrete || ~ par **injection** / injection-mould around inserts
encaustique *adj*(céram) / encaustic || ~ *f* / wax polish || ~ (peinture) / turpentine paint || ~ [à **parquets]** / floor polish
encaustiquer / wax and polish *vt*, polish
enceindre / go round, surround
enceinte *f* / enclosure, enclosed space || ~ **acoustique** (gén) / [acoustic] baffle || ~ **acoustique** (électron) / radiator column, column speaker, line-source loudspeaker, sound column || ~ en **bois d'un bâtardeau** / cleading of a coffer dam || ~ de **conditionnement** / conditioning chamber || ~ de **confinement** (ELF) (réacteur) / containment [shell], reactor containment || ~ de **convection** (nucl) / convection vault || ~ [à **deux voies]** (phono) / loudspeaker enclosure [with 2 channels] || ~ d'**essai** / test chamber || ~ de **fouilles** / cleading of foundation ditches || ~ **frigorifique** / chill room || ~ **gonflable à surpression** / inflatable hall || ~ de **pieux** (hydr) / enclosure of sheet piles, [sheet] piling, timber walling || ~ de **réfrigération** / cold storage cell, cooling cell || ~ à **température constante** / hot box
encercler / circle
enchaîné (ord) / chained, chaining... || ~ (électr) / interlinked
enchaînement *m*(ord) / concatenation, linkage || ~ (chimie) / chain formation || ~ (électr) / interlinking || ~ (m.outils) / linking || **à** ~ **arbitraire** (ord) / arbitrary sequence... || **à** ~ **fixe** (ord) / consecutive sequence... || ~ de **clichés successifs** (arp) / conjunction of successive photographs || ~ du **flux** / flux linking o. interlinking || ~ de **fréquences** / frequency interlace || ~ de **programmes** (ord) / program bind o. chaining || ~ des **travaux** (ord) / stacked job processing, sequential job scheduling
enchaîner / concatenate, interlink || ~, attacher / chain *vt* || ~, mettre sous forme de chaîne (programme) / [con]catenate || ~ (ciné) / dissolve, fade || ~ (s') / work into each other, interlock
enchaînure *f* / assembling by rings, interlacing
enchâssé / made fit
enchâsser / trim in || ~ (serrure) / countersink || ~ (pierres précieuses) / set *vt* || ~ dans le **mur** / fix o. seal in a wall
enchaussenage *m*(tan) / liming of hides in fellmongering || **d'**~ (laine) / painted
enchaussener (tan) / steep in lime water, dress with lime
enchaux *m*(tan) / lime cream o. paint o. paste || ~ à **réalgar** (tan) / lime cream containing realgar
enchevaucher / lap over, overlap
enchevauchure *f* / lap [joint]
enchevêtré (mines) / disseminated || ~ (mica) / tangle sheet...
enchevêtrement *m* / interlocking || ~ (filage) / tangle, entanglement
enchevêtrer / interlock [mutually] *vt* || ~ (charp) / cut off the end || ~ (s') / interlock *vi* || ~ (s') (filage) / tangle, become entangled, ravel
enchevêtrure *f* du **chevron** (bâtim) / assembling piece of rafters
enchevillé / fixed o. maintained by pins o. wedges
encirement *m* / waxing
encirer / wax *vt*, coat with wax
encisure *f*(Belg) (verre) / crizzling
enclave *f*(géol) / inclusion, inlier, xenolith || ~ de **porte** (hydr) / gate recess
enclavé / fixed o. maintained by pins o. wedges
enclaver / sink in *vt* || ~, cheviller / bolt *vt*
enclenche *f* / driving o. catching slot
enclenché / barred, locked, blocked || ~ (ch.de fer, signal) / dependent, interlocked
enclenchement *m* / lock, catch || ~ (électron) / lock-in (when synchronizing) || ~ (ch.de fer) / interlocking || **à** ~ / snap... || ~ d'**approche** (ch.de fer) / approach lock[ing] || ~ à **arbres** (aiguille) / shaft locking || ~ **[automatique]** / automatic locking || ~ de **block** (ch.de fer) / interlocking with the block system || ~ par **circuit de voie** (ch.de fer) / locking by track circuit || ~ à **clé** (ch.de fer) / key interlocking (safety device) || ~ de **continuité** (ch.de fer) / block proving || ~ de **contrôle impératif de manœuvre** (ch.de fer) / check locking of the block || ~ entre **deux opérations** / interdependence of two operations || ~ **électrique** (gén) / electric interlocking || ~ de **leviers d'itinéraire** (ch.de fer) / locking of route levers || ~ **mutuel** / reciprocal interlocking || ~ de **nez à nez** (ch.de fer) / nose-to-nose locking || ~ de **non-réitération** (ch.de fer) / conditional o. rotation interlocking || ~ d'**ordre** (ch.de fer) / sequential interlocking || ~ **oscillant** (ch.de fer) / oscillating lock || ~ **permanent** (techn) / permanent connection || ~ au **pied** / pedal engagement || ~ au **retour** (techn) / back-run safety device o. mechanism, return stop || ~ de **sens** (ch.de fer) / directional interlocking || ~ de **succession** (ch.de fer) / sequential interlocking || ~ de **tracé d'itinéraire** (ch.de fer) / route locking || ~ du **transit rigide,** [souple] (ch.de fer) / through-route, [sectional release route] locking
enclencher / latch *vt*, throw into gear || ~ (oscillateur) / lock-in || ~ (ch. de fer) / lock *vt*, interlock || (s')~ **[avec]** / interlock [with] *vi* || ~ par **ressort** / catch with a spring || ~ des **unités périphériques** (ord) / engage peripheral units
enclencheur *m*(électr) / making breaker
enclin [à] / liable [to] || **être** ~ [à] / incline [towards] || **très** ~ **à cristalliser** / easily crystallizing
encliquetable / snap...
encliquetage *m* / locking, blocking, latching, catching || ~, dispositif *m* dencliquetage / ratchet gear o. mechanism, click and ratchet wheel || **à** ~ / catching || ~ **actionné par la poussée longitudinale** / axle pressure locking gear || ~

antirecul (auto) / hill holder || ~ de la **manivelle** / starting crank dog o. jaw || ~ par **serrage** (techn) / silent ratchet
encliqueté / locked
encliqueter *vt* / snap *vt*, catch *vt* || ~ (horloge) / catch *vt*, lock *vt* || ~ (s') / snap [in] *vi*, catch *vi*, lock *vi* || **faire** ~ / latch *vt*, catch with a spring
encloisonner / partition off
enclore (bâtim) / enclose, close in, (esp.:) fence in, hedge in
enclos *m* / enclosure, paddock (for horses), pen (for cattle)
enclume *f* / anvil || ~ (relais) / front contact || ~ **bigorne** / double-beak anvil, bick anvil, bickern || ~ pour le **dressage** / straightening anvil || ~ à **emboutir** / anvil for metal shaping || ~ à **enfonçures ou à estamper** / grooved o. swage anvil || ~ du **micromètre** / anvil of the micrometer caliper || ~ à **vases** (forge) / anvil for beating vessels
enclumeau *m*, enclumot *m* / dolly, stake, hand anvil
enclumette *f* / scythe anvil
encochage *m* (techn) / notch
encoche *f* / cut, nick, notch, kerf || ~ (découp) / jog || ~, creux *m* / recess || ~, cran *m* d'arrêt / notch, catch || ~ (tourn) / recess, turned down portion, turned groove || ~ (typo) / side index || **à ~s sur les deux côtés** / double recessed || ~ d'**arrêt** / index notch || ~ de la **cassette** (phot) / notch of cassette || ~ de **clavette** (techn) / cotter slot || ~ **conique** (électr) / taper slot || ~ **fermée** (électr) / closed slot, tunnel slot || ~ d'**induit** (électr) / armature slot || ~ d'**insertion** (repro) / loading notch || ~ de **meule** / slot of grinding wheel || ~ de **mire** (mil) / notch of a sight, backsight [notch] || ~ **parallèle** (électr) / parallel slot || ~ du **petit plateau** (du plateau double) (montre) / crescent, passing hollow || ~ de **positionnement** / location notch || ~ **repère** / reference notch || ~ en **V** / triangular notch, V-notch || ~ du **verrou** (serr) / locking notch
encocher / notch *vt* || ~ (techn) / channel *vt*, groove *vt* || ~ (découp) / notch *vt* (e.g.: armature laminations) || ~, gruger (découp) / cope, notch
encocheuse *f* / notching press
encoconner (emballage) / coat by spray webbing
encodeur *m* (électron) / shaft encoder || ~ **absolu** / absolute encoder
encoffrement *m* en **bois** / boarding, shuttering
enco[i]gnure *f* / corner || ~ (men) / corner cupboard
encollage *m* (teint) / glue size || ~ (tiss) / sizing, slashing, dressing || ~, adjuvant *m* dencollage (tex) / sizing assistant || ~ à l'**air chaud** / hot-air slashing o. sizing || ~ en **chaîne ou au large** (tex) / beam sizing || ~ **pectinique** (tex) / pectin finishing
encoller / spread glue || ~ (tiss) / size || ~ (pap) / coat || ~ la **chaîne avec de l'empois** (tiss) / size the warp
encolleuse *f* / glue spreading o. glueing machine, gumming machine || ~ (tiss) / sizing machine, slasher-sizer || ~ de **chaîne** / warp dressing [and sizing] machine || ~ de **deux chaînes à la fois**, encolleuse *f* double (tiss) / double slasher sizing machine || ~ à **gravité** (pann.part.) / fall shaft glue spreader
encolure *f* de l'**ancre** (nav) / trend of an anchor
encombrant / bulky, awkward shaped || **peu** ~ / compact
encombrement *m* / space required o. requirement, spatial requirement, bulkiness || ~ (circulation) / crowding, congestion, traffic block || ~ (télécom) / congestion || ~, obstruction *f* / obstruction, hindrance || ~s *m pl* (circulation) / back-up, traffic congestion o. jam (US) || **à ~ réduit ou nul** / compact || ~ *m* par **accumulation** (trafic) / congestion, pile-up || ~ en **hauteur** / overall height, constructional depth, headroom, headway || ~ en **largeur** / requirement in width || ~ **réduit** / compact over-all dimensions || ~ **spatial** / space factor || ~ de la **voie** / obstruction to traffic
encombrer (bâtim) / encumber
encorbellement *m* / corbel || ~ (montage, pont) / cantilevering || ~ (soutenu par des consoles) (bâtim) / projection, projecture, bearing-out, overhang || ~ des **briques** (fourneau) / corbel || ~ du **trottoir** (pont) / footway cantilever bracket
encordage *m* (tex) / harness tie
encore (p.e.traiter) / post... (e.g. treatment)
en-cours *m pl* (ordonn) / parts in course of manufacture
encrage *m* (typo) / inking apparatus o. device o. attachment, fountain || ~ **cylindrique** / cylindric inking duct || ~ **pelliculaire ou supérieur** (typo) / overshot duct, overshot ink fountain
encrassage *m* / dirt accumulation, soiling
encrassé (radiateur) / furred || ~ (meule) / loaded, glazed || ~ (tuyau) / clogged, dirty, choked || ~ (foyer) / scorious, choked up, clinkered || **devenir** ~ / get loaded o. glazed
encrassement *m* / dirt accumulation, soiling || ~ (meule) / loading, glazing || ~ (réacteur) / fouling || ~ (auto) / carbon deposit, coking || ~ de **contact** / contact contamination
encrasser *vt* / dirty *vt* || **[s']**~ (bougie) / foul *vi* || ~ (outil) / wipe *vt*, stick *vt* || ~ *vi* / smear *vi* || ~ (s') / choke [up], dirty || ~ (s') (foyer) / scorify, slag || ~ (s') (cheminée) / soot *vi*, clog
encre *f* / ink || ~ (typo) / printer's o. printing black, ink || ~ à **adsorption** / pressure set ink || ~ à **autocopier** / autographic ink || ~ **brillante** / gloss ink || ~ de **Chine** (dessin) / Indian o. Chinese o. drawing ink || ~ **cold-set** (typo) / cold-set ink || ~ **conductrice** / electrographic ink || ~ à **copier** / copying ink || ~ **double ton ou teinte** (typo) / double-tone o. duotone o. bitone o. duplex ink || **~-émail** *f* / enamel paint || ~ **fixée à froid** (typo) / cold-set ink || ~ **fixée par l'humidité ou à la vapeur** (typo) / moisture-set ink || ~ **fluorescente** (typo) / fluorescent ink || ~ **gallique ferrée** / ferro-gallic ink || ~ **grasse** / printer's o. printing black, ink || ~ pour **gravure sur cuivre** / copperplate engraving ink, photogravure ink || ~ pour **gravure de verre** / diamond ink || ~ **hectographique** / autographic ink || ~ **hélioliquide** / gravure ink, gravure printing colour || ~ **hypsométrique** (géogr) / hypsometric tints *pl* || ~ d'**imprimerie** / printer's o. printing black, ink || ~ **indélébile** / permanent ink, record ink || ~ **labeur** (typo) / book ink || ~ à **marquer** / marking ink || ~ à **marquer le linge** / ink for marking linen || ~ de **masquage** / masking paste || ~ **matte** (typo) / dull ink || ~ **métallique** / metal ink || ~ **moisture-set** (typo) / moisture-set ink || ~ **oléique** / oleic ink || ~ en **pâte** / paste ink || ~ **perdue** / invisible o. sympathetic ink || ~ **prenant à la chaleur** (typo) / heat-set ink || ~ **pressure-set** / pressure-set ink || ~ à **résistance électrique** / resistor ink || ~ pour **retouche** / retouch[ing] ink o. medium || ~ à **saupoudrer** / powdering ink || ~ **séchant par apport d'humidité** (typo) / moisture-set ink || ~ **séchant par la chaleur** (typo) / heat-set ink || ~ **séchant par refroidissement** (typo) / cold-set ink || ~ **sympathique** / invisible o. sympathetic ink || ~ **taille-douce** / copperplate engraving ink, photogravure ink || ~ à **timbres ou à tampons** / endorsing ink || ~ à **verre** / etching ink

encrer (typo) / ink || ~ (dessin) / shade with Indian ink || ~ par **rouleaux** (typo) / roll on the ink
encrier *m* (typo) / ink duct o. fountain || ~ à **lame** (graph) / ductor type ink fountain || ~ **mobile** (typo) / portable ink duct o. fountain-duct o. fountain || ~ de la **presse** (typo) / ink duct o. fountain of the press
encroix *m* (tiss) / lease || ~ des **fils** (tiss) / tie-up point || ~ **multiple** (tiss) / multiple lease || ~ **rangé** (tex) / equalized lease
encroûtement *m* / crust, incrustation, deposit
encuver (tan) / drench hides, bate, puer || ~ le **malt** (bière) / soak o. steep the malt o. grist
end runner *m* (sidér) / end runner
endécagone *m* / undecagon, [h]endecagon
endenté / interlocked
endentement *m* (bâtim) / denticulation
endenture *f* / indentation, tooth || ~ / pinion gear, toothed gear || ~ à **crémaillère** (télescope) / rack work || ~ **d'un manchon** (techn) / denture o. dog o. claw of a coupling
endigage *m*, endiguement *m* / embankment
endiguer / dam in o. up, embank, dike (US), dyke (GB, US) || ~ (gén) / stop up, dam in o. up, block || ~ (mines) / gather water
endoénergétique (chimie) / endoergic
endogène / endogenous, endogenic
endolytique / endolytic
endommagé / faulty, defective, damaged || **pas** ~ / undamaged, unhurt
endommagement *m* / damage || ~ par **sels de chaux** (tex) / lime soap stains *pl*
endommager / damage *vt*, impair || ~ en **forgeant** / spoil in forging || ~ en **remontant** (horloge) / overwind
endomorphisme *m* (math) / endomorphisme
endoparasite *m* / endoparasite
endophilie *f* (agent de surface) / endophily
endormir (s') (mot) / die
endoscope *m* / endoscope
endoscopie *f* (câbles) / opening a rope for inspection
endosmose *f* / endosmosis || ~ **électrique** / electrical [end]osmosis, electro[end]osmosis
endosperme *m* / endosperm (of grains)
endossage *m* (typo) / backing
endosser (typo) / back *v*
endosseur[-compositeur] *m* / endorser
endossure *f* (typo) / backing
endothermique (chimie) / endothermic
endotoxine *f* / endotoxin
endouzainer / range by dozens o. by the dozen
endrine *f* (chimie) / endrin
endroit *m* / place, location, spot || ~ (bâtim) / site || ~ (tiss) / good o. right side, [cloth] face || **à deux ~s** / double sided || **à l'~** / in place || **à l'~** (typo) / right reading || **par ~s** (météorol) / regional || ~ de **collage** / joint of the bonding || ~ de **consommation** (électr) / consuming point, consumer's installation || ~ de **déchargement** / discharging place || ~ de **découverte** (mines) / locality o. location of a deposit || ~ de l'**étranglement** / location of taper || ~ des **feux** (mil) / mine focus o. hearth || ~ **présentant un risque d'inclusion de laitier** (soudage) / slag trap || ~ de **raccommodage** / patched spot || ~ de **soutenue ou de support** / supporting point
enduction *f* (tex) / coating || ~ d'**envers** (tapis) / back coating || ~ **inverse** (plast) / in-mould coating || ~ par **laminage** (lam) / roll[er] coating || ~ par **léchage** (plast) / kiss-roll coating || ~ avec **mousse** (tex) / laminating with foam || ~ au **rouleau** (lam) / roll[er] coating
enduire / coat *vt* || ~ (mines) / smear over || ~ (bâtim) / plaster *vt* || ~ d'**asphalte** / asphalt *vt*, bituminize || ~ à la **calandre** / calender-coat || ~ de **cire** / wax *vt*, coat with wax || ~ d'une **couche de colle** / apply glue || ~ de **couleur** / lay on colour || ~ de **gomme** / gum *vt* || ~ de **gomme-laque** / shellac[k] *vt* || ~ de **goudron** / tar *vt* || ~ d'une **légère couche de graisse** / grease slightly over || ~ de **plâtre** / grout *vt*, plaster || ~ de **résine** / brush over with resin || ~ de **shellac** / shellac[k] *vt* || ~ de **stuc** / coat with stucco, stucco || ~ de **vernis** / varnish
enduisage *m* (tex) / coating
enduiseuse *f* (gén) / spreading machine
enduit *adj* [de vernis] / varnished || ~ *m* / film, coat[ing] || ~ (bâtim) / plaster, cast || ~ (fonderie) / black wash, blackening, founder's black || ~ (chimie) / coat, efflorescence || **sans** ~ (bâtim) / common, raw || **sous** ~ (électr) / buried, concealed || ~ **acoustique** / acoustic plaster || ~ **antirouille** / rustproof coating || ~ d'**application à chaud**, E.A.C. (bâtim) / hot curing cast || ~ de **base** (papier, peint) / ground coat || ~ en **bossage** / squared stone imitation || ~ **brett[el]é** (bâtim) / regrating skin || ~ **briqueté** (bâtim) / bricking, brick imitation || ~ à la **brosse** (bâtim) / combed stucco || ~ en **cailloux lavés** / exposed aggregate concrete || ~ [à base] **de caoutchouc** / cover o. top-layer of caoutchouc o. of rubber || ~ en **carreaux** (bâtim) / squared stone imitation || ~ en **carreaux rustiques** / rustic plaster || ~ à la **chaux** / lime paint, limework, whitewash || ~ de **chaux lisse** (bâtim) / lime cast o. plastering, smooth pargeting || ~ au **ciment** / cement facing || ~ de **cylindre** (techn) / roller coating o. lining || ~ de **débauche** / ground coat, primer || ~ de **finition** / cover coat, finishing coat || ~ **fouetté** (bâtim) / roughcast [plastering], rough plaster, roughing, first coating, pebbledash || ~ **gélifié** (plast) / gel coat || ~ **hourdé** (bâtim) / coarse plaster || ~ d'**huile** / fouled by oil, oiled up || ~ **hydrofuge** / water-repellent coat, hydrophobic coat || ~ **imperméable** (bâtim) / fining o. finishing o. setting coat, set || ~ d'**impression** / ground coat, primer || ~ **intérieur** (bâtim) / interior finish || ~ de **laque** / coat of lacquer o. varnish, enamel (US) || ~ de **laque transparente** / transparent coating || ~ pour **lingotières** (sidér) / mould wash, ingot mould coating || ~ **lisse** (bâtim) / steel trowel finish, smooth cement finish || ~ **lisse de plâtre** (bâtim) / flush plaster || ~ **magnétique** / magnetic film || ~ de **mortier de chaux** (bâtim) / lime stuff || ~ de **moulage** (fonderie) / mould wash || ~ **[noir]** / foundry coating o. facing || ~ pour **noyaux** (fonderie) / core dressing, core coating o. wash || ~ de **parement** voir enduit imperméable || ~ **peigné** (bâtim) / combed stucco || ~ au **pistolet** (bâtim) / sprayed rendering || ~ en **plâtre** / gypsum plaster || ~ au **plâtre lissé** / flush stucco || ~ de **première couche** (bâtim) / roughcast [plastering], rough plaster || ~ **propre** (bâtim) / setting skin || ~ **protecteur** / protecting o. protective coating of paint || ~ **protecteur de bitume** / bituminous protective coating || ~ à **pulvériser sur les noyaux** (fonderie) / core spraying material || ~ **réfractaire** / refractory coating o. wash || ~ de **remplissage pour joints** / gap filling composition || ~ **simili-pierre** (bâtim) / pebble dash || ~ **sous-marin** / ship's bottom paint || ~ des **tanneurs** (tan) / stuff[ing], dubbing || ~ à **trois couches** (bâtim) / three-coat work || ~ de **troisième couche** / setting skin || ~ à **une seule couche** (bâtim) / one-coat work
endurance *f* / endurance || ~ **caractéristique d'une**

construction profilée / strength depending on shape o. design, fatigue strength of large structures || ~ aux **efforts alternés** / fatigue strength under vibratory o. oscillation stresses, limiting range of stress, endurance limit || ~ à la **flexion** / bending endurance, bending stress fatigue limit, repeated flexural strength (US) || ~ à la **mer** (guerre) / endurance [time] || ~ **physique** / endurance, stamina, staying power

endurcir (s') / harden

endurcissement *m* par **précipitation** (métal léger) / dispersion o. precipitation hardening

énergétique *adj* / energetic || ~ *f* (phys, chimie) / energetics || ~ **nucléaire** / nuclear energetics *sing*

énergie *f* / energy || **d'~ interne** / endergonic || **d'~ moyenne** / medium-energy... o. power... || ~ **acoustique** / sound energy || ~ d'**activation** (semi-cond) / energy of activation, activation energy || ~ **active** / active energy || ~ d'**amorçage** (tube) / firing power || ~ d'**antenne** / antenna power || ~ **atomique** / atomic o. nuclear energy || ~ **calorifique** / thermal o. heat energy || ~ de **choc** / work resulting from a blow o. impact o. percussion || ~ de **choc ou absorbée au choc sur barreau entaillé** / notched bar impact work || ~ **cinétique** (phys) / momentum, kinetic energy, vis viva || ~ de **collision électronique** / electronic collision force || ~ de **combinaison** (phys) / bond o. binding o. linkage energy || ~ de ou produite par la **combustion** / combustion energy || ~ **communiquée à la matière** / energy imparted to matter || ~ **coulombienne** / coulomb energy || ~ de **coupure** (nucl) / cutoff energy || ~ de **création** (nucl) / pairing energy || ~ **débitée** / outgoing power || ~ en ou par **décharge** / discharge energy || ~ **dépensée** (techn) / expenditure of energy || ~ de **désintégration** (nucl) / disintegration o. decay energy || ~ de la **désintégration nucléaire** / nuclear disintegration energy, Q value || ~ de **dislocation** (crist) / energy of dislocation || ~ de **dissociation** / energy of dissociation || ~ d'**échange** (nucl) / interchange o. resonance energy || ~ **électrique** / electric energy || ~ **électromagnétique volumique** / volume density of electromagnetic energy || ~ **emmagasinée** (nucl) / stored energy || ~ à l'**entrée** / input [power] || ~ **éolienne** / wind power || ~ **excédentaire** / lost energy || ~ d'**excitation** (nucl) / excitation energy || ~ de **fission** / atomic o. nuclear energy, fission energy || ~ de **formation** / energy of formation || ~ de **fusion** (nucl) / fusion energy || ~ de **glissement** (électr) / slip energy || ~ **hydraulique** / hydrodynamic o. water power || ~ **imprimée** / energy imparted || ~ **interfaciale libre différentielle** (liquide-liquide) / differential free interfacial energy || ~ **intrinsèque** / internal o. intrinsic energy || ~ d'**ionisation** / ionization o. radiation potential, electron binding energy || ~ de **liaison** (nucl) / separation energy, binding energy || ~ de **liaison cristalline** (crist) / configurational energy, lattice binding energy || ~ de **liaison par particule** (nucl) / binding energy per particle, bepp || ~ **libérée** / energy released during cut-off || ~ **libre** / free energy || ~ **lumineuse** / quantity of light || ~ **maréthermique** / energy recovered from marine temperature differences || ~ **mécanique** / mechanical work || ~ de **mouillage** / energy of wetting || ~ **nucléaire** / atomic o. nuclear energy || ~ **nucléaire pour activité pacifique** / peaceful use of atomic energy || ~ d'une **paire** (nucl) / pairing energy || ~ **potentielle** (méc) / potential o. static energy || ~ **primaire** / primary energy || ~ **propre** (nucl) / self energy || ~ **rayonnante ou rayonnée** / radiant o. radiated o. radiation energy || ~ **rayonnée par l'aérien** / energy radiated by the antenna || ~ **rayonnée effective** (antenne) / effective radiated power || ~ de **réaction** / chemical energy || ~ de **réception** (électron) / energy of reception, receiving energy (US) || ~ **recouvrable** / collectible energy || ~ **récupérée par retour élastique** (méc) / recovered energy || ~ **réglante d'un réseau** (électr) / rate of performance of a network || ~ de **repos** (nucl) / self-energy || ~ de **résonance** / interchange o. resonance energy || ~ de **rotation** / rotational energy || ~ de **rupture** / energy at break || ~ de **séparation** (nucl) / separation energy || ~ **solaire** / solar power || ~ **superficielle** / surface energy || ~ **superficielle libre différentielle** (liquide-liquide) / differential free surface energy || ~ **thermique** / thermal energy || ~ **thermonucléaire** / thermonuclear energy || ~ de **translation** / translational energy || ~ **transportée à distance** / long-distance energy || ~ de **turbulence** / energy of turbulence || ~ **vibrationnelle** / wave energie || ~ **Wigner** (nucl) / Wigner energy || ~ au **zéro absolu** / zero point energy, zero energy level

énergivore / wasting o. dissipating energy

enfaîteau *m* / semi-cylindrical ridge tile

enfaîtement *m* / ridge plate

enfermé (gaz) / confined || ~ (air en serre chaude) / close

enfermer / contain, include, encompass || ~ (bâtim) / gird || ~ sous **clé** / lock in o. up || ~ de **digues** / dam in o. up, embank, dike (US), dyke (GB, US) || ~ le **fil** (tôle) / curl, wire, bead

enficeler / tie in

enfichable (électr) / plug-in...

enfichage *m* / plugging

enficher (électron) / plug in

enfilable / slip-on...

enfilade *f* / range, row || ~ (des écrous en taraudant) / lining up of nuts when tapping || ~ de **maisons ou de chambres** / flight o. suite o. row of rooms || ~ de **poteaux** (arp) / line of poles

enfile-aiguille *m* (m à coudre) / threader, needle threader

enfilement, à ~ automatique (tex) / self-threading

enfiler, joindre l'un à l'autre / string, attach [to], add [to] || ~ (s') (trafic) / join a traffic stream || ~ une **aiguille** / thread, pass through the needle || ~ **un à un** (galv) / wire [individually]

enfileur *m* (métier à tisser) / threader

enfileuse *f* (tex) / threading machine

enflammé / flaming, burning, blazing || ~, mis au feu / lighted

enflammer / kindle, ignite || ~ (s') / burst into flame, flame [up o. out], flare up

enflé / swollen [up]

enfléchir, s'~ par compression / collapse, buckle (US)

enfler, gonfler / swell *vt* || ~ (s'), enfler *vi* / swell *vi* || ~ (s') (tôle) / bulge, dent

enfleurage *m* (essence de fleurs) / enfleurage

enfonçant (s') / submerging

enfoncé (bâtim) / driven in

enfoncement *m* / indentation, hollow, depression || ~ / driving in (of nails o. piles) || ~, profondeur *f* de pénétration / penetration depth || ~ (mines) / subsidence, caving-in || ~ (géol) / basin, cavity || ~ (c.intégré) / indentation || ~ (teint) / back, ground || ~, entaille *f* (mines) / cut[ting], scar || ~ (nav) / difference of draught || ~ (candelabre) / planting depth || **sans ~** (typo) / flush || ~ dû à **de vieux travaux miniers** (mines) / glory-hole || ~ d'une **façade** (bâtim) / recess

of a front || ~ **synclinal** (mines) / basin || ~ à **un coup de battage** / set of a pile
enfoncer / beat in, drive home o. in (e.g. nails) || ~, rompre en poussant / break in, open [by force], smash || ~ (s') (géol) / cave in || ~ (s') / cave in, sink [in], subside || ~ (s'), enfoncer *vi* / become submerged, sink, subside || ~ par **battage** (bâtim, routes) / beat down, ram, drive home, bed in || ~ un **bouton** / press [upon] a button || ~ des **coins** / wedge up || ~ à **la hie** (bâtim) / pile-drive || ~ une **ligne** (typo) / indent, draw-in || ~ avec le **mouton** (bâtim, routes) / beat down, ram, drive home, bed in || ~ **sous les eaux** / immerge *vt*, immerse, sink || ~ **trop avant** / overdrive *vt* || ~ une **vitesse** (auto) / shift gear *vt*, change gear
enfonçoir *m* (men) / mallet
enfonçure *f* / barrel head || ~ (serr) / indenture in a key
enfossage *m* (céram) / souring, soaking, breaking-down
enfouir à la **charrue** / plough down o. in
enfouissement *m* (nucl) / burial
enfourchement *m* (charp) / forked mortise and tenon joint || ~ (techn) / fork
enfourcher (bicyclette) / mount *vt*, get on
enfournage *m*, enfournée *f*, enfournement *m* (sidér) / putting into the oven, charging an oven
enfournement *m* (sidér) / batch, charge, burden || ~ (céram) / setting || ~ en **chapelle** (céram) / boxing-in, pocket setting
enfourner (four) / charge *vt* || ~ les **briques** / feed the kiln
enfourneur *m* (four) / loading machine || ~ (ouvrier) / oven o. furnace man
enfourneuse *f* (cokerie) / coke oven charging car, coal car, tub for coke ovens || ~ (lam) / block o. furnace pusher || ~ (four) / loading machine
enfranger / fringe
enfreindre une régle / contravene [to], offend [against]
enfumage *m* (céram) / prefire, choked o. smoking fire || ~ (céram, action) / water smoking
enfumer (caoutchouc) / smoke *vt* || ~ (céram) / smoke *vt*
enfûter / cask *vt*
eng *m* / eng, in (timber from Burma)
engagé (gén, télécom) / occupied, in use, busy, engaged || ~ au **laminage** / rolled-in || ~ à **moitié dans l'eau** (bois) / water-logged || ~ dans le **sens giratoire** (trafic) / being in rotary traffic
engageant le **gabarit** (ch.de fer) / out-of-gauge
engagement *m* (horloge) / depth || ~ **en oscillation** (aéro) / divergence || **sans** ~ / not binding || ~ du **gabarit** (ch.de fer) / fouling of the clearance gauge || ~ au **laminage** (défaut, lam) / scrap mark, rolled-in extraneous matter || ~ de **personnel** / hiring, employment || ~ des **travaux** / beginning of works
engager (bâtim) / engage || ~ (s') (loquet) / latch *vi* || **ne pas ~ le diable de ce côté!** / do not put sack trolley here! || **s'~ par contrat** / contract *vi* || **s'~ dans une rue** / swing around a corner || ~ **l'embrayage** / couple *vt*, engage, clutch in || ~ au **laminage** (défaut, lam) / roll in || ~ par **pression** / press on
engainer, s'~ dans un rail (nav) / enter a rail
engallage *m* / galling, gall-steep
engendré (m.outils, surface) / machined
engendrer / generate || **s'~** [de] / develop
engerber / bind sheaves
engin *m*, machine *f*, instrument / engine, machine, instrument, appliance, (esp.:) hoist || ~ (mil) / missile || ~ **air-air** / air-to-air missile, AAM || ~ **air-sol** / air-to-surface missile, ASM || ~ **air-sol lancé de l'arrière** / rear launched aircraft missile || ~ **air-sous-marin** / air-to-underwater missile, AUM || ~ **antiaérien** / anti-air rocket || ~ **antibalistique** / antiballistic missile, ABM || ~ pour **aplanissement** (bâtim) / planer (GB), leveler (US) || ~ d'**arrachage** / pile extracting o. withdrawing machine, pile extractor o. drawer || ~ **astronautique** / space missile || ~ **autoguidé** (mil) / fully-active homing missile || ~ **balistique ou atmosphérique** / ballistic missile, B.M. || ~ **balistique à grande portée** (3000 km) **ou à moyenne portée** (1500 km) / IRBM, intermediate range ballistic missile || ~ **balistique à portée intercontinentale** / ICBM, I.B.M., intercontinental ballistic missile || ~ **balistique tiré à partir d'un sous-marin** / submarine launched ballistic missile, SLBM || ~ de **battage** / pile driver || ~ **biétagé** (espace) / two-stage vehicle || ~ de **chantier** / building o. construction machine o. engine (pl. building machinery) || ~ de **compactage du sol** / tamper || ~ de **débarquement** (mil) / motor landing craft, M.L.C. || ~ de **descente** (espace) / descent engine || ~ de **desserte** (mines) / hauling means || ~ d'**extraction** (mines) / hauling winch o. whim o. windlass || ~ de **fonçage** / pile driver ram, pile-driving machine || ~ **guidé [allemand] V 2** / robot-bomb 2 || ~ **guidé intercontinental** / ICGM, intercontinental guided missile || ~ **guidé surface-air** / ship-to-air guided weapon || **~s** *m pl* de **levage** (gén) / lifting gears, cranes, and elevators *pl* || ~ *m* de **levage électrique** / electric hoist, electric pulley block, electroblock || ~ **LM** / lunar [excursion] module, LM, moon lander || ~ de **manutention** / conveyor, transportation o. transporting o. conveying plant o. equipment, transporter || ~ de **manutention pour charges en vrac [pour charges isolées]** / conveyor for bulk material [for unit loads] || ~ de **manutention continue** / continuous handling equipment || ~ de **manutention continue pour produits en vrac,** [pour charges isolées] / continuous handling equipment for bulk material, [for unit loads] || ~ de **mise au remblai** / spreader (GB), [boom] stacker (US) || ~ de **mise en stock** / stacker for stockpiling || ~ de **mise en tas orientable** / slewing overburden spreader || ~ de **nivelage** (bâtim) / planer (GB), leveler (US) || ~ pour **opérations de stockage** / appliances *pl* for warehousing || **~s** *m pl* de **pose [de voie]** / railway track machinery || ~ *m* **pousseur** / pusher || ~ **rasant** (mil) / ground level rocket || ~ de **rejet à bande** / belt type spreader (GB) o. stacker (US) || ~ de **remblayage pour exploitation à ciel ouvert** / back-filling equipment for open cuts || ~ de **reprise pour soute de tranchée** / trench bunker reclaimer || ~ de **reprise à roue-pelle** / bucket wheel reclaimer || ~ **routier** / road [making] machine || ~ **sol-air** / surface-to-air missile, SAM || ~ **sol-sol** / ground-to-ground missile, surface-to-surface missile, SSM || ~ **sous-marin-air** / UAM, underwater-to-air missile || ~ **sous-marin-sol** / USM, underwater-to-surface missile || ~ **spatial** / space missile || ~ **spécial** (mil) / [long range] missile, azon || ~ **spécial à grande portée** / ERBM, extended-range ballistic missile || ~ **spécial guidé optique** / optically guided missile || ~ **spécial M.I.R.V.** (mil) / MIRV (multiple independent reentry vehicle o. individually targetable reentry vehicle) || ~ **spécial M.R.V.** / MRV, multiple reentry vehicle || ~ **spécial téléguidé** / RPV, remotely piloted vehicle || ~ **[spécial] nucléaire** / nuclear fission rocket || **~s** *m pl* **spéciaux** / rocket

missiles *pl*, reactive arms *pl* || ~ *m* **sportif ou de sport** / sporting good || ~ **supersonique pour altitudes basses** / SLAM, supersonic low altitude missile || ~ **téléguidé** / RPV, remotely piloted vehicle || ~ **téléguidé antichar**, ENTAC / guided antitank rocket || ~ de **terrassement** / earth moving machinery || ~ de **traction** / draw winch || ~ de **traction bifréquence** (ch.de fer) / tractive unit using two systems of frequencies || ~ de **transport** / means of transportation o. conveyance || ~ à **vie limitée** (militaire) / expendable engine, limited-life engine
engineering *m* / engineering || ~ **chimique** / chemical engineering
engloutir (s') / sink [like a stone], be engulfed
engluer (tex) / gum *vt*
engobage *m* (céram) / slip painting
engobe *m* (céram) / engobe, slip
engober (céram) / enamel, coat with slip
engommage *m* / rubber coating o. film, (tex.:) gumming
engommer / gum *vt*, coat o. seal with gum || ~ (tex) / proof *vt*, rubber-proof
engorgé / clogged, choked, dirty
engorgement *m* (hydr., trémie) / choking, obstruction, clogging || ~ (circulation) / jam, blocking
engorger / choke [up] *vt*, obstruct, clog
engouffrer (s') (vent) / be caught
engoujonner (fonderie) / place pins for moulding boxes
engoule-vent *m* (techn) / draught catcher
engrais *m* / fertilizer (chemical) || ~, fumier *m* / manure || ~ **ammoniacal** / ammonia fertilizer || ~ **artificiel** / artificial o. synthetic (US) fertilizer || ~ **azotique ou azoté** / nitrogen[ous] fertilizer o. manure || ~ **calcaire**, engrais *m* de chaux / fertilizing o. manuring lime, lime powder o. dust || ~ **chimique** / artificial o. synthetic (US) fertilizer || ~ **complet** / complete mineral manure, complete fertilizer || ~ **composé phospho-azoté** / nitrophosphate [fertilizer] || ~ **marchand** / commercial fertilizer || ~ **minéral** / mineral fertilizer || ~ **mixte** / mixed fertilizer || ~ au **nitrate** / nitrate fertilizer || ~ à **oligo-éléments** / micronutritient fertilizer || ~ **organique** (agr) / pomace (used as fertilizer) || ~ d'**os** / bone manure o. meal o. dust || ~ **phosphaté** (agr) / phosphate fertilizer, phosphoric acid fertilizer, basic slag || ~ **potassique** / potash fertilizer || ~ **salin** / fertilizing (US) o. manuring (GB) salts, saline manure || ~ **vert** / green o. vegetable manure
engraissage *m*, engraissement *m* / fertilizing
engraisser (agr) / fertilize, manure, dung, muck || ~ le **bétail** / fatten cattle
engrangeur *m* **pneumatique de ballots** (agr) / pneumatic bale conveyor || ~ à **ventilation** / pneumatic conveyor
engraver (bâtim) / flash *vt*, protect by a piece of lead || ~ (s'), engraver *vi* (nav) / run aground
engravure *f* (matière) / gutter lead || ~ (action, resultat) / flashing
engrenage *m* / gear [pair o. train], gearing, train, wheel work || ~, engrènement *m* / gearing, meshing || **~s** *m pl* / toothed wheel work || **sans** ~ (tourn) / gearless o. plain head... || ~ *m* **[ac]couplé** (auto) / coupled gear || ~ à **angle des axes augmenté, [diminué]** / gear pair with extended, [closed] shaft angle || ~ **angulaire** / angular gear || ~ **automatique** (auto) / automatic gear, self-changing gear || ~ d'**automobiles** / motor car gear, automobile gear || ~ d'**avance** / feedgear mechanism || ~ d'**avance à train baladeur** (m.outils) / automobile feed gear mechanism || ~ **baladeur** (m.outils) / automobile type gear mechanism, sliding gear drive o. gear mechanism || ~ à **chaîne** / chain gear || ~ à **changement de vitesse** / change [wheel] gear || ~ de **chant** / contrate gear pair || ~ de **chant à vis sans fin** / contrate worm gear || ~ en **chevron** / double helical gear, herringbone gear || ~ à **cliquet** / ratchet o. locking mechanism || ~ **compensateur** (techn) / differential [gear], equalizing gear || ~ **concourant** / gear pair with intersecting axes, intersecting axle gear || ~ **conique** / bevel gear pair || ~ **conique à denture hélicoïdale** / spiral bevel gear, skew bevel gear pair || ~ **conique et droit** / straight bevel gear pair || ~ **conique et planétaire** / planetary type bevel gear || ~ **[conique] hypoïde** / hypoid bevel gear || ~ **coulissant** (m.outils) / sliding gear drive o. mechanism || ~ à **crémaillère** (ch.de fer) / cogwheel mechanism, rack[-and-pinion] gear || ~ **cycloïdal** / cycloid[al] gear [pair] || ~ **cylindrique** / cylindrical gear pair || ~ **cylindrique avec déport** / X-cylindrical gear pair, enlarged gear set (US) || ~ **cylindrique sans déport** / X-zero cylindrical gear pair, standard gear set (US) || ~ **cylindrique droit à développante** / involute spur gear pair || ~ **cylindrique équivalent** / virtual cylindrical gear pair || ~ **cylindrique à fuseaux** / cylindrical lantern pinion and wheel || ~ **démultiplicateur** / reducing gear, speed reducer, step-down gear || ~ à **denture basse** (techn) / stub-tooth gear[ing], addendum corrected gear[ing] || ~ à **denture à chevrons** / herringbone gear, double helical gear || ~ à **développante** / involute toothing o. gear teeth || ~ **différentiel** (auto) / differential [gear], equalizing gear || ~ **différentiel** (tiss) / jack-in-the-box || ~ **différentiel à pignon conique ou à roues coniques** / differential gear with bevel wheels, bevel differential gear || ~ **différentiel à verrouillage** / locking differential || ~ **distributeur** / power divider || ~ **droit** / spur gear || ~ **droit à changement de vitesse** / change spur gear || ~ **droit conique** / straight bevel gear [pair] || ~ **droit cylindrique** / spur gear [pair] || ~ à **entraxe modifié** / gear [pair] with modified center distance || ~ à **entraxe de référence** / gear pair with reference center distance || ~ **épicycloïdal** / planet[ary] gear, epicyclic gear, sun [and planet] gear || ~ en **étoile** / star gear || ~ **extérieur** / external gear pair || ~ à **friction** / friction gear || ~ à **friction par poulies à gorge ou à coin** / frictional grooved gearing, multiple V-gear, wedge friction gear || ~ **gauche** / gear pair with non-parallel non intersecting axes, crossed gear pair || ~ **gauche hélicoïdal** / crossed helical gear pair || ~ en **groupe** (auto) / group gear || ~ **hélicoïdal** / spiral o. helical gear[ing] || ~ **hypoïde** / hypoid gear pair || ~ **intérieur** / annular o. internal gear[ing] || ~ **inverseur de marche** (nav) / reverse o. reversing gear [box] || ~ de **manœuvre** / range speed gear, range o. shift transmission || ~ avec **modification d'angle des axes** / gear pair with shaft angle modification || ~ **ogival** / circarc gear || ~ **parallèle** / gear pair with parallel axes || ~ **parallèle hélicoïdal** / parallel helical gear pair || ~ **planétaire** / planet[ary] gear, epicyclic gear, sun [and planet] gear || ~ **planétaire Ravigneaux** (auto) / Ravigneaux-type planetary gear || ~ **planétaire Simpson** (auto) / Simpson-type planetary gear || ~ de **pompe à huile** (auto) / oil pump gear wheel || ~ **réducteur** / speed reducer, reducing gear || ~ **régulateur de position** (phot) / position control

gear || ~ de **renversement** / reverse o. reversing gear [box] || ~ de **renversement marin** / marine type reversing gear || ~ **roue-crémaillère équivalent** / equivalent wheel gear pair || ~ à **roues coniques** voir engrenage conique || ~ à **roues droites** voir engrenage droit || ~ à **roues à gradins** / step wheel gear [pair] || ~ à **roues hélices** voir engrenage helicoïdal || ~ **sans déport** / X-zero gear pair || ~ **sans modification d'angle des axes** / gear pair without shaft angle modification || ~ à **satellites** / planet[ary] gear, epicyclic gear, sun [and planet] gear || ~ **stationnaire** / stationary transmission || ~ à **trois vitesses** / three-speed gear || ~ à **vis** (techn) / worm gear pair || ~ à **vis cylindrique** / cylindrical worm gear [pair] (shaft angle 90°) || ~ à **vis globique** / double enveloping worm gear pair, global gear pair || ~ à **vis sans fin** / worm gear pair || ~ à **vis sans fin de direction** / steering worm gear o. wheel || ~ à **vis sans fin à double réduction** / double reduction worm gear || ~ à **vitesse variable** (sucre) / variable speed gear

engrené / meshing, in mesh

engrènement *m*, engrenage *m* / meshing, gearing || ~ (fabrication) / gear cutting, gear tooth forming, gearing of wheels || ~, contact *m* des dents / tooth contact || **à ~ permanent** / constant-mesh... || ~ à **fonds** / bottoming || ~ au **pied** / pedal engagement || ~ **spiral** / hypoid-tooth system, spiral toothing

engrener (techn) / gear *vt* || ~, embrayer / mesh *vt* || ~ (s') (engrenage) / mesh *vi*, gear, be in gear, catch in || ~ **et désengrener** / engage and disengage

engreneur *m* (découp) / pin stop, pilot pin, button stop, stop ga[u]ge o. pin || ~ (moulin) / spout || ~ **automatique** (m. à battre) / self-feeder || ~ **vibrant** (moulin) / self-acting feed apparatus o. feeder, shaking feeder

engreneuse *f* / threshing machine feeder

engrenure *f* / point of tooth contact

engrois *m* / wedge for hammer handles

engrumeler (s') / curdle, lump

enjamber (p.e. un fleuve) / straddle *vt*, span (e.g. a river)

enjambeur *m* / straddling vineyard tractor

enjoliver / beautify, embellish

enjoliveur *m*, tringle *f* ornamentée / decorative o. fancy o. ornamental batten o. strip || ~ de **capot** (auto) / radiator mascot || ~ d'**échappement** (auto) / exhaust embellisher || ~ de **roue** (auto) / ornamental hub cap

enjoliveuse *f* (auto) / trim [strip]

enjolivure *f* / ornament, decoration, embellishment

enlaçage *m* des **cartons** (jacquard) / card lacing

enlacé, être ~ [autour de] / wind itself [around]

enlacer / interlace, entwine, enlace || ~ (tiss) / interweave || ~ (maçon) / enchase

enlevable / loose, detachable, removable

enlevage *m*, rongeage *m* (impression) / enlevage, discharge printing || ~ **blanc** (tex) / discharge-white print paste || ~ **blanc à l'acide nitrique** (teint) / nitrate white discharge || ~ **coloré** (tex) / colour discharge printing || ~ de la **fleur** (cuir) / friz[z]ing [off the grain] || ~ **rouge** (tex) / red discharge

enlèvement *m*, soulèvement *m* / removing, removal, clearing away || ~ (déchets) / refuse removal, waste disposal || **par ~ [de copeaux]** (m.outils) / cutting || **sans ~ de copeaux** (m.outils) / non-cutting || ~ de l'**air-bag** (ou du water-bag) (caoutchouc) / debagging || ~ du **chargeur** (phot) / unloading the camera || ~ de **copeaux** (m outils) / machining [operation], metal cutting, chip removing || ~ de **copeaux à arête coupante à géométrie définie** / machining with geometrically defined cutting edges || ~ de la **crasse** (sidér) / drossing || ~ des **fins** (prép) / fines removal || ~ de **jets à chaud** (fonderie) / hot sprueing || ~ des **matières fécales** / sewage removal o. disposal || ~ des **planches** (bâtim) / removal of casings || ~ de **terres** (gén) / diggings *pl* || ~ par **voie chimique** (m.outils) / chemical machining o. milling

enlever / eliminate, remove, take off o. away || ~ (mines) / stow *vt* || ~ [en ciselant etc.] / work off || ~, tirer / strip *vt* || ~, relever / lift off || ~, démonter / break up, dismantle, remove, disassemble || ~, extraire / extract, pull out || ~, déboiser (mines) / draw timber, remove the timbers, clear || ~ (s') / come off || **s'~ du fond** / contrast [with] || ~ l'**amertume** / debitter[ize] || ~ les **arêtes ou les barbes** (agr) / remove the awns o. beards || ~ les **bobines** (filage) / unwind, unreel, batch off || ~ les **bosses** / hammer out o. punch out o. take out the dents || ~ des **boues** (hydr) / scour || ~ les **boulons par forage** / bore out (bolts) || ~ avec une **brosse** / brush away o. down o. off || ~ au **burin ou au ciseau** / chisel o. chip off || ~ la **chaleur** / eliminate heat || ~ les **chardons** (laine) / burr, bur (US) || ~ la **chaux** (tan) / remove the lime, unlime, delime || ~ au **ciseau** (verre) / chisel off || ~ avec le **ciseau ou avec le fermoir** (bois) / chisel off, chip off || ~ des **copeaux** / machine *vt*, remove metal || ~ avec des **corrosifs** / remove with corrosives, remove with lye o. mordant || ~ à **coups de marteau** / hammer off || ~ **[la couverture, les tuiles etc]** / uncover || ~ la **crème** / cream *vt*, skim, scum || ~ les **dépôts** (chaudière) / scale *vt*, strip the scale || ~ de **dessus d'un liquide** / ladle off o. out || ~ à l'**eau forte** / remove by caustics || ~ l'**écorce** / peel the bark, pare, shave || ~ par **écumage** / froth out || ~ à la **fraise** / mill off || ~ en **frottant** / rub out || ~ le **fumier** (agr) / muck *vt*, lathe *vt* || ~ le **fuselöl** / defusel, remove the fusel oils || ~ par **fusion** / melt out || ~ en **grattant** / scratch off, scrape off || ~ l'**huile** / de-oil || ~ la **laque** / strip the enamel || ~ par **lavage** (chimie) / wash out o. off o. up, rinse || ~ à la **lime** / file off || ~ le **modèle** (fonderie) / draw o. lift the pattern || ~ de la **parenthèse** (math) / factor out || ~ des **particules** (atome) / eject particles from the nucleus || ~ avec la **pelle** / scoop out || ~ en **pinçant** / separate by pressing, squeeze off, pinch off || ~ une **planche de charbon** (mines) / plough off || ~ les **planches** (bâtim) / remove the casings || ~ une **porte de ses gonds** / take off its hinges, unhinge || ~ le **silicium** (sidér) / desiliconize || ~ la **terre végétale** / clear of surface soil || ~ au **tour** / turn off on the lathe || ~ par **usinage** / machine down || ~ **violemment** / tear off || ~ par **voie chimique** / chem-mill

enlevure *f* (techn) / clipping, chip[ping], cutting || ~ (forge, charp) / clipping || ~ (mines) / mining, working, winning

enlier (bâtim) / bond in, engage

enligner (arp) / sight out || ~ **[des pages]** (typo) / range pages

enliser (s') / sink (p.e. in quicksand), be sucked down || ~ (s') (auto) / get bogged, get stuck

enluminage *m* (tex) / colour discharge printing

enluminer (teint) / illuminate, colour, color (US)

ennéagonal / nine-angled, -cornered

ennéagone *m* / ninesided figure, nonagon, enneagon

ennéaphonie *f* / enneaphony

ennoblissement *m* / refinement, improvement || ~ du **charbon** / upgrading of coal || ~ des **textiles** / textile finishing, processing of textiles || ~ des **tissus**

de fils cardés / finishing of carded wool yarn fabrics
ennoyage *m* (géol) / submergence || **sur** ~ (taille) (mines) / over-tipped
ennui *m* / drawback, inconvenience || **avoir des ~s techniques** / strike trouble
énodé (fil) / knotless
énoder (tex) / burl *vt*, nop *vt*
énol *m* (chimie) / enol
énolase *f* / enolase
énoliser / enolize
énomètre *m* / wort meter
énoncé *m* (gén) / thesis, statement || ~ (techn) / design data
énoué, énopé (fil) / knotless
énouer, énoder (tiss) / nop *vt*
enquête *f* (statistique) / inquiry || ~ par **circulaire** / allround inquiry || ~ sur un **marché** / market research || ~ **publique** / public enquiry
enraciner (s') (agr) / take root
enrailler (ch.de fer) / rerail
enrailleur *m* (ch.de fer) / rerailing frog o. ramp
enrayage *m* / jamming, jam || ~ (arme) / stoppage, jam || ~ à **friction** / friction skidding o. stopping device
enrayement *m* / block, blocking, stopping, obstruction
enrayer / lock, block, stop || ~ (roue) / let in spokes || ~ (agric) / furrow *vt*, (esp.:) plough the first furrow || ~ (s') (fusil) / jam *vi*
enrayure *f* (bâtim) / joists *pl* arranged radially about a center || ~ (agric) / land, first furrow
enregistrant automatiquement / self-recording, -registering
enregistré / registered || ~ (ord) / posted
enregistrement *m* / recording, registering || ~ (instr) / recording || **à ~ automatique** / self-recording, -registering || ~ à **amplitude constante** / constant-amplitude recording || ~ à **amplitude variable** (film) / variable area recording o. track || ~ **automatique des bagages** (aéro) / computer check-in || ~ des **bagages** (aéro) / checking-in point || ~ sur **bande** / tape recording, taping || ~ sur **bande magnétique** / magnetic tape recording || ~ **bi-directionnel** (b.magnét) / bidirectional waveform || ~ **bilatéral à densité fixe** (film) / duplex variable area track, bilateral area track, double-edged variable width [sound] track || ~ de **cassette** / cassette recording || ~ **circulaire** (TV) / circular recording || ~ en **colonne**, enregistrement *m* en mode vertical (repro) / vertical recording o. mode, cine mode, orientation A || ~ **complémentaire** (ord) / trailer record || ~ **dense des impulsions** / impulse packing || ~ à **densité fixe** (film) / variable area recording o. track || ~ à **densité fixe unilatérale** (acoustique, électron) / single-sound track || ~ à **densité variable** (opt) / method of variable density || ~ à **deux fréquences** (b.magnét) / pulse width recording, two-frequency recording mode, CNRZ || ~ **différé** / indirect recording || ~ **direct** / direct recording || ~ sur **disques** / disk recording || ~ de **données** / logging || ~ de **données à la source** (ord, terminal) / local record || ~ de **données à la source** (télécom) / local source recording || ~ par **double impulsion** / double pulse recording || ~ **double pistes** (b.magnét) / two-track recording || ~ par **durée d'impulsions** / pulse width recording || ~ **en-tête** (ord) / heading line o. record || ~ **exempt de bruit** / noiseless recording || ~ d'**extinction** / recording of extinction || ~ par **faisceau électronique** / electronic beam recording || ~ sur **film** / film o. cine recording || ~ sur **film** (ord) / film recording || ~ **fractionné** / multiplay recording || ~ de la **fréquence pilote** / pilot frequency recording, pilot tone process || ~ **hélicoïdal** (TV) / helical recording || ~ d'un **hologramme** / hologram recording || ~ [magnétique ou optique] **image et son** / combined recording, commopt o. commag recording || ~ des **images** / image storage on tape || ~ **impulsions doubles** (b.magnét) / double pulse recording || ~ d'**itinéraires** (ch.de fer) / presetting of routes || ~ de **lectures** / logging || ~ en **ligne**, enregistrement *m* en mode horizontal (repro) / horizontal recording o. mode, comic mode, orientation B || ~ **longitudinal** (TV) / longitudinal recording || ~ **magnétique** / magnetic recording || ~ **magnétique sur ruban d'acier** / magnetic steel tape recording || ~ **magnétique vidéo** / magnetic video recording || ~ **magnétoscopique** / video tape recording, VTR || ~ en **mode horizontal** voir enregistrement en ligne || ~ en **mode vertical** voir enregistrement en colonne || ~ en **modulation de phase** (b.magnét) / phase modulation recording o. encoding, phase encoding || ~ **monophonique double pistes** / two-track mono recording || ~ **multipiste** / multi-track recording || ~ du **noir** / black [signal] recording || ~ **non-retour à zéro** (ord) / nonreturn to reference recording || ~ **non-retour à zéro avec marque** (électron) / nonreturn to zero with mark, NRZM || ~ **non-retour à zéro avec changement** / nonreturn-to-zero change recording, NRZ/C-recording || ~ **non-retour à zéro avec repère** (ord) / nonreturn-to-zero mark recording, NRZ/M recording || ~ **numérique des valeurs mesurées** / digital recording || ~ **original** (son) / master copy || ~ de **parole** / voice o. speech recording || ~ en **phase** / inphase recording || ~ **physique** / physical record || ~ de **piste en hélice** (TV) / helical recording || ~ sur **piste sonore du film** / sound film recording || ~ [sur **piste] circulaire** (TV) / circular recording || ~ [sur **piste] longitudinal** (TV) / longitudinal recording || ~ **pleine piste** (b.magnét) / single-track recording || ~ **polarisé avec retour à zéro** (b.magnét) / polarized return-to-zero recording, RZP || ~ en **pour-cent** / percentage registration || ~ **quatre pistes** / four-track recording || ~ par **rayon électronique** / electron beam recording || ~ avec **remise à zéro** (ord) / [polarized] return-to-zero recording || ~ **sans retour à zéro avec change** (électron) / nonreturn to zero with change, NRZC || ~ **silencieux** / noiseless recording || ~ du **son** / sound recording, audio record || ~ du **son sur bande magnétique** / sound recording on tape, sound taping || ~ **sonore optique** / photographic sound record || ~ **sonore ou du son** / sound recording || ~ **spiral** (TV) / helical recording || ~ **stéréo** / stereo recording || ~ **symétrique en opposition** (film) / push-pull sound track || ~ de **télévision** (TV) / telerecording, television recording || ~ de **texte** / voice recording || ~ **thermoplastique** / thermoplastic recording, T.P.R. || ~ à **trace multilatérale** (film) / variable area multiple sound track recording || ~ de **trace nucléaire** / nuclear trace recording || ~ par **trame** / suppressed-frame recording || ~ **transversal** (TV) / transversal recording || ~ **vidéo** (TV) / video recording || ~ **vidéo électronique** / electronic video recording, EVR || ~ **visuel** (ord) / visual record || ~ à **vitesse constante** / constant velocity recording
enregistrer (instr) / record *vt* || ~ (ch.de fer) / check *vt* (US), register (GB) || ~ (télécom) / pile up || ~ (arp) /

book *vt* || **faire** ~ (b.magnét) / record *vi* || ~ **au moyen d'un clavier** / key in || ~ sur **bande** (b.magnét) / tape *vt* || ~ sur **disques** / scribe on charts || ~ dans un **journal** / journalize

enregistreur *adj* (instr) / recording || ~ *m* / recording attachment o. device o. implement o. instrument o. mechanism, recorder || ~ (télécom) / register || ~ (techn) / chart recorder || ~ d'**absorption infrarouge** (chimie) / ultrared absorption recorder || ~ de l'**accélération et du parcours de freinage** / starting and braking distance recorder || ~ d'**accident** / crash recorder || ~ **analyseur** (ord) / scanner printer || ~ d'**appels automatiques** (télécom) / traffic unit recorder || ~ **automatique** (ord) / logger || ~ sur **bande** / strip chart recorder || ~ sur **bande à pas de progressions** / incremental tape recorder || ~ de **cap** (nav) / course recorder || ~ de **caractéristiques** / characteristic tracer || ~ de cassette ou à **cartouche** / cassette o. cartridge recorder || ~ de **chocs** / shock meter, impact recorder || ~ **chronologique automatique** / logger || ~ de **coordonnées** (calc. anal.) / writing tablet, plotter || ~ de **dérive** (aéro) / recording driftmeter, drift recorder, derivograph || ~ à **diagramme polaire** / radial chart recorder || ~ de **diagrammes** / chart recorder || ~ de **diagrammes** (instr. de mesure) / graphic recorder || ~ de **données** (métrologie) / data logger || ~ à **douze traces ou stylos** / twelve-point recorder || ~**-duplicateur** *m* / duplicating recorder || ~ d'**eau** / recording water meter || ~ à **encre** / ink writer, inker || ~ à **étincelles** / spark recorder || ~ à **huit courbes** / eight-point recorder || ~ d'**images** (TV) / telerecording equipment || ~ d'**impédance** / impedance recorder || ~ d'**information** (électron) / data o. event recorder || ~**-lecteur** *m* / recorder player o. reproducer || ~**-lecteur** *m* **vidéocassette couleur** / colour cartridge video recorder reproducer || ~ de **lumière dispersée** (aéro) / diffuse light recorder || ~ de la **marche des trains** / train running recorder || ~ **multicourbe** / multiple point recorder || ~ de **niveau** (hydr) / level recorder || ~ de **niveau**, hypsographe *m* / hypsograph || ~ **numérique incrémentiel** / incremental digital recorder || ~ **optique de sons** / optical sound recorder || ~ à **papier déroulant** / band recorder, band recording indicator, strip chart o. continuous chart recorder || ~ **phonographique** / sound recorder || ~ de **pistes multiples** / multi-track recorder || ~ à **plume** / ink writer || ~ à **plusieurs voies** / multi-variable recorder || ~ à **pointe sèche** / stylus recording instrument || ~ par **points** / point recorder, dotted line recorder || ~ par **points à plusieurs couleurs** / multicolour point recorder || ~ de **position de gouvernail** (aéro) / control position recorder || ~ **potentiométrique** / potentiometric recorder || ~ de **présence** / attendance clock, time clock || ~ de **pression d'aspiration** / suction pressure recorder || ~ de la **pression de vent** (aéro) / air pressure recorder || ~ de **productivité** / production recorder || ~ de **puissance** / output recorder || ~ de **quantités** / quantity recorder || ~ de **quantités et de temps** / production-time recorder || ~ à **quatre voies** / four-point o. four-variable recorder, quadruple recorder || ~ de **rafales** (aéro) / gust recorder || ~ de **route** (nav) / course recorder || ~ à **six styles** / six-point o. six-variable recorder || ~ **son-optique** / photographic sound recorder || ~ de **temps** / chronograph, time recorder || ~ à **tracé continu** / line recorder || ~ de **trajectoire de vol** / flight path recorder || ~ **unicourbe ou à un style** / one-point o. one-variable recorder || ~ des **[valeurs] moyennes** / mean-value recorder, average recorder || ~ **V.g.** (aéro) / vertical-gust o. v.g.-recorder || ~ **VH** (aéro) / VH-recorder (velocity, height) || ~ de **vibrations** / vibration recorder || ~ **vidéo à cassette** (TV) / [cassette] video recorder || ~ de **vitesse** / speed recorder || ~ de **vitesse à pression dynamique** (aéro) / pressure [head] speed recorder, Pitot static air speed recorder (US) || ~ de **vol** (ELF) / flight analyzer o. [path] recorder, flight log, black box (coll) || ~ **XY** / X-Y recorder

enregistreuse *f* (télécom) / recording operator

enrichi (chimie, nucl, sidér) / enriched || ~ d'**oxygène** / oxygen-enriched, oxygenated

enrichir (chimie) / enrich, strengthen || ~ (minerai) / enrich || ~ (s') / build up || ~ la **couche marginale à l'aluminium** / aluminize by diffusion || ~ la **couche marginale au silicium** / silicate, siliconize

enrichissement *m* (nucl) / enrichment, enriching || ~ (mines) / concentrating || ~ à **façon** (nucl) / toll enrichment || ~ en **gaz** / gas enrichment || ~ en **oxygène** (sidér) / acid drift

enrobage *m* (techn) / shell, case, casing || ~ (plast) / embedding || ~ (électr) / encapsulation || **à ~ basique** (soudage) / with basic sheath || **à ~ de tôle** (brique) / metal cased, ferroclad || ~ aux **abrasifs** / coating with abrasives || ~ **antirouille** / rust preventing wrapping || ~ en **béton** / concrete casing || ~ des **fils** / coating of wires || ~ **volatil** (soudage) / shielding

enrobé *adj* (soudage) / coated || ~ (nucl) / coated || ~ *m*, revêtement *m* routier / surfacing || ~, matériaux enrobés *m pl* (routes) / coated materials *pl* || ~ à **chaud** (routes) / hot mix || ~ **dense** (routes) / bituminous layer, black top || ~ **fin** (routes) / sand asphalt || ~ à **froid** (routes) / cold mix || ~ à **granulométrie ouverte** (routes) / open-grain mix || ~ au **liant noir** (routes) / black top, asphalt o. bitumen pavement, bituminous layer o. pavement

enrobement *m* voir enrobage

enrober / cover *vt*, sheathe, [en]case || ~, emboîter / embed || ~ de **béton** / encase with concrete, set o. imbed in concrete || ~ de **caoutchouc [par moulage]** / coat with rubber || ~ de **chaux** (tréfilage, tan) / lime *vt* || ~ en **ciment** / cement in, seal in a wall || ~ les **fils** (électr) / wrap, cover, coat

enrochement *m* / dry stone revetment, enrockment, rip-rap || ~ (hydr) / layer of broken stones || ~ de **protection du lit** (hydr) / bed pitching, side beaching

enrouement *m* (électroacoustique) / gargle (30 - 200 Hz), whisker[s pl] (above 200 Hz)

enrouillé / rusty

enrouillement *m* / rusting, becoming rusty

enrouiller (s') / rust *vi*, become o. grow rusty

enroulage *m* (tex) / winding o. building motion || ~ en **état plié en double** (tiss) / double winding || ~ de **tubes** (plast) / duct winding

enroulé / convolute, coiled || ~, mis en rouleau / rolled-up, wound-up || ~ (espace) / filament-wound || ~ à **fils jetés** (électr) / random wound || ~ à **froid** (ressort) / cold-coiled || ~ en sens **opposé** (électr) / counterwound || ~ **serré** / hard wound || ~ en **vrac** (électr) / random wound

enroulement *m* / winding || ~ (fil) / wound package || ~ (électr) / winding (action), coil (product) || **à un seul** ~ (courroie) / one wrap || **~s** *m pl* **alternés** (électr) / disk o. sandwich winding, pile-wound coil || ~ *m* **amortisseur** (électr) / damping winding (GB), amortisseur o. damper winding (US) || ~ à **anneau** (électr) / ring o. Gramme winding || ~ **antagoniste** / antipolarizing winding || ~ **anticompound** / differential compound winding || ~ **auxiliaire** /

auxiliary winding || ~ en **bande** (électr) / tape winding || ~ à **barres** (électr) / bar winding || ~ en **barres posées sur chant** (électr) / edge winding || ~ **bifilaire** (électr) / bifilar winding || ~ **bobine** (tex) / package || ~ sur **bobine à une joue** (filage) / single-flanged package || ~ à **bobines** (électr) / wire-wound coil || ~ à **bobines concentriques** (électr) / cylindrical winding || ~ à **bobines en U** (électr) / push-through winding || ~ **bouteille** (filage) / bottle package || ~ à **cage de Boucherot** / double [squirrel] cage, Boucherot winding || ~ à **cage d'écureuil** (électr) / cage winding || ~ de **captage [du signal]** (ord) / pick-up winding || ~ en **chaîne** / chain winding || ~ de **champ** / field winding || ~ **«Chaperon»** (électr) / Chaperon winding || ~ **chauffant** / heating coil || ~ [du **circuit] basse tension** / low-voltage winding || ~ du **circuit primaire** (électr) / primary winding || ~ de **commande** (ampli.magn.) / control turns o. windings *pl* (GB), signal windings (US) || ~ de **commutation** (électr) / commutating winding || ~ **compensatoire** / compensating winding o. coil || ~ **compound ou composé** (électr) / compound winding || ~ **concentré** / one-slot o. concentrated winding || ~ **concentrique** (électr) / concentric winding || ~ **conique** (filage) / taper[ed] bobbin, conical package o. pineapple || ~ **conique à conicité croissante** / conical package with increasing taper || ~ **conique à pans droits perpendiculaires à la paroi du support** / conical package with straight ends perpendicular to the axis of the former || ~ de **continu à filer à anneaux** / ring spinning and twisting cop || ~ **cops de machine d'étirage et de retordage** (filage) / cross-wound redrawing and draw-twisting package || ~ à **cordes** (électr) / chord[ed] winding, fractional pitch winding || ~ en **couronnes** (lam) / winding in reels || ~ à **court-circuit** / short-circuited winding || ~ en **cuivre plat** (électr) / strip-wound armature || ~ **cylindrique biconique à pans symétriques, [à pans asymétriques]** (filage) / cylindrical pineapple with symmetrical, [asymmetrical] taper ends || ~ **cylindrique à flancs droits** (filage) / cheese || ~ **déflecteur d'orbite** (nucl) / orbit shift coil || ~ de **démarrage** / starting winding || ~ **Déri** (électr) / Deri winding || ~ **dérivé ou en dérivation** (électr) / shunt o. bleeder winding || ~ à **deux couches** (électr) / double-layer winding || ~ à **deux disques** (électr) / double-disk winding || ~ à **deux rainures** (électr) / two-slot winding || ~ en **développante** / involute winding || ~ **dévolteur** / winding in opposition || ~ **diamétral** (électr) / full-pitch o. diametrical winding || ~ **différentiel** (télécom) / differential winding || ~ en **disque** (électr) / disk o. sandwich winding, pile-wound coil || ~ en **disques doubles** (électr) / double-disk winding || ~ **distribué** (mot.él) / distributed winding || ~ à **double cage** / double squirrel cage, Boucherot winding || ~ **d'électro-aimant** / magnet winding || ~ **enfilé** (électr) / tunnel winding || ~ **équipotentiel** / compensating o. equalizing winding || ~ en **escalier** (électr) / split throw || ~ en **étoile** (électr) / star o. Y o. wye winding || ~ d'**excitation** (mém. à ferrites) / drive wire o. winding || ~ d'**excitation ou de champ** (électr) / field winding o. coil, exciting winding || ~ en **feuille** (électr) / foil winding || ~ des **feuilles** / leaf roll disease || ~ **fil à fil** (électr) / uniform layer winding, turn-to-turn winding || ~ **filamentaire** (plast) / filament winding || ~ en **fils** (électr) / wire winding, wire wound coil || ~ à **fils jetés** (électr) / random o. mush winding || ~ à **fils semés par l'entaille** (électr) / fed-in winding || ~ à **fils tirés** (électr) / pull-through winding || ~ **fromage** (filage) / narrow wound cheese, short traverse cheese, flat conical cheese || ~ **fusée sur cône de départ** (filage) / rocket package on initial coil || ~ sur **gabarit** (électr) / form-wound coil (US), preformed o. former winding || ~ **Gramme** (électr) / ring o. Gramme winding || ~ **hélicoïdal en α ou ω** (bande vidéo) / α o. ω wrap || ~ **imbriqué** (électr) / lap winding, multiple-circuit winding || ~ **imbriqué multiple** (électr) / multiplex lap winding || ~ **imbriqué parallèle, [parallèle double, parallèle multiple]** (électr) / simplex, [duplex, multiplex] lap winding || ~ **inducteur** / exciting winding, field coil o. winding || ~ d'**induit** (électr) / armature o. rotor winding || ~ en **losange** (électr) / diamond winding || ~ à la **main** / hand winding || ~ de **maintien** (électr) / restraining coil || ~ **monocône** (filage) / small bottle package || ~ **multiple** / multiplex winding || ~ à **nombre entier,** [fractionnaire] **d'encoches par pôle et phase** (électr) / integral, [fractional] slot winding || ~ **ondulé** (électr) / two-circuit winding, wave winding || ~ **ondulé multiple** / multiplex wave winding || ~ **ondulé parallèle d'ordre deux** / duplex wave winding || ~ **ondulé série multiple** (électr, mot) / series-parallel winding, multiple [wave] winding, multiplex wave winding || ~ **ondulé série ou simple**, enroulement ondulé simple (électr) / simplex wave winding || ~ **ouvert** / open-circuit winding || ~ **parallèle** / parallel winding || ~ **parallèle multiple** (électr) / multiple parallel winding || ~ à **pas entier** (électr) / full-pitch o. diametrical winding || ~ à **pas partiel** (électr) / chord[ed] winding, fractional pitch winding || ~ en **pattes de grenouille** (électr) / frogleg winding || ~ de **phase auxiliaire** (électr) / teaser winding || ~ à **plusieurs couches** (électr) / multiple layer winding || ~ **préformé** (électr) / form-wound coil (US), preformed o. former winding || ~ **préparé sans support** (filage) / ready-wound package without former for sewing machines || ~ **progressif** (mot) / lazy coil || ~ **rangé** (électr) / banked winding || ~ **rapide** (b.magnét) / fast wind || ~ du **relais** / relais winding || ~ de **remise** (ord) / reset line o. winding || ~ de **renvideur** (filage) / mule cop || ~ **réparti** (mot.él) / distributed winding || ~ de la **réserve [lors du canetage]** (filage) / reserve winding || ~ **rotorique** (électr) / armature o. rotor winding || ~ **secondaire** (électr) / secondary [winding] || ~ **shunt** (électr) / shunt o. bleeder winding || ~ **simple** (électr) / simple winding || ~ **soleil** voir enroulement fromage || ~ en **spirale** / spiral, volution || ~ **stabilisateur** / stabilizing winding || ~ du **stator** / stator winding || ~ en **tambour** (électr) / drum o. barrel winding || ~ **tertiaire** (électr) / tertiary winding || ~ **tertiaire** (transfo) / compensating winding o. coil || ~ du **tissu** (tricot) / fabric take off || ~ **torique** (ferrite) / toroidal o. ring winding || ~ **toroïdal** (électr) / toroid, torus || ~ de **transformateur** / transformer winding || ~ à **trois fils** / triplex winding || ~ à **trois rainures** (électr) / three-slot winding || ~ sur **tube biconique** (filage) / double conical bobbin, biconical package || ~ à **un étage monté fil-à-fil** (électr) / single layer winding || ~ à **une encoche** / one-slot o. concentrated winding || ~ à **une seule couche** / single-layer winding || ~ en **vrac** (électr) / random o. mush winding

enrouler / roll up || ~, renvider / roll *vt*, coil round o. up, wind up || ~ [sur] / roll up [on] || ~ (électr) / wind *vt* || ~ (s') / convolve || ~ (s') / wind *vi*, coil, entwine || **s'~ autour du cylindre** (lam) / collar the roll || ~ la

chaîne (tiss) / beam *vt*, roll on the beam, wind up, batch || ~ par **couches** [séparées] (électr) / wind in layers || ~ en **torsade** / twine
enrouleur *m* (filage) / winding engine o. machine o. frame, swift engine || ~ (tiss) / winding-on frame o. machine, canroy frame || ~ (sidér) / coiler, recoiler, coiling machine || ~, galet-tendeur *m* / belt tensioning roller o. pulley, expanding roller o. pulley, idler || **à** ~ (ceinture) / self-winding || ~ **automatique** (auto) / automatic seat belt winder || ~ **axial central** (tex) / center wind || ~ de **câble** (électr, ch.de fer) / rope winder || ~ de **câble** (électr) / cable drum o. reel || ~ **continu** (lam) / universal coiling machine || ~ de **cordon** (télécom) / cord rigger || ~ à **courroie** (sidér) / belt wrapper || ~ de **déchets de fil** (sidér) / cobble-baller || ~ **encastré** (store roulant) / built-in winding-up pulley assembly || ~ à **essieu** (câbleuse) / axle type take-up [stand] || ~ à **essieu** (câbleuse) / axle type take-up [stand] || ~ de **feuillard** / band winder || ~ à **gravité** / gravity idler || ~ **inclinable** (tex) / swivel winder || ~ à **mandrin ascendant** (tex) / ascending batch winder, rising roll batcher || ~ **pater-noster** (tex) / paternoster winder || ~ à **plateau** (sidér) / plate coiler || ~ de **riblons de fil** (sidér) / cobble-baller || ~ à **rouleau d'entraînement montant** (tex) / surface driven winder || ~ **type tonneau** (fil mét) / pail o. drum o. draw pack, pay-off pack, D-pak
enrouleuse *f* (câble) / rewinding stand, coiler, take-up || ~ (tex) / striping attachment, yarn striping device || ~ (lam) / reeling plant || ~ (pap) / reel winder, reel-up || ~ de **bandes** (cable) / strip winding machine || ~ à **carton** / intermittent board machine || ~ **Pope**, enrouleuse *f* à tambour-porteur (pap) / Pope reel winder, Pope type reel
enroûment *m* voir enrouement
enrubannage *m* / taping
enrubanner / tape *vt*, lap *vt*
enrubanneuse *f* / taping machine
enrue *f* (aiguille) / channel for the eye
ensablé / silty, full of silt o. sand, silted
ensablement *m* / filling with silt o. sand, sand deposit, sand bank, sand bank || ~ (routes) / blinding
ensabler (s') (routes) / drift *vi*, get heavily covered with sand drifts || ~ (s') (hydr) / silt up
ensachage *m* de **pommes de terre** / potato packaging
ensacher / bag *vt*, sack *vt*
ensacheuse *f* de **ciment** / cement bagging machine || ~ **verticale** / bag forming, filling, and sealing machine
ensachoir *m* / bagging appliance
enseigne *f* / sign[board] || ~ **lumineuse** / light sign[board], electric sign || ~ **métallique ou en métal** / metal sign || ~ au **néon** / neon sign
enseignement *m* / instruction, teaching || ~ **automatisé** / computer aided instruction o. teaching, CAI || ~ par **correspondance** / home-study course || ~ **postscolaire** / adult education || ~ **préparatoire** / qualification || ~ **professionnel** / vocational school o. trade school education || ~ **programmé** / programmed instruction, PI
ensemble *m* / set, assembly || ~ (statistique) / universe || ~, totalité *f* / whole || ~ (techn) / design, construction || ~ (math) / set || ~, complexe *m* / complex || ~ *adv* / together [with], concomitant [to], conjoined [with] || **qui tient compte de l'**~ / integrated, integrate || ~ *m* **autonome** / self-contained unit || ~ d'**avions en attente** (aéro) / stacking || ~ de **bâtiments** / block of buildings || ~ **bien ordonné** (math) / well ordered set || ~ de **Cantor** (math) / Cantor set || ~ **classifié de notions** / classified system of concepts, classification || ~ **comprenant des sous-ensembles** (math) / set including subsets || ~ des **consommateurs** / consumers *pl* (as a whole) || ~ **convertisseur de puissance** / power converter assembly || ~ de **coupure** (math) / cut-set || ~ de **déformations de trempe** (mét) / total distortion || ~ **dénombrable** (math) / denumerable o. [e]numerable o. countable set || ~ **dense** (math) / dense set || ~ **directeur** (émetteur d'ordres) / pick-up assembly || ~ **directeur** (contr.aut) / control unit || ~ **directeur à action par dérivation** (contr.aut) / derivative control unit || ~ **directeur par plus ou moins** / three-level (GB) o. three-step (US) control unit || ~ des **données** (ord) / data set o. file || ~ des **effets thermo-ioniques** / thermionics || ~ **électronique** / electronic data processing installation || ~ **électronique de gestion**, E.E.G. / large scale data processing plant || ~ **enchaîné de données** (ord) / concatenated data set || ~ **enfichable** (électron) / plug-in package o. unit || ~ des **entiers naturels ou positifs** (math) / natural series || ~ **espèce-genre** / genus-species system || ~ de **feuilles** (reliure) / quires *pl* || ~ des **feux arrières** (auto) / combined rear lamp unit || ~ **fini** (math) / finite set || ~ **fonctionnel** / functional unit || ~ **fonctionnel** (électron) / pod || ~ **fondamental** (math) / fundamental set || ~ d'**habitations** / residential buildings *pl* || ~ **hacheur-redresseur** / vibrator-rectifier unit || ~ **infini** (math) / infinite set || ~ d'**installations technologiques** / plants *pl*, facilities *pl* || ~ de **lancement** (ELF) (astron) / launching facilities *pl* || ~ des **maisons individuelles** / owner-occupier buildings *pl* || ~ de **matrice** (frittage) / die-set, inserts *pl* || ~ de **mesure des parasites** (télécom) / radio interference test assembly || ~ **microrécepteur pour opératrice** (télécom) / head-and-chest set || ~ de **notions liées** / system of concepts || ~ des **océans et des mers** / hydrospace || ~ **ordonné** (math) / ordered set || ~ **ouvert de points** (math) / open point set || ~ **parfait** (math) / perfect set || ~ **partie-tout** / whole-and-part system || ~ des **pattes de fermeture du sac** (parachute) / petal cap || ~ du **personnel** / total staff || ~ en **pièces détachées** (techn) / subassembly (as a unit) || ~ en **pièces détachées** (électron) / componentry || ~ de **polaroïd[e]s** / pile of plates || ~**-porte** *m* / doorset || ~ en **puissance** / total output || ~ **pur** (math) / pure ensemble || ~ **récréatif** / recreational center || ~ à **réglage automatique** / automatic control system || ~ **régleur** / control unit || ~ de **relais** / relay o. contactor set || ~ **résiduel** (math) / residue set || ~ de **sécurité** / safety assembly o. system || ~ de **signaux** (télécom) / signalling frame o. shelf || ~ des **signes disponibles** (ord) / character set || ~ **soudé** / welded assembly || ~ **symbolique de données** (ord) / dummy data set || ~ de **traitement électronique de l'information** / electronic data processing system, EDPS || ~ de **traitement de l'information** / data processing system || ~ **transfini** (math) / transfinite set || ~ de **transmission pour tracteur** / tractor transmission || ~ des **travaux de bâtisse intérieurs** (bâtim) / interior works *pl* || ~ de **trois parachutes** / trefoil || ~ **universel** (math) / universal set || ~ de **véhicules** (auto) / combination of vehicles || ~ **vide** (math) / empty set || ~ de **visualisation et de calcul** (mil) / plotting equipment
ensemblier *m* / interior decorator || ~ de la **manutention** (ordonn) / person responsible for

transportation
ensemencement *m* (agr) / sowing, seeding || ~ (crist) / seeding
ensemencer (crist) / seed *vt*
enserrer dans le **cadre** / stretch, put into frame
enseuillement *m* / height above floor of window board
ensiforme / swordlike, swordshaped
ensilage *m* / ensilage, preserving in silo || ~ (agr) / ensiling, silage making
ensiler, ensiloter (agr) / ensile
ensileuse *f* (agr) / silo filler
ensilotage *m* voir ensilage
ensimage *m* (jute) / batching || ~ (action) (tex) / oiling, greasing, softening || ~ (matière) (filage) / spinning o. lubricating o. carding oil, greasing agent, size || ~ d'**écheveaux** (tex) / hank sizing || ~ pour **effilochage** (tex) / dust binding oil || ~ **mécanique** (jute) / machine batching || ~ **plastique** (fibres de verre) / plastic [coupling] size, coupling size || ~ **textile** / textile size
ensimer (laine) / oil *vt* || ~ (jute) / batch *vt*
ensimeuse *m* (tiss) / oiling willow
ensoleillé / sunny
ensoleillement *m* (ELF) / insolation
ensoufrer / sulphurate, sulphurize (GB), sulfurate, sulfurize (US)
ensouplage *m* (tiss) / beaming || ~ par **réunissage** (tex) / assembly beaming
ensouple *f* (tiss) / beam, loom roller || ~ de la **chaîne de poil** (tex) / beam for the pile warp || ~ de **derrière** / yarn beam o. roller, warp[er's] o. loom beam || ~ [au **dessous]** (tiss) / piece beam, taking-up beam || ~ de **devant** / breast beam, forebeam, front roll || ~ pour **écru** / gray beam || ~ d'**encollage** / sizing o. slasher's beam || ~ **enrouleuse du tissu** / cloth draw-off roller, cloth [take-up] beam || ~ d'**ourdissoir** / warp beam, loom o. warper's beam, yarn beam o. roller || ~ **sectionnelle** (tiss) / sectional beam || ~ de **teinture** (tex) / dyeing beam
ensoupler (tiss) / beam the warp
ensoupleur *m* à la **machine** (tiss) / beaming machine minder
ensoupleuse *f* (tiss) / beaming machine o. device o. headstock || ~ pour **parties de chaîne** / sectional beaming machine
enstatite *f* (min) / enstatite, orthopyroxene
ensuifer / tallow *vt*
entablement *m* (bâtim) / moulding || ~ (géol, mines) / capping || ~ (furnace) / seating block
ENTAC = engin téléguidé anti-char
entacage *m* (tiss) / pile wire, velvet protector, fitter
entaché, non ~ d'erreur / correct
entaillage *m* d'**angle à mi-bois avec coupe droite ou biaise** (charp) / square [o. angular] corner halving
entaille *f* / flat indent || ~ (bois) / blaze || ~ (mines) / cut, cutting, kirve, kirving, kerf, kerving || ~ (charp) / cogging, scarf || ~ (tourn) / recess, turned down portion, turned groove || ~ (découp) / jog || ~ (men) / rabbet, rebate || ~ **biaise** (charp) / skew scarf || ~ de **bois** (typo) / wood block || ~ en **coin** (essai de peinture) / wedge cut || ~ en **forme de croix** (charp) / cross cogging, birds mouth attachment || ~ **droite** (men, charp) / straight scarf, plain scarf || ~ d'**entrée de serrure** / recess for fitting the lock || ~ à **fond aigu** / V-notch || ~ à **fond arrondi** / U-notch || ~ en **onglet** (men) / mitred halving || ~ du **panneton** (serr) / ward of key bit || ~ à **queue d'aronde** / dovetail hole || ~ de **traverse** (ch.de fer) / notch of a sleeper || ~ **triangulaire**, entaille *f* en V / V-notch || ~ en **U** / U-notch || ~ en **V de la filière** / adjusting vee of the screwing die
entaillé / slotted, notched
entailler / indent *vt*, nick, notch || ~ (mines) / cut *vt*, kerve, kirve || **à** ~ (serrure) / inlet type || ~ en **queue d'aronde** (men) / dovetail *vt* || ~ avec la **scie** / give a cut with the saw
entaillure *f* voir entaille
entamer / begin to cut || ~, commencer / start *vt*, begin, commence *vt* || ~, déchirer au bord / tear the edge || ~ **par scie** / give a cut with the saw
entamure *f* / notch, nick, chamfretting
entartrage *m* / deposit of boiler scale
entartré (radiateur) / furred
entartrer (s') / scale *vi*, become covered with scale || ~ (s') (tuyau) / become furred
entassé / piled
entassement *m* / heap[ing], accumulation || ~ (bâtim) / back-fill || ~ de **pores** (crist) / cluster [of pores]
entasser / agglomerate || ~ [par **couches]** / pile up [in layers]
entement *m* (charp) / assembling butt on butt
entenaillage *m* (forge) / tong-hold, bar hold
entendre, qu'on peut ~ / audible
enter (charp) / scarf || ~ (agr) / graft *vt*
enterré / buried || ~ (bâtim) / laid in the ground
enterrer (électr) / bury, embed, imbed || ~ (fonderie) / ram earth round the mould
en-tête *m* (typo) / head, heading, caption || ~ (lettre) / letterhead || ~ de **bloc** (ord) / block header || ~ de **liste** (ord) / report heading report group || ~ de **messages** (télécom) / message header o. preamble || ~ d'une **microfiche** / header of a microfiche || ~ de **segment** (ord) / load descriptor || ~ des **tableaux** / box head, table head || ~ de **traitement** / procedure heading
enthalpie *f* / enthalpy || ~ de **formation** / enthalpy of formation || ~ de **réaction** / chemical energy || ~ de **sublimation** / latent heat of sublimation || ~ **totale** (phys) / total enthalpy || ~ de **vaporisation** / enthalpy o. heat of vaporization
entier *adj* / total, entire, whole || ~ (math) / integral, whole number... || ~, non divisé / nondivided, one-piece... || ~ *m* / unit || ~ (math) / integer, integral o. whole number || ~ **naturel** (math) / natural number || ~ **positif** / positive integer || **d'une entierè page** (typo) / full-page
entièrement automatique / full[y] automatic, all-automatic || ~ **basique** (sidér) / all-basic || ~ **blindé** (électr) / fully o. totally enclosed || ~ de **bois** / all-wood || ~ **cuit** (coke) / fully carbonized || ~ **électrique** / all-electric || ~ **fermé** (électr) / fully- o. totally enclosed || ~ **intégré** / fully integrated || ~ **isolé** / with solid dielectric || ~ **métallique** / all-metal... || ~ **motorisé** / fully motorized || ~ **soudé** / all-welded || ~ **suspendu** (électr, mot) / frame-suspended || ~ **synthétique** / fully synthetic || ~ **transistorisé** / all-transistorized || ~ **valable** / of high value
entoilage *m* / fabric covering || ~ (tiss) / lace ground || ~ **thermocollé** (tex) / fusible interlining
entoilé (pap) / reinforced || ~ (carte) / fabric-covered, cloth-lined
entoiler (tex) / fix o. paste o. sew on fabric
entomologie *f* / entomology
entonner (bière) / barrel
entonnoir *m* / funnel || ~ (plast) / gate || ~ (filage) / sliver funnel || ~ (géol) / sinkhole, swallowhole, katavothre, ponor || ~ (mil) / mine crater || ~ (fonderie) / pouring gate, port || **en** ~ / funnel-shaped o. -formed || ~ **alimentateur** / charging hopper o.

bin, feeding hopper || ~ **Büchner** (chimie) / Buchner funnel || ~ de **charge** / insertion funnel || ~ de **coulée** (fonderie) / pouring basin, trumpet, bell || ~ de **coulée** (coulée cont.) / tundish || ~ **creusé par l'explosion** / mine crater || ~ **cylindrique à robinet** / cylindrical dropping funnel || ~ à **décantation** (chimie) / separating funnel || ~ d'**éclatement** / mine crater || ~ d'**écoulement** (ch.de fer) / escape funnel || ~ d'**entrée des mèches** (filage) / roving funnel || ~ à **étirer** (tréfilage) / drawing nozzle, forming bell, die || ~**-filtre** *m* / straining funnel || ~**-filtre** *m* (chimie) / suction filter o. strainer || ~ en **forme de fourche** (fonderie) / double branch gate || ~ **Hirsch** / Hirsch funnel || ~ à l'**introduction** / insertion funnel || ~ d'**introduction** (m.compt) / frontfeeder pocket || ~ de **ravitaillement en vol** (aéro) / drogue || ~**-récepteur** *m* / receiving hopper || ~ de **remplissage** (chimie, auto) / filling funnel || ~ **séparateur** (chimie) / dropping funnel || ~ à **séparation** (chimie) / separating funnel || ~ à **tamis** (auto) / straining funnel || ~ en **verre** / glass funnel

entoparasite *m* / endoparasite

entortiller / twist, wind round, loop

entourage *m* / protection device, protector || ~ de **glace** (auto) / window framing || ~**-palette** *m* / collar || ~ en **planches** / planking, boarding [fence]

entourer / surround, encompass, girdle, encircle, environ || ~, border / border *vt* || ~ [de] (fonderie) / cast-in o. integral o. round [with] || ~, clôturer (bâtim) / fence *vt* || ~, enrouler / spool *vt* || ~ de **bâtiments** / surround with buildings || ~ d'une **muraille** / surround with walls

entraide *f* (télécom) / team work

entrailles *f pl* (gén, vers de soie) / entrails *pl*

entraînable à la **vapeur** / volutile in steam

entraîné / driven, carried along || ~ (personne) / trained || ~ par **adhérence** / actuated by adherence || ~ par **friction** / frictionally engaged || ~ par **moteur** (électr) / motor-driven || ~ par **ressort** / clockwork driven || ~ par **rubans à ergots** (ord) / sprocket-fed

entraînement *m* / actuation, drive || ~ (galv) / drag-in || ~ (chimie) / entrainment || ~ (techn) / slaving || ~, retombées technologiques *f pl* / spill-over || ~ (ELF) (personne) / training || **à ~ direct** / direct-coupled o. -driven || **à ~ direct** / gearless || **à ~ direct** (ch.de fer) / gearless, direct driven || **d'~** / training... || **faire l'~** (personne) / train *vt* || ~ de **bande à double mouvement** / dual feed tape carriage || ~ de **barre de coupe** (agr) / mid power-take-off || ~ par **bobine** (haut-parl) / coil drive || ~ **Caroll** (imprimante) / sprocket drive, pin feed || ~ à **carré conducteur** / square socket drive || ~ par **courroie** / transmission [line], shafting || ~ à **denture multiple** (vis) / bihexagonal wrenching configuration || ~ **direct** / direct drive, positive drive || ~ **direct** (ch.de fer) / axle drive || ~ par **disques de friction** / friction disk drive || ~ à **distance** / remote actuation || ~ par **distillation** (chimie) / carrying [over] by distillation || ~ **électro-gyro** (ch.de fer, auto) / electrogyro drive || ~ à **ergots** / pin feed system || ~ des **essieux** (ch.de fer) / axle drive || ~ de **fréquence** (télécom) / frequency pulling || ~ de **fréquence** (électron) / pulling figure || ~ de **fréquence du magnétron** / magnetron pulling || ~ par **friction** / wheel and disk drive || ~ à **fusées** (gén) / rocket drive o. propulsion || ~ **horaire** (taxi) / time drive || ~ **image par image** (film) / intermittent film feed o. motion || ~ **intermittent** (film) / intermittent film feed o. motion || ~ **jumelé** (lam) / twin drive || ~ **kilométrique** (taximètre) / distance drive || ~ **mécanique** / mechanical drive || ~ **mécanique** (télécom) / machine-type selection, power driven selection || ~ par **moteur Diesel** / diesel drive || ~ à **moteur direct** (ch.de fer) / direct drive || ~ du **papier** (m.à ecrire) / paper feed || ~ par **picots** / pin feed system, sprocket drum feed || ~ de la **pièce à travailler** / work drive || ~ par **pignons et chaînes** / chain drive || ~ par **poids** (horloge) / weight movement || ~ à **réaction** (gén) / rocket drive o. propulsion || ~ à **remontage électrique** (horloge, montre) / electric winding || ~ par **ressort** / spring drive o. motor o. work, clock movement, clockwork [motion] || ~ à **ressorts hélicoïdaux** (ch.de fer) / flexible helical spring coupling o. gear, helical spring gear || ~ du **rouleau** (tex) / roller drive || ~ à **ruban à ergots ou à picots** / sprocket drive, pin feed || ~ de **sélecteur** (télécom) / selector drive || ~ à **spirale** (taximètre) / snake drive || ~ de **table** (m.outils) / table travel o. traverse || ~ à **tenon** (fraise) / clutch drive, tenon drive || ~ **tournant à droite** (aéro) / right-hand drive || ~ à la **vapeur [d'eau]** / steam distillation

entraîner / carry along o. away, drag along, draw along, sweep away || ~ (chimie, électron) / carry, entrain || ~ (mot) / pull o. draw through || ~, actionner (techn) / move, drive, impel || ~ (galv) / carry over || ~, mettre au courant (ordonn) / familiarize, make familiar [with], work in [US], train || ~ (cours d'eau) / deposit *vt* || ~ (s') / train *vi*, exercise oneself || ~ [par **distillation]** / strip *vt* || ~ l'**eau** (m.à vap) / carry water || ~ au **lavage** (chimie) / wash away || ~ d'un **plan par rotation** (math) / rotate out of a plane || ~ à la **vapeur** (chimie) / strip by means of steam

entraîneur *m* (nucl) / carrier || ~ (techn) / carrier, catch, driver, dog || ~ d'**air** (bâtim) / air entraining agent, air entrainer || ~ par **chaîne** (manutention) / drag [chain] conveyor || ~ par **chaînes avec barres d'entraînement** / push bar chain conveyor || ~ de **démarreur** / coincidental starter switch || ~ à **picots pour les imprimés** / form tractor || ~ à **raclettes** / scraper o. scraping conveyor o. chain o. belt o. band, trough conveyor o. scraper

entraîneuse *f* de **mise sur chant** (lam) / twisting pinch roll set

entrait *m* (ferme) / main beam of a truss frame || ~ (béton) / edge beam || ~ d'un **grillage** (charp) / straining piece, binding piece, bridging [piece] || ~ **petit** (charp) / collar o. tie beam || ~ **retroussé** / trimmed joist, trimmer || ~ **supérieur** (charp) / collar o. tie beam

entrance *f* (ord, électron) / fan-in || **faire** ~ (ord) / fan-in *vt*

entravant l'**écoulement** / flow-impeding

entrave, sans ~s / unimpeded, unconfined || ~ à la **circulation** / obstruction to traffic

entraver / impede, obstruct, retard || ~ le **courant électrique** (électr) / buck *vt*

entraxe *m*, entre-axe *m* (invar) / center distance of axes || ~ des **bogies** (ch.de fer) / distance between [bogie] pivots o. pins, pivot pitch || ~ des **essieux** (ch.de fer) / axle base || ~ du **guide de perçage et du logement de la vis** / drilling bush center to lip center || ~ entre **jumelés** (pneu) / dual spacing || ~ des **pistes** (ord) / track pitch || ~ de **référence** (roue dentée) / reference center distance || ~ de **tamis** / pitch center || ~ **théorique** (bâtim) / guiding center distance

entrebâillé, être ~ / be ajar

entrebaillement *m* de l'**ébaucheur** (verre) / cracking

entrebâiller *vt* / half-open *vt*

entrechoquer / strike together || ~ (s'), -stoßen *vi* /

collide, clash
entre-colonnement *m* / intercolumniation || **~-corne** *m* (horloge) / distance between horns
entrecoupe *f* (routes) / improving the visibility of an intersection
entre-coupé (anneau) / broken (ring)
entrecoupé, être ~ [de] / be interspersed [with]
entrecroisement *m* (circulation) / weaving
entre-croisement *m* (tiss) / interlacing || **~croiser** / crisscross *vt*, cross *vt* || **~culture** *f* (agr) / mixed cultivation
entredent *m* (roue dentée) / space width, tooth space || **~s** *m pl* (tex) / combing waste || ~ *m* (fourchette) / slot of a fork
entre-deux *m* / space, spacing, clearance, pitch || ~ (mines) / rock vein || ~ (bâtim) / window pier || ~ **bitumé** (pap) / union paper || ~ de **dentelle** (tiss) / lace ground || ~ des **sillons** / ridge (between furrows) || ~ **stérile** / vein of rock
entre-doublure *f* (tex) / interlining
entrée *f* (gén) / adit, entrance, entry || ~ (bâtim) / entrance[-hall], entry (US) || ~ (c.perf.) / entry || ~ (électron) / input || ~ (ch.de fer) / pulling in, entry || ~ (coulée sous pression) / gate system, gating || ~ (ord) / input || ~ (port) / harbour entrance o. mouth || ~ (hydr) / intake, inflow, inlet || ~ (routes) / junction || ~ (auto) / entrance || ~ (mines) / pithead, -bank, -top, pit mouth, collar || ~ (instr de mesure) / opening [width] || ~ (câbles) (électr) / entrance (of cables), lead[ing]-in, transition (US) || **à ~ capacitive** / capacitor-fed || **d'~** (électron) / front-end ... || **d'~ et de sortie**, d'entrée-sortie / input-output... || ~ d'**air** / admission of air || ~ d'**air** (mines) / intake || ~ d'**air additionnel** (auto) / supplementary air intake, air bleed opening (US) || ~ d'**air en coin** (turbo) / wedge intake || ~ d'**air frais** (eaux usées) / fresh-air inlet || ~ d'**air principale** (mines) / main intake || ~ d'**air variable** (ELF) (aéro) / variable geometry air inlet o. intake || ~ **analogique** / analog input || ~ **annulaire** (plast) / ring gate || ~ **annulaire** (plast) / ring gate || ~ sous forme de **bande perforée** / punched tape input || ~ **bipolaire** (ord) / bipolar input || ~ pour **boîte aux lettres** (bâtim) / letter plate o. box o. drop || ~ de **brûleur** / nostril, port || ~ du **canton de block** / entry to a block section || ~ **capillaire** (plast) / pin-point gate || ~ de **caractères multiples** (ord) / multi-character input || ~ de **cartes** (c.perf) / card entry || ~ de la **cave** (bâtim) / basement o. cellar entrance || ~ **cônique** (plast) / fan gate, cone gate || ~ en **continu** (ord) / continuous input || ~ de la **dent** (techn) / tooth chamfer o. camfer (US) || ~ **descriptive** (programmation) / [description] entry || ~ **directe** (plast) / direct gate || ~ **directe sur une voie de service** (ch.de fer) / facing route to a service line || ~ en **disque** (plast) / disk gate || ~ de **données** (ord) / data input || ~ de **données de base** (ord) / primary data set || ~ d'**entretien** (électron) / holding input || ~ en **éventail** (plast) / fan gate || ~ de **fourche** (conteneur) / fork lift pocket, fork recess, fork pocket of containers || ~ en **fusion** / diffluence || ~ de la **galerie** (mines) / adit entrance o. mouth, gallery mouth, portal (US) || ~ **hybride** (ord) / hybrid input || ~ d'**immeuble** (électr) / house lead-in || ~ **impression liste** (c.perf.) / list entry || ~ **imprimante** (c.perf.) / print selection entry || ~ d'**impulsion** (ord) / pulse input point || ~ d'**interdiction** (ord) / inhibiting input || ~ **interdite** / keep off!, private! no admittance! || ~ **interdite** (véhicules) / no entry || ~ **libre** (ord) / free input || ~ de **ligne** (ord) / line entry || ~ d'une **ligne** (électr) / line entrance, leading-in of a line || **~s** *f pl* en **magasin**, entrée *f* marchandises / receipt, arrivals *pl* || ~ *f* **micro[phone]** / microphone entry o. input || ~ **mise à un** (électron) / set entry || ~ **mise à zéro** (électron) / reset entry || **~s** *f pl* **multiples** (plast) / multi-gating || ~ *f* **numérique** / digital input || ~ de **palettes** voir entrée de fourche || ~ **particulaire** (ord) / single-ended input || ~ de **peigne à fileter** / throat of threading die || ~ de **piste** (aéro) / runway threshold || ~ de **port** / mouth of a harbour, harbour entrance || ~ par **presse-étoupe** (électr) / cable stuffing box || ~ **principale** / main entrance o. approach || ~ en **push-pull** (ord) / push-pull input || ~ de **références** (contr.aut) / command variable o. signal, reference variable input, control input || ~ de **saut [de papier] et coupe** (ord) / slew and trim input || ~ de **serrure** / keyhole || **~-sortie** *f* voir ce mot || ~ **symétrique** (ord) / push-pull input || ~ [du] **système** (ord) / system input || ~ de **tâche** (ord) / job input || ~ du **taraud** / chamfer o. start of a tap || ~ en **temps réel** (ord) / real time input || ~ du **tissu** (teint) / fabric entry o. feeding o. infeed o. supply || ~ du **tunnel** / mouth || ~ de **validation d'opérateur** (ord) / enable input || ~ en **voile** (plast) / fan gate, film gate || ~ par **voix** / speech input || ~ en **voûte** (plast) / fan gate, cone gate
entre-écorce *f* (bois) / bark pocket, ingrown bark, inbark
entrée-sortie *f* (ord) / input-output, I/O || ~ en **chaîne** / stream input/output || ~ de **données** / input/output of data || ~ de **programmes** / program input-output
entrefer *m* (électr) / air gap || ~ de **grille** / interstice of the grate || ~ **plat** (électr) / disk armature, pancake (US) || ~ **principal** (électr) / main pole airgap || ~ de **tête son** / head gap
entrefin / medium-fine
entre-heurter (s') / collide, clash
entreillissé / crossbarred, latticed, latticework..., trellised, trelliswork...
entrelacs *m pl* (gén, bâtim) / tracery
entrelaçage *m* (TV) / interlacing, interlaced scanning
entrelacé / intertwined, intwined, entwined, interlaced || ~ (mines) / intermingled || ~ (chiffres) / entwined, in ligature
entrelacement *m* / interlacing, intwining, interweaving || ~ (ord) / interlace pattern || ~ (tex) / interlacing || ~ (TV) / line-jump scanning, interlaced scanning, line o. progressive interlace || ~ (chiffres) / ligature || ~ de **mode** (électron) / mode interlace || ~ **spectral** (TV) / frequency interlacing
entrelacer / interlace, twist || ~ (ord) / interlace, interleave || ~ (tiss) / interweave, inweave, entwine, intwine || ~ (chiffres) / ligature *vt* || ~ (s') / interlace, intertwist, entwist, intwist || ~ de **fils** / pass through threads
entre-lame *f* **isolante** / insulating lamination || **~-lames** *m* du **collecteur** / commutator segment insulation || **~-ligne** *m* (typo) / intermediate line || **~-ligne** *m* (ord) / [vertical] line spacing
entremêler / mingle thoroughly
ENTRE/N'ENTRE PAS (techn) / go/no-go...
entrenerfs *m* (typo) / title panel
entrenregistrement *m* (ord) / interrecord gap, record gap
entre-plan *m* (aéro) / wing spacing
entrepli *m* de **gomme** / rubber ply o. core
entre-plis *m* de **gomme** (couche élastique contenant le breaker-strip) (pneu) / breaker cushion (GB) o. squeegee (US) || **~-pointes** *m* (tourn) / distance between centers, center distance
entrepont *m* (nav) / between-decks, tweendeck || ~, intervalle *m* separant deux ponts (nav) / height

between decks, deck height
entreposage *m* / intermediate storage || ~ sous **atmosphère protectrice** / gas storage of food || ~ **frigorifique** / cold storage
entrepôt *m* / store, warehouse, magazine || ~ (céram) / sump house, soak pit || ~ de **carburant** / fuel depot || ~ d'**essence** / gasoline storage (US), petrol storage (GB) || ~ **frigorifique** / cold storage house, cold store || ~ de **marchandises diverses** (port) / general cargo shed
entreprendre / engage [in], undertake, set about, enter in
entrepreneur *m* / contractor || ~ de **bâtiments** / [building] contractor, [master-] builder || ~ de **camionnage** / carrier || ~ de **constructions métalliques** / structural steel works *pl*, steel fabrication || ~ de **dragage** (nav) / dredging contractor || ~ d'**installations électriques** / electragist (US), electric contractor || ~ de **transport** / transport operator, carrier || ~ de **transports routiers** (auto) / road haulier, motor carrier, trucker (US) || ~ en **travaux publics** / foundation contractor
entreprise *f* / enterprise, firm, business, concern || ~ / contract, agreement, undertaking || ~ d'**architecture navale** / naval architects *pl* || ~ **artisanale** / craftman's establishment o. business || ~ **autonome** / enterprise of independent ownership || ~ du ou en **bâtiment** / building contractors *pl*, enterprise of overground workings || ~ **commerciale** / commercial enterprise || ~ de **construction** / contractors *pl* || ~ de **constructions métalliques** / structural steel works *pl* || ~ de **démolitions** / enterprise for pulling down o. wrecking o. dismounting, house breaker || ~ d'**électricité** / electric [supply] company, utility company || ~ **exploitée par une seule personne** / one-man enterprise || ~ **extractive de charbon** / mining company || ~ en **génie civil** / civil engineers *pl* || ~ **industrielle** / industrial enterprise || ~ d'**intérêt vital** / essential supply service || ~ **maraîchère** / market gardener || ~ **minière** / mining company || ~ **modèle** / model plant || ~ **pilote** / enterprise acting as main contractor || **~-poumon** *f* / key enterprise || ~ de **première nécessité** / essential supply service || ~ des **services** / service enterprise || ~ de **service public** / public utility company o. utilities *pl* || ~ de **sondages** / well sinking enterprise || ~ **subventionnée** / subsidized firm, debts-incurring business || ~ de **télécommunications** (télécom) / common [communication] carrier, media company (US) || ~ **textile réalisant plusieurs étapes de fabrication** / multistage textile mill || ~ **«tous corps d'état»** / turnkey contractors || ~ **travaillant le fer et l'acier** / iron and steel working industry, steel users *pl* || ~ de **travaux publics** / contractors *pl* || ~ d'**utilité publique** / utility company *pl*, utilities *pl* || ~ de **vente par correspondence** / mail order house
entrer *vt* (ord) / input *vt* || ~ *vi* (mines) / descend, go down o. underground, ride in o. inbye || ~, encliqueter (s') / snap [in] || ~ (opt) / be incident, fall in, shine in, enter || ~ (circulation) / arrive || **faire ~ au dock** (nav) / dock || **faire ~ de force** / jam in || **faire ~ par pression** / fit together by pressing || ~ en **action** / start acting o. working o. running || ~ en **collision** (auto) / smash, collide || ~ en **collision** (nav) / run foul [of] || ~ dans la **composition** (chimie) / be component || ~ en **divergence** (nucl) / go critical, diverge || ~ en **ébullition** / begin boiling || ~ en **écoute sur une conversation** (télécom) / cut in || ~ dans la **fabrication** / be useful for the production || ~ en **fluorescence** / fluoresce || ~ en **fusion** / become liquid || ~ en **galerie** (mines) / break ground || ~ en **ségrégation** / segregate || ~ en **vol** [dans] / enter, fly [into]
entrerail[s] *m* / distance between the rails of a track, gauge
entresillon *m* (constr.mét) / batten o. tie o. stay plate
entresol *m* (bâtim) / entresol, mezzanine
entresoliveau *m* / case-bay
entre-suite *f* / intermediate building
entretenir (gén) / keep up || ~ / attend [to], maintain, keep in repair || ~ (auto) / service, valet (US) || ~ le **vide** / maintain the vacuum
entretien *m* / maintenance, keeping in repair || ~ (p.e. équilibre) / holding (e.g. equilibrium) || **d'~ facile** (tex) / wash-and-wear (GB), easy-care (US) || ~ d'**automobiles** / car valeting (US), servicing || ~ des **bâtiments** / upkeep of buildings || ~ **courant** (ELF) / servicing || ~ **curatif** / supplementary maintenance, unscheduled maintenance || ~ des **huiles** / preservation of oils || ~ **mécanique de la voie** (ch.de fer) / mechanical o. mechanized track maintenance || ~ **préventif** / preventive maintenance || ~ de **routine ou systématique** / scheduled o. routine maintenance || ~ d'**urgence** (ord) / emergency maintenance, EM || ~ du **vide** / maintaining the vacuum || ~ de la **voie** (ch.de fer) / maintenance of track
entretisser (tiss) / interweave, shoot
entretoise *f* (charp) / tie, strut, brace || ~ (techn) / distance sleeve o. tube || ~ (typo) / stretcher || ~ (bâtim) / cross strut, diagonal member || ~ (retorte) / end block || ~ d'un **cadre** (bâtim) / transverse brace, transom || ~ de **châssis** (ch.de fer) / frame stretcher || ~ de **châssis** (fonderie) / cross || ~ de **chaudière** (chaudière) / stay rod o. bolt, firebox stay || ~ de **cloison** / intertie o. rail of a framework || ~ de **contre-rail** (ch.de fer) / guard rail tiebar || ~ de **contreventement** (constr.en acier) / wind brace, wind bracing member o. bracing bar || ~ **croisée** (charp) / cross stay, diagonal brace, St. Andrew's cross, X-brace (US) || ~ **croisillon** / knee brace || ~ **diagonale** (constr.en acier) / diagonal rod o. brace o. member o. stay || ~ d'**écartement** (constr.en acier) / distance frame, spacer frame || ~ d'**extrémité** (constr.mét) / dead-end transverse girder || ~ **mécanique** (ligne de contact) / brace of the contact line || ~ de **montant** (palette) / rail || ~ de **palette** / pallet deck spacer (US), bearer || ~ de **pantographe** / pantograph tie-bar || ~ de **plaque de garde** (ch.de fer) / pedestal tie bar, axle guide stay || ~ de **poteau** / brace of a coupled pole || ~ **seconde** (télécom) / cross brace || ~ **souterraine** (télécom) / earth traverse o. brace || ~ **supérieure** (charp) / upper transom || ~ de **tirant** (presse) / tie rod spacer || ~ **transversale** (ch.de fer) / stretcher || ~ de **ventilation** (électr, machine) / duct spacer
entretoisement *m* / bracing || ~ des **ailes** / wing bracing || ~ de **câble** / cable bracing, bracing by cables || ~ en **diagonale** / diagonal trussing, lacing bar || ~ **horizontal** (constr.en acier) / horizontal brace || ~ en **K** / K-bracing, arrow-point bracing || ~ **lontigudinal** (constr.en acier) / longitudinal bond o. bracing || ~ **transversal** (pont) / transverse o. sway bracing, cross-tie || ~ en **treillis** (constr.en acier) / lattice bracing || ~ à **treillis en diagonale** (constr.en acier) / diagonal trussing || ~ à **triangles** / K-bracing, arrow-point bracing || ~ **vertical** (constr.en acier) / vertical bracing
entretoiser / strut *vt*, strut-brace, brace || ~ (poteaux) /

stay *vt*, brace || ~ par des **moises** / brace by diagonals
entre-toit *m* (Canada) / attics *pl*, attic storey o. floor, loft || **~-voie** *f* (ch.de fer) / distance between running lines, space o. midway between tracks, six-foot way o. side
entrevous *m* (bâtim) / dead floor, floor cavity || ~ / bay between joists, casebay || ~ (planche) / oak deal 2.7 cm thick, up to 25 cm wide || ~ (maçon) / brick nogging between bearers || ~ à **remplissage** (bâtim) / filler floor
entropie *f* (phys) / entropy || ~ [négative] (méc statistique) / entropy, negative entropy || ~ **conditionnelle** (ord) / average conditional information content, conditional entropy || ~ de **fusion** / entropy of fusion || ~ **informative** (math) / negentropy || ~ **négative** (informatique) / negative entropy || ~ **rotationnelle** / rotational entropy || ~ **totale** (télécom) / total entropy || ~ de **vaporisation** / entropy of vaporization || ~ au **zéro absolu** / zero point entropy
entrouvert / ajar, half-open
enture *f* (charp) / butt joint || **faire une** ~ / butt joints, butt-joint *vt* || ~ à **mi-bois** (charp) / hooklike halving, notching, scarf [joint], tabled scarf || ~ à **mi-bois [avec abouts carrés en coupe et brisés]** (charp) / plain scarf || **~s** *f pl* **multiples** (men) / finger joint || ~ *f* à **trait de Jupiter** (charp) / skew scarf
enturer / butt joints, butt-joint *vt* || ~ à **mi-bois** (charp) / scarf, scarph
énumérer / number
envahi par des **mauvaises herbes** / foul, weed-infested, -ridden
envasement *m* / silting-up
envaser (s') (conduite) / puddle *vi*, silt *vi* [up], choke *vi* [up] || ~ (s') (hydr) / silt [up]
enveloppant *m* (pare-chocs) / encompassing
enveloppante *f* (math) / generating curve of an envelope || ~ de **modulation** / modulation envelope
enveloppe *f* / clothing, cover, wrap[ping], envelope || ~, emballage *m* / cover, wrapping || ~ (lettres) / correspondence envelope, cover || ~, cage *f* / sheath, box || ~ (math) / envelope || ~ (techn) / jacket, shell, case || ~ (électr) / switch cover || ~ (nav) / hull o. outside plating, shell, [outer] skin || ~ (auto) / outer cover, casing (US) || ~ (fiche) / shell || ~, guipage *m* (électr) / web covering || **à deux ~s** / two- o. double-walled || ~ en **acier** / steel jacket o. casing o. shell || ~ du **ballon** / envelope of the balloon || ~ en **béton** / concrete casing || ~ de **caoutchouc** / rubberized fabric || ~ de **carène** / ship's hull o. skin, outside plating || ~ en **carton** / pasteboard case || ~ de **chaudière** / boiler jacket o. case o. casing o. covering o. cleading o. lagging || ~ de **cocon** / cocoon coating || ~ du **cœur** (réacteur) / core shroud || ~ de **couvercle de cylindre** / cylinder cover jacket o. cleading || ~ en **cuir** / leather case || ~ de **cylindre** (m.à vap) / cylinder cleading o. clothing o. cover o. jacket[ing] o. casing o. case || ~ de **cylindre** (techn) / roller coating o. lining || ~ **détendue** / flabby o. limb o. slack envelope || ~ **directrice** (turbine d'eau) / guide wheel casing || ~ **double** (turbine) / double shell || ~ **[à eau] réfrigérante** / cold water jacket || ~ **électronique** / electron sheath || ~ de l'**essieu** / axle housing || ~ à **fenêtre** / window envelope || ~ en **fer** / iron jacket o. case o. casing o. shell || ~ **fertile** / breeding blanket || ~ de **fil** / serving of a rope || ~ à **fil** (pneu) / straight-side tire, wired tire || ~ **flasque** / flabby o. limb o. slack enveloppe || ~ de **four** / furnace vessel || ~ du **gain** (électron) / gain box (a plane) || ~ de **gaz protecteur** (soudage) / gas envelope o. shielding || ~ de **gazogène** / generator o. producer shell || ~ **gonflable de sécurité** (auto) / air bag || ~ d'**impulsion** / pulse envelope || ~ **métallique** (électr) / metal protection || ~ de **meule** / mill casing || ~ de **paie** / pay envelope o. packet, wage envelope o. packet || ~ de **paille** / straw husk o. wrapper || ~ de **panier** (centrifuge) / basket shell || ~ en **papier de lin** / linen paper envelope || ~ de **paye** / wage o. pay packet o. envelope || ~ **plastique** (cylindre) / plastic coat for rollers || ~ de **plomb** (câble) / leaden case o. covering o. sheath[ing] o. jacket, lead cover || ~ du **pneu** (auto) / tire tread || ~ **[postale]** / paper-cover, wrapper, envelope || ~ **prismatique** (bâtim) / folded plate structure, folded plates *pl*, prismatic shell o. slab || ~ **protectrice** / protective covering o. sheathing || ~ **protectrice de câbles** / protective covering of cables || ~ **raide** / taut envelope || ~ du **réacteur à fusion** / blanket of the fusion reactor || ~ à **réchauffage** / heater shell || ~ **réfrigérante [d'eau]** / [water] cooling jacket || ~ **régénératrice** (nucl) / blanket || ~ de **sécurité** / reactor [dry] containment, drywell || ~ de **séricine** / gummy layer, sericine coating || ~ à **surpression** (électr) / pressurizing || ~ **surrégénératrice** / breeding blanket || ~ **tendue** / taut envelope || ~ en **tôle** / sheet cover[ing] o. case || ~ en **tôle d'acier** / sheet steel jacket o. envelope || ~ de **transformateur** / transformer shell o. case || ~ de **treillis** (bâtim) / surface shell, trelliswork casing || ~ de **turbine** / turbine cylinder o. casing o. housing o. shell || ~ à **vapeur** / steam casing o. jacket || ~ de **ventilateur** / fan housing
enveloppement *m* de **tubes** / pipe casing o. wrapping
envelopper / envelop, cover, sheathe, wrap || ~, emballer / pack *vt*, bundle *vt* || ~ de **papier** / wrap [up]
enverger (tiss) / lease *vt*
envergeure *f* [des fils] (tiss) / lease || ~ **rangée** (tex) / equalized lease
envergure *f* (aéro) / wing spread, wing span
enverjure *f* voir envergeure
envers *m* (gén) / wrong side, reverse || ~ (tiss) / wrong side, back || ~ (pap) / wire side || ~, double face *f* (pap, défaut) / twosidedness || **à l'~** / back to front, upside down, inside out || **à l'~** (typo) / reverse reading, laterally reversed || **à l'~** (tiss) / on the back of cloth, on the lefthand side
environ *adv* / roughly
environnant / surrounding, ambient
environnement *m* / environment, ambiance, ambience || ~ **division** (COBOL) / environment division (COBOL) || ~ **naturel**, environnement *m* physique / natural environment
environnemental / environmental
environnementaliste *m* / environmentalist, conservationist, ecologist
environner / surround *vt*, encircle, encompass || ~, enceindre / go round, round
environs *m pl* / adjacencies *pl*, surroundings *pl*, vicinity || ~ (gén, math) / neighbo[u]rhood || ~ d'une **ville** / city neighbourhood, outskirts *pl*
envisagable / possible
envisagé / envisaged
envoi *m* / shipment, parcel || ~ (action) / shipping || ~ de **détail** / L.C.L. load, less-car-load load, part-load consignment
envol *m* (aéro) / take-off
envoler (s') / fly off o. away, (also:) ..take one's flight
envoûté / arched

envoyage *m* (mines) / pit eye, plat
envoyer / send, dispatch || ~ (mines) / insert tubs || ~ dans une **case** (c.perf.) / select to stacker
enwagonneuse *f* / wagon loading machine
enzymatique / enzymatical
enzyme *f* / enzyme || ~ **bacterienne** / bacterial enzyme || ~ de **filtration** / filtration enzyme || ~ **fongique** / fungal enzyme || ~ du **malt** / malt enzyme, diastase || ~ **ramifiante** / branching enzyme
Eocène *m* (géol) / Eozoic
éolien (géol) / wind blown o. deposited
éolienne *f* / wind power engine
éosine *f* (teint) / bromoeosine, eosin (GB), eosine yellowish-(YS) (US)
éosinophile / eosinophil
épailleur *m* (sucre) / trash catcher (a travelling rake), trash screen (a vibrating screen)
épair *m* (pap) / look-through, formation || ~ **bariolé** (pap) / streaked formation || ~ **irrégulier** (pap) / wild formation || ~ **nuageux** (pap) / cloudy formation, wild look-through || ~ de la **pâte** (pap) / look-through
épais / thick || ~, pâteux / consistent, pasty || ~ (mines) / productive || ~, collant / tight-fitting || ~, visqueux / consistent, viscous, viscid || ~**se** fumée *f* / black o. dense smoke
épaisseur *f* / thickness || ~ (pap) / caliper, thickness || ~, densité *f* / density, compactness, solidity || ~ (mines) / seam thickness (incl. dirt bands) || ~ (p.e. de neige) / depth || **2 cm d'~** / 2 cm thick || **à ~ uniforme** (lame de scie) / of uniform thickness || **d'~ d'une demi-brique** (bâtim) / half-brick [thick] (4 1/2 in.) || **de faible ~** (mines) / thin || ~ **apparente de la dent** / transverse tooth thickness || ~ d'**arc** / arc thickness || ~ de la **bande** (lam) / strip thickness o. gauge || ~ de la **base** (extrusion) / thickness at bottom || ~ de **base apparente** / transverse base thickness || ~ de **base réelle** / transverse normal base thickness || ~ des **becs** (pince plate) / thickness of point || ~ des **becs d'entrefer** (tête magnétique) / depth of gap tips || ~ de **cémentation** / case hardening thickness, thickness of hardened layer || ~ au **centre** (meule) / thickness at bore || ~ d'une **chambre à air** / gauge of the tire tube || ~ du **côté** (profilé) / flange size o. thickness || ~ de la **couche** / thickness of a film o. layer o. ply || ~ d'une **couche d'atténuation au dixième** / tenth-value thickness || ~ de la **couche durcie** / case hardening thickness, thickness of hardened layer || ~ de la **couche EHD** (lubrification) / EHD film thickness || ~ de la **couche de jonction** (semicond) / junction width || ~ de **coupe** (outil de brochage) / rise per tooth || ~ **critique de la plage infinie** (nucl) / critical infinite slab || ~ de **demi-atténuation** / half-value thickness, half-thickness || ~ de la **dent** / tooth thickness || ~ de la **dent à la base** / root width of a tooth || ~ de **dent réelle** / normal tooth thickness || ~ **équivalente de plomb** (rayons X) / lead equivalent || ~ du **feuillard** / strip thickness o. gauge || ~ d'une **feuille seule** (pap) / single sheet thickness || ~ du **fil** / gauge number, number of wire || ~ **initiale** / initial thickness || ~ de **lame centrale** (foret) / web thickness || ~ de la **masse de velours** / effective pile thickness || ~ **massique** (nucl) / surface density, mass surface density || ~ du **matelas** (pap) / mat height || ~ **mesurée entre toit et mur, y compris stériles** (Belge) / seam thickness (incl. dirt bands) || ~ en **métal** (techn) / wall thickness, cheek, substance || ~ de **moule** (fonderie) / casing || ~ **moyenne d'une feuille en liasse** (pap) / bulking thickness || ~ de **mur** / wall thickness || ~ **normale de la dent** / normal tooth thickness || ~ de **noyau** (meule) / thickness at center || ~ de **paroi entre les trous** / [wall] thickness, substance, cheek || ~ **relative** (aéro) / thickness[-chord] ratio || ~ de **revêtement** (galv) / coating thickness || ~ de la **soudure** / weld thickness || ~ de la **tête** (pince plate) / thickness of jaw || ~ de **tissu** (tiss) / sett o. density o. gauge of cloth || ~ de **tôle** / sheet o. plate thickness, gauge number || ~ **totale de la soudure** (soudage) / throat thickness || ~ de la **voûte** / thickness of the vaulting
épaissir / thicken *vt*, make thicker || ~ (liquide) / evaporate, thicken by boiling || ~ (huile, couleur) / body *vt* || ~ (s'), épaissir *vi* / thicken *vi* || ~ par **évaporation** (chimie) / reduce [by boiling] || ~ le **laitier** / thicken the slag
épaississant *m* (gén) / thickening || ~ à l'**amidon** (tex) / starch thickening || ~ pour les **pâtes d'impression** (tex) / printing gum o. thickener
épaississement *m* (gén) / thickening || ~ du **copeau** (m.outils) / chip thickness ratio || ~ par **gravitation** (mines) / gravitation thickening || ~ de l'**huile** / thickening of oil || ~ en **pot** (couleur) / feeding-up in the can, livering
épaississeur *m* (pap) / decker || ~ de **boues** / mud thickener, sludge densifier || ~ **circulaire** (chimie) / circular thickener || ~ à **cyclone** (prép) / cyclone thickener || ~ d'**écumes** (sucre) / sludge thickener || ~ de **pulpe** (mines) / pulp thickener || ~ à **rateaux** (prép) / rake thickener || ~ de **schlamm** / mud thickener, sludge densifier
épancher (chimie) / transfuse
épanchoir *m* à **siphon** / regulating siphon of a canal
épandage *m* (agr) / manuring || ~ des **eaux usées** / broad irrigation || ~ d'**engrais liquides** (agr) / liquid fertilizer application || ~ de **gaz liquide** (agr) / liquid gas application || ~ de **gravillon** (routes) / grit layer || ~ des **insecticides** / crop dusting || ~ du **mélange routier** / road surfacing || ~ de **purin** (agr) / liquid manure application || ~ du **revêtement** (routes) / surface coating o. dressing o. treatment || ~ à **travers de champ** / broad irrigation
épandeur *m* de **chaux** (agr) / lime spreader o. sower (US) || ~ de **chaux à disque** (agr) / lime broadcaster || ~ d'**engrais** / fertilizer spreader || ~ d'**engrais centrifuge** / fertilizer broadcaster || ~ d'**engrais centrifuge à deux disques** (agr) / twin disk fertilizer broadcaster || ~**-faneur** *m* **combiné** / tedder, tedding machine || ~ de **fumier** / farmyard manure spreader || ~ d'**herbe à disque** (agr) / rotary tedder || ~ de **purin** / liquid manure spreader || ~ de **purin sous compression** (agr) / liquid manure rain gun || ~**-régleur-dameur** *m* (routes) / ballast distributor
épandeuse *f* (routes) / spreader || ~ (ELF) / spreader (GB), boom stacker (US), stacker (US) || ~ **automotrice** (routes) / automotive spreader || ~ **centrifuge** (routes) / spinner [spreader], rotary disk type gritter || ~ d'**herbe** (agr) / grass tedder || ~ de **sable** (routes) / sand distributor
épandre / spread *vt*, scatter *vt* || ~ (eaux usées) / irrigate || ~ les **andains** (agr) / spread windrows || ~ en **frottant** / bray || ~ le **gravillon** (routes) / grit *vt* || ~ en **vert** (agr) / ted
épannelage *m* (pierre) / roughing, rough hewing
épanoui *m* (ELF) / flare (pipe)
épanouissement *m* (viscose) / spreading
épar, épars voir épart
épargne *f* / economizing, economy, thrift, saving || ~, masquage *m* (galv) / stopping off || ~, réserve *f* / resist || ~ en **essence** / gasoline (US) o. petrol (GB) o. fuel saving || ~ **gravure** / photoresist

épargner (typo) / leave open, spare || ~ le **moteur** / treat with care, go easy on (coll)
éparpiller / scatter *vt*, disperse, strew || ~ (s') / scatter *vi*
épart *m* / rundle, rung || ~ (nav) / spar, perch || ~ de **cloison** / intertie o. rail of a framework
épaule *f* (gén) / shoulder || **à ~ coudée** (bêche) / backtreaded
épaulement *m* (techn) / shoulder, collar || ~ (pont) / retaining o. breast wall, parapet wall || ~ (bâtim) / retaining o. breast wall, shouldering wall || ~ (bride) / projection on flanges || **à ~** (tête de vis) / shouldered || ~ du **ballast** (ch.de fer) / ballast shoulder || ~ des **bouchons filetés** / collar of a screw plug || ~ de **centrage** / centering collar || ~ de **pneu** / side wall of tires || ~ du **tenon** (charp) / peg shoulder || ~ de la **vis à tête rectangulaire** / shouldered T-head
épave·s [ménagères] *f pl* / bulky refuse || ~ *f* d'**auto** / car wreck || ~ **marine** / wreck
épeautre *m* (bot) / spelt, speltz, Triticum spelta
épée *f* (tiss) / sword || ~ de **chasse** (tiss) / slay arm o. sword
éperon *m* (pont) / cut-water || ~ (géogr) / spur || ~ (nav) / ram bow, tumble-home bow || ~ (bâtim) / spur, buttress || **~s** *m pl* (hydr) / groins *pl*, groynes *pl* (GB) || **~s** *m pl* (barrage) / spur || ~ *m* de **quai** / pier, quay, quai
épeule *f*, cocon *m* (tiss) / hollow cop
éphémère *m* (zool) / day-fly, may fly, ephemerid
éphéméride *f* / memo book, tickler (US) || **~s** *f pl* (astr) / ephemerides *pl* (sing. ephemeris)
épi *m* / ear, spica || ~ (hydr) / groin, groyne (GB), jetty, croy || ~ du **maïs** / corn (US) o. maize ear || ~ **oblique** (hydr) / attracting groin || ~ **plongeant** (hydr) / immersed groin || ~ à **puiser** (hydr) / dam drawing water || ~ de **remblais** (mines) / waste pack || ~ du **seigle** (agr) / corn spike, grain spike || ~ de **séparation** (hydr) / separating dam || ~ du **vent** / direction o. set of the wind
épicadmique / epicadmium...
épicéa *m* **colonnaire**, épicéa *m* pilier, Epicea abies Karst var. columnaris / Norway spruce, columnar crown spruce || ~ **commun**, Epicea abies Karst, Picea excelsa Link / Norway o. European spruce, common spruce || ~ **noir**, Picea nigra Link / black spruce, picea mariana, eastern o. Canadian spruce
épicentre *m* (géol) / epicenter
épicer / spice *vt*, season, flavour *vt*
épichlorhydrine *m* / epichlorhydrin
épicycloïde *f* (math) / epicycloid || ~ **intérieure** (math) / hypocycloid, interior o. internal epicycloid
épiderme *m* (cuir) / epidermis
épidiascope *m* (opt) / epidiascope
épidote *m* (min) / epidote
épier (télécom) / listen in
épierrage *m* (mines) / handpicking, culling
épierrer (mines) / cull, pick, sort
épierreur *m* (sucre) / rock catcher || ~ (agric) / cleanser of grain
épigénésique (min) / epigenetic
épilation *f* (nucl) / epilation, depilation
épilatoire *m* (tan) / depilatory
épiler (tan) / unhair, pare off o. scrape off the hair
épi·mère *m* (chimie) / epimer || **~mérisation** *f* (chimie) / epimerization || **~microscope** *m* / epimicroscope || **~morphose** *f* (min) / epimorphosis
épine *f* (bot) / spike, thorn || ~ (pile raffineuse) / midfeather || **~s** *f pl* de **grillage** (sidér) / [ore] roasting thorns *pl* || ~ *f* en **métal** / tab, spike
épinette *f* / Canadian pine tree || ~ (Canada) / conifer || ~ **noire** / black spruce, picea mariana, eastern o. Canadian spruce
épingle *f* / pin || ~ d'**ancrage** (bâtim) / load-bearing nib-fixtures of cladding panels *pl* || ~ à **cheveux** / hairpin || ~ [de **fondeur]** (fonderie) / moulder's pin, melter's pin || ~ de **sûreté** / safety pin
épinglé (tex) / needled
épingler / pin [together] || ~ (tex) / needle *vt*, needle-felt, -punch *vt* || ~ en **suralimentation** (tiss) / pin the overfeed
épinglette *f* / combined broaching and boring tool
épinglier *m* (filage) / flyer
épiplancton *m* / epiplankton
épiscope *m* / episcope, opaque projector || ~ (mil) / small periscope
épissage *m* des **câbles** / rope splice
épissé / spliced
épisser / splice *vt*
épissoir *m* (nav) / marline spike, awl
épissure *f* / splice, splicing || ~ **carrée** / short splice || ~ à **œil** / eye splice || ~ **soudée** / joint cable splice
épitaxial / epitaxial
épitaxie *f* (crist) / epitaxy, epitaxial growth || ~ par **faisceau moléculaire** / molecular beam epitaxy, MBE || ~ en **phase liquide** / liquid phase epitaxy || ~ en **phase vapeur** / vapour phase epitaxy
épithermique (nucl) / epithermal
épluchage *m* / cleaning
éplucher / peel *vt* || ~ (tiss) / pinch *vt*, cull || ~ (cardes) / clean cards || ~ (mines) / cull *vt*, pick, sort || ~ (Canada), dépouiller (maïs) / husk *vt* || ~ la **laine** / unbur o. cull the wool
épluchette *f* (Canada), action *f* de dépouiller (maïs) / husking
éplucheur *m* / peeling knife || ~ de **lin** / flax rougher || ~ du **minerai** / ore picker
éplucheuse *f* de **maïs** (Canada) / maize o. corn (US) husker
épluchoir *m* / peeling knife
épluchures *f pl* de **coton** / cotton waste, waste cotton, orts *pl*
épointé (outil) / dull, blunt
épointer / blunt o. break the point || ~ (s') (outil) / blunt *vi*, dull *vi*
éponge *f* / sponge || ~ (tiss) / Turkish o. terry towel || ~ de **caoutchouc** / rubber sponge || ~ de **cuivre** / copper sponge || ~ de **fer** / spongy iron, iron sponge || ~ de **palladium** / palladium sponge || ~ de **platine** / platinum sponge, spongy platinum || ~ de **plomb** / spongy lead || ~ de **titane** / titanium sponge || ~ **viscose** / viscose sponge
éponger / sponge [up], mop [up] || ~ (céram) / sponge off
épontes *f pl* / secondary rocks *pl*
épontille *f* (nav) / pillar || ~ de **cale** (nav) / hold pillar o. stanchion || ~ à **marches** (nav) / pillar ladder
époque *f* de la **germination** / period of germination
époudrer / dust *vt*, make free of dust
époulage *m* (tiss) / weft winding
époule *f* (filage) / pirn, quill, cop
épouser la **forme** / mould *vi*
épousseter / dust *vt*, make free of dust
époussette *f* / dust brush
épouvantail *m* (ligne H.T.) / game guard
époxy-résine *f* / epoxy resin
épreuve *f* / trial, test[ing], proving, proof, experiment, tryout (coll) || ~ (typo) / proof copy || ~ (phot) / print, (esp.:) test print || **à l'~ des balles** / bulletproof || **à l'~ de l'explosion** / explosion-proof || **à l'~ de l'eau** / watertight, waterproof, impermeable to water || **à l'~ de l'effraction** / burglarproof || **à l'~ du feu** / fireproof || **à l'~ de**

flambage (méc) / non-buckling, short column... || **à l'~ du gaz** / gas-proof || **à l'~ de l'humidité** / dampproof || **à l'~ de l'humidité** (électr) / moisture-proof || **à l'~ la plus dure** / heavy duty... || **à l'~ de la pression** / compression-proof || **à l'~ des projectiles** / bulletproof, shot-proof || **à toute ~** / well tried, proved, [fully] up to the mark || **à toute ~** (schème) / foolproof || **faire l'~ de pression** / pressure-test || **faire des ~s** (phot) / print *vi* || **faire l'~** / test *vi*, prove, try || ~ d'**agréation** (techn) / approval test || ~ d'**atelier** / shop test || ~ en **bon à tirer** (typo) / press proof || ~ de **braquage** (auto) / manoeuvrability test || ~ à la **brosse** (typo) / flat o. rough proof || ~ de **cassure** / breaking test || ~ de **compression** (techn) / compression test || ~ par **contact** (phot) / contact print || ~ en **couleur** / colour print || ~ **diapositive** / lantern slide, positive [transparency] || ~ à l'**eau** / wet assay o. test || ~ d'**étanchéité** / leak test || ~ aux **étincelles** (sidér) / spark test o. analysis || ~ du **feu** / trial by fire, fire test || ~ du **filet** (sucre) / finger test, touch || ~ de **finition** (typo) / press proof || ~ à la **flamme** (chimie) / flame test || ~ à **froid** / cold test || ~ **glacée** (phot) / enamelled print || ~ **glacée** (repro) / high glossy print, glossy || ~ de **gomme** (huile, carburant) / gum test || ~ au **hasard** / random sampling || ~ **hygrométrique** / conditioning || ~ d'**immersion** / immersion test, Preece test || ~ **instantanée** / instantaneous photograph, snapshot || ~ **lithographique** / lithographic print o. engraving, lithograph || ~ sur **machine** (typo) / pressproof || ~ d'une **machine à gaufrer** (pap) / paper cylinder of an embossing o. goffering machine || ~ des **matières ou des matériaux** / material test o. research || ~ **négative** / reversed o. negative image || ~ à **outrance** (techn) / overload test || ~ en **page** (typo) / page proof || ~ sur **papier** / paper print || ~ sur **papier couche** / art pull, glossy print proof (US) || ~ sur **papier glacé** (phot) / opaline || ~ **photographique** / photographic print o. copy || ~ **photolithographique** (typo) / photolithograph || ~ en **placard** (typo) / slip proof, proof, galley proof o. slip || ~ aux **positions** (horloge) / position tests *pl* || ~ **positive** / positive [picture] || ~ **positive pour reproductions** / positive picture dupe || ~ de **Preece** / immersion test, Preece test || ~ en **première** (typo) / first proof, slip proof || ~ de **pression** (techn) / pressure test || ~ [à **pression**] **hydraulique** / hydraulic test, hydrostatic test || ~ à la **pression ou sous pression de la presse hydraulique** / hydraulic pressure test || ~ de **réception d'une chaudière** / boiler acceptance test || ~ **repro** (typo) / repro[duction] proof, repro || ~ à **sec ou par la voie sèche** / dry assay o. test || ~ du **soudeur** / examination of welders || ~ **statique** / static test, loading test || ~ du **sucre** / sugar touch || ~ au **sulfure** / hepar test || ~ **témoin** (film) / pilot print || ~ de **tenue à la mer** (aéro) / sea state capability test || ~ en **tierce** (typo) / pressproof || ~ **tirée sur bromure d'argent** / bromide [printing] process || ~ **tirée de la pellicule positive** / positive picture dupe || ~ de **tournage** (film) / rush print, daily || ~ de **travail** (film) / work print, WP, rush print, cutting-copy print || ~ de **travail** (microfilm) / working film || ~ **trichrome** (typo) / progressive [proof], prog || ~ **typo** (graph) / impress copy || ~ d'**usager** / user test

EPROM *m* (ord) / EPROM, erasable programmable read-only memory

E²PROM *m* (ord) / E²PROM, electrically erasable programmable read-only memory

éprouvé / experienced, well tested || ~, sûr / safe, secure || ~ **aux chocs** / shock-tested || ~ en **pratique** / field-proven || ~ sur ou à la **pression de ... bars** / tested for ... bars

éprouver / undergo *vt* || ~, essayer / test *vt*, prove, try || ~ (chimie) / assay *vt* || ~ à l'**aréomètre** (teint) / twaddle, spindle || ~ un **perfectionnement** / undergo o. meet an improvement || ~ à la **pression de la presse hydraulique** / test a boiler under pressure

éprouvette *f* (essai des mat) / test piece, specimen (US) || ~, jauge *f* / ga[u]ging rod o. rule || ~ (chimie) / test tube || ~ (sidér) / test bar || ~ (caoutchouc) / test piece o. specimen || ~ **à entaille à U** / test piece with U-notch || ~ **à entaille à V** / test piece with V-notch || ~ **attenante** (fonderie) / cast-on test bar, attached test coupon || ~ de **compression** / compression test bar || ~ **coulée à part** (fonderie) / separately cast test bar || ~**s** *f pl* **coulées avec la pièce ou tenants à la pièce** (fonderie) / attached o. cast-on test coupons || ~ *f* en **croix** / cruciform test piece || ~ de **décapage** (sidér) / pickle test || ~ à **déchirer** / tension test piece || ~ en forme de **doigt** (électr) / probe || ~ à **encoches sur les deux côtés** / double edge notched specimen || ~ **entaillée** / notched test piece || ~ d'**essai** / test piece o. specimen (US) || ~ pour l'**essai à la traction** / tensile o. tension test bar || ~ d'**essai au choc** / impact test specimen || ~ de **fils** / thread dynamometer || ~ à **fléchir** / bending sample, sample of bending work || ~ de **forme d'angle après Greves** (caoutchouc) / Greves nicked angle test || ~ en **fourche** (corrosion) / fork test bar || ~ à **gaz** (mines) / gas sampling tube || ~ **graduée** / graduated measuring cylinder, glass gauge o. measure || ~ **graduée avec bouchon** (chimie) / graduated measuring cylinder with stopper || ~ en forme de **haltère** (électr) / dumb-bell shaped test piece || ~ **lisse ou massive ou non entaillée** / unnotched specimen || ~ en **long** (essai de mat) / longitudinal test piece || ~ **Mesnager** (essai de mat) / Mesnager test piece || ~ **normalisée** / standard test piece || ~ à **pied** (chimie) / glass cylinder o. jar || ~ **plate de déchirement** / flat tension test bar || ~ **prélevée à la cuiller** (sidér) / say-ladle sample, ladle o. scoop sample || ~ **prélevée [dans] ou en provenance** [de] / test piece [from] || ~ **prélevée dans le métal de base** (soudage) / parent metal test piece o. test specimen || ~ **prélevée dans le métal déposé** / all-weld-metal test specimen || ~ **[ronde ou plate] de traction** / standard tension test bar || ~ de **structure cristalline** / test specimen of the crystalline structure || ~ **tangentielle** (sidér) / tangential test piece || ~ **tarée** (essai de mat) / calibrated test piece || ~ [de **traction]** / tension test bar || ~ en **travers** (essai de mat) / transverse test piece o. specimen || ~ de **trempe** / hardness test piece || ~ de **trempe** (fonderie) / chill test piece, chill block (US) || ~ de **trempe en coin** (fonderie) / wedge test piece || ~ **WOL** / WOL-specimen (= wedge opening load specimen)

éprouveur *m* (fusil) / trier

epsomite *f* (min) / Epsom salts *pl*, bitter salt, epsomite

épuisé / exhausted || ~, faible / faint, feeble || ~ (mines) / exhausted || ~ (typo) / out-of-print, O.P., o.p. || ~ (nucl) / spent, irradiated

épuisement *m* / exhaustion || ~ (mines) / draining of mines, drainage, water raising || ~**s** *m pl* (hydr) / draining, drainage || ~ *m* (semicond) / depletion || **jusqu'à** ~ [de stock] / till stocks are exhausted || ~ des **eaux** (bâtim) / de-watering works *pl* || ~

nucléaire / burn-up
épuiser / consume, use up || ~, exténuer / impoverish, exhaust || ~, vider / pump out || ~ (s') / peter [out] || ~ (s') (mines) / blow off (e.g. a shot) || ~ (s') (bain) / hold off || ~ la **capacité** (ord) / preempt the capacity || ~ à l'**éther** / shake out with ether || ~ le **terrain** / exhaust the soil, drain, impoverish
épulpeur *m* (sucre) / pulp catcher o. saver, save-all
épurante *f* **gazière** / gas purifying agent
épurateur *m* (chimie) / gas purifier || ~ d'**air** / air cleaner o. purifier || ~ **centrifuge** / centrifugal screen o. strainer || ~ **centrifuge Erkensator** (pap) / erkensator || ~ **centrifuge d'essence** / centrifugal gasoline cleaner || ~ à **force centrifuge** / centrifugal cleaner || ~ de **gas** / gas cleaning plant, scrubber || ~ de **gaz** (laboratoire) / gas purifier, (esp.:) gas washing bottle, wash bottle || ~ d'**huile** / oil purifier || ~ d'**huile centrifuge** / oil whizzer || ~ à **peigne réglable** (filage) / adjustable comb yarn clearer || ~ à **plaque** (prép) / plate cleaner || ~ **préliminaire** / first o. preliminary air strainer o. filter o. purifier || ~ **sec** / dry cleaner || ~ **Theisen** (sidér) / Theisen disintegrator || ~ **tourbillonaire** (pap) / centricleaner || ~ de **voile** (tex) / web squeezer
épuration *f* (pap) / pulp o. stock cleaning o. screening || ~ (eaux usées) / sewage clarification o. purification || ~ (air) / filtering of air || ~ **calco-carbonique** (sucre) / defecocarbonation || ~ **chimique** (chimie) / chemical purification || ~ **chimique des eaux** / water conditioning, water treatment || ~ du **coton** / cleaning of cotton || ~ de l'**eau** / water purification || ~ à l'**eau** (prép) / washing, wet purification || ~ d'**eau d'alimentation** / feed-water purification || ~ des **eaux d'égout** / sewage clarification, purification of sewage water || ~ **électrique des gaz d'échappement** / electric precipitation of waste gas || ~ **électrique des gaz de fumée** / electric precipitation of flue gas || ~ **fine** / fine o. secondary cleaning o. purification || ~ du **gaz** / gaz cleaning, scrubbing || ~ **grossière** / primary cleaning || ~ de l'**huile ou des huiles** / oil purification || ~ des **jus** / juice cleaning o. clarification || ~ par **milieu dense** (prép) / dense-medium process || ~ **naturelle** (eaux usées) / self-purification || ~ **pneumatique** (prép) / pneumatic classification o. dressing, pneumatic cleaning || ~ **poussée** / fine o. secondary cleaning o. purification || ~ du **réfrigérant** (nucl) / coolant purification || ~ **ultérieure** / afterpurification || ~ par **voie humide** (mines) / washing, wet purification || ~ par **voie sèche** (prép) / dry cleaning
épure *f* / engineering drawing || **faire l'~** (bâtim) / trace in full size || ~ de **distribution** (m.à vap) / distribution diagram || ~ des **efforts ou des forces** / reciprocal o. force o. stress diagram, diagram of forces
épurer (gén) / purify || ~ (pâte de papier) / screen *vt*, clean *vt* || ~ (chimie) / cleanse, purge, purify, defecate || ~ (filage) / attenuate, refine, improve || ~ (eau de vie) / rectify brandy || ~ (air) / filter *vt* || ~ (eau) / purify water || ~ **mécaniquement les eaux** / brighten water || ~ **préalablement** / prepurify
équarri / edged || ~ à **vives arêtes**, bien équarri / full squared o. edged
équarrir (gén) / square [up] || ~ (arbres) / slab *vt* || ~ (tan) / skin *vt*, flay
équarrissage *m* / squaring up || ~ (mines) / squaring set || ~ des **panneaux** / panel sizing
équarrisseuse *f* (bois) / four-edge trimming saw
équarrissoir *m* (forge) / puncher chisel || ~ (broche) / square broach
équateur *m* (geom) / great circle || ~ (astr, géogr) / equator || ~ **magnétique** / magnetic equator, aclinal line || ~ de la **Terre** (nav) / terrestrial equator
équation *f* (math) / equation || ~ de l'**âge Fermi** / Fermi age equation || ~ **algébrique** / algebraic o. literal equation || ~ de **Bernoulli** / Bernoulli's equation || ~ **binôme** / binomial equation || ~ **caractéristique** / equation of state, state equation || ~ **caractéristique** (math) / characteristic equation || ~s *f pl* de **Cauchy-Riemann** / Cauchy-Riemann equations *pl* || ~ *f* du **centre** (math) / equation of a circle with the origin at the center || ~ du ou de **champ** (électr) / field equation || ~ de **Clapeyron** (méc) / three-moment equation, theorem of three moments || ~ de **Clausius-Clapeyron** (thermodynamique) / Clausius-Clapeyron equation || ~ de **condition** (math) / equation of condition || ~ de **continuité** / equation of continuity, continuity equation || ~ **critique** (nucl) / critical equation, pile equation || ~ **cubique** / cubic equation, equation of the third degree || ~ de **définition** / conditional equation || ~ du 2e **degré** voir équation quadratique || ~ d'un **degré plus élevé** / higher equation || ~ **différentielle** / differential equation || ~ **différentielle partielle** / partial differential equation || ~ **différentielle partielle parabolique** / parabolic partial differential equation || ~ de **dimensions** / dimensional equation || ~ **diophantienne** (math) / diophantine equation || ~ de **Dirac** / Dirac's equation || ~ du **3e degré** voir équation cubique || ~ d'**élasticité** / equation of elasticity || ~ d'**équilibre** (méc) / equation of equilibrium || ~ d'**état** / equation of state, state equation || ~ **exponentielle** / exponential equation || ~ de **Fermi** (nucl) / Fermi age equation || ~ **fondamentale** (math) / fundamental equation || ~ du **gain** (phys) / gain equation || ~ des **gaz** / gas equation o. laws *pl* || ~ de **Gibbs-Helmholtz** / Gibbs-Helmholtz equation || ~ aux **grandeurs** / quantity equation || ~ de **Hartree** (électron) / Hartree equation || ~ **homogène** / homogeneous equation || ~ **horaire du mouvement** (math) / motion equation || ~ **individuelle** (instr. de mesure) / personal equation || ~ de l'**inhour** (nucl) / inhour equation || ~ **intégrale** (math) / integral equation || ~ de **Laplace** (électr) / Laplace's equation || ~ de **lentilles** / lens equation || ~ des **lentilles de Newton** / Newton's lens equation || ~ de **lieu** / equation of the locus || ~ **linéaire** (math) / simple o. linear equation || ~ de **Lorentz et Lorenz** (chimie) / Lorentz-Lorenz equation || ~ **nodale** (math) / nodal equation || ~ d'**onde** / wave equation || ~ d'**oscillations** / vibration equation || ~ **paramétrique** / parametric equation || ~ de **Poisson** / Poisson's equation || ~ du **premier degré** (math) / simple o. linear equation || ~ **quadratique** / equation of the second degree, quadr[at]ic equation || ~ du **quatrième degré** / fourth-power equation || ~ **réduite** (math) / reduced equation || ~ de **Schrödinger** / Schrödinger [oscillation] equation || ~ du **second degré** voir équation quadratique || ~ **simultanée** (math) / simultaneous equation || ~ de **temps** / equation of time || ~ de **Tetmajer** (méc) / Tetmajer's equation || ~ **thermique** / equation of thermal state || ~ de **transfert** (nucl) / transport equation || ~ des **trois moments** voir équation de Clapeyron || ~ du **troisième degré** voir équation cubique || ~ aux **valeurs numériques** / numerical value equation, unit equation || ~ de **van der Waals** / van der Waals equation

équatorial *adj* (géogr, méc) / equatorial *adj* || ~ *m* (télescope) / equatorial
équerrage *m* / squareness
équerre *f* / angle o. corner iron, sash angle || ~ (dessin) / set square, square, triangle || ~ (men) / rule triangle, rectangle || ~ (typo) / feed angle || **à l'~** / [by the] square || **pas d'~** / out of square || ~ en **acier** (outil) / machinist's square || ~ d'**appui** (auto) / angle bracket || ~ d'**arpenteur** (arp) / cross-staff [head] || ~ d'**assemblage** (constr.en acier) / connection angle, angle cleat || ~ de **biais à mitre** (charp) / bevel protractor || ~ **bissectrice** (arp) / angle bisector || ~ à **branche épaisse ou à épaulement**, équerre *f* butée, équerre *f* à chapeau / back square, try-square || ~ à **chapeau d'ajusteur** / scriber's square || ~ du **conteneur** / container corner || ~ **coulante** (dessin) / folding square || ~ **coulissante** / sliding rule || ~ de **dessinateur** / set square || ~ pour **élingues** / sling corner || ~ **étalon** (outil) / standard square || ~ de **fenêtre ou en L** (men) / sash angle || ~ de **fixation** / angle bracket || ~ **[fixe] en acier** / machinist's square || ~ à **miroirs faisant entre eux un angle de 90°** / optical square || ~ **mobile** / sliding square, bevel [rule] || ~ de **montage** (m.outils) / angle plate || ~ à **niveau** (charp) / level square || ~ d'**onglet** (dessin) / mitre-square || ~ d'un **pied** / tread of a tripod || ~ **pliante** (dessin) / folding square || ~ **pliante** (men) / slide bevel || ~ **pomme de canne** (arp) / cross-staff [head] || ~ de **pose des rails** (ch.de fer) / rail square || ~ à **prisme** / rectangular prism, prismatic square || ~ à **prismes** (arp) / prism square || ~ de **renforcement** / reinforcing angle || ~ de **renvoi** / bell-crank lever, angle o. elbow o. knee lever || ~ de **siège** (men) / corner block || ~ de **support** / rectangular bracket || ~ en **T** (dessin) / tee-square || ~ en **T** (men) / T-shaped sash angle || ~ en **tôle** / corner plate of a frame
équerrer / square *vt*
équiangle / equiangular
équiaxe (crist) / equiaxed, isoaxle
équicourant / uniflow, co-current flow... || ~, parallèle / parallel
équidistance *f* / equidistance || ~ des **courbes de niveau** (en mètres) / contour intervals in meters || ~ des **teintes hypsométriques** (cartographie) / layer step
équidistant / equidistant, spaced equidistantly || ~ (géogr, math, télécom) / equidistant
équi·énergétique / equi-energy || **~large** / commeasurable, commensurate
équilatéral (math) / equilateral
équilibrage *m* (gén) / balancing || ~, compensation *f* / compensation, offset || ~ (techn) / balancing || ~ (aéro) / trim || ~ (ELF) (radio) / trimming [adjustment] || **à ~ automatique** (électron) / self-balancing || **à ~ dynamique** / dynamically balanced || **d'~** / balancing, balance... || ~ **actif** (télécom) / active balance || ~ des **amplificateurs à deux fils** (télécom) / repeater balance, balancing two-way repeaters || ~ **automatique** (électron) / automatic balancing || ~ des **blancs** (TV) / white balance || ~ du **câble** / cable balancing || ~ de **charge** / load compensation o. balance || ~ des **circuits** (télécom) / balancing of circuits || ~ par **condensateur** (électron) / balancing by capacitors || ~ des **couleurs** (TV) / colour balance || ~ **dynamique** / dynamic balancing || ~ **dynamique électronique** / dynetric balancing || ~ d'**échos** / echo matching || ~ des **forces** / equilibration of forces || ~ **longitudinal** (ch.de fer) / fore and aft balancing || ~ des **masses** / mechanical o. mass balance o. balancing, balancing of masses || ~ des **moments** / balancing of moments || ~ de **poids** / counterweight, weight counterbalance, equilibration || ~ du **pont** (électr) / bridge balance || ~ des **répéteurs** (télécom) / repeater balance, balancing two-way repeaters || ~ de la **soupape** / valve relief || ~ **statique** (aéro) / static balance || ~ de **température** (sugr) / temperature equalization || ~ des **voies** / channel balancing
équilibrant (s') / counterbalancing each other, at equilibrium
équilibre *m* / equilibrium, balance, equipoise || **à ~ automatique** (balance) / automatically equipoising || **à l'~** / at equilibrium || **d'~ indifférent ou neutre** (méc) / in neutral equilibrium || **en ~** / counterbalancing each other, at equilibrium || **faire ~** [à] / counterbalance || ~ **acide-basique** / acid-base equilibrium || ~ pour l'**action des couples** / equilibrium with respect to torsion || ~ des **câbles** / rope compensation || ~ de **capacité** (télécom) / capacity balance || ~ **colorimétrique** (TV) / colour match || ~ de **Donnan** (biol) / membrane o. Donnan equilibrium || ~ **dynamique** / dynamical equilibrium, running o. dynamic balance || ~ **écologique** / ecological balance || ~ d'**écoulement** (biol, chimie) / equilibrium of flow || ~ des **électrons** / electron equilibrium || ~ de **forces** / equilibrium of forces || ~ de **fusion** (céram) / melting o. fusion equilibrium || ~ des **gaz** / gas equilibrium || ~ **hybride** (télécom) / hybrid balance || ~ **indifférent** / indifferent o. neutral equilibrium || ~ **instable** / instable o. unstable equilibrium || ~ **isomère** / mutamerism || ~ **liquide-vapeur** / liquid-steam equilibrium || ~ **métastable** / metastable equilibrium || ~ d'**oxydoréduction** / oxidation-reduction equilibrium || ~ de **particules chargées** (nucl) / charged-particle o. electronic equilibrium, CPE || ~ des **phases** (chimie) / phase equilibrium || ~ **radiatif** (astr) / radiative equilibrium || ~ **radioactif séculaire** / secular [radioactive] equilibrium || ~ **radioactif transitoire** / transient radioactive equilibrium || ~ **stable** / stable equilibrium || ~ **statique** / statical equilibrium || ~ **statistique** / statistic[al] equilibrium || ~ des **températures** / temperature balance o. equalization || ~ **thermique**, équilibre *m* thermodynamique / thermal equilibrium || ~ à la **torsion** / equilibrium with respect to torsion || ~ **transitoire** (nucl) / transient equilibrium || ~ **vapeur-liquide** / steam- o. vapor-liquid equilibrium || ~ **xénon** (nucl) / xenon equilibrium
équilibré / balanced || ~ (câble métall.) / non-spinning, non-twisting, non-kinking
équilibrer / establish the equilibrium || ~ (techn) / [counter]balance *vt* || ~ (électr) / balance *vt*, equilibrate, equipoise || ~, compenser / compensate || ~, supprimer / neutralize || ~ (bâtim) / level out || ~ (aéro, nav) / trim *vt* || ~ (s') / balance *vi*, be in equilibrium, be balanced, poise || ~ **dynamiquement** / balance dynamically || ~ la **vanne** / compensate the pressures on a gate valve
équilibreur *m* / equalizer || ~ (télécom) / balancing network || ~, ligne *f* artificielle (électr, télécom) / equivalent network, artificial line || ~ d'**atténuation** / attenuation equalizer || ~ **complémentaire** (câble, télécom) / building-out section || ~ des **couleurs** (TV) / colour matcher || ~ de **pression** / balanced pressure regulator || ~ de **voies** (stéréo) / balance control
équilibreuse *f* / balancing machine
équilibromètre *m* (instr) / equilibrometer

équimoléculaire / equimolar, -molal
équimultiple *m* (math) / equimultiple
équinoxe *m* / equinox
équipage *m* / aircrew || ~ (navires) / ship's crew || ~ (tiss) / mounting harness, harness, mounting || ~ (ELF) / crew, gang || **sans** ~ (nav) / unmanned || ~ **affecté au transport** (ch. de fer) / train crew, road crew (US) || ~ de **lunette** / eyepiece, ocular || ~ **magnétique** (compas) / directional system || ~ **mobile** (compteur) / rotating element of a meter, moving element of a meter, rotor of a meter
équipartition *f* / equipartition [for] || ~ de **cercle** (math) / cyclotomy
équipe *f* (bureau) / team, staff || ~ (mines) / miners *pl* || ~ (ouvriers) / shift || ~ (nav) / chain of towed boats || ~ (bâtim) / construction gang, builder's labourer *pl* || ~ de **collaborateurs** / staff of coworkers || ~ de **conduite ou de la locomotive** / locomotive crew || ~ de **dépannage** / breakdown gang || ~ d'**entretien** / repair gang || ~ de **fonderie** / pouring crew || ~ de **fourneau** / furnace crew || ~ à **front** (mines) / face crew || ~ de **jour** (effectif) / day shift o. turn || ~ de **laminage** / rolling mill crew || ~ de **manœuvre** / shunting gang || ~ du **matin** (effectif) / morning shift || ~ de **montage** / construction gang o. team o. unit || ~ de **nuit** / night shift || ~ d'**ouvriers** (ch.de fer) / gang || ~ de **pose de rails** / tracklaying gang || ~ de **réparation** / repair gang || ~ de **réparation** (électr) / fault finding gang, trouble shooters *pl* || ~ de **secours** (aéro) / support people (US) || ~ de **surveillance** / attendance crew, service staff o. personnel || ~ de **travail** (effectif) / working shift || ~ de la **voie** (ch.de fer) / permanent-way gang
équipé (aéro) / manned || **non** ~ (nav) / unmanned
équipement *m* / accessories *pl*, equipment, outfit || ~ (bâtim) / servicing || ~**s** *m pl* (aéro) / purchased equipment || **nous réalisons également les ~s suivants** / our products in this range include ... || ~ *m* **accessoire** / accessory parts *pl* || ~**s** *m pl* d'**accompagnement** (urbanisme) / infrastructure facilities and installations *pl*, ancillary facilities *pl* || ~ *m* d'**atelier** / workshop outfit || ~ **autonome de survie** (espace) / portable life support system, PLSS || ~ de **base** / standard equipment || ~ de **bateaux** / boat furnishing || ~ de **battage** / threshing outfit || ~ de **benne preneuse** / grab equipment, dragline equipment || ~ de **binage** / rotor blades *pl* || ~ de **bord** (aéro) / aircraft equipment || ~ des **chantiers de construction** / building implements *pl* || ~ de **commande de grue** / crane control device || ~ pour **commande et contrôle des procédés** / process measuring and control equipment || ~**s** *m pl* **commerciaux** / business district || ~ *m* (pour **compléter**) / completion || ~ de **contrôle** (astron) / check-out system || ~**s** *m pl* de **desserte** / infrastructure facilities and installations *pl*, ancillary facilities *pl* || ~ *m* **électrique** (m.outils) / electrical equipment || ~ d'**essai** / test gears *pl*, testing equipment, test setups *pl* || ~**s** *m pl* d'**essai et de contrôle** / test setups and monitoring equipment || ~ *m* **extincteur à main** / hand fire extinguishers *pl* || ~ d'**extraction** (mines) / hoisting o. drawing gear || ~ de **fabriques** / factory o. works equipment o. installation o. outfit || ~ **flotteur** / floating equipment || ~ de **forage** / drilling equipment || ~ de **guide d'ondes** / plumbing (coll), waveguide tube || ~ d'**instruments** / instrumentation || ~ de **laboratoire** / laboratory equipment || ~ de **lancement du tambour** (pap) / reel-spool starter || ~ de la **ligne** (ch.de fer) / line equipment || ~ en **matériel** (ELF) / machinery [equipment o. plant] || ~ **ménager** / household o. home appliance || ~ de **mesure des parasites** (télécom) / radio interference test assembly || ~**s** *m pl* **militaires** / military equipment, materiel || ~ *m* de **modulation de groupe** (électron) / group modulator o. translator || ~ **moteur** / drive assembly || ~ **normal** / standard o. routine equipment o. feature o. option, regular equipment || ~ **obligatoire** / compulsory fitting || ~ **optionnel** (auto) / extras *pl* || ~ **pneumatique** (m.outils) / pneumatic system || ~ de **pneus** / tire equipment || ~ des **pompiers** / fire brigade equipment || ~ de **ports** / port o. harbour installations *pl* || ~ de **premiers secours** (pomp) / hand fire extinguishers *pl* || ~ de **préréglage d'outil** (NC) / tool setting equipment || ~ **radioélectrique** / radio equipment || ~ pour **recherche et sauvetage** (aéro) / SAR equipment (= search and rescue) || ~ de **réglage** / control system (GB), controlling means (US) || ~ de **réglage complet** / control unit || ~ de **repérage** (aéro, nav) / locating equipment o. device || ~ au **sol** (aéro) / ground equipment || ~ de **sonorisation** (gén) / loudspeaker equipment || ~ **spécial** (auto, m.outils) / option, extras *pl* || ~**s** *m pl* **spéciaux d'hiver** (auto) / winter equipment || ~ *m* de **stockage** / storage equipment || ~ **studio de l'amateur** / domestic studio equipment || ~ de **surveillance** (télécom) / supervisory apparatus || ~ de **surveillance infrarouge** (mil) / infrared surveillance equipment || ~ de **[sur]vie** (ELF) (espace) / life support equipment o. system || ~ **technique** / installation, plant || ~ **terminal** (télécom) / terminal equipment || ~ de **transmission par faisceau hertzien** / radio link equipment || ~ **trousse** (auto) / tool outfit o. kit || ~ d'**usines** / factory o. works equipment o. installation o. outfit || ~ du **véhicule** / vehicle [borne] equipment || ~ de **vie** (espace) / life support
équiper / staff *vt* || ~ / equip o. furnish [with], fit out [with]
équiphasé, -phase (électr) / balanced, equiphase, in phase
équipotentiel / equipotential
équipotentielle *f* / equipotential surface o. region
équiprobable (math) / equiprobable
équitombant, -valent (mines) / equal falling o. settling
équivalence *f* / equivalence || ~ de **chute** (mines) / equal falling || ~ d'**énergie** / energy equivalence || ~ **masse-énergie** (phys) / energy-mass equivalence || ~ **photochimique** / photochemic[al] equivalence || ~ de **travail** / equation of kinetics, of kinetic and potential energy
équivalent [à] *adj* / equivalent, balanced, in balance || ~ (électr, télécom) / dummy, artificial || ~ *m* / equivalent, equivalence || ~, contre-valeur *f* / equivalent [value] || ~, succédané *m* / substitute || ~ d'**affaiblissement d'équilibrage** (télécom) / return loss unit || ~ en **air d'un élément** (nucl) / air equivalent || ~ d'**altitude d'un plateau théorique** (chimie) / height equivalent to a theoretical plate, H.E.T.P., o. stage, H.E.T.S. || ~ d'**amidon** / starch equivalent || ~ d'**amorçage** (radio) / singing point equivalent || ~ d'**arrêt** (nucl) / stopping equivalent || ~ de **baril de pétrole** / barrel of oil equivalent || ~ de **charbon** / coal equivalent, C.E. || ~ du **cône pyrométrique** (céram) / pyrometric cone equivalent, P.C.E. || ~ en **dextrose**, DE / dextrose equivalent, DE || ~ de **dose** (nucl) / dose equivalent || ~ de **dose génétique** / genetic dose equivalent || ~ de **dose maximale admissible**, E.D.M.A. (rayons X) / maximum permissible dose equivalent, MPDE || ~

de **dose moyen** (nucl) / average dose equivalent || ~ de **dose à la population** (nucl) / population dose equivalent || ~ de **dose à un groupe** (nucl) / group dose equivalent || ~ de ou en **eau** (phys) / water equivalent, thermal capacity || ~ **énergétique du courant d'obscurité** / equivalent anode dark-current input || ~ **étranger** / foreign o. translational equivalent, corresponding foreign term || ~ de **Faraday** / Faraday equivalent (not: electrochemical equivalent) || ~ de **foin** / hay equivalent || ~**-gramme** *m* / gram-equivalent || ~ de **hauteur à un plateau théorique** (chimie) / height equivalent to a theoretical plate o. stage, H.E.T.P., H.E.T.S. || ~ de **houille** / coal equivalent, C.E. || ~ de **lumière** / light equivalent || ~ en **maltose**, ME / maltose equivalent, ME || ~ **mécanique** / mechanical equivalent || ~ **mécanique de la chaleur** / mechanical equivalent of heat, Joule's equivalent (C = 4,186J) || ~ **mécanique de lumière** / mechanical equivalent of light || ~ de **pain blanc** / white bread equivalent || ~ **pétrole** / oil equivalent || ~ **photométrique du rayonnement** / luminous efficiency, visibility factor || ~ de **référence de l'effet local** (télécom) / reference equivalent of sidetone, side tone reference equivalent || ~ de **référence d'un système** (télécom) / volume equivalent || ~ **relatif** (télécom) / relative equivalent || ~ de **répétition** (télécom) / repetition equivalent || ~ au **tissu** (nucl) / tissue equivalent || ~ de **transmission** (télécom) / attenuation measure, transmission equivalent || ~ de **transmission effective** (télécom) / effective transmission equivalent, reference o. volume equivalent

équivoque (math) / ambiguous, equivoque || ~ *f*, (math) / equivocation, ambiguity

érable *m* / maple || ~ **madré**, érable *m* moucheté / curled maple, bird's eye maple || ~ à **sucre** / sugar o. American o. hard maple, Acer saccharum || ~ **sycomore** / sycamore (GB), harewood (US)

érablière *f* / sugar maple plantation

érafler / graze *vt*, scratch *vt* || ~ (balle) / graze *vt*

éraflure *f* / graze, scratch

éraillement *m* (tiss) / slipping

érailler (tiss) / take off the warp, undo, unravel, unweave || ~ (s') (tissu) / slip *vi*

erbine *f* / erbia, erbium oxide

erbium *m* (chimie) / erbium, Er

erbue *f* (flux) / clay flux

ère *f* (géol) / period || ~ **atomique** / atomic age || ~ **cénozoïque** (géol) / Cenozoic || ~ de la **machine** / mechanical age || ~ **mésozoïque** / Mesozoic || ~ **néozoïque** / Neozoic || ~ **paléocène** / Palaeocene system || ~ **quaternaire** / Quaternary era o. formation || ~ **secondaire** / Mesozoic || ~ **tertiaire** / Neozoic

érection *f* / construction, cons. || ~, montage *m* / erection, mounting, assembly, assembling, assemblage, raising

erg *m* (géol) / duneland || ~ (vieux) (phys) / erg

ergo·basine *f* (chimie) / ergometrine, -basine, -tocine || ~**dique** / ergodic || ~**disme** *m* (math) / ergodism

ergol *m* (ELF) (astron) / ergol

ergolier *m* (ELF) (astron) / fuel man

ergo·mètre *m* / ergmeter || ~**métrine** *f* (chimie) / ergometrine, -basine, -tocine

ergon *m* / ergon

ergonomie *f* / ergonomics (GB), biotechnology (US) || ~ de **correction** / ergonomic improvements *pl*

ergonomique / ergonomic

ergostérol *m* / ergosterol, ergosterin (US)

ergot *m* (serr) / snug || ~, saillie *f* / toe, tappet || ~ (vis) / snug, nib || ~ (céram) / pin

ergot *m* (causé par Claviceps purpurea) (agr) / ergot

ergot, à ~ (navette) / offset tip... || ~ de **commande** / operating pin || ~ de **retenue** (techn) / joggle || ~ de **tube électronique** / spigot of thermionic tube

ergotoxine *f* / ergotoxine

ériger / lift up, raise up

erlang *m* (télécom) / traffic unit, T.U. || ~**mètre** *m* (télécom) / erlangmeter

erlenmeyer *m* / conical o. Erlenmeyer flask

erminette *f* (charp) / carpenter's adze

éroder (chimie, techn) / eat away, erode, pit || ~ (hydr) / erode *vt*

érosion *f* (sol) / erosion, denudation || ~ (routes) / fretting, ravelling || ~ (tube de fumée) / fretting || ~ (m. outils) / tool erosion || ~ (bougies) / electrode erosion, burning away of electrodes || ~ **aréale** / sheet erosion || ~ du **canon** (mil) / barrel erosion || ~ de ou par **cavitation** / cavitation erosion || ~ **éolienne** (géol) / deflation, wind erosion || ~ par **lavage** / washout, erosion || ~ du **lit de fleuve** (hydr) / erosion, scouring, underwashing, deepening || ~ en **ravins** (géol) / gully erosion || ~ **rétrograde** / headward erosion || ~ **sableuse** (géol) / sand cutting o. scratch || ~ du **sol** / soil erosion || ~ **ultrasonore ou ultrasonique** / ultrasonic erosion

erratique / erratic

erratum *m* / compositor's o. printer's error, P.E., misprint, erratum, typo (US) || ~**s** *m pl*, errata *m pl* (déconseillé) / errata *pl*

erre *f* (ch.de fer, auto, nav) / coasting speed, drifting speed, headway of ship

erreur *f* / error, mistake || ~ (programmation) / bug (US, coll) || **avec** ~ **de programmation** / mis-encoded || **exempt d'~s systématiques** (resultat) / unbias[s]ed || ~ d'**accélération** (compas) / acceleration error || ~ **accidentelle** / accidental error || ~**s** *f pl* **accumulées** / accumulated errors *pl* || ~**s** *f pl* **accumulées de pas circulaires sur un secteur** (engrenage) / cumulative circular pitch errors over a sector || ~ *f* **accumulée de la perforation d'entraînement** (bande perf.) / accumulated feed hole spacing deviation || ~ d'**addition** / mistake in adding [up] || ~ **admissible** / error limit, margin o. limit of error || ~ **aléatoire** / random o. statistic error || ~ d'**alignement** / loop alignment error || ~ **altimétrique** (arp) / vertical error || ~ de l'**angle de pression** / pressure angle error || ~ **angulaire** / angle error || ~ d'**approximation** (ord) / error of approximation, truncation error || ~ d'**arrondi** (ord) / rounding error || ~ sur **bande** (b.magnét) / tape error || ~ due à la **bande** (aéro) / heel[ing] error || ~ de la **boussole** / compass error || ~ de **câblage** / wiring fault o. error || ~ de **calcul** / computational error, miscalculation || ~ du **cardan** / gimbal error || ~ de **centrage** / centering error || ~ **centrée** / balanced error || ~ de **coin** / wedge error || ~ de **collimation** / collimation error || ~ due à la **colonne hors du milieu** (thermomètre) / error due to misalignment of the thermometric column || ~ de **communication** (télécom) / wrong number || ~ de **commutation** (électr) / wrong connection, wiring fault o. error || ~**s** *f pl* **compensatives** / compensating errors *pl* || ~ *f* due à une **composante variant en fonction sinusoïdale de deux fois le relèvement** (radar) / quadrantal error || ~ **composée** / composite error || ~**s** *f pl* **composées** (engrenage) / composite errors *pl* || ~ *f* de **cotation** / error in dimension, dimensional error, faulty dimension || ~ **cumulative** / cumulation of errors || ~ **cumulative** (dessin) /

incremental error || ~s *f pl* **cumulatives**, erreurs cumulées *f pl* / systematic o. cumulative errors *pl* || ~ *f* de **denture** / tooth forming error || ~ due à la **dérive** / drift error || ~ due à la **dérive de zéro** / zero error || ~ **déterminée** / determinate error || ~ de **direction** (compas) / directional error || ~s *f pl* de **distorsion** (roue dentée) / alignment deviation || ~ *f* de **division** / dividing error || ~ **double** (ord) / two-bit error || ~ de **duitage** (défaut, tex) / wrong checking pattern || ~ d'**écartement des perforations d'entraînement** (bande perf.) / feed hole spacing deviation || ~ d'**échantillonnage** / sampling error || ~ d'**échelle** (dessin) / scale error || ~ d'**émetteur** (relèvement) / site error || ~ d'**entraînement** (compas) / swirl error || ~ d'**essai** / test error || ~ d'**étalonnage** / calibration error || ~ d'**évaluation** / incorrect rating || ~ d'**excentricité** / excentricity error || ~ de **faux nord** (compas magnétique) / acceleration error || ~ de **fidélité** (instr) / error of precision || ~ **foncière ou fondamentale** / radical error || ~ de **fond** / intrinsic error, basic error || ~ de **format** (ord) / format error || ~ **globale** / composite error || ~ de **gradation** (TV) / gradation distortion, gamma error || ~ **héritée** (ord) / inherent o. inherited error || ~ **humaine** / human error || ~ due à l'**hystérésis** (instr) / hysteresis error || ~ d'**inclinaison** / inclination error || ~ d'**index** (compas) / lubber error || ~ d'**indication** / indication error || ~ d'**indice** (instr) / index error || ~ **individuelle** / individual error || ~ **inhéritée** (ord) / inherent error || ~s *f pl* **inhéritées** (ord) / infant mortality || ~ *f* due à l'**installation** (aéro) / position error, installation error || ~ **instrumentale** / instrumental error || ~ **intrinsèque** / intrinsic error || ~ d'**introduction** (ord) / keying error o. mistake || ~ par **inversion de deux chiffres** (ord) / transposition error || ~ en ou de **latitude** / error in latitude || ~ de **lecture** (ord) / read error, RE || ~ de **lecture** (instr) / reading error, error in reading || ~ en **longitude** / longitudinal error || ~ de **manipulation** / operator's mistake, operating error, maloperation, misoperation || ~ du **matériel** (ord) / unit error || ~s *f pl* **matérielles** (brevet) / formal defects *pl* || ~ *f* de **mesure** / measuring fault o. error || ~ **mise en évidence par le programme** / program-sensitive error || ~ due à la **mise en travers de la bande** (b.magnét) / skew error || ~ **multiple** (ord) / multi-bit error || ~ de **nom** / misnomer || ~ **non centrée** / bias error || ~ **non systématique** / intermittent fault || ~ de **numéro** (télécom) / wrong connection, wrong number || ~ d'**observation** / error of observation || ~ **occasionnelle** / accidental error || ~ **octantale résiduelle** (repérage) / residual octantal error || ~ due à l'**onde de ciel** (repérage) / ionospheric path error || ~ de l'**opérateur** / operating error, maloperation, misoperation, operator's error || ~ d'**orientation** (crist) / misorientation || ~ **parallactique ou de parallaxe** / parallax error || ~ de **parité** / parity error, PE || ~ de **pas** (chaîne, engrenage) / pitch error || ~ du **pas des dents voisines** / adjacent pitch error || ~ de **perforation** (c.perf.) / mispunching || ~ de **pesée** / weighing error || ~ de **phase de sous-porteuse couleur** (TV) / colour error || ~ de **polarisation** (repérage) / polarization error, (formerly:) night-effect o. -error || ~ de **position** (NC) / position error || ~ de **poursuite** (NC) / contouring error, contour variation || ~ sur la **prise d'essai** / sampling error || ~ **probable** / probable error o. deviation, PE || ~ de **programme** / mistake (ctr dist: malfunction) || ~ **propagée** (ord) / propagated error || ~ **quadrantale** (radionavig) / quadrantal error || ~ **quadrantale** (nav) / quadrantal deviation of the compass || ~ **quadratique moyenne** / RMS error, r.m.s. o. root mean square error || ~ **quadratique moyenne minimale** / minimal mean square error, MMSE || ~ **quadratique pondérée en fréquence** (télécom) / frequency-weighted squared error, FWSE || ~ de **quadrature** (électron) / quadrature error o. fault || ~ de **quadrature des têtes** (bande vidéo) / 90 -errorn || ~ du **rapport de transformation** (électr) / ratio error || ~ de **réglage** (contr.aut) / deviation || ~ de **relèvement** / error in bearing, tuning o. directional error || ~ de **relèvement électrostatique** / electrostatic error || ~ **répétitive** / repetitive error || ~ **résiduelle** / residual error || ~ de **réversibilité** (métrologie) / hysteresis error || ~ de **saut d'impression** (ord) / write lockout error || ~ **sémantique** (ord) / semantic error || ~ **semi-circulaire** (radar) / semicircular error || ~ **simple** / single bit error || ~ **statique** (contr.aut) / offset [behaviour], position error, proportional offset || ~ **systématique** (ord) / systematic error, bias || ~ due au **temps de transit** / relative time delay || ~ de **transmission** / transmission ratio fault || ~ de **transmission** (compas) / transmission error || ~ **triple** / three-bit error || ~ de **troncature** (ord) / truncation error || ~**-type** *f* / standard error || ~ de l'**unité entrée/sortie** (ord) / equipment error || ~ de **validité** (ord) / validity error

erroné / aberrant || ~, faux / erroneus, wrong, false, untrue

E.R.T.S. *m* (satellite pour détection des sources naturelles de la Terre) / earth resources technology satellite, ERTS

érubescite *f* / variegated o. purple copper ore, bornite, erubescite, horseflesh o. peacock ore

érugineux / verdigrised

éruptif (géol) / igneous, pyrogenic

éruption *f* / rush || ~ (ELF) (pétrole) / blow-out || ~ **fissurale ou linéaire** (géol) / fissure eruption

érythrine *f* (min) / cobalt bloom, erythrite

érythrite *f* (chimie) / erythritol (an alcohol)

érythrose *m* (chimie) / erythrose

érythrosine *f* (teint) / erythrosin[e], iodeosine sodium

escabeau *m* / stool || ~ (petit meuble à gradins) / step-ladder

escalader / scale, climb, go up

escale *f* / landing place o. stage || ~ (aéro) / intermediate stop o. landing, call || ~, aéroport *m* / port of call || **faire** ~ / make an intermediate landing o. stop, put in, touch [at] || **sans** ~ / nonstop || ~ de **chargement** / loading berth o. wharf o. place || ~ au **môle ou en darse** / slip, berth || ~ **technique** (aéro) / technical stop

escalier *m* / stair, stairs *sing pl*, staircase, stairway, pair o. flight of stairs || ~ (chemin) / corded way || **l'~ débouche [sur] ou descend** [à] **ou monte** [à] / the staircase leads [to] || ~ des **cabines** (nav) / companion ladder o. way || ~ de **cave** / cellar stair, -stairs *pl*, basement stairs *pl* || ~ à **cheval** / saddle stairs *pl* || ~ en **colimaçon** voir escalier tournant || ~ de **dégagement** / service stairs, side stairs, backstairs || ~ à **deux rampes opposées** / stairs with two opposed branches of flights || ~ à **deux volées** / dog-legged stair || ~ **droit** (bâtim) / flight, fliers *pl*, straight stair[case] || ~ **escamotable** / disappearing stairs || ~ du **grenier** / garret-stairs, attic stairs || ~ d'**incendie** / fire escape [staircase] || ~ à **jour** (ou à œil) **avec paliers de repos** / geometrical stairs || ~ à **jour** / open-worked staircase || ~ à **jour** / open-worked staircase || ~ à marches encastrées / stairs mortised into strings || ~ **mécanique** / escalator || ~ à **noyau creux**, escalier *m* percé / cockle stairs winding about a hollow newel *pl*, hollow newel stair || ~ à **noyau plein** / solid newel stair, corkscrew staircase || ~ à **palier** / stairs with landing place || ~ **portant sur une voûte** / stairs resting on arches || ~ à **quartiers tournants** / stairs with winding quarters || ~ **reposant sur une voûte** / stairs resting on arches || ~ **rompu** / stairs with broken center line || ~ **roulant** / escalator, moving staircase o. stairway, travelling stairs *pl* || ~ de **secours** / fire escape [staircase] || ~ de **service** / service o. side stairs, backstairs || ~ de **service** (techn) / ascent || ~ **suspendu** / overhanging stairs || ~ **tournant ou en spirale** / circular staircase o. stairs, cockle o. screw o. winding stairs, newelled o. spiral o. well staircase || ~ **tournant à jour** / circular hollow staircase, hollow newel stair || ~ **tournant à noyau** / circular newelled staircase, solid newel stair || ~ à **trois volées** / stairs with three flights || ~ en **vis** voir escalier tournant

escamotable / retractable || ~ (aéro) / extendable, retractable

escamotage *m* de **phase** / phase jump o. shift || ~ des **vues** (film) / feed of frame

escamoter (aéro) / retract

escape *f* (colonne) / lowe section of column barrel || ~ d'**observation** / inside observation of bores

escarbille *f* / cinder, (pl:) ashes || ~ de **coke** / coke cinder o. dust

escarbot *m* du **tabac** / tobacco beetle, Lasioderma serricorne

escarboucle *f* (min) / almandine, -dite

escargot *m* (hydr) / spiral pump, Archimedean o. lifting screw || ~ (ord, typo) / at-sign, commercial at || ~, tube *m* éjecteur / guide tube

escarner (cuir) / pare

escarpe *f* / sloped o. sloping wall, escarped wall

escarpé / precipitous, steep, sheer, ardous

escarpement *m* / declivity, escarpment || ~ (géol) / escarpment

escarper (ch.de fer, routes) / slope steeply

escarpin *m* / sewround, turned-over shoe, pump

escope *f* / scoop

escopette *f* / pulse jet, aeropulse

escourgeon *m* / dyna-jet, propulsive duct, pulse o. pulsating jet engine, Argus-Schmidt-type pulse jet

ésérine *f* / eserine, physostigmine

esherbeur *m* (sucre) / trash catcher

esker *m* (géol) / esker, eskar

esmiller / spall o. broach ashlars

E.S.O.C. / Esoc, European Space Operations Centre

espace *f* (typo) / lead, space || ~ *m* / space, room || ~ (phys) / space || ~, espacement *m* / space, spacing, interspace, clearance || ~, habitabilité *f* / spaciousness, ampleness, roominess, capacity || **de ou dans l'**~ / spatial, spacial, [of] space... || ~ **aérien** (aéro) / air space || ~ **aérien contrôlé** / controlled airspace || ~ à **air** / air space o. chamber || ~ **d'air au-dessus d'un terrain** / aerial region above the building site || ~ **ambiant** (espace) / ambient space || ~ **arrière** (m. à écrire) / back space || ~ **d'attente** / holding o. circling area || ~ de **Banach** (math) / Banach space || ~**s-bandes** *f pl* (typo) / justification wedge || ~ *m* **blanc** (télécom) / letter blank || ~ **[blanc]** (ord) / zero, blank (ctr dist: null) || ~ pour les **bobines ou pour l'enroulement** (électr) / winding space || ~ de **captation** (électron) / catcher space || ~ de **circulation** / space reserved for traffic, circulation area || ~**s** *f pl* en forme de **coin** (typo) / quoin spaces *pl* || ~ *m* de **coordination** (bâtim) / coordinating space || ~ des **couleurs** / colour space || ~ **coupe-feu** (bâtim) / fire lobby || ~ **courbe** / curved space || ~ **creux** / hollow space, hollow || ~**s** *m pl* **creux** (mines) / cavity, hollow || ~ *m* de **Crookes** (électron) / cathode dark space, Hittorf's o. Crookes' dark space || ~ de **décharge** (tube) / discharging distance || ~ **décrit** (méc) / way, path || ~ entre **dents** (brochage) / tooth space || ~ de **dérive** (électron) / drift space || ~ **déshouillé** (mines) / emptied space || ~ entre **deux sphères concentriques** (math) / space between two concentric spheres || ~ d'**échantillonnage** / message o. sample space || ~ **économique** (écon. polit.) / market area || ~ **exploité** (mines) / emptied space || ~ **extra-atmosphérique** (ELF) / near earth space || ~ *f* **fine ou mince** (typo) / hair space || ~ **forte** (typo) / thick space || ~ *m* **gamma** / gamma space || ~ pour **gangue stérile** (mines) / subterraneous quarry || ~ de **glissement** (électron) / drift space || ~ à **gravité nulle** / zero gravity o. "g" || ~**s** *f pl* **hautes** (typo) / high spaces || ~ *m* **hilbertien ou de Hilbert** (math) / Hilbert space || ~ de **Hittorf** (électron) / cathode dark space, Hittorf's o. Crookes' dark space || ~**-image** *m* / image space || ~ **inertiel** / inertial space || ~ d'**interaction** (tube) / interaction space || ~ d'**interaction entre électrodes** / interaction gap || ~ **interbloc** (b.magnét) / interblock gap || ~ **intercontact** (commutateur) / air gap || ~ **intermédiaire** / spacing, space, clearance, pitch || ~ **intermédiaire entre caractères** (imprimante) / character separation || ~ **intermédiaire harmonique** / harmonic interval spacing || ~ **interpolaire** / pole gap || ~ de **joint** (bâtim) / gap, joint gap || ~ **k** (nucl) / k-space || ~ **laissé libre entre deux voitures** (stationnement) / parking gap || ~ **libre** (canal. aérienne) / air clearance || ~ **libre** (urbanisation) / free space || ~ **libre** (électron) / free space || ~ **libre**, espace *m* nuisible (compresseur) / cylinder clearance, dead o. noxious space || ~ **libre autour de la roue** / wheel clearance || ~ **libre de montage** / erection clearance || ~ **linéaire** / linear o. vector space || ~ **lointain** (ELF) / deep space || ~ **métrique** (math) / metric o. metrizable space || ~ de **Minkowski** voir espace-temps || ~ de **modulation** (guide d'ondes) / buncher [gap o. space], input gap || ~ **mort** (compresseur) / cylinder clearance, dead o. noxious space || ~ **mort** (mot) / compression space, clearance volume || ~ *f* **moyenne** (typo) / middle sized space || ~ *m* **nuisible** (mot) / clearance volume || ~ **nuisible** (compresseur) / cylinder clearance, dead o. noxious space || ~ **obscur anodique** / anode dark space || ~ **occupé** (nucl) / occupied area o. space || ~ **original** (math) / original o. superior space || ~ **ouvert** (bâtim) / open space, clearance, clear width || ~ **parcouru** (méc) / way, path || ~ de **phase** / phase space || ~ **piétonnier** / pedestrian zone o. area || ~ **probalisable** voir espace-temps || ~ **projectif** / projective space || ~ de **réaction** / reaction space || ~ de **réflexion** / reflector space || ~ de **remplissage** / filling space || ~ **réservé pour la charge** / freight o. load[ing] space || ~ **semi-infini** (phys) / half-space || ~ **sombre** / dark space || ~ **sombre de Faraday** / Faraday dark space || ~ **supérieur** (math) / original o. superior space || ~**-temps** *m* (math) / space-time, event space, Minkovski[an] universe o. world || ~**-temps** *m* à **quatre dimensions** (phys) / space-time continuum || ~ pour **tourner** (routes) / turn-around || ~ de **travail** (m.outils) / working area || ~ **utilisable du four** / useful baking space || ~ **utilitaire** (gén) / useful area || ~ [de la **valeur d'un**

caractère] (ord) / space || ~ à **vapeur** / steam room o. space || ~ **vectoriel** / vector o. linear space || ~ **vert** (bâtim) / park area (in a town), lawn (by a home) || ~ **viaire** / circulation area || ~ **vide** / hollow space, hollow
espacé (typo) / spaced
espacement *m* / clearance, spacing || ~ (typo) / spacing, leading of lines, spacing out of letters || ~ (m.à ecrire) / horizontal spacing || ~ des **aiguilles** / needle gauge || ~ **arrière** (ord) / backspace, -spacing || ~ des **colonnes** / intercolumniation || ~ entre **cylindres** (plast) / nip || ~ des **dents** (carde) / dent bar || ~ par la **distance** (ch.de fer) / distance spacing || ~ des **joints** (géol) / crevasse distance || ~ des **lignes** (m.à ecrire) / line spacing || ~ **longitudinal** (aéro) / longitudinal separation || ~ des **niveaux** (nucl) / level spacing || ~ d'un **nombre de feuilles prédéterminé** (typo) / quire spacing || ~ des **pièces comptables** (ord) / document spacing || ~ des **poutres** / carrier spacing, interjoist || ~ des **trains** (ch.de fer) / distance between trains, spacing of trains, interval between trains || ~ entre **véhicules** / headway spacing || ~ **vertical** (aéro) / vertical separation
espacer *vt* (lieu) / space [out] || ~ (temps) / make less frequent || ~ (typo) / space *vt*, lead *vt*
espader (lin) / scutch, batten, beat, swingle
espagnolette *f* / French casement bolt with revolving rods, espagnolette [bolt]
espar *m*, espart, épart *m* (nav) / spar, perch || ~ / mast o. pillar o. spar buoy || ~ **rouge** [noir] / red nun buoy
espèce *f*, description *f* du genre / species, genus || ~, sorte *f* / description, kind, type, sort, species || **sans ~s** (commerce) / not-in-cash, no cash, cashless (US) || ~ **animale nuisible aux bois** / wood pest || ~ de **betteraves** / beet variety || ~ de **caractères** (typo) / letters *pl*, lettering style, type fo[u]nt, sort || ~ de **commande** / [kind of] drive, mode of driving || ~ de **lumière** / kind of light || ~ de **minerai** / species of ore || **~s** *f pl* **principales** / principal types *pl*
espénille *f* / West Indian satinwood, San Domingo satinwood (US)
espérance *f* de **descendance**, espérance *f* de fission itérée (nucl) / iterated fission expectation || ~ du **dommage** / expectation of the harm || ~ de **fission** (nucl) / fission expectation || ~ **mathématique** / expectation, expected value
espion *m* (miroir) / window mirror
espionnage *m* **industriel** / industrial espionage
esponte *f*, investison *m* (mines) / boundary pillar || **~s** *f pl* (mines) / secondary rocks *pl*
esprit-de-bois *m* / wood spirit || **~-de-canne** *m* / cane spirit || **~-de-nitre** *m* / nitric acid || **~-de-sel** *m* / hydrochloric acid, (formerly:) muriatic acid || **~-de-vin** *m* / spirit[s pl.] of wine, ethyl alcohol || **~-de-vin** *m* de **betteraves** / beet o. beet root (US) spirit || **~-de-vin** *m* de **canne** / cane spirit
esquichage (ELF) (pétrole, activité) / squeeze job
esquicher (ELF) (pétrole) / squeeze
esquille *f* / splinter of bone
esquilleux (min) / splintery
esquisse *f* / sketch, draft || ~ **topographique** / topographical sketch
esquisser / delineate, sketch, draft, draw, trace, plot
essai [sur] *m* / trial, test[ing], proving, tryout (coll) || ~ (chimie) / assay || **arranger ou faire des ~s** / test *vi*, make tests || **faire un ~** / carry out o. conduct a test || **faire un ~ au banc-balance** / test the engine || **par ~** / tentative || ~ **à zéro** (ord) / zero check o. test || ~ d'**abrasion rotative** / rotary abrasion test || ~ **abrégé ou court ou de courte durée** / short-period o. short-time test, STT, accelerated o. rapid test || ~ **accéléré** / accelerated o. rapid test || ~ **accéléré de résistance aux intempéries** / accelerated weathering || ~ d'**acceptation en lots** / lot-by-lot testing || ~ d'**accrochage** (électr) / pull-in test || ~ en **actif** (nucl) / hot testing || ~ sur l'**adhérence sous traction frontale** (colle) / traction adhesive strength test || ~ d'**adhésion des couches contrecollées** (pap) / adhesive test || ~ d'**aérage** / aeration test || ~ d'**affaissement de la barbotine** (émail) / slump test || ~ à l'**affaissement sous charge à chaud** (céram) / hot load test || ~ d'**affinage** (cuivre) / refining assay o. test || ~ d'**aplatissement** (lam) / flattening test || ~ d'**aplatissement** (sidér) / slug test || ~ d'**aplatissement sur tubes** / flattening test on tubes || ~ **arbitral** / arbitrary o. arbitration test || ~ d'**arrachement** (tex) / grab method || ~ d'**atelier** / shop test || ~ d'**audition** (télécom) / audibility test || ~ **Avery** / Avery test || ~ **Baader** (pétrole) / Baader copper test || ~ de **balayage** (pap) / scan test || ~ de **banc-balance à l'atelier** (auto) / factory brake test || ~ au **bassin des carènes** (nav) / tank test || ~ **biologique** / bioassay || ~ à **blanc** (réacteur) / dry run || ~ à **blanc** (labor) / blank test || ~ **à blanc du moulinet** (compteur d'eau) / spin test || ~ de **blanchiment** (typo) / bleach test (US) || ~ de **Böttger** (sucre) / boettger's test || ~ de **bouclage ou à la boucle** (fil mét) / snarl test || ~ de **boucle** (électr) / loop test || ~ de **bouleversement** (emballage) / toppling test || ~ de **boulochage** (tiss) / pilling test || ~ de **brasage au globule** / globule solderability test || ~ **brésilien** (mines) / disk test, Brasilian test || ~ **Brinell** / Brinell test o. ball-thrust test of hardness || ~ au **brouillard** / fog test || ~ au **brouillard salin** / salt spray [fog] test[ing] || ~ de **bruit** / noise test || ~ du **brûlage** (tex) / burning test || ~ de **calcination** (chimie) / calcining o. calcination assay o. test || ~ à **cale** (soudage) / wedge test || ~ **calorimétrique** (électr) / calorimetric test || ~ de **capotage** (aéro) / roll-over test || ~ de **carburant de Ryder** / Ryder test || ~ de **cassure** / breaking test || ~ aux **cendres sulfatées** (pétrole) / sulphate residue test || ~ à la **chaleur** / heating test || ~ au **chalumeau** / blowpipe proof o. test || ~ sur **chantier** / field trial o. test || ~ de **charge** / load test || ~ de **charge sur plaque** (routes) / plate [loading] test, plate load bearing test || ~ de la **charge de soudage des lubrifiants liquides** / testing of the welding load of fluid lubricants || **~s** *m pl* sous **charges progressives** / stepped tests *pl* || ~ *m* **Charlier** (sidér) / Charlier check || ~ **Charpy** / Charpy-V-notch test || ~ à **chaud** / thermal test || ~ de **chaudière par pression hydraulique** / boiler test, hydraulic pressure test || ~ au **choc** / chock test || ~ au **choc** (essai des mat) / bumping test || ~ de **choc** (auto) / collision test, crash test, impact test || ~ de **choc sur éprouvette entaillée** / notched bar [impact] test, Charpy test || ~ de **choc au mouton vertical** / drop weight test || ~ au **choc multiaxial** (plast) / multiaxial impact behaviour test || ~ de **choc sur éprouvette à entaille en V** / Charpy-V-notch test || ~ de **choc thermique** / heat shock test || ~ à **chocs de flexion** / impact bending test, transverse impact test, shock bending o. shock deflection test || ~ à **chocs de torsion** / impact-torsion test, torsion-impact test || ~ de **chute** (ch.de fer, bandages) / drop test || ~ de la **chute d'une bille** (verre) / falling ball test || ~ de **chute libre** / falling weight test || ~ de **cintrage de la tôle** / plate bending test || ~ de **circuit magnétique** (électr) / core test || ~ à **circuit ouvert** (électr) / open circuit test || ~ de ou au **cisaillement** / shear test || ~ au **climat froid** / cold climate test || ~

climatique / climatic test, artificial weathering test || ~ de **clivage** / cleavage test || ~ de **coinçage** (soudage) / wedge test || ~ de **collision** / bump test || ~ de **comparaison** / comparison test || ~ **comparatif** / comparative test || **~s** *m pl* **comparatifs** / cooperative test || ~ *m* de **compréhensibilité** (télécom) / audibility test || ~ de **compressibilité** (mét.poudre) / compressibility test || ~ à la **compression** (emballage) / stacking test || ~ de **compression** / compression test || ~ à la **compression sur disque plein** (mines) / disk test, Brasilian test || ~ de **compression longitudinale** (tuyau) / transverse flat bending test || ~ de **compression pour la détermination de la résistance au cisaillement** (colle) / compression shear test || ~ de **compression du sol** (agr) / soil compression test || ~ de **compression de soudure d'angle par rabattement d'un côté** (soudage) / wedge test, fillet weld inspection test || ~ **concernant la chaleur anormale, l'inflammation et la propagation du feu** / fire risk testing || ~ aux **conditions tropicales** / tropic[al] test, hot climate test || ~ de **congélation** (pétrole) / Galician test, congealing point test || ~ de **congélation au thermomètre rotatif** / congealing point test on the rotating thermometer || ~ de la **consistance** (béton) / slump test || ~ de **consommation** / consumption test || ~ **continu** / long-time test, extended time test || ~ de **continuité** (électr) / continuity test || ~ **contradictoire** / contrasting test || ~ sous **contrainte échelonnée** / step stress test || ~ de **contrôle** / check test || ~ **coopératif** / co-operative test || ~ de **corrosion** / corrosion test || ~ de **corrosion sous tension** / stress corrosion test || ~ de **coulabilité** (fonderie) / running life test, castability test || ~ de **coupelle** / assay furnace test || ~ en **cours de fabrication** / in-process testing || ~ **court ou abrégé ou de courte durée** / short-period o. short-time test, STT || ~ de **court-circuit brusque** (électr) / sudden short-circuit test || ~ au **couteau** (contre-plaqué) / delamination test || ~ à la **craie** (fonderie) / chalk testing || ~ de **déboutonnage** (soudage) / peel test || ~ de **décharge[ment] à haute intensité [de courant]** (accu) / high-rate discharging test || ~ de **décharges partielles** / partial discharge level test, corona level test || ~ de **déchirage** (tex) / tearing test || ~ de **déchirement avec déchirure amorcée** (tex) / tongue tear [growth] test || ~ de **déchirement avec déchirure du côté d'angle** (simili-cuir) / leg tear growth test || ~ de **déchirement sur tissus** (tex) / tear growth test || ~ de **décoction** / cooking test || ~ de **décrochage** (électr) / pull-out test (GB), breakdown test (US) || ~ de **défonçage** (essai des mat.) / perforation test || ~ de **démonstration** / demonstration experiment || ~ de **déroulage à tambour** / peel test by means of a drum || ~ **destructif** / destructive test || ~ **diélectrique de bobinage** / high-voltage test || ~ de **dilatation à l'anneau [prélevé] sur tubes** / ring expanding test || ~ au **doigt incandescent** (isolateur) / hot mandrel test || ~ en **double** / replication || ~ de **durée** / long-time test, extended time test || ~ de **durée outil à températures élevées** (outil) / tool-life test at elevated temperatures || ~ de **durée du tranchant-course de l'outil** (m.outils) / tool-life tool-path test || ~ de **dureté** / hardness test || ~ de **dureté à la bille** / Brinell test o. ball-thrust test of hardness || ~ de **dureté au chocc** / dynamic hardness test || ~ de **dureté sous cordon** / hardness test in the heat affected zone || ~ de **dureté Rockwell** / Rockwell hardness test || ~ [de **dureté**] **par rebondissement** / resilience test [of hardness] || ~ **D.V.M.** / DVM test || ~ **dynamométrique** / dynamometer test || ~ d'**écaillage à l'aide de rouleaux** (collage) / floating roller peel test || ~ d'**écaillage avec l'éprouvette angulaire** (collage) / T-peel test || ~ d'**échauffement** (électr, mot) / heat run, temperature-rise test || ~ d'**éclatement** / spalling test || ~ d'**éclatement** (pap) / bursting o. cady test || ~ d'**éclatement** (tex) / bursting test || ~ d'**écrasement** / crushing test || ~ d'**écrasement** (sidér) / slug test || ~ **effectué en laboratoire** / laboratory test || ~ d'**élixation** (corrosion) / boiling test || ~ d'**emballement** (électr) / overspeed test || ~ d'**emboutissage** / deep-drawing test || ~ d'**emboutissage à flans bloqués** / cupping test with clamped blanks || ~ d'**emboutissage en godet** / cupping test || ~ par **empreinte d'un cône** / cone thrust test || ~ d'**émulsion** / emulsion test || ~ d'**endurance** / endurance || ~ d'**endurance aux chocs répétés** / repeated impact test || ~ d'**endurance et de fatigue** / endurance and fatigue test || ~ d'**enfoncement** (asphalte) / indentation test || ~ d'**engrenages de Ryder** / Ryder gear machine test || ~ d'**enroulement** (fil mét) / wrapping test for wire || **~s** *m pl* d'**environnement** / environmental testing || ~ *m* à l'**éprouvette de décantation** (eaux usées) / quiescent column test || ~ sur **éprouvette rechargée par soudure** / bead bend test || ~ sur **éprouvettes** / sampling test || ~ d'**équilibrage** (électr) / balance test || ~ **Erichsen** / Erichsen o. Avery test, Olsen test (US) || ~ à l'**étanchéité** (tex) / water pressure test || ~ à l'**étincelle** (sidér) / spark test || ~ d'**étirage d'un coin** (sidér) / wedge-draw test || ~ d'**évaluation** / evaluating test || ~ d'**évaporation des gaz de pétrole liquéfiés** / weathering test for liquefied petroleum gases || ~ d'**évasement sur tubes** / flaring test || ~ d'**expansion du béton par unité de temps**, slumptest *m* (béton) / slump test || ~ d'**exposition fongique** / fouling test || ~ à **facteur de puissance nul** (électr) / zero power factor test || ~ à **facteur de puissance unité** / unit power factor test || ~ **factoriel** / factorial analysis o. test || ~ à **faible charge** / light load test || ~ de **fatigue** / fatigue test || ~ de **fatigue sous conditions de service** / fatigue test under actual service conditions || ~ de **fatigue à la flexion** / bending stress fatigue test, fatigue test by repeated bending || ~ de **fatigue par flexion plate** / flat bending fatigue test || ~ de **fatigue par flexion rotative** / rotating bending [fatigue] test || ~ de **fatigue sous multiple augmentation de charge** / multistage fatigue test || ~ de **fatigue à simple charge** / single-stage endurance test || ~ de **fatigue à température élevée** / elevated temperature fatigue test || ~ de **fatigue sous torsions répétées** / torsional endurance test || ~ de **fatigue par traction** / tension fatigue test || ~ de **fatigue selon Wöhler** / Wöhler fatigue test || ~ de **fendage** (soudage) / wedge test || ~ du **fer** / iron test o. assay || ~ au **feu sous charge** (céram) / hot load test || ~ de **fissilité** / fissure test || ~ de **fissilité** (soudage) / cracking test || ~ de **flambage** / buckling test, column test || ~ de **flexion** / flexural test (US), bending test || ~ de **flexion au choc** / impact bending test, transverse impact test, shock bending o. shock deflection test || ~ de **flexion par choc sur barreaux entaillés** / notched bar impact bending test || ~ de **flexion sur éprouvette** / nick-bend o. notch-bend test || ~ de **flexion répétée par choc sur barreaux entaillés** / repeated notched-bar impact test || ~ de **flexion en travers** / transverse bending test || ~ de **flexion après trempe** / quench bending test || ~ en **flexions alternées** / reverse bend test || ~ par **flottant et plongeant** / float and sink test || ~ de **fluage** / creep test || ~ de **fluage sous compression** / compressive creep test || ~ de **fluage sous compression interne** / creep-depending-on-time test under internal compression || ~ de **fluage par empilage** (plast) / determination of stacking, long-time stacking test || ~ de **fluage sous tension** / stress-rupture test with tensile stress || ~ de **fluage sous torsion** / torsional creep test || ~ de **fonctionnement** / performance check o. test || ~ de **forgeage** / forging test || ~ de **formation de boue** (huile de transfo) / sludge formation test || ~ au **frein** / braking (GB) o. brake (US) test || ~ des **freins à l'arrêt ou en stationnement** (ch.de fer) / standing brake test || ~ à **froid** / cold test || ~ de **frottement** / rubbing test || ~ de **fusion** / fusion test, melting test || ~ de **fusion du cône pyrométrique** (émail) / cone-fusion test || ~ de **FZG** (huile) / gear rig test by the FZG-method (oil) || ~ de **gel-dégel** (bâtim) / freezing and thawing test || ~ **gel-dégel alternatif** (routes) / frost-thaw alternating test || ~ de **gîte** (nav) / inclining experiment || ~ de **gomme** / gum test || ~ du **gonflement** / swell test || ~ de **gonflement** (tiss) / vaulting test || ~ à la **goutte** / spot test || ~ par **gouttes** (galv) / drop reaction o. test || ~ à **grande échelle**, essai *m* en grand / large scale production trial || ~ de **Gutzeit** (chimie) / Gutzeit test || ~ d'**harmoniques** / harmonic test || ~ d'**homologation** / approval test, prototype test, type test || ~ d'**Hopkinson** (électr) / Hopkinson test || ~ **hydraulique ou hydrostatique** / water pressure test, hydraulic pressure test || ~ **I.A.E.** (pétrole) / IAE test || ~ à **immersion continue** (corrosion) / static immersion test || ~ d'**immersion et de pesage** (essai des mat) / dipping and weighing method || ~ par **immersions et émersions alternées** (corrosion) / alternate immersion test || ~ à l'**improviste** / random sampling test || ~ **in situ** (bâtim) / field test || ~ en **inactif** (nucl) / cold testing || ~ d'**inclinaison** (nav) / inclining experiment || ~ **individuel** / routine test, individual test || ~ **interlaboratoire** / inter-laboratory test || ~ à l'aide d'**iodoforme** / iodoform reaction || ~ d'**ionisation par défilement** (pap) / scan test || ~ d'**ionisation par défilement** (câble) / scanning test || ~ d'**isolation** / insulation test || ~ **isolé** / individual test || ~ **isolé de comparaison** / individual comparative test || ~ **Jominy** / Jominy test, hardenability test by end quenching steel || ~ de **laboratoire** (article) / lacquered work, japan work || ~ à **lame d'argent** (pétrole) / silver strip test || ~ à **lame de cuivre** (pétrole) / copper strip test || ~ entre **lames** (électr) / bar-to-bar test || ~ de **lavabilité** (mines) / washability test || ~ en **ligne** (ch.de fer) / test run || ~ de **lisibilité** (typo) / legibility test || ~ de **[longue] durée** / long-time test, extended time test || ~ **Los Angeles** (routes) / rattler test, Los Angeles test || ~ de **luminosité** (pétrole) / luminosity test || **~s** *m pl* sur **machines** / testing of machines || ~ *m* au **mandrin ou de mandrinage** / drift expanding test || ~ de **mandrinage du moyeu** / hub widening test || ~ au **mannequin** (verre) / head form test || ~ de **maquette** / model experiment o. test || ~ du **marcheur** / walk test || ~ **marginal** / marginal testing || ~ **Martens** / Martens test || ~ à **masse tombante** / drop-weight test || ~ des **matériaux par rayons X** / radio materiology || ~ des **matières ou des matériaux** / material testing o. research || **~s** *m pl* en **mer ou à la mer** (nav) / sea trials *pl* || ~ *m* au **mercure** (benzol) / mercury test || ~ **métaux**, métallographie *f* / metallographic examination || ~ par la **méthode du poinçon** (verre) / punch method of testing || ~ **micum** / micum test, attritition o. rattler test || ~ du **minerai lavé** (sidér) / assay of buddled ore || ~ des **minerais** / ore assaying || ~ de **mise en service** / service trial, trial service || ~ au **mouillé** / wet test || ~ de **moussage** (bitume) / foaming test || ~ d'un **mouvement de torsion-oscillation** / torsional vibration test || ~ **multiple** / multiple test || ~ **naturel** (corrosion) / test under natural conditions || ~ **non destructif** / nondestructive testing, NDT || ~ **nucléaire** / nuclear test, atom test || ~ à ou par l'**odeur** / smelling test, olfactory test || ~ sur **ondes de surtension** (électr) / impulse test || ~ d'**ondulation** (tôle) / corrugation testing || ~ en **opposition** (mach.électrique) / mechanical back-to-back test || ~ en **opposition avec marche en parallèle sur un réseau** (électr) / electrical back-to-back test || ~ **organoleptique** / organoleptic o. tongue test || ~ d'**oscillation continue** / endurance o. fatigue test || ~ à **outrance** / forced proof o. test || ~ **partiel du frein** (ch.de fer) / partial brake trial || ~ de **pénétration du colorant** / dye penetration test, fluorescent penetration test || ~ **Pensky-Martens** / Pensky-Martens test || ~ de **perçage** (techn) / punching test || ~ de **perçage** (pap) / puncture test || ~ de **perçage par choc** (plast) / impact penetration test || ~ au **perforamètre** (pap) / puncture test || ~ de **perforation** (pap, électr) / puncture test || ~ **Persoz** / Persoz cupping test || ~ en **petit** / laboratory test, small-scale test || ~ à la **pilule** (textile, traitement ignifuge) / pill test || ~ de **pistonnage** (mines) / jigging test || ~ sur **place** (mines) / field trial || ~ au **plan incliné** (emballage) / bench test || ~ de **plein champ** (agr) / field trial o. test || ~ de **plein champ** (essai de mat) / outdoor test || ~ de **pliage** / bending o. folding test || ~ de **pliage** (simili-cuir) / flexure test || ~ de **pliage à bloc** / flat bend test 180° || ~ de **pliage alterné** / reverse bending test || ~ de **pliage autour d'un boulon** (plast) / mandrel bending test || ~ de **pliage [à bloc] en travers** (tuyau) / transverse flat bending test || ~ de **pliage-dépliage** / alternate bending test || ~ de **pliage en travers** / cross bending test || ~ de **pliage à froid** / cold bending test || ~ de **pliage répété** / repeated bending test || ~ de **pliage sur barreaux entaillés** / notched bending test || ~ de **pliage technologique** (soudage) / technological bend test || ~ au **plombite de sodium** (pétrole) / doctor test || ~ à **pluie de billes** / shot-peening test || ~ de **poinçonnage** / punching test || ~ de **poinçonnage** (houille) / penetration test || ~ de **poinçonnage** (tex) / perforation test || ~ du **point d'éclair après Abel-Pensky** / Abel[-Pensky] flash point test || ~ au **point fixe** (aéro) / static test || ~ du **point de fusion** (asphalte) / melting-point o. softening-point test || ~ par **poudre magnétique** / magmaflux test || ~ de **pourriture dans le compost** (tex) / soil burrying test || ~ sur **prélèvement** / sampling test || ~ **préliminaire** / preliminary experiment o. test || ~ de **pression** / pressure test || ~ de **pression intérieure** / burst test (US), water pressure test || ~ de **prise** (ciment) / set test || ~ de **programme** / program test || ~ de **prototype** / type test || ~ de **qualification** / aptitude test, probation || ~ de **qualité** / quality test || ~ des **quatre correcteurs** (compas) / four-corrector test || ~ de **rabattement de collerettes sur tubes** / flanging test || ~ de **ralentissement** (mach.rotatives) /

retardation test || ~ de **ramollissement** (réfractaire) / squatting test || ~ de **ramollissement sous pression** (émail) / load test || ~ **Ramsbottom** (pétrole) / Ramsbottom coking test || ~ **rapide** (essai des mat) / accelerated test || ~ au **rattler** (routes) / rattler test, Los Angeles test || ~ de **rayure** (techn, bâtim) / scratch test || ~ de **réaction au feu** / fire behaviour test || ~ par **rebondissement** / impact ball hardness test || ~ de **réception ou de recette** / taking-over o. acceptance test o. trial || ~ de **réchauffage** (pétrole) / heating test || ~ de **redressement** (semi-cond) / rectification test || ~ de **réduire en pâte** (pap) / pulping trial || ~ de **refoulement** (sidér) / slug test || ~ de **refoulement d'un anneau** (méc) / ring upsetting test, ring crush test || ~ de **relaxation** (plast) / relaxation test || ~ de **relaxation à température élevée** (techn) / relaxation test || ~ de **relaxation des tensions** / stress relief test || ~ de **rendement de la chaudière** / boiler efficiency trial || ~ de **résidu** (pétrole) / carbon test, coke test || ~ à **résidu Conradson** (huile) / Conradson carbon test || ~ de **résilience Charpy** / Charpy impact test || ~ de **résilience Izod** / Izod notched bar test || ~ de **résistance** / strength test || ~ de la **résistance aux acides** / acid resistance test || ~ de **résistance au bris par chute ou par secousses** (coke) / shatter test || ~ de **résistance au choc thermique** (verre) / thermal shock test || ~ de **résistance aux chocs à la bille** (verre) / falling ball test || ~ de **résistance aux chocs à pendules** / pendulum impact test || ~ de **résistance aux chocs à la torpille** (verre) / falling dart test || ~ de **résistance à la compression à plat** (pap) / flat crush [resistance] test || ~ de **résistance à la déchirure** (caoutchouc, plast) / tearing test || ~ de **résistance à la flexion** / bending test || ~ de **résistance à l'humidité** / damp heat cycling test || ~ de **résistance aux intempéries** / weather [exposure] test || ~ de **résonance** (aéro) / resonance test || ~ de **ressuage** / bleeding test || ~ de **rivetage** / riveting test || ~ à **roue à pédales** (tex) / pedal wheel test || ~ de **roulement** (emballage) / rolling test || ~ sur **route** (auto) / trial run, road test || ~ à la **rupture** / breaking test || ~ de **rupture à aiguille** (plast) / needle tear test || ~ de **rupture au choc** / tensile shock o. impact test, tension impact test || ~ **scanning** (pap) / scan test || ~ au **scléromètre** / sclerometer test || ~ de **sectionnement à la cale** / wedge penetration test || ~ de **ségrégation sur tranches attaquées à l'acide** (espace) / segregation testing on etched slices || ~ de **semence** / seeding test || ~ **sensoriel en triangle** / triangle test (a sensory test) || ~ de **séparation** / separation test || ~ en **série** / series o. serial test o. investigation || ~ en **série** (fabrication) / duplicate test (during manufacture) || ~ en **service** (essai de mat) / field method || ~ de **seuil de décharge partielle** (électr) / partial discharge inception test || ~ de **signalisation** (télécom) / signalling test || ~ du **sol** / subsoil test || ~ de **solidité de la teinture** / fading test || ~ des **sollicitations ondulées de flexion** / reversed bending fatigue test || ~ de **sondage** (mines) / trial boring, exploratory o. experimental boring o. drilling || ~ de **soudage** / welding test || ~ de **soufflage** (sucre) / bubble test || ~ en **soufflerie** / wind tunnel test || ~ entre **spires** (électr) / interturn test (GB), turn-to-turn test (US) || ~ de **stabilité** (nav) / inclining experiment || ~ en **stationnement** / stationary test || ~ **statique** / static load test || ~ de **stockage dans eau** / static water immersion test || ~ de **Sumpner** (électr) / Sumpner test || ~ de **surcharge** / overload test || ~ de **surcharge** (électr) / proof test || ~ de **survitesse** (électr) / overspeed test || ~**s** *m pl* **systématiques** / serial investigations || ~ *m* dans un **tambour Micum** voir essai micum || ~ au **tamis conique** / cone screen test || ~ de **teinture** / staining test || ~ **témoin** (chimie) / blank test o. trial || ~ sur la **thermorésistance** / testing of thermal insulation materials || ~ aux **tiges** (pétrole) / drillstem test || ~ au **tonneau** (électr, électron) / barrel test || ~ **«toppling test»** (emballage) / toppling test || ~ à la **torpille** (verre) / falling dart test || ~ de **torsion** / torsional test || ~ de **torsion alternée** / alternate torsional test || ~ de **torsion au choc** / impact-torsion test, torsion-impact test || ~ au **touchau** / touch, assay by the touch needle || ~ à la **touche** / spot test || ~ de **traction** / tension o. tensile test || ~ de **traction à l'anneau sur tubes** / ring tensile test || ~ de **traction au cisaillement** (colle) / shear tension test || ~ de **traction au lacet** (fil) / loop tensile test || ~ de **traction au nœud** (fil métall. et textile) / tensile test for knotted specimens || ~ de **traction sur tuyau entaillé** / notched pipe tensile test || ~ au **trait de plume** (pap) / pen-and-ink test || ~ de **trempabilité par trempe en bout de l'acier** / Jominy test, hardenability test by end quenching steel || ~ au **trommel** (mines, sidér) / rattler test, attrition test || ~ au **tunnel aérodynamique** / wind tunnel test || ~ de **type** / prototype test, type test || **~-type** *m* / model experiment o. test || ~ aux **ultra-sons** / ultrasonic testing || ~ **unique** / individual test || ~ d'**usure** / abrasion test || ~ d'**usure à la grenaille d'acier** / blasting wear test[ing], abrasive jet wear testing || ~ d'**usure à la meule** (routes) / abrasion test by grinding wheel || ~ à la **vapeur** (corrosion) / steam exposure test || ~ de **vaporisation à l'eau** / water spray test || ~ au **vent de sable** / sandstorm test || ~ de **vérification** / check || ~ de **vibration** / vibration test || ~ à **vibrations continues** / vibration fatigue test || ~ de **vibrations libres d'amplitude** / test by free oscillations || ~ **Vicat** / Vicat test || ~ à **vide** (réacteur) / dry run || ~ à **vide** (électr) / no-load test || ~ de **vieillissement** / weather [exposure] test || ~ de **viscosité** / creep test || ~ de **vitesse de sécurité** (meule) / safety speed test || ~ de **vitesse [sur bases]** (nav) / speed trial || ~ de **vol au réacteur** (espace) / RIFT, reactor in-flight test

essaim *m* (abeilles) / swarm of bees || ~ d'**étoiles filantes** / meteoric shower || ~ de **molécules** / cluster of molecules || ~ de **particules** (phys) / swarm of particles

essaimage *m* (molécules) / [molecular] swarm o. cluster

essaimer / swarm *vi*

essanger / scour o. wet dirty linen

essartage *m*, essartement *m* (agr) / clearing, grubbing

essayer / test *vt* || ~ (chimie, sidér) / assay *vt* || ~ l'un **après l'autre** / test one after the other, check out || ~ un **avion** / test [out] a plane || ~ **chimiquement** / analyse || ~ au **feu** / fire-assay || ~ par **fusion** / assay by melting || ~ avec de l'**huile** / try oil || ~ la **qualité** / assess || ~ à **tête de mesure** / probe-test || ~ à **tout hasard** (ord) / browse || ~ par la **voie humide** / assay by the moist o. wet way || ~ par la **voie sèche** / fire-assay || ~ en **vol** / flight-test

essayeur *m* (ELF) / tester || ~ d'**accumulateurs** / battery tester || ~ [de **bobines d'**]**allumage** / ignition coil tester || ~ d'**isolement** / insulation tester o. detector o. indicator || ~ de **matériaux** / material testing apparatus || ~ du **point d'inflammation** / flash point tester || ~ de

raffinage (pap) / beaten stuff o. beating tester, freeness tester of beaten stuff (US)

esse *f* / ess, S-shaped hook || ~ d'**essieu** (agr) / linch pin

essence *f* / volatile oil, essence || ~ [ordinaire] / gasoline, gas[olene] (US), petrol (GB), motor spirit o. fuel (GB) || **faire de l'~** / take in fuel, tank || ~ d'**absinthe** / wormwood oil, absinth[e] oil || ~ d'**acajou** / acajou oil || ~ d'**aiguilles de pin** / fir leaf oil || **~-alcool** *f* / gasohol, gazohol || ~ **alimentée par pression** / pressure-fed gasoline || ~ d'**amandes amères** / bitter almond oil, benzaldehyde || ~ de l'**anacardier** / acajou oil || ~ d'**aneth** / dill [seed] oil || ~ d'**anis étoilé** / star anise oil, Indian anise oil || ~ [d']**auto** / motor gasoline (US), carburettor fuel || **~-aviation** *f*, essence *f* avion / aviation gasoline, avgas || ~ pour les **avions à turboréacteur** / avtag, wide cut fuel || ~ de **badiane** / star anise oil, Indian anise oil || ~ à **bas point d'ébullition** / high-test gasoline || ~ de **basilic** / basil oil || ~ de **baume du Canada** / Canada balsam o. turpentine || ~ de **bergamote** / bergamot oil || ~ de **bigarade** / bigarade oil, bitter lemon oil || ~ de **bois** / wood turpentine || **~s** *f pl* de **bois** / species of wood o. timber *pl* || ~ *f* de **bois de rose** / rosewood oil || ~ **brute de craquage** / pressure distillate, PD || ~ de **cajou** / acajou oil || ~ de **cannelle** / cinnamon [bark] oil || ~ de **cannelle de Chine**, essence *f* de cassia / cassia oil, Chinese o. China oil || ~ de **carvi** / caraway oil || ~ par **catalyse** / catalytic gasoline (US) o. petrol (GB) || ~ en **charge** / downfeed gasoline (US) o. petrol (GB) || ~ de **citron** / oil of lemons || ~ de **citron[n]elle** / Indian melissa oil, lemon grass oil || ~ de **citrus** / citrus oil || ~ de **cognac** / grape oil || ~ **condensée** / casing head gasoline, natural gasoline || ~ de **conifères** / conifer oil || ~ de **craquage** / cracked gasoline (US) o. petrol (GB) || ~ de **cumin** / cumin oil || ~ de **[racines] de bardane** / bur[r]-root oil || ~ **demi-lourde** / medium heavy petrol, medium gasoline || ~ de **distillation directe** / straight-run gasoline || ~ **douce** / sweet gasoline || ~ **durcie** / solid o. canned gasoline || ~ à l'**eau «hydrole»** (combustible) / gazowater || ~ d'**écorce d'orange** / orange peel oil || ~ d'**encens** / olibanum oil || ~ **essentielle** / fruit essence || ~ **éthylée** / leaded fuel || ~ d'**eucalyptus** / eucalyptus oil || ~ pour l'**extraction** (pétrole) / extraction solvent || ~ **FAM standard** / FAM standard gasoline || ~ de **fenouil** / oil of fennel || ~ des **feuilles du cannelier** / cinnamon leaf oil || ~ [des **fleurs] de jasmin** / jasmin o. jessamin[e flower] oil || ~ **florale ou de fleurs** / flower oil || ~ de **fruits** / fruit ether o. oil || ~ de **Gaultheria procumbens** / wintergreen oil || ~ de **gaz naturel** / casing head gasoline || ~ de **genièvre** / juniper oil || ~ de **géranium** / geranium oil || ~ de **géranium rosat** / [rose] geranium oil || ~ de **girofles** / cloves oil || ~ de **goudron** / coaltar oil, mineral tar oil || ~ de **graines d'ambrette** / ambrette seeds oil || ~ d'**hédoméa** / penny-royal oil, hedeoma oil || ~ de **houblon** / hop oil || ~ d'**huile de goudron**, essence *f* de houille / coaltar oil, mineral tar oil || ~ d'**hydrogénation** / hydrogenation petrol o. gasoline || ~ d'**hysope** / hyssop oil || ~ d'**Ilang-ilang** / ylang-ylang oil, cananga oil || ~ d'**iris** / orris root oil || ~ de **lavande** / spike oil, spikenard || ~ de **lignite** / petrol from lignite, lignite benzine (US) || ~ à **limite définie d'ébullition** / special boiling point gasoline, SBP || ~ de **linaloé** / linaloe oil || ~ **lourde** / heavy naphtha, heavy benzine o. petrol (GB) || ~ de **Macassar** / ylang-ylang oil, cananga oil || ~ de **macis** / mace oil, nutmeg oil || ~ de **marjolaine** / oil of marjoram || ~ de **menthe crépue** / oil of crisped o. curled mint || ~ de **menthe [poivrée]** / peppermint oil || ~ de **menthe pouliot** / penny-royal oil, oil of pulegium || ~ de **millefeuille** / milfoil oil || ~ **[minérale]** / motorcar gasoline || ~ **minérale** / mineral spirit, white spirit, light gasoline || ~ **minérale** [légère], white spirit *m* / petroleum ether o. benzin (US), naphtha, ligarin || ~ **minérale I.P.** (= Institute of Petroleum) / I.P. spirits || ~ **minérale pour lampes de mines** / safety lamp petroleum spirit o. mineral spirit || ~ **minérale légère** / light petrol (GB) o. gasoline (US) || ~ **minérale standard** / A.S.T.M. precipitation naphtha || ~ **minérale standard FAM** / FAM standard petroleum spirit || ~ de **mirbane** / nitrobenzene, [oil of] mirbane || ~ pour **moteurs** / carburettor fuel, gasoline, gas[olene] (US), petrol (GB), motor spirit o. fuel (GB) || ~ **moyenne** / medium heavy petrol, medium gasoline || ~ de **muguet** (chimie) / terpineol || ~ de **muscade** / mace oil, nutmeg oil || ~ de **nard** / spike oil, spikenard || ~ **naturelle** (pétrole) / natural gasoline, casing-head gasoline || ~ de **néroli** / neroli oil, orange flower oil || ~ de **niaouli** / cajeput o. cajuput oil || ~ **normale** / normal grade petrol o. gasoline, regular grade gasoline || ~ de **noyau** / kernel oil || ~ d'**oliban** / olibanum oil || ~ **ordinaire** / regular [grade] gasoline (US) o. petrol (GB) || ~ de **palmarosa** / East Indian geranium oil || ~ de **patchouli** / patchouli oil || ~ de **pélargonium capitatum** / [rose] geranium oil || ~ de **pépins de raisin** / grapeseed oil || ~ de **petit-grain** / petitgrain oil || ~ de **pétrole** / naphtha (US) || ~ de **pin** / pine oil || ~ de **pin des montagnes ou de pin nain** / dwarf pine oil, templin oil || ~ de **pipermenthe** / peppermint oil || ~ au **plomb tétraéthyle** / leaded fuel || ~ de **polymérisation** / polymer petrol (GB) o. gasoline (US) || ~ du **Portugal** / orange [peel] oil || ~ sous **pression** / pressure-fed gasoline || ~ de **pyrolyse** / pyrolysis gasoline || ~ de **rhum** / rum ether o. essence || ~ de **romarin** / rosemary oil || ~ de **roses** / attar o. essence of roses, rose oil || ~ de **rue** / rue[wort] oil || ~ de **santal** / East Indian sandalwood oil || ~ de **sapin** / fir leaf oil || ~ du **sapin argenté** / leaf oil of silver fir, silver fir oil, silver pine oil || ~ de **sassafras** / sassafras oil || ~ de **sauge** / salvia oil || ~ de **serpolet** / wild thyme oil || ~ **solidifiée** / solid o. canned gasoline || ~ **spéciale** (pétrole) / special boiling point spirit, SBP || ~ de **spic** (Lavandula latifolia) / spike oil, spikenard || ~ **straight-run** / straight-run gasoline || ~ **sulfureuse** / sour gasoline || ~ **synthétique** / synthetic petrol (GB) o. gasoline (US) || ~ de **térébenthine** / gum spirits of turpentine (US), turpentine || ~ de **térébenthine** (extrait de bois) / steam distilled wood turpentine, SDW turpentine || ~ de **thym** / thyme oil || ~ de **verveine** / vervain oil || ~ de **vétiver ou de vétyver** / vetiver oil || ~ de **violettes** / violet oil || ~ d'**ylang-ylang** / ylang-ylang oil, cananga oil

essentiel / essential, fundamental, chief, vital || ~, nécessaire / essential || ~ (chimie) / essential

essieu *m* / car axle || ~ (ch.de fer, auto) / axle || **à deux ~x** / fourwheel[ed], two-axle, (semitrailer:) tandem || **à quatre ~x** / eight-wheeled, four-axle... || **à un ~** / two-wheel, -wheeled, single-axle || **à un seul ~** / single-axle... || ~ **A.R. ou arrière ou de derrière** / hind axle, rear axle || ~ d'**arrière ou de derrière**, essieu *m* porteur (locomotive) / carrier axle, idler (US) || ~ **articulé** / articulated axle || ~ **avant** / front axle || ~ **avant à bras oscillants inclinés** (auto) / tilted shaft front axle || ~ **avant à bras oscillants transversaux** / double wishbone front axle || ~ **avant moteur** / front drive shaft || ~**[-axe]** *m* **droit** (ch.de fer) / straight axle || ~ **brisé** (auto) / full floating axle, jointed cross shaft axle || ~ **carrossé** / cambered axle || ~ à **chapes fermées** (auto) / stub axle || ~ à **chapes ouvertes** (auto) / Elliot type front axle, forked axle || ~**x** *m pl* **commandés et tournants** (grue) / driven and rotating axles *pl* || ~ *m* **convergent** (ch.de fer) / free flexible axle || ~ **coudé** (ch.de fer, auto) / crank[ed] axle || ~ **couplé** (ch.de fer) / coupled axle || ~ **creux** / hollow axle || ~ de **Dion** (auto) / De-Dion axle || ~ **directeur** (ch.de fer) / guiding axle || ~ **directeur** (remorque) / steering type axle || ~ **droit** (ch.de fer) / straight axle || ~ à **écartement variable** / wheelset of adjustable gauge || ~ **fixe** / stationary axle, dead o. fixed o. solid axle || ~ **flottant** (auto) / floating axle || ~ de **freinage** / braking axle || ~ **full-floating** (auto) / full floating axle || ~ **guideur**, essieu-guide *m* (ch.de fer) / guiding o. leading o. front axle || ~ à **jeu transversal** / sliding axle || ~**-kilomètre** *m*, e.k. (ch.de fer) / axle kilometre, distance [run] per axle [measured] in km || ~ **médian** (ch.de fer) / center axle || ~ **mobile** (ch.de fer) / radial o. steering axle, adjustable axle || ~ **monté** (ch.de fer) / wheelset || ~ **monté pour boîtes intérieures** (ch.de fer) / inside box wheel set, wheels *pl* on axle with inside journal || ~ **monté pour locomotives** / wheelset for locomotives || ~ **moteur** / driving o. motive o. live axle || ~ **moteur** (auto) / life o. driving o. power shaft || ~ **moteur intermédiaire** (ch.de fer) / intermediate driving axle, loose axle || ~ **orientable** (ch.de fer) / leading o. front axle, fore axle, radial o. radius axle || ~ à **orientation libre** (ch.de fer) / free flexible axle || ~ **plein** (ch.de fer) / solid axle || ~ **porteur** (ch.de fer) / carrier axle, idler (US) || ~ à **profil en double-T** (auto) / I-beam axle || ~ à **profil en U** / channel section axle || ~ **radial** (ch.de fer) / leading o. front axle, fore axle, radial o. radius axle || ~ **relevable** (auto) / roll axle || ~ à **ressort à barre de torsion** / torsion bar spring axle || ~ à **ressort à éléments de caoutchouc** / rubber spring axle || ~ **rigide** (auto) / rigid axle || ~ **sectionné** / divided axle || ~ à **suspension indépendante des roues** (auto) / full floating axle, jointed cross shaft axle || ~ **tandem** (auto) / tandem o. twin axle || ~ **traîné** / non-driven rear axle, trailing axle || ~ **traîné** (auto) / trailing axle || ~ **tubulaire** (auto) / tubular axle

essor *m* / progress, development, rise

essorage *m* / drying || ~ (m. à laver) / spinning [gear] || **d'**~ (pétrole) / thrown about o. off || ~ **centrifuge** / centrifuging, hydro-extraction || ~ **doux** (m. à laver) / reduced spinning || ~ de l'**huile** / dehydration of oil by centrifuging || ~ de **mousse** / foam drainage

essorer / dry *vt* || ~ (sucre) / cure || ~ (cuir) / sam, dewater || ~ (linge) / dry *vt*, wing || ~ à la **machine centrifuge** / centrifuge *vt*, dry

essoreuse *f* / drying machine o. press || ~ (chimie) / aspirator, filter flask || ~ **centrifuge** / hydro-extractor, whizzer, centrifugal drier || ~ **centrifuge** (sucre) / sugar centrifugal [machine] o. centrifuge || ~ **centrifuge** (tex) / drying machine o. centrifuge || ~ **centrifug[eus]e du 3e jet** (sucre) / afterworker || ~ de **clairçage** / clarifying centrifugal machine || ~ **continue** / continuous hydro-extractor || ~ **discontinue à bol plein** / trailing blade centrifuge || ~ à **fond escarpé** / steep cone centrifugal || ~ d'**houille** / centrifugal machine for drying coal || ~ de **linge** / spin drier for laundry || ~ **oscillante** / pendulum type hydroextractor || ~ à **panier-tamis** / screen type centrifugal machine || ~ à **panier-tamis conique** / conical basket centrifuge || ~ à **panier-tamis oscillant** / vibrating screen centrifugal machine || ~ **préliminaire** (sucre) / forerunner, foreworker || ~ **séparatrice** / centrifugal, centrifuge, centrifugal separator || ~ à **succion d'acide** (tissu) / acid centrifuge o. hydroextractor || ~ pour **tissus au large** (tex) / wide-open hydroextractor

essouchement *m* d'un **terrain** (routes) / stubbing

essuie-glace *m* (auto) / windscreen (GB) o. windshield (US) wiper || ~ à **dépression** (auto) / vacuum type windshield wiper || ~ à **deux vitesses** (auto) / two-speed windshield wiper || ~ de **lunette arrière** / backlight wiper, rear window wiper || ~ avec **retour automatique à la position de repos** / windshield wiper with return to parking position

essuyer / wipe dry || ~ les **plâtres** / be the first occupant in a newly built house || ~ les **plâtres** (ord) / eliminate the teething troubles

essuyeur *m* (impression textile) / colour ductor

estacade *f* (hydr) / gangway on a lock || ~ (nav) / landing stage on piles || **en** ~ (bâtim) / spandrel-braced, elevated || ~ de **chargement des charbons** / coal dumper o. tip

estagnon *m* / a can for flower oils in Southern France

estampage *m* / die stamping || ~ / forming under compressive conditions || ~ (forge) / swaging, drop forging || ~ (typo) / blind blocking o. tooling, blinding, blocking || ~ à **chaud** / hot-pressing practice || ~ à **chaud** (plast) / hot stamping || ~ à **froid** (plast) / cold stamping || ~ à **matrice fermée** / closed die forging

estampe *f* (machine) / stamping machine o. press || ~ (outil) / blanking o. stamping punch || ~, coin *m* superieur (presse) / punching o. counter die || ~ (forg) / swage, forging die

estamper (forge) / drop-forge || ~ (typo) / blind-tool, block, tool || ~ (découp) / raise, emboss || ~, former à la presse (découp) / press, fabricate (US) || ~ à **chaud** (forge) / hot-stamp || ~ à **froid** (découp) / drop-forge

estamperie *f* / fabricated sheet works (US)

estampeur *m* / stamper, press operator, pressman

estampeuse *f* (techn, numism.) / embossing press o. machine, coining press || ~ à **placage** / veneer cutting press

estampille *f* à la **production** / stamp o. mark of origin

estampiller / stamp, mark || ~ / stamp paper

estampilleuse *f* (cuir) / embossing machine

estarie *f* (nav) / lay-up days *pl*

estau *m* (mines) / barrier pillar

ester *m* (chimie) / ester || ~ **acétique** / ethyl acetate || ~ **acétylacétique** / aceto-acetic ester || ~ de l'**acide chloroformique** / chloroformic acid ester || ~ de l'**acide méthacrylique** / polymethacrylate || ~ **acrylique** / acrylic ester || ~ **acrylique d'acrylonitrile-styrène** / acrylonitrile-styrene-acrylester, ASA || ~ **allylique** / allyl ester || ~ d'**amidon** / starch ester || ~ de **cellulose** / cellulose ester, nitrocellulose || ~ de **colophane** / rosin ester, ester gum || ~ **isoamylique** / isoamyl ester || ~ **méthacrylique** / methacrylic ester, methacrylate || ~ **méthylacétique** / methyl acetate || ~ **méthylique** / methyl ester || ~ **phénolique** / phenol ester || ~ **phosphorique** / phosphoric ester || ~ **phtalique** / phthalic ester || ~ **sulfurique des leucodérivés** / sulphuric ester of leuco compounds || ~ **téréphtalique** / terephthalic

ester
estérase *f*(chimie) / esterase
esterétain *m* / estertin
estérification *f* / esterification
estérifier / esterify
esthétique *f* **industrielle** / design
estimateur *m*(math) / estimator || ~ (statistique) / estimator
estimation *f* / assessment, [e]valuation, estimation, rating || ~ (ord) / estimation || ~ **approximative** / raw guess, rough estimation || ~ du **maximum a posteriori** / maximum a posteriori estimation || ~ de **qualité** (contr.aut) / effectiveness criterion || ~ à **vue d'œil** / estimation by the sight o. at random o. by the eye, judgement by the eye
estime *f*(nav) / reckoning, fix (US)
estimer / estimate *vt*, evaluate, assess
estoquiau *m*(serr) / detent pin || ~ / spring bolt of a leaf spring || ~ (jacquard) / catch, check cone
estrade *f* / stand, platform || ~ pour le **chargement** / coal dumper o. tip || ~ de **montage déplaçable ou amovible** / erecting platform, portable extension stage (US)
estradiol *m* / β-estradiol
estragon *m* / tarragon
estran *m*, estrand *m* / sea shore
estrapade *f*(horloge) / main spring winder
estraquelle *f*(verre) / ladle
estrasse *f*(tex) / reeling waste, broken silk
estrivière *f*(tiss) / simple cord
estrope *f*(nav) / strop
estropiement *m*(télécom) / clipping of words
estuaire *m*(géogr) / estuary
et *m* **commercial** (typo) / ampersand
ET *m*(ord) / AND || ≗ **logique** (électron) / AND-operator, logical AND circuit
êta *m*, η / eta
étable *f* / barn (US)
établi *adj* / set || ~ [pour] / meant [for], destined [for] || ~ *m*[de menuisier] / joiner's o. planing bench, jointer's bench, shopboard, work bench || ~ (bâtim, constr.en acier) / work bench || ~ de **moulage** (fonderie) / moulder bench || ~ de **niveau** / absolute level
établir (bâtim) / set up, erect, establish || ~, former / constitute || ~, prévoir / contrive, provide, apply || ~, poser / run *vt*, place, lay || ~ (documentation) / prepare || ~ l'**aérage** (mines) / build ventilators || ~ des **blocks** (ch.de fer) / provide blocks || ~ des **cartes géographiques** / map *vi* || ~ le **circuit** (électr) / make alive || ~ des **classifications** / range into classes, class[ify] || ~ un **coffrage** / erect the shuttering || ~ une **communication** (télécom) / connect [with] || ~ la **commutation** (ord, télécom) / switch a line || ~ une **comparaison** / compare, make a comparison || ~ une **connexion** [entre] / join || ~ le **contact** (électr) / make contact, switch-on, turn-on, connect, cut in || ~ l'**échelle** / scale || ~ l'**équilibre** / equilibrate, poise || ~ les **fondations** / sink o. lay the foundation || ~ des **fouilles** (mines) / costeaning || ~ l'**horizon** / equipoise, level || ~ un **itinéraire** (ch.de fer) / set up a route || ~ des **lois générales** / establish regularities || ~ un **pont** / throw a bridge || ~ la **preuve** / deliver the proof || ~ le **procès-verbal** / draw-up the minutes of a reading || ~ un **règlement** / establish a specification || ~ des **statistiques** / compile statistics
établissement *m* / establishment, formation || **~s** *m pl* / works, plant, factory || ~ *m*, mise *f* en place / installation (e.g. of a method) || ~ d'une **communication** (télécom) / completion of a call || ~ des **communications par l'opératrice** (télécom) / hand-completed call || ~ de **constructions mécaniques** / engineering shop || ~ de l'**équilibre** / establishment of equilibrium || ~ de **flot** (astr) / lagging of tides || ~ **fournisseur** / purveyor, seller, vendor || ~ de **gravure** / engraver's establishment || ~ **important** / large-scale business || ~ **industriel** / industrial works o. plant || ~ de **lithographie** / lithographic printing office || ~ d'un **port** (nav) / lagging of tides || ~ de **pression** / pressure build-up || ~ des **prix de revient** (ordonn) / calculation || ~ du **programme d'ordonnancement** / process o. production engineering, production planning, routing || ~ du **programme de production** / product planning || ~ du **programme d'utilisation** (ordonn) / work load planning || ~ **sidérurgique** / iron and steel plant o. works || ~ des **temps** (ordonn) / incentive o. prorated time establishment
étage *m*(bâtim) / storey (GB), story (US), floor || ~ (routes) / tier || ~ (électron, fusée, turbine) / stage || ~ (mines) / working level, worked stratum, worked streak of ore || ~ (géol) / stage of a formation || ~ (arp) / level || **à ~s**, (engin) / multistage || **à deux ~s** / two-stage... o. step..., double-stage... || **à deux ~s** (bâtim) / two-storey (GB) o. -story (US) || **à deux ~s** (cage d'extraction) / two-storey (GB) o. -story (US) || **à trois ~s** / three-stage || **à un** ~ (bâtim) / one-storied || **à un seul** ~ / single-stage... || **de trois ~s** / three stories high, three-floored || **d'un seul** ~ (bâtim) / one-storied || **en ~s** / step-by-step, by steps, stepwise, by degrees, at stages || **le plus haut** ~ / top floor || **les ~s** (bâtim) / upper works *pl* || **par ~s** (gén, trempe) / stepped || ~ **adaptateur d'impédance** / impedance transformer stage || ~ **amplificateur final de fréquences visuelles** / video final stage || ~ d'**amplification** (électron) / amplification stage || ~ **audio de sortie** (TV) / final sound stage || ~ de **balayage** (TV) / scanning stage || ~ **basse fréquence** (électron) / audiofrequency stage || ~ **basse pression** (turbine) / exhaust stage || ~ de la **cage** / deck of a hoisting cage || ~ de **cascade** (nucl, combustible) / partition stage || ~ de **changement de fréquence** / frequency conversion stage o. changing stage, converter o. mixer stage || ~ d'un **climat constant** / constant climate stage || ~ de **contrôle** (ord) / control level || ~ **convertisseur d'image** / image converter stage || ~ de **correction de fréquence** / automatic frequency control stage || ~ **démodulateur** / demodulation stage || ~ de **descente** (espace) / descent stage, lander || ~ de **diffusion simple** (nucl) / single-diffusion stage || ~ **discriminateur** / discriminator || ~ d'**emmagasinement** (gén) / storage level || ~ **excitateur** (électron) / driver stage || ~ d'**exploitation** (mines) / working level || ~ **F.I.** / intermediate frequency stage || ~ **final** (électron) / high-level stage || ~ **final de couleur** (TV) / final colour stage || ~ **final symétrique** / push-pull output o. power stage || ~ **final vidéo** (TV) / final video stage || ~ en **galetas** / garret storey || ~ **haute pression** (aéro) / high-pressure o. HP stage || ~ **H.F. présélecteur** (électron) / preselector stage || ~ **inerte** / inert stage || ~ d'**injection sur orbite lunaire,** [terrestre] (espace) / lunar orbit injection burn, LOI burn || ~ **intermédiaire** (électr) / buffer stage || ~ **intermédiaire** (TV) / buffer stage || ~ **intermédiaire** (espace) / tran[s]stage || ~ **intermédiaire** (mines) / intermediate level, sublevel || ~ **kick** (espace) / kick stage || ~ **limiteur** (électron) / limiter stage || ~ **mélangeur** (TV) / mixing stage || ~ **mélangeur symétrique** (électron) / balanced mixer ||

~ **modulateur** / modulator stage || ~ de **montée** / ascent stage || ~ d'**orbiter** / orbiter stage || ~ de **partition** (nucl) / partition stage || ~ de **préamplification** (électron) / pre-amplification stage || ~ **préliminaire** (électr, fusée) / prestage, primary stage || ~ de **présélection** / preselector stage || ~ de **pression** / pressure stage || ~ **principal** (bâtim) / main floor, principal storey || ~ **principal** (espace) / main stage || ~ **principal de fusée** / primary rocket stage || ~ de **programme** / program level || ~ **propulseur** / propulsion stage || ~ de **propulsion solarélectrique** (espace) / solar-electric propulsion stage, SEPS || ~ de **puissance** / power stage || ~ **push-pull** (électron) / push-pull stage || ~ à **réaction** (turbine) / reaction stage || ~ de **remblai** (epl. à ciel ouvert) / dump bank o. bench || ~ de **retour d'air** (mines) / air return level, ventilating course o. road || ~ de **roulage** (mines) / drawing o. winding level, [main] haulage level || ~ **saillant** (bâtim) / bearing-out story, overhang || ~ **secondaire** (mines) / sublevel || ~ de **sélection** (télécom) / rank of selectors || ~ **séparateur** (électron) / buffer stage || ~ de **séparation de haut-parleur** / loudspeaker dividing network o. cross-over network || ~ de **sortie** (électron) / high-level stage || ~ à **spirale** (tex) / spiral drawing frame, pressure drawing frame || ~ **supérieur** / upper o. top stage || ~ **supérieur** (bâtim) / upper floor o. story || ~ **symétrique** (électron) / push-pull stage || ~**-tampon** *m* (électron) / buffer stage || ~ de **traitement** / stage of manufacture || ~ à **tubes** (électron) / tube stage || ~ de **turbine** / turbine stage || ~ **unique** (gén) / single stage

étagé / stepped, multistage || ~ (gén, trempe) / stepped || ~ (terrain) / rising in tiers

étager / step *vt* || ~ (techn) / step *vt*, relieve, shoulder

étagère *f* / rack, shelf || ~ de **batteries** / battery rack || ~ à **câble** / cable rack

étai *m*, étaie *f* (bâtim) / prop || ~, étaie *f* (mines) / prop, stay, strut, shore || ~ (nav) / stay || ~ (chaîne) / stud of the chain link, stay[pin] || ~ de **blindage** (bâtim) / strut, brace || ~ en **bois** (bâtim) / puncheon || ~ de **butée** / buttress stay || ~ sous **compression** (mines) / force piece, fore-set || ~ de **contre-appui** / buttress stay || ~**s** *m pl* d'**orgue** (mines) / breaker props || ~ *m* **provisoire** (charp) / dead shore || ~ **provisoire** (bâtim) / needle || ~ **provisoire** (mines) / prop for advancing working || ~ en **sautoir** (charp) / [St. Andrews] cross || ~ **supérieur** (mines) / upper pit prop member || ~ de **taille** / mine prop, pit prop, stull

étaiement *m* (bâtim, mines) / shore, stay || ~, blindage *m* (bâtim) / shoring

étaim *m* (tiss) / worsted warp

étain *m* (chimie) / tin, Sn || **de ou en** ~ / [made] of tin, tinny || ~ d'**alluvions** / alluvial tin ore || ~ d'**art** / pewter || ~ en **baguettes** / bar tin || ~ à **balles** / rolled tin || ~ de **Ban[g]ka** / Banka o. Straits tin || ~ **bas** / base tin || ~ **blanc** / tin glaze o. glazing || ~ en **blocs** / block tin || ~ à **braser ou de brasage** / soldering pewter o. tin || ~ **brillant** / bright tin || ~ **brut** / furnace tin (of pyrometallurgic process), crude tin (of hydrometallurgic process) || ~ en **feuilles** / tin foil o. foiling, foil tin || ~ **fin** / fine o. grain o. head tin || ~ en **larmes** / drop tin || ~ de **Malacca** / Malacca o. cap tin || ~ **massif** / lofty tin || ~ **mat** / matt tin || ~ au **niobium** / niobium stannide || ~ **oxydé cristallisé** / crystallized oxide of tin, tin crystal || ~ **plan** / laminated tin || ~ en **plaques** / sheet tin || ~ de **poterie** / pewter || ~ **pur** / block tin || ~ en **ratures** / tin slips *pl* || ~ à **rouleaux** / rolled tin || ~ en **saumons** / block tin || ~ des **scories** / tin extracted from slag, prillion || ~ **sonnant** / fine o. sonorous o. ringing tin || ~ pour **vaisselles** / pewter || ~ en **verges** / bar tin

étainage *m* (par électrolyse) (galv) / tin plating

étainer [par électrolyse] (galv) / tin[-plate]

étalage *m* (sidér) / boshes *pl* || ~ / show window, shopwindow || ~ (ELF) (graisse) / spreading || ~ de la **bande** (électron) / band spread || ~ de **cellules solaires** (espace) / solar array || ~ du **niveau** (phys) / level broadening || ~ des **ondes courtes** / short-wave spread

étalagiste *m* / dresser

étalement *m* des **impulsions** / pulse stretching || ~ en **large** / dispersion in breadth o. in direction

étaler / outline *vt* || ~, déployer / spread *vt* || ~ (filage) / spread *vt* || ~ (s') (couleur) / run, bleed || ~ des **câbles** / run out a cable

étaleur *m* (filage) / stretcher, spreading machine || ~ de **coton** / cotton lapper o. lap machine minder

étaleuse *f* (tex) / spreadboard, spreader

étalon *m* / standard ga[u]ge measure, standard [measure] || ~ (spectroscope) / etalon || ~ **atomique de fréquence** / atomic reference oscillator || ~ **blanc** (colorimétrie) / white standard || ~ de **conductivité** / conductivity standard || ~ de **fréquence à césium** / cesium reference oscillator || ~ de **fréquence piézoélectrique** / piezoelectric frequency standard || ~ **gradué** / line standard || ~ d'**inductance** / standard inductance || ~ d'**intensité de la couleur** / depth of shade standard || ~ **interférentiel de Pérot-Fabry** / Fabry-Perot interferometer || ~ de **longueur d'ondes** / wavelength standard || ~ de **masse** (phys) / mass standard || ~ de **mesure** / measurement standard || ~ de l'**ohm** / standard resistor || ~ **parallèle** (m.outils) / steel parallel || ~ de **poids** / standard ga[u]ge measure || ~ **primaire** / primary standard || ~ **prismatique** / block gauge, gauge block, slip gauge || ~ **[prototype ou type]** / gauge, standard gauge measure || ~ de **rugosité de la surface** / surface reference standard, standard surface specimen || ~ de **sortie en Ge** (laser) / Ge output etalon || ~ de **tension** / calibrated power source || ~ à **traits** / line standard || ~ de **travail** / working standard || ~ **type** / standard gauge

étalonnage *m* / adjustment, standardization, calibration || ~ (radar) / marking || **faire l'**~ (bâtim) / mark with a line || ~ de l'**angle** / angle calibration || ~ des **couleurs** / colour gradation || ~ de la **phase** (électr, électron) / phasing || ~ des **têtes sur la synchronisation trame** (bande vidéo) / field sync alignment

étalonné / calibrated

étalonnement *m* / adjustment

étalonner (gén, instr) / calibrate || ~ (métal précieux) / assay, mark || ~ (bâtim) / mark with a line

étamage *m* / tinning, whitening || **à ~ différentiel** (sidér) / with differential tinning || ~ à **immersion** / dip-tinning || ~ au **trempé à chaud** / fire tinning, hot[-dip] tinning

étambot *m* (nav) / stern frame o. post

étambrai *m* de **pont** (nav) / deck partners *pl*

étamé à chaud / fire-tinned, hot[-dip] tinned, tin-coated || ~ par **essuyage** / wipe tinned

étamer [au bain] / tin[-plate] *vt* || ~ dans un **bain** (ou par trempé) **en fusion** / scour *vt*, tin *vt* || ~ par **électrolyse** / electroplate with tin || ~ en **mince couche** / blanch

étameur *m* / tinker

étamine *f* / cloth strainer, cheese cloth || ~ (tiss) / etamine, tammy

étampage *m* / die stamping o. forming || ~ (découp) /

swaging
étampe *f* / swage, forging die || ~ (découp) / swage, top and bottom tool || ~ (presse) / top die o. swage || ~ à **façonnage à chaud** / hot die || ~ **inférieure** (forge) / bottom die o. swage || ~ pour **ronds** (forge) / rounding tool || ~ **[supérieure ou inférieure]** / swaging die || ~ **universelle** (m.outils) / boss, swage block
étampé / embossed
étanche / impervious, impenetrable, tight || ~ (accu) / non spillable || ~ (routes) / stanch, staunch || ~, blindé / environmentally sealed || ~ (tiss) / having [firm] body || ~ à l'**air** / airtight, close || ~ à l'**air** (mines) / airtight || ~ à l'**eau** / watertight, waterproof, impermeable to water || ~ à l'**eau** (électr) / watertight || ~ aux **flammes** / explosion-proof, flameproof, leakproof || ~ contre les **fuites** / leakproof || ~ aux **gaz** / gastight, gasproof || ~ à la **graisse** / grease-proof || ~ à l'**huile** (joint) / oiltight, oilproof || ~ à l'**immersion** (électr) / watertight || ~ au **jet d'eau** (lampe) / proof against water jets || ~ à la **lance [d'eau]** (électr) / flash-tight, hose-proof, splashproof || ~ à la **lumière** / light-proof, light-tight || ~ aux **odeurs** / smell-tight || ~ à la **pluie** / rain-proof || ~ aux **poussières** / dust-tight, dustproof || ~ à la **vapeur** / steam-tight || ~ au **vide** / vacuum-tight
étanchéification *f* / stopping up, packing
étanchéité *f* / imperviousness, impermeability, tightness || ~ à l'**air** / airtightness || ~ à l'**eau** / waterproofness, water tightness || ~ à l'**eau sous pression statique** / watertightness under heavy rain || ~ au **feu** / fire integrity || ~ à la **pression interne** / resistance to internal pressure || ~ de la **rivure** / tightness of a rivet joint || ~ **souple** / flexible isolation
étanchement *m* (bâtim) / vapour barrier o. seal || ~ / stopping up, packing || ~ au **mercure** / mercury seal
étancher / seal *vt*, tighten, make close, stop up
étançon *m* (mines) / mine prop, pit prop, stull || ~ (bâtim) / strut, brace || ~ d'**amarrage ou d'ancrage** (mines) / anchor prop || ~ à **autoserrage** (mines) / servo prop || ~ **auxiliaire** / catch prop || ~ à **caractéristique raide** / early-bearing prop || ~ de **cassage** (mines) / breaker prop || ~ **coulissant** / yielding prop || ~ à **double effet** / double-acting prop || ~ **doublement télescopique** / double telescopic prop || ~ **dynamométrique** (mines) / dynamometer prop || ~ à **friction ou à frottement** / friction post o. pile [for pit tubbing] || ~ à **lamelles** (mines) / lamellar prop || ~**s** *m pl* en **ligne** (mines) / breaker props *pl* || ~ *m* **métallique** (mines) / steel prop o. shore || ~ **oblique** / raking shore, raker || ~ **pile** (mines) / chock-prop || ~ à **portance rapide, [retardée]** / early, [late] bearing prop || ~ **provisoire** (mines) / catch prop || ~ de **rupture** (mines) / breaker prop || ~ **tubulaire** (mines) / tubular prop || ~**s** *m pl* en **tuyaux d'orgue** / breaker props *pl* || ~ *m* à **vis** (mines) / screw-jack prop
étançonnage *m* / propping up, shoring
étançonné / propped up, shored
étançonnement *m* (bâtim) / shoring, propping up || ~ d'un **mur** / propping, staying, strutting
étançonner / bear up, underprop, shore [up] || ~ (mines) / underpin, prop, shore [up] || ~ (bâtim) / stay *vt*, support, underprop
étançonneur *m* (mines) / prop o. timber setter, timberman, deputy (North-Humberland)
étang *m* / pond, pool || ~ d'**oxydation** (eaux usées) / bio-oxidation pond || ~ **poissonneux** / fishpond, fish pool
étape *f* / leg, stage || ~ (ordonn) / stage || **par ~s** / step-by-step, by steps, stepwise, by degrees, at stages || ~ de la **production** / stage of manufacture, production stage || ~ de **travail** (ord) / job step || ~ d'**un programme** (bâtim) / phase of construction, stage of a programme
état *m*, disposition *f* / shape, condition || ~, stade *m* / state, stage || ~, nature *f* / condition, nature, quality || ~, stock *m* / supplies *pl*, stock || ~ (ord) / status || **à l'~ brut** (techn) / raw || **à l'~ de vapeur** / in vapour state || **à l'~ sec** / dry || **en ~ actionné** / set into motion, moving || **en ~ brut de laminage** / as rolled || **en ~ de décomposition** / decomposed, under decomposition || **en ~ d'exploitation ou de marche ou de service** / serviceable, working, in working order || **en ~ de service ou de vol** / fit to take the air || **en bon ~** / in repair || **en mauvais, [bon] ~** (bâtim) / in bad, [good] repair || ~ **«A»** (plast) / A-stage || ~ **actionné** / closed circuit condition, on-position || ~ d'**agrégation** / state of aggregation, condition of aggregation, physical condition || ~ d'**aimentation cyclique-symétrique** / symmetrical cyclically magnetized condition || ~ d'**alerte** / readiness, preparedness || ~ **antérieur** (brevet) / former state || ~ d'**appel** (télécom) / ringing condition || ~ **atmosphérique** / atmospheric o. meteorological conditions *pl* || ~ d'**attente** / standby condition || ~ **'B'** (plast) / B-stage || ~ **bloqué** (semicond) / off-state || ~ **bloqué dans le sens inverse** (semicond) / reverse blocking state || ~ **brut de laminage** / as-rolled condition || ~ **brut de moulage** / as-cast state || ~ du **câble** / condition of rope || ~ **calculé** / calculated state || ~ **colloïdal** / colloidal state || ~ **complet** / completeness || ~ **conducteur** (électron) / on-state, conducting state || ~ de **conservation** / state of conservation || ~ de **contrainte** / state of stresses || ~ des **contraintes planes** (méc) / plain stress || ~ **contrôlé** / controlled condition || ~**s** *m pl* **correspondants** (chimie) / corresponding states *pl* || ~ *m* **cristallin** / crystalline state || ~ **critique** / critical state || ~ **D** (nucl) / D-state || ~ **déconnecté** (ord) / off-condition || ~ **défectueux** / damaged state || ~ **défraîchi** (bâtim) / dilapidations *pl* || ~ de **déroulement** (ord) / running state || ~ **désiré** / planned o. projected status || ~ **distinctif** (télécom) / significant condition || ~ **endommagé** / damaged state || ~ d'**énergie** / energy state || ~ d'**entretien** / maintenance condition || ~ d'**équilibre** / state of equilibrium, steady o. neutral position, balanced condition o. state || ~ d'**équilibre**, état *m* stationnaire / equilibrium || ~ d'**études actuel** / latest state of development || ~ **excité** (nucl) / state of excitation, excited state || ~ **feutrable** / felting property || ~ **final** / final state o. condition || ~ **fonctionnel de l'unité centrale** (ord) / processor state || ~ de **fonctionnement** / working condition || ~ de **fonctionnement** (ord) / on-condition || ~ **fondamental** (nucl) / ground o. normal state, normal energy level || ~ **froid et humide** / dampness || ~ **gazeux** / gaseous condition o. state of aggregation || ~ **glissant**, état *m* graisseux / greasiness || ~ **grumeleux du sol** (agr) / optimum soil condition || ~ **hygrométrique** / fraction of saturation, relative humidity || ~ **hygrométrique de l'air** / relative humidity of air || ~ d'**inertie** / steady condition, permanence state of inertia o. equilibrium || ~ **initial** / ground level state || ~ **initial** (ord) / reset condition || ~ **initial** (NC) / reset || ~ **insaturé** / unsaturation || ~ **instable** (chimie) / non-stable state || ~ **instable** (méc) / unstable state || ~**-interface** *m* (frittage) / interface condition || ~ **intermédiaire** /

intermediate stage o. state || ~ **ionisé** / ionized state || ~ **isomérique** / state of isomerism, isomeric state || **~-limite** *m* / boundary condition || **~-limite** *m* **ultime** (méc) / upper bound || ~ **limité** / bounded state || ~ **liquide** / liquid state of aggregation || ~ à la **livraison** / state o. condition at time of supply || ~ **magnétique neutre** / neutral magnetic state || ~ de **marche** / working condition || ~ de **matière** / state of aggregation, condition of aggregation, physical condition || ~ **mésomorphe** / liquid crystal, crystalline liquid || ~ **métastable** (chimie) / metastable state || ~ **microscopique** / microstate || ~ de **montage expérimental** (électron) / breadboard stage || ~ de **mouvement à la Cardan** (cinémat) / cardanic state of motion || ~ **naissant** / nascency || ~ **«néant»** / nil return || ~ **neuf** / new state, as manufactured, as delivered || ~ **non équilibré** (roues) / unbalanced state || ~ **non chargé** / no-load condition || ~ **normal** / normal state || ~ **normal d'énergie** (nucl) / ground o. normal state, normal energy level || ~ **ondulé** / ondulation || ~ **P** (nucl) / P-state || ~ **passant** (électron) / on-state, conducting state || ~ **pelucheux** (tex) / fluffiness || ~ **permanent** / steady condition, permanence state of inertia o. equilibrium || ~ **physique** / state of aggregation, condition of aggregation, physical condition || ~ **préalable** / preliminary stage, pre-stage || ~ **pris pour base du calcul** / calculation base || ~ **quadratique** / squareness || ~ **quantique** / quantum state || ~ de **référence** / standard operating conditions *pl* || ~ **réglé** / controlled condition || ~ de **repos** / quiescent condition || ~ de **résonance** / resonance state || ~ de **route** / road condition || ~ **S** (nucl) / S-state || ~ de **saturation** / state of saturation || ~ de **service** / readiness for service o. working || ~ **solide** / solid condition o. state of aggregation o. of matter || ~ **stable** / stable state || ~ **stable de régime** / steady state condition, permanence || ~ **stationnaire** / equilibrium || ~ du **stock** (ord) / stock-status report || ~ de **surface** / surface finish o. quality || ~ de la **technique** (brevet) / prior art || ~ **transitoire** / transition state, transient state || ~ **«un»** (ord) / one-state || ~ d'**usure de remplacement** um/uni / replacement state of wear || ~ de **vapeur** / vapour state || ~ **vert** (céram) / green state || ~ **vibratoire** / condition of vibration || ~ **vierge** / state o. condition at time of supply || ~ **virtuel** (nucl) / virtual state o. level || ~ de **voie** (ord) / channel state || ~ **vrai** (ord) / true state || ~ **zéro** (ord) / nought state

étau *m* (techn) / vise (US), vice || ~ d'**établi** / bench vice, standing o. table vice || ~ de l'**établi** (men) / vise of a bench || **~-limeur** *m* / shaper (US), shaping machine || **~-limeur** *m* à **bielle** / crank-shaper || **~-limeur** *m* à **coupe effectuée en tirant** / draw-cut shaper || **~-limeur** *m* pour **poinçons** / punch shaper o. shaping machine || ~ de **machines** / machine [jaw] vice, pivoted vice || ~ à **main** / pin o. hand vice || ~ à **main à mâchoire étroite** / pig-nose hand vice, dog-nose hand vice || ~ à **main à manche** (ou à queue) / tail vice with handle || ~ à **main à mors courts** / square-nose hand vice || ~ à **main à mors longues** / broad chap o. cross chap hand vice || ~ à **main de soudeur** / vise-grip welding clamp || ~ [à **mouvement] parallèle** / parallel [jaw] vice || ~ à **ressort** / spring vice o. trigger, spring clamp || ~ à **serrage rapide** / quick acting screw vise || ~ **tendeur** (électr, télécom) / draw vice, draw[ing] tongs *pl* || ~ **tournant** / swivel vise o. vice || ~ pour les **tubulures** / pipe vice o. vise

étayage *m*, etayement *m* (bâtim) / shoring || ~ d'un **fossé** / shoring of a trench

étayé / supported

étayer / stake *vt*, brace, prop up || ~, accoter / stay *vt* || ~, reprendre en sous-œuvre (bâtim) / underpin, rebuild the foundation || ~ (mines) / prop *vt*

éteindre (gén) / extinguish, put out || ~ (chaux) / slake o. slacken lime || ~ (s') / be extinguished, go out || ~ (s') (combustion, aéro) / burn out || ~ (s') (bruit) / die || **faire ~ les oscillations** (méc) / extinguish oscillations || **s'~ peu à peu** / die away || ~ une **couleur** / diminish a colour || ~ le **gaz** / turn out o. off the gas || ~ la **lumière** / switch off the light || ~ [en **soufflant]** / blow out || ~ par **voie humide** / quench

éteindrelle *f* / a screen for pressing oil fruits

éteint (feu) / out || ~ (chaux) / slaked || ~ (lampe) (électr) / switched off, off, open

étendage *m* à **chaud** (lam) / hot bank o. bed

étendoir *m* / drying frame || ~ (teint) / ageing room || ~ (bâtim) / drying loft

étendre / spread *vt*, stretch || ~, étirer / stretch *vt*, distend, draw-out, lengthen || ~ [sur] / brush *vt*, spread (e.g. colour) || ~, diluer / weaken *vt*, dilute, water [down] || ~, élargir / enlarge, widen, broaden || ~ (TV) / stretch *vt* || ~ (s') / spread *vi*, expand, dilate || ~ (s') (tiss) / stretch *vi* || ~ (s') (géol) / run from... to... || ~ (s') / extend *vi* || **s'~** [sur, jusqu'à] / extend *vi* || **s'~** (sur un sujet) / dwell [on] || ~ une **couche de peinture** / lay on paint || ~ l'**encre** (typo) / rub out ink || ~ la **main** [vers] / reach [for] || ~ au **rouleau** / roll flat

étendu / ample, extensive || ~ (math) / extended || ~ (solution) / weakened, dilute || ~ (liquides, teint) / reduced || ~ à l'**huile** / oil-extended

étendue *f* / size, extent, span, range || ~ (terrain) / stretch, reach || ~, contenu *m* d'un récipient / contents *pl* || ~ d'**avance** / range of feeds || ~ de la **base de temps** (ultrasons) / time base range || ~ de la **charge** / load range || ~ de **contrôle** / amount of inspection || ~ d'un **dégât** / extent of damages || ~ de **diffusion** (radio) / scatter band || ~ d'**eau** / sheet of water || ~ d'**échelle** / scale range o. span || ~ d'une **erreur** / error range o. span || ~ du **gaz d'une décharge en arc** / arc stream, column of gas in arc discharge || ~ **géométrique ou du faisceau** (opt) / geometric extent || ~ **granulométrique** / size range || ~ d'**indication** (instr) / measuring range || ~ **large** (guide d'ondes) / broad dimension || ~ en **longueur** / extension, extent || ~ de **mesure** / instrument range || ~ du **processus** / process range || ~ de **rapports** (engrenages) / spread || ~ de **réglage** / setting range || ~ **relative de régulation** (contr.aut) / relative control range || ~ **sensitométrique** (opt) / density range o. scale o. latitude || ~ du **son** (phys) / gamut || ~ d'une **surface** / superficial extent || ~ de la **surface d'appui ou de contact** (plast) / land area || ~ de **temps** / period, stretch of time || ~ de **terrain** / tract of land || ~ d'un **toit** / roofage || ~ de **visée** / visual range

étente *f* / drying frame

Eternit *m* / Eternit

éternuer (mot) / cough *vi*

étêter / top *vt*, crop

éthanal *m* / acetaldehyde, ethanal

éthane *m* / ethane, dimethyl

éthanol *m* / ethyl alcohol, ethanol

éthanolamine *f* / ethanolamine, 2-hydroxyethylamine

éthanolcarburant *m* / power ethanol

éther *m* / ether, ethyl o. diethyl oxide o.ether, ethoxyethane || ~ **acétique** / acetic ether || ~ **cellulosique** / cellulose [methyl] ether || ~

diéthylique / diethyl ether || ~ **diphénylique** / diphenyl ether || ~ de **pétrole** / ligroine (petroleum fraction from 90 - 120 °C), ligarine, petroleum ether || ~ de **pétrole**, gazoline *f* / petroleum ether o. spirit || ~ **salicylique** / ethyl salicylate, salicylic ether || ~ **sulfurique** / [ethyl] o. sulphuric ether
éthérifier / etherify
éthinylestradiol *m*, -œstradiol *m* / ethynyl estradiol, 17α-ethynyl-1,3,5-estratriene-3,17β-diol
éthylcellulose *f* / ethylcellulose
éthyle *m* / ethyl
éthylène *m* / ethylene, ethene, olefiant gas || ~ **glycol** / ethylene glycol || ~**-propylène** *m* **fluoré** (plast) / FEP, fluorinated ethylene propylene
éthylénier *m* (nav) / ethylene tanker
éthylidène *m* / ethylidene
éthylmercure *m* / ethylmercury
étiage *m* / low-water mark || ~ **marqueur** / water gauge, water level indicator
étier *m* / fishway, fish-pass
étincelage *m* / electrical discharge machining, EDM, electrical erosion, electroerosion, [electric] spark machining, spark erosion || ~ **bout-à-bout** / flash butt welding || ~ par **fil** / wire-EDM || ~ **planétaire** / planetary EDM
étinceler / spark *vi* || ~, briller / sparkle, glitter
étincelle *f* / spark || **sans [lancer des] ~s** / non sparking, sparkless || ~ d'**allumage** / ignition spark || ~ **auxiliaire** / timed o. timing spark || ~ **commandée** / timed o. timing spark || ~ de **coupure** (électr) / spark on break o. at breaking, breaking spark || ~ **étalée** / sheet spark || ~ **explosive** / slow spark || ~ de **fermeture** (électr) / closing spark || ~ **inductive** / inductive spark || ~ d'**ouverture ou de rupture** voir étincelle de coupure || ~ **sautante** / jump spark
étincellement *m* / scintillation
étiolement *m* (bot) / etiolation
étioler (bot) / etiolate
étiquetage *m* / labeling, ticketing
étiqueter / label, ticket, docket || ~ (ord) / label *vt*
étiqueteuse *f* (bière) / labelling machine
étiquette *f* / tag (US), [stick-on] label, sticker || ~ (ch.de fer) / label || ~, plaque *f* / ticket, slip || ~ (ord) / label [record] || ~ d'**acheminement ou de wagon** (ch. de fer) / wagon label || ~ **adhésive**, étiquette *f* auto-adhesive / pressure sensitive adhesive label, adhesive label || ~**-adresse** *f* (ch.de fer) / baggage tag (US), luggage label (GB) || ~ à **attacher** / [string] tag || ~ de **collage** (presse rotative à imprimer) / paster tab || ~ à **coller** / gummed address label || ~ de **corps** (bière) / body label
etiquette *f* de **repérage** / marking tag
étiquette *f* à **ficelle** / [string] tag || ~ **gaufrée** / embossed label || ~ **gommée** / gummed label, stick-on label || ~ d'**identification** / identification mark || ~**-matière** *f* (ch. de fer) / stores label || ~ **mobile** / string tag, tag
étirabilité *f* (fil) / stretchability
étirable / extendible, [ex]tensible, [ex]tensile, tractile
étirage *m* / stretching || ~ (tôle) / stretch-forming || ~ (forge) / drawing out || ~ (filage) / drafting, drawing || ~ (tréfilage) / wire drawing || ~, banc *m* d'étirage (tex) / draw[ing] frame || ~ (film) / stretch || ~ [à **anneau]** (techn) / ironing || ~ **autorégulateur** (filature, coton) / autoleveller [draw frame], autoleveller gill box, autodrafter, draft regulator || ~ de **barres** / rod drawing || ~ des **blancs** (TV) / pulling on whites || ~ **brillant** (techn) / bright drawing || ~ par le **chariot** (tex) / carriage draft o. drag o. gain || ~ à **chaud** / hot drawing || ~ à **contre-traction** (tréfilage) / drawing with back pull o. back tension || ~ à **double rangée de barrettes** (filage) / double needle draft, D.N. draft, intersecting [gillbox], pin drafter || ~ du **fil** (filage) / drafting, drawing || ~ en **fin** (filage) / finisher drawing frame || ~ sur **forme** (découp) / stretch forming || ~ à **froid** / cold drawing || ~ à **froid de feuilles** (plast) / self-hooping, cold stretching || ~ à **froid des tubes** (sidér) / sinking of tubes || ~ à **frottoirs** (tex) / bobbin o. rubber drawing || ~ en **gros** (filage) / first drawing frame, preparer gillbox || ~ à **hérisson double** (filage) / double-head porcupine drawings || ~ **intermédiaire** (tex) / intermediate draft || ~ sur **mandrin** (sidér) / drawing over mandril, plug drawing || ~ sur **mandrin court** (sidér) / rodding || ~ de **parois** / ironing || ~ à **plateaux [au fil peigné]** (tex) / circular gill box || ~ à **pots** (tex) / can [gill] box || ~ **préalable** (tréfilage) / first draw || ~ **préparatoire** (filage) / first drawing frame, preparer gillbox || ~ **rapide** (tex) / high-speed draw frame || ~ du **ruban** (filage) / sliver draft || ~ à **saccades** (tréfilage) / jerky drawing || ~ **soleil** (filage) / disk plate circular drawing frame, ring guide [circular] drawing frame || ~ **supplémentaire** (filage) / auxiliary drawing || ~ à **surface gauche** (filage) / ribbon lap machine || ~ **total** (filage) / overall o. total draft || ~ des **tubes** / drawing of pipes || ~ des **tubes sur mandrin** / tube sinking
étir[ag]eur *m* (tex) / drawer
étiré (méc, constr.en acier) / in tension || ~ (plast) / drawn || ~ **blanc ou brillant** / bright o. cold drawn, white || ~ à **chaud** / hot drawn || ~ à **froid** / cold drawn, bright [drawn] || ~ **sans soudure** / seamless drawn, solid-drawn
étirement *m* (bague d'étanchéité) / elastic expansion || ~ des **lignes** (TV) / line pulling, line tearing
étirer / extend *vt*, stretch, draw out || ~ (découp) / iron || ~, dresser / stretcher-level || ~, opérer une expansion (découp) / drift, expand, widen || ~ (tex) / draw *vt*, draft || ~, tréfiler / draw wire || ~ (s') (défaut, tiss) / draw *vi* || ~ des **barres** (sidér) / draw rods || ~ des **corps creux** / cup *vt* || ~ **[à coups de marteau]** / beat out, draw down o. out || ~**-emboutir** / stretch-form *vt* || ~ en **fils** / wire-draw || ~ sur **forme** / stretch-form *vt* || ~ à **froid** / cold-draw || ~ à **froid** (fibres) / cold-stretch, cold-draw || ~ en **longueur** / stretch out || ~ **préalablement** / first-draw
étire-rideaux *m* / curtain stretcher
étireur *m* (tex) / tenter || ~ en **fin de coton** / cotton speeder tenter || ~ **intermédiaire de coton** / cotton intermediate tenter || ~**-laminoir** *m* (tex) / drawing o. delivering roller
étireuse *f* (lam) / stretcher-leveller || ~ à **barrettes à champ simple** (filage) / gill box || ~ à **barrettes à double champ croisé** (filage) / double needle draft, D.N. draft, intersecting [gillbox], pin drafter || ~ à **barrettes à double champ avec régulateur** (laine peignée) / autoleveller [draw frame], autoleveller gill box, autodrafter, draft regulator || ~ à **égaliser au large** (tiss) / broad drawing equalizing machine, stenter for straightening || ~ en **fin** (filage) / fine drawer || ~ en **nappe** (fibres synth.) / warp stretching machine || ~ **préliminaire** (filage) / preparatory box || ~**-retordeuse** *f* (tex) / draw twister || ~ sous **vide** (céram) / vacuum auger, dealring auger [machine]
ET-NON (ord) / EXCEPT, AND NOT
étoffe *f* / cloth, fabric || ~ **caoutchoutée** / rubber cloth || ~**s** *f pl* de **confection pour femmes** / ladies' dress materials *pl* || ~ *f* de **coton** / cotton fabric o. goods *pl* || ~ de **crin** (tex) / hair cloth || ~ **croisée ou**

diagonale / biassed cloth || ~ à **doublure** (tex) / lining [fabric o. material] || ~ **écossaise** (tex) / plaid || ~ d'**étaim** / carded o. worsted [wool] fabric || ~ **façonnée** / figured fabric || ~ **frisée** (tex) / crimp cloth || ~ d'**habillement** / dress fabric, clothing dress goods *pl* || ~ **imitant la fourrure** (tex) / fleecy fabric, imitation fur || ~ de **laine** / woollen cloth, stuff || ~ de **laine peignée** / worsted [cloth o. fabric] || **~s** *f pl* **lainées** / heavy woollen fabrics || ~ *f* **matelassée** / double cloth (two distinct cloths woven and bound together), two-ply fabric || ~ de **nappe de fibres**, étoffe *f* nappée (tex) / bonded fiber fabric, nonwoven [fabric] || ~ **rase** / carded o. worsted [wool] fabric || ~ **rayée** (tiss) / raye || ~ pour **reliures** (typo) / book linen, book cloth || ~ de **rembourrage constituée de nappe de fibres** (tex) / nonwoven stuffing fabric, nonwoven wadding and quilting fabric || **~s** *f pl* de **rideaux** / drapery, draperies *pl* (US) || ~ *f* **support** (tapis) / primary support fabric, primary backing || ~ pour **tablier** (tex) / apron cloth || ~ aux **tons changeants** (tiss) / shot silk || ~ en **tricot** / tricot tissue || ~ à **une face** (tex) / one-face fabric

étoile *f* (gén, horloge) / star || ~ (typo) / asterisk || **en [forme d']**~ / star-shaped, stellate || ~ d'**avance** / star wheel || ~ à **bobines** (typo) / reel star || ~ à **chaîne** / chain starwheel || ~ de **champ** (astr) / field star || ~ de **convergence** (TV) / convergence star || ~ **double optique** (astr) / optical double star || ~ **double spectroscopique** (astr) / spectroscopic binary star || ~ à **enveloppe** (astr) / shell star || ~ **filante** / meteor || ~ **filetée de décharge** / threaded star cap || ~ **fixe** / fixed star || ~ à **galets** (techn) / star wheel tipped with rollers || ~ **géante** / giant [star] || ~ à **grande vitesse** (astr) / high-velocity star || ~ de l'**induit** (électr) / armature cross o. spider || ~ **lyonnaise** (tex) / winding star || ~ **lyonnaise de teinture** (tex) / star dyeing machine || ~ à **mouvement propre** (astr) / proper motion star || ~ de **moyeu** / wheel spider, star of spokes || ~ **multiple** (astr) / multiple stars *pl* || ~ **naine** / dwarf star || ~ **neutronique** (astr) / neutron star || ~ **non-membre d'amas** (astr) / field star || ~ **radio** / radio-star || ~ à **raies métalliques** (astr) / metallic-line star || ~ de **roue** / wheel spider, star of spokes || ~ de **sablage** (fonderie) / tumbling star, jack star || ~ de la **série principale** (astr) / main sequence star || ~ **Siemens** (typo) / star target || ~ **sigma** (nucl) / sigma star || **~-témoin** *f* (télécom) / star indicator || **~s** *f pl* **variables** / variable stars *pl* || **~s** *f pl* **variables RR Lyrae** (astr) / RR Lyrae variables *pl* || ~ *f* de **vitesse normale** / standard velocity star || ~ de **zéro** (m.compt) / clear sign

étoilement *m* / starring

étonnement *m* (rectification) / grinding crack o. check || ~ (bâtim) / crack in a wall caused by vibrations

étonner (chimie) / chill *vt* || ~ (mines) / blast by heating || ~ (aiguisage) / crack *vt* when grinding || ~ (s') / sink, subside

étoqueau *m*, étoquereau *m*, étoquiau *m* / spring bolt || ~ (serr) / catch pin || ~ **central** (lame de ressort) / central wart

étotau *m* (horloge) / warning wheel, moderator of the clock-work

étouffer / damp *vt*, smother || ~ *vt vi* / suffocate || ~ *vt*, couvrir (bruit) / blanket, drown out

étouffeur *m* (électr) / induction damper || ~ d'**arc ou d'étincelles** (électr) / spark arrester o. blow-out o. extinguisher o. quencher, arc breaker

étoupage *m* / packing (by oakum) || ~ en **chanvre** / hemp packing || ~ des **joints** / joint packing o. ca[u]lking

étoupe *f* / hards, hurds *pl*, tow || ~ à **calfater** / ca[u]lking tow, oakum || ~ de **chanvre** / hemp tow o. hards *pl* || ~ **goudronnée ou noire** (pap) / black [tarred] oakum || ~ de **lin** / flax tow, heckling tow || ~ de **peignage** / scutching tow, tangle fibre || ~ **profilée** / profile packing || ~ de la **queue ou de la racine** / tow of root ends || ~ des **têtes** (tex) / tow of head ends || ~ **tressée ou torsadée** / plaited tow

étoupement *m* / packing with tow o. hards

étouper / stop up [with tow etc.] *vt*

étoupille *f* de **sûreté** (mines) / safety detonator o. fuse

étouteau *m* (fusil) / locking ring pin || ~ (horloge) / ratchet

étrange / odd, strange

étranger *adj* (gén, chimie) / foreign || ~, du dehors / outside || ~ *m* (télécom) / international call

étrangeté *f* (nucl) / strangeness

étranglable / throttleable

étranglé (gén) / tight, narrow, contracted in area || ~ (mot) / choked || ~ (cocon) / kidney-shaped || **avec les gaz ~s** / at half throttle, with engine half throttled down

étranglement *m* / contraction in area, necking || ~ (techn) / throttling || ~ (four à verre) / throat

étrangler / compress, [make too] narrow || ~ (techn, mot) / throttle [down] || ~ le **moteur** (auto) / choke the engine || ~ la **vapeur** / throttle steam, baffle steam

étrangleur *m* (nav) / stopper, block || ~ (auto) / choke, strangler

étrangloir *m* de **chaîne** (nav) / chain stopper

étrave *f* (nav) / stem [bar o. post] || ~ à **bulbe** (nav) / bulbous bow || ~ **cylindrique** (nav) / cylinder bow

être [à] / be [to] || **en** ~ [de] / concern *vt* || **A est à B comme C à D** / is, a is to be as c is to d

étrécir (s') / shrink *vi*

étreindelle *f* (huilerie) / oil-bag

étreindre (techn) / constrict, contract

êtres *m pl*, aîtres *m pl* (bâtim) / conveniences *pl*

étrésillon *m* (bâtim) / flying shore, flier, flyer || ~ (mines, bâtim) / prop, shore || ~ (en tranchée) / cross arm brace || ~ **extrême** (constr.mét) / end batten o. end tie plate

étrésillonné / propped

étrésillonnement *m* / propping, shoring || ~ d'une **tranchée** / bracing, staying, strutting

étrésillonner / strut *vt*, strut-brace, brace

étrier *m* (gén) / stirrup, clamp || ~ (ch.de fer) / strap, stirrup piece || ~ (ligne H.T.) / yoke || ~ (frein à disque) / caliper || ~ (ascenseur) / upper frame of the lift car || **en** ~ / bow-shaped, stirrup- o. U-shaped || ~ d'**assemblage de boîte à huile** (ch.de fer) / stirrup of the axle box || ~ d'**attache** / fastening bow || ~ de **barre** / fork head || ~ de **courant** / sliding bow, contact bow || ~ **fileté** / stirrup bolt, strap bolt, U-bolt || ~ de **fixation** / clamping bow || ~ **flottant** (frein à disque) / floating caliper || ~ de **frein** / slotted jaw for a brake || ~ du **frein à disque** (auto) / caliper of the disk brake || ~ de **garde** (électr) / guard bow || ~ d'**isolateur** / ball clevis || ~ de **jonction** / union bow || ~ **mobile** (instr) / chopper bar || ~ **mural** (télécom) / wall bracket || ~ **pivotant** / swivel || ~ **pivotant** (frein) / hinged caliper || ~ pour la **poche du pont roulant** / bail, ladle support || ~ **porteur** / lifting eye || ~ pour **poutres** (béton) / loop for girders || ~ de **protection** / hoop guard || ~ de **ressort** (auto) / shackle, strap, spring clip, spring band o. buckle || ~ de **retenue** / fixing o. holding o. retaining clip o. clamp || ~ de **réunion en fil métallique** (béton) / binding wire in shape of a stirrup || ~ de **rideau de**

palplanches / clamp for sheet piling || ~ de **serrage** / clamp strap, pressure clamp || ~**-support** *m* / supporting yoke || ~ de **sûreté** / safety loop o. hook o. gripper || ~ de **sûreté** (pantographe) / safety shackle o. bow || ~ de **suspension** / lifting eye || ~ de **suspension** (électron, TV) / carrying strap || ~ de **tension** (techn) / clamp, clip || ~ **triangulaire** / stirrup, triangular frame || ~ pour **tubes** / wall clamp for pipes || ~ en **U** / U-shaped stirrup || ~ de **vissage** / union bow
étrilleuse *f* (agr) / weeder || ~ **bineuse** (agr) / ridge weeder unit, ridge comb
étroit / narrow, close, tight || ~ (tex) / narrow || ~ (nœud) / tight || ~ (typo) / condensed
étroitesse *f* / narrowness
ettringite *f* (bâtim) / ettringit
étude *f* / study, research || ~**s** *f pl* (techn) / research || ~ *f* **approfondie** [de] / exploration || ~ **automatisée** / computer aided design, CAD || ~ du **cours de travail** (ordonn) / methods study || ~ **diagnostique** (ordonn) / time-study || ~ **et application des méthodes** (techn) / systems engineering || ~ **et établissement de projets** / project work o. planning || ~ **et projet** / engineering and design || ~ pour **établir le diagramme de fibres** (coton) / stapling test || ~ **fonctionnelle** / functional design || ~ **globale** (ord) / system engineering, systems approach || ~ **logique** / logic design || ~ des **lois d'échelle** (nucl) / scaling study || ~ de **marché** / market research || ~ **mathématique** / way of calculating [with] || ~ par **mémofilm** (ordonn) / memo-motion study || ~ des **méthodes** (ordonn) / methods engineering || ~ de **micromouvements** / micromotion analysis || ~ des **mouvements** (ordonn) / motion study || ~ d'**organisation** (électr) / development study of a network || ~ d'**organisation** (ordonn) / application write-up || ~ **préalable** / preliminary study [on] || ~ d'un **projet** / project work || ~ **spécialisée** / scientific paper || ~ des **temps élémentaires** / time [and motion] study, timing, work study || ~ de **vérification** (ordonn) / check study
étudié (ordonn) / skilled || ~ à **fond** / sophisticated
étudier / study *vt* || ~ (techn) / engineer *vt*, model, design || ~ [pour] / design [for] || ~, projeter / plan *vt* || ~ **avec soin** / puzzle out
étui *m* / case, box, sheath || ~ en **carton** / pasteboard case || ~ de **cartouche** / gun cartridge shell o. case || ~ en **cuir** / leather case || ~ **métallique** / sheet metal casing
étuvable (vide) / bakeable
étuvage *m* / oven drying || ~ (plast) / stoving, afterbake || ~ des **aliments** (agr) / feed steaming
étuve *f* (fonderie) / core stove o. oven, sand dryer || ~ (labor) / warming cupboard o. cabinet, hot cabinet, oven || ~ (panneaux de particules) / soaking tank || ~ (sucre) / drying kiln || ~ **bactériologique** / breeding o. hatching apparatus, incubator || ~ à **circulation d'air** / forced air oven || ~ de **conditionnement** (filage) / moisture testing oven || ~ à **émailler** (peinture) / stove furnace, enamelling stove, baking oven, stove (GB) || ~ **humide** / steam chest || ~ d'**incubation** / breeding o. hatching apparatus, incubator || ~ de **préformage** (tex) / preboarding machine || ~ de **réchauffage** / preheating oven o. cabinet || ~ de **séchage à vide** (électr) / vacuum oven || ~ à **vapeur** (chimie) / steam oven || ~ à **vapeur en colonne** / column type steam oven || ~ à **vide** / vacuum oven || ~ de **vieillissement** / ag[e]ing apparatus, ag[e]ing oven
étuvé (au dessus de 385 K) (sable) / baked
étuver / stove *vt* || ~, sécher (fonderie) / dry *vt* || ~ (pommes de t., bois, fruits) (agr) / steam *vt*, stew || ~ **après cuisson** (plast) / after-bake *vt*, stove
étuveur *m* (agr) / steamer, stewer || ~ de **Henze** (sucre) / Henze steamer
étuveuse *f* pour **pommes de terre** / potato steaming plant
eucalyptol *m* / eucalyptol, cineole
eucalyptus *m* / eucalyptus tree, blue gum tree, Eucalyptus || ~ **microcorys** / tallow wood
euchlorine *f* (chimie) / euchlorine
euclidien (math) / euclidian
eucolloïde *m* / eucolloid
eudiomètre *m* / eudiometer
eugénol *m* (chimie) / eugenol, 4-allyl-2-methoxphenol
eulite *f* (min) / eulite
eulytine *f* (min) / eulytite
Euratom / EURATOM
euroforme *f* (bouteille) / Euroform
europalette *f* / Europallet
européen [dit de pays] (bois) / home-grown
europium *m* (chimie) / europium, Eu
Eurovision *f* (TV) / Eurovision
eurybathe / eurybathic
eutectique *adj* / eutectic || ~ *m* (chimie) / eutectic [alloy system] || ~ **polynaire** (sidér) / polynary eutectic
eutectoïde *adj* / eutectoid || ~ *m* / eutectoid [mixture o. system]
eutexie *f* (métallographie) / eutexia
eutrophe (lac) / eutrophic, overnourished
eutrophie *f* / eutrophy, overnourishment
eutrophisation *f* / eutrophication
eutropie *f* (chimie) / eutropy
eutropique (crist) / eutropic
eV / electron volt, eV
évacuateur *m* / waste weir, spillway || ~ de **crues** / spillway, by-channel, by-wash, diversion cut || ~ de **fumier poussant** (agr) / dung channel cleaner || ~ **mécanique du fumier** (agr) / barn cleaner || ~ de **pluie d'orage** (routes) / storm flow || ~ en **saut de ski** / ski-jump spillway || ~ de **surface** / overfall o. overflow spillway, ogee type spillway
évacuation *f* / evacuation, exhaustion || ~ (dispositif) / evacuation, outlet, exhaust [system] || ~ (déchets) / refuse removal, waste disposal || ~, décharge *f* / dumping || ~ d'**air** / aeration, aerating, airing || ~ d'**air** (vide) / evacuation || ~ de la **chaleur** / carrying off of heat, heat dissipation || ~ de **copeaux** (m.outils) / removal of chips || ~ des **crues** / high-water evacuation || ~ des **déchets** / refuse disposal, waste disposal || ~ des **déchets** (batteuse) / waste deposit || ~ des **déchets** (nucl) / waste disposal || ~ des **déchets radioactifs** (nucl) / ultimate waste disposal || ~ des **eaux d'infiltration** / evacuation of infiltration water, (roads:) subsurface seepage || ~ des **eaux usées** / sewerage, sanitation, effuent disposal || ~ d'**écluse** / emptying of a lock || ~ de **fond** (hydr) / bottom outlet || ~ de la **gale** (fonderie) / scabbing || ~ des **gaz** / escape, exhaust || ~ des **ordures ménagères** / evacuation of household refuse, garbage disposal (US) || ~ sous **pression** / pressure discharge || ~ de **remblais** (mines) / refuse o. rubbish extraction || ~ en **système séparatif** (eaux usées) / separate system || ~ **unitaire** (eaux usées) / combined system
évacuer / drain off, clear, carry away o. off || ~ (mines) / carry out || ~ l'**air** / evacuate, draw out, exhaust (air) || ~ la **fumée** / discharge the smoke || ~ **par pompe** / pump out o. down || ~ la **vase** (hydr) / scour

évaluation *f* / assessment, evaluation, valuation, estimation, rating || ~ des **allures** (ordonn) / performance evaluation || ~ du **coefficient de joint** / quality assessment of a welded joint || ~ **colorimétrique** / colorimetric evaluation || ~ d'**état** / state estimation || ~ d'une **formule** / formula evaluation || ~ des **frais** / cost estimation || ~ **graphique** / graphic[al] solution o. evaluation || ~ **inexacte** / incorrect rating || ~ des **masses** (phys) / computation of quantities || ~ du **mérite personnel** (ordonn) / merit rating || ~ **numérique** / solution by calculation || ~ **probabiliste** / probabilistic evaluation || ~ de la **productivité** / performance evalution || ~ des **quantités** (phys) / computation of quantities || ~ de la **radiation** / radiation evaluation || ~ du **rendement par les pertes accumulées** / determination of efficiency by total losses || ~ de la **structure** / structure evaluation || ~ **technologique** / technology assessment
évalué [à] / assessed [at], estimated [at] || ~ **statiquement** / statically determined
évaluer / assess, estimate, evaluate, value, rate || ~ en **chiffres** / rank-order || ~ les **frais** / estimate the cost || ~ **graphiquement** / evaluate, plot
évanescent (oscillation) / damped, dying out
évanouir (s') (champ) / decay, die away || ~ (s') (oscillation) / die
évanouissement *m* (frein) / fading || ~ (oscillation) / dying out || ~ (ELF) (radio) / fade, fading || ~ d'**amplitude** / amplitude fading || ~ par **interférence** (radar) / interference fading || ~ de **phase** / phase fading || ~ de **polarisation** / polarization fading || ~ de **porteuse** (électron) / carrier fading || ~ **sélectif** (électron) / selective fading
évaporable / vaporable, vaporizable
évaporateur *m* / evaporating apparatus, evaporator, vaporizer || ~ (frigorifique) / froster || ~ (sucre) / cooler || ~ à **chute libre** (vide) / free-falling film evaporator || ~ à **cinq effets** (sucre) / quintuple effect evaporator || ~ à **effets multiples** / multiple effect evaporator || ~ d'**essence** / fuel evaporator || ~ à **faisceau tubulaire** / shell tube evaporator || ~ de **frigorifique** / refrigeratory || ~ **Kestner** (sucre) / climbing-film evaporator || ~ **pelliculaire** (chimie) / film evaporator || ~ à **plateau** / tray evaporator || ~ **rapide** (chimie) / high-speed evaporator || ~ à **ruissellement** / falling film evaporator || ~ de **sirop** (sucre) / thick juice blow-up || ~ **tubulaire** / tube evaporator || ~ à **vide** / vacuum evaporator
évaporation *f* / evaporation || ~ sur **cône** (microsc. électron.) / cone shadowing || ~ par **recuit** (vide) / flash heat || ~ avec **rotation** / vapour deposition on rotating objects || ~ dans le **territoire** / regional evaporation || ~ **ultérieure** / re-evaporation
évaporatoire / evaporating, evaporative
évaporer / evaporate *vt* || ~ (lait) / evaporate *vt* || ~ (sucre) / steam out || ~ (s') / evaporate *vi*, volatilize, vaporize, steam || **faire** ~ / evaporate *vi* || ~ **jusqu'à siccité [totale] ou à sec [total]** (chimie) / evaporate to dryness
évaporographie *f* / evaporography
évaporomètre *m* / evaporation meter, evaporimeter (GB), -porometer (US), atmometer
évasé / flared, flare shaped || ~ (typo) / bottle-arsed, bottle-bottom...
évasement *m* / bell-mouth[ing] || ~ (verre) / glass flare || ~ (bâtim) / splay
évaser / splay *vt*, widen, bell-mouth *vt* || ~ (s') / belly, bulge
évasure *f* (tuyau) / bulge forming
E.V.E.C., ensemble *m* de visualisation et de calcul (mil) / plotting equipment
évection *f* (astr) / evection
évènement *m* / event, occurrence || ~ **antérieur** (PERT) / predecessor event || ~ de **départ** (PERT) / start o. initial event, beginning point o. node || ~ **entraînant une diffusion** (nucl) / event causing a diffusion || ~ **final** (PERT) / completion o. end event || ~ **initial** (PERT) / beginning point o. node, start o. initial event
évent *m* / ventiduct, vent || ~ (excavation) / funnel (o. air hole) for excavation work || ~ (moule d'injection) / vent || ~ (mines) / air hole o. flue, vent draught o. hole || **~s** *m pl* (fonderie) / ventilating system, whistlers *pl* || ~ *m* **conduisant en plein air** / local vent || ~ des **fumées** / smoke funnel, airing hole o. duct || ~ des **gaz** / gas vent o. issue || ~ **grillagé** (bâtim) / air grating || ~ de **moule** (fonderie) / air channel || ~ avec **tube de rallongement** / vent connection
éventail *m* (gaz) / batwing o. fantail o. slit burner || **en** ~ / fan-shaped || ~ des **salaires** / wage spread o. range
éventé (boisson) / stale, flat
éventer / vent, aerate
éventouse *f* / air hole
éventrer / gut
éventualité *f* / possibility, eventuality, contingency
éventuel *m* (typo) / jobbing
évidage *m* (fonderie) / hollowing
évidé / hollowed || ~ (bâtim) / pigeon-holed || ~ (techn) / recessed || ~, meulé en creux / concave ground
évidement *m* / recess || ~ (techn) / relief, relieving, sparing, recess || ~ (fonderie) / hollowing || ~, dépouille *f* / undercut, draft, taper || ~ de la **navette** (tiss) / cut-out of shuttle
évidence *f* / evidence, obviousness
évident / evident, obvious, plain, clear || ~ (erreur) / plain || ~, compréhensible / plain, understandable, comprehensible || ~ (brevet) / obvious
évider (men, charp) / carve, pink through || ~, ménager / relieve, make recesses || ~, creuser / hollow *vt* || **faire** ~ (maçonnerie) / undercut
évidoir *m* (men) / gouge o. shell bit
évier *m* (bâtim) / gutter, sink || **~s** *m pl* **jumelés** (bâtim) / double bowl sink || **~-timbre** *m* [à une **ou deux cuves]** (bâtim) / sink, double sink, sink unit
évitement *m* (routes) / overhaul, road widening, turnout (US) || ~ (ch.de fer) / turnout
évite-molettes *m* (mines) / overwinding protection
éviter *vt* / by-pass *vt*, avoid *vt* || ~ *vi* (nav) / swing [at anchor] *vi* || **pour** ~ / to avoid
évolué / advanced || ~ (langage) / high-level
évoluer (aéro, nav) / manoeuver *vi* || ~ / move about || ~, tourner / turn round, rotate || ~, se perfectionner / progress *vi*, make progress || **qui peut** ~ (ord) / open ended
évolutif (ord) / open ended
évolution *f* (biol) / evolution, development || ~ d'**évènements** / march of events || ~ d'**oxygène** / evolution of oxygen || ~ **ultérieure probable** (météorol) / further outlook
exact, juste / exact, correct, true || ~, ponctuel / punctual || ~ (résultat) / unbias[s]ed || ~, précis / accurate, correct, exact || **être** ~ / check *vi*
exactitude *f* / exactness, exactitude, precision || ~ (horloge) / accuracy (of a clock) || ~ (ordonn) / care || ~ des **dimensions** / accurateness to size o. dimension || ~ des **dimensions tolérancées** / tolerance compliance || ~ de **mesurage** / measuring accuracy, accuracy of measurement
exagérer / overstrain, overstretch

examen *m* (ELF) / examination || ~ (radar) / sampling || ~ d'**aptitude** / aptitude test, probation || ~ par **décapage** (mét) / pickling test || ~ **électromagnétique** / electromagnetic inspection || ~ **lors du dépôt** / acceptance test of stock articles || ~ **macrographique** / macro[graphic] examination || ~ de la **macrostructure par rayons X** / X-ray macrostructure investigation || ~ au **marteau** / peening test || ~ **micrographique** (mét) / micro[graphic] examination || ~ au **microscope** / microexamination || ~ de la **microstructure par rayons X** / X-ray microstructure investigation || ~ de **nouveauté** (brevet) / examination for novelty || ~ **pas-à-pas** / step-by-step test, SST || ~ du **permis de conduire** (auto) / driving test || ~ **photo-élastique** / photoelastic examination || ~ des **points dangereux** / examination of weakest points || ~ **préalable** (brevet) / preliminary examination || ~ **psychotechnique** / aptitude test, probation || ~ de **texture** / structural examination || ~ par **torsion alternée** / alternating torsion test || ~ **visuel .m.** / visual inspection o. examination || ~ des **zones dangereuses** / examination of weakest points
examinateur *m* (brevet) / patent examiner
examiner / examine, view, inspect closely || ~, faire passer un examen / examine, test || ~ à la **lampe** (mines) / gas-test *vt* || ~ au **microscope** / examine microscopically || ~ aux **rayons X** / investigate by X-rays, radiograph, transilluminate || ~ aux **ultrasons** / investigate by ultrasonic transmission || ~ de **visu** / view
exanthème *m* de **paraffine** / paraffin rash
excavateur *m* / stationary dredger, excavator || ~ à **benne traînante** / dragline excavator || ~ [à **chaîne] à godets** / bucket [ladder] excavator, ladder excavator || ~ sur **chenilles** / crawler [mounted] excavator || ~ avec **épandeuse** / elevating grader, belt loader || ~ de **galerie** (mines) / tunnel dredger || ~ à **godets orientable** / slewing bucket ladder excavator || ~ à **grappin** / grab o. grapple dredger o. excavator, clamshell [digger] || ~ pour **lignite** / brown coal o. lignite excavator || ~ de **morts-terrains** / overburden dredger || ~ **orientable** / slewing dredger || ~ **rotatif à roue-pelle** / bucket wheel excavator o. (Australia): dredger, revolving cutter head excavator, rotary bucket excavator || ~ [à **roue-pelle] de reprise** / bucket wheel reclaimer || ~ à **tambour à godets** / bucket wheel excavator o. (Australia): dredger, revolving cutter head excavator, rotary bucket excavator || ~ **télescopique** / telescope shovel dredger || ~ des **tranchées** (agr) / dyker || ~ **universel** / multi-purpose o. universal dredge
excavation *f* (gén) / excavation || ~, concavité *f* / hollow, cavity || ~ (opt) / countersink || ~ (action et résultat) (bâtim) / excavation || ~ du **sol** / excavation work || **~s** *f pl* **souterraines** (mines) / drifts, pits *pl*
excavatrice *f* (mines) / motor scraper
excaver / excavate || ~ (routes) / cut, excavate, dig || ~, creuser / excavate (dry), dredge (in water)
excédent *m* / over, extra yield || ~, surplus *m* / excess, surplus || **en** ~ / supernumerary, over || ~ d'**acide** / excess of acid || ~ de **bénéfice** / increment, extra yield || ~ en **concentration** (sidér) / concentration excess || ~ de **consommation** / excess consumption || ~ de **déblais** / side piling, dump || ~ de **dépenses** / additional o. extra expenses || ~ d'**énergie** / excess of energy || ~ de **force** / power margin o. reserve o. surplus || ~ de **frais** / extra cost || ~ de **matière** (techn) / excess of material || ~ de **métal** (fonderie) / excess of metal || ~ d'**offres** / excessive supply || ~ de **poids** / excess weight, overweight || ~ de **portance** / disposable lift || ~ de **portance** (nav) / reserve buoyancy o. lift || ~ de **puissance** / power margin o. reserve o. surplus || ~ de **réactivité** (nucl) / excess reactivity || ~ pour l'**usinage** / machining allowance, oversize for machining
excédentaire (chimie) / supernatant
excéder / exceed, surpass, surmount, be in excess [of]
excellente, à ~ usinabilité (techn) / easily o. excellently treatable
excentrage *m* du **spot** (TV) / spot displacement, spot misalignment
excentrement *m* des **lignes des flancs** (roue dentée) / offset of tooth trace
excentrer / move out of center
excentricité *f* / eccentricity || ~ (défaut) / eccentricity, radial deviation
excentrique *adj* / eccentric || ~ / off-center, eccentric || ~ *m* (techn) / eccentric, cam || ~ **axial** / axial cam || ~ de **distribution** (mot) / camshaft o. side shaft eccentric || ~ de **frein** / brake eccentric
exception *f* / exception || **faire** ~ [de] / be an exception [of] || ~ à la **règle** / exception to the rule
excès *m* / overdimension, overmeasure || ~, surplus *m* / excess, surplus || ~, transgression *f* / exceeding || **en** ~ / excess, surplus || ~ d'**air** / excess air || ~ d'**altitude** / excess in height || ~ de **charge** / excess load, excess weight, overweight || ~ de **durée du traitement** (sidér) / heating during too long a period, overtiming || ~ d'**écartement** (ch.de fer) / excess width of track gauge || ~ d'**enveloppement** (typo) / more hug || ~ de **fatigue** / overfatigue || ~ de **finissage** (m outils) / smooth finish allowance || ~ de **force** / power margin o. reserve o. surplus || ~ d'**humidité** / excess of moisture || ~ **local de résine** (plast) / resin streak || ~ de **moulage etc.** / overgrinding || ~ de **neutrons** / neutron excess || ~ de **portance** (nav) / reserve buoyancy o. lift || ~ de **pose** (phot) / overexposure || ~ de **pression** / pressure burden || ~ de **puissance** / power margin o. reserve o. surplus || ~ de **soudure** / excess material at root of seam || ~ **sphérique** (math) / spherical excess || ~ de **vitesse** (mot) / overspeeding
excitance *f* **lumineuse ou énergétique ou radiante d'un point** / luminous excitance at a point of a surface
excitant *m* / stimulant || ~ (chimie) / initiator || **~s** *m pl* (pharm) / exciting agents *pl* || ~ *m* de **luminescence** / excitant of luminescence
excitateur *adj* (électr) / exciting || ~ *m* (électr) / spark drawer || ~ (antenne) / exciter, driver unit || ~ (électron) / driver [stage]
excitation *f* / incitation, stimulation, stimulus, spin-off (US) || ~ (électr) / excitation || ~ (électron) / drive || ~ (relais) / pick-up || **à ~ de courant** (ord) / current sourcing || **à ~ indépendante ou séparée** (électr) / separately excited || ~ d'un **atome** / atom excitation || ~ de **champ** (électr) / field excitation || ~ par **choc** / impulse o. shock excitation || ~ **chromatique** / colour stimulus, chromatic stimulus || ~ **composée ou compound** (électr) / compound excitation || ~ **compound additive** (électr) / cumulative compounding || ~ **compound soustractive** (électr) / differential compounding || ~ **coulombienne** (nucl) / Coulomb excitation || ~ par **courant continu** / d.c.-excitation || ~ par **courant de source** (semicond) / current source driving || ~ **cumulative** (électron) / cumulative excitation || ~ **D** (c. perf.) / D-pickup (= digits) || ~ en **dérivation**

(électr) / shunt excitation || ~ **différentielle** (électr) / differential compounding || ~ **électronique** / electron excitation || ~ **extérieure** (électron) / external excitation || ~ à **harmoniques** / harmonic excitation o. drive || ~ **hypercompound** (électr) / overcompounding || ~ **hypocompound** (électr) / undercompounding || ~ par **impulsion** / impulse o. shock excitation || ~ **indépendante** (électr) / independent o. separate excitation, artificial magnetization || ~ **instantanée** / short-time excitation || ~ **lumineuse** / luminous excitation || ~ **moléculaire** / molecular excitation || ~ de l'**oscillation** / oscillatory pulse || ~ **séparée** (électr) / independent o. separate excitation, artificial magnetization || ~ en **série** (électr) / serial o. series excitation || ~ **shunt** (électr) / shunt excitation || ~ **thermique** (nucl) / thermal excitation || ~ **X** (c.perf.) / X-pickup

excitatrice *f* (électr) / exciting dynamo o. generator, exciter || ~ d'**amplification** (électr) / control exciter || ~ **pilote** (électr) / pilot exciter || ~ **principale** (électr) / main exciter

excité (électr) / excited || ~ **vibrationnellement** / vibrationally excited

exciter (gén, électr) / energize, excite || ~ (télécom, nucl) / start up *vt* || ~ (phot) / sensitize, sensibilize || ~ (acoustique, ord, électron) / drive *vt*

exciteur voir excitateur

exciton *m* (nucl) / exciton

excitron *m* (électron) / excitron

exclusif (ord) / exclusive || ~ l'**un de l'autre** / mutually exclusive, incompatible

exclusion *f* (ord) / exclusion || **à l'~** [de] / under elimination [of] || ~ d'**air** / exclusion of air, air seal (US)

excroissance *f* / excrescence, protuberance || ~ (galv) / outgrowth || ~ du **bois** / excrescence on wood, wart, upgrowth

excursion *f* / excursion || ~ (astron) / excursion || ~ de **fréquence** (gén) / frequency departure (carrier frequ) o. drift, frequency excursion || ~ de **fréquence** (TV) / white-to-black frequency deviation || ~ de **fréquence** (modulation) / frequency deviation o. sweep, frequency excursion || ~ de **puissance** (nucl) / power excursion of a reactor, reactor excursion || ~ de **réactivité** / reactivity excursion || ~ **spatiale** / space step-out || ~ du **wobbulateur** (électron) / dispersion of a wobbler

exécutable / executable, realizable, feasible, practicable

exécuter / accomplish, carry out, perform || ~ un **dessin** / execute a drawing

exécution *f* / execution, carrying-out, performance || **à ~ «stitched-down»** (soulier) / flexible, stitch[ed]-down, Veldtschoen... || **d'~ soignée** / clean cut || ~ **antidéflagrante** (électr) / explosion proofness o. protection, flame proofness || ~ de **commandes uniques** (ordonn) / job work || ~ **économique** / economy in execution || ~ d'**essai** / carrying-out of an experiment || ~ **g**, ex-g (vis) / coarse finish || ~ **gauche** / left-hand execution || ~ **M**, ex-M (vis) / medium finish || ~ à **marche droite** / right-hand execution || ~ de **photocopies** / photocopying || ~ de la **plaque** (typo) / plate making || ~ **séquentielle des opérations** (ord) / sequential o. serial o. series operation || ~ des **travaux** / completion of works, performance, achievement || ~ des **travaux** (bâtim) / [execution of] construction work || ~ **tropicalisée** / tropicalized execution || ~ **typographique** (typo) / typographical execution

exemplaire *m* (typo) / copy || **en double ~** / in duplicate || ~ **justificatif** / proof o. file copy || ~ **type** / standard of measurement

exemple *m* / specimen to be copied || ~ **démontrant le contraire** (math) / gegenbeispiel || ~ de **montage** (techn) / mounting arrangement || ~ **numérique** / numerical example

exempt [de] / exempt o. free [from] || ~ d'**acides** / acid-free, free from acid, non-acid || ~ d'**air** / free from air, airless || ~ d'**argile** (céram) / nonclay || ~ de **bactéries** / germproof || ~ de **barrures** (teint) / non-barry || ~ de **boutons** / knop-free || ~ de **bruit** (électron) / noisefree, noiseless || ~ de **carbone** / carbonless || ~ de **cendres** / free from ashes, ashless || ~ de **chlore** / FFC, free from chlorine || ~ de **chocs** / without jerk o. shock o. jolt, smooth, vibrationless || ~ de **contrainte** (méc) / without strain o. stresses || ~ de **défaillance** / fail-safe || ~ de **défauts** / faultless, sound, perfect, perf. || ~ d'**eau et cendres** (mines) / free from water and ashes || ~ d'**échos** / reverberation-free || ~ du **fading régional** / free from close-range fading || ~ de **friction** / frictionless || ~ d'**inertie** / inertia-free, -less, without inertia || ~ de **lumière diffusée** (objectif) / flare-free || ~ de **métal** / free from metal || ~ d'**ondes** (verre) / free from reams || ~ d'**ondulation** (routes) / without undulations || ~ d'**oxygène** / oxygen-free || ~ de **pailles** (sidér) / bright || ~ de **parallaxe** / free from parallax, without parallax, no-parallax, antiparallax || ~ de **pigment** / non-pigmented || ~ de **plis** / wrinkle- o. crease-free || ~ de **plomb** (auto) / non-leaded || ~ de **précipitations** / non-precipitating || ~ de **pression dynamique** (aéro) / non-ramming || ~ de **radiation** / without radiation || ~ de **rayures** (teint) / non-barry || ~ de **résine** / resin-free || ~ de **résistance** / resistanceless || ~ de **réverbérations** / reverberation-free || ~ de **scories** / free of slag || ~ de **solvants** / solventless, solvent-free || ~ de **soufre** (houille) / sweet || ~ de **stries** (verre) / free from reams || ~ de **vibrations** / safe o. free from vibrations, vibrationless, antivibration...

exercer / operate *vt*, practise || ~, pratiquer / exercise *vt* || ~ (qn à qc) / exercise *vt*, train || ~ une **influence mutuelle** / interact

exercice *m* / exercise || ~, pratique *f* / training, practice || ~ d'**activités intellectuelles** (brevet) / mental activities *pl* || ~ **financier**, année *f* commerciale / working year, year of traffic o. of operation o. of service || ~ de **lutte contre le feu** / fire alarm drill

exergie *f* / exergy

exfoliation *f* des **billettes** (lam) / shelling, peeling, flaking

exfolier (lam) / exfoliate || ~ (s') / shell *vi*, peel, flake *vi*

exhalaison *f* (produit) / exhalation, vapour || ~ de **charbon** / vapour from coal

exhalation *f* (action) / exhalation, vapour || ~ de **vapeur** / exhalation, damp, vapour, vapor (US), reek

exhaler / exhale || ~ de l'**humidité** / sweat, show condensation

exhaure *f* (mines) / draining of mines, drainage, water raising

exhaurer (mines) / unwater

exhaussé / raised, heightened || ~, surélevé / elevated, stilted || ~ (bâtim) / raised, stilted

exhaussement *m* (bâtim) / raising, heightening || ~ (bâtim) / stilting || **donner l'~** (bâtim) / run up *vt* || ~ d'une **digue** / heightening o. raising of a dam

exhausser (bâtim) / run up *vt* || ~ une **digue** (hydr) / raise o. heighten a dam || ~ un **mur** / raise a wall

exhausteur *m* / [air] exhauster || ~ (auto) / vacuum pump element || ~ (à épuiser des liquides) (chimie) / suction apparatus, aspirator || ~ pour **boîtes de conserves** / can exhauster || ~ de **gaz** / gas exhauster
exhaustif (échantillonnage) / without replacement
exhaustion *f* / evacuation, exhaustion
exigence *f*, prescription *f* / demand, prescription || ~, demande *f* / requirement, need, demand || ~, critère *m* / quality criterion || ~ **croissante** / increasing load || ~ de **marche ou d'exploitation**, exigence *f* du service (techn) / operational requirement || **~s** *f pl* **opérationnelles** (espace) / operational requirements *pl* || **~s** *f pl* de **précision** / precision requirements *pl* || **~s** *f pl* **spéciales [en matière de]** / special requirements [regarding...] || ~ *f* **toujours croissante** (méc) / ever-growing strain o. stress
exiger / demand, require || ~, n'exigeant pratiquement aucun entretien / low-maintenance...
exigu / inadequate, meager
exine *f* (bot) / exine
exinite *m* (constituant de la houille) / exinite
exinscrit (math) / escribed
existant *m* au **stock** (charbon) / tonnage of piled coal
existence *f* / existence
exo·atmosphérique / exoatmospheric || **~électron** *m* / exoelectron || **~gène** (biol, géol) / exogenous
exonder (s') / dry *vi* (after overflooding)
exophilie *f* (agent de surface) / exophily
exosmose *f* / exosmosis
exosphère *f* / exosphere
exothermique / exothermic, exothermal
exotoxine *f* / exotoxin
expansé (plast) / expanded
expanseur *m* (électron) / expander || ~ de **parole** / speech stretcher || ~ de **volume** (ton) / volume expander
expansibilité *f* (dans l'espace) (phys) / expansibility (in all directions), extensibility (lengthwise) || ~ des **gaz** / elasticity of gases, compressibility o. expansibility of gas || ~ de la **vapeur** / expansibility of steam
expansible *adj* / expansible, expansile || ~ *m* (caoutchouc) / inflatable
expansif / expansion..., expansive
expansion *f* (phys) / expansion || ~ (gaz, mot, vapeur) / expansion || ~ du **centre** (radar) / center expand || ~ des **contrastes** (TV) / expanded contrast || ~ à l'**éclatement** / expansion on bursting || ~ due à l'**humidité** / moisture expansion, bulking || ~ **océanique** / seafloor spreading || ~ **sonore** (électron) / [volume] expansion, dynamic range expansion, contrast amplification o. control || ~ de l'**Univers** / expanding universe || ~ de **volume** (électron) / [volume] expansion, dynamic range expansion, contrast amplification o. control
expédié en **régime ordinaire** (ch.de fer) / sent by freight
expédient *m* / contrivance, expedient, device, vehicle, dodge
expédier / expedite, dispatch, forward, send || ~, charger / ship *vt*, consign || ~ un **train** / dispatch a train
expéditeur *m* / loader, transporter
expédition *f* / dispatch, despatch || ~ de **détail** / L.C.L. load, less-car-load load, part-load consignment || ~ des **marchandises** (ch.de fer) / freight consignment
expérience *f* / experiment, trial, test || ~, connaissance / special knowledge o. experience, subject knowledge, expert opinion, expertise || **faire l'**~ [de] / experiment *vi*, carry out experiments || **sans** ~ / inexpert (person) || ~ **critique** (nucl) / critical experiment || ~ d'**exploitation** / experience gained in the operation || ~ **exponentielle** (nucl) / exponential experiment || ~ de **laboratoire** / laboratory test || ~ sur **maquette** / model experiment o. test || ~ de **Michelson** (phys) / Michelson-Morley experiment || ~ **professionnelle** / professional practice || ~ **spatiale pilotée** / manned space flight || ~ de **transmission** (nucl) / transmission experiment
expérimental / experimental
expérimentalement / experimental[ly]
expérimentateur *m* / experimenter
expérimentation *f* / experiment, trial || ~ **systématique** / trial-and-error method
expérimenté / experienced
expérimenter / experiment *vi*, carry out experiments
expert *adj* / expert || ~ [pour] / expert [at o. in] || ~ *m* / expert, authority || ~ **conseil** / business consultant, management consulting engineer || ~ en **matière de construction** / building expert || ~ **technicien** / specialist (engineer), expert engineer, engineering specialist
expertise *f* / expert opinion, expertise || ~, rapport *m* / survey, expert's report || ~ **profonde** / in-depth expertise
expiration *f* / expiration || ~ (de la validité) / expiration (of the availability)
expirer *vt* / expire || ~ *vi* (son) / die, fade away || ~ (terme) / expire
explicatif / explanatory || ~ par **soi-même** / (allg:) self-explanatory, (EDV:) self-defining
explication *f* / explanation
explicite (math, ord) / explicit || ~ (gén) / positive
exploitable / usable, utilizable, exploitable || ~ (bois) / mature || ~ (mines) / worthy of being worked, workable, minable || ~ par une **machine** (ord) / machine readable o. recognizable o. sensible
exploitant *m* **minier** / mining company
exploitation *f* / extraction, operation || ~ (mines) / mining, working, winning || ~ (brevet) / patent exploitation || ~ (aéro, ch.de fer) / exploitation || ~ (silviculture) / fell || ~ (ch.de fer) / technical service || **en** ~ / in operation || **en** ~ **électrique** (ch.de fer) / electrified || ~ **agricole** / farming [yard] || ~ à l'**air libre** / open air mining, open cut, open pit [mining] || ~ en **aller et retour** / shuttle service || ~ à l'**alternat** (télécom) / semiduplex system, half-duplex traffic || ~ en **amas [par chambres et cloisons et estaux]** (mines) / working of large masses in stages o. by the mass, shrinkage stope, stockwork (US) || ~ en **amont-pendage** (mines) / rise workings *pl* || ~ par **appel sur les lignes auxiliaires** (télécom) / junction traffic o. service, direct trunking, straightforward junction working || ~ avec **attente** (télécom) / delai system || ~ **augmentée** (mines) / increased output || ~ **automatique** (télécom) / full automatic working, automatic o. mechanical telephone service, automatic dialling, self-connecting working || ~ **automatique interurbaine à courant alternatif** (télécom) / A.C. dialling || ~ **autonome** (ord) / local mode || ~ en **autonome** (ord) / offline mode o. operation || ~ en **bancs** (à ciel ouvert) / working in benches, benching || ~ à **batterie centrale** (télécom) / central battery working || ~ du **bois** / exploitation of wood || ~ en **boucle** (télécom) / two- o. double-wire working || ~ d'un **brevet** / patent exploitation || ~ par **bureau tandem automatique** / automatic tandem working || ~ des **canaux en**

duplex (télécom) / duplex channel system || ~ d'une **carrière [à ciel ouvert]** / operation of a quarry || ~ par **chambres** (sel) / working by chambers o. halls || ~ par **chambres et cloisons** (mines) / working by excavations, shrinkage o. random stoping || ~ par **chambres et foudroyage** (mines) / room-and-pillar work || ~ par **chambres et piliers abandonnés** (mines) / pillar-and-post work, pillar-and-stall-work, pillar-and-chamber work || ~ par **chambres en gradins et piliers abandonnés** (mines) / back stoping || ~ par **chambres ou halles et par piliers tournés ou abandonnés** (mines) / bo[a]rd-and-stall working || ~ par **chassage** (mines) / advancing working || ~ par **chassage et rabattage combinés** / advancing and retreating working || ~ à **ciel ouvert** / open air mining, open cast o. cut mining || ~ en **cloche** (mines) / rise workings *pl* || ~ à **composants en double** (ord) / component stand-by (contr dist: system standby) || ~ **continue** (mines) / non-cycling mining || ~ par **coupes transversales** (mines) / cross-opening || ~ à **courant alternatif** / a.c. working || ~ par **courant simple** (télécom) / neutral current operation || ~ à **découvert** (mines) / glory-hole mining method || ~ en **découverte** (gén) / open cast o. cut o. pit mining || ~ à **deux conducteurs** (télécom) / two- o. double-wire working || ~ par **deux utilisateurs** / double-user operation || ~ **diagonale** (mines) / diagonal mining || ~ par **dissolution** / solution mining || ~ de **données** / data processing || ~ de **données en direct** / on-line processing || ~ par **double appel** (télécom) / ring down junction || ~ en **dressant par chambres-magasins** (mines) / magazine mining || ~ [en] **duplex** (télécom) / duplex operation, up-and-down working || ~ de l'**eau** / procurement of water || ~ en **étages secondaires** (mines) / stope || ~ en **éventail** (grue) / radial working || ~ à **flanc de coteau ou par fendue** / mining by galleries, tunnelling (US) || ~ au **fond** (mines) / drift mining, underground working || ~ **forestière** / forest economy || ~ par **foudroyage dirigé** (mines) / longwall caving || ~ par **foudroyage en tranches** (mines) / sublevel caving || ~ par **galeries et piliers ou par massifs longs** (mines) / pillar-and-post work, pillar-and-stall work, pillar-and-chamber work || ~ à **galeries parallèles** (mines) / double entry working || ~ par **gaspillage** (mines) / careless working, robbing of a mine || ~ en **grand ou sur grande échelle** / large scale operation || ~ par **grandes tailles** (mines) / longwall face working || ~ par **halles** / working by chambers o. halls || ~ **houillère** / working of coal || ~ **hydraulique** (mines) / hydraulic working || ~ **hydromécanique** (mines) / hydraulic excavation || ~ d'**information[s]** / information processing || ~ avec **inscription et départs combinés** (télécom) / C.L.R.- o. clr-service (= combined line and recording) || ~ à **jour** (gén) / open cast o. cut o. pit mining || ~ à **liaison bilatérale** (télécom) / split quadruplex || ~ par **ligne de conversation** / junction traffic o. service, direct trunking, straightforward junction working || ~ par **longues ou grandes tailles** (mines) / longwall face [working], longwall || ~ par **longues tailles par rabattage** / longwall retreating || ~ par **maintenages en talus** (mines) / stoping in the back, overhand stope, reverse || ~ **manuelle** (télécom) / manual exchange || ~ **manuelle au bureau central automatique** (télécom) / parent exchange || ~ en **marche à vue** (ch.de fer) / operating under shunting regulations || ~ **mécanique** (gén) / power operation || ~ **mécanique** (mines) / mechanized o. machine mining || ~ [de **mine]** (mines) / mining, working, winning || ~ d'une **mine** (houille) / coal mine operation, mine operation || ~ de **minerais** / mining of ores || ~ des **minerais alluvionnaires** (mines) / placer mining, alluvial ore mining || ~ de **minerais sous-marine** / underwater mining || ~ des **mines** / winning and working of mines, mining || ~ des **mines de charbon** / mining of coal || ~ **minière** / mine operation || ~ **minière des gisements pétrolifères** / oil mining || ~ **monotubulaire** (poste pneum.) / single tube operation || ~ **multimode** (ord) / multi-mode operation || ~ **multiple ou en multiplex** (télécom) / multiple[x] transmission, ancillary working || ~ **multiplex** (ord) / multiplexing || ~ en **multipoint** (ord) / multipoint operation || ~ **partagée des calculateurs** (ord) / timesharing mode || ~ de **pâturages** / pasture farming || ~ des **photographies aériennes** / plotting of aerial photographs || ~ par **piliers et compartiments** (mines) / board-and-stall working, room-and-pillar work || ~ par **piliers et rabattage** / pillar mining || ~ par **piliers longs abandonnés** (mines) / board-and-stall working, stall working || ~ par **piliers rabattants** (mines) / pillar mining || ~ par **pilotage** (ch.de fer) / piloting of trains || ~ à **plusieurs calculateurs** (ord) / system standby (Ggs.: component standby) || ~ en **profondeur** (mines) / underground working, mine operation || ~ **quadruplex** (télécom) / quadruplex operation o. service o. working, quadruplex telephony || ~ à **quatre adresses** (ord) / four-address operation || ~ par **rabattage** (mines) / retreating working, working home[wards] || ~ par **recoupes transversales** (mines) / working by crosscuts || ~ en **régime de manœuvre** (ch.de fer) / operating under shunting regulations || ~ de la **roche** (mines) / hewing rock || ~ **«salle ouverte»** (ord) / open shop || ~ **sans annotatrice** (télécom) / direct record working || ~ **sans égard** (mines) / careless working, robbing of a mine || ~ avec **sélection automatique** (télécom) / circuit switching || ~ **séquentielle** (télécom) / one-at-a-time mode || ~ en **simultanéité** (télécom) / simultaneous working || ~ **souterraine** (mines) / mine operation, underground mining || ~ **start-stop** / start-stop operation || ~ **symétrique** (contr.aut) / push-pull action || ~ par **tailles à front incliné sur le pendage** (mines) / stepped longwall working at angle system, rill stoping || ~ par **tailles successives** (mines) / working by stopes, shortwall working || ~ en **tandem** (télécom) / automatic tandem working || ~ **téléphonique** / telecommunication || ~ en **temps partagé** (ELF) (ord) / time sharing, TS, remote computing || ~ en **temps partagé** (terminaux) / time sharing mode || ~ en **temps réel** (ord) / real-time mode o. processing o. working || ~ **tertiaire de pétrole** / tertiary oil recovery || ~ d'une **tourbière** / peat digging o. extraction, cutting of peat || ~ par **traçages et dépilages** (mines) / bo[a]rd-and-pillar work, room-and-pillar work, panel work || **~s** *f pl* de **trafic en commun** / transport, transportation (US) || ~ *f* par **tranche unidescendante** (mines) / sublevel stoping || ~ d'**un chemin de fer** / railway service o. operation o. traffic || ~ **unidirectionnelle** (poste pneum) / one-way operation || ~ en **va-et-vient** / shuttle service || ~ à **vapeur** / steam operation o. drive || ~ sur **voie commune** (télécom, électron) / common channel operation || ~ à **voie unique** (ch.de fer) / single-track running o. working

exploité (agr) / under crop, cultivated || **être ~ à une certaine profondeur** (mines) / be worked a certain

depth
exploiter / exploit, utilize, make full use [of] || ~ / exploit o. operate (US) a mine etc. || ~, déhouiller (mines) / work, win, mine || ~ un **brevet** / work a patent, exploit a patent || ~ une **carrière** / quarry stones || ~ la **houille** / break, win || ~ les **minerais** / work ores || ~ en **strosses ou par gradins** (mines) / work by banks o. benches o. gradations || ~ une **terre** (agr) / cultivate, farm
explorateur *m* (radar) / scanner || ~ **optique** / optical scanner, photoelectric reader
exploration *f* / exploration || ~ (TV, radar) / scanning, scan, scansion (GB), sampling, sweep || ~ (TV) / scanning || ~ (mil) / recon[naissance] || ~ **circulaire autour du défaut** (ultrasons) / swivel scan || ~ du **fichier** (ord) / file scan || ~ des **formations gazeuses par voie chimique** / gas deposit exploration by chemical methods || ~ **géophysique** / geophysical prospecting o. exploration || ~ des **lignes** (TV) / line scanning || ~ **lunaire** / selenological exploration || ~ de la **mémoire** (ord) / storage scan || ~ **multiple** (TV) / multiple scanning || ~ du **niveau de tension** (contr.aut) / level sense || ~ **optique** (ord) / optical scanning || ~ **partielle** (TV) / zone television || ~ par **points** / spot scanning || ~ des **profondeurs océaniques** / deep-sea research || ~ **sans contact direct du palpeur** (ultrason) / gap scanning || ~ **spirale** (TV) / circular o. spiral scanning || ~ par **spot mobile** / flying spot scanning || ~ **transversale d'une soudure** (ultrasons) / depth scan of a weld
explorer / explore *vt*, search [through o. into] || ~ (ord) / scan || ~ des **caractères** (ord) / recognize o. read characters, sense marks || ~ un **pays** / explore a country || ~ un **terrain** (mines) / prospect *vt*, explore *vt*
exploser / explode, blow up, burst
exploseur *m* (mines) / firing apparatus, blasting machine, exploder || ~ **magnéto-électrique ou à magnéto** (mines) / electric exploder
explosibilité *f* / explosiveness, explosibility
explosible / explosible, explosive, detonatable
explosif *adj* / explosive, detonating || ~ *m* / explosive, explosive agent o. substance || ~**s** *m pl* (mines) / blasting agents o. materials *pl* || ~ *m* d'**amorçage** / detonator || ~ **ANC** / ammonium-nitrate-carbon explosive || ~ **Anfo** (mines) / Anfo-explosive, ammonium nitrate fuel oil explosive || ~ **antigel** / low-freeze explosive || ~ **antigrisouteux** (mines) / permitted (GB) o. permissive (US) explosive, safety o. wetter explosive || ~ **brisant** / high-explosive, H.E. || ~ au **chlorate** (mines) / chlorine explosive, chlorate || ~ **détonant** / high-explosive, H.E. || ~ **lent** / slow o. heaving explosive || ~ au **nitrate d'ammoniac** / ammonite || ~ à la **nitroglycérine** / nitroexplosif || ~ **non agréé pour mines** / non-permitted explosive || ~ à l'**oxygène liquide** / liquid oxygen explosive || ~ **puissant** / powerful explosive || ~ **S.G.P.** (= Sécurité, Grisou, Poussières) (Belgique), explosif *m* de sûreté (mines) / permitted (GB) o. permissive (US) explosive, safety o. wetter explosive
explosimètre *m* / explosimeter
explosion *f* / explosion, blowing-up || **faire** ~ / explode || **faire** ~ (projectile) / burst *vi*, explode, detonate || ~ **atomique** / atomic explosion || ~ au **carter** (auto) / crankcase o. base explosion || ~ de **chaudière** / boiler explosion || ~ **cosmogonique primitive ou initiale** / big bang || ~ par **emballement** / explosion by centrifugal forces || ~ de **grisou** (mines) / mine explosion || ~ à **incandescence** (mot) / auto-ignition, surface o. self-ignition || ~ **nucléaire** (nucl) / core explosion || ~ **prématurée** / early ignition || ~ au **silencieux** (auto) / muffler explosion o. back-firing, exhaust detonation, chug || ~ **souterraine** (nucl) / underground burst || ~ **superficielle** (nucl) / surface burst
exponentiel / exponential
exposant *m* (foire) / exhibiter, exhibiting firm || ~ (math) / exponent || ~ d'**affaiblissement** (télécom) / attenuation factor || ~ de **champ** (bêtatron) / field index o. exponent || ~ de **charge** (nav) / boot top || ~ **décimal** (math) / decimal exponent || ~ **décimal double** / double precision exponent (FORTRAN) || ~ **fractionnaire** (math) / fractional exponent || ~ **itératif de propagation** (télécom) / iterative propagation o. transfer coefficient o. constant, propagation coefficient (GB) || ~ de **propagation** (télécom) / propagation constant o. factor || ~ de **transfert sur images** (télécom) / image transfer coefficient || ~ de **transfert sur impédances conjuguées** / conjugate transfer coefficient
exposé *m* / account, report, statement
exposé *adj* à la **flamme** (chaudière) / flame exposed
exposer / exhibit *vt*, expose, display, show || ~ (phot) / expose || ~ [à] / expose [to] || ~ à l'**action de l'air** / season *vt*, weather *vt* || ~ à l'**action des ultra-sons** / expose to ultrasonic waves || ~ à l'**air** / aerate, air || ~ à l'**air** (verre) / starve || ~ en **détail** / break down || ~ à l'**influence** / subject [to] || ~ aux **intempéries** / weather || ~ une **invention** / disclose o. reveal an invention || ~ aux **rayons** [de] / expose to radiation
exposition *f* / show, exhibition || ~ (phot) / exposure, exposition || **à** ~ **correcte** (phot) / dense || ~ de **brevet** / opposition period of a patent || ~ de **courte durée** (phot) / short-time exposure || ~ **échelonnée** (phot) / step test || ~ au **faisceau ionique** / exposure || ~ au **gel** (essai de mat) / freezing || ~ aux **intempéries** / outdoor exposure, weathering || ~ à l'**irradiation** / radiation exposure || ~ **multiple** (repro) / multiple exposure || ~ sur **une terrasse** / roof top test || ~ à **vide** (phot) / blank exposure
express *m* (ch.de fer) / express, express train
expression *f* **booléenne simple** (math) / simple Boolean || ~ **élémentaire** (ord) / simple expression || ~ en **forme relative** (ord) / relocatable expression || ~ **fractionnaire** (math) / fractional number o. quantity, mixed number || ~ **indicative** (ord) / designational expression || ~ **logique** (math) / compound condition, Boolean o. conditional o. logical expression || ~ entre **parenthèses** (math) / parenthetical expression, expression in parentheses || ~ **scalaire** / scalar expression || ~ de **structure** (ord) / structure expression || ~ **technique** / technical term
exprimer / press out, wring o. squeeze [out], express
exprimeur *m* / squeezer, shingling rolls *pl* || ~ à **deux rouleaux** (tex) / two-bowl squeezer
exprimeuse *f* (tex) / mangle
expulser (gén) / expel, expulse || ~, balayer (gaz) / expel o. scavenge gases
expulsion *f* / expulsion
exsudat *m* / exudate
exsudation *f* (fonderie) / sweat || ~ de la **créosote** / sweating of the creosote || ~ de **graphite** (fonderie) / kish graphite || ~ du **lubrifiant** (plast) / lubricant exudation
exsuder (peinture, béton) / bleed
extendeur *m* (couleur) / extender, filler || ~ (plast) / extender
extenseur *m* (ord) / expander || ~ (techn) / stretcher || ~ de la **courroie** (convoyeur) / belt tensioning roller o.

pulley || ~ de **ligne à phase variable** (guide d'ondes) / line lengthener o. stretcher
extensibilité *f* / tractility, extensibility || ~, réglage *m* en longueur / lengthwise adjustability || **à ~ réduite** (câble) / with limited extensibility || ~ du **fil** (tex) / stretching ability, extensibility
extensible / extensible, extensile || ~ (établissement) / expandable || ~ (ord) / open ended || ~, télescopique / pull-out..., draw-out..., extractable
extensif (agr) / extensive
extension *f* / extension || ~, élargissement *m* / development, growth || ~ (télécom) / subscriber's station, substation, extension || ~ de la **durée de l'exploitation** (nucl) / stretch out || ~ d'une **installation** / enlarging [of] a plant || ~ en **large** (gén) / spread[ing] || ~ des **terminaux** (ord) / terminal extension
extensomètre *m* / extensometer || ~ à **cadran** / dial extensometer || ~ à **fil d'acier** / wire [resistance] strain gauge || ~ à **miroir d'après Martens** / mirror extensometer
exténuer / impoverish, exhaust
extérieur *adj* / outer, outside, external || ~, d'autre origine / bought, outside || ~ (ord) / off-premises || ~ *m* / outside, exterior || **~s** *m pl* (ciné) / on-location shot || **à l'~** / without, outside || **de l'~** / from outside || **pour l'~** (électr) / for outdoor use, outdoor type..., outdoor...
exterminer / exterminate
externe / exterior, extraneous, external || ~ (ord) / off-premises
extincteur *m* / fire extinguishing cartridge || ~ **à bromure** / bromide fire extinguisher || ~ de **chaux** / lime slaking plant || ~ à **gaz carbonique [liquifié]** (pomp) / carbon dioxide fire extinguisher || ~ [d'**incendie]** / fire extinguisher || ~ d'**incendie à liquide ou à solution carbonique** / wet fire extinguisher || ~ d'**incendie à main** / hand fire extinguisher || ~ **[à main]à tétrachlorure de carbone** / carbon tetrachloride fire extinguisher || ~ à **mousse [carbonique ou chimique]** / foam extinguisher || ~ à **poudre sèche** (incendie) / powder type fire extinguisher
extinction *f* / extinction || ~ (chimie) / destruction, extinction || ~ (opt) / extinction, extinguishing, cancellation || ~ (électron) / quenching || ~ (ELF)(TV) / blackout || ~ (ELF) (satellite) / [propellant] cutoff, thrust cutoff || ~ d'**arc** / arc extinguishing o. quenching || ~ de **coke** / coke damping o. extinguishing o. quenching || ~ **décimale**, extinction *f* par décades (opt) / internal o. decimal optical density || ~ des **étincelles** / spark extinction || ~ par **grilles** (électr) / grid extinguishing || ~ d'**incendies par mousse** / fire fighting by foam || ~ de l'**oscillation** / dying out of the oscillation || ~ à **sec** (chaux) / dry slaking || ~ **spontanée** (chaux) / air-slaking, spontaneous slaking
extirpateur *m* (agr) / tooth cultivator, grubber, extirpator, tine tiller, lister (US)
extirpation *f* des **racines** (routes) / stubbing
extirper (herbes) / eradicate, extirpate, root-out
extra-... / extra, additional
extra *m pl*, **des ~** / extras *pl* || **des ~** *m pl* (auto) / special [equipment]
extra-courant *m* (électr) / extra current || ~ de **rupture** / extra current of break
extracteur *m* / suction apparatus, exhauster || ~ (chimie) / extraction apparatus, extractor || ~ (lam) / drawing device || ~ ventilateur) / exhaustor, exhaust fan, extractor || ~ (parachute) / extractor parachute || ~ d'**air chaud** (tex) / suction air drier || ~ de **bavure** (forge) / releaser || ~ de **but** (radar) / digital plot extractor, target extractor || ~ de **carotte** (plast) / sprue puller, anchor || ~ de **couleur** / extractor (colour), colour extractor || ~ **digital de plots** (radar) / digital plot extractor, target extractor || ~ de **gaz** / gas exhauster || ~ de **goujons** / screw extractor || ~ de **lait** / releaser || ~ de **miel** / honey separator o. extractor || ~ pour **moyeux** / hub puller || ~ des **pieux** / pile extracting o. withdrawing machine, pile extractor o. drawer || ~ de la **racine carrée** (électron) / square-root law transfer element || ~ à **racloirs** / drag bar feeder || ~ à **rejets** / refuse extractor || ~ de **tiges de forage** (mines) / rod catch[er] || ~ de **vase** (drague) / sludge extractor || ~ à **vis** (manutention) / screw feeder
extractif / extractable
extraction *f* (chimie) / extraction || ~ (ord) / read-out || ~ (techn, mines) / winning, mining || ~ au moyen de l'**air comprimé** (pétrole) / airlift || ~ du **bag** (caoutchouc) / debagging || ~ de **boue** / sludge extraction, de-sludging || ~ **brute** (mines) / raised and weighed tonnage || ~ par **câble** (mines) / rope haulage o. extraction || ~ à **câble unique** (plan remorqueur) / direct rope haulage || ~ par **cages** (mines) / cage o. frame winding [system] || ~ par **carbonate de sodium** / soda extraction || ~ de **carburant de la houille** / extracting fuels from coal || ~ par **chaîne** (mines) / chain haulage || ~ de **charbon ou de la houille** / coal drawing o. extraction o. winding || ~ du **combustible** / fuel extraction || ~ **continue** (sucre) / continuous extraction || ~ à **contre-courant** / countercurrent extraction || ~ par **cuffat** (mines) / skip extraction o. winding o. hoisting || ~ du **cuivre** / copper extraction || ~ des **données** (ord) / information message, supervisory sequence || ~ des **eaux** (mines) / raising of water || ~ **électrolytique** (sidér) / electroextraction, -winning || ~ de la **fourrure d'usure** (sidér) / reaming of the wear lining || ~ du **gaz** / degasifying, degassing || ~ de la **graisse** / extraction of fat || ~ d'**huile** (chimie) / oil extraction || ~ **journalière** (mines) / daily winning o. output || ~ du **jus** (sucre) / juice extraction || ~ de **jus de fruits** / fruit juice extraction || ~ **liquide** / liquid extraction || ~ **liquide-liquide** (chimie) / liquid-liquid extraction || ~ des **mauvais bois** / improvement felling, cull || ~ **mécanique de l'humidité** / mechanical dewatering || ~ du **métal** / extractive metallurgy || ~ d'une **mine** / yield of a mine || ~ au **moyen de l'air comprimé** (pétrole) / airlift || ~ **multicâble** (mines) / four-rope system, multi-rope hoisting || ~ d'**or** / gold extraction, reduction (South Africa) || ~ d'**or électrolytique** / electrolytic gold recovery || ~ d'**or par cyanuration** / Mulholland process || ~ du **pétrole** / petroleum displacement || ~ du **pétrole par rinçage** (pétrole) / flushing || ~ du **phénol** / phenol extraction || ~ des **pierres naturelles** / ashlar quarrying || ~ par **poulie Koepe** / main and tail rope winding [system] on Koepe sheave || ~ des **produits** (mines) / product drawing || ~ par **puits** (mines) / hoisting, drawing || ~ **sélective** (pétrole) / selective extraction || ~ sous **silos** / hopper discharge || ~ par **skip** (mines) / skip extraction o. hoisting o. winding system || ~ **solide-liquide** / solid-liquid extraction || ~ par **solvant** / solvent extraction || ~ par **solvants sélectifs** (pétrole) / extraction by selective solvents || ~ du **sucre** / extraction of sugar || ~ de la **tige** (pétrole) / well pulling || ~ de **tourbe** / peat digging o. extraction, cutting of peat || ~ en **va-et-vient** (mines) / shuttle haulage || ~ par **vibration** / extraction by vibration

extrados *m* (bâtim) / extrados, back of an arch || ~ (gen) / top side, upper surface || ~ d'une **pale** / suction face, top camber || ~ d'un **plan** (aéro) / suction o. top side o. surface of wing
extra-doux (sidér) / dead soft || **~-dur** / extra hard || **~-européen** / extra-European || **~ferroviaire** / non-railway..., extra-railway... || **~-fins** *m pl* **lavés** / flotation concentrate || **~-fort** (lunettes, retordage) / extra strong || **~-galactique** / extragalactic || ~ **haute fréquence** (30 à 300 GHz) *f*, bande *f* 11 des fréqu. radioélectriques / extremely (GB) o. extreme (US) high frequency, EHF
extraire (chimie) / extract *vt* || ~ (techn) / extract *vt*, pull out || ~ (tourbe) / cut o. dig peat || ~ (mines) / extract *vt*, win, work, mine || ~ (ord) / extract *vt* || ~ (plast) / eject || ~ (contr.aut) / select || ~, isoler (ord) / extract *vt* || ~ (p.e. des normes) / take out || ~ d'une **carrière** / quarry stones || ~ par la **cuisson** (chimie) / decoct || ~ par **distillation** / extract by distillation, distill [from] || ~ par **étincelage** / extract by sparking || ~ par la **fonte** / melt out || ~ la **graisse** / degrease, remove grease, ungrease || ~ de l'**huile** / crush out oil || ~ une **information** (ord) / retrieve || ~ du **métal** / abstract metal || ~ du **pétrole** / pump oil || ~ par **pression** (chimie) / express, press o. squeeze out || ~ la **racine** (math) / extract the root of a number || ~ la **résine** / deresinify || ~ le **soufre en dissolvant** [par] / dissolve away o. out the sulphur [by ...] || ~ le **sucre** / desaccharify, extract sugar || ~ le **sucre dissous sous forme cristallisée** / haul the sugar, opalize || ~ la **terre** / take out o. dig out the soil
extrait *adj* / extracted || ~ (mines) / extracted, raised || ~ *m* / extract || ~, résumé *m* / excerpt, abstract, compendium, summary || **faire l'~ sec** / determine the quantity of matter soluble in a solvent || ~ **aqueux** / aqueous extract || ~ de **couleur** / colour extract || ~ d'**écorce** / bark extract || ~ d'**écorce d'orange** / orange peel oil || ~ **fluide** / fluid extract || ~ de **malt** / malt extract || ~ de **mémoire** (ord) / dump || ~ de **mimosa** (tan) / wattle-bark extract, mimosa extract || ~ à l'**oxyde diéthylique** (tourteau de graines oléagineuses) / diethylether extract || ~ **parfumé** / scent extract || ~ de **quebracho** (tan) / quebracho extract || ~ **sec** (chimie) / dry extract
extra-lourd / extra-heavy || **~nucléaire** (phys) / extranuclear || **~ordinaire** (physique) / extraordinary || **~ordinaire** (gén) / extraordinary, out of the way || **~polation** *f* / extrapolation || **~poler** / extrapolate || **~-pur** / super-clean || **~-terrestre** / extraterrestrial *adj*
extrême *adj* / extreme, utmost || ~, maximal / ultimate, maximum || ~ *m* / extreme [limit] || ~ (math) / extreme [term]
extrêmement diaphane (pap) / supertransparent || ~ **sensible** / extreme sensitive
extrémité *f* / extremity, end || ~ (math) / extremity || ~ (tiss) / return, extremity || ~ (tuyauterie) / dead end || ~, confins *m pl* / border || ~ (électr) / sealing end, pothead || **à deux ~s** / double-ended || ~ d'**aile flexible** (aéro) / flexible tip, warping tip (US) || ~ **arrière** / tail end || ~ de **bande** (ord) / end of tape || ~ **chaude** (électr) / high-tension end || ~ de **déchargement** (bande transp.) / discharge end of tape || ~ **éboutée** (sidér) / crop || ~ **extérieure** (électr) / outdoor termination || ~ de **fil** / end of wire || ~ **filetée** / screwed end || ~ d'une **galerie achevée ou abandonnée** (mines) / end o. head of a gallery || ~ **gauchie** (aéro) / warped tip || ~ **inférieure de tronc** / butt end || ~ **insérée** / inserted end, metal end || **~s** *f pl* de la **pièce polaire** (électr) / pole horns *pl* || ~ *f* à **plusieurs conducteurs** (électr) / cable dividing box || ~ en **porte à faux** / excess o. projecting end o. length || ~ de **poteau** (électr) / pole-mounted pot-head || **~-séquenceur** *f* (comm.pneum) / exit sequencer || **~-séquenceur** *f* **tête** (comm.pneum) / entry sequencer || ~ **sortie de l'enroulement** / terminal clamp || ~ **soudée** (tuyau) / welding socket piece || ~ **temporaire** (électr) / temporary endsleeve || ~ de **tube de direction** / steering tube extension || ~ de **vis** / tip of a screw
extrinsèque / extrinsic
extrudabilité *f* (plast) / extrudability
extrudé (caoutchouc, plast) / extruded
extruder / extrude *vt* || ~ à **plat** (plast) / quench *vt*
extrudeuse *f* (céram) / auger machine || ~ (plast, métal) / extruder || ~ en **cascade** (plast) / cascade extruder || ~ **extra-rapide** / ultrahigh-speed extruder || ~ **hydraulique** / hydraulic extruder, stuffer || ~ à **plateau de fusion** (plast) / melt extruder || ~ à **plomb** / lead extrusion press || ~ pour **profilés** / profile extruding machine || ~ pour **revêtir les câbles** / extruder for wire coating || **~-sécheuse** *f* / extrusion drier || ~ à **trous** / screen head extruder || ~ à **tuyaux** / tube extruding o. extrusion press || ~ à **une vis** / single-screw extruder || ~ à **vis** / screw-type extrusion o. extruding machine
extrudo-sintérisation *f* (plast) / ram extrusion
extrusion *f* / extrusion || **faire l'~** / extrude || ~ **adiabatique** / adiabatic o. autothermal extrusion || ~ en **arrière** / indirect o. inverted extrusion || ~ en **avant** / direct extrusion || ~ de **câbles** / cable extrusion || ~ par **choc** / impact extrusion || ~ en **couches multiples** (plast) / coextrusion || ~ de **feuilles** (plast) / film extrusion, flat sheet extrusion || ~ par **filière droite** / slot-die o. slit-die extrusion || ~ à **froid** / cold extrusion || **~-laminage** *m* / extrusion laminating || ~ *f* **latérale** / lateral o. side[ways] extrusion || ~ **monofil** / monofil extrusion || ~ à **plusieurs brins** (plast) / multiple hole extruding || ~ sur **rouleau froid** / chill roll extrusion || **~-soufflage** *m* / extrusion blow-moulding || **~-soufflage** *m* de **feuilles** / film blowing, extrusion of tubular film, tubular extrusion blowing of film || ~ *f* des **tubes** / Hocker o. tube extrusion
exutoire *m* (hydr) / outlet, outfall, issue || ~, évacuation *f* de fond (hydr) / bottom effluent

F

F.A.A. (= Federal Aviation Agency) / Federal Aviation Agency, F.A.A. (US)
f.a.b. / f.o.b., free on board
fabricant *m* / manufacturer, maker || ~ d'**accessoires** (auto) / component supplier, supplier, [outside] vendor (US) || ~ d'**additifs** / formulator || ~ d'**automobiles** / automaker, automobile manufacturer, motorcar maker, motor vehicle manufacturer || ~ de **boucles et menus objets de métal** / maker of brass ornaments || ~ d'**instruments à musique** / instrument maker || ~ de **papier colorié** / paper stainer || ~ de **produits chimiques** / manufacturing chemist
fabrication *f* / manufacture, production || ~, façon *f* / make, making, workmanship || ~ (plast) / fabrication || **de ~** (m.outils) / production... || ~ d'**articles de carton coulé** / pasteboard o. pulp casting || ~ **automatisée** / computer aided manufacturing, CAM || ~ de **bas pour dames** / manufacture of

lady's hosiery || ~ du **béton** / preparation of concrete || ~ de la **bière** / beer brewing || ~ de **bonneterie** / hosiery o. tricot manufacture || ~ à la **chaîne** / assembly line production, chain o. line production || ~ de **charbon de bois** / charring of wood || ~ de **contreplaqués** / plywood production || ~ de **deux produits interdépendants** / coupled production || ~ de **fer** / iron production || ~ de la **fonte** / cast iron production || ~ de **glaces** / polished plate glass production || ~ sur **grande échelle** / industrial scale manufacture || ~ en **grande série** / long run work, mass production || ~ de **maquettes** / model making || ~ de ou en **masse** / quantity o. mass o. bulk o. wholesale manufacturing o. production, large quantity o. scale manufacture o. production || ~ **mécanique de dentelles** (tex) / machine embroidery || ~ des **outils** / tool manufacture || ~ de **papiers peints** / paper staining, manufacture of paper hangings || ~ du **peigne** (tiss) / reed binding o. making || ~ des **peintures et vernis** / paint [and lake] manufacture || ~ en **petites séries** / small-lot production o. fabrication, job lot production || ~ de **pièces détachées** / piece part manufacture || ~ à **pièces interchangeables** / interchangeable manufacture || ~ de **plomb** / lead work || ~ de ou en **série** / series o. duplicate production o. fabrication || ~ de **soieries** / silk weaving || ~ **[du temps] de guerre** / war grade || ~ de **toile de machine** (pap) / wire manufactory || ~ de **tricots** / hosiery o. tricot manufacture

fabrique *f* / factory, mill, works *sg pl* || ~, façon *f* / make, making, workmanship || ~ d'**acier** / steel making plant, steel works, [steel] melting shop || ~ d'**automobiles** / automobile o. automotive (US) factory || ~ de **ciment** / cement plant o. works || ~ de **couleurs** / dye works || ~ de **drap** / cloth [manu]factory || ~ des **étoffes de soie** / silk weaving mill || ~**s** *f pl* d'**importance vitale** / essential supply service || ~ *f* de **livraison** / delivering o. purveyance works *sg*, supplier || ~ de **meubles** / furniture factory || ~ d'**orgues** / organ builder o. maker (US) || ~ de **papier** / paper-mill || ~ de **pâte à papier** / pulp factory o. mill, ground-wood o. grinding mill || ~ de **produits chimiques** / chemical works *pl* || ~ de **savon** / soap works || ~ de **sel potassique** / potash works || ~ de la **soie** / silk spinning mill o. manufactory || ~ de **sucre** / sugar factory o. mill o. works

fabriqué à l'**atelier** / shop fabricated || ~ par **électroformage** / made by electroforming || ~ à la **mécanique** / machine made || ~ à l'**usine** / factory-made, machine made

fabriquer [à l'usine] / make, fabricate, manufacture || ~ de la **bière** / brew || ~ en **série** / produce by series

façade *f* **[antérieure ou principale ou de devant ou sur la rue]** / front, frontage, façade || ~ de **côté**, façade *f* latérale (bâtim) / side face, flank front || ~ sur la **cour**, façade *f* de derrière, façade *f* postérieure / back view o. side o. elevation, posterior elevation || ~ **porteuse** / supporting structure of the façade || ~ **postérieure** (bâtim) / back elevation

face *f* (techn) / front, face || ~ (rabot) / face of a plane || ~ (taximètre) / face plate || ~ (tiss) / front || ~ (marteau, enclume) / face || ~ (mines, sidér) / facing, breast || ~, jumelle *f* / cheek || ~ (monnaie) / face of coins, obverse [side] || ~ (pierre) / fore-part, face of a stone || ~, côté *m* / edge || **à ~ non sous tension** (électr) / dead-front || **à ~s centrées** (crist) / face- o. plane-centered || **à ~s planes et parallèles** / plane-parallel, with parallel faces || **à ~s serrées** (poulie) / uncrowned, straight-faced || **à deux ~s** (papier) / two-sided || **à double ~** (bobinoir) / double-sided || **à une ~** (bobinoir) / one-sided, one-side... || **en ~** [de] / opposite || **sur la ~** / on the face || ~ d'**admission** (nucl) / admission side || **~-à-face** (dimension) / face-to-face || ~ de l'**aide** / face, working o. operating side || ~ **amont du barrage** / upstream side of a barrage dam || ~ d'**appui** (manutention) / hook suspension face || ~ **arrière** (techn) / rear face || ~ **arrière de la navette** (tiss) / back wall of shuttle || ~ d'**attaque** (outil) / breast o. face of a cutting tooth || ~ d'**attaque** (outil) / first face, face || ~ **aval d'un barrage** (hydr) / downstream side of a barrage dam || ~ **avant de la navette** (tiss) / front wall of shuttle || ~ **basale** / base || ~ de la **bride** (techn) / flange facing || ~ de **carrière** (mines) / quarry face || ~ de **cassure** (mines) / cleavage, fissure || ~ **comprimée de contreplacage** / tight side of a veneer || ~ de **contact** (techn) / contact o. faying surface || ~ de **contre-vent** / blast side || ~ de **coulée** (sidér) / working o. operating side || ~ **coupante** / cutting edge || ~ **coupante** (m.outils) / breast o. face of a cutting tooth || ~ de **coupe** (tourn) / face, first face, land of the face || ~ de la **dent** / tooth flank || ~ de **départ** (engrenage) / locating face || ~ de **dépouille** (outil) / land, heel || ~ de **dépouille** (taraud; fraise) / rake || ~ de **dépouille** (tourn) / flank || ~ de **dépouille principale, [secondaire]** (tourn) / major, [minor] flank || ~ de **devant** / face, working o. operating side || ~ de **disque** (phono) / side of a record || ~ **distendue** (contreplaqué) / loose o. slack side || ~ **dorsale** (aéro) / top o. upper side o. surface of wing || ~ d'**entraînement** (outil de brochage) / pulling face || ~ d'**entrée** (nucl) / admission side || ~ d'**entrée du poinçon** (tamis) / punch side || ~ d'**envers** (tiss) / wrong side, back || ~ **extérieure** / front, outside, exterior || ~ **extérieure de bois scié** / external face of sawn timber || ~ **extérieure d'une digue** (hydr) / upstream slope || ~ de **fixation** / clamping surface || ~ de l'**hélice du foret hélicoïdal** / land (GB) o. margin (US) of the twist drill || ~ **imprimée de la carte** (c.perf.) / card face || ~ **inférieure** / lower side o. [sur]face, underside, -surface, bottom side, second surface || ~ **inférieure d'aile** (aéro) / lower wing surface || ~ **intérieure ou interne** / inner o. interior surface || ~ **intérieure de bois scié** / internal face of sawn timber || ~ de **joint** (techn) / contact o. faying surface || ~ de la **lame d'un couteau** / side of the blade || ~ **latérale** / side, face, side face, exterior o. lateral face || ~ **latérale** (crist) / lateral face || ~ **latérale**, paroi *f* latérale / side wall || ~ de **manipulation** / handling surface || ~ de **meule** / wheel face || ~ d'un **mur** / surface of a wall || ~ **plane** (math) / face || ~ **portante** (constr.en acier) / web of a suspension girder || ~ **portante** (bande transporteuse) / carrying side || ~ **rabattable** (ch.de fer) / drop side || ~ de **raccordement** (techn) / flange facing || ~ de **référence** / reference edge || ~ **roulante** (bande transporteuse) / backing side || ~ **sensible contre la face image du cliché** (copiage) / emulsion to emulsion || ~ **supérieure** / upper side || ~ **supérieure d'aile** (aéro) / top o. upper side o. surface of wing || ~ **supérieure du rail** / surface o. top of rail || ~ de **suspension** (constr.en acier) / web of a suspension girder || ~ de **travail** / face, working o. operating side || ~ de la **vanne** (hydr) / main face of the slide valve || ~ au **vent** / up the wind

facette *f* / facet, bevel || ~ (min) / facet

face[tte] *f* d'un **cristal** / crystal face o. plane, facet

facette *f* de la **face de coupe** (tourn) / face, first face, land of the face || ~ de la **face de dépouille** (tourn) / first flank, land of the flank
facetter / cut with facets, facet, bevel
facies *m*, faciès *m* (orthographie tolérée) (géol) / facies || ~ **cristallin** (crist) / habit || ~ d'**écoulement** (fonderie) / flow pattern
facile / easy || ~ à **concevoir** (brevet) / obvious || ~ à **détacher** / fragile || ~ à **former** / ductile, plastic, kneadable || ~ à **polir** / polishable, taking a good polish || ~ à **rompre** / fragile
facilement décomposable / easily decomposable || ~ **fusible** / easily fusible || ~ **inflammable** / flammable, fiery || ~ **liquéfiable** (chimie) / easily liquefiable || ~ **soluble** / easily o. readily soluble
facilitation *f* (ELF) / facilitation
facilité *f* / ease, facility || ~**s** *f pl* / facilities *pl*, arrangements *pl* || ~ *f* d'**accès** / ease of access || ~ d'**allumage** / ease of ignition || ~ de **direction** / steerage || ~ d'**impression** / printability || ~ d'**inflammation** (diesel) / [good] ignition qualities *pl*, ignition performance || ~ de **lecture** / readability || ~ de **manœuvre** / maneuverability, ease of operation || ~ de **teinture** (tex) / receptivity for dyes, dyeability, dye substantivity
faciliter / permit, facilitate
façon *f* / style, form, fashion, making || ~, manière *f* / mode, manner || ~ (découp) / blank || ~ [de] / make, making, workmanship || ~, modèle *m* / model, pattern || ~ (tailleur) / make, shape || **de ~ continue** / in one impetus, without interruption || **sans ~** / formless || ~ **continue par tout ou rien** (chimie) / continual on-off mode || ~ d'**écrire** / notation || ~ **enregistrée** / registered design [of shape o. appearance], registered effect
façonnage *m*, modelage *m* (activité) / fashioning, shaping, forming || ~ (techn) / profiling, forming, (esp.:) machining || ~, dégrossissage *m* / roughing || ~ (tourn) / profiling || ~ (reliure) / forwarding || ~ (pap) / conversion, converting, upgrading || ~ (tuyaux) / further processing || ~, décrassage *m* (tan) / sleeking, sleaking || ~ (ELF) (pétrole) / processing || ~ de la **barbotine** (céram) / slip making || ~ à **chaud** / hot forming o. shaping o. working, thermoforming || ~ d'**engrenages par laminage** / rolling coldforming of gears || ~ par **enlèvement de copeaux** / machining || ~ à **froid** / cold forming || ~ par **gabarit** (céram) / working by the templet || ~ **massif à froid** / cold massive forming, cold forging || ~ en **pâte ferme** (céram) / stiff-plastic o. semi-plastic making || ~ des **tôles** / sheet metal working, plate working, fabricating (US)
façonné *adj* (m.outils) / shaped, worked || ~ (tiss) / [fancy-]figured || ~ *m* (tiss) / façonné || ~ dans la **masse** / cut from the solid [block o. blank] || ~ au **poinçon** (pierre) / smooth || ~ **rayé** (tiss) / striped lengthwise || ~ **travers** (tiss) / traversé
façonnement *m* de **têtes à chaud** / hot-heading
façonner / model *vt* || ~ / form *vt*, shape, fashion *vt* || ~ (m.outils) / shape *vt* || ~ (pap) / convert, upgrade || ~ (tiss) / fashion *vt* || ~ [au tour] / form by turning || ~ au **burin ou au ciseau** / chisel o. chip off || ~ à **chaud** / heat-form, thermoform || ~ à **fleurs** (tiss) / diaper *vt* || ~ à **froid** / cold-form || ~ dans la **matière solide ou dans la masse** / work from the sold || ~ au **tour** (tourn) / work out a certain shape on the lathe
façonnier *m* / outworker, homeworker || ~ (plast) / custom moulder
fac-similé *m* (télécom) / telewriter, -scriber, facsimile printer || ~ (typo) / facsimile, fax || ~ de **brevet** / patent document o. specification
factage *m* (poste) / delivery by mail (US) o. post (GB)
facteur *m* (math, phys) / factor || ~ (profession) / maker of musical instruments || **à ~ de travail élevé** / labour intensive || ~ d'**absorption** (lumière) / coefficient of absorption || ~ d'**absorption** (phys) / absorption factor o. ratio, absorbance || ~ d'**absorption acoustique** / acoustic absorption o. sound absorption factor o. coefficient || ~ d'**accélération du taux de défaillance** (nucl) / failure rate acceleration factor || ~ d'**accumulation** (nucl) / build-up factor || ~ d'**admittance d'onde** (guide d'ondes) / normalized admittance, reduced admittance || ~ d'**affaiblissement** (télécom) / attenuation factor || ~ d'**agrandissement** / enlargement factor || ~ d'**allongement** (mach.électr) / pitch factor || ~ **alpha** (nucl) / alpha ratio || ~ d'**amélioration du bruit** (électron) / noise improvement factor, NIF || ~ d'**amortissement** (vibrations) / damping ratio, fraction of critical damping || ~ d'**amplification dynamique Q** (vibrations) / Q-factor || ~ d'**amplification d'un tube** (tube) / mu factor, amplification factor (valve) || ~ d'**amplitude** (electr) / crest o. peak factor || ~ **antitrappe** (ELF) (nucl) / resonance escape probability || ~ **argent** (ordonn) / conversion factor || ~ d'**atténuation** (nucl) / attenuation factor || ~ d'**audibilité** (électron) / audibility factor || ~ d'**auto-absorption** (nucl) / self-absorption factor || ~ d'**autoprotection** (nucl) / self-shielding factor || ~ d'**autoservo** (auto) / brake shoe factor || ~ **auxiliaire** (math) / auxiliary factor || ~ d'**avantage** (nucl) / advantage factor || ~ de **bobinage** (électr) / winding coefficient o. factor || ~ de **bruit** / noise factor o. figure, NF || ~ de **bruit d'une chaîne de quadripôles** (télécom) / noise measure || ~ de **bruit moyen** (électron) / average noise factor || ~ de **bruit du récepteur** (électron) / RNF, receiver noise figure || ~ de **bruit spectral** / spot noise factor o. figure || ~ de **bruit unité** / spot noise figure || ~ de **câblage** / stranding o. Jona effect o. factor || ~ de **cadrage** (ord) / scale o. scaling factor, exponent part || ~ pour le **calcul d'alcool** / alcohol factor || ~ de **calcul de la force de rupture** (cordage) / realization factor || ~ de **canal chaud** (nucl) / hot-channel factor || ~ de **canalisation** (nucl) / channeling o. streaming factor || ~ de **caractérisation U.O.P.** (pétrole) / characterization o. Watson factor || ~ **champ/forme** (électr) / field-form factor || ~ de **charge** (électr) / load factor || ~ de **charge** (aéro) / load factor o. coefficient || ~ de **charge** (accu) / discharge [rate] || ~ de **charge** (TV) / coefficient of charge || ~ de **charge** (contr.qual) / derating factor || ~ de **charge d'une centrale** (nucl) / plant load factor || ~ de **charge d'entrée** (ord) / input loading factor || ~ de **charge d'un réseau** (nucl) / load factor || ~ du **ciel** (éclairage) / sky factor || ~ de **compensation des chocs** (méc) / shock coefficient || ~ de **concentration de contrainte théorique** (nucl) / theoretical stress concentration factor || ~ de **conduite** / contact ratio factor || ~ **constant de multiplication** / multiplying constant || ~ de **contact particulier** (roue dentée) / single tooth contact factor || ~ de **contraction** (plast) / bulk factor || ~ de **contraste total** (TV) / overall contrast ratio || ~ de **conversion** (électr) / conversion factor || ~ de **conversion** (unités) / conversion factor, modulus || ~ de **correction** / correction factor || ~ de **correction** (nucl) / correction value || ~ de **correction de cellule** (nucl) / cell correction factor || ~ **crépusculaire** / twilight output || ~ de **crête**

(électr) / crest o. peak factor || ~ **décisif** / controlling factor || ~ de **décontamination** (nucl) / decontamination factor || ~ de **déflexion** / deflection factor || ~ **délai** / time factor || ~ de **démagnétisation** / demagnetization factor || ~ de **déphasage** (électron) / displacement factor || ~ de **déphasage sur images** (télécom) / image phase factor || ~ de **dépréciation** / depreciation factor || ~ de **dépréciation** (éclairage) / maintenance factor || ~ de **désaimantation** / demagnetization factor || ~ de **désavantage** (nucl) / disadvantage factor || ~ de **détection** (électr, redressage) / rectification factor || ~ de **déviation** (modulation de fréqu.) / deviation ratio || ~ de **dimension** (pneu) / size factor || ~ de **directivité** (électron) / directivity || ~ de **disponibilité** (nucl) / availability factor || ~ de **dissipation du son** / sound dissipation factor, tangent of loss angle || ~ de **distorsion harmonique** (électron) / nonlinear distortion factor, relative harmonic content, k-factor, klirrfaktor || ~ de **distribution** (radioprotection) / distribution factor || ~ de **distribution** (mach.électr) / distribution factor (US), spread factor (GB) || ~ de **diversité** / diversity factor || ~ de **dopage** / doping factor || ~ d'**échelle** / scaling factor || ~ **écologique** / ecological factor || ~ d'**écran** / screen factor || ~ d'**émission secondaire** / coefficient of secondary emission || ~ d'**enrichissement** (nucl) / enrichment factor || ~ d'**ensoleillement** / insolation fraction || ~ d'**épuisement** (nucl) / burnup fraction || ~ de l'**espace d'interaction** (électron) / gap factor || ~ **êta** (nucl) / eta factor || ~ de **filtrage** (électron) / filter factor || ~ **filtrant ou FF** (biol) / pantothenic acid || ~ de **fission rapide** / fast fission factor || ~ de **fission thermique** (nucl) / thermal fission factor || ~ de **forme** (essai de mat., vis sans fin) / form factor || ~ de **forme** (méc) / stress concentration factor || ~ de **forme** (frittage) / shape factor || ~ de **forme de particule** (frittage) / particle-form factor || ~ de **fuite thermique** (nucl) / thermal leakage factor || ~ **g** (nucl) / g-factor || ~ **géométrique** (nucl) / geometry factor || ~ **géométrique par rapport aux contraintes des flancs** (roue dentée) / zone factor for Hertzian stress || ~ **géométrique [au point primitif]** (roue dentée) / zone factor || ~ de **gravure** (circ.impr) / etch factor || ~ de **Howe** (nucl) / Howe factor || ~ **idéal de séparation unitaire** (nucl) / ideal SPF (= simple process factor) || ~ d'**immunité aux parasites de réseau** (radio) / mains-interference immunity factor || ~ d'**impédance** / impedance factor || ~ d'**inclinaison** (électr) / skew factor || ~ d'**inductance** / inductance factor || ~ d'**influence téléphonique** / influence factor, telephone interference factor, interference factor || ~ d'**insonorisation** / sound insulation factor || ~ d'**interaction** (électron) / interaction factor || ~ d'**intermodulation cubique** (électron) / cubic distortion factor, cubic intermodulation factor || ~ d'**itération** (ord) / iteration factor || ~ de **Kapp** (électr) / Kapp coefficient || ~ de **Kell** (TV) / Kell factor || ~ **létal** / lethal factor || ~ de **linéarité** / linearity factor || ~ de **lissage** (électron) / smoothing factor || ~ **logique** (ord) / logical factor || ~ de **lumière de jour** (bâtim) / daylight factor, window efficiency ratio || ~ de **luminance** / luminosity coefficient || ~ de **maintenance** (éclairage) / maintenance factor || ~ de **marche** (soudage) / duty cycle [factor], arcing time factor || ~ de **marche en pourcent** / percentage duty cycle || ~ de **matériel** / material factor || ~ de **mérite** (électron) / figure of merit || ~ **minimal d'échauffement critique** (réacteur) / minimum critical heat flux ratio, MCHF-ratio, minimum burnout ratio, DNB-ratio, DNBR (= departure from nucleate boiling) || ~ de **multiplication** (instr) / multiplying factor || ~ de **multiplication** (nucl) / multiplication factor o. constant || ~ de **multiplication d'étages** (dynode) / stage gain || ~ de **multiplication dans le gaz** / gas multiplication factor || ~ de **multiplication sous-critique** (nucl) / subcritical multiplication factor || ~ **normalisé de bruit** / standard noise figure || ~ **nu** (nucl) / neutron yield per fission || ~ de **nucléation** (plast) / nucleation factor || ~ d'**ondulation** (électr) / peak-to-average ripple factor || ~ de l'**Optovar** / Optovar factor || ~ d'**orgues** / organ builder o. maker (US) || ~ de **permittivité** / relative permittivity, specific inductive capacity, dielectric constant || ~ de **perte tg** δ (diélectr.) / dielectric loss factor, dissipation factor, tangent of loss angle || ~ de **phase** (électr) / phase factor || ~ de **pianos** / piano maker || ~ de **point chaud** / hot spot factor || ~ de **pointe d'impulsions** / pulse crest factor || ~ de **Poynting** (électr) / Poynting factor || ~ de **précision** (assembleur) / scale modifier || ~ **premier** (math) / prime factor || ~ de **productivité** (ordonn) / rating factor || ~ de **propagation** / spreading factor || ~ de **proportionnalité** / reciprocal value of modulus of elasticity || ~ de **protection contre la retombée radioactive** / protective [fallout] factor, PF, fall-out protection factor || ~ de **puissance** (électr) / power factor, PF, pf, cos φ || ~ de **puissance** (essence) / performance number, figure of merit || ~ de **puissance d'arrêt** / stop period power factor || ~ de **puissance capacitif ou en avant** / leading power factor || ~ de **puissance [déphasé] en arrière** / lagging power factor || ~ de **puissance inverse** / inverse power factor || ~ de **puissance nominal** / rated power factor || ~ de **puissance unité** / unity power factor || ~ de **pureté colorimétrique** / colorimetric purity || ~ de **pureté d'excitation** (TV) / excitation purity || ~ **pyramidal d'entrée** (ord, électron) / fan-in || ~ **pyramidal de sortie** (ord, électron) / fan-out || ~ **Q** (antenne) / factor of quality, Q-value, circuit Q || ~ **Q de bobine** / coil Q, merit of a coil || ~ **Q à pleine charge** (électron) / external Q || ~ **Q du transporteur à courroie** (bande transp.) / Q-factor o. value (the total mass of belt plus idlers) || ~ **Q à vide** (électron) / intrinsic Q || ~ de **qualité** (galvanomètre à miroir) / factor of merit || ~ de **qualité** (crist) / figure of merit || ~ de **qualité** (électron) / quality, Q || ~ de **qualité** (gén) / quality coefficient || ~ de **qualité** (radioprotection) / quality factor || ~ de **qualité vibrationnel** (techn) / vibrational Q || ~ de **raccourcissement** (mach.électr) / pitch factor || ~ **réducteur** / reduction factor || ~ de **réduction** (math) / conversion factor, modulus || ~ de **réduction de bruit** / noise reduction factor || ~ de **réduction des contraintes** (méc) / stress reduction factor || ~ de **réduction de la résistance à la fatigue** / fatigue notch factor || ~ de **réduction avec la température** (semi-cond) / thermal derating factor || ~ de **réduction d'un thermostat** / reduction factor of a thermostat || ~ de **réflectance** (pap) / reflectance factor || ~ de **réflectance dans le bleu** (pap) / blue reflectance factor, brightness || ~ de **réflexion** / reflectance, reflection factor || ~ **relatif de transmission dans le visible** / luminous transmittance || ~ de **remplissage** (gén) / bulk factor || ~ de **remplissage des encoches** (électr) / slot space factor, space factor || ~ de **répartition transversale de la charge** (roue dentée) / transverse load distribution factor || ~ de **réponse de l'excitation** (électr) / excitation response ratio || ~ de **rétention** (nucl) / initial body retention || ~ de **réverbération** / degree of reverberation || ~ de **saturation** (électr) / saturation factor || ~ de **sécurité** / safety factor || ~ de **sécurité de caléfaction** (réacteur) / minimum critical heat flux ratio, MCHF-ratio, minimum burnout ratio, DNB-ratio, DNBR (= departure from nucleate boiling) || ~ de **[sécurité au] canal chaud ou point chaud** (nucl) / hot channel factor, hot spot factor || ~ de **sensibilité à l'effet de taille** / fatigue notch sensibility || ~ **séparateur ou de séparation** (nucl) / separation factor || ~ de **service** (électr) / operating factor, duty cycle || ~**s** *m pl* [de] **service** (électr) / operating duty || ~ *m* de **simultanéité** / simultaneity factor || ~ **sin** φ (électr) / reactive factor, sin φ || ~ de **sollicitation** (méc) / coefficient of influence || ~ **spectral de transmission** / spectral transmittance || ~ de **stabilité** (radio) / stability factor || ~ de **surcharge** (électr) / saturation factor || ~ de **surtension d'un circuit oscillant en résonance** / Q-factor of a resonant circuit || ~ **téléphonique de forme du courant** / telephone current form factor || ~ **téléphonique de forme de la tension** / telephone interference o. influence factor, TIF || ~ de **temps** / time factor || ~ de **transfert en pression** / pressure response o. sensitivity || ~ de **transfert statique** (contr.aut) / steady state gain (GB), proportional control factor (US) || ~ de **translation** (ord) / relocation factor || ~ de **transmission** (opt) / transmission factor, transmittance || ~ de **transmission** (évaporation) / evaporation coefficient || ~ de **transmission** (ultrasons) / transmission factor || ~ de **transmission acoustique** / acoustic transmissivity || ~ de **transmission interne** (semicond) / internal transadmittance || ~ de **transmission interne de l'épaisseur unité** (opt) / transmittivity, transmissivity || ~ de **transmission dans les régions spectrales infrarouges** / transmittance in infra-red spectrum || ~ de **transport** (semicond) / transport factor || ~ de **transport en pression** (électroacoustique) / pressure response o. sensitivity || ~ d'**utilisation** (gén) / utilization factor || ~ d'**utilisation** (électron) / duty factor of tubes || ~ d'**utilisation** (NC) / pulse-duty factor || ~ d'**utilisation** (soudage) / duty cycle [factor], arcing time factor || ~ d'**utilisation des impulsions** (télécom) / mark[-to]-space ratio, pulse-width repetition rate || ~ d'**utilisation du local** / utilance, room utilization factor || ~ d'**utilisation de la puissance électrique** (usine él.) / coefficient of utilization, plant load factor || ~ d'**utilisation thermique** (nucl) / thermal utilization factor || ~ de **variation** (éclairage) / variation factor || ~ du **vide** / vacuum factor || ~ de **Westcott** (nucl) / Westcott factor || ~ de **zone** (électr) / distribution factor (US), spread factor (GB)

factice (ord) / dummy || ~, imité / false, imitated, bogus

factoriel / factorial *(adj)*

factorielle *f* (math) / factorial || ~ **n!** / factorial a, a!

factorisable (math) / factorable

factorisation *f* (math) / factorization

factoriser (math) / factor[ize], expand into factors

facturateur *m* de **stationnement** / parking computer

facturation *f* / billing, invoicing || ~ **cyclique** / cycle billing || ~ à **part** / extra charge

facture *f* / workmanship, make || ~ / manufacture of musical instruments || ~ (commerce) / invoice, bill || ~ (orgue) / diapason || **faire la** ~ (bâtim) / bill (e.g. works)

facturer / invoice *vt*, bill *vt*

facturière *f* / billing o. invoicing machine

facule *f* (astr) / facula (pl. faculae)

facultatif / optional || ~ (arrêt) / on request

faculté *f* / faculty, power || ~ d'**absorption** / absorbing power o. capacity, degree of absorption, absorbency, absorbability || ~ d'**accommodation ou d'adaption** / accommodating power, adaptability || ~ d'**addition** (chimie) / additive property, additivity || ~ d'**écoulement** (poudre) / pourability || ~ d'**être remplaçable** (chimie) / substitutability || ~ de **mise en œuvre** / workability, (esp.:) machinability || ~ de **mise en œuvre** (caoutchouc) / processability || ~ **visuelle** / vision, seeing

F.A.D. / flavin-adenine dinucleotide, FAD

fade (boisson) / stale, flat

fadéomètre *m* / fad[e]ometer, light sensitiveness tester

fading *m* (déconseillé), évanouissement *m* (électron) / fade, fading || ~ par l'**action de l'ozone** (tex) / o-fading || ~ des **freins** / brake fade || ~ **régional** (électron) / close o. local o. near fading, low-angle fading || ~ **scintillant** (radar) / roller fading

fagot *m* (hydr) / fascine, faggot, fagot

fagotage *m*, fagotement *m* / brushwood

fagotaille *f* (hydr) / brushwood revetment

faible *adj* (lumière) / dull, dim || ~, épuisé / faint, feeble || ~, débile / faint, slight, thin || ~ (liquide) / weak || ~ (précipitations) / light || ~ (phot) / weak || ~ (math, température, coefficient) / low || ~ (après un chiffre) / bare || ~ *m* (typo) / friar (an incompletely inked patch) || **à ~ bruit** (électron) / of low noise, low noise [level]... || **à ~ circulation** / light traffic... || **à ~ contraste** (phot) / flat, poor in contrast, with low gamma || **à ~ course** (mot) / short-stroke || **à ~ flux** / low-flux... || **à ~ impédance selfique** (capaciteur) / low-loss... || **à ~ intensité** (électr) / weak || **à ~ luminosité** (TV) / low-luminosity || **à ~ niveau de bruit** / low-noise..., quiet || **à ~ pendage** (mines) / of low o. flat hade o. inclination || **à ~ pente** (comble) / low pitched || **à ~ pouvoir calorifique** (combustible) / low-grade || **à ~ teneur** (minerai) / base, low-grade, lean || **à [très] ~ teneur en carbone** / low-carbon... || **à ~ teneur en matières volatiles** / not easily volatilized || **à ~ teneur en plomb** / lead restricted || **à ~ teneur [en pourcents]** / low-percentage... || **à ~ teneur en silicium** (sidér) / low silicon... || **à ~ tirant d'eau** (nav) / shallow draught... o. draft... || **à ~ torsion** / loosely doubled || **à ~ vitesse** / slow-speed... || **à ~ volume d'huile** / containing little oil, oil-poor || **à ~s pertes** (électr) / low loss... || **de ~ activité** / low-level... || **de ~ clarté** / of low light intensity, faint, dim || **de ~ densité** / low-density... || **de ~ épaisseur** / thin, fine || **de ~ intensité** / low-density... || **de ~ intensité d'éclairage** / of low light intensity, faint, dim || **de ~ longueur d'onde** / short-wave..., high-frequency || **de ~ luminosité** / of low light intensity, faint, dim || **de ~ portée** / short-range... || **de ~ puissance** / low-power... || **de ~ trafic** (période) / slack, off-peak || **de ~ valeur** / mean, inferior || ~ **- fort** (brûleur) / low - high || ~ **allure** *f* / low position || ~ **convergence** (math) / weak convergence || ~ de **côté** (nav) / crank, sick, tender[-sided] || ~ **encombrement** *m* / little [floor]space required || ~ **grandissement** / low magnification || ~ **ouverture** *f* / small aperture || ~ **teneur** / low percentage o. proportion || ~ **vitesse** (nav) / slow speed

faiblement acide / weak[ly] acid || ~ **allié** / low alloy..., alloy-treated || ~ **basique** / weakly basic,

weak base || ~ **conique** / acutely conical || ~ **grisouteux** (mines) / having explosive atmosphere, firedamp... || ~ **tordu** (filage) / loosely twisted
faiblesse *f* / tenuity, faintness, weakness
faïençage *m* (peinture) / cracking
faïence *f* / faience, fayance || ~, poterie en grès ,*f.* / earthenware, crockery || ~ **fine** / feldspathic ware, hard white ware
faïencerie *f* / earthenware works o. factory
faille *f* (mines) / dike, throw || ~ (géol) / fault, deep slip fault, slip, shifting || ~ (tiss) / faille || **~s** *f pl* (mines) / stone wall || **sans ~s** (géol) / unfaulted || ~ *f* **bordière** (géol) / boundary fault || ~ **conforme ou normale** (géol) / normal fault || ~ **contraire ou inverse** (géol) / reverse fault || ~ d'**extension** (géol) / strike fault || ~ **glaiseuse** (mines) / cross-floocan || ~ en **gradins** (géol) / step fault || ~ **inverse par en-dessous** (géol) / underthrust || ~ **marginale** (géol) / boundary fault || ~ **minéralisée** (mines) / alley || ~ **oblique** (géol) / oblique fault || ~ **transformante** (géol) / transform fault
faillir / fail, break down, conk [out] (coll)
faire (gén, essai) / carry out, conduct || ~ [tant] / amount [to] || **se ~ exactement** (math) / add up || ~ les **approvisionnements** / furnish o. meet the demand || ~ l'**ascension** [de] / ascend, mount || ~ des **attaques** (fonderie) / gate || ~ le **black-out** (défense antiaér.) / black out || ~ **bouillir** / boil up || ~ du **charbon de bois** / char wood || ~ sa **coque** (insecte) / spin its cocoon, cocoon || ~ **demi-volte** (auto) / make a U-turn, turn *vi* round || ~ une **descente** (mines) / descend, go down o. underground, ride in o. inbye || ~ l'**heure** (ch.de fer) / be on time || ~ **incidence** (opt) / be incident || ~ **irruption** / gush || ~ **le 9** (télécom) / dial 9 || ~ le **plein** / fill up || ~ le **plein** (auto) / fill up with petrol, refuel || ~ **ressort** / unbend itself, spring off || ~ **route** (nav) / make way
faisabilité *f* / practicability, feasibility
faisable / feasible, achievable
faisander (se) (viande) / taint
faisceau *m* / bundle || ~ (TV) / beam || ~ (indicateur) / ink jet || ~ (hydr) / fascine, bush, faggot, fagot || ~ (ch.de fer) / set o. fan of sidings o. tracks || ~ (fonderie) / cluster || **à ~** (électron) / beam... || **à ~ unique** (électron) / single-beam... || **à deux ~x** / two- o. double-beam..., dual-beam... || **à un ~** (électron) / single-beam... || **en ~** (rayons) / directed, directional || ~ d'**accumulation** (r.cath) / holding beam || ~ **actif** (rayons X) / active beam || ~ **aimanté** / compound magnet || ~ d'**alignement de piste** (aéro) / localizer beam || ~ d'**attente** (ch.de fer) / storage sidings *pl* || ~ de **balayage électronique** / electron pencil || ~ de **Boersch** (électr) / Boersch's configuration || ~ de **câbles** / cable form (GB) o. harness (US) o. tree, wire assembly o. harness o. loom || ~ de **câbles blindés** (auto) / shielding harness || ~ de **canalisations** / collection of ducts || ~ **cathodique** / cathode ray pencil || ~ de **cercles** (cinématique) / pencil of circles || ~ **conducteur** (bot) / vascular bundle || ~ de **conducteurs** (câble) / conductor bunch || ~ de **débranchement** (ch.de fer) / set of splitting-up sidings || ~ de **départ** (ch.de fer) / set of departure sidings || ~ de **direction** (ch.de fer) / set of departure sidings || ~ d'**éjection** (nucl) / ejected beam || ~ **électronique** / electron beam || ~ **élémentaire** (télécom) / primary core unit, basic unit || ~ d'**éléments combustibles** (réacteur) / fuel stringer, fuel cluster || ~ d'**enclenchement** (électron, tube) / gate beam || ~ d'**entretien** (r.cath) / holding beam || ~ d'**étincelles** / ray of sparks, sheaf of sparks || ~ **étroit** / narrow beam || ~ **évaporatoire** / evaporator bank of tubes || ~ **explorateur ou d'exploration** (TV) / scanning beam || ~ **filiforme** (antenne) / pen beam || ~ de **formation** (ch.de fer) / set of formation sidings || **~-guide** *m* d'**atterrissage** (aéro) / landing beam || ~ **harmonique** (géom) / harmonic pencil of lines || ~ **hertzien** / directional radio link || ~ **inverse** / back beam || ~ **ionique** / beaming of ions || ~ **large** / broad beam || ~ [de sortie du] **laser** / laser beam || ~ de **lignes** (math) / sheaf o. pencil of lines || ~ de **lignes de jonction** (télécom) / junction group || ~ **lumineux** / luminous aigrette o. beam o. pencil, pencil of rays || ~ **lumineux** (éclairage) / floodlight || ~ **lumineux explorateur** / scanning light beam || ~ **magnétique** / compound magnet || ~ d'**objet** (laser) / object ray || ~ d'**ondes** / beam of waves, wave beam || ~ **parallèle** / bundle o. sheaf of parallel lines || ~ de **plaques** (accu) / plate group o. section || ~ **primaire** / primary beam of rays || ~ du **radiateur de refroidissement** (auto) / radiator core o. block || ~ de **radioalignement** (aéro) / localizer beam || ~ de **radioalignement** (radar) / radio range beam || ~ **radioélectrique** (aéro, nav) / radio beam o. leg || ~ **radiogoniométrique** / radio range o. beam || ~ de **rayonnement radioactif** / radioactive beams *pl* || ~ de **rayons** / beam of rays || ~ de **réception** (ch.de fer) / set of reception sidings || ~ de **référence** (laser) / reference beam || ~ à **signaux constants** (radar) / guide beam || ~ **sorti** (nucl) / ejected beam || ~ **trayeur** (traite) / teat cup cluster || ~ de **triage** (ch.de fer) / set of sorting sidings || ~ de **tubes** / bank of tubes, nest of boiler tubes || ~ **tubulaire [d'évaporateur]** (sucre) / ribbon pan || ~ **tubulaire suspendu** (sucre) / floating type calandria || ~ à **un paramètre** (math) / one-parameter family || ~ **visible** / unblanked beam || ~ de **voie** / set of lines o. sidings o. tracks, fan of sidings
fait *m* **expérimental** / experimental fact
faîtage *m* (charp) / ridge beam
faîte *m* / ridge, roofridge, top || ~ (mines) / back[s], roof || ~ de **mur** / wall cornice
faîteau *m* / ridge capping o. covering
faites-le vous-même / do-it-yourself [preparation]
faîtière *f* / hip o. ridge tile, crest o. bonnet tile || ~ **ventilatrice** / ventilating ridge tile
faix *m* / burden, load, charge || **prendre son ~** (bâtim) / take the set
falaise *f* / cliff
falsifié / imitated, counterfeit
falsifier / falsify, fabricate, counterfeit *vt* || ~ (aliments) / adulterate
falun *m* / faluns, shell marl
falunite *f* (min) / falunite
famatinite *f* (min) / famatinite
familiale *f* (auto) / estate car (GB), station wagon (US), utility vehicle
familier (p.e.: la technique lui est familière) / familiar [with]
famille *f* (zool) / division || ~ des **actinides** / actinide series || ~ de **caractères** (typo) / font, fount || ~ de **caractéristiques** / family of characteristics || ~ de **cas d'ajustement** / grade of a fit || ~ du **chrome** / chromium and its compounds || ~ de **courbes** (math) / family of curves || ~ des **gaz** / gas group o. family || ~ **radioactive** / radioactive disintegration series, transformation chain || ~ de **tangentes** (math) / web of a curve || ~ du **thorium** (nucl) / thorium series
fanal *m* / lantern, lamp, light || ~ (qui porte les feux de route) / ship's lantern || ~ de **mât** / masthead light || ~ **Scott** (nav) / Morse light || ~ de **site** (bâtim) / warning lantern o. beacon

fanes *f pl* de **pommes de terre** / potato vine
faner (se) (bot) / fade, wilt, decay, wither || ~ (se) (couleur) / fade || ~ le **foin** / cure hay, ted o. toss hay
faneuse *f*[mécanique] / hay maker o. tedder || ~ **épandeuse** (agr) / grass tedder || ~ à **fourches** (agr) / fork tedder || **~-ratisseuse** *f*(agr) / turn-over rake || ~ **rotatoire** (agr) / rotary haymaker || ~ à **tambour** (agr) / reel tedder
fange *f* / mire
fangeux / miry
fanion *m* **indicateur** (instr) / indicating flag
fantôme *m* / phantom, fantom || ~ **[simple]** (télécom) / phantom [circuit]
fanton *m* (charp) / peg, dowel, pin
farad *m*, F (électr) / farad
faradisation *f* / faradism
faradmètre *m* / capacity meter
fardage *m* (teint) / print back cloth, printer's blanket o. felt, back gray
farde *f* à **glissière** (Belg) / document cover, [rapid] letter file
fardeau *m* / burden, load, charge || ~ **de fer-noir ou de tôle** / bundle of sheet steel || ~ **ligaturé** (tôle) / bound bundle
fardeleuse *f* / tight packing machine
fardier *m* / dray
farinacé / floury, mealy
farinage *m* (peinture) / chalking
farine *f* / flour, meal || ~ de **bois** / wood dust o. flour o. fiber (US) || ~ de **bois** (plast) / wood filler || ~ de **briques** / brick o. tile dust, grog (GB) || ~ de **caroube** (teint) / carob seed grain || ~ de **coquilles de noix de coco** (plast) / shell flour || ~ **crue** (ciment) / raw meal || ~ **fine** / fine flour || ~ **folle**, folle farine *f* / meal dust, mill dust || ~ de **froment** / wheat flour || ~ de **maïs** / Indian o. maize meal, cornflour (US) || ~ de **malt** (bière) / maltdust || ~ de **poisson** / fish meal || ~ de **riz** / rice flour, ground rice || ~ de **seigle** / rye flour || ~ de **viande** / flesh meal, meat flour
farineux (vivres) / amylaceous
fascinage *m* (hydr) / fascine layer, protection by fascines || ~ **ballasté** (hydr) / fascine mattress
fascine *f*(hydr) / fascine, faggot, fagot || ~ à **pierres** (hydr) / stone fascine, bolster || ~ **plongée**, matelas *m* / mattress || ~ de **retraite** (hydr) / headed fascine
fassaïte *f*(min) / fassaite
fatigant / wearing, tiring
fatigue *f*(essai de mat) / fatigue of metals || ~ (électr, électron) / aftereffect, secondary effect || ~ **auditive** / auditory fatigue || ~ due à la **corrosion** / corrosion fatigue || ~ **diélectrique** / dielectric fatigue || ~ **élastique** / elastic fatigue || ~ due aux **flexions répétées ou alternées** / constant strain flexural fatigue, [repeated] flexing o. flexural fatigue (US) || ~ **magnétique** / magnetic creep o. viscosity || ~ de **ressorts** / setting of springs || ~ **rétinienne** / permanency o. persistence of vision || ~ de la **substance luminescente** / dark burn [fatigue] || ~ **thermique** / thermal fatigue
fatigué (accu) / dead || ~ (techn) / worn || ~ (ressort) / weak
fatiguer *vt* / overstrain, overload || ~ *vi* / strain *vi*, age *vi*
faubert *m* (nav) / swab || ~ (oléoduc) / scraper, go-devil, pig
fauberter (nav) / swab *vt*
faubourg *m* / suburb
faucardage *m*, fauchage *m* / mowing on banks
faucardeur *m* / water weed cutter
faucher / mow (with rotary mower) || ~ **un piéton ou un cycliste** (auto) / run over, knock down
faucheuse *f* / lawn mower with rotating blades, rotary mower || ~ **autochargeuse automotrice** (agr) / self-propelled cutter-loader || **~-chargeuse** *f* (agr) / cutter loader || ~ à **disques** (agr) / rotary grass cutter || **~-hacheuse-chargeuse** *f*(agr) / double-chop forage harvester, crop chopper || ~ **latérale portée** (agr) / mid-mounted mower || ~ **portée** (agr) / rear mounted mower
faucille *f*(de la faucheuse) / sickle
faufil *m*, faufile *m* / basting thread o. cotton
faufiler / baste
faune *f* **nuisible** / noxious animals *pl* || ~ **pélagique** / pelagic fauna || ~ **utile** / beneficial animals *pl*
fausse aire *f*(charp) / dead floor || ~ **alarme** / false alarm, spurious alarm || ~ **appellation** / misnomer || ~ **appréciation** / incorrect rating || **~-arcade** *f* (bâtim) / wall arch || ~ **barre ou billette** (coulée cont.) / dummy bar || ~ **boîte** / dead chimney head || ~ **boutisse** (maçon) / headstone, header || ~ **bride** / blank flange || ~ **cannelure** (lam) / dummy pass, false pass || ~ **clé** / picklock || ~ **communication** (télécom) / wrong connection, wrong number || ~ **couche** (fonderie) / oddside [board], pattern match || ~ **couture** / mock seam || ~ **couverture** (typo) / dust cover o. jacket, book jacket || ~ **crémaillère** (escalier) / open o. cut string || ~ **direction** (télécom) / misrouting || ~ **duite** (tiss) / mispick || ~ **écluse** (hydr) / outlet o. sweeping sluice || ~ **émeraude** / scientific emerald || ~ **équerre** (men) / sash angle || ~ **équerre** (outil) / shifting square || ~ **équerre** (défaut) / displacement || ~ **équerre des traverses** / skew of sleepers || ~ **fiche** (électr) / dummy plug || ~ **gaze** (tex) / imitation gauze, mock leno || ~ **languette** (men) / wooden clamp || ~ **lisière** (tiss) / center selvedge || ~ **lune** / mock moons *pl* || ~ **manœuvre** / operating error, maloperation, misoperation, operator's error || ~ **numérotation** (télécom) / faulty selection, wrong number || **~-page** *f*(typo) / blank page || **~s pages** *f pl*(typo) / even o. lefthand pages || ~ **paroi** *f*(sidér) / lining, bricking up || ~ **porte** / dead door || ~ **quille** (nav) / false keel, keel shoe || ~ **rondelle entre deux faux taillants** / intermediate disk of slitting rollers || ~ **topaze** (verre) / imitation topaz || ~ **topaze** (min) / Scotch topaz || ~ **torsion** (filage) / false twist || ~ **variable** (ord) / dummy variable || **~-vis** *f* / screw nail, drive screw || ~ **voie** (mines) / blind drift, dummy road || ~ **volée** (fonderie) / shrink[ing] head, sink[ing] head o. bob
fausser / warp, bend, twist || ~ / tamper, meddle || ~ (document) / falsify, garble || ~ (clé) / distort, spoil by bending || ~ (se) / become bent, buckle || ~ un **filetage** / cross-thread || ~ les **résultats** (essais) / vitiate results of a test || ~ une **vis** / overturn o. overwind a screw, strip threads
fausset *m* / faucet, spigot of barrel
faute *f* / failure, breakdown, interruption, outage (US) || ~, manque *m* / lack, need, want || **faire une ~ de frappe** (m.à écrire) / make a typing error || ~ d'**essence** / lack of petrol o. gasoline || ~ d'**impression** / compositor's o. printer's error, P.E., misprint, erratum, typo (US) || ~ de **montage** / faulty mounting || ~ de **rentrage au peigne** (tiss) / wrong denting
fautif / faulty, incorrect
fauve / fawn
faux *adj* / wrong || ~, imité / bogus, phon[e]y, sham, spurious, base, counterfeit || ~ (techn) / dead, lost || ~ (bâtim) / dummy, feigned, mock || ~ (ord) / dummy || ~ (math) / false || ~ (min) / scientific || ~ *f*(agr) / scythe || **donner de ~ plis** (tex) / crumple || **qui porte à ~** / overhanging || **~-accouplement** *m* (ch.de fer) /

dummy coupling || ~-**albâtre** *m* / gyps[e]ous alabaster || ~ **appel** (télécom) / lost call || ~ **arbre** / flanged shaft, stub shaft || ~ **assemblage** (nucl) / dummy assembly || ~ **aubier** / false sap, blown [sap], blea || ~ **banc au toit** (mines) / caving material || ~-**bord** *m* (nav) / list, lop-side || ~ **bras**, eaux mortes *f pl* / stagnant water, back o. abandoned channel, bayou (US), oxbow (US) || ~ **cabriolet** (auto) / hardtop sedan || ~ **cadre** (bâtim) / false o. temporary frame || ~ **châssis** (pap) / blind sieve || ~ **châssis** (auto) / underframe [of a carriage], subframe || ~ **clivage** (géol) / strain-slip cleavage || ~ **cœur** (défaut de bois) / false heartwood || ~-**comble** *m* (bâtim) / false roof, upper mansard roof || ~ **départ** (aéro) / false start o. take-off, wrong start (US) || ~ **duramen dû au gel** (bois) / faulty heart, frost heart || ~ **élément** (nucl) / dummy element || ~-**entrait** *m* (bâtim) / ashlar joist || ~-**essieu** *m* (ch.de fer) / intermediate driving axle, loose axle || ~ **étambot** (nav) / propeller o. screw frame o. post || ~ **filigrane** (pap) / simulated water mark || ~ **fond** (horloge) / support of the dial-plate || ~ **fond** (récipient) / false bottom || ~ **fond** (bâtim) / false floor || ~ **fond** (bière) / false bottom, strainer || ~ **frais** *m pl* / incidentals *pl*, extra charges *pl* || ~ **goujon** *m* (fonderie) / dowel pin || ~ **goujon d'assemblage** (fonderie) / movable o. loose o. dowel pin || ~ **grains** *m pl* / false grain || ~ **hauban** *m* (nav) / preventer [guy o. backstay] || ~ **joint** (routes) / dummy joint || ~ **jour** / poor light || ~-**limon** *m* / wall string[board] || ~ **lit** (pierre) / breaking grain || ~ **maillon** (transp. à chaîne) / shackle type connector || ~-**or** *m* / golden mica || ~ **palissandre** / jacaranda wood || ~ **parquet** (charp) / counterfloor || ~ **pieu**, faux pilot *m* / helmet, pile extension for ramming || ~ **plafond** / false ceiling || ~ **plancher** (bâtim) / inserted o. intermediate ceiling || ~ **plancher couvrant le câblage** (ord) / false floor || ~-**plateau** *m* **type baïonnette** (m outils) / bayonet type face plate || ~ **pli** (tex) / cockle, crease || ~ **pli** (pap) / overfold || ~-**pli** *m* (dommage) / kink || ~-**pli** *m* de **boyau** (tex) / rope crease || ~ **pont** (nav) / orlop deck || ~ **puits** (mines) / wince, winze staple [pit], staple [pit], jack-head pit || ~ **rond** (corps) / out-of-round || ~ **rond** (défaut) / eccentricity, radial deviation o. run-out || ~ **rubis** / ruby glass || ~ **sergé** (tex) / false twill || ~ **soleil** / mock suns *pl* || ~ **tampon** (ch.de fer) / buffer box o. case o. casing o. guiding || ~-**teint** *m* (teint) / false colour || ~-**timon** *m* (techn, auto) / drawbar, hitch || ~-**tirant** *m* / trimmed joist || ~ **titre** (typo) / outer title page, half o. bastard title || ~-**toit** *m* (mines) / caving material || ~-**trait** *m* (typo) / gray-key image

faveur, en ~ [de] / in favour [of]

favorable [à] / stimulating

favorisant la **corrosion** / developing corrosion || ~ la **croissance** / stimulating o. promoting growth

fayalite *f* (min) / fayalite, iron chrysolite

fayard *m* (nom vulg. de hétre) / beech

F.C.C., (= Federal Communications Commission) (télécom) / Federal Communications Commission, FCC (US)

f.c.é.m. *f*, force contre-électromotrice ,*f.* (électr) / counter-electromotive force, c.e.m.f., back-electromotive force, b.e.m.f., opposing e.m.f.

fèces *f pl* / excrement, f[a]ecal matter, excreta *pl*, f[a]eces *pl*

fécond (mines) / abundant, rich, productive || ~ (végétation) / luxuriant || ~ (biol) / fertile, productive, fecund

fécondation *f* / fertilization, fecundation

fécondité *f* / fertility

fécule *f* / amylum, starch || ~ **anionique, [cationique]** / anionic, [cationic] starch || ~ d'**arrow-root** / arrowroot starch || ~ **blutée** / powdered starch || ~ **extractible, [non extractible]** / free, [bound] starch || ~ en **grains** / pearl starch || ~ de **manioc** / starch of manioc, tapioca o. cassava starch || ~ **modifiée**, fécule *f* transformée / modified starch || ~ de **pomme de terre** / potato starch, farina || ~ du **sagoutier** / sago starch || ~ **verte** / hydrous starch

féculence *f* / starchiness || ~ (bière) / bottom, bottoms *pl*

féculent / starchy

féculerie *f* / starch mill o. industry

Fédération Internationale d'Application des Normes, I.F.A.N. / International Federation for the Application of Standards, IFAN, IFAN

feedback *m* (contr.aut) / feedback || ~ **acoustique** / acoustic feedback || ~ **négatif du courant d'anode** (électron) / negative anode current feedback

feeder *m* / electric o. gas main || ~, canalisation *f* principale d'alimentation (électr) / main conductor, feeder, electric main || ~ (gaz) / main gaspipe || ~ (électron) / feeder || ~ (chimie) / feed stream || ~ **alimentaire** (ch.de fer) / feeder cable || ~ d'**antenne** / feeder to antenna || ~ en **barre** (électr) / feeder bar || ~ **égalisateur** (électr) / equalizing feeder || ~ **équilibré** (électr) / balanced line o. lead || ~ **final** (électr) / independent o. dead-ended o. radial feeder || ~ de **gaz** / gas soil pipes *pl*, gas main || ~ [pour **gaz à haute pression]** / high pressure gaspipe || ~ d'**interconnexion** (électr) / interconnecting line o. feeder || ~ **jumelé** (antenne) / twin feeder || ~ de **ligne** (ch.de fer) / line feeder || ~ **multiple** (électr) / multiple feeder || ~ **parallèle** (électr) / parallel feeder || ~ à **piston** / piston feeder || ~ à **poussée** / push feeder || ~ **principal** (électr) / trunk feeder o. main || ~ de **retour** (électr) / negative feeder || ~ **secondaire** (électr) / duplicate feeder

feint (bâtim) / blank, blind, dummy, feigned, mock

feinte *f* (typo) / friar (an imperfectly inked patch)

feldspath *m* / felspar, feldspar || ~ **calcique** (géol) / lime feldspar || ~ **commun ou potassique** / common fel[d]spar, potassic fel[d]spar || ~ **compact** / compact fel[d]spar, petrosilex || ~ à **lithine** / lithium fel[d]spar || ~ **sodique** / sodic fel[d]spar

feldspathique / feldspathic

fêler *vt* / crack *vt* || ~ (se) (verre) / crack *vi*

felle *f* (verre) / blowing iron, blow-pipe

felsite *f* (min) / felsite

felsitique (géol) / [micro]felsitic

fêlure *f* / split, rift, crack, rent, fissure || ~ (verre) / crack || ~ (céram) / cooling crack

f.é.m. *f*, force *f* électromotrice / electromotive force, e.m.f.

femelle *f* d'un **tuyau** (install) / bell, socket (GB), hub (US)

femto, 10^{-15} / femto... (unit)

fenaison *f* / hay-making, hay harvest

fendable / cleavable, divisible

fendage *m* / cleaving, splitting, slitting

fendante *f* / screw head file

fendeur *m* / cleaver || ~ de **bois** / wood splitter

fendille *f* (techn) / material flaw || ~ **capillaire** (techn) / capillary chink

fendillé (bois) / quaggy, having heart shakes

fendillement *m* (plast) / craze || ~ (bois) / cracking, splitting || ~ sur le **bord** (bois) / crack along the edge, edge crack || ~ par **contrainte** (plast) / environmental stress cracking || ~ de **maische**

(bière) / channeling || ~ des **pieux** / mushrooming of piles || ~ **retardé** (céram) / delayed crazing || ~ dû au **retrait** / crack due to shrinkage
fendiller / fissure *vt*, (glaze:) crackle *vt*, craze *vt* || ~ (se) / crack *vi*
fendoir *m* / splitting blade, cleaver
fendre *vt* / cleave, slit, split, rift || ~ (forge) / slot *vt* || ~, inciser / slit *vt* || ~ (se) / crack *vi*, break, burst || ~ (se), se diviser / cleave *vi*, split *vi* || ~ le **bois** / chop wood || ~ par **coins** / wedge apart || ~ de **part en part** / split through o. in two, divide in two || ~ des **pierres** / cleave stones
fendu, incisé / slit *adj* || ~, éclaté / chapped, cracked, flawy || ~ (bois) / chopped || ~ (céram) / crackled || ~ (p.e. palier) (techn) / split *adj* (e.g. bearing) || ~ dans l'**aubier** (bois) / colty
fenestrage *m*, fenêtrage *m* (bâtim) / fenestration, arrangement of windows
fenestré, fenêtré / open-worked
fenêtre *f* (bâtim) / light, window || ~ (techn) / window, observation hole || ~, trou *m* longitudinal (techn) / elongated o. [ob]long hole, slot || ~ en **acier** / steel window || ~ à l'**anglaise** voir fenêtre à la française || ~ **aveugle** / blank window || ~ en **baie** / bay o. oriel window || ~ **basculante** / window pivoting around a horizontal axis || ~ à **bascule**, fenêtre *f* à charnière inférieure / pivot-hung window || ~ **blindée** (nucl) / shielding window || ~ **borgne** / blank window || ~ de **cadrage** (film) / image aperture || ~ à **caisson** / box-type window || ~ de **caméra** / aperture plate || ~ de la **carte perforée** / data processing card window, aperture of the punched card || ~ de **cave** / cellar window || ~ à **charnière supérieure ou suspendue du haut** / top-hung sash window || ~ à **châssis** / frame window || ~ à **châssis tournant** / French sash (US) || ~ **cintrée** / arc-shaped window || ~ **cintrée à demi-cercle** / semicircular window || ~ **circulaire** / circular window, bull's eye, oculus || ~ **coulissante ou à coulisse** / sash window || ~ à **coulisse** (ch.de fer) / sliding window || ~ de **couplage** (guide d'ondes) / window || ~ **croisée à battants ou à vantaux** / valved window || ~ **croisée mezzanine** / mezzanine window || ~ en **demi-cercle** / semicircular [arched] window || ~ à **deux meneaux** / threefold o. three-light window || ~ **ébrasée** / outward-chamfered o. -splayed window || ~ en **encoignure** / corner window || ~ en **encorbellement** / bay o. oriel window || ~ de l'**escalier** / staircase window || ~ **étanche de guide d'ondes** / seal of a waveguide || ~ d'**évacuation** (loup batteur) / ejection slot || ~ en **éventail** / semicircular window || ~ d'**exposition** (phot) / film window o. gate, gate [window] || ~ **feinte** / blank window || ~ à la **française [à l'anglaise]** / square window with two wings opening inward, [outward] || ~ **géminée** / twofold window || ~ **gisante** / lying window || ~ **glissante** / drop window || ~ de **guide d'ondes** / waveguide window || ~ à **guillotine** (bâtim) / hanging sash, balance[d] sash || ~ à **guillotine** (ch.de fer) / sash window || ~ **inductive** (électron) / inductive window || ~ de **lancement** (ELF) (espace) / launch window, firing window || ~ **latérale** / side-window || ~ en **lézarde** / eyelet, gap window || ~ de **Lindemann** (rayons X) / Lindemann window || ~ à **linteau droit** / square-headed window || ~ en **longueur** / lying window || ~ de **mansarde** / mansard o. attic window || ~ de **masque** (repro) / film gate || ~ à **meneau** / mullion o. munnion window || ~ **métallique** / window with metal frame || ~ pour **montage** (typo) / mounting cut-out || ~ **obscure** (TV) / black screen || ~ **ogivale ou en ogive** / Gothic window || ~ **orbe** / blank window || ~ s'**ouvrant à l'extérieur ou à l'intérieur** / outward o. inward opening window || ~ **ouvrant par pivotement** / pivoting window || ~ **panoramique** / picture o. view window || ~ mise dans un **pignon** / gable window || ~ en **plein-cintre** / semicircular window || ~ de **projection** (film) / aperture, projection gate || ~ à **rabat** / top-hung sash || ~ **radar** / radar window || ~ **rayonnante** / wheel window || ~ à **rebord en biais** / batement light || ~ **résonnante** (guide d'ondes) / resonant window || ~ en **saillie** / bay o. oriel window || ~ de **sélection** (électron) / strobe [pulse] || ~ **simple** / single window || ~ de **sortie** (TV) / beam hole || ~ à **soufflet** / pivot-hung window || ~ **tabatière** / folding dormer window || ~ de **tirage** (film) / copying window || ~ **tombant extérieur, [intérieur]** / pivot-hung window opening outward, [inward] || ~ à **traverse droite** / square-headed window || ~ **treillissée** / barred o. trellis window || ~ **treillissée** (bâtim) / wire screen, window screen || ~ **trigéminée** (bâtim) / three-twin window || ~ à **trois jours** / threefold o. three-light window || ~ du **tube X** / X-ray gate || ~ du **viseur iconomètre** / viewfinder window || ~ à **vitrage double** / countersash window || ~ à **vitrage double [châssis bois]** / composite window with wooden frame || ~ **vitrée** / glass window || ~ **voûtée** / arch-shaped window || ~ à **vue** (plasma) / view port
fenêtrer / arrange windows
fente *f* / aperture, slit || ~ (géol) / chasm, fault || ~ (plast) / craze || ~ (mines) / crevasse || ~ (aéro) / slot || ~ (bâtim) / chink, cranny in a wall || ~ (soudage) / joint || ~, trou *m* longitudinal (techn) / oblong hole, long hole, elongated hole, slot || ~ (opt) / aperture slot o. slit, slit diaphragm o. stop || ~, voie *f* d'eau / escape, leakage || **à ~** / slit || **à ~s en croix** / recess... || ~ d'**aération** / ventilation duct o. slot || ~ d'**aération** (auto) / bonnet louver || ~ d'**aération radiale** (électr) / radial duct || ~ d'**air** / air gap || ~ d'**aspiration** (aéro) / suction slot || ~ d'**attache** (tambour de câble) / tie-up slot || ~ de **bois** / crack, split || ~ en **bout** (bois) / end shake and check || ~ de **cœur** (bois) / heart shake || ~ de **collage** / glue joint || ~ de **côté** (bois) / edge crack || ~ de **couplage** (guide d'ondes) / window || **~s** *f pl* **en croix** (tête de vis) / recess || ~ *f* de **diaphragme** / slit of the diaphragm || ~ d'**échappement** / outlet gap || ~ **étoilée** (bois) / star shake o. check || ~ d'**étranglement** / choke gap || ~ d'**extensibilité** (filière) / adjusting screw slot || ~ de **face** (bois) / face shake and check || ~ de **faille** (géol) / riser || ~ de **filon** (mines) / crevasse, vein fissure || ~ de **guidage** / guiding slot || ~ **interne** (contreplaqué) / internal split || ~ pour **introduction de monnaie** / coin o. money slot || ~ **jumelée** / twin gap || ~ pour **lettres** (etc.) / slot || ~ **longue** / elongated slot || ~ **lumineuse** / light gap, light slit || ~ par **mouvement de sol** (géol) / fault fissure || ~ **oblique** / skewed slot || ~ **oblongue** / oblong hole || ~ **ouverte** (contreplaqué) / open split || ~ de **passage d'air** / air vent slot || ~ pour la **pièce de monnaie** / insertion o. slot for coins || ~ de **plissement** (mines) / fold crack o. crevice || ~ **profonde** (bois) / deep shake and check || ~ **rayonnante** (antenne) / slot antenna || ~ **refermée** (contreplaqué) / closed o. tight split || ~ de **retrait** / contraction gap || ~ de **retrait** (bois) / dry shake o. crack, seasoning check || ~ de **rive** (bois) / edge crack, edge shake and check || ~ du **segment** (piston) / gap [opening] o. free gap of the piston ring || ~ de **séparation** / commissure || ~ **[de serrage]** (vis) / slot

of the screw || ~ de **serrage** (goujon fileté) / gudgeon slot || ~ de **sortie** (électron) / output gap || ~ **superficielle** (bois) / shallow shake and check || ~ du **toit** (mines) / roof cleavage || ~ **transversale** / transverse crack || ~ **transversale** (emboutissage) / crack || ~ **traversante** (bois) / through shake and check || ~ de **visée** / eye-slit, observation slit

fenton *m* (charp) / peg, dowel, pin

FEP = éthylène-propylène fluoré || ≗ *m pl*, plastiques *m pl* éthylène/propylène perfluorés / perfluoroethylene/propylene plastics, FEP

fer *m* / iron || **à ~ doux ou mobile** (instr) / moving iron..., iron vane... || **à ~ libre ou tournant** (électron) / free-running || **à ~ mobile** (haut-parleur, microph.) / moving iron... || **autre que le ~** / non-ferrous, non-ferruginous || **de la nature du ~** / ferruginous, ironlike, iron... || **de ou en ~** / of iron || **de ou en ~ forgé** (techn) / of wrought iron || **en ~ battu** (travail d'art) / wrought-iron... || ~ **affiné** / [re]fined iron || ~ **aimanté** / magnetic bar o. rod || ~ **alpha ou** α / alpha iron || ~ à **aplatir** (verre) / battledore, pallette || ~ **Armco** / armco iron o. steel || ~ d'**arrêt**, trappe *f* / trap || ~ d'**articulation** (pont) / articulated rail || ~ **bêta ou** β / beta iron || ~**-blanc** *m* / tinplate, tinned sheet iron || ~**-blanc** *m* **double réduction** / double reduced tinplate || ~**-blanc** *m* **terne** / dull-finish tinplate || ~ **calciné** / ferruginous o. red limestone || ~ **carbonaté** (sidér) / siderite, sparry o. spathic iron ore || ~ **carbonaté lithoïde** / black-band [iron ore], carbonaceous ironstone || ~**-carbonyle** *m* / carbonyl iron || ~ **carburé** (sidér) / carbonated o. carburetted iron, carburet of iron || ~ au **[charbon de] bois** / charcoal iron || ~ de la **charrue** / knife coulter || ~ à **cheval** (gén) / horseshoe || ~ **chrom[at]é** / chrome o. chromic iron [ore], chromite || ~ de la **cognée** / ax[e] blade || ~ à **contourner** (scie) / [plier] saw set o. wrest, upset || ~ **coulé** (fonderie) / cast iron, C.I. || ~**-crayon** *m* (soudage) / microwelding electrode || ~ **cristallin** / crystalline iron || ~ **delta ou** δ / delta iron || ~ à **détacher** (verre) / wetting-off iron, cracking-off iron || ~ **doucine** (men) / ogee plane iron || ~ **doux** / soft iron || ~ **ductile** / forging grade steel, wrought iron || ~ **dur** / hard iron || ~ **ébauché plat** (lam) / mill bar, semifinished flats *pl*, sheet bars *pl* || ~ à **écharner** (tan) / fleshing knife o. tool, scraper || ~ à **écorcer** (silviculture) / bark scraper, spud || ~ **électrolytique** / electrolytic iron || ~ à **encoche** (forge) / notching tool || ~ **et contre-fer de rabot** (men) / double iron of the plane, blade and cap-iron || ~ de **fixation** / clamp || ~ **fondu** (fonderie) / cast iron, C.I. || ~ en **fonte** (sidér) / iron smelt || ~ de **forge** / forging grade steel, wrought iron || ~ **fritté** / sintered iron || ~ **gamma ou** γ / gamma iron || ~ à **grain fin** / fine- o. close-grained iron || ~ **granulé** / crystalline iron || ~ à **grilles** / fence bar || ~ de **guillaumes à épaules** / carriage maker's rabbet plane cutter || ~ des **lacs** / limonite || ~ **lamelleux** / lamellar iron, scaly iron || ~ **limoneux** / bog [iron] ore, lake iron ore, morass ore || ~ en **loupes** / iron loop o. bloom || ~ **magnétique** / magnetic bar o. rod || ~ **malléable** / forging grade steel, wrought iron || ~ **manganésien** / ferromanganese || ~ à **marquer à chaud** / branding iron o. stamp || ~ de **menus ouvrages** / ironmongery, ironware, -work, hardware (US) || ~ **micacé** / micaceous iron ore || ~ **mixte** (compas) / intermediate iron || ~ **noir** (lam) / extra lattens, black plate || ~ **noir de substitution** / blackplate (GB), tin-free steel (US) || ~ **Nu** (électron) / Nu-iron || ~ **oligiste** / red oxide of iron, bloodstone, oligiste || ~ **oxydé** (min) / ironstone || ~ **oxydé brun terreux** / ochreous brown iron ore || ~ **oxydé titané granuliforme** / titanium sand || ~ de **petit ou de faible échantillon** voir fer de menus ouvrages || ~ **phosphaté laminaire** (min) / vivianite, blue iron ore || ~ **phosphaté vert** / green iron ore || ~ à **polir** / polisher, sleeking steel || ~ des **prairies** / bog [iron] ore, morass ore || ~ **profilé** / steel shapes *pl*, structural shapes o. steel, sectional steel, sections *pl* || ~ **pur** / pure iron || ~ **pyrophorique** / pyrophorous alloy, spark metal || ~ de **rabot** / plane o. cutting iron o. knife || ~ de **rabot pour lames** / strip plane knife || ~ de **rabot rond ou de congé** (outil) / round-nose iron || ~ de **rabot simple** / uncut plane iron || ~ de **raccord** (bâtim) / connecting iron || ~ à **ratisser** / scraper, scraping knife || ~ à **raturer** (tan) / fleshing knife o. tool, scraper || ~ **réniforme géodique** (min) / reniform [clay] iron ore || ~ à **repasser** / smoothing iron || ~ de **reprise** (bâtim) / connecting iron || ~ **rond** / round [steel] bars *pl*, rounds *pl* || ~ **rotorique** / rotor iron || ~ de **serrage** / clamp || ~ **silicieux carburé** / carbonized silicious iron || ~ à **souder** / soldering copper o. bit o. iron, copper bit || ~ à **souder électrique** / electric soldering iron || ~ à **souder forme marteau** / hatchet iron || ~ **spathique** (min) / siderite, chalybite, spathic iron ore || ~ **spathique argileux** / argillaceous iron ore, clay [band] iron ore || ~ **spéculaire** / specular iron || ~ **statorique** / stator iron || ~ **sulfuré [aciculaire] radié**, fer *m* sulfuré prismatique rhomboïdal (min) / radiated marcasite || ~ **sulfuré capillaire** / hair pyrites || ~ **surchauffé** / overburnt brittle iron || ~ **suspendu** (mines) / suspension iron || ~ [en ou à] **T** / T-bar || ~ **tendeur de la carde** (filage) / hook spanner of card || ~ **terreux** / bog [iron] ore, lake iron ore, morass ore || ~ **titané** (min) / titaniferous iron ore || ~ à **trancher** (verre) / wetting-off iron, cracking-off iron || ~ à **velours** (tex) / pile wire || ~ à **vitrage** / transom iron || ~ à **vitrage pour le toit** / glass roof trellis

ferraillement *m* (Canada) (pap) / rattle

ferblanterie *f* / tinware

ferblantier *m* / tinman, tinner, tinsmith, plumber, brazier

ferler les **voiles** (nav) / lash, tie down

fermage *m* / tenant farming, farming lease

fermant à clé / lock-up || ~ par **gravité** / gravity-closing || ~ **hermétiquement** / tightly closing || ~ par **ressort** / spring-actuated o. -hinged || ~ à **serrure** / lock-up

ferme *adj* / firm, solid, fast || ~, compact / compact, hard, firm || ~ (roches) / medium-hard || ~ (phys) / solid, in solid state of aggregation o. matter || ~, fixe / stationary

ferme *f* (habitation) / farm-house || ~ (charp) / main o. principal couple o. truss || ~ (convention) / farming lease || **donner à ~** (agr) / farm out || **petite ~** / small holding

ferme, sans ~s (bâtim) / trussless

ferme-modèle *f* / model farm

ferme *f* **à âme pleine** / solid web truss || ~ en **arbalète** / truss frame, trussing || ~ **arc-boutée polygonale** / polygonal truss || ~ **arc-boutée trapézoïdale** / trapezium (GB) o. trapezoid (US) truss || ~ d'**arêtiers** / angle rafter, angle ridge, hip rafter || ~**-cadre** *f* / principal frame of a roof || ~ de **ciel** (four) / roof o. crown bar || ~ **clouée** / nailed [plank] truss, plank truss || ~ **composite** / composite truss || ~ à **contrefiches** / strut frame o. bracing || ~ à **deux poinçons** / queen [post] truss || ~ à **double arc-boutée**, ferme *f* à double contre-fiche / double strut frame [with straining piece] || ~ d'**échantillon**

/ standard truss || ~ **et élastique** / tight, taut || ~ de **hall ou de hangar** / roof truss of a hall || **~-imposte** *m* de **fenêtre** / sash fastener for pivot hung window || ~ *f* avec **jambe de force** / strutted roof truss || ~ à **jambes de force polygonale** / polygonal truss || ~ **librement appuyée à contre-fiches** / composite truss frame || ~ **maîtresse avec tirant** / cantilever truss with tension rod || ~ à **poinçon et à contre-fiches** / combined strut and truss frame || ~ **porteuse** (toiture) / main o. principal couple o. truss || ~ de **remplage** (charp) / common couple o. truss, empty truss || ~ **solaire** / solar [power] farm, solar power plant o. station || ~ **transversale** / transverse beam o. girder, crossbeam || ~ **triangulaire arc-bouté ou à réseau** / triangulate[d] truss || ~ à **un seul poinçon ou à une clé pendante** / simple truss, kingpost truss

fermé (robinet) / closed, off, to || ~ (accu) / closed || ~ (tissu, structure) / dense, tight || ~ (math, méc) / closed || ~ (robinet) / shut || ~ (lame d'aiguille) / closed || ~ (commutateur) / on || ~ [blindé] (électr) / fully enclosed, (esp.:) metal-clad || ~ (espace topologique) (math) / closed (interval, set) || ~ **hermétiquement** / hermetically sealed o. closed, airproof, airtight

ferment *m* (chimie) / ferment, enzyme || ~ **figuré** / microbial ferment || ~ de la **respiration** / oxygenase, respiratory enzyme, atmungsferment || ~ **soluble** / soluble ferment

fermentable / fermentative, fermentable

fermentaire / fermentative, causing fermentation

fermentation *f* (café, thé, tabac) / fermentation, fermenting || ~ (gén) / fermentation || **à ~ basse** (bière) / produced by sedimentary fermentation, fermented from below, bottom o. low fermenting o. fermentation... || ~ **acétique** / acetic fermentation || ~ **alcoolique** / alcoholic fermentation || ~ en **barriques** (bière) / cask fermentation || ~ **basse** (bière) / sedimentary o. bottom o. low fermentation || ~ **bouillante** / boiling o. fiery fermentation || ~ **bouillonnante** / boiling o. effervescent o. fiery fermentation || ~ **butyrique** / butyric fermentation || ~ à **chaud** / warm fermentation || ~ en **cuve** / tun fermentation || ~ **effervescente** / boiling o. effervescent o. fiery fermentation || ~ **froide** (agr) / cold fermentation || ~ **haute** (bière) / top o. surface o. high fermentation || ~ **lactique** / lactic fermentation || ~ **lente** / slow fermentation || ~ de la **levure** / fermentation of yeast, yeasty head || ~ **mucilagineuse** (sucre) / mucilaginous fermentation || ~ **panaire** / panary fermentation || ~ **paresseuse** / slow fermentation || ~ sous **pression** / fermentation under pressure || ~ **putride** / putrefactive fermentation || ~ **secondaire** / secondary fermentation || ~ **sédimentaire** / sedimentary fermentation, white head o. scum || ~ au **silo** (agr) / silage fermentation || ~ en **tonnes** (bière) / union system, cleansing system in casks || ~ **tumultueuse** / boiling o. fiery fermentation || ~ du **vin** / vinous fermentation || ~ **visqueuse** / slime o. ropy o. viscous fermentation || ~ **vive** / brisk o. quick o. violent fermentation

fermenté / fermented

fermenter *vi* / ferment *vi* || ~ (pâte) / rise || **faire** ~ (café etc.) / cure *vt* || **faire** ~ (chimie) / ferment *vt* || ~ **insensiblement** / undergo afterfermentation

fermentescible / fermentative, fermentable

ferme-porte *m* **[automatique]** / door-closer

fermer / close *vt*, lock *vt* || ~, serrer (gén, canalisation) / close *vt*, lock, shut off, turn off || ~ (presse) / close *vt* || ~, lier / string *vt* || ~ (réacteur) / shut down || ~, serrer / draw tight, pull tight || ~ (se) / close *vi* || **se ~ au loquet** / click *vi*, catch *vi* || **se ~ à ressort** / latch *vi* o. catch with a spring || ~ **avec des ancres** / anchor *vt* || ~ par **brasage** / solder [up] || ~ **brusquement** / slam o. bang a door || ~ le **câble d'une enveloppe de fil** / serve a cable || ~ le **circuit** / close the circuit, switch-on || ~ **[à clé]** / lock *vt* || ~ avec des **clous** / nail down o. up || ~ par une **construction** / obstruct by a building, block up || ~ à **court-circuit** (électr) / short[-circuit], short-out || ~ en **cousant** / sew up || ~ par une **digue** / close by a dam, dam up || ~ le **disque** (ch.de fer) / stop the block signal || ~ à **double tour ou à deux tours** (serr) / double-lock || ~ d'une **enveloppe de fil** (câble) / serve *vt* || ~ l'**essence** / switch off the gasoline || ~ avec un **fermoir ou crochet** / clasp *vt* || ~ les **gaz** / shut off the gas, baffle *vt* || ~ **hermétiquement** / make close o. [water]tight, pack, seal, stuff, obturate || ~ **hermétiquement [par fusion]** (verre) / close hermetically o. airtight || ~ au **loquet** / latch *vt* || ~ par un **mur** / close with masonry || ~ le **robinet** / shut a faucet, turn off a faucet || ~ une **route** / close a road [for traffic] || ~ en **serrant** / close o. shut by pressure || ~ par **soudage** / weld up || ~ **[en tournant]** (robinet) / close *vt*, turn *vt* off || ~ la **vapeur** / cut off o. shut off the steam || ~ au **verrou** / bolt *vt* || ~ à **vis** / screw down o. up || ~ la ou à **vis** / screw in || ~ la **voie** (ch.de fer) / close a line

fermeté *f* / solidity, firmness, consistency || ~, densité *f* / density, compactness, solidity

fermette *f* / a small girder

fermeture *f* / shutting, closing, locking || ~ (bouche de feu) / action of a gun, breech || ~ (serr) / closure, fastenings *pl* || ~ (électr) / closing || **~s** *f pl* (bâtim) / safeguards *pl* against burglary || **à ~ hermétique** / tight, hermetically sealed || ~ *f* de l'**admission** (mot) / cut-off || ~ **anti-panique** / panic bolt o. hardware || ~ **bague à yeux** / leverlock (for bottles) || ~ **bec-verseur** (boîte) / pouring spout seal o. spout closure || ~ à **bouchon** (fonderie) / stopper rod o. end || ~ **centrale** (serr) / central locking device || ~ d'une **cheminée** / chimney head o. crest || ~ à **clapet** / hinged cover o. lid, clack closure || ~ à **clapet de la trémie** / escape gate || ~ à **coin** / gib and cotter || ~ à **coin** (typo) / wedge closing device || ~ **coupe-feu** / fire barrier || ~ à **crochets** (serr) / interlocking type connector || ~ d'une **croisée** / head of a window || ~ **éclair**, fermeture *f* à crémaillère / zip o. slide fastener, zipper [closure] (US) || ~ de l'**entreprise** / shut-down of works || ~ à **espagnolette** / espagnolette [bolt], French casement bolt with revolving rods || ~ à **excentrique** / cam type closure || ~ de la **fenêtre** / sash fastener || ~ en **fondu** (film) / fading out || ~ de la **foule** (tiss) / shed closing || ~ de **frette** (électr) / anchor clip, tie wire o. binding wire clip || ~ à **genouillère** / toggle type fastener, bent lever closure || ~ **géométrique** (méc) / form closure || ~ à **glissière** / zip o. slide fastener, zipper [closure] || ~ du **gueulard** / gas seal bell, cup-and-cone assembly, bell and hopper, top closing device || ~ **hermétique** / hermetic lock o. closure o. seal || ~ **hydraulique** (soudage) / flash-back chamber, water seal || ~ **hydraulique à genouillères** (moule) / hydraulic locking with toggles || ~ **hydraulique à pression directe** (moule) straight hydraulic locking || ~ **hydraulique par rigole** (gaz) / water lute || ~ **instantanée** (techn) / rapid action locking device || ~ à **levier** (gén) / lever lock || ~ **mécanique** (mould) / mechanical die locking || ~ par **moraillon** (serr) / hasp and staple || ~ du **moule** (plast) / clamping of the mould, closure of a mould, die closing o. locking || ~ à **pêne**

demi-tour (serr) / latch fastening || ~ **rapide** / quick acting closure || ~ de **recette** / safety fence o. stop for pits || ~ de **secours** / emergency o. temporary closure || ~ de **sécurité** / safety lock || ~ à **sphère** / spherical closure (e.g. for pipes) || ~ de **sûreté** / safety lock || ~ de **tuyau** / tube o. pipe [closing o. closure o. end] plug || ~ à **vis** / screw[ed] plug || ~ à **vis du couvercle** / screw cap o. cover
ermeture-porte *f* **encastrée** / floor-mounted door closer
ermez la **parenthèse** / right parenthesis
ermi *m*, fm (vieux) / fermi, f (unit of length), (now:) femtometer
ermion *m* (phys) / fermion
ermium *m* / fermium, Fm
ermoir *m* (bois) / chisel || ~ (livre, collier) / clasp || ~ à **dents** / denticulate[d] o. indented chisel || ~ à **main** (bois) / paring chisel
erracteur *m* / ferractor, ferracter
erraillage *m* / salvaging of scrap || ~ (bâtim) / reinforcement, armouring
erraille·s *f pl* / scrap iron || **~s** *f pl* **extérieures**, ferrailles *f pl* du commerce (sidér) / external scrap, bought scrap || **~s** *f pl* **intérieures** / home o. revert o. mill o. works scrap, circulating o. own scrap, arising interplant scrap || **~s** *f pl* **lourdes** / heavy scrap || **~s** *f pl* en **paquet comprimé** / packated o. baled scrap || **~s** *f pl* pour **paqueter** / scrap for baling || **~s** *f pl* de **recyclage** (sidér) / process scrap, recycling scrap || **~s** *f pl* de **refroidissement** (sidér) / scrap for cooling
erraillement *m* [d'une **automobile**] / jangling, rattling of a motorcar
errailler / scrap || ~ (bâtim) / reinforce (concrete), armour (GB), armor (US)
errailleur *m* (bâtim) / iron bender
errate *m* (chimie) / ferrate
erre *f* (verre) / shears *pl*
erré droite (gonds = fers) (serrure) / DIN-right-handed || ~ **gauche** (serrure) / DIN-left-handed
errement *m* de **gouttière** / brace o. bracket of a gutter
errer un **pieu** / shoe a pile
erret *m* / punty, gathering iron || ~ d'**Espagne** (céram) / burnishing stone
erreux / ferrous || ~ (chimie) / ferrous, iron(II)...
erri..., ferrique / ferric, iron(III)...
erricyanure *m* / ferricyanide, prussiate, iron(III)-cyanide || ~ de **potassium** / potassium ferricyanide, tripotassium hexacyanoferrate (III), potassium hexacyanoferrate (III)
errifère / containing iron || ~ (mines) / ferriferous
erri·magnétique / ferrimagnetic || **~magnétisme** *m* / ferrimagnetism
errique / ferric, iron (III)...
errite *m* (chimie) / ferrite, ferrate (III) || ~ (électron) / ferrite || ~ *f* (sidér) / ferrite [grain] || ~ *m* à **boucle rectangulaire** / rectangular loop ferrite core || ~ **doux** / soft ferrite || ~ **dur** / hard ferrite || ~ *f* **frittée** / sintered ferrite || ~ *m* **grenat d'yttrium** / yig, yttrium iron garnet || ~ **grenat d'yttrium-gadolinium-aluminium** (électron) / yttrium gadolinium aluminium iron garnet
erritine *f* / ferritin (a protein)
erritique / ferritic
erritisation *f* par **revenue** (sidér) / ferritizing by annealing
erro·... (chimie) / ferrous, iron(II)... || **~-alliage** *m* (sidér) / ferroalloy || **~bore** *m* / ferroboron || **~cène** *m* (chimie) / ferrocene || **~-cérium** *m* / ferrocerium, Auer metal, mischmetal || **~-chrome** *m* (sidér) / ferrochromium || **~-chrome-silicium** *m* / ferrochromium silicon || **~coke** *m* (sidér) / ferrocoke || **~cyanure** *m*, cyanoferrate(II) *m* / ferrous cyanide, ferrocyanide, prussiate, iron(II) cyanide || **~cyanure** *m* **cuprique** / cupric ferrocyanide, copper(II) iron(II) cyanide || **~cyanure** *m* **ferrique** / ferricyanide of iron, iron ferricyanide || **~cyanure** *m* de **potassium** / potassium ferrocyanide, yellow prussiate of potash, [tetra] potassium hexacyanoferrate(II) || **~dynamique** / ferrodynamic || **~-électricité** *f* / ferroelectricity || **~-électrique** *adj* / ferroelectric || **~-électrique** *m* / ferroelectric || **~hydrodynamique** / ferrohydrodynamic || **~magnétique** *adj* / ferromagnetic || **~magnétique** (instr) / moving iron..., attracted iron..., iron-vane... || **~magnétisme** *m* / ferromagnetism || **~-manganèse** *m* / ferromanganese || **~-manganèse** *m* **carburé** / high-carbon ferro-manganese || **~-manganèse-silicium** *m* / ferromanganese-silicon || **~mètre** *m* (pour tôles magnétiques) / ferrometer || **~-molybdène** *m* / ferromolybdenum || **~-nickel** *m* / ferronickel || **~-niobium** *m* / ferroniobium
ferronnerie *f* / wrought ironwork
ferronnier *m* / artistic locksmith || ~ (qui vend ou fabrique des articles en fer) / iron monger (GB), hardware dealer o. maker (US)
ferro·-phosphore *m* / ferrophosphorus || **~prussiate** *m* / ferroprussiate, iron(II) prussiate || **~récepteur** *m* (antenne, électron) / ferroreceptor || **~résonance** *f* / ferromagnetic resonance || **à ~résonance** (électron) / ferroresonant || **~résonnant** (électron) / ferroresonant || **~-silicium** *m* (chimie, sidér) / iron silicide, ferrosilicon
ferrosoferrique (chimie) / ferrosoferric, iron(II) diiron(III)...
ferro·-titane *m* / ferrotitanium || **~-tungstène** *m* / ferrotungsten || **~typie** *f* (phot) / ferrotype, melano- o. tin-type
ferroutage *m* (ELF) (gén) / pickaback o. piggyback traffic
ferrouter / piggyback *vt*
ferroutier (ELF) (ch.de fer, aéro, auto) / pick-a-back, pickaback, piggyback
ferro-vanadium *m* / ferrovanadium
ferroviaire / railway... (GB), railroad... (US)
Ferroxcube *m* / Ferroxcube
ferro-zirconium *m* / ferrocirconium
ferrugineux (mines) / ferriferous || ~ / containing o. yielding iron
ferrure *f* (bâtim) / iron furniture o. mounting o. garnishment, small iron work || ~ (techn) / brace, armature || ~ (serr) / iron fitting || ~ (men) / connector || ~ **angulaire** / angle o. corner iron || ~ **annulaire** / ferrule, collar, ferrel || ~ d'**armoire** (men) / cabinet connector || ~ d'**assemblage** (serr) / assembly fitting || ~ de **bâtiment** / builder's hardware o. requisites *pl*, building fittings *pl* || ~ de **console** / rectangular bracket || **~s** *f pl* **et accessoires de tuyauteries** / accoutrements *pl*, accouterments *pl* || ~ *f* de **fenêtre** / small ironwork (e.g. for windows) || ~ **nodale** / strut attachment fitting || ~ de **porte** (bâtim) / mounting, small iron-work for doors || ~ de **rotation**, charnière *f* (men) / rotation element, hinge || ~ de **serrage** / clamping fitting || ~ de **suspension** (ferme en arbalète) / antisag bar, U-strap, tie band of a king post
ferry-boat *m* (nav) / ferryboat, double ender || ~ (ch. de fer) / railway ferry, train ferry, traject || ~ (auto) / motorcar ferry, ferryboat

fertile (végétation) / luxuriant || ~ (nucl) / fertile || ~ (sol) / rich, fat
fertilisation *f* / fertilization
fertilité *f* / fertility
feston *m* (m.à coudre) / shell scalloping stitch || ~ (déformation incurvée d'une ligne verticale) (couture) / scalloping
festonnage *m* par **trame** (tiss, défaut) / bowed filling
festonneur *m* (m à coudre) / scalloping attachment, purl shell attachment
fête *f* de **bouquet mise en hauteur** (bâtim) / topping-out ceremony
fétide / fetid, malodorous, rank
fétu *m* (mines) / firing duct
feu *m* / fire, flame || ~ , chauffage *m* / fire, hearth || **~x** *m pl* (galv) / high lights *pl* || ~ *m* (nav) / light || ~ (auto) / light, lamp || **à** ~ (sidér) / furnace in blast, furnace blown-in || **à** ~ (céram) / refractory || **faire** ~ (arme) / shoot *vi*, fire *vi* || **qui résiste au** ~ / fireproof || ~ d'**aéroport** / aerodrome o. airdrome o. airfield beacon || ~ d'**affectation** / permanent light sign || ~ d'**aile** (auto) / fender (US) o. mudguard (GB) o. side lamp || ~ d'**alignement** (nav) / leading light || ~ d'**alignement de piste** / runway alignment beacon || ~ **alternatif** (nav) / alternate [flashing] light || ~ d'**ancrage** (nav) / anchor o. riding light || ~ d'**angle de plané** (aéro) / angle-of-approach lights *pl* || ~ **anticollision** (aéro) / anticollision beacon || ~ d'**approche** / approach light || ~ d'**approche d'aéroport** / aerodrome o. airdrome o. airfield proximity light || **~x** *m pl* d'**approches** (aéro) / approach lighting || ~ *m* d'**arrêt** / stop light || ~ **arrière** (auto) / rear light o. lamp, tail lamp, taillight || ~ **arrière** (aéro) / taillight || ~ **arrière du signal** (ch.de fer) / signal back light || ~ d'**artifice** / fireworks *pl* || ~ d'**atterrissage** / approach light || ~ d'**avant** (nav) / bow light || ~ **avant** (ch.de fer) / head light || ~ d'**avarie** (nav) / out-of-command light || ~ **avertisseur** (gén) / warning signal || ~ **avertisseur**, feu *m* davertissement (nav) / warning light || ~ **avertisseur à fumée** / navigation smoke float || ~ **avertisseur lumineux** / navigation flame float || ~ de **bâbord** / port light || ~ **bactérien** / fire blight (caused by Erwinia amylovora) || ~ de **balisage** / obstruction light || **~x** *m pl* de **balisage** (nav) / navigation lights *pl* || ~ *m* **bleu avertisseur** (auto) / blue light || ~ du **bord de piste** / runway edge light || **~-brouillard** *m* **arrière** / rear fog lamp, fog tail lamp || ~ de **canal** (aéro) / channel light (hydroplane) || **~x** *m pl* de **centre de piste** (aéro) / runway center line lights *pl* || ~ *m* de **cheminée** / chimney on fire || ~ de **circulation** / traffic signal o. light || ~ **clignotant** (nav) / occulting light || ~ **clignotant** (auto) / blinker (GB), flasher lamp, flashlight || ~ **clignotant** (routes) / winking warning light || ~ **clignotant double** / twin flasher lamp || **~x** *m pl* **clignotants de détresse** / flashing alarm lamp || ~ *m* **code** (aéro, nav) / code light o. beacon || ~ de **code** (auto) / low[er] beam, traffic beam || ~ de **code asymétrique** (auto) / asymmetric low beam || ~ **codé** (nav) / code light o. beacon || ~ **coloré** (trafic) / colour signal o. light || ~ **combiné** (auto) / multiple lamp || ~ **combiné arrière-stop** (auto) / [combined] stop and tail lamp || ~ **combiné arrière-stop et plaque d'immatriculation** (auto) / [combined] stop, tail, and license-plate light || ~ **combiné clignotant-arrière** / combined flasher and tail lamp || ~ de **côté** (auto) / fender (US) o. mudguard (GB) o. side lamp, side marker lamp (GB) || ~ **couvant** (mines) / smoldering fire || ~ de **croisement** (auto) / low[er] beam, traffic beam || ~ de **délimitation** (aéro) / boundary light || ~ de **délimitation** (auto) / fender (US) o. mudguard (GB) o. side lamp, side marker lamp (GB) || ~ de **délimitation du terrain** (aéro) / boundary light || **~x** *m pl* de **détresse** (auto) / vehicular hazard warning signal flasher (US) || ~ *m* **direct** / direct fire, open fire o. flame || ~ de **direction** / leading light (lights in line) for fairway || ~ de **direction** (auto) / direction indicator, flashlight [turn signal] (US), clignoteur (GB), turn signal lamp (US), blinker (GB) || ~ de **direction** (nav) / leading light || ~ de **distance** (aéro) / distance-marking light || **~x** *m pl* à **éclair** (aéro) / flash lighting || ~ *m* **éclaire-plaque** (auto) / license plate light || ~ à **éclats** (nav) / flashing light || ~ à **éclats en séries** (aéro, nav) / group blinker || ~ à **éclipses ou à éclats** / blinker beacon o. light || ~ **encastré** (aéro) / blister light || ~ d'**encombrement** (auto) / fender (US) o. mudguard (GB) o. side lamp, side marker lamp (GB) || ~ de **fin de piste** (aéro) / runway-end light || ~ **fixe** (nav) / fixed light || ~ **follet** / fen fire, ignis fatuus || ~ de **forge** / forge fire || ~ de **franchissement** (ch.de fer) / permissive signal o. light || ~ **fumant** / smudge || ~ de **grande puissance** (aéro) / high intensity light || ~ à **grille** / grate firing || ~ de **guidage** (aéro) / guiding light || ~ d'**horizon** (aéro) / horizon light || ~ **immédiat** / direct fire, open fire o. flame || ~ d'**indicateur d'encombrement** (auto) / side-marker lamp || ~ **indiquant la vitesse** / speed light || ~ à **intensité variable** (aéro) / undulating light || ~ **intermittent** / blinker || ~ **jaune** (circulation) / amber light || ~ **latéral** (aéro) / side light || ~ **latéral** (nav) / side lantern o. light || ~ **linéaire** (aéro) / linear light || ~ à **lire** (auto) / reading lamp || ~ de **marquage transversal** (nav) / cross marker, cross marking light || ~ de **mine** (mines) / underground combustion o. fire, mine o. pit fire, mine on fire || ~ **Morse** (électron) / code light o. beacon || ~ de **mouillage** (nav) / anchor o. riding light || ~ **non franchissable** (ch.de fer) / absolute stop light || ~ **nu** / direct fire, open fire o. flame || ~ d'**obstacle** (aéro) / obstruction light || ~ **oscillant** (nav) / oscillating beacon || ~ de **piste** (aéro) / runway light || **~x** *m pl* de la **piste d'atterrissage** (aéro) / landing flares *pl* || ~ *m* **plafonnier ou du plafond** (auto) / dome lamp || ~ **ponctuel** (aéro) / point light || ~ de **pose** / contact light, set-down light || ~ de **position** (aéro, nav) / steering light, position o. running light, navigation light || ~ de **position** (aéro) / aircraft navigation light || **~x** *m pl* de **position** (aéro, nav) / position lights *pl* || ~ *m* [de] **position** (auto) / parking light || ~ de **position bâbord,** [tribord] / side light port, [starboard] || ~ de **poupe** (nav) / stern lamp || ~ de **proue** (nav) / bow light || **~x** *m pl* de **rampe** / floats *pl*, foot o. ground lights *pl* || ~ *m* de **remorque** (nav) / towing light || ~ de **repère** (nav) / guiding beacon || ~ de **repère** (ch.de fer) / marker light || ~ de **réverbère** (sidér) / fire of a reverberatory furnace || ~ **rhythmé** (nav) / rhythmic light || ~ **rouge** (routes) / red light || ~ **rouge arrière ou AR** / tail light || ~ de **route** (aéro) / airway beacon o. light, route beacon || ~ de **route** (nav) / ship's lantern || ~ **Saint-Elme** / St. Elmo's fire o. light, corposant || ~ **scintillant** (nav) / quick flashing light || ~ de **seuil** (aéro) / threshold light || ~ de **signal** (ch.de fer) / light aspect, signal light || ~ de **signalisation** / signal lamp || ~ de **signalisation** (routes) / traffic light, traffic signal || ~ de **stationnement** / parking light || ~ **stop** / stoplight || ~ **stop et [éclairage] plaque [arrière]** / combined stop and license-plate light || ~ de **surface de piste** / runway surface light || ~ de **tableau de bord** (auto)

/ instrument [panel] lamp, panel o. dashboard lamp || ~ **témoin** (auto) / pilot lamp o. indicator o. signal || ~ **témoin code** (auto) / headlamp, -light main beam indicator, high beam indicator lamp || ~ **témoin de courant de charge** (auto) / charge control o. indicator lamp, telltale lamp, generator warning light || ~ **témoin de feu route** (auto) / headlamp, -light main beam indicator, high beam indicator lamp || ~ **témoin pression d'huile** (auto) / oil-pressure indicator lamp o. pilot lamp || ~ **terminal de piste** (aéro) / runway terminal light || ~ de **tête de mât** / masthead lamp, head lamp || ~ **tournant** (aéro, nav) / revolving light || ~ **tournant à éclats lumineux** (auto) / warning beacon, flashing alarm lamp || ~ **tournant à miroir** / revolving mirror light || ~ pour le **trafic aérien** / air traffic light || ~ de **tribord** / side-light starbord || ~ **tricolore de circulation** (routes) / traffic light, beacon || ~ **trois lampes** (auto) / three-unit lamp || ~ à **un seul éclat** (aéro) / single-flash beacon || ~ **vert** (artifice) / barium nitrate fireworks || ~ **vert** (circulation) / green light || ~ dans les **vieux travaux** (mines) / smoldering fire || ~ de **ville** (auto) / city light || ~ de **voie de circulation** (aéro) / taxiway light || ~x *m pl* de **voie de circulation** (aéro) / circling guidance lights *pl*

feuil *m* (chimie) / film (e.g. of paint), surface film || ~ de **verre** / glass film

feuillage *m* / foliage, leaves *pl* || **à ~ caduc** / deciduous

feuillard *m* [d'**acier**] / steel strip o. hoop, strips *pl*, hoops *pl* || ~ d'**acier pour cercles de tonneaux** / supporting hoop for barrels || ~ en **bobines** (découp) / coiled stock || ~ pour **cercler les emballages** / box strap [band], baling hoop || ~ **[laminé] à chaud** / hot [rolled] strip || ~ **laminé à froid** / cold strip || ~ **noir** (sidér) / black strip || ~ **protecteur de câbles** / cable tape steel || ~ de **suspension** / hanger [strap] for pipes

feuille *f* (bâtim) / leaf, foil || ~ (plast) / sheeting, sheet foil || ~ (plante) / leaf || ~ (typo) / sheet || ~ (métal) / metal foil o. sheet || ~ (mousse plast) / slab form || **à ~s persistantes** / evergreen || **en ~s** (typo) / in sheets, not bound || ~ **sans support** (plast) / unsupported sheet || ~ **abrasive** / abrasive sheet || ~ **abrasive rectangulaire** / abrasive disk || ~ d'**accompagnement** / declaration form, bill of parcels || ~ d'**acier** / steel foil || ~ **adhésive expansive** / expanding adhesive film || ~ d'**aluminium** / aluminium foil, leaf aluminium || ~ d'**argent** / silver leaf || ~ **auto-adhésive à déchirer** / self-sticking peel-off wrapper || ~ **Ben-Day** (typo) / relief pattern foil, shading medium, screen tint || ~ **blanche** (défaut) (typo) / blank sheet || ~ **brouillée** (typo) / set-off sheet, waste sheet || ~**s [caduques]** *f pl* / deciduous leaves || ~ *f* **calandrée** (plast) / calendered sheeting || ~ [de **caoutchouc**] / rolled o. rough sheet, milled crepe || ~**s** *f pl* de **caoutchouc** / sheet rubber || ~ *f* de **caoutchouc plein** / solid rubber sheet || ~ de **cardes** (filage) / card sheet || ~ **cartésienne** (math) / folium of Descartes || ~ de **chronométrage** / time study sheet || ~ de **circulation** / flow diagram, flow process chart || ~ de **collage** (circ.impr.) / bonding sheet || ~ **collée entre deux glaces** (verre feuilleté) / interlayer sheeting || ~ **conductrice** / conductive foil || ~ de **construction** / constructional o. design sheet || ~ **continue** (pap) / paper web || ~ **continue** (mach. à papier) / fiber web || ~ de **contrevent** / wing of the window shutter || ~ de **contrôle de repérage** (typo) / register sheet || ~ en **coordonnées galtoniennes** / probability paper || ~ de **couverture** (typo) / [top] draw sheet, top o. tympan sheet || ~**s** *f pl* **crispées** (pap) / cockle sheets *pl* || ~ *f* de **cuivre** / copper foil || ~ de **décompte de l'entreprise** (ordonn) / manufacturing cost sheet || ~ **décorative** (plast) / decorative sheet || ~ à **dessin** / drawing sheet || ~ dans un **détecteur à feuille** (nucl) / activation foil || ~ **deuxième choix** (plast) / second quality sheeting || ~ des **diagrammes** / curve sheet || ~**-échantillon** *f* (pap) / specimen || ~**-échantillon** *f* **type** (pap) / outturn sheet || ~ d'**élastomère** / elastomer sheeting || ~ d'**émail** / enamel foil || ~ **épaisse** (plast) / hide || ~**s** *f pl* **et herbes des betteraves** / beet leaves *pl*, trash || ~ *f* d'**étain** / tin foil o. foiling, foil tin || ~ d'**étalonnage** (ciné) / grading o. time card || ~ **étirée de polypropylène** / DPP film || ~ **extérieure de protection** (pap) / cording quire || ~ **extrudée** (plast) / extruded sheet[ing] || ~ **fumée** (caoutchouc) / smoked sheet || ~ **gabarit pour formulaires** / form design sheet || ~ en **gaine** / tubular film || ~**s** *f pl* de **garde** (graph) / book-end paper, fly-leaf, inner leaf || ~ *f* pour **garder frais** / vacuum sealing foil, fresh-keeping foil || ~ de **gélatine** / sheet gelatine || ~ de **gélatine** (typo) / relief pattern foil, shading medium, screen tint || ~ **grainée** (plast) / embossed sheet || ~ d'**imposition**, encartage *m* (typo) / inset sheet || ~ **imprimée ou d'impression** (typo) / sheet of letter press || ~ à **intensifier les radiographies** / X-ray image amplifier || ~ **isolante** / insulating foil o. sheet || ~ **isolante électrique** / sheeting for electrical insulation || ~**-journal** *f* / journal sheet || ~ de **laboratoire** (pap) / laboratory sheet || ~ de **laminage** (tôle) / rolled plate || ~ **laminée** (plast) / rolled o. calendered sheet || ~ de **lancement** (ordonn) / work order || ~ **lavée** / wash drawing, drawing rendered in water colour || ~ **lisse de mousse de latex** / plain sheet || ~ **magnétique son** / magnetic recording foil || ~ **mal venue ou mal imprimée** (typo) / misprint, foul impression || ~ à **marquer** / blocking foil || ~ en **matière plastique** / plastic sheet || ~ de **métal** / leaf metal, foil metal || ~ de **mica** / mica sheet, mica foil || ~ de **microfilm** (phot) / microfiche, sheet of microfilm || ~ **mince** / film || ~ **mince coulée** (plast) / cast film || ~ **mince de liège** / cork paper || ~ **mince de mica** / cleaning, thin || ~ **mince tranchée** (plast) / sliced sheet o. film || ~ de **mise en train** (typo) / make-ready sheet || ~**-morte** / tawny, brownish yellow || ~ **mousse** (plast) / foam-backed sheet || ~ **mylar** / mylar film || ~ **non rongée** (pap) / untrimmed sheet, mill cut sheet || ~ de **normes** / standard sheet || ~ d'**or** / gold foil[ing] o. leaf, gold latten || ~**s** *f pl* d'**or battu** / foliated o. leaf gold, beaten gold, gold leaf || ~ *f* de **papier** / paper sheet || ~ **particulière cadre** (normes) / blank detail specification || ~ de **paye** / salary sheet, payroll || ~ **photographique** (phot) / sheet of photographic paper || ~ de **placage** / veneer, sheet of veneer || ~ **plastique** / plastic sheet[ing] || ~ **plastique adhésive** / adhesive film || ~ **plastique pour emballages** (plast) / packaging film || ~ **plate ou à plat** (pap) / full size || ~ **pliée trois plis** (typo) / three-folded sheet || ~ de **plomb** / lead foil || ~**s** *f pl* de **plomb pour joints** / gutter lead || ~ *f* à **plusieurs couches** / sandwich film || ~ **postformable** (plast) / postforming sheet || ~ **préimprégnée** (plast) / prepreg, preimpregnated board || ~ de **programmation** (ord) / programming sheet, coding form o. sheet || ~ **rectificative** (typo) / correction sheet, paster || ~ de **relevé de temps** (chronométrage) / time study sheet || ~ de **renforcement ou de renfort** / reinforcing sheet || ~ de **ressort** / spring leaf o. blade o. plate || ~ **roulée** (plast) / rolled sheet || ~ de **route** (commerce) / waybill || ~ de **route** (ordonn) / operation card o. sheet || ~**s** *f pl* **sèches ou mortes** / dry o. dead leaves *pl* || ~ *f* **simple** (plast) / unsupported sheet || ~ pour **stratification ou pour stratifiés** (plast) / sheet for lamination, laminating sheet || ~ **stratifiée** (plast) / laminated film || ~ **tendue** (typo) / [top] draw sheet, top o. tympan sheet || ~**s** *f pl* de **titre** (typo) / preliminary o. front matter, prelims, oddments *pl* || ~ *f* de **tôle** / metal sheet || ~ de **tôle noire** / black plate o. sheet || ~ **topographique** / plane survey sheet [scale 1 : 25000] || ~ **tranchée** (plast) / sliced sheet || ~ **transparente** (plast) / transparent foil o. sheet || ~**s** *f pl* **vertes** / green leaves *pl* || ~ *f* de **viscose** / viscose sheet || ~ **volante** / leaflet, pamphlet, loose sheet

feuiller (men) / rabbet, rebate

feuilleret *m* / fillister [plane]

feuillet *m* / lamella || ~ (bois) / half[-inch] plank || ~ (typo) / leaf || ~ (méc) / infinitely small area o. surface [element], elemental surface, plane element (US) || **à ~s mobiles** / loose-leaf... || **en ~s** / foliated, lamellar || ~ **blanc ou intercalé** (typo) / interleaf || ~ de **garde** (typo) / end paper (of bound book), fly leaf (of unbound book) || ~ **magnétique** / magnetic shell || ~ **mobile** / index o. record card || ~ de **normes DIN** / DIN [standard] sheet || ~ à **poing** / hand saw || ~ de **surface** (contreplaqué) / surface veneer

feuilletage *m* / leafing (floating of metal powder in paints) || ~ (défaut, frittage) / lamination, cap layerings *pl* || ~ (défaut, laminage) / lamination (defect)

feuilleté / scaly || ~ (plast) / laminated || ~ (min) / bladed || ~ (électr) / laminated

feuilleter / laminate || ~ (lam) / roll out

feuilletis *m* (géol) / rift

feuilleton *m* (pap) / imitation bristol

feuillu / foliaceous

feuillure *f* (men) / rabbet, rebate || **faire une ~** (men) / rabbet *vi*, rebate *vi* || ~ **double** (men) / double rabbet || ~ de **fenêtre** / window rabbet || ~ de **mastic** / putty rabbet for glazing, fillister || ~ de **porte** / door folding o. rabbet

feutrabilité *f* / felting property, felting propensy o. power

feutrable / felting *adj*

feutrage *m* / felting || ~ à **aiguilles** (tex) / needle felting

feutrant / felting *adj*

feutre *m* / felt || ~ (pap) / paper machine felt || ~ (bureau) / felt[-tip] pencil || ~ **aiguilleté** / needled felt || ~ **asphalté** / asphalted o. asphaltic felt || ~ **bitumé** / bitumen roofing felt, bituminized felt || ~ **bitumé avec armature de toison en verre pour toitures** / bitumen roof sheeting with layer of glass fiber fleece || ~ **comprimé** / pressed felt || ~ **coucheur** / couch felt || ~ **foulé** / pressed felt || ~ **goudronné imprégné** (bâtim) / saturated fluxed pitch felt || ~ **goudronné sablé** (bâtim) / sanded fluxed pitch felt || ~ **graisseur** / lubricating o. bearing felt, grease o. greasing felt || ~ **gras** (laine) / greasy felt || ~ **huilé** / oil felt pad || ~ **humide** (pap) / wet felt, press felt || ~ **imprégné d'asphalte** / asphalted o. asphaltic felt || ~ de **laine** / wool felt || ~ **leveur** (pap) / overfelt, pick-up o. top felt || ~**-liège** *m* **bitumé** / bituminized cork felt || ~ à **lisser** / felt rubber || ~ pour **machines à papier** / paper machine felt || ~ **marqueur** (pap) / marking felt, ribbing felt || ~ de **poil** / hair felt || ~ de **polissage** / polishing felt || ~ **preneur** (pap) / overfelt, pick-up o. top felt || ~ de la **presse montante** (pap) / reverse press felt || ~ **sans fin** / tubular o. endless felt || ~ **sécheur** (pap) / pulp felt || ~ pour la **section de presses** (pap) / press felt || ~ **tissé** / woven felt, felt[ed] fabric o. material, felt cloth, hardening cloth || ~ **tissé aiguilleté** / needled woven felt cloth || ~ **tissé aiguilleté type B.B.** / batt-on-base woven felt || ~ **tissé aiguilleté type N.R.** / needle-reinforced woven felt || ~ **tissé non-aiguilleté** / non-needled woven felt || ~**-toiture** *m* **goudronné [surfacé]** / coaltar felt, fluxed pitch felt

feutré, qui ressemble au feutre / feltlike || ~ (drap) / fulled

feutrer / felt || ~ **sous vide** / vacuum-felt

fève *f* de **Tonka** / tonka bean

FH, flat hump *m* (pneu) / flat hump, FH

F.I., fréquence *f* intermédiaire / intermediate frequency, i.f., I.F.

fiabilité *f* / operational dependability o. reliability, reliability of operation o. of service || ~ (ord) / reliability, fault rate per 1000 hrs || ~ (contrôle) / confidence interval || ~ (composants) / operational dependability o. reliability || **d'une grande ~** / reliable o. dependable in service o. under service conditions || ~ **, disponibilité et aptitude au service** (ord) / RAS (reliability, availability, serviceability) || ~ en **essai** / test reliability || ~ **estimée** / assessed reliability || ~ **extrapolée** / extrapolated reliability || ~ de **fonctionnement** / application reliability || ~ **inhérente** / inherent reliability || ~ **opérationnelle** / use reliability || ~ **prédite** / predicted reliability || ~ **spatiale** / reliability for space applications

fiable / reliable, dependable

fibrage *m* (forge) / fiber [orientation], orientation of fibers || ~ (verre) / drawing out of fibers

fibranne *f* (soie) / schappe o. waste silk || ~ (rayonne) / staple rayon, rayon staple fiber || ~ **cupro-ammoniacale** / cuprammonium staple || ~ de **verre** / glass staple fiber

fibre *f* / fiber (US), fibre, filament || ~ (orientation) / fiber orientation || **à ~ contournée ou ondulée ou sinueuse** / having a twisted o. contorted fiber || **à ~ longue ou allongée** / having a long fiber || **à ~s droites** / straight-grained || **à ~s fines** (bois) / fine-grained || **à ~s fragiles** (bois) / brittle || **à ~s ondulées** (bois) / curly, torse o. wavy fibered, twisted, cross-grained || ~**s** *f pl* d'**abaca** / abaca fibers *pl* || ~ *f* d'**agave ou d'aloès** / aloe hemp o. fibre || ~ d'**amiante** / asbestos fiber, fiber rock || ~ **apparente** (plast) / fiber show || ~ **artificielle et synthétique à filer** / staple fiber, viscose staple || ~ du **bois** / wood o. ligneous fiber || ~ **broyée** (verre) / milled fiber || ~ de **carbone** / carbon fiber || ~**s** *f pl* de **carbone unidirectionnelles**, CFK-Prepreg *m* / unidirectional carbon fibers *pl*, CFK-prepreg || ~ *f* de **caséine pour feutre** / casein fiber for felt || ~ **céramique** / ceramic fiber || ~ **chimique** / chemical o. synthetic fiber, man-made fiber || ~ de **China grass** / ramie fiber, cambric grass fiber, China grass || ~ de **coco** / coconut fiber, coir [fibre] || ~ **comprimée ou soumise à la compression** (méc) / fiber under compression || ~ **crue** / crude fiber || ~ **cuproammoniacale** (tex) / cupro fiber || ~ **découpée** / chopped o. cut fiber, staple fiber || ~ **diagonale** / angle grain || ~ **discontinue** / fiber for spinning, spinnable o. textile fiber, staple fiber || ~**s** *f pl* **douces** / soft fibers *pl* || ~**s** *f pl* **dures** / hard fibers *pl* || ~ *f* **à échelon d'indice** / cladded core fiber, step-index fiber || ~ **[é]crue** / crude fiber || ~ d'**emballage** / wood wool, excelsior (US), wood shaving (GB) || ~ **étirée** (méc) / fiber in tension, stretched fiber || ~ **étrangère** (tex) / fly fiber || ~ à **gradient [d'indice]** / graded-index o. -core fiber || ~ d'**ixtle** / tampico hemp || ~ de **laminage** / fiber (US), fibre (GB), filament || ~ du **liber**, fibre *f* libérienne (tex) / stem fibre, stalk o. bast fiber || ~ **libérienne floconnée** (tex) / cottonized bast fibers || ~ **ligneuse** / wood o. ligneous fiber || ~ **longitudinale** / longitudinal fiber || ~ **minérale** / mineral fiber || ~ **monomode-âme-gaine** (verre) / monomode-core-sheath fiber || ~ **moyenne d'une barre** / axis of a member || ~ **multimode à gradient d'index** (opt. sur fibres) / gradient fiber || ~**s** *f pl* **naturelles** / natural fibers *pl* || ~ *f* **neutre élastique** / elastic neutral axis || ~ **optique** / fiber optic, optical fiber, fiber-optical waveguide || ~ d'**ortie** / nettle fiber || ~ de **paille** / straw fiber || ~ du **palmier raphia** / piassava fiber, Attalea funifera || ~ de **pâte** / pulp fiber || ~ de **polyaddition** / polyaddition fiber || ~ de **polycondensation** / polycondensation fiber || ~ **polymère** / polymeride fiber || ~ **polynosique** (tex) / polynosic fiber || ~ **protéinique** / protein based fiber || ~**s** *f pl* **protéiques ou à base de protéine** / fibers derived from proteins *pl*, protein fibers *pl*, azlons *pl* || ~ *f* de **quartz** / quartz fiber || ~ de **ramie** / ramie fiber, cambric grass fiber, China grass || ~ de **renforcement** / reinforcement fiber || ~**s** *f pl* de la **sansevière** / bowstring o. sansevieria hemp o. fibre || ~ *f* à **saut d'indice** / cladded core fiber, step-index fiber || ~ à **section profilée** (tex) / profiled fiber || ~ de **sisal** (agave sisalana) / aloe hemp o. fiber, sisal [hemp], henequen || ~ de **soie** / silk fiber || ~**s** *f pl* de **soie séparées** / ravelled silk || ~ *f* **soumise à la traction** (méc) / fiber in tension, stretched fiber || ~ de **spathes de maïs** / corncob fiber || ~ **synthétique** / chemical o. synthetic fiber, man-made fiber || ~ **synthétique des protides d'arachides** / peanut protein fiber || ~ **tendue** (méc) / fiber in tension, stretched fiber || ~ **textile** / textile fiber || ~ **textile artificielle** voir fibre synthétique || ~ **textile coupée** / staple fiber || ~ de **tourbe** (agr) / mull, peat dust || ~ **transversale** / cross fiber || ~ **végétale** / plant o. vegetable fiber || ~ de **verre** / glass fiber || ~ de **verre non textile** / non-textile glass fiber || ~ de **verre textile** / textile glass fiber || ~ de **verre textile broyé** / milled glass fiber || ~ **vierge** (verre) / pristine fiber || ~ **volante** (tex) / fly fiber || ~ **vulcanisée** / vulcanized fiber

fibreux / textile || ~ (sidér) / fibrous

fibrillaire / fibrillar[y], fibrillate[d]

fibrille *f* / fibril || ~ **élémentaire** (pap) / elementary fibril || ~ **musculaire** / muscular fibril

fibriller (pap) / fibril *vt*

fibrine *f* **[animale ou musculaire]** / fibrin

fibrineux-cellulaire / fibrinous cellular

fibrociment *m* / asbestos cement, transite || ~ **ondulé** / corrugated asbestos ciment

fibroferrite *m* (crist) / fibroferrite

fibroïne *f* / fibroin

fibrolithe *f* (min) / sillimanite, fibrolite, bucholzite

ficelage *m* / cording, tying up

ficeler / strap *vt*, lace together, tie up || ~ (câble) / serve *vt*

ficelle *f* / string, twine || ~ (typo) / cord, band || ~ (coll) / dodge, knack || ~ pour **balles** / packing cord || ~ en **chanvre** / hemp cord || ~ à **colonnes** (typo) / cord[ing], page cord || ~ d'**emballage** / pack thread || ~ à **lier** (typo) / cord[ing], page cord || ~ **lieuse** (agr) / binding twine || ~**s** *f pl* du **métier** / artifice, knack, trick, contrivance || ~ *f* en **papier** / paper twine o. string || ~ de **p[i]enne ou de pontine** (filage) / tying-up thread, skeining thread || ~ pour **presses** (agr) / baler twine || ~ de **sécurité** (parachute) / safety thread || ~ à **sertir** (électron) / serving twine, lacing cord || ~ **trois brins** / three-strand twine

fice[l]lier *m* / twine dispenser

fiche *f* (bois, métal) / plug, peg || ~ (électr) / attachment o. contact plug, plug, connector || ~ (pap) / index o. record card || ~ (tableau de connexions) / plug cord, cord and plug || ~ (maç) / jointing spoon || ~ (arp) / ring peg, arrow || ~ (men) / furniture hinge || **à ~ [de contact] centrale** (électr) / center contact... || **à ~s** (télécom) / plug-in... || **à deux ~s** (prise de courant) / two-pin || **donner contact avec des ~s** (électr) / plug *vi* || ~ d'**adaptation** (électr) / [plug] adapter || ~ **annotatrice** (télécom) / answering plug || ~ **antiparasite** / radioshielding plug || ~ d'**appel** (télécom) / plug connector, ringing plug || ~ d'**approbation** / approval card o. slip || ~ **banane** (électron) / pin o. banana plug || ~ à **braser** / soldering plug || ~ à **chapelet** (serr) / chaplet hinge || ~ de **citation** / record slip || ~ **coaxiale** / coaxial plug o. connector || ~ à **collet** (électr) / plug with shroud[ed contacts] || ~ du **commutateur** (électr) / changing plug o. wedge || ~ de **connexion** (ord) / patch cord || ~ de **connexion** (télécom) / plug connector, ringing plug || ~ de **connexion** (c.perf.) / program patching plug || ~ de **contact** / contact pin || ~ de **contact** (électr) / mains plug || ~ à **contact de protection** (électr) / shock-proof plug || ~ **coudée** (men) / bent hinge || ~ **coudée** (électr) / right angle plug || ~ de **couplage** (électr) / coupler plug || ~ de **coupure rapide** (électr) / quick disconnecting plug || ~ de **courant d'éclairage** / light plug || ~ de **court-circuitage** / short circuit plug || ~ de **débranchement** (ch.de fer) / shunting list, splitting-up schedule || ~ à **deux dérivations**, fiche *f* double (électr) / two-way adapter, double plug || ~ **droite** (électr) / straight plug || ~ d'**écoute** / cutting-in o. listening plug || ~ à l'**emploi alternatif** (électr) / wander plug || ~ **encliquetable à réduction** (électr) / snap-in reducer || ~ **et prise de courant à 7 contacts pour camions avec remorque** (auto) / seven-pole connector || ~ **et socle de connecteur** (électr) / connector plug and socket connection || ~ **excitatrice** (c.perf.) / pick-up hub || ~ **femelle** (télécom) / tip jack || ~ **femelle**, prise *f* de courant (électr) / socket, convenience outlet o. receptacle (US), plug receptacle (US), power o. wall outlet, outlet box || ~ à **gond** (serr) / loop and hook, turning band o. joint || ~ à **goujon à larder** (men) / spigot hinge || ~ **historique** (c.perf.) / history card || ~ **indicateur** / indicator slip || ~ **indicatrice** (télécom) / indicating plug || ~ d'**instruction** (ordonn) / instruction card || ~ **intermédiaire** (électr) / adapter plug || ~ **isolante** (électr) / dummy plug || ~ à **jack** (télécom) / jack plug || ~ de **jonction** (électr, ch.de fer) / coupler plug || ~ **mâle** (électron) / connector, [attachment o. contact] plug || ~ **mâle d'un boîtier** (électr) / wall plug || ~ **mâle avec prise de terre antiparasite** (télécom) / phonoplug || ~ **multibroches ou multiple** / multiconductor o. multiple plug, manifold plug || ~ **multiple** (c.perf.) / split wire || ~ **murale** voir fiche femelle || ~ de **pesage** / scale ticket || ~ **plate** (électr) / flat plug || ~ à ... **pôles** / ...channel plug || ~ de **prise de courant scellée au caoutchouc** (électr) / soft rubber plug || ~ de **prise de courant de sécurité** (électr) / shock-proof plug || ~ **profilée** (électr) / shaped plug || ~**-programme** *f* (NC) / coded plug || ~ à **quatre voies** (télécom) / four-point jack, four-way jack || ~ de **raccordement** / connector plug || ~ pour **remorques** (auto) / cable plug for jumper cable || ~

de **repérage** (microfilm) / flash cord || ~ de **réponse** (télécom) / answering plug || ~ à **repos** (serr) / loop and hook, turning band o. joint || ~ de **salaire** / salary sheet, payroll, pay slip || ~ de **sélecteur** (télécom) / selector plug || ~ **signalétique** / luggage lable o. tag, tie-on label || ~ **simple** (serr) / joint hinge o. frame, strap hinge, band-and-hook hinge || ~ **suiveuse** (ordonn) / operating card o. sheet || ~ **technique** / data sheet || ~ **technique** (bâtim) / code of practice || ~ **téléphonique** / telephone plug || ~ de **test** (électron) / test plug || ~ de **tissage** (tiss) / lifting o. pegging plan, tie-up || ~ de **tournage** (film) / dope sheet || ~ **triplite** / triple adapter || ~ **tripolaire** (électr) / three-pin plug || ~ à **trois broches** (électr) / three-prong plug || ~ à **vase** (serr) / hinge hook, pin o. socket o. butt hinge || ~ à **vase**, fiche à chapelet (serr) / chaplet hinge || ~ à **vase à trois parties** (serr) / three-leaf pin hinge || ~ à **visser** / plug adapter
fiché, être ~ [dans] / stick *vi*
fichée *f* / depth of ramming, driven length
ficher (maçon) / fill-in o. fill-up o. point o. rejoint the commissures, point the joints || ~ (électr, électron) / plug *vi* || ~ des **chevilles** / peg, plug *vt,vi* || ~ par **cordons** (télécom, électron) / patch || ~ la **fiche** (électr) / plug *vi* || ~ les **joints** (bâtim) / point the joints || ~ des **pieux** / pile-drive || ~ en **terre** (bâtim) / ram *vt*
fichet *m* (serr) / tumbler
fichier *m* / card index o. register || ~ d'**adresses** / address file || ~ sur **bande magnétique** (ord) / tape file || ~ de **base** (ord) / master file || ~ de ou sur **cartes** (ord) / card file || ~ sur **cartes primaires** (c.perf.) / primary file || ~ **central** / master file || ~ **clients** / customer file || ~ **cloisonné** (ord) / partitioned data set || ~ des **couches** (mines) / record of layers || ~ de **détail** (ord) / transaction file || ~ sur **disques** (ord) / disk file || ~ de **données** (ord) / data set o. file || ~ à **enchaînement** (ord) / chaining file || ~ [d']**entrée** / input file || ~ d'**états à imprimer** (ord) / report file || ~ d'**extraction** (c.perf.) / tub file || ~ à **fiches [classées] visibles** / visual o. visible file || ~ d'**inventaire** / stock file, inventory file || ~ de **lecture** / input file || ~ **maître** (ord) / master file || ~ sur **microfilm** / microfilm library o. file || ~ de **mise à jour** (ord) / perpetual inventory file || ~ **mouvements** / activity o. transaction file, update o. modification file || ~ à **onglets** / visual o. visible file || ~ **permanent**, fichier *m* principal (ord) / master file || ~ **résultant ou sortie** (ord) / output file || ~ du **stock** / stock file, inventory file || ~ **synoptique** / visual o. visible file || ~ **téléphonique** / call number file || ~ de **travail** (ord) / workfile || ~ de **tri** (ord) / sort file
fichiste *m* / file operator
fictif / fictitious || ~ (ord) / dummy || ~ (électr, télécom) / dummy, artificial
fidèle dans le **rendu des couleurs** / colour sensitive
fidèlement [reproduit] / true to nature
fidélité *f* (instr) / precision, accuracy || ~ (acoust) / faithfulness o. fidelity of reproduction || ~ (NC) / repeating accuracy || ~ (mesures) / reproducibility, repeatability || ~ (contrôle) / precision || ~ des **couleurs** / colour fidelity || ~ du **rendu des couleurs** (TV) / fidelity of colour reproduction
fiel *m*, bile *f* (zool) / bile, gall || ~ de **verre** / gall of glass, salts *pl*, saltwater
fier, s'en ~ [à] / depend [on, upon], trust *vi*
FIFA (nucl) / fissions per initial fissile atom *pl*, FIFA
figeage *m* (huile) / solidification || ~ d'**énergie** (phys) / freezing of energy
figer / coagulate || ~ (se) (fonderie) / hold well || ~ (se) (gras) / solidify, congeal || ~ (se) (lait) / set, curdle, coagulate
fignoler / work meticulously || ~, mettre au point / put the finishing touch [to]
figulin (céram) / plastic, figuline
figure *f* / shape, figure, form, build || ~ (typo) / illustration, block, picture || ~ (gén) / outline, representation || ~ (tiss) / pattern, design || ~ d'**abrasion** (auto) / abrasion pattern || ~**s** *f pl* **acoustiques de Chladni** (phys) / sonorous o. Chladni's o. sound figures *pl* || ~ *f* de l'**attaque** / etched o. etch[ing] figure || ~**s** *f pl* de **Bitter** / Bitter powder o. pattern || ~ *f* à **contour rectiligne** / figure bounded by straight lines, rectilinear figure || ~ de **corrosion** / etched o. etch[ing] figure || ~ d'**interférence** / interference figure o. pattern, rings and brashes *pl* || ~ de **mérite** (tube) / figure of merit of a tube || ~ **plane** / plane figure || ~ de **pôles** (diagramme de Laue) / pole figure || ~**s** *f pl* **sonores** / acoustic pattern || ~**s** *f pl* **sonores** (phys) / sonorous o. Chladni's o. sound figures *pl* || ~ *f* **tétragone** (math) / quadrangle, quadrilateral, quad || ~ à **trois bras** / triskele[ton]
figuré, [au] ~ / figuratively, in a figurative sense || ~ *m* / figuration, form, outline, representative plan
figurer / figure, form, represent || **faire ~ sur une liste** / bill *vi*
figurine *f* / statuette, figurine
fil *m* (tex) / yarn, thread || ~ (métal) / wire || ~ (chimie) / filament || ~**s** *m pl* (tex) / spun yarn, textile fibres *pl* || ~ *m* (outil) / fine edge, edge || **à ~ double** (électr) / bifilar || **à ~ fin** (bois) / fine-grained || **à ~ simple** (tex) / single-end... || **à ~s de faible calibre** / small-gauge wire... || **à ~s de faible diamètre** (câble) / fine-strand || **à ~s fins** (tex) / thin-spun || **à ~s fins** (métal) / small gauge wire..., thin-wire... || **à deux ~s** (télécom) / two-wire... || **à deux ~s** (filage) / two-thread..., double-thread... || **à quatre ~s** (électr) / four-conductor..., four-wire... || **à quatre ~s** (retors) / fourfold || **à trois ~s** (électr) / three-conductor..., -core... || **à trois ~s** (filage) / three-cord, -leaf, -leaved, -ply, treble twisted || **à un seul** ~ (filage) / monofil || **au ~ de l'eau** / down the stream || **donner le ~ à un outil** / grind, whet *vt* || **faire le** ~ (bière) / spin, become threaden || **par** ~ / telegraphically || **sur** ~ (télécom) / wire-bound || ~ **a** (télécom) / A-wire || ~ d'**accrochage** (galv) / slinging wire || ~ d'**acier** / steel wire || ~ d'**acier pour aiguilles** / needle wire || ~ d'**acier pour cardes** / card wire || ~ d'**acier pour clôtures** / fence wire || ~ d'**acier à cordes** / rope wire || ~ d'**acier au creuset** / crucible steel wire || ~ d'**acier doux à étiquettes** / tag wire || ~ d'**acier plaqué de cuivre** / steel-cored copper conductor, SCCu, copper-clad steel conductor o. wire, CCSW, compound wire || ~ d'**acier à ressort** / spring wire || ~ **aérien** (télécom) / aerial conductor || ~ **aérien** (électr) / overhead wire || ~ **aérien** (ch. de fer) / contact o. overhead o. trolley line, aerial [contact] line || ~ **alimentateur**, fil *m* d'alimentation (électr) / feed[er] wire, line o. power o. attachment cord || ~ d'**allumage antiparasite** (auto) / interference suppression ignition cable || ~ d'**âme** (tex) / core o. foundation thread || ~ d'**amenée** (électr) / lead, lead[ing]-in, leads *pl*, feed[er] wire o. cable || ~ d'**amenée** (électron) / wire lead || ~ en **amiante** / asbestos yarn || ~ d'**amorce** (mines) / priming wire, cartridge wire || ~ d'**ancrage** / anchoring o. stay o. bracing wire || ~ d'**antenne** / aerial (GB) o. antenna (US) wire || ~ d'**appartements** (télécom) / indoor leads *pl* || ~ d'**apport fourré ou à âme décapante ou à noyau** / flux cored tin solder, cored filler wire || ~ d'**apport à plusieurs noyaux** / multicore filler

wire || ~ d'**apport pour soudage aux gaz** / gas welding filler wire || ~ d'**arcade** (tiss) / cord to raise the threads, harness cord || ~ d'**archal** / brass wire || ~ d'**argent** / silver wire || ~ à **argile** / sling, wire cutter || ~ d'**armature** / reinforcing wire || ~ **armé** (électr) / armoured wire || ~ **arraché** (contreplaqué) / torn grain || ~ d'**arrêt** / anchoring o. stay o. bracing wire || ~ **assemblé de silionne** / multiple wound glass filament yarn || ~ d'**attache** / binding wire, nealed wire || ~ d'**attaque** (ord) / drive line o. wire || ~ **b** (télécom) / ring-wire, R-wire || ~ de **base** (tiss) / ground thread || ~ de **base** (verre textile) / glass strand || ~ de **base coupé de verre textile** / chopped glass strand || ~ de **biais** (contreplaqué) / angle grain || ~ **biconstituant** / bicomponent yarn || ~ de **blocage** (électron) / inhibit [wire] || ~ de **bobinage ou à bobiner** (électr) / winding wire || ~ en **bois** / wooden wire || ~ de **bois**, texture *f* / texture, grain || ~ de **bonneterie** / tricot yarn || ~ **bouclé** / looped yarn || ~ à **boutons** (tex) / seed yarn, knob o. knotted yarn || ~ de **branchement** (électr) / branch wire || ~ **brillant ou clair** (sidér) / bright wire || ~ à **brins multiples** / stranded hook-up wire || ~ à **brocher** / stitching wire || ~ à **broder ou de broderie** / embroidering yarn || ~ de **broderie au tambour** / tambour work yarn || ~ **c** (télécom) / C-wire, testing wire || ~ de **câble** / conductor of a cable || ~ **câblé** / cabled yarn o. thread, multifold yarn || ~ **câblé laminé** / wire strand || ~ **câblé de silionne** / glass filament thread || ~ **câblé de verranne** / glass staple fiber yarn || ~ pour **câbles** / cable wire || ~ en **caoutchouc** / india-rubber wire, rubber thread || ~ en **caoutchouc carré** / square rubber thread || ~ **caoutchouté** / rubber-insulated wire || ~ **cardé-peigné** (tex) / mock-worsted, half worsted, stocking yarn || ~ de **caret** (chanvre) / cable o. rope yarn || ~ **carré** / square wire || ~ **cassé** (tiss) / thread break, yarn break, broken thread || ~ à **casser** (parachute) / weak tie || ~ à **casser de sécurité** (aéro) / rip link || ~ à **cassure conoïde** / cup-and-cone wire || ~ de **cellulose** / cellulose yarn || ~ **central** (câble) / core o. king wire || ~ de **chaîne** (tex) / warp yarn o. thread || ~ de **chaîne cassé** (tex) / broken end || ~ de **chaîne du continu** / ring spun yarn || ~ de **changement** (tiss) / change end || ~ de **chanvre** / hemp yarn o. thread || ~ **chargé aux sels métalliques** / metal coated yarn || ~ **chattertoné** / insulating thread || ~ de **chauff[ag]e** / resistance wire || ~ de **chauffage en constantan** / constantan o. contra o. Eureka wire || ~ **chauffant** / glow o. heating wire || ~ **cheviot[t]e** / cheviot yarn || ~ de **chrome-nickel** / chrome nickel wire || ~ **ciré** (électr) / ringing o. wax wire || ~**s** *m pl* **collés** (tiss, défaut) / hard size || ~ *m* de **colonne** (ord) / column wire || ~ **compound** / steel-cored copper conductor, SCCu, copper-clad steel conductor o. wire, CCSW, compound wire || ~ **compteur** (télécom) / meter o. M wire || ~ de **condenseur** / barchant o. condenser o. condensed yarn || ~ **conducteur** / conducting wire || ~ **conducteur** (électr) / live wire || ~ **conducteur** (fig) / clue || ~ de **connexion** / connecting wire || ~ de **connexion** (télécom) / jumper wire, hook-up wire || ~ de **contact** / contact o. overhead o. trolley line, aerial [contact] line || ~ de **contact à rainure large** / wide-grooved wire || ~ de **contact rainuré** / profile[d] o. figured wire, figure-eight wire, grooved contact wire || ~ **continu** (tex) / filament yarn || ~ de **continu à anneau** / ring-spun yarn || ~ **continu retordu à haut module** / high modulus filament yarn || ~ **cordonnet** / cordonnet yarn || ~ de **coton** / cotton twist o. yarn, spun cotton || ~ **coton cardé** / condenser yarn || ~ de **coton d'Egypte** / Egyptian yarn || ~ de **coton gazé** / gassed cotton yarn || ~ de **coton légèrement retors** / doubled yarn, double twist || ~ de **coton peigné** / combed cotton yarn || ~ de **coton retordu** / cotton twist o. yarn || ~ à **coudre** / sewing cotton || ~ à **coudre** (reliure) / stitching wire || ~ pour **couples thermoélectriques** / thermoelectric wire || ~ de **courant** (hydr) / axis of streaming || ~**s** *m pl* **courants** (tiss, défaut) / track || ~ *m* **couru** (tiss, défaut) / slack end || ~ de **couture** (reliure) / stitching wire || ~ **couvert d'un guipage de soie** / silk [covered] wire || ~ de **couverture** (câble) / covering wire || ~ pour **crêpe** / crape yarn || ~ **creux** (tex) / aerated yarn || ~ à **crochet** / crotchet yarn || ~ à **crochet[er]** / crochet thread o. wool o. silk o. cotton || ~ de **cuivre** / copper wire || ~ de **cuivre cémenté** / cemented copper wire || ~ de **cuivre doux** / soft copper wire || ~ de **cuivre dur** / hard-drawn copper wire || ~ en **cuivre émaillé** / enamelled copper wire || ~ à **curseur** (électr) / bridge wire || ~ à **dentelles** / lace thread || ~ **dénudé** (électr) / naked o. bare wire, exposed wire || ~ de **départ** / outgoing wire || ~ de **départ** (tréfilage) / starting round || ~ en **dérivation** (électr) / derived wire || ~ de la **dernière finesse** / finest wire || ~ de **dessous** (tex) / looper thread || ~ de **dessus** (tiss) / face thread || ~ **dévidé** / reeled yarn || ~**s** *m pl* **disposés perpendiculairement** (contreplaqué) / cross-banded plies *pl* || ~ *m* **distinctif ou d'identification** (câble) / coloured tracer thread, marker thread, tracer || ~ **distinctif du fournisseur** (câble) / manufacturer's identification thread || ~ **distinctif VDE** / VDE tracer thread || ~ **divisé** (électr) / bridge wire || ~ **divisé** (électron) / litz, litzendraht [wire] || ~ **double** (télécom) / twin wire || ~ **double** (tiss, défaut) / double thread, flat || ~ **double** (filage) / double thread, two-cord, two-threads *pl* || ~ **double** (télécom) / metallic circuit || ~ **double de chaîne** (tex) / double warp || ~ **double de contact** (électr) / double trolley system, double wire contact line || ~**s** *m pl* **doubles**, mariage *m* (filage) / double end || ~ *m* **doux** (filage) / fine roving || ~ **droit** (contreplaqué) / straight grain || ~ **dur** (filage) / hard thread || ~ **ébauche** / wire rod || ~ en **écailles** / shellac bead yarn || ~ en **écheveaux** / hank yarn || ~ d'**Ecosse** / lisle thread || ~ d'**Ecosse brillant** / brilliant lisle || ~ d'**effet métallisé** / metal coated yarn || ~ **effet de trame** (tex) / effect pick || ~ **égal** / even yarn || ~ **élastique** (tex) / elasto-yarn || ~ **électrique souple** (électr) / wire strand || ~ d'**électrode** / electrode wire || ~**-électrode** *m* (soud) / wire electrode || ~**-électrode** *m* **fourré** / cored wire electrode || ~**-électrode** *m* **nu** / bare wire electrode || ~ **émaillé** (électr) / enamelled wire || ~ d'**emballage** / pack thread, packing cord || ~ **emmêlé ou embrouillé** / tangle yarn || ~ **enregistreur magnétique** / sound recording wire || ~ **enrobé** / covered wire, coated o. sheathed wire || ~ **enrobé de cuivre** / copper-clad wire || ~ d'**entrée** (électr) / input wire || ~ d'**entrée d'abonné** / drop wire (from open wire line) (US), lead-in cable || ~ d'**enveloppe de cuivre** / copper-clad wire || ~ d'**essai** (câble) / test o. pilot wire o. conductor || ~ d'**estame** / combed o. combing o. worsted yarn || ~ d'**étaim** / warp yarn o. thread || ~ **étamé** / solder coated wire || ~ d'**étoupe** / tow yarn || ~ **extract** / extract yarn || ~ **extra-fin** / extra fine wire, super-fine wire || ~ **façonné** / profile[d] o. figured wire, shaped o. section wire || ~ de **faible calibre** / fine wire || ~ **fantaisie** / fancy yarn || ~ **fantaisie**

retordu / fancy twist || ~ **fantaisie de verre textile** / glass fiber fancy thread || ~ de **fer** / iron o. steel wire || ~ de **fer d'attache** / binding wire || ~ de **fer de la baguette de renvidage** (filage) / guide o. faller wire, copping wire || ~ de **fer barbelé** / barbed wire, barbwire || ~ de **fer pour grillages** / fence wire || ~ de **fermeture de circuit** (circ.impr.) / jumper || ~ de **fibres dures** / hard fiber yarn || ~ pour **filet** / netting yarn || ~ **fin** (couteau) / fine o. keen o. sharp edge || ~ **fixe** (bonnet) / main yarn || ~ pour **fixer les plombs** / locking wire || ~ **flammé** / flake yarn, shaded yarn || ~ **flammé** (tiss, défaut) / slub || ~ de **fleuret** / schappe silk yarn || ~ à **fleurs** / florist's wire, binding wire || ~ **flotté** (tiss, défaut) / float[ing thread] || ~ à **flux incorporé comprenant 5 canaux** / flux cored soldering wire containing 5 cores || ~ de **fond** (filage) / ground o. core o. foundation thread || ~ **formant la fantaisie** / fancy thread || ~ **fort** (gén) / strong yarn || ~ **fourré pour soudage** (soudage) / core welding wire || ~ de **fourrure** (piqué) / filling [thread] || ~ de **frettage** / tie wire, binding wire || ~ **frisé continuel** / bulked stretch yarn || ~ à **fuseau** / hand-spun yarn || ~ **fusible** (électr) / fusible wire || ~ de **futaine** / barchant o. condenser o. condensed yarn || ~ sous **gaine** / wrapped wire || ~ **[à gaine de] caoutchouc** / rubber-insulated wire || ~ de **garde** / guard wire || ~ de **garniture** / card wire || ~ **gaufré** / profile[d] o. figured o. shaped o. section wire || ~ de **gélatine** (filage) / gelatine filament || ~ **genappe** / genappe yarn || ~ **glacé** (tex) / glazed o. polished yarn || ~ **gonflé** / high bulked yarn || ~ **grège** / grege yarn || ~ en **gros** (tex) / slub, coarse o. rough roving || ~ de **guipage** / loading wire || ~ **guipé** / covered wire || ~ **guipé de métal** (filage) / metal coated yarn || ~ pour **harnais** / harness thread || ~ de **haubanage** / bracing wire o. cable, stretching o. tension wire || ~ à **haute tension** / high-tension conductor || ~ **hors tension** / idle wire, dead wire || ~ en **I** (câble) / I-wire || ~ **imitation** / imitation yarn || ~ **immunisé** (tex) / immunized yarn || ~ d'**imprimante par points** (ord) / printing needle o. pin || ~ **inducteur** (télécom) / leading wire || ~ **inférieur** (m à coudre) / under-thread || ~ **inhibiteur** (électron) / inhibit [wire] || ~ à **instrument** / music[al] wire || ~ d'**introduction** (électr) / input wire || ~**s** *m pl* **irréguliers** (tiss, défaut) / irregular yarn || ~ *m* **isolant** / insulating thread || ~ **isolé à l'amiante** / asbestos covered wire || ~ **isolé au papier** / SPC, single paper covered wire || ~ **isolé au papier verni** / paper-insulated enamelled wire || ~ **isolé sous tube** (électr) / insulated metal sheathed wire, conduit wire || ~**-jarretière** *m* (télécom) / jumper wire || ~ **jaspé** / jaspé yarn || ~ **jaune** (verre) / streak || ~ **jumel** / Egyptian yarn || ~ de **laine** / wool thread o. yarn, spun wool || ~ de **laine cardée** (laine) / carded [wool] yarn, woollen yarn || ~ de **laiton** / brass wire || ~ **laminé carré** / square rolled wire || ~ **laqué** / varnished wire o. cable || ~ pour **lasting** / lasting yarn || ~ de **latex** / latex thread || ~**s** *m pl* de **Lecher** (électr) / Lecher line o. wires *pl*, parallel-wire resonator || ~ *m* du **lecteur manuel** (ord) / wand cord || ~ de **lecture** (ord) / sense wire || ~ de **lecture d'adresses** (ord) / A-R wire || ~ **léonique** / metal coated yarn || ~**s** *m pl* de **liage** (tex) / binding threads *pl* || ~ *m* de **liaison** (circ.impr.) / jumper || ~ à **lier** / florist's wire, binding wire || ~ à **lier les dents de peigne** / reed binding wire || ~ à **lier ou de ligature** / binding o. winding wire || ~ de **ligature** (câble) / seizing wire || ~ de **ligne** (télécom) / line wire || ~ de **lin** / flax o. linen yarn || ~ à **lisière** (tiss) / selvedge o. list yarn, border thread || ~ pour **lisses** (tex) / heald o. heddle (US) cord || ~ de **litz** (électron) / litz, litzendraht [wire] || ~ **lustre** / luster yarn || ~ **machine** / wire rod, hot-rolled rods *pl* || ~ **machine par coulée et laminage continu** / continuous cast and rolled wire || ~ **machine filé** / extruded rod || ~ pour **machine à refouler** / heading wire || ~ **magnétique** / magnetic wire || ~ de **main** / hand-spun yarn || ~ de **marbre** / cloud in the marble || ~ de **masse** / ground (US) o. earthing (GB) wire || ~ **mat** / dull o. mat yarn || ~ **mécanique** / machine [-spun] yarn || ~ **mèche** (filage) / roving, card sliver, slubbing || ~ **mélangé** / melange [yarn] || ~**s** *m pl* **mélangés** (tiss, défaut) / mixed yarn || ~ *m* de **mérinos** / merino yarn || ~ **métallique** / wire || ~ **métallique en couronne** / coil o. bundle wire || ~ **métallique d'indice** (électr) / tracer [wire] || ~ **métallique massif ou plein** / solid wire || ~ **[métallique] plat ou aplati ou méplat** / flattened wire || ~ **métallique rabatteur** (tex) / take-up wire || ~ **métallique de remplissage** (gén) / filler wire || ~ **métallique à section tronconique** (tamis) / wedge wire || ~ **métallique de tirage** (install) / pull-in o. fish[ing] wire || ~**s** *m pl* **métalliques pour télécommande** / tracker wires *pl* || ~ *m* **mi-chaîne** / medio-twist, mock-water || ~ **mi-laine** / half-woollen yarn || ~ de **mise au rail du poteau** (ch.de fer) / pole ground (US) or earth (GB) wire || ~ de **mise à la terre** / earth (GB) o. ground (US) lead o. wire || ~ **mixte** / mixed o. blended yarn, blend || ~ **mohair** / mohair yarn || ~ **moiré** / moiré yarn || ~ **monofilament** / monofilament yarn || ~ de **montage à boucles** (filet) / stapling yarn || ~ **moucheté** / party-coloured thread, spotted yarn || ~ **mouliné** (tex) / coloured twisted yarn || ~ **mousse** / high bulked yarn || ~ **mousseline de laine** / wool muslin yarn || ~ **moyen** (tex) / second quality yarn || ~ **moyen** (techn) / medium gauge wire || ~ **multifilament** / multifilament yarn || ~ **mungo** / mungo yarn || ~ **mungo à forte tension** / hard twisted mungo yarn || ~**-neige** *m* / portable T-bar lift || ~ **neutre** (triphasé) / neutral o. mid-point conductor o. wire, neutral || ~ **nitré** / mercerized yarn, nitrated yarn || ~**s** *m pl* à **nouer** (tiss) / beatings *pl*, (cotton:) thrums *pl* || ~ *m* **nu** (électr) / bare o. naked wire, exposed wire || ~ **oblique** (contreplaqué) / angle grain || ~ d'**occupation** (télécom) / busy wire || ~ **omnibus** (télécom) / [omni]bus line, intermediate station line || ~ **ondé** / pearl o. perle cotton, waved yarn || ~ **ondulé** (contreplaqué) / wavy grain || ~ **ondulé pour treillis** / woven wire mesh || ~ **ondulé pour les vignobles** / crimped wire for vineyards || ~ d'**or** / gold wire || ~ de **palplanches** (hydr) / border piling, pile planking || ~ en **papier** / paper yarn o. twine || ~ de **pâte de papier** / pulp yarn || ~ **peigné** (tex) / worsted || ~ **peigné pour chaîne** (tiss) / worsted warp || ~ **peigné pour trame** / worsted weft || ~ **pelotonné** / ball-wound yarn || ~ de **perles** / bead yarn || ~ **perse** / Persian yarn || ~ **petite-chaîne** / medio-twist, mock-water || ~ de **phase** / phase conductor || ~ à **piano** / piano wire o. string || ~ à **pignons** (horloge) / pinion wire || ~ **pilote** (électr) / pilot wire || ~ **pilote**, fil *m* de protection (électr) / ground[ed] (US) o. earth[ed] (GB) conductor o. wire o. lead || ~ **pilote** (ch.de fer) / control o. pump line || ~ à **piquer** / blake thread || ~ **plat** (filage) / flat yarn || ~ **plat pour installations intérieures** / flat webbed house wire || ~ de **platine** / platinum wire || ~ à **plomb** (bâtim, nav) / plumb line || ~ de **plomb** / lead wire, plumb wire, spun lead || ~ pour **plombs** / locking wire || ~ de **poil** (tiss) / cut pile, pile thread || ~ **poil** (filage) / loop pile, terry || ~

poil (soie) / single silk || ~ de **poil de chameau** / camel's hair yarn || ~ de **pont** (électr) / bridge wire || ~ **porte-câble** / cable suspension wire || ~ **porteur** / load bearing wire || ~ **porteur auxiliaire** (ch.de fer) / lower catenary suspension wire || ~ **porteur [principal] de la caténaire** (ch.de fer) / main catenary suspension wire || ~ de **poste** (télécom) / indoor leads *pl* || ~ **potentiométrique** / potentiometer wire || ~ de **précontrainte** (bâtim) / prestressing wire || ~ **primitif**, fil *m* principal (filage) / ground thread, core thread || ~ **privé** (télécom) / C-wire, testing wire || ~ **produit à la canette** / cop spun yarn || ~ **profilé** / profile[d] o. figured wire, shaped o. section wire || ~ de **quartz** / quartz fiber o. filament o. thread || ~ à **raccommoder** / darning yarn || ~ de **raccord[ement]** / connecting wire || ~ **raide** (tex) / stalk fiber || ~ **raidisseur** / reinforcing wire || ~ **rainuré** / grooved wire || ~ de **raison** (bonnet) / main yarn || ~ de **rangée** (ord) / line wire || ~ à **ravauder** / darning yarn || ~ de **rayonne** (verre) / glass filament yarn || ~ de **rayonne** (fibre synth.) / rayon yarn || ~ **recuit à lier** / binding wire, nealed wire || ~ **relié à la douille** (télécom) / S-wire (sleeve wire) || ~ à **relier** / stitching wire || ~ de **remise** (ord) / reset line o. winding || ~**s** *m pl* de **remplissage** (tex) / stuffer threads *pl* || ~ *m* de **renfort** (tiss) / extra thread || ~ de **renvideur** / mule spun yarn, mule twist || ~ de **repère** (électr) / tracer || ~ à **repriser** / darning yarn || ~ à **réseaux** / netting wire || ~ de **réserve** (télécom) / spare wire || ~ de **résistance** / [eletric] resistance wire || ~ de **retenue** (ligne de contact) / brace of the contact line || ~ **retors** (filage) / twist[ed thread], twine || ~ **retors à deux bouts** / twofold yarn || ~ **retors fort** (tex) / high-twist yarn || ~ **retors frisé** / twisted yarn || ~ **retors de laine peignée** (tex) / double worsted || ~ **retors de lin** / linen thread || ~ **retors de silionne** / glass filament thread || ~ **retors de verranne** / glass staple fiber twist || ~ de **retour** (électr) / return wire o. conductor || ~ à **rochet** / hand-spun yarn || ~ **rond aplati** / flattened round wire || ~ **rond laminé** / wire rod || ~ **rosette** / tinsel conductor || ~ à **rouet** / hand-spun yarn || ~ **rugueux** / jagged wire || ~ **sain** / test o. second wire || ~ **sauté** (tiss, défaut) / skipped o. missed filling threads || ~ de **sayette** / carded worsted yarn, semiworsted yarn, stocking yarn || ~ **scellé en verre** (ampoule) / sealing wire || ~ de **schappe** / schappe silk yarn || ~ de **seconde qualité** (tex) / second quality yarn || ~ de **section circulaire** / round wire || ~ de **sécurité** (billet de banque) / safeguarding thread || ~**s** *m pl* de **signaux** (télécom) / signalling line (E + M wires) || ~ *m* de **silionne** / glass filament yarn || ~ **simple** (télécom) / single-wire line, simple line o. conductor, one-wire conductor || ~ **simple** (tex) / single yarn || ~ de **soie** / silk thread || ~ de **soie galette** / filoselle yarn || ~ de **soie grège** / floss || ~ de **soie retors** / silk twist o. twine || ~ à **sommier élastique** / mattress spring wire || ~ de **sonnerie** / bell wire || ~ de **sortie** / exit wire || ~ **souillé** (tiss, défaut) / soiled end o. pick || ~ **souple** (électr) / flexible cord (US), flex (GB) || ~ **souple pour téléphone** / switchboard cord, telecommunication cord || ~ en **spirale** / spiral wire || ~ **stadiométrique** (arp) / distance measuring thread || ~ **stretch continuel** / bulked stretch yarn || ~ **superfin** / extra fine wire, super-fine wire || ~ **supérieur** (m à coudre) / top thread, upper thread || ~**s** *m pl* **supplémentaires d'un montage va-et-vient** (électr) / strapping wires *pl* (between three-way switches) || ~ *m* de **support** (ligne de contact) / cross wire || ~ de **support** (filage) / core thread || ~ **surtordu** (filage) / twit, twitty yarn || ~ **suspendu** (télécom) / carried wire || ~ de **suspension** / suspension wire || ~ de **suspension de câble** / cable suspension wire || ~ de **tapisserie** / carpet yarn || ~ **téflon** / Teflon-coated wire || ~ **teint avec réserve** (tex) / resist-dyed yarn || ~ **télégraphique** / telegraph wire || ~ **téléphonique** (ch.de fer) / talking wire || ~ **témoin** (télécom) / pilot wire, P-wire, (Siemens:) C-wire || ~ **tendeur ou de tension** / tensioning wire || ~ **tendeur** (corderie) / tension thread || ~ **tendeur de la ligne de contact** / span wire, bridle of a contact wire || ~ **tendre** / mild wire || ~ **tendu** (tiss, défaut) / tight end o. pick || ~ de **terre** (électr) / ground (US) o. earth (GB) wire o. cable || ~ de **test** (télécom) / C-wire, testing wire || ~ en **textilose** / textilose yarn || ~ **texturé** / textured yarn || ~ **Tibet** / Tibet yarn || ~ à **tisser** / thread for weaving || ~ en **tissu élastique** (tex) / round elastic || ~ pour **toile métallique** / screen wire, gauze wire || ~ **tordu à torsion droite** (tex) / right-hand twine, open-band twist thread || ~ **[tors]** (tex) / twist || ~ **tors** (bois) / spiral o. twisted grain || ~ à **torsade** / twisted wire || ~ **torsadé** / stranded wire || ~ de **torsion** (instr) / torsion wire || ~ à **torsion floche** (tex) / lofty yarn || ~ de **tour** (tricot) / turning thread || ~ de **traction** (install) / pull-in o. fish[ing] wire || ~ de **trame** (tiss) / weft yarn o. thread, woof yarn o. thread (US) || ~ **trame** (tricot) / straight weft inlay || ~ de **trame cassé** / broken pick || ~ **tranchant** (couteau) / fine o. keen o. sharp edge || ~ **tranché** (bois) / short grain || ~ **transmetteur** / transmission wire, wire pull || ~ de **transmission de signaux** (ch.de fer) / signal wire || ~ **transversal** / cross wire || ~ de **traversée** (électr) / leading-in conductor o. wire || ~ **tréfilé au baquet ou par voie humide** (sidér) / lacquer drawn wire || ~ pour **treillis métallique** / fence wire || ~ à **tresser** / braiding wire || ~ **triangulaire convexe sur une face** (tréfilage) / sector wire || ~ à **tricoter** / knitting yarn, fingering [yarn], stocking yarn || ~ à **tricoter pour machines** / hosiery yarn || ~ **triple** / three-cord twist || ~ de **trolley** / trolley wire || ~ à **vaniser**, fil *m* de vanisage (tiss) / plating thread || ~ **verni** / varnished wire o. cable || ~ **verni à guipage simple de coton** / SCE, sce, single cotton covering over enamel insulated wire || ~ de **verranne** / glass staple fiber yarn || ~ de **verre** / glass fiber || ~ de **verre assemblé sans torsion** / multiple wound glass fiber || ~ de **verre textile** / textile glass yarn || ~ de **vigogne** / vigogne yarn || ~ **Vigoureux** (tex) / vigoureux yarn || ~ à **vis** (sidér) / bolt stock || ~ **volant**, cavalier *m* / jumper || ~ de **Wollaston** / Wollaston wire || ~ **xyloline** (filage) / xylolin yarn

filabilité *f* / capability of being spun, spinnability

filable / fit for spinning, spinnable

fil-à-fil *m* (tiss) / thread by thread, pin stripe

filage *m* (tex) / spinning || ~ (soie) / silk spinning || ~, étirage *m* (techn) / extrusion || ~ (avec godet) / can extrusion, cup extrusion || ~ à **anneau** / ring spinning || ~ de **barres** / rod extrusion || ~ à **chocs** / impact extrusion || ~ par **continu** / continuous spinning || ~ à **décomposition** / hot wet spinning || ~ **direct** / forward extrusion || ~ **direct à froid** (forge) / forward cold extrusion || ~ **étagé** / stepped extrusion || ~ avec **étirage** (tex) / spinning whilst stretching, stretch spinning || ~ à **fibre libérée** voir filage open-end || ~ **[en fin]** (tex) / fine spinning || ~ à **froid avec remontée de matière** / reverse cold extrusion || ~ de **godet avec remontée de matière** / backward can extrusion || ~ en **gros** (tex) / slubbing || ~ d'**image** (TV) / streaking, trailing, pulling whites ||

~ **incrémental** / incremental extrusion || ~ au **mouillé** (tex) / wet spinning || ~ au **mouillé à l'eau chaude** (lin) / hot wet spinning || ~ **open-end ou à fibre libérée** (tex) / open-end o. break spinning || ~ à **pots** (tex) / can o. pot spinning || ~ à la **presse de barres pleines** / rod o. solid extrusion || ~ avec **remontée de matière** / backward extrusion, indirect o. reverse extrusion || ~ à **sec** (tex) / dry spinning || ~ du **verre** / glass spinning

filament *m* / filament || ~ (tex) / continuous filament, filament || ~ (lampe) / incandescent filament || ~ (tiss) / fiber (US), fibre (GB) || ~ à **âme plate** (lampe) / flat-mandrel filament || ~ de **bore** (renforçage) / boron filament || ~ **bouclé** (lampe) / looped filament || ~ **boudiné** (lampe) / spiral-wound filament || **~s** *m pl* de **chanvre** / hemp fibers *pl* || ~ *m* **chaud ou chauffant ou de chauffage** (électron) / hot o. heating filament || ~ de **cocon** / cocoon filament || ~ **cuproammoniacal** / cuprammonium filament || ~ **étiré** / drawn-wire filament || ~ en **feston** (lampe) / Vee-filament || ~ **incandescent** / filament, incandescent filament || ~ **incandescent** (mot) / glowing filament || ~ **incandescent** (électron) / hot o. heating filament || ~ **longitudinal** (électr) / longitudinal filament || ~ **lumineux** / radiant filament || ~ **métallique** (lampe) / metal filament || ~ de **pâte** (lampe) / pasted filament || ~ du **soleil** (soleil) / flare surge, filament || ~ en **spirale de la bougie de préchauffage** / heater spiral of the glow plug, glow filament of the heater plug || ~ **spiralé** (lampe) / single-coil filament || ~ **spiralé concentré** / concentrated coiled filament || ~ de **textiles chimiques** / multifilament [yarn] || ~ de **tungstène** / tungsten filament || ~ de **tungstène thorié** / thoriated filament || ~ de **verre textile** / glass filament

filamenteux / stringy, thready, fibrous

filandre *f* (miroir) / streak || ~ (verre) / sleek, fine scratch

filandreux / streaky, veined || ~ (viande, charbon, marbre) / stringy

filant (défaut) / ropy || ~, visqueux / thick[-flowing] || ~ **15 nœuds** / at a [steady] 15 knots

filasse *f* (lin) / harl, flax bast o. fiber || ~ (verre) / sleek, fine scratch || ~ (nav) / oakum || ~ de **chanvre** / hards *pl*, hurds *pl*, tow || ~ de **lin**, lin *m* peigné / hackled flax

filature *f* / spinning || ~ (établissement) / spinning mill || ~ à l'**acide** / acid spinning process || ~ **centrifuge** (tex) / pot spinning || ~ du **chanvre** / hemp spinning || ~ à **chaud** (plast) / melt extrusion o. spinning || ~ de **coton** / cotton spinning [process o. mill] || ~ de **déchets de coton** / cotton waste spinning || ~ de **déchets de laine** / shoddy spinning || ~ de **déchets de soie** / schappe [silk yarn] spinning, waste stilk spinning || ~ à **décomposition** / spinning with hot water || ~ **directe du ruban** (tex) / direct spinning, tow-to-yarn system || ~ **double** / double spinning || ~ à l'**eau chaude** / short-ratch spinning || ~ à **entonnoir** / funnel spinning method || ~ à **fibre libérée** / open-end o. break spinning || ~ de **fibres courtes** / short staple spinning || ~ de **filés de poils** / hair [yarn] spinning || ~ à **filière** / jet spinning || ~ de **fils de couleur** / spinning of coloured yarns || ~ en **fusion** (plast) / melt extrusion o. spinning || ~ de **gros numéros** / coarse spinning || ~ de **laine** / wool spinning || ~ de la **laine cardée** / carding wool spinning || ~ **[à la] mécanique** / machine spinning || ~ au **mouillé** / short-ratch spinning || ~ du **peigné** / worsted [spinning] mill || ~ à **rotor** (tex) / rotor spinning || ~ de la **soie** / silk mill o. manufactory || ~ à **trois cylindres** / three-roller spinning process || ~ du **verre** / glass spinning

file *f* / file, line, string, row || **par ~s** / serial, [in] series || ~ d'**attente** (ord) / [waiting] queue o. cue || ~ d'**attente entrée** (ord) / input [work o. job] queue || ~ d'**attente de sortie** (ord) / output [work o. job] queue || ~ d'**attente de véhicules** / queue of vehicles || ~ de **palplanches** / sheet piling || ~ de **palplanches en béton armé** / reinforced concrete sheet piling || ~ de **palplanches système Larssen** / Larssen's sheet piling || ~ de **poutres** (constr.mét) / string of girders || ~ de **rails** / stretch of rails, trackage, line, rail track || ~ de **rails** (mines) / trackway || ~ de **rivets** / chain of rivets, row o. line of rivets || ~ de **travaux** (ord) / job stream || ~ de **voitures** / motorcade (coll), row o. line of vehicles

filé *adj* (caoutchouc, plast) / extruded || ~ (tex) / spun || ~ *m* / thread, spun yarn, yarn || ~ à **apprêt fort** / hard twisted mungo yarn || ~ *adj* d'**argent** / silver spun || ~ *m* d'**argent** / fine silver wire || ~ *adj* à **chaud** (tube) / hot extruded || ~ *m* de **chenille** / chenille || ~ de **coton** / a fabric 85 cotton, 15 synthetics || ~ **double** (filage) / double end || ~ à **fil d'âme** (tex) / core-spun yarn || ~ **fin** / fine yarn o. thread, high-count yarn || ~ **floche** / loose[ly twisted] yarn || ~ **gros** (tex) / coarse spun, coarse yarn, low-count yarn || ~ de **longue soie** / combing yarn || ~ des **photographies** (arp) / image motion || ~ de **poil** / hair yarn || ~ à **torsion forte** / hard twisted mungo yarn || ~ à **tricoter** / knitting yarn (for machine knitted goods) || ~ à **trois cylindres** (filage) / three-cylinder yarn

filer *vi* / string, thread, be ropy, become threaden || ~ *vt* (tex) / spin || ~ (électron) / wire *vt* || ~ (techn) / extrude || ~ **15 nœuds** (nav) / make 15 knots || ~ une **amarre** (nav) / veer, slacken a cable || ~ un **câble** / pay out o. let out a cable, slip a cable || ~ en **doux** (filage) / spin soft || ~ en **fin** / spin proper, spin final count || ~ en **gros** (filage) / prepare the slubbing o. roving || ~ à la **presse** (plast) / extrude || ~ à **toute vitesse** / spin along

filerie *f*, (déconseillé:)câblage *m* (électr, électron) / wiring

filet *m* / net || ~ (broderie) / filet o. open work, filet || ~ (typo) / [brass] rule || ~ (liquide) / thin jet o. stream || ~ (vis) / thread || ~ (miroir) / streak || ~ (mines) / veinstuff, layer of shale o. stone || ~, listel *m* carré (bâtim) / list[el], fillet || **~s** *m pl* (tex) / netting works *pl*, filets *pl* || ~ *m* (lumière) / thin streak of light || ~, poitrail *m* (bâtim) / corbel || **à ~ double** (vis) / double-thread[ed], two-start || **à ~ plat** / flat || **à deux ~s** (vis) / double-thread[ed], two-start || **à trois ~s** / triple thread[ed], three-start || ~ **acme** (techn) / trapezoid[al] thread || ~ d'**ajustement** / adjustment thread || ~ **anglais** (typo) / swelled rule || ~ à **arête** / arris fillet || ~ à **bagages** (ch.de fer) / luggage rack || ~ de **ballon** / balloon net || ~ des **cannelures** (bâtim) / ridge between the flutes || ~ **carré** / flat thread || ~ de **centrage** (pneu) / fitting line on tyre, rim centering rib (US) || ~ **cernant ou coulissant** (nav) / purse seine || ~ à **composer** (typo) / stick, reglet, (pl:) furniture || ~ **conique** / tapered thread || ~ **couillard** (typo) / swelled rule || ~ en **cuivre** (typo) / rule, ruler, reglet || ~ **cylindrique** / parallel thread || ~ **cylindrique pour tubes** / straight pipe thread || ~ en **dent de scie** / buttress thread, breech block thread || ~ **dérivant** (nav) / drift net || ~ **droit** / flat thread || ~ à **droite** / right-hand[ed] thread || ~ d'**eau** (hydr) / thread of stream || ~ d'**écrou** voir filet femelle || ~ d'**élingue** / net sling, cargo net || ~ **émoussé** / stub thread || ~ **extérieur** / exterior o. male [screw] thread || ~ **femelle** / internal screw thread, inside o. female thread || ~ de **fil de fer etc.** / wire netting || ~ de **fixation** / fastening o. fixing thread || ~ **fluide** (aéro) / filament of flow || ~ de **garde** (électr) / catch net || ~ de **garde mis à la terre** (électr) / cradle, guard cradle o. net || ~ à **gauche** / left-hand[ed] thread || ~ **imcomplet** / end of thread, thread runout, back taper || ~ **intérieur** voir filet femelle || ~ pour **lampes à incandescence** / electrical thread || ~ **mâle** voir filet extérieur || ~ **métrique**, filet *m* au millimètre / metric screw-thread || ~ [à **pas] fin** / fine-pitch thread || ~ au **pas du gaz** / gas thread, [gas-]pipe thread || ~ au **pas métrique** / metric screw-thread || ~ à **pas normal** / standard thread || ~ de **pêche** / fishing net || ~ **pélagique** (nav) / pelagic net || ~ **perforateur ou à perforer** (typo) / perforating rule, perforation || ~ de **plancton** / plankton net || ~ de **plomb** (typo) / lead rule || ~ **pointu** / sharp V-thread (US) || ~ au **pouce** / screw thread basing on inch-system || ~ **protecteur ou de protection** / protection net || ~ **protecteur mis à la terre** (électr) / guard cradle o. net, cradle || ~ de **rayure** (arme) / land || ~ **rectangulaire** / flat thread || ~ de **réglage** / adjustment thread || ~ **rond** / round thread, knuckle thread || ~ **roulé** / rolled thread || ~ à **scie** / buttress thread, breech block thread || ~ **spécial** / special thread || ~ **Thury** / Swiss o. Thury screw thread || ~ **tourbillonnaire** (aéro) / vortex filament o. line || ~ **tournant** (nav) / purse seine || ~ **traînant** (nav) / drift net || ~ **trapézoïdal** (techn) / trapezoid[al] thread || ~ **trapézoïdal arrondi** / rounded acme thread || ~ **tremblé** (typo) / wave rule || ~ **triangulaire** / angular [screw] thread, triangular thread, V-cut o. Vee- o. V-thread (US) || ~ **triangulaire intérieur** / female V-thread || ~ pour **tube blindé** / steel conduit thread || ~ de **tuyaux à gaz** / gas thread, gas pipe thread, pipe thread || ~ **unifié** (techn) / unified thread (symbol: U) || ~ de **vis** / thread of a worm gear || ~ de **vis intérieur** / internal screw thread, inside o. female thread || ~ de **vis à pas simple** / single-[start]thread || ~ **Whitworth** / British Standard Whitworth thread, B.S.W. [screw] thread, British Standard [screw] thread

filetage *m* / screw cutting, screwing, threading || **à ~ multiple** / multi[ple]- o. multiplex-start o. thread, multiple[-threaded] || ~ **A.P.I.** / API o. A.P.I. thread || ~ à **bois** / thread for woodwork || ~ de la **bougie [d'allumage]** / spark plug thread || ~ **Briggs** / Briggs thread || ~ **conique** / tapered screw thread || ~ de **culot** / barrel thread || ~ **cylindrique** / screw thread || ~ **électrique** / electrical thread || ~ **extra-fin** / extra fine thread || ~ **mâle** / external o. exterior o. male [screw] thread, outside thread || ~ **MJ** / MJ thread || ~ au **pas du gaz** / British Standard gas o. pipe thread, B.S.P.thread || ~ [à **pas] fin** / fine-pitch thread || ~ à **pas gros** / coarse-pitch thread || ~ à **pas métrique ISO** / ISO metric [screw] thread || ~ **roulé** / rolled thread || ~ de **tubes conique** / taper pipe thread || ~ **UN** (Unifié américain) / unified screw thread, UST || ~ **«United States Standard» ou U.S.S** / U.S.S. o. Sellers [screw] thread || ~ de **vis à bois** / wood screw thread || ~ de **vis à tôle** / sheet-metal screw thread, tapping screw thread

fileté / threaded || ~ / srew ..., provided with [screw]thread || ~ à **droite** / right-hand[ed] || ~ jusqu'à **proximité de la tête**, fileté entièrement / fully threaded

fileter (techn) / thread *vt*

fileur *m* (tex) / [male] spinner || ~ de **cocons** / cocoon spinner || ~ **supplémentaire** (tex) / spare spinner, head piecer

fileuse *f* (tex) / [female] spinner || ~, carde *f* briseuse (tex) / carder || ~ **[à boudins]** (filage) / condenser card, finisher card || ~ pour **câble** (fibres chimiques) / tow extruding machine, continuous machine for staple fiber in tow || **~-coupeuse-sécheuse** *f* (tex) / spinning-cutting-drying-baling machine, baling press || **~-enrouleuse** *f* **et extrudeuse-enrouleuse avec enroulement** / spinning machine and winding with packages, extruding machine and winding with packages || **~-étireuse-enrouleuse** *f* / continuous machine for spinning and slashing and winding or for extruding and drawing and winding || **~-étireuse-retordeuse** *f* / continuous machine for spinning and slashing and twisting, continuous machine for extruding and drawing and twisting || ~ en **gros** (filage) / breaker scutcher, first scutching machine || ~ à **pots à gamelles** / can spinning frame, tubular cop spinning frame

filiale *f* / subsidiary company, branch, affiliate (US)

filière *f* / [bolt] die, die nut, die stock, die || ~ (câblerie) / die || ~ (tréfilage) / wire draw die || ~ (soie artif.) / spinneret || ~ (filage) / thread carrier o. guide o. plate, feeder || ~ (gén) / line of products || ~ (mines) / ore vein o. lode || ~ **annulaire** (plast) / tubular die || ~ de **boudineuse** / extrusion die || ~ de **comble** / verge course, extreme row of slates o. tiles || ~ en **diamant** / diamond die || ~ **droite** voir filière plate || ~ **extensible** / slotted adjustable die || ~ d'**extrudeuse** / extrusion die || ~ de **fabrication** / course of manufacture || ~ pour **feuilles** (plast) / sheet die, slot die, slit die || ~ à **fil de métal** / wire drawing bench, drawing mill || ~ **hexagonale** / hexagon die nut || ~ au **pas du gaz** / gas stocks and dies *pl* || ~ **plate** (plast) / sheet die, slot die, slit die || ~ de **réacteurs** (nucl) / reactor system[s pl.] || ~ à **repasser** / rethreading die || ~ **ronde** (m.outils) / round cutting die || ~ **ronde fixe** / solid circular screwing die || ~ **simple** / ring end screw plate o. stock, threading die o. plate || ~ de **tréfilage ou à tréfiler ou à tirer** / wire draw[ing] die || ~ pour **tubes** / pipe die || ~ pour **verranne** / bushing

filiforage *m* (ELF) (pétrole) / slim-hole drilling

filiforme / filamentary, filamentous, filiform || ~ / wire-shaped

filigrane *m* / filigree || ~ (pap) / watermark || ~ **clair** / raised o. clear watermark || ~ par **impression** / imitation watermark || ~ **linéaire** (pap) / linear watermark || ~ à la **molette** (pap) / facsimile o. impressed watermark, press-mark || ~ **ombré** / sunk o. shaded watermark || ~ **véritable** / real watermark || ~ **vu en transparence** / transparent watermark

filigraner / watermark *vt*

filigraneur *m* (pap) / dandy [roller], egoutteur

filin *m* (nav) / cable || ~ d'**élingue** (nav) / sling rope || ~ de **jute** (câble) / hessian (GB) o. jute serving o. wrapping || ~ en **quatre** / four-stranded rope

filler *m* (déconseillé), fines *f pl* (ELF) (routes) / filler

fillérisé (déconseillé), chargé de fines (ELF) (routes) / with filler added

film *m* / film, coat[ing] || ~ (plast) / film || ~ (phot) / film || **grand ~** / full length motion picture, feature [film] || ~ **8 mm** / standard eight film, double run 8 mm film, double eight film (coll) || ~ **8 mm type S** / film 8 mm type S || ~ **accéléré** (film) / time accelerator || ~ **[d']acétate** / acetate film || ~ d'**actualités** (film) / news reel || ~ **aérien** (phot) / aerial film || ~ pour **l'ajustage** / adjusting film || ~ d'**amateur** / substandard film-stock, narrow[-gauge] film || ~ **amorce** (film) / leader || ~ d'**animation** / animated cartoon, cartoon film || ~ **annonce** (film) / trailer || ~

d'**archive** / permanent record film, file copy || ~ **autopositif** / direct image film || ~ **biologique** (eaux usées) / filter film || ~ **brut cinématographique** / cinematographic raw film, raw film o. stock || ~ pour **caméras** / camera film || ~ en **cassette** / cartridge film || ~ **cellulosique rétractable** (emballage) / cobwebbing, skinpack || ~ **chargeur** / film cartridge || ~ **ciné en couleur** / colour film 8 mm || ~ **cinématographique** / moving picture, movie (coll) || ~ **cinématographique étroit** / ciné film || ~ **cinématographique de sécurité** / non-flam o. safety film || ~ **cinématographique vierge** / cinematographic raw film, raw [film] stock o. film || ~ de **coffrage** (bâtim) / formwork shell || ~ de **colle** / glue film || ~ **COM** / computer output microfilm, COM-film || ~ à **contraste maximal** (phot) / very-high contrast film || ~ pour **contretypage** / duplicating film o. stock || ~ de **contrôle pour la courbe de réponse son magnétique** / magnetic sound reference film || ~ de **contrôle pour l'image** / picture test film || ~ **couleur 8 mm ou format réduit** / colour film 8 mm || ~ [en] **couleur[s]** / colour film || ~ de **couleurs fausses** / false color film || ~ de **court métrage** / short film o. feature || ~ **diapositif** / diapositive film, slide film || ~ **diazo** / diazofilm || ~ **divisé** / split film || ~ **documentaire** / documentary film || ~ **éducatif ou d'enseignement** / class-room film (GB), instructional o. educational film, film course || ~ d'**enduit** / coating film || ~ d'**essai** (TV) / test film || ~ **étalon** / reference film || ~ en **feuille** (repro) / sheet film || ~s et **feuilles** *pl* (plast) / sheeting || ~ *m* **fixe** / film strip, slide film || ~ de **format standard** / standard film [stock] || ~ **gaufré** / mosaic screen film, lenticulated film || ~ **gazeux** / gaseous film || ~ à **grain fin** (phot) / fine-grain film || ~ **grand écran** / large screen movie || ~ **«grattable»** (phot) / stripping film || ~ d'**huile** / oil film || ~ d'**image négative en couleur** / colour negative film || ~ d'**information** / documentary film, fact film (US), information film || ~ **infrarouge couleurs** / colour infrared film || ~ **inversible** / reversal o. reversible [colour] film || ~ **inversible pour contretypage** / duplicate reversal [film] || ~ **inversible en couleurs** / colour reversal film || ~ de **long métrage** / full length motion picture, feature [film] || ~ **lubrifiant** / grease o. lubricating o. oil film || ~ pour **lumière artificielle** / artificial light film || ~ à **lumière naturelle** / daylight film || ~ **magnétique** / magnetic sound [recording] film || ~ pour la **mesure de la stabilité horizontale et verticale** / picture steadiness measuring film || ~ de **mesure des variations de fréquences son magnétique** / magnetic sound film for measuring wow and flutter || ~ de **mesure des variations des fréquences son-optique** / optical sound film for measuring wow and flutter || ~ pour **mesurer le pleurage et le papillotement** / film for measuring wow and flutter || ~ **mince** / extremely thin film || ~ **moléculaire** (phys) / built-up film || ~ **monomoléculaire** / monomolecular film o. layer, monofilm, -layer || ~ **muet** / silent [motion] pictures o. movies *pl* (US), silent film || ~ **négatif** / negative film || ~ **négatif original** (film) / master negative || ~ de **nitrate** (phot) / nitrate film || ~ **No. 126** / cartridge film || ~ en **noir** / black-and-white film || ~ **nu** / blank o. clear film || ~**-pack** *m* / packfilm, film pack || ~ **panchromatique** / pan[chromatic] film || ~ **parlant** / talking picture || ~ de **peinture rétroréfléchissant** (panonceau) / reflectorizing coat || ~ **pelable de protection** / protective film || ~ **pelliculable** (typo) / stripfilm, stripping film || ~ de **petit format** / miniature film || ~ **photo** / photo film || ~ pour **photographie aérienne** / aerial survey film || ~ pour la **photographie en couleur à projeter** / colour positive film o. print film || ~ avec **piste magnétique précouchée** / film with sound track, striped film || ~ à **piste vibratoire** / buzz-track film || ~ de **plus de 35 mm** / wide film || ~ **positif** / positive film stock || ~ **process** / process film || ~ **publicitaire ou de publicité ou de propagande** / commercial film, publicity o. advertizing film || ~ **radiographique de dentiste** / dentist's X-ray film || ~ de **rechange** / film cartridge || ~ en **relief** / 3d film, three-dimensional film || ~ de **reportage** (film) / news reel || ~ pour **reproduction** / process film || ~ **réversal** / reversal o. reversible [colour] film || ~ **ruissellant** (chimie) / falling o. trickling film || ~ **sandwich** / sandwich film || ~ **scolaire** / class-room film (GB), instructional o. educational film, film course || ~ de **sécurité** / non-flam film, safety film || ~ **sensibilisé** / sensitized film || ~ **sensible à l'infrarouge pour avions** / infrared aerial film || ~ de **séparation** / separating coat o. foil || ~ **son-optique** / combined sound and picture film, (code word), comopt, optical sound film || ~ **sonore** / sound film || ~ **stéréophonique** / stereo sound film || ~ **stéréophonique grand écran** / wide screen stereo sound film || ~ **stéréoscopique** / stereoscopic film || ~ **«stretch»** / stretch film || ~ **Super 8 ou 8 type S** / super-eight film, film 8 type S || ~ **superficiel** / surface film || ~ **technique** / reproduction film || ~**s** *m pl* **techniques sur la mécanique** (ELF) / engineering films *pl* || ~ *m* **télévisé ou de télévision** / telefilm || ~ **thermoplastique photoconductif** / PT-film || ~ pour **tirage en ou par contact** / contact film || ~ **tranché** (plast) / sliced sheet o. film || ~ en **trichrome à réseau mosaïque** / mosaic screen || ~ **tripack** (phot) / tripack film || ~ **truqué ou à trucage** / trick film o. picture || ~ **T.V.** / telefilm || ~ **vierge** / raw stock, unexposed film

filmer / film || ~, tourner un film / produce o. stage a film

filmogène / film forming

filmothèque *f* / film library

filoguidé / guided by wire

filon *m* (mines) / seam, lode, vein || ~ (une lime) / file for repairing screw thread || ~ de **cisaillement** (géol) / shear vein || ~ de **contact** (mines) / contact vein || ~**-couche** *m* **intrusif** (géol) / intrusive sheet, sill || ~ d'**étain** / tin lode o. floor || ~ **étroit qui va rejoindre le filon principal** (mines) / branch vein joining the master lode || ~ de **fer** / iron lode, course of iron ore || ~ à **fleur de terre** (mines) / outcrop, apex, outburst || ~ de **glaise** (mines) / clay coat of veins, clay wall, slide, flookan, flucan || ~ **lenticulaire** (géol) / lenticle || ~ **métallifère** (mines) / ore o. mineral lode o. vein || ~ de **mine de plomb** (mines) / lead vein || ~ **minéral** / mineral lode o. vein || ~ d'**or** / gold vein || ~ **qui s'enrichit** / belly of ore

filoselle *f* (retors) / filoselle yarn

filtrabilité *f* d'après **H. et H.** (huile Diesel) / H. and H. filterability (DIN 51770)

filtrage *m* / filtering, filtration || ~ (électron) / filtering, selection || **de** ~ (électron) / smoothing... || ~ **spatial du faisceau laser** / mode selection

filtrant / filt[e]rable || ~, qui sert à filtrer / filtering || ~ (électron) / smoothing...

filtrat *m* / filtered matter, filtrate

filtrateur *m* / filtering basin o. tank

filtration *f* / filtering, filtration || ~ par **aspiration** /

vacuum filtration || ~ des **eaux d'égouts** / sewage purification by filtration || ~ des **fréquences** / frequency discrimination || ~ sur **gel** (chromatogr) / gel permeation || ~ **intermittente** (eaux usées) / intermittent filtration || ~ **rapide** / accelerated o. rapid filtration || ~ **stérilisatrice** / degerminating filtration || ~ par **tissus** (chimie) / cloth filtration || ~ sur une **toile** (sucre) / layer filtration || ~ à **vide** / vacuum filtration

filtre *m* / filter, filtering apparatus || ~ (électron) / filter || ~ (opt) / screen || ~, piège *m* à crasse (fonderie) / skim gate, dross filter || ~ **absorbant le rouge** / red-abstracting filter || ~ d'**absorption** / absorption filter || ~ **acoustique** / tone filter || ~ à **action lente** / slow process filter || ~ à **action rapide** / quick-run filter, rapid filter || ~ **additionnel** / front-lens filter || ~ d'**aiguille** (phono) / scratch filter || ~ à **air** / air filter o. cleaner o. purifier || ~ à **air à bain d'huile** (auto) / oil bath air cleaner || ~ à **air à force centrifuge** (auto) / centrifugal air cleaner || ~ à **air, type humide** (auto) / oil-wetted air cleaner || ~ d'**alignement** (électron) / smoothing filter || ~ à **alimentation latérale** / side-feed filter || ~ à **anche à résonance** / reed resonance filter || ~ **antibrouillage** (TV) / interference trap || ~ **anticalorique** (phot) / heat [protection o. absorbing] filter || ~ **antigaz** / gas mask canister || ~ **antiparasite** (électron) / interference filter o. eliminator o. trap, noise filter || ~ **antiparasite commandé par courant porteur** / codan (carrier operated device anti-noise) || ~ **antironflement** / mains hum filter, power line o. A.C. hum filter || ~ **apparié** (électron) / matched filter || ~ à **arêtes** (opt) / cut-off filter || ~ d'**arrêt** (électron) / stop o. rejection filter, rejector [circuit] || ~ d'**arrêt de bruits** (électron) / squelch [circuit] || ~ d'**arrêt des interférences** (électron) / interference filter o. eliminator o. trap, noise filter || ~ d'**arrêt à redresseur** / rectifier type suppression filter || ~ d'**arrêt au réseau** (électron) / mains suppression filter || ~ **aspirateur ou de ou à aspiration** / suction o. vacuum filter || ~ **bactériologique** (eaux usées) / bacteria beds *pl* || ~ de la **balance des couleurs** (phot) / colour balancing filter || **~-bande** *m*, filtre *m* de bande (électron) / band eliminating capacitor, band elimination filter, band rejection o. stop filter || ~ à **bande étroite** / narrow band filter || ~ de **bande [latérale] résiduelle** / vestigial side-band filter || ~ **basse fréquence** (électron) / low-pass filter || ~ **Berkefeld** (égout) / Berkefeld filter || ~ **bleu** (phot) / blue filter || ~ en forme de **bougie** / multiple tube filter || ~ **brouillard** / haze o. fog filter || ~ du **bruit de commutation** / key-click o. keying filter || ~ de **bruit des rayures** (phono) / scratch filter || ~ à **carburant** / fuel filter || ~ à **cavités multiples** / multi-cavity filter || ~ **cellulaire à tambour** / drum cell filter, rotary [cellular] filter || ~ à **cellules d'aspiration** / suction cell filter || ~ **cellulosique** / woodpulp filter || ~ **Chamberland** (eau) / tube filter || ~ à **charbon** / boneblack filter || ~ en **charbon de bois** / charcoal filter || ~ de **Chebyshev** (télécom) / Chebyshev filter || ~ **clarificateur** / water purification filter || ~ à **clarifier** (égout) / filter bed, sewerage filter || ~ **coaxial** (télécom) / coaxial filter || ~ **coloré** / light filter || ~ **colorimétrique** / tristimulus filter || ~ de **compensation** / compensating filter || ~ **correcteur d'échos** (TV) / time equalizer || ~ à **couches** / precoated filter || **~-coulée** *m* (fonderie) / strainer bush || ~ **coupe-bande** (électron) / notch filter || ~ **coupleur** (télécom) / coupling filter || ~ de **craquement** (électron) / click filter || ~ à **cristal** (électron) / crystal o. quartz filter || ~ **debout** (opt) / cut-off filter || ~ **décanteur d'huile** / oil cleaner, oil cleaning filter || ~ de **découplage** (électron) / decoupling filter || ~ **dégradé** (opt) / graduated filter || ~ de **densité neutre** / neutral density filter || ~ **déphasant** (laser) / phase plate || ~ **déshydrateur** / dehydrating filter || ~ à **diaphragme** / membrane o. molecular filter || ~ à **diaphragme annulaire** (guide d'ondes) / diaphragm ring [mode] filter || ~ de **diatomite** / diatomite filter || ~ à **diffuser** (lumière) / scrim || ~ à **direction déterminée** (TV) / direction[al] filter || ~ à **disques** (mot) / edge o. disk filter || ~ d'**eau** / water filter || ~ d'**échappement** / exhaust strainer || ~ en **échelles** (électron) / filter chain || ~ **écrêteur** (vibrations) / peak notch filter || ~ d'**égalisation** (électron) / filter type equalizer || ~ **électrostatique** (prép) / electrostatic precipitator || ~ **éliminateur de bande** (électron) / band elimination filter, rejector [circuit] || ~ à **emboîtement** (phot) / push-on o. slip-on filter || ~ d'**encoches** (électron) / notch filter || ~ d'**entrée** (hydr) / intake filter || ~ d'**essence** (auto) / gasoline (US) o. petrol (GB) filter || ~ d'**excitation** (opt) / excitation filter || ~ au **ferrite grenat d'yttrium** (électron) / yig filter, yttrium-iron-garnet filter || ~ **F.I.** / I.F.-filter, intermediate frequency filter || ~ de **fibres** / fiber filter || ~ en **fibres de verre** / fiber glass filter || ~ **filiforme** (guide d'ondes) / wire grating || ~ **fin de combustible** / fuel fine filter || ~ de **fréquences** / electric wave filter || ~ de **fréquence de lieu** / spatial-frequency filter || ~ de **fréquences spatiales** (laser) / space frequency filter || ~ à **gaz sec** / dry gas filter || ~ de **gélatine** (phot) / gelatin filter || ~ à **gravier** / rubble filter || ~ **gris** / neutral gray o. grey filter, neutral absorber || ~ **gris [neutre]** (film) / neutral [density] film || ~ en **guide d'ondes** / waveguide filter || ~ en **H** (électron) / H-filter || ~ d'**harmoniques** / harmonic suppressor o. filter o. trap || ~ **haute fréquence** (électron) / low-stop o. high-pass filter || ~ d'**huile** / oil filter || ~ à **huile en circuit principal** (mot) / main flow oil filter || ~ à **huile en dérivation** (mot) / partial flow oil filter || ~ **humide** / wet type filter || ~ d'**image à fréquence intermédiaire** (TV) / picture carrier filter || ~ **inactinique** (phot) / darkroom filter || ~ d'**interception** / stop o. rejection filter, rejector [circuit] || ~ d'**interférence** (TV) / interference trap || ~ **interférentiel à couches multiples** (opt) / multilayer interference filter || ~ à **k constant** (électron) / constant-k filter, k-filter || ~ de **Kalman** (nav) / Kalman filter || ~ de **laboratoire à vide** / suction filter o. strainer || ~ avec **lavage à contre-courant** (eaux usées) / reversible flow filter || ~ **limite de bruitage** / noise limiter o. killer, NL || ~ de **lissage** (électron) / ripple filter || ~ à **lit profond** (chimie) / deep-bed filter || ~ de **lumière** / light filter || ~ de **lumière d'ambiance** (TV) / ambient light filter || ~ de **Lyot** / Lyot filter || ~ **magnétique** (pour eau) / magnetic filter (for water) || ~ à **manche** / bag filter, sack filter || ~ du **masque antigaz** / gas mask filter insert o. box, gas mask canister || ~ à **masse filtrante uniforme** / single-stage filter || ~ pour **matières suspendues en l'air** / high efficiency submicron particulate airfilter || ~ **mécanique** (chimie) / hurdle o. mechanical filter || ~ **mécanique** (projecteur) / mechanical filter || ~ **mélangeur** (guide d'ondes) / combining filter || ~ en **métal fritté** / sintered metal filter || ~ **microporeux** / membrane o. molecular filter || ~ de **mode** (guide d'ondes) / diaphragm ring [mode] filter, mode filter || ~ à

mode annulaire (guide d'ondes) / ring[-mode] filter || ~ de **mode résonnant** / resonant mode filter || ~ **moléculaire** / membrane o. molecular filter || ~ **[multi]cellulaire aspirateur** / rotary cellular filter || ~ **neutre** (film) / neutral [density] film || ~ **neutre** (phot) / neutral filter || ~ **neutre à transmission échelonnée** / stepped photometric absorption wedge, step wedge || ~ **nid d'abeilles** (soufflerie) / straightener, honeycomb || ~ à **noir** / boneblack filter || ~ d'**octaves** / octave analyzer || ~ d'**ondes** (électron) / wave filter || ~ d'**onde** (TV) / interference trap || ~ d' **onde porteuse** (télécom) / carrier filter || ~ **optique** (TV) / gray glass filter || ~ **optique encadrant** (TV) / stray light filter || ~ **orange** (phot) / orange filter || ~ en **paille de fer** (séparation magn.) / matrix || ~ **panchromatique** / pan filter || ~ en **papier** / paper filter || ~ **passe-bande d'antenne** / antenna bandpass filter || ~ **passe-bas** / low-pass filter || ~ **passe-haut** (électron) / high-pass filter, low-stop filter || ~ **piézoélectrique** / crystal filter, piezoelectric o. quartz filter || ~ de **plages** / rotary [cellular] filter || ~ **plan** / plane filter || ~ à **plaques** / plate filter, leaf filter || ~ à **plateaux** / chamber filter press || ~ à **plis** (chimie) / folded filter || ~ à **poche** / bag filter || ~ à **poche Sweetland** (sucre) / fixed-loaf filter || ~ de **polarisation** / polaroid screen, polarizing filter || ~ de **polarisation type Bernotar** / Bernotar type polarizing filter || ~ de **polarisation gris neutre** (phot) / neutral density polarizing filter || ~ de **pondération de bruit** (TV) / random noise weighting network || ~ en **pont** (télécom) / lattice filter || ~ de **poursuite** (électron, arp) / tracking filter || ~ **préparatoire** / preliminary filter || ~ **présélecteur** / front-end band[pass] filter || ~**-presse** *m* à **aspiration** / suction filter press || ~**-[presse]** *m* à **cadres et à plateaux** / [plate and] frame filter press || ~**-presse** *m* à **chambres ou à plateaux** / chamber filter press || ~**-presse** *m* à **plateau** / rotary disk filter || ~ sous **pression** / pressure filter || ~ **protecteur** / protective filter || ~ **protecteur I.R.** / infrared protection filter || ~ **protecteur contre le rayonnement du soleil** / dark filter || ~ **protecteur pour usage pendant le soudage** / welder's hand shield o. screen || ~ **protecteur pour les yeux** / eye protecting filter || ~ **psophométrique** / phosphometric filter, aural sensitivity network, ASN || ~ de **purification** (égout) / filter bed, sewerage filter || ~ à **quartz** / crystal filter || ~ de **rechange** (gén) / filter cartridge o. element || ~ **respirateur** / breathing filter || ~ **Roll-O-Matic** / roll type filter, Roll-O-Matic filter || ~ de **ronflement** (électron) / ripple filter || ~ **rotatif à disques** / rotary disk filter || ~ **rotatif sous vide** / rotary vacuum filter || ~ à **sac** / bag o. sack filter || ~ de **sélection** (TV) / colour separation filter || ~ de **sélection d'ordres** (satellite) / command directional filter || ~ au **sélénium** (phot) / selenium glass || ~ **séparateur** (télécom) / notch diplexer || ~ **séparateur différentiel** (électron) / differential separating filter || ~ à **simple effet** / single-stage filter || ~ **soustractif** (phot) / subtractor || ~ de **stabilisation** / smoothing filter || ~ **standard** (phot) / standard filter || ~ **statique type Nutsche**, filtre *m* de succion / suction filter o. strainer || ~ **suivant** / after-filter || ~ de **suppression** (électron) / suppression o. wave filter || ~ à **suppression des échos fixes** (radar) / fixed target rejection filter, F.T.R. || ~ de **suppression au réseau** (électron) / mains suppression filter || ~ à **tambour** / drum filter, rotary o. rotating filter || ~**-tamis** *m* / filtering screen, sieving filter || ~**-tamis** *m* à **carburant** / fuel strainer || ~ **texturé** / fibrous filter || ~ en **toile ou en tissu** / cloth filter || ~ en **toile** (chimie) / strainer || ~ de **tonalité** / tone filter || ~ **tournant** / rotating filter || ~ **trichrome** / trichromatic filter || ~ de **tripoli** / diatomite filter || ~ à **trois étages** (analyse spectr) / three-stage filter || ~ **type pi** (électron) / pi[-type] filter || ~ de **verre de frittage** (chimie) / fritted glass filter || ~ à **vide** / vacuum filter || ~ sous **vide**, filtre *m* de plages / rotary [cellular] filter || ~ à **vide à disques** / rotary disk filter || ~ sous **vide «Oliver»** (sucre) / rotary drum vacuum filter type Oliver-Campbell || ~ **vidéométrique** (TV) / random noise weighting network || ~ de **vitesse** (radar Doppler) / velocity filter

filtré / filtered

filtrer / filter *vt*, strain [off] || ~ (électron) / filter *vt* || ~ (bière) / run off *vt* || ~ (sucr) / filter *vt* || ~ par **aspiration ou à la trompe**, filtrer par succion ou sous vide (chimie) / filter by means of suction o. vacuum

filtreur *m* (caoutchouc) / refiner, strainer

fin *adj* (lignes) / faint, feeble || ~, pur / fine || ~ (précipité) / fine-flocculent

fin *m* (or) / standard, title

fin·s *m pl* (prép) / fines *pl* || ~ *f* / close, end || ~ (activité) / cutoff || ~, but *m* / aim, goal, end || **à la ~ de limitation de vitesse** (routes) / derestricted || **à une seule ~** (techn) / single-purpose... || **après la ~ du laser** / after the end of laser operation || **en ~ de chaîne** (chimie) / terminal || **sans ~** / endless, without end || **sans ~** (feutre) / endless woven || **sans ~** (méc) / endless || ~ d'**alerte** (aéro) / all-clear || ~ de **bande** (ord) / end of tape o. (COBOL) of reel || ~ de **bloc** (ord) / end of block, EOB || ~ de **bloc** (ord) / end of record || ~ de **bobine** (bande perf.) / end of medium, EM || ~**s** *f pl* de la **chaîne** (tiss) / warp ends *pl* || ~ *f* de **communication** (télécom) / ending || ~ de la **conversation** / end of conversation || ~ de **course** / limit of travel || ~ d'**ébullition** / end of boiling || ~ d'**enroulement** (électr) / leading-out wire || ~ d'**essai** / aim of testing || ~ de **fichier** (ord) / end of file, EOF || ~ du **filet** / run-out of thread || ~ de **forgeage** (forge) / finishing of pressing o. hammering || ~ **imprévue** (ord) / dead end || ~ de **ligne** (électr) / end of network, spur || ~ de **message** (ord) / end of message || ~ de **numérotation** (télécom) / end of selection || ~ de **section à statut autoroutier** / end of motorway || ~ *m* **serré** (verre) / heavy seed || ~ *f* du **support d'enregistrement** (ord) / end of medium || ~ de **transmission** (électron) / end of transmission, EOT || ~ de **travail** (ord) / end of job, EOJ

finage *m* / boundary of a community o. municipality

final / final, end... || ~ (gén) / final, terminal, ultimate

fincelle *f*, flotte *f* (nav) / drift net

finement dispersé / dispersed || ~ **divisé** / finely divided || ~ **estampé** (découp) / superfinish punched || ~ **granulé** (sidér) / compact grained || ~ **moulu** / fine-ground, finely ground

fines *f pl* (charbon) / small coal, smalls *pl* || ~ (minerai) / schlich, slime, mud || ~ (entre 0.02 mm et 0.53 mm; tamis 270 A.F.S.) (fonderie, sable) / fines *pl* || ~ (les 20 µm entre argile et sable le plus fin) (fonderie) / pan || ~ *pl* (ELF) (routes) / filler || ~ *f pl* **brutes** (houille) / raw smalls *pl* || ~ **brutes non lavées** (mines) / unwashed slack || ~ à **coke** / coking small || ~ **égouttées** / dewatered fines || ~ **flottées** / flotation concentrate || ~ **lavées** / fine small [duff] || ~ de **minerai** (sidér) / ore dust || ~ **moins 0.5 mm** (houille) / finest smalls *pl*

finesse *f* / fineness || ~ aux **coins** (TV) / corner detail || ~ du **fil** (tex) / count o. size o. grist of yarn || ~ des **grains** / fineness of grain || ~ de **mailles** (tex) /

knitting gauge, stitch fineness || ~ de **réglage** (électr) / notching ratio || ~ **suisse** (filage) / Swiss count of yarn

finette *f* (tiss) / raised lining

fini *adj* / finished || ~ (math) / finite, terminate || ~ (méc) / finite || ~ (pap) / trimmed || ~ *m* / finishing, workmanship || ~ (pap) / finish || **donner le** ~ / perfect || ~ **brillant** (techn) / bright[-finish...], plain || ~ **brillant spéculaire** (galv) / mirror-bright || ~ **coquille** (pap) / egg-shell finished || ~ **crispé** (pap) / cockle finished paper || ~ **machine** (pap) / machine-finished, M.F., mill finished, M.F. || ~ de **surface excellent** (brut de fonderie) / hardware finish || ~ sur **toutes les faces** / finish all over, F.A.O. || ~ **velours** (tan) / suede finish

finir *vt* / finish *vt* || ~ (opération) / finish *vt*, end *vt* || ~ (tex) / finish *vt*, dress *vt* || ~ (souliers) / finish *vt*, trim *vt* || ~ [de] *vi* / cease, discontinue || ~, cesser / come to an end || **en ~ [avec]** / finish, stop || ~ son **apprentissage** / finish apprenticeship o. time || ~ **[bien, mal]** / result, turn out, prove || ~ **brillant** / high-polish *vt*, give mirror finish, burnish || ~ une **construction** / finish a construction || ~ la **cuisson** / boil off || ~ à la **fraise** / finish-mill || ~ le **lapping** / finish-lap || ~ [à la **meule**] / finish-grind || ~ le **tirage** (typo) / finish printing || ~ au **tour** / finish-turn, smooth

finisher *m* (déconseillé), finisseur *m* (ELF) (routes) / finisher

finissage *m* / dressing, finishing || ~ (techn) / fine finishing || ~ (tex) / finish || ~ (montre) / watch work o. movement o. train || ~ (chanvre) / re-sorting || ~ (fonderie) / fettling (GB), cleaning (US) || ~ d'**aspect** (techn) / appearance treatment || ~ de **coton** / cotton finishing || ~ du **cuir** / leather finish || ~ de **foulé** (tex) / melton finish || ~ [au **laminoir**] / finish-rolling || ~ **melton** (tex) / melton finish || ~ à **minimum de soin** (tex) / minicare finish || ~ du **papier** / paper finishing || ~ avec **poil brossé** (tex) / raised brushed finish || ~ **standard** / conventional design o. execution || ~ de **tissu** (tex) / cloth finish || ~ au **tour** / finish turning

finisseur *m* (laine) / finisher box minder, fine drawer || ~ (filage) / finisher [box], finishing box || ~ (ELF) / road finishing machine o. finisher || ~ de **préparation à barrettes** (laine peignée) / open gill || ~ de **préparation à broches** (filage) / spindle draw box || ~ de **préparation à grand étirage** (filage) / high draft finisher || ~ de **préparation à hérissons** (filage, laine) / porcupine o. French draw box, rotary drawing [frame]

finisseuse *f* (laine) / fine drawer || ~ (velours) / lustring o. glazing machine || ~ pour **bandes latérales** (routes) / marginal concrete strip finisher || ~ de **revêtement en béton** / concrete road finisher || ~ de **revêtements aux liants hydrocarbonés** (routes) / bituminous finisher || ~ à **rouler au rouleau** (tex) / roller polishing machine || ~ de **route** / road finishing machine o. finisher

finition *f* / finishing, completion || ~ (peinture) / final paint || **de** ~ / end..., finish... || **de ~ dans l'usine** / shop-assembled, factory built || **faire la ~ de façonnage** / finish-form || ~ **bichromatée** / chromating || ~ **bois** (plast) / imitation of wood || ~ des **chants** / edge processing || ~ **dépolie** (circ.impr.) / matt finish || ~ **électrolytique ou galvanique** / galvanic deposition o. plating || ~ de **frittage** / final sintering operation || ~ **irréprochable** / highest quality finish || ~ **satinée** (galv) / satin finish || ~ **teintée** (tex) / dyeing || ~ **terne** (galv) / dull finish || ~ en **vernis poncé** / egg-shell finish

fiole *f* **conique** / conical o. Erlenmeyer flask || ~ à **décoction** (chimie) / boiling flask || ~ à **distillation fractionnée** / fractional distillation flask || ~ à **filtrer** / filter flask || ~ à **fond plat** (chimie) / boiling flask || ~ **jaugée** (chimie) / volumetric flask, delivery flask || ~ à **jet** (chimie) / wash[ing] bottle || ~ de **pharmacie** / medicine bottle

fique *f* (fibre) / fique

firmware *m* (déconseillé), microprogrammes *m pl* (ord) / firmware

fishpaper *m* / fishpaper

fissile, fissible (phys) / fissile || ~ par **neutrons lents** (nucl) / fissile, fissionable

fissilité *f* (placage) / delamination o. face strength || ~ (nucl) / fissility (GB), fissionability (US) || ~ à **chaud** / hot crack susceptibility

fissiographie *f* (nucl) / fission products track detection

fission *f* (nucl) / fission || ~ (phys, chimie) / separation || ~ **explosive** (nucl) / explosive fission || ~ par **neutrons rapides** (nucl) / fast fission || ~ **nucléaire** / nuclear fission || ~ **primaire** (nucl) / original fission || ~ **rapide** (nucl) / fast fission || ~ **spontanée** (nucl) / spontaneous fission || ~ **ternaire** (nucl) / ternary fission || ~ **thermique** (nucl) / thermal fission || ~ d'**uranium** / uranium fission

fissionnable (nucl) / fissionable, fissile

fissium *m* (nucl) / fissium

fissuration *f* / fissuring, cracking || ~ (géol) / crevasse formation || ~ (plast) / crazing || ~ d'une **coquille** (fonderie) / crazing || ~ des **cordons de soudure** / weld seam fissuring || ~ **hydraulique** / hydraulic fracturing, hydrofrac

fissure *f* / split, opening, rent, fissure || ~ (verre) / cleft, breach, fissure, fracture, tear[ing], rent, chap, chink || ~ (géol) / chasm, fault || ~ (mines) / crevasse || **faire des ~s** [à]... / fissure *vt* || ~ d'**angle** (bois) / crack along the edge, edge crack || ~ d'**arête ou de bord** (lam) / edge break, corner crack || ~ **capillaire** (forge) / shatter crack || ~ **capillaire** (techn) / hair crack, check [crack], craze, crazing || ~ à **chaud** / hot crack || ~ de **compression** (mét. poudre) / pressing o. compacting crack, cap || ~ due à la **contrainte** (gén) / stress o. tension crack || ~ de **corrosion sous contraintes** / stress corrosion crack[ing] || ~ de **coupe ou de déroulage** (placage) / cutting o. knife check, lathe check || ~ de l'**enveloppe** / envelope crack || ~ d'**expansion** / crack due to expansion || ~ de **fatigue** / fatigue crack || ~ **filiforme** (mica) / hair crack o. line || ~ **intercristalline** / intercrystalline failure || ~ **interne ou intérieure** / internal fissure o. crack o. rupture || ~ **longitudinale** / longitudinal crack of the material || ~ due à la **lumière solaire** (bois d'oeuvre) / sun crack o. check || ~ de **pression** (mines) / crump, bump || ~ **progressive** / progressive failure || ~ de **repli** (lam) / fold crack o. crevice, seam || ~ de **retrait** (techn) / shrinkage o. contraction crack, check [crack] || ~ de **soudage** / welding crack o. fissure || ~ **sous cordon** (soudage) / underbead crack || ~ **superficielle** / incipient crack o. fracture, superficial fissure, cleft || ~ **superficielle ou à la surface** / superficial o. surface crack o. scratch || ~ due aux **tensions thermiques** / crack due to thermal stress

fissuré / cleaved, full of fissures, rugged, fissured || ~ (bois) / cracked || ~ (géol) / fissured, cleft || ~ (mines) / teary, friable || ~ à **cœur** / quaggy, having heart shakes

fissurer / cleave, slit, split, rift

fistule *f* (défaut) (bois) / fistula, dent

fitting *m* / fitting (a small accessory part)
fixable / fixable
fixage *m* / fastening, fixing, attachment || ~, serrage *m* / tightening || ~ (phot) / fixing, fixation || ~ à la **chambre ou à la vapeur** / steaming || ~ au **mouillé** (tex) / crabbing || ~ au **mur** / wall fastening || ~ **permanent** (laine) / permanent setting
fixant l'**azote** (bactéries) / nitrogen-fixing (bacteria)
fixateur *m* (phot) / fixing salt
fixatif *m* (teint) / fastener || ~ (chimie) / fixative
fixation *f* / fixing, settling || ~, attache *f* / fixing o. holding device, mounting || ~ (éch. d'ions) / exhaustion || ~, serrage *m* / gripping, fixing || ~ (caoutchouc) / prevulcanization || ~ **aveugle** / blind fastening || ~ de l'**azote atmosphérique** / fixation of atmospheric nitrogen, nitrogen fixation || ~ de l'**azote atmosphérique sur du carbure de calcium** / cyanamide process of nitrogen fixation || ~ par **bande de serrage** (auto) / cradle o. barrel (US) mounting || ~ de la **canette** / clamping device of empty pirns || ~ de **carbone** (photosynthèse) / carbon fixation || ~ du **cliché** (typo) / compression plate lock-up || ~ à **double patte articulée** (auto) / bracket mounting (US), swivel arm mounting (GB) || ~ des **dunes** (hydr) / protection o. defence of dunes, fixation of dunes || ~ d'**électrons** [sur] / electron caption || ~ **encastrée** (instr) / back-of-board mounting || ~ **encliquetable** / snap-on mounting || ~ de la **garniture** (lam) / seal retention || ~ **immédiate** / snap action || ~ **masquée** / concealed o. secret fixing || ~ d'un **point** / determination of a point || ~ de **retordage** (filage) / twist setting || ~ de **ski de sécurité** / release binding || ~ des **tarifs aux pièces** / piece rate setting || ~ en **trois points** / three-point bearing || ~ en un **trou** / single-hole mounting o. fixing, bushing mount
fixe (techn) / fixed || ~ (accouplement) / fast || ~, stable / firm || ~, adhérent / sticking, adherent, adhesive || ~ (charge) / permanent, dead || ~, non translatable / stationary || ~ à **circulation** / accessible, man-sized
fixé / strong, fortified || ~ [sur] (chimie) / combined [with], attached [to] || ~, établi / set || ~, situé [en] / seated, placed, located, situated || **être** ~ [à] / cling [to] || ~ par **bride** / flanged || ~ par **bride** (boîte de vitesse) / flanged-on, embodied || ~ par **rodage** / ground-in || ~ en **un seul trou** / single hole mounted
fixe-carte *m* / card holder
fixer / fasten, set, fix, lock, immobilize || ~, assujettir / fit *vt*, install, fix || ~, déterminer / fix, appoint || ~, préciser / specify, fix, determine || ~, serrer / grip, fix || ~, définir / define || ~ (film) / fix *vt* || **peut venir se** ~ [à] / may be mounted [on] || **se** ~ [sur] (chimie) / settle down || **se** ~ **par la rouille** / rust [in o. into] || ~ par **addition** (chimie) / add || ~ avec des **broquettes** / fasten with tacks || ~ le **centre** / centre (GB), center (US) || ~ par **écrit** / put down in writing || ~ les **fibres synthétiques** (tex) / set fibres || ~ par **goujons** / pin [together] || ~ par **laminage** / roll-bond, clad by rolling || ~ les **mailles avec l'aiguille à manche** (bonnet) / fix the meshes, hook up || ~ en **mortier** / bed in mortar || ~ [sur des **objets pointus**] / pin-up, stick on pins || ~ **perpendiculairement à ...** / fix at right angles || ~ la **route** / set the course || ~ au **tour**, façonner au tour / turn-on on the lathe || ~ l'**un contre l'autre** / connect || ~ avec des **vis** / fasten with screws, screw down || ~ la ou à **vis** / screw in || ~ par **vulcanisation** / vulcanize [on]
fixeuse *f* (tex) / crabbing o. presetting machine
fixité *f* (chimie) / fixedness, fixity
flaccidité *f* / flaccidity, flaccidness
flache *f* (plast) / sink mark || ~ (bois) / dull o. rough edge, wane || ~ (routes) / subsidence of pavement, depression || **pourvoir d'une** ~ / blaze
flacheux (charp) / dull-edged, unedged-sawn, waney-sawn
flacon *m* / vial || ~ (chimie) / flask, bottle || ~ d'**aspiration** / suction bottle || ~ **bouché à l'émeri** (chimie) / stoppered bottle || ~ **clissé** / wicker bottle || ~ **cylindro-conique à col étroit** (chimie) / narrow-necked flat-bottomed flask || ~ **cylindro-conique à col large** / laboratory bottle with wide mouth || ~ à **deux cols** (chimie) / two-necked bottle || ~ d'**échantillonnage** (océanographie) / water sampling bottle || ~ **étiquetté** (chimie) / lettered reagent bottle || ~ à **filtrer** / filtering flask || ~ en **forme de faucille** (chimie) / sickle flask || ~ **jaugé** / graduated flask || ~ **Kolle** (chimie) / Kolle flask || ~ de **laboratoire tubulé bas** / laboratory bottle with outlet at bottom || ~ **laveur ou de lavage** (chimie) / wash bottle || ~ **mélangeur** (chimie) / volumetric flask, delivery flask || ~ de **niveau** (chimie) / level[l]ing bottle || ~ à **pesée** (chimie) / weighing bottle || ~ à **pression** (chimie) / pressure pump || ~ **sécheur** (chimie) / drying flask || ~ à **vide** / vacuum flask || ~ de **Woolff** / Woulff bottle || ~ de **Woolff tubulé bas** / Woulff bottle with bottom outlet
flageoler (auto) / shimmy, wobble (US)
flambage *m* (déformation) / buckling || ~ (tiss) / singeing, gassing || ~ (pilotis de bois) / carbonizing || ~ d'**ensemble** (cadre) / sway buckling || ~ de **fluage** (méc) / creep buckling || ~ à **gaz** (tiss) / flame singeing by gas, singeing by gas || ~ de **plaques minces** / buckling of thin plates || ~ à la **torsion** (méc) / torsional buckling
flambant (Belgique) (charbon) / long-flaming || ~ **gras** (charbon) / long-flaming || ~ **neuf** / brand-new || ~ **sec gras proprement dit**, flambant sec, flambant (Belg.) (charbon) / long-flaming
flambé / buckled || ~ (tex) / gassed, singed
flambeau *m* / torch
flambement *m* / buckling || ~ de **cisaillement** / shearing strain || ~ **excentré** / eccentric buckling || ~ avec **flexion** / flexural buckling || ~ avec **torsion** (méc) / torsional buckling || ~ avec **torsion-flexion** / torsional-flexural buckling
flamber *vt* / flame *vt* || ~ (tiss) / singe || ~ (vide) / torch with a gas burner || ~ *vi* / flame *vi* || ~ (déformation) / buckle || ~ [l'**intérieur**] / erode *vt* by heat || ~ un **moule** (fonderie) / skin-dry a mould || ~ un **pieu** / carbonize a pole
flambeuse *f* (tiss) / flame singeing machine || ~ à **gaz** (tiss) / gas singeing machine
flamb[oy]er / blaze, flame, flare up
flammable (techn) / flammable || ~ (gaz) / inflammable, flammable, fiery
flammage *m* (tex, défaut) / localized sun bleaching
flamme *f* / flame, blaze || **à** ~**s multiples** / with several flames || **à deux** ~**s** / double-fired || **être en** ~**s** / burn, be ablaze, be in flames || **sans** ~ / flameless || ~ de l'**arc** (soudage) / arc flame || ~ **découpante** / cutting flame o. torch || ~ **éclairante** / luminous flame || ~ du **gaz** / gas-flame, -jet, -light || ~ **jaillissante** / darting o. jet flame || ~ **manométrique** (phys) / manometric flame || ~ **neutre** / neutral flame || ~ **nue** / open fire o. flame || ~ **oxydante ou d'oxydation** / oxidizing flame || ~ **persistante** / afterflame || ~**-ratée** *f* / flame failure || ~ **réductrice** / carburizing o. carbonizing o. reducing o. reduction flame || ~ de **soudage** / welding flame

flammèche *f* / large spark, flake of fire || **~s** *f pl* (ch.de fer) / flying sparks *pl*
flan *m* (découp) / blank || ~ (circ.impr) / panel || ~ (typo) / flong, matrix, mat, mould || ~ **circulaire** (découp) / circular blank, circle || ~ **imprimé multiple** (circ.impr.) / multiple printed panel || ~ de **journaux** / newspaper flong || ~ **sec** (typo) / dry flong o. mat || ~ **stéréo** / stereoflong
flanc *m* (tan) / belly || ~ (techn) / flank, side || ~ (queue d'outil) / lateral face || ~ (chambre à air) / sidewall || ~ **actif** (roue dentée) / addendum flank || ~ **antérieur** (impulsion) / leading edge || **~s** *m pl* **antihomologues** (engrenage) / opposite flanks *pl* || ~ *m* d'**appui** (canon) / driving edge || ~ **arrière** (impulsion) / back flank || ~ **arrière** (denture) / non-working flank || ~ **avant** (denture) / working flank || ~ **conjugué** (denture) / mating flank || ~ de **coteau** / flank of a hill || ~ de **creux** (denture) / dedendum flank || ~ **défini en profil axial** / straight-sided axial worm || ~ **défini en profil normal** / straight-sided normal worm || ~ de la **dent** (antonyme: flanc actif) / tooth flank (contradist: addendum flank) || ~ **engendré par outil disque** (vis sans fin) / involute helical form || ~ de **filets** / flank of screw thread || ~ en **hélicoïde développable** / milled helical worm || **~s** *m pl* **homologues** (denture) / corresponding flancs || ~ *m* d'**impulsion** / pulse edge || ~ de **montée** (impulsion) / leading edge || ~ de **raccord** (roue dentée) / fillet || ~ de **saillie** (roue dentée) / addendum flank || ~ **utilisable** (roue dentée) / usable flank
flandre *f* (mines) / tymp, lengthwise timber, roof bar || ~ **fendue** (mines) / split bar, stringer (US) || ~ **métallique** (mines) / steel cap
flanelle *f* / flannel || ~ pour **chemises** / shirting flannelet[te] || ~ **croisée** / flannel twill
flash *m*, (pl flashes) (phot) / flashgun || ~ (galv) / striking, flash electroplating || ~ (radio) / news flash, flash || ~ , détente *f* brusque (benzol) / flash [distillation] || ~ à **ampoule** / flash bulb || ~ au **collecteur** / commutator sparking || ~ en **couleur** / colour flash || ~ de **cuivre** (galv) / copper flash o. strike, flash copper plating || ~ **électronique** / electronic flashlamp o. tube, flashtube || ~ **incolore** (phot) / clear capless o. baseless bulb, clear flashbulb || ~ à **lampes-éclair bleutées** / blue [coated] flash bulb || ~ au **magnésium** (phot) / flashlight || ~ d'**or** / gold wash (less than 2 µm) || ~ de **pompage** (laser) / pumping flash || ~ **roasting** (zinc) / flash roasting (zinc) || ~ **synchronisé** (phot) / synchroflash || ~ **triple** (laser) / triple flash arrangement
flashcube *m* (phot) / flash cube, photoflash cube
flasque *adj* / slack, flabby || ~ (tex) / limp || ~ *f* (électr) / end shield o. plate || ~ (auto) / wheel shield o. disk, automotive wheel cover || **~-bride** *m* (électr) / flange-type end shield || ~ *f* de **fixation** / attachment o. fixing o. mounting flange || ~ **fixe de l'induit** (électr) / armature flange, core head of the armature || ~ de **manivelle** / web of a crank, crank web, crank arm (US) || ~ **porte-meule** / grinding wheel adaptor || ~ de **rayonnage** / spoke flange || ~ de **roue**, enjoliveur *m* / ornamental hub cap || ~ **terminale** (aéro) / end plate || ~ pour **tuyauteries** / pipe flange
flasquer [à] / flange-mount, flange [to]
flat *m* / opposed cylinder engine, horizontally opposed engine, flat engine || ~ **hump**, FH (pneu) / flat hump ..., FH || ~ **pack** / flat pack || **~-twin** *m* / twin-[horizontal] opposed cylinder engine, two-cylinder flat type engine, flat twin
flavine *f* / flavin || **~-adénine-dinucléotide** *f*, F.A.D. / flavin-adenine dinucleotide, FAD
flavone *f* / flavone
fléau *m* / balance arm o. beam, scale beam || **à ~x égaux** / equal-armed || ~ de **fermeture de porte** / bar fastening for gate || ~ d'un **pont-levis** (grue, pont) / counterweight
flèche *adj* / sagged, slack || ~ *f* (méc) / deflection (US), deflexion (GB) || ~ (dessin) / arrow head || ~ (grue) / jib, boom, beam, gibbet || ~ (voûte) / rising of a vault, pitch, camber || ~ (charrue) / beam of the plow || ~ (bâtim) / spire || ~ (direction) / arrow head, direction sign || **en** ~ (aéro) / backswept || **faire** ~ (ressort) / spring *vi*, whip *vi* || ~ **admissible** / safe deflection || ~ d'un **arc** (bâtim) / pitch of an arch, camber, rising height || ~ **arrière** (aéro) / sweep-back, trailing sweep || ~ **articulée** / articulated jib o. arm || ~ **articulée** (grue de chantier) / swan neck jib || ~ **articulée** (grue à portée variable) / derricking jib, level luffing jib || ~ **avant** (aéro) / sweep-forward || ~ d'**avertissement** (électr) / danger sign || ~ de **câble** / sag o. dip of rope || ~ du **chariot roulant** / trolley jib || ~ en **charpente** / lattice[work] jib || ~ **comprimée** (grue) / strut member || ~ des **conducteurs** / conductor sag || ~ **coulissante** / sliding o. telescope o. roller jib || ~ de **direction** (bâtim) / Belgian arrow for direction || ~ **directionnelle** (NC) / directional information arrow || ~ **élastique** / elastic deflection || ~ de **fonction** / compression under load || ~ **fonctionnelle** (symbole) / functional arrow || ~ à **gradient de gravité** (espace) / gravity gradient boom || ~ de **grue** / crane jib || ~ **horizontale au sommet d'une construction verticale** (constr.mét, défaut) / sway (horizontal displacement at the top of a vertical frame) || ~ **initiale** / initial deflection || ~ de **ligne** / sag of a conductor line || ~ **oscillante** / derricking jib || ~ de la **pelle** / boom of a shovel || ~ **permanente** / permanent set || ~ **pliante** (grue de chantier) / hinged jib, folding jib || ~ **porte-bande** / conveyor jib || ~ à **portée variable** / derricking jib, level luffing jib || ~ **porte-roue** / boom o. jib of a bucket wheel excavator || ~ de **queue** (drague) / rear o. tail boom || ~ de **raquette** (montre) / regulator pointer || ~ de **rejet** (excavateur) / stacker boom || ~ **relative** (pont) / rise-span ratio || ~ **relevable** / derricking jib || ~ de **remorque** (auto) / forked draw-bar || ~ [à la **rupture**] **par pliage** (méc) / bending deflection [before break] || ~ **télescopique** / telescope o. roller jib, sliding jib || ~ de la **tour** / spire, steeple || ~ en **treillis** / lattice jib
flèchette *f* (grue) / jib head member
fléchi / deflected
fléchir *vt* / bend *vt*, bow *vt* || ~ *vi* / sag *vi*
fléchissement *m* / bending, sag[ging], flection, flexion || ~ de l'**éclairage** / fading
flecteur *m*, flector *m* / flector
flegme *m* (chimie) / phlegm
flénus *m pl* / gas coal
flétrissement *m* **parasitaire** / fusarium wilt || ~ de **riz** / algal control on paddy rice
flettner *m* (aéro) / Flettner rudder
fleur *f* (gén, bâtim, teint) / flower || ~ (cuir) / grain || **~s** *f pl*, voile *m* mycodermique / white film, mould film || **~s** *f pl* (nav) / floor heads || **~s** *f pl* (fonderie) / flow lines *pl*, flow marks *pl* || **à** ~ [de] / flush || **à** ~ **d'eau** / awash || **à** ~ **de marge** (typo) / full measure, flush || **à ~s** (tex) / figured, flowered, floral || **en ~s de glace** / frosted || **~s** *f pl* d'**alun** / flowers *pl* of alum || ~ *f* de **farine** / superfine flour, whites *pl* || ~ de **mouton** (cuir) / grain split, skiver of sheepskin || ~ de **plâtre** / flour of gypsum || **~s** *f pl* de **sel** / salt-efflorescence || **~s** *f pl* de **soufre** / flowers *pl* of sulphur, sublimed sulphur || **~s** *f pl* du **vaisseau** (nav) / bulge || **~s** *f pl* de

zinc (sidér) / zinc flowers *pl*
fleurage *m* (moulin) / fine bran
fleurer *vi* / smell [of]
fleuret *m* (mines) / plain chisel, drill [bit], borer, jumper || **~s** *m pl* (tex) / ribbon of floss silk || ~ *m* **amorce-trou** (mines) / block holing drill || ~ **creux** (mines) / hollow drill || **~s** *m pl* **creux pour barres à mines** / hollow drill steel || ~ *m* à **eau** (mines) / scavenging o. water drill, jetting drill || ~ **élargisseur** (mines) / eccentric bit || ~ pour **forage à sec** (mines) / claying bar || ~ pour **forage dirigé** / target drill bit || ~ en **losange torsadé** (mines) / rotary drill || ~ **monobloc** (mines) / monobloc drill, integral stem || ~ **plein** (mines) / solid drill steel || ~ à **pointe carrée** / square bit || ~ à **rocher** / rock drill o. drilling machine || ~ à **taillant simple** (mines) / chisel bit o. jumper, flat jumper, pitching-borer
fleuron *m* (typo) / vignette, border, printer's flower
fleuve *m* / river, stream
flexibilité *f* / flexibility, limberness || ~ d'un **ressort** / spring rate o. constant
flexible *adj* / flexible || ~, articulé / flexible, articulated || ~ (soulier) / stitch[ed]-down, flexible, Veldtschoen... || ~ *m* / flexible joint || ~ (auto) / flexible cable o. shaft || ~, cordon *m* (électr) / strand || ~ à **air comprimé** / air hose || ~ de **balai** (électr) / pigtail || ~ [en] **caoutchouc** / rubber hose o. tube || ~ d'**indicateur de vitesse** / speedometer cable
flexi·graphe *m* / flexigraph || **~mètre** *m* / deflectometer, deflection indicator o. gauge
flexion *f* / deflection, elasticity || ~ **alternative** / alternative deflection || **~s** *f pl* **alternées** / bending vibrations *pl*, reverse bendings *pl* || ~ *f* en **arrière** / reverse bending || ~ des **cylindres** (lam) / deflection of rolls || ~ **élastique** / elastic deflection || ~ **ondulée** / bending vibrations *pl*, reverse bendings *pl* || ~ **permanente** (plast) / permanent deformation || **~s** *f pl* **répétées** / bending cycles || ~ *f* d'un **ressort** / deflection of a spring || ~ **vibratoire** / torsional oscillation o. vibration, rotary oscillation, oscillating rotatory motion
flexographie *f* / gum printing, flexographic printing
flexomètre *m* **compression** (essai des mat.) / compression flexometer
flexure *f* (géol) / flexure || ~ **continentale** (géol) / shelf edge
Fliese *f* à **aiguille** (meule) / dressing plate o. Fliese with diamond points || ~ à **grain** (meule) / dressing plate o. Fliese with natural diamonds o. diamond grit
flint-glass *m* / optical flint
flip·chart *m* (ord) / flip chart || **~-chip** *m* (semicond) / flip-chip || **~-flop** *m* (électron) / flip-flop, flipflop (US), toggle (GB), bistable trigger circuit, bistable multivibrator, bivibrator, Eccles-Jordan circuit || **~-flop** *m* **RS** (ord) / RS-flipflop (= reset/set)
flipot *m* (men) / piece let in o. fitted in, filling piece
floc *m* (tex) / flock
flocage *m* (tex) / flock coating, flocking, dry coating || ~ **uni** (tex) / plain all-over flocking
floche *f* (amiante) / asbestos fiber o. floc
flocon *m* / flake, scale || ~ (coton) / cotton flock || ~ (fonderie) / snow flake || **en ~s** (mét.poudre) / flaky || ~ de **fibres** / fiber bunch o. bundle || ~ de **laine** / wool flock, tuft || ~ de **suie** / smut
floconné *adj* / flaked || ~ *m* (tex) / nap cloth o. fabric
floconnement *m* (gén, sidér) / flakiness
floconner / flock *vt*
floconneux / flocky, flocculent, flaky
floculant *m* / flocculent, flocculator
floculat *m* (sucre) / flocculate
floculation *f* / flocculation || ~ (chimie) / flocculence || ~ (latex) / breaking
flocules *m pl* (astr) / flocculi
floculer le **latex** / break latex
floes *m* / ice floe o. raft, floating sheet of ice
flore *f* des **eaux et des marais** / water plants *pl*, aquatics *pl* || ~ du **sol** / soil flora
florée *f* / indigo (commercial quality)
florence *m* (tiss) / florence
florentin *m* (chimie) / Florentine flask
florentine *f* (tiss) / florentine
floss *m* (tex) / floss
flot *m* / wave || **~s** *m pl* (hydr) / flood [tide] || ~ *m* (gén, math) / flow, flood || ~ de **données** (ord) / stream of data || ~ de **fonte liquide** / pouring stream of molten metal || ~ de **lumière** / flood of light || ~ **principal** (trafic) / main stream
flotation *f* en **vrac** (mines) / collective o. bulk flotation
flotomètre *m* / float type water gauge
flottabilité *f* / floatabilité, buoyancy || ~ (mét) / floatability
flottable / floating || ~ (mét) / floatable
flottage *m* / floating of wood || ~ (tiss) / floating || ~ (men) / head (of a window) || ~ (eaux usées) / scouring || ~ (prépar) / flotation || ~ **collectif** (mines) / collective flotation, bulk flotation || ~ **colonnaire** (mines) / column flotation || ~ à **film** (mines) / film flotation || ~ à **ions** (mines) / ion flotation || ~ à **quantités minimales d'huile** / starvation method of flotation
flottaison *f* / water level (in a canal) || ~ **lège** (nav) / construction water line, C.W.L.
flottant *adj* / floating || ~ (prépar) / floatable || ~ (moteur) / rubber-cushioned || ~ *m* (prépar) / floats *pl*
flottateur *m* / flotation equipment
flottation *f* / buoyancy [lift], buoyant power || ~ (prépar) / [concentration by] flotation || **apte à la ~** (sidér) / floatable || ~ par **agents moussants** / foam o. froth flotation || ~ par **cellule mécanique** / froth flotation with mechanical entrainment of air || ~ **différentielle** / differential flotation || ~ par **écumage** / foam o. froth flotation, air bubble flotation || ~ **gravimétrique** (mines) / gravimetric flotation, heavy-liquid flotation, heavy-media o. dense-media o. sink-float process || ~ à l'**huile** / oil flotation || ~ **méthodique avec rebroyage** / multistage flotation with crushing || ~ à la **mousse** / foam o. froth flotation || ~ du **plomb** / lead floating cycle
flotte *f* (aéro, nav) / fleet || ~ (bière) / beer vat o. back || ~ (pêche) / drift net || ~, écheveau *m* (filage) / hank || ~ (tricot) / float loop, missed loop || ~ de **haute mer** / seagoing fleet || ~ **marchande** / mercantile o. merchant fleet || ~ **pétrolière** / tanker fleet
flottement *m* (ELF) / flutter, fluttering || ~ (P.E.R.T.) / activity slack, float || ~ de **direction** (auto) / steering wobble || ~ **libre** (P.E.R.T.) / free float || ~ de **panneau** / panel flutter || ~ des **roues** (auto) / wheel wobble || ~ des **scies** / chattering o. weaving of saws
flotter *vi* / float *vi* || ~ (tiss, défaut) / float *vi* || ~, être mobile / be o. hang loose || ~ (voiles) / stream *vi* || ~ *vt* (prépar) / float *vt* || ~ (bois) / drift || **faire ~** / float *vt* || **faire ~** (bois) / drift || ~ en l'**air** / hover || ~ dans des **limites étendues** / vary within wide limits
flotteur *m* (aéro) / float || ~ (écluse) / float || ~ d'**alarme** / alarm float || ~ **auxiliaire** (aéro) / wing tip float || ~ à **bascule** (mot) / pivoted float, tipping float (US) || ~ du **carburateur** / carburettor float || ~ [à **cloche**] /

bell type float || ~ d'**extrémité d'aile** (aéro) / wing tip float || ~ du **filet** / bowl of a net, dan buoy || ~ **latéral** (aéro) / wing tip float || ~ **pivotant** (mot) / pivoted float, tipping float (US) || ~ à **pression** (mot) / pressure float || ~ **principal** (auto) / main float || ~ **profond** / sub-surface float || ~ de **queue** (avion) / tail float || ~ du **réservoir de chasse** / cistern float || ~ **sphérique** / ball o. spherical float

flou *adj* / blear[y], blurred || ~ (phot) / blurred (contour), out of focus (picture) || ~ *m* / blur, fuzziness || ~ (oscilloscope) / bloom || ~ (phot) / lack of focus o. of definition || **devenir** ~ (oscilloscope) / bloom *vi* (US) || ~ de **bougé ou de mouvement** / movement blur || ~ **[d'image]** (phot) / blur, fuzziness, unsharpness || ~ d'**image** (TV) / blooming || ~ de **matières transparentes** (plast) / haze

flow-sheet *m* (flottation) / flotation flow sheet || ~ avec **bilan pondéral**, graphe *m* avec bilan pondéral (prépar) / flow sheet with weight balance

flox *m* (fusée) / flox (= fluorinated liquid oxygenium)

fluage *m* / plastic flow || ~ à **chaud** (défaut de denture) / hot flow || ~ sous **contrainte** (caoutchouc) / creep under load || ~ de la **courroie** / belt creep || ~ à **froid** (caoutchouc) / cold creep o. flow || ~ **latéral** (lam) / lateral flow || ~ **Marshall** (bitume) / Marshall flow || ~ **plastique** / plastic flow || ~ **secondaire** (méc) / second stage creep || ~ en **traction** / creep under tensile stress

fluctuation *f* / fluctuation || ~ (aéro) / sloshing || ~ (nucl) / straggling || ~ de **charge** / load change o. variation || ~ du **combustible** / fuel slosh || ~ de **consommation** / fluctuation of consumption || ~ de **[l'intensité du] courant** (électr) / fluctuation of current || ~ de **lumière** / light fluctuation || ~ du **niveau d'image** / fluctuation of picture level || ~ de **phase** (TV) / jitter || ~ de **pression** / transient pressure || ~ **saisonnière** / seasonal fluctuation o. variation || **~s** *f pl* du **secteur** (électr) / mains o. supply fluctuations *pl*, line variations *pl* || ~ *f* de **température** / fluctuation of temperature, variation of o. in temperature, thermal fluctuation || ~ de **tension** (électr) / voltage fluctuation || **~s** *f pl* de la **tension de secteur** / mains voltage fluctuations *pl* || ~ *f* **thermique** / thermal fluctuation || ~ de **vitesse** / variation of o. in speed

fluctuer / fluctuate || ~ (pétrole) / flow by heads, fluctuate

fluence *f* (nucl) / fluence || ~ **énergétique** (nucl) / energy fluence || ~ de **particules** (nucl) / particle fluence o. flux, fluence

fluer (plast) / yield *v*

fluid coking *m* / fluid coking || ~ **drive** (auto) / fluid drive

fluide *adj* / fluid, liquid || ~, fluidisé / fluidized || ~ (béton) / of wet consistency || ~ *m* / fluid || ~ **caloporteur** / liquid coolant || ~ **frigorigène** / refrigerating medium, refrigerant || ~ **hydraulique** / hydraulic fluid o. medium || ~ **indéfini** / unlimited stream || ~ de **lavage** (pétrole) / drilling fluid || ~ **moteur** (pompe à jet) / pump o. working fluid || ~ **newtonion** / Newtonian fluid || ~ **nucléaire** / nuclear fluid || ~ de **refroidissement** / liquid coolant || ~ de **refroidissement primaire** (nucl) / primary coolant || ~ de **refroidissement d'un réacteur** / reactor coolant || ~ de **refroidissement secondaire** (nucl) / secondary coolant || ~ **synthétique ou de synthèse** / synthetic oil o. fluid || ~ de **trempe** / hardening fluid || ~ **visqueux** / slime

fluidifiant *m* (béton) / liquefier

fluidification *f* / fluidification || ~, procédé *m* à lit mobile / fluidization

fluidifié (bitume) / fluxed || ~, fluidisé, à lit mobile / fluidized

fluidifier / liquefy, reduce into a fluid state

fluidimètre *m* / fluidimeter

fluidique *f* / fluid logics *pl*, fluidics *sg*

fluidisation *f* / fluidized bed sintering

fluidisé / fluidized

fluidité *f* / liquidity, liquidness || ~ (couleur, émail) / flow, mobility, fluidity || ~, plasticité *f* / fluidity, plasticity || ~ (inverse de la viscosité) / fluidity (contr dist: viscosity)

fluo·arsénate *m* / fluoarsenate(V) || **~baryte** *f* / fluorspar of baryta || **~borate** *m* / fluoborate || **~borure** *m* / fluoride boron, boron trifluoride || **~cérine** *f*, -cérite *f* (min) / fluocerite || **~perçage** *m* / flow drilling

fluor *m* / fluorine, F || **de** ~ / fluoric || ~ **cérique** / fluocerium

fluorène *m* / fluorene, diphenylenemethane

fluorescéine *f* / fluorescein || ~ **soluble** / uranine yellow, fluorescein sodium, soluble fluorescein

fluorescence *f* (phys) / fluorescence || ~ de **choc** / impact fluorescence || ~ de **résonance magnétique nucléaire** (nucl) / nuclear resonance fluorescence, NRF

fluorescent / fluorescent, epipolic || **être** ~ / fluoresce

fluorhydrate *m* / fluoride

fluoride *m* de **bore** / fluoride of boron, boron trifluoride

fluori·mètre *m* / fluorometer, fluorimeter || **~métrie** *f* / fluorometry, -imetry || **~métrique** (chimie) / fluorimetric

fluorination *f* / fluorination

fluorine *f* (min) / fluorspar, fluorite, calcium fluoride, Derbyshire spar

fluoritique / containing fluorine, fluoric

fluoro·acétate *m* / fluoroacetate || **~carbone** *m* / fluorocarbon || **~chrome** *m* / fluorochrome || **~fibre** *f* / fluorofiber || **~gène** / fluorophore, fluorogen || **~scopie** *f* / fluoroscopy

fluorose *f* / fluorosis

fluorsilicate *m* / fluosilicate

fluoruration *f* (eau) / fluoridation || ~ (opt) / [antireflection] coating of lenses, blooming (GB) || ~ (chimie) / fluoridation

fluorure *m* / fluoride [of...] || ~ d'**antimoine** / antimony fluoride || ~ de **bore** / boron trifluoride, fluoride of boron || ~ de **calcium** / calcium fluoride || ~ **cérique** / cerium fluoride || ~ d'**hydrogène** / hydrogen fluoride || ~ de **magnésium** / magnesium fluoride || ~ de **potassium** / potassium fluoride || ~ **silicique gazeux** / silicon fluoride [gas] || ~ de **sodium** / sodium fluoride || ~ **uranique** / uranium hexafluoride

fluorurer (chimie) / fluorinate || ~ (épuration des eaux) / fluoridate

fluo·sels *m pl* / fluorides *pl*, salts of the hydrofluoric acid || **~silicate** *m* / silicofluoride, fluosilicate || **~silicate** *m* de **magnésie** / magnesium fluosilicate || **~silicate** *m* de **potassium** / potassium fluosilicate o. silicofluoride || **~tantalate** *m* de **potassium** / tantalum potassium fluoride || **~thane** *m* / fluothane || **~tournage** *m* / flow turning

flûte *f* (verre) / tapering glass || ~ (tex) / shuttle of the carpet loom || ~ (charp) / skew scarf || ~ de **jonction** (fil de contact) / splice fitting o. clamp || ~ **marine** (ELF) (pétrole) / streamer

flutter *m* (aéro) / flutter, buffeting || ~ de **décrochage** (aéro) / stalling flutter || ~ **effet** (électr) / flutter effect

fluvial / fluvial, river... || ~ (écoulement) / sub-critical

fluviatile / fluviatile, fluvial, relating to, o. living in a river
fluvio-glaciaire (géol) / fluvioglacial || **~graphe** *m* / fluviograph || **~marin** (géol) / fluviomarine || **~mètre** *m* / fluviometer
flux *m* (phys) / flux, flow || ~ (sidér, soudage) / flux, flux additament || ~ (pétrole) / flux || ~ (verre) / paste, flux || ~ (nucl) / flux, flux density || **à ~ bas** (nucl) / low-flux... || **à ~ double** (turbine) / double-flow || **à ~ libre** / free flow... || **à un seul** ~ (turbine) / single-flow || **sous** ~ (soudage) / submerged || ~ **adjoint** (nucl) / adjoint flux, adjoint of the neutron flux density || ~ de **brûlage** (nucl) / burnout heat flux || ~ de **caléfaction** (nucl) / critical heat flux, departure from nucleate boiling heat flux, DNB heat flux || ~ de **chaleur** / heat flow o. flux || ~ de **circulation** (trafic) / traffic flow || ~ de **compensation** / compensation flux || ~ **conservatif** (électr) / conservative flux || ~ de **courant magnétique** / current caused by magnetic potential difference || ~ **décapant** / soldering flux || ~ de **dégazage** (vide) / outgassing || ~ de **déplacement** (électr) / displacement flux || ~ de **dilution** (aéro) / bypass flow || ~ de **dispersion** (électr) / leakage flux, lost flux || ~ de **dispersion différentiel** (électr) / differential leakage flux || ~ de **dispersion dans l'induit** / armature leakage flux || ~ **électroconducteur** (soud) / conduction o. conducting flux || ~ **électronique** / flow of electrons || ~ **énergétique** / radiant o. radiation flux || ~ **et reflux** (hydr) / tide, ebb and flow || ~ d'**excitation** (électr) / excitation flux || ~ de **fuite** / leakage flux || ~ de **fuite magnétique** / magnetic leakage flux, leakage o. stray o. fringing flux || ~ de **gaz** / gas stream || ~ d'une **grandeur vectorielle** / flux of a vector quantity || ~ **inducteur** (électr) / excitation flux || ~ **inducteur ou d'induction** (phys) / induced flux || ~ d'**induit** / armature flux || ~ d'**informations** / information flow || ~ **ionique ou d'ions** / ionic current || ~ **lumineux** / luminous flux || ~ **lumineux nécessaire** (TV) / required light flux || ~ **lumineux utilisé** / utilized light flux || ~ **magnétique** / magnetic flux || ~ **magnétique dans l'entrefer** / magnetic flux in the air gap || ~ **magnétique dans le fer** / magnetic flux in the iron || ~ **[magnétique] de forces** / magnetic flux || ~ **massique** / mass flow || ~ de **matières à transporter** / stream of material to be conveyed || ~ de **molécules** (vide) / molecular flow rate, molecular flux || ~ **neutronique intégré** / integrated neutron flux || ~ de **neutrons** / neutron flux || ~ **permanent** / continuous flow || ~ **porteur primaire** (électron) / primary [carrier] flow || ~ en **poudre** (soud) / conduction o. conducting flux || ~ **principal** (phys) / useful flux || ~ pour le **rechargement** / welding powder o. flux || ~ **siliceux** (sidér) / siliceous flux || ~ pour le **soudage** / welding powder o. flux || ~ **thermique** / heat flow o. flux || ~ à **travers une bobine** / flux linking of a coil || ~ à **travers un rotor** (aéro) / rotor inflow || ~ à **travers une spire** / flux linking of a winding || ~ **utile** (phys) / useful flux || ~ de **vitesse acoustique** / sound energy flux, volume velocity
fluxant *m* (pétrole) / flux
fluxé (bitume) / fluxed
fluxer (pétrole) / flux
fluxmètre *m* (nav) / fluxgate, fluxvalve || ~ (phys) / magnetic flux density meter (GB), gaussmeter (US)
fly-back *m* (TV) / fly back
flysch *m* (géol) / flysch
fm *m*, **fermi** (vieux) / fermi, f (unit of length)
F.M., FM (= modulation de fréquence) / F.M., frequency modulation
f.m.m. voir force magnétomotrice
F.O.B. / f.o.b., free on board
focal / focal
focale *f* / focal distance, focal length, focus || ~ **fixe** / fixed focus objective || ~ **frontale de condensateur** (opt) / focal intercept of a condenser || ~ de l'**oculaire** / focal length of the eyepiece
focalisation *f* / focus[s]ing || ~ (TV) / beam concentration || ~ **automatique** / autofocussing || ~ **automatique à l'infrarouge** / infrared autofocussing || ~ **automatique par ultrasons** / ultrasonic autofocussing || ~ **dynamique** (TV) / dynamic focussing || ~ d'un **faisceau électronique** (électron) / beam control || ~ **intérieure** (arp) / internal focussing
focalisé / in focus
focaliser (opt) / set for clearness o. for sharp reading || ~ (rayons) / focus, concentrate
focomètre *m* / focimeter, focometer
foie *m* de **soufre** / potash sulfurated (US)
foil *m* pour **films** / dry splicing tape
foin *m* / hay
foins, faire les ~ / make hay
foin *m* de **Bourgogne** (agr) / lucern[e]
foine[tte] *f* / hayfork, pitchfork
foire *f* [technique] / fair || ~ d'**échantillons** / samples exhibition o. fair
foiré (filet) / stripped
foirer (coll) (vis) / strip threads
fois (math) / times
foison *f* / surplus, overplus, profusion
foisonnement *m* / volume swell || ~ (mines) / swell || ~ (plast) / bulk factor || ~ (agr) / mellowness of soil || ~ d'**électrons** (semicond) / surfeit of electrons
foisonner (chaux) / grow, swell, rise || ~ (bot) / grow exuberantly, luxuriate
foliacé / foliated, leafy, leaved
foliation *f* (géol) / foliated structure, foliation
folié (chimie) / foliated
folio *m* (typo) / folio, page number
foliole *f* (bâtim) / leaf (an ornamentation), foil
folioter (typo) / page, mark the page, number the page
folioteuse *f* / paging o. numbering machine
fomenter (céram) / wet with warm water
fonçage *m*, impression *f* (presse) / hobbing, hubbing || ~, fouille *f* / pit || ~, jeting *m* (pieux) / water jet pile driving || ~ par **congélation**, fonçage *m* à basse température (mines) / low temperature sinking process, freezing method, Poetsch process || ~ par **congélation à froid intense** (mines) / deep freezing method || ~ de **puits** / shaft digging o. sinking || ~ par **vibrations** / vibratory pile driving
fonçailles *f pl* du **tonneau** / barrel head
foncé (couleur) / deep, dark, saturated
fonceau *m* (verre) / fritting table
foncer, creuser / deepen, sink *vt* || ~ (teint) / fill up, sadden, deepen, darken || ~ (m.outils) / hob, hub || ~ (se) / darken *vi* || ~ (se) (teint) / sadden *vi* || ~ de **bas en haut**, foncer en montant (mines) / cut upwards || ~ un **puits** (eau) / spring a well || ~ un **puits** (mines) / sink a shaft
foncet *m* (serr) / coverlet
fonceuse *f* (pap) / paper grounding o. staining machine
foncteur *m* (math) / functor
fonction *f* (gén, phys) / function || ~ (chimie) / properties *pl*, function of a body || ~, relation *f* / dependance, -ence [on, upon] || ~ (p.e. alcool) / group || ~ (ordonn) / job || ~, marche *f* (techn) / pace, [kind

of] operation o. working || ~ (ord) / control function o. operation (US) || ~ (p.e. de contrôle, de normalisation etc) / activity || **à ~ double** / dual o. double purpose... || **à ~ multiple** / multi-purpose, multiple purpose..., all-purpose..., general-purpose..., polyfunctional, utility || **à deux ~s** / duofunctional || **en ~** [de] / according [to] || **en ~** [de] / as a function [of] || **en ~** [de] / depending [on] || **en ~ de la surface** / in relation to the surface || **en ~ de la charge** (frein) / load-dependent, load proportional, load-sensitive || **en ~ de la configuration** (ord) / configuration depending || **en ~ du temps** / time controlled, TC, time dependent || **être ~** [de] / depend [on, upon] || ~ **acide** (chimie) / acid function || ~ **alcool** / alcohol group || ~ **aléatoire**, fonction *f* éventuelle / random function || ~ **aléatoire gaussienne** / Gaussian random function || ~ **ambiguë** (math) / many-valued function || ~ **argument** (math) / area function, inverse o. reciprocal hyperbolic function || ~ **auxiliaire** (NC) / miscellaneous function || ~ de **Bessel** (math) / Bessel function || ~ **booléenne** / boolean function [logic, variable] || ~ **caractéristique** / characteristic function || ~ **caractéristique d'un ensemble** (math) / characteristic function of a set || ~ **caractéristique de Heaviside** (télécom) / Heaviside function || ~ **certaine** (vibrations) / deterministic function || ~ de **champ** (phys) / field function || ~ **circulaire ou cyclique** / trigonimetric[al] o. circular function, trigonometrical ratio || ~ de **clé** (ordonn) / key job || ~ **composée** (math) / compound function || **~s** *f pl* de **comptage** / counting methods *pl* || **~s** *f pl* de **comptage et de calcul** / counting and calculating methods || ~ *f* **continue** / continuous function || ~ de **contrainte** (méc) / stress function || ~ des **coordonnées** / point function || ~ de **corrélation croisée**, fonction *f* d'intercorrélation / cross-correlation function || ~ de **corrélation [entre 2 fonctions]** / correlation function of 2 signals || ~ **croissante** (math) / increasing function || ~ **cylindrique** (math) / cylindrical function || ~ **delta** / unit pulse function, delta finction || ~ de **densité** (statistique) / density function || ~ **densité** (nucl) / strength function || ~ de **densité de probabilité** / probability density function || ~ **dérivée seconde** (math) / second derivative || ~ de **Dirac** (math) / delta functional || ~ **discontinue** (math) / step function || ~ de **distribution** (opt) / colour mixture curve, distribution function || ~ de **distribution** (math) / distribution function || ~ **échelon ou échelonnée** (math) / step function response (GB) || ~ **échelon unitaire** (contr.aut) / unit-step function || ~ **élastomère-métal** / elastomer adhesion to rigid metal || ~ **elliptique** (math) / elliptic function || ~ **entière** / entire o. integral function || ~ d'**erreurs** (math) / error function, erf || ~ d'**étalonnage** / calibration function || ~ **évanouissante** (math) / vanishing function || ~ **explicite** / explicit function || ~ **exponentielle** / exponential function || ~ **f(x)** (math) / integrand || ~ de **Fermi** / Fermi function || ~ de **fonctions** / function of functions, compound function || ~ **fondamentale** / characteristic function, proper function || ~ **G** (NC) / G-function || ~ **gamma** / gamma function || ~ **génératrice** (ord) / generating function || ~ **générique** (ord) / generic function || ~ de **Gibbs** / Gibbs' function, G || ~ **harmonique simple** / simple harmonic quantity || ~ de **Heaviside** / Heaviside [unit] function || ~ de **Heaviside**, échelon *m* unité / Heaviside unit step, unit step || ~ **hertzienne** / Hertz' radiation integral || ~ **hydroxyle** / function of the hydroxyl group || ~ **hyperbolique** / hyperbolic function || **~-image** *f* (arp) / image function || ~ **impaire** (math) / odd function || ~ d'**importance** (nucl) / importance function || ~ d'**impulsion mathématique ou théorique ou unitaire** (contr.aut) / unit impulse function || ~ d'**impulsion unitaire** (cybernétique) / unit pulse function, delta finction || ~ **impulsionnelle** / pulse function, impulse function || ~ **intrinsèque** (ord) / intrinsic function || ~ **inverse** / inverse function || ~ **lagrangienne ou de Lagrange** / Lagrange function || ~ de **Liapounov** (math) / Lyapunov function || ~ de **lieu** (math) / point o. position function || ~ **logique** (ord) / logic o. switching function || **~s** *f pl* de **loisir** / use of leisure time, recreational activities *pl* || ~ *f* de **luminosité** (astr) / luminosity function || ~ **M** (NC) / M-function || ~ de **Neumann** (math) / Neumann function || ~ de **normalisation** / standardization work || ~ **Oméga** (bâtim) / omega function || ~ d'**ondes** (math) / wave function || ~ **originale ou supérieure** (math) / time function || ~ **OU** (math) / disjunction || ~ **outil** (ord) / tool function || ~ **parabolique** (math) / parabolic function || ~ de **peine** (contr.aut) / penalty function || ~ de **performance** / objective o. performance function || ~ **périodique** (math) / periodic[al] function || ~ de **pondération** (nucl) / statistical weight, weighting factor o. function || ~ de **pondération** (math) / weighting function || ~ de **position** / point function || ~ du **potentiel** (hydr) / potential function || ~ **préparatoire** (NC) / preparatory function || ~ **primitive** (math) / antiderivative || ~ **principale d'Hamilton** / action integral, principal function of Hamilton || ~ de **probabilité** (statistique) / probability function || ~ des **probabilités totales** (statistique) / [probability] distribution function, cumulative frequency o. cumulative probability function || ~ **propre** / characteristic function, proper function || ~ de **Q-switch** (laser) / Q-switch function || ~ **quadratique** (math) / quadric || ~ **rationnelle en nombres entiers** (math) / rational integral function || ~ **récurrente** (ord) / recursive function || ~ **régulière** (math) / regular function || ~ de **répartition** (math) / distribution function || ~ de **représentation** (math) / function of representation, transformal function (US) || ~ **scalaire** / scalar function || ~ de **seuil** (math) / threshold function || ~ de **Sheffer** (ord) / NON-conjunction, NOT-BOTH-operation || ~ **signe**, sgn (math) / signum [function], sgn, sg || ~ **sphérique** (math) / spherical function || ~ de **table** (ord) / table function || ~ de **temps** / time function || ~ **thermodynamique** / thermodynamic function || ~ **thêta** (math) / theta function || ~ **transcendante** (math) / transcendent[al] function [number] || ~ de **transfert** (contr.aut) / time response || ~ de **transfert** (nucl) / transfer function || ~ de **transfert de commande** (contr.aut) / actuating transfer function || ~ de **transfert de modulation** / modulation transfer function || ~ de **transfert de réaction** (contr.aut) / return transfer function || ~ de **transmission de contraste**, F.T.C. (opt) / frequency response function, contrast transfer function, CTF || ~ **trigonométrique** / trigonometrical ratio o. function || ~ **univalente** (math) / one-valued function || ~ de **valeur** (nucl) / value function || ~ de **vérité** (math) / truth function || ~ de **Weibull** / Weibull function || ~ **zêta** (math) / zeta function

fonctionnaire *m* / official, civil servant || ~ **gouvernemental** / government worker, Federal

Government worker (US) || ~ **municipal** / local government employee o. worker
fonctionnalité *f* / functionality
fonctionnant sur **secteur** (électr) / on the line, line powered (US)
fonctionnel / functional || ~, actif / functional, active || ~ *m* **delta** (math) / delta functional
fonctionnement *m* / functioning || ~ , marche *f* (techn) / running, working, operation || ~ , mode *m* d'action / action, function, effect, operation || ~ , mécanisme *m* / process || ~ , action *f* / action || **à ~ continu** (radar) / permanent-note... || **à ~ indépendant** / self-operated || **bon** ~ (automation) / service quality || ~ **asynchrone** / asynchronous operation || ~ **autonome** / autonomous working || ~ en **classe A, [B]** (tube) / A-, [B-]operation || ~ par **commutation** (accu) / change-over service || ~ en **concurrence** (ord) / concurrent o. parallel operation || ~ **conforme au programme** (ord) / program sort mode || ~ **continu** / continuous operation o. working o. running || ~ en **court-circuit** / short-circuit operation || ~ à **cycle fixe** (ord) / fixed-cycle operation || ~ **défectueux** / malfunction || ~ en mode de **déplétion** (semi-cond) / depletion mode operation || ~ **directionnel** (relais) / directional operation || ~ en **duplex** (télécom) / phantom operation || ~ par **échos** (ultrasons) / working by echos || ~ en mode d'**enrichissement** (semi-cond) / enhancement mode operation || ~ en **fantôme** (télécom) / phantom operation || ~ en **génératrice** / generating service || ~ à **impulsions cohérentes** (radar) / coherent [im]pulse operation || ~ **instantané** / readiness for service o. working || ~ du **moteur au sol** (aéro) / ground running || ~ en **moulinet** (aéro) / wind milling || ~ en **moulinet-frein** (hélicoptère) / windmill-brake state || ~ en **multiprogrammation** (ord) / multiprogramming [mode] || ~ **on-off** / on-off duty || ~ en **parallèle** / parallel working || ~ **parallèle** (ord) / concurrent o. parallel operation || ~ **pas à pas** (ord) / step-by-step operation, one-shot o. single-step operation || ~ en **pression variable** (turbine) / variable- o. sliding-pressure operation || ~ **propulsif** (aéro) / normal propeller state [of rotor] || ~ en mode **pulsé** (plasma) / pulsed mode operation || ~ d'un **réacteur** / operation of a reactor || ~ **séquentiel** (ord) / sequential o. serial o. series operation || ~ **silencieux** / quiet running || ~ en **simultané[ité]** (ord) / concurrent operation || ~ **synchrone** (techn) / synchronous operation || ~ en **tampon** (accu) / floating operation o. service || ~ en **temps réel** (ord) / real-time mode o. processing o. working || ~ par **tout ou peu** / high-low o. hi-lo (US) working
fonctionner / work *vi*, operate, run, function *vi* || ~ (électr) / come into action, act, react, respond || ~ (loquet) / engage || **ne pas** ~ (allumage etc) / fail, misfire, conk [out] (coll) || **ne plus** ~ / fail, break down, conk [out] (coll) || ~ par **à-coups** / work erratically || ~ sur **courant continu** / operate on d.c. || ~ avec **échappement libre** (m.à vap) / work non-condensing || ~ par **inertie** / run out, coast || ~ en **moulinet** (hélice) / windmill || ~ **péniblement** (mot) / run harshly, labour, labor (US) || ~ sur le **principe tout ou rien** (coulée cont.) / work on the stop-go principle || **qui fonctionne bien** / efficient
fond *m* / bottom || ~ , arrière-plan *m* / background || ~ (teint) / back, ground || ~ (tube r. cath) / face plate || ~ (pap, tex) / ground || ~ (montre) / back [cover] || ~ (réservoir) / bottom || ~ (tiss) / foundation, ground || ~ (vallée) / valley bottom || ~**s** *m pl* (nav) / bilge, bottom, bulge || ~ *m* (peinture) / couch || ~ (sidér) / sump, bottom of furnace || ~ (mines) / underground [working] || ~ (repro) / base plus fog density || **à ~ perdu** (typo) / bled off (illustration) || **à ~ plat** / flat-bottomed || **au** ~ (eau, réservoir) / at the bottom || **au** ~ (mines) / below ground, underground || **de** ~ (ord) / background..., low-priority... || **de** ~ / rear[side]... || **donner le** ~ (cuir) / soak and tumble || **du ~ et jour** / below and above ground || ~ **amovible** (sidér) / detachable bottom || ~ en **anse de panier** (chaudière) / elliptical head || ~ **arrière de la chaudière** / back[-end] plate || ~ **avant de chaudière** / face of a bocler || ~ **basculant ou formant bascule** / hinged o. tilting bottom || ~ d'une **boîte** / back wall o. panel || ~ **bombé** (chaudière) / dished end || ~ à **broches** (sidér) / spiked bottom || ~ du **broyeur à meules** (sidér) / pan bottom || ~ de **cailloutage** / pebble ground || ~ de **cale** (nav) / bilge, bottom, bulge || ~ d'un **canal** / bottom of a channel || ~ de la **can[n]ette** (tex) / cop bit o. bottom || ~ de **capot** (électr) / end plate of a rotor || ~ du **carter** / crankcase bottom, lower half || ~ du **chanfrein** (soud) / root of seam || ~ du **chapeau** / body of a hat || ~ à **charnière** / hinged o. tilting bottom || ~ de **chaudière** / boiler bottom o. end || ~ d'un **chenal** / channel bed o. bottom || ~ **clair** / bright ground o. field || ~ à **collet intérieur** (chaudière) / bottom flanged inward || ~ **conique** / conical bottom || ~ du **convertisseur** (sidér) / plug || ~ à **coulisse** / bottom slide, sliding bottom || ~ [de **creuset]** (sidér) / flagstone of the furnace sole, hearth bottom || ~ de **dentelle** / lace ground || ~ en **dos d'âne pour autodéchargeurs** (ch.de fer) / saddle bottom of self-discharging cars || ~ **double** / double bottom, false floor || ~ **embouti** / dished boiler bottom || ~ d'**enduit** (bâtim) / rendering (GB) o. stucco (US) base || ~ d'**entaille** / notch o. groove root || ~ d'**entredent** (roue dentée) / bottom land || ~ d'une **équation intégrale** (math) / kernel of an integral equation || ~ **faux** (bière) / false bottom, strainer || ~ à **fermeture encliquetée** (pap) / crash lock bottom || ~ de **feuillure** (porte) / depth of rebate || ~ à **filet** (tiss) / lace ground || ~ du **filet** (vis) / root of thread || ~ du **fondement** / foundation level || ~ de **forme** (routes) / formation (GB), subgrade (US) || ~ de **fossé** / bed of a ditch, bottom o. floor of a trench || ~**s** *m pl* de **fût** (bière) / cask deposit, bottom, deposit, bottoms *pl* || ~ *m* de la **galerie** (mines) / head end || ~ **glissant ou à glissière** / bottom slide, sliding bottom || ~ **gunité** (bâtim) / gunite base || ~ **intermédiaire** / intermediate bottom || ~ de **jante** (auto) / rim base || ~ du **joint soudé** / root of seam || ~ du **lit** (hydr) / bottom of a channel || ~ de **l'œil** / eyeground, fundus of the eye || ~ de **malle arrière** (auto) / bottom of luggage trunk || ~ **marin ou de la mer** / ocean bed o. bottom || ~ de **matrice mobile** (découp) / pressure pad || ~ **matricé** / stamped bottom || ~ de **mine** / mine floor || ~ **mobile** / sliding bottom || ~ **mouvant** (épandeur de fumier, scrapeur) / endless floor || ~ **naturel de rayonnement** / natural background [radiation] || ~ de la **navette** (tiss) / shuttle bottom || ~ **noir** / dark field o. ground || ~ **noir par réflexion** / direct-light dark field || ~ **océanique** / ocean o. sea floor o. bed o. bottom || ~ **océanique plat** / apron (ocean) || ~ **ouvrant** / bottom slide, sliding bottom || ~ **perforé** (chimie) / sieve plate o. tray o. diaphragm o. bottom || ~ au **pied du déversoir [amortissant la chute]** (hydr) / protecting apron o. sill || ~ **piqué** (verre) / pushed punt, push-up [bottom] || ~ de **piston** / piston head o. top || ~ **plat** (chaudière) / flat boiler

end || ~ de **pliage** / double seamed top o. bottom end, lid o. bottom to be seamed || ~ de **poche** (sidér) / ladle skull, skull || ~ de **puits** (mines) / shaft bottom || ~ de **raie du labour** (agr) / plough pan o. sole (US) || ~ de **rainure**, fond *m* de sculpture (filet) / base of thread groove || ~ **rapporté** (plast) / bottom plug || ~ de **rayonnement** (nucl) / background radiation || ~**s** *m pl* de **réserve** / permanent stock || ~ *m* du **réservoir** / tank bottom || ~ d'une **rivière** / river floor o. bottom || ~ de **roche** (bâtim) / rocky bottom || ~ **rocheux** (géol) / primitive o. primary formation o. rocks *pl* || ~ **serti** (fût d'acier) / bottom seam o. fold || ~ à **souder pour tubes d'acier** / steel tube butt welding cap || ~ de **soudure** / toe of weld || ~ **sous-marin** / ocean bed o. bottom || ~ du **synclinal** (géol) / syncline || ~ de **taille** (mines) / head end, face, working stall o. place || ~ à **tamis** (chimie) / sieve plate o. tray o. diaphragm o. bottom, sieving medium || ~ des **tissus** (teint, tiss) / foundation, ground || ~ du **tonneau** / barrel head || ~ **torosphérique** (chaudière) / bumped o. dished boiler end o. head (bumping depth abt. 0.2 of dia), torospherical head || ~ de **tranchée** / bed of a ditch, bottom o. floor of a trench || ~ du **trou** (mines) / back of the borehole || ~ de **trou [resté intact après le tir]** (mines) / blown-out hole || ~ de **tunnel** / tunnel floor || ~ à **tuyères** (sidér) / tuyère bottom || ~ à **tuyères** (four à coke) / nozzle decking || ~ **uni** (tex) / plain back || ~ de la **vallée** / valley bottom || ~ de **vase** / sea ooze bottom || ~ **vissé** (montre) / back cover screwed

fondage *m* (vide) / glass seal || ~ de **types** (ou de lignes) (typo) / casting

fondamental / fundamental, basic, elemental || ~ (rampe) / ruling || ~, composante *f* fondamentale (vibrations) / fundamental [component]

fondant *m* (sidér) / flux powder o. stone || ~**s** *m pl* / furnace additions *pl* || ~ *m* **alumineux** (sidér) / aluminous flux, calcareous stone, carbonate of lime || ~ d'**antimoine** (sidér) / antimony flux || ~ **calcaire** (sidér) / flux limestone || ~ du **cuivre** (fonderie) / flux of copper || ~ **salin ou de sel** (fonderie) / salt-flux

fondation *f* / foundation [work], founding || ~, (abusiv. pour les fondements mêmes) (bâtim) / foundation || ~ (routes) / foundation || ~**s** *f pl* (ensemble des travaux) / foundation engineering || ~ *f* (techn) / bearing plate, sole plate || ~ à l'**air comprimé** / compressed-air foundation work, pneumatic process of foundation || ~ **au-dessous de l'eau** / foundation under water || ~ en **béton** / concrete foundation || ~ sur **béton et pilotis** / concrete and pile foundation || ~ en **caisson** / caisson foundation || ~ sur **caissons cylindriques** (bâtim) / cylinder o. well foundation, foundation on cylinders || ~**s** *f pl* d'une **chaudière à vapeur** / boiler seat || ~ *f* par **congélation** / foundation by the refrigerating process || ~ **coulée** / dumped foundation || ~ d'une **défense de rivière** / foundation of a stone pitching || ~ par l'**emploi de batardeaux-caissons** / foundation between coffer dams || ~ par **encaissement** / timber and steel cased concrete foundation || ~ **enfoncée** / sunk foundation || ~ par **enrochement** / random stone foundation, riprap foundation || ~ par **fonçage de puits** / foundation by sinking pits o. shafts || ~ à **gradins** / stepped foundation || ~ par **grillage** / foundation on a grating || ~ de **machines** / machine bed o. engine bed o. foundation [plate] || ~ de **métal déployé** / metal lathing for plaster work || ~**s** *f pl* à **niveau plein** / wet foundation || ~ *f* à **niveau vide** / dry foundation || ~ **normale** / natural foundation || ~ à **pierres perdues** / random stone foundation, riprap foundation || ~ sur **piliers** / pier foundation || ~ sur **pilotis** / pile foundation || ~ **profonde** / deep foundation || ~ sur des **puits foncés** / sunk well foundation || ~ sur **radier général** (bâtim) / spread foundation || ~ obtenue en **remblayant** / dumped foundation || ~ sur le **roc ou en roche** / foundation on rock || ~ en **table** (bâtim) / raft foundation o. footing, spread foundation

fondé, être ~ [sur] / be based [upon] || ~ sur les **faits** / founded on facts

fondement *m* / foundation || ~ (constr.en acier) / bearing, support || ~, base *f* / foundation, base || ~**s** *m pl* (abusiv.) / ditch for the foundation, excavation || ~ *m* en **bois** (bâtim) / mat || ~ à **semelle continue** / raft foundation o. footing, spread o. surface foundation

fonder / found, establish || ~ [sur] / base [upon] || **se** ~ [sur] / be based [upon]

fonderie *f* / foundry || ~ (technique) / casting practice || ~ (sidér) / melting house || ~ d'**acier** / steel foundry || ~ sur **album** / repetition foundry || ~ des **alliages non-ferreux** / [yellow] metal foundry || ~ d'**argent** / silver works *pl* || ~ **artistique** / art foundry || ~ de **cuivre** / red copper foundry || ~ de **cylindres** / roll casting shop, roller foundry || ~ à **découvert** (fonderie) / open sand casting || ~ **exploitée en charge froide** (sidér) / cold metal work o. shop || ~ de **fonte** / iron foundry || ~ [pour **fonte grise]** / [gray] iron foundry || ~ **intégrée** / captive foundry || ~ de **laiton** / yellow metal foundry, brass foundry || ~ de **métaux** / metal foundry || ~ de **minerai d'étain** / tinworks || ~ sur **modèle** / jobbing foundry || ~ des **objets d'art** / art foundry

fondeur *m* / caster, foundryman || ~ en **bronze** / bronze founder || ~ en ou de **caractères** / letter o. type founder o. caster || ~ au **chantier de fusion** / melter || ~ de **cloches** / bell founder || ~ d'**huile de baleine** / blubber boiler || ~ de **laiton** / brass founder, brazier || ~ en **laiton jaune** / yellow metal founder || ~ de **métaux** / metal founder || ~ en **plomb** / lead founder || ~ de **verre** / glass melter o. founder

fondeuse *f* de **caractères** / type founding machine

fondoir *m* (sidér) / melting kettle || ~ de **goudron** / tar boiler

fondre *vt* / fuse *vt*, melt *vt* (e.g. metal, wax) || ~ [sur] / join by casting, melt on || ~ (sidér) / work *vt*, smelt *vt* || ~ (ord) / coalesce data || ~ (beurre) / melt *vt*, liquefy || ~ (gén) / melt [away] *vt* || ~ *vi* (glace) / thaw *vi* || ~ (fusible) / blow *vi*, fuse *vi* || ~ (soudage) / melt *vi* through || ~ (se) (couleurs) / blend *vi*, shade [into] *vi* || ~ (se) (ciné) / fade [out] || **faire** ~ / liquefy *vt*, melt *vt* || **faire ~ les fusibles** / blow the fuses || **faire ~ la graisse** / render fat || **faire se** ~ (matière, couleur) / feather || ~ une **charge de mitraille** (sidér) / bring down, fuse || ~ **ensemble** / fuse o. melt together

fondrière *f* / shallow excavation || ~, terrain *m* marécageux / marshy o. swampy district, bog, morass || ~ (routes) / pothole

fondrilles *f pl* (bière) / brown sediment

fondu *adj* / fused, molten || ~ (couleurs) / melted || ~ *m* (TV) / dissolve || ~ (ELF) (phot, signal) / fading || ~ *adj* en **bloc** / cast en bloc, cast integral || ~ *m* **enchaîné** (TV, phot) / lap dissolve || ~ **masqué graduel** (film) / animation superimposition || ~ **monobloc** / cast en bloc, intégré || ~ au **noir** (film) / fade-out || ~ **sonore** / sound fade

fongicide *adj* / fungicidal || ~ *m* / fungicide

fongiforme / fungiform

fongueux (bois) / conky, spongy || ~, fongique,

fungique / mushroom-shaped, fungiform
fongus *m* / fungus
fontaine *f* / fountain || ~ (Belgique) (verrerie) / dog-house, filling end || ~ **sablée** (alim. eau) / sand filter of a fountain
fontainerie *f* / well sinking o. building o. tubbing
fonte *f* / cast iron, C.I. || ~ (action) / melting, founding, casting || ~ (verre) / melt || ~ (sidér) / working-off, smelting || ~, masse *f* fondue (chimie, sidér) / melted o. molten mass || ~ (glace) / thaw, melting || ~ (typo) / fount (GB), font (US) || **de** ~ / cast en bloc o. integral || **de ou en** ~ / cast iron..., of cast iron || ~ **aciculaire** / acicular cast iron || ~ d'**affinage** / basic pig iron || ~ d'**affinage pour four Martin** / open-hearth o. O.H. o. Siemens-Martin pig iron || ~ d'**aluminium** / aluminium casting || ~ d'**aluminium en coquille** / shell cast aluminium || ~ d'**aluminium spongieuse** / spongy cast aluminium || ~ **basique** / basic pig iron || ~ de **bâtiment** / cast iron for building purposes || ~ **Bessemer** / [acid] Bessemer pig [iron] || ~ **blanche** / white [cast] iron || ~ **blanche brute** / forge pig iron || ~ **blanche à structure rayonnée** (sidér) / white spiegel looking pig iron || ~ **brute** / pig iron || ~ **brute de fonderie** / foundry iron o. pig o. pig-iron, gray pig-iron || ~ **brute au four électrique** / electric furnace pig iron, electric pig || ~ **brute pour la production de fonte malléable** / malleable pig iron || ~ **brute spéciale** / special grade pig [iron] || ~ de **canalisation** / cast iron sewerage pipe || ~ au **[charbon de] bois** / charcoal iron || ~ au **chrome** / chromium alloy cast iron || ~ **Cleveland** / Cleveland pig iron || ~ au **coke** / coke iron || ~ **composite** / composite o. compound casting || ~ en **coquille pour cylindres de laminoirs** / chilled roll iron || ~ **coquillée ou en coquilles** / chill[ed] casting, chilled work || ~ en **creux** (fonderie) / casting on a core, hollow casting || ~ **crue** / pig iron || ~ par le **cubilot** / casting from a cupola, cupola casting || ~ de **cuivre** / copper smelting || ~ en **cuivre** / copper castings *pl* || ~ de **deuxième ou de seconde fusion** / cast iron, C.I. || ~ **douce** / soft casting o. cast iron, SCI || ~ **électro ou électrique** / electric furnace cast iron || ~ à l'**étain** / tin alloyed cast iron || ~ de **fer** / cast iron, C.I. || ~ de **fondue** (sidér) / first-smelting pig iron, premelted iron || ~ **fortement alliée** / high alloy iron || ~ pour **four Martin basique** / basic pig iron || ~ **froide** / cold iron || ~ **gazée** / gassy iron || ~ en **grains** / granular pig || ~ à **grain serré** / fine-grained iron || ~ à **graphite** / graphite cast iron || ~ à **graphite lamellaire** / lamellar graphite cast iron || ~ à **graphite sphéroïdal** / nodular o. ductile o. spheroidal (GB) o. spherulitic (US) graphite iron || ~ à **graphite sphéroïdal coulée en coquille** / chilled nodular graphite iron || ~ **grise** / gray pig-iron || ~ **grise**, fonte *f* de moulage / gray cast iron || ~ **[grise] douce** / soft [gray] cast iron || ~ en **gueuse** / pig iron || ~ en **gueuse pour fonte malléable** / annealing pig iron || ~ à **haute résistance mécanique** / high-strength casting || ~ **hématite** / h[a]ematite pig iron || ~ **inoculée au silico-calcium** / silicon-calcium inoculated cast iron || ~ de **laiton** / brass casting || ~ de **magnésium** (activité) / magnesium casting || ~ **malléable** / malleable [cast] iron o. casting, annealed cast iron || ~ **malléable à cœur blanc** / white-heart malleable cast iron, white malleable iron || ~ **malléable à cœur noir** / all-black malleable iron, black-heart malleable cast iron || ~ **manganèse de spiegel** / manganese spiegel iron || ~ **manquée** (fonderie) / waste, spoiled casting, misrun, off-cast || ~ **marchande** (fonderie) / job[bing] casting || ~ **Martin** / open hearth pig iron || ~ **mécanique** / machine casting, engineering cast iron || ~ **Meehanite** / Meehanite cast iron || ~ de **mélangeur** (sidér) / mixer metal || ~ de **moulage** / cast iron || ~ de **moulage**, fonte *f* brute de fonderie / foundry iron o. pig o. pig-iron, gray pig-iron || ~ de **moulage avec addition de riblons** / semisteel, steel mix iron || ~ **moulée pour machines-outils** / machine tool cast iron || ~ **«Ni-Resist»** / Ni-Resist || ~ **nodulaire** / nodular o. ductile o. spheroidal (GB) o. spherulitic (US) graphite iron || ~ **noire** / kishy pig-iron || ~ **perlitique** / pearlite iron || ~ **phosphoreuse** / phosphoric pig iron || ~ de **plaques** (fonderie) / plate-casting || ~ **poreuse** / porous pig || ~ de **première fusion** (sidér) / first-smelting pig iron, premelted iron || ~ à **recuit ferritique** / annealed ferritic cast iron || ~ à **résistance élevée** / high-duty o. high-test cast iron (GB), high quality iron || ~ de **rouleaux** (typo) / casting of rollers || ~ de **schlichs** / smelting of slimes || ~ **semi-phosphoreuse** / semi-phosphoric pig iron || ~ des **semis** (agr) / damping-off (a disease) || ~ **soufflé** / gassy iron || ~ **spéciale** / special cast iron || ~ **sphérolithique** voir fonte nodulaire || ~ **spiegel** / silvery pig, spiegel [iron] || ~ des **statues en bronze** / statue-casting || ~ **Thomas** / basic pig iron || ~ de **transition** (sidér) / off-grade iron || ~ **trempée** / chill[ed] casting, chilled work || ~ **trempée en coquille** / permanent mold (US) o. gravity die (GB) chilled cast iron || ~ de **verre coloré** / schmelze
fonture *f* (m. Cotton) / knitting head, section || **à peu de ~s** (bonnet) / few-section... || **à une** ~ (bonnet) / single-section || **double,** [simple] ~ (m.Cotton) / double, [single] bed
forage *m* (techn, mines) / drilling || ~, petit trou de forage (mines) / boring || ~ **biais** / inclined bore || ~ pour le **captage du grisou** (mines) / methane drainage boring || ~ à **centrer ou de centrage** (m.outils) / center hole || ~ au **chalumeau ou au jet** (mines) / fusion drilling || ~ avec **circulation** (pétrole) / flush boring, jetting drilling, hydraulic rotary drilling || ~ de **correction** (pétrole) / offsetting well || ~ de **déversement** / relief well || ~ **directionnel contrôlé**, forage *m* dirigé (pétrole) / directional well drilling, high-drift angle drilling || ~ par **éjecteur** (m.outils) / ejector drilling || ~ **électro-hydraulique** (mines) / electro[-hydraulic] drilling, electro-stream process, electrodrilling || ~ d'**exploration** (ELF) (pétrole) / wildcat [drilling] || ~ à **grenailles** (pétrole) / shot drilling || ~ avec **injection d'eau** (mines) / wash drilling || ~ à **jet** (mines) / jet piercing || ~ au **jet** (bâtim) / jetting || ~ par **jet de flammes** (mines) / jet drilling || ~ **marin ou en mer** (ELF) / offshore oil well || ~ par **moteur souterrain** (pétrole) / electric drilling || ~ à **percussion** (antonyme: forage rotatif) (mines) / percussive rope boring, cable drilling o. boring || ~ **percutant ou à percussion** (antonyme: forage par battage) (mines) / percussive o. percussion o. jumper boring o. drilling || ~ **pétrolier** / oil drilling || ~ **profond**, sondage *m* / deep drilling || ~ **profond ou de grande profondeur** (mines) / well drill hole || ~ de **prospection** (pétrole) / exploration well || ~ de **recherche** (pétrole) / wildcat o. prospect well || ~ **rotatoire ou rotatif ou par rotation**, forage *m* rotary (mines) / rotary drilling || ~ **roto-percutant** / rotary percussion drilling || ~ **sauvage** (ELF) (pétrole) / wildcat [drilling] || ~ **sous la mer** (pétrole) / underwater o. submarine drilling || ~ **thermique** (mines) / fusion drilling || ~ **thermique** (pétrole) / thermal drive, in-situ combustion || ~

transversal / cross hole || ~ de **trous à grand diamètre** (mines) / big-bore hole, large hole boring || ~ à la **turbine** (pétrole) / turbo-drilling, turbine drilling || ~ par **vibrations acoustiques** / sonic drilling
foration *f* (mines) / drilling of blast holes || ~ **vibro-rotative** (pétrole) / vibratory o. vibration drilling
forçage *m* (constr. des moules) / countersinking, hobbing
force *f* (méc) / force, strength, power || **~s** *f pl* / sheep clippers o. shears *pl*, wool shears *pl* || **~s** *f pl* (tiss) / cloth shears *pl* || **de ~ coercitive basse** / low-retentivity... || **de ~ électromotrice induite ou d'induction** / induced electromotive || ~ *f* **accélératrice** / accelerating power || ~ **accélératrice négative** (espace) / negative o. minus g || ~ d'un **acide** / acidic strength, strength of an acid || ~ d'**adhérence** voir force d'adhésion || ~ d'**adhérence** (circ.impr.) / peel strength || ~ d'**adhésion** (colle) / adhesive force o. power o. strength, adhesiveness, adherence, adherency || ~ sur les **amarres** / tow rope pull || ~ d'**amortissement** / damping force || ~ **animale** / animal power || ~ **antagoniste** / opposed o. antagonistic force, countercheck, counterforce || ~ d'**appui** (phono) / stylus force o. pressure, tracking pressure o. force || ~ d'**appui** (compas) / supporting force || ~ d'**arrachement** (circ.impr.) / peel strength || ~ **ascensionnelle** / positive lift || ~ **ascensionnelle dynamique** / dynamic lift || ~ **ascensionnelle statique** / static lift || ~ d'**attraction** / attraction, attractive power, force of attraction || ~ d'**attraction intranucléaire** / nuclear attraction || ~ d'**avant en arrière du navire** (nav) / longitudinal force, fore-and-aft force || ~ **axiale** (techn) / thrust || ~ **axiale** (aéro) / axial force || ~ d'un **caractère** (typo) / type size || ~ **centrale** (méc) / central force || ~ **centrifuge** / centrifugal force || ~ **centripète** / centripetal force || ~ de **charge d'espace** (électron) / space charge force || ~ de **choc** / impact load o. force, drive, pressure || ~ de **cisaillement** (méc) / transverse action o. force o. load, shearing force o. load || ~ **coercitive** / coercive force o. intensity, coercivity || ~ de **cohésion** / coherence, coherency, cohesive force || ~ de **collage** / binding power o. strength, adhesiveness || ~ de **commande** (auto, frein) / operating force || ~ **composante** / component [force] || ~ de **compression** / force of pressure || ~ de **compression** (presse) / locking pressure, mould clamping force || ~ de **compression** (frittage) / compacting force || ~ **consommée** / power consumption || ~ **contraignante** / compulsion, restraint || ~ de **contre-coup** / repulsion o. repelling power, power of recoil o. repulsion o. repelling o. reaction || ~ **contre-électromotrice**, f.c.é.m. / back-electromotive force, b.e.m.f. || ~ de **Coriolis** / Coriolis force || ~ de **corps d'un caractère** (typo) / point size, body size || ~ de **Coulomb-Lorentz** / Coulomb-Lorentz force || ~ de **coup** (forge) / weight of blow || ~ de **création** (nucl) / pairing force || ~ de **débrochage** (fiche) / withdrawing force || ~ de **déformation** (forge) / forming force || ~ **déplacée en parallèle** / transposed force || ~ de **dérapage** (aéro) / cross-wind force || ~ **descensionnelle** / depression, descending force, negative lift || ~ **descensionnelle dynamique** / dynamic downward force o. sinking force || ~ **descensionnelle statique** / static descending o. sinking force, defect of buoyancy || ~ de **déséquilibre** / unbalance force || ~ **déséquilibrée** / out-of-balance power || **~s** *f pl* de **deux corps** (phys) / two-body forces || ~ *f* **dipolaire** (chimie) / dipole force || ~ **directrice** / deflecting force o. torque || ~ **dirigée par le travers du navire** (nav) / thwartpole o. cross pole force, transverse o. athwartship (US) force || ~ **dispersive** (chimie) / dispersibility, dispersive power || ~ **dynamique** (aéro) / dynamic power || **~s** *f pl* d'**échange** (phys) / exchange force || ~ *f* d'**éjection par descente de la matrice** (frittage) / ejection force || ~ **élastique** / elasticity, elastic force || ~ **électromotrice**, f.é.m. / electromotive force, e.m.f. || ~ **électromotrice alimentée ou appliquée** / impressed electromotive force || ~ **électromotrice de contact** / contact e.m.f., contact potential [difference] || ~ **électromotrice dynamique** / dynamic electromotive force || ~ **électromotrice effective ou efficace** / effective electromotive force || ~ **électromotrice imposée** / impressed electromotive force || ~ **électromotrice psophométrique** / psophometric e.m.f. || ~ **électromotrice subtransitoire longitudinale** / direct-axis subtransient e.m.f. || ~ **électromotrice subtransitoire transversale** / quadrature-axis subtransient e.m.f. || ~ **électromotrice de transformation** / transformer e.m.f. || ~ **électromotrice transitoire longitudinale, [transversale]** / direct, [quadrature] axis transient voltage || ~ d'**embrochage** (connecteur) / mating force, insertion force || ~ d'**entraînement** (hydr) / sweeping force || ~ **équilibrante** / equilibrant of forces || ~ dans l'**espace** / force in the space || ~ **expansive** / force of expansion || ~ **explosive** / explosive force o. power o. strength, brisance || ~ **explosive** (nucl) / detonation value || ~ **extérieure** / external force || ~ d'**extraction** (connecteur) / extraction force || ~ de **ferme** / main joist, truss post || ~ de **fermeture de benne** / closing pressure of jaws || ~ de **fermeture du moule** / mould locking force, mould clamping force || ~ de **flambage** / collapsing force || ~ tendante à **fléchir** / transverse power || ~ **foulante** / force of pressure || ~ de **freinage** / brake force o. power, brake effort || ~ de **freinage** / braking force || ~ de **frottement** / frictional force, adherence || ~ de **gravité** / gravitational force, force of gravity, gravity || ~ de **guidage** (pneus) / cornering force, lateral guiding force, lateral traction || ~ de **guidage** (ch.de fer) / guiding strength || ~ de **Heisenberg** / Heisenberg force || ~ **humaine ou de l'homme** / man o. hand o. human power || ~ **hydraulique** / hydrodynamic o. water power || **~s** *f pl* **hydrauliques** / hydraulic forces *pl* || ~ *f* d'**image** (semicond) / image force || ~ d'**impression** (typo) / printing pressure, squeeze, squash (GB) || ~ d'**impression** (méc) / motive o. moving power o. force, momentum || ~ d'**impulsion** / propelling o. propulsive power || ~ **impulsive** / impact load o. force, drive, pressure || ~ d'**inertie** (phys) / inertia, force o. power of inertia, vis inertiae || ~ d'**insertion** (connecteur) / insertion force || ~ **interatomique** / interatomic force || ~ **ionique** (chimie) / ionic strength || ~ **latérale** (méc) / lateral power || ~ **latérale**, traction *f* latérale (phys, méc) / lateral o. side pull || ~ **latérale** (aéro) / cross-stream force, lateral force || ~ de **levage** / lifting capacity o. power || ~ de **levier** / mechanical advantage, MA, lever transmission, leverage || ~ de **liaison** (chimie) / linkage force || ~ de **liaison**, réaction *f* des contraintes / [unit] stress, restoring force per unit area || ~ de **liaison nucléaire** (nucl) / force constant of linkage || ~ **longitudinale** / axial o. longitudinal

force || ~ **magnétique** / magnetic force || ~ **magnétomotrice**, f.m.m. / magnetic potential difference, magnetomotive force, m.m.f. || ~ **majeure** / Act of Providence, force majeure, superior force || ~ de **Majorana** (nucl) / Majorana force || ~ sur le **[manche à] balai** (aéro) / stick force || ~ due à la **masse**, informer (phys) / inertia force || ~**s** *f pl* **moléculaires** / intermolecular forces *pl* || ~ *f* **motrice**, force *f* mouvante / moving force o. power || ~ **motrice** (électr) / heavy o. intense o. power current, electric power || ~ **motrice à vapeur** / steam power || ~ **musculaire** / muscular power || ~ **naturelle ou de la nature** / natural force || ~ **nécessaire** / power requirement o. required, power demand, necessary o. requisite power || ~ **nominale** / nominal power || ~ **non centrale** (nucl) / tensor force || ~ **normale** / normal force || ~ **nucléaire** (phys) / nuclear force || ~ **opposée** / opposite force || ~ d'une **paire** (nucl) / pairing force || ~ de **pénétration** / penetration [capacity o. power], percussion power o. force, perforating effect || ~ de **percussion** (techn) / power of impact || ~ **percutante** (projectile) / penetration [capacity o. power], percussion power o. force, perforating effect || ~ **périphérique des pneus** (auto) / longitudinal force of tires || ~ de **pesanteur** / gravitational force, force of gravity, gravity || ~ de **piston** (plast) / ram force || ~ **pondéromotrice** / ponderomotive force || ~ **portante** / lifting force o. power || ~ **portante** / carrying capacity || ~ de **préhension** / prehensile power || ~ de **pression** / force o. pressure acting against || ~ de **pression** (techn) / pressure || ~ **proportionelle à la masse** (phys) / inertia force || ~ de **propulsion** / drive, impact force || ~ de **propulsion**, force *f* propulsive / propelling o. propulsive power o. force, propulsion || ~ **quadripolaire** / quadrupole force || ~ **radiale** / radial force o. power || ~ de **rappel** / restoring force || ~ pour le **rappel des électrodes** (soudage) / electrode restoring power || ~ de **réaction** / power of recoil o. repulsion o. repelling o. reaction, reaction power || ~ de **réaction normale** / normal reaction || ~ de **recul** voir force de réaction || ~ **réfractive ou de réfraction** / refrangibility, refractive power || ~ de **remorque à la perche** (nav) / static [tow rope] pull || ~ de **repoussement** voir force de réaction || ~ de **répulsion**, force *f* répulsive / repulsive o. repelling power, power of repulsion || ~ **répulsive de rayonnement** / radiation pressure || ~**s** *f pl* **résiduelles**, forces de *f pl* van der Waals (chimie) / dispersion o. van der Waals forces *pl* || ~ *f* de **résistance** / stamina, resisting force || ~ de **résonance** / interchange o. resonance force || ~ **résultante** / resultant force || ~ de **rétention** (connecteur) / retention force || ~ de **rétrécissement** (tex) / shrinking potential || ~ **rotatrice ou de rotation** / rotatory force || ~ de **rupture** (cordage) / breaking load || ~ de **serrage** (presse) / locking pressure, mould clamping force || ~ de **serrage** (frein) / application force || ~ de **striction** (soudage) / pinch force || ~ des **supports flottants ou portants** / buoyancy [lift], buoyant power, power of floating, supernatation || ~ du **système amortisseur** / spring resistance o. power || ~ **tangentielle** / tangential force || ~ **tensorielle** (nucl) / tensor force || ~ **thermoélectrique** / thermo-e.m.f., thermal electromotive force || ~ de **torsion** / torque, torsional o. twisting force || ~ de **traction** (phys, méc) / tensible force || ~ de **traction** (mot) / engine power || ~ de **traction au régime continu** / continuous tensile o. tie (US) force o. load || ~ de **traînée** (aéro) / drag || ~ **transversale** / transverse force, shear force || ~ **transversale** (aéro) / transverse o. sideforce || ~ de **travail de securité** / safe working load || ~**s** *f pl* de **van der Waals** / van der Waals forces || ~ *f* du **vent** (météorol) / wind force o. intensity || ~ **vive** / active force || ~ de **Wigner** (nucl) / Wigner force

forcé / forced || ~ (mouvement) / positive [locking], mechanically operated, controlled, constrained

forcer *vt* / enforce, force *vt* || ~ / burst *vt* || ~ [dans] / press in || ~ (porte) / be sticking, be jamming || ~ *vi* (moule) / swell *vi* || ~ l'**air à travers la fonte** / force a blast of air through the molten iron || ~ l'**allure** / increase the speed || ~ un **chiffre** (math) / round up by one digit || ~ en **tournant** / contort || ~ des **vis** / overtorque screws

forer (techn) / drill *vt* || ~ à **faux** / drill out of center, drill untrue || ~ un **puits** / sink a pit o. shaft || ~ un **tunnel** / drive a tunnel

forestier *m* / forester || ~, bûcheron *m* / woodworker

foret *m* / drill [bit] || ~ **acier-rapide** / high-speed drill || ~ en **agate** / agate drill || ~**-aléseur** *m* / core drill || ~**-aléseur** *m* en **bout** / spot facer o. facing cutter || ~**-aléseur** *m* **creux** / shell core drill || ~**-aléseur** *m* **façonné** / countersinker || ~**-aléseur** *m* à **fraiser** / counterbore || ~**-aléseur** *m* **hélicoïdal** (m.outils) / core drill, spiral countersink || ~ à **angles** / angle o. corner brace o. drill || ~ à **bois** (outil) / wood borer || ~ à **canon** / tube bit || ~ au **carbure [de tungstène]** / carbide tipped drill || ~ à **centrer** / combined drill o. combination drill and countersink, center drill || ~ pour **chevilles** / pin drill, tap borer || ~ **conique** / pinhole drill || ~ **cornier** / angle o. corner brace o. drill || ~ à **couronne** / trepan, hollow o. tubular drill || ~ **denté** (mines) / jagged bit || ~ à **diamants** / diamond drill || ~ **échelonné à plusieurs biseaux**, foret *m* étagé (m outils) / subland twist drill || ~ à **fraiser** / countersink[er], deburrer || ~ à **fraiser les moyeux** / spotting drill || ~ **hélicoïdal** / twist drill [bit] || ~ **hélicoïdal court** / jobber twist drill || ~ **hélicoïdal à fraiser** (m.outils) / core drill, spiral countersink || ~ **hélicoïdal long** / long series twist drill || ~ **hélicoïdal pour trous profonds** / oil hole drill, deep hole drill || ~ à **langue d'aspic** / ratchet borer || ~ **long** / deep-hole drill || ~ de **maçonnier** / stone drill, masonry drill || ~ à **marteau** / hammer drill || ~ à **métaux** / twist drill [bit] || ~ à **percussion** (mines) / churn o. cable drill, spudding drill || ~ **pétrolier** / oil drill || ~ à **pointe de centrage** / center bit || ~ **progressif** / conical one-lip bit for sheet metal || ~ à **rainures droites** / straight flute drill bit || ~ **taraudeur** / tapping drill || ~ à **tourne-à-gauche** / wrench borer || ~ à **trous borgnes** (m.outils) / pocket drill || ~ pour **trous de goupille conique** / taper pin hole drill || ~ à **un [seul] tranchant** / one-edged drill || ~ à **une lèvre de coupe** / single-lip drill || ~ **uni** / plain gimlet

forêt *f* / forest, woods *pl*, woodland || ~ d'**arbres feuillus ou à feuilles caduques** / deciduous o. leafy wood || ~ de **conifères** / coniferous forest, fir o. pine forest || ~ **exploitable** / timberland, timber || ~ **mixte** / mixed forest || ~ **résineuse** / coniferous forest, fir o. pine forest

foreur *m* (ouvrier) / borer, drilling machine worker

foreuse *f* / heavy duty drilling machine || ~ pour **billettes** / billet drilling machine || ~ pour **charbon** / coal drill || ~ **horizontale** (m.outils) / [horizontal] boring lathe o. machine || ~ à **pointes de diamants** (mines) / diamond [rock] drill || ~**-sol** *f* / ground boring machine || ~ à **tricône** / large hole boring

machine
forfait *m* / flat rate || ~ (ordonn) / piece wage || ~ (mines) / contract work || **à ~** / by contract || ~ **moyen** / average piecework rate
forge *f* / forge, smithery || ~, cheminée *f* de forge / smith's hearth || ~ **catalane** (sidér) / bloomery hearth, Renn furnace || ~ d'**estampage** / stamp shop || ~ à **marteaux-pilons** / hammer works, iron mill || ~ **volante de campagne** / portable o. camp forge
forgé / forged || ~ (vis) / semimachined || ~ [sur] / solid forged (e.g. flange) || ~ à **frappe libre** / hammer-forged || ~ à la **main** / hand-forged
forgeabilité *f* / hot ductility, forgeability || ~, malléabilité *f* / malleableness, malleability
forgeable / forgeable, malleable || ~ en **matrice** / swageable
forgeage *m* / forging || ~ **finisseur** / smooth forging || ~ de **finition** / finish forging || ~ à **froid** / cold impact forging || ~ **homogène** / homogeneous forging || ~ **isothermique à matrice chaude** / isothermal hot-die forging || ~ au **laminoir** / roll forging || ~ **libre** / open die o. flat die o. free o. hammer forging || ~ par **martelage** / hammer forging || ~ à **matrice fermée** / closed die forging || ~ à **mi-chaud** / warm heading || ~ **préalable** / preforming || ~ par **refoulement** / upset forging || ~ à **vibrations** / swing forging
forger / forge || ~ [sur] / forge on o. together || ~ à la **barre** / forge from a bar || ~ en **bout** / forge with the grain || ~ à **chaud** / hot-forge || ~ par **choc** / impact-forge || ~ [en] **creux** / hollow-forge || ~ sur l'**enclume** / anvil || ~ à l'**enlevure**, forger au lopin / forge from a billet o. slug o. piece || ~ **grossièrement** / pre-forge, rough-forge || ~ à **plat** / forge normal to the grain
forgeron *m* / smith, blacksmith || ~ à **matrices** / drop forging man
forgeur *m* à la **presse** / pressman
forjet *m* (bâtim) / battering, belly, bulge
forjetant / battering, having a false bearing
forjeter *vi* / batter, belly, bulge, jut out || ~ (bâtim) / lean, incline
forjeture *f* (bâtim) / battering, belly, bulge
formage *m* / forming, non-cutting shaping || ~ (mét poudres) / sizing || ~ (plast) / moulding || ~ au **bain** (fil mét) / dip forming || ~ par **centrifugation** (plast) / rotoforming || ~ par **cisaillement** / forming under shearing conditions || ~ **défectueux à la presse** / mispunching || ~ **électrolytique** / galvanoplastics *sg*, galvanoplasty || ~ **électromagnétique** / magnetic forming || ~ **et pliage** (découp) / forming and bending || ~ avec **étirage-gonflage** (plast) / stretch blow forming || ~ par **explosion** / explosive forming, explosive metal working || ~ par **explosion** (frittage) / hydrospark, explosion forming || ~ par **extrusion** / extrusion forming || ~ d'un **flan** / forming of a blank || ~ par **fluage** / extrusion || ~ à **froid** (plast) / cold forming || ~ à **grande vitesse** / high-speed forming || ~ à **haute énergie** / explosive forming || ~ sous **haute pression** / high-pressure metal forming || ~ par **immersion** (fil mét) / dip forming || ~ par **laminage à froid** / [cold] roll forming || ~ **libre** / free forming || ~ par **matériau élastique** / rubber die pressing || ~ en **moule convexe** (plast) / air-slip process || ~ d'une **pâte** (frittage) / paste method || ~ **positif** (plast) / air-slip process || ~ de **signaux** (télécom) / signal conditioning || ~ sous **vide** / vacuum forming || ~ sous **vide** (plast) / vacuum moulding process
formaldéhyde *m*, formal *m* / formaldehyde, methanal, formic o. methyl aldehyde, methylene oxide
formaline *f* / formalin, formaldehyde solution, formol
formalisé (ord) / formal[ized]
formamide *m* / formamide
formanilide *m* / formanilide, phenyl formide
formante *f* (télécom) / formant || ~ (bas) / dividing sinker
format *m* (ord) / format, size || ~ (pap) / format || **pour deux ~s** / biformat || ~ **approprié directement à la mémoire** (ord) / immediate-to-storage format || ~ de **base** (ord) / basic format || ~ de **bloc** / block format || ~ de **bloc à adresse** / address block format || ~ de **bloc fixe** / fixed block format || ~ de **bloc à tabulation et à adresse** / address tabulation block format || ~ de **bloc à tabulation séquentielle** (ord) / tabulation [sequential] block format || ~ **brut** / untrimmed size || ~ de **code normal** (ord) / SI-format (= shift-in) || ~ de la **composition** (typo) / size of matter || **~s** *m pl* **DIN** / ISO paper sizes *pl* || ~ *m* **DIN A4** / size A4 || ~ de **données** (ord) / file structure, data format || ~ d'**entrée** / input format || ~ de **feuille** / sheet format || ~ du **fichier** (ord) / file format || ~ **fini** / trim[med] size || ~ à la **française** (typo) / upright size || ~ **grand infolio oblong** (typo) / large square folio, atlas [folio] || ~ **horizontal ou oblong** (phot) / landscape || ~ **hors normes** (pap) / bastard size || ~ d'**image** / aspect o. picture size || ~ **in-douze** (typo) / twelvemo, duodecimo || ~ **intermédiaire** / intermediate size || ~ **mémoire-mémoire** (ord) / SS-format (storage-storage) || ~ **mince** (52 mm) (brique) / split || ~ **non condensé** (ord) / zoned format || ~ **normal** (pap) / standard size || ~ de **page** (ord) / page format || ~ du **papier** / size, format || ~ **portatif** (typo) / pocket size || ~ de **projection** (film) / aspect o. picture ratio || ~ **standard** (pap) / standard size
formatage *m* (ord) / formatting
formateur *adj* / formative || ~ *m* (ord) / formatter || ~ des **impulsions** (ord, TV) / sine wave clipper, pulse shaper o. former
formatif / formative
formation *f* (ELF), instruction *f* / training, education || ~ / formation || ~, génération *f* / generation || ~ (géol) / group || ~ (accu) / forming || **à ~ d'image intermédiaire** (opt) / intermediate image forming || **qui a une ~ scientifique** / learned || ~ d'un **arc** (électr) / arcing, arking || ~ **archéenne**, formation *f* azoïque / Archaean rocks *pl* || ~ **bainitique** (sidér) / austempering || ~ de **bandes en couleur** (TV) / colour banding || ~ de **bobine de peignée** (tex) / lap formation, licking || ~ de **bosses** (contact) / tip formation on contacts || ~ de **boucles** (lam) / looping || ~ des **boutons** (tex) / knob formation || ~ de **bulles** / blistering || ~ de **bulles d'air** (vide) / puffing || ~ de **canaux** (chimie, semicond) / channeling || ~ de la **canette** / cop formation || ~ des **chaînes** (chimie) / forming of chains || ~ du **champ magnétique** / build-up [period] of the magnetic field || ~ de **champignons** / fungoid growth || ~ de **cheminées et de piliers** (prép) / piping and piling || ~ d'une **chenille** (soud) / bead formation || ~ de **cloques** (frittage) / blistering || ~ des **cops** / cop building || ~ **coquillière** (géol) / shelly layer || ~ de **cornes** (emboutissage) / formation of distortion wedges || ~ de **couches** (géol) / stratification || ~ de **coulures** (peinture) / sags *pl* || ~ d'un **creux ou de vides** / cavity formation || ~ d'une **croûte** (lingot) / top freezing, [ingot] top crust, capping || ~ de la **décharge** (tube) / breakdown || ~ d'un **dépôt** / sedimentation || ~ de **déserts** / desertification || ~

de la **différence** (math) / subtraction || ~ de **domaines** (électron) / domain formation || ~ par **drapage** (plast) / drape forming || ~ de **duvets** (tex) / fly formation || ~ d'**éboulis** (géol) / boulder formation o. drift || ~ **éluviale** (géol) / eluvium || ~ d'**émulsion** (pétrole) / emulsion-forming || ~ d'une **équation** (math) / construction of an equation || ~ d'**essaims** (molécules) / [molecular] swarm o. cluster || ~ d'**étincelles** (électr) / sparking || ~ de **festons** (laque) / crawling || ~ de la **feuille** (pap) / sheet forming o. making || ~ de **fissures** / fissuring, cracking || ~ de **flocons** / fiber bunching || ~ par **forgeage etc** / forging || ~ de la **foule** (tiss) / shedding, forming sheds || ~ **gazogène** (mines) / gas producing formation || ~ **géologique** / geologic[al] formation || ~ de **germes cristallins** / nucleation || ~ de **glacières** (géol) / glaciation || ~ de **glaçons** (peinture) / icicling || ~ de **halo** (phot) / halation || ~ d'un **halo** / irradiation || ~ d'un **hologramme** / holography || ~ **houillère** (géol) / coal formation o. series || ~ de l'**humus** / humification, formation of humus o. vegetable mould || ~ des **impulsions** / shaping || ~ **inverse** / back formation, restitution || ~ **jurassique** / Jurassic (system] || ~ de **larmes** (peinture) / fat edge formation || ~ de **lignes** (crist) / line formation, lineage || ~ de **mailles** (tex) / looping || ~ de **mariages** (filage) / pilling, knot formation || ~ du **mélange** / mixture formation || ~ de **mottes** (laitier) / lumping || ~ de **mousse** / foam formation, foaming || ~ de **moustaches** (étamage) / whisker formation || ~ de **nappe** (filage) / formation of fleece o. lap || ~ d'un **noyau** / nucleation || ~ de **nuages** / cloud formation || ~ du **numéro** (télécom) / dialling || ~ d'**ondes** / wave shaping || ~ d'**ondulations** (ch.de fer) / rail corrugation || ~ d'**ondulations axiales** (lam) / medium waviness || ~ de **paires** (nucl) / pair emission o. generation o. production || ~ du **pas** (tiss) / shedding, forming sheds || ~ d'une **peau** (lam) / skin formation || ~ de **peau de crocodile** (peinture) / checking of lacquer, alligator cracking || ~ du **personnel** / instruction of personnel || ~ de **petites cavités** (corrosion) / selective corrosion, pitting || ~ de **pigments** / pigmenting || ~ de **piqûres** (galv) / pitting || ~ de **piqûres** (corrosion) / selective corrosion, pitting || ~ de **plis** (lam) / formation of wrinkles || ~ de **points doux** (sidér) / soft spot formation || ~ de **ponts** (frittage) / bridge formation, bridging, neck formation, necking || ~ de **poquette** (fonderie) / sinking || ~ **post-scolaire** / adult training || ~ **pratique**, formation *f* sur le tas / hand-on training || ~ **professionnelle** / vocational training o. education || ~ de **queues** / tailing || ~ à **retardement de coups d'ongles** (émail) / delayed fish scaling || ~ de **retassures** (sidér) / [shrinkage] cavitation, piping, shrinking || ~ de **retassures** (formage par fluage) / piping defect, coring || ~ de **rouille** / rust formation || ~ du **rouleau** (tex) / lap formation, licking || ~ de **sédiments** / sedimentation, deposition || ~ de **sel** / salt formation o. liberation, salification, salifying || ~ du **sol** (géol) / formation of soil o. land || ~ de **sol** (chimie) / solation || ~ de **stries**, formation *f* de rainures (lam) / scoring || ~ **synclinale** (géol) / synclinal formation || ~ de **taches** (émail, défaut) / specking || ~ des **taches** (galv) / spotting out || ~ **technique** / professionalism || ~ de la **terre végétale** / humification, formation of humus o. vegetable mould || ~ des **trains** (ch.de fer) / making-up of trains, marshalling || ~ de **vapeur** / production of steam || ~ de **vides** / cavity formation || ~ en **voûte** (géol) / arching || ~ de **zones** (min, sidér) / zoning

forme *f* / form, shape, figure, build || ~, modèle *m* / model, pattern || ~, modification *f* / modification || ~ (cordonn.) / last, block || ~ (plast) / form for contact pressure moulding || ~ (typo) / form (US), forme (GB) || ~ (nav) / building basin o. dock || ~ (routes) / foundation, bed of sand (under pavement) || ~ (math) / quantic || **à ~s difficiles** / intricate || **de ~ bombée** (poulie) / high on face, high-faced, crowned || **donner ~** / body || **en ~** / shaped (form) || **en ~ d'arches** / arc-shaped || **en ~ de D** / D-shaped || **en ~ relative** (ord) / relocatable || **sous ~** [de] / in the form [of], in the shape [of] || **sous ~ d'explosion** / like an explosion || **sous ~ lamellaire** (min) / lamellar || **une ~ quelconque** / any form o. shape || ~ **aérodynamique** / streamline[d] form, streamlines *pl* || ~ **allongée** / oblong shape || ~ **amortissante** (routes) / bedding layer || ~ **bas** / leg of the stocking || ~ en **bateau** (chimie) / boat form || ~ **brute** (métal léger) / unwrought product, refinery shape || ~ de **caisson** (techn) / box form || ~ de **cambrage** (forge) / bender, setter || ~ **canonique** (math) / canonical o. standard form, normal form || ~ **caractéristique de cristal** / crystal habit || ~ **cétonique** (chimie) / keto form || ~ en **chaise** (chimie) / chair form || ~ d'un **chapeau** / cone of a hat, hat body || ~ à **chapeaux** / hatter's press form o. block || ~ **circulaire** / circular form, circularity || ~ **cis** (chimie) / cis-form || ~ de **construction** / structural shape || ~ de **coussin** (distorsion) / pin-cushion shape, pillow shape || ~ **cristalline** / crystalline form || ~ **crochue** / aduncity || ~ **cubique** / cubic shape || ~ des **déblais** (routes) / intermediate level || ~ de **départ** (forg) / slug || ~ **échelonnée** / staggered form || ~ **endo** (chimie) / endo-form || ~ **énolique** (chimie) / enol form || ~ **enregistrée** / registered design [of shape o. appearance], registered effect || ~ d'**entaille** / notch configuration || ~ d'**étalage** (sidér) / bosh tuyere || ~ d'**exécution** / structural shape || ~ **extérieure** / external form || ~ pour **faire des feuilles de papier à la main** / mould || ~ de la **fente** (soudage) / edge form || ~ **fondamentale** / fundamental o. basic shape o. form, elementary o. simple o. primitive form || ~ de **goutte** / shape of a falling drop, drop shape || ~ du **grain** (sidér) / particle shape || ~ **graphique**, graphie *f* / written form || ~ **hydrogène** (échang. d'ions) / H-form || ~ pour **impression en relief** (typo) / letterpress printing form[e] || ~ **intermédiaire** / intermediate form || ~ **lâche** (typo) / naked form || ~ du **mode** / mode shape || ~ **Na** (chimie) / sodium form, Na-form || ~ **normale [pour l'essai] à la compression** (bâtim) / standard of pressure || ~ **normalisée** (ord) / normalized representation o. form, standard form || ~ **oblongue** / oblongness || ~ **OH** (chimie) / hydroxide form || ~ de l'**onde** / waveform o. -shape || ~ d'**onde d'impulsion** / pulse wave shape || ~ **ovoïde** / shape of a falling drop, drop shape || ~ de **particule** / particle shape || ~ de **passage direct de soupapes** / straight-way type of valves || ~ **phonique** / phonic o. phonetic form || ~ **plate** / flatness || ~ du **premier côté** (typo) / outer forme || ~ du **profil de la dent** / tooth formation || ~ de **renvoi** (forge) / bender, setter || ~ **ronde** (pap) / cylinder mould || ~ **ronde à courants parallèles** (pap) / uniflow vat || ~ de **sable** (routes) / subcrust, bedding o. cushion course, sand bed (under pavement) || ~ de **sablier** (mét.poudre) / hour-glass shape || ~ **seconde** (typo) / backing-up, perfecting || ~ **sodium** (chimie) / sodium form, Na-form || ~ de **solide de moindre résistance à l'avancement** / streamline[d] form, streamlines *pl* || ~ **sphérique** / spherical form || ~ **standardisée** (ord)

/ standard format || ~ **tabellaire** / tabular form || ~ **théorique** / nominal shape || ~ **trans** (chimie) / trans-form || ~ de **transition** / intermediate form || ~ **tubulaire** (guide d'ondes) / circular tube type || ~ **type** / typical form o. shape || ~ **typographique** (typo) / letterpress printing form[e] || ~ **Vichy** (bouteilles) / Vichy type

formé / figured || ~ à **chaud** / hot- o. heat worked, thermoformed

formel / formal

former / constitute, form, shape *vt* || ~, instruire / educate, instruct, train *vt* || ~ (m.outils) / form *vt*, work [up metal] without cutting || ~ (accu) / form || ~ (se) / develop *vi*, take shape, form *vi* || ~ des **agrafes** (découp) / tab *vi*, form tabs || ~ en **auge** (convoyeur) / trough *vi* || ~ en **balle** / ball *vi*, conglobate || ~ un **boudin** (céram) / extrude *vi* || ~ des **bulles** / bubble *vi* || ~ le **carré** [de] (math) / square *vi*, raise to the second power || ~ un **cercle** / form a circle || ~ des **cloquages** (laque) / blister *vi* || ~ un **coin** / corner *vi* || ~ des **coques** / kink *vi* || ~ des **dessins** (tex) / figure up, form patterns || ~ une **efflorescence** (mines) / settle *vi*, effloresce || ~ une **file d'attente** (ord) / queue *vi* || ~ à **froid [par emboutissage profond, par pliage à la presse, par repoussage, par roulage]** / cold-work || ~ **nouvellement** / form anew o. freshly || ~ **opposition** (brevet) / file an opposition, lodge opposition || ~ en **pelote** / ball, conglobate || ~ le **picot** (bonnet) / form the picot edge || ~ en **pliant** (découp) / crimp (US) || ~ des **plis** / crinkle *vi* || ~ une **pointe** / tip *vi* || ~ par **pression et par traction combinées** / draw and [wall-]iron, D I || ~ en **terrasse** / step *vt*, graduate || ~ au **tour** (céram) / throw on the wheel || ~ la **transition** / lead up || ~ en **voûte** (bâtim) / vault *v*

former *m* à **cylindre** (pap) / cylinder mould former, vat former || ~ à **deux toiles** (pap) / two-wire former, twin-wire former

formiate *m* (chimie) / formate

forming gaz *m* (circ. int) / forming gas

formol *m* / formaldehyde solution, formol, formalin || ~ **polyvinique** / polyvinyl formaldehyde

formulaire *m* / form || ~ (ord) / cut form || ~ **carboné** / carbonized form || ~ **continu** (m.compt) / continuous form || ~ à **copies multiples** / multicopy business form || ~ de **demande** / proposal form || ~ **non carboné** / carbonless copy paper form

formulation *f* / formulation || ~ (chimie) / recipe, formulation || ~ de **colorant** (teint) / dye formulation

formule *f* / formula, form || ~ (teint) / formula, formulation, recipe || ~, formulaire *m* / form, printed form || ~ d'**approximation** / approximation o. approximate formula || ~ de **bain** (galv) / solution formula[tion] || ~ **barométrique [de Boltzmann]** / Boltzmann barometric equation || ~ du **benzène** / benzene formula || ~ en **blanc** / blank, form || ~ de **broyage ou de mouture** (émail) / mill batch o. formulae || ~ **brute** (chimie) / total formula || ~ **chimique** / chemical notation || ~ de **colorants** / dye formulation || ~ de **constitution**, formule *f* développée (chimie) / structural o. constitutional o. graphic o. rational formula || ~ **empirique ou fondée sur l'expérience** (gén) / empirical formula || ~ **empirique ou moléculaire** (chimie) / molecular o. empirical formula || ~ d'**enroulement** (électr) / winding formula || ~ d'**Euler** (méc) / Euler's formula || ~ d'**Eytelwein** (hydr) / Eytelwein's formula || ~ **fondamentale** / basic o. fundamental formula || ~ **graphique** (chimie) / graphic o. rational o. constitutional o. structural formula || ~**s** *f pl* **hertziennes** / Hertz' formulae || ~ *f* **imprimée** / form || ~ **moléculaire** (chimie) / molecular o. empirical o. constitutional o. structural formula || ~ **nucléaire** / nuclear formula || ~ de la **puissance fiscale** (auto) / rating formula || ~ des **quatre facteurs** (nucl) / four-factor formula || ~ **quinoïdique** (teint) / quinonoid formula || ~ de **récurrence** (math, ord) / recurrence formula || ~ de **Simpson** (math, arp) / Simpson's rule || ~ de **structure** (chimie) / structural o. constitutional o. graphic o. rational formula || ~ de **taxation** (auto) / rating formula || ~ de **Taylor** (math) / Taylor's formula || ~ **vierge** / blank form, blank (US)

formuler / formularize || ~ **opposition** (brevet) / file an opposition, lodge opposition

formvar *m* / polyvinyl formaldehyde

formyle *m* / formyl (a radical)

formyler (chimie) / formylate

forstérite *f* (min) / forsterite

fort (gén) / sturdy, strong, vigorous || ~ (sol) / fertile, fat, rich, rank || ~ (tiss) / full, thick || ~ (épice) / hot || ~ (température, résistance) / high || ~, véhément / impetuous || ~ (bruit) / loud || ~ (lunettes, retordage) / sharp || ~ (odeur) / rank || ~ (grossissement) / high-power..., -powered || ~ *adv* / strongly, extremely, very || **à ~ pendage** (mines) / hading || **à ~ trafic** (ch.de fer, ligne) / carrying dense o. heavy traffic || **à ~e allure** / high (e.g.: chauffage) || **à ~e circulation** / with heavy o. dense traffic || **à ~e pente** / steep || **à ~es dimensions** / conservative || **pas** ~ (bière) / small || **~e concentration démographique** / high population density || ~ de **côté** (nav) / stiff || ~ **coup de vent** / strong gale (wind force 9) || ~ *m* du **courant** (hydr) / main stream || **~e dissipation** *f* (résistance) / high dissipation || ~ **grossissement** *m* / high o. powerful magnification || **~e mer** *f* / rough sea || ~ **nouer** (tiss) / tie strongly || **~e rampe** *f* / steep ascent o. gradient || ~ **résistant** (électron) / high-resistivity..., high-resistance..., highly resistive, high-value... || ~ **trafic** *m* / heavy traffic || ~ **tranchant** / extremely o. very sharp, razor-sharp

fortement acide / strongly acid, strong-acid || ~ **allié** / high-alloy... || ~ **apprêté** (pap) / egg-shell o. English finish || ~ **basique** / strongly basic, strong-base || ~ **chargé** / heavily o. highly loaded o. stressed || ~ **collé** (pap) / hard sized || ~ **dispersif** (prisma) / highly dispersive || ~ **focalisé** / sharply focussed || ~ **petit** / tiny || ~ **radioactif** / highly radioactive || ~ **sollicité** / subject to high stresses, highly stressed || ~ **stationnaire** (vibrations) / strongly self-stationary || ~ **surchauffé** / highly superheated || ~ **tendu** / tight, taut || ~ **tordu** (filage) / hard twisted

fort[ifié] / strengthened

fortifier / strengthen

fortran *m* / FORTRAN

fortuit / fortuitous, accidental, casual, incidental

fortune, de ~ / makeshift, provisional || **de** ~ (aéro, nav) / jury

forure *f* / drill[ed] hole || ~ de l'**induit** (électr) / armature bore

fosse *f* / pit, hole || ~ (fonderie) / casting pit || ~ (géol) / trough fault, trench || ~ (France du Nord) (mines) / pit || ~ d'**aisance** (eaux usées) / catch pit, detritus chamber o. pit, cesspool || ~ d'**assainissement** (eaux usées) / soakage pit, soakaway [pit], soaker || ~ à **battitures** (lam) / scale pit || ~ de **bouclage** (lam) / looping pit || ~ à **chaux** (bâtim) / lime pit o. pan o. chest || ~ de **compensation** (lam) / soaking pit || ~ de **coulée** (fonderie) / casting pit || ~ de **décantation** (eaux usées) / catch pit, detritus chamber o. pit, cesspool || ~ au **déchets** / dust hole (GB), landfill (US) || ~ à **décombres** / rubble pit || ~ de **défibreur** (pap) / grinder pit || ~ de **défournement** / drawing pit || ~ de **[dé]montage** (ch.de fer) / assembly pit || ~ de **déplacement du contre-poids** / balance weight pit, counterweight pit || ~ **digestive** (eaux d'égout) / septic tank || ~ **Emscher** / Imhoff o. Emscher tank || ~ [à l'**essai] de survitesse ou d'emballement** / pit for overspeed testing || ~ d'**extraction** / main pit o. shaft || ~ de **graissage** (auto) / repair-pit, working pit || ~ **Imhoff** / Imhoff o. Emscher tank || ~ à **jus** (sucre) / juice o. feed channel || ~ de **machine** (techn) / engine pit || ~ pour les **mannequins** (extrusion) / dummy bar pit || ~ de **moulage** (fonderie) / pit || ~ aux **moules** (fonderie) / casting pit, foundry pit, moulding hole, moat || ~ à **noria** / elevator pit, boot of a bucket elevator || ~ **océanique profonde** / deep ocean trench || ~ de **plateforme roulante** (ch.de fer) / traverser pit o. trench || ~ à **pulpes** (sucr) / pulp flume || ~ de **réparation** (auto) / [repair-]pit, inspection o. engine pit || ~ de **sédimentation** / clearing o. settling basin o. sump o. pool o. reservoir o. cistern || ~ **septique** (eaux usées) / septic tank || ~ de **serpentage** (lam) / looping pit || ~ **sous le cylindre aspirant** (pap) / couch pit || ~ à **tanner** (tan) / lay-away pit, layer, handler || ~ à **tremper** (tan) / soak [pit] || ~ de **visite** / examination pit, inspection pit || ~ de **visite** (auto) / inspection pit, engine o. repair o. working pit

fossé *m* / trench, ditch || ~ (fonderie) / casting pit || ~ (mines) / water ditch, trench, drain || ~ d'**alimentation** (hydr) / feeder || ~ d'**arrosement** / catch, intake || ~ d'**assèchement**, fossé *m* de captage / catch water drain, draining channel o. sewer, drain || ~ de **colature** / outlet || ~ **couvert** (agr) / rubble drain, French drain || ~ de **crête** / intercepting ditch || ~ de **décharge ou d'écoulement** (hydr) / drawing ditch, drain, outlet trench || ~ de **dessèchement** / draining channel o. sewer || ~**-drain** *m* / carriage || ~ de **drainage** / ditch, drain, trench || ~ de **drainage principal** / carriage || ~ à l'**eau d'infiltration**, fossé *m* filtrant (hydr) / infiltration ditch || ~ d'**écoulement** / drain, drawing ditch, outlet || ~ d'**effondrement** (géol) / rift valley || ~ d'**inondation** (hydr) / warping drain o. cut || ~ d'**irrigation** / watering o. irrigating ditch || ~ **latéral à la route** / road drain o. ditch || ~ **principal** / main ditch || ~ **rempli d'eau** / water ditch || ~ de **route** / road drain o. ditch || ~ **souterrain de drainage** (routes) / underground road drain || ~ **tectonique** (géol) / trough fault

fossile *adj* / fossil || ~ *m* **[pétrifié]** / petrifaction, fossil || ~**s** *m pl* **stratigraphiques** (géol) / characteristic o. guide o. index fossils *pl*

fossoyeuse *f* / trench[ing] plough

fou (techn) / loose, running, idle

foudre *m* (ch.de fer) / cask o. tun wagon || ~ *f* / lightning || ~ *m* de **garde** (bière) / storage vat || ~ *f* **globulaire** / globular o. globe o. ball lightning || ~ **produisant des dégâts** / damaging o. destructive o. injuring lightning || ~ *m* de **stockage** / storage cask o. keg

foudroyage *m* (mines) / cover caving, broken working

foudroyer *vt* (mines) / cave in *vt*

fouet *m* (reliure) / stitching thread || ~ / whip || ~ (horloge) / flirt || ~ (tiss) / picker, [loom] driver || ~ à **battre** / twirling-stick || ~ de **chasse** (tex) / picker o. picking stick

fouettement *m* du **rotor** (hélicoptère) / rotor slap

fouetter (reliure) / tie in, tie up with stitching thread

fouille *f* (bâtim) / ditch for the foundation, excavation || ~ (fonderie) / blow hole || ~ (mines) / prospecting o. searching operations *pl*, exploration, search || **en** ~ (pelle) / below level || ~ à **batardeau** / foundation ditch with sheet pile retaining wall || ~ **draguée** / dredged pit || ~ d'une **écluse** / lock pit || ~ en **excavation** / excavation || ~ **excavée** / excavated pit || ~ de **fondement** (bâtim) / foundation ditch || ~ de **galerie** (mines) / work to the heading o. at the face || ~ **ouverte** / approach trench || ~ de **recherche** (mines) / opening

fouiller / sink || ~ / dig, excavate || ~ (mines) / explore, dig, search, prospect || **qu'on peut** ~ (boue) / compact

fouilleur *m* / prospector || ~ (agr) / subsoil plough, draining scarifier || ~ à **soute** (agr) / complete harvester

fouillis *m* d'**échos** (radar) / clutter || ~ d'**échos de sol** (radar) / ground clutter

fouillot *m* (serrure) / nut of a lock

fouine *f* / hayfork, pitchfork

foulage *m* (tex) / fulling o. milling operation || ~ en **fort** / close fulling || ~ à **plat** / flat fulling || ~ au **savon** (tex) / soap milling

foulard *m* (tex) / cloth stiffening machine, padding machine o. mangle, pad || ~ (étoffe légère) (tiss) / foulard (a light fabric) || ~ d'**apprêt** (teint) / padding machine o. mangle, pad || ~ à **deux rouleaux** (tex) / two-roll padding mangle || ~**-exprimeur** *m* (tex) / squeezing mangle || ~**-exprimeur** *m* **vertical** (tex) / vertical squeezing mangle || ~ **gommeur** (teint) / padding machine o. mangle, pad || ~ d'**imprégnation** (tex) / padding mangle || ~ de **mercerisage** / mercerizing mangle o. pad || ~ à **racle** (tex) / padding mangle with ductor blade || ~ de **teinture** (tex) / padding mangle

foulardage *m* **pigmentaire ou au pigment** (tex) / pigment padding

foularder (teint) / pad || ~ [sur] (teint) / slop-pad, pad [over]

foule *f* / crush, crowd || ~ (tiss) / shed, lease || ~ **arrière** (tiss) / back shed || ~ d'en **bas** (tex) / bottom shed || ~ **centrale** (tiss) / center shed || ~ **double** (tiss) / double shed || ~ **fermée** (tiss) / closed shed || ~ **haute ou de levée** (tiss) / upper shed || ~ **mi-ouverte** (tiss) / half-open o. semi-open shed || ~ de **rabat** (tex) / bottom shed

foulé en **dur** (tex) / firmly milled

fouler / tread on the soil || ~ (retors) / shove *vt* || ~ (tan, tex) / tumble *vt*, mill *vt* || ~ (agr) / beat *vt*, thresh *vt* || ~ à **fond** (tex) / full thoroughly

foulerie *f* (tex) / fullery [room]

fouleur *m* de **feutre** / felt fuller

fouloir *m* / rammer || ~ (fonderie) / moulding pestle || ~, pressoir *m* à vin / winepress || ~ à **air comprimé** / pneumatic o. air beetle o. rammer || ~ **d'établi** / bench rammer || ~ **grand modèle** (fonderie) / floor rammer || ~ à **main** (fonderie) / hand rammer || ~ à **main pneumatique** / pneumatic hand rammer || ~ **plat** (fonderie) / flat rammer || ~ **plongeur** (plast) / plunger piston || ~ de **pneu** (auto) / tire driver || ~ **pneumatique** / pneumatic o. air beetle o. rammer || ~**-pompe** *m*, foulopompe *f* (viticulture) / combined crusher and pump || ~ de la **presse** (plast) / force o. moulding plug, pressure ram || ~ de **presse-garniture** (robinet) / gland of stuffing box

foulon *m* / fuller (US), fulling machine o. mill (US), milling machine (GB) || ~**-broyeur** *m* (laine) / milling machine || ~ à **cylindres** / roller milling machine || ~ à **maillets** (laine) / milling machine with hammers, milling stock

foul[onn]age *m* du **drap** / cloth milling (GB) o. fulling (US)

foulonneuse *f* à **manivelle** (tex) / milling stocks *pl* (GB), fulling stocks (US) *pl*

four *m* / furnace, oven, kiln, stove || ~ d'**aciérie électrique** / electric steel furnace || ~ type **ADS** (sidér) / ADS furnace || ~ d'**affinage** / refining furnace || ~ d'**affinage** (alumin) / aluminium refining cell || ~ à **air chaud** (chimie) / convection oven || ~ **annulaire** / ring kiln, annular furnace o. kiln, moving fire kiln || ~ **annulaire à chambres** / annular chamber kiln || ~ **annulaire à sole tournante** / rotary hearth kiln || ~ à **arc** / arc furnace || ~ à **arc basculant** / swing type arc furnace || ~ à **arc direct** / free-hearth electric furnace, direct-arc furnace || ~ à **arc à flamme** / flame arc furnace || ~ à **arc-plasma** / plasma arc furnace || ~ à **arc sous vide** / vacuum arc furnace || ~ **armoire** / box kiln || ~ à **atmosphère contrôlée** / protective atmosphere furnace || ~ d'**attente** (sidér) / holding furnace || ~ à **bain de sel** / salt-bath furnace || ~ à **bain métallique** (sidér) / bath furnace || ~ **basculant** / rocking[-type] furnace, tilting furnace || ~ **basculant de fusion sous vide** / tilting vacuum furnace || ~ pour **bauxite** / bauxite furnace || ~ à **biscuit** (céram) / biscuit furnace || ~ du type **bloc** / bloc furnace || **~-bloc** *m* (chimie) / bomb oven, Carius oven || ~ à **boucle** / end-fired furnace || ~ **[de boulanger]** / baking oven || ~ de **boulanger à gaz** / gas baking oven || ~ de **boulanger à vapeur** / steam baking oven || ~ de **boulangerie amovible ou avec chariot sortant** / draw-plate baking oven || ~ de **braise** / soaking pit || ~ à **brames** / slab furnace || ~ à **braser** / soldering o. brazing furnace || ~ à **briques** / brick kiln || ~ à **briques horizontal** / horizontal brick kiln || ~ à **brûleur unique** / uniflow furnace || ~ à **brûleurs transversaux** / cross-fired furnace || ~ de **calcinage ou pour la cuisson** (céram) / calcining furnace, calciner || ~ de **calcination** (sidér) / roasting o. calcining o. stack kiln || ~ à **canal** / tunnel furnace o. kiln, continuous furnace || ~ de **carbonisation** (filage) / carbonizing stove || ~ à **carneaux verticaux** / vertical flue [coke] oven || ~ à **cascade** / cascade kiln || ~ pour la **cémentation ou à cémenter** (sidér) / carburizing o. carbonizing furnace, case hardening furnace || ~ de **cémentation en milieu gazeux** / gas carburizing furnace || ~ **centrifuge** / centrifugal furnace || ~ **céramique** / pottery kiln || ~ à **chambre** (forge) / batch furnace, oven-type furnace, semimuffle furnace || ~ à **chambres** (sidér) / chamber oven o. setting || ~ à **chambre horizontal** (sidér) / horizontal chamber coking oven || ~ à **chambre inclinée** / inclined chamber coking oven || ~ à **chambres jumelées** / twin-chamber[ed] furnace || ~ à **chambres vertical** (gaz) / vertical chamber oven || ~ de **chauffage** / heating furnace || ~ à **chauffage direct par l'arc** / direct arc furnace || ~ à **chauffage indirect par l'arc** (sidér) / indirect arc furnace || ~ au **chauffage en U** (céram) / horseshoe flame tank, end-fired furnace || ~ à **chauffer les bandages** (lam) / tire heating furnace || ~ à **chaux** / lime kiln || ~ à **chaux à cuves parallèles** / parallel flow shaft lime kiln || ~ à **ciment** / cement kiln || ~ à **ciment à double flux** / double pass kiln || ~ **circulaire** / ring kiln, annular furnace o. kiln || ~ à **cloche** / removable cover furnace, top-hat kiln || ~ à **coke** (sidér) / coke oven || ~ de **coke chauffé du gas** / underjet coke oven || ~ à **coke à récupération des sous-produits** / byproduct coke oven || ~ à **coke à tirage double système compound** / twin draught compound coke oven || ~ à **combustion** (chimie) / combustion furnace, incinerator || ~ à **conditionner** (tex) / testing oven for moisture || ~ de **contact** (chimie) / contact reactor || ~ **continu** / continuous kiln || ~ **continu pour couronnes de fil** / roller hearth furnace for coils || ~ **continu pour feuillards** (sidér) / continuous strand furnace || ~ **continu à recuire** / continuous annealing furnace || ~ **continu à rouleaux** / roller hearth furnace || ~ **continu à tremper** / continuous heat-treating furnace || ~ à **cornue** / chamber oven, retort furnace o. setting || ~ à **cornues** (mercure) / gallery furnace || ~ **coulant ou à feu continu** / running kiln || ~ à **court-circuit** (électr) / short circuit furnace || ~ à **couverte** (céram) / glazing oven, glaze kiln || ~ de **craquage catalytique** / cat cracker || ~ **crématoire** / crematory [furnace] || ~ à **creusets** / crucible o. pot furnace || ~ à **creuset** (frittage) / crucible furnace || ~ à **creuset pour bain de sel** / salt bath pot furnace || ~ à **cristaux** / crystal oven || ~ à **cuire les couches épaisses** / thick film firing furnace || ~ à **cuire la laque ou la peinture** / enamelling stove, baking oven, stove (GB) || ~ à **cuire la porcelaine** / porcelain baking kiln || ~ à **cuve** / tank furnace || ~ à **cuve ou à bassin** (verre) / tank [furnace] || ~ **cyclone** / cyclone furnace || ~ à **dalles glissantes** / pushed-batt kiln, sliding batt kiln || ~ de **décalaminage** / descaling furnace || ~ à **défournement par gravité** (lam) / gravity discharge furnace || ~ de **dépaillage** (sidér) / wash heating furnace || ~ **désoxydant** (sidér) / scaling furnace, non-oxidizing annealing furnace || ~ à **diffusion** / diffusion furnace o. oven || ~ de **distillation à basse température** / low temperature carbonization furnace || ~ à **distillation discontinue** (coke) / intermittent retort setting || ~ **dormant** / in-and-out furnace || ~ à **drêche** (bière) / drying house o. kiln o. room || ~ **droit** / shaft kiln || ~ **électrique** / electric furnace || ~ **électrique à acier** / electric steel furnace || ~ **électrique à arc et à résistance** / arc resistance furnace || ~ **électrique de boulangerie** / electric baking oven || ~ **électrique à induction H.F.** / high-frequency o. coreless induction furnace || ~ **[électrique] Siemens à cuve basse** / electric low-shaft furnace, low-shaft furnace || ~ à l'**électrolyse** (alumin) / electrolytic cell || ~ **élévateur** (sidér) / elevator furnace || ~ à **émailler** / enamelling furnace o. kiln || ~ **entièrement basique** / all basic furnace || ~ d'**établi** / work bench furnace || ~ à **étagères** (boulanger) / double deck oven || ~ d'**étirage** (verre) / drawing pot || ~ à **étirer des cristaux** / crystal puller || ~ à **flamme directe** / up-draught kiln || ~ à **flamme renversée** / down-draught kiln || ~ de **fonderie** / cupola [furnace] || ~ de **fonderie ou de fusion à coke** (fonderie) / coke furnace || ~ de **forge à gaz** / gas-fired forge hearth || ~ à **fournées** / in-and-out furnace || ~ à **fritte** (verre) / ash o. calcar furnace || ~ à ou de **fusion** (fonderie) / melting o. smelting furnace, melter || ~ de **fusion de l'acier** / steel melting furnace || ~ de **fusion alliage léger** / light metal melting furnace || ~ de **fusion de métaux non ferrés** / melting furnace for non ferrous metals || ~ à **galeries parallèles** / longitudinal arch kiln || ~ à **galvaniser** / galvanizing furnace || ~ à **gaz** / gas-fired furnace || ~ à **gaz et à chaleur récupérée de Siemens** / regenerative gas furnace || ~ à **gaz de laboratoire** / laboratory furnace || ~ **Girod** / direct arc furnace || ~ à **glaçure** (céram) / glazing oven, glaze kiln || ~ de **grillage**

(sidér) / roasting o. calcining o. stack kiln || ~ pour **grillage sulfateur** / sulphating roasting furnace || ~ **Héroult** (électr) / Héroult furnace || ~ **Herreshoff** / Herreshoff furnace || ~ à **hyperfréquence** / microwave oven || ~ d'**incinération** / incineration furnace, incinerator || ~ à l'**incinération d'ordures ménagères** / destructor (GB), refuse incinerating furnace (US) || ~ à **induction** / induction furnace o. oven, electronic oven || ~ à **induction à basse fréquence** (sidér) / low frequency induction furnace || ~ à **induction à canal** / channel induction furnace || ~ à **induction à creuset**, four *m* à induction sans noyau / coreless induction furnace || ~ à **induction à la fréquence du réseau** / mains frequency induction furnace || ~ **industriel ou pour l'industrie** / industrial furnace || ~ **journalier** (verrerie) / day tank || ~ **Kaldo** (mét) / Kaldo converter || ~ **Keller** (fonderie) / Keller furnace || ~ à **lente distillation** / low temperature carbonization furnace || ~ **Lepol** (ciment) / Lepol furnace || ~ de **liquation** / liquation hearth || ~ à **liquation** (sur sole chauffée) / liquator furnace || ~ à **longerons mobiles** / walking beam type furnace, rocker bar furnace || ~ **Maerz-Zoelens** (sidér) / pork pie furnace || ~ de **maintien à température élevée** (sidér) / holding furnace || ~ à **malléabiliser** / annealing o. tempering furnace || ~ à **malléabiliser au passage ou à la volée** / tunnel-type annealing furnace || ~ **Martin** / open-hearth o. 0.H. o. Siemens-Martin furnace || ~ **monopile** / single stack furnace || ~ à **moufle** / muffle furnace || ~ à **moufle pour vitrification** (céram) / vitrification furnace, muffle furnace || ~ à **nitrurer** / nitriding furnace || ~ **non-continu** (gén, mét.poudre) / batch furnace || ~ **Northrup** / Northrup furnace || ~ **oscillant** / rocking[-type] furnace, tilting furnace || ~ à **paquets** / batch furnace || ~ de **paroi froide sous vide** / cold wall furnace || ~ de **paroi surchauffée sous vide** / hot wall furnace || ~ à **parois rayonnantes** (sidér) / radiation wall furnace || ~ [de **passage**] **continu** / end-charge-and-discharge furnace, through-type o. continuous furnace || ~ **passant** / pusher type furnace || ~ **passant à rouleaux** / continuous roller-hearth || ~ à **patenter** / wire patenting furnace || ~ à **peigne** (filage) / comb pot || ~ **permanent** (verre) / permanent tank || ~ **pilote** / pilot kiln || ~ **pit** / soaking pit || ~ **pit à cellules** / cell pit furnace o. soaking pit || ~ **pit chauffé** (sidér) / live soaking pit || ~ **pit à deux brûleurs** (sidér) / two-way soaking pit || ~ **pit à grande capacité** (sidér) / large space soaking pit || ~ **pit à lingots** / soaking pit [furnace] for ingots || ~ **pit non réchauffé** (sidér) / dead pit || ~ **pit à réchauffer ou de réchauffage** / [live] soaking pit furnace, live pit || ~ de **platformage** (pétrole) / platformer || ~ à **plâtre** / gypsum o. plaster furnace o. kiln o. burning oven || ~ à **plusieurs soles** (sidér) / multiple-hearth furnace || ~ à **pots** (sidér) / pot [annealing] furnace || ~ à **pot au chauffage arrière** (céram) / horseshoe flame tank, end-fired furnace || ~ **potager** / pit furnace || ~ **poussant**, four *m* poussoir (sidér) / continuous type furnace, pusher type furnace || ~ **poussant** (céram) / pushed bat kiln, sliding-bat kiln || ~ **poussant** (mét.poudre) / pusher furnace || ~ **poussant à billettes** / pusher type billet heating furnace || ~ **poussant [continu]** (lam) / end-charge-and-discharge furnace, continuous pusher type furnace, end pusher furnace || ~ **préchauffeur** / preheating furnace || ~ à **pyrites** / pyrite[s] oven o. burner || ~ **radiateur** / radiation furnace o. kiln || ~ **radiateur en briques** (sidér) / multi-jet bricked burner furnace || ~ à **rayonnement infrarouge** / infra-red radiation furnace || ~ de **réchauffage ou à réchauffer** / ingot reheating furnace || ~ à **réchauffer les largets** (sidér) / pair furnace || ~ à **réchauffer les paquets** (sidér) / pack [heating] furnace, piling furnace || ~ à **réchauffer les platines ou les paquets de tôles** (sidér) / pack heating furnace, sheet [heating] furnace || ~ à **recuire** (sidér) / annealing furnace || ~ à **recuire** (verre) / annealing o. cooling furnace o. arch o. oven, tempering furnace || ~ à **recuire en caisse** / close o. box o. pot annealing furnace || ~ à **recuire au passage continu** / continuous annealing furnace || ~ à **recuire en pots** / pan-type o. pot annealing furnace || ~ à **[recuire les] rivets** / rivet furnace o. forge || ~ à **recuire la tôle** / sheet steel annealing furnace || ~ à **recuisson** (céram) / soaking pit || ~ pour **recuit blanc** (sidér) / scaling furnace, non-oxidizing annealing furnace || ~ à **recuit en caisse** / box annealing furnace || ~ de **recuit à lit fluidisé** / fluid bed furnace || ~ à **récupérer la chaleur perdue** / waste heat recovery furnace || ~ **réduction** / reduction furnace || ~ de **refroidissement à tirage** (verre) / blast cooling furnace || ~ à **résistance** / [electric] resistance furnace o. oven || ~ de **ressuage** (sidér) / wash heating furnace || ~ de **revenu** / stress-relieving oven || ~ à **réverbère pour fonderie** / foundry air furnace, reverberatory furnace || ~ à **réverbère à gaz** / gas reverberatory furnace || ~ à **réverbère et à régénérateur** / regenerative reverberatory furnace || ~ à **réverbère à sole fixe** / fixed-head reverberatory furnace || ~ à **réverbère tournant** / rotary o. revolving reverberatory furnace || ~ à **réverbère à tremper** / tempering flame furnace || ~ **rond** (réfract.) / beehive kiln, round kiln || ~ **rotatif** / rotary o. rotating o. revolving [hearth] furnace || ~ **rotatif** (sidér) / rotating furnace || ~ **rotatif** (labor) / rotating oven || ~ **rotatif à ciment** / cement rotary kiln || ~ **rotatif à ciment à voie humide** / wet process rotary kiln for cement || ~ **rotatif à tambour** (sidér) / rotary drum type kiln || ~ **roulant chauffer** / roll-over type furnace || ~ à **rouleaux** / roller hearth furnace || ~ à **ruches** / beehive coke oven || ~ **Schneider** (électr) / Schneider furnace || ~ à **sécher** / drying stove o. kiln || ~ à **sécher**, étuve *f* stove, stove o. drying room || ~ à **sécher les moules** / foundry stove || ~ de **seconde fusion** / cupola [furnace] || ~ **solaire** / solar furnace || ~ **solaire pour fusion** / solar furnace for melting processes || ~ à **sole** / hearth type furnace || ~ à **sole mobile** (sidér) / bogie hearth furnace || ~ à **sole tournante** / rotating [hearth] furnace || ~ à **soude** (chimie) / soda furnace || ~ à **sous-sol** / pit [furnace], low furnace || ~ type **Spirlet** (électr) / Spirlet furnace || ~ **Stassano** (électr) / Stassano furnace || ~ à **tapis** / belt kiln || ~ à **thermoplongeurs en graphite** / carbon bar furnace || ~ à **tirage des cristaux** / crystal puller || ~ **tournant** / drum type furnace, rotary furnace || ~ **tournant d'agglomération** / drum type sintering furnace || ~ **tournant à voie humide** / wet-process rotary kiln || ~ pour **traitement de revenu** (sidér) / tempering furnace, annealing furnace || ~ de **traitement thermique** (aluminium) / tempering furnace || ~ de **trempe ou à tremper** / hardening furnace o. stove || ~ de **trempe ou à tremper au gaz** / gas-fired hardening o. tempering furnace || ~ à **tremper et faire revenir les cylindres** / roll heat-treating furnace || ~ **trommel** / drum type furnace o. kiln || ~ à **tube** / tube furnace || ~

tubulaire (pétrole) / pipe still || ~ **tubulaire continu** / continuous furnace for tubes || ~ **tubulaire rotatif de frittage** / rotary sintering kiln || ~ à **tuiles** / tile kiln || ~ **tunnel** / tunnel furnace o. kiln || ~ **tunnel en U** / hairpin furnace || ~ en **U** / U-type furnace || ~ à **ultra-haute puissance** (sidér) / UHP- o. Ultra-High-Power-furnace || ~ à **une seule direction** / uniflow furnace || ~ **unidirectionnel** / single-pass oven || ~ à **vent chaud** / hot blast furnace || ~ à **vent froid** / cold blast furnace || ~ de **verrerie ou à verre ou à vitres** / glass [melting] furnace o. kiln o. oven, calcar || ~ **vertical** / tower furnace || ~ **vertical** (sidér) / shaft kiln || ~ **vertical à destillation continue** (coke) / continuous vertical retort setting || ~ **vertical à sécher** / tower drier || ~ à **vide** / vacuum furnace || ~ à **vide à haute fréquence** / H.F.-vacuum furnace || ~ à **vide poussé** / high-vacuum furnace || ~ à **vieillir** (aluminium) / tempering furnace || ~ à **zinc** / zinc [roasting] furnace || ~ à **zones multiples** / multiple-zone furnace

fourbir / furbish *vt*, scour *vt* || ~ (drap) / rumple *vt*

fourche *f* (gén, bicyclette) / fork || ~ (convoyeur) / fork || ~ **arrière** (bicycl.) / backstays *pl*, rear o. seat stays *pl* || ~ **avant** (bicyclette) / front[-wheel] fork[s] || ~ à **ballots** (agr) / bale fork || ~ à **briques à serrage [automatique ou commandé]** / clamping brick fork || ~ de **courroie** / belt o. strap fork o. guide[r] o. striker || ~ **élastique** (bicycl) / spring fork || ~ à **faner** / hay fork, pitch fork || ~ **fixe** (une roue industrielle) / fixed roller (for heavy loads) || ~ à **fouiller** (agr) / bar spade || ~ **interruptrice** (télécom) / cradle o. hook switch || ~ du **pédalier** / bottoms forks *pl*, chain stays || ~ à **pierres** / ashlar fork || ~ de la **poche** (fonderie) / ladle shank || ~ **réglable** (gerbeur) / adjustable fork || ~ de **remorque** (auto) / forked draw-bar || ~ à **ressort** (auto) / spring fork || ~ à **serrage [automatique ou commandé]** (manutention) / clamping fork || ~ **télescopique** / telescopic fork || ~ de **transport** / conveyor fork || ~ à **verges** (mines) / fork to catch rods

fourché / forked

fourcher / fork *vi*

fourchette *f* (gén, télécom, balistique) / bracket, fork || ~ (horloge) / fork || ~ (statistique) / spread, range || ~, chape *f* / fork head || ~, pièce *f* recourbée / bow, hoop, shackle, strap || ~ (bâtim) / flashing || ~ (en analyse) / range of analyses || ~ **articulée** (auto) / toggle fork (differential lock) || ~ **avant** / front fork || ~ de **balancier** (horloge) / crutch || ~ de **boîte de vitesses** (auto) / gearshift fork, gear control fork, shift-fork, selector fork || ~ du **cardan** / gimbal, gymbal || ~ de **casse-trame** / weft fork || ~ de **commande des crabots** / selector fork for direct drive dog clutch || ~ de **débrayage** (auto) / clutch fork || ~ de **densité** (repro) / tonal range || ~ d'**embrayage** (m.outils) / engaging fork || ~ d'**entraînement** / carrying o. driver fork || ~ de **joint de cardan** / universal joint yoke || ~ de l'**outillage de compression** (frittage) / mould slide || ~ de **point fixe** (auto) / anchor bracket || ~ de **téléphone** (télécom) / receiver cradle o. rest

fourchon *m* / prong o. tine of a fork || **à ~s** / pronged, with prongs o. tines || **à deux ~s** / two-prong[ed]

fourchu / forked, cleft || ~ (betterave) / fanged, sprangled

fourdrinier *m* (pap) / Fourdrinier [paper] machine, Foudrinier wire, endless wire [paper making] machine || ~ **multiple** (pap) / multi[-wire] Fourdrinier machine

fourgon *m* (auto) / box-type delivery van o. wagon, panel delivery truck (US) || ~ **automoteur** (ch.de fer) / motor luggage van || ~ à **bagages** (ch.de fer) / luggage van (GB), baggage car (US) || ~ de **déménagement** (auto) / furniture [removal] van, moving van, pantechnicon [van] (GB) || ~ d'**essai de câbles** / cable testing car o. van || ~ **mixte** (pomp) / foam tender || ~ **mortuaire** / funeral car || **~-pompe** *m* / fire engine, fire fighting vehicle, fire brigade truck || ~ **postal** / mail truck (US) o. lorry (GB) || ~ **réservoir des pompiers avec lance d'incendie** (pomp) / pump water tender (GB), triple combination pumper (US) || ~ à **tuyaux** (pomp) / hose tender

fourgonnette *f* (auto) / truckster, light lorry (GB) o. truck (US)

fourmi *f* **blanche** / white ant, termite

fournaliste *m* / blast furnace man o. operator

fourneau *m* / stove, kitchen range, range || ~ (nav) / cook's stove || ~ (sidér) / kiln (a roasting shaft furnace) || ~ (céram) / baking o. burning oven || ~ (mines) / mine chamber, blast hole || ~ à **braser** / soldering o. brazing furnace || ~ au **charbon de bois** / charcoal [blast] furnace || ~ à **chemise** / jacket furnace || ~ **circulaire** / circular furnace || ~ pour **coke de lignite** / Grude stove || ~ à **cornues** (gaz) / retort oven || ~ à **cornues scellées** / sealed retort furnace || ~ de **coupelle ou de coupellation** / assay o. muffle furnace || ~ pour **cristaux de laser** / laser-crystal oven || ~ à **[cuire les]creusets** (sidér) / coffin || ~ de **cuisine** / kitchen range || ~ à **cuve** (chauffage) / magazine stove || ~ à **cuve** (sidér) / shaft furnace o. kiln, vertical kiln || ~ à **décaper** / annealing furnace || ~ à **deux bassins** (sidér) / twin-bath furnace || ~ à **deux bassins de réception** (sidér) / spectacle furnace, furnace with two hearths || ~ à **deux chambres** / twin chamber[ed] furnace || ~ à **deux foyers** / double fired furnace || ~ à **deux traces** (sidér) / double ring-type furnace || ~ à **deux yeux et à deux traces** (sidér) / spectacle furnace, furnace with two hearths || ~ à **écume** (sidér) / drossing-oven || ~ **électrique** / electric furnace || ~ **électrique à accumulation** / electric heat accumulator || ~ d'**essai**, fourneau *m* d'essayeur / assay furnace || ~ d'**étendage ou à étendre** (verre) / flatting furnace o. kiln || ~ à **fondre les scories** / slag furnace || ~ de **foyer à réverbère** / low furnace || ~ de **fusion** / smelting hearth || **~-lampe** *m* (chimie) / lamp furnace || ~ à **lunettes** (sidér) / spectacle furnace, furnace with two hearths || ~ à **percer** / tap furnace || ~ à **pétrole** / kerosene cooking stove || ~ à **plomb** / lead calcining furnace || ~ à **réchauffer** (sidér) / welding furnace || ~ de **recuisson** (verre) / annealing o. cooling furnace o. arch o. oven, tempering furnace || ~ à **réverbère** (sidér) / open-hearth o. O.H. o. Siemens-Martin furnace, reverberating o. reverberatory furnace || ~ à **rigole** / gutter furnace || ~ **rotatif** / rotary o. rotating o. revolving furnace o. kiln, revolver || ~ **simple** (sidér) / air furnace || ~ à **sublimation** / sublimation o. subliming furnace || ~ **tournant** / rotary o. rotating o. revolving furnace o. kiln, revolver || ~ à **tubes rayonnants** / radiant tube furnace || ~ à **tubes scellés** / sealed tube furnace, Carius oven || ~ **tubulaire** (sidér) / boxfoot pipe furnace || ~ **tubulaire tournant** / rotary o. rotating o. revolving tubular kiln, cylindrical rotary kiln || ~ de **verre** / glass [melting] furnace o. kiln o. oven, calcar || ~ de **vitrification** / vitrification o. muffle furnace

fournée *f* (sidér) / charge, burden || ~ (céram) / batch, burning, baking || ~ (coke) / coke oven charge || **par ~s** (sidér) / in-and-out..., by batches

fournier *m* / furnace man, oven man
fournir / yield *vt*, furnish, provide, supply *vt* || ~, compléter / complete *vt*, fill up || ~ du **courant** (électr) / supply the current
fournisseur *m* / delivering o. purveyance works *sg*, supplier || **~s** *m pl* / ancillary industries *pl* || ~ *m* (tex) / purveyor for knitting machines || ~ (tricot) / feed wheel unit o. mechanism || ~ de **fil** (tiss) / thread regulator, thread [regulating] wheel || ~ de ou en **gros** (gén) / contractor || ~ **maritime** / ship's chandler || ~ **photo** / photo[graphic] dealer || ~ de **pièces détachées** (auto) / purveyor [of accessories], component supplier, [outside] vendor (US)
fourniture *f* / supplying, providing, furnishing || **~s** *f pl* / supplies, requisites *pl* || ~ *f* (pap) / furnish || **~s** *f pl* de **bureau** / office requisites *pl*, office materials *pl*, office supplies *pl* || ~ *f* de **courant** / current delivery, electric power supply || ~ d'**énergie ou de force motrice** (électr) / power supply || ~ de **matériel** (bâtiment) / building machine supply || **~s** *f pl* pour **meubles** / furniture mountings o. fittings *pl* || **~s** *f pl* **photographiques** / photographic requisites *pl* || **~s** *f pl* **sous-traitées ou de sous-traitance** / contract service, foreign supplies *pl* || ~ *f* de **wagons** (ch.de fer) / supply of wagons
fourquet *m* (bière) / oar, rake
fourrage *m* / fodder, provender, forage || ~ **concentré** (agr) / fodder concentrate, concentrate || ~ **ensilé ou préparé au silo** (agr) / succulence, succulency || ~ **grossier** (agr) / roughage || ~ **mêlé** (agr) / mixed provender, mash || ~ **sec** (agr) / provender, dry fodder, hay || ~ **vert** (agr) / green crop o. forage o. fodder, grass
fourreau *m* / scabbard, sheath || ~ (pompe) / sleeve [packing] || ~ (fraiseuse) / quill || ~, douille *f* coulissante / sliding bush || ~ de **contre-pointe** (tourn) / tailstock [center] sleeve, tail spindle
fourrer [dans] / stuff *vt*, pad, fill up || ~ (rembourrage) / stuff *vt*, pad, upholster
fourre-tout *m* (phot) / bag o. pouch for camera, holdall
fourrière *f* (auto) / tow-away place (for motorcars) || **mettre en** ~ / impound
fourrure *f* / case, casing, lining || ~ (charp) / furring chip || ~ (mot) / cylinder liner || ~ **annulaire** / ring lining || ~ de **châssis** (ch.de fer) / filling plate of the frame || ~ de **chaussure** / wigan, shoe lining || ~ de **frein** / brake lining o. covering o. facing || ~ de **plomb** / insertion of lead || ~ à **rainures** / grooved o. fluted bushing || ~ en **tôle** (constr.en acier) / lining [plate], filler || ~ d'**usure** (sidér) / working lining, wear lining
fowlérite *f* (min) / fowlerite
foyaïte *f* (géol) / foyaite
foyer *m*, chambre *f* de combustion / body of a furnace, furnace, fire-place, hearth || ~, siège *m* / center || ~ (opt) / focus, focal point || ~ (haut fourneau) / hearth, well || ~ (aéro) / aerodynamic center || **à** ~ **commun** (opt) / confocal || ~ d'**aérage** (mines) / ventilating fires *pl* || ~ à **alimentation supérieure continue** / self-feeding furnace with hopper above grate || ~ **antérieur** / forehearth || ~ **arrière de l'objectif** / image o. back focus, second focal point || ~ **automatique** / automatic furnace || ~ **avant de l'objectif** / object o. front focus, first focal point || ~ **basculant** (sidér) / tilting hearth || ~ de la **briqueterie** / fire vault || ~ à **cendres fondues** (chaudière) / slag tap furnace || ~ à **charbon** / coal stove || ~ au **charbon pulvérisé** / pulverized coal firing o. furnace, coal dust furnace || ~ **chargé à main** / hand charged furnace || ~ d'une **chaudière** / boiler furnace || **~s** *m pl* **conjugués** (opt) / conjugate focus *pl* || ~ *m* de **cuisine** / [kitchen o. cooking] range, kitchener (GB) || ~ [à] **cyclone** / cyclone firing || ~ **économiseur** / economical stove || ~ **électronique** (rayons X) / focal spot || ~ à **épandage** / spreader firing || ~ de **forge** / hammer furnace, furnace forge || ~ à **fuel[-oil]** / oil-fired furnace, oil firing || ~ de **fusion** / hearth of a melting furnace || ~ de **gaine** (rayons X) / focal spot || ~ à **gaz** / gas-fired furnace || ~ à **gradins** / firing on stepped grate bars || ~ à **gradins en contrebas** / underfloor step grate firing || ~ avec **grille à chaîne à soufflage sous grille** / underblast chain grate stoker || ~ [avec **grille] à gradins** / stepped grate bar furnace || **~-image** *m* / image o. back focus, second focal point || ~ d'**industrie** / industrial center || ~ **inférieur** / furnace heated from below || ~ **intérieur** / internal furnace || ~ **[linéaire]** (opt) / line o. linear focus || ~ de la **locomotive** (m.à vap) / firebox || ~ au **mazout** / oil-fired furnace, oil firing || ~ de **mine** / mine focus o. hearth || **~-objet** *m* / object o. front focus, first focal point || ~ **paraxial** / paraxial focus || ~ à **poussier** voir foyer au charbon pulvérisé || ~ à **poutre oscillante** / walking beam type bottom of a furnace || ~ à **propulsion inférieure** / underfeed stoker || ~ à **propulsion supérieure** / overfeed stoker || ~ de **raffinerie à l'acier** / steel finery [forge hearth] || ~ à **récupération de chaleur** / recuperative furnace || ~ à **soufflage sous grille** / forced draught furnace, closed ashpit furnace || ~ **thermique** (rayons X) / thermal focal area || ~ à **tirage par aspiration** / induced draft o. suction draught furnace || ~ du **tremblement de terre** / seismic focus, hypocenter || ~ **virtuel** / point of divergence
fracas *m* (bruit) / crackling, crash, clatter
fracasser / shatter, break up, crash, smash, kluge (US coll) || ~ à **coups de marteau** / beat to pieces
fractile *m* (statistique) / fractile, quantile || ~ d'**ordre P**, fractile ou quantile d'une loi de probabilité, .m. / fractile of order P, fractile o. quantile of a probability distribution
fraction *f* (math) / fraction || ~ (chimie) / fraction || ~ de **bas point d'ébullition** (pétrole) / low boiling fraction || ~ **binaire** / binary fraction || ~ de **blé lourd** / fraction of heavy grain || ~ de **cœur** (pétrole) / heart cut || ~ **composée** (math) / complex o. compound fraction || ~ **continue** (math) / continued fraction || ~ **convergente** (math) / convergent of a continued fraction || ~ **décimale** / decimal fraction || ~ **décimale finie** (math) / terminating decimal || ~ **décimale périodique** / recurring o. repeating decimal, repeater, circulating decimal || ~ **décimale récurrente** (math) / recurring decimal fraction || **~s** *f pl* à **dénominateurs différents** (math) / fractions with different denominators *pl* || ~ *f* **efficace de neutrons différés** / effective delayed neutron fraction || ~ d'**embranchement** (nucl) / branching fraction || ~ d'**essence de distillation directe ou «straight-run»** / SR gasoline, straight-run gasoline fraction || ~ **fine** (chimie) / super fines *pl*, fines *pl* || ~ **granulométrique** / cut, size fraction || ~ **granulométrique [par tamisage]** / sieve fraction || ~ **latérale** (distillation) / side cut || ~ **légère** / low[er] boiling fraction || **~s** *f pl* **légères** (pétrole) / first light oil, light ends *pl* || ~ *f* **lourde** / heavy ends o. tails *pl* || ~ **mesurable** (ordonn) / measurable fraction of time || ~ **mixte** (math) / mixed fraction o. number || ~ de **mole ou de moléculegramme** (chimie) / mol fraction || ~ de **neutrons** / neutron fraction || ~ des **neutrons**

instantanés, [différés] / prompt, [delayed] neutron fraction || ~ **numérique** / numerical fraction || ~ **ordinaire** / proper fraction || ~ **partielle** (math) / partial fraction || ~ **périodique** / circulating fraction, recurrent fraction || ~ **pétrolière** / crude oil fraction || ~ **portante de surface** / bearing portion of a surface, bearing percentage || ~ **propane-propylène** (pétrole) / PP fraction || ~ **réductible** (math) / reducible fraction || ~ de **saturation** / fraction of saturation, relative humidity || ~ **simple** / proper fraction || ~ de **tête** (chimie) / overhead [product], tops *pl* || ~ de **vide** (mat.en vrac) / voidage

fractionnaire (nombre) (math) / improper, composed

fractionné *adj* / fractional || ~ *m* (pétrole) / fractionation product || ~ (ELF) (bande magn.) / partial rerecording

fractionnement *m* / fractionation || ~ (procédé) / fractionating process, fractionation || ~, analyse *f* fractionnée / fractional analysis, distillation test || ~ d'**air** / air fractionation || ~ à **basse température** (gaz) / low temperature rectification || ~ des **rayons** / beam splitting

fractionner / decompose, divide into fractions || ~ (chimie) / fractionate || ~ (ord) / split || ~ une **deuxième fois** (chimie) / rerun

fractionneur *m* de **canal** (ord) / line splitter

fracto-cumulus *m* / fractocumulus || **~-stratus** *m* / fractostratus

fracturation *f* (pétrole) / formation fracturing, frac || ~ (géol) / fracturing

fracture *f*, rupture *f* / breaking through || ~ (essai des mat.) / break[-down], rupture || ~ (mines) / crevasse || ~ (géol) / breakage, fracture || ~ **et chute du toit** / fallen-in roof, broken-down o. caved roof || ~ de **pression** (mines) / crump, bump || ~ de **rejetage** (géol) / riser

fracturé / cleaved, full of fissures, rugged, fissured

fracturer / break [open] *vt*

fragile / fragile, shattery || ~ **!** / handle with care! || **devenir** ~ / embrittle *vi* || ~ au **rouge** (sidér) / red short o. sear

fragilisation *f* / embrittlement || ~ à **chaud** (sidér) / hot embrittlement || ~ du **cuivre due à l'hydrogène** / gassing of copper || ~ due à ou par l'**hydrogène** / hydrogen brittleness o. embrittlement

fragilité *f* / brittleness || ~ (sidér) / fragility || ~ au **bleu** / blue brittleness || ~ **caustique ou causée par la lessive** (chaudière) / caustic embrittlement || ~ à **chaud** (sidér) / red o. hot shortness || ~ à l'**entaille ou due à des encoches** / notch brittleness || ~ à **froid** (sidér) / cold shortness || ~ de **galvanisation** / galvanizing embrittlement || ~ **intercristalline ou intergranulaire** (min) / cleavage brittleness || ~ **produite par le décapage** / pickle brittleness, hydrogen embrittlement || ~ de **revenu** / temper[ing] brittleness || ~ due au **vieillissement** (métal léger) / precipitation brittleness

fragment *m* / fragment, shred, scrap, chip (of glass) || **~s** *m pl* (mines) / rubbish || **à base de ~s de coton et de fibres** (plast) / rags and fibre filled || **en ~s minces** (poudre) / angular || ~ *m* de **fer** / piece of iron || **~s** *m pl* de **fer** / iron fragments *pl* || **~s** *m pl* de **fission** (nucl) / fission fragments *pl* || **~s** *m pl* **menus** (houille) / smalls *pl*, slack coal || ~ *m* **nucléaire** / nuclear fragment || **~s** *m pl* de **pierres** / stone chips *pl*, chippings *pl*

fragmentaire / fragmentary || ~, fragile / fragile || **~, fragmenteux** (mines) / fallen-in

fragmentation *f* / breakage, breaking, cracking || ~ / comminution process, fragmentation || ~ des **granulats** / comminution of granulates

fragmenter / crack *vt*, splinter, break, shiver || ~ par **explosif** (mines) / blast *vt*

fragmenteux / fragile

fraîche-à-fraîche (graph) / wet-in-wet

fraîchement malaxé (béton) / green

frais *adj* / cool || ~, inépuisé / unused || ~ (béton) / green || ~ (bois) / green, fresh, live || ~ (air) / fresh

frais *m pl* / costs, expenses *pl* || ~ / expenses *pl* || ~ / charge, cost || ~ **accessoires** / extras *pl*, incidental expenses *pl* || ~ d'**achat** / first cost, initial o. installation o. prime cost, cost-price || ~ de **construction** / building expenses *pl*, construction expenses *pl* || ~ *mpl* d'**entretien** / maintenance cost o. charges, upkeep || ~ *m pl* d'**estarie**, frais *m pl* de starie / wharfage, quayage || ~ d'**établissement** / first o. initial o. prime cost *pl*, cost of construction, building o. construction expenses *pl* || ~ d'**établissement ou d'installation** (télécom) / installation cost || ~ d'**exploitation** / operating expenses *pl*, operation o. working expenses *pl* || ~ d'**exploitation** (mines) / hauling o. winning cost || ~ de **fabrication** / production cost, cost of production o. manufacture, manufacturing cost || ~ de **fabrication**, coût *m* de revient / producing cost || ~ **généraux** / overhead [expenses pl.], establishment charges *pl*, loading, burden, on-costs *pl* (GB) || ~ **généraux** (ordonn) / overhead [cost], indirect cost o. costs *pl*, establishment charges *pl*, general expenses *pl*, oncost (GB) || ~ **généraux de fabrication** / manufacturing overhead || ~ **généraux main d'œuvre** / indirect o. nonproductive wages *pl* || ~ **indivis** / loading, oncosts, establishment charges *pl* || ~ d'**installation** / first o. initial o. prime cost *pl*, cost of construction, building o. construction expenses *pl* || ~ de **main-d'œuvre** / labour costs o. charges *pl* || ~ d'un **ouvrage** / building expenses *pl*, construction expenses *pl* || ~ de **personnel** / personal expenses *pl* || ~ de **pièces** / piece cost || ~ **prédéterminés** (ordonn) / target cost || ~ de **production** / production cost, cost of production o. manufacture || ~ de **revient** / first cost, initial o. installation o. prime cost, cost-price || ~ **supplémentaires** / extras *pl*, incidental expenses *pl* || ~ *mpl* de **surestarie** / demurrage || ~ *m pl* **totaux d'installation** / total prime cost *pl* || ~ de **travail directs** / direct labour cost

fraisage *m* / milling [work] || ~ des **cannelures d'arbres cannelés** / splining, spline milling || ~ **combiné** / straddle milling || ~ par **contournage** (m.outils) / contour milling || ~ par **copiage** / copy-milling, profiling || ~ à **coupes parallèles** / parallel-stroke milling || ~ sur **cylindres** / roller engraving || ~ **dent par dent** / single-indexing milling of teeth || ~ **ébauche et finition** / roughing and finishing milling || ~ à **jeu de fraises combinées** / gang milling || ~ **normal ou opposé** (m.outils) / conventional o. cut-up o. ordinary milling, upcut o. opposed milling || ~ à **pièce suivante** / climb milling, cut-down milling || ~ en **plan** / surface milling || ~ **planétaire** / reciprocal o. planetary milling || ~ en **plongée** / plunge milling || ~ des **rainures à clavettes** / keyway milling, keywaying, keyseating || ~ par **reproduction** / copy-milling || ~ en **roulant** / slab milling || ~ en **sens direct ou dans le sens de l'avance** / climb milling, cut-down milling || ~ en **sens opposé ou en sens contraire** (m.outils) / conventional o. cut-up o. ordinary milling, upcut o. opposed milling || ~ **suivant gabarit** / copy-milling || ~ **tangentiel** /

contour milling

fraise *f* (m.outils) / milling cutter, mill, cutter || **~s** *f pl* **accouplées** / twin [milling] cutter || ~ *f* d'**angle** / angular milling cutter || ~ **angulaire d'un côté pour outils** / tool-making angular cutter || ~ de **bois** / shaper || ~ en **bout** / face mill[ing cutter] || ~ en **bout angulaire** / single-angle milling cutter, angular end mill || ~ en **bout à surfacer** / surface [milling] cutter, facing cutter || ~ à **canneler** / keyway cutter, keyseat cutter || ~ à **champignon** (m.outils) / semicircular cutter || ~ **concave** / concave [milling] cutter || ~ **concave quart-de-cercle** / corner rounding cutter || ~ **conique** / countersink[er] || ~ **conique**, fraise *f* d'angle / angular milling cutter || ~ **conique à cône direct** / dovetail cutter with parallel shank || ~ **conique à cône renversé** / inverse dovetail cutter with parallel shank || ~ **conique à une taille** / countersink[er], deburrer || ~ **convexe demi-cercle** / convex milling cutter || ~ à **coupe rapide** / high-speed milling cutter || ~ **couteaux** / face milling cutter || ~ à **crayon** / radius form end mill || ~ à **creuser les tranchées** / trench cutting machine || ~ à **creux** / single-angle o. V-shaped milling cutter || ~ **cylindrique** / solid cylindrical [milling] cutter, plain [milling] cutter || ~ **cylindrique et en bout** / shell end mill || ~ **cylindrique une taille** / single tooth plane milling cutter || ~ pour **défonceuse** (bois) / surface milling cutter || ~ **dégagée** / relieved [milling] cutter, backed-off cutter || ~ de **dégrossissage** / roughing mill o. cutter || ~ de **dentiste** / bur[r] || ~ **dépouillée** / relief-ground [milling] cutter || ~ pour **désilage par le haut** (agr) / silage unloader || ~ **deux tailles à axe horizontal** / shell end mill || ~ **deux tailles à axe vertical** / end-mill[ing cutter], shank-end mill || ~ [à ou en] **disque** / side[-and-face] milling cutter, disk milling cutter || **~-disque** *f* pour **filetages** / disk type thread milling cutter || ~ **ébaucheuse** (roue dentée) / roughing hob || ~ à **engrenages** / gear[wheel] cutter, tooth cutter || ~ pour **entailler les têtes de vis** / screw head slotting cutter || ~ d'**entrée** / bore type o. arbor type cutter || ~ à **feuilleret** (men) / rabbeting o. rebating (GB) cutter, notching cutter || ~ pour **filet multiple** (m.outils) / multiple thread [milling] cutter || ~ à **fileter** / thread milling cutter, thread o. screw cutting milling cutter, gear cutter [for threads] || ~ **finisseuse** / finishing milling cutter || ~ de **fraiseuse-raboteuse** / surface [milling] cutter, facing cutter || ~ à **graver** / engraver's milling cutter || ~ **hélicoïdale** / helical milling cutter || ~ **hélicoïdale à trois tranchants** / three-lip spiral countersink, three-lipped core drill || ~ **iscocèle** / double equal-angle milling cutter, milling cutter for vee-guides || ~ d'un **jeu combiné** (m.outils) / gang cutter || ~ à **lames rapportées** / inserted-tooth milling cutter, cutter o. milling o. facing head || ~ **latérale** / side milling cutter || ~ à **matrice** / diesinking cutter || **~-mère** *f* **développante** / [self-]generating milling cutter, hob [cutter], gear hob[bing mill] || **~-mère** *f* **développante à boisseau** / extended boss-type gear generator, deep counterbore type cutter || **~-mère** *f* **développante de dégrossissage** / roughing hob || **~-mère** *f* **développante à disque** / disk-type gear generator || **~-mère** *f* **développante à pas simple,** [à double pas, à plusieurs pas] / single-, [double-, multiple-] lead hob || **~-mère** *f* **développante pour le taillage des vis sans fin** / worm wheel hob || **~-mère** *f* **développante de précision** / precision gear cutter || **~-mère** *f* **développante aux roues hélicoïdales** / spiral gear hob || **~-mère** *f* **développante pour le taillage des vis sans fin** / worm wheel hob || **~-mère** *f* **développante verticale** / hob type vertical gear generator || ~ à **module** / module milling cutter || ~ **monobloc** / solid cutter || ~ **monodent en bout** / fly-milling cutter || ~ **oscillante** (épandeur de fumier) / oscillating beater || ~ à **pas simple** / single-start [milling] cutter || ~ à **perceuse** / spherical cutter, cherry || ~ à **plaquettes amovibles** / cutter with indexable inserts || ~ **profilée ou à profiler** / profiling o. profile[d] o. forming o. formed cutter || ~ **quart de cercle concave** / corner rounding concave cutter || ~ à **queue** / end-mill[ing cutter] || ~ à **queue d'aronde** / dovetail milling cutter || ~ à **queue cône Morse** (m.outils) / taper-shank end-mill || ~ à **rainer** / groove o. grooving milling cutter || ~ à **rainurer** (m.outils) / slotting end mill, long-hole milling cutter || ~ pour **rainures de clavet[t]age** / keyway cutter, keyseat cutter || ~ pour **rainures à T** / T-slot cutter || ~ à **rectifier les alésages** / interior milling cutter || ~ **rotative à chanfreiner** / countersink burr || ~ **rotative en forme de cône pointu** / pointed cone burr || ~ **rotative orientable** [pour verger] (agr) / offset rotary cultivator || ~ **rotative sphéro-cylindrique** / sphero-cylindrical burr || **~-scie** *f* / circular metal saw blade || **~-scie** *f* à **trancher** / slitting o. slot cutter || ~ **semi-circulaire concave,** [convexe] / concave, [convex] milling cutter || ~ pour [**sièges de**] **soupapes** / valve reseating tool || ~ **sphérique** / spherical cutter, cherry || ~ de **surface ou à surfacer** / face mill[ing cutter] || ~ à **surfacer à lames amovibles** (m outils) / milling head || ~ **taillée** (bois) / rose countersink || ~ à **tailler les engrenages** / gear[wheel] cutter, tooth cutter || ~ à **tailler les filets** / thread milling cutter, thread o. screw cutting milling cutter, gear cutter [for threads] || ~ à **tailler les vis sans fin** / milling cutter for worms || ~ à **tranchées** (bâtim) / rotary scoop ditcher, wheel type trenching machine, wheel ditcher || ~ **trois tailles** / side[-and-face] milling cutter, disk milling cutter || **~s** *f pl* **trois tailles jumelées** (m.outils) / straddle cutter || ~ *f* à **trou** / bore type cutter, arbor type cutter || ~ **une taille** / groove o. grooving milling cutter, slotting mill || ~ **vis à tailler par génération** / [self-]generating milling cutter, hob [cutter], gear hob[bing mill]

fraisé, noyé (techn) / countersunk

fraiser (techn) / mill *vt* || ~, noyer / countersink || ~ les **arbres cannelés** / spline *vt* || ~ en **bout ou de face** / spot-face || ~ à **fraise-mère développante** / hob *vt* || ~ à **mèche-fraise conique** (m.outils) / countersink || ~ à **mèche-fraise cylindrique** / counterbore || ~ en **plongée** / plunge milling || ~ les **rainures de clavetage ou de clavettes** (techn) / mill keyways

fraiseur *m* (m.outils) / milling worker || ~ sur **machine universelle** / universal milling worker || ~ d'**outils** / tool milling operator

fraiseuse *f* / milling machine, miller || **~-aléseuse** *f* / combined milling and boring machine, milling and boring machine || **~-aléseuse** *f* d'**outillage universelle** / universal milling and boring machine || ~ **automatique** / automatic miller o. milling machine, milling automatic || **~-calibre** *f* (lam) / groove milling machine || ~ à **chaîne** (bois) / chain cutter moulding machine || **~-chargeuse** *f* (bâtim, routes) / milling loader || ~ [avec **chariots**] **à main** / hand milling machine || ~ **circulaire** / circular milling machine || ~ **circulaire intérieure** / interior circular milling machine || ~ à **copier** / copy milling machine, profile milling machine, profiler || ~ à **copier les courbes** / cam forming [and profiling] machine || ~ à **copier universelle** / universal copy milling machine || ~ à **écrous** / nut milling machine, polygon machine || ~ **électronique** / electron-beam milling machine || ~ à **filets courts** / short-thread o. plunge-cut thread milling machine || ~ **finisseuse** / finishing cutter o. mill || ~ **horizontale** / horizontal milling machine || ~ **horizontale simple** (m.outils) / plain horizontal milling machine || ~ de **labour** (agr) / rotary hoe || ~ de **labour à moteur** (agr) / motor-driven rotary hoe || ~ **longitudinale** / longitudinal milling machine, plano-milling machine, straight-line miller o. milling machine || ~ **longitudinale et verticale** / combined longitudinal and vertical milling machine || ~ **longitudinale plane** / slab milling machine || ~ à **matrices** / die milling machine || ~ à **montant** / [knee and] column type milling machine || ~ pour **outilleur** / toolroom milling machine, [universal] tool milling machine || ~ en **plan** / surface o. plano milling machine || ~ à **plateau horizontal rotatif** / rotary milling machine || ~ à **portique** / portal milling machine || **~-raboteuse** *f* / surface o. plano milling machine || ~ à **rainures** / groove o. slot milling machine || ~ à **rectifier les surfaces planes et cylindriques** / face and circular grinding machine || **~-rectifieuse** *f* à **portique** / double-column planer-miller || ~ de **reproduction** / copy milling machine, profile milling machine, profiler || ~ **rigide** / rigid milling machine || ~ pour **roues coniques** / bevel gear milling o. cutting machine || ~ aux **roues hélicoïdales** / worm wheel cutting o. milling machine || ~ de **table** (bois) / spindle moulding machine || ~ **verticale** / vertical milling machine

fraisil *m* / charcoal breeze || ~ (glace) / frazil ice || ~ (ch.de fer) / cinders *pl* || ~ de **coke** / coke cinder o. breeze || ~ **menu** (charbon) / breeze

fraisure *f* (serr, men) / countersinking || **pour ~** / countersunk

franc-bord *m* (hydr) / outland, foreland || ~ (nav) / freeboard || ~ (charp) / flush joint

francevillite *m* (nucl, min) / francevillite

franchement grisouteux (mines) / having explosive atmosphere, firedamp...

franchir / traverse *vt*, cross, pass over, go across || ~ le **mur du son** / break through the sound barrier || ~ une **pompe** / fetch a pump

franchise, en ~ de port (ch.de fer) / free-hauled

franchissable (obstacle) / negotiable

franchissage *m* (ELF) / franchising (of agents)

franchissement *m* d'un **signal d'arrêt** (ch.de fer) / running past a stop signal || ~ **sous-fluvial** (pétrole) / underwater pipeline

francium *m* / francium, eca-cesium

franco à **bord**, f.o.b., F.O.B. / f.o.b., free on board || ~ sur **camion** / free on truck, f.o.t. || ~ [de] **domicile** / paid delivery home, delivery free || ~ **gare** / free railroad depot || ~ au **lieu d'emploi** / delivered at [building] site || ~ **long du bord** *A*, F.L.B. (ELF) / free alongside ship, f.a.s., fas || ~ sous **palan**, f.s.p. / fas, f.a.s. || ~ à **pied d'œuvre** / delivered at [building] site || ~ de **port** / free at port || ~ de **port** (ch.de fer) / free-hauled || ~ [sur] **rail** / f.o.r., free on rail || ~ [sur] **wagon départ** / f.o.w., free on waggon || ~ sur **wagon départ de la mine** (mines) / free at pit

frange *f* (tex) / fringe || ~ de l'**arc** (soudage) / arc seam || **~s** *f pl* **colorées** (opt) / colour fringe o. fringing o. edging || ~ *f* des **couleurs** (TV) / colour fringe o. fringing o. edging || ~ de **diffraction** / diffraction fringe || ~ d'**interférence** / interference fringe o. band || ~ de **lumière blanche** / white light fringe || **~s** *f pl* **moirées** / moiré fringes *pl* || ~ *f* **noire, [brillante] d'interférence** / black, [bright] interference fringe o. band

franklin *m* (vieux) (1Fr = $1/3 \cdot 10^9$C) (unité C.G.S électrostatique) / franklin, Fr

franklinite *f* (min) / franklinite

frappant / beating, knocking

frappe *f* / knock, impact, shock, percussion, beat || ~ (m.à ecrire) / touch, typing [action] || ~ (typo) / set of matrices || ~, emboutissage *m* / coining, embossing || **donner la ~ de finition** (découp) / coin *vt*, size *vt* || ~ **coup par coup** / single-blow || ~ de **finition** (découp) / coining, sizing || ~ **matrice contre matrice** (forge) / blow die to die || ~ **multiple** (m.compt) / multiple key depression || ~ de **nervures** (découp) / beading || ~ en **overlapping** (ord) / overlapping stroke || ~ **uniforme** (m.à ecrire) / even touch || ~ à **vide** (forge) / blow die to die || ~ **visible du texte** / visible characters

frappé à **froid** / cold headed

frapper *vt* / strike *vt* || ~ (mines) / cut *vt*, hew *vt* || ~ (découp) / stamp *vt* || ~, marquer / mark *vt* || ~ (forge) / forge *vt* || ~ (valeurs) / mark down || ~ (techn) / beat, knock || ~ (numism) / coin *vt*, mint *vt* || ~ (m.à écrire) / type *vt* || ~ (p.e. des cloues) / drive home o. in (e.g. nails) || ~ le **cadran** (télécom) / dial *vt*, select || ~ une **cloche ou une touche** / touch *vt*, strike *vt* || ~ l'**heure** (horloge) / strike *vi* || ~ au **maillet** (fonderie) / maul a flask || ~ le **numéro** (à clavier) (télécom) / select by touch || ~ le **poinçon** / stamp *vt* || ~ à **virole** / ring-coin

frappeur *m* (filage) / beater, scutcher || ~ (forge) / hammer man

frasil *m* (Canada) / frazil ice

fraude *f* / fraud

frayer, ouvrir un chemin / clear, open up

freezer *m* (déconseillé), congélateur *m* / freezer of refrigerator, freezing compartment

frégate *f* (guerre) / escort destroyer, frigate

freibergite *f* (min) / argentiferous grey copper ore, argentiferous tetrahydrite, freibergite

frein *m* (techn, ch.de fer, auto) / brake || ~ (p.e. frein d'écrou) / retention [device], locking [device] || **mettre le ~** / put the brake on || **mettre un ~ [à]** / check *vt*, curb, restrain, reduce || **sans ~s** / brakeless || ~ à **action rapide** / quick acting brake, rapid brake || ~ **actionné par force extérieure** (auto) / power-brake system || ~ **actionné par** [le poids de] **la charge** / automatic mechanical brake, friction disk brake, Weston washer brake || ~ **agissant sur le câble porteur** / carrying rope brake || ~ d'**aile** (aéro) / wing air brake || ~ à **air** (aéro) / air brake o. deflector || ~ à **air** (funi) / air brake || ~ à **air comprimé** / compressed-air brake, air brake || ~ sur l'**arbre de transmission** / brake on the transmission shaft || ~ **arrière** / rear-wheel brake || ~ **assisté** / power brake, [vacuum] servo o. booster brake || ~ **autocontinu** / continuous automatic brake || ~ **automatique de désaccouplement** (auto) / rapid emergency brake || ~ **automatique du train** (ch.de fer) / automatic brake || ~ **autoserreur** (auto) / self-servo brake || ~ **autovariable** / self-regulating brake || ~ **auxiliaire** (auto) / auxiliary o. supplementary brake || ~ d'**axe de piston** (auto) / gudgeon pin (GB) o. piston (US) retainer || ~ à **bande** / band o. belt o. strap brake || ~ à **bande à enroulement** / wrap-around brake band || ~ de **bosse ou de butte** (ch.de fer) / skate, slipper [wagon] retarder || ~ de **bouche** (mil) / muzzle brake o. gland

|| ~ à **câbles** / cable brake || ~ à **came** / toggle joint brake || ~ à **cames S** (auto) / S-cam brake || ~ **centrifuge** / centrifugal brake || ~ du **chariot** (filage) / checking motion || ~ à **cliquet** (auto) / ratchet brake || ~ à **coin** / wedge brake || ~ **commandé par levier** / lever brake || ~ à **cône de friction** / cone brake || ~ **continu** (ch.de fer) / continuous brake || ~ **continu ou à régime continu** / sustained action brake || ~ à **contrepédalage** / back pedal[ling] brake || ~ à **contrepoids** (ch.de fer) / counterweight brake || ~ à **contre-vapeur** / countersteam brake || ~ **convertisseur** (auto) / converter brake || ~ à **corde** / rope brake || ~ à **courant continu** / d.c. injection brake || ~ à **courants de Foucault**, frein *m* à courants parasites / eddy current brake || ~ à **court-circuit** (ch.de fer) / short circuit brake || ~ à **dépression** (ch.de fer) / vacuum brake || ~ de **dérivation** / shunt brake || ~ à **desserrage direct** (ch.de fer) / direct-release brake || ~ à **deux chambres** (ch.de fer) / two-chamber brake || ~ à **deux conduites** / dual line brake || ~ à **deux mâchoires** (techn) / double jaw brake, double shoe brake || ~ **différentiel** / differential brake || ~ **direct** (ch.de fer) / through brake, direct acting brake || ~ de **direction** (tracteur) / steering brake || ~ à **disque** / disk brake, puck type brake || ~ à **disque à étrier fixe** / fixed yoke disk brake || ~ à **disque à étrier pivotant** / hinged caliper disk brake || ~ à **disques multiples** / multiple disk brake || ~ à **double sabot** (ch.de fer) / double jaw brake, clasp brake (US) || ~ **duplex** / duplex o. servo brake || ~ **duplex-duo** (auto) / two-high duplex brake || ~ **dynamométrique** / absorption dynamometer || ~ sur **échappement** (auto) / exhaust brake || ~ d'**écrou** (vis) / nut retention, nut locking [device] || ~ d'**écrou à ailerons** / tab washer with long tab || ~ d'**écrou d'équerre à ailerons** / safety plate with 2 flaps, tab washer with long and short tab at right angles || ~ à **électro-aimant** / solenoid brake, operator brake (US) || ~ **électromagnétique** / magneto-electric brake, electromagnetic brake || ~ **électromagnétique sur rail ou par patins** (ch.de fer) / electromagnetic rail brake o. shoe brake || ~ d'**embrayage** (auto) / clutch brake o. stop || ~ à **engagement positif** / positive engagement brake || ~ d'**engrenage** / brake on the transmission shaft || ~ à l'**engrenage** (auto) / pinion o. transmission brake || ~ de l'**ensouple arrière** / friction let-off, warp beam brake || ~ à **expansion interne** / internal-expanding brake || ~ **extérieur** / outside o. outer brake || ~ à **filer** (une amarre) (nav) / veering brake || ~ [à **force] centrifuge** / centrifugal brake || ~ à **friction** / friction brake || ~ de **frottement** / friction band || ~ à **genouillère** / toggle joint brake || ~ **godet pour vis** / safety cup for screws || ~ **hydraulique** / hydraulic brake, (esp.:) oil-pressure brake || ~ **hydraulique** (banc d'essai) / waterbrake, hydraulic dynamometer || ~ **[hydraulique] Froude** / Froude brake o. dynamometer || ~ **hydro-dynamique** (auto) / hydrodynamic brake || ~ d'**inertie ou à inertie** (auto) / overrunning brake || ~ **intérieur** / internal brake || ~ sur **jante** / rim brake || ~ à **levier** / lever brake || ~ à **mâchoires** / block o. shoe brake || ~ à **mâchoires** (ch.de fer) / double jaw brake, clasp brake (US) || ~ à **mâchoires extérieures ou externes** / external shoe brake || ~ à **mâchoires intérieures** / internally acting [shoe-]brake, inside shoe brake, expanding brake || ~ à **mâchoires métalliques** / metal-to-metal [shoe] brake || ~ **magnétique** / magneto-electric brake, [electro]magnetic brake || ~ à **main** / hand brake || ~ de **maintien** (ch.de fer) / holding brake || ~ de **maintien en ligne** (auto) / anti jack-knife brake, underrun brake || ~ **marchandises** (ch.de fer) / goods brake || ~ de **marche** / wheel brake || ~ **mécanique** / power brake || ~ **mécanique automatique de la remorque** (auto) / tow-bar brake || ~ **modérable au desserrage** (ch.de fer) / graduated brake || ~ **monodisque** / single-disk brake || ~ de **montagne** (auto) / brake for off-road service || ~ **moteur** / exhaust brake, engine brake || ~ [à] **moteur électrique** / electric motor brake || ~ sur **moyeu** / hub brake || ~ **non modérable au desserrage** (ch.de fer) / direct-release brake || ~ de **papier** (ord) / paper brake || ~ **parking** (auto) / parking brake || ~ à **pédale ou à pied** / foot brake || ~ de **pied de bosse** (ch.de fer) / secondary retarder || ~ de **piqué** / dive [recovery] flap, compressibility dive o. nose dive flap, dive brake || ~ sur **pneu** / tire brake || ~ **pneumatique** / air brake, compressed air brake || ~ **pneumatique de remorque** / trailer air brake || ~ de **Prony** / dynamometrical brake, Prony brake o. dynamometer || ~ de **Proude** / hydraulic brake || ~**s puissants !** / power brakes! || ~ à **quatre mâchoires** / four-block brake || ~ sur [les] **quatre roues** / fourwheel brake || ~ de **queue** (ch.de fer) / end brake || ~ sur **rail** / rail o. track brake || ~ **rapide** / quick acting brake, rapid brake || ~ **récupérateur** (mil) / recoil brake, [recoil] buffer || ~ à **récupération** (ch.de fer) / regenerative brake o. control || ~ à **régime continu** / sustained action brake || ~ à **réglage** / regulating brake || ~ de **réglage de la tension du papier** / web brake || ~ à **ressort accumulé** / spring loaded brake || ~ à **ressorts de pression monodisque** / spring actuated single-disk brake || ~ **rhéostatique** (électr, ch.de fer) / rheostatic control o. brake, dynamic brake || ~ sur **roue** / wheel brake || ~ sur **roue arrière** / rear-wheel brake || ~ [de **roue] avant** / front-wheel brake || ~ à **roue dentée** (ch.de fer) / cogwheel brake || ~ de **roulement** / wheel brake || ~ à **ruban** / band o. belt o. strap brake || ~ à **ruban extérieur** (auto) / outer band brake || ~ à **sabot** / block o. shoe brake || ~ de **secours**, frein *m* de sécurité / emergency o. safety brake || ~ à **serrage intérieur** / internal-expanding brake || ~ de **service** / service brake || ~ **shunt** / shunt brake || ~ **simplex** (auto) / simplex brake || ~ à **six roues** / six-wheel brake || ~ à **solénoïde** / solenoid brake || ~ de **stationnement** (auto) / parking brake || ~ de **stationnement sur l'engrenage** (auto) / parking brake acting on gear || ~ à **tambour** / drum brake || ~ **TELMA** / TELMA brake || ~ pour **trains de marchandises** (ch.de fer) / goods brake || ~ pour **trains de marchandises et trains de voyageurs** (ch.de fer) / combined goods and passenger train brake || ~ pour **trains de voyageurs** / passenger train brake || ~ sur **transmission** (auto) / transmission brake || ~ à **tringles** / linkage brake || ~ **unicellulaire** / single-chamber brake || ~ à **vent** / air brake || ~ à **vide** / atmospheric o. vacuum brake || ~ à **vis** (ch.de fer) / screw brake || ~ de **vis** / screw retention, screw locking [device] || ~ de **voie** (ch.de fer) / rail brake, car retarder (US) || ~ de **voie à mâchoires** (ch.de fer) / jaw-type rail brake o. retarder (US) || ~ de **voie principal** / main retarder || ~ de **voie secondaire** / secondary retarder || ~ **Westinghouse à air comprimé** / Westinghouse air brake

freinable / brakable

freinage *m* (gén) / braking || ~ d'**accostage** / approach braking || ~ par **accumulation** (électr) / energy storage braking || ~ d'**arrêt** (ch. de fer) /

braking to a stop || ~ par **condensateur** (électr) / capacitor braking || ~ par **contre-courant** / regenerative braking, plugging || ~ par **court-circuit de l'induit** / armature short circuiting brake || ~ sur **déclivité** / continuous braking || ~ **échelonné** / gradual braking || ~ **électromagnétique** / electromagnetic braking || ~ d'**espacement** (ch.de fer) / distance braking, spaced braking || ~ **hydrodynamique** (ch.de fer) / hydrodynamic braking || ~ par **injection de courant continu** / d.c. injection braking || ~ **intempestif** (ch.de fer) / ill-timed braking || ~ de **maintien** (ch.de fer) / holding braking || ~ **partiel** / partial braking || ~ de **production** / checking o. curbing of production, tapering off || ~ **rapide** / rapid stop || ~ par **récupération** (ch.de fer) / regenerative braking || ~ **rhéostatique** (électr) / rheostatic o. dynamic braking, potentiometer braking || ~ d'**urgence** / rapid stop || ~ d'**urgence** (auto) / panic stop || ~ **utile** (ch.de fer) / percentage of brake power, effective braking power

freiner / brake, put the brake on || ~ **l'avion à l'atterrissage** (aéro) / reduce the landing speed || ~ la **production** / taper off production

freinoir *m* / screw retention setting tool

freinte *f* / loss, perdition, wastage, deficiency || ~ (filage) / comber waste, noil

frelater / adulterate

frémir / tremble, quiver || ~ (eau) / boil briskly, bubble

frémissement *m* (gén) / tremor, rustling

frêne *m* / ash [tree o. wood]

fréon 12 *m* / dichlorodifluoromethane, Freon 12 || ~, réfrigérant *m* 11, monofluorotrichlorométhane *m* / freon

fréquence *f* (gén) / frequency, repetition rate || ~ (électr) / frequency, number of cycles || ~ (p.e. d'éruptions) (astr) / frequency of occurrence || **à ~ acoustique** / audiofrequency ... || **à ~ basse,** [élevée] / low-, [high-]band || **à ~ unique** / single-frequency || **à ~ vocale** / audiofrequency ... || **à ~s vidéos** / videofrequency... || **à quatre ~s** (télécom) / four-frequency... || **pour les ~s basses** (électron, TV) / boomer..., woofer... || **pour toutes les ~s** (électron) / all-pass... || **très basse ~** (électron) / very low frequency, VLF || ~ **acoustique**, fréquence *f* audible (télécom) / voice frequency, VF, v-f, speech frequency (abt. 16 through 20000 Hz, normally 300-3500 Hz, in USA 100-2000 Hz) || ~ **acoustique intermédiaire** (TV) / s.i.f., sound intermediate frequency || ~ d'**alimentation** / feed frequency || ~ **angulaire** / angular frequency || ~ **antirésonance** / antiresonance frequency || ~ d'**arrêt** (mode d'oscillation) / cutoff o. cutting-off frequency || ~ d'**attaque** / driving frequency || ~ **audio** (télécom) / audiofrequency, AF, a.f., a-f || ~ de **balayage** / sweep o. wobble frequency || ~ de **balayage entrelacé** (TV) / interlace sequence || ~ de la **bande latérale** (TV) / side frequency || ~ de **base** (électron) / base frequency || ~ de **base** (ord) / clock frequency o. rate || ~ de **base de résonance** / first resonating frequency || **~s** *f pl* **basses** / basses *pl*, low frequency notes *pl* || ~ *f* de **battement** / beat frequency || ~ **centrale** / midband frequency, nominal passband center frequency || ~ de **chevauchement** / crossover frequency || ~ du **choc de surface** / impingement rate, rate of incidence || ~ de **classe** (statistique) / class o. cell frequency, absolute frequency || ~ de **coalescence** (mélange) / coalescence frequency || ~ de **commande** / control frequency || ~ **commune** (électron) / common wave || ~ de **commutations** / switching o. commutating frequency || ~ de **coupure** / cut-off frequency || ~ de **coupure** (mode d'oscillation) / cut-off o. cutting-off frequency || ~ de **coupure d'amplification** (électron) / amplification cut-off || ~ de **coupure effective** / effective cut-off frequency || ~ de **coupure du facteur Q** (semicond) / Q-cut-off frequency || ~ de **coupure inférieure** / lower cut-off frequency || ~ de **coupure supérieure** / high-end cut-off frequency || ~ du **courant alternatif du secteur** / industrial frequency || ~ du **courant d'appel** / signalling o. ringing frequency || ~ du **courant porteur** (électron) / carrier frequency || ~ **critique** (techn, bâtim) / critical frequency || ~ des **crues** / high-water occurrence || ~ **cumulée** (statistique) / cumulative relative frequency || ~ **cumulée de défaillances** / cumulative failure frequency || ~ des **cycles** (essai de fatigue) / stress reversals *pl*, stress cycles endured *pl* || ~ de **cycles** (ord) / clock frequency o. rate, elementary frequency || ~ **cyclotron** / cyclotron frequency || ~ de **décalage de lobe** / lobe frequency || ~ de **découpage** (électron) / quench[ing] frequency || ~ de **défaillances** / failure frequency || ~ de **denture** / slot frequency || ~ de **détresse** / distress frequency || ~ de **diapason** / fork frequency || ~ de **diapason étalon** / standard tuning frequency || ~ de **différence** / difference frequency || ~ de **diffusion** / scattering frequency || ~ **dominante** / dominant frequency || ~ **double** / double frequency || ~ d'**échantillonnage** (TV) / colour sampling rate o. frequency || ~ **effective** / actual frequency || ~ **élémentaire** (ord) / clock frequency o. rate, elementary frequency || ~ d'**émission** (radio) / transmitter frequency || ~ d'**émission spectrale** (nucl) / spectral emission frequency || ~ d'**entrée** / received o. incoming frequency || ~ **étalon** / frequency standard || ~ **étalon** (électron) / standard frequency || ~ **fixe** / fixed frequency || ~ du **fond de synchronisation** / sync tip frequency || ~ **fondamentale** / fundamental frequency || ~ **fondamentale** (télécom) / dot o. signalling o. telegraphic frequency || ~ **fondamentale** (phys) / atomic frequency || ~ **fondamentale** (acoustique) / fundamental sound o. tone, keynote, tonic || ~ **fondamentale d'une grandeur périodique** / fundamental frequency of a periodic magnitude o. quantity || ~ des **graves** (acoustique) / bass o. base frequency || ~ de **groupe** / group frequency || ~ **gyromagnétique** (nucl) / cyclotron frequency || ~ **harmonique** / harmonic frequency || ~ **hétérodyne** (électron) / beat frequency || ~ d'**horloge** (ord) / basic cycle || ~ d'**image** (TV) / vertical o. frame o. picture frequency, frame repetition rate || ~ à **impédance minimale** / frequency at minimum impedance || ~ **imposée** / allocated o. assigned frequency || ~ d'**impulsions minimale** (porteuse) / minimum sampling frequency || ~ des **impulsions de rythme** / clock pulse o. timing pulse frequency || ~ **industrielle** (électr) / standard o. power frequency, mains frequency || ~ **inférieure de coupure** / low-end frequency || ~ **infrasonore**, fréquence *f* infrasonique / infrasonic [frequency] || ~ **instantanée** / instantaneous frequency || ~ **intermédiaire**, F.I., FI / I.F., intermediate frequency || ~ **internationale de détresse [en mer]** / international distress frequency || **~s** *f pl* **inversées** / inverted frequencies *pl* || ~ *f* **latérale** (électron) / sideband component frequency || ~ [de] **ligne** (TV) / horizontal frequency o. power (US), line frequency || ~ **limite** / limit[ing] frequency || ~ **locale** (électron) / beat frequency || ~ de **manœuvre** (auto) / shift frequency || ~ **maximale** / maximum frequency || ~ **maximale d'utilisation** / maximum usable frequency, MUF || ~ au **maximum d'impédance** / frequency at maximum impedance || ~ **médiane** / midband frequency || ~ **mère** / master frequency || ~ **minimale utilisable** (radio) / lowest usable frequency, LUF || ~ **minimale d'utilisation** / lowest useful frequency, LUF || ~ de **mises en circuit** / connecting frequency || ~ de **modulation** / modulating o. modulation frequency || ~ de **modulation maîtrisée** / tamed frequency modulation, TFM || ~ **musicale** / music frequency || ~ **naturelle** / oscillation frequency, sympathetic vibration frequency || ~ du **niveau de blanc,** [de noir] (TV) / white, [black] level frequency || ~ **nominale** / rated frequency, nominal frequency || ~ d'**obturation** (film) / shutter frequency || ~ d'**occultation** (électr) / occultation frequency || ~ d'**ondes** / wave frequency || ~ des **ondulations de commutation** (électr) / commutator ripple frequency || ~ **optimale de service** (télécom) / optimum working frequency (OWF) o. traffic frequency (OTF) || ~ des **oscillations** / oscillation frequency, rate of oscillations || ~ des **oscillations parasites** (TV) / ringing frequency || ~ **oscillatoire** / oscillator frequency, OF || ~ **pilote** (télécom) / pilot frequency || ~ **pilote de référence** (acoustique) / pilot reference tone, reference oscillation || ~ **pilote de sous-porteuse de chrominance** (TV) / chroma pilot frequency || ~ de **plasma** (électron) / plasma frequency || ~ de **pompage** (électron) / pumping frequency || ~ **porteuse** (électron) / carrier frequency || ~ **porteuse de l'image** / television carrier frequency || ~ de **prélèvement** (prépar) / frequency of sampling || ~ **primaire** / parent frequency || ~ **primaire** (télécom) / primary frequency || ~ **propre** / natural frequency, sympathetic vibration frequency || ~ **propre amortie** / damped natural frequency, pseudo-frequency || ~ **propre non amortie** / undamped natural frequency || ~ de **pulsation** (traite) / pulsation rate || ~ du **rapport d'amplification unité** (semi-cond) / frequency of unit amplification || ~ de **recouvrement** (acoustique) / transition o. turnover o. cross-over frequency || ~ de **récurrence** / recurrence frequency || ~ de **récurrence des impulsions ou de répétition des impulsions** / pulse recurrence o. repetition frequency || ~ de **récurrence des interrrogations** (radar) / interrogation frequency || ~ de **référence** / reference frequency || ~ de **régénération** (affichage) / refresh rate || ~ **relative** / frequency ratio || ~ de **répétition** (ord) / repetition rate || ~ de **répétition** (radar) / interrogation frequency || ~ de **répétition de chiffres** / digit repetition rate || ~ de **répétition des impulsions** / pulse recurrence o. repetition frequency, PRF || ~ du **réseau** (électr) / standard o. power frequency, mains frequency || ~ **résistive de coupure** (diode tunnel) / resistive cut-off frequency || ~ de **résonance** (nucl, TV) / resonant o. resonance frequency || ~ de **résonance propre** (semicond) / self-resonant frequency || ~ de **résonance série** / series resonance frequency || ~ du **résonateur** / resonator frequency || ~ du **ronflement** / hum o. ripple frequency || ~ de **rotation** (mot) / rotational speed, engine speed || ~ **rotatoire ou de rotation** / rotational frequency || ~ de **rythme ou d'horloge** (ord) / clock frequency o. rate || ~ **secondaire** / secondary frequency || ~ du **secteur** voir fréquence du réseau || ~ de **série** / group frequency || ~ de **service** / operating frequency || ~ de **seuil** (photoélectr) / threshold frequency || ~ **supérieure** / hyperfrequency (3 to 30 GHz) || ~**s** *f pl* **superposées [par combinaison]** (électron) / combination frequencies *pl* || ~ *f* **supersonique** / supersonics, ultrasonics, sg. || ~ **supra-acoustique** (télécom) / beat frequency || ~ **téléphonique** / telephone frequency || ~ **témoin** (électron) / standard frequency || ~ de **trame** / field frequency || ~ de **transfert** / crossover frequency || ~ de **transition** (semi-cond) / transition frequency || ~ **ultrasonore** / supersonic frequency, SSF, ultrasonic [frequency] || ~ **ultratéléphonique** / superaudible frequency || ~ **unité** (semi-cond) / frequency of unit amplification || ~ **variable** (électron) / VF, variable frequency || ~ **verticale** (TV) / vertical frequency || ~ **vidéo** (TV) / video frequency, VF || ~**-vitesse** *f* (électr) / speed-frequency || ~ de **vobulation** / wobbling frequency || ~ **vocale** voir fréquence acoustique || ~ de **voie [de transmission]** / channel frequency || ~ de **wobulation** / wobbling frequency || ~ **zéro** (TV) / zero frequency, z.f.

fréquencemètre *m* / frequency meter || ~ à **aiguille** / direct reading frequency meter || ~ **électronique à tubes** / electronic tube frequency meter || ~ **enregistreur** / frequency recorder || ~ **hétérodyne** / beat-frequency o. heterodyne frequency meter || ~ des **impulsions** (nucl) / ratemeter || ~ **intégrant** / integrating frequency meter || ~ à **lames vibrantes** / resonant reed o. tuned reed o. vibrating reed instrument (o. frequency meter)

fréquent / frequent

fréquentation *f* des **trains de voyageurs** / traffic carried by passenger trains

fresque *f* / fresco

fret *m*, prix *m* du transport / freight (the price), freightage || ~, louage *m* / charter || ~, cargaison *f* / freight, cargo || ~ de **retour** / return freight

fréter / charter [out]

frétillement *m* (TV, radar) / jitter

frettage *m* (mil) / hooping || ~ (béton) / helical reinforcement || ~ (électr, machine) / banding || ~ (techn) / armouring, binding with wire || ~ (câble) / reinforcement helix || ~ par **hélices** (bâtim) / spiral reinforcement || ~ des **traverses** (ch.de fer) / hooping of sleepers

frette *f* / hoop || ~ (béton) / hooping || ~ (sidér) / nozzle block || ~ (bouche de feu) / shrunk-fit section, hoop || ~ (électr) / binding, band || ~**s** *f pl* (bâtim) / fret (an ornament) || ~ *f* (fonderie) / binder, jacket || ~ d'**essieu** / hoop ring of axle, axle band || ~ en **fil métallique [pour l'orientation du champ]** (câble) / field controlling wire binding || ~ de **matrice** (frittage) / die bolster || ~ de **pilotis** (hydr) / ferrule || ~ du **rotor** (électr) / rotor binding || ~ **[serrée ou calée à chaud]** / shrunk-on o. shrink ring o. collar o. hoop

fretté (béton) / helically reinforced, hooped || ~ (corps d'une bouche à feu) / built-up, multi-section... || ~ **acier** / steel-hooped || ~ en **fil d'acier** / wire wound

fretter / shrink on, sweat [on], hoop || ~ / wind *vt* with wire

friabilité *f* (pierre) / brittleness

friable / friable, crumbly || ~ (pierre) / brittle || ~ (mines) / teary, friable

friche *f* / waste o. fallow land || **en** ~ (agr) / lying fallow

friction *f* / friction || ~ (pap) / friction glazing || ~ (micromètre) / ratchet stop || **à ou par** ~ / frictional || ~ à la **calandre** (pap) / calendered friction || ~ **cinétique** / kinetic friction || ~ au **démarrage** / starting friction || ~ au **fin du mouvement ou sur l'erre** / coasting friction || ~ de **frein** / brake friction

|| ~ de **glissement** / sliding friction || ~ **interne** / internal friction || ~ **limite** / limiting friction || ~ au **mouvement** / motional friction || ~ des **rails** / rolling friction || ~ au **repos** / static friction, striction || ~ **roulante** / rolling o. wheel friction || ~ à **sec** / dry friction || ~ **sèche** / dry o. boundary friction
frictionnage *m* (caoutchouc) / frictioning
frictionné (pap) / machine glazed, M.G.
frictionner (pap) / friction-glaze
frictionneuse *f* (pap) / MG o. Yankee machine
frictomètre *m* / lubricity meter
frigo *m* (coll), frigorifique *m* / fridge (coll), refrigerator || ~ **ménager** / [domestic] refrigerator
frigorie *f* (vieux) / kilogram calorie
frigorification *f* / low cooling
frigorifier (vivres) / refrigerate
frigorifique *adj* / frigorific || ~ / refrigerating || ~ *m* (local) / freezing room o. chamber, chillroom || ~ (appareil) / [mechanical] refrigerator, refrigerating machine o. installation || ~ (nav) / refrigerating hold
frigorigène *m* / refrigerating agent o. medium, refrigerant
frigoriste *m* / refrigeration engineer
frisage *m* (tex) / crinkle process || ~ (laque) / curtaining, crawling || ~ du **fil** / crimping of threads
frise *f* (bâtim) / frieze || ~ (tex) / frieze, cloth with rough pile || ~ (tex) / crimping machine, goffering press || ~ (men) / match boarding o. lining || ~ (bâtim) / frieze || ~ [de **larmier]** (charp) / fascia board || ~ de **parquet** / parquet fillet o. strip, framing strip
friser *vi* (défaut) / crinkle || ~, ratiner *vt* (tex) / ratine, frieze || ~, crêper / crimp, curl
frisette *f* (bâtim) / clap-board
frisoir *m* (outil) / friezing tool || ~ (tex) / friezing o. ratteening device
frison *m* / waste o. knub o. flock silk || ~ (typo) / slurring
frisotter (typo) / mackle, smut
frisquette *f* (typo) / frisket
frisure *f* (retors) / curling || ~ **caractéristique** (fil) / characteristic curling
friteuse *f* (grande cuisine) / deep fat fryer o. frier
frittage *m* / sintering || ~ (action) / sintering [operation] || ~ **activé** / activated sintering || ~ à l'**air libre** / open air sintering || ~ en **bande** / strip sintering || ~ à **densité maximale** / dense sintering || ~ à l'**état solide** / solid phase sintering || ~ **final** / final sintering || **~-forgeage** *m* / sinter forging || ~ à **haute température** / resintering, high-sintering || ~ en **moule** / form-sintering || ~ avec **phase liquide** / liquid phase sintering || ~ de **poudre non comprimée** / loose powder sintering || ~ en **présence de phase liquide** / liquid phase sintering || ~ sous **pression** / pressure sintering || ~ par **projection** (plast) / combined whirl sintering and flame-spraying || **~-réaction** *m* / reaction sintering || ~ **sans compression** / loose powder sintering || ~ **simple** / single-process sintering || ~ en **turbulence** / fluidized bed sintering process
fritte *f* (verre) / glass composition o. metal, frit || ~ d'**émail** / enamel frit || ~ pour **fonte** / cast iron frit || ~ de **glaçure** / glaze frit || ~ aux **tôles** / sheet iron frit
fritté / sintered
fritter, [se] ~ / bake *vi*, cake *vi* || ~ *vt* (verre) / calcine the frit || ~ (fonderie) / frit the furnace lining || ~ (sidér) / roast and sinter || ~ (verre) / frit *vt*, fuse
friture *f* (électron) / boiling || ~ (télécom) / crackle, crackling [noise]
frivolité *f* / embroidering on a shuttle loom
froid *adj* (gén) / cold || ~ (pierre) / very hard || ~ (électron) / earthy (coll), on earth (GB) o. ground (US) || ~ (nucl) / cold || ~ *m* / cold || ~ *adj* **comme de la glace** / frigid, intensely cold || ~ **et humide** / damp || ~ *m* dû à l'**évaporation** / latent heat || ~ **industriel** / refrigeration || ~ *adj* aux **pieds** (bâtim) / cold o. damp under foot
froissage *m* / creasing
froissé / puckered, rugose || ~ (tex) / crumpled, creased, wrinkled || **être** ~ (tex) / crumple, wrinkle, crease
froissement *m* / creasing, crumpling || ~ (pap) / rattle
froisser / crumple *vt*, crease, wrinkle *vt* || ~, chiffonner (tiss) / crush || ~ (se) (tex) / crumple *vi*, wrinkle, crease *vi*
froissure *f* (étoffe) / crumple
fromager *m* / kapok tree, ceiba pentandra o. bombax
fromagerie *f* / dairy[-farm o. -house]
froment *m* / wheat, corn (GB) || ~ **broyé** / shredded wheat || ~ **égrugé** / coarse wheaten groats *pl* || ~ d'**hiver** / winter wheat
fromentée *f* / semolina
froncer *vt* (tex) / pucker *vt*, gather || ~ (se) (enveloppe) / collapse *vi* (e.g. envelope) || ~ (se) / pucker *vi*
fronceur *m* (m à coudre) / ruffler, gathering equipment
fronde *f* **nettoyeuse** / crown cleaner of the beet-harvester
front *m* / front || ~ (mines) / stope o. working face, face || ~ (bâtim) / fore-part || **à** ~ **raide** (électron) / steep || **à** ~ **de taille** (pierre) / quarry-faced (US) || **de** ~ / frontal || ~ d'**abattage** (expl. à ciel ouvert) / face || ~ **chaud** (météorol) / warm front || ~ de **choc** (explosion) / pressure front of an explosion || ~ **dégagé ou libre** (mines) / prop-free front || ~ de **diffusion ou de dotage** (semicond) / diffusion front || **~-feed** *m* (déconseillé), dispositif *m* dintroduction frontale automatique (m.compt) / front-feed || ~ des **flammes** / flame front || ~ **froid** (météorol) / cold front || ~ de **galerie** (mines) / gallery end o. face, roadside || ~ d'**impulsion** / pulse edge || ~ de **Mach** / Mach cone o. front || ~ d'**onde** (électr) / wave front || ~ **polaire** (météorol) / polar front || ~ **polaire** (troposphère) / polar front || ~ de **solidification** (sidér) / solid-liquid interface, solidification contour || ~ de **taille** (mines) / working face
frontal / frontal || ~ (agr) / front mounted
frontale *f* / front lens, field lens o. glass
fronteau *m* / door moulding || ~ (nav) / break-bulkhead
frontière *f* / border, frontier || ~, ligne *f* de séparation / boundary line, line of demarcation o. boundary || ~ de **grain** / grain boundary || ~ **naturelle** (gén, géogr) / boundary
frontispice *m* (typo) / frontispiece
fronto-focomètre *m* / vertex refractometer, lensometer || ~**genèse** *f* (météorol) / frontogenesis || ~**lyse** *f* (météorol) / frontolysis
fronton *m* / pediment || ~ (bâtim) / front o. face wall || ~ (nav) / break-bulkhead || ~ (raboteuse) / rail of the planing machine || ~ (tour vertical) / cross head
frothy (caoutchouc, défaut) / frothy
frottage *m* de **glissement** / sliding friction
frottant (routes) / with good grip
frottement *m* / rub[bing] || ~, friction *f* / friction || **sans** ~ / smooth, frictionless, antifriction || ~ par **adhérence** / static friction, stiction || ~ de l'**air** / air friction || ~ des **balais** / brush friction || ~ des **boudins** (ch.de fer) / friction o. rubbing of flanges || ~ de **câble** / rope friction || ~ par **contact rapproché**

(sidér) / near contact friction || ~ des **coussinets** / bearing friction || ~ de l'**essieu** / axle friction || ~ à la **fin du mouvement ou sur l'erre** / coasting friction || ~ **fluide** / hydraulic friction || ~ par **glissement** / sliding friction || ~ **intérieur** (méc) / internal damping o. friction || ~ **mixte** / mixed friction || ~ dans les **paliers** / bearing friction || ~ des **roues d'engrenage** / gear friction || ~ de **roulement** / rolling o. wheel friction || ~ à **sec** / boundary friction || ~ **statique d'adhérence** / stiction, static friction || ~ **superficiel ou sur la surface** / skin friction, skin frictional resistance, surface friction drag || ~ de **tourillon** / journal o. pivot friction, fifth wheel tractor, truck tractor || ~ dans des **tuyaux** / friction in pipes, resistance of pipes || ~ **visqueux** / hydraulic friction

frotter [contre] *vi*, frictionner / chafe *vi*, scuff || ~ [de] *vt* / rub [with] *vt* || ~ (tex) / rub *vt*, brush *vt* || ~, user en frottant / abrade *vt* || **[se]** ~ / rub [against] *vi* || ~ avec un **balai ou une brosse** / scrub, scour || ~ l'**étain** / wipe tin || ~ avec du **graphite** (galv) / rub with graphite, graphitize || ~ la **pierre** (tailleur de pierres) / cut *vt* || ~ à la **toile émeri** / emery *vt*, grind with emery

frotteur *m* (télécom) / bridging wiper || ~, patin *m* (ch.de fer) / skate || ~ (électr) / brush spring, wiper || ~ (filage) / rubber condenser o. gear, rotafrotteur || ~ **avantfinisseur** (tex) / third bobbin drawing box || ~ de **contact** (électr) / contact finger || ~ de **contact** (ch. de fer) / carbon sliding o. slip contact || ~ en **fin** (filage) / finisher [box], finishing box || ~ en **gros** (tex) / first bobbin drawing box || ~ **intermédiaire** (tex) / second bobbin drawing box || ~ à **manchon** (tex) / terry yarn rubbing drawer, rubber o. bobbin drawing, rubbing frame || ~ de **préparation à barrettes** (laine peignée) / open gill || ~ de **préparation à grand étirage** (filage) / high-draft finisher || ~ de **préparation à hérissons** (filage, laine) / porcupine o. French o. rotary drawing frame || ~ **privé** (télécom) / test wiper || ~ sur **rail de contact** / collector shoe o. slipper on contact rail

frottis *m* / rub[-mark] || ~ (nucl) / smear o. wipe test || ~ (chimie) / crush preparation

frottoir *m* (tex) / rubber [leather] || ~ (ch.de fer) / side friction block, transom of a bogie || **~s** *mpl* (tex) / rubber condenser o. gear || ~ *m* en **treillis métallique** (filage) / rubber made of wire netting

fructifère / fruit bearing

fructification *f* / fructification

fructose *m* / fructose || ~ **DL** / DL-fructose

frue vanner *m* (prépar) / frue vanner

frugifère / fruit bearing

fruit *m* / fruit || ~ (bâtim) / diminution, tapering, retreat, batter [of a wall] || ~ (cheminée) / taper || ~ de **barrage** (bâtim) / batter of the barrage dam || **~s** *m pl* **méditerranéens et tropicaux**, fruits du *m pl* Midi / tropical and subtropical fruits *pl* || **~s** *m pl* **meurtris** / windfall[s pl.] || ~ *m* à **noyau** / stone fruit || **~s** *m pl* **oléifères ou oléagineux** / oil seeds *pl* || **~s** *m pl* à **pépins** / pomaceous fruit

fruitier / fruit bearing

f.s.p. (franco sous palan) / fas (free alongside ship)

F.T.C., fonction *f* de transmission de contraste / frequency response function, contrast transfer function, CTF

fuchsine *f* **[basique]** / fuchsine, fuchsin, magenta, rosaniline, aniline red (US) || ~ **décolorée par SO_2** / Schiff's reagent || ~ **phénatée** / carbolfuchsin, Ziehl's stain

fuel *m* (ELF) / [heating] fuel oil, oil fuel, paraffin[e] (GB) || ~ **domestique**, (d = 0,86 - 0,89) / domestic fuel oil || **~-gaz** *m* (gén) / burnable gas || ~ **léger**, (d = 0,89 - 0,92) / domestic fuel || ~ **lourd**, mazout (d = 0,92 - 0,95) / heavy gas oil || **~-oil** *m* (ELF) / [heating] fuel oil, oil fuel, paraffin[e] (GB)

fugace (couleur) / fading

fugacité *f* / fugacity || ~ des **gaz** / fugacity of gases

fugitif (teint) / fading, not fast

fuir *vi* / ooze *vi*, leak *vi* || ~ (électr) / leak *vi* || ~ (réservoir) / run out, leak || ~ (gaz) / escape *vi*, loose *vi*

fuite *f* (liquide) / leak[age] || ~ (électr) / stray[ing] || ~ (nucl) / leakage || ~, terre *f* accidentelle / earth fault o. leakage || ~ (gaz) / escape, loosing || **avoir des ~s** / lose *vi*, leak, let escape || **avoir une** ~ / spring a leak || **de** ~ (électr) / eddy, stray, vagrant || ~ d'**air** / air leak o. loss || ~ d'**angle miniature** (nucl) / small angle scattering || ~ à une **conduite** / pipe break o. fracture o. burst || ~ à une **conduite d'eau** / burst in a water pipe o. main || ~ de **courant** / electric loss, loss of current || ~ de **courant d'air** (mines) / creeping air current || ~ **diélectrique** / dielectric leakance || ~ **et suintement** (fonderie) / leak and seepage || ~ **ionique** (éch. d'ions) / ion leakage || ~ **lambda** (phys) / lambda leak, super leak || ~ **naturelle** (nucl) / natural leak || ~ de **neutrons** (nucl) / neutron leakage o. escape || ~ d'un **récipient** / leak, flaw || ~ **secondaire** (électr) / secondary leakage || ~ **superficielle** (électr) / surface leakage || ~ de **tête de bobine** (électr, techn) / end leakage

fuitemètre *m* / escape o. leak detector

fulgurite *f* / fulgurite

fuligineux / sooty, fuliginous || ~ (flamme) / smoking

fulmicoton *m* / guncotton, pyroxylin[e], explosive o. exploding cotton

fulminant / fulminating, fulminant

fulminate *m* (chimie) / fulminate || ~ de **mercure** / mercuric o. mercury fulminate

fulminique (acide) / fulminic

fumage *m* (céram) / prefire, choked o. smoking fire || ~ (comestibles) / smoke-drying, smoke-curing, smoking || ~, fumaison *f* (agric) / manuring || ~ **avec acide sulfurique** (caoutchouc) / fuming with sulfuric acid || ~ **mécanique de cigarettes** / machine smoking of cigarettes

fumant (chimie) / fuming

fumarine *f* (chimie) / fumarin, coumafuryl

fumarolle *f* (géol) / fumarole

fumé / smoked || ~ (couleur) / smoky, smoke coloured

fumée *f* / smoke || ~, vapeur *f* de viandes chaudes / exhalation || **~s** *f pl*, buée *f* / exhaust vapours *pl* || **~s** *f pl*, gaz de fumée *m pl* / fumes *pl* || **~s** *f pl* (atmosphère) / mist || **avec peu de** ~ (mil) / smokeless || **sans** ~ / smokeless || **~s** *f pl* d'**acide sulfurique** / fumes of sulphuric acid *pl* || ~ *f* **asphyxiante** / smudge || ~ de **convertisseurs** / converter fumes *pl* || **~s** *f pl* de **coups de mine** / blasting fumes *pl* || ~ *f* **épaisse** / dense smoke || **~s** *f pl* d'**explosifs** / blasting fumes *pl* || **~s** *f pl* du **haut fourneau** / blast furnace fumes *pl* || ~ *f* d'**incendie** / incendiary fumes *pl* || ~ **intense** / dense smoke || **~s** *f pl* de **minage** (mines) / black o. choke o. after-damp, fumes *pl* || **~s** *f pl* d'**oxyde de fer** (sidér) / brown smoke || ~ *f* de **plomb** / ashes of lead *pl*, lead smoke o. fume || ~ **rousse** (sidér) / brown smoke || ~ **toxique** / toxic smoke || **~s** *f pl* d'**usine** / plant flue gases

fumer *vt* (agric) / fatten, manure, dung, muck || ~ (céram) / water-smoke, smoke || ~ (comestibles) / smoke[-dry], smoke-cure || ~ *vi* / fume *vi*, smoke *vi* || ~, jeter des vapeurs / vapo[u]r *vi*, steam, give off o. emit vapour o. steam || ~ **complètement** / smoke[-dry] thoroughly || ~ le **haut fourneau en l'échauffant progressivement** / prepare the

furnace || ~ **légèrement** / smoke[-dry] slightly
fumerolle *f*(géol) / fumarole
fumeron *m* / smut
fumidôme *m* / fume extraction cupola
fumier *m* / manure, dung || ~ **liquide** / liquid manure
fumigateur *m* / fumigant
fumigation *f*(agr) / fumigation || **faire des ~s de soufre** / fumigate with sulphur
fumigène *m* / smoke producer o. generator
fumiger / fumigate
fumiste *m* / heating engineer, (also:) stove fitter o. maker o. setter
fumisterie *f* / stove setting
fumivore *adj* / smoke consuming o. curing, fumivorous || ~ (combustion) / low fuming, smokeless || ~ *m* / smoke consumer
fumivorité *f* / smoke burning o. consumption
fumoir *m* / fumigator, smoking room, smoke-curing house
fumure *f* / manuring || ~ des **plantes** (agr) / top-dressing
fungicide / fungicidal
fungus *m* / fungus || **en forme de** ~ (chimie) / fungoid || ~ **kéfir ou képhir** / kefir fungus
funiculaire *m* / funicular || ~ **aérien** / aerial funicular (ISO), ropeway || ~ **terrestre** / ground funicular (ISO), funicular railway
furane *m* / furan[e], furfuran
furcelle *f* / divining rod, dowser's rod
furet *m* (oléoduc) / go-devil, pig || ~ (ELF) (nucl) / rabbit, shuttle
furfural *m* / furfural, fural, 2-furaldehyde
furfuramide *m* / hydrofuramide, furfuramide
furosémide *m* / furosemide
furoylation *f* / furoylation
fusain *m* (dessin) / charcoal || ~ (mines) / fusain, dant
fusariose *f* / fusariose
fusarium *m* / fusarium
fuscine *f* / fuscin (produced by Oidiodendron fuscum)
fusé / fused || ~ (coussinet) / burnt-out || ~ (chaux) / slaked || ~ à l'**air** (sidér) / air-melted
fuseau *m* (gén) / spindle || ~ (horloge) / lantern pinion o. wheel || ~ (math) / [spherical] lune || ~ (dentelle) / lace bobbin || ~ (tiss) / yarn cop || ~ (filage) / cop spindle || ~ (jacquard) / lingo || ~ (ELF) (dirigeable) / gondola, pod || **en forme de** ~ / spindle-shaped || ~ du **ballon en tissu** (aéro) / panel of a balloon, fabric gore || ~ **denté** / toothed spindle || ~ **garni de fil retors** / twist cop || ~ **horaire** (géogr) / time zone || ~ de **vibration** / antinode, -nodal point, internode, loop, bulge
fusée *f* / fireworks *pl*, rocket || ~ (horloge) / fusee || ~ (tréfilage) / spindle || **à ~s directrices** (remorque) / with steering swivels || ~ d'**amorçage** / priming fuse || ~ **anti-engin** / antimissile missile || ~ **autodestructive très retardée** (mil) / large time bomb || ~ **balistique** / rocket projectile, ballistic rocket || ~ de **décollage ou de démarrage** (aéro) / take-off rocket || ~ **détonatrice**, fusée-détonateur *f* / fuse of a shell || ~ **détonatrice de proximité** (mil) / [radio-]proximity fuse || ~ à **double effet** / time-and-percussion fuse, double-acting o. combination fuse || ~ à **eau chaude** / steam rocket || ~ **éclairante** (ELF) / light flare o. rocket || ~ **éclairante à parachute** / parachute flare || ~ d'**essieu** (ch.de fer) / axle journal, axle stub, journal || ~ d'**essieu** (techn, auto) / steering knuckle, steering stub axle || ~ d'**essieu**, portée *f* de tourillon / axle journal || ~ de l'**essieu avant** (auto) / steering stub || ~ à **étages multiples** / step rocket || ~ à **étages parallèles** / parallel stage rocket || ~ **fusante** (mines) / burning fuse, powder-train time-fuse || ~ **fusante** (armes) / fuse acting in mid-air || ~ **gigogne** / multistage rocket || ~ **instantanée** / instantaneous fuse o. detonator || ~ **intérieure** / inside axle journal || ~ **ionique** / ion rocket || ~ **monergol** / monopropellant rocket || ~ à **mouvement d'horlogerie** / clockwork [time] fuse || ~ d'**obus** / fuse of a shell || ~ **orbitale** / orbital rocket || ~ à **percussion** / percussion fuse, contact fuse || ~ **percutante à retardement** voir fusée à double effet || ~ **perdue** (espace) / disposable rocket || ~ **photonique ou à photons** / photon rocket || ~ de **pilotage** (espace) / control rocket || ~ à **plusieurs étages** / multistage rocket || ~ **porte-amarre** (nav) / rocket apparatus, life rocket || ~ à **poudre** / solid-propellant rocket || ~ à **poussée variable** / variable thrust rocket || ~ de **proximité** / radio-proximity fuse, proximity fuse || ~ **radioguidée lancée d'un avion** / GAR, guided aircraft rocket || ~ **réglée** / time fuse, delayed o. retarded action fuse || ~ à **retardement** / retarded action fuse, delay o. time fuse || ~ de **signalisation**, fusée-signal *f* / signal [sky] rocket || **~-sonde** *f* (ELF) (espace) / probe, sounding rocket || **~-sonde** *f* **emportée par un ballon** (météorol) / rockoon system || ~ de **sûreté** (mines) / safety detonator o. fuse || ~ de **surpuissance à poudre** / solid rocket booster || ~ à **trois étages** / three-stage rocket
fusel *m* / bad spirit, -s *pl*, fusel oil
fuselage *m* (aéro) / fuselage || ~ **monocoque** (aéro) / monocoque fuselage || ~ à **surface extérieure portante** (aéro) / body with stress-carrying skin, body with stressed outer skin
fuselé / streamline[d], streamline-shaped || ~, en forme de fuseau / spindle-shaped
fuser *vi* / fuse *vi* together || ~ (fusible) / blow *vi*, fuse *vi* || ~ (réfractaire) / perish || ~ (couleur) / spread *vi*, run *vi*
fuserolle *f* / soul of the shuttle
fusette *f* / cotton reel (GB), spool of thread (US)
fusibilité *f* / fusibility || ~ des **cendres** / ash fusibility
fusible *adj* / meltable || ~ *m* / fuse of the fusible cut-out || **difficilement** ~ / difficultly meltable o. fusible, refractory || ~ à **action retardée** (électr) / time lag fuse, slow[-blow o. slo-blo] fuse, delay-action fuse, surge-proof fuse || ~ **avertisseur** / alarm safety device || ~ à **bobine thermique** (télécom) / heat coil fuse, HC || ~ en ou à **boîte** / box fuse || ~ à **bouchon** / plug fuse || ~ à **cartouche** (électr) / cartridge fuse || ~ à **cartouche ou à tube** (électr) / tubular o. tube fuse, enclosed fuse || ~ **découverte** / open fuse || ~ d'**éclairage** (électr) / light fuse || ~ **factice** / dummy fuse || ~ pour **faible intensité ou** [en fil] **fin** / fuse for feeble currents, fine-wire fuse || ~ à **haut pouvoir de coupure** (électr) / protector [block] || ~ pour **haute tension** / high-voltage fuse o. protector || ~ **H.T. à court-circuit** / quick-break fuse || ~ à **lame** / strip fuse || ~ à **lame d'argent** / silver strip fuse || ~ **limiteur de courant** / current limiting fuse || ~ de **parafoudre** (électron) / lightning protection fuse || ~ en **pont** (électr) / bridge fuse || ~ **postiche** (électr) / dummy fuse || ~ **principal** / main fuse || ~ **protégé** (électr) / protected fuse || ~ **radio** / radio fuse || ~ **retardé** (électr) / time-delay fuse || ~ à **ruban** / strip fuse || ~ **secondaire** (électr) / secondary fuse || ~ de **secteur** / mains fuse || ~ de **sécurité** (nucl) / safety fuse || ~ de **sécurité** (électr) / [safety] fuse, [fusible] cut-out || ~ de **sécurité d'un réacteur** / reactor safety fuse || ~ à **souder** / pigtail fuse || ~ de **sûreté** / excess-current cut-out o. release || ~ **temporisé**

(électr) / time-delay fuse || ~ à **tube** (électr) / tubular o. tube fuse, enclosed fuse || ~ à **tube de verre** (télécom) / glass tube fuse || ~ **tubulaire** (électr) / tubular o. tube-shaped fuse || ~ à **vis** (électr) / fuse screw plug, screw plug fuse
fusiforme / spindle-shaped
fusil *m* / gun, rifle || ~ **affiloir** / tool sharpening steel || ~ de **chasse** / sporting gun, shot-gun || ~ à **deux coups** / double barrelled gun || ~ de **faucheur** (agr) / whetstone, grindstone || ~ **mitrailleur** / light machine gun || ~ **mixte juxtaposé** / combination rifle and shotgun || ~ **non rayé** / smooth bore gun, shot gun || ~ **rayé** / rifled gun || ~ à **répétition** / repeating rifle, repeater || ~ **semi-automatique** / semiautomatic rifle o. weapon
fusion *f* (opération] / liquefaction, melting, fusion || ~ (commerce) / merger || ~ (sidér quantité) / heat, melting charge || ~ (sidér, procédé) / cast, fusion, heat, melt || ~ (fonderie) / melting || ~ (nucl, phot) / fusion || ~ (commerce) / merger || ~ (ord) / merging || ~ (le bain) / melt || **à** ~ **automatique** (sidér) / self-fluxing || **de** ~ / melting || **en** ~ / fused, molten || ~ par **arc électrique à fond de moule refroidi** / skull arc melting || ~ par **bombardement électronique** / electron beam melting, EBM || ~ en **charge liquide** (sidér) / hot-metal process || ~ du **cœur** (nucl) / core melt-through || ~ **complète** (verre) / internal seal || ~ **complète**, matière *f* fusée / fused mass || ~ en **creuset** / melting in crucibles || ~ **effervescente** (sidér) / wild melt || ~ par **faisceau électronique en creuset** / crucible electron-beam melting || ~ par **faisceau électronique à fond de moule refroidi** / skull-electron-beam melting || ~ des **ferrailles** / scrap smelting || ~ de **fichiers** (ord) / file consolidation || ~ **fluidisée**, fusion *f* flash (sidér) / flash smelting, levitation melting || ~ à **fond de moule refroidi** (fonderie) / skull melting || ~ à **laser** / laser fusion || ~ **nucléaire** / nuclear fusion || ~ **peu fluide** / cool melt || ~ de **pyrite** (sidér) / pyrite[s] smelting || ~ **pyritique** (sidér) / pyritic smelting || ~ **verre-métal** / glass-to-metal seal || ~ sous **vide** (sidér) / vacuum melting, melting in vacuo || ~ en **zone flottante** (crist) / floating zone melting || ~ de **zones** / zone melting o. refining || ~ en **zones horizontales** (sidér) / floating zone melting
fusionner *vt* (c.perf., ord) / merge *vt* || ~ *vi* (commerce) / merge *vi*, amalgamate *vi*
fusite *m* (mines) / fusain, dant
fusta *m*, fustet *m*, fustok *m* (tex) / old fustic
fustet *m* (bois) / fustic
fût *m* / shaft || ~ (fusil) / gunstock, rifle butt o. stock || ~ (tonneau) / cask || ~ (foret) / tang || ~ (isolateur) / insulator shank || ~, tige *f* d'arbre / stem o. stock o. trunk of a tree || ~ (électron) / conductor barrel || ~, cylindre *m* / cylinder, barrel || ~ (vis) / barrel of a bolt || ~ (scie) / handle || ~ d'**acier** / steel cask || ~ **allégé** / fiber drum || ~ **allégé** (vis) / reduced shaft, antifatigue shaft || ~ de **bobinage** (tréfilage) / pail o. drum o. draw pack, pay-off pack, D-pak || ~ à **bondon** / drum with screw cap, drum with tight head || ~ de **colonne** / body o. shank o. shaft o. trunk of a column || ~ en **contreplaqué** / fiber drum || ~ de **dépôt** (bière) / storage vat || ~ d'**exportation ou d'expédition** / shipping cask || ~ pour **fil métallique** / wire drum || ~ à **moulures** / channel drum || ~ **plastique** (vis) / reduced shaft, antifatigue shaft || ~ **plein** (vis) / full size body || ~ de **poteau** (électr) / shaft of a pole || ~ de **rabot** / plane stock || ~ à **rouleaux** / rolling hoop drum || ~ à **rouleaux suagés** / rolling channel drum
futaille *f* / barrel || ~ en **fagot** / dry cask
futaine *f* / fustian, dimity, flannelette || ~ **cotelée** / corded fustian || ~ de **coton** (tex) / swansdown || ~ **croisée** / dimity || ~ à **poil** (tex) / top, swansdown || ~ **satinée** / satin top
futée *f* / wood cement o. putty
futurologie *f* / futurology
fuyant (perspective) / centering in one point
fuyard *adj* (valeur mesurée) / runaway *adj* || ~ *m* / runaway

G

g / g, acceleration due to gravity
g *m* **négatif** (espace) / negative g, minus g
g positif *m* (espace) / positive g
gabardine *f* / gabardine
gabare *f* / lighter
gabariage *m* / gauging
gabarit *m* (m.outils) / master template o. pattern o. form, master, original || ~, montage *m* de perçage / drilling jig || ~ (fonderie) / gauge, flask board, moulding o. modelling board, template || ~ (tige de fer) (ch.de fer) / rail gauge template, track alignment gauge || ~ d'**arc** (bâtim) / template, templet, reverse (GB) || ~ de **bobinage** (électr) / winding form || ~ de **chargement** (ch.de fer) / loading ga[u]ge, load limit gauge, clearance gauge || ~ **cinématique** (ch.de fer) / kinematic gauge || ~ de **comparaison** / standard gauge || ~ **conformateur** (plast) / cooling jig o. fixture, shrinkage block o. fixture || ~ **continental, [anglais]** (ch. de fer) / continental, [English] gauge || ~ de **découpage** (découp) / rubber pad blanking tool || ~ d'**écartement** (ch.de fer) / track alignment gauge, rail gauge template || ~ d'**encombrement** (ch.de fer) / loading ga[u]ge, load limit gauge, clearance gauge || ~ d'**encombrement limite** (ch.de fer) / vehicle gauge || ~ d'**enroulement** (électr) / winding form || ~ d'**espace libre** (ch.de fer) / structure gauge o. clearance || ~ **étalon** / standard gauge || ~ **gradué** / dividing template || ~ **intérieur** (bâtim) / space in the clear, clear space || ~ d'**isolement des pantographes** (ch.de fer) / clearance gauge for pantographs || ~ de **libre passage** / clearance limit || ~ de **ligne de contact** (ch.de fer) / contact system gauge || ~ de **montage** / assembling jig || ~ à **noyau** (fonderie) / core template o. strickle || ~ des **obstacles** (ch.de fer) / structure gauge o. clearance || ~ de **passage** (ch.de fer) / clearance gauge, load limit gauge || ~ de **perçage** / drilling jig || ~ de **puits** (mines) / cross-section of the pit || ~ de **soudage** / welding jig || ~ de **surface** (fonderie) / template for the exterior mould || ~ de **terrassement en lattes clouées** (ch.de fer, routes) / gauge of lath || ~ en **tôle** / plate template || ~ à **tourner conique** (m.outils) / taper [guide] bar || ~ de **transit** (ch.de fer) / transit gauge || ~ des ou pour **véhicules** (ch.de fer) / vehicle gauge
gabbro *m* / diallage rock, gabbro
gabion *m* / man-made island || ~ (hydr) / water fascine || ~ **circulaire** / circular sheet pile cell || ~ en **palplanches** / sheet pile cell
gabionnade *f* (hydr) / gabionnade
gâchage *m* / mixing mortar o. cement
gâche *f* (serr) / keeper of lock || ~ (fermeture de fenêtre) / latch catch || ~ à **chaux** (bâtim) / lime rake, larry, mortar beates || ~ **électrique** / electric door opener || ~ de **portière** (auto) / door striker || ~ pour **tuyaux de descente** / wall clamp for downpipes

gâché / botchy
gâcher, bâcler / bungle || ~ / spoil o. mar the beauty of the landscape || ~, gaspiller / waste *vt* || ~ la **chaux** / mix o. plash lime || ~ **clair ou lâche** (chaux) / thin-plaster || ~ du **mortier** / temper o. beat-up o. puddle the mortar || ~ **serré** / temper stiff
gâchette *f* (serr) / staple, tumbler, follower || ~ (c.intégré) / dice, chip || ~ (fusil, outil à air) / trigger || ~ (thyristor) / gate || **à ~ contrôlée** (électron) / gated
gâcheur *m* / scamper
gâchis *m* / squelch, sludge || ~ (bâtim) / wet mortar || ~ de **neige** / slush, slosh
gadget *m* / gimmick, mechanical dodge, gag || **~s** *m pl* (auto) / extras *pl*
gadgétiser / gadget
gadolinite *f* (min) / gadolinite
gadolinium *m*, Gd / gadolinium
gadoue *f* / muck, (esp:) household rubbish o. refuse, garbage (US), filth, dirt
gaffe *f* / boathook || ~ (pomp) / ceiling hook (GB), pikepole (US)
gaffer (nav) / pole *vt*
gagner / gain *vt*, win *vt* || ~ (typo) / get in, bring in, keep in || ~ (incendie) / skip *vt* || ~ (un endroit) / make *vt* (US), reach *vt* || **pour ~** / to save || ~ de la **place** / spare room || ~ du **temps** / save time, gain time || ~ de **vitesse** / outdistance, outrun
gahnite *f* / gahnite, zinc spinel
gai (ajustement) / loose, slack || ~ (couleur) / bright
gaïac *m* / pock wood, lignum vitae, Guaiacum officinale o. sanctum
gaïacol *m* / guaiacol, o-methoxyphenol, o-hydroxyanisole
gaillard *m* **d'avant** (nav) / foredeck, forecastle, fo'c's'le
gailleterie *f*, gaillette *f* / best o. lump coal, clod coal, large coal
gailleteux / lumpy
gailletins *m pl* (mines) / trebles *pl* (GB)
gain *m* (gén) / gain, profit || ~ (phys) / production, yield || ~ (contr.aut) / gain, amplification || ~ (transistor) / transistor current gain || ~ (télécom) / transmission gain || ~ (électron) / amplification factor || ~ (ordonn) / earnings *pl* || ~ d'**amplitude** (TV) / amplitude increase || ~ d'**antenne** / antenna gain || ~ d'**antenne directive** / directive gain, directivity || ~ de **champ d'antenne** (TV) / antenna field gain || ~ **complexe équivalent** (contr.aut) / describing function || ~ **composite** (télécom) / composite gain || ~ de **conversion** (électron) / conversion gain || ~ **différentiel** / différential gain || ~ **directif** (radio) / directional gain, directivity index || ~ **directionnel** (électron) / directive gain || ~ par **étage** (tube) / stage gain || ~ pour des **faibles signaux** / small signal gain || ~ en **fréquences** / frequency gain || ~ de ou en **hauteur** / gain in altitude || ~ **horaire** / hourly earnings *pl* || ~ d'**insertion** (télécom) / insertion gain || ~ du **milieu** / medium gain || ~ de **place** / saving in space || ~ en **puissance** (gén) / power amplification o. gain || ~ de **puissance** (électron) / power gain || ~ de **réflexion** (antenne) / reflection gain || ~ de **réflexion** (télécom) / reflected gain || ~ dû aux **réflexions** (télécom) / discontinuity gain || ~ de **réinjection** (télécom) / loop gain || ~ d'un **répéteur**, gain *m* de rétroaction (télécom) / repeater gain || ~ de **saturation** / saturated o. saturation gain || ~ aux **signaux faibles** / small signal gain || ~ aux **signaux forts** / high-level signal gain || ~ de **surrégénération** (nucl) / breeding gain || ~ de **temps** / gain in time || ~ **total** (électron) / equivalent over a line, net gain || ~ **transductique** (télécom) / transducer gain || ~ de **transmission** (télécom) / transmission gain || ~ **variable en temps** / time controlled gain, TCG
gainage *m* (nucl) / canning, jacket || ~ des **éléments combustibles** (nucl) / can[ing] sheath, jacket
gaine *f* (gén) / case, sheath || ~ (réacteur) / clad[ding] || ~ (bot) / leaf sheath, vagina || ~ (soudage) / electrode sheathing || ~ (câble) / coating, serving || ~ (techn) / shell, case, casing || ~ (béton) / jacket tube || ~, carneau *m* / flue || ~ (rayons X) / X-ray tube casing || ~ (ELF) (aéro) / droppable container, container || **avec ~s reliées entre elles à travers les joints** (câble) / with sheaths connected across the joints || ~ d'**acier ondulée** (câble) / corrugated steel sheath || ~ d'**aérage** (mines) / brattice [work] || ~ d'**air chaud** / hot air channel || ~ d'**air neuf** (condit. d'air) / fresh air conduit || ~ d'**aluminium** (câble) / aluminium sheath || ~ **anodique** / anode glow || ~ d'**antiparasitage tressée** (électron) / [flexible] shielding o. screening tube || ~ d'**ascenseur** / elevator o. lift o. hoist shaft o. well || ~ de **blindage** (électron) / [flexible] shielding o. screening tube || ~ de **broche** (filage) / spindle step || ~ de **câble** / cable covering o. sheath || ~ de **câble**, (douille de traversée) (auto) / wire protecting sleeve, rubber funnel || ~ de **câbles** (auto) / loom, sleeving || ~ [en] **caoutchouc** (câble) / rubber sheath || ~ de **cheminée** / jamb of flue || ~ de **combustible** (nucl) / clad[ding], can, jacket, sheath || ~ **composite** (câble) / composite layer sheath || ~ de **conditionnement de l'air** / air conditioning conduit || ~ de **crépine d'aspiration** / [flexible] suction tube || ~ **extrudée** (caoutchouc) / extruded hose || ~ à **générateur haute tension incorporé** (rayons X) / tube head || ~ **intermédiaire de câble** (câble) / intersheath || ~ **isolante** / insulating envelope o. covering || ~ **isolante** (auto) / loom, sleeving || ~ **isolante sans tissu** / non-fibrous insulating sleeve || ~ **isolante en tissu** (électr) / fibrous insulating sleeve || ~ **libre** (nucl) / free-standing cladding, can || ~ **liée** (nucl) / cladding || ~ en **matière plastique** / insulating plastic tube || ~ **métallique** / metal coating o. sheath || ~ d'un **moteur** (électr) / can of a motor || ~ **non résistante** (nucl) / collapsible cladding || ~ **ondulée** / corrugated sheath || ~ **ondulée en cuivre** / corrugated copper sheath || ~ de **passage** (caoutchouc) / cable tunnel (a rubber profile) || ~ de **plomb** / lead covering || ~ de **plomb** (câble) / leaden case o. covering o. sheath[ing] o. jacket, lead cover || ~ du **porte-balai** (électr) / brush box || ~ de **protection** (tuyau) / pipe liner o. lining || ~ de **protection ou protectrice** (plastique) / insulating plastic tube || ~ de **protection pour thermocouple** / thermowell || ~ **protectrice**, revêtement *m* protecteur / protective coating || ~ de **recuisson** (verre) / lehr, lear, leer || ~ de **reprise** / return conduit || ~ de **reprise d'air** (conditionnement) / recirculation air conduit || ~ de **ressort** (auto) / spring cover o. gaiter || ~ **rétrécissable** (plast) / heat shrinkable sleeve, shrinkdown plastic tubing || ~ **souple** (auto) / loom, sleeving || ~ **spirale** (typo) / spiral binding || ~ **spirale pour la constitution du faisceau** / bunching spiral || ~ **spirale pour protection** / protective spiral || ~ **Stalpeth** (câble) / Stalpeth sheath || ~ **synthétique** (auto) / loom, sleeving || ~ **textile** (électr) / fabric sheath || ~ **thermorétractable ou -rétrécissable** (plast) / heat shrinkable sleeve, shrinkdown plastic tubing || ~ en **toile à voile** / canvas cover o. bag o. sleeve || ~ **tressée** / braided cable sleeving || ~ **tressée vernie** / varnished loom o. sleeving || ~ de **verre textile** / textile glass tube || ~ de **verre textile tissu** / woven

glass tube || ~ de **verre textile tressé** / braided glass tube || ~ de **verre textile tricoté** / knitted glass tube
gainer (nucl) / clad, can
gal *m* (vieux) (ungal = 0.01 m/s²) (unité) / gal
galactane *m* (chimie) / galactan
galactique / galactic
galactomètre *m* / galactometer, lactometer
galactosamine *m*, chondrosamine *m* / galactosamine
galactoscope *m* / butyrometer
galactose *m* / galactose
galalithe *f* / casein plastics, galalith
galandage *m* (bâtim) / internal partition[ing] || ~ (brique) / split, scone brick || ~ en **charpente** / brick nogging partition, framed partition
galanga *f* (bot) / galanga
galaxie *f* / galaxy || ~ **quasi stellaire** / quasi-stellar galaxy, QSG
galaxies *f pl* **multiples** (astr) / multiple galaxies *pl*
galbage *m* de **pneu** (auto) / cambering of a tire
galbanum *m* (techn) / galbanum (for diamonds) || ~ (pharm) / galbanum (an aromatic bitter gum)
galbe *m* / form, shapeliness
gale *f*, gale *f* volante (sidér) / scab || **petite** ~ (fonderie) / sand buckle || ~ **commune de la pomme de terre** / common potato scab || ~ [de la **fonte**] (fonderie) / scab || ~ **franche** (fonderie) / expansion scab || ~ **noire de la pomme de terre** / wart disease of potatoes || ~ **profonde ou poudreuse ou spongieuse** (agr) / powdery o. corky scab of potatoes
galée *f* (typo) / composing galley || ~, épreuve *f* en placard (typo) / slip proof, proof, galley proof o. slip
galène *f* (min) / lead glance, galena, galenite, blue lead, potter's ore || ~ (céram) / potter's lead || ~ **argentifère** (min) / silver lead ore, argentiferous galena || ~ de **cuivre** / copper glance || ~ **fausse** (min) / sphalerite, zinc blende, black-jack
galère *f* (outil) / jack plane
galerie *f* (bâtim) / gallery || ~ / [scatter- (US) o. floor- (GB)] rug || ~ (auto) / luggage rack, rack, roof rack || ~ (men) / banding || ~ (débouchant au jour) (mines) / daydrift, gallery dip road, foot rill (GB), tunnel (US) || ~ (dans l'appartement) / entrance hall, entry, entrance || **en** ~ / mining || ~ d'**accrochage** (mines) / bottom, collecting station under ground || ~ d'**aérage** (mines) / intake airway || ~ d'**amenée** (mines) / feed gallery || ~ d'**amenée** (hydr) / head race tunnel || ~ d'**aspiration** (mines) / fan drift || ~ d'**avancement** (mines) / headway, heading || ~ des **barres omnibus** (électr) / busbar gallery || ~ de **base d'étage** (mines) / lift || ~ de **câbles** / cable tunnel || ~ en **charge** (hydr) / head race tunnel || ~ **chassante** (mines) / headway || ~ à **ciel ouvert** (mines) / principal o. main adit o. gallery, drainage gallery || ~ de **circulation du personnel** (mines) / manway, travelling road || ~ de **communication** / connecting passage, corridor || ~ **conjuguée** (mines) / parallel road || ~ en **couche** / gate-end road, gallery along a seam || ~ de **démergement** (mines) / deep adit, drift [for collecting water], sough (GB) || ~ **descendante** (mines) / downcast diagonal road o. gate, dip heading, incline || ~ de **détour** (mines) / bypass || ~ en **direction** / driftway of a tunnel, heading, pilot drift || ~ en **direction au rocher** (mines) / main entry (US) o. road (GB), drift[way] || ~ de **drainage** (mines) / infiltration gallery || ~ d'**écoulement** (mines) / deep adit, drift [for collecting water], sough (GB) || ~ d'**évacuation de crue** / spillway, diversion cut || ~ d'**évacuation ou de décharge** (barrage) / tailrace tunnel || ~ d'**exhaure** voir galerie d'écoulement || ~ d'**exploitati** (mines) / gate [road], panel entry || ~ d'**exploitatio horizontale** (mines) / entry (US) || ~ en **ferme** (mir / face working || ~ **horizontale** (mines) / horizonta drift || ~ **latérale** (mines) / lateral || ~ **majeure** (mir / main gallery, headway || ~ **marchande** (ELF) / shopping center || ~-**mère** *f* (mines) / [main] gangway, main [haulage] entry (US) o. road (GB ~ à **mi-pente** (mines) / dip road || ~ **montante** (mines) / headway || ~ **pare-avalanches** / avalanc gallery || ~ **percée à travers les roches éboulées** (mines) / gallery cut through loose rocks || ~ **plate** (mines) / horizontal road || ~ **porte-bagages** (auto) roof rack || ~ en **pression** / pressure tunnel || ~ **principale** (mines) / main gallery, headway || ~ **principale de roulage** (mines) / [main] gangway, main [haulage] entry (US) o. road (GB) || ~ de **pri** (hydr) / intake tunnel || ~ d'un **puits** (mines) / drift driven from a shaft || ~ de **recherche ou de reconnaissance** (mines) / exploring drift || ~ de **recoupe** (mines) / cross cut o. heading, traverse heading, cross measures drift, crossway || ~ de **recuisson** (verre) / lehr, lear, leer || ~ de **retour d'a** (mines) / return gate road, return aircourse o. airw || ~ au **rocher** (mines) / hard heading, stone drift, gallery driven through the rock || ~ **suivant la direction** (mines) / headway || ~ de **taille** / gate-er road, gallery along a seam || ~ à **travers-banc** (mines) / cross cut o. heading, traverse heading, cross measures drift, crossway || ~ de **ventilateu** (mines) / fan drift || ~ de **visite** / examination galler ~ [**vitrée**] / arcade, passage
galet *m* / boulder (› 100 mm) || ~ (techn) / roller || ~ (électr) / contact roller, trolley [wheel] || ~ (rouleme à rouleaux) / roller of the roller bearing || ~**s** *m pl* (géol) / shingle || ~ *m* (broyeur) / pebble || ~ d'**amenage** / feed[ing] roller || ~ d'**amenée** (film) / sprocket [wheel], intermittent sprocket || ~ de **blocage de roue libre** / free-wheel brake roller || de **came ou suiveur de came** (m.outils) / follower, cam roller || ~ de **chasse** (jute) / picking bowl || ~ c **commande** / plate cam, disk cam || ~ de **courbe** (funi) / curve roller o. pulley || ~ pour **dérouler les câbles** / cable guiding roller || ~ de **déviation** / deflecting roller || ~ de **direction** (auto) / steering roller || ~ de **dressage** / dressing roller o. cylinder ~ d'**entraînement** (film) / sprocket [wheel], intermittent sprocket || ~ d'**entraînement** (bande sonore) / capstan || ~ à **épauler** (fil mét) / joggling rc || ~ de **friction** / frictional roller || ~ de **gabarit** (m.outils) / duplicating roller || ~ de **guidage** / guiding roller || ~ de **guidage de la galette** (tex) / galette deflection roller || ~-**guide** *m* / deflection tumbler, training idler, guide roll || ~ **palpeur** (m.outils) / contact roller || ~ de **poussoir de soupape** (mot) / tappet roller || ~-**presseur** *m* (caméra) / pad-rol[ler] || ~-**presseur** *m* (b.magnét) / capstan idler, puck (US) || ~ de **roulement** (m outil: / roller || ~ de **roulement** (tracteur) / track roller || ~ de **roulement** (convoyeur) / conveyor roller || ~ de **soudage** (soudage) / contact roller || ~ **supérieur** (film) / top o. feed sprocket || ~ **support de chenill** track-supporting roller, return roller || ~-**tendeur** *m* (film) / drag roller || ~-**tendeur** *m* (courroie) / belt tensioning roller o. pulley, expanding roller o. pulley, idler || ~-**tendeur** *m* à **contrepoids** / belt rocker || ~ **tendeur de manchon** (filage) / apron tension roller || ~ **tendeur de sangle d'un contin** jockey pulley of a ring spinner || ~**s-tendeurs** *m p*. (impr. par rotative) / draw[ing] rollers *pl* || ~ *m* de **tournage** (m.outils) / button tool || ~ **transporteur**

(film) / sprocket wheel || ~ à **trois dents** (direction) / treble tooth roller || ~ de **trolley** / contact roller, trolley [wheel]
galetage *m* / burnishing
galetas *m* / attic-floor room, garret chamber
galeter / burnish
galette *f* (céram, fonderie) / cake, crust, slab || ~ (céram) / moulded blank, clot || ~ (bande magn) / tape pad || ~ (filature de rayonne) / galette || ~ (plasma) / pancake || ~ (électr) / flat o. disk o. pancake coil || ~ (semicond) / wafer, slice || ~ (interrupteur) / wafer of a switch || ~, plaque *f* anti-erosion (fonderie) / splash core || ~ **comprimée** (fonderie) / press cake || ~ en **fond de panier** (télécom) / honeycomb coil, duolateral coil || ~ de **mâchefer** / slag cake || ~ de la **machine horizontale** (fonderie) / plug of the horizontal core shooter || ~ de **papier** (filage de papier) / paper pad
galeux / scabby, mangy
galhauban *m* (nav) / guy wire
galipot *m* / galipot, barras
gallate *m* d'**éther méthylique** / gallicin, methyl gallate
galle *f* d'**Alep** / gall nut || ~ d'**argile** (min) / clay gall || ~̲ / flat link articulated chain, plate link chain, Gall's chain
gallique (chimie) / gallic
gallium *m*, Ga / gallium
gallon *m* (mesure américaine) / American gallon, A.G. (= 3,785332 dm³) || ~ (Canada) / measure of capacity of 2,272 dm³
galon *m* (tex) / lace, braid || ~ de **livrée** / livery lace || ~ d'**or** / gold braid o. lace, dorure || ~**-ruban** *m* / trimming ribbon
galonnage *m* (tex) / braid, trimming, edging, facing, welting cord
galop *m* (ch.de fer) / galoping || ~ (horloge) / tripping
galopin *m* (pap) / pipe o. idler o. idling roller
galvanique / galvanic
galvanisateur *m* / galvanizer, electroplater
galvanisation *f* / galvanizing, electroplating (coating with zinc) || ~ / medical electrolysis || ~ dans un **bain en fusion** / galvanizing, zinc coating, zincing, zinking || ~ par **électrolyse** / electrogalvanizing || ~ à **froid** / dry galvanizing || ~ au **tambour** / barrel galvanizing
galvanisé / galvanized || ~ (techn) / plated, electro-plated || ~ à **chaud ou par trempé** / [hot] galvanized || ~ **dur** / hard galvanized || ~ par **électrolyse** / zinc plated by galvanization
galvaniser / zinc, galvanize || ~ à **chaud ou par trempé** / hot[-dip] galvanize, hot-spelter galvanize, dip-galvanize || ~ par **électrolyse** / electrogalvanize
galvaniseur *m* / galvanizer, electroplater
galvanisme *m* / contact electricity
galvano *m* (typo) / electro[type], electroplate || ~ **nickelé** (typo) / nickel electro o. type
galvanochromie *f* / electrochemical color[is]ation o. colo[u]ring, galvanochromy
galvanomètre *m* / galvanometer || ~ à **aiguille mobile** / moving-magnet galvanometer || ~ **balistique** / ballistic galvanometer || ~ à **cadre mobile** / moving-coil galvanometer || ~ à **corde** / loop galvanometer || ~ **magnéto-électrique** / d'Arsonval galvanometer || ~ à **miroir** / reflecting o. reflective o. mirror galvanometer || ~ de **résonance** / vibration galvanometer || ~ du **sinus** / sine galvanometer || ~ à **spot ou à index lumineux** / light spot galvanometer || ~ **système Deprez-d'Arsonval** / d'Arsonval galvanometer || ~ à **torsion** / torsion galvanometer || ~ à **vibrations** / vibration galvanometer
galvano·métrique / galvanometric || ~**plastie** *f* / electroplating, galvanostegy, galvanotechnics *pl* || ~**plastie** *f* (typo) / galvanoplasty, -plastics, electrotyping || ~**plastie** *f* au **tampon** / brush plating || ~**plastique** / galvanoplastic, metalloplastic || ~**scope** *m* / galvanoscope || ~**scope** *f* à **aiguille** / needle galvanoscope || ~**stégie** *f* (sidér) / galvanostegy || ~**tactique** / galvanotactic || ~**tactisme** *m* / galvanotaxis, electrotaxis || ~**technique** *f* / electroplating || ~**tropisme** *m* / electrotropism || ~**typeur** *m* / electroplater || ~**typie** *f*, galvano *m* (typo) / electro[type], electroplate
gambir *m* (tan) / gambir [catechu]
gamma *m* (tube électron.) / gamma || ~ (phot) / gamma, contrast, hardness || ~, 10^{-6} g, µg / microgram, µg || ~, 10^{-5} œrsted (= 1 gauss), Γ, γ (magnétisme) / gamma || **à ~ élevé** (électron) / high-gamma || **de haut** ~ (film) / with high gamma || ~ **élevé** / high gamma || ~ **maximal** (phot) / gamma infinity || ~ **ponctuel** (TV) / point gamma || ~**-cellulose** *f* / gamma cellulose || ~**densimètre** *m* / gamma densitometer || ~**graphie** *f*, gammaradiographie *f* / gammagraphy, gammaradiography
gamme *f* (gén) / range || ~ (musique) / scale, gamut || ~ (instr) / scale range o. span || ~ (math) / range || ~ (en fabrication) (ordonn) / sequence of operations || **à une seule** ~ / single-range... || ~ d'**accord** (électron) / tuning range || ~ des **avances** (m.outils) / series of feeds || ~ de **basculement** (m outils) / swivelling range || ~ **basse** (semi-cond) / low range, L-range || ~ de **brillance** / brightness range || ~ de **clichés en couleur** (typo) / set of colour plates || ~ des **colorants** (tex) / range of dyes || ~ des **couleurs** / scale of colours || ~ des **diamètres nominaux** / range of nominal diameters || ~ des **dimensions standardisées** / range of standard dimensions || ~ de **dispersions de fabrication** / fabrication spread || ~ **dynamique** (TV) / contrast o. dynamic range || ~ d'une **erreur** / error range || ~ d'**étalons gris** (teint) / gray scale || ~ à l'**état bas** (semi-cond) / low range, L-range || ~ à l'**état haut** (semi-cond) / high range, H-range || ~ **étendue** / wide horsepower-voltage range || ~ de **fabrication** / fabrication scheme, production program, manufacturing program o. schedule (US) || ~ des **fréquences** / tuning o. frequency area || ~ des **fréquences acceptées** / frequency acceptance range || ~ des **fréquences d'un son** / frequency band of formants || ~ des **fréquences standard[isée]s** / standard frequency range || ~ **G.O.**, gamme *f* grande onde (électr) / long wave [band] || ~ **haute** (semi-cond) / high range, H-range || ~ **haute de vitesses** (NC) / upper speed range || ~ **importante des colorants** / large range of dyes || ~ **importante des produits** / products offered in great variety || ~ **lourde, [légère]** / heavy, [light] duty series || ~ **naturelle** (musique) / natural o. just scale, natural pitch, just temperament || ~ des **nombres préférentiels** / preferred numbers *pl* || ~ d'**ondes** / wave range || ~ des **ondes décimétriques** / ultrahigh frequency wave band || ~ des **ondes intermédiaires** (électron) / top band || ~ des **ondes métriques ou très courtes** (électron) / very high frequency range || ~ des **opérations** (ordonn) / sequence of operations || ~ **opératoire** / operating sequence || ~ **P.O.**, gamme *f* petites ondes / medium wave range, hectometer wave range || ~ de **produits** / delivery program, variety of products || ~ de **produits diversifiée** / highly diversified range of products || ~ de **profondeur de champ** (phot) / depth of focus || ~ **pure** (musique) / natural o. just

scale, just temperament || ~ de **réglage** / setting range || ~ de **résonance** / resonant range || ~ **tempérée ou à tempérament égal** (acoustique) / [equi- o. equal-] tempered scale || ~ des **types** / range of types || ~ **U.H.F.**, gamme *f* ultra hautes fréquences / ultrahigh frequency wave band || ~ de **variations de volume** (électron) / volume range, contrast o. dynamic range || ~ des **vitesses** / gamme des vitesses || ~ de **vitesse de rotation** / speed range, range of number of revolutions
gammiste *m* / methods engineer
gangrène *f* (bot) / canker
gangue *f* (mines) / gangue [material o. rock], lode stuff o. matter, rocky matter || ~ **stérile** (mines) / deads *pl*, rocks *pl*, attle
gannister *m* (géol) / gan[n]ister
ganse *f*, cordonnet *m* / round cord || ~, boucle *f* / bend, loop, eye, lug || ~ de **coton** / cotton cord
gant *m* / glove || ~ en **caoutchouc** / rubber glove || ~ de **manutention ou de travail** / work glove || ~ à **peindre** / painter's glove || ~ **protecteur** / safety glove
gap *m* (électroérosion) / gap
garage *m*, gare *f* devitement (hydr) / lay-by, tie-up basin, shunt || ~ (auto) / garage || ~, atelier *m* de réparations / motorcar repair shop, garage (US) || ~ **actif** (ch.de fer) / passing siding o. track || ~ pour **amateurs** (auto) / do-it-yourself garage || ~ d'**automobiles** / motorcar garage || ~ pour **bicyclettes** / bicycle stand, rack stand || ~ avec **entrée directe des deux côtés** (ch.de fer) / through siding || ~ d'**entretien**, station-service *f* (auto) / service station || ~ **franc** (ch.de fer) / shunting limit signal, fouling point || ~ **séparé** (auto) / lock-up || ~ **souterrain** / underground garage
garager (véhicules) / garage *vt*
garagiste *m* (auto) / garage keeper o. mechanic
garance *f* (chimie) / madder red, alizarin || ~ (bot) / madder
garant *m* d'**embarcation** (nav) / boat fall
garanti contre les vibrations / free from vibrations, vibration-free, vibrationless, antivibration...
garantie *f* / guarantee, guaranty, warranty || ~ (nucl) / safeguards *pl* || ~ en **cas de défaillance** / contingent liability || ~ **décennale** / decadal guarantee || ~ **nucléaire ou de l'AIEA** / safeguards in o. control of a peaceful nuclear activity || ~ des **vices du matériau et de transformation** / warrantee against defective material and workmanship
garantir / guarantee, warrant *vt* || ~ (commerce) / warrant *vt*, certify
garcette *f* (tex) / cloth nippers *pl*
garçon *m* d'**ascenseur** / lift o. elevator operator
garde *m* / guard, guardian || ~ *f* / caution, care || ~ (sidér) / guard, stripping plate || ~ d'**air** / safety distance, clearance || ~ d'**air des pantographes** (ch.de fer) / clearance gauge for pantographs || ~-**barrière** *m* (ch.de fer) / gate keeper o. man, [level] crossing keeper o. watchman (US) || ~-**boue** *m* (bicycl.) / mudguard || ~-**cambre** *m* (auto) / road clearance || ~-**chaîne** *m* / chain guard o. cover || ~-**chape** *f* / hoop guard || ~ d'une **clef** (serr) / ward of key bit || ~-**corps** *m* / guard rail || ~-**corps** *m* (nav) / breastwork, rail[ing] || ~-**corps** *m* (escalier) / stair railing, handrail, banister || ~-**corps** *m* en **bois** / wooden railing o. banisters || ~-**corps** *m* à **filières en chaîne** (nav) / chain railing || ~-**corps** *m* du **trottoir** / sidewalk railing (US), pavement rail (GB) || ~-**côtes** *m* / revenue cutter || ~-**crotte** *m* (inv.) (véhicule) / dirt trap || ~-**duite** *m* (tiss) / weft (GB) o. filling (US) stop motion || ~-**duvet** *m* (filage) / slub detector || ~ *f* d'**eau** (siphon) / depth of seal in a trap || ~-**fils** *m* de **sécurité** (tricot) / safety carrier, safety yarn guide || ~-**fou** *m* / side-rail || ~-**fou** *m*, balustrade / balustrade || ~-**gravier** *m* (toit) / gravel fillet || ~-**habits** *m*, garde-jupe *m* (invar) (bicycl) / dress guard o. net || ~-**ligne** *m* (chemin de fer) / railroad inspector || ~-**lisières** *m* (tex) / selvedge guard || ~-**manger** *m* (bâtim) / pantry || ~-**navette** *m* (tiss) / shuttle catcher o. guard || ~-**pêche** *m* / fishery patrol craft, fishery protection vessel || ~-**platine** *f* (invar) (bonnet) / plate guard || ~ *m* de **poste de block** (ch.de fer) / block post keeper, signalman || ~ des **rangées de mailles** (tex) / stitch row guard || ~-**robe** *f* / garderobe (clothes, a piece of furniture, a room) || ~-**robe** *f*, cabinet daisances / lavatory, toilet || ~-**signaux** *m* (ch.de fer) / towerman (US), block post keeper (GB) || ~ *f* au **sol** (auto) / ground clearance || ~ de **sortie** (lam) / delivery guide || ~ **suspendue** (lam) / hanging guard || ~-**temps** *m* / timekeeper || ~ *f* de la **tête de piston** / piston stroke clearance || ~ au **toit** / headroom || ~-**voies** *m* (Suisse) (ch.de fer) / ganger, lineman, patrol man, trackman (US), trackwalker (US)
gardé (passage à niveau) / manned || ~, retenu / retained
garder (propriétés) / preserve *vt* || ~ / keep carefully || ~, retenir / arrest *vt*, keep back, retain || ~, soigner / take care [of], attend [to] || ~, conserver / keep *vt*, preserve *vt* || ~ (se), conserver (se) / preserve *vi* || ~ sous l'**eau** / keep under water || ~ en **lieu frais!** / keep in cool place! || ~ la **ligne** (télécom) / hold the line o. wire || ~ une **ligne** (télécom) / seize a line, tie up a line || ~ l'**ornière** / follow the rut o. the track, keep in the track, track || ~ des **passages à niveau** (ch.de fer) / staff level crossings || ~ la **[pression de] vapeur** / keep up the steam
gardien *m* / attendant, guardian, keeper || ~ de **parking** / car jockey, auto babysitter
gardiennage *m* / [electric] burglar alarm || ~ (passage à niveau) / staffing of level crossings
gare *f* / station, [railroad] depot (US), railway station (GB) || ~ de l'**aéroport** / airport station || ~ d'**arrêt** (ch.de fer) / intermediate stopping station o. stop-off point (US) || ~ d'**arrivée** / arrival o. destination o. receiving station || ~ d'**attache** (ch.de fer) / home station || ~ de **bifurcation** / branch-off station || ~ **centrale** / central o. main o. chief station || ~ en **coin** / station located between branching tracks || ~ **commune** (ch.de fer) / joint station o. agency (US) || ~ de **contact entre lignes d'écartement différent** / change-of-gauge station || ~ de **correspondance** (ch.de fer) / connecting station || ~ en **cul-de-sac** / dead- o. stub-end station, terminus [station] (GB), stub terminal depot (US), terminal depot (US) || ~ de **départ** (ch.de fer) / departure station || ~ **destinataire ou de destination** / arrival o. destination o. receiving station || ~ **entre les voies** / station between lines || ~ à **étages** (marchandises) / multi-level marshalling yard || ~ à **étages** (passagers) / multi-level station || ~ d'**évitement** (hydr) / tie-up basin, lay-by, shunt || ~ **expéditrice** / dispatch station || ~ **fluviale** / riverside station || ~ de **formation** (ch.de fer) / formation yard, make-up yard (US) || ~ de **fret** (aéro) / cargo terminal || ~ de **jonction** / railway centre o. junction, junction station || ~ de **jonction intérieure** (ch.de fer) / internal junction station || ~ **kangourou** / kangaroo entraining station || ~ de **manœuvre** / shunt o. switch o. classification yard || ~ à **marchandises** / goods station (GB), freight station o. depot (US) || ~ **maritime** (ch.de fer) / waterside station, maritime

terminal || ~ de **messageries** (ch.de fer) / parcels depot o. station || ~ de **mine** (ch.de fer) / mining depot o. siding || ~ de **passage** / through station || ~ **principale** / central o. main o. chief station || ~ de **remisage** / railway yard, storage sidings *pl* || ~ **répartitrice** (ch.de fer) / distribution station, sorting station || ~ **routière** / bus terminal || ~ **terminus** (ch.de fer) / dead-end station, terminal [depot o. station] (US), terminus [station] (GB) || ~ **tête de ligne** / dead- o. stub-end station, terminus [station] (GB), stub terminal depot (US), terminal depot (US) || ~ de **transit** (ch.de fer) / branching-off station, intersecting station, interchange track (US) || ~ de **triage** (ch.de fer) / marshalling yard, classification yard (US), shunting yard (GB) || ~ de **triage en palier** (ch.de fer) / flat marshallling yard || ~ de **triage en pente continue** (ch.de fer) / multi-level marshalling yard

gare! *interj* / watch out!, look out!, careful!, danger!

gare aux **accidents!** / safety first!

garer (ch.de fer) / sidetrack, stable || ~ (auto) / park *vt*

gargouille *f* (bâtim) / water shoot o. spout

gargousse *f* (mil) / cartridge (propellant charge with container), gun cartridge [case o. bag]

garnette *f*, garnetteuse *f* / garnett[ing] machine

garni / padded || ~ [de] / provided o. equipped [with] || ~, renforcé / backed || ~ de **briques réfractaires** (sidér) / brick lined || ~ de **caoutchouc** (surface) / rubber coated, rubberized || ~ de **caoutchouc** (couche interméd.) / rubber lined || ~ de **diamants** (outil) / diamond charged o. impregnated || ~ de **lattes** (bâtim) / battened || ~ de **tissu de coton** / with cotton foundation

garniérite *f* (min) / garnierite

garnir (gén) / line *vt* || ~ [de], munir [de] / equip o. furnish o. fit [out] o. provide [with] || ~, emplir / furnish [with], fill *vt* || ~, orner / trim *vt* || ~, border / edge *vt* (with ribbon, tape etc), border *vt* || ~ (mines) / face *vt*, line *vt* || ~ (coussinets) / line bearings, metal bearings || ~ (fourneau) / line *vt*, fettle || ~, gréer (nav) / rig *vt* || ~ (mines, charp) / timber *vt* || ~ d'**antifriction** / line o. metal bearings || ~ le **bain** (teint) / prepare the bath || ~ le **cantre** (tex) / load the loom, creel the bobbins || ~ de **caractères** (ord) / character-fill *vt* || ~ de **carreaux** / checker, chequer (GB) || ~ de **charnières** / hinge || ~ de **contre-fiches** / brace, stay, shore, strut || ~ d'une **couverture en bois** / plank || ~ de **cuir** / leather, line with leather || ~ l'**étoffe** / nap *vt*, teasle, raise the nap || ~ d'une **étoupe** / pack *vt*, stuff *vt* || ~ de **fer les étais** / tip the props || ~ les **joints de cales** (bâtim) / spaul o. spall the joints || ~ une **mémoire** (ord) / load the memory || ~ de **papier** / line with paper || ~ d'une **poignée** / haft *vt*, tang *vt* || ~ de **pointes** / stud *vt* || ~ de **rayons** (men) / shelve || ~ de **ressorts** / provide o. furnish with springs, spring, cushion || ~ de **roseaux** (bâtim) / reed *vt*, thatch *vt* || ~ de **tablettes** (men) / shelve *vt* || ~ de **zéros** (ord) / zerofill *vt*

garnissage *m* (gén) / lining || ~ (tiss) / loading of the loom, creeling of bobbins || ~ (mines) / sheathing, lagging || ~, remplissage *m* (gén, ord) / padding || ~ (four) / bricking up, [brick] lining, refractories *pl* || **~s** *m pl* (haut fourneau) / accretions *pl* || ~ *m* **acide** (sidér) / acid refractory || ~ **basique** (sidér) / basic refractory o. lining || ~ en **blocs de carbone** (sidér) / carbon lining || ~ de **colonne** (chimie) / column packing || ~ **continu** (tex) / magazine creeling || ~ du **convertisseur** (sidér) / converter lining || ~ type **Dixon** (chimie) / Dixon type packing || ~ du **four de fonderie** / melting chamber casing || **~s** *m pl* du **foyer** (sidér) / fettling || ~ *m* de la **mémoire** (ord) / memory fill || ~ **neuf** (sidér) / fresh lining || ~ **réfractaire** / refractory lining || ~ de **réserve** (tex) / reserve creeling || ~ de **zéros** (ord) / zero fill o. insert

garniture *f* / armaments *pl*, furniture, fittings *pl*, mountings *pl* || ~ (m.à coudre) / border, trimming, braid, edging, ornament || **~s** *f pl* (auto) / mouldings *pl* || ~ *f* (techn) / fitting, mounting || **~s** *f pl* (typo) / furniture || ~ *f*, chapeau *m* / cap, top || ~, ferrures *f pl* / armaments *pl*, hardware, fittings *pl*, furniture || ~, recouvrement *m* / coat, cover || ~ (p.e. des rouleaux) / roller lining || ~ (feuilles de plomb ou de zinc pour joints) (bâtim) / flashing || **sans** ~ / packingless || ~ d'**adhérence** / friction lining || ~ en **amiante** / asbestos joint o. packing || ~ **antifriction** / antifriction[ing] || ~ de **bottes** (cordonnerie) / trimming leather || ~ de **brides** / flange packing || ~ de **briquetage intérieur** (sidér) / stove fillings || ~ en **caoutchouc** / rubber joint o. gasket || ~ de **carde** (filage) / card clothing || ~ de **comble** / roofing, covering of roofs || ~ du **comble en diagonal** (bâtim) / diagonal slating || ~ de **construction** / builder's hardware, building fittings *pl* || ~ en **cordon** (presse-étoupe) / cord packing || ~ en **coton** / cotton tress || ~ de **coussinet** / antifrictioning of a bearing || ~ de **cowper** (sidér) / stove fillings || ~ en **cuir embouti** (presse-étoupe) / leather packing || ~ **cylindrique** (pompe) / leathering of a pump piston || ~ en **dents de scie** (carde) / saw-tooth wire filetting, garnett clothing || ~ **double** (pétrole) / straddle packer || **~s** *f pl* de **douche** (bâtim) / shower fittings o. fixtures *pl* || ~ *f* en **drap** / cloth lining || ~ d'**éclairage** / weatherproof o. splashproof fitting || ~ d'**embrayage** / clutch facing o. lining || ~ à l'**épreuve de pression** / pressure-proof packing o. joint || ~ d'**équerre** (conteneur) / corner castings o. fittings *pl* || ~ d'**équerre supérieure** (conteneur) / top fitting || **~s** *f pl* **et etoupages** (gén) / gaskets and washers *pl* || ~ *f* **étanche à anneau glissant** / axial face seal, end stuffing box, duocone seal, rotating mechanical seal || ~ **étanche de l'arbre** / shaft seal, radial packing ring || ~ d'**étancheité** (pétrole) / packer || ~ d'**étancheité** (robinet) / packing || ~ d'**étanchéité de bride** / flange gasket || ~ d'**étanchéité en charbon** (turbine) / carbon gland || ~ d'**étanchéité intérieure** / internal packing || ~ d'**étanchéité au plomb** / lead joint[ing] o. packing || ~ de **fer** / iron fitting || ~ **filtrante** (frittée) / filtering set || ~ de **frein** / brake lining o. covering o. facing || ~ de **friction** / friction lining || ~ à **grille de Glitsch** (chimie) / Glitsch-grid packing || ~ des **hérissons** (tex) / roller filleting || ~ d'**huisserie** (bâtim) / jamb lining of a door || ~ **intérieure** (auto) / trim (interior outfit including seats) || ~ **intérieure briquetée** / brickwork lining || ~ **intérieure réfractaire** / refractory lining || ~ de **jante** (auto) / flap of the wheel rim || ~ des **joints** / joint packing o. ca[u]lking || ~ [de] **Kobrit** / Kobrit packing || **~s** *f pl* de **lampe à incandescence** / incandescent lamp fittings *pl* || ~ *f* **mécanique d'étanchéité** (NAM) / axial face seal, end stuffing box, duocone seal, rotating mechanical seal || **~s** *f pl* en **métal** / metal fittings o. furnishings o. mountings *pl* || ~ *f* **métallique** (m.à vap) / metallic packing || ~ **métallique de carde** (tex) / metallic card clothing || ~ **molle** / soft packing || ~ **ondulée** / undulatory packing o. gasket || **~s** *f pl* du **palier graisseur** / grease cup fittings *pl* || ~ *f* de **piston** / piston packing || ~ du **plancher** (auto) / floor covering || ~ **plate** / sheet gasket || ~ de **plomb** / lead coating o. covering || ~ d'une **presse-étoupe** / packing of the stuffing box || ~ de **serrure** / lock furniture || ~ en **spirale** / spiral wound gasket || ~

toroïdale en caoutchouc / O-ring seal || ~ **tressée** (techn) / fabric packing || ~ de **tuyau** / pipe seal
garrot *m* / toggle || ~ de **blocage** (m.outils) / immobilizing o. locking handle || ~ d'une **scie** / tongue of the saw
gash *m* / gash (guanidine aluminum sulphate hexahydrate)
gas-lift *m* (pétrole) / gas lift
gasohol *m* (déconseillé), essence-alcool *f* / gasohol (US) (90 % unleaded gasoline and 10 % ethyl alcohol)
gasoil *m* (ELF), gazole *m* (ELF) / gas oil || ~ **lourd** / heavy gas oil || ~ **obtenu par distillation dans le vide** / vacuum gas oil
gasol *m* / gasol (of the Fischer-Tropsch process)
gasoline *f* / casing head gasoline, natural gasoline (US)
gaspillage *m* d'**énergie** / dissipation o. waste of energy
gaspiller / waste *vt*, squander || ~ (mines) / rob *vt*
gâté / spoiled, ruined || ~ par l'**humidité** / foxy, foxed, spotty o. stained by damp o. mould
gâteau *m* / cake || ~ (céram) / loaf || ~ d'**alun** (pap) / alum cake || ~ de **cire ou de miel** (agr) / comb, honeycomb || ~ de **coke** / coke cake || ~ de **cuivre fondu** / copper cake o. tile || ~ [à **filage**] / spinning cake || ~ de **filtre-presse** / filter cake, press cake || ~ de **particules** (pann.part.) / particle mat || ~ de **soufre** / sulphur cake
gâter / spoil *vt*, mar || ~, bousiller / bungle *vt* || ~ (se) / spoil *vi*, deteriorate, decay || ~ en **coupant** / bungle *vt*, miscut *vt*
gatsch *m* de **paraffine** (pétrole) / slack wax, paraffin sludge
gatte *f* (nav) / cable room
gauche *adj* / left || ~ / skew-whiff, warped, wry || ~ (direction) / skew || ~ (roue en Gr.-Bretagne) / near side || **à** ~ / left || **à** ~ (filet) / left-handed || **à** ~ (câblerie) / lefthand || **à** ~ **en tirant** (serrure) / DIN-right-handed || **à** ~ **selon DIN** (serrure) / DIN-left-handed || **à la** ~ **en ascendant** (escalier) / DIN-left || **la** ~ / left || ~**-droit** / left-right... || ~ *f* de la **voie** (ch.de fer) / distortion of the track, crookedness, lateral buckling o. displacement
gaucher / left-handed
gauchi / warped, wry, twisted || ~ (techn) / skew-whiff
gauchir *vi* (bois) / warp *vi*, get warped, set, cast || ~, évaser (s') / batter *vi*, buckle *vi* || ~ (bâtim) / carry false, batter *vi* || ~ (scie) / saw *vi* untrue || ~ *vt* / twist *vt*, warp *vt* || ~ l'**aile** (aéro) / warp the wing
gauchissage *m* (céram) / warping
gauchissant (mur) / battering, having a false bearing
gauchissement *m* (bois) / warping, working || ~ (constr.mét) / warpage || ~ (action) (techn) / twisting || ~ (résultat) / skewness || **à** ~ **négatif** (aéro) / washed-out || **à** ~ **positif** (aéro) / washed-in || ~ de l'**aile** (aéro) / warping of wing tips || ~ **négatif** (chimie) / wash-out of wing tips || ~ **oblique** (cadre) / racking || ~ des **plaques** (accu) / warp of plates || ~ **positif** (aéro) / wash-in of wing tips || ~ d'une **roue** / wobble of flywheel || ~ d'un **véhicule** (ch.de fer) / buckling of a vehicle || ~ de la **voie** (ch.de fer) / lateral buckling o. displacement o. distortion
gaufrage *m* (phot. en couleurs) / lenticulation || ~ (tex) / embossed finish || ~ à **froid** (typo) / blind blocking || ~ à la **main** (typo) / tooling || ~ **permanent** (tex) / permanent embossing o. goffering
gaufré *adj* (pap, tiss) / embossed || ~ (tiss, défaut) / baggy || ~ (lam) / embossed || ~ *m* (semicond) / wafer, slice
gaufrer (typo) / blind-tool *vt*, block, tool *vt* || ~ (tiss) / emboss || ~, nervurer / rib *vt* || ~, onduler (tiss) / crimp *vt* || ~ le **cuir** (cuir) / emboss || ~ à **froid** (typo) / antique *vt*, block, blind-tool
gaufroir *m* (pap, cuir) / engraved brass cylinder
gaufrure *f* (typo) / blind blocking o. tooling, blinding, blocking
gault *m* (géol) / gault
gauss *m*, g, gs (vieux) (phys) / gauss
gaussien (phys) / gaussian
gaussmètre *m* (pour mesurage en gauss) / magnetic flux density meter (GB), gaussmeter (US)
gautier *m* (hydr) / leading grate
gavage *m* (ELF), suralimentation *f* (mot) / supercharging
gavette *f* (outil) / winding accessory
gayac *m* / pock wood, lignum vitae, Guaiacum officinale o. sanctum
gayacol *m* / guaiacol
gay-lussite *f* (min) / gaylussite, Gay-Lussite
gaz *m* / gas || **y mettre plein les** ~ (mot) / step on the gas || ~ **acétylène** / acetylene gas || ~ **acheté au dehors** / foreign gas || ~ **acide** / acid gas || ~ **acide**, vapeur *f* dacide / acidic gas || ~ **adsorbé** / adsorbate || ~ d'**affinage** (sidér) / unburnt gas || ~ **agissant sur les nerfs** / nerve gas || ~ à l'**air** / poor o. lean gas || ~ **amené** / long range o. -distance gas, grid o. piped gas || ~ **ammoniac** / ammonia, ammonia[cal] gas, alcaline air || ~ d'**appoint** / added gas || ~ *m pl* **asphyxiants** / black o. choke o. after damp || ~ *m* **[associé] au pétrole** / petroleum gas || ~ d'**autre origine** / foreign gas || ~ de **balayage** (mot) / flush (US) o. scavenging gas || ~ de **base** (lampe à arc à mercure) / basic gas || ~ de **bois** / wood gas || ~ en **bouteilles** / gas from cylinders, bottled gas || ~ **brûlé** / flue gas, smoke o. chimney gas || ~ **brûlé** (auto) / exhaust gas || ~ **brûlé à la torche** (pétrole) / flare gas || ~ **brut** / crude gas || ~ de **calcination** / gas from roasting, roaster gas || ~ **carbonique** / carbon dioxide, carbonic acid o. anhydride || ~ de la **carbonisation du bois** / low carbonization gas of wood || ~ de **chasse** (ELF) (espace) / driving gas || ~ **chaud** / hot gas || ~ de **chauffage** / furnace gas, heating gas || ~ **chloré** / chlorine, chloric gas || ~ **chlorhydrique** / hydrogen chloride gas || ~ de **circulation** (sidér) / circulation gas || ~ de **cokerie** / coke oven gas || ~ de **combat** / war o. poison gas || ~ **combustible** / fuel gas || ~ **combustible**, carburant *m* gazeux / fuel gas, power gas || ~ **combustible liquéfié** / liquefied petroleum gas, LPG || ~ de **la combustion** / flue gas, smoke o. chimney gas || ~ **comprimé** / compressed gas, comp.gas || ~ **contournant le piston** (auto) / blow-by || ~ de **conversion** / conversion gas || ~ de **coupage** (tube compteur de Geiger-Müller) / quenching gas || ~ de **couverture** (gén) / covering gas || ~ de **couverture** (réacteur) / blanket o. cover gas || ~ du **craquage** / cracked gas || ~ du **craquage d'huile** / oil cracking gas || ~ **cryogénique** / cryogenic gas || ~ de **curage** / digester gas || ~ **cyanogène** / cyanogen, carburet of nitrogen || ~ **dégagé de distillation lente** / low temperature carbonization gas || ~ **dégénéré** (phys) / degenerate gas || ~ *m pl* **délétères** (mines) / foul o. noxious air || ~ *m* de **digestion** voir gaz de curage || ~ **dissocié** / cracked gas || ~ **dissous** / dissolved acetylene || ~ de la **distillation** / distillation gas || ~ de **distillation à basse température** / low temperature carbonization gas || ~ de **distillation à basse température du schiste bitumineux** / oil shale low temperature carbonization gas || ~ **distribué à longue distance** / long range o. -distance gas, grid o. piped gas || ~ à l'**eau** / water gas || ~ à l'**eau carburé** / enriched o. carburetted

water gas || ~ d'**échappement** (gén, turbine) / exhaust gas || ~ *m pl* d'**échappement purifiés** / excellent fumes *pl* || ~ *m* d'**éclairage** / illuminating o. lighting gas, city o. coal gas || ~ des **égouts** / sewerage gas || ~ **électronique** / electron gas || ~ **endothermique** / endothermic gas || ~ d'**entraînement** (chimie) / entraining gas || ~ **épuré** / clean gas || ~ **étouffant** (mines) / black o. choke o. after damp || ~ **étranger** / foreign gas || ~ *m pl* **étranglés** (mot) / half gas, throttling down || ~ *m* **exothermique** (frittage) / exothermic atmosphere || ~ **explosif** / oxyhydrogen gas, electrolytic o. detonating gas || ~ de **Fermi** / Fermi gas || ~ **final** / residual gas || ~ de **fission** (nucl) / fission gas || ~ des **forêts** / wood gas || ~ de **fours à coke** / coke oven gas || ~ *m pl* du **foyer** / flue gases *pl* || ~ *m* **fulminant** / oxyhydrogen gas, electrolytic o. detonating gas || ~ de **fumée** / flue gas, smoke o. chimney gas || ~ de **gazogène ou de gazéificateur** / generator o. power o. producer o. suction gas, Dowson gas || ~ de **gonflement** / buoyant o. lifting o. supporting gas || ~ des **graisses** / fat o. oil gas || ~ de **gueulard ou de haut fourneau** (sidér) / blast furnace gas, top gas || ~ **H** / highgrade gas || ~ sous **haute pression** / high-pressure gas, pressure gas || ~ **hilarant** / nitrous oxide || ~ de **houille** / coal gas || ~ d'**huile** / fat o. oil gas || ~ d'**huile** (auto) / oil gas o. vapour || ~ **humide de pétrole** / casing head gas || ~ **hydrochlorique** / hydrogen chloride, hydrochloric gas, chloric acid gas || ~ d'**hydrogénation** / hydrogenation gas || ~ **hydrogène** / hydrogen gas || ~ **hydrogène phosphorcarburé** / phospho-carburetted hydrogen gas || ~ **idéal** / ideal o. perfect gas || ~ *m pl* d'**incendie** / conflagration gases *pl* || ~ **industriels** / commercial gases *pl* || ~ *m* **inerte** / inert gas, protective atmosphere, shielding gas || ~ **injecté** (pétrole) / injected gas || ~ **iodé** / iodized gas || ~ **irritant** / tear gas || ~ **irritant la gorge** / throat irritant || ~ **irritant le nez et le pharynx** / sternutator || ~ **L** / lowgrade gas || ~ **lacrymogène** / tear gas, lachrymatory gas, lachrymator, chloracetophenone, C.A.P. || ~ **laveur ou de lavage** (nucl) / sweep gas || ~ de **lignite** / brown coal gas || ~ **lourd d'hydrogène carburé** / ethylene, ethene, olefiant gas || ~ [des] **marais** / methane, marsh gas || ~ des **marais** (chimie) / light carburetted hydrogen gas, methane || ~ **méphitique** / evil smelling gas, fetid gas || ~ de la **mer du Nord** / North Sea gas || ~ de **mine** / mine damp o. gas, pit gas, firedamp, black o. choke damp || ~ **mixte** / dual process gas, mixed gas || ~ **mixte de gazogène** / semiwater gas || ~ de **Mond** / Mond gas || ~ **moutarde** (mil) / lost, lewisite, yperite || ~ **naturel** / natural gas || ~ **naturel liquéfié**, GNL / liquefied natural gas, LNG, LNG || ~ **naturel sous pression souterraine** / geopressurized gas || ~ **naturel synthétique** / substitute o. synthetic natural gas, SNG || ~ **neutre** (espace) / neutral gas || ~ *m pl* **nitreux** / nitrous fumes *pl* || ~ *m* **noble** / inert o. noble o. rare gas || ~ **oléfiant** / ethylene, ethene, olefiant gas || ~ **oxhydrique** / oxyhydrogen gas, electrolytic o. detonating gas || ~ **parfait** / ideal o. perfect gas || ~ **pauvre** / poor o. lean gas || ~ **pauvre à l'air** / air gas || ~ **pauvre à l'air et à vapeur d'eau** / air and water gas || ~ **perdu** / waste gas || ~ **perdu radioactif** (nucl) / off-gas, waste-gas || ~ de **pétrole** / petroleum gas || ~ de **pétrole liquéfié**, L.P.G. *m* / liquefied petroleum gas, LPG || ~ **phosgène** / phosgene [gas], carbonyl o. chloroformyl chloride || ~ **piquant** / tear gas, lachrymatory gas, lachrymator, chloracetophenone, C.A.P. || ~ **porteur** / buoyant o. lifting o. supporting gas || ~ de **preuve** (vide) / search gas || ~ **produit dans l'usine** / process gas || ~ **propane** / propane || ~ **propulseur** (gén) / propellant, propellent || ~ **protecteur** (frittage) / protective o. buffer gas || ~ **protecteur ou de protection** / protective atmosphere, inert o. shielding gas || ~ **purifié** / clean gas || ~ **«Q»** / Q-gas (mixture of 98,7% He and 1,3% butane) || ~ de **queue** (pétrole) / tail gas || ~ **raffinerie** / refinery gas || ~ **rare** / inert o. noble o. rare gas || ~ de **recyclage** / recycling gas || ~ **réducteur** / reducing o. reduction gas || ~ **réel** / real gas || ~ de **référence** / calibrating gas || ~ de **reforming à partir de naphte** / gas from steam/naphta reforming || ~ en **réservoirs** / gas from cylinders, bottled gas || ~ **résiduaire** / residual gas || ~ **résiduel** (plasma) / background gas || ~ **riche** / rich gas || ~ **sec naturel** (pétrole) / residue gas, dry gas || ~ **sonde** (vide) / search gas || ~ **sorbé** / sorbate || ~ de **soudage** (oxycoupure) / [oxy-]fuel gas || ~ à **soudure autogène** / oxyacetylene gas || ~ des **sources** / well gas || ~ **suffocant** (mines) / black o. choke o. after damp || ~ **surpressé** / high-pressure gas || ~ de **sustentation ou de support** / buoyant o. lifting o. supporting gas || ~ **synthétique** / synthesis gas || ~ **synthétique de remplacement du gaz naturel** / substitute natural gas, SNG, synthetic natural gas, SNG || ~ **témoin ou traceur ou de traçage** (vide) / search gas || ~ **toxique** / poison gas || ~ **trop pauvre** (mot) / weak o. rare mixture || ~ **vecteur** / buoyant o. lifting o. supporting gas || ~ **vésicant** (mil) / vesicant gas || ~ de **ville** / city o. town gas || ~ de **ville à partir de pétrole** / town gas from oil

gazage *m* (accu) / formation of bubbles (GB), gassing (US) || ~ (tex) / gassing, singeing || ~ du **filé** / yarn singeing

gaze *f* (tiss) / gauze || **de** ~ / gauzy || ~ à **bandage** / bandage, bandaging o. dressing material, surgical bandage || ~ à **blutoir ou à bluterie** / bolting silk, silk gauze bolter || ~ de **coton** / leno muslin || ~ à **demi-tour** / half twist fabric || ~ pour **dos de livres** / mull, scrim, super (US) || ~ **hydrophile** / mull, absorbent o. aseptic gauze || ~ **métallique** / metal o. wire gauze || ~ **métallique à blutoir** / metal gauze bolter || ~ à **pansement** voir gaze hydrophile || ~ de **soie** / canvas, tiffany || ~ de **soie pour sérigraphie** / silk printing screen || ~ à **tour complet** (tex) / fullcross leno

gazé (tex) / gassed, singed

gazéifiable / gasifiable

gazéificateur *m* (chimie) / gasifier, gasifying apparatus

gazéification *f* / gasification || ~ du **charbon** / gasification of coal || ~ des **huiles de pétrole** / gasification of heavy fuel oil || ~ **intégrale** (mines) / complete gasification || ~ en **lit fluidisé** / fluidized bed gasification || ~ **souterraine** / underground gasification

gazéifié / gasified || ~ (boisson) / carbonated, charged with carbon dioxide gas, aerated

gazéifier / gasify

gazéiforme / gaseous, gasiform, gassy

gazéité *f* / gaseousness

gazer *vt* / gas *vt*, supply o. affect with gas || ~ (tiss) / singe *vt*, gas *vt* || ~ *vi* (coll) (auto) / speed *vi*, move *vi* at top speed

gazette *f*, pâte *f* grossière (céram) / body for boxing || ~, case *f* (céram) / saggar, sagger || ~ **économique** (céram) / space-saving sagger, economy sagger || ~ **peu encombrante** (céram) / economy sagger

gazetter (céram) / encapsulate [in a sagger]

gazeux, riche en gaz / gassy || ~, gazéiforme / gaseous, gasiform, gassy || ~ (liquide) / carbonated, aerated
gazinière *f* / table cooker || ~ (pétrole) / gas cap
gazoduc *m* / gas pipeline
gazogène *m*, gazofacteur *m* / gas generator o. producer o. apparatus || ~ à **basse pression** (soudage) / low pressure generator || ~ à **bois** / wood gas generator o. producer || ~ à **grille tournante** / mechanical producer (gasworks) || ~ à **haute pression** (soudage) / high pressure generator || ~ à **lit fixe** / fixed bed o. solid bed gasifier || ~ à **lit fluidisé pour gaz naturel synthétique** / fluidized bed gasifier for SNG (= substitute natural gas) || ~ à **pression moyenne** (soudage) / medium pressure generator
gazole *m* (ELF), gasoil *m* / gas oil
gazoline *f* / petroleum ether o. spirit
gazomètre *m* (soudage) / gas bell || ~ (gaz de ville) / gas holder, gasometer || ~ à **cloche simple** / single-lift holder || ~ de **contrôle ou d'expansion** / meter prover (GB) || ~ à **lunettes** / telescope o. telescopic gas holder, multilift o. multiple-lift gasholder || ~ **sec** / waterless gasholder, piston type o. disk type gasholder || ~ **télescopique** / telescope o. telescopic gas holder, multilift o. multiple-lift gasholder
gazométrie *f* / gasometry
gazométrique (chimie) / gasometric
gazon *m* (bot) / grass || ~ (terrain) / sod, turf, sward || ~, pelouse *f* / lawn || ~ **posé de plat**, gazon *m* plaqué / lining turf, facing sod
gazonner (gén) / sod || ~ (routes) / grass
gazoscope *m* (mines) / gas alarm
Gb, 1 Gb = (10/π)A (phys) / gilbert, Gb
G.C.A. *m* (= ground controlled approach) / radar controlled approach plant, G.C.A.
G.D.F. = Gaz de France
géante *f* (astr) / giant star || **~s** *f pl* **rouges** (astr) / red variables *pl*
géanticlinal *m* (géol) / geanticline
Gee *m* (= ground electronic engineering) (radar) / gee (= ground electronic engineering) || ~ **H** (aéro) / Gee H
géfileuse *f* / mixtruder
gegenschein *m* (astr) / counter-glow, gegenschein
géhlénite *f* (min) / gehlenite
gel *m* (tuyau) / freezing up o. in || ~ (chimie) / gel || **comme un** ~ / gel-like || ~ d'**amidon** / starch gel || ~ **bleu** (chimie) / blue gel || **~-coat** *m*, couche *f* de gel (plast) / gel coat || ~ **cohérent** / coherent gel || ~ **et dégel** (essai de mat) / freeze-thaw cycling || ~ **[ir]reversible** / [ir]reversible gel || ~ d'**oxyde Cu-Sn** / tin-copper oxide gel || ~ de **silice** / silica gel
gélatine *f* / gelatin[e] (a glutinous material) || ~ / gelatin[e] (a colloidal protein) || ~ **chromatée** / chrome gelatin[e], bichromated, [-tic] gelatin[e] || ~ **détonante ou explosive** / blasting gelatine, gum dynamite
gélatineux / gelatinous || ~ (fig) / jelly-like
gélatinifier / gelatinate, gelatinize
gélatiniforme / gelatinous
gélatinisation *f* / gelatification, gelatin[iz]ation
gélatino-bromure *m* / gelatino-bromide || **~-chlorure** *m* / gelatino-chloride
gelée *f*, gel *m* / frost, nip, gelation || ~ (chimie) / coherent gel || ~ (jus de viande) / jelly || **à l'abri de la** ~ / frost-protected o. -proof || ~ **blanche** / hairfrost || ~ de **fruits** / fruit jelly || ~ à **ras du sol** / ground frost || ~ **végétale** / pectin, pectine [substance], vegetable jelly
geler *vi* / congeal *vi*, freeze *vi* || ~ *vt* / freeze *vt* || ~, couvrir de gelée / frost *vt* || ~ **complètement** / freeze *vi* up
gélif (pierre, bois) / split by frost, frost-cleft, -cracked || ~ (huile) / sensitive to low temperatures
gélifiant *m* / gelatinizing agent o. substance || ~ (mousse plast) / solidifying o. gelling agent, gellant
gélification *f* / jellification, thickening || ~ (pétrole) / gelling || ~ (chimie) / gelation, formation of a gel || ~ du **latex** / latex gelling
gélivé (pierre) / split by frost, frost-cleft, -cracked
gélivure *f* (bois) / frost-cleft, frost-crack
gélose *f* / gelose, agar-agar
gémissement *m* (électron) / whine, wow (frequency fluctuation up to 6 Hz)
gemme *f* (silvculture) / fir o. pine resin || ~ (min) / precious stone, jewel
gemmer les **pins** / extract resin from pines
gemmologie *f* / gemmology
gène *m* (biol) / gene
gêne *f* / discomfort, inconvenience, annoyance || ~ **auditive apportée par les bruits**, gêne *f* due aux bruits / annoyance caused by [excessive] noise || ~ d'**encombrement** / geometric interference || ~ due au **frottement** (aéro) / friction drag || ~ due à une **odeur** / annoyance caused by bad smell || ~ due aux **poussières** / annoyance caused by dust, dust nuisance || ~ **réactionnelle** / reaction inhibition || ~ à la **visibilité** / obstacle to visibility, interference with visibility
gêner, contrarier / inhibit *vt*, hinder, impede *vt* || ~, perturber / interfere [with...]
général / general, common || ~ / main, fundamental || ~, valable partout / generally o. universally valid || ~, d'ensemble / consolidated
généralisé (math) / generalized
généraliste *adj* / allround
généralité *f* / generality
générateur *adj*, -trice *adj* / generating || ~ *m* (chimie, auto) / generator, producer || ~ (électr) / electric generator o. machine || ~ d'**acétylène** / acetylene generator o. producer || ~ d'**acide carbonique** / carbon dioxide generator, carbonator || ~ **acyclique** (électr) / unipolar o. acyclic dynamo o. generator || ~ d'**air chaud à air pulsé** / pulsed hot-air generator || ~ à **amenée d'eau** (soudage) / water-to-carbide gas generator || ~ d'**arc** / arc generator || ~ pour les **bains galvanoplastiques** (galv) / electroplating o. plating generator || ~ de **balayage** (caméra de TV) / deflection oscillator, scanning generator || ~ de **balayage ou d'exploration** (électron) / saw-tooth generator o. oscillator, sweep generator o. oscillator, miller || ~ de **balayage vertical** (TV) / field o. framing oscillator || ~ de **balise** (satellite) / beacon generator || ~ de **barres** (TV) / bar generator || ~ de **barres de couleur** (TV) / colour bar generator || ~ de **base de temps** (TV) / time base generator || ~ à **battements** (électron) / beat-frequency o. beating oscillator, B.F.O., heterodyne [oscillator], local oscillator || ~ de **bruit** / noise [signal] generator || ~ de **caractères** / character generator || ~ en **cascade** / cascade generator, capacitron || ~ de **chaleur** / thermogenerator || ~ de **champ** *adj* (électr) / field-producing || ~ *m* de **champ** (TV) / field oscillator, field scan[ing] generator || ~ mixte de **chauffage central et de production d'eau chaude sanitaire** / combined central heating and hot water furnace || ~ des **chiffres de vérification** / selfchecking number generator || ~ de **chocs** (électr) / surge o. lightning generator || ~ à **chute de**

carbure dans l'eau / carbide-to-water [gas] generator || ~ à **chute d'eau à chaux sèche ou à résidu sec** (soudage) / water to carbide generator, dry residue type || ~ à **circulation d'huile surchauffée** / hot-oil producer || ~ de **code** (ord) / code generator || ~ de **compilateurs** / compiler generator || ~ à **compte-gouttes** / drip-feed generator || ~ de **contact** (soudage) / contact generator || ~ à **contact à refoulement d'eau** (soudage) / water displacement contact type generator || ~ de **courant d'appel** / ringing generator o. machine || ~ de **courant à base de temps** / current time-base generator || ~ à **courant constant** (électron) / constant current generator || ~ de **courant d'impulsions** / capacitor impulse generator || ~ de **créneaux** (électron) / strobing [pulse] generator || ~ à **cristal** / crystal generator || ~ de **déclenchement** (radar) / gate generator || ~ de **dents de scie** (TV) / saw-tooth o. ramp generator, relaxation oscillator o. generator || ~ du **dessin** (circ. impr.) / pattern generator || ~ de **dioxide de carbone** / carbon dioxide generator, carbonator || ~ **diphasé** / two-phase generator || ~ **discriminateur** (TV) / sampling pulse generator || ~ à l'**eau** (soudage) / wet generator || ~ **électro-hydrodynamique** (électr) / electro-hydrodynamic generator || ~ **[électromécanique]** (électr) / [electric] generator || ~ **électrostatique de Van de Graaff** / Van de Graaff generator || ~ **étalonné** (électron) / standard signal generator, test oscillator (US) || ~ **flip-flop** / flip-flop generator, monostable multivibrator, monovibrator, MV || ~ de **fonctions** (ord) / function generator || ~ de **fréquence de balayage** / horizontal time base generator, line frequency generator || ~ de **fréquence pilote** / sync[hronizing] o. synchro generator || ~ de **fréquence porteuse** / carrier generator || ~ de **fumée** / smoke producer o. generator || ~ de **gaz** / gas generator o. producer o. apparatus || ~ de **gaz dit Kipp** (chimie) / Kipp['s] [gas] generator o. apparatus || ~ de **gaz à piston libre** / free-piston generator (for pressure gas) || ~ de **glace** / freezer, ice generator || ~ **Hall** / Hall generator || ~ d'**harmoniques** (électron) / harmonic generator || ~ d'**hydrogène** / hydrogen generator || ~ à **immersion** (soudage) / diving bell generator || ~ d'**impulsions** / pulse generator, PG || ~ d'**impulsions** (TV) / synchronizing o. synchro generator, sync pulse generator, SPG, timing pulse generator || ~ d'**impulsions** (télécom) / pulse machine || ~ d'**impulsions carrées ou crénelées** / square wave [form] pulse generator || ~ d'**impulsions à déclenchement** (radar) / strobing [pulse] generator (GB), gating pulse generator || ~ d'**impulsions en dents de scie** (TV, r.cath) / linear time base || ~ d'**impulsions magnétique** / magnetic impulse generator || ~ d'**impulsions rectangulaires** / square wave [form] pulse generator || ~ d'**impulsions à ressort à déclic** / spring contact pulse generator || ~ des **impulsions de rythme** (électron) / timing pulse generator || ~ d'**impulsions sélectrices** (radar) / strobing pulse generator (GB), gating pulse generator (US) || ~ d'**impulsions T.H.T.** (TV) / pulse EHT-generator || ~ d'**incrustations** / boiler scale o. incrustation promoting agent || ~ à **induction** (électr) / induction machine || ~ d'**irisation** (TV) / rainbow generator || ~ **isotopique** / isotopic generator, radioisotope power generator || ~ de **langage** / speech synthesizer || ~ de **légendes** (TV) / caption generator || ~ de **Lorenz** (électr) / Lorenz generator || ~ de **Markov** / Markov generator || ~ de **marques d'étalonnage** (radar) / distance mark generator || ~ de **Marx** / Marx o. surge generator || ~ de **masques** (ord) / mask generator || ~ de **mesure** (électron) / standard signal generator, test oscillator (US) || ~ de **mire** (TV) / pattern generator || ~ de **mire électronique** (TV) / phasmajector, test pattern generator || ~ de **mousse** (pomp) / foam tank o. generator || ~ **moyenne fréquence de Guy** / Guy generator || ~ de **neutrons** / neutron generator || ~ en forme de **nodule** (électr) / bulb type alternator || ~ d'**ombre** (TV) / shading generator || ~ d'**ondes** (électron) / waveform generator || ~ d'**ondes entretenues** (ultrasonique) / continuous wave generator || ~ d'**ondes sinusoïdales** (électron) / sine wave generator || ~ d'**oscillations** (électron) / oscillator, generator || ~ d'**oscillations en dents de scie** (TV) / saw-tooth o. ramp generator, relaxation oscillator o. generator || ~ de **paramètres de déroulement ou de traitement** (ord) / runtime parameter generator || ~ **photovoltaïque** / photovoltaic array, solar cell array || ~ de **points** / dot generator || ~ de **points et de barres** (TV) / dot-bar generator || ~ **portable** (m.outils) / power former || ~ de **programmes** / program generator || ~ de **programme d'édition** / report writer, list program generator || ~ de **pulsation** (traite) / pulsator controller || ~ **pulseur d'air chaud** / fan-assisted air heater || ~ **radio-isotopique** / isotopic generator, radioisotope power generator || ~ de **rayons X** / X- o. röntgen ray tube || ~ de **référence d'angle** (équilibrage) / angle reference generator || ~ à **réglage de tension [à contact vibrant]** (auto) / vibrating-voltage o. voltage-control generator || ~ de **relaxation** (TV) / relaxation oscillator || ~ de **repère de calibrage** (radar) / marker generator || ~ à **ruban** / Van de Graaff generator, ribbon generator || ~ de **séquences pour régistre de décalage** (ord) / shift register generator, SRG || ~ de **signal d'image** (TV) / picture signal generator || ~ de **signaux** (électron) / signal generator || ~ de **signaux de balayage** / time base circuit || ~ des **signaux couleur** (TV) / colour [en]coder o. -flexer || ~ de **signaux d'essai** / test signal generator || ~ de **signaux d'identité** / identification generator o. source || ~ de **signaux de mesure** (TV) / test signal o. test pattern generator || ~ de **signaux de taches ou de correction** (TV) / shading generator || ~ de **signaux de vérification vidéos** / video test signal generator || ~ de **signaux de vobulation** / sweep[-frequency] signal generator || ~ de **synchro** / sync[hronizing] o. synchro generator || ~ **synchroniseur ou de synchronisation** (inform) / timing generator || ~ **tachymétrique** (vidéo) / tacho generator || ~ à **tamis** (soudage) / draw system generator || ~ de **tension de calibrage ou d'étalonnage** / calibrating generator [for voltage o. frequency] || ~ de **tension d'impulsions** (électr) / surge o. lightning generator || ~ **thermoélectrique à radio-isotopes** (espace) / RTG, radio-isotopes thermoelectric generator || ~ **thermo-ionique [à vide]** / thermionic generator || ~ de **tourbillons** (ELF) / vortex generator || ~ de **trajectoire** / path generator || ~ de **très haute tension** (ou T.H.T.) **à impulsions** (TV) / EHT pulse generator || ~ à **triode** (électron) / tube generator o. oscillator || ~ à **trois fils** / three-wire generator || ~ à **troisième balai** (auto) / third brush [control] generator || ~ à **tubes électroniques** / vacuum tube oscillator, VO || ~ d'**ultra-sons** / ultrasonic generator || ~ **unipolaire** (électr) / unipolar o.

acyclic generator o. dynamo || ~ de **vapeur** / steam generator, steam raising unit || ~ à **vapeur instantanée** / forced circulation boiler || ~ de **vibrations** / vibration generator o. machine || ~ **vidéo** (TV) / picture signal generator || ~ de **vidéo-mapping** / video mapping generator || ~ de **vortex** (aéro) / vortex generator
génération *f* / generation || ~ (m. à fraiser par dével.) / hobbing, self-generation || ~ de **courant** / current generation o. production || ~ d'**énergie** / generation of energy o. power || ~ d'**état** (ord) / report preparation || ~ de **gaz** / gas generation o. producing || ~ du **gaz protecteur** / gas conditioning || ~ de **gaz au repos** / aftergeneration of gas || ~ de **pression** / generation of pressure || ~ **spontanée** / spontaneous generation
génératrice *f* (math) / generator, generating line, ruling || ~ (math, ord) / generatrix || ~ (électr) / generator || ~, longueur *f* de génératrice (engrenage) / cone distance || ~ à **aimants permanents** (électr) / magneto[-electric] generator || ~ à **anneau plat** / flat ring dynamo || ~ **balance** (électr) / electrical dynamometer || ~ **bimorphique** / double-current generator || ~ à **champs transversaux** (électr) / cross-field o. Rosenberg dynamo || ~ de **charge[ment]** (électr) / charging generator || ~ pour **chemins de fer** / traction generator || ~ à **conducteur retour isolé** (auto) / dynamo with insulated return [feeder] || ~ du **cône** (roue dentée) / cone distance || ~ à **courant alternatif** / a.c. generator, alternator || ~ à **courant alternatif synchrone** / synchronous a.c. generator || ~ à **courant continu** / d.c. generator || ~ en **dérivation** (électr) / shunt dynamo o. generator || ~ à **deux courants** / double-current generator || ~ en **disque** (électr) / disk generator || ~ de l'**entaille** (essai de mat) / surface line of notch || ~ pour **éolienne** (électr) / wind-driven generator || ~ d'**essieu** (ch.de fer) / axle-driven generator || ~ à **excitation shunt stabilisée** / stabilized shunt generator || ~ du **groupe en cascade** (électr) / tandem machine || ~ à **haute fréquence** / high-frequency generator o. alternator || ~ à **haute tension** (électr) / high-voltage generator || ~ **métadyne** / metadyne generator o. machine || ~ **pilote** / pilot frequency generator || ~ à **pôles alternés** (électr) / heteropolar generator o. machine || ~ à **pôles à griffes** (ch.de fer) / claw pole generator || ~ **principale** (électr) / main generator || ~ à **réluctance** (électr) / induction type synchronous generator, reluctance generator || ~ à **retour par masse** (auto) / dynamo with ground return || ~ en **série** / series wound generator || ~ **shunt** (électr) / shunt dynamo o. generator || ~ **solaire** / solar generator || ~ de **soudage** / d.c. arc welding generator || ~ **tachymétrique** (vidéo) / tacho generator || ~ **tachymétrique à courant continu** / direct-current tachodynamo || ~ à **tension constante** (électr) / constant voltage generator || ~ pour **tramways** / tramway dynamo o. generator || ~ **triphasée asynchrone** / three-phase asynchronous alternator, three-phase induction generator || ~ pour **turbines hydrauliques** / water wheel generator || **~-volant** *f* (électr) / flywheel [type] alternator o. generator
générer / produce, bear, yield || ~ (math) / generate
générique *m* (film) / credit titles *pl*
genèse *f* de l'**oxyde de carbone dans les moteurs** / carbon monoxide generation in a motor
génétique / genetic
genévrier *m* / juniper, Juniperus communis || ~ **rouge d'Amérique** / pencil cedar, Juniperus bermudiana
génie *m* (techn) / engineering || ~ **agricole** (ELF) / agricultural engineering || ~ **atomique** (ELF) / nuclear engineering o. technology || ~ **automobi**[le] automotive engineering || ~ **chimique** / chemico-technology, chemical engineering || ~ **civil** / civil engineering [and building activities] || ~ **civil** (ELF) / a branch of civil engineering (comprising public works and foundation work) || ~ d'**environnement** / environmental engineering || ~ **inventif** / ingenuity, ingeniousness || ~ de **lamina**[ge] / rolling mill technique || ~ **nucléaire** / nuclear engineering o. technology || ~ du **réacteur** / reac[tor] technology || ~ **rural** / agricultural engineering
genièvre *m* (nom commun), genévrier *m* / juniper
genou *m*, levier *m* à genouillère / toggle lever o. joint, articulated lever, knuckle joint || ~ (articulation) / toggle joint, knuckle joint, ball and socket joint || ~ (tuyau) / conduit elbow, pipe bend || ~ **coudé** / bent knee || ~ d'une **courbe caractéristique** / bend of the characteristic
genouillère *f*, levier *m* à genouillère / toggle lever joint, articulated lever, knuckle joint || ~ (m à coud[re]) / kneelift, knee lifter || ~ (articulation) / toggle joint, knuckle joint, ball and socket joint || ~, protège-genou *m* / knee protector
genre *m*, caractère *m* / condition, character, kind || ~, type *m* / type [of execution], style of execution || ~ (biol) / species, kind || ~ de **commande** / [kind of] drive, mode of driving || ~ du **courant** / kind of current || ~ de **noyau** / nuclear species || ~ **physiologique** / physiological variety || ~ d'une **surface** (math) / genus of a surface || ~ de **tissage** / weave, kind o. mode of weaving, texture
géo·botanique *f* / phytogeography, geobotanics || **~centrique** / geocentric || **~chimie** *f* / geochemis[try] || **~chimique** / geochemical || **~chronologie** *f* / geochronology || **~corona** *f* (espace) / geocorona
géode *f* (géol) / geode || ~ **cristallifère** / cluster crystal || ~ de **minerai** / ore in a group, crystallize ore
géodésie *f* / geodesy, geodetic surveying || ~ **géométrique** / practical geodesy || ~ **[pratique]** / surveying
géodésien *m* / geodesist
géodésique / geodetic, -ical, geodesic[al]
géodimètre *m* (arp) / geodimeter
géodynamique *f* / geodynamics
géographie *f* **économique** / economic geography || ~ **physique** / physiography
géographique / geographic[al]
géoïde *m* / geoid
géo-isotherme *f* / geo-iostherm
géologie *f* / geology || ~ **appliquée** (ELF) / engineering geology || ~ **structurelle** / geotectonics
géologique / geologic[al]
géologue *m* / geologist
géomagnétique / geomagnetic
géomagnétisme *m* / geomagnetics
géomètre [juré] *m* / measurer, [land] surveyor || ~ **expert** / surveyor
géométrie *f* / geometry || ~ **absolue** / absolute o. inner geometry || ~ **analytique** / analytical o. coordinate geometry || ~ des **articulations** / joint geometry || ~ **descriptive** / descriptive geometry || ~ **différentielle** / differential geometry || ~ de **direction** / king pin geometry, steering geometry || ~ dans l'**espace** / geometry of solids, stereometry || ~ **euclidienne** / Euclidean o. Euclidian geometry || ~ de **mesure** (opt) / measuring geometry || ~

projective / projective geometry || ~ **riemannienne** (math) / Riemannian geometry || ~ **souterraine** (mines) / subterranean geometry, [art of] mine surveying || ~ **supérieure** / higher geometry || ~ **tridimensionnelle** / geometry of three dimensions o. of space || ~ **variable** / variable geometry || ~ de la **voie** / track layout
géométrique / geometric, -ical
géo·morphologie *f* / [geo]morphology, morphography, orography || ~**nomie** *f* / geonomy || ~**phone** *m* (mines) / geophone || ~**physique** *f* / geophysics || ~**potentiel** *m* / geopotential
georgette *f* (tex) / georgette
géo·science *f* / geoscience || ~**sphère** *f* / geosphere || ~**stationnaire** (ELF), géosynchrone (ELF) / geostationary, stationary || ~**synclinal** *m* (géol) / geosyncline || ~**technique** *f* / geotechnics || ~**thermie** *f* / geothermics || ~**thermique** / geothermal, -thermic
géraniol *m* (chimie) / geraniol
gerbable / stackable, stacking
gerbage *m* / stacking || ~ (pétrole) / racking
gerbe *f* (astr, nucl) / shower || ~ (agr) / sheaf || ~ **cosmique** (astr) / cosmic shower, burst, cascade || ~ **cosmique extensive** / extended cosmic shower || ~ d'**eau** / column of water || ~ d'**étincelles** / ray of sparks, sheaf of sparks || ~ **pénétrante** (nucl) / penetrating shower
gerber / stack *vt*, staple, pile, heap [up] || ~ (ch.de fer) / marshal *vt*
gerberette *f* (bâtim) / jib [boom], gibbet
gerbeur *m* / stacker || ~, transporteur *m* gerbeur / staple conveyor, [rack] stacker || ~ à **bras** / hand platform stacker || ~ **latéral** / side loader o. shift || ~ de **sacs** / staple conveyor for bags
gerbeuse *f* à **fourche** / fork lift truck o. lifter, fork stacker
gerces *f pl* (fonderie) / finning (GB), veining (US)
gerce *f* (bois) / dry shake o. crack, seasoning check || ~ (verre) / crizzling || ~ d'**arête** (bois) / edge crack || ~**s** *f pl* **internes** (bois) / honeycombing || ~ *f* de **retrait** / check
gercé / cracked, cleft || ~ (porcelaine) / crackled
gercement *m* de **bois** / cracking
gercer [se] / crack open, chap
gerçure *f* (bois) / cleft || ~ **annulaire** (bois) / annular cleft o. shake || ~ due à l'**insolation** / natural o. sun crack || ~ **intérieure** / internal fissure o. crack o. rupture || ~ dans le **sol** / crack, cleft, chap, chink, breach, fissure, crevice || ~ **superficielle** / superficial o. surface crack o. scratch || ~ due au **vent** (bois) / wind shock
gerçuré / chappy, shaky, cracked
gérer / manage
germanium *m*, Ge / germanium
germe *m* / germ || ~ **cristallin** / crystal nucleus || ~ d'**inoculation** / seed crystal
germer / germinate, sprout
germicide / germicidal, -cide, sterilizing
germinal / germinal
germinatif / germinative
germination *f* (bot, crist) / nucleation
germoir *m* / germinating o. sprouting apparatus || ~ (bière) / germinating box, cistern
gersdorffite *f* (min) / nickel arsenic glance, gersdorffite
gersted *m* (vieux) (phys) / oersted, Oe
geste *m* (ordonn) / basic element o. motion, motion, movement, therblig || ~ **manuel répétitif** (ordonn) / repeated motion
gestion *f* / management, administration || ~ (nucl) / accountability || **de** ~ (ord) / business... || ~ **automatisée** / computer assisted management, CAM || ~ **automatisée de processus industriels**, gestion *f* automatique / computerized process control || ~ **autonome** / independent administration o. management || ~ des **entrées-sorties** (ord) / I/O-control || ~ des **entreprises** / industrial administration o. management, works economy || ~ de l'**exécution d'un programme** / facility program || ~ des **informations ou des données** (ord) / data managment || ~ d'**inventaire** / inventory management || ~ **journalière de la construction** (bâtim) / day-by-day production management on building sites || ~ sur **ordinateur** / computer aided management, CAM || ~ de **processus industriels** / process control || ~ de la **production** / production o. manufacturing control o. scheduling || ~ des **programmes** / program management || ~ de la **qualité** / quality control || ~ des **résidus** (nucl) / management of tailings || ~ des **travaux** (ord) / job control o. management || ~ des **travaux au complexe d'ordinateurs** (ord) / network job processing, NJP || ~ des **unités périphériques** (ord) / control of peripherals
getter *m* (électron) / getter || ~ **actif** / active getter || ~ au **baryum** (électron) / barium getter
GeV, giga-électron-volt *m* / giga-electron volt, GeV
gibbsite *f* (min) / gibbsite, hydrargillite
giboulée *f* / sudden shower
giclée *f*, giclement *m* / squirt, spurt || ~ de **boue** / squelch || ~ d'**identification** (b.magnét) / identification burst || ~ de **signaux** (comptant pour une unité) / burst || ~ de **signaux de couleur** (TV) / colour burst
gicleur *m* (gén) / spray[ing] nozzle || ~ (diesel) / injection nozzle, atomizer || ~ (brûleur à mazout) / burner head o. jet o. nozzle || ~ (carburateur) / fuel jet || ~ à **aiguille** (auto) / needle jet || ~ d'**alimentation** (auto) / spray[ing] nozzle || ~ **auxiliaire** (carburateur) / auxiliary jet || ~ **compensateur ou de compensation** (auto) / air correction jet, compensation o. compensator jet || ~ d'**économie** (auto) / economy jet, economizer jet || ~ à **grande vitesse** / main jet, high-speed nozzle || ~ de **pompe** (auto) / pump nozzle || ~ de **ralenti** (auto) / slow-speed o. slow-running jet || ~ à **réaction** (fusée) / reaction control jet || ~ de **reprise** (auto) / accelerating nozzle || ~ de **transition** (carburateur) / transition jet
giclure *f* de **couleur** / colour specks *pl*, daub
giette *f* (ourdissoir) / jack, heck box
giga, 10^9 / giga, bega (GB) || ~**-électron-volt** *m*, GeV / giga-electron volt, GeV || ~**hertz** *m* / gigahertz, 1000 megacycles per second
gigannée *f* (ELF), (à proscrire:) gigan) (astr) / giga-year
gigawattheure *f* (électr) / gigawatt-hour, GWh
gigogne / extendable || ~ (fusée) / multistage
gilbert *m*, Gb (vieux), 1Gb = $(10/\pi)$A (phys) / gilbert, Gb
gilet *m* de **sauvetage** (ELF) / air jacket o. vest || ~ de **sauvetage en liège** / cork jacket o. vest
gill *m* (ord) / gill (named after Stanley Gill) || ~ (laine) / gill bar, faller [bar] || ~ (lin) / gill bar || ~**-box** *m* (tex) / gill box || ~**-boxeur** *m* / preparer gill box minder || ~ **circulaire ou soleil** (tex) / circular gill box
gilsonite *f* (min) / gilsonite, uintaite
gingembre *m* / ginger
giobertite *f* (min) / magnesite

girafe *f* pour **microphone** / mike boom
giration *f*(méc) / gyration || ~ , orientation *f*(grue) / slewing [motion] || **en ~ rapide** / fast rotating
giratoire / gyratory
girau *m*(mines) / cap o. air cover of an air conduit
giravion *m*(nom générique) / rotor [air]craft, gyroplane, rotary-wing aircraft
girer (espace) / gyrate
girodyne *m*(aéro) / gyroplane with power-rotor
giron *m*(bâtim) / tread of the stair || ~ (manivelle) / crank handle || ~ **triangulaire** / tread of a newelled stair
gironnement *m* / designing newelled stairs
giroplane *m* / giro[plane]
girouette *f*(bâtim) / vane, weather-cock || ~ à **fumée** / [revolving] chimney cowl
gisement *m*(géol) / deposit, layer, bed || ~ (mines) / deposit || ~ (radar) / relative bearing || ~ (gén) / arisings *pl* || **en ~ horizontal** (géol) / well bedded || ~ **alluvionnaire aurifère** (min) / gold deposit, placer, (South Africa:) digging || ~ **alluvionnaire fossile** / fossil placers *pl* || ~ **alluvionnaire métallifère** (sidér) / alluvial ore deposit, alluvial placers *pl* || ~ en **amas** (géol) / stockwork || **~s** *m pl* **asphaltiques** / asphalt deposit || ~ *m* **charbonnier raide** (mines) / steep measures *pl* || ~ de **diamants** / digging || ~ en **dressant** (géol) / rake || ~ **énergetique** / energy arisings *pl* || ~ du **gaz naturel** / natural gas deposits *pl*, gas field || ~ **houiller ou de houille** / coal bed, coal measure || ~ d'**imprégnation** (géol) / impregnation deposit || ~ à **métasomatose** (géol) / replacement o. metasomatic deposit || ~ de **minerai** / ore deposit || ~ de **minerai de fer** / iron ore deposit || ~ **pétrolier ou pétrolifère** (géol) / pool, petroleum o. oil deposit o. reservoir || **~s** *m pl* **phosphatiques** / phosphatic deposits *pl* || ~ *m* **poussiéreux ou de poussière** / dust deposit || ~ de **substitution** (géol) / replacement o. metasomatic deposit || ~ **uranifère** / uranium bearing deposit
gîte *m* (géol, mines) / seam, stratum, deposit, bearing, bed || ~ (charp) / ground sill o. sleeper, sole
gîte *f*(nav) / heel, list, lurch (a sudden heel) || **prendre de la ou être sur la ~** (nav) / list *vi*, heel *vi*
gîte *m* de **contact** (géol) / contact deposit || ~ **filonien** (mines) / vein || ~ de **lignites** / brown coal o. lignite beds *pl* || ~ **métallifère** / ore allotment || ~ **métasomatique**, gîte *m* de remplacement (géol) / metasomatic o. replacement deposit || ~ de **minerai payant** / ferruginous deposits *pl* || ~ de **plancher** / flooring sleeper
gîter (nav) / list *vi*, heel *vi*
givrage *m* / formation of ice, icing || ~ (laque, plast) / frosting || ~ du **carburateur** / carburettor icing
givre *m*(météorol) / hair-frost
givré (météorol) / rimy, frosty
givrer / cover with hoar frost, ice *vt* || ~ (aéro) / ice up
glaçage *m*(pap) / glazing || ~ (fonderie) / honing || ~ à la **calandre à friction** (pap) / friction glazing || ~ au **laminoir à plaque** (pap) / plate glazing || ~ **transparent** (céram) / colourless enamel
glace *f* / ice || ~ (auto) / window || ~ (verre) / mirror glass o. plate, [polished o. patent] plate glass || ~ (thermomètre) / zero (of the centesimal thermometer) || ~ , miroir *m* / looking glass, mirror || ~ (crème) / ice cream || ~ **antibuée [électrique]** (auto) / clear vision screen, defrosting screen, antiblur glass || ~ **arrière** (auto) / backlight || ~ **artificielle** / artificial ice || ~ à **commande électrique** (auto) / power window || ~ en **copeaux** / flake ice, flakice || ~ **cristalline** / crystal ice, transparent ice || ~ de **custode** (auto) / quarter light || ~ en **dérive** / loose o. drift ice || ~ **descendante** (auto) / windup window || ~ **doucie** / polished plate glass || ~ d'**évaporation** / evaporative ice || ~ **floconneuse ou en flocons** (techn. de froid) / flake ice, flakice || ~ **flottante** / loose o. drift ice, floe || ~ de **fond** *m* / anchor ice || ~ *f* **fragmentaire** / fragmentary ice || ~ **galbée** (auto) / curved [wind]screen || ~ **inférieure** (miroir) / underplate || ~ **latérale** (auto) / side window || ~ de **montre** / crystal, watch-glass || ~ **opaque** / opaque ice, white ice || ~ **pare-brise** (auto) / windscreen (GB), windshield (US) || ~ **«planimétrie»** / plane-parallel polished plate glass || ~ de **portière** (auto) / door window || ~ **sèche** / dry ice, carbon dioxide snow || ~ de la **table** (miroir) / underplate || ~ **transparente** / crystal ice, transparent ice || ~ **transparente** (opt) / clear glass plate || ~ **transparente cintrée** / curved mirror glass || ~ **twinée** (verre) / twin plate || ~ de **vitrage** / polished plate for [show-]windows
glacé / frosted || ~ (pap) / glazed
glacer *vt* / freeze *vt* || ~ (phot) / gloss *vt* || ~ (pap) / glaze *vt*, plate, gloss *vt* || ~ (céram) / varnish *vt*, glaze, enamel *vt* || ~ *vi* / get covered by ice o. sleet, ice, freeze up || ~ (se) / congeal, freeze || ~ le **fil** / glace yarn
glacerie *f* / ice [making] works o. plant || ~ / mirror glass works
glaceur *m* (pap) / pressing rollers *pl*, pressing calender, rolling machine
glaceux (verre) / flawy, having flaws
glaciaire (géol) / glacial
glacier *m*(verre) / mirror glass maker || ~ (géol) / glacier
glacière *f* / ice machine o. generator
glaciologie *f* / glaciology
glacis *m*(bâtim) / descent, ramp, weathering || ~ (crépi) / gypsum plaster || ~ de **fenêtre** / sloping window sill
glaçon *m* / floe, floating sheet of ice || ~ **forme cube** / ice cube || ~ au **toit** / icicle
glaçure *f*(verre) / crizzling || ~ (céram) / glaze, glazing || ~ **frittée** (céram) / fritted glaze || ~ **plombeuse** (céram) / lead glazing, potter's lead, glost || ~ **poreuse** (porcelaine) / porous glaze || ~ à **poterie** / earthenware glaze
glaire *f*(reliure) / glair || ~ d'**œuf** / egg albumen, white of egg
glaise *f*(nom vulg. d'argile) / argil, potter's clay || **de ~** / earthen, fictile || ~ à **modeler** / modelling clay || ~ de **versant** (routes) / slope wash
glaiser (mines) / clay || ~ un **bassin** (hydr) / puddle a basin
glaiseux / clayey, loamy
glaisière *f* / clay pit
gland *m* (tan) / acorn
glande *f* à **liquide gommeux** (biol) / spinning gland
glandules *f pl* de **houblon** / hop dust, lupulin
glarimètre *m*(pap) / glarimeter
glaubérite *f*(min) / glauberite
glaucochroïte *f*(min) / glaucochroite
glaucodote *m*(min) / glaucodot[e]
glauconie *f*(min) / glauconite
glaucophane *f*(min) / glaucophane
glaucophanite *f*(géol) / glaucophanite
glauque / glaucous, gray-green
glèbe *f*(agr) / furrow slice
glène *f*(nav) / coiled-up cable
gléner (cordage) / coil [round o. up]
glette *f*(min) / litharge
gley *m*(géol) / gley
glialdine *f* / gliadin || ~ d'**orge** / hordein

glissage *m* / gliding, sliding, slide, slippage, slipping
glissance *f* (chaussée) / skidding conditions *pl*
glissant / slick, slippery || ~, coulissant / slide..., sliding || ~, sans à-coup / without jerk o. shock o. jolt
glissement *m* / sliding, slide, slippage, slipping, gliding || ~ (sidér) / slip at the crystal boundaries || ~ (courant d'arrêt, semi-cond) / creep || ~, décrochement *m* / slip of a synchronous apparatus || ~ (électr, techn) / slippage, slip[ping] || ~ (ord) / shift || ~ (dérapage accompagné d'une perte d'altitude) (aéro) / sideslip[ping] || **à** ~ (pont) / shifting, movable || **de** ~ **freinant** / slide blocking || ~ **amont d'un magnétron** / magnetron pushing || ~ en **avant** (lam) / forward slip, peripheral precession || ~ de **bascule** (techn) / pull-out slip || ~ du **câble** / slip[page] of the rope || ~ **circonférentiel** / rotary slippage || ~ de la **courroie** / belt slip || ~ au **décrochage** (techn) / pull-out slip || ~ de **freinage** / [skidding] wheel slip || ~ de **fréquence** / frequency deviation || ~ **horizontal de lignes** (TV) / line slip || ~ de **mode** (magnétron) / moding || ~ de **montagne** / mountain slide o. creep || ~ en **pinceau** (crist) / pencil slipping || ~ de **pôle** (électr) / pole slipping || ~ des **rails** (ch.de fer) / slipping of rails || ~ de **roues calées** / sliding of braked wheels || ~ des **spires de bande** (b.magn) / cinch[ing] || ~ de **terrains** (géol) / slump || ~ **tour-à-tour** (techn) / stick-slip
glisser / glide, slide, slip || ~ (courroie) / slip *vi* || ~ (se) (erreur) / creep in, slip || **faire** ~, glisser *vt* / slip *vt* || **se** ~ **en haut** (chimie) / creep upward || ~ en **bas** / skid down || ~ en **charge** (embrayage) / creep || ~ sur la **queue** (aéro) / tail-slide
glissette *f* (math) / glissette
glisseur *m* (techn) / link-block || ~ (méc) / crosshead || ~ (nav) / air-screw propelled gliding boat, hydroplane boat || ~ de **phase** (électr) / phase shifter
glissière *f* / slide [rail], sliding rail, gliding channel || ~ (électr) / slide o. sliding rail || ~, surface *f* de glissement / sliding surface, slide face || ~ (agr) / chute, shoot || ~, guide *m* / slide o. sliding way || ~, couloir *m* / chute, shoot || ~ (m.à vap) / crosshead guides *pl* || ~ (m à coudre) / slide plate || ~ (m.à rectifier) / slideway || ~ du **banc** / lathe bedway || ~ à **billes** (men) / telescopic type ball bearing traveller || ~ pour **bois** / wooden descent for timber || ~ de la **boîte de l'essieu** (ch.de fer) / axle box guide, pedestal frame, hornblock patches || ~ de la **cannelure** (lam) / body || ~ de **chargement** / feeding chute || ~ du **chariot** (m.à ecrire) / carriage rail || ~ de **comptes** (m.compt) / front feed chute || ~**s** *f pl* de **coulisseau** (étau-limeur) / ram guide o. gib || ~ *f* à **crémaillère** / rack carriage o. guide || ~ de **crosse de piston** / piston cross-head slide bar || ~ de **décharge** / discharge chute || ~ à **double galet** (men) / telescopic drawer slide with twin rollers and drawer front support || ~ à **éléments roulants** (m outils) / anti-friction guideway o. slideway || ~ pour **extension** (men) / drawer slide || ~ de **fondement** / foundation slide rail || ~ à **galet** (men) / plain bar type roller slide || ~**-guide** *f* **de vitre** (auto) / window guide rail || ~ **linéaire de mesure** / linear measuring slide || ~ **métallique de sécurité** (routes) / metal beam barrier || ~ du **montant** (m.outils) / column ways *pl* || ~ de **plaque de garde** (ch.de fer) / horn cheek || ~ **plate ou plane** (m.outils) / flat guide way || ~ **prismatique** / V-track, vee-way || ~ du **rack** (électron) / draw-pull || ~ de **sécurité** (routes) / beam barrier, guide board, crash barrier (GB) || ~ de **sécurité centrale** (routes) / median barrier || ~ en **T** / T-track || ~ de **table** (m.outils) / saddle slideway || ~ en **V** (m.outils) / vee-way, vees *pl* || ~ en **V renversé** (m.outils) / inverted V-track || ~ à **vis** / screw rail
glissoir *m* / sliding block || ~ (techn) / cradle, slide || ~, curseur *m* de guidage / guide block || ~ (m. à vap.) / slide way || ~ (ch.de fer) / side friction block, transom of a bogie || ~ (bois) / wooden descent, timber slide o. shoot || ~ (techn, mines) / chute, shoot || ~ de **bogie** (ch.de fer) / side friction block, transom of the bogie
glissoire *f* / slide, slideway || ~ (bois) / wooden descent, timber slide o. shoot || ~ (m.à vap) / crosshead guides *pl*
global / global, total, aggregate, gross, overall || ~ (somme) / lump
globe *m* (phys) / globe || ~ (math) / sphere, globe || ~ **fulminant** / globular o. globe o. ball lightning || ~ de **lampe** / lamp shade o. globe, lamp glass || ~ de **lampe en verre opale** / opal globe || ~ **protecteur** / protecting glass o. lens, glass guard || ~ **rouge ou rubis** (phot) / ruby bowl || ~ **transparent** (lampe) / transparent lamp cover || ~ en **verre clair** / clear-glass globe || ~ en **verre holophane** / holophane glass globe
globique, globoïde (engrenage) / global
globulaire (sidér) / nodular, nodulized || ~ (cémentite) / spheroidized
globularisation *f* (sidér) / spheroidizing
globule *m* / globule, pellet, spherule || ~ (fonderie) / blowhole || ~**s** *m pl* **liquides** (sidér) / burnt-out particles || ~ *m* **oblong** (géol) / nodule
globuline *f* (chimie) / globuline
glomérule *m* (sucre) / seed cluster
Glossina, glossine *f* / glossina, tsetse fly
Glover *f* (chimie) / Glover tower
glu *f* **horticole** / insect lime
gluant / smeary, slimy, (also:) sticky, gummy
glucides *m pl*, sucres *m pl* / saccharoses *pl*, carbohydrates *pl*
glucine *f* / beryllium oxide, glucina
glucinium *m* (chimie) / beryllium, Be
glucomètre *m* / saccharometer, must gauge
glucoprotéide *m* / gluco-, glycoprotein
glucose *m* / glucose, glycose, dextrose, starch sugar || ~ de **fécule de pommes de terre** / potato starch sugar
glucoserie *f* / glucose industry
glucoside *m* / glucoside, glycoside
glume *f* / husk, glume of grains
gluon *m* (particule hypothétique) / gluon
glutamate *m* / [sodium] glutamate || ~ **monosodique** / monosodium glutamate, MSG
glutamine *f* / glutamine
gluten *m* / vegetable gluten || ~ **dévitalisé ou non élastique** / devitalized wheat gluten || ~ **élastique** / vital wheat gluten
glutineux / glutinous, gluey, sticky || ~ (amidon) / waxy, glutinous, amylopectin...
glutinosité *f* / siziness
glycéride *f* / glycerid[e]
glycérine *f*, glycérol *m* / glycerin[e], glycerol, propane-1,2,3-triol
glycérophosphate *m* / glycerophosphate
glycin *m* (phot) / Glycine
glycine *f*, glycocolle *m* / glycocoll, glycine, aminoacetic acid || ~, glucine *f* / beryllium oxide, glucina
glycogène *m* / glycogen
glycol *m* / ethylene glycol, glycol || ~**s** *m pl* (nom générique des dialcools) / glycols *pl* || ~ *m* d'**éthyle** / cellosolve, 2-ethoxyethaneol, ethan-1,2-diol || ~ **tétraéthylénique** / tetraethylene glycol
glycolyse *f* / glycolysis
glycoprotéide *m* / gluco-, glycoprotein

glycoside *m* / glycoside
glyoxal *m* / glyoxal
glyoxaline *f* / iminazole, imidazole, glyoxaline
glyptal *m* (chimie) / glyptal
G.M.T. (temps moyen de Greenwich) / Greenwich Mean Time, GMT
gneiss *m* / gneiss ‖ ~ **granitique** / granite gneiss ‖ ~ **graphitique** / graphitic schist ‖ ~ **primitif** (géol) / primitive gneiss
gneisseux, gneissique / gneissic
GNL, gaz *m* naturel liquéfié / liquefied natural gas, LNG, LNG
gnomon *m* (math) / gnomon ‖ ~ (cadran solaire) / gnomon, pointer of a sun dial
gnomonique (crist) / gnomonic
GO TO (ALGOL) / go [to]
gobelet *m* / tumbler (of metal), beaker (of plastic) ‖ ~ (chimie) / beaker [glass] ‖ ~ (indice de fluidité) / cup (for flow test) ‖ ~ **gradué** / fuel measure, graduated measure ‖ ~ **trayeur** (traite) / teat cup
gobeleterie *f* **fine** / cut glass
goberges *m pl* (tonneau) / barrel head staves *pl*
gobetage *m* (bâtim) / daubing, dabbing
gobeter (avant l'enduit définitif) / flush the joints
gobetis *m* (bâtim) / rendering, rough-cast
godage *m* (tiss) / undulation
godendard *m* (Canada) / two-handed saw, cross-cut saw
goder (pap) / undulate, crease
godet *m* (gén) / small cup ‖ ~ (drague) / dredging bucket ‖ ~ (turb. Pelton) / bowl of the pelton wheel ‖ ~ (taille douce) / ink well ‖ ~ (tex) / mill (GB) o. fulling (US) mark, millrow (GB) ‖ ~ à **claire-voie** (bâtim) / skeleton rock bucket ‖ ~ de **coulée** (fonderie) / pouring bush o. sleeve o. cup ‖ ~ d'**élévateur** / elevator bucket ‖ ~ à **fentes** / slat bucket ‖ ~ à **fourche** / forked fitting, clevis type fitting (US) ‖ ~ à **fusion** (chimie) / combustion boat ‖ ~ **jointif** (élévateur à godets) / continuous type bucket ‖ ~ de **mât** / strut socket o. fitting ‖ ~ de la **pelle** / shovel (US), dipper ladle (GB) ‖ ~ de la **roue-pelle** / cell of a bucket wheel
goethite *f* (min) / goethite
goguenots *m pl*, gogueneaux *m pl* / earth closet
goliote *f* (nav) / hatch beam
goménol *m* / [oleo]gomenol, niaouli oil solution
gommage *m* / rubber coating o. film ‖ ~ de **soupapes** (mot) / valve fouling o. gumming
gomme *f* (bot) / gum ‖ ~ (pétrole) / gum ‖ ~ **acaroïde** / acaroid resin ‖ ~ **actuelle dans les carburants** (pétrole) / existent gum ‖ ~ **adragante** / gum tragacanth ‖ ~ **animée** / anime [resin], gum anime, soft copal ‖ ~ **arabique** / acacia gum, acacin[e], gum arabic o. acacia, Senegal gum ‖ ~ **arabique liquide** / mucilage, gum, liquid glue (US) ‖ ~ de **bande de roulement** (pneu) / tread rubber ‖ ~ **Congo** / Congo gum o. copal ‖ ~ à **crayon** / pencil eraser ‖ ~ **[à effacer]** / eraser ‖ ~ de l'**essence** (pétrole) / gum ‖ **~-ester** *f* / ester gum ‖ ~ **existante** (combustible) / existent gum ‖ ~ de **flanc** (pneu) / sidewall rubber ‖ **~[-grattoir]** *f* **à machines** / typewriter eraser ‖ **~-gutte** *f* / gamboge [gum], cambogia ‖ ~ **indigène** / starch gum, dextrin ‖ **~-kino** *f* / balsamic resin ‖ ~ de **Kordofan** / gum kordofan ‖ **~-laque** *f* [raffinée] / lacca, shellac[k] ‖ **~-laque** *f* / red [Japanese] lac o. lake, gum lac o. lake ‖ **~-laque** *f* en **bâtons** / sticklac ‖ **~-laque** *f* **blanche** / white lac ‖ ~ **mesquite** / mesquite gum ‖ ~ **Para** / para rubber ‖ ~ **plastic** / gelatin[e] [dynamite] ‖ ~ **potentielle** (pétrole) / potential gum ‖ **~-résine** *f* / gum, gum resin ‖ **~-résine** *f* d'**euphorbe** / euphorbia resin ‖ ~ de **soie** / sericin, silk gum ‖ ~ de **sterculia** / sterculia gum, crystal gum ‖ ~ **totale** (pétrole) / total gum ‖ ~ **tragacante** / gum tragacanth
gommé (pap) / gummed ‖ ~ (tex) / rubber coated o. covered, rubberized ‖ ~, collant / gummy, sticky
gommer / gum ‖ ~, étaler la gomme / spread glue ‖ ~, effacer / erase, rub out ‖ ~ à la **calandre** (industrie du caoutchouc) / calender-coat with caoutchouc
gommeux / gummy, sticky ‖ ~ (bot) / yielding gum
gommier *m* / gum tree
gond *m* / tongue end of tools ‖ ~ (serr) / hinge ‖ **les ~s à la droite de la face tirée en ouvrant** (porte) / DIN-right-handed ‖ **les ~s à la gauche de la face tirée en ouvrant** / DIN-left-handed ‖ ~ **aplati** (outil) / flat tang ‖ ~ à **charnière** (serr) / hinge pin, broach ‖ ~ à **vis** / straight screw hook
gonder / hang on its hinges a door
gondolage *m*, gondolement *m* (bois) / casting ‖ ~ (nucl, combustible) / pimpling ‖ ~ (pap) / curl, cup behaviour, cockling ‖ ~, ondulation *f* (pap) / wave, waviness ‖ ~ du **mica** / buckle of mica ‖ ~ des **plaques** (accu) / buckling of plates
gondolé *m* (nav) / round sheered
gondoler *vi*, gondoler (se) (bois) / warp *vi*, get warped, set, cast
gonflable / inflatable ‖ ~ *m* (caoutchouc) / inflatable
gonflage *m* (pneu) / inflation ‖ ~ du **moteur** (mot) / tune up, hot-up, soup-up
gonflant *adj* / swelling ‖ ~ *m* (caoutchouc) / blowing agent
gonflé / swollen [up] ‖ ~ d'**air ou de gaz** / inflated ‖ ~ à **eau** (plast) / water-blown ‖ ~ de **sève ou de suc** / succulent
gonflement *m* / swelling ‖ ~ [dû à l'humidité] / moisture expansion, bulking ‖ ~ (phys) / distention, -tension, swell[ing] ‖ ~ (fonte) / growth ‖ ~ (essai d'éclatement) / bulging height ‖ ~ (p.e. ballon) / inflation ‖ ~ du **blanchet** / embossing of the rubber blanket ‖ ~ avec **boursouflement** (céram) / bloating ‖ ~ de **cuisson** (céram) / firing expansion ‖ ~ par **échange** (échangeur d'ions) / exchange swelling ‖ ~ **élastique** (frittage) / elastic growth ‖ ~ **élastique d'un récipient** / breathing of a tank ‖ ~ en **épaisseur** (bois) / thickness swell ‖ ~ après l'**extrusion** (plast) / swelling after extrusion ‖ ~ au **gaz** (aéro) / gas inflation ‖ ~ dû au **gel** (routes) / frost heave ‖ ~ **insuffisant** (auto) / underinflation ‖ ~ d'un **matériau fissile** (nucl) / swelling of fuel ‖ ~ d'un **moule** (plast) / swelling of the mould ‖ ~ par **solvant** (échangeur d'ions) / solvent swelling
gonfle-pneus *m* / foot pump
gonfler *vt* (pneu) / inflate, pump up, blow up ‖ ~, boursoufler / swell, distent, inflate ‖ ~ (bière) / macerate ‖ ~ *vi* (routes) / heave *vi*, swell *vi* ‖ ~, augmenter de volume (pâte) / rise *vi* ‖ ~ (se) / swell *vi*, bulge *vi* ‖ ~ (se) (coke) / swell *vi* ‖ ~ (se) (céram) / bloat *vi* ‖ ~ le **ballon jusqu'à la plénitude** / inflate to taughtness a balloon ‖ ~ le **moteur** (mot) / tune up, hot-up, soup-up ‖ ~ le **riz** / puff up rice
gonfleur *m* (auto) / tire pump o. inflator ‖ ~ **compresseur** (auto) / motor-driven tire pump
gong *m* / gong
gonio *m* (aéro, nav) / locating equipment o. device
goniomètre *m* (gén) / goniometer ‖ ~ (nav) / goniometer, direction finder ‖ ~ (arp) / goniometric instrument ‖ ~ à **cadre** / frame o. loop direction finder ‖ ~ de **contact** / contact goniometer ‖ ~ à **haute résolution** / high resolution goniometer ‖ ~ à **miroir** (crist) / reflection goniometer ‖ ~ **optique** / visual direction finder ‖ ~ aux **rayons X** / X-ray

goniometer || ~ à **réflecteur** (arp) / optical square
goniométrie *f* / goniometry
goret *m* (nav) / swab, scrub broom
goreter (nav) / swab *vt*, scrub
gorge *f* (gén) / throat || ~ (poulie) / groove of a sheave, pulley groove || ~ (four de verrerie) / throat, doghole || ~ (vis sans fin) / gorge || ~, cannelure *f* (techn) / recess || ~ (géogr) / gorge, ravine, canyon (US) || ~ (men) / concave o. hollow moulding || ~ [creuse] (techn) / flute, groove, chamfer, channel || **sans** ~ / throatless || ~ **annulaire du piston** / piston ring groove || ~ d'un **arbre** / neck o. throat of a shaft || ~ du **bandage** (ch.de fer) / hollow tread in the tire || ~ à **billes** / ball [race] groove, ball track, track of a ball bearing || ~ de **colonne** (bâtim) / column neck || ~ de la **cosse** (nav) / channel o. jag o. notch of a thimble || ~**-de-pigeon** *f* / columbine colour || ~ de **déplacement** (douille de perçage) / undercut of a drilling bush || ~ de l'**essieu** / bearing neck o. journal o. throat || ~ d'**étanchéité** / sealing groove || ~ de **filet** / screw thread undercut || ~ de **filetage taillé** / undercut, groove and runout of thread || ~**-fouille** *f* (men) / hollow plane, round sole plane, fluting o. moulding plane || ~ pour la **garniture** (techn) / packing groove || ~ de **guidage** (mil) / cannelure || ~ d'**isolateur** / insulator groove || ~ de la **jante** / well of the rim || ~ de **moule** (plast) / spew groove o. relief, flash groove || ~ de **poulie** / pulley groove || ~ de **roulement à billes** / groove o. track of the ball bearing || ~ de **sertissage** (mil) / crimping groove of the cartridge || ~ **tournée dans la masse** / turned groove
gorgé (sol) / waterlogged
gorget *m* voir gorge-fouille
goslarite *f* (min) / goslarite, white copperas o. vitriol
GOST *m* (URSS normes) / GOST
gothique *adj* (bâtim) / Gothic, pointed, ogival || ~ *f* (typo) / black letter, Old English letter, Gothic o. German print o. text
gouache *f* (dessin) / gouache || ~ de **retouche** / retouch[ing] ink o. medium
goudron *m* / tar || **faire du** ~ / boil tar, distill tar || ~ d'**aciérie** / coke tar || ~ **asphalté** / goudron || ~ **bitume** / tar bitumen || ~ du **bois [de] feuillu** / beech wood tar || ~ de **bois résineux** / pine tar || ~ de **boue cambouis** (pétrole) / acid sludge || ~ de **bouleau** / birch tar || ~ **brut** / crude tar || ~ de **charbon de bois** / cylinder tar || ~ de **coke** / coke tar || ~ du **dépôt de fond** (pétrole) / acid sludge || ~ à **distillation lente ou sèche** / low temperature tar, [low temperature] carbonization tar || ~ à **froid** / cold tar || ~ de **gaz** / gas tar || ~ de **hêtre** / beech wood tar || ~ de **houille** / coaltar, gas tar || ~ [de **houille récupéré à] haute température** / high temperature tar || ~ à **lente distillation** / low temperature carbonization tar, low temperature tar || ~ de **lignite** / brown coal o. lignite tar || ~ **macadam** (routes) / tar[red] macadam || ~ **mélangé** / blended tar || ~ **minéral** / bituminous tar o. pitch, Barbados tar, pissasphaltum, semicompact bitumen || ~ de **pin ou de Norvège** / wood tar, pine tar || ~ pour **routes** / road tar || ~ du **sapin** / spruce tar || ~ de **schiste** / shale tar || ~ de **tourbe** / peat tar || ~ pour le **travail à froid** / cold tar || ~ **végétal** / wood tar || ~ à **voies** / road tar
goudronnage *m* / tar coating o. covering || ~ (routes) / tar spraying
goudronné / tarred || ~ (routes) / tarviated
goudronner / tar
goudronneuse *f* (routes) / tar spraying machine, asphalt distributor
goudronneux / tarry
gouffre *m* (fleuve) / whirl, eddy || ~ **absorbant** (géol) / sinkhole, swallowhole, katavothre, ponor
gouge *f* (tour de bois) / steel gouge || ~ **creuse pour parties très creuses** (charp) / quick gouge || ~ **plate** / flat gouge || ~ **sculpteur** / firmer gauge
gouger / gouge *vt*
goujon *m* / stud, bolt, pin || ~ d'**ancrage** (plast) / anchor pin || ~ d'**arrêt** / detent, stop pin || ~ d'**assemblage** (fonderie) / guide leader pin || ~ d'**assemblage** (techn) / alignment pin, locating pin, setpin || ~ de **blocage** / locking pin || ~ en **bois** / wooden dowel || ~ à **bout bombé** / oval-point set-screw || ~ à **carré d'entraînement** / stud with square shank || ~ de **centrage** / centering pin || ~ de **châssis** (fonderie) / box pin, flask pin || ~ de **cisaillement** (techn) / shearing pin o. bolt || ~ à **corps allégé et à téton** / double end stud with reduced shank || ~ pour **écrous à T** / T-nut bolt || ~ d'**encliquetage** / locking pin || ~ à **enfoncer** (men) / spigot || ~ **fileté**, vis *f* sans tête / headless pin, setscrew (US) || ~ **fileté**, boulon *m* fileté / stud bolt, double end stud || ~ avec **gorge** / stud with undercut o. groove || ~ en **métal** / spike, thorn || ~ **palpeur** / sensing pin || ~ au **rivage** / drift pin || ~ à **river** / riveting bolt || ~ à **scellement** (bâtim) / anchor bolt, fixing o. foundation anchor o. bolt || ~ à **tige élastique** / waisted stud (DIN 2510)
goujonner / dowel || ~ / fasten with bolts
goujure *f* (taraud) / relief of the tap || **avec ~s** / fluted || ~ **creusée** / depression || ~ du **foret** / flute of a drill
goulet *m* (nav) / narrows *pl*
goulette *f* voir goulotte
goulot *m* (réservoir) / neck || **à ~ large** (bouteille) / wide-necked, wide-mouth || ~ de **bouteille** / bottle neck || ~ à l'**émeri** (verre) / ground-in neck || ~ à **émeri standardisé** (chimie) / standard ground joint || ~ d'**étranglement** (ordonn, trafic) / bottleneck || ~ **large** (bouteille) / wide mouth
goulotte *f* / [conveyor] chute o. shoot || ~ (bâtim) / drip, gorge, throat, gullet || ~, chenal *m* de coulée (fonderie) / spout || ~ en **acier inoxydable** / stainless steel gravity chute || ~ d'**alimentation** / feeding chute, bridging chute || ~ **basculante** / tipping trough || ~ à **béton** / concrete funnel o. chute || ~ **bifurquée** / twin chute, bifurcated o. breeches chute || ~ **blindée** / armoured chute || ~ à **câbles** / cable trough || ~ à **charbon** / coal chute || ~ de **chargement** / loading chute || ~ de **décharge** (lam) / billet chute || ~ à **deux embranchements** / bifurcated chute, twin chute, breeches chute || ~ de **déversement** / delivery chute || ~ à **distribuer le béton** (bâtim) / flume || ~ de **distribution** / throw-off chute || ~ **froide** (fonderie) / cold shot, entrapped shot || ~ **hélicoïdale** / spiral chute, antibreakage chute || ~ de **jetée** (convoyeur) / discharge chute || ~ de **minerai** (mines) / ore slide o. chute || ~ **pneumatique** / airslide || ~ **porteuse** (ch.de fer) / runway on wagons for cars || ~ **rectangulaire** / trough o. tray conveyor || ~ des **supports d'information** (ord) / media chute || ~ **tournante** / revolving chute || ~ de **transbordement** / transfer chute || ~ de **trémie** / hopper chute
goupille *f* / pin || ~ (tiss) / weft guide pin || ~ d'**adaptation** (guide d'ondes) / slug || ~ d'**ajustage** / positioning pin || ~ d'**arrêt** (techn) / detent o. safety pin || ~ d'**arrêt** (ressort) / retainer lock || ~ **cannelée** / grooved [dowel] pin || ~ **cannelée d'ajustage** / half length taper grooved dowel pin, close tolerance grooved pin || ~ **cannelée d'ajustage à gorge** / half length grooved pin with gorge || ~ **cannelée**

bombée / third length center-grooved dowel pin, center-grooved dowel pin || ~ à **cannelure renversée** / half length reserve taper grooved dowel pin || ~ à **centrer ou de centrage** / center pin || ~ de **céramique** (tiss) / weft guide pin of vitrified ceramic || ~ de **cisaillement** / shear[ing] pin || ~ **conique** / taper[ed] pin || ~ **conique cannelée** / third length center-grooved dowel pin, center-grooved dowel pin || ~ **conique à trou fileté** / internally threaded taper pin || ~ à **copier** / former o. guide pin o. finger || ~ **cylindrique** / parallel o. straight pin || ~ **cylindrique cannelée, [à pivot]** / full length parallel grooved pin with chamfer, [with pilot] || ~ de **déclenchement** / detent pin || ~ **élastique** / spring dowel sleeve, spring type slotted straight pin || ~ **élastique à fente** / grooved [dowel] pin || ~ **élastique à pouvoir amortisseur élevé** / heavy pattern spring dowel sleeve, heavy type dowel pin || ~ **excentrique** / eccentric pin || ~ **fendue** (techn) / split pin, cotter o. linch pin, forelock, key of a bolt || ~ **fendue à ressort** / W-clip || ~ **filetée** / threaded stem || ~ **filetée** (tuyau) / screwed plug || ~ de **fixation** / positioning pin || ~ de **guidage** / pilot [pin] || ~ de **limitation** (horloge) / banking pin || ~ de **positionnement** / pilot [pin] || ~ à **ressort** / locking pin || ~ à **ressort** voir aussi goupille élastique || ~ de **sécurité** / locking pin || ~ de **serrage** / positioning pin || ~ **spiralée** / spiral pin

goupiller / fix with a split pin, cotter *vt* || ~ une **cheville** / rivet down a bolt o. pin || ~ **ensemble** / pin [together]

goupillon *m* / bottle brush || ~ (forge) / sprinkling brush

gourdin *m* / club, cudgel

gousse *f* (bot) / pod, hull, shell || ~ de **cassie[r]** / cassia pod || ~ de **légumineuses** / husk, shell, pod

gousset *m* (bâtim) / gore, gusset || ~ (tissu) / gusset, let-in piece, insert, godet || ~ (charp) / cleat || ~ d'**angle** (constr.en acier) / gusset [plate] || ~ d'**angle du cadre** (constr.en acier) / corner piece o. plate of a frame, gusset [plate] of a frame || ~ d'**assemblage** (constr.en acier) / junction plate

goussetage *m* / gusset stay

goût, avec ~ d'huile de poisson / tasting o. smelling of train oil || **sans ~** (chimie) / tasteless

goutte *f* (liquide) / drop, drip || ~ (pap) / water spot || ~, caillet *m* (nucl) / blob || **en forme d'une ~** / drop- o. tear-shaped, guttiform || **faire la ~** / drop *vi*, drip *vi* || **par ~s** / drop by drop || **~-d'eau** *f* (pl.: gouttes-d'eau) (fenêtre) / groove of the window drip || **~-de-suif** *f* (pl.: gouttes-de-suif) / fillister head o. oval fillister head screw, raised cheese head screw || ~ d'**eau** / drop of water || ~ **froide** (plast) / cold slug || ~ à **goutte** / drop by drop || **~s** *f pl* d'**huile** / oil splashes *pl* || **~s** *f pl* **scorifiées** (réfractaires) / stalactites *pl* || ~ *f* de **verre** / Rupert's drop

gouttelette *f* / droplet, driblet, dribble

gouttement *m* / falling of drops, dropping, dripping

goutter / drop *vi*, drip *vi*

gouttière *f* / eaves gutter o. trough, cullis (US) || ~ (aéro) / cable duct || ~ (bâtim) / gutter || ~, partie *f* pourrue / rotting part || ~ (tuyau) / spout || ~ (nav) / inner waterway || ~, serre *f* (nav) / stringer || ~ à l'**ampasite** (sucre) / trash gutter || ~ d'**arête** (bâtim) / arris gutter || ~ de **décharge du jus** / juice discharging gutter || ~ **demi-ronde** / semicircular gutter || ~ de l'**eau de condensation** (bâtim) / condensation channel o. sink || ~ d'**écume** (sucre) / scum gutter || ~ à **gemme** (bois) / gutter (a resin cell) || ~ de **graissage** / oil way || ~ à l'**huile** / oilpan, oil way o. trough, sump pan || ~ **inférieure** (sucre) / molasses gutter || ~ de **pont** (nav) / deck stringer || ~ **posée sur le mur** / gutter resting on the wall || ~ de **suintement** (bâtim) / condensation channel o. sink || ~ **transporteuse** / scraper o. scraping conveyor o. chain o. belt o. band, trough o. tray conveyor o. scraper || ~ **transporteuse** (mines) / conveying o. conveyor trough || ~ **transversale** (routes) / cross-drain

gouvernable / steerable, controllable

gouvernail *m* (nav) / rudder, helm || ~ (aéro) / rudder, control surface, aileron (GB) || ~ **actif** (nav) / active rudder || ~ d'**aile** (aéro) / wing control surface o. controller (US) || ~ d'**altitude** (aéro) / elevator [control], flipper || ~ **avant** (nav) / bow rudder, (submarine:) bow plane || ~ **caréné** / hydrofoil rudder || ~ **compensé** (aéro) / balance tab || ~ de **direction compensé** (aéro) / compensated rudder || ~ de **direction [vers les côtés]** (aéro) / rudder unit, vertical rudder || ~ **équilibré** (aéro) / balance tab || ~ d'**étrave** (nav) / bow thruster, lateral-thrust unit || ~ de **faisceau** (laser) / beam steerer || ~ **Flettner** / Flettner rudder || ~ de **fortune** (nav) / temporary rudder || ~ **horizontal** (aéro) / flipper, elevator [control] || ~ à **jet** (nav) / bow thruster, lateral-thrus unit || ~ **latéral** (nav) / flanking rudder || ~ **mis en place** (nav) / active rudder || ~ en **plein angle** (nav) / steering lock || ~ de **profondeur** (aéro) / flipper, elevator [control] || ~ de **queue** / tail control surface || ~ en **service** (nav) / active rudder

gouverne *f* (aéro) / control surface || ~ de **direction** (aéro) / rudder unit, vertical rudder || ~ de **jet** (espace / gas rudder || ~ de **profondeur** (aéro) / pitch motivator

gouverner (nav) / steer || ~ à un **cap** (ELF) (nav) / make [for], steer o. head [for]

goyau *m*, goyot *m* (mines) / ventilating compartment of the shaft

G.P.L. *m*, gaz *m* de pétrole liquéfié / liquefied petroleum gas, LPG

graben *m* (géol) / trough fault

gracieux / graceful

gracilité *f* (calibrage) / slenderness [ratio]

gradation *f* / gradation, progression (US) || ~, classement *m* / classification || ~, augmentation *f* successive / gradual raise o. increase || ~ (phot) / gradation || **sans ~s** / continuously adjustable o. variable || ~ des **couleurs** / gradation of colour || ~ par [rapport de] **décades** (phys) / decade relationship || ~ **douce** (phot) / flat gradation || ~ de **vitesse** / speed o. velocity graduation o. staging

grade *m* / centesimal degree, grade, gr || ~ de **début** (ch.de fer) / commencing grade || ~ de **liberté** (méc) / degree of freedom || ~ de **service** (ch.de fer) / grade, service rank

grader *m* (déconseillé), niveleuse *f* automotrice (routes) / grader, road o. motor grader || ~ en **fin** (routes) / fine grader || ~ à **lame** (bâtim, routes) / grader

gradient *m* / gradient || ~ **adiabatique saturé** (météorol) / saturated adiabatic lapse rate || ~ d'un **champ scalaire** / gradient of a scalar field || ~ de **cisaillement** (rhéologie) / shear rate || ~ de **concentration** / concentration gradient || ~ **géothermique** / geothermal gradient || ~ de **gravité** / gravity gradient || ~ **hydraulique** / hydraulic gradient || ~ de la **pente** (arp) / contour gradient || ~ de **potentiel** / potential o. voltage gradient, electromotive intensity || ~ de **pression** / pressure gradient || ~ **pseudo-adiabatique** (météorol) / saturated adiabatic lapse rate || ~ de

rafale / gust gradient distance || ~ **thermique ou de température** (météorol) / temperature gradient, thermal gradient || ~ **thermique vertical** / lapse rate || ~ du **vent** / gradient wind speed
gradin *m* (techn) / step, shoulder || ~ (étagère) / stair, step (of a small stepladder) || ~ (expl. à ciel ouvert) / bank, bench, step || **en ~s** / ladder shaped || **en ~s** (mines) / in layers || **en ~s** (bâtim) / terraced || ~ de **carrière** (mines) / stripping bench || ~ de **culbutage** / dumping level || ~ **[droit]** (mines) / underhand stope || ~ dans une **exploitation** (mines) / lift of an excavation, graduated bank || ~ du **fondement** / footing of a foundation || ~ **gironné** / winder, wheeling step, diminishing step || **~s** *m pl* de **molette** (mines) / headwheel cone || ~ *m* **renversé** (mines) / step, bank, stope || ~ **triangulaire** (bâtim) / triangular winder
gradomètre *m* (arp) / grad[i]ometer, gradiograph, grading instrument, gradient indicator, clinometer || ~ de **vitesse** / variator
graduateur *m* / graduator || ~ (éclairage) / dimmer || ~ (ch.de fer) / tap changer, step switch || ~ pour **c.a.** / a.c. power controller || ~ de **réglage en charge** (électr, ch.de fer) / on-load tap changer || ~ de **salle** / hall dimmer
graduation *f* / graduation || ~, échelle *f* / scale of degrees || ~, division *f* en traits / graduation || ~ (tex) / harness pitch || ~ (sel) / graduation of salt || **faire la ~ du sel** / refine brine by graduation || ~ **circulaire** / division of a circle || ~ des **couleurs** / colour gradation || ~ de **dix en dix degrés** / graduation from ten to ten degrees || ~ de **dureté** / hardness scale || ~ de l'**échelle** / scale division, graduation of the scale || ~ à **fagots d'épines** (sel) / graduation by brambles || ~ **Fahrenheit** / Fahrenheit scale, F-scale || ~ **fine, [grosse]** / fine, [coarse] graduation || ~ **horaire** (instr) / chart time lines *pl* || ~ **inductosyne** / inductosyne graduation || ~ **majeure** / major graduations *pl* || ~ **millimétrique** / millimeter graduation || ~ de la **nuance** / gradation of shade || ~ en **pouces** / inch-graduation, English [Imperial] graduation || ~ **relative à la grandeur mesurée** (instr) / chart scale lines *pl* || ~ du **support de diagramme** (instr) / chart lines *pl* || ~ des **vitesses** / speed graduation o. staging
gradué / divided into degrees || ~ / graded || ~ (serrage) (ch.de fer, freinage) / gradual (application of brake) || ~ en **dioptries** / adjustable o. graduated in terms of diopters
graduel / gradual
graduellement / by degrees
graduer (gén) / graduate || ~ (instr) / calibrate, graduate || ~ (teint) / grade, graduate, variegate
grain *m* (gén) / grain || ~ (crist, chimie) / crystal, grain || ~ (bot) / grain, caryopsis || **~s** *m pl*, céréales *f pl* / cereals *pl*, grain || ~ *m* (outil) / chisel for work in stone, stone o. brick chisel || ~ (géol) / grain || ~ (nav) / squall, flaw, heavy shower || ~ (mét) / grain structure || ~ (mines) / grain, greut, shoad, shode || ~ (forge) / dowel o. peg of a die || ~ (tan) / grain o. hair side || ~ (pap) / tooth, grain || ~ (caoutchouc) / grain || ~ **80°** (mines) / grain size 80 || **~s** *m pl* (séricult) / seeds *pl*, grains *pl* || **~s** *m pl* (chasse) / small shot || **~s** *m pl* **6/10** (Belg) / pearls *pl* || **à ~ fin** / fine grained || **à ~ gros** (meule) / coarseness, course grained || **à ~ moyen** / medium grained || **à ~s anguleux** / angular-grained || **à ~s non orientés** (mét) / non oriented || **à ~s d'orge** (tiss) / twilled || **à ~s orientés** / grain oriented || **à ~s serrés** / close o. fine grained || **à petit ~** (cuir) / fine grained || **en ~s** / grained, corned || **faire le ~** (cuir) / grain *vt* || **fins ~s** (sidér) / fine- o. close-grained iron || **qui se casse en ~s** / granular, granulated || ~ *m* [d'] **abrasif** / abrasive grain o. grit || ~ d'**amidon** / starch granule || ~ **artificiel** (cuir) / artificial grain || ~ de **blé vert** (agr) / unripe spelt grain || ~ de **butée pour boulon à rotule** / ball socket o. cup || ~ de **café** / coffee bean o. berry || ~ de **calandre** (caoutchouc) / calender grain || ~ de la **cassure** / fracture || ~ des **céréales** / cereal grain, corn || ~ de **coke** / coke grain || ~ de **couteau** (balance) / block of the balance blade || ~ **cristallin** / crystall[ine] grain || ~ **cru** (bière) / unmalted o. raw grain || ~ au **dehors des limites** (tamisage) / outsize || ~ de **fécule** / starch granule || ~ de **fer** / granular iron || ~ **fin** / fine grain || ~ en **ligne** (météorol) / line squall || ~ **limite** / near-mesh material || **~s** *m pl* **maclés** (crist) / twin grains *pl* || ~ *m* **mixte** / mixed grain || **~s** *m pl* de **nickel** / grain nickel || ~ *m* d'**orge** (tiss) / huckaback || ~ d'**orge** (rabot) / hollow plane, round sole plane || ~ de **plomb** / shot pellet || ~ de **poussée** (extrusion) / dummy block || ~ de **poussière** / mote, speck || ~ de **raisin** / grape || ~ **rapporté** (moule) / die insert || ~ de **riz** (astr, céram, agr) / rice grain || ~ de **sable** / grit || ~ **secondaire**, faux *m* grain (sucre) / false o. secondary grain || ~ de **semence** / seed corn, grain || ~ **très fin** / finest grain || ~ **versé** (agr) / laid o. lodged grain, ley (GB)
grainage *m* / raising of seeds, rearing of grains || ~ (sucre) / granulation, crystallization
graine *f* / seed [of plants] || **~s** *f pl* (séricult) / seeds *pl*, grains *pl* || ~ *f* d'**arachide** (bot) / earthnut, groundnut, peanut, arachis || ~ de **betteraves** / beet seed || ~ de **colza** / coleseed, colza o. rape seed || ~ de **coton** / cotton seed, seed-cotton || ~ **élite** (sucre) / pedigree seed || ~ **enrobée** (sucre) / pelleted seed || **~s** *f pl* **folles** (bière) / tailings *pl*, skimmings *pl* || ~ *f* de **karité ou de carité** / karite seed || ~ de **lin** / flax seed || ~ **monogerme** (sucre) / monogerm seed || **~s** *f pl* **oléagineuses** / oilseed || ~ *f* de **ricin** / castor bean || ~ de **soya ou de soja** / soy[a] o. soja bean || ~ de **tournesol** / sunflower seed || ~ de **ver à soie** / silk seed o. grain
grainé (cuir) / grained, corned || ~ (plast) / embossed
grainer (cuir) / emboss *vt*, grain *vt* || ~ à la **main** (cuir) / grain *vt*, board *vt*
grainoir *m* (graph) / graining machine, grainer || ~ à **billes** (graph) / plate o. ball graining machine
grainure *f* / graining || ~ d'une **pierre** (bâtim) / grain of a stone
graissage *m* / greasing, lubrication || ~ (repro, défaut) / scum[ming], greasing || ~ (jute) / batching || ~ (laine) / oiling, greasing || **à ~ automatique** / self-lubricating || **à ~ permantent** / prelubricated || ~ par **aspiration** / suction lubrication || ~ par **bague** / ring lubrication || ~ par **barbotage** / centrifugal o. splash lubrication || ~ au **carter** (mot) / sump lubrication || ~ à **carter sec** (mot) / dry sump lubrication || ~ **central ou centralisé** / centralized lubrication system || ~ **central à poussoir** / one-shot o. oil-shot lubrication || ~ **centralisé sous pression** / centralized pressure [feed] lubrication || ~ **centrifuge** / centrifugal lubrication || ~ par **circulation** / circulation system lubrication, lubrication by circulation of the oil, circular lubrication || ~ par **circulation forcée** / force-feed circular lubrication || ~ à **circulation d'huile** / oil circulating lubrication || ~ **complet sous pression** / full force feed lubrication || ~ **compte-gouttes** / drip-feed lubrication || ~ par **contact rapproché** / extreme boundary lubrication || ~ **direct** / once-through lubrication || ~ **«for life»** / lifetime lubrication || ~ **forcé** (auto) / force-feed lubrication ||

~ au **graphite** / graphite greasing o. lubrication || ~ à l'**huile** / oil lubrication, oiling || ~ à **huile sous pression** / forced [feed] oil lubrication, pressure oil lubrication || ~ **hydrodynamique** / hydrodynamic lubrication || ~ par **immersion** / flood lubrication || ~ par **lubrifiants composés** / mixed lubrication || ~ **mécanique** (jute) / mechanical batching || ~ à **mèche** / wick o. pad lubrication || ~ par **mélange d'huile et d'essence** (mot) / oil-in-gasoline lubrication, petroil lubrication || ~ **permanent** / permanent lubrication || ~ sous **pression** / forced [feed] lubrication, pressure lubrication || ~ sous **pression en circuit fermé** / forced feed [non splash] lubrication, pressure circulating lubrication, pump type circulation system lubrication, self-contained lubrication || ~ **prévu à l'origine** / original lubrication || ~ par **pulvérisation** (auto) / oil-spray lubrication || ~ **sans récupération**, graissage *m* simple / once-through lubrication || ~ par **tampon** / pad lubrication || ~ à **vie** / lifetime lubrication

graisse *f* / fat || ~ (techn) / grease, lubricating stuff, lubricant || ~ **alimentaire** / nutrient fat || ~ **animale** / adipose || ~ **antiacide** (accu) / acidproof grease || ~ **anticorrosive** / slushing oil o. grease || ~ au **baryum** / barium base grease || ~ à **base d'aluminium** / aluminium-base grease || ~ pour **basses températures** / low temperature grease || ~ en **briquette** / block grease || ~ pour **câbles** / cable grease || ~ au **calcium ou à base de chaux** / calcium o. lime base grease, cup grease || ~ pour les **collets de cylindres** (lam) / neck grease || ~ **comestible artificielle** / manufactured edible fat, artificial o. compound lard || ~ **complexe** / complex grease, mixed base grease, double composition grease || ~ **consistante [pour stauffer]** / Stauffer o. consistent o. friction grease, cup grease || ~ **constante** / set grease || ~ du **cou** / horse grease o. fat || ~ pour **couettes** (nav) / launching grease || ~ pour **cuir** / leather dubbing o. grease o. oil || ~ de **cuisine** / shortening (US) || ~ pour **curseurs** (tex) / traveller grease || ~ **décapante** / soldering paste, zinc chloride paste || ~ d'**emboutissage** (tôle) / drawing compound o. grease o. lubricant || ~ pour **essieux chauds** / hot-neck grease, antifriction grease || ~ d'**étirage** (fil) / drawing compound o. grease o. lubricant || ~ **ferme ou consistante** / Stauffer o. consistent o. solid grease, cup grease || ~ **fibreuse** / fiber grease || ~ pour **filetage** / thread component || ~ **graphitique** / graphite o. graphitic grease o. lubricant || ~ pour **haute pression** / pressure gun grease || ~ de **laine** / yolk, suint, wool fat, grease || ~ pour **laminage à chaud** / hot-neck grease || ~ **lubrifiante** / lubricating grease || ~ **molle** (de consistance moyenne) / consistent grease || ~ **neutre** / neutral fat o. grease || ~ **non chargée** / unweighted grease || ~ de **pétrole** / petroleum grease || ~ de **pied de bœuf** / neat's foot oil, cattle foot oil, bubulum oil || ~ à **pression extrême** / E.P. lubricant, extreme pressure lubricant || ~ à **robinets** / tap grease || ~ à **roulements** / roller bearing grease || ~ pour **roulements à billes** / ball bearing grease || ~ [de] **silicone** / silicon[e] grease || ~ **soluble** / water-soluble o. emulsion fat || ~ de **soude** / soda grease, sodium-base grease || ~ **spongieuse** / sponge grease || ~ **Stauffer** / Stauffer o. consistent o. solid grease, cup grease || ~ de **suie mercurielle** / stupp fat || ~ de **suint** / yolk, suint, wool fat, grease || ~ de **table** / nutrient fat || ~ pour **températures élevées [au-delà de 300 K]** / high-temperature grease || ~ pour **tréfilage** / drawing compound o. grease o. lubricant || ~ **végétale** / vegetable fat o. shortening (US) || ~ **verte** / petrolatum || ~ pour le ou à **vide** / vacuum grease

graisser / grease *vt*, lubricate || ~ (techn) / lubricate, lubrify, oil || ~ (laine) / oil *vt* || ~ (jute) / batch *vt*

graisseur *m* / lubricator, oiler || ~, raccord *m* fileté de graissage / lubricating o. lubricator nipple || ~ (homme) (ch.de fer) / greaser || ~ à **casque** / capped lubricator nipple || ~ **central** / central lubricator || ~ à **chapeau** / capped lubricator nipple || ~ à **clapet** / grease fitting, flap covered, flap covered lubricator || ~ **compte-gouttes** / drip feed lubricator || ~ **compte-gouttes à débit visible** / sight feed lubricator || ~ à **fermeture télescopique** / lubricator with telescopic cover || ~ à **huile sous pression** / force feed oiler || ~ **mécanique** / mechanical lubricator, oil feeder || ~ à **mèche** / wick oiler || ~ à **pression** / zerk fitting || ~ **Stauffer** / Stauffer grease cup o. box, Stauffer lubricator, compression lubricator || ~ à **vis** / screw[ed]-in oiler

graisseux / greasy

graissoir *m* (tex) / oiling trough

Gram- / gram-negative

Gram + / gram-positive

Gram, le ~ (chimie) / Gram's solution

graminicole (parasite) / graminicolous

graminiforme / gramin[ac]eous

grammage *m* (pap) / G.S.M. (grammes per square metre), gsm substance || ~ (d'une rame) (pap) / basis weight, substance (of a ream)

gramme *m* / gram, gramme || **~-force** *m* (vieux) / pond, p || **~s** *m pl* **par m²** (pap) / gsm, G.S.M.

grand, haut / tall, high || ~, ample / ample, large, spacious, capacious || ~, étendu / wide, extensive || ~ (bruit) / loud || ~ (par opp.: petit) / great (contradict.: small) || **à ~ débit**, à grande puissance (turb. à gaz) / heavy-duty type || **à ~ gain** (électron) / high gain... || **à ~ nombre de tours** (techn) / high-speed... || **à ~ nombre de têtes** (bonnet) / multi-section, -sectioned || **à ~ renfort** [de] / with the aid [of] || **au ~ air** / open-air..., outdoor, exterior || **de ~ format** / king-size (US) || **de ~ format** (typo) / large sized || **de ~ rendement** (m.outils) / heavy-duty || **de ~ standing** / high quality ... || **de ou à ~ rendement** / heavy-duty, high-capacity, high-performance, high-power, -powered || **en ~ nombre** / numerous || ~ **aigle** *m* (pap) / format 75 x 106 cm || ~ **angle** / wide angle || ~ **angulaire extrême** (180°) (phot, plast) / fisheye || ~ **axe** / major axis || ~ **bain acide** (tréfilage) / strong acid bath || ~ **canot** (nav) / launch || ~ **cavet** (bâtim) / coving || ~ **cercle** / great circle || ~ **compteur** / industrial water meter || ~ **conduit** / main pipe || ~ **conteneur** (trafic) / transcontainer || ~ **côté** / side wall || **~s débits** *m pl* / full load || ~ **écran** *m* (film) / wide screen || ~ **entretien** (ch.de fer) / general inspection || ~ **escalier** / main stairs || ~ **espace** / capacity || ~ **excavateur à roue-pelle** / giant bucket wheel excavator || ~ **feu** (céram) / sharp fire || ~ **film** (TV) / feature [film] || ~ **foyer d'un haut fourneau** (sidér) / boshes and hearth, lower shaft || ~ **frais** (météorol) / moderate gale (wind force 7) || ~ **gain** (électron) / high gain || ~ **intervalle** / large interval || ~ **monde** (pap) / format 90 x 126 cm || ~ **moteur à gaz** / large gas engine, high-power gas engine || ~ **papier** / document paper || ~ **pignon** (bicyclette) / chain wheel || ~ **poste radiotélégraphique** / high-power[ed] long distance transmitting station || ~ **rayon de carre**, G.R.C. (chaudière) / large knuckle radius || ~

réservoir / bulk storage tank || ~ **réservoir de stockage** (gaz) / giant gasholder || ~**-route** *f* / state road, national highway, arterial road, main o. trunk road (GB) || ~ **routier** *m* / ocean map || ~**-rue** *f* / main o. principal street || ~ **signal** *m* (électron) / large signal || ~ **tambour** (tex) / main cylinder, swift, drum || ~ **teint** *adj* (couleur) / lasting, made to last

grande, à ~ image (TV) / large-screen... || **à ~ pente** (électron, tube) / high-transconductance..., high-mu, hi-mu (US)

grande, à ~ portée / long range..., LR || **à ~ puissance** (mot) / high-power..., -powered || **à ~ surface** / large-surface... || **à ~ vitesse** / at full speed || **à ~ vitesse** (techn) / high-speed... || **à ~s dents** / with large teeth || **à ~s roues** / high-wheeled || **de ~ culture** (sol) / heavy, rich || **de ~ durée** / longtime || **de ~ longueur d'onde** / of long[er] wave length || **de ~ précision** / close fit..., to close tolerances || **de ~ pureté** (chimie) / high-purity... || **de ~ taille** / tall || **de ~ valeur** / high-value... || ~ **agglomération urbaine** / conurbation || ~ **aiguille** *f* (horloge) / minute hand || ~ **ancre** (nav) / sheet anchor || ~ **artère** (ch.de fer) / heavy traffic route || ~ **berline** / large volume tub || ~ **circulation** / busy o. heavy traffic || ~ **copie** (phot) / photomural || ~ **cuisine [d'hôtel]** / large-scale catering establishment || ~ **écoutille** (nav) / main hatch[way] || ~ **entreprise ou exploitation** / large-scale business || ~ **industrie** / big business (US), heavy industry || ~ **ligne** (ch.de fer) / main route o. road o. track o. line, trunk [line] || ~ **mécanique** / heavy machine construction || ~ **moyenne** (horloge) / center wheel || ~ **onde** (électr) / long wave || ~ **palette simple** (nav) / [cargo] flat || ~ **pêche** / deep-sea fishing || ~ **phalène hiémale**, Erannis defoliaria / mottled umber moth || ~ **plaque céramique** (bâtim) / big-sized ceramic plate || ~ **réparation générale** (locomot.) / general overhaul || ~ **révision générale**, G.R.G. (matériel voyageur) / general overhaul || ~ **rotative hélio multicolore** / multicolour gravure printing machine || ~ **rubanerie** / weaving of silk ribbon || ~ **seconde** (horloge) / sweep-second o. -hand || ~ **soie** / thrown silk (US), net silk (GB), top-quality o. A-1 silk || ~ **tête de bielle** / connecting rod big end || ~ **vitesse** / high-speed || ~ **vitesse** (auto) / high, high gear || ~ **voie de communication** / traffic arteria

grandeur *f* / bigness, extent, range, size || ~ d'**action** / action quantity || ~ **alternative** / alternating quantity || ~ **alternative complexe** (électr) / general periodic function || ~ de **base** (math) / base quantity || ~ des **caractères** (affichage) / font size, character height || ~**s** *f pl* **caractéristiques** / characteristic quantities *pl* || ~ *f* de **commande** (contr.aut) / command variable o. signal, reference variable input, control input || ~ du **cône** / cone mass || ~ de **consigne** (contr.aut) / desired o. index value of controlled variable (GB), control point, set-point, reference input o. variable (US) || ~ de **contraction** (fonderie) / [measure o. amount of] shrinkage, contraction || ~ **dérivée** (math) / derived quantity || ~ **directionnelle** / directional quantity || ~ **disponible** / availability, supply || ~ de l'**échantillon** / size of sample || ~ **électrique** / electric variable || ~ **électrique numérique** / digital electric quantity o. signal || ~ d'**entrée** / input [quantity] || ~ d'**étoile** (astr) / magnitude class of stars || ~ **exponentielle** (math) / exponential || ~ **extensive** (math) / extensive property || ~ **fondamentale** / fundamental quantity || ~ de **goutte** / droplet size || ~ de l'**image** / size of the image || ~ **inconnue** / required quantity || ~ d'**influence** (contr.aut) / actuating quantity || ~ d'**influence** (instr) / influence quantity || ~ d'**influence** (bloc d'alimentation) / output effect || ~ du **lot** / batch size, lot size || ~ des **mailles** / mesh size || ~ **mesurable** / measurable quantity || ~ **mesurée ou à mesures** / quantity to be measured, measurable variable || ~ **nature[lle]** / natural o. plain o. full scale o. size, real o. actual o. life size || ~ **nature** / life-size[d] || ~ **normalisée** / rated quantity || ~ **objective de réglage auxiliaire** (contr.aut) / objective variable || ~ **observable** (nucl) / observable || ~ **ondulée ou ondulatoire** / pulsating quantity || ~ **originale** / size for size, actual size || ~ de la **particule élémentaire** / particle size || ~ **périodique** / periodic quantity || ~ **perturbatrice** (contr.aut) / disturbance || ~ **pulsée** (math) / pulsed quantity || ~ **quantitative** (math) / extensive property || ~ **réelle** / natural size o. scale || ~ de **référence** / standard value || ~ de **référence de la valeur prescrite** (contr.aut) / control signal || ~ **réglée** / controlled condition o. quantity o. variable, output quantity, regulating variable || ~ **réglée finale** / final controlled variable || ~ de **retrait** (fonderie) / [measure o. amount of] shrinkage, contraction || ~ de **retrait pour serrage à chaud** / shrinkage allowance || ~ **scalaire** (math) / scalar || ~ **scalaire** (gén) / scalar quantity || ~ de **sortie** (contr.aut) / output quantity, output [signal] || ~ **standard** / unit size || ~ **théorique** / desired size o. quantity || ~ des **tolérances** / permissible variation of dimensions || ~ **type** / standard size, conventional size (US) || ~ **usuelle** / commercial size || ~ **vectorielle** / vector quantity

grandissement *m* / increase, enlargement, amplification || ~ (opt) / magnification || ~ **axial** (TV) / longitudinal magnification || ~ du **cliché** (phot) / enlargement, enlarged print, blowup (coll) || ~ **latéral** (TV) / lateral magnification || ~ des **latitudes** (géogr) / divergence of lines of latitude || ~ **longitudinal** / longitudinal magnification || ~ d'un **objectif** / initial magnification of an objective

granit *m*, granite *m* (géol) / granite || ~ **alcalin** / alkali-granite || ~ **porphyre** / granite porphyry, granophyre || ~ **primitif** (géol) / primitive granite

granitaire / granitic, granitoid

granité *m* (tiss) / granite fabric o. cloth

granitelle *f* / fine-grained granite

granitellé / granite coloured

granitique / granitic, granitoid

granitisation *f* (géol) / granitization

granito *m* / terrazzo

granitoïde / granitoid

granoblastique (géol) / granoblastic, granulitic, granulose

granodiorite *f* (géol) / granodiorite

granularité *f* (gén) / grain

granulat *m* (béton) / aggregate

granulateur *m* / granulating machine, granulator || ~ (sucre) / granulator || ~ **centrifuge** (mines) / gyrogranulator || ~ en **lit fluidisé** / fluid bed granulator

granulation *f* (procédé) / granulation, crystallization || ~ (phot) / granularity of emulsion, grain[eness] || ~ (couleur) / seeding || ~ des **scories** / slag granulation || ~ **solaire** (astr) / granulation of the sun

granulatoire *m* (sidér) / granulating machine, granulator

granule *m* / small grain, granule || ~ (mét poudre) / granule [of powder] || ~ (astr) / granule, willow leaf

granulé *adj* / granulated || ~ (sidér) / water-spray

granulated || ~ *m* (mét poudre) / granule [of powder] || ~**s** *m pl* / granulates *pl* || ~**s** *m pl* (charbon) / pea coal || ~ *m* **cru** (liège) / granulated cork || ~**s** *m pl* **crus** (sidér) / green pellets *pl* || ~**s** *m pl* **cylindriques** (plast) / granules *pl*, pellets *pl* from strand cutter || ~ **demi-fin** / medium grained || ~**s** *m pl* **durs** (sidér) / hard pellets *pl* || ~ *m* **expansé** (liège) / expansed o. expanded granulated cork || ~**s** *m pl* pour la **filature** (plast) / chips *pl* || ~ *m* de **minerai** / granulated ore || ~ **noir de carbone** / pellet of carbon black || ~ de **récupération** (liège) / regranulated cork insulation
granuler / grain, granulate, corn || ~ (pierres, béton) / granulate || ~ le **crépi** / roughen, pick, hack, stab
granuleux / granular, granulose
granulite *f* (géol) / granulite, leptynite
granulitique (géol) / granulitic
granulomètre *m* / granulometer
granulométrie *f* / size grading, granulometry
granulose *f* (physiol) / granulosis
graphe *m* (math) / graph || ~ de **fluence** (contr aut) / flow diagram || ~ **planaire** (math) / planar graph || ~ de **transfert** (math) / transfer graph
graphécon *m* (radar) / graphecon
graphème *m* (ord) / grapheme
graphie *f*, écriture *f* / graph, spelling of a word, (also:) written form || **de** ~ / graphic, -ical
graphique *adj* / by graphic method, graphic[al] || ~ (géol) / runic, graphic || ~ *m* / diagram, graph[ical representation] || ~ *f* / graphics *pl* (the graphic media) || ~ *m* d'**acheminement** (ordonn) / operation flow chart, simultaneous motion cycle chart, simo chart, operational chart || ~ d'**avancement du travail** / work progress diagram || ~ à **bandes** / bar chart o. graph || ~ à **bandes composé** / component bar chart o. graph || ~ **circulaire découpé en secteurs** / pie-chart, circle graph || ~ de **circulation** / flow diagram, flow process start || ~ de **déroulement** (ordonn) / flow chart, operational chart || ~ de **déroulement du travail** (ordonn) / operation flow chart, simultaneous motion cycle chart, simo chart, operational chart || ~ de **fonctionnement du piston** / piston condition diagram || ~ de **marche** (ch.de fer) / graphic timetable, train diagram || ~ d'**occupation des voies** / track occupation diagram || ~ de **processus** voir graphique d'acheminement || ~ **réel des marches de trains** (ch.de fer) / actual graph of train running || ~ *f* de **Sankey du flux énergétique** / Sankey diagram of energy flow, energy flow diagram || ~ de **Sankey du flux thermique** / Sankey diagram of heat flow, heat balance diagram, heat flow chart || ~ *m* à **secteurs ou de surface** / pie chart (US), circle graph || ~ de **temps** / time graph || ~ **tension-temps** / tension-time curve o. graph || ~ **théorique de marche des trains** (ch.de fer) / theoretical graph
graphiste *m* / commercial artist
graphitage *m* / graphitization
graphitation *f* / dag, aquadag (conductive graphite coat)
graphite *m* (min) / graphite, black lead, plumbago, mineral carbon || ~ **artificiel** / Acheson graphite || ~ **colloïdal** / colloidal graphite || ~ de **cornue** / gas o. retort graphite || ~ **défloculé** / deflocculated graphite || ~ pour **enduit** (fonderie) / black lead o. wash || ~ en **flocons ou en écailles**, graphite *m* lamellaire / flake graphite, graphite in flocks o. flakes, A-type graphite || ~ **interdendritique** (fonderie) / interdendritic graphite, type D o. E graphite || ~ **lamellaire désordonné** / random flake graphite || ~ **morcelé ou en morceaux** / chunky graphite || ~ **nodulaire** / nodular graphite || ~ **primaire ou de sursaturation** (sidér) / refined iron froth o. dross, kish [graphite], keesh, primary o. C-type graphite || ~ **pseudo-lamellaire** / quasi flake graphite || ~ en **rosettes** (fonderie) / rosette o. B-type graphite || ~ **sphéroïdal** / spheroidal graphite || ~ **surfondu ou de surfusion** (fonderie) / undercooled o. supercooled graphite || ~ **vermiculaire** / vermicular graphite
graphiteux / graphitic
graphitisation *f* (sidér) / graphitization || ~ **primaire** / first stage graphitization
graphitiser / graphitize
graphomètre *m* (arp) / graphometer [circle]
grappe *f* (coulée à la cire) / cluster || ~ (plast) / spray, biscuit || ~ (pap) / cluster || ~ (laine) / wool flock || ~, crampon *m* / ice spur, caulk || ~ (bot) / cluster of fruits, bunch of grapes || ~ (fonderie) / nest of mould, stack mould, cluster || ~ (coulée sous pression) / spray || **en** ~ (géol) / botryoid[al] || ~ à **câble** (pétrole) / rope grab || ~ d'**éléments combustibles** (réacteur) / fuel stringer, fuel cluster || ~ de **parachutes** / cluster
grappin *m* (nav) / drag, grapnel || ~ (bâtim) / wall anchor, tie bolt || ~ (grue) / grab || ~, croc *m* / large hook || ~, racloir *m* / scraper || ~**s** *m pl* (télécom) / pole climbers, grapplers *pl* || ~ *m* à **billes** (silviculture) / cant-hook o. dog, rolling dog, swamp hook || ~ à **bois** (manutention) / logging tongs *pl* || ~ à **califourchon** (conteneur) / grappler || ~ **coupant** (câble sous-marin) / cutting grapnel || ~ à **deux mâchoires** / clamshell bucket || ~ de **foreuse** (pétrole) / tube grab || ~ à **fourches** (grue) / fork-type grab || ~ **monocâble** / single-rope grab, monocable grab || ~ à **moteur** / single rope motor driven grab, motor driven grab || ~ à **puits** / well grab
gras (béton, mortier, charbon) / fat, rich || ~ (typo) / flat faced, bold faced || ~ (pavé) / slippery || ~ (Belgique) (charbon) / short-flame o. -flaming
gratification *f* (ordonn) / bonus
gratis *adv* / gratuitously, gratis, for nothing, free of charge
grattage *m*, effacement *m* / erasing || ~ du **palier** (techn) / bedding-in (a shaft in the bearing)
gratte *f* (géol) / grit
gratté (laine) / brushed, raised
gratte-brosses *m* / scratch o. wire brush, steel brush || ~**-ciel** *m (invar)* / skyscraper (US)
grattement *m* (phono) / disk scratch, surface noise
gratter (gén) / scrape || ~, effacer / erase || ~ (tex) / raise the nap, tease[l], nap || ~ (crépi) / roughen, pick, hack, stab || ~ (coussinet) / bed-in the shaft || ~ *vi* / chafe *vi*, scuff
gratte-tubes *m* / tube scraper
gratteur *m* (manutention) / scraper || ~ de **reprise au magasin** / shed service scraper, reclaiming scraper || ~ de **sel** / scraping conveyor for salt sheds, salt scraper
gratteuse *f* **mécanique** (Canada) / road grader, motor grader
grattoir *m* / eraser, desk o. erasing knife || ~, racloir *m* / scraper, scraping knife || ~ (sidér) / cradle || ~ (mines) / scraper, reamer, scoop, wimble || ~ (men) / scraper || ~ **creux** (outil) / hollow-ground scraper || ~ **dentelé** / denticulate[d] o. indented chisel || ~ pour **feuillard à chaud** / hot strip scratch || ~ de **graveur** / three-square hollow-ground scraper || ~ pour **paliers** (outil) / curved scraper || ~ **triangulaire** / three-square scraper
gratuit[ement] / gratuitous[ly], gratis, free of charge for nothing
grauwacke *f* / graywacke

gravage *m* / engraving, graving
gravats *m pl* / debris, rubbish
grave *adj* (erreur) / serious || ~ (ton) / low[-pitched], deep || ~**s** *m pl* / bass || ~ *f* (géol) / coarse alluvial gravel || **pour les ~s** (électron, TV) / boomer..., woofer... || ~**s-bitume** *m* (routes) / bituminous base course || ~**-ciment** *m* / cement-bound sand and gravel || ~**-laitier** *f* / coarse crushed slag || ~ **non traitée** / bank-run o. pit-run coarse gravel || ~ **non-traitée** (routes) / wet-mix macadam
gravelage *m* (routes) / gravel surfacing
graveleux / gravelly, gritty-pebbly
gravelin *m*, Quercus pedunculata o. robur / common o. European oak
gravelle *f* / crude cream of tartar
graver / engrave || ~, tracer un trait / scribe (US) || ~ (circ.impr.) / engrave, etch || **machine à ~ les moules** / mould engraving machine || ~ un **cliché** (typo) / etch a block || ~ sur **disque** / record on disk || ~ à l'**eau forte** / etch || ~ la **matrice** (outil) / die-sink
graveur *m* / engraver || ~ de **cartes géographiques** / geographic[al] o. map engraver || ~ de **poinçons** (numism.) / die sinker, engraver, medallist
gravicélération *f* (ELF), gravidéviation *f* (ELF) (espace) / swing-by
gravier *m* (bâtim) / gravel || ~ (pour distribuer) (routes) / abrasives *pl*, grit || **faire passer le ~** (hydr) / degrit || ~ **alluvial** / alluvial gravel || ~ **antigel** (routes) / frost blanket gravel || ~ à **béton** / gravel for concrete || ~ de **carrière** (bâtim) / pit o. quarry gravel || ~ à **chaux** (sucre) / milk-of-lime grit || ~ **concassé** / gravel chippings || ~ à **filtrer ou de filtrage** / filter[ing] gravel || ~ **fin** / fine o. small gravel || ~ **grossier** / coarse gravel o. sand || ~ de **rivière** / river gravel, rubble, pebble stones *pl* || ~ **rond** (bâtim) / round gravel || ~ **tout-venant** / bank gravel, pit-run gravel
gravière *f* / gravel pit
gravillon *m* (ch.de fer) / flint chips *pl* || ~ (bâtim) / fine gravel || ~ (routes) / stone chips *pl*, chip[ping]s *pl* || ~ **enrobé de bitume** (routes) / precoated aggregate || ~ **fin** (routes) / fine aggregate [material] || ~ de **laitier** / slag gravel (7-30 mm)
gravillonner / grit
gravillonneur *m* / granulating machine, granulator
gravillonneuse *f* (ELF) (routes) / grit spreader
gravimètre *m* / gravimeter
gravimétrie *f* (géophys) / gravimetry || ~ (chimie) / gravimetric o. ponderal analysis, gravimetric weight analysis
gravimétrique (chimie) / gravimetric
gravipause *f* (espace) / gravipause, neutral point
gravir / climb || ~ des **rampes** (auto) / go uphill
gravisphère *f* (ELF) / gravisphere
gravitatif / gravitative
gravitation *f* / gravitation, mass attraction
gravitationnel / gravitational
gravité *f* / gravity, gravitation || ~ (son) / low pitch || ~ de la **pesanteur** / acceleration due to gravity || ~ **spécifique** / specific gravity
graviter [autour] (astron) / orbit *vi*, revolve [round...]
graviton *m* / graviton, gravitational quantum
gravois *m pl* / rumble, [chips and] rubbish
gravure *f* / engraving || ~ (typo) / gravure || ~ (matrice) / die sinking || ~, taille-douce *f* / copper engraving || ~ à l'**acide sur verre** / glass ware etching || ~ sur **acier** (produit) / steel engraving || ~ sur **acier** (action) / siderography || ~ sur **bois** / woodcut || ~ de **cambrage** (forge) / bender, setter || ~ **cathodique** / cathodic o. vacuum etching || ~ des **circuits intégrés par crépitement** / sputter-etching of IC's || ~ de **congélation** (microsc.élétron) / freeze etching || ~ à l'**eau forte** / etching [done with caustic] || ~ de l'**impression conductrice** / printing of conductor pattern || ~ **latérale** (phono) / radial o. lateral recording || ~ sur **métal à l'eau forte** / metal etching || ~ **monophonique** / mono[phonic] recording || ~ de la **musique** / music engraving || ~ en **points de chaînette** / chain engraving || ~ de **première répartition** (forge) / edger, breaker || ~ en **profondeur** / hill-and-dale recording || ~ en **relief** / relief- o. relievo-engraving || ~ de **renvoi** (forge) / bender, setter || ~ de **répartition préalable** (forge) / edger, breaker || ~ en **retrait** (circ.impr.) / etch-back, back etching || ~ de **roulage** (forge) / roller, fuller || ~ **sans poudrage** (typo) / quick etch, powderless o. one-bite etching || ~ **sous-jacente** (circ.impr.) / undercut || ~ **système Dow** (typo) / Dow-etching || ~ en **trait** (typo) / line block || ~ à **un étage** (typo) / quick etch, powderless o. one-bite etching || ~ du **verre** / grinding of glass
gray *m*, Gy (= 100 rad) / gray, Gy
G.R.C., grand rayon de carre *m* (chaudière) / large knuckle radius
grecques *f pl* (bâtim) / fret, Greek key pattern
grecquer (reliure) / cut o. saw the back, back-saw
gréement *m* (nav) / rig[ging] || ~ **courant** / running rigging || ~ **dormant ou fixe** / standing rigging o. gear, dead ropes *pl*
gréer (nav) / rig *vt*
greffe *f* / transplant
greffer (agr) / bud *vt* || ~ en **écusson** (agr) / bud *vt*, inoculate || ~ en **fente** (agr) / graft *vt*, engraft
grège *f* / raw silk, unboiled o. unscoured silk || ~ **douppion** / douppion grege
gréger (lin) / ripple *vt*
greisen *m* (géol) / greisen
grelin *m* (nav) / hawser || ~ de **remorque** (nav) / tow[ing] [line o. cable o. hawser o. rope], dragging cable
grelot *m* / bell
grenade *f* (mil) / grenade || ~ à **fusil** / rifle grenade || ~ **sous-marine** / depth charge
grenaillage *m* / steel grid blasting, shot blasting || ~ pour **écrouir** / shot peening || ~ par **turbine** (fonderie) / abrasive o. shot blasting || ~ à **vide** / vacuum blasting
grenaille·s *f pl* (fonderie) / abrasives *pl* || ~ *f* / small shot || ~ (mines) / shoad, shode, grain, greut || ~ (sidér) / shot for blasting || ~**s** *f pl*, petite ferraille *f* / light-weight scrap || **en ~** / grained, granulated || ~ *f* d'**acier** / steel grit o. pellets o. shot || ~ de **charbon** (microphone) / granulated carbon, carbon grains o. granules *pl* || ~**s** *f pl* de **charbon** / small o. slack coal || ~ *f* faite par **cisaillage de fils** / wire shot, cut wire (for shot blasting) || ~ de **décapage** / blasting grit || ~**s** *f pl* **errantes** (Belg.) (routes) / loose chippings *pl* || ~**s** *f pl* de **fil d'acier** / steel wire shot || ~ *f* de **graphite** / granulated carbon || ~ **métallique** / grit for blasting || ~ en **morceaux** / grit || ~ de **plomb** / shot pellet, small shot || ~ **ronde** / shot
grenaillé à **grenailles métalliques** / shot blasted o. shot peened with steel grit
grenailler / grain, granulate, corn || ~ (ELF) / shot-peen, shot-blast
grenailleuse *f* (techn) / shot blasting [machine] || ~ avec des **roues centrifuges pour grenailles en acier** / shot-blasting unit, steel-gravel fan blower type
grenat *m* (min) / garnet || ~ au **gadolinium-gallium** / gadolinium-gallium-garnet
grené / grained, corned || ~ (bois) / grained || ~ (montre)

/ matted, grained || ~ (cuir) / grained, corned
greneter / grain *vt*, granulate || ~ (pierres) / pick *vt*, tooth *vt* || ~ (cuir) / grain *vt*
grenier *m* (bâtim) / attic, loft, garret || ~ (nav) / dunnage || **en** ~ (nav) / bulk... || ~ à **foin** (agr) / hay loft, bay || ~ à **grain** / silo, grain ware house, granary, cornhouse, grain elevator (US)
grenouille *f* (routes) / heavy-type detonating rammer, leap-frog
grenu *adj* / grained, corned || ~ (mines) / granular, granulated || ~ (TV) / grainy || ~ (bois) / grained || ~ (cuir) / grained || ~ *m* (mines) / shoad, shode, grain, greut
grès *m*, grès *m* dur (géol) / sandstone, arenaceous rocks *pl* || ~, séricine *f* / sericin, silk gum || **de** ~ / [from] stone || ~ d'**ancienne formation** (mines) / deads below the vein || ~ **argileux** / argillaceous o. clayey sandstone || ~ **argilo-calcaire** / calcareous o. chalky sandstone || ~ **artificiel** / artificial o. hydraulic sandstone || ~ **bigarré** / variegated sandstone || ~ **brun** (céram) / brown ware || ~ **carboné** (mines) / carbonated o. carboniferous sandstone, coal grit, pennant rock o. grit || ~ **[cérame] [non vitrifié]** / crockery, soft pottery [ware], earthenware || ~ **cérame résistant aux acides** / chemical stoneware || ~ **cérame [vitrifié]** / stoneware, vitrified clay || ~ *m pl* **cérames fins** / white stone ware o. flint ware, dry bodies *pl* || ~ *m* du **ciment** / artificial o. hydraulic sandstone || ~ **crétacé supérieur** / quader [sandstone] || ~ **élastique**, grès *m* flexible (min) / itacolumite, flexible quartz o. sandstone || ~ **filtrant** / reservoir stone, drip stone || ~ **glauconitique** / glauconitic sandstone, green sand || ~ **grauwacke** / graywacke sandstone || ~ **houiller** (mines) / carbonated o. carboniferous sandstone, coal grit, pennant rock o. grit || ~ **hydraulique** / artificial o. hydraulic sandstone || ~ **jurassique** / Jurassic sandstone || ~ **keupérien** / keuper marl, red o. saliferous marl || ~ à **lignite** (min) / brown coal grit o. quartzite || ~ **marneux** / marl sandstone || ~ **mélangé** / graywacke sandstone || ~ à **meules** / millstone grit || ~ **naturel** / natural sandstone || ~ **noduleux** / knotten sandstone, sandstone bearing nodular graphite || ~ **rouge** / lower new-red sandstone || ~ **schisteux** / sandy shale || ~ **stérile** (mines) / gritstone
grésage, [point de] ~ (fonderie) / sinterpoint || ~ (fonderie) / sintering, surface vitrification of sand
grésé (fonte) / sintered
grésification *f* (céram) / dense o. tight burning
grésil *m* (météorol) / snow pellets, small hard hail || ~, verre *m* pilé / pounded glass
grésillement *m* (télécom) / click, cracking
grésiller *vi* / sizzle, frizzle || ~ (feu) / sputter, crackle *vi* || ~ *vt* (cuir) / scorch *vt*
grésillon *m* / slack || ~ (coke) / rubbly culm coke
grésin *m* (verre) / block rake, cullet cut
gresserie *f* / grit o. sandstone walling, (also:) sandstone quarry || ~ (poterie) / stoneware || ~ **antiacide** / chemical stoneware || ~ **sanitaire** (céram) / sanitary ware
grève *f* / strike || ~, rivage *m* / strand, sea shore, beach || **se mettre en** ~, faire grève / strike || ~ d'**avertissement** / token stoppage o. strike || ~ des **bras croisés**, grève *f* à litalienne / sit-down strike, stay-in strike || ~ **perlée** / go-slow strike, slowdown strike (US) || ~ **sauvage** / strike with use of violence || ~ **surprise** / wildcat strike || ~ sur le **tas** / sit-down strike, stay-in strike || ~ du **zèle** / work-to-rule
gréviste *m* / striker
grex *m* (le poids de fil de 10 km) (filage) / grex
grey moyen / median gray
G.R.G., grande réparation générale *f* (matériel voyageurs) / general overhaul
griffe *f* / clutch, claw || ~, tenaille *f* / tongs *pl* || ~ (techn) / pick-up attachment || ~ (tracteur à roues) / spade lug || ~ (film) / claw, moving pin || ~ (presse transfert) / transfer gripper || ~ (typo) / gripper || ~ (jacquard) / knife box, griffe box || ~ (douille de serrage) (m.outils) / collet claw || ~ pour **accessoires** (phot) / accessory shoe || ~ d'**accouplement** / coupling claw || ~ d'**accrochage** (funi) / rope clamp o. cramp || ~ d'**alimentation** (ligne de contact) / feeder clamp || ~ **autoserrante ou à autoserrage** (grue) / self-closing lifting device || ~ à **balles** (grue) / bale tongs *pl* || ~ à **bottes** / bale stock lifter || ~ de **bûcheron** / grapplers *pl* || ~ à **chaîne** (nav) / chain stopper || ~ **courante** (mines) / cage guide || ~ à **déclic** (sonnette) / monkey, slip hook || ~ d'**entraînement** / engaging dog, tappet || ~ d'**entraînement [à dents de scie]** (m.à coudre) / feeder [with saw teeth], feed [dog] || ~ de **godet** / dredger o. excavator tooth o. knife || ~ de **jonction** (fil de contact) / clamp for contact wires || ~ de **levage de pierres** / nippers, stone tongs *pl* || ~ de la **manivelle de lancement**, griffe *f* de mise en marche (auto) / cranking jaw, starting crank dog o. jaw || ~**s** *f pl* de **monteur** (télécom) / pole climbers, grapplers *pl* || ~ *f* à **pinces** / take-in grip || ~ de **retenue** / retaining clamp of the bending machine || ~ à **revers** (tricot) / hook-up || ~**s** *f pl* à **sacs** (grue) / sack tongs *pl* || ~ *f* de **serrage** / clamping jaw, grip[ping jaw] || ~ de **serrage** (tourn) / face plate jaw || ~ de **serrage** (électr, machine) / tooth support || ~ de la **tête d'attelage** (ch.de fer) / coupler jaw
griffer des **arbres** / blaze
grignage *m* (m.à coudre, défaut) / crease formation, wrinkling
grignard *m* (coll) (chimie) / Grignard reagent, organomagnesium compound
grignarder, faire un grignard (chimie) / produce a magnesium derivative
grignons *m pl* / olive marc
grignotage *m* (m.outils) / nibbling
grignoter (m.outils) / nibble
grignoteuse *f* / nibbling machine, nibbler || ~ à **main** (m.outils) / hand nibbler || ~**-poinçonneuse** *f* / combined nibbling and punching machine
gril *m* (ch. de fer) / fan of sidings, set of tracks || ~, faisceau *m* d'attente (ch. de fer) / ladder track, engine storage || ~ de **gare** (ch.de fer) / station gridiron
grillage *m* / grating, netting, wiring || ~ (constr.en acier) / grillage, grid || ~ (TV) / grid ceiling || ~ (lampe) / basket protector for lamps || ~ (nav) / grating across openings || ~ (bâtim, hydr) / grating of timbers, grillage || ~ (sidér) / calcination, calcining *roasting* || ~ (coll) (ampoule) / burning out of a bulb || ~ à **action réductrice** (sidér) / reduction o. reducing roasting || ~ de **caoutchouc** (défaut) / scorch || ~ en **charpente** (bâtim) / grating [of timbers], grillage || ~ **chlorant** (sidér) / chloridizing o. chlorinating roasting || ~ à **ciseaux** / slidable lattice grate, worm o. snail fence || ~ pour **clôtures** / netting, meshes *pl* || ~ pour **crépi** (bâtim) / laths *pl*, lathing || ~ du **crible** / screen o. sieve netting, strainer texture || ~ **définitif** (sidér) / finishing roasting || ~ **élevé** (bâtim) / elevated pile foundation grill o. pile grating || ~ **estampé** / pressed screen || ~ à une **fenêtre** / wire screen || ~ de **fils métalliques** / wire nettings *pl* || ~ **flash** (sidér) / flash o. suspension roasting || ~ par **fluidisation** / fluid bed roasting || ~ **[de fondement]** (bâtim) / frame grate, frame upon piles for the support of a

building || ~ **forcé** / flash o. suspension roasting, blast roasting || ~ en **lattes** / floor grid, lath floor || ~ par **lots** (sidér) / batch roasting || ~ de **madriers** (bâtim) / plank grating || ~ **magnétisant** (sidér) / magnetic roasting, magnetizing roast || ~ des **minerais** / ore roasting || ~ **Mooney** (caoutchouc) / Mooney scorch || ~ à **mort** (sidér) / dead roasting || ~ **ondulé** / crimped screen || ~ **oxydant** (sidér) / oxidation roasting, oxidizing roasting || ~ **partiel** (sidér) / partial roasting || ~ en **pieux élevés** (bâtim) / elevated pile foundation grill o. pile grating || ~ sur **pilotis** (hydr) / pile-frame o. grating, piling || ~ en **poutres** (bâtim) / grating [of timbers], grillage || ~ **préliminaire** / preparatory roasting, preroasting || ~ de la **prise d'air frais** / fresh air grill || ~ **profond** (bâtim) / deep level grillage || ~ **protecteur** (lampe) / basket protector for lamps || ~ de **pyrite** / pyrite burning || ~ **réducteur** (sidér) / reducing o. reduction roast[ing] || ~ de **refoulement d'air vicié** / viscious air discharge grill || ~ à **remblais** (mines) / netting for stowing, goaf wire || ~ à **simple, [à triple] torsion** / wire nettings (pl.) with square, [hexahedral] meshes || ~ **sulfateur** / sulphating roasting || ~ en **suspension** (sidér) / flash o. suspension roasting

grillagé / railed in o. off || ~ (électr) / screen protected

grillager / rail in o. off

grille *f* / grid, coarse screen || ~ (chaudière) / grate || ~ (nav) / grid of the map || ~ (semi-cond) / gate || ~ (électron) / control grid || ~ (bâtim) / frame grate, frame upon piles for the support of a building || ~ (plast) / breaker plate || ~ (sidér) / rider bricks *pl*, sole flue port bricks *pl* || ~ (opt) / grid, screen || ~, plateau *m* de grillage (sidér) / hearth of a roasting furnace, hearth o. roasting furnace || **à ~ plane** (extensomètre) / flat grid ... (strain gauge) || **à ~ polarisée** (tube) / controlled || **en forme de ~** / grate shaped || **faire une ~ dans une carte** (c.perf.) / lace *vt* || ~ d'**accu** (accu) / accumulator grid, plate grid || ~ d'**agglomération** (sidér) / sintering grate || ~ en l'**air** (électron) / floating grid || ~ **alternative de chaudière** / reciprocating grate || ~ **amont** (hydr) / grate, screen, strainer rack, trashrack (US) || ~ à **analyse** (chimie) / combustion tube furnace || ~ **antigivre** (aéro) / iceguard || ~ **antigivre à passage dévié** (aéro) / gapped type iceguard || ~ d'**arrêt** (tube à mémoire) / barrier grid || ~ d'**arrêt** (électron) / suppressor grid || ~ d'**aubes profilées** (turbomach.) / blade row || ~ **auxiliaire** (électron) / filament screening grid, space charge grid, control grid || ~ **auxiliaire** (tube électron.) / injection o. intermediate grid || ~ à **barreaux** (chaudière) / bar grate, grizzly || ~ à **barreaux** (hydr) / bar screen || ~ à **barreaux** (prépar) / grizzly || ~ en **barreaux** (clôture) / bar grate || ~ à **barreaux oscillants** (chaudière) / oscillating bar grate || ~ **basculante** (m.à vap) / tipping grate || ~ de **base** (circ.impr.) / basic grid || ~ d'un **batteur** (tex) / grid of a rag beater || ~ de **bouche avaloir** / gully grating || ~ pour **bouche d'égout** / sop, sink grating, cover for sink || ~ de **cadrage** (c.perf.) / card gauge || ~ à **chaîne [sans fin]** / chain grate, travelling grate || ~-**chaîne** *f* à **zones** / compartment-type travelling grate stoker || ~ de **champ** (électron) / space charge grid || ~ de **changement des vitesses** (géol) / shear vein || ~ de **charge spatiale** (tube) / space charge grid || ~ de la **chaudière** / boiler grate || ~ de **chauffage** / heating grid || ~ de **collection ou de contact** (gén. photovoltaïque) / grid contact o. fingers *pl*, collecting grid || ~ de **commande** (électron) / control grid || ~ **commune** (semi-cond) / common gate || ~ **concave** (opt) / concave o. Rowland grating || ~ **convertisseuse** (guide d'ondes) / grating coverter || ~ de **Correns** / Correns grid || ~ de **cotation** (travail) / job evaluation scale, scale of point values || ~ des **couches** (spectre) / layer lattice || ~ **coulée en alliage Pb-Ca-Sn** (accu) / cast lead-calcium-tin alloy grid || ~ de **crible** / sieve grate || ~ de **culbutage** (sidér) / tippling grate || ~ **décélératrice** (électron) / decelerating grid || ~ de **décochage** (fonderie) / shake-out grid || ~ à **deux pentes** (techn) / double-inclined grate || ~ du **déversoir** (hydr) / weir grate || ~ **directionnelle [à éléments fixes]** (air) / fixed directional grille, directional grille || ~ **directrice fixe d'entrée** (engin) / inducer || ~ à **disques** (prépar) / roller bar grizzly || ~ d'**eau lourde** / heavy water lattice || ~ **échelette** (opt) / echelette grating || ~ **échelle** (opt) / echelle grating || ~ **économique** (sidér) / collector || ~-**écran** *f* (haut-parleur) / loudspeaker gril[le] || ~-**écran** *f* (tube électron) / control grid, screen grid || ~ **égoutteuse** (prép) / fixed screen || ~ d'**empilage** (lam) / piler grate || ~ d'**enclenchement** / interlocking grate || ~ d'**entraînement**, excitateur *m* électrostatique (microph) / backplate of the condenser microphone || ~ en **escalier ou à étages** voir grille à gradins || ~ d'**espacement** (formulaire) / layout chart || ~ **européenne** (boîte de vitesse) / European gear shift pattern || ~ **extérieure** (électron) / outer o. outward grid || ~ en ou de **fer** / iron grating || ~ en **fils de fer** / wire grating o. grille (US) o. lattice, wire trellis o. grate || ~ **fine** (hydr) / strainer rack, screen, trashrack (US) || ~ à **fissures** / wedge wire deck o. sieve || ~ **fixe** (prép) / bar screen || ~ à **flammèches** (ch.de fer) / spark arrester || ~ **flottante** (électron) / floating grid, free grid || ~ **fondamentale** (circ.impr.) / basic grid || ~ de la **fourchette de casse-trame** (tex) / weft grid || ~ de **garde** (hydr) / bar screen || ~ à **goupille** (tex) / pin type creel || ~ à **gradins** / step o. stepped o. graduated grate || ~ à **granuler** / granulating grate || ~ **hexagonale** / hexagonal wire netting || ~ **horizontale** (m.à vap) / plane grate || ~ **inclinée** (gaz) / sloping grate || ~ d'**injection** (électron) / injection grid || ~ **intérieure** (électron) / filament screening grid, space charge grid, control grid || ~ d'**itinéraires** (ch.de fer) / routing diagram || ~ en **lattes** / floor grid || ~ de **lavage** (mines) / washbox screen plate || ~ **mécanique ou mobile** / chain grate, travelling grate || ~ **mécanique à disques rotatifs** / rotating disk grate || ~ **mécanique multi-zone** / compartment-type travelling grate stoker || ~ à **mouvement va-et-vient** / oscillating grate, shaking grate || ~ à **neige** (toit) / snow fence o. board o. guard, gutter board || ~ **oscillante**, Potter-Bucky *m* (rayons X) / antiscatter grid || ~ **oscillatrice** / oscillating bar grate || ~ **paralume** (lampe) / louver, spill-shield || ~ **paralume annulaire** / spill ring, ring louver (US) || ~ de **plancher** (ch.de fer) / floor grate || ~ **plane** (m.à vap) / plane grate || ~ de **porte** / grille || ~ de **protection** (électron) / shield grid || ~ **protectrice** / protective grating || ~ **protectrice pour la courroie** / belt guard grid || ~ **protectrice en fil** / wire screen || ~ **radiale** / radial grating || ~ de **radiateur** / radiator grille || ~ de **ralentissement** (électron) / decelerating grid || ~ de **réflexion** / reflection grating || ~ de **regard d'égout** (bâtim) / sewer o. gully grating || ~ **régulatrice** / regulating grid || ~ de **résistance** (électr) / cast iron resistor element || ~ de **résonateur** (électr) / resonator grid || ~ à **ressort** (bonnet) / grooved spring bar || ~ de **retenue oblique** (hydr) / inclined screen || ~ **rotative** (hydr) / revolving trash screen || ~ à **rouleaux** (prépar) /

roller bar grizzly, roll screen || ~ de **séchage** / drying hurdle || ~ à **secousses** / oscillating grate, shaking grate || ~ **support** (accu) / support mesh || ~ de **suppression** / anode screen[ing] grid || ~ de **sûreté à l'abord du puits** / safety fence o. stop || ~ en **tambour** (eau d'égouts) / drum screen || ~ du **tambour** (filage) / cylinder grid bars *pl* || ~ **tournante** / rotating o. revolving grate, rotary grate || ~ d'un **transistor à effet de champ** / gate electrode of IG-FET || ~ **triple torsion** / hexagonal wire netting || ~ en **tubes** / tubular grate || ~ à **tubes refroidis par l'eau** (chaudière) / water-cooled grate || ~ de **ventilation** (bâtim) / ventilating grate o. grille o. cover
grillé (sidér) / roasted || ~ (défaut de vulcanisation) / moulded-on (caoutchouc) || **être** ~ / scorch *vi*
griller (gén) / roast *vt* || ~ (tiss) / singe, gas *vt*, genappe *vt* || ~ (sidér) / calcine, roast, burn || ~ (enroulement) / char *vt*, scorch *vt* || ~, fermer avec une grille / grate [up], crossbar, lattice *vt* || ~ une **carte** (c.perf.) / lace *vt* || ~ la **surface** / scorch *vt*
grilleur *m* de **drap** / cloth singer
grilleuse *f* (tiss) / contact singeing machine || ~ à **cylindres** (tiss) / cylinder type singeing machine || ~ à **plaques** (tiss) / plate singeing machine
grilloir *m* / infrared grill || ~ (tiss) / singeing machine
grimper [à ou sur] / climb
grimpettes *f pl* pour **poteaux** (télécom) / pole climbers, grapplers *pl*
grincement *m* / grating, squeak, creak || ~ (fusées, aéro) / screaming || ~ des **dents** (auto) / grating o. creak of the gear || ~ des **freins** / grinding of the brakes || ~ de la **scie** / screeching, screaming
grincer (freins) / squeal || ~ (techn) / grate, creak, squeak
griotte *f* (marbre) / red marble with brown patches, griotte marble
grip *m* (grue) / grip || ~ (funi) / coupler, grip || ~ de **câble** / cable stocking o. grip || ~ de **câble à double agrafe** / double-eye cable grip
grippage *m* (techn) / jamming, seizing, griping || ~ sur les **guides** (lam) / sticking in the guides || ~ du **piston** / seizing o. jamming of piston
grippe-genoux *m* (motocycl) / knee grip
grippé (coussinet) / seized, frozen || ~ (arbre) / rutted
grippement *m* (techn) / jamming, seizing, griping
gripper *vi* / seize *vi*, fret, scuff, score (US) || ~ / choke [up] || ~, coincer / bind *vi*, jam, stick, be stuck || ~ *vt* (techn) / bite-in *vt* || ~ (se) / shrink *vi*, contract *vi*
grippure *f* (fonderie) / burnt-on sand || ~ (m.outils) / rut
gris *adj* (gén, nucl) / gray *adj*, grey (GB) || ~ (typo) / rimmed || ~ *m* / gray, grey (GB) || ~ d'**acier** / steel grey || ~ **ardoise** / slate gray || ~ **argenté** / silver-gray || ~ **basalte** / basalt gray || ~ **béton** / concrete gray || ~ **bleu** / bluish gray || ~ **clair** / light gray || ~ *adj* **fer** / iron gray o. grey || ~ *m* de **fer** / black lead || ~ **foncé** / dark gray || ~ **granit** / granite gray || ~ **kaki** / khaki || ~ **neutre** / neutral density... || ~ **neutre du film couleurs** / colour film neutral || ~ *adj* de **noir** / dark gray || ~ **petit-gris** / squirrel gray || ~ **pierre** / stone gray || ~ **poussière** / dusty gray || ~ **profond** / dark grey || ~ de **schiste** / slate gray || ~ **silex** / pebble gray || ~ *m* **souris** / mouse gray || ~ *adj* **tente** / tarpaulin gray || ~ **terre d'ombre** / umbergray
grisaille *f* (tiss) / pepper-and-salt
grisaillement *m* (phot) / gray shading
grisard *m*, peuplier *m* gris / poplar
grisotte *f* (bas) / clock
grisou *m* / firedamp, black o. choke damp, mine damp o. gas
grisoumètre *m* / mine gas tester || ~ **interférentiel** / interferential mine gas tester
grisouscope *m* (mines) / safety lamp, fire-damp indicator
grisouteux (mines) / having explosive atmosphere, firedamp...
grognement *m* de **préréaction** (électron) / fringe howl
groisil *m* (verre) / cullet, broken glass, scraps of waste glass *pl*
grondement *m* (auto) / rumble o. rumbling of the motor || ~ de la **combustion** (fusée) / chugging
gronder (bruit menaçant) / boom, drone
groom *m*, ferme-porte *m* automatique / door closer o. check
gros *adj*, grossier / rough, jagged, ragged || ~, épais / big, large || ~, en gros morceaux / in lumps || ~ (mer) / rough, high || ~ (erreur) / serious, big, bad, grave || ~ *m* / bulk, the greater part || ~ (mines) / coarse, lump coal (US) || **à ~ dessins** / large-patterned || **à ~ fil** (tiss) / coarse threaded || **à ~ fils** (métal) / with thick wires || **à ~ grains** / coarse grained || **en ~ caractères** (typo) / bold[-faced], extra bold, black-faced || **en ~ cristaux** / granular crystalline || **en ~ flocons** / coarse flocculent || **en ~ morceaux** / in lumps || ~ **agrégat** (bâtim) / coarse aggregate || ~ **agrégat de laitier** / coarse crushed slag || ~ **appareils électroménagers** / white goods (US) || ~ **avion** / giant airplane || ~ **bloc** / block, chunk, log || ~ **bout** / butt end || ~ **bout d'un poteau** / butt [end] || ~ **calibrés** *m pl* (houille) / best o. lump coal, clod coal, large coal || ~ **consommateur** *m* / large consumer || ~ **cul** (coll) / heavy road vehicle || ~ de **distillat** / bulk distillate || ~ **fil** (tiss, défaut) / coarse pick || ~ **galets** *m pl* / boulders *pl* || ~ **grain** *m* / coarse grain, gross o. large grain || ~ **gravier** (routes) / stoning, metalling (GB) || ~ des **informations** (ord) / body of informations || ~ **linge** / household linen || ~ **morceau** / chunk, block, log || ~ **numéro** (filage) / low count of thread || ~ **œuvre** (bâtim) / carcass, shell construction || ~ **œuvre en briques** / raw brick building || ~ **papier d'emballage** (Canada) (pap) / mill wrap || ~ **pavés** *m pl* / large sett pavement || ~ **peigne** *m* (lin) / long ruffer || ~ **pétrolier** (200-300000 de port lourd) (nav) / very large crude carrier (200-300000 to deadw) || ~ **pic** (mines) / headed pick-axe || ~ **plan** (phot) / [extreme] close-up || **~-porteur** *m* (ELF) (aéro) / high- o. large-capacity transport, jumbo-jet || ~ **progrès** / great progress || ~ **sable** (bâtim) / coarse sand || ~ **sas** / coarse sieve || ~ **sel** / common o. kitchen salt || ~ **son** (moulin) / coarse bran o. pollard || ~ **train** (lam) / rolling train for heavy products || ~ **vert** *adj* / dark-green
grosse, à ~s fibres (bois) / coarse grained || **à ~s pertes** / with heavy losses || ~ **ancre** *f* (nav) / sheet anchor || ~ **avarie** / general average || ~ **bobine** (filage) / large cop || ~ **chaudronnerie** / boiler maker o. manufacturer o. shop (US) || ~ **construction mécanique** / construction of heavy machinery || ~ **corde** / rope, cable || ~ **corde** (piano) / bass string || ~ **forge** / forge || ~ **grille** (hydr) / bar screen || ~ **haveuse** / large coal cutter || ~ **horlogerie** / manufacture of large sized timepieces || ~ **lime** / rough[ing] file || ~ **machine-outil** / heavy-duty machine tool || **~s pierres de remblai** (mines) / lumps *pl* || ~ **production** / large scale manufacture || ~ **qualité** (rondelle) / coarse finish || ~ **robinetterie** / mountings *pl* || ~ **taille** (lime) / rough cut || ~ **toile** / burlap, crash || ~ **tôle** / thick o. heavy plate || ~ **trame** (typo) / coarse screen || ~ **tuyauterie** / main

pipe
grosseur *f* / size, bigness, thickness || ~ du **boudin** (pneu) / section width || ~ des **cristaux ou du grain** (métal) / granular o. grain size, particle size || ~ de **fil** / wire size o. gauge || ~ *m* du **grain de charbon** / size of coal, grading || ~**s** *f pl* de **grain intermédiaires** (mines) / intermediates *pl* || ~ *f* **hors tout** (pneu) / overall width || ~ de **ligne** / line width o. thickness || ~ **normale des grains** (mines) / correctly sized product || ~ de **particule** (frittage) / particle size || ~ de **pore** / pore size
grossier (bâtim) / coarse || ~, lourd / massive, solid || ~, rude / rough, jagged, ragged
grossièrement façonné / roughened down, roughly machined
grossièreté *f* (grain) / coarseness
grossir *vt* (gén) / enlarge *vt*, make bigger, swell, magnify || ~ *vi* / grow bigger o. larger, (river:) swell || ~ l'**échelle** / scale up
grossissant (opt) / magnifying, enlarging
grossissement *m* (opt) / magnification || ~, croissance *f* / growth || ~, agrandissement *m* / enlargement, increase in size || ~ **axial** (TV) / longitudinal magnification || ~ **commercial** (correspond. à une distance de 25 cm) (opt) / conventional magnification || ~ du **cristal** / crystal growth || ~ de 100 **[diamètres] ou au centuple** / magnification of 100 diameters, hundredfold magnification, magnification x 100 || ~ des **grains** / grain growth || ~ des **grains** (les rendre plus grossier) / coarsening of the grain || ~ **latéral** (TV) / lateral magnification || ~ **longitudinal** / longitudinal magnification || ~ de **loupe** / factorial o. lens magnification, magnifier enlargement || ~ **partiel ou propre** / component magnification || ~ **utile de la loupe** / magnification effectiveness
grossiste *m* / wholesale merchant o. dealer o. trader, wholesaler, jobber (US)
groupage *m* (ch.de fer) / groupage traffic || ~ (semicond) / packaging || ~ (ord) / blocking
groupe *m* / group || ~ (techn) / set, assembly || ~ (mines) / lump of ore || ~, unité *f* (techn) / unit || **à un** ~ (nucl) / one-group... || **un** ~ **de coups** (ch.de fer) / single bell stroke || ~ **abélien** (math) / Abelian group || ~ **acétyle** / acetyl group || ~ **acyle** (chimie) / acyl group, negative group || ~ **adaptateur de lignes** / line adapter set || ~ **aérotherme** / unit heater || ~ d'**aiguilles** (ch.de fer) / route, set of points || ~ d'**alimentation** / power generating plant || ~ **alkyle ou alcoyl[e]** / alkyl group || ~**-alternateur** *m* (électr) / turbo set, turbo-generator || ~ d'**annotatrices** (télécom) / recording section || ~ d'**appareils d'une ligne en duplex** (télécom) / duplex set || ~ d'**appel** / ringing generator o. machine || ~ **arrière** (auto) / rear axle assembly || ~ d'**arrivée** (télécom) / B-operator (position) || ~ **associé** (math) / coset || ~ **azo** / azo group || ~ de **base** (télécom) / pre-group, basic group || ~ de **blocs** (ord) / grouped records *pl* || ~ de **bord** (aéro) / airborne equipment || ~ **bulbe immergé** (électr) / bulb turbine generator set || ~ de **bytes considéré comme un mot** / gulp || ~ de **canaux** (électron) / channel group || ~ de **capaciteurs** / bank of capacitors, capacitor battery || ~ **carboxyle** / carboxyl group || ~ **central du réseau** (télécom) / network group, district network || ~ **chargeur** (accu) / charging set || ~ **code sélectionné** / selected code || ~ **collectif d'adresses** / collective address group || ~ **combinable** (télécom) / phantom group || ~ de **compensation** / compensation set || ~ **compresseur** / compressor set || ~ **conjugué** (math) / coset || ~ de **contacteurs** (électr) / contactor set || ~ de **contacts** / contact bank || ~ **continu** (math) / Lie group || ~ de **contrôle de Doppler** (réacteur) / Doppler o. D-bank, Doppler group of control rods || ~ **convertisseur** / rotary o. rotatory converter (GB), motor generator [set] || ~ **convertisseur de fréquences** / rotary frequency converter, frequency changer set || ~ **convertisseur [Ward-]Léonard** / [Ward-]Leonard system o. set || ~ de la **couverture** (typo) / cover unit || ~ de **cristaux** / cluster crystal || ~ de **dactylos** / typing center o. unit, (formerly:) typing pool || ~ de **départ** (télécom) / trolleyphone, home jack panel, A-position || ~ **dépoussiéreur** / dust extraction set || ~ **dépoussiéreur** (meulage) / extraction system || ~ de **deux chiffres** (ord) / two-digit group || ~ **Diesel-électrogène** / diesel generator o. set || ~ **Doppler** (réacteur) / Doppler o. D-bank, Doppler group of control rods || ~ de **duites** (tiss) / group of picks, weft || ~ de **duites à battre** (tiss) / group of picks to be beaten home || ~ à **dynamo tampon** / booster set, buffer o. regulating set || ~ **électrogène** / generating set, generator set || ~ **électrogène** (éclairage) / lighting set || ~ **électrogène automatique** / automatic generating plant || ~ **électrogène autonome** / domestic supply set || ~ **électrogène de secours** / stand-by unit, emergency [power generating] unit || ~ **électrogène au sol** (aéro) / ground power unit || ~ **électrogène de soudage** / welding set || ~ d'**éléments actifs** (électron) / active element group, AEG || ~ d'**émetteurs** (électron) / chain of radio stations || ~ d'**énergie de neutrons** / neutron energy group || ~ **évaporatoire à multiple effet** (sucre) / multiple-effect evaporator || ~ **évaporatoire à trois effets** (sucre) / triple effect evaporator || ~ d'**excitation** / exciting machine set || ~ **fantôme** (télécom) / phantom group || ~ **finisseur** (lam) / finishing group || ~ de **fonction** / functional group || ~ **fonctionnel** (échangeur d'ions) / active group || ~ **fondamental** / fundamental group || ~ **frigorifique** / refrigerating set || ~ **générateur** (électr) / generating set || ~ **générateur** (éclairage) / lighting set || ~ **générateur électrique à gaz** / gas-electric generating set || ~ **générateur hydro-électrique immergé** / bulb turbine generator set || ~ **générateur de pression** / pressure pump set || ~ **géologique** / geologic[al] formation || ~ de **gradation de multiplage** (télécom) / grading group || ~ **hydro-électrique** (électr) / hydroelectric generating set || ~ d'**hydrogène sulfuré** / hydrogen sulphide group || ~ **hydroxyle** / hydroxyl group || ~ **Ilgner** (électr) / Ward-Leonard-Ilgner system, Ilgner generating set || ~ **imino** (chimie) / imino group || ~ d'**impression** (typo) / printer, printing attachment || ~ d'**impulsions** (téléimprimeur) / code combination o. group || ~ d'**inflammation** (électr) / temperature class || ~ de **labels** (b.magnét) / label group || ~ de **lampes** / bank of lamps || ~ de **lignes** (télécom) / grouping of junction lines, bunch of trunks, line group || ~ **local** (astr) / local group || ~ de **machines** / group, set of machines || ~ de **maisons** / block of buildings || ~ **méthine** / methine group || ~ **méthoxy[le]** (chimie) / methoxyl group || ~ **méthyle** / methyl group || ~ **moteur** / machine set o. unit || ~ **moteur hybride** (aéro) / composite engine || ~ **moteur-générateur à volant** / flywheel type motor-generator || ~ **moto-pompe** / motor-driven pump, motor-pump || ~ **motopropulseur** (aéro) / aircraft engine || ~ **motopropulseur** (aéro, nav) /

engine plant || ~ **motopropulseur compound** (aéro) / compound engine || ~ **motopulvérisateur** / motor-driven fire engine || ~ **motopulvérisateur pour arbres fruitiers** / motor-driven orchard sprayer || ~ **motoventilateur** / motor-ventilator set || ~ de **neutrons** [par énergie] (nucl) / neutron energy group || ~ **non dénommé** (math) / dimensionless group || ~ d'**octets** (ord) / gulp || ~ **odoriphore** (chimie) / odoriphore, osmophore, aromatiphore || ~ **oxhydrile** / hydroxyl group || ~ de **perceuses** (par oppos.: perceuse multibroche) / gang [drilling o. -spindle (US)] machine, gang drill, multi-unit drill[ing machine], upright gang drill [press] || ~ de **positions binaires** (ord) / byte || ~ **primaire** (télécom) / pre-group, basic group || ~ **primaire** (télécom) / twelve channel group || ~ **primaire de base** (télécom) / basic group || ~ **prostétique** (chimie) / prosthetic group || ~ des **pyroxènes** (min) / pyroxene group || ~ de **quatre** / tetrad || ~ de **refroidissement** (locom. Diesel) / cooling unit || ~ de **réglage** (ch.de fer) / control set || ~ de **relais** / relay o. contactor set || ~ de **résistance** / stress group || ~ **rotatif à postes multiples** (soudage) / multiple operator welding unit || ~ **secondaire** (télécom) / supergroup || ~ **secondaire de base** (télécom) / basic supergroup || ~ **séparateur** (nucl) / separating unit || ~ de **signaux codés** (radar) / group of coded signals || ~ de **soudage** (électr) / welding set || ~ **[spatial]** (crist) / space group || ~ **stilbénique** / dibenzyl o. stilbene group || ~ **substituant** (chimie) / substituent || ~ **sulfoné** / sulphonic group || ~ **tarifaire** (télécom) / rate group || ~ **thermique** / thermoelectric generating set || ~ de **transformateurs** / bank of transformers || ~ de **transformation extérieur ou de transformateurs à l'air libre** / open-air o. outdoor transformer plant o. station || ~ de **transit** (télécom) / through position || ~ de **transit interurbain** (télécom) / through-switching position || ~ de **travail** / team || ~ de **travail du CECC** (électron) / CECC working group || ~ de **travaux pratiques** / workshop (US), seminar, classroom corrosion (US coll) || ~ de **trois chiffres** (ord) / three-digit group || ~ à **trois machines** (électr) / three-engine set || ~ **turbo-alternateur** / a.c. turbogenerator || ~ **turbodynamo** / d.c. turbogenerator || ~ **turbopropulseur** (aéro) / turboprop [engine], propeller turbine engine, prop-jet [engine] || ~ **vinyle** (chimie) / vinyl group || ~ **Ward-Léonard** / Ward-Leonard system o. set, Leonard system o. set || ~ **zéro** (chimie) / zero group

groupé (ord) / blocked

groupement *m* / grouping || ~, concentration *f* / amalgamation, fusion || ~ de **câbles** / grouping of cables || ~ de **centres urbains** / conurbation || ~ par **champ alternatif** / periodic focussing || ~ **électronique** / electron bunching || ~ d'**électrons** (courant d'électrons) / bunching || ~ d'**entreprises** (bâtim) / group of building o. construction firms || ~ des **points d'impact** (mil) / target diagram, dispersion pattern || ~ de **position** (télécom) / coupling of positions, position coupling || ~ **professionnel** / professional association o. organization || ~ par les **propriétés caractéristiques** / line of subject characteristics || ~ **série-parallèle** (électr) / series-parallel connection || ~ de **sources** (acoust) / horizontal row of radiators || ~ **trop faible** (modulation de vitesse) / underbunching

grouper / group *vt*, arrange in groups || ~, compiler / collate *vt*, compile *vt* || ~ (math) / arrange || ~ (ord) / block *vt* || ~ en **cascade** (électr) / connect in tandem || ~ en **compoundage** (électr) / compound *vt*

groupeur *m* de **bottes** (agr) / bale bogie

groupiste *m* (ELF) (TV) / groupman

groupoïde *m* (math) / groupoid

Grower *f* / single-coil spring lock washer

gruau *m* (moulin) / bruised grain, coarse meal || ~, fine fleur de farine / finest wheat flour || ~ d'**avoine** / oatmeal, ground oats *pl*, groats *pl*

gruautage *m* (moulin) / grinding

grue *f* / crane || ~ à **aimant pour charger les auges** (sidér) / magnet and box type charging crane || ~ à **aimant [porteur]** / magnet crane || ~ à **aimant-porteur pour ferrailles** / scrap charging magnet crane || ~ d'**applique** / slewing pillar crane, wall slewing crane || ~ **automobile ou automotrice** (auto) / crane truck || ~ **automobile à flèche [tournante]** / truck mounted slewing crane || ~ **automotrice** / self-propelling crane || ~ à **bélier** (sidér) / ram crane || ~ à **benne preneuse** / grab[bing] crane, clamshell crane || ~ à **benne preneuse ou piocheuse** / excavator crane || ~ à **benne preneuse sur pont roulant** / portal grab crane || ~ de **bord** (nav) / shipboard [cargo] crane || ~ [de **bord] pour la manutention de colis** (nav) / general cargo crane || ~ à **bras** / hand crane || ~ à **câble** / cable crane, cableway (GB), blondin (GB) || ~ à **câble à bûcherons** / logging cablecrane, overhead skidder (US) || ~ à **câble avec dispositif de coulage de béton** (bâtim) / cable crane with concrete pouring equipment || ~ de **caméra** (film) / camera crane, camera boom || ~ sur **camion** / lorry (GB) o. truck (US) mounted crane || ~ de **chantier** / building crane, tower gantry || ~ **charbonnière ou à charger le charbon** / coal loading o. coaling crane || ~ de **charge** (nav) / deck crane || ~ de **chargement** / loading o. charging crane || ~ de **chargement** (sidér) / charging crane || ~ de **chargement [montée sur camion]** / lorry (GB) o. truck (US) mounted crane || ~ à **charger le charbon** (ch.de fer, nav) / coal loading o. coaling crane || ~ sur **chenilles** / crawler crane || ~ à **chevalet** / frame crane, trestle crane || ~ à **colonne fixe** / fixed pillar crane || ~ à **console** / bracket crane, wall crane || ~ pour la **construction de bateaux** / dock[yard] crane || ~ de **coulée** / foundry o. pouring crane || ~ à **crinoline** / top slewing crane || ~ **démouleuse** (sidér) / stripper o. stripping crane || ~ **dépanneuse** (auto) / salvage crane, wrecking crane (US) || ~ à **déplacer** (ch.de fer) / shifting crane || ~ **derrick** / derrick || ~ **distributrice** (à flèche horizontale) / building crane, tower gantry || ~ **dragueuse** / excavator crane || ~ à **électro-aimant** / magnet crane || ~ **empileuse** / stacker crane || ~ d'**enceinte de confinement** (réacteur) / containment crane || ~ **enfourneuse** / charging crane || ~ d'**étalage à gueuses** (sidér) / pigyard crane || ~ **fixe** / fixed [jib] crane || ~ à **flèche** / cantilever o. jib crane || ~ à **flèche horizontale distributrice** / trolley jib crane || ~ à **flèche orientable** / swivelling crane || ~ à **flèche relevable** / luffing jib crane || ~ **flottante** / floating o. floater crane || ~ de **fonderie** / foundry crane || ~ de **fort tonnage** / heavy lift crane || ~ de **four pit** (sidér) / stripper o. stripping crane || ~ à **fut pivotant** / bottom slewing crane || ~ **géante** / goliath crane || ~ **gerbeuse à fourche** / stacker crane || ~ à **grappin** / grab[bing] crane, clamshell crane || ~ à **griffes** / claw crane || ~ **grimpante** (bâtim) / climbing crane || ~ **héron** (film) / travelling crane || ~ à **lingots** (lam) / ingot crane || ~ **manuelle** / hand crane || ~ de **manutention** / loading crane || ~

mobile / mobile crane || ~ **mobile [sur camion]** (auto) / lorry (GB) o. truck (US) [mounted] crane || ~ **mobile sur chenilles** / tracklaying crane, crawler [tracked] crane || ~ **monorail** / monorail crane || ~ de **montage** / assembly crane || ~ de **montage mobile** (pont) / traveller || ~ à **montage rapide** / fast erecting crane || ~**-mouton** *f* à **ferrailles** / scrap drop crane || ~ **murale pivotante** / wall slewing crane || ~ de **navire** / deck crane || ~ de **navire à portée variable** / deck luffing crane || ~ de **parc** / stockyard crane || ~ du **parc à ferrailles** / scrap yard crane || ~ à **pivot encastré** / stationary revolving crane || ~ **pivotant du haut,** [du bas] / top, [bottom] slewing crane || ~ **pivotante** / slewing crane, swinging crane || ~ **pivotante pour cales sèches** / slipway slewing crane || ~ **pivotante sur pylone** / tower o. turret slewing crane, revolving o. slewing tower crane, hammer-head crane || ~ **pivotante roulante ou mobile ou transportable** / portable o. travelling slewing crane || ~ **pivotante à variation de volée** / level luffing crane || ~ **pivotante ou tournante sur wagon** (ch.de fer) / slewing wagon crane, revolving wagon crane || ~ à **plein portique** / full gantry crane, bridge crane || ~ à **pont roulant** / overhead travelling crane || ~**-ponton** *f* / floating o. floater crane, pontoon crane || ~ de **port** / quay o. harbour crane, wharf crane || ~ à **portée variable** / level luffing crane, derrick[ing jib] crane || ~ à **portée variable à direction double ou à tiges conductrices jumelées** / double-link level luffing crane || ~ **porte-poche** / foundry ladle crane, ladle [handling] crane || ~ **portique** / frame crane, trestle crane, portal crane || ~ **portique pour conteneurs** (nav) / portainer || ~ à **portique entier ou à plein portique** / [full] gantry crane || ~ **portique mobile** (bâtim) / traveller gantry || ~ à **poser les tuyaux** / pipe layer || ~ à **potence** / wall crane || ~ à **pylone** / [mono]tower crane || ~ de **quai** / quay crane || ~ sur **rails** / rail crane || ~ de **relevage** (ch.de fer) / breakdown crane, derrick car (US) || ~ **roulante** / movable crane || ~ **roulante** / travelling crane || ~ **roulante et tournante** / travelling slewing crane || ~ **roulante suspendue** / overhead o. ceiling travelling crane || ~**-sapine** *f* (à flèche horizontale) / building crane, tower gantry || ~ de **secours** (ch.de fer) / breakdown crane, wrecking crane (US) || ~ **télescopable** / climbing crane || ~ **télescopique** / telescopic crane || ~ **télescopique sur camion** / truck crane with telescoping boom || ~ à **tenailles** / ingot tong crane, dog crane || ~ [en **tête de]** **marteau** / revolving tower crane, tower slewing crane, slewing tower crane, turret slewing crane, hammer-head crane || ~ **titan** / block crane for building piers || ~**-tour** *f* / tower o. turret slewing crane, revolving o. slewing tower crane, hammer-head crane || ~**-tour** *f* (à flèche horizontale) / building crane, tower gantry || ~**-tour** *f* **autodépliante** (bâtim) / self-erecting building tower crane || ~ à **tour pivotant à la base** / tower slewing crane revolving at base || ~ à **tour pivotant en haut** / tower slewing crane revolving at top || ~ **tournante** / slewing crane || ~ **tournante à benne preneuse ou à grappin** / slewing grab o. clamshell crane || ~ **tournante à colonne** / slewing pillar crane, wall slewing crane || ~ de **transbordement** / railway-crane || ~ de **transvasement** / foundry o. pouring crane || ~ sur **truck** / mobile crane (not being self-propelling) || ~ à **verser les auges** (sidér) / charging box tilting crane || ~ sur **voie ferrée** / track-bound crane, rail crane || ~ sur **voie surélevée** / crane travelling overhead, elevated crane || ~ **volante** / heavy-lift helicopter || ~ à **volée variable ou à volée articulée** / level luffing crane, derrick[ing jib] crane

grugeage *m* / notching

gruger (verre) / crumble off, shape the edges of glass || ~ (découp) / cope *vt*, notch *vt*

grume *f* (gén) / trunk o. long o. stem wood || ~, écorce restée sur le bois / bark left on the stem || **en** ~ (bois) / unhewn, unsquared || ~ [de **bois] d'œuvre** / straight o. strength o. structural timber

grumeau *m*, masse *f* coagulée / clot, coagulate || ~, masse *f* pulvérulente / lump || ~ de **lait** / curd || ~ de **latex coagulé** / lump of caoutchouc || ~ de la **masse cuite** (sucre) / ball of massecuite || ~**x** *m pl* **séchés de latex coagulé spontanement** (caoutchouc) / lump scrap || ~ *m* de **sucre** / tailings *pl*, clustered sugar

grumeler, [se] ~ / lump *vi vt*

grumeleux / lumped, cloddish, cloddy, clodded || ~ (surface) / granular

grumelure *f* (fonderie) / pore

grunérite *f* (min) / grunerite

grutage *m* / handling by crane

grutier *m* / crane man o. operator

guanidine *f* / guanidine || ~ **diphénylique** (chimie, caoutchouc) / diphenylguanidine

guano *m* / guano

guéable / fordable

guéer / ford *vt* || ~ le **linge** / rinse laundry

guenille *f* / shred

guêpe *f* / wasp || ~ de **bois** / horntail

guéret *m* (agr) / bar of the plough, landside

guérite [de garde-voie] *f* (ch.de fer) / signalman's cabin o. box || ~ de **commande ou de conducteur** (grue, funi) / driver's o. operator's cabin || ~ de **concentration ou de distribution ou de raccordement des câbles** / cable distribution box o. branch box || ~ de **frein** (ch.de fer) / brakeman's cabin, brakeman's caboose (US) || ~ de **manœuvre** (grue) / driver's cabin, driver-stand || ~ de **pile** / cell box || ~ de **raccordement** (télécom) / contact box

guerre *f* **bactériologique** / germ warfare || ~ **électronique ou des ondes** / electronic warfare

guet *m* **lointain** (mil) / early warning

guetteur *m* (ch.de fer) / flagman, look-out man

gueulard *m* (sidér) / top of a blast furnace, blast furnace throat || ~ (acoust) / extra-loud loudspeaker || ~ à **clapets** / valve-seal type top charging || ~ à **trois cloches** / three-bell hopper arrangement

gueule *f* (pot) / beak o. spout of a vessel || ~ (tenaille) / bit of tongs || ~ du **concasseur** / jaws of a crusher *pl*, mouth || ~ des **descentes** / rain water head, collector || ~ de **four** / oven mouth || ~ du **haut fourneau** / top of a blast furnace

gueuse *f* (sidér) / pig mould || ~, fer *m* en gueuse (sidér) / pig, pig iron || ~**-mére** *f* (sidér) / sow

guhr *m* (géol) / guhr

guichet *m* (mines) / regulator of the air door || ~ (petite porte pratiquée dans une grande) / wicket (small door within a shed door) || ~ (petite ouverture) / counter, wicket, window || ~**-auto** *m* (banque) / drive-up window || ~ des **bagages** (ch.de fer) / baggage registration office || ~ des **billets** (ch.de fer) / ticket counter o. office (US) o. window, booking office || ~ pour la **distribution des outils** / tool crib o. hatch, toolshop || ~ **passe-plats** / service o. serving hatch, pushthrough

guichetier *m* (ch.de fer) / passenger agent

guidage *m* / control, guidance, steerage || **à** ~ **automatique** / self-locating || **à** ~ **optique** (missile) /

optically tracked || **de** ~ / guiding || ~ **angulaire** / angular guide || ~ par **billes** (bloc à colonnes) / ball bearing guide bush || ~ en **bout** / front guide || ~ du **câble** / rope guide || ~ de **cage par câbles** (mines) / rope guidance || ~ du **chariot** / carriage guide o. rail || ~ de **courant de fuite** (électr) / tracking of leak current || ~ en **courbe** (techn) / curved guide *pl* || ~ **droit** / straight-line motion o. mechanism || ~ d'**engins** / missile guidance || ~ par **faisceau** (aéro) / beam riding, beam rider guidance || ~ **forcé** / restraint, restricted guidance || ~ à **glissement** (m outils) / slideway || ~ à **glissière** / sliding rail, bar guide || ~ à **glissières prismatiques doubles** / double V-guide || ~ en **homing** (radar) / tracking || ~ **hydrostatique** (m outils) / hydrostatic guiding arrangement || ~ par **inertie système strap-down** (espace) / strapdown inertial guidance || ~ par **itération** (ELF) (astron) / orbit correction || ~ de la **masse tombante** / hammer [tup] guides *pl* || ~ de **matière** (m.outil) / stock guides *pl* || ~ à **mortaise** / slit o. slot guidance o. guiding device || ~ de **mouton** / hammer [tup] guides *pl* || ~ de **porte** / door rail || ~ **programmé** (aéro) / memory guidance || ~ par **radar** / radar vectoring || ~ en **radioralliement** (ELF) (aéro) / homing [guidance] || ~ à **rainure** / slit o. slot guidance o. guiding device || ~ à **rouleaux** (gén) / guide rollers *pl* || ~ à **rouleaux** (m outils) / anti-friction guideway o. slideway || ~ du **ruban** (m.à ecrire) / ribbon guide || ~ du **ruban** (filage) / sliver guide || ~ depuis une **station terrestre** (mil) / passive homing || ~ par **télécommande** / command guidance || ~ **terrestre** (missile) / terrestrial guidance || ~ à **tige** / rod guidance || ~ **unilatéral** / single-edge guiding

guide *m* / guide || ~ (m.à vap) / crosshead guides *pl* || ~ (m.outils) / cheek, fence, ledger || ~ (découp) / guide plate || ~-**...**, .-guide / guiding || ~ à **aller droit** (m.à coudre) / rule, guide || ~ d'**angle** (cage d'extraction) / gliding beam, guide [rail o. rod] || ~-**antenne** *m* / antenna duct o. lead-in || ~ **arrière** (outil de brochage) / rear pilot of a broach || ~ d'**assemblage** (fonderie) / guide pin || ~ **automatique** (pap) / automatic guide || ~ de **bande** (bande sonore) / wrap of the tape, tape guide || ~-**barre** *m* (électr) / busbar carrier || ~ **bordeur** (m.à coudre) / binding guide || ~-**boyau** *m* (filage) / rope guider || ~-**broche** *m* (m. à brocher) / broach guiding tray || ~ de la **broche de perçage** / drilling spindle guide || ~ de **cabine** (ascenseur) / lift car guide rail || ~ du **cadre éjecteur** (plast) / ejector frame guide || ~-**chaîne** *m* (horloge) / stop, warning, surprise piece, detent stop || ~-**champ** *m* (tex) / fabric expander [roll], cloth spreader || ~ de **châssis** (scie) / saw guide || ~-**copeaux** *m* / chip deflector || ~ à **coudre** (m.à coudre) / rule, guide || ~-**courroie** *m* / belt fork o. guide || ~ de la **crosse circulaire** / ring guide || ~ **cylindre supérieur** (continu à retordre) / top drafting roller guide || ~ à **dépression** (TV) / tape guide segment, femal guide || ~ **diélectrique** (électron) / wave guide || ~-**distributeur** *m* (tex) / thread guide || ~ **d'ondes** (électron) / wave guide || ~ **d'entrée** (lam) / entry guide || ~ d'**essieu** (ch. de fer) / wheel-set guide || ~-**étoffe** *m* (tiss) / cloth guider || ~-**fil** *m* (filage) / thread guide || ~-**fil** *m* (m.à coudre) / thread guide || ~-**fil** *m* (isolateur) / insulator groove || ~-**fil** *m* en forme de **boucle** (tex) / loop thread-guide || ~-**fil** *m* **métallique** (filage) / wire eyelet || ~-**fil** *m* **oscillant** (tex) / pendulum yarn carrier || ~-**fil** *m* **tournant** (tex) / revolving thread guide || ~-**film** *m* / film guide || ~-**fils** *m* **va-et-vient** (tex) / traversing thread guide || ~ de **formulaires** (ord) / paper guide || ~ de **frein** / brake guide || ~ à **froncer** (m.à coudre) / gatherer || ~ **galon** (m.à coudre) / welt guide, braid guide || ~ **général à la conception** / general guide for designing || ~-**hors** *m* (sidér) / top of a furnace || ~-**lame** *m* (faucheuse) / cutter bar knife guide o. knife clip || ~-**ligne** *m* (imprimante) / bail of a printer || ~-**lisière** *m* (tiss) / selvedge guide || ~ de **lumière** (par fibres optiques) / glass- o. fiber-optic[al] light guide o. waveguide || ~-**manchon** *m* (filage) / guide rail o. bridge || ~ **margeur** (m.à coudre) / edge guide || ~ de **masse-tige** (pétrole) / stabilizer || ~-**matière** *m* / stock guides *pl* || ~-**mèche** *m* (filage) / traverse guide o. motion, sliver guide || ~-**mèche** *m* **alimentaire** (filage) / roving feed guide

guide d'ondes *m* / waveguide || ~ **articulé** / vertebrate waveguide || ~ **circulaire** / circular wave guide || ~ **creux à section lunaire** / lunar line waveguide || ~ **cylindrique** / wave duct || ~ **diélectrique** / dielectric waveguide || ~ **évanescent** / evanescent o. cutoff waveguide || ~ à **évasements rayonnants** / flared radiating guide || ~ **hélicoïdal** / helical waveguide || ~ **lumineuses** / beam waveguide || ~ à **moulures** / ridge waveguide || ~ **multimode** / multimode waveguide || ~ à **parois ondulées** / ridge o. septate waveguide || ~ à **plaques parallèles** / parallel plate guide || ~ **rayonnant** / waveguide radiator || ~ **rectangulaire** / rectangular waveguide || ~ **rectangulaire** / rectangular waveguide || ~ à **ruban** / ribbon conductor || ~ à **section variable** / squitter, split o. squeezable waveguide || ~ pour **téléphonie à longue distance** / long-distance waveguide || ~ **tubulaire à section circulaire** / circular hollow conductor || ~ **unifilaire** / surface wave transmission line

guide *m* **ouateur** (m à coudre) / quilting guide || ~ **ourleur** (m à coudre) / hemmer guide || ~-**papier** *m* (télécom) / paper guide || ~ de **perçage amovible** / renewable bush || ~ de **perçage fixe** / press fit jig bush || ~ de **perçage à montage rapide** / jig bush slip type || ~ **plisseur** (m.à coudre) / pleating guide || ~ **remplieur** (m.à coudre) / folding guide || ~-**rope** *m* (ballon) / trail rope, guide line || ~ du **rouleau de nappe** (batteur) (filage) / lap roller guide || ~ à **roulettes** (soudage) / blowpipe roller guide || ~-**ruban** *m* (filage) / sliver guide || ~-**ruban** *m* (m. à ecrire) / ribbon [center] guide || ~-**ruban** *m* (imprimeuse) / carbon-ribbon feed device || ~-**sabre** *m* (tex) / picking stick motion || ~ de **soupape**, guide-soupape *m* / valve stem guide o. bush[ing] || ~ de **tête de lame** (moissonneuse) / knife head guide || ~ de **tige de soupape** / valve stem guide || ~-**tissu** *m*, guide-toile *m* (teint) / cloth guider || ~-**trottoir** *m* (auto) / curbstone feeler, curb signal

guidé / guided || ~ (véhicule) / railborn, guided || ~ (p.e. aéroglisseur) / track-bound, railborn || ~ par **fil** (missile) / wire-guided, teleguided

guider / conduct, lead, guide, rule || ~ par **guidages** / guide || ~ une **tige dans le raccord** (pétrole) / stab

guidon *m* (mil) / front sight, fore-sight || ~ (arp) / surveyor's flag || ~ (moto-, bicyclette) / handlebar || ~ **circulaire** (mil) / ring-shaped o. annular o. circular fore-sight || ~ de **randonnée** (bicycl) / raised o. up-turned handlebar || ~ **sport** (bicycl.) / dropped handlebar || ~ à **tableau de contrôle** (motocycle) / handlebar with instrument panel || ~ **triangulaire** (mil) / triangular front sight

guignol *m* / reversing lever || ~ de l'**aileron** (aéro) / aileron crank o. lever

guillaume *m* / rabbeting plane || ~ à **canneler** / beading o. fluting o. moulding plane || ~ de **fil** (men)

side-fillister || ~ de **fil à rainurer** / side rabbet plane o. rebate plane || ~ à **plates-bandes** / cornice o. moulding plane
guillemets *m pl* / duck-foot quotes, guillemets *pl*
guilloche *f*(outil) / engine turn
guilloché *m* (techn) / guilloche work, rose engine turning
guillocher / engine-turn || ~ (tex, aiguille) / tuck
guillochis *m*, guillochure *f*(techn) / guilloche work, [rose-]engine turning
guillotage *m* / zincography
guillotine *f*(pap) / guillotine
guimbarde *f*(men) / plough [plane]
guinand *m* (céram) / thimble (a kiln furniture)
guindal *m* (mines) / engine, windlass, mining winch
guindeau *m* (nav) / windlass || **~-cabestan** *m* / anchor capstan || ~ de **chaîne** / chain capstan || ~ d'**embarcation** / boat hoist || ~ pour **filets** (nav) / trawler winch
guinder / lift, raise, hoist || ~ (nav) / hoist, haul up || ~ (mines) / draw up
guindre *m* (teint) / hank holder || ~ (soie) / cocoon reeler
guingan *m*, guingham *m* (tiss) / gingham
guipage *m* / covering with thread || ~ (câble) / string spinning || **à ~ double** / double-covered || **à ~ double de coton** (électr) / double cotton-covered, d.c.c. || **à ~ double de soie** (électr) / double silk-covered, d.s.c. || ~ de **chanvre** / hemp covering o. bedding || ~ de **coton** / cotton covering || ~ en **retors** / yarn covering || ~ de **soie** / silk covering
guipé (fil, corde) (électr) / covered || ~ au **coton [double]** (électr) / double cotton covered, [d.]c.c., cotton covered || ~ au **coton simple** / single-cotton covered, s.c.c., scc || ~ au **coton simple et à la soie double** (électr) / single cotton double silk covered, cds || ~ de **fil** / woven round with wire || ~ de **soie** / silk-covered, sc || ~ **trois fois** (électr) / TB, triple braided
guiper (câble) / cover *vt* with web
guipeur *m* de **coton** / cotton covering machine for cables
guipeuse *f* / covering machine for cables || ~ **et machine à recouvrir les filés** (câble) / covering and taping machine || ~ à **fils** / wire coating o. covering machine
guirlande·s *f pl* **lumineuses** (routes) / lights *pl* marking an obstruction || ~ *f* **supérieure** (bande transp.) / garland, carrying garland, catenary troughing idlers *pl*
gummifère / gumming, (also:) containing gum, gummy
gummite *f*(min) / gummite
gunitage *m* / guniting
gunite *f* / gunite
guniter / inject cement after the Torkret system
guniteuse *f* / cement gun, cement throwing jet
gurolie *f* / gyrolite
gutta-percha *f*, gutta *f* / gutta-percha
GW-an *m* (électr) / GW-year, gigawatt year
Gy, gray (= 100 rad) / gray, Gy
gypse *m* / gypsum || ~ **cuit ou calciné** / burnt o. dried gypsum, boiled plaster of Paris || ~ **fibreux** / fibrous gypsum, English talc || ~ **spathique ou lamelleux** / gyps[e]ous spath, lamellar gypsum
gyrateur *m* à **ferrite** (guide d'ondes) / ferrite rotator, ferrite gyrator
gyre *f*(crist) / gyre
gyro·bus *m* / gyrobus || **~clinomètre** *m* (aéro) / gyrostatic level, gyro[in]clinometer (US) || **~compas-pilote** *m* / gyroscope, gyrostat, gyro compass || **~-craquage** *m* (chimie) / gyro cracking || **~dozer** *m* / gyrodozer || **~dyne** *m* (aéro) / gyrodyne || **~fréquence** *f*(phys) / gyro-frequency || **~-horizon** *m* / artificial o. gyroscopic o. gyro-horizon || **~mètre** *m* (phys) / gyrometer || **~phare** *m* (auto) / warning beacon, flashing alarm lamp || **~pilote** *m* (aéro) / autopilot, automatic o. mechanical pilot, gyropilot || **~rector** *m* (aéro) / gyroscopic flight direction indicator, gyrorector
gyroscope *m* / gyroscope, gyrostat || ~ d'**attitude** / sight-line gyro, bootstrap gyro || ~ de **cap** / directional gyro || ~ **corpusculaire** / particle gyro || ~ **cryogénique** / cryogenic gyro || ~ **cryoscopique** / cryoscopic gyro || ~ [à] **deux degrés de liberté** / rate gyro || ~ **directionnel** (aéro) / directional gyro || ~ **électrostatique** / electrostatic gyro || ~ **flottant** / floating gyro || ~ **garde-direction** (aéro) / gyroscopic flight direction indicator, gyrorector || ~ à **laser** / laser gyro || ~ **libre** / free gyro[stat], neutral gyro || ~ **méridien** (aéro) / meridian gyro || ~ **nucléaire** (aéro) / nuclear gyro || ~ à **paliers à air, [à gaz]** / air, [gas] bearing gyro || ~ de **particules** / particle gyro || ~ du **pilote automatique** / autopilot gyro || ~ de **position** / sight-line gyro, bootstrap gyro || ~ à **réglage automatique sur le Nord** / north seeking gyro || ~ à **rotor libre** / free rotor gyro || ~ **soustrait à l'action de forces** / free gyro, space gyro || ~ **soustrait à l'action des forces** / free gyro[stat], neutral gyro || ~ **stabilisateur** (espace) / momentum wheel || ~ à **supraconducteur** / cryoscopic gyro || ~ à **suspension électrique** / electrostatic gyro || ~ à **trois degrés de liberté** / free gyro, space gyro || ~ **vertical** (aéro) / vertical gyro
gyro·scopé (obus) / spinning, spin-stabilized || **~scopique** / gyroscopic || **~stabilisation** *f*(espace) / spin stabilization || **à ~stabilisation** / spinning, spin-stabilized || **~stat** *m* (gén) / gyroscope, gyrostat || **~tapis** *m* (aéroport) / luggage carrousel || **~trope** *m* (électr) / reversing switch
gyttja *f* (une vase lacustre) / gyttja

H

ha, hectare *m* (= 10000 m^2) / hectare
habileté *f* / skill, dexterity, cleverness
habillage *m* (techn) / covering, sheathing || ~ (auto) / covering, soft trim, moulding || ~ (commerce) / get-up, packaging || ~ du **cylindre** (typo) / cylinder dressing o. covering o. packing || ~ d'un **fil guipé** / spiral covering || ~ de **lave-vaisselle et de machine à laver** / cabinet || ~ de **plafond** (auto) / inside roof lining || ~ du **réacteur** (nucl) / reactor shell || ~ du **tracteur** / driver's cabin
habillement *m* / dress
habiller / dress, clothe
habit·s *m pl* / dress || ~ *m* de **cristal** / crystal habit
habitabilité *f* / spaciousness, ampleness, roominess, capacity
habitable / habitable, suitable for habitation
habitacle *m* (aéro) / flight deck, cockpit || ~ (nav) / binnacle || ~ (auto) / body [case]
habitat *m* / questions concerning a settlement, accommodation || ~ (bot) / habitat || ~ (biol) / biotope || ~ **concentré** / built-up area, urban district || ~ **dispersé** / open settlement || ~ en **immeuble haut** / tower block dwelling
habitation *f* / residential occupancies *pl*, dwelling,

residence || **~s** *f pl* **continues** / back-to-back houses *pl* || **~s** *f pl* à **loyer modéré**, H.L.M. / social housing scheme, council houses (GB) *pl* || ~ *f* **privée** (bâtim) / residence
habité (espace) / man-controlled, manned
habiter / dwell, lodge [in]
habitude *f* / practice, praxis
habitus *m* (crist) / habit
hachage *m* (pap) / chopping of rags || ~ (panneaux de part.) / chipping of wood
hachard *m* (forge) / cold cutter
hache *f* / axe, ax (US) || ~ à **abattre** / cleaver, felling axe || **~-bois** *m* / chopping [and chipping] machine, wood o. refuse chipper, [wood] hog || ~ *f* de **boucher** / butcher's cleaver o. chopper || ~ de **charpentier** / [broad] hatchet for carpenters || ~ **façon Canada** / Canadian ax[e] || ~ à **main** / hatchet || **~-paille** *m* / straw cutter, chaff cutter, chopper || **~-paille et ventilateur** *m* (agr) / straw cutter and blower || ~ *f* à **poing** / hatchet || ~ de **pompier** / fireman's axe || ~ de **refente** / wood cleaver's axe, wedge axe || **~-viande** *m* / passing machine, chopper
haché (cassure) / hackly
hacher / chop *vt*, mince || ~, entailler / notch *vt* || ~ (agr) / chop *vt* || ~ (télécom) / scramble *vt*, jumble || ~ (maçon) / scabble || ~, hachurer (dessin) / hatch *vt*, hachure *vt* || ~ **croix** / crosshatch *vt*
hacheron *m*, hachereau *m* / mason's hammer
hachette *f* / hatchet || ~ de **ménage** / chopping axe || ~ de **pompier** / fireman's hatchet, fire brigade hatchet
hacheur *m* (électron) / chopper || **~-amplificateur** *m* / chopper amplifier, vibrating reed o. contact-modulated amplifier || ~ pour **ensilage** (agr) / ensilage cutter || ~ pour **neutrons** / neutron chopper
hacheuse *f* (agr) / straw cutter, chaff cutter, chopper || ~ à **éjection** (agr) / impeller type chopper || ~ pour **feuilles de betteraves** / beet-leaf chopper || ~ de **sarments** (agr) / brushwood chopper || ~ à **soufflerie** (agr) / chopper blower
hachi[s]ch *m* (bot) / hash, hasheesh, charas
hachoir *m* / passing machine, chopper, chopping machine || ~ / chopping blade o. knife, hacking knife || ~ [à **fourrage]** / fodder chopping machine, chaff o. straw cutting machine o. cutter || ~ des **matières retenues par la grille** (hydr) / screen shredder o. disintegrator
hachure *f* / hatch, hachure || **~s** *f pl* (dessin) / section lines *pl*, section lining, hatching || **~s** *f pl* (arp) / dropped lines *pl*, hachure, hatchure (US) || **~s** *f pl* (circuit imprimé) / cross-hatching || **faire des ~s** (dessin) / hatch *vt*, hachure *vt* || ~ *f* **croisée** / crosshatching, counterhatching
hachurer (dessin) / hatch *vt*, hachure *vt* || ~ (techn) / knurl diagonally || ~ en **croix** (dessin) / crosshatch
hadron *m* (phys) / hadron
hafnium *m*, Hf / hafnium
hahnium *m* / hahnium
haie *f* **vive** (routes) / live fence
haillon *m* (pap) / rag
halage *m* sur **chaîne** (mines) / chain haulage || ~ [à la **cordelle]** / hauling o. towing boats
halde *f* (mines) / dump || ~ de **décombres** / spoil bank || ~ de **minerais** / pile o. heap of ores || ~ de **mise à terril** / dumping ground o. yard || ~ des **remblais** / heap of refuse o. rubbish o. waste, rubbish dump, pit heap, refuse tip || ~ aux **scories** / slag dump o. pit || ~ de **verse** (mines) / dumping ground o. yard
haler (nav) / tow, tug || ~ à **bord** / haul home o. in || ~ un **câble** / pick up a cable || ~ [à la **cordelle]** (nav) / haul o. tow boats || ~ **main sur main** / haul hand over hand
halètement *m* (ELF) (fusée) / chuffing
halide [de] / halo-, halogen...
halimétrie *f* / halometry
halioplancton *m* / halioplancton
halite *f* (min) / halite, common o. rock-salt
hall *m* / hall, shed || ~ (dans une maison privée) / room || ~ **central** (aéro) / check-in hall || ~ **central** (bâtim) / light well || ~ à **comble en redents** / shed building o. construction || ~ de **coulée** (fonderie) / casting o. foundry bay || ~ de **distribution** (électr) / distribution hall o. station || ~ d'**entrée** (de l'hôtel) / lobby || ~ d'**exposition** / pavilion || ~ de **gare** / station hall, concourse || ~ de **laminage** / rolling mill bay || ~ des **machines** / machine[ry] house o. hall || ~ de **montage** (ELF) / assembly shop o. bay || ~ de **quai** (ch. de fer) / platform shelter, roofed platform, overall roof o. span of a station || ~ de **réception** / inspection department || ~ de **recette** / shaft house o. sheds *pl*, pit building
halle *f* / covered market || ~, hall *m*, atelier *m* / workshop, hall, bay, aisle || ~ en **charpente métallique** / steel structure o. steel-framed hall || ~ des **chaudières** / boiler house o. room || ~ des **convertisseurs** (sidér) / converter aisle || ~ de **cornues** / retort house || ~ de **coulée** / casting bay o. house, foundry || ~ d'**expédition** (ch.de fer) / dispatch shed || ~ des **expéditions** (ordonn) / shipping bay || ~ de **fours** / furnace house || ~ de **fusion** / casting o. foundry bay || ~ à ou aux **marchandises** / goods shed (GB), freight [ware] house (US) || ~ aux **mélanges** (sidér) / place for blending of iron-ore || ~ de **montage** / assembly o. fitting o. mounting bay o. hall || ~ de **montage** (ch.de fer) / erecting shop || ~ de **réception** (ch.de fer) / receiving shed || ~ de **recette** voir hall de recette || ~ des **tours automatiques** (m.outils) / screw machine department
halloysite *f* (min) / halloysite
halo *m* (opt) / corona || ~ (astr) / halo || ~ (TV) / halation || ~ **noir** / black halo || ~ **pléochroïque** (crist) / pleochroic halo || ~ **principal ou de 22°** (soleil) / ice halo, halo of 22°
haloacide *m* / halogen hydracid, haloid acid, hydrogen halide
halochimie *f* / chemistry of salts
halochromie *f* (teint) / halochromism, halochromation
halogénation *f* / halogenation
halogène *adj* / halo-, halogen... || ~ *m* / halogen
halogéné / halogenated
halogéner / halogenate
halogénure *m* / halogenide, halide || ~ d'**acide** / acid hal[ogen]ide || ~ **alcalin** / alkali halide || ~ d'**alkyle ou d'alcoyle** / monohalogenated derivative || ~ d'**antimoine** / antimony halide || ~ d'**argent** / silver halide || ~ d'**aryle** / aryl halide
haloïde *adj* / halo-, halogen... || ~ *m* / halide, halogenide || ~ d'**éthyle** / ethyl halide || ~ **propylique** / propyl halide
halomètre *m* / halometer, brine gauge o. poise, salinometer
halométrie *f* / halometry
halon *m* / halon [extinguishing agent], halogenated hydrocarbon
halophile / salsuginous
halophobe / halophobic
halotrichite *f* (min) / halotrichite, feather o. iron alum
halte *f* / halt, station, stopping place || ~ / stop, halt ||

~ ! / stop!
haltère, en forme de ~ / dumbbell-shaped
hambergite *f*(min) / hambergite
hameçon *m* / fish hook
hammer grab (déconseillé) *m*, trépan-benne *m* (ELF) / hammer grab
hampe *f*(gén) / staff (e.g.: flagstaff)
hanche *f* / swelling, bulging out || ~ de **chèvre** / gin pole
handicap *m*(contr. qual) / handicap
handicapé *m* / disabled person
hangar *m* / shed || ~ pour **avions** / airplane hangar || ~ à **bateaux** / boat-house || ~ à **charbon** / coal shed || ~ à **machines** (agr) / utility shed || ~ à **matériaux** / store shed || ~ d'un **puits** / shaft house o. sheds *pl* || ~ de **stockage** / store shed
hanneton *m*, Melolontha melolontha (agr) / common cockchafer || ~ **japonais**, Popillia japonica / Japanese beetle
happe *f*(bâtim) / cramp, clamp || ~ de **charpentier** / dog, cramp [iron]
happer / snap *vt*, snatch *vt*
harasse *f* / wooden crate
harasser *vt* / exhaust, wear out
hardeneur *m* / felting machine
hardénite *f*(sidér) / hardenite
hard-top *m*(auto) / hardtop sedan
Hardy *m*(spectrophotomètre, opt) / recording spectrophotometer, spectrophotometer on the Hardy principle
harenguier *m*(nav) / lugger
harenguière *f* / herring net
harmalin *m* / regina purple
harmonica *m* / harmonica, mouth organ
harmonie *f* / harmony || **en** ~ / in resonance || ~ des **couleurs** / colour harmony
harmonique *adj* / harmonic || ~ (phys) / harmonically excited o. driven || ~ *m* / harmonic [component] || ~ **impair** (phys) / odd harmonic, uneven harmonic || ~ d'**ordre pair** (phys) / even harmonic || ~ **supérieur** / higher harmonic [wave], treble
harmonisé (qualité) / harmonized
harmoniser *vt* / conform *vt*, match *vt*
harmonium *m* / American organ, reed organ, harmonium
harmotome *m*(min) / harmotome
harnais *m*(techn) / intermediate gear || ~ (tiss) / harness, heald frame o. shaft || ~ de **câbles** / cable form (GB) o. harness (US) o. tree, wire harness o. assembly, loom of cables o. wires || ~ d'**engrenage à changement de vitesse** / change gear train || ~ d'**engrenage de renversement** / reverse o. reversing gear [box] || ~ d'**engrenages** / backgear, train of gear wheels || ~ d'**engrenages inverseurs** / reversing gear || ~ *m pl* de **gaze** (tiss) / gauze o. doup harness || ~ *m* de **parachute** / harness of parachute || ~ de **sécurité** / safety harness
harpe *f*(bâtiment) / toothing [stone]
harpon *m*(bâtim) / forked tie
hartley *m*(ord) / hartley (unit of information = 3.32 bits)
harvestore *m*(agr) / harvestore
hasard *m* / chance, contingency, luck || **de** ~ (crist) / random || **par** ~ / by chance
haschi[s]ch *m*(bot) / hash, hasheesh, charas
hatchettine *f*(chimie) / mineral tallow, rock fat
hâter / hasten, push on || ~ (se) / lead *vi*, advance, run at a higher speed
hauban *m* / guy, bracing wire || ~ (nav) / shroud || ~ (télécom) / [wire] stay || ~, câble *m* d' ancrage / bracing, staying || ~ (pont) / stay cable || ~ de **contreventement** (télécom) / transversal stay || ~ de **croisillonnage** / bracing wire o. cable, stretching o. tension wire || ~ en **fil métallique** (télécom) / wire stay || ~ **longitudinal** (télécom) / longitudinal stay || ~**s** *m pl* de **recul** (aéro) / antidrag wires *pl* || ~ *m* de **soutien au sol** (aéro) / antilift o. landing wire || ~ de **traînée** (aéro) / drag wire
haubanage *m* / bracing, staying, restraint, steadying with a guy || ~ (ligne de contact) / bracing, staying || **sans** ~ / braceless, unbraced || ~ de **câble** / cable bracing || ~ en **corde à piano**, haubanage *m* par fils / wire bracing || ~ d'**incidence** / diagonal bracing
haubané (mât) / guyed || ~ (pont) / cable-stayed || ~ par **câble** (poutre) / cable-stressed
haubaner (poteaux) / brace *vt*, stay, guy *vt* || ~ (bâtim) / grapple *vt*, lash, secure
hauérite *f*(min) / hauerite
hausmannite *f*(min) / hausmannite
hausse *f*(fonderie) / sand filling frame || ~ (hydr) / shutter || ~ (fusil) / sighting device, sight || ~ **automobile** (hydr) / self-acting shutter, automatic shutter || ~ **circulaire** (mil) / ring sight, annular sight || ~ à **curseur** / folding leaf rear sight || ~ **échelonnée** (mil) / graduated sight || ~ **graduée à curseur** / tangent rear sight || ~ **lumineuse** / illuminated sight || ~ **mobile** (hydr) / self-acting shutter || ~ **panoramique** / panoramic sight || ~ à **planche mobile** (mil) / leaf sight || ~ de **prix** / additional charge, increase of price || ~ de la **température** / temperature rise || ~ à **trou** / peep sight (US)
haussement *m* / increase, rising, rise || ~ de **niveau d'eau** / banking-up of the water level
hausser / raise *vt* || ~ (bâtim) / run *vt* up || ~ (hydr) / bank[-up], dam [up], stem || **faire** ~ / increase *vt*
haussette *f* de **bout** (ch.de fer) / drop end
haussière *f*(nav) / cable
haut *adj* / high || ~ (ton) / high, loud || ~ (bruit) / loud || **à** ~ **niveau de qualité** (soudage) / high-rated || **à** ~ **rendement** / heavy-duty, high-capacity, high-performance, high-power, -powered || **à** ~ **rendement** (turb. à gaz) / heavy-duty type || **cette face en** ~ **!** / this side up! || **de** ~ **contraste** (TV, phot) / rich in contrast, high-contrast || **de** ~ **niveau** (télécom) / high-level... || **d'un** ~ **degré** / high-grade || **en** ~ **!** (engin de levage) / up! || **en** ~ / at the top, overhead || **en** ~ / upstairs || **en** ~ **- en bas** / from top to bottom || ~ en **air** / in mid-air || ~ **bout** *m* / upper end, top || ~ de **casse** (typo) / upper case, UC || ~ de **cylindre** / upper part of the cylinder || ~ **degré d'intégration** (électron) / large scale integration, LSI || ~**-fond** *m* / shoal, shallowness, shallows *pl*, flat || ~ **fourneau** voir ce mot || ~ de **jante** (auto) / upper rim || ~**-le-pied** (locomotive) / running light || ~**s** *m pl* d'un **navire** / top sides *pl* || ~ *m* de **piston** (techn) / piston head o. top || ~ **placé** *adj* / high-level..., high-type || ~ **polymère** *m* / high polymer || ~**-relief** *m* / high relief
haute, à ~ **capacité de charge** (chargeur) / high-wattage... || **à** ~ **charge admissible** (accu) / high-wattage... || **à** ~ **définition** (TV) / high-definition || **à** ~ **densité moléculaire** / of high molecular weight || **à** ~ **fréquence** / high-frequency || **à** ~ **impédance** / high-impedance... || **à** ~ **impédance** (batterie) / high-drain... || **à** ~ **pression** / high-pressure... || **à** ~ **puissance en watts** / high-wattage... || **à** ~ **résistance** / high-strength... || **à** ~ **résistance à chaud** (alliage) / high-temperature... || **à** ~ **résistance au chocs** (plast) / of high impact strength || **à** ~ **résistance à la fatigue** / of high fatigue resistance || **à** ~ **résistance à la traction** /

high-tensile... || **à ~ rigidité**, HR / high-rigidity..., HR || **à ~ teneur** / high-percentage... || **à ~ teneur**, de haute qualité / high-grade, high-quality || **à ~ teneur en matières volatiles** (houille) / high volatile || **à ~ teneur en silicium** (sidér) / high-silicon || **à ~ tension** / high-voltage... || **à ~ vitesse** (techn) / high-speed... || **à ou sous ~ pression** / high-pressure... || **de ~ activité** (nucl) / hot, shielded (coll) || **de ~ capacité** / heavy-duty, high-capacity, high-performance, high-power, -powered || **de ~ conductivité** / highly conductive, high-conductivity... || **de ~ énergie** (nucl) / high-energy || **de ~ qualité** / high-quality..., high-grade... || **de ~ résolution** / high-resolution || **en ~ mer** / deep-sea... || **~s eaux** *f pl* (hydr) / high-water || **~s et basses** *f pl* (phono) / pitch, register || ~ **fidélité** *f* / high fidelity, hi-fi || ~ **fluidité** / high flow o. fluidity || ~ **fréquence** (gén) / high frequency || ~ **fréquence minimale utilisable** / lowest useful high frequency, LUHF || ~ **fréquence pour téléphonie à longue distance** / high frequency for long-distance traffic || ~ **futaie** / old o. high o. mature stand o. timber || **~-lisse** *adj* (tiss) / high-warp, hautelisse... || ~ **marée** *f* / flood [tide] || ~ **mer** / open o. high sea || ~ **portion** (pétrole) / heavy fraction || ~ **pression**, H.P. / high-pressure, HP || ~ **priorité** / high-priority || ~ **tension** (transfo) / primary voltage || ~ **tension** (entre 45 kV et 150 kV) / high-voltage, high-tension, H.T., high-potential || ~ **tige** (agr) / lofty o. tall tree, high-standing tree

hautement qualifié, H.Q. / highly qualified

hauteur *f* (gén) / height || ~ (dimension) / thickness, size, length || ~, altitude *f* / altitude, height, level || ~ (taille) / height, tallness || ~ (thermomètre, etc) / reading || ~ (géogr) / elevation, height || **à la ~ typographique** (typo) / type-high || **de ~ irrégulière ou inégale** / varying in height || **en ~ des épaules** / shoulder-high || **être à la ~ de la tâche** / cope [with] || ~ **absolue** (aéro) / flight altitude o. level || ~ d'**affaissement** (béton) / slump || ~ d'**alimentation requise** / net positive suction head, NPSH || ~ **apparente de couche ionisée** (radio) / virtual height of reflection || ~ d'**approche finale** / final approach altitude || ~ d'**approche manquée** (aéro) / missed approach altitude || ~ de l'**arbre** (électr) / shaft center [height] || ~ des **arbres** (tourn) / height of centers, swing (US), pitch, diameter turned || ~ d'**aspiration** (gén) / suction height o. head || ~ d'**aspiration** (pompe) / suction height || ~ d'**aspiration** (hygroscopie) / capillary rise of water || ~ d'**attaque** (excav.) / digging height || ~ d'**attaque d'une pelle** / cutting height of a shovel || ~ **au-dessus du plateau** (m.outils) / working height || ~ du **ballast** (ch.de fer) / depth of ballast || ~ **barométrique** / barometric height o. pressure || ~ du **boudin de pneu** (auto) / section height of tire || ~ du **cadre au dessus du sol** (auto) / height of chassis above ground || ~ du **caractère** (typo) / height of letters, height-to-paper || ~ des **caractères** (affichage) / font size, character height || ~ de **chute** (force hydr) / hydrostatic pressure, effective head, pressure head || ~ de **chute brute** (hydr) / gross head || ~ de **chute nette** / net head || ~ des **chutes de pluie** / quantity of precipitation o. of rainfall, precipitation rate, amount o. depth of precipitation o. rainfall || ~ sous **clé** (arc) / pitch, camber, rising height || ~ de **collerette** (douille de perçage) / thickness of head, height of washer face || ~ de **construction** / overall height, constructional depth || ~ de **coordination** (porte) / coordinating height || ~ **critique** (aéro) / critical height || ~ de **déchargement** / dumping height || ~ de **décision** (aéro) / decision height || ~ de **dent** (engrenage) / tooth depth || ~ de **déversement** / dumping height || ~ du **dormant ou de l'ensemble-porte** / hight of doorframe o. doorset || ~ **dynamique** (hydr) / velocity head || ~ des **eaux** / water level, depth o. height of water || ~ **écho/bruit de fond** (ultra-sons) / echo-to-noise ratio || ~ de l'**écrou** / thickness of nut || ~ **effective d'une antenne** / effective antenna height || ~ **efficace** (distill.) / height of transfer unit, HTU, HTU || ~ d'**élévation** / hoisting o. lifting height, lift || ~ de l'**entrefer** (b.magnét) / gap width [perpendicular to direction of recording] || ~ des **épaules** / shoulder level || ~ **équivalente** (antenne) / equivalent height || ~ d'**étage** (mines) / projection || ~ d'**étage** (bâtim) / height between floors || ~ d'**étalage** (haut fourneau) / height of boshes o. of belly || ~ d'**excavation** / digging height || ~ **exploitable d'un étage** (mines) / lift || ~ d'**extraction** (mines) / drawing o. hoisting o. winding height || ~ de **face** (pyramide) (math) / slant height || ~ de la **foule** (tiss) / depth of shed || ~ de **gabarit** (ch.de fer) / loading gauge height, headroom || ~ de **gauchissage** (auto) / lift || ~ de **guide** (b.magnét) / guide height || ~ d'**homme** / chest o. breast height || ~ d'**image** (TV) / height of image || ~ de l'**installation** (techn) / overall height || ~ d'un **instrument** (arp) / height of instruments, H.I. || ~ **intérieure** (four) / headroom || ~ de **jaugeage** (nav) / registered depth, depth of hold || ~ du **jour** (bâtim) / height of the day || ~ de **levage** (élévateur) / hoisting height || ~ de **levée** / height o. length o. lift of stroke || ~ **libre** (presse) / daylight || ~ **libre** (escalier) / headroom of stairs || ~ **libre** (pont) / overhead clearance, clearance height, headway, headroom || ~ **libre de levage** (gerbeur) / free lift || ~ **libre au-dessous de la voiture** (auto) / ground o. bulk o. road (US) clearance, clearance above road surface || ~ du **liquide** / level of a liquid, liquid level || ~ **manométrique** / manometric lift o. head || ~ de **marche** (bâtim) / rise o. mounting of a step, riser || ~ de la **marée** / flood level || ~ **maximale d'aspiration** (méc. des fluides) / surge limit || ~ du **méplat** (soudage) / width o. thickness of root face || ~ **méridienne** / meridian height || ~ **métacentrique** / metacentric height || ~ **minimale de surélévation du plan d'eau** (hydr) / minimum height of raised [water] level || ~ de la **minuterie** (horloge) / height of the motion work o. dial train (US) || ~ de **naissance** / springing height || ~ **navigable d'un pont** voir hauteur libre || ~ **observée ou vraie** (nav) / altitude || ~ de l'**œil** / eye-level || ~ en **papier** (typo) / height of letters, height-to-paper || ~ des **parois** / wall height || ~ du **partage** (hydr) / summit [level] || ~ du **pas** (tiss) / depth of shed || ~ de **passage** / overhead clearance, clearance height, headway, headroom || ~ de **périapse** (espace) / periapsis height || ~ de **plafond** (bâtim) / stud (height from floor to ceiling) || ~ des **pointes** (tourn) / height of centers, swing (US) || ~ de **pôle** (viscosité) / pole height || ~ du **pôle de viscosité** / viscosity pole height || ~ **pont-plafond** (nav) / deck to ceiling height || ~ de **poutre** / depth of girder || ~ des **précipitations** / quantity of precipitation o. of rainfall, precipitation rate, amount o. depth of precipitation o. rainfall || ~ de **pression** (aéro) / static ceiling || ~ de **pression normale** / standard pressure || ~ **racine-moyenne-carrée** / height root mean square, hrms || ~ **radiante** (antenne) / effective height, radiation height || ~ de **rebondissement** (essai dureté) / rebound || ~ de **refoulement** / manometric lift o. head || ~ de **remblayage** (routes) /

height of an embankment || ~ de **remontée** / rising height || ~ de **remplissage** / filling height || ~ de **remplissage** (frittage) / filling depth of the die || ~ de **retenue** / height of damming || ~ du **soleil** / solar altitude || ~ du **soleil sur l'horizon** / solar altitude angle || ~ de **son** / tone pitch, pitch of a tone || ~ du **son de la voix** / pitch o. tone of the voice || ~ **spécifique de la chute** (hydr) / intensity of pressure || ~ **statique** (aéro) / static ceiling || ~ de **surélévation du plan d'eau** / height of damming || ~ du **taillant** (pince) / external bevel || ~ de **taille** (excavateur) / digging height || ~ du **talon** (soudage) / width o. thickness of root face || ~ du **talus** (excavateur) / digging height || ~ du **tas** / stacking height, height of pile || ~ de **tête** (vis) / thickness of the bolt head || ~ du **thermomètre** / thermometer reading || ~ **tonale** / tone pitch, pitch of a tone || ~ **[totale] de la dent** (techn) / [total o. whole] depth of teeth || ~ **utile** / efficient o. useful o. working height || ~ **utile des dents** / working depth of teeth || ~ **utile de rétrochargeuse** / overhead loading height || ~ de **versement** / dumping height || ~ de **vol** (aéro) / flying hight || ~ de **volée du crochet** (grue) / height of lift, H. of L., H. of L., hook clearance

haut fourneau *m* / blast furnace || ~ **à contrepression au geulard** / high top pressure furnace || ~ [à **courant d'air forcé]** / blast furnace || ~ **électrique** / electric shaft furnace || ~ **mis en veilleuse** / banked o. damped-down blast furnace || ~ **pressurisé** / pressurized blast furnace

hautfourniste *m* / blast furnace man o. operator

haut-parleur *adj* (télécom) / radiating, loudspeaking || ~ *m* (pl. haut-parleurs) (électron) / loudspeaker, LS, speaker || ~ **actif** / active loudspeaker || ~ **aigu** / tweeter loudspeaker, tweeter, treble loudspeaker || ~ à **anche** (électron) / reed loudspeaker || ~ en **coffret** / cabinet loudspeaker || ~ à **condensateur** / capacitor loudspeaker || ~ **conique** / cone[-type] loudspeaker o. diaphragm, hornless loudspeaker || ~ de **contrôle** / monitor[ing] loudspeaker || ~ à **cornet en plis** / folded horn loudspeaker || ~ à **deux voies** / two-way loudspeaker || ~ **directif** / directional loudspeaker || ~ **directif de grande puissance** (électron) / loud hailer || ~ **dynamique** / dynamic loudspeaker || ~ **électrodynamique type Riegger** / Blatthaller loudspeaker || ~ **électromagnétique** / inductor loudspeaker || ~ **électrostatique** / capacitor loudspeaker || ~ d'**enco[i]gnure** / corner horn o. loudspeaker || ~ **extérieur** / outdoor loudspeaker || ~ du **fond** / background speaker || ~ en **forme de champignon** / mushroom loudspeaker, exponential horn loudspeaker || ~ pour **fréquences moyennes** / mid-range loudspeaker || ~ **géant** / giant loudspeaker, [high-]power loudspeaker || ~ **géant orienté** / bull horn speaker || ~ **grave** / woofer, boomer, bass speaker || ~ **magnétique équilibré** / balanced armature loudspeaker || ~ à **membrane** / baffle [loud]speaker || ~ à **membrane cannelée** / pleated diaphragm loudspeaker || ~ **multicellulaire** / multicell[ular] loudspeaker || ~ **mural** / wall speaker || ~ **mural plat** / sound panel || ~ d'**oreiller** / listpillow || ~ à **palette articulée** / inductor loudspeaker, moving iron loudspeaker || ~ à **pavillon** / horn loudspeaker || ~ à **pavillon biconique** / duocone loudspeaker || ~ **plan** / flat loudspeaker || ~ à **plaque** / reed loudspeaker || ~ pour **plein air** / outdoor loudspeaker || ~ **puissant** / high-power loudspeaker || ~ à **ruban** / ribbon loudspeaker || ~ **sans pavillon** / hornless loudspeaker, direct radiator loudspeaker, open diaphragm loudspeaker || ~ **secondaire** / external loudspeaker, remote o. extra loudspeaker || ~ pour **sons graves** voir haut-parleur grave || ~ **témoin** / monitor[ing] loudspeaker

hauturier (nav) / ocean-going || ~ (pêche) / deep-sea...

haüyne *f* (min) / haüyn[it]e

havage *m* (mines) / kirving, kerving, kerfing, cutting, trenching, carving || ~ **humide** (mines) / wet cutting o. kerfing o. holing

havée *f*, sous-cave *f* (mines) / cutting o. kerfing slit || ~ des **remblais** (mines) / gob, goaf

haver (mines) / cut *vt*, kerve, kirve || ~ en ou par **dessous** (mines) / undercut; undermine

haveresse *f* (mines) / holing pick

haveuse *f* (mines) / coal cutting machine o. cutter || ~ pour l'**abattage en traçage** / wall coal cutter || ~ à **câble** / drag type o. rope coal cutter || ~ à **charbon** / coal cutter || ~**-chargeuse** *f* / shearer o. cutter loader, coal cutter and loader, continuous miner (US) || ~**-chargeuse** *f* **avec fraise et un cadre** / trepanner || ~**-chargeuse** *f* à **tambour haveur** / disk shearer || ~ à **colonne** / column type coal cutter || ~ à **disque** / disk cutting machine || ~ pour **dressants** / edge coal cutter || ~ de **galerie** / longwall coal-cutting machine o. coal-cutter || ~ à **grand rendement** / heavy duty coal cutter || ~ **ripante à barre** / bar cutting machine o. cutter || ~ **ripante à chaîne** / chain cutting machine o. cutter || ~ **rouilleuse** / cutting and shearing machine || ~**-rouilleuse** *f* pour **galeries** / wall coal cutter

havre *m* / haven

havrit *m* / cross-cut smalls *pl* || ~ **charbonneux** / coal from cross-cutting

haylage *m* / haylage

hayon *m* (camion) / end gate o. board || ~ (voiture part.) / rear door

HDLC (ord) / HDLC, high level data link control

header *m* (déconseillé), machine *f* à moissonner les épis (agr) / header

hebdomadaire / weekly

héberge *f* (bâtim) / point of disjunction (point at which a party wall ceases to be common)

hectare *m*, ha (= 10000 m^2) / hectare

hect[o]... / hecto...

hectolitre *m* / hectoliter

hectomètre *m*, hm / hectometer

hédenbergite *f* (min) / hedenbergite

héléoplancton *m* / heleoplankton

hélianthine *f* / trop[a]eoline D, methyl orange, helianthine

héliatron *m* (tube hyperfr.) / heliatron

hélice *f* (math) / helix, helical line, thread line, spiral [line] || ~ (chimie) / helix || ~ (roue hélicoïdale) / tooth trace o. curve || ~ (électr) / helix, cylindrical one-wire coil || ~, roue-hélice *f* / helical wheel || ~ (nav) / marine screw propeller o. propelling screw || ~ (manutention) / screw o. spiral o. worm conveyor || **à deux ~s** (nav) / twin-screw... || **à trois ~s** (nav) / triple screw || **en [forme d']~** / helical, spiral || ~ **aérienne** / airscrew, propeller || ~ à **ailes variables** (nav) / controllable pitch propeller, c.-p. propeller || ~ **anti-torsion** (câble) / anti-twist tape || ~ en **arrière [des ailes de l'avion]** (aéro) / rear propeller || ~ **avant centrale** / nose propeller || ~ **[à axe] orientable** (aéro) / hinged airscrew || ~ de **base** / base helix || ~ à **betteraves** / beet screw conveyor || ~ **carénée** (ELF) (nav) / shrouded o. ducted propeller || ~ à **changement de pas** (aéro) / adjustable pitch airscrew || ~**s** *f pl* **coaxiales** / coaxial propellers *pl* || ~ *f* **contrarotative** (aéro) / contra-rotating airscrew o. propeller, contraprop ||

~ pour **cuviers** (pap) / circulation agitator for chests || ~ **double** / double helix || ~ à **droite** / right-handed propeller (as viewed from behind the aircraft) || ~ **élévatrice** / lifting screw || ~ de **fil** (filage) / thread spiral || ~ **frein étalonnée** (aéro) / calibrated braking airscrew || ~ de **gouvernail actif** (nav) / thruster, rudder propeller || ~ **marine à pas variable** (nav) / controllable pitch propeller, c.-p. propeller || ~ de **navire** / marine screw propeller o. propelling screw, screw, propeller || ~ **non variable** / fixed pitch propeller || ~ à **pale étroite** / narrow blade airscrew || ~ à **pale large** (aéro) / wide-blade propeller || ~ à **pales variables** (nav) / controllable pitch propeller, c.-p. propeller || ~ à **pas entièrement variable** / full feathering airscrew || ~ à **pas invariable** / fixed pitch propeller || ~ à **pas variable ou réglable** (aéro) / adjustable pitch airscrew || ~ à **plan de rotation en avant des ailes** / tractor airscrew || ~ **primitive de fonctionnement** / pitch helix || ~ de **propulsion** / marine screw propeller o. propelling screw, screw, propeller || ~ **propulsive** (aéro) / pusher type airscrew || ~ de **proue** / nose propeller || ~ à **quatre pales** (aéro) / four-blade[d] airscrew o. propeller (US) || ~ de **queue** / auxiliary rotor, tail rotor || ~ de **référence** (vis sans fin) / reference helix || ~ **réversible** (nav) / reversible screw o. propeller || ~ **sustentatrice** / freely rotating rotor, rotaplane rotor || ~ **tandem** (nav) / tandem propeller || ~ **tractive** (aéro) / tractor airscrew || ~ **transporteuse** / screw o. spiral o. worm conveyor || ~ à **tuyère Kort** (nav) / shrouded o. ducted propeller || ~ à **vitesse constante** / constant speed airscrew

hélicité *f* (nucl) / helicity

hélico-centripète (turbine) / inward-flow...

hélicoïdal / helicoid[al] || ~, à denture hélicoïdale / helical gear... || ~, à rainure hélicoïdale / helically fluted

hélicoïde *adj* / helicoid[al] || ~ *m* / helicoid, screw surface || ~ *f* / spiral line, helicoid || ~ *m* **développable** / involute helicoid || ~ en **développante sphérique** / spherical involute helicoid

hélicoplane *m* / paddle plane, cyclogyro

hélicoptère *m* / helicopter, copter (coll), direct-lift machine, chopper (US)

helicoptère, se rendre en ~ / helicopter *vi*

hélicoptère *m* **double** (aéro) / superposed lifting screw helicopter, double helicopter || ~ **gros-porteur** / heavy-lift helicopter || ~ à **propulsion par jets aux bouts du rotor** / tip-drive helicopter, rotor-tip jet helicopter || ~ de **[recherche et] sauvetage** [en mer], hélicoptère *m* SAR / search and rescue helicopter, rescue transport helicopter, RTH || ~ à **rotors en tandem** / tandem rotor helicopter || ~ de **secours** / [aid and] rescue transport helicopter, RTH || **~-transport** *m* / cargo helicopter || ~ pour le **transport de pondéreux** / heavy lift helicopter, HLH || ~ à **usages multiples** / multi-purpose helicopter

héligare *f* (ELF) / heliport building

hélio·centrique / heliocentric || **~chimie** *f* / heliochemistry || **~dynamique** *f* / utilization of solar power, heliotechnology || **~dyne** *m* / solar heat concentration mirror, solar furnace || **~électrique** / helioelectric || **~énergétique** / solar power... || **~graphe** *m* (astr) / heliograph || **~graphe** *m* (arp) / heliograph || **~graphique** / heliographic

héliogravure *f* / photogravure, photo-engraving, heliogravure || ~ **conventionelle** / variable depth photogravure || ~ à **plaques** (typo) / plate gravure printing || ~ **rotative** / rotogravure || ~ **tramée** / half-tone photogravure || ~ **variable** (graph) / uniform depth photogravure

héliomètre *m* / heliometer

hélion *m* / helium nucleus

hélio·roto *f* / heliorotogravure || **~-rouge** *m* **solide R** / toluidine toner || **~scope** *m* / helioscope || **~stat** *m* / heliostat || **~synchrone** (ELF) (espace) / sun synchronous || **~technique** *f* / heliotechnology || **~trope** *m* (arp) / heliotrope [reflector] || **~trope** *m* (min) / heliotrope || **~tropine** *f* (chimie) / piperonal, heliotropin, piperonyl aldehyde

héliox *m* / heliox (a mixture of He and 0)

héliport *m* (ELF) / heliport

héliporté / transported by helicopter, helicoptered

hélistation *f* (ELF) (aéro) / rotorstop, helistop, helipad (US)

hélisurface *f* / helicopter landing place

hélisynchrone / sun-synchronized

hélium *m*, He / helium, He || ~ en **état gazeux** / helium gas || ~ **II** / liquid helium II

helminthosporiose *f* (agr) / stripe disease, leaf stripe

héma... / h[a]emal, -mic, -matal

hématimètre *m* / yeast counting apparatus

hématine *f* / h[a]ematin[e]

hématite *f* (min) / h[a]ematite || ~ **brune** (min) / limonite, brown hematite || ~ **brune fibreuse** / fibrous brown iron ore || ~ **rouge** / red oxide of iron, bloodstone || ~ **rouge ou oligiste** / specular iron || ~ **rubrique** / bloodstone

hémato... / h[a]emal, -mic, -matal

hématoxyline *f* (chimie) / h[a]ematoxylin

hème *m* / h[a]eme, proto-, ferroheme, reduced haematin

héméralopie *f* (cécité scotopique) / nyctalopia, night blindness

hémi·acétal *m* / hemiacetal || **~cellulose** *f* / hemicellulose || **~colloïde** *m* / hemicolloid || **~cyclique** (chimie) / semicyclic || **~èdre** *m* (crist) / hemihedron || **~édrie** *f* / hemihedral forms *pl*, hemihedrism, -hedry || **~-heptaoxyde** *m* de **manganèse** / manganese heptoxide, manganese(VII) oxide || **~hexatétraèdre** *m* (crist) / pentagonal dodecahedron, pyritohedron, hemitetrahexahedron || **~morphisme** *m* (crist) / hemimorphism || **~morphite** *f* (min) / hemimorphite, calamine

hémine *f* / h[a]emin

hémi·oxyde *m* d'**azote** / nitrous oxide, nitrogen monoxide, laughing gas || **~pélagial**, -pélagien, -pélagique / hemipelagic || **~pentoxyde** *m* d'**azote** / nitrogen pentoxide, nitric anhydride

hémisphère *m* / hemisphere

hémisphérique / hemispherical

hémiterpène *m* (chimie) / hemiterpene

hemlock *m* des **Indes** / hemlock spruce, tsuga

hémo-... / h[a]emal, -mic, -matal || **~globine** *f* / h[a]emoglobin

hendécagone *m* / undecagon, [h]endecagon

henné *m* (teint) / henna

henry *m*, H (phys) / henry, H

henrymètre *m* / henrymeter

héparine *f* (chimie) / heparin [sodium]

hépatite *f* / hepatite, liverstone

heptagonal / heptagonal, sevenangled

heptaline *f* / methylcyclohexanol, hexahydrocresol, sextol

heptanal *m* / enanthaldehyde, oenanthal[dehyde], oenanthic aldehyde

heptane *m* / heptane || ~ **normal** (auto) / normal heptane

heptangulaire / heptagonal, sevenangled
heptanol *m* / n-heptyl alcohol, I-heptanol
heptavalent / heptavalent, septavalent
heptode *f* **changeuse de fréquence** / heptode converter o. mixer, pentagrid [converter]
heptose *m f* / heptose
heptyl[iqu]e / heptyl...
herbage *m* (agr) / grazing land, herbage, pasture
herbe *f* / grass || ~ (ultrasons) / grass || **~s** *f pl* (gén) / herbs *pl* || **~s** *f pl* **folles** / [ill] weed || ~ *f* de **Saint-Jacques**, herbe *f* dorée (agr) / stinking willie, common ragwort
herbicide *m* / herbicide || ~ **hormonal ou à base d'hormones** / hormone weed killer
herbue *f* / meager land
herchage *m* (mines) / tramming, putting, hauling || ~ de **matériaux** (mines) / material hauling
hercher (mines) / put o. haul coal
hercheur *m* (mines) / putter, kibbler
hercynite *f* (min) / hercynite, ferrospinel
hérisson *m* (coton) / back o. feed[ing] roller || ~ (lin, laine) / porcupine roller || ~ (agr) / toothed cylinder o. roller || ~ / cleaning device for the garbage chute || ~ **ébousseur** (agr) / beater of the manure spreader
herméticité *f* d'un **vase** / air-tightness
hermétique / airtight, hermetic || ~ (électr, machine) / sealed
hermétiquement clos / hermetically sealed
herminette *f* (charp) / adze
hermiticité *f* (math, nucl) / hermiteicity
hermitien (math, nucl) / hermitian
hernétine *f* (tex) / surface printing machine, steam pressure gauge
hernie *f* d'un **pneu** (auto) / bulge of a tire
herse *f* (agr) / harrow || ~ (film) / bank of lamps, soft source || ~ **articulée** / tandem zig-zag harrow || ~ d'un **batteur à chiffons** / fixed blade of a rag beater || ~ à **bêches rotatives** / rotary harrow || ~ à **buissons** / bush harrow || ~ de **câbles** (ord) / raceway, cable shelf || ~ à **chaînes** / [diamond-link] chain harrow || **~-cultivateur** *f* / pasture harrow || ~ **danoise** / Danish cultivator || ~ à **dents rigides** / heavy harrow || ~ à **dents spatulées** / zig-zag drag harrow || ~ **diagonale** / diamond harrow || ~ à **disques repliable** / folding disk harrow || ~ **éboubeuse** / dung spreading harrow || ~ **émotteuse** / pulverizer [harrow] || ~ **flexible** / chain harrow (with tines), flexible o. spiked harrow || ~ **montagnarde** / upland harrow || ~ **oscillante** / drag harrow || ~ **portée** / tractor harrow || ~ pour **prairies** / chain[-link] harrow (with cutters) || ~ **repliable** / folding harrow || ~ **rotative** / circular self-cleaning harrow, circular spike harrow || ~ **rotative à bêches** / rotary harrow || ~ **roulante** / spiral rotary harrow || ~ **tripartite à dents rigides** / three-section rigid harrow || ~ **zigzag** / zigzag harrow
herser / harrow
hertz *m*, Hz / hertz, cycle per second, cps, c.p.s., CPS, c/s
hertzien / radio ..., wireless (GB)
hessian *m* (tex) / hessian
hessite *f* (min) / hessite, telluride of silver
hétéro·atome *m* / heteroatom || **~-azéotrope** (chimie) / hetero-azeotrope || **~cycle** *m* / heterocyclic compound || **~cyclique** (chimie) / heterocyclic || **~dynamique** / heterodynamic || **~dyne** *f* (radio) / independent heterodyne || **~gène** / heterogenous || **~généité** *f* / heterogeneity, -geneousness || **~jonction** *f* (laser) / heterojunction || **~métrie** *f* (chimie) / heterometry || **~morphe** (géol, crist) / heteromorphous || **~morphisme** *m* / polymorphism, -morphy || **~nome** / heteronomous || **~pique** (géol) / heteropic || **~polaire** (chimie) / heteropolar || **~side** *m* (chimie) / heteroside
hétérosite *f* (min) / heterosite
hétéro·sphère *f* (météorol) / heterosphere || **~structure** *f* / heterostructure [junction] laser || **~tope** (chimie) / heterotope || **~trophe** (bot) / heterotrophic || **~xène** (parasite) / heteroxenous
hêtre *m* / beech, Fagus || ~ **blanc** / common beech, hornbeam, Carpinus betulus || ~ **commun ou rouge** / red beech, copper beech (US), Fagus sylvatica
heulandite *f* (min) / heulandite
heure *f* / hour, h || ~, temps *m* / hour, time || **10 ~s de suite** / for 10 consecutive hours || **24 ~s sur 24** / round-the-clock || **à l'~** / on schedule || **de deux ~s** / lasting two hours || **de deux en deux ~s** / every two hours || **d'une ~** / one hour's... || **faire des ~s supplémentaires** / work overtime || **l'~ exacte** (radio) / announcement of the time, time check (GB) || **~s** *f pl* d'**affluence** / peak time, rush hour || ~ *f* d'**allumage** / burning hour || ~ d'**arrivée** / arrival time || **~s** *f pl* au **boni** / hours *pl* on incentive || ~ *f* du **bord** (nav) / ship's time || **~s** *f pl* de **bureau** / office hours *pl* || ~ *f* de **chauff[ag]e** / heating o. firing hour || **~s** *f pl* **creuses** (ch.de fer) / slack period o. hours *pl* || **~s** *f pl* **creuses** (ordonn) / night-shift hours *pl* || **~s** *f pl* **creuses** (électr) / night-tariff o. -rate hours *pl* || ~ *f* de **démarrage** (réacteur) / start[ing]-up time || ~ de **départ** (ch.de fer) / time of departure || ~ d'**éclairage** / light[ing] hour || ~ **estimée d'approche** (aéro) / expected approach time, EAT || ~ **estimée d'arrivée** (aéro) / estimated time of arrival, ETA || ~ **estimée de départ** (aéro) / estimated time of departure, ETD || **~s** *f pl* **à faible trafic ou circulation** / slack period o. hours *pl*, off-peak hours *pl* || ~ par **heure** / every hour, hourly || **~s** *f pl* à l'**heure** (ordonn) / time work hours *pl* || ~ *f* **juste** / exact time || **~-lampe** *f* (pl.: heures-lampe) / lamp hour || ~ **légale** / legal time || **~s** *f pl* **libres** / off-time || ~ *f* **limite de la rédaction** (journal) / copy deadline o. date || ~ **locale** / local [standard] time, LST || ~ **locale moyenne** / local mean time, L.M.T. || ~ de **main-d'œuvre** / man hour || **~s** *f pl* **pleines** (électr) / day-tariff hours *pl* || ~ *f* de **pointe** (électr) / peak hour || **~s** *f pl* de **pointe** / peak time || **~s** *f pl* de **pointe** (trafic) / peak o. rush hours *pl* || ~ *f* **réglementaire** (ch.de fer) / official hour || ~ de **repas** / meal time || **~s** *f pl* de **service** / duty hours *pl* || ~ *f* **standard** (ordonn) / standard hour || ~ **supplémentaire** / after hour || **~s** *f pl* **supplémentaires** / overtime [work], over-work || **~s** *f pl* de **trafic intense** / peak o. rush hours *pl* || **~s** *f pl* de **travail** / work time, work hours *pl* || ~ *f* de **vol** / flying hour
heuristique *adj* / heuristic || ~ *f* / heuristics
heurt *m* / knock, shock, bump || ~ (pont, tunnel) / crown, drainage divide (US)
heurter [contre] *vi* / dash o. bound [against], hit, strike, knock || ~ [contre] (véhicule) / bump o. drive [against] || ~ [qch] *vt* / crash o. run [against] || **se ~ à des difficultés** / meet with difficulties, come up against difficulties, hit a snag || ~ de **flanc** / collide side-on || ~ **un piéton ou un cycliste** (auto) / run over, knock down
heurtoir *m* / door knocker || ~ / buffer [gear], cushioning, bumper, shock absorber || ~ (ch.de fer) / buffer [block o. stop], bumper, bumping post, fender beam || ~ (fonderie) / rapper || ~ du **busc** (hydr) / sill of a lock gate
hévéa *m*, Hevea brasiliensis / hevea brasiliensis, rubber tree

hexa·borane *m* / hexaborane, hexaboron decahydride, borohexane || **~chlorobenzène** *m* / hexachlor[o]benzene (not:) benzenehexachloride, perchlorobenzene, Julin's carbon chloride || **~chlorocyclohexane** *m*, H.C.H. / hexachlorocyclohexane, Gammexane, Gexane || **~chloroéthane** *m* / hexachlor[o]ethane, carbon hexachloride, hexoran (US) || **~chlorophène** *m* / hexachlorophene || **~décane** *m* / cetane, hexadecane || **~décimal** (math) / sedecimal, hexadecimal
hexaèdre *adj* / cubic, cubical, hexaedral, hexahedral || ~ *m* / hexahedron || ~ **régulier** / cube
hexaédrique / hexahedral, hexaedral, cubic[al]
hexa·fluorure *m* du **soufre** / sulphur hexafluoride || **~fluosilicate** *m* de **potassium** / potassium fluosilicate o. silicofluoride
hexagonal / hexagonal || ~, à six membres (chimie) / hexagonal, hexacyclic
hexagone *m* (math) / hexagon || ~ **conducteur** (tournevis) / hexagon drive end || ~ **[conducteur] mâle** / hexagon insert bit
hexa·kistétraèdre *m* / hexakistetrahedron || **~line** *f* / cyclohexanol, hexahydrophenol, Hexalin || **~méthylène** *m* / cyclohexane, hexamethylene || **~méthylène-tétramine** *f* / hexamethylene-tetramine, methenamine, Hexamine
hexane *m* / n-hexane
hexa·nitrate *m* (tex) / hexanitrate || **~phasé** (électr) / hexaphase || **~pôle** *m* (télécom) / six terminal network || **~tétraèdre** *m* / tetrakishexahedron || **~tomique** / hexatomic || **~valent** (chimie) / hexavalent, sexivalent
hexode *f* / hexode || ~ **mélangeuse** (électron) / mixing hexode
hexogène *m* / cyclonite, hexahydro-1,3,5-trinitro-s-triazine, Hexogen
hexose *m f* (chimie) / hexose
hextet *m* / six bit byte
hexylique / hexyl...
H.F., haute fréquence *f* (gén) / high frequency
hibernie *f* **défeuillante**, Erannis defoliaria (parasite) / mottled umber moth
hickory *m* / hickory wood
hie *f*, sonnette *f* / pile driver o. engine, pile driving machine || ~, demoiselle *f* (routes) / beater, paving beetle o. rammer
hier *vi* (techn) / grate || ~ *vt* / pile-drive
hiérarchie *f* (ord) / hierarchy || ~ de **contrôle** / control hierarchy || ~ du **système** (ord) / system hierarchy
HiFi *f*, hifi, Hi-Fi, haute fidélité *f* / hi-fi, high fidelity
hiloire *f* (nav) / coaming
hinterland *m* / hinterland
hisser / hoist || ~ (nav) / haul up, sway up
histamine *f* / histamine, 2-(4-imidazolyl)ethylamine
histidine *f* / histidine, α-Amino-4(or-5)-imidazolepropionic acid
histochimie *f* / histochemistry
histogramme *m* (statistique) / stepped polygon, histogram || ~ de **fréquence** / target diagram
histoire *f* (techn) / history
histologique / histologic[al]
histolyse *f* / histolysis
histone *f* (chimie) / histone
hiverner (bâtim) / winter
hiverniser (auto) / winterize
H.L.M., habitations *f pl* à loyer modéré / social housing scheme, council houses *pl*
hobbock *m* / hobbock
hodographe *m* (phys) / hodograph
hodoscope *m* (nucl) / hodoscope
holmium *m*, Ho (chimie) / holmium
holo·cellulose *f* / holocellulose || **~cellulose** *f* de **départ** (pap) / initial holocellulose || **~copie** *f* (astr) / holocopy || **~cristallin** (géol) / holocrystalline || **~èdre** *m* / holohedral crystal || **~édrie** *f* (crist) / holohedrism || **~édrique**, holoédre *adj* (crist) / holohedral
hologramme *m* (phys) / hologram || ~ de **Gabor** / Gabor hologram || ~ par **transmission ou en lumière transmise** / transmitted light hologram
holographie *f* (phys) / holography || ~ en **grand champ** / wide angle holography || ~ **ultra-rapide ou des phénomènes rapides** / short-time holography
holo·morphe (math) / holomorphic || **~saprophyte** *m* (eaux usées) / obligate saprophyte || **~sidérite** *f* / holosiderite
home-center *m* (déconseillé), grand magasin de meubles *m* / large furniture store, home-center
homéo·morphe / homöomorphic || **~morphisme** *m* (crist) / homeomorphism, isomorphism
homespun *m* (tiss) / homespun
homing *m* (aéro) / homing || ~ à **cap de collision** / collision course homing || ~ par **radio** / radio homing
homme *m* / man || **~-année** *m* (ord) / man year || **~-année** *f* d'**inspection** (nucl) / man-year of inspection || ~ *m* d'**art** / expert, authority || ~ d'**atelier** / shop man || ~ de **barre** (nav) / steersman || ~ d'**équipe** (ch. de fer) / workman in a station || **~-grenouille** *m* (pl.: hommes-grenouilles) / frogman || **~-heure** *m* / man hour || **~-heures** *m pl* d'**ingénieurs** / engineering manhours *pl* || **~-machine** (ord) / man-machine... || ~ *m* (pl: gens) **du métier** / specialist (workman), trained o. skilled workman || **~-minute** *m* / man minute, manite || **~-mort** *m* (haut fourneau) / dead man || ~ de **peine** / heavy worker || **~s** *m pl* de **service** / attendance crew, service staff o. personnel || ~ *m* **standard** (nucl) / standard man
homo·centrique / homocentric || **~chromatique** (biol) / homochromatic || **~cinétique** (méc) / homokinetic || **~cyclique** (chimie) / homocyclic
homogène / homogeneous
homogénéifier (chimie, lait, tabac) / homogenize
homogénéisateur *m* / homogenizer, viscolizer
homogénéisation *f* / homogenizing || ~ (recuit) / homogenizing [anneal] || ~ de **poudres** (frittage) / blending || ~ du **résidu** (séparation des isotopes) / promoted mixing, isotope mixing
homogénéiser / homogenize || ~ (mét.poudre) / blend || ~ des **matières** / homogenize masses || ~ des **valeurs** / even out values
homogénéité *f* / homogeneity, conformability
homogramme *m* / full homonym
homographe *m* / homograph
homographie *f* / collineation
homojonction *f* (laser) / homojunction
homologation *f* / homologation || ~ de **type** / design certification o. approval
homologie *f* (biol, math, chimie) / homology
homologue *adj* (math, chimie) / homologous || ~ *m* (chimie) / homolog[ue]
homologué / homologated, authorized
homologuer / homologate
homo·losyne (projection) / homolosyne || **~lyse** *f* / homolysis || **~morphism** *m* (math) / homomorphism || **~nucléaire** (nucl) / homonuclear || **~polaire** (chimie) / homopolar, covalent || **~polaire** (électr) / homopolar

|| ~**polymère** *m* / homopolymer || ~**sphère** *f* (météorol) / homosphere || ~**thétie** *f* (math) / homothetic transformation || ~**thétique** (math) / homoscedastic, homothetic || ~**tope** (math) / homotopic || ~**topie** *f* / homotope map
honing *m*, honage *m* (déconseillé), pierrage *m* (m.outils) / honing || ~ **hydraulique** / hydrohoning
honoraires *m pl* / tariff[-rate]
hoplocampe *f* [**du prunier**] / sawfly || ~ du **pommier** / apple saw fly
horaire *adj* / horary, horal || ~ *m* / railway guide, timetable, schedule (US) || ~ **flexible ou flottant ou mobile ou variable** (ordonn) / flextime (GB), flexible working hours *pl* || ~ de **service** / duty roster, roster[ing] || ~ des **trains** (ch.de fer) / schedule (US), timetable
hordéine *f*, hordénine *f* (chimie) / hordenine, anhaline, p-(2-dimethylaminoethanyl)phenol
horizon *m* / circle of the horizon, horizon, skyline || ~ (géol) / horizon || **au-delà de l'**~ (électron) / over-the-horizon... || ~ **A** (agr) / upper top soil, A-horizon || ~ d'**abattage** / mining horizon || ~ **apparent** / apparent horizon, local o. sea o. terrestrial o. visible horizon, sensible horizon || ~ **artificiel** / artificial o. gyroscopic o. gyro-horizon || ~ **astronomique** / real o. rational horizon, celestial horizon || ~ **cendreux du podzol** / grey-brown podzolic soil || ~ **géologique** / geologic[al] horizon, stratigraphical level || ~ **gyroscopique** / horizon gyro || ~ de l'**image** / image horizon || ~ de **mesure** / observer's horizon || ~ **paléontologique** (géol) / key horizon, guiding bed || ~ **physique** / visual o. visible o. apparent horizon || ~ de **radiodiffusion** / radio horizon || ~ **rationnel ou réel** voir horizon astronomique || ~ **sensible** voir horizon apparent || ~ de **stockage** (gaz) / storage horizon || ~ **visible ou visuel** voir horizon apparent
horizontal / horizontal, level || ~ (mines) / horizontal
horizontale *f* / horizontal line
horizontaliser (s') / be levelled
horloge *f* / clock (more than 25 mm thickness) || ~, horloge *f* interne (ord) / clock [generator] || ~ **atomique** / atomic clock || ~ pour les **bains galvanoplastiques** (galv) / electroplating clock || ~ **binaire** (ord) / real-time clock || ~ à **carillon** / musical clock || ~ **centrale** / master clock || ~ au **césium 133** / Atomicron, caesium clock || ~ à **changement de tarif** (électr) / clock meter || ~**-contrôle** *f* / time clock, attendance clock || ~ **électrique** / electrical clock || ~ **électrique synchrone** / synchronous clock, synchronometer || ~ **électronique** / electronic clock || ~**s et pendules** *f pl* / clocks *pl* || ~ *f* de **gare** / station clock || ~ **génératrice de rythme** (ord) / clock [generator] || ~ à **longitudes**, horloge *f* marine / box o. marine chronometer, ship's clock || ~ **mère** (électr) / master o. driving clock || ~ **mère ou pilote** (ord) / master clock || ~ de la **mort** (parasite) / death-watch beetle || ~ à **musique** / musical clock || ~ *m* **numérique** (ord) / digital time unit, digital clock || ~ *f* **parlante** (télécom) / speaking clock [service] || ~ de **parquet** / hall o. French clock, (6 ft:) grandfather clock, (5 ft:) grandmother clock, (3 1/2 ft:) granddaughter clock || ~ de **pointage** (ordonn) / time clock, attendance clock || ~ de **pointage**, contrôleur *m* de rondes / telltale watch o. clock, watchman's clock o. [time] detector, controller || ~ **principale** / master o. driving clock || ~ **programmatrice** (m.domest.) / clock timer || ~ à **quartz** / quartz[-crystal] clock, crystal clock || ~ **réceptrice** (électr) / secondary o. receiving clock || ~ **régulatrice** / regulator [clock], precision clock || ~ **secondaire** (électr) / secondary o. receiving clock || ~ de **sortie** (c.perf.) / read-out clock || ~ *m* de **temps universel** / universal time clock
horloger *adj* / horological || ~ *m* / clockmaker, watchmaker, horologist (maker of clocks o. watches)
horlogerie *f* / horology (the manufacture of timepieces) || ~ (mécanisme) / wheel work, movement
hormone *f* / hormone || ~ **corticotrope ou corticostimuline**, A.C.T.H. / corticotropin, adreno-corticotropic hormone, ACTH
hornblende *f* (min) / hornblende || ~ **schisteuse**, hornblendite *f* / hornblende-slate o. -schist
hornstein *m* (géol) / hornstone, chert
horodateur *m* / time stamp
hors, être ~ **d'activité ou de marche** / lie still || **le** ~ **d'équerre** / deviation from squareness || **le** ~ **hexagone** (défaut, lam) / the out-of-hexagon || ~ d'**action** (techn) / out-of-gear o. action o. operation || ~ d'**activité** / at rest, idle || ~**-board** *m* (bateau) / speed-boat || ~ **bord** (nav) / outboard, outside the ship || ~**-bord** *m* / outboard engine || ~ **circuit** (électr) / switched off, off, open || ~ **cotes** / not coming up to requested dimensions || ~ **d'œuvre** (bâtim) / out-to-out, outside-to-outside, external || ~ d'**eau** (mines) / unlevelled || ~ d'**eau** (bâtim) / roofed || ~ d'**équilibre** / unpoised || ~ de **foyer** / out-of-focus || ~ **normes** / bastard... || ~ de la **perpendiculaire** / out-of-perpendicular o. -plumb o. -true || ~ **pointe** (heures) / off-peak || ~ **poussière** (peinture) / dust-dry || ~ de **proportion** / oversized || ~ **résonance** / off-resonance, non-resonating || ~**-route** (pneu) / off-the-road... || ~**-série** *m* (auto) / special, non-series... || ~ **service** (techn) / idle, out of operation || ~ **spécifications** / off specifications || ~ **tension** (relais) / de-energized || ~ **tension** (électr) / dead, idle || ~**-texte** *m (invariable)* (typo) / inset plate || ~ **tout** / out-to-out, outside-to-outside, overall || ~ d'**usage** / obsolete
horst *m* (géol) / uplift of strata
horticulture *f* / horticulture, gardening, garden tillage
hôte *m* (biol, bot) / host || ~, hôte *m* intermédiaire (parasites) / intermediate host || ~ **final** (parasites) / final host
Hôtel *m* **des Monnaies** / the mint of Paris
hôtesse-démonstratrice *f* / demonstrator
hotflue *f* (tex) / hotflue
hotte *f* (chimie) / fume cupboard o. hood || ~ (cheminée) / chimney top o. head o. cowl || ~ (céram) / kiln hood || ~ pour **acides** / acid exhauster o. hood || ~ **aspirante ou d'aspiration** (mines) / suction hood || ~ d'**aspiration** (chimie) / closed hood, fume cupboard o. hood || ~ de **cheminée** (bâtim) / air case o. casing || ~ de **déversement** (convoyeur) / discharging hood || ~ d'**étuvage** / steaming cone || ~ **fermée** (chimie) / closed hood, fume cupboard o. hood || ~ **mobile** (cheminée) / movable cowl || ~ en forme de **tuyau**, hotte *f* tubulaire / tubular chute o. shoot
houache *f* (peu us.), sillage *m* arrière (nav) / wake, suction
houblon *m* / hop || ~ à **ajouter dans la chaudière** (bière) / copper hops
houblonner (bière) / add hops, hop || ~ en **fût** (bière) / dry-hop
houblonnier *m* / hop cultivator
houblonnière *f* / hop plantation
houe *f* (gén) / hoe || ~ (agr) / [drag] hoe || ~ **plate** (mines) / single-end mattock || ~ à **roue motrice**

(agr) / motor hoe with driving wheels
houer / hoe *vi*
houille *f* / coal || ~ (géol) / Carboniferous, coal formation o. series || ~ **azur ou atmosphérique ou éolienne** / wind power || ~ **bacillaire** / columnar coal o. anthracite || ~ **blanche** / water power, white coal || ~ **bleue** / tidal power, (also:) thermal ocean power || ~ **brillante** / glance o. shining o. shiny coal || ~ **concassée** / broken coal || ~ **feuilletée** / [slate-]foliated coal, paper coal || ~ **filandreuse ou fibreuse** / fibrous coal || ~ **fuligineuse** / soot coal, earthy pit-coal || ~ à **gaz** / gas coal (26% - 32% volatile matter) || ~ **grasse** / subhydrous coal || ~ **grosse** / lump coal (US), large coal || ~ à **haute teneur en fusain ou fusite** / subhydrous coal || ~ **limoneuse** / moor coal || ~ en **mottes** / best o. lump coal || ~ **papyracée** (mines) / [slate-]foliated coal, paper coal || ~ **puante** / fetid coal || ~ **rouge** / geothermic energy || ~ **schisteuse** / schistous o. slaty coal, splint coal || ~ **sulfureuse** / fetid coal || ~ **tamisée** / sifted coal
houiller *adj* (qui renferme de la houille) / carbonaceous, carboniferous || ~ (qui concerne la houille) / carbonous, carbon..., coal... || ~ *vt* / coal *vt* || ~ *m* (géol) / Carboniferous, coal formation o. series
houillère *f* / colliery, coal mine || ~ **intégrée** / captive coal mine (US)
houilleur *m* / coal miner
houilleux / carbonaceous, carboniferous
houillification *f* (géol) / carbonization, transformation into coal
houle *f* (mer) / swell, roll, surge
houleux (mer) / surging
houppe *f* (filage) / tuft || ~ (laine) / clip wool ready for spinning
houpper la **laine** / tease wool
houppier *m* (silviculture) / crown || ~ (arbre) / lopped tree with tip
hourdage *m* (bâtim) / coarse plaster || ~ (constr.en acier) / brick nogging || ~ (mines) / row of props || ~ d'**enduit** (bâtim) / skin o. layer of plaster || ~ en **galets** / uncoursed rubble stone masonry
hourder (plâtre) / rough-plaster, scratch-coat
hourdi[s] [creux] *m* / Hourdis stone, hollow gauged brick o. slab
hourdis *m* (constr.en acier) / brick nogging || ~ **creux céramique** (bâtim) / hollow gauged brick || ~ **léger** / wall board || ~ **nervuré** / ribbed Hourdis stone || ~ de **remplissage** (bâtim) / filling of the false floor
house organ *m* / house organ
housse *f* (tiss) / blanket || ~ / protective cover, (esp.:) slip cover (for furniture) || ~ d'**auto** (auto) / seat cover || ~ **plastique de protection déposée par projection** (emballage) / cobwebbing || ~ à **pneu** / tire cover || ~ de **ressort** (auto) / grease bag o. boot || ~ **rétractable** (emballage) / tight pack, shrink wrapping || ~ de **siège** (auto) / seat cover
housser / provide with a cover
houssette *f* / [back]spring lock, catch o. snap lock
houtte *f* (mines) / shaft house o. sheds *pl*, pit building
hoyau *m* (agr) / hoe || ~ à **tête** / poll pick
H.P., haute pression *f* / high-pressure, HP
HR, à haute rigidité / high-strength...
H.T., haute tension... / high-voltage...
hublot *m* (nav) / side scuttle || ~ (aéro, nav) / cabin window || ~ (nucl) / shielding window || ~ de **cabine** (film) / projection o. lens port, booth window || ~ à **charnière** / hinged hatch || ~ **largable** (aéro) / escape hatch || ~ d'**observation** (plasma) / view port || ~ de **regard** (techn) / sight glass, peephole || ~ **tournant** (nav) / clear-view screen
hubnérite *f* (min) / hübnerite
huche *f* / hutch
huilage *m* / oil lubrication, oiling || ~ par **immersion** / flood lubrication
huile *f* / oil || **à** ~ (électr) / oil-break..., oil-immersed || **à l'**~ (tan) / oiled || **sans** ~ / oilless || ~ d'**abrasin** / tung oil, China wood oil || ~ d'**absorption** / absorption oil || ~ d'**acajou** / cashew-nut oil || ~ **acide** / oil containing naphthenic acid || ~ **acide** (pétrole) / acid oil (from cracking) || ~ d'**acide** (pétrole) / acid treated oil || ~ **adhérente** / adhesive oil || ~ **adjuvante** (teint) / assistant oil || ~ d'**Alaska** / North Slope oil || ~ **alimentaire** / salad oil || ~ **allylique de moutarde** / allyl isothiocyanate, mustard oil || ~ d'**amandes** / almond oil || ~ d'**amidons d'olive** / olive kernel oil || ~ **animale** / animal o. bone oil, white oil || ~ d'**anis** / anise[ed] oil || ~ **anticorrosive** / slushing oil || ~ **antimousse** / antifroth oil || ~ **antipoussière[s]** / dust [alleying] oil, dust binder oil || ~ **antirouille** / slushing oil || ~ d'**apprêt** / textile oil || ~ d'**arachide** / peanut o. nut oil, earth- o. groundnut oil, arachis oil || ~ **aromatique** / aromatic oil || ~ **aviation** / aviation lubricant || ~ d'**avocat** / avocado oil || ~ de **baleine** / whale oil || ~ de **baleine** (tan) / stuff[ing], dubbing || ~ de **base pour cylindres** / cylinder stock || ~ de **base des huiles à cylindre** / cylinder stock [oil] || ~ de **Ben** / behen oil || ~ de **blanc de baleine** / spermaceti oil, sperm[whale] oil || ~ **blanche ou claire** / white mineral oil || ~ de **bobinage** (tex) / winding oil || ~ de **bois** / tung oil, china wood oil || ~ de **bouleau** / essential oil of birchwood (US) || **~s** *f pl* à **broches** / [loom and] spindle oils *pl* || ~ *f* à **brûler** / lamp oil || ~ de **brunissage** / browning oil, burnishing oil || ~ **brute** (pétrole) / crude [oil o. petroleum], mineral oil || ~ **brute** / raw oil || ~ de **cade** / cade oil, [oil of] juniper tar, empyreumatic oil of juniper || ~ **caloporteur** / thermal oil || ~ de **caméline** (tex) / cameline, gold-[of-]pleasure, dodder oil || ~ de **caméline cultivée** (tex) / gold-[of-]pleasure, cameline (of Camelina sativa) || ~ **camphrée** / camphor oil || ~ de **carapa** / carapa oil || ~ **carbolique** / carbolic oil || ~ de **carthame** / safflower oil fatty acid || ~ de **carthame raffinée** / safflower oil || ~ de **cétacés** / whale oil || ~ de **chanvre** / hemp [seed] oil || ~ de **coco** / coconut oil, copra oil || ~ de **colza** / colza oil, rapeseed oil || ~ **combustible** / burning oil || ~ **comestible** / salad oil || ~ **composée ou compoundée** / compound oil || ~ **comprimée** / pressure oil, oil under pressure || ~ pour **condensateurs** (électr) / capacitor oil || ~ de **copra[h]** / coconut oil, copra oil || ~ **corrosive** (pétrole) / sour oil || ~ de **coton** / cotton [seed] oil || ~ de **coupe** / cutting oil || ~ de **créosote** / creosote oil, coaltar creosote, middle tar oil || ~ **cuite** / boiled oil || ~ à **cylindre raffiné** / filtered cylinder oil || ~ à **cylindres** / cylinder oil || ~ à **cylindres de couleur foncée** / cylinder stock [oil] || ~ de **débenzolage** / benzol absorbing oil || ~ de **décalage** / penetrating oil || ~ de **décoffrage** (bâtim) / forming oil || ~ **détergente** / detergent oil || ~ pour **disjoncteurs** (électr) / switchgear oil || ~ **distillée** / blown oil, blown distillate || ~ des **eaux de foulonnage** / grease from felting water || ~ **émulsionnée** / emulsified o. cut o. wet oil || ~ d'**encollage** (tex) / size lubricant, sizing oil || ~ à **engrenages** / gear lubricant oil || ~ d'**ensimage** / wool oil, textile auxiliary oil, spinning oil || ~ **épaisse** / bodied oil, standoil || ~ **essentielle** / essential oil, essence || **~s** *f pl* **essentielles** / distilled oils *pl* || **~-ester** *f* / diester oil || ~ d'**étanchéité** / seal[ing] oil || ~ d'**été** (auto) /

summer oil || ~ **explosive** / blasting oil, trinitroglycerin[e], -glycerol (US) || ~ **extrême-pression** / extreme pressure oil, E.P. oil || ~ de **faîne** / beechnut oil || ~ de **fenouil** / oil of fennel || ~ **fixée** / fixed oil || ~ de **flottation** / flotation oil || ~ **fluide** / light oil, low boiling naphtha || ~ de **fluxage** (raffinerie) / flux oil || ~ de **foie de morue** / cod liver oil || ~ à **forer** / drilling oil || ~ **fraîche** / fresh oil || ~ à **friture** / waste kitchen oil || ~ de **fusel** / fusel oil || ~ de **germe de maïs** / maize oil, corn oil || ~ de **glissement** / sliding oil || ~ de **goudron de bois résineux** / oil of pinetar || ~ de **goudron de houille** / coaltar oil, mineral tar oil || ~ **goudronneuse** / gummy oil || ~ de **graines du tabac** / tobacco seed oil || ~ des **grains de raisins** / grapeseed oil || ~ de **graissage** / lubricating oil, lube [oil] (US) || ~ de **graissage foncée** / dark luboil || ~ de **graissage à haute viscosité** / bright stock || ~ de **graissage minérale** / mineral lubricating oil || ~ de **graissage pour moteurs** / motor oil, lubricating oil || ~ de **graissage synthétique** / synlub, syntholub || ~ pour **grandes puissances** / heavy-duty oil, HD-oil || ~ **grasse** / fatty oil || ~ **grasse** (tan) / fat liquor || ~ de **hareng** / herring oil || ~ d'**hélianthe** / sunflower seed oil || ~ **herbicide** / herbicidal oil || ~ d'**hiver** / winter oil || ~ **horlogère** / horologic[al] oil, clock oil || ~ **hydraulique** / hydraulic fluid o. oil || ~ *m* d'**Illipé** / illipe oil || ~ *f* **intitialement en place** / oil originally in place, OOIP || ~ **isolante ou d'isolement** / electrical o. insulating oil, insulation oil || ~ **isolante pour câbles** / cable insulating oil || ~ **isolante pour transformateurs** / insulating o. transformer oil || ~ **jaune** (chimie) / DNOC tar oil || ~ de **joint** / sealing oil || ~ **lactame** / lactam oil || ~ de **lainage** (tex) / raising oil || ~ de **laminage** (sidér) / rolling oil || ~ pour **laminage à froid** / straight mineral oil || ~ **lampante** / lamp oil || ~ de **lard** / lard oil || ~ de **lavage** / flushing oil o. filling, scavenge oil || ~ de **lavage** (benzène) / wash[ing] oil || ~ de **lavande** / lavender oil || ~ **légère** / thin-bodied oil, light oil || ~ **légère brute** / light crude [oil] || ~ de **lin** / linseed oil || ~ de **lin cuite** / boiled linseed oil, kettle boiled oil || ~ de **lin oxydée** / linoxyn || ~ de **lin raffinée** / refined linseed oil || ~ **lourde**, mazout *m* / heavy fuel || ~ **lourde**, pétrole *m* lourd / heavy oil || ~ **lubrifiante** / lubricating oil, lube [oil] (US) || ~ **lubrifiante A.F.** (auto) / axle fluid, A.F. || ~ **lubrifiante de base à haute viscosité** / bright stock || ~ **lubrifiante pour tracteurs** / tractor luboil || ~ pour **machine à coudre** / sewing machine oil, white o. bone oil || ~ pour **machines** / machine[ry] oil || ~ pour **machines frigorifiques** / refrigerator oil || ~ pour **machines textiles** / textile oil || ~ de **maïs** / corn o. maize oil || ~ **mélangée** / compound oil || ~ pour **métiers à tisser** / loom oil || ~ **minérale** / mineral oil || ~ **minérale hydrocarbonée** / mineral oil hydrocarbon || ~ **moteur dopée ou super** / premium oil || ~ à **moteurs** / engine oil, lubricating oil, lube [oil] (US) || ~ pour **moteurs marins** / marine engine oil || ~ pour **moules** (coulée sous pression) / moulding oil || ~ de **moutarde** / mustard [seed] oil || ~ pour **mouvements et transmissions** / bearing luboil || ~ **moyenne** / middle [tar] oil || ~ **multigrade** / multigrade oil || ~ de **navette** / turnipseed oil || ~ **neutre** / neutral oil || ~ **neuve** / fresh oil || ~ **noire** / black o. dark oil || ~ **noire** (liant) / black oil || ~ **noire de colza** (tex) / black rape oil || ~ de la **noix d'acajou** (plast) / cashew-nut oil || ~ de **noix du Brésil** / Brazil nut oil || ~ **non conforme** / slop oil, slops *pl* || ~ **non siccative** / non drying oil || ~ **non sulfureuse** (pétrole) / sweet oil || ~ de **noyau** / kernel oil || ~ de **noyau de pommes** / apple kernel oil || ~ pour **noyaux** (fonderie) / core oil || ~ de **noyaux d'abricots** / apricot seed oil || ~ de **noyaux d'olives** / olive kernel oil || ~ d'**œillette** / mawseed oil || ~ d'**oïticica** / oiticica oil, illipe oil || ~ d'**olive** / olive oil, sweet oil || ~ d'**olive de recense** / refuse olive oil || ~ d'**olives rance** (tex) / tournant oil, rancid olive oil || ~ d'**os** / animal o. bone oil, white oil || ~ de **palmier** / palm oil o. butter || ~ de **palmiste** / palm nut o. kernel oil || ~ de **paraffine** / liquid paraffin o. petrolatum, paraffin oil || ~ pour **parquets** / floor oil || ~ des **pépins de raisin** / grapeseed oil || ~ de **pépins de raisin synthétique** / artificial wine oil || ~ de **périlla** / perilla oil || ~ **peu visqueuse** / light oil, low boiling naphtha || ~ **phénolique** / carbolic oil || ~ de **pin** / wood turpentine || ~ de **poisson** / fish oil || ~ de **pommes de terre** / fusel oil || ~ de **pompe à vide primaire** / vacuum pump oil || ~ sous **pression** / pressure oil, oil under pressure || ~ de **pression** / oil from pressings || ~ de **protection** (pétrole) / preservative oil || ~ de **pulvérisation** / spray oil || ~ à **pulvérisation sur les plantes** / plant spray oil || ~ de **recense** / refuse o. rough oil || ~ **rectifiée** / stripped oil (from bitumen blowing process) || ~ de **recyclage** / cycle oil o. stock || ~ à **redistiller** / slop oil, slops *pl* || ~ de **régénération** (caoutchouc) / reclaiming oil || ~ **régénérée** / reclaimed oil || ~ **résiduaire** / residual oil || ~ de **résine** / resin oil (from colophony), rosin oil, rosinol, retinol || ~ de **revenu** (sidér) / annealing oil, tempering oil || ~ de **ricin** / castor oil || ~ de **rinçage** / wash[ing] oil || ~ de **riz** / rice oil || ~ de **roses** / attar o. essence of roses, rose oil || ~ **rouge** (raffinerie) / red oil || ~ pour **rouge turc** / Turkey red oil; alizarin assistant || ~ pour **roulements à billes** / ball bearing luboil || ~ pour **sardines** / sardine oil || ~ de **schiste** (ELF) / shale oil || ~ de **sésame** / sesame o. gingilli o. teel o. til oil, benne oil || ~ **siccative** / drying oil || ~ [de] **silicone** / silicon[e] fluid || ~ **«single-grade»** / single-grade oil || ~ de **soja** / soybean o. soya bean oil || ~ **solaire** / solar oil || ~ **soluble** / soluble oil || ~ **soluble de coupe** / diluted soluble oil || ~ **soufflée** / blown oil, blown distillate || ~ de **soya** / soybean o. soya bean oil || ~ de **soya raffinée** / refined soya been oil || ~ **spéciale** / special oil || ~ de **spermacéti** / spermaceti oil, sperm[whale] oil || ~ du **styrax** / storax oil, liquid storax || ~ **sulfonée** / sulphonated oil || ~ **sulfureuse** (pétrole) / acid oil || ~ **synthétique** / synthetic oil || ~ de **table** / salad oil || ~ de **térébenthine** / essence of turpentine, turpentine oil, oil turp || ~ **thermique** / thermal oil || ~ de **tournesol** / sunflower seed oil || ~ **traitée à l'acide** / acid treated oil || ~ pour **traitement thermique** (sidér) / annealing oil || ~ pour **transformateurs de mesure** / instrument transformer oil || ~ de **trempe** / hardening oil, heat treating oil, quenching oil || ~ pour **trempe brillante** / non-oxidizing annealing oil || ~ pour **tube d'étambot** / stern tube luboil || ~ pour **turbines [à vapeur]** / steam turbine oil || ~ **usée** / used o. waste oil || ~ **vacuum** / vacuum oil || ~ de **vaseline** / liquid paraffin[e] o. petrolatum, paraffin[e] oil, vaseline oil || ~ de **vaseline codex** / liquid paraffin, medicinal oil || ~ **végétale** / vegetable oil || ~ **végétale sulfurisée** / sulphurized vegetable oil || ~ **vierge** / olive oil of the first pressing || ~ **visqueuse** / thick o. viscous oil || ~ de **vitriol** / sulphuric acid, [brown] oil of vitriol (US), BoV (US) || ~ **volatile** / volatile oil

huilé / oiled

huilement *m* / oil lubrication, oiling

huiler / lubricate, rub with oil etc || ~, oindre avec de lhuile (techn) / lubricate, lubrify, oil
huilerie *f* / oil mill
huileur *m* / oiler
huileux (liquide) / oily, oleaginous || ~ (gén) / oleaginous, unctuous
huilier *m* (instr, horloge) / sink, oil sink
huisserie *f* (porte) / door frame o. case || ~ [en **charpente]** / upright standing pillar || ~ de **fenêtre** / window frame o. case || ~ en **tôle pliée** (bâtim) / sheet metal window frame
huit *m* (math) / figure eight || **à ~ côtés** / eight-sided, octahedral || ~ **fois autant** / octuple
huitième partie de cercle / octant of a circle
hululement *m* (télécom) / warble tone
hululer (télécom) / warble *vi*
hululeur *m* (télécom) / warbler
humain / human
humboldtine *f* (min) / humboldtine
humectant *m* / dampening o. moistening agent
humectation *f* / damping, dampening, moistening, humidification, wetting || ~ d'**air** / air humidification o. wetting
humecté / moistened, wetted
humecter / damp[en], moisten, wet || ~ (tex) / spray, sprinkle, damp || ~ (s') / damp[en]
humecteur *m* / moistener, dampener || ~ / humidifier, damper, (esp.:) air humidifier || ~ à **brosses** (tex) / tissue damper with brushes || ~ à **buses** (tex) / mist damper || ~ de **poussières** (fonderie) / dust sprinkler
humecteuse *f* (tex) / damping machine
humide / damp, humid, moist || ~ (climat) / humid || **devenir** ~ / damp[en] *vi* || ~ **et chaud** / muggy, warm and moist o. humid, damp and close || ~ **et froid** / chilly, cold and humid || ~ sur **humide** / wet on wet
humidificateur *m* / moistening apparatus, humidifier || ~ (climatisation) / airwasher || **~-vaporisateur** *m* (tex) / steam applicator
humidification *f* / humidification || ~ (ciment) / tempering || ~ d'**air** / air humidification o. wetting || ~ du **sable** (fonderie) / sand tempering o. wetting
humidifier / damp[en] *vt*, moisten, humidify, wet *vt* || ~ (s') / damp[en] *vi*
humidifuge (tex) / moisture-repellent
humidimètre *m* / hygrometer || ~ de **sol** / soil moisture meter
humidité *f* / moisture, humidity, damp || **à préserver de l'~ !** / keep dry! || **sous une ~ relative de l'air de 65%** / with 65% relative humidity of air || ~ **adhérente** / adherent moisture || ~ **ambiante ou de laboratoire etc.** / ambient air humidity || ~ **atmosphérique ou de l'air** / humidity of the air, atmospheric moisture || ~ **atmosphérique relative** / relative humidity of air || ~ du **charbon** / moisture in coal || ~ **cristalline** / crystalline o. vitreous humor || ~ d'**équilibre** / equilibrium moisture content || ~ d'**équilibre** (bois) / moisture content equilibrium || ~ **froide** / dampness || ~ **hygroscopique au temps de l'analyse** / hygroscopical humidity at time of taking the analysis || ~ **libre** / free moisture || ~ **naturelle** / natural amount of moisture || ~ **relative** / fraction of saturation, relative humidity || ~ **relative de l'air** / relative humidity of air || ~ **résiduelle** / residual moisture || ~ **résiduelle ou ultime** / ultimate humidity || ~ du **sol** / ground damp o. humidity || ~ **superficielle** / surface dampness o. humidity || ~ **totale** / total humidity
humification *f* / humification, formation of humus o. vegetable mould
humine *f* / humic matter
humique / humic
humisteur *m* (électron) / humistor
humite *f* (min) / humite, umite
hummock *m* / hummock
humulène *m* / humulene
humulone *f* / humulone, alpha bitter acid, alpha lupulic acid
humus *m* / vegetable mould || ~ **doux** / mull, duff, lea mould
hune *f* de **vigie** (nav) / crow's nest
hunting-calf *m* / hunting calf
hurlement *m* (fusée, aéro) / screaming || ~ d'**amplificateur** / howling
hutinet *m* (tonneau) / cooper's driver
hutte *f* / hut, shack
hyacinthe *f* de **Compostella** (min) / rose-quartz
hyacynthine *f* / phenylacetaldehyde, hyacynthine
hyalin / hyaline, glossy || ~ (géol) / hyaline
hyalite *f* (min) / hyalite, Müller's glass
hyalographe *m* (circ.impr.) / glassmaster
hyalomicte *f* (géol) / greisen
hyalophane *m* (min) / hyalophane
hyalotechnie *f* / hyalotechnics
hyaluronidase *f* (biol) / spreading factor, hy[ali]dase, hyaluronidase
hybridation *f* (bot, refroid., ord) / hybridization
hybride *adj* / hybrid || ~ *m* / hybrid || ~ **mixte** (ord) / hybrid digital-analog
hybrider (biol) / hybridize || **s'~ suivant les lois de Mendel** / mendelize
hydantoïne *f* / hydantoin
hydracide *m* / hydrogen acid
hydrapulpeur *m* (pap) / hydrapulper
hydrargylite *f* (min) / hydrargillite, gibbsite
hydrargyrisme *m* / mercurialism, mercurial poisoning, hydrargyrism
hydrastine *f* (chimie) / hydrastine
hydratable / hydratable
hydratant (chimie) / hydrating
hydratation *f* / hydration
hydrate *m* / hydrate || ~ d'**alumine** / aluminium hydrate o. hydroxide, hydrated alumina || ~ d'**ammonium** / caustic ammonia || ~ de **carbone** (vieux), glucide *m* / carbohydrate || ~ de **chloral** / chloral hydrate, 2,2,2-trichloro-1,1-ethanediol || ~ de **diamine ou d'hydrazide** / diamine hydrate, hydrazine hydrate || ~ de **gaz** / gas hydrate || ~ d'**oxyde de cuivre et sulphate de chaux** / lime blue || ~ de **propane** / propane hydrate || ~ de **soude** / sodium hydroxide o. hydrate, caustic soda
hydraté / hydrated || ~ (chimie) / hydrous
hydrater / hydrate *vt*, hydratize
hydrateur *m* (bière) / pre-masher, converter
hydraulicien *m* / hydraulic engineer
hydraulicité *f* / hydraulicity
hydraulique (techn) / hydraulic || ~ (routes) / water bound || ~ / hydraulic engineering || ~ (phys) / hydraulics || ~ **aéronautique** / flight hydraulics || ~ **frontale** (agr) / front power lift || ~ à **vapeur** / steam-hydraulic
hydrauliste *m* / hydraulic engineer
hydraviation *f* / seaplane technology
hydravion *m* / seaplane, hydroplane || ~ **[à coque]** / flying boat || ~ à **flotteurs** / float o. pontoon seaplane
hydrazide *m* (chimie) / hydrazide || ~ d'**acide** / acid hydrazide
hydrazine *f* / [anhydrous] hydrazine || ~ **diméthylique asymétrique** (espace) / unsymmetric

dimethylhydrazine, UDMH
hydrazobenzène *m* / hydrazobenzene
hydrazoïque *m* / hydrazoic compound
hydrazone *f* / hydrazone
hydro·acoustique / hydroacoustic || **~aromatique** / hydroaromatic || **~bactériologie** *f* / hydrobacteriology || **~base** *f* (ELF) / seaplane base || **~biologie** *f* / hydrobiology || **~carbonate** *m* / hydrocarbonate || **~carboné** (routes) / made up with tar o. bitumen
hydrocarbure *m* / hydrocarbon, carbon hydride || **~s** *m pl* **acétyléniques** / acetylenic hydrocarbons || **~s** *m pl* **aliphatiques** / aliphatics *pl* || **~s** *m pl* **aromatiques** / aromatics *pl* || ~ *m* de **benzène** / benzene hydrocarbon || ~ **chloré** / chlorinated hydrocarbon || **~s** *m pl* **cycliques** (chimie) / closed-chain hydrocarbons *pl*, cyclic hydrocarbons *pl* || ~ *m* **éthylénique** / alkene, alkylene || ~ **fluoré** / fluorocarbon || ~ **halogéné** / halogenated hydrocarbon || ~ **insaturé** / olefiant gas, ethylene, ethene || **~s** *m pl* **naturels** / native hydrocarbons *pl* || **~s** *m pl* de **pétrole** / petroleum hydrocarbons *pl* || ~ *m* **polycyclique aromatique** / polycyclic aromatic hydrocarbon, PCA || **~s** *m pl* **polymères** / polymer hydrocarbons *pl* || ~ *m* **saturé** / saturated hydrocarbon
hydro·cellulose *f* / hydrocellulose || **~cérame** *m* (vase pour rafraîchir) / hydroceramic vessel, porous earthenware vessel || **~chimique** / hydrochemical || **~chlorination** *f* / hydrochlorination || **~chlorure** *m* / hydrochloride || **~chlorure** *m* d'**éthylamine** / ethylammonium chloride || **~classeur** *m* [à **eau courante et ascendante]** (prépar) / cone current washer || **~classification** *f* / hydrosizing || **~craquage** *m* (ELF) (pétrole) / hydrocracking || **~craqueur** *m* (ELF) / hydrocracker, hydrocracking plant || **~cyanite** *f* (min) / hydrocyanite || **~cyclone** *m* (mines) / cyclone washer, hydrocyclone || **~cyclone** *m* (pap) / centricleaner || **~cyclone** *m* **classificateur** / cyclone classifier || **~cyclone** *m* **pointu** (mines) / conical hydrocyclone || **~désalkylation** *f* / hydrodealkylation || **~désulfuration** *f* (pétrole) / hydrodesulphuration || **~dolomite** *f* (min) / hydromagnocalcite || **~dynamique** *adj* / hydrodynamic || **~dynamique** *f* / hydrodynamics || **~-éjecteur** *m* / hydroejector || **~-électrique** / hydroelectric || **~épierreur** *m* (sucre) / hydraulic rock catcher || **~-extracteur** *m* (goudron) / hydro-extractor || **~-extracteur** *m*, essoreuse *f* / hydro-extractor, whizzer, centrifugal drier || **~-extraction** *f* / dehydration || **~formage** *m* (m.outils) / hydroforming || **~forming** *m* (pétrole) / hydroforming || **~formylation** *f* / hydroformylation, oxo process o. synthesis || **~fuge** *adj* / water-repellent, -repellant, hydrophobic || **~fuge**, résistant au gonflement / swell-resistant || **~fuge** *m* de **masse** (béton) / waterproofing compound for concrete || **~fuge** *m* de **surface** / waterproofing means for surfaces || **~fuger** (tex) / showerproof, make water-repellent || **~gel** *m* / hydrogel || **~génable** / hydrogenizable || **~génant** / hydrogenating, -genizing
hydrogénation *f* / hydrogenation || ~ du **charbon** / coal hydrogenation || ~ des **graisses** / oil hardening o. hydrogenation || ~ sous **haute pression** / high-pressure hydrogenation || ~ d'**huile** / oil hardening o. hydrogenation, hardening of oil || ~ en **phase liquide** / liquid phase hydrogenation
hydrogène *m* / hydrogen, H || ~ **arsénié** / arseniuretted hydrogen, arsine || ~ **atomique** / active o. atomic hydrogen || ~ **boré** / borane, boroethane, boron hydride || ~ d'**étain** / stannane, tin hydride || ~ **lourd** / heavy hydrogen, deuterium || ~ **naissant** / nascent hydrogen || ~ **phosphoré** / phosphoretted hydrogen, hydrogen phosphide
hydrogéné, contenant de l'hydrogène / rich in o. containing hydrogen, hydrogenous || ~, combiné avec l'hydrogène (chimie) / hydrogenated
hydrogéner / hydrogenate || ~ la **graisse** / harden fat by hydrogenation
hydro·génobactériales *f pl* / hydrogen bacteria || **~génocarbonate** *m* de **potassium** / potassium hydrogen carbonate o. bicarbonate || **~génocarbonate** *m* de **sodium** / sodium hydrogen carbonate o. bicarbonate || **~génoduc** *m* / hydrogen pipeline || **~génosel** *m* / acid salt || **~géologie** *f* / hydrogeology, geohydrology || **~glisseur** *m* (nav) / hydroglider, hydroplane || **~graphie** *f* / hydrography || **~graphique** / hydrographic, -ical
hydroïde / ressembling water
hydro·lase *f* / hydrolase || **~lithe** *f* / hydrolith
hydrologie *f* / hydrology || ~ des **eaux souterraines** / geohydrology
hydrolysabilité *f* / power of hydrolysis
hydrolysant les **lipides** (chimie) / fat-splitting
hydrolysat *m* / hydrolyzate || ~ d'**amidon** / starch hydrolyzate
hydrolyse *f* / hydrolysis || ~ **enzymatique** / enzymatic o. enzymic hydrolysis || ~ **réversible** / reversible hydrolysis
hydrolyser / hydrolyze || ~ l'**amidon** / hydrolyze starch
hydrolyt[iqu]e / hydrolytic
hydro·magnésite *f* (min) / hydromagnesite || **~magnétique** / magnetohydrodynamic, MHD || **~magnocalcite** *f* (min) / hydromagnocalcite || **~mécanique** *adj* / hydromechanical || **~mécanique** *f* / hydromechanics || **~métallurgie** *f* (sidér) / hydrometallurgy || **~météore** *m* (météorol) / hydro meteor
hydromètre *m* (phys) / hydrometer || ~, indicateur *m* de niveau / water level gauge || ~ (instr) / water meter || ~ (accu) / battery tester, acidimeter, hydrometer || ~ **vérificateur** (chimie) / exploring spindle
hydrométrie *f* / hydrometry
hydrométrique / hydrometric, -ical
hydro·mica *m* / hydrous mica || **~minéralisé** / mineral water... || **~moteur** *m* / hydraulic engine o. motor, fluid power motor || **~nalium** *m* / hydronalium [alloy]
hydrone *m* / hydrone (Na-Pb-alloy)
hydronique *f* / heating and refrigerating technique
hydronium *m* / hydronium ion
hydro·perforation *f* (pétrole) / hydroperforation || **~phile** / hydrophilic, -phile || **~phile** (pap) / absorbent, bibulous || **~philie** *f* / hydrophilicity, hydrophily || **~phobe** / hydrophobic || **~phober** (tex) / showerproof, make water-repellent || **~phobicité** *f* (tex) / water-repellency || **~phobie** *f* / hydrophobicity, hydrophoby || **~phone** *m* / hydrophone || **~phor** *m* (nav) / hydrophor || **~plane** *m* (nav) / hydroglider, hydroplane || **~pneumatique** / hydropneumatic || **~ponique** / hydroponic, soilless
hydroptère *m* / hydrofoil [boat]
hydro·quinone *f* / hydroquinone, quinol, p-dihydroxybenzene || **~raffinage** *m* (pétrole) / hydroraffination || **~réformation** *f* (pétrole) / hydroforming || **~réfrigérant** *m* d'**air** / watercooled air cooler || **~séparateur** *m* (mines) / hydrosizer || **~séparateur** *m* **rotatif** (mines) / hydroseparator ||

~**skimming** *m* (séparation des fractions) (pétrole) / hydroskimming || ~**sol** *m* / hydrosol || ~**sphère** *f* / hydrosphere || ~**statique** *adj* / hydrostatic[al] || ~**statique** *f* / hydrostatics || ~**sulfite** *m* / hydrosulphite || ~**sulfure** *m* / hydrosulfide || ~**technique** *f* / hydraulics || ~**thermal** (géol, min) / hydrothermal

hydrotimétrie *f* / water hardness testing

hydroxonium *m* / hydroxonium ion

hydroxyanthraquinone *m* / hydroxyanthraquinone

hydroxyde *m* / hydroxide || **forme** *f* ~ / hydroxide form || ~ *m* d'**aluminium** / aluminium hydrate o. hydroxide, hydrated alumina || ~ d'**ammonium** / caustic ammonia || ~ d'**argent** / silver hydroxide || ~ **aurique** / gold hydroxide || ~ de **baryum** / barium hydroxide, caustic baryta || ~ de **calcium** / calcium hydrate o. hydroxide || ~ **cuivrique** / cupric hydroxide, copper(II) hydroxide || ~ **ferreux** / ferrous hydroxide, iron(II) hydroxide || ~ **ferrique** / ferric hydroxide, iron(III) hydroxide || ~ de **lithium** (espace) / lithium hydroxide || ~ de **magnésium** / magnesium hydroxide || ~ de **potassium** / caustic potash, potassium hydroxide o. hydrate || ~ de **sodium** / caustic soda, sodium hydroxide o. hydrate

hydroxylamine *f* / hydroxylamine

hydroxylation *f* / hydroxylation

hydroxyle *m*, oxhydrile / hydroxyl

hydroxylé / hydroxylated

hydroxy·naphthaline *f* / hydroxynaphthalene || ~**quinoléine** *f* (chimie) / oxyquinoline, 8-quinolilol, 8-hydroxyquinoline || ~**quinone** *m* / hydroxyquinone

hydrozincite *f* (min) / hydrozincite, zinc bloom

hydrure *m* / hydride || ~ d'**antimoine** (chimie) / stibin[e] || ~ de **calcium** / calcium hydride, hydrolith || ~ **carboné** / carbonated hydrogen || ~ d'**étain** / stannane, tin hydride || ~ de **niobium** / niobium hydride || ~ de **potassium** / potassium hydride || ~ de **silicium** / silicane, silane, silicon hydride, silicomethane, hydrosilicon || ~ de **zirconium** / zirconium hydride

hydruro·aluminate *m* de **lithium** / lithium aluminiumhydride || ~**borate** *m* de **lithium** / lithium borohydride

hyétographe *m* (rare), pluviographe *m* / hyetograph

hyétomètre *m* (rare), pluviomètre *m* / rain ga[u]ge, hyetometer, pluviometer, udometer

hygiène *f* / hygiene, hygienics *sg* || ~ de l'**air** / air pollution control || ~ d'**environnement** / environment sanitation || ~ **industrielle ou professionnelle** / industrial hygiene o. hygienics *pl* || ~ du **travail** / work hygiene

hygiénique / hygienic, sanitary || ~ (pap) / toilet...

hygro·baroscope *m* / hydrometer, areometer || ~-**expansimètre** *m* (pap) / hygro-expansimeter || ~**graphe** *m* / hygrograph

hygromètre *m* / hygrometer || ~ à **absorption** / chemical hygrometer || ~ **capillaire ou à cheveu** / hair hygrometer || ~ à **condensation** / condensation hygrometer || ~ **gradué sur tige** / sword hygrometer || ~ à **point de rosée** / dew point hygrometer

hygrométrie *f* / hygrometry

hygro·scope *m* / hygroscope || ~**scopicité** *f* / hygroscopicity || ~**scopie** *f* / hygrometry || ~**scopique** / hygroscopic || ~**stat** *m* / hygrostat

Hylotrupes bajulus *m* / house longhorn beetle

hyperacidification *f* / super-acidity, over-acidification

hyperbole *f* / hyperbola || ~ **rectangulaire** / rectangular hyperbola || ~ **zéro** (radar) / lane, Lane-Emden function

hyperbolique / hyperbolic

hyperboloïde *m* / hyperbolic conoid, hyperboloid || ~ à **deux nappes** / hyperboloid of two sheets || ~ de **révolution ou de rotation** / hyperboloid of revolution

hyper·charge *f* (nucl) / hypercharge || ~**compound** (électr) / overcompound... || ~**compoundage** *m* / overcompounding || ~**compound[é]** / overcompounded || ~**conjugaison** *f* (chimie) / no-bond resonance, hyperconjugation || ~**critique** / supercritical || ~**cube** *m* (math) / hypercube || ~**dense** (math) / hyperdense || ~**espace** *m* (géom) / hyperspace || ~**eutectique** / hypereutectic || ~**eutectoïde** / hyper-eutectoid || ~**filtration** *f* / hyperfiltration || ~**focal** / hyperfocal || ~**focale** *f* / hyperfocal distance || ~**formage** *m* (chimie) / hyperforming || ~**fragment** *m* (nucl) / hyper fragment, hypernucleon || ~**fréquence** *f*, ondes *f pl* décimétriques / ultrahigh frequency, UHF || ~**géométrique** / hypergeometric || ~**gol** *m* (ELF) / hypergol || ~**golicité** *f* (ELF) / hypergolic property || ~**golique** (ELF) / hypergolic || ~**gonar** *m* / hypergonar lens || ~**lourd** (tôle) / extra heavy || ~**lumineux** / extremely bright || ~**luminosité** *f* du **spot** (TV) / white crushing || ~**métrope** / hyperope, farsighted, longsighted || ~**métropie** *f* / hyperopia, hypermetropia, farsightedness, longsightedness || ~**molécule** *f* / hypermolecule

hypernik *m* / hypernik (50% Fe-Ni alloy)

hypéron *m* (nucl) / hyperon || ~ **Xi** (nucl) / Xi-particle, cascade particle

hyper·oxydation *f* (chimie) / hyperoxygenation || ~**parasite** *m* / superparasite, hyperparasite || ~**progressif** (ressort) / overprogressive || ~**sensibilisation** *f* (phot) / hypersensitization || ~**sensibiliser** (phot) / hypersensitize || ~**sonique** (vitesses supérieures à 2 Mach) (aéro) / supersonic (one to 5 times that of sound in air), hypersonic (speed 5 o. more times that of sound in air) || ~**sorption** *f* (gaz, pétrole) / hypersorption || ~**stabilité** *f* (contr aut) / hyperstability || ~**stable** / hyperstable || ~**statique** *adj* (méc) / statically overdetermined, overdefined, overrigid, redundant || ~**statique** *f* / static redundancy || ~**stéréoscopique** / hyperstereoscopic || ~**sthène** *m* (min) / hypersthene || ~**synchrone** / oversynchronous, supersynchronous || ~**tonique** (chimie) / hypertonic || ~**trempe** *f* (sidér) / overhardening || ~**trophie** *f* / hypertrophy || ~**trophier** (s') / hypertrophy *vi*

hypidiomorphe (géol) / hypidiomorphic

hypoacousie *f* / noise deafness

hypocentre *m* (bombe nucl.) / ground zero || ~ (géol) / hypocenter, seismic focus

hypochlorite *m*, chlorate(I) *m* / hypochlorite, chlorate(I) || ~ de **calcium** / chlorinated lime || ~ de **chaux** / bleaching lime, bleaching powder, chemic || ~ de **potassium** / potassium chlorite(I) || ~ de **sodium** / sodium chlorite(I)

hypocotyle *m* (bot) / hypocotyl

hypocycloïde *f* (math) / hypocycloid, interior o. internal epicycloid || ~ [de Steiner] **à trois pointes** / [Steiner's] tricusp

Hypoderme *m* **du Bœuf** / ox warble fly, hypoderma

hypo·eutectique / hypoeutectique || ~**eutectoïde** / hypoeutectoid

hypoïde (math, engrenage) / hypoid

hypo·kinèse *f* (espace) / hypokinesis || ~**nitrite** *m* / hyponitrite

hyponomeute *f* / ermine moth || ~ du **pommier** / apple ermine moth

hypo·phosphite *m* / hypophosphite || **~phosphoreux** / hypophosphorous || **~sulfite** *m* / hyposulphite || **~sulfite** *m* de **sodium** / sodium thiosulphate, fixing salt, antichlor[ine] || **~sulfureux** / hyposulphurous, hydrosulphurous || **~synchrone** (électr) / subsynchronous || **~ténuse** *f* / hypotenuse
hypothèse *f* / hypothesis || **par ~**, hypothétiquement (math) / hypothetically, conjecturally || **~ alternative, [composite, simple]** (statistique) / alternative, [composite, simple] hypothesis || ~ de **charge** (bâtim) / assumed load, loading sollicitation || ~ **nulle** (contr.qual) / null hypothesis || ~ de **Zachariasen** (phys) / bootstrap hypothesis
hypothétique / hypothetical, conjectural
hypo·tonique (chimie) / hypotonic || **~xanthite** *f* / burnt sienna, sienna [earth]
hypoxie *f* (aéro) / hypoxia (deficiency of oxygen)
hypoxyde *m* / suboxide
hypso·chrome *adj* (chimie) / hypsochrome *adj* || **~chrome** *m* (chimie) / hypsochrome || **~gramme** *m* (math) / hypsogram || **~gramme** *m* (statistique) / surface-by-surface diagram || **~graphe** *m* (télécom) / recording transmission measuring set || **~mètre** *m* [de Regnault] / hypsometer || **~mètre** *m* (télécom) / transmission measuring set, TMS || **~métrie** *f* / hypsometry
hystérèse *f* voir hystérésis
hystérésimètre *m* [d'Ewing] / Ewing curve tracer
hystérésis *f* (électr) / hysteresis || ~ **acéré** / sheared hysteresis || ~ **dynamique** / dynamic hysteresis || ~ **magnétique** / viscous o. magnetic hysteresis || ~ de **mouillage** (agent de surface) / wetting hysteresis || ~ de **réglage** / control hysteresis
Hz = hertz

I

IAHR = International Association for Hydraulic Research (Delft)
IC, circuit intégré / integrated circuit, IC
iceberg *m* / iceberg
icerya *f* / cottony cushion scale
icha, impôt *m* sur les chiffres d'affaires / sales tax, turnover tax (GB)
icht[h]yocolle *f* / isinglass
ichthyophthalme *f* (min) / apophyllite, ichthyophthalm[it]e
iconomètre *m* (phot) / eikonometer
iconoscope *m* (TV) / iconoscope || ~ à **image électronique** (TV) / image o. super-iconosope
iconyl *m* (phot) / Glycine
icosaèdre *m* / icosahedron
icositétraèdre *m* / icositetrahedron
ictomètre *m* (nucl) / counting ratemeter
I.D. *f* (indication de durée) (télécom) / rate notification
idéal (math) / ideal || ~, imaginaire / imaginary, mathematical
idée *f* / idea, notion, conception || **donner une ~ claire** / illustrate || ~ **directrice ou générale ou maîtresse** / leading o. basic idea || ~ **fondamentale** / basic idea o. concept, fundamental idea || **~s** *f pl* **fondamentales** / basic concept
idéel / mathematical, imaginary
idempotent (math) / idempotent
identicatif *m* **externe** (ord) / external name
identificable / recognizable
identificateur *m* (ord) / identifier || ~ (typo) / metal mount || ~ de **machine** (ord) / hardware name || ~ de **procédure** (ord) / procedure identifier o. name || ~ **réservé** (ord) / reserved identifier || ~ de **train** (ch.de fer) / train describer
identification *f* / identification || ~ (contr.aut) / identification, ID || ~ (chimie) / proof || **d'~** / identification ..., code ... || ~ **ami-ennemi** (radar) / identification friend-foe, IFF || ~ du **caissier** (ord) / accountant's identification || ~ **caractéristique** / characteristic || ~ de **début, [de fin] de bande** (ord) / header, [trailer] label || ~ **division** (COBOL) / identification division (COBOL) || ~ **glissante, [rigide]** (normalisation) / undated, [exact] identification || ~ **non-équivoque** (nucl) / unique identification || ~ de **poste** (télétraitement des données) / station identification || ~ de **processus** (contr.aut) / process o. system identification || ~ **radar** / radar identification o. ID || ~ par **radiobalises** / radio beacon identification || ~ du **satellite** / satellite identification o. ID || ~ par **signal identifiable** (aéro) / identifiable signal identification || ~ de **site** / I/P, identification of position || ~ de la **station** (télétraitement) / station identification, discrete addressing || ~ du **système** (contr.aut) / system identification || ~ d'**unités** (ord) / component recognition || ~ de la **zone équiphase** (nav) / lane identification
identifier (ord) / identify, flag, mark
identique [à, avec] / equivalent [to] || ~ [à] (math) / identical [with], always equal [to]
identité *f* / sameness, identity
idéogramme *m* / ideograph, ideogram || ~ (ord) / picture character
idio·blastique (géol) / idioblastic || **~chromatique** (min) / idiochromatic || **~morphe** (min) / idiomorphic, -morphous, automorphic, -morphous
idocrase *f* (min) / idocrase, vesuvianite
idoine (coll) / suitable, adequate
idose *f* (chimie) / idose
IE *m*, indice *m* demboutissage / cupping index IE
I.F.A.N. / International Federation for the Application of Standards, IFAN, IFAN
IFAPT (langage de programmation) (m.outils) / IFAPT
I.F.P. = Institut Français du Petroléum
I.F.R. / instrument flight rules, IFR *pl*
igname *m* / yam
igné (géol) / igneous, pyrogenic
ignifugation *f* / fireproofing, (also:) flame retardancy
ignifuge *adj* / flame retardant o. retarding || ~ *m* / flame retardant o. resistant
ignifugé / flame-retarded
ignifugeage *m* / nonflammability || ~ (action) / fireproofing, (also:) flame retardancy
ignifugeant voir ignifuge
ignimbrite *f* (géol) / ignimbrite
igniteur *m*, ignitor *m* (déconseillé) (r.cath) / igniter, ignitor, pilot o. trigger electrode, keep-alive electrode, starter
ignition *f* / flameless combustion || ~, chaude *f* rouge / red heat, redness (abt. 800 - 1250 K) || ~ **spontanée** / self-ignition, spontaneous ignition
ignitron *m* (électr) / ignitron
ijolithe *f* (geol) / ijolite
ilang-ilang *m* / ilang-ilang
île *f* / island, isle || ~ de **maisons** / block of buildings
illimité / infinite, unlimited || ~ (vue) / unconfined
illite *f* (min) / illite
il[l]ménite *f* (min) / titaniferous iron ore, ilmenite
illuminance *f* **équivalente sphérique** / equivalent

sphere illuminance
illuminant *m* / illuminant || ~ **normalisé CIE C** / CIE standard illuminant || ~ **sensitométrique** / sensitometric illuminant
illumination *f* / illumination, lighting || ~ **diffuse** / diffuse[d] lighting o. illumination || ~ à **fond noir** / dark field o. dark ground o. black field illumination, dark wells *pl* || ~ de **monuments** / illumination, floodlighting, spotlighting || ~ **publicitaire** / advertisement illumination
illuminé / illuminated, non selfluminous
illuminer / illuminate || ~ des **monuments** / illuminate, floodlight, spotlight, vt.
illusion *f* d'**optique** / optical illusion o. delusion
illusoire / illusory, illusive, delusive || ~ (math) / illusory, illusive
illustration *f* / illustration, picture || ~ / pictorialization, representation || ~ (typo) / illustration, block, picture || **faire une** ~ / picture || ~ **hors texte** (typo) / plate || ~ **in-texte** / text illustration
illustrer / illustrate
ilménite *f* (min) / titaniferous iron ore, ilmenite
I.L.N., immeuble *m* à loyer normal / normal rent dwelling
îlot *m* / islet || ~ (routes) / refuge || ~ **directionnel** (routes) / traffic divider || ~ d'**habitations ou de maisons** / block of buildings, quadrangle || ~ de **sauvetage gonflable automatiquement** (nav) / automatic life-raft || ~ **séparateur** / traffic divider
I.L.S. (aéro) / instrument landing system, ILS
ilvaïte *f* (min) / lievrite, ilvaite
image *f* / picture, image || ~ (opt) / image || ~ (radio) / image [signal] || ~ (typo) / picture, image || ~ (TV) / picture (GB), frame (US) || **faire une** ~ / picture || **l'une des deux ~s stéréoscopiques** / single frame (member of a stereograph) || ~ **aérienne** / aerial image || ~ en **air** / aerial image || ~ **anamorphosée** / anamorphic image || ~ **arrêtée** (film) / freeze o. still o. stop frame || ~ **blanche** (TV) / double o. ghost image, white o. flash frame || ~ **complète d'entrelacement** / television field frame || ~ **composite** / mont[age], photo-mounting o. mont[age], montage photograph || ~ **composite animée** / travelling matte || ~ **comprimée** (TV) / picture compression || ~ **consécutive** (opt) / afterimage, incidental image || ~ **contrastée** / harsh o. hard picture || ~ à **côtés renversés** / reversed image, lateral inversion || ~ **côtière par radar** / radar coast image || ~ à **décalquer** / transfer [picture], decal[comenia] || ~ à **demi-teintes** (typo) / halftone o. continuous tone etching || ~ **désanamorphosée** / unsqueezed image || ~ **diapositive** / lantern slide, positive [transparency] || ~ **diffractée** (laser) / diffraction pattern || ~ **divisée** (TV) / split image (GB) || ~ **double ou fantôme** (TV) / double o. ghost image || ~ **douce** / low-contrast image || ~ de l'**échantillon poli** / micrograph, photomicrograph, polished section || ~ à l'**écran** (ultrasons) / oscilloscope pattern || ~ sur l'**écran** (TV) / reproduced picture [on the screen] || ~ **électrique de Lichtenberg** / electric dust pattern || ~ **électronique** / electron image || ~ **électronique de charge** (TV) / charge image o. pattern, image pattern || ~ **enregistrée dans la caméra** (film) / camera aperture produced image area || ~ **enregistrée dans la caméra et champ d'image projeté** (film) / photographed image size || ~ **entrelacée** (TV) / interlaced picture || ~ **enveloppée** / soft-focus image || ~ à **faible contraste** (phot) / dull o. flat o. faint picture || ~ **fantôme** (radar) / ghost echo || ~ **fantôme** (TV) / double o. ghost image || ~ **fantôme**, image *f* résiduelle (opt) / ghost image, residual image || ~ de **fente** / slit image || ~ **ferrotypique** (phot) / ferrotype, melano- o. tin-type || ~ de **film** / film frame || ~ **filmée** / moving picture || ~ **fixe** (film) / freeze o. still o. stop frame || ~ **floue** (phot) / blurred picture || ~ **gélatinée en creux** (phot) / relief process picture || ~ **horizontale** / horizontal picture || ~ par **image** (phot) / single-picture... || ~ par **image** (film) / stop motion, frame-by-frame display || ~ **immobile** (phot) / still [picture] || ~ **individuelle** / individual picture || ~ **individuelle de TV** / single T.V. picture (GB) o. frame (US) || ~ **insérée** / intercut shot || ~ par **interférence** (phys) / interference figure o. pattern, rings and brushes *pl* || ~ **intermédiaire** / intermediate image o. projection || ~ **inversée** / reversed image || ~ **latente** / latent image || ~ de **ligne** / line image || ~ **manquant de netteté** (phot) / blurred picture || ~ de **mémoire** (ord) / core image || ~ dans un **miroir** / mirror[ed] o. reflected image || ~ de **modulation** (oscilloscope) / modulation pattern || ~ **multiple** (microfilm) / multiple image || ~ **naturelle** (phot) / positive [picture] || ~ **négative** / negative o. reversed image || ~ **nette** (phot) / sharply-defined o. clear picture || ~ en **noir et blanc** (TV) / black-and-white image || ~**-orticon** *m* / super- o. image-orthicon || ~ *f* à l'**oscilloscope** (ultrasons) / oscilloscope pattern || ~ **parasite** / secondary image || ~ **piquée** / sharply-focussed o. sharp image || ~ **plate ou sans relief** (phot) / dull o. flat o. faint picture || ~ **positive** (phot) / positive [picture] || ~ de **potentiel** (électron) / charge image o. pattern || ~ en **profondeur** (TV) / deep dimension picture || ~ **radar** / radar image || ~ **radar brute** / raw radar image || ~ **radar de recherche latérale** / side-looking radar image || ~ par **radiation gamma** / gammagraph || ~ par **rayonnement thermique** (phot) / heat picture o. image || ~ **réciproque** (math) / time function || ~ **récurrente** / afterimage, incidental image || ~ **réduite** / reduced image || ~ **réelle** / real image || ~ **réfléchie ou reflétée** / mirror[ed] o. reflected image || ~ de **réflexion** (radar) / reflected echo-return picture || ~ en **relief** voir image stéréoscopique || ~ **rémanente** / retained image || ~ **rémanente négative** / negative afterimage || ~ **rémanente positive** / positive afterimage || ~ **renversée** / reversed o. negative image || ~ **renversée** (opt) / inverted image, image upside down || ~ **résiduelle** / ghost image, residual image || ~ **retenue** / burned-in o. retained image, image burn, sticking picture || ~ **rétinale** / retinal image || ~ **retournée** / reversed image || ~ **scotopique** (phot) / skotograph || ~**s** *f pl* par **seconde** (phot) / filming speed, frames *pl* per second, fps || ~ *f* **sectionnée** / sectional image, partial picture || ~ d'un **signal** (Suisse) (ch.de fer) / signal indication || ~ **stationnaire** / stationary figure o. image o. pattern || ~ **stéréoscopique** / stereograph, -gram, stereoscopic image, three-dimensional image || ~ **tachetée** (TV) / spottiness || ~ de **télévision** / television image o. picture || ~ de la **texture** (sidér) / structure, texture || ~ **tirée par réduction** (film) / reduction copy o. print || ~ en **trois dimensions** voir image stéréoscopique || ~ **troncatée** (TV) / truncated picture || ~ **ultrasonique** / ultrasonic pattern || ~ **virtuelle** / virtual image
imagerie *f* / imagery, manufacture of prints || ~ (opt) / optical image formation
imaginaire / mathematical, imaginary
imaginer / contrive

imago *f*, insecte *m* parfait / imago (pl.: imagoes, imagines)
imbibé d'**eau à fond ou à plein** / water-logged
imbiber *vt* / imbibe || ~ (chimie) / soak [in o. up], absorb || ~, imprégner / saturate, impregnate || **faire ~ les couleurs** (pap) / imbue *vt* || **s'~** [dans] / infiltrate *vi*, seep o. soak o. trickle [into] || **s'~ totalement** / soak *vi*, suck itself full, sponge
imbibition *f* (colloide) / imbibing || ~ (chimie) / impregnation || ~ des **bois** / wood impregnation || ~ **combinée** / compound imbibition
imbrication *f* / imbricated work || ~ (géol) / intergrowth || ~ (mesures prises) / overlapping of proceedings || ~ (ord) / interlacing, interleaving
imbriqué / imbricated
imbriquer (ord) / interlace, interleave || **~, (s')** / overlap *vi*
imbrûlé *adj* / non burned || ~ *m* / non-burned residue
I.M.C.O. *m* / IMCO, Intergovernmental Maritime Consultative 0rganization
imide *f* / imide || ~ *m* **orthosulfobenzoïque** / saccharin, 2,3-dihydro-3-oxobenzisosulfonazole
imidogène *m* (chimie) / imido group
imine *f* / imine
imitation *f* / copy, mock, imitation, counterfeit || ~, reproduction *f* / imitation, copy || ~ d'**astrakan** / karakul fabric, imitation astrakhan || ~ **daim** (tex) / suede fabric || ~ de **pierres taillées** (bâtim) / imitated ashlar stone work || ~ **servile** (brevet) / colourable o. slavish imitation, Chinese copy (US)
imité / imitated, counterfeit, fake, imitation...
imiter / copy, imitate || ~, contrefaire / imitate, counterfeit, fake
immanent / immanent
immangeable / inedible
immatériel / immaterial
immatriculation *f* (auto) / vehicle registration
immatriculé (auto) / registered
immédiat / immediate, instant, direct || ~, contigu / next
immédiatement plus bas / next lower || ~ **plus grand** / next in size || ~ **supérieur** / next higher
immensurable / immeasurable
immergé / submerged, sunken || ~, sous-marin / underwater, subaqueous, submarine || ~ dans l'**huile** (électr) / oil-immerged, -immersed
immerger / immerse, sink || ~ un **câble** / submerge a cable || ~ **dans l'eau** / steep in water
immersion *f* / immersion || ~ (hydr) / depth of immersion || ~, trempage *m* / soaking, wetting thoroughly || ~, barbotage *m* / dipping, splashing || ~ (astr) / immersion || ~ (fonderie) / dipping || **par ~** / by dipping || ~ de **câble** / immersion o. submerging of cables || ~ du **cœur** (nucl) / core flooding || ~ **d'huile** (opt) / oil-immersion || ~ dans l'**huile** (électr) / oil immersion || ~ **invariante** (nucl) / invariant imbedding || **~-soufflage** *m* (plast) / dip[ping mandrel] blow moulding process
immeuble *m*, édifice *m* (bâtim) / building, block of flats || **~s** *m pl* / real estates o. properties *pl* || ~ *m*, fonds *m* de terre / property, plot of land || ~ **administratif** / administration o. administrative building || ~ **agricole ou rural, [forestier]** / rural, [forest] estate || ~ d'**appartements**, immeuble *m* collectif / apartment house || ~ **commercial** / office block || ~ de ou sur la **cour** (bâtim) / back premises *pl* || **~s et biens meubles** *pl* / immovables and movables *pl* || ~ *m* d'**habitation** / dwelling house || ~ **haut** / high building o. structure, highrise [building] || ~ à **loyer normal** / normal rent dwelling || ~ **neuf** / reconstruction || ~ de **rapport** / mansions *pl* (GB), tenement [house], block of flats || ~ **résidentiel** / residential building || ~ **sans cave** / non-basement house || **~-tour** *m* / tower block, residence tower
imminent / imminent, impending
immiscer (s') / break in on something
immiscible / non-miscible
immission *f* (environnement) / immission
immitance *f* (électr) / immittance || ~ de **charge** / load immittance || ~ d'**entrée,** [de sortie] / input, [output] immittance || ~ de **fermeture** / terminating immittance
immobile / stationary, fixed || ~ (charge) / permanent, dead
immobilisation *f* de **coques** (nucl) / immobilization of the waste hulls
immobilisé / stuck
immobiliser / immobilize || ~, enclencher / lock || ~ (s') / stand, stop, come to a stop
immondices *f pl* / street sweepings *pl* || ~, ordures menagères *f pl* / garbage (US), offal, refuse, dust (GB)
immuable / immov[e]able
immun [contre, à] / immune [from, against, to, of] || ~ à la **corrosion** / corrosion-proof, -resisting, noncorroding, noncorrosive, corrosionless
immunisation *f* (bâtiment de guerre) / degaussing
immunité *f* / immunity || ~ aux **parasites ou à la perturbation** / immunity to interference || ~ aux **vibrations** / immunity to vibration
immuno·chimie *f* / immunochemistry || **~fluorescence** *f* / antibody fluorescence, immunofluorescence || **~logie** *f* / immunology
impact *m* / bounce, impact || ~ (projectile) / hit || ~ (aéro) / touch-down || ~ (p.e. particules) / collision (e.g. particles) || ~ de l'**eau** (réservoir) / inside splashing of the water || ~ d'**ions** / impact of ions
impacteur *m* / impact separator, impinger
impair / odd || ~ (math) / uneven, odd
imparfait / imperfect, faulty
imparité *f* (math) / unevenness || ~ (ord) / odd parity
impartial (résultat) / unbias[s]ed
impasse *f* / blind alley, cul-de-sac, dead end, impasse
impédance *f* / impedance || ~ (élément constitutif), impédeur *m* / impedor || **de basse** ~ (courant alt.) / [of] low impedance || ~ **acoustique** / specific sound impedance || ~ **acoustique caractéristique** (acoustique) / characteristic acoustic impedance || ~ **acoustique spécifique** / specific sound impedance || ~ **adaptée ou appariée** (électron) / matched impedance || ~ de **base** (électron) / base impedance || ~ **bloquée** / blocked impedance || ~ aux **bornes** (électr) / terminal o. end o. load impedance || ~ de **boucle** / loop impedance || ~ **caractéristique** (câble, télécom) / characteristic o. surge impedance, impedance level || ~ **caractéristique** (guide d'ondes) / characteristic impedance || ~ **caractéristique de l'espace libre ou du vide** / intrinsic impedance, characteristic wave impedance || ~ de **champ caractéristique** / field characteristic impedance || ~ de **champ inverse** / negative sequence field impedance || ~ de **charge** (électr) / load impedance || ~ de la **charge anodique** / anode load impedance || ~ **chargée** / loaded impedance || ~ **cinétique** / motional impedance || ~ de la **couche émissive** / cathode coating impedance || ~ en **court-circuit** / short circuit o. closed-end impedance || ~ en **dérivation** / shunt impedance || ~ **directe** / driving-point o. direct impedance || ~ **dynamique** (électron) / motional impedance || ~ d'**électrode** / electrode impedance || ~ **électrostatique** / static

impedance || ~ d'**entrée** / input impedance, driving point impedance || ~ d'**entrée [avec] entrée en circuit ouvert** (semi-cond) / open-circuit input impedance || ~ d'**entrée [avec] sortie en court-circuit** (semi-cond) / short-circuit o. closed-end input impedance || ~ d'**entrée à sortie libre** / free impedance || ~ **FI** (semi-cond) / I.F.-impedance || ~ de **gâchette** (électron) / gate [winding] impedance || ~ **homopolaire** / zero phase-sequence impedance || ~ **image** (télécom) / image impedance || ~ **intérieure** (électron) / internal impedance || ~ **intrinsèque** / intrinsic impedance || ~ **inverse** (électr) / negative phase-sequence impedance || ~ **itérative** (quadripôle) (télécom) / iterative impedance || ~ de **liaison** / coupled impedance || ~ **libre** / free impedance || ~ **longitudinale** / series impedance || ~ de **maille** (électr) / mesh impedance || ~ de **masse** / mass impedance || ~ **mécanique** (acoust) / mechanical impedance || ~ **nominale** (transfo) / rated impedance || ~ d'**onde** (guide d'ondes) / wave impedance || ~ d'**onde caractéristique** / characteristic wave impedance || ~ **opposée** / negative sequence field impedance || ~ au **point d'application** / driving-point o. direct impedance || ~ **propre** / self-impedance || ~ par **rapport à la terre** / earth impedance || ~ de **rayonnement acoustique** (acoustique) / radiation impedance || ~ **réduite** (guide d'ondes) / normalized o. reduced wave impedance || ~ **résistive de sortie** / resistive output impedance || ~ **série** / series impedance || ~ **série synchrone** / direct-axis synchronous impedance || ~ de **sortie** / output impedance || ~ de **sortie [avec] entrée en circuit ouvert** (semi-cond) / open circuit output impedance || ~ de **source** / source impedance || ~ **synchrone** (électr) / synchronous impedance || ~ d'un **système bloqué** (acoustique) / damped impedance || ~ **terminale** / terminating impedance || ~ **thermique en régime d'impulsion** (semi-cond) / thermal impedance under pulse conditions || ~ **thermique transitoire** (semi-cond) / transient thermal impedance || ~ de **transfert** (télécom) / mutual o. transfer impedance || ~ **transversale** / shunt impedance || ~ **unilatérale** (électron) / unilateral impedance || ~ de **Zener** / Zener impedance

impédancemètre *m* / impedometer

impédeur *m* / impedor

impénétrabilité *f* / impenetrability

impénétrable / impenetrable || ~ aux **radiations** / radio-opaque, radiopaque

imperceptible / imperceptible || ~ à l'**œil** / imperceptible by the eye || ~ à l'**œil nu** / invisible to the naked eye || ~ à l'**oreille** / unaudible

imperdable (rondelle) / captive

imperfection *f* / imperfection || ~, défaut *m* / defect, fault, blemish || ~ (semicond) / impurity, imperfection || ~ (ord) / bug (US, coll) || ~**s** *f pl* / shortcomings *pl*, failings *pl* || ~ *f* **cristalline** / crystal defect o. dislocation o. imperfection, crystal disorder || ~ **géométrique** / geometric imperfection || ~ d'**image** / image distortion o. defect || ~ de **mesure** / dimensional imperfection || ~ **ponctuelle** (semicond) / point imperfection || ~ de **réseau moléculaire** (crist) / lattice imperfection o. dislocation

impériale *f* (omnibus) / top, upper deck

Imperial Standard (étalon anglais) *m* / Imperial standard (Engl)

impérissable / incorruptible

imperméabilisant *m* (tex) / waterproofing agent

imperméabilisation *f* (tex) / water repellent finishing || ~ (ELF) / waterproofing || ~ de **bâtiments** / waterproofing of buildings || ~ de la **couture** / impregnation of the seam

imperméabiliser / proof *vt*, make impermeable o. impervious

imperméabilité *f* / tightness to water o. air, impermeability, impermeableness || ~ à l'**air** / air-tightness

imperméable / impermeable, impervious || ~ (sol) / tight || ~ (tex) / waterproof || ~ [à] / impervious [to] || ~ à l'**air** / hermetically sealed o. closed, airproof, airtight || ~ à la **chaleur** / opaque to heat || ~ à l'**eau** / watertight, waterproof, impermeable to water || ~ aux **gaz** / gastight, gasproof || ~ aux **graisses** (pap) / grease resistant || ~ à l'**huile** / oilproof || ~ à l'**huile** (tissu) / oiltight, oilproof || ~ par la **pluie** (lampe) / rainproof || ~ aux **poussières** / dust-tight, dustproof || ~ à la **vapeur** / steam-tight

impesanteur *f* (ELF) / weightlessness, zero-g, zero-gravity

impétueux / impetuous || ~ (torrent) / rushing

implant *m* (nucl) / implant

implantation *f* / implantation || ~ (bâtim) / staking out || ~ / installation, establishment || ~ (fonderie) / lay-out || ~ sur **embase associable** (électr) / subbase mounting || ~ des **fouilles** / setting the foundation ditch || ~ du **gros œuvre** / location of a building || ~ d'**industrie** / establishment of industries || ~ d'**ions ou ionique** (semicond) / ion implantation || ~ du **plan d'ensemble** / setting out the ground plan || ~ du **poste de travail** / work place layout || ~ d'une **unité de fabrication** / establishment of a branch factory || ~ d'une **usine** / location of a plant

implanté au **bore** (électron) / boron implanted

implanter des **courbes** (arp) / range curves, set out curves || ~ des **instruments** / instrument

implication *f* (ord) / IF-THEN-operation, [conditional] implication

implicite (math) / implicit || ~ (ord) / implied

impliquer une **activité inventive** (brevet) / present *vt* inventive merit

implosion *f* / implosion

impondérable / imponderable

importance *f* / account, importance || **d'~ secondaire** (défaut) / minor || **de peu d'~** / minor, negligible || **sans ~** / out of interest o. consideration, unimportant, of no account || ~ **relative** (nucl) / relative importance || ~ des **travaux** / scale of building activities

important / important || ~, très grand (valeur) / outstanding

importé / imported

importer / import

importun / undesired

imposable / taxable

imposé (tension) / applied

imposer, assigner / assign || ~ (typo) / impose || ~ **identiquement ou en demi-feuille** (typo) / work and turn || ~ une **tâche** / set a task || ~ une **valeur** (m.compt) / enter, key-in

imposition *f* (typo) / imposing, imposition

imposte *f* (voûte) / impost || ~ (porte, fenêtre) / fanlight || ~ **basculante** / tilting fanlight || ~ **cintrée** / continuous impost || ~ sans **contrefeuillure** (porte) / square edge overpanel || ~ à **ornements** / impost moulding || ~ à **recouvrement** (porte) / rebated overpanel

impôt *m* sur les **chiffres d'affaires**, icha / sales tax, turnover tax (GB) || ~ sur le **salaire** / withholding tax

impraticable / impracticable || ~ (routes) / impassable

imprécis / dim, vague || ~ (opt) / blurred, out-of-focus
imprécision *f* / vagueness, indistinctness, dimness || ~ de **mesurage** / inaccuracy of measuring
imprégnant *m* / impregnating agent o. compound o. composition o. fluid o. substance o. preparation, saturant
imprégnation *f* / impregnation || ~ de **bois** / steeping o. impregnation of wood || ~ par **capillarité** / capillary impregnation || ~ par le **déplacement de la sève** (bois) / sap displacement method of impregnation || ~ par **diffusion** (bois) / diffusion o. osmotic impregnation || ~ d'**huile** (frittage) / oil impregnation || ~ **intégrale de résine synthétique** (électr) / through impregnation by cast resin || ~ au **jigger** (tex) / jigger padding || ~ à **matières plastiques** / impregnation with plastics || ~ **sous vide** (électr) / vacuum impregnation
imprégné / impregnated || ~ d'**acide carbonique** / carbonated || ~ de **caoutchouc** / rubber impregnated || ~ d'**huile** / oil drenched o. impregnated || ~ de **matière isolante** (électr) / compound o. mass impregnated || ~ de **matière synthétique** / pre-preg, preimpregnated || ~ jusqu'à **saturation** / fully impregnated || ~ sous **vide** (électr) / vacuum varnish impregnated
imprégner / saturate, impregnate || ~, pénétrer dhumidité / moisten thoroughly || ~ (bois) / impregnate, steep || ~ (chimie) / soak *vt*, saturate || ~ de **créosote** / creosote *vt* || ~ à l'**huile** / oil-impregnate
imprégneuse *f* / impregnating machine, impregnator
impression *f* / printing, typography || ~, mise *f* sous presse / printing, impression || ~ (typo) / pull, proof || ~ (c.intégré) / pattern || ~ (forg) / hobbing, indenting || ~ (ord) / printout || ~ (tex) / printing, imprinting || ~, fonçage *m* (techn) / hobbing, hubbing || ~, empreinte *f* / mark, impression, stamp || ~ (peinture) / base coat || ~ (matrice) / impression of a die || **à l'**~ (typo) / at o. in the press || ~ d'**adresses** (c.perf.) / address printing || ~ à l'**alcool** (tex) / spirit printing || ~ **anticipée** (typo) / preprint || ~ d'**astérisques avant le montant** (ord) / check protection print, asterisk print || ~ **beurrée** (typo) / muddy print || ~ **bicolore** / two-colo[u]r printing o. process, duotone printing || ~ **bigarrée** (tex) / iris o. iris[at]ed print || ~ de **billets de banque** / banknote o. bill (US) printing || ~ en **bleu [d'indigo]** (teint) / [indigo] blue print[ing] || ~ au **bloc** (tex) / printing from plates || ~ **boueuse** (typo) / misprint, foul impression || ~ en **bout de carte** (ord) / end printing || ~ **brouillée** / slur || ~ de **cache-nez et de mouchoirs** (tex) / shawl and handkerchief print || ~ au **cadre** (tex) / [silk-]screen printing || ~ en **caractères gras** (typo) / heavy print, bold o. black-faced print || ~ en **caractères OCR** / 0CR print (= optical character reading) || ~ au **carbone** (typo) / carbon print[ing] || ~ des ou sur **chaînes** (tex) / warp printing || ~ au **charbon** (typo) / pigment print[ing] o. process, carbon print[ing] || ~ **combinée** (teint) / combination printing || ~ du **contenu de la mémoire** (ord) / printout || ~ en **couleurs** / colour print[ing], coloured impression, chromotype || ~ **couvrante** (tex) / blotch print || ~ en **creux** (typo) / rotogravure, gravure o. intaglio printing || ~ par **cylindres** / cylinder printing || ~ **dactylographique** (typo) / type-written printing, type script (US) || ~ de la **date** / date printing || ~ en **deux couleurs** / two-colo[u]r printing o. process, duotone printing || ~ sur les **deux faces** (ord) / duplexing || ~ **directe** (typo) / direct printing || ~ des **données traitées** (ord) / slave printing || ~ **double ton** (typo) / double-tone o. duotone printing || ~ à **écrans de soie** / screen [stencil] printing || ~ des **effets de chintz** / chintz printing || ~ par **effleurage** (typo) / kiss impression o. printing || ~ **électrostatique** (typo) / xerographic o. electrostatic printing || ~ **empâtée** (typo) / muddy print || ~ à l'**encre carbone** (typo) / carbonizing || ~ à l'**encre fluorescente** / luminous colour print || ~ aux **encres communicatives** (typo) / copying printing || ~ à l'**enlevage** (tex) / enlevage, discharge printing || ~ par **étapes** (sérigraphie) / continutone (US), posterization || ~ **facultative** (c.perf.) / selective list || ~ **fantôme** (typo) / ghost effect || ~ au **ferroprussiate** / ferroprussiate o. blue print || ~ de **feuilles** (typo) / sheet printing || ~ sur **fiches de vente** / receipt printing || ~ **figurée** (tex) / object printing, figure printing || ~ de **fils vigoureux** / yarn printing || ~ **flexographique** / aniline printing, flexographic printing || ~ sous **forme de laque** (tex) / lacquer printing || ~ de **formules carbonées** (typo) / carbonizing || ~ **galeuse** (typo) / muddy print || **~-gaufrage** *f* (tex) / embossed print || ~ [en] **hélio[gravure]** (typo) / photogravure o. heliographic printing || ~ par l'**hernétine** (tex) / printing by surface printing roller || ~ à l'**huile** (typo) / oil print || ~ d'**illustrations** / printing of illustrations || ~ des **indiennes** (tex) / calico printing, printing of cloth o. calico || ~ à l'**indigo** / indigo printing || ~ à l'**indigo en atmosphère d'hydrogène** / gas blue printing || ~ **irisée** / iris printing, iris[at]ed print || ~ **ligne par ligne** (ord) / line-[at]a-time printing, line printing || ~ **lithographique** / lithographic drawing o. engraving o. print, litho[graph], lithography || ~ à la **lyonnaise** (tex) / [silk-]screen printing || ~ à la **machine** (typo) / machine impression || ~ **magnétique** / magnetic printing || ~ à la **main** (typo) / hand impression || ~ à la **main** (tex) / hand printing, printing from plates || ~ de **marques** (ord) / marksensing || ~ **métallographique** / metal printing || ~ du **modèle** (fonderie) / pressing the pattern into the sand || ~ sur **mordant d'étain** (tex) / spirit printing || ~ en **mosaïque 7 x 7 points** / 7 by 7 wire print, 7 by 7 matrix o. mosaic print || ~ **multiple** (circ.impr.) / multiple pattern || ~ **musicale ou de la musique** / music printing || ~ de **naphtolate** (tex) / naphtholate print || ~ **négative** (typo) / reversed printing || ~ **numérique** (ord) / numerical print [feature] || ~ **offset** / offset [printing] || ~ **offset directe** (repro) / direct lithography || ~ sur **papier sans fin** (typo) / web printing || ~ sur **peignes** (tex) / melange print || ~ à la **planche** / block printing || ~ par la **planche plate** (tex) / copperplate printing of calico || ~ **planographique** (graph) / planographic printing || ~ par **plaquage** (tex) / slop pad printing || ~ sur **plaque d'acier** (typo) / relief print[ing] o. embossing, raised impression || ~ à **plat ou sur une surface plane** / flatbed o. plane printing || ~ à **platine** (typo) / printing by platen press || ~ en **plusieurs couleurs** / multicolo[u]r print[ing], process printing || ~ au **pochoir** / screen printing || ~ sur les **pointes** (laine) / tip printing || ~ par **points** / matrix o. mosaic print || ~ **polychrome** (typo) / polychromy || ~ **positive** / positive printing || ~ **première** (tex) / first print, bottom print[ing] || ~ par **pulvérisation** (tex) / spray printing || ~ en **quatre couleurs** / four-colo[u]r printing o. reproduction || ~ en **relief** (typo) / letterpress printing, relief o. typographic printing || ~ en **relief** (reliure) / relief embossing o. printing || ~ à **report électrostatique d'images** / tesiprinting, transfer electrostatic image printing || ~ avec

réserves / reserve printing, resiste-paste printing || ~ par **rotative** / rotary machine printing, web-fed printing || ~ en **rouge** (imprimante) / ribbon-shift red || ~ à **rouleau** (tex) / roller printing || ~ par **rouleau à gravure en creux** (tex) / roller printing (with a roller produced by intaglio engraving) || ~ au **rouleau à gravure en relief** (tex) / printing by relief engraved roller || ~ de **sécurité** / security printing || ~ **sélective** (ord) / [storage] snapshot printout || ~ sur un **soubassement** (tex) / blotch print || ~ des **symboles** (ord) / symbol printing || ~ en **taille douce** (typo) / rotogravure, gravure o. intaglio printing || ~ au **tamis** (tex) / [silk-]screen printing || ~ **textile ou des tissus** / cloth o. fabric printing || ~ en **timbre-relief** (typo) / relief print[ing] o. embossing, raised impression || ~ du **tirage** (typo) / production run, running on || ~ des **tissus** (tex) / cloth o. fabric o. textile printing || ~ des **tissus de laine** / printing of wool fabrics || ~ des **tissus au pochoir** / screen printing on fabric || ~ des **toiles peintes** / calico printing || ~ sur **tôles** (typo) / tin printing || ~ du **total [cumulé]** (m.compt) / total printing || ~ de **trait de fraction** (m.compt) / stroke printing || ~ à **trois couleurs** / three-colour printing o. process, trichromatic printing || ~ **typo** (activité) / printing || ~ **typographique** (typo) / type printing || ~ d'**une ligne par carte** (c.perf.) / detail printing || ~ par **vaporisage neutre** (tex) / neutral steam printing || ~ **Vigoureux** (tex) / melange print || ~ de la **voix** / voice print || ~ **volante** / printing in-the-fly || ~ à **volonté** (c.perf.) / selective list || ~ **xéro** (typo) / xerographic o. electrostatic printing || ~ des **zéros** (m.compt) / zero print, nought printing

impressionner (phot) / expose

imprévu, de l'~ / contingent expenses *pl*

imprimabilité *f* / printability || ~ (pap) / writing properties *pl* || ~ (typo) / ink receptivity

imprimable (caractère) / printable

imprimant (ord) / printing || ~ sur **bande** / tape printing

imprimante *f* (ord) / printer || ~ à **aiguilles** / matrix o. mosaic printer, wire printer || ~ **arythmique** (m.compt.) / wide-carriage printer, tabular printer || ~ **auxiliaire** (ord) / auxiliary printer || ~ de **bandes** / tape printer || ~ à **barre** (ord) / bar printer || ~ à **barres à caractères** / type bar printer || ~ **bloc** (ord) / block printer || ~ **caractère par caractère** (ord) / character[-at-a-time] printer || ~ de **caractères magnétiques** / magnetic character printer || ~ de **caractères OCR** (ord) / OCR-printer || ~ à **carrousel** (ord) / carrousel printer || ~ à **chaîne** (ord) / chain printer, belt type printer || ~ de **contrôle** (ord) / monitor printer || ~ **électrostatique** / electrostatic printer || ~ à **encre** / ink jet printer || ~ de **formulaires** (typo) / forms printing machine || ~ à **jet d'encre** / ink jet printer || ~ au **laser** / laser printer || ~ **ligne par ligne** / line-[at-]a-time printer, line printer || ~ **listeuse** (ord) / lister, listing device || ~ **numérique** / data o. event recorder || ~ **page par page** (ord) / page printer || ~ des **pièces comptables** / document o. voucher printer o. encoder || ~ de **piles** (ord) / SP, stack printer || ~ par **points** / matrix o. mosaic printer, wire printer || ~ **rapide** (ord) / high-speed printer || ~ à **roues** (m.compt) / rotary wheel printing mechanism, wheel printer || ~ **satellite** (ord) / satellite printing machine || ~ **sérielle ou série** (ord) / serial printer || ~ **sortie** (ord) / output printer || ~ de **taxes** (télécom) / call charge printer || ~ à **tête à aiguilles** voir imprimante à aiguilles || ~ à la **volée** (ord) / fly printer, hit-on-the-fly printer || ~ **xérographique** / xerographic printer

imprimé *adj* (typo) / in print, printed || ~ (tex) / printed || ~ *m* / booklet, leaflet, prospectus, printed paper || ~, formulaire *m* / form || ~ en **continu à pliage paravent entraîné par picots** / pin feed fanfold || ~ d'**observation** (ordonn) / observation form || ~ à **pliage accordéon entraîné par picots** / pin feed fanfold

imprimer (typo) / print || ~ (cuir) / emboss || ~ (peinture) / prime || ~ (badigeon) / prime || ~ (ord) / print out || **faire** ~ (typo) / print || ~ en **couleurs** / stain, dye || ~ une **empreinte** / engrave, impress, imprint || ~ en **gras** / print in bold face o. heavy face || ~ un **mouvement** / communicate a movement || ~ en **retiration** (typo) / back, perfect [up] || ~ **tête à queue** (typo) / work and tumble || ~ des **tissus** (tex) / impress, imprint || ~ les **totaux** (ord) / tabulate || ~ au **verso** (typo) / back, perfect [up]

imprimerie *f* / printing house o. office || ~ (art) / letterpress printing || ~ en **couleurs vapeur** / steam colour printing || ~ **lithographique** / lithographic printing house || ~ de **placards** / poster works *pl*, placard o. poster printing establishment || ~ à **pochoirs** (typo) / screen printing || ~ de **travaux de ville** / jobbing office

imprimeur *m* / letterpress printer, typographer || ~ à la **pièce** (tex) / job printer || ~ de **travaux de ville** (typo) / job printer

imprimeuse *f* (typo) / printing machine || ~ de **bande perforée** (ord) / selective tape listing feature || ~ de **billets** / ticket printer || ~ de **bons de caisse** / ticket printer || ~ de **caractères** / type printer || ~ de **code** / code printer || ~ à **cylindres** (tissu) / fabric printing machine || ~ **rapide à laser** / high speed laser printer

imprimure *f* / priming coat, base o. first o. ground coat[ing], dead colouring

improductif / nonproductive, unproductive

impropre / unsuitable, unsuited, inexpedient, inappropriate || ~ (math) / improper || ~ au **service** / unserviceable, unfit

impulseur *m* / pulser (a simple pulse generator)

impulsion *f* (méc) / impetus || ~ (phys) / impulse, linear momentum, momentum of body || ~ (phys) / impulse || ~ (pendule) / impulse on the pendulum || ~ (électron) / pulse, impulse || ~ (nucl) / momentum || ~ (fusée) / propulsion || **~s** *f pl* / pulse train || **à ~s** / pulsed || **à ~s codées** / pulsed-code... || **en forme d'~s** (méc) / by [im]pulses || ~ *f* d'**appel** (télécom) / dial pulse || ~ d'**arrêt** (télécom) / stop pulse || ~ d'**attaque** (électron) / drive o. driving pulse || ~ d'**attaque** (affichage) / strobe [pulse] || ~ d'**attaque** (électron, radar) / trigger [pulse] || ~ de **base** / pedestal pulse || ~ de **blocage** / inhibit pulse || ~ de **blocage** (télécom) / stop pulse || ~ de **blocage** (ord) / inhibit pulse || ~ du **capteur solaire** (astron) / sun sensor pulse || ~ **carrée** (électron) / rectangular pulse, square pulse || **~s** *f pl* pour le **changement de diapositives commandé par impulsions** / pulses *pl* for pulse controlled slide change || ~ *f* de **chiffre** / digit impulse || ~ de **clampage** (TV) / clamping pulse || ~ **codée** / pulse-code || ~ de **coïncidence** / gate pulse || ~ de **commande** / directing pulse || ~ de **commande** (électron) / drive o. enabling pulse || ~ de **commande** (affichage) / strobe [pulse] || ~ de **commande** (contr.aut) / drive pulse || ~ de **commande** (ord) / set pulse || ~ de **commutation** (télécom) / dial pulse || ~ **complémentaire** (ord) / additional impulse || ~ de **comptage** / counting pulse, meter pulse || ~ de **comptage tachymétrique** (bande vidéo) / tach pulse || ~ **continue** (air compr.) / steady pulse || ~ de

contrôle de linéarité / strobe, linearity control || ~ de **correction** (télécom) / correcting o. correction pulse || ~ de **coupure** / disconnect pulse || ~ de **courant** (électr) / current [im]pulse, impulsive current || ~ de **courant en surcharge** / overload surge current || ~ **courte** / short pulse || ~ de **décalage** (ord) / shift pulse || ~ de **déclenchement** (électron) / trigger [im]pulse || ~ de **déclenchement** (ord) / gate pulse || ~ de **déclenchement** (radar) / trigger pulse, pilot pulse || ~ de **déclenchement d'impression** (ord) / print command pulse || ~ de **décollement du niveau du noir** (radar) / pedestal impulse || ~ de **découpage** / strobe pulse || ~ de **démarrage** (télécom) / start element o. pulse || ~ en **dent** (r.cath) / spike pulse || ~ de **départ** (radar, électron) / trigger pulse, pilot pulse || ~ **double** / double pulse || ~ d'**échantillonnage** (TV) / sampling pulse || ~ d'**échantillonnage** (électron) / strobe [pulse] || ~ d'**écho** / reflected pulse || ~ d'**écriture** (ord) / write o. writing pulse || ~ d'**effacement** (b.magnét) / erase signal || ~ d'**égalisation** (TV) / equalizing pulse || ~ **électronique** / electron excitation || ~ d'**émetteur** / emitter pulse || ~ **émise** (radar) / transmit pulse || ~ d'**encadrement** (radar) / bracket o. framing pulse || ~ d'**encadrement** (électron) / gating pulse || ~ **étalon** / calibration [im]pulse || ~ **étroite** (électron) / narrow pulse || ~ d'**excitation** / exciting pulse || ~ de **fermeture** / closing impulse || ~ de **fixation** (électron) / gating pulse || ~ de **fixation de tension** (électron) / clamping pulse || ~ **géante** (électron) / giant impulse || ~ de **grande intensité** (radar) / brightening pulse || ~ de **grille** / gate pulse || ~ [à] **haute fréquence** / high frequency pulse || ~ d'**horloge** (ord) / clock pulse || ~ **image ou d'images** (TV) / field sync signal, field o. frame [synchronizing] [im]pulse || ~ **incomplète** (TV) / partial impulse || ~ d'**inégalité** / inequality pulse || ~ d'**information** (ord) / position o. P-pulse, digit pulse || ~ d'**invalidation** (ord) / disable pulse, disabling signal || ~ **inverse** (télécom) / reversed o. revertive impulsing || ~ due au **lancement d'un courant** (électr) / make impulse || ~ de **lecture** (ord) / read-out pulse || ~ de **ligne** (TV) / horizontal o. line [synchronization] pulse || ~ de **longue durée** (TV) / broad pulse || ~ **lumineuse de Dirac** / delta light impulse || ~ **manquante** / missing pulse || ~ de **marquage** / marker pulse || ~ de **métrage** (télécom) / meter pulse || ~ de **montage** (bande vidéo) / edit pulse || ~ de **niveau** (télécom) / decade step, level pulse || ~ émise d'**ondes sonores** / sound wave impulse || ~ **oscillatoire** / oscillatory impulse || ~ d'**ouverture** (électr) / break-induced impulse || ~ **parasite** (électron) / afterpulse, disturb pulse || ~ **parasite «après écriture»** (ord) / postwrite disturb pulse || ~ du **photon** / light-induced pulse || ~ **pilote** / pilot [im]pulse || ~ **pilote** (radar, électron) / trigger pulse, pilot pulse || ~ **pilote partielle** / partial drive pulse || ~ en **pointe** (r.cath) / spike pulse (CRT) || ~ **porteuse** / carrier pulse || ~ de **positionnement** (ord) / set pulse || ~**s** *f pl* de **préégalisation** (TV) / preequalizing pulses *pl* || ~ *f* de **préfixe** (télécom) / prefix || ~**s** *f pl* de **programme** (ord) / program exits *pl* || ~ *f* de **puissance** / power impulse || ~ de **[re]mise à zéro** / reset pulse || ~ de **réponse** (télécom) / reply pulse || ~ de **retour horizontal** (TV) / flyback [im]pulse || ~ de **rupture** / break impulse || ~ de **rythme** (radar) / strobe pulse || ~ de **rythme** (ord) / timing pulse || ~ **satellite** (électron) / spurious pulse || ~ **sélective** (électron) / strobe [pulse] || ~ **sélectrice** (électron) / gating pulse || ~ **sélectrice** (ord) / gate pulse || ~ de **sensibilisation** (TV) / sensitizing pulse (GB), indicator gate (US) || ~ **spéciale pour identification de la position** (radar) / special position identification pulse, SPI || ~ **spécifique** (aéro) / specific impulse, I_{sp} || ~ **stroboscopique** (électron) / strobe [pulse] || ~ de **suppression** (TV) / blanking o. blackout (US) pulse || ~ de **suppression de couleur** (TV) / colour picture signal, colour killer || ~ de **suppression du faisceau** (TV) / blanking o. blackout (US) pulse || ~ de **suppression images ou trames** (TV) / vertical blanking pulse (US), field blanking pulse || ~ de **suppression-ligne** (TV) / line blanking pulse || ~ de **synchronisateur couleur** (N.T.S.C.) / burst [signal] (N.T.S.C.television) || ~ de **synchronisation** / timing pulse || ~ de **synchronisation** (film) / sync[hronization] pip o. plop || ~ de **synchronisation et de déclenchement** (radar) / tripping pulse || ~ de **synchronisation images ou trames ou verticale** (TV) / picture (GB) o. frame (US) synchronizing pulse || ~ de **synchronisation lignes** (TV) / horizontal sync pulse || ~ de **traînage** (TV) / post-equalizing pulse || ~ de **trames** (TV) / field sync signal, field o. frame [synchronizing] impulse || ~ **unipolaire** / single-polarity pulse || ~ **unité** (math) / unit [im]pulse, Dirac function || ~ de **validation** (ord) / enable pulse || ~ de **verrouillage** (électron) / clamping pulse

impulsionnel (plasma) / by pulses

impur / impure, tainted

impureté *f* / impurity, crud (coll) || ~ (diamant) / flaw || ~ (semicond) / foreign atom, impurity || ~ (sidér) / impurity || ~ d'**accompagnement** / escort substance, attendant material || ~ **donatrice** (semicond) / donor, actor || ~**s** *f pl* **entraînées** (galv) / entrainment || ~ *f* de **type donneur** (semicond) / donor type impurity

imputable [à] / reducible [to]

imputation *f* / imputation || ~ **[à un compte]** / debit, charge

imputer [à] (ord) / itemize

imputrescible / antifouling, -septic, antirot

inacceptable / unacceptable

inaccessible / inaccessible, inapproachable || ~ à la **lumière** / light-proof, light-tight

inachevé / not ready, unfinished

inactif / inactive, idle || **[en]** ~ (nucl) / cold || ~ (phys, chimie) / inert || ~, inemployé / unused

inactinique / inactinic

inactivité *f* de **réglage** (contr.aut) / dead band o. zone

inadaptation *f* / inadequacy, deficiency

inadapté / unsuitable, unsuited, unfit, improper, inappropriate, inexpedient

inadéquat / inadequate || ~, contre-indiqué (maniement) / inexpert

inadmissible / unacceptable

inalliabilité *f* / unalloyability

inalliable / unalloyable

inaltérabilité *f* / constancy || ~ à la **lumière** / light stability

inaltérable / incorruptible, not subject to deterioration || **rendre ~ à la lumière** (film) / desensitize || ~ par **vieillissement** / non-ageing

inaltéré / unaltered, unvaried || ~ (chimie) / not transformed, not reacting

inanimé / lifeless, dead

inapproprié (maniement) / inexpert

inapte / inefficient, incapable

inaptitude *f* / unfitness, inability

inarticulé (télécom) / inarticulate

inattaquable aux **acides** (teint) / fast to acids,

acid-fast o. -resisting || ~ à la **lime** (surface) / file-hard
inattaqué / unaltered, unvaried
inattentif / careless
inaugurer / open, inaugurate
incalculable / incomputible
incandescence *f* (gén) / incandescence || ~, chaleur *f* ardente / glowing, glow, incandescence || ~ en **combustion** / glowing combustion || ~ **résiduelle** / afterglow
incandescent / incandescent
incapabilité *f* de **fonctionnement** / incapacity of function
incapable de **fonctionner** / inoperative
incapacité *f* / unfitness, inability || **à ~ permanente de travail** / disabled
incarnadin / flesh coloured
incassable / unbreakable, infrangible
incendie *m* / blazing fire || ~, embrasement *m* / conflagration, fire, outbreak of fire || ~ **antagoniste** / backfire (US), counter-fire (GB) || ~ de **carburateur** / carburettor fire || ~ sous **contrôle** (pomp) / fire under control || ~ *f* dans un **édifice** / structural fire || ~ *m* de **forêt** / forest fire || ~ d'**hydrogène** / hydrogen fire || ~ en **nappe** / surface fire || ~ **[qui cause des dégâts]** / fire causing a loss of property
incendier / set on fire
incertain / uncertain, doubtful || ~ (phys) / uncertain
incertitude *f* (gén) / uncertainity || ~, approximation *f* (phys) / approximation || ~ (nucl) / uncertainty, indeterminancy || ~ de **mesurage** / measuring incertainity, dubiousness of measurements
incessant / constant, continuous, perpetual
inch *m* (= 25,40 mm) / inch, in
inchangé / unaltered, unvaried
inchavirable (nav) / non capsizing, non capsizable
incidence *f* (nav) / trim || ~ (lumière) / incidence || ~ **aérodynamique ou effective ou vraie** (aéro) / true angle of incidence || ~ de l'**atterrissage** (aéro) / landing angle || ~ sur l'**environnement** / environmental impact || ~ **oblique des ondes** (radio) / oblique incidence
incident *adj* (opt) / impinging, incident || ~ (math) / incident || ~ *m* / incident, event, experience || ~, dérangement *m* / breakdown, breaking-down, mishap, trouble, failure || ~ (ord) / outage, failure || **être** ~ / impinge *vi* || ~ de **frein** / brake failure || ~ **machine** / hardware malfunction || ~ de **machine** (techn) / machine malfunction
incinérateur *m* / incinerator || ~ de **boues** / sludge incinerator
incinération *f* (chimie) / incineration || ~ par **cyclone** (nucl) / cyclone incineration || ~ d'**ordures ménagères** / garbage incineration, refuse destruction
incinérer (chimie) / incinerate, ash, reduce to ashes
inciser / incise, slit || ~ (verre) / cut off the glass tube
incision *f* / indent, indentation, incision, jag, notch, nick || **faire une** ~ [à] / nick, notch
inciter / incite, stimulate
inclinable / inclinable, tiltable, tilting || ~ (ch.de fer) / tilting
inclinaison *f* / inclination, slant || ~, pente *f* / fall, descent || ~ (compas) / angle of dip o. inclination || ~ (mouvement à vis) / lead angle || ~ (mines) / hade, descent, dip, inclination || ~ (aéro) / bank[ing], sloping position || ~ (Suisse) (ch.de fer) / crossing angle in a switch || ~ des **ailes** (constr.mét) / flange taper || ~ de l'**axe-pivot** (auto) / king pin inclination || ~ de **base** (roue dentée) / base lead angle || ~ d'un **chemin** (routes) / declivity, descent, gradient || ~ de la **couche** / fall of stratum || ~ des **dents** / pitch of the helix || ~ des **encoches** / slot skew[ing] || ~ de la **face interne de l'aile d'un profilé** / flange taper of structural shapes || ~ du **fil** (bois) / inclination of the fibers || ~ de **front d'onde** / wave tilt || ~ de l'**hélice** (denture) / pitch of the helix || ~ des **lames** (m.outils) / angle of shear blades || ~ **latérale** (aéro) / banking || ~ **latérale de l'axe de pivotement de la fusée** (auto) / lateral inclination of the swivelling axis of the axle pin, set || ~**-limite** *f* (ch.de fer, routes) / limiting gradient, maximum gradient || ~ **longitudinale** (phot) / longitudinal tilt || ~ du **mât** (nav) / rake of the mast || ~ **maximum de freinage** / maximum braking gradient || ~ d'une **orbite** (satellite) / inclination of the orbit || ~ des **pivots des roues directrices** (auto) / inclination of the steering knuckle pivot || ~ des **rayures** (canon) / angle of twist || ~ de la **sole** (sidér) / angle of hearth slope || ~ du **toit** (bâtim) / pitch of a roof || ~ de la **tuyère** (sidér) / inclination of the tuyere || ~ **unilatérale** / bias
inclinant / inclining, slanting
inclinatoire *m* **magnétique** / dip[ing] o. inclinatory needle, inclinometer
incliné / inclined, slanting || ~ (mines) / inclined, hading || ~ (terrain) / sloping, aslope || ~ **16 2/3 %** / raked at one horizontal in six vertical || **être** ~ / slant, slope || **être ~ au-delà de 45°** (strates) / be inclined at more than 45°
incliner *vi* / tend [to] || ~, être penché (terrain) / descent, slope, slant || ~ *vt* / incline || ~ (s') (géol, mines) / dip, hade || ~ (s') (nav) / list, heel || **pouvant s'~** / inclinable, tiltable, tilting || **s'~ latéralement ou sur aile** (aéro) / bank *vi* || ~ pour **faciliter l'écoulement des eaux** (hydr) / current *vt*
inclinomètre *m* (aéro) / bank[ing] indicator
inclu / enclosed, close
inclure (gén, math) / enclose
inclusion *f* (ord) / inclusion || ~ (chimie, soudage) / occlusion, inclusion, incasement || ~ (théorie des ensembles) / join of sets || ~ (géol) / intercalation || ~, implication *f* (ord) / IF-THEN-operation, [conditional] implication, inclusion || ~ d'**air** / inclusion o. trapping of air || ~ **alignée ou en chapelet** (soud, défaut) / slag line || ~**s** *f pl* **alternées** (soudage) / weaving faults *pl* || ~ *f* de **bandes gommées** (contreplaqué) / inclusion of gummed tape || ~ d'**eau** / water void || ~ **gazeuse** (soud) / gas pocket, void, blowhole || ~ **liquide** (min) / sealed liquid || ~ **métallique** / metallic inclusion || ~ **non-métallique** (sidér) / solid nonmetallic inclusion in metal, sonim || ~ d'**oxyde** (sidér) / oxide inclusion || ~ **sableuse ou de sable** (fonderie) / sand inclusion || ~ des **scories** / slag inclusion
incohérent / incoherent, loose, uncorrelated, disconnected || ~ (phys) / incoherent, loose
incoloration *f* / decoloration
incolore (opt) / gray, grey (GB) || ~ (liquide) / colourless, water-white, [as] clear as water
incoloré (verre) / uncoloured, colourless
incombant, vous ~ (bâtim) / by customers
incombustibilité *f* / incombustibility
incombustible / fireproof, incombustible, indeflagrable
incommensurable (math) / incommensurable, -ate || ~, immensurable / immeasurable, immensurable
incommodation *f* de l'**odorat** / annoyance caused by [bad] smell
incompatabilité *f* **logique**, fonction *f* de Sheffer (ord) / NON-conjunction, NAND operation, NOT-BOTH operation

incompatibilité *f* / incompatability || ~ entre **itinéraires** (ch.de fer) / incompatability between routes
incompatible / incompatible, inconsistent || ~ (ch. de fer, voie) / incompatible, conflicting, convergent || ~ (fonctions) / mutually exclusive, incompatible
incompétent / incompetent
incomplet / incomplete, not finished, unfinished
incompressible (phys) / incompressible
inconditionnel (ord) / unconditional, imperative
inconel *m* / Inconel
incongelable / freeze-proof
incongruité *f*(math) / incongruity
inconnu / unknown
inconnue *f*(math) / unknown [quantity]
inconsistance *f* / inconsistency
inconstance *f* / unsteadiness || ~ de **fréquences** (magnétron) / mode shift, moding
inconstant / inconstant
inconstructible (ELF) (terrain) / undeveloped
inconvénient *m* / inconvenience, drawback || ~ (méthode) / inadequacy, deficiency || ~ **majeur** / main drawback
inconvertible / inconvertible
incorporation *f* / incorporation || ~ dans des **matières solides** (nucl) / incorporation in solid matrices
incorporé (gén) / incorporated, incorporate *adj*
incorporer / incorporate
incorrect (résultat) / incorrect, faulty
incorruptible / incorruptible
incrément *m* (ELF) (math, phys) / increment
incrémenter (ELF) / increase by increments
incrémentiel / incremental
incristallisable / uncrystallisable
incroçhetable / burglarproof
incrustation *f* / incrustation || ~ (tuyaux) / furring, incrustation || ~ (bot) / mineralization || ~ (circ.impr.) / impression of the pattern || ~ (m à coudre) / overlay || ~ (chaudière) / boiler scale, incrustation, calcareous fur || ~ (men) / inlay || ~ (nav) / fouling, incrustation of foreign matter || ~ de **calamine** (sidér) / black patch || ~ **calcaire** (géol) / calcareous sediment || ~ de **marbre** / marble lining of walls
incrusté, être ~ / become o. get incrusted
incrustement *m* (bâtim) / patching up, padding
incruster / incrust *vt* || ~ (men) / incrust *vt*, inlay *vt* || ~ (frittage) / oversinter || ~ (s') / fur *vi*, coat o. become coated with a deposit || ~ (s') (chimie) / become o. get incrusted
incubateur *m* / breeding o. hatching apparatus, incubator
incuit *adj* (céram) / clay state, unfired || **~s** *m pl* / non-calcinated o. non-coked parts *pl*
inculte (bot) / wild || ~ (agr) / waste, laid fallow, uncultivated
incurvation *f*(lam) / camber || ~ **de l'âme** (constr.en acier) / web curvature
incurvé / bent, curved [inward] || ~ (surface) / dished
incurver / incurve, incurvate, bend inward
indamine *f* / indamine
Indanthrène *m* (teint) / indanthrene
indéchirable / untearable
indécomposable (chimie) / indecomposable
indécomposé / undecomposed
indéfini / indefinite || ~ (intégrale) / improper || ~ (pertes) / unknown
indéfinissable / indefinable, nondescript
indéformable / dimensionally stable || ~ (bois) / non warping
indélébile / inextinguishable, unquenchable || ~ (encre) / indelible, permanent
indémaillable (bonnet) / ladder-proof (GB), run-proof (US)
indemne (agr) / unaffected, free from parasites
indemniser [de] / make up [for]
indemnité *f* / indemnity || ~ de **chômage** / dole || ~ **journalière** / daily allowance
indène *m* / indene, indonaphthene
indentation *f* / indentation, dents *pl*
indépendant / independent || ~ (ressorts) / individually suspended || ~, isolé / detached, isolated || ~, autonome / self-sustaining || ~ du **code** (ord) / code independent || ~ de l'**ordinateur central** (ord) / locally, off-line || ~ du **secteur** (électr) / off the line, non system-connected (US) || ~ de la **température** / independent of temperature
indéréglable / accurate (e.g. clock) || ~ (mécanisme) / foolproof
indésirable / undesirable
indesserrable / self-locking || ~ (écrou) / shake-proof
indestructible / robust, unbreakable, indestructible
indétachable / not detachable
indéterminable / indeterminable || ~ par la **statique** / statically indeterminable
indétermination *f* / indeterminacy, uncertainity
indéterminé / undetermined, indetermined, uncertain || ~ (math) / indeterminate, indefinite || ~ au **point de vue de la statique** / statically indetermined
indétraquable / foolproof
index *m* (gén) / index || ~ (balance) / index o. needle o. tongue of a balance || ~, table des matières / register, index to a book || ~, ligne *f* de foi (compas) / lubber line o. mark || ~, indice *m* / index, exponent || ~ de **colonne** (c.perf.) / column indicator || ~ à **déplacement rectiligne** (tachymètre) / tape type indication || ~ à **encoches** (typo) / thumb index, banks *pl* || ~ **ferroxyl** / ferroxyl indicator || ~ d'**instrument** / needle o. pointer of an instrument || ~ **itératif** (ord) / iteration index || ~ **numérique des matières** / list of material numbers || ~ de **qualité** / quality index || ~ **réglable** (instr) / set pointer || **~-repère** *m* (instr) / reference pointer
indexage *m* / indexing
indexation *f*(ord) / indexing
indexé (ord) / indexed
indexer (ord) / index
indican *m* (chimie) / indican
indicateur *adj* / indicating || ~ *m* (instr) / indicating instrument || ~ (ord) / pointer || ~ (chimie) / indicator || ~ (instr) / indicator (to register cylinder pressures) || ~, traceur *m* (nucl) / tracer || ~ (COBOL) / index || ~ (pupitre de commande) / indicator || ~ d'**acheminement de messages** (ord) / routing indicator || ~ **additionnel** / remote indicator || ~ d'**aiguillage** (Algol) / switch identifier || ~ d'**aiguillage** (ord) / switch indicator, flag, sentinel [bit] (US) || ~ d'**alignement de piste** / runway alignment indicator || ~ d'**altitude** (aéro) / high-position indicator, HPI || ~ d'**altitude à capsule** (aéro) / aneroid type altimeter || ~ d'**amplitude maximale** (télécom) / peak value indicator || ~ d'**angle d'approche** (aéro) / approach angle indicator || ~ d'**angle de barre** / rudder angle indicator || ~ d'**angle de dérapage** (aéro) / sideslip meter || ~ d'**angle de piqué** (aéro) / dive angle indicator || ~ d'**appel** / line signal || ~ d'**appels**, tableau *m* indicateur / drop annunciator || ~ d'**arrêt** (ord) / halt indicator || ~ d'**assiette longitudinale** (aéro) / longitudinal clinometer, pitch indicator, fore-and-aft level || ~ d'**attitude** (aéro) / flight

indicator || ~ d'**avertissement basse pression** / low-pressure indicator || ~ d'**azimut** / azimuth finder o. instrument || ~ d'**azimut automatique** (radar) / OBI, omnibearing indicator || ~ de **barre** (nav) / helm indicator || ~ du **besoin maximal** (électr) / [maximum] demand indicator || ~ du **but de voyage** (ch.de fer) / train target indicator || **~-calculateur** *m* du **couple** / torque indicator calculator unit || ~ de **cap** (radar) / headline || ~ **cathodique** (r.cath) / indicator tube, display tube || ~ **cathodique** (électron) / cathodic o. magic o. tuning eye, cathode ray tuning indicator, visual tuning indicator || ~ des **causes d'arrêt** / trouble indicator || ~ de **chaînage des données** (ord) / chain data flag || ~ de **changement de direction** voir indicateur de direction (auto) || ~ des **chemins de fer** / railway guide, timetable, schedule (US) || ~ **coloré** / colour indicator || ~ de **compression** / compression gauge || ~ de **contact terrestre** (électr) / ground (US) o. earth (GB) detector o. coil, leak[age] indicator || ~ de **contrainte de traction** / tensile stress indicator || ~ de **courant** (électr) / current indicator || ~ de **courant** (hydr) / current meter || ~ de **courant d'appel** / ringing current indicator || ~ des **cours** / course indicator || ~ de **course** (funi) / car position indicator || ~ de **course** (m.outils) / stroke index || ~ de **crête** (télécom) / peak value indicator || ~ de **crêtes** / peak indicator || ~ de **déclivité** (ch.de fer) / gradient post || ~ de **défaillance** (ord) / malfunction indicator || ~ de **défaut** (électr) / fault indicator || ~ de **départ** (ch.de fer) / train departure indicator || ~ de **dépassement de capacité** (ord) / overflow indicator || ~ de **dépression** / vacuum gauge o. indicator o. meter || ~ de **dérapage** (aéro) / sideslip display o. indicator || ~ de **dérive ou de déviation de course** (nav) / course indicator || ~ de **descente des charges** (sidér) / charge level indicator, stock level o. stock line indicator || ~ de **déséquilibre** / unbalance indicator || ~ de **diagnostic** (ord) / diagnostic flag || ~ de **direction** / direction sign || ~ de **direction** (auto) / trafficator, direction indicator, turn signal (US) || ~ de **direction d'atterrissage** (aéro) / landing direction indicator || ~ de la **direction des trains** (ch.de fer) / route indicator on platforms, train describer || ~ de **durée** (télécom) / charge indicator || ~ d'**émetteurs** (radio) / station marker || ~ d'**encombrement** (auto) / side marker || **~-enregistreur** *m* / time-traverse recorder || ~ d'**équilibrage** (m. à dicter) / percent modulation indicator || ~ d'**essence** (auto) / petrol [tank] gauge o. meter (GB), gasoline [level] gage (US), tank o. fuel gauge || ~ d'**état** / status indicator || ~ **externe** (chimie) / external indicator || ~ du **facteur de puissance** / power factor indicator o. meter, phase indicator o. meter || ~ de **fonctions et de défauts** / status and fold monitoring system || ~ de **fréquence** / frequency indicator || ~ de **fuites** / escape o. leak detector || ~ de **gaz** (mines) / gas indicator || ~ de **gisement** (aéro) / right-left bearing indicator || ~ de **gisement panoramique** / plan position indicator, PPI || ~ de **glissage** (lubrifiant) / sliding indicator || ~ de **glissement latéral** (aéro) / side slipping indicator || ~ de **grains de vent** / gust detector || ~ à **grand cadran** (instr) / large scale indication || ~ des **grandes relations** (ch.de fer) / main-line timetable || ~ de **grisou** / gas indicator, fire damp detector || ~ du **gyro** / repeater (US) o. auxiliary (GB) gyro compass, gyro indicator || ~ d'**harmoniques** / harmonic marker || ~ d'**impulsions maximales** / pulse meter for peak values || ~ d'**impulsions moyennes** / pulse meter for medium values || ~ **insensible** / non-sensitive indicator || ~ d'**interdiction d'écriture** (ord) / read-only flag || ~ **interne** (chimie) / internal indicator || ~ d'**interruption** (ord) / interrupt flag || ~ **isotopique** / tracer atom, isotopic tracer || **~-jauge** *m* d'**essence** voir indicateur d'essence || ~ de **lacet** (aéro) / yaw meter || ~ de **ligne de foi** / heading marker || ~ **linéaire** (radar) / range-amplitude display (GB), A-display, A-scope (US) || ~ **liquide** (chimie) / tracing fluid || ~ **lumineux** (électr) / signal lamp, indicator light, indicating lamp || ~ **lumineux** / indicating lamp || ~ **manométrique du vide** / mano-vacuummeter || ~ de **maximum** (électr) / [maximum] demand indicator || ~ de la **modulation** (TV) / volume indicator || ~ pour **moteur à grande vitesse de rotation** / micro-indicator, high-speed indicator || ~ au **néon** / low voltage neon-glow lamp, [negative-]glow lamp || ~ de **niveau** (COBOL) / level indicator || ~ de **niveau** (réservoir) / level indicator || ~ de **niveau des cages** (mines) / depth indicator || ~ de **niveau à distance** / level teleindicator, televisor, remote level indicator || ~ de **niveau d'eau** (hydr) / water gauge o. level indicator, water level indicator || ~ de **niveau d'eau à distance** / water level transmitter o. teleindicator || ~ de **niveau d'enregistrement** / record[ing] level indicator, input level indicator || ~ de **niveau d'essence** voir indicateur d'essence || ~ de **niveau d'huile** (auto) / oil-level ga[u]ge o. indicator || ~ de **niveau d'huile à regard** / oil-level [gauge]glass, oil sight glass || ~ du **niveau d'interface** / interfacial level indicator || ~ de **niveau [du liquide]** / liquid level indicator || ~ du **niveau maximum d'eau** / overflow alarm || ~ de **niveau dans le silo** / stock level o. stock line indicator, bin level indicator, silometer || ~ de **niveau sonore** / sound meter || ~ du **nombre de tours** / revolution counter o. indicator, speed indicator || ~ d'**ondes stationnaires** / standing-wave meter || ~ **optique** (mot) / optical indicator || ~ **optique d'atterrissage** (aéro) / optical landing indicator || ~ d'**ordre de phases** (électr) / phase sequence indicator || ~ **panoramique** / plan position indicator, PPI || ~ de **passage** / flow indicator || ~ de **peignes** (tiss) / reed index o. counter || ~ de **pente** (ch.de fer) / gradient post || ~ de **pente** (aéro) / bank[ing] indicator || ~ de **pente des broches** (filage) / spindle [bevel] ga[u]ge || ~ de **pente à pendule** (aéro) / pendulum [in]clinometer || ~ de **[perte à la] terre** (électr) / ground (US) o. earth (GB) detector o. coil, leak[age] indicator || ~ de **pH** / pH-meter || ~ de **phase** / phase indicator o. monitor || ~ de **pointe** / peak value meter || ~ de **polarité** / pole finder || ~ de **pose** / set-point indicator || ~ de **position** (gén) / position indicator || ~ de **position** (funi) / car position indicator || ~ de **position d'air** (aéro) / air position indicator, API || ~ de **position de barre** / rudder angle indicator || ~ de **position des cages** (mines) / depth indicator || ~ de la **position du gouvernail** (aéro) / control position indicator || ~ de **position panoramique** / plan-position indicator, PPI || ~ de **position panoramique excentrique** (radar) / off-center PPI-display || ~ de **position et de ralliement** (aéro) / position-and-homing indicator, PHI || ~ de **pourcentage de modulation** / percent modulation indicator || ~ de la **poussée du gouvernail** (aéro) / control force indicator || ~ **PPI** / plan-position indicator, PPI || ~ **PPI à projection** / projection PPI, projection plan position indicator || ~ de **précision** / precision indicating gauge o. indicator || ~ de **précision** (métrologie) / micro measuring apparatus, dial bench gauge (US) || ~ de **pression** / pressure gauge, manometer || ~ de **pression d'huile** (auto) / oil pressure gauge o. indicator || ~ de **priorité** (ord) / priority indicator || ~ de **profondeur** (mines) / depth indicator || ~ **PSI** (aéro) / plan speed indicator, PSI || ~ **radar type A** (radar) / range-amplitude display (GB), A-display, A-scope (US) || ~ **radar type B** (radar) / B-scope o. -display || ~ **radar type C,[D,E,N]** (radar) / C,[D,E,N]-display || ~ **radioactif** (phys) / radioactive tracer, labelled o. tagged atom || ~ **radio-électrique d'altitude** / HF-altimeter || ~ de **réaction de la commande** / control force indicator || ~ de **remplissage du ballon** (aéro) / volume indicator || ~ **sélectif des objets mobiles** (aéro) / selective moving target indicator, SMTI || ~ du **sens du courant** / polarity [direction] indicator || ~ de **serrage** (lam) / roll gap indicator || ~ de **sommet de pile** (ord) / stack pointer, SP || ~ **stable** (nucl) / stable tracer || ~ de **sustentation** (aéro) / lift indicator || ~ de **synchronisme** / synchronism indicator, synchro[no]scope || ~ de **syntonisation** (radio) / tuning pointer || ~ de **syntonisation au néon** / cathode ray tuning indicator || ~ **tachymétrique** / revolution indicator, speed indicator || ~ de **tangage** (aéro) / longitudinal clinometer, pitch indicator, fore-and-aft level || ~ de **Tannert** / Tannert sliding indicator || ~ de **tassement** / settlement reference marker || ~ de **taxe** / charge indicator || ~ des **téléphones** / telephone directory || ~ de **température** / temperature indicator || ~ de **temps de pose** (phot) / exposure chart o. table || ~ de **tension** (électr) / charge o. potential indicator || ~ de **tirage** / draft indicator o. ga[u]ge || ~ de **tours d'arbre** / shaft revolutions indicator || ~ **universel** (chimie) / universal indicator || ~ d'**usure** (pneu) / wear indicator || ~ de **vide** / vacuum gauge o. indicator o. meter || ~ de **vide** (m.à vap) / condenser gauge || ~ du **vide à mercure** / mercurial condenser ga[u]ge || ~ de **vide de Penning** / Penning type vacuum meter || ~ de **virage** (aéro) / kymograph || ~ de **virage et horizon** / turn-and-bank indicator combined with artificial horizon || ~ de **virage et de pente** (aéro) / turn-and-bank indicator || ~ **visuel d'accord** (électron) / visual tuning indicator || ~ **visuel du plané d'approche** / visual approach slope indicator || ~ de **vitesse** (aéro) / speedometer, air speed indicator, ASI || ~ de **vitesse** (auto) / speedometer, speed indicator || ~ de **vitesse d'air** / air speed indicator o. meter, ASI, anemometer || ~ de la **vitesse ascensionnelle** / climbing speed indicator || ~ de **vitesse d'hélice** / shaft revolutions indicator || ~ de **vitesse relative** (aéro) / relative speed indicator || ~ de **vitesse à trois composantes** (aéro) / three component angular velocity indicator || ~ **vitesse-couple** / speed-torque indicator || ~ de **vol gradué gyroscopique** (aéro) / gyroscopic flight direction indicator, gyrorector || ~ à **volets** (télécom) / annunciator o. calling drop o. disk o. indicator, drop shutter, indicator drop || ~ de **volume** (télécom, radio) / volume indicator || ~ de **zéro** (ELF) / null o. zero indicator o. detector, zero reading instrument

ndicatif *m* (radio) / station identification signal, signature tune || ~, coferment *m* / coenzyme || ~ (ALGOL) / identifier, name || ~ (ord) / key || ~ (typo) / metal mount || ~ (télécom) / prefix number || ~ d'**appel** / code name, identifying call letter, call signal || ~ de **bloc** (ord) / record identification code || ~ d'**émetteur** (électron) / call letters *pl* || ~ du **fichier** (ord) / file name || ~ de **label** (ord) / label name || ~ **littéral** (électron) / call letter || ~ **mélodieux ou musical** (électron) / chime, music signal || ~ **minéralogique** (auto) / the first characters of a registration number || ~ **mnémonique** (ord) / mnemonic name || ~ **numérique** (téléph. autom) / code number || ~ **postal** / post code (GB), zip code (US) || ~ **radio** / radio code call || ~ **régional ou de région** (télécom) / area code || ~ de **section** (COBOL) / section name || ~ **spécial** (ord) / special name || ~ de **tri** / sort key o. criterion || ~ de **zone** (ord) / area identification

indication *f* / indication || ~, information *f* / direction, piece of information || **sans** ~ (ord) / unlabeled || **sauf ~s contraires** / unless otherwise stated || ~ **acoustique ou auditive** / acoustical o. audible indication || ~ d'**arrêt** (ord) / no-go flag || ~ d'**attitude d'un avion** (aéro) / flight director || ~ de la **base** (ord) / radix notation, base notation || ~ de **cap de collision** (radar) / collision course indication || ~ de la **charge** / load shown by the counter o. indicator || ~ de **classe** (ord) / class clause || ~ de **classement** (COBOL) / sequenced clause || ~ de **code** (COBOL) / code clause || ~ de **code** (ord) / key instruction || ~ de **consommation du compteur** / count of a counter || ~ du **constructeur** / manufacturer's instruction || ~ de **course de poursuite** (radar) / tracking course indication || ~ de **définition de données** (ord) / rename o. renaming clause || ~ **dernière carte** (c.perf.) / last card indication || **~s** *f pl* sur le **dessin** / inscriptions in a drawing *pl* || ~ *f* à **distance** / remote indication || ~ de **domaine** (ord) / range clause || ~ de l'**état d'exploitation** (ord) / condition code indicator || ~ **fausse** (compas) / error in compass indication || ~ du **finissage [de la surface]** / surface finish indication o. marking || ~ de **gaz** (compartiment d'huile) / gas show || ~ de **groupe** (COBOL) / control clause || ~ d'**heure** (radio) / time check || ~ d'**index** (ord) / occurs clause || ~ de la **longueur de bloc** (ord) / record contains clause || ~ de **masque** (ord) / picture clause || ~ **non-cohérente d'objets mobiles** (radar) / non-coherent moving target indication, non-coherent MTI || ~ **numérique** (ord) / numerical display || **~s** *f pl* **numériques** / data *pl* || ~ *f* du **numéro de bloc** (NC) / block number read-out || ~ du **poids** / indication of weight || ~ de **position** / position indication || ~ de **position panoramique** (radar) / PPI, plan position indication || ~ des **positions** (addit) / digit indication || ~ en **pour-cent** / percentage indication || **~s** *f pl* **pratiques** / service aids o. information, service technique || ~ *f* de **qualité de la surface** (ordonn) / designation of surface finish || ~ du **quantième** (horloge) / calendar work || ~ de **ralentissement** (ch.de fer) / restricted speed aspect || ~ de **remise à zéro** / reset clause || ~ de **renvoi** (ord) / return clause || ~ de **résonance** / resonance indication || ~ d'un **signal** (ch.de fer) / signal indication || ~ de **signe** (COBOL) / sign clause || ~ de **somme** (COBOL) / sum clause || ~ de **synchronisation** (COBOL) / synchronized clause || ~ de la **température** / temperature indication o. reading || ~ de **valeur** (ord) / value clause || ~ de **virgule décimale** / point clause (COBOL) || ~ **visible** / visible indication || ~ de **voie** (télécom) / route indication || ~ de **zéro** / zero reading [method] || ~ avec **zone moyenne supprimée** (instr) / offset characteristic

indicatrice *f* (crist, math, arp) / indicatrix || ~ **elliptique** (arp) / indicatrix || ~ d'**émission d'une source lumineuse** / luminance indicatrix

indice *m* (gén) / sign, mark, token, indication || ~ (phys) / index, number || ~ (racine) / index, exponent of a root || ~ (test) / single value || ~ (mines) / pin, mark, sign || ~ (commerce) / index number || ~ (p.e. a₁ = a indice 1), indice *m* dans linterligne inférieur (math) / subscript, subindex, suffix || **formant** ~ (math) / inferior, subscripted || ~ d'**abrasion de Taber** / Taber wear index number || ~ d'**absorption d'iode** (noir de carbone) / iodine absorption number || ~ d'**acétyle** / acetyl number || ~ d'**acide** / acid value || ~ d'**acide fort** / strong acid number || ~ des **acides gras volatils**, indice *m* AGV / VFA o. volatile fatty acid number || ~ d'**acidité** / acid number, acidity || ~ d'**acidité minérale** / mineral acidity of a lubricant || ~ d'**amortissement** (techn, électron) / damping o. decay factor || ~ **antidétonant** / antiknock value || ~ **ASTM [de la grosseur des grains]** / ASTM index [of grain size] || ~ de **base forte** / strong base number, SBN || ~ de **base totale** (pétrole) / total base number || ~ de **basicité du laitier** (sidér) / slag ratio || ~ de **bentonite** (bâtim) / A.C.C. test || ~ de **Bömer** (graisse) / Bömer value || ~ de **bouffant** (pap) / bulk || ~ de **brome** (pétrole) / bromine number o. value || ~ de **capacité de charge** (pneu) / load capacity index || ~ de **cétane** (auto) / cetane number || ~ de **cétène** (auto) / cetene number || ~ de **chaleur** (astr) / heat index || ~ de **champ** (bêtatron) / field index o. exponent || ~ de **charge du sol** (aéroport) / load classification number, L.C.N. || ~ de **chlore** / chlorine number || ~ de **classe** (instr) / class index || ~ de **cokéfaction** (pétrole) / coking index o. number || ~ de **collationnement** (typo) / collating mark, black mark, niggerhead || ~ de **coloration sulfurique** (pétrole) / sulphuric acid wash test || ~ de **coloration en unités Gardner** / Gardner colour number || ~ de **combustion** / combustion index || ~ de **commutation** / commutation factor || ~ **Conradson** (huile) / carbon value || ~ de **consolidation** / consolidation index || ~ de **construction** (méthode française) (espace) / structural ratio || ~ de **coordination** (chimie) / coordination number, CN || ~ de **corrosion** / corrosion sign o. mark o. indication || ~ de **couleur** (astr) / colour index || ~ de **cuivre** (chimie) / copper number || ~ **Déborah** (viscosité) / Deborah number || ~ de **démulsibilité Herschel** / Herschel demulsibility number || ~ de **désémulsification** / demulsification number || ~ **Diesel** / diesel index, DI || ~ de **distribution** (ord) / distribution index || ~ de **dopage** / doping factor || ~ **double** (math) / double subscript || ~ de **dureté** / hardness number || ~ d'**éclatement** (pap) / burst factor, burst ratio || ~ d'**écoulement** (hydr) / coefficient of discharge || ~ d'**écoute** (TV) / audience rating || ~ d'**égouttage** (pap) / freeness value || ~ d'**emboutissage** / deep-drawing index || ~ d'**emboutissage IE** / cupping index IE || ~ d'**émulsibilité** (pétrole) / steam emulsion number, SEN || ~ **Erichsen** / Erichsen index || ~ d'**essai de chute** (mines) / shatter index || ~ **ester** / ester number || ~ d'**évaporation** / evaporation number || ~ de **faible viscosité** / low viscosity index, L.V.I. || ~ de **flambement** (méc) / buckling factor o. coefficient || ~ de **fluidité au gobelet** (plast) / cup flow figure || ~ de **forme** (électr) / form factor || ~ de **frottement aux pivots** (électr, instr) / pivot factor || ~ de **Froude** / Froude number || ~ de **fusion** (plast) / melt-flow index || ~ de **germination** / germination index o. number || ~ de **germination de surface** (pap) / surface growth number, OKZ_s || ~ de **germination totale** (pap) / total germinating number || ~ de **givrage** (aéro) / icing index || ~ de **gonflement au creuset** (charbon) / crucible swelling number, swelling index || ~ de **goudron** / tar value o. number || ~ d'**heptane** / heptane number o. rating || ~ d'**huile en surface** (géol) / oil seepage || ~ d'**hydroxyle** / hydroxyl number || ~ **inhérent** / inherent characteristic || ~ d'**iode** (graisse) / iodine number o. value, Hübl number || ~ d'**itérations** (ord) / cycle o. iteration index || ~ de **jaunissement** (pap) / post colour number || ~ **kappa** (pap) / kappa number || ~ **kauri-alcool butylique** (couleur) / kauributanol value || ~ de **létalité** (chimie, mil) / mortality product, lethal index || ~ **limite d'oxygène** / limit oxygen index, LOI || ~ **limite de viscosité** / limiting viscosity number || ~ **limité d'oxygène** (incendie) / limiting oxygen index || ~ du **local** (éclairage) / room index || ~ **logarithmique de viscosité** / logarithmic viscosity number || ~ de **lumination** (phot) / exposure value, E.V., light value || ~ de **masse** (bâtim) / building mass index || ~ de **métamérie** (couleur) / index of metamerism || ~ **Micum** (prép) / Micum index || **~s** *m pl* de **Miller** (crist) / Miller[ian] indices *pl* || ~ *m* du **module de Young** (méc) / Young's modulus index (the temperature at which the modulus reaches 10000 psi) || ~ de **motorisation** / degree of motorization || ~ de **mousse** / lather index o. value || ~ de **neutralisation** (huile) / acid number, neutralization value || ~ de **noircissement** (brûleur à mazout) / smoke spot number || ~ **numérique** / numerical suffix || ~ **numérique de couplage** (transfo) / numerical index of the vector group || ~ d'**occupation** (nucl) / particle number operator || ~ d'**octane** (essence) / octane number o. rating o. value || ~ d'**octane clair** / clear octane number || ~ d'**octane de distribution** / distribution octane number, D0N || ~ d'**octane de front** / front octane number || ~ d'**octane de mélange** / octane number of blends || ~ d'**octane méthode moteur** / motor octane number || ~ d'**octane «Recherche»** / research octane number, R.O.N. || ~ d'**octane route** (auto) / road octane number || ~ **oxhydrile ou hydroxyle** / hydroxyl number || ~ de **pénétration** (bitumen) / penetration index, P.I. || ~ de **performance** (essence) / performance number, figure of merit || ~ de **peroxyde** (pétrole) / peroxide number (UOP method) || ~ de **pertes** / loss index || ~ de **plancher** / plot ratio, floor space index || ~ de **pose** (film) / exposure index || ~ des **prix de gros** / index of wholesale prices || ~ de la **production** (pétrole) / production index || ~ de **pulsations** / pulse number || ~ de **qualité de l'isolement contre les sons aériens** / airborne sound insulation index || ~ de **qualité de transmission** (télécom) / transmission performance rating || ~ de la **racine ou d'un radical** / index o. order of a root || ~ de **raffinage** (pap) / freeness value || ~ de **rebuts** (ord) / reject level || ~ de **réduction** / reduction figure || ~ de **réfraction** / refraction coefficient, refractive index || ~ de **réfraction relatif** / relative refraction coefficient || ~ de **Reichert-Meissl** (chimie) / Reichert-Meissl number || ~ de **résilience** (essai de mat) / impact value || ~ de **résistance à l'abrasion** / abrasion resistance index || ~ de **résistance à l'état humide** (pap) / wet strength retention || ~ de **résistance par friction** (hydr) / flow resistance coefficient || ~ **S.A.E.** (pétrole) / S.A.E.-number || ~ de **saponification [par rapport à 1 g]** / saponification number || ~ de **sévérité** (auto) / severity index, SI || ~ de **Sherwood** (rhéologie) / Sherwood number || ~ **SK** / volume increase of concentrated sulphuric acid, Sk value || ~ de **Soerensen** / pH-value || ~ de **Stanton** (phys) / Stanton number || ~ de **station** / station index || ~ **statistique majeur** / composite index number || ~ de **structure** (méthode U.S.A.) (espace) / structural ratio || ~ de **sulfonation** (pétrole) / sulphonation number || ~ **supérieur** (math) / superscript || ~ de **thiocyanogène** / thiocyanogen value || ~ de **transmission du son** / acoustic transmissivity index || ~ de **transmission de vapeur** / moisture vapour transmission rate, MVT[R] || ~ de **transmissomètre** / determination of light transmission || ~ de **transparence** / transparency index || ~ de **trommel** (charbon) / drum resistance || ~ d'**usure** / abrasion factor, wear index || ~ de **viscosité** / viscosity index || ~ de **viscosité limite** / limiting viscosity number || ~ de **Wobbe** (gaz) / Wobbe index

indicé (math) / subscripted

indicer (math) / subscript

indienne *f* (tiss) / Indian shirting || ~ **glacée** / glazed calico

indiennerie *f* / calico printing

indifférence [vis-à-vis ou pour] *f* / indifference [to]

indifférent (phys, chimie) / indifferent, inert, neutral || ~, inerte (chimie) / indifferent

indigène (bot) / indigenous

indigo *m* / indigo (pl.: indigos, indigoes) || ~ **blanc ou réduit** / indigo white || ~ **bleu** / indigo blue, indigotin || ~**carmine** *f* / soluble indigo blue

indigoïde *adj* / indigoid || ~ *m* / indigoid [dye]

indigoterie *f* / indigo factory

indigotier *m* / anil, indigo plant

indigotine *f* / indigo blue, indigotin

indigotique / containing indigo

indiqué / indicated || ~ (instr.de mesure) / indicated, registered

indiquer / indicate, point out || ~, montrer / display *vt*, picture, present *vt* || ~ (ord) / flag *vt* || ~ (techn) / indicate || ~ (instr) / read || ~ (par ex. des prix) / mark *vt*, ticket *vt* || ~ la **direction** (auto) / flash *vi*, signal *vi* || ~ par **lettrage** (dessin) / letter *vt*

indirect / indirect, transmitted || ~ (ordonn) / indirect, nonproductive

indirectionnel / undirectional

indisine *f* (teint) / regina purple

indistinct / faint, indistinct

indium *m*, In / indium, In

individu *m* (inspection) / item, unit, individual

individualisation *f* (ELF) / serialization

individuel / individual, independent || ~ (bâtim) / isolated, detached

indivisé / one-piece..., 1-piece..., solid, undivided

indivisible / inseparable

in-dix-huit *m*, in-18 *m* (typo) / eighteenmo, octodecimo, decimo octavo, 18mo

indole *m* / indole, 2,3-benzopyrrole

indophénol *m* (teint) / indophenol

indoxyle *m* / indoxyl, 2-hydroxyindol

inductance *f* / inductive reactance, inductance || ~ (composant) / inductive resistor || ~ **acoustique** / acoustic inductance o. inertance o. inertia o. mass || ~ d'**amortissement** / attenuation inductance || ~ d'**antenne** / antenna inductance || ~ **filtre ou de filtrage** (électron) / filter choke || ~ de **fuite** / leakage inductance || ~ **linéique** / inductance per unit length || ~ **mutuelle** (électr) / mutual inductance || ~ **mutuelle linéique** / mutual inductance per unit length || ~ **normale** / standard inductance || ~ de **passage** (transfo) / transition coil || ~ **propre** / self-inductivity || ~ de **protection** (électr) / protective reactor, choke coil || ~ **réciproque** / reciprocal inductance || ~ de **réglage** / regulating choke coil || ~ de **réglage [et de stabilisation] du courant de soudage** / welding choke o. regulator, stabilizing inductance || ~ de **saturation** / saturation inductance || ~ **série** / series inductance || ~ de **syntonisation d'antenne** / ATI, antenna tuning inductance || ~ de **valve** (électron) / valve reactor

inducteur *adj* / primary, inducing || ~ *m* (phys) / inductor || ~ (électr) / field magnet, inductor || ~, enroulement *m* inducteur / exciting winding, field coil o. winding || ~ d'**appel** / ringing inductor || ~ de **chauffage** / heating inductor, applicator, workcoil || ~ **hétéropolaire** / heteropolar inductor || ~ de **sonnerie** / ringing inductor || ~ **terrestre** / earth inductor

inductif (électr) / inductive

induction *f* (électr) / induction || **sans** ~ / anti-induction, -inductive, noninductive || ~ par un **aimant** / magnetic induction || ~ dans l'**air** / air induction || ~ de l'**armature** (électr) / cross induction || ~ **complète** (math) / complete o. mathematical induction || ~ **différentielle** (électr) / incremental induction || ~ **électrique** / electric flux density || ~ **électromagnétique** / electromagnetic induction || ~ **étrangère ou extérieure** (électr) / external induction || ~ dans le **fer** / iron induction || ~ à **haute fréquence** / high-frequency induction || ~ de l'**induit** (électr) / rotor induction || ~ **longitudinale** / longitudinal induction || ~ **magnétique** / magnetic induction || ~ **magnétique dans l'entrefer** / magnetic loading || ~ **magnétique rémanente** / remanent magnetic flux density || ~ **magnétique terrestre** / earth induction || ~ **mutuelle** / mutual induction || ~ **mutuelle de lignes d'énergie et de lignes à courant faible** / inductive effects between high and low voltage lines *pl* || ~ **normale** (électr) / normal induction || ~ **propre** / self-induction || ~ **résiduelle** / residual induction || ~ **transversale** / transversal induction

inductivité *f* de **service** (électr) / [full] service inductivity

induire / induce || ~ [en] / lead [to]

induit *adj* / induced || ~ (chimie) / triggered || ~ *m* (électr) / rotor, armature || ~ en **anneau** (électr) / ring [wound] armature || ~ à **bagues collectrices** / slip-ring o. wound rotor || ~ à **barres** (électr) / bar [wound] armature, [squirrel-]cage armature o. rotor || ~ à **cage d'écureuil** / short circuit armature o. rotor || ~ à **canaux fermés [ou ouverts]** (électr) / closed, [open] slot armature || ~ à **circuit fermé [ou ouvert]** (électr) / closed, [open] coil armature || ~ en **cloche** (électr) / bell type armature || ~ à **courant triphasé** / three-phase current armature, rotary current armature || ~ à **court-circuit** (électr) / short circuit armature o. rotor || ~ en **court-circuit à bagues collectrices** / short-circuited slipring rotor || ~ à **croisillons** (électr) / spider type armature || ~ à **dents** (électr) / toothed-ring armature || ~ à **déplacement** (auto) / sliding armature || ~ en **disque** (électr) / disk armature || ~ en **double T** (électr) / shuttle o. H-armature, Siemens armature || ~ *adj* **électromoteur** / induced electromotive || ~ *m* à **encoches** (électr) / slotted armature || ~ à **enroulement** / wire-wound armature || ~ à **enroulement double** (électr) / double-wound o. -winding armature || ~ **étoilé** / star-connected armature || ~ à **fils** (électr, techn) / wire-wound armature || ~ à **fils tirés** (électr) / pull-through wire-wound armature || ~ **fixe** (électr) / fixed o. stationary armature || ~ en **I** (électr) / shuttle o.

H-armature, Siemens armature || ~ *adj* **inverse** (électr) / inverse induced || ~ *m* **lisse** (électr) / smooth-core armature o. rotor || ~ *adj* par **lumière** (chimie) / light-induced || ~ *m* **monophasé** / single-phase armature || ~ de **moteur** (électr) / motor armature || ~ **multipolaire** / multipolar armature || ~ *adj* par **neutrons** / neutron-induced || ~ *m* à **pôles lisses** (électr) / smooth-core rotor || ~ **primaire** (électr) / primary armature || ~ de **remplacement**, induit *m* de réserve (électr) / spare rotor || ~ à **résistance élevée** (électr) / increased resistance rotor || ~ **rotatif** (électr) / revolving o. rotating armature || ~ **stationnaire** (électr) / stationary armature || ~ en **tambour** (électr) / drum [wound o. type] armature || ~ **tournant** (électr) / revolving o. rotating armature || ~ à **trous** (électr) / closed slot armature

induline *f* (teint) / induline

industrialisation *f* / industrialization

industrialisé / industrialized (e.g. building operations)

industrialiser / industrialize

industrie *f* / industry || ~ des **abrasifs** / abrasive industry || ~ des **accessoires** (auto) / supporting industry || ~ de l'**acier** / steel industry || ~ **aéronautique** / aeronautical o. aircraft industry || ~ **aérospatiale** (ELF) / aerospatial o. aerospace industry || ~ **alimentaire ou d'alimentation** / food processing industry, food[stuff] industry || ~ d'**armements** / war material industry || ~ d'**articles en métal** / pressed metal industry || ~ **artistique** / applied o. industrial art || ~ **automobile** / automobile o. automotive (US) industry, motorcar industry || ~ de **base** / basic industry || ~ du **bâtiment [et des travaux publics]** / construction industry || ~ des **biens d'investissement** / industry of capital (o. investment) goods || ~ des **biens de production** / industry of producer goods || ~ [des **biens] de consommation** / consumer goods industry || ~ du **bois** / wood working industry, timber industry || ~ des **boissons** / beverage industry || ~ **brassicole** / brewing industry, brewing trade || ~ des **briques et tuiles** / brick making industry || ~ du **cailloutis** / industry of broken stones || ~ du **caoutchouc** / rubber industry || ~ des **cartonnages et de la transformation du papier** / cardbox manufacturing and paper working industry || ~ de la **cellulose technique** / pulp industry || ~ **céramique** / ceramics industry || ~ de la **céramique grosse** / heavy clay industry || ~ de la **chaussure** / shoe industry || ~ **chimique** / chemical industry || ~ du **ciment** / cement industry || **~-clé** *f* / key industry || ~ des **colorants** / dyestuff o. dyeing industry || ~ des **conserves** / [food] packing industry || ~ de **construction des moulins** / millwright industry || ~ de la **construction navale** / shipbuilding industry || ~ de la **construction de véhicules** / car industry || ~ **cotonnière** / cotton industry o. trade || ~ du **courant fort** / electrical power industry || ~ des **denrées alimentaires** / food processing industry, food[stuff] industry || ~ de **disque** / musical plate recording industry || ~ à **domicile** / home manufacture o. industry, cottage industry || ~ **électrique** / electrical industry || ~ des **emballages** / packaging industry || ~ des **engrais** / fertilizer industry || ~ de l'**équipement électrique** (ELF) / electrical engineering industry || ~ **extractive** / extractive industry || ~ de **façonnage** (pap) / converting industry || ~ **familiale** / home manufacture o. industry, cottage industry || ~ du **fer** / iron industry || ~ du **fer et de l'acier** / iron and steel industry || ~ des **fibres textiles artificielles et synthétiques** / man-made and synthetic fibres industry || ~ **frigorifique** / refrigeration industry || ~ **galvanoplastique** / plating industry || ~ **gazière** / industry of gases || **~s** *f pl* **graphiques** / polygraphic industry, graphic trade || ~ *f* de l'**habillement** / clothing industry || ~ **horlogère** / watch and clock making industry || ~ des **huiles** / oil o. petroleum industry || ~ du **journal** / newspaper industry || ~ **lainière** / woollen manufacture || ~ du **lait** / dairy farming, dairying || ~ **légère** / light industry || ~ du **livre** / book trade || ~ **lourde** / heavy industry || ~ de la **machine-outil** / machine tool industry || ~ de la **maille** / knitwear o. hosiery o. stocking industry || ~ **manufacturière** / processing industry || ~ des **matériaux de construction** / industry of building materials || ~ [du **matériel] de guerre** / war industry || ~ des **matières premières** / extractive industry || ~ **mécanique** (ELF) / engineering industry || **~s** *f pl* **mécanique et électrique** (ELF) / engineering and electrical industries *pl* || ~ *f* de la **mécanique de précision** / precision mechanics industry || ~ **mécanographique** / business machine industry || ~ **métallurgique** / metallurgical industry || ~ **minière** / mining industry || ~ **minière et du charbon** / basic o. primary industry || ~ des **moyens de production** / industry of producer goods || ~ **navale** / shipbuilding industry || ~ des **objets de [petite] quincaillerie** / small iron [ware] trade o. industry || ~ du **papier ou papetière** / paper industry || ~ de la **pétroléochimie** / petrochemistry, petrol chemistry || ~ **pétrolière** / oil industry || ~ **pharmaceutique** / pharmaceutic[al] industry || ~ de **pointe** / growth industry || ~ **porcelainière** / porcelain industry || ~ **principale** / staple industry || ~ de **production** / processing industry || ~ [des **produits] de consommation** / consumer goods industry || ~ des **produits finis** / finished goods industry || ~ de **quincaille** / small iron [ware] trade o. industry || ~ de la **radio** / wireless (GB) o. broadcast o. radio (US) industry || ~ des **réfractaires** / refractory industry || ~ **résinière** / resin working industry || ~ du **ruban et de la tresse** / narrow fabric and braiding industry || ~ **salicole** / salt industry || ~ **séricicole** / sericulture, cultivation of silk, silk husbandry o. culture || ~ des **services** / service industry || ~ **sidérurgique** / steel and iron industry || ~ de la **soie** / silk industry || ~ des **soies artificielles** / rayon industry || ~ de la **sous-traitance** / supporting industry || ~ du **spectacle** (ELF) / entertainment industry || ~ **subsidiaire** / subsidiary industry || ~ **sucrière** / sugar industry || ~ **sucrière de betteraves** / beet sugar industry || ~ des **terres** / clay industry || ~ **textile** / textile industry || ~ du **tissage** / weaving industry || ~ de **transformation** / processing industry || ~ de **transformation d'acier** / steel processing industry || ~ de **transformation des produits de la pêche** / fish processing industry || ~ **transformatrice** / processing industry || ~ **transformatrice de métaux ferreux** / iron and steel working industry, steel users *pl* || ~ **transformatrice ou de transformation des métaux** / metal working industry || ~ des **transports** / transport industry, carrying trade || ~ des **transports routiers** / motor freight industry, trucking industry (US), road haulage industry || ~ de **travail de bois** / wood working industry || ~ **tullière** / tulle making industry || ~ de **valorisation** / processing industry || ~ **verrière ou du verre** / glass industry || ~ du **vêtement** / clothing industry || ~ **viticole** / vine culture, viniculture

industriel *adj* / industrial || ~ *m* / manufacturer, industrialist
inéclatable / explosion-proof
ineffaçable / inextinguishable, unquenchable || ~ (ord) / nonerasable
inefficace / ineffective, -fectual, inefficient
inégal / unequal, inequal || ~, non uni / uneven, rough || ~ (math) / not equal || ~ (teint) / unlevel
inégalité *f* / inequality || ~, rugosité *f* / unevenness, inequality, roughness || ~ (math) / inequation, inequality || **~s** *f pl* (tissu) / furrows *pl* || ~ *f* **parallactique [lunaire]** / parallactic inequality || **~s** de la **route** *f pl* / bumps *pl* || ~ *f* de **Schwarz** (math) / Schwarz's inequality
inélastique / inelastic
inemployable / unserviceable, unfit
inemployé / unused
inépuisable / unexhaustible
inépuisé / unused
inéquation *f* (math) / inequation, inequality
inéquiangle / with unequal angles
inertance *f* (chimie) / inertance, inertness || ~ **acoustique** / acoustic inertance
inerte (chimie) / inactive, inert || ~ (phys, chimie) / indifferent, neutral, inert || ~ (pap) / non-curling
inertie *f* (phys, méc) / inertia || ~ (pap) / dimensional stability || ~ (phosphorescence) / time of persistence || ~ **chimique** (chimie) / inertance, inertness || ~ à l'**eau** / hygrostability || ~ d'**indication** / inertia of indication, indicator lag (US) || ~ de **masses** [en mouvement] / inertia of masses [in movement] || ~ **thermique** / temperature lag o. delay || ~ **virtuelle** (hydr) / virtual inertia || ~ **virtuelle** (méc) / virtual inertia
inertiel (méc) / inertial
inertinite *m* (constituant de la houille) / inertinite
inétanchéité *f* (vide) / leakiness, leakage, leaking
inévitable / necessary
inexact / inaccurate, inexact
inexactitude *f* / inexactness, inexactitude, inaccuracy || ~ de **mesurage** / measuring inaccuracy
inexpédient / unsuitable, unsuited, inexpedient, inappropriate
inexpérimenté / inexpert (person)
inexploitable / inoperative, unworkable || ~ (mines) / not paying
inexploité (mines) / untouched, unworked, virgin
inexplosible / non explosive
inextensible / inextensible
inextinguible (feu) / inextinguishable, unquenchable
infécond (agr) / dead, sterile, infertile, unfertile, barren
infecter (air) / vitiate
infection *f* / infection || ~ (agr) / infection || ~ sur **feuillage** (parasites) / infestation of leaves with parasites
inférieur (typo) / inferior || **être ~ aux prévisions** / fall below the estimate || **être ou rester** ~ [à] / fall short [of] || ~ **ou égal** [à] / less than or equal to
infertile / arid, barren
infestation *f* par **vermines** (agr) / infestation with insects
infesté par des **germes** / germ infested
infeutrable (tex) / antifelt[ing]
infidélité *f* des **couleurs** (TV) / colour distortion
infiltration *f* / infiltration || ~ (barrage) / underseepage || ~ de l'**eau dans le sol** / percolation || ~ par **immersion** (frittage) / infiltration by dipping || ~ **latérale** (hydr) / lateral infiltration || ~ sous **pression** (frittage) / infiltration by pressure || ~ par **superposition** (frittage) / infiltration by shut combination
infiltrer (frittage) / infiltrate *vt* || ~ (s') / infiltrate *vi*, seep o. soak o. trickle [into] || (s')~ **dans des couches** / infiltrate into deeper layers || **s'~** [dans] / ooze o. seep o. trickle away
infime (contr.aut) / infimal
infimum *m* / lower limit
infini / infinite
infiniment grand / infinite, immeasurably great || ~ **petit** / imperceptible || ~ **petit** (math) / infinitesimal, immeasurably small
infinitésimal / infinitesimal
infirmerie *f* / first-aid post, ambulance station
inflammabilité *f* / inflammability, inflammableness || ~ (gaz) / ignitibility
inflammable / combustible, [highly] inflammable, flammable, fiery || ~ (gaz) / inflammable, flammable, ignitable, ignitible
inflammation *f* (phys, chimie) / inflammation, lighting || ~ **spontanée** / self-ignition, spontaneous ignition
infléchir, s'~ par compression axiale / collapse, buckle (US)
inflexible / inflexible, unbending
inflexion *f* (musique) / inflection, inflexion (GB) || ~ (courbe) / bow, change of direction || ~, tour *m* / turn || ~, déviation *f* (opt) / deflection
inflorescence *f* **femelle du houblon** / strobile
influençable / easily influenced
influence *f* [exigée sur] / influence [on], effect [on] || ~ / influence || **à ~ mutuelle nulle** (contr.aut) / non-interacting || **sous l'~ de la température** / temperature-dependent || **~s** *f pl* **atmosphériques** / atmospheric influence o. exposure || ~ *f* du **champ proche** (ultrasons) / near-field influence || ~ **défavorable** / impairment [of], prejudice [to] || ~ **déformatrice** / deformation, deforming influence || ~ **électrique** / electric induction || ~ **électrostatique** / electrostatic induction || **~s** *f pl* du **milieu** / surroundings *pl* || ~ *f* **néfaste** / impairment [of], prejudice [to] || ~ **perturbatrice** (électron) / parasitic induction, interference || ~ **perturbatrice par des installations d'énergie électrique** (télécom) / interference by a power line through coupling || ~ sur la **surface** / influence on the surface
influer [sur] / act [upon], affect, have an influence [on]
in-folio *m* (typo) / folio [size]
informathèque *f* (ord) / data bank o. base, information bank o. base
informaticien *adj* / informatics... || ~ *m* / information technologist o. specialist, computernik (coll)
informatif / exploratory
information *f* (gén) / information || ~ (cybernétique) / signal, statement, information || **~s** *f pl* (électron) / news *pl* || **~s** *f pl* (informatique) / intelligence || ~ *f* **azimut** (aéro) / azimuth information || ~ à **centre ouvert** (radar) / open centre control, center expansion || **~s** *f pl* de **cheminement** (NC) / path o. position data || **~s** *f pl* de **commande** / switching command || ~ *f* de **contrôle** / check information || ~ **couleur** (TV) / chrominance o. colour information || ~ **dimensionelle** (NC) / dimensional information || ~ **directive** (stéréo) / directional o. stereo information || ~ **donnée par haut-parleur** (électron) / radio information, announcement, message broadcast[ing] || ~ **identificatrice** (c.perf.) / identifying information || ~ **mutuelle** (ord) / average transinformation content, mutual information, synentropy || ~ **non rémanente** (ord) / volatile information || ~ **oui-ou-non** (ord) / yes-or-no

information || ~ **parasite** (b.magnét) / drop-in || **~s** *f pl* **parasites** (ord) / garbage, hash || ~ *f* de **produits** / product information || ~ de **radar** / radar return || ~ **réciproque** (ord) / average transinformation content, mutual information, synentropy || ~ sur le **relief** (laser) / depth information || ~ à **repère annulaire de zéro** (radar) / open centre control, center expansion || ~ **répétitive** (ord) / repetitive information || ~ en **retour** / feedback || **~s** *f pl* de **service** (ord) / housekeeping data || ~ *f* **SIGMET** (météorol) / SIGMET information || ~ **téléphonée** (télécom) / playout message || **~s** *f pl* **téléphonées** / special telephone service for informations || ~ *f* **utile** / useful information
informatique *f* / informatics, information science || ~ de **gestion** / management information system, MIS
informatisation *f* / computerization
informatiser / computer[ize]
informer / inform
info-techn. *pl*, informations *f pl* techniques / technical informations *pl*
infra-acoustique / infra-acoustic
infraction *f* au **code de la route** / violation of the traffic regulations
infrangible / unbreakable, infrangible
infraréfraction *f* (radar) / sub-refraction
infrarouge / infrared || ~ *m* **lointain** / far-infrared || ~ **proche** / near-infrared
infra·son *m*, infra-son *m* / infrasound, infrasonic sound waves *pl* || **~sonore** / infrasonic
infrastructure *f* / infrastructure, understructure || ~ (aéro) / ground organization || ~ (techn) / substructure || ~ (convoyeur) / channels *pl* || ~ pour **chemins de fer** / earth works of railways *pl*
infra-téléphonique (fréquence) / below telephone frequency
infroissabiliser / creaseproof
infroissabilité *f* (tex) / resistance to creasing
infroissable / non-creasing, no-crush, crush resistant, crease-proof, -resist[ant] || ~ (tapis) / non-crush
infuser / infuse || ~ (s') / steep, soak
infusible / infusible
infusion *f* (chimie) / infusion
ingéniérie *f* (ELF) / engineering || ~ (ELF) / engineering || ~ **agricole** / agricultural processing || ~ de la **circulation** / traffic engineering || ~ **technique** / technical engineering
ingénieur *m* **agricole** / agricultural engineer || ~ **automaticien** / process engineer || ~ en **automobile** / automotive o. motor (GB) engineer || ~ de **champ d'essai** / test engineer || ~ en **chef** / chief engineer, engineer-in-chief || ~ [en **chef] de service** / production o. manufacturing o. works engineer, operating engineer || ~ **chimiste** / industrial chemist || ~ **civil** / private engineer || ~ **commercial** (ELF) / sales engineer || **~-conseil** *m* en **matière de propriété industrielle** / patent engineer || **~-conseil** *m* **ou consultant** / consulting engineer, engineering consultant || **~-constructeur** *m* de la **marine** / shipbuilding engineer || ~ des **constructions civiles** / civil engineer, structural engineer || ~ **diplomé** / chartered o. technician engineer (GB), professional engineer ((US) || ~ pour le **drainage** (agr) / drainage engineer || ~ **éclairagiste** / illuminating o. lighting engineer || ~ **électricien** / electrical engineer || ~ d'**études** / planning engineer || ~ d'**études**, dessinateur *m* / constructing o. design engineer || ~ d'**exploitation** / operating engineer || ~ de **fabrication** / production o. manufacturing o. works engineer || ~ de **forage** (mines) / master borer || ~ **frigoriste** / refrigeration engineer || ~ du **génie chimique** (chimie) / chemical engineer || ~ en **génie civil** / construction[al] engineer
ingénieur *m* du **génie maritime** / naval architect (for hulls), marine engineer (for engines)
ingénieur *m* du **génie rural** / agricultural engineer || **~-géomètre** *m* (arp) / surveyor || **~-géomètre** *m* des **mines** (mines) / measurer, [underground] surveyor || ~ **hydraulicien** / hydraulic engineer || ~ **informaticien** / information engineer || ~ **lamineur ou de laminoir** / rolling mill engineer || ~ de **marine** / naval engineer o. architect || **~-mécanicien** *m* / mechanical engineer || ~ des **méthodes** (ELF) / industrial engineer || ~ des **mines** / mining engineer || ~ **naval** / marine engineer || ~ en **organisation** / work study engineer || ~ des **ponts et chaussées** / bridge and highway engineer || ~ des **ponts et chaussées** (Service Public) / civil engineer (in Government employment), structural engineer || ~ des **routes** / highway maker o. engineer o. builder, road engineer o. maker || ~ du **son** / audio o. recording o. sound engineer || ~ **spécialiste d'aérodynamique** / aerodynamicist || ~ **spécialiste de communications** / communication engineer || ~ **système** (ord) / systems engineer || ~ **technicien d'aéronautique** / aeronautical engineer, aeroengineer || **~-technicien** *m* de **montage** / chief erecting engineer || ~ **technico-commercial** / field engineer || ~ **technico-commercial** (ord) / systems engineer || ~ **textile** / textile engineer || ~ **topographe** / topographer || ~ du **trafic** / traffic engineer || ~ de **vente** / sales engineer || ~ **vidéo ou de la vision** (TV) / video engineer, vision control supervisor || ~ de la **Voie** (Suisse) (ch.de fer) / district permanent way inspector
ingénieux / creative, ingenious, skil[l]ful
ingérence *f* / interference
ingérer (s') / break in on something, interfere
ingotisme *m* (sidér) / ingotism, ingot structure, major segregation
ingrain (papier peint) / wood-chip...
ingrédient *m* / ingedient || ~ de **mélange** / compounding ingredient
inhabitable / uninhabitable
inhalateur *m* / breathing apparatus, respirator || ~ d'**oxygène** / oxygen breathing (US) o. inhaling (GB) apparatus, oxygen respirator (US)
inhérent / inherent || **être** ~ / be inherent [to]
inhibiter / inhibit || ~ le **grossissement des grains** (sidér) / dope
inhibiteur *adj* / inhibitory || ~ *m* (chimie) / inhibitor || ~, catalyseur *m* négatif (chimie) / anticatalyst || ~, limiteur *m* de décapage (sidér) / inhibitor || ~ *adj* d'**adhésivité** / tack inhibiting || ~ *m* de **catalyseur** / catalyst o. catalytic poison, anticatalist, paralyser || ~ *adj* à la **corrosion** / inhibiting corrosion || ~ *m* de **corrosion** / corrosion o. corroding inhibitor || ~ [de **décapage]** (galv) / pickling inhibitor, restrainer || ~ d'**entraînement** (nucl) / holdback [agent] || ~ *adj* de **frittage** / sinter-inhibiting || ~ *m* de **germination** / germination inhibitor || ~ **isolant** (espace) / liner || ~ de **migration** (teint) / migration inhibitor || ~ de **polymérisation** (pétrole) / gum inhibitor || ~ d'un **propulseur** (ELF) (fusée) / liner of the rocket
inhibitif / inhibitory, inhibitive
inhibition *f* (chimie) / inhibition || ~ (ord) / NOT-circuit || ~ **latérale** (math) / lateral inhibition || ~ à **seuil** (comm.pneum) / threshold N0T-relay || ~ **transversale** (ord) / lateral inhibition

inhomogénéité *f* / difference, divergence
inhour *m* (réacteur) / inhour (inverted hour)
ininflammable / non-flam[mable], non-inflammable
inintelligible (télécom) / cloudy
ininterrompu / continuous || ~ (temps de travail) / uninterrupted, continuous || ~, continu / continuous
initial / initial
initiale *f* (typo) / capital [letter], cap, majuscule
initialisation *f* (ord) / initialization
initialiser (ord) / initialize
initiateur *m* / catalyst, catalyzer, cat || ~ d'**approche** / proximity switch
initiation [à] *f* / introduction [to], initiation [in]
initier / initiate
injectable en état coloré (plast) / color-moldable
injecter / injectable || ~ (plast) / injection-mo[u]ld || ~ (gaz) / inject gas || ~ le **bois** / preserve wood || ~ un **coulis de ciment** / inject cement || ~ sur **orbite** / place in its orbit, inject, insert || ~ sous **pression** (mines) / press in
injecteur *m* (m.à vap) / jet pump, injector || ~ (robinetterie de gaz) / union nipple || ~ (diesel) / injection nozzle || ~ **aspirant** / sucking injector || ~ à **béton** / concrete injection gun || ~ à **capsule** / capsule type injector || ~ à **deux débits** (aéro) / two-flow rate injector || ~ d'**essence à dosage électronique** / electronic metering of fuel injection || ~ **[Giffard]** / injector, jet pump || ~ à **graisse** / grease gun, pressure o. squirt gun, grease injector || ~ d'**huile** / lubricating o. oil gun o. syringue || ~ **Körting** / Koerting injector || ~ **monotrou** (auto) / single-jet injection nozzle || ~ à **plusieurs trous** / multihole nozzle || ~ **réglable au moteur** (gaz) / motorized fuel valve, adjustable-port proportioning valve || ~ à **têton** (auto) / pintle nozzle || ~ à **trou[s]** (auto) / hole type nozzle || ~ à **un seul trou** (auto) / single-jet injection nozzle || ~ à **vapeur** (vide) / steam ejector
injection *f* / injection || ~ (plast) / injection operation o. shot, shot || ~ (m.à vap) / injection, spraying, jet || ~ (turb. à l'eau) / admission, throw of the water || ~ (pétrole) / flooding of the well || **à ~ mécanique** (mot) / with mechanical o. solid o. airless injection || ~ d'**air comprimé** (mot) / air injection || ~ à **avalanche** / avalanche injection || ~ **bimatière** (plast) / sandwich moulding || ~ **capillaire** (plast) / pinpoint gate || ~ de **carburant** (mot) / fuel injection || ~ en **chambre de précombustion** (mot) / pre-chamber injection || ~ de **ciment** / cementation, grouting || ~ dans le **collecteur d'admission** (mot) / manifold injection || ~ au **démarrage** (auto) / priming || ~ en **deux phases** / two-stage injection || ~ **différentielle** (électr) / differential injection || ~ **directe** (mot) / direct injection, open combustion-chamber injection || ~ **directe du gaz** (plast) / direct gassing || ~ d'**eau** / water injection || ~ d'**électrons** / electron injection || ~ d'**énergie** / enery supply || ~ d'**essence** / gasoline (US) o. petrol (GB) o. fuel injection || ~ à la **flamme** (plast) / plast spraying || ~ **indirecte** / indirect injection || ~ d'**ions** / injection of ions || ~ **latérale de combustible** / side fuel injection || ~ en **matière thermo-durcissable** / injection moulding of duroplastic material, transfer moulding || ~ **mécanique** / mechanical o. solid o. airless injection || ~ sur une **orbite** (espace) / injection in its orbit || ~ **pneumatique** (mot) / air injection || ~ des **porteurs de charge** (semicond) / carrier injection || ~ sous **pression** (mot) / pressure injection || ~ sous **pression** (bâtim) / grouting || ~ **sans canal** (plast) / runnerless injection moulding || ~ d'un **signal** / signal input o. injection || ~ **solide** (diesel) / mechanical o. airless injection || **~-soufflage** *f* (plast) / injection-blow moulding || ~ en **tête d'épingle** (plast) / pinpoint gate || ~ dans la **tubulature du carburateur** / bulk injection || ~ par **vis** (plast) / screw injection
injecto-poisseur *m* / pitch spraying apparatus
inlandsis *m* (géol) / inland ice, continental ice sheet
inlassable / untiring
inlay *m* (TV) / inlay
innavigable / unnavigable
innombrable / innumerable, numberless
innovation *f* / innovation || ~ en **brevets d'invention** / patent novelty
inobservable par principe / essentially unobservable
inobservation *f* (de règlements) / inobservance, nonobservance, noncompliance
inoccupé (techn) / vacant
in-octavo *m* / octavo, 8vo, 8°
inoculable / inoculative
inoculant *m* / inoculum, inoculant
inoculation *f* / inoculation
inoculer / inoculate
inodore / odourless
inodorisation *f* / odour control
inoffensif / inoffensive, innocuous, harmless || **rendre ~** / kill, render harmless o. innocuous
inondage *m* (pétrole) / flooding of the well || ~ d'**huile** / oil flooding
inondation *f* / inundation, flood
inonder / flood || ~ (mines) / inundate, submerge, flood, overflow, swamp
inopérable / inoperable
inopiné / unintentional, unintended
inopportun / inopportune, ill-timed
inorganique (chimie) / inorganic, mineral
inosilicate *m* / inosilicate
inosine *f* / inosine
inositol *m*, inosite *m* (rare) / inositol, hexahydroxycyclohexane, dambose (US), meat sugar (US)
inoxydabilité *f* (acier) / rustlessness, rustproofness || ~ à **chaud** / non-scaling property
inoxydable / non-oxidizing || ~ à **chaud** / non scaling
inoxydation *f* / inoxidation
input *m* (pl. inv) / input
inquartation *f*, inquart *m* (déconseillé) (métal) / ngu/nqu, quartation
in-quarto *m*, in-4° *m* (typo) / quarto
insalubre / detrimental to health, unhealthy
insaponifiable *adj* / nonsaponifiable || ~ *m* / non-detergent fatty matter, nonsaponifiable matter
insaponifié *m* / nonsaponified matter
insaturé (chimie) / unsaturate
inscripteur *m* (m. à calculer) / setting mechanism, regulator, keyboard
inscription *f* / marking, recording || ~ (tube à mémoire) / writing || ~ des **abonnés dans l'annuaire** / directory listing || ~ des **cotes sur dessin** / dimensioning || ~ en **courbe** (ch.de fer) / taking of curves || ~ sur un **dessin** / inscription in a drawing || ~ des **dimensions** (dessin) / dimensioning || ~ sous **forme de trait** (instr) / bar type marking o. recording || ~ **lumineuse** / illuminated letters *pl*
inscrire (arp) / book || ~ (math) / inscribe || ~ (instr) / record, mark || **s'~ sur une orbite** / enter into the orbit || ~ les **cotes** / draw the dimensions into a

design
inscrit (ord) / posted
insecte *m* / insect, bug (US) || ~**s** *m pl* (agr) / vermin[s] || ~**s** *m pl* **nuisibles** / insect pests *pl* || ~**s** *m pl* **nuisibles au cotonnier** / cotton pests *pl* || ~**s** *m pl* **nuisibles aux forêts** / forest pests *pl* || ~**s** *m pl* **nuisibles aux textiles** / textile pests *pl* || ~ *m* **perceur** / borer (insect) || ~ du **sol** / soil insect || ~ **suceur** / plant sucking pest
insecticide *m* / insecticide || ~ **agricole** / agricultural insecticide || ~ **appât** / insect attractant poison || ~ de **contact** (agr) / contact insecticide o. poison || ~ d'**hygiène** / health insecticide || ~ d'**ingestion ou toxique par ingestion** / stomach insecticide || ~ à **pulvériser** / insecticide spray || ~ **systémique** (agr) / systemic insecticide
insectifuges *m pl* (chimie) / repellents *pl*
I.N.S.É.É. = Institut National de la Statistique et des Études Économiques
in-seize *m*, in-16 *m* / sixteenmo, sextodecimo, 16mo, 16°
inselberg *m* (géol) / inselberg
insensibilité [à] *f* / indifference, insensitiveness [to], insensitivity [to] || ~ aux **brouillages** / immunity to interference || ~ à la **microphonie** (électron) / insensitiveness to microphonics || ~ aux **parasites** (électron) / immunity to interfering || ~ de **réglage** (contr.aut) / dead band o. zone || ~ à la **rupture de fragilité** / insensitivity to brittle fracture
insensible [à] / insensitive [to], indifferent [to] || **les mesures sont** ~**s** [à] / the measurements are insensitive [to] || ~ au **choc** / not susceptible to shocks || ~ à l'**ébranlement** / safe o. free from vibrations, vibrationless, antivibration... || ~ aux **radiations** / antiradiation
inséparable / inseparable
inséré / inserted
insérer / draw-in, insert || ~, enrober / embed || ~, interposer / fit, install, fix || ~ (électr) / interpolate || ~ (barre de commande) / insert, run-in o. -down || ~, placer en dessous / place under[neath] || ~ (tiss) / shoot in, pick || ~, loger / house || ~, ranger / range || **à** ~ (électron) / poke-home (US), insert... || **s'~ les uns dans les autres** / telescope, slide || ~ des **conducteurs en tirant** (électr) / run in leads || ~ le **fil métallique dans le bord** / bead, wire, flange
insert *m* (techn) / insert, inset || ~ (plast) / insert || ~ (TV) / caption, insert || ~ du type **manchon à support d'acier** (palier) / steel-backed sleeve-type insert
insertion *f* / intercalation, insertion || ~ (mat. thermodurc.) / insert || ~ (tiss) / shot, shoot, pick || ~ (espace) / insertion || ~, insert *m* (techn) / insert, inset || ~ (trafic) / interweaving || **à** ~ **de la trame** (tex) / shot [through) || ~ de **câbles en tirant** / drawing-in of cables || ~ en **carbure** / carbide insert || ~ dans un **courant de circulation** (trafic) / joining a traffic stream || ~ de **feutre** / felt ply o. insert || ~ de **fiches** / insertion || ~ dans un **journal** / advertisement, ad || ~ de **légende** (TV) / caption insertion o. superposition || ~ de **tassement** (sidér) / densener
insigne *m* / badge, (esp.:) trade mark, brand
insignifiant (techn) / minor, trifling
insipide (chimie) / tasteless, flavourless
in situ (géol) / in-situ
insolateur *m* / solar collector
insolation *f* / insolation || ~ **globale** / global insolation
insoler / insolate
insolite / abnormal
insoluble *adj* (math, chimie) / insoluble || ~ *m* (chimie) / insoluble, insol. || ~ *adj* dans le **benzène** / benzene insoluble || ~**s** *m pl* **dans le pentane** / I.P. spirits insolubles, pentane insolubles *pl* || ~ *adj* dans l'**eau** / water-insoluble, insoluble in water || ~ *m* dans **R12** / R12-insoluble || ~ dans le **toluène** / matter insoluble in toluene
insonore, isolé contre le bruit / soundproof || ~, anéchoïque / anechoic, acoustically dead, insonorous || ~, silencieux / noiseless
insonorisant / sound-absorbing o. -deadening
insonorisation *f* / sound insulation o. proofing, acoustic insulation, acoustical absorptive treatment, quieting, noise control o. abatement || ~ (auto) / silencing, muffling of noises || ~ du **plafond contre le bruit de contact** (bâtim) / dead sounding, sound insulation of the flooring || ~ par **remplissage du plancher creux** (bâtim) / pugging, deadening, dead sounding, deafening
insonoriser / soundproof
insonorité *f* / soundproofness
insoudable / non welding, non weldable
inspecter / superintend, supervise, inspect || ~, examiner de visu / view *vt*, inspect *vt* || ~ à la **[lumière d'une] baladeuse** / inspect o. test by lighting
inspecteur *m* / supervisor, overseer, headman || ~ en **clientèle** (ord) / customer technician || ~ de **comptabilité** / auditor || ~ du **constructeur** / works inspector || ~ de **garanties** (nucl) / safeguards inspector || ~ des **mines** / mining inspector
inspection *f* / testing, inspection, examination || ~ (nucl) / inspectorate || **faire l'~ d'un ouvrage** / survey piece-work || ~ **dimensionnelle** / dimensional inspection || ~ **et réception** / approval and tests *pl* || ~ **finale** / final inspection || ~ de l'**industrie et de la main-d'œuvre** / industrial and trade supervision || ~ **intermédiaire** (auto) / interim-inspection, intermediate inspection || ~ **permanente** / routine inspection || ~ de la **qualité** / quality inspection || ~ **visuelle** / visual inspection || ~ **volante** / patrol inspection
inspiration *f* (techn) / inspiration, aspiration || ~ **soudaine** / brain-storm
instabilité *f* / instability, unsteadiness || ~ de la **combustion** / combustion instability || ~ à **coques** (plasma) / kink o. sausage instability || ~ due au **courant** (électron) / [frequency] pushing || ~ du **courant collecteur** (semicond) / collector current runaway || ~ de **fréquences** (magnétron) / mode shift, moding || ~ **horizontale** (TV) / horizontal jitter || ~ **hydromagnétique** (nucl) / hydromagnetic instability || ~ d'**image** (TV) / unsteadiness of picture || ~ d'**impulsions** / pulse jitter || ~ **inhérente** (gén) / inherent instability, tendency to oscillate || ~ **irrégulière de la fréquence** (électron) / double moding || ~ **latérale** (aéro) / lateral o. rolling instability || ~ **longitudinale** (aéro) / longitudinal instability || ~ de **route** (aéro) / directional o. weathercock instability || ~ de la **surface** (panneaux de particules) / telegraphing [after painting] || ~ **thermique** / thermal instability || ~ **transversale** (aéro) / lateral o. rolling instability || ~ **verticale** (TV) / vertical hunting, bouncing (US) || ~ **xénon** / xenon instability
instable (gén) / unstable, instable, insteady || ~ (bâtim) / deficient, unstable || ~ (chimie) / labile, unstable || ~, chancelant / unsteady, swaying || ~ (méc) / instable, unstable
installateur *m* (électr) / wireman, installer || ~ pour l'**eau** / water fitter || ~ de **gaz** / gas fitter || ~ de **lignes** / lineman
installation *f* (action) / installation || ~, établissement

m / installation, plant, works *sg* || ~ (techn) / mounting, installation || ~, dispositif *m* / arrangement, contrivance || ~, équipement *m* / equipment, outfit || ~, ameublement *m* / furniture || **à ~ facile** / easily incorporable || ~ à **accumulateur de pression** (air comprimé) / receiver-type compressed air system || ~ d'**accumulateurs de chaleur Ruths** / Ruths steam storage plant, Ruths accumulator || ~ d'**acheminement** / transporting plant o. equipment, transporter || ~ d'**adoucissement** / softening equipment || ~ **aéraulique ou d'aérage** / ventilation system || ~ d'**agglomération** (mines, sidér) / agglomerating plant || ~ d'**agglomération par frittage** (sidér) / blast roasting plant o. sintering plant || ~ à **air aspiré** / suction air plant || ~ à **air comprimé** / compressed-air plant, pneumatic system || ~ d'**alerte au feu** / fire alarm system || ~ d'**alimentation en charbon** / coaling plant || ~ d'**alimentation [pour les foyers] des chaudières** / boiler coaling plant || ~ d'**alimentation d'eau domestique** / domestic water supply plant || ~ d'**alimentation en eau potable** / drinking water system || ~ d'**allumage** (auto) / ignition system || ~ pour **annoncer des accidents** / accident signalling system || ~ d'**appareils culbutants** / tipping plant || ~ d'**appel par haut-parleur** (électron) / paging installation, pager || ~ d'**appel de visiteurs** / visitor announcing equipment || ~ d'**arrosage** (agric) / shower apparatus, sprinkler, sprinkling installation || ~ d'**aspiration** / suction plant || ~ d'**assèchement** (sidér) / draining plant || ~ d'**atterissage sans visibilité** (aéro) / landing aid, lan, LAN || ~ **automatique de développement des microfilms** / microfilm processor || ~ à **bain d'essais de modèles** (nav) / model testing plant || ~ de [salle ou cabinet de] **bains** / bathroom installation o. plumbing o. equipment || ~ de **basculeurs** / tipping plant || ~ pour **basse carbonisation de coke** / low temperature carbonization plant || ~ de **battage pour récolte hachée** / chop thresher plant || ~ de **blanchiment en continu** / continuous bleaching plant || ~ de **blanchiment discontinu** / discontinuous bleaching plant || ~ **block** (ch.de fer) / block installation || ~ de **bord** (aéro) / airborne equipment, installation on board || ~ de **bord** (électron) / strapdown equipment || ~ de **briquetage** / briquetting plant || ~ de **briquetage des minerais** / ore briquetting plant || ~ de **broyage** / crushing plant || ~ de **broyage du ciment** / cement mill || ~ de **broyage primaire** / crushing o. breaking plant || ~ de **broyage de stériles** / stone pulverizing plant || ~ de **cailloutage** / stone breaking works *pl*, ballast works, road metal plant o. works (GB) *pl* || ~ de **calcul** / computing machinery || ~ de **calibrage des bouts** (lam. de tubes) / ends sizing installation || ~ de **calibrage et triage** / sorter and grader || ~ de **calorifères à eau chaude** / water heating system || ~ de **carbonisation à basse température** / low temperature carbonization plant || ~ de **cellules d'électrolyse** / electrolyzer outfit || ~ **centralisée de stockage** (nucl) / centralized facility for storage || ~ de **centrifugeuse et de four Claus** (pétrole) / Girbotol and Claus plant || ~ de **chantier** / building site quipment, erection plant || ~ de **chantier de construction** (nav) / shipbuilding yard o. plant || ~ de **chargement** / loading plant || ~ de **chargement** (électr) / charging installation || ~ de **chargement [du gueulard]** / charging plant o. hoist || ~ de **chargement des minerais** / ore loading plant || ~ de **chargement des navires** / ship loading o. lading plant || ~ de **chargement des wagons** (ch.de fer) / car loading equipment || ~ de **chaudières** / boiler plant || ~ de **chauffage** / heating facilities o. installation || ~ de **chauffage par accumulation** (électr) / storage heater || ~ de **chauffage au charbon à eau chaude avec ballon** / coal fired water heater with storage boiler || ~ de **chauffage des poches** (fonderie) / ladle heating plant || ~ de **chauffe** / furnace, fireplace || ~ de **chauffe à fuel[-oil]** / oil-burning installation || ~ de **chaulage** (sucre) / liming device || ~ de **chloruration** (sidér) / chloridizing plant for ore || ~ à **ciel ouvert** (électr) / open-air plant, outdoor plant || ~ à **ciel ouvert** (mines) / surface installation || ~ de **cisaillage** [pour tôles] / sheet trimming plant || ~ de **clairçage** (sucre) / washing device, spray injection apparatus || ~ de **clarification des eaux boueuses** / plant for sewage purification, sewerage plant || ~ de **clarification [des eaux résiduaires]** (eaux usées) / sewage treatment o. clarification plant, sewage works *pl* || ~ de **classification** / sorting o. picking plant, separating plant || ~ de **climatisation avec tout le confort** / comfort air conditioning plant || ~ de **commande** / controlling installation || ~ de **communication par impulsions inverses** / revertive communication installation || ~ de **communications** (télécom) / signalling equipment || ~ de **concassage** / crushing o. breaking plant || ~ de **concassage de coke** / coke crushing plant || ~ de **concassage grossier ou primaire** / crushing mill || ~ de **condensation** / condensating plant || ~ de **conditionnement d'air** / air conditioning plant o. equipment || ~ de **conditionnement d'air à surpression** / plenum system || ~ de **congélation** / freezing o. refrigerating plant || ~ de **congélation en plaques** / plate freezer || ~ de **contrôle** / monitoring system || ~ de **contrôle des opérations** / operational monitoring system, OMS || ~ pour **copies répétées** / step-and-repeat machine, repeater || ~ de **coulée continue en arc de cercle** / circular arc type plant || ~ de **coupage** / cutting installation || ~ à **courant alternatif** / a.c. installation || ~ à **courant alternatif pour navires** / a.c. installation for ships || ~ à **courant fort** / power plant || ~ au **craquage** / cracking installation || ~ à **créosoter** / creosoting plant || ~ de **criblage** (prépar) / sifting plant || ~ de **criblage en dérivation** / by-pass separating apparatus || ~ de **culbuteurs** / tipping plant || ~ de **décantation** (sucre) / clarifier || ~ de **décantation [des eaux résiduaires]** / sewage treatment o. clarification plant, sewage works *pl* || ~ de **décapage** (sidér) / pickling plant || ~ de **déchargement** / unloading plant || ~ de **déchargement de navires** / ship unloading o. discharging plant || ~ pour **décharger les charbons** / coal dump o. tip || ~ de **décochage hydraulique** (fonderie) / hydraulic blast cleaning plant || ~ de **dégorgement ou de dégorgeage** (viniculture) / installation for the removal of sediment from champagne || ~ de **dépollution** / pollution abatement facility || ~ de **dépoussiérage de sacs** / sack beating o. dusting installation || ~ de **déshydratation** (sidér) / draining plant || ~ pour la **désinfection de semences** (agr) / dressing plant || ~ de **dessalement d'eau de mer** / desali[ni]zation plant for sea water || ~ de **dessiccation** / drying plant o. installation || ~ de **détection de fumées** / smoke alarm installation || ~ de **déversement** (hydr) / spillway || ~ de **diffusion** (nucl) / diffusion plant || ~ de **distillation du zinc** / zinc distillation plant || ~ de **distribution amovible** (électr) / draw-out switchgear || ~ de **distribution d'eau** (bâtim) / water supply installation || ~ de **distribution [électrique]** / switchboard plant || ~ pour la **distribution des particules** (bois) / particle spreader || ~ de **dosage** (bâtim, routes) / batching plant || ~ de **dosage et de mélange** / batching and weighing plant || ~ de **dosage et mélangeage du béton** / concrete batching and mixing plant || ~ à **draguer au fond de la mer** / dredging plant || ~ à **draguer au fond de la mer à vitesse élevée** / high-speed dredge || ~ de **dressage** (lam) / straightening plant || ~ **duplex** (télécom) / duplex installation, up-and-down working installation || ~ d'**ébarbage** (fonderie) / cleaning o. dressing o. fettling installation || ~ d'**éclairage** / lighting plant o. installation || ~ d'**éclairage électrique** / electric light plant o. installation || ~ d'**écroûtage** (lam) / descaling plant || ~ **électrique** / electrical installation || **~s** *f pl* **électriques de bord** (aviation) / electric aircraft equipment || ~ *f* **électrothermique à hyperfréquences** / microwave heating equipment || ~ **émettrice** (électron) / transmitting station || ~ d'**enclenchement** (ch.de fer) / interlocking installation o. plant || ~ d'**enduction au rouleau** (sidér) / roll coater || ~ **[d'entretien] du vide** / evacuating plant || ~ d'**époussetage de sacs** / sack beating o. dusting installation || ~ d'**épuration des gaz d'échappement** / exhaust gaz cleaning equipment || ~ d'**essai** / trial station || ~ d'**essai de choc** (auto) / crash barrier, bopper (US) || ~ à **étuver le bois** / wood steaming installation || ~ d'**évacuation des cendres** / ash removal installation || ~ d'**évaporation de lessives** / lye concentration plant || ~ d'**évaporation à tubes verticaux** (dessalement) / vertical tube evaporator plant || ~ à l'**extérieur** / outdoor installation || ~ d'**extinction de chaux** / lime slaking plant || ~ d'**extinction du coke** [par arrosage ou à sec] / coke quenching plant || ~ d'**extinction d'incendie** / fire extinguishing plant || ~ d'**extinction à poudres inertes** (pomp) / dry powder system || ~ d'**extracteurs d'huile** / oil extracting plant || ~ d'**extraction** / extracting plant || ~ d'**extraction** (mines) / hoisting o. hauling o. drawing o. winding plant || ~ d'**extraction** (sas à air) / air lock hoist || ~ d'**extraction du gravier** / gravel extraction plant || ~ d'**extraction par skips** (mines) / skip extraction o. hoisting o. winding installation || ~ à **extraire le sable** / sand working plant || ~ d'**extrusion-soufflage** (plast) / extrusion blow moulding equipment || ~ pour la **fabrication des agglomérés ou des boulets** / briquetting plant || ~ à **faire sortir la boue** / blow-by plant || ~ de **fermentation** (bière) / fermentation plant || ~ de **filtrage ou de filtration** / filtering installation || ~ de **fonderie** / smelting plant || ~ de **forage** (mines) / drilling gear || ~ **force** / 380 V power installation || ~ de **force motrice hydraulique** / hydrostation, water power station || ~ pour le **fractionnement de gaz** / fractionating plant || ~ à **fractionner les gaz** (pétrole) / gas fractionator || ~ de **fractions légères** (pétrole) / light-ends plant || ~ **frigorifique** / refrigerating plant || ~ **frigorifique à basse température** / intense cooling plant || ~ **frigorifique pour brasseries** / brewery refrigerating plant || ~ **frigorifique pour la conservation de la viande** / cold storage plant for meat || ~ **frigorifique marine** / marine refrigeration plant || ~ de **frittage sur bande** / belt type sintering plant || ~ **galvanoplastique** / electroplating plant || ~ de **gaz** (bâtim) / gas fittings *pl* || ~ de **gazage sous vide** / vacuum gassing equipment || **~s** *f pl* de **halage** (nav) / warping gears *pl* || ~ *f* de **hauts fourneaux** / blast furnace plant || ~ d'**hôpitaux** / hospital equipment || ~ d'**horloges électriques** / electrically controlled clocks *pl* || ~ **hydraulique** / hydraulic equipment || ~ **hydraulique à accumulateur** / weight loaded hydraulic plant (US) || ~ **hydraulique à pompes foulantes** / direct pumping hydraulic plant || ~ d'**hydrogénation** / hydrogenation plant || ~ **hydropneumatique** / hydraulic plant with air bottle system || ~ d'**imprégnation du bois** / wood o. lumber impregnating o. preserving plant || ~ pour **[imprimer des] secousses** (essais de mat) / rocking installation, vibrator table || ~ d'**injection** / injection equipment || ~ à **intercommunication** (télécom) / intercommunication system || ~ d'**intercommunication**, interphone *m* (télécom) / intercom, interphone || ~ **intérieure** / indoor equipment o. fitting || ~ **intérieure** (bâtim) / interior o. house wiring, interior installation || ~ d'**ionisation** / ionization plant || ~ d'**irrigation** / irrigating plant || **~s** *f pl* du **jour** (mines) / bank-head installations *pl* || ~ *f* de **lavage par arrosage** (fibres synthét.) / spray washing installation || ~ de **lavage du charbon ou de la houille** (mines) / coal washing plant o. washery || ~ de **lavage à rhéolaveurs** / rheolaveur washery || ~ de **lavage du sable** / grit washer || ~ pour la **lente distillation** / low temperature carbonization plant || ~ de **lessivage** / leaching plant || ~ à **lingotière courbe** (coulée continue) / arc-type plant || ~ pour la **liquéfaction de l'air** (mines) / liquid air plant || ~ de **lixiviation** (chimie) / lixiviating plant, lixiviation || ~ de **lixiviation** (mines) / wet extraction plant, leaching plant || ~ de **manutention** / conveying installation for unit loads || ~ de **manutention des conteneurs** / container handling facility || ~ de **manutention continue** / continuous mechanical handling equipment || ~ pour **marche au gaz** (auto) / motor fuel gas storage || ~ **mécanique** / mechanical equipment || ~ **[mécanique] pour le chargement de charbon** / coaling plant || ~ de **mélange et de transport** (tex) / blending and conveyor plant || ~ à **mélanger le béton** / concrete mixing plant || ~ de **métallisation au vide** / metallizer, vacuum deposition plant || ~ pour **mise du charbon en stock** / coal dump o. tip || ~ de **mise en terril** (mines) / stockpiling machine || ~ **modèle** / model plant || ~ **modulatrice-démodulatrice du canal** / channel translating equipment || ~ du **moteur sur suspension élastique** (auto) / bedding of the engine in rubber cushions || ~ **motrice** / machinery [equipment o. plant], mechanical equipment o. plant || ~ de **mouture** / pulverizing o. grinding equipment || ~ de **nettoyage** / dye-vat (US), cleansing installation || ~ de **nitrification** / nitrating plant || ~ **nucléaire** / nuclear facility || ~ pour **ozonisation** / ozonizing plant || ~ **panneaux minces de particules sans fin** / thin-ribbon particle board plant || ~ **pilote ou prototype** / pilot production plant, prototype production installation || ~ **pilote pour la recherche** / pilot plant || ~ **pluviale** / shower apparatus, sprinkler, sprinkling installation || **~s** *f pl* **portuaires** / docks *pl* || ~ *f* du **poste groupé** (télécom) / shared-line equipment || ~ de **postes en série** (télécom) / series communication system, (when from Siemens:) key telephone system || ~ de **préparation [et de triage] ou à préparer** (mines) / concentration plant, mineral o. ore processing o. dressing o. separating plant || ~ de **préparation pour lignite** / lignite dressing plant

|| ~ de **préparation du tarmacadam** / tarmacadam plant || ~ **privée automatique** / private automatic branch exchange (PABX) || ~ **privée manuelle à prise du réseau** (télécom) / house exchange system || ~ **privée manuelle sans prise du réseau** (télécom) / private exchange, P.X. || ~ **privée, [isolée] d'alimentation en eau potable** / private, [individual] drinking water system || ~ de **production** / processing equipment || ~ de **production d'ammoniaque** / ammonia producing o. recovery plant || ~ pour **publidiffusion** / public address o. P.A. system || ~ de **pulvérisation** (vide) / sputtering unit || ~ de **pulvérisation** (liquides) / spraying equipment || ~ de **pulvérisation** (solides) / pulverizing o. grinding equipment || ~ de **pulvérisation à courant d'air** / air-swept grinding mill o. plant || ~ **radio[électrique]** / radio plant (US), wireless installation (GB) || ~ **radiogoniométrique de bord** (nav) / ship direction finding installation || ~ **radio[télé]phonique** / transmitting and recceiving set || ~ à **ramasser les déchets** / refuse collecting plant || ~ à **rayon de guidage** / guide beam o. radio beam system || ~ de **réception collective d'antenne de télévision** / Community Antenna Television System, CATV || ~ **réceptrice** / receiving station || ~ **recherche personnes** / paging installation, pager || ~ à **recuire ou de recuit** / annealing plant o. installation || ~ de **recuit au passage type CAPL** / continuous annealing and processing line, CAPL || ~ de **recuit sous vide** / vacuum annealing plant || ~ de **récupération** / recovery plant || ~ à la **récupération d'ammoniaque** / ammonia producing o. recovery plant || ~ de **récupération du fer** / iron recovery plant || ~ de **récupération d'huile** (auto) / oil rectifier || ~ de **redressage** (techn) / redressing o. straightening installation || ~ de **redressement** (électr) / rectifier station || ~ de **reformage** (ELF) (pétrole) / reforming plant || ~ de **réfrigération des locaux** / room cooling equipment || ~ à **refroidir le coke** / coke cooling plant || ~ de **refroidissement du combustible** (nucl) / fuel cooling installation, spent-fuel storage, cooling pond || ~ de **refusion par laitier électrique** / electroslag remelting plant || ~ de **remblayage hydraulique** (mines) / hydraulic o. water stowing o. packing installation || ~ de **remorquage** (nav) / towing o. tugging gear || ~ de **remplissage** / charger || ~ de **reprise au stock ou au terril** (mines) / coal pile removing plant || ~ de **réserver les places** (ord) / seat reservation installation || ~ de **réservoirs** (pétrole) / tank farm || ~ de **retenue** / barrage o. dam plant || ~ de **réveil** / early-calling system || ~ de **routage** (poste) / mail routing intallation || **~s** *f pl* **routières** / traffic installations *pl* || ~ *f* de **sablage à la lance** (fonderie) / hose sandblasting equipment || **~s** *fpl* **sanitaires** / sanitary installations *pl*, plumbing || ~ *f* de **sautage à air liquide** / blast air o. liquid air plant || ~ **scellée** (de vide) / sealed-off vacuum system || ~ de **séchage** / drying plant o. installation || ~ de **sécurité** / safeguarding plant || ~ de **sécurité de chemin de fer** / railway safety installation || ~ de **sécurité dans les mines** / mine safety devices *pl* || ~ de **sédimentation** / sedimentation plant || ~ de **séparation de coke** / coke sizing o. sorting plant || ~ **séparatrice** / separating plant || ~ en **série** (électr, techn) / serial o. series connection o. mounting || ~ de **sérigraphie** / screener, screening installation || **~s** *f pl* du **Service de la Voie** (ch.de fer) / fixed track installations || ~ *f* de **signalisation** (gén) / signalling equipment || ~ de **signalisation à grandes distances** (gén) / remote signalling equipment || ~ de la **signalisation lumineuse** / light signalling o. call installation, luminous call system || ~ de **signalisation lumineuse audio-visuelle** / light call communication equipment || ~ de **signalisation sous-marine** / underwater signalling plant || ~ d'un **siphon** (hydr) / sag crossing || ~ de **sondage dévié** / offset drilling installation || ~ de **sonorisation** (gén) / loudspeaker equipment || ~ de **sonorisation** (film) / sound recording installation, dubbing equipment || ~ de **soudage** / welding equipment o. apparatus || ~ de **soudage de tuyaux par abouchement** / tube butt welding plant || ~ de **soudure multipoint** / multi-spot welding equipment || ~ de **stabilisation** (pétrole) / stabilizing plant o. unit || ~ **«strapdown»** (astron, navigation) / strapdown installation || ~ de **surveillance** / supervisory equipment || ~ de **suspension de la charge** / load suspension device || ~ de **tanks à carburant** (Suisse) / petrol dump o. station (GB), gas[oline] depot || ~ de **teinture en continu** (tex) / continuous dyeing range || ~ de **teinture discontinue** / discontinuous dyeing range || ~ de **téléappel ou de télélocalisation** / bleep installation || ~ de **télécommande** / remote control system || ~ de **télécommunication** (télécom) / telecommunications system || ~ de **télémécanique** / mechanical remote control equipment || ~ **téléphonique** / telephone installation || ~ **téléphonique au fond** / underground telephone installation || ~ **téléphonique privée** (télécom) / inside plant || ~ **téléphonique privée manuelle** (télécom) / private manual exchange, P.M.X. || ~ **téléphonique privée avec possibilité d'accès direct à l'arrivée ou** (PTT): **de sélection directe à l'arrivée** (télécom) / direct inward dialling o. DID PABX || ~ **téléphonique supplémentaire** / private telephone exchange || ~ à **terre** (aéro) / ground organization, ground installation || ~ **thermoconductrice** / heat conducting o. transfer equipment || ~ de **touage** (nav) / towing o. tugging gear || ~ pour **traduction simultanée** / simultaneous interpretation facility, translator || **~s** *f pl* du **trafic** / transportation facilities *pl* || ~ *f* de **traite par aspiration ou à transfert** (agr) / pipeline milking plant, releaser milking plant || ~ de **traite à pot** / bucket milking plant || ~ pour le **traitement** voir installation de préparation (mines) || ~ de **traitement de documents** / voucher processing system || ~ *m* de **traitement des eaux de battiture** (mét) / treatment plant for scale-forming water || ~ *f* de **traitement par l'hydrogène** (pétrole) / hydrofining plant, hydrofiner || ~ de **traitement de l'information** / electronic data processing installation || ~ de **transbordement** / loading [and unloading] plant, tran[s]shipping device o. plant || ~ de **transbordement de charbon** / coal loading plant || ~ de **transbordement en mer** / offshore floating terminal || ~ de **transbordement de vrac** / bulk handling plant o. installation || ~ à **transborder** (nav) / discharging plant || ~ de **transmission de données** / data communication equipment, DCE || ~ de **transport** / transporting plant o. equipment, transporter, conveying plant, conveyor || ~ du **transport des cendres** / ash conveyor, ash conveying o. handling plant || ~ pour le **transport de sacs** / sack transporting o. conveying plant o. conveyor, bag transporting plant || ~ de **trempe** / hardening plant || ~ de **trempe et revenu** / hardening and heat treating plant || ~ à **très haute tension** / extra-high tension plant || ~ de **triage** /

sorting o. picking plant, separating plant || ~ de **triage** (houille) / coal separating plant || ~ de **triage** (ch.de fer) / shunt o. switch o. classification yard, marshalling yard (US) || ~ de **triage magnétique** / magnetic separating plant || ~ **verticale** (câble) / vertical installation || **~s** *f pl* de **vidange** (bâtim) / sewage installation || ~ *f* contre le **vol dans les grands magasins** / anti-shop-lifting system || ~ de **zonage** (télécom) / zoner

installé en **long ou en tandem** / arranged in tandem

installer / install, equip, fit out || ~ (appartement) / fit [out] || ~, fixer / fit, install, fix || ~, monter / install, erect || ~ les **égouts** / sewage, sewer || ~ **l'électricité** / put in electricity

instance, en ~ (télécom) / on hand

instant *m* / instant, moment || ~ d'**apparition de la défaillance** / moment of breakdown o. failure || ~ du **passage** (astr) / transit time || ~ **significatif** (ord) / significant instant

instantané (nucl) / prompt || ~ / instantaneous photo[graph], snap[shot] (coll) || **~[ment]** / instantly

instationnaire / unsteady

instaurer *vt* / open *vt*, inaugurate, establish, set up

instillation *f* / instillation

instiller / instil[l] *vt*

institut *m* de **crédit** / credit institution o. bank

Institut *m* **Belge de Normalisation** / Standards Committee of Belgium || ≗ **International de la Soudure** / International Welding Institute || ≗ **National de la Propriété Industrielle** / French Patent Office || ≗ **textile technologique** / Institute of Textile Technology

instruction *f* / prescript, direction, rule || ~ (ELF) / training, education, schooling || ~ (FORTRAN) / instruction, statement (Fortran) || ~ (langage PL) / statement || **~s** *f pl* / instructions *pl*, directions *pl* || ~ *f*, mode *m* demploi / instruction for use, directions *pl* for use || ~ **absolue** (ord) / absolute o. complete instruction || ~ d'**acheminement** (ord) / routing directive || ~ **addition** (ord) / add statement || ~ à **adresse** [in]**directe** / [in]direct instruction || ~ à **adresse immédiate** / immediate instruction || ~ d'**adresse d'un plus un** / one-plus-one address instruction || ~ d'**affectation** / assignment statement (FORTRAN) || ~ d'**affichage** (ord) / [check] indicator instruction || ~ **«alter»** (COBOL) / alter clause || ~ d'**appel** (ord IBM) / call instruction || ~ d'**appel** / call[ing] instruction || ~ d'**appel de sous-programmes** / subroutine call || ~ **arithmétique** / arithmetic instruction, arithmetic compute statement || ~ d'**arrêt** (ord) / stop statement || ~ d'**arrêt** (NC) / check point instruction || ~ d'**arrêt conditionnelle** / conditional breakpoint instruction || ~ d'**arrondi** (COBOL) / rounded option || **~s** *f pl* d'**assemblage** / mounting instructions *pl* || ~ *f* de **blanchissage** (tex) / laundering instruction || ~ de **blocage** (ord) / inhibit instruction || ~ **block data** / block data instruction || ~ de **branchement** / jump o. branch instruction || ~ de **branchement conditionnel** / conditional jump instruction || ~ de **branchement inconditionnel** / unconditional go-to statement, unconditional jump instruction || ~ de **commande** / job description || ~ **«common»** (FORTRAN) / common block instruction || ~ **conditionnelle** / conditional instruction || **~s** *f pl* de **conduite ou pour la conduction** / operating o. working instructions, instruction o. information book, manufacturer's instructions *pl* || **~s** *f pl* de **construction et de service** / standard specifications *pl* || ~ *f* de **consultation seule** (ord) / read-only instruction || ~ de **contrôle** / procedure branching statement || ~ de **début** / open statement || ~ de **décalage** / shift instruction || ~ de **décision** / decision instruction || ~ de **dimension** / dimension statement || ~ de **division** / divide statement || ~ **«do»** / DO-statement, perform statement || ~ d'**écriture** / write statement || ~ d'**effacement** (PL/1) / delete statement || ~ **effective** / effective instruction || ~ **entrée/sortie** / input-output statement || ~ **entrée/sortie auxiliaire** / auxiliary input/output statement || ~ d'**entretien** / instruction for operation o. working || ~ **«équivalence»** (FORTRAN) / equivalence statement || ~ d'**espacement arrière** / backspace statement || ~ d'**essai** / test specification o. condition || ~ d'**exécution** / executive instruction || ~ d'**extraction** / extract[ion] instruction || ~ **factice ou fictive** / dummy o. pseudo instruction, quasi instruction || ~ de **figeage des paramètres** / parameter setting order || ~ de **fin** / close statement || ~ de **fin de liste** / terminate statement || ~ **finale** / trailer statement || ~ **«for»** (ALGOL) / for statement || ~ **«format»** / format statement || ~ de **gestion du compilateur** / processor control statement || ~ **GO TO** / go to statement || **~s** *m pl* de **graissage** / lubrication chart o. diagram o. plan || ~ *f* **IF** / IF-statement || ~ d'**index** / indexing instruction || ~ **ineffective** / no-op[eration] o. non-operable instruction, no-op, blank o. skip instruction, do-nothing instruction || ~ d'**insertion** / include-statement || ~ d'**interrogation** / examine statement || ~ d'**introduire le programme** / program loading instruction || ~ **itérative** / repeat o. repetition instruction || ~ de **lancement** / release statement || ~ de **lancement de listes** / initiate statement || ~ **langage** / language statement || ~ en **langage d'origine** / source [language] statement || ~ **«lire»** / read statement || ~ **logique** / logic[al] instruction || ~ **machine** / computer o. machine instruction || **~s** *f pl* de **manipulation** (tex) / working instruction, -s *pl* || ~ *f* de **mise à 1** / set instruction || ~ de **modification** / modification instruction || ~ de **montage** (NC) / tooling sheet, operator's sheet, setting sheet || ~ de **multiplication** / multiply[ing] statement || ~ à **N adresses** / N-address instruction || ~ **non-opérative** / no-op[eration] o. non-operable instruction, No-op || ~ de **notation** / note statement || ~ d'**omission** / ignore instruction || ~ à **opérande immédiat** / immediate instruction || ~ d'**opérateur** / operator command || ~ **«pause»** (FORTRAN) / pause statement || ~ **«perform»** / DO-statement, perform statement || ~ de **pile** (ord) / stack instruction || **~s** *f pl* **préventives contre les accidents** / regulations o. rules for prevention of accidents *pl* || ~ *f* **primitive** / presumptive instruction || ~ **priviligée** / privileged instruction || ~ de **procédures** / procedural statement, procedure statement || ~ **professionnelle** / vocational training o. education || ~ de **recherche dans une table** / table look-up instruction || ~ de **renvoi [en cas d'interruption]** / break point instruction || ~ de **renvoi à la séquence principale** / return statement || **~s** *f pl* de **réparation** / repair instructions o. directions *pl* || ~ *f* de **répétition** / repeat o. repetition instruction || ~ de **reprise** / restart instruction || ~ de **retour** / return statement || ~ de **rupture de séquence** (NC) / check point instruction || ~ **sans adresse** / addressless o. no-address o. zero-address instruction || ~ de **saut assignée** / assigned GO-TO statement || ~ de **sécurité aérienne** / air traffic instruction || ~ de **sélection** (c.perf.) / select instruction || ~ de **service** (gén) /

instruction for operation o. working || ~s *f pl* de **service** (machine) / operating o. working instructions, instruction o. information book || ~s *f pl* de **service** (ch. de fer) / service rules o. instructions *pl* || ~s *f pl* de **service courant** / maintenance instructions *pl* || ~ *f* **signalétique** / specification statement || ~ **simple** (COBOL) / simple statement || ~ **soustraire** / subtract statement || ~s *f pl* **standard de construction et de service** / standard specifications *pl* || ~ *f* de **substitution** / substitution instruction || ~ **supérieure** / executive instruction || ~ de **test** / examine statement || ~ **«tracer»** / plot instruction || ~s *f pl* de **traitement** (tex) / working instruction, -s *pl* || ~ *f* de **transfert** (COBOL) / move statement || ~ de **travail** (ordonn) / standard practice manual || ~ **tri** (C0BOL) / sort statement || ~ de **trois plus une adresses** / three-plus-one address instruction || ~ à **une adresse** / single-address instruction || ~ **vérification d'enregistrement** / verify command || ~ **vide** (PL/1) / null statement

instruit par l'**expérience** / experienced

instrument *m* / instrument || ~ (agr) / implement || ~ à **aiguille** / indicating o. pointer instrument, direct reading instrument || ~ à **aimant mobile ou à aimant tournant** / moving-magnet instrument || ~s *m pl* **aratoires** / farming utensils, ploughing tools *pl*, agricultural implements *pl* || ~ *m* pour l'**arpentage aérien** / instrument for aerial survey || ~ **auxiliaire** (phot) / attachment || ~ à **bobines interchangeables** / change-coil instrument || ~ à **boîtier** / built-on o. salient instrument || ~ à **cadran** / indicating o. pointer instrument, direct reading instrument || ~ à **cadres croisés** / cross-coil instrument || ~ de **calibrage pneumatique ou type Bendix** (techn) / pneumatic gauge || ~ à **champ magnétique rotatif**, instrument *m* à champ tournant / Ferraris measuring instrument, rotary-field o. rotating field instrument || ~ à **chercher la dérivée** (math) / derivator || ~ à **contact [électrique]** / contact [making] o. contacting instrument || ~ de **contrôle** (gén) / monitor || ~ à **cordes** / string instrument || ~ à **éclairage intérieur** / illuminated-dial instrument || ~ pour **égaler** / evener || ~ à **éprouver le tan** (tan) / barkometer, barktrometer || ~ pour l'**essai de la microdureté** / micro-hardness tester || ~ d'**essai Timken** (graisse) / Timken tester || ~ **étalon ou d'étalonnage** (électr) / calibration o. calibrating instrument, standard instrument || ~ à **étrier mobile** / chopper bar instrument || ~ **ferromagnétique** / ferromagnetic instrument || ~ **ferromagnétique ou à fer mobile** / moving iron instrument, iron vane instrument || ~ **grand-angulaire ou à grand angle** / wide angle instrument || ~ de **guidage inertiel** / inertial guidance instrument || ~ **gyroscopique** / gyroscope, gyrostat, gyro || ~ **gyroscopique pour torpilles** / torpedo gyro[scope] || ~s *m pl* **horaires** / horological instruments *pl* || ~ *m* **intégrant** / summation instrument || ~ à **lecture directe** / direct reading instrument || ~ **méridien** (nav) / transit instrument || ~ de **mesure** / measuring tool o. instrument || ~ de **mesure pour alésages** / internal measuring instrument || ~ de **mesure pour courant continu et courant alternatif** (électr) / transfer instrument || ~ de **mesure de la différence des fréquences** / frequency differential measuring device || ~ de **mesure différentiel** / differential measuring instrument || ~ de **mesure à dilatation ou à fil chaud ou thermique** / hot-wire o. thermal instrument || ~ de **mesure à échelle projetée** / projected scale instrument || ~ de **mesure à fil chaud double** / compensated hot-wire instrument || ~ pour **mesure de flux** / neutron flux measuring instrument || ~ de **mesure à induction** / induction [current] instrument || ~ de **mesure de précision** / precision instrument || ~ de **mesure de la pression partiale** / partial pressure measuring instrument || ~ de **mesure à redresseur [incorporé]** / rectifier instrument || ~ de **mesure de la température des couleurs** / colour temperature meter, Kelvin meter || ~ de **mesure du temps de réverbération** / reverberation time meter || ~ de **mesure thermique** / hot-wire o. thermal instrument || ~ de **mesure thermoélectrique** / thermocouple instrument || ~ de **mesure des vibrations** / vibration measuring apparatus || ~ de **mesure du vide** / vacuum gauge o. indicator o. meter || ~ de **mesure à zéro central** / center-zero instrument || ~ de **mesure à zéro supprimé** / inferred-zero instrument || ~ à **mesurer la visibilité** / visual range meter || ~ **mesureur ou de mesur[ag]e** / measuring instrument o. tool || ~ **mesureur électrolytique** / electrolytic instrument || ~ **mesureur d'harmoniques** / harmonic distortion meter || ~s *m pl* de **métrologie** / measuring apparatus o. devices o. instruments *pl*, ga[u]ges *pl* || ~ *m* à **miroir** / reflecting o. mirror instrument || ~ de **musique** / musical instrument || ~ d'**optique** / optical instrument || ~s *m pl* **optiques réfléchissants** / reflective optics *pl* || ~ *m* à **palpeur** / stylus instrument || ~ de **passage** (astr) / transit instrument || ~ de **percussion** (musique) / percussion instrument || ~ de **pesage à peson** / inclination balance || ~ de **physique** / physical instrument || ~ de **précision** / precision instrument, instrument of precision || ~ à **réflecteur ou à réflexion** / reflecting o. mirror instrument || ~ du type en **saillie** / built-on o. salient instrument || ~ en forme de **secteur** / sector-pattern instrument || ~ sur **trafo-pince** (électr) / clip-on instrument || ~ de **vérification** (gén) / monitor

instrumental / instrumental

insubmersible / unsinkable, insubmersible, -mersive

insuffisamment / scantily || ~ **fritté** (mét.poudre) / undersintered

insuffisance *f* / insufficiency, deficiency, shortage || ~ (mesure) / deficiency in measure || ~ [de] / wantage [of], deficiency [of], lack [of], shortcoming [of] || ~, inadaptation *f* / deficiency, inadequacy || ~ de **matière** / shortage o. scarcity of material, lack of material || ~ d'**oxygène** / lack of oxygen, oxygen deficiency || ~ de **poids** / deficiency in weight, underweight || ~ de **puissance** (techn) / plant o. power shortage || ~ de **rendement** / deficiency of output, output deficit || ~ de **vitamines** / vitamin deficiency

insuffisant / insufficient, deficient || ~, d'une qualité inférieure / base, inadequate || ~, manquant / scarce, short, deficient

insufflation *f* / insufflation, blowing [into] || ~ de **fines bulles** (chimie) / bubbling [through]

insuffler / inject gas, insufflate || ~, souffler par le haut (sidér) / blow up, top-blow

insulfatable / unsulphatable

insulfaté *m* / unsulphated matter

insulfonable / unsulphonable

insulfoné *m* / unsulphonated matter

insuline *f* / insulin

intachable (tex) / dirt repelling, antisoiling

intact / uninjured, undamaged, untouched, intact

intégrable / integrable

intégral / perfect, complete, entire || ~ (math) /

integral
intégrale *f*(math) / integral || ~ d'**action** / action integral, principal function of Hamilton || ~ **circulaire** / circular integral || ~ de **convolution** (math) / convolution integral || ~ **curviligne** / line integral || ~ **définie** / definite integral || ~ **double** / double integral || ~ d'**échange** (math) / exchange integral || ~ **effective de résonance** (nucl) / effective resonance integral || ~ **elliptique** / elliptic integral || ~ **eulerienne** / Euler's integral || ~ de **Fourier** / Fourier integral || ~ de **Laplace** / error function, erf. || ~ **linéaire ou de ligne** (math) / line integral || ~ **multiple** / multiple integral || ~ **particulaire** (math) / particular integral || ~ de **phase** (nucl) / action variable, phase integral || ~ de **résonance** (nucl) / resonance integral || ~ *m* de **résonance épicadmique** / epicadmium resonance integral || ~ *f* de **surface** (math) / surface integral || ~ de ou dans le **temps** / time integral || ~ de **volume** / volume integral
intégralité *f* / integrity, completeness, entireness
intégrant / integrating
intégraphe *m* / integrating plotter, integraph
intégrateur *adj* / integrating || ~ *m* / integrator || ~ (TV) / colour decoder || ~ **additif** / summing integrator || ~ **altitude-azimut** (radar) / azimuthal display or scope (US), A-scope (US), one-man ground control approach o. G.C.A. || ~ **distance-altitude** (radar) / B-scope o. -display || ~ **incrémentiel** (ELF), intégrateur *m* à pas de progression (ELF) / incremental integrator, decision o. saturating integrator, servo integrator || ~ **inverse** / inverse integrator || ~ à **sphère et disque** (calc.analog.) / ball-and-disk integrator || ~ à **sphères** / ball integrator || ~ de **valeur de consigne** / set-point integrator
intégration *f* / integration || **par** ~ / integrating || **très forte** ~ / VLSI technique, very large scale integration technique || ~ à **échelle très poussée** (ord) / extra large scale integration, ELSI || ~ à **grande échelle** (électron) / large scale integration, LSI || ~ par **parties** / integration by parts || ~ à la **source** (contr. aut) / forward integration
intégré / integrated, integrate || ~ (p.e. galvanoplastie) / in-house (e.g. galvanics) || ~ (p.e. surchauffe) (nucl) / internal (e.g. overheating)
intégrer (math) / integrate || ~ [à, dans] / integrate [into], incorporate [into]
intégromètre *m* / integrometer, moment planimeter
intellectuel *m* / brain worker, professional man
intelligence *f* **artificielle** (ord) / artificial intelligence || ~ **répartie** (ord) / distributed intelligence || ~ du **sondage** (nav) / intelligence of soundings
intelligibilité *f*(télécom) / intelligibility || ~ des **mots** (télécom) / word articulation, intelligibility of words || ~ pour les **voyelles** (télécom) / vowel intellegibility
intelligible (télécom) / intelligible, understandable
intempérie·s *f pl* / atmospheric influence o. exposure || **à l'abri des ~s** / weatherproof, -tight, -resisting, fast to exposure
intempestif / ill-timed
intense / intense || ~ (phys) / strenuous || ~ (couleur) / rich, deep || ~ (chaleur) / severe
intensif (gén) / intensive
intensificateur *m* pour **bains de lavage au mouillé** / wash bath intensifier || ~ **image en cascade** / cascade image intensifier || ~ d'**images** / image intensifier tube || ~ d'**images à magnification variable** / variable magnification image intensifier tube || ~ de la **pression hydraulique** / hydraulic pressure intensifier
intensification *f* / intensification || ~ (électr) / amplification || ~, post-accélération *f* / post-acceleration || ~ des **graves ou des basses** / bass accentuation o. boost[ing] o. control, bass emphasis o. lift || ~ de l'**image latente** (phot) / latensification || ~ de la **pression hydraulique** / intensification o. increase of the hydraulic pressure
intensifié / increased
intensifier / intensify || ~ (force) / intensify, boost, amplify || ~, accentuer / accentuate, boost, emphasize || ~ le **courant** (électr) / augment o. increase the current
intensifieur *m* (coulée sous pression) / booster, multiplicator
intensimètre *m* (électr) / field intensity meter || ~ (nucl) / dose rate meter
intensité *f* / degree of strength, intensity || ~ (chimie) / liveliness || ~ (radar) / brightness || ~ (déconseillé), débit *m* de fluence énergétique (rayonnement) / intensity of radiation || ~ (français à tolérer), volume *m* (son) / volume || ~ **acoustique** / intensity of sound, sound intensity o. volume, sound energy per square unit, acoustic power || ~ **admissible de charge** / loading capacity || ~ **admissible de courant** (câble) / current-carrying capacity || ~ d'**attaque** (en ampère-tours) (ord) / drive || ~ du **champ** (électr) / field strength o. intensity || ~ du **champ électrique** / electric field strength || ~ du **champ magnétique** / magnetic field strength || ~ de **champ reçue** / received field strength || ~ de **charge** (électr) / charge o. charging rate || ~ de **cible** (acoustique) / target strength || ~ de la **coloration** / depth o. intensity o. strength of colour || ~ de la **couleur** / value of a colour, lightness of surface colour || ~ du **courant** (électr) / intensity o. strength of current || ~ du **courant de décharge** (électr) / rate of discharge, discharge rate || ~ du **courant de démarrage** (électr) / current on making || ~ de **courant de fusion** / fusing current strength o. intensity || ~ [de **courant] maximale admissible** / maximum admissible current, electric loading, current carrying capacity, power rating || ~ du **courant de rupture** / cutoff current strength || ~ du **courant d'utilisation** / drawing of current || ~ de **craquage** (chimie) / cracking severity || ~ de **durcissement** / hardenability || ~ de l'**éclair** / lightning flash intensity || ~ d'**éclairement** / luminous intensity || ~ **énergétique** (opt) / radiant intensity in a given direction || ~ d'**essai** / intensity of test || ~ d'**excitation** (en ampère-tours) (ord) / drive || ~ du **flux énergétique** / radiation flux density, radiation intensity || ~ de **frappe** (m.à ecrire) / striking intensity, impression density || ~ **horizontale moyenne de lumière** / mean horizontal intensity of light || ~ d'**irradiation** / intensity of irradiation, radiant flux density, irradiance || ~ **limite dynamique** (transfo) / instantaneous short-circuit current || ~ de **lumière** / brightness || ~ **lumineuse** / luminous intensity || ~ **lumineuse ou de lumière** / intensity of light; light intensity || ~ **lumineuse effective** / effective intensity of light || ~ **lumineuse hémisphérique moyenne** / mean hemispherical candle power || ~ **lumineuse sphérique moyenne** / mean spherical candle power, M.S.C.P. || ~ de **marche** (électr) / running amps *pl* || ~ de **pôle** (phys) / pole strength || ~ **pupillaire** (physiol) / pupil intensity || ~ du **rayonnement** / intensity of radiation, radiant intensity || ~ de **séisme** / magnitude of earthquakes || ~ de **signal** (électron) / signal intensity || ~ du **son** / sound intensity o. volume, loudness || ~ du **son**

(radio) / sound volume || ~ du **son de réception** (électron) / loudness o. volume of reception || ~ **sonore** / sound intensity o. volume || ~ **sonore normale** / normal voice level || ~ des **teintes** / depth o. intensity o. strength of colour || ~ de **travail** / intensity of work || ~ du **vent** (météorol) / wind force o. intensity || ~ **vibratoire** / vibration severity || ~ de la **voix** / loudness of voice || ~ **zonale moyenne de lumière** / mean zonal intensity of light
intensitomètre *m* (rayons X) / intensitometer
intentionnel / intentional, deliberate
«inter» *m* (math) / intersection, meet
interactif / interactive, -actional, mutually reacting, reciprocally acting o. effective || ~ (ord) / interactive
interaction *f* / interaction, mutual reaction, reciprocal action o. effect || ~ **aérodynamique** / interference drag || ~**s** *f pl* **faibles** (nucl) / weak interactions *pl* || ~ *f* de **spin** / interaction of spins
interatomique / interatomic || ~**cadre** *m* (mines) / frame || ~**calage** *m* / intercalation, insertion || ~**calage** *m* d'**adresses** / address intercalation || ~**calaire** *adj* (électr) / inserted, interconnected, interposed || ~**calaire** *m* (tex) / back cloth, wrapper, [feeder] back gray, undercloth || ~**calaire** *m* (fichier) / guide card || ~**calaire** *f* (typo) / set-off paper || ~**calaire** *m* en **tissu** (chaussure) / vamp fabric
intercalation *f* / intermediate layer, ply || ~ (action) / intercalation, insertion || ~ (géol) / intercalation || ~ des **impulsions** / pulse interlacing || ~ **isolante** / insulating ply || ~ de **schiste ou de stérile** / vein of rock, slate o. shale band, dirt band
intercalé / interpenetrating, -tive || ~ (électr) / interposed || ~ (c.perf.) / interstage || ~ (géol) / intercalated, interpolated
intercaler / push in || ~ (électr) / connect, cut in, put in, join up in circuit || ~ (typo) / interleave, interfoliate || ~ (géol) / interpolate, intercalate || ~ en **arrière ou à la suite** / top *vt*
intercepter / intercept || ~ la **communication** (télécom) / cut in
intercepteur *m* (traite) / interceptor (a vacuum tank)
interception *f* (navig. astronom.) / intercept || ~ (objets étrang.) / locating, localizing || ~ d'**avions** / locating of aircraft || ~ **des communications anonymes** (télécom) / call tracing, malicious call tracing || ~ **hertzienne ou radio** (guerre) / radio intercept
inter-, à ~changeabilité limitée / of limited interchangeability || ~**changeabilité** *f* / interchangeability || ~**changeable** / interchangeable || ~**changer** / interchange *vt* || ~**classement** *m* en **deux passages** (c.perf.) / two-pass merge || ~**classement** *m* **et translation** (ord) / relocated merge || ~**classer** / collate, compile || ~**classer** (c.perf., ord) / merge || ~**classeuse** *f* / collator || ~**classeuse** *f* (c.perf.) / collator, interpolator
intercom *m* / intercommunication system, intercom [exchange], communicator
intercommunication *f* (électron) / intercommunication || ~ (télécom) / intercommunication || ~ (minicassette) / talk line, hot line || ~ **mixte** (télécom) / mixed intercom[munication] || ~ **télégraphique** (télécom) / way traffic
intercommuniquer / intercommunicate
interconnectable (connecteur) / compatible
interconnecté / interrelated || ~ (électr) / interconnected
interconnecter / interconnect || ~, mailler (électr) / mesh, interconnect
interconnexion *f* / interconnection, hook-up || ~ (télécom) / connection, communication || ~ (semicond) / bonding || ~ de **branche** (ord) / branch highway || ~ des **phases** / interlinking of phases || ~ des **réseaux** (électr) / coupling of networks
intercontinental / intercontinental || ~**costal** (nav) / intercostal || ~**cran** *m* (électr) / intermediate notch of the controller || ~**cristallin** / intercrystalline, -granular || ~**dépendant** / interdependent, mutually dependent || ~**dépendant**, connecté / syndetic, connected
interdiction *f* / prohibition, ban || ~ d'**atterrissage** / landing prohibited || ~ de **dépasser** / ban on passing, no overtaking, overtaking prohibited, do not overtake! || ~ d'**écriture** (ord) / write lockout || ~ de **tourner à gauche** / no left-turn || ~ de **vol** / A/C grounding
interdigitation *f* (semicond) / interdigitation
interdire (ord) / inhibit
interdit (math) / forbidden || ~ de **premier ordre** (nucl) / first forbidden || ~ **unique** (nucl) / uniquely forbidden || ~ **uniquement de premier ordre** (nucl) / first unique forbidden || ~ de **vol** / grounded
interentreprises *adj* (télécom) / intercompany
intérêt, ne présentant pas d'~ (brevet) / lacking in inventive step [above o. to] || ~**s** *m pl* **composés** (math) / compound interest
interface *f* (ELF) (ord) / interface || ~ **brique-mortier** / brick-mortar interface || ~ de **canal** (ord) / channel interface || ~ **huile-eau** / oil-water interface || ~ pour **interconnexion de branche série** (CAMAC) / serial highway interface system || ~ **normalisée** (ord) / standardized interface || ~ de **processus** (ord) / process interface
interférence *f* (phys) / beats *pl*, beat[ing], interference || ~ (électron) / interference || ~, brouillage *m* (électron) / jamming || ~ **adjacente** (télécom, TV) / [monkey-]chatter, sideband interference o. splash || ~ **après enregistrement** (b.magnét) / post-write disturb || ~ **arbitraire** / jamming || ~ **atmosphérique** (électron) / atmospheric, spheric, static || ~ de **battement** / heterodyne interference || ~ due au **canal voisin** (télécom, TV) / adjacent channel interference o. splash || ~ à **deux ondes ou à deux faisceaux** (laser) / two-beam interference || ~ d'**engrènement** (engrenage) / gearing interference, meshing interference || ~ **H.F.** / R.F. heterodyne || ~ d'**images** (TV) / contamination || ~ par **induction** (télécom, électron) / power circuit interference || ~ **mutuelle** (électron) / mutual interference || ~ [des **ondes hertziennes]** (acoustique, électron) / beats *pl*, beat[ing], interference || ~ par **orage** voir interférence atmosphérique || ~ de **taillage** (denture) / cutter interference
interférentiel / interferential
interférer (électron) / heterodyne, interfere || ~ (gén) / interfere
interférogramme *m* / interferogram || ~ du **déplacement des bandes** (TV) / smear interferogram || ~ par **holographie** / interfero-hologram
interférohologaphique, par interférohologrammes / interfero-holographic
interféromètre *m* / beat-frequency o. heterodyne frequency meter || ~ de **Fabry et Pérot** / Fabry and Pérot interferometer || ~ à **gaz** (mines) / gas interferometer || ~ **hyperfréquence** / microwave interferometer || ~ de **Jamin** / Jamin's interferometer || ~ **laser** / laser interferometer || ~ en **lumière laser à deux,** [à quatre] **faisceaux** / two-beam, [four-beam] laser interferometer || ~ de

Lummer et Gehrcke / Lummer-Gehrcke interferometer || ~ de **Michelson** / Michelson interferometer || ~ à **ondes multiples** / beat-frequency o. heterodyne wavemeter || ~ **quantique** / squid (= superconducting quantum interference device) || ~ de **Rayleigh** / Rayleigh interferometer || ~ **stellaire** / stellar interferometer || ~ **strioscopique** / striae o. schlieren interferometer
interférométrie *f* / interferometry || ~ **double ou par double exposition** (laser) / time lapse interferometry || ~ à **faisceaux séparés** / separate beam interferometry || ~ **holographique** / holographic interferometry || ~ à **ondes multiples** (laser) / multiple wave interferometry || ~ avec **source laser** / laser interferometry
interfolier / interfoliate, interleave
interfrange *f* (interférence) / interfringe distance
INTERFRIGO / INTERFRIGO, International Railway owned Refrigerated Transport Company
inter·galactique / intergalactic || **~glaciaire** / interglacial || **~granulaire** (géol) / intergranular || **~granulaire** (cryst) / intercrystalline, -granular
intérieur *adj* / inside, inner, internal, interior || ~ (électr) / indoor || ~ *m* / inside, interior || ~ / interior space || ~ (phot) / interior || ~ (techn) / heart, core || ~, espace *m* intérieur (bâtim) / clear inside work || ~ (auto) / tonneau, seating compartment || **à l'~** / internally || **à l'~** / measured inside, in the interior || **à l'~ et à l'extérieur** / inside and out || **à l'~ du mur** / intramural || **vers l'~** / inward, inboard || ~ d'un **carton** (pap) / middle of board || ~ d'un **ensemble** (math) / interior of a set || ~ de l'**œil** (typo) / bowl (letter), counter || ~ du **pays** / inland || ~ **tendre** (sidér) / soft core
intérimaire (ordonn) / provisional, temporary
interinclinaison *f* / crossing, wrenching in alternate directions
interindépendant / not interdependent
interlaminaire, -laminiforme / interlaminar
interlignage *m* (ord) / vertical line spacing || ~ (TV) / interline, interlace || ~ (m.à écrire) / vertical spacing, line advance, platen space control || **à ~ simple** / single-space... || **sans** ~ (typo) / solid, close-spaced o. -set || ~ de **base** (ord) / basic line spacing || ~ **simple** (ord) / single-space printing
interligne *m* (ord) / [vertical] line spacing o. distance || ~ *f* (typo) / lead, reglet, slug, space rule o. line || ~ **1 1/2 p.** (typo) / eight-to-pica lead || ~ *m* de **base** (m.à écrire) / basic line distance || ~ *f* **épaisse ou forte** (typo) / fat line
inter·ligné (typo) / leaded || **~linéaire** (typo) / interlinear
interlock *m* (machine) / interlock [knitting] machine || ~ (produit) / interlock fabric || ~ **circulaire** / circular interlock machine
intermède *m* (chimie) / intermediate [preparation]
intermédiaire *adj* / intermediate || ~ (chimie) / intermediate || ~ (électr) / inserted, interconnected, interposed || ~ (neutron) / intermediate || ~ *m* (gén) / connecting link o. member, intermediate [member], link || ~ (commerce) / jobber, wholesale merchant || ~ (repro) / intermediate [copy] || **par l'~** [de] / through [the medium of], by means (of)
intermétallique / intermetallic
intermittence *f* / intermission, -mittence, -mittency || **par** ~ / interrupted, intermittently || **sans** ~ / in one impetus, without interruption || ~ **chromatique** (TV) / chrominance ringing, chromatic[ity] flicker, colour flicker[ing] o. jitter || ~ de **couleurs** (TV) / stopper o. tapping o. botter rod
intermittent / intermittent || ~, par reprises / periodic
intermobile (levier) / double o. two-armed (GB), of the first kind o. class (US)
intermodulation *f* / intermodulation, IM || ~ (électronique, défaut) / intermodulation, crossmodulation
intermoléculaire / intermolecular
interne (gén) / inside, inward, inner, internal || ~, propre / incident [to] || ~ (ordonn) / in-house... || ~ (ord) / internal, interior
inter·négatif *m* (film) / interneg[ative], intermediate negative || **~nucléonique** (nucl) / internucleonic || **~pénétration** *f* / interpenetration || **~pénétration** *f* des **voies** (ch.de fer) / crossover of tracks, interlacing of lines || **~pénétrer** (s') / interlock *vi*, interpenetrate *vi* || **~phase** *f* (chimie) / interphase || **~phone** *m* / two-way intercom system, intercom, interphone || **~phone** *m* de **bord** (aéro) / aircraft intercommunication o. interphone system, interphone || **~phone** *m* **direction-secrétariat** (télécom) / executive-secretary system || **~planétaire** / interplanetary, outer || **~polaire** / between the poles
interpolateur *m* (NC) / interpolator || ~ **externe** (NC) / external interpolator || ~ **interne** / internal interpolator
interpolation *f* / interpolation || ~ **circulaire** / circular interpolation || ~ **linéaire** (math) / straight-line interpolation || ~ **linéaire** (NC) / linear interpolation || ~ de **points d'essai** / desampling
interpoler (math) / interpolate
interporteuse *f* (TV) / intercarrier
interposé / interposed
interposer, insérer [entre] / draw-in, insert [between] || ~ / interpolate *vt*, intercalate *vt*
interposition *f* / intermediate position || ~, intercalation *f* / intercalation, insertion, interpolation || ~ d'une **lentille** / interpolation of a lens
interprétateur *m* (ord) / interpreter, interpretive program
interprétation *f* / evaluation, exploitation, interpretation || ~ des **essais** / interpretation of test results, test evaluation || ~ **simultanée** (conférence) / simultaneous interpretation || ~ **statistique** / frequency statistics
interpréter géométriquement / interpret geometrically
interpréteur *m* (déconseillé), interprétateur *m* (ord) / interpreter, interpretive routine
interrogateur *m* (radar) / interrogator || **~-répondeur** *m* / interrogator-responder, -responser
interrogation *f* (télécom, radar) / interrogation || ~ (ord) / polling || ~ par **clavier** (ord) / keyboard inquiry || ~ des **constantes** (ord) / fetch of constants || ~ à **distance** (ord) / remote inquiry || ~ **et réponse [d'authentification]** / challenge and reply [for authentication] || ~ de la **file d'attente** (ord) / user poll || ~ de **terminaux** (ord) / poll message
interroger (ord) / interrogate, question *vt*
interrompre / stop *vt*, interrupt, discontinue, intermit || ~ (programme) / truncate || ~ (relais) / trip *vt* || ~ l'**allumage** (mot) / cut off o. switch off the ignition || ~ le **circuit** (électr) / cut off the current || ~ la **communication** (télécom) / cut [off] *vt*, interrupt, break *vt*
interrompu / interrupted, broken || **être** ~ / intermit *vi* || **être** ~ (circulation) / stop *vi*, come to a stop
interrupt *m* de **programme** / program interrupt, -ion
interrupteur *m*, boulon *m* de butée / trip dog, detent,

stop pin || ~, arrêt *m* / stopping device || ~, crochet *m* / telephone switch hook || ~ (ELF) (électr) / switch, circuit breaker || **deuxième ~ de fin de course** / final o. ultimate limit switch || **~s** *m pl* **accouplés** / gang switch || ~ *m* d'**accusé de réception** (terminal) / acknowledge switch || ~ d'**accusé de réception** (électr) / indicating control switch || ~ **actionné par câble détendu** / slack rope switch || ~ **actionné par tige** / flag switch || ~ **aérien** / pole [top] switch || ~ d'**alarme** / alarm switch || ~ d'**alimentation** / main switch || ~ d'**allumage** (auto) / ignition switch || ~ **antigrisouteux** / flameproof switch || ~ **automatique** / overload o. overcurrent circuit breaker o. cutout o. switch, automatic [safety] switch || ~ **automatique** (auto) / cutout relay || ~ à **bac unique** / single-tank switch || ~ **basculant ou à bascule** / toggle o. tumbler switch, rocker handle switch || ~ **basculant à ampoule à mercure** / mercury contact tube || ~ **basculant à mercure** / mercury switch, wet reed relay (US) || ~ **bimétallique ou à bilame** / bimetallic release || ~ **bipolaire** / bipolar cutout || ~ à **boîte** / round o. rotary switch, box cutout || ~ à **[bouton-]poussoir** / press-button switch || ~ du **champ** / field break[ing] o. discharge switch || ~ de **chantier** (mines) / dead end switch || ~ de **charge** (accu) / cell switch, battery [regulating] switch || ~ de **circuit de chauffage** (électron) / heat switch || ~ à **clé amovible** / key-operated switch, loose-key o. detachable-key switch || ~ [à **commande] à distance** / distance switch || ~ à **commande au pied** / floor contact o. push, treading contact || ~ de **confirmation d'ordre** / acknowledge switch || ~ du **contact à pendule** / pendulum circuit breaker || ~ de **cordon** / pull cord switch || ~ à **cornes** / horn switch || ~ à **coulisse** / sliding o. slide switch || ~ à **coupure en charge** / power circuit breaker || ~ à **courant triphasé** / three-phase switch || ~ à **couteau[x]** / knife o. blade switch, knife break o. edge switch || ~ de **démarrage** / starter, linestarter (US) || ~ de **démarrage**, interrupteur-démarreur *m* (auto) / starting switch, switch starter || ~ de **démarrage à pédale ou au pied** (auto) / foot [actuated] starting switch, foot starter || ~ de **dérivation** / override switch || ~ de **désionisation** / de-ionizing switch || ~ à **deux directions** / two-way switch || ~ **direct** / direct-trip switch || ~ d'**éclairage stop** / stop light switch || ~ **électrosensible** / proximity switch || ~ **encastré** / built-in o. buried o. concealed switch, panel o. flush o. recessed switch || ~ **enfichable** / plug switch || ~ d'**escalier** / three-way o. -point o. -position switch, landing o. floor switch || ~ **étanche à boîtier en fonte** / metal clad switch || ~ de **fil souple** / cord switch || ~ de **fin de course** / limit [stop] switch, LS, smart aleck (coll) || ~ **fin de course à levier** / lever type limit switch || ~ à **flotteur** / float [type] switch || ~ à **fonctionnement retardé** / delay switch || ~ [à **force] centrifuge** / centrifugal switch || ~ de **Foucault** / mercury [circuit-]breaker || ~ à **galets** / roller switch || ~ [rotatif] **à garrot** / rotary light switch, snap switch, spring switch || ~ à **gaz surpressé** / air blast switch o. circuit-breaker, compressed-gas cutout, gas-blast switch || ~ **général** / main o. master switch || ~ à **gradation de lumière rhéostatique** / dimmer switch || ~ à **grande vitesse** / rapid o. quick make-and-break || ~ de **groupe** / group switch || ~ à **haute tension** / high-voltage circuit breaker || ~ **horaire** / automatic switch, switch clock, clock relay || ~ à **huile** / oil circuit breaker, oil switch || ~ à **huile sous pression** / oil blast switch || ~ **inertiel** / inertia switch || ~ d'**installation** / installation o. house-wiring switch, small switch || ~ **instantané** / quick [make-and-]break switch o. cut-out || ~ **inverseur**, inverseur *m* deux positions / reversible switch || ~ **inverseur**, commutateur *m* à multiples directions / intermediate switch || ~ à **jack** / toggle switch || ~ à **jet de mercure tournant** / rotary jet mercury breaker o. switch || ~ à **lame[s]** / knife o. blade switch, knife break o. edge switch || ~ à **levier** / lever switch || ~ à **levier en série** / series lever switch || **~-limiteur** *m* / limit switch || ~ de **lumière réduite** (auto) / dimmer switch, antidazzle o. dip o. selector switch || ~ à **manette** / [drum-type] switch operated by crank || ~ à **manivelle** / [drum-type] switch operated by crank || ~ **manométrique** / manometric switch || ~ **manométrique à membrane** / pressure sensitive switch || ~ à **marteau** / [magnetic] hammer break o. interrupter || ~ à **maximum de courant** / overload o. overcurrent switch || ~ à **maximum de courant et à tension nulle** / overload o. overcurrent no-voltage circuit breaker o. switch o. protection o. release || ~ à **mercure** / mercury [circuit-]breaker || ~ à **minuterie** / time switch, timer, time cut-out || ~ de **mise à la terre** / earthing switch || ~ **moniteur** / monitoring switch || ~ **multipolaire à couteaux** / multiple-pole knife switch || ~ à **pantographe** / pantograph switch || ~ à **pédale** / foot [actuated] switch, pedal o. treadle switch || ~ **périodique** (électron) / chopper, vibrator || ~ sur **pieds** / feet-switch, tropical switch || ~ au **plafond** / ceiling switch || ~ **pneumatique** / pneumatically operated switch || ~ de **pompe de puits** / well pump switch || ~ de **porte** / gate switch || ~ de **position** / position switch || ~ à **poteaux** / pole [top] switch || ~ à **poussée** / push o. press switch || ~ **pousser-tirer** / push-pull switch || ~ à **poussoir** / push o. press switch || ~ de **préchauffage et de démarrage** / heater-starter switch || ~ à **pression** / manometric switch || ~ à **pression d'air** / air pressure [actuated] switch || ~ à **pression de carburant** / fuel pressure switch || ~ de **pression différentielle** / differential pressure switch || ~ à **pression d'huile** / oil pressure switch || ~ **principal** / main o. master switch || ~ **principal** / line breaker || ~ **principal d'éclairage** / main light switch || ~ de **protection contre les courants de court-circuits** / residual current operated device || ~ à **rappel automatique** (auto) / self-cancelling steering column switch || ~ de **recette** (mines) / pithead switch || ~ à **relais** / relay interruptor || ~ à **ressort** / snap switch, spring[-controlled] switch, switch with spring contacts || ~ à **retard thermique** / thermal time delay switch || ~ de **retour** (auto) / cutout relay || ~ à **retour de courant** / directional o. discriminating circuit breaker o. cutout || ~ **rotatif** / turn switch, rotary switch || ~ **rotatif à gaufres** / rotary wafer switch || ~ à **rupture brusque** / quick [make-and-]break switch o. cut-out || ~ à **rupture lente** / slow-break switch || ~ de **saut de colonne[s]** (c.perf.) / column shift unit || ~ de **secours** (ascenseur) / door o. gate by-pass switch || ~ de **secours** (électr, ch.de fer) / hospital switch || ~ [de] **secteur** (radio) / circuit closer || ~ de **section** / section switch || ~ de **section cornu** / horn-break switch || ~ de **sécurité pourvu de résistance** / protection switch with resistance || **~-séparateur** *m* / section switch, disconnecting o. separating switch, isolating switch, isolator || ~ **séparé** / separate switch || ~ **série-parallèle** /

series-parallel connector o. switch || ~ de **service** / operating switch || ~ **shunt** / shunt switch || ~ de **signalisation** / signalling switch || ~ **simple** / single break switch || ~ de **surcharge** / overcurrent o. overload release o. cut-out, excess-current switch || ~ à **suspension** / pendant switch o. push, pressel switch || ~ **synchronisé** (phot) / synchronized switch || ~ **témoin** / monitoring switch || ~ à **tige de commande** / rod-operated switch || ~ à **tirette** / pull switch || ~ **tournant** / shunt switch || ~ **tumbler** (auto) / tumbler o. toggle switch || ~ **unipolaire** / single-pole switch || ~ d'**urgence** / emergency switch || ~ **va-et-vient** / two-way switch || ~ **va-et-vient ou à verrouillage** / push-push switch || ~ à **vide** / vacuum switch || ~ à **volet fermant à clé** / locked cover switch, lock[ing] o. asylum o. secret switch || ~ de **Wehnelt** / Wehnelt cutout

interruption *f* (gén) / interruption, discontinuance, break, intermission || ~ (ordonn) / stop-down || ~ (ord) / interrupt || ~ (électr) / opening, disconnection, switching-off, breaking-off of circuit, cutoff || **sans ~s** / uninterruptedly || ~ de **conversation** (télécom) / non-speech interval, quiet period || ~ pour **demander un appareil périphérique** (ord) / device-request interrupt || ~ des **dents** (carde) / blank space in the doffer comb || ~ à **distance** / remote disconnection o. cutoff || ~ d'**exécution** (ord) / exception condition || ~ de **fabrication** / shutdown (US), stop-down || ~ de **marche** / breakdown, failure, interruption || ~ **multiniveau de programme** (ord) / multilevel interrupt || ~ par **priorité** / priority interrupt || ~ par le **processus** / process interrupt || ~ de **programme** (ord) / interrupt, -ion || ~ à **retour de courant** (électr) / directional o. discriminating circuit-breaking o. circuit-control, discriminating protective system, reverse current circuit-breaking || ~ à **rupture brusque** / instantaneous disconnection || ~ de **service** / breakdown, failure, interruption || ~ de **trafic** (ch.de fer) / stoppage of traffic || ~ du **voyage** (ch.de fer) / break of journey

intersecteur *m* de **circuit logique** (ord) / gate [circuit]

intersecting *m* (filage) / intersecting [gillbox], double needle o. D.N. draft || **~-frotteur** *m* (tex) / terry yarn rubbing drawer || ~ **régulateur** (laine peignée) / autoleveller [draw-frame o. gillbox], autodrafter, draft regulator, evereven drafting

intersection *f* / intersection || ~ (ord) / conjunction, AND-function o. operation || ~ (églises) / crossing, intersection || ~ à **angle très pointu** (math) / intersection at a very small angle || ~ de **deux plans** (géom) / intersection of two planes || ~ d'**ensemble** (théorie des ensembles) / intersection, meet || ~ des **filons** (mines) / intersection of lodes || ~ **logique**, opération *f* ET (ord) / AND operation, intersection, conjunction || ~ de **routes** / road o. street crossing

intersidéral / interstellar

intersolide / intercrystalline, -granular

interstellaire / interstellar

interstice *m* / interstice, interval, chink || ~ (électr) / gap o. slot width o. opening || ~, vacance *f* (crist) / vacancy, void || ~ (turbine) / clearance [between shaft and gland etc.] || ~ des **aubes** / tip clearance || ~ **réticulaire** (crist) / lattice vacancy o. void

interstitiel *adj* / interstitial || ~ *m* (phys) / interstitial [atom]

interstratification *f* (géol) / interstratification || **~stratifié** (mines) / interstratified

intertitre *m* (film) / title link, subtitle, information caption

interurbain *m* (télécom) / long-distance network || ~ / long-distance call o. connection o. conversation o. communication (US), trunk call (GB), toll call (US)

intervalle *m* / interval || ~ (en espace) / interval, gap || ~ (en temps) / interval, space of time || ~ (acoust) / interval, distance || ~ (découp) / scrap bridge || ~ (soupape) / tappet clearance, air gap || ~ (engrenage) / space width || **à ~s** (charp) / bayed || **par ~s** / at intervals, at stages, intermittent || **sans ~s** / continuous, steady || ~ d'**allumage** (décharge lumineuse) / starter gap || ~ **apparent** (engrenage) / transverse space width || ~ entre **appuis** / span || ~ **audible** / range of audibility || ~ de **balayage de lignes** (TV) / trace interval || ~ de **blocage dans le sens direct** (semicond) / off-state interval || ~ de **block** (ch.de fer) / block space || ~ **clair-obscur** / light/dark range || ~ de **classe** (statistique) / class interval || ~ **[de classement] granulométrique** (sidér) / particle size range || ~ au **collecteur** (électr) / spacing of collector bars || ~ de **comptage** / counting interval || ~ de **conduction** (électr) / conducting interval || ~ de **confiance bilatéral, [unilatéral]** / two-sided, [one-sided] confidence interval || ~ de **confidence** (contrôle de qualité) / confidence interval || ~ de **contraste** (TV) / brightness o. contrast range || ~ de **coupure** (relais) / contact gap || ~ **critique** (sidér) / critical range, transformation range || ~ des **crues** / high-water interval, HWI || ~ de **densité** (prépar) / density interval || ~ entre **deux aires de vent** (nav) / point || ~ entre **deux trains consécutifs** (ch.de fer) / distance between trains, spacing of trains, interval between trains || ~ de **dimensions** / size range || ~ de **distillation** / gap || ~ de **distillation ou d'ébullition** (pétrole) / distillation range, boiling range || **~s** *m pl* **emboîtés** / [system of] nested intervals || ~ *m* d'**énergie entre deux bandes** (semi-cond) / energy gap || **~s** *m pl* d'**envois de signaux** / no-current steps *pl* || ~ *m* **explosif** (éclateur) / spark o. air gap, sparking distance || ~ d'**exposition** (arp) / exposure interval || ~ de **fréquences entre émetteurs** / frequency interval o. spacing between transmitters || ~ de la **graduation** / scale interval o. division || ~ d'**impulsions** / interpulse period || ~ d'**intégration** (math) / path of integration || ~ des **luminances extrêmes du sujet** (phot) / contrast range o. brightness range of object || ~ de **luminosité** (phot) / key || ~ de **mesure** (instr) / span || ~ de **Nyquist** (télécom) / Nyquist interval || ~ **partiel** / subinterval || ~ du **puits** / shaft sheathing o. lagging || ~ de **ramollissement** (sidér) / softening range || ~ **réel** (roue dentée) / normal space width || **~s** *m pl* de **réparations** (aéro) / time between overhauls, TBO, tbo, overhaul period || ~ *m* de **repos** (électron) / idle interval || ~ de **service** (ord) / maintenance rate || ~ **significatif** (ord) / identifying interval || ~ de **solidification** (phys) / freezing range || ~ de **solidification entre liquidus et solidus** (sidér) / solidification range || ~ **statistique de dispersion** / statistical tolerance interval || ~ de **suppression** (TV) / blanking o. blackout (US) interval || ~ de **suppression** (électron) / hold-off interval || ~ de **suppression de ligne[s]** / line blanking interval || ~ de **temps** / time interval, interspace || ~ **toléré de commande** (contr.aut) / command resolution || ~ des **trains** (ch.de fer) / headway, interval between trains || ~ de **transformation** (zone des températures) (sidér) / transformation range || ~ **unitaire** (télécom) / signal element o. component

intervenir [par] (math) / enter [into] || ~ [sur] (math) / affect || ~ [dans] (math) / result [in] || ~ (dans la

réalisation des expériences) / occur || ~ (dans une équation) / intervene || **faire** ~ (math) / introduce
intervention *f* / intervention, action || ~, influence *f* / influence || **sans ~ d'opérateur** / no attendance, no service || ~ sur **machine** (ord) / service call || ~ sur la **voie** / tracklaying
intervertir, permuter (ord) / transpose figures || ~ l'**ordre** / invert
intime (mélange) / intimate
intoxication *f* / intoxication, poisoning || ~ par l'**acide sulfhydrique** / hydrogen sulphide poisoning || ~ **alimentaire** / food poisoning || ~ par la **fumée** / smoke poisoning || ~ par **inhalation** / respiratory poisoning || ~ **mercurielle** / mercury poisoning || ~ par le **phénol** / phenol poisoning || ~ **saturnine** / lead poisoning, plumbism, saturnism
intoxiquer / poison *vt*
intra-atomique / interatomic || ~**cellulaire** / intracellular
intraconsommation *f* (agr) / own-farm produced inputs *pl*
intracristallin / intracrystalline
intrados *m* (bâtim) / soffit, intrados || ~ d'**aile** (aéro) / lower wing surface || ~ **lisse** (bâtim) / flush soffit || ~ d'**une pale** (aéro) / blade face || ~ de la **voûte** (tunnel) / intrados of the roof section
intramoléculaire / intramolecular || ~**nucléaire** / intranuclear
intrascope *m* / intrascope
intrinsèque / intrinsic, inherent || ~**ment robuste** / everlasting
introducteur *m* (m. compt) / document feeder, front-feed device || ~ **automatique** (m.compt) / autofeed || ~ de **comptes** / account card o. ledger card (US) feed device || ~ à **simple glissière** (m.compt) / single-chute front feed device
introductif / introductory
introduction [à] *f* / introduction || ~, admission *f* / admission || ~, amenée *f* / feeding || ~ (turbine) / admission, throw of water || ~, importation *f* / introduction, import || ~ (électron) / input || ~ (ordonn) / introduction of a staff member || **dans l'~** / introductory || ~ **automatique de documents** (ord) / bill feed, document feed || ~ dans une **canalisation** (par perches) (câble) / duct rodding || ~ par **clavier** / manual entry, keyboard entry || ~ par **décalage** (information) / shift-in || ~ par **entraînement** / drag-in || ~ **équivalente de bruit** / ENI, equivalent noise input || ~ **manuelle** (ord) / manual entry, keyboard entry || ~ **manuelle** (NC) / manual input mode of operation || ~ **manuelle des données** (ord) / manual data input, manual entry || ~ de **monnaie** / insertion of a coin || ~ des **programmes** / program input || ~ des **riblons** / introduction of scrap || ~ du **sucre en poudre** (sucre) / introduction of powdered sugar
introduire / introduce || ~ (ord) / input *vt* || ~ (m.compt) / enter, key-in || ~ (p.e. clef, monnaie) / insert *vt* || ~ de l'**air** / supply air || ~ par **couches** / place in layers || ~ par **écoulement** / let flow [into] || ~ de **force** / jam in || ~ **[en glissant]** / push in || ~ **goutte à goutte** (chimie) / introduce drop by drop, instil[l] || ~ le **mannequin** (coulée continue) / restrand || ~ **manuellement** (télécom, électron) / key-in, enter || ~ en **mémoire** (ord) / read in, roll in || ~ en **mémoire et sortir de mémoire alternativement** (ord) / swap [back and forth] || ~ au **moyen d'une pipette** / introduce by pipette, pipette-in || ~ par **stades successifs** / phase-in
introduit en **glissant** (pont) / slid into position
intrusion *f* (télécom) / intrusion || ~ (géol) / intrusion, intruded magma || ~ de **météorites** / impact of meteoritic stones
inuline *f* / inulin, alantin, alant starch
inusable / robust, unbreakable
inusité / unusual, out of use
inutile / useless
inutilisable / inoperative, unworkable || ~ / unserviceable, unfit
inutilisé / unused
invalide (mines) / disabled
invalider / invalidate || ~ un **circuit** (ord) / disable a circuit
invar *m* / invar
invariable / invariable || ~ dans le **temps** / invariable with time (US), constant in time
invariance *f* (math) / invariancy || ~ **dimensionelle** / dimensional stability, permanence of size o. dimension
invariant *adj* (math) / invariant || ~ *m* (math, phys) / invariant || ~ *adj* à l'**égard de rotation** / rotation-invariant || ~ dans le **temps** (contr.aut) / time-invariant
invasion *f* (météorol) / influx, invasion
invendus *m pl* (typo) / overissues *pl*, returns *pl*
inventaire *m*, vérification de linventaire *f* / inventory taking, stock taking || ~ (porcelaine) / palette || ~ de **combustible** / fuel inventory || ~ du **dépôt** / inventory, stock
inventer / invent
inventeur *m* / inventor || ~ **salarié** / employee inventor
inventif / creative
invention *f* / invention || **selon l'~** / according to invention || ~ de **caractère industriel** / technical invention, contrivance || ~ **collective** / brainstorming || ~ d'**employé ou de service** / employee invention || ~ d'**entreprise** / service invention || ~ **présente** / present invention
inventivité *f*, génie *m* inventif / inventive faculty, inventiveness || ~, qualité d'être brevetable / patentability
inverdissable (tex) / not turning green
inverse *adj* / acting in opposite direction || ~, réciproque / reciprocal || ~ *m* / reciprocal [value] || ~ du **coefficient de réduction** (électron) / reciprocal of reduction factor || ~ du **coefficient de rigidité** (méc) / reciprocal value of the coefficient of rigidity || ~ de la **matrice** / inverse matrix || ~ du **module d'élasticité au cisaillement** (méc) / reciprocal of shear modulus || ~ d'un **nombre** (math) / complement form || ~ *adj* **optique** (crist) / enantiomorph[ous] || ~ *m* **optique** (chimie) / optical antipode || ~ du **pouvoir dispersif** / constringence
inversé / inverse, opposite, reverse[d], contrary || ~, refléchi / mirror-inverted, laterally reversed || ~ (électr) / inverted || ~ **latéralement** (phot) / laterally reversed, mirror-inverted
inversement proportionnel / inversely o. reciprocally proportional
inverser (électr) / commutate, invert || ~ (typo) / reverse laterally || ~ l'**aimantation** / reverse the magnetic poles || ~ l'**image** / turn upside down o. revert by specular reflection || ~ **logiquement** (ord) / negate || ~ la **polarité ou les pôles** (électr) / change poles
inverseur *m* / reverse o. reversing gear [box] || ~ (lavabo) / inverter || ~ (relais) / change-over contact break before make, break-make contact || ~ (électr) / circuit changing switch o. changer, reversing switch, commutator || ~ (ord) / NOT-circuit o. element o. gate, inverter, negator, negater, inverse

gate || ~ (électr, ch.de fer) / switchgroup || ~ (opt) / inversor || ~ **bipolaire** / double throw-over switch || ~ **bipolaire à deux directions ou bipolaire et bidirectionnel** / double-pole double-throw knife switch, d.p.d.t. || ~ **fin de course** / limit reversing switch || ~ d'**interférences** (TV) / interference inverter || ~ de **jet** (ELF) (aéro) / thrust reverser || ~ de **langage** / speech inverter || ~ à **levier, deux positions** / reversible switch || ~ de **marche** (électr) / reversing switch, reverser || ~ de **marche à engrenages** / reversing gear || ~ **multiple** (électr) / multiple throw switch || ~ de **phase** / phase inverter || ~ de **pièces** / workpiece reversing device || ~ de **pôles ou de polarité** (électr) / pole changing switch || ~ avec **position neutre** (relais) / single-pole double-throw center off-contact || ~ de **poussée** (ELF) (aéro) / thrust reverser || ~ [de **sens de marche]** (ch.de fer) / reverser || ~ du **sens de rotation** / change-over switch || ~ **statique** (électr) / static inverter || ~ à **tambour** (électr) / reversing commutator

inversible (math) / nonsingular

inversion *f* / inversion || ~ (semicond) / inversion || ~ (m.à ecrire) / case shift || ~ (repro) / lateral reversing || ~ (ord) / inversion, negation, NOT operation, boolean complementation || ~ (sens de rotation, courant él.) / reversal || ~ (par décharge profonde) (accu) / pole reversal (due to excessive discharge) || ~ de la **bande [basse fréquence]** (électron) / [speech] band inversion || ~ de **charge** (phys) / charge reversal || ~ **cinématique** / kinematic reversal || ~ de **commande** (aéro) / reversal of control || ~ du **courant** (électr) / current reversal || ~ des **fréquences** (extra haute fréquence) / frequency frogging || ~ au **gaz** (réchauffeur d'air) / changing on gas || ~ de **jet** (ELF) (aéro) / thrust deflection o. reversal || ~ **latérale** (TV) / side inversion || ~ **lettres-chiffres** (ord) / letter-figure shift || ~ de la **magnétisation** (électron) / return to bias, RB, rtb || ~ de **matrice** (math) / matrix inversion || ~ du **pas** (ELF) (aéro) / pitch reversing || ~ des **phases** / phase inversion || ~ de **polarité** / polarity reversal || ~ des **pôles ou de la polarité** / pole reversal || ~ de **population** (laser) / population inversion || ~ de **relief** (géol) / inversion of relief || ~ du **sens de direction** / inversion of the direction || ~ du **sucre** / inversion (by the hydrolysis of sucrose) || ~ des **syllabes** / syllable inversion || ~ de **température** (météorol) / temperature inversion || ~ de la **torsion** (câble) / lay changing, reversal of lay || ~ de **Walden** (chimie) / optical o. Walden inversion

invertase *f*, invertine *f* / invertase (US, GB), invertin (US)

invertir / invert || ~ le **courant** (électr) / invert o. change the current

investigateur *m* / researcher, research worker

investigation·s *f pl* / study, investigation, research || **se livrer à des ~s** / study

investir / invest

investison *f* (mines) / boundary pillar, barrier pillar

investissement *m* / investment

invisible / obscure, invisible

in vitro (chimie) / in vitro

involontaire / uncontrolled, unintentional

involution *f* (math) / involution || **en ~** / involutional

iodargyre *m*, iodargyrite *f* (min) / iod[yr]ite

iodate *m* / iodate || ~ de **potassium** / potassium iodate

iodation *f* / iodation

iode *m*, I / iodin[e], I || ~ **azoté** / nitrogen iodide

ioder / iodate (impregnate o. treat with iodine), iodinate (treat o. cause to combine with iodine)

iodeux / iodous, iodine(III)...

iodique / iodic, iodine(V)...

iodisme *m* / iodism, iodic o. iodine poisoning

iodo·-argentate *m* / iodoargentate || **~forme** *m* / iodoform, triiodomethane || **~métrie** *f* / iodometry, iodimetry

iodonium *m* / iodonium

iodo·-organique / iodo-organic || **~phore** *m* (désinfectant) / iodophor (desinfectant)

iodopsine *m* / iodopsin, visual violet

iodosel *m* / iodide

iodure *m* / iodide, tri-iodide || ~ d'**amidon** / iodide of amylum || ~ **cuivreux** / cuprous iodide, copper(I)iodide || ~ de **fer** / iron iodide || ~ d'**hydrogène** / hydrogen iodide || ~ de **magnésium** / magnesium iodide || ~ **mercureux** / iodomercurate(I) || ~ **mercurique** / [red] mercuric iodide, iodomercurate(II) || ~ de **méthyle** / methyl iodide, iodomethane || ~ de **phénol** / iodophenol || ~ de **phosphore** / phosphorus triiodide, phosphorus iodide || ~ de **potassium** / potassium iodide || ~ de **toluène** / toluene iodide

iodurer / iodize (treat with iodine o. iodide)

ion *m* / ion || ~ **adsorbé** / adion, adsorbed ion || ~ **colloïdal géant** / giant colloidal ion || ~ **complexe** (chimie) / complex ion || ~ **complexe de métal** / complexing metal ion || ~ **fixe** / fixed ion || **~-gramme** *m*, mole *f* d'ions / gram[me]-ion || ~ **hydraté** / hydrated ion || ~ **hydraté de cuivre** / hydrated cupric ion, tetraaqua copper(II) ion || ~ **hydrogène** / hydrogen ion, hydrion || ~ **hydronium** / hydronium ion || **~s** *m pl* **lourds** / heavy ions *pl* || ~ *m* **nitrate** / nitrate ion || ~ **primaire** / primary ion || ~ de **sodium** / sodion

ionicité *f* / ionicity

ionique (bâtim) / Ionic || ~ (chimie) / ionic

ionisant *adj* / ionizing || ~ *m* / ionizer

ionisateur *m* / ionizer

ionisation *f* / ionization || ~ par **choc ou par impact** / ionization by collision o. impact, collision o. impact ionization || ~ **colonnaire** / columnar ionization || ~ **initiale** / initial o. primary ionization || ~ **linéique** / linear o. specific ionization || ~ **multiple** / multiple ionization || ~ **partielle** (électron) / specific ionization coefficient || ~ **photoélectrique** / photo-ionization || ~ **primaire, [secondaire]** / primary, [secondary] ionization || ~ par **rayonnement** / radiation ionization || ~ **spatiale** (phys) / volume ionization

ionisé / ionized

ioniser / ionize

ionitruration *f* (techn) / ionitriding

ionogène / ionogenic

ionomère *m* (plast) / ionomer

ionomètre *m* / ionometer

ionone *f* (chimie) / ionone, irisone

ionophorèse *f* (chimie) / ionophoresis

ionosphère *f* / ionosphere

ionosphérique / ionospheric

ionotron *m* / ionotron (a destaticizer)

iontophorèse *f* / iontophoresis

ips, images *f pl* par seconde (phot) / filming speed, frames *pl* per second, fps

IRIA = Institut de Recherche d'Informatique et d'Automatique

iridescence *f* / iridescence, irisation, chatoyment

iridescent / iridescent, irisate[d], irised

iridié / containing iridium

iridium *m* / iridium, Ir

iridosmine *f* (min) / osmiridium, iridosmine

iris *m* (guide d'ondes) / iris
irisation *f* / iridescence, irisation
irisé (tex) / changeable, fickle [coloured], shot coloured, glacé
iroko *m* / iroko, chlorophora excelsa
irone *f* (chimie) / irone
irradiateur *m* / irradiator
irradiation *f* / radiation exposure || ~, radioexposition *f* / [ir]radiation, exposure to rays || ~ (TV, phot) / bloom[ing] || ~ (opt) / irradiation || ~ (intensité) / irradiance || ~ **aiguë** (nucl) / acute exposure || ~ à **courte distance** (rayons X) / contact radiation || ~ de **courte durée** (rayons X) / short-time exposure || ~ d'**environnement** (réacteur) / environmental exposure || ~ **gamma** / gamma irradiation || ~ **globale** (nucl) / whole-body irradiation || ~ **naturelle** / background exposure || ~ en **sandwich** / sandwich irradiation || ~ d'**urgence** / emergency exposure
irradié (nucl) / irradiated, spent
irrationnel (math) / irrational, surd
irréductible (math) / irreducible, indecomposable || ~ (chimie) / irreducible
irréfrangible / irrefrangible
irréfutable / unassailable
irrégularité *f* / irregularity || ~ (guide d'ondes) / irregularity || ~ (p.e. imputable au personnel) (ordonn) / interruption (e.g. by faults of personnel) || ~ **cyclique** / cyclic irregularity || ~ d'**impédance** / impedance irregularity
irrégulier / irregular || ~, anormal / abnormal || ~, intermittent / intermittent, -mitting || ~, peu stable / erratic || ~ (poudre) / irregular
irréparable, irrémédiable / irretrievable
irréprochable / free from all defects, irreproachable, blameless
irrésolu (chimie) / undissolved
irrétrécissabilité *f* (tex) / unshrinkability
irrétrécissable (tex) / resistant to shrinking o. shrinkage, unshrinkable
irréversibilité *f* des **pôles** / barrier polarization
irréversible / irreversible || ~ (prise de courant) / non-interchangeable, polarized || ~ *(film)* / non reversible
irrigateur *m* / irrigator
irrigation *f* / surface irrigation || ~ (eaux usées) / irrigation of sewage || ~ **fertilisante** / fertilizer irrigation
irriguer / irrigate
irritant *m* / irritant || ~ *adj* les **poumons** / lung-irritant
irritation *f* de la **peau** / skin irritation
irriter / irritate, affect
irrotationnel (écoulement) / irrotational
irruption *f* / irruption, inrush || ~ de **gaz** (mines) / inrush of gas, outbreak of gas
isallobare *f* (météorol) / isallobar
isanomale *f* (météorol) / isanomal
isatine *f* / isatin
ISBN / International standard book number, ISBN, SBN
isentropique / isentropic
isérine *f* (min) / iserine, ilmenite, titaniferous iron ore
isinglass *m* / isinglass
ISO (techn) / International Organization for Standardization, ISO
iso-axique (crist) / equiaxed, isoaxle || **~bare** *adj* (phys) / isobar, isobaric || **~bare** *m* (chimie) / isobar || **~bare** *f* / pressure contour, isobar || **~barique** / isobaric || **~barométrique** / isobarometric || **~base** *f* (géol) / isobase || **~bathe** *f* (arp) / isobath, depth contour || **~butane** *m* / isobutane || **~butène** *m*, -butylène *m* / isobutylene || **~cèle** (géom) / isosceles || **~chimène** *f* (météorol) / isocheim || **~chore** *adj* / isochoric || **~chore** *f* (chimie) / isochore || **~chore** *f* de **Van't Hoff** (chimie) / van't Hoff's o. reaction isochore || **~chromatique** / isochromatic, orthochromatic || **~chrone**, -chronique / isochronous, -chronic, -chronal || **~chronisme** *m* / isochronism || **~chronisme** *m* du **mouvement** / isochronism of movements || **~chronisme** *m* des **vibrations** / isochronism of vibrations || **~clinal** (géol) / isoclinal, -nic || **~cline** *f* / isoclinal line, isocline || **~craquage** *m* (pétrole) / isocracking || **~cyanate** *m* (plast) / isocyanate || **~cyanure** *m* / isocyanide, carbylamine || **~cyanure** *m* d'**éthyle** / isocyanomethane || **~cyclique** / isocyclic || **~dense** *f* (phot) / equidensity line || **~desmique** (crist) / isodesmic || **~diaphère** (nucléide) / isodiaphere || **~dimorphe** / isodimorph[ous] || **~dispersif** (chimie) / isodisperse || **~dose** *adj* (nucl) / isodose *adj* || **~dose** *f* / isodose || **~dyname**, -dynamique (phys) / isodynamic || **~dyname**, -dynamique (aliments) / isodynamic, -ous || **~dynamie** *f* / isodynamism || **~édrique** / isohedric || **~électrique** / isoelectric, equipotential || **~électronique** / isoelectronic || **~-enthalpique** / isenthalpic || **~gonal**, -gonique / isogonic, -gonal *adj* || **~gone** *adj* / isogonic, -gonal *adj* || **~gone** *f* / isogonic line, isogone, isogonic, -gonal || **~gonique** / isogonic || **~hydrique** (chimie) / isohydric || **~hyète** *f* (météorol) / isohyet || **~hypse** *f* (météorol) / isohypse, pressure contour o. line
isolant *adj* / insulating, nonconducting || ~ *m* / insulant, insulating material || ~ (phys) / insulator, nonconductor || ~ (sable, fonderie) / parting sand || ~ en **caoutchouc** / rubber pad || **~s** *m pl* **minéraux électrotechniques** / electroceramics *pl* || ~ *m* pour **séparer deux surfaces** (fonderie) / parting powder || ~ **sonore ou du son** / sound absorbing material || ~ *adj* **thermique** / thermal o. heat insulating || ~ *m* **thermique** / heat insulating material, thermic insulant || ~ **thermique Alfol** / Alfol [heat] insulation || ~ en **verre** / glass insulation
isolateur *m* (électr) / insulator || ~, séparateur *m* (techn) / isolator || ~ d'**accumulateur** (accu) / cell insulator || ~ pour **alignement** (électr) / straight-line insulator || ~ d'**ancrage** (ligne de contact) / strain insulator || ~ d'**ancrage ou d'arrêt** (électr) / strainer, shackle insulator, strain insulator || ~ **annulaire** / ring insulator || ~ **armé** / armoured insulator || ~ d'**arrêt** (antenne) / backstay insulator || ~ d'**arrêt à tête sphérique** / ball headed strain insulator || ~ **bâton** / rod o. stick insulator || ~ à **boule** / globe insulator || ~ à **capot et tige** (électr) / cap and pin type insulator, globe strain insulator || ~ **capot et tige** (ch.de fer) / cap-and-rod insulator || ~ **céramique de la bougie** (mot) / spark plug insulator || ~ à **chaînes jumelées** (électron) / double-string insulator || ~ de **chocs** / shock isolator || ~ en **cloche ou à cloches multiples** / bell-shaped insulator, cup o. shed o. petticoat (US) insulator || ~ à **collier** / split knob insulator, cleat insulator || ~ de **console** (ch.de fer) / bracket insulator || ~ à **deux capots** / double cap insulator || ~ **double ou à deux poupées** (électr, ch.de fer) / double insulator || ~ à **double cloche** (électr) / double shed o. double petticoat insulator || ~ à **écran métallique** / metal cap insulator || ~ d'**entrée** (électr) / leading-in insulator, inlet insulator o. bell || ~ en **faïence** / porcelain insulator || ~ à **ferrure** (électr) / pedestal type o. pin [type] insulator || ~ en **forme de champignon** / mushroom insulator || ~ à **fût long** /

insulator of the long rod type || ~ à **fût massif** (électr) / full-cored insulator || ~ en **grès** / earthenware insulator || ~ en **grès[-cérame]** (électr) / stone insulator || ~ **H.T.** / high-voltage insulator, power-line insulator || ~ à **huile** (électr) / oil insulator || ~ pour **lignes électriques aériennes** / outdoor insulator || ~ à **long fût** / long-rod insulator || ~ à **maillon** / buckle insulator || ~ à **manille** / shackle insulator || ~ **œuf ou en forme de noix** / egg insulator || ~ **optique** (guide d'ondes) / optical isolator || ~ **orientable** / swivel insulator || ~ **ovoïde** (antenne) / egg insulator || ~ à **parapluie** / umbrella type insulator || ~ de **passage** (électr) / leading-in insulator, inlet insulator o. bell, wall[-entrance] insulator, bushing insulator || ~ **pivotant** / swivel insulator || ~ en **porcelaine** / porcelain insulator || ~ **protecteur contre effluve** / antispraying insulator || ~ de **rail conducteur** / conductor-rail o. third rail insulator || ~ **rigide** / post [type] insulator, pin insulator || ~ de **section** (électr) / section insulator || ~ **sectionneur ou de sectionnement** / sectioning insulator || ~ à **simple cloche** / single-cup insulator || ~ **support** / post [type] insulator, pin insulator || ~ à **support en crochet** / swan-neck insulator || ~ **support ou de soutien** / pin o. post insulator, support insulator || ~ **suspendu** / chain o. suspension o. suspended insulator, disc insulator (GB) || ~ **suspendu à ou en chaîne** / chain o. suspension o. string insulator || ~ **suspendu en une pièce** / one-piece suspension insulator || **~-tendeur** *m* (électr) / strainer, shackle insulator, strain insulator || ~ **tige** / rod o. stick insulator || ~ de **transposition** (télécom) / transposition insulator || ~ de **traversée** (électr) / leading-in insulator, inlet insulator o. bell, wall[-entrance] insulator, bushing insulator || ~ de **traversée de transformateur** / transformer bushing insulator || ~ à **triple cloche** / triple petticoat insulator || ~ **type parapluie** / umbrella type insulator || ~ en **verre** / glass insulator || ~ **vertèbre** (électr) / vertebra insulator || ~ de **vibrations** / vibration isolator

isolation *f* (électr, bâtim) / insulation || ~, séparation *f* / isolation, separation || ~ (activité) / insulating || ~ **acoustique** / sound insulation o. proofing, acoustic insulation, acoustical absorptive treatment, quieting, noise control o. abatement || ~ à l'**air** / air insulation || ~ **air/papier** (câble) / air-space paper insulation || ~ en **amiante** (électr) / asbestos covering || ~ de **bobine entre phases** (électr) / phase coil insulation || ~ **calorifuge ou à la chaleur** / cladding against loss of heat, heat insulator o. insulation, lagging (GB), thermal covering o. insulation o. protection || ~ de la **chaudière** / thermal lagging o. cleading of boilers || ~ pour **climat tropical** (électr) / insulation for the tropics || ~ du **collecteur par diffusion** (semicond) / collector diffusion isolation, CDI || ~ entre **côtés de bobine** (électr) / coil side separator || ~ de **diodes** / diode isolation || ~ contre les **effets de la chaleur** / heat insulation, thermal covering o. insulation o. protection || ~ du **fil** (électr) / strand o. lamination insulation || ~ à la **gutta** / gutta-percha insulation || ~ à **huile** / oil insulation || ~ contre l'**humidité** / insulation against humidity || ~ **imperméable** / watertight insulation || ~ **oxydique** (semicond) / oxide isolation || ~ en **papier/matière plastique** / paper-plastic insulation || ~ **phonique** voir isolation acoustique || ~ du **plasma** / plasma confinement || ~ par **rapport à la terre** / ground (US) o. earth (GB) insulation || ~ **rubanée en papier** (câble) / paper tape o. ribbon (US) insulation, spiral strip paper insulation || ~ du **secteur** (électron) / supply isolation, power line (US) isolation || ~ au **silicone** / silicone insulation || ~ entre **spires** / interturn insulation || ~ **thermique** voir isolation calorifuge || ~ **thermique pour basses températures** / cold insulation || ~ **thermique pour très basses températures** / low temperature insulation

isolé (phys, électr) / insulated || ~, individuel / particular, single, individual, independent || ~ (bâtim) / detached, isolated, outdoor || ~ (ord) / non-contiguous, stand-alone... || ~ (électr, techn) / self-contained, stand-alone... || ~ par **air** (câble) / cavity insulated || ~ contre le **bruit** / soundproof || ~ au **caoutchouc** / rubber-insulated o. -covered || ~ par **cavité** (câble) / cavity insulated || ~ à la **chaleur** / insulated o. protected against heat || ~ **électriquement** / electrically isolated || ~ à l'**huile** (électr) / oil insulated o. immerged || ~ contre l'**humidité** / dampproof || ~ aux **matières synthétiques** / plastic insulated || ~ de la **terre** (électr) / ungrounded

isolement *m*, séparation *f* / isolation || ~ (chaleur) / thermal insulation o. protection || ~ (électr, bâtim) / insulation || ~ **acoustique** / sound insulation o. proofing, acoustic insulation, acoustical absorptive treatment, quieting, noise control o. abatement || ~ à l'**air** / air insulation || ~ **antivibratoire** / vibration isolation || ~ **calorifuge** / heat insulation, thermal protection || ~ de ou au **caoutchouc** / [India-]rubber insulation || ~ **fibreux** / fibrous insulation || ~ à **froid** / cold insulation o. insulator || ~ à **huile** / oil insulation || ~ **kilométrique** (câble) / insulation resistance per km || ~ **linéique** / resistance load of the insulation per unit length || ~ au ou de **papier** / paper insulation || ~ au **papier sec** / dry-paper insulation || ~ **phonique** voir isolement acoustique

isoler / insulate || ~, séparer / isolate, separate || ~ (chimie) / isolate || ~, extraire (ord) / extract

isologue *m* (chimie) / isologue

isoloir *m* / insulating chair o. stool || ~ en **porcelaine ou en faïence** / porcelain insulator

isomagnétique / isomagnetic

isomérase *f* / isomerase

isomère *adj* / isomeric || ~ *m* (chimie) / isomer || ~ *adj* de **position** (chimie) / place-isomeric || ~ *m* par la **position des liaisons** / place-isomeric by linkage

isomérie *f* / isomerism || ~ en **chaîne** (chimie) / chain isomerism || ~ **géométrique ou cis-trans** (chimie) / geometrical isomerism || ~ **nucléaire** / nuclear isomerism || ~ **optique** (chimie) / enantiomerism, optical isomerism || ~ de **position** (chimie) / place isomerism || ~ de **substitution** / substitutional isomerism

iso·mérique / isomeric || **~mérisation** *f* / isomerization || **~mérisme** *m* / isomerism || **~métrie** *f* / isometry || **~métrique** (crist) / isometric || **~morphe** / isomorphic || **~morphisme** *m* (crist) / isomorphism, morphotropy || **~nitrile** *m* / isonitrile, carbylamine || **~octane** *m* (chimie) / isooctane || **~paraffine** *f* (chimie) / isoparaffin || **~pentane** *m* (chimie) / isopentane || **~périmétrique** (math) / isoperimetrical || **~phote** *f* (astr, phot) / isophot, isolux || **~piestique** (chimie) / isopiestic || **~plèthe** *f* (math) / isopleth || **~plèthe** *f* d'**altitude ou de hauteur** / altitude isopleth || **~polymérisation** *f* / isopolymerization || **~prène** *m* (chimie) / isoprene, 2-methylbutadiene || **~propanol** *m* / isopropanol, isopropyl alcohol, IPA, 2-propanol, secondary propyl alcohol || **~propylacétate** *m* /

isopropylacetate || **~propyliodure** *m* / 2-iodopropane, isopropyliodide || **~pycnoscopie** *f* (chimie) / isopyknoscopy || **~quinoléine** *f* (chimie) / isoquinoline || **~rade** *f* (radiation) / isorad || **~séiste**, isosiste / isoseismic, isoseismal || **~spin** *m* / isobaric o. isotopic spin, isospin || **~stasie** *f* (géol) / isostasy || **~statique** (méc) / isostatic || **~stérie** *f* (chimie) / isosterism || **~stérique** (chimie) / isosteric || **~tactique** (chimie) / isotactic || **~thère** *f* / isother
isotherme *adj*, -thermique / isothermal || ~ *f* / isotherm[al line] || ~ d'**adsorption** / adsorption isotherm || ~ de **réaction** (chimie) / reaction isotherm || ~ de **Van't Hoff** (chimie) / reaction isotherm
isothiocyanate *m* / isothiocyanate, sulfocarbamide
isotope *adj* / isotopic || ~ *m* (chimie) / isotope || ~ **marqué** (phys) / radioactive tracer, labelled o. tagged atom || ~ **radioactif** / radioisotope, radioactive isotope
isotopie *f* / isotopy
iso·tron *m* (phys) / isotron (an isotope separator) || **~trope** / isotropic || **~tropie** *f* / isotropy || **~valence** *f* (math) / isovalency || **~volume** / isochoric || **~xylène** *m* / isoxylene, -xylol
ISRC *m* (TV) / International Standard Recording Code, ISRC
I.S.S.N. / International Standard Serial Number, ISSN, ISSN
issu [de] / derived [from]
issue *f* / exit, way out || ~ (liquide) / outlet, orifice || ~ d'**air** / egress of air || ~ de **secours** / emergency exit, fire exit
itabirite *f* (min) / itabirit[e]
itabiritique (sidér) / itabiritic
itacolumite *f* (min) / itacolumite, flexible quartz o. sandstone
italique *m f* (typo) / italic || **mettre en** ~ / italicize
itératif / iterative
itération *f* (math) / iteration, iterative method || ~ (ord) / looping || **par** ~ (ELF) / iterative
itéré / iterated
itinéraire *m* (télécom) / routing, route || ~ (manutention) / conveying route, itinerary || ~ de **délestage** (routes) / relief road || ~ **détourné ou dévié** (ch.de fer) / deviation, diversion, diverted o. indirect route || ~ **facultatif** (ch.de fer) / optional route || ~ **[fléché] de dégagement ou de délestage** (ch.de fer) / by-pass line || ~ dans une **gare** (ch.de fer) / route, set of points || ~ de **manœuvre** (ch.de fer) / shunting route || ~ **prioritaire** (ch.de fer) / priority route || ~ de **tracé permanent** (ch.de fer) / non-stick route
IUPAC *m* / International Union of Pure and Applied Chemistry
IUTAM = International Union of Theoretical and Applied Mechanics (Paris)
ivoire *m* / ivory || ~ **végétal** / vegetable ivory
ivoirin / ivory colo[u]red
ivraie *f* / ray-grass

J

J (électr) / joule, wattsecond
jable *m* (fût) / chimb, cross groove
jabloir *m*, jablière *f* / thumb plane || ~, jablière *f* (fût) / crozer, notcher
jachère *f* / fallow [ground] || **en** ~ (agr) / fallow *adj*
jachérer (agr) / break up the ground
jack *m* (télécom) / jack, conjoiner || ~ (c.perf.) / hub || ~ **« + »** / plus hub || ~ de **batterie** / battery jack || ~ de **déconnexion** / cutoff jack || ~ **double** (télécom) / operator's jack || ~ d'**écoute** / monitoring jack || ~ d'**écoute ou de casque** / headset jack || ~ **émetteur** (c.perf.) / output hub || ~ **encastré** / panel jack || ~ d'**entraide** / auxiliary jack || ~ d'**entrée** (c. perf) / IN hub || ~ d'**essai** / test jack || ~ **général de commutateur multiple** / subscriber's multiple jack || ~ d'**impulsion** (c.perf.) / emitter || ~ de **liaison** / spring jack || ~ **multiple** / multiple jack || ~ d'**occupation** / jack for busy tone, busy jack || ~ d'**opératrice** / operator's jack || ~ de **renvoi** / transfer jack || ~ de **réponse** / answering jack, subscriber's jack || ~ à **ressort** / spring jack || ~ à **rupture** / break o. cutoff jack || ~ de **sortie** (c. perf) / OUT hub || ~ de **sortie normal** (c.perf.) / normal drop-out hub || ~ pour **test signal** / jack for busy tone, busy jack || ~ de **transfert** / transfer jack || ~ **triple** / triple jack
jacket *m* (phot) / jacket || ~ pour **microfilm** / microfilm jacket
jacobien *m* (math) / Jacobian
jaconas *m* (tiss) / jaconet, jacconette
jacquard *m* / jacquard || ~ à **double lève** / double-lift jacquard
jade *m* de **Saussure** (min) / saussurite
jailli (pétrole) / welled up
jaillir (liquide) / spring [up], gush, spout || ~, être projeté / squirt *vi*, spout out || ~ (étincelles) / flash o. spark over, arc over || ~ (flamme) / shoot *vi* || ~ (lumière) / flash *vi*, break forth || ~ (pétrole) / well [up] || **faire** ~ / spray *vt*, syringe, squirt, splash || ~ par **intermittance** (pétrole) / flow by heads, fluctuate
jaillissement *m* / springing [up], gushing, spouting || ~ (coulée en source) / fountain effect || ~ **brusque d'eau** (mines) / inrush o. irruption o. intrusion of water || ~ d'**eau** / splash of water || ~ d'**étincelles** / throwing off of sparks || ~ d'**huile** / oil splashes *pl* || ~ du **métal en fusion** / sputter, splash || ~ de **pétrole** / well blowout, welling up
jais *m* (mines) / gagate, jet
jalap *m* (pharm) / jalap
jalon *m* (arp) / surveyor's staff, ranging pole || ~ (aéro) / airway o. aeronautical ground mark, landmark, field marker (US) || ~ **auxiliaire** (arp) / subsidiary station peg || ~ de **jauge** (arp) / station staff o. pole o. rod || ~ **principal** (arp) / datum peg, main station peg || ~ de **repère** (arp) / directional pole o. cross o. flag o. sign, boning rod
jalonnage *m* du **bord de la route** / roadside marker
jalonner (arp) / peg out, stake out o. off || ~, aligner (arp) / align, aline
jalousie *f* / Venetian blind o. shutter, jalousie || **du type** ~ / louver-like o. -type, slatted || ~ **extérieure [à remonter]** (bâtim) / canalette blind
jaloux (nav) / crank, sick, tender[-sided]
jambage *m* / window jamb, jamb post || ~ (typo) / down-stroke || ~, montant *m* (sidér) / jamb || ~ de **balustrade** / baluster, ban[n]ister || ~ **délié, [plein]** (typo) / thin, [thick] stroke || ~ **descendant** (typo) / descender || **~s** *m pl* de **marteau** (forge) / standards *pl*, legs *pl*, frame (US)
jambe *f* / leg || ~ **amortisseuse des chocs** (aéro) / shock absorber leg, compression strut || ~ d'un **derrick ou d'une barge de forage** / jacketleg (drilling platform) || ~ de l'**enclume** / anvil foot || ~ d'**encoignure** / intermediate o. corner jamb stone || ~ **étrière** / middle jamb || ~ de **force** (charp) / prop, stay, strut || ~ de **force** (aéro) / landing gear strut o. leg || ~ de **force** (comble) / main joist, truss post || ~

de **force** (ferme) / strut, straining beam || ~ de **force croisée** (charp) / [St. Andrews] cross || ~ de **force oléopneumatique** (aéro) / oleo-pneumatic strut || ~ de **force du pont arrière** / rear-axle strut o. tie-bar || ~ de **force à ressort** (aéro) / telescopic leg o. strut, shock absorbing leg || ~ de **force en T** / T-[type] strut (US) || ~ de **force de tampon** (ch.de fer) / buffer brace || ~ de **force tubulaire** (auto) / propeller shaft o. cardan shaft housing || ~ de l'**inducteur** (électr) / limb of double yoke || ~ de **maille**, aile *f* de maille (tricot) / leg o. side of the loop || ~ de **maille reportée** (tricot) / half-lace stitch, marking stitch || ~ **noire de la pomme de terre ou du blé** (agr) / black-leg (of potato), take-all (of grain) || ~ de **protection** (mines) / protective pillar || ~ de **train à ski** (aéro) / pedestal || **~s** *f pl* d'une **voûte** / flank o. haunch of a vault

jambette *f* (bâtim) / jamb wall

jamesonite *f* (min) / jamesonite, feather ore

jante *f* / wheel rim || ~ [à] **base creuse** / fulldrop center rim, drop base rim, well base rim || ~ à **base excentrée ou excentrique** (auto) / eccentric base rim || ~ à **base large** (auto) / wide base rim || ~ à **base plate** (auto) / flat base rim, F.B. rim || ~ à **base semi-creuse** / semi-drop center rim, SDC || ~ à **base semi-plate** / semiflat base rim, bibendum rim || ~ de **bicyclette** / bicycle rim || ~ à **bord oblique** / advanced rim, stepped rim || ~ **creuse** / hollow rim || ~ **dentée ou à denture [extérieure]** / gear rim o. ring, toothed ring, crown gear, toothed wheel rim || ~ **détachable** (auto) / detachable rim || ~ pour **enveloppe à fil** / rim for straight-side tires, straight-side rim || ~ d'**essai** / test rim || ~ **fendue** (auto) / detachable rim || ~ **feuilletée** (machine électr.) / segmental rim || ~ **flat-hump** (auto) / flat hump rim || ~ de **freinage** / brake ring || ~ de **freinage venue de fonte** / integrally cast brake rim || ~ **hump** (auto) / hump felloe o. rim || ~ **lamellée** (électr) / segmental rim || ~ de **mesure** / measuring rim || ~ **non amovible** (auto) / one-piece rim || ~ **polaire** (électr) / rotor rim || ~ de **poulie** / pulley rim o. face || ~ de **roue** / wheel rim || ~ de **roue à aubes** / rim of spider wheel center || ~ **«safety-ledge»** (auto) / safety ledge felloe || ~ **SDC** (auto) / semi-drop center type rim || ~ **«special ledge»** (auto) / special ledge rim || ~ **standard** (auto) / measuring rim || ~ **straight-side** / straight-side rim || ~ **straight-side base creuse** / drop base o. well base straight-side rim || ~ **straight-side plate** / flat base straight-side rim || ~ à **tringles** / straight-side rim || ~ en **une pièce** / one-piece rim || ~ **venue de fonte** / integrally cast rim

japon *m* (pap) / Japan o. China paper, Japanese paper

japonner (céram) / japan *vt*

jappement *m* (phone) / piano whine || ~ (électron) / whine

jaquette *f* (typo) / dust cover o. jacket, book jacket || ~ pour la **coulée des moules en mottes** / slip, jacket || ~ **électrique** / electric blanket

jard *m* (tex) / dog hair, kemp

jardin·s *m pl* **dessinés ou d'ornement** / gardens *pl* || **~s** *m pl* **publics** / public gardens *pl* || **~-terrasse** *m* / roof garden

jardinage *m* / horticulture, gardening, garden tillage

jardinerie *f* (ELF) / garden center

jardinier *m* **paysagiste** / landscape gardener

jarovisation *f* (agr) / vernalizing

jarrah *m*, Eucalypthus marginata / jarrah

jarre *m*, jard *m* (tex) / dog hair, kemp

jarré (tex) / short-haired, dog-haired, kempy

jarret *m* / kink

jarretière *f* / bridle cable o. wire || ~ (ord, télécom) / jumper [cable] || ~ de **connexion** (télécom) / jumper wire

jarreux (tex) / short-haired, dog-haired, kempy || ~ (laine) / rugged

jas *m* (nav) / anchor stick o. stock

jaspe *m* (min) / jasper || ~ (typo) / marbling || ~ **noir** (min) / black jasper || ~ **sanguin** / bloodstone

jaspé *adj* / sprinkled, stained || ~ (tex) / sprinkled || ~ *m* (tex) / jaspé

jasper (pap) / marble *vt*

jaspure *f* / mottle, sprinkling

jatte *f* / flat bowl

jauge *f* / gauge, standard gauge measure || ~ (aiguille) / gauge || ~ (arp) / standard || ~ (nav) / measurement, tonnage, burden || ~ (techn) / ga[u]ge, calibre (GB), caliber (US) || ~, pige *f* / measuring rod, gauging rod, dipstick || ~ d'**ajustage** (techn) / setting gauge || ~ d'**allongement** / wire [resistance] strain gauge || ~ d'**allongement capacitive** / capacitance strain gauge || ~ d'**arrondissement** / radius gauge || **~-bague** *f* / ring o. female ga[u]ge, ga[u]ging ring, plain ring ga[u]ge || **~-bague** *f* **ENTRE** / GO-ring gauge || **~-bague** *f* **étalon** / standard ring gauge || **~-bague** *f* de **montage des outils** (m.outils) / setting ring gauge || **~-bague** *f* **N'ENTRE PAS** / NOT-GO ring gauge || ~ à **billes** / ball gauge || ~ de **cadrage** (c.perf.) / card gauge || ~ à **califourchon** / striding o. wye gauge || ~ à **combustible** (auto) / fuel gauge || ~ de **comparaison** / reference gauge o. standard || ~ de **comparaison pour surfaces** / surface reference standard, standard surface specimen || ~ **conformatrice** (plast) / cooling jig o. fixture || ~ **conique** / taper ga[u]ge || ~ de **contrainte** / strain ga[u]ge || ~ de **contrainte**, extensomètre *m* à fil / wire [resistance] strain gauge || ~ d'**eau** (hydr) / water level gauge || ~ d'**épaisseur** / feeler [gauge], thickness ga[u]ge || ~ d'**épaisseur de tôles** / Birmingham gauge, B.G., Birmingham gauge for sheets and hoops, metal gauge, sheet and o. hoop-gauge || ~ d'**essence** (auto) / fuel level plunger, fuel dipstick || ~ à **essence [à distance]** / fuel gauge, petrol [tank] gauge o. meter (GB), gasoline [level] gage (US) || ~ **étalon** / reference gauge o. standard || ~ **extensométrique** / wire [resistance] strain gauge || ~ [des **fils]** / gauge for wires and rods, [standard] wire gauge, S.W.G. || ~ de la **flèche** (télécom) / sag gauge || ~ du **harnais** (tex) / harness pitch || ~ d'**huile** (mot) / dipstick for oil, gauge rod || ~ **imicro** / inside micrometer cal[l]iper || ~ à **ionisation** / ionization gauge || ~ de **Mac Leod** (vide) / McLeod gauge || **~-mâchoire** *f* à **rouleaux** / roller type gap o. snap gauge || ~ du **métier** (bonnet) / gauge, gge || ~ **micrométrique** / inside micrometer cal[l]iper || ~ **micrométrique ou imicro** / inside micrometer || ~ de **niveau** / dipstick || ~ de **niveau de carburant** / fuel level plunger, fuel dipstick || ~ de **niveau d'huile** / oil-level ga[u]ge o. dipstick || ~ **parallèle** (bois) / scratch gauge, marking o. shifting gauge || ~ de **Pirani** / Pirani vacuum gauge || ~ **plate étalon** / standard flat plug gauge || ~ de **profondeur** / depth ga[u]ge, penetration gauge || ~ de **profondeur** (pneu) / tread depth o. skid depth gauge || ~ de **profondeur à coulisse** / depth slide gauge || ~ des **rayons** / radius gauge || ~ de **réception** / check gauge || ~ de **réglage** (tex) / card gauge, setting gauge || **~-roue** *f* / master gear[wheel] || **~-tampon** *f* de **filetage** / screw barrel plug, thread plug, plug thread gauge || ~ **vérificatrice** / reference ga[u]ge || **~-vérificatrice** *f* de l'**usine** / wear testing gauge || ~

de **vide** / vacuum gauge o. indicator o. meter || ~ à **vide thermoélectrique** / thermocouple vacuum gauge
jaugé (capacité d'un récipient) / calibrated
jaugeage *m* / ga[u]ging || ~, calibrage *m* / calibration || ~ (mot) / dipping || **de** ~ (nav) / registered || ~ de **navire** / ship measurement
jaugeant ... tonneaux (nav) / drawing ... tons, ...tonner
jauger *vt* / gauge *vt*, gage *vt* (US) || ~ (nav) / draw *vt*
jaugeur *m* (liquide) / level indicator || ~ **manuel** / fuel dipstick
jaumière *f* (nav) / port for the rudder post
jaunâtre / yellowish, yellow, lutescent
jaune *m* / yellow || ~, briseur *m* de grève / blackleg, scab || **qui colore en** ~ / staining yellow || ~ **acide** / acid yellow || ~ d' **acridine** / acridin[e] yellow || ~ *adj* **ambré** / amber || ~ *m* de **baryte** / barium yellow o. chromate, chromate of baryta o. barytes || ~ **breveté** / yellow oxychloride of lead || ~ de **cadmium** / cadmium yellow || ~ de **chrome** / chrome yellow, lead chromate || ~ **citron** / citrine o. lemon colo[u]r, lemon chrome (US) o. yellow (GB) || ~ *adj* **clair** (teint) / primrose shade || ~ *m* **clair** (1430 K) (forge) / bright yellow heat || ~ de **curcuma** / curcumin || ~ *adj* **doré** / golden yellow || ~ *m* de **ferrite** / ferrite yellow || ~ *adj* **foncé** / tan, beige || ~ *m* d'**Indanthrène G** (teint) / flavanthrene || ~ de **Kassel** / lead oxychloride || ~**-magenta-cyan** *m* (typo) / yellow-magenta-cyan || ~ *adj* **maïs** / maize yellow, corn coloured (US) || ~ *m* **métanilin** / metanil[ine] yellow || ~ **méthyle** (teint) / orlean, annatto, methyl yellow || ~ *adj* **miel** / honey yellow || ~ *m* **minéral** / lead oxychloride || ~ de **naphthylamine** / Manchester o. Martius yellow, naphthylamine yellow || ~ **naphtol** / naphthol yellow S, acid yellow S, sulfur yellow S, citronin A || ~ de **Naples** / lead antimonate || ~ *adj* **ocre** / ochr[ac]eous, ochery || ~ *m* d'**œuf** / yolk || ~ *adj* **olive** / olive yellow || ~ d'**or** / golden yellow || ~ *m* d'**or** (teint) / gold yellow, yellow T || ~ **orangé** (1350 K), jaune *m* orange foncé (1375 K) (forge) / yellow heat || ~ *adj* [de] **paille** / straw-coloured || ~ **pâle et grisâtre** / yellowish, lutescent || ~ *m* de **Paris** / Cassel's yellow || ~**-pourpre-cyane** *m* (typo) / yellow-purple-cyan || ~ de **quinoléine** / chinolin[e] yellow || ~ *adj* **sable** / sand yellow || ~ **safran** / saffron yellow || ~ *m* **salicyle** (teint) / salicyl yellow, (dye) || ~ **solide** / orange yellow || ~ *adj* [de] **soufre** / sulphur o. brimstone colour[ed] || ~ *m* de **Steinbuhl** / barium yellow o. chromate, chromate of baryta o. barytes || ~ de **strontiane ou de strontium** / strontium chromate o. yellow || ~ à **sulfure d'arsenic** / arsenic [sulfide] yellow, orpiment, king's gold o. yellow || ~ de **thiazol ou de titane** / thiazole o. Clayton o. titan yellow || ~ **très clair ou orange clair** (1480 K) (forge) / bright yellow heat || ~ de **tungstène** / tungstic yellow || ~ **uranique** / uranium oxide yellow, uranic yellow || ~ de **zinc** / citron yellow
jaunir *vi* / yellow *vi*
jaunisse *f* de la **betterave** (agr) / yellows *pl*
jaunissé / yellowed
javel *f* (coll) / Javel water, eau de Javel
javeleuse *f* (agr) / reaper o. reaping attachment
javelle *f* (agr) / swath, windrow (US)
javellisation *f* / javellization
javelliser l'**eau** / javellize
jayet *m* (mines) / gagate, jet
J-box *m* (tex) / J-box, J-tube || ≈ de **blanchiment** (tex) / bleaching J-box
jeans *pl* (tex) / jeans *pl*
JEDEC *m* / Joint Electron Device Engineering Council
jeep *f* (mil) / jeep || ~ **lunaire** (espace) / local scientific survey module, LSSM
jenny *f* / fine spinning machine, cotton jenny, dandy roving
jerk *m*, saccade *f* / jerk
jerrycan *m* (20 litres), jerrican *m* (auto) / jerrican, jerrycan
jersey *m* (tex) / jersey
Jésus *m* (pap) / format 56 x 76 cm
jet *m* / throw[ing], cast[ing] || ~ (liquide) / squirt || ~ (sucre) / crystallization-separation stage, "boiling" of the boiling scheme (as "first boiling") || ~ (aéro) / jet[-propelled airplane] || ~ (carburateur) / fuel jet || ~ (turbine) / jet valve || ~, rompure *f* (typo) / jet, tang || ~ (pap) / web (of fibers) || ~ (fonderie) / dead head, runner head, waster || ~ (agr) / shoot || ~ (égout) / flexible rodding shaft || ~ (émission du réacteur) (aéro) / jet || **d'un seul** ~ / of one founding, monobloc || **d'un seul** ~ / of uniform whole || **passé au** ~ **de billes** / shot blasted with steel balls || ~ **ADAV ou VTOL** / verto-, vertijet, VTO jet plane || ~ d'**affaires** / business o. corporate jet || ~ **aiguille** / needle-shaped jet || ~ d'**air** / air jet || ~ d'**air chaud** / hot-air jet || ~ d'un **arbre** (bot) / young shoot || ~ de **billes** / shot blast with steel balls || ~ à **case** (fonderie) / feed tube || ~ de **césium** (horloge) / caesium beam || ~ de **chaux** (bâtim) / laying of plaster || ~ de **condensation** (m.à vap) / condensing jet || ~ de **coulée** / pouring stream of molten metal || ~ de **coulée** (fonderie) / runner gate, runner, in-gate, sprue || ~ à **court rayon d'action** (aéro) / short-haul jet || ~ **creux** (fonderie) / cylindrical hollow body || ~ d'**eau** / gush of water, squirt || ~ d'**eau** (auto) / drip mo[u]lding, roof rail || ~ d'**eau** (fenêtre) / window drip || ~ **électronique** / electron jet || ~ d'**encre** (imprimante) / ink jet || ~ de **flamme** / darting o. jet flame || ~ de **flammèches** (ch.de fer) / throwing of sparks, sparking || ~ de **fonte** voir jet de coulée || ~ d'**injection** / nozzle jet || ~ **laminaire** / fan jet || ~ **libre** / open jet, free jet || ~ **liquide** / jet, stream, gush || ~ de **lumière** / dazzle || ~ pour **manches de pompe** / nose piece || ~ de **métal courant** (fonderie) / stream of metal, pouring stream || ~ **mince** (gaz) / pilot light o. flame || ~ de **papier** / ply of paper o. board || ~ de **pelle** / throw, shovel-full || ~ **plan** / fan jet || ~ **principal** (fonderie) / main gate || ~ de **propulsion** (aéro) / efflux, propulsion jet, propulsive jet || ~ **rond** (plast) / round rod || ~ à **section circulaire** / circular section jet || ~**-stream** *m* (météorol, aéro) / jet [stream] || ~ de **trame** (tiss) / pick, shot, shoot || ~ de **vapeur** / steam jet, puff, blast of steam
jetage *m* de **pieux** / pile jetting, water-jet drive
jetée *f* / throwing [action] || ~, môle *m* (hydr) / mole-pier || ~ (port) / mole, breakwater, jetty || ~ (routes) / throwing up of ground || ~ (ELF) (aéro) / finger type pier || ~ à **clayonnage** (hydr) / wattle construction o. mattress || ~ de **sable** (routes) / layer of grit
jeter / throw, cast, hurl, toss || ~ (pétrole) / throw about, throw off || ~ (lumière, ombre) / cast || ~ (liquide) / throw, pour || ~ (se) (fleuve) / debouch [into], discharge, empty, disembogue || **à** ~ / disposable, expendable, non returnable, one-trip..., throw-away... || **se** ~ **hors d'œuvre** (bâtim) / project [from o. above o. over], protrude, be salient || ~ du **blanc** (typo) / white out || ~ des **étincelles** / spark || ~ une **faible lueur** / blink || ~ des **flammes** / burst into flame, flame [up o. out], flare up || ~ les **fondements**

(bâtim) / lay the foundations || ~ de la **fumée** / vapo[u]r, steam, give off o. emit vapour o. steam || ~ du **lest** / discharge ballast, jettison *vt* || ~ en **moule** (fonderie) / shape || ~ **pêle-mêle** / throw o. lump together || ~ un **pont** / throw a bridge || ~ un **pont [sur une rivière]** / bridge[-over], span || ~ le **terrain sur berge** (bâtim) / throw up the ground || ~ des **vapeurs** / vapo[u]r, steam, give off o. emit vapour o. steam

jeteur *m* d'**anglaisage** (bonnet) / reinforcing carrier, splicing thread guide

jeting *m* (bâtim) / jetting || ~ de **pieux** / pile jetting, water-jet drive

jeton *m* pour **cabines téléphoniques** / telephone token || ~ pour les **déclenchements monétaires** / slot coin, slug, token (US)

jette-bouts *m* (soie) / piecer || **~-bouts** *m* (tiss) / getter-in || **~-feu** *m* (m.à vap) / tipping grate

jetway *m* (aéro) / jetway

jeu *m* (techn) / positive allowance, clearance, free motion, looseness, floating || ~ (soupape) / tappet clearance, air gap || ~, marche *f* (techn) / working, running, movement, operation, play || ~, assortiment *m* / set || ~, groupe *m* / group || ~ (orgue) / stop || ~ (engrenage) / backlash, play, tooth clearance || ~ (plast) / backlash [in blow-forming] || **avoir du** ~ / have too much play, show backlash || **prendre du** ~ (techn) / become o. get loose, loosen itself || **prendre du** ~ (vis) / work loose *vi* || **sans** ~ / free from backlash o. float o. play || ~ **automatique** / gambling machine || ~ d'**autorisation** (ch.de fer) / permission mechanism || ~ **axial** / end play, axial backlash o. clearance || ~ **axial du segment** (piston) / axial play of the piston ring, loose of the piston ring || ~ de **bagues** (porte-fraise) / set of spacers || ~ de **balais** / set of brushes || ~ de **block d'autorisation** (ch.de fer) / permission mechanism || ~ **[de block] terminus ou** (Suisse:) **final** (ch.de fer) / approach, device situated at the leaving end of a section to release the entry signal || ~ de **bobinage** (électr) / coil set o. assembly, coil pack || ~ de **bras porte-balais** (télécom) / set of contact arms, wiper set || ~ de **broches** (télécom) / contact bank, line bank || **~x** *m pl* de **caractères** (ord) / character sets *pl* || ~ *m* de **cartes** / card deck o. pack (GB) || ~ de **clés** / set of keys || ~ **combiné** (techn) / gang || ~ de **construction d'outils** / tool construction set || ~ de **coupe** (découp) / blade o. die clearance || ~ de **coussinet** / bearing slackness o. play o. clearance || ~ à la **crête** / crest clearance || ~ de **déloquetage ou de libération** / unlatching clearance || ~ entre **dents** (roue dentée) / normal backlash || ~ entre **dents** (vis sans fin) / normal backlash || ~ **diamétral** (coussinet) / bearing slackness o. play o. clearance || ~ des **différences** (ord) / differential game || ~ de **dilatation des rails** (ch.de fer) / expansion gap o. joint, scarfed joint, joint clearance || ~ d'un **écrou** / slack of a nut || ~ d'**éléments de code** / code set || ~ d'**emboutissage** (découp) / drawing gap || ~ d'**engrenages** (techn) / gears *pl*, gear train || ~ d'**engrenages à arbres croisés** / skew gears *pl* || ~ d'**engrènement** (roue dentée) / backlash || ~ d'**entreprise** (ord) / business game || ~ d'**essai** (c. perf) / test deck || ~ d'**essieu** / axle clearance || ~ du **filetage** / backlash of thread || ~ de **fraises combinées** / gang milling cutter || ~ de **garnitures à lèvres multiples** / multiple lip packing set || ~ **horizontal de l'arbre** / axial play of shaft || ~ d'**instructions** (ord) / instruction set || ~ d'**instructions de base** (ord) / basic instruction set || ~ **inutile** / end play, lost motion || ~ de **joint** (ch. de fer) / rail gap || ~ du **joint** / gap at the joint, joint clearance || ~ **latéral** (techn) / lateral play o. air || ~ de **loquetage**, sécurité *m* au loquetage / latching clearance || ~ de **manchon** (m.à vap) / range of governor || ~ **maximal** / maximum clearance || ~ **mécanique** / gambling machine || ~ de **meules** / set of grinding wheels || ~ **minimum** / minimum clearance || ~ **mort** (filetage) / end play || ~ de **moules** (plast) / cycle of mo[u]lds || ~ d'**orgue** (TV) / lighting control, light dimmer || ~ d'**outils** / set of tools || ~ d'**outils en deux parties** (outil) / set of two || ~ **partiel de caractères** (ord) / subset || ~ de **pièces détachées** / kit || ~ des **pompes étagées** (mines) / set of shaft pumps || ~ de **pompes refoulantes** (mines) / forcing set || ~ de **poursuite et d'évasion** (contr.aut) / pursuit-evasion game || ~ du **poussoir de soupape** / valve tappet clearance || ~ **primitif** (engrenage) / circumferential backlash || ~ de **quatre** (forage rotary) / fourble || ~ **radial** / radial play || ~ **radial de piston** / piston clearance || ~ **radial du segment** (piston) / radial clearance o. diametral clearance of piston ring || ~ de **remplacement** / reversion kit || ~ de **représentations** / code set || ~ de **ressorts** / set of springs || ~ de **retrait** / contraction gap || ~ des **roues dentées** / backlash || ~ de **rouleaux** (bande transp.) / idler assembly || ~ de **selfs** (électr) / coil set o. assembly, coil pack || ~ de **tamis** / sieve set || ~ de **tarauds** / set of screw taps || ~ de la **timonerie de frein** / brake slack || ~ de **transformation .m.** / reversion kit || ~ **transversal** (techn) / lateral play o. air || ~ de **trois** (pétrole) / thribble, treble || ~ **universel de caractères** (ord) / universal character set

jigger *m* (teint) / jigger, jig || ~ (électron) / jigger || ~ à **bain ouvert** (teint) / open jig || ~ à **foularder** (teint) / pad jig || ~ de **lessivage** (tex) / kier-boiling jigger || ~ **récepteur** (électron) / receiving jigger || ~ à **teindre sous flotte** (teint) / immersion jig || ~ de **teinture** (tex) / dyeing jig

joaillier *m* / jeweller

jober *m* (pétrole) / jobber, trader

joggliner / joggle

joindre *vt* / couple *vt*, link, join *vt* || ~ (men) / rabbet, rebate (GB) || ~ *vi* / meet *vi*, unite *vi* || **se ~ en croissant** / concrete *vi*, grow together, unite, coalesce || ~ en **about** / butt *vt* || ~ par **brasage** / solder [on] || ~ par des **chevilles** / dowel *vt*, treenail, bolt *vt* || ~ avec de la **colle** / glue *vt* together || ~ en **filant** (tex) / join a thread || ~ par la **fonte** (fonderie) / cast on o. integral o. in one piece [with] || ~ **mal** / gape *vi* || ~ à **onglet** (men) / frank, rabbet, rebate (GB) || ~ des **points** (math) / join points || ~ en **rivant** / rivet together || ~ par **soudage** / weld on o. together || ~ l'**un à l'autre** / string *vt*, attach [to], add [to]

joint *adj* / joint, added [to] || ~ *m* / joint, seam || ~, intervalle *m* / gap at the joint || ~, articulation *f* / link, joint || ~, bourrage *m* / packing o. sealing material, jointing o. leakproofing material || ~ (moule) / mould parting line, mould seam || ~ (géol) / cleats *pl*, cleat plane, main cleavage plane, joint || ~ (liège, caoutchouc) / gasket || ~ (coulée sous pression) / parting, seal || ~ (décalage) / cross joint || ~, surface *f* de joint / parting line || **à ~s passifs** (méc) / overclosed, with redundant contraints || **qui ~ mal** (fût) / leaky || **sans** ~ / packingless || **sans ~s**, continu / without joints || ~ d'**about** (ch.de fer) / end joint of rails || ~ d'**about** (soudage) / square butt joint || ~ d'**about en V** (soudage) / single V-butt o. Vee-butt joint || ~ **abouté** / butt joint, jump joint || ~ d'**accouplement** / coupling link || ~ à **adent** (charp) /

joggle, indenting || ~ à **adent** (tôle) / joggle, joggled lap seam (US) || ~ par **agrafage simple replié** (tôle) / Pittsburgh lock joint o. seam (US) || ~ à **ajustement serré** (techn) / interference fit || **~s** *m pl* **alternés** (ch.de fer) / staggered joints *pl* || ~ *m* **alvéolé** (techn) / honeycomb sleeve || ~ de l'**âme** (constr.mét) / web butt joint || ~ à **angles** (méc) / angle joint || ~ **angulaire** (soudage) / angle joint || ~ **annulaire en caoutchouc** / rubber packing disk, rubber gasket || ~ **appuyé** (ch.de fer) / supported rail joint || ~ d'**arrêt** (câble) / stop joint || ~ **articulé** (constr.en acier) / articulated joint || ~ **articulé ou à rotule** / universal joint || ~ **articulé** (cinématique) / pair, joint || ~ **articulé et cylindrique** (cinématique) / turn-slide cylindric joint, turning and sliding joint || ~ **articulé de flexion** / flector || ~ d'**assise** (bâtim) / coursing joint, horizontal o. bed joint || ~ d'**atelier** (constr.mét) / shop joint || ~ **aveugle** (routes) / dummy joint || ~ à **baïonnette** / bayonet catch o. joint o. fixing o. socket (GB), quarter-turn fastener (US) || ~ **bas** (rail) / low rail joint || ~ **biais** / oblique butt joint || ~ **biconique pour tubes sans soudure** / double conical ring, olive || ~ à **bille** (techn) / ball and socket joint, globe o. socket joint || ~ en **biseau** (ch.de fer) / feathered joint, chamfered joint || ~ en **biseau** (contreplaqué) / scarf joint || ~ à **bords bridés ou relevés** / edge-formed o. -raised seam || ~ en forme de **bourrelet** (soudage) / reinforced o. stuffed seam || ~ en **bout** (contreplaqué) / end joint || ~ **bout à bout** / butt joint || ~ **bout à bout des rives** (men) / edge jointing || ~ de **brasage défectueux** / dry joint, high resistance joint, rosin connection || ~ **brasé ou à braser** / soldering joint || ~ **brasé par capillarité** / close joint, capillary brazing joint || ~ à **bride** (soudage) / flanged edge joint, front joint || ~ **bridé à presse-étoupe** / bolted-gland joint || ~ à **brides** / bolted o. flanged joint || ~ de **câbles** (funi) / rope sockets *pl* (hook and eye coupling) || ~ en **caoutchouc** / rubber joint o. gasket || ~ en **caoutchouc creux profilé** / hollow section rubber seal || ~ [en **caoutchouc**] **mousse** / expanded rubber gasket, sponge o. foam rubber gasket || ~ **capillaire de brasage** / close joint, capillary brazing joint || ~ de **Cardan ou à la Cardan** / cardan o. Hooke's joint, universal joint || ~ en **carton** / fiberboard gasket || ~ de **chaîne** / chain joint || ~ en **charnière** / knuckle joint || ~ **chauffé** (thermocouple) / hot-junction || ~ de **chaussée** (ch.de fer) / road joint || **~s** *m pl* **chevauchants** (ch.de fer) / staggered joints *pl* || ~ *m* **cinématique** / element pairs *pl* || ~ **circulaire** (tube) / girth weld || ~ de **cisaillement** / shear joint || ~ de **coffrage** (béton) / mould o. shuttering joint || ~ **collé** / glued joint || ~ **collé** (plast) / joint line || ~ **compensateur** / compensating joint of pipe lines, expansion joint || ~ à **compression** (vide) / pinch-off seal || **~s** *m pl* **concordants** (ch.de fer) / opposite rail joints *pl* || ~ *m* en **congé** / hemmed seam || ~ de **construction** (bâtim) / construction joint || ~ de **contact** / contacting joint || ~ de **contraction** / shrinkage gap || ~ **cornière** (pneu) / grommet || ~ de **cornière-membrure** (constr.mét) / angle splice || ~ de **coulisse** / sliding joint || ~ **coulisseau de vitre** (auto) / weather stripping || ~ sur **coussinet** (ch.de fer) / chaired joint || ~ **creux** (bâtim) / open joint || ~ **croisé** (bâtim) / lap joint o. seam (US) || ~ à **croisillon** / universal joint || ~ en **croix** (constr.mét) / cross joint || ~ [de **culasse de cylindre**] / cylinder head gasket || ~ **de membrure** (constr.mét) / flange splice || ~ de **décharge** (bâtim) / relieving joint, clearance || ~ en **déport** (bâtim) / breaking point || ~ **dérobé** / concealed joint || ~ de **dilatation** / expansion joint || ~ de **dilatation en asphalte** / asphalt expansion joint || ~ de **dilatation des rails** (ch.de fer) / expansion gap o. joint, scarfed joint, joint clearance || ~ de **dilatation thermique** / thermal expansion joint || ~ à **double cardan** (essieu avant) / constant velocity joint || ~ **droit** / butt-joint, flush joint, flushing || ~ **droit en T** (soudage) / [square] T-joint || ~ **E.C.**, joint *m* emboîtement et cordon / bell-and-spigot [lead] joint, lead joint || ~ **éclissé** (ch.de fer) / fishplated rail joint || ~ **éclissé pour tiges de sonde** (mines) / fish-joint of bore-rods || ~ par **entures multiples** (men) / finger joint || **~s** *m pl* d'**équerre** (ch.de fer) / opposite rail joints *pl* || ~ *m* **étanche à l'huile** / oil seal || ~ **étanche à klingérite** / Klingerit jointing || ~ **étanche aux poussières** / dustproof packing, dust seal || ~ d'**étanchéité** (auto) / piping, weatherstrip || ~ d'**étanchéité** (robinet) / gasket || ~ d'**étanchéité à collet** / collar joint || ~ d'**étanchéité dynamique** (élastomère) / mechanical packing || ~ d'**étanchéité profilé** / profiled joint || ~ d'**étanchéité statique** (élastomère) / mechanical gasket || ~ d'**étanchéité de vitre** (auto) / window rail seal || ~ par **étranglement** (télécom) / twist joint o. ligature, American twist joint || ~ d'**expansion** (routes) / expansion joint || ~ **extensible de tuyaux** / extensible pipe joint || ~ **extérieur** / outside wall joint || ~ à **faces frottantes** / floating seal o. packing || ~ de ou en **feutre** / felt packing o. joint o. gasket o. washer || ~ en **fibre** / fiber joint o. washer || ~ **flexible** / flexible coupling || ~ de **frette** (électr) / anchor clip, tie wire o. binding wire clip || ~ **frontal** (soudage) / flanged edge joint, front joint || ~ **glissant** (tuyaux) / compensating joint of pipe lines, [bellow] expansion joint || ~ **glissant ou par glissement** / sliding joint || ~ à **glissière** (méc) / rectilinear sliding pair, prismatic joint, P || ~ à **goujon** / joggle joint || ~ des **grains** / grain boundary || ~ **horizontal** (bâtim) / coursing joint, horizontal o. bed joint || ~ à **huile** / oil seal || ~ **intergranulaire** / crystal boundary || ~ **isolant** (ch.de fer) / insulated rail joint || ~ en **L** / L-ring gasket || ~ à **labyrinthe radial** / radial [clearance type] labyrinth gland || ~ à **lentille** (ch.de fer) / lens-shaped joint || ~ à **lèvre[s]** / lip seal || ~ **longitudinal** / longitudinal joint || ~ **longitudinal** (contreplaqué) / edge joint || ~ **mâle et femelle** / hinge || ~ à **manchon maté** / bell-and-spigot [lead] joint, lead joint || ~ à **manchons taraudés ou vissés** / screwed sleeve joint || ~ **maté** / caulked joint || ~ de la **matrice** (forge) / die-joint || ~ **métal sur métal** / face-to-face joint || ~ **métallique** / metal-to-metal joint || ~ **métallique repoussé** (vide) / coined metal gasket || ~ **métalloplastique [cuivre-amiante]** / copper asbestos jointing || ~ **métalloplastique cuivre-amiante ou acier-amiante** / metal asbestos gasket || ~ **métal-verre** / glass-to-metal seal || ~ à **mi-fer** (découp) / push-through connection || ~ du **modèle** (fonderie) / pattern joint || ~ **monocisaillé** / single-shear joint || ~ de **montage** (constr.en acier) / site (GB) o. field (US) connection, site joint (GB), field splice (US) || ~ **monté** (défaut de contreplaqué) / overlap || ~ de **mortier** / mortar joint, concealed joint, abreuvoir (GB) || ~ **moteur** / motor gasket || ~ de **moule** (fonderie) / joint face (GB), mold joint (US) || ~ de **mouvement** (bâtim) / joint for movements || **~s** *m pl* **naturels** (crist) / natural joints *pl* || **~s** *m pl* **non alternés** (bâtim) / capped joints *pl* || ~ *m* **oblique** / oblique butt joint || ~ **Oldham** / Oldham coupling || ~ à **onglet** (charp) / diagonal joint, mitre joint || ~ **optique** (photomultipl.) / coupling medium || ~ **ouvert** (bâtim) / open joint || ~ **ouvert** (contreplaqué) / open joint, gap || ~ **ouvert enfermé** (contreplaqué) / hidden core gap || ~ **ouvert visible** (contreplaqué) / core gap || ~ **parallèle au fil** (contreplaqué) / edge joint || ~ de **parebrise** (auto) / windshield profile rubber || ~ **Pittsburgh** (tôle) / Pittsburgh lock joint o. seam (US) || ~ de **planche** / edge, quoin || ~ **plaqué par fusion** / fusion welded plating || ~ **plat** / sheet gasket || ~ **plat ou par rapprochement** (ch.de fer) / butt joint of rails || ~ à **plat point** / faying, close fit, contact || ~ **plein** (bâtim) / flush joint || ~ **plein** (tuyaux) / blind flange o. end || ~ au **plomb** / lead joint[ing] o. packing || ~ de **pointe** (ch.de fer) / end of stock rail next to switches || ~ en **porte à faux** (ch.de fer) / bridge o. overhanging o. suspended joint || ~ de **portière** (auto) / weather strip[ping] for door, door rubber profile || ~ de **poutres** / joint of beams o. girders || ~ **profilé en caoutchouc de portière, [de pare-brise]** (auto) / rubber profile for door, [for windscreen] || ~ **raboté** / planed butt joint || ~ de **rail** / rail joint || ~ de **rail soutenu** / supported rail joint || ~ pour **rails conducteurs** / conductor-rail bond || ~ par **rapprochement** (plast) / closing joint || ~ par **rapprochement** (ch. de fer) / butt joint || ~ de **réactance** (télécom) / reactance joint || ~ **recouvert** (défaut de contreplaqué) / overlap || ~ de **recouvrement** (bâtim) / covering joint || ~ à **recouvrement** / lap joint || ~ **refoulé** (soudage) / jump joint || ~ **renforcé** (soudage) / reinforced o. stuffed seam || ~ de **retrait** (bâtim) / contraction joint || ~ de **retrait** (routes) / expansion joint || ~ **rivé** / riveted seam || ~ **rodé ou à rodage** (verre) / ground-in connection || ~ **rond en caoutchouc** / ring seal o. joint, 0-ring || ~ de **rotation** (méc) / turning o. revolute pair || ~ à **rotule** / universal joint, ball and socket joint || ~ à **rotule**, accouplement *m* articulé / flexible coupling, ball joint coupling || ~ de **rupture** (bâtim) / breaking joint || ~ **rustique** (bâtim) / rustic joint || ~ **saillant** (men, charp) / straight scarf, plain scarf || ~ **sec** (sidér) / dry joint, expansion joint || ~ de **semelle** (constr.mét) / flange splice || ~ de **seuil** (écluse) / sealing of the bottom || ~ à **simple section** (articulation) / single-shear joint || ~ de **soudage [abouté] en double V ou en X** (soudage) / double V-butt weld || ~ **soudé** / weld[ed] joint || ~ **soudé à l'aluminothermie**, joint *m* à soudage aluminothermique / aluminothermic welded joint, thermite welded joint || ~ **soudé à cisaillement ou à emboîtement** (plast) / shear weld || ~ **soudé par fusion par points** / spot joint by fusion welding || ~ **soudé [par résistance] par bossage** / projection joint by resistance welding || ~ **soudé [par résistance] par points** / spot [welded] joint || ~**s** *m pl* **soudés bout à bout par fusion** / fusion butt-welded joints || ~ *m* de **soudobrasage** / brazing joint o. seam o. point || ~ de **soudure** / weld[ed] joint || ~ **sphérique** / ball and socket joint || ~ de **stratification** (mines) / cleaving grain || ~ **surépaissi** (soudage) / reinforced o. stuffed seam || ~ **suspendu** (ch.de fer) / suspended joint || ~ à **T** (électr) / T-joint || ~ de **talon d'aiguille** (ch.de fer) / end of stockrail next to heel (of points) || ~ **[à tenon] en croix** (charp) / cross joint || ~ à la **thermite** / thermite welded joint || ~ du **thermocouple** / thermojunction || ~ **torique d'étanchéité** / O-ring type sealing ring, O-ring seal o. joint || ~ **torique trapézoïdal** / wedge type seal[ing ring] || ~ à **torsade** (télécom) / twist joint o. ligature, American twist joint || ~ **tournant** (guide d'ondes) / rotating joint || ~ **tournant** (tuyauterie) / revolving joint || ~ **tournant** (méc) / resolute o. turning pair || ~ de **transmission** (auto) / universal joint || ~ de **transmission homocinétique** (auto) / homocinetic transmission o. joint || ~ **transversal** / transverse joint || ~ **transversal de dilatation** (routes) / cross expansion joint || ~ **trapézoïdal** (vide) / V-ring gasket || ~ avec **traverses accolées** (ch.de fer) / double sleeper rail joint || ~ avec **traverses écartées** (ch.de fer) / spaced sleeper joint || ~ en **U** / U-leather o. -packing || ~ en **U à lèvres** / lip seal || ~ à **une section**, joint *m* à une coupe / single-shear joint || ~ **universel** / cardan o. Hooke's joint, universal joint || ~ **universel de caoutchouc** / flexible rubber coupling || ~ **universel à disques** (auto) / flexible [Thermoid-Hardy] disk || ~ **universel à rotule** / turning knuckle joint || ~ **vif** / open butt joint || ~ à **vis** / screwed joint || ~ en **zig-zag** / joggled butt joint

jointe *f* / feather-and-tongue joint || ~ (filage) / organzine tie thread || ~ de **talon** (pneus) / bead filler, bead apex core o. strip

jointé (contreplaqué) / scarfed || ~ (placage) / jointed

jointement *m* (plast) / mating

jointer / joint || ~ (contreplaqué) / joint and glue || ~ (charp) / scarf *vt*

jointeuse *f* **transversale automatique à placages** (bois) / crossfeed edge-to-edge veneer splicing automatic machine

jointif / meeting || ~ (spires) / contiguous || ~ (planches) / abuting

jointoiement *m* (bâtim) / pointing of joints, grouting || ~ **plat** / flat joint pointing || ~ **saillant** / tuck point

joint[oy]er / point flat the joints

jointoyeur *m* (bâtim) / pointer

jointure *f* / junction point, joint, juncture, splice || ~ [articulée] / link, joint || ~ (plast) / flash o. spew area o. ridge || **sans ~s** / continuous, without joints || ~ **métallo-caoutchouc** / rubber-metal connection || ~ **[soudée] de câble** / cable joint || ~ en **T** (m.à vap) / elbow joint

jolie brise (force de vent 4) *f* (nav) / moderate breeze

jonc *m* (bot) / rush, cane || ~ (bâtim) / reed, reeds-thatch, cane || ~ (techn) / snap ring, spring ring, retaining o. retainer ring || ~ (plast) / rod || ~, canne *f* / chair cane || ~ (brasage) / filler wire || ~ (auto) / trim [strip] || ~ d'**arrêt** / circlip || ~ **fendu et élastique** / spring washer o. ring || ~ de **freinage** (emboutissage) / drawing bead || ~ **moulé** (plast) / moulded rod || ~ **usiné** (plast) / machined rod || ~ de **verrouillage** (auto) / lock ring

joncteur *m* (ord) / matching equipment

jonction *f* (action) / joining, junction || ~ (endroit) / junction point, joint, juncture, splice || ~ (rivières) / confluence, junction || ~ (ELF), interface *f* (ord) / interface || ~ (ord, programmes) / junction [of a program] || ~ (semi-cond) / junction || ~ (bâtim) / jointing || ~ par **alliage** (semi-cond) / alloyed junction || ~ de **barres** / bar o. rod connection || ~ par **brasage** / soldered o. soldering joint || ~ de **câble** / cable link o. joint || ~ **collecteur** (semi-cond) / collector barrier [region], collector depletion layer || ~**s** *f pl* **croisées** (ch.de fer) / scissors crossing || ~**s** *f pl* **croisées extérieures** (ch.de fer) / double slip crossing || ~ *f* par **diffusion** (semi-cond) / diffused jonction || ~ **disponible** (télécom) / disengaged line || ~ **dopée** (semicond) / doped junction || ~ **double** (ch.de fer) / double crossover || ~ *m* à **effet tunnel** (semicond) / tunnel junction || ~ *f* **EH en té** (guide d'ondes) / EH tee || ~ **E-H de réglage en T** (guide d'ondes) / E-H tuner || ~ **émetteur** (semi-cond) / emitter barrier [region], emitter depletion layer || ~ **hybride** (guide d'ondes) / hybrid junction, bridge hybrid || ~ de **jambes de force** (constr.en acier) / column o. stanchion splice || ~ **Josephson** / Josephson junction || ~ par **manchon** (tuyau) / socket coupling || ~ **mécanique** / mechanical linkage || ~s *f pl* **multiples** (télécom) / collective number || ~ *f* **N** (électron) / N-junction || ~ **nodale pour transfert** (télécom) / temporary bridge || ~ de **phases** (électr) / interlinkage of phases || ~ **p-n ou PN** / p-n-junction || ~ **PP** (électron) / p-p junction || ~ **recristallisée ou par refusion** (semicond) / fused junction || ~ **rodée conique,** [plane, sphérique] / conical, [flat, spherical] ground seal || ~ **semiconductrice** / semiconductor junction || ~ par **serrage** / clamping, clamping joint || ~ **simple** (ch.de fer) / single cross-over || ~ en **T court-circuitée** (électr) / bridged T-filter o. -network || ~ en **T dans le plan H** (guide d'ondes) / shunt-Tee || ~ par **tirage** (semicond) / grown junction || ~ à **tubes ou de tuyaux** / tube o. pipe joint o. connection || ~ **urbaine** (télécom) / junction line || ~ **verre à métal** / glass-to-metal sealing || ~ **verre à verre** / glass-to-glass sealing || ~ de **voie** / junction, track connection, cross-over || ~ à la **voie ferrée** / private sidings *pl*

joue *f* / cheek || ~ (m.outils) / cheek, fence, ledger || ~ (fusil) / cheek piece of a shaft || ~ (four) / wall || ~ du **banc** / lathe bed way || ~ de **bobine** (tex) / spool head o. flange || ~ de **bobine** (électr) / flange of the coil || ~ d'**essieu** / axle flange o. disk o. plate (US) || ~ **excentrée** / cam plate || ~ **excentrée** (vilebrequin) / crank shaft cheek, crank disk || ~ de **jante** / rim flange || ~ **magnétique** (électr) / pole flange || ~ d'une **mortaise** / cheek of a groove || ~ de **rabot** / plane ledge o. fence || ~ de la **règle à T** / head o. stock of the T square || ~ de **soufflage** (électr) / blow-out plate

jouée *f* du **chien en lit** (bâtim) / cheek of dormer

jouer / play *vi* || ~ (ressort) / unbend itself, spring off, snap || **faire** ~ (cordon) / snap *vt*

jouets *m pl* / toys *pl* || ~ **mécaniques** / mechanical toys *pl*

joug *m* de **ligne de contact** (Suisse) (ch.de fer) / arched catenary support, gantry support

joule *m*, J (1 J = 10^7 erg = 1 Nm) (électr) / joule (pronunciation English o. French), wattsecond

joulemètre *m* / joulemeter, Joule meter

jour *m* / day, d || ~, fente *f* / aperture || ~ (bâtim) / light || ~ (escalier) / stair well, well hole || ~ (mines) / surface || **à** ~ (bâtim) / pigeon-holed || **au** ~ (mines) / above ground, on the surface || **de chaque** ~ / daily || **être de** ~ / be above ground, be in the open || **par** ~ **ouvrable** / per working day || ~ d'un **arc** (bâtim) / inside o. inner width of an arch || ~ **chômé** / idle shift, holiday || ~ **chômé et payé** / holiday with pay || ~ de **derrière** / backlight || ~ de l'**échéance** / due date, critical date || ~ d'en **haut** (bâtim) / high side light, half skylight || ~ **lunaire** / lunar day || ~ de **marche** (pétrole) / streamday || ~ **non ouvrable** / holiday || ~ **ouvrable** / working day || ~ de **paye** / payday, pay-day (GB) || ~s *m pl* de **planche** (nav) / lay days *pl* || ~ *m* à **plomb** / overhead o. lay light, skylight, roof window || ~ de **porte** / opening of a door || ~s *m pl* de **service** (câble) / service life || ~ *m* **solaire** (astr) / solar day || ~ de **souffrance** (bâtim) / window looking to the neighbour || ~s *m pl* de **super-pointe** / maximum load days || ~ *m* **travaillé** / working day || ~s d'**utilisation** *m pl* / days in use *pl*

journal *m* (m.compt) / journal || ~ (ord) / log [book] || ~ de **bord** (ELF) / flight log || ~ de **caisse** / cash journal || ~ d'**entreprise** / house organ || ~ **lumineux** / light writing || ~ de **messages** (ord) / message log || ~ **parlé** (radio) / news broadcast o. program o. bulletin || ~ **télévisé** (TV) / daily TV news

journalier *m* (auto) / trip-mileage counter, trip recorder || ~ (nav) / service tank || ~ / day-labourer

journée *f* / technical meeting || ~ / daily wages *pl* || ~ (durée) / day, d || **faire sa** ~ (mines) / work out a shift || **pendant toute la** ~ / full day... || ~ d'**abattage** (mines) / coal getting shift || ~ de **travail** / man day || ~ de **travail** / work shift

judas *m* (four) / glory-hole

jugement *m* / judgement, criticism, opinion [of, on] || ~ d'**allure** (ordonn) / rating || ~ d'**allure personnel** (ordonn) / performance rating factor || ~ **global d'activité** (ordonn) / global rating || ~ **individuel** (ordonn) / personal rating

juger / guess || ~ l'**allure** (ordonn) / rate

jugulaire *f* / chin strap

juke-box *m* / juke box

jumbo *m* (mines) / drill jumbo

jumboïser / convert to highest duty

jumeau *adj* (maison) / semi-detached || ~ *m* / twin || ~**x** *m pl* / twin pair

jumel *m* / maco fabric

jumelage *m* / duplicate arrangement (of parts) || ~ / existence in pairs, gemination || ~ (magnétron) / strapping || ~ d'**antennes** / antenna stack || ~ de **véhicules moteurs** (ch.de fer) / paired running of vehicles (each operated by a driver)

jumelé / twin..., geminate, arranged in pairs || ~ (ch.de fer) / twin articulated || ~ (techn, agr) / gang... || ~ (fonderie) / twin-cast, cast in pairs

jumeler (locomotives) / couple [mechanically and electrically] || ~ (constr.mét) / couple girders

jumelle *f* / binocular, binoculars *pl*, field glass || ~ (m.outils) / cheek || ~ (auto) / bracket clip || ~ (techn) / fork || ~**s** *f pl* (scie) / jamb || ~ *f* à **fort grossissement** / high-power field glass || ~ **marine** / marine glasses *pl* || ~ du **mât** / cheek of the mast || ~**s** *f pl* de **palplanches** (pour sonnette) / running rail substructure on sheet pilings || ~**s** *f pl* **périscopiques** / shear jointed telescope || ~**s** *f pl* de **poche** / mini prism binoculars *pl* || ~ *f* à **prismes** / prism[atic] glass o. binoculars *pl* || ~ de **ressort** / spring shackle, suspension shackle

junckérite *f* (mines) / blackband, carbonaceous ironstone

jupe *f* (aéroglisseur) / skirt || ~ du **parachute** / skirt of the parachute || ~ du **piston** / piston skirt || ~ de **rouleau** (p.e. du convoyeur à rouleaux) / roller tube (e.g. of a roller conveyor)

jura *m* **brun** (géol) / lower oolite, dogger

Jurassique *m* / Jurassic || ~ **supérieur** (géol) / malmstone, upper oolite

jus *m* / juice || ~ (tan) / liquor, float || ~ de **betteraves** / sugar-beet juice o. liquor || ~ **brut** (sucr) / raw juice || ~ de **canne** / sugar cane juice o. liquor || ~ **carbonaté ou de carbonatation** (sucre) / carbonation juice || ~ **chaulé** (sucre) / defecated o. limed juice || ~ **clair** (sucre) / thin juice || ~ **décanté** / purified juice || ~ **dense** / thick juice || ~ de **deuxième carbonatation** (sucre) / juice from the last mill || ~ d'**écorce** / tan[ning] liquor || ~ d'**effet du milieu** (sucre) / half-concentrated o. middle juice || ~ **épuré** / thin juice || ~ d'**extraction** (sucre) / impure o. secondary juice || ~ **filtré** (sucre) / strained juice || ~ de **fruit[s]** / fruit juice || ~ de **fruits épaissi** / concentrated fruit juice || ~ de **gonflement** (cuir) /

plumping liquor || ~ **léger** (sucre) / thin juice || ~ **mixte** (sucre) / mixed juice || ~ de **presse-levure** / yeast press-juice || ~ de **pression** / pressed-out juice || ~ **résiduaire** (tan) / waste liquor || ~ **sortant de l'atelier de chaulage** (sucre) / postdefecation juice || ~ **soutiré** (sucre) / impure o. secondary juice || ~ de **succion** (sucre) / suction syrup || ~ de **sucre** / sugar [cane] juice o. liquor || ~ de **tannée** / tan[ning] liquor || ~ **traité** (sucre) / carbonation juice || ~ **trouble** (sucre) / carbonation juice, dirty o. turbid juice || ~ **trouble de 1re, [2me] carbonatation** / first, [second] carbonation slurry
jusant *m* / turning point o. reversing point of tide || ~, courant *m* de jusant / ebb-tide
jusé (tan) / oozed, bark tanned
jusée *f* / tan[ning] liquor
juste / just || ~, propre, convenable / fitting, suitable || ~, étroit / narrow, close, tight || **être** ~ / check *vi* || **être** ~ / be well matched, fit snugly || **être** ~, aller bien / tie in || ~ **proportion** [avec] / right proportion
justesse *f*, précision *f* (compas) / degree of accuracy || ~ **[de mesure]** / exactness, exactitude, precision || ~ d'un **instrument de mesurage** / accuracy of the mean of a measuring instrument || ~ **logique** / [logical] consistency || ~ [de la **moyenne]** (aéro) / accuracy of the mean
justification *f* / verification, proof || ~ (typo) / justification of lines || ~ (ord) / justification of numerals || ~, longueur *f* de laligne (typo) / measure (length of lines)
justifié à **gauche** (typo) / left justified, flush left
justifier les lettres (typo) / true *vt* characters || ~ **les lignes** (typo) / justify *vt* lines
jute *m* / jute || ~ **teillé** / scutched jute
juteux / juicy
jutosité *f* / quality of being juicy
juvénile (géol) / juvenile
juxta-courant *m* (électr) / juxta-current
juxtaposé / juxtaposed
juxtaposer / juxtapose, place side by side
juxtaposition *f* (géol) / agglomeration, juxtaposition || ~ (chimie) / juxtaposition

K

K / kelvin, K (formerly °K)
kaïnite *f* (min) / kainite || ~ (engrais) / potash fertilizer o. manure
kaki *m* / khaki
kali *m* / potash, [any] potassium compound
kalinite *f* (min) / kalinite
kaliophilite *f* (min) / kaliophilite, phacellite
kamala *m* (teint) / kamala [powder]
kambala *m* / iroko, chlorophora excelsa
kaolin *m* / kaolin[e], china clay o. stone (US), porcelain clay, white bole o. bolus, bolus o. terra alba || ~ **lavé** / washed kaolin || ~ **lévigé** / washed china clay [rock]
kaolinite *f* (min) / kaolinite
kaon *m* (nucl) / kaon
kapok *m* / kapok, capoc
kapokier *m* / kapok tree, ceiba pentandra o. bombax
karat *m*, carat *n* / carat, karat (gold: 24 carat = pure gold, precious stones: 1 carat = 200 mg) || ~ **métrique** / metric carat, M.C., m.c.
karité *m*, carité *m*, arbre *m* à beurre / karite
Karst *m* (géol) / karst
karstique (géol) / karstic
kart *m* (auto) / go-cart
kauri *m* (bois) / kauri, cowrie, cowdie || ~ (résine) / kauri copal, kauri gum o. resin || ~ de **Nouvelle-Zélande** / kauri [pine], cowrie, cowdie, agathis australis, copal tree
KB (ord) / kilobyte, KB
k-dimensionelle *f* (math) / k-variate
Kel-F *m* (plast) / Kel-F
kelp *m* (chimie) / kelp, varech
Kelvin *m*, K / kelvin, K (formerly °K)
kenaf *m* (tex) / gambo fibre, kenaf
kénotron *m* / kenotron
kérargyrite *f* (min) / chlorargyrite || ~**s** *f pl* (min) / cerargyrites *pl*
kératine *f* (chimie) / keratin
kératiniser, [se] ~ / keratinize
kératophyre *m* (géol) / keratophyr
kératoscope *m* (opt) / keratoscope
kerdomètre *m* (télécom) / gain measuring instrument
kerma *m* (nucl) / kerma (= kinetic energy released in matter)
kermès *m*, chêne *m* kermès / kermes oak, Quercus coccinea || ~ (teint) / kermes
kermésite *f* (min) / kermesite, pyrostibnite
kernet *m* (mines) / air piping for ventilation
kernite *f* (min) / kernite
kérosène *m*, kérosine *f* / lamp oil, kerosene, -ine || ~ **désodorisé** / deobase, deodorized kerosine || ~ **raffiné**, kérosène *m* aviation / kerosene, kerosine
keuper *m* / keuper series
khi *m* / chi
kHz (électron) / kilocycles per second, K.C.P.S., kcps, kc/s, 1000 C.P.S., kilohertz, kHz
kickstarter *m*, kick *m* (auto) / kick starter
kieselguhr *m* / infusorial o. diatom[aceous] earth, diatomite, celite, tripolite, fossil meal o. dust o. flour, kieselguhr, siliceous earth (US) || ~ **saturé de brome** / bromine solidificatum
kiesérite *f* (min) / kieserite
kilo *m* / kilogram || ~**...**, 10^3 / kilo..., k (in units) || ~**ampère** *m* / kiloampere || ~**byte** *m*, KB (= 1024 byte) (ord) / kilobyte, KB || ~**calorie** *f* (vieux) / kilogram[me] calorie o. calory (US), large o. great calorie, Cal || ~**curie** *m*, kc (vieux) / kilocurie, kc || ~**cycle** *m* (électron) / kilocycles per second, K.C.P.S., kcps, kc/s, 1000 C.P.S., kilohertz, kHz || ~**dyne** *m* (vieux) / dyname, kilodyne || ~**-électron volt** *m* / kilo-electronvolt, keV || ~**-erg** *m* (vieux) / kilerg, 1000 erg || ~**gramme [-masse]** *m* / kilogram || ~**grammètre** *m* / kilogram-meter (abt 7.235 ft pd) || ~**joule** *m*, kJ / kilojoule
kilométrage *m* / distance covered in km, kilometers run *pl*, mileage || ~ de l'**arrivée, [de départ]** (auto) / milage on arrival, [on departure] || ~ **parcouru du train** / train-kilometer
kilomètre *m* / kilometer, kilometre (GB), km || ~ **carré** / square kilometer || ~ **chargé** / useful o. revenue kilometer || ~**-heure** *m* **ou par heure** / kilometer per hour || ~**-voiture** *m* (ch.de fer) / car kilometer
kilométrer / mark off with kilometer stones
kilométrique / per kilometer
kiloohm *m* / kiloohm
kilotex *m* / kilotex, ktex
kilotonne *f* (nucl) / kiloton
kilovar *m*, kVar / kilovar, kVar
kilovoltampère *m*, kVA / kilovolt-ampere, kVA || ~ **heuremètre** / kilovolt-amperehour meter || ~**s** *m pl* **réactifs** / reactive kilovoltamperes *pl*
kilowatt *m*, kW / kilowatt, kW || ~ **dissipé par friction** / friction kilowatt
kilowatt-heure *m*, kWh / kilowatt-hour, kWh,

Board-of-Trade unit, B.T.U. (GB) || **deux** ~ / two kilowatt-hours o. kWh
kimberlite *f* (géol) / kimberlite || ~ **décomposée** (géol) / Yellow Ground
kinase *f*, phosphokinase *f* (chimie) / kinase
kinéscope *m* (déconseillé), vidéo-enregistreur *m* sur film / telecine camera
kinéthéodolite *m* (espace) / kinetheodolite
kino *m* / [gum] kino
kiosque *m* / kiosk || ~ [de **timonerie]** / conning tower, sail (US) || ~ de **transformation** / transformer box o. tower || ~ de **veille** (nav) / chart room
kirkifier *m* (électr) / kirkifier
kis *m* (sidér) / refined iron froth o. dross, kish [graphite]
kit *m* **électronique** / electronic kit
klaprothite *f* (min) / wittichenite
klaxon *m*, klakson *m* (ch.de fer) / sounding horn, klaxon, hooter
klaxonner (coll) / sound the horn, honk, hoot
klippe *f* (géol) / outlier, klippe (pl: klippen)
klystron *m* / klystron || ~ à **deux cavités** / two-cavity o. two-resonator klystron || ~ à **glissement ou à transit** (nucl) / drift tube || ~ de **grande puissance** / high-power klystron || ~ **monocircuit** / single-cavity velocity-modulation tube, single circuit klystron || **~-multiflex** *m* / multiflex klystron || ~ **réflexe** / reflex klystron || ~ à **trois cavités** / three-cavity klystron
kmol (chimie) / kmol
kola *m* / kola o. cola o. guru o. gooroo nut
kolatier *m* / cola tree, kola tree
koréite *f* / steatite, soapstone, potstone, rock soap, lardstone, lardite
kraft *m* / kraft [paper]
krarup *f*, krarupisation *f* (télécom) / continuous loading
krarupiser (télécom) / load continuously
kraurite *f* (min) / kraurite, dufrenite
krennérite *f* (min) / krennerite
krep (= kilo roentgen equivalent physical) (nucl) / krep (kilo roentgen equivalent physical)
krill *m* (zool) / krill
krypton *m*, Kr (chimie) / krypton, Kr
kryptonate *m* (chimie) / cryptonate
kupfernickel *m* (min) / nickeline, nickelite, niccolite
kurtchatovium *m*, rutherfordium *m* (nucl) / kurtschatovium, KU (in USA = rutherfordium)
kVar / kilovar, kVar
kW / kilowatt, kW
kWh / kilowatt hour, kWh, Board-of-Trade unit, B.T.U. (GB)
kymographe *m* (électr) / kymograph || ~ (ordonn) / kymograph
kyste *m* **varronneux** (cuir) / warble lump, grub boil

L

l/2 / half-wave
label *m* (ord) / label || **avec** ~ (ord) / labelled, labeled (US) || **sans ~s** (ord) / unlabeled || ~ d'**amorce ou de début de la bande** (b.magnét) / volume header label || ~ du **code** (ord) / code name || ~ **début** (ord) / header label || ~ de **début de fichier** (ord) / beginning file label || ~ **début fictif** (ord) / dummy header o. label || ~ de **fichier** (ord) / file label || ~ **fin** (mém. à disque) / trailer [label] || ~ de **fin de bande** (b.magnét) / end-of-volume label || ~ d'**instruction** (ord) / statement label || ~ de **qualité** / seal of approval || ~ **sécurité** / safety marking || ~ **standard** (COBOL) / standard label || ~ de **volume** (b.magnét) / volume label
labferment *m* / rennin, chymosin
labile (chimie) / labile, unstable
labilité *f* / lability
labo *m* (chimie) / lab
laborantin *m*, -tine *f* (chimie) / assistant chemist, laboratory assistant o. operator (US) o. worker
laboratoire *m* (chimie) / laboratory || ~ (phot) / dark room || ~ (four à réverbère) / heating chamber o. body of a reverberatory furnace || ~ d'**analyse** / analytical laboratory || ~ d'**arbitrage** (nucl) / umpire lab[oratory] || ~ **chaud** (nucl) / hot laboratory || ~ **chimique** / chemistry lab[oratory] || ~ de **contrôle** / research lab[oratory] || ~ **dentaire** / dental laboratory || ~ de **développement** (phot) / film laboratory, film processing works || ~ d'**essai** / test laboratory || ~ d'**essai des matières ou des matériaux** / material research o. testing laboratory || ~ d'**essayeur** / assay laboratory o. office || ~ de **fabrication** / pharmaceutic[al] works || ~ de **formulation** / formulating lab[oratory] || ~ de **haute activité** / hot laboratory || ~ **isotopique** / isotope laboratory || ~ de **langues** (électron) / language laboratory || ~ de **mécanique** / mechanical laboratory || ~ **orbital** / orbiting laboratory, orbital workshop || ~ **orbital non habité** (espace) / dry workshop || ~ de **pharmacie** / pharmaceutic[al] laboratory || ~ **photographique** / photographic laboratory || ~ **physique** / physics laboratory || ~ de **radionuclides** / radionuclide laboratory || ~ de **recherche** / research laboratory || ~ de **recherche pure** / research department || ~ **spatial** / space lab
laborieux / laborious, industrious || ~, pénible / laborious
labour *m* / tilling, tillage, (esp.:) ploughing || ~ de **défoncement**, labour *m* profond / deep ploughing || ~ à **plat** / skimming, fleet ploughing || ~ **tournant** (agr) / round-and-round ploughing
labourable (agr) / arable
labourage *m* / tilling, tillage, ploughing, plowing (US)
labourer / plough, plow (US) || ~ **peu avant** / plough fleet
labrador *m* (min) / labradorite (a plagioclase)
labradorite *f* (géol) / labrador (an anorthosite)
labyrinthe *m* (mines) / labyrinth || ~ **collecteur d'un bocard** (sidér) / collecting trough
lac *m* (géogr) / lake || ~ de **barrage** / artificial o. storage lake, dam || ~ **glaciaire** / glacial lake || ~ de **retenue** (hydr) / storage basin o. reservoir, catchment basin || ~ **salé** / soda lake
laçage *m* des **courroies** / lacing
laccase *f* (chimie) / laccase
laccolit[h]e *f* (géol) / laccolith
lac-dye *f* / lac
lacer (câble) / serve
lacérer / lacerate, tear *vt*
laceret *m* / jumper (a drill bit for dowel holes)
lacet *m* / shoe-lace, shoe-string || ~ (cordon) / loop || ~ (routes) / turning, zigzag, hairpin bend || ~ (ch.de fer) / hunting, side motion || ~ (aéro) / yaw[ing] || **en ~s** (routes) / winding || **faire ou décrire des ~s** (routes) / zigzag *vi*, wind *vi* || ~ **circulaire** (routes) / loop
lacète *f* (bâtim) / lacing bond
lâchage *m* / failure || ~ de **soudure** / failure of a weld
lâche / flaccid, flabby, slack, loose || ~ (fil aérien) /

sagged, slack || ~ (tissu) / flimsy || ~ (nœud) / loose
lâcher / let loose o. off o. go, cast loose || ~ (Therblig) (ordonn) / release load || ~ la **couleur** / let go the colour, part with colour, stain || ~ le **ressort** / relax the spring || ~ le **robinet** / open the tap || ~ **soudainement** / trip || ~ de la **vapeur** / let off steam
lacmoïde *m* (teint) / lacmoid, resorcinol blue
laque *f* en **poudre** / powder coating
lacrymogène / lachrymatory
lactame *m* / lactam
lactase *f* / lactase
lactate *m* (chimie) / lactate
lactique / lactic
lacto-densimètre *m*, lactomètre *m* / galactometer, lactometer, milk poise o. gauge
lactoduc *m* / milk pipeline || ~ d'**évacuation** / delivery pipeline
lactoflavine *f* / riboflavin
lactone *f* (chimie) / lactone
lactonisation *f* / lactonization
lactose *m* / lacto[bio]se, milk sugar
lacune *f* / gap, break || ~ (gén) / flaw, fault, defect || ~ (semicond) / hole [electron] || ~ (crist) / lattice vacancy o. void || **sans ~s** / without gap || ~ de **dilatation des rails** (ch.de fer) / expansion gap o. joint, scarfed joint, joint clearance || ~ **électronique** / electron hole || ~ de **miscibilité** / miscibility gap || ~ **réticulaire** (crist) / vacancy || ~ de **Smekal** (crist) / Smekal defect o. flaw, center of disturbation || ~ **stratigraphique** (géol) / hiatus || **~-trou** *f* (semicond) / hole [electron], electron o. mobile o. positive hole
lacuneux (sidér) / blistered, cavernous, porous
lacustre / lacustrine
lagre *m* (verre) / flattening table
lagune *f* / lagoon || ~ **solaire** / solar pond
laie *f* (silviculture) / lane, riding cut || ~ (géol) / bed, seam || ~ (tailleur de pierres) / rough-hammer || ~ **large** (tailleur de pierres) / broad chisel
lainage *m* / fleece, shear wool || **~s** *m pl* / woollen goods *pl*, woollens *pl* || ~ *m*, toison *f* des moutons (activité) / sheep shearing, wool clip || ~ (tex) / raising || ~ au **large** (tex) / cross raising || ~ en **long** (tex) / long raising o. teazeling
laine *f* / wool || **de ou en ~** / woollen, woolen || ~ d'**agneau** / lamb's wool || ~ d'**alpaca ou d'alpaga** / alpaca hair || ~ d'**antennais** / yearling[s] wool, hogget wool, weaners wool (Australia) || ~ d'**arrachage** / slipemaster wool || ~ **artificielle** / artificial o. mungo wool, remanufactured wool || ~ d'**Astrakan** / astrakhan wool || ~ de **basalte** / basalt fibers *pl* || ~ de **bois** / wood wool, excelsior (US), wood shaving (GB) || ~ en **bourre** / loose wool || ~ de **brebis** / ewe's wool || ~ **brute** / raw wool || ~ de **cachemire** / cas[i]mere wool, cassimere wool || ~ **carbonisée** / carbonized wool || ~ à **carde** / wool for carded spinning || ~ **cardée** / carded o. clothing o. short wool || ~ de **cellulose** / viscose staple fiber, rayon staple fiber || ~ **chardonneuse** / burry wool || ~ de **collerette** / necks wool || ~ **comeback** / comeback wool || ~ **commune** / coarse wool || ~ **courte ou à courte soie** / coarse o. short o. clothing wool || ~ **croisée** / crossbred wool || ~ de **cuissard** / crutchings wool || **~-cuisse** *f* / breech[ing], britch wool, haunches wool || ~ de **déchets** (tex) / artificial long-stapled wool, shoddy wool || ~ **dégraissée au solvent** / solvent degreased wool || ~ **demi-fine** / comeback wool || ~ de **dépilation enzymatique** / enzyme wool, green skin wool || ~ de **deux tontes** / double-clip wool || ~ de **digestion** / pie wool, skin digested wool || ~ de **dos** / back wool || ~ d'**échauffe** / fellmongered o. plucked wool, sweated wool || ~ **effilochée type Tibet** / tibet o. thibet wool || ~ d'**enchaussenage** / slipes *pl*, painted wool || ~ d'**épidemie** / hungry wool, wool with breaks || ~ d'**été** (tex) / autumn wool || ~ **extrac** / extract wool || ~ **faible**, laine *f* tendre / tender wool || ~ à **feutre** (tex) / furs *pl* || ~ **feutrée** / cotts *pl* || ~ **filée** / wool thread o. yarn, spun wool || ~ de **flanc** / flank wool || ~ de **garrot** / withers wool || ~ de **gorge** / necks wool || ~ en **gras** / raw wool, greasy wool || ~ **grossière** / coarse o. short wool || ~ **indigène** / domestic wool (in France) || ~ **jarreuse** / kempy wool || ~ **jaune** / yellowed wool || ~ de **lait** / casein wool || ~ de **lama** / llama [hair] || ~ **lavée à dos** / washed wool || ~ **lavée à fond** / scoured wool || ~ [à] **longue soie** / wool of long staple || ~ **maigre**, laine *f* d'épidémie / hungry wool, wool with breaks || ~ de **Mazamet** / fellmongered o. plucked wool, Mazamet o. sweated wool || ~ de **mégisserie** / tanner's wool, limed wool || ~ **mère** / prime locks *pl*, fleeces wool || ~ **mérinos** / merino wool || ~ **mérinos saxonne** (tex) / electoral wool, Saxony wool || ~ **métis** / mixed wool || ~ **minérale** / mineral o. slag wool, mineral cotton || ~ **morte** / dead wool, fallen wool || ~ de **mouton** / wethers wool || ~ **moyenne** (filage) / middle worsted || ~ **mungo** / mungo || ~ à **nettoyer ou de nettoyage** / cleaning wool o. waste, engine waste, waste cotton o. wool || ~ **pailleuse** / strawy wool, shivey wool || ~ de **peaux** / pulled o. skin wool, fellmongered wool (GB) || ~ de ou à **peigne** / carded wool, combed o. combing wool, worsted wool || ~ **peignée** / wool for worsted spinning || ~ **pelote** voir laine de peaux || ~ de **pin sylvestre** (tex) / pine [needle] wool || ~ à **poli** / cleaning wool o. waste, engine waste, waste cotton o. wool || ~ de **printemps** / spring wool || ~ de **protéine** / protein staple fiber || ~ **pure** *adj* / all-wool, pure wool *adj* || ~ *f* de **queue** / tail wool || ~ de **rebut** / refuse wool || ~ **refaite ou renaissance ou renovée** / reclaimed o. recovered wool, artificial wool || ~ **renaissance dite alpaga** / alpaca yarn || ~ **renaissance dite t[h]ibet** / tibet wool || ~ **renaissance de drap foulé** / mungo || ~ de **roche** / mineral wool, rock wool || ~ de la **seconde tonte** (tex) / autumn wool || ~ de **silice** / silica wool || ~ en **suint**, laine *f* surge / greasy wool, wool in the yolk, raw wool || ~ en **suint riche en graisse** / extra greasy wool || ~ **synthétique** / synthetic staple fibe || ~ **tendre** / tender wool || ~ de **toison** / fleeces wool || ~ de la **tonte** / shorn wool || ~ **touffue et mêlée** / cotts *pl* || ~ à **tricoter** / knitting wool || ~ d'**une seule tonte** / single-clip wool || ~ de **verre** / glass wool || ~ **vierge** / new o. virgin wool || ~ [de] **zéphyr** / Berlin wool
lainer (tex) / raise the nap, tease[l], nap || ~ **suivant le poil,** [à rebrousse-poil] / raise with, [against] the nap o. hair
lainerie *f* / wool spinning mill
laineuse *f* (tissu) / napping mill, raising gig o. machine, gig [mill o. machine] || ~ à **cardes métalliques** / wire raising machine, napping o. brushing machine || ~ à **chardons** / raising machine with teasels || ~ à **chardons fixes** / rod teaseling machine || ~ à **chardons naturels** / raising machine with vegetable teasels || ~ à **chardons roulants** / teasel raising machine, roller teaseling machine, raising machine with revolving teasels || ~ à **futaine à poil** / top-gig || ~ à **hérisson** voir laineuse à chardons roulants || ~ au **mouillé** / wet raising machine
laineux / woolly

laisse *f* / beach of shore || ~ de **basse mer moyenne** / mean low tide || ~ de **crue** / flood mark || ~ de **haute marée moyenne** / mean high tide || ~ de **haute mer** / highwater line of tide
laisser en **blanc** (typo) / spare *vt*, leave open || ~ se **calmer** (mét) / kill a melt, quiet, dead-melt || ~ se **congeler** / let solidify || ~ de **côté** / leave out of consideration o. account, disregard || ~ **couler l'eau** / leak water || ~ **échapper** / blow out o. off || ~ **échapper** (p.e. un ressort) / trip *vt* || ~ **entrer** / admit || ~ **foudroyer** (mines) / run the roof to fall down, work by thrusts || ~ **libre ou ouvert** / leave open, spare || ~ **partir** (liquide) / drain *vt* || ~ **passer** (phys) / transmit, let through || ~ **rappeler** / let recoil, let snap back, let fly back || ~ **refroidir** / let cool down || ~ se **reposer** (mét) / kill a melt, quiet, dead-melt || ~ **vieillir** / mature *vt*, age, season *vt*
lait *m* / milk || ~ d'**amiante** / asbestos milk || ~ d'**amidon** / thin starch paste, starch milk || ~ d'**argile** / clay slip, cream of clay, slop || ~ en **boîte** / evaporated milk, tinned (GB) o. canned (US) milk || ~ de **boue** / mud || ~ de **chaux** (bâtim) / milk of lime || ~ de **chaux**, blanc *m* de chaux (bâtim) / lime paint, white-wash, wash[ing], limework || ~ de **ciment** / cement slurry || ~ **concentré** / evaporated milk, tinned (GB) o. canned (US) milk || ~ **concentré** (avec addition de sucre) / condensed milk || ~ de **couche** (pap) / slip || ~ **desséché** / milk powder || ~ **écrémé** / skim milk || ~ **entier** / unskimmed o. whole milk || ~ de **fécule** / starch milk || ~ **frais**, lait *m* naturel / fresh milk || ~ de **kaolin** / clay slip || ~ **naturel concentré** / full cream unskimmed milk || ~ **non écrémé** / unskimmed o. whole milk || ~ en **poudre** / milk powder || ~ de **soufre** / precipitated sulphur
laitance *f* (bâtim) / chalking || ~, barbotine *f* / laitance
laiterie *f*, industrie *f* du lait (gén) / dairy [husbandry], dairying || ~ (ou l'on fait le beurre) / dairy || ~ à **vapeur** / steam dairy
laiteux / milky || **caractère de ce qui est** ~ / milkiness
laitier *m* (sidér) / slag, cinders *pl* || ~ **basique** (sidér) / basic slag || ~ en **blocs** (sidér) / block slag || ~ de **carbure** / carbide slag || ~ de **chiot** (sidér) / running slag || ~ **collant** (sidér) / tacky slag || ~ **concassé** / lump slag || ~ de **coulée** (sidér) / flush slag, flushing cinder || ~ **cru** (sidér) / poor fining-slag, raw fining-slag, tap cinder || ~ de **décrassage** (sidér) / flush slag, flushing cinder || ~ de **désoxydation** / refining slag || ~ **engagé au laminage** (sidér) / tail o. trickle scale || ~ **expansé** / foamed slag, pumice slag || ~ **fluidifié** / fluidized mass o. slag || ~ de la **fonte** (fonderie) / iron dross, casting cinder || ~ **fusant** / slaking slag || ~ **fusible** / fusible slag || ~ du **haut fourneau** / blast furnace slag, scoria || ~ de **haut fourneau granulé** / granulated blast furnace slag || ~ de **haut fourneau pulvérisé** / powdered blast furnace slag || ~ **initial** / melt-down slag || ~ en **morceaux** / lump slag || ~ **mousseux** / foamed slag || ~ en **pains** (sidér) / block slag || ~ **pauvre** (sidér) / poor fining-slag, raw fining-slag, tap cinder || ~ **phosphatique** / basic o. phosphate slag || ~ **ponce** / foamed slag, pumice slag || ~ de **soudage** / welding cinder || ~ de **toison** / dross of pig-iron || ~ d'**usines sidérurgiques,** [métallurgiques] / iron,[foundry] metal slag || ~ **vitreux** (sidér) / floss
laiton *m* / brass || ~ à **77-85 % Cu** / real o. gilt bronze || **de** ~ / brassy, brass... || ~ **alpha ou** α / alpha brass || ~ α-β ou **alpha-bêta** / Tobin bronze, naval brass, N.Br., Admiralty brass || ~ **bêta ou** β / beta brass || ~ **blanc** / white brass || ~ pour **brasure** / brazing solder o. spelter, spelters *pl* || ~ **coulé** / cast brass || ~ **coulé spécial** / special cast brass || ~ **coupé en petites pièces** / latten clippings *pl* || ~ de **décolletage** / free cutting brass, machining brass (US) || ~ **dur** / hard brass || ~ de **fonte** / cast brass || ~ **fritté** / sintered brass || ~ de **fusion** / cast brass || ~ **gamma** / gamma [constituent in] brass || ~ **jaune** / yellow brass || ~ **jaune coulé** / brass casting (with high zinc content) || ~ au **manganèse** / manganese bronze || ~ pour **pièces moulées** / cast brass || ~ en **planche** / brass plate || ~ **qualité Amirauté** / Admiralty metal || ~ **qualité marine** / Tobin bronze, naval brass, N.Br., Admiralty brass || ~ **rouge** / red brass o. metal (Cu 85%, Zn 15%) || ~ en **saumons** / block brass || ~ pour **travail à chaud** / hot-pressed brass
laitonnage *m* / brass coating
laitonner / brass
laize *f* (pap, tiss) / machine width || ~ **irrégulière** (tiss, défaut) / unequal breadth
lamage *m* / countersink[ing] || **faire un** ~ / spot-face || ~ avec un **foret aléseur étagé** / spot facing with stepped cutter || ~ **plan** / spot o. end facing
lamailleux (fonte brute) / black
lamanage *m* / movement of a ship, (also:) berthing
lambeau *m* / shred, tatter, rag || ~ (mines) / block || ~ de **chevauchement** (géol) / outlier || ~ de **nuage** / fracto-cloud
lambert *m* / lambert (cgs-unit of brightness)
lambertite *f* (min) / lambertite
lambourde *f* / joist || ~ de **plafond** (bâtim) / ceiling joist || ~ de **plancher**, traverse *f* (ch.de fer) / cross-piece || ~ de **plancher** (bâtim) / boarding o. flooring joist, flooring sleeper
lambrequin *m* (bâtim) / scallop || ~, valance *f* (tiss) / lambrequin
lambris *m* / wainscot, panel || ~ d'**appui** / wainscoted socle || ~ **bas** (bâtim) / mop-board, skirting[-board], baseboard || ~ de **hauteur** / wall-high panel work || ~ à **hauteur d'appui** / socle wainscoting || ~ des **murs d'une salle** / dado || ~ des **plafonds** / wainscoting on the ceiling || ~ en **planches** (bâtim) / boarded ceiling || ~ **qui règne sur toute la hauteur d'une pièce** / wall-high panel work || ~ de **socle** / wainscoted socle
lambrissage *m* (men) / wainscoting || ~ en **bois** / wooden panelling
lambrisser (bâtim) / wainscot *vt*, panel *vt* || ~ de **planches** / board *vt*, plank *vt*
lame *f* / blade || ~, lamelle *f* / lamina || ~ (m.outils) / cutting edge || ~ (électron) / vane of a capacitor || ~ (tiss) / heald frame o. shaft || ~ (store) / slat of a shutter || ~ (contact) / contact stud || ~ (électr) / element of a voltaic cell, plate || ~ (cognée) / ax[e] blade || ~ (métal) / metal sheet, plate || ~ (mer) / wave || ~ (bouteur) / blade o. bowl of a dozer || **à** ~ **triangulaire** / three-edged || **en ~s** / in strips, in streaks || ~ d'**aiguille** (ch.de fer) / points o. switch blade o.tongue || ~ d'**aiguille flexible** (ch.de fer) / spring point o. tongue, spring switch blade || ~ d'**air** (plast) / air brush o. jet o. knife || ~ d'**alésage** (m.outils) / boring blade || ~ **amovible** (outil) / inserted knife || ~ d'**analyse** (laser) / phase plate || ~ d'**argent à cannetilles** / flattened silver wire || ~ **articulée** (Suisse) (ch. de fer) / heel type rigid switch || ~ d'**assemblage** / joining o. joint plate || ~ à **betteraves** (plantoir) / L-blade || ~ de **bois** / lamina of wood, thin board || ~ à **braser** / solder[ing] terminal o. eye[let] o. tag o. lug || ~ **brisante** / breaker || ~ **caoutchouc d'essuie-glace** (auto) / squeegee, wiper blade || ~ de **cisaille** / shear blade o. knife || ~ de **ciseau** / blade of a chisel || ~ de

ciseau-guillotine / guillotine knife || ~ de **collecteur** / commutator segment || ~ **compensatrice de l'interféromètre** / interferometer compensating blade || ~ de **contact** / contact stud || ~ de **contact** (télécom) / contact spring, tongue || ~ pour **couper les placages** / veneer slicing blade || ~ de **couteau** / knife blade || ~ de **coutre** / coulter point || ~ de **cuivre** / copper strip || ~ **décollée** (aiguille) / open point, open tongue || ~ de **découpage** / punching tool || ~ **demi-onde** / half-wave plate || **~s** *f pl* **demi-onde de retardement** / half-wave retardation plates || ~ *f* à **denture américaine** / skip-tooth saw blade || ~ **détachable** (alésoir) / insert blade || ~ **déversante** (hydr) / overflow, nappe || ~ **docteur** / doctor knife || ~ **docteur pour papeteries** / doctor blade || ~ d'**eau** (géol) / water streak || ~ **élastique** (méc) / spring rod || ~ d'**essuie-glace** / wiper blade || ~ **évidée** / hollow[-ground] blade || ~ **extrudée** (tex) / extruded lamina || ~ à **faces parallèles** / plane-parallel plate || **~s** *f pl* de **fauchage** (agr) / cutter bar || ~ *f* **fibrillée** (tex) / fibrillated split fiber || ~ [à **fil**] **fusible** (électr) / fuse link o. strip || ~ **fixée du condensateur** / fixed plate || ~ de **fond** (nav) / ground swell || ~ de **fourche** / fork blade || **~-fraise** *f* (bois) / shaping cutter || ~ **fusible** (électr) / fuse link o. strip || ~ **glissante** / trailing blade || ~ de **guidage** (c.perf.) / chute blade || ~ de **gypse** / gypsum plate || ~ de **hache-paille** (agr) / chaff cutter knife || ~ sous **incidence brewstérienne** (laser) / Brewster plate || ~ **inférieure** / bottom o. lower blade || ~ **inférieure de cisaille** / lower shear blade o. knife || ~ **intermédiaire** / intermediate layer, ply || ~ d'**interrupteur** (électr) / switch blade || ~ **maîtresse** / top leaf o. blade of a spring || ~ de **métal** / slat || ~ de **métal précieux** / flattened wire || ~ de **mica** / mica sheet, mica foil || ~ **mince** / thin section || ~ **mince polie** (géol, sidér) / thin [ground] section, transparent cut || ~ à **mouvement alternatif** / swinging blade || ~ de **niveleuse** (bâtim) / rake blade || ~ **niveleuse du bouteur** / dozer blade o. bowl || ~ **oblique ou orientable** (bouteur) / A-blade, angledozer blade || ~ d'**obturation** (phot) / rotary o. rotating o. revolving shutter, cutting blade || ~ d'**or à cannetilles** / flattened gold wire || ~ **ouverte** (aiguille) / open point, open tongue || ~ de **parquet** / parquet filling o. strip || ~ de **peigne** (filage) / doffer o. comb blade, doffer knife || ~ du **peigne** (tiss) / dent of a reed || ~ à **pénombre** (opt) / half-shade plate || ~ de **phase** (laser) / phase plate || ~ de **platine** / platinum foil || ~ de **plomb pour coupe-circuit fusible** (électr) / safety strip, fuse strip || ~ **porte-objets** (opt) / glass o. object holder o. slide, microscope slide || ~ à **poudre** (fonderie) / press cake || ~ de **presse** (tricot) / batten plate, striking plate || ~ **profilée** (m.outils) / pinion type cutter || ~ **quart d'onde ou λ/4** / quarter-wave plate || ~ de **rasoir** / razor blade || ~ **refendue** (tex) / slit film yarn || ~ de **renfort** (contact) / contact stiffener || ~ de **ressort** / spring leaf o. blade o. plate || ~ de la **scie** / saw blade o. web || ~ de **scie à bûches** / tab web || ~ de **scie circulaire** / circular saw blade || ~ de **scie à entailler** (bois) / slitting saw blade || ~ de **scie à ruban** / endless saw blade || ~ de **scies à métaux** / hack saw blade || ~ de **scies à pierres** / stone saw blade || ~ à **segment pour scie** / segmental saw blade || ~ **séparatrice** (laser) / separating plate || ~ à **souder** / soldering tag o. lug o. terminal || ~ de **soupape** (techn) / valve reed || ~ **strioscopique** (laser) / schlieren diaphragm o. edge || ~ **supérieure** / top cutter || ~ **supérieure de cisaille** / upper shear blade o. knife || ~ **textile** / flat filament || ~ **tondeuse** (drap) / ledger blade || ~ de **tondeuse** (tiss) / shearing knife, plough || ~ de **tournevis** / screw driver point || ~ **traînante** / trailing blade || ~ **transversale** / transverse blade || ~ du **trépan** (mines) / wing bit of drill || ~ de **tri** (c.perf.) / chute blade || ~ **vibrante** (télécom) / vibrating diaphragm

lamé *m* (tiss) / lamé || ~ *adj* d'**or** / interwoven with golden threads

lamellaire / lamellar, laminar, laminate[d], laminose || ~ (métallurgie des poudres) / flaky

lamellation *f* / plywood production

lamelle *f* / lamella || ~ (techn) / thin strip o. plate || ~ (pneu) / blade, sipe || ~ **autocollante** / adhesive film || ~ de **bois** / wooden slat || ~ de **bois** (convoyeur) / wooden slat || ~ **casse-chaîne** (tex) / drop wire || ~ pour **condensateurs** / capacitor film || ~ **couvre-objet** (opt) / cover slip || ~ **cristalline** / crystal wafer o. platelet || ~ du **diaphragme** / diaphragm blade o. leaf || ~ du **fil de chaîne** / drop wire || ~ de **fusible** (électr) / fuse strip, strip fuse || ~ d'**obturateur** (phot) / shutter blade || ~ à **parquet mosaïque** / parquet-mosaic finger || ~ **radiale mobile** (diaphragme à iris) / blade, leaf || ~ de **soufflage** / blown film || ~ de **store** / slat of a roller blind || ~ **translucide** (géol, sidér) / thin [ground] section, transparent cut

lamellé *adj*, lamelleux / lamellar, laminar, laminal, lamelliform || ~ *m* **collé** / wood core plywood

lamelleux / foliated, leafy, leaved

lamelliforme / lamelliform

lamellisation *f* / lamination

lamellisé (pneu) / siped

lamelliser / laminate

lamer / bezel, chamfer || ~ (p.e. les logements de vis) / sink (e.g. for sinks for screws)

lamette *f* / lamina || ~ (tiss) / shaft rod o. stave, heald stave || ~ (jacquard) / lifting blade

laminabilité *f* (sidér) / rollability, rolling ability

laminage *m* / rolling || ~ (plast) / calendering || ~ (filage) / draft, drafting || ~ de **correction** / skin o. pinch passing, temper rolling || ~ de **coulée continue** / continuous casting and rolling, direct strand reduction || ~ **défectueux** / cobble || ~ à **double manchon** (filage) / double apron drawing equipment || ~ d'**écrouissage** / pinch rolling || ~ d'**enveloppe** / sheath rolling || ~ des **filets** / thread rolling || ~ de **finition** / finish rolling || ~ à **inversion** / reverse rolling || ~ à **lanières doubles** (filage) / double apron drawing equipment || ~ avec **mousse** (tex) / laminating with foam || ~ en **paquet** / pack-rolling || ~ à **pas de pèlerin froid** / cold pilger rolling || ~ à **pellicule brillante** / high gloss foil laminating, celloglazing || ~ de **poudre** (frittage) / powder rolling, roll compacting || ~ de **précision des filets** / finish rolling || ~ de **profilés** / section rolling || ~ **réversible** / reverse rolling || ~ du **ruban** (filage) / sliver drafting || ~ à **section variable** (forge) / stretch rolling || ~ à la **tâche** / job[bing] o. hire rolling || ~ **transversal** / transverse rolling o. laminating

laminaire (écoulement) / laminar

laminate *m* à **fil** (plast) / wire laminate

laminated wood *m* / laminated wood

lamination *f* (lam) / lamination

laminé *adj* / rolled || ~ (électr) / laminate[d] || ~ (pap) / calibrated || ~, contre-collé (pap) / laminated || ~ à **chaud** / hot rolled || ~ **dur** / hard rolled || ~ **[extra] doux** / [extra] soft rolled || ~ à **froid** / cold rolled || ~ à **froid et adouci par recuit** / cold rolled close annealed, CRCA || ~ *m* **marchand** / merchant bars *pl* || ~ **marchand usuel** (lam) / standard section, British Standard beam o. channel (GB) || ~ *adj* à **pas de pèlerin froid** (lam) / cold pilgered, rocked || ~ à **plastique** / plastic-laminated || ~ **sans soudure** / seamless [rolled]

laminer (lam) / roll *vt*, mill *vt* || ~ (tex) / draw *vt*, draft *vt* || ~ (tiss, défaut) / draw *vi*, lose shape, become distorted || ~ [sur] / roll on || ~ (pap, plast) / laminate *vt*, cover *vt* || ~ à **chaud** / hot-roll || ~ les **filets** / bulge o. roll thread || ~ à **froid** / cold-roll || ~ à **pas de pèlerin** / pilger, put through a pilger mill || ~ en **plat** (sidér) / slab || ~ **préalablement à pas de pèlerin** (lam) / prepilger || ~ en **rond** / roll to a circle, roll-bend || ~ par **rotation entre cylindres inclinés** (lam) / cross-roll || ~ la **vapeur** / throttle steam, baffle steam

lamineur *m* / roller || ~ à l'**avant du train** / entry side roller || ~ **dégrossisseur** / rougher

lamineux / lamelliform, lamellar

laminoir *m* / [rolling] mill || ~ (plast) / roll mill || ~ (teint) / printing roller || ~ (tex) / drawing o. drafting equipment o. rollers *pl* || ~ (pap) / thickness calender || ~ à **3 ou 5 montants** / 3 o. 5 stand [rolling] mill || ~ d'**acier** / steel rolling mill || ~ d'**aluminium** / aluminium rolling mill || ~ à **aplatir** / flat rolling mill || ~ à **aplatir les fils ronds** / flattening rolling mill || ~ à **appointer les fils** / rolling mill for pointing wires, pointing roll stand || ~ **[automatique] à mandrin** / automatic mill, plug o. piercing mill || ~ à **bandages** / tire rolling mill || ~ à **bandes** / strip [rolling] mill, broad strip mill || ~ pour **bandes à tuyaux** / skelp mill || ~ pour **barres** / [merchant] bar [rolling] mill, small section rolling mill || ~ à **billettes** / billet mill || ~ à **blindages** / armour-plate rolling mill || ~ à **blooms** / blooming mill (US), cogging mill || ~ à **brames** / slabbing mill, slab cogging mill || ~ à **brames à haut levage** / high-lift slabbing mill || ~ **calibreur** / sizing [rolling] mill, sizing rolls *pl* || ~ à **caoutchouc** / rubber rolling machine || ~ à **centres de roues** / wheel web rolling mill || ~ à **chaud** / hot-rolling mill || ~ à **chaud à larges bandes** / hot wide strip mill || ~ **continu** / continuous rolling mill || ~ à **coton** / cotton drawing frame || ~ à **cuivre** / copper rolling mill || ~ **cycloïdal** / cycloidal pendulum mill || ~ à **cylindres multiples** / cluster mill || ~ à **cylindres obliques** / crossrolling mill, skew rolling o. slant rolling mill, rotary forge mill || ~ à **déchets** (tex) / waste drawing frame || ~ à **déformer** / forming mill, shaping mill || ~ à **dégager** [le tube du mandrin] / detaching mill || ~ **dégrossisseur** / blooming mill || ~ à **demi-produits** / rolling mill for semi-finished products || ~ à **deux jeux de cylindres superposés** / rolling mill two-high, double two-housing mill || ~ **double** (tex) / circular open drawing || ~ à **doubleuses** / looping mill || ~ de **dressage** / skin pass mill, temper pass mill || ~ à **dresser et lisser** (par rotation en cylindres inclinés) (tuyaux) / reeling mill, reeler || ~ **duo** / two-high mill || ~ **duo à large plats en acier** / two-high universal mill || ~ **duo sans équilibrage du cylindre supérieur** / jump roughing mill || ~ **ébaucheur à tubes** / rotary piercing mill || ~ d'**écrouissage** / skin pass mill, sizing mill || ~ à **égaliser** / equalizing rolling mill || ~ **élargisseur** (tuyaux) / expanding mill, becking mill || ~ à **étirage fort** (filage) / drawing frame for maximum draw || ~ **étireur-réducteur** / stretch-reducing mill || ~ à **fer blanc** / tin [plate] mill || ~ à **fers marchands** / merchant mill, small section mill || ~ à **fers moyens et marchands et à fils métalliques** / intermediate small-section and wire rolling mill || ~ à **feuillards** / strip [rolling] mill, broad strip mill || ~ à **feuilles minces** (métal) / foil rolling mill || ~ à **fils** / rod o. wire [rolling] mill || ~ **finisseur** / finishing[-rolling] mill || ~ **finisseur** (pap) / dry thickness calender || ~ de **forge** / forging o. reducer roll || ~ à **froid** / cold reduction o. cold rolling mill || ~ à **froid pour fils métalliques** / wire cold rolling mill || ~ à **grosses sections** / blooming mill || ~ **irréversible à deux jeux superposés** / rolling mill two-high non reversible || ~ à **larges bandes** / wide strip mill || ~ à **larges plats** / universal mill || ~ à **largets** / laminating mill || ~ à **lingots** / billet mill || ~ des **lingots d'acier** / steel ingot rolling mill || ~ **lisseur** / planishing mill, smoothing rolls *pl* || ~ à **mandrin** / automatic mill, plug o. piercing mill || ~ **marchand** / merchant mill || ~ pour **matières plastiques** / plastic mill || ~ **multicages** / multistand rolling mill || ~ à **onduler** / corrugating sheet rolling mill || ~ à **pas de pèlerin** / pilgrim step rolling mill, pilger mill || ~ pour **passage de dressage** / pinch pass rolling mill, skin pass o. temper pass mill || ~ à **pendule** / pendulum mill || ~ à **pendules aux cuillers** / hunting spoon rolling mill || ~ **perceur** (tuyaux) / piercing mill, piercer || ~ **perceur à calibre unique** / single-groove plug mill || ~ **perceur à disques obliques** / disk piercer || ~ **perceur Stiefel** / Stiefel type disk piercer || ~ **perceur trio** / three-roll piercer || ~ **perceur à tubes** / rotary piercing mill || ~ de **planage** / pinch pass rolling mill, skin pass o. temper pass mill || ~ **planétaire «Sendzimir»** / [Sendzimir] planetary rolling mill || ~ à la **plaque** (pap) / plate glazing calender || ~ à **plaques de blindage** / armour-plate rolling mill || ~ à **plusieurs cylindres** (lam) / cluster mill || ~ à **polir** (lam) / planishing mill, smoothing rolls *pl* || ~ à **polir et à dégager** (tuyaux) / reeling and detaching mill || ~ à **polir les tubes** / rolling mill for smoothing tubes || ~ à **poutrelles** / joist rolling mill || ~ de **précision** / sizing[-rolling] mill, sizing rolls *pl* || ~ **préparateur** / jump roughing mill || ~ à **profilés** / structural mill || ~ à **quatre cylindres** / four-roll[ing] mill || **~-raffineur** *m* (caoutchouc) / refiner [mill] || ~ à **rails** / rail rolling mill || ~ à **rails de guidage** / guide mill || ~ **réducteur** / sinking o. reducing mill || ~ **réducteur à froid** / cold reducing mill || ~ de **réduction poussée pour coulée continue** / high reduction mill for continuous casting || ~ à **régénération** / reclaim mill || ~ **repasseur ou à repassage** / pull-over [hot] mill || ~ avec **retour par dessus** / pass-over mill || ~ à **retreindre** / sinking o. reducing mill || ~ **réversible** / reversing [rolling] mill || ~ **réversible pour feuillards à froid** / cold strip reversing mill || ~ à **roues** / disk mill || ~ **sans équilibrage du cylindre supérieur** / jump mill || ~ **Sendzimir** / [Sendzimier] planetary rolling mill || ~ à **serpentage** / looping mill || **~-soudeur** *m* / welding mill || ~ **Steckel à traction** / coiler tension rolling mill || ~ **tandem** (sucre) / tandem mill, mill tandem || ~ à **taux élevé de formage** / high reduction mill || ~ à **tôles** / plate [rolling] mill || ~ à **tôles fines** / sheet [rolling] mill || ~ à **tôles fines et à feuillards** / flatting mill || ~ à **tôles fortes** / plate [rolling] mill || ~ à **tôles moyennes** / jobbing sheet o. plate mill || ~ à **traction par bobineuse** / coiler tension rolling mill || ~ **trio** / three-high mill || ~ **trio réversible** / three-high reversing mill || ~ à **trois jeux de cylindres superposés** / three-high mill || ~ à **tuyaux** / tube o. pipe [rolling] mill || ~ à **tuyaux continu** / continuous tube rolling mill || ~ **universel** / universal mill || ~ **vertical et horizontal** / vertical

and horizontal rolling mill
lampadaire *m* / lamp stand post, (also:) floor-standard lamp || ~ **champignon** / mushroom lamp || ~ d'**éclairage public** / luminaire for road and street lighting
lampe *f* / lamp, illuminant || ~ (mines) / pit lamp, miner's o. mining lamp, lamps *pl*, lights *pl* || ~, tube *m* (électron) / tube (US, GB), valve (formerly GB) || ~ [décorative] / lamp, lantern, light, luminaire (US) || **une ~ rouge s'allume** / show red || ~ à **acétate d'amyle** / acetate-of-amyl lamp || ~ à **acétylène** / acetylene lamp || ~ à **alcool** / spirit lamp || ~ **amplificatrice** / amplifier tube || ~ d'**appel** (télécom) / line lamp || ~ d'**appel en attente** (télécom) / call storage lamp || ~ pour **applications médicales** / medical lamp || ~ à **arc [voltaïque]** / arc lamp || ~ à **arc [à électrodes] de charbon** / carbon arc lamp || ~ à **arc enfermé** (électr) / enclosed arc lamp || ~ à **arc à mercure** / mercury discharge lamp o. arc lamp || ~ à **arc moléculaire** / molecular arc lamp || ~ à **arc à point lumineux fixe** / arc lamp with fixed arc, focus[s]ing arc-lamp || ~ à **arc à réflecteur concave non-sphérique** / mirror arc lamp || ~ à l'**arc xénon** / xenon arc lamp || ~ à **articulations universelles** / swivel lamp || ~ d'**atelier** / illuminated magnifying lamp || ~ à **atmosphère gazeuse** / gas-filled lamp || ~ à l'**azote** / nitrogen-filled lamp || ~ **baladeuse** / inspection lamp || ~ à **bascule** / reversible o. turn lamp || ~ **bigrille** (électron) / double o. two-grid tube, bigrid [tube] || ~ **bouton** / round bulb lamp || ~ à **braser** / blow lamp o. blow torch (US) for brazing || ~ de **bureaux** / desk lamp || ~ de **cadran** / scale illuminating lamp || ~ à **cathode creuse de fer** / lamp with hollow iron cathode || ~ **cathodique** (électron) / cathodic o. magic o. tuning eye, cathode ray tuning indicator, visual tuning indicator || ~ au **chapeau** / cap lamp || ~ de **charge** (télécom) / ballast lamp || ~ de **chimiste** (chimie) / lamp furnace || **~s** *f pl* **clignotantes alternantes** / twin flasher lamp || ~ *f* de **clôture** (télécom) / clearing o. supervisory lamp || ~ **combinée feu arrière et catadioptre** (auto) / rear reflecting and tail lamp || ~ **combinée feu arrière et éclaire-plaque** / license plate o. number plate and tail lamp || ~ à **combustion** / combustion o. gas lamp || ~ **composée [à lumière mixte]** / self-ballasted mercury lamp || ~ de **contrôle** / pilot lamp || ~ de **contrôle [de charge etc]** / charge indicator lamp || ~ **Davy** / miner's o. mining lamp, Davy o. safety lamp || ~ à **décharge** / [gas] discharge lamp || ~ à **décharge à cathode chaude** / hot-cathode discharge lamp || ~ à **décharge à condensateur** (électr) / condenser discharge light || ~ à **décharge à haute pression** / high-pressure gas discharge lamp || ~ à **décharge lumineuse** / [cold cathode] glow tube || ~ **décorative** / decorative lamp || ~ à **double filament** / double filament lamp || **~-éclair** *f* (phot) / flashbulb, photoflash lamp || **~-éclair** *f* **en capsule** (phot) / clear cap-type bulb || **~-éclair** *f* **incolore** (phot) / clear capless o. baseless bulb, clear flashbulb || **~-éclair** *f* **infrarouge** / infrared flashlight || **~-éclair** *f* **photoflux** / photoflash, flashbulb || ~ d'**éclairage extérieur** / outdoor light fixture || ~ à **éclairage mixte à vapeur de mercure** / mercury vapo[u]r combination light lamp || ~ à **éclairage uniforme** / general diffused lighting fitting || ~ à **effluves** / [cold cathode] glow tube || ~ **électrique** / pocket lamp o. flashlight, electric torch (GB), flashlight (US) || ~ **électrique à éclairer l'intérieur** / inspection lamp || ~ **électromètre ou électrométrique** / electrometric lamp || ~ **électropneumatique** (mines) / compressed-air lamp || ~ d'**émailleur** / glass-blower's lamp || ~ d'**émailleur** (chimie) / lamp furnace || ~ **encastrée** / built-in illuminator || ~ **étalon** / gauge lamp, comparison lamp, standard illuminant || ~ **étalon pour essais d'échauffement** / heat test source lamp, HTS lamp || ~ **excitatrice** / exciter lamp || ~ à **fente** / slit lamp || ~ au **feu nu** (mines) / open-flame lamp || ~ à **fiche** / jack lamp || ~ à **filament à âme plate** (opt) / flat-mandrel filament lamp || ~ à **filament bispiralé** / coiled-coil filament lamp || ~ à **filament couvert d'oxyde** (électron) / oxide coated filament tube || ~ à **filament de charbon** / carbon filament lamp || ~ à **filament métallique** / metallic filament lamp || ~ à **filament transversal** (électr) / transversal filament lamp || ~ **fin de conversation** (télécom) / clearing o. supervisory lamp || ~ **fixée sur une machine** / built-on lamp o. illuminator || ~ à **flamme, grande** / large candle lamp || ~ à **flamme, petite** / small candle lamp || **~-flash** *f* (phot) / photoflash [lamp], flash bulb || ~ **fluorescente** / fluorescent lamp || ~ **fluorescente à bandes étroites ou à trois puissances** / three-line [phosphorus] fluorescent lamp, tri-phosphorus fluorescente lamp (US) || ~ **fluorescente sans bruit** / noiseless lamp || ~ **focalisée** (auto) / permanent-focus bulb || ~ à **gaz** / gas lamp o. light || ~ à **gaz à éclairage renversé** / inverted [incandescent] gas lamp || ~ **génératrice** (électron) / generator o. oscillator tube || ~ **germicide** / degerminating lamp, germicidal lamp || ~ **gland** / round bulb lamp || ~ **grisoumétrique** voir lampe Davy || ~ à **halogène-métal** / metal halide lamp || ~ à **haut débit en watt** / high-wattage lamp || ~ **hélium** / helium filled lamp || **~-heure** *f* / light[ing] hour || ~ à **huile de signalisation** (auto) / liquid burning pot torch || ~ **inactinique** (phot) / safe-light, dark-room lamp || ~ à **incandescence** / incandescent lamp o. bulb, filament lamp o. bulb || ~ à **incandescence pour électromobiles et navires** / traction lamp || ~ à **incandescence pour projection** / projector type filament lamp || ~ à **incandescence type traction ou pour automobiles** / traction lamp || ~ **incandescente à trois filaments** (électr) / three filament incandescent bulb || ~ **incorporée** / built-in illuminator || ~ d'**indication d'opération** / equipment-on indicator lamp || ~ **indicatrice** / pilot lamp, repeater lamp || ~ **individuelle** (ch.de fer) / reading [spot] lamp || ~ d'**inoccupation** / idle indicating signal || ~ pour l'**intérieur** (auto) / [door operated] interior o. courtesy light || ~ à **iode** / iodine lamp || ~ **limiteuse d'intensité** / current limiting lamp || ~ **linolit[h]e** / double-ended tubular lamp, festoon bulb o. lamp, linolite [lamp] || ~ à **lueurs** / glowlamp || ~ à **lumière mixte** (gén) / blended lamp || ~ **[à lumière] solaire** / solar colour lamp || ~ à **lumière de Wood** / Wood's lamp, black light lamp || ~ **luminescente à gaz** / electric discharge lamp, gas discharge o. condenser discharge lamp || ~ **lumineuse au néon** / neon tube o. lamp || ~ pour **machine à tirer les calques et bleus** / copying lamp || ~ **machine-outils** / machine tool lamp o. illuminator || ~ pour **machines à coudre** / sewing machine lamp || ~ à **mercure à tube de quartz** / quartz mercury vapour lamp || ~ de **microscope** / microscope lamp || ~ de **mineur** voir lampe Davy || ~ **miniature** / pygmy lamp, miniature lamp || ~ **murale** / wall lamp || ~ **navette** / double-ended tubular lamp, festoon bulb o. lamp, linolite [lamp] || ~ au **néon** / neon glow lamp || ~ au

néon plat / plate neon lamp o. light || ~ **Nernst** / Nernst lamp || ~ **Nitraphot** (phot) / nitraphot lamp || ~ d'**occupation** (télécom) / busy lamp, hold lamp || ~ d'**occupation de voie** / track occupancy light || ~**-phare** *f* (mines) / headlamp, -light || ~ **phare-code** (auto) / bilux bulb || ~ de **phase** (électr) / synchro[no]scope, synchronizing lamp, phase lamp || ~ **phonique** / exciter lamp || ~ **photo** / photo[flood] lamp || ~ **pilote** / pilot lamp || ~ **pilote** (télécom) / pilot lamp o. indicator o. signal [lamp], position pilot lamp || ~ **plafonnière** / ceiling light fitting, ceiling lamp || ~ à **plusieurs fonctions** (auto) / multiple lamp || ~ de **poche** / pocket lamp o. flashlight, electric torch (GB), flashlight (US) || ~ à **pompe** / pressure lamp (forcing the oil by a pump o. spring) || ~ **ponctuelle** (électr) / point light lamp || ~ **ponctuelle à mercure** / mercury point lamp || ~ **ponctuelle au tungstène** / tungsten point lamp || ~ **portative**, baladeuse *f* / hand lamp, portable o. trouble (US) lamp || ~ **portative**, lampe *f* de table / table standard (GB) o. lamp (US) || ~ à **poteau électrique** / standard lamp || ~ **préfocus** / permanent-focus bulb || ~ de **projecteur** / searchlight o. reflector lamp || ~ à **projection** / projection o. projector lamp || ~ à **quatre électrodes** (électron) / tetrode, four-electrode tube, bigrid [tube] || ~ **radiométrique** / radiometric lamp || ~ à **rayons ultraviolets** / ultraviolet ray lamp, sun lamp || ~ à **rayons ultraviolets de Cooper-Hewitt** / Cooper-Hewitt lamp, coop || ~ **redresseuse** / rectifier tube || ~ **redresseuse à fluorescence** / neon tube rectifier || ~ à **réflecteur** / reflector lamp || ~ à **renversement** / reversible o. turn lamp || ~ **scialytique** / operational lamp || ~ de **signalisation** / pilot lamp o. indicator o. signal [lamp], signal lamp || ~ de **sol** / floor lamp || ~ **solaire** / daylight lamp || ~ **soleil** (électr) / soleil lamp || ~ à **souder** / blow lamp o. torch (US), soldering lamp, torch lamp || ~ **spectrale** / spectral lamp || ~ **sphérique** / ball lamp || ~ **stérilisatrice** / degerminating lamp, germicidal lamp || ~ de **sûreté** voir lampe Davy || ~ **survoltée** (TV) / photoflood lamp || ~ **suspendue** (électr) / suspended lamp, pendant lamp || ~ de **syntonisation** / tuning lamp || ~ de **table** / table standard (GB) o. lamp (US) || ~ de **tableau de bord** (auto) / instrument [panel] lamp, panel o. dashboard lamp || ~ au **tantale** / tantalum lamp || ~ **tare** / secondary standard lamp || ~ pour **téléphones** / telephone lamp || ~ **témoin** / pilot lamp || ~ **témoin** (microscope) / pilot lamp o. indicator o. signal [lamp] || ~ **témoin** (électr) / test lamp || ~ **témoin des clignotants** / direction indicator o. turn signal (US) pilot lamp || ~ **témoin du compteur** / meter lamp || ~ **témoin de courant** / current indicator lamp || ~ de **test** (télécom) / busy lamp, hold lamp || ~ à **tête-projecteur** (mines) / headlamp, -light || ~ à **tige de verre** (électr) / wedge base bulb || ~ **torche** / electric torch (GB), flashlight (US) || ~ de **travail** / workplace illuminator || ~ de **travail orientable** / swivel lamp || ~ **trigrille** / three-grid tube || ~ à **trois électrodes** / three-electrode tube, triode tube || ~ **tube ou tubulaire** / tubular o. tube lamp, neon lamp || ~ à **tube de quartz** / quartz [mercury vapour] lamp || ~ **tubulaire** / double-ended tubular lamp, festoon bulb o. lamp, linolite [lamp] || ~ au **tungstène** / tungsten lamp || ~**-tungstène halogène** *f* / halogen bulb, tungsten halogen lamp || ~**-tungstène** *f* **halogène au quartz** / quartz-iodine o. -halogen lamp, tungsten iodine o. halogen lamp || ~ **turbinaire** (mines) / compressed-air lamp || ~ **ultraviolette** / ultraviolet ray lamp, artificial sunlight [lamp], sun lamp || ~ à **vapeur** (électr) / vapour discharge lamp || ~ à **vapeur de mercure à haute pression** / high-pressure mercury vapour lamp || ~ à **[vapeur de] mercure à très haute pression** / extra-high pressure mercury [vapour] lamp, superpressure mercury lamp || ~ à **vapeur métallique** / metal vapo[u]r lamp || ~ à **vapeur de sodium** / sodium vapour lamp, sodium discharge lamp || ~ à **vapeur de sodium à basse pression** / low pressure sodium vapour discharge lamp || ~ à **vapeur de sodium type SO-I** / SO-I-sodium vapour lamp || ~ en **verre clair** (électr) / clear lamp || ~ à **verre coloré** / coloured lamp || ~ à **verre de Wood** / Wood's lamp, black light lamp || ~ à **vide [absolu]** (électr) / vacuum [filament] lamp, vacuum incandescent lamp || ~ de **visite** / inspection lamp

lampemètre *m* / tube tester

lampiste *m* (mines) / davyman, davykeeper

lamprophyre *m* (géol) / lamprophyre

lanamètre *m* (tex) / lanameter

lançage *m* (nav) / launching || ~ (mines) / jetting || ~ de **pieux** / water-jet driving, pile jetting

lance *f* / lance || ~ (sidér) / blast pipe || ~ d'**arrosage** / water gun || ~ d'**arrosage** / water hose, nozzle || ~ à **charge explosive** (mét) / lance with explosive charge, jet tapper (US) || ~ **élastique** (méc) / spring rod || ~ à **grand débit** (pomp) / full jet pipe || ~ d'**incendie** (pomp) / spout, jet pipe || ~ d'**injection ou d'insufflation** (mét) / oxygen lance || ~ **monitor** (gén) / water gun || ~ **monitor** (mines) / monitor || ~ à **oxygène** (sidér) / oxygen lance || ~ d'**oxygène et de poudre** (sidér) / oxygen powder lance

lancé (rayons) / directed, directional || ~ (départ) / flying || **être ~** / be launched || **être ~ par catapulte** / start by catapult || ~ en **position** (pont) / slid into position || ~ d'un **tube** (missile) / tube-launched

lance-amarre *m (pl invar)* (nav) / heaving line || ~**-bombe[s]** *m* (mil) / minethrower, [trench] mortar || ~**-bouts** *m* (tiss) / getter-in || ~**-diffuseur** *m* (pomp) / spray nozzle o. diffuser || ~**-flamme[s]** *m* / flame thrower || ~**-fusée[s]** *m* (mil) / rocket launcher system Nebel

lancement *m* / throw[ing], cast[ing], hurl[ing] || ~ (fusée) / launch, launching, blast-off (coll) || ~ (mot) / starting || ~ (ord, télécom) / release || ~ (pont) / launching || ~ (ordonn) / order release || **à ~ automatique** / self-triggering || ~ par **canon** / gun launching || ~ par **catapulte** (aéro) / catapult start || ~ **chip** (ord) / chip enable || ~ d'**engin** / space shot || ~ de la **fusée** / launching, blast-off, take-off || ~ du **matériel** (ord) / device release || ~ à **point fixe** (aéro) / ZELL-start (= zero length launcher), zero launch, zero length take-off || ~ de **production** / engineering release || ~ **sortie** (ord) / output enable || ~ à **treuil** (aéro) / winch launch

lance-mines *m* (mil) / minethrower, [trench] mortar

lancéolaire, lancéolé / lanceolated

lance-poudre *m* / sand-blast nozzle pipe

lancer / fling, throw, cast, hurl, toss, pitch || ~ (nav) / launch *vt* || ~ (tiss) / pick *vt* || ~ (ch.de fer) / push *vt*, kick (US) || ~, éjecter / jet *vt* || ~ (mot) / start *vt* || ~, déclencher (ord) / trigger *vt* || **faire ~ l'hélice sustentatrice** (aéro) / rev up the helicopter screw || **se ~ dans un travail** / peg away || ~ avec la **catapulte** (aéro) / catapult *vt* || ~ la **duite** (tiss) / shoot in || ~ la **navette** (tiss) / cross o. ply the shuttle || ~ un **pont** / launch a bridge

lance-roquettes *m* / rocket launcher o. projector || ~**-torpilles** *m* (nav) / [torpedo] launching tube

lancette *f* / lancet || ~ pour **feuilles de placage** / spur for veneer slicing

lanceur *m* (tiss) / shuttle driver || ~ (ELF) (espace) / launch o. launcher rocket o. vehicle, booster rocket o. stage, carrier rocket, rocket vehicle || ~ (ELF) (engin) / launcher || ~ de **balles** (agr) / bale thrower || ~ **Bendix** (auto) / inertia [gear] drive starter, Bendix type starter || ~ **Bendix [du type] sortant** / outboard Bendix drive || ~ à **point fixe** / zero-length launcher || ~ de **pont** (mil) / bridge laying vehicle

lancière *f* / outlet, channel

lanciforme (bot) / lanceolate, -olar

lançoir *m* (hydr) / sliding panel o. valve o. lock-gate, sluice, flood gate, hatch, wicket of a weir

land *m* (caoutchouc) / land

landaulet *m* **conduite intérieure** (auto) / saloon landaulette (GB), sedan landaulet (US)

lande *f* / heath

langage *m* / language || ~ **adapté aux problèmes** / problem-oriented language || ~ *f* d'**arrivée** (traduction) / target language || ~ *m* **assembleur** / assembler o. assembly language || ~ **cible** / target o. receptor language || ~ **clair** / plein language, text in clear, clear text || ~ de **codification** / coding language || ~ *f* de **départ** (traduction) / starting language || ~ *m* **évolué** / high-level language, high-order language || ~ d'**exploitation** / operating language || ~ **formel** / formal[ized] language || ~ de **formules** / formula language || ~ **«hélium»** (scaphandre) / Donald-Duck language || ~ **lié au ordinateur** / computer[-oriented] language, low-level language || ~ **machine** / computer o. native o. machine language || ~ **machine commun** / common language || ~ **naturel** / natural language || ~ **objet** (ord) / object language, target language || ~ d'**origine** / source language || ~ **PEARL** / process and experiment automation real-time language, PEARL || ~ **peu évolué** / low-level language || ~ de **procédure** / procedure-oriented language, precedural language || ~ de **programmation** / programming language, course writer || ~ de **programmation ADA** / ADA programming language || ~ de **programmation CLDATA** (NC) / CLDATA programming language || ~ de **programmation compact** / compact programming language || ~ de **programmation DETAB** / DETAB programming language (using decision tables) || ~ de **programmation EXAPT** (m.outils) / EXAPT || ~ de **référence** / reference language || ~ **resultant** voir langage objet || ~ de **simulation** / simulation language || ~ **source** voir langage d'origine || ~ **stratifié** / stratified language || ~ **symbolique** / pseudocode || ~ **symbolique de programmes** / symbolic [program] language || ~ **synthétique** / synthetic language || ~ **technique ou du métier** / technical o. professional language o. terminology, lingo

langue *f* (gén, balance) / tongue || ~ (verre) / scratch || ~ **brute de laminage** (bande laminée) / rough rolled end || ~**-de-carpe** *f* (serr) / cold chisel || ~ de **spécialité** / language for special purposes || ~ de **terre** (géogr) / neck || ~ de **vipère** / pointed nose, turner's bit

langueter (men) / tongue [and groove] *vt*

languette *f* (tex) / purl, loop || ~ (m.à coudre) / scallop || ~ (men) / tongue || ~ (soulier) / tongue of a shoe || ~ (charp) / tenon [for mortice] || ~ (balance) / index o. needle o. tongue of a balance tab || ~ (électr) / blade terminal, flat pin terminal || **à** ~ (men) / tongued || ~ d'**arête** (men) / dovetail key, wooden clamp || ~ en **bois de bout** (men) / cross-tongue || ~ du **bord de plaquette** / card-edge finger || ~ de **cheminée** / partition of a chimney, midfeather || ~ pour **clip** (électr) / push-on clip || ~ de **déchirage** (emballage) / tear tab, tear-off strip || ~ **écartable** (plast) / stretcher plate || ~ **et rainure** (men) / groove and tongue || ~ de **marteau** / hammer strap || ~ de **plombage** / lead sealing tab || ~ à **rabattage de jeu** (techn) / adjusting gib || ~ [à **rainure**] / tongue [for grooves] || ~ de **refend** / partition of a chimney, midfeather || ~ de **renfort en bout** (men) / wooden cross clamp

lanière *f* / strap, thong || ~ (filage) / leather tape, apron || ~ de **courroies** / leather strap for sewing || ~ **inférieure** (filage) / bottom apron || ~ de **maintien** (ch.de fer, auto) / strap, grasp || ~ **supérieure** (filage) / top apron

lanoline *f* / wool fat o. grease, lanolin[e]

lanterne *f* / lantern || ~ (engrenage) / trundle [motion], lantern wheel || ~ (balance) / balance case || ~ d'**aiguille** (ch.de fer) / point indicator lamp, switchpoint lamp || ~ d'**aile** (auto) / fender (US) o. mudguard (GB) o. side lamp, side marker lamp (GB) || ~ du **boudinoir** (filage) / can || ~ de **cheminée** / open-worked chimney top || ~ **combinée feu arrière et stop** (auto) / combined tail and brake lamp || ~ **combinée feu arrière et stop et éclairage plaque arrière** / combined tail and brake and license-plate lamp || ~ à **fuseaux** *f* / pin wheel gear, lantern gear, trundle || ~ *f* à **gradins pour poteau droit** (routes) / mushroom column-top lantern with stepped-cone diffuser || ~ à **huile** / oil lamp || ~ de **noyau** (fonderie) / core bar[rel] o. spindle || ~ pour **poteau droit, forme de timbale** (routes) / pole-top lantern with beaker bowl || ~ pour **poteau droit, forme entonnoir** (routes) / cone top lantern || ~ de **queue** (ch.de fer) / tail lamp, taillight || ~ de **repère** (ch.de fer) / marker light || ~ de **robinet** / lantern of valve || ~ de **soupape** (gén, auto) / valve cage || ~ du **tendeur** / stud eye head fitting, turnbuckle

lanterneau *m* (ch.de fer) / clerestory || ~ (constr.en acier) / skylight || ~ (bâtim) / skylight turret, lantern [tower] || ~, tourelle *f* / ridge o. louver turret || ~ à **deux pentes** / double-inclined sky-light

lanternon *m*, voir lanterneau (bâtim) / skylight turret, lantern [tower]

lanthane *m*, La (chimie) / lanthanum

lanthanides *m pl* (chimie) / lanthanide series, lanthanides *pl*

lanthanite *f* (min) / lanthanite

lapidaire *m* / diamond cutter || ~ (m.outils) / lapping machine || **dresser au** ~ / lap *vt*

laplacien *m* (math) / Laplacian, Laplace operator || ~ (nucl) / buckling || ~ **géométrique** (nucl) / geometric buckling || ~ **matière** (nucl) / material buckling

lapping *m* (déconseillé), rodage *m* (m.outils) / lapping || **faire par** ~ (déconseillé), roder (m.outils) / lap *vt* || ~ au **jet de vapeur** / liquid o. jet lapping, vapour lapping

laps *m* de **temps** / lapse of time, passage of time || ~ de **temps écoulé** / elapsed time

laquage *m* / lacquering, varnishing, enamelling (US) || ~ (produit) / lacquered work, japan work || ~ (auto) / enamelling || ~ **électrostatique** / electrostatic enamelling || ~ **électrostatique à couleurs en poudres** / electrostatic powder coating

laque *m* / lac (a resinous substance) || ~ *f* (gén) / lacquer || ~ à l'**asphalte** / asphalt varnish, black japan || ~ **carminée** / lake || ~ **cellulosique** / nitrocellulose o. n.c. lacquer, pyroxylin[e] lacquer || ~ **claire** (gén) / transparent lacquer || ~ de **cochenille** / [crimson] lake || ~ **colorée** / coloured lake || ~ de **couverture** / masking lacquer || ~ **cramoisie** / carmine lacquer || ~ à **cuire** / [baked o. stove] enamel || **~-dye** *f* / lac || ~ *m* à l'**eau** / water lacquer o. enamel || ~ *f* **écarlate** / scarlet lake || ~ à **effet martelé** / hammer dimple enamel, hammer [effect] enamel, hammer tone finish || **~-émail** *f* / enamel varnish o. paint || **~-émail** *f* **thermodurcissable** / [baked o. stove] enamel || ~ en **feuilles** / lacca, shellac[k] || ~ **fine** / [crimson] lake || ~ [au **four ou à l'air] [à base de résine] synthétique** / synthetic enamel || ~ en **grains** / seed lac || ~ d'**impression** (typo) / printing lake, printer's varnish || ~ *m* du **Japon** / japan || ~ *f* en **masse** / stick lack || ~ **noire** / black varnish || ~ *m* **oriental** / Chinese o. Japanese lacquer || ~ *f* aux **peintres** / varnish [paint] || ~ **photosensible** (circ.impr.) / photosensitive resist || ~ **synthétique** / synthetic enamel || ~ des **teinturiers ou en trochisques** / lac-dye || ~ de **tension** / stiffening varnish o. dope || ~ à la **térébenthine** / turpentine varnish || ~ **transparente** / clear lacquer

aqué / lacquered || ~ au **four** / burnt, burned || ~ à la **laque à cuire** / enamelled

aquer / lacquer *vt* || ~, vernir / varnish *vt* || ~ à la **laque à cuire** / stove-enamel o. -finish, enamel, bake || ~ au **tambour** / tumble *vt*, barrel *vt*

ard *m* de **baleine** / blubber

arder (techn) / stud

ardoire *f* / pile shoe o. ferrule, iron sheath of a pile

ardon *m* (horloge) / nut, pallet || ~ / a thin wooden strip || ~ de **compensation d'usure** (m.outils) / adjusting gib || ~ **conique** (m.outils) / V-ledge

argage *m* du **carburant** (aéro) / fuel jettison gear

arge / broad, wide || ~ (typo) / expanded, extended || ~, ample / ample || ~ (nav) / open sea || **à ~s ailes ou semelles** (poutrelle I) / wide-flange... || **au** ~ (tex) / full-width..., open-width... || **au** ~ (nav) / off shore, in the offing || **au ~ de la terre** / off the shore || **en** ~ / broadwise || ~ **bande** *f* (pap) / broad web || ~ **bande** (lam) / wide strip || ~ **bande** (électron) / broad o. wide band || ~ **plat** *m* / wide flat [steel], universal [mill] plate, universals || ~ **polyvalence** *f* / wide spectrum of activity || ~ **tôle** / wide sheet o. plate || ~ **tôle matte ou terne** / long terne plate

arget *m* (sidér, lam) / billet || ~ de **longueur multiple** (lam) / sheet bar multiple || ~ pour **tôles** / steel sheet billet, steel sheet mill bar

argeur *f* / width, breadth || **de ~ irrégulière** (typo, tiss) / of unequal breadth || **de deux ~s** / of double width || **de deux ~s** / of two widths, double-width || ~ d'un **affaissement** (sidér) / width of cratering || ~ d'**aile** (profilés) / width of flange || ~ **angulaire de faisceau à mi-intensité** (projecteur) / one-half peak divergence o. peak spread || ~ de **bande** (électron) / width of the frequency band || ~ de **bande** (pap) / breadth of web || ~ de **bande de bruit** / noise bandwidth || ~ de **bande effective** (opt) / half width value || ~ de **bande H.F.** / H.F. bandwidth || ~ de **bande d'impulsions** / pulse bandwidth || ~ de **bande interdite** (semicond) / band gap, energy gap || ~ de **bande à mi-hauteur de pic** (acoustique) / 3dB-bandwith, bandwith 50% down || ~ de **bande passante** / transmission band[width], acceptance band[width] || ~ **bande de son** (TV) / sound frequency bandwidth || ~ de **bande totale** (TV) / total width of frequency bands || ~ **bande-vidéo** (TV) / video bandwidth || ~ des **becs** (pince plate) / width of point || ~ de **bobine** (pap) / width of reel || ~ des **branches de tenailles** / width of handles (tongs) || ~ de **cannelure** (lam) / width of groove || ~ du **chanfrein de bec** (ciseaux) / chamfered corner length || ~ du **chargement** (ch.de fer) / loading width || ~ du **chariot** (m.compt) / carriage width || ~ de **chaussée** / roadway o. pavement (US) width || ~ de **chemin** (scie) / width of set of teeth || ~ de **colonne** / column width, (esp:) measure || ~ de **contact de deux rouleaux** (pap) / nip width || ~ **contractuelle** (circ.impr.) / design width || ~ de **coordination** (bâtim) / coordinating width || ~ de **coupe** (outil de brochage) / width of cut || ~ de **débit** / width of cut || ~ de la **dent** / width of tooth face, facewidth || ~ **développée** (pneu) / tread arc width || ~ d'**écoulement** / sectional area of flow || ~ **effective** (escalier) / effective width || ~ **effective de la plaque de béton** (pont) / effective width of concrete slab || ~ d'**émission neutronique** / neutron width || ~ d'**emprise** (barrage) / base width || ~ d'**entre-axe** / distance between centers o. center lines of tracks || ~ d'**entrefer** (b.magnét) / gap length [in direction of recording] || ~ d'**entrefer efficace** / effective length || ~ **étendue** (tiss) / stentering (GB) o. tentering (US) width || ~ du **faisceau** / beam width, beam opening || ~ du **faisceau** (TV) / aperture of the beam || ~ de **faisceau** (antenne, radar) / apex angle, aperture angle (US), beam width (GB) || ~ du **faisceau utile** (antenne) / effective beamwidth || ~ de **fente** (grille, tamis) / slot width o. opening || ~ **finale** / finished width || ~ de **fission** (nucl) / fission width || ~ **hors tout** / overall width || ~ d'**image** (TV) / frame width || ~ d'**impression** (imprimante) / printing width, print-span || ~ d'**impulsions** / pulse width || ~ **intérieure** / clear opening || ~ **interne** (câble) / traverse width || ~ de **jaugeage** (nav) / registered o. tonnage breadth, [o. length o. depth] || ~ de la **ligne d'impression** (ord) / print-span || ~ de **listel** (foret) / width of land || ~ du **lit** (canal) / base width || ~ du **lobe** (antenne) / lobe width || ~ du **logement du dormant** (porte) / width of structural reveal || ~ des **mailles** / mesh size || ~ de **marge** / binding o. filing edge o. margin || ~ **maximale** / maximum width || ~ **maximale d'un navire** / beam || ~ entre **membrures** (nav) / moulded beam o. breadth || ~ **minimale** / minimum breadth || ~ **moitié d'impulsions** / half-power points *pl* || ~ **moyenne de caractères** (typo) / en || ~ de la **nappe d'ourdissage** (tiss) / width of warp sheet || ~ d'un **navire** / beam || ~ de **niveau** (nucl) / level width || ~ de **passage** (porte) / clear opening width || ~ de **peigne** (tiss) / reed space || ~ du **pinceau** (TV) / aperture of the beam || ~ à **plat** (chambre à air) / flat width || ~ de **pont** (nav) / deck breadth || ~ **primitive** (courroie trapéz.) / effective width || ~ de **propriété en bordure de la chaussée** / frontage || ~ de **semelle** (profilés) / width of flange || ~ de la **soudure** / weld size || ~ de **tête** (tenailles) / width of jaw || ~ des **têtes** (m. Cotton) / knitting o. section width || ~ du **tissu écru** (tex) / width in the grey || ~ du **tissu [à maille]** / width of fabric || ~ des **tôles**, épaisseur *f* (rivure) / grip of rivet, length under head || ~ **totale** (techn) / overall width || ~ de **trait** (scie) / width of set of teeth || ~ de **travail** / working width || ~ d'un **trou** / width of a hole o. aperture || ~ **usuelle** / sale width || ~ **utile** (gén) / useful o. working width || ~ **utile** (m.à ecrire) / paper capacity || ~ **utile** (courroie trapéz.) / effective width || ~ **utile des tuyères** / nozzle length || ~ de **valeur moyenne** (spectre) / half-width value || ~ du **vantail intérieure au dormant** (porte) / width of door leaf inside door frame || ~ des **vides** (grille, tamis) / gap o. slot width || ~ **virtuelle du contact** (électr) / virtual contact width || ~ de **zone de N numéros** (c.perf.) / n-digit field width

larguer / let go, cast off || ~ (chaîne, câble) / slip *vt*, let

out, pay out || ~ (planeur) / release *vt* || ~ du **lest** / release ballast || ~ de **secours** (aéro, nav) / jettison *vt* || ~ **un réservoir** (aéro) / drop a container
larme *f* (lam, défaut) / tear || ~ (vernis) / fat edge, icicle || ~ **batavique** (phys) / Rupert's drop
larmier *m* (bâtim) / drip stone, larmier
larron *m* (écluse) / cross o. branch culvert
larve *f* / maggot, larva || ~ d'**agrile du poirier**, larve *f* du preste de poirier / pear borer larva
larvicide *adj* / larvicidal || ~ *m* (agr) / larvicide || ~**-ovicide** *adj* / larvicidal-ovicidal
laryngophone *m* / necklace o. throat microphone, laryngophone
laser *m* (phys) / laser || ~ à **argon** / argon laser || ~ à l'**arséniure de gallium** / GaAs laser, gallium-arsenide laser || ~ à **CO_2 à circulation de gaz** / CO_2 gas transport laser || ~ à **colorants organiques accordables** / dye laser || ~ **continu** / continuous wave laser, c.w. laser || ~ **déclenché** / Q-switch laser, giant impulse laser || ~ à **dioxyde de carbone** / carbon dioxide laser, CO_2-laser || ~ à **erbium** / erbium laser || ~ **exciplex** / exciplex laser (= excited state complex) || ~ **[fonctionnant] en régime continu** / continuous wave laser, c.w. laser || ~ **[fonctionnant] en régime impulsionnel** / pulsed laser || ~ à **fonctionnement déclenché** / Q-switch laser, giant impulse laser || ~ en **fonctionnement relaxé** / laser under normal operating conditions || ~ à **gaz** / gas[eous] laser || ~ **gyroscopique** / laser gyro || ~ à **hélium et néon** / helium-neon-laser, HeNe-laser || ~ **impulsionnel** / pulsed laser || ~ à **injection ou à jonction** / laser diode || ~ à **injection à double hétérostructure** / double heterostructure injection laser || ~ à **injection à semiconducteurs** / semiconductor injection laser || ~ à **iode** / iodine laser || ~ **ionique** / ion laser || ~ **I.R.** / infrared laser || ~ **iridescent** / rainbow laser || ~**-miroir** *m* / laser mirror || ~ **monomode** / monomode laser || ~ au **néodyme** / neodymium laser || ~ à **quatre niveaux** / four-level laser || ~ de **Raman à basculement de spin** / spin-flip-Raman-laser || ~ a **rayonnement** / radiation laser || ~ en **régime continu** / continuous-wave laser || ~ **relaxé** / laser under normal operating conditions || ~ à **rubis** / ruby laser || ~ au **séléniure de gallium** / GaSe laser || ~ à **semiconducteur** / junction laser || ~**-sonde** *m* / sounding laser || ~ **thermique** / thermal laser || ~ à **verre dopé au néodyme** / neodymium laser || ~ **YAG** / yag laser, yttrium-aluminum-garnet laser
lassant / wearing, tiring
lasseret *m* / jumper (a drill bit for dowel holes)
last[e] *m* (environ 2 tonnes) (nav) / burden (of 2 tons)
lastex *m* (tiss) / Lastex
lasting *m* (tiss) / lasting
latch *m* (électr, électron) / latch
latence *f* (biol) / latent period
latensification *f* (phot) / latensification
latent / latent
latéral / collateral, lateral, side... || ~ (soupapes) / vertical side ...
latérite *f* (géol) / laterite
latéritique / lateritic
latex *m* / latex (pl: latices) || ~ **centrifugé** / centrifuged rubber latex || ~**-ciment** *m* / latex adhesive, latex cement || ~ **crémé** / creamed rubber latex || ~ **Dow** (pap) / Dow latex || ~ d'**élastomère-caoutchouc** / centrifuged rubber latex || ~ **nitrile** / nitrile latex || ~ **pauvre** / latex-skim, skimmed latex || ~ **plantation** (caoutchouc) / field latex || ~ **préservé** / preserved rubber latex || ~ **prévulcanisé** / prevulcanized rubber latex || ~ **stabilisé** / stabilized latex || ~ **synthétique ou de synthèse** / artificial latex, synthetic latex
latitude *f*, étendue *f* / latitude || ~ (phot) / margin || ~ **céleste** / celestial latitude || ~ **géocentrique** / geocentric latitude || ~ **terrestre** / [terrestrial] latitude, lat
lattage *m* / lath o. lattice partition, lathed space || ~, lattis *m* / laths *pl*, lathing
latte *f* / lath, (pl:) laths, lath || ~ (aéro) / batten || ~ de **clôture** / fence lath, picket || ~ du **cône de tambour** (tiss) / blade of the warping cone || ~ d'un **continu** (filage) / creel lath || ~ en **croix** (charp) / herringbone strut || ~ **dégauchisseuse ou de dressage** (bâtim) / straightening lath || ~ d'**espalier** / lath || ~ **fendue ou de fente** / cleaved lath || ~ de **garde** / guard strip || ~**s** *f pl* **jointives** (men) / tie lath || ~**s** *f pl* **jointives** (bâtim) / plaster base, lathwork || ~ *f* de **mesure** (arp) / boning rod || ~ **rayée** (maçon) / guiding rule || ~ de **store** / slat of a roller blind || ~ de **tambour** (tiss) / warping drum lath || ~ de **toit**, latte *f* volige / tiling o. roof batten, roof lath
latté (bâtim) / battened, lathed
latter (bâtim) / lath *vt*
lattis *m* / lathwork || ~, lattage *m* / lathing || ~ (comble) / tiling battens *pl*, roof lath[s] || ~ **mécanique** / wooden lath for plaster work || ~ **métallique** / metal lathing || ~ du **toit** / roof battens *pl*
latus *m* **rectum** (math) / focal chord, latus rectum
laumontite *f* (min) / laumontite
laurate *m* (chimie) / laurate
laurine-aldéhyde *m* / lauryl aldehyde
laurique / lauric, lauryl
laurvikite *f* (géol) / la[u]rvikite
lauze *f* (roche sédimentaire qui se fait débiter en dalles) (géol) / flag, flagstone
lavabilité *f* (mines) / washability
lavable / washable
lavabo *m* (local) / lavatory o. washing accommodation, washroom, restroom, lavatory || ~ (appareil) / wash-basin, wash-bowl (US), lavabo || ~ **collectif** / washing benches for workmen *pl* || ~ à **mains** / lavatory basin || ~ **[à plateau]** / washstand
lavage *m* (gén) / washing || ~ (nucl) / scrubbing (US), stripping (GB) || ~ (pétrole) / oil well fluid || ~, élutriation *f* / elutriation, washing || ~, extraction *f* par solvant (nucl) / leaching || ~ (GB) (chimie) / stripping || **de** ~ (mines) / washed || ~ à l'**acide** (nucl) / acid leach || ~ **alcalin** / caustic neutralizing o. wash[ing], alkali treatment || ~ par **alluvionnement** (mines) / stream washing || ~ à l'**ammoniaque** (fil peigné) / washing in ammonia || ~ par **bac à piston** / washing of ores in tubs o. in sieves, tub washing || ~ à la **bat[t]ée** / cradling of gold || ~ de **bobines** (tex) / package-washing || ~ au **bourbier** (mines) / tying || ~ en **boyau** (tex) / washing in rope-form || ~ **complet** (sucre) / total washing || ~ à **contre-courant** / countercurrent filtration washing || ~ à **contre-courant** (eau d'égouts) / backwashing || ~ au **crible ou à la cuve** (sidér) / washing of ores in tubs o. in sieves, tub washing || ~ de la **croûte solidifiée** (coulée cont) / decanting o. draining of the strand || ~ **délicat** / gentle wash || ~ **doux ou modéré** / light washing || ~ à l'**ébullition répétée** (tex) / repeated washing at the boil || ~ **final** / rinsing again || ~ du **gaz** / gas purifying o. cleaning o. washing || ~ **gravimétrique ou par gravité ou sur grille** (sidér) / tub washing, washing of ores in tubs o. sieves, hutch work, jigging || ~ à **gros grains** / coarse jigging || ~ par **inversion du courant** (pétrole) / back wash || ~

des **laines** / wool scouring o. washing || ~ par **liquide dense** / gravimetric o. heavy-liquid flotation, heavy-media o. dense-media o. sink-float process || ~ du **minerai** / ore washing || ~ des **mines d'étain d'alluvion** / stream works || ~ de l'**or** / gold washing o. buddling, placer [gold] mining || ~ **parfait** (sucre) / double perfect washing || ~ à **rhéolaveurs** / rheolaveur washery || ~ sur **tables** (mines) / buddling || ~ de la **vaisselle** / main dish washing || ~ de **voitures** / car washing
Laval-injecteur *m* / Laval nozzle
lavande *f* / lavender
lavandin *m* (bot.) / lavandin, hybrid lavender
lavasses *f pl* (pétrole) / slops *pl*
lave *f* (géol) / lava || ~ **basaltique** / basaltic lava || ~ en **coussins** / pillow lava || ~ **pétrosiliceuse** (géol) / trachyte || ~ **trachytique** / trachytic lava
lavé (mines) / washed
lavée *f* (mines) / washed produce
lave-glace *m* (auto) / windscreen (GB) o. windshield (US) washer
lave-grain *m* / grain washing machine
lave-linge *m* / washing machine, washer || ~ **séchant** / combination washer-drier, spinner-washer
lave-mains *m* **inox** / stainless steel lavatory basin
lave-pare-brise *m* (auto) / windscreen (GB) o. windshield (US) washer
laver / wash *vt* || ~ (prépar) / jig *vt* || ~ (pap) / potch || ~ (chimie) / purify by washing || ~, désessencier (pétrole) / strip *vt* || ~ (bière) / sparge || ~, débourber (sidér) / levigate, elutriate, wash || ~ **[après un traitement]** (chimie) / wash [after a treatment] || ~ dans un **bac à piston**, laver la charrée (prépar) / jig *vt* || ~ par un **courant d'eau** / flush *vt*, scour || ~ au **crible** (prépar) / jig *vt* || ~ avec de l'**eau chaude** / scald *vt* || ~ à l'**eau le dépôt** (sucre) / desugarize || ~ à l'**eau la pellicule** / wash the film || ~ à l'**encre de Chine** / shade with Indian ink || ~ à **grande eau** / swill *vt*, drench *vt* || ~ au **jet** (auto) / wash down || ~ le **minerai à l'auge** (mines) / buddle *vt* || ~ les **sables aurifères** (mines) / pan *vt* || ~ **ultérieurement** / rinse again
laverie *f* / wash house, laundry (US), (also:) launderette (a self-service laundry) || ~ (mines) / dressing floor, washery, washing room o. plant || ~ aux **alluvions métallifères** / stream works || ~ à **charbon** (mines) / coal washing plant o. washery || ~ **gravimétrique** / gravimetric o. heavy-liquid flotation plant || ~ à **gros grains** / coarse jigging plant || ~ de **houille** / coal washing plant o. washery || ~ d'**ocre** / ochre washing
laveur *m* (chimie) / scourer, scouring o. rinsing apparatus, washer || ~ d'**air** / air washer || ~ d'**ammoniaque** / ammonia washer o. scrubber, washer-scrubber, gaswasher || ~ à **benzol** / benzol[e] scrubber || ~ à **betteraves à bras tournants** / beet washer with revolving agitating arm || ~ **Cascadyne** (mines) / Cascadyne washer || ~ **centrifuge** (mines) / hydroseparator || ~ à **claies** / hurdle washer || ~ à **coke** / coke scrubber || ~ à **couloir** (mines) / trough washer || ~-**débourbeur** *m* à **palettes** (tex) / paddle mill type revolving scrubber || ~ pour la **détermination de la tare** (sucre) / tare washer || ~ de **gaz** / gas scrubber o. washer, washer-scrubber || ~ **hydraulique centrifuge** / centrifugal hydroseparator || ~ à **naphtaline** / naphtalene washer || ~ à **plateau** (gaz) / disk washer || ~ à **tambour** (prép) / barrel washer
laveuse *f* / washing machine, washer || ~ à **chargement frontal** / front-loading washer || ~ à **chargement par-dessus** / top loading washer || ~-**essoreuse** *f* **[jumelée]** / combination washer-drier, spinner-washer || ~ à **fourche** (tex) / fork type washing machine || ~ à **herses** (tex) / harrow type washing machine || ~ à **pilons** (tex) / posser washing machine || ~ de **rues** / street washing machine || ~-**sécheuse** *f* / combination washer-drier, spinner-washer || ~ à **tambour** (tex) / cylinder washing machine, tumble washer
lave-vaisselle *m* (invar.) / dish washer, dish washing machine
lave-verres *m* / glass rinsing apparatus
lave-voitures *m* / car washing plant
lavis *m* / washed drawing
lavoir *m* (prép) / washer || ~ (bâtim) / wash house, laundry (US) || ~ à **bains-douches** (mines) / pit[head] baths *pl*, wash house || ~ à **bascule** (sidér) / percussion frame, bump o. sweep table, table for buddling || ~ à **betteraves** / beet washer || ~ à **charbon** (mines) / coal washing plant o. washery || ~ de **cuisine** (bâtim) / scullery || ~ pour la **détermination de la tare** (sucre) / tare washer || ~ des **feuilles de betteraves** / beet-leaf washer || ~ de **houille** / coal washing plant o. washery || ~ à **or** / gold buddle || ~ à **rhéolaveur** / rheolaveur washery || ~ à **tambour** (sucre) / drum washer
lavure *f* / slop, slops *pl*, sloppy water, rinsings *pl*
lawrencium *m* / lawrencium
lawsonite *f* (min) / lawsonite
layer (pierres) / ax[e] o. dress *vt*, pick
lazulite *f* (min) / lazulite, blue feldspar
LDT, logique *f* diode-transistor / diode-transistor logic, DTL-logic
lé *m* (papier peint, drap) / breadth, width || **à deux ~s** (drap) / at two breadths || **à quatre ~s** (tiss) / at four breadth's || **à trois ~s** (étoffe) / with three widths
leasing *m* (déconseillé), crédit *m* bail (ELF) / leasing
leberkies *m* / prismatic iron pyrites, marcasite, leberkies
lèchefrite *f* (cuisine) / broiler pan, broil pan
lécher, faire ~ / let sweep
leçon *f* **enregistrée [sur bande]** / taped lesson
lecteur *m* (microfilm) / reader-printer || ~ de **badges** (ord) / badge reader || ~ de **bande par bloc** (NC) / block reader || ~ de **bande [perforée]** / punched tape reader || ~ de **caractères** / character reader || ~ de **caractères magnétiques** / magnetic character reader || ~ de **cartes** (c.perf.) / card reader || ~ de **cartes à pistes magnétiques** (ord) / ledger reader || ~ de **code à bâtonnets** (ord) / [optical] bar-code reader || ~ de **courbes** (ord) / curve follower || ~ à **cristal** / crystal pick-up || ~ de **dessins** (électron) / drawing reader || ~ de **destination** (poste pneum) / scanning device || ~-**enregistreur** de **bande magnétique** *m* / magnetic reading and recording unit || ~ d'**étiquettes** (ord) / tag reader || ~ de **jetons** / badge reader || ~ **ligne par ligne** (bande perf.) / line-by-line tape reader || ~ **magnéto-acoustique** / magnetic sound scanner || ~ **manuel** (ord) / hand-held reader, wand || ~ de **microfilm** / microfilm reading apparatus || ~ **optique** / optical scanner || ~ **optique de caractères** (ord) / optical character reader || ~ **optique de documents** / videoscan document reader || ~ **optique de film** (ord) / film optical sensing device, FOSDIC || ~ **optique de marques** (ord) / optical mark reader, mark scanning device || ~ de **pages** (ord) / page reader || ~-**perforateur** *m* de **cartes** (c.perf.) / card read punch || ~-**perforateur** *m* **optique de cartes** (c.perf.) / optical reader card punch, card read punch scanner || ~ des **pièces comptables** (ord) / document reader || ~-**reproducteur** *m* /

reader-printer || ~ **sélectif** (bande perf.) / selective reader || ~ de **son optique** / optical sound scanner
lecture *f* (c.perf.) / reading, sensing || ~ (instr) / reading of a pointer || ~ (m. à dicter) / playback || ~ (compteur) / meter reading || ~ (thermomètre, etc) / reading || **à ~ directe** (instr) / direct reading || **faire une** ~ (phys) / read [off], take a reading || **faire une ~ arrière** (ord) / read backwards || ~ de l'**aiguille** (instr) / indicator o. pointer reading || ~ de l'**aréomètre** / densimeter reading || ~ **arrière** (ord) / reverse reading || ~ **azimutale** / azimuth reading of a compass || ~ par **balais** (c.perf.) / electric o. brush sensing || ~ de **bande-vidéo** / video tape reproduction || ~ **cloisonnée** (ord) / partitioning sensing || ~ de **contrôle** / check reading || ~ du **dessin** (tiss) / reading of the patterns || ~ **destructive** (ord) / destructive read[out] || ~ en **direct** (bande perf.) / direct reading || ~ de **disques** (phono) / tracing || ~ à **distance** / remote instrument reading, distance o. distant reading || ~ de l'**échelle** / scale reading || ~ avec **éclatement** (ord) / scattered read || ~ **et écriture simultanées** (ord) / simultaneous read-while-write || ~ **et enregistrement non-destructifs** (ord) / NDRW-behaviour (= non destructive read and write) || ~ **graphique** / mark sensing || ~ utilisant le **lecteur manuel** (ord) / wanding || ~ de **marques** (ord) / mark reading o. sensing || ~ à **miroir** / mirror reading || ~ **multipolice** (ord) / multifont reading || ~ **négative** / downscale reading || ~ **non destructive** (ord) / nondestructive read[ing] o. readout, NDRO || ~ **optique de film** (ord) / film scanning, optical sensing || ~ de **parasites** (b. magn) / drop-in || ~ **photoélectrique** (c.perf.) / photoelectric sensing o. reading || ~ à **pointe** (c.perf.) / pin reading || ~ **positive** (instr. de mes.) / upscale reading || ~ **précise** / sharp reading || ~ **prématurée** (c.perf.) / early card read || ~ du **résultat de mesure** / test reading || ~ **retardée** (ord) / late read || ~ au **son** / aural reception || ~ **statique** (c.perf.) / static sensing || ~ en **V** (des échelles binaires) / double scanning (of binary scales) || ~ **vidéo** / video play-back
lédeburite *f* (sidér) / ledeburite
lédeburitique (acier) / ledeburitic
légal / legal, lawful || ~ / legal (holiday)
légaliser une signature / certify
légende *f* (dessin) / annotation || ~ (typo) / caption, legend || ~ (cartes géogr.) / legend, key || ~ (film) / caption || ~ (monnaie) / marginal o. surrounding inscription
léger (poids) / light, lightweight || ~, faible / faint, slight, thin || ~ (bruit) / soft, slight, low, faint || ~ comme un **souffle** (tiss) / flimsy || **à construction légère** / lightweight || **légère brise** (nav) / light breeze
légèrement concassé (sidér) / slightly crushed || ~ **jaune** (teint) / primrose shade
légèreté *f* / lightness
légume *m* (agr) / legume || **~s** *m pl* en **conserves** / tinned (GB) o. canned (US) vegetables || **~s** *m pl* **déshydratés** / dried o. dehydrated vegetables *pl* || **~s** *m pl* **secs** / dehydrated vegetables *pl*
légumine *f* / legumin, vegetable casein
légumineuse·s *f pl* / leguminous plants || ~ *f* / leguminous plant
lehm *m* / clay originating from loess, lehm
léiocome *m*, **-gomme** / leiocom
lemme *m* (math, ord) / lemma
lemniscate *f* (math) / lemniscate [of Bernouilli], figure-of-eight curve
lent / sluggish, lazy, dull || ~ (explosif) / slow, heaving
lenticulaire, lenticulé, lentiforme / lenticular
lentille *f* (bot) / lentil || ~ (opt, géol) / lens || ~ (horloge) / pendulum ball o. bob || ~ (nav) / deck light || **~s** *f pl* / lens combination o. system || **à quatre ~s** / four-stage, -lens... || ~ *f* **accélératrice** (électron) / accelerator lens || ~ **achromatique en quartz-fluorine** / achromatic quartz fluorite lens || ~ **additionnelle** / supplementary lens || ~ **additionnelle se plaçant devant l'objectif** / front lens working as an objective || ~ **anamorphosique** / anamorphic lens || ~ d'**antenne** (radar) / antenna lens || ~ **antérieure** / front lens, field lens o. glass || ~ **antireflet** / lumenized lens, coated lens || ~ d'**approche** / portrait lens || ~ **arrière** / backlens || ~ **bifocale** / bifocal lens || ~ à **bord épais** / concave lens, divergent o. negative lens || ~ à **bord mince** / convex lens, convergent o. positive lens || ~ de **champ** / condensing lens, field lens || ~ **concave** / concave o. divergent o. negative lens || ~ de **contact** / contact lens || ~ **convergente** / focussing lens || ~ **convexe** / convergent o. convex lens || ~ de **Cooke** (ou de Taylor) (phot) / Cooke triplet || ~ à **couche antireflet** / coated o. lumenized lens || ~ **cylindrique** / cylinder o. cylindrical lens || ~ **cylindrique de Fresnel** / [cylindrical] Fresnel lens, drum lens || ~ **déformante** / distorting lens || ~ **demi-boule** / semicircular lens || ~ **diffusante** / diffuser o. diffusing lens, soft-focus lens || ~ **divergente** / concave o. divergent o. negative lens || ~ **double** / binary integer || ~ à **échelons** / drum lens || ~ **électronique** / electron lens, focus[s]ing electrode || ~ **électronique supraconductrice** / superconducting electron lens || ~ **fendue** / split lens || ~ **filtre** (microsc. électron.) / filter lens || ~ en **flou** / diffuser o. diffusing lens, soft-focus lens || ~ **fluorurée** / fluorite lens o. system || ~ à **focale variable** / zoom lens || **~s** *f pl* à **foyer progressif** / multifocal glasses *pl* || ~ *f* de **Fresnel** / zoned lens || ~ de **Fresnel** (laser) / Fresnel lens || ~ de **Fresnel cylindrique** / drum lens || ~ **Fresnel plane** / echelon lens, concentric Fresnel lens || ~ **frontale** / front lens, field lens o. glass || ~ de **gaz** / gas lens || ~ **grossissante** / magnifying lens, amplifier || ~ à **guide d'ondes** / waveguide lens || ~ à **immersion** / immersion objective o. lens || **~s** *f pl* **interchangeables** / interchangeable lenses *pl* || ~ *f* **magnétique** / magnetic objective o. lens || ~ **ménisque** / meniscus lens || ~ **monochromatique** / monochromatic lens || **~s** *f pl* **multifocales** / multifocal glasses *pl* || ~ *f* **nucléaire** / nuclear lens || ~ de l'**objectif** / objective lens || ~ **oculaire** / eyepiece lens || ~ de **pendule** / bob of the pendulum || ~ **pétrolifère** (géol) / oil lens || ~ à **plaque diélectrique** (antenne) / metallic delay lens, metal lens || ~ de **projection** / projection lens, projector lens || ~ de **redressement** (projecteur) / spreading lens || ~ de **redressement** (opt) / rectification lens || ~ à **redressement [de l'image]** / image erecting lens || ~ de **retard** (électron) / metallic delay lens, metal lens || **~s** *f pl* de **Schmidt** / Schmidt [optical] system || ~ *f* **symétrique** (électron) / einzel-lens || ~ de **Taylor** (phot) / Taylor's triplet, Cooke triplet || ~ pour la **tête son** (film) / sound head lens || ~ à **trame rectangulaire** (guide d'ondes) / slatted lens, egg-box lens || ~ de **voyant** / cover glass, jewel of the signal lamp || ~ **zonée** (opt) / zone plate
lépidolithe *f* (min) / lepidolite
lépidomélane *f* (min) / lepidomelane, ferribiotite, ferromuscovite
lepton *m* (nucl) / lepton
lésion *f* due aux **radiations** / radiation damage o.

injury
les-plats-minutes / fast food
lessivable (tex) / wash-fast
lessivage *m* (tex) / bucking || ~ (géol) / dissolving of rocks || ~ (chimie) / leaching || ~ (mines) / wet extraction, leaching || ~ (pap) / digestion, cooking || ~ **microbiel** (minerai) / microbial leaching || ~ du **minerai** / ore leaching
lessive *f* / laundry, wash || ~ (linge) / suds *pl* || ~ / lye [bath], alkaline solution, liquor || ~ (filage) / washing liquor o. bath || **faire la** ~ / wash laundry || ~ **alcaline** / alcaline lye || ~ de **blanchiment** / bleaching lye || ~ **brute** (pap) / fresh o. white liquor || ~ de **carbonate de sodium** / soda solution || ~ **caustique** / caustic lye || ~ de la **colonne** (pap) / tower liquor || ~ **concentrée** / strong alkaline lye || ~ d'**échappement** (pap) / release liquor || ~ **épuisée** (pap) / waste liquor || ~ pour l'**extraction** (sidér) / extraction liquor || ~ **faible** / weak lye || ~ **finale** / discard solution, final liquor || ~ **fraîche** (pap) / fresh o. white liquor || ~ **fraîche additionnée** (minerai) / pregnant leach solution || ~ **mercerisée** (tex) / mercerizing lye || **~-mère** *f* (chimie) / mother liquor || ~ **noire** (pap) / black liquor || ~ du **petit linge** / small wash, small amount of washing || ~ de **potasse** / caustic lye || ~ de **recyclage** (pap) / release liquor || ~ **régénérée** (pétrole) / lean solution || ~ **résiduaire** / waste alkali || ~ **résiduaire récupérée** (tex) / recovered liquor || ~ de **salpêtre** / saltpetre lye o. lees *pl* || ~ de **savon** / [soap] suds *pl* || ~ de **savon** (tex) / scouring liquor || ~ de **soude caustique** / lye, soda lye || ~ de **sulfate usée ou résiduelle** (pap) / sulphate waste liquor, kraft waste liquor || ~ de **sulfite usée ou résiduelle** (pap) / sulphite liquor || ~ **sulfitique ou à sulfite** / sulphite lye || ~ **usée** (pap) / waste liquor
lessiver / remove by caustics || ~, macérer / leach *vt* || ~ (tex) / buck *vt*, kier-boil, scour cotton || ~ (mines) / wash *vt* || ~ (linge) / wash laundry || ~ (pap) / digest *vt*, cook *vt* || ~ à l'**eau bouillante** (bois) / lixiviate, macerate
lessiveur *m* (pap) / digester || ~ de **chiffons** (pap) / rag digester || ~ en **continu** (pap) / continuous digester || ~ **culbutant** (pap) / tilting digester, plunging boiler || ~ **[de pâte]** (pap) / pulp boiler o. digester || ~ pour **pâte mi-chimique** / digester for semichemical pulping || ~ **rotatif** (pap) / rotary digester || ~ à **secousses** (pap) / rocking digester || ~ **sphérique** (pap) / spherical boiler, globe digester
lessiviel *adj* / detergent...
lessivier *m* / producer of detergents
lest *m* (nav) / ballast || ~ **liquide** / water o. liquid ballasting, hydro-inflation, hydroflation (US)
lestage *m* (aéro) / ballasting-up || ~ **liquide ou à l'eau** (pneu agraire) / liquid filling o. ballasting, hydroflating (US)
lester / ballast *vi*
léthal, létal / lethal
léthalité *f*, létalité *f* / lethality
léthargie [d'un neutron] *f* (nucl) / lethargy
léthifère / deadly, highly poisonous
lettre *f* (gén) / letter (a written communication) || ~ (typo) / character, letter, type || ~ (typo) / printing letter o. type || ~ d'**agrément** (bâtim) / agrément confirmation || ~ **animée** / ornamented letter || ~ **ascendante** / ascending letter || ~ du **bas de casse** / small letter, minuscle || ~ **bien nourrie** / bold[-faced] o. black-faced letter, extra-bold letter || **~s** *f pl* **blanches** / outline o. open-faced letters *pl* || ~ *f* **bloquée** (typo) / turned letters o. sorts *pl* || **~s** *f pl* **capitales** (typo) / capital letters *pl*, caps *pl* || ~ *f* **circulaire** / circular [letter] || ~ de **code** / distinguishing mark o. sign || ~ **couchée** / inclined letter || ~ **crénée ou à cran** / type with a kern, kerned o. under-cut type || ~ **descendante** (typo) / descending letter, long descender || ~ de **dimension de l'échantillon** (ordonn) / sample size letter || **~s** *f pl* **entrelacées** / entwined letters *pl* || ~ *f* d'**envoi** / declaration form, bill of parcels || ~ **fictive** (ord) / dummy letter || ~ **grasse** voir lettre bien nourrrie || ~ du **haut de casse** / majuscule || ~ **historiée** / ornamented letter || ~ d'**imprimerie** / letter, character || ~ d'**indicatif d'émetteur** (électron) / call letter || ~ **initiale** (typo) / capital [letter], cap, majuscule || **~s** *f pl* à **jour** (typo) / outline o. open-faced letters *pl* || **~s** *f pl* **liées** (typo) / double letter, ligature || ~ *f* **maigre** / thin letter || ~ **majuscule** (typo) / capital [letter], cap, majuscule || ~ **minuscule** / small letter, minuscle || ~ **numérale dans les chiffres romains** / Roman numeral || ~ **ornée** / ornamented o. swash o. fancy letter || ~ **pneumatique** / tubular letter || ~ de **reconnaissance** (aéro) / recognition letter || **~s** *f pl* en **relief** / embossed printing || ~ *f* **sonore** / sound letter || **~s** *f pl* de **titrage** (film) / titling letters *pl* || **~s** *f pl* à **titres** (typo) / display types *pl* || **~s** *f pl* **tombées en pâte** (typo) / pie || ~ *f* **va-et-vient** / shuttle letter
leucine *f* / leucine
leucite *m* (min) / leucite
leuco·base *f*, leucodérivé *m* / leuco base o. compound || **~-colorant** *m* (tex) / leuco dye || **~-colorant** *m* à **cuve** / leuco vat-dye || **~dérivé** *m* de **colorant** (tex) / leuco dye || **~-indigo** *m* / indigo white || **~scope** *m* / leucoscope
levage *m* / lift[ing] || **de** ~ / lifting, elevating || **de** ~ **et d'abaissement** / lifting and lowering || ~ **et manutention** / lifting and conveying
levain *m* / leaven || ~ (morceau de pâte aigrie) / leaven, sourdough || ~ **doux** / yeast extract || ~ **sec** / dry yeast
lève *f* (techn) / cog, tappet, lift
levé *m* (arp) / surveying || ~ à la **boussole des plans de mine** (mines) / dialling || ~ **géodésique** / geodetic survey || ~ de **haute précision** (arp) / precise survey || ~ de **mines** / surveying o. draft underground, measuring of mines || ~ d'un **plan** (bâtim) / plan, layout || ~ de **plan par la méthode des coordonnées** (arp) / plotting by polar coordinates || ~ à la **planchette** / plane survey, plane tabling || ~ du **terrain** (arp) / ground survey || ~ **topographique** / mapping out, plotting, sketch
lève-charges *m* / goods hoist
levée *f* / raising, lifting || ~ (techn) / height o. length o. lift of stroke || ~ (hydr) / dyke directly along the waterway || ~ (filage) / pull-off || ~ (boîte à lettres) / postal collection || ~ à la **boussole** (mines) / measuring of a mine, dialling || ~ de **came** / cam pitch || ~ par **dévidage des bobines d'un cantre** (tex) / unwinding from a warp reel || ~ de **pale** (hélicoptère) / flapping || ~ des **plans** / survey of land || ~ de **râteau** (horloge) / tumbler, gathering pallet || ~ de la **soupape** / valve lift || ~ **tachéométrique** (arp) / tacheometry, tachymetry, tachymetric o. stadia system || ~ de **terre** / earth bank o. wall o. dam, embankment
lève-fûts *m* / barrel lifter
lève-glace *m* (auto) / window crank [handle] || ~ **électrique** (auto) / electric window lift[er] o. opener, window winder
lève-palettes *m* / pallet stacker
lever *vt* / raise, lift *vt* || ~ / lift up, raise up || ~ (filage) / draw off, doff || ~ (tiss) / read in, thread in || ~ *vi* (pâte)

/ ferment *vi* || ~ (chaux) / grow, swell, rise || ~ l'**ancre** (nav) / weigh, wind up || ~ la **charpente d'une maison** (charp) / set the roof of a house || ~ par **cric** / jack up || ~ le **dessin** (tex) / read in, thread in || ~ un **fardeau** / raise *vt*, lift || ~ [un **plan**] (arp) / survey || ~ *m* d'un **plan** (bâtim) / plan, layout || ~ un **plan de mine** (mines) / measure a mine, dial a mine

lève-rails *m* / rail jack

lève-soupape *m* / valve spring lifter

leveur *m* (techn) / feeder, pick-up, lifter || ~ (typo) / sheet lifter || ~ de **boucles** (lam) / loop lifter

lève-vitre *m* (auto) / window crank [handle]

lève-voitures *m* / jack

léviathan *m* (laine) / leviathan washer

levier *m* / lever || ~, anspect *m* / heaver || ~, pied-de-biche *m* / crow bar, pinch[ing] bar, pincher, hand-spike (GB), pry (US) || ~, démonte-pneu *m* / lever, tire iron (US) || ~ (m. de bureau) / operating handle || ~ **accélérateur** / accelerating lever || ~ d'**accouplement** / coupling lever || ~ d'**admission** (mot) / inlet cam roller lever || ~ d'**armement** (phot) / setting lever for the shutter || ~ d'**armement** (fusil) / cocking lever || ~ **arrache-pieux** / pile heaving lever || ~ d'**arrêt** / stop[ping] o. catch lever || ~ **articulé** / articulated lever || ~ d'**assentiment ou d'autorisation** (ch.de fer) / permission o. permissive lever || ~ d'**avance** (frein) / lap-and-lead lever (brake valve) || ~ de **barre à caractères** (m. à écrire) / key lever || ~ de **battage** (forage pétrole) / rocking lever || ~ de **blocage** (techn) / locking lever || ~ de **blocage des marteaux** (c.perf.) / hammerlock || ~ à **bouterolle** / holding-up lever, dolly bar, lever dolly || ~ à **bras** / hand lever || ~ à **bras unique** / single- o. one-armed lever || ~ **brisé** / bell-crank o. elbow o. knee lever, bent o. crooked lever || ~ de **came du frein** / brake toggle lever || ~ de **changement** / change o. shift lever || ~ de **changement de marche** / reversing lever, reversing gear handle || ~ de **changement de vitesse** (m.outils) / gearshift lever || ~ de **changement de vitesse** (auto) / [gear]shift lever || ~ à **chape** (gén) / forked lever || ~ à **cliquet** (techn) / catch || ~ de **combinateur** (ch.de fer) / power type lever || ~ de **commande** / operating handle o. lever, control o. working lever || ~ de **commande** (aéro) / control column o. stick, joystick || ~ de **commande d'air frais** (auto) / fresh air control lever o. handle || ~ de **commande Bowden** / Bowden wire lever || ~ de **commande de direction** (auto) / steering lever drop arm || ~ de **commande de frein** / brake [operating] lever || ~ de **commande de la fusée** (auto) / steering swivel o. arm o. knuckle || ~ de **commande à main** / hand control lever || ~ de **commande de renversement de marche** (m.outils) / reversing lever, reversing gear handle || ~ de **commande de roue** (auto) / steering arm and swivel, drop o. pitman arm || ~ du **commutateur** (électr) / change lever || ~ de **contact** / contact lever || ~ de **contact** (techn, tiss) / feeler || ~ **coudé** / bell-crank o. elbow o. knee lever, bent o. crooked lever || ~ **coudé 90°** / rectangular lever || ~ à **cran[s]** / notch o. catch lever || ~ en **croix** / cross lever, triangle || ~ pour **dalles** (télécom) / slab lever || ~ de **débrayage** (disp. d'accouplement) / clutch release fork lever || ~ de **débrayage** (auto) / clutch lever || ~ de **décalage des balais** (électr) / adjusting lever for brushes || ~ de **déclenchement** / lifter lever || ~ de **dégagement du cylindre** (m.à ecrire) / platen release lever || ~ de **dégagement du papier** (m.à ecrire) / paper release || ~ du **démarreur** / shift lever of the starting motor || ~ **démonte-jante** (auto) / rim tool || ~ de **desserrage** / tension release lever || ~ de **détente** (télécom) / detent lever || ~ de la **détente** (m. à vap) / expansion lever || ~ à **deux positions** / two-position lever || ~ du **deuxième genre** (phys) / second-class lever || ~ **directeur** / directing lever || ~ de **direction** (auto) / steering [gear] arm (US) o. drop arm (GB), steering lever (GB), pitman arm || ~ d'**embrayage** (m.outils) / trip lever || ~ d'**embrayage** (disp. d'accouplement) / engaging lever, actuating lever || ~ d'**embrayage et de désembrayage** / engaging and disengaging lever || ~ d'**engrenage** / shift lever of the starting motor || ~ d'**étranglement** (auto) / choke [actuating] lever || ~ **fourché ou fourchu ou à fourche** (gén) / forked lever || ~ **fourché de direction** (auto) / forked steering arm, steering fork || ~ du **frein** / brake lever || ~ de **frein à main** / brake [hand] lever || ~ des **gaz** / throttle hand lever || ~ à **genouillère** / toggle lever o. joint, articulated lever, knuckle joint || ~ à **genouillère à bras unique** / rocker o. rocking arm o. lever, rocker || ~ à **griffe** / forked lever || ~ d'**impression en rouge** (m.à ecrire) / red ribbon key || ~ **inter-appui** / double- o. two-armed lever, lever of the first kind o. class (US) || ~ d'**interligne** (m.à ecrire) / line space lever, line vertical spacing lever || ~ **intermédiaire de direction** (auto) / idler arm || ~ **inter-puissant** (phys) / third-class lever || ~ **inter-résistant** (phys) / second-class lever || ~ **interrupteur** (auto) / rocker o. rocking arm o. lever, movable o. contact arm || ~ d'**interrupteur etc.** (électr) / switch lever || ~ de l'**inverseur basculant** (électr) / dolly || ~ d'**inversion de marche** (m. outils) / reversing lever || ~ d'**itinéraire** (ch. de fer) / route handle o. lever, key lever || ~ à **main** / hand lever || ~ à **manche** / holding lever || ~ de **manœuvre** / operating handle o. lever, control o. working lever || ~ de **manœuvre** (ch.de fer) / operating lever || ~ de **manœuvre des aiguilles** / switch lever || ~ de **manœuvre du poussoir** (soupape) / tappet actuating lever || ~ **oscillant** / oscillating lever o. arm || ~ **oscillant** (mot) / rocker o. rocking arm o. lever, rocker || ~ de **papillon** (auto) / throttle control lever || ~ **pendant** (auto) / steering [gear] arm (US) o. drop arm (GB), steering lever (GB), pitman arm || ~ **pivotant** / pivoted lever, swivelling o. turning lever || ~ à **poids curseur** (balance) / steelyard || ~ **porte-battant** (soupape à clapet) / hinge of a valve || ~ sur **porte-fusée** (auto) / steering knuckle arm (US), track rod lever (GB) || ~ de **pose** / control lever, regulating lever || ~ **pousse-wagon** / wagon pinch bar || ~ de **pré-enrouleur** (pap) / reel primary arm || ~ **premier genre** voir levier inter-appui || ~ à **presser ou de pression** / pressure lever || ~ **presseur à cuvette** (tex, batteur) / press control lever || ~ à **rabattement dans les deux sens** / double-throw lever || ~ de **rail** / rail lever || ~ de **rallonge** / lengthening arm o. lever || ~ de **réglage** / control lever, regulating lever || ~ de **réglage** (pompe d'injection) / fulcrum lever || ~ de **réglage** (rabot) / control lever of an iron plane || ~ de **réglage des couleurs** (m. à ecrire) / ribbon shift lever || ~ de **réglage du point** (m à coudre) / stitch regulating lever || ~ du **régulateur** (auto) / speed lever || ~ **régulateur** / control lever, regulating lever || ~ **releveur du fil** (m.à coudre) / [thread] take-up lever || ~ de **renversement** / change o. shift lever || ~ de **renversement de marche** (techn) / reversing handle o. lever || ~ de **retour** (m. à écrire) / new line control, line spacer and carriage return control || ~ de **retour à la ligne** (m. à écrire) / new line control, line spacer and carriage return control || ~ à **retour**

rapide / quick-return lever || ~ de **ristourne** (m.compt) / error and repeat lever, correction lever, reverse entry key o. lever || ~ **roulant** / rolling contact lever || ~ de **rupture** (auto) / movable arm || ~ **sélecteur de gamme** (m.outils) / range selector lever || ~ de **serrage** / clamping lever || ~ de **serrage** (m.outils) / chuck o. clamping o. gripping lever || ~ de **signal** (ch.de fer) / signal lever || ~ de **splittage des marteaux** (c.perf.) / hammer split || ~ **tâteur** (techn, tiss) / feeler || ~ de **tension** / tension lever || ~ de **touche** (techn, tiss) / feeler || ~ de **touches** (m. de bureau) / key lever || ~ **triangulaire ou triangulé** (auto) / long and short arm suspension of front wheels || ~ du **troisième genre** (phys) / third-class lever || ~ de **verrouillage** / locking lever

lévigation *f* (mines) / tossing, kieving || ~ (frittage) / levigation

léviger / levigate || ~ la **craie** / purify chalk

lévitation *f*, force *f* de lévitation / levitating lifting force || ~ (traitement des métaux) / levitation || ~ (soustraction de la pesanteur) / levitation || ~ **magnétique** / magnetic levitation

lévo-... (chimie) / laevo... (GB), levo... (US) || **~gyre** (opt) / laevogyre || **~gyre** (chimie) / laevo-rotatory, -gyrate, levo (US), levorota[to]ry (US)

lèvre *f* d'**alésoir** (outil) / land (US) o. heel (GB) of a twist drill || ~ d'**étanchéité** / sealing lip || ~ de **filière** (pap) / nozzle lip || ~ de **filière** (extrusion) / die land, orifice land || ~ d'un **joint** / fusion face (GB), groove face (US) || ~ **soulevée** (géol) / upcast side, upthrow side

lévulose *m* / laevulose (GB), levulose (US)

levure *f* / leaven || ~, champignon *m* de la levure / thrus fungus, saccharomyces albicans || ~ (boulangerie) / yeast || ~ **basse** / bottom yeast || ~ de **bière** / barm, brewer's yeast || ~ de **boulanger** / barm, baker's yeast || ~ **brûlée** / spent yeast || ~ **chimique** / baking soda || ~ de la **couche supérieure** (bière) / top layer of yeast || ~ de **fermentation basse** (bière) / bottom yeast o. barm, low fermentation yeast || ~ [de **fermentation**] **haute** / top o. high fermentation yeast, top barm || ~ pour la **fermentation secondaire** / secondary yeast || ~ **nourricière** / yeast extract || ~ en **poudre** / baking powder || ~ **poussiéreuse** (bière) / non-flocculating yeast || ~ **pressée** / press[ed] o. compressed yeast o. barm, dry o. German yeast o. barm || ~ **pure** / pure yeast || ~ **sauvage** (bière) / wild yeast || ~ **sèche** voir levure pressée

levuromètre *m* / yeast tester

léwisite *f* (chimie, mil) / lewisite

lexème *m* (ord) / lexeme

lexique [du] *m* / vocabulary, glossary

lézarde *f* (bâtim) / crack, crevice, chink || ~ (typo) / gutter, river, street, gap, hound's teeth (US coll) *pl*

lézardé / cracked

L-H, émulsion *f* du type aqueux / aqueous emulsion, L-H

liage *m* (tex) / tie, bond, binding || ~ par **double duite** (tiss) / double-weft binding || ~ en **échevettes** (filage) / skeining || ~ à **ficelle** (agr) / twine tying || ~ du **pigment** / pigment binding || ~ par **piqure** (tex) / stitch bonding

liaison *f* / linking, linkage || ~ (chimie, phys, soud, meule) / linkage, bond || ~ (ord) / nexus, linkage || ~ (réacteur) / bond || ~ (semi-cond) / bonding || **à ~ d'argile** (fonderie) / clay-bonded || **à ~ céramique** (meule) / ceramic o. vitrified bonded || **avec ~ bilatérale** (télécom) / divided, forked || ~ **acétylénique** / acetylene linkage, triple bond || ~ pour l'**acheminement de données par rafales météoriques** / meteor burst-link || ~ **aérienne** / air connection || ~ **aéroport-ville** (aéro) / feeder service || ~ **atomique** / atomic bond o. linkage || ~ par **boulons** (charp) / bolting, fastening by bolts || ~ par **câble** (TV) / cable link || ~ par ou en **câble coaxial** / coaxial cable link || ~ des **câbles** / joining of ropes || ~ **caoutchouc-métal** / rubber-metal connection || ~ par **capacité commune** (électron) / autocapacitance coupling || ~ **céramique** (meule) / ceramic bond, vitrified o. porcelain bond || ~ **cinématique** (cybernétique) / element pairs *pl* || ~ **conjuguée** (chimie) / conjugated compound, conjugation || ~ **conversationnelle** (radio) / conversational link || ~ de **coordination** voir liaison dative || ~ de **couches** (carton) / ply bond || ~ **cristalline** / lattice binding o. bond || ~ **croisée** (bâtim) / cross bond || ~ en **croix** (électron) / cross coupling || ~ **dative** (chimie) / dative bond || ~ **dative double** (chimie) / semipolar double bond || ~ **directe** (céram) / direct bonding || ~ **directe** (télécom) / direct o. permanent connection || ~ **double** (chimie) / double bond o. linkage || ~ **double conjuguée** (chimie) / conjugate[d] double bond || ~ **double semi-polaire** (chimie) / semipolar double bond || ~ d'**échange** (chimie) / covalent linkage, homopolar linkage, atomic bond, electron pair bond, covalency || ~ **électrostatique** / electrostatic bonding || ~ par **électrovalence** / electrovalence, -ency, polar bond || ~ **éthylénique** / double liaison carbone-carbone || ~ **ferroviaire** / railway service o. connection || ~ entre les **fibres** (pap) / interfibre bonding || ~ des **fils par brasure** / brazing joining of wires || ~ des **fils par soudure électrique** / electric butt welding joining of wires || ~ des **fils par torsade** / twisting joining of wires || ~ **hertzienne** / radio circuit o. link || ~ **hertzienne [de reportage]** (TV) / radio link || ~ **hétéropolaire** voir liaison ionique || ~ **homopolaire** voir liaison atomique || ~ **hydrogène** (chimie) / bridge linkage, hydrogen bond || **~s** *f pl* **inter-composants** (circ imp) / connections *pl* between components || ~ *f* **intermoléculaire** / molecular association || ~ **ionique** / electrovalence, -ency, polar bond || ~ en **ligne** / line link || ~ en **ligne à paires symétriques** (télécom) / carrier line link || ~ par **lignes de télévision** / connection by TV lines || ~ **métallique** (chimie) / metallic bond || ~ **métallo-céramique** / cermet || ~ de **microphone** / microphone coupling || ~ **multiple** (chimie) / multiple bond || ~ **multipoint** (ord) / multipoint connection o. link || ~ de **noyaux** (chimie) / linkage between the nuclei || ~ **peptidique** (chimie) / peptide bond || ~ **polaire** (chimie) voir liaison ionique / polar o. ionic bond || ~ de **programmes** / linkage of programs || ~ **quart d'onde** / quarter-wave coupling || ~ **radio[électrique ou -phonique]** / radio link || ~ **radio bilatérale** / radio communication by bifurcation || ~ **rapide** / rapid connection || ~ **RC ou par résistance-capacité** (électron) / resistance-capacitance coupling || ~ par **résistance** / resistance coupling || ~ par **résistance-capacité** (électron) / resistance-capacitance coupling || ~ **simple** (chimie) / single bond || ~ par **singulet** (chimie) / singlet linkage || ~ **sol-trains** / radio communication with trains || ~ **souple** (gén) / expansion joint || ~ **spécialisée** (télécom) / leased line || ~ **téléphonique** / telephone connection || ~ de **transmission de données** / data link, DL || ~ **transversale** (chimie) / cross linkage o. linking || ~ **triple** (chimie) / triple bond || ~ de **tubes** (électron) / intertube coupling || ~ de **Van der Waals** / van der

Waals linkage
liaisonner (bâtim) / wall bound o. in bond *vi*, engage bricks together
liant *m* (meule) / bonding material || **à ~ chimique** (céram) / chemically bonded || **sans** ~ / uncemented || ~ à **base double** (combustible de fusées) / double base binder || ~ **bitumineux** (routes) / asphalt binder || ~ pour **couleurs** / colour agglutinant || ~ à **deux composantes** / mixed adhesive || ~ à **dispersion** / dispersion binder || ~ à **émulsion** / emulsion binder || ~ **hydraulique** (routes) / binder || ~ **hydrocarboné**, liant *m* noir (routes) / asphalt binder || ~ pour **noyaux** (fonderie) / core binder, core compound || ~ à base d'**organosilicates** / organic silicate binder || ~ de **réaction** / mixed adhesive || ~ **routier** / binder for road surface || ~ [à] **sec** / dry binder || ~ de **solidification** (fonderie) / air-setting binder || ~ à **suspension** / binder suspension || ~ **volatil** / temporary binding agent
lias *m* / Liassic system, Lias || ~ **ferrugineux** / Lias sandstone with ferruginous parts
liasse *f* (documents) / bundle || ~ de **cartes** / card deck || ~ de **dessins** / set of drawings || ~ **hebdomadaire de sept disques** (tachygraphe) / eight-day chart bundle || ~ d'**imprimés** / form set || ~ **multiple** / multiple-copy set || ~ à **papier carbone intercalé** (m.compt) / speedset || ~ de **papiers** / file, bundle
libellé *m* (ord) / literal || ~ d'**articles** (c.perf) / commodity card
liber *m* / bast || ~ (bois) / inner bark o. phloem, secondary cortex
libération *f* / liberation, releasing || ~ (techn, télécom) / disengaging [mechanism], release || ~ **inverse** (télécom) / back release || ~ d'un **itinéraire** (ch.de fer) / route cancellation o. release || ~ de **pesticides** / release of pesticides || ~ par le **premier abonné qui raccroche** (télécom) / first party release || ~ au **raccrochage du demandé** (télécom) / called party release
libérer / loose *vt*, untie, detach, release, liberate || ~ (énergie) / release || ~ une **connexion** (télécom) / release the line || ~ par **découpage** / cut free o. cleanly || ~ la **mémoire** (ord) / release storage, free the storage || ~ la **voie** (ch.de fer) / clear the track
liberté *f* / freedom || ~ (techn) / positive allowance, clearance, free motion, looseness, floating || ~ de **déplacement ou de mouvement** / freedom of motion || ~ d'**oscillation** / freeness to rock
libration *f* (astr) / libration || ~ de **satellite** / satellite libration
libre / vacant, free || ~, sans entraves / checkless || ~ (taximètre) / for hire || ~ (gén, phys) / unbound || ~ (r.cath) / free running || ~ (techn) / out-of-action o. -operation || ~ (chimie) / free, uncombined || ~ (véhicule) / free-moving, free-riding || ~ (autoroute) / toll-free || **pas** ~ / busy, occupied, engaged || ~ de **bruit** (électron) / interference-free, clear of strays, free from jamming o. interferences || ~ d'**étançons** (mines) / prop-free || ~ **horaire** *m* (ordonn) / flextime (GB), flexible working hours *pl* || ~ de **parasites** (électron) / interference-free, clear of strays, free from jamming o. interferences || ~ **parcours** (méc, électr) / free path [length] || **~s parcours de diffusion** (nucl) / diffusion free path || ~ **parcours moyen** (phys) / mean free path || ~ **parcours moyen de transport** (nucl) / transport mean free path || ~ **service** / self-service
libre-atelier *m* de **mécanique** (auto) / do-it-yourself garage
librement programmable / freely programmable, RAN-programmed || ~ **suspendu** / freely suspended
lice *f* (tiss) / heald, heddle (US)
licence *f* / license, licence (GB) || ~ **obligatoire** / compulsory licence
licencié *m* / licensee, licencee, licensed party, grantee
licenciement *m* (ouvriers) / lay-off, dismissal, discharge || ~ **[sans préavis]** / dismissal [without notice]
licencier / license *vt*, licence (GB) || ~, congédier / dismiss
lichen *m* d'**Islande** / Iceland moss
LID *m* (électron) / LID, leadless inverted device
lidar *m* / LIDAR (light detection and ranging)
lie *f* (bière) / cask deposit, cooler sludge, sediments *pl*, dregs *pl*, grounds *pl* || ~ de **vin** / dregs *pl*, wine yeast o. lees *pl*
lié / conjoined || ~ (électron) / bound || ~ (méc) / coupled || ~ à l'**avion** (aéro) / strapped-down || ~ à la **voie** / track-bound
liège *m* / cork || ~, Quercus suber / cork tree o. oak || ~ (bot) / ross || ~ **aggloméré** / agglomerate[d] cork || ~ **artificiel** / artificial cork || ~ à **bras** (tan) / crimping board, pommel || ~ **expansé** / expanded cork || ~ **factice** / artificial cork || ~ **femelle ou de reproduction** / reproduction cork || ~ **granulé** / granulated cork || ~ **haché à main** / winter virgin [cork], hatchet [cork] || ~ **mâle de coupe** / ordinary virgin [cork] || ~ **mâle de démasclage de première levée** / summer virgin [cork] || ~ en **plaques** / cork board || ~ **préparé** / manufactured cork, corkwood || ~ **reconstitué** / artificial cork
liéger (tan) / grain *vt*, board, pommel || ~ sur **quatre quartiers** (tan) / cripple
lien *m* (gén) / tie, bond || ~ (ord) / nexus, linkage element, link[age] || ~ pour l'**acheminement de données** / data link || ~ en **acier** / beam tie || ~ en **aisselle** (charp) / [angle] brace, shoulder tree, bracket || ~ **élastique** / elastic return motion || ~ **hydraulique mixte** (bâtim) / mixed hydraulic binder || ~ **incliné** (ferme à contrefiches) / strut, straining beam || **~s** *m pl* **transversaux** (pont) / transverse o. sway bracing, cross ties *pl*
lier / link *vt*, bind, tie || ~, botteler / bunch *vt*, bundle, pack, put up o. tie up in bundles || ~, attacher / lash, tie down o. up, bind [to] || ~, fermer / string *vt* || ~ (chimie) / chain *vt*, connect || ~ (tiss) / tie up || ~, faire un noeud / knot *vt*, bind || ~ (une variable) (math) / put in (a variable)
lierne *f* (bâtim) / rib of a vault, nerve, nervure || ~ de **palée** (hydr) / bind-rail || ~ de **palplanches** / wale, wailings *pl* || ~ **transversale** / crossband, crossbelt, intertie
lieu *m* / standing place || ~, endroit *m* / place, location, spot || ~ (bâtim) / building site, location || **au** ~ [de] / in lieu [of] || **avoir** ~ / occur [in] || **donner** ~ [à] / occasion || **en** ~ [de] / in lieu [of] || **ne pas avoir** ~ / not to take place || ~ **[achromatique] du corps noir** / achromatic o. Planckian locus || ~ de la **couleur dans le diagramme chromatique** / colour position || ~ des **couleurs spectrales** (théorie des couleurs) / spectrum locus || ~ de **croisement** (hydr) / widening, turnout (US) || ~ **dangereux** / dangerous spot || ~ de **décharge de terre** / earth dump || ~ de **dépôt** / dumping place o. ground || ~ de **destination** / destination, point of destination || ~ de **détection** / measuring point || ~ de **détente** (urbanis.) / recreation area || ~ d'**éclairage** / lighting unit || ~ d'**élargissement** (hydr) / widening, turnout || ~ d'**emplacement** / locating o. positioning place || ~ d'**emploi** / place of work o. employment || ~

d'**emprunt** (bâtim) / borrow area, take-off point || ~ d'**entrepôt** / storage yard || ~ d'**évitement** (hydr) / widening, turnout (US) || ~ **fonctionnel** / functional relation || **~x** *m pl* à **fosse d'aisance** / cesspit closet || ~ *m* **géométrique** / geometric[al] locus || ~ d'**habitat** / dwelling, habitation, residence || ~ d'**image** / locus of the picture || ~ d'**incendie** / scene of conflagration || ~ de **mesure** / measuring point || ~ de **naissance du tremblement de terre** / seismic focus, hypocenter || ~ de **Planck** voir lieu achromatique || ~ des **points situés à égale distance** [de] / locus of points equidistant o. equally distant [from] || ~ des **pôles** (méc) / pole locus curve o. position curve, pole curve || ~ d'une **prise de contact** (éclairage) / lighting point || ~ des **radiations monochromatiques** / spectrum locus || ~ de **réception** (télécom) / receiving point || ~ de **réglage** (contr.aut) / regulating point || ~ de **réponse en fréquences** (électron) / Nyquist plot || ~ de **résidence** / dwelling, habitation, residence || ~ de **sommation** (contr.aut) / summing point || ~ de **stockage** / storage yard || ~ de **transfert** (électron) / Nyquist plot || ~ de **travail** / working place

lieudit *m*, lieu-dit *m* (agr) / field name

lieuse *f* (agr) / binder attachment

liévrite *f* (min) / lievrite, ilvaite

lift *m* / lift (GB), elevator (US)

liftier *m* / lift o. elevator operator (US)

ligand *m* / ligand

ligature *f* (typo) / double letter, ligature || ~ (béton) / stirrup || ~ (fil de ligne) / ligature, binding || ~, fil *m* à lier / binding o. winding wire || ~ **brasée sans manchon** / Britannia o. winding joint || ~ de la **composition** (typo) / tying-up tie matter || ~ **coulée de peigne** / cast binding of reed || ~ **décomposée** (béton) / split loop || ~ **éclissée** (peigne) / rail binding || ~ en **fil métallique** / wire tie || ~ de **fils** / wire joint || ~ sur la **gorge de l'isolateur** (électr) / neck groove binding || ~ du **harnais de câbles** (électron) / binding of a harness || ~ à l'**isolateur d'arrêt** / dead end binding || ~ à l'**isolateur de tension** / dead ending || ~ **latérale** / side binding || ~ **poissée de peigne** (tiss) / pitch binding of reed || ~ de **raccordement** (ligne aérienne) / tapping binding || ~ **supérieure** (isolateur) / top binding

lignage *m* **parasite** (TV) / interfering lines *pl*

lignard *m* / lineman

ligne *f* / stroke, line || ~ (forge) / shatter crack, hairline crack || ~ (b.magnét) / row || ~ (ch.de fer) / way, railway line || ~ (typo) / line || ~ (électr, télécom) / line [system] || ~ (= 0.88" = 2.2558 mm) (horloge) / ligne, line || ~ (Canada) / eighth inch (= 3.175 mm) || **à ~ droite** / straight, upright || **à ~ unique** (lam) / single-line || **à ~s fuyantes** / streamlined || **avec ~s d'eau** (pap) / with water lines || **de ~s** (TV) / horizontal, level || **de deux ~s** (typo, m.à ecrire) / double-spaced || **de trois ~s** / trilinear || **en** ~ (ELF) (ord) / on-line || **en ~ droite** / rectilinear, straight-lined, in a straight line || **être en** ~ (télécom) / seize a line, tie up a line || **sans ~s** (TV) / line-free, spot-wobbled || ~ d'**abonné** (électr) / consumer's main o. cable || ~ d'**abonné** (télécom) / subscriber's cable o. line || ~ d'**abonné à l'interurbain** / long-distance loop, LD loop || ~ d'**accès principale** (aéro) / main approach sector || ~ d'**accollement** (plast) / weld mark || ~ **accordée** (électron) / resonant line || ~ **accordée en U** (électron) / U-link || ~ d'**acollement** (plast) / weld mark || ~ d'**action** (méc) / line of application, working o. straining line || ~ d'**action** (roue dentée) / [transverse] line of action || ~ **aérienne** (télécom) / overhead communication line, aerial line o. wire || ~ **aérienne** (électr) / overhead line || ~ **aérienne** (ch. de fer) / contact o. overhead o. trolley line, aerial [contact] line || ~ **aérienne** (aéro) / air line o. connection || ~ **aérienne pupinisée** / lump-loaded open circuit || ~ **aérodynamique** / streamline || ~ **affermée** (ch.de fer) / leased line || ~ **affluente ou d'apport** (ch.de fer) / feeding line, feeder (US) || ~ **agonique** (phys) / agonic line || ~ d'**alimentation** (ELF) (électr) / feeder, incoming feeder, supply line || ~ d'**alimentation des postes** (ch.de fer) / signal feeder [line] || ~ d'**aller et de retour** / go-and-return line || ~ d'**analyse** (TV) / line of a scanned image, picture o. scanning line || ~ **anticlinale** (géol) / anticlinal axis o. line || **~s** *f pl* **anti-Stokes** (spectre) / anti-Stokes lines *pl* || ~ *f* d'**appel** / ringing line || ~ d'**appel des annotatrices** (télécom) / recording trunk || ~ d'**apport** (ch. de fer) / feeder line, branch line carrying feeder traffic || ~ d'**approche** (aéro) / gliding path (GB) o. slope (US) || ~ des **apsides** (astr) / line of apsides || ~ d'**arbre** (techn) / alignment of bearings || ~ d'**arbres** (nav) / shaft line || ~ d'**arbres** (techn) / shafting || ~ d'**arête** (bâtim) / arris || ~ **artificielle** (télécom) / artificial line || ~ **artificielle** (électr) / equivalent network, artificial line || ~ **artificielle [de] complément** (télécom) / artificial extension line, line building-out network, pad (US) || ~ d'**autobus** / bus line || ~ **auxiliaire** (géom) / artificial o. subsidiary line || ~ **auxiliaire de concentration** / split order wire circuit || ~ du **bain** (four à verre) / float line, glass level || ~ de **balayage** (TV) / line of a scanned image, picture o. scanning line || ~ de **bandes transporteuses** / belt conveyor flight o. road || ~ de **banlieue** / suburban line, (London:) District Railway || ~ de **base** / fiducial o. reference line || ~ de **base** (math) / ground line || ~ de **base** (r. cath) / base line || ~ de **base d'écriture** (imprimante) / print base line || **~s** *f pl* d'un **bâtiment** (nav) / run of a vessel, lines *pl* || ~ *f* de **bavure** (forge) / flash o. parting line || ~ de **bavure** (thermodurciss) / flash line, parting o. spew line || ~ **bifilaire** (électr) / twin conductor o. cable || ~ **blanche** (routes) / white line || **~-bloc** *f* (typo) / slug || ~ de **boîtes à gants** (nucl) / glove box line || ~ **boiteuse** (typo) / club o. break line || ~ en **boucle** (ch.de fer) / loop line || ~ en **boucle** (électr, gaz) / loop, closed circular line || ~ de **branchement d'immeuble** / service line || ~ **brisée** / dotted line || ~ du **brisement des flots** / coast line || ~ de **but** (sport) / finish[ing] line || ~ en **câble** / cable line || ~ de **canars** (mines) / air duct system, conduit of air pipes || ~ **caractéristique** / characteristic curve o. line || ~ de **carte** (c.perf.) / card row || ~ **caténaire** / funicular o. catenarian curve, catenary || ~ **caténaire verticale** (ch.de fer) / vertical overhead contact line || ~ **caustique** / caustic line || ~ **centrale** / axis, center line || ~ des **centres de gravité** / centroidal axis || ~ du **cercle primitif** / reference line || ~ de **chaînette** voir ligne caténaire || ~ de **champ** / line of electric flux || ~ de **champ** (math) / field line || **~s** *f pl* de **champ électrique** / electric field pattern || ~ *f* de **charge** (nav) / Plimsoll line, Plimsoll's mark, load [water] line, L.W.L. || ~ de **charge** (électron) / working line, load line || ~ de **charge** (hydr) / total head line, energy head line || ~ [**de chemin de fer**] / railway line || ~ de **circulation rapide** (ch.de fer) / high-speed traffic line || ~ **clé** (nav) / controlling line || ~ **coaxiale** (électr) / concentric wiring || ~ de **code** (film) / code line || ~ de **collimation** / line of collimation, collimation axis o. line || ~ **combinée** (télécom) / superposed o. phantom line || ~ **commentaire** (ord) / comment line || ~ **commune** (gén) / shared-service line || ~

commune à postes groupés (télécom) / party line [for two subscribers], multiparty line || ~ de **communication** / communication line, transmission line || ~ **commutée** (ord) / switched line || ~ de **compensation** (électr) / compensating line, interconnector, interconnecting feeder || ~ **concédée** (ch.de fer) / leased line || ~ de **conduite** (roue dentée) / transverse path of contact || ~ de **connexion** / connecting line || ~ de **connexion transversale** (télécom) / interswitchboard line, tie line || ~ de **connexion unifilaire** (électr) / single-wire line || ~ de **consommation** / consumer's main o. cable || ~ de **contact** (engrenage) / line of contact || ~ de **contact** (électr) / contact line || ~ de **contact** (ch. de fer) / contact o. overhead o. trolley line, aerial [contact] line || ~ de **contact à caténaire double** (ch.de fer) / double catenary construction || ~ de **contact entre deux rouleaux** (tex) / nip || ~ de **contact double** / double trolley line || ~ **continue** (dessin) / solid line || ~ de **contournement** (ch.de fer) / by-pass conductor || **~-cote** *f* / dimension line || ~ de **couche atomique** (spectrosc. rayons X) / atomic layer line || ~ à **courant continu** / d.c. circuit || ~ **courbe** / bow line, curvature || ~ **courbe** (ch.de fer) / curve || ~ de **crémage** (mousse) / cream line || ~ des **cylindres** (mot) / cylinder bank || ~ **déclive ou en déclivité** (ch.de fer) / line on a falling gradient (GB) o. grade (US) || ~ de **délignage et de découpage** (bois) / panel sawing and cut-to-size equipment || ~ de **démarcation** / boundary line, line of demarcation o. boundary || **~s** *f pl* de **démarcation** (routes) / highway striping || ~ *f* **demi-infinite** (télécom) / semi-infinite line || ~ **déposée** (ch.de fer) / dismantled track || ~ en **dérangement** (télécom) / faulty line || ~ de **déroutement** (télécom) / emergency route || ~ **détail** (ord) / detail line || ~ de **détourage** (plast) / trim line || ~ à **deux abonnés** / two-party line, shared-service line || ~ à **deux ternes** (haute tension) / double line (H.T., threephase) || ~ **D.E.W.** / distance o. distant early warning line, DEW line || ~ **directe** (ch.de fer) / through o. main line o. track || ~ **directe** (télécom) / through connection || ~ **directe ou droite** / straight line, beeline, linear distance || ~ **directionnelle** (télécom) / straightforward circuit || ~ de **dislocation** (crist) / dislocation line || ~ de **dislocation** (géol) / line of fault[ing] o. dislocation o. fracture o. breakage || ~ de **dispersion** / stray o. scatter line || ~ **donnée à bail** (ch.de fer) / leased line || ~ **double** (typo) / double rule || ~ **double** (électr) / double o. twin conductor || ~ **double d'alimentation** (antenne) / twin feeder || ~ à **double fil** (télécom) / metallic circuit || ~ à **double voie** (ch.de fer) / double line, double track line || ~ **droite** (math) / straight line || ~ **droite ou directe** / straight line, beeline, linear distance || ~ **duplex** (télécom) / duplex circuit || **~s** *f pl* d'**eau** (pap) / water lines *pl* || ~ *f* d'**eau** (hydr) / liquid surface profile || **~s** *f pl* d'**écoulement plastique** / Luders' lines *pl*, stretcher strains *pl* || ~ *f* des **efforts tranchants** / shearing stress curve, shear line || ~ **élancée** / sweep || ~ **élastique de flexion** / elastic line || ~ **électrique** (électr) / transmission || ~ **électrique aérienne** (électr) / aerial line o. wire, air o. overhead line || ~ d'**encolure** (nav) / cutting-down line || ~ d'**entrée** / leading-in wire, incoming circuit || ~ **enveloppante** (math) / envelope || ~ **équidistante** (radar) / equidistant line || ~ **équipotentielle** (électr) / equipotential line || ~ d'**essai** (ch.de fer) / trial track || ~ d'**essai** (TV) / test line, insertion test signal || ~ de l'**exploration** (TV) / scanning line || ~ **factice** (télécom) / artificial line || ~ de **faille** (géol) / line of fault[ing] o. dislocation o. fracture o. breakage || ~ de **faîte** (hydr, ch.de fer) / water shed o. parting, drainage divide (US) || ~ de **faîte de l'anticlinal** (géol) / anticlinal axis o. line || ~ de **fantaisie** (typo) / fancy line || ~ **fendue de mesure** (guide d'ondes) / slotted line, slotted [measuring] section || ~ de **fermeture** (méc) / closing line || ~ à **fils parallèles** (télécom) / parallel-wire line || ~ **fine** (typo) / hair line o. stroke || ~ de **flanc** / tooth trace || ~ de **flanc** (engrenage) / tooth trace || ~ de **flottaison** (nav) / construction water line, C.W.L. || ~ de **flottaison** (four à verre) / float line, glass level || ~ de **flottaison** (sidér) / flux line, metal level || ~ de **flottaison en charge** (nav) / load [water] line, L.W.L., plimsoll line, Plimsoll's mark (GB) || ~ de **flottaison d'été** (nav) / summer load waterline || ~ de **flux** / line of electric flux || ~ de **flux magnétique** / magnetic flux line, magnetic tube of force || ~ **focale** / focal line || ~ **focale tangentielle** (TV) / meridional focal line || ~ [de **foi**] (arp) / guide line || ~ de **foi** (compas) / lubber line || ~ de **foi** (balistique) / line of sight || ~ **fonctionnelle** / flow line in a flow chart || ~ de **fonctionnement** / characteristic curve o. line || ~ **fondue** (typo) / type bar || ~ de **force** (phys) / line of force || **~s** *f pl* de **force électrique** / electric field pattern || ~ *f* de **force de l'induit** / armature line of force || ~ de **force magnétique** / line of magnetic force, magnetic line of force || ~ de **force [motrice]** (électr) / power line (US), mains *pl* (GB) || ~ à **fort trafic** (ch.de fer) / heavy traffic route || ~ à **fortes pentes ou rampes** (ch.de fer) / steep route || ~ de **foulée** / line of stair flight || ~ à **fréquence vocale** / voice grade channel o. line || ~ de **fuite** (électr) / creepage distance || ~ **funiculaire** / funicular o. catenarian curve, catenary || ~ **fuyante ou de fuite** / vanishing line || ~ **géodésique** (math) / geodetic line || ~ de **glissement** (gén) / slip o. slide line || ~ de **glissement** (forge) / flow line || ~ à **grand transport d'énergie** (électr) / [overhead] transmission line, land line (US) || ~ à **grande intensité** / power line (US), mains *pl* (GB) || ~ à **grandes vitesses** (ch.de fer) / high-speed railway, express line || **~s** *f pl* **groupées** (télécom) / collective number || ~ *f* **haute tension ou H.T.** (électr) / distributing main, distributor, transmission line || ~ d'**horizon** / circle of the horizon || ~ **horizontale** / horizontal line || ~ **hors tension** (électr, télécom) / dead line || ~ **H.T.** / high-voltage [transmission] line, transmission o. high-tension line || ~ d'**impression ou à imprimer** / print[ed] line || ~ d'**impulsions** (télécom) / stepping line || ~ **individuelle** (télécom) / single line || ~ **infinie** (électr) / infinite line || ~ d'**influence** / line of influence || ~ d'**influence des moments** / influence line of moments || ~ **ininterrompue** (dessin) / continuous line || ~ d'**instructions** (ord) / coding line || ~ d'**interconnexion** (électr) / tie line || ~ **intérieure à intercommunication** (télécom) / intercommunication circuit || ~ **interrompue courte** / dashed line, broken line || ~ d'**intersection** (math) / intersection line, curve of intersection || ~ **interurbaine**, ligne *f* interzone (télécom) / interurban o. interzonal line, toll switching trunk (US), trunk junction circuit (GB) || ~ **interurbaine de transit** / transit trunk (GB) o. toll (US) line || ~ **isobare** / pressure contour || ~ **isobar[iqu]e ou isobarométrique** (météorol) / isobar || ~ **isogone** / isogonic line, isogone || ~ **isopa[chy]que** (méc) / isopachic line || ~ **isopachite** (géol) / isopachyte || ~ **isophote** / isophote || ~ **isoplèthe** (math) / isopleth || ~ **jaune [continue ou discontinue]** (France) (routes) / white line || ~ de **joint** (thermodurciss.) / flash line, parting o. spew line || ~ de **joint** (moule) / mould parting line, mould seam || ~ de **jonction** (ch.de fer) / junction line o. railway || ~ de **jonction** (télécom) / local [junction] line, interoffice trunk || ~ de **jonction** (math) / connecting o. joining o. tie line || ~ de **jonction commune** (télécom) / common trunk || ~ de **jonction de sélecteurs** (télécom) / link line || ~ **K** (rayons X) / K-line || ~ **krarupisée** (télécom) / continuously loaded line || ~ de **laminage** (lam) / seam || ~ **Lecher** (électr) / Lecher line o. wires *pl*, parallel wire resonator || ~ de **liaison** (ord) / flowline || ~ **libre** (télécom) / idle condition || ~ de **limite d'écoulement** (lam, forge) / neutral o. no[n]-slip point (rolling mill), neutral flow plane (forge) || ~ de **location** (télécom) / leased o. private line, tie line (US) || ~ de **loch** (nav) / log-line || ~ de **lumière** (électr) / light[ing] circuit o. mains *pl* || ~**s** *f pl* de **Mackie** (phot) / Eberhard effect || ~ *f* à **main levée** / free-hand line || ~ **médiane** / median line || ~ **médiane** (routes) / lane line || ~ **mère** (nucl) / parent [mass] peak || ~ de **mire** (mil) / line of sight, sighting line || ~ **modulaire** (bâtim) / modular line || ~ **modulaire** / modular line || ~ de **modulation** (radio) / program line || ~ des **moments** / moment curve o. line || ~ de **montagne** (ch.de fer) / mountain railway || ~ **moyenne d'un profil** (aile) / median line || ~ **moyenne du profil** (rugosité) / mean line of the profile || ~ **multiple** / multiple line || ~ **multiplex** (télécom) / multiplex lead, highway || ~ **multipoint** (ord) / collective bus, party line || ~ **musicale** (radio) / music o. programme line || ~ des **naissances** / springing line || ~ **neutre** / dead line || ~ **neutre** (lam) / pitch line || ~ **neutre** (électr) / neutral feeder || ~ de **niveau** / contour [line], level line || ~ **nodale** (électron) / nodal line || ~ d'**observation** (télécom) / observation line || ~ **omnibus** (télécom) / [omni]bus line, intermediate station line || ~ **omnibus** (trafic) / bus line || ~ **omnibus** (ch.de fer, téléphone) / local line || ~ **omnibus du train** (ch.de fer) / bus line of train || ~ **ondulée** (phys) / wave o. wavy line || ~ d'**opération** (arp) / base o. basis o. datum line || ~ **orange-cyanogène** (TV) / orange-cyan line, I-line || ~ d'**ordres** (télécom) / record circuit o. [operator's] line, call circuit, speaker o. service circuit wire || ~ d'**orientation** / line of orientation || ~ **parallèle** (math) / parallel [line] || ~ **parallèle** (électr) / parallel line || ~ du **partage des eaux** voir ligne de faîte || ~ **partagée** (ord) / collective bus, party line || ~ **partagée** (télécom) / party line [for two subscribers], multiparty line || ~ en **pente** (ch.de fer) / line on a falling gradient (GB) o. grade (US) || ~ **phréatique** (hydr) / seepage line || ~ de **pied** (typo) / lower white line, footstick || ~ **pilote** (électr) / trip line || ~ de **pincement** (filage) / nip line || ~**s** *f pl* de **Piobert-Luders** / Luders' lines *pl*, stretching strains *pl* || ~ *f* de **plaine** (ch.de fer) / level line || ~ **pleine** (dessin) / solid line || ~ à **plomb** / vertical [line], plumb line || ~ de la **plus grande pente** (géol) / line of slope || ~ **pointillée ou en pointillé** / dotted line || ~ de **pontage** (électr) / bridging o. by-pass feeder || ~ du **pontuseau** / line in the paper, stripe || ~ de **position** / LOP, line of position || ~ de **position** (navigation) / position line || ~ à **postes en commun** (ord) / collective bus, party line || ~ sur **poteaux** (télécom) / pole line, line on poles || ~ de[s] **pourpre[s]** (chromatique) / purple boundary || ~ des **pressions** (méc) / line of resultant pressure, axis o. center line of pressure o. of thrust || ~ des **pressions maximales** / line of maximum pressure || ~ des **pressions minimales** / line of least pressures || ~ **primitive** (courroie trapéz) / pitch line || ~ **primitive de référence** (cremaillère) / pitch line || ~ **principale** (électr) / electric main || ~ **principale** (spectre) / ultimate line, raie ultime || ~ **principale** (télécom) / main line, trunk line || ~ **principale** (ch.de fer) / main-line railway || ~ **principale de transfert d'énergie ou de transmission** (électr) / main transmission line || ~ **privée** (ord, télécom) / tie line (GB), tie trunk (US) || ~ de **profondeur** (arp) / sea-bed contour || ~ **P.T.T.** / local loop || ~ **P.T.T. en location** / hired post-office line || ~ non **pupinisée** (télécom) / unloaded cable o. line || ~ de **quadrillage** (bâtim) / reference o. grid line || ~ **quart d'onde** / quarter-wave transmission line || ~ de **raccordement** / connecting line || ~ de **raccordement locale** (télécom) / local junction line, interoffice trunk || ~ de **raccordement privée** (ch. de fer) / private siding line || ~ de **ramassage** (ch.de fer) / feeding line, feeder (US) || ~ **rapide** (télécom) / high-speed line || ~ **rapide à grand rendement** (ch.de fer) / high-capacity rapid railway || ~ de **rappel** (dessin) / datum line || ~ de **référence** (gén) / fiducial o. reference line || ~ de **référence** (métrologie) / datum o. gauge line, fiducial o. reference line || ~ de **référence** (télécom) / reference line || ~ de **référence** (engrenage) / datum line || ~ de **référence de projection** (math) / reference line of projection || ~ **régionale** (télécom) / semidirect line || ~ de **relèvement** / bearing line || ~ de **renvoi** (télécom) / trunk junction circuit (GB) || ~ de **repérage** (typo) / dead line || ~ de **repère** (arp) / base o. basis o. datum line || ~ **repère** (métrologie) / fiducial line, reference o. datum o. gauge line, line of reference || ~ de **repos** (endurance) / line of rest || ~ au **réseau** (télécom) / exclusive exchange line || ~ de **réseau** (électr) / supply main || ~ de **résistance** (méc) / line of resistance || ~ de **résonance** (spectre) / resonance line || ~ de **ressuage** (sidér) / ghost [line], segregation line o. streamer || ~ à **retard** (électron) / delay line || ~ à **retard acoustique** (ord) / sonic delay line, acoustic delay line || ~ à **retard à magnétostriction** / magnetostriction o. magnetic delay line || ~ à **retard ultrasonore** (ord) / ultrasonic storage cell, ultrasonic delay line || ~ de **retour** (techn) / recirculating o. return piping o. line || ~ de **retour du spot** (TV) / retrace line || ~ de **rive** / bank line || ~ de **rivets** / chain of rivets, row o. line of rivets || ~ **rouge** (télécom) / hot line || ~ **rouge du cadmium** / cadmium red line || ~ de **rouleaux** / roller table, roller gear bed, table roller || ~ de **rouleaux commandés** (lam) / live roller bed o. train o. table || ~ de **rouleaux déplaçable** / travelling roller table || ~ de **rouleaux derrière le cylindre** (lam) / back mill table || ~ de **rouleaux d'entrée** (sidér) / run-in roller table || ~ de **route** / line o. trace of course || ~ de **rupture** (bâtim) / rupture line || ~ **sans renfoncement** (typo) / full-out, flush head || ~ **satellite** / satellite line || ~ **secondaire** (ch.de fer) / secondary line, light railway || ~ du **secteur** / supply main || ~ de **ségrégation de phosphures** (sidér) / phosphide streak || ~ de **séparation** / boundary line, line of demarcation o. boundary || ~ de **séparation d'images** (film) / frame line o. bar, picture line || ~ de **séparation rigoureuse** / clear-cut line || ~**s** *f pl* **séparatives** (routes) / highway striping || ~ *f* **séparatrice** / dividing line || ~ de **service** / order o. speaker o. talking line, call o. service wire || ~ de **service aérien** / airline, airway || ~ de **service interurbain** (télécom) / long-distance order wire, lending circuit, trunk order wire (GB) || ~ à **seuil** (électron) / threshold line || ~ à **signal constant** (radar) / equisignal line || ~ **simple** (télécom) /

single-wire line, simple line o. conductor, one-wire conductor || ~ **sinueuse** / wavy o. sinuous o. serpentine line || ~ des **sommets** / apex line || ~ des **sommiers** / springing line || ~ **son** / row of loudspeakers || ~ de **sonde** / sounding o. lead line, plumb line || ~ de **sonnerie** / ringing line || ~ de **soudure** (plast) / weld mark o. line, finit line || ~ de **soutènement** (four Martin) / pressure line || ~ **spécialisée** (télécom) / leased line, dedicated line || ~ **spécialisée** (ord) / leased line || ~ en **spire** / conchoid || ~ **subsidiaire** (géom) / artificial o. subsidiary line || ~ **supplémentaire** (télécom) / extension line || ~ **susceptible de diffuser le faisceau** (ultrasons) / line of scatter || ~ à **suspension caténaire** / polygonal overhead contact line || ~ à **suspension caténaire double** (ch.de fer) / double catenary construction || ~ de **table** / table row o. line || ~ de **tarage** (électr) / compensating line, interconnector, interconnecting feeder || ~ de **tarage** (thermocouple) / compensating circuit || ~ **télégraphique** / telegraph line || ~ **télégraphique ou Télex** / TTY-line || ~ **téléphonique** / telephone line || ~ **téléphonique aérienne** / overground o. overhead line || ~ **téléphonique groupée** / party line [for two subscribers], multiparty line || ~ **téléphonique de jonction** / trunk circuit o. line o. wire, tie trunk || ~ **téléphonique principale** / bus wire || ~ de **télévision** / television line || ~ de **télévision à grande distance** / long-distance TV-circuit || ~ de **télévision locale** / TV local line || ~ **test** (TV) / test line, insertion test signal || ~ en **tête** (typo) / headline || ~ du **t[h]alweg de synclinal** (géol) / bottom line || ~ de **tir** (mil) / axis of the bore || ~ de **tir** (mines) / firing cable || ~ de **toiture** (ch.de fer) / roof cable || ~ de **torche** (raffinerie) / flare-stack || ~ du **total** (ord) / total line || ~ de **tracé de la cannelure** / construction line || ~ **tracée sur la route en matière plastique chaude** (routes) / hot-extruded thermoplastic highway striping || ~ de **trafic direct** (télécom) / toll line o. circuit (GB) || ~ à **trafic intense** (ch.de fer) / heavy traffic route || ~ de **train** (électr, ch.de fer) / train-cable o. -conduit o. -line, bus line || ~ de **tranchage** (plast) / sheeter line || ~ de **transfert** (contr.aut) / transfer path || ~ de **transfert** (télécom) / trunk junction circuit || ~ de **transmission** (ou de transport) **de courant** (électr) / distributing main, distributor || ~ de **transmission C.C.H.T.** / HVDC transmission line || ~ de **transmission électrique** / autosyn || ~ de **transport en commun** / public communication route || ~ de **transport de courant H.T.** / high-voltage overhead line, power transmission line || ~ de **transport d'énergie** (électr) / transmission line || ~ de **transport de force** (électr) / power line (US), mains (GB) || ~ **transversale** (ch.de fer) / crossover line || ~ **transversale** (télécom) / inter-switchboard line, tie line, liaison circuit, cross connection || ~ **transversale** (typo) / dash, break || ~ **transverse** (math) / traverse || ~ à **trois postes groupés** (télécom) / party line for three subscribers || ~ de **trusquinage** (constr.en acier) / rivet gauge line, rivet back-mark || ~ de **tubes** / pipeline conduit, piping, tubing || ~ **unifilaire** (électr) / single-line || ~ **unique** (télécom) / single line || ~ **urbaine** (télécom) / local line || ~ **utile** (TV) / scanning line || ~ **verticale** / perpendicular, vertical [line] || ~ de **visée** (instr) / optical axis, axis of vision, collimation line || ~ de **visée** (arp) / line of bearing taken o. of direction o. of sight || ~ de **visée** (mil) / line of sight || ~ **visuelle** / line of sight || ~ **visuelle ou de visée** (lunette) / visual line || ~ à **voie unique** (ch.de fer) / single-track line || ~ de **vol** / trajectory, flight path o. curve o. line || ~ à **vol d'oiseau** / straight line, beeline, linear distance || ~ à **voleur** (typo) / widow || ~ de la **voûte** / outline of an arch o. vault || ~ de **zéro** (métrologie) / fiducial line, reference o. datum o. gauge line, line of reference || ~ **zéro** (antenne) / zero line

ligné / lineate[d]

ligner / line, provide with lines etc

ligneux / woody, ligneous || ~ (betterave) / ligneous

lignification *f* / lignification

lignifier (se) / lignify

lignine *f* / lignin || ~ *m* **résiduel** / residual lignin || ~ *f* **vierge** / protolignin, native lignin

lignite *m* / lignite, woody brown coal || ~ **aggloméré** / brown coal o. lignite briquet[te] || ~ **bitumineux** / bituminous lignite || ~ **brut ou cru** / crude o. raw lignite || ~ **destiné à la carbonisation à basse température** / brown coal for distillation || ~ d'**extraction** / extraction lignite || ~ **ligneux** / woody lignite || ~ **papyracé** (mines) / papyraceous lignite, paper coal || ~ **terreux** / earthy brown coal, earth coal

lignivore (parasite) / xylophagous, hylophagous

lignocellulose *f* / lignocellulose

lignose *f* / lignin

ligroïne *f* / petroleum ether o. benzin (US) o. naphtha, ligroin

ligule *f* (blé) / ligule, ligula (pl: -lae, -las)

lilas / lilac || ~ **rouge** / red lilac

L.I.M. (ch.de fer) / European Goods Train Time-table Conference, L.I.M.

LIM, moteur *m* à induction linéaire / linear induction motor, LIM

limace *f* (hydr) / spiral pump, Archimedean o. lifting screw

limaçon *m* / limaçon || **en** ~ / coiled

limage *m* / filing || ~ selon **gabarit** / jig filing

limaille *f* / file dust, swarf, filings *pl* || ~ de **fer** / iron filings *pl* || ~ de **métal** / metal filings *pl*, scobs *pl*

limbe *m* (instr) / limb, graduated circle || ~ (astr) / limb (the outer edge of an apparent disk) || ~ du **compas** (arp) / card of the compass || ~ du **réglage d'altitude** (aéro) / altitude adjustment scale

limbre *m* (bot) / leaf blade, disk, lamina

limburgite *f* (géol) / limburgite

lime *f* (outil) / file || **faire une pointe avec la** ~ / file a point [to] || ~ **[acide]** (bot) / lime, Citrus aurantifolia || ~ [en] **aiguille** / needle point file || ~ à **ajuster** / adjusting file || ~ d'**atelier à deux tailles** / engineer's file || ~ à **bagues** / half-round ring file || ~ **barrette** / barette file, ridged back file, small pointed file || ~ **bâtarde** / rough[ing] file || ~ à **bois** / grater, rasp || ~ à **bras** / arm file, coarse file || ~ **cabinette** / cabinet file || ~ à **canneler** / hand checkering file || ~ **carrée** / square file || ~ à **chants lisses** / safe-edge file || ~ à **chas** / slot file || ~ à **clé** / key o. warding file || ~ pour **contacts** / contact file || ~ **corindon** / corundum file || ~ **coulisse** / joint file || ~ [à] **couteau** / cant o. hack file, knife file || ~ **couteau à scies** / knife saw file || ~ **couteau à scies à dos rond** / knife saw file with round back || ~ **couteau pour scies à fine denture** / fine-tooth saw file || ~ **cylindrique** / equal round file, cylindrical o. circular file || ~ à **dégrossir** / rough[ing] file || ~ **demi-douce** / middle [cut] file || ~ **demi-pignon pour machines** / cant saw file || ~ **demi-ronde** / full half round file || ~ **demi-ronde à bagues** / half round ring file || ~ **demi-ronde plate** / [flat] half round file || ~ **demi-ronde, forme étroite** / half round file, narrow shape || ~ à **dossières** / screw head file || ~ à **double taille** / cross-cut file || ~

douce / smoothing file || ~ pour **échappements de montres** / escapement file || ~ à **égaler** / equalling file || ~ d'**entrée** / entering file || ~ d'**essais de dureté** / file for hardness tests || ~ à **étirer** / dial file || ~ **fendante ou à fendre** / screw head file || ~ à **fentes** / slot file || ~ **feuille de sauge** / file with lenticular cross-section || ~ **forte** / arm file, coarse file || ~ à **fourchettes** / fork file || ~ **grosse** / arm file || ~ **losange** / slitting file || ~ à **main** / hand file || ~ pour **métal doux** / soft metal file || ~ pour **métaux légers** / aluminium file || ~ pour **métaux mous** / file for soft metal || ~ **ovale** / file with lenticular cross-section || ~ **parallèle** / parallel file || ~ **pignon [losange] à scies** / feather-edge saw file || ~ **pilier** / pillar file || ~ **plate** / flat file || ~ **plate à main** / hand file || ~ **plate à main à affûter** / flat hand sharping file || ~ **plate à main pointue** / taper square file || ~ **plate pointue** / flat file || ~ à **pointe** / taper file || ~ de **précision** / adjusting file || ~ **préparée** / corundum file || ~ **ronde** / round file || ~ **rude** / arm file, coarse file || ~ à **scies** / saw file || ~ pour **scies à chaîne** / chain saw file || ~ **segments** / cant saw file || ~ **sourde** / bastard file || ~ **superfine** / second-cut file, superfine file || ~ à **taille moyenne** / middle [cut] file || ~ à **taille simple ou taillée sans croisement** / single cut file || ~ à **taille très douce** / dead file || ~ **tiers-points** / saw file || ~ **tiers-points machines pour scies** / machine saw file || ~ **tiers-points machines pour scies à ruban** / machine bandsaw file || ~ **tiers-points pour scies à rubans** / threesquare bandsaw file || ~ de **tour** / lathe file || ~ **très douce** / extra smooth file || ~ **triangulaire**, lime *f* à trois fils / three-square file || ~ **ultradouce** / ultrasmooth file || **~s** *f pl* à **une taille et limes plates à scies** / saw and mill files *pl* || ~ *f* **uniforme** / parallel file || ~ à **usages multiples** / all purpose file

limer / file *vi vt* || ~ en **tournant** / file on the lathe

limeuse *f* / filing machine || ~ à **bande** / band filing machine

limitatif / limiting

limitation *f* / limitation || **à ~ par force** / power limited || ~ **automatique de crête de blanc** (TV) / automatic peak limiting || ~ de **braquage** / steering limiter || ~ de **charge** / pressure control || ~ par la **charge d'espace** / space charge limitation || ~ du **courant de court-circuit** / short circuit limitation || ~ de **courant de démarrage** (télécom) / inrush limiting || ~ d'**encombrement** / limitation in space || ~ de **format** (pap) / deckle || ~ des **formats** / format limitation || ~ **lambda** (nucl) / lambda-limiting process || ~ **latérale du champ visuel** (auto) / tangential cutoff || ~ de **page** (ord) / page limit || ~ des **parasites** (TV) / noise o. interference limitation || ~ de **pression** / pressure control || ~ par **saturation du filament** (électron) / emission limitation o. saturation, filament limitation o. saturation || ~ de **vitesse** / speed limit || ~ de **vue** / optical limitation

limite *adj* / limiting || ~ *f* / limit, bounds *pl* || ~ (pays) / limit, boundary || ~ (math) / limiting value, limit || ~ (méc) / bound, limit || ~, condition *f* limite / boundary condition o. value, marginal condition || **~s** *f pl* (communauté) / boundary of a community o. municipality || **à la ~** / marginal || **en dehors de la ~ d'élasticité** (méc) / beyond the elastic limit || **entre les ~s a et b** (math) / between the limits a and b (integral) || **sans ~s** / limitless, unbounded || **~s** *f pl* de l'**accord automatique** / frequency trimming limits *pl* || ~ *f* d'**adhérence** (ch.de fer) / maximum adhesion || ~ d'**ajustabilité** / possibility for adjustments || ~ d'**allongement** (méc) / proof stress || ~ d'**allongement rémanent** / permanent elongation limit, permanent limit of elasticity || ~ d'**allongement-temps** (techn) / creep strain limit in tensile test, time-yield limit || **~s** *f pl* **annuelles pour l'ingestion**, limites annuelles *f pl* d'incorporation, LAI (nucl) / annual *pl* limits for intake || ~ *f* **apparente d'élasticité** / apparent yield point, apparent limit of elasticity || ~ d'**audibilité** / limit of audibility || **~s** *f pl* d'**audition** / audition limits *pl* || ~ *f* d'**autorisation** (aéro) / clearance limit || ~ de la **bande d'absorption optique** (gén. photovoltaïque) / optical absorption edge || ~ de **bruit** (électron) / upper noise limit || ~ de **byte** / byte boundary || ~ de **capacité** (ch.de fer) / load limit, limit of carrying o. loading capacity || ~ de **capacité d'amortissement** / limit damping capacity || ~ de **champ** (film) / shooting range || ~ de **charge** / load limit || ~ de **charge** (aéro) / carrying capacity || ~ de **charge** (véhicule) / load[-bearing] o. load[ing] capacity || ~ de **charge** (pneu) / maximum load rating || ~ de **charge d'essieu** / permissible axle pressure o. load || ~ de **chargement** (ch.de fer) / load limit || **~s** *f pl* de **classe** (statistique) / class boundaries o. limits *pl* || ~ *f* [à l'essai] **de compression** / creep compression limit || ~ de **concession** (mines) / border of a claim, boundary, limit || ~ de **confiance** (contrôle) / control limit, confidence limit, C.L. || **~s** *f pl* de **construction** / design limits *pl* || ~ *f* **conventionnelle d'élasticité** / conventional limit of elasticity || ~ **conventionnelle d'élasticité à 0,2%** / conventional limit of elasticity, tensile yield strength, yield strength (US) || ~ de **couleur** / colour limit || ~ du **courant** / limit of current || **~s** *f pl* pour le **courant de fuite** / leakage current limits *pl* || ~ *f* de **décèlement**, limite *f* de détection / detection limit, limit of detection || ~ de **détermination** / limit of determination || ~ **double** (math) / double limit || ~ d'**éblouissment** / maximum dazzle of signal lights || **~s** *f pl* d'**ébullition** / boiling range || ~ *f* d'**éclairage** (astr) / boundary of illumination, limit of illumination || ~ d'**écoulement** (bâtim) / liquid limit, LL || ~ **[d'écoulement] plastique par cisaillement** / yield point in shear || ~ d'**écoulement plastique au fluage** (méc) / time yield || ~ d'**écrasement ou d'écoulement** / crushing yield point || ~ de l'**effet de ressort** / limit of springiness || ~ d'**élasticité proportionnelle** / proportional elastic limit || ~ **élastique ou d'élasticité** / elastic limit, limit of elasticity || ~ **élastique 0.1%** / offset yield stress || ~ **élastique d'allongement** / yielding point || ~ **élastique apparente** / yield strength, proof stress || ~ **élastique à chaud** / high-temperature limit of elasticity || ~ **élastique à la compression** / crushing yield point || ~ **élastique conventionelle** (méc) / conventional limit of elasticity || ~ **élastique de fatigue** / fatigue yield limit || ~ **élastique de flexion** / bending yield limit || ~ **élastique au fluage** / time yield || ~ **élastique à froid** / yield point at normal temperature || ~ **élastique pour un nombre limité d'alternances** / time yield || ~ des **éléments** (ord) / limit of the values || ~ d'**empoisonnement** (nucl) / poison limit || ~ d'**endurance en compression alternée** / fatigue limit under pulsating o. fluctuating o. repeated compressive stresses || ~ d'**endurance conventionnelle à N cycles** / fatigue strength at N cycles || ~ d'**endurance à la fatigue pour les efforts alternés** / endurance range, limiting range of stress || ~ d'**endurance à la fatigue pour les efforts répétés** / fatigue o. endurance limit || ~ d'**endurance en flexion purement alternée** / fatigue limit under completely reversed bending stresses || ~ d'**erreur** / error limit, margin o. limit of error || ~ d'**explosibilité** (chimie) / explosibility limit || ~ **extrapolée** (nucl) / extrapolated boundary || ~ de **fatigue sous corrosion par nombre limité d'alternances** / corrosion fatigue limit || ~ à la **fatigue pour les efforts appliqués indéfiniment** / intrinsic fatigue resistance || ~ **fatigue sous efforts purement alternés** / fatigue limit o. endurance limit under completely reversed stress || ~ de **fatigue en fonction de la forme** / form conditioned fatigue limit || ~ de **fatigue en zone des efforts ondulés par compression, [par traction]** / pulsating fatigue limit under compression, [tensile] stress [tensile] stress || ~ de **filtrabilité** (pétrole) / filtrability limit || ~ de **flexion** / bending limit || ~ de **fluage** / creep limit || ~ du **fluage d'endurance** / creep fatigue limit || ~ de **fluage de relaxation** / relief creep limit || ~ de **fluage selon DVM** / DVM creep limit || **~s** *f pl* de **fonctionnement** / operate margins *pl* || ~ *f* de **fréquence** / limit frequency || ~ de **friction** / limiting friction || ~ de **gel** (bâtim) / frost line || ~ de **givrage** (plast) / frost line || ~ de **grain** / grain boundary || ~ de **gravité** (aéro) / cg limit || **~s** *f pl* d'**incidence** (aéro) / incidence range, range of attack || ~ *f* d'**indication** / detection limit || ~ d'**indice** (ord) / subscript bound || ~ **inférieure** (math) / lower limit || ~ **inférieure** (méc) / lower bound || ~ **inférieure d'effort** (essai d'endurance) / minimum stress limit || **~s** *f pl* d'**inflammabilité** / limits of inflammability *pl* || ~ *f* de **Kruskal** (nucl) / Kruskal limit || ~ de **levée** / [top] limit of lift || ~ de **liquidité** (bâtim) / liquid limit, LL || ~ **magnétique** / magnetic limits *pl* || ~ de la **marée montante** / flood tide limit || ~ **maxi** / upper limit || ~ **maximale** (ajustement) / maximum limit || ~ **météorologique** / meteorological limit || ~ de **mot** (ord) / integral boundary || ~ de **naissance de courant de fuite** (électr) / creep current o. track current initiation limit || **~s** *f pl* **naturelles** (bâtim) / site limitation || **~s** *f pl* **naturelles de processus** (statistique) / statistical tolerance limits *pl* || ~ *f* des **neiges** / perpetual snow line || ~ des **nombres des cycles** / ultimate number of cycles || **~s** *f pl* des **nombres de tours** / speed range || ~ *f* de **Nyquist** / Nyquist limit o. rate || ~ de la **paroi** (mines) / limit of the face o. forehead || ~ de **plasticité** / plastic limit || ~ de **plasticité** (méc) / mean tensile strain || **~s** *f pl* des **plus hautes eaux** / inundation limit || ~ *f* de **pression** / maximum pressure || ~ **proportionnelle** (méc) / proportional[ity] limit, limit of proportionality, stress-strain limit || ~ **proximale** (radar) / minimum range || ~ de **puissance** (électr) / rating, limiting value || ~ de **qualité finale moyenne**, L.Q.F.M. (échantillon au hasard) / average outgoing quality limit, AOQL || ~ de **Rayleigh** / Rayleigh limit || ~ due aux **rayons X** (vide) / X-ray limit || **~s** *f pl* de **réglage de foyer** (phot) / focussing range, zoom ratio || ~ *f* de **résistance à la détonation** (mot) / knock limit || ~ de **résistance au fluage** / continuous creep limit || ~ de **résolution** / resolving limit || ~ de **retrait** (sol) / shrinkage limit || ~ de **rupture** / breaking point || ~ de **saturation** / saturation limit || ~ de **sensation** / limen, threshold || ~ de **sensibilité** (électron) / limiting sensitivity || ~ de **série** / series limit || ~ de **sortie** (amplificateur) / output capability || ~ de **stabilité** / stability limit || **~s** *f pl* **statistiques de dispersion** / statistical tolerance limits *pl* || ~ *f* **supérieure** (ordonn, méthode de calcul) / upper bound || ~ **supérieure d'écoulement ou d'élasticité** / upper yield point, upper limit of elasticity || ~ **supérieure d'effort** (essai d'endurance) / maximum stress limit || ~ **supérieure de l'espace atmosphérique** / upper upper airspace || ~ **[supérieure] de levée** / [top] limit of lift || **~s de surveillance** *f pl* (contr. qual) / warning limits *pl* || **~s** *f pl* **techniques** / engineering constraints *pl* || **~s** *f pl* **technologiques** / technology limitations *pl* || ~ *f* de **teinte** / colour limit || ~ des **temps** (contrôle) / time domain || ~ **thermique** (électr) / thermal limit || ~ de **tolérance** (m outils, nucl) / tolerance limit || ~ de **traction** (méc) / limit of tension || ~ de **validité** / limitations of data *pl* || ~ de **vitesse** / speed limit || ~ de **vitesse** / full o. top speed || ~ de la **zone des forêts** / timber line (US), tree line

limité / limited, restricted, partial || ~, restraint / qualified, qualificatory || ~ (ordonn) / restricted (job) || ~ [par] (ord) / limited || ~ par la **température** / temperature limited || ~ par la **vitesse des périphériques [d']entrée** (ord) / input-limited, input-bound || ~ par la **vitesse des périphériques en sortie** (ord) / output-limited, output-bound

limiter, borner / limit *vt*, bound || ~ [à] / confine *vt*, restrict || ~ (commerce) / limit || **se** ~ [à] / be limited o. confined o. restricted [to] || ~ l'**encombrement** / terminate [in space] || ~ la **fabrication** (ordonn) / phase-out || ~ l'**oscillation** (horloge) / bank

limiteur *m* (TV) / limiter [valve o. tube] || ~ d'**admission** (aéro) / boost control || ~ **automatique de débit** (électr) / self-acting time clock, automatic consumption limiter || ~ de **bande passante à fronts raides** / band pass hard limiter || ~ de **bruit** / noise limiter || ~ de **couple** / torque limiter || ~ de **couple à friction à cames** (agr) / pin safety clutch || ~ de **courant** / current limiter || ~ de **course** / stroke arresting device || ~ de **course de la soupape** / valve lift stop || ~ de **crêtes** (électron) / peak limiter o. clipper || ~ de **débit** (hydr) / flow limiter || ~ de **débit** (nucl) / gag || ~ de **décapage** / inhibitor || ~ de **diamètre** (filage) / bobbin diameter indicator || ~ par **diodes** / diode limiter, diode clipper || ~ **double** (électron) / double limiter, slicer || ~ **extrême de course** / final o. ultimate limit switch || ~ de **force** / force limiting device || ~ d'**impulsions** (TV) / pulse clipper || ~ de **perturbation** / noise limiter, NL, noise killer || ~ de **pression** (hydr) / pressure relief valve || ~ de **pression d'admission progressif** (aéro) / variable-datum boost control || ~ **proportionnel de pression** (hydr) / proportioning pressure relief valve || **~-régleur** *m* de **freinage** / brake pressure regulator || ~ de **signal** / signal limiter || ~ du **taux de suppression** / suppression rate limiter || ~ de **tension** / overvoltage protection || ~ de **volume** (électron) / volume limiter

limitrophe *adj* (math) / adjacent, limitrophe || ~ *m* / adjoining owner, abutter

limnétique / limnic

limnigraphe *m* / liquid level recorder

limnimètre *m*, limnomètre *m* (phys) / liquid level meter, liquid stage meter, gauge || ~ [par rayonnement ionisant] (ELF) (nucl) / level meter || ~ à **flotteur** / float gauge

limnologie *f* / limnology

limnoplancton *m* / limnoplankton

limon *m* / warp, slime, ooze, silt || ~ (géol) / loam (grain size 20 - 50 µm) || ~ (situé du côté du vide d'un escalier) / cheek of stairs, outer string || ~ **côtier** / mud, littorial underwater deposit o. mud deposit || ~ de **glace** (réfrigération) / pakice || ~ **manganèse** / regenerated slime o. mud in the Weldon process, Weldon mud || ~ **organique** /

faulschlamm, sapropel || ~ des **plateaux** (géol) / loess || ~ **recourbé** (escalier) / string wreath
limonène *m* (chimie) / limonene
limoneux / oozy, slimy, sludgy
limonite *f* (min) / limonite, (misnomer:) brown haematite || ~ **oolithique pisiforme** / oölitic o. pisiform iron ore, bean ore || ~ des **prairies** / bog [iron] ore, lake iron ore, morass ore
limono-sablo-argileux / argillo-arenaceous
limousine *f* (auto) / Pullman saloon o. sedan, executive limousine
limpide / clear, transparent, limpid, lucid || ~ (météorol) / visible, clear
limpidité *f* / limpidity, limpidness
limure *f* / filing [work]
lin *m* (bot) / flax, linum [usitatissimum] || ~ (toile) / linen || **de** ~ / linen || ~ **broyé** / broken flax || ~ en **chaume ou en paille**, lin *m* cru ou brut / flaw straw, rough flax || ~ pour **doublures** (tiss) / linen interlining || ~ **peigné** / hackled flax || ~ **teillé** / scutched o. swingled flax
linalol *m* (chimie) / linalool
linarite *f* (min) / linarite
linçoir *m*, linceau *m* (charp) / wood lintel || ~, entrait *m* retroussé / trimming joist
lincrusta *f* (plast) / lincrusta
linéaire / linear, straight || ~ (chimie) / straight-chain..., linear-chain... || **~-logarithmique** / linear-logarithmic
linéales *f pl* (typo) / lineales *pl*, sanserif (GB), slab serifs, (formerly:) Egyptian
linéariser / linearize
linéarité *f* / linearity || **à** ~ **de phase** / phase-linear || ~ d'**analyse** (TV) / scanning linearity
linéature *f* de **trame** (typo) / lines to the inch
linéique / per unit length
liner *m* (pap) / liner
linge *m* (tex) / linen, linen cloth || ~ (tiss) / sheeting || ~, lin *m* / linen, linen cloth || ~, torchon *m* / rag || ~ **blanc** / clean wash[ing] || ~ de **coton** / cotton fabric || ~ à **cuire** / washing to be boiled || ~ **damassé** / damask linen || ~ **grain d'orge** / huckaback drills *pl* || ~ **supportant l'ébullition** / washing to be boiled
lingerie *f* (tex) / white goods *pl*
lingot *m* (sidér) / ingot [bar] || **~s** [proprement dits] *m pl* / ingots *pl* || **~s** *m pl* (typo) / furniture || ~ *m* **abreuvé** / slop ingot || ~ d'**acier au creuset** / crucible steel ingot || ~ d'**argent** / silver bar o. ingot || ~ pour **bandages** (lam) / cheese || ~ **bloqué** (sidér) / [mould] sticker || ~ à **brames** / slab ingot || ~ de **brasage tendre** / ingot of solder || ~ **[brut]** / [rough rolled] ingot || ~ **cannelé** (lam) / corrugated o. fluted ingot || ~ **carré** (sidér) / square ingot || ~ **creux** (sidér) / hollow ingot || ~ **dégrossi** / (less than 36 sq.in.:) billet, (more than 36 sq.in.:) bloom || ~ **ébauché** / cog[ged ingot] || ~ pour **fils** / wire bar || ~ de **forge** (lam) / bloom (more than 36 squ.in.), forging grade ingot || ~ de **jet** (sidér) / butt ingot || ~ pour **laminage** / bloom, billet, ingot suitable for rolling || ~ **méplat** / slab ingot || ~ d'**or** / gold ingot o. bar, bar o. ingot of gold, bullion || ~ **d'or ou d'argent non monnayé** / bullion || ~ à **parois ondulées** / corrugated ingot || ~ **polygonal** (sidér) / multiple-cornered ingot || ~ de **tête** (typo) / upper white line
lingoter / pour ingots
lingotière *f* (sidér) / ingot mould || ~ (coulée continue) / cristallizator, lingotière || ~ pour **acier moulé** / mould for casting steel || **~-bouteille** *f* (sidér) / bottle top mould || ~ **courbe** / curved mould || ~ **grande base en bas**, lingotière *f* GBB / small end up mould, SEU mould || ~ **grande base en haut**, lingotière *f* GBH / wide end up mould, WEU mould, big end up mould || ~ à **masselotte** / hot top mould || ~ à **parois ondulées** (sidér) / corrugated mo[u]ld || ~ **petite base en haut** / small end up mould, SEU mould
lingotin *m* **de coulée** (mét) / cast ingot
linguet *m* (auto) / movable arm of the interrupter || ~ (nav) / pawl || ~ de **sécurité** / safety catch of the crane hook
linnéite *f* (min) / cobalt pyrites, linneaite
linographie f. / oleography
linoléate *m* (chimie) / linoleate || ~ de **plomb** / lead linoleate
linoléum *m* / lino, linoleum || ~ **incrusté** / inlaid linoleum
linolit[h]e *f* / double-ended tubular lamp, festoon bulb o. lamp, linolite [lamp]
linotype *f* (typo) / Linotype [machine]
linteau *m* (bâtim) / window lintel || ~ (tour de refroidissement) / conditioned room || ~ en **arc** / doorway o. window arch || ~ de **béton armé** / concrete lintel || ~ en **bois** (bâtim) / wood lintel || ~ en **cintre** (bâtim) / arched o. circular head o. lintel o. head-piece || ~ en **plein-cintre** (bâtim) / circular head o. lintel
linters *m pl* de **coton** / cotton linters *pl*
liparite *f* (géol) / liparite, rhyolite
liparoïde / lipoid
lipase *f* / lipase
lipide *m* / lipid
lipochrome *m* (chimie) / lipochrome
lipoïde *adj* / lipoid[al] || ~ *m* / lipoid
lipo·lyse *f* / lipolysis || **~phile** (chimie) / lipophilic || **~philie** *f* / lipophily || **~phobie** *f* / lipophoby || **~protéine** *f* / lipoprotein || **~solubilité** *f* / liposolubility || **~soluble** / liposoluble
liquater (sidér) / liquate, segregate
liquation *f* / liquation, liquating, separation by liquation
liquéfacteur *m* / liquefier
liquéfaction *f* / liquefaction || ~ d'**air** / liquefaction of air || ~ du **charbon** / coal hydrogenation || ~ du **gaz** / liquefaction of gases, gas liquefaction
liquéfié (gaz) / liquefied
liquéfier / liquefy *vt*, reduce to a liquid || ~ (sidér) / smelt down || ~ (se) / liquefy *vi*, become liquid
liquescence, en ~ / liquescent
liqueur *f* (techn) / liquor, bath || ~ **cuproammoniacale** / cuproammonia, Schweitzer's reagent || ~ de **Fehling** / Fehling's solution || ~ **ferrifère** / black lead || ~ de **Labarraque** / Labarraque's solution || ~ **mère** (chimie) / parent solution || ~ **noire** (pap) / black liquor || ~ de **Schweitzer** / cuproammonia, Schweitzer's reagent || ~ **sucrée** (sucre) / thin o. clarified juice, clarifier juice, liquid [sugar] feed-stock
liquidation *f* d'un **compte** / balance
liquide *adj* / liquid || ~ *m* / fluid, liquid, liquor || ~ (tan) / liquor, float || **à** ~ / hydraulic || **très** ~ / fluid, liquid || ~ **anisotrope** / anisotropic liquid, liquid crystal || ~ à **argenter** / silver-plating liquid, argentine water || ~ du **bain** (galv) / bath [solution], electrolyte || ~ de **Bose** / Bose fluid || ~ de **broyage** / milling liquid || ~ **chargé** / thick matter || ~ au **clairçage** (sucre) / wash liquor || ~ de **coagulation** (chimie) / coagulation liquid || ~ **colorant** (microsc.) / staining fluid o. solution || ~ de **coupe** / cutting oil || ~ **cristallin** / anisotropic liquid, liquid crystal || ~ de **décapage** / soldering fluid, liquid flux, killed spirits *pl*, zinc chloride solution || ~ **dense** (prépar) / heavy liquid, dense liquid || ~ **dense** (sondage) / mud || ~ **dense**

additionnel ou additionné (prépar) / make-up medium || ~ **dense à la place de travail** (prépar) / dense medium in the separating bath || ~ de **départ** / separating o. parting liquid || ~ **émulsionnant** (chimie) / emulsifying liquid || ~ **entraîné** (chimie) / entrainment, entrained liquid || ~ **épais** / thick matter || ~ **excitateur** / exciting fluid o. solution || ~ **explosif** / explosive liquid || ~ **ferrohydrodynamique** / ferrohydrodynamic fluid, FHD-fluid || ~ de **frein** / brake fluid || ~ **frigorifique** / coolant, cooling liquid o. agent || ~ **[homogène] du réacteur** (chimie) / homogeneous reactor liquid || ~ **imprégnateur ou d'imprégnation** / impregnating agent o. compound o. composition o. fluid o. substance o. preparation, saturant || ~ d'**inclusion** (microsc) / embedding medium || ~ **inflammable** / inflammable liquid || ~ **laveur** (gén) / lye || ~ **laveur** (tex) / scouring solution || ~**-liquide** *adj* / liquid-liquid || ~ *m* **newtonien** / Newtonian fluid || ~ **obturant** (verre) / sealing[-in] || ~ **refoulé** (pompe) / pumping medium || ~ de **refroidissement** / coolant, cooling liquid o. agent || ~ **séparateur** (prépar) / separation liquid || ~ de **séparation** / parting liquid || ~**-solide** *adj* / liquid-solid || ~ *m* **surnageant** (eaux usées) / sludge liquor || ~ **tinctorial** / dye[ing] fluid o. liquor || ~ de **traitement antifriction par le procédé Bonder** / antifriction bonderizing bath || ~ de **tréfilage** (sidér) / bonder drawing lubricant || ~ de **trempe** (acier) / quenchant

liquid-honing *m* / wet blast cleaning

liquidité *f* / liquidity

liquidus *m* (sidér) / liquidus || ~ dans l'**espace** / liquidus area || ~ dans le **plan** / liquidus line

liquoristerie *f* / liqueur production

lire / read || ~ (phys) / read [off], take a reading || ~ (ord) / scan || **qui peut ~ des chiffres** (ord) / figure-reading || ~ le **dessin** (tex) / read-in || ~ les **épreuves** (typo) / proof-read || ~ des **marques** (ord) / marksense

lis *m* / canvas selvedge

lisage *m* (hydr) / tamping of sand || ~ de **dessin** (tex) / reading in o. off

liser (tex) / read-in

liséré *m*, liseré *m* (tex) / border || ~ de **Liesegang** (chimie) / Liesegang rings o. phenomenon *pl*, periodic precipitation

liseur et perceur mécanique *m* / reading and cutting machine || ~ au **semple** (tiss) / card cutter

liseuse *f* (ch.de fer) / reading [spot] lamp

lisibilité *f* / legibility || ~ à l'**œil humain** / human readability

lisible / legible, readable || ~ (écriture) / fair || ~ (métrologie) / reading || ~ à l'**œil humain** / visually readable

lisier *m* (agr) / liquid manure

lisière *f* (tiss) / selvedge || ~, bord *m* / brim, rim || ~ (géol) / gouge || ~ (mines) / wall of a lode || ~, queue *f* de toile / fag-end || ~, partie *f* extrême (silviculture) / skirt, fringe || ~ d'**argile** (mines) / clay coat of veins, clay wall, slide, flookan, flucan || ~ **cathodique** / cathode border || ~ **centrale** (tiss) / center selvedge || ~ **déchirée** (tiss, faute) / torn selvedge || ~ sur **lisière** (tiss) / selvedge upon selvedge || ~ **ondulée** (tiss, défaut) / rolled selvedge || ~ à **picot** (bonnet) / picot edge, scalloped welt edge, saw-tooth-like fabric edge || ~ **rentrée** (tiss, défaut) / cut

lissage *m* (gén) / smoothing || ~ (tiss) / tentering || ~ (laine) / backwashing, smoothing || ~ (pap) / glazing || ~ (cuir) / sleeking || ~ (teint) / crabbing, wet setting || ~ (statistique) / smoothing || **de ~** (électron) / smoothing || ~ **exponentiel** (statistique) / exponentia smoothing || ~ à **facettes** (verre) / grinding with facets || ~ de **laine peignée** (tex) / smoothing of carded wool || ~ des **points** / fairing || ~ de **soi-même** (tex) / self-smoothing

lisse *adj* / even, smooth, sleek || ~ (canon) / smooth[-bore], unrifled || ~ (pneu neuf) / smooth [tread...], plain [tread...] || ~ (pneu usé) / bald, worn || ~ *m* (gén) / smoothness) || ~ *f* (pap) / breaker stack, stack || ~ (cuir) / slating machine || ~ (tiss) / heald, heddle (US) || ~**s** *f pl* (tiss) / mounting, harness || ~ *f* (nav) / hand rail[ing] || ~ d'**appui** (garde-corps) / head rail, lists *pl* || ~ [en **bout de machine]** (pap) / surfacing end || ~ *adj* **comme un miroir** / smooth as a mirror, dead-smooth || ~ *f* en **fil d'acier** (tex) / stee wire heddle o. heald (GB) || ~ pour **gaze** (tiss) / half heald, doup || ~**s** *f pl* à **jour coulantes** (tiss) / sliding healds *pl* || ~ *f* **plate** (tiss) / heald

lissé *m* / smoothness, slickness, sleekness || ~ pour **semelles** / vache sole leather, sole leather

lisser / plane *vt*, smooth *vt* || ~ (cuir) / sleek *vt* || ~, repasser (tiss) / smooth *vt* || ~, lustrer / shine, brighten, polish || ~, défriser (laine) / backwash, smooth || ~ à la **truelle** (bâtim) / trowel off

lisseur *m* (routes) / smoothing iron || ~ (pap) / glazing machine

lisseuse *f* (tex) / glazing machine || ~ (cuir) / slating machine || ~ de **laine** / sleeking o. smoothing machine || ~ pour **rubans peignés** (tex) / backwashing machine

lissoir *m* / smoothing tool, sleeker || ~ (velours) / glazing machine || ~ (ch.de fer) / side friction block, transom of a bogie || ~ (laine) / sleeking o. smoothing machine || ~ (bâtim) / smoothing board, long float || ~ (teint) / crabbing machine

listage *m* (ELF) (ord) / listing || ~ (ELF) (c.perf.) / normal card listing, listing || ~ des **appareils** (ord) / device table o. list || ~ **après assemblage** (ord) / postassembly listing || ~ **préliminaire** (ord) / prelisting || ~ de **programme** / output listing

liste *f* / enumeration, list, register || ~ d'**abat[t]age** (silviculture) / cutting list || ~ d'**assemblage du faisceau de câbles** / running-out list || ~ d'**attente** (aéro) / stand-by list || ~ des **bâtiments dans le code international** / code list of ships || ~ du **bois** (bâtim) / list of timber || ~ **chaînée** (ord) / chained list || ~ des **classes** / class index || ~ de **comptage** / tally || ~ de **comptes** / frame of accounts, model chart of accounts || ~ de **contrôle** (ordonn) / check-off list || ~ des **correspondances** (gén) / cross-reference list || ~ de **débranchement** (ch.de fer) / cut card o. list || ~ des **dimensions en dépôt** / list of dimensions in stock || ~ **directe** (ord) / push-up list || ~ d'**erreurs** (ord) / error log || ~ **«for»** (ALGOL) (ord) / for list || ~ d'**instructions** (NC) / program schedule o. manuscript || ~ **inverse**, liste *f* refoulée (ord) / pushdown list || ~**-mémento** *f* (ordonn) / check-off list || ~ de **pièces** / list of parts, piece list, bill of materials (US) || ~ des **pièces de rechange** / spare parts list, parts list || ~ par **professions de l'annuaire** / classified directory || ~ de **recherche** (ordonn) / check list || ~ **refoulée** voir liste inverse || ~ des **reprises au stock** / stocklist || ~ de **réservations** (aéro) / stand-by list || ~ de **vérification** (ELF) (aéro) / check list

listeau *m* (men) / batten, ledge, cover strip || ~ (nav) / gard rail

listel *m* (bâtim) / listel || ~ (men) / batten, ledge, cover strip || ~ (outil) / land (US) o. heel (GB) of a twist drill || ~ (phono) / land in records || ~ **carré** (bâtim) / list, listel, fillet || ~ de **lèvre de coupe** (outil) / land, heel ||

~ de **piston entre segments** / piston land || ~ à **rabattage de jeu** (techn) / adjusting jib || ~ de **réglage** / checking strip || ~ sur la **tranche** (bois) / joint tongue o. tringle, slip feather
lister (ELF) / list *vt*
listeuse *f* (ord) / lister, listing device
liston *m* de **défense** (nav) / sheer rail, rubbing streak
listrique (géol) / listric
lit *m* (ch.de fer) / sleeping o. sleeper (US) berth || ~ (canal) / canal bottom || ~ (géol) / bed, seam || ~, base *f* (film) / film base, emulsion carrier || ~ (bâtim) / lier o. lay (GB) of a stone || **par ~s** (mines) / in layers || ~ **bactérien** (égout) / biological o. percolating o. trickling filter, bacteria o. contact bed, dripper || ~ **bactérien à haut dosage** (eaux usées) / high-rate trickling filter || ~ **bactérien immergé** / immersion trickling filter || ~ de **ballast** (ch.de fer) / bed of road metal (GB) o. of broken stones || ~ de **béton** / concrete bed || ~ de **briques** / bed of bricks || ~ de **cailloux** (hydr) / stone o. rubble bedding o. packing, pierre perdue, rip-rap || ~ de **carrière** / cleaving grain, natural bed of a stone, lay of a stone || ~ de **cendres** (chaudière) / molten ashes *pl* || ~ d'une **chaudière** / setting of the boiler || ~ de **coke** (sidér) / bed coke, coke packing || ~ **compacté** (éch. d'ions) / fixed bed || ~ de **coulée** / pig bed || ~ *f* de **crue** / high-water bed o. basin || ~ *m* de **dessous** (pierre) / lower cleaving grain || ~ de **dessus** (pierre) / upper cleaving grain || ~ **escarpé** / steep measure || ~ **filtrant** / filter bed || ~ **filtrant** (prépar) / filtering bed o. layer || ~ **filtrant à contact** (chimie) / contact bed || ~ **fixe** (échang. d'ions) / fixed bed || ~ de **fleuve** (hydr) / river channel o. current o. main body || ~ **flottant** (chimie) / fluidized bed || ~ **fluidifié ou fluidisé** (chimie) / fluid[ized] bed || ~ **fluidifié agité** / stirred fluidized bed || ~ **fluidifié à gaz** / gaz-operated fluid[ized] bed || ~ **fluidifié à grains** / particle-operated fluid[ized] bed || ~ **fluidifié par liquide** (chimie) / liquid-operated fluid[ized] bed || ~ **fluidifié à poudre** (sidér) / powder-operated fluid[ized] bed || ~ **fluidifié homogène** (chimie) / particulate fluid[ized] bed || ~ de **fusion** (sidér) / burden, batch, charge, ore and fluxes || ~ de **fusion de minerai** / ore burden || ~ de **gravier** / underlayer of gravel || ~ du **grillage** (sidér) / area for roasting, roasting area o. bed || ~ de **gueuse** (sidér) / pig bed || ~ **intercalé** (mines) / rock vein || ~ de **lavage** (mines) / jig bed, filtering bed o. layer || ~ de **lavage à milieu dense** / heavy medium jig bed || ~ **[de maçonnerie]** (bâtim) / bedding || ~ **majeur** / high-water bed o. basin, flood plain || ~ **mineur** (ctr.d.: lit majeur) / low-water bed o. basin, river bed, channel || ~ **mobile** voir lit fluidifié || ~ de **mortier** / bed o. layer of mortar || ~ **ordinaire** (rivière) / river bed, channel || ~ **percolateur** voir lit bactérien || ~ de **pierraille** (ch.de fer) / bed of road metal (GB) o. of broken stones || ~ de **pierre** / natural bed of a stone, lay (GB) o. lie of a stone, cleaving grain || ~ **refroidisseur** (lam) / cooling rack o. bank o. bed o. trough || ~ de **rivière** / water course || ~ de **roches** (géol, mines) / rock stratum || ~ de **sable** (routes) / sand bedding o. coffering || ~ de **scories** (sidér) / slag blanket || ~ de **semences** (agr) / seedbed || ~ **stérile** / vein of rock, slate || ~ **stratifié** (chimie) / stratified bed || ~ **tassé** (chimie) / packed bed || ~ de **terre de découverte** / overburden
liteau *m* (bâtim) / cleat, batten, rail || ~, latte *f* volige / tiling o. roof batten, roof lath || ~ (tex) / stripe, coloured band || ~ d'**écartement** / spacer batten
litharge *f* / litharge, lead monoxide || ~ d'**argent** / white litharge || ~ **fraîche ou conglomérée** / hard litharge || ~ **jaune** / litharge of silver, yellow litharge || ~ **jaune-rouge** / litharge of gold || ~ **rouge** / red litharge
lithergol *m* (ELF) / lithergol
lithiase *f* (poires) / stony pit, lithiasis of pears
lithine *f* (espace) / lithium hydroxide
lithiné *adj* / with lithium hydroxide || ~ *m* / lithium hydroxide pellet
lithionite *f* (min) / zinnwaldite
lithium *m* (chimie) / lithium, Li
litho·clase *f* (géol) / crevasse, crevice || **~colle** *f* / stone putty || **~graphe** *m* / lithographer || **~graphie** *f* (activité) / lithography || **~graphie** *f* (atelier) / lithographic printing office
lithographie *f* (produit) / lithograph
litho·graphie *f* **indirecte** (typo) / dry relief offset || **~graphie** *f* **offset** / offset lithography
lithographie *f* par **rayons X** (semicond) / X-ray lithography
litho·graphier / litho[graph] || **~graphique** / lithographic || **~logie** *f* / lithology || **~pone** *m* / lithopone || **~sphère** *f* / lithosphere, earth crust
litière *f* de **tourbe** / peat litter
litige *m* en **brevet** / patent suit || ~ en **contrefaçon** / action for infringement || ~ en **matière de brevet** / patent litigation o. contest
litre *m* / liter (US), litre || ~ **étalon primaire** (chimie) / graduated burette || ~ **étalon secondaire** (chimie) / volumetric flask
littéral *adj* / literal || ~ (math, ord) / literal || ~ *m*, libellé *m* (ord) / literal
littérature *f* / literature || ~ **professionnelle** / technical literature
littoral *adj* / littoral || ~ *m* / littoral, coastal region, seaboard
liure *f* **blanche** (tex) / white label
livet *m* (nav) / moulding edge || ~ de **pont** (nav) / statutory deck line
livrable / deliverable, available
livraison *f* / delivery, consignment || ~ (typo) / number, part || ~ (glaçure) / delivery, elution (e.g. from glazes) || ~ (filage) / delivery, feed || **~s** *f pl* au **constructeur de matériel** / OEM deliveries *pl* || ~ *f* d'**énergie** / delivery o. release of energy || ~ du **fil** (filage) / yarn feed || ~ **partielle** / partial delivery, (book:) instalment || ~ en **pile** (typo) / pile delivery
livre *m* / book || ~ *f* (Québec) / pound (= 16 ounces) || ~ *m* d'**échantillons** (tex) / pattern book || ~ en **feuilles** / book in sheets || ~ à **feuilles mobiles** / ring binder, ring book, binder case || ~ **foncier** / land o. estate register || ~ **non relié** / book in sheets || ~ de **paie** / payroll || ~ de **poche** (typo) / paperback || ~ **portatif** / pocket edition || ~ **technique** / technical book || **~-type** *m* / standard work (a book)
livré à la **circulation**, livré à l'exploitation (ch.de fer, routes) / opened to traffic || ~ **clés [en main]** (bâtim) / all ready for occupation, turnkey... (US) || ~ **prêt à être installé** / carrier packaged
livrer / deliver, supply || ~, donner / yield *vt* || **se ~ à des investigations** [de] / scrutinize, examine critically || ~ **passage vers l'extérieur** (signal) / outgate *vt* || ~ **postérieurement**, livrer plus tard / deliver subsequently o. later
livret *m* (or) / booklet for leaf gold || **en ~** / in book form || ~ de **contrôle** (auto) / control book || ~ à **coupons [combinés]** (ch.de fer) / book of tickets || ~ d'**épargne** (ord) / savings bank deposit book, passbook (US) || ~ **[individuel] de contrôle** (auto) / log[-book], driver's daily log || ~ de la **locomotive** (ch.de fer) / locomotive log
livrettes *f pl* / book cloth

livreuse *f* **automobile** (auto) / multi-stop [delivery truck], delivery car o. vehicle o. truck, van (GB)
lixiviation *f* / leeching, leaching, lixiviation || ~ (mines) / lixiviating plant, lixiviation
lixivié (nucl) / leached
lixivier / lixiviate || ~ (mines) / leech *vt*, leach, lixiviate || ~ (paraffine) / leech *vt*, leach
Lloyd's register of shipping (nav) / Lloyd's Register of Shipping
lm, lumen *m* / lumen
load on top (pétrolier, chargement sur résidus) / load on top
lobe *m* (antenne) / beam, lobe || **à ~ écarté** / directional, directive || **à trois ~s** / tricuspid[al, -ate] || ~ **arrière** (antenne) / back lobe || ~ **latéral** (antenne) / side lobe || ~ **latéral vertical** (aéro) / elevation side lobe || ~ **principal** (radar) / major lobe || ~ de **rayonnement** (antenne) / radiation lobe || ~ de **rayonnement réfléchi** / reflection lobe || ~ **secondaire** (antenne) / minor lobe, spurious o. side lobe
lobé (antenne) / lobar
lobéline *f* (chimie) / lobeline
local *adj* / local || ~ *m* / parts of a building *pl*, premises *pl* || **pour ~ humide** (électr) / waterproof, dampproof, moistureproof || ~ **annexe**, local *m* accessoire ou attendant / arrangements *pl* || ~ des **batteries** / battery room || ~ **commercial** / business premises *pl*, office || ~ **conditionné** / conditioned room || ~ d'**entrée des raccordements** / room for service o. house connections || ~ d'**exploitation** (bâtim) / utility room || ~ **frigorifié** / cold chamber || ~ de **grandes dimensions** (bâtim) / large room || ~ d'**habitation** / housing space, living space, dwelling || ~ de **haute activité** (1000 curies) / high-level cage || ~ **humide** (bâtim) / damp room || ~ du **poste de commande** (nav) / engine control room || ~ **radio** (nav) / radio [operator's] cabin o. room o. office || ~ de **service** (ch.de fer) / office, duty room || ~ de **travail** / work[ing] room
localement (math) / in the small, locally || **non ~** (ALGOL) / non local
localisateur *m* **lumineux** / light-beam localizer
localisation *f* / location, localization || ~ (ELF) (astron) / space tracking || ~ du **défaut** / fault loca[liza]tion || ~ du **défaut par mesurage** (télécom) / distance testing || ~ de **fusées** / localization of rockets, tracking of rockets || ~ par **radio** / radiotracking
localisé / regional
localiser / localize, locate || ~ un **défaut** / locate a fault
localité *f* / locality, location
locao *m* / locain, locao[nic acid], lokao, China o. Chinese green
locataire *m* / tenant || **être ~** / live in lodgings, be a tenant
locatif / rental
location *f* / hiring, renting (US) || ~, assiette *f* / arrangement || **de ~** / rental || **donné en ~** / leased || ~ de **forage** (pétrole) / drilling location || ~ **limitée** / part-time lease || ~ des **places** / seat reservation || **~-vente** *f* / hire-purchase
loch *m* (nav) / log || ~ **aérien** (aéro) / air log || ~ **automatique ou breveté ou à hélice** / harpoon o. patent log, taffrail log || ~ à **bateau** / hand log || ~ **électrique à tube de Pitot** (nav) / Pitot tube log || ~ d'**étrave**, loch hydrodynamique (nav) / hydrodynamic o. stem log || ~ à **main** (nav) / hand log
lock-out *m* (ordonn) / lock-out
locman *m*, pilote *m* lamaneur (nav) / river o. harbour pilot
locomobile *adj* / locomotive || ~ *f* / locomobile, boiler/engine combination
locomotion *f* / locomotion
locomotive *f* / [locomotive] engine, locomotive, loco (GB) || ~ à **accumulateurs** / battery driven locomotive || ~ à **adhérence** / adhesion locomotive || ~ à **adhérence totale** / engine providing total adhesion || ~ à **air comprimé** / air locomotive || ~ **articulée** / articulated engine || ~ **bi-courant** / dual current locomotive || ~ **bifréquence** / dual frequency locomotive || ~ à **châssis en dedans des roues** (ch. de fer) / inside framed engine || ~ à **chauffe au mazout** / oil-burning engine || ~ à **conversion de courant** / motor-generator locomotive || ~ à **convertisseur statique** / thyristor-controlled locomotive || ~ à **crémaillère** / cogwheel o. rack engine o. locomotive || ~ de **déblais** (mines) / clearing locomotive || ~ **Diesel** / diesel locomotive || ~ **Diesel à engrenage** / diesel-mechanical locomotive || ~ **électrique** / electric locomotive || ~ **électrique à prise de courant** / conductor engine || ~ à **entraînement direct**, locomotive *f* gearless / direct drive o. gearless locomotive || ~ à **essieux articulés ou orientables** / articulated locomotive || ~ à l'**exploitation à ciel ouvert** / open-cast o. strip-mining locomotive || ~ de **fond** (mines) / hauling engine, mine locomotive || ~ pour **fortes rampes** / alpine locomotive o. engine, mountain locomotive o. engine || ~ **froide** / cold locomotive o. engine || ~ à **groupe convertisseur** / motor-generator locomotive || ~ à **groupe «mono-continu»** / locomotive with a.c./d.c. motor converter set || ~ **haut-le-pied** (ch.de fer) / light engine || ~ **industrielle** / industrial locomotive || ~ de **ligne** (ch.de fer) / road locomotive (US), main-line locomotive || ~ de **manœuvre** / switching engine o. locomotive, switcher (US) || ~ à **marchandises** / goods o. freight locomotive || ~ **mixte** (ch.de fer) / mixed traffic locomotive || ~ **monodirecte** / single-phase/d.c. locomotive || ~ à **moteur** / oil engined locomotive || ~ à **moteur à combustion interne** / gasoline- (US) o. petrol- (GB) o. diesel-engined locomotive || ~ **[à moteur] Diesel** / diesel locomotive, oil engined locomotive || ~ à **moteur suspendu par le nez** (électr) / tram-drive locomotive, suspension drive locomotive || ~ **polycourant** / multi-system locomotive || ~ en **pousse ou de renfort** / banking o. pusher locomotive o. engine, helper (US) || ~ **quadricourant** / quadrupel system engine || ~ à **redresseurs** / rectifier locomotive || ~ de **réserve** / emergency o. reserve locomotive || ~ de **route** (ch.de fer) / road locomotive (US), main-line locomotive || ~ de **secours** (ch.de fer) / relief engine || ~ à **tender ou -tender** / tank locomotive, double-end locomotive (US) || ~ avec **tender séparé** / [separate] tender engine || ~ **tous services** (ch.de fer) / mixed traffic locomotive || ~ **tricourant** / triple-system locomotive || ~ à **turbine à gaz** / gas turbine locomotive || ~ d'**usine** / industrial locomotive || ~ à **vapeur** / steam locomotive || ~ à **vapeur sans foyer** (ch.de fer) / fireless engine || ~ de **vitesse** / express locomotive o. engine || ~ à **voyageurs** / local train engine (US), passenger train engine
locotracteur *m* (ch.de fer) / locomotor, [light] rail motor tractor, dolly (US) || ~ à **accumulateurs** / battery driven mine locomotive || ~ à **trolley** /

trolley type mine locomotive
locus *m* / locus || ~ des **pôles**, locus d'Evans ou des racines (math) / root locus (pl: loci)
loden *m* / unfulled o. unmilled wool[len] cloth, rough wool cloth, loden (US)
loess *m* (géol) / loess
lof *m* (nav) / weather side, windward side
log, logarithme *m* décimal / $\log_{10}$, common logarithm
log *m* (pétrole) / drill log
Log, logarithme *m* népérien / Napierian logarithm, natural o. hyperbolic logarithm
logarithme *m* (math) / log || ~ de **base 2** / logarithm to the base 2 || ~ de **Briggs**, logarithme *m* décimal ou ordinaire ou vulgaire, log / Briggs' logarithm, decimal o. common logarithm || ~ **hyperbolique** / hyperbolic logarithm || ~ **népérien ou naturel**, Log / natural logarithm, $\log_e$ || ~ de **sept chiffres** / seven-place logarithm
logarithmique / logarithmic, log
logarithmotechnie *f* / logarithmic calculus
logatome *m* (télécom) / logatom
loge *f* (crist) / vacancy, void || ~ [du] **concierge**, loge *f* de portier / gatekeeper's o. porter's (GB) lodge, reception || ~ **froide** / cold storage cell, cooling cell
logé / accommodated || **être** ~ (techn) / be seated || ~ dans le **fer** (électr) / embedded
logement *m* (gén) / accomodation || ~, demeure *f* / lodging, housing || ~, placement *m* / accommodation, arrangement, placing || ~ (techn) / receiver, seat, receptacle || ~, placement *m* des paliers (techn) / arrangement of bearings || ~ *f* de l'**anneau verrouilleur** (jante) / gutter groove || ~ *m* **appartenant à l'entreprise** / workman's dwelling [owned by the employer] || ~ de **bagages** / luggage dump || ~ de **bavure** (moule) / flash gutter || ~ de la **broche** (m.outils) / spindle bearing arrangement || ~ de **clavette** (techn) / keyway || ~ **conique** / countersink[ing] || ~ de **copeaux** (m.outils) / chip space || ~ **cylindrique** / counterbore || ~ du **dormant** (porte) / structural reveal || ~ de **fonctions** / official apartment (a flat) o. residence (a house) || ~ à **fond plein** (techn) / blind o. pocket hole, dead hole || ~ **frappé** (découp) / counterpunch || ~ **lentiforme** (garniture) / lens seat || ~ de la **lunette** (horloge) / bezel || ~ de **noyau** (fonderie) / core print o. mark || ~ du **palier** / bearing housing || ~ à **parachute** / parachute bucket || ~ **peu profond** (m.outils) / sink || ~ de **plaque** (typo) / plate nip o. cling || ~ des **poutres** (bâtim) / beam aperture, wall pocket || ~ de **prise** (électr) / connector shell || ~ du **roulement à billes** / ball bearing seat || ~ de **services** voir logement de fonctions || ~ de **tour** / tower block dwelling || ~ du **train d'atterrissage** / bay/well || ~ d'**urgence** / emergency housing || ~ du **vantail** (porte) / door frame reveal
loger *vt* / house *vt* || ~ un **arbre** / arrange the bearings of a shaft || ~ des **pompes** (mines) / bed pumps
logette *f* d'**essai** / test box
loggia *f* (bâtim) / loggia
logiciel *m* (ELF) (ord) / software || ~ de **base** (ELF) / basis software
logigramme *m* / logic diagram
logique *adj* / logical || ~ (COBOL, FORTRAN) / logical (COBOL, FORTRAN) || ~ *f* **algorithmique** (math) / symbolic o. mathematical logic || ~ des **circuits** / circuit logic || ~ **CML** / current mode logic, CML, emitter coupled logic, ECL || ~ **CTL** (ord) / CTL, capacitor-transistor logic || ~ de **découpage** (ord) / partitioning logic || ~ **diode-transistor** / diode-transistor logic, DTL || ~ **émetteur-suiveur-transistor** / emitter follower-transistor logic, ETL || ~ d'**évaluation** (ord) / scoring logic || ~ **évaluée** / H.L.L., high level logic || ~ **formelle** (ord) / formal logic || ~ **I^2L** (semicond) / integrated injection o. I^2L-logic o. technology, merged transistor logic, MTL || ~ de **majorité** (ord) / majority logic || ~ **mathématique** / mathematical logic || ~ **noyaux-diodes** (ord) / core-diode logic, CDL || ~ de **reconnaissance** / recognition logic o. circuits || ~ **résistance-capacité-transistor** (électron) / RCTL, resistor-capacitor-transistor logic || ~ **résistance-transistor** / resistor-transistor logic, RTL || ~ **symbolique** (math) / symbolic o. mathematical logic || ~ **ternaire** (ord) / ternary logic || ~ **transistor complémentaire** / complementary transistor logic, CTL || ~ avec un **transistor à plusieurs émetteurs**, logique *f* TTL / TTL, transistor transistor logic || ~ avec un **transistor et des résisteurs**, logique *f* TRL (ord) / transistor-resistor logic, TRL || ~ à **transistors non-saturés** (ord) / non-saturated logic || ~ à **transistors saturés** (ord) / saturated logic || ~ **[valeur] seuil** (ord) / threshold logic
logis *m* / home, dwelling
logistique *adj* / logistic || ~ *f* (mil) / logistics || ~ (math) / symbolic o. mathematical logic || ~ **marine** / offshore logistics *pl*
logogramme *m* / logogram
logomètre *m* (électr) / ratio meter
logon *m*, bit *m* (ord) / bit, shannon
logotype *m*, logo *m* (typo) / logotype
loi *f* (math, phys, méc) / law || ~, theorème *m* / principle, law, theoreme || ~ (courbe) / course, march || ~ (statistique) / distribution || **d'après les ~s de la résistance des matières** / properly proportioned for stress and strain || **la ~ devient hyperbolique** / shows a hyperbolic march || ~ d'**absorption de Bouguer-Lambert** / Lambert-Bouguer law of absorption || ~ d'**action de masse** / Guldberg and Waage's law, law of mass action || ~ des **aires de couples** (aéro) / area rule || ~ d'**allongement** / law of extension || ~ d'**Avogadro** / Avogadro's hypothesis || ~ **binomiale** (math) / binomial distribution || ~ de **Biot-Savart** / Biot-Savart's law || ~ de **Boyle-Mariotte** / Boyle's law, Mariotte's law || ~ de **Bragg** (rayons X) / Bragg law || ~ de **Buys-Ballot** (phys) / Buys-Ballot's law || ~ de la **charge d'espace** / space charge law || ~ de la **chute des corps** / law of falling bodies, law of gravitation || ~ **commutative** (math) / commutative law o. principle || ~ de **compensation** / law of large numbers || ~ de **composition** (math) / connective, connection, combination || ~ de **composition des erreurs** / arrangement distribution of errors || ~ de la **compression des gaz** / Boyle's law, Mariotte's law || **~s** *f pl* **concernant les mines** (mines) / mining laws *pl* || ~ *f* de la **conservation de l'énergie,** [de la quantité de la masse] / conservation law, principle of conservation of energy o. mass || ~ de **correction biquadrique** / fourth power law || ~ **cosinoïdale de Lambert** / [Lambert's] cosine law || ~ **coulombienne** / law of electrostatic attraction, Coulomb's law || ~ de **Curie-Weiss** / Curie's law || ~ de **Dalton** / Dalton's law of partial pressures, partial pressure law || ~ de **Darcy** / Darcy's law || ~ de **décroissance radioactive** (nucl) / decay law || ~ du **déplacement** / displacement law || ~ des **déplacements radioactifs** (nucl) / Fajans-Soddy law of radioactive displacement || ~ de la **diffusion**

gazeuse / law of gas diffusion || ~ de **dilution d'Ostwald** / dilution law of Ostwald || ~ de **distribution** (chimie) / distribution o. partition law || ~ de **distribution des vitesses de Fermi-Dirac-Sommerfeld** (phys) / FDS law || ~ **doublement exponentielle** (math) / double-exponential o. Gumbel distribution || ~ de **Draper** / Draper's rule || ~ de **Duane et Hunt** (phys) / Duane and Hunt's law || ~ de **Dulong et Petit** (phys) / law of Dulong and Petit, Dulong and Petit's law || ~ d'**effusion** (chimie) / Graham's law || ~ **en 1/v** (nucl) / 1/v law || ~ d'**équivalence photochimique** / Einstein law of equivalents || **~s** *f pl* **et règlements de chemin de fer** / railway [bye-]laws and regulations o. rules *pl*, Ministry of Transport regulations (GB) *pl* || ~ *f* des **étages** / law of stages || ~ **expérimentale de variation** [de] / experimental progression || ~ **exponentielle** / exponential distribution || ~ de **F** (statistique) / F-distribution || **~s** *f pl* de **Faraday** / Faraday's laws of electrolysis *pl* || ~ *f* de **Fick** (nucl) / Fick's law [of diffusion] || ~ du **flotteur d'Ampère** (électr) / Ampere's rule, Amperian float law || ~ en **fonction du temps** / time behaviour o. history o. lapse o. slope || ~ **fondamentale** (phys) / fundamental law o. principle || ~ de **friction de Stokes** / Stokes' law || ~ **gamma** / gamma distribution || ~ de **Gay-Lussac** / Gay-Lussac's law, Charle's law, law of volumes || **~s** *f pl* des **gaz** / gas laws *pl* || ~ *f* de **Graham** (chimie) / Graham's law || ~ des **grands nombres** / law of large numbers || ~ de **gravitation** / Newton's law of gravitation || ~ de **Haüy** (crist) / law of rational indices || ~ de **Henry** (chimie) / Henry's law || ~ de **Hooke** / Hooke's law || ~ d'**induction de Faraday** / Faraday's law of induction || ~ de l'**inverse du carré** (opt) / square law || ~ de l'**inverse des carrés de la photométrie** / inverse square law || ~ d'**isomorphisme** / law of isomorphism || ~ de **Joule** (électr) / Joule's law || ~ de **khi deux** (statistique) / Chi-squared distribution || ~ de **Kirchhoff** (électr) / Kirchhoff's law || ~ de **Lambert** / Lambert's law || ~ de **Langmuir** (phys) / three-halves power law, Langmuir's law || ~ de **Laplace-Gauss k-dimensionnelle réduite** / standardized k-variate normal distribution || ~ de **Le Chatelier** / Le Chatelier[-Braun] principle, principle of least restraint o. constraint o. resistance || ~ de **Lenz** (électr) / Lenz's law || ~ du **levier** / lever principle, lever relationship rule || ~ **log-Laplacienne**, loi log-normale *f* / log-normal distribution || ~ des **mailles [de Kirchhoff]** (électr) / second law of Kirchhoff || ~ de **Mariotte** (phys) / Mariotte's law || ~ du **mélange des gaz** / Dalton's law of partial pressures, partial pressure law || ~ sur les **mines**, loi *f* minière / miner's code of laws, miner's statutes and regulations || ~ de **Mitscherlich** / law of isomorphism || ~ de **Moseley** / Moseley's law || ~ du **mouvement** / motion equation || ~ **multinomiale** / multinomial distribution || ~ **naturelle ou de la nature** / law of nature, principle || ~ de **Newton**, loi *f* de gravitation / [Newton's] law of gravitation || ~ de **Newton de refroidissement** (phys) / Newton's law of cooling || ~ des **nœuds** (électr) / first law of Kirchhoff || ~ de **non-entrecroisement** (nucl) / non-crossing rule || ~ **normale de dispersion ou de répartition des erreurs** / Gaussian law of error distribution || ~ d'**Ohm** (électr) / Ohm's law || ~ d'**Ohm-Helmholtz de l'ouïe** / Ohm's law of hearing || ~ sur l'**organisation constitutionnelle de l'entreprise** / works council bill (GB), shop organization law (US) || ~ de **Paschen** (électron) / Paschen's law || ~ des **phases** (chimie) / Gibbs' phase rule || ~ des **plus petits carrés** / law of least squares || ~ de **Poiseuille** (hydr) / Poiseuille's formula || ~ de **Poisson** / Poisson distribution || ~ de **pression** / march of pressure || ~ **principale** / fundamental law o. principle || ~ de **probabilité** (statistique) / probability distribution || ~ de **probabilité à plusieurs variables** / multivariate distribution || ~ des **probabilités** / law of probability || ~ de **projection selon Abbe** / Abbe's law of imagery || ~ de **propagation des erreurs** (math) / law of error propagation || ~ des **proportions constantes** / law of constant o. definite proportions || ~ des **proportions multiples** / law of multiple proportions, Dalton's law || ~ des **proportions réciproques** (chimie) / law of equivalent o. reciprocal proportions || ~ sur la **protection des informations traitées automatiquement par l'ordinateur** / [German] Federal Data protection Act, Act on Protection against the Misuse of Personal Data in Data Processing || ~ de la **puissance 3/2** (phys) / three-halves power law, Langmuir's law || ~ des **puissances** (math) / exponential law, law of exponents || ~ de la **radiation isotherme** / law of isothermal radiation || ~ de **Rayleigh-Jeans** / Rayleigh-Jeans law || ~ de **rayonnement de Planck** / Planck's radiation formula || ~ des **rayonnements** / radiation law || ~ de la **réfraction [de Snell]** / Snell's law || ~ de **relativité** / law of relativity || ~ de **répartition de Wien** (phys) / Wien's displacement law || ~ de **Rittinger** (broyage) / Rittinger's law || **~s** *f pl* de **sélection nucléaire** / nuclear selection rules *pl* || ~ *f* des **séquences** / law of sequence || ~ de **similitude** / law of similiarity, law of similitude || ~ de **Stark-Einstein** / Einstein law of equivalents || ~ de **Stefan et de Boltzmann** (phys) / Stefan-Boltzmann law, Stefan's law, fourth-power law || ~ de **Stokes** (phys) / Stokes' rule || ~ de **T ou de Student** (statistique) / T- o. Student distribution || ~ **tonométrique de Raoult** (chimie) / Raoult's law || ~ de **Van't Hoff** / van't Hoff's law || ~ de **Weber** / Weber-Fechner law || ~ de **Weibull** / Weibull distribution || ~ de **Wien de la radiation** / Wien's law for radiation from a black body

loin, de ~ / far [from] || **qui va** ~ / sweeping, extending over a whole range

loin[tain] / far, distant, far-off

loisirs *m pl* / off-time, spare-time, leisure

lokao *m* / China o. Chinese green, lokao, malachite green

long (gén) / long || ~ (temps) / long, lengthy || ~ (verre) / sweet || ~ (chimie) / tedious || **[à]** ~ **brin** (tiss) / long-stapled || **à** ~ **col** (chimie) / long-neck... || **à** ~ **poil** (tex) / longpiled || **à** ~ **terme** / long duration... || **à ~ue course** (mot) / long-stroke... || **à ~ue distance focale** / of long focal length || **à ~ue échéance** / long-term || **à ~ue portée** / long range..., LR || **à ~ue queue** (outil) / long-handled || **[à] ~ue soie** (tiss) / long-stapled || **à la ~ue** / for long, in the long run || **au** ~ **cours** (nav) / ocean-going || **de ~ue distance** / long-distance... || **de ~ue durée** / time-consuming || **de ~ue durée** / long duration... || **de ~ue trajectoire** / long trajectory || **en** ~ / with the grain || **en** ~ (lam) / in rolling direction, in direction of the fiber || **en ~ue durée** / long duration... || **le** ~ [de] / along[side of] || **le** ~ **du bord** (nav) / alongside [of] || **~ue** *f* **du bas** (typo) / descender || **~-bois** *m* (mines, cuvelage) / crib || ~ **bois** / long[-cut o. -tailed] wood o. timber || **~-courrier** (nav) / ocean-going || ~ **feu** (mines) / retarded priming || ~ **pan** / long pane of a roof || ~ **poil** (tiss) /

woollen velvet, worsted long pile || **~ue série** *f* (bonnet) / slack o. loose course motion || **~ue taille** *f* (mine) / [longwall] face || **~ ton** (= 2240 lbs ou ca. 1016 kg) *m* / long ton || **~ue-vue** *f* (pl: longues-vues) / telescope, spy-glass (a small telescope) || **~ue-vue** *f* pour **tirs** / telescopic rifle sight

longeron *m* (pont) / longitudinal girder || ~ (auto) / sill, side rail o. bar o. member || ~ (ch.de fer) / sole bar, main side frame, frame plate || ~ (aéro) / spar, longeron of fuselage || ~ (verrerie) / throat cheek o. side block, sleeper block || ~ (charp) / joist || **à un seul** ~ (aéro) / one- o. single-spar[red] || ~ d'**aile** / wing spar || ~ de **bogie** / bogie sole bar, bogie side member || **~-caisson** *m* (aéro) / box spar || ~ **embouti** / pressed [plate] girder || ~ d'**empennage** (aéro) / tail boom || ~ de **gouverne de direction** (aéro) / rudder post || ~ **inférieur** (conteneur) / bottom side rail || ~ **mobile** (sidér) / walking beam || ~ d'une **plaque tournante** / principal beam of a turntable || ~ du **pont** / longitudinal girder || ~ **principal du train de roulement** (funi) / principal beam of the running carriage || ~ **supérieur ou du toit** (conteneur) / roof rail || ~ en **tôle emboutie** / pressed [plate] girder || ~ de **train de rouleaux** (lam) / roller rack

longévif / long-lived, longevous

longévité *f* / longevity || ~ (stockage) / shelf life || **de ~** / long-lived, lasting || **de très grande ~** / long-lasting, of great durableness || ~ **moyenne** / average life period o. time

longimétrie *f* / measurement of lengths, linear measurement

longitude *f* (géogr) / longitude || ~ **céleste** / celestial longitude || ~ **géocentrique** / geocentric longitude || ~ **terrestre** / terrestrial longitude

longitudinal / longitudinal

longitudinalement / lengthwise, -ways, longitudinally

longrine *f* (gén) / longitudinal beam o. girder || ~ (bâtim) / longitudinal beam o. tie, capping piece || ~ (ch.de fer) / sole bar || ~, tirant *m* (bâtim) / tie beam || ~ de **faîtage** / roof coping o. girder || ~ de **fondation** (charp) / ground beam o. timber || ~ de **grillage** (hydr) / longitudinal sill, running sleeper || ~ de **guidage** (ascenseur) / guide rail o. rod || ~ d'une **palée** (hydr) / coping, capping piece || ~ de la **voie** (ch.de fer) / longitudinal sleeper, stringer

longueur *f* / length || **de ~ constante** / of constant length || **de...mètres de ~** / of...m long || **en ~** / lengthwise || ~ **abrasive** (m. outils) / grinding length || ~ **accidentelle** (sidér) / random length || ~ **[accidentelle] de fabrication** / factory length || ~ d'**adhérence** (béton armé) / grip length || ~ d'**aplatissement maximum** (ressort) / solid length, $φ_b$ || ~ d'**approche** / length of approach path || ~ de l'**arc** / arc o. curve length || ~ d'**arrêt** / stop[ping] distance, length of brake path || ~ d'**article variable** (ord) / variable record length || ~ d'**attelage** (auto) / drawgear length || ~ entre **attelages** (ch.de fer) / length between couplings || ~ d'**atterrissage** (aéro) / alighting run || ~ du **bain** (tex) / bath ratio || ~ de **base** / measuring length || ~ de **base** (rugosité) / sampling length || ~ de **bloc** (ord, NC) / block length o. size || ~ de **cadre** (auto) / chassis length || ~ **calibrée** / measuring length || ~ **calibrée de la filière de tréfilage** / length of parallel || ~ d'un **canton de block** (ch.de fer) / block space || ~ **caractéristique d'un engin** / characteristic length || ~ de **carrosserie** (auto) / bodywork length || ~ de **centre de lumière** (projecteur) / light center length || ~ de la **chaîne** (tiss) / length of the warp || ~ de **chaîne** (arp) / length of chain, chain length || ~ du **chanfrein d'entrée** / length of lead (e.g. of a bush) || ~ de **chasse** (mines) / life of face || ~ en **chiffres ronds** / round number length || ~ **commercielle** / commercial length || ~ de **conduite** (roue dentée) / length of path of contact || ~ de **corde** / chord length || ~ d'une **coupe** / length of a cut || ~ de **coupe** (interrupteur) / break || ~ de **coupe résultante** (m.outils) / resultant cutting path length || ~ **courante de fabrication** / standard length as produced, factory length, manufacturing length || ~ **courante de laminage** / standard length as rolled || ~ de **course du piston** / piston stroke o. travel, length of stroke || ~ **cumulée** / length over all, LOR, overall o. total length || ~ **débit** / running length || ~ de **Debye** (semicond) / Debye length || ~ de **décollage** (aéro) / take-off distance, starting run || ~ **déroulée d'un câble** / laying-out length o. paying-out length of a cable || ~ de **diffusion** (nucl, semicond) / diffusion length || ~ **double** (ord) / double precision o. length || ~ **droite** (techn) / straight section || ~ de l'**échelon** (instr) / scale spacing || ~ **effective d'antenne** / effective antenna length || ~ **effective de chevron** / line length of a rafter || ~ **électrique** (télécom) / total distortion of lines || ~ **élémentaire** (phys) / elementary length || ~ d'**encombrement** / length over all, LOR, overall o. total length || ~ **engagée** (acier à béton) / bond length || ~ d'**épreuve** / length of test specimen || ~ **examinée** (filage) / test length || ~ **exploitée** (ch.de fer) / length of line operated || ~ **extrapolée** (nucl) / extrapolation distance, augmentation distance || ~ de **fente** / width of slit || ~ de la **fibre** / fiber length || ~ du **fil allongé** / straight length || ~ **filetée** / threaded length || ~ des **filets incomplets** / length of runout || ~ du **film entraîné** / run of film || ~ **finale** / finished length || ~ **fixe** / dead length, specified length || ~ de **flambage** / effective column o. pillar length, buckling o. collapsing length || ~ de la **flèche** / jib o. boom length || ~ de la **graduation** (instr) / chart scale length || ~ de **guidage** / guide length || ~ **horizontale de chevron** (bâtim) / run of a rafter || ~ **hors-tout** / length over all, LOA, overall o. total length || ~ d'**huile** (couleur) / oil length || ~ d'**image** (TV) / picture length, frame length || ~ **insuffisante** / underfootage || ~ de **jaugeage** (nav) / registered o. tonnage length || ~ **kilométrique de rupture** (tex) / breaking length in kilometres || ~ entre **les perpendiculaires** (nav) / length between perpendiculars || ~ **libre entre mâchoires** / free clamping length || ~ de **ligne** / line length || ~ de **livraison** / supply length || ~ de **mesurage** / measuring length || ~ en **mètres** / length in meters || ~ de **migration** (nucl) / migration length || ~ de **mot** (ord) / word length o. size || ~ **moyenne** / average o. mean length || ~ **normale** / standard length || ~ prise dans **oeuvre** / inside length || ~ des **ombres** / length of shadow || ~ d'**onde** / wavelength || ~ d'**onde critique** / critical wavelength || ~ d'**onde de Compton** / Compton wavelength || ~ d'**onde dominante** (opt) / dominant wavelength || ~ d'**onde dans le guide** / waveguide wavelength || ~ d'**onde d'intensité** (opt) / effective wavelength || ~ d'**onde limite** (rayons X) / boundary o. minimum wavelength, quantum limit || ~ d'**onde naturelle** (antenne) / natural wavelength || ~ d'**ondes fondamentales** / fundamental wavelength || ~ de **panneau** (bâtim) / bay division o. width || ~ du **parcours** (manutention) / carrying o. conveying distance || ~ de **parcours libre** (méc, électr) / free path length || ~ de **parcours des ondes sonores** /

path length of sound waves || ~ de **pas** (câble) / pitch of a rope || ~ en **porte à faux** (aéro) / overhang || ~ de **pose** (câble) / paying-out length of a cable || ~ **posée** / laid length || ~ **primitive** (courroie trapez) / working length || ~ de **projection** (film) / run length || ~ de **ralentissement** (nucl) / mean square length of moderation, slowing down length || ~ de **rayonnement** / radiation length || ~ de **recouvrement** (roue hélicoïdale) / overlap length || ~ de **registre** (ord) / register length || ~ de **relaxation** (nucl) / relaxation length || ~ entre **repères** (éprouvette) / gauge length || ~s *f pl* **résiduelles** (sidér) / shorts *pl* || ~ *f* du **ressort en état comprimé** / loaded length of spring || ~ de **retenue** (hydr) / reach length of a canal || ~ **rigoureuse** / fixed length || ~ de **[roulement au] départ** (aéro) / take-off distance, starting run || ~ de **rupture** (tex, pap) / breaking length || ~ de **rupture à serrage nul** (pap) / zero span breaking length || ~ en **saillie** / unsupported length || ~ de **saillie** (vis) / length of projection of bolt ends || ~ de **serrage** (boulon) / grip of bolt || ~ de **serrage** (boulon plein trou) / grip length of a body-fit bolt || ~ de **serrage** (m.outils) / gripping o. chucking length || ~ de la **soie** / fiber length || ~ **standard** (lam) / mill length || ~ de **table** (lam) / surface length of roll || ~ **tampons compris** (ch.de fer) / length between o. over buffers || ~ du **téton court** (vis) / half dog length, length of half dog point || ~ **totale** / length over all, LOR, overall o. total length || ~ **totale de coupure** (électr) / total distance of break || ~ **totale d'un système à courant triphasé** / total length of an a.c. system || ~ à **tourner** (m.outils) / length to be turned, turning length || ~ de **travail** (foret) / working length || ~ **type** / standard length || ~ **ultime entre repères** (éprouvette) / ultimate gauge length || ~ **utile** / effective o. useful o. working length || ~ de **vis** (engr. à vis) / worm facewidth || ~ de **voie** (ch.de fer) / track length o. panel o. span, line o. track section || ~ de **voies développée** (ch.de fer) / track mileage || ~ de **zone** (ord) / field width

looping *m* (aéro) / looping

lopin *m* (sidér) / loop, ball || ~ (extrudeuse) / billet || ~ (forge) / slug || ~ (mét.poudre) / blank

loquet *m* (serr) / latch, catch bolt || ~ (laine) / breech[ing], britch || ~ de la **canette** (m à coudre) / bobbin retainer, bobbin latch || ~ du **chariot** (tex) / holding-out catch || ~ de **clichage** (mines) / cap || ~ de **commande** / pawl, ratchet || ~ du **cylindre** (tex) / operating hook || ~ de **mouilleur** (nav) / tumbler || ~ à **ressort** / spring trigger || ~ à **ressort** (fenêtre) / spring clamp

loquetage *m* (relais) / interlock[ing]

loqueteau *m* (serr) / small catch || ~ à **billes** (men) / ball catch, bullet catch || ~ de **fenêtre** / sash bolt

loqueter (relais) / latch-trip, latch-pick

loquettes *f pl* (laine) / locks *pl* || ~s *f pl* de **tête** / head locks *pl*

loqueur *m* (tiss) / sinker lifting bar

lorandite *f* (min) / lorandite

lorry *m* (ch.de fer) / [platelayer's] trolley || ~**-échelle** *m* (ch.de fer) / ladder trolley o. truck

losange *m* (math) / rhombus (US) (pl: rhombusses, rhombi), diamond, lozenge || ~ (m.compt) / lozenge || ~ (fenêtre) / sash-lozenge || **en** ~ / lozenged, rhombic, diamond o. rhomb shaped, rhomboidal

losangique / lozenged, rhombic, diamond o. rhomb shaped, rhomboidal

lot *m* (gén) / batch, lot, charge || ~ (four) / batch, charge || ~ (chimie) / feed, batch || ~ (commerce) / parcel, batch || ~ (bâtim) / building ground o. lot o. side o. plot || ~ (ELF), jeu *m* de pièces détachées / kit || **en** ~s / lot-by-lot *adj* || **par** ~s / in batches || **par** ~s (ord) / batch-bulk... || ~ de **bois** (silviculture) / parcel, drift, lot || ~ de **contrôle**, lot *m* pour inspection / inspection lot || ~ d'**éléments pour aménagement ultérieur** / adapter kit || ~ de **fabrication** (ordonn) / series, batch || ~ de **livraison** / delivery lot || ~ **pilote** / pilot lot o. production o. run (US) || ~ de **production** / production lot || ~ de **ramassage** (ch.de fer) / collected group of wagons || ~ de **rattrapage** (ELF) / retrofit kit || ~ de **réparation** (ELF) / repair tools *pl*, repair kit || ~ de **terrain** / lot o. parcel of land || ~ **toléré** (ordonn) / lot tolerance, LT

lotir / parcel, partition, break up

lotissage *m* (mines) / averaging, taking averages

lotissement *m* (bâtim) / parcelling-out (action), building plot (ground) || ~ (immeubles) / housing estate || ~ **résidentiel** / residential allotment

louage, donner à ~ (nav) / charter [out]

louche *adj* / shady, opaque || ~ *m* (plast) / haze || ~ *f* (pour engrais liquide) / scoop || ~ (sidér) / sampling spoon || ~ à **couler** / pouring spoon

louchet *m* / narrow spade || ~ (excavateur) / dredging bucket

louchir (chimie) / go o. turn cloudy

louchissement *m* / turning cloudy

loué (terrains) / leasehold

louer / let o. lease [for rent], rent || ~ (nav) / charter [out]

loup *m* / rejects *pl* || ~ (pap) / rag tearing machine, willow rag machine, willowing machine || ~ (sidér) / sow, salamander || ~ (filage) / opener || ~ **batteur** (filage) / battering willow || ~ de **bec du convertisseur** (sidér) / [mouth] skull, bug || ~ **briseur de laine** / wool devilling machine o. deviller || ~ **cardeur**, loup-carde *m* / carding willey, breaker card, mixing willow, fearnought (GB) || ~ de **fabrication** / manufacturing defect || ~ de **fusion** / scar || ~ à **huile** (laine) / opener with oil || ~ **mélangeur** (tex) / mixing willow || ~**-ouvreur** *m* pour **laine** (filage) / opener for wool || ~ **récoupérable** / reworkable piece || ~ à **volant en hélice** (filage) / spiral beating willow

loupe *f* / magnifier, multiplying o. magnifying glass || ~ (bois) / wart, upgrowth, excrescence of wood || ~ (tiss) / thread counter, pick counter o. glass, weaver's o. whaling glass, cloth prover || ~ (ultrasons) / expanded time base sweep, scale expansion || ~ (réduction directe) (sidér) / loop, ball || ~ de **banc pousseur** (sidér) / push bench bloom || ~ **éclairante de poche** / illuminated folding lens || ~ du **lapidaire** / gem magnifier || ~ de **lecture** / measuring o. reading microscope o. telescope || ~**s-lunettes** *f pl* / spectacle magnifier || ~ *f* à **manche pliant** / folding lens, collapsible pocket magnifier || ~ de **mise au point** / focus[s]ing magnifier o. glass || ~ **photographique** (opt) / photomacrographic system || ~ **photoscopique** / magnifying picture viewer || ~ sur **pied** / bull's eye || ~ **pliante** / folding pocket magnifier || ~ **serre-tête** / headset magnifier || ~ de **visée munie d'un récticule** / ranging magnifier with a graduated plate

loupé / botched || ~ (fonderie) / porous

lourd (gén, tiss, sol, nucl) / heavy || ~, pesant / clumsy || ~ (frittage) / heavy || ~ (mines) / exercising pressure || ~ (fraction) / heavy || ~ (bâtim) / coarse || ~ (chimie) / not easily volatilized || ~ sur l'**aile** (aéro) / wing-heavy || ~ de l'**arrière** / control-heavy || ~ sur l'**arrière ou sur cul** (nav) / down by the stern, stern-heavy || ~ d'**avant** (aéro) / top-heavy || ~ d'**empennage** (aéro) /

control-heavy || ~ **latéralement** (aéro) / wing-heavy || ~ du **nez** (aéro) / top-heavy || ~ sur la **queue** (aéro) / control-heavy || ~ de la **tête** (aéro) / top heavy
lourdeur *f* / drowsiness
louve *f* / lewis, stone lifting tongs || ~ à **tenailles** / nippers, stone tongs *pl*
louvoyer (nav) / tack [about]
lové sans fin (sangle) / endless wound
lover (cordage) / coil [round o. up] *vt*
loxodromie *f* (nav) / loxodrome, rhumb line
loxodromique (nav) / loxodromic
loyer *m* (ord) / rental || ~ (bâtim) / rent
L.P.G. / liquefied petroleum gas, LPG
L.Q.F.M., limite *f* de qualité finale moyenne / average outgoing quality limit, AOQL
L.S.D. / LSD, lysergic acid diethylamide
LSI, circuit *m* à très grande intégration / LSI, large scale integrated circuit || ~ **hybride** (électron) / LSI hybrid circuit
L.S.T. / landing ship for tanks, L.S.T.
L.T., lot *m* toléré (ordonn) / lot tolerance, LT
lubricité *f* / lubricity o. oiliness of oil
lubrifiant *m* (techn) / grease, lubricating stuff, lubricant || **~s** *m pl* / lubricants *pl* || ~ *m* (filage) / softener, oiling material || ~ **animal** / animal lubricant || ~ pour **auto** / motor oil, lubricating oil || ~ de **compression** (frittage) / lubricant for pressing || **~s** *m pl* **dérivés de goudron de houille** / lubricants from coal tar *pl* || ~ *m* d'**emboutissage** (découp) / drawing compound || ~ pour **extrême pression** / E.P. lubricant, extreme pressure lubricant || ~ **interne** (plast) / self-carrying mo[u]ld lubricant, internal lubricant || ~ de **matrice** / die lubricant || ~ **mineral** / mineral lubricant || ~ pour **moteurs** / motor oil, lubricating oil || ~ de **moule** (coulée sous pression) / parting compound || ~ **pâteux ou solide** / lubricating grease || ~ **sec** / dry-film lubricant || ~ **solide** / solid lubricant || ~ **solide** (pour stauffer) / Stauffer o. consistent o. solid grease, cup grease || ~ à **très hautes pressions** / E.P. lubricant, extreme pressure lubricant || ~ **végétal** / vegetal lubricant || **~s** *m pl* à **viscosité standardisée** / lubricants of standardized viscosity *pl*
lubrificateur *m* / lubricator, greaser, oiler || ~ (tex) / oiling device
lubrification *f* / lubrication, oiling, greasing || ~ par **arrosage** / sprinkling with oil || ~ de l'**articulation** / joint lubrication || ~ par **barbotage** / centrifugal o. splash lubrication || ~ par **circulation forcée** / forced feed [non splash] lubrication, pressure circulating lubrication, pump type circulation system lubrication, self-contained lubrication || ~ **durée de service** / for-life lubrication || ~ **fluide** / fluid lubrication || ~ à **gaz** / gas lubrication || ~ à la **graisse** / grease lubrication || ~ à l'**huile** / oiling || ~ **hydrodynamique** / hydrodynamic lubrication || ~ **imparfaite** / thin-film o. imperfect lubrication || ~ **individuelle** / individual lubrication || ~ **limite** / extreme boundary lubrication, marginal lubrication || ~ à **liquide** / fluid lubrication || ~ **parfaite** / thick-film o. perfect lubrication || ~ par **pellicule de gaz** / gaseous lubrication || ~ sous **pression** / pressure [feed] lubrication || ~ à **sec** / dry lubrication
lubrifier / [rub with] grease, lubricate || ~ (techn) / lubricate, lubrify, oil || ~ (jute) / batch jute
lubrifieur *m* (techn) / grease box o. cup, greaser, lubricator
lucarne *f* (bâtim) / dormer window, skylight || ~ (techn) / inspection port || ~ **faîtière** / ventilating ridge tile || ~ à **œil-de-bœuf** (bâtim) / oculus || ~ **vitrée** (bâtim) / skylight
lucidité *f* / lucidity || ~ (pap) / look-through
lueur *f* / gleam, glimmer || ~, vif éclat *m* / flare, flash || ~ **antisolaire** (astr) / counter-glow, gegenschein || ~ de **bouche** / muzzle flash || ~ **cathodique** / cathode glow || ~ de **décharge** / light generated by glow discharge o. by luminous o. silent discharge || ~ **incandescente** / glow || ~ **intrinsèque**, lueur *f* propre (astr) / self-luminosity || ~ **vacillante** / flicker
LUF, fréquence *f* minimale utilisable (radio) / lowest usable frequency, LUF
lui, qui est ~ dans une capsule / isolated o. secluded in a capsule
luire / gleam *vi*, shine, glimmer || ~ **subitement** / light up
luisancemètre *m* / gloss metre o. tester
luisant *adj* / shining, shiny || ~, brillant / bright, polished, glossy || ~ *m* (tiss) / gloss || ~ de **graisse** / of greasy luster o. appearance
lumen *m*, lm / lumen || **~-heure** *m* / lumen hour, lhr || **~mètre** *m* / lumenmeter, lumeter
lumidôme *m* (bâtim) / saucer dome, domelight
lumière *f* / light || ~ (rabot) / plane hole o. mouth || ~, trou *m* oblong / elongated hole, slot || ~ (techn) / port || ~ (palette) / pallet truck opening || **à trois ~s** (mot) / three-port || **donner de la ~** / irradiate, shine || **en ~ transmise** / by transmitted light || **faire de la ~** / turn on o. switch on the light || **par ~ incidente** / by incident light || ~ d'**admission** (m. à vap) / scavenging port, entrance port || ~ d'**admission de la vapeur** / steam admitting port || ~ d'**alcool à incandescence** / incandescent spirit light || ~ d'**ambiance** / floodlight, floodlights *pl* || ~ d'**ambiance** (film) / movie floodlamp || ~ **ambiante** / existing light || ~ **anodique** / anode glow, positive glow || ~ d'**appoint** / fill[-in] light || ~ à **arc** / arc light || ~ **artificielle** / artificial light || ~ d'**aspiration** (m.à vap, mot) / port || ~ d'**avertissement** / warning light || ~ de **balayage** (mot) / scavenging [air] port || ~ de **base** (TV) / key lighting || ~ **blanche** / white light o. radiation, specified achromatic light || ~ **cathodique** / cathode glow, negative glow || ~ **cendrée** (ELF) / earth light o. shine || ~ **cohérente** / coherent light || ~ de **communication [à turbulence]** (mot) / antechamber port || ~ **constante** / constant light || ~ de **coussinet** / oil hole || ~ **crue** / glare || ~ de **cylindre** (mot) / port || ~ **diffuse Rayleigh** / Rayleigh scattering || ~ **diffusée** / light scatter, diffused o. stray o. scattered light || ~ à **distance** (auto) / main o. high beam (GB), upper beam (US) || ~ de **distribution** (mot) / piston port || ~ **Drummond** / limelight || ~ d'**échappement** / exhaust port || ~ d'**entrée** / admission port || ~ d'**escalier** / stair well || ~ **exempte de rouge** / light free from red || ~ du **fer de rabot** / plane iron hole || ~ **froide** / cold light || ~ à **grande portée** voir lumière à distance || ~ par **incandescence** / incandescent light || ~ **incandescente à l'alcool** / incandescent spirit light || ~ **incandescente à gaz** / incandescent gaslight || ~ **indirecte** / indirect o. second light || ~ du **jour** / daylight || ~ du **jour artificielle** / artificial daylight || ~ de **magnésium** / magnesium light || ~ **monochromatique** / monochromatic light || ~ **Moore** / Moore lamp || ~ **multicolore** / heterochromatic light || ~ **naturelle** / daylight || ~ **noire** / black light || ~ **parasit[air]e** / flare, stray light || ~ **parasite** (phot) / [light] fog || ~ **parasite ou diffusée** / light scatter, diffused o. stray o. scattered light || ~ **polarisée** / polarized light || ~ de **pompage** (laser) / pumped light || ~ **positive** / anode glow,

positive glow || ~ **produite par l'effluve** / light generated by glow discharge o. by luminous o. silent discharge || ~ du **rabot** / plane hole o. mouth || ~ **rouge** (phot) / ruby light || ~ [de] **route** voir lumière à distance || ~ **solaire ou du soleil** / sunlight || ~ par une **surface diffusante** (bâtim) / borrowed o. indirect light || ~ **tamisée** / subdued light || ~ de **tirage** / printer o. printing light || ~ **transmise** / transmitted light || ~ de **tubes fluorescents**, lumière *f* de tubes à gaz / [neon o. fluorescent] tube light || ~ **ultraviolette** / ultraviolet light || ~ de **valve** (pneu) / valve o. rim slot || ~ de **vapeur** / porthole, steam port || ~ de **Wood** / black light || ~ **zodiacale** / zodiacal light

luminaire *m* / luminaire (a complete lighting unit) || ~ (routes) / street lamp, street lighting lantern || ~ (gén) / lamp, source of light || **~s** *m pl* (nom collectif) / luminaires *pl* || ~ *m* (astr) / luminary || ~ pour **éclairage de sécurité** / emergency lamp || ~ **encastré** / recessed luminaire || ~ avec **entrée et échappement d'air** / air handling fitting, lighting fitting for air supply and return || ~ **étanche** / moisture-proof lamp || ~ **extensif** (gén) / spread beam lamp, wide-spread light || ~ **extérieur** / outdoor light fixture || ~ pour **fixation sur bras de poteau** (routes) / pole-integrated lantern || ~ pour **fixation sur poteau droit** (routes) / pole-top lantern || ~ **intensif** / narrow angle lighting fitting, deep bowl reflector || ~ **monté sur sommet du poteau** / post-top lantern || ~ **portatif** / table standard (GB) o. lamp (US) || ~ en **prolongement** (routes) / pole-integrated lantern || ~ **rectangulaire** (routes) / box-type o. coffer-type lantern || ~ à **répartition intensive** / narrow angle lighting fitting, deep bowl reflector || ~ à **répartition oblique** / angle lighting fitting || ~ de **studio** / studio light || ~ **suspendu** (routes) / span-wire [suspended] lantern || ~ à **suspension réglable** (électr) / counterweight pendant, rise-and-fall pendant || ~ de **voirie ou de rue** / lantern for street lighting

luminance *f*, brillance *f*, L / radiant intensity per unit area, brightness, luminance || ~ (TV) / luminance || ~ **ambiante** (TV) / ambient light || ~ **constante** (TV) / constant luminance || ~ d'**écran** / screen luminance o. brightness || ~ **énergétique** / radial intensity per unit area || ~ de **fond** / base light intensity || ~ **moyenne** (TV) / average luminance o. brightness || ~ de **réflexion** / luminance factor, directional o. diffuse reflectance || ~ **superficielle** / [surface] brightness || ~ pour la **vision scotopique** / dark brightness

lumination *f* / luminous flux per time unit || ~, exposition *f* lumineuse (photo) / exposure || ~ (produit de l'éclairement par le temps de pose) (laser) / lumination

luminescence *f* / luminescence || ~ **bleue** (TV) / blue luminescence || ~ de **recombinaison** (nucl) / recombination luminescence

luminescent / luminescent

lumineux / bright, luminous || ~ (objectif) / of great light transmitting capacity || **être** ~ / irradiate, shine

lumino·graphie *f* (typo) / luminography || **~mètre** *m* (pétrole) / luminometer || **~phore** *m* / luminophore

luminosité *f* (gén, opt, pap, TV) / luminosity, brightness || ~ (objectif) / aperture o. f-number of a lens, speed o. rapidity of a lens || **à grande** ~ (objectif) / of great light transmitting capacity || ~ de l'**arrière-plan** / background brightness || ~ des **blancs** (TV) / high-light brightness || ~ de l'**écran** / screen brightness || ~ du **fond** / background [brightness] || ~ des **images** / brightness of images || ~ d'un **instrument** / light gathering power || ~ du **pétrole lampant** / luminosity of burning oil || ~ d'un **point de l'image** / brightness of the image spot, brillance of the image spot || ~ du **spot** (TV) / spot brightness || ~ **subjective** / brightness sensation o. impression

lunaire / lunar

lunaison *f* (astr) / lunation, synodic month

lunette *f* / telescope, spy-glass (a small telescope) || **~s** *f pl* / spectacles *pl*, glasses *pl* || ~ *f* (bâtim) / lunette || ~ (horloge) / bezel || ~ (tourn) / back rest o. stay, steady [rest] || ~ (fraiseuse) / steady || **[une paire de] ~s** / [a pair of] spectacles o. [eye] glasses, specs *pl* || **~s** *f pl* **acoustiques** / hearing aid glasses *pl* || ~ *f* d'**alignement** / alignment telescope || ~ [d'**approche]** / binoculars *pl*, field glass || ~ d'**approche de mise au point** / adjusting telescope || ~ [d'**approche] à prismes** / prism[atic] glass o. binoculars *pl* || ~ **arrière** (auto) / backlight || ~ **arrière dégivrante** / defrosting rear window || ~ **astronomique** / refracting telescope, refractor || ~ à **autocollimation** / autocollimator || ~ d'un **banc à étirer des tubes** / gauge-plate for drawing tubes || ~ **bifocale** / bifocal glasses *pl* || **~s** *f pl* à **branches** / temple spectacles *pl* || ~ *f* de **châssis** (auto) / frame center rest || **~s** *f pl* à **coques latérales** / safety glasses o. goggles *pl* || **~s** *f pl* avec **correction auditive** / hearing aid glasses *pl* || ~ *f* de **custode** (auto) / backlight || **~s** *f pl* à **double foyer** / bifocal glasses *pl* || ~ *f* d'**encadrement** (instr) / annular bezel || ~ d'**étambot** (nav) / shaft spectacle piece || ~ **fixe** (tourn) / steady rest || **~s** *f pl* **grossissantes** / telescopic spectacles *pl* || ~ *f* de **lecture** / reading microscope || **~s** *f pl* pour **lire** / reading spectacles *pl* || **~-loupe** *f* / telescopic spectacles *pl* || **~s** *f pl* pour **malentendants** / hearing aid glasses *pl* || ~ *f* **mobile** / follow-rest || ~ de **nuit** / night telescope o. glass || ~ **panoramique** / panoramic telescope || ~ de **pointage** (mil) / rifle o. sight[ing] telescope, telescopic sight || ~ de **porte-balais** / brush yoke o. rocker, brush holder o. support || ~ **pouvant faire le tour sur elle-même** (arp) / transit telescope || ~ à **prismes redresseurs** / telescope with erecting prisms || ~ de **privé** / toilet seat || **~s** *f pl* **protectrices ou de protection** / eye protectors o. preservers *pl* || **~s** *f pl* **protectrices** (rayons X) / X-ray protective glasses || **~s** *f pl* **protectrices contre la poussière** / goggles *pl*, eye protectors o. preservers *pl* || **~s** *f pl* **protectrices de l'éblouissement** / antidazzle spectacles *pl* || ~ *f* **réversible** (arp) / transit telescope || ~ de **Schmidt** (sidér) / goggle valve || **~s** *f pl* de **soleil** / sun glasses *pl* || **~s** *f pl* **soudeurs** / welder's goggles *pl* || ~ *f* à **suivre** (tourn) / follow-rest || **~s** *f pl* de **sûreté** / eye protectors o. preservers *pl* || **~s** *f pl* à **tempes** / temple spectacles *pl* || ~ *f* **terrestre** / terrestrial telescope || ~ de **visée** (bouche à feu) / panoramic sight || ~ de **visée** (fusil) / rifle o. sight[ing] telescope, telescopic sight || ~ de **W.C.** / seat of a toilet, toilet seat || ~ **zénithale** / zenith telescope

lunetter (tan) / perch, pare

luni-solaire / lunisolar

lunnite *f* / pseudomalachite

lunulaire / crescent-shaped

lunule *f* (math) / lune, crescent

lunure *f* (défaut de bois) / double sap, halo

lupin *m* (agr) / lupin[e], lupinus

lupinidine *f* / lupinidin

lupinine *f* / lupinin[e]

lupulin *m* / lupulin

lupulone *f* (bière) / beta resin, lupulone

lustrage *m* (tex) / lustring || ~ (pap) / glazing

ustrant *m* (galv) / brightener
ustre *m* / luster || ~ (tiss) / pressing lustre, gloss || ~ (éclairage) / luster, lustre, chandelier || ~ de l'**amidon** / starching clay || ~ **nacré ou perlaire** / nacreous o. pearly lustre || ~ **onctueux** / unctuous lustre || ~ **scintillant** (tex) / fickle lustre || ~ de **soie** (gén) / silk gloss o. luster
ustrer *vt* / shine *vt*, brighten, polish, glaze, gloss
ustreur *m*, lustreuse *f* (auto) / polishing brush
ustrine *f* (tiss) / luster, lustre (GB)
ut *m* (sidér) / luting agent, lute, putty || ~ **infusible** (sidér) / fire lute
utéine *f* / lutein, xanthophyll
utéol *m* (chimie) / luteol
utéoline *f* / luteolin, 3',4',5,7-Tetrahydroxyflavone
utéotropine *f* / luteotropin, prolactin, lactogen
uter (gén) / lute *vt*, seal o. cover with lute || ~ (mines) / clay *vt* || ~ (réfractaires) / fettle *vt* || ~ (chimie, sidér) / lute *vt*
utétium *m*, Lu / lutecium, lutetium
utidine *f* (chimie) / lutidine, 2,6-dimethylpyridine
utte *f* / struggle, strife || ~ (techn) / abatement, control || ~ **antipollution** / fight against environmental pollution, pollution control o. abatment || ~ contre le **bruit** / noise abatment o. control || ~ contre l'**incendie** / fire fighting || ~ contre les **mauvaises herbes** / weed killing, blight and bindweed control || ~ contre les **parasites ou la vermine** / control of parasites, destruction of insect pests || ~ contre la **pollution** / pollution control o. abatement || ~ contre les **poussières** / dust mitigation, dust prevention measures *pl*, dust suppression
luttle *f* **conique** (mines) / spitzlutte, hydraulic classifier
lux *m* (unité d'éclairement) / lux
luxe, de ~ / fancy..., de luxe
luxmasse *f* (chimie) / luxmasse
luxmètre *m* / luxmeter || ~ **partiel** / spot photometer
luxulliane *f* (géol) / luxul[l]ianite
luxuriant / luxuriant
luzerne *f* (agr) / lucern[e], alfalfa
lyddite *f* (explosif) / lyddite
lydienne *f*, lydite *f* (min) / lydite, Lydian stone, touchstone
lymphe *f* (bois) / sap
lyo·gel *m* (chimie) / lyogel || ~**lyse** *f* (chimie) / lyolysis, solvolysis || ~**phile** / lyophilic || ~**philisation** *f* / freeze drying, lyophilization
lyophilisé / freeze-dried
lyo·phobe / lyophobic || ~**sorption** *f* / lyosorption || ~**trope** / lyotropic
lyparis *m* **moine** (parasite des pins) / black-arched moth, nun o. night o. tussock moth, pine moth
lyre *f* (tourn) / adjustment plate, quadrant || ~ de **dilatation** / compensation tube bend
lyse *f* (chimie) / lysis
lysholm *m*, compresseur *m* à vis / lysholm, worm compressor
lysimètre *m* (agr) / lysimeter
lysine *f* (chimie) / lysine
lysoforme *m* / lysoform
lysol *m* / Lysol

M

M, méga / M, mega, one million, 10^6
M., mired *m* (phot) / mired (= micro reciprocal degree)
M.A., modulation *f* d'amplitude / amplitude modulation, AM
macadam *m* / macadam, macadamized roadway o. pavement || ~ **bitumineux** / asphalt macadam work, tarmac || ~ au **grès asphalté par imprégnation** (routes) / asphalt-grouted surface || ~ **traité en pénétration avec un asphalte coulé** (routes) / grouted macadam
macadamisage *m*, macadamisation *f* / macadamizing
macadamiser / macadamize
macéral *m* (houille) / maceral
macération *f* / maceration
macérer / lixiviate, leach [out], macerate || ~, dissoudre / macerate, soak off || ~ (chimie) / macerate || ~ à **chaud** (chimie) / digest *vt*
mach *m* (vieux) / Mach [number], M., critical velocity ratio
mâche-bouchons *m* / bottle corking machine
mâchefer *m* / clinker, dross || ~ (forge) / forge o. forging scales *pl*, hammer scales *pl* || ~ (routes) / slag base
machin *m* / gimmick, gadget, thing
machinal / mechanical, after a certain pattern
machine (p.e.: tournevis machine) / machine-operated, mechanical || ~ *f* / machine || ~, mécanisme *m* / wheel work, mechanism || ~ (ch. de fer) / [locomotive] engine, locomotive, loco (GB) || ~**s** *f pl* (ord) / equipment || ~ *f* (mot) / engine, motor, prime mover || **de** ~ (constantes, instructions etc.) / hardware... || **faire** ~ **arrière** / reverse the engine || **sur** ~ (pap) / on-machine ... || ~ **acyclique** (électr) / acyclic machine || ~ **additionnelle** / additional o. auxiliary o. supplementary machine || ~ à **additionner** / adding machine, adder || ~ à **adresser** / addressing machine || ~ à **adresser et à affranchir** / mailing machine, mailer || ~ **aérostatique** / aerostatic engine, pneumatic engine || ~ à **affiler ou à affûter** / sharpening machine, grinding machine (e.g. for reamers) || ~ à **affranchir** / postage meter machine, postal franker o. franking machine || ~ à **affûter les lames de scies** / saw blade sharpening machine || ~ à **affûter les outils** / [unversal] tool grinder o. grinding machine || ~ à **affûter les outils** / tool and cutter grinding machine || ~ à **affûter universelle** / tool and cutter general purpose grinding machine || ~ à **agrafer** (ferblantier) / seam folding o. seaming machine || ~ à **agrafer d'angles** (fabr. de caisses) / corner stapler for boxes || ~ à **agrafer les dossiers** / stitching machine || ~ à **agrafer les fonds** / bottom seaming machine || ~ à **agrafer à plats** (pour caisses) / flat stapler for boxes || ~ **agricole** / agricultural o. farming machine || ~ à **aiguilles à bec** / [spring] bearded needle machine || ~ à **aiguiser** / sharpening machine || ~ à **aiguiser les cardes** / card grinding machine o. grinder || ~ à **aiguiser les lames et cylindres de tondeuses** (tex) / grinding machine for shearing-blades and shearing-cylinders || ~ à **air** (mines) / colliery fan o. ventilator || ~ à **air chaud** / caloric engine, hot air engine || ~ à **ajourer** / hemstitcher, decorative seaming and hemstitching machine || ~ à **aléser** / horizontal boring machine o. mill || ~ à **aléser les cylindres** / cylinder boring machine || ~ à **aléser et à fraiser à banc en croix** / cross-bed type boring and milling machine || ~ à **aléser et à fraiser à montant fixe** / table type boring and milling machine || ~ à **aléser et à fraiser à montant mobile** / floor type boring and milling machine || ~ à **aléser horizontale,** [verticale]

(m.outils) / [horizontal] boring lathe o. machine || ~ à **aligner les bielles** / connecting-rod aligner || ~ à **alimenter** / feeding o. charging machine || ~ à faire des **âmes ondulées** (bois) / corrugated core beam making machine || ~ d'**ameublissement** (fonderie) / sand cutting machine || ~ à **amidonner** (tex) / starching machine || ~ d'**appel** (télécom) / signalling unit || ~ d'**appel et de signalisation** (télécom) / ringing and signalling machine || ~ à **appointer les barres de décolletage** / rod chamfering and pointing machine || ~ à **appointer à froid les tubes** / tube sharpening machine || ~ d'**apprêtage** (tex) / wet finishing machine || ~ d'**apprêtage ou à apprêter** (tex) / finishing o. dressing machine || ~ d'**apprêtage à la racle** / ductor blade finishing machine || ~ **arithmétique** / computing machine || ~ à **armer les câbles** / cable armouring machine, cable sheathing and serving machine || ~ d'**armure** (Jacquard) / tie-up jacquard || ~ à **arracher les pieux** / pile extracting o. withdrawing machine, pile extractor o. drawer || ~ à **arrondir** (engrenage) / tooth chamfering machine || ~ à **arrondir les dos** (graph) / back o. spine rounding machine || ~ d'**aspersion** / rubber mo[u]lding machine || ~ à **assembler** (typo) / assembling machine, gathering machine, collating machine (misnomer) || ~ à **assembler les angles** (men) / squaring-up machine || ~ à **assembler au moyen de ficelles** (bois) / twine type matching machine || ~ à **assembler les lattes** (bois) / core stock composing machine || ~ à **assembler sur plats** (men) / surface joining machine || ~ à **assortir** (techn, mines) / sizing machine || ~ à **assujettir les brochures** / casing-in machine || ~ **asynchrone** / asynchronous o. induction generator || ~ **atmosphérique** / hot-air engine, caloric engine, thermometer || ~ d'**augmentation** (tex) / widening machine || ~ **autogène à découper les tôles** / autogenous o. flame o. oxyacetylene plate cutting machine

machine automatique *f* / automatic || ~ à **affûter [et à dépouiller] les fraises** (m.outils) / automatic cutter grinder || ~ pour **chanfreiner les écrous** / automatic nut bevelling machine || ~ à **emballer** / automatic packaging machine || ~ à **faire les œillets** / eyeletting machine || ~ **Owens** / Owens' bottle blowing machine || ~ à **rouler les ressorts** / automatic spring coiling o. winding machine || ~ de **soudage à l'arc** / automatic arc welding machine || ~ à **souffler les noyaux** / core blower || ~ pour **tarauder les écrous** / automatic nut tapper

machine *f* **auxiliaire** / additional o. auxiliary o. supplementary machine || ~ **auxiliaire de bord** / auxiliary engine, hull auxiliary || ~ **auxiliaire de pont** (nav) / deck auxiliary || **~s** *f pl* **auxiliaires de laminoir** / mill auxiliaries *pl* || ~ *f* à **avoyer, écraser et égaliser les lames de scies** / saw setting and swaging and dressing machine || ~ à **baguetter** (bois) / beading machine || ~ à **banc en croix** (m. outils) / planer type machine || ~ à **baratter ou à beurre** / churning machine, churner || ~ de **base** / basical machine || ~ à **bâtir** (m à coudre) / basting machine || ~ à **battre** / beating machine, beater || ~ à **battre et à broyer** (tex) / machine for beating and crushing, beater-crusher || ~ à **battre les monnaies ou les médailles** / mintage machine || ~ à **bêches rotatives** (agr) / rotary spading machine || ~ à **biseauter** / chamfering machine || ~ à **biseauter les lames des scies** / lap grinding machine for band saw blades || ~ **Blake** (cordonnerie) / Blake sewing machine || ~ à **blocs** (sidér, bâtim) / block machine || ~ à **bobines ou à bobiner** (filage) / bobbin winding machine, spooling frame, spooler, quiller || ~ à **bois** / wood working machine || ~ de **bonneterie** / knitting and hosiery machine || ~ à **border** / bordering o. beading machine || ~ à **border les plans** / bordering apparatus for drawings || ~ à **border les tôles** / plate flanging machine, sheet bordering machine || ~ à **botteler les ferrailles** / scrap bundling machine || ~ à **boucher les bouteilles** / bottle corking machine || ~ à **boucher le trou de coulée** (sidér) / blast furnace gun, clay o. mud o. notch gun, tap hole gun, tap hole pugging machine || ~ de **boucherie** / butcher machine || ~ à **boudiner et à sertir** / bordering o. beading machine || ~ de **boulangerie** / bakery machine || ~ à **bourrer** (ch.de fer) / mechanical tamper, packing machine || ~ à **bourrer et niveler** (ch.de fer) / tamping and levelling machine || ~ à **bouter** (filage) / wire setting o. wiring machine || ~ à **bouter les [plaques de] cardes** / card wire setting machine || ~ à [faire les] **boutonnières** / button hole machine || ~ pour **brasseries** / brewing machine || ~ de **Brinell** / ball thrust apparatus, Brinell [hardness testing] apparatus

machine à brocher *f* (m.outils) / broaching machine || ~ **à la broche tirée** / pull-type broaching machine || ~ **à deux outils** / double pull broaching machine || ~ **horizontale d'extérieurs** / horizontal surface broaching machine || ~ **horizontale d'intérieurs** / horizontal internal broaching machine || ~ **l'intérieur** / internal broaching machine || ~ **par poussée** / push type broaching machine || ~ **les surfaces** / surface broaching machine || ~ **par traction** / pull [type] broaching machine || ~ **verticale d'extérieurs** / vertical surface broaching machine || ~ **verticale d'intérieurs** / vertical internal broaching machine

machine *f* à **broder** / embroidering o. embroidery machine || ~ à **broder à navette** (tex) / Swiss o. shuttle o. schiffle machine || ~ à **brosser** / brushing mill o. machine || ~ à **brosser les fûts** / cask brushing machine || ~ à **brosser humide** (circ.impr.) / wet brushing machine || ~ à **brosser le poil** (tex) / pile brushing machine || ~ à **brosser à sec** (circ.impr.) / dry brushing machine || ~ à **brosser les tapis** / carpet sweeper || ~ à **brosser et à vaporiser** (tex) / brushing and steaming machine || ~ à **broyer** / size reduction machine, comminution machine || ~ à **broyer ou à râper** / rotary grater, refiner || ~ à **broyer l'or en feuilles** / grinding machine for gold leaf || ~ à **brunir** / burnishing machine || ~ de **bureau** / business machine, office machine || ~ de **cabestan** (nav) / capstan engine || ~ de **câblage** / cable making machine || ~ à **câbler**, enrouleuse *f* de bandes / cabling machine || ~ à faire les **câbles métalliques** / wire rope laying machine || ~ **cadencée** (production) / phased o. timed machine tool || ~ de **[caisse au] guichet** / bank teller machine, [teller] window machine || ~ à **calculer** / calculating machine, calculator || ~ à **calculer à cylindre à doigts** / barrel type calculating machine || ~ à **calculer imprimante** / printing calculator || ~ à **calculer à roues à doigts** / pin wheel type calculating machine || ~ à **calibrer les chaînes** / chain link calibrating machine || ~ à **canettes** (tiss) / pirn winding o. weft winding machine, pirn cop winder || ~ à **canneler** / roll pass dressing machine || ~ à **can[n]etter** (filage) / quiller, pirn winding machine || ~ à **capsuler** (bière) / capping machine || ~ à **capsuler les bouteilles** / bottle capping machine || ~ à **carder** (tex) / card[ing] engine o. machine, carder, card || ~ à **cartes perforées** / punched card machine, unit record machine || ~ pour faire le **carton** / board machine || ~ à faire le **carton ondulé** / corrugating machine || ~ à **cartonnages** / cardboard o. cardbox machine || ~ à **centrer** / centering machine || ~ à **centrer et dresser les barres** / centering and end facing machine || ~ à **centrer les lingots** / ingot centering machine || ~ de **centrifugation** (fonderie) / spinning machine || ~ **centrifuge** (techn) / centrifugal [machine], centrifuge, whizzer || ~ **centrifuge** (phys) / centrifugal whirler || ~ **centrifuge pour purifier l'huile** / centrifugal oil purifier || ~ **centrifuge pour séparer l'huile** (m.outils) / oil extractor || ~ à **cercler** / hoop-casing machine || ~ à **chagriner** / leather boarding o. crippling o. working machine || ~ à **chaîne-vis-mère développante** / chain-type gear generating machine || ~ à **chambre chaude** (plast) / hot-chamber machine, gooseneck machine || ~ à **chambre chaude** (à pression directe de l'air sur le métal) / air machine || ~ à **chambre chaude à piston** (coulée sous pression) / submerged plunger die-casting machine, hot chamber piston machine || ~ à **chambre froide** / cold chamber machine || ~ à **chanfreiner** (cuir) / scarfer || ~ à **chanfreiner les dents** (techn) / tooth chamfering machine || ~ à **chanfreiner et appointer les barres** (m.outils) / chamfering and pointing machine || ~ à **chanfreiner les tôles** / plate edge-planing o. edging machine, edger || ~ à **chanfreiner universelle** / universal chamfering machine || ~ de **chantier** / building o. construction machine o. engine || ~ de **charcuterie** / butcher machine || ~ de **chargement et de déchargement du combustible** (nucl) / fuel charging machine || ~ de **chargement ou à charger** / charging machine || ~ **chasse-clou** / nailing machine || ~ à **chasser les noyaux** (fonderie) / core breaker || ~ à **chemiser les câbles** / cable insulating machine || ~ à **cheniller** (tex) / chenille machine || ~ à faire les **chevilles** / dowel making machine || ~ à **chiffrer** / ciphering machine || ~ à **chiner la chaîne** (teint) / warp printing o. clouding machine || ~ à [faire les] **cigarettes** / cigarette [making] machine || ~ à **cingler** / squeezer, squeezing machine || ~ à **cintrer** / bending machine || ~ à **cintrer les blindages** / armour bending machine o. press || ~ à **cintrer les corps de boîtes** / body forming machine || ~ à **cintrer les douves** / stave bending machine || ~ à **cintrer et à dresser les poutres** / beam bending and straightening machine || ~ à **cintrer les chaînes** / chain link bending machine || ~ à **cintrer à rouleaux** / [roller type] sheet bending machine || ~ à **cintrer les tôles** / sheet metal bending rolls *pl* || ~ **circulaire à aiguille à bec** / circular weft knitting machine [with spring beard needles] || ~ **circulaire pour bords à côtes** (tricot) / rib circular knitting machine || ~ **circulaire Jacquard** / jacquard circular knitting machine || ~ **circulaire à laver** (tex) / circular washer || ~ **circulaire à tricoter en trame ou à mailleuse** / circular weft knitting machine [with spring beard needles] || ~ à **cirer** (tex) / waxing machine || ~ à **cisailler** / shearing machine || ~ à **cisailler crocodile** (lam) / alligator shearing machine || ~ à **cisailler et à découper ou et à ébouter** / shearing and cropping-machine || ~ à **cisailler les métaux en feuilles ou en bandes** / sheet o. band shearing machine || ~ à **cisailler le placage** / veneer shearing machine || ~ à **cisailler les profilés** / section shearing machine || ~ **Clark** (cuivre) / Clark casting wheel for copper, Clark machine || ~ à **clouer** / nailing machine || ~ à **clouer les caisses** / box nailing machine || ~ à **coffrages glissants** (routes) / slip form paver || ~ à **col de cygne** / single column machine || ~ à **collecteur** (électr) / commutating machine || ~ à **coller** / glu[e]ing o. gumming machine || ~ à **coller** (bois) / bonding machine || ~ à **coller les bandes** / band[erol]ing o. labelling machine || ~ à **coller les boîtes pliantes** / folder-gluer || ~ à **coller les brochures** (typo) / pasting machine || ~ à **coller des liteaux** (pour constituer des âmes de panneaux) (bois) / core stock composing and glueing-up machine || ~ à **coller les panneaux entre eux** (men) / surface joining machine || ~ à **coller les panneaux entre eux** (bois) / panel joining machine || ~ à **coller les placages sur chants** (men) / edge lipping and banding machine || ~ à **coller les planches** / solid wood edge joining machine || ~ à **colonne d'eau** / water column machine || ~ **combinée automatique** (bois) / automatic cross sanding machine || ~ à **combustion interne** / combustion engine || ~ de **commande** / prime mover || ~ de **commande** (aéro) / elevator servo-motor || ~ à **commande numérique intégrale** (m outils) / fully integrated N/C machine || ~ à **commettre les câbles** / wire rope machine || ~ de **compilation** / source computer || ~ de **complément** / additional o. auxiliary o. supplementary machine || ~ à **composer en caractères séparés** / type setting machine, [type] setter, Monotype machine || ~ à **composer et à fondre les lignes en caractères de plomb** / line[s] casting machine, slug casting machine || ~ à **composer Intertype** / Intertype composing machine || ~ à **comprimer** (forge) / upsetting o. jolting machine o. press, bulldozer || ~ à **comprimer et à densifier les bois massifs** / compressing machine for solid wood || ~ à faire les **comprimés** (pharm) / tablet compressing machine, pill machine || ~ **comptable** / accounting machine || ~ **comptable** (ou de comptabilité) **automatique** / bookkeeping machine || ~ de **concassage** / crushing machine, crusher || ~ à **concasser les pierres** / stone o. rock crusher o. crushing machine || ~ à **condenser ou à condensation** / condensing [steam] engine || ~ à **confectionner les pneus** / tire building machine, casemaking machine || ~ pour la **conformation des panneaux** (pann.part.) / board machine || ~ pour la **construction des routes** / road [making] machine || ~ **construite à l'aide d'éléments standard** (m.outils) / modular unit construction and transfer machine || ~ à **contrecoller** (pap) / [combining and] laminating machine, pasting o. glueing machine, board liner, back filler || ~ à **copier** / manifold copying machine, letterpress || ~ à **copier et à multiplier ou à copier en répétition** (électron) / step-and-repeat machine, repeater || ~ pour **corderie** / cord and rope making machine || ~ à faire les **cordes en laine de bois** / wood wool rope spinning machine || ~ **correctrice électronique** (ord) / test scoring machine || ~ à **corroyer** (cuir) / dressing o. finishing machine || ~ **Cotton** / Cotton's full fashioned knitting machine, fully fashioned hosiery knitting machine || ~ pour **couchage sur bande** (lam) / coil coating machine || ~ pour **couchage à lame d'air** (pap) / air knife coater

machine à coudre *f* (gén) / sewing machine, stitching machine (rare) || ~ (cordonn.) / stitching machine || ~ **automatique** / automatic sewing machine || ~ **bras libre** (m.à coudre) / free arm [sewing] machine, cylinder bed [sewing] machine || ~ **à colonne** / post-bed sewing machine || ~ **domestique ou**

familiale / domestic sewing machine || ~ **industrielle** / industrial sewing machine || ~ **à petits points** (souliers) / lockstitch machine || ~ **à plateau** / flat bed sewing machine || ~ **à point de chaîne de part en part** (souliers) / chain stitch sole sewing machine || ~ **à tambourin** / tambour sewing machine || ~ **les vignettes** / sewing machine for labels

machine *f* de **coulée centrifuge** (fonderie) / spinning machine || ~ pour la **coulée centrifuge de tuyaux** (sidér) / pipe spinning machine || ~ à **couler** (fonderie) / casting machine || ~ à **couler le carton** / cardboard casting machine || ~ à **couler sous pression** / [pressure] diecasting machine || ~ à **couler sous pression à chambre froide** / cold chamber diecasting machine || ~ à **couler les saumons ou les gueuses** (sidér) / pig machine || ~ à **couler à table tournante** (fonderie) / casting wheel

machine à couper *f* / cutting machine || ~ (fabr. d'allumettes) / chopping machine || ~ **à action progressive** / progressive cutting machine || ~ **la chenille** / chenille machine || ~ **les fils** / wire cutting machine || ~ **les fils de changement** (tiss) / weft cutting machine, selvage trimming machine || ~ **les joints** (routes) / joint cutter || ~ **les lisières** (tex) / machine for cutting selvedges || ~ **en long et en travers** / sheeter and slitter || ~ **les morceaux** (sucre) / cube cutting machine, cutter || ~ **les rubans** (tex) / ribbon cutter, sliver cutter || ~ **les tiges de maïs** / corn stalk cutter (US) || ~ **les velours** / shearing machine for velours || ~ **le velours côtelé** / corduroy cutting machine || ~ **zig-zag** (tex) / pinking machine, zigzag cutting machine

machine *f* pour **couper les placages** / veneer slicer

machine *f* à **courant alternatif** / A.C. generator, alternator || ~ à **courber le bois** / wood bending machine || ~ de **couture de blocs [à fil de fer]** (typo) / stapling machine for blocks || ~ de **couture de brochures** / brochure stitching machine || ~ à **couvrir la brochure** (typo) / brochure casing-in machine || ~ à **couvrir les silos des pommes de terre** (agr) / clamp coverer || ~ à **creuser le tunnel** / tunnel driving machine || ~ à **crocheter les galons ou à crochets pour galons** (tex) / crochet galloon machine || ~ à **cueillir le coton** / cotton picker o. stripper, mechanical cotton picker o. plucker || ~ à **cylindrer et à enrouler** (tex) / rolling and lapping machine || ~ à **cylindres pour égaliser** / equalizing rolling mill || ~ pour **dactylographier des clichés** / stencil writing machine || ~ pour **damasser** (tiss) / figuring machine || ~ à **damer les fonds** (sidér) / plug ramming machine || ~ à **débiter ou de débitage** (bois) / cutting-off machine || ~ de **débouillassage** (tex) / scouring machine || ~ à **débourrer**, machine *f* à dénoyauter (fonderie) / core knock-out machine, core ejecting machine || ~ à **décanter** / elutriating o. decanting machine || ~ à **décanter l'argile** (ciment) / clay wash mill || ~ à **décatir** / decatizing machine, steaming engine o. machine, sponger || ~ à **décatir à la continue** (tiss) / continuous finishing machine || ~ à **déchiqueter les échantillons** (tex) / serrated edge pattern cutting machine || ~ à **déchirer le fourrage** (agr) / shredder || ~ à **déchirer le tabac** / tobacco tearer || ~ à **décortiquer** / bark peeling o. [un]barking machine, barker || ~ à **décortiquer le riz** / rice huller o. husker || ~ à **découper** / blanking o. cutting press || ~ à **découper ou à gruger** / stamping machine, blanking machine || ~ à **découper [les bandes]** / strip cutting machine, strip shear || ~ à **découper au chalumeau** / blow-torch cutting-off machine || ~ à **découper les feuilles de placage** / veneer cutting machine, veneering machine, clipper || ~ à **découper les galettes** (électron) / wafering machine || ~ à **découper la peausserie** (cordonn.) / clicking press || ~ à **découper à roulettes** / reel o. score cutter, [coil o. reel] slitting machine, slitter || ~ à **découper les vis** / bolt shearing machine || ~ à **défoncer les matrices** / mould milling machine || ~ de **défournement** (sidér) / drawing machine || ~ à **défourner** (coke) / coke pusher machine || ~ à **dégainer et à dénuder** / cable dismantling and wire stripping machine || ~ à **dégauchir** (men) / surface planing machine, smoothing planer o. machine, trueing-up machine || ~ à **dégauchir et à dresser** / surface planing and edge jointing machine || ~ à **dégauchir et à dresser sur chant en une seule passe** / surface planing and edge jointing machine for trueing up and squaring in one operation || ~ à **dégorger** (m.outils) / broaching machine || ~ à **dégrossir à la meule** / rough grinding machine || ~ pour le **démariage des betteraves** (agr) / thinner || ~ **démontable** / knock-down machine || ~ de **démoulage** (fonderie) / stripping machine || ~ à **dénoyanter** (fonderie) / core knock-out machine, core ejecting machine || ~ à **dénuder le câble** (câble) / sheath stripping machine || ~ à **déraciner ou à déroder** / stump grubber o. puller || ~ à **dérompre** (tiss) / finish breaker || ~ à **dérouler** (lam) / uncoiler || ~ à **dérouler le bois** / veneer peeling machine || ~ à **dérouler les câbles** / cable paying-out o. laying-out machine || ~ à **désagréger et à préparer le minerai** / ore separator o. sorter || ~ de **désencollage** (tex) / desizing machine || ~ à **dessabler à nacelles** (fonderie) / pendulum tackle fettling o. cleaning (US) machine || ~ de **dessuintage** (laine) / scouring machine || ~ à **détruire les documents** / paper shredder || ~ à **deux montants** / double column machine || ~ à **développer** / film processor station || ~ à **dicter** / dictation machine || ~ à **diminuer** (tex) / narrowing machine || ~ à **diviser** (techn) / dividing machine || ~ à **diviser les cadrans** / circular o. scale dividing engine || ~ à **diviser et à tailler les écrous** / dividing and nut shaping apparatus || ~ à **diviser rectiligne** / longitudinal dividing machine || ~ à **doler** (caoutchouc, cuir) / skiving unit, skiver || ~ à **doler et à évider les douves** / stave backing and hollowing machine || ~ à **doser** / dosing machine || ~ à **dosser** (tex) / plaiting machine, plaiter || ~ à **doubler** (pap) / [combining and] laminating machine, pasting o. glueing machine, board liner, back filler || ~ à **doubler par collage** (pap) / sheet lining machine || ~ à **doubler les rouleaux de papier métallisé** / foil laminating machine || ~ à **doubler les tôles** / plate doubling machine, sheet doubler || ~ à **drayer** (cuir) / shaving machine

machine à dresser *f* **les chaînes** (tiss) / warp dressing and sizing machine, slasher, slashing machine, tape frame (GB) || ~ **sur chant** / face cutting machine || ~ **les engrenages par pression** / gear rolling machine || ~ **[avec étirage]** (sidér) / stretcher leveller || ~ **les feuillards** / strip straightening machine || ~ **les fils métalliques** / wire straightener o. straightenning machine || ~ **les navettes** / shuttle rectifying machine || ~ **les paquets de placage** / veneer edge dressing machine || ~ **les rails** / rail straightener o. press || ~ **à rouleaux** / roller [type] straightening machine, roller leveller || ~ **à rouleaux obliques** (sidér) / cross-roll straightening machine, reeling mill || ~ **les tôles** / plate straightening press || ~ **les tôles**

fortes / [boiler] plate straightening rolls *pl* || ~ **les tôles minces** / stretcher-leveller || ~ **par traction** (tôle) / stretcher leveller

machine *f* à **durcir** / hardening machine || ~ à **ébarbage de fonte** / snagging machine || ~ à **ébarber** / burring machine, trimming machine || ~ à **ébavurer les entrées de dentures d'engrenages** (roue dentée) / chamfering and deburring machine || ~ à **ébavurer à l'outil** / single point tool deburring machine || ~ à **ébourrer** (tan) / scudding machine || ~ d'**écaillage** (chimie) / scaling machine || ~ à **écaler le fil de fer** / wire shaving machine || ~ à **écanguer** (lin) / rolling machine || ~ à **échanger les rails** / rail exchanging machine || ~ à faire des **éclats de bois** / chopping [and chipping] machine, wood o. refuse chipper, [wood] hog || ~ à **écorcer** / bark peeling o. barking machine, decorticator || ~ à **écorcer les dosses** (bois) / slab decorticator || ~ à **écosser** / hulling machine, huller || ~ à **écraser** / squeezer, squeezing machine || ~ à **écrire** / typewriter || ~ à **[écrire des] adresses** / addressing machine || ~ à **écrire à boule** / single printing element typewriter, spherical head typewriter, golf ball typewriter || ~ à **écrire à cartes magnétiques** / mag card typewriter || ~ à **écrire à clavier** / keyboard typewriter || ~ à **écrire électrique** / electric typewriter || ~ à **écrire à éspacement variable** / typewriter with variable letter spacing || ~ à **écrire à long chariot** / wide-carriage typewriter || ~ à **écrire manuelle** / manually operated typewriter || ~ à **écrire avec perforatrice** / typewriter card punch || ~ à **écrire portative ou de voyage** / portable typewriter [for travelling use] || ~ à **écrire de pupitre** / console typewriter || ~ à **écrire réceptrice** (ord) / output typewriter || ~ à **écrire à roue imprimante** / printing wheel typewriter || ~ à **écrire silencieuse** / noiseless o. silent typewriter || ~ à **écrire standard** / standard typewriter || ~ à **écrire à tiges porte-caractères** / type-bar typewriter || ~ à **écriture visible** / visible typewriter || ~ à **écrouter les barres** / bar turning and scalping machine || ~ à **effilocher au mouillé** (filage) / wet tearing machine || ~ à **effluvation** (teint) / processing machine || ~ à **égaliser** (tiss) / conditioning machine, stenter for straightening || ~ à **égaliser les couteaux** / equalization machine for knives || ~ à **égaliser les feuilles** (graph) / jogging machine, knocking-up machine || ~ à **égraminer** (tan) / breaking machine || ~ à **égrener** (filage) / [cotton] gin || ~ à **égrener à rouleaux** (filage) / roller gin || ~ **électrique** / electric machine || ~ **électrique à composer en types séparés** (typo) / electrotypograph || ~**s** *f pl* **électriques tournantes** / electrical rotating machines *pl*, electric machines *pl*, rotating machines *pl* || ~ *f* à **électrode roulante pour joints transversaux** / transverse seam welding machine || ~ **électroménager** / domestic machine || ~ **électrostatique** / electrostatic generator o. machine || ~ à **élever l'eau** / water raising machine || ~ pour l'**emballage sous vide** / vacuum packaging machine || ~ à **emballer ou d'emballage** / wrapping machine, packaging machine || ~ à **emboîter les livres** / insetting machine || ~ à **emboutir** / chasing o. spinning lathe || ~ à **émeriser** (tiss) / energy sueding machine || ~ à **émoudre** / abrading machine || ~ à **émousser les écrous** / nut bevelling machine || ~ de l'**empaquetage** / wrapping machine, packaging machine || ~ de l'**empaquetage dans sachets plats** / flat-bag packing machine || ~ à **empesage** / starching machine || ~ à **empeser des étoffes** (tex) / stiffening machine o. calender || ~ à **émulsionner** (chimie) / emulsifier, emulsifying machine || ~ à **encocher** (techn) / notching o. coping machine, coper || ~ à **encoller** (tex) / sizing machine, slasher-sizer || ~ à **encoller les lisières** (tiss) / selvedge gumming machine || ~ pour **encoller l'ouate** (tex) / wadding sizing machine || ~ à **enduire de colle** (stratifiés) / lac o. glue smearing machine || ~ à **enduire les feuilles** / foil processing machine || ~ à **enduire les films** (phot) / coating machine || ~ à **enduire de résine** / resin smearing machine || ~ à **enfermer le fil** / beading machine || ~ à **enfoncer les chevilles** / peg runner, dowel driving machine, dowelling machine, dowel driver || ~ **enfourneuse** (four) / charging machine || ~ **enfourneuse à coke** (sidér) / coke oven charging machine || ~ à **engommer** / gumming machine || ~ à **enrouler** (tiss) / winding-on frame o. machine, canroy frame || ~ à **enrouler dans du fil métallique** / wire covering machine [with wire] || ~ à **enrouler le papier** / paper re-reeling o. re-rolling machine || ~ à **enrouler les ressorts à boudins** / spring coiling machine || ~ à **enrouler le ruban de carde** / card sliver beaming machine o. winding machine || ~ à **enrouler les tissus** / machine for winding woven o. knitted fabrics || ~ à **enrouler les tuyaux** / strip winding machine for tubes || ~ **enrouleuse** (tiss) / winding-on frame o. machine, canroy frame || ~ à **enseigner** (ord) / teaching machine || ~ à **entailler en queue-d'aronde** / dovetailing machine || ~ **entièrement automatique** / fully automatic machine || ~ à **envelopper de fil** / wire covering machine [with wire] || ~ à faire l'**envergeure** (tex) / leasing machine || ~ à **épauler** / joggling machine, plate joggler || ~ à **éprouver la résistance à la traction** / tension o. tensile testing machine || ~ d'**épuisement** (mines) / water raising machine || ~ à **épurer le ballast** (ch.de fer) / ballast cleaning o. screening machine || ~ à **équarrir** (men, charp) / squaring machine || ~ à **équarrir les couples** (nav) / machine for squaring frames || ~ à **équarrir à froid** (nav) / bulb steel cold bevelling machine || ~ à **équilibrage dynamique** / dynamic balancing machine || ~ à **équilibrer à compensation ou à force nulle** / compensating o. null-force balancing machine || ~ à **équilibrer les disques** / wheel balancing equipment || ~ à **équilibrer dynamique ou à deux plans** / dynamic o. two-plane balancing machine || ~ à **équilibrer les roues** (auto) / tire balancing machine || ~ à **équilibrer statique ou à un seul plan** / static o. single-plane balancing machine || ~ à **équiper les plaques imprimées** (électron) / insertion machine || ~ à **érosion** (m.outils) / erosion machine

machine *f* d'**essais des bétons** / concrete testing machine || ~ pour **essais à chocs répétés** / impact fatigue testing machine || ~ pour **essais de chute** / drop impact tester || ~ à **essais de** [com]**pression** / test press, compression testing machine || ~ à **essais «dynstat»** / dynstat test machine || ~ pour **essais de fatigue ou d'endurance** / fatigue testing machine || ~ d'**essais de fatigue à la flexion** / Wöhler fatigue testing machine for rotating beam o. cantilever test piece || ~ d'**essais à la flexion** / bending test machine || ~ d'**essais de fluage à long temps** / long period creep testing machine || ~ d'**essais de fluage à long temps pour effort de tension** / long period creep testing machine for tensile stress || ~ aux **essais de résistance** / strength testing machine || ~ d'**essais à torsions alternées** / oscillating twisting machine, torsion [fatigue testing] machine || ~ d'**essais à la traction et à la compression** / tension and compression testing machine || ~ à **essais universelle** / universal testing machine || ~ d'**essais aux vibrations dues à la flexion** / testing machine for rotating beam test piece || ~ d'**essais aux vibrations dues à la torsion** / oscillating twisting machine, torsion [fatigue] testing machine

machine *f* à **essayer les câbles** / wire rope testing machine || ~ à **essayer l'endurance des ressorts** / spring fatigue testing machine || ~ pour **essayer les matériaux de construction** / machine for testing building materials || ~ à **essayer les matériaux au flambage** / buckling stress testing machine || ~ à **essayer les matériaux à la traction et à la compression** / tension and compression testing machine || ~ à **essayer la résistance au flambage** / buckling stress testing machine || ~ à **essayer la résistance à la traction** / tension o. tensile testing machine || ~ à **essayer les ressorts** / spring testing machine || ~ pour **essayer les tôles** / sheet metal testing machine

machine *f* à **essorer** (tex) / drying machine o. centrifuge || ~ à **essorer ou à étirer** (cuir) / scouring machine || ~ à **estamper** / drop forging press o. machine || ~**s et engins de chantier ou pour la construction** / building implements *pl* || ~ à **étaler** (soie) / spreadboard, spreader || ~ à **étaler** (filage) / [blower and] spreader, lap o. spreading machine || ~ à **étaler le câble** / cable paying-out machine || ~ à **étendre la colle** / glue spreading o. glueing o. gumming machine || ~ d'**étincelage** (m.outils) / pulse circuit machine, pulse spark machine, electrical discharge machine || ~ à **étiqueter** (bière) / labelling machine || ~ d'**étirage du verre** / glass drawing machine || ~ à **étirer** (m.outils) / drawing machine || ~ à **étirer le fil métallique** / wire stretching machine || ~ à **étirer sur forme** (sidér) / stretch former || ~ à **excitation** (électr) / exciting dynamo, exciter || ~ d'**exhaure** (mines) / water raising machine || ~ à **expansion** / expansion engine || ~ d'**exploitation travaillant par brèche montante ou descendante** (mines) / buttock machine || ~ à **exprimer** (tex) / mangling machine, drying press || ~ à **exprimer les boyaux** (tex) / rope mangle o. squeezer || ~ d'**extraction** (mines) / winding gear || ~ d'**extraction de charbon** / colliery hauling o. winding engine || ~ d'**extraction installée sur le chevalement** (mines) / tower-type winder, elevated winder || ~ d'**extraction à poulie Koepe** (mines) / Whiting hoist, Koepe hoist, Koepe winding machine || ~ d'**extraction à vapeur** (mines) / steam-driven hauling machine || ~ d'**extrusion de feuilles** (plast) / sheet extruder || ~ pour l'**extrusion-soufflage** (plast) / blow moulding machine || ~ d'**extrusion-soufflage de feuilles** / film blowing-extrusion machine || ~ pour la **fabrication des cartonnages** / cardboard o. cardbox machine || ~ pour la **fabrication des couvertures** (graph) / book case machine || ~ pour la **fabrication des emballages métalliques** / can making machine || ~ à **fabriquer les dragées** / dragée making machine || ~ à **façonner par refoulage et par allongement** (m.outils) / upsetting and lengthening former || ~ à **facturer** / billing o. invoicing machine || ~ à faire le **faux-point** (cuir) / stitch wheeling machine || ~ pour la **fenaison** / hay making machine || ~ à **fendre** (bois) / chopping machine || ~ à **fendre à couteau ruban** (tan) / rotation hoop knife splitting machine || ~ à **fendre les têtes de vis** / screw head slotter || ~ à **fer tournant** / inductor machine || ~ **fermée à refroidissement naturel** (électr) / enclosed self cooling machine || ~ à **fermer les agrafes** (tôle) / saddle joint closing machine || ~ à **fermer les boîtes** / sealing machine for cans || ~ à **fermer les sacs** / filled bag closing machine || ~ à faire des **feuilles de placage** / veneer cutting machine, veneering machine, clipper || ~ à **feutrer** / felting machine || ~ à **feutrer à plaques** (tex) / plate felting machine || ~ à **ficelage** / cording o. tying machine || ~ à **ficeler** / cable serving machine || ~ à **filature directe** / direct spinning machine || ~ à **filature à fibres libérées** / open-end spinning frame || ~ à **filer pour can[n]ettes tubulaires** / tubular cop spinning frame || ~ à **filer centrifuge** [à pots] (tex) / can spinning o. box spinning frame, centrifugal spinning machine || ~ à faire du **filet** / netting machine || ~ à **fileter** / threading machine || ~ à **fileter des boulons** / bolt threading machine || ~ à **fileter intérieurement** / tapping machine || ~ à **fileter à la molette** (techn) / thread bulging machine || ~ à **fileter les nipples** / nipple threading machine || ~ à **fileter les tubes** / pipe threading machine || ~ pour **filets de pêche** / fishnet machine || ~ à **filtrer** (caoutchouc) / strainer, refiner || ~ à **filtrer les couleurs** / colour straining machine || ~ à **finir** (tiss) / finishing machine || ~ à **fixation par l'air chaud** (tex) / thermosetting equipment || ~ **fixe** (filage) / breaker scutcher, first scutching machine, first beater || ~ **fixe à souder par points** / spot welding machine, fixed spot o. pedestal spot welder || ~ à **fixer** (tiss) / setting machine || ~ à **flamber** (tiss) / singeing machine || ~ à **floquer** / flock-printing o. flocking machine || ~ à **fluotourner** (m.outils) / flow turning machine || ~ à **foncer** (pap) / paper grounding o. staining machine || ~ de **fonderie** / foundry machine || ~ à **fondre les caractères** / type founding o. casting machine || ~ à **fondre en ligne ou de fondage de ligne** (typo) / line[s] casting machine, slug casting machine || ~ à **forer** / boring machine || ~ à **forer les tuyaux** / pipe-boring machine || ~ à **forger** / forging machine || ~ à **forger par chocs** / impacter [type forging hammer] || ~ à **forger horizontale** / horizontal forging machine || ~ à **forger les têtes des rivets** / rivet header || ~ de **formage** / forming machine || ~ pour **formage à chaud** (plast) / thermoforming machine || ~ pour **formage ou à former** (tex) / machine for forming || ~ à **forme ronde** (pap) / board machine, cylinder [mould] machine, vat machine (GB)

machine à former *f* **les bas** / hosiery forming machine || ~ **par champ magnétique** / magnetic pulse forming machine || ~ **à chaud** / hot former || ~ **les coudes plissés** / stove pipe elbow forming machine || ~ **par décharge électrique dans un liquide** / electrical discharge forming machine || ~ **et à draper** (plast) / stretcher-leveller || ~ **et remplir des sachets** / bag forming, filling, and sealing machine || ~ **par explosion** / explosive forming machine || ~ **à froid** / cold former || ~ **à semi-chaud** / warm former

machine *f* pour **foulage à sec** (laine) / dry milling machine || ~ à **fouler** (laine) / fulling o. milling machine || ~ à **fouler** (tan) / graining o boarding machine || ~ à **fouler en continu** (laine) / continuous milling machine || ~ à **fouler le feutre** / planker || ~ à **fragmenter le bois** (bois) / fragmentizing machine

machine à fraiser *f* / milling machine || ~ **les bâtons** (bois) / double spindle moulding machine || ~ **les bâtons ronds** (bois) / rounding machine || ~ **à broche horizontale** / horizontal milling machine || ~ **à broche verticale** / vertical milling machine || ~

les cames / cam milling o. cutting machine || ~ **les cannelures** / spline milling machine || ~ **à chaud** / hot milling machine || ~ **circulairement** / circular milling machine || ~ **à console** / knee type milling machine, knee[-and-column] miller (US) || ~ **les crémaillères** (m.outils) / rack milling machine || ~ **par développante** / hob milling machine, hobbing machine, hobber || ~ **les encoches de clavettes** / cotter slot milling machine || ~ **les encoches et les rainures à clavettes** / cotter and keyway milling machine || ~ **les engrenages** / gear cutting o. milling machine, gear cutter || ~ **les engrenages par développante** / gear hobbing machine o. hobber || ~ **les entrées de dents** / tooth chamfering machine || ~ **et à aléser universelle** / universal milling, drilling, and boring machine || ~ **et à profiler les cames planes** / face cam profiling machine || ~ **sur une face** (bois) / moulding o. shaping machine || ~ **par faisceaux électroniques** / electron-beam milling machine || ~ **les filets** / thread milling machine || ~ **les filets longs** / long thread milling machine || ~ **suivant gabarit** / duplicating o. profile milling machine, profiler, toolroom machine (US) || ~ **genre machine à raboter** voir machine à fraiser plane || ~ **horizontale** / horizontal milling machine || ~ **horizontale à console** / knee-type milling machine, knee [and column] miller (US) || ~ **plane ou les surfaces planes** / surface o. plane milling machine || ~ **les rainures** / groove o. slot milling machine || ~ **les rainures de clavettes** / keyway o. keyseating milling machine || ~ **les rainures des lamelles de stores** (bois) / louver slot cutting machine || ~ **par reproduction** (m.outils) / copy-milling machine || ~ **les roues coniques** / bevel gear milling o. cutting machine || ~ **les roues à denture à chevrons** / herringbone wheel cutting machine || ~ **les trous oblongs** (m.outils) / slot milling machine || ~ **les vis sans fin** / worm milling machine

machine *f* à **fraise-vis-mère développante** / hob milling machine, hobbing machine, hobber || ~ à **frapper les monnaies ou les médailles** / mintage machine || ~ **frigorifique à absorption** / absorption type refrigerating machine || ~ **frigorifique à ammoniaque** / ammonia [compression] refrigerating machine || ~ **frigorifique automatique** / automatic refrigerating machine || ~ **frigorifique à compression** / compression[-type] o. mechanical refrigerating machine || ~ **frigorifique à désaimantation adiabatique** / ADL-cyclic magnetic refrigerator engine || ~ **frigorifique à jet de vapeur** / steam jet refrigerating machine || ~ **frigorifique de ménage** / household refrigerating machine || ~ **frigorifique**, machine *f* à froid / [mechanical] refrigerator, refrigerating machine || ~ à **fuseaux pour faire de la dentelle** / braiding lace machine || ~ à **gants** / glove machine || ~ à **gaufrer le fourrage** (agr) / hay wafering machine o. waferer || ~ à **gazer** (filage) / singeing machine || ~ à **gélifier** / jelling machine || ~ à **glace** / ice machine o. generator || ~ à **gommer** / glu[e]ing machine, glue spreading machine, gumming machine || ~ à **goudronner les tonneaux** / barrel pitching machine || ~ à **gouverner** (nav) / steering gear || ~ à **grainer** (tan) / leather boarding o. crippling o. working machine || ~ à **grand débit ou à grande puissance** / heavy-duty machine, high-duty o. -efficiency machine || ~ de **grande vitesse** / high-speed engine || ~ à **granuler ou à grenailler** / granulating machine, granulator || ~ de **grattage** (tissu) / napping mill, raising gig o. machine, gig [mill o. machine] || ~ à **gratter** (m.outils) / scraping machine || ~ à **graver** / [en]graving machine || ~ à **graver les cylindres** / roller engraving machine || ~ de **grenaillage par turbine** / centrifugal jet cleaning machine || ~ à **grignoter** / nibbling machine, nibbler || ~ à faire la **grisotte** (bas) / clock machine || ~ à **groupes alignés ou en lignes** (typo) / unit type press || ~ à **gruger** / stamping machine, blanking machine || ~ de **guichet** / bank teller machine, [teller] window machine || ~ de **guichet** (ord) / teller terminal || ~ à **guillocher** / geometrical lathe, cycloidal engine, rose engine || ~ pour **guindeau** (nav) / capstan engine || ~ à **guiper** / cable serving machine || ~ à **guiper les fils métalliques** / wire covering machine || ~ à **hacher** / [meat] chopper o. chopping o. mincing machine || ~ à **haut rendement** / heavy-duty machine, high-duty o. -efficiency machine || **~-heure** *f* / machine hour || ~ de **hissage** (nav) / hoist, heaving winch || ~ à **honer verticale** / vertical honing machine || ~ d'**humectage ou à humecter ou à humidifier ou d'humidification** (tex) / wetting and damping machine || ~ **hydraulico-pneumatique** / buoyancy pump || ~ **hydraulique** / hydraulic machine || ~ pour **immerger et lever les câbles sous-marins** / paying-out and picking-up gear for cables || ~ d'**imprégnation en boyau** (tex) / machine for impregnating in rope form || ~ d'**imprégnation et de maturation combinées** (tiss) / combined machine for storage, reaction and impregnation || ~ d'**imprégnation au large** (tiss) / machine for impregnating in open width || ~ d'**imprégnation au large** (teint) / machine for neutralizing in open width, neutralizer for fabrics in open width || ~ à **imprégner** (tex) / impregnating machine || ~ à **imprégner et à enduire** (plast) / resin smearing machine || ~ pour l'**impression en couleurs** / colour printing machine, chromotype machine || ~ d'**impression de flocage** (teint) / flock printing machine || ~ d'**impression à la lyonnaise** / film o. screen printing machine || ~ pour l'**impression métallographique** / metal printing machine || ~ d'**impression à plat** / flatbed o. plain o. planograph printing machine || ~ pour l'**impression de rubans** (tex) / ribbon printing machine || ~ d'**impression pour rubans de fibres** / printing equipment for slivers, Vigoureux machine || ~ d'**impression au tamis à double face** / duplex screen printing machine || ~ d'**impression textile** / textile printing machine || ~ d'**impression par transfert** (tex) / printing machine by transfer, thermo-printing machine

machine à imprimer *f* (typo) / printing machine || ~ **les billets** (typo) / ticket printer || ~ **les bobines** / bobbin printing machine || ~ **les chaînes** (teint) / warp printing o. clouding machine || ~ **et à composer** / composing and printing machine || ~ **à cylindres en caoutchouc** / offset printing machine || ~ **les deux côtés à la fois** (typo) / perfecting press, perfector || ~ **à double face** (tex) / reversible printing machine, duplex printing machine || ~ **les écheveaux** / hank yarn printing machine || ~ **à feuilles** / sheet-fed printing machine || ~ **les lisières** (tiss) / selvedge printing machine || ~ **les nappes de fils et filés** / warp printing machine || ~ **les papiers peints** / wallpaper machine || ~ **en relief** (tex) / surface printing machine || ~ **rotative au pochoir** / rotary screen printing machine || ~ **au[x] rouleau[x]** (tex) / roller printing machine, rotary printing machine || ~ **à rouleau à gravure en creux** (tex) / printing roller by intaglio engraving

‖ ~ **au rouleau à gravure en relief** (tex) / printing roller [produced] by relief engraving ‖ ~ **au rouleau en masse colorante** (tex) / printing equipment by roller coloured en masse ‖ ~ **au rouleau en trois couleurs** (teint) / three-colour roller printing machine ‖ ~ **les tissus** / textile printing machine ‖ ~ **à une couleur** / single colour printing machine

machine *f* [d'**imprimerie] offset** / offset printing machine ‖ ~ **individuelle** / single machine ‖ ~ à **induction** (électr) / induction machine ‖ ~ à **influence** / electrostatic generator o. machine ‖ ~ à **injection pour moulage bicolore** (plast) / two-colour injection machine ‖ ~ à **injection pour moulage tricolore** (plast) / three-colour injection machine ‖ ~ à **injection à vis** (plast) / screw injection moulding machine ‖ ~ à **injection à vis dégazeuse** / vent-type injection moulding machine ‖ ~ à **insérer** (ferblantier) / beading machine ‖ ~ pour **insertion des composants** (électron) / component insertion machine ‖ ~ à **isoler les câbles** / cable insulating machine ‖ ~ **Jacquard à main** / jacquard hand knitting machine ‖ ~ de **jaugeage** / ga[u]ging machine ‖ ~ à **jet de sable** / sand blast [apparatus] ‖ ~ à **joggliner** / joggling machine, plate joggler ‖ ~ à **joindre les placages** / veneer jointing machine ‖ ~ à **jointer les fonds** (tonneau) / head jointing machine ‖ ~ à **lacer les cartons Jacquard** (tiss) / card lacing machine ‖ ~ à **lacets** / trimming frame ‖ ~ à faire la **laine de bois** / shredding machine for wood wool ‖ ~ de **laiterie** / dairy machine ‖ ~ à **lamer les vis** / bolt chamfering machine ‖ ~ à **laminer** (sidér) / rolling machine ‖ ~ à **laminer** (pap) / [combining and] laminating machine, pasting o. glueing machine, board liner, back filler ‖ ~ à **laminer les engrenages** / gear rolling machine ‖ ~ à **laminer à froid les filets de vis** / cold thread rolling machine ‖ ~ à **laminer et à polir le fil de fer** (lam) / wire rolling and polishing machine ‖ ~ à faire le **lapping** (m.outils) / lapping machine ‖ ~ à **laver** / washing machine, washer ‖ ~ à **laver ou à décanter** / elutriating o. decanting machine ‖ ~ à **laver en boyau** (tiss) / rope washer, rope scouring machine, rinsing machine for goods in rope form ‖ ~ à **laver les écheveux** (filage) / machine for washing hanks, hank o. skein washer ‖ ~ à **laver la laine brute** / wool washing machine ‖ ~ à **laver au large** (tex) / full-width washing machine, open width washing machine ‖ ~ à **laver à palettes** (tex) / paddle washing machine ‖ ~ à **laver à tamis sans fin** (tex) / travelling screen washing machine ‖ ~ à **laver la vaisselle** / dish washer, dish washing machine ‖ ~ à **ligner** / ruling machine ‖ ~ à **limer** / filing machine ‖ ~ à **limer et à scier** / filing and sawing machine ‖ ~ à **lisage** (tiss) / reading-in machine ‖ ~ à **lisser** (cuir) / glassing jack (US), cleaning machine ‖ ~ à **lisser** (laine) / sleeking o. smoothing machine ‖ ~ à **lisser les velours** / machine for smoothing velours ‖ ~ à faire la **liste de chèques** (ord) / transit lister ‖ ~ **magnéto-électrique** / magneto ‖ ~ à **mailles cueillies** / weft knitting machine ‖ ~ à **malaxer la pâte** / dough mixer o. mill ‖ ~ **Malimo** / Malimo machine ‖ ~ à **mandriner** (tex) / roll forcing machine ‖ ~ à **mandriner les rouleaux d'impression** (tex) / machine for engraving the printing rollers ‖ ~ à **manivelle en l'air** / crank-overhead engine ‖ ~ **marine** / marine engine ‖ ~ à **marquer** (tiss) / marking machine o. equipment ‖ ~ à **marquer les caisses** / box printing machine ‖ ~ à **marquer les chèques** / pinpoint figure printing machine ‖ ~ à **marteler le fil** / hammering machine for wire ‖ ~ à **matricer** / drop forging press o. machine ‖ ~ de **maturation** (tex) / machine for storage and reaction ‖ ~ de **maturation en boyau** (tiss) / machine for storage and reaction in rope form, J-box ‖ ~ de **maturation au large** (tex) / machine for storage and reaction in open width ‖ ~ à **mélanger** / mixing machine, mixer ‖ ~ à **mélanger la pâte** / dough mixer o. mill ‖ ~ à **mélanger le sable** / sand mixer o. mixing machine, muller ‖ ~ **mélangeuse à béton** / concrete mixer o. mixing machine ‖ ~ de **ménage à trancher** / food slicer ‖ ~ de **menuisier** / joinery machine ‖ ~ de **mercerisage** (tex) / mercerizing machine ‖ ~ de **mercerisage pour fils** / yarn mercerizer ‖ ~ **mère** (ord) / master machine ‖ ~ à **mesurer** (gén) / measuring o. metering machine ‖ ~ à **mesurer l'usure** (gén) / wear testing machine ‖ ~ pour **mesurer, visiter, marquer, empaqueter et emballer** (tex) / making-up machine ‖ ~ à **mettre en boîtes** / canning machine ‖ ~ à **mettre sur forme** (soulier) / pull[ing]-over machine ‖ ~ à **mettre au large les tissus en boyau** (tiss) / opener for fabrics in rope form ‖ ~ à **mettre en pains et à empaqueter le beurre** / butter forming and wrapping machine ‖ ~ à **mettre en pâte le fulmicoton** / gun pulping machine ‖ ~ à **mettre au vent** (cuir) / scouring machine ‖ ~ à **meuler à bande** (galv) / belt grinding machine, belt grinder ‖ ~ à **meuler oscillante suspendue** / swing o. pendulum grinding machine ‖ ~ à **meuler les rails** / track grinder ‖ ~ à faire les **meulons** (agr) / hay cocking machine ‖ ~ **minière ou de mine** / mining machine ‖ ~ à **miroirs** (nucl) / magnetic bottle, mirror machine, adiabatic trap ‖ ~ de **mise en bouteilles** / bottle filling o. charging machine, bottling machine ‖ ~ de **mise à largeur** (tiss) / width adjusting machine ‖ ~ de **mise en paquets** (tex) / making-up machine ‖ ~ à **moissonner les épis** (agr) / header ‖ ~ à **molet[t]er** (m.outils) / wheeling machine, knurling machine ‖ ~ à **molettes** (mines) / [whim] capstan ‖ ~ à **monder** / hulling machine, huller ‖ ~ **monobloc** (techn) / aggregate, agg ‖ ~ **monocylindrique** (pap) / MG o. Yankee machine ‖ ~ **monocylindrique** (mot) / single-cylinder engine ‖ ~ à **montant fixe** / table type machine ‖ ~ à **montant mobile** / floor-type o. movable column machine ‖ ~ à **monter** (cordonnier) / [console] lasting machine ‖ ~ à **monter les bouts** (cordonnier) / forepart o. toe lasting machine, (flexible:) toe forming o. moulding machine ‖ ~ à **monter les flancs à crampons** (cordonnier) / staple side lasting o. pincer side staple lasting o. littleway lasting machine ‖ ~ à **mortaiser** (m.outils) / slotting machine, slotter ‖ ~ à **mortaiser** (charp) / mortising machine, mortiser ‖ ~ à **mortaiser les rainures à clavettes** / keyway milling o. keyseating machine ‖ ~ **motrice** / prime mover, engine, motor ‖ ~ **motrice de laminoir** (électr, m.à vap) / rolling mill engine o. motor ‖ ~ **motrice à vapeur** / steam engine ‖ ~ à **mouiller** / damping machine

machine à mouler *f* (fonderie) / moulding machine, moulder ‖ ~ **les bougies** / candle moulding machine ‖ ~ **à cabotage ou à secousses** / jolt- o. jar-ram[ming] machine, jarring machine ‖ ~ **les caractères** (typo) / type casting machine ‖ ~ **par compression** (plast) / compression moulding machine ‖ ~ **et à démouler par chandelles** (fonderie) / pin-lift moulding machine ‖ ~ **à descente** (fonderie) / drop plate type moulding machine ‖ ~ **à main** / hand operated moulding machine ‖ ~ **à main à serrage par pression**

(fonderie) / hand-operated press moulding machine || ~ **en mottes** (fonderie) / flaskless o. boxless moulding machine || ~ **les noyaux** (fonderie) / core making o. mo[u]lding machine || ~ **les noyaux en carapaces** / shell core machine || ~ **à planche-peigne** / stripping plate moulding machine || ~ **par ou sous pression** (fonderie) / power squeezing machine, squeeze moulding machine, squeezer || ~ **à pression magnétique** (fonderie) / magnetic squeezer || ~ **à pression pneumatique** (fonderie) / [compressed] air squeezer || ~ **à projection de sable** (fonderie) / sandslinger || ~ **rapide à secousses** / jarring machine || ~ **à retournement** (fonderie) / turnover moulding machine || ~ **les roues dentées** (fonderie) / gear moulding machine || ~ **à secousses sans enclume à chocs amortis ou à secousses à transmission de vibrations** / non-damped jolt forming machine || ~ **à secousses et à pression pneumatique** / air jolter || ~ **sous secousses par pression et à retournement** (fonderie) / jolt squeeze turnover machine || ~ **sous secousses par pression et à soulèvement du châssis** (fonderie) / jolt squeeze pinlift moulding machine || ~ **sous secousses par pression et à vibrations** (fonderie) / jolting vibratory squeeze moulding machine || ~ **sous secousses avec retourneur de moule** / jar-ram o. jolt rollover moulding machine || ~ **sous secousses et à retournement** (fonderie) / jolt turnover moulding machine || ~ **sous secousses et à soulèvement du châssis** (fonderie) / jolt lift moulding machine || ~ **à serrage par projection** / sandslinger || ~ **les tuiles ou les briques** / tile-mo[u]lding machine

machine *f* **à moules permanents** / permanent-mould machine || ~ **à moulurer ou à moulures** (découp) / beading o. crimping machine || ~ **à moulurer sur deux faces** (bois) / double spindle moulding machine || ~ **à moulures** (bois) / moulding machine, moulder || ~ **à mouvement alternatif** / reciprocating o. piston engine || ~ **à nappper** (filage) / sliver lap machine || ~ **NC** / N/C machine, numerically controlled machine tool || ~ de **nettoyage** (filage) / blow room machine || ~ à **nettoyer** (moulin) / grain cleaning machine || ~ à **nettoyer le blé** / trieur, seed grader || ~ à **nettoyer le blé à tambour** / separating cylinder || ~ à **nettoyer à brosses** (moulin) / scourer || ~ à **nettoyer les canettes** (tex) / bobbin stripper || ~ à **nettoyer les fers-blancs en lessive de bran de son** (sidér) / branning machine || ~ à **nettoyer le grain** (agr) / grain cleaning o. dressing machine, smut mill o. machine, fanner || ~ à **neutraliser et à rincer** (tex) / machine for neutralizing and rinsing, neutralizer || ~ à **nouer** (tiss) / knotting machine || ~ à **nouer la chaîne** / warp tying machine, warp knotter || ~ à **nouer les filets** / netting machine || ~ à **nouer les franges** / fringe knotting machine || ~ à **noyauter** (fonderie) / core making o. mo[u]lding machine || ~ de **nuançage** (couleurs) / tinting machine || ~ **numérique** (m outils) / numerically controlled machine tool, N/C machine || ~ à **oblitérer** / post-marking machine || ~ à **œillets** / eyeletting machine || ~**-offset** *f* pour **imprimer les feuilles** / sheet fed offset machine || ~**-offset** *f* **rotative** / rotary offset [printing] machine || ~ à **onduler** / crimping machine, crimper || ~ à **onduler les fils** / wire crimping machine || ~ **oscillante à torsion** / oscillating twisting machine || ~ à **ourdir** (filage) / warping frame o. machine || ~ à **ourler** / hemming machine

machine-outil *f* (pl: machines-outils) / machine tool || ~ **adaptable** / multi-purpose machine tool || ~ à **commande numérique** / N/C machine, numerically controlled machine tool || ~ à **commande numérique par bande perforée** / tape controlled N/C machine || ~ à **commande numérique par calculateur** / CNC-machine || ~ à **laser** / laser machine-tool || ~ à **rendement très poussé** / maximum [production o. productive] capacity machine || ~ **répétitrice ou à reproduire** / copying o. reproducing machine tool || ~ **spéciale**, machine *f* spéciale / special machine tool, single-purpose machine tool || ~ **travaillant le métal par formage** (forge) / metal forming machine tool || ~ d'**usinage** / cutting machine tool

machine *f* **Owen** / bottle blowing machine || ~ d'**oxycoupage de tôles** / flame plate cutting machine || ~ à **paginer** / paging machine, numbering machine || ~ à **palissonner le cuir** (tan) / staking machine || ~ à **papier [continu]** / paper [making] machine || ~ à **papier à deux toiles** (pap) / twin wire paper machine || ~ à **papier Foudrinier** voir machine à table plate || ~ de **parachèvement** (lam) / ending machine, dressing and straightening machine || ~ à **parer le cuir** / paring machine || ~ à **passementerie** / lace and trimming machine || ~ à **passepoiler** (m à coudre) / welting machine || ~ à faire les **peignes** (tiss) / reed making machine || ~ à **peler les pommes de terre** / potato peeling machine || ~ à **pelleter** (agr) / pelleting machine, pellet mill, compounder for middlings o. screenings || ~ à **pelleter** (techn) / shovelling machine || ~ de **pelleterie** / furrier's machine, skin dresser's machine || ~ à **pelotes** (tex) / ball winding o. balling machine || ~ pour **perçage et pierrage** / drilling and honing machine || ~ de **percement et haveuse pour tunnels** / heading and cutting machine for tunnels

machine à percer *f* / drilling machine || ~ (typo) / stabbing-machine || ~ **et à couper** (graph) / punching and shearing machine || ~ **d'établi** / bench type drilling machine || ~ **multibroches** / multi-spindle drilling machine || ~ **radiale** / radial drill[ing o. boring machine] || ~ **à tourelle** / turret head drilling machine || ~ **des trous oblongs** / slot boring machine, longitudinal boring machine || ~ **verticale** / upright drilling machine || ~ **verticale à colonne** / pillar type drilling machine || ~ **verticale à montant** / column type drilling machine

machine *f* **à pétrir** / kneading machine, masticator || ~ à **pétrir la pâte** / dough mixer o. mill || ~ pour le **pierrage intérieur** / internal honing machine || ~ à **pierrer** / honing machine || ~ à **piquer** (reliure) / stabbing-machine || ~ à **piquer** (tiss) / pricking machine || ~ à **piquer** (cordonnier) / stitching machine || ~ à **piquer les cartes** (Jacquard) / jacquard card punching machine || ~ à **piston** / piston engine, reciprocating engine || ~ à **piston annulaire** (m.à vap) / annular piston engine || ~ à **piston rotatif** / rotary piston machine, ROPIMA || ~ à **piston tournant ou rotatif** / planetary rotation machine, PLM || ~ à **placage** (impression textile) / padding machine || ~ à **placer les chevilles** / dowel-driving o. dowelling machine, peg runner || ~ à **placer les œillets** (cordonnerie) / eyelet forming o. eyelet[ting] machine || ~ à **planche** / wallpaper machine || ~ à **planche** (teint) / block printing machine || ~ à faire les **planchettes** (bois) / slicing machine for board production || ~ à **planer** / flattening machine || ~ à **planer** (lam) / straightening machine || ~ à **planer** (tourn) / smoothing lathe || ~ à **planer et à dresser à projection** (m.outils) /

projection straightening and planishing lathe || ~ à **planer les tôles** / plate straightening press, levelling machine, stretcher leveller || ~ à **plaque, modèle monté sur deux tourillons** (fonderie) / turning plate moulding machine || ~ à **plaquer les chants au défilé** (bois) / edge banding machine || ~ à **plastifier** (graph) / plastic covering machine || ~ **plate typographique** (typo) / flatbed o. plain o. planograph printing machine || ~ à **plateau diviseur** (m.outils) / rotary indexing machine || ~ à **plateau pour le filage de la ficelle ou du fil en papier** / paper yarn o. twine plate spinning machine || ~ à **plateau tournant** (m outils) / indexing table type machine || ~ de **pliage** (reliure) / folding machine, folder || ~ pour le **pliage angulaire** / angle forming machine || ~ à **plier** (gén) / bending machine || ~ à **plier** (m outils) / folding machine, folding o. bending press || ~ à **plier** (tiss) / folding o. plaiting machine || ~ à **plier et cambrer les fils** / wire bending and forming machine || ~ à **plier le gros fil** / crimper, crimping machine || ~ à **plier les lettres et à les mettre sous enveloppe** / letter folding and envelopping machine || ~ à **plier les tissus** / fabric folding machine || ~ à **plisser** (tex) / plissé o. pleating machine || ~ à **plusieurs lignes** (coulée cont.) / multi-strand machine || ~ **pneumatique** / aerostatic engine, pneumatic engine || ~ à **poinçonner** / punching machine || ~ à **poinçonner les cornières** / angle steel punching machine || ~ à **poinçonner les encoches** / notching press || ~ à **point noué** (tex) / lockstitch machine || ~ à **point zigzag** (tex) / zigzag stitch machine || ~ à **pointer en coordonnées** (m.outils) / jig boring machine o. mill || ~ à **pointer avec dispositif de rectification** / jig boring and grinding machine || ~ à faire les **pointes** / machine for making wire nails o. tacks || ~ à **pôles à griffes** (ch.de fer) / claw pole generator || ~ à **polir** / polishing machine || ~ à **polir à bande abrasive** / polishing machine with polishing band || ~ à **polir à disques abrasifs** / polishing machine with polishing disk || ~ à **polymériser** / polymerizer || ~ **polyphasée** (électr) / polyphase machine || ~ à **poncer ou à polir** (bois) / buffing o. polishing machine || ~ à **poncer le bois [au papier de verre]** / sanding machine, sander || ~ à **poncer à disques** (bois) / disk sander (US), grinding wheels *pl* || ~**s** *f pl* de **pont** (nav) / deck machinery || ~ *f* **portative** (men) / portable machine || ~ à **poser les boutons** / button sewing machine || ~ à **poser les câbles** / cable paying-out o. laying-out machine || ~ à **poser les chevilles** / peg runner, dowel driving machine, dowelling machine, dowel driver || ~ à **poser les voies** (ch.de fer) / tracklaying machine || ~ à **poste fixe** / fixed machine || ~**s** *f pl* de **précision** (m.outils) / high-precision machinery || ~ *f* de **préformage** (tex) / preboarding machine || ~ pour la **préparation de chiffons** / rag working machine || ~ de **préparation de laine** / wool dressing machine || ~ à **pressé-soufflé** (verre) / press-and-blow machine || ~ **principale de navire** / main engine of a ship || ~ pour **procédé moulé-tourné ou soufflé-tourné** (verre) / paste-mould blowing machine || ~ au **procédé soufflé-soufflé** (verre) / blow-and-blow machine || ~ de **production des comprimés** (pharm) / tablet-compressing o. pill machine || ~ **productrice à travail** / machine || ~ à **produire les particules plates** (bois) / flaking machine || ~ à **profiler** / profiling machine || ~ à **profiler à deux bouts** / double-end shaping machine, double-end tenoner o. profiler || ~ de **projection** / spraying machine || ~ de **propulsion** / prime mover || ~ à **protéger les chèques** / pinpoint figure printing machine || ~ de **pulvérisation** / spraying machine || ~ pour **pulvérisations** (agric) / cart dusting machine || ~ à faire les **queues droites** / ordinary dovetail making machine || ~ de **quittance** / bank teller machine, [teller] window machine || ~ à **rabattre les collets** / pipe flanging machine || ~ à **raboter** / planing machine, planer || ~ à **raboter les arbres cannelés** / spline shaper || ~ à **raboter les bords** / edge planing machine || ~ à **raboter en développante** / gear shaping machine o. shaper by the generating process || ~ à **raboter les engrenages** / gear shaping machine || ~ à **raboter et à joindre les fonds** (fût) / head planing and jointing machine || ~ à **raboter et fraiser** / combined planing and milling machine || ~ à **raboter avec outil rotatif** (bois) / thicknessing machine, panel planing machine || ~ à **raboter les tôles** / plate planing machine || ~ à **rabouter [les feuillards]** (lam) / strip connecting machine || ~ à **rainer** / jointing machine || ~ à **rainer et à langueter** (charp) / grooving and tongueing machine || ~ à **rainurer** / draw-cut type keyway cutter o. keyway broaching machine o. keyseater (US), pull type keyway broaching o. keywaying o. keyseating machine || ~ à **ramer les draps** / folding o. plaiting machine || ~ à **râper** / rotary grater, refiner || ~ à **raser les dentures** / gear shaving machine || ~ à **ratiner** (tex) / friezing machine || ~ à **rattacher** (tiss) / knotter, knotting machine || ~ à **rayer** / rifling machine || ~ à **rebobiner** (lam) / recoiling o. rewinding machine || ~ à **rebrosser le cuir** / leather boarding o. crippling o. working machine || ~ de **réception des tubes** (extrusion) / take-up machine || ~ à **recouvrir les conducteurs** / wire covering machine || ~ à **recouvrir de coton les câbles** / cotton covering machine for cables || ~ à **rectification cylindrique intérieure**, machine *f* à rectifier les alésages / internal circular grinding machine

machine à rectifier *f* (m.outils) / grinder, grinding machine || ~ **automatique** / automatic grinding machine || ~ **avec cadre oscillant** / swing frame grinder || ~ **les cames** / cam grinding machine || ~ **en coordonnées** / jig grinding machine || ~ **les coussinets** / bush grinding machine || ~ **les cylindres** (lam) / roll grinding machine || ~ **cylindriquement ou à rectifier les surfaces ou les pièces cylindriques** / circular grinding machine || ~ **à deux montants** / double-column grinding machine || ~ **les douilles** / bush grinding machine || ~ **les engrenages coniques** / bevel gear grinding machine || ~ **et monter les garnitures de cylindres d'étirage** (tex) / drafting roller grinding and covering machine || ~ **les filetages** / thread grinding machine || ~ **les fusées d'essieux** / axle journal grinding machine || ~ **les glissières** / machine for grinding slideways, guide-way grinding machine || ~ **les joints des rails** / rail joint grinder || ~ **le métal dur** / carbide tool grinding machine || ~ **à mouvement planétaire** / internal grinding machine with planetary movement || ~ **les navettes** / shuttle rectifying machine || ~ **oscillante** / pendulum grinding machine, swing grinding machine || ~ **par reproduction** / copy grinding machine || ~ **sans centre** / centerless grinding machine || ~ **les surfaces extérieures cylindriques ou les surfaces de révolution** / cylindrical surface grinder || ~ **les surfaces [planes]** / surface grinding machine || ~ **les surfaces à révolution intérieures à broche horizontale** / horizontal cylindrical

internal grinding machine
machine *f* à **refendre** (cuir) / skiving o. splitting machine || ~ à **refendre** (tex) / slitting machine || ~ à **refouler** (forge) / upsetting o. jolting press o. machine, bulldozer || ~ à **refouler les boulons à tête rectangulaire** / hammer bolt header || ~ à **refouler les fleurets** (mines) / drilling bit upsetting machine || ~ à **refouler les têtes de boulons** / bolt header || ~ à **refouler les têtes de vis** / bolt head forging machine || ~ **réfrigérante** / refrigerating machine || ~ de **réfrigération à absorption** / absorption type refrigerating machine || ~ à **régler** (horloge) / vibrator || ~ à **régler les cardes** / card setting machine || ~ de **réglure à disques** (typo) / disk ruling machine || ~ à **relever le poil** / sueding machine, pile raising machine, nap lifting apparatus || ~ à ou de **remblayage pneumatique** / pneumatic packer o. stower || ~ à **remblayer** (mines) / packer, packing o. stowing machine, stower || ~ à **remplir les bouteilles** / bottle filling machine, bottling machine || ~ à **remplir et à fermer les sachets** / bag filling and sealing machine || ~ à **remplir les sachets** / packing machine for small bags || ~ à **remplir les tubes** / tube filling machine || ~ de **remplissage** (gén) / feeding o. filling machine || ~ à **remuer** / stirring machine || ~ à **remuer la pâte** / dough stirring machine || ~ à **rendement maximal** / maximum output o. maximum power machine, highest duty machine || ~ à **rentrer les fils de chaîne** (tiss) / drawer-in for warp thread || ~ à **renverser les noyaux** (fonderie) / core turnover o. core rollover machine || ~ à **renvider** (tiss) / winding-on frame o. machine, canroy frame || ~ à **repasser** / smoothing o. ironing machine, ironer || ~ à **repasser par vapeur** / steam press || ~ à **répétition** / slave machine || ~ à **repiquer les cartons** (jacquard) / jacquard repeating machine || ~ à **[re]plier la tôle** / folding machine, folding o. bending press || ~ de **réserve** / auxiliary o. stand-by machine || ~ à **[re]tordre** (tex) / twisting o. doubling o. twine frame o. machine, twister, doubler (GB) || ~ à **retordre pour fils noueux** / slub yarn doubling frame || ~ à **retordre le jute** / jute twisting frame || ~ à **retordre à plusieurs rangées de bobines** / uptwister, multiple twisting machine, twisting machine with several tiers || ~ à **retournement avec soulèvement du modèle** (fonderie) / turnover and pinlift machine || ~ à **retourner le foin** / hay maker o. tedder || ~ à **retourner les tissus tubulaires** / inside-out turning machine for knitted fabrics || ~ à **rétrécir naturellement** (tex) / natural shrinking machine || ~ à **rétrécissement compressif** / compressive shrinking machine || ~ à **retreindre** / swaging o. reducing machine || ~ à **retreindre** (mét.poudre) / swaging machine || ~ à **réunir** (filage) / [sliver] lap machine || ~ **réversible** / reversible machine || ~ à **revêtement** (plast) / coating machine || ~ à **revêtir les câbles** (plast) / wire coating machine o. covering machine || ~ à **rincer** (tex) / rinsing machine || ~ à **rincer les bouteilles** / bottle rinsing o. cleansing o. washing machine || ~ à **rincer au large** (tex) / neutralizer for fabrics in open width, rinsing machine in open width || ~ à **riper les rails** / rail o. track shifter o. shifting machine || ~ à **riveter par fluage radial** / wobble riveting machine || ~ à **roder les engrenages** / gear lapping machine || ~ à **roder par poudre abrasive** (m.outils) / lapping machine || ~ à **roder à la pierre** / honing machine || ~ à **roder les segments de piston** / circular face lapping machine for piston rings, piston ring lapping machine || ~ à **roder les sièges des soupapes** (auto) / valve seat grinding machine || ~ à **roder verticale** / vertical honing machine || ~ à **rogner** (pap) / trimmer, trimming machine, polling engine || ~ **rotative à adresser** / rotary addresser || ~ **rotative à deux bobines** (typo) / two-reel rotary printing machine || ~ **rotative à faire les comprimés** / rotary pelleting machine || ~ **rotative à forme[s] plane[s]** (typo) / flatbed web machine, flat reel fed press || ~ **rotative trimonophasée de soudage** / welding motor-generator, three-phase to single-phase rotary welding converter || ~ à **rotor cylindrique** (électr) / cylindrical rotor machine || ~ à **rouler** / bending rolls machine || ~ à **rouler les cannelures** (m.outils) / spline rolling machine || ~ à **rouler les filets** / thread rolling machine || ~ à **rouler les tôles** / sheet metal bending rolls *pl*, plate bending machine o. press || ~ **routière** / road [making] machine || ~ à **ruban abrasif** (galv) / belt grinding machine, belt grinder || ~ à faire les **sachets** / paper bag machine || ~ **sans expansion ou sans détente** / engine without expansion, non-expansion engine || ~ à **satiner** (pap) / calender, glazing machine || ~ à **sceller les queusots** (lampe incandesc.) / tubulating machine || ~ pour **scènes de théâtre** / stage machine || ~ **Scherbius** (électr) / Scherbius machine || ~ à **scier** / sawing machine || ~ à **scier les blocs** (bois) / blocking machine || ~ à **scier et limer** (m.outils) / sawing and filing machine || ~ à **scier à mouvement alternatif** / hack sawing machine || ~ à **scier à ruban à grumes** / log band sawing machine || ~ à **scier à ruban à refendre [et à dédoubler]** / band resawing machine || ~ à **scier à ruban à table** / table band sawing machine || ~ à **sécher [et à carboniser]** (tex) / drying machine, carbonizer || ~ à **secouer** / jolter || ~ de **secours** (ch.de fer) / relief engine || ~ à **secousses** (fonderie) / jolt moulding machine || ~ à **sectionner** (m.outils) / [cold saw] cutting-off machine || ~ à **sectionner les lingots** / slicing lathe o. machine for ingots || ~ à **semer [en ligne]** (agr) / grain o. seed drill || ~ **semi-automatique de soudage à l'arc** / arc welding machine o. apparatus || ~ à **séparer les fils durs des déchets** (tex) / thread picking machine o. picker || **~s** *f pl* de **série** / production o. line machines *pl* || ~ *f* à **serrage par projection** (fonderie) / slinger || ~ à **serrer les agrafes** (ferblantier) / seaming machine || ~ à **serrer les noyaux** (fonderie) / core press || ~ à **serrure tubulaire** (tricot) / tubular locking machine || ~ à **sertir** / crimping machine || ~ à **sertir les fonds** / bottom seaming machine || ~ à **sertir les fonds et les couvercles** / double-ended seaming machine || ~ à **sertisser l'agrafe de bandage** / spring ring closing machine || ~ **servant à résoudre les équations linéaires** / equation solver || ~ **simple** (phys) / simple machine || ~ à **simple expansion** / simple steam engine, single-expansion engine || ~ à **souder** / welding machine || ~ à **souder automatique** / automatic welder o. welding machine || ~ à **souder par bombardement électronique** / electron beam welding machine || ~ à **souder bout à bout ou bord à bord** / butt-welding machine || ~ à **souder électrique** / electric welding machine || ~ à **souder les fils à bout** / wire butt welding machine || ~ à **souder en ligne continue par points** / stitch seam welding machine || ~ à **souder à la molette folle** / touch-type roller seam welding machine || ~ à **souder par fusion** / flash welding machine || ~ à **souder au plateau de tour** / merry-go-round resistance welder || ~ à **souder par résistance** /

resistance welder || ~ **soufflante** / blower, blowing engine || ~ **soufflante à tiroir** / slide-valve blowing engine || ~ à **souffler** (plast) / blow moulding machine || ~ à **souffler les bouteilles** / bottle blowing machine || ~ à **souffler les noyaux** / core blowing machine || ~ à **sous** / gambling machine || ~ de **soutirage** / feeding o. filling machine || ~ **spéciale** (m.outils) / single-purpose machine || ~ **spéciale pour la construction des automobiles** / special machine tool for manufacturing automobiles || ~ à **stratifier** (plast) / laminating machine, laminator || ~ à **suager** / beading machine || ~ à **sucer** (laine) / suction extractor || ~ pour la **superstructure** (ch.de fer) / machine for constructing the permanent way, machine for the railroad track || ~ **supplémentaire** / additional o. auxiliary o. supplementary machine || ~ **synchrone** (électr) / synchronous machine || ~ **synchrone à fer tournant** / inductor type synchronous machine || ~ à **table pour moulage à secousses** (fonderie) / plain jolt moulding machine || ~ à **table plate** (pap) / Foudrinier [paper]machine, foudrinier, endless wire [paper making] machine || ~ à **tabulateur** / tabulator machine || ~ pour **tailler les crayons** / pencil sharpening o. pointing machine || ~ à **tailler les crémaillères** / rack milling machine || **~s** *f pl* à **tailler les engrenages** / gear cutting machines *pl* || ~ *f* à **tailler et à emballer le sucre** (sucre) / combined cutting and packing machine || ~ à **tailler les filets** / threading machine || ~ à **tailler les filets au pas du gaz** / pipe thread cutting machine || ~ à **tailler par fraise-mère développante** / hob milling machine, hobbing machine, hobber || ~ à **tailler les rainures à clavettes** / draw-cut type keyway cutter o. keyway broaching machine o. keyseater (US), pull type keyway broaching o. keywaying o. keyseating machine || ~ à **tailler les roues coniques** / bevel gear milling o. cutting machine || ~ à **tailler les roues hélicoïdales par fraise-mère développante** / worm wheel generating o. hobbing machine || ~ à **talquer** / soapstone machine || ~ à **tamiser le sable** / sand sifting o. screening machine || ~ à **taque** / floor-type o. movable column machine || ~ à **tarauder** / tapping machine || ~ à **teiller le lin** / flax breaking and stripping machine || ~ à **teindre les écheveaux** / hank dyeing machine || ~ à **teindre au métal fondu** (tex) / molten metal dyeing machine || ~ à **teindre à pale[tte]s** (tex) / paddle dyeing machine || ~ de **teinture et d'apprêt** (tex) / dyeing and finishing machine || ~ de **teinture en étoile** / star dyeing machine || ~ de **teinture à tambour** (tex) / rotary dyeing machine || ~ pour la **teinturerie** / dyeing machine || ~ **télécommandée ou à répétition** / remote controlled machine, slave machine || ~ à **tendre** (gén) / straightening machine, stretching machine || ~ à **tendre les fils** / yarn tentering machine (US) o. stentering machine (GB) || ~ à **tendre au large** (tex) / stretching frame || ~ à **tendre et à planer les lames de scies** / stretching and rolling machine for saw blades || ~ à **tenons** / tenon cutting machine, tenoning machine, tenoner || ~ à faire les **tenons en queue-d'aronde** / dovetailing machine || ~ à **texturer** (filage) / texturing machine || ~ pour **thermoformage** (plast) / thermoforming machine || ~ à **thermo-impression** (tex) / printing machine by transfer, thermo-printing machine || ~ à **timbrer** / postage meter machine, [postal] franker o. franking machine || ~ de **tir** (mines) / blasting machine || ~ à **tirefonner** (ch.de fer) / sleeper screwdriver, spike driver (US) || ~ à **tirer les calques** / blueprint apparatus || ~ à **tirer de l'épaisseur** (bois) / thicknessing machine || ~ à **tirer les épreuves** (typo) / proofing machine o. press || ~ à **tirer les noyaux** (fonderie) / core shooter || ~ à **tirer les plans ou les photocalques** / copying apparatus, diazo printing o. blueprinting machine || ~ à **tisser les échantillons** (tex) / pattern loom, loom for sample weaving || ~ à **tisser à foule ondulante ou à phase multiple** / wave shed weaving machine, multi-phase weaving machine || ~ à **tisser les grillages et toiles métalliques** / wire netting and weaving machine || ~ à **tisser à pince** / gripper weaving machine || ~ à **tisser à projectiles** / projectile [shuttle] weaving machine, projectiles loom || ~ à **tisser les tissus éponge** / terry loom, terry weaving machine || ~ à **tisser à tuyères** / jet weaving machine || ~ à **toile multiple** (pap) / multiple wire machine || ~ à **tondre** / shearing o. cropping machine || ~ à **tordre** / wringing machine || ~ à **tordre à cylindres** / roller type wringing machine || ~ à **tordre et à retordre** (filage) / twisting machine || ~ à **toronner** (câbles) / bunching machine || ~ à **torquer** (filage) / skeining o. reeling device || ~ à **torsader** (câbles) / bunching machine || ~ à **tortiller** (filage) / plaiting machine || ~ à **toupiller** (bois) / spindle moulding machine || ~ **tournant à droite** / right-handed engine (facing the driving side) || ~ **tournant à gauche** / lefthand engine (facing the driving side) || **~s** *f pl* **tournantes** (électr) / electrical rotating machines *pl*, electric machines *pl*, rotating machines *pl* || ~ *f* pour **traçages en veine** (mines) / tunnelling machine || ~ à **traduire** / translation machine || ~ à **traire** / mechanical milker, milking machine || ~ à **traitement** (tex) / treating machine || ~ de **traitement** (phot) / continuous processor || ~ pour le **traitement d'informatique** / data processing machine o. unit || ~ à **trancher le bois** (bois) / plankways cleaving machine || ~ à **trancher les bois en bout** / wood trimmer || **~-transfert** *f* (m.outils) / transfer machine || ~ à **transfert** (réacteur) / transfer machine || ~ à **transfert rectiligne** (m.outils) / rectilinear transfer machine || ~ à **transfert rotatif** / revolving transfer machine || ~ à **transfiler les fils métalliques** / wire covering machine with wire || ~ de **transformation des plastiques** / plastics processing machine || ~ **travaillant sans enlèvement de copeaux** / chipless cutting machine || ~ à **travailler le bois** / wood working machine || ~ à **travailler les fils métalliques** / wire working machine || ~ à **travailler les métaux** / metal working machine || ~ à **travailler la tôle** / plate working machine || ~ à **travailler les tubes** / pipe machining and working machine || ~ pour **travaux de finissage** / fine machining machine tool || **~s** *f pl* pour **travaux publics** / building machinery || ~ *f* à **tréfiler** / wire drawing machine || ~ de **trempage** / immersion implement || ~ à faire les **tressages de fils métalliques** / wire braiding machine || ~ à **tresser** / braiding machine || ~ à **tresser les cordes** / rope braiding o. plaiting machine || ~ à **tresser des lisses** / plaiting machine || ~ de **triage** (techn, mines) / sizing o. sorting machine || ~ à **tricot tubulaire** (tricot) / tubular fabric machine || ~ à **tricoter** / power knitting loom || ~ à **tricoter circulaire en chaîne** / maratti knitting loom || ~ à **tricoter les doigts** / finger knitting machine || ~ à **tricoter à double chute** / double knitting loom || ~ à **tricoter rectiligne** / flat bed knitting machine, flat bed frame || ~ à **trier le charbon** / coal sorting machine

|| ~ à **trier et à assortir** / selecting and sifting machine || ~ à **trois lignes** (coulée cont.) / three strand machine || ~ à **tronçonner** (m.outils) / cutting-off machine || ~ à **tronçonner au disque** / cutting-off machine with disk || ~ à **tronçonner les lingots** / ingot parting o. slicing lathe o. machine || ~ à **tronçonner à l'outil** / cutting-off machine with single-point tool || ~ **tube** (m.à coudre) / free-arm machine, cylinder-bed sewing machine || ~ à faire les **tubes de papier** / convolute winding machine || ~ au **tufting** (tex) / tufting machine || ~ de **Turing** (math) / Turing machine || ~ à **tuyaux de drainage** (céram) / pipe machine || ~ pour la **typographie** / printing machine || ~ à **un cylindre** / single-cylinder engine || ~ à **un montant** / single column type machine || ~ à **une seule fin** (m.outils) / single-purpose machine || ~ **universelle** / allround machine, multi-work machine || ~ **universelle d'usinage** (m outils) / machining center || ~ **universelle d'usinage non équipé** / unmanned machining center || **~s** *f pl* pour l'**usinage électro-érosif** / EDM-equipment || ~ *f* d'**usinage par jet liquide** / jet stream machine || ~ pour l'**usinage des métaux** / metal working machine || ~ d'**usinage par procédé électrolytique** / electro-discharge machine || ~ d'**usinage par procédé photonique** (m.outils) / laser beam machine || ~ d'**usinage par ultra-sons** (m.outils) / ultrasonic machine || ~ **utilisant des procédés spéciaux de formage** / machine using special forming processes

machine à vapeur *f* / steam engine || ~ **à détente** / expansion steam engine || ~ **à échappement libre** / non-condensing steam engine || ~ **équicourant** / unaflow o. uniflow [steam] engine || ~ **à expansion** / expansion steam engine || ~ **à gouverner** (nav) / steam rudder gear || ~ **à piston** / reciprocating o. piston steam engine || ~ **sans condensation** / non-condensing steam engine || ~ **à triple expansion** / triple expansion steam engine

machine *f* **à vaporisation ou à vaporiser** (tex) / steaming engine o. machine || ~ à **vaporiser et à fixer à chaud** (teint) / steaming and setting machine || ~ à **vérifier l'équilibrage** / balancing machine || ~ à **vérifier l'usure** (gén) / wear testing machine || ~ à **vernir** / varnishing machine || ~ **verticale à aléser et à tourner** / vertical boring and turning mill || ~ **verticale à emboutir, à border et à planer** / rotating spinning and planishing flanging machine || ~ **Vigoureux** / printing equipment for slivers, Vigoureux machine || ~ à **visiter** (tex) / inspection machine || ~ à **visiter par transparence** (tex) / inspection table || ~ à **visser** / screw running machine || ~ à **visser les écrous** / nut runner o. setter, nut driver || ~ à **visser les manchons** / coupling making-up machine || ~ de **voie** (ch.de fer) / superstructure machine || ~ **Yankee** (pap) / MG o. Yankee machine

machinerie *f* / machinery || ~ (endroit) / machine shop || ~ (nav) / engine room || ~ de **scène** / stage machine

machining center *m*, machine *f* universelle d'usinage (m.outils) / machining center

machinisme *m* / machinery, (also:) application and science of machines

machiniste *m* / engine man o. driver o. operator, [stationary] engineer (US) || ~ d'**extraction** (mines) / engine man o. driver o. operator, engineer (US)

machmètre *m* (aéro) / Mach meter, machmeter

mâchoire *f* (funi) / grip || ~ (m.outils) / [clamping o. gripping] jaw || ~ (frein à tambour) / brake block o. shoe || ~ (ciseaux) / shear[ing] blade || **à deux ~s** (grappin) / clamshell type || ~ d'**appareil à souder** (plast) / welder terminal || ~ du **bec [de noueur]** / knotter hook jaw || ~ de **broyeur** / mouth of a breaker || ~ d'un **calibre** (techn) / jaw of the gap gauge || ~ **comprimée ou primaire** (frein) / leading o. primary shoe || ~ du **concasseur** / breaker o. crusher jaw || ~ à **contact** (soudage) / contact bar o. jaw || ~ à **cordonner** (numism) / knurling jaw || ~ **ENTRE** / snap GO-gauge, go-gap gauge || ~ d'**étau** / vice chop o. cheek o. jaw || ~ à **filet** (m.outils) / thread rolling die || ~ de **frein** (auto) / brake block o. shoe || ~ **N'ENTRE PAS** / snap-gauge "Not-Go", not-go gap gauge || ~ de la **poulie** / groove rim of a sheave || ~ **primaire** (frein) / primary shoe || ~ de **prise** / clamping jaw || ~ **réversible** (m.outils) / turning jaw || ~ **secondaire** (frein) / secondary shoe || ~ de **serrage** / clamping jaw, grip[ping jaw] || ~ **supérieure** (filage) / top-nipper || ~ à **tendre les fils** / eccentric clamp o. grip || ~ à **tourillon** (essais de mat) / revolving jaw

mâchure *f* (tiss) / pressure mark, flaw

mâchurer (typo) / smut, blot, cloud

mackintosh *m* (tiss) / mackintosh, macintosh

maclage *m* / albite twinning

macle *f* / compound o. geminate o. twin crystal, macle, twin || ~ (sucre) / multiple twin || **~s** *f pl* d'**interpénétration** (crist) / [inter]penetration twins *pl* || ~ *f* de **juxtaposition** (crist) / juxtaposition twin || **~s** *f pl* de **pénétration** (crist) / penetration twins *pl* || ~ *f* de **trois cristaux** (crist) / twin crystal consisting of three single crystals

maclé (crist) / macled

macler (verre) / block, pole

maclurine *f* / mori[n]tannic acid

maçon *m* / bricklayer, mason

maçonnage *m* / bricklaying work, brickwork, mason's work, masonry || ~ en **briques** / brick masonry, brickwork || ~ de **chaudières** / boiler masonry

maçonner / lay bricks, mason || ~ le **corps ou l'intérieur de voûte** / line with bricks || ~ en **degrés ou par retraites** (bâtim) / wall stairswise o. in recesses

maçonnerie *f* (activité) / bricklaying work, brickwork, mason's work, masonry || ~, ouvrage *m* en pierres / stone work, masonry || **en ~ sèche** (bâtim) / laid dry, dry (masonry) || ~ en **appareil irrégulier** / quarrystone work, rubble [masonry o. work] (US) || ~ en **béton** / concrete masonry || ~ en **briques** / brick masonry, brickwork || ~ en **briques armée** / reinforced brickwork || ~ **brute** / mortar walling || ~ de **chaudières** / boiler masonry || ~ **creuse** / cavity brickwork || ~ **croisée** (bâtim) / cross bond || ~ de **cuve** (haut fourneau) / in-wall, stack lining || ~ de **fondement** / foundation brickwork || ~ du **four** / furnace masonry || ~ en **moellons bruts** / quarrystone work, rubble masonry o. work (US) || ~ en **pierre marneuse ou schisteuse** (bâtim) / rag-[stone]work || ~ en **pierre de taille** / ashlar stone work, ashlaring || ~ en **pierres** / stonework, stone-masonry || ~ en **pierres brutes de carrière** / uncoursed rubble stone masonry || ~ en **pierres façonnées** / regular coursed ashlar stone work || ~ de **soubassement** / foundation brickwork || ~ **vive** / ashlar stone work, ashlaring

macquer le **lin** / break flax

macro-... / macro || **~analyse** *f* / macroanalysis || **~-assembleur** *m* / macro assembler || **~chimie** *f* / macrochemistry || **~climat** *m* / macroclimate || **~code** *m* (ord) / macro code || **~commande** *f* / macro

[instruction] || ~**cristallin** / macrocrystalline || ~**-déclaration** *f*, -définition *f* / macro definition, macro declaration || ~**-définition** *f* **fin** (ord) / macro definition trailer || ~**économie** *f* / macroeconomics *pl* || ~**-générateur** *m* (ord) / macro generator, macro generating program || ~**graphie** *f* / macrography || ~**-instruction** *f* / macro [instruction] || ~**-instruction** *f* **externe** (ord) / outer macro instruction || ~**-instruction** *f* **interne** / inner macro instruction || ~**-instruction** *f* **symbolique** (ord) / pseudomacro [instruction] || ~**moléculaire** / macromolecular || ~**molécule** *f* / macromolecule || ~**molécule** *m* **lineaire** / linear macromolecule
macron *m* (= 1.495 · 10^{14} km) (astr) / macron, metron
macro·photographie *f* / macrophotograph || ~**photographie** *f* / macrophotography || ~**physique** *f* / macrophysics || ~**pore** *m* / macropore || ~**poreux** / macroporous || ~**scopique** / macroscopic || ~**spore** *f* / macrospore || ~**structure** *f* / macrostructure
maculage *m* (typo) / set-off, blotting
maculature *f* / waste paper, spoilage, spoils *pl*, discards *pl* || ~, décharge *f* (typo) / slip sheet || ~ **grise** / wrapping paper for one ream
macule *f* (typo) / set-off paper || ~ / macula, (esp:) sun spot || ~**s** *f pl* d'**emballage** (pap) / mill wrap
maculer (typo) / macul[at]e (of fresh letter-press), set off, blot
madras *m* (tiss) / Madras muslin || ~ (bot) / Madras hemp, Sunn o. Bengal o. brown hemp, East Indian hemp
madré / mottled
madrer / mottle *vt*
madrier *m* / plank || ~**s** *m pl* / plank bottom o. covering || ~ *m* (8 x 23 cm) / deal (thickness 2 - 4 in., width 9 - 11 in.) || ~ de **blindage ou de coffrage** / [close] poling board o. plank || ~ de **chêne** / thick oak plank || ~ **équarri** / flatted plank || ~ de **sapin** / thick fir board, fir plank
madrure *f* (bois) / streak, vein || ~ de **bois de bouleau** / curled birch wood || ~ due aux **rayons médulaires du bois de chêne fendu sur quartier** (bois) / silver grain, flake
mafique (géol) / mafic
magasin *m* / store, warehouse, magazine || ~, boutique *f* / shop, store (US) || **en** ~ / off-the-shelf || ~ d'**alimentation de cartes** (c.perf.) / feed o. feeding hopper || ~ **automatique** (m. outils) / magazine feed attachment || ~ de **canettes** / pirn magazine || ~ de **combustible épuisé** (réacteur) / spent fuel storage building, irradiated fuel store (GB) || ~ **et distribution d'outillage** / tool crib o. hatch, toolshop || ~ des **flans** (presse transfert) / blank charger || ~ de **fourniture des pièces de rechange** / spare part stockroom || ~ à **grains** / silo, grain ware house, granary, cornhouse, grain elevator (US) || ~ **interchangeable** (phot) / changing magazine || ~ **intermédiaire** / in-process inventory o. stock || ~ **libre service** / self-service shop || ~ de **modèles** (fonderie) / pattern storage || ~ **photographique** / film magazine || ~ de **planches** / timber store || ~ à **plaques** (phot) / plate holder o. magazine (US), dark slide || ~ de **sucre raffiné** / bulk bin for sugar || ~ **tampons de pièces** (m.outils) / buffer magazine || ~ à **tôles** / sheet metal magazine || ~ aux **vivres** (nav) / provision stores *pl*, provision room
magasinage *m* / storage
magasinier *m* / store keeper o. man
magenta *adj* (typo) / magenta || ~ *m* / magenta
magma *m* (géol) / flow of rock || ~ (sucre) / magma || ~ **igné** / igneous magma
magmatique / magmatic
magnalium *m* / magnalium [alloy]
magnanerie *f* (ver à soie) / silkworm breeding farm || ~ (lieu) / rearing o. hatching house, silkworm house || ~, magnanage *m* (art) / silkworm rearing o. breeding, sericulture
magnanier *m* / silk breeder
magnéferrite *f* / magn[esi]oferrite
magnésie *f* / magnesium oxide, magnesia || ~ **calcinée** / calcined magnesia, magnesium oxide || ~ **caustique** (bâtim) / caustic magnesia
magnésie-chromite *f* / magnesite-chrome
magnésite *f* (min) / magnesite, giobertite || ~ **frittée** / sintered magnesite, dead-burned magnesite
magnésium *m*, Mg / magnesium, Mg || ~ **fondu** (produit) / cast magnesium || ~ de **première fusion** / primary magnesium pick
magnétique / magnetic || ~ **doux** / low-retentivity...
magnétisabilité *f* / magnetizability
magnétisable / magnetizable
magnétisation *f* / magnetization
magnétiser, aimanter (phys) / magnetize || ~ à **saturation** / magnetize to saturation
magnétisme *m* / magnetism || **présentant le ~ du spin** / spin-magnetic || ~ **animal** / zoomagnetism || ~ **condensé** / condensed magnetism || ~ **permanent** / permanent magnetism || ~ du **pôle nord** / north magnetism || ~ du **pôle sud ou austral** / south magnetism || ~ **résiduel** / residual magnetism || ~ **terrestre** / terrestrial magnetism, geomagnetism || ~ **transitoire ou induit** / transient o. induced magnetism
magnétite *f* (min) / magnetite, magnetic oxide of iron || ~ **ivoirienne** / magnetite from the Ivory Coast
magnéto *f* (phys) / magneto (a magnetoelectric machine) || ~ (auto) / magneto (an ignitor) || ~ d'**appel** (télécom) / calling magneto || ~ à **induction** (auto) / inductor type magneto || ~ avec **induit rotatif [à haute tension]** / compound armature type magneto || ~ à **manivelle** (télécom) / magneto [inductor], hand generator
magnéto-acoustique / magnetoacoustic
magnéto·calorique / magnetocaloric || ~**-cassette** *f* / cassette o. cartridge recorder || ~**-cassette** *f* de **télévision** / cassette video tape recorder || ~**chimie** *f* / magnetochemistry || ~**dynamique** *f* de **gaz** / magneto-gas dynamics, MGD || ~**-électricité** *f* / magneto-electricity || ~**-électrique** / magneto-electric || ~**-électrique** (instr. de mesure) / magneto-electric, moving-coil... || ~**-générateur** *m* (auto) / magneto-generator || ~**hydrodynamique** *adj*, -fluidomécanique, -gazdynamique / magnetohydrodynamic, -fluidomechanic, -gasdynamic || ~**hydrodynamique** *f*, M.H.D., magnétofluidomécanique *f*, -gazdynamique *f* / magnetohydrodynamics, MHD, magnetofluidomechanics, -gasdynamics || ~**-ionique** / magnetoionic || ~**mécanique** / magnetomechanic[al] || ~**mètre** *m* / magnetometer || ~**moteur** / magnetomotive
magnéton *m* (phys) / magneton || ~ de **Bohr** / [Bohr] magneton || ~ **nucléaire** / core o. nuclear magneton
magnéto·-optique *adj* / magneto-optic || ~**-optique** *f* / magneto-optics || ~**pause** *f* (météorol) / magnetopause
magnétophone *m* / magnetic tape recorder, audio tape machine || ~ à **bande** / tape recorder || ~ à **bobines** / tape recorder || ~ à **cassette** / cassette o. cartridge recorder || ~ **haute performance à cassettes** (électron) / cassette deck || ~ **son-image** /

sound-image tape recorder || ~ **stéréo haute performance à cassettes** / stereo cassette deck
magnéto·plasmadynamique *f* / magnetoplasmadynamics, MPD || **~pyrite** *f* (min) / magnetic o. magnetopyrite, magnetic [iron-]pyrites, magnetkies, pyrrhotite || **~résistance** *f* / magnetic field depending resistor, magnetoresistor, MDR || **~résistance** *f* (phénomène) / magnetoresistance || **~rotation** *f* / magnetorotation, magneto-optical o. magnetic rotation, Faraday effect
magnétoscope *m* / magnetoscope, video recorder, video electronic recording apparatus || ~ [à **bande**] / video tape recorder, VTR || ~ à **cartouche** / video cassette o. cartridge recorder, VCR || ~ à **cylindre ou à tambour** / video drum recorder || ~ à **défilement hélicoïdal et à cassette bande** / helical-scan video tape cassette || ~ à **disque** / video disk recorder || ~ à **disque souple ou à feuille** / video floppy disk recorder || ~ de **lecture** / video tape recorder, VTR || ~ à **quatre têtes** / transverse track television tape machine || ~ **TV** / VHS player
magnéto·scopie *f* / video tape recording, VTR || **~scopique** *f* / magnetoscopic || **~-sensible** / sensible to magnetism || **~sphère** *f* (météorol) / magnetosphere || **~statique** *adj* / magnetostatic || **~statique** *f* / magnetostatics || **~strictif** / magnetostrictive, magnetostriction...
magnétostriction *f* **inverse** (phys) / converse magnetostriction || ~ de **Joule** / positive o. Joule magnetostriction || ~ **longitudinale** / longitudinal magnetostriction
magnéto·thermionique / magnetothermionic || **~thermique** / magnetothermal
magnétron *m* / magnetron, Maggi (coll) || ~ **agile en fréquence** / frequency agile magnetron || ~ à **aile** / vane [anode] magnetron || ~ à **aimant incorporé** / integral magnetron, packaged magnetron || ~ à **anode fendue triple** / three-segment-anode magnetron || ~ à **anode à quatre segments** / four-segment-anode magnetron || ~ à **anode à segments multiples** / multisegment magnetron || ~ à **cavité magnétique** / [multi]hole o. multi-cavity magnetron || ~ à **cavités** / cavity magnetron || ~ **C.W.** / c.w. magnetron || ~ à **deux segments** / split anode magnetron || ~ à **entretoises radiales** / vane [anode] magnetron || ~ à **espaces radiales** / slot type magnetron || ~ à **fentes et trous** / hole-and-slot magnetron || ~ à **impulsions** / pulsed magnetron || ~ à **ligne interdigitale** / interdigital magnetron || ~ à **ondes électroniques** / electron wave magnetron || ~ à **ondes progressives** / travelling-wave magnetron || ~ à **plaques terminales** / end-plate magnetron || ~ **type rising sun** / rising sun-type magnetron
Magnicol *m* / magnicol (magnetic alloy)
magnitude *f* (astr) / magnitude || ~ **stellaire** (astr) / magnitude class of stars || ~ **stellaire apparente** (astr) / apparent stellar brightness o. magnitude
magnoferrite *f* (min) / magn[esi]oferrite
magnon *m* (phys) / magnon
magnox *m* (nucl) / magnox
mahonne *f*, chaland *m* ponté (nav) / covered barge
maie *f* (vitivult) / trough for grapes
maigre (gén, sol, charbon, typo, argile) / light[-face] || ~, qui rapporte peu / lean || ~ (nav) / clipper-built
maigrissement *m* (transfo) / shrinkage
maillage *m* (mines) / parallel ventilating road || ~ (méc) / meshing, meshwork
maille *f* / mesh || ~ (chemin critique) / hammock || ~ (bois) / heart shake || ~ (charbon) / granular o. grain size, size o. grade of grain || ~ (tricot) / loop, stitch, maille || **~s** *f pl* / net, meshwork || ~ *f* (tamis) / mesh size || **~s** *f pl* (orthicon) / mesh || **à 300 ~s** / 300 mesh || **à ~s fines** / fine-meshed || **à ~s grosses**, à grandes mailles / large-meshed, wide-meshed || **à ~s serrées** / close meshed || **à larges ~s** / wide-meshed || **à petites ~s** / small mesh..., fine- o. close-meshed || ~ *f* d'**accouplement** / coupling link || **~s** *f pl* d'**arrêt** (tex) / coiled loops *pl* || ~ *f* d'en **bas** (tiss) / hanger || ~ de **bois** / face side, end section o. grain, silver grain, splash || ~ à **C** / C-link || ~ de **chaîne** / chain link || ~ de la **chaîne de Galle** / plate of a roller chain || ~ **chargée ou double** (tex) / tuck loop o. stitch || ~ **chevalée** (tricot) / backed stitch || **~s** *f pl* de **corps** (tiss) / ring of mails || ~ *f* **coulée** (tex) / drop[ped] stitch, ladder, run || ~ de **coupure** (mines) / limiting screen aperture || ~ de **coupure équivalente** (prépar) / effective separating size || ~ de **diminution** (tricot) / narrowing stitch || ~ à la **droite** / plain stitch || ~ d'**endroit** (tricot) / face stitch || ~ à l'**envers** (tricot) / reverse stitch || ~ **étançonnée** / stud link || ~ d'**étrier** / clevis, U-type shackle || ~ d'**étrier** (convoyeur à chaîne) / shackle type connector || ~ **fermée** (tricot) / closed loop || ~ **filée** (bonnet) / ladder (GB), run (US) || ~ **formée par la platine** (tiss) / sinker loop || ~ **gardée** (tiss) / double stitch || ~ de **grille** / grid mesh || ~ d'en **haut** (tiss) / sleeper || ~ de **lisière** (tricot) / selvedge loop || ~ **ouverte** (tricot) / open loop || ~ de **partage** (prépar) / partition size || ~ de 2 **pouces** / two-inch mesh || ~ **reportée** (tricot) / transfer stitch || ~ d'un **réseau** (électr) / mesh of a network || ~ **retenue**, maille *f* allongée (tricot) / held loop || ~ de **séparation** (prépar) / separation size || ~ de **tenaille** / coupler of pliers, coupling o. sliding o. tongs ring || ~ **théorique** (prépar) / designated size || ~ **tombée** (tex) / drop[ped] stitch, ladder, run || ~ du **treillis** / screen mesh || ~ de **vanisage** (tricot) / narrowing stitch
maillé / meshed, netted
maillechort *m* / copper-nickel-zinc alloy, nickel-silver
mailler (nav) / shackle [in] || ~ (électr) / mesh, interconnect
maillerie *f* (filage) / braking mill for hemp
maillet *m* [de bois] / mallet, wooden hammer || ~ (mines) / small hammer || **en forme de ~** (bouteille) / mallet form of bottles || ~ à **débosseler** / dinging hammer || ~ de **tonnelier** (tonneau) / cooper's driver
mailleuse *f* (tex) / sinker o. loop wheel
mailloche *f* / heavy wooden hammer || ~ (verre) / shaping block, forming block || ~ (nav) / mall, maul, sledge
maillon *m* / chain link || ~ / coupler of pliers, coupling o. sliding o. tongs ring || ~ / heald (GB), heddle (US) || **à ~s courts** / short linked || ~ d'**attache** / clevis, U-type shackle || ~ **bloque** / block connecting link || ~ de **chaîne à pinces** (tiss) / clip chain link || ~ à **chape** / clevis strap || ~ d'**émerillon** / rope shackle || ~ à **étai** / stud link || ~ de **fermeture** (chaîne à rouleaux) / closing link || ~ de **fermeture à goupille fendue** / split pin fastener connecting link || ~ **isolant** (antenne) / egg-shaped insulator || ~ **Kenter** / Kenter connecting link || ~ de **raccord** (chaîne à rouleaux) / closing link || ~ de **raccord avec attache rapide** (chaîne à rouleaux) / spring clip connecting ring
main *f* / hand || ~ (pap) / quire (formerly 24, now 25 sheets) || **à ~** / manual, by hand || **à ~ gauche** / left || **à ~ levée**, à la main / done by freehand || **à deux ~s** / two-handed || **à la ~** / handicraft... || **à portée de la ~**

/ within [easy] reach || **de** ~ (pap) / mould-made, hand-made || **donner la dernière** ~ [à] / perfect || **sous la** ~ / within [easy] reach || ~ du **chassis** (auto) / spring bracket [arm] o. carrier [arm] || ~ de **choc** (ch.de fer) / buffer shoe || **~-courante** *f*, -coulante / handrail, railing head, ledger board, banister || **~-courante** *f* (mines) / sliding block o. jaw (of cage) || **~-courante** *f* pour **escalier roulant** / escalator banister rail || **~-courante** *f* de **garde** / guard rail || **~-d'œuvre** *f*, travail *m* manuel / manual labour, hand-labour || **~-d'œuvre** *f*, prix *m* de travail / labour cost || **~-d'œuvre** *f*, façon *f* de travail / make, making, workmanship || **~-d'œuvre** *f* (pl.: mains-d'œuvre) / labour [force], man-power || **~-d'œuvre** *f* **étrangère** / foreign workers *pl* || **~-d'œuvre** *f* **experte** / skilled labour || **~-d'œuvre incorporée** / labour consumption || **~-d'œuvre** *f* **indigène** / native labour || **~-d'œuvre** *f* **qualifiée** / skilled labour || **~-douce** *f* (filage) / backshaft scroll || ~ de **fer** / dog, cramp [iron] || ~ du **papier** / bulk of paper || ~ de **papier** (typo) / quire of 24 sheets || ~ de **passe** (typo) / extra sheet || **~-robot** *f* / robot

maintenabilité *f* / maintainability

maintenage *m* (mines) / stope face

maintenance *f* (réacteur) / maintenance || ~ (ELF) / attendance, maintenance || ~ **corrective** / corrective maintenance || ~ **curative** / repair, reconditioning || ~ **directe** (réacteur) / direct operation || ~ à **distance** (réacteur) / remote maintenance || ~ **non planifiée** / supplementary maintenance, unscheduled maintenance || ~ **préventive** / preventive maintenance

maintenir, effectuer la maintenance / maintain || ~, soutenir / bear up, hold up, underpin || ~ (p.e. vitesse) / maintain *vt*, keep up || ~ la **concentration ou la pression etc. par émission** / dispense emission substance || ~ **excité un relais** / keep excited, hold a relay || ~ la **pression de vapeur** / keep up the steam || ~ le **rivet [par la contre-bouterolle]** / hold up the rivet || ~ à **température** (forge) / soak *vt*

maintenu / maintained || ~ en [ou à] **poste** (ELF) (satellite) / attitude stabilized

maintien *m* (relais) / lock, catch || ~ (forge) / soaking o. holding time || **sans** ~ (touche) / non-locking || ~ en **état** / maintenance || ~ à **fréquence constante** / frequency constancy || ~ de la **laize** (tiss) / retention of the width || ~ à la **même température de toute la section d'une pièce** (sidér) / holding the temperature || ~ en **position** (ELF) **ou à poste** (ELF) (satellite) / station-keeping || ~ de la **pression** / keeping the pressure || ~ en **pression** (plast) / pressure dwell || ~ de **pression minimale** (frein) / protection against pressure losses || ~ **simple** / ease of servicing || ~ du **toit** (mines) / holding up the roof || ~ à une **valeur** [constante ou automatique] / retention || ~ en **vigueur** (brevet) / keeping in force

maïolique *f* / majolica ware

mairain *m* / thin-cut wood

maïs *m* / maize, Turkey o. Indian corn, corn (US, Australia)

maison *f* / house || **de** ~ / in-house... (US) || **fait à la** ~ / shop-made || ~ [en] **alignée ou en bande** / terrace house (GB), row house (US) || ~ d'**angle** / corner house || ~ **bifamiliale** / duplex house (US), two-family dwelling (Canada) || ~ en **bois** / wooden o. lumber house || ~ de **commerce** / office building || **~s** *f pl* **contiguës** / adjacencies *pl* || ~ *f* de **derrière**, maison *f* donnant sur la cour / rear building, building in the back || ~ **donnant sur la rue** / front building || ~ **éclusière** / lock keeper's building || **~s** *f pl* en **enfilade** / back-to-back houses (GB) || ~ *f* d'**expédition** / motor carrier, forwarding agent || ~ **expéditrice** / delivering o. purveyance works *sg*, supplier || ~ **exposition** / model house o. home || ~ **fermette** / lodge || ~ en **file** / terrace house (GB), row house (US) || ~ *m* de **garde-barrière** (ch.de fer) / watch box o. pointsman's box o. cabin || ~ *f* d'**habitation** / dwelling house || **~s** *f pl* d'**habitation** / residential o. domestic buildings *pl* || ~ *f* **individuelle** / home of one's own || ~ **isolée** / detached house || ~ **logeant deux familles** / duplex [house] (US), two semi-detached houses (GB) || ~ de **lotissement** / development house, estate house (GB) || ~ **mère** / parent company o. firm o. establishment || ~ **modèle** / model house o. home || ~ **multifamiliale** (Canada) / multiple dwelling (Canada) || ~ de l'**O.R.T.F.** (Paris) / broadcast house o. center || ~ à **patio** / atrium-type building || ~ **paysanne** (agr) / farm house || **~s** *f pl* à **plusieurs étages** / block of flats || ~ *f* **préfabriquée** / prefab (US), prefabricated house (GB), ready-built o. unit built house || ~ **productrice** / manufacturing company || ~ **quadrifamiliale ou quadruple ou quadruplée** / fourplex, quadrimonium || **~s** *f pl* en **rangées** / row o. serial houses *pl* || ~ *f* de **rapport** / leasehold house (GB) || ~ en **rondins** / log cabin || ~ **rustique** / lodge || ~ à **soi** / home of one's own || ~ en **terrasses** / building in terrace shape || **~-tour** *f* à **escaliers au centre** (bâtim) / point block || ~ **toute faite** / prefab (US), prefabricated house (GB), ready-built o. unit built house || ~ à **un niveau** / one-stor[e]y building || ~ **unifamiliale** / one-family house, one-family dwelling (Canada) || ~ **unifamiliale en file** / one-family row house

maisonnette *f* / cottage

maître *m* / master, foreman || **se rendre ~ des eaux** (mines) / drain o. clear a mine || **~-à-danser** *m* / inside and outside callipers *pl* || **~-arbre** *m* / king journal o. pillar o. post, central vertical pivot, center support || **~-bau** *m* / main beam o. summer || **~-brasseur** *m* / brewing master, head brewer || ~ de **chantier** / chief superintendent engineer, chief resident engineer, builder's manager, clerk of works || ~ **charpentier** / carpenter foreman || **~-chevron** *m* (bâtim) / principal rafter || **~-compagnon** *m* / head mason || **~-couple** *m* (nav) / principal frame, main frame || **~-cylindre** *m* (frein) / master cylinder || **~-cylindre** *m* à **deux chambres** (frein) / dual master cylinder || **~-dragueur** *m* / dredgerman || **~-entrait** *m* (charp) / main beam of a truss-frame || **~-entrait** *m* (ferme en arbalète) / tie beam, collar, brace || ~ d'**équipage ou de manœuvre** (nav) / boatswain || ~ **fondeur** / foundry foreman || ~ **foreur** (pétrole) / foreman driller || **~-laveur** *m* (mines) / washery foreman || **~-maçon** *m* / master mason o. bricklayer || **~-menuisier** *m* / master joiner || ~ **mineur** (mines) / foreman of miners, sub- o. under-foreman (GB), shift- o. district boss (US) || ~ d'**œuvre** (bâtim) / building firm acting as a main contractor || ~ d'**œuvre**, architecte *m* / chief architect || **~-oscillateur** *m* (électron) / master oscillator || ~ de l'**ouvrage** / building owner o. sponsor || **~-ouvrier** *m* / head mason, overseer, foreman || ~ **peseur [assermenté]** (mines) / [sworn] check weighman || **~-pivot** *m* (pont tournant) / pivot o. center bearing || **~-poteau** *m* / corner o. angle post || **~-radar** *m* / master radar || **~-tisserand** *m* / loom master || **~-tuyau** *m* / main pipe

maîtresse *f* **ancre** (nav) / sheet anchor || ~ d'**ensemble** (ord) / system management || **~-ferme** *f* / principal roof beam || ~ **poutre** (comble) / principal

beam o. girder || ~-**tige** *f*(cage d'extraction) / king bolt
maîtrisage *m* / reduction of tensions
maîtrise *f* / mastery, command, expertness || ~ du **volant** (auto) / skill in driving
maîtriser des **tensions** / reduce tensions
majeur / major, greater || ~**e partie** *f* / the greater part, bulk
majolique *f* / majolica ware
major, plus grand / major
majorant *m* (math) / majorant
majoration *f*(salaire) / increase || ~ pour **fatigue** (ordonn) / relaxation o. fatigue o. rest allowance || ~ du **nombre des sélecteurs d'un groupe** (télécom) / grouping increase || ~ d'**opportunité** (ordonn) / policy allowance || ~ de **salaire** / wage increase || ~ du **tarif** / increase of standard wage o. of scale wages
majuscule *f*(typo) / capital [letter], cap, majuscule || ~**s** *f pl*(m.à ecrire) / upper case
makoré *m* (bois) / makoré, cherry mahogany
makrolon *m* (plast) / macrolon
mal / bad || **avoir du ~ à repartir** (mot) / reaccelerate badly || ~ **approprié** / unsuitable, unsuited, inexpedient, inappropriate || ~ de **caisson** / caisson disease, compressed-air disease || ~ **fait** / failed, miscarried, spoiled || ~ des **montagnes** / [high-]altitude sickness, mountain sickness || ~ de **rayonnement** (nucl) / radiation sickness || ~ en **registre** (typo) / out of register || ~ **remettre en position** / misalign, mismatch || ~ **uni** (teint) / unlevel, uneven || ~ **venir** / starve || ~ **venu** (sidér) / short-poured, misrun || ~ **venu** (défaut, plast) / short
malachite *f*(min) / malachite
maladie *f* des **caissons** / caisson disease, compressed-air disease || ~ **criblée** (par Clasterosporium carpophilum) (agr) / shot hole disease || ~ de l'**étain** / tin plague o. pest || ~ des **feuilles noires** / eye o. leaf spot || ~ [du] **jaune de la pomme de terre** / potato wilt || ~ de la **jaunisse** / yellows *pl* || ~ des **manchettes** / black speck o. scurf || ~ du **pied noir de la betterave** (par Phytium debaryanum) / black leg of sugar beet, root rot, phytium disease || ~ de la **pomme de terre** (par phytophtora) / potato disease o. blight o. rot || ~ **professionnelle [industrielle ou agricole]** / industrial disease, occupational o. professional o. vocational disease, technopathy || ~**s** *f pl* des **rouilles** / rust diseases *pl* || ~ *f* des **stries** / rye o. stripe smut || ~ de **stries sur feuilles** / leaf stripe disease || ~ des **taches amères** / bitter pit || ~ des **taches annulaires** (par Marmor dilucidum) (tabac) / ring spot o. mottle || ~ des **taches brunes** (par Alternaria solani) / early blight of potato || ~ des **taches grises de l'avoine** / gray speck o. grey speck disease
malate *m* (chimie) / malate
malaxage *m* (sucre) / mingling || ~ (céram) / tempering || ~ à **chute libre** / free fall mixing, gravity mixing || ~ de **limon** / loam pugging
malaxer / knead *vt*, squeeze, mix || ~ (sucre) / mingle *vt*, mix magma || ~ (limon) / pug *vt* || ~ à **mort** (caoutchouc) / kill rubber, overmill o. overmasticate rubber
malaxeur *m* (sucre) / mingler, mixer, crystallizer || ~ (brique) / pug mill || ~ d'**affination** (sucre) / raw sugar mixer || ~ à **béton** / concrete mixer o. mixing machine || ~ à **chute libre** / gravity mixer, mixer with staggered baffles, revolving drum mixer || ~ de **cossettes** / cossettes mixer || ~ à **cylindres** (caoutchouc) / open o. mixing mill || ~ à **deux cylindres** / two-roll kneading machine || ~ à **dispersion** / dispersion kneader || ~ **distributeur** (sucre) / distributing mixer || ~ **double** (céram) / positive mixer, compulsory mixer || ~-**enrobeur** *m* à **chaud** (routes) / hot mix plant || ~ **installé dans l'oléoduc** / pipeline mixer || ~ de **limon** / clay pugger || ~ de **magma** (sucre) / magma mixer || ~ à **mélange forcé** (céram) / positive mixer, compulsory mixer || ~ à **meules verticales** / mixing [edge] runner, mixing pan mill || ~ à **pales** / wing o. paddle mixer || ~ de **pâte** / dough mixer o. mill || ~ du **premier jet** (sucre) / first product crystallizer || ~-**projeteur** *m* **continu** (fonderie) / continuous mixer || ~ de **raffinage** (caoutchouc) / refiner [mill] || ~ à **refroidissement par air** (sucre) / air-cooled crystallizer || ~ de **sable** / sand mixer o. mixing machine, muller || ~ à **tambour** / drum o. barrel mixer
mâle / male
maléate *m* (chimie) / maleate
malfonctionnement *m* (électr, techn) / disorder, disturbance, trouble, malfunction
malherbologie *f* / science of herbicides
malléabilisation *f* / malleablizing, malleabilization || ~ **accélérée** / short cycle annealing || ~ par **décarburation** / malleabilization by decarburization, fresh annealing || ~ par **graphitisation** (sidér) / graphitization
malléabiliser [par **décarburisation**] (fonte) / malleableise (GB), malleablize (US) || ~ par **graphitisation** / graphitize
malléabilité *f* / malleableness, malleability, ductility || ~ à **chaud** / hot forming property
malléable / forgeable, malleable
malléiforme / hammer shaped
mallophaga *pl*(parasites) / bird lice, Mallophaga
malonate *m* (chimie) / malonate
malsain / detrimental to health, unhealthy, unsound || ~ (nav) / dangerous, shallow
malt *m* (bière) / malt || ~ de **brasserie** / brewing malt || ~ **égrugé** (bière) / bruised o. crushed malt, grit || ~ **jaune** / withered malt || ~ **séché à l'air** (bière) / air-dried o. air-dry malt, withered malt || ~ **séché au four ou à la touraille** / kiln-dried malt, kiln malt || ~ **torréfié** (bière) / black o. colour o. roasted malt || ~ **touraillé** / kiln-dried malt, kiln malt || ~ **touraillé à températures basses** / malt cured at low temperature || ~ **vert** (bière) / long malt, green malt || ~ **vitreux** (bière) / steely o. vitreous malt
maltage *m* (bière) / malting
maltase *f*, α-glucosidase *f* / maltase
malter (bière) / malt *vt*
malterie *f* / malt house o. factory || ~ avec **relais d'acide carbonique** / rest malting
maltine *f*(pétrole) / maltin[e]
malto-dextrine *f* / malto-dextrin[e] || ~-**oligo[holo]side** *m*, -oligosaccharide *m* / malto-oligosaccharide || ~-**saccharide** *m* / malto-saccharide
maltose *m* / maltose, malt-sugar
maltotetraose *m* / maltotetraose
mamelon *m* (fonderie) / nipple || ~, raccord *m* fileté / fitting || ~ (vis) / welding stud
management *m* (ELF) / management || ~ **moyen** (ordonn) / second line management || ~ d'un **projet** / project management
manager *v* / manage
manager *m* / manager
manche *m* / handle || ~ (violon) / neck of the violin || ~ *f*(tex) / sleeve || ~ à **air** (aéro, routes) / wind cone o. sleeve o. sock, wind stocking, air sleeve || ~ à **air** (auto) / hot-air pipe || ~ d'**air** (techn) / ventilator cowl

|| ~ d'**air sur paroi** (nav) / wall ventilator || ~ d'**appendice** (aéro) / appendix, filler neck || ~ d'**aspiration** (techn) / ventilator cowl || ~ *m* à **balai** (aéro) / control column o. stick, joystick (coll) || ~ *f* à **balai** / broom-stick || ~ *m* de **bêche** / spade handle || ~ *f* **bloquée** (aéro) / stick fixed || ~ *m* de **charrue** / plough tail || ~ de la **cognée** / ax[e] handle || ~ *f* de **déversement** (mines) / elevated inclined chute || ~ *m* pour **diamants** / diamond tool holder || ~ **flexible de lime** (auto) / flexible file holder || ~ *f* de **gonflement** / appendix, filler neck || ~ *m* de **hachette** / ax[e] handle || ~ *f* à **incendie [en chanvre]** / [hemp] fire hose || ~ **libre** (aéreo) / stick free || ~ *m* d'**outil** / handle of a tool || ~ de **pelle** / shovel stem || ~ *f* **pilote** (aéro) / control column || ~ *m* à **poignée en étrier** / D-handle || ~ *f* de **remplissage** (techn) / filling sleeve || ~ *m* d'une **scie à châssis** / slit set pin || ~ *f* de **sortie d'air** (conditionnement d'air) / exhaust ventilator cowl || ~ *m* de **tenailles** (forge) / reins *pl* || ~ *f* [pour **tir d'exercice]** (aéro) / drag-sack, sleeve target

mancheron *m* (charrue) / handle of a plow, plow tail

manchette *f* / packing, collar || ~ (typo) / headline || ~ d'**air** (électr) / air trunking || ~ **coupelle** / cup leather

manchon *m* / sleeve tube || ~ (m. à dicter) / belt || ~ (techn) / muff || ~ (verre) / cylinder, muff || ~, frottoir *m* (tex) / rubber [leather], apron || ~ (palier) / withdrawal sleeve, adapter sleeve || ~ (typo) / ferrule || ~ (pap) / tubular felt, muff || ~ **abrasif cylindrique** / abrasive sleeve || ~ **abrasif tronconique** / truncated cone abrasive sleeve || ~ d'**accouplement** (câble en acier) / coupling || ~ d'**accouplement [cannelé ou à pans]** / coupling box o. sleeve || ~ d'**accouplement à coquilles de la tige de traction** (ch.de fer) / drawbar spiral [coupling] sleeve || ~ d'**accouplement à vis** / screw socket || ~ d'**adaptation** (guide d'ondes) / slug || ~ d'**adaptation quart d'onde** (guide d'ondes) / phasing section || ~ d'**air** (mot) / scoop, air horn || ~**-aléseur** *m* (sondage) / reamer shell || ~ **anti-abrasif** / chafing sleeve || ~ **Auer** / incandescent o. gas hood o. mantle, mantle || ~ **bifurqué** (électr) / bifurcate[d] box || ~ de **branchement** / branch sleeve o. socket || ~ de **branchement d'immeuble** / house junction box || ~ à **bride** (tuyauterie) / [standard] flanged socket || ~ de **câble** / cable coupling box, cable sleeve o. pothead || ~ pour **câbles** (funi) / wire rope socket || ~ de **calibrage** / sizing sleeve || ~ de **collecteur** / commutator V-ring || ~ **conique** (chimie) / conical socket || ~ **coulissant** (auto) / sliding sleeve || ~ **coulissant de synchronisation** (auto) / synchronizing slide collar || ~ de **croisement** (électr) / crossing box o. sleeve || ~ en **croix** / cross sleeve || ~ de **débrayage** / clutch release sleeve, clutch throw-out sleeve, coupling socket joint || ~ de **dilatation** / expansion box || ~ **double** / sleeve, socket || ~ **emmanché à chaud** (électr) / shrink-on sleeve || ~ à **endentures** (techn) / dog o. claw coupling o. clutch, positive o. denture o. jaw clutch || ~ d'**entrée** (câble) / leading-in sleeve || ~ d'**étirage de tubes par poussées** (lam) / tube-push sleeve || ~ **extérieur** (outil de brochage) / outer sleeve || ~ de **fer pour la protection des raccords** / protected underground coupling || ~ en **fer-blanc** / sheet metal tube, shell, bush || ~ de **fermeture** / terminal sleeve || ~ de **fermeture de câbles** / terminal box || ~ de **fermeture en caoutchouc** / rubber cable sleeve || ~ de **fermeture en plomb** / leaden end box || ~ **fileté** / screw socket || ~ **fileté mâle** / fitting, threaded socket || ~ en **fonte** / cast iron sleeve || ~ **frotteur** (tex) / rubber [leather], rubbing leather || ~ à **incandescence** / incandescent o. gas hood o. mantle, mantle || ~ d'**induit** / rotor bush || ~ **inférieur** (filage) / bottom apron || ~ **intérieur** / inside bush, inner sleeve || ~ de **jointure** / joint sleeve || ~ de **jonction** (électr) / jointing sleeve || ~ sur **jonction épissée** (câble) / splice case || ~ **lumière du jour** (gaz) / daylight mantle || ~ **maté** / spigot-and-socket joint (GB), lead joint socket || ~ de **mise à la terre** (télécom) / grounding (US) o. earthing (GB) sleeve || ~ du **percuteur** (mil) / cocking piece || ~ de **pliage** (parachute) / sleeve of the parachute || ~ **pliant** / folding type o. clasp handle || ~ de **plomb** / lead sleeve || ~ **poreux** (phys) / porous pot || ~ **porte-mèches** / drill chuck || ~ **porte-meule** / wheel quill || ~ **pressé** / pressed sleeve || ~ de **protection** / pipe liner o. lining || ~ de **quenouille** (sidér) / sleeve brick || ~**-raccord** *m* / pipe joint, transition sleeve || ~ de **raccordement** (électr) / splicing o. coupling sleeve || ~ de **raccordement à braser** / splicing sleeve for soldering, soldering sleeve || ~ de **raccordement fileté** / screwed conduit coupling sleeve || ~ de **réduction** / reducing socket o. sleeve o. pipe-joint, reducing coupling || ~ de **réduction** (tuyauterie) / standard socket and spigot taper || ~ de **réduction** (outil) / reducing socket o. sleeve || ~ de **régulateur** (auto) / governor collar || ~ du **réservoir** / neck of a tank || ~ de **rupture** / shearing coupling || ~ de **serrage** / turnbuckle, tension jack || ~ de **serrage de fil** / wire tightener || ~ à **sertir** (électr) / notch connector, notched type sleeve || ~ à **souder** / welding sleeve || ~ **sphérique** / spherical sleeve || ~ **supérieur** (filage) / top apron || ~ en **T** (électr) / tee-joint || ~ **taraudé [ou fileté]** / screw socket (tapped o. threaded) || ~ **torsadé** (électr) / twisted wire joint || ~ de **torsion ou à torsader** / twisting sleeve || ~ à **trèfle** (lam) / clover leaf sleeve || ~ de **trifurcation** (électr) / trifurcating box || ~ en **tube** / tube jointing sleeve || ~ de **tuyau** / connecting sleeve, pipe bell || ~ à **vis** / screw socket || ~ **vissé** / screwed socket || ~ **vissé à coude** / elbow-type screwed socket

manchonnage *m* / placing of socket ends

manchonner / couple by sleeve [coupling] *vt*

mandant *m* / orderer

mandrin *m* (forge) / mandrel plug, punch || ~, poinçon *m* / triblet, tribolet || ~ (tourn) / chuck || ~ (filage) / winding tube || ~ (teint) / box roller || ~ (extrusion) / mandrel || ~, moule *m* (galv) / mandrel, matrix, mold (US) || ~ d'**abattage** / holding-up hammer dolly || ~ d'**alignement** (m.outils) / aligning arbor || ~ du **batteur** (tex) / lap roller of a beater || ~ de **bobinage** / winding spindle || ~ **bobineur carré** / winding square || ~ de **carton** / hard paper core || ~ de **centrage concentrique** (m.outils) / bell centre punch || ~ de **cintrage** / bending block || ~ à **clé** (m.outils) / key chuck || ~ à **collet fendu** (tourn) / draw-in type chuck || ~ **combiné** (m.outils) / combination chuck || ~ **creux** / hollow mandrel || ~ à **deux mâchoires ou mors** / two-jaw chuck || ~ à **disque** (m.outils) / disk chuck || ~ pour la **drille** (bois) / drill chuck || ~ de l'**égoutteur** (pap) / mandrel, mandril || ~ à **épisser** / splicing drift o. pin o. needle || ~ **étagé** (tourn) / step chuck || ~ d'**étirage** / mandrel o. mandril for drawing pipes || ~ **expansible** (m. outils) / expansion chuck || ~ **extensible** / expanding arbor || ~ **extensible** (plast) / stretcher bar (GB), expander (US) || ~ de **filetage réglable** / adjustable screw mandrel || ~ **flottant** (m.outils) / floating chuck || ~ de **formage** (laminoir à pas de pèlerin) / [cold-]forming mandrel || ~ de **fraisage** (fraiseuse verticale) / cutter arbor || ~ à **griffes** (m.outils) / prong chuck || ~ **intermédiaire** (m.outils) / cathead, spider || ~ à **laminer** (lam) / rolling plug || ~ à **mâchoires** / jaw chuck || ~ **magnétique** / magnetic chuck || ~ à **manchon** / hollow mandrel || ~ à **mors** / jaw chuck || ~ à **pas de pèlerin** (lam) / piercer, pilger mandrel || ~ de **perceuse** / drill chuck || ~ avec **pince de serrage** / draw-in collet chuck || ~ à **pince de serrage à trois griffes** / draw-in type three-jaw chuck || ~ à **pinces** / take-in grip || ~ de **pliage** / bending block || ~ **plongeur** (plast) / dipping mandrel || ~ **porte-foret** / drill chuck || ~ **porte-fraise** / shell end mill arbor, milling arbor for shell end mills || ~ **porte-pièce** (m.outils) / holding arbor, expanding mandrel || ~ à **quatre mors** / four-jaw chuck || ~ à **quatre vis** (tourn) / bell o. cup chuck || ~ à **refouler le dos** (reliure) / back rounding mandrel || ~ **relève tubes** (pétrole) / casing spear || ~ de **rodage** / lapping arbor || ~ [d'un **rouleau de papier]** (pap) / core [of a reel of paper], tube

mandrin de serrage *m* (m.outils) / [clamping] chuck || ~ (bois) / elastic chuck

mandrin *m* [**de serrage]** (porte-mèches) / drill chuck

mandrin de serrage *m* à **aimant** (m.outils) / magnetic chuck || ~ à **coins** / wedge type collet chuck || ~ **concentrique** (m.outils) / concentric o. self-centering chuck || ~ **élastique** (tourn) / draw-in attachment, spring [collet] chuck, split chuck || ~ **étagé** (tourn) / step [jaw] chuck || ~ **intérieur** (m.outils) / internal chuck || ~ à **levier** (m.outils) / lever operated chuck || ~ à **main** / hand-operated chuck

mandrin *m* à **serrage pneumatique** (m.outils) / air [operated] chuck, pneumatic chuck

mandrin de serrage *m* à **poussée** / push-out collet chuck

mandrin *m* à **serrage rapide** (tourn) / quick-action o. quick-catch chuck || ~ **supplémentaire articulé** / swing-out mandrel || ~ [**de tour]** / lathe chuck || ~ du **touret à polir** (galv) / polishing cone, buffing cone || ~ pour le **transport de bobines** (lam) / boom, ram || ~ à **trois mâchoires avec centrage automatique** / three-jaw self-centering chuck, three-jaw scroll chuck || ~ **universel** (m.outils) / universal chuck

mandriner / mount tools || ~ / drift, open out, widen || ~ un **tube de chaudière** / expand a boiler tube

maneton *m* / crank pin, wrist pin || **à quatre ~s** (vilebrequin) / four-throw

manette *f* / operating handle o. lever, control o. working lever || ~ (ch.de fer, auto) / strap, grasp || ~ (fig) / tiller, handle, handhold || ~ (mines) / sledge || ~ d'**accélérateur** (auto) / throttle hand lever || ~ d'**avance** (allumage) / timing lever || ~ de **blocage** (m.outils) / clamping lever, ball lever || ~ de **changement de vitesse** (motocyclette) / gear shift handle grip || ~ de **commande des gaz** (auto) / throttle control lever || ~ de **décompression** (mot) / compression relief (US) o. decompression (GB) lever, pressure reduction lever || ~ d'**embrayage et de débrayage** (filage) / engaging and disengaging lever || ~ d'**étrangleur** (auto) / choke pull o. button || ~ de **fermeture** / closing handle || ~ de **frein** / brake handle || ~ des **gaz** / throttle hand lever || ~ **mobile** (électr) / turning handle || ~ **régulatrice de pare-brise** (auto) / windscreen (GB) o. windshield (US) regulator || ~ de **répétition** (phono) / repeat handle || ~ de **volant à main** / crank o. handle of the handwheel

manganate *m* / manganate (VI) || ~ de **cuivre** (min) / cupreous manganese

manganèse *m*, Mn / manganese, Mn || ~ **carbonaté** (min) / manganese spar || ~ **cuprifère** / cupreous manganese || ~ **ferrifère** / ferromanganese || ~ **métallique** / manganese metal || ~ **oxydé** (min) / pyrolusite, manganese dioxide || ~ **oxydé [gris ou métalloïde]** / gray manganese ore

manganésien / manganesian

manganésifère / containing manganese

manganeux / manganous, manganese(II)...

manganimétrie *f* / manganometry

manganine *f* (alliage) / manganin

manganique, manganésique / manganic, manganese(III)...

manganite *f* (min) / manganite, gray manganese ore

manganosite *f* (min) / manganosite

manganotantalite *f* (min) / manganotantalite

mangeoire *f* **automatique** (agr) / bunk feeder

mangeure *f* de **mites** / ravage by moths

mangle *f* / mangle || ~ à **plateaux** (tex) / cottage mangle || ~ à **rouleau** (tex) / roller mangle

mangue *f* / amchur, mango

maniabilité *f* (outil) / handiness || ~ (véhicule) / manoeuvrability, maneuverability

maniable / handy || ~ (outil) / handy || ~ (auto, nav) / easily steered, manoeuvrable

maniement *m* / handling || ~ , attouchement *m* / touching || ~ , gestion *f* / managing, management || ~ **aisé ou facile** / convenient handling || ~ de **texte** (ord) / text management

manier / manipulate, handle || ~ (techn) / work, control, actuate || ~, façonner / work, shape || ~, tâter / touch || ~ (étoffe) / feel, handle, touch

manière *f* / manner || ~ **ABC de faire la guerre** / ABC warfare || ~ de **fixage** / manner of tightening o. of fastening || ~ de **fonctionner** / mode of working o. operation, working manner o. mode || ~ d'**opérer** / character of operating methods, mode of operation, working o. operating method o. mode, operating o. operative conditions *pl* || ~ de **serrage** / manner of tightening o. of fastening

manifeste, évident / obvious, plain

manifester / manifest, show, exhibit || ~ (se) (math) / develop *vi*

manifold *m* / duplicating pad || ~ (techn) / arrangement in groups (e.g. of buttons) || ~ (ELF) (tuyaux) / manifold

manillage *m* / capping of a rope

manille[1] *m*, cordage *m* en chanvre de Manille / manil[l]a rope

manille[2] *f* (nav) / clevis, shackle || ~ d'attelage (ch.de fer) / hooked fish plate || ~ de charge (nav) / load shackle || ~ double / double shackle || ~ du tendeur d'attelage (ch.de fer) / looped o. bent coupling link, D-link

maniller (nav) / shackle

manillon *m* (coll), axe *m* de manille / clevis bolt, shackle bolt

manioc *m* (bot) / manioc, manihoc, mandioc[a]

manipulable (peinture) / fast to handling

manipulateur *m* (électr) / control switch || ~ (électr, ch.de fer) / master controller, manually controlled switchgroup || ~ (lam) / manipulator for shifting || ~ (film) / operator, cameraman || ~ (forge) / forging manipulator || ~ (télécom) / key transmitter, manipulator || ~ (nucl) / manipulator || ~ (chimie) / assistant chemist, laboratory assistant o. operator (US) || ~ **automatique** (forge) / forging manipulator || ~ d'**avertisseur** (auto) / horn switch || ~ à **bouton de contact** (électron) / push-button key o. contact (US) || ~ pour **câble-code** (télécom) / recorder signalling key || ~ [**à cames]** / camshaft controller || ~ à **coordonnées** (nucl) / rectilinear manipulator || ~

à **deux pôles** (télécom) / double-current key || ~ **duplex** (télécom) / reversing key || ~ de **forge** / forging manipulator || ~ **jumelé** / master-slave manipulator || ~ de **lingots** (lam) / manipulator, tilter || ~ **manuel de commande** (ch.de fer) / master controller || ~ **master-slave** / master-slave manipulator || ~ **Morse** / Morse key o. sender || ~ à **pince** (nucl) / ball-and-socket manipulator || ~ à **poussoir** (électron) / push-button key o. contact || ~ de **radar** / keyer || ~ à **relais** / relay key

manipulation *f* / handling || ~ (télécom, électron) / keying || ~ (sidér) / processing, treating, working || ~ de l'**anode** / plate o. anode keying || ~ **bipolaire** / double-pole keying || ~ à **circuit ouvert** / open-circuit keying || ~ sans **danger [de]** / safe handling || ~ de **documents** (ord) / document handling || ~ **électronique** (télécom) / electronic keying || ~ en **fréquence** / frequency keying || ~ de **grille** / grid keying || ~ **isochrone** (télécom) / isochronous modulation o. restitution || ~ **locale** (télécom) / local keying

manipuler / manipulate || ~ (techn) / handle || ~ un **transmetteur** (électron) / key a sender

manivelle *f* / crank || ~ (treuil) / spindle stick || ~, poignée *f* de manivelle / operating o. crank handle, crank, winch || ~ d'**accouplement** (ch.de fer) / coupling crank || ~ à **boule** (m.outils) / ball handle o. lever || ~ de **commande** / driving crank, winch || ~**s** *f pl* **contraires** / opposite cranks *pl* || ~ *f* à **contrepoids** / balanced crank, counterbalanced crank, crank with counterbalance weight || ~ à **coulisse** (raboteuse) / crank drive, Scotch crank o. yoke || ~ d'un **cric** / crank handle || ~ **débalourdée** / counterbalanced crank, balanced crank || ~ de **démarrage** (auto) / starting crank o. handle || ~ **double** (mot) / double-throw crank || ~ d'**entraînement** / draw crank || ~ **équilibrée** / ball crank || ~ **extérieure** / outside o. overhung crank || ~ de **frein à vis** / brake crank || ~ pour **jantes** (auto) / wheel brace || ~**s** *f pl* **jumelées** (méc) / drag-link mechanism, Cardan drag link || ~ *f* de **lancement** (auto) / starting crank o. handle || ~ de **lève-vitre** (auto) / window crank [handle] || ~ de **magnéto d'appel** / magneto crank || ~ à **main avec poignée à bille ou avec poignée à rotule** / ball handle crank || ~ de **manœuvre** (ch. de fer) / switching crank, controller crank o. handle || ~ de **mise en marche à main** (auto) / starting crank o. handle || ~ **motrice** / driving crank || ~ **oscillante** (méc) / oscillating crank o. follower, rocker || ~ à **pédaler** / tread crank || ~ de **pédalier** (bicyclette) / pedal crank || ~ à **plateaux équilibreurs** / balanced crank, counterbalanced crank, crank with counterbalance weight || ~ en **porte à faux** / outside o. overhung crank || ~ de **poussée** / thrust crank || ~ de **réglage** / switching handle || ~ de **renversement de marche** (techn) / reversing handle o. lever || ~ **simple** / outside o. overhung crank || ~ du **tendeur d'attelage** (ch.de fer) / coupling screw lever || ~ à **trois coudes** / three-throw crank

mannane *f* (chimie) / mannan

mannequin *m* / dummy, mannequin || ~ (auto) / anthropomorphic dummy || ~ (coulée continue) / starting o. dummy bar || ~ à **chaîne** (coulée cont.) / dummy bar chain || ~ **flexible** (coulée continue) / flexible dummy bar || ~ de **soudage** / welding jig

mannitol *m* / D-mannitol, mannite, manna sugar

mannose *m* / mannose

mano·contact *m* (aéro) / pressure controller || ~**contacteur** *m* / manometric switch || ~**contacteur** *m* (auto) / hydraulic stop light switch || ~**cryomètre** *m* / manocryometer || ~**détendeur** *m* (hydr) / pressure reducer

manœuvrabilité *f* / steerability, maneuverability

manœuvrable (auto, nav) / easily steered, maneuverable || ~ en **charge** (ELF) (électr) / switching under load

manœuvre *m*, ouvrier *m* / manual labourer || ~, ouvrier *m* non spécialisé / unskilled worker || ~ (bâtim) / hod carrier, hodman (GB)

manœuvre *f* / maneuver, manoeuvre (GB), working, control || ~ (ch. de fer) / shunting, switching (US) || ~ d'**accostage** (ELF) (espace) / docking maneuver || ~ à **accumulation d'énergie** / stored energy operation || ~ des **aiguilles** (ch. de fer) / switching of points || ~ par **bouton de pression ou par boutons[-poussoirs]** / push-button control || ~ de **campement** / hauling || ~ de la **clé** (serr) / actuating o. operating of a key || ~ de **commande** / control operation || ~ de **commutation** / switching operation || ~**s** *f pl* **courantes** (nav) / running rigging || ~ *f* à **distance** / remote control, telecontrol || ~**s** *f pl* **dormantes** (nav) / standing rigging || ~ *f* par **gravité** (ch.de fer) / hump o. gravity shunting || ~ de **halage** / hauling || ~ **locale ou à pied d'œuvre** / local control || ~ **manuelle ou à la main** / manual operation || ~ de **renversement** (astron) / transposition maneuver || ~ *m* **specialisé** / semi-skilled worker || ~ *f* **télécommandée** / remote control, telecontrol, teleautomatics *pl* || ~ de **transposition** (espace) / transposition maneuver

manœuvrer *vi vt* / maneuver *vi vt*, manoeuvre (GB) || ~ *vt* / work *vt*, operate, control *vt* || ~ (ch.de fer) / shunt, switch (US) || ~ d'un **doigt** / operate with one finger

manomètre *m* / pressure gauge, manometer || ~ **absolu** (vide) / absolute pressure gauge || ~ d'**admission** / boost[er] gauge || ~ à **air comprimé** / compressed air gauge || ~ à **balance annulaire** / ring balance pressure gauge || ~ avec **capsule** / capsule element pressure gauge || ~ de **carburant** (aéro) / fuel pressure gauge || ~ à **cathode froide, [chaude]** / cold, [hot] cathode vacuum gauge || ~ du **condensateur** / condenser gauge || ~ à **contact** / contact [making] o. contacting pressure gauge || ~ à **déformation** / elastic element gauge || ~ à **diaphragme ondulé** / diaphragm pressure ga[u]ge || ~ **différentiel** (mot) / differential manometer o. pressure ga[u]ge || ~ **double** / dual pressure gauge || ~ à **écrasement** (ELF) (balistique) / copper o. crusher cylinder || ~ **enregistreur** / recording manometer || ~ **étalon** / calibrating steam pressure gauge || ~ de **frein** (ch.de fer) / brake pressure gauge || ~ à **ionisation** / ionization manometer o. gauge || ~ à **liquide** (vide) / liquid level manometer || ~ **lumineux** / illuminated pressure gauge || ~ à **membrane ondulée** / diaphragm pressure ga[u]ge || ~ à **mercure** / mercurial o. mercury gauge o. manometer || ~ à **piston** / deadweight pressure gauge || ~ à **piston** (vide) / pressure balance || ~ **pression huile moteur** (auto) / oil pressure gauge || ~ à **pression molaire** / molecular ga[u]ge || ~ à **ressorts** / spring manometer, spring pressure gauge || ~ de **service ou de travail** / industrial type pressure gauge || ~ à **tube élastique ou de Bourdon** / Bourdon pressure gauge, Bourdon manometer || ~ à **tube de verre** / glass-spring manometer || ~ avec **tube-ressort** / spring-tube manometer, tube-spring manometer (US) || ~**s** *m pl*, **vacuomètres, et manovacuomètres** / pressure gauges *pl* || ~ *m* à **vapeur** / steam pressure indicator || ~ à **vide** / vacuum gauge

manométrique / manometric
manoque *f* / hand of tobacco leaves
manoscopie *f* / manoscopy
manostat *m* (gaz) / pressure switch, pressure regulator || ~ d'**asservissement** (contr aut) / pressure control device || ~ à **ouverture maximale de pression** / maximum pressure governor || ~ à **ouverture minimale de pression** / minimum pressure governor || ~ **[régulateur]** / pressure balance o. governor (GB) o. regulator o. scale (US)
manquant *adj* / short, unsufficient || ~ *m* / loss in weight, short weight, shortage [in weight] || ~ / stock outage || ~ de **main-d'œuvre** / shorthanded, short of man power
manque *m* / lack, want || ~, défaut *m* / defect, check || ~ (commerce) / loss in measure o. weight || ~, déchet *m* / offal || ~ (tiss, défaut) / missing pick || ~ d'**air** / deficiency o. want of air || ~ d'**amorçage** (magnétron) / mode jump o. skip || ~ de **combustible** / fuel shortage o. scarcity, lack o. want of fuel || ~ de **contraste** (phot) / flatness || ~ de **courant** (électr) / power failure o. outage, failure of the current supply || ~ de **courant total** (électr) / blackout || ~ d'**eau** / lack of water || ~ d'**encrage** (typo) / friar || ~ d'**énergie** / energy crunch || ~ d'**épaisseur** (sidér) / off-gauge || ~ d'**essence** / lack of petrol (GB) o. gasoline (US) || ~ de **fusion** (soud) / lack of fusion || ~ d'**homogénéité** / non-homogeneity || ~ de **liaison** (soud) / lack of fusion || ~ de **logements** / housing shortage || ~ de **matière** / lack of material || ~ de **matière** (sidér) / underfilling || ~ de **netteté** (TV) / deflection defocussing || ~ de **netteté** (phot) / lack of definition o. of focus, fuzziness, blur || ~ de **pénétration** (soudage) / incomplete penetration, root defect || ~ de **place** / lack of space || ~ de **poids** / loss in weight, short weight, shortage [in weight] || ~ de **pression** (plast) / pressure break || ~ de **proportions** / disproportion || ~ de **sûreté** / uncertainty, unsecurity, unsafeness || ~ de **symétrie** / disproportion || ~ de **synchronisation** (TV) / frame slip o. pulling || ~ de **tension** (électr) / undervoltage, low voltage, (esp:) no-voltage, zero voltage || ~ d'**unisson** (teinture) (tex) / uneven dyeing
manqué / failed, miscarried, spoiled, unsuccessfull
manquer *vt* / miss *vt* || ~ *vi* / be missing o. lacking, (mot:) misfire, fail
mansarde *f* / garret o. attic room || ~ (comble) / mansard o. curb o. French o. gambrel roof, broken o. knee roof || ~ de **séchage** (tex) / hot air chamber || ~ de **vaporisage** (tex) / steam chest
manteau *m* (moule) / mantle of the mould, (loam moulding:) exterior mould, cope || ~ de **cheminée** (bâtim) / air case o. casing of chimney, chimney mantle || ~ **intérieur réfractaire** / fireproof casing o. lining, fireproofing || ~ **modérateur** (plasma) / moderator blanket || ~ de **moule** (plast) / chase, bolster, frame || ~ **superficiel de débris** (géol) / mantle rock || ~ en **tôle de four** (sidér) / iron shell
mantelet *m* d'**écubier** (nav) / buckler, hawse flap
mantisse *f* (math) / mantissa || ~ de **longueur variable** (math) / variable length mantissa
manuel *adj* / hand operated, manual || ~, à main levée / done by free hand || ~ *m* / manual, handbook || ~ de **consultation** (ord) / reference manual || ~ d'**entretien** / maintenance manual, (electr:) system manual || ~ d'**exploitation** / operating instructions *pl* || ~ d'**identification** (emballage) / packaging manual || ~ d'**instruction** (ord) / operator's manual || ~ de **réparation** / workshop manual || ~ de **service** / service manual
manufacture *f* / factory, plant || ~ d'**articles en métal** / metal stamping shop o. works, metal working factory, metal works || ~ de **coton** / cotton weaving mill || ~ de **porcelaine** / porcelain factory || ~ de **tapis** / carpet mill
manufacturé / factory-made, machine made
manufacturer / make in a factory, fabricate, manufacture
manufacturier *adj* (industrie) / manufacturing || ~ *m* / manufacturer, maker, producer
manuscrit *m* (typo) / copy || ~ **destiné à l'impression** / printer's manuscript
manutention *f* / material handling engineering || ~ (ordonn) / materials handling || ~, administration *f* / administration, management || **à ~ horizontale** (nav) / roll-on/roll-off || ~ des **conteneurs** / container handling o. transshipment
manutentionnaire *m* / transport worker
manutentionner / convey o. handle goods o. products (mostly within the factory)
manutentionneur *m* **pour fûts** / portable barrel lifter
maquette *f* / experimental model, mock-up (US) || ~, tracé *m* (typo) / layout || ~, travail *m* d'artiste (typo) / printer's copy || ~ (m.outils) / master template o. pattern o. form, master, original || ~ (électron) / experimental set-up || ~ d'**avion** / mock-up of an airplane || ~ d'**essai** (électr) / test board || ~ pour **essai d'aéro-élasticité** (aéro) / elastic model || ~ d'**exécution** (typo) / copy || ~ **expérimentale** (électron) / breadboard model || ~ en **grandeur** / full size mock-up || ~ d'un **livre** (typo) / dummy [copy] (GB), made-up (US) || ~ en **plâtre** / plaster model
maquettiste *m* (typo) / lay-out man
maraging (acier) / maraging
maraîchage *m*, culture *f* maraîchère / market gardening
marais *m* / swamp, marsh, bog, morass || ~ (sucre) / hot well seal tank, falling water tank || ~ **barométrique** / flat o. shallow depression || ~ **salant** / salt marsh, saline || ~ **tourbeux** / peat moss o. bog
marâtre *f* (haut furneau) / lintel girder, mantle ring
marbrage *m* (verre) / marvering
marbre *m* / marble || ~ (verre) / marver || ~ (fonderie) / pattern plate || **de ou en ~** / marmoreal, marmorean, marbly || ~ d'**ajusteur** / surface plate || ~ **antique** / marble for statuaries || ~ **artificiel** / artificial marble || ~ **artificiel**, plâtre *m* aluné / Keene's [marble-]cement, artificial marble || ~ **artificiel de béton** / artificial marble made from cement || ~ de **Carrare** / Carrara marble || ~ **chiqueté** / marble imitating granite || ~ **coralloïde** / coral rag || ~ à **dresser ou de dressage** / surface plate || ~ **factice** / [plaster] stucco, cement of plaster || ~ en **granit[e]** (métrologie) / granite marking table o. plate || ~ **multicolore** / variegated marble, compound marble || ~ **œillé** / eye-spotted marble || ~ de **Paros** / marble for statuaries || ~ **porte-forme** (typo) / forme bed || ~ de la **presse** (typo) / bed of a press || ~ de la **presse rapide** / bed o. carriage of the high-speed printing machine || ~ à **redresser les rails** / rail dressing plate || ~ **statuaire** / marble for statuaries || ~ de **traçage** / surface plate, marking[-off] table o. plate
marbré / marbled, veined || ~ (plast) / variegated, parti-coloured
marbrer / grain *vt*, marble, vein || ~ (émail) / marblize, marbleize || ~ (verre) / roll *vt*, marver || ~ (tiss) / water *vt*
marbreux (bois) / streaked, streaky, veined, veiny
marbrière *f* / marble quarry

marbrure *f* / marbling, mottling || ~ d'**image** (TV) / smear (caused by attenuation in the video amplifier)
marc *m* (sucr) / pressed pulp || ~ de **raisins** / rape, marc
marcassite *f* / marcasite, pyrrhotine
marchage *m* (céram) / kneading o. tempering of clay
marchand / marketable, saleable || ~ (mica) / processed
marchandise *f* / merchandise, goods *pl*, wares *pl* || **~s** *f pl* / commodity goods [o. wares], [daily] commodities *pl* || ~ *f* (nav) / cargo || ~ à **côtes réalisée sur deux fontures** (tex) / double-knit [fabrics o. goods;pl.] || ~ **défectueuse** (tex) / defective fabrics *pl* || **~s** *f pl* de **détail** (ch.de fer) / part-load traffic, less-than-carload freight (US), L.C.L. (US), smalls || ~ *f* **double stretch** (tex) / double-stretch articles || ~ **écrue** (tex) / grey cloth || **~s** *f pl* **encombrantes** / bulky goods || ~ *f* à **entrepôt de négoce mondial** / staple o. standard goods *pl* || **~s** *f pl* **expédiées** / parcels *pl*, shipment, consignment || **~s** *f pl* de **gros tonnage** / bulk goods || **~s** *f pl* de **groupage** / groupage freight, consignment by lorry load (GB) o. by carload o. C.L. (US) || **~s** *f pl* **imprimées** (tex) / printed materials *pl* || ~ *f* à **jeter** (tex) / disposable || **~s** *f pl* en **magasin** / goods *pl* on hand [in the store] || ~ *f* de **marque** / brand[ed] o. name o. proprietary articles, (esp:) trade-marked articles || ~ au **mètre** (tex) / cut o. piece goods *pl*, yard ware || **~s** *f pl* **ordinaires** / goods *pl* (GB), freight (US) || **~s** *f pl* **pulvérulentes** / trafic in powder form || ~ *f* **rare** / shortage goods *pl*, lack || ~ à **réfrigérer ou réfrigérée** / goods *pl* to be cooled || **~s** *f pl* du **régime accéléré** / express goods *pl*, express freight || **~s** *f pl* en **vrac** / bulk goods *pl*
marchant (pelle) / walking || ~ (gén) / moving || ~ avec **aisance** / playing freely || ~ par **courroie** / belt driven || ~ à **main** / hand driven o. operated, manual || ~ au **moteur** / power driven o. operated, powered, motorized || ~ au **pied** / foot operated
«marche» (interrupteur) / "on"
marche *f* (techn) / pace, [kind of] operation o. working || ~ (bâtim) / step, stair [of stairs] || ~ (contr.qual) / trend || ~ (techn) / working of an engine o. of a machine || ~, allure *f* / course, progression, march || ~ (ch.de fer) / running, traffic || ~, conduite *f* (fourneau) / operation, practice || ~ (gén) / action || **à ~ regulière** / steady going || **à une** ~ (escalier) / single-stair... || ~ **- arrêt** / on - off || **bonne** ~ (filetage) / well running || **en** ~ (p.e. développement) / on stream || **en** ~ / working, operating, running || **être en** ~ / be at work || **faire** ~ **arrière** / go back, back [up] || **mettre en** ~ (turbine) / start *vt* || **mettre en** ~ **arrière** / put into reverse || **qui** ~ **bien** (techn) / running well || ~ **ajourée** (bâtim) / columnated window stair || ~ de l'**analyse** / course of an analysis || ~ d'**angle** / corner stair || ~ **AR** (piston) / return stroke || ~ **arrière** (auto) / reverse [gear o. motion] || ~ **arrière** (nav) / running astern || ~ en **arrière** / backing-off o. back motion o. movement || ~ d'**arrivée** / landing step of stairs, end- o. head-step || ~ à **auto-allumage** / auto-ignition run || ~ **automatique** (NC) / automatic mode of operation || ~ **avant** (auto) / forward speed o. running || ~ **avant** (m.à ecrire, m.outils) / forward travel o. motion || ~ en **avant** (gén) / progressive movement o. motion, progression || ~ en **avant** (ch.de fer) / forward motion o. journey || ~ en **avant** (m.outils) / advance, approach, run-on, forward motion o. movement || ~ **avant de coulisseau** (presse) / forward stroke of ram || ~ en **avant et retour** (techn) / reciprocation, reciprocating motion o. movement, to-and-fro movement || ~ **carrée** (bâtim) / flier || ~ de **commutation** / process of commutation || ~ sous **conditions variables** (raffinerie) / blocked[-out] operation || ~ **continue** / continuous operation o. working o. running || ~ **continue**, travail *m* à la chaîne / continuous o. flow production, progressive operations *pl* || ~ **contraire** / double motion, movement in opposite direction || ~ à **contre-pression** (sidér) / high top pressure method || ~ à **contre-voie** (ch.de fer) / running on the wrong track || ~ en **crabe** (grue) / crabwise running || ~ en **crabe** (ch.de fer) / sideways running || ~ en **crabe** (tracteur) / crab steering || ~ **dansante** (bâtim) / winder, wheeling o. diminishing step || ~ de **départ** (bâtim) / entrance step || ~ de **départ arrondie** / curtail step || ~ **désoxydante** (sidér) / deoxidizing practice || ~ de **détection des émetteurs** (radio) / station finding [run] || ~ **douce** (mot) / smooth characteristics *pl* || ~ **droite** (bâtim) / flyer || ~ à **droite** / right-handed rotation || ~ **économique** / optimal working || ~ sur son **erre** (ch.de fer) / coasting, drifting || ~ sur son **erre** (auto) / coasting || ~ d'**escalier** / stair, step || ~ d'un **escalier à limons droits** / flier || ~ d'**essai** (gén) / trial trip o. ride || ~ **et contremarche** (bâtim) / tread and riser || ~ **expérimentale** / experimental run || ~ de **fibres** (filage) / flow of fibers || ~ de **fourneau** / furnace working || ~ à **froid** (sidér) / working cold || ~ de la **fusion** / conduct of a heat || ~ à **gauche** (techn) / left-handed rotation || ~ au **gaz de gazogène** (auto) / working on generator o. suction gas || ~ **gironnée** (bâtim) / winder, wheeling o. diminishing step || ~ **haut-le-pied** (locomotive) / light running || ~ par **inertie** (auto) / coasting || ~ **interconnectée ou en interconnexion** (électr) / interconnected operation || ~ **irrégulière** (Hütt) / cold working || ~ à **jour** / skeleton step || ~ de **jour et de nuit** / day and night service o. operation || ~ **[à laitier] basique** (sidér) / basic slag practice || ~ **légère** (techn) / easy o. smooth o. soft running o. working || ~ au **minerai** (mines) / drawing of ore || ~ en **monophasé** / single-phasing || ~ au **moteur** / mechanical o. motor drive, power o. engine drive || ~ à **moteur débrayé** (auto) / coasting || ~ à **nez arrondi** (bâtim) / bottle-nosed step || ~ **normale** / normal working || ~ **optique** (laser) / optical path || ~ **palière** / landing step of stairs, end- o. head-step || ~ **parallèle** (bâtim) / flier || ~ en **parallèle** / parallel working || ~ en **parallèle et en série** / parallel and series working || ~ à **pédale ou au pied** / treadle o. foot operation o. drive || ~ en **plongée** / travelling underwater o. in submerged state || ~ en **pousse** (ch.de fer) / pusher operation || ~ de **pression** / march of pressure || ~ de **production** / course of manufacture || **~s** *f pl* de **raccord** (bâtim) / connecting stairs *pl* || ~ *f* au **ralenti** (m.outils) / slow speed || ~ **rayonnante** (bâtim) / winder, wheeling o. diminishing step || ~ des **rayons** / path o. trace of the rays || ~ des **rayons lumineux** (phys) / path of light rays, optical path || ~ **rectangulaire [pleine]** / massive tread, square step || ~ à **régime établi** (ch.de fer) / balancing o. free-running speed || ~ **régulière** (mot) / constant o. uniform running || ~ **réversible** / reversible working || ~ en **réversible** (ch.de fer) / push-pull running || ~ à **roue libre** (auto) / free-wheeling || ~ **séculaire** (géol) / secular change || ~ en **sens inverse** (m.outils) / reverse travel o. motion || ~ **silencieuse** / smooth o. soft running o. working, quiet running || ~ en **sous-régime** / running with less than normal speed || ~ en **surface**

(nav) / surface travelling || ~ en **surrégime** (mot) / overspeeding || ~ **suspendue** / cantilevered o. hanging step || ~ **symétrique** (techn) / center guiding control, center guiding by [selv]edge scanning || ~ du **tissu** (tex) / passage of the cloth || ~ **tournante** / winder, wheeling o. diminishing step || ~ **travail** / working o. operating cycle || ~ en **unités multiples** / multiple unit control running || ~ de **vérification** / operational test || ~ à **vide** (ch.de fer) / empty running || ~ à **vide** (mot) / idling || ~ à **vue** (ch.de fer) / running under caution, running at sight

marché *m* / market || ~ (commerce) / dealing, buying || ~ **couvert** / [public] market hall || ~ **intérieur** / domestic o. home market || ~ au **mètre** / contract by the meter || ~ d'**ouvrage** / building contract || ~ **porteur** / seller's market || ~ de **recherches** / research contract o. commission o. assignment || ~ **spot** (pétrole) / spot market || ~ à la **tâche** / contract by the job

marchepied *m* (voiture) / footboard, step[board], running board || ~, escabeau *m* / steps *pl*, pair of steps || ~ **continu** (ch.de fer) / continuous running board || ~ d'**embarcations** / stretcher of a boat

marcher, piétiner / step *vi*, tread || ~ / be at work || ~ (pompe) / work *vi* || ~, cheminer / creep || ~, fonctionner / function *vi*, operate, work, run, act || ~ (horloge) / go, run || ~, circuler (véhicule) / run *vi*, tool *vi* || **faire** ~ (p.e. radio) / turn on || **ne plus** ~ / fail, break down, conk [out] (coll) || ~ **aisément ou avec aisance** / run without jerk o. jolt, run smoothly || ~ en **arrière** / reverse || ~ en **arrière** (auto) / back up || ~ sur son **erre** (auto) / coast || ~ par **inertie** / slow down || ~ à **plein** / run with full power || ~ **sans à-coups** / run without jerk o. jolt || ~ avec **secousses** / move with jerks || ~ **synchrone** (électr, techn) / synchronize *vi* || ~ à **vide** / idle

marcheur (pelle) / walking

marchez doucement! (nav) / easy!

marcites *f pl* (eaux usées) / sewage farm o. fields *pl*, sewage irrigated fields *pl*, floating meadows *pl*

marcottage *m* (agr) / propagation by layers o. shoots

mare *f* **solaire** / solar pond

marécage *m* / swamp, marsh, bog, morass || ~ (géogr) / marsh || ~ **fluvial** (géogr) / bottomland (US), river marsh (GB)

marécageux / boggish, swampy

marée *f* / tide || ~ **basse** / ebb-tide, low water || ~ **descendante** / ebb tide || ~ **haute** / high tide || ~ **montante** / flood o. rising tide || ~ de **morte eau** / neap [tide] || ~ **noire** / oil pest || ~ de **quadrature** / neap [tide] || ~**s** *f pl* **terrestres** / earth tides *pl* || ~ *f* de **vive eau**, grande marée *f* / spring tide

marégraphe *m*, -mètre *m* / tide recorder

marémoteur *adj* / tidal power...

margarine *f* / margarin[e] || ~ **fabriquée en réfrigérateur tubulaire** / chill-rolled margarine || ~ **fabriquée en tambour de refroidissement** / rotary-cooled margarine || ~ **végétale** / vegetable butter

margarinerie *f* / margarine factory o. industry

margarite *f* (min) / margarite

marge *f* / margin || ~ (tolérance) / range || ~ (techn) / positive allowance, clearance, free motion, looseness, floating || ~ (typo) / margin || **en** ~ / marginal || ~ d'**amorçage de sifflement** (télécom, électron) / singing margin, stability near enough (GB) || ~ **bénéficiaire** / profit margin || ~ **brute d'autofinancement**, M.B.A. / cash flow || ~ **brute d'autofinancement**, M.B.A. / cash flow || ~ de **commutation** (électr) / margin of commutation || ~ de **coordination** (bâtim) / coordinating margin || ~ de **courant** (relais) / current margin || ~ de **coûts** / cost latitude || ~ **effective** (gén) / effective margin || ~ d'**exposition** (repro) / exposure tolerance || ~ **extérieure** (typo) / fore-edge, foredge || ~ de **gain** (électron) / gain margin || ~ **inférieure** (typo) / foot, tail || ~ **intérieure** (typo) / gutter || ~ d'**isolement contre les sons aériens** / airborne insulation margin || ~ de **pied** (typo) / foot, tail || ~ de **pinces** (typo) / gripper allowance o. bit o. margin o. pad || ~ de **protection** (électron) / noise margin || ~ de **protection à l'état haut ou à l'état H** (électronique) / H noise margin || ~ de **protection à l'état bas ou à l'état L** (électronique) / L-noise margin || ~ de **sécurité** / safety margin, margin of safety || ~ de **sécurité** (aéro) / reserve factor || ~ **statique en ressource** (aéro) / maneuver margin || ~ **statique en vol rectiligne** (aéro) / static margin || ~ **Sud** (météorol) / lateral sky South || ~ de **temps** (gén) / time allowance o. margin || ~ de **tolérance** / range of tolerance, permissible variation

margelle *f* / curbstone o. brim o. head of a well, border steaning

marger (typo) / make ready the form || ~ (repro) / feed *vt*

margeur *m* (typo) / feeder, feeding attachment, layer-on || ~ (m.à ecrire) / margin setter || ~ (m. outils) / margin stop || ~ **automatique** (typo) / feeder [mechanism], feeding apparatus || ~ **droit** (m.à ecrire) / right margin setter || ~ de **feuilles** (typo) / pile feeder || ~ à **nappe** (graph) / stream feeder || ~ **pneumatique ou de succion** / suction feeder

marginal / marginal || ~, non rentable / uneconomic[al]

mariage *m* (soie) / knot || ~ (filage) / double end

mariculture *f* / mariculture

marié (voûte) (sidér) / bonded (roof)

marier / superimpose || ~ des **couleurs** / match colours

marie-salope *f* / hopper barge

marin / marine || ~ (ELF) (pétrole) / offshore...

marinage *m* (évacuation des déblais) (mines) / ridding of spoil in gallery work

marine *f* / naval matters *pl* || **de** ~ / marine || ~ **marchande** / mercantile o. merchant marine, merchant service || ~ **militaire ou de guerre** / navy

maritime / nautical, maritime

marjolaine *f* / marjoram

marketing *m* / marketing

marmatite *f* (min) / marmatite

marmite *f* / cooking pot, pot || ~ **autoclave** (galv) / pressure cooker || ~ **électrique** / electric cooker || ~ de **géant**, marmite *f* glacière (géol) / pothole

marmotte *f* / sample case

marnage *m* / tidal range, lift o. range o. rise of tide

marne *f* (géol) / marl || ~ **argileuse** / marl[y] clay, argillaceous o. clay marl || ~ **bitumineuse** / fetid marl, bituminous marl || ~ **calcareuse** / marly limestone || ~ **calcareuse** (agric) / fertilizing marl || ~ **crayeuse** / calcareous clay, lime marl || ~ **fétide** / fetid marl, bituminous marl || ~**s** *f pl* **flambées** (géol) / flammenmergel || ~ *f* **schisteuse** / marl slate o. shale, slaty marl || ~ **silicieuse** / sandy marl, clay grit || ~ **sphéroïdale cloisonnée** / spheroidal concretion of marl || ~ **vitrifiable** / marl-stone [rock]

marneux (géol) / marly

marnière *f* / marl quarry

marographe *m*, -mètre *m* / tide recorder

maroquin *m* / morocco [leather]

maroufler / glue o. paste wallpaper

marprime *f* (nav) / marline spike, awl

marquage *m* / mark || ~ (c.intégré) / legend, marking ||

~ (mines) / cutting || ~ par **barre oblique** (ord) / slanted mark || ~ **central** (radar) / center marking || ~ **communautaire** / common marking (in Common Market Countries) || ~ des **degrés de division** / scale, graduation || ~ d'**écran** (TV) / burn-in picture || ~ des **fils** (câblage) / wire mark[ing] || ~ **magnétique** / magnetic character printing || ~ à l'**ongle** (défaut d'apprêt) / marking on scratching || ~ des **plans de clivage** (crist) / cleavage face marking || ~ au **pochoir ou au gabarit** / stenciling || ~ **routier** / road marking || ~ du **seuil de la piste** (aéro) / runway threshold marking

marque *f* / mark || ~ (mines) / pin, mark, sign || ~ (tiss) / mark || ~, timbre *m* / stamp || ~ (charp) / jointing mark || ~, fabrication *f* / make, manufacture || ~ (ord) / marker (GB), sentinel (US), tag [bit], flag || ~, poinçon *m* / chasing tool || ~, piqûre *f* / scar || ~ (joaillier) / plate mark, hallmark || ~ de **bande** (b.magnét) / tape mark || ~ **biaise** (ord) / slanted mark || ~ de **blanchet** (typo) / blanket mark || ~ de **calibrage** / calibration mark || ~ à **chaud** / burned-in stamp, brand || ~ de **chaulage** (plast) / chalk mark on a laminate || ~ de **codage** (ord) / document mark, blip || ~ de **collage** (lam, défaut) / sticker mark || ~ **collective** / association badge || ~ de **commerce ou de fabrique** / trade mark, brand || ~ **commerciale** / trade mark || ~ de **comptage** (film) / counting mark || ~ de **conformité** (norme) / mark of conformity || ~ du **constructeur** / sign, mark || ~ de **contrôle** / validity stamp || ~ de **contrôle**, coupon *m* de contrôle / check, control coupon || ~ de **coulée** (plast, défaut) / flow mark, weld mark || ~ à **couper** (techn, typo) / cutting line o. mark || ~ en **creux** (forge) / thimble of the anvil || ~ de **cylindres** (lam) / roll mark || ~ de **début de bande** (b.magnét) / beginning-of-tape marker || ~ de **démarrage** (film) / motor cue || **~s** *f pl* de **dents** (typo) / gear marks o. streaks *pl* || ~ *f* de **départ** (film) / printer's start mark || ~ **déposée** / registered trade name o. mark || ~ de **distance** (radar) / distance mark || ~ **distinctive** / characteristic o. distinctive feature || ~ de **docteur** (pap) / ductor marks o. ridges *pl* || ~ de **document** (microfilm) / document mark, blip || ~ **douteuse** (ord) / doubtful mark || **~s** *f pl* d'**égoutteurs** (pap) / [chain] marks *pl* || ~ *f* d'**épreuve** / test mark, approval seal || ~ de **fabrique** / trade mark || ~ de **fabrique ou de fabrication** / manufacturer's mark || ~ de **farinage** (plast) / chalk mark || ~ au **fer rouge** / brand, burned-in stamp || ~ à **feu** / marking iron, branding iron o. stamp || ~ de **feutre** (pap) / felt mark || ~ de **fin de bande** (b.magnét) / end-of-tape marker || ~ de **fin de bande** (b. perforée) / warning mark || ~ de **fin de bobine** (film) / change-over cue || ~ de **franc-bord** (nav) / Plimsoll line, Plimsoll's mark || ~ **géométrique** (arp) / mark, sign, station || ~ de **grains** (galv) / grain mark || ~ de **groupe** (ord) / group mark || ~ d'**homologation** / mark of conformity || ~ d'**identité** / identification mark, point of orientation || ~ d'**imprimerie [ou d'éditeur]** (typo) / printer's [o. publisher's] imprint || ~ du **laitier** (sidér) / slag line || ~ de **laminage** / rolling mark || ~ pour **lecture optique** (ord) / photosensing mark || ~ des **lignes d'écoulement** (plast) / weld mark || ~ **manuscrite** (ord) / hand-made o. hand-written mark || ~ **marginale d'aéroport** (aéro) / boundary marker [beacon] || ~ de **mer** (aéro) / sea marker || ~ de **minutage** (film) / time marker || ~ à la **molette** (pap) / facsimile o. impressed watermark, press-mark || ~ de **moule** (plast) / mould mark || ~ **nationale de qualité** / seal of approval || ~ de **pièce** (tiss) / cut mark || ~ de **pilotage** (nav) / prick, spear (US) || ~ [de] **plateau** (plast) / plate mark || ~ de la **pleine mer** / high-tide mark || ~ de **Plimsoll** (nav) / Plimsoll line, Plimsoll's mark || ~ des **plus hautes eaux** / high-water mark || **~-points** *m* / dotting wheel || ~ *f* de **pression** / pressure mark || ~ d'un **produit** / make, workmanship || ~ de **qualité** / quality mark o. term || ~ de **recette** / stamp of the testing engineer o. officer || ~ **réfléchissante** (b.magnét) / reflective spot o. marker || ~ de **remplissage** / filling mark || ~ la plus **renommée** / renowned product, product of high repute || ~ de **repère** (film) / cue [mark] || **~s** *f pl* **serpentées** / snake marks *pl* || ~ *f* de **subdivision** / division mark, graduation mark || ~ de **surchauffe** (plast) / heat mark || **~s** *f pl* de **templet** (tiss) / temple o. extender mark || ~ *f* de **tirant [d'eau]** (nav) / draft marks *pl* || ~ de **toile** (pap) / wire mark || ~ de **vibrations** / chatter mark || ~ de **zéro** / index line

marqué (gén) / marked, bold || ~ (nucl) / labelled, labeled (US) || ~ (pap) / ribbed || ~ **nettement** / neatly coined o. stamped || ~ en **relief** / legend-engraved || ~ d'**une croix** / crossed

marquer *vt* / mark *vt*, distinguish || ~ (techn) / mark *vt*, stamp *vt* || ~ (nucl) / label *vt* || ~ *vi* (thermomètre) / read *vi*, show, register *vi* || **se ~ nettement** / stand out clearly, leave a distinct mark || ~ des **arbres** / blaze *vt* || ~ au **cordeau** (bâtim) / mark with a line || ~ **et afficher** (commerce) / ticket articles, mark || ~ au **fer rouge** / brand *vt* || ~ au moyen de **lettres** (dessin) / letter *vt* || ~ par des **piquets** (arp) / mark by pales || ~ sa **place** / reserve a seat, secure, bag (coll) || ~ au **pochoir** / stencil *vt* || ~ au **poinçon** / stamp *vt*, mark || ~ le **point** / prick the chart

marqueter *vt* / inlay *vt*

marqueterie *f* (bois) / marquetry, marqueterie, inlay

marqueteur *m* / maker of marquetry

marqueur *m* / marker, marking apparatus || ~ (m.à coudre) / rule, guide || ~ (ELF) (aéro) / aeronautical ground mark, field marker (US) || ~ (dans le système tout à relais) (télécom) / marker || ~ d'**atterrissage illuminé** / illuminated landing marker (US) o. ground mark, luminous ground mark (US) || ~ de **distance** (radar) / range marker || ~ d'**écran** (électron) / time marker, screen marker || ~ **électronique** / light pen || ~ de **gisement** (radar) / bearing cursor o. marker || ~ de **pièces** (tiss) / marking motion || ~ de **plantation de pommes de terre** (agr) / potato dibbler || ~ de **temps** (électron) / time mark generator

marquise *f* de **gare** / station canopy o. awning || ~ de **trottoir** (ch.de fer) / platform shelter, platform roofing

marquisette *f* (tiss) / marquisette

marquoir *m* / branding iron

marron *adj* (couleur) / chestnut

marron *m*, pochoir *m* / letter model || ~ **[comestible]** / [edible] chestnut

marron roux / maroon

marronier *m* d'**Inde** / horse chestnut

mars *m pl* (agr) / spring o. summer corn

marsouin *m* (nav) / fore-foot || ~ **arrière** (nav) / sternson

marsouinage *m* (ELF) (hydravion) / porpoising

marteau *m* / hammer || ~, mouton *m* / tamper || **~x** *m pl* (instr.de musique) / striking mechanism || ~ *m* à **air comprimé** / air [operated] hammer, compressed-air hammer, pneumatic hammer || ~ **américain** / ball-pane hammer || ~ d'**assiette** / paver's dressing hammer, paving hammer || ~ à **battre les faux** / scythe hammer || **~-bêche** *m* / pneumatic spade || ~ à **bomber** / embossing hammer || ~ à **bosseler** / combination ball/flat face finishing hammer, chasing hammer || ~ **bretté ou à bretteler** / universal bush hammer || ~x *m pl* de **broyeurs** (pann. de partic.) / hammer mill hog plate || ~-**burin** *m* de **dérochage** (mines) / rock chisel || ~-**burineur** *m* / chisel hammer, chipping hammer || ~ **burineur pneumatique** / pneumatic chipper, pneumatic chiseling hammer || ~ à **caractères** (m.à ecrire) / type printing hammer || ~ du **carreleur** / tile hammer || ~ de **changement** (tiss) / transferer || ~ de **charpentier** (charp) / scabbling pick, carpenter's roofing hammer || ~ de **cloueur** / nailing hammer || ~ à **cogner les coins** (mines) / wedge hammer || ~ à **contre-coups** / counterblow hammer || ~ à **contre-coups horizontal** / impacter (US) || ~ de **couvreur** / brick axe, bricklayer's hammer, scutch[er] || ~ à **crêper** / facing hammer || ~ à **dégrossir** (tailleur de pierres) / spalling hammer || ~ à **dégrossir** (forge) / chop hammer || ~ de **démolition ou de démolisseur** / conrete breaker || ~ **détartreur** / scaling hammer || ~ à **deux mains** / blacksmith's o. forging hammer, sledge[hammer] || ~ à **devant à deux plats** / double faced sledge || ~ à **dresser les barres** (forge) / planing hammer || ~ à **dresser la tôle** / dinging hammer || ~ d'**eau** (phys) / water hammer || ~ à **ébarber la fonte** / hammer for clean[s]ing castings, scaling hammer || ~ **électrique** / electric hammer || ~ **électropneumatique** / electric air hammer drill || ~ d'**emballeur** / adze-eye hammer || ~ à **emboutir** / embossing hammer || ~ d'**enduiseur** / plasterer's hammer || ~ d'**essayeur** / assayer's hammer || ~ d'**établi** / bench o. hand o. engineer's hammer || ~ à **étirer ou à étendre** / stretching hammer || ~ d'**exploitation** (mines) / mechanical pick || ~-**foreur** *m* pour **roches** / rock drilling hammer || ~ de **forge à deux pannes** (techn) / [double face] sledge hammer || ~ de **forgeron** / forge o. fore o. sledge hammer, sledge[hammer], straight pane sledgehammer, two-handed hammer || ~ de **frappe** (ord) / print hammer || ~ à **frapper devant** / aboutsledge || ~ pour **géologues** / geologist's hammer || ~ du **géologue à pointes** (géol) / hammer with pic || ~ **granulé ou à granuler** / granulated o. granulating hammer, bush hammer || ~ **hotteux** (mines) / sledge[hammer] || ~ **hydraulique** / suction ram, hydraulic o. water ram || ~ d'**impression** (ord) / print hammer || ~ **lattoir** / scabbling pick, pick ax[e] || ~ de **maçon** (bâtim) / mason's mallet || ~ **magnétique** / magnetic hammer || ~ à **main** (gén) / bench o. hand hammer, engineer's hammer || ~ à **main** (forg) / blacksmith's o. forging hammer, hand sledge || ~ à **main panne en long** / cross pane sledge[hammer], blacksmith's cross pane hammer || ~ à **main, panne en travers** voir marteau de forgeron || ~ à **manche** (forge) / chop hammer || ~ à **manivelle** / crank driven hammer || ~ à **marquer** / marking hammer || ~ du **marteau-pilon** / ram || ~ à **mater** / ca[u]lking hammer || ~ **mécanique** / power hammer || ~ de **menuisier** / claw o. joiner's hammer || ~ de **mine** / sledge hammer || ~ de **mine ou minière à buriner** / mechanical pick || ~ **numéroteur rotatif** / numbering hammer || ~ **numéroteur rotatif** (silviculture) / numbering o. marking hammer || ~ à **panne** / face hammer || ~ à **panne fendue** / claw type nail hammer || ~ à **panne plate** / flat pane hammer || ~ à **panne sphérique** / dinging hammer || ~ de **parage** (forge) / planing hammer || ~ de **paveur** / paver's dressing hammer, paving hammer || ~ **pendulaire ou [de] pendule** / pendulum ram impact testing machine || ~ **perforateur** (mines) / drill[ing] hammer, hammer drill || ~ **perforateur sur affût** (mines) / stoper || ~ **perforateur pneumatique** / pneumatic o. air drilling hammer, pneumatic o. air hammer drill || ~-**pilon** *m* (hydr) / drop-weight tamper || ~-**pilon** *m* (forg) / drop o. swage hammer || ~-**pilon** *m*, pilonneuse *f* (céram) / tamping machine || ~-**pilon** *m* **atmosphérique** / pneumatic spring hammer || ~-**pilon** *m* **auto-compresseur** (forge) / pneumatic hammer || ~-**pilon** *m* à **double effet** (forge) / double acting hammer || ~-**pilon** *m* de **forgeage** (forge) / top swage, drop o. swage hammer || ~-**pilon** *m* à **portique** / bridge type hammer || ~ à **pioche** / pick-hammer || ~ de **piquage** / scaling hammer || ~ à **piquer les soudures** / chipping o. welder's hammer || ~-**piqueur** *m* (mines) / mechanical pick || ~-**piqueur** *m* (routes) / pneumatic hammer || ~-**piqueur** *m* **pneumatique** (mines) / pneumatic coal pick hammer || ~ à **planer** (forge) / planishing hammer || ~ **pneumatique** / air [operated] hammer, compressed-air hammer, pneumatic hammer || ~ **pneumatique à buriner** / pneumatic chipper, pneumatic chiseling hammer || ~ à **pointes** / graining hammer || ~ à **polir** / polishing hammer || ~ de **porte** / door knocker || ~ de **potier** / potter's hammer || ~ de **rebouchage du trou de coulée** (sidér) / tap bar || ~ à **ressort** (forge) / spring hammer, dead stroke hammer || ~ à **ressorts à lames** / leaf spring hammer || ~ à **river** / riveting hammer, dolly || ~-**riveur** *m* **pneumatique** / compressed-air o. pneumatic riveting hammer || ~ **rivoir** / engineer's o. fitter's o. machinist's hammer || ~ du **soudeur à l'arc** / hammer for electric welders || ~ **têtu** / pick hammer || ~ à **tranche** (forge) / spalling hammer || ~ **trépideur à river** / [rotary] vibrating riveter || ~ de **triage** (prépar) / dressing hammer || ~ à **trous de coins** (mines) / stone splitting hammer || ~ à **vapeur** / block o. steam o. stamp hammer || ~ de **vitrier** / glazier's [pick] hammer

martelage *m* / hammering || ~, écrouissage *m* / peening || ~ (frittage) / swaging || ~ (moyen de fortune) / stretching (coll) || ~ des **arbres** / blazing of trees

martelé / chased || ~, détérioré par martèlement / beaten

martèlement *m* / hammering [effect] || ~ des **roues** (ch.de fer) / hammer blow, hammering

marteler / beat *vt*, hammer || ~, repousser / chase *vt* || ~ (forg) / hammer-forge *vt* || ~ des **arbres** / blaze trees || ~ les **faux** / beat out, sharpen (by hammering) || ~ à **froid** / cold- o. cool-hammer || ~ à la **panne du marteau** / peen

martelet *m* / tile hammer || ~ du **maçon** / mason's o. bricklayer's hammer, brick axe

marteleur *m* / smith, forger

marteleuse *f* / hammering machine

martellerie *f* / hammer works, iron mill

martensite *f* (sidér) / martensite || ~ **engendrée par friction** / martensite produced by friction

martensitique / martensitic

martiner (forg) / beat, hammer

martinet *m*, marteau-pilon *m* / drop o. swage hammer || ~ à **deux mains** / two-handed hammer || ~ de **suspente** (nav) / topping lift

mascagnine *f* (min) / mascagnite, mascagnine

mascaret *m* / bore

mascotte *f* (auto) / radiator mascot

maser *m* / maser (microwave amplification by stimulated emission of radiation) || ~ à **ammoniac** / gas maser || ~ à **infrarouge** / infrared amplification by stimulated emission of radiation, iraser || ~ à **ondes progressives** / travelling-wave maser || ~

optique / optical maser || ~ **solide** / solid-state type maser || ~ **[solide] à trois niveaux** / three-level maser
maskelynite *f* (min) / maskelynite
masquage *m* (bruit, odeur) / masking || ~ (galv) / stopping off || ~ par le **blanc** (TV) / desaturation, veiling by white
masque *m* / mask || ~ (ord) / mask, (COBOL, PL/1:) picture || ~ (peinture) / masker || ~ **antigaz**, masque *m* à gaz / gas mask || ~ **anti-poussière** / protecting mask, face guard o. shield o. mask || ~ **central** (barrage) / central core of strength || ~ **central en argile** (barrage) / clay core || ~ **compensatif** (typo) / compensating mask || ~ de ou par **contact** (typo) / contact mask || ~ de **correction chromatique incorporé** / integral colour correcting mask || ~ de **couleurs** (TV) / colour mask || ~ **couvre-face** (soudage) / welder's head screen || ~ **étanche ou d'étanchéité** (hydr) / impervious blanket || ~ à **microcircuit** (semicond) / diffusion mask || ~ de **moulage** (fonderie) / shell mould o. mold || ~ d'**ombre** (TV) / planar mask || ~ **parasoleil** (r. cath) / viewing hood || ~ de **programme** / program mask || ~ **protecteur** / protecting mask, face guard o. shield o. mask || ~ de **protection de la tête** / protective head mask || ~ **réfractaire** (four) / heat baffle || ~ **respiratoire** / respirator || ~ **respiratoire protecteur** / breathing mask || ~ de **signification** (ord) / significance mask || ~ de **sûreté** / protecting o. safety mask, face guard o. shield o. mask || ~ à **trous** (TV) / shadow mask
masqué / masked, covered, (virus:) latent
masquer (gén) / mask *vt* || ~ (odeur, bruit) / mask *vt*, suppress || ~ (opt) / stop out || ~ (chimie) / mask *vt* || ~ (vue) / obstruct, block, shut up || ~ d'un **rideau de fumée** / lay a smoke-screen, fog
masqueur *m* / masking device
massacrer (tex) / spoil by faulty cutting, cut badly
masse *f* / aggregate, bulk, mass || ~ (phys) / [material] mass || ~ (mines) / shore driver, sledge || ~, mandrin *m* d'abattage / holding-up hammer dolly || ~ (forg) / sledge[hammer] || ~, tourteau *m* / cake || ~, pâte *f* / mass, paste, compound || ~ (électr, auto) / earth, ground (US) || ~, émail *m* de fond / ground coat || ~, totalité *f* / totality || **en** ~ / in lump || **petite** ~ **ronde de minerai** (mines) / lentil || ~ **acoustique** / acoustic mass o. inertia o. inertance o. inductance || ~ **active** (chimie) / active mass || ~ **après incinération ou après séchage** / mass of residue after ashing o. drying || ~ **atomique** / atomic mass, isotopic mass || ~ **atomique relative** / relative atomic mass || ~ **auto-adhésive** / pressure sensitive mass || ~ **biscuit** / ground frit || ~ **biscuit pour fonte** / cast iron ground frit || ~ en **bois** / maul, mall || ~ de **bouchage** (sidér) / taphole clay || ~ **brute** / gross weight || ~ **calorifuge** / insulating compound || ~ **[carrée]** (mines) / sledge || ~ de **cassage** (sidér) / skull cracker, drop ball || ~ **centrifuge** (techn) / centrifugal o. flywheel mass, gyrating mass || ~ à **cogner les coins** (mines) / wedge hammer || ~ **collante** (bâtim) / glue || ~ **commerciale** (tex) / commercial weight || ~ de **compoundage** / casting compound, [pourable] sealing compound || ~ **concentrée** (méc) / equivalent mass || ~ de **construction** / construction weight o. mass || ~ du **corps** (bâtim) / backing, solid o. wall mass || ~ **critique** (nucl) / critical mass || ~ **cuite** (sucre) / massecuite, fill mass || ~ **cuite du dernier jet** (sucre) / lowgrade massecuite || ~ **cuite finale** (sucre) / final massecuite || ~ **cuite du premier jet** (sucre) / high-grade o. first massecuite || ~ **cuite de raffinage** / refined sugar massecuite || ~ **cuite pour sucre raffiné** / white sugar massecuite || ~ de **cuivre** / bit of the soldering iron || ~ à **débiter** (mines) / spalling hammer, spaller || ~ à **débiter à panne tranchante** / brick ax[e], bricklayer's hammer || ~ de **déséquilibre** / unbalance mass || ~ de **deutérium** / deuterium mass, MD || ~ du **deutéron** / deuteron mass || ~ d'**eau** / body of water || ~ **effective** (nucl) / effective mass || ~ pour **empreintes** / plaster, impressive mass || ~ pour l'**épreuve d'étanchéité** / leak test agent o. material, bubbling agent, bubbling fluid || ~ à **épurer** (gaz) / purifying mass || ~ d'**équilibrage** (aéro) / mass-balance weight || ~ d'**équilibrage** (mot) / balance weight || ~ d'**équilibrage à distance** (aéro) / remote mass-balance weight || ~ **équivalente** (méc) / equivalent mass || ~ **exothermique** (fonderie) / exothermic mass || ~ **facturée** / invoiced mass || ~ **filtrante** / filter-mass, -pulp, -stuff || ~ de **fond** (réfract.) / ground mass, matrix || ~ **fondue** (chimie, sidér) / molten mass || ~ **frittée** (émail) / ground frit || ~ **frittée pour fonte** (émail) / cast iron ground frit || ~ **glaise** (géol) / clay mass || ~ **globale** / overall mass || ~ de **haut fourneau** / blast furnace without appendices || ~ **inerte** (phys) / inert mass || ~ d'**inertie** voir masse centrifuge || ~ d'**inertie du rotor** (électr) / rotor inertia || ~ **isolante** / insulating compound || ~ **isolante pour câbles** / cable o. insulating mass || ~ **linéique** / mass per unit length || ~ **linéique commerciale** (tex) / commercial linear density || ~ **marchande** (pap) / saleable mass of pulp || ~**-médias** *m pl*, [mass-]media *m pl* / mass media || ~ *f* au **mètre carré** (pap) / G.S.M. (grammes per square metre), gsm substance || ~ **minérale** (mines) / mineral mass || ~ **mobile** voir masse centrifuge || ~ **mol[écul]aire** / molar mass || ~ de **mouton de cassage** (sidér) / drop ball || ~**s** *f pl* **non suspendues** / unsprung weight o. masses *pl* || ~ *f* du **noyau** (phys) / M, nuclear mass || ~ **originelle** (engin) / lift-off mass || ~ **oscillante** (montre-bracelet aut.) / rotor, oscillating weight || ~**s** *f pl* **oscillantes** (auto) / vibrating masses *pl* || ~ *f* de **plomb** / lead hammer || ~ **provenant d'une réaction** / reaction mass || ~ **pure** / pure mass, deadweight, lumped mass || ~ de **recouvrement** / masking compound || ~ **réduite** (aéro) / normalized mass (weight-to-air density ratio) || ~ **réelle** (conteneur) / actual mass || ~ **réfractaire** (fonderie) / dry sand || ~ de **remplissage** (étanchéité) / casting compound, [pourable] sealing compound || ~ de **remplissage** (frittage) / fill, filling weight || ~ de **remplissage** (chimie, pap, plast) / filler, filling material || ~ au **repos** (phys) / rest mass || ~**s** *f pl* de **roches** / stones *pl*, rock || ~ *f* **rocheuse** / mass of rock, rock masses *pl* || ~ **[ronde]** (sidér) / knot, lump, clod, nodule || ~ en **rotation** voir masse centrifuge || ~ de **scellement** / pourable sealing compound || ~ du **semiconducteur** / bulk of semiconductor || ~ **spongieuse** / sponge-like mass ~ **stabilisante** / stabilizing medium, thrust source || ~ de **surfaçage** (émail) / cover o. finish coat || ~ **suspendue sur ressorts** / sprung mass || ~**s** *f pl* de **terre** / earth masses *pl* || ~ *f* **thermique** / thermal mass || ~**-tige** *f* (pl.: masses-tiges), massetige *f* (pétrole) / drill stem o. collar || ~ **tombante** / drop o. falling weight || ~ **tombante** (mouton) / falling weight, hammer block o. tup || ~ **tombante** (sidér) / pig breaker, stamp, drop work || ~ à **tranche** / stone sledge || ~ à **trempage** / dip-coating mass || ~ à **trousser** (fonderie) / strickle moulding mixture || ~ **volumique** (retors) / package density || ~ **volumique** (phys) / density || ~ **volumique apparente** / apparent density, bulk[ing] density || ~ **volumique apparente**

(grain) / settled apparent density || ~ **volumique apparente au remplissage** / density on filling || ~ **volumique apparente après tassement** / compacted apparent density || ~ **volumique apparente avant et après tassement** (frittage) / settled and compacted apparent density || ~ **volumique frittée** / density of a sintered body || ~ **volumique moyenne** (frittage) / mean density || ~ **volumique non tassée** / apparent density || ~ **volumique tassée ou après tassement** (frittage) / tap density || ~ **volumique unitaire** / unitary mass density || ~ **volumique en vrac** / bulk density || ~ **volumique vraie** / theoretical o. true density

masselottage *m* (fonderie) / gating, risering, feeding

masselotte *f* (fonderie) / feeder, feeder o. sink head, riser || ~ (sidér) / dead head, rising o. shrink o. sink head, dozzle feeder head, dozzle metal, top discard, hot top || ~ (coulée sous pression) / sprue || ~ (pompe d'injection) / governor weight || ~ d'**alimentation** (fonderie) / feeder o. sink head || ~ à **attaque tangentielle** (fonderie) / whirlgate feeder || ~ **borgne** / blind feeder o. riser (US), blind head || ~ **boursouflée** / cauliflower head, bleeded riser (US) || ~ **chaude** (sidér) / hot dozzle o. top || ~ **directe** (fonderie) / relief sprue || ~ à **étranglement** / necked-down riser, feeder head with Washburn core || ~ **latérale** / heel o. bob riser, shrink bob || ~ **ouverte à talon** / open-top side feeder || ~ à **pesanteur** / gravity o. riser head

massette *f* / mallet, small o. hand hammer || ~ [en] **caoutchouc** / mallet || ~ [à] **embouts plastiques** / plastic tip hammer || ~ **et pointerolle** (mines) / hammer and wedge, mallet and gad (o. iron) || ~ **plastique** / recoilless hammer, plastic tip hammer

massiau *m* / weld steel

massicot *m* (chimie) / lead(II) oxide, massicot, yellow lead || ~ (min) / massicot || ~ (bureau) / shredder, paper shredder || ~ (pap) / press-cutter, guillotine || ~ (film) / cutting machine || ~**-dresseur** *m* **à placages** / veneer jointing guillotine || ~ **pour paquets de placage** / veneer pack edge shear || ~ pour **placage isolé** / veneer clipper || ~ **trilatéral** (relieur) / three-cutter machine, three-side trimmer

massicotage *m* (placage) / trimming || ~ (pap) / guillotining || ~**-rognage** *m* (pap) / guillotine-trimming

massif *adj* / massive, bulky || ~, plein / massive, solid || ~ (géol) / compact || ~, lourd / heavy, ponderous || ~ *m* (bâtim) / body of masonry || ~ (géol) / massif || ~ (mines) / barrier pillar || ~ d'**ancrage** (fil aérien) / anchor log, anchorage block || ~ **arasé** (géol) / truncated fault rock || ~ de **béton** / concrete socle || ~ de **chaussée** / solid body || ~ de **fondation** / foundation block || ~ d'**investison** (mines) / boundary pillar || ~ **long** (mines) / [pit] pillar || ~ de **maçonnerie** / foundation in masonry || ~ **montagneux** (géogr) / massif || ~ de **protection** (mines) / barrier [pillar], safety pillar, chain wall || ~ d'un **puits** (mines) / shaft pillar || ~ **rocheux** (mines) / ground, country || ~ de **terrain** (géol) / primitive o. primary formation o. rocks *pl* || ~ de **terrain** (mines) / massif

massique (phys, nucl) / mass...

massiquot *m* voir massicot (bureau)

master *m* (film) / interpos[itive], intermediate positive

mastic *m* / lute, luting, putty || ~ , bouche-pores *m* / knifing filler, filler, stopper || ~ (bâtim) / badigeon || ~ (silviculture) / grafting wax || ~ , résine *f* du lentisque / mastic, lentisk gum, gum mastic || ~ (graph) / pie || **sans** ~ (fenêtre) / uncemented || ~ d'**asphalte** / asphalt mastic || ~ de **caoutchouc** / rubber mastic || ~ pour **carrosserie** / body compound || ~ **chaud pour isolation** / hot insulation mastic || ~ à la **colle ou de colle** (men) / glue putty, durol, 1,2,4,5-tetramethylbenzene || ~ de **culot** / lamp capping cement || ~ d'**étanchéité** / lute, luting || ~ de **fer** / iron-rust cement, iron putty || ~ à **greffer** / grafting wax || ~ à la **gutta[-percha]** / gutta-percha mastic || ~ à **isolation à froid** / cold insulation mastic || ~ de **minium** / red lead putty || ~ à **pierre** / stone putty || ~ au **pistolet** / spray primer || ~ pour **remplissage** / casting o. sealing compound || ~ de **remplissage des manchons** / sleeve compound || ~ **résineux ou de résine** / resinous cement o. mastic o. putty || ~ **spécial pour filets de tubes** (techn) / dope || ~ **superficiel** / pore filler || ~ à **vide** / vacuum cement || ~ [des **vitriers]** / putty

masticage *m* (caoutchouc) / mastication || ~ (contreplaqué) / filling

masticateur *m* (caoutchouc) / masticator || ~ de **caoutchouc** / rubber kneader, Banbury mixer

mastiqué / cemented

mastiquer / cement *vt*, putty || ~, spatuler / prime *vt*, knife *vt* || ~ (fenêtre) / putty *vt* || ~ (caoutchouc) / masticate || ~ à **mort** (caoutchouc) / kill rubber, overmill o. overmasticate rubber

masurium *m*, Ma / masurium, Ma

mat *adj* / lacklustre, lackluster, lustreless, mat, matt[e], dead, dull || ~ (phot) / dull || ~ (cuir) / gunmetal finish || ~ (p.e. marble) / unpolished || ~ (couleur) / dull, dead, lustreless || ~ **foncé** / deep dull || ~ de **presse** / matt[e] finished || ~, sourd (bruit) / flat, dull

mat *m* (fibres de verre) / mat || ~ **aiguilleté [de fils de verre]** / needled mat || ~ **chauffant** / resistance mat || ~ en **fibres non orientées** / resin bonded glass mat, glass-mat-base laminate o. plastic || ~ de **fibres de verre** / glass [fibre] mat || ~ à **fibres de verre au polyester** (plast) / gunk || ~ à **fils de verre continus** / continuous glass mat || ~ à **fils de verre coupés** / chopped strand mat || ~ **imprégné de résine** / resin impregnated glass mat, plastic prepreg || ~ **«overlay» [de fils de verre]** / overlay mat o. veil || ~ de **surface** / surface mat || ~ de **verre filé** / spun-glass mat || ~ de **verre textile** / textile glass mat || ~ de **vitrofibres** / glass fiber o. F-glass mat

mât *m* (électr) / pole, mast || ~ (nav) / mast || ~ (aéro) / strut || **à un seul** ~ (aéro) / single-strut[ter] || ~ de l'**aile** (aéro) / interplane strut || ~ d'**alignement** / support || ~ d'**ancrage** (ligne H.T.) / rigid support o. tower, angle tower o. pylon || ~ d'**antenne** / antenna mast, radio mast || ~ d'**antenne** / radio tower o. mast || ~ **articulé** / ball-and-socket strut || ~ en **béton** / concrete pole || ~ en **béton armé** / reinforced concrete pole || ~ en **béton centrifugé** / concrete pole made by centrifugal process || ~ de **charge** (nav) / beam, derrick || ~ pour **charges lourdes** (nav) / heavy cargo derrick, jumbo || ~ **démontable** / dismountable mast || ~ **distributeur** (béton) / concrete distributing boom || ~ à **double fourche** / double forked strut, K-strut || ~ d'**éclairage** / lighting pylon, lighting mast || ~ d'**éclairage pour grand espace** / floodlighting mast || ~ de **faîtage** (charp) / pulley-beam || ~ à **fourche** / Y-strut || ~ **goujonné** / ball-and-socket strut || ~**-grue** *m* / one-legged gantry crane || ~ **haubané à isolateurs-arrêt** (électr) / stretching pole || ~ à **haubans** (électr) / anchoring tower, span pole, stay pole || ~ **incliné** (aéro) / inclined o. sloping strut || ~ de **levage** (gerbeuse à fourche) / lift mast || ~ **métallique** (nav) / steel mast || ~ **oblique** (aéro) /

inclined o. sloping strut || ~ **ombilical** (ELF) (espace) / umbilical tower || ~ **porteur** / support || ~ **radar** (nav) / radar mast || ~ de **signal** (ch.de fer) / signal post o. mast || ~ **télescopique** / telescoping mast, extension mast || ~ en **treillis** / braced mast o. pole o. pier, lattice tower || ~ **tubulaire** / tubular pole o. mast || ~ en [forme de] **V** / V- o. Vee-strut || ~ en **Y** / Y-strut
matage *m* / ca[u]lking || ~ en **filature** / delustering in spinning || ~ à la **main** / caulking by hand
maté (tex) / delustered || ~ à l'**acide** (verre) / [acid] frosted
matelas *m* / mattress || ~, gâteau *m* / cake || ~ (hydr) / screen mat, mattress || ~ d' **air isolant** / insulating air cushion || ~ de **calorifugeage** / heat insulating jacket || ~ de **caoutchouc** (découp) / rubber pad || ~ **continu** / carpet of material sticking together || ~ **dévésiculeur** (dessalement) / demister screen || ~ d'**eau** (hydr) / water cushion || ~ de **fibres** (pap) / mat || ~ **isolant de veranne** / fibrous glass mat || ~ de **jute** (câble) / jute bedding || ~ de **métal déployé** (routes) / mattress, mesh || ~ de **particules** (pann.part.) / particle mat || ~ sur **toile de division** (pneu) / tread base, subtread
matelassé *m* (tex) / matelassé
matelasser / stuff *vt*, cushion
matelasseuse *f* / cloth folder
matelassier *m* / upholsterer
matelassure *m* / padding, stuffing
mater / deaden, dull, mat, tarnish || ~, mater des joints / slush joints || ~ (au ciseau) / caulk, calk (US) || ~ les **extrémités de tubes** / upset pipe ends
matérialisation *f* [d'un rayonnement] (phys) / materialization || ~ d'un **procédé** / working of a process || ~ d'un **projet** / transaction || ~ des **voies** / road marking
matérialisé (routes) / provided with highway striping
matérialiser (chaussée) / delimit by white lines *vt*
matérialité *f* / solidity
matériau *m* (bâtim) / material || ~ (sidér) / stock, material || ~ (techn) / outfit, equipment || ~x *m pl* / materials pl. *pl*, stuff || ~ *m* **ablatif** (espace) / ablation material || ~ **absorbant** (acoustique) / absorbing material || ~ **alvéolaire** (plast) / alveolate material || ~ **amagnétique** / non-magnetic material || ~ **antivibratile** / vibration o. sound absorbing material || ~ à **aveugler les trous de mine** (mines) / stemming [material] || ~ de **ballast** (ch. de fer) / ballast[ing] || ~x *m pl* **barrière** (bâtim) / waterproofing materials *pl* || ~ *m* de **base** (galv) / basis material o. metal || ~ **broyé** / broken material || ~x *m pl* **bruts** / raw material, feedstock || ~ *m* de **bureau** / office requisites *pl*, office materials *pl*, office supplies *pl* || ~ **calorifuge** / heat insulator || ~ **capacitif** (espace) / capacitive heat absorption material || ~ **céramique composé** (céram) / honeycomb || ~ **céramique fin,** [gros] / fine, [heavy] ceramic material || ~ de **céramique oxydée** / oxide ceramic material || ~ **chargé ou de chargement** / material to be fed, charging material || ~x *m pl* **charriés** / bed load, alluvial detritus, drift || ~x *m pl* de **chauffage** / combustible, fuel || ~ *m* de **coffrage** / shuttering material || ~x *m pl* **combinés souples pour l'isolement électrique** / combined materials for electrical insulation || ~ *m* **composé de filament de bore et d'aluminium** / fiber composite of boron and aluminium || ~ **composite** / composite [material] || ~ **composite infiltré** / infiltration composite || ~ **composite à phase dispersée** / matrix composite [material], dispersion composite [material] || ~ **composite renforcé par des fibres** / fiber composite || ~ **concassé** / broken material || ~ **conducteur de la chaleur** / heat conducting material || ~x *m pl* [de **construction]** / building material || ~ *m* pour **contact** / contact making material || ~ de **copeaux de bois** / material made from wood chips o. shavings || ~ **dérivé du bois** / derived timber product || ~x *m pl* type **diazo** / diazo appurtenances o. supplies *pl* || ~ *m* **électrique** / electric supplies *pl* || ~ d'**emballage** / packing [material] || ~x *m pl* **enrobés** (routes) / coated materials *pl* || ~ *m* d'**essai** / tryout material || ~ d'**étanchéité** / sealing compound, putty || ~x *m pl* d'**étanchement** (bâtim) / waterproofing materials *pl* || ~ *m* **excavé ou d'excavation** / spoil, excavated earth o. material, waste || ~ **fort réfractaire** (chamotte) / superduty fireclay refractory (US) || ~ **fort réfractaire** (articles en silice) / super-duty silica refractory (US) || ~ **fritté** / sintered material || ~ **fritté métal-métalloïde** / sintered metal-metalloid material || ~ de **frottement** (mét.poudre) / friction material || ~ de **gainage** (réacteur) / cladding material || ~ de **galvanoplastie** (galv) / plating material || ~ **ignifuge** / refractory [material], fireproof material || ~x *m pl* d'**image en noir et blanc** / black and white negative material || ~ *m* **insonore** / sound absorbing o. insulating material || ~x *m pl* d'**installation** / installation material o. accessories o. supplies, electric wiring material (US) || ~ *m* **isolant** / insulating material, insulant || ~ pour **joint** (bâtim) / jointing material || ~ de **jointement** (réfractaire) / refractory jointing material || ~ **local** (bâtim) / near-by material || ~ **magnétique** / magnetic material || ~ à **manutentionner** / material to be conveyed || ~ de **moulage** / material for casting || ~ de **moulage à base de fer et de carbone** / iron-carbon casting alloy || ~ **nid d'abeilles** (plast) / alveolate material || ~ **non tamisé** / unscreened material || ~x *m pl* d'**origine glaciale** / glacial deposits *pl* || ~ *m* d'**ossature** / skeleton substance || ~ de **plaquage** (lam) / cladding material || ~ **plastique à aramide** / aramide fiber composite || ~ **plastique à filament de bore** / boron fiber composite || ~ **plastique réfractaire** (sidér) / plastic refractory || ~ de **recouvrement** / coat[ing material] || ~ **réfractaire** / refractory, fireproof material || ~ **réfractaire non faconné préparé** (tex) / refractory cement, coating, patching and monolithic material || ~x *m pl* de **remblayage hydraulique** (mines) / material for hydraulic packing || ~ *m* de **remplissage** (bâtim) / filler, filling material || ~ **renforcé par des fibres** / composite fiber material || ~ à **résistance mécanique élevée** (céram) / mechanically resistant material || ~ **résistif** / high-resistivity material || ~x *m pl* **secondaires** (bâtim) / subsidiary materials *pl* || ~x *m pl* type **semiconducteur** (phot) / semiconductor papers *pl* || ~ *m* du **semiconducteur** / bulk of semiconductor || ~x *m pl* de **soutènement** (mines) / timbering o. lining material || ~ *m* **stratifié fritté** / sintered material in layers || ~x *m pl* **thermoélectriques** (phys) / thermoelectric materials *pl* || ~x *m pl* **transportés par l'eau courante** (géol) / drift, waste, boulders *pl*, bed load
matériel *adj* / material, physical || ~ *m* / material (contradict: personnel) || ~ (techn) / outfit, equipment, gear || ~ (ch.de fer) / stock || ~ (ELF) (ord) / hardware || ~ **aérospatial** / spaceware || ~ d'**apprêtage** (tex) / finishing equipment || ~ d'**armement de voie** / track equipment || ~ d'**assouplissage** (tex) / softening equipment || ~ **automobile d'incendie** / fire fighting vehicles || ~

automoteur (ch.de fer) / motor [rail] coach o. car, rail coach o. car || ~ à **blanchir en phase gazeuse** (tex) / equipment for bleaching by gas, stoving equipment || ~ pour **boulonnerie** / screw stock || ~ **calorifuge** / heat insulation o. insulator, lagging (GB) || ~s *m pl* de **carbonisage de la laine** (tex) / equipment for carbonizing wool || ~ *m* pour **chemins de fer** / railway material o. stock || ~ **classique à cartes perforées** / punched card equipment || ~ à **contacts de protection** (électr) / earthed plugs and sockets *pl* || ~ de **contrôle et de correction d'erreurs** (ord) / error checking and correction o. ECC-equipment || ~ de **cuvelage** / tubbing material || ~ de **débouillissage** (tiss) / scouring machines *pl* || ~ de **décollage assisté** (aéro) / rocket-assisted take-off gear, RATOG (GB), jet assisted take-off, JATO (US) || ~ **didactique** / instructional material, teaching machines *pl* || ~ de **dispersion** (tour de refroidissement) / splash type internal fill || ~ de **doublure isolant** (fourneau) / insulating back-up material || ~ d'**éclairage portatif pour mines** (mines) / pit lamp, miner's o. mining lamp, lamps *pl*, lights *pl* || ~ **électrique** / electrical apparatus *pl* || ~ d'**emballage** / packing equipment || ~ d'**enfournement** (céram) / kiln furniture || ~ d'**enseignement intuitif** / means for object lessons, for intuitive method of instruction || ~ d'**équipement pour chemins de fer** / railway equipment || ~ d'**essorage et de séchage** (tex) / drying equipment || ~ d'**étayage** / stays and guys *pl* || ~ d'**étoupage** / packing o. sealing material, jointing o. leakproofing material || ~ d'**exploitation** / fixed assets *pl* || ~ d'**exploitation** (ch.de fer) / railway vehicles *pl* || ~ **ferroviaire** / railway material o. stock || ~ de **fixage par contact** (tex) / equipment for setting by surface contact || ~ de **fixation** / fixing agent o. medium o. means, fixture || ~ de **fond** / mining supplies o. materials *pl* || ~ pour **fonderies** / foundry materials *pl* || ~ de **forage** / deep well drilling outfit o. tools *pl*, perforating material, sounding borer || ~ [de **guerre**] / army requirements *pl* || ~ d'**humectage** (tex) / wetting equipment || ~ d'**impression à la lyonnaise** (tex) / screen printing equipment || ~ d'**incendie** / fire brigade equipment, fire fighting equipment || ~ pour l'**industrie textile** / textile machines o. machinery || ~ d'**installation** / assembling o. mounting gear || ~ d'**installation électrique** / material for electric installation || ~s *m pl* de **levage et de manutention** / hoists and conveyors *pl* || ~ *m* de **ligne** (télécom) / conductive material || ~ de **location** (bâtim) / construction engines on hire || ~s *m pl* **lourds** (m outils) / heavy machinery || ~ *m* **magnétique** / magnetic material || ~ **Malimo** / stitch-knitting o. -bonding machine, Malimo machine || ~ de **manutention** / material handling equipment o. gear || ~ **marchandises** / stock of goods wagons (GB) o. freight cars (US) || ~ **mécanographique électronique** / electronic data processing equipment, EDPE, o. machine, EDPM || ~s *m pl* de **mercerisage pour filés** / equipment for mercerizing yarns || ~ *m* de **montage** / incidentals for assembly *pl* || ~ **pédagogique** / instructional material, teaching machines *pl* || ~ **périphérique** (ord) / peripheral equipment || ~ **photographique** / photographic materials o. supplies *pl* || ~ **plastique cellulaire** / plastic foam || ~ de **pointage** (mil) / aiming device || ~ pour la **préparation du sol** / agricultural implements *pl* || ~ de **publicité** / promotion matter || ~ **radar** / radar equipment || ~ **radio** / radio equipment || ~ de **ravail du sol** / soil working equipment || ~ de **reproduction** / office copying apparatus || ~ **roulant** / railway vehicles *pl* || ~ **roulant à bogies** (ch.de fer) / bogie stock, double truck equipment (US) || ~ de **sondage** / deep well drilling outfit o. tools *pl*, perforating material, sounding borer || ~s *m pl* de **teinture et d'apprêt** / textile finishing machines *pl* || ~ *m* de **télégestion** / data terminal equipment, DTE, DTE || ~ d'**usage** / incidentals *pl* || ~ d'**usine** / works equipment || ~ de **vaporisage** (teint) / steaming equipment || ~ **vendu par un constructeur à un autre** / OEM deliveries *pl* || ~ **vide** (ch.de fer) / empty stock || ~ de **voie** / track equipment || ~ de **voirie** / road construction material || ~ à **voyageurs** / coaching stock, passenger equipment o. stock

mateur *m* / caulker, calker

mathématique *adj* / mathematical || ~, par le calcul / calculated || ~ *f*, mathématiques *f pl* / mathematics || **de la ~ d'assurances** / actuarial || ~ d'**assurances** / actuarial theory, insurance mathematics || ~ **élémentaire** / elementary mathematics || ~**s** *f pl* **pures** / abstract mathematics || ~**s** *f pl* **supérieurs** / higher mathematics

matière *f* / material, stuff || ~ (phys) / substance, matter || ~, pâte *f* / pulp || **dans la** ~ (NC) / within, inside, on o. in the inside || **venir de** ~ [avec] / consist of a single piece || ~ **active** (chimie) / active ingredient || ~ **active** (accu) / active material || ~ pour **affûter ou pour aiguiser** / sharpening material || ~ **agglutinante** / fixing agent o. medium o. means || ~ **alimentaire** / nourishment || ~ **alourdissante** (prépar) / medium solids *pl* || ~ **amaigrissante** (céram) / lean clay [to be added], nonplastic material || ~ **antivrombissante** / antidrumming o. antinoise compound || ~ **appauvrie** (nucl) / tails *pl*, depleted material || ~ **appliquée de renfort** (plast) / lay-up || ~ d'**apport plastique de brasage** / plastic solder || ~ **artificielle** (gén) / artificial o. synthetic material || ~ d'**autopyrogénation** (céram) / opening material || ~ de **ballastage** (ch.de fer) / ballast || ~ à **bandage** / bandage, bandaging o. dressing material, surgical bandage || ~ de **base** / matter, stuff, raw material || ~ de **base en acier** (plaqué) / steel backing || ~**s** *f pl* de **bourrage** / filler || ~ *f* en **bourre** (tex) / loose stock || ~ **broyée** / broken material || ~ se trouvant dans le **broyeur** / material to be broken || ~ **brute** / raw material || ~**s** *f pl* **brutes et consommables** / raw materials and supplies *pl* || ~ *f* **calorifuge** / insulating material, insulant || ~ **cellulaire** (plast) / foamy plastic || ~ **céramique** / ceramic material || ~ de **changement de phase** / phase-change material, PCM, heat-of-fusion material || ~ de **charge** (chimie, pap, plast) / filler, filling material || ~ de **charge et de remplissage des couleurs** / paint extender and filler || ~**s** *f pl* **chargées** (sidér) / burden, charge || ~ *f* **coagulée** (chimie) / concretion, congelation || ~ **collante de dispersion** / dispersion adhesive || ~ **colorante** (teint) / dye[stuff], stain || ~ **colorante des fleurs** / colouring matter of flowers || ~ **colorante d'indigotier** / indigoid dye[stuff] || ~ **colorante d'origine minérale** / mineral colo[u]ring matter || ~ **compound** (étanchéité) / casting o. sealing compound || ~ **comprimée** / pressed material || ~ **congelée** / congelation || ~ **conservatrice pour œufs** / egg preservative || ~ **consistante** / thick matter || ~**s** *f pl* **consommables** / commodities *pl* || ~**s** *f pl* **consommables** (ordonn) / process materials *pl* || ~ *f* à **constante diélectrique élevée** / high dielectric-constant material, Hi-K || ~

de **coupe** (m.outils) / cutting material || ~ **debout** (typo) / live matter, standing matter || ~ de **décapage** (sidér) / pickling compound || ~s *f pl* **directes** (ordonn) / direct material || ~ *f* **dispersée** / dispersoid || ~ **dispersive** (flottation) / dispersing agent || ~ **dissoute** (chimie) / solute || ~ à **distiller** / mixture to be distilled || ~ **distribuée** (typo) / sorts *pl* || ~ à **distribuer** (typo) / dead matter for distribution || ~ **effilochée** (tex) / reprocessed material || ~ **émissive** / active material || ~ **enrichie** (nucl) / enriched material || ~ à **enrouler** / winding material || ~s *f pl* **entraînées** (galv) / drag-out, entrained matter || ~ *f* **épaississante** (teint) / inspissation, thickener, thickening matter || ~ **éponge** / open-cell cellular material || ~ d'**épuration des gaz** / gas purifying agent || ~ **étrangère** / foreign matter o. body o. substance || ~ **évanouissante** (conservation des vivres) / disappearing matter || ~ **explosive** / explosive agent o. substance, explosive || ~ d'**extinction du feu** / fire extinguishing substance || ~ **extractive** / extraction o. extracting o. extractive matter o. agent, extractant || ~s *f pl* à **extraire** (mines) / material to be hauled || ~s *f pl* **farinacées** / farinaceous o. floury matter || ~s *f pl* **fécales** / excrement, f[a]ecal matter, excreta *pl*, f[a]eces *pl* || ~ *f* **fertile** (nucl) / fertile material || ~ **fibreuse ou filable** / textile material || ~ **fibreuse, [textile] de moulage** / fiber-, [textile-]filled moulding material || ~ **filable uniforme** (tex) / single-textile material || ~ **filable végétale** (tex) / vegetable textile material || ~ **finie** (broyeur) / broken material || ~ **fissile** / atomic o. nuclear fuel || ~ à **floquer** (tex) / flock || ~s *f pl* à **fondre** (soudage, fonderie) / molten metal, metal to be molten || ~s *f pl* **fondues** (pap) / hot meltings *pl* || ~ *f* en **fonte** (chimie, sidér) / molten material || ~ **frittée** / sintered material || ~ **frittée pour contact électrique** / sintered contact material || ~ **fusante** (mil) / propelling charge, propellant [charge] || ~ **fusée** / fused mass || ~ de **gainage** (câble) / sheathing compound || ~ **granulée** (plast) / granule material || ~s *f pl* **grasses** / fatty matters *pl*, fats *pl* || ~ *f* **grasse extractible** / crude fat || ~ **grise** (pap) / gray stock || ~ **grosse** (eaux usées) / heavy matter || ~ **imitée** (gén) / artificial o. synthetic material || ~ d'**imprégnation** / impregnating agent o. compound o. composition o. fluid o. substance o. preparation, saturant || ~ **incendiaire** / incendiary matter || ~ **indésirable contenue dans les vieux papiers** / waste paper contrary || ~ **inerte** (bâtim) / filler, filling material || ~s *f pl* **inertes** (charbon) / inerts *pl* || ~ *f* **inflammable** / inflammable matter || ~ **insoluble en essence minérale standard** / n-pentene insolubles, I.P. spirits insolubles || ~ **interplanétaire** / interplanetary matter || ~ **interstellaire** / interstellar matter || ~ **isolante** / insulating material o. matter, insulant || ~ **isolante** (bâtim) / waterproofing material || ~ **isolante fibreuse** / fiber deadening material, fibrous insulating material || ~s *f pl* à **laminer ou en laminage ou laminées** (lam) / rolling stock || ~ *f* **légère** / light-density material || ~ **lubrifiante** (techn) / grease, lubricating stuff, lubricant || ~ à **moudre** / material to be ground, grinding stock || ~ **moulée** (plast) / moulded plastic material o. compound, moulded plastics *pl* || ~ à **mouler à charge textile** (plast) / moulded macerate[d plastic], diced plastic (US) || ~ à **mouler [par compression]** / compression moulding compound o. composition || ~ à **mouler par injection** / injection moulding compound o. composition || ~ **moulue** / ground stock || ~ **mousse** (plast) / foamy plastic || ~ **mousse souple** / flexible cellular material || ~ **non migrante** matière *f* nd. (= non draining) (câble) / non draining compound, nd-compound || ~s *f pl* **non volatiles de peintures** / non-volatile matter of paints || ~ *f* **nourrissante** / nourishment || ~ **nucléaire** / nuclear matter || ~ **nucléaire spéciale** / special nuclear material || ~s *f pl* **nucléaires** / fissionable materials *pl* || ~s *f pl* **nucléaires brutes** (nucl) / source material || ~ *f* **odorante** / odor[ifer]ous matter, perfume, scent || ~ **odoriférante** / flavo[u]r, aromatics *pl* || ~ **organique** / organic matter, O.M. || ~ d'**origine pétrolière** / petroleum derivative || ~ à **pansement** / bandage, bandaging o. dressing material, surgical bandage || ~ **pectique** / pectic matter || ~ à **peigner** (filage) / combing material || ~ **pesée ou à peser** / weighed substance || ~ **phosphorescente de sulfure de zinc** / ZnS-type phosphor

matière plastique *f* / plast, [moulded] plastic material o. compound, [moulded] plastics *pl* || ~ (mat. brute) / plastic mass, synthetic plastic material || ~ voir aussi matière synthétique || ~ **armée aux fibres de verre** / glass fiber reinforced plastic || ~ à base de **caséine** / casein base moulding compound || ~ **cellulaire** / plastic foam || ~ **composite ou de réaction** / reaction plastic, two-component plastic || ~ en **feuille** / plastic foil || ~ à **fibres de verre** / glass-fiber reinforced plastic material || ~ a **moulage par compression** / compression moulding compound o. composition || ~ à **mouler** / moulding plastics *pl* || ~ à **mouler à base de crésol** / cresylic moulding compound o. composition || ~ **mousse** / plastic foam || ~ au **polyméthacrylate de méthyle** / polymethylmethacrylate moulding material || ~ à base de **protéines** / protein base moulding compound || ~ **renforcée ou armée** / reinforced plastic || ~ **renforcée par barbes** / whisker reinforced plastic || ~ **renforcée par barbes métalliques** / metal whisker reinforced plastic || ~ **renforcée par fibre de carbone** / carbon fibre reinforced plastic || ~ **renforcée par fibres** / fiber reinforced plastic || ~ **renforcée par fibres d'amiante** / asbestos fiber reinforced plastic || ~ **renforcée par fibres métalliques** / metal fiber reinforced plastic || ~ **renforcée par fibres synthétiques** / man-made fiber reinforced plastics *pl* || ~ **rigide** / rigid plastic || ~ à **rognures** / moulded macerate[d plastic], diced plastic (US) || ~ **spongieuse** / sponge plastic || ~ **stratifiée en feuille** / laminate, laminated plastic || ~ **thermodurcie** / thermoset

matière·s *f pl* **plastiques bitumineuses** / bituminous plastics *pl* || ~ *f* **polaroïdale** / polaroid || ~ **polluante** / pollutant (GB), polutant (US) || ~ **première** (techn) / material || ~ **première**, produit *m* de base (gén) / base o. basic material || ~ **première composite** / composite [material] || ~ **première de papier** / paper pulp o. paste o. stuff || ~ **première pour réacteurs** / reactor construction material || ~s *f* **premières pour détergents** / detergent base material || ~s *f pl* **premières nouvelles** / new materials *pl* || ~ *f* **pressée** / pressed material || ~ à **presser** / material to be pressed || ~ **primaire** / primary matter || ~ **primitive** / raw material || ~ **pyrotechnique** / pyrotechnic || ~ **radioactive** / radioactive material || ~ **rebroyée** (plast) / regrind || ~ **réflectrice** / retro-reflecting material || ~ **réfractaire** / refractory [material o. product] || ~ **réglant la prise** (bâtim) / setting regulation agent || ~s *f pl* de **remblayage** (mines) / dirt || ~ *f* de **rembourrure** / upholstery, bolstering [material] || ~

de **remplissage** (chimie, pap, plast) / filler, filling material || ~ **renaissance** (tex) / reprocessed material || ~ à **répandre** (routes) / abrasives *pl*, grit || ~ **résiduelle** (chimie) / residual matter, residuum || **~s** *f pl* **retenues par la grille** (hydr) / screenings *pl*, rakings *pl* || ~ *f* de **retour** / recycling material || ~ à **rincer** (teint) / rinsing stock || ~ **sèche** / dry matter || ~ **sèche de caoutchouc** / dry rubber content || ~ **sèche non grasse** / solid non-fat contents *pl* || ~ **solide** / solid matter || ~ **solide** (chimie) / dry substance, solid matter || ~ **sortant du laminoir** / rolled bar [leaving the rolling train] || ~ pour **structures d'avions** (aéro) / material for airplane structure || ~ **sulfurifère** (benzène) / sulphurous matter || ~ **surnageante** / floating matter || **~s** *f pl* **suspendues ou en suspension** (eau) / matter in suspension, suspended matter || ~ *f* **suspendue ou en suspension** [en l'air] / airborne particulates *pl* || ~ **suspendue et sédimentée** (eaux usées) / suspended and settleable solids *pl* || ~ en **suspens** / queue || ~ en **suspension** (prépar) / suspended matter || ~ **synthétique** voir aussi matière plastique || ~ **synthétique** (gén) / synthetic material || ~ **synthétique** (plast) / artificial o. synthetic resin, moulding composition o. compound, plast || ~ **synthétique en dispersion** / dispersed synthetic resin || ~ **synthétique à moulage par compression** / compression moulding composition o. compound || ~ **synthétique thermodurcissante** / duroplast[ic] || ~ **synthétique thermoplastique** / thermoplast[ic] || ~ **tannante ou de tannage** / tanning agent o. substance || **~s** *f pl* en **tas** / bulk goods *pl* || ~ *f* **textile** / textile material || ~ **textile brute** / textile raw material || ~ **thermoplastique** / thermoplast[ic] || ~ pour **tiges** (cordonnerie) / shoe uppers *pl* || ~ **tinctoriale** / colouring matter o. substance || ~ **tinctoriale**, bain *m* / dye bath, liquor || **~s** *f pl* à **transporter** / material o. goods to be conveyed || ~ *f* **volatile** (chimie) / volatile matter || **~s** *f pl* en **vrac** / bulk goods *pl*

matir / deaden, dull, mat, tarnish || ~ (tasser le métal) / caulk, calk (US)

matité *f* / ground state of glass

matlockite *f* (min) / matlockite

matoir *m* / setter, ca[u]lking chisel o. tool || ~ à **corde** (tuyaux) / yarning chisel, plumber's reamer

matras *m* (chimie) / balloon, flask || ~ (distillerie) / distilling o. distillation flask o. head o. retort, still[-head], bolt head

matriçage *m* (forge) / drop o. impact forging o. stamping, swaging, die work || ~ (TV) / matrixing || ~ (découp) / die stamping || ~ (frittage) / coining || ~ (plast) / punching || ~ à **chaud** (plast) / hot forming o. shaping || ~ à **froid** / hobbing, cold sinking o. swaging || ~ à **froid** (découp) / cold massive forming, cold forming || ~ sous **vide** (plast) / vacuum forming

matrice *f* (math, ord, phono, TV) / matrix *(pl: matrices, matrixes)* || ~ (techn) / matrix || ~ (graph) / matrix, mat, flong || ~ (fabr.de tubes) / shaping ring, die || ~ (mines) / veinstuff || ~ (forge) / bottom die o. swage || ~ (frittage) / mould || ~ à **blocage** / forging die with stepped o. cranked parting line || ~ de **calibrage du goulot** (plast) / neck moulding cavity || ~ de **carton** (typo) / paper board mat || ~ en **chapelet** / multi[ple]-cavity mould o. die || ~ à **chaud** / hot die || ~ de **codage** (ord) / matrix encoder || ~ des **coefficients de corrélation** (math) / matrix of the coefficients of correlation || ~ de **commutation** / switching matrix || ~ [de **compression]** (techn) / press[ing] mould || ~ de **connexion** (télécom) / switching o. connecting matrix || ~ **crossbar** / crossbar matrix || ~ de **décodage** (ord) / decoder matrix || ~ de **découpage** (découp) / blanking die || ~ de **découpage** (m.outils) / cutoff || ~ de **déroulement** (ord) / flow matrix || ~ à **descente commandée** (métal fritté) / withdrawal die || ~ **diagonale** (math) / diagonal matrix || ~ **différentielle** (ord) / difference matrix || ~ de **diffraction** (télécom) / scattering matrix || ~ à **diodes** / diode matrix || ~ d'**ébavurage** (forge) / clipping bed || ~ à **emboutir** (m. outils) / chasing form || ~ d'**emboutissage** (découp) / drawing die || ~ **embrochable** / plug-in matrix || ~ à **empreintes multiples** / multi[ple]-cavity mould o. die || ~ **épaulée** (frittage) / shouldered die || ~ d'**estampage** / forging die || ~ pour **estampage à froid** / cold work die || **~-étalon** *f* / standard weight || ~ **[à étamper]** / stamping mo[u]ld, matrix || ~ pour **étirage à froid** / cold drawing die || ~ d'**exploration** (ord) / scan matrix || ~ à **extrusion** / extrusion die || ~ d'**extrusion pour câbles** / extrusion die (for cables) || ~ **finisseuse** (forge) / finisher, finishing die || ~ **fixe** (plast) / fixed plate || ~ de **flexibilité** (méc) / flexibility matrix || ~ **flottante** (plast) / floating die || ~ de **forge** (forge) / forging die || ~ pour **forgeage libre** / open die || ~ de **frappe à froid à noyau décroché** / inset heading die || ~ à **gravures multiples** / multi[ple]-cavity mould o. die || ~ **hélicoïdale** / screw matrix || ~ **hermitienne** (math) / square matrix || ~ **inverse** (engrenage) / inverse o. inverted matrix || ~ **itérative** / hybrid o. iterative matrix || ~ de **mémoire** (ord) / memory matrix, matrix memory o. stor[ag]e || ~ de **mémoire à noyaux ferromagnétiques** (ord) / core matrix memory || ~ des **métaux** (mines) / matrix || ~ **offset en papier** / paper offset master || ~ de **passage** (math) / transfer matrix || ~ de **perforation** (c.perf.) / punch die || ~ à **plier** / bender, setter || ~ de **points** (affichage) / grid || ~ à **précourbure** / snaker || **~-programme** *f* (pl: matrices-programme) (m.outils) / program plug board, program panel || ~ **réductrice** (forge) / reducing die || ~ de **refoulement** / heading die, header || ~ à **refouler** (forge) / upsetting die || ~ à **refouler à froid** (découp) / upsetting die || ~ **régulaire** (phono) / regular matrix || ~ de **relais [de couplage]** (télécom) / relay switching network || ~ de **retreint et de frappe à froid** / heading and extruding die || ~ de **rigidité** (méc) / stiffness matrix || **~s** *f pl* de **rotation** (arp) / rotation matrices *pl* || ~ *f* **segmentée** (frittage) / split die, segment die || ~ **[séquentielle] de fonctionnement pour un circuit séquentiel** (électron) / working o. phase matrix of sequence control || ~ **simple** / open o. plain die || ~ **supérieure** (forge) / upper die o. swage || ~ **supérieure et inférieure** / top and bottom ram || ~ **suspendue sur ressorts** (découp) / spring-suspended die || ~ de **tores** (ord) / core matrix o. array o. plane || **~-transfert** *f* (math) / transfer matrix || ~ à **transfert de charge** / image converter semiconductor element || ~ de **transmittance** (contr.aut) / transition matrix, transfer[-function] matrix || ~ **unitaire** (math) / unitary matrix || ~ **unité** (math) / unit o. identity matrix || ~ **zéro** (math) / null matrix

matricé / embossed

matricer (forge) / drop-forge, swage || ~ (outil) / die-sink, hob, cold-swage || ~ (découp) / stamp *vt* || ~ à **froid** / cold-press, press cold

matricule *m* (techn) / serial number

matte *f* (sidér) / matte || ~ d'**argent** / silver matte || ~ **[brute] de cuivre** / copper metal o. matte, matte of copper, crude copper || ~ **concentrée ou enrichie** (sidér) / enriched matte || ~ de **cuivre enrichie ou**

concentrée / white metal, enriched copper matte || ~ **fine** / fine matte || ~ de **nickel** / nickel matte || ~ de **nickel à teneur élevée** (sidér) / high-grade nickel matte || ~ de **plomb** / matte of lead, uncalcined lead || ~ **riche** (sidér) / high-grade matte
mattoir *m* / setter, ca[u]lking chisel o. tool
maturation *f* / maturity, ripeness || ~ (fibre artif.) / ripening || ~, vieillissement *m* / ag[e]ing || ~ (pap) / maturing || ~ d'**aluminium** / precipitation- o. age-hardening of aluminium || ~ par **trempe** / quench aging
maturer *vt* / age, mature, season || ~ (métal léger) / age-harden
maturité *f* / age, maturity || **à** ~ / mature || ~ **industrielle** / operational dependability
mauvais / bad || ~ (temps) / foul, nasty || ~ (mer) / rough || ~ (routes) / rough-going || **à** ~ **vide** / gassy || **dans le** ~ **sens** / in the wrong direction || **de** ~ **rendement** / uneconomic[al] || **de** ~**e couleur** / discoloured || **en** ~ **état** / in need of repairs || **qui sent** ~ / bad o. evil smelling || ~ **ajustage** *m* / maladjustment || ~**e audition** *f* (compas) / transmission trouble || ~ **conducteur** *m* / bad conductor || ~ **contact** (électr) / intermittent o. tottering contact, loose connection o. contact || ~**e correspondance entre les parties du moule** (fonderie) / mismatch of mould halves || ~**e eau-de-vie** *f* / bad spirit, -s *pl*, fusel || ~ **grattage** *m* (tiss, défaut) / pick-out mark (defect) || ~**es herbes** *f pl* / [ill] weed || ~**e isolation** *f* / poor insulation || ~ **marcheur** *m* (nav) / heavy o. slow sailor || ~ **numéro** (télécom) / wrong number || ~**e odeur** *f* / stink, bad smell || ~**e reproduction en couleurs** / misprinted colour impression || ~**e résistance à l'entaillage** / notch sensitivity || ~ **rouleur** *m* (ch.de fer) / bad runner || ~ **succès** / failure, set-back || ~ **usage** / misus[ag]e
mauve / mauve
mauvéine *f* (teint) / mauveine, aniline purple o. violet
maxi (coll) / maximal, maximum
maximal, -male, -maux / maximal, maximum
maximaliser / peak *vt*
maximax *m* (vibrations) / maximax
maxime *f* / maxim, principle
maxi-mini (usure) / eccentric
maximiser / maximize
maximum *adj* (pl: maximums, -maux, -ales) / maximal, maximum || ~ *m* (valeur) / maximum, crest value || ~ (phys, électr) / peak || ~ (mesure) / maximum size || ~, point *m* culminant / culminating point, maximum, acme || **au** ~ **de concentration** (chimie) / of maximum percentage, highest percentage... || **au** ~ **de pureté** / highest-grade (aluminium), super-clean (coal) || ~ **barométrique** (météorol) / high, high [pressure] area, anticyclone, barometric maximum || ~ de **charge** / maximum o. highest o. peak load || ~ de **contrainte** (méc) / maximum stress || ~**s et minimums** *m pl* / high and low ... || ~ *m* de **poids** / maximum weight || ~ de **rendement** / outstanding o. peak achievement
maxwell *m* (vieux) / maxwell (unit of magnetic flux)
mayday *m* (appel de détresse) (aéro, nav) / mayday
mazout *m* / masut, mazout || ~ (ELF), fuel-oil *m* / [heating] fuel oil, oil fuel, paraffin[e] (GB) || ~ de **soute** (nav) / bunker fuel
MBAS, substance *f* active au bleu de méthylène / methylene-blue active substance, MBAS
ME, équivalent *m* en maltose / ME, maltose equivalent
méandre *m* (hydr) / meander, meanders *pl* || ~**s** *m pl* (bâtim) / fret || ~ *m* **encaissé ou de la vallée** / enforced meander || ~ des **plaines alluviales** / river meander
méandrique (hydr) / meandering
mécanes *f pl* (typo) / slab serifs *pl*
mécanicien *m* / mechanic || ~ (m.outils) / machine attendant o. tender o. operator (US) || ~, ajusteur-serrurier *m* / [machine o. engine] fitter, mechanic [installer], mecanician, machinist (US) || ~, constructeur *m* mécanicien / mechanical engineer || ~ d'**auto** (auto) / motorcar o. motor mechanic, mechanic || ~ d'**avion** / aeromechanic, ack-ack-emma (coll) || ~ de **bord** / ship's engineer || ~ de **câblage** / circuit installer || ~ **diéséliste** / diesel mechanic || ~ **électricien** (auto) / automotive o. car (US) electrician || ~ en **électronique** / electronics technologist || ~ de **locomotive** (vieux) / engine driver o. man (GB), engineer (US) || ~ **mécanographe** / office machine mechanic o. technician || ~ **navigant** (aéro) / flight engineer || ~ d'un **navire** / marine engineer || ~ de **précision** / fine o. precision mechanic || ~ **réparateur automobile** voir mécanicien d'auto || ~ de **réparation** / repairman
mécanique *adj* / mechanical || ~ (travail à la main) / mechanic || ~, exécuté par un mécanisme / mechanized, mechanical || ~ (embrayage) / positive [locking], interlocking, form-fit || ~ (pap) / containing [mechanical] wood, wood containing || ~, fabriqué à la mécanique / mechanical, produced by a machine || ~ *f* / mechanism || ~ (science) / mechanics *sg*, mechanical science || ~, mécanisme *m* d'entraînement (techn) / drive, gear, wheel work || ~, construction *f* de machines / mechanical engineering || **à la** ~ / mechanized, mechanical || **de la** ~ **chimique** / mechanochemical || **qui se rapporte à la** ~ **des fluides** / fluidic || ~ d'**armures** (tex) / dobby, dobbie, heald loom || ~ de **baisse** (tex) / bottom shedding dobby || ~ **céleste** / celestial mechanics, gravitational astronomy || ~ du **continuum** (méc) / continuum mechanics *sg* || ~ **électronique** / mechatronics || ~ **et artisanat** / engineering and craft industries *pl* || ~ des **fluides** / mechanics of fluids || ~ de **fracture** / fracture mechanics || ~ de **haute précision** / high-precision mechanics || ~ **Jacquard à deux cylindres** / double-cylinder Jacquard loom || ~ **navale** (ELF) / marine engineering || ~ de **Newton** / Newtonian mechanics || ~ **ondulatoire** (phys) / wave mechanics || ~ de **précision** / fine o. precision mechanics, light engineering || ~ **quantique** / quantum mechanics || ~ **relativiste** / relativistic mechanics || ~ du **roc** / rock mechanics *sg* || ~ des **roches** (mines) / rock mechanics || ~ des **sols** / soil mechanics || ~ **statistique** / statistical mechanics || ~ **technique** / engineering mechanics || ~ du **vol** / flight mechanics
mécanisation *f* / mechanization || ~ **partielle** / partial mechanization || ~ **totale** / complete mechanization
mécaniser (gén) / mechanize || ~ (techn) / power *vt* || ~ (ord) / computer[ize]
mécanisme *m* / mechanism, works *pl*, device || ~, mouvement *m* / action, gear, movement || ~, allure *f* / course, mechanical action o. operation, mechanism || ~ (méc) / mechanism || ~ d'**action** / working o. operating mechanism || ~ d'**aiguillage** / points setting o. switch setting o. throwing o. operating device o. mechanism, switchstand handle, switch lever || ~ **ajustable** (méc) / adjustable mechanism || ~ d'**alimentation** (techn) / feeder, feeding mechanism || ~ d'**amenée du fil** / thread feeding mechanisme || ~ d'**antidistorsion** (télécom) /

antidistortion device, line balancer || ~ d'**arrêt** (tex) / stop[ping] motion || ~ d'**arrêt automatique** (tex) / automatic stop motion || ~ à **arrêts instantanés** (cinématique) / stop-motion linkage, dwell linkage || ~ **articulé** (cinématique) / linkage having only turning and sliding pairs || ~ **automatique d'entraînement** (phot) / automatic feed || ~ **automatique d'entraînement** (c.perf.) / automatic carriage || ~ de l'**avance du ruban** (m. à ecrire) / ribbon mechanism || ~ d'**avancement** (grue) / travelling o. traversing gear o. device o. mechanism || ~ d'**avance[ment]** / feeding mechanism || ~ d'**avancement graduel** / intermittent motion, step-by-step system || ~ à **bielle** (cinématique) / coupler mechanism (output link is driven from a coupler point) || ~ à **bielle et manivelle** (techn) / crank mechanism o. gear || ~ **bielle-manivelle** (cinématique) / slider-crank mechanism || ~ **bielle-manivelle oscillant** (cinématique) / inverted slider crank with slider fixed || ~ de **blocage** / ratchet o. locking mechanism || ~ à **cames à trois éléments** (méc) / three-link mechanism || ~ de **changement [de direction]** (tex) / reversing motion || ~ de **changement de vitesse** / feed change gear || ~ de **chargement** / charging device o. apparatus || ~ de **chasse** (tiss) / pick[ing] motion || ~ à **cinq éléments** (méc) / five-bar linkage || ~ à **clavette coulissante** / draw key transmission || ~ à **cliquet** (m.outils) / ratchet motion o. gear || ~ **cognitif** / mechanism of recognition || ~ de **commande** / control[ling] gear o. mechanism || ~ de **commande ou de manœuvre** / steering gear || ~ de **commande de la diminueuse** (tricot) / spindle control mechanism for the narrowing rod travel || ~ de **commande de la grue** / crane control[ling] gear || ~ de **commande hydraulique** (auto) / fluid drive || ~ de **commutation ou de connexion** (télécom) / switching device || ~ **compteur** (techn) / counting train, counter || ~ **convoyeur de la pellicule** (film) / Geneva motion o. movement || ~ à **coulisse** (cinématique) / slider crank || ~ à **coulisse oscillante** (cinématique) / inverted slider crank [with coupler as frame] || ~ à **coulisse tournant** / inverted slider crank with crank as frame || ~ de **couplage** (électr) / switchgear || ~ de **couplage** (techn) / coupling device || ~ **croix de Malte** / Geneva motion o. movement || ~ de **décalage des balais** (électr) / rocker gear || ~ de **déclenchement** / releasing gear, trip gear[ing], tripping gear || ~ à **déclic** / ratchet gear o. mechanism || ~ de **déplacement** / travelling o. traversing o. moving gear o. device o. mechanism || ~ de **déplacement** (grue) / travelling gear || ~ **dépoussiéreur** (m.à rectifier) / metal dust extractor || ~ **dérouleur** / unwinder, uncoiler || ~ **destructif** / destruct mechanism || ~ à **deux bielles inégales** / double rocker mechanism || ~ à **deux joints à fléau immobiles** (méc) / linkage with two frame joists, two-pivot linkage || ~ à **deux manivelles** (méc) / drag-link double crank || ~ **différentiel** / differential motion o. mechanism o. gear, differential || ~ de **direction** / steering gear || ~ de **distribution** (mot) / control[ling] gear o. mechanism || ~ **diviseur** (m.outils) / dividing attachment o. apparatus o. head, divider, index center (US) o. apparatus o. engine o. head, indexing attachment || ~ **élévateur ou élévatoire** / hoisting o. lifting device o. apparatus o. tackle o. gear || ~ d'**encrage** (typo) / inking apparatus o. device o. attachment, fountain || ~ d'**endossement** (c.perf.) / endorsing unit || ~ **enregistreur ou d'enregistrement** / recording mechanism, recorder || ~ d'**enroulement de la pellicule** / winding o. reeling device for films || ~ d'**entraînement** (techn) / drive, gear, wheel work || ~ d'**entraînement de la bande** (ord) / tape feed o. transport || ~ d'**entraînement de bande ou de disque** (enregistreur) / chart drive mechanism || ~ d'**entraînement de bande magnétique** / [mag] tape drive || ~ d'**entraînement à trois moteurs** (b.magnét) / three-motor capstan drive system || ~ à **entrée double** (cinématique) / double input || ~ **équivalent** (méc) / equivalent linkage || ~ de **fermeture** (men) / closing spring || ~ du **frein** / brake gear || ~ à **génération de fonctions** (cinématique) / function generating mechanism || ~ de **halage** (ch.de fer) / towing gear, car puller (US) || ~ d'**horloge** / clockwork, clock movement, train of a clockwork || ~ **image par image** (film) / single-frame o. stop-motion mechanism || ~ **indicateur de réglage** / adjustment indicator || ~ d'**interligne** (m.à ecrire) / line spacer, line spacing mechanism || ~ d'**interligne** (imprimante) / line feed, L.F. || ~ **intermittant** (méc) / ratchet mechanism || ~ de l'**inversion en positif** (phot) / reversal process || ~ de **lancement ou de largage** (aéro) / jettison gear || ~ de **levage** (m.outils) / elevating mechanism || ~ de **levage électrique** / electric lifting o. hoisting gear || ~ de **lève-et-baisse** / lifting and lowering mechanism || ~s *m pl* à **leviers** (cinématique) / linkages *pl* with lever pairs || ~ *m* à **levier coudé** (méc) / toggle mechanisme || ~ à **liens rigides** (méc) / link motion || ~ de **locomotion** / gear, movement || ~ à **manivelle** (techn) / crank mechanism o. gear || ~ à **manivelle** (cinématique) / coupler mechanism (output link is driven from a coupler point) || ~ à **manivelle et bielle oscillante** (cinématique) / crank-[and-]rocker linkage o. mechanism || ~ à **manivelle motrice** / drawcrank mechanism || ~ **manivelle oscillante et tournante** / beam-and-crank mechanism, crank and rocker || ~ de **manœuvre ou de commande** / steering gear || ~ de **manœuvre** (électr) / switchgear || ~ de **manœuvre d'aiguilles** voir mécanisme d'aiguillage || ~ de **manœuvre graduel** / intermittent motion, step-by-step system || ~ de **mise au point** (m.outils) / indexing mechanism || ~ de **monte-et-baisse** (tex) / lifting and lowering mechanism || ~ **moteur** / drive, gear || ~ **moteur**, organes *m pl* de commande / wheelwork || ~ **moteur Walter** / Walter engine || ~ de **mouvement des fers** (tiss) / pile wire mechanism || ~ à **mouvement spatial** (méc) / spatial mechanism || ~ **multiplicateur** (cinématique) / multiplying linkage o. gear || ~ de **multiplication** / multiplying mechanism || ~ d'**orientation** (grue) / slewing (GB) o. slueing gear || ~ **pas à pas** / intermittent motion, step-by-step system || ~ à **passage brusque** / over-center device || ~ à **plateau oscillant** (méc) / swashplate o. wobbbleplate mechanism || ~ **porte-charge par collage** (grue) / adhering hoist mechanism || ~ à **positions d'arrêt** / dwell mechanism || ~ **pousseur** (four poussant) / pushing device || ~ **pousseur** (lam) / advancing o. feeding device || ~ de **raclage** (mines) / rabbling machine || ~ d'un **radical caché** (chimie) / crypto-radical mechanism || ~ à **rapport de transmission constant,** [variable] / transmission with constant,[varying] velocity ratio || ~ à **rebrousser** (tiss) / transferring device || ~ **régulateur ou de réglage** / controller, control unit, control system (GB), controlling means (US) || ~ **régulateur d'amenage** / feed regulator || ~ **régulateur de vitesse** / variable speed drive || ~ de **remontage** (montre) / winding device || ~ de **rentrée** automatique / spring-return mechanism || ~ de **renversement** / link motion, reversing gear || ~ de **renversement** (engrenage) / reverse o. reversing gear [box] || ~ de **renversement de marche** / feed change gear || ~ **répétiteur** (ch.de fer) / repeater mechanism || ~ de **répétition** (mil) / magazine catch || ~ à **ressort** / clockwork [motion], clock movement, spring drive o. motor o. work || ~ de **retournement de cartes** (c.perf.) / card reverser || ~ de **réverbération artificielle** / artificial reverberation device || ~ de **roulement** (techn) / running gear || ~ de **roulement pour le chariot** / trolley travelling winch || ~ de **roulement à rouleaux** (techn) / roller gear || ~ de **roulement de tour** / tower travelling gear || ~ de **sécurité** / safety apparatus o. appliance o. device o. contrivance o. precaution || ~ à **sept tiges articulées** (méc) / seven-joint linkage || ~ à **serrer les tôles** / sheet clamping device o. holder || ~ **sinusoïdal** (méc) / Scotch-yoke mechanism || ~ à **six manivelles** / six-link mechanism || ~ **substituant** (méc) / equivalent linkage || ~ de **sûreté** voir mécanisme de sécurité || ~ de **synchronisation automatique** (radar) / synchronizing servo mechanism || ~ de **tirage** / drawgear || ~ à **torsion forte** (filage) / hard twist mechanism || ~ dont **toutes les tiges peuvent se ranger sur une droite** (cinématique) / folding linkage || ~ de **traction** / traction mechanism || ~ de **transmission** (méc) / load transmission || ~ à **transporter la récolte** / crop conveying means, transporting means || ~ de **valve** (pneu) / valve core o. inside || ~ à **verrouillage automatique** / ratchet o. locking mechanism || ~ **vireur** / slewing mechanism || ~ à **vitesse variable** / variable speed gear || ~ **vue par vue** (film) / single-frame o. stop-motion mechanism

mécano *m* (coll) (auto) / motorcar o. motor mechanic, mechanic || ~ (coll.) (aéro) / aeromechanic, ack-ack-emma (coll)

mécano-acoustique / mechanical-acoustical

mécano-électrique / electromechanical

mécanographe *m f* (m.compt.) / bookkeeping machine operator || **[dame] ~ de cartes perforées** (c.perf.) / card punch girl

mécanographie *f* à **cartes perforées** / punched card system || ~ **comptable** (c.perf.) / machine accounting

mécanutention *f* / materials handling technology

mèche *f* / wick || ~ (tex) / slub, coarse o. rough roving || ~ (outil) / bore bit || ~ (laine) / tuft || ~ (coton) / fiber tuft || ~ en **agate** / agate drill || ~ d'**allumage** / slow match wick || ~ **annulaire** / circular wick || ~ à **bois** (outil) / wood borer o. bore bit || ~ à **bois à couteau extensible** (bois) / expansive center bit || ~ à **bois à deux couteaux** / double chamfered drill, double cutting drill || ~ à **bois hélicoïdale dite «Américaine»** / grooved o. drill bit || ~ à **bois 3-pointes** (charp) / center bit || ~ à **bois à simple spirale** / gimlet bit, wimble || ~ à **canon** / tube bit || ~ **caoutchouc** / gutta-percha fuse || ~ **carbure** / sintered carbide drill || ~ de **centrage** / spot facer o. facing cutter || ~ à **conducteur** / tap borer, pin drill || ~ **conique** (bois) / rose bit || ~ **creuse** (bois) / shell o. spoon o. dowel o. duck's-bill auger o. bit, nose bit, wimble scoop || ~ **cylindrique** / tubular drill || ~ **douce** (filage) / fine roving || ~ d'**explosif** / fuse || ~ de **fibres** (filage) / staple sliver || ~ de **filature** (filage) / sliver || **~-fraise** *f* **cylindrique** / counterbore || **~-fraise** *f* **hélicoïdale à trois tranchants** / three-lip spiral countersink, three-lipped core drill || **~-fraise** *f* **plate** / spotting drill || **~-fraise** *f* à **quatre tranchants** / four-lipped core drill || **~-fraise** *f* à **queue** / spot facer o. facing cutter || ~ de **frottoir** (tex) / condensed sliver || ~ de **gouvernail** / rudder post o. spindle || ~ de **gouvernail** (nav) / rudder post o. spindle || ~ de **graissage** / lubricating wick || ~ **hélicoïdale à un tranchant** / single-lip[ped] screw auger || **~-inflammateur** *f* (mines) / igniter cord || ~ de **jute** / jute rove o. roving || ~ à **métaux** / metal drill || ~ à **pierre** / borer, jumper, stone drill || ~ **plate** / flat wick || ~ de **préparation de lin** / flax roving o. slubbing || ~ **ronde** / circular wick || ~ **soufrée** / quick match || ~ de **sûreté** / safety fuse o. match || ~ à **tenon** / tap borer, pin drill || ~ pour **tourneurs** / pointed nose, turner's bit || ~ **tubulaire** / tubular wick || ~ *m* à **une coupe de finissage** / single-tooth finishing bit

mécher (fût) / match *vt*, fumigate

mécompte *m* / computational error, miscalculation

Me-courbe *f* (mines) / effective instantaneous ash curve

médaille *f* / medal

médaillon *m* dans une **illustration** (typo) / insert

médecine *f* **aérienne** / flight medicine

média·s *m pl* / media *pl* || ~ *m* **filtrant** / filtering agent

médian / median, medial || ~ (math) / medial

médiane *f* (contr.de qual) / median || ~ (géom) / median line || ~ (statistique) / median || ~ de **construction** (dessin) / construction line || ~ de l'**échantillon** (contr.qual) / sample median

médiateur *m* (chimie) / mediator || ~ de **potentiel** (chimie) / potential mediator

médiatrice *f* (math) / mean perpendicular, mid-perpendicular

médical, médicinal / medical

médico-biologique / medico-biological

médionner / take the average o. a medium

méga·..., még..., mégal[o]..., 10^6 / mega... || **~barye** *f* / megabar || **~byte** *m* (= 10^3 kilobyte) (ord) / megabyte, MB || **~dyne** *f* / megadyne || **~-électron-volt** *m* / million- o. megaelectron volt || **~farad** *m* / megafarad || **~gramme** *m* / megagram, Mg || **~hertz** *m*, MHz / megacycles per second, mcps, mc/s, MCPS, M.C.P.S., megahertz || **~lithe** *m* (géol) / megalith

mégampère *m* / megampere

méga·phone *m* / megaphone || **~tonne** *f* / megaton (= 10^6 tons of TNT) || **~tron** *m*, tube *m* phare / megatron, disk-seal tube, lighthouse tube || **~volt** *m* / megavolt, MV || **~watt** *m*, MW / megawatt, MW

mégi (tan) / alumed, dressed with alum, tawed

mégie *f* (tan) / tawery

mégir / taw *vt*

mégis *m* (tan) / alumn steep

mégissé / alumed, dressed with alum, tawed

mégisser / taw *vt*

mégisserie *f* (tan) / tawery

mégissier *m* (tan) / tawer

mégohm *m*, MΩ / megohm

mégohmmètre *m* / megger, megohmmeter

meichage *m* des **cossettes** (sucre) / juicing up of cossettes

meilleur [que] / better [than]

méionite *f* (min) / meionite

mel *m* (acoustique) / mel

mélaconite *f* (min) / melaconite

mélamine *f* (chimie) / melamin[e]

mélaminé *m* / melamine resin

mélange *m* / mix, mixture, blend || ~ (émail) / batch[-composition] || ~ (sidér) / burden, stock || ~ (mines) / blending || ~ (télécom) / looping || ~ (tiss) / melange, blend, mixture [cloth] || ~ (activité) / mixing

|| **sans** ~ / unmixed, clean, pure, straight || ~ d'**air et de carburant** / fuel[-air] mixture || ~ **air-gaz** / gas-air mixture || ~ **anticorrosif** / anticorrosive agent, slushing compound || ~ d'**arbitrage** (béton) / arbitrary mix || ~**s** *m pl* **argile-bitumen** / clay and bitumen mixtures *pl* || ~ *m* **bigarré** (gén) / mottle || ~ **binaire** / two-component mix || ~ **bitumineux** / natural asphalt [rock], native asphalt || ~ de **caoutchouc** / rubber compound || ~ **carburant benzole** / benzole mixture || ~ de **chlorure et d'hydrogène à volumes égaux** / chlorine-hydrogen gas (mixture of chlorine and hydrogen by equal volumes), chlorine detonating gas || ~ par **chute libre** (mines) / gravity mixture, free fall mixture || ~ de **ciment et de chaux** / lime-cement || ~ **coloré maître** / master batch, colour batch o. concentrate || ~ **complexe** / complex o. composite mix || ~ de **conversation** (télécom) / crosstalk || ~ de **couleurs** / tincture, tinge, colouring, colour mixture || ~ de **couleurs** (teint) / colour blending || ~ **cru** (ciment) / raw mixture || ~ **cryogène** / cryohydrate || ~ **détonant** (mot) / explosive mixture || ~ **deux temps** (auto) / lubricated petrol (GB) o. gasoline (US) || ~ **dosé** / blending || ~ d'**eau** [et de ...] / aqueous o. hydrous mixture || ~ d'**équilibre** (chimie) / equilibrium mixture || ~ d'**essence** / fuel mixture || ~ **étalon** (sidér) / standard burden || ~ **explosif** (mot) / explosive mixture || ~ **extrudé** / extrusion compound || ~ des **fils occasionné par l'humidité** (électr) / weather contact || ~ à **fin grain ou finement granulé** (béton) / fine grain mixture || ~ **fini** / mixture ready for use || ~ de la **fonte** / cast iron mixture || ~ **frigorifique** (phys) / frigorific o. freezing mixture, cryogen || ~ **gaine** (câble) / sheathing compound || ~ de **gaz pour étalonnage** / calibration gaz mixture || ~ de **gaz froid et de l'air** / cold gas-air mixture || ~ **gazeux ou de gaz** / gas mixture o. compound || ~ **gomme-soufre** / rubber sulphur stock || ~ de **grains** (agr) / mixed provender, mash || ~ **grisouteux** / firedamp, black o. choke damp, mine damp o. gas || ~ d'**huiles** / oil blend || ~ d'**huile et de graphite** / oil-graphite compound || ~ **huile-résine** / oil-rosin compound || ~ **inverse** (électron) / inverse mixing || ~ **isolant pour câbles** / cable compound, insulating compound || ~ de **liquides** / liquid mixture || ~ **maître ou mère** (chimie) / master-batch || ~ **musical** / tonal blend || ~ **nitrant** / nitration o. nitride compound || ~ **normal de béton** (bâtim, béton) / standard mix (= 1:2:4) || ~ à **noyau** (fonderie) / core moulding o. making compound || ~ **oléorésineux** / oil-rosin compound || ~ **parfait** / perfect mix || ~ **pauvre** (mot) / weak o. rare mixture || ~ **peigné** (filage) / worsted melange || ~ en **plaque** (caoutchouc) / slab || ~ **pneu** (caoutchouc) / tire stock || ~ de **polymères** / polymeride compound || ~ de **poudre** (frittage) / powder mix || ~ **projetable** (réfractaire) / refractory gunning material || ~ **projetable** (ciment et sable) (bâtim) / gunite || ~ **pulvérulant** (plast) / dry o. powder blend || ~ **pure gomme** (élastimère) / [pure-]gum compound || ~ **réactionnel** / reaction mixture || ~ **réfractaire projetable** (sidér) / plastic o. mouldable refractory || ~ à base de **régénéré** (caoutchouc) / reclaim compound || ~ pour **réparation** (sidér) / patching material || ~ de **résine** / resinous compound o. composition || ~ **sec** (plast) / dry o. powder blend || ~ **sel fondu-cendre** (nucl) / melt salt-ash mixture || ~ des **signaux** (TV) / signal mixing || ~ **sulfo-chromique** / chromic-sulfuric acid mixture || ~ **sulfonitrique** / mixed o. nitrosulfuric acid || ~ **témoin** / checking mixture || ~ **tonnant** / oxyhydrogen gas, electrolytic o. detonating gas || ~ à **trois composantes** / three-component mix || ~ **[trop] pauvre** (mot) / poor mixture, weak mixture || ~ **trop riche** / overrich [gas] mixture || ~ **vinylique** / polyblend

mélangé / mixed || ~**s** *m pl* de **gangue** (mines) / bone, bony coal, true middlings *pl*

mélangeable / miscible, mixable

mélangeage *m* dans la **canalisation** (pétrole) / in-line blending || ~ par **charge** / batch blending

mélanger / mix *vt*, mingle, blend || ~ (TV) / mix [into] || ~ (tiss) / mingle, mottle, mix || ~ **A avec B** (chimie) / add B to A || ~ par **couleurs** (tex) / blend, mix || ~ à **fond** / mix o. mingle o. blend thoroughly || ~ **intimement** / mix homogenously || ~ les **minerais** (sidér, fonderie) / make up the charge, calculate the burden, burden

mélangeur *adj* / mixing || ~ *m* / mixer || ~ (céram, fonderie) / blunger || ~ (ord) / OR-circuit, buffer || ~ (contr.aut) / compound circuit || ~ (aéro) / holding area || ~ (radio) / mixer || ~**-agitateur** *m* / agitating mixer || ~**-agitateur** *m* (fonderie) / stirrer || ~ à **ailettes** / paddle o. wing mixer || ~ à **bac** (béton) / pan mixer || ~ à **béton** / concrete mixer o. mixing machine || ~ **biconique** / double-cone mixer || ~ **brasseur** / impeller type mixer || ~ de **caoutchouc à cylindres** / rubber mixer || ~ **centrifuge** / fan blower mixer || ~ pour **chantier** (bâtim) / job mixer || ~ **circulaire** / circular mixer || ~ à **commande unique** (évier) / single-lever combination set (US) o. mixing battery (GB) || ~**-commutateur** *m* / non-synchronous composite signal mixer || ~ **continu** / flow mixer || ~ à **courroie** / ribbon mixer || ~ **cubique** (mét.poudre) / cube mixer || ~ à **cylindres** (caoutchouc) / open o. mixing mill || ~**-décanteur** *m* (nucl) / mixer-settler || ~**-décanteur** *m* (chimie) / mixer-settler || ~ à **deux arbres** / double-shaft mixer || ~ **distributeur** (céram) / tampering mill || ~ à **[double] cône** / [double-]cone mixer || ~ d'**encollage** / size mixer || ~ d'**évier** / combination set (US), mixing battery o. tap (GB) || ~ **excentrique** / asymmetric moved mixer || ~ à **faible corroyage** / low shear mixer || ~ du type à **fluidification** / fluid mixer || ~ de **fonte liquide** / pig iron mixer, hot-metal mixer || ~ de **fourrages** (agr) / food mixer || ~ **Gordon** / Gordon mixer || ~ à **hélice** / mixer with propeller || ~ d'**image** (TV) / video mixer || ~ **installé en ligne** / [in-]line blender || ~ **interne** (plast) / kneader || ~**-inverseur** *m* / NOR-function, non-disjunction || ~ de **laine** / wool mixer o. blender || ~**-malaxeur** *m* **de type Banbury** / rubber kneader, Banbury mixer || ~ de **métal liquide** (sidér) / hot-metal mixer || ~ à **meules verticales** / mixing [edge] runner, mixing pan mill || ~ à **mortier** / mortar mixer, pug mill || ~ à **orifice** / orifice mixer || ~ **ouvert** (caoutchouc) / open o. mixing mill || ~ à **palettes à mouvement planétaire** / planetary paddle mixer || ~ au **passage** / flow mixer || ~ de **pâte** / dough mixer o. mill || ~ à **poche agitée** (sidér) / oscillating ladle mixer || ~ **polyédrique** / polyhedral mixer || ~ **Pony** (plast) / pony mixer || ~ de **préaffinage** (sidér) / active [hot metal] mixer, primary refining mixer || ~ de **produits dans la canalisation** / [in-]line blender || ~ **rotatif de Pott** / Pott rotary mixer || ~ à **rouleaux** / roller-type mixer || ~ des **signaux** (TV) / signal mixer || ~ à **sole plate** (sidér) / flat hearth type mixer || ~ de **sons ou du son** (TV) / audiomixer, sound mixer, mixing desk o. console || ~ à **spirale** / spiral mixer || ~ à **spirale** (caoutchouc) / spiral ribbon mixer

|| ~ à **tambour incliné** / tilted drum mixer || ~ à **trommel** / drum o. barrel mixer || **~-truqueur** *m* (film) / special effects mixer || ~ à **turbine** / impact mixer, turbomixer || ~ en **V** / [batch] V-blender || ~ **vidéo** (TV) / video mixer
mélangeuse *f* / mixing machine, mixer || ~ (filage) / melange gill box || ~ **automatique** (filage) / blending hopper and automatic mixer || ~ pour **laine peignée** / melange gill box for worsted || ~ à **sable** / sand mixer o. mixing machine, muller
mélaniline *f* (chimie, caoutchouc) / diphenylguanidine
mélanine *f* / melanin
mélanite *f* (min) / melanite
mélantérie *f*, -térite *f* (min) / melanterite, copperas, green vitriol
mélaphyre *m* (géol) / melaphyre
mélasse *f* / molasses *pl* || ~ **cuite dure** / hard-baked molasses *pl* || ~ **finale** (sucre) / final molasses, black strap molasses *pl* || ~ de **raffinage** (sucre) / refinery molasses *pl*, barrel syrup || ~ **visqueuse** (sucre) / viscous molasses *pl*
mêlé / miscellaneous, mixed
mêler / mix *vt*, mingle, blend || ~ (liquide) / pour together || ~ (se) / intermingle, mix || ~ à **tort** / mix up, mistake || ~ [le **vin**] / adulterate wine
mélèze *m* / larch[wood]
méligèthe *f* du **colza** / blossom [rape] beetle, shiny colza weevil
méli·lite *f* (min) / melilite || **~lotine** *f* (chimie) / melilotin || **~nite** *f* / lyddite || **~tose** *m* / raffinose, melit[ri]ose
mellite *f* (min) / mellite, honey stone
melton *m* (tex) / melton
membrane *f* (techn, télécom) / jockey, [vibrating] diaphragm, vibrator || ~ (bois) / membrane || ~ (soupape) / diaphragm || ~ (chimie) / membrane, film, coat[ing] || ~ **adipeuse** (tan) / adipose tissue || ~ **cellulaire** / cellular membrane || ~ de **cellule** (bot) / cell wall o. membrane, membrane of the cellule || ~ **conique** / conical diaphragm || ~ **conique en papier du haut-parleur** / paper cone || ~ en **fer doux** (télécom) / soft iron diaphragm || ~ **hémi-perméable ou semi-perméable** (chimie) / [porous] diaphragm || ~ **téléphonique** / telephone diaphragm, tympanum || ~ du **tweeter** (haut-parl) / tweeter dome
membre *m* (gén, bâtim) / limb, member || ~ (techn) / member, link || **à deux ~s** (math) / two-termed, binomial || **à quatre ~s** (math) / four-termed, quadrinomial || ~ **comprimé** (méc) / member under compression || ~ **destiné à la rupture** / breaking piece || **~s** *m pl* **diagonaux** / diagonal members *pl* || ~ *m* d'**équation** / member of an equation || ~ d'**équipage** / crew member || ~ **extrême** / last member o. link || ~ **initial** (math) / leading term || ~ **intermédiaire** (gén) / connecting link o. member, intermediate [member], link || ~ du **personnel** / employee, employe, employé || ~ de la **poussée ou de la pression** / thrust [carrying o. transmitting] piece o. member || ~ de **précontrainte** (béton) / prestressing element || ~ **proportionnel** (contr.aut) / proportioning element || ~ **récepteur** (techn) / driven member || ~ **recevant la poussée** / thrust [carrying o. transmitting] piece o. member || ~ de **rupture** / breaking piece || ~ **tendu** (techn, constr.en acier) / brace, tension[al] member o. bar o. rod, tie [rod] || ~ de **transmission** / thrust [carrying o. transmitting] piece o. member
membrette *f* (bois) / oaken board
membrure *f* (constr. en acier) / boom (GB), chord (US), flange || **~s** *f pl* (nav) / framing || **à ~s** (bâtim) / braced || **avec la ~ montée** (nav) / in frames || ~ *f* **arquée** (constr.en acier) / arched boom (GB) o. chord (US) || ~ **brisée** (constr.en acier) / boom o. chord in a broken line || ~ **comprimée ou soumise à la compression** (constr.en acier) / compression chord (US) o. boom (GB) o. flange || ~ **inférieure** (constr.en acier) / lower o. bottom chord (US) o. boom (GB) || ~ **inférieure de la construction** (constr.en acier) / lowest line of structure || ~ **longitudinale [système Isherwood]** (nav) / Isherwood framing || ~ à **mi-longueur du navire** (nav) / midhip frame o. section || ~ du **ponton** / bridge member || ~ d'une **porte à panneaux** / head casing of a door || ~ de **poutre à treillis** / trelliswork chord (US) o. boom (GB) || ~ de **renforcement du nez** (aéro) / nose stiffener || ~ **supérieure d'un treillis** (constr.en acier) / upper o. top boom (GB) o. chord (US) o. flange || ~ **tendue ou travaillant à l'extension** (pont) / tension boom (GB) o. chord (US) || ~ **travaillant à la compression** (constr.en acier) / compression chord (US) o. boom (GB) o. flange
même, au ~ dénominateur (math) / of same denominator || **au ~ niveau** / even [with] || **dans le ~ sens** / running in the same direction || **de ~ grandeur** / of equal height || **de ~ nature ou espèce** / of the same kind || **de ~ polarité**, des même signes (électr) / of the same kind o. name o.sign || **de ~ sens** / in same direction || **le ~ dénominateur** / common denominator || **le ~ signe** / like sign
mémo *m* / mem, memo[randum] || **~film** *m* (ordonn) / memo-motion study
mémoire *f* (ord) / storage (US), memory (US), store (GB) || ~ (comm.pneum) / memory || **à ~ permanente** / with retentive memory || **sans** ~ (ord) / memoryless, storageless || ~ à **accès aléatoire** (ELF) / random access memory o. storage, RAM || ~ à **accès aléatoire orientée en bloc** / BORAM, block oriented random access memory || ~ à **accès rapide** / zero access o. fast access o. quick access storage, fast o. rapid o. high-speed memory o. store, instantaneous store || ~ à **accès sélectif** / random organization of storage || ~ **adressable par le contenu**, CAM / contents addressable memory, CAM, associative memory || ~ **alphanumérique** / alphameric memory || ~ **analogique en série** / serial analog memory || ~ **annexe** / bump storage || ~ d'un **appareil de commande** / controller memory || ~ d'**archive** / archival storage || ~ **associative** / CAM, content addressable memory, associative memory || ~ **associative** / contents addressable memory, CAM, associative memory || ~ **auxiliaire** / auxiliary o. backing o. second[ary] storage o. store o. memory || ~ à **bande magnétique** / tape store o. memory || ~ **bloc-notes**, mémoire *f* «cache» / cache, scratch-pad memory || ~ à **bulles magnétiques** / magnetic bubble memory || ~ **C.C.D.** / charge coupled device || ~ **centrale** / main [frame] memory o. storage (US) o. store (GB), working o. computing o. processor storage || ~ à **circuits intégrés** / integrated circuit memory || ~ **circulante** / cyclic storage || ~ à **condensateur** / capacitor storage || ~ des **constantes** / storage for constant values || ~ à **couche [magnétique] mince** / [magnetic] thin film memory || ~ de **courte durée** / short-time memory || ~ **cryogénique** / cold store || ~ à **cryotron** / cryoelectric memory || ~ à **décalage** / shift register || ~ à **disque[s]** / disk memory o. stor[ag]e || ~ à **disque[s] magnétique[s]** / disk memory o. stor[ag]e, magnetic disk [storage unit] || ~ à **disque souple** / floppy disk memory || ~ à **disque unique** / single-disk storage || ~ des **données**

télétransmises / line register || ~ **DOT** / DOT memory || ~ **EAROM** / electrically alterable read only memory, EAROM || ~ **effaçable** / erasable store || ~ **électrostatique** / electrostatic storage o. memory || ~ d'**entrée** / input storage || ~ **externe** / external store || ~ à **facteurs** / factor storage || ~ **ferromagnétique** / magnetic core memory || ~ à **feuillets magnétiques** / magnetic card storage unit || ~ à **fil revêtu** / plated-wire memory || ~ **filée** / wired memory || ~ **fixe** / read-only o. permanent store o. memory, ROS, ROM || ~ **fixe programmable par l'usager** / programmable ROM, PROM || ~ de **fond** / background store || ~ à **grande capacité** / large capacity memory o. storage, bulk o. mass memory || ~ d'**informations** / data memory (US) o. store (GB) || ~ **intermédiaire** / temporary storage || ~ **interne** / internal memory o. storage || ~ **Laram** / line addressable random access memory (charge coupled device), laram memory || ~ **latrix** / latrix (light accessible transistor matrix) || ~ à **lecture réprogrammable** / reprogrammable ROM || ~ à **lecture seule** / read-only memory, ROM || ~ à **lecture seule à contenu fixé par construction** / fixed programmed ROM || ~ à **lecture seule à contenu programmable par l'utilisateur** / field programmable ROM || ~ à **lecture seule programmable par masque** / mask programmed ROM || ~ à **lecture-écriture** / RWM, read-write memory || ~ avec **ligne à retard à mercure** / mercury memory o. tank o. delay-line || ~ **magnétique** / magnetic memory || ~ à **magnétostriction** / magnetostriction memory || ~ **matricielle à tores** / core matrix memory || ~ **micro** / control memory || ~ de **microinstruction** / microinstruction memory || ~ **monolithique** / monolithic storage || ~ **morte** (ELF) / read-only o. permanent store o. memory, ROS, ROM || ~ **morte modifiable par commande électrique** / electrically alterable read-only memory, EAROM || ~ **morte programmable** / PROM, programmable read only memory || ~ à **mots** / word organized o. structured storage || ~ à **noyaux magnétiques** / magnetic core memory || ~ **numérique à bande magnétique** / magnetic tape digital memory || ~ **opératrice** voir mémoire principale || ~ **organisée par mots** / word organized o. structured storage || ~ de **pages auxiliaire** / auxiliary page storage || ~ **parallèle** / parallel storage || ~ de **perforatrice** (c.perf.) / punch storage || ~ **permanente** / permanent memory || ~ **photo-optique** / film store o. memory, photo-optical memory || ~ à **plusieurs mots** / plural word storage unit || ~ **principale** / main [frame] o. working memory o. storage (US) o. store (GB), operating o. primary store || ~ de **programmes** / program storage || ~ des **programmes et des informations** / combined program and data store || ~ **PROM** / PROM, programmable read only memory || ~ à **propagation** / delay-line memory, dynamic memory || ~ **RAM** / random access memory o. storage, RAM || ~ **rapide** / high-speed storage, rapid access o. fast access o. zero access memory || ~ à **régénération** / regenerative store || ~ **rémanente** / permanent o. non-volatile storage || ~ **réservée d'ordinateur** / zone of a computer || ~ **ROM** / read-only memory, ROM || ~ à **sélection matricielle** / matrix memory o. stor[ag]e || ~ **séquentielle** / sequential store || ~ en **série** / serial store || ~ en **série-parallèle-série** / series-parallel-series memory || ~ en **serpentin** / serpentine memory || ~ du **sous-programme d'amorçage** / bootstrap memory || ~ à **spot mobile** / flying spot store || ~ de **stockage** / memory store || ~ **suite** / continuation store || ~ à **tambour magnétique** / magnetic drum [storage unit] || ~ **tampon** / buffer [memory] || ~ **tampon de sortie** / transmit buffer || ~ **temporaire ou de travail** / intermediate stor[ag]e o. memory, buffer store (GB) o. storage (US) || ~ à **temps d'attente nul** / zero access o. fast access o. quick access storage, fast o. rapid o. high-speed memory o. store, instantaneous store || ~ à **tores** / core memory o. stor[ag]e (US) o. store (GB) || ~ à **tores de ferrite** / ferrite core store o. memory || ~ à **tores magnétiques** / magnetic core memory || ~**-totalisateur** *f* / punch word (IBM 609), sigma memory || ~ de **travail** voir mémoire principale || ~ en **verre** / glass memory || ~ **virtuelle** / virtual memory || ~ **vivante** / read-write memory

mémoire *m* / written statement || ~ **descriptif préalable** (brevet) / provisional specification || ~ de **travaux** (bâtim) / contractor's account memorandum of costs

mémorisation *f* (ord) / storing || ~ **coïncidente** / coincidence storage || ~ **commune** / shared storage || ~ des **informations** / information storage || ~ **rémanente** (ord) / non-volatile storage

mémoriser (ord) / memorize, store || ~ [dans un registre] (ord) / copy

menaçant ruine / dilapidated, out of repair

ménaccanite *f* (min) / menaccanite

menacé d'**éboulement** / in danger of rock burst

ménage *m* du **rocher** / rock blasting

ménager *vt* / spare *vt*, save || ~ (techn) / recess *vt* || ~ *adj* / domestic || ~, organiser / arrange, provide || ~ des **banquettes ou des terrassements** / step *vt*, terrace *vt*

menant (roue dentée) / driving

mendélévium *m* / mendelevium, Md

mendélisme *m* / Mendelian inheritance, Mendelism

mené (roue dentée) / driven

meneau *m* **vertical** (bâtim) / mullion, munnion || ~ **horizontal** / transom

mener / lead *vt* || ~ la **charrue** (agr) / drive the plough || ~ une **galerie** (mines) / undercut || ~ une **tangente** / draw a tangent line

meneur *m* de **jeu** (TV) / discussion chairman, anchor man, presenter, moderator (US)

ménilite *f* (min) / menilite

méniscoïde / meniscal

ménisque *m* (opt) / meniscal lens, meniscus (pl: menisci, meniscusses) || ~, objectif *m* simple / simple objective || ~ (colonne de liquide) / concave meniscus [of water], convex meniscus [of mercury] || **en [forme de]** ~ / meniscal

menotte *f* de **ressort ou de suspension** / spring shackle, suspension shackle

menstruum *m* (pharmacol) / vehicle, excipient, menstruum

mensurable / measurable, mensurable

menthol *m* / menthol, hexahydrothymol, peppermint camphor

mentholé / mentholated

mentonnet *m* (techn) / toe, tappet || ~ (serr) / lever bit of key || ~ (men) / bench dog || ~ (porte) / door latch (to keep open the door) || ~ **lubrificateur** / oil scoop o. dipper

menu *adj*, petit / small, tiny || ~, mince / tenuous || ~ (détail) / minute || ~ bois *m* / brushwood || ~**e paille** *f* / dishevelled straw

menu·s *m pl* (charbon) / smalls *pl* || ~**s** *m pl* **60/30** /

cobcoal, cobbling || ~**s** *m pl* (terres de minage) / rubbish || ~ *m* (ord) / menu || ~ causé par le **bris** / small caused by breakage || ~ **brut** / small o. slack coal || ~ **brut** (0/35 mm) / rough pea coal (from 0 to 35 mm) || ~ de **charbon** / culm (undersize of 1/8" mesh) || ~**s** *m pl* de **charbon de bois** / charcoal duff || ~ *m* de **coke** / coking duff || ~**s** *m pl* de **concassage** (mines) / broken rocks *pl* || ~**s** *m pl* de **criblage** (prépar) / riddling smalls *pl* || ~**s** *m pl* du **crible** (gén) / screenings *pl*, siftings *pl*, undersize, particles *pl* passing through the mesh || ~ *m* de **forage** (mines) / drillings *pl* || ~ **grenu** / small coal without fines || ~**s** *m pl* de **houille bruts** / beans of coal *pl*, small coal, slack coal || ~ *m* **lavé** / washed smalls *pl* || ~ **plomb** / small shot || ~ **sortant** / small coal without lumps

menuise *f* (numéros 10 et 12) / dust shot, fine bird shot, mustard seed (US)

menuiserie *f* (bois) / joiner's shop o. work, joinery || ~ en **bâtiments ou en bâtisse** / building joinery || ~ **métallique** / shop window construction || ~ en **meubles** / cabinet making o. maker's

menuisier *m* / joiner, carpenter (US) || ~ en **bâtiments** / building joiner, house carpenter || ~**-modeleur** *m* (fonderie) / pattern maker

mépacrine *f* (chimie) / mepacrine

méplat *adj* / flattened || ~ (lam) / half-flat || ~ *m* / flattening, flat surface o. part || ~ / side face of a polygonal body || ~ (lam) / rectangular bar || ~ (soud) / root face || ~ de **roue** (ch.de fer) / wheel flat

méprise *f* / mistake

mer *f* / sea || ~ (lune) / mare (pl: maria) || **[grosse]** ~ / motion of the sea, seaway, rough sea, sea disturbance || **de** ~ (p.e. brise) / on-shore || **de la** ~ / marine || **en** ~ (ELF) / offshore... || **par** ~ / sea-borne, by sea || ~ **houleuse** / high seas *pl*, heavy swell || ~**-sol** *m* **balistique stratégique** / strategical ballistic missile sea-land, submarine ballistic missile

mercaptal *m* / mercaptal

mercaptan *m* / thio-alcohol, mercaptan, thiol (US) || ~ **éthylique ou d'éthyle** / ethanthiol

mercaptide *m* / mercaptide

mercaptobenzothiazole *m* / mercaptobenzthiazole (accelerator for rubber)

mercaptol *m* / mercaptol

mercerie *f* (tex) / small wares *pl*, haberdashery (GB), notions *pl* (US)

mercerisage *m* / mercerizing, -ization || ~ du **coton brut** (tex) / mercerization in grey || ~ en **écheveaux** / hank mercerizing || ~ de **fil** / yarn mercerizing || ~ en **pièces** (tex) / piece mercerizing

mercerisé à la **lessive** (tex) / caustic-soda mercerized

merceriser / mercerize

merceriseuse *f* (tex) / mercerizing machine

mercure *m* / mercury, hydrargyrum, Hg || ~ à l'**état natif** (min) / quicksilver || ~ **fulminant** / mercury o. mercuric fulminate, fulminating mercury || ~ **iodique** / [red] mercuric iodide || ~ **muriaté** (de Haüy) / horn mercury, calomel (obsolete)

mercureux (chimie) / mercurous, mercury(I)...

mercuriel / mercurial

mercurique / mercuric, mercury(II)...

mère *f* de **coulée** (sidér) / central gate, trumpet assembly || ~ [de la **coulée en source**] / group teeming bottom plate, bottom pouring plate, group teeming stool (US) || ~**-galerie** *f* (mines) / main gangway || ~ de **pas-de-vis** / tap die || ~ de **vinaigre** / mother of vinegar, acetous ferment, mycoderma aceti

méridien *adj* (astr) / meridional || ~ *m* / meridian (half of the great circle) || ~ **géographique** / earth meridian (a great circle passing through the poles)

méridional (géogr) / meridional

mérinos *m* (tiss) / merino

méristème *m* / meristem

mérite *m* de **bande** (électron) / band merit

méritocratie *f*, société *f* compétitive / meritocracy, achieving society

merlin *m* (outil) / forestry axe, bushman's o. chopping axe || ~ (cordage) / three-strand twine, (nav:) houseline, marline

merlon *m* / barricade, earthwork || ~ **antibruit** / noise prevention wall, noise o. sound barrier || ~ de **protection** (pétrole) / protective earth dam

méro·gonie *f* (biol) / merogony || ~**morphe** (math) / meromorphous || ~**trope**, -tropique / merotrop[ic] || ~**tropie** *f* / merotropy, -tropism || ~**xène** *f* (min) / meroxene

merrain *m* / thin-cut wood

mersolates *m pl* / mersol soaps *pl* (surface active agents)

mersolation *f* / mersolation

mesa *f* (géogr) / mesa (US)

mesh *m pl* / mesh || **de 300** ~ / 300 mesh

mésitine *f* (min) / mesitite

mésitylène *m* / mesitylene

méso·benthos *m* / mesobenthos || ~**climat** *m* / mesoclimate || ~**colloïde** *m* / mesocolloid || ~**dynamique** *f* / meson dynamics || ~**-inositol** *m* (chimie) / bios || ~**lite** *f* (min) / mesolite || ~**mère** (chimie) / mesomeric || ~**mérie** *f* (nucl) / mesomerism, resonance || ~**morphe** / mesomorphic

méson *m* (phys) / meson || ~ **A** / A-meson || ~ **chi** / Chi meson || ~ **êta** / η-meson || ~ **F** / F-meson || ~ **K** (nucl) / kaon || ~ **neutre ou nu ou** ν (phys) / neutral meson, neutretto || ~ **phi ou** φ / phi-meson || ~ **pi ou** π / π-meson, pion || ~ **rho ou** ρ / rho-meson || ~ **sigma ou** σ / sigma meson (produced by a pion) || ~ **tau ou** τ / tau meson, tauon

méso·pause *f* / mesopause (atmosphere) || ~**phile** / mesophilic (bacteria) || ~**saprobies** *pl* / mesosprobes *pl* || ~**sapropélique** / mesosaprobic || ~**sidérite** *f* / mesosiderite || ~**sphère** *f* / mesosphere ~**thermal** (géol) / mesothermal || ~**thorium** *m* (nucl) / mesothorium, MsTh || ~**thorium I** / mesothorium I, $MsTh^1$ || ~**thorium II** / mesothorium II, $MsTh^2$ || ~**zoïque** (géol) / Mesozoic

mess *m* (nav) / mess

message *m* / message, notice || ~ d'**avertissement météorologique** / meteorological warning || ~ **emplacement des wagons** (ch. de fer) / position message of cars || ~ d'**erreur** (ord) / error message || ~ **«fox»** (destiné à vérifier le bon fonctionnement d'un téléscripteur et de ses circuits) (télécom) / fox message (the quick brown fox jumped over the lazy dog's back 0123456789) || ~ **intercepté** (électron) / intercept || ~ **météorologique** / meteorological message || ~ du **point** (nav) / position report || ~ **publicitaire** (ELF) (radio) / spot announcement || ~ **publicitaire** (ELF) (TV) / spot || ~ **[publicitaire]** (ELF) (film) / short feature, spot || ~ par **radio** (télécom) / radiogram, radio message || ~ **routier** / road message || ~ **sonore** / radio announcement, message broadcast || ~ **Télex** / teleprint o. teletype o. telex message, printergram || ~**-touriste** *m* / message for tourists published in service stations || ~ à **tous** (télécom) / one-way information message || ~ à **une adresse** (télécom) / single-address message

messagerie *f* / carrier, (esp:) express transport service || ~**s** *f pl* / common carrier

méssagerie *f* **maritime** / shipping service
mesurable / measurable, mensurable
mesurage *m* / measurement, mensuration || ~ (nav) / tonnage measurement || **à ~ électrique** / electrically measuring || ~ d'**activité d'un milieu liquide** (usure) / activity measuring method of a liquid medium || ~ d'**alésage** / inside o. internal measuring || ~ de l'**atténuation en radiocommunication** / radio attenuation measurement, RAM || ~ d'un **bâteau** (nav, action) / ranging, classifying || ~ **bout-à-bout** / end-to-end measurement || ~ à **conditions de travail** (phot) / stopped-down metering || ~ de la **constante diélectrique** / measuring of dielectric constant || ~ de **contournement** (NC) / path measuring system || ~ à **diaphragme ouvert** (phot) / full aperture metering || ~ des **différences en couches minces** (usure) / thin film difference measuring method || ~ **et réglage** / instrumentation and control || ~ au **fantôme** / phantom measuring || ~ par des **instruments** / metering || ~ d'**intérieur** / inside o. internal measuring || ~ à la **lumière réfléchie** / reflected-light measurement || ~ **objectif** / objective measurement || ~ de **pH** / pH-measurement || ~ de **position numérique** / digital localization || ~ **précis ou de précision** / accurate o. precision measurement o. measuring || ~ de la **résistance** (électr) / resistance measuring || ~ de **superficie** (bois) / surface measure (contr.dist.: board measure) || ~ de **transmission** / transmission measurement
mesure [sur] *f*, mesurage *m* (action) / measurement [on], measuring mensuration || ~ (résultat) / measure || ~ (unité) / unit of measure[ment] o. notation, measuring unit, dimensional unit (GB) || ~ (récipient servant de mesure) / measure || ~, dimension *f* / dimension || ~ [prise] / measure, proceeding[s] || ~ (musique) / measure || ~, tx (nav) / measurement || ~ (NC) / measuring || **à ~** [que] / im proportion [as] || **de ~ multiple** (instr) / multirange... || **être à la ~** / fit || **sur ~** / to size || ~ **absolue** (NC) / absolute o. zero-based measuring || ~ de l'**absorption capillaire** (pap) / mounting test || ~ **acoustique d'altitude** / air sounding, echometry || **~s** *f pl* **affichées** (instr) / readout of measured values || ~ *f* d'**allongement à l'extensomètre** / determination of elongation by extensometer || ~ d'**altitude** / measuring of altitude, altitude measuring || ~ de l'**altitude barométrique** / barometric altitude measuring || **~s** *f pl* **amélioratives des terres** / landscape improvement measures || ~ *f* **angulaire** / phase angle, change of phase || ~ **antipolluante** / antipollution measures *pl* || ~ d'**arc** (math) / circular measure by radians, radian measure || ~ de l'**ascension capillaire** (pap) / mounting test || ~ **barométrique** / barometric altitude measurement || ~ par **bulles d'air** / bubbling-through measurement || ~ au **cadmium** (accu) / cadmium test || ~ de **capacité** / measure of capacity || ~ **colorimétrique** / colorimetric measure || ~ **comparative** / comparison measurement || ~ de la **densité de gaz** / manoscopy || ~ de **distance** (radar) / range measurement || ~ des **distances** / telemetry, rangefinding || ~ des **éclairements** (phot) / grading, timing || ~ d'**économie** / economy [measure] || ~ d'**espace** (bâtim) / cubic measure || ~ à l'**état frais** (bois) / measured when freshly cut || ~ **exacte** / exact measurement || ~ du **facteur de luminance** / measurement of the luminance factor || ~ des **faibles activités** (nucl) / low-level measuring methods *pl* || ~ **fondamentale** / standard gauge measure, standard [measure] || ~ du **glissement** (électr) / slip measurement || ~ de **gravité** (phys) / measure of gravity || **~s** *f pl* d'**identification** / control dimensions *pl* || ~ *m* de l'**indice de corne** (essai de mat) / earing test || ~ *f* **individuelle** / single measurement || ~ de l'**information** (ord) / measurement of information || ~ de l'**intensité des sons** / sound intensity measuring || ~ de **longueur** / linear dimension o. measure, measure of length || ~ des **longueurs** / measurement of lengths, linear measurement || ~ des **longueurs en gradins** (arp) / stepping || ~ de la **lumière à travers l'objectif** (phot) / TTL, time through lens || ~ **matérialisée** / material measure || ~ de **microdureté** / microhardness measuring [method] || ~ du **niveau** / level measuring || ~ **nominale sans joints** (bâtim) / nominal dimension (without joints) || ~ de ou par **photographie**, mesure *f* photogrammétrique / photogrammetry || ~ en **pieds** / foot measure || ~ en **pont** (électr) / measuring by resistance bridge || ~ **position** (NC) / position measuring || ~ en **pouces** / measure in inches || ~ de **précaution** / safety measure o. precaution || ~ de **précision de l'allongement** / tension measurement with extensometer || ~ **préventive** / preventive measure || ~ de **puissance** / power measurement o. metering || ~ en **radiofréquences** / R.F. measurement || ~ du **rendement** / measurement of efficiency || ~ de **rendement par détermination des pertes séparées** (électr) / calculation of efficiency from total losses || ~ de la **résistance d'une mise à la terre** (électr) / measurement of earth resistance || ~ de **retrait** (fonderie) / amount o. measure of shrinkage o. contraction, moulding shrinkage || ~ de **retrait** (plast) / back-shrinking measurement || ~ de **rugosité** / measuring the smoothness || ~ **sèche** / dry measure || ~ de **sécurité** / safety measure o. precaution || ~ pour les **solides** / solid measure || ~ de **superficie** / measure of superficies, superficial measure || ~ de **surface** (gén) / surface measure || ~ de **surface** (bois) / surface measure (contr.dist.: board measure) || ~ *m* de la **tangente de l'angle de pertes** (électr) / loss tangent test (GB), dissipation factor test (US) || ~ *f* des **temps** / chronometry, timing || ~ du **temps de transit** (radar) / timing the interval between transmission and echo-return || ~ d'**usinage** / finished dimension || ~ de **valeur** / standard of value || ~ de la **valeur réelle** / [measuring of] actual dimension || ~ de **volume** (bâtim) / cubic measure || ~ à **vue d'œil** / estimation by the sight o. at random o. by the eye, judgement by the eye
mesuré / measured || ~ à l'**avion** (aéro) / air derived
mesurer *vt* (gén) / measure *vt* || ~, doser / mix, proportion || ~ (nav) / take o. lift the offsets || ~ *vi*, avoir une dimension / measure *vi* || ~, estimer / gauge *vt* || ~, distribuer / mete out || **se ~** [en] / be measured [in] || ~ un **angle** (nav) / measure o. determine a bearing || ~ au **compas** / compass, measure o. mark with the compass || ~ une **distance au pas** / pace a distance || ~ avec le **niveau** (arp) / take the level || ~ au **photomètre** (chimie) / colour-test *vt* || ~ la **polarisation** (sucre) / measure the polarization || ~ [une **seconde fois**] / verify, measure [again]
mesureur *m* / measuring o. metering machine (indicating) || ~, doseur *m* / dosing o. metering o. proportioning apparatus || ~ (personne) / observer || ~ de **débit de vapeur** / steam [consumption] meter, steam counter || ~ **Solex** / Solex pneumatic micrometer || ~ de **terre** (électr) / leakage meter

mesureuse *f* (gén) / measuring o. metering machine
Meta *m* / white coal, meta *n* (US)
méta-acide *m* / meta-acid || ~**arséniate** *m* de **zinc** / zink meta-arsenite, ZMA || ~**bisulfite** *m* de **potassium** / potassium metabisulphite o. pyrosulphite || ~**bolisme** *m* / metabolism || ~**bolite** *m* (biol) / metabolite || ~**centre** *m* (nav) / metacenter || ~**centre** *m* **latitudinal** (nav) / latitudinal metacenter || ~**centre** *m* **transversal** (nav) / transverse metacenter || ~**centrique** / metacentric || ~**chromatique** (microsc.) / metachromatic || ~**cinnabarite** *f* (min) / mercuric sulphide || ~**disulfite** *m* de **potassium** (phot) / potassium metabisulphite o. pyrosulphite || ~**disulfite** *m* de **sodium** (phot) / sodium metabisulphite o. pyrosulphite || ~**dyne** *f* (électr) / metadyne, crossfield dynamo || ~**galaxie** *f* (espace) / metagalaxis
métail *m* (agr) / meslin
métal *m* / metal || ~ (verre) / glass composition o. metal o. frit || ~ voir aussi métaux || ~ **accessoire** / accessory metal || ~ d'**addition** (fonderie) / alloying metal || ~ **alcalino-terreux** / alcaline earth metal || ~ d'**Alger** / argentan, German silver || ~ d'**alliage ajouté** / second metal for alloying || ~ **ammoniacal** / metal ammoniacate || ~ **anglais** / Britannia o. britannia metal || ~ **antifriction** / babbit metal, Bab., Bb., bearing metal || ~ **antifriction à base de plomb** / lead base bearing metal || ~ **appliqué sur un autre** (galv) / plating charge || ~ d'**apport** (soudage) / filler metal o. material, welding filler || ~ d'**apport**, alliage *m* d'apport (soudage) / welding-on alloy || ~ d'**apport de brasage fort** / hard o. brazing solder, spelter, filler metal o. material || ~ d'**apport de brasage tendre** / soft solder || ~ d'**apport cuivre-phosphore** / high phosphorus brazing filler metal || ~ d'**apport déposé ou de soudage** / welding deposit, weld metal bead || ~ d'**apport d'essuyage** / wiping solder || ~ d'**apport en fil** / filler wire || ~ d'**apport en poudre** / soft solder granules *pl*, powdered filler material || ~ d'**apport préformé** / solder preform || ~ **argenté** / argentan || ~ **Auer** / Auerstein, -metal, ceresite, ferrocerium, mischmetal || ~ **autre que le fer** / non-ferrous metal || ~ **auxiliaire** (mét.poudre) / auxiliary metal || ~ de **base** (soudage) / parent metal || ~ de **Bath** / Bath metal || ~ **blanc** / white metal, babbit o. bearing metal || ~ **brut de coulée** / unfinished o. undressed o. raw castings *pl* || ~ pour **caractères** / printer's o. type o. letter metal || ~ **cellulaire** / cellular metal || ~ **céramique** / sintered metal || ~ **chaud** (sidér) / hot liquid metal || ~ **commun** / base metal || ~ à **couches composites** / laminated metal || ~ **delta** / delta metal || ~ **déployé** / expanded metal, rib mesh, Exmet (GB) || ~ **déployé renforcé** / self-cent[e]ring lathing, stiffened expanded metal || ~ **déposé** (soudage) / built-up material || ~ de **deuxième fusion** / secondary metal || ~ **doux** / soft metal || ~ **Dow** / Dow metal (a magnesium alloy) || ~ **dur** / hard alloy o. metal, cutting metal o. alloy || ~ **dur fritté** / cemented carbide, (better): sintered [hard] carbide o. metal carbide || ~ à **durcissement par phase dispersée** / dispersion-strengthened material || ~ d'**électrode** (soudage) / filler metal o. material || ~ **étalon** / sterro metal || ~ en **feuilles** / leaf metal, foil metal || ~ en **fibres** / fiber metal || ~ **fondu** (fonderie) / molten metal, metal to be molten, heat, melt || ~ **fondu lors du soudage** / weld metal || ~ **[fritté] au carbure** / cemented carbide, (better): sintered [hard] carbide o. metal carbide || ~ **fritté** / sintered metal || ~ **froid** / cold metal (with low thermal conductivity) || ~ **froid** / cold metal || ~ du **groupe du platine** / metal of the platinum group || ~ de **Heraeus** / metal of Heraeus || ~ d'**imprimerie** / printer's o. type metal || ~ **léger** / light alloy o. metal || ~ **liant** (frittage) / binding o. binder metal || ~ pour **linotype** (typo) / linotype metal || ~ **lourd** / heavy metal || ~ **lourd non-ferraux** / nonferrous heavy metal || ~**-métalloïde** *adj* / metal-metalloid || ~ *m* pour la **monotype** (typo) / monotype metal || ~ de **Muntz** / Muntz [yellow] metal (brass with 60% Cu, up to 0.8% lead, malleable) || ~ **noble** / noble o. precious metal || ~ **non ferreux** / nonferrous metal || ~ **non précieux** / base metal || ~ pour **outils tranchants** / cutting tool metal || ~ **préaffiné** (sidér) / blown metal || ~ **précieux** / noble o. precious metal || ~ de **première fusion** / primary o. virgin metal || ~ **pulvérisé** / metal powder || ~ **réfractaire fritté** / high-melting sintered metal || ~ à **résistance élevée** / high-resistivity metal || ~ de **secondaire fusion** / secondary metal || ~ **terreux** / earth metal || ~**-trace** *m* (sidér) / trace metal || ~ **transitoire** / transition metal || ~ genre **Tula** / Tula metal || ~ **utilisé comme contact** / contact metal
métalangue *f*, -langage *m* (math) / meta-language
métaldéhyde *m* (chimie) / metaldehyde, meta (US)
métallifère / metalliferous || ~ (veine) / metalliferous, ore bearing
métallique / metallic, metalline
métallisable (plast) / platable *adj*
métallisation *f*, métallisage *m* / metallization || ~ (galv) / electrometallization, electroplating of non-metallic articles || ~ (ELF) (électr) / [electrical] bonding || ~ à **chaud** / thermal spraying || ~ **conique** (vide) / cone shadowing || ~ par **déplacement** (galv) / contact plating || ~ **[par électrolyse]** / electroplating, galvanostegy || ~ au **pistolet** / sprayed metal sheathing, metal coating by metal spray || ~ des **trous** (circ. impr.) / throughplating, feedthrough || ~ sous **vide** / vacuum metallizing o. metallization, cathode o. cathodic sputtering o. evaporation, vacuum evaporation
métallisé / metallized || ~ (galv) / plated, electro-plated || ~ (ampoule) / metallized, vapourized, reflector type || ~ (circ.impr.) / metal-clad || ~ sur le **devant** (miroir) / first surface mirrored
metallisé *m* **or** / gold metallization
métallisé sous **vide** / vapour-deposited
métalliser / metallize || ~ par **électrolyse** (galv) / plate *vt*, electro-plate || ~ par **peinture** / bronze *vt* || ~ par **projection d'aluminium** / alumetize, aluminium-coat by spraying || ~ les **trous** / through hole plate *vt* || ~ des **tubes** (électron) / metallize, spray-shield || ~ sous **vide** / vaporize, vapour-deposit, -plate
métallo *m* (coll) / metal worker || ~**chimie** *f* / chemistry of metals, metallochemistry || ~**chimie** *f*, synthèse *f* à la vapeur [de métaux] / metallochemistry, steam synthesis || ~**chromie** *f* / galvanic colouring of metals || ~**chromie** *f* **chimique** / metallochrome, -chromy || ~**génie** *f* / metal deposit exploration [science] || ~**graphe** *m* / metallographer || ~**graphie** *f* / metallography || ~**graphie** *f* (typo) / zincography || ~**graphique** / metallographic
métalloïde *m* (ancien nom), élément *m* non métallique / metalloid
métallurgie *f* / metallurgy || ~ **céramique** / metal-ceramic || ~ du **fer** / ferrous metallurgy, metallurgy of iron || ~ des **fibres** / fiber metallurgy || ~ des **poudres ou des frittes** / powder metallurgy ||

~ par **voie sèche** / pyrometallurgy
métallurgique / metallurgical, -gic
métallurgiste *m* / metallurgist
méta·magnétisme *m* / metamagnetism || **~mathématique** *f* / metamathematics || **~mérie** *f* (chimie) / metamerism || **~micte** (crist) / metamict || **~morphique** (géol) / metamorphic || **~morphisme** *m* (géol) / metamorphism || **~morphisme** *m* **hydrothermal** (géol) / hydrothermal metamorphism || **~morphisme** *m* **régional** (géol) / regional metamorphism || **~morphose** *f* / metamorphosis (pl: -ses) || **~morphose** *f* **de contact** (géol) / contact metamorphism || **~morphose** *f* d'**ondes de choc** (géol) / shock metamorphism || **~plasme** *m* / metaplasm || **~silicate** *m* (chimie) / metasilicate || **~somatose** *f* (géol) / metasomatism, -tosis, replacement || **~stable** / metastable || **~statique** (nucl) / metastatic
métaux *m pl* **alcalins** / alkali metals *pl* || ~ **cériques** / cerite metals *pl* || ~ **ferreux** / ferrous metals *pl* || ~ **passifs** / passive metals *pl* || ~ des **terres rares** / rare-earth elements || ~ d'**uranium** / uranium metals *m pl*
métaxylène *m* / 1.3-dimethylbenzene, metaxylene
météo *f* (fam) / weather forecast o. report
météore *m* / atmospheric o. meteorological phenomenon, meteor || ~ (astr) / meteor || ~ **aqueux** (météorol) / hydro meteor || ~ d'**essaim** / stream meteor, shower meteor
météorique / meteoric
météorite *f m* / meteorite, meteoric stone, aerolite, aerolith
météoro·graphe *m* (météorologie) / meteorograph || **~graphe** *m* (pour mesure des altitudes) / barothermograph, meteorograph (an altitude measuring instrument) || **~logie** *f* / meteorology || **~logie** *f* **aérienne** / aeronautical o. aviation meteorology || **~logie** *f* en **grande échelle** / big scale meteorology || **~logie** *f* **spatiale** (ELF) / space meteorology || **~logique** / meteorological || **~logue** *m*, -logiste *m* / meteorologist
méthacrylate *m* / methacrylic ester, methacrylate || ~ de **méthyle** / methyl methacrylate
méthacrylique / methacrylic
méthanal *m* / methanal, formaldehyde, formic aldehyde, oxomethane
méthanamine *f* / methylamine
méthane *m* / light carburetted hydrogen gas, methane || ~ au **chloro-bromure** / chlorobromomethane || ~ **dichlorique** / dichloromethane, methylene [bi]chloride || ~ de **fumier** / biogas [from dung]
méthanier *m* / LNG tanker, methane carrier || ~ à **boule ou à cuve sphérique** / methane carrier with spherical tanks
méthanol *m* / methanol, methyl alcohol, carbinol, wood alcohol
méthionine *f* / methionine
méthode voir aussi procédé || ~ / method, scheme, mode || ~ par **absorption** (math) / absorption method || ~ d'**absorption à l'indicateur fluorescent** / fluorescent indicator absorption method, FIA method || ~ d'**accès à file d'attente** (ord) / queued access method || ~ d'**accumulation** (détection de fuites) / accumulation method || ~ **additive de séparation des images** (stéréoscopie) / additive method of image separation || ~ **aéroélectrique** (géol) / aeroelectric method, geoelectricity || ~ **aéromagnétique** (géol) / aeromagnetic method, geomagnetics || ~ d'**affinages en zones** / zone refrigeration process || ~ d'**aires des moments** (bâtim) / area moment method || ~ **«air-gun»** (pétrole) / air gun exploration method || ~ d'**Allen** (débit de liquides) / cloud-velocity gauging || ~ de l'**alpha de Rossi** / Rossi-alpha method || ~ **aluminothermique** / aluminothermics *pl* || ~ d'**amortissement** (ultrason) / decay technique || ~ des **amplitudes modulées** (enregistrement du son) / amplitude modulation method || ~ d'**analyse granulométrique** / method of particle size analysis || ~ d'**analyse sensorielle** / sensory testing method || ~ d'**appels sélectifs** (ord) / polling || ~ d'**approximation ou approximative ou approchée** / method of approximation, approximate method || ~ d'**approximation de Newton** (math) / Newtonian method of approximation || ~ **«aqua-pulse»** (pétrole) / aquapulse exploration method || ~ **arbitrale** / arbitration method || ~ d'**arrachement à l'essai de traction** (tiss) / grab method of tensile test || ~ d'après **ASTM** / ASTM method || ~ d'**attraction** (agric) / bait spray || ~ par **attributs** (contr. de qual) / method o. inspection attributes || ~ **bille et anneau** (pétrole) / ring-and-ball method || ~ **bootstrap** (aéro) / bootstrap method || ~ **«borderline»** (octane) / borderline method (octane) || ~ des **bouteilles claires-et-obscures** (égout) / light-and-dark bottle technique || ~ **Bragg** (phys) / rotating crystal method, Bragg's method || ~ du **bras de levier** (essai au pap) / beam test || ~ de **brassage** / brewing method o. process || ~ du **champ pénétrant** / cross-field method || ~ des **champs antagonistes** / retarding potential method || ~ de **charge** / kind of straining o. loading o. stressing || ~ du **chemin critique** / critical path method, CPM || ~ au **chromate** (essai du combustible) / fuel testing by the chromate process || ~ **C.I.P.** (conduite) / CIP method (cleaning in place) || ~ de **classement hiérarchique** (ordonn) / job ranking method || ~ de **compensation** (gén) / compensation method || ~ de **compensation** (métrologie) / null o. zero method, balancing method || ~ de **compensation** (électr) / [resistance] bridge method || ~ par **comptage de bulles** (chimie) / bubble counting method || ~ de **concentration** (chimie) / build-up method || ~ par **cône d'Abrams** (béton) / slump test || ~ de **construction sur le terrain** (bâtim) / site work || ~ de **contraste interférentiel** / interference contrast method || ~ de **contrôle** / test method || ~ de **correspondance de masques** / mask matching technique || ~ de **Corrodkote** (essai de corrosion) / Corrodkote test || ~ de **coulée** / casting method o. process || ~ de **coulée en cire perdue** (fonderie) / lost wax process o. casting, investment casting, cire-perdue process || ~ de **coulée avec moule céramique** (fonderie) / investment casting with ceramic mould || ~ par **coupe micrographique** (épaisseur) / cross-section method || ~ de la **coupe optique** / light section procedure || ~ du **courant continu avec deux électrodes de détection** (essai matériaux) / d.c. testing method with two electrodes || ~ à **cristal oscillant** (rayons X) / oscillating crystal method || ~ au **cristal rotatif** (phys) / rotating crystal method, Bragg's method || ~ de **Cross** (méc) / moment distribution [method] || ~ **cryoscopique** (chimie) / freezing point method, cryoscopic method || ~ de **cycles de rosée** / dew cycle method || ~ **dead-stop** (chimie) / dead stop titration o. method || ~ de **débordage** (tex) / untwisting method || ~ **Debye-Scherrer** (rayons X) / Debye and Scherrer method || ~ du **décalage des nœuds** (métrologie) / node shift technique || ~ de **décoction** (bière) / decoction method || ~ de **défaut nul** / zero-defect

method || ~ **défaut-empilement** (semi-cond) / stacking fault method || ~ de **définition de l'âge au plomb** / lead method for age definition || ~ de **déformation** / deformation method || ~ des **déplacements** (méc) / displacement method || ~ de **dérivation** / shunt method || ~ **dernier entré dernier sorti** (magasin) / last-in-last-out method || ~ des **deux wattmètres** / Aron connection [of two wattmeters] || ~ de **déviation** (opt) / method of deviation || ~ au **dévidoir** (tex, essais) / reel method || ~ de **digestion** (amélioration) / digestion method || ~ du **disque actuateur** (turbo) / actuator disk method || ~ de **dosage par encadrement** / calibration by bracketing technique || ~ des **doubles harmoniques sphériques** (nucl) / double spherical harmonics method, Yvon's method || ~ au **doublet** (nucl) / doublet method || ~ **duo** (repro) / duo method || ~ **duoplex** (électron) / duoplex method || ~ **duplex** (repro) / duplex method || ~ **ébullioscopique** / boiling point method || ~ à **échelle** (NC) / scale method || ~ par **écho d'impulsion** (essai de mat) / impulse reflection method, pulse echo method || ~ d'**écrire en regroupant** (ord) / gathered write || ~ d'**effort** / kind of straining o. loading o. stressing || ~ des **éléments finis** / finite element method || ~ des **éléments marginales** (méc) / boundary element method, BEM || ~ d'**élongation de fibre** (verre) / fiber elongation method || ~ d'**empilage à peigne** (tex, essais) / comb staple method || ~ d'**émulsion photographique** (nucl) / photographic emulsion technique || ~ d'**enfonçage en roulant** (m.outils) / crushing method || ~ d'**enregistrement** / recording mode o. technique || ~ d'**enrichissement** (chimie) / build-up method || ~ d'**épreuve** / test method || ~ d'**éprouver** / trial-and-error method || ~ des **équations intégrales** (méc) / integral equation method, method of singularities || ~ d'**équilibrage** (télécom) / method of balancing || ~ des **espaces d'état** (contr.aut) / state space technique || ~ d'**essai** / method of test[ing] || ~ d'**essai à pénétration** / penetration method of testing || ~ d'**essai thermique non destructive** (essai de mat.) / thermal non-destructive testing method || ~ d'**essais répétés** / replication [method] || ~ d'**essais spéciaux** / special test method || ~ d'**estimation** / estimation method || ~ d'**établissement de liaison** (ord) / handshake procedure || ~ d'**étude** / method of examination || ~ d'**évaporation au jet d'air ou au jet de vapeur** (pétrole) / air-jet o. steam-jet evaporation method || ~ d'**exploitation** / operating method || ~ d'**exploitation par pompage de gravier** (étain) / gravel pump method o. palong method of tin mining || ~ d'**exposition double** (holographie) / time lapse method || ~ d'**extinction des incendies** / fire extinguishing method || ~ par **extraction** / extraction method || ~ **F4** (indice antidétonant) / F4-method, supercharge method || ~ de **fabrication** / method of manufacture o. production || ~ de la **fausse position** (math) / trial-and-error || ~ **FIA** / fluorescent indicator absorption method, FIA method || ~ par la **figure de reflet optique** (crist) / optical reflection figure method || ~ **«flux backing»** (soudage) / flux-backing method || ~ de **focalisation "Visitronic"** / Visitronic method || ~ de **fonctionnement** / working o. operating method || ~ par **fraise-mère développante** / hobbing, self-generating milling || ~ de **frappe employant un disque perforé** (textile) / beating method using a perforated disk || ~ de **fréquence de différence** (son opt) / difference frequency method || ~ de **fusion dans le vide** (chimie) / vacuum fusion method || ~ aux **grains** (essai sur verre) / grain method || ~ de **grillage** (sidér) / roasting process || ~ des **harmoniques sphériques** (nucl) / spherical harmonics method || ~ des **hauteurs** (nav) / intercept method || ~ **heuristique** (comp) / heuristic method || ~ d'**Horner** (math) / Horner's method || ~ **I.G.-research** (mot) / I.G. research method || ~ des **images électriques** (électr) / method of electrical images || ~ d'**immersion** / dipping method || ~ **indirecte de division** (m.outils) / worm dividing || ~ d'**initiation manuelle** (contr.aut) / manual initiation o. MI-method || **~s** *f pl* d'**interaction avec faisceaux non maxwelliens** (plasma) / non-Maxwellian beam plasma methods *pl* || ~ *f* d'**intermodulation après C.C.I.F.** (télécom) / C.C.I.F. intermodulation method || ~ de l'**isthme** (électr) / bar and yoke method, isthme method || ~ de **Kjeldahl de dosage de l'azote** / Kjeldahl's method of nitrogen estimation || ~ de **levage des plafonds** (bâtim) / slab-lift method || ~ de **limite supérieure** (méc) / upper-bound method || ~ des **limites** (ordonn) / bound method || ~ **Lingen** (gaz) / Lingen method || ~ **M.A.P. de chemin critique** / M.A.P., multiple allocation procedure || ~ à **masselotte chaude** (sidér) / hot topping || ~ de **mesure** / measuring method o. technique || ~ de **mesure automatique-numérique** / automatic-digital measuring [method] || ~ de **mesure par haute fréquence** / high-frequency measuring technique || ~ de **mesure de microdureté** / microhardness measuring [method] || ~ de **mesure de référence** (semicond) / reference measuring method || ~ par **mesures** (contr. de qual) / variables inspection, method by variables || ~ du **miroir** / mirror reading || ~ de **moirage** (méc) / moiré analysis || ~ de **Monte-Carlo** (ord) / random-walk method, Monte Carlo method || ~ **moteur** (indice antidétonant) / motor method || ~ des **moyennes** / mean value method || ~ **M.T.M.** (ordonn) / M-T-M-technique, methods-time-measurement system, MTM procedure || ~ à **N canaux** (ord) / n-channel process || ~ de **numérotage** / numbering practice || ~ **O.B.M.** (= oxygène, bottom, Maxhütte) (sidér) / OBM method || ~ d'**observation** / mode of observation || ~ des **observations instantanées** (ordonn) / ratio-delay study, activity sampling || ~ des **ombres** (microsc.) / shadow technique || ~ **oméga** (méc) / omega method o. procedure || ~ à **ondes entretenues** (aéro, nav) / continuous wave method || ~ d'**opposition** / opposition method || ~ **oui-ou-non** (électron) / go/no-go operation, on-off working || ~ par **palplanches** (mines) / piling through quicksand || ~ de **passage libre** (bâtim) / flow-and-rinse principle || ~ des **perturbations** / perturbation method || ~ de **pesée** / weighing [method] || ~ du **piédestal pour monocristaux** / pedestal method of growing crystals || ~ de **pipette** / pipette method || ~ de **planification par réseaux** / critical path planning, network analysis, project network techniques *pl* || ~ du **planning PERT.** / program evaluation and review technique, PERT-system || ~ de **pliage de barreau** (viscosité) / beam bending method || ~ des **plus petits carrés** / method of least squares || ~ des **points durs** (typo) / hard-dot process || ~ au **polaroïde** / polaroid method || ~ du **polygone funiculaire** (méc) / funicular polygon method || ~ des **potentiels** / potential method (a French critical path method) || ~ **potentiométrique** / potentiometer method || ~ du **poussage de palplanches** (mines) / piling through quicksand || ~ par **précipitation** (mines) / precipitation method, working by thrusts || ~ avec **précompression** [UTE T43-426] (électr) / precompression method || ~ de **pré-enregistrement** (film) / playback method || ~ **premier entré premier sorti** (magasin) / first in - first out method || ~ de **préparation** (chimie) / method of disengagement || ~ de **prévision et correction** (math) / predictor-corrector method || ~ de la **probabilité maximale** / method of maximum likelihood || ~ de la **production des sons différentiels** / intermodulation method || **~s** *f pl* de la **protection des données emmagasinées** (ord) / methods *pl* of protecting stored data || ~ *f* de **purification** / process of purification || ~ de **quartage** (prépar) / coining and quartering || ~ de **Quincke** / Quincke's method || ~ des **radio-indicateurs** / tracer method || ~ **rapide** / rapid method || ~ des **rayons gamma** / gamma ray method || ~ de **réchauffage et rabotage** (routes) / heating-and-planing (to peel-off thin defective layers) || ~ **«Recherche»** (essence) / research method || ~ de la **recherche** / method of searching || ~ de **recouvrement par segments** (ord) / overlay technique || ~ de **redressement basée sur les points d'appui** (arp) / rectification method using control points || ~ de **réduction au zéro** (électr) / balance method, null o. zero method || ~ de **référence** (ord) / benchmark method || ~ de **réfrigération en zones** / zone refrigeration process || ~ de **relaxation** (math) / relaxational treatment, relaxation method || ~ de **répétition d'essais semblables** / replication [method] || ~ de **reproduction** / reproduction technique, reproducing method o. technology || ~ du **retour à zéro** (ordonn) / repetitive timing, snap-back method, snap-back watch reading || ~ par **rétrodiffusion des rayons bêta** (épaisseur de superficie) / beta back scatter method || ~ de **rétroflexion de Laue** / Laue back-scattering method || ~ de **Ritter** (méc) / Ritter's method of dissection || ~ des **roues abrasives** / abrasive disk method || ~ **Runge Kutta** (math) / Runge-Kutta method || ~ au **sable fluidifié** (fonderie) / fluidized sand system || ~ à **sable de Fontainebleau** (essai du café) / beach-sand method || ~ avec **sablon ruisselant** (verre) / sand trickling method || ~ **sans échelle** (NC) / scaleless method || ~ des **sections** (méc) / method of dissection o. of taking sections || ~ des **sections d'après Ritter** (méc) / Ritter's method of dissection || ~ du **segment intercepté** (crist) / intercepted segment method || ~ **semi-micro** / semimicro analysis || ~ **séquentielle** (radar) / sequential method [in radar detection] || ~ du **signal décalé** (TV) / offset signal method || ~ **simplex** (repro) / simplex || ~ des **singularités** (méc) / method of singularities, integral equation method || ~ **sismique vibratoire** (pétrole) / vibratory seismic method || ~ du **slump-test** / slump test || ~ de **solidification pour déchets nucléaires** / solidification method for nuclear scrap || ~ **spectrophotométrique** / spectrophotometric method || ~ des **sphères d'action d'influence** (ELF) (espace) / matched conics technique || ~ **spin-écho** (phys) / method of free nuclear induction, spin echo method o. technique || ~ **SRG** (conversion des brûleurs de gaz) (= Sommers-Ruhrgas) / SRG-method (of converting gas burners) || ~ **strioscopique** / schlieren method || ~ de **substitution** / substitution method || ~ au **sulfate gravimétrique** / gravimetric sulfate method || ~ des **surfaces enveloppantes** (mes. de bruit) / enveloping surface method || ~ de **surface variable** / method of variable area || ~ de **suspension** (chimie) / suspension method || ~ **symbolique** (électr) / symbolic method || ~ de **tamisage par veine d'air** / air-jet screening method || ~ de **temps de vol** (nucl) / time-of-flight method || ~ **tokamak** (plasma) / tokamak principle || ~ **tout-ou-rien** (électron) / go/no-go operation, on-off working || ~ de **traduction** (télécom) / method of translating || ~ par **transmission** (ultrasons) / transmission technique || ~ de **travail** / working o. operating method || ~ [au colorimètre à] **tristimulus** / tristimulus method, three range method || ~ des **trois moments** (méc) / theory of three moments || ~ à **trois wattmètres** (électr) / three-wattmeter method || ~ **«truck-to-truck»** (nav) / truck-to-truck method || ~ **«vapour-choc»** (pétrole) / vapour-choc exploration method || ~ de **vectographes** / vectography || ~ de **volet fluide** (aéro) / jet flap method (by blower) || ~ au **wattmètre** / wattmeter method || ~ de **Wigner-Wilkins** (nucl) / Wigner-Wilkins method || ~ d'**Yvon** (nucl) / double spherical harmonics method, Yvon's method || ~ de la **zone fondue par bombardement électronique** / electron-beam zone melting

méthodique / methodic[al], systematic[al]

méthodologie *f* / methodology || ~ des **recherches** / research-on-research

méthoxybutanol *m* (chimie) / methoxybutanol

méthoxyler / methoxylate

méthyl *m*, méthyle *m* / methyl || **de ~** / methylic

méthylable / which can be converted into methyl

méthyl·acétylène *m* (chimie) / propine, allylene || **~acrylique** / methacrylic

méthylal *m* / methylal, formal, dimethoxymethane

méthyl·amine *f* / methylamine, aminomethane || **~aminophénol** *m* / methylaminophenol || **~aniline** *f* / [mono]methylaniline || **~arsine** *f* / methylarsine

méthylate *m* / methylate

méthylation *f* / methylation || ~ **totale** (chimie) / exhaustive methylation

méthyl·benzène *m* / methylbenzene, toluene, toluol || **~butadiène** *m* / 2-methybutadiene, isoprene || **~cellulose** *f* / methyl cellulose, cellulose methyl ether, cellmeth || **~cyclohexanol** *m* / methylcyclohexanol, hexahydrocresol, sextol

méthylène *m* / meth[yl]ene

méthyler / methylate

méthyléthylkétone *m*, méthyléthylcétone *m* / methyl ethyl ketone, MEK, 1-butanone

méthylique / methylic

méthyl·isobutylcétone *m* / methyl isobutyl ketone, isopropylacetone, Hexone || **~orange** *m* / methyl o. gold orange, helianthine || **~pyridine** *f* / methyl pyridine, picoline || **~rouge** *m* / methyl red || **~urée** *f* / methyl urea

méticuleux / meticulous

métier *m* / commercial service (US), trade, occupation, business || ~ [**manuel**] / trade, craft || ~ (tex) / loom, frame, machine || **de ~** / qualified || ~ à **ailettes** / fly o. speed frame, flyer spinning frame || ~ à l'**armure** (tiss) / figuring machine || ~ **automatique** (tiss) / automatic loom || ~ à **bas** / stocking loom o. machine || ~ à **bas à cylindres** / stocking loom with rollers || ~ de **basse lisse ou de basse lice** (tiss) / low-warp loom || ~ du **bâtiment** / building trade || ~ à **boîtes tournantes** / can spinning frame, tubular cop spinning frame || ~ à **bonneterie** / hosiery o. knitting machine || ~ pour **bords-côtes** (tiss) / rib-top frame || ~ à **bottes rotatives sautantes** /

loom with circular skip battery || ~ à faire la **bouclette** / loop yarn twister || ~ **box-loader** / magazine loom, box loader || ~ à **bras** / handloom || ~ à **brocher ou pour brochage** / swivel loom [for embroidered effects], broché weaving machine || ~ à **broderie plate** (tiss) / flat-stitch [embroidering] machine || ~ **chaîne** / warp knitting machine o. loom, tricot machine || ~ à **chaîne d'arrêt ou de retenue** / chain tappet loom, Raschel machine || ~ **chaîne de deux à quatre barres** / two-to-four quide bars tricot machine || ~ **chaîne à double fontures** / double bed tricot machine || ~ **chaîne à grande vitesse** / tricot warp knitting machine || ~ **chaîne pour milanèse** (tiss) / traverse warp loom || ~ **chaîne multibarres** / multi-guide bars tricot machine || ~ **chaîne rectiligne pour milanèse** / milanese flat warp-stitch knitting machine || ~ à **changement automatique de canettes** / cop changing loom || ~ à **chargement automatique de navette** / loom with automatic bobbin o. pirn o. cop o. shuttle changing || ~ à **chargeur** / magazine loom, box loader || ~ de **charpentier** / carpentry, carpenter's trade || ~ à **chasse** / fine spinning machine, cotton jenny, dandy roving || ~ à **chasse par le haut** / overpick loom || ~ **circulaire** / circular frame o. loom, circular knitting machine, tubular hosing machine || ~ **circulaire à bord-côtes** / border circular knitting machine || ~ **circulaire à côtes** / circular rib knitting machine || ~ **circulaire à côtes de grand diamètre** / rib circular knitting machine || ~ **circulaire avec cylindre et plateau** / circular rib knitting machine || ~ **circulaire à mailleuses ou à tricot** voir métier circulaire || ~ **circulaire de tricotage avec platines de décrochage** / design sinker top knitting machine || ~ **combiné à filer et à retordre** / combined spinning and twisting machine || ~ **continu** (filage) / ring spinning frame o. machine, ring frame o. spinner, throttle || ~ **continu à retordre** / continuous doubler o. doubling frame o. machine, water twisting o. doubling frame || ~ **continu à retordre à ailettes** / fly twister (US) o. doubler (GB) || ~ à **cordonnet** / braid o. ribbon loom || ~ type **Cotton** / Cotton's patent type machine, straight bar knitting machine || ~ type **Cotton pour chaussettes et bas** / full fashioned hosiery machine for stockings || ~ à **crocheter** / crochetting machine || ~ à **crochets** / hook loom || ~ de **damas** / damask loom || ~ à **décomposition** (filage) / hot-water frame || ~ à **dentelles** / lace machine || ~ à **drap** / cloth weaving loom || ~ **Draper** / Draper loom || ~ à **eau chaude** *m* (filage) / hot-water frame || ~ *m* à **eau froide** / wet spinning frame || ~ à **filer** / spinning frame o. machine, spinner || ~ à **filer l'amiante** / asbestos spinning machine || ~ à **filer à anneau pour canette-trame** / ring spinning frame for pin cops || ~ à **filer des bobines tubulaires** / can spinning frame, tubular cop spinning frame || ~ à **filer à cloches** / cap spinning frame || ~ à **filer le coton** / cotton frame o. loom || ~ à **filer les fils de chaîne** / warp thread spinner || ~ à **filer en fin** / fine spinning machine || ~ à **filer au mouillé** / wet spinning frame || ~ à **filer en pots** / slubbing machine, can [roving] frame || ~ à **filer à rouleaux humecteurs** / half-dry spinning frame || ~ à **filer à ou au sec** / dry [spinning] frame || ~ à **filet** / netting machine, bobbin net frame || ~ en **fin** / fine spinning machine, cotton jenny, dandy roving || ~ à **gaze** / cross weaving loom || ~ à **gazer** (filage) / yarn singeing machine, gassing machine || ~ en **gros automatique ou selfacting** / self-acting stretcher || ~ à **guiper** / covering machine for cables || ~ à **injection** / jet weaving machine || ~ [à la] **Jacquard** / jacquard head o. machine || ~ à **lacets** / bobbin lace machine || ~ à **lance** / rapier weaving machine, loom with road gripper || ~ à **lances bilatérales** (tiss) / loom with bilateral rapiers || ~ à **lanternes** (filage) / slubbing machine, can roving frame || ~ à **mailler** / knitting frame o. loom o. machine, hosiery machine || ~ à **mailles cueillies** / loop forming sinker web machine, weft knitting machine, knitting loom o. frame || ~ à **mailles jetées** / warp knitting machine || ~ à **mailles retournées** / purl machine || ~ à la **main** (tiss) / hand loom || ~ à **marches** / treadle loom || ~ à **marche rapide** (tiss) / high-speed frame || ~ **mécanique** (tiss) / power loom || ~ **mécanique** / power loom || ~ à **mécanique d'armure** / dobby loom || ~ **milanais ou pour milanèse** / milanese machine, milanese knitting loom || ~ à **ourdir** / sectional warp[ing] machine || ~ de **passementerie** / trimming frame || ~ à **peigne fixe** / fixed reed loom || ~ à **pince à verges** (tiss) / pile gripper weaving machine || ~ à **plusieurs navettes** (tiss) / check loom, [multiple-]box loom || ~ à **projectiles actifs sur le trajet d'aller et retour** (tiss) / loom with missiles active on the go and return passage || ~ *f* à **projectiles passifs sur le trajet** (tiss) / projectiles loom, gripper shuttle loom || ~ *m* **Rachel** (tiss) / double rib loom, Raschel [loom o. machine] || ~ à **ratière** / dobby loom || ~ **rectiligne** / ordinary loom || ~ **rectiligne à chaîne** / flat warp knitting machine, milanese knitting loom || ~ **rectiligne à côte 1 + 1** / V[-type] flat frame, two-bed straight knitting machine, right/right straight knitting machine || ~ de **relieur** / bookbinding trade || ~ à **rentrer les chaînes** (tiss) / drawing-in machine || ~ **renvideur automatique** (filage) / mule[spinning machine], selfactor [mule] || ~ à **retordre** (filage) / twisting o. doubling o. twine frame o. machine, twister, doubler (GB) || ~ **revolver** / loom with circular battery, circular box loom || ~ à **rideaux** (tiss) / curtain machine || ~ à **rubans** / ribbon loom || ~ à **ruban de filasse** / parcelling-tape machine || ~ **simple** (tiss) / plain loom || ~ à **surface** (teint) / surface printing machine, steam pressure gauge || ~ à **tambour** (tiss) / cylinder loom || ~ à **tapis** (tiss) / carpet loom || ~ pour **tapisserie** / tapestry loom || ~ à la **tire ou à tirer** (tiss) / draw loom || ~ à **tisser** / weaver's loom, [weaving] loom || ~ à **tisser automatique** / automatic loom || ~ à **tisser circulaire** / circular loom || ~ à **tisser à navettes à pince** / gripper shuttle loom || ~ à **tisser à pince** / gripper weaving machine || ~ à **tisser à projectiles** / projectile [shuttle] weaving machine || ~**s** *m pl* de **tisserands** / weaving machinery || ~ *m* à **tissu métallique** / wire gauze loom || ~ à **tissu velouté** / loom for pile fabrics || ~ à **toile métallique fine** / wire loom for fine wire gauze (32 in 1 inch) || ~ à **toile métallique moyenne** / wire loom for coarse o. middle wire gauze || ~ à **touchettes** (tiss) / figuring machine || ~ pour **trame de pneus** / tire fabric weaving machine || ~ à **tresser** / braiding machine, braider || ~ à **tresses et à fuseaux** / braiding machine || ~ à **tricot** / knitting frame o. loom o. machine, hosiery machine || ~ à **tricot cueilli** / loop forming sinker web machine, weft knitting machine, knitting loom o. frame || ~ pour **tricotages avec chaîne à bord-côtes** / flat weft rib knitting machine with spring beard needles, full fashioned flat knitting frame with loop forming || ~ à **tricoter circulaire** / circular rib knitting machine || ~ à **tricoter à**

double chute / two-cam knitting machine || ~ à **tricoter type Maratti** / maratti knitting loom || ~ à **trois aiguilles** (tiss) / three-needle [hose] frame || ~ à **tubes pour tapis** / tube loom for carpets || ~ à **tulle** / tulle machine || ~ à **tulle** / netting machine, bobbin net frame || ~ à **tulle-bobin** / bobbinet and net lace machine || ~ à **tulle a dix àiguilles par pouce** / bobbinet frame with ten needles per inch || ~ à **velours** / velvet weaver's loom
métol *m* (phot) / metol || **~hydroquinone** *m*, métoquinone *f* (phot) / metolhydroquinone, M.Q.
métrage *m* / metering, measuring, mensuration || ~, longueur *f* en mètres / length in meters || ~ d'un **film** / footage
mètre *m* / meter (US), metre || ~, règle *f* / meter rule o. stick || ~ **carré** / square meter, m^2 || ~ **courant** / meter run || ~ **cube** / cubic meter, m^3 || ~ **cube de bois empilé** (bois) / stacked cubic meter, stere, cubic meter of piled wood || ~ **cube à l'état normal** (vieux) / standard cubic meter || ~ **cube de volume construit** / cubic meter building volume o. walled-in space || ~ **cube** (du volume réel) / solid measure of timber in m^3 || **~-étalon** *m* / standard metre o. meter || ~ **géodynamique** / geodynamic meter, gdm (1 gdm = 10m^2/s^2) || ~ **géopotentiel** / geopotential meter, gpm (1 gpm = 9,80665 m^2/s^2) || ~ de **modeleur** (fonderie) / pattern maker's shrinkage rule || ~ **pliant** / [zigzag] folding rule o. measure, folding meter-rule o. -stick || ~ à **rentrée automatique du ruban**, mètre *m* roulant / spring-return rule, spring tape measure || ~ à **retrait** / contraction rule, pattern maker's rule || ~ à **ruban** (arp) / measuring tape, tape measure, tapeline (US) || ~ à **ruban pour jantes** / steel measuring tape for rims
métré *m* / measuring, taking measurements || ~ (bâtim) / computation of quantities, taking-off
métrer / measure *vt* || ~ / measure by the meter
métreur *m* / specialist for taking measurements || **~-vérificateur** *m* (bâtim) / employee for computation of quantities o. for taking-off
métreuse-enrouleuse *f* (tex) / measuring and rolling machine || **~-plieuse** *f* (tex) / measuring and folding machine
métrique *adj* / metric *adj* || ~ *f* / metric || ~ de **couleurs** / metric of colours
métro *m* / underground [railway] (GB), tube (London), subway (US) || ~ **aérien** / elevated [railway]
métrologie *f* / metrology || ~ **directe** / industrial metrology || ~ **industrielle** / industrial measuring methods *pl*
métronome *m* / metronome
métrophotographie *f* (aéro, arp) / photogrammetry, metrophotography
métro[politain] *m* / underground [railway] (GB), subway (US)
metteur *m* en **film ou en scène** (film) / director || ~ d'**ondes** (électron) / monitor man, sound engineer || ~ en **pages** (typo) / clicker, make-up man
mettre, placer / place *vt* || ~, installer / put on o. to, install, provide || ~ [contre] / put [against] || ~ [dans] / set in || ~ [sur] / place [upon] || ~, ajuster / set *vt*, adjust || **se** ~ [à] / engage [in] || **se ~ en beau** (temps) / clear up *vi*, brighten up *vi* || **se ~ au courant** [de] (ordonn) / familiarize oneself [with], make oneself acquainted [with] || **se ~ en feu de croisement** (auto) / dip *vi* || **se ~ en marche** / start working o. running o. driving *vi* || **se ~ en marche** (mot) / start running || **se ~ en roche** / crystallize, concrete o. shoot into crystals || **se ~ en vitesse** / run up *vi* || **y ~ plein les gaz** / open the throttle full out, step on the gas || ~ à l'**abri** / shade o. shelter o. screen [from dust, light, etc] || ~ à l'**abri** (auto) / park *vt*, shed, (esp:) garage || ~ d'**accord** / conform *vt* || ~ en **action** / operate, actuate, set going || ~ à l'**air** / aerate, air || ~ des **ancres** [à] / anchor *vt* || ~ d'**aplomb** / raise, rear up, put o. set upright, right || ~ un **bain à plat** (sidér) / melt down || ~ des **balises** (nav) / beacon *vt*, furnish with beacons || ~ en **balle** / bale *vt* || ~ en **biais** / cant || ~ en **boîtier** (relais) / encase, pot || ~ en **botte** / bunch *vt*, bundle, pack, put up o. tie up in bundles || ~ un **bouchon** [à] / cork *vt*, stopper || ~ à **bouillir** / boil up *vt* || ~ **bout-à-bout** / joint || ~ en **bouteilles** / bottle *vt* || ~ une **bride** / flange *vt* || ~ en **caisses** / incase, encase || ~ le **cap** [sur] (nav) / steer o. make o. head [for], set the course [to] || ~ en **carte** (tex) / plot a weave || ~ sous **carter** / metal-clad *vt* || ~ sa **ceinture** (aéro) / fasten seat belts || ~ la **ceinture** (auto) / strap oneself into the seat, fasten seat belt || ~ en **cendres** (chimie) / incinerate, ash, reduce to ashes || ~ au **centre** / centre (GB), center (US) || ~ de **chant** / lay o. set on edge || ~ en **charge** (accu) / charge || ~ à **chaud** / shrink on, sweat [on], hoop || ~ une **chaudière à l'épreuve de pression** / test a boiler under pressure || ~ en **chaux les peaux** (tan) / steep in lime water, dress with lime || ~ en **ciment** / cement [in] || ~ dans le ou en **circuit** (électr) / connect, cut in, put in, join up in circuit || ~ en **commun** (ord) / pool equipment *vt* || ~ en **communication** (télécom) / put through [on o. to] || ~ en **comparaison** [avec] / draw o. make a comparison || ~ en **compte global** / fix a global fee o. a flat rate || ~ en **confit** (tan) / drench the hides, bate, puer || ~ en **consigne** (ch.de fer) / check (US) || ~ le **contact** (électr) / connect || ~ des **cordes** [à] / string *vt* (e.g. a racket) || ~ de **côté** / eliminate, remove || ~ par **couches** / pile up [in layers] || ~ en **couleur** / paint *vt* || ~ des **couleurs** / apply colours o. paints, coat || ~ des **coupes-circuits** (électr) / install fuses || ~ au **courant** (ordonn) / familiarize, make familiar [with], work in [US], train || ~ en **court-circuit** / short-cut resistance || ~ entre **crochets** (typo) / bracket *vt*, put o. enclose in brackets o. parentheses || ~ les **culots** (électr) / mount the base o. cap, [fit the] base || ~ à **culture** (agr) / improve, subdue || ~ **debout** / upend, right [up] || ~ à **découvert** / bare *vt*, lay bare, excavate || ~ à **découvert** (mines) / meet, discover || ~ en **dépôt** / store *vt*, warehouse *vt* || ~ **dessous** / place under[neath] || ~ le **diaphragme** (opt) / stop down, [set the] diaphragm || ~ en **digestion** / digest *vt* || ~ une **douille** / box *vt*, line, bush || ~ par **douzaines** / range by dozens o. by the dozen || ~ en **drapeau** (aéro) / feather the propeller blades || ~ à l'**eau** (nav) / launch *vt*, lower a boat || ~ à l'**eau**, lancer (nav) / launch *vt*, set afloat || ~ en **écheveaux** (filage) / wind up || ~ à **«enregistrer»** (radio-enregistreur) / set to record function || ~ **ensemble** / put together, (also:) pour together || ~ à l'**épreuve** / try *vt*, prove, test || ~ en **équations** / form equations || ~ en **équilibre de température** / put into thermal equilibrium || ~ à l'**essai** / put to the test, give something a trial || ~ à l'**étalage** (marchandise) / display *vt* || ~ en **état** / repair *vt* || ~ à l'**état 1** (comm.pneum) / set ON *vt* || ~ en **évidence**, visualiser / show *vt*, visualize || ~ en **évidence**, prouver / prove *vt*, demonstrate, establish || ~ en **exploitation** / set [a]going, set to work, set into operation || ~ à la **ferraille** / scrap *vt* || ~ à **feu** (mines) / fire shots || ~ à **feu** (mét) / set the furnace to work, blow-in || ~ à **feu** (chaudières) / start up boilers || ~ le **feu** [à] / ignite || ~ le **feu à une**

mine, mettre à feu le coup / fire shots || ~ à **feu une roquette** / fire a rocket || ~ les **feux de route** (auto) / switch to the main o. country beam || ~ en **file d'attente** (ord) / queue || ~ à **fleur** / level *vt* || ~ à **flot** / float *vt* || ~ en **forme** (ord) / edit || ~ à **forme par déformation à froid** / cold-work || ~ les **formules** (m.compt) / load forms || ~ en **fusion** / melt, (ores:) smelt || ~ au **garage** (auto) / garage *vt* || ~ en **garde une communication** (télécom) / maintain a connection || ~ les **gaz** / step on the gas || ~ en **gradins** / terrace *vt* || ~ un **grand braquet** (bicyclette) / put into a higher gear || ~ à l'**heure** (horloge) / regulate || ~ **hors circuit** (électr) / cut out, switch off, put out of circuit || ~ **hors d'eau** (bâtim) / complete roofing || ~ **hors feu ou hors de marche** (sidér) / blow down o. out, stop the furnace || ~ **hors service** (nav) / lay up, tie up || ~ **hors service** (techn) / cut out, shut down, lay up, stop || ~ **hors service** (ord) / disable || ~ **hors de service** (ch. de fer) / take off the line, shunt out || ~ **hors tension** (ord) / deactivate || ~ à l'**huile** (auto) / fill in the oil || ~ de l'**huile** / replenish oil || ~ en **jauge** (agr, bâtim) / heel in || ~ à **jour** / update || ~ à **jour** (mines) / draw || ~ au **large** (tiss) / stretch, adjust the width || ~ le **lest à bord** / ballast *vi* || ~ en **liberté** (chimie) / set free || ~ le **linge à tremper** / scour o. wet dirty linen || ~ sur une **liste** / slate || ~ au **longueur** / cut into lengths o. sections, break down || ~ en **marche** / start, actuate, set going || ~ en **marche** (mot) / start, (by hand:) crank || ~ en **marche un train** (ch.de fer) / introduce a train || ~ en **marche une turbine pour la première fois** / start a turbine for the first time || ~ en **marche le ventilateur** / work the fan || ~ à la **masse ou à la terre** / return to earth, shunt to earth || ~ au **même niveau** / adjust, match || ~ en **mémoire** (ord) / read in, roll in || ~ en **meule** (agr) / pit *vt* || ~ aux **molettes** (mines) / overdraw, overwind || ~ en **morceaux** / disintegrate || ~ en **mouvement** / set [a]going, set to work, set into operation, put into service || ~ à **neuf** / repair || ~ au **neutre** (électr) / neutralize || ~ à **niveau** / adjust to the same level, make even o. flush o. level || ~ à **nu** / bare *vt*, lay bare, excavate || ~ **obstacle** [à] / aggravate || ~ en **œuvre** / use *vt*, utilize || ~ en **œuvre** (sidér) / smelt || ~ en **œuvre** (joailler) / set *vt*, enchase, mount || ~ en **œuvre un brevet** / work a patent || ~ en **ordre** / order *vt* || ~ en **pages** (typo) / make up into pages || ~ en **panne** (nav) / heave to || ~ en **paquets** (sidér) / bundle *vt*, bale, strap || ~ entre **parenthèses** (math, typo) / bracket *vt*, put into brackets o. parentheses || ~ **parfaitement en regard** / place in a straight line || ~ au **pâturage** / put to pasture, pasture *vt* || ~ en **perce** (bière) / tap *vt*, rack || ~ en **phase** (électr) / phase *vt* || ~ en **pile** / pack closely || ~ au **pilon** (pap) / repulp || ~ en **place** / station *vt* || ~ en **place** (techn) / mount, lodge, place || ~ en **place** (film) / lace-up, thread-up || ~ en **place un filtre** / load a filter || ~ au **point** (opt) / focus *vt*, bring into focus || ~ au **point** (tour revolver) / index *vt* || ~ au **point**, tirer [de] / bring out || ~ au **point**, étudier (techn) / engineer *vt*, model, design || ~ au **point ou en place** / put into starting position || ~ au **point** (radio) / tune up || ~ au **point un programme** (ord) / debug a program || ~ une **porte sur ses gonds** / hang on its hinges a door || ~ en **portefeuille** (train routier) / jackknife *vt* (tractor and trailer) || ~ en **pratique par stades successifs** / phase *vt* || ~ en **précontrainte** (méc) / prestress, pretension, preload || ~ à **préfocus** / prefocus || ~ en **première [vitesse]** / switch into low gear || ~ en **prise** / mesh *vt* || ~ en **prise** (m.outils) / set *vt*, adjust || ~ à **profit** [pour] / utilize, take advantage [of] || ~ les **quantités en équation** / arrange, put up || ~ au **ralenti** (techn, mot) / throttle down, slow down || ~ à **rejeu** / set to reproduction function || ~ en **rentrant** (typo) / indent *vt* || ~ en **rouleau** / roll up || ~ en **route** / run up, bring up || ~ à **rude épreuve** (techn) / strain *vt*, rough-handle || ~ en **sacs** / pack into sacks o. bags || ~ dans la **saumure** / corn *vt*, salt || ~ à **sec** (agr) / drain *vt* || ~ en **sécurité** / secure, safeguard, safety || ~ en **séquence** / sequence *vt* || ~ dans une **série** / range [in series] || ~ en **service** / set [a]going, set to work, set into operation || ~ le **signal à l'arrêt** (ch. de fer) / place the signal at "stop" o. at "danger" || ~ le **signal à voie libre** (ch.de fer) / pull off the signal, clear the signal || ~ en **sourdine** / turn down to moderate volume || ~ en **soute** / bunker *vt* || ~ en **stock** / store *vt*, warehouse *vt* || ~ en **stock** (mines) / bank out || ~ à la **sûreté** (mil) / put on safety || ~ en **suspension** / reduce to slime || ~ au **tain** (miroir) / quick[en] || ~ en **talus** / scarp *vt* || ~ en **tas** / throw, pour || ~ sous **tension** (électr) / make alive || ~ à **terre** / land *vt* || ~ à la **terre** (électr) / ground *vt* (US), earth *vt* (GB), connect to ground o. earth || ~ au **terril** / dump *vt*, heap deads || ~ un **timbre** / affix a stamp || ~ en **tonneaux** / cask *vt*, barrel *vt* || ~ en **train** / set [a]going, set to work, set into operation, put into service || ~ en **train** (techn) / start *vt* || ~ en **train** (typo) / overlay, make ready || ~ en **travail** (tan) / soak the hides, swell, distend || ~ au **travail** (relais) / attract the armature, make contact || ~ en **trempe** (bière) / mash *vt* || ~ en **valeur** (forces) / harness *vt* || ~ en **veilleuse** (haut fourneau) / bank the blast furnace || ~ au **vert** (agric) / put to pasture, pasture *vt* || ~ en **vue** / exhibit, expose || ~ en **wagon** / load into cars || ~ à **zéro** (ord, instr) / restore

meuble *adj* (agr) / mellow, loose || ~ (géol) / unconsolidated || ~ *m* / piece of furniture || **~s** *m pl* / household furniture o. goods *pl* || ~ *m* (radio) / cabinet || **~-bar** *m* **porte-électrophone** / console, cabinet || ~ en **bois** / wooden furniture || ~ à **éléments** / combination furniture, sectional || ~ d'**étalage** / counter, bar || ~ d'**étalage pour denrées alimentaires surgelées** / display case || ~ **incorporé** / built-in furniture || ~ **métallique** / metal furniture || ~ **phono-discothèque** / console, cabinet || ~ à **plans** / plan chest || ~ **radio** / audio furniture, radio cabinet || ~ du **réfrigérateur** / refrigerator cabinet || ~ **rembourré** / upholstered furniture || ~ en **rotin** / wicker furniture || ~ de **séparation** (bâtim) / partition || ~ à **tourne-disque et radiophone** / radio-gramophone, radiogram (GB) || ~ **tubulaire** / steel tube furniture, tubular furniture

meulage *m* / grinding || ~ (amidon) / fine milling || ~ (galv) / polishing (US), grinding (GB) || ~, ébarbage *m* (fonderie) / snagging, grinding || ~ **cylindrique** / straight-through grinding, cylindrical grinding || ~ **décoratif** / decorative-grind || ~ en **mouillant** / cool o. wet grinding || ~ **opposé** (m.outils) / up-grinding || ~ des **rails** / grinding of rails || ~ à **sec** / dry grinding || ~ **sphérique** / spherical grinding

meulard *m*, meularde *f*, meuleau *m* / rough grindstone

meule *f* (gén) / abrasive wheel || ~ (m.outils) / grinding wheel, wheel || ~ (agr) / clamp [silo] || ~ (moulin) / millstone || ~ à **abrasif aggloméré** / bonded abrasive grinding wheel || ~ pour **affûter les scies** / saw gumming wheel || ~ **annulaire** (m.outils) / ring wheel || ~ **assiette** / dish o. disk wheel, saucer || **~-boisseau** *f* / cup o. face wheel || **~-boisseau** *f* **conique** / flaring cup wheel || **~-boisseau** *f* **droite** / straight cup grinding wheel || ~ **broyeuse** /

edge-running grinding wheel || ~ [de **carbonisation]** / charcoal kiln o. stack o. pile o. mound || ~ **carborundum** / carborundum wheel || ~ **conique pointue** / abrasive point || ~ en **coton cousue** (galv) / stitched cotton buff || ~ **courante** / edge runner of the pan grinder || ~ en **cuir de morse** (galv) / sea-horse wheel || ~ **cylindrique** / grinding cylinder || ~ à **découper** / parting wheel || ~ de **défibreur** (pap) / grinder [stone] || ~ **dégrossisseuse** (galv) / fettling wheel, snagging wheel || ~ **diamantée** / diamond wheel || ~ **diamantée standard** / standard diamond wheel || ~**-disque** *f* (filetage) / single-rib wheel || ~ à **doigt** / pencil wheel || ~ à **double boisseau** (m.outils) / double tub o. double cup wheel || ~ d'**émeri** / emery wheel o. disk (US), abrasive wheel o. disk (US) || ~ **façonnée** / shaped grinding wheel || ~ **flexible en chiffon** (galv) / rag o. ray o. buff o. polishing wheel, buffing wheel, glazer || ~ **flexible en coton** (galv) / cotton dolly o. mob || ~ de **fonte en coquille** / chilled runner || ~ de **forme** / form grinding wheel || ~ **forme coupelle** (m.outils) / flaring cup wheel || ~ de **forme sur tige ou sur axe** (outil) / grinding pencil || ~ **gisante** / base plate of the pan grinder, form grinding wheel || ~**-mère** *f* (filetage) / multi-rib wheel || ~ à **moyeu déporté** / depressed center wheel || ~ à **moyeu déporté pour tronçonner** / depressed center grinding wheel for cutting off || ~ **plate** / flat grinding wheel || ~ à **polir en feutre** (galv) / felt polishing disk || ~ **rainurée** (broyeur à meules courantes) / grooved muller || ~ **segmentée** (m.outils) / segmental o. sectional wheel || ~ sur **tige** / abrasive pencil || ~ en **toile métallique** (galv) / wire-web wheel || ~ **tronçonneuse** / cutting-off wheel || ~ **verticale de minerai** (mines) / vertical mill [for crushing ore]

meulé / ground || ~ en **creux** / hollow ground || ~ **et poli** / ground and polished || ~ **jusqu'à l'épaisseur de la tôle** (soud) / ground down to plate thickness

meuler (techn) / grind [off] || ~ (rails) / grind || ~ (cuir) / fluff (leather on the flesh side) || ~ à la **main** / grind by free hand

meuleton *m* (pap) / edge runner

meulette *f* **diamant** / abrasive diamond pencil

meuleur *m* (personne) / grinder, emery-wheel man || ~ (m.outils) / grinding pencil

meuleuse *f* (m.outils) / grinder, grinding machine || ~ d'**angle** / right angle grinder, angle-drive grinder || ~ d'**établi** / bench grinder || ~ à **flexible** / flexible shaft grinder || ~ **portative** / portable o. hand grinder || ~ **suspendue** / overhead grinding machine

meulier / mill...

meulière *f* (géol) / millstone

meulure *f* à **meule large** / wide-wheel grinding

meunerie *f* / miller's trade, (also:) mill operation

meurtiat *m* (mines) / wall made of deads, pack-wall

mezzanine *f* / entresol, mezzanine || ~ (fenêtre) / mezzanine window || ~ (magasin) / false floor

M.F., modulation *f* de fréquence / frequency modulation, FM

M.H.D., magnétohydrodynamique *f* / magneto-fluid dynamics, magnetohydrodynamics, MHD

MHz / megacycles per second, mcps, mc/s, MCPS, M.C.P.S., megahertz, MHz

mi-..., à ~ / halved, by halves

MI, M.I., modulation *f* en impulsions / pulse modulation

mi-arc *m* (bâtim) / haunch of an arch

miargyrite *f* / miargyrite

miarolitique (min) / miarolitic

mi-bois *m* (charp) / rebating

mica *m* / mica || ~ **blanc** / muscovite, biaxial o. biaxed mica, white mica || ~ **brut** / crude o. natural mica || ~ **clivé** / laminated mica, rigid mica || ~ en **échevette** / tangle sheet || ~ en **feuilles** / sheet mica || ~ en **flocons** / flake mica || ~ **jaune** / golden mica || ~ **marchand**, mica *m* préparé / processed mica || ~ **naturel** / crude o. natural mica || ~ **noir** / biotite, black mica || ~**-tissu** *m* / mica fabric || ~ **vert** (min) / meroxene

micacé, micacique / micaceous

micanite *f* / micanite || ~ pour **collecteur** / commutator micanite || ~ **moulable** / mouldable micanite

micaschiste *m* / mica schist o. slate || ~ **argileux** / clayey mica schist

micellaire (chimie) / micellar

micelle *f* (chimie) / micell[e]

mi-chiffon (pap) / rag containing

mi-chimique / semichemical

mi-collé (pap) / halfsized

micro-..., 10^{-6} / micro || ~ *m* (coll) / transmitter, microphone [transmitter], (US coll:) mike || ~ **espion** / bug

micro-allié / microalloyed

micro-ampère *m* / microampere || ~**-ampèremètre** *m* / microammeter || ~**-analyse** *f* / microanalysis || ~**-analyseur** *m* à **sonde électronique** / electron probe microanalyzer || ~**-assemblage** *m* (semi-cond) / microassembly || ~**-assemblage** *m* (électron) / microcircuit || ~**balance** *f* / microanalytical balance, microbalance || ~**ballon** *m* (pétrole, plast) / microballoon || ~**bande** *f* (guide d'ondes) / microstrip (US), flat coaxial transmission line, strip transmission line (GB) || ~**bar** *m* (phys) / barye

microbe *m* / microbe, microorganisme, germ

micro-bêtatron *m* / microbetatron || ~**bicide** *adj* / microbicidal || ~**bicide** *m* / microbicide

microbien / microbial, microbic

micro-billage *m* / shot-peening || ~**billes** *f pl* (routes) / ballotini *pl* || ~**biologie** *f* / microbiology || ~**biologique** / microbiological || ~**burette** *f* (chimie) / microburette || ~**bus** *m* (auto) / minibus, microbus || ~**caméra** *f* de **télévision** / TV-microcamera || ~**casque** *m* / headset || ~**cassette** *f* / microcassette || ~**centrale** *f* (électr) / small power station || ~**chimie** *f* / micro-chemistry || ~**chimique** / microchemical || ~**cinématographie** *f* / microcinematography || ~**cinématographique** / cinemicrographic, microcematographic || ~**circuit** *m* (électron) / microcircuit || ~**circuit** *m* **intégré** / integrated micro-circuit || ~**climat** *m* / microclimate || ~**cline** *f* (min) / microcline || ~**code** *m* (ord) / microcode || ~**contact** *m* / microcontact || ~**contacteur** *m* / microcontactor || ~**copie** *f* / microcopy || ~**cosme** *m* / microcosm || ~**cosmique** / microcosmic || ~**-cravate** *m* / Lavalier microphone o. mike || ~**crêpage** *m* (pap) / microcreping || ~**crêpe** *m* (pap) / microcrêpe, microcrape

microcrique *f* (techn) / hair crack, check [crack], craze, crazing || ~ due au **retrait** / check [crack]

micro-cristallin / microcrystalline || ~**curie** *m* (phys) / microcurie || ~**cuve** *f* (chimie) / microcell || ~**définition** *f* / microdefinition || ~**densitomètre** *m* (phot) / microdensitometer || ~**diagraphie** *f* **latérale focalisée** (pétrole) / micro-laterologging, trumpet logging || ~**-diffraction** *f* (microscope électron.) / selected area diffraction || ~**diorite** *f* (géol) / microdiorite || ~**documentation** *f* / microcopying || ~**durcissement** *m* (mét.poudre) / microhardening || ~**dureté** *f* / microhardness || ~**dureté** *f* **Vickers** /

Vickers microhardness || **~duromètre** *m* / microhardness tester || **~économie** *f* / microeconomics *sing* || **~électronique** *f* / microelectronics *sing* || **~encapsulation** *f* / microencapsulation (NCR) || **~-état** *m* / microstate || **~farad** *m*, µF / microfarad, µF || **~fiche** *f* / microfiche, sheet of microfilm || **~fiche** *f* **transparente pour la documentation** / transparent microfiche
microfilm *m* / microfilm, bibliofilm || ~ **actif** / working film || ~ en **couleurs** / colour microfilm || ~ pour l'**entrée** (ord) / computer input microfilm, CIM || ~ de **sortie d'ordinateur** / computer output microfilm, COM || ~ de **traces nucléaires** / nuclear microfilm
micro·filmage *m* / microcinematography || **~filmage** *m* des **documents justificatifs** / storage filming, microfilming of records o. vouchers || **~filmer** / microfilm *vt vi* || **~fissuration** *f* / microcracking || **~fissure** *f* / microcrack || **~foret** *m* / microdrill || **~galette** *f* (semicond) / wafer, slice || **~gicleur** *m* / microjet || **~grain** *m* / micrograin || **~grain** *m* (abrasif) / microgrit || **~grainé** (typo) / micrograined || **~granite** *m* / granite porphyry, granophyre
micrographie *f* (sidér) / structure, texture || ~ **électronique** / electron micrograph
micro·graphique (géol) / micrographic, -pegmatic || **~gravitation** *f* / microgravitation || **~guide** *m* de **lumière** / optical microguide
microhm *m* / microhm
micro·hydrogénation *f* / microhydrogenation || **~-imagerie** *f* **photochromique** / photochromic micro imagery, PCMI || **~instruction** *f* (ord) / microinstruction || **~kymographie** *f* / microkymography || **~lampe** *f* à **éclair électronique** (phot) / microflash || **~latérolog** *m* (pétrole) / micro-laterologging, trumpet logging || **~lit[h]e** *m* (géol) / globulite || **~lux** *m* (phys) / microlux || **~mâchefer** *m* / microslag || **~manipulateur** *m* / micromanipulator || **~mécanique** *f* / micromechanics || **~mesureur** *m* à **miroir** / optical lever || **~météorite** *f m* (espace) / micrometeorite
micromètre *m* (techn) / micrometer [gauge], (US coll:) mike || ~ (rare), micron *m* / micrometer, µm || ~ avec **cadran indicateur** / precision indicating gauge o. indicator, precision dial gauge || ~ [d']**extérieur** / external micrometer || ~ à **fil** (opt) / filar micrometer || ~ de **filetage** / screw thread micrometer || ~ d'**intérieur** / inside micrometer || **~-objectif** *m* / micrometer objective || ~ **oculaire** / micrometer eyepiece || ~ à **planimètre** / planimeter micrometer || ~ de **position** (opt) / position [filar] micrometer || ~ de **profondeur** / micrometer depth gauge || ~ à **réseau** / crossline micrometer
micro·métrique / micrometric || **~micron** *m* / micromicron || **~miniaturisation** *f* / microminiaturization || **~mire** *f* / microtest object || **~module** *m* (électron) / micromodule
micromoteur *m* / subfractional horsepower motor || ~ **synchrone** / synchronous pilot motor
micromoteur-fusée *m* (espace) / microrocket || ~ **ionique** (espace) / contact ion microthruster || ~ à **plasma pulsé** (espace) / pulsed plasma microthruster
micromouvement *m* (ordonn) / basic element o. motion, micromotion, micromovement, elemental movement
micron *m*, micromètre *m* / micron, micrometer, µm
micro·nucléus *m* (biol) / micronucleus || **~ohm** *m* / microhm || **~-onde** *f* (hyperfréquence, 300 MHz - 300 GHz) / microwave (GB: = 10 cm, US: = 100 cm) || **~-ordinateur** *m* / microcomputer || **~-ordinateur** *m* sur **une pastille** / one-chip microcomputer || **~ordinateur-multiprocesseur** *m* / multiprocessor-microcomputer || **~-organisme** *m*, microorganisme *m* / germ, microbe, microorganism || **~pectique** (géol) / micrographic, -pegmatic || **~phage** *adj* / microphagous || **~phages** *m pl* (biol) / microphages
microphone *m* / transmitter, microphone [transmitter], (US coll:) mike || ~ [**propre**] (phys) / transmitter of the microphone || ~ d'**annonces** / announcing microphone || ~ **bi-directif** / dipole microphone || ~ **canon** / machine gun microphone o. mike (US), shot-gun o. ultradirectional microphone || ~ à **capsule** / button microphone || ~ au **carbone** / carbon [grain] transmitter o. microphone, granulated carbon transmitter o. microphone || ~ **cardioïde** / cardioid microphone || ~ de **combiné téléphonique** / mouth piece, transmitter || ~ à **condensateur** / capacitor microphone o. transmitter || ~ à **courant transversal** / transverse-current microphone || ~ à **cristal** / quartz o. crystal microphone || ~ à **décharge** / glow-discharge microphone || ~ à **déplacement d'un conducteur** / ribbon o. moving-conductor microphone o. transmitter, velocity microphone || ~ **différentiel** / double-button microphone o. transmitter || ~ **directif** / directional microphone || ~ à **directivité supérieure** / ultra-directional microphone || ~ **double** / push-pull microphone || ~ **électrodynamique** / dynamic microphone || ~ **électromagnétique** / magnetic microphone || ~ **électrostatique** / capacitor microphone o. transmitter || ~ **émetteur** / transmitting microphone || ~ d'**enregistrement** / receiving transmitter, reception microphone || ~ **étalon** / standard microphone o. transmitter || ~ sur **flexible** / swanneck microphone || ~ à **gradient de pression** / [pressure] gradient microphone || ~ à la **grenaille de carbone** / carbon [grain] transmitter o. microphone, granulated carbon transmitter o. microphone || ~ **haut-parleur** / loudspeaker microphone || ~ à **large bande** / wide-response microphone || ~ de **Lavalier** / Lavalier microphone o. mike || ~ type **marteau** / hammer type microphone || ~ **miniature espion** / bug || ~ **omnidirectionnel** / nondirectional o. astatic microphone || ~ sur **pied** / stand microphone || ~ **piézo-électrique** / crystal microphone || ~ **plastron** / breast plate transmitter || ~ à **poudre [de charbon]** voir microphone au carbone || ~ à **pression** (électron) / pressure microphone || ~ de **proximité** / close-talking microphone || ~ à **ruban** / ribbon o. moving-conductor microphone o. transmitter, velocity microphone || ~ **stéréophonique** / stereomicrophone, stereophonic microphone || ~ de **table** / desk microphone || ~ à **vitesse** / ribbon o. moving-conductor microphone o. transmitter, velocity microphone
microphonie *f*, microphonicité *f* / microphony, -phonism, microphonic effect || **sans** ~ (électron) / non-microphonic || ~ due à la **réaction** (radio) / howlback, acoustic feedback || ~ due à la **réaction** (amplificateur) / howling || ~ par **vibrations** / vibration microphonism
micro·phonique / microphonic || **~photographie** *f* / microphoto[graph] (a print) || **~photographie** *f* (terme incorrect), photomicrographie *f* / photomicrograph (taken through the microscope) || **~phyrique** (géol) / microphyri[ti]c || **~physique** *f* /

microphysics || ~**pipette** *f* / micropipet[te] || ~**plaquette** *f* / chip, dice || ~**plaquette** *f* (circ. impr.) / microboard || ~**plasticité** *f* / microplasticity || ~**polluant** *m* / micropollutant || ~**pore** *m* / micropore || **aux ~pores** / fine pored || ~**poreux** / microporous || ~**porosité** *f* / pin porosity, microporosity || ~ *m* **portatif** / hand microphone || ~**positionneur** *m* / micropositioner || ~**pouce** *m* / microinch, one millionth of an inch || ~**processeur** *m* (ord) / microprocessor || ~**processeur** *m* à **circuit intégré** / integrated circuit microprocessor || ~**programmation** *f* (ord) / microprogramming || ~**programme** *m* (ord) / microprogram o. -routine || ~**programmes** *m pl*, firmware (deconseillé) / firmware || ~**projecteur** *m* de **profil** / profile projector || ~**radiographie** *f* / microradiography || ~**radiomètre** *m* / microradiometer || ~**réfractométrie** *f* / microrefractometry || ~**résolveur** *m* / microsyn || ~**retassure** *f* (fonderie) / microshrinkage || ~**rupteur** *m* (électr) / miniature o. microswitch

microscope *m* / microscope, (US coll:) mike || ~ d'**atelier** / shop microscope || ~ **auxiliaire** (opt) / assistant's viewing tube || ~ de **chauffe** (céram) / heating microscope || ~ **composé** / compound microscope || ~ à **contraste de phase** / contrasting phase microscope || ~ à **coupe optique** / light section microscope || ~ à **dissection** / dissecting microscope || ~ à **éclairage incident ou par réflexion** / reflected light microscope || ~ **électronique** / electron microscope || ~ **électronique à balayage** / scanning electron microscope || ~ **électronique à balayage avec réflecteur** / scanning mirror electron microscope || ~ **électronique à balayage de surface** / surface electron microscope, SEM, SEM || ~ **électronique à émission de champ** / field electron o. field emission microscope || ~ **électronique à filtrage en énergie** / energy selecting electron microscope || ~ **électronique à haute tension** / high-tension electron microscope || ~ **électronique à lentilles magnétiques** / permanent magnet electron microscope || ~ **électronique à miroir** / mirror electron microscope || ~ **électronique à ombre** / shadow microscope || ~ **électronique à transmission** / transmission electron microscope || ~ à **émission** / [thermionic] emission microscope || ~ à **émission ionique ou froide** / ion emission microscope || ~ à **émission photo-ionique** / photoemission electron microscope || ~ à **émission thermoélectronique** / thermionic emission microscope || ~ d'**enseignement** / teaching microscope || ~ à **fil** / thread microscope || ~ à **fluorescence** / fluorescence microscope || ~ à **fort grossissement** / high-power microscope || ~ à **genouillère** / hinged body microscope || ~ à **grossissement de 60** / times 60 microscope || ~ **infrarouge** / infrared microscope || ~ **interférentiel** / interference microscope || ~ **inversé** / inverted o. plankton microscope || ~ **ionique à émission de champ** / field ion microscope || ~ de **lecture** / measuring o. reading microscope o. telescope || ~ de **lecture d'échelle** (m outils) / scale reading microscope || ~ de **mesure** / measuring o. reading microscope o. telescope || ~ de **mesure d'outillage** / toolmaker's measuring microscope || ~ **métallographique** / micrographic microscope || ~ **photoélectrique** / photoelectric microscope || ~ à **plancton** / plankton o. inverted microscope || ~ **polarisant** / micropolariscope, polarizing microscope || ~ à **projection** / projection microscope || ~ **protonique** / proton microscope || ~ à **réflecteur** / reflecting microscope || ~ à **surplatine hémisphérique** / ball stage microscope || ~ **téléviseur** / television microscope

microscopie *f* / microscopic optics, microscopy || ~ à **balayage** / scanning microscopy || ~ en **contraste interférentiel du type différentiel** / differential interference contrast microscopy || ~ en **contraste de phase** / [contrasting] phase microscopy || ~ en **contraste de phase et en fluorescence** / combined phase and fluorescence microscopy || ~ à **éclairage incident** / reflected light microscopy || ~ **électronique par bombardement ou à réflexion** / reflection electron microscopy || ~ à ou en **fluorescence** / fluorescence microscopy || ~ à **fluorescence par contraste** / combined phase and fluorescence microscopy || ~ des **minerais** / reflected light microscopy || ~ **optique** / light-optical microscopy || ~ **subphotonique** / subphotonic microscopy || ~ **télévisée** / television microscopy

microscopique / microscopic, -ical

micro·seconde *f* / microsecond, µs || ~**ségrégation** *f* (sidér) / microsegregation || ~**séisme** *m* / microseism || ~**selsyn** *m* / microsyn || ~**sillon** *m* (phono) / microgroove || ~**sillon** *m* (le disque) / long-playing record || ~**sirène** *f* / microsiren || ~**sonde** *f* (chimie) / microprobe, electron probe || ~**sonde** *f* à **faisceau ionique** / ion microprobe analyzer || ~**spectroscope** *m* / microspectroscope || ~**structural** / microstructural || ~**structure** *f* / microstructure || ~**structure** *f* (électron) / microcircuit || **de ~structure** / microstructural || ~ *m* **suspendu** / suspended o. hanging microphone || ~**synchronisation** *f* (télécom) / microsynchronisation || ~**système** *m* (calc.anal.) / micro system || ~**tapure** *f* (techn) / hair crack, check [crack], craze, crazing || ~**thermie** *f* (vieux) / [gram o. small] calorie, cal, gram calorie o. degree (US), g.ca.

microtome *m* / microtome || ~ à **coulisseau** / traversing microtome || ~ pour **coupes congelées** / microtome for frozen sections

micro·tron *m* / microtron || ~**tuyère** *f* / microjet || ~**-usinage** *m* / micromachining || ~**vanne** *f* / micro slide valve || ~**volt** *m* / microvolt, µV || ~**watt** *m* / microwatt, µW

mi-cuit (soie) / partially boiled o. scoured

mi-cuite *f* / souple silk

midi *m* **moyen** (astr) / mean noon

mi-dur / medium hard

miélat *m*, miellat *m*, miellée *f* (agr) / honey dew

mi-entier / half-integral

miette *f* / crump, scrap, bit || **mettre en ~s** / crumble *vt*

mi-fil *m* / medio-twist, mock-water

mignonne *f* (typo) / minion, 7 p.

mignonnette *f* / small cobbles (under 4")

migrants *m pl* (ordonn) / out-of-town people

migration *f* / migration || ~ de l'**arc** / drifting of the arc || ~ du **colorant** / bleeding || ~ d'**électrons** / electron migration o. drift || ~ **ionique** / migration of ions, ion o. ionic migration || ~ des **liants** / migration of binders || ~ **radicalaire** (chimie) / radical migration

migratoire / migratory

mi-hauteur, à ~ / at half height

mijotage *m* / stewing

mijoter un **bain** (fonderie) / stew *vt*, quiet *vt*

mi-laine *adj* / wincey, lincey-woolcey || ~ *m* (filage) /

union yarn || ~ (tiss) / union fabric, half-woollen fabric o. cloth
milanaise *f* / Milanese [knit] fabrics *pl*, traverse warp fabrics *pl*
mildiou *m*, mildew *m* (bot) / blight, mildew, blast || ~ de la **pomme de terre** / late blight of potatoes (caused by phytophthora infestans) || ~ du **tabac** / blue mold || ~ de la **vigne** / downy mildew of grape || ~ de la **vigne** / [vine] mildew
mildiousé / mildewed
mile *m* (EU, Canada = 5280 ft = 1609.34 m) / statute mile, British mile
milieu *m*, centre *m* / middle, center || ~, sphère *f* / medium || ~, domaine *m* / scope || ~ (statistique) / mode, modal value || ~ (phys) / medium || ~, circonstances *f pl* physiques / atmosphere, climate, element || **au** ~ / centric[al] || **au** ~ [de] / in the middle [of] || **au ~ du navire** / midship *adj*, amidship[s] *adv* || ~ **actif** (laser) / laser o. lasing material || ~ d'**appoint** / make-up medium [solids pl.] || ~ de **cémentation [pulvérulent ou pâteux ou liquide ou gazeux]** (sidér) / carburizing o. carbonizing mixture o. powder, case hardening composition || ~ de **chemin** (roulement) / middle of raceway || ~ **chimique corrosif** / chemically corrosive matter || ~ **clair** / transparent medium || ~ du **courant** (hydr) / main stream || ~ de **culture sec** / dry nutrient medium || ~ **dense** (prép) / dense medium || ~ **dense de circulation** / circulating medium || ~ **dense concentré** / over-dense medium || ~ **dense concentré** / over-dense medium || ~ **dense dilué** / dilute medium || ~ **dense recyclé ou récupéré** / recovered dense medium || ~ **dense régénéré** / regenerated dense medium || ~ **dense de séparation** / separating medium || ~ **dispersif** / dispersive medium || ~ d'**évacuation** (nucl) / disposal medium || ~ du **filament** (électron) / HM, heater middle || ~ **multiplicateur** (nucl) / multiplying medium || ~ **nutritif solide** / dry nutrient medium || **~-récepteur** *m* (eaux usées) / receiving [body of] water, drainage o. draining ditch o. canal, main outfall, outfall ditch || ~ de la **travée** (constr.en acier) / midspan || ~ de **trempe** / quenchant || ~ **trouble** / turbid medium
militaire / military
millage *m* (Canada) (auto) / mileage
mille *m* (math) / thousand || ~ (vieux) (géogr) / mile || ~ **carré** / square mile || ~ **marin** / nautical mile, n.m., n.mi, NM, admiralty measured mile (= 6080 ft = 1,853.18 km) (GB), United States coast survey mile (US) (= 6080.27 ft = 1,853.25 km) || ~ **marin international** / international nautical mile (= 1.852 km) || ~ **trillions** (10^{21}) / sextillion (US)
millérite *f* (min) / millerite, capillary pyrites
milli... (10^{-3}) / milli
milliaire *m* (P.E.R.T.) / milestone (PERT)
milli-ampèremètre *m* / milliammeter
milliard *m* (10^9) / one thousand millions (GB), milliard (GB), billion (US)
milli·bar *m* / millibar || **~curie** *m* / millicurie || **~curie** *m* **détruit** / millicurie destroyed
millième *m* (10^{-3}) / thousandth || ~ de **pouce** / mil (0.001 inch = 25.4 µm)
milli·gramme *m* / milligram[me] || **~litre** *m* / millilitre, ml || **~mètre** *m* / millimeter (US), millimetre || **~ohm** *m* / milliohm
million *m* (10^6) / million || ~ de **millards d'unités «Btu»** / quadrillion Btu's, quad (US) || ~ de **milliards ou de billions** (10^{15}) / one thousand billions (GB) o. trillions (US), quadrillion (US) || ~ de **millions** (10^{12}) / billion (GB), trillion (US)
millionième *m* du **pouce** / mu-inch
milli·seconde *f*, ms / millisecond, ms || **~thermie** *f* (vieux) (= 4186,8 J) / kilogram[me] calorie o. calory (US), large o. great calorie, Cal || **~voltmètre** *m* / millivoltmeter
millstone *m* / millstone (measure of sensitivity of planetary radar)
mimétèse *f* (min) / mimet[es]ite
mimétique / mimetic
mimétisme *m* / mimicry
mimétite *f* (min) / mimet[es]ite
minage *m* / winning and working of mines, mining || ~, travail *m* aux explosifs / blasting [work] || ~ **secondaire** / secondary blasting
minarine *f* / medium-fat margarine
mince / slim, slight, tender || ~ (pap, tôle) / thin || ~ (mines) / low head... || **~s feuilles** *f pl* **de fer-blanc** / thin tinplate
minceur *f* / thinness, tenuity
mine *f* / mine || **~s** *f pl* / industrial mining || ~ *f*, trou *m* de mine (mines) / blast, charge || ~ (mil) / mine || ~, minerai *m* / ore || ~ d'**acier** / sparry o. spathic iron ore || ~ d'**alun** / alum quarry || ~ d'**argent** / silver mine || ~ **auxiliaire ou de dégraissage** (mines) / easer shot || ~ en **bénéfice** (mines) / copious o. productive mine || ~ qui a fait **canon** (mines) / blown-out hole || ~ de **charbon** / coal mine o. pit, colliery || ~ à **ciel ouvert** / open cut, strip mining, diggings *pl* || ~ de **crayon** / pencil lead || ~ de **cuivre** / copper mine || ~ de **cuivre** (minerai) / copper ore || ~ de **dégraissage** (mines) / ring trimmer shot || ~ de **diamants** / diamond mine || ~ d'**étain** / tin mine, stannary (GB) || ~ d'**étain** / black tin ore || ~ d'**étain brute** / raw tin ore || ~ d'**étain légère** / slimes *pl* || ~ de **fer** / iron mine o. pit || ~ au **fond** (mines) / drift mining, underground working || ~ de **galène** / lead ore mine || ~ de **graphite** / graphite mine || ~ **grisouteuse ou à grisou** (mines) / foul o. fiery pit, fiery o. gassy mine || ~ de **houille** / colliery, coal mine || **~-image** *f* / apprentice gallery || ~ **interchangeable** (dessin) / refill lead || ~ des **marais** / bog [iron] ore, morass ore || ~ de **mercure** / quicksilver mine || ~ de **métaux** / metal [ore] mine || ~ **native** / native ore, virgin ore || ~ d'**or** / gold mine || **~-orange** *f* / orange minium o. lead, yellow lead || ~ de **plomb** / pencil lead || ~ de **plomb** (coll) (min) / graphite, black lead, plumbago, mineral carbon || ~ de **recharge ou de réserve** (crayon) / refill || ~ de **sel [gemme]** / [rock-]salt mine o. pit || ~ de **[sels de] potasse** / potassium mine || ~ au **sol** (mines) / bottom shot || ~ **vierge** / native ore, virgin ore
miner / undermine
minerai *m* / ore || **~s** *m pl* **abattus** (mines) / won coal o. won minerals *pl* (before washing) || ~ *m* **accessoire** / accompanying o. accessory mineral || ~ d'**affinage pour aciérie** / steel refining ore || ~ d'**alluvions** / alluvial ore [deposit] o. placers *pl* || ~ **apparent** / ore in sight || ~ **[apportant un élément] d'alliage** / alloy ore || ~ d'**argent silicifère** / silici[fer]ous silver ore || ~ **argentifère** / silver ore || ~ **argileux** / argillaceous o. clayey ore || ~ **autofondant** / self-fluxing ore || ~ à **basse teneur** / lowgrade ore || ~ **brut** / unroasted ore || ~ **calcaire** / calcareous ore || ~ de **chrome** / chrome ore || ~ **compact** (mines) / rough ore || ~ **cristallisé** / ore in a group, crystallized ore || ~ de **cuivre** / copper ore || ~ **dense** / heavy ore || ~ **dur** / hard ore || ~ **et fondants** (sidér) / burden, batch, charge, ore and fluxes || ~ d'**étain** / tin ore || ~ d'**étain en grains obtenu par le lavage** / granulated stream tin || ~ d'**étain noir** / black tin ore || **~s** *m pl* **exploités**

(mines) / won coal o. won minerals *pl* (before washing) || ~ *m* de **fer** / iron ore || ~ de **fer aciculaire** / needle iron ore || ~ de **fer cristallisé ou en cristaux** / crystallized iron ore || ~ de **fer ganglionné** / nodular iron ore || ~ de **fer granuliforme** / granular iron || ~ de **fer rhomboédrique** / rhombohedral iron ore || ~ de **fer sablonneux** / ferruginous o. iron sand || ~ de **fer d'une teneur très haute** / high-grade iron ore || ~ en **filons** / vein ore o. stone || ~ **fusible ou de fusion facile** / fusible ore || ~ en **gangues** / gangue ore o. stone || ~ en **grains ou grossier ou grenu** / ore in grains, granular ore || ~ **grillé** (sidér) / calcine, calcined ore || ~ de **halde** / ore from tailings, dump ore, waste heap ore || ~ de **lavage** / alluvial ore [deposit] o. placers *pl* || ~ **lavé au crible** (mines) / washed and screened ore, jigged ore || ~ de **marais** / bog [iron] ore, swamp iron ore, morass ore, limonite || ~ **marchand** (mines) / saleable ore, pure ore || ~ de **mercure** / mercurial ore || ~ **métallique** / metalliferous ore || ~ en **morceaux** / lump ore || ~ de **nickel** / nickel ore || ~ **non calciné** / unroasted ore || ~ **non métallique** / non-metallic ore || **~s** *m pl* **non métalliques** / nonmetallic minerals *pl* || ~ *m* d'**or** / gold ore || ~ d'**or non amalgamable** / refractory ore || ~ **payant** / pay mineral || ~ **plombifère ou de plomb** / [refined] lead ore || ~ **positif** / positive ore || ~ **possible** / possible ore || ~ **primaire** (géol) / hypergene ore, primary ore || ~ **probable** / indicated ore, probable ore || ~ **pur** / rough ore || ~ **pur ou marchand** / pure ore, first-class ore, stuff-ore || ~ de **qualité supérieure** / high-grade ore, rich ore || ~ **résiduel** / residual ore || ~ **riche** / rich ore, high-grade ore || ~ en **rognons** / nodular ore || ~ **roux de zinc** / red zinc ore, zincite, spartalite, sterlingite || ~ de **scheidage** / picked ore || ~ de **Skarn** / skarn || **~s** *m pl* **sulfurés ou de sulfure** / pyritiferous ores || ~ *m* de ... **sulfuré** / black-jack, blende, glance || ~ **tendre** / soft ore || ~ **tout venant** / crude ore || ~ **trié** / picked ore || ~ de **zinc** / zinc ore

minéral *adj* / mineral *adj* || ~ *m* / mineral || ~ des **argiles réfractaires** / clay mineral || ~ **caractéristique** (géol) / essential mineral || ~ **cristallin synthétique** / crystalline synthetic mineral || ~ **engendré par stress** (géol) / stress minerals *pl* || ~ **important** / industrial mineral || ~ **lourd** (géol) / heavy crop || ~ **métallifère** (p.oppos.: gangue) / ore-minerals *pl*

mineral rubber *m* (caoutchouc) / mineral rubber

minéralier *m* (nav) / ore carrier || **~-pétrolier** *m* (nav) / dual purpose bulk carrier, oil-ore carrier

minéralisateur *adj* / mineralizing || ~ *m* (géol) / mineralizer

minéralisation *f* / mineralization

minéraliser / mineralize

minéralogie *f* / mineralogy

minéralogiste *m* / mineralogist

minerve *f* (typo) / cropper

minette *f* (mines) / minette, oölitic iron-ore || ~ **calcaire** / calcareous minette, calcareous iron stone

mineur *m* / miner, pitman || ~ (explosifs) / miner || ~ (math) / minor [determinant], subdeterminant || **suivant l'usage ou la coutume ou les règles des ~s**, à la façon de mineurs / mining, practiced by miners || ~ de **charbon** (terme collectif) / collier, coal miner || ~ **continu** / iron man || ~ de **houille** / coal getter || ~ **ouvrier du fond** / miner || ~ au **rocher** (mines) / rock picker, drifter, rock o. stone man || ~ à la **tâche** (mines) / job miner

mineuse *f* (agr) / leaf miner || ~ **sinueuse** / pear leaf blister moth

mini-accumulateur *m* / minicell

miniature / dwarf, miniature

miniaturisation *f* / miniaturization

miniaturiser (électron) / miniaturize

mini·bus *m* / minibus, microbus || **~cassette** *f* / cassette o. cartridge recorder || **~disque** *m* (ord) / floppy disk

minier / mining || ~, suivant l'usage des mineurs / mining, practiced by miners

minière *f* / open cut for mining ore, strip mining of ore, ore diggings *pl*

minifragmenté (télécom) / minislotted

minimal / least, minimal

minimalisation *f* (ord) / minimization

minimaliser / minimize

minimarge *m* (ELF) / discount house

minimax *m* / minimax (the smallest of a set of maximums)

minime / minute, small

minimètre *m* / minimeter

minimisation *f* de **consommation** / minimization of consumption

minimoteur *m* **électrique** / small-size o. -power motor

minimum *adj* / lowest || ~ *m* (math) / minimum point || ~ (pl: minimums) / minimum [value] (pl: minima, -mums) || **à ~ de repassage** (tex) / minimum-iron, rapid-iron || **à ~ de soin** (tex) / wash-and-wear (GB), easy-care (US) || ~ **[barométrique]** / low-pressure area, minimum || ~ de **courant** (électr) / minimum current || ~ **météorologique** (aéro) / meteorological minimum || ~ de **parcours** / minimum distance || ~ de **perception** / minimum rate || ~ de **poids** / minimum of weight || ~ de **potentiel** / minimum of potential

mini-ordinateur *m* / minicomputer

minirupteur *m* / miniature switch, microswitch

Ministère *m* du **Commerce** / Ministry of Commerce, Board of Trade (GB)

mini·système *m* de **gestion** / office oriented data processing technology || **~track** *m* (espace) / minitrack system

minium *m* (chimie) / minium, red lead || ~ **anglais** / orange minium o. lead, yellow lead || ~ **chromaté** / chromate minium || ~ de **fer** / red iron ochre || ~ à un **feu ou à deux feux** / minium oxidized once o. twice || **~-orange** *m* / orange minium o. lead || ~ de **plomb** / lead oxide red, minium

mini-usine *f* (sidér) / mini steelworks

minoration *f* de **potentiel** (accu) / time fall

minoterie *f* / flour o. corn o. grinding mill || ~ / miller's trade, (also:) mill operation

minuscule *adj* (typo) / small || ~ / minute, tiny, diminutive || ~ *f* / small letter, minuscle || **~s** *f pl* (m.à ecrire) / lower case

minutage *m* (ELF) / timing

minute *f* (math, horloge) / minute || ~, démonte-pneumatique *m* / tire tool o. iron || ~ d'**angle** / angular minute || ~ d'**appel** (télécom) / call minute || ~ d'**arc** / angular minute, arc minute || ~ de **main-d'œuvre** / man minute, manite || ~ **taxée** (télécom) / chargeable minute || **~s** *f pl* **taxées par heure** (télécom) / paid-time ratio

minuterie *f* / timing unit, timer || ~ (horloge) / minute wheel work || ~ (électr) / time switch, timer, time cut-out || ~ à **aiguilles** / dial type timer || ~ à **chiffres sauteurs** / click action meter, jumping figure counter || ~ de **contact** / contact making clock, CMC || ~ de **contact pour compteurs** /

meter change-over clock || ~ de **cuisinière** / range timer || ~ d'**éclairage temporaire** / automatic time switch (for staircase lighting etc) || ~ **électronique** / solid state time switch || ~ à **maximum** (électr) / maximum demand indicator, MDI || ~ à **maximum avec comptage des dépassements** / maximum counter with frequency counter || ~ **miniature de contact** / miniature time switch || ~ **primaire** (électr) / primary counter || ~ à **rouleaux** / roller type counter
minutieux / meticulous
Miocène *m* / Miocene Period
mi-pâteux (sidér) / high temperature semi-plastic
mi-pente, à ~ (mines) / inclined, sloping, to the dip
mi-place *f* (aéro) / landing strip center
mipoux *m* / soldering stone
mirabilite *f* (min) / Glauber['s] salt, mirabilite
mi-raffiné / semirefined
mirage *m* / looming, mirage
mirbane *f* / mirbane, essence o. oil of mirbane
mire *f*, action *f* de viser (gén) / sighting, aiming || ~ (arp) / level[l]ing-staff o. rod, grade stake (US) || ~ (mil) / notch of a sight, backsight [notch], rear sight || ~ (quadrant) / sight || ~ (phot) / test chart || ~ (TV) / test pattern o. chart o. card || ~ (réprogr) / test pattern || ~, optotype *m* (micrographie) / optical test object, optotype || ~ de **bandes** (TV) / bar test pattern || ~ à **barres** (TV) / striate[d] pattern || ~ de **barres de couleur** (TV) / colour bar pattern || ~ de **barres verticales et horizontales** (TV) / chequerboard test pattern || ~ de **brouillage** (TV) / interference pattern || ~ de **convergence** / grid test pattern || ~ **couleur** (TV) / colour test pattern || ~ en **couleurs arc-en-ciel** (TV) / rainbow test pattern || ~ de **définition** (TV) / resolution wedge || ~ **électronique** (TV) / electronical test chart || ~ **électronique**, générateur *m* de mire (TV) / test signal o. pattern generator || ~ **étoile** (typo) / star target || ~ *m* **géométrique de réglage** (TV) / geometrical test pattern, linearity test pattern || ~ *f* **[graduée]** / level[l]ing-staff o. rod, stadia rod || ~ **ISO** (reprographie) / ISO test pattern || ~ **ISO numéro un** (micrographie) / ISO test object number one || ~ **parlante** (arp) / self-reading staff || ~ **parlante de précision** / high-precision levelling rod || ~ de **réglage** (TV) / test pattern || ~ de **réglage de la fusion de couleurs** (TV) / streaking test pattern || ~ de **réglage de linéarité** (TV) / linearity test pattern || ~ à **vis et crémaillère** (méc) / rack and worm
mired *m*, M. (phot) / mired (= micro reciprocal degree)
mirer (tissus, oefs) / examine against the light
mireur *m* / egg lamp o. tester
mirliton *m* (ch.de fer) / visual warning sign
miroir *m* / looking glass, mirror || ~ (cuir de cheval) / shell || ~ **ardent** / burning mirror o. reflector || ~ **argenté** / silvered mirror || ~ à **argenture semi-transparente** / semi-silvered o. semi-reflecting mirror || ~ de la **cavité** (laser) / cavity mirror || ~ **concave ou ardent** / concave mirror || ~ **concentrateur** / concentrating mirror, solar concentrator || ~ **convexe** / convex mirror || ~ de **courtoisie** (auto) / make-up mirror || ~ d'un **cristal** / crystallographic plane || ~ **cylindro-parabolique avec foyer tubulaire** (énergie solaire) / parabolic trough-conveyor o. concentrator, PTC || ~ de **déviation** / deviation mirror, tilted mirror || ~ d'**éclairage** / illuminating mirror || ~ **électronique** / electron mirror || ~ **elliptique** / elliptical mirror || ~ de **faille ou de frottement** (géol) / slickenside || ~ **fixe du sextant** (nav) / horizon glass || **~s** *m pl* de **Fresnel** / Fresnel's mirrors *pl* || ~ *m* de **glissement** (géol) / slickenside || ~ **grossissant** / concave mirror || ~ d'**inversion** / inverting o. reversion mirror || ~ de **Lloyd** (phys) / Lloyd's mirror || ~ à **lumière froide** / metal oxide vaporized mirror || ~ **magnétique** (plasma) / mirror magnetic field, magnetic mirror || ~ **métallique** / metallic mirror || ~ **mobile du sextant** / index mirror || ~ d'**observation** / observation mirror || ~ d'**octant** / octant mirror || ~ **plan** / plane mirror || ~ **polygonal** / polygonal mirror || ~ **réfléchissant à la surface** / surface mirror, front surface mirror || ~ **réflecteur** / concentrating reflector || ~ de **réflexion** / reflected light mirror || ~ **rétroviseur** (auto) / driving mirror, rear [vision o. driving] mirror || ~ **rétroviseur** (routes) / side-looking mirror || ~ **semi-argenté** / semi-silvered o. semi-reflecting mirror || ~ de **sortie** (laser) / output mirror || ~ **sphérique** / spherical mirror || ~ de **surface** / surface mirror, front surface mirror || ~ de la **tête magnétique** / head mirror || ~ **tournant** / rotating o. revolving mirror || ~ **triple** (arp) / triple reflector o. mirror || ~ **zone** (géol) / slickenside
miroitant / specular, reflective, mirror-like
miroitement *m* / mirroring, reflecting || ~ (tapis) / shading
miroiter / exhibit a play of colours, iridesce
miroiterie *f* (fabrication) / mirror-glass o. -plate production || ~ (commerce) / mirror trade
mis, être ~ à l'eau / be launched || **être ~ à la trempe** / steep || ~ à **bouillir sous pression** / pressure-boiled || ~ en **boule** / conglobate || ~ à **chaud** / shrunk-on, hooped || ~ en **circuit** (électr) / inserted || ~ en **commun** (électron) / shared || ~ en **conserve** / canned || ~ par **couches** (mines) / in rows || ~ en **culture** (agr) / under crop || ~ en **liberté** / released || ~ par **lits** (mines) / in rows || ~ en **marche** / driven || ~ à **nu** / open, bare || ~ en **parallèle** (électr) / paralleled || ~ à **part** / separated, segregate[d] || ~ en **pelote** / conglomerate, balled, clewed || ~ au **point** [pour] / made [for], designed o. meant [for] || ~ à la **terre** / grounded (US), earthed (GB) || ~ sous la **terre** / buried || ~ à la **terre par un côté** (électr) / single-ended
mischmétal *m* / misch metal
miscibilité *f* / miscibility || **à ~ limitée** (chimie) / non-consolute
miscible / miscible, mixable || ~ **drive** *m* (pétrole) / miscible displacement o. drive
mise *f* / fair copy || ~ [à] / change-over [to], conversion [to] || **à ~ au point automatique** (phot) / autofocus || **faire la ~ en train** (typo) / overlay, make ready || ~ d'**accord la glaçure** (céram) / fitting of the glaze || ~ en **action** / operation, control || ~ en **action** (techn) / use, application || ~ en **action des véhicules** / employment of vehicles || ~ en **activité** (fourneau) / putting into operation o. practice || ~ en **adjudication** / tender, invitation to tender || ~ en **application** (ord) / implementation || ~ en **armement d'un navire** (nav) / commissioning of a vessel || ~ à l'**atmosphère** (gén) / airing, aeration || ~ à l'**atmosphère opposée** (frein) / back release || ~ en **attente** (bilan) / transfer to reserve [fund] || ~ en **bottes** (sidér) / fagotting, baling || ~ sur **cale** (nav) / laying down || ~ en **carte** (tiss) / point paper design o. draft || ~ en **carte**, dessin *m* d'armure (tiss) / weave diagram || ~ en **carte de perçage** (tex) / peg plan || ~ en **carte du tramage** / filling (US) o. weft (GB) pattern || ~ en **chantier** (nav) / laying down || ~ en **charge mécanique** / loading || ~ en **circuit** (électr) / connection || ~ en **circuit progressive** (électr) /

stepping up || ~ en **cocon** / cobwebbing, skinpack || ~ sous **cocon** (nucl) / mothballing || ~ en **commun** (ord) / multi-system mode || ~ en **compte** / invoicing || ~ au **concours** / prize competition || ~ sous **conteneurs** (nucl.déchets) / encapsulation || ~ en **dépôt** / warehousing, storing, taking in stock || ~ en **dérivation** (électr) / field weaking, shunting || ~ de **dessous** (typo) / making o. make ready, underlay || ~ à **disponibilité ou à disposition** / placing at disposal o. in readiness, making available || ~ à **droit du fil** (tex) / thread straightening || ~ à l'**eau** (nav) / launch, launching || ~ en **eau** / flooding || ~ à l'**épreuve** / testing || ~ en **équation** / arranging o. putting up an equation || ~ en **équilibre** / establishment of the equilibrium || ~ en **état** / repair[ing], overhaul[ing] || ~ à l'**état initial à main** (compteur) / hand reset || ~ en **évidence de traces** / determination of trace amounts || ~ en **exploitation** / initiation, starting, placing into operation || ~ en **exploitation** (gisement) / development || ~ à la **ferraille** / scrapping || ~ à **feu** (mines) / ignition, firing || ~ à **feu du moteur-fusée** (espace) / blast-off || ~ à **flot** (nav) / floating || ~ en **forme** (ord) / formatting || ~ en **forme des données** (ord) / editing || ~ en **forme de signal** (ord) / signal transformation o. shaping || ~ du **frein en règle** / brake adjustment || ~ en **gazette** (céram) / pocket setting || ~ en **harmonie** / harmonization || ~ de **hauteur sous cliché** (typo) / making o. make ready, underlay || ~ à l'**heure à bascule** (horloge) / rocking bar setting || ~ **hors circuit** (électr) / disconnection, cutoff, switching-off || ~ **hors circuit en deux étages** / double knock-off || ~ **hors de circuit ou de fonctionnement par retrait** / jerky knock-off o. disconnection || ~ **hors circuit temporaire** (électr) / partial disconnection || ~ **hors de contact** (électr) / disconnection, cutoff, switching-off || ~ **hors service** / putting out of action, placing out of service || ~ en **jacket** (repro) / jacketing || ~ à **jour** (ord) / maintenance || ~ à **jour d'un fichier** (ord) / file maintenance || ~ à **ligne** / line finding || ~ en **longueur par cisaillage** / cutting to length || ~ en **magasins de pièces détachées** / stockkeeping of spare parts || ~ en **marche** / setting [a]going o. to work o. into action, putting into service || ~ en **marche** (mot) / starting || ~ en **marche initiale d'un réacteur** / start-up of a reactor || ~ en **marche de trains** / running of trains || ~ au **mat** (gén) / deadening, dulling, tarnishing || ~ en **mémoire** (ord) / reading in, storing (GB) || ~ en **mémoire par masque** (ord) / storing under mask || ~ de **métal dur** / carbide tipping || ~ au **mille** (coke) / yield, specific coke consumption || ~ au **mille** (ferrailles) / yield, scrap consumption per 1000 kg raw steel || ~ en **mouvement** voir mise en marche || ~ à **neuf** / repair[ing], overhaul[ing] || ~ au **neutre** (électr) / connecting to neutral || ~ à **niveau** / levelling || ~ à **nu** (mines) / exposing || ~ en **œuvre** / attack of a work, setting to work || ~ en **œuvre**, emploi *m* / using, making use [of] || ~ en **œuvre** (ord) / implementation || ~ en **œuvre d'un procédé** / working of a process || ~ en **œuvre des films et feuilles** (plast) / foil converting o. processing || ~ en **œuvre de produits préfabriqués** (bâtim) / site assembly || ~ en **œuvre du régénérant** (échangeur d'ions) / regenerant level || ~ en **ordre** (ord) / housekeeping, red tape || ~ en **ordre de marche** / placing in running order || ~ en **page** (typo) / make-up || ~ en **page** (imprimante) / formatting || ~ en **parallèle**, comparaison *f* / comparison || ~ en **parallèle précise** (électr) / ideal paralleling || ~ en **peinture** / painting || ~ en **perce** (bière) / racking, tapping || ~ en **phase** (électron) / phasing || ~ en **phase** (TV) / phase-shift control || ~ en **place** (typo) / key form, register o. colour form || ~ en **place de l'aiguille** / setting of hands || ~ en **place de l'aubage** (activité) / mounting of blades || ~ en **place du chargeur de films** / loading the camera || ~ en **place du lattis mécanique** (bâtim) / counterlathing || ~ en **pleine charge** / applying full load, full loading || ~ en **plomb** (bâtim) / lead glazing || ~ au **point** (opt) / focus[s]ing || ~ au **point** (m.outils) / tool approach motion, initial setting motion || ~ au **point** (espace, ord) / checkout || ~ au **point** (techn) / making available, placing in readiness || ~ au **point** (tourelle) / indexing of the turret head, (also:) turret indexing mechanism || ~ au **point**, résumé *m* / summary, abstract || ~ au **point** (TV) / beam concentration, focussing || ~ au **point approximative** (gén) / coarse o. rough adjustment || ~ au **point automatique** (m.outils) / automatic fine adjustment || ~ au **point automatique** (phot) / autofocussing || ~ au **point de basse fréquence** (TV) / audiofrequency final stage || ~ au **point du cadran** / scale setting || ~ au **point du circuit de réglage** (contr.aut) / loop tuning || ~ au **point du diaphragme** / diaphragm setting, adjusting the depth of focus o. of definition || ~ au **point à dioptries** / diopter focussing mount || ~ au **point sur la distance** (phot) / distance o. focus setting, focussing || ~ au **point fine ou précise ou micrométrique** / fine adjustment, precision o. micrometric adjustment || ~ au **point du fonctionnement** (ord) / operation checkout || ~ au **point indépendante** (opt) / separate focussing || ~ au **point sur l'infini** (phot) / infinity focussing || ~ au **point manuelle** / fine hand adjustment || ~ au **point du micromètre** / micrometer adjustment, sensitive adjustment || ~ au **point micrométrique** voir mise au point fine || ~ au **point par molette centrale** (lunette) / joint focussing arrangement, central [twin] focussing device || ~ au **point sur les objets rapprochés** / close-up adjustment || ~ au **point de l'oculaire** / focus[s]ing of the eye-piece || ~ au **point précise** voir mise au point fine || ~ au **point d'un programme** (ord) / debugging || ~ au **point rapide** (m.outils) / rapid feed || ~ au **point à tambour** (m.outils) / cylinder indexing || ~ au **point zéro** / zero adjusting o. setting, zeroizing, adjustment to zero || ~ en **portefeuille** (auto) / jackknife of a tractor and a trailer || ~ en **position continue** (NC) / continuous-path-control, contouring control system || ~ en **position point par point** (NC) / coordinate setting, point-to-point positioning control, position control, positioning || ~ en **position radiale** / radial adjustment || ~ en **prise** / throwing into gear || ~ à **prix** (bâtim) / quotation of price || ~ à **prix détaillée** (bâtim) / schedule of prices || ~ à **profit** / putting to profit || ~ à **profit des gaz d'échappement** / waste gas o. exhaust gas utilization || ~ de **puissance** (typo) / make-ready by underlaying || ~ **rapportée** (soudage) / contact point insert || ~ au **rebut** (câble) / discarding || ~ au **rebut** (nucl) / throw-away option || ~ au **remblai du mort-terrain** / dumping of spoil || ~ en **repérage circonférentiel** (typo) / circumferential register adjustment || ~ au **repos** (relais) / drop-out || ~ en **route** voir mise en marche || ~ en **sécurité à secret** (alarme effraction) / memory aided lock || ~ en **séquence** / sequencing || ~ en **service** / application, use, using || ~ en **service** (ch.de fer) / opening || ~ hors **service** / taking out of service || ~ en **service ou en activité d'un fourneau** / putting into operation o. practice || ~ en **service de génératrices** / putting generators into operation || ~ en **solution des constituants et leur maintien à l'état métastable** (sidér) / natural ageing || ~ en **stock** / storage || ~ au **stock**, arrivée *f* / amount increased || ~ en **talus** (bâtim) / batter, slope, sloping || ~ sous **tension** (électr) / making alive, charging || ~ sous **tension des masses métalliques** / grounding (US), earthing (GB), shorting to frame || ~ sous **tension progressive** (ord) / power sequencing || ~ à la **terre** (électr) / connecting to ground o. earth, earthing (GB), grounding (US) || ~ à la **terre par arc** / arcing ground || ~ sous la **terre de câbles** / burying of cables || ~ à la **terre des câbles au large des côtes** / sea-earth o. return-earth of cables || ~ à la **terre compensée** / ground counterpoise || ~ à la **terre défectueuse** (électr) / partial earth [contact o. fault], partial ground contact || ~ à la **terre monophasée** (électr) / one-phase grounded working || ~ à la **terre multiple** / polyphase earth, double earth fault || ~ à la **terre du neutre** (électr) / neutral grounding (US) o. earthing (GB) || ~ à la **terre d'une phase** (électr) / one-phase grounded working || ~ à la **terre de protection** / protective o. protecting ground (US) o. earth (GB) || ~ à la **terre de protection multiple** / protective multiple earthing || ~ en **terril** / dumping ropeway o. cableway || ~ en **terril conique avec tête mobile** / creeper ropeway || ~ en **tête de la locomotive** (ch.de fer) / coupling of the locomotive || ~ en **tombeau** (nucl) / entombment || ~ en **tonneaux** (bière) / barrelling, kegging, casking || ~ en **train** voir mise en marche || ~ en **train d'une série** / kick-off (US) || ~ en **travers** (b.magnét) / tape skew || ~ en **travers dynamique** (b.magnét) / dynamic skew || ~ en **travers des imprimés** (m.à ecrire) / skewing of forms || ~ en **valeur** / development || ~ en **vedette** (typo) / display || ~ en **vigilance** (inst. de sécurité) / sensitizing || ~ en **vigueur** / putting into force, placing into effect || ~ hors **voie** (ch. de fer) / derailing, removing from the track || ~ à **zéro** (instr) / zero setting, taring || ~ à **zéro d'un compteur** / counter reset

mispickel *m* (min) / arsenical iron [pyrites], arsenopyrite, mispickle

missile *m* (mil) / missile || ~ **air-mer** / air-ship missile || ~ **antibalistique** / antiballistic missile || ~ **balistique** / ballistic missile, B.M. || ~ **guidé** / guided missile || ~ **guidé air-air** / GAM, guided aircraft missile || ~ **navire-sous-marin** / surface-to underwater missile, SUM || ~ **sol-sol** / ground-to-ground missile, surface-to-surface missile || ~ **téléguidé** / guided missile

mission *f* / job || ~ (espace) / space mission || ~ d'**espace** / deep space mission || ~ **planétaire** (espace) / planetary mission || ~ aux **planètes supèrieures** / outer planet mission, grand tour || ~ de **rendez-vous** (espace) / rendezvous mission

missive *f* / missive, letter

mitaine *f* / mitten || ~ d'**amiante** / asbestos mitten o. glove

mite *f* (gén) / moth || ~ de la **farine** / flour moth || ~ des **vêtements** / clothes moth

mitigeur *m* (sanitaire) / mixing battery o. tap || ~ **monocommande** (sanitaire) / single lever mixer

mi-toile mi-laine / wincey, lincey-woolcey

mitonner *vi* / simmer *vi* || ~ des **couleurs céramiques** / bake colours

mitose *f* (biol) / mitosis (pl: -ses)

mitraille *f* / scrap metal, metal scrap || **~s** *f pl* **d'or** / old gold || ~ *f* de **fonte** / cast iron scrap || **~s** *f pl* **paquetées** / baled scrap, fagotted scrap || **~s** *f pl* pour **paqueter** / baling o. fagotting scrap || ~ *f* **rouge** / scrap copper || **~s** *f pl* de **tôle** / sheet scrap

mitraillette *f* / submachine gun, automatic [pistol], tommy gun (coll)

mitrailleuse *f* / machine gun

mitre *f* (cheminée) / chimney top o. head o. cowl || ~ d'un **couteau** / bolster of a knife || ~ de **ventilation** / extract ventilator, ventilator cowl

mitron *m* (terre cuite) / chimney head o. pot

mixage *m* (électron) / mixing || ~ des **sons** / tonal mixing

mixer (TV) / mix [into] || ~ / domestic food mixer

mixeur *m* (agr) / food masher || ~ pour **betteraves** / root crusher o. pulper || ~ à **cristal** (micro-ondes) / crystal mixer || ~ pour **matériaux secs** (agr) / dry masher

mixeur[-mélangeur] *m* / domestic blending mixer, blender (US), (esp:) food processor (US)

mixte *adj* / mixed || ~, composite / compound, composite || **~s** *m pl* (mines) / intermediate product, middlings *pl* || **~s** *m pl* **définitifs** (mines) / finished middlings *pl* || **~s** *m pl* de **flottation** / flotation middlings *pl* || ~ *m* d'**intercommunication** / two-way intercom system, intercom, interphone || **~s** *m pl* de **triage** / inferior coal || **~s** *m pl* **vrais** / true middlings *pl* || **~s** *m pl* à **relaver ou à retraiter** (mines) / rewash middlings

mixture *f* (chimie) / mixture, mixt

Mk^2, moment *m* d'inertie (vieux) / flywheel effect, (abbreviation:) WR^2 (usually in lb-ft^2)

mnémonique *adj* / mnemonic || ~ *f* / mnemonics

moa, multiopératrice *f* automatique / creditcard for drawing money on terminals

mobile / mobile, movable, travelling || ~ (liquide) / fluid, liquid || ~, déplaçable / locomotive, mobile || ~, ajustable / sliding, adjustable || ~ sur un **axe ou autour d'un axe ou d'un tourillon** / rotatable, turning, revolving, rotating

mobilier *m* / [set of] furniture

mobilité *f* / mobility, movability, moveability, mov[e]ableness || ~ (liquide) / low viscosity, fluidity || ~ de **déplacement** (semi-cond) / drift mobility || ~ **Hall ou par rapport à l'effet Hall** / Hall mobility || ~ **intrinsèque** (semicond) / intrinsic mobility || ~ des **ions** / ion transference o. transport o. migration || ~ **latérale** (ch.de fer) / lateral traverse || ~ des **porteurs** (semicond) / carrier mobility || ~ des **porteurs de charge** / charge carrier mobility || ~ des **trous** (semicond) / hole mobility

mobilophone *m* / motorcar telephone

mobylette *f* / motor-assisted o. motorized bicycle

modacryl *m*, -acrylique *m* (plast) / modacryl[ic]

modal / modal

modalité *f* / modality

mode *m* / mode || ~ (musique) / key, tonality || ~ (guide d'ondes) / field type || ~, wave type (électron) / mode, wave type || ~ (géol) / mode, quantitative composition || ~ (statistique) / mode, modal value || ~ d'**action** / action, function, effect, operation || ~ d'**actionnement** / method of actuating || ~ d'**ajustement** / kind of fit || ~ d'**approche** (NC) / approach condition o. mode || ~ d'**attache** (constr.en acier) / bar joint o. connection || ~ **axial** (laser) / axial mode || ~ **bloc à bloc** (NC) / single block mode of operation || ~ **B.S.C.** (télécom) / B.S.C.-mode (= binary synchronous communications) || ~ de **câblage** / type of lay || ~ de **calcul** / calculating method || ~ de **commande** / [kind of] drive, mode of driving || ~ de **commande** (électr) / connection method || ~ de **commande** (ord) / control mode || ~

commun (électron) / common mode || ~ **complexe** (ord) / complex mode || ~ en **condensé** (ord) / packed mode || ~ **continu** (ord) / burst mode || ~ **continu** (NC) / manual mode of operation || ~ en **continu** (radar) / continuous wave mode, CW mode || ~ **conversationnel** (ord) / conversational mode o. processing || ~ de **couplage** (électr) / connection method || ~ **couplé** (vibrations) / coupled mode || ~ de **courant** (lectr) / current mode || ~ de **dialogue** (ord) / conversational mode o. processing || ~ **dominant** (guide d'ondes) / dominant o. fundamental mode || ~ **E** (guide d'ondes) / E-mode, TM-mode o. type || ~ d'**émission** / type o. class of transmission || ~ d'**emploi** / instruction for use, directions *pl* for use || ~ d'**emploi** (techn) / operating o. working instructions, instruction o. information book || ~ d'**enregistrement** (b.magnét) / recording mode || ~ **évanescant** (guide d'ondes) / evanescent mode || ~ d'**excitation des guides d'ondes** / wave mode || ~ **expérimental** / experimental direction || ~ d'**exploitation** / character of operating methods, mode of operation, working o. operating method o. mode, operating o. operative conditions *pl* || ~ de **fabrication** / method of manufacture || ~ de **fabrication**, exécution *f* / working up, make, making || ~ de **fixage** / manner of tightening o. of fastening || ~ de **fonctionnement** / operating method o. mode || ~ de **fonctionnement** / function mode || ~ de **fonctionnement**, mode *m* de travail / mode of operation || ~ **fondamental** (ondes) / fundamental o. natural mode || ~ **fondamental** (guide d'ondes) / dominant mode || ~ de **fondation** / method of laying foundations || ~ de **gestion de ligne dans lequel le terminal a l'initiative de l'appel** / contention mode of terminals || ~ de **guide d'ondes** / waveguide mode || ~ **guidé de propagation d'ondes** / trapped mode of waves || ~ **H** (guide d'ondes) / H- o. TE mode || ~ d'**impulsion** / pulse mode || ~ de **liaison** (phys) / kind of linkage || ~ **longitudinal** (quarz) / extensional mode || ~ au **magnétron** / magnetron mode || ~ **«maintenir»** (ord) / hold mode || ~ **mixte** / mixed mode || ~ **naturel de vibrations** / natural mode of vibration || ~ **normal** / normal mode || ~ d'**onde** (électron) / wave mode || ~ en **onde entretenue** / continuous wave mode, CW-mode || ~ d'**opération par appels** (ord) / polling-selecting mode || ~ **opératoire** / operating o. working process o. manner o. method o. mode || ~ **opératoire**, maniement *m* / handling of a device || ~ **opératoire**, mode *m* d'exploitation / character of operating methods, mode of operation, working o. operating method o. mode, operating o. operative conditions *pl* || ~ d'**oscillation[s]** (crist, méc) / mode [of motion] || ~ **pi** / pi-mode || ~ de **pose** / method of installation || ~ de **préparation** / way o. method of manufacture o. production || ~ **principal de flexion** / flexural principal mode || ~ de **procédé** / mode of [experimental] procedure || ~ **propre** (laser) / natural mode || ~ **puissance** (ord) / power mode || ~ de **puissances de dix** (ord) / decimal power mode || ~ **Q** (laser) / Q-mode || ~ de **rafraîchissement** (ord) / refresh [mode] || ~ de **réception** (contr.aut) / receive mode || ~ de **réglage** / control system || ~ de **serrage** / manner of tightening o. of fastening || ~ de **service** (électr) / operating mode || ~ **start-stop** (ord) / start-stop operation || ~ de **substitution** (ord) / substitute mode || ~ de **tarification** / rate fixing method || ~ **TE** (guide d'onde) / TE-mode, H-type o. -mode || ~ **TEM** (guide d'ondes) / TEM mode || ~ **texte** (ord, télécom) / text mode || ~ de **tissage** / weave, kind o. mode of weaving, texture || ~ **TM** (guide d'ondes) / E- o. TM-mode o. type || ~ de **traitement** / [method of] treatment || ~ de **transmission** (contr.aut) / transmit mode || ~ **transversal électrique** (guide d'ondes) / H-type o. -mode, TE-mode || ~ **transversal magnétique** (guide d'ondes) / E- o. TM-mode o. type || ~ de **travail** / working manner o. method o. mode || ~ de **tressage** / type of braiding || ~ **troposphérique** / tropospheric mode || ~ d'**utilisation** / way o. method of application o. utilization || ~ de **vibration de cisaillement** (électron) / shear mode of vibration || ~ en **virgule flottante** / "noisy mode", floating point mode

modelage *m* (gén) / shaping || ~ (fonderie, action) / moulding, molding (US) || ~ (fonderie, atelier) / [wood] pattern making shop

modèle *m* / model, pattern || ~, maquette *f* / experimental model, dummy, mock-up (US) || ~ (fonderie) / pattern || ~ (fabr.de tubes) / shaping ring, die || ~ (forge) / master pattern o. form || ~ (phot) / original [picture] || ~ (tex) / printing block || ~, type *m* (techn) / pattern, design || ~, patron *m* (m. à coudre) / pattern || ~ **1980** (auto) / model 1980 || ~, moule *m* (bois) / module, pattern, block (produced by parallel saw cuts) || **en ~ reduit** / scaled down || ~ en **acier à double retrait** (fonderie) / master steel pattern || ~ **actuel** (auto) / current model || ~ de l'**atome** / atom[ic] model || ~ **avancé** / improved model o. pattern o. design || ~ d'**avion** / model airplane || ~ de **base** (auto) / standard model || ~ en **bois** (fonderie) / wood pattern || ~ de **calcul** / structural modelling for analysis || ~ **carcasse** / skeleton pattern || ~ de **carotte** (fonderie) / gate o. runner pin o. stick || ~ **cluster** / cluster model || ~ des **couches** (nucl) / shell model || ~ **courant** (auto) / current model || ~ **creux** (fonderie) / pattern of box construction || ~ à **démonstration** / demonstration model, apparatus for demonstrating purposes || ~ **déposé** / registered utility model, useful model patent, utility patent || ~ **déposé de présentation** / registered design [of shape o. appearance], registered effect || ~ de **dessin** / drawing pattern || ~ en **deux [ou plusieurs] parties** (fonderie) / split pattern || ~ de **données** (ord) / format || ~ à **double retrait** (fonderie) / master pattern || ~ en **douelle ou en douve** (fonderie) / built-up pattern, hollow pattern || ~ **dynamique** (aéro) / dynamic model || ~ à l'**échelle** / scale model || ~ à **encastrer** (auto) / boxed execution o. type || ~ d'**enseignement** / instruction model, mockup (US) || ~ pour **expositions** / exhibition o. showroom pattern o. model || ~ **extérieur** (auto) / built-on o. base-mounted o. salient execution o. type || ~ de **fonderie** / foundry pattern || ~ de **fonte** / cast pattern || ~ **gazéfiable** (fonderie) / polyfoam pattern, foamed plastic pattern || ~ de la **goutte liquide** (nucl) / liquid drop model || ~ à un **groupe** (nucl) / one-group model || ~ **haltère** (nucl) / dumb-bell model || ~ **hors classe** / top-of-the-range model || ~ **initial** (fonderie) / master pattern, premaster || ~ de **jet [de coulage]** (fonderie) / gate pin o. stick || ~ **léger** / slight type, light-weight model || ~ pour **lignes électriques aériennes** (électr) / outdoor type || ~ **mécanique** / working model || **~-mère** *m* (fonderie) / master pattern || **~-mère** *m* en **acier** (fonderie) / master steel pattern || ~ **multigroupe** (nucl) / multigroup model || ~ de **navire** / ship's model || ~ du **noyau combiné ou intermédiaire** / compound nuclear model || ~ du **noyau à particules indépendantes** / independent particle model || ~ **nucléaire** / nuclear model || ~ **optique**

du noyau (nucl) / optical model, cloudy crystal ball model || ~ d'**organisation** / organization[al] chart, organigram || ~ **original** / master pattern || ~ à **particules indépendantes ou individuelles** (nucl) / independent particle model of the nucleus || ~ à **particules multiples** (nucl) / many-body o. many-particle model || ~ à **particule unique** (nucl) / one-particle model || ~ **perdu** (fonderie) / consumable o. disposable pattern || ~ en **plastique alvéolaire** (fonderie) / foamed plastic pattern, polyfoam pattern || ~ en **plâtre** / gypsum o. plaster cast || ~ **plein** (fonderie) / solid pattern || ~ à **plusieurs groupes** (nucl) / multigroup model || ~ **réduit** / reduced model || ~ de **référence** (p.e. pour homologation) / sealed pattern (e.g. for approval) || ~ **semi-transparent** (nucl) / optical model, cloudy crystal ball model || ~ à **simple retrait** (fonderie) / single contraction pattern || ~ **spatial** (chimie) / space model || ~ de **table** / desk type o. model || ~ de **transition** / transitional model || ~ **type** / design, type, model || ~ **unifié** (nucl) / unified model || ~ de **Westcott** (nucl) / Westcott model

modeler / model || ~ (fonderie) / shape

modeleur *m* (fonderie) / model[l]er, pattern maker

modéliste *m* / designer, styling man || ~ **[industriel]** / industrial designer

modem *m* (télécom) / modem

modénature *f* (bâtim) / membering of a moulding

modérable au **desserrage** (grue) / with adjustable lifting of the brake

modérateur *adj* / moderating, restraining || ~ *m* (nucl) / moderator, denaturant || ~ (techn) / damper || ~ (tex) / backing-off control o. regulator o. retarding motion o. chain-tightening motion || ~ au **béryllium** (nucl) / beryllium moderator || ~ de l'**expansion** / expansion governor || ~ au **graphite** (nucl) / graphite moderator || ~ de **soufflerie ou du vent** (sidér) / air blast regulator

modération *f* / damping || ~ (nucl) / moderation || ~ des **bruits** / silencing, muffling of noises || ~ de **collision** (nucl) / degradation || ~ de **neutrons** / slowing-down of neutrons, neutron degradation

modéré / moderate || ~ (chaleur) / temperate, moderate || ~ (vitesse) / safe || ~ à **eau ordinaire** (nucl) / light water moderated || ~ au **graphite** (nucl) / graphite-moderated || ~ par **hydrure** (nucl) / hydride-moderated || ~ par **matière organique** (nucl) / organic moderated

modérer / moderate, reduce || ~ (nucl) / moderate || ~ la **vitesse** / ease down

moderne / modern

modernisation *f* / rebuilding, reconditioning, modernization

moderniser / modernize, bring up-to-date || ~, relever le niveau technique / upgrade *vi vt*

modificateur *m* (techn) / engaging and disengaging gear || ~ (biol) / modifier, modifying factor || ~ (ord) / modifier || ~ **entrée sortie** (ord) / input-output modifier || ~ d'**exposant** (ord) / exponent modifier || ~ **instantané** (gén) / high-speed regulator || ~ **numérique** (ord) / D-character modifier, digit modifier, D-modifier (D = digit)

modification *f* / modification || ~ (bière) / mellowness, friability, disaggregation || ~, reconstruction *f* / modification, reconditioning, change of design || ~ (p.e. d'une dent) (engrenage) / modification || ~ d'**adresse** / address modification || ~ **antérieure** (ord) / premodification || ~ suivant le **cas** (ord) / running modification || ~ de **construction** / structural alteration || ~ en **cours** (ord) / running modification || ~ de **dessin** / design change || ~ de l'**échelle de temps** (ord) / time scaling || ~ de la **forme** / modification of shape o. design || ~ de la **forme** (engrenage) / modification of flank shape || ~ de **gradation** (nombre de tours) / progressive ratio of speeds || ~ de la **luminosité** / change o. modification o. variation of light intensity || ~ du **parallélisme** (auto) / toe change (SAE) || **~s** *f pl* **prioritaires** (ord) / overriding variations *pl* || ~ *f* de **programme** (ord) / program alteration o. modification || ~ de **section** (tuyau) / change of diameter || ~ de la **séquence de programme** / dynamic sequential control || ~ **structurale** (sidér) / constitutional change || ~ de la **structure [interne]** (sidér) / structural transformation || ~ **technique** / engineering change || ~ de **vitesse** / speed regulation o. change

modifié / modified || ~ (bois) / improved || ~ à l'**alcool** / alcohol modified || ~ à l'**huile** / oil modified || ~ aux **phénoliques** / phenolic modified || ~ au **polyacrylate** / acrylic modified || ~ à **résistance élevée aux chocs** (plast) / impact resistant modified

modifier / change *vt*, alter, modify || ~, remanier / remodel, recast, refashion || ~ la **construction** / rebuild, modify || ~ la **distribution** / pile anew, rearrange || ~ à l'**échelle** / scale || ~ le **profil** (ch.de fer) / regrade a line

modillon *m* (espèce de console en pierre) (bâtim) / modillion

moding *m* / moding

modique / small, moderate

modistor *m* / modistor

modulable (p.e. vitesse) / variable

modulaire / modular

modulant / modulating, mod

modularité *f* (ord) / modularity

modulateur *m* / modulator, mod || ~ (fréqu..porteuse) / modulator || ~ **à anneau** (électr) / ring type modulator || ~ en **classe A, [B, C]** (électron) / class A, [B, C] modulator || ~ à **condensateur** (phono) / capacitor modulator || ~ **couleur** (TV) / chrominance modulator || **~-démodulateur** *m* (télécom) / modem || ~ **Doherty** (électron) / Doherty modulator || ~ **final** (fréqu. porteuse) / final modulator || ~ de **fréquence à cristal** (électron) / frequency changer crystal || ~ de **groupe** (électron) / group modulator o. translator || ~ de **lumière** (électron) / light modulation equipment, light modulator || ~ **multifaisceaux** / multibeam modulator || ~ à **réactance** / reactance modulator || ~ pour **récème** (électron) / receiver-transmitter modulator, RTM || ~ **solide** / solid-state modulator || ~ **symétrique** (télécom) / balanced modulator || ~ **toroïdal** / toroidal modulator

modulation *f* / modulation, mod || ~ (impulsion) / gating || **à ~ d'amplitude** / amplitude modulated || **à ~ du facteur** (laser) / Q-switched || **à ~ de fréquence** / frequency modulated || **à ~ par impulsions** / pulse modulated || **à ~ d'impulsions en fréquence** / pulse-frequency modulated, PFM || **à ~ de qualité** (laser) / Q-switched || **de ~** / modulating, mod || ~ par **absorption** (électron) / absorption modulation || ~ par **absorption de Heising** / Heising modulation || ~ d'**amplitude**, M.A. / amplitude modulation, AM || ~ d'**amplitude à ou de haute fidélité** / HIFAM, high fidelity amplitude modulation || ~ d'**amplitude négative** / negative amplitude modulation || ~ d'**amplitude perturbatrice** / incidental amplitude modulation || ~ d'**amplitude positive** (TV) / positive amplitude modulation || ~ d'**amplitude en quadrature de phase** (TV) / QAM, quadrature amplitude modulation || ~ en **amplitude de la**

sous-porteuse / SCAM, subcarrier amplitude modulation || ~ d'**amplitude à taux constant** (télécom) / controlled- o. floating- o. variable-carrier modulation || ~ en **angle de phase** / phase angle modulation || ~ **angulaire** (électron) / angle modulation || ~ d'**anode** / plate [circuit] modulation, anode modulation || ~ dans l'**anode de l'étage final** / high level o. power modulation || ~ à **bande latérale unique** / single-sideband modulation, SSB, SSB || ~ à **bas niveau** / low-power modulation || ~ **chireix** (électron) / Chireix modulation || ~ **«chirp»**, modulation *f* par compression des impulsions (électron) / chirp modulation (the name was given because it was introduced inconspicuously with "little chirp"), pulse compression modulation || ~ du **circuit grille** / grid circuit modulation || ~ **codée par impulsion différentielle adaptable** / adaptive differential PCM, ADPCM || ~ à **courant constant** / constant current modulation, choke modulation || ~ par le **courant de grille** / grid current modulation || ~ **delta** (TV) / delta modulation, DM, differential modulation || ~ en **delta adaptable** / adaptive delta modulation || ~ de **densité [de charge]** (électron) / density modulation || ~ de la **densité d'une charge d'espace** (électron) / charge density modulation || ~ de **densité d'un courant** / current density modulation || ~ **déphasée en quadrature** / quadrature modulation || ~ par **déplacement d'amplitudes** / amplitude shift keying, ASK || ~ par **déplacement binaire de phase** / binary phase shift keying, BPSK || ~ par **déplacement de fréquence**, F.S.K. / frequency shift keying, FSK || ~ par **déplacement différentiel de phase** / differential phase shift keying, DPSK || ~ par **déplacement de fréquence sur deux voies** / double frequency shift keying, DFSK, duoplex method || ~ par **déplacement de fréquence à canaux multiples** (télécom) / polyplex method || ~ par **déplacement de fréquence à variation continue de phase** / continuous phase frequency shift keying, CPFSK || ~ par **déplacement de phase en quadrature en code binaire** / duobinary encoded quadrature shift keying, DEQSK || ~ par **déplacement de phase cohèrent** / coherent phase shift keying, CPSK || ~ par **déplacement de phase minimal** / minimum shift keying, MSK || ~ à **deux bandes latérales** / double-sideband o. dsb modulation || ~ en **deux tons** / TTM, two-tone modulation || ~ **différentielle** (TV) / delta modulation, DM, differential modulation || ~ **différentielle impulsion-code** / differential pulse code modulation, DPCM || ~ **directe** / direct modulation || ~ dans un **étage intermédiaire** / low level o. power modulation || ~ **extérieure** / external modulation || ~ **extérieure de fréquence** / external frequency modulation || ~ **finale** (relais hertzien) / final modulation of a radio relay || ~ de **fréquence**, M.F. / frequency modulation, FM || ~ de **fréquence et d'amplitude** / frequency and amplitude modulation, FAM || ~ de **fréquence de balayage** (électron) / swept frequency modulation || ~ de **fréquence à bande étroite** (électron) / narrow band frequency modulation, NBFM || ~ de **fréquence fortuite** / incidental frequency modulation, self-generated frequency modulation || ~ de **fréquence à multiplexage par répartition en fréquence** / frequency division multiplexing-frequency modulation, FDM-FM || ~ de **fréquence négative** / negative frequency modulation || ~ de **fréquence perturbatrice** / residual frequency modulation || ~ de **fréquence positive** / positive frequency modulation || ~ de **fréquence de la sous-porteuse** / SCFM, subcarrier frequency modulation || ~ de **fréquence et de temps** / FTM, frequency time modulation || ~ par [la] **grille** / [suppressor] grid modulation || ~ par **grille-écran** (électron) / screen modulation || ~ d'**image** (TV) / vision modulation || ~ par **impulsion et codage linéaire** / linear PCM, LPCM || ~ [en] **impulsions**, MI / pulse modulation || ~ d'**impulsions en amplitude** / pulse amplitude modulation, PAM || ~ en **impulsions codées** / pulse code modulation, PCM, pcm || ~ par **impulsions codées differentiellement** / differential PCM, DPCM || ~ d'**impulsions par compression** voir modulation «chirp» || ~ d'**impulsions en durée** / pulse-duration o. pulse-width modulation, PDM || ~ d'**impulsions en fréquence** (électron) / pulse frequency modulation, PFM || ~ d'**impulsions en largeur** / pulse-width modulation || ~ par **impulsions locales** / self-pulse modulation || ~ d'**impulsions en position** / pulse position modulation, PPM || ~ en **impulsions quantifiées** (électron) / quantized pulse modulation || ~ d'**impulsions dans le temps** / pulse-time modulation || ~ en **impulsions à variation de temps** / pulse position modulation, PPM || ~ de l'**intensité** (TV) / intensity o. intensification modulation || ~ de l'**intensité du spot** (TV) / intensity modulation || ~ en **intervalle des impulsions** / pulse interval modulation || ~ **inverse** / modulation in opposition, inverse modulation || ~ par **inversion de phase** / phase inversion modulation || ~ **ionique** (antenne) / ionic modulation || ~ **linéaire** / linear modulation || ~ [de **lumière] négative** (TV) / negative light modulation || ~ **lumineuse** (TV) / intensity o. intensification modulation || ~ **magnétique** / magnetic modulation || ~ par **manipulation de déphasage** / phase-shift-keyed modulation (PSK) || ~ **[maximale]** (électron) / swing of a tube, drive of a transmitter || ~ des **micro-ondes** / microwave modulation || ~ **multiple** / multiple modulation || ~ par **mutation de fréquence** (télécom) / frequency exchange signalling || ~ **mutuelle** / intermodulation method || ~ **négative** / downward modulation || ~ en **nombre d'impulsions** / pulse number modulation, PNM || ~ **perturbatrice** / spurious modulation || ~ de **phase** (électron) / phase modulation, P.M., p.m. || ~ de **phase nulle** / zero phase sequence modulation || ~ **point-pas** (télécopieur) / dot-space modulation || ~ **positive** (TV) / positive video-signal, positive light modulation || ~ de **poussée** / thrust modulation || ~ **profonde** / modulation in deep || ~ de **puissance** / high-level o. high-power modulation || ~ du **ronflement** (tube) / hum modulation || ~ en **série** / series modulation || ~ de **sous-porteuse** / auxiliary carrier modulation || ~ **symétrique** (électron) / balanced modulation || ~ **synchrone** (électron) / incidental modulation || ~ de **tél[é]autographie** / facsimile modulation || ~ **télégraphique** (par tout ou rien) (télécom) / modulation keying || ~ de la **tension grille** / grid excitation || ~ du **ton de diapason** / fork-tone modulation || ~ de **tonalité** / tone modulation, TM || ~ **totale** (électron) / total modulation || ~ à **tubes parallèles** (électron) / choke control o. modulation || ~ par **variation de la fréquence ou du rythme des impulsions** / pulse frequency modulation, IFM, pulse repetition rate modulation, PRRM || ~ par **variation de la**

polarisation de grille / grid bias modulation || ~ par variation de la tension de plaque / constant current modulation, choke modulation || ~ de vitesse / velocity modulation || ~ de vitesse (magnétron) / density modulation
module *m* (astron, bâtim, math, méc, techn) / module || ~ (métrologie) / module || ~, pas *m* diamétral (roue dentée) / diametral pitch || ~ d'**allongement** (méc) / reciprocal value of modulus of elasticity || ~ **apparent** / transverse module || ~ **axial** (roue dentée) / axial module || ~ de **base** (bâtim, électron) / basic module || ~ de **base** (techn) / basic module || ~ [des **bâtiments]** / basic modular dimension || ~ de **cargaison** (espace) / cargo module || ~ **chambre photographique** (microscope) / camera module || ~ de **cisaillement ou de Coulomb** / modulus of transverse elasticity, of elasticity in shear, of rigidity || ~ de **commande** (espace) / command module, CM || ~ de **commande et de service** (espace) / command and service module, CSM || ~ de **commutation** (électron) / circuit module || ~ de **compressibilité** (méc) / bulk modulus || ~ de **Coulomb** voir module de cisaillement || ~ de **distance** / distance modulus || ~ d'**éclairage** (microscope) / lighting module || ~ **écluse** (espace) / airlock module, AM || ~ d'**élasticité** / modulus of elasticity, elastic modulus || ~ d'**élasticité cubique** (méc) / modulus of cubic elasticity || ~ d'**élasticité dynamique** / dynamic modulus of elasticity || ~ d'**élasticité effectif** / effective modulus of elasticity || ~ d'**élasticité spatiale** / bulk modulus of elasticity || ~ d'**élasticité en torsion** / modulus of elasticity in torsion || ~ d'**élasticité en traction** / modulus of elasticity in [ex]tension || ~ d'**élasticité transversale** / rigidity modulus, modulus of transverse elasticity o. of elasticity in shear || ~ d'**étirage** / modulus of stretch || ~ **fictif** (méc) / fictitious modul || ~ de **finesse** / fineness modulus || ~ en **flexion,** [en compression, en torsion, en traction] / modulus in flexure, [compression, torsion, tension] || ~ de **glissement** / rigidity modulus, modulus of transverse elasticity o. of elasticity in shear || ~ d'**habitation** (astron) / living module, facility || ~ **hydraulique** / hydraulic ratio || ~ d'**inertie polaire** (méc) / polar o. radial moment of inertia || ~ pour **instruments scientifiques** (espace) / scientific instruments module, scientific instrument module, SIM || ~ **livrable en tant qu'accessoires** (techn) / supplementary module || ~ **lunaire** / lunar [excursion] module, LM, moon lander || ~ d'**observation** (microscope) / observation module || ~ d'**outil** (roue dentée) / cutter module || ~ d'**outil** (diamétral pitch) / diametral pitch || ~ du **pas oblique** / transverse module || ~ du **pas réel** (engrenage hélicoïdal) / real pitch module || ~ de **phase** (comm.pneum) / step module || ~ de **phase du séquenceur** / step logic element || ~ **plat** (électron) / PC module o. board o. card || ~ **porte-objectifs** (microscope) / objective carrier module || ~ de **programme** / program module || ~ **réel** (roue droite) / normal module || ~ de **rentrée** (espace) / re-entering module || ~ de **richesse** (bâtim) / cement percentile || ~ de **rigidité** / rigidity modulus, modulus of transverse elasticity o. of elasticity in shear || ~ de **rupture** / modulus of rupture || ~ **RVG** (TV) / RGB module || ~ de **sauvetage** (espace) / rescue capsule || ~ **sécant** / secant modulus || ~ de **service** (espace) / service module || ~ **silicique** (céram) / silica modulus || ~ **solaire** / solar module, solar subarray || ~ **spécifique** (en m³/s) (hydr) / mean annual run-off || ~ **tangent** (méc) / tangent modul || ~ de ou en **torsion** / modulus of torsion[al shear] || ~ en **traction** / modulus in tension || ~ du **travail de la déformation élastique** / modulus of resilience || ~ **unifié** (électron) / unitized module || ~ **volumique** (méc) / bulk modulus || ~ de **Young** / Young's modulus, modulus of elasticity
modulé (électron) / modulated || ~ en **amplitude** / amplitude modulated || ~ à **fréquence musicale** / tone modulated || ~ en **vitesse** (électron) / velocity modulated || ~ par la **voix** / speech modulated
moduler / modulate || ~ la **fréquence** / frequency-modulate || ~ en **fréquence** (métrologie) / wobble, sweep
modulo *m* (ord) / modulo
modulomètre *m* (électron) / percentage modulation meter
modulor *m* (bâtim) / modulor
moelle *f* / marrow || ~ du **palmier** / palm marrow
moelleux (siège) / soft || ~ (tiss) / snug, soft, velvety
moellon *m* (tan) / moellen, degras || ~ (bâtim) / rubble [stone] || ~ [d'**appareil]** / freestone
mofette *f* (géol) / mofette, moffette || ~ (mines) / black o. choke damp, afterdamp
mohair *m* / mohair wool, fine angora wool
moignon *m* / stump || ~ (aéro) / stub plane || ~ (gouttière) / hopper head || ~ de **branche** (bot) / snag
moindre / less || **devenir** ~ / lessen *vi* || **~s carrés** *m pl* / least error squares *pl*
moins (math) / minus, less || **à** ~ [de] / within || **par ~ dix** / at 10°centrigrade below zero || ~ **l'infini** / minus infinite || **~...plus** / plus over minus
moins-value *f* (pl.: moins-values) / diminuation o. drop in value || ~ en **puissance** / unsufficient output, deficiency in output
moirage *m* / moiré effect, wavy watered appearance || ~ (activité) / producing the moiré effect || ~ (deformation) / moiré [fringes] method || ~ (opt) / moiré fringes *pl* || **~s** *m pl* (TV) / cloud
moiré *adj* (tiss) / moiré, watered, waved || ~ *m* de **soie** / watered silk
moirer / moiré *vt*, water, cloud, tabby, wave, vt.
moirure *f* (TV) / shot-silk effect
mois *m* **draconitique** (astr) / nodical month || ~ **sidéral** (= 27,32166 jours) / sidereal month
moise *f* (charp) / straining piece, tie beam || ~ (mines) / bunton || ~ (méc) / brace, bracing || **~s** *f pl* en **écharpe** (charp) / diagonal ties *pl* || ~ *f* **horizontale d'un cintre** (bâtim) / horizontal tie of a centre || **~s** *f pl* **inclinées** (charp) / diagonal ties *pl* || **~s** *f pl* **jumelles** (charp) / binding pieces *pl* || ~ *f* **pendante** (bâtim) / hanging brace || ~ **pendante d'une ferme** (charp) / hanging tie
moiser deux pièces de bois (charp) / tie *vt* || ~ des **poteaux** (télécom) / brace poles
moisi *adj* / mouldy (GB), moldy (US), musty || ~ *m* / mouldiness, must || **qui sent le** ~ / [smelling] musty
moisir *vi* / become mouldy, turn mo[u]ldy o. fusty o. musty, mo[u]ld || ~ *vt* / make mouldy, mildew *vt* || ~ (se) / turn mo[u]ldy o. fusty o. musty, mo[u]ld
moisissure *f* / mould fungus || ~ (bois) / fungal growth, fingal growth || ~ **noble** / gray mould of vine, botrytis disease || ~ **verte** (agr) / green mould || ~ de **vinaigre** / vinegar mould
moisson *f* / harvest
moissonnage-battage *m* des **andains** / swath harvesting || ~ **tas-à-tas** (agr) / stook harvesting
moissonner / harvest, reap
moissonneuse *f* (agr) / reaper, reaping machine, grain mower || **~-andaineuse** *f* **de pois** (agr) / pea harvester o. swather || **~-batteuse** *f* / combine, harvester-thresher || ~ **javeleuse** (agr) / sail reaper ||

~-lieuse f / harvester-binder || ~-lieuse f monotoile / single-canvas binder || ~-lieuse f poussée / header-binder || ~ poussée / push reaper o. harvester
moite / muggy, warm and moist o. humid, damp and close
moitié f / half || **à** ~ / halved, by halves || **à ~ au dessous du plancher** / semi-flush mounted || **la ~ de la tension par spire** / half [value] of the inter-turn voltage || ~ **... moitié ...**, moitié par moitié / half-and-half || ~ **lin** / half linen || ~ **moins** / half less
molaire / molar
molale / molal
molalité f / molality
molard m (routes) / slope wash
molarité f / molarity
molasse f, mollasse f (géol) / soft Tertiary sandstone
moldavite f (min) / water chrysolite
mole f (phys, chimie) / mol, mole || ~ d'**atome**, atome-gramme m (désusité) / gram-atom || ~ d'**ions** (phys) / gram[me]-ion
môle m (port) / mole, breakwater || ~ (hydr) / mole-pier || ~ entre **darses** / finger type dock, depositing dock
moléculaire / molecular
molécularité f / molecular state o. condition, molecularity || ~ (cinématique des réactions) / molecularity
molécule f / molecule || ~ **complexe** / complex molecule || ~ **dipolaire** / dipole molecule || ~ **double** / double molecule || ~ **filiforme** / filamentary molecule || ~ **géante** / giant molecule || ~ **incluante** / inclusion molecule || ~ **linéaire** / chain molecule, linear molecule chain || ~**-mère** f / initiator || ~ **nucléaire** / nuclear molecule || ~ **parente** / initiator || ~ **polaire** / polar molecule
molesquine f, moleskine f (tex) / moleskin
moletage m, molettage m (découp) / roll embossing || ~ en **croisure ou en X** (techn) / diagonal o. diamond knurl[ing] || ~ **enfoncé** (m.outils) / impressed knurl
moleté / knurled, milled || ~ **croisé** / diagonally knurled
molette f (gén) / roll[er], wheel || ~ / knurling wheel o. tool, knurl || ~ (m. d'extraction) / headwheel, pulley || ~ (tiss) / whirl || ~ (filage) / grooved roller || ~ d'**arbre de turbine** / molette of a turbine shaft || ~ à **border** (m. à moulurer) / flanging wheel || ~ de **briquet** / wheel of lighter || ~ **centrale** / joint focussing arrangement o. wheel, central [twin] focussing device || ~ pour **coudes** (m. à moulurer) / elbow wheel || ~ de **coupe** (typo) / skip slitter || ~ **couteau** (m. à moulurer) / cutter wheel || ~ **croisée** (outil) / knurled knob o. button || ~ **dentée d'amenée** (film) / sprocket wheel || ~ pour **écoulement** (m. à moulurer) / necking wheel || ~ à **équerrer** (m. outils) / bevelling wheel || ~ à **fermer** (m. à moulurer) / closing wheel || ~ **folle** / idling roll || ~ de **marque-points** / rowel || ~ **mère** / wheel for friezing the rollers || ~ à **moulurer** / beading roller || ~ à **onduler** / crimp wheel || ~ à **rabattre un bord** (m. à moulurer) / wiring wheel || ~ de **soudage** (soudage) / electrode wheel, contact roller || ~ de **taillage** (meule) / dressing roll
molet[t]er / mill, knurl || ~ en **croisure**, moleter en X / knurl axially and circumferentially, knurl diagonally
moliant (tan) / tender
mollesse f / flaccidity, flaccidness
molleton m (tex) / molleton, raised woven fabric, silence o. hush cloth || ~**-coton** m / beaverteen, cotton molleton || ~**-coton** m (une flanelle), piou m / swanskin || ~ à **drapeaux** / bunt[ing]
mollir vt / let come down, ease down || ~ vi / abate vi, soften vi || ~ (vent) / abate vi, go down || ~ un **câble** / pay out a cable || ~ à **fond** [dans l'eau] / soak, drench, wet through
molluscicide m / molluscicide
mollusques m pl / mollusks, molluscs || ~ m **aquatique** (parasite) / water snail
molybdate m / molybdate || ~ de **plomb** (min) / yellow lead ore
molybdène m, Mo / molybdenum, Mo || ~ à **degré d'oxydation +2** / molybdenous, molybendenum(II)... || ~ à **degré d'oxydation +3** / molybdenic, molybendenum(III)...
molybdénite f (min) / molybdenite
molybdénocre f, molybdine f (min) / molybdite, molybdic ochre
molybdique / molybdic, molybendenum(VI)...
molysmologie f / pollution science
moment m (temps) / instant, moment, time || ~ (méc) / moment [about] || **au ~ de l'exécution du programme** (ord) / at object time || ~ **absolu centré** (math) / centered absolute moment || ~ **aérodynamique** (aéro) / aerodynamic moment || ~ **algébrique** / algebraic moment || ~ d'**allumage** / moment of ignition, ignition o. firing point || ~ d'**amortissement évanouissant** / vanishing damping moment || ~ d'**amortissement fini** / finite damping moment || ~ **angulaire** / angular momentum || ~ **angulaire cinétique** (phys) / angular momentum, moment of linear momentum || ~ **angulaire de l'induit** (électr) / rotor angular momentum || ~ **angulaire intrinsèque** (phys) / spin, intrinsic angular momentum || ~ **angulaire orbital** (nucl) / orbital angular momentum, path spin || ~ **angulaire total** (phys) / total moment of momentum, total spin || ~ sur **appui** / moment about the points of support || ~ **centré statistique** / centered moment || ~ **centrifuge** / centrifugal moment || ~ de **charge** / moment of load || ~ de **charnière** (aéro) / hinge moment || ~ de **choc** / moment of shock o. strike o. of the impetus || ~ **cinétique du gyroscope** (phys) / angular momentum, moment of linear momentum || ~ de la **compilation** (ord) / compile time || ~ de **continuité** (méc) / continuity couple || ~ d'un **couple** (méc) / torque, turning moment, moment of torsion || ~ d'un **couple positif** (constr.en acier) / sagging bending moment || ~ de **décrochage** (électr) / pull-out torque, break-down torque (US) || ~ de **démarrage** / starting torque || ~ de **déséquilibre** / unbalance moment || ~ **dipolaire** (chimie) / dipole moment, moment of a dipole || ~ **directeur** / controlling couple o. torque || ~ d'un **doublet électrique** / electric dipole moment || ~ **électrique [du noyau]** / electric moment || ~ d'**encastrement** (méc) / fixed end moment, restraining moment, moment at point o. end of fixation || ~ de **flexion ou fléchissant** / bending moment, moment of flexion, transverse moment || ~ d'une **force** (méc) / moment of force o. exerted by a force || ~ de **force transversale** (méc, bâtim) / moment of normal force || ~ de **freinage** / braking moment o. torque || ~ de **frottement** / moment of friction || ~ de **gauchissement** / warping moment || ~ **gravitationnel** (espace) / gravity gradient torque || ~ d'**inertie**, Mk^2 / flywheel effect, (abbreviation:) WR^2 (usually in lb-ft^2, conversion: 1 lb-ft^2 = 0,1685 kpm^2, 1 kgm^2 = 3418 lb in^2 = 5,933 lb-ft^2) || ~ d'**inertie [équatorial ou axial] [par rapport à]** (méc) / moment of inertia [about], m. of i. || ~

d'**inertie équivalent** / equivalent moment of inertia || ~ d'**inertie géométrique** (acoustique) / geometrical moment of inertia || ~ d'**inertie de masse** / mass moment of inertia (J = 1/8 md²) || ~ de **lacet** (aéro) / yawing moment || ~ **limite** (méc) / full plastic moment || ~ **magnétique** / magnetic moment, moment of a magnet || ~ **magnétique du noyau** / nuclear magnetic moment || ~ de **multipôles** (phys) / multipole moment || ~ **négatif d'un couple** (méc) / hogging bending moment || ~ **nucléaire** (nucl) / nuclear moment || ~ **orbital** / orbital moment || ~ **orbital magnétique** / orbital magnetic moment || ~ **plastique** (méc) / full plastic moment || ~ **principal d'inertie** (méc) / principal moment of inertia || ~ **quadripolaire** (nucl) / quadrupole moment || ~ de **rappel** / righting moment || ~ **redresseur ou de réaction** / restoring moment o. torque || ~ de **renversement** (auto) / moment of tilt || ~ de **résistance** / moment of resistance || ~ **résistant ou de résistance** (méc) / section modulus || ~ de **retour à sa position primitive** / restoring moment o. torque || ~ de **roulis** (aéro, nav) / rolling moment || ~ **secondaire** (méc) / secondary bending moment || ~ **stabilisateur** / restoring moment o. torque || ~ **statique** / statical moment || ~ de **tangage** (aéro) / pitching moment || ~ de **torsion** / torsional moment || ~ en **travée** (méc) / field moment || ~ **unitaire** (ord) / unit element || ~ d'un **vecteur** (math) / momental vector

momentané / momentary || ~, transitoire / transient, momentary, transitory

monadique (ord) / monadic, unary

monaural, -auriculaire / monaural

monazite *f* (min) / monazite

monceau *m* / heap, pile, tip || ~ de **décombres ou de ruines** / heap of ruins, wreckage, brash

monder / clean || ~ (agric) / hull *vt*, husk

mondial / world..., worldwide

monel *m* (70 % Ni, 28 % Cu, 2 % Fe) / monel metal

monergol *m* (ELF) / monopropellant

monilia *f* (agr) / monilia

moniliase *f*, -ose *f* (agr) / brown rot, moniliasis

moniteur *m* (gén) / monitor || ~ (TV) / monitor, monitor[ing] loudspeaker || ~ (ord) / monitor (a device) || ~ (ord, programme) / monitor routine o. supervisor, monitoring program, executive [routine] || ~ (personne) / trainer, instructor || ~ de **caméra** (TV) / preview monitor || ~ du **contact avec la terre** / earth leakage monitor || ~ de **contamination** / contamination monitor || ~ de **contamination atmosphérique** (nucl) / air contamination monitor || ~ de **contamination de l'eau** (nucl) / water monitor || ~ de **contamination pour les mains** (nucl) / hand and foot monitor || ~ de **contamination par poussière** (nucl) / dust monitor || ~ de **contrôle** (TV) / control monitor || ~ du **fonctionnement** (ord) / operation monitor || ~ **intégral** / integral monitor || ~ de **ligne** / line monitor || ~ **principal** (TV) / master monitor || ~ de **sortie** (TV, électron) / output monitor || ~ **vidéo** (TV) / picture monitor

monitor *m* (exploitation hydr.) / giant, monitor || ~ (nav) / monitor (a fire-extinguishing boat) || ~ (pomp) / monitor[-nozzle], cannon || ~ [à **lances à eau**] / tin dredge

monitorage *m* (ELF) / monitoring || ~ des **opérations** / operational monitoring system, OMS

monnaie *f* / coin, money, currency || ~ d'**argent** / silver coin || ~ [**métallique**] / hard money, coin[s *pl*

monnayage *m* / mintage

monnayé / coined

monnayer / mint *vt*, coin *vt*

monnayeur *m* / slot paying mechanism, coin machine

mono·accélérateur (électron) / monoaccelerator || **~acétate** *m* de **glycérine** / monoacetin || **~acide** *adj* (chimie) / monoacidic || **~acide** *m* / monoacid || **~alcool** *m* / monohydric alcohol || **~amine-oxydase** *f*, M.A.O. / monoamine oxidase || **~anodique** / single-anode... || **~atomique** / monatomic, monoatomic || **~bain** *adj* (repro) / monobath || **~bain** *m* (phot) / monobath || **~basique** / monobasic || **~bloc** *adj* / consisting of a single piece || **~bloc** (fonderie) / cast en bloc o. integral || **~bloc** *m* / monobloc casting, en bloc casting || **~bloc** *m* de **cylindres jumelés** / two-cylinder block, cylinders cast in pairs *pl* || **~broche** / single-spindle... || **~brosse** *f* / brushing machine o. mill || **~câble** *m* / monocable || **~câble** *m* **va-et-vient** / blondin || **~cellule** *f* (électr) / monocell || **~chlorobenzène** *m* / monochlorobenzene || **~chloroéthane** *m* / monochlorethane || **~chlorure** *m* d'**iode** / iodine monochloride || **~chlorure** *m* de **soufre** / disulphur dichloride || **~chromateur** *m* / monochromator, monochromatic illuminator || **~chromateur** *m* à **neutrons**, [à prisme, à réflecteur, à réseau] / neutron velocity selector, neutron monochromator [with prism, with reflector, with grid] || **~chromatique** (opt) / monochromatic, -chroic, homogeneous || **~chromatique** (rayons X) / monochromatic, -chroic || **~chrome** / monochrome, -chromic[al] || **~chromie** *f* (phys) / monochromasy || **~clinal** (géol) / monoclinal || **~clinique** (crist) / monoclinic, -symmetric, oblique || **~conducteur** / single-wire, -conductor || **en ~coque** (ch.de fer, aéro) / skin-stressed || **~cordon** (télécom) / single cord... || **~corps** (turb. à gaz) / single-spool || **~cotylédone** (bot, pap) / monocotyledonous || **~couche** *f* / unilayer || **~coup** / single shot || **~cristal** *m* / monocrystal, single-crystal || **~cuisson** *f* (céram) / once- o. single-firing

monoculaire / monocular

mono·culture *f* (agr) / monoculture || **~cyclique** (chimie) / monocyclic || **~cylindre** *m* / single-cylinder engine || **~cylindrique** (mot) / single-cylinder..., one-cylinder... || **~cylindrique** (pap) / single-cylinder... || **~décade** / single-digit... || **~diazotation** *f* / monodiazotizing || **~èdre** *m* (crist) / pedion || **~énergétique**, monoergique (nucl) / monoenergic, -energetic, -kinetic || **~-étage** (techn) / single-stage || **~-étage...** (fabric. des panneaux de part.) / single-opening || **~éthènoïde** (chimie) / monoethenoid || **~fil** *m* (filage) / monofilament, simple yarn || **~filaire** / monofil || **~filament** *m* (plast) / monofilament || **~filament** *m* **synthétique** / synthetic monofilament || **~gène** (math) / monogenic || **~génétique** (géol) / monogenetic || **~halogéné** *m* / monohalogenated derivative || **~hydrate** *m* / monohydrate || **~hydraté** / monohydric

monoïde *m* (math) / monoid

mono·linéaire (typo) / single-space || **~lithe** *adj* (bâtim) / monolithic || **~lithe** *m* / monolith || **~lithique** (électron) / solid-state..., monolithic || **~lithique** (incorrect), monolithe (bâtim) / monolithic || **~mât** (aéro) / single-strut...

monôme *m* (math) / monomial

mono·mère *adj* / monomer[ic] || **~mère** *m* / monomer || **~métallique** / monometallic || **~méthylamine** *f* / [mono]methylamine, aminomethane || **~métrique** (crist) / monometric || **~mode** (phys) / monomode, single-mode... || **~mode** (guide d'ondes) / monomode ||

~moléculaire / monomolecular, monofilm... || **~morphe** (crist) / monomorphous || **~moteur** / one-engined || **~nucléaire** (biol) / uni-nucleate, -nuclear, mononuclear || **~nucléaire** (gén) / mononuclear || **~palpeur** *adj* (ultrasons) / single probe... || **~pente** *f* / pent roof, penthouse o. aisle roof || **en ~phasé** (défaut) / single-phased || **~phasé** (électr) / monophase, single-phase, one-phase... || **~phonique** / mono[phonic] || **~photo** *f* (typo) / monophoto || **~place** *adj* / single-seat[ed], single-seater (US) || **~place** *m* (aéro) / single-seater || **~plan** *m* (aéro) / single-deck airplane, monoplane || **~plan** *m* **parasol** / parasol monoplane || **~plan** *m* **en porte à faux** / cantilever type monoplane || **~plaste** *m* / monoplast[ic] || **~[polaire]** / single-pole..., S.P., unipolar || **~pôle** *m* (nucl) / monopole || **~poutre** (grue) / single-girder || **~programmation** *f* / uniprogramming

monorail *adj* / single-rail..., monorail || ~ *m* / monorail [railway] || ~ d'**atelier** / works monorail || ~ à **fonctionnement continu** / continuous monorail || ~ **gyroscopique de Scherl** / gyro-car || ~ de **manutention à bennes motrices** / electric telpher for continuous mechanical handling with automatically controlled cars || ~ de **manutention à entraînement par chaîne** / chain trolley conveyor || ~ au **plafond** / overhead runway o. monorail || ~ **surélevé** / overhead monorail || ~ à **traction continue** / monorail with endless haulage system

mono·réfringent / singly refracting || **~roue** / single-wheel... || **~saccharide** *m* / monose, monosaccharid, -saccharose || **~scope** *m* (TV) / monoscope, monotron || **~silane** *m* / silicomethane, [mono]silane, silicontetrahydride || **~silicate** *m* / monosilicate, singulosilicate, unisilicate || **~stable** (électron) / single-shot..., monostable || **~stat** *m* **à ouverture maximale de pression** / maximum pressure governor || **~tone** / monotonous || **~tone** (gén, math, électr) / monotonic (never increasing nor decreasing) || **~tonie** *f* / monotonousness || **~tonie** *f* (ord) / string || **~tonie** *f* **creuse** / rag-chew (coll.) || **~toron** (câble) / single-strand || **~tour** *adj* (p.e. potentiomètre) / single-turn... (e.g. potentiometer) || **~tropique** (chimie) / monotropic || **~type** *adj*, -typique / of one species [only] || **~type** *m* (graph) / monotype (an impression) || **~type** *f* (typo) / Monotype [machine] || **~typiste** *m* (typo) / monotyper, monotype operator || **~valence** *f* (chimie) / monovalency || **~valent** (chimie) / monovalent, univalent || **~vibrateur** *m* / monostable multivibrator o. flip-flop, monovibrator, MV, start-stop o. single-step multivibrator, gated multivibrator, one-shot multivibrator, monoflop (US), monostable circuit (US), flop-over (US), flip-flop (GB) || **~voie** (radio) / single-channel... || **~xène** (parasite) / monoxenous, -genetic

monoxyde *m* / monoxide || ~ d'**azote** / nitrogen monoxide, nitric oxide || ~ de **carbone** / carbon monoxide || ~ **chloré ou de chlore** / chlorine monoxide

montable postérieurement ou ultérieurement / retroactively installable

montage *m* / assembly, assembling, assemblage, mounting, erection || ~, application *f* / application, installation, fitting || ~ (électr) / circuit, wiring || ~, intercalation *f* / intercalation, insertion || ~, fixation *f* / fixing, gripping || ~ (ord) / set-up || ~ (galv) / [plating] rack, jig || ~ (cordonnier) / lasting [operation] || **pour ~ sur tableau etc** / built-on || ~ **amplificateur** / amplifying circuit || ~ **amplificateur à charge de cathode** / cathode amplifier o. follower || ~ **antiparallèle** / antiparallel connection || ~ **Aron** / Aron connection [of two wattmeters] || ~ **astatique** / center-of-gravity mounting || ~ à l'**atelier** / shop assembly || ~ entre les **axes** (agr) / center mounting, mid-mounting || ~ en **baie** / rack mounting || ~ de **bande vidéo** / video tape editing || ~ en **bascule** / flip-flop circuit || ~ à **base commune** (transistor) / common base o. grounded base [circuit] || ~ **BBD** (ord) / BBD, bucket brigade device || ~ à **blanc** / trial o. check erection || **~-bloc** *m* / block assembly || ~ en **boucle** / loop connection || ~ de **briques apparentes** / fair-faced brickwork || ~ par le **canon sur trou unique** / single-hole bush mounting of spindle-operated components || ~ **caoutchouc-métal** / rubber-bonded-to-metal mounting || ~ en **cascade** (électr) / cascade o. concatenated connection, tandem connection || ~ en **cascade d'un réseau** / delay-line || ~ à **cathode commune** / cathode grounded circuit, grounded cathode connection || ~ **cathodyne** / cathodyne circuit || ~ à la **chaîne** / conveyor line assembly, fitting on the assembly line || ~ en **chape** (roulette) / fork mounting || ~ sur **chassis** (instr) / face-side installation || ~ à **collecteur commun** / common collector o. grounded collector [circuit] || ~ **compensateur** (contr.aut) / compensating circuit o. network || ~ **compound** (électr) / compound connection || ~ **compound de transistors** (électron) / Darlington arrangement o. circuit o. combination, compound-connected transistors *pl* || ~ **contacteur** (électron) / switch connection || ~ en **continuité** (film) / rough cut || ~ **convertisseur** / converter connection || ~ en **croix** (électr) / cross mounting || ~ de **Delon ou de Greinacher** (électr) / Delon rectifier || ~ en **delta** (électr) / triangle o. delta o. mesh connection || ~ en **déport** (techn) / offset, misalignment || ~ en **dérivation** (électr) / multiple arc connection || ~ **désaxé** (techn) / offset, misalignment || ~ à **double voie** / double-way connection || ~ en **double zigzag** / double zigzag connection || ~ **doubleur** (électron) / doubler connection || ~ **économique** (électron) / saver circuit || ~ des **éléments microcircuit** (électron) / microcircuitry || ~ à **émetteur commun** (électron) / common emitter o. grounded emitter [circuit] || ~ d'**épreuve pour les appels défectueux** (télécom) / test board for lost calls || ~ **équivalent** (électr) / equivalent network, artificial line || ~ en **étoile** (électr) / Y o. star connection, Y o. star connected threephase system || ~ **expérimental** / experimental arrangement o. set-up || ~ **expérimental** (électron) / breadboard[ing], hook-up || ~ **extérieur** (auto) / surface mounting || ~ à l'**extérieur** / open-air o. outdoor installation || ~ de **fabrication** / jig (fixed on the workpiece), fixture (applied to the machine tool) || ~ **film** (film) / cutting, editing || ~ **final** / final assembly || ~ **fixe** / rigid mounting o. fastening o. suspension || ~ **flip-flop** / flip-flop circuit || ~ **flottant** (fiche) / float mounting || ~ en **fusée** (roulette) / stub axle mounting || ~ du **harnais** (tiss) / mounting the harness || ~ de **Hartley** / Hartley oscillator circuit || ~ **hétérogène** (électron) / non-uniform connection || ~ **homogène** (électron) / uniform connection || ~ des **images** (TV) / vision switching || ~ **immergé** (pompe) / wet-well o. wet-pit installation || ~ **impulsionnel** (électron) / pulsed circuit || ~ **incorrect** (électr) / faulty o. wrong connection o. switching, switching error || ~ **incorrect** (techn) / faulty mounting || ~ d'**irradiation**

(nucl) / irradiation rig || ~ en **jumelé** (pneu) / dual application || ~ de **Latour ou de Liebenow** (électr) / Delon rectifier || ~ de **lignes électriques aériennes** / open line construction || ~ de **mesure** (électr) / connections for measurement *pl* || ~ de **mesure** (métrologie) / set-up of measuring instruments || ~ **mixte** (électron) / non-uniform connection || ~ **multiple** / multiple arrangement || ~ **multiple** (télécom) / connecting in multiple || ~ **multiple direct** (télécom) / straight multiple || ~ des **nappes de filet** / mounting of fishing nets || ~ **neutralisant la capacité grille-plaque** / neutralizing circuit for grid-plate capacity || ~ **neutrodyne** / neutrodyne circuit || ~ en **opposition** (électr) / connection in opposition, duplex connection || ~ sur **palier à roulement** / mounting on rolling bearings || ~ en **panneaux biais** (parachute) / bias construction || ~ en **parallèle** (électr) / parallel connection || ~ en **parallèle et en série** (électr) / parallel and series connection || ~ **parallèle-série** (électr) / parallel-series connection || ~ de **perçage** / drilling jig || ~ **polygonal** (électr) / polygonal circuit || ~ en **pont** (électr) / bridge circuit o. connection o. method, lattice network || ~ en **pont monophasé** / single-phase o. monophase bridge connection || ~ en **pont triphasé** / three-phase bridge connection || ~ en **porte à faux** (pont) / cantilever[ed] construction o. erection || ~ **porte-pièce** (galv) / plating rack || ~ en **potentiomètre** / potentiometer circuit || ~ **préliminaire** / pre-assembly || ~ **préparatoire** / subassembly || ~ en **puits sec** (pompe) / dry-well installation || ~ **push-pull** / push-pull connection || ~ en **rack** / rack mounting || ~ à **réaction** / regenerative o. reaction coupling || ~ en **redresseur** / rectifier circuit || ~ **réflexe** (électron) / reflex circuit, dual amplification circuit || ~ de **réinjection** / regenerative o. reaction coupling || ~ en **relais** / relay connection || ~ **rigide** / rigid mounting o. fastening o. suspension || ~ sur **roulements à billes** / mounting on ball bearings *pl* || ~ **Scott** (électr) / Scott connection || ~ en **sens inverse à collecteur commun** (semicond) / inverse common collector circuit || ~ en **série** (électr) / series connection o. mounting || ~ pour **série pilote** (électron) / brassboard || ~ **série-parallèle** (électr) / series-parallel connection || ~ en **shunt** / shunt connection, shunting || ~ en **simple** (pneu) / single mounting || ~ au **sol** (constr.mét) / ground erection || ~ **sonore ou du son** (film) / sound editing || ~ **standard** (électron) / standard rack || ~ en **surface** (circ.impr.) / surface mounting || ~ **survolteur-dévolteur** (électr) / boost and buck connection || ~ **symétrique** / push-pull connection o. circuit || ~ **symétrique en paraphase** (électron) / paraphase coupling || ~ sur **tableau de distribution** / switchboard mounting || ~ au **tapis roulant** / conveyor line assembly, fitting on the assembly line || ~ à **tourillon** / trunnion mounting || ~ en **triangle** (électr) / triangle o. delta o. mesh connection || ~ en **triangle double** (électr) / double delta connection || ~ à **trois fils ou conducteurs** (électr) / three-wire system || ~ à ou par **trois points** / three-point bearing || ~ des **tuyaux** / bedding o. laying of tubes o. pipes || ~ à **une alternance** (tube) / single phase circuit || ~ sur **une pointe** / unipivot bearing || ~ en **Y** (électr) / Y o. star connection, Y o. star connected threephase system || ~ en **zigzag** (électr) / zigzag connection, interconnected star connection

montagne *f* / mountain || ~ de **charge saisonnière** (électr) / seasonal load curve || ~ de la **Lune** / lunar highlands *pl* || ~ en **plissement** (géol) / folded mountains *pl*

montant *adj* / mounting, climbing || ~ (bâtim) / rising (e.g.: wall) || ~ (marée) / incoming, rising || ~ (mines) / overhand, driven on the rise || ~ (routes) / uphill || ~ (train) / up || ~ *m* (techn, bâtim, nav) / stanchion, standard, stay, post || ~, somme *f* / total, amount || ~ (m.outils) / column || ~ (aéro) / strut || ~ (hydr) / buoyancy [lift], buoyant power, power of floating, supernatation || ~ (mines) / prop, stemple, stay, strut || ~ (constr.en acier) / vertical rod o. member || ~ (lam) / roll housing || **à deux ~s** (presse) / open-back, double column..., double-sided || **à deux ~s** (m.outils) / straight-sided, two column... || **à trois ~s** / three-legged || **à un** ~ (m.outils) / single-column..., gap- o. throat-type || **en** ~ / ascending || **en** ~ / up || ~ **amortisseur** (aéro) / shock strut || ~ d'**angle** (constr. mét) / corner o. angle post || ~ d'**angle** (conteneur) / corner structure || ~ *adj* en **bain neutre** (tex) / neutral dyeing || ~ *m* de **bastingage** (nav) / railing stanchion || ~ de **battement** (fenêtre) / handle side mullion || ~ de **bout** (ch.de fer) / end post o. pillar || ~ de **bout de caisse** (auto) / corner post || ~ de la **broche porte-fraise** / milling spindle column || ~ **brut** / gross amount || ~ de **cadre** (bâtim) / frame strut || ~ de **cadre** (constr.en acier) / frame stanchion, vertical frame member || ~ de **cage** (lam) / mill o. roll housing o. standard, housing frame, bearer, upright || ~ de **caisse** (m.outils) / box type column || ~ du **chariot porte-broche** / milling machine column || ~ de **cloche** / cage of the bell || ~ à **déplacement transversal** / traversing column || ~ *adj* **directement sur la fibre** (teint) / direct dyeing || ~ *m* d'**échelle** / upright of a ladder, side piece || ~ d'**énergie** / amount of energy || ~ d'**entrée** (ch.de fer) / door stile (US) o. post o. pillar || ~ d'**escalier** / rail post, newel post || ~ **et descendant** (techn) / up-and-down motion o. travel o. movement || ~ de **fenêtre** / vertical mullion o. munnion || ~ de **fenêtre en acier** (bâtim) / standard bar || ~ de **ferrure** (fenêtre) / hinge side mullion || ~ de **force à ressort** (aéro) / telescopic leg o. strut, shock absorbing leg || ~ à **glissière incorporée** (m. outils) / integral way column || ~ de **grue** / crane leg o. foot o. base || ~ de **lunette** (tourn) / steady column || ~ en **M** / M-strut || ~ de **machine-outil** / machine tool column || ~ de **pan de fer** (constr.mét) / vertical wall member || ~ **partiel** / partial amount || ~ de **porte** (ch. de fer) / door stile || ~ de **porte côté charnière** (auto) / door hinge pillar || ~ de **porte côté serrure** (auto) / door lock pillar || ~ de **portique** (constr.en acier) / frame stanchion, vertical frame member || ~ de **poupe** / stern- o. after-frame || ~ **pyramidal** (tourn) / pyramid[-form o. -shaped] column || ~ de **rive** (fenêtre) / hinge side mullion || ~ de **suspension** / suspender, suspension post || ~ sur **toiture** (électr) / house pole || ~ **total** / total [amount], sum total || ~ **vertical du derrick** / king tower

monté / mounted, assembled || ~ [sur] / mounted [on] || ~ (aéro) / manned || ~ sur **caoutchouc** / rubber-cushioned || ~ en **delta** / delta connected || ~ à **demeure** / mounted rigidly || ~ sur **deux rubis** (horloge) / jewelled in two holes || ~ **excentriquement** / excentric || ~ **librement** / free[ly] movable o. moving o. rotatable o. rotating || ~ en **opposition** (électr) / counterconnected || ~ en **porte à faux** / overhung || ~ sous **pression** / pressure-mounted || ~ sur **ressort** / fitted with a spring || ~ à **ressort[s]** / spring-suspended || ~ sur **ressorts en caoutchouc** / rubber-sprung || ~ sur **roulement à billes** / ball-bearing... || ~ en **usine** / shop-assembled, factory built

monte-aiguilles *m* (tiss) / needle lifter, needle clearing o. raising cam || **~-bagage** *m* / luggage lift o. hoist
monte-charge *m* / freight elevator o. lift, goods elevator o. lift || ~ (bâtim) / building elevator (US) o. lift (GB) o. hoist || ~ des **bateaux** / ship['s] lift o. hoist || ~ des **bateaux à flotteur** / float type ship['s] lift || ~ à **bras** / hand driven hoist || ~ de **gueulard** (sidér) / vertical elevator || ~ pour **hauts fourneaux** / blast furnace elevator o. hoist || ~ **incliné à benne de chargement** (haut fourneau) / skip incline || ~ **incliné** / inclined elevator, transverse hoist || ~ **incliné à benne repliable** (sidér) / inclined bucket hoist || ~ du **terril** / dump hoist || ~ **vertical** (sidér) / vertical hoist || ~ pour **wagons** (ch.de fer) / waggon lifting appliance (GB), car lift (US)
monte-châssis *m* (bâtim) / sash lifter || **~-courroie** *m* / belt mounter o. setter
montée *f* / rise, climb, way-up || ~ (escalier) / stair, step || ~ (m.outils) / upward movement o. stroke, upstroke, ascent || ~ (bâtim) / ascent, stairs *pl*, steps *pl* || ~ (teint) / absorption || ~ (routes) / ascending gradient o. slope, upgrade || ~ (aéro) / climbing flight || ~ d'**air ou de gaz** (sidér) / uptake || ~ d'un **arc** (bâtim) / pitch, camber, rising height || ~ **balistique** (astron) / coasting climb || ~ du **boudin sur le rail** (ch.de fer) / overriding of the rail || ~ de **câble** / right-angled cable outlet || ~ d'un **cintre** / elevation of a center || ~ d'un **conduit** / duct going upwards || ~ de la **courroie** (techn) / ascent of the belt || ~ d' **escalier** / staircase height || ~ **escarpée** / steep ascent o. gradient || ~ d'un **fleuve** / swelling of water || ~ **franchissable par élan** (ch.de fer) / incline overcome by forward impetus || ~ d'**impulsion** / pulse tilt || ~ de **marche** (bâtim) / raiser of stair || ~ du **métal** (forge) / upward displacement, swell || ~ en **pression** / pressure build-up || ~ **rude** / steep ascent o. gradient || ~ **subite** (électr) / surge || ~ d'une **voûte** / rising of a vault
monte-escalier *m* / stair glider || **~-escarbilles** *m* / ash hoist || **~-et-baisse** *m* (tex) / traverse motion || **~-jus** *m* (sucre) / juice pump, montejus || **~-malade** *m* / hospital elevator || **~-matériaux** *m* (bâtim) / hoist for building material || **~-paquets** *m* / luggage lift o. hoist || **~-pente** *m* / T-bar [lift] || **~-plats** *m* (invariable) / kitchen lift, dumb-waiter (US)
monter [à, sur, en haut de] *vi* / climb *vi* || ~ [dans le train, avion, sur le bateau] / board *vi*, get on o. into || ~ (auto) / go uphill || ~ (flammes) / leap, flare up || ~ (aéro) / take off *vi*, start || ~ (mines) / ascend, ride outbye, get up, leave the mine || ~ (baromètre) / rise *vi* || ~ (marée) / rise *vi*, set in, come in || ~ [sur] / mount [on] || ~ *vt* / assemble, erect, mount || ~ (techn) / mount *vt*, lodge, place || ~ (m.outils) / chuck *vt*, grip, clamp, load || ~ [sur] (teint) / attach, be absorbed || ~ (électr) / connect [up] || ~ (horloge) / wind || ~ (filage) / creel bobbins || ~ (phot) / mount pictures || ~ (film) / edit *vt* || ~ (outils) / helve *vt*, handle, put handles || ~ (joailler) / mount *vt*, set, enchase || **faire ~ ou descendre** / regulate o. adjust up o. down || **se** ~ [à] (math) / amount [to], total || **se ~ en moyenne** [à] / average *v* || ~ à **angle droit** / fix at right angles || ~ sur des **arcs** (bâtim) / stilt on arches || ~ en **avion** (aéro) / enplane || ~ en **baie** (électron) / plug boards || ~ les **bandages** (auto) / tire *vt*, tyre (GB) || ~ sur un **bâti fixe** / carry on solid frame o. on solid foundation || ~ **brusquement** / spring up, bounce up (e.g. a ball) || ~ en **cascade** (électr) / connect in tandem || ~ la **chaîne** (tiss) / beam *vt*, roll on the beam, wind up, take up || ~ [en] **chandelle** (aéro) / put into a steep climb, zoom, hoick || ~ à **chaud** / contract, shrink, join by shrinking || ~ le **cordon** / draw-in a cord || ~ des **couteaux** / haft knives || ~ en **dérivation** (électr) / shunt *vt*, connect side by side, connect in parallel o. across || ~ et **descendre** (m.outils) / move o. travel up and down || ~ et **descendre rhythmiquement** / heave *vi* || ~ un **échafaudage** (bâtim) / mount a scaffolding || ~ en **étoile** (électr) / connect in star o. Y || ~ de **fond** (bâtim) / pass through the full height of a building || ~ par **forçage** / drive in o. home || ~ en **graine** (bot) / go to seed || ~ les **outils ou les pièces** (m.outils) / chuck, clamp, load, grip || ~ en **palier oscillant** / arrange to oscillate, carry in pendulum bearing || ~ en **parallèle** (électr) / connect in parallel o. across, connect side by side, shunt || ~ les **pneus** (auto) / tire *vt*, tyre (GB) || ~ en **rack** (électron) / plug boards || ~ en **régime** (mot) / rev up || ~ sur **ressorts** / spring *vt* || ~ sur **rubis** (horloge) / jewel *vt* || ~ en **série** (électr) / connect in series || ~ en **spirales** (aéro) / climb in spirals || ~ en **talus** (bâtim) / slope *vi*, rise || ~ en **tandem** (techn) / place o. arrange in tandem || ~ en **voiture** (ch.de fer) / board *vi*, entrain, get on o. into || ~, [baisser] **le ton** / tune up, [down], raise, [lower] the pitch
monte-ressort *m* / spring vice o. trigger, spring clamp || **~-sacs** *m* / sack hoist o. lift
monteur *m* / engine fitter || ~ (télécom) / wire installer || ~ (opt) / setter || ~ (électr) / fitter, erector, installer (US) || ~ **câbleur** (télécom) / jointer || ~ de **charpentes métalliques** / ironworker || ~ **ciné** (film) / cutter, assembler, film editor || ~ de **lignes** (télécom) / lineman || ~ de **lignes électriques aériennes** (électr) / lineman || ~ de **tuyaux** / pipe fitter, pipelayer, plumber || ~ en **tuyaux de vapeur** / steam fitter
montgolfière *f* / hot-air balloon
monticellite *f* (min) / monticellite
montmorillonite *f* (min) / montmorillonite
montoir *m* (techn) / mounting tool
montrant la **corde** (défaut) (tiss) / napless
montre *f* / watch (a clock up to 25 mm thickness) || ~, carte *f* d'échantillons / pattern o. sample card o. book || ~ (céram) / essaying vessel, show, sample of the vessel || ~ à **ancre** (horloge) / anchor escapement watch, lever watch || **~-bracelet** *f* / wrist watch || **~-bracelet** *f* d'**homme** / gent's wrist watch || **~-bracelet** *f* [à **remontage] automatique** / self-winding [wrist] watch || **~-calendrier** *f* / watch with calender work || **~-carte** *f* d'**échantillons** (tiss) / pattern o. sample card || **~-chronographe** *f* / half chronometer || **~-chronographe** *f*, chronographe-compteur *m* / stop-watch, timer || **~-compteur** *f* / metering clockwork || **~s et horloges** *f pl* / timekeeper, time pieces *pl* || ~ *f* **fusible** / pyrometric cone || ~ **[fusible] Seger** / Seger o. fusion cone, melting cone || ~ à **lecture directe** (ord) / digital time unit || **~-pendentif** *f* / pendant watch || ~ **plongeur** / diver's watch || ~ [de **poche]** / [pocket] watch || ~ de **poche avec sonnerie** / clock-watch || ~ à **remontoir** / stemwinder, stemwinding watch || ~ à **répétition** (horloge) / repeater || ~ à **réveil** / pocket alarm clock || ~ **[Seger]** (céram) / Seger cone, fusion o. melting cone || ~ **sonnante ou à sonnerie** / striking clock
montrer / demonstrate, show || ~, indiquer / indicate, point, show || ~, démontrer / display *vt*, picture, present || ~ (se) / ensue, arise || ~ (se), apparaître / appear || **se ~ approprié** / qualify || **se ~ au jour** (mines) / crop out, outcrop, basset
monture *f* (action) / mounting || ~ (dispositif) / mounting device || ~ (opt) / mount, frame || ~,

garniture *f* / armaments *pl*, furniture, fittings *pl*, mountings *pl* || ~, support *m* (phot) / mount, frame || ~ (fusil) / shaft, gun-stock, stock || ~, cerce *f* (tamis) / sieve frame || **sans** ~ (lunettes) / rimless || ~ **5 x 5** / slide frame o. mount || ~ en **argent** / silver lining o. mounting o. trimming || ~ **Coudé** (spectroscopie) / coudé mounting o. telescope || ~ du **cristal** (électron) / crystal socket o. mount || ~ de la **filière** / case of a drawing die || ~ **fourrée** / mounting in nested cells || ~ d'**instruments optiques** / mounting of optical instruments, casing || ~ de la **lame caoutchouc** / wiper blade fixture || ~ **longue-vue** (phot) / telescopic attachment || ~ de la **lunette** / axis arrangement || ~ de **lunettes** / spectacle frame || ~ **métallique ou en métal** (serr) / metal fixing o. furnishing o. mounting || ~ d'**objectif** / objective mount, lens mount o. barrel || ~ **porte-diaphragme** / diaphragm insert || ~ de **prise de courant** (ord) / plug-socket holder || ~ d'un **prisme** / prism casing || ~ de **projection** (microscope) / projection attachment || ~ de **scie** (scie) / frame of a saw || ~ de **scie en archet** / saw bow

monument *m* **historique** / architectural monument

monzonite *f* (géol) / monzonite, syenodiorite

mooney *m* (caoutchouc, unité) / mooney

moped *m* / moped

moquette *f* (auto) / floor carpet || ~ (tex) / moquette || ~ (bâtim) / wall-to-wall carpeting, fitted carpet[ing] || ~ **absorbant les boues** / dirt absorbing carpet || ~ **aiguilletée** / tufted floor covering || ~ **chenillé** / chenille carpet || ~ **chinée sur fibres** / heather mix carpet || ~ à **dessin** / patterned carpet || ~ **flammée** / jaspe carpet || ~ **floquée** / flocked carpet || ~ **nappée** / bonded pile carpet || ~ à **points noués** / knotted pile carpet || ~ **tissée** / woven pile carpet || ~ **tissée Axminster** / Axminster carpet || ~ **tissée double-pièce** / face-to-face carpet || ~ **tissée unie** / plain weave carpet || ~ **touffetée ou tuftée** / tufted pile carpet || ~ **veloutée** / Tournay cut-pile carpet, Tournay velvet carpet

mor *m* (silviculture) / mor

moraillon *m* d'un **coffre** / closing hasp o. clasp

moraine *f* / dead o. fallen wool

moraine *f* (geol) / moraine || ~ de **fond** (géol) / base moraine || ~ **frontale ou terminale** / end o. terminal moraine || ~ **latérale ou marginale** (géol) / margin moraine

morainique / morainic

morbidité *f* / morbidity, morbility

morbifique / morbific

morces *f pl* / set of teeth stones in a pavement

morceau *m* / piece, bit || ~ (sucre) / lump || **~x** *m pl* / flinders *pl*, fragments *pl* || **en ~x** / in lumps o. pellets, lump..., lumpy || **en ~x**, cassé / asunder, broken || ~ *m* **détaché** / section, portion, part || ~ du **milieu** / central o. middle piece || ~ de **minerai** (mines) / glebe, lode of ore || ~ de **minerai à section polie** (microsc.) / mineral specimen || ~ d'**or** / nugget, lump of [native] ore

morceler / cut [in]to pieces, divide up, break up || ~ une **propriété** / parcel out an estate, partition

mordache *f* / nippers *pl* || ~ (m. de traction) / clamping jaw || ~, mâchoire *f* / cheek plate || ~ pour **étaux** / interchangeable false jaw || ~ en **faïence** (électr) / porcelain clamp for distributing bars || ~ à **limer** (techn) / spring clamp, sloping o. vise clamp || ~ en **plomb** / leaden jaw || ~ à **river** / riveting clamp || ~ de **serrage** / clamping o. gripping jaw, jaw, clamp

mordacité *f* / acidity, acidness, tartness, sour

mordançage *m* / etching || ~ à **grain** (typo) / grain halftone

mordancer (bois, teint) / stain *vt*

mordant *adj* / mordant || ~ *m* (chimie, teint) / mordant, mordanting agent || ~ (tan) / tan[ning] liquor || ~ (bois) / water stain || **qui teint sur** ~ (teint) / capable of fixing mordants || ~ d'**alun** / alum[inous] mordant || ~ **auxiliaire** (teint) / by-mordant || ~ à **[base de] l'alcool** / spirit mordant o. stain || ~ à **[base de] caséine** / casein mordant || ~ à **base d'eau** / water mordant || ~ à **base de térébenthine** / mordant based on turpentine || ~ à **bronzer** / bronzing o. burnishing pickle || ~ à **catéchou ou à cachou** / catechu mordant, cutch mordant || ~ au **chrome neutre** (teint) / sweet o. neutral chrome mordant || ~ à **couleurs** (teint) / reserve, resist [paste] || ~ d'**étain** (teint) / spirit, tin mordant || ~ de **fer** / iron liquor o. mordant, black mordant || ~ à l'**huile** (teint) / oily mordant || ~ **métallique** (tex) / metallic mordant || ~ au **nickel** / nickel dip o. flashing || ~ **noyer** / nut mordant || ~ de **rouge** (teint) / alum[inous] mordant || ~ pour **rouge** (teint) / red liquor o. mordant

mordoré (tex) / rose chafer green

mordre *vt vi* (techn) / bite *vt vi* || ~ (lime) / touch *vi* || ~ (roues) / catch *vi*, mesh, lock, gear [in], be in gear, engage || ~, attaquer *vt* / affect, attack, corrode, bite-in || ~ une **planche** / engrave

moréen *m* (tiss) / moreen

morfil *m* / wire edge, fin

morfiler / burr *vt*, [de]bur (US)

morine *f* / dead o. fallen wool

morphème *m* (ord) / morpheme

morphine *f* / morphin[e], morphia

morpho·gramme *f* (math) / morphogram || **~line** *f* (chimie) / morpholine || **~logie** *f* / morphology || **~logie** *f* des **cristaux** / crystal morphology || **~logique** / morphological || **~tropie** *f* / morphotropy

mors *m* / clamping jaw, grip[ping jaw] || ~ de **canne** (verrerie) / nose of the blowpipe || ~ *m pl* de **canne** (verre) / moil || ~ *m* d'**étau** / vise chop o. cheek o. jaw || ~ **rapporté**, mors *m* de rechange (m.outils) / interchangeable false jaw

Morse *m* / Morse inker o. inkwriter

morsure *f* / nip, bite || ~ (broyeur) / nip || ~ (circ.impr.) / engraving || ~ (soud) / undercut || ~ **rapide** (typo) / quick etch, powderless o. one-bite etching

mort (bót) / dead || ~ (techn) / dead, lost || ~ (fusible) / burnt-out, fused, gone, open || **~-aux-rats** *f* (invar) / rat poison || ~ *m* **énergétique ou thermique** (phys) / heat death

mortaise *f* (men) / mortice, mortise || ~, encoche *f* / notch || ~, trou *m* (nav) / hole || ~ **borgne** (charp) / blind mortise || ~ de **guidage** / guiding slot

mortaiser (charp) / mortise *vt*, mortice || ~, encocher / notch *vt* || ~ (m.outils) / slot keyseats || ~, rainurer (typo) / rout [out] || **à** ~, enfichable / mortise type

mortaiseur *m* (m.outils) / slotting machine operator, slotter

mortaiseuse *f* (charp) / mortising machine, mortiser || ~ (m.outils) / slotting machine, slotter || ~ à **bédane creux** / chisel mortising machine || ~ à **chaîne** / chain cutter mortising machine || ~ à **mèche** (bois) / slot mortising machine || **~-raineuse** *f* / push type slotter || ~ à **tailler les engrenages par développante** / gear shaping machine o. shaper by the generating process || ~ **verticale** / vertical slotting machine o. slotter

mortalité *f* / mortality

morte-eau *f* / neap tide

mortel / deadly, lethal

mortier *m* (mil) / mortar, mine thrower || ~ (un vase) (chimie) / mortar || ~ (un liant) (bâtim) / mortar || ~

aérien (bâtim) / ordinary lime o. mortar, air [hardening] mortar, non-hydraulic mortar || ~ d'**agate** / agate mortar || ~ d'**asphalte** / asphalt mortar || ~ de **baryum** / baryum mortar o. plaster || ~ à **base d'anhydrite** (bâtim) / anhydrite plaster || ~ à **base de carbonate de chaux** / limestone mortar || ~ **bâtard** / ga[u]ged mortar || ~ de **chaux riche** / rich o. fat lime [mortar] || ~ de **chaux et de sable** / sand-lime mortar || ~ au **chromite** / furnace chrome || ~ au **ciment** / cement mortar, compo (GB) || ~ de **ciment allongé** / ga[u]ged mortar || ~ de **ciment argileux** / clay containing concrete || ~ au **ciment armé** / reinforced cement mortar || ~ au **ciment étendu** / cement-lime mortar || ~ de **ciment-latex** / ciment-latex mortar || ~ **colloïdal** / colgrout || ~ pour **enduit** / plaster || ~ pour **enduit de chaux** / plaster of Paris mortar || ~ **époxy** (routes) / epoxy mortar || ~ d'**étanchement** / waterproof mortar || ~ **hydraulique** / hydraulic o. water mortar || ~ d'**injection** / grouting mortar, injection mortar || ~ **lance-grenades** (mil) / grenade projector o. thrower || ~ **liquide** (ciment) / [grouting] compound || ~ à la **magnésie** / magnesia mortar || ~ **mousse** / foam mortar || ~ de **plâtre** / hydrated sulphate of lime mortar || ~ pour **poches** (fonderie) / ladle cement || ~ **réfractaire** / refractory mortar || ~**-stuc** *m* / badigeon || ~ de **sulphate de chaux** / hydrated sulphate of lime mortar || ~ de **terre** / clay o. cob mortar || ~ **très liquide** / liquid mortar || ~ d'**usine** / factory mortar

morts-terrains *m pl* / spoil, waste, excavated material

M.O.S. *m*, MOS *m* (électron) / MOS, metal-oxide semiconductor || ~ à **implantation d'ions** / ion implanted MOS, IMOS

mosaïque *f* / mosaic || ~, assemblage *m* mosaïque (photogrammétrie) / mosaic || ~ (agr) / mosaic [virus] disease || ~**s** *f pl* (radar) / mosaic tile mimic diagram || ~ *f* du **concombre** / cucumber mosaic virus || ~ de **cristaux** (ultrasons) / crystal mosaic || ~ de **hasard** / irregular mosaic || ~ d'**iconoscope** / mosaic of photo-emissive material || ~ du **tabac** / tobacco mosaic

mosaïqué / mosaic

moscovade *f*, moscouade *f* (sucre) / bastards *pl*

moscovite *f* / muscovite, biaxial o. biaxed mica, white mica

mossite *f* (min) / mossite

mot *m* / word || **à ~s** (ord) / word-oriented || ~ d'**appel de programme** / call number o. word || ~ **code** / code word || ~ de **commande** (ord) / control word || ~ de **commande de canaux** (ord) / channel command word, CCW || ~ de **commande de recherche** (ord) / search control word || ~ de **commande d'unités périphériques** (ord) / UCW, unit control word || ~ **double** (ord) / double word || ~ d'**état** (ord) / status word || ~ d'**état de canal** (ord) / channel status word || ~ **état du programme** (ord) / program status word || ~ **facultatif** (ord) / optional word || ~ d'**index** (ord) / index word || ~ **instruction** (COBOL) / verb, instruction word || ~ **ISO** / ISO word || ~ de **longueur fixe** / fixed-length word || ~ **machine** (ord) / machine word || ~ de **mémoire** (ord) / storage word || ~ **normal** (5 lettres + 1 intervalle) (télécom) / average word || ~ **numérique** / numeric word || ~**-paramètre** *m* / parameter word || ~ **partiel** (ord) / segment, half-word || ~ de **passe** (ord) / keyword, password || ~ de **programme** / routine word || ~ de **programmeur** / non-reserved word || ~ **qualificatif** (ord) / status word || ~ **réservé** (ord) / reserved word || ~ **télégraphique** / telegraph word || ~**-vedette** *m* (typo) / catchword, head word

motard *m* / motorcyclist

moteur *adj* / motive, driving || ~ *m* (gén) / motor, engine || ~ (horloge, montre) / main spring, motor spring || **à ~ à carburateur** (ch.de fer) / petrol o. gasoline engined, gas powered (US) || **à ~ de faible puissance** / low-powered || **à quatre ~s** / four-engine[d] || **à un seul** ~ / one-engined || **le ~ étant mis en route** / as soon as the engine is running || ~ **aérobie** (ELF) / air breathing unit || ~ d'**aiguille** (ch.de fer) / point motor || ~ d'**aiguille à manivelle, [à grand levier]** / point machine with hand crank, [with long lever] || ~ à **ailettes de refroidissement** (électr) / motor with cooling ribs o. fins || ~ à l'**air chaud** / hot-air apparatus o. engine || ~ à **air comprimé** / [compressed-]air engine o. motor || ~ à **allumage par compression** / compression-ignition engine || ~ à **allumage par étincelle** / Otto engine, spark ignition engine || ~ **alternatif** / reciprocating engine || ~ d'**altitude** (aéro) / [high] altitude engine || ~ **anaérobie** (ELF) / anaerobic propelling unit || ~ **anticompound** (électr) / differentially compounded motor, countercompound o. anticompounded motor || ~ **antigrisouteux** / flameproof motor || ~ **apogée** (espace) / apogee motor || ~ à **arbre vertical** (électr) / vertical spindle motor || ~ [à l']**arrière** (auto) / rear engine || ~ d'**aspiration** / aspirating engine || ~ **asynchrone** / asynchronous o. induction motor || ~ **asynchrone à bagues** / asynchronous slip-ring motor, slip-ring induction motor || ~ **asynchrone synchronisé** / synchronous induction motor || ~ **asynchrone triphasé** / three-phase asynchronous motor || ~ d'**auto[mobile]** / automobile engine || ~ **autoventilé** / self-ventilation motor, fan[type air] cooling motor || ~ **auxiliaire** / auxiliary motor o. engine || ~ **auxiliaire** (nav) / donkey engine || ~ **auxiliaire de bicyclette** / auxiliary motor for bicycles || ~ d'**avion** / airplane engine || ~ de **bâbord** / port engine || ~ à **bague de déphasage** (électr) / shade-pole o. split-pole motor || ~ à **bagues collectrices** / slipring [rotor] motor || ~ à **bagues collectrices à vitesse réglable** / variable speed induction motor || ~ à **bagues de démarrage** / slipring motor with brush-lifting and short-circuiting device || ~ à **balancier** (électr) / swivel bearing motor || ~ à ou de **balayage** (techn) / scavenging engine || ~ de **balayage rapide** (radar) / slewing motor || ~ à **barillet** / barrel engine || ~ pour **bateau** / boat motor o. engine || ~ **blindé** (électr) / enclosed motor || ~ **blindé ventilé** / enclosed ventilated motor, vent pipe motor || ~ à **bride** (m.à coudre) / flange motor || ~ à **bulbe chaud ou à boule chaude** / hot bulb engine, surface-ignition engine || ~ de **cabestan** (bande magn.) / capstan motor || ~ à **cage [d'écureuil]** / squirrel-cage [induction] motor || ~ de **canot** / boat motor o. engine || ~ à **carburants multiples** / multifuel engine || ~ à **carburateur**, moteur à carburation préalable et allumage commandé / carburetor o. Otto engine, carburettor type petrol (GB) o. gasoline (US) engine || ~ à **carcasse nervurée** / motor with cooling ribs o. fins || ~ **carré** / square motor || ~ à **chambre de précombustion** / pre-chamber o. antechamber engine || ~ à **champ d'ondes progressives** (électr) / travelling wave motor, linear motor || ~ de **changement de marche** / reversing motor o. engine || ~ au **charbon pulvérisé** / pulverized fuel engine || ~ à **charge stratifiée** (auto) / stratified charge engine, proco engine || ~ à **chemise tiroir** / sleeve valve engine || ~

clignotant / flasher motor || ~ à **collecteur** / commutator motor || ~ à **collecteur monophasé** / single-phase commutator motor || ~ à **combustion interne** / internal combustion engine, IC-engine || ~ de **commande** / driving o. propelling engine o. motor || ~ de **commande** (contr.aut) / motor operator (US), servomotor (GB) || ~ à **commande individuelle** (m.outils) / motor for independent drive || ~ de **commande Ward-Leonard** / driving shunt motor || ~-**commutateur** *m* en **série triphasé** / three-phase commutator motor || ~ **compact** / compact engine || ~ **compensé** / compensated motor || ~ **compound** (électr) / compound motor || ~ à **compression élevée** / high-compression engine || ~ à **condensateur** / capacitor motor || ~ à **condensateur de démarrage** / capacitor-start motor || ~ à **condensateur à deux capacités** / two-value capacitor motor || ~ à **connexions résistantes** (ch.de fer) / motor with armature resistance connections || ~ **couché ou horizontal** / horizontal engine || ~ **couché sous châssis** / underfloor engine || ~ **couple** (électr) / torque motor || ~ à **couple constant** / constant-torque motor || ~ à **couple élevé** / high-torque motor || ~ à **courant alternatif** (électr) / a.c. motor || ~ à **courant alternatif à collecteur** / a.c. commutator motor || ~ à **courant alternatif en dérivation** / a.c. shunt motor || ~ **[à courant alternatif] monophasé** / monophase o. single-phase motor || ~ **[à courant alternatif] triphasé** / three-phase motor, rotary current motor || ~ à **courant continu** / d.c. motor || ~ à **courant continu à vitesse réglable** / variable speed d.c. motor || ~ à **courant de Foucault** / eddy current motor || ~ à **courant monophasé à collecteur** / single-phase commutator motor || ~ à **courant ondulé** (ch.de fer) / pulsating current motor || ~ à **courant triphasé** / three-phase alternomotor, three-phase A.C. motor || ~ à **courant triphasé à collecteur** / three-phase commutator motor || ~ à **crosse** / crosshead engine || ~ **cuirassé** (électr) / enclosed motor || ~ à **culasse incandescente** / hot bulb engine, surface-ignition engine || ~ pour **cycles** / bicycle motor || ~ à **cylindres axiaux** / axial cylinder engine || ~ à **cylindrée constante** (hydr) / fixed displacement motor || ~ à **cylindres debouts** / vertical engine || ~ à **cylindres disposés en H** / H-engine || ~ à **cylindres horizontaux opposés** / opposed cylinder engine, horizontally opposed engine, flat engine || ~ aux **cylindres en ligne** / stationary engine with cylinders in line, straight-type o. in-line engine || ~ à **cylindres rotatifs** / revolving cylinder engine || ~ à **cylindres en V** / V-type engine || ~ de **démarrage** (électr) / starting motor || ~ à **démarrage par condensateur** / capacitor start motor || ~ à **démarreur incorporé** / brushless wound-rotor induction motor || ~ à **déplacement de courant** / eddy current motor || ~ **Déri** / single-phase repulsion motor, Déri-motor || ~ **déséquilibré** / unbalance motor || ~ à **deux combustibles** / dual fuel engine || ~ à **deux cylindres** (mot) / twin-cylinder engine || ~ à **deux cylindres opposés** / twin-[horizontal] opposed cylinder engine, two-cylinder flat type engine, flat twin || ~ à **deux étoiles** / two- o. double-bank o. -row (US) radial engine || ~ [à] **deux temps** / two [stroke] cycle engine, two stroke engine || ~ **Diesel** / diesel engine || ~ **Diesel «dual-fuel»** / dual fuel engine || ~ **Diesel à injection directe ou mécanique** / solid- o. direct-injection diesel engine, compressorless diesel engine || ~ **Diesel à injection pneumatique** / compressor type diesel engine || ~ **Diesel marin** / marine diesel engine || ~ de **dimensions normales** (électr) / standard dimensioned motor, standard motor || ~ **direct** (ch.de fer) / direct motor, drive motor || ~ en **disque** (électr) / disk motor || ~ à **double armature** (électr) / double armature motor || ~ à **double cage** / double [squirrel-]cage motor, Boucherot motor || ~ à **double collecteur** / double commutator motor || ~ à **double effet** / double-acting engine || ~ à **doubles encoches** / double [squirrel-] cage motor, Boucherot motor || ~ à **double enveloppe** (électr) / totally enclosed ventilated motor || ~ en **double étoile** / two- o. double-bank o. -row (US) radial engine || ~ à **double induit à court-circuit** / double cage short circuit motor || ~ en **double ligne** / twin bank engine || ~ à **double piston** / opposed- o. double-piston engine || ~ **droit** / upright engine || ~ à **droite** / right-handed engine (facing the driving side) || ~ de 40 % **durée de mise en circuit** / motor for 40% intermittent duty || ~ en **échange standard** / rebuilt engine || ~ à **écoulement inversé** (aéro) / contraflow turbine engine || ~ à **effet pelliculaire** / eddy current motor || ~ **électrique** / electromotor, electric motor || ~ **électrique de faible puissance** / small-size o. -power motor, fractional horsepower motor || ~ **électrique linéaire** / linear [induction] motor || ~ **électrique shunt**, moteur *m* électrique en dérivation / shunt motor || ~ **électronique** (électr) / electronic [d.c.] motor || ~ pour **engins de levage** / crane motor || ~ à **engrenage** (électr) / back-geared o. gear[ed] motor || ~ à **engrenages** (mines) / compressed air motor || ~ à **enroulement auxiliaire de démarrage** (électr) / split phase motor || ~ à **enroulement de démarrage par réactance, [résistance]** / reactor, [resistor] start split phase motor || ~ **enrouleur** (b.magnét) / [re]wind motor || ~ d'**entraînement** / driving o. propelling engine o. motor || ~ d'**entraînement d'un auxiliaire de pont** (nav) / prime mover of a deck machinery || ~ à **entraînement direct** (ch.de fer) / direct drive motor || ~ à **enveloppe de refroidissement** (électr) / cooling jacket motor || ~ **éolien** / windmill, wind wheel o. turbine || ~ **épitrochoïdal** / epitrochoidal engine || ~ à **équipression** / constant pressure combustion engine || ~ à **essence** / carburetor o. Otto engine, carburetor type petrol (GB) o. gasoline (US) engine || ~ à **essence à injection** / injection type gasoline (US) o. petrol (GB) motor || ~ d'**essuie-glace** (auto) / wiper motor || ~ **essuie-glace avec arbre oscillant** (auto) / pendulum type wiper [motor] || ~ d'**essuie-glace à position parking** / wiper motor with parking position || ~ **étanche à enveloppe réfrigérante ou à double carcasse** / frame cooled enclosed motor || ~ **étanche à l'immersion** / waterproof motor || ~ **étanche à la lance** / hose-proof motor || ~ en **étoile** / radial [type] engine || ~ en **étoile à deux couronnes de cylindres** / two- o. double-bank o. -row (US) radial engine || ~ en **étoile à une seule couronne de cylindres ou à une seule étoile** (aéro) / single-bank radial engine || ~ en **éventail ou en W** / broad arrow engine, W-engine || ~ à **excitation composée ou compound** / compound motor || ~ à **excitation shunt stabilisé** / stabilized shunt motor || ~ **[excité en] série** (électr) / series [wound] motor || ~ à **explosion** / internal combustion engine, IC-engine || ~ [de machine] **d'extraction** (mines) / drawing o. hoisting o. winding engine, hoist, winder || ~ de **faible puissance** (électr) / small size motor, small power motor, fractional horsepower motor || ~ à **faible vitesse** / low-speed o. slow speed motor

o. engine || ~ **fermé blindé** (électr) / enclosed motor || ~ **fermé à échangeur tubulaire incorporé** (électr) / pipe ventilated motor || ~ **fixe** / stationary o. static engine || ~ à **[flasque-]bride** (électr) / face type motor, flange motor || ~ **flat** / opposed cylinder engine, horizontally opposed engine, flat engine || ~ en **flèche** / arrow engine, W-type engine, broad arrow type engine (US) || ~ à **flux axial** (électr) / tubular motor || ~ **fractionnaire** (électr) / fractional horsepower motor, F.H.P. motor || ~ de **frein** (électr) / brake [lifting] motor, motor-driven brake operator || ~ **frein [à rotor conique coulissant]** / sliding rotor motor || ~ à **fuel-oil** / oil engine || ~ de **fusée** / rocket engine || **~-fusée** *m* voir ce mot || ~ à **gaine** (réacteur) / canned motor || ~ à **gaz** / gas engine || ~ à **gaz à allumage par étincelle** / spark ignition gas engine || ~ à **gaz de grande puissance** / large gas engine, high-power gas engine || ~ à **gaz de haut fourneau** / blast furnace gas engine || ~ à **gaz à injection pilote** / pilot injection gas engine || ~ à **gaz pauvre combiné avec gazogène** / generator gas o. power gas o. suction gas engine || **~-générateur** *m* (électr) / rotary converter, motor-generator, revolving commutator, (dc to dc:) rotary transformer || **~-générateur** *m* **tachymétrique** / motor-tachogenerator, tachometer generator || ~ à **glissement** (électr) / cumulatively compound motor || ~ de **grand rendement** / heavy-duty o. high-duty o. high-power motor o. engine || ~ à **grande réactance** / eddy current motor || ~ en **H** / H-engine || ~ de **haute capacité** voir moteur de grand rendement || ~ à **hélice propulsive** (aéro) / pusher engine || ~ à **hélice tractive** (aéro) / tractor engine || ~ **hétéropolaire** (électr) / heteropolar motor || ~ à **huile lourde** / heavy fuel engine || ~ à **huile lourde à allumage par compression** / heavy fuel diesel engine || ~ à **huile sous pression** / oil pressure motor || ~ à **huit cylindres** / eight cylinder engine || ~ à **huit cylindres en ligne** / eight cylinder in-line engine, straight eight || ~ à **huit cylindres à V ou en V** / V-eight [engine], eight cylinder V-engine || ~ **hydraulique** / hydraulic engine o. motor || ~ **hydraulique à pistons** / hydraulic piston motor || ~ à **hystérésis** (électr) / hysteresis motor || ~ **I.G.** (essais) / I.G.-engine || ~ **incorporé** (m.outils) / built-in motor || ~ à **induction** / induction motor || ~ à **induction à bagues** / slipring induction motor || ~ à **induction à démarrage par répulsion** / repulsion start induction motor || ~ à **induction et répulsion** / repulsion induction motor || ~ à **induction linéaire**, LIM / linear induction motor, LIM || ~ à **induction à rotor bobiné** / wound-rotor induction motor || ~ d'**induction synchronisé** / synchronized induction motor || ~ à **induit en cloche** (électr) / drag-cup motor || ~ à **induit coulissant** / sliding rotor motor || ~ à **induit extérieur** (électr) / external rotor motor, outside rotor motor || ~ à **injection** / injection engine || ~ **intégrateur** (contr.aut) / integrating motor || ~ **intérieur** / inboard engine, inboard || ~ **inversé** / inverted engine || ~ **ionique** / ion propulsion || **~-jouet** *m* / toy motor || ~ de **laminoir** / rolling mill motor || ~ de **laminoir réversible** / reversing mill motor || ~ de **lancement** (électr) / pony motor || ~ **Latour** (électr) / Latour motor || ~ de **levage** / hoisting o. lifting motor || ~ de **levage auxiliaire** (grue) / auxiliary hoist[ing] o. lift[ing] motor || ~ **librement suspendu** (ch.de fer) / free floating motor || ~ **linéaire** (électr) / travelling wave motor, linear motor || ~ **linéaire à flux longitudinal** (électr) / linear motor with longitudinal flux || ~ **linéaire à flux transversal** (électr) / linear motor with transverse flux || ~ **logé dans la roue** / motor in the wheelhub || ~ pour **machines à coudre** / sewing machine motor || ~ à **main** / hand-held motor || ~ de **mesure** (contr.aut) / integrating motor || ~ à **métier** / loom motor || ~ **microminiature** / subfractional horsepower motor || ~ de **mise en marche** (turbine à gaz) / starting motor || ~ à **modulation pôle-amplitude** (électr) / PAM-motor || ~ **monobloc** / block motor, engine with cylinders cast en bloc || ~ **monophasé à induction** / single-phase induction motor || ~ **monophasé à répulsion** / single-phase repulsion motor, Déri-motor || ~ pour **montage dans le bâti de machines** (m.outils) / built-in motor || ~ **[à mouvement] réversible** / reversing o. reversible motor || ~ au **moyeu de roue** / wheel hub motor || ~ **multicylindre en H** / H-type multicylinder engine || ~ à **nervures de refroidissement ou ventilées** / motor with cooling ribs o. fins || ~ à **nombre de poles variables** / pole changing motor || ~ **normal** (électr) / conventional motor (US) || ~ d'**orientation** / turntable drive unit || ~ **oscillant** (hydr, vide) / oscillating motor || ~ **Otto** voir moteur à essence || ~ **ouvert** / open [type] motor || ~ **pas à pas** / step[per] o. stepping motor, pulse motor || ~ au **pétrole carburant** / vaporizing engine || ~ à **phases compensées** / allwatt motor || ~ **pilote** / pilot motor || ~ à **piston** / piston engine || ~ à **piston fourreau** / trunk piston engine || ~ à **pistons jumelés** / twin piston engine || ~ à **pistons libres** / free-piston engine || ~ à **pistons opposés** / opposed- o. double-piston engine, J-engine || ~ à **piston rotatif** / RC engine, rotary compression o. rotary piston engine || ~ à **piston rotatif** (p.e. moteur Wankel) / planetary rotation RC engine, planetary piston engine || ~ à **piston rotatif à palettes** / rotating piston air engine || ~ à **piston rotatif simple** / single-rotation machine, SIM || ~ à **plat** voir moteur flat || ~ à **plat** (auto) / underfloor engine || ~ à **plusieurs lignes de cylindres** / multirow engine || ~ à **plusieurs pistons** / multipiston engine || ~ à **plusieurs vitesses constantes** (électr) / multi-constant speed motor || ~ **pneumatique** / compressed air motor || ~ à **polir** / polishing motor || ~ **polycarburants** / multifuel engine || ~ **polycylindrique** (auto) / multicylinder engine || ~ **polynoïdal** / polynoid motor || ~ **polyphasé série à collecteur** / polyphase series-connected motor || ~ de **positionnement** (contr.aut) / motor operator (US), servomotor (GB) || ~ **poussé** / supercharger engine, superacharged o. supercharging engine || ~ **principal d'hélicoptère** (aéro) / lift/propulsion engine || ~ **propulseur** (aéro) / pusher engine || ~ **prototype** (aéro) / prototype engine || ~ **[de puissance] fractionnaire** (électr) / fractional horsepower motor, F.H.P. motor || ~ à **pulsations** / Ferranti motor || ~ à **quatre cylindres** / four-cylinder engine || ~ **[à] quatre temps** / four-stroke [cycle] (GB) o. four-cycle (US) engine || ~ à **radiales de collecteur ventilées** / ventilated riser motor || ~ **rapide** / high-speed motor o. engine || ~ à **réaction** (aéro) / jet engine, thermojet || ~ à **réaction** (électr) / reaction motor || **~-réducteur** *m* / back-geared motor, gear[ed] motor || ~ **réglable à induit bobiné** / slip regulation induction motor || ~ à **réglage par démarreur** (m.à coudre) / sewing machine motor || ~ **releveur de frein** (grue) / motor-driven brake operator || ~ à **réluctance** (électr) / reluctance motor || ~ à **réluctance sous-synchrone ou subsynchrone** (électr) /

subsynchronous reluctance motor || ~ de **renversement de marche** / reversing motor || ~ à **répulsion** (électr) / repulsion motor, A.C. commutator motor with brush displacement || ~ à **répulsion compensé** (électr) / Latour motor || ~ à **ressort** / spring drive o. motor o. work || ~ **réversible** / reversible o. reversing motor || ~ **rotatif** / revolving cylinder engine || ~ à **rotor bobiné** / slipring [rotor] motor || ~ à **rotor à cage** / [squirrel] cage motor || ~ à **rotor coulissant** / sliding rotor motor || ~ à **rotor en court-circuit** / squirrel-cage [induction] motor, cage motor || ~ à **rotor à effet pelliculaire** / eddy current motor || ~ **rotorair** voir moteur turbinaire || ~ à **rouleaux** (lam) / roller table motor || ~ **sans balais** / brushless motor, BL-motor || ~ **Schrage** (électr) / Schrage motor || ~ **sectoriel** (électr) / sector motor || ~ **semi-Diesel** / hot bulb engine, surface-ignition engine || **~-série** *m* (électr) / series-characteristic o. inverse-speed motor || ~ de **série** / series production engine || ~ [en] **série à collecteur** / series wound commutator motor || ~ **série à collecteur à courant alternatif** / a.c. series commutator motor || ~ **série compensé à courant alternatif** / compensated series motor, neutralized series motor || ~ **série à courant alternatif** / a.c. series motor || ~ **série à courant continu** / d.c. series motor || ~ **série triphasé à collecteur** / three-phase commutator motor || ~ **shunt à collecteur** / shunt connected commutator motor || ~ **shunt à collecteur à courant alternatif** / a.c. shunt [connected] motor || ~ **shunt monophasé** / single-phase shunt [connected] motor || ~ **shunt triphasé à collecteur** / three-phase shunt [connected] motor || ~ de **signal** (ch.de fer) / signal machine, signal operating gear || ~ à **six cylindres** / six cylinder motor o. engine || ~ **solaire** / solar [powered] engine || ~ de la **soufflante** / fan motor || ~ à **soupapes superposées** (auto) / F-head engine || ~ à **soupapes en tête** / O.H.V.-engine, I-head engine, drop- o. caged- o. inverted-valve engine || ~ à **soupapes [à tiges] verticales** / T-head engine || ~ **standard** (électr) / standard dimensioned motor, standard motor || ~ **standard I.E.C.** (électr) / IEC standard motor || ~ **stationnaire** / stationary engine || ~ **Stirling** (mot) / Stirling [cycle] engine || ~ **submersible** / submersible motor || ~ **suralimenté ou à suralimentation** / supercharger engine, supercharged o. supercharging engine || ~ **surcomprimé** / supercharged compression engine || ~ **suspendu par le nez** (ch.de fer) / axle suspension o. nose suspension o. nose[-and-axle] suspended motor || ~ **synchrone** / synchronous motor || ~ **synchrone à fer tournant** (électr) / synchronous reaction motor || **~-tambour** *m* / axial cylinder engine || ~ des **têtes** (TV) / head wheel motor, drum motor || ~ **thermique** / thermal o. heat engine || ~ à **tiroir rotatif** / rotary valve engine || ~ à **tourner le volant** / barring motor || ~ **tracteur** (aéro) / traction type engine || ~ de **traction** (ch.de fer) / rail traction motor || ~ de **traction triphasé** / three-phase A.C. traction motor || ~ de **tramway** / tramway [traction] motor || ~ de **translation** (grue) / travel motor || ~ **transversal** / transverse engine || ~ **triphasé** / three-phase alternomotor, three-phase A.C. motor || ~ **triphasé à cage [d'écureil] ou à induit en court-circuit** / three-phase [squirrel] cage motor || ~ **triphasé à collecteur** / rotary current commutator motor || ~ **triphasé compensé** / compensated rotary current motor || ~ à **trois cylindres** / three-cylinder engine || ~ à **trois vitesses** (électr) / three-speed motor || ~ à **tubes soufflés** (électr) / pipe ventilated motor || ~ **tubulaire** (électr) / tubular motor || ~ **turbinaire** (mines) / [compressed-]air motor || ~ **turbinaire à denture droite ou à engrenages droits** (mines) / spur-wheel type air motor || ~ **turbinaire à engrenages à chevrons** / double helical wheel type air motor || ~ **turbinaire à engrenages hélicoïdaux** / helical wheel type air motor || ~ à **turbine** (aéro) / turbine aero engine || ~ en **U** / U-type engine || ~ à **une rangée de cylindres** / single-line engine || ~ **universel** (électr) / universal o. series motor || ~ à ou en **V** / V[-type] engine || ~ à **vapeur** / steam motor || ~ à **ventilateurs** / fan motor || ~ **ventilé** (électr) / ventilated motor || ~ **vernier** (ELF) (espace) / vernier rocket || ~ **[vertical] à cylindres en ligne** / stationary o. static engine with cylinders in line, straight[-type] engine, in-line engine || ~ **vireur** (électr) / torque motor || ~ à **vitesse constante** / constant-speed motor || ~ à **vitesses multiples** / change-speed motor || ~ à **vitesse réglable** (électr) / variable speed motor, adjustable speed motor || ~ à **vitesse variable** / varying speed motor || ~ en **W** / arrow engine, W-type engine, broad-arrow type engine (US) || ~ **Winter-Eichberg** (électr) / Latour motor || ~ en **X** (aéro) / X-engine

moteur-fusée *m* (ELF) / rocket engine, rocket drive o. propulsion [unit], thruster, thrustor || **à ~ nucléaire** / nuclear-powered || ~ **anti-tangage** / pitch jet || ~ à **bombardement électronique** / [electron] bombardment thruster || ~ à **colloïde** / colloid microthruster || ~ de **commande d'assiette** / reaction control rocket || ~ à **condensation colloïdale** / condensation colloid thrustor || ~ de **croisière** / sustainer [engine] || ~ à **cycle d'air liquide** / Lace, liquid air cycle engine || ~ **électrique** / electric thrustor || ~ **électromagnétique** / electromagnetic o. plasma thrustor || ~ **électronique** / [electron] bombardment thrustor || ~ **électrostatique** / electrostatic o. ion thrustor || ~ **électrostatique à particules ionisées** / colloid particle [electrostatic] thruster || ~ **électrothermique** / electrothermic thrustor, resisto-jet [thrustor] || ~ à **fluor et hydrogène** / fluorine-hydrogen thrustor || ~ à **gaz sous pression** / gas-type thrustor || ~ **hybride** / hybrid thruster o. propulsion || ~ **ionique** / ion engine o. motor o. thruster || ~ **ionique à effet Hall** / Hall-ion thrustor || ~ **ionique par choc électronique** / electron-impact ion engine, Kaufman engine || ~ **ionique-colloïdal** / colloidal ion thruster || ~ **I.R.R.** / integral rocket ramjet, IRR || ~ **magnétoplasmadynamique** / magnetoplasmadynamic o. MPD arc jet || ~ pour la **manœuvre de roulis** / roll jet || ~ **M.H.D. ou magnétohydrodynamique** / MHD drive, magnetohydrodynamic drive || ~ de **montée** / ascent engine || ~ **nucléaire** / nuclear space propulsion || ~ **nucléaire à ampoule incandescente** / nuclear light bulb engine || ~ **périgée** / perigee motor || ~ [de **pilotage]** / rocket thruster, secondary rocket, vernier engine || ~ à **plasma** / hydromagnetic propulsion || ~ à **plasma de téflon** / solid teflon [pulsed] plasma thruster || ~ à **poudre** (ELF) / solid-propellant rocket, powdered-fuel o. solid fuel rocket, dry-fuelled rocket || ~ de **poussée maximale** / main stage || ~ à **propergol liquide** / liquid-fuelled rocket, liquid-propellant rocket || ~ à **propergol solide** / solid-propellant rocket, powdered-fuel o. solid fuel rocket, dry-fuelled rocket || ~ à **propergols**

liquides alimenté sous pression / gas-type thrustor || ~ à **propergols solides et liquides** / solid-liquid rocket || ~ à **radio-isotopes** / radioisojet || ~ **stabilisateur** / stabilizing thruster || ~ **suspendu** / pod || ~ de **vol** / main stage
motif *m* (sérigraphie) / printing pattern || **à ~ direct** (tex) / directly designed || **à ~s** (tiss) / [fancy-]figured || ~ **structural** (plast) / structural unit || ~ **structural tri ou tetra fonctionnel** (plast) / tri- o. tetra-functional structural unit
motilité *f* / motility
motion *f* **basse** (m.à ecrire) / lower case || ~ **haute** (m.à ecrire) / upper case
motivation *f* / motivation
moto *f*, motocyclette *f* / motorcycle || ~ à **side-car**, sidecar *m* / motorcycle combination || ~ **solo** / solo || ~**bêche** *f* (agr) / rotary cultivator || ~**chenille** *f* / crawler-type motorcycle || ~**compresseur** *m* / motor-compressor set || ~**culteur** *m* (agr) / walking tractor, garden tractor || ~**culteur** *m*, fraiseuse *f* de labour / rotary hoe || ~**culture** *f* / mechanized farming || ~**cycle** *m* / motorcycle || ~**cyclette** *f* (cylindrée supérieure à 125 cm³) / motorcycle || ~**cyclette** *f* à **side-car** / motorcycle combination || ~**cycliste** *m* / motorcyclist || ~**faucheuse** *f* (agr) / motor-driven reaper (grain) o. mower (grass), power reaper o. mower || ~**faucheuse** *f* **aligneuse** / swath forming mower || ~**fraise** *f* (agr) / rotary hoe || ~**frein[eur]** *m* (grue) / brake [lifting] motor || ~**-générateur** *m* / rotary o. rotatory converter (GB), motor generator [set] || ~**godille** *f* / outboard [slung] motor || ~**houe** *f* (agr) / rotary hoe || ~**-interrupteur** *m* à **bascule** / motor driven rocker dolly switch || ~**nautisme** *m* / motorboating || ~**planeur** *m* (aéro) / power glider || ~**-pompe** *f* / motor-driven [tire] pump || ~**pompe** *f* à **air** / piston air pump || ~**pompe** *f* à **incendie** / motor-driven fire pump || ~**-pompe** *f* **portative** / portable fire engine o. motor engine || ~**propulseur** *m* (aéro) / motive power unit || ~**propulseur** *m* en **continu** (phys) / continuum thruster || ~**racleur** *m* / hand [actuated] scraper || ~**-réducteur** *m* (électr) / back-geared motor, gear[ed] motor || ~**-réducteur** de **faible puissance** / fractional horsepower geared unit
motor-grader *m* (déconseillé), niveleuse *f* (ELF) / motorgrader, road grader
motorisation *f* / motorization
motorisé / motorized, motoring
motoriser / motorize
motorscraper *m* / motor scraper || ~ **élévateur** / dozer train
moto-scooter *m* / scooter || ~**-tirefonneuse** *f* (ch.de fer) / motor-driven sleeper-screw driver || ~**tracteur** *m* / motor tractor || ~**treuil** *m* / motor-driven cable winch || ~**variateur** *m* / variable speed gear || ~**-ventilateur** *m* / motor fan o. ventilator
motrice *f* (ch. de fer) / motor [rail] coach o. [rail] car, rail coach o. car || ~ de **tramway** / tramcar (GB), streetcar (US), trolley car (US) || ~ à **un seul agent** (tram) / one-man car || ~ **unidirectionnelle** / one-direction tramcar
mottage *m* du **ciment** / lumpiness of cement
motte *f* (agr) / clod || ~ (sidér) / knot, lump, clod, nodule || ~ (moule) / snap flask mould, boxless mould || ~, pièce *f* battue (fonderie) / inset core || **en** ~ (fonderie) / boxless, flaskless || **en ~s** (filage) / motty || ~ **adhérente aux racines** (agr) / conglomerate of roots || ~ de **coton** / cotton lump || ~ de **sable** (fonderie) / lump || ~ de **terre** / clump
motteux / lumped, cloddish, cloddy, clodded
mottramite *f* (min) / mottramite, psittacinite, cuprovanadite
mou *adj* / loose, slack || ~ (gén, plast) / non-rigid || ~ (gén, matériau, rayons) / soft || ~ *m* (bande magn.) / slack || **donner du** ~ / ease away o. down o. off a rope || ~ de **câble** (télécom) / slack of a cable
mouchage *m* d'**aiguille** (ch.de fer) / joggle for straight-cut switches
mouchard *m* (coll), tachygraphe *m* / tachograph, speedograph, black box (coll)
mouche *f* / fly || ~ (remmoulage) / thickness piece || ~ de la **betterave** / mangold fly, beet leaf miner, Pegomyia betae || ~ de la **carotte** / carrot fly, rust fly (US) || ~ du **céleri** / celery fly, Philophylla heraclei || ~ des **cerises** / cherry fruit fly, cherry maggot, Rhagoletis cerasi || ~ du **chou** / cabbage maggot, Chortophila brassicae || ~ de **frit** / [European] frit fly || ~ des **fruits** / fruit fly || ~ **méditerranéenne** / Mediterranean fruit fly || ~ d'**oignon** / onion maggot || ~ d'**olive** / olive fruit fly || ~ **tsé-tsé** / tse-tse, Glossina || ~ du **vinaigre** / fruit fly, Drosophila melanogaster
moucher / trim *vt*, square up the end || ~, épointer / blunt [intentionally] *vt*
moucheté / spotted, dappled, flecked, speckled || ~ (bois) / speckled || ~ (pap) / mottled
moucheter / spot *vt*, dapple, fleck, speckle
mouchette *f* (men) / fillet plane || ~ (bâtim) / chin of a larmier || ~ [à **bec**] / beading plane, round o. spout plane
mouchetures *f pl* (teint) / skitterness
mouchoir *m* en **papier** / disposable handkerchief
moudre / grind, mill || ~ au **broyeur-mélangeur** / grind and mix || ~ **complètement** (moulin) / comminute || ~ à l'**excès** / overgrind || ~ **fin** / grind, triturate
mouflage *m* (nav) / block and tackle || ~ **demi-tour de revers** (bonnet) / first o. inner welt
moufle *m* (sidér) / muffle || ~ *f m* / mitten || ~ *f* / lifting o. pulley block, block and pulley o. tackle || ~ (nav) / tackle || ~ (bâtim) / anchor plate o. slab, tie plate, wall washer || ~ d'**apiquage** (nav) / topping lift || ~ à **câble** / cable hoist || ~ *m* **continu** (céram) / continuous muffle || ~ *f* à **crochet** (grue) / snatchblock || ~ **différentielle** / differential pulley-block o. chain-block o. tackle || ~ **électrique** / electric pulley block || ~ **fixe** (pétrole) / crown block || ~ *m* pour **four à recuire** / annealing muffle || ~ *f* à **glissière** (grue) / sliding take-up block || ~ **inférieure** / lower block || ~ **mobile** (pétrole) / travelling block || ~ à **poulie** / pulley block || ~ à **une seule poulie fixe** / pulley block with one fixed pulley only
mouillabilité *f* / wettability || ~ (tex) / wetting out property
mouillable / wettable
mouillage *m* / moistening, wetting || ~ (hydr) / usable depth || ~ (nav) / slip, berth, anchorage || ~ (bière) / mashing || ~ d'**ancre** / casting of anchor || ~ de **câble** / immersion of cables || ~ du **lait** / watering down of milk || ~ **naturel** (hydr) / natural roadstead
mouillance *f* (chimie) / wetting tendency
mouillant / wetting
mouille *f* (hydr) / length of waterway
mouillé / moistened, wetted || ~ d'**huile** / oil moistened
mouille-grain *m* / grain wetting machine
mouiller / wet *vt*, moisten || ~, tremper / dampen || ~ (bière) / mash *vt* || ~ (tiss) / wet *vt*, moisten, steam, sponge || ~ **[l'ancre]** (nav) / cast o. drop the anchor || ~ **préalablement** (tex) / wet out || ~ le **tabac** / sauce

tobacco
mouilleur *m* / moistener, dampener || ~ de **bouées** (nav) / buoy laying vessel || ~ de **câbles** / cable [laying] ship o. vessel || ~ d'**époules** (tiss) / thread moistener || ~ **mélangeur** (céram) / shaft mixer
mouilleuse *f* à **pulvérisation** (pap) / spray damper
mouilloir *m* (filage) / water can || ~ (pap) / fermenting trough, rotting vat
moulage *m*, empreinte *f* / mould, shape || ~ (fonderie) / moulding || ~, coulée *f* / casting, founding [of iron] || **faire le** ~ (fonderie) / mould *vt vi* || ~ d'**acier** / cast steel || ~ en **acier** / steel casting || ~ en **acier allié** / special steel casting || **~s** *m pl* en **acier au chrome** / chromium steel casting || ~ *m* en **acier dur** / high-carbon steel casting || ~ en **acier pour dynamos** / dynamosteel castings *pl* || ~ d'**acier [élaboré au four] électrique** / electrical steel casting || ~ d'**aluminium en coquille** / shell cast aluminum || ~ à l'**argile** / loam moulding || ~ sous **basse pression** (plast) / low-pressure o. contact pressure mo[u]lding || ~ à **basse pression de mats de fibres de verre imprégnées** (plast) / mat moulding || ~ **bimatière** (plast) / sandwich moulding || ~ avec **boîte à noyau chauffé** (fonderie) / hot box moulding method || ~ de **briques** / moulding of tiles o. bricks || ~ en **carapace** (fonderie) / shell mo[u]ld casting || ~ par **carrousel** / rotary moulding || ~ par **centrifugation** (plast) / centrifugal moulding || ~ en **châssis** (activité) / flask moulding || ~ en **châssis** (fonderie) / dead-mould casting || ~ à la **cire perdue** / precision investment casting, lost-wax casting, cire-perdue process || ~ [par **compression]** (plast, produit) / moulding || ~ par **compression** (plast, action) / compression mo[u]lding || ~ par **compression avec poinçon inférieur** (plast) / reverse moulding, inverted mould moulding || ~ par **compression-gonflage** (plast) / compression blow moulding || ~ par **contact** (plast) / contact moulding || ~ en **coquille** / chilled cast iron || ~ par **coulée en moule fermé sous pression** (plast) / flow moulding, intrusion method || ~ **court** (plast) / short moulding || ~ **creux** / hollow casting || ~ à **découvert** (fonderie) / hearth moulding, open sand moulding || ~ d'**éprouvettes venues de fonderie avec la pièce** / integral casting of test specimens || ~ de **filets** / thread moulding || ~ en **fonte** / moulded casting || **~s** *m pl* en **fonte pour canalisation** / sewer castings *pl* || ~ *m* en **fonte grise** / gray cast iron casting || ~ dans la **fosse** (fonderie) / pit moulding || ~ **froid** (fonderie) / spoiled casting || ~ à **froid** (plast) / cold moulding || ~ par **fusion** (réfractaire) / fusion casting || ~ par **gonflage à mandrin plongeant** (plast) / dip[ping mandrel] blow moulding process || ~ en **grappes** / batch o. stack moulding || ~ par **injection** (plast) / injection moulding || ~ par **injection-gonflage ou -soufflage** (plast) / injection-blow moulding || ~ par **intrusion** (plast) / flow moulding, intrusion method || ~ **inverse** (plast) / reverse moulding, inverted mould moulding || ~ de **laiton sous pression** / brass diecasting || ~ à la **machine** (fonderie) / mechanical o. machine moulding || ~ **magnétique** (fonderie) / magnetic moulding || ~ à **main** / hand moulding || ~ du **matelas** (pann.part.) / mat forming || ~ de **matière à charge textile** (plast) / macerate mo[u]lding || ~ **mécanique** (fonderie) / machine o. mechanical mo[u]lding || ~ à **modèle perdu** / waste-wax o. lost-wax casting, cire-perdue process || ~ en **motte** / boxless moulding, snap flask moulding || ~ en **moule mince** (fonderie) / shell mo[u]ld casting || ~ en **pâte plastique** (céram) / plastic making || ~ sur **plaque-modèle** (fonderie) / pattern-plate moulding || ~ de **plâtre** / gypsum o. plaster cast || ~ de **précision** / investment process || ~ en **préforme** (plast) / slurry preforming || ~ de **préimprégné** / prepreg moulding || ~ [par **pression]** (plast) / compression moulding || ~ sous **pression** / diecasting || ~ à **pression** (fonderie) / pressworking || ~ sous **pression de magnésium** / magnesium diecasting || ~ par le **procédé Croning** voir moulage à modèle perdu || ~ au **renversé** (fonderie) / slush casting [process] || ~ par **renversement** / turn-over moulding || ~ par **rotation** (plast) / rotational mo[u]lding of plastics || ~ en **sable** / sand moulding || ~ en **sable étuvé** / dry sand moulding || ~ au **sable vert** / green sand moulding || ~ au **sac** / bag moulding || ~ **sandwich** (plast) / sandwich moulding || ~ par **secousses** / jolt moulding || ~ par **serrage à pression sous vide** (fonderie) / vacuum squeeze moulding || ~ au **sol** / floor moulding || ~ **stratifié** / laminated plastic article || ~ en **terre** / loam moulding || ~ par **transfert** (plast) / injection moulding of duroplastic material, transfer moulding || ~ par **transfert de poudres métalliques** / powder metal injection moulding, PM-IM || ~ au **trousseau** / strickle o. sweep moulding || ~ de **tuyaux** / pipe moulding || ~ à la **vapeur de perles pré-expansées** (plast) / expanded bead moulding || ~ sous **vide** (plast, fonderie) / vacuum moulding || ~ **vulcanisé à chaud** / moulded hot-cure foam
moule *m* (plast, thermodurcissable) / compression mo[u]ld || ~ (thermoplastique) / injection mould || ~ (verre) / cylinder, muff || ~ (bâtim) / form, mould, concrete boarding || ~ (sidér) / hollow shape || ~, poinçon *m* (typo) / type mo[u]ld || ~, modèle *m* (bois) / block produced by parallel sawing cuts, module, pattern || ~ d'**acier** (fonderie) / metallic mould || ~ en **argile** (fonderie) / loam mould || ~ à **bascule** (fonderie) / book mould || ~ **bon conducteur à la chaleur** / thermoconducting mould || ~ à **canaux** (plast) / cored mould for fluid circulation || ~ à **canaux chauffés** (plast) / hot runner mould || ~ en **caoutchouc pour coulée d'étain** / rubber mould for pewter || ~ **carapace** / shell mould || ~ à **chambre séparée** / separate pot mould || **~-chape** *m* / shell || ~ à **charnière latérale** / book mould || ~ en **châssis** (fonderie) / flask mould || ~ de **chauffe** (céram) / firing mould || ~ **circulaire entier** (pneu) / full circle mould || ~ à **coins** (typo) / mould for quoins || ~ à **coins** (plast) / split mould || ~ **composé** (plast) / composite mould, built-up construction || ~ à **coquilles** (plast) / slide mould || ~ pour **[coulage par] injection** / injection mould || ~ de **coulée sous pression** / diecasting mo[u]ld o. die || ~ à **couteau** / flash mould || ~ de **creuset** / crucible mo[u]ld || ~ à **deux empreintes** / two-cavity die || ~ en **deux parties** / single split mould || ~ à **double poinçon** (plast) / double force mould || ~ à **échappement** (plast) / flash mould || ~ à **éléments rapportés** (plast) / built-up mould || ~ a **empreintes différentes** (plast) / composite o. multiple mould, composition die || ~ à **empreintes mobiles ou interchangeables** / unit die, combination die, bar mould || ~ à **empreinte unique** (plast) / single-cavity o. single-impression mould || ~ **enduit** (Belgique) (verre) / paste mould || ~ d'**essai cubique** (bâtim) / concrete test cube mould || ~ **étuvé** / dry sand mould || ~ pour **extrusion de feuilles** (plast) / slot die || ~ à **fondre ou de fonte** / casting mould || ~ en **fonte** (fonderie) / permanent mo[u]ld, casting die || ~ en **fonte pour plaques** / plate mould || ~ à **glace** / ice can || ~ sur **glissière** (plast) / slide mould || ~ de **goulot** (verre) / bottleneck

mould || ~ à **gueuses** (sidér) / bed pig || ~ pour **injection** / injection mo[u]ld o. die, injection moulding die || ~ à **injection de thermodurcissables** (plast) / jet mo[u]ld || ~ **mâle** (plast) / male mo[u]ld || ~ **métallique ou en métal** (fonderie) / permanent mo[u]ld, casting die || ~ **mince** (fonderie) / shell || ~ **monobloc** / block mould || ~ à **moulé-tourné** (verre) / paste mould || ~ **multiple pour béton** (bâtim) / gang mould || ~ **non rempli** (fonderie) / short poured mould || ~ **[pour papier]** / mould || ~ **perdu** (fonderie) / break-mould, broken mould, dead mould || ~ **permanent** (fonderie) / casting die, lasting o. permanent mould || ~ à **plaque de dévêtissement** (plast) / stripper plate mould || ~ en **plâtre** (fonderie) / plaster mould || ~ **plein** / full mould || ~ à **plusieurs empreintes** (plast) / multi[ple]-cavity o. -impression mould o. die || ~ **positif** / fully o. truly positive mould || ~ **positif à coupe à plat** (plast) / landed positive mould || ~ **pot de fleur** (fonderie) / flat-back || ~ pour **presse descendante** (plast) / top force mould || ~ **refroidi à l'eau** / water mould || ~ de ou en **sable** / sand mould || ~ **semi-positif** / semi-positive form || ~ de **soufflage** (plast) / blowing mould || ~ à **surface d'appui** / landed mould || ~ à **table** / mould frame || ~ en **terre [glaise]** (fonderie) / loam mould || ~ en **toile** / wire form o. mould || ~ de **transfert** / transfer mould || ~ **vergé** (pap) / laid mould || ~ à **voies calorifères** (plast) / cored mould for fluid circulation

moulé *adj* / moulded (GB), molded (US) || ~ *m* (objet) / casting || ~ *adj* par **compression** (plast) / compression moulded || ~ par **expansion ou en situ** / foamed in the mould o. in situ || ~ en **grappes** / batch moulded || ~ à la **main** / hand-formed || ~ au **trousseau** (fonderie) / struck

mouler / cast *vt*, found iron || ~ (fonderie) / shape *vt*, mould || ~ l'**argile** / mould clay || ~ des **briques** / mould bricks || ~ par **chocs** / impact-mo[u]ld || ~ à la **cire perdue** / precision-cast, cast by the lost-wax process || ~ à **froid** (plast) / cold-mould || ~ par **injection** (plast) / injection-mo[u]ld || ~ à **pression** (fonderie) / press-form, squeeze-mould || ~ sous **pression** / diecast || ~ à la **table** / mould on the bench || ~ par **transfert** (plast) / transfer-mould *vt*

mouleur *m* / moulder (GB), molder (US) || ~ sur **établi** (fonderie) / bench moulder || ~ à **façon** / custom molder (US) || ~ en **fosse** / floor moulder

moulin *m* / mill || ~ (filage) / uptwister, multiple twisting machine || ~ (géol) / glacer mill o. pothole o. well, moulin || ~ (coll) (auto) / engine || ~ à **argile** (céram) / loam-mill, clay preparing mill || ~ à **battoir à chenilles** / pin disintegrator, pin beater mill || ~ à **blé** / corn (GB) o. flour mill || ~ à **bocards** / pounding o. crushing o. stamp[ing] mill || ~ à **boules vibrantes** / vibrating ball mill || ~ à **boulets pour séparation à l'air** (mines) / air separation ball mill || ~ à **boulets par voie humide** / wet ball mill || ~ à **café** / coffee mill o. grinder || ~ des **colloïdes** / colloid mill || ~ de **concassage** (blé) / bruising mill || ~ **concasseur de fourrage** (agr) / feed grinder || ~ **concasseur de grains** / corn-bruiser (GB) || ~ **concasseur à plateaux d'acier** (agr) / plate mill || ~ à **cône** / cone mill || ~ à **croisillons** / hammer bar mill, hammer pulverizer, fixed hammer mill, cross beater o. cross hammer mill, blade disintegrator || ~ à **croisillons à chambres multiples** / aeropulverizer || ~ à **cylindres** / cylinder mill || ~ à **cylindres annulaires** (mines) / Kent mill, ring [roller] crusher o. mill || ~ à **cylindres pour le broyage de cannes** / sugar cane mill || ~ à **cylindres lisses** / smooth cylinder mill || ~ **désintégrateur** / disintegrating mill, disintegrator, centrifugal flour mill || ~ à **dessécher** (hydr) / drain mill || ~ à **deux cylindres** (farine) / two-roller mill || ~ à l'**eau** / wet grinding mill || ~ à **écacher le fil** / flatter for hair springs || ~ à **écosser** / husking mill || ~ **écraseur** / crushing mill for corn || ~ à **égruger ou à concasser** (farine) / bruising mill || ~ à **épices** / spice mill || ~ à **flocons de maïs** / corn flaking mill (US) || ~ à **granuler** / granulating crusher || ~ à **guindres** (tex) / machine for twisting silk, silk throwing o. twining mill || ~ à **huile** / oil mill || ~ à **laminer le fil** / flatter for hairsprings || ~ de **Lampén** (pap) / Lampén mill || ~ à **litharge** / glaze crusher o. mill || **~-mélangeur** *m* (céram) / grinding and mixing mill || ~ à **meules verticales par voie humide** / wet grinding edge runner, edge runner wet mill || ~ à **mil[let]** / millet flour mill || ~ à **monder et à perler l'orge** (farine) / hulling mill || ~ pour **mouture basse** (farine) / reducing rollers *pl* || ~ à **os** / bone mill o. crusher || ~ à **papier** (Canada) / paper-mill || ~ à **papier journal** (Canada) / newsprint mill || ~ à **pilons** (tiss) / beating mill || ~ à **pulvériser le charbon** / coal pulverizing mill || ~ pour **pulvériser les os** / bone mill o. crusher || ~ à **scories** / pulverized-slag mill, slag grinding plant || ~ à **seigle** / rye mill || ~ à **semoule** / semolina mill || ~ **Steckel** (sidér) / Steckel mill || ~ à **sucre** / sugar [crushing] mill, cylinder press || ~ de **sucrerie à trois cylindres** (sucre) / three-roller cane mill || ~ **tubulaire travaillant à voie humide** / wet tube mill || ~ à **vent** / windmill || ~ par **voie humide** / wet grinding mill

moulinage *m* (mines) / way board, pit mouth || ~ (soie) / throwing

mouliné (bois) / worm eaten

mouliner (soie) / throw *vt* || ~ un **câble** / ease away o. down o. off a rope

moulinet *m* / turnstile || ~ (tan) / paddle [vat o. wheel] || ~, frein *m* à vent / windbrake || ~, manivelle *f* / crank || **tournant** ~ (hélice) / windmilling || ~ à **compteur** / self-registering turnstile || ~ pour **entraînement d'auxiliaires** (aéro) / windmill || ~ à **hélice** / propeller-type current meter || ~ de **Woltmann** / Woltmann's sail wheel

moulineur *m* (mines) / hitcher

moulineuse *f* (tex) / doubledeck twisting machine || ~ de **fausse torsion** (tex) / false twisting machine

mouliste *m* (plast, forg) / die man o. maker, mould maker

moulu / ground

moulure *f* (guide d'ondes) / ridge || ~ (men) / moulding, ledge, tringle || ~ (bâtim) / moulding || ~ (découp) / bead || ~ (auto) / trim [strip] || ~ d'**allège** (auto) / apron, cowl || ~ de la **base** (bâtim) / string cornice o. course || ~ en **bois** / wood moulding || ~ en **bois pour canalisations électriques** / wood casing for wiring || ~ **concave ou creuse** (bâtim) / concave o. hollow moulding || ~ **couronnante** (bâtim) / top moulding || ~ **dorée** / gilt mo[u]lding || ~ d'**embasement ou de socle** / base moulding || ~ de **fenêtre** / window moulding || ~ à **rejéteau** (bâtim) / weather moulding o. table, corona, dripstone || ~ de la **semelle** (bâtim) / string cornice o. course || ~ de **socle** / base moulding || ~ **supérieure** (bâtim) / principal cornice o. moulding || ~ de **tête** (auto) / headliner

moulurer (découp) / bead *vt*, crimp *vt*

moulurière *f* / moulding machine, moulder

mourir (mot) / die *vi* || **faire** ~ (cocons) / kill, stifle

mousqueton *m* / car[a]bine swivel, clipper, spring

hook o. snap, trigger snap || ~ à **pince** / scissors snap || ~ à **ressort plat** / spring snap || ~ **simple** / simplex hook
moussage *m* (laitier) / foaming of slag || ~ **in situ** (plast) / foam-in-place, foam in situ process || ~ avec **prépolymérisation** (polyuréthane) / prepolymer process || ~ **thermoplastique** / thermoplastic injection foam moulding
mousse *f* (fonderie) / scum defect || ~ (bière, extincteur) / foam, froth || ~**s** *f pl* / cellular materials o. plastics, foamy o. foamed o. expanded plastics *pl* || ~ *f*, effet *m* de frisure / crimp effect || ~ (verre) / heavy seed || ~ (bot) / moss || ~ **ABS** / ABS-foam || ~ d'**air** / air foam o. froth || ~ **anodique** (plomb) / anode sponge || ~ **carbonique** / fire foam || ~ **[carbonique ou chimique]** (pomp) / foam compound || ~ **cathodique** (galv) / cathode sponge || ~ **conventionnelle en feuilles** / conventional slab foam || ~ **durcissante** / cured foam || ~ **dure** / rigid foam || ~ à **haute résistance** / high-resistance foam, HR-foam || ~ à **haute résistance vulcanisée à froid** / high-resistance cold-cure foam || ~ d'**Irlande perlée** (tiss) / carragheen size || ~ d'**Islande** / Iceland moss || ~ de **latex** / latex foam [rubber] || ~ de **latex par soufflage** / blown latex foam || ~ **légère** (pomp) / high expansion foam || ~ en **liquide à pulvériser** / spray-foam || ~ **lourde** (pomp) / low expansion foam || ~ à **peau intégrée** (plast) / structural foam || ~ **perlée** / Carragheen size || ~ **phénolique** / phenolic foam || ~ en **plaque** / slab foam || ~ **plastique** / cellular plastic, plastic foam || ~ **plastique moulée sur place** (plast) / in-situ cellular plastic, in-situ PUR foam || ~ de **platine** / platinum sponge, spongy platinum || ~ de **polystyrène** / polystyrene foam || ~ de **polyuréthane**, mousse *f* PUR / polyurethane foam || ~ **rigide** (plast) / rigid foam || ~ **rigide de polyuréthane** / polyurethane rigid foam || ~ de **savon** / lather, suds *pl* || ~ **souple** / flexible foam || ~ **souple de polyéther/uréthane** / flexible polyether urethane foam || ~ **syntactique** / syntactic foam || ~ **toxique** / toxic foam
moussé / foamed || ~ **in situ** (plast) / pour-in-place foam, foamed in place o. in situ
mousseline *f* (typo) / mull, scrim || ~ (tex) / mousseline, muslin || ~ (verre) / muslin glass, mousseline [glass] || ~ pour **argenterie** (pap) / tissue paper for silverware || ~ de **coton** / leno muslin || ~ **[fine]** / cheesecloth, fine muslin, mull, serim, tiffany || ~-**laine** *f* (tex) / mousseline-de-laine, muslin de laine, delaine || ~ de **soie** / silk muslin
mousser / froth, foam || ~ (fermentation) / effervesce || **faire** ~ (plast) / foam, expand || ~ **fortement** (bière) / fret
mousseux *adj* (boisson) / brisk, sparkling || ~ (bière) / foamy, frothy || ~ *m* (bière) / head retention
moussoir *m* / egg-beater (GB), whip (US)
moussonné (café) / monsooned
moustache *f*, nœud *m* double (bois) / branched knot
moût *m* (bière) / wort, gyle || ~ (boisson) / must || ~ **houblonné** / hopped wort || ~ **original** (bière) / original wort || ~ **second** (bière) / second wort, aftermash, sparge arms liquor || ~ **trouble** (brass) / first wort
mouton *m* / pile-driver o. -engine, pile driver ram || ~ (forge) / drop o. swage hammer || ~ (sidér) / pig breaker, stamp, drop work || ~ (peau tannée) / sheep leather || ~**s** *m pl* (vagues) / white caps *pl* || ~ *m* à **bille** / [Shore] scleroscope, hardness drop tester || ~ à **bras** / hand pile driver || ~ de **casse-gueuses** / drop weight, tup || ~ à **courroie** / friction lifted strap type drop stamp, belt-lift o. strap-lift drop hammer || ~ **Diesel** / detonating rammer || ~ **[électrique] rapide** (forge) / quick-blow drop forging hammer || ~ à **large queue ou à grasse queue** (agric) / broad tailed sheep || ~ pour **palplanches** / sheet-pile driver || ~-**pendule** *m* / pendulum ram impact testing machine || ~-**pendule** *m* pour **démolitions** (bâtim) / skullcracker || ~ à **planche** / board [drop] hammer, gravity drop hammer || ~ **sphérique** / ball type junking hammer, drop ball || ~ **tannage végétal** (tan) / basil || ~ à **vapeur** / steam piledriving engine o. pile driver
moutonnement *m* / frothing
moutonner (tex) / render fleecy
mouture *f* / comminution || ~ (farine) / grist, grain, ground corn || ~ (agr) / meslin
mouvant / in motion
mouvement *m* / motion, move, movement || ~ (ch.de fer) / traffic || ~ (horloge) / wheel work, movement, works *pl* || ~ (techn) / actuation || **à** ~ **libre** / freely movable, floating (e.g. bearing) || **en** ~ / in motion || **être en** ~ / be at work, be in motion || **faire un** ~ **circulaire** / circle *vi* || **faire un** ~ **de rotation** / rotate, revolve, wheel [about] || ~ **accéléré** / quick motion || ~ **accouplé** (NC) / coupled motion || ~ **acquis** / full motion || ~ en **alignement** (bande transp.) / tracking [ability] || ~**s** *m pl* **alternés** (soud) / weaving || ~ *m* en **altitude** (aéro) / height motion || ~ **ancre** / pallet lever escapement || ~ **angulaire** (méc) / angular movement || ~ d'**appareil horizontal** (phot) / panning, pan || ~ d'**appareil vertical** / tilt of the camera, tilting || ~ **apparent** (radar) / apparent motion || ~ d'**arrêt** / stop motion || ~ **arrière ou vers l'arrière** / back[ward] o. return o. reverse motion o. movement o. travel || ~ **ascendant** / up[ward] movement || ~ **ascensionnel** (piston) / upstroke || ~ d'**avance** (m.outils) / feed motion, depth setting || ~ en **avant du chariot** (m.à ecrire) / carriage forward travel || ~ en **avant ou vers l'avant** / progressive movement o. motion, progression || ~ **axial des essieux** (ch.de fer) / transverse movement of axles || ~ de **balancement** / seesaw motion || ~ **basculant** / rocking motion || ~ **brownien** / Brownian movement o. motion || ~ **centripète** / centripetal motion || ~ **chercheur** (contr.aut) / hunting oscillation || ~ **circulaire** / circuit, circular movement o. motion || ~ **commandé des bascules** (pont) / forced movement of the flaps || ~ à **contact** (horloge) / contacting wheel work || ~ **continu du film** (TV) / rolling [up o. down] of the picture || ~ à **courroies de chasse** / strap o. string gear || ~ **croisé** / cross motion || ~ **déplaçant** / displacing o. shifting [motion] || ~ de **déplacement** (m.outils) / feed motion, (esp:) indexing || ~ **descendant** (piston) / down-stroke, descending o. return stroke || ~ de **descente** / lowering movement || ~ **dévissé** / counterclockwise movement || ~ **différentiel** (techn) / differential motion || ~ **différentiel** (engrenage) / differential gear || ~ **double** / double motion || ~ à **droite** / righthand motion || ~ d'**enlèvement des copeaux** (m.outils) / cutting movement || ~**s** *mpl* **ép[e]irogénétiques** / epeirogenic earth movements *pl* || ~ *m* dans l'**espace** / three-dimensional mouvement || ~**s** *m pl* **eustatiques** (géol) / eustatic movements *pl* || ~ *m* en **fer doux** (instr) / electromagnetic movement || ~ **forcé** / controlled o. positive movement, constrained motion || ~ de **galop** (ch.de fer) / galoping || ~ à **gauche** / lefthand travel o. movement o. motion || ~ de **gaz** (mot) / gas exchange || ~ à **genouillère** (broyeur) / toggle lever motion || ~ **giratoire** / motion of rotation, gyratory

movement || ~ de **gros volume** / clockwork || ~ **gyroscopique** / gyroscope movement || ~ **gyroscopique** (balistique) / yawing motion || ~ **harmonique** / harmonic motion || ~ en **hélice** / screw motion || ~ **hélicoïdal instantané** (méc) / instantaneous helical motion || ~ d'**horlogerie** (horloge) / train of a clockwork, wheel work, motion, movement, going parts *pl*, works *pl* || ~ d'**horlogerie** (gén) / wheel work, [spring driven] movement, works *pl* || ~ **hypocycloïdal** / hypocycloidal motion || ~ d'**instrument de mesure** / [meter] movement, works *pl* || ~ **intermittant du film** / pulldown o. intermittent movement || ~ de **lacet** (ch.de fer) / hunting, side motion || ~ **lent** (m.outils) / fine feed, sensitive adjustment || ~ **lent horizontal** (m.outils) / horizontal slow motion || ~ **lent sans fin** (arp) / antagonistic spring control || ~ **lent vertical** (m.outils) / altitude slow motion, slow-motion in altitude || ~ à **levier articulé** (concasseur) / toggle lever motion || ~ **longitudinal** (m.outils) / longitudinal feed o. travel o. traverse || ~ de **manœuvre** (m.outils) / indexing || ~ des **marchandises** (ch. de fer) / volume of goods traffic || ~ à **marches extérieur** (tiss) / outside treading mechanism || ~ de la **marée** / tidal impulses *pl* || ~ **mécanique** / power drive || ~ **moléculaire** / Brownian movement o. motion || ~ **montant** / up[ward] movement || ~ de **montre** / watch movement || ~ [en] **navette** / shuttle type movement || ~ d'un **navire** / movement of a ship || ~ **ondulatoire** / undulation, wave motion, waving || ~ **opposé** / double motion || ~ **oscillant** / swinging o. swivelling movement, swivel, swing || ~ **oscillant ou basculant** / rocking motion || ~ **oscillant ou pendulaire** / oscillating o. pendulum o. reciprocating motion o. movement, reciprocation || ~ **oscillatoire** / oscillation || ~ à **palettes** (montre) / pallet lever escapement || ~ **parallèle** / parallel motion || ~ **particulier** (astr) / peculiar motion, motus peculiaris || ~ **pendulaire** voir mouvement oscillant || ~ **perdu** (techn) / idle movement || ~ **perdu** (m.outils) / idle travel || ~ **perdu** (filet) / end play || ~ **permanent** (écoulement) / steady flow || ~ **perpendiculaire à l'axe de la voie** (ch.de fer) / movement perpendicular to the center of the track || ~ **perpétuel [de première ou seconde espèce]** / perpetuum mobile, perpetual motion engine [of the first o. second kind] || ~ à **pile** (horloge) / battery driven works *pl* || ~ **pivotant** / slewing motion o. movement || ~ **pivotant** (grue) / rotating o. revolving motion, sluing (US) o. slewing (GB) motion o. movement || ~ **planétaire** (techn) / planet wheel motion, planetary motion || ~ à **platine entière** (horloge) / full plate work || ~ à **poids moteur** / weight-driven clockwork || ~ **polaire de Chandler** / Chandler wobble || ~ **positif pour dérouler la chaîne** (tiss) / winding off the warp || ~ **précis** / fine feed o. motion || ~ **progressif** / progressive movement o. motion, progression || ~ de **projecteur** (arp) / projector motion || ~ **projectile** (techn) / projectile motion, motion of projection || ~ **propre** / proper motion, self-movement, movement of its own || ~ **propre** (radar) / proper motion || ~ **radial des essieux** (ch.de fer) / radial movement of axles || ~ **rapide** (techn) / coarse motion o. feed, rapid motion || ~ **rapide** (m.outils) / fast o. quick o. rapid motion o. movement o. traverse || ~ **réciproquant** / reciprocating movement, reciprocation || ~ **rectiligne** (bande transport.) / tracking [ability] || ~ **rectiligne** / direction of arrow || ~ **rectilique** (méc) / rectilinear movement, rectilineal motion || ~ de **recul** / backing-off o. back motion o. movement || ~ de **recul du chariot** (tex) / carriage receding motion || ~ **relatif** / relative motion || ~ à **ressort** / spring-driven movement o. works || ~ en **retour** / backing-off o. back motion o. movement || ~ en **retour** (m.outils) / return movement o. motion o. travel || ~ de **retour** (techn) / return stroke || ~ **rétrograde** / retrograde motion || ~ **rétrograde ou de retour** / back[ward] o. return o. reverse motion o. movement o. travel || ~ de **réveil-matin** / alarm mechanism || ~ **rotatoire ou rotatif ou de rotation ou de révolution** / motion of revolution o. rotation, rotation, revolution || ~ de **roulis** / rolling motion || ~ de **roulis** (nav) / roll, rolling [motion] || ~ de **roulis** (auto) / rolling motion || ~ de **roulis** (ch.de fer) / rocking o. tail motion || ~ **sautillant** / skipping motion, jumping motion || ~**s** *m pl* par **seconde** / advances o. steps per second || ~ *m* de **secousses** / shaking [motion] || ~ de **secousse à trois cames** (moulin) / shaking motion with three cams || ~ en **sens opposé** / countermovement || ~ **sinusoïdal** / harmonic motion || ~ du **sol** / earth work o. shifting, soil shifting || ~ **soubresautant** / skipping motion, jumping motion || ~ de **tamis** (ch.de fer) / shaking || ~ de **tangage** (ch.de fer) / nosing motion, pitching || ~ des **terrains** (géol) / movement of strata || ~ des **terres** / moving of earth o. soil, earth work o. movement || ~ de **terres total** (bâtim) / haul || ~ **tourbillonnaire** / vortex o. whirling motion || ~ **tournant** (grue) / rotating o. revolving motion, sluing (US) o. slewing (GB) motion o. movement || ~ de **translation** (méc) / [parallel] translation, movement of translation, translational motion || ~ de **translation** (grue) / travelling motion || ~ de **translation** (cinématique) / translational motion || ~ **transversal** / transverse o. sidewise o. crosswise movement o. motion o. travel, transversal motion, cross motion || ~ **transversal** (méc) / translatory motion || ~ **transversal** (électron) / cross-drift || ~ en **travers** / moving in a slanting direction || ~ de **tronc** (ordonn) / trunk movement || ~ **turbulant** (auto) / turbulence of air || ~ **uniforme** / uniform motion || ~ de **va-et-vient** / alternate o. reciprocating motion o. movement, reciprocation, jigback motion, to-and-fro o. back-and-forward motion o. movement || ~ de **va-et-vient** (techn) / seesaw motion || ~ à **vapeur** / steam operation o. drive || ~ **varié** / variable o. non-uniform motion || ~ **vermiculaire** / vermicular motion || ~ **vibratoire** / vibrating o. shaking motion || ~ à **vide** (techn) / dead travel, lost motion, play, backlash || ~ à **vis** / helical gear || ~ de **vissage** / screw movement || ~ **vissé** / clockwise movement

mouvementation *f* (ord) / activity

mouvementé / active (account)

mouvoir *vt* / move *vt* || ~ (techn) / work *vt*, set going, set in motion, actuate, drive, propel || ~ (techn) / drive *vt*, propel || ~ (se) / move *vi* || **se ~ circulairement** / circle *vi* || **se ~ en nutations** / stagger, lurch, wobble || **se ~ comme un pendule** / oscillate o. swing o. move in pendulum fashion, oscillate, vibrate, librate || **se ~ l'un vers l'autre** / move towards each other *vi*

moyen *adj*, médiocre / moderate, mediocre || ~ (dimension, temps) / middle || ~... / average, mean || ~, passable / fair || ~ (qualité) / medium, middling || ~ *m* / means *sg pl*, way || ~**s** *m pl*, accès *m* / means *sg pl*, channel, access || ~ *m* [de secours] (gén) / aid || ~ (math) / average o. mean [value] || **au ~** [de] / with the aid [of] || **de ~ne dureté** / moderately hard || **de ~ne**

grandeur / medium-sized || de ~ne viscosité (pétrole) / medium bodied || ~ d'acheminement / conveying means, conveyor, means of transport[ation] o. conveyance || ~ne allure / medium (e.g. heating) || ~s *m pl* audio-visuels / audio-visual aids *pl* || ~s *m pl* du bord / makeshift o. emergency means || ~ *m* en commun / means of mass transportation *sg* || ~ de communication / communication device || ~ de communication (trafic) / means of conveyance o. of communication o. of transport || ~s *m pl* de communication de masse / mass media || ~-courrier... / medium range... || ~-courrier *m* (pl.: moyens-courriers) / medium-range aircraft, medium-haul jet || ~ de décrassage (sidér) / deslagging agent || ~ d'enseignement intuitif / means for object lessons, for intuitive method of instruction || ~ d'entraînement / traction mechanism || ~ d'exploitation / working stock, operating material || ~s *m pl* de fixation / joints and fastenings *pl*, fasteners *pl* || ~ *m* de fortune / makeshift || ~ne fréquence (0,3-3 MHz) *f* (électr) / medium frequency || ~ne informatique *f* / office oriented data processing technology || ~ *m* de levage / hoisting means o. device || ~ de levage (fardeaux) / load suspension means || ~s *m pl* de liaison / joints and fastenings *pl*, fasteners *pl* || ~ *m* de locomotion / means of conveyance o. transport o. communication || ~ de lutte / abatment means || ~ maximum... / maximum average... || ~ à nettoyer / cleanser, cleaning o. scouring material || ~s *m pl* d'organisation / organizing means *pl* || ~ne pression *f*, MP / medium pressure, MP || ~s *m pl* principaux de communication (télécom) / primary means of communication || ~ *m* de production / working stock, operating material || ~s *m pl* de production / means *pl* of production, production facilities o. resources || ~ *m* de protection de personnes (électr) / personnel protective equipment || ~ de protection contre la rouille / rust preventing agent o. medium o. means, rust inhibitor o. preventive, preservative for iron work || ~ rayon de carre, M.R.C. / average knuckle radius || ~ de respiration artificielle / artificial means of respiration || ~ de suspension (fardeaux) / load suspension means || ~ne taille *f* (lime) / bastard cut || ~ne tension (d.d.p. comprise entre 30 et 55 kV) *f* / medium high voltage || ~s termes *m pl* (math) / means *pl* of a proportion || ~ *m* de transport / means of conveyance o. of communication o. of transport || ~ de transports publics / means of mass transportation *sg*

moyenne *f* / average o. mean [value] || en ~ / [on an] average, (mean || faire la ~ (math) / strike o. take the average *vi*, average || faire la ~ / take the mean || ~ annuelle de température / mean annual temperature || ~ approximative / rough average || ~ arithmétique / arithmetical mean || ~ arithmétique pondérée / arithmetic weighted mean || ~ arithmétique de rugosité superficielle (techn) / arithmetic[al] average (AA) height (US), centre line average (CLA) height (GB) || ~ auxiliaire / auxiliary mean, assumed mean || ~ du carré des erreurs / RMS error, r.m.s. o. root mean square error || ~ du carré de la vitesse (phys) / root mean square velocity || ~ corrigée (math) / corrected o. modified mean || ~ de courant (électr) / average current || ~ à échelle mobile / sliding average || ~ d'espacement des joints (géol) / [mean average of] crevasse distance || ~ géométrique / geometric mean o. average, mean proportional || ~ harmonique / harmonic mean || ~ des hauteurs d'eaux / mean water level || ~ hebdomadaire (ordonn) / average rate per week || ~ horaire (ordonn) / average rate per hour || ~ horaire (vitesse) / average hourly speed || ~ d'intervalle de classe (contrôle de qualité) / mid-value of class interval || ~ linéaire en temps / mean value of a periodic quantity || ~ mensuelle (ordonn) / average rate per month || ~ pondérée / weighted mean || ~ de population (prépar) / population mean || ~ proportionnelle / geometric mean o. average, mean proportional || ~ quadratique (électr) / root mean square [value], r.m.s. o. rms [value], effective o. virtual value || ~ quadratique (math) / root mean square || ~ quadratique du diamètre équivalent / mean square equivalent diameter || ~ des temps sans arrêt (ord) / mean time between stops, MTBS || ~ de temps de bon fonctionnement, mtbf (= mean time between failures) (électron, ord) / mean time between failures, MTBF || ~ des temps de maintien (ord) / mean time between maintenance, MTBM || ~s *f pl* d'utilisation (tube électron) / design center ratings || ~ *f* de vitesse horaire / average hourly speed

moyennement aromatique (benzol) / medium aromatic

moyeu *m* / hub, wheel hub, center of a wheel || ~ (meule) / hub || ~ (aéro, hélice) / boss || ~ de bicyclette / hub of bicycle wheel || ~ de bobine / core of a bobbin || ~ cannelé / spline bore hub || ~ à cannelures / serrated hub || ~ détachable (auto) / split hub || ~ à deux flasques (auto) / double flange hub || ~ d'embrayage à trois bras (auto) / triple-sector clutch hub || ~ d'engrenage conique (auto) / bevel hub || ~ enregistreur / dynamo hub || ~-flasque *m* (m.outils) / hub flange || ~ à flasque / flange hub || ~ de frein (axe libre) / brake hub || ~ d'hélice / propeller boss || ~ de mesure / dynamo hub || ~ porte-meule / grinding wheel adaptor || ~ de roue / wheel hub, center of a wheel || ~ à roue libre / free-wheeling hub || ~ de serrage (techn) / spring collet || ~ à souder / welding hub || ~ à visser / screw-down hub || ~ de volant (auto) / steering wheel hub

MP, moyenne pression *f* / medium pressure

M.P.D., magnétoplasmadynamique *f* / magnetoplasmadynamics, MPD

mtbf, moyenne *f* de temps de bon fonctionnement (électron) / mean time between failures, MTBF

mttf *m* (temps moyen observé jusqu'à défaillance) / mean time to failure observed (for non repaired items)

mû, mue (pl: mus, mues) / moved, driven, propelled || ~ par derrière (roue hydr.) / backshot || ~ d'en dessous (hydr) / undershot || ~ d'en dessus (hydr) / overshot || ~ par l'eau qui tombe dans le milieu / middleshot, breast-shot, center-float || ~ électriquement / electric[ally] driven o. operated

mucilage *m* / mucilage || ~ (bière) / coagulation of barley, mucilage

mucilagineux / mucilaginous

mucine *f* (chimie) / mucin

mucocellulose *f* / mucocellulose

mucoïde *f* (chimie) / mucoid

mucoïdine *f* (soie) / mucoidin

mucopolysaccharide *m* / mucopolysaccharide

mucor *m*, mucorales *f pl* / mucor

mucus *m* / mucus

mud acid *m* (pétrole) / mud acid

mufula *m* (bois) / iroko, chlorophora excelsa

mulch *m* (agr) / mulch

mule-jenny *f*, mull-jenny *f* / mule [spinning machine], self-acting mule, selfactor || ~ à **retordre** / twining mule, mule doubler
mull *m* (sol) / mull, duff, leaf mould
mullen *m* (pap) / points per pound, pop strength, mullen
mullite *f* (min) / mullite
mulot *m*, mulet *m* (brique) / quarter brick, queen closer
multi-... / multi..., multiple || ~**axial** (espace) / multi-axis || ~**bandes** (électron) / multiband... || ~**bec** *m* / cluster burner || ~**bras** (p.e. guide de lumière) / multiple-branched || ~**broche** (prise de courant) / polypole, multicontact, multipin || ~**broche[s]** (m. outils) / multi-spindle || ~**câble** (grue) / multi-rope || ~**calculateur** *m* (ord) / multiprocessor || ~**canal**, -canaux (électron) / multi[ple]-channel... || ~**carburant** (mot) / multifuel, polyfuel || ~**cargo** *m* (nav) / all-freight ship || ~**châssis** (électron) / multicrate || ~**colore** / varicolo[u]red, many-coloured, variegated || ~**conducteur** (électr) / multiwire || ~**contact** (prise de courant) / polypole, multicontact, multipin || ~**copie** *f* / multiple copy || ~**couche** / multilayer[ed] || ~**courant** (électr) / multiple current... || ~**courant** (ch.de fer) / multi-system... || ~**fibrin** *m* (plast) / multifilament || ~**filaire** (câble) / multiwire || ~**filaire** (fibre synth.) / multifilament || ~**filament** *m* (plast) / multifilament || ~**fonctions** / multifunction... || ~**forme** / multiform || ~**forme** (math) / multiform, ambiguous || ~**groupe** (nucl) / multigroup || ~**jet** (pap) / multilayer || ~**jet** *m* (aéro) / multijet || ~**latéral** (gén) / versatile || ~**linéaire** (math) / multilinear || ~**mètre** *m* (instr) / multimeter, volt-ammeter || ~**mètre** *m* **numérique** / digital multimeter || ~**mode** (électron) / multimode || ~**module** *m* (bâtim) / multimodul || ~**moteur** / multi-engine[d] || ~**nomial** / multinomial || ~**norme** (TV) / adaptable to several television standards || ~**opératrice** *f* **automatique**, moa / credit card for drawing money on terminals || ~**perforation** *f* (c.perf.) / multiple punching, multipunching || ~**phasé** (électr) / multiphase, polyphase || ~**piste** (b.magnét) / multitrack || ~**place** / multiseat[er] || ~**plage** *m* (télécom) / complete multiple || ~**plage** *m* (montage) / multipling || ~**plage** *m* **échelonné** (télécom) / partial multiple || ~**plage** *m* en **ligne** (télécom) / straight bank o. multiple || ~**plan** *m* (aéro) / multiplane
multiple *adj* / multiple, manifold || ~, composé / multiple, multipart, -piece, of several parts o. pieces || ~ *m* (math) / multiple || ~ (télécom) / multiple || **à** ~**s étages** (bâtim) / multistor[e]y... || ~ **commun** (math) / common multiple || ~ **entier** (math) / integral multiple || ~ de **niveau** (télécom) / level multiple || ~ **principal** (télécom) / full multiple || ~ **sélecteurs** (télécom) / selector multiple || ~ de **test** (télécom) / check multiple
multiplet *m* (spectre) / multiplet || ~ (ord) / byte || ~ **compteur** (ord) / count byte || ~ de **contrôle** (ord) / sense byte || ~ d'**insertion** (ord) / insert byte
multiplex *adj* / multiplex || ~ (électron) / multi[ple]-channel... || ~ (télécom) / multiplex || ~ *m* (pap) / multi-layer board o. paper, multiplex || ~ à **division du temps** (télécom) / time-division o. pulse-time multiplex, T.D.M. || ~ de **fréquence** / frequency division multiplex, F.D.M. || ~ **spatial** (télécom) / space multiplex || ~ dans le **temps à impulsions codées** (ord) / time-division pulse-code multiplex
multiplexage *m* (télécom) / multiple[x] transmission || ~ (ord) / multiplexing || ~ par **partage des fréquences** (ord) / frequency division multiplex || ~ dans le **temps ou par partage du temps** (télécom) / time-division o. pulse-time multiplex, T.D.M.
multiplexer (ord) / multiplex *vi*
multiplexeur *m* (télécom) / combiner || ~ (ord) / transmission control unit, multiplexer, -plexor || ~**-démultiplexeur** *m* / multiplexer-demultiplexer || ~ d'**entrée** (calc. industriel) / input multiplexer, scanner || ~ de **sortie** (calc. industriel) / output multiplexer
multi-pli *m* (contreplaqué) / multi-ply
multiplicande *m* (math) / multiplicand
multiplicateur *adj* (engrenage) / speed increasing || ~ *m* (math) / multiplier, multiplier factor || ~ (engrenage) / multiplier, step-up gear || ~ (fonderie) / multiplicator, booster || **à** ~ **intégré** (techn) / with integrated multiplying gear || ~ à **cathode frontale** (opt) / front cathode multiplier || ~ à **deux canaux** / multiplier with two channels || ~ **dynamique** / dynamic multiplier || ~ d'**électrons** (TV) / secondary-emission multiplier, electron o. photocell multiplier || ~ d'**électrons à champ croisé** / crossed field multiplier || ~ d'**électrons secondaires** (TV) / secondary-emission multiplier, electron multiplier || ~ **entrée/sortie** (calc. industriel) / I/O multiplier || ~ de **fonctions** (ord) / function multiplier || ~ de **fréquence** / frequency multiplier || ~ de **Lagrange** / Lagrange multiplier || ~ de **neutrons** / neutron booster o. multiplier || ~ à **partage dans le temps** / time-division multiplier || ~ de **photoélectrons** / photo[electric] o. photoelectron multiplier || ~ de **pression** (hydr) / hydraulic o. pressure intensifier || ~ **quadratique** / square-law multiplier || ~ de **voltage ou de tension** (électr) / voltage multiplier
multiplicatif (math, TV, électron) / multiplicative
multiplication *f* (math) / multiplication || ~, augmentation *f* en nombre / augmentation, increase, increment || ~ (engrenage) / multiplication || ~ (parasites) / massive multiplication || ~ **accumulative** / accumulative multiplication || ~ en **chaîne ou continue** / chain multiplication, continued multiplication || ~ de ou par **engrenage** / gearing up || ~ de **Ferrol** / Ferrol's multiplication || ~ de **fréquence** / frequency multiplication || ~ de **fréquence à partir de deux sons** / dual tone multifrequency, DTMF || ~ dans le **gaz** (électron) / gas multiplication || ~ **logique** (math) / logic[al] multiplication || ~ **négative** / subtractive o. negative multiplication || ~ des **neutrons** / neutron multiplication || ~ **scalaire** / scalar o. vector multiplication || ~ **sous-critique** (nucl) / subcritical multiplication || ~ **vectorielle** (math) / outer multiplication, vector multiplication
multiplicité *f* / variety, multiplicity || ~ (math) / multiplicity of a root
multiplié (engrenage) / geared up
multiplier [par] *vt* (math) / form a multiple, multiply *vt* || ~ (techn) / gear up || ~ (télécom) / multiple || ~ *vi*, se multiplier / multiply *vi* || ~ par **n** / form the n-th multiple [of]
multiplieur *m* / multiplying device
multi·polaire (électr) / multipolar || ~**pôle** *m* (phys) / multipole || ~**police** (ord) / multifont || ~**ports** *m pl* (électron) / multiports *pl* || ~**précision** *f* (ord) / multiple precision || ~**processeur** *m* (ELF) (ord) / multiprocessor || ~**programmation** *f* (ord) / multiprogramming [mode] || ~**réacteur** *m* (aéro) / multijet || ~**standard** (TV) / adaptable to several television standards || ~**tâche** *f* (ord) / multi-task[ing] mode || ~**traitement** *m* (ELF) (ord) / multiprocessing || ~**tron** *m* (électron) / multitron ||

~**tubulaire** (techn) / multitubular || ~**tude** *f* / multitude || ~**valent** (math) / multivalent, -valued, multiple valued || ~**variable** / multivariable
multivibrateur *m* / trigger circuit, multivibrator || ~ **bistable ou à bascule** (électron) / flip-flop, flipflop (US), toggle (GB), bistable trigger circuit, bistable multivibrator, bivibrator, Eccles-Jordan circuit || ~ de **déclenchement** / gate producing multivibrator || ~ à **diapason** / tuning fork [frequency] control multivibrator || ~ **libre** / free running multivibrator || ~ **monostable** / monostable multivibrator o. flip-flop, monovibrator, MV, start-stop o. single-step multivibrator, gated multivibrator, one-shot multivibrator, monoflop (US), monostable circuit (US), flop-over (US), flip-flop (GB)
mumétal *m* / mu-metal
mungo *m* (tex) / artificial short-stapled wool, mungo || ~ **neuf** / reprocessed wool (US)
muni [de] / provided o. equipped [with] || ~ d'**axe de commande** / spindle operated || ~ de **carreaux** / checked, check[y] || ~ d'une **graduation en dioptries** / adjustable o. graduated in terms of diopters
munir [de] / equip o. furnish o. fit [out] o. provide [with], outfit || ~ de **carreaux** / checker *vt*, chequer (GB) || ~ de **charnières** / hinge *vt* || ~ d'un **enrobage ou d'une enveloppe** / cover *vt*, sheathe, [en]case || ~ de **grillages** / grate [up], crossbar, lattice || ~ de **prises** (transfo) / provide with taps || ~ de **repères** / mark [out] || ~ d'un **revêtement** / cover *vt*, sheathe, [en]case || ~ de **traits** / rule *vt*, graduate
munition *f*, munitions *f pl* / ammunition || ~ **brisante** / H.E. ammunition || ~ **non encartouchée** / separate ammunition || ~**s** *f pl* **traceuses** (mil) / tracer ammunition
muon *m* / muon
muqueux / mucous || ~, visqueux / slimy
mur *m* / wall || ~ (mines) / footwall, bottom, bottoms *pl*, basal part o. base of a seam || ~ **accroché** / suspended wall || ~ en **aile** (pont) / water wing || ~ en **aile** (sidér) / wing wall of a Venturi furnace, monkey wall || ~ à **ailes ou en aile** (bâtim) / wing wall, aisle o. return wall || ~ en l'**air** / spandrel wall || ~ **ajouré** (bâtim) / perforated wall || ~ **aligné d'un côté seulement** / wall worked fair on one side || ~ **antibruit** / noise protection wall || ~ d'**appui** / breast wall || ~ d'**appui** (barrage) / spur || ~ **arrière** (sidér) / back wall || ~ d'**autel** (four de verre) / curtain wall, baffle o. shadow wall || ~ d'**autel** (four Martin) / bridge wall || ~ du **barrage** / barrage dam || ~ de **base d'un four** / ground wall || ~ de **bataille** (sidér) / crown o. wall of a blast furnace || ~ de **berge** / shore protection, bank protector o. defense || ~ **bousillé** / mud wall, cob wall || ~ en **briques** / wall of brickwork, brick wall || ~ en **briques ajourées** / perforated wall || ~ en **briques de verre** / wall of glass bricks || ~ de **butée** (bâtim) / abutment || ~ de **cage d'escalier** / carriage o. staircase o. string wall || ~ **capteur à stockage thermique** (énergie solaire) / Trombe wall || ~ de la **chaleur** (aéro) / heat o. thermal barrier || ~ **clayonné** (bâtim) / clay wall || ~ de **clôture** / close o. enclosure wall || ~ en **colonnes** / column wall || ~ **contre-boutant** / counterfort wall || ~ de **contreventement** (bâtim) / shear wall || ~**s** *m pl* de **côté** (sidér) / side walls *pl*, side o. twyer stone || ~ *m* **coulé en ou sur place** / wall cast in situ || ~ **coupe-feu** (bâtim) / fire wall || ~ **creux** / hollow o. cavity wall || ~ de **culasse** (four Martin) / bulk-head [of uptake] end wall || ~ de **culée** (four coke) / buttress o. pinion wall || ~ en **décharge** / spandrel wall || ~ d'une **demi-brique** / half-brick wall, four-inch wall || ~ de **derrière** / back o. rear wall || ~ **double en treillis** (bâtim) / double framed wall || ~ **droit** (mines) / side wall || ~ d'**échiffre** / underpinning || ~ d'**écran** (four de verre) / curtain wall, baffle o. shadow wall || ~ **écran** (hydr) / curtain wall, cutoff wall || ~ d'**enceinte** / close o. enclosure wall || ~ [à **enduit sur treillis métallique**] **système Rabitz** (bâtim) / wire fabric wall, Rabitz plaster fabric wall || ~ d'**épaisseur d'une brique** / one-brick wall || ~ **escarpé** / sloped o. sloping wall, escarped wall || ~ **évidé** / perforated wall || ~ **extérieur** / outer o. outside wall, outwall || ~ de **face** (bâtim) / front o. face wall, facing wall || ~ de **fondation** / foundation wall || ~ de la **fosse** (hydr) / toe wall || ~ **frontal** (bâtim) / front o. face wall || ~ **frontal du ponceau** / end o. face of a culvert || ~ de **gangue stérile** (mines) / wall made of deads, pack-wall || ~ **garni** / filled wall, rubble packed walling, coffer work || ~ **intérieur** / inside o. interior wall || ~ **intermédiaire** (mines) / pack || ~ **isolant** / insulating wall || ~ à **jambages** / buttress[ed] wall || ~ de **jambette** (bâtim) / jamb wall || ~ **massif** (mines, bâtim) / fire wall || ~ **mitoyen** / common o. partition o. party wall || ~ **mitoyen coupe-feu** / fireproof party wall || ~ **mouflé** / anchoring o. braced wall, abutment || ~ à **mur** (revêtement de sol) / wall-to-wall || ~ **nain** / dwarf wall || ~ **nu** / naked wall || ~ **ossaturé** (constr.en acier) / framework wall || ~ de **palplanches** / sheet pile retaining wall || ~ à **panneaux** / panel[ling] || ~ **parafouille** (barrage) / curtain wall, cutoff wall || ~ de **parapet** / parapet, wall breast-high || ~ **pare-avalanches** / avalanche baffle works *pl* || ~ de **parement** / face wall || ~ de **paroi** (ponceau) / headwall || ~ en **parpaing** / perpend wall || ~ de **pied** (barrage) / toe wall || ~ en **pierres brutes de carrière** / quarry stone wall, rubble masonry wall (US) || ~ en **pierres naturelles** / natural stone wall || ~ en **pierres sèches** (mines) / dry wall, cog || ~ en **pierres sèches** (hydr) / dry wall, stone packing || ~ en **pierres sèches** (mines) / wall made of deads, pack-wall || ~ **pignon** / gable wall || ~ de **pignon en forme d'escalier** (bâtim) / corbie[-step] o. crow-step gable || ~ à **pilastres** / buttress[ed] wall || ~ **planté** / wall on piles || ~ **plein** / blank wall || ~ de **poche** / submerged wall || ~ du **quai** / quay wall || ~ de **refend** (bâtim) / partition o. party o. parting wall || ~ **réfractaire** (mines, bâtim) / fire wall || ~ de **remplage** / filled wall, rubble packed walling, coffer work || ~ de **retenue pour corps flottants** (hydr) / downflow baffle || ~ en **retour** (bâtim) / wing wall, aisle o. return wall || ~ en **retour** (écluse) / flank wall || ~ de **revêtement [en talus ou de terrasse]** / supporting wall || ~**-rideau** *m* (bâtim) / curtain wall || ~ de **rive** / river wall || ~ **séparatif** / division wall || ~ de **séparation** / stop || ~ à **socle** / plinth wall || ~ du **son** / sonic o. sound barrier || ~ de **soutènement**, mur *m* de soutien / retaining o. breast wall || ~ de **soutènement en béton armé** (bâtim) / stalk || ~ en **talus ou taluté** / sloped o. sloping wall, escarped wall || ~ **Trombe** (énergie solaire) / Trombe wall || ~ en **verre** / wall of glass bricks
mûr / mellow, ripe || ~ (bière, vin) / vatted, aged
murage *m* / walling
muraille *f* / high o. thick wall || ~ (nav) / dead work || ~ d'un **blocal** (charp) / log wall || ~ **de face** (bâtim) / front o. face wall, facing wall || ~ de **sillon** (agr) / furrow wall
muraillement *m* / walling || ~ (hydr) / construction of retaining walls || ~ des **galeries** (mines) / walling of

galleries || ~ de **puits** / shaft lining o. walling
murailler (bâtim, mines, tunnel) / wall, face with a wall, line with masonry
murer / lay bricks, mason || ~, fermer par maçonnerie / brick up || ~ en **liaison** / wall bound o. in bond, engage bricks together || ~ les **pans** / brick, nog the bay-work
murexide *f* / murexide, acid purpurate of ammonia
mûri / mellow, ripe
muriacite *f* (min) / muriacite
muriaté / combined with o.satured with hydrochloric acid
mûrier *m* / mulberry tree
mûrir (agr) / ripen, mature || ~ (malt) / mellow *vi* || ~ **après la cueillette** / ripen subsequently
murmure *m* **confus** (télécom) / babble
muscarine *f* (chimie) / muscarin[e]
muschelkalk *m* / shell[y] marl o. lime[stone], muschelkalk
muscovite *f* / muscovite, biaxial o. biaxed mica, white mica
museau *m* / snout || ~ (pot) / muzzle, snout, nose || ~ d'un **porte-vent** (sidér) / blowpipe || ~ de la **tuyère** (sidér) / furnace end o. nose end of the tuyère
musicalité *f* / musicality, melodiousness
musique *f* **électrophonique** / electrosonic o. electrophonic o. electronic music || ~ **enregistrée sur disques** (électron) / recorded music || ~ **planante** / soothing music || ~ **préfabriquée** (radio) / taped program
musoir *m* / jetty o. mole o. pier head || ~ d'**écluse** / sluice head o. bay o. crown || ~ d'**ilôt** (routes) / tip of island
mustimètre *m* / mustmeter
mutage *m* (fermentation) / stopping
mutarotation *f* (chimie, opt) / multi- o. mutarotation, birotation
mutateur *m* / frequency converter
mutation *f* (biol) / mutation || ~ (ordonn) / moving workmen, shifting places
muter (fermentation) / stop fermentation
mutilation *f* (télécom) / clipping of words
mutiler / mutilate, maim
mutualité *f* / mutuality
mutuel / mutual
mutule *f* (bâtim) / mutule
M.V. (= marchandises, voyageurs) (ch.de fer) / mixed train
MW, megawatt *m* / MW, megawatt
Mx, maxwell *m* / maxwell (unit of magnetic flux)
mycélium *m* / mycelium
mycète *m* / fungus
mycétologie *f* / mycology
myco·bactéries *f pl* / mycobacteria *pl* || **~derme** *m* / film forming yeast, mycoderma || **~logie** *f* / mycology || **~toxine** *f* / mycotoxin
mylar *m* / mylar [film]
mylonite *f* (géol) / mylonite
myonique / muonic, mu-mesonic, μ-mesonic
myonium *m* / myonium
myope / myopic
myopie *f* / near-sightedness, myopia
myriare *m* / square kilometer
myricine *f* (chimie) / myricin, myricil palmitate
myrrhe *f* / gum resin Myrrh
myxobactériales *f pl*, synbactéries *f pl* / myxobacteria, -bacteriales *pl*

N

n, nano..., 10^{-9} / nano...
N, newton (1 N = 10^5 dyn = 1 mkgs^{-2}) (phys) / newton
nabla *m* (math) / nabla [operator], del
nacelle *f* (chimie, mét) / boat || ~ (ELF) (dirigeable) / gondola, pod || ~ du **ballon** / car, basket || ~ d'**évaporation** (techn) / evaporation boat || ~ de **frittage** / sintering box || ~ d'**incinération ou à fusion** (chimie) / combustion boat || ~ de **nettoyage de façades** / façade elevator || ~ à **pesée** (chimie) / weighing boat || ~ du **pont transbordeur** / platform of the suspension ferry || ~ de **porcelaine** (chimie) / porcelain boat || ~ de **visite d'un pont** / inspection platform for bridges
nacre *f* / pearl-shell, mother-of-pearl, nacre
nacré / nacred, pearly
nacrite *f* (min) / nacrite
n-adique (math) / n-adic
nadir *m* (astr) / nadir
nagelflüh *m* (géol) / nagelfluh, gompholite
nager / swim
nain / dwarf
naine *f* / dwarf star || ~ **blanche** (astr) / white dwarf
n-aire (terme à déconseiller), n-adique (ord) / n-adic
naissance *f* / zero point, point of origin || ~ (gouttière) / rain water head, collector || ~ (fig) / birth, beginning || ~ de **tubes d'armoires** (men) / hanging rail support || ~ d'une **voûte** / spring[er] of a vault, spring line
naissant (chimie) / nascent
naître / arise
NAND *m* / NAND-function o. operation, non-conjunction
nanisme *m* / nanism
nankin *m* (tiss) / nankeen, nankin
nano, 10^{-9} / nano... || **~farad** *m*, nF / nanofarad, nF || **~mètre** *m*, nm / nanometer, nm, millimicrometer, mμ || **~seconde** *f*, ns / nanosecond, ns
nanquin *m* (tiss) / nankeen, nankin
nansouk *m* (tissu en lin) / nainsook
napalm *m* (chimie, mil) / napalm
naphtaldéhyde *m* / naphthaldehyde
naphtaline *f* (désignation commerciale), naphtalène *m* / naphthalene, tar camphor (US), naphthene (US)
naphtaliser / naphthalize
naphtasulfonate *m* / naphthasulfonate
naphte *m* / naphtha || ~ **brut** / crude naphtha
naphténate *m* de **cuivre** / copper naphthenate
naphtène *m* (vieux), cyclane *m* / cyclohexane, hexanaphthene, hexahydrobenzene, naphthene (GB)
naphténique (chimie) / naphthenic
naphtol *m* / naphthol, hydroxynaphthalene
naphtoliser / naphtolate, -lize
naphtoquinone *m* / naphthaquinone (GB), 1,4-naphthoquinone (US)
naphtylamine *m* / α-naphthylamine, 1-aminonaphthalene
naphtyle *m* / naphthyl
napoléonite *f* (min) / napoleonite
nappa *m* / nappa leather
nappe *f* (tex) / lap || ~ (math) / nappe || ~ (hydr) / nappe || ~, laine *f* de toison / fleece, shear wool || ~ (carde) / lap, fleece || **en** ~ / sheet... || ~ d'**armature** (pneu radial) / belt, bracing ply || ~ du **batteur finisseur** (filage) / finisher lap || ~ de **brume** (météorol) / haze dome, blanket of smog (US) || ~ **câblée** (auto) / cord ply in

tires || ~ de **caoutchouc malaxé** (caoutchouc) / rolled o. rough sheet, milled crepe || ~ **carcasse** (pneu) / casing ply, body ply || ~ de **charriage** (géol) / nappe || ~ de **corde** (pneu) / breaker strip of a tire || ~ d'**eau** / sheet of water || ~ d'**eau formant écran** / water screen o. film || ~ [d'**eau**] **souterraine** / ground water || ~ **émettrice** (antenne) / radiating curtain || ~ de **feu** / surface fire || ~ à **fibres croisées** (carde) / cross fibre lap || ~ de **filet** (tex) / netting || ~ de **fils d'acier** (auto) / steel cord fabric || ~ de **fils de verre textile** / glass yarn layer || ~ de **finition** (tex) / finisher lap || ~ **fumigène** (mil) / smoke screen || ~ d'**huile ou d'hydrocarbures** / oil slick, oil pest || ~ **hydrostatique** / groundwater table || ~ de **lave** / lava nappe || ~ **libre** (méc. des sols) / free water || ~ de **mazout** / oil pest, oil slick || ~ de **monofils continus désorientés** / spunbonded web || ~ d'**ourdissage** / warp sheet || ~ de **pêne** (serr) / nab, locking o. staple o. striking plate || ~ de **pétrole** / oil slick || ~ **pétrolifère** / oil [bearing geological] horizon || ~ **phréatique** / groundwater table || ~ **pleine de mousse de latex** / plain sheet || ~ **réflectrice** (dipôle) / reflective broadside o. christmastree antenna || ~ de **renforcement de la bande de roulement** (pneu) / tread ply, breaker ply || ~ de **sommet** (pneu) / breaker strip in tires || ~ **souterraine** / groundwater table, water table || ~ de **tissu** (tiss) / fabric web || ~ en **tissu câblé** (auto) / cord ply in tires

nappeur *m* de **coton** / cotton lapper o. lap machine minder

nappeuse *f* (soie) / cocoon opener || ~ (filage) / fleecing machine, sliver lap machine, sheeter box

narcéine *f* / narceine

narcotine *f* (chimie) / narcotine

narcotique *adj* / narcotic *adj* || ~ *m* / narcotic

narines *f pl* (mines) / snore-holes *pl* || ~ (pompe) / snifting holes

nasse *f* / fish-trap, bow-net

nat, unité *f* naturelle (informatique) / natural unit, nat

natif (gén) / native

national / home, domestic

nationalisation *f* / nationalization

natrite *f* (min) / natron

natroborocalcite *f* / ulexite, boronatro-, natroborocalcite

natrolite *f* (min) / natrolite

natron *m* (min) / natron

natrosidérite *f* (min) / aegirine, aegirite

natrum *m* (min) / natron

nattage *m* / wicker work, basket o. hurdle o. mat work

natte *f* / mat, matting || ~, tresse *f* / tress, braid, plait, plat || ~ **isolante** / isolating mat || ~ de **jonc** / cane plaiting || ~ en **maillons de chaîne** / chain mesh mat

natté *m* (tiss) / natté

natter, tresser / braid *vt*, plait, tress || ~, couvrir de nattes / cover with mats

naturaliste *m* / naturalist

nature *f* / kind, nature, disposition || ~ (agr) / open land, outdoor || ~, trait *m* distinctif / peculiarity, characteristic || ~, qualité *f* / quality || **d'après** ~ / true to nature || **de ~ différente** / heterogenous || ~ de **charge** / nature of load || ~ de **conductivité** (semi-cond) / mode of conductivity || ~ du **courant** / kind of current || ~ **disparate** / heterogeneity, -geneousness || ~ **dualiste** (phys) / dual nature || ~ **granulée** / granularity || ~ **ondulatoire** (phys) / undulatory o. wave character || ~ **paire** / quality of being even-numbered || ~ **plastique** (argile) / plastic properties *pl*, plasticity || ~ **réfractaire** / refractoriness, refractory quality || ~ de **sol** / soil conditions *pl* || ~ de la **superficie ou de la surface** / character o. condition o. kind of surface || ~ du **terrain** / nature o. character of the ground || ~ de **trace** (instr) / kind of marking

naturel / natural || ~ (math) / natural, antilogarithmic || ~, natif / native || ~, pur / pure || ~ (riz) / unpolished

nautique *adj* / nautical || ~ *m*, mille *m* marin / nautical mile || ~ *f* / navigation, nautics *pl*

naval / naval || ~ **métal** *m* / naval metal o. brass, Tobin bronze

navet *m* (chair blanche), navet *m* fourrager / fodder beet, feeding turnip

navette *f* (tiss) / [fly-]shuttle || ~ (m.à coudre) / shuttle || ~, aiguille *f* à filet / netting needle || ~ (ch.de fer) / pull-and push train, reversible train || ~ (pétrole) / bell socket, casing bowl || ~, Brassica rapa (bot) / bird rape || **faire la** ~ / shuttle || **faire la** ~ (ch.de fer) / commute (US), ply || **sans** ~ (tex) / shuttleless || ~ **automatique** (tiss) / shuttle for automatic looms || ~ **barillet** (m.à coudre) / barrel shuttle || ~ à **broches** (tiss) / spindle shuttle || ~ **centrale** (m.à coudre) / central bobbin o. C.B. shuttle, oscillating shuttle || ~ **centrale ou circulaire** (collectif) / rotating shuttle || ~ **cosmique** voir navette spatiale || ~ à **couvercle** (tiss) / shuttle with cover || ~ **droite** (m.à coudre) / open boat shaped shuttle || ~ de **grande capacité** (tex) / extra large shuttle || ~ à **œillet à droite** (tiss) / right-eye shuttle || ~ à **œillet à gauche** (tiss) / left-eye shuttle || ~ à **plusieurs bobines** (tiss) / shuttle with several bobbins || ~ de **poulie** / tackle [pulley] || ~ **rotative** (m à coudre) / rotary shuttle || ~ **rotative un tour** (m à coudre) / rotary shuttle, one-turn rotary shuttle || ~ **spatiale** / space shuttle || ~ **spatiale nucléaire** / nuclear shuttle || ~ **spatiale à un étage** / one-stage-to-orbit shuttle || ~ **vibrante** (m.à coudre) / central bobbin shuttle, C.B. shuttle, oscillating shuttle || ~ **volante** (tiss) / flying shuttle

navigabilité *f* (cours d'eau) / navigability, navigableness || ~ **aérienne** (aéro) / air worthiness || ~ de ou en **haute mer** / seaworthiness

navigable / navigable

navigateur *m* (aéro) / navigator

navigation *f* (activité) / navigation, shipping, sailing || ~ (art) / navigation, nautics *pl* || ~ (action) / navigation, nautics *pl* || **en bon état de** ~, pour navigation en haute mer / seagoing, seaworthy || ~ **active à l'aide de satellites** (nav) / active satellite navigation || ~ **aérienne** / air navigation, avigation || ~ **altimétrique** (aéro) / high altitude navigation || ~ d'**approche** (aéro) / approach navigation || ~ par **arc de grand cercle** (nav) / orthodrome || ~ **astronautique** / space operations o. travel o. flight, astronautics, cosmonautics || ~ **astronomique** / astronavigation, celestial o. star navigation || ~ **commerciale** (nav) / merchant service || ~ **côtière** / coastwise trading, coasting [trade], cabotage (US) || ~ de **distance** / distance navigation || ~ à l'**estime** / compound o. composite navigation, dead reckoning navigation || ~ **fluviale** / river traffic o. navigation || ~ **fluviale en canaux** / still- o. slack-water navigation || ~ au **grand cours** / navigation on the high sea, oversea shipping || ~ **grille** / grid navigation || ~ **hauturière ou de haute mer** voir navigation au grand cours || ~ **horizontale**, R-Nav (aéro) / omnidirectional o. area navigation, R-Nav || ~ **hyperbolique** / hyperbolic system o. navigation || ~ **hyperbolique par impulsions** / hyperbolic pulse navigation || ~ **inertielle** (ELF) (aéro) / inertial navigation || ~ **intérieure** / inland navigation || ~ **isobarique** (aéro) / pressure-pattern flying || ~ de **ligne** (nav) / liner trade, regular line shipping || ~ **maritime** / navigation || ~ **maritime ou au long cours** voir navigation au grand cours || ~ de **nuit** / night navigation || ~ **orthodromique** (nav) / orthodrome || ~ en **poussée** / pushed tow system || ~ **proportionnelle** / proportional navigation || ~ **proportionnelle augmentée** (radar) / augmented proportional navigation || ~ par **radar** / radar navigation || ~ par **satellites** (nav) / satellite navigation || ~ **spatiale** / space flight o. travel o. operations *pl*, cosmonautics *sg*, astronautics *sg* || ~ en **surface** (nav) / surface navigation || ~ **verticale** (aéro) / vertical navigation

naviguer, voyager *vi* (nav) / navigate || ~, diriger (aéro, nav) / steer

navire *m* / watercraft, boat, vessel || ~ à **ailes portantes ou à ailerons porteurs** / hydrofoil [boat] || ~ **amiral** / flagship || ~ **auxiliaire** / auxiliary vessel o. craft || ~ **bananier** / banana boat || ~ **bas de bord** / low-built ship || ~ **brise-glace** (nav) / ice breaker || ~ **câblier** / cable [laying] ship o. vessel || ~ de **charge** (gén) / freight ship, freighter || **~-citerne** *m* (ELF) / petroleum o. oil tanker || ~ **clair** / light ship || ~ à **containeurs** / container ship o. vessel || ~ à **côtés droits** / wall-sided vessel || ~ de **débarquement pour char** / landing ship for tanks, L.S.T. || ~ **découvert** / open ship (with large hatches) || ~ **dépollueur** / oil pollution fighter, oil-spill combating o. clearance vessel || **~-dépôt** *m* / depot vessel || ~ à **deux ponts** (nav) / two-decker || **~-école** *m* / training ship || ~ **électrique** / electric craft || ~ **«flip»** (nav) / flip ship (running in horizontal position, working in vertical position) || ~ de **forage** (pétrole) / drilling ship || ~ **frigorifique** (nav) / cold storage boat, vessel for refrigerated cargo, refrigeration vessel o. ship, reefer (US) || ~ **gigogne** / mother ship || ~ de **haute mer** / seagoing vessel || ~ **hydrographe** / surveying vessel || **~-jumeau** *m* / sister ship || ~ **LASH** / LASH ship (= lighter aboard ship) || ~ **lège** / light ship || ~ **logistique** (mil) / logistic ship || ~ de **long cours** / foreign going vessel || ~ **lourd** / heavy o. slow sailor || ~ **marchand** / merchant ship o. steamer o. vessel o. man || ~ **monotype** / type vessel || ~ à **moteur Diesel** / diesel ship || ~ à **mouvements durs** / laboursome vessel || ~ **multicargo** / multi-purpose carrier, all-freight ship || **~-navire...** / ship-to-ship... || ~ **nucléaire** / nuclear powered ship || ~ **o/b/o ou ore-bulk-oil** (nav) / OBO-carrier, ore-bulk-oil-carrier || ~ **o/o ou oil-ore** (nav) / dual purpose bulk carrier, oil-ore carrier || ~ à **passagers** / passenger boat o. ship || ~ à **pont abri** (nav) / shelter decker || ~ à **pont abri ouvert, [fermé]** / open, [closed] shelterdeck ship || ~ à **pont plat** / flush deck vessel || ~ à **portance dynamique** / hydrofoil || ~ **porte-containeurs** (nav) / container ship o. vessel || ~ **porte-conteneurs à chargement vertical ou à levage** / lift-on/lift-off container ship || ~ **porte-conteneurs mixte** / semi-containership || ~ à **puits** / well-deck ship || ~ à **quatre hélices** (nav) / quadruple screw ship || ~ à **réacteur nucléaire** / nuclear powered ship || ~ pour **recherches scientifiques** (nav) / research craft || ~ **roll-on/roll-off**, navire *m* à roulage direct / container/trailer ship, roll-on/roll-off ship || ~ **sale** / foul vessel || ~ de **sauvetage** / salvage vessel, salvor, wrecker (US) || ~ **shelter-deck** (nav) / shelter-deck ship || **~-sol...** / ship-to-shore... || **~-station** *m* **océanique** / ocean station ship || ~ **submersible** (gén) / submersible [vessel] || ~ **transbordeur** / ferry ship o. boat || ~ **transbordeur** (aéro) / car ferry (over long distances), air ferry (over short distances) || **~-transbordeur** *m* de **voitures** (ELF) / motorcar ferry, ferry[boat] || ~ **transporteur de vrac sec** / dry freighter || ~ à **turbine** / turbine boat o. steamer o. ship, T.S. || ~ **type CLAS** (= containerized lighter-aboard ship) / CLAS-ship || **~-usine** *m* / factory ship || **~-usine** *m* **baleinier** / floating blubber factory

NBN / Belgian Standards Committee

nébuleuse *f* (astr) / nebula (pl: nebulae o. nebulas) || **~s** *f pl* **amorphes ou diffuses ou irrégulières** (astr) / irregular o. diffuse nebulae *pl* || ~ *f* **annulaire** (astr) / annular nebula || ~ **gazeuse** / gaseous nebula || ~ en **haltère** (astr) / dumbbell fog || **~s** *f pl* **obscures** (astr) / dark nebulae *pl* || ~ *f* **planétaire** / planetary nebulae *pl* || ~ **spirale** / spiral nebula

nébuleux / nebulous, cloudy

nébulisateur *m* (spectre) / nebulizer

nébulium *m* (astr) / nebulium

nébulosité *f* / nebulosity

nécessaire *adj* / requisite *adj* || ~ *m* (objet indispensable) / requisite || ~ / outfit, kit || ~ de **percussion** (perceuse à main) / impact drilling attachment || ~ pour **réparations** (auto) / repair kit || ~ de **traitement** (phot) / processing kit

nécessitant, ne ~ que très peu d'entretien / low-maintenance... || **ne ~ pas d'entretien** / maintenance-free || ~ d'**entretien** / in need of maintenance

nécessité *f* / necessity, need, exigency || **de première ~** / vital || **de toute ~** / necessary || **sans ~ de repassage** (tex) / wash-and-wear (GB) || **~s** *f pl* d'**encombrement** (techn) / structural dimension, space requirement || **~s** *f pl* **techniques de manipulation** / technical handling requirements

neck *m* de **lave** (géol) / neck of lava

nécrolite *f* (géol) / trachyte

necton *m* (biol) / necton, nekton

nef *f* (bâtim) / nave, body || ~ (atelier) / aisle || **à deux ~s** (bâtim) / two-span, two-nave, two-aisle || **à une ~** / singel-nave || ~ **centrale** (constr.en acier) / center o. middle bay || ~ **collatérale** (bâtim) / low o. side aisle || ~ **transversale** (bâtim) / cross-aisle

négatif *adj* / negative || ~ *m* (phot) / negative [picture] || ~ **combiné** (phot) / combined negative || ~ **contretype** (film) / dupe negative || ~ **couleur** / colour negative || ~ d'**essai** / test negative || ~ **image** (phot) / picture negative || ~ sur **papier** (phot) / paper negative || ~ à **piste couchée** (film) / prestriped stock || **~-positif** (phys) / false-true || ~ **son** (film) / sound-negative film, SN

négation *f* (ord) / negation, NOT-operation || ~ de **réception** / negative acknowledge

négativité *f* (électr) / negativity

négaton *m* / negative electron, negat[r]on

négatron *m* (électron) / negatron (a double-grid tube)

négligé / in need of repairs

négligeable / negligible

négliger / neglect

négociant *m* en **accessoires automobiles** / jobber || ~ en **gros** / wholesale merchant o. dealer o. trader, wholesaler, jobber (US)

négocier un **virage** (auto) / corner

néguentropie *f* (math) / negentropy || ~ (méc. statist, ord) / negentropy, mean o. average information content

neige *f* / snow || ~ **carbonique** / carbon dioxide snow, dry ice

nématique (crist, chimie) / nematic

nématode *m* des **tiges et des bulbes** / stem o. bulb eelworm
néodyme *m* (chimie) / neodymium, Nd
néo·gène *m* (géol) / Neogene || **~hexane** *m* (chimie) / neohexane || **~lithique** *m* (géol) / Neolithic period
néon *m* (chimie) / neon, Ne
néo·pentane *m* / neopentane, 2,2-dimethylpropane || **~prène** *m* / neoprene
néper *m* (télécom) / neper (unit of attenuation)
népermètre *m* / neper meter || ~ pour **circuits bouclés** (télécom) / loop decremeter
néphélémétrie *f* (chimie) / nephelometric analysis
néphélémétrique, -ométrique (chimie) / nephelometric
néphéline *f* (min) / nepheline, nephelite, elaeolite
néphélomètre *m* (chimie) / nephelometer
néphélométrie *f* (chimie) / nephelometric analysis
néphoscope [à miroir] *m* (météorol) / [mirror] nephoscope
néphrite *f* (min) / nephrite
neptunium *m* (chimie) / neptunium, Np
nerf *m* (caoutchouc) / nerve || ~ (reliure) / cording || ~ (mines) / rock vein || ~ **optique** / optic nerve || ~ de **voûte** / rib of vault, nerve, nervure
néroli *m*, essence *f* de néroli / orange blossom oil, neroli oil
nerver / rib *vt*
nerveux (caoutchouc) / snappy || ~ (auto) / starting easily || ~ (métal) / stringy
nervurage *m* / ribbing || ~ à la **molette** (découp) / beading, necking-in || ~ en **zigzag** / diagonal o. zigzag ribbing
nervure *f* (bâtim) / rib of vault, nerve, nervure || ~ (tex) / wale, rib || ~ (reliure) / cording || ~ (techn) / [reinforcing] rib || **~s** *f pl* / ribbing || **à ~s** / ribbed || **à ~s transversales** / with transverse ribs || ~ *f* à **âme pleine** / solid rib || ~ **annulaire** (techn) / gill || ~ de **bord d'attaque** (aéro) / nose rib || ~ de **compression** (aéro) / compression rib || ~ **concentrique ou de centrage** (pneu) / circumferential rib of tires, centering rib || ~ **creuse** (m.outils) / hollow web o. stay || ~ en **croix** / crossrib || ~ **diagonale** (bâtim) / groin, cross springer || **~s** *f pl* **diagonales** (tex) / diagonal cords *pl* || ~ *f* **évidée** / hollow web o. stay || ~ du **gouvernail** (aéro) / control surface rib || ~ **longitudinale ou en long** / longitudinal rib || ~ du **patin de chenille** / grouser || ~ d'un **pneu** (auto) / tire bead || ~ **principale** (aéro) / compression rib || ~ **raidisseuse** / reinforcing rib, stiffening rib o. fin || ~ de **renforcement** (fonderie) / moulding, bead || **~-support** *f* (mot) / reinforcing o. stiffening rib || ~ **transversale ou en travers** (bâtim) / transversal rib || ~ **ventilée** / cooling rib o. fin
nervuré / ribbed || ~ (tiss) / fluted, corrugated, corr., structured (US) || ~ en **long** / ribbed lengthwise
nervurer / rib || ~ à la **molette** / bead, welt || ~ à la **presse** (découp) / belcher, bulge || ~ à la **presse sous compression** (découp) / belcher, bulge
nésistor *m* / nesistor
nésosilicate *m* / island silicate, neosilicate
nessler *m* (chimie) / Nessler's solution
net (opt) / clean, well o. sharply defined, clear, distinct, high-definition, sharp, net || ~, propre / neat, nice, clean, spotless || ~ (mesures) / net || ~ (ton) / clear[-toned] || ~ (copie) / fair || **~tement fixé** / determinate
netteté *f* (opt) / penetration, sharpness, definition || ~ (instr) / unambigousness, clearness || ~, propreté *f* / cleanness || ~ (télécom) / intelligibility || **sans ~** / obscure || ~ d'**audition** (télécom) / good audibility o. reception || ~ pour les **bandes** (télécom) / band articulation || ~ aux **bords** (TV) / edge definition, definition on border, border contrast || ~ en **bordure** (opt) / marginal sharpness || ~ pour les **consonnes** (télécom) / consonant articulation || ~ pour les **consonnes terminatives** (télécom) / final consonant articulation || ~ des **contours** (typo) / contour acuity || ~ de l'**image** (phot) / definition || ~ de l'**image en profondeur** (phot) / depth of definition, depth of focus || ~ **initiale des consonnes** (télécom) / initial consonant articulation || ~ pour les **logatomes** (télécom) / logatom articulation || ~ **marginale** / marginal sharpness || ~ pour les **mots** (télécom) / word articulation, intelligibility of words || ~ **phonique** / voice articulation || ~ pour les **phrases** (télécom) / phrase intelligibility || ~ en **profondeur** / depth of focus, depth of definition || ~ du **son** (radio) / definition of sound || ~ pour les **sons** (télécom) / sound articulation o. intelligibility || ~ pour les **syllabes** (télécom) / syllable articulation || ~ du **ton** / definition of sound
nettoiement *m* / cleaning
nettoyage *m* (gén) / cleaning || ~ (fonderie) / trimming, chipping || ~ (fonderie) / fettling || ~ (nucl) / clean-out || ~ (techn) / manhole || ~ (typo) / picking of stereotype plates || ~ au **chalumeau** (sidér) / flame chipping o. descaling o. deseaming o. scarfing, torch deseaming, hot scarfing || ~ du **coton** / cotton cleaning || ~ à l'**eau** (mines) / water clearing || ~ **étagé** / stage treatment || ~ par le **feu ou à la flamme** (peinture) / flame cleaning || ~ par **flambage ou flambement** (sidér) / flame chipping o. descaling o. deseaming o. scarfing || ~ au **jet de vapeur** / steam jet cleaning || ~ des **machines** (ordonn) / clean-up || ~ **mécanique** (filage) / mechanical cleaning || ~ à la **meule** / fettling || ~ du **mica** / cobbing of mica || ~ à **sec** (chimie) / dry cleaning || ~ par **ultra-sons** / ultrasonic cleaning || ~ par **voie humide** / liquid purification, wet cleaning || ~ de la **voie publique** / street clean[s]ing o. scaveng[er]ing o. sweeping
nettoyer / clean *vt* || ~ au **chalumeau** (sidér) / deseam || ~ la **cheminée** / sweep the chimney || ~ avec un **chiffon** / wipe up *vt* || ~ par un **courant d'eau** / flush *vt*, scour || ~ par **flambage ou flambement** (sidér) / scarf *vt* || ~ au **jet d'eau** / hose down, spray o. wash down || ~ en **lavant** / wash out o. off o. up, rinse || ~ des **moulages** / trim o clean o. dress castings || ~ les **rues** / scavenge o. sweep o. cleanse o. clean o. dust streets || ~ au **sable** / [sand]blast || ~ des **tamis** / unblind screens
nettoyeur *m* / cleaning apparatus || **~-aspirateur** *m* de **grain** / aspirator, grain receiving and milling separator || ~ **échelonné** (filage) / superior o. ultra cleaner, step o. horizontal cleaner || ~ **et trieur de grains** / scourer || ~ **et trieur de semences** / seed cleaner and grader || ~ en **gradins** (filage) / superior o. ultra cleaner, step o. horizontal cleaner || ~ de **grille amont** (hydr) / trashrack rake || ~ de **grille fine** (hydr) / strainer rack rake, trashrack rake || ~ **horizontal échelonné** (tex) / superior cleaner, horizontal o. step cleaner || ~ de **nœuds** (tiss) / knot o. snarl catcher || ~ **préalable** / preliminary filter || ~ pour **trayeuses** / milking machine washer
nettoyeuse *f* / seed cleaning machine || ~ de **coton** / cotton cleaning machine || ~ pour **déchets de carde** (filage) / willow || ~ d'**égouts** / de-sludger || ~ en **escalier ou inclinée** (tex) / ultra cleaner || ~ **et brosseuse pour peignes à tisser** (tiss) / reed cleaning and brushing machine || ~ à **grains** / grain cleaning o. dressing machine, smut mill o. machine,

fanner
neuf / new || ~ (film) / green, freshly developped || ~ [en telle chose] / inexpert (person)
neuri[di]ne *f* (chimie) / neurin
neuro-électricité *f* / neuroelectricity
neurone *m* (biol) / neuron
neuston *m* / neuston
neutralisation *f* (gén) / neutralization, neutralizing || ~ (électr) / grounding (US), earthing (GB) || ~ du **circuit anodique** (électron) / neutralization of anode-grid capacitance
neutraliser (chimie) / edulcorate, neutralize || ~, rendre inoffensif / kill, render harmless o. innocuous || ~, balancer / counterbalance, make up [for], compensate
neutralité *f* (chimie) / neutrality || ~ (chimie) / quality of being recognized as safe
neutre *adj* / neutral, neut. || ~ (phot, opt) / neutral || ~ (chimie) / indifferent || ~, admissible (denrées alimentaires) / generally recognized as safe, GRAS || ~, exempt d'acides / free from acid, acid-free, non-acid || ~ *m*, fil *m* neutre (c. triphasé) / neutral o. mid-point conductor o. wire, neutral || ~, point *m* neutre (électr) / star point, neutral [point], zero conductor o. wire || ~ **mis à la terre** / earthed neutral wire
neutretto *m* / neutral meson, neutretto
neutrino *m* (phys) / neutrino
neutrodynage *m*, -dynation *f* (électron) / neutralization
neutrodynation *f* **symétrique** (électron) / cross neutralization
neutrodyne *m* (électron) / neutrodyne
neutrographie *f* / neutron photography, neutrography || ~ **impulsionnelle** / pulsed neutrography
neutron *m* (phys) / neutron, n, Nn || ~ **différé** / delayed neutron || **~s** *m pl* **épicadmiques** / epicadmium neutrons *pl* || ~ *m* **épithermique** (nucl) / epithermal neutron || ~ de **fission** / fission neutron || ~ **froid** / cold neutron || ~s *m pl* **instantanés**, neutrons prompts *m pl* (terme déconseillé) / prompt neutrons *pl* || ~ *m* **intermédiaire** / intermediate neutron || ~ **lent** / slow neutron (energy below 0.1 MeV) || ~ **pulsé** / pulsed neutron || ~ **rapide** / fast neutron (energy above 0.1 MeV) || **~s** *m pl* de **résonance** (nucl) / resonance neutrons || ~ *m* **retardé** / delayed neutron || ~ **subcadmique** / subcadmium neutron || ~ **thermique** / thermal o. slow neutron || ~ **type C** / C-neutron || ~ **utile** / useful neutron || ~ **vierge** (nucl) / virgin neutron
neutronique *f* / science and study of neutrons
neutronographie *f* (ELF) / neutron radiography, neutron graphy
neutro·phile (teint) / neutrophil || ~**sphère** *f* (jusqu'à 80 km altitude) / neutrosphere
névrine *f* (chimie) / neurin
newton *m*, N (1 N = 1 mkg s^{-2}) (phys) / newton
newtonien / newtonian
nez *m* (aéro) / nose [tip] || **à ~ coudé** (pince) / bent || **au ~ lourd** (aéro) / nose- o. bowheavy || ~ **basculant** (aéro) / droop nose || ~ du **bloc à colonnes** / fastening spigot of a die set || ~ de **broche** (m.outils) / spindle nose, tool shank || ~ de **broche avec faux-plateau** (m.outils) / spindle nose with faceplate || ~ de **broche porte-fraise** / milling [spindle] head o. nose, spindle nose || ~ de **brûleur** / gas port nose || ~ de **buse** (plast) / orifice land, die land || ~ de **centrage** / centering pivot || ~ de **fixation** (découp) / spigot of a die || ~ de **marche** / nosing of stairs || ~ de **proue** (nav) / prow, head || ~ de la **tuyère** / tuyère snout o. nozzle
NF = Norme Française
n-gone *m* **tridimensionnel** / n-gon [in space]
niacine *f* / nicotinic acid, niacin
niccoleux / nickelous, nickel(II)...
niccolique / nickelic, nickel(III)...
niccolite *f* (min) / arsenical nickel, niccolite
niche *f* / wall recess || ~ à **chien** (four Martin) / dog-house || ~ d'**écrémage** (verre) / skimming pocket || ~ d'**enfournement** (four à verre) / dog-house, filling end || ~ de **fenêtre** / window bay o. niche o. recess || ~ de **tunnel** / recess in a tunnel, refuge hole
nichrome *m* / Nichrome (an alloy of Driver Harris Org.)
nickel *m* / nickel, Ni || **bi-** *m*, **[tri-]**~ / double, [threefold] nickel coat || ~ d'**affinerie** / refined nickel || ~ **arséniaté** / nickel bloom o. arseniate o. ochre, annabergite || ~ à **bas carbone** / low-carbon pure nickel || ~ **brillant** / bright nickel || **~-carbonyle** *m* / nickel carbonyl || ~ **dur** / solid nickel || ~ en **éponge** / spongy nickel || ~ de **première fusion** / refined nickel || ~ **pur trempé** / solid nickel || ~ **raffiné ou de raffinerie** / refined o. refinery nickel || ~ de **Raney** / Raney nickel || ~ **sulfuré** / hair pyrites || ~ **sulfuré capillaire** (min) / capillary pyrites, millerite || ~ **TD** / TD-nickel (thorium-oxide dispersion hardened)
nickelage *m* / nickel plating, nickeling || ~ **brillant** / bright nickel plating || ~ **électrolytique** / electrodeposition of nickel, nickel electroplating || ~ par **immersion** / nickel dip o. flashing || ~ **noir** / black nickel plating || ~ au **tonneau** *m* / barrel nickel plating || ~ *m* au **trempé** / nickel dip o. flashing
nickelate *m* / nickelate
nickeler / nickel, nickel-plate
nickeleur *m* / nickel plating shop
nickélifère / nickeliferous
nickéline *f* (min) / nickeline, nickelite, niccolite || ~ (électr) / nickeline
nicol *m* / Nicol [prism]
nicomélane *m* (min) / nickel (III)-oxide o. sesquioxide
nicopyrite *f* (min) / nickel pyrites *pl*, bravoite
nicotinamide *f* (chimie) / P.P. factor, pellagra preventive factor
nicotine *f* / nicotine
nicot[in]isme *m* / nicotine poisoning
nid, à ~ d'abeilles / honeycombed || **par ~s** (mines) / by groups || ~ de **fils brisés**, déformation *f* en lanterne (bâtim, joints) / bird cage || ~ de **minerai** / bunch o. nest of ore, ore pocket || ~ de **poule** (routes) / pothole, pitch-hole (US), chuck hole (US) || ~ de **puces** (verre) / heavy seed
nielle *m* (émail) / niello || ~ *f* (agric) / smut o. blight of wheat
nieller / niello *vt* || ~ (agric) / smut *vt*, blight *vt*
nier / deny
nifé *m* (géol) / nife
nigrosine *f* (teint) / nigrosine
nikethamide *m* / nikethamide, N,N-diethylnicotinamide
nile *m* (nucl) / nile
nille *f* / crank handle
nilpotent (math) / nilpotent
nimbostratus *m* / nimb[ostrat]us
ninhydrine *f* / Ninhydrin, 1,2,3-indantrione hydrate
niobate *m* / niobate
niobite *f* (min) / niobite
niobium *m* / niobium, Nb, (US) a.: columbium, Cb

nipplage *m* d'**électrodes** / electrode assembling o. joining
nipple *m* / fitting || ~ à **brides** / nipple with flange end || ~ **fileté mâle** / nipple with male thread end || ~ **fileté mâle conique** / nipple with male taper end || ~ de **graissage à bille** / domed-head o. ball-type lubricating nipple || ~ de **graissage à trémie** / funnel type lubricating nipple || ~ de **graissage à cône** / hydraulic type lubricating nipple (formerly: conical lubricating head) || ~ pour **prise d'eau** / nipple with stand pipe end || ~ de **réduction** / reducing nipple
nit *m* (= 10^{-4} sb) (vieux) (opt) / nit, nt || ~ (= 1,44 bit) (ord) / nit
nital *m* (chimie) / nital
nitinol *m* (alliage) / nitinol
niton *m* (chimie) / radon, Rn
nitrable (chimie) / nitrable
nitramine *f* (chimie) / nitramine
nitratation *f* / nitration
nitrate *m* / nitrate(V) || ~ d'**amidon** / starch nitrate, nitro starch || ~ d'**ammoniaque** / nitrate of ammonium || ~ d'**argent** / lunar caustic, silver nitrate || ~ d'**argent colloïdal** / lunosol || ~ de **bismuth** / bismuth nitrate || ~ de **bismuthyle** / bougival white || ~ de **calcium** / calcium nitrate, nitrate of lime || ~ de **cellulose** / cellulose nitrate, nitrocellulose || ~ **céreux** / cerium nitrate || ~ de **cobalt** / cobalt nitrate || ~ de **cuivre** / copper nitrate || ~ **ferreux** / ferrous nitrate || ~ **ferrique** / ferric nitrate || ~ de **nickel** / nickel nitrate || ~ de **plomb** / lead nitrate || ~ de **potassium** / nitrate of potassium || ~ de **potassium** / nitrate of potassium, potassium nitrate || ~ de **sodium** / sodium nitrate, nitrate of sodium || ~ de **strontium** / strontium nitrate || ~ **uranique ou d'uranyle** / uranyl nitrate
nitration *f* (chimie) / nitration || ~ en **phase vapeur** / vapour-phase nitration
nitre *m* / potassium nitrate || ~ en **baguettes** / nitre in bars || ~ **cubique du Chili** / Chile saltpeter o. niter o. saltpetre (GB) o. nitre (GB)
nitrer (chimie) / nitrate *vt*
nitreux (chimie) / nitrous, nitrogen(II)... || ~ / containing saltpeter || ~ (bact) / nitrogen-fixing
nitrière *f* / niter bed o. vein
nitrifiant (bactéries) / nitrogen-fixing (bacteria)
nitrification *f* / nitrification || ~ par **nitrobacters** (transformant des nitrites en nitrates) / nitration, second stage of nitrification || ~ par **nitromonas** (synthétisant des nitrites) / nitrozation, first stage of nitrification
nitrifier (biol) / nitrify
nitrile *m* (chimie) / nitrile || **~s** *m pl* / nitriles *pl* (cyanides of organic chemistry) || ~ *m* **acrylique** / acrylonitrile, pentenenitrile
nitrique / nitric, nitrogen(III)... o. (V)...
nitrite *m* / nitrite, nitrate(III) || ~ d'**éthyle** / ethyl nitrite, nitrous ether || ~ de **sodium** / sodium nitrite
nitro-alcane *m* / nitroalkane || **~-alizarine** *f* / nitro-alizarin[e] || **~amidon** *m* / starch nitrate, nitrostarch || **~-aniline** *f* (teint) / nitro aniline || **~bacters** *m pl* / nitrifying bacteria, Nitrobacteriaceae *pl* || **~benzène** *m* / nitrobenzene, [oil of] mirbane || **~calcite** *m* (min) / nitroalcite || **~carbamide** *m* / nitrocarbamide, -urea
nitrocellulose *f* / cellulose nitrate, nitrocellulose || ~ **acétylée** / acetylated nitrocellulose || ~ **endeka** / endeka nitrocellulose || ~ **ennea** / ennea nitrocellulose
nitrocomposé *m* / nitro compound
nitrogène *m* (vieux), azote *m* / nitrogen, N
nitro·glycérine *f* / [tri]nitroglycerin[e], -glycerol (US), blasting o. explosive oil || **~glycol** *m* / nitroglycol || **~guanidine** *f* (explosif) / nitroguanidine || **~méthane** *m* / nitromethane (GB), nitrocarbol(US) || **~mètre** *m* (chimie) / nitrometer || **~monas** *m pl* / nitrous bacteria *pl*, nitrite bacteria *pl*, Nitrosomonas *pl* || **~penta** *m* (explosif) / penta-erythritol o. -erythrityl tetranitrate, PETN, nitropenta || **~phénol** *m* / nitrophenol || **~phile** (bot) / nitrophilous || **~propane** *m* / nitropropane || **~prussiate** *m* / nitroprusside || **~prussiate** *m* de **potassium** / potassium nitroprusside || **~prusside** *m* de **sodium** / [di]sodium pentacyanonitrosyl-ferrate(II)
nitrosamine *f* / nitrosamine
nitrosation *f* / nitrozation
nitroso·benzène *m* / nitrosobenzene, -benzol
nitro·syle *m* / nitrosyl || **~toluène** *m* / nitrotoluene || **~toluidine** *f* / nitrotoluidine || **~-urée** *f* / nitrocarbamide, -urea || **~xylène** *f* / nitroxylene
nitruration *f* / nitriding [process], nitrogen case hardening, nitration o. nitride hardening || ~ en **bain [de sels]** / bath nitriding, liquid nitriding || ~ en **bain de sels fondus** / tenifer treatment, soft nitriding, Tuffride process || ~ **brillante** (sidér) / blind nitriding, pseudonitriding || ~ par **cément pulvérulent** / powder nitriding || ~ par **échange d'ions** / plasma nitriding, ionitriding || ~ d'**insertion** / solution nitriding || ~ **liquide** / bath nitriding, liquid nitriding || ~ en **phase gazeuse** / gas nitriding || ~ au **plasma** / ionitriding, plasma nitriding
nitrure *m* / nitride || ~ de **bore** / boron nitride || ~ de **bore cristallin** / cristalline boron nitride, CBN || ~ de **fer** / iron nitride || ~ de **niobium** / niobium nitride || ~ de **silicium** / silicon nitride
nitruré en **bain** / bath nitrided || ~ en **phase gazeuse** / gas nitrided
nitrurer / nitride *vt*, nitrogen case harden, nitration o. nitride harden || ~ par **échange d'ions** / ionitride *vt* || ~ au **plasma** / plasma-nitride
nitryle *m* (plast) / nitryl
niveau *m* / level || ~ (télécom) / level, pulse || ~ (arp) / level[l]ing instrument || ~ (mines) / streak, worked stratum, horizon || ~, étage *m* (arp) / horizontal plane, level || ~ (géol) / horizon || **à ~ de sol** (bâtim) / at ground level || **à ~x différents** (routes) / grade-separated, fly-over, multi-level || **à ~x multiples** / multi-level || **à un seul** ~ (routes) / at-grade, single-level || **au** ~ (nav) / horizontal, level || **au** ~ [de], de niveau [avec] / flush [with], level [with] || **de** ~ (mines) / horizontal || **être au** ~ [avec] / be o. lie level [with] || **être de ~ avec le rez-de-chaussée** / be at ground level || ~ **absolu de haute fréquence** (télécom) / HF absolute level || ~ **accepteur** (électron) / acceptor level || ~ d'**acier liquide** (sidér) / liquid steel level || ~ **actif** / active level || ~ d'**allure** (ordonn) / level of performance, efficiency || ~ d'**allure standard** (ordonn) / standard rating || ~ d'**amortissement** (électron) / squelch level || ~ **apparent** / apparent horizon || ~ d'**assurance de qualité** / assessment level || ~ **automatique** (instr) / rapid o. quick levelling instrument, quick-setting o. autoset level || **~x** *m pl* d'un **bâtiment** / the different stories of a building || ~ *m* du **bief** / raised o. banked-up water level || ~ du **blanc** (TV) / white level || ~ de **bruit** / level of surrounding noises, noise level || ~ de **bruit** (électron) / noise level || ~ du **bruit de fond** / level of background noise || ~ de **bruit permanent** / continuous sound level || ~ de **bruit photoélectrique** (TV) / photoelectric noise level || ~

des **bruits perçus** / level of perceived noisiness || ~ à **bulle d'air** (arp) / water level, air o. spirit level || ~ à **calage automatique** voir niveauautomatique || ~ de **captage** (semicond) / trap level || ~ de **carburant** / gasoline (US) o. petrol (GB) o. fuel level || ~ de **charpentier** / bubble o. air level || ~ de **clichage** (mines) / surface level || ~ de **commande** / control level || ~ de **confiance** (contr.qual) / confidence coefficient o. level || ~ de **contrôle** (instr) / test o. check level || ~ de **contrôle** (contr.qual) / inspection level || ~ de **crête** (TV) / peak level || ~ de **croisière** (aéro) / cruising altitude o. level || ~ de **déclassement 1** (nucl) / stage 1 decommissioning || ~ de **déclenchement** (radar) / trigger level || ~ de **décollement** (coulée continue) / shrink point || ~ de **desserte** (mines) / drawing o. winding level, [main] haulage level || ~ **donneur** (électron) / donor level || ~ de **dopage** / doping level || ~ au **droit de l'échelle** / level o. depth of water, water level || ~ d'**eau** (hydr) / level line || ~ de l'**eau** / water surface o. level || ~ d'**eau d'amont** / upstream level, upper water level || ~ d'**eau d'aspiration** / suction water level || ~ d'**eau en aval** (hydr) / down-stream level || ~ d'**eau à califourchon** (arp) / striding level, wye level || ~**x** *m pl* d'**eau croisés** / pair of spirit levels at right angle || ~ *m* d'**eau enregistreur** / recording level || ~ d'**eau souterraine refoulée** / confined ground water level || ~ des **eaux** (mines) / water level || ~ de l'**écoute** (TV) / reproducing level || ~ à **effet nul** / no-effect level || ~ **élevé** / high-level || ~ **énergétique ou d'énergie** / energy level, level of energy || ~ **énergétique défini** / discrete energy level || ~ [d'**énergie] d'excitation** (phys) / excitation state o. level || ~ d'**énergie inférieur** (nucl) / lowest energy level || ~ **enregistreur** / recordinglevel || ~ d'**entrée** (électron) / input level || ~ à **équerre** (charp) / level square || ~ **équivalent de bruit** / equivalent noise level || ~ **équivalent d'intensité sonore** / equivalent loudness level || ~ d'**essence** / gasoline (US) o. petrol (GB) o. fuel level || ~ d'**étage** (mines) / main o. drawing o. winding level || ~ d'**état actif** (électronique) / active level || ~ d'**exploitation** (mines) / working plane || ~ d'**extraction** (mines) / drawing o. winding level, [main] haulage level || ~ de **Fermi** / Fermi [characteristic-energy] level || ~ **flottant de la nappe souterraine** / perched water table || ~ du **flotteur** / float ga[u]ge || ~ **fondamental** (atome) / ground state || ~ de **galerie** (mines) / gallery level || ~ de **gris** (TV) / gray level || ~ des **hautes eaux** / high-water level o. line || ~ d'**huile** / oil-level || ~ **hydrostatique** (arp) / hydrostatic level || ~ **[hydro]statique de nappe souterraine** / level of unchecked water course, natural water level, [hydro]static level || ~ d'**illumination** / illumination level || ~ d'**intégration bas,** [élevé] (électron) / small scale integration, SSI, SSI || ~ d'**intensité** (acoustique) / loudness level || ~ d'**intensité de courant** (électr) / current intensity level || ~ d'**intensité sonore en phones** / loudness level || ~ d'**interface** / interface || ~ **intermédiaire** (mines) / intermediate level || ~ **inventif ou de l'invention** / inventive merit o. step, amount of subject matter || ~ d'**isosonie** / loudness level || ~ de **laitier** (sidér) / slag line || ~ du **liquide** / level of a liquid, liquid level || ~ **logique** (ord) / logic level || ~ de **lumière** (TV) / light level || ~ à **lunette** / telescope level || ~ de **maçon** / mason's level || ~ de **marée** / high tide o. water, slack water || ~ **maximal d'enregistrement** (bande magn.) / maximum recording level || ~ **maximal permanent** (hydr) / peak stage || ~ **maximal de la retenue** (hydr) / top water level, maximum storage level || ~ de la **mer** / sea level || ~ de **mesure** (électr) / test level || ~ de **mesure** (télécom) / expected level (US) || ~ **minimal [de retenue]** / low-water mark || ~ **minimum de déclenchement** / minimum triggering level || ~ de **modulation** / modulation level || ~ **moyen d'image** (TV) / average illumination, average picture level, APL || ~ **[moyen] de la mer** / mean sea level, M.S.L. || ~ de la **nappe phréatique ou souterraine** / groundwater level || ~ du **noir** (TV) / black level || ~ du **noir [le plus profond]** (TV) / picture black, black level || ~ du **noir de référence** (TV) / reference black level || ~ **normal** (électrolyte) / nominal level || ~ **normal** (nucl) / ground o. normal state, normal energy level || ~ **nucléaire** / nuclear energy level || ~ à **pendule** / pendulum level || ~ de **pente** (instr) / batter o. slope level, clinometer || ~ de **perçage** / pouring level || ~ **perçu de bruit** / perceived noise level || ~ **perturbateur ou de perturbations** (électron) / noise level || ~ de **piège** (semicond) / trap level || ~ **piézométrique** / piezometric level || ~ à **plomb en demi-cercle** (mines) / protractor, miner's level || ~ de **pompage** (laser) / pumping level || ~ de la **porteuse d'entrée** (télécom) / input carrier level || ~ de **pose** (arp) / air o. spirit level || ~ de **précision** / precision level || ~ de **prélèvement** (essai de mat.) / inspection level || ~ de **pression acoustique**, N.P.A. / sound [intensity o. pressure] level, SPL || ~ **prioritaire ou de priorité** (ord) / precedence rating || ~ de **programme** (télécom) / program level || ~ de **puissance** (télécom) / transmission o. power level || ~ **qualitatif**, N.Q / acceptable level || ~ de **qualité** (gén) / quality class || ~ de **qualité acceptable**, N.Q.A. / acceptable quality level, AQL || ~ de **qualité acceptable préféré** / preferred acceptable quality level || ~ de **qualité toléré** / tolerated quality level || ~ de la **recette de jour** (mines) / banking level || ~ de **référence** (arp) / datum level o. plane || ~ de **référence** (aéro) / datum level, rigging datum || ~ de **référence** (b.magnét) / reference level || ~ de **référence du blanc** (TV) / reference white level || ~ à **réflecteur** / reflecting level || ~ **relatif** (télécom) / relative level || ~ de **remplissage** / fill-up level || ~ de **réseau** / network level || ~ de **résonance** (nucl) / resonance level || ~ de la **retenue** / raised o. banked up water level || ~ de **retour d'air** (mines) / air return level, ventilating course o. road || ~ **réversible** / reversible spirit level || ~ du **rez-de-chaussée** / floor level || ~ de **salaires** (ordonn) / wage level || ~ de **saturation** (eau souterraine) / plane of saturation || ~ de **sensibilité** / sensation level || ~ de **signal de crête** (TV) / peak signal level || ~ des **signaux** / signal level || ~ **singulet** / singlet level || ~ du **sol** (bâtim) / ground level || ~ du **sol** (mines) / surface level || ~ du **sol de l'usine** (sidér) / shop floor o. mill floor level || ~ **sonore** / sound level o. volume || ~ de **sortie** / output level || ~ **spécifique d'un fleuve** / specific level of a river || ~ **sphérique à bulle d'air ou à boîte** / box[ed air] level, circular bubble o. level || ~ **supérieur du rail** / surface o. top of rail || ~ de **suppression** (TV) / blanking o. pedestal level || ~ de **synchronisation** / sync level || ~ **technique d'une machine** / engineering level || ~ à **télescope** (arp) / dumpy level || ~ de **tension** (électr) / voltage level || ~ de **transmission** (télécom) / transmission o. power level || ~ de **transmission de la tension** / voltage transmission level || ~ **tubulaire d'air ou à bulle d'air** / level tube (US), tubular [air o. spirit] level || ~ d'**usine** / level of metallurgical works || ~ à **vases communicants** (arp) / U-shaped air o. spirit level || ~ de la **voix** / speech level || ~ de **vol** / flight

level, FL || ~ **vrai** (arp) / datum surface, true level || ~ **zéro** (arp) / dead level || ~ **zéro** (télécom) / zero power level || ~ **zéro relatif** (télécom) / relative zero power level
nivelage *m* (télécom) / level adjustment || ~ (arp) / level[l]ing || ~ à l'**air chaud** (étamage) / hot air levelling || ~ **automatique de précision** (ascenseur) / automatic flush levelling || ~ des **régions** (semicond) / zone levelling
nivelance *f* (galv) / smoothing of surface, levelling
niveler / level, planish || ~ (ch.de fer, routes) / grade *vt*, level *vt* || ~ (arp) / level *vt*
nivelette *f* / boning rod
niveleur *m* (bâtim) / skimmer
niveleuse *f* (agr) / float || ~ **automotrice** (ELF) / earth mover, [bull]dozer || ~ **élévatrice** (routes) / elevating grader || ~ en **fin** (ELF) (routes) / fine grader || ~ pour **motoculteur** (agr) / dozer blade on a walking tractor || ~ **tractée** (routes) / tractor bulldozer
nivelle *f* (instr) / bubble level || ~ (arp) / air o. balance o. spirit level || ~ **sphérique** / box level, circular bubble o. level || ~ **torique** / level tube (US), tubular [air o. spirit] level
nivellement *m* (gén) / levelling || ~ **aller** (arp) / outward levelling || ~ d'**amplitude de base** (TV) / level setting || ~ de l'**axe d'un profil longitudinal** / level[l]ing of a profile o. along a line || ~ **barométrique** / barometric altitude measuring || ~ **général** / Ordnance Survey (GB) || ~ par **point fixe** / fixed point survey || ~ **précis ou de précision** / precision levelling || ~ **réciproque** (arp) / reciprocal levelling || ~ en **retour** / return o. home levelling || ~ **trigonométrique** / trigonometric levelling
NMOS, semiconducteur *m* négatif à oxyde de métal / NMOS
nobélium *m* / nobelium, No
nobilité *f* / nobility
noble (mines) / abundant, rich, productive
nochère *f* (comble) / overflow, (also:) gutter
nocif / harmful, noxiuos
noctovision *f* (TV) / noctovision
noctuelle *f* / noctuid, owlet moth || ~ **du pin** / pine beauty, panolis flammea
nodal / nodal
noder (tiss) / pinch off a knot
nodosité *f* (bot) / nodule
nodulaire (géol) / nodular || ~ (fonderie) / nodular, spheroidal (GB), spherulitic (US)
nodule *m* (géol, sidér) / nodule, lump, clod || ~ (fonte) / nodule, spheroid || ~ de **graphite** (sidér) / graphite nodule || ~ **métallique océanique** / manganese nodule || ~ d'**olivine** (géol) / olivine-nodule || ~ de **phosphate** (océanographie) / phosphatic nodule
noduleux / nodular, nodulized
nœud *m* / knot, (ship also:) hitch, bend || ~ (bois) / knot, knag, branch || ~, nœud de lock (international = 1852 m/h, Angleterre = 1853,181 m/h) (nav) / knot, kn || ~ (math, phys, électr) / node, node point || ~ (constr.en acier) / pin of a framework || ~ (géol) / node || **à ~s pourris** (bois) / unsound, with rotten knots || **sans ~s** (bois) / knotless, clean, clear || **très petit ~** (bois) / pin knot || ~ **adhérent** (bois) / intergrown o. adhering o. tight knot || ~ d'**arête** (bois) / arrisknot || ~ d'**articulation à rotule** / articulation point || ~ **baïonnette** (bois) / knot horn, spike o. splay knot || ~ de **bambou** / joint of bamboo || ~ de **bambou** (extrusion) / stop mark, bamboo ring || ~ de **canne** (sucre) / cane node || ~ de **chaise double** / French bowline || ~ **clair** (bois) / light knot || ~ de **communication** / traffic center, transport nodal point || ~ de **communication par paquets** (télécom) / packet switch node || ~ **coulant** / noose, slip-knot, running knot || ~ **coulant** (jacquard) / slip-knot || ~ **coulant à mousqueton** (jacquard) / spring collet || ~ de **croc** (nav) / midman's hitch || ~ d'**échevette** (tex) / knot of the lea || ~ d'**empattement soudé** / rectangular brazed connection of lead pipes || ~ de **face** (bois) / face knot || ~ du **faisceau** (microsc. électron) / crossover || ~ **ferroviaire** / railway center o. junction || ~ de **filet** / network junction point || ~ **final** (P.E.R.T.) / end point o. node || **~s** *m pl* **groupés** (bois) / clustered knots *pl*, group knots *pl* || ~ *m* de **hauban** (nav) / shroud knot || **~s** *m pl* **isolés** (bois) / scattered knots *pl*, isolated knots *pl* || ~ *m* de **jonction d'extrémité** (constr.en acier) / end point of intersection || ~ de **jonction soudé** / straight brazed connection of lead pipes || **~s** *m pl* **non adhérents**, nœuds morts *m pl* (bois) / dead knots *pl* || ~ *m* d'**onde ou d'oscillation** / oscillation o. vibration node o. nodal point || ~ d'**ossature** (méc) / knot, system point o. center || ~ de **palan** (nav) / midman's hitch || ~ **partiellement adhérent** (bois) / partially intergrown o. adhering knot || ~ **plat** / crown o. reef knot, thief knot (US) || ~ **plat** (bois, défaut) / splay o. spike knot || ~ **plat double** (nav) / reef knot || **~s** *m pl* **plats doubles** (bois) / double spike knots *pl*, double splash knots *pl*, double splay knots *pl* || ~ *m* à **plein poing** (nav) / figure-of-eight knot, overhand knot || ~ de **rive** (bois) / edge knot || ~ **sautant** (bois) / loose knot || **~s sautés** voir nœuds non adhérents || ~ de **serrage** (nav) / clamp knot || ~ de **tamponnage** (tuyaux de plomb) / end seal || ~ de **tension** / node point of tensions || ~ de **tisserand** (nav) / crown o. reef o. weaver's knot, thief knot (US) || ~ **tranchant** (bois) / knot horn || ~ **tranché dans le sens de la longueur** (bois) / spike o. splay knot || ~ **traversant** (bois) / traversing splay knot || ~ de **vache** (nav) / sheet o. becket bend || ~ de **vibration** / oscillation o. vibration node o. nodal point || ~ **vicieux** (bois) / unsound knot
no-fine concrete *m*, béton *m* sans sable / no-fine concrete
noir *adj* / black *adj* || ~ *m* / black || ~ d'**acétylène** / acetylene black || ~ d'**Allemagne** / vine black, German black || ~ d'**aniline** / aniline black || ~ **aniline en un bain** (teint) / one-bath black, one-dip aniline black || ~ **animal ou d'os** (matière) / bone black o. charcoal, spodium || ~ **animal ou d'os** (couleur) / bone black || ~ **antique** (géol) / augite o. black porphyry, melaphyre || ~ **après blanc** (défaut, TV) / black after white || ~ *adj* **brunâtre** / sooty, fuliginous || ~ *m* au **cachou** / cachou, catechu black || ~ **campêche à bain unique** (tex) / single-bath logwood black || ~ de **carbone** / carbon black || ~ de **carbone granulé ou en granulés** / pelletized carbon black || ~ de **charbon de bois** (fonderie) / charcoal blacking || ~ **chargé** (teint) / weighted black || ~ de **chromate de plomb** (tex) / lead chromate black || ~ **colloïdal d'un métal** (électr) / metal black || ~ de **couleur naturelle** / natural black || ~ **diamine** / diamine black || ~ **EPC** (caoutchouc) / EPC carbon black || ~ **et blanc** (typo) / black-and-white, b. & w. || ~ d'**étendage** (tex) / oxidation black || ~ au **ferrocyanure** (teint) / prussiate aniline black || ~ [vapeur] **au ferrocyanure de potassium** (teint) / Prud'homme aniline o. steam aniline black || ~ *adj* **foncé** / jet black || ~ *m* de **fonderie** / facing, blackening || ~ **fourneau** / furnace black || ~ de **Francfort** / vine black, German black || ~ de **fumée** / channel o. gas black, carbon black (US) || ~ de **fumée de craquage** / cracked carbon black || ~ [de **fumée**]

pour fonderies / mould coating o. facing o. dressing o. wash || ~ **furnace** / furnace carbon black || ~ de **gaz** / channel o. gas black, carbon black (US) || ~ *adj* **graphite** / graphite black *adj* || ~ **grisâtre** / dark grey || ~ *m* **HPC** (= hard processing channel) / HPC carbon black || ~ d'**image** (TV) / picture black || ~ d'**imprimerie** / printer's o. printing black, ink || ~ d'**ivoire** / ivory black, blue black || ~ de **jais ou de jayet** / pitchy black || ~ de **lampe** / lampblack, carbon o. furnace o. oil black || ~ pour **lingotières** / ingot mould blackening || ~ **MPC** (= medium processing channel) / MPC carbon black || ~ de **manganèse** / manganese black || ~ de **mazout** / oil black || ~ **minéral** (fonderie) / facing, blackwash || ~ **minéral** (fonderie) / coal dust, sea coal || ~ de **moulage** / [mould] blacking, black wash, blacking carbon (US) || ~ *adj* **moyen** / medium black || ~ *m* **naphtalène AB** / naphthalene black AB || **~-noir** *m* / velvet-black, deep black || ~ d'**os** voir noir animal || ~ d'**oxydation** (tex) / oxidation black || ~ de **palladium** / palladium black || ~ de **Paris** / Paris black || ~ de **pêche** / peach-black || ~ **perturbé** (TV) / noisy blacks *pl* || ~ de **platine** / platinum black o. mohr || ~ **Prud'homme** (teint) / Prud'homme aniline o. steam aniline black || ~ **rapide** (tex) / rapid black || ~ **rationnel** (tex) / rational black || ~ **réduit** (teint) / steam black, noir reduit || **~s** *m pl* du **seigle** / rye o. stripe smut || ~ *m* à **soufre** / sulphur black || ~ **thermal** (caoutchouc) / thermal o. thermatomic black, non-reinforcing black || ~ **tirant sur le brun** / brownish black || ~ au **tunnel** / channel black || ~ à **vapeur** (teint) / steam black, noir reduit || ~ **vapeur au ferrocyanure de potassium** (teint) / Prud'homme aniline o. steam aniline black || ~ **végétal** / ground charcoal

noirâtre / blackish, black, dark

noirci / blackened || ~ par la **suie** / blackened with soot, sooty *sootened*

noircir / black[en] || ~, carboniser / blacken by heat, char || ~ (fonderie) / wash o. face o. paint the mould, black[en] the mould || ~ à la **plombagine** / black-lead *vt* || ~ de **suie** / soot *vt*

noircissement *m* / blackening || ~ (fonderie) / blackening, ashing-over || ~ (typo) / ink density || ~ d'**ampoule** (électr) / bulb blackening || ~ du **fond** (spectre) / fog level || ~ **interne de l'ampoule** / internal blackening || ~ **maximal** (rayons X) / maximum density

noircissure *f* / blackening, black spot

noisettes *f pl* (mines) / single nuts *pl*

noix *f* / nut || ~ *f pl* (mines) / double nuts *pl* || ~ *f* (filage) / whorl, wharve || ~ (trépied) / bosshead || ~ (m.outils) / stop || ~ (rainure) / groove with semicircular section || ~ (électr) / egg insulator || ~ d'**acajou ou de cajou** / cashew nut || ~ du **Brésil** / Brazil nut, Para nut || ~ de la **broche** / spindle whorl o. wharve || ~ à **chaîne** / chain starwheel || ~ de **coco** / coco, coconut || ~ de **corozo** / corozo o. ivory nut || ~ à **crochet** (trépied) / hook connector for tripods || ~ *f pl* de **forge** / smithy doubles *pl* || ~ *f* de **galle** / gall [nut] || ~ de **galle de chêne** (tan) / Aleppo gall || ~ de **galle du pistachier** (tan) / pistachia gall || ~ **isolante** (antenne) / egg insulator || ~ d'**ivoire** / ivory nut, corozo nut || ~ d'un **moulin** / pulley o. wharve of an uptwister || ~ de **muscade** / nutmeg || ~ de **palmiste** / African oil kernel || ~ de **Para** / Brazil nut, Para nut || ~ de **Peka** / peka nut || ~ de **robinet** / plug of a cock o. tap

noliser (Canada) (aéro, nav) / charter *vt*

nom *m* (gén, ord) / name || **de ~ contraire** (électr) / antilogous, of opposite name o. sign o. kind || ~ d'**aspect** (ord) / aspect name || ~ de **charge** (ord) / load name || ~ du **fichier** (ord) / file name || ~ **générique** / generic name o. notion, class name || ~ de **langage** (ord) / language name || ~ de **l'article** (ord) / record name || ~ de **liste** (ord) / report name || ~ **mnémonique** / mnemonic name || ~ **mnémonique d'appareils** (ord) / device name || ~ de **programme** / program identification || ~ **qualifié** (ord) / qualified name || ~ **social** / corporate name || ~ **trivial** (bot, chimie) / trivial name || ~ de **zone** (ord) / array declarator name

nomag *m* (fonte non-magnétique) / nomag

nombrant (math) / non-dimensional, pure

nombre *m* / amount || ~ (math) / figure, cipher, digit || **à ~ pair** / even [numbered] || **à ~ de pôles variable** / pole changing, change-pole... || **du même ~ cardinal** (math) / equinumerous, equivalent to each other || **en ~ impair** (math) / uneven, odd || **faire aller au ~ de tours maximal** / rev up to maximum speed || **grand ~ [de]** / multitude || ~ **abrégé** (télécom) / abbreviated number || ~ à **ajouter** / addend || ~ **aléatoire** / random number || ~ des **alternances** / endurance || ~ d'**alternances de charge à la rupture** / number of cycles to failure || ~ des **alternances du milieu** (son) / sound particle velocity || ~ d'**ampèretours** (électr) / linkage || ~ d'**appels simultanés** (télécom) / traffic flow || ~ **ASTM de couleur** (= American Society for Testing Materials) / A.S.T.M.-color number || ~ **atomique** / nuclear charge [number], atomic number, at. no., charge on the nucleus || ~ **atomique effectif** (chimie) / effective atomic number || ~ **auquel on ajoute un autre** / augend || ~ d'**Avogadro** ($N_A = 6.023 \cdot 10^{23}$ mol^{-1}) (phys) / Avogadro's constant o. number || ~ de **bactéries** / bacterial count || ~ de **barils de ciment par verge cube de béton** (béton) / cement factor of concrete || ~ **baryonique** (nucl) / baryon number || **~s** *m pl* de **base** (normes) / basic numbers *pl* || ~ *m* **binaire** / binary number || ~ de **boucles par unités de surface** (tapis) / beat-up || ~ de **brins** / number of threads o. ends, thread count || ~ de **brins** (conducteur) / number ofwires o. conductors || ~ **caractéristique** / basic o. characteristic number || ~ **cardinal** / basic o. cardinal numeral || ~ **cardinal** (théorie des ensembles) / cardinal number o. numeral || ~ de **chiffres** (math) / number of digits o. figures || ~ de **chocs** (nucl) / collision number, number of collisions || ~ à **cinq chiffres** / number with 5 ciphers, five-digit-figure || ~ de **collisions avec une paroi** / impingement rate, rate of incidents || ~ **complexe** (math) / complex number o. quantity || ~ **composé** / composite number, non-prime number || ~ **conjugué imaginaire** (math) / conjugate imaginary || ~ de **conversations** (télécom) / number of calls || ~ de **coordination** (chimie) / coordination number, CN || ~ des **copies simultanées** (typo) / number of copies from one sheet || ~ de **coups** (foret) / number of impacts || ~ des **covalences de charges** (chimie) / sum of bond and charge numbers || ~ **critique de Mach** / never-exceed Mach number, MNE, M_{ne} || ~ de **crochets** (tex) / number of hooks || ~ de **cycles** / number of operations o. cycles || ~ des **cycles d'oscillations**, nombre de cycles de contrainte subi / endurance, number of [stress] cycles endured before rupture || ~ des **cylindres** / number of cylinders || ~ **de la grosseur du grain** / grain size number || ~ **décimal** / decimal, decimal number || ~ **décimal codé binaire** / binary coded decimal digit || ~ **déficient** (math) / defective number || ~ **défini** / certain number || ~ des **degrés etc** / number of steps || ~ de **dents** / tooth number ||

~ de **dents fictif** (engr.hélicoïdal) / equivalent o. virtual number of teeth || ~ **donné** / given number || ~ de **duites** (tiss) / sett o. density o. gauge of cloth || ~ de **duites par pouce** (tex) / picks *pl* per inch, ppi || ~ d'**éléments d'image** / image spot number || ~ des **enclenchements** / number of switching actuations || **~s** *m pl* **engendrés par projection** / illuminated numerals *pl* || ~ *m* **entier** (math) / integer, integral o. whole number || ~ **entier binaire** / binary integer || ~ d'**erreurs** / error count || ~ des **étages** / number of steps || ~ d'**étrangéité** (nucl) / strangeness || ~ des **fibres** / number of fibers, fiber count || ~ **figurant sous le radical** (math) / radical quantity o. expression, radicand || ~ de **fils** / number of threads, thread count || ~ des **fils** (retors) / folding number || ~ des **fils cassés** (tex) / end breakage [rate] || ~ **fini** / finite integer o. number || ~ de **flux** (turb. à vapeur) / number of flows || ~ **fractionnaire** (math) / fraction || ~ de **Froude** / Froude number || ~ de **germes** / bacterial count || **~-guide** *m* (source lumineuse) / guide number || **~-guide** *m* pour **flash** (phot) / flash exposure guide number || ~ d'**identification** (ord) / identification number || ~ d'**identification** (ordonn) / identification number || ~ d'**images** (film) / frames/sec || ~ **imaginaire** (déconseillé), nombre *m* complexe / imaginary number || ~ **impair** / odd number || ~ d'**impuretés** (pap) / dirt count || ~ d'**index** / index number || ~ **initial de dispositifs survivants** / initial number of undamaged components || ~ **intrinsèque** (semicond) / intrinsic number || ~ d'**inversions** / number of reversals || ~ **irrational** (math) / surd || ~ **isotopique** / isotopic number || ~ d'**itérations** (ord) / cycle criterion || ~ **leptonique** (phys) / lepton number || ~ de **lignes** (phot. à fréqu. porteuse) / number of lines || ~ **littéral** / literal number || ~ du **logarithme** (math) / inverse logarithm, antilogarithm || ~ de **Loschmidt** (phys) / Loschmidt number || ~ de **Mach** (vieux) / Mach [number], M., critical velocity ratio || ~ de **Mach indiqué** / registered Mach number || ~ de **Mach Mne** / maximum permissible indicated Mach number, Mne (never exceed) || ~ de **Mach Mno** / normal operating Mach number || ~ de **Mach de rotation** / tip Mach number || ~ de **Mach de vol** / flight Mach number || ~ **magique** (nucl) / magic number || ~ de **mailles à un pouce et demi** (bonnet) / gauge, gge || ~ de **masse** (phys) / mass number || ~ de **Mersenne**, M_n / Mersenne number, M_n || ~ **mesh** / mesh [width o. size], aperture width o. size || ~ **mixte** (math) / heterogenous number || ~ de **modes** / mode number[s] || ~ **moyen d'échantillons prélevés** / average sampling number || ~ **national** (télécom) / national number || ~ **népérien** / neper number || ~ **normal** / preferred number || **~s** *m pl* **normaux** / standard series of numbers || ~ *m* de **Nußelt ou de Nusselt** / Nusselt number || ~ d'**occupation** (nucl) / occupation number, population number || ~ d'**onde**, répétence *f* (phys) / wave number, repetency || ~ **opérateur** / operand || ~ des **opérations** / number of operations o. cycles || ~ d'**or** (colloïde) / gold number || ~ d'**or** (math) / golden section || ~ **ordinal** (math) / ordinal [number] || ~ **ordinal effectif** (chimie) / effective atomic number || ~ des **oscillations** / [vibration o. oscillation] frequency || ~ d'**oscillations pendulaires** (horloge) / number of vibrations || ~ d'**ouverture** (phot) / aperture number, f-number || ~ d'**oxydation** (p.e. + 2) / oxidation number (e.g. + 2) || ~ π **[dit de Ludolf]** / Ludolf's number, number π || ~ de **pages** / folio, page number || ~ **pair** / even number || ~ de **paires de pôles** (électr) / number of pairs of poles || ~ **palindrome** / palindrome [number] || ~ de **Péclet**, Pe (hydr) / Péclet number || ~ de **périodes** (électr) / frequency, number of cycles, periodicity || ~ de **phases** / phase number, number of phases || ~ de **pièce** (liste des pièces) / piece number || ~ des **pièces** / number of pieces || ~ de **pièces prélevées dans le tas** / sampling size || ~ des **places [assises]** / seating capacity || ~ des **plateaux** (chimie) / number of [exchange] plates || ~ de **pliages alternés** / number of reversed bending stresses, number of alternate bends || ~ de **pliages répétés** (pap) / number of double folds || ~ de **plis** / ply rating [number], PR || ~ de **Poisson** (méc) / Poisson's ratio || ~ de **pôles** (électr) / number of poles || ~ de **position** (liste des pièces) / piece number || ~ de **Prandtl** / Prandtl number || ~ **premier** (math) / prime number o. integer || ~ **premier** / prime number || ~ **proportionnel** / proportional number || ~ **pseudo-aléatoire** (math) / pseudo-random number || ~ **purement imaginaire** (math) / pure imaginary number || **~s** *m pl* de **Pythagore** / Pythagorean numbers *pl* || ~ *m* **quantique** / quantum number || ~ **quantique azimutal ou azimutique** / orbital o. second quantum number, azimuthal o. rotational o. secondary quantum number || ~ **quantique «charme»** (phys) / supercharge, peculiarity, charming quantum number || ~ **quantique interne** / total angular momentum quantum number || ~ **quantique magnétique** / magnetic quantum number || ~ **quantique du moment angulaire** / angular momentum quantum number || ~ **quantique orbital** / orbital o. second quantum number || ~ **quantique des oscillations** / vibrational quantum number || ~ **quantique principal** / first o. main o. principal o. total quantum number || ~ **quantique rotatoire** (nucl) / rotational quantum number || ~ **quantique secondaire**, voir nombre quantique azimutal (phys) / azimuthal o. secondary quantum number || ~ **quantique de spin** / spin quantum number || ~ **quantique du spin isotopique** / isotopic spin quantum number || ~ **quaternaire** (math) / quaternary number || ~ de **rangées** (métier Cotton) / number of courses || **~s** *m pl* **rationnels** / rational numbers *pl* || ~ *m* **réel** / real number || ~ de **référence** (dessin) / reference number || ~ à **retrancher** / subtrahend || ~ de **Reynolds** / Reynold's number || ~ de **route [marqué sur la rose]** (aéro, nav) / course figure || ~ de **Schmidt** (phys) / Schmidt number || ~ à **soustraire** / subtrahend || ~ des **spires** (filetage, fraise) / number of starts || ~ des **spires** (électr) / number of turns || ~ **tex** (tex) / tex number || ~ **total de charge** / total charge number || ~ de **tours ou de tours/min** / speed, number of revolutions, revolutions/min *pl*, rpm, r.p.m., RPM, revs *pl* || ~ de **tours critique** / critical speed || ~ de **tours d'entraînement** / speed of the driving motor || ~ de **tours à marche à vide** / idling o. no-load speed, idle-running speed || ~ de **tours en relation de la distance** (auto) / constant W for vehicles || ~ de **tours en surcharge** / overload speed, number of revolutions under overload || ~ **transcendant** (math) / transcendent[al] function, [number] || ~ de **transport** (chimie) / transport number || ~ **triadique** (math) / triad || ~ **un** / one || ~ d'**un seul chiffre** (math) / number of one place o. digit || ~ de **valence** / valence o. valency number || ~ de **viscosité** / coefficient of viscosity, viscosity number || ~ **volumique de molécules** / number density of molecules || ~ **volumique de neutrons** / neutron number density || ~ **volumique [de paires] d'ions** /

ion o. ionic concentration
nombrer / number *vt*
nombreux / numerous || **à nombreuses têtes** (m.Cotton) / multi-section[ed]
nomenclature *f* / nomenclature, system of naming || ~, liste *f* des pièces / list of parts, piece list, bill of materials (US) || ~ des **couches** (bâtim) / list of soil courses || ~ de **Genève** (chimie) / Geneva nomenclature || ~ de **tubes** (électron) / tube nomenclature
nominal / nominal, calculated, rated
nommer / denote, nominate
nomogramme *m* à **alignement ou à points alignés** / nomogram, -graph || ~ de **mélange** (pétrole) / blending chart || ~ de **viscosité** (pétrole) / blending chart, viscosity [blending] chart
nomographie *f* / nomography
non abrasif / non-abrasive || ~ **abrégé** (math) / unabridged, long-hand... || ~ **accolé** / uncemented || ~ **acide** (pap) / acid-free || ~ **acidifié** / not acidified || ~**-addition** *f* (m.compt) / non-add, total elimination || ~ **adhérent** (nœud) / dead, encased, non adherent || ~ **adressable** (ord. mémoire) / shaded, non addressable || ~ **adultéré** / pure || ~ **aigu** (électron) / flat || ~**-aimantable** / non magnetizable || ~ **ajustable** / nonadjustable || ~ **ajusté** / unmatched || ~**-alignant** / out of alignment || ~ **allié** / unalloyed || ~ **amorti** / non damped, undamped || ~**-aqueux** / non aqueous || ~ **argenté** (verre) / uncoated || ~ **armé** (bâtim) / plain || ~ **armé** (câble) / unarmoured || ~**-automatique** (ord) / separately instructed || ~ **autorisé** / unauthorized || ~ **azoté** / nitrogen-free, non-nitrogenous || ~ **balancé** / unbalanced || ~ **bâti** (terrain) / not built-up [upon] || ~ **bimétallique** / unclad || ~ **blindé** (électron) / unshielded, unscreened || ~ **blindé** (câble) / unarmoured || ~ **bobiné** (résistance) / non-wire wound || ~**-bombé** / crownless || ~**-brevetable** / unpatentable || ~**-câblé à quartes** (télécom) / non-quadded || ~ **calandré** (pap) / egg-shell finish || ~ **calciné** (sidér) / uncalcined || ~ **calibré** / ungraded || ~ **calmé** (acier) / unkilled || ~ **cardé** / uncarded || ~ **centré** (erreur) / unsymmetric, bias || ~ **chargé** (tex) / unloaded, not weighted || ~ **chargé** (auto) / empty, unladen, unloaded || ~ **chargé** (électr) / unloaded || ~ **cimenté** / uncemented || ~ **classé** / ungraded || ~ **clos** / non locked || ~**-coaxial** (électron) / non-coaxial || ~ **codé** (ord) / clear, uncoded || ~**-cohérent** (routes) / friable || ~ **collé** (pap) / badly sized, unsized || ~**-coloration** *f* / decoloration || ~ **coloré** / achromatic || ~ **coloré** / colourless || ~**-combinable** (électron) / non-phantomed || ~ **combiné** (chimie) / free, uncombined || ~ **combustible** / non-flam[mable], non-combustible || ~ **comestible** / inedible || ~ **commandé** / uncontrolled || ~ **compris dans l'horaire** / unscheduled || ~**-conducteur** (électr) / non conducting, insulating || ~**-conducteur** *m* (électr) / nonconductor, insulator || ~**-conflictuel** / non-conflicting || ~ **conforme** / inexpert (handling) || ~ **conforme**, hors spécifications / off specification || ~**-conformité** *f* (géol) / unconformity || ~**-connecté** (calc.industriel) / off-line || ~**-connecté** (ELF) (électr) / off the line || ~**-connecté** (ELF) (ord) / off-line || ~ **consécutif** (ord) / non-contiguous || ~**-continu** / non-continuous || ~ **contradictoire** / self-consistent || ~ **contrôlable** (électron) / non controllable || ~ **convenable** / inexpert (handling) || ~**-corrosif** / corrosion-proof, -resisting, noncorroding, noncorrosive, corrosionless || ~**-corrosif** (pétrole) / sweet || ~ **couché** (pap) / uncoated || ~ **coupé** / uncut || ~ **crépi** (bâtim) / common, raw || ~ **critique** / uncritical || ~ **cuirassé** (câble) / unarmoured || ~ **cuit** (lait) / raw || ~ **cuit** (plast) / uncured || ~ **cuit** (céram) / clay state, unfired || ~**-cyclisé** (chimie) / uncyclized || ~ **dangereux** / harmless || ~ **débité** / not charged || ~**-décimal** / non-decimal || ~**-décolorant** / non discolouring || ~ **décortiqué** (riz) / unpolished || ~ **décreusé** (soie) / gummed || ~ **décrochable** (aéro) / stall-proof || ~ **défilable** (tiss) / ladder-proof || ~ **déformable** / non workable || ~ **déformé** / non distorted, free from distorsion || ~**-dégénéré** (gaz) / non-degenerate || ~ **délayé** / neat || ~ **démonté** (techn) / undismantled || ~ **dénommé** (math) / abstract, absolute || ~ **denté** / non-toothed || ~ **dérangé** / undisturbed || ~ **désiré** / undesired || ~ **destructif** / nondestructive || ~ **détachable** / fixed, unremovable || ~ **déterminé** (math) / abstract, absolute || ~ **dilué** / neat || ~ **directif**, non dirigé (électron) / nondirectional, nondirective || ~ **dirigeable** / ungovernable || ~**-dispersif** (pétrole) / non-dispersive || ~ **dissocié** / undissociated || ~ **distordu** (gén) / undistorted, without distortion || ~ **divisé** / nondivided, one-piece... || ~ à l'**échelle** / not-to-scale, N.T.S. || ~**-éclairant** (flamme de gaz) / non-luminous || ~ **écrit** (pap) / blank || ~**-effaçable** (ord) / nonerasable || ~ **égal** / non-uniform, irregular || ~**-élastique** / nonelastic || ~ **émaillé** (céram) / unglazed || ~ **emballé** / loose || ~ **empierré** (routes) / unmetalled || ~**-encombré** (bâtim) / disencumbered || ~ **enduit** / uncoated || ~**-engorgeable** / unchokable || ~ **entaché d'erreur** / free from errors || ~ **entretenu** / unattended || ~ **équiaxe** (crist) / non-equiaxial || ~ **équilibré** / unbalanced || ~ **équipé** (aéro) / pilotless || ~**-espacé** (typo) / unspaced || ~**-essoré** (sucre) / non-centrifugal || ~ **étanche** / leaky || ~**-étanchéité** *f* / escape, leakage || ~ **étayé** (bâtim) / unbraced || ~ **éteint** (chaux) / quick, unslaked || ~ **étiré** (filage) / undrawn || ~**-euclidien** / non-euclidean || ~**-européen** / extra-European || ~ **évidé** (couteau) / flat ground || ~**-exécutable** / nonexecutable || ~ **exploitable** (mines) / unworkable || ~**-exploitation** *f* (brevet) / non-working of a patent || ~ **[ex]posé** / unexposed || ~ **façonné** (réfractaire) / unshaped || ~ **falsifié** / pure || ~ **faussé** (résultat) / unbias[s]ed || ~ **fermenté** / unfermented || ~**-ferreux** / nonferrous, non-ferruginous || ~**-ferroviaire** (ch.de fer) / off-track || ~ **ferrugineux** / nonferrous, non-ferruginous || ~**-feutrant** (tex) / non-felting || ~ **fiché** (prise de courant) / unmated || ~**-filable** (tex) / nonspinnable, non-spinning || ~ **fissionable** (nucl) / infrangible || ~**-fonctionnel**, passif / nonfunctional, passive || ~**-foulant** (laine) / not milling || ~ **foulé** (tiss) / raw || ~ **frangible** / irrefrangible || ~ **gardé** (passage à niveau) / unmanned || ~ **gardienné** (gare) / unstaffed, unattended || ~**-gazeux** / nongaseous || ~ **gazeux** (boisson) / still || ~ **glacé** (pap) / unglazed || ~ **graissé** / non greased || ~ **grillé** (sidér) / uncalcined || ~ **grisouteux** / free from mine damp, non-fiery, non-gassy || ~ **groupé** (ord) / unblocked || ~ **habité** (espace) / unmanned || ~ **haubané** (mât) / unbraced || ~**-homogène** / inhomogeneous, unhomogeneous || ~ **huilé** / non greased || ~ **hygiénique** / unhealthy, insanitary, unsanitary || ~ **idoine** / inexpert (handling) || ~**-impression** *f* (m.compt) / non print[ing], Np || ~**-indicé** (ord) / non subscripted || ~ **inductif** / anti-induction, -inductive, noninductive || ~ **inflammable** / non-flam[mable], non-combustible || ~ **influencé** / unaffected [by] || ~ **intentionnel** / unintentional, unintended || ~**-interaction** *f* / mutual independence || ~ **interchangeable** / non-interchangeable || ~

interdit unique (nucl) / non-unique forbidden || ~ **interligné** (typo) / unspaced || ~**-ionique** (chimie) / nonionic || ~**-ionisant** (détergent) / non-ionic || ~**-ionisé** (électron) / un-ionized, (tube:) unfired || ~ **isolé** / uninsulated, bare || ~**-isotopique** (nucl) / nonisotopic || ~ **lavé** / unwashed || ~ **lessivé** (pap) / indigested || ~ **liassé** (documents) / unbundled || ~ **lié** / unconnected, independent || ~ **lié** (p.e. cannes) / unbundled || ~ **lié à un type de machine particulier** (ord) / machine- o. computer-independent || ~ **linéaire** / nonlinear || ~ **linéaire** (résistance) / non-linear || ~**-linéarité** *f* / nonlinearity || ~**-linéarité** *f* de **balayage** (TV) / deflection non-linearity || ~**-linéarité** *f* des **blancs** (TV) / white non-linearity || ~**-linéarité** *f* du **noir** (TV) / black non-linearity || ~ **lissé** (pap) / unfinished || ~**-lumineux par lui-même** / illuminated, non selfluminous || ~**-magnétique** / non-magnetic || ~**-maintenu** (relais) / non-locking || ~ **malléabilisé** / unannealed || ~ **maté** / not caulked || ~**-mélangeable** / non-miscible || ~ **mémorisant** (ord) / non storing || ~ **mesuré** / unmeasured || ~**-métal** *m* / nonmetal || ~**-métallique** / nonmetallic, unmetallic || ~**-métamère** / non-metameric || ~ **mis en compte** / not charged || ~ **mis à la masse** (auto) (électr) / ungrounded || ~ **mis à la terre** (électr) / ungrounded || ~**-miscibilité** *f* / unmiscibility || ~**-miscible** / non-miscible, unmiscible || ~**-miscible** à l'**eau** (huile) / straight || ~ **modifié** / unmodified || ~ **modulé** (électron) / unmodulated || ~ **monté** (aéro) / pilotless || ~**-mouillant** *adj* (chimie) / non-wetting || ~**-mouillant** *m* (tex) / non-wetter || ~ **mouvementé** (compte) / inactive || ~**-navigable** / unnavigable || ~ **négatif** (math) / nonnegative || ~**-newtonien** / non newtonian || ~**-normalisé** (ord) / unnormalized || ~**-nucléaire** / non nuclear || ~**-numérique** (ord) / non-numeric[al] || ~**-ohmique** / nonohmic || ~**-ouvré** / rough, undressed || ~**-oxydant** / non-oxidizing || ~**-oxydant** (pap) / non-rust || ~ **oxygéné** / unoxygenated || ~ **partagé** / nondivided, one-piece... || ~ **payant** (mines) / unworkable || ~**-pelucheux** / lint-free || ~ **perforé** (carte jacquard) / unpunched || ~**-périodique** / nonperiodic || ~**-pesanteur** *f* / weightlessness || ~ **pigmenté** (plast) / unpigmented || ~ **pivotant** (m.outils) / not swivelling || ~ **plaqué** / unclad || ~ **plastifié** (plast) / unplasticized || ~ **plastique** / nonplastic || ~**-plat** / non-planar || ~ **pliable** / inflexible, rigid, unpliable || ~**-polaire** / non-polar || ~ **polaire** (chimie) / homopolar, covalent || ~ **polarisé** (électr) / non-polarized || ~ **polarisé** (opt) / non-polarized || ~ **polarisé** (électr, p.e. fiche) / interchangeable || ~ **poli** / unpolished || ~**-polluant** (moteur) / not harmful to the environment (gen), anti- o. low-pollution (engine), conservation-minded (man) || ~**-pollué** / unpolluted || ~ **pondéré** / unweighted || ~**-portant**, -porteur / non-load bearing || ~ **précontraint** (électron) / unbias[s]ed || ~ **préparé** / non treated, untreated || ~ **prévu dans l'horaire** / unscheduled || ~ **prioritaire** (ord) / background..., low-priority... || ~ **producteur** / nonproductive || ~**-professionel** *m* / non-professional, inexperienced hand o. man || ~ **protégé** (électr) / bare, uninsulated, non protected || ~ **pupinisé** (télécom) / non-loaded, unloaded || ~ **purifié** / uncleaned, unpurified || ~**-quantisé** (phys) / non-quantized || ~ **raboté** / unplaned || ~ **radiatif** / radiation-free || ~ au **rapport** (tex) / out-of-register, off-register || ~ **rayé** (canon) / smooth, unrifled || ~ **recuit** / unannealed || ~ **réfléchissant**, non-réflecteur / free from reflections || ~**-réglable** / fixed || ~**-réglé** / unregulated || ~**-relativiste** (phys) / nonrelativistic || ~ **relié** (typo) / in sheets || ~ **relié**, non lié / unconnected || ~ **rémanent** (ord, mémoire) / volatile || ~**-rémanent** (TV) / nonstorage || ~ **rentable** / uneconomic[al] || ~ **rentable** (mines) / unworkable || ~ au **repérage** (typo) / out-of-register, off-register || ~ **résolvé** (chimie) / in suspense || ~ **résonant** / off-resonance, non-resonating || ~ **retordu** / twistless, untwisted || ~ **retouché** (phot) / untouched || ~ **retour** / disposable, expendable, non returnable, one-trip..., throw-away... || ~**-réversible** / irreversible || ~ **rogné** (typo) / uncut || ~ **saturé** (phys) / unsaturated || ~ **scellé** (matière radioactive) / unsealed || ~ **scorifère** / non clinkering || ~**-sens** *m* (math) / nonsensicalness, senselessness || ~ **séparé par des interlignes** (typo) / unspaced || ~**-siccatif** (pétrole) / nondrying || ~ **singulier** (math) / nonsingular || ~ **soumis à des tensions internes** / free from internal stresses || ~ **soutenu** / unsupported, self-contained || ~ **spécifique** / non specific || ~**-sphérique** / non-spheric[al], aspherical || ~**-standard** / non-standard || ~ **stationnaire** (courant) / non stationary || ~**-stop** / nonstop || ~**-sublimant** / resistant to sublimation || ~**-sucre** *m* / nonsugar || ~ **sujet à la rupture** / break-proof, resisting to fracture o. breaking || ~ **sujet au vieillissement** / non ageing || ~ **suralimenté** (mot) / naturally aspirated || ~**-surrégénérant** (nucl) / non-breeding || ~ **surveillé** / unattended || ~ **suspendu** (ch.de fer, auto) / non-suspended, unsprung || ~**-syndiqué** (ordonn) / free || ~ **syntonisé** (électron, antenne) / untuned || ~ **tachant** / non staining || ~ **taillé** (diamond) / raw || ~ **taillé** (pierre) / undressed, uncut, unhewn, rough || ~ **tanné** (cuir) / undressed || ~ **teint** (tiss) / undyed, raw || ~**-tissé** *adj* / nonwoven *adj* || ~**-tissé** *m*, **nontissé** (tex) / nonwoven, bonded web || ~ **tordu** (filage) / twistless || ~**-tourbillonnaire** / non-swirl || ~ **toxique** / poisonless, non-poisonous || ~**-traitable en usine** (mines) / unworkable, unsmeltable || ~ **traité** / non treated, untreated || ~ **transparent** / opaque || ~ **travaillé** / rough, undressed || ~ **trempé** / non soaked, non steeped || ~ **trempé** (acier) / unhardened, soft || ~ **tributaire du type d'appareil** (ord) / device independent || ~ **trié** / ungraded || ~ **uniforme** / non-uniform, irregular || ~**-uniformité** *f* (laser) / non-uniformity || ~**-usinable** / unworkable || ~ **usiné** (techn) / rough, unworked, non machined || ~**-utilisation** *f* / non-utilization || ~ **valable** / invalid, void, not applicable || ~**-valent** (chimie) / nonvalent, zerovalent, avalent || ~ **verrouillé** (ch.de fer) / non-interlocked || ~ **vieilli** (métal léger) / [quenched but] non aged || ~**-vieillissant** / non-ageing || ~**-volatil** (chimie) / fixed, non volatile || ~ **volatil** (ord, mémoire) / nonvolatile, permanent || ~ **voulu** / unintentional || ~ **vulcanisé** (caoutchouc) / uncured, new

nonalole *m* / nonalol, n-nonyl alcohol

nonane *m* (chimie) / nonane

NON-ET (fonction) / NAND

NON inhibition à **seuil** *f* (comm pneum) / threshold NOT relay

nonne *f*, Lymantria monacha (parasite des pins) / black-arched moth, nun o. night o. tussock moth, pine moth

nonode *f* (tube) / nonode

nonose *m* (chimie) / nonose (a monosaccharide)

NON-OU (fonction) / NOR

nopage *m* (tex) / nap finish

nope *f* (filage) / nap, nub, knop, burl, knot || ~ de **laine** / burl, wool knop

noper (tiss) / nap *vt*, nep, knop
noquet *m* (bâtim) / flashing || ~ de **plomb** / gutter lead
NOR *m* / NOR-function, non-disjunction
noradrénaline *f* / noradrenaline, norepinephrine
nord *m* **géographique** (nav) / true north || ~ **magnétique** (nav) / magnetic north
noria *f* (hydr) / noria || ~ à **godets oscillants** / chain and bucket conveyor, pendulum bucket o. swing bucket conveyor, suspended swing tray conveyor
norite *f* (géol) / norite
norleucine *f* / norleucine, 2-aminohexanoic acid
normal / normal || ~, habituel / normal, common, ordinary, conventional, usual || ~ (chimie) / normal || ~ (géom) / perpendicular to a surface o. curve
normale *f* (math) / normal [line], perpendicular || ~ (opt) / normal line, axis of incidence || ~ à la **base** (méc) / centrode normal || ~ de **front d'onde** / wave normal || ~ **principale** (courbe spatiale) / principal normal
normalement / normally
normalisation *f* / standardization, normalization || ~ (ord) / normalization || ~ (acier) / normalizing || ~ **ultérieure** (ord) / postnormalization
normalisé / standard, standardized
normaliser / standardize || ~ (sidér) / normalize || ~ (dureté de l'eau) / standardize the hardness of water
normalité [d'une **solution**] *f* (chimie) / normality
normatif / standardizing
norme *f* / norm, rule || ~ (réglementation technique) / standard || **à deux ~s** (TV) / dual standard... || ~ **américaine des dimensions de tôles** / U.S. Standard sheet metal gage || ~ de **base** / basic specification || ~ **C.C.I.R.** (TV) / European television standard, Gerber television standard, C.C.I.R. standard || ~ de **construction** / code of construction || ~ de **dimensions et de tolérances dimensionnelles** / size standard || ~ **ECMA** (= European Comp. Manufacturing Assn) / ECMA-standard || ~ **enregistrée** / valid standard (France) || ~ d'**essai** / test standard || ~ **expérimentale** (techn) / initial (US) o. tentative standard || ~ **fonctionelle** / performance standard || ≗ **Française**, NF / French standard || ~ **harmonisée** / harmonized specification o. standard || ~ **industrielle** / industry standard, industrial standard || ~ **internationale** / international standard || ~ de **lignes** (TV) / line standard || ~ de **livraison** / delivery standard || ~ de **matériaux** / material standard || ~ **nationale** / national standard || ~ **obligatoire** / mandatory standard || ~ **provisoire** / tentative standard, draft code || ~ **provisoire** (ordonn) / temporary standard rate, temporary time value || ~ de **qualité** / quality standard for materials || **~s** *f pl* **T.A.P.P.I.** / T.A.P.P.I. standard methods *pl* (Technical Association of Pulp and Paper Industry, USA) || ~ *f* de la **technique routière** (ELF) / standard of road engineering || ~ de la **télévision** / television standard || ~ de la **télévision en noir et blanc** (TV) / black-and-white television standard || ~ **terminologique** / terminological standard || ~ d'**usine** / company standard, works standard || **~s** *f pl* **VDE** / VDE standards *pl*
normographe *m* / writing pattern
nota *m* / notice
NOTAM *m* (= notice to airmen) / notam
notation *f* (math, ord) / notation || ~ à **base fixe** (ord) / fixed-base o. fixed-radix notation o. representation || ~ de **caractères** (ord) / character representation || ~ **chimique** / notation || ~ **décimale** / decimal notation || ~ **externe** / external notation || ~ **factorielle** (ord) / factorial notation || ~ **infixée** / infix notation || ~ **littérale** / literal notation || ~ **matricielle** (ord) / matrix notation || ~ du **personnel** (ordonn) / merit rating || ~ **polonaise**, notation *f* préfixée (ord) / polish notation, prefix notation || ~ **polonaise inversée**, notation *f* suffixée (ord) / postfix o. suffix o. reverse polish notation || ~ **positionnelle** (ord) / after-point-alignment || ~ **symbolique du nombre de résultats** / tally
note *f* / mem, memo[randum] || ~ (musique) / note || ~ (ord) / comment, annotation || **~s** *f pl* **aiguës** / high pitch, treble || ~ *f* de **débit** / debit note || ~ d'**électricité** / electricity bill || ~ **harmonique** (acoustique) / overtone, upper harmonic || ~ **infrapaginale** (graph) / footnote || **~s** *f pl* **marginales** (typo) / marginalia *pl* || ~ *f* [à **payer]** / invoice, bill || ~ de **protection** / protection mark || ~ de **service** / service rules o. instructions *pl*
notice *f*, imprimé *m* / booklet, leaflet, prospectus, printed paper || ~, note *f* / note, memo[randum], mem || ~ (journal) / masthead, imprint || ~ **descriptive** / building specifications *pl* || **~s** *f pl* d'**entretien** / service notes *pl* || ~ *f* **technique** / technical instructions
notification *f* / notification, notice
notion *f* / notion || ~ (dictionnaire) / concept || ~ **corrélative** [à] / correlative || **~s** *f pl* de la **durée de vie** / tool life criteria || **~s et termes** *pl* / concepts and terms *pl* || ~ *f* **pH** / pH-concept || ~ **physique** / physical concept
notionnel / mathematical, imaginary
notule *f* / short note, summary, minute
nouage *m* (filage, tiss) / piecing || ~ de **chaînes** (tiss) / joining of warp
noue *f* (tuile) / valley tile || ~ (lame de plomb ou de zinc etc) (bâtim) / flashing strip || ~ de **toit** / channel of a roof, valley channel o. gutter, neck gutter, hollow
nouer / bind *vt*, knot *vt*
nouette *f* / hip o. ridge tile
noueur *m* (moissonneuse-lieuse) / twine knotter || ~ (personne) / thread binder
noueuse *f* de **chaîne** (tiss) / warp tying machine, tying-in o. twisting-in machine || ~ à **main** (tex) / hand knotter
noueux (bois) / knotty
noulet *m* (bâtim) / neck o. valley channel o. gutter, hollow || **~-chevron** *m* / valley rafter
nourrice *f* (mot) / service tank || ~, pièce *f* d'embranchement / water tank with manifold || ~ (auto) / jerrican (20 liters), spare can
nourrir / refill, replenish || ~ (tan) / stuff *vt* || ~ (agric) / feed *vt* || ~ en **retour** (fonderie) / feed back
nourrissage *m* / cattle breeding, livestock production
nourrissant / nourishing, nutritive, nutritional, nutrient
nourrisseur *m* (tex) / back o. feed[ing] roller
nourriture *f* / aliment [for man] || ~ (tan) / nourishing o. tawing paste, food, feed || ~ pour **porcs** (agr) / wash
nouveau caractère *m* (ord) / insertion || ~ **façonnage** / remaking, reworking || ~ **grès rouge** / new red sandstone || **~x projets** *mpl* / future design || ~ **solde** *m* / new balance
nouveauté *f* / innovation || **~s** *f pl* / fancy goods *pl*
nouvel article *m* (ord) / insertion || ~ **article [dans un fichier]** (ord) / option, addition record || ~ **enregistrement** / overspeaking || ~ **essai** / re-testing || ~ **usinage** / remaking, reworking

nouvelle, de la ~ génération (ord) / follow-on || **jusqu' à ~ information** / until o. unless revoked o. cancelled || ~ **construction** *f* / reconstruction || ~ **éclair** (radio) / flash || ~ **édition** / revised edition || ~ **formation** / new formation o. growth || ~ **surface** / new area
nouvelle *f* / news
nova *f* (pl: novae) (astr) / exploding star, nova (pl: novae, novas)
novae *f pl* **récurrentes** (astr) / recurring novae *pl*
novation *f* (techn) / innovation
novo·caïne *f* / novocaine, procaine hydrochloride || **~laque** *f* (plast) / novolak
noyage *m* / flooding || ~ **artificiel** (pétrole) / waterflood operation, water drive || ~ **bactérien** (pétrole) / bacterial flooding || ~ du **cœur** (nucl) / core flooding || ~ de la **colonne** (chimie) / flooding of a fractionating column || ~ par **vapeur** (pétrole) / steam flooding
noyau *m* (gén, techn, nucl) / core || ~ (fonderie) / mould core || ~ (biol) / nucleus (pl.: nuclei) || ~ (techn) / core, heart || ~ (fruits) / kernel || ~ (ELF) (ville) / core of a city o. town || **à** ~ / cored || **à** ~ (phys) / nuclear, nucleal || **à ~ en acier** / steel cored, SC || **à ~ d'air** (électr) / air-core... || **à ~ métallique** / steel cored, SC || **à trois ~x** (chimie) / three-core || **à un** ~ (biol) / uni-nucleate || **deux ~x benzéniques sont soudés ensemble** / two rings occur together || **sans** ~ / coreless || ~ d'un **aimant** / magnet core || ~ en **argile réfractaire** (fonderie) / fireclay core || ~ de l'**armature** / armature core || ~ de l'**atome** / atomic core o. nucleus, core of an atom || ~ de l'**atome dépourvu d'électrons** / nuclear atom || ~ **benzènique ou de benzène** / benzene nucleus || ~ en **béton** (barrage) / core of a barrage || ~ en **béton armé** (hydr) / core of reinforced concrete || ~ de **bobinage** (magnétophone) / hub for a magnetic tape || ~ de la **bobine** (film) / take-up core || ~ de la **boîte chauffée** (fonderie) / hot-box core || ~ de la **can[n]ette** (tex) / cop bit o. bottom || ~ de **caoutchouc** / rubber ply o. core || **~-carapace** *m* (fonderie) / shell core || ~ **central** (méc) / core || ~ de **châssis** (fonderie) / flask core || ~ **chélaté** / chelate [ring] || ~ **cible** (nucl) / target nucleus || ~ **composé** (nucl) / compound nucleus || ~ de **condensation** / condensation nucleus || ~ de **coulée perforé** (fonderie) / dross filter, strainer core || ~ **creux** / hollow o. tubular core || ~ à **déficit neutronique** / neutron deficiency core || ~ de **déroulage** (contreplaqué) / peeler core || ~ **engendré** (nucl) / final nucleus || ~ d'**enroulement** (magnétophone) / hub for a magnetic tape || ~ d'**escalier** (bâtim) / newel || ~ d'**étanchement ou d'étanchéité** (hydr) / watertight core || ~ d'**étranglement** (fonderie) / breaker o. break-off core, knock-off feeder core o. riser core (US) || ~ **fendu** (électr) / split core || ~ de ou en **fer** / iron core || ~ en **fer doux** / core of soft iron, soft-iron core || ~ en **ferrite** (électron) / ferrite core || ~ en **ferrite**, noyau H.F. / HF ferrite core || ~ de **ferrite à boucle rectangulaire** / rectangular loop ferrite core || ~ **ferrite RM** / ferrite RM core || ~ **feuilleté** (électr) / [compact] laminated core || ~ en **fil** (électr) / wire wound core || ~ de la **filière** / pellet of the drawing die || **~-filtre** *m* (fonderie) / strainer core, core runner || ~ **fissile** (nucl) / fissile nucleus || ~ **flottant** (fonderie) / floating core || ~ **hexagonal** (chimie) / six-membered ring || ~ **H.F.** / HF ferrite core || **~x** *m pl* **impair-impair** (phys) / odd-odd nuclei || **~x** *m pl* **impair-pair** / odd-even nuclei || ~ *m* de l'**induit** (électr) / armature core, rotor core || ~ de l'**intégrale de déplacement** (nucl) / displacement kernel || ~ de l'**intégrale de ralentissement** (nucl) / slowing-down kernel || ~ **intermédiaire** (nucl) / compound nucleus || ~ de **liaison** (fonderie) / Washburn core, breaker core || ~ **métallisé** (fonderie) / burnt-on core || **~x** *m pl* **miroirs** (phys) / mirror nuclei[des] || ~ *m* de **moule** / mould insert || ~ **noir** (réfractaire) / black core o. heart || ~ d'**ombre** / umbra, perfect o. complete o. core shadow || ~ d'**origine** (chimie) / initial nucleus || ~ **ouvert** (transfo) / open core || ~ **pair-impair** (phys) / even-odd nucleus || ~ **pair-pair** (phys) / even-even nucleus || ~ **pentagonal** (chimie) / five-ring compound, five-membered ring || ~ **plongeur** (aimant) / solenoid plunger || ~ **PM** (ferrite) / PM-core || ~ **polaire ou du pôle** (électr) / pole core o. shank || ~ en **pot** (électron) / cup core, pot core || ~ en **pot en ferrite** / ferrite pot core || ~ en **poudre** (aimant) / powder core || ~ en **poudre de fer** / HF ferrite core || ~ **primaire** (réacteur) / primary core || ~ **produit** (nucl) / final nucleus || ~ **projectile** (nucl) / projectile nucleus || ~ de **purine** / purine nucleus || ~ **pyridique** / pyridine nucleus, Py || ~ **récepteur** (film) / core || ~ de **recul** (nucl) / recoil nucleus || ~ **résiduaire** / residual nucleus || ~ de **sable vert** (fonderie) / green sand core || ~ **sans fer** (électr) / air core || ~ à **six membres ou chaînons** (chimie) / six-membered ring || ~ **soufflé** (fonderie) / blown core || ~ **toroïdal** (ord) / single-aperture core, toroidal core || ~ du **transformateur** / transformer core || ~ en **U** / U-shaped core || ~ **vitrifié** (fonderie) / burnt-on core || ~ **Washburn** (fonderie) / Washburn [atmospheric] core, breaker core
noyauter (fonderie) / core *vi*
noyauterie *f* (fonderie) / core moulding
noyauteur *m* (fonderie) / core moulder
noyé / immersed, immerged || ~ (chimie, pétrole) / flooded || ~ (électr) / buried, concealed || ~ / underwater..., submerged || ~ (antenne) / streamlined || ~ dans le **sol** / buried
noyer / imbed, embed || ~ (m. outils) / countersink || ~ (mines) / inundate, submerge, flood, overflow, swamp || ~ (pétrole) / flood *vt* || ~, immerger / immerse, immerge || ~, enrober (fonderie) / imbed, embed || ~ (se) (mines) / drown, become submerged || ~ la **chaux** / drown lime || ~ à **mèche-fraise plate** / spot-face || ~ un **moteur** / choke the engine
noyer *m* / walnut, nutwood || ~ **cendré**, noyer *m* gris d'Amérique / butternut (GB), white walnut (US)
noyure *f* / countersink[ing] || ~ pour **vis cylindrique** / counterbore
N.P.A., niveau *m* de pression acoustique / sound [intensity o. pressure] level, SPL
N.Q., niveau *m* qualitatif / quality level
N.Q.A., niveau *m* de qualité acceptable / acceptable quality level, AQL
NR, caoutchouc *m* naturel / NR, natural rubber
NRZ, enregistrement *m* sans retour à zéro / non-return to zero method
NRZ-1, enregistrement *m* sans retour à zéro par changement sur les un / non-return to zero with mark
NRZ-C, enregistrement *m* sans retour à zéro complémentaire / non-return to zero with change
N.T.S.C. (télévision) / N.T.S.C., National Television System Committee (USA)
n-tuple *m* / n-tuple
nu / exposed, bare || ~ (conducteur) / naked, bare, uninsulated || ~ (réacteur) / bare || ~ (galv) / no coating || ~ (mur) / blank || ~ (œil) / unaided, naked || **à l'œil** ~ / unaided, naked || ~ **dormant** / interior plain of a wall || ~ **[fini] d'un mur** / finished plain of a wall || ~

d'un **mur** / plain of a wall
nuage *m* / cloud || **~s** *m pl* / clouds *pl*, cloudiness || **les ~s deviendront plus nombreux** / increasing cloudiness || ~ *m* de **charge d'espace** / charge cloud || ~ de **condensation** (nucl) / condensation cloud || ~ en **couches** / stratus || ~ de **diffusion** (nucl) / scattering cloud || ~ **électronique** / cloud of electrons, electron cloud || ~ en **forme de plume** / cirrus cloud || ~ de **fuel[-oil]** / atomized fuel oil || ~ de **fumée** / volume of smoke || ~ de **fumée** (mil) / smoke || **~s** *m pl* **inférieurs** / low clouds *pl* || ~ *m* **ionique** / ionic atmosphere o. cloud || ~ **lenticulaire ou en forme de lentille** (météorol) / lens shaped cloud || **~s** *m pl* **lumineux** / luminous clouds *pl* || ~ *m* à **mammatus** / mammatus o. festoon cloud
nuageage *m* (peinture) / blushing
nuageux / cloudy, clouded || ~ (teint) / cloudy || ~ (pap) / wild (e.g. lookthrough)
nuançage *m* (teint) / shading, tinge
nuance *f* (gén) / shade, hue, tint, tone || ~ (teint) / shading, tinge, tint || ~ (exécution) / style of execution || ~ (phot, teint) / shading off, blending || ~ d'**acier** / steel quality, steel grading o. grade || ~ de **base** / basic type || ~ **Cardinal** (couleur) / cardinal || ~ de **couleur** / shade of colour || ~ du **fond** (teint) / ground shade || ~ **mixte** (teint) / mixed shade || ~ **secondaire** (teint) / secondary shade || ~ **tirant sur le rouge** (teint) / red cast || **~s** *f pl* de **transition** (teint) / transition shades *pl*
nuancer / tint, tinge, shade, tone || ~ (teint) / grade, graduate, variegate || ~ la **couleur** (bois) / tinge
nuancier *m* / chart of colour range
nubuck *m* / nubu[c]k leather
nucléaire (phys) / nuclear, nucleal
nucléase *f* / nuclease
nucléation *f* (eau) / nucleation of subcooled water || ~ **hétérogène** / heterogeneous nucleation
nucléide *m* / nuclide || ~ **blindé** / shielded nuclide || **~s** *m pl* **isobares** / nuclear isobars || ~ *m* **isodiaphère** (nucl) / isodiaphere || **~s** *m pl* **isomères** / nuclear isomers *pl* || ~ *m* **isotone** (nucl) / isotone || ~ **isotope** / isotope || ~ **miroir** / mirror nuclide || **~-père** *m* / parent nuclide || ~ de **Wigner** / Wigner nuclide
nucléole *m* (biol) / nucleolus
nucléon *m* (nucl) / nucleon
nucléonique *f* / nucleonics
nucléophile (chimie) / nucleophilic
nucléoprotéide *m* (chimie) / nucleoprotein
nucléoside *m* / nucleoside
nucléotide *m* / nucleotide
nue *f* (nuage léger fort élevé) / cloud
nuée *f* / swarm || ~ / storm cloud
nugget *m* / nugget
nuir [à] / damage, harm, impair
nuisance *f* / annoyance || **~s** *f pl* **acoustiques** / annoyance caused by [excessive] noise || ~ *f* de **pollution** / nuisance caused by pollution || **~s** *f pl* **sonores** / annoyance caused by [excessive] noise || ~ *f* par **substances polluantes** / nuisance by polluants
nuisible / detrimental, harmful, injurious, noxious || **pas ~** / innocuous, innoxious, inoffensive
nul *m* / nil
nullité *f* (brevet) / invalidation, nullity
numéral *adj* (ord) / digital || ~ *m* (représentation discrète d'un nombre) / numeral representation || ~ **binaire, [décimal]** / binary, [decimal] numeral
numérateur *m* (math) / numerator || ~ (appareil) / numerator
numération *f* (science) / science ofnumerals || ~ à **base** (ord) / base o. radix notation o. representation || ~ à **base fixe** / fixed-radix notation || ~ à **base multiple**, numération *f* mixte ou à plusieurs bases / mixed-base o. -radix notation o. numeration || ~ **binaire** / pure binary notation o. numeration || ~ **décimale codée binaire** / binary coded decimal notation o. representation, BCD || ~ **mixte** / mixed radix numeration o. notation || ~ **octale** / octal notation o. representation || ~ **pondérée** (ord) / positional notation o. representation || ~ à **séparation ou à virgule fixe, [flottante]** / fixed point, [floating point] representation || ~ à **séparation variable** / variable point representation
numérique (information) / digital || ~ (valeur) / numeral, numerical || ~ (ord) / digital || **en ~** / digital data... || **~-analogique** / digital-analog, d-a
numérisation *f* / digitalization || ~ de **radar** / radar digit[al]ization
numériser / digitize, digitalize
numériseur *m* / remote number indicator
numéro *m* / cipher, number || ~ (filage) / grist of yarn || ~ (commerce) / size, count || **faire ou former le ~** (télécom) / dial, select || **vous vous trompez de ~** (télécom) / wrong number || ~ d'**abonné** (télécom) / call number, subscriber's [telephone] number || **~s** *m pl* **[d'acheminement] postaux** (Suisse) / zip code (US), post code (GB) || ~ *m* d'**aiguilles** / needle number o. size || ~ d'**appel de programme** / call number o. word || ~ **atomique** / nuclear charge [number], atomic number, at. no., charge on the nucleus || ~ **atomique Z** / atomic number Z || ~ **bas** (filage) / low count of thread || ~ de **bloc** (ord) / block number, sequence number || ~ de **châssis** (auto) / vehicle identification number, VIN || ~ **collectif** (télécom) / collective number || ~ de **commande** / stock number || ~ **commercial** (tex) / commercial number || ~ de **compte** / account number || ~ **confidentiel** (télécom) / unlisted number, non published number || ~ de **construction ou du constructeur** / factory o. work's number, constructor's number || ~ de **contrôle** (ord) / check number || ~ **élevé** (filage) / fine o. high count || ~ de **fabrication** / maker's number || ~ de **fabrique** / serial o. maker's number || ~ du **fil** / gauge number, number of wire || ~ du **fil ou de finesse** (filage) / count || ~ du **filet** / rate of thread || ~ **fin** / fine o. high count || ~ de la **garniture** (carde) / card clothing o. wire clothing number || ~ **granulométrique** / grain size number || ~ d'**harmonique** / harmonic number || ~ d'**homologation** (électr) / approval number || ~ d'**identification du véhicule**, VIN / vehicle identification number, VIN || ~ d'**immatriculation** (depuis 1929) (auto) / registration (GB) o. license (US) number || ~ d'**immatriculation de chargeur** (ord) / pack serial number || ~ **indicatif** / basic o. characteristic number || ~ d'**instruction** (ord) / operating number || ~ **international**, numéro *m* [kilogram-]métrique (filage) / metric count, international count || ~ de **machine** / [item] serial number || ~ de **maille** (tex) / number of apertures o. meshes || ~ de **maille** (frittage) / mesh number || ~ du **matériau** / material number || ~ **matricule** (auto) / registration (GB) o. license (US) number || ~ de **matricule** (techn) / serial number || ~ **minéralogique** (jusqu'en 1928) (auto) / registration (GB) o. license (US) number || ~ de la **nomenclature** / reference number, parts list number || ~ **non inscrit** (télécom) / unlisted number, non published number || ~ d'**opération** (ord) / operating number || ~ d'**ordre** / serial number || ~

d'**ordre de séquence** (NC) / sequence number || ~ d'**outil** (NC) / tool number || ~**s** *m pl* **peu communs ou peu usités** / end sizes *pl* || ~ *m* de **pièce** (techn) / part number || ~ de **poste secondaire automatique** / direct dialling number || ~ de **produit** / subject number || ~ [du **ruban] sortant** (coton) / count of delivered sliver || ~ de **séquence** (ord) / block number, sequence number || ~ de **série** / serial number || ~ de **série en cours** (ordonn) / serial number || ~ de la **soie** / silk titre || ~ **sortant** (coton) / count of delivered sliver || ~ de **tamis** / mesh || ~ de **téléphone** / telephone o. call number || ~ d'**usine** / serial number, works number || ~ de **vitesse d'avance** (NC) / feed rate number
numérotage *m* / numbering || ~ , marquage *m* / marking || ~ (soie) / numbering || ~ **CGS** (centimètre, gramme, seconde) (montre) / c.g.s.-numbers *pl* || ~ du **fil** (filage) / count of thread || ~ à **nombre de chiffres invariable** (télécom) / fixed numbering || ~ du **peigne** (tiss) / reed counting
numérotation *f* / numbering || ~ (télécom) / dialling || ~ à **impulsions** (télécom) / loop dialling || ~ **interurbaine automatique** (télécom) / long-distance dialling
numéroter / number *vt* || ~ (télécom) / dial *vt*, select || ~ (graph) / page *vt*, mark o. number the page[s] || ~ d'un **bout à l'autre**, numéroter en continu ou successivement / number continuously
numéroteur *m* / numbering apparatus o. machine, numberer || ~ (graph) / paging stamp || ~ **automatique** / paging machine, numbering machine
nummulitique *m* / Nummulitic formation
nunatak *m* (géol) / nunatak
n-uplet (ord) / n-bit byte
nutation *f* (astr, phys) / nutation || ~ / wobbling, stagger || **en** ~ / drunken
nutritif / nourishing, nutritive, nutritional, nutrient
nutrition *f* / nutrition
nuvistor *m* (électron) / Nuvistor
nyctalope / day-blind, hemeralopic
nyctalopie *f* / nyctalopia, day-blindness, hemeralopia
nylon *m* (plast) / nylon || ~ **6** / polyamidecaprolactame, nylon 6 || ~ **chargé verre** / glass fiber reinforced nylon
nymphe *f* / larva, nymph

O

OB, ordinateur *m* de bureau / desk calculator o. computer
obeche *m* (Nigeria) (bois) / wawa, Ghana obeche
obéir (mot) / start running || ~, observer / comply [with], follow
obéissant (nav) / easily steerable
obélisque *m* (bâtim) / obelisk
objecter / object *vt*, refuse
objectif *m* / purpose, objective, target || ~ (opt) / lens, objective || **à un seul** ~ / one-objective || ~ **achromatique** (phot) / landscape lens, achromatic lens || ~ pour **adoucir** (phot) / soft-focus lens, softening o. spectacle lens, monocle || ~ **anastigmat** / anastigmat[ic lens] || ~ **apochromatique** / apochromatic lens || ~ **bleuté** / coated o. lumenized lens || ~ de **caméra** / movie lens || ~ **combiné miroir-lentilles** / mirror-lens objective || ~ **composé** / composite objective || ~ de **courte [distance] focale** / objective of short focal length || ~ de **définition dure** (phot) / sharp-focus lens, high-definition lens || ~ à **deux lentilles** / two-lens object glass || ~ **Epiplan** / Epiplan objective || ~ **extra-grand-angle** / superwide-angle lens || ~ à **focale fixe** / fixed focus objective || ~ à **focale variable** / zoom lens, variable focus lens, variofocal lens || ~ **grand-angulaire** (phot) / wide angle lens o. objective || ~ à **grande ouverture** / objective of great light transmitting capacity o. power, rapid o. fast lens || ~ à **immersion** / immersion objective o. lens || ~ **interchangeable** / interchangeable lens || ~ à **long terme** / long-range objective || ~ **peu lumineux** / objective of low light transmitting power, slow objective || ~ **lumineux ou à grande luminosité** / objective of great light transmitting capacity o. power, rapid o. fast objective || ~ **non-achromatique en quartz** / chromatic quartz lens || ~ **normal** (phot) / allround lens, standard lens || ~ **photographique** / photographic objective || ~ **POL** / pol-objective || ~ pour la **prise de vue** / lens for shooting || ~ à **rapport fixe** / fixed focus objective || ~**s** *m pl* à **sec** / dry lenses *pl* || ~ *m* **simple** / simple objective || ~ **traité** / coated o. bloomed lens || ~ **zoom** / zoom lens
objection *f* [à] / objection [to]
objectiver / objectify, -ivate
objet *m* / object, article || ~**s** *m pl* d'**art en fonte moulée** / art[istic] castings o. cast goods *pl* || ~ *m* **autoluminescent** / primary light source || ~**s** *m pl* en **béton** / concrete articles *pl* || ~**s** *m pl* **encastrés** / things built in *pl* || ~ *m* **exposé** / exhibit || ~ **fabriqué** / product, manufactured article || ~**s** *m pl* **installés** / things built in *pl* || ~ *m* d'**invention** / object (US) o. subject matter (GB) of the invention || ~ **macroscopique** / macroscopy || ~ **manufacturé** / product, manufactured article || ~ à **mesurer ou de mesure** / test object || ~**s** *m pl* en **métal** / metal goods o. articles *pl* || ~ *m* **moulé** (plast) / moulding || ~ de **phase** (micrographie) / phase object || ~ **postformé** (plast) / postformed moulding || ~ **rond** (fonderie) / circular shape || ~ **spatial** (astron) / space object || ~ **spatial** / object in space || ~ de **transfert** (ord) / transfer target || ~ **usuel** / article of daily use || ~ **volant non identifié** / flying saucer (coll), unknown flying object, U.F.O.
obligation *f* / business, task || ~ d'**attente** (circulation) / obligation to give way || ~ **enforcée** / compulsion, restraint
obligatoire / compulsory || ~ (norme) / mandatory
obliquangle / oblique-angled
oblique (gén, math) / oblique || ~ (coupe) / oblique, draw[ing] || ~ (math) / scalene (triangle) || ~ (tiss) / twill line || ~**ment** / obliquely, transversely, crosswise
obliquité *f* (gén, astr) / obliquity || ~ / inclination, pitch || ~ (cône) / conical form || ~ de l'**axe** (math) / obliquity of axes || ~ **statique** (b.magnét) / static skew
oblitération *f* d'un **palier** / obliteration
oblitérer / obliterate || ~ un **billet** (ch.de fer) / deface a ticket || ~ **[par apposition d'un cachet]** (timbre) / obliterate
oblong / longish, oblong
obscur / dark || ~ (lumière) / dull
obscurcir / darken, obscure
obscurcissement *m* / obscuration || ~ **atmosphérique** / atmospheric turbidity o. murkiness || ~ en **bordure** (TV) / optical border obscurity || ~ aux **coins** (TV) / corner cutting
observable / observable

observateur *m* / observer || ~**-estimateur** *m* (contr.aut) / observer-estimator || ~ de **référence** [colorimétrique] **C.I.E.** / standard colorimetric observer || ~ de **référence colorimetrique 10°** / 10° standard colorimetric observer || ~ de **référence photométrique C.I.E.** / I.C.I. standard observer
observation *f* / observation || ~ **anatomique à échelle macroscopique** / magnifying glass anatomy || ~ des **coups** (mil) / spotting || ~ **directe** / direct viewing || ~ d'**ensemble** (teint) / observation method with grazing incident light || ~**s** *f pl* **instantanées** (ordonn) / activity sampling, ratio delay studies *pl* || ~ *f* **isolée** / single o isolated observation || ~ **orthoscopique** (arp) / orthoscopic viewing
observatoire *m* / observatory, astronomical station || ~ **astronomique orbital**, O.A.O. / orbiting astronomical observatory, OAO || ~ **géophysique orbital** / orbiting geophysical observatory, OGO || ~ **météorologique** / meteorological observatory || ~ **nautique** / naval observatory || ~ **orbital habité** / manned orbiting laboratory, MOL || ~ **solaire orbital** / solar observatory satellite
observer / observe, view, watch || ~, obéir / keep || ~ un **angle** / measure o. determine a bearing || ~ **le point** / work o. make the reckoning, work up the fix, prick up the chart
obsidienne *f*, obsidiane *f* / obsidian, vitreous lava
obsolescence *f* **programmée** (techn) / planned obsolescence (US)
obsolète / oldfashioned, outdated, antiquated, obsolete, superannuated
obstacle *m* / obstacle, check, obstruction, hindrance, impediment || **sans** ~ / unimpeded, unconfined || ~ **caché** / snag || ~ à la **circulation** / obstacle to traffic, traffic hindrance || ~ à la **visibilité** / obstacle to visibility, interference with visibility
obstruction *f* (gén) / obstruction || ~ (hydr) / obstruction, choking || ~, engorgement *m* (mines) / gag (e.g. in a pump) || ~ d'un **tube** / pipe choking o. stoppage
obstrué / clogged, dirty || **être** ~ (tuyau) / clog
obstruer / obstruct || ~ (s') / be stopped up || ~ un **orifice** / choke o. clog o. plug a nozzle
obtenir / attain, obtain, get || ~ (chimie) / obtain, prepare, disengage || **que l'on peut** ~ / obtainable || ~ le **centrage exact** (roues) / centre (GB), center (US), true, align, aline || ~ la ou une **polymérisation** / polymerize || ~ des **prix** / fetch prices || ~ un **résultat** / gain a result || ~ un **vide** / produce a vacuum, exhaust, evacuate
obtention *f* (chimie) / disengagement, preparation || ~ de **racémiques** / racemization || ~ du **vide** / vaccum generation
obtenu, être ~ [à partir de] / accrue [from], follow [from] || ~ par **distillation directe** (pétrole) / straight-run..., SR... || ~ **par refendage** (feuillard à chaud) / obtained by slitting
obturant les **pores** / pore sealing
obturateur *m* / seal, obstructor || ~ (mil) / obturator ring, gas ring (US) || ~ (opt, taximètre) / shutter || ~ (four à verre) / tweel block, sealing strip || ~ (m à noyauter) / blowing/shutting head || ~ (tuyauterie) / stop plug, blank || ~ (ELF) (pétrole) / preventer, blow-out preventer || ~ d'**air** (prépar) / air valve || ~ **bec-verseur** (boîte) / pouring spout seal o. spout closure || ~ de **boîte d'essieu** (ch.de fer) / dustguard of the axle box || ~ de **buse** (plast) / nozzle valve || ~ à **casque** (trémie) / swinging gate || ~ à **deux pales** (phot) / two-blade o. two-wing shutter || ~ au **diaphragme** (phot) / between-the-lens shutter, central shutter || ~ à l'**eau** (soudage) / water seal || ~ à **explosion** (phot) / explosion shutter || ~ à **fil explosif** (phot) / explosive wire shutter || ~ **focal ou plan-focal à fente ou à rideau** (phot) / focal plane shutter, slotted shutter, roller blind shutter || ~ de **guide d'ondes** / shutter of a waveguide || ~ à **guillotine simple circulaire** (phot) / disk shutter || ~ en **huit** (tuyauterie) / figure-eight blank || ~ à **injection de carbone** (phot) / carbon injection shutter || ~ **instantané** (phot) / instantaneous shutter || ~ **instantané à iris** (phot) / instantaneous iris diaphragm || ~ à **lamelles** (phot) / lamellar shutter (US) || ~ à **lamelles pivotantes** (phot) / segment shutter || ~ à **lunette** (tuyauterie) / "figure 8" blank, spectacle flange || ~ à **persienne** / multiflap shutter, Venetian shutter || ~ **plan-focal vertical à fente** (phot) / focal square shutter || ~ **plastique** (mil) / breech packing, plastic pad obturator || ~ **reflex** / reflex mirror shutter || ~ **rotatif** (repro) / sectorial aperture || ~ **rotatif [à disque]** (phot) / rotary o. rotating o. revolving shutter || ~ **rotatif à quatre lamelles** (phot) / four-disk rotary shutter || ~ à **secteurs** (phot) / segment shutter || ~ de **sécurité** (pétrole) / blow-out preventer o. protector || ~ **solaire** (phot) / sun shade || ~ **stroboscopique** (phot) / rotary o. rotating o. revolving shutter || ~ à **synchronisation [intégrale ou totale]** (phot) / flash synchronized shutter || ~ à **trappe** (trémie) / rack and pinion gate || ~ de **trémie** / escape gate, bin gate || ~ de **tube à rayons X** / tube shutter || ~ de **tuyau** / tube o. pipe [closing o. closer o. end] plug || ~ à **une seule pale** (phot) / single-blade shutter || ~ à **volet** (phot) / drop shutter
obturation *f* à l'**eau** (soudage) / water seal || ~ **sèche** (soudage) / dry seal
obturer / obturate, occlude, close, seal || ~ (p.e. des tuyaux) / blank off (e.g. pipes)
obtus (math) / obtuse
obtusangle / obtuse-angled
obus *m* (mil) / shell || ~ **fusant** / time-shell || ~ **traceur** / tracer shell o. bullet (tracing with smoke) || ~ de **valve** (pneu) / valve core o. inside
occasion *f* / opportunity, occasion, chance || **d'**~ / chance...
occasionnel / occasional
occlu (gaz) / occluded
occlusion *f* (météorol) / occlusion || ~ du **gaz** (chimie) / occlusion (of gases) || ~ **gazeuse** (chimie, soudage) / occlusion, inclusion, incasement
occultation *f* (astr) / occultation || ~ (ELF) (mil) / blackout || **à** ~**s** (feu) / flashing, intermittent, occulting
occulte (inventaire nucléaire) / hidden
occulter (mil) / blackout *vt*
occupant *m* d'une **voiture** (auto) / occupant, passenger
occupation *f* / work, occupation, employment || ~, profession *f* / vocation, occupation, calling, business, job (coll) || ~ (télécom) / seizure, tying-up, busying, holding || ~ d'une **ligne** (télécom) / line occupancy || ~ **permanente** (télécom) / [line] permanent, dummy connection || ~ du **sol** (urbanisme) / land use || ~ **totale** (télécom) / all trunks busy, ATB
occupé (ord) / busy || ~ (gén, télécom) / occupied, in use, busy, engaged
occuper / employ || **s'**~ [de] / deal [with], mind || ~ un **créneau sur le marché** / fill in a gap on the market || ~ une **ligne** (télécom) / seize a line, tie up a line || ~ sa **place** / reserve the seat
occurrence *f* (mines) / presence, occurrence

océan *m* / ocean
océanique / oceanic
océano·graphie *f*, -logie *f* / oceanography || ~**graphique**, -logique / oceanographic[al]
ocratation *f* (traitement avec SiF_4) (béton) / ocratation
ocrater / ocrate
ocre *f* / ochre, ocher (US) || ~ de **bismuth** / bismuth ochre, bismite || ~ *m* **calciné** / red ochre || ~ *f* de **chrome** (min) / chrome ochre || ~ de **fer**, ocre brune (min) / iron ochre || ~ **jaune** (dessin) / gold ochre || ~ **jaune [rouge, brune]** (couleur) / yellow, [red, brown] ochre || ~ *m* **marchand** / commercial ochre || ~ *f* **rouge** (min) / red ochre, ruddle || ~ d'**urane** / pulverulent uranite
ocré / ochr[ac]eous, ochery
ocreux / ocherous, ochreous
octaèdre *m* / octahedron
octaédrique / octahedral
octaédrite *f* (min) / octahedrite
octal (ord) / octal
octanal *m* / octanal, caprylic aldehyde
octane *m* (chimie) / octane
octanol *m* (chimie) / octanol, octyl alcohol
octant *m* (math, nav) / octant || ~ (géom) / octant of a circle || **d'**~ (repérage) / octantal
octavalent (chimie) / octavalent
octave *f* (phys) / octave
octet *m* (phys) / octet, ring of 8 electrons || ~ (ord) / octet, eight bit byte || ~ d'**état** (ord) / status byte
octoate *m* **stanneux** / tin(II)-ethylhexoate, stannous octate
octode *f* (électron) / octode
octogonal / eight-angled, octagonal
octogone *m* / octagon
octose *m* (chimie) / octose
octuple / octuple, eightfold
oculaire *m* / eyepiece, eyeglass, ocular || ~ **aplanétique** / flat-field eyepiece || ~ **coudé** / diagonal eyepiece || ~ de **Gauss** / Gauss eye-piece || ~ **goniométrique** (microsc.) / protractor eyepiece, goniometric eyepiece || ~ à **indicateur** / pointer eyepiece || ~ de **mesure précise** / precision micrometer eyepiece || ~-**micromètre** *m* / micrometer eyepiece || ~ de **mise au point** / focussing eyepiece || ~ **monocentrique** / monocentric eye-piece || ~ **muni d'un dispositif de mise au point gradué en dioptries** / eyepiece adjustable in terms of diopters || ~ pour la **protection des yeux** / eye protecting lens || ~ de **Ramsden** / Ramsden eyepiece || ~ **revolver** / turret eyepiece || ~ de **sécurité feuilleté** / laminated eye protecting lens || ~ **zénithal** / diagonal eyepiece
odeur *f* / odor, odour (GB) || **d'**~ **brûlante** / tasting tarry o. of burning || **mauvaise** ~ / reek, strong o. disagreeable smell || ~ de **brûlé ou du feu** / burnt smell, smell of burning || ~ de **pourri** / musty smell, fust (GB)
O.dm., onde *f* décimétrique / decimetric wave, ultrahigh frequency, UHF
odographe *m* (phys) / hodograph || ~ des **vecteurs tournés de vitesse** (cinématique) / hodograph of rotated velocity vectors
odomètre *m* / odometer || ~ au **chapeau de moyeu** (auto) / hub [cap] counter, axle cap counter, hub mileometer, hub odometer
odométrie *f* / hodometry
odorant / odor[ifer]ous
odorat *m* / scent, sense of smell || **sans** ~ / odorless, inodorous, nonodorous, free of odor
odoriférant / odor[ifer]ous
odotachymètre *m* / speedometer with odometer || ~ à **courant de Foucault** / eddy current speed indicator
œdomètre *m* (sol) / oedometer
œil *m (pl yeux, techn: oeils)* (gén) / eye || ~ *m* (four à verre) / eye || ~ (techn) / lug, eye || ~, nœud *m* / bend, loop, eye, lug || **avoir l'**~ **juste** / have a good estimation o. judgment by the eye || ~ d'une **ancre** (nav) / anchor ring || ~ de l'**arbre de manivelle** / crank eye || ~ **articulé** / knuckle eye || ~ d'**attelage** / coupling ring || ~ de **boulon** / bolt eye || ~ du **caractère** (typo) / type face || ~ de **charnière** / hinge lobe || ~ de **chat** (min) / cat's eye, chatoyant || ~ **collecteur** / junction ring, concentration ring (US) || ~-**de-bœuf** *m* (bâtim) / oculus, bull's eye || ~-**de-bœuf** *m* (horloge) / œil-de-boeuf || ~ d'**enclume** / hardyhole || ~ d'une **étoffe** / lustre, luster (US), sheen || ~**s** *m pl* **jumelés** / double eye || ~ *m* de la **lettre** (typo) / x-height of letters || ~ **magique** / electron-ray indicator tube, cathode-ray tuning indicator, cathodic o. magic o. tuning eye || ~ de **marteau** / eye of the hammer || ~ de la **page** (typo) / type area, printing area || ~ **photoélectrique** / photoelectric eye || ~ de **poisson** (soudage) / fish eye (US) || ~ **porte-charge** / clevis, shackle || ~ **porteur** / suspension eye o. ring o. shackle || ~ de **remorquage** / trail eye || ~ de **ressort** / rolled end of a spring || ~ de **serrage** (électr) / clamping o. mechanical ear || ~ de **suspension** / suspension eye o. ring o. shackle || ~ de la **tempête** / eye of a storm, central calm || ~ de la **tête de bielle** / connecting rod eye || ~ de la **tuyère** (sidér) / tuyère hole o. orifice o. mouth o. opening, nozzle
œillet *m* / lug, eye || ~ (tiss) / eye of the heddle, mail || ~ (soulier) / eyelet || ~ d'**accrochage** / clevis type eyelet || ~ de **câble** (nav) / becket || ~ de **fixation** / fixing o. mounting eyelet || ~ d'**isolateur** (électr) / ball eye || ~ de l'**isolateur à suspension** / wire eye || ~ de la **lisse** (tiss) / heald eye, mail || ~ de **mise à la terre** (électr) / ground lug || ~ de **navette** (tiss) / shuttle eye || ~ de **retenue ou de support** / holding eyelet || ~ de **suspension** / eyebolt, ring bolt
œilleton *m* / eyepiece diaphragm || ~ (fusil) / annular front-sight || ~, feu *m* de repère (ch.de fer) / marker light || ~ de **levage ou d'arrimage** (conteneur) / lifting o. securing eye
OEM, en ~ (= original equipment manufacturers) / on OEM base
œnanthal *m* / enanthaldehyde, oenanthal[dehyde], oenanthic aldehyde
œnanthique / enanthic, oenanthic
œnologie *f* / oenology, enology
œnomètre *m* / vinometer
œnométrie *f* (chimie, huile) / enometry
œsar *m* (géol) / esker, eskar
œuf *m* (électr) / egg-shaped insulator || ~ en **poudre** / dehydrated egg || ~ de **ver à soie** / silk seed o. grain
œufrier *m* / egg bin o. bucket, egg shelf o. tray
œustre *m* de **mouton** / sheep botfly o. nose-fly
œuvre *f* / formation, formed body || ~ (typo) / work || **dans** ~ / measured inside o. in the interior || **gros** ~ (bâtim) / main walls *pl*, framework || ~ **emboutie au tour** / chasing || ~ au **maillet** / embossed work || ~**s** *f pl* **mortes** (nav) / dead work || ~ *f* **pisée** / beaten cobwork, pisé building, pisé de terre || ~ **repoussée** / chasing || ~ de **veine** / working of a layer o. vein || ~**s** *f pl* **vives** (aéro) / primary structure || ~**s** *f pl* **vives** (nav) / quick works, underwater part
œuvrer / work
offert / available
office *f* (nav) / pantry || **faire** ~ [de] / serve [as] ||

faisant ~ [de] / in lieu [of] || ~ *m* des **brevets d'invention**, Office National de la Propriété Industrielle / patent office || ~ des **chèques postaux** / post-check office || ≗ **Fédéral de l'Environnement** / Federal Environmental Agency || ~ *f* à **provisions** (bâtim) / pantry || ≗ de **Recherche et d'Essais**, O.R.E. / Office for Research and Experimentation of the International Union of Railways, ORE

officier-mécanicien *m* **navigant** (aéro) / flight engineer || ~ **navigateur** (aéro) / navigator || ~ **technicien de la marine marchande** / marine engineer

officinal (pharm) / officinal, official

offre *f* **détaillée des travaux de construction** (bâtim) / bill of quantities || ~ de **marchandises** / range of goods offered || ~ de **prix** / quotation

offrir / offer *vi vt* || ~ de la **dépouille** (fonderie) / have [enough]taper

offset *adj* (TV) / offset || ~ *m* / offset [printing] || ~ *f* / offset [printing] press || ~ *m* **creux** / deep-etch offset, offset gravure || ~ **sec** (typo) / dry [relief] offset, letterset printing

off shore, en mer (ELF) / offshore..., shelf...

ogival / ogival

ogive *f* / head o. nose o. ogive of a projectile || ~ (bâtim) / ogive, ogee || ~ / ogive || ~ **atomique ou nucléaire** / atomic warhead || ~ **lancéolée outre-passée** (bâtim) / keel arch

ohm *m* (pl: ohms) (électr) / ohm || ~ **acoustique** / acoustic ohm || ~ **étalon** / standard ohm || ~ **thermique** / thermal ohm || **~s** *m pl* par **volt** / ohms per volt *pl*

ohmcentimètre *m* / ohm-cm

ohmique / ohmic

ohmmètre *m* / ohmmeter || ~ **isolant en pont** / bridge megger || ~ à **magnéto** (électr) / magneto [inductor], insulation tester with hand-driven generator || ~ à **pont** (électr) / measuring bridge

oïdium *m* (bot) / blight, blast, mildew || ~ des **céréales** / powdery mildew of cereals and grasses || ~ du **pommier** / apple [powdery] mildew || ~ de la **vigne** / powdery mildew of grape

oildag *m* / oildag

O.I.T., Organisation Internationale du Travail / I.L.O., International Labour Organization

okoumé *m* (bois) / gaboon

okta *m* (météorologie) / okta

OKZ$_s$, indice *m* de germination de surface (pap) / surface growth number, OKZ$_s$

OL, oscillateur *m* local (radar) / local oscillator

oléagineux / oily, oleaginous, oil yielding || ~, huileux / oleaginous, unctuous, oily, greasy

oléate *m* / oleate || ~ de **plomb** / lead oleate

oléfine *f* / olefin || **à l'**~ / olefinic, olefin...

oléicarburant *m* / oil-base motor fuel

oléiculture *f* / culture of oil bearing plants, oleiculture

oléifiant / oil-forming

oléiforme / oily, oleaginous

oléigène / oil-forming

oléine *f* / olein

oléo·-actif (chimie) / oil reactive || **~bromie** *f* (phot) / bromoil process || **~carburant** *m* / oil-base motor fuel || **~duc** *m* (ELF) / fuel pipeline || **~dynamique** / elaulic, oil-hydraulic || **~graphie** *f* (typo) / oleography || **~hydraulique** / elaulic, oil-hydraulic || **~hydraulique** *f* / oil-hydraulics *pl* || **~margarine** *f* / oleomargarin[e] || **~mètre** *m* / elaeometer, oleometer, oil areometer || **~phile** / oil absorbing || **~-pneumatique** / pneumo-oil... || **~prise** *f* (ELF) (aéro) / underfloor fuel feed point || **~réseau** *m* (ELF) (aéro) / hydrant system || **~résine** *f* / oleoresin || **~résineux** / oleoresinous || **~résistant** / oil repelling || **~serveur** *m* (ELF) (aéro) / servicer || **~soluble** / oil soluble

oleraie *f* / culture of oil bearing plants

oléum *m* / fuming o. Nordhausen sulfuric acid, oleum

olfactif / olfactory, olfactive

olfaction *f* / scent, sense of smell

olfactométrie *f* / odorimetry, olfactometry

olide *m* (chimie) / lactone

oligiste *m* / hematite, anhydroferrite, oligist iron

oligo·cène *m* (géol) / Oligocene || **~clase** *f* (géol) / oligoclase || **~dynamique** (chimie) / oligodynamic || **~-élément** *m* (chimie) / trace element, micronutrient || **~holoside** *m* / starch hydrolysate || **~mère** *m* (chimie) / oligomer || **~mérisation** *f* (chimie) / oligomerization || **~saccharide** *m* / oligosaccharide || **~trophique** (lac) / oligotrophic

olivacé / olive [colour]

olivâtre / olive green

olive *adj* / olive [colour] || ~ *f* (bot) / olive || ~ (bouton) / bell knob o. handle o. button o. push || ~ (men) / olive[-shaped] button o. handle || ~ (tuyau flex) / hose nozzle || ~ **brun** / olive drab || ~ de **fenêtre** / window knob, olive || ~ **gris** *adj* / gray olive || ~ **jaune** / yellow-olive || ~ **noir** / black olive

olivé (montre) / olived, olivated

olivénite *f* (min) / olivenite

oliver (techn) / olive *vt*, olivate || ~ par une **bille** / press-finish a hole

oliveraie *f* (plantation) / olive plantation

oliverie *f* (moulin) / oil mill

olivier *m* / olive [tree]

olivine *f* (min) / olivine

O.M., organisation et méthodes (ch.de fer) / O and M, Organization and Methods

O.m., ondes *f pl* métriques (électron) / very high frequency range

ombelle *f* (bot) / umbel[la] || ~ (houblon) / cluster of hops, catkin, cone, strobile

ombilical / umbilicate[d]

ombrage *m* (teint) / tinge, tint || ~ (pap) / shadow marking

ombre *f* / shadow || ~, terre *f* d'ombre (couleur) / Cologne earth || **~s** *f pl* (phot) / dark picture areas *pl* || ~ *f* **acoustique** / acoustical shadow || ~ **brûlée** / burnt umber || ~ **portée** / [heavy o. hard o. cast] shadow || ~ **pure** / umbra, perfect o. complete o. core shadow || ~ d'une **tache solaire** / umbra || ~ de la **Terre** / earth's shadow

ombré *adj* (typo) / dark || ~ *m* (tiss) / ombrays *pl*, ombré

ombrer (teint) / grade *vt*, graduate, variegate, tint || ~ / shade *vt*, cast shadow

ombrogramme *m*, ombroscopie *f* (laser) / shadowgraph, (also) shadow[graphic] method

omégatron *m* (phys) / omegatron [mass spectrometer]

omettre, oublier / omit, neglect

omission *f* / omission

omnibus *m* (ch.de fer) / stopping train, commuter train (US) || ~ (auto) / bus || ~ à **moteur à plat** / cabover bus

omnidirectionnel (radar) / omnidirectional, -directive, -bearing

once *f* / ounce, oz (1 oz = 28,3495 g)

onctueux / unctuous

onctuosité *f* / greasiness || ~ (graisse, huile) / oiliness, lubricity

ondation *f* / epeirogenetic earth movements *pl*
onde *f*(mer) / wave, billow || ~ (phys, électr) / wave || ~ (bâtim) / winding curve || ~ (miroir) / streak || ~ (lam) / pincher || **à ~ courte** / short-wave... || **sur** ~ (électron) / on wavelength ... || **~s** *f pl* **A1** (électron) / keyed continuous waves *pl*, A1 waves *pl* || ~ *f* d'**appel** / calling wave || ~ **associée** (nucl) / associated wave || ~ **atmosphérique** (radio) / atmospheric radio wave || ~ de **bord de fuite** (aéro) / trailing vortex || ~ **centimétrique** / centimeter wave || **~s** *f pl* **centimétriques** (3 - 30 GHz, bande 10) / S.H.F., super high frequency || ~ *f* à **charge d'espace** / space charge wave || ~ de **choc** / shock wave || ~ de **choc adiabatique** (espace) / adiabatic shock wave || ~ de **choc de compression** / compression wave, shock wave || ~ de **cisaillement** / distortional o. rotational wave, shear o transverse wave || ~ de **claquage laser** / laser induced shock wave || ~ **commune** (électron) / common wave || ~ de **compensation** / spacing wave || ~ **complexe** (phys) / complex wave || ~ de **compression** (liquide) / compression[al] o. pressure wave || ~ **continue** (radar) / continuous wave, C.W. || ~ **continue ou entretenue** / continuous wave, C.W., undamped wave || **~s** *f pl* **continues interrompues** / interrupted o. chopped continuous waves, I.C.W. *pl*, tonic train || ~ *f* de **contre-manipulation** (télécom) / back o. spacing wave || ~ **courante** (phys) / progressive wave || ~ **courte** (10m à 100m, bande 7 des fréquences radioélectriques) (électron) / short wave (GB: 15 - 100 m, US: up to 60 m) || ~ **cylindrique** / cylindrical wave || ~ de **De Broglie** (électron) / phase wave, De-Broglie wave || ~ **décamétrique**, voir onde courte (électron) / short wave || ~ **décimétrique**, O.dm (300 - 3000 MHz, bande9) / decimetric wave, UHF || **~s** *f pl* **décimillimétriques** (300 - 3000 GHz, bande 12) / ultramicrowaves *pl* || ~ *f* de **déformation** / distortional o. rotational wave, shear o. transvers wave || ~ **demi-sinusoïde** / half sine wave || ~ en **dents de scie** / sweep wave form || ~ de **détonation** / detonation wave || ~ de **détresse** / naval distress wave || ~ **diffractée** (phys) / diffracted wave || ~ de **dilatation** (phys) / extensional wave, dilatational wave || ~ de **dimensionnement** (pétrole) / design wave || ~ **directe** (électron) / ground o. direct wave o. ray || **~s** *f pl* **dirigées** / directive o. directional waves *pl* || ~ *f* **électromagnétique** / electromagnetic wave, E.M. wave || ~ **électromagnétique hybride** / hybrid electromagnetic wave, HEW || ~ **électromagnétique transversale** (guide d'ondes) / transverse electromagnetic wave || ~ **électronique** / electron wave || ~ d'**émission** / broadcast[ing] wave, transmitted o. transmitting wave || ~ **entretenue** (électr) / maintained wave || ~ **entretenue** (radar) / continuous wave, C.W., undamped wave || ~ **entretenue modulée** (télécom) / modulated continuous wave, M.C.W. || **~s** *f pl* **entretenues manipulées** (électron) / keyed continuous waves *pl*, A1 waves *pl* || ~ *f* [d']**espace** (électron) / space o. reflected wave || ~ due à une **explosion nucléaire** / nuclear blast wave || ~ **explosive** / blast wave || ~ **fondamentale** / fundamental [wave] || ~ à **front raide** / sharp-edged wave, surge || **~s** *f pl* de **gravitation** (phys) / gravity o. gravitational waves *pl* || ~ *f* **guidée** / guided wave || ~ **harmonique** / harmonic wave || **~s** *f pl* **hectométriques** (300 - 3000 kHz, bande 6) / hectometer o. hectometric waves *pl*, medium waves (200-1000 m) *pl* || **~s** *f pl* de **Hertz** / Hertzian waves *pl* || ~ *f* **hydromagnétique** / hydromagnetic wave || ~ **indirecte** (électron) / sky wave, ionospheric o. indirect wave || ~ à l'**intérieur** (phys) / internal wave || **~s** *f pl* **intermédiaires** (électron) / intermediate waves *pl* || ~ *f* **intermode** / intermodal wave || ~ **inverse** (électron) / backward wave || ~ **ionosphérique** (électron) / sky wave, ionospheric o. indirect wave || ~ **kilométrique** (30 - 300 kHz, bande 5) (électr) / long wave || ~ de **Lamb** / Lamb o. plate wave || ~ **lambda** (math) / double folium, bifolium || ~ **latérale** (TV) / side wave || ~ **libre de charge d'espace** / free space-charge wave || ~ **longitudinale** (électron) / longitudinal wave || ~ **lumineuse** / light wave || ~ **magnétique circulaire** / circular magnetic wave || ~ **magnétohydrodynamique** / magnetohydrodynamic wave || **~-marée** *f* / tidal wave || ~ de **marquage** (télécom, électron) / keying o. marking wave || ~ **matérielle** (phys) / matter wave || **~s** *f pl* **métriques**, O.m. (30 - 300 MHz, bande 8) / very high frequencies *pl*, VHF || **~s** *f pl* **millimétriques** (30 - 300 GHz, bande 11) (électron) / dwarf waves *pl* || ~ *f* **mobile** (électr) / line transient || ~ de **modulation** / modulating wave || ~ **modulée** / modulated oscillation o. wave || **~s** *f pl* **moyennes** (électron) / medium waves || **~s** *f pl* **myriamétriques** (3 - 30 kHz, bande 4) (électron) / myriametric wave || ~ *f* **naturelle** (électron) / natural wave || ~ **non amortie** / continuous wave, C.W., undamped wave || ~ d'**ogive** (projectile) / bow o. head wave || ~ d'**origine externe** (hydr) / external surge || ~ **perturbatrice** / interference wave || ~ **pilote** (télécom) / pilot wave || ~ **pilote de synchronisation** (télécom) / sync pilot || ~ **plane** / plane wave || ~ **pleine** / full wave || ~ **polarisée** / polarized wave || ~ **porteuse** (électron) / carrier wave, C.W. || ~ **porteuse amortie** (électron) / reduced carrier || ~ **porteuse d'informations** / information carrier wave || ~ **porteuse de l'image** (TV) / picture o. vision carrier || ~ **porteuse image adjacente** (TV) / adjacent picture carrier || ~ **porteuse modulée** / modulated carrier wave || ~ **porteuse secondaire** (TV) / secondary carrier wave || ~ **porteuse du son** / sound carrier wave || ~ **porteuse son adjacente** / adjacent sound carrier || ~ **porteuse supprimée** / suppressed carrier wave || ~ **porteuse du vidéo** / video carrier || ~ de **pression** / compression[al] o. pressure wave || ~ **principale** (électron) / principal wave, principal mode || ~ **progressive** (électr, électron) / travelling wave, progressive wave, surge || ~ de **radiodiffusion** / broadcast[ing] wave || **~s** *f pl* **radioélectriques** / radio waves || ~ *f* **rectangulaire** (électron) / rectangular o. square wave || ~ **réfléchie** / backwave || ~ **réfléchie par le ciel** (électron) / sky wave, ionospheric o. indirect wave || ~ **réfléchie par la terre** (électron) / space o. reflected wave || ~ de **repos** (télécom) / back o. spacing wave || **~s** *f pl* **rotationnelles** (phys) / shear o. S waves *pl* || ~ *f* **secondaire** / secondary wave || ~ de **signaux** (télécom) / signal wave || ~ **sinusoïdale** / pure continuous wave, sine wave || ~ de **sol ou de surface** (électron) / ground o. direct wave o. ray || ~ **sonore** / sound wave, (TV:) audio wave || ~ de **souffle** / blast wave || ~ **sous-porteuse** (électron) / subcarrier oscillation || ~ **sous-porteuse couleur** (TV) / auxiliary colour carrier, colour subcarrier || ~ **sphérique** (phys) / spherical wave || ~ de **spin** (phys) / spin wave || ~ **stationnaire** / standing wave || ~ de **surface** (radio) / ground o. direct wave o. ray || **~s** *f pl* à la **surface** (eau) / surfaces waves *pl*, ripples *pl* || ~ *f* de **surpression** / blast wave || ~ de **surtension**

(électr) / surge || ~ **transitoire** (électr) / transient wave || ~ **transmise** (électron) / transmitted wave || ~ **transversale** (phys) / transverse wave || ~ **transversale cylindrosymétrique** / circular magnetic wave || ~ **transversale électrique** (guide d'ondes) / transverse electric wave, TE-wave, H-wave || ~ **transversale électromagnétique** (guide d'ondes) / transverse electromagnetic wave || ~ **très courte ou ultracourte** voir ondes métriques || ~ **ultrasonore** / ultrasonic wave || ~ **verte** / green wave, traffic pacer || ~**s** *f pl* **VHF** voir ondes métriques || ~ *f* de **volume** (guide d'ondes) / bulk wave

ondé / undulating, undulated, undulatory, waved || ~ (tiss) / watered, waved

ondée *f* / [sudden] shower || ~**s** *f pl* **orageuses** / thunder[y] shower

ondegraphe *m* / wavegraph

ondemètre *m* (télécom) / wavemeter || ~ par **absorption** / absorption wavemeter || ~ à **cavité** / cavity wavemeter || ~ **émetteur** / wavemeter for broadcast waves || ~ à **large bande** (électron) / wide band wavemeter || ~ d'**ondes stationnaires** / standing-wave meter || ~ **piézoélectrique ou à quartz** / piezoelectric wavemeter || ~ à **résonance** / absorption wavemeter, resonance wavemeter || ~ **U.H.F.** / UHF wavemeter

ondistor *m* / semiconductor d.c.-a.c. inverter

ondographe *m* / ondograph

ondoscope *m* (électron) / ondoscope

ondoyer / flap, flutter

ondulant (électron) / undulating

ondulation *f* / undulation || ~ (défaut, émail) / shore line || ~ (électr, électron) / ripple || ~ (techn) / waviness || ~ (pap) / curl, cup behaviour || ~ (routes) / undulation || ~ (tex) / crinkle process || ~**s** *f pl* (oxycoupage) / drag lines || ~**s** *f pl* (tournage) / chatter mark || **avoir des ~s** / undulate *vi* || ~ *f* à **anneaux fermés** (câble) / closed corrugation || ~ de **bande passante** (électron) / passband ripple || ~**s** *f pl* de **commutation** / commutator ripple || ~ *f* de **denture** (électr) / slot o. tooth ripple || ~ du **flanc de la dent** (roue dentée) / undulation || ~ du **gain** (électron) / gain ripple || ~ **naturelle** (tex) / natural crimps *pl* || ~ **parasitique de bande passante** (semicond) / passband spurious undulations || ~ des **rails** / corrugation of rails || ~ **résiduelle** / backlash || ~ **résiduelle** (électr) / residual ripple, remaining ripple || ~ **résiduelle de rectification** / rectifier ripple || ~ **résiduelle de la tension** (électr) / ripple voltage || ~ du **son** (phys) / sound wave || ~ du **terrain** / undulation of ground || ~ **thermique** / temperature ripple || ~ d'un **tracé** / waviness

ondulatoire / undulating, undulated, undulatory, waved

ondulé (électr) / rippled, having a ripple || ~ (électron) / undulated || ~ (rondelle) / curved || ~ (pap) / corrugated || **être** ~ / wave *vi*, go wavy || ~ **vitrifié** / undulated edgewound

onduler *vi* / flutter *vi*, wave, flop || ~ *vt* / corrugate, undulate || ~, friser / goffer, gauffer, frill || ~ (fil métall.) / crimp *vt*

onduleur *m* (nucl) / undulator || ~ (ELF) (électr) / inverse o. inverted rectifier, [current] inverter, d.c.-a.c. converter || ~ **transistorisé** / transistorized inverter || ~ à **vapeur de mercure** / mercury-arc o. -vapour inverter

onduleux / undulating, wavy || ~ (électron) / undulated

ONERA = Office National d'Etudes et de Recherches Aérospatiales

onéreux (techn) / costly, heavy (expenditure)

onglet *m* (couteau de poche) / blade groove o. slot || ~ (typo) / tab || ~ (math) / spherical wedge, ungula || ~ (men) / mitre, miter || ~**s** *m pl* (typo) / filling-in guard || **en** ~ (men) / mitred || ~ *m* **conique** (math) / ungula of a cone || ~ **cylindrique** (math) / ungula of a cylinder

ongueko *m*, boleko *m*, isano *m* (bot) / ongueko, isano

onguent *m* / medicated ointment || ~ **protégeant la peau** / protective skin ointment

onshore / onshore

onyx *m* (min) / onyx

oolithe *m f* / oölite (US), oölith (GB) || ~ de **fer calcifère** / calcareous iron stone, calcareous minette || ~ **ferrugineux** / ferruginous oolite

oolithique *adj* / oölitic || ~ *m* / oölite [series] || ~ **inférieur** (géol) / lower oolite

opacifiant *m* (verre) / opacifier || ~ **blanc** (émail) / white opacifier

opacifié (verre) / obscured

opacimètre *m* / opacimeter

opacité *f* (gén, pap) / opacity

opale *adj* / opal..., opaline || ~ *f* (min) / opal || ~ **noble** (min) / hyalite, Müller's glass

opalescence *f* / opalescence

opalescent / opalescent

opalin / opal..., opaline

opaline *f* / opal glass, opaline

opaliser / opalesce, opalize

opaque / opaque, impervious to light || ~ (couleur) / opaque || ~ au **rayonnement** / impervious to radiant energy, opaque

opérande *m* (ord) / operand || ~ **direct** (ord) / immediate operand || ~ **immédiat**, adresse *f* immédiate (ord) / immediate o. zero-level address || ~ d'une **somme** (ord) / summand

opérant / operative

opérateur *m* (math, ord) / operator || ~ (personne) / attendant, operator || ~**s** *m pl* / attendance crew, service staff o. personnel || ~ *m* **arithmétique** (ord) / arithmetic unit, calculating register || ~ d'**avions** / operator of aircraft || ~ **booléen** voir opérateur logique || ~ en **chaîne binaire** / bit-string operator || ~ **différentiel** (math) / differential operator || ~ **dyadique** / dyadic o. binary operator || ~ d'**énergie** (nucl) / energy operator, Hamiltonian operator || ~ **ET** / [logical] AND-circuit o. -element o. -operator, coincidence gate || ~ **hamiltonien** (nucl) / Hamilton[ian] operator, Hamiltonian || ~ **infixé** (ord) / infix operator || ~ **logique** (ord) / logic[al] connective o. connector o. connection o. operator, boolean operator || ~ [de **machine]** / operator [of a machine-tool] || ~ **monadique** (math) / monadic operator || ~ de **multiplication** (ord) / multiplying operator || ~ de **nombre de particules** (nucl) / particle number operator || ~ **normal** (ordonn) / normal operator || ~ **préfixé** (ord) / prefix operator || ~ de **prise des vues** (film) / cameraman, camera operator || ~**-projectionniste** *m* (film) / projectionist || ~ **radio** (électron) / signalman || ~ du **radiogoniomètre** / DF operator || ~ de **réacteur** (nucl) / reactor operator || ~**-réalisateur** *m* (film) / director-cameraman || ~ de **relation** (ord) / relational operator || ~ **scalaire** (math) / scalar operator || ~ du **spin** (phys) / spin operator || ~ du **téléphone** (télécom) / operator, switchboard o. PBX operator || ~ **typographe** (typo) / machine compositor || ~ **vectoriel** / vector operator

opération *f* (gén) / operation || ~ (atelier) / course of manufacture, phase of operation || ~ (math, ord) / operation || ~ (ordonn) / working o. operating cycle || ~, loi *f* de composition (math) / connective, connection, combination || ~, marche *f* / operation, working || ~, règle *f* / fundamental operation o. rule of arithmetic || **à quatre ~s** / four-function... || **en une seule** ~ / in a single pass || **faire des ~s en répétition** (prép.trav) / repeat operations || **les ~s de l'arithmétique supérieure** / advanced arithmetical operations || **les quatre ~s élémentaires** / the four [fundamental] operations || ~ d'**ajustage** / fitting [work] || ~ d'**allier** / alloyage, alloying || ~ d'**aménagement ou annexe** (ord) / red-tape operation, housekeeping [operation], overhead operation || ~ **arithmétique;.f.** / arithmetical operation || ~ **asynchrone** / asynchronous operation || ~ **automatique** / controlled cycle || ~ de **base** / unit operation || ~ **binaire arithmétique** / binary arithmetic operation || ~ **booléenne** / boolean o. logical operation || ~ du **cardage** / carding work || ~ des **chaudières** / boiler practice || ~ de **commutation** / switching operation || ~ **complémentaire** / subsequent machining o. treatment o. work || ~ **complémentaire d'une opération booléenne** / complementary operation || ~ **complète** (ord) / complete operation || ~ **complète** (techn) / trip, cycle || ~ **compound** / compound operation, compounding (US) || ~ **continue d'appuyer sur la touche** / sustained depression || ~ de **couplage** (électr) / switching operation || ~ **directionnelle** (télécom) / directional operation || ~ en **diversité** / diversity operation || ~ **duale d'une opération booléenne** / dual operation || ~ **élémentaire** (ord) / elementary operation, EO || **~s** *f pl* **élémentaires** / fundamental rule of arithmetic, fundamental operations *pl* || ~ *f* d'**embrochage-débrochage** / insertion-withdrawal operation || ~ **ET** (électron) / conjunction, AND-function o. operation || **~s** *f pl* d'**exploitation** / operations *pl* included in factory working || ~ *f* de la **fabrication** / stage of manufacture || ~ de **faire la moyenne** / averaging || ~ de **forgeage** / forging [work] || ~ au **haut fourneau** / blast furnace practice o. operation || ~ **horizontale** (ord) / crossfooting || ~ d'**identité** / identity operation || ~ d'**intersection** (électron) / conjunction, AND-function o. operation || ~ **inverse** (semicond) / inverse operation || ~ **logique** / boolean o. logic[al] operation || ~ **machine** / computer operation || ~ de **machines** / engineering || ~ de **manœuvre** (électr) / switching operation || ~ **manuelle** / manual operation || ~ de **mémoire à mémoire** (ord) / storage-to-storage operation, ss || ~ de **modification** (ord) / alter operation || ~ **monophonique** / mono-operation || ~ **moyenne de calcul** / average calculating operation || ~ **multipoint** (ord) / multipoint operation || ~ **n-adique ou n-aire** (math) / n-adic operation || ~ **NON-ET** (ord) / NAND operation || ~ de **non-identité** / non-identity operation || **~s** *f pl* **ordinateurs** / computer operations || ~ *f* **OU** (NC) / disjunction, OR[-circuit] || ~ à **passage unique** (chimie) / once-through operation || **~s** *f pl* **physiques standard** / unit operations *pl* || ~ *f* **prédéfinie** (inform) / predefined process || ~ de **recherche** / search process || ~ de **relire** (ord) / rescanning, re-reading || ~ de **rendre rugueux** (bâtim) / deadening || ~ de **reprise** (m.outils) / tool change || **~s** *f pl* de **sauvetage** (nav) / salvage operations *pl* || ~ *f* **séparée** (chimie) / detection by separate operation || ~ **série-parallèle** (ord) / series-parallel operation || ~ **série-série** (ord) / series-series operation || ~ de **servitude ou de service** (ord) / red-tape operation || ~ de **soufflage** / blowing || ~ à **soutirage** (m.à vap) / extraction service, bleeding o. tapping operation || ~ de **tailler les engrenages** / gear cutting, gear tooth forming, gearing of wheels || ~ de **trempe** / hardening process || ~ à **un seul usager** (ord) / single-user operation || ~ d'**usinage** / machining [operation] || ~ d'une **usine génératrice** (électr) / power station service

opérationnel / in action, operating || ~ (ord) / operation...

operative management *m* (ordonn) / first line management, operative management

opératoire, fonctionnel / operational, op, functional || ~, technique / technical

opératrice *f* d'**arrivée** (télécom) / incoming operator || ~ du **téléphone** / switchboard o. pBX operator

opercule *m* (détonateur) / interior percussion cap, inner capsule

opéré à main / manual, hand-operated

opérer *vt* / control *vt*, operate || ~, mani[pu]ler / handle *vt* || ~ *vi* (techn) / work *vi*, act, function, operate || ~ la **couverte** (céram) / wash *vt* || ~ la **distillation primaire** (pétrole) / top *vt* || ~ la **fluoruration** (opt) / bloom *vt* (GB), coat lenses, lumenize || ~ un **four** / run a furnace || ~ la **fusion électrique** / electromelt || ~ la **galvanoplastie** / electroplate *vt* || ~ la **galvanoplastie au tambour** / barrel-plate || ~ le **homing** (radar) / home *vi* || ~ par **intervalles** / intermit || ~ le **lecteur manuel** (ord) / wand *v* || ~ le **mouvement translatoire** (méc) / translate || ~ le **perchage** (cuivre) / pole *vi* || ~ le **pierrage** (m.outils) / hone *vi* || ~ un **processus, un programme etc.** / run a processus o. a program || ~ le **radioralliement** (radar) / home *vi* || ~ la **réextraction** (pétrole) / strip *vi* || ~ en **régime de spike** (laser) / spike *vi* || ~ un **rendez-vous** (espace) / rendezvous *vi* || ~ la **sérigraphie** / screen *vi* (US), screen-print || ~ le **sertissage crimp** (électr) / crimp *vi* || ~ le **tufting** / tuft *vi* || **qui opére également** / equally acting

ophiolite *m* (géol) / ophite

opht[h]almologie *f* / ophthalmology

ophtalmologiste *m*, -logue *m* / oculist, ophtalmologist

ophtalmoscope *m* / ophthalmoscope

opiat *m* / opiate

opium *m* / opium

opportunité / usefulness, utility

opposé *adj* / opposing || ~ (math) / opposite || ~ [à] / opposite [to] || ~ *m* (math) / opposite || ~ en **série** / series-opposed

opposition *f* (brevet) / objection [to] || ~ (astr) / opposition || ~ (comptabilité) / cross entry, contra o. counter entry || ~ (gén) / contradistinction || **en ~** [à] / versus || **en ~** (math) / in opposition || **en ~ de phase** / in antiphase || **en ou à fortes ~s de température** / with extended variations of o. in temperature || **être en ~ de phase** / be in opposition of phase [to] || **faire ~** (brevet) / file an opposition, lodge opposition || ~ de **phase** / opposite phase || ~ de **phases** (électr, électron) / opposition of phases

opticien *m* / optometrist (US), optician (GB)

optimal / optimal, optimum || ~ par **rapport au temps** / time optimal

optimaliser (gén) / optimize

optimaliseur *m* (math) / optimizer

optimètre *m* / optimeter

optimisation *f*, optimalisation *f* / optimization || ~ en **action directe** / feed-forward process optimization || ~ de la **commande adaptive** (NC) / adaptive control optimization, ACO || ~ **linéaire** / linear optimization || ~ à **réaction** / feed-back process optimization

optimiser / optimize
optimum *m* / optimum
option *f* / alternative || ~ (ord) / option || **~s** *f pl* (auto) / production option || **~s** *f pl* (gén) / optional features || ~ *f* de **fichiers multiples** (ord) / multiple file option
optionnel (gén) / optional
optique, [d']~ / optical, visual || ~ / optics || **d'~ électronique** / optoelectronic || **d'~ magnétique** / magneto-optical || ~ des **cristaux** (science) / crystal optics || ~ **électronique** / electron optics || ~ de la **fente** / light valve o. optic || ~ sur **fibres** / fiber optic || ~ avec **formation d'image intermédiaire** / intermediate-image-forming optical system || ~ **géométrique** / geometrical optics || ~ **intégrée** / integrated optics || ~ de la **lumière** / light optics || ~ **magnétique** / magneto-optics || ~ à **miroirs** / mirror optics || ~ de **Newton** / geometrical optics || ~ **ondulatoire ou des ondes** / physical optics || ~ **physique** / physical optics || ~ de **précision poussée** / high-precision optics || ~ pour **projection** (TV) / reflective optics || ~ **quantique** / quantum optics || ~ de **reproduction** / projection lens || **~s** *f pl* **tournantes** (phare) / rotary beacon || ~ *f* de **treillis** / grid optics
optiquement actif / optically active || ~ **étanche** / impervious to light, light-tight || ~ **inactif** / optically inactive
optocoupleur *m* / optocoupler
opto-électronique *adj* / optoelectronic || ~ *f* / optoelectronics, electron optics
optorelais *m* / photorelay
optotransistor *m* (semicond) / optotransistor
optotype *m* (gén) / test pattern || ~, mire *f* / optotype, optical test object
opuscule *m*, brochure *f* / pamphlet, booklet
or *m* / gold, Au || ~ de **23.5-23.66 carats** / mint gold (98,6%) || **d'~** / golden || ~ **allié** / alloyed gold || ~ **alluvionnaire ou d'alluvion** / alluvial o. placer gold || ~ **ancien** (filage) / old gold || ~ d'**applique** (graph) / foliated o. leaf gold || ~ d'**applique** (peintre) / shell gold || ~ **argental** (min) / electrum || ~ en **barres** / bar o. ingot gold || ~ **battu** / foliated o. leaf gold, beaten gold, gold leaf || ~ **blanc** / white gold || ~ **colloïdal** / colloidal gold || ~ de **départ** / parting gold || ~ **faux en feuilles** / Dutch gold o. metal || ~ en **feuilles** / foliated o. leaf gold, beaten gold, gold leaf || ~ **fin** / fine o. refined gold || ~ **fulminant** / explosive o. fulminating gold, aurate of ammonia || ~ **graphique** (min) / sylvanite || ~ **imitation** / gold imitation || ~ en **lames** / gold foil[ing] o. leaf || ~ **laminé** / rolled gold || ~ **libre ou natif** (mines) / native gold || ~ en **lingots** / bar o. ingot gold || ~ **massif** / solid gold || ~ **mat** / dead gold || ~ de **monnaie** / mint gold (98.6%) || ~ de **mosaïque** voir or battu || ~ **moulu** / shell gold || ~ **mus[s]if** (couleur) / mosaic gold (a yellow sulphide of tin) || ~ en **paillettes** / alluvial o. placer o. river gold || ~ **plaqué** / plated gold || ~ **primitif** / native gold || ~ **purifié** / refined gold || ~ de **rivière** / alluvial o. placer o. river gold || ~ au **titre** / alloyed gold || ~ **trait** / gold wire || ~ **usagé** / old gold (for recycling) || ~ **vierge** (mines) / native gold
OR-ELSE *m* (NC) / EITHER-OR
orage *m* **magnétique** / magnetic perturbation
orange *adj*, orangé / orange *adj*, amber || ~ *m*, orangé *m* / orange [colour] || ~ I / orange I, tropaeolin 000 No. 1 || ~ II / Orange II, tropaeolin 000 No. 2, mandarin 6 (US) || **~-acridine** *m* / acridine orange || ~ d'**alizarine**, orange *m* III / methyl orange, helianthine || ~ *f* **[amère]** / bitter orange || ~ *m* de **cadmium** / cadmium orange o. selenide || ~ de **chrome** / chrome orange || ~ **minéral** / mineral orange || ~ de **molybdène** / molybdenum orange || ~ **Poirier III** / methyl orange, helianthine || ~ **solide** (dessin) / fast orange
orangé *adj*, orange / orange [red], reddish yellow || ~ *m*, orange *m* (spectre) / orange || **~s** *m pl*, oranges *m pl* / orange pigments || ~ **pastel** / pastel orange || ~ **pur** / pure orange || ~ **sang** / vermillon
orbe *adj* (bâtim) / dummy, feigned, mock
orbe *m* (astr) / planetary orbit
orbiculaire / orbicular, circular, spherical
orbiforme *m* / orbiform curve || ~ **triangulaire** / tri-rondular configuration
orbitale *f* (nucl) / orbital || ~ **atomique, O.A.** (remplace la notation «orbite» ou de «trajectoire elliptique»; correspond à «sous-couche atomique») / atomic orbital || **~s** *f pl* **atomiques** / atomic orbitals *pl* || ~ *f* **extérieure** (nucl) / outer orbit || ~ **hybride**, orbitale *f* de valence (chimie) / valence o. hybrid orbital || ~ **moléculaire** (nucl) / molecular orbital
orbitant (espace) / orbiting || ~ **autour de la Lune** / moon circling
orbite *f* (astr) / orbit || ~ de l'**atome** / atomic orbit of Bohr-Sommerfeld || ~ d'**attente** (ELF) (astron) / parking orbit || ~ d'**attente à proximité de la Terre** / EPO, earth parking orbit || ~ **circulaire** (ELF) / circular orbit || ~ **Crocco** (espace) / Crocco orbit || ~ **directe** (ELF) (espace) / direct orbit || ~ des **électrons** / electron orbit || ~ **elliptique** / elliptical orbit || ~ à **ensoleillement constant** (ELF) (espace) / orbit giving constant sunlight ratio || ~ **équatoriale** / equatorial orbit || ~ d'**équilibre** / equilibrium orbit || ~ **hyperbolique** / hyperbolic orbit o. path || ~ **inclinée** / inclined orbit || ~ **keplérienne** (ELF) (satellite) / Keplerian orbit || ~ **lunaire** / lunar orbit || ~ **mésonique** / meson track || ~ **moléculaire** (nucl) / molecular orbital || ~ **non perturbée** (ELF) (satellite) / Keplerian orbit || ~ des **particules** / particle orbit || ~ **polaire** (ELF) / polar orbit || ~ **rétrograde** (ELF) (espace) / retrograde orbit || ~ **stationnaire** / stationary orbit || ~ **synchrone** (espace) / synchronous orbit || ~ **terrestre** / earth orbit || ~ **terrestre inférieure** / low earth orbit, LEO || ~ de **transfert** (ELF) (espace) / transfer orbit
orbiter (espace) / orbit *vi* || ~ autour [de] (aéro) / orbit *vi*, travel in circles
orbiter *m* (espace) / orbiter
orcanète *f*, orcanette *f* (chimie) / orcanette
orcéine *f* (teint) / orcein
orcine *f* (tex) / orcin[ol]
ordinaire / normal, common, ordinary || ~ (conversation) / average, commonplace || ~, habituel / ordinary, usual, habitual, conventional
ordinateur *m* / computer || **pour ~s** / computer compatible || ~ **asynchrone** / asynchronous computer || ~ **autodidactique** / learning computer || ~ **auxiliaire** / slave || ~ **avec réflectoscope virtuel** / pictorial computer || ~ de **bord** (aéro) / board computer, airborne computer || ~ de **bord** (astron) / guidance computer || ~ de **bord d'engin** / missile computer || ~ de **bureau**, OB / desk calculator o. computer || ~ de **bureau** / office computer || ~ **commercial** / business computer || ~ de **communications** / message switching center || ~ **cryogénique** / cryotron || ~ de **dérive** (aéro, nav) / drift computer || ~ des **données de feu** (mil) / firing data computer || ~ en **double** / stand-by computer || ~ **embarquable ou embarqué** (aéro) / airborne computer || ~ à **enregistrement en longueur variable** / variable length computer || ~

d'**exploitation** / operational computer || ~ **exploité en temps réel** / real-time computer || ~ à **fiches**, panneau *m* à ficher (électron) / prepatch board || ~ de **gestion** / business computer || ~ **logique programmable** (ord) / programmable logic computer, PLC || ~ à **longueur fixe des mots** (ord) / fixed-length computer || ~ **numérique** / digital computer || ~ **parallèle** / parallel digital computer || ~ **personnel** / personal computer || ~ **pilote** (ord) / master computer || ~ sur **plaque unique** (ord) / single board computer, SBC || ~ **principal** (ord) / central processing unit, CPU, host computer || ~ **quantisé** / quantized computer || ~ à **salle fermée** / closed shop [computer] || ~ à **salle ouverte** / open shop computer || **~-serveur** *m* (ord) / host computer || ~ de **trafic** / traffic computer || ~ à **utilisateurs multiples** / multi-user computer

ordinatique *f* (Edgard Faure) / computer informatics

ordinatographe *m* (ord) / plotter, graphic output unit

ordinogramme *m* / flow chart

ordonnance *f* / ordinance, order || ~, disposition *f* / arrangement || **~s** *f pl* **concernant les mines** (mines) / mining laws *pl* || ~ *f* de **mélange** (chimie) / mixing formula

ordonnancement *m* / process o. production engineering, routing || ~ de la **préparation** (mines) / ore dressing scheme o. system || ~ **séquentiel** (ord) / sequential scheduling

ordonné (ord) / sequenced

ordonnée *f* (math) / ordinate || ~ de la **courbe de partage** (prépar) / partition figure

ordonner / digest *vt*, order || ~, mettre en séquence / sequence *vt* || ~ (math) / arrange in ascending o. descending order || ~ par **fusion** (ord) / sequence by merging *vt*

ordonneur *m* de **données** (ord) / sequencer

ordre *m* / order, turn, [consecutive] sequence || ~ (math) / order, degree, class || ~, commande *f* (commerce) / order (a comission to supply goods o. perform work) || ~, instruction *f* / command || ~ (profession) / professional association o. organization || **à un ~ de grandeur plus petit** / smaller by an order of magnitude || **d'~ inférieur** (math) / low-order... || **d'~ pair** / even-numbered || **dans l'~** / successive || **en ~** / settled || **en ~ croissant, [décroissant]** (numérotage) / ascending, [descending] || **en ~ de marche** (électr) / ready for connection, in working order || **en ~ de marche** (aéro) / ready for take-off || **en ~ de marche** (techn) / ready for work, operative, operable || **sans ~** / inordinate || ~ d'**accès** (ord) / sequence of access || ~ des **agents de brevets** / patent bar || ~ d'**allumage** (mot) / timing sequence, firing o. ignition order || ~ d'**architecture** / order || ~ **ascendant** / ascending order || ~ des **caractères de commande** (ord) / supervisory sequence || ~ **chronologique** / chronological order || ~ de **classement des caractères** (ord) / marshalling sequence, collating sequence || ~ de **colonnes** / columniation || ~ de **comparaison** (ord) / compare instruction || ~ **corinthien** / Corinthian order || ~ de **départ** (ch.de fer) / order of departure || ~ **descendant** / descending order o. sequence || ~ de **duites** (tex) / filling (US) o. weft (GB) pattern || ~ des **émissions** / radio program[me] || ~ d'**exécution d'instructions** (ord) / control sequence, sequence of commands o. instructions || ~ de **fabrication** / factory o. work order || ~ de **gestion** (ord) / control record || ~ de **grandeur** / class || ~ de **grandeur** (math) / order of magnitude, magnitude || ~ d'**harmonique** / harmonic number || ~ d'**interclassement** (ord) / collating sequence || ~ de **levage** (tiss) / lifting plan || ~ **lexicographique** (ord) / marshalling sequence, collating sequence || ~ de **marche** / readiness for service o. working || ~ de **marche prudente** (ch.de fer) / caution ticket, cautious-running order, slow order || ~ **mixte** (ordonn) / mixed order || ~ de **mouvement** (ord) / output instruction || ~ **n** (math) / n^{th} order || ~ **négatif de phases** (conducteurs) / negative phase sequence (i.e. in the order red, blue, yellow) || ~ **partiel** (math) / partially ordered set || ~ **permanent** (m.compt) / standing order || ~ de **phase** (électr) / phase-sequence || ~ de **phase négative** (en sens inverse des aiguilles d'une montre) (électr) / negative phase-sequence || ~ de **phase positive** (en sens des aiguilles d'une montre) (électr) / positive phase-sequence || ~ **positif de phases** (conducteurs) positive phase-sequence || ~ de **réaction** / reaction order || ~ de **rentrage** (tiss) / drafting plan || ~ de **sélection** (ord) / seek o. select command || ~ de **service** / service rules o. instructions *pl* || ~ de **succession des opérations** (ord) / sequence of operations || ~ **supplémentaire** / repeat[-order] || ~ de **taille** / class || ~ pour **traitement thermique** (WBA) / order for heat treatment || ~ des **travaux** (ordonn) / sequence of operations || ~ **zéro** / zero order

ordure·s *f pl* / filth, garbage, refuse || **~s** *f pl* **ménagères** / household rubbish o. refuse o. garbage (US) || ~ *f* sous **presse** (typo) / pick, black

O.R.E., Office de Recherches et d'Essais / Office for Research and Experimentation of the International Union of Railways, ORE

oreille *f* / lug, eye || ~ (électr) / ear, staple || ~, orillon *m* / handle, ear, bail || ~, patte *f* d'attache / bracket, bearer, lug, standard || ~ (rayonnement) / ear, lobe || ~ (lam) / ear || ~ **artificielle** (télécom) / artificial ear || **~s** *f pl* d'**attache** / fastening ears || ~ *f* du **châssis** (fonderie) / lug || ~ de **cloche** / ear o. cannon of a bell || ~ de **guidage du coulisseau** (presse) / slide lug || ~ de **levage** (techn) / jack ring || ~ de **manille** / shackle ear || **~-tendeur** *f* / adjusting ear

oreillette *f* (télécom, électron) / rubber ear pad, ear cushion

oreillon *m* (bâtim) / corner moulding

orelline *f* (teint) / orlean, orelline

orfèvre *m* / goldsmith || ~ **[en argent]** / silver smith

orfèvrerie *f* / gold articles, jewellery

organdi *m* (tiss) / glass cambric

organe *m* (biol) / organ || ~ (techn) / device, equipment, means || ~, composante *f* / component || ~ d'**aiguillage** (ord) / switching equipment || ~ d'**arrêt** / shut-off device, obturator || ~ d'**assurance** / insurance carrier, insurer || **~s** *m pl* de **choc** (ch. de fer) / buffing gear || ~ *m* de **commande** / driving element || ~ de **commande** (collectif) / operating element || ~ de **commande** (électron) / control section o. unit || ~ de **commande** (ord) / control unit || ~ de **commande ou de manœuvre** / control[ling] apparatus o. equipment o. implement o. instrument o. mechanism o. device, control || ~ de **commande d'un canal** (ord) / channel controller || ~ de **commande central** / master control module || ~ de **commande des entrées** (ord) / control section || ~ de **commande des entrées/sorties** / input-output control [unit] o. synchronizer || ~ de **commande de la table traçante** (ord) / plotter control, graphic control unit || ~ de **contrôle** / monitoring equipment || ~ de **contrôle manuel** / hand control element || ~ **correcteur** (contr.aut) / actuating drive, actuator || ~ de **couplage** (électr) / switchgear || ~

destiné à la rupture / shearing member || ~ **directeur** (contr.aut) / master controller || ~**s** *m pl* de **direction assemblés** (auto) / steering linkage || ~ *m* de **discrimination** (ord) / discriminating equipment || ~**s** *m pl* d'**éclusage d'un sas à air** / hoisting gear of an air lock || ~ *m* **élémentaire** (ord) / component || ~ d'**entrée** (ord) / input unit o. device || ~**s** *m pl* **excréteurs** / digestive organs *pl* || ~ *m* **exécutif en courant** (électr) / antiductor || ~ **final** (contr.aut) / actuator, final control element || ~ d'**inversion** / reversing gear || ~ de **machine** / machine element o. part || ~ de **machine** (ord) / function[al] unit || ~ de **manœuvre** (gén) / control[ling] apparatus o. equipment o. implement o. instrument o. mechanism o. device, control || ~ de **manœuvre** (contr.aut) / control element o. member || ~ de **manœuvre** (électr) / switchgear || ~ de **mesure** / measuring component || ~**s** *m pl* de **mise en action** / actuating mechanism o. appliance || ~ *m* **moteur** / motive unit || ~**s** *m pl* **moteurs** / driving elements *pl* || ~**s** *m pl* d'**obturation** / blockage and control units *pl* || ~ *m* **périphérique** / peripheral unit || ~ **photogène** (biol) / photogen || ~ de **préhension** / prehensile organ || ~**s** *m pl* de **pression** (tricot) / slackening cam || ~ *m* de **puissance pour le réglage** / power output stage || ~**s** *m pl* de **recopie** (radar) / follow-up system || ~ *m* de **réglage** / adjusting mechanism || ~ de **renversement** / reversing gear || ~ de **roulement** / antifriction bearing || ~**s** *m pl* de **roulement** / running gear || ~ *m* de **sécurité** / safety shut-off device || ~ des **sens** / sense organ || ~ de **signalisation d'interruption** (ou de rupture) / interruption signalizing mechanism || ~ **simple de machine** / simple machine element || ~ de **sortie** (ord) / output unit o. device || ~ de **synchronisation** (auto) / synchronization, synchronizing || ~**s** *m pl* de **tamponnement** (ch.de fer) / buffing gear || ~ *m* du **toucher** / organ of touch || ~ de **traitement** (programmation) / processor || ~ de **traitement** (ord) / arithmetic unit o. element || ~ de **transfert** (contr.aut) / transfer element || ~ de **translation** / travelling o. traversing gear o. device o. mechanism || ~**s** *m pl* de **transmission** (auto) / transmission [line] || ~ *m* de **travail** (carde) / working organ

organeau *m* (nav) / mooring ring || ~ (de l'ancre) (nav) / anchor ring, anchor shackle, club ring

organicien *m* (chimie) / organic chemist

organico-minéral / organometallic, organomineral

organier *m* / organ builder o. maker (US)

organigramme *m* / flow chart || ~ (ordonn) / flow chart, operational chart || ~ de **données** (ord) / flow chart o. sheet, dynamic flow chart, data flow chart o. diagram || ~ **fonctionnel ou hiérarchique** (ordonn) / organization[al] chart, organigram || ~ **séquentiel** (ord) / sequence chart

organique / organic

organisateur *adj* (ord) / nonproductive || ~ *m* (ord) / systems analyst

organisation *f* / organization || ~ de la **base du puits** (mines) / collecting station underground || ≗ de l'**Aviation Civile Internationale, O.A.C.I.** / International Civil Aviation Organization, ICAO || ~ **et méthodes**, O.M. (ch.de fer) / O and M, Organization and Methods || ~ du **fichier** (ord) / file organization || ~ de la **gestion d'une entreprise** (ELF) / scientific management, management engineering || ~ **industrielle** (ELF) / industrial engineering || ≗ **Internationale de Standardisation**, ISO (techn) / International Organization for Standardization, ISO || ≗ **Internationale du Travail**, O.I.T. / I.L.O., International Labour Organization || ~ de la **mémoire** (ord) / memory organization || ≗ **météorologique mondiale** / World Meteorological Organization, WMO || ~ **physiologique du travail** / physiological methods study || ~ **rationnelle du travail** / rationalization || ~ de **recette du fond** (mines) / collecting station underground || ~ **scientifique du travail** / rationalization || ~ des **secours techniques** / Organization for the Maintenance of Supplies, emergency technical corps || ~ **séquentielle** (ord) / consecutive o. sequential organization || ~ à **terre** (aéro) / ground organization || ~ du **trafic** / traffic planning || ~ du **travail** / job engineering || ~ d'**usine** / works organization

organisé par **mots** (ord) / word-organized, -structured

organiser / arrange, organize || ~ (s') / organize

organisme *m* / organism || ~ à **activités normatives** / Standards Committee, standardizing body || ~ de **certification** / certification body || ~ de **contrôle** / inspection authority || ~ d'**étalonnage** / calibration service || ≗ **National de Normalisation** / National Standards Body

organo-aluminique *m* / organoaluminium || ~**chloré** / organochlorine || ~**-étain** *m* / organotin || ~**leptique** (chimie) / organoleptic || ~**-magnésien** *m* (chimie) / organomagnesium compound || ~**-métallique** / organometallic || ~**-métalliques** *m pl* / organometallic compounds, organometallics *pl* || ~**molybdène** *m* / organomolybdenum || ~**-phosphoré** *m* / organophosphate || ~**silane** *m* / organosilane || ~**-silicique** *m* / organosilic compound || ~**silicone** *m* (plast) / organosilicone || ~**sol** *m* (chimie) / organosol

organostannique *m* / organotin compound

organozincique *m* / organozinc

organsin *m* / thrown silk, organzine [silk], orsey

organsinage *m* (soie) / twisting

organsiner (soie) / twist o. organzine silk

orge *f* / barley || ~ d'**automne ou d'hiver** / winter barley || ~ d'**été** / spring barley || ~ **germante** / germinating barley || ~ pour **maltage** / malting barley || ~ de **mars** / spring barley || ~ **mondée** (bière) / charred barley || ~ **mondée**, orge *f* perlée (minoterie) / peeled barley, hulled grain

ORGEL = Organique Eau Lourde

orgue *m*, orgues *f pl* / organ, pipe organ || ~ de **basalte** / basalt columns *pl* || ~ **géologique** / sand pipe

orgware *m* (ord) / orgware

oriel *m* (bâtim) / bay, oriel || ~ **rond** (bâtim) / bow window

orientabilité *f* / slewability, slewing capacity

orientable / adjustable || ~ (antenne) / steerable || **[à axe]** ~ / swing-out, swinging out || ~, oscillant / slewable, swivelling, slewing, sluing, swinging

orientation *f* (chimie, bâtim) / orientation, orienting || ~, pivotement *m* / slewing, slueing || ~, relèvement *m* / taking of a bearing || ~ (ELF) (aéro) / attitude, aspect || **avoir l'~ [de ... à ...]** (géol) / run from... to... || ~ **accidentelle**, orientation *f* aléatoire / random orientation || ~ de l'**antenne dirigée** (radar) / steering of a directional antenna || ~ dans l'**espace** (aéro) / spatial orientation || ~ des **fibres en long** / fiber alignment || ~ des **franges** (interférence) / fringe orientation || ~ d'une **maison** / aspect, exposure || ~ des **molécules** / orientation, ordering of molecules || ~ des **monocristaux** (semi-cond) / crystal orientation || ~ du **parachute** / turning of the parachute || ~ **préférentielle** (sidér) / preferred orientation, privileged direction || ~ **professionelle** / vocational guidance o. advice o. councelling || ~ du **quadrillé** (arp) / grid bearing || ~ **radiale commandée** / forced radial position || ~ **spatiale** / spatial orientation || ~ **superficielle** / surface orientation || ~ d'un **terrain** / lay, lie || ~ de la **trame** (typo) / screen angle

orienté / oriented, directed || ~ (vers le) **bureau** (ord) / office-oriented || **qui peut être** ~ / adjustable || ~ **activité** (PERT) / activity oriented || ~ **branche** / branch oriented || ~ vers le **clavier** / keyboard oriented || ~ **client** / customer-oriented || ~ **ligne** (ord) / line oriented || ~ [vers la] **machine** (ord) / computer o. machine-oriented || ~ **périphérique** / periphery-oriented || ~ à la **pratique** / field-proven || ~ vers les besoins de la **pratique** / practice oriented || ~ **problème ou vers les problèmes** / problem-oriented || ~ vers le **processus** (contr.aut) / process bound || ~ **programme** / program-oriented || ~ par **rapport à la ligne de foi** (radar) / ship's head-up oriented || ~ **système** (ord) / system-oriented || ~ **temps** (contr.aut) / time-oriented || ~ vers le **traitement** (ord) / procedure-oriented || ~ vers les **unités** / device-oriented || ~ **utilisateur** / user-oriented

orienter (bâtim) / orient || ~ (tex) / orient[ate] || ~ (techn) / adjust, regulate || ~ (antenne, carte) / set *vt* || ~ (s') / orient[ate] || ~ (s') (p.e. aiguille du compas) / traverse *vi* || ~ (s'), faire les relèvements / take a bearing, find o. fix a position || ~ la **planchette** (arp) / set right || ~ la **production** / direct the production

orienteur *m* / orientation o. orienting compass

orifice *m* / opening || ~ (mines) / [adit] end || ~ d'**admission** / admission o. intake opening || ~ d'**admission** (mot) / cylinder orifice o. port || ~ d'**aérage** / ventilation aperture, breather || ~ d'**alimentation** (plast) / feed orifice || ~ d'**aspiration** / intake || ~ de **brûleur** / burner nozzle || ~ de **chargement** (plast) / feed orifice || ~ de **contrôle** / inspection door o. eye o. hole || ~ de **cylindre** / cylinder orifice o. port || ~ de **décharge** / discharge o. discharging hole o. mouth, issue || ~ de **décharge** (p.e. gouttière) / gutter piece o. mouth o. spout || ~ de **dégorgeage** (égout) / scouring issue o. outlet || ~ de **dévidage** (câble) / take-off hole || ~ d'**échappement** / orifice, outlet || ~ d'**échappement** (mot) / exhaust port || ~ d'**écoulement** / orifice, outlet, overflow shoot || ~ d'**égout avec grille protectrice** (égout) / scouring outlet with grate || ~ d'**entrée** / inlet port o. funnel, lead-in || ~ d'**entrée ou de chargement** / feed orifice || ~ **équivalent de mine** / equivalent width o. opening o. orifice of a mine || ~ d'**étranglement** / throttling port || ~ d'**évacuation** (m.à vap) / exhaust port || ~ de la **filière** (extrusion) / die relief || ~ d'**introduction de l'objet** (microsc.) / object gate o. sluice, specimen lock || ~ de **mesure** (hydr) / sharp-edged orifice, orifice gauge, plate orifice || ~ de **mesure calibré** / calibrated orifice || ~ de **mesure à entaille en V** (hydr) / notch plate || ~ [en **mince paroi] équivalent** (mines) / equivalent width of mine || ~ de **nettoiement** (m.à vap) / manhole, mud hole || ~ de **nettoyage** / cleansing hole o. eye || ~ en **paroi mince** / sharp edge orifice || ~ **primaire** / primary hole || ~ du **puits** (mines) / pit opening, pithead mouth || ~ de **remplissage** (auto) / filler neck || ~ de **remplissage d'huile** / oil filler neck || ~ de **remplissage du radiateur** (auto) / radiator inlet connection || ~ de **retour d'huile** / oil drain hole || ~ de **sortie** / outlet || ~ de **sortie des gaz** (fonderie) / vent hole, air hole || ~ d'une **soupape** / opening area of a valve, gate of a valve

origan *m* / origan[um], wild marjoram

original *adj* (techn) / original, primitive || ~ *m* / original || ~, première *f* de change / original [copy], (typewr.:) top copy || ~ **transparent** / translucent original, transparent master

origine *f* / origin || **à ~ décalée** (instr) / hushed || **d'~** / original, primitive || ~ d'**angle** (math) / vertex || ~ des **coordonnées** / origin of [co]ordinates || ~ de **cotation** (NC) / zero point of measuring system, machine datum || ~ d'une **courbe** / origin of a curve || ~ d'**enroulement** / begin of a winding || ~ **machine** (NC) / machine zero point, origin || ~ **mesure** (NC) / zero point of measuring system || ~ des **moments** / zero point of moments, point of zero moment || ~ du **pétrole** / origin of crude oil

orillon *m* / handle, ear, bail

orin *m* / buoy line || ~ du **flotteur** / dan line o. tow, bowl line

Oring *m* / O-ring type sealing ring, O-ring seal o. joint

oripeau *m* / Dutch gold o. metal, tinsel

orléans *f* (tiss) / orleans

Orlon *m* / Orlon, fibre A

orme *m* / elm || ~ de **montagne ou à larges feuilles**, Ulmus montana / mountain elm

orné (bâtim) / ornate || ~ de **losanges** (tiss) / diapered

ornement *m* / ornament, decoration || ~ (graph) / ornament || **~s** *m pl* (bâtim) / ornaments *pl* || ~ *m* en forme de **boutons ou de béquilles** / stud o. pellet ornament || ~ à **dentelure** / indented ornament || ~ en **guilloche** / engine turn || ~ **produit par empreinte** (tex) / pattern applied by pressure

ornementation *f* / ornamentation || ~ (bâtim) / ornament, decoration

orner / ornament, decorate

ornière *f* / wheel rut o. track || ~ [en **acier]** (constr.en acier) / rail || ~ dans un **croisement** (ch.de fer) / switch opening || ~ de **passage des boudins** / flange groove o. way || ~ de **voie** / rail groove

ornithine *f* / ornithine

ornithoptère *m* (aéro) / ornithopter, wing-flapping machine

orogénèse *f* (géol) / orogenesis, orogeny

orogénique / orogenic

orographie *f* (géol) / orography

orpaillage *m* / gold washing o. buddling, placer [gold] mining

orpailleur *m* / gold digger, pocket miner (US)

orpiment *m*, orpin *m* (min) / native arsenic trisulfide, orpiment

ORSEC *m* (organisation de secours) / a French relief organization

orseille *f* / archil, orseille, orchil, cudbear || ~ (bot) / dyer's moss o. lichen

ort / gross

ORTF = Office de Radiodiffusion et Télévision Française, Paris

orthicon *m* (TV) / orthicon

orthite *f* (min) / orthite, allanite

ortho-axe *m* (math) / orthoaxis, orthodiagonal [axis] || **~centre** *m* (math) / orthocenter || **~chromatique** (phot) / ortho[chromatic], orthoskiagraphic, isochromatic || **~cinétique** (chimie) / orthokinetic || **~clase** *f* (géol) / orthoclase || **~clastique** (géol) / orthoclastic || **~connecteur** *m* (électr) / non-interchangeable o. polarized connector || **~connexion** *f* (électr) / polarization (by mechanical means) || **~dichlorobenzène** *m* / orthodichlorobenzene || **~dihydroxybenzène** *m* / orthodihydroxybenzene || **~dromie** *f* (nav) / orthodrome, great circle || **~dromique**, par orthodromie / orthodromic || ~**édrique** (crist) / orthohedral || ~**gonal** (carte) / orthographic || ~**gonal** (géom) / orthogonal, mutually perpendicular || ~**gonalisation** *f* (math) / orthogonalization || ~**graphie** *f* (bâtim) / front view || ~**graphie** *f* **verticale** / top view || ~**graphique** / orthographic || ~**hélium** *m* (phys) / orthohelium || ~**hydrogène** *m* (phys) / orthohydrogen || ~**normation** *f* (math) / orthonormation || ~**phosphate** *m* / phosphate(V) || ~**phosphate** *m* de **sodium** / trisodium phosphate(V) || ~**photographie** *f* (arp) / orthophoto || ~**photoplan** *m* (arp) / orthophoto [map] || ~**photoscope** *m* / orthophotoscope || ~**phyre** *m* (géol) / orthophyre, syenitic porphyry || ~**pinacoïde** *m* (crist) / orthopinacoid || ~**rhombique** (dessin) / trimetric, orthorhombic || ~**rhombique** (géom) / orthorhombic || ~**scopique** / orthoscopic

orthose *f* (géol) / orthoclase

ortho·trope / orthotropic || ~**xylene** *m* / orthoxylene

os *m* / bone

O.S., ouvrier *m* spécialisé / skilled man (US), journeyman (GB)

osar *m* (géol) / esker, eskar

osazone *f* (chimie) / osazone

oscillant / oscillating, oscillatory || ~, pivotant / slewable, swivelling, slewing, sluing, swinging || ~ (porte) / swinging || ~, pendulaire / rocking || ~ **librement** / swinging clear || ~ en **roulis** (aéro) / oscillating in roll

oscillateur *m* (électron) / oscillator, generator || ~ (acoustique, électron) / oscillator || ~ **annulaire** (électron) / ring oscillator || ~ à **autoserrage** (électron) / self-quenching o. squegging oscillator, squegg || ~ de **balayage vertical** / vertical sawtooth o. sweep generator, vertical time base generator || ~ **basse fréquence** (acoustique) / audiofrequency o. radiofrequency oscillator || ~ de **blocage** (électron) / [self-]blocking oscillator, B.O. || ~ **cohérent** (radar) / coherent oscillator, coho || ~ à **coïncidence de phase** / bumped phase oscillator || ~ **Colpitts** (électron) / Colpitts oscillator || ~ à **commande des fréquences à décades** (électron) / decade frequency oscillator, DFO || ~ **commandé par tension** / VCO, voltage controlled oscillator || ~ à **crevasse de grille** / grid dip meter o. oscillator || ~ à **cristal** / quartz o. crystal oscillator, crystal resonator, piezoelectric quartz o. resonator || ~ à **cristal à ondes harmoniques** / crystal harmonic oscillator || ~ de **découpage** (électron) / quenching oscillator || ~ de **déflexion horizontale** / horizontal deflection oscillator || ~ à **diapason** / maintained tuning fork, [tuning] fork oscillator || ~ **Dow** (électron) / Dow oscillator || ~ **dynatron** / dynatron oscillator || ~ **étalon piézoélectrique** / crystal calibrator || ~ de **freinage** / retarding field oscillator, negative conductance generator || ~ de **fréquence auxiliaire** / self-quenching oscillator, squegging oscillator, squegg || ~ à **fréquence de battement** / beat frequency oscillator || ~ de **fréquence intermédiaire** / intermediate frequency generator o. oscillator || ~ à **fréquence stable** / stalo, stable local oscillator || ~ de **fréquence de trames** (TV) / field o. framing oscillator || ~ à **fréquence variable**, VFO (électron) / variable frequency oscillator, VFO || ~ à **fréquences de battements** / beat-frequency o. beating o. local o. superheterodyne oscillator, B.F.O., heterodyne [oscillator] || ~ de **Gill et Morell** / Gill-Morell oscillator || ~ **grid-dip** / grid dip meter o. oscillator || ~ d'**harmoniques** / harmonic generator || ~ **Hartley** (électron) / Hartley circuit o. oscillator || ~ **haute fréquence** (TV) / radiofrequency oscillator || ~ de **Heil** (électron) / Heil generator o. oscillator o. tube, coaxial line tube || ~ **hétérodyne** / beat-frequency o. beating o. local o. superheterodyne oscillator, B.F.O., heterodyne [oscillator] || ~ **H.F.** / high-frequency oscillator, HFO || ~ **Huth-Kühn** (radio) / tuned grid-tuned plate oscillator || ~ **initiateur** / master oscillator || ~ **interférentiel** / beat-frequency o. beating o. local o. superheterodyne oscillator, B.F.O., heterodyne [oscillator] || ~ à **lampe amplificatrice** (électron) / tube generator o. oscillator || ~ à **lampe au néon** / neon time base || ~ **L.C.** (électron) / L.C.-drive (L = inductivity, C = capacity) || ~ **LC à décades** / decade LC oscillator, DLCO || ~ **local**, OL (radar) / local oscillator || ~ de **magnétron** / magnetron oscillator || ~ **maître** / master oscillator || ~ de **Meissner** / Meissner circuit o. oscillator || ~ de **Mie** / Mie oscillator || ~ en **montage push-pull** / push-pull oscillator || ~ **multisonore** / multitone || ~ à **onde inverse** / backward wave oscillator, bwo || ~ à **onde inverse type O** / O-type backward travelling wave oscillator tube || ~ d'**onde porteuse** / carrier wave oscillator, CWO || ~ à **oscillations de relaxation** / self-quenching oscillator, squegging oscillator, squegg || ~ de **Pierce** / Pierce oscillator || ~ **piézoélectrique** / quartz o. crystal oscillator, crystal resonator, piezoelectric quartz o. resonator || ~ de **pile** (nucl) / reactor o. pile oscillator || ~ **pilote** / master oscillator || ~ **pilote stabilisé** (électron) / SMO, stabilized master oscillator || ~ de **ralentissement** voir oscillateur de freinage || ~ du **récepteur** (radio) / local oscillator || ~ à **relaxation** (électron) / saw-tooth generator o. oscillator, sweep generator o. oscillator, miller || ~ de **rétroaction** / feedback oscillator || ~ **R.F.** (TV) / radiofrequency oscillator || ~ **submersible à ultra-sons** / immersible transducer || ~ **symétrique** / push-pull oscillator || ~ à **transistors** / transistor generator || ~ à **transitron** / transitron oscillator || ~ **triode** (électron) / triode oscillator || ~ de **tubes à vide** / thermionic o. tube generator o. oscillator || ~ **ultrasonore** / ultrasonic oscillator || ~ **verrouillé** (électron) / locked[-in] oscillator

oscillation *f* / swinging || ~ (horloge) / beat of the clock || ~ (électr) / oscillation || ~ (phys) / vibration || ~ **amortie** / damped oscillation || ~ **amortie au flanc de Nyquist** (électron) / ring[ing] || ~ **après l'impulsion** / post-pulse oscillation || ~ de **Barkhausen** / Barkhausen-Kurz oscillation || ~ **BF indésirable** / motor boating || ~s *f pl* **circonférentielles** / circumferential oscillations || ~ *f* de **circuits accouplés** / oscillation in coupled circuits || ~s *f pl* dans la **conduite d'aspiration** (compresseur) / induction ramming || ~ *f* **contrainte** / forced o. constrained oscillation o. vibration || ~s *f pl* **couplées** / coupled oscillations *pl* || ~s *f pl* de **déformation** (nucl) / bending vibrations *pl* || ~ *f* des **domaines** / domain oscillation || ~s *f pl* **électriques** / electric oscillations *pl* || ~s *f pl* **électroniques** / electronic oscillations *pl* || ~ *f* **entretenue** / continuous oscillation || ~ d'une **fonction réelle** (math) / oscillation of a real valued function || ~ **fondamentale** (phys) / first harmonic, fundamental component o. wave o. oscillation || ~ **forcée** / forced oscillation || ~ **guidée** / controlled o. timed oscillation || ~ **gyroscopique** / gyroscopic oscillation || ~ **harmonique** / harmonic oscillation || ~ **haute fréquence** / high-frequency oscillation || ~ **horizontale d'un cadre vertical** (constr.en acier) / sway (horizontal displacement at the top of a vertical frame) || ~s *f pl* **internes spontanées** / spurious oscillations *pl* || ~s *f pl* **lentes** / hunting || ~ *f* **libre** / free oscillation || ~ **longitudinale** / longitudinal oscillation || ~s *f pl* **longitudinales** (aéro) / hunting || ~ *f* sur des **modes parasites** / spurious mode oscillation || ~ **parasite** / parasitic o. spurious oscillation || ~ **parasite BF** / singing || ~ **partielle** (phys) / partial oscillation || ~s *f pl* **pendulaires** (électr) / phase swinging || ~ *f* du **pendule** (horloge) / oscillation, vibration, heaving || ~ **périodique** (phys) / vibration || ~ de **phase** (électr) / phase swinging || ~ **phygoïde ou phugoïde** (aéro) / phugoid oscillation || ~ du **pont** / flutter of a bridge || ~ **propre** (phys) / natural o. characteristic oscillation o. vibration || ~ **relaxante ou de relaxation** / relaxation oscillation || ~ de **résonance** / sympathetic vibration || ~ du **rotor** (hélicoptère) / hunting || ~ de **roulis** / roll oscillation || ~s *f pl* **serrées** (r. cath) / grass || ~ *f* **sinusoïdale** / sinusoidal oscillation || ~ **sinusoïdale simple** / simple harmonic motion, s.h.m. || ~ **stationnaire** / stationary o. steady oscillation o. vibration || ~ **sympathique** / sympathetic resonance || ~ de **torsion** / torsional oscillation o. vibration || ~ **tournante** / torsional oscillation o. vibration, rotary oscillation, oscillating rotatory motion || ~ de **transmodulation** / crossmodulation o. intermodulation oscillation || ~ **transversale** (aéro) / lateral oscillation || ~ **vocale** / speaking oscillation

oscillatoire / oscillating, oscillatory

osciller (phys, électron) / oscillate, swing || ~ (techn) / librate, sway || ~, cahoter / run out-of-true, jolt || **faire** ~ / vibrate *vt*, swing, sway || ~ **librement** (électron) / self-oscillate

oscillo *m* (coll) / scope

oscillogramme *m* / oscillogram

oscillographe *m* / oscillograph || ~ **bifilaire [de Blondel]** / [Duddel] oscillograph, galvanometer oscillograph, moving coil oscillograph, test-loop o. two-wire oscillograph || ~ **électrostatique** / electrostatic oscillograph || ~ **local** / local oscillograph || ~ à **pinceau lumineux** / Duddel oscillograph

oscilloscope *m* (ultrason) / oscilloscope, scope (coll) || ~ **[cathodique]** / oscilloscope, scope (coll) || ~ **cathodique à deux faisceaux** / dual-trace oscilloscope, double-beam o. -gun oscilloscope || ~ **cathodique à un faisceau** / single-beam oscilloscope || ~ à **coordonnées polaires** / cyclograph || ~ d'**échantillonnage** / sampling oscilloscope || ~ à **écran absorbant** / dark trace oscilloscope || ~ à **fil chaud** / hot-wire oscillograph || ~ **H.T. à quatre faisceaux** / quadruple beam high voltage cathode ray oscilloscope || ~ à **mémoire** / storage oscilloscope || ~ **mesureur** / measuring oscilloscope || ~ d'**observation** / observation oscilloscope || ~ à **plusieurs faisceaux** / multi-beam oscilloscope || ~ à **vecteurs** (TV) / vectorscope

oscinie *f* **ravageuse** (parasite) / [European] frit fly

osculateur *adj* (math) / osculating || ~ *m* / osculatory circle, circle of curvature

osculation *f* (math) / osculation

ose *m* (chimie) / ose

osier *m* / willow, osier, sallow || ~ **rouge**, Salix purpurea / basket o. velvet osier, basket willow

osmate *m* / osmate

osmide *m* / osmide

osmiridium *m* (min) / osmiridium, iridosmine

osmium *m* / osmium

osmologie *f* / osmology

osmomètre *m* / osmometer

osmométrique / osmometric

osmondite *f* (sidér) / osmondite

osmophore *adj* / odoriferous, odorous || ~ *m* / osmophore, odoriphore

osmosat *m* / osmosed liquid

osmose *f* / osmosis, membrane diffusion, chemosmosis || ~ **électrique** / electrical [end]osmosis, electro[end]osmosis, electrosmosis || ~ **inverse ou renverse ou de renversement** / reverse osmosis

osmotique / osmotic

osone *f* (chimie) / osone

ossature *f* / frame, carcass, skeleton || ~ d'**aile** / wing framework || ~ en **béton armé** / reinforced concrete framework || ~ de **bois** / timber framework o. framing || ~ de **caisse** (ch.de fer) / body framework || ~ de la **courroie** (convoyeur) / belt supporting structure || ~ **métallique** / steel frame o. framing || ~ de la **mine** / roadway system || ~ **plissée** (bâtim) / folded-plate structure, folded plates *pl*, prismatic shell o. slab || ~ **porteuse** / supporting framework || ~ **rigide** (bâtim) / rigid carcass || ~ **support** / supporting frame [work] o. structure || ~ du **tablier** (pont) / floor framing o. skeleton, floor grid

osséine *f* / bone glue

ostéotrope (ELF) (nucl) / bone seeking

ôter / take off, remove, move away || ~ en **bêchant** / dig off || ~ la **boue** / clear from mud || ~ au **burin ou au ciseau** / chisel o. chip off || ~ la **couche métallisée** / deplate || ~ la **crasse** / slag-off, deslag, tap slag || ~ de **dessus d'un liquide** / skim off || ~ les **échafaudages** (bâtim) / strip down the scaffolding || ~ l'**étain** / de-tin || ~ avec le **fermoir** / chisel off || ~ en **frottant** / rub off || ~ à la **lime** / file off || ~ le **poil** (tan) / depilate, unhair || ~ le **poil grossier du côté de l'envers** (tex) / dress the wrong side of cloth || ~ la **poussière** / dust *vt*, dedust, free from dust || ~ avec le **rabot** / plane off || ~ les **scories** / slag off, deslag, tap the slag || ~ en **tirant** / draw-off, pull off || ~ au **tour** (tourn) / remove on the lathe

oto[rhino-laryngo]logiste *m* / aurist

ottoman *m* (tex) / ottoman rib

OU *m* **exclusif** (ord) / exclusive OR, EX.OR, non-equivalence, antivalence, anticoincidence, OR-ELSE circuit || ≗ **inclusif** (ord) / inclusive OR, disjunction || ≗ **logique** / OR-operator, logical OR circuit

ouabaïne *f* (chimie) / ouabain

ouate *f* / cotton wad[ding] o. wool (GB), absorbent cotton || ~ de **cellulose** / cellulose wadding, byssus, cellucotton || ~ **hydrophile** / absorbent cotton || ~ à **pansement** / sanitary cotton, surgical wool, medicated cotton wool || ~ de **rembourrage** / quilting cotton || ~ pour **usages industriels** / cotton wool for industrial purposes || ~ de **verre** / glass wadding

ouaté (bruit) / muffled, deadened

ouater / wad, pad, line with wadding

ouateur *m* (m à coudre) / quilting guide

ouatite *f* (min) / [black] wad, waddite

oublier, omettre / omit, neglect

OUI de **régénération** (comm pneum) / YES relay

ouïe *f* (bâtim) / louver o. louvre (GB) window || ~ (ventilateur) / air admission || ~ d'**aération ou de capot ou de refroidissement** (auto) / hood louver

oulle *f* (géol) / pothole

ouragan *m* / hurricane

ourdir (tiss) / warp *vt*

ourdissage *m* (tiss) / warping || ~ **classique ou sur**

ensouple (tiss) / beam warping || ~ au **large** (tex) / full-width warping || ~ en **sections** (tex) / section warping
ourdisseur *m* (tiss) / warper, beamer || ~ à **casse-fil** / self-stopping beaming machine
ourdisseuse *f* / female warper
ourdissoir *m* / warping machine || ~ **classique** (tex) / beam warper o. warping machine || ~ **long** / long warp-reel || ~ à **rouleau** (tex) / beam warper o. warping machine || ~ **sectionnel à cône** (tiss) / cone sectional warping machine
ourler / hem *vt*
ourlet *m* (tailleur) / hem[-line] || ~ (bas) / stocking o. turning welt, garter top || **faire l'~** (tiss) / loop by hand || ~ à **jour** / hemstitch || ~ **supérieur** (tiss) / welt
ourleur *m* (m à coudre) / hemmer foot, folder || ~ **articulé** (m.à coudre) / hinge hemmer || ~ à **points rabattus** (m.à coudre) / feller
outeau *m* / roof ventilator, (esp.) ventilating tile
outil *m* / tool, implement || **~s** *m pl* / utensils *pl*, implements *pl*, gear || ~ *m* (m.outils) / tool || **à ~ à position fixe** (scie circ.) / non-stroke... || **à ~s tournants** / tool rotating type || ~ **accroché** (agr) / trailed implement || ~ **acier-rapide** / high-speed cutting tool || ~ **actif** (NC) / active tool || **~s** *m pl* **adaptables** (gén) / attachments *pl* || ~ *m* à **air comprimé** / compressed-air o. pneumatic tool || ~ à **aléser** (m.outils) / boring tool || ~ à **aléser** (tourn) / bent turning tool || ~ à **aléser et à dresser** / inside turning tool for corner work || ~ en **alliage dur** / carbide [tipped] tool || ~ d'**arasage** (découp) / shaving die || **~s** *m pl* à **bois** / wood working tools || ~ *m* de **brochage** (m.outils) / broaching tool, broach, cutter bar || ~ de **brochage pour cannelures intérieures** / spline broach || ~ de **brochage creux** / pot broach || ~ de **brochage pour dentelures intérieures** / [internal] serration broach || ~ de **brochage [pour les engrenages à développante]** / external involute spline broach || ~ de **brochage extérieur** / pot broach, surface broach || ~ de **brochage extérieur pour profil cannelé** / external spline broach || ~ de **brochage intérieur** / internal broaching tool || ~ de **brochage [pour les moyeux cannelés à développante]** / involute spline broach || ~ de **brochage plat** / flat broach || ~ de **brochage pour profil 4 pans** / square broach || ~ de **brochage pour profil dentelé** / external serration broach || ~ de **brochage pour rainure dans moyeu** / internal keyseating broach || ~ de **brochage rond** / round broach || ~ de **brochage pour six pans** / hexagon broach || ~ de **brochage en forme de tube** / tube shaped reamer || ~ de **brochage vissé** / helical broach || ~ de **brunissage** (découp) / smoothing tool, sleeker || ~ de **cambrage en V** (découp) / angle bender, vee bending tool || ~ à **cames** (découp) / slide tool || ~ en **carbure** / carbide [tipped] tool || ~ **carré** (tourn) / square tool || ~ **carré droit** (tourn) / rectangular square tool || ~ à **centrer** / center punch || ~ à **chambrer** / right-angle parting-off tool || ~ **champignon** (m.outils) / button tool || ~ à **chanfreiner** / countersink[er] || ~ à **chanfreiner 60°** / countersink 60° || **~s** *m pl* à **chanfreiner et à lamer** / countersinks and counterbores *pl* || **~s** *m pl* de **charpente en fer** (télécom) / iron material || ~ *m* de **cintrage** (gén) / bending tool || ~ **circulaire** (m.outils) / button tool || ~ **circulaire de façonnage** (m.outils) / circular form tool || ~ à **cisailler** / shearing tool || ~ à **ciseler** / carving tool || ~ **composé** (découp) / combination tool || ~ de **copiage** (m.outils) / copying tool || ~ de **côté** (tourn) / side cutting o. turning tool || ~ **coudé à charioter** (tourn) / right side tool, inside o. boring tool || ~ **coupant ou de coupe ou à couper** / cutting o. edge tool || ~ de **coupe** (tourn) / tool, cutting o. turning o. lathe chisel o. tool, cutter || ~ de **coupe**, burin *m* / cutter, cutting tooth || ~ de **coupe en céramique** / ceramic cutting tooth || ~ à **coupe rapide** / high-speed cutting tool || ~ à **couper des entailles** (céram, extrusion) / spider || ~ **couteau** (tourn) / offset side turning tool || ~ **crémaillère** (m.outils) / rack shaped cutter || ~ **creux** / shell tool || ~ **crochu** / right angle [tool] || ~ de **décolletage** / tool for automatic lathes || ~ de **découpage** / blanking o. punching die, cutting tool || ~ de **découpage à colonnes** / [pillar] die set || ~ de **découpage et de poinçonnage** / punching and blanking tool || ~ de **découpage guidé** (découp) / guided die || ~ de **découpage non guidé** (découp) / free punch || ~ de **découpage à plaque de guidage** (m.outils) / guided punch || ~ de **découpage simple** (sans guidage) / continental die (US), primitive die (without die sets) || ~ à **découpes à suivre** (découp) / multistage operation die, progressive die, follow-on tool || ~ de **décroutage** / roughturning tool || ~ à **dégorger** / broaching tool, broach || ~ à **dégrossir** (m.outils) / roughing tool || ~ de **détourage [par translation]** (découp) / trimming tool [with slides] || ~ à **dévêtisseur fixe [dit Parisien]** (découp) / stripper punch || ~ de **diamantage ou de taillage à grains multiples** (meule) / multi-grain dresser || ~ **diamanté** / diamond tool || ~ à **dresser** / dressing tool || ~ à **dresser d'angle** / offset turning tool for corner work || ~ à **dresser des faces** / offset face turning tool || **~-dresseur** *m*, outil *m* à dresser (m.à rectifier) / wheel dresser || ~ **droit** (m.outils) / right-hand tool || ~ d'**ébauchage** (m.outils) / roughing tool || ~ d'**ébavurage** (découp) / trimming die || ~ à **ébavurer**, fraise *f* conique / countersink[er], deburrer || ~ d'**échantillonnage** (mét.poudre) / sample thief || **~s** *m pl* pour l'**économie forestière** / forest culture o. forestry tools *pl*, forestry equipment || **~s** *m pl* d'**écurie** (agr) / housing equipment || ~ *m* **électrique** / electric tool || ~ à **emboutir** / chasing tool || ~ d'**emboutissage profond** (découp) / deep drawing tool || ~ à **enlèvement des copeaux** / [metal-]cutting tool || ~ d'**estampage** / coining die, embossing die || ~ d'**estampage à chaud** / hot forging die || ~ pour **estampage et poinçonnage** (gén) / blanking o. punching die, cutting tool || ~ d'**estampage pour monnaies et médailles** / coining die || ~ d'**étirage** / drawing die || ~ d'**étirage à anneau** (ou de parois) / drawing and [wall-]ironing die || ~ de **façonnage** (tourn) / forming tool o. cutter, profile tool || ~ de **filage** / transfer mould for upstroke press || ~ à **fileter** (tourn) / screw cutting tool, thread[ing] tool || ~ à **fileter** (techn) / thread cutter || ~ à **fileter à deux pointes** (outil) / double point thread chaser || ~ **finisseur** / fine finishing tool || ~ **finisseur** (tourn) / finishing tool || ~ **flottant** (m.outils) / floating tool || **~s** *m pl* à **forer** (mines) / blasting o. shooting tools *pl* || ~ *m* à **former ou de formage** / non-cutting tool || ~ à **fraiser ou de fraisage** / milling cutter || ~ de **frappe et de calibrage [pour matière emprisonnée]** (découp) / drop-forging tool || ~ de **frappe et de calibrage** (découp) / reshaping tool || ~ à **fréquence élevée** / high-cycle tool || ~ à **gauche** (m.outils) / lefthand tool || ~ **gorge extérieure** (tourn) / recessing tool || ~ de **grattage** / [pinion type] shaving cutter || ~ de **gravure calibré par repoussage** / coining die || ~ de **gravure simple** (découp) / numbering tool || **~s** *m pl* de l'**horloger** /

clockmaker's o. watchmaker's tools || ~ *m* **inférieur** (outilleur) / bottom tool || **~s** *m pl* d'un **jeu combiné** / serial tools *pl*, tools *pl* of a tool set || **~s** *m pl* de **jointoyage** (bâtim) / pointing tools *pl* || **~s** *m pl* de **labourage** / farming utensils, ploughing tools *pl*, agricultural implements *pl* || ~ *m* à **lamer** / end-mill reamer, counterbore || ~ à **lamer à queue cylindrique, à pilote fixe** / parallel shank counterbore with solid pilot || ~ de **lapping** (m.outils) / lap || ~ de **lapping diamanté** / diamond lap || ~ **latéral** (raboteuse) / corner planing tool || ~ à **lèvre concave** / hollow-ground tool, right side round tool || **~-machine** *m* / machine tool || **~s** *m pl* à **machine** / machine operated tools *pl* || **~s** *m pl* de **manœuvre pour vis et écrous** / assembly tools for screws and nuts || **~s** *m pl* de **mines** / mining supplies o. materials *pl* || **~s** *m pl* de **mineur** (mines) / miner's tools o. implements *pl* || ~ *m* à **mise rapportée** (m.outils) / carbide tipped tool || ~ à **mortaiser** / keyway broaching tool || ~ à **moteur** (électr) / power tool || ~ à **moulage par compression** (plast) / compression moulding die || ~ **multiple** / combination tool || ~ à **nervurer ou de nervurage** / embossing die || ~ à **nez rond** (tourn) / round [nose] tool || **~-peigne** *m* (m.outils) / rack shaped cutter || ~ de **pelage** (câbles) / jacket remover || ~ **pelle** (tourn) / wide face square nose tool || ~ de **percussion** / striking tool || ~ de **perforation à cames** (découp) / side piercing tool || ~ **pignon** (denture) / pinion type cutter || ~ **pignon à queue** / shank type vertical gear generator || ~ de **planage** (découp) / flattening o. planishing tool || ~ à **planter** (horloge) / uprighting tool || ~ à **plaquette en métal dur** (m.outils) / carbide tipped tool || ~ de **pliage** (gén) / bending tool || ~ de **pliage en V** (découp) / angle bender, vee bending tool || ~ de **plongée intérieure** (tourn) / internal side tool || ~ **pneumatique** / compressed-air o. pneumatic tool || ~ de **poinçonnage ou à poinçonner** (découp) / piercing tool || ~ de **poinçonnage et de matriçage à chaud** / hot stamping and coining tool || ~ de **poinçonnage et de tranchage** / punching and cutting tool || ~ de **poinçonnage latéral vers l'axe** / slide type side punching tool || ~ **pointu** (tourn) / pointed tool || ~ **portatif à main à moteur** / hand-held motor operated tool || ~ **porté** (agr) / mounted implement || ~ de **précision** / precision tool || **~s** *m pl* [de **professionnels]** / stock of tools, implements *pl*, gear || **~s** *m pl* de **programmation évolués** / advanced programming || ~ *m* **progressif** (découp) / multistage operation die, progressive die, follow-on tool || ~ à **queue** (forge) / hold-fast || ~ **raboteur** (m.outils) / planing tool || ~ de **raclage** / shaving tool || ~ de **rectification** / grinding tool || ~ à **retoucher** (tourn) / pointed straight turning tool || ~ de **roulage** / rolling-round o. -down tool || ~ à **saigner** (tourn) / recessing tool, parting-off tool || ~ **segmenté** (découp) / built-up blanking die || ~ de **serrage** / clamping o. fastening o. gripping tool o. implement || **~s** *m pl* de **service** / operating tools *pl* || ~ *m* **simple** (découp) / simple press tool || **~s** *m pl* de **sondage** (mines) / blasting o. shooting tools *pl* || ~ *m* de **sondage à grande profondeur** / deep boring tool || ~ de **soyage** (découp) / burring o. lancing o. plunging tool || ~ à **suage** / creasing tool || ~ **Suisse** (découp) / combination tool || **~s** *m pl* pour **sylviculture** / forest culture o. forestry tools *pl*, forestry equipment || **~s** *m pl* de **taillage par génération** (denture) / gear hobbing tools, self-generating milling cutters *pl* || ~ *m* à **têter** / heading tool || **~s** *m pl* pour le **tirage à la poudre** (mines) / shooting o. blasting tools *pl* || ~ *m* de **tour à mise en acier rapide** / lathe tool with high speed steel blade || ~ de **tournage**, outil *m* à tourner / lathe tool, cutting o. turning chisel || ~ de **tournage de côté** / side turning tool || ~ à **tourner les coins intérieurs** / internal side turning tool for corner work || ~ à **tourner les intérieurs** (tourn) / right side tool, inside o. boring tool || ~ **traîné** (agr) / trailed implement || ~ de **tranchage** / cutting o. shearing die || ~ de **tranchage et d'encochage** (découp) / clipping o. trimming tool for deep-drawn articles || ~ **tranchant** / cutting o. edge tool || **~s** *m pl* pour le **travail du sol** / agricultural implements *pl* || ~ *m* à **tronçonner** / parting-off tool || ~ à **un tranchant** / single-point tool || ~ **universel** / all-purpose tool || ~ d'**usinage** / [metal-] cutting tool || ~ de **wrappage** (télécom, électron) / wire wrapping tool

outillage *m*, ustensiles *m pl* / stock of tools, implements *pl*, gear || ~ (p.e. d'un port) / tools *pl*, outfit || ~ (m.outils) / tooling equipment o. outfit || ~ (atelier) / works equipment || ~ (tourn) / tooling || ~, guichet *m* doutils / tool crib o. hatch, toolshop || ~, prévision *f* d'outillage / provision o. supply of tools || ~, jeu *m* d'outils / set of tools || ~, machinerie *f* / machinery, machine outfit o. train || ~ (découp) / cutting o. blanking die, die || ~ **automobile** / motorcar repair tools *pl* || ~ de **cambrage** (découp) / box die || ~ **composé de découpage** (découp) / combination die || ~ **composé de découpage et emboutissage** (découp) / combination drawing and cutting tool || ~ de **compression** (mét.poudre) / pressing o. compacting o. die tool || ~ de **compression à plusieurs empreintes** (mét. poudre) / multiple tool o. die || ~ de **découpage** (découp) / blanking o. punching die || ~ de **découpage avec inversion** (découp) / reversing tool || ~ d'**emboutissage profond** / deep-draw[ing] die || ~ d'**emboutissage par retournement de l'ébauche** / reverse drawing tool || ~ d'**encochage** (découp) / notching tool o. die || ~ pour l'**entretien de la voie** / platelayer's tools *pl* || ~ de **fabrication** / processing equipment || ~ pour la **fabrication en série** (auto) / production tooling || ~ de **fonçage** (mines) / deep boring implements *pl* || ~ de **forage pour puits** / well sinking o. boring implements *pl* || ~ **forestier** / logging equipment || ~ de **frappe** (gén) / embossing die, stamping tool o. die || ~ de **frappe** (découp) / coining die || ~ de **garage** / garage equipment o. tools *pl* || ~ **[industriel]** / works equipment || ~ [à **main]** / implements *pl*, gear, stock of tools || ~ de **mineur** (mines) / miner's tools o. implements *pl* || ~ de **planage à pointes de diamant** (découp) / roughened planishing tool || ~ de **pliage** (découp) / Vee bending tool || ~ des **pompiers** / fire extinguishing gear || ~ pour **pose de tuyauterie** / pipe [layer's] tools *pl* || ~ pour **presse transfert** / progressive (GB) o. transfer (US) press tool || ~ de **refoulement** (découp) / swage || ~ pour **réparations** / repair tools *pl*, repair kit || ~ de **roulage ou à rouler** (découp) / beading o. curling die, edge rolling die, false wiring tool || ~ en **saillie** (découp) / horn die || ~ de **soyage** (découp) / plunging tool || ~ **téléphonique** / [remote] communication equipment o. facility || ~ de **tir** (mines) / blasting o. shooting tools *pl* || ~ à **tube** / pipe wrenches *pl*

outiller / implement

outilleur *m* / toolmaker, -man || ~ (découp) / die man o. maker

output *m* (pl. inv) (électron) / output

outputmètre *m* / output meter

outremer *m* / lazulite blue, ultramarine || ~ **jaune** /

barium chromate, lemon chrome, baryta o. Steinbühl o. ultramarine yellow || ~ **vert** / ultramarine green
outrepassage *m* (télécom) / continuous hunting || ~ de **puissance** (réacteur) / power stretch
outrepasser / exceed, race *vi* || ~ (aéro, m.outils) / overshoot
ouvert / open || ~ (électr, mot) / open || ~ (électr, circuit) / switched off, off, open || ~, non protégé (électr, outil) / not insulated, not protected || **être** ~ / be ajar, be [wide] open || ~ **- fermé** / open - closed, on - off || ~ par **coupure** / cut up o. open
ouverture *f* / opening || ~, angle *m* d'ouverture (gén) / aperture angle, flare angle || ~ (antenne) / aperture || ~ (fourneau) / aperture, window || ~ (opt) / aperture || ~ (mines) / opening || ~ (bâtim) / bearing, span || ~ (auto) / toe-out || ~, brèche *f* / breach || ~, puissance *f* de la veine / seam thickness (incl. dirt bands) || ~, écartement *m* de fente / gap o. slot width o. opening || ~ (électr) / opening of a circuit || ~ (porte) / openable part of a door, leaf o. valve o. wing of a door || ~ (tamis) / aperture [size], opening || ~ (p.e. de roues) / toe-out || **à ~ automatique** / opening automatically || **à ~s inégales** (clef plate) / double open end ... || **à grande** ~ (objectif) / of great light transmitting capacity || **à grande** ~ / high-aperture || ~ d'**accès** / trap door, skylight, exit opening || ~ d'**actionnement** / actuating opening || ~ d'**alimentation** / feed opening || ~ **angulaire ou d'un angle** (géom, opt) / angular aperture || ~ d'**anode** / anode aperture || ~ **avancée** (mot) / advanced opening || ~ à la **base de la navette** (tiss) / bottom slot o. recess of the shuttle || ~ du **câble pour l'examen** / opening for rope inspection || ~ de **calibre** (lam) / groove opening || ~ **centrale** (laser) / central hole || ~ de **chargement** (plast, moule) / feeder, feed opening || ~ de **chauffe du foyer** / fire door o. hole, feed o. stoke hole || ~ de **clé** / opening of the spanner, size o. span of the jaw || ~ de **compas** (dessin) / opening of the compass || ~ du **concasseur** / mouth size of a crusher || ~ de **coulée** / orifice, outlet || ~ **coup-de-poing** / panic bolt o. hardware || ~ d'un **crible** / mesh aperture o. size, aperture size || ~ en **croix** (bâtim) / cross-vent || ~ d'un **déversoir** (action) / opening of a weir || ~ du **diaphragme** / aperture || ~ **effective** (antenne) / effective aperture || ~ d'**emplacement** / port, access opening || ~ *m* d'**entrée** / feed opening || ~ *f* **et fermeture électronique d'un circuit de puissance** / electronic power switching || ~ du **faisceau** / beam width, beam opening || ~ du **faisceau radar** / angle of beam || ~ des **fils** (tiss) / shed || ~ en **fondu** (ELF) (film) / fade in o. out o. over || ~ en **fondu électronique pour les cartes géographiques** (radar) / video mapping || ~ d'**induit** / armature gap || ~ du **joint** / gap at the joint || ~ de **jour** / skylight o. fanlight opener || ~ **libre** (arc) / free span of an arch || ~ **libre** (presse) / daylight of a press || ~ de **maille** (filet de pêche) / aperture size || ~ **main-fer blanc** (boîte) / tear-off can top || ~ du **mandrin de serrage** / chuck opening, chucking capacity || ~ de **manipulation** (sidér) / working hole || ~ de **moule** (fonderie) / orifice of a mould || ~ dans le **mur** / fenestra || ~ **numérique** (opt) / numerical aperture || ~ de l'**objectif** / lens aperture o. opening || ~ de **pont ou de voûte** (pont) / span of the bay || ~ de **pose de joints de rails** (ch.de fer) / laying gap of rail-joints || ~ **prise** (France) (mines) / worked thickness || ~ du **puits** (mines) / pit mouth || ~ du **rabot** / mouth of the plane || ~ de **regard** / inspection door o. eye o. hole, observation hole o. port, sight o. spy hole, peephole || ~ **relative** (radar) / aperture ratio || ~ de **remplissage** / feeder, feed opening || ~ de **soupape** / valve opening || ~ **table** (outil de découp) / clearance hole in the die || ~ de **table** (m.outils) / bed hole || ~ **totale** (mines) / total thickness o. substance || ~ de **trame** (typo) / screen aperture || ~ **utile** (conduite) / effective area o. flow || ~ **utile** (mines) / useful seam thickness || ~ de **vapeur** / porthole, steam port || ~ **«visible» du diaphragme** (opt) / entrance pupil || ~ de **visite** / manhole || ~ **vitrée** / fixed window, non-opening window || ~ d'une **voûte** / inside o. inner width
ouvrabilité *f* / workability, (esp:) machinability || ~ à **chaud** / hot workability
ouvrable / workable, fabricable
ouvrage *m* / work, product[ion] || ~ (haut fourneau) / hearth || ~ (four) / tuyere belt || ~ (coordination modulaire) / element || **~s** *m pl* **abandonnés** (mines) / abandoned workings *pl* || **~s** *m pl* à l'**aiguille** / needlework || **~s** *m pl* d'**art** (ch. de fer, routes) / civil engineering works *pl* || ~ *m* fait à la **bobine** / bobbin work || ~ en **bois** / woodwork || ~ en **bosse** / raised work || ~ de ou en **bousillage** / clay o. loam walling o. work || ~ en **briques apparentes** / fair-faced brickwork || ~ à **ciel ouvert** (activité) / mining by open cuts, strip mining || ~ **combiné** (méc) / composite truss frame || ~ de **construction** / building activities *pl* || ~ **coulé** (bâtim) / wall cast in situ || ~ de **crue** / flood control works *pl* || ~ de **décharge** (hydr) / surplusing works *pl* || ~ **décousu** / patchwork, patch-up, patchery || **~s** *m pl* de **dérivation** (hydr) / headworks *pl*, diversion works *pl* || **~s** *m pl* d'**électricien** / electrician's work || ~ *m* **émaillé** / enamelled work || ~ d'**entrée** (hydr) / entrance works *pl* || ~ d'**essai** (mines) / experimental installation || **~s** *pl* **et livraisons au bâtiment** / building works and supplies || ~ *m* à l'**établi** / bench work || **~s** *m pl* de **finition** (bâtim) / finishing work || ~ *m* de **fonte** / cast work, foundry goods *pl* || ~ en **fonte à noyau** (fonderie) / cored work || ~ de **forge** / forged work || ~ de **franchissement** / overpass, overbridge || ~ en **gradins renversés** (mines) / stoping in the back, overhand stope || ~ en **gresserie** / grit o. sandstone walling, building of soft stone || **~s** *m pl* **hydrauliques** / hydraulic structure, -s *pl* || ~ *m* **imprimé** / booklet, leaflet, prospectus, printed paper || **~s** *m pl* d'**irrigation** / irrigation works *pl* || ~ *m* de **joaillerie** / jewelry, jeweller's work || ~ à **jour** (tex) / drawn work || ~ à **jour** (gén) / fretwork || ~ de la **journée** / work paid by the day, journey work || ~ de **lignite à ciel ouvert** / brown-coal o. lignit open cast o. open cut o. strip mining || ~ de **maçonnerie** / masonry, walling || ~ en **maçonnerie creuse** / masonry in hollow pieces || ~ de **marqueterie** / inlay || ~ de **marqueterie** (men) / inlaid work, marquetry, veneering || ~ à la **mécanique** / machine work || ~ de **menuiserie** / joinery, joiner's work || ~ **mixte** (bâtim) / composite building o. construction || ~ **mobile en toit** / bear-trap gate || ~ à la **mosaïque** / mosaic || ~ **moulé** (objet) / casting || ~ en **palplanches** / sheet pile retaining wall, pile dike (US) || ~ de ou en **placage** (men) / inlaid work, marquetry, veneering || ~ **polygonal** (bâtim) / polygonal rubble wall || ~ **préparatoire** / preliminary o. preparatory studies o. work || **~s** *m pl* de **prise d'eau** (hydr) / headworks *pl*, diversion works *pl* || ~ *m* **réticulé** (bâtim) / net-masonry, reticulate[d] bond o. work || ~ de **retour** (tiss) / lined work || ~ **rustique** (bâtim) / rockwork, rustication, rustic [work], bossage || ~ de **soutènement** / supporting member o. structure || ~

en **stuc** / stucco work o. decoration || ~ **suspendu continu** / continuous truss frame || ~ de **tête** / stone faced rubble masonry || ~ en **treillis** / interwoven o. interlaced fencing, wovenboard, wattling || ~ de **vannerie** / braided work, basketwork || ~ **verni** / lacquered work || ~ de **ville** (typo) / jobbing
ouvragé (bois) / curved || ~ (acier) / wrought
ouvrager / perfect *vt*, work *vt* || ~ / ornament *vt*, decorate
ouvraison *f* / treatment, processing *forming*
ouvrant (porte) / openable || **s'~ de haut en bas** (soupape) / overhead, O.H., in the head
ouvré (techn) / formed
ouvreau *m* / peephole || ~ (glass) / tap hole || ~ d'un **four** (sidér) / working o. charging door
ouvre-boîtes *m* **de conserves** / tin o. can (US) opener || **~-boyau** *m* (filage) / lapper, rope opener || **~-caisses** *m* / nail puller o. wrench, wrecking bar || **~-lames** *m* de **ressort** / spring leaf opener, spring separator || **~-lettres** *m* **électrique** / electric letter opener || **~-pneu** *m* (auto) / tire spreader, expanding tire chuck || **~-porte** *m* de **foyer** / fire-box door o. feed door opener
ouvrer / work *vt*, treat, process || ~ à **fleurs** (tiss) / diaper *vt*
ouvreuse *f* (tex) / opener, opening machine, devil[ling machine], willow, willy || ~ **axi-flow** (filage) / axial flow opener, two-cylinder opener || ~ de **balles [mélangeuse]** / cotton puller, bale opener o. breaker o. picker || ~ pour **chiffons** (tex) / devil, willow || ~ **Crighton** (filage) / Crighton o. beater opener || ~ pour **étoupes** / tow opener || ~ **fermée** (filage) / hopper opener || ~ **horizontale** / horizontal opener || ~ à **jute** / jute opener || ~ **[mécanique]** (coton) / opener || ~ pour **mèches de préparation** (filage) / roving waste opener || ~ **préparatoire** (filage) / first scutching machine || ~ à **tambour** (filage) / cylinder opener, porcupine opener
ouvrez la **parenthèse** / left parenthesis
ouvrier *m* / employee, employe, employé, (esp:) workman, worker, hand || ~ (chimie) / workman, worker || **~s** *m pl* / labour [force], workmen *pl* || **~-accrocheur** (mines) / pusher || ~ *m* **agricole** / farm-hand, labourer, laborer (US) || **~-aide** *m* / general hand o. worker || ~ en **bâtiment** / builder's labourer || ~ de **carde[rie]** / card minder o. tenter, carder || ~ au **chantier** / dockyard labourer, yardman || ~ **consommé** / picked man || ~ de **cour** / yardman || ~ de **diable** (tex) / deviller, willower || ~ à **domicile** / outworker, homeworker || ~ **élingueur** (grue) / slinger || ~ de **fabrique** / factory worker o. hand o. labourer, industrial worker, operative || ~ à **façon** / outworker, homeworker || ~ **faisant fonction de boutefeu** (mines) / blaster, shot-firer, shooter, chargeman || ~ de **fond** / underground worker, miner || ~ de **force** / heavy worker || ~ **forestier** / timberman, lumberman, logger, lumberjack (US) || ~ à **forfait** (mines) / contract miner o. worker || ~ **habile** / picked man || ~ de **haut fourneau** / blast furnace man || ~ de l'**industrie** / industrial worker || ~ au **jour** (mines) / surfaceman || ~ **métallurgiste** / metallurgical worker || ~ **mineur** / miner, (esp:) coal worker, collier || ~ **mouleur à main** / hand moulder || ~ **non qualifié** / workshop o. factory hand || ~ **non spécialisé** / general hand o. worker || ~ **payé à la tâche ou aux pièces** / workman by the job o. piece o. task, jobman, piece o. task worker || ~ **perceur** / borer, drilling machine worker || ~ **plombier** / lead worker || ~ du **port** / docker, longshoreman || ~ **qualifié** / expert, skilled o. trained workman, specialist [workman] || ~ **qui fait des creusets en graphite** / graphite crucible maker || ~ au **rendement** / operator on incentive [pay] || ~ de **réserve** (ordonn) / swing-man || ~ **salarié** / paid workman, wage receiver || ~ **spécialisé, O.S.** / skilled man (US), journeyman (GB) || ~ **syndiqué** / organized worker || ~ à la **tâche** (mines) / contract miner o. worker || ~ **travaillant en équipe** / shift worker || ~ d'**usine** / factory worker o. hand o. labourer, industrial worker, operative || ~ à **veine** (Belg) (mines) / getter
ouvrière *f* / female worker o. labo[u]rer, workwoman
ouvrir / open *vt* || ~ (mines) / open *vt*, examine by cutting || ~ (fil cardé) / open *vt* || ~ (tiss) / loosen the loops || ~ (tricot) / unravel || ~ (s') / open *vi* || ~ (s') (parachute) / open *vi*, deploy || ~ **[brusquement]** / tear o. rip open, fling open (e.g. door) || ~ au **burin** / open with a chisel || ~ le **circuit** / open the circuit, break the current, switch off (e.g. radio) || ~ à la **circulation** / open to traffic || ~ au **ciseau** / open with a chisel || ~ à **coup de hache etc** / pick up || ~ par des **coups** / knock up o. open, break o. strike open || ~ au **fermoir** / open with a chisel || ~ au **feu** (verre) / flare || ~ en **fondu** (film) / gate, fade-in || ~ en **forant** / open by boring, bore open || ~ par **fusion** / melt open || ~ le **gaz** / turn on the gas || ~ les **gaz** (auto) / open the throttle, step on the gas (US) || ~ en **gros** (tex) / preliminary-open || ~ un **journal** / unfold a paper || ~ avec un **levier** / prize open, open with a lever *vt* || ~ une **mine** (mines) / break ground || ~ la **parenthèse** (math) / remove the brackets || ~ la **portière** (pont) / open the passage || ~ en **poussant** / press open || ~ le **robinet de gaz** (gaz) / turn on the gas || ~ une **source** / tap o. open a source || ~ un **territoire** / make accessible a territory, open a territory || ~ les **tricots tubulaires** / slit open tubular knitted fabrics || ~ un **tunnel** / build o. construct a tunnel || ~ une **voie** / clear, beat
ovalbumine *f* / egg albumin, ovalbumine
ovale *adj* / oval *adj*, oviform, egg-shaped || ~ (trou) / rounded oblong || ~ *m* / oval || ~ (tex) / machine for twisting silk, silk throwing o. twining mill || ~ *adj* **pointu** / pointed oval
ovalisation *f* / ovalization || ~ (lam) / circularity error || ~ **et cylindricité** (m.outils) / roundness and parallelism
ovalisé / out of round
ove *m* (routes) / ovoid curve
overall *m* (tex) / overall
overlay *m* (TV) / overlay
overrun *m* (aéro) / overrun
ovicide *adj* / ovicidal || ~ *m* / ovicide
oviforme / egg-shaped, oval
ovni *m* (objet en vol, non identifié), O.V.N.I. / U.F.O., unknown o. unidentified flying object
ovoïdal / ovate, ovoid
ovoïde *adj* / ovoidal || ~ *m* / sewer of oval cross section
oxacide *m* / oxy-, oxo-acid
oxalate *m* / oxalate, ethandioate || ~ [de] / oxalic || ~ **acide de potassium** / potassium tetraoxalate o. quadroxalate o. bioxalate, sorrel salt || ~ d'**ammonium ferreux** / ferrous ammonium oxalate || ~ de **chaux** / calcium oxalate || ~ de **potassium** / potassium oxalate || ~ de **potassium et de titanium** (teint) / titanium potassium oxalate
oxalique / oxalic
oxalite *f* (min) / humboldtine
oxamide *m* (chimie) / oxamide
oxazine *f* / oxazine

oxazole *m* / oxazole
oxford *m* (tiss) / Oxford shirting
oxhydrile *m* / hydroxyl [group]
oximide *m* / oximide
oxonium *adj* / oxonium...
oxy·acide *m* / oxy-, oxo-acid || **~cellulose** *f* / oxidized cellulose, oxycellulose || **~chlorure** *m* / oxychloride || **~chlorure** *m* de **carbone** / chloride of carbonyl, carbonyl chloride, chlorocarbonic acid, phosgene gas || **~chlorure** *m* de **phosphore** / phosphorus oxychloride || **~chromate** *m* de **plomb** (tex) / lead oxychromate
oxycoupage *m* / oxygen cutting || ~ à l'**acétylène** / oxy-acetylene cutting || ~ à l'**arc** / oxygen-arc o. oxy-arc cutting || ~ sous l'**eau** / underwater cutting || ~ à l'**essence** / oxy-petrol cutting (GB), oxy-gasoline cutting (US) || ~ à la **flamme** / flame cutting || ~ au **jet de plasma** / plasma oxygen cutting || ~ au **laser** / laser beam cutting with oxygen || ~ à la **poudre** / powder [flame] cutting || ~ à **sable quartzeux** / mineral powder flame cutting
oxydabilité *f* / capability of oxidation, oxid[iz]ability
oxydable / oxidizable
oxydant *adj* / oxidizing || ~ *m* / oxidant, oxidizer, oxidizing agent || ~ (fusée) / oxidant
oxydase *f* / oxidase
oxydation *f* / oxidation process, oxidizing || ~ (mét) / high temperature oxidation, scaling || **par voie d'~** / oxidic || ~ **anodique** / anodic o. electrolytic oxidation || ~ de **frappe** / frictional o. fretting corrosion || ~ par **frottement** / frictional oxidation || ~ **marginale** / edge o. border oxidation || ~ **ménagée** / controlled oxidation || ~ **subséquente** / postoxidation || ~ par la **vapeur d'eau** (frittage) / steam procedure
oxyde *m* / oxide || ~ d'**aluminium** / aluminium (GB) o. aluminum (US) oxide, alumina || ~ d'**argent** (gén) / silver oxide || ~ **argenteux** / argentous oxide, silver(IV) oxide || ~ **arsénieux** / arsenic trioxide, arsenous oxide o. acid, white arsenic || ~ **aurique** / gold(III) oxide, auric oxide || ~ **azoté** / nitrous [mon]oxide, laughing gas || ~ **azotique ou d'azote II** / nitrogen(II) oxide, nitric oxide || ~ de **baryum** / barium oxide, oxide of barium, calcined baryta || ~ de **béryllium** / beryllium oxide, glucina || ~ de **bismuth** / bismuth(III) oxide || ~ **brûlé** / fused oxide || ~ de **cacodyle** / cacodyl oxide || ~ de **calcium** / oxide of calcium, calcium oxide, lime, calx (US) || ~ de **carbone** / carbon monoxide || ~ **cérique** / cerium(IV) oxide, ceria (US) || ~ **chromique** / chromium(III) oxide, chromic oxide || ~ de **cobalt** / cobalt(II) oxide || ~ de **cuivre ammoniacal** / Schweitzer's reagent, cuproammonia || ~ **cuivreux** / copper(I) oxide, cuprous oxide || ~ **cuivrique** / copper(II) oxide, cupric oxide || ~ d'un **degré supérieur** / higher oxide || ~ de **deutérium** / deuterium oxide, heavy water || ~ **diphénylique** / diphenyloxide || ~ **émissif** / emissive oxide || ~ d'**éthylène** / ethyleneoxide || ~ **europique** / europia || ~ **ferreux** / iron(II) oxide, ferrous oxide || ~ **ferrique** / iron(III) oxide, ferric oxide, red iron oxide || ~ **ferrosoferrique** / iron(II) diiron(III) oxide, ferrosoferric oxide, black o. magnetic iron oxide || ~ d'**holmium** / holmia, oxide of holmium || ~ de **lithium** / lithia || ~ de **magnésium** / magnesium oxide, magnesia || ~ **manganeux** / manganese(II) oxide, manganous oxide || ~ **manganique** (chimie) / manganese trioxide, manganic oxide || ~ **mangano-manganique** / manganese(II,III) oxide, mangano-manganic oxide, Mn_3O_4 || ~ **mercurique jaune** / yellow precipitate, yellow mercury(II) oxide || ~ **mercurique rouge** / red precipitate, red mercury(III) oxide || ~ **métallique** / metallic oxide || ~ **niccoleux** *n* / nickel (II)-oxide o. monoxide || ~ **niccolique** / nickel (III)-oxide o. sesquioxide || ~ *m* **nitreux** / nitrous [mon]oxide, dinitrogen oxide, laughing gas || ~ **nitrique** / nitrogen(II) oxide, nitric oxide || ~ **noir de fer** voir oxyde ferrosoferrique || ~ **phosphoreux** / phosphorus(III) oxide, phosphorous oxide || ~ **phosphorique** / phosphorus(V) oxide, phosphorus pentoxide, phosphoric anhydride || ~ **platinique** / platinum(IV) oxide, platinum dioxide, platinic oxide || ~ de **plomb rouge** / lead oxide red, minium || ~ **plombeux** / plumbous oxide, lead [mon]oxide || ~ **plumbique**, oxyde *m* puce / lead(IV) oxide, lead dioxide || ~ de **polyphénylène**, PPO / polyphenylene oxide || ~ **rouge de fer** / red iron oxide || ~ de **scandium** (chimie) / scandia || ~ de **soufre** / sulphur oxide || ~ **stannique** / tin(IV) oxide, stannic oxide || ~ **sulfonique** / sulphoxide || ~ **Ta_2O_5 de tantale** / tantalic acid anhydride || ~ de **terbium** / terbia, terbium oxide || ~ **titanique** / titanium(IV) oxide, titania (GB), titanium dioxide || ~ de **tri-n-butylétain** (insecticide) / tri-n-butyltin oxide, TBTO || ~ de **tungstène** / tungsten oxide || ~ **tungstique ou wolframique** / tungsten(VI) oxide, tungstic acid o. oxide || ~ **uraneux** / uranium(IV) oxide, uranous oxide || ~ **uranique** / uranium(VI) oxide, uranic oxide || ~ de **vanadiumII** / vanadium(II) oxide, vanadium monoxide || ~ de **vanadiumIV** / vanadium(IV) oxide, vanadium dioxide || ~ de **vanadiumV** / vanadium(V) oxide, vanadium pentoxide || ~ d'**ytterbium** / ytterbium oxide || ~ **yttrique naturel** / ytterbia || ~ de **zinc** / oxide of zinc, zinc white || ~ de **zinc plombifère** / leaded zinc oxide
oxydé / oxidized
oxyder (acier) / oxidize, scale || ~ (s') / oxidize *vi*, become oxidized || ~ **électrolytiquement** / anodize, elox || ~ **électrolytiquement dur** / hard anodize
oxydimétrie *f* / oxidimetry
oxydimétrique / oxidimetric
oxydoréduction *f* / oxidation-reduction, oxidoreduction
oxyduc *m* / oxygen pipeline
oxygénable / oxidable, oxidizable
oxygénation *f* / oxygenation
oxygène *m*, O / oxygen [gas], O || **d'~** / oxygenous, oxygenic || ~ **actif** / active oxygen, ozone || ~ **atmosphérique** / atmospheric oxygen, oxygen of the air || ~ **liquide** / lox, liquid oxygen, loxygen || ~ **technique** (sidér) / tonnage oxygen
oxygéné / oxygenous, oxygenic
oxygéner / oxygenate, oxygenize
oxygénifère / oxygenous, oxygenic
oxygougeage *m* (soudage) / flame gouging
oxylit[t]e *m* / sodium peroxide o. dioxide o. superoxide
oxynitrile *m* / cyan[o]hydrin
oxyrainurage *m* / flame grooving
oxysulfure *m* de **carbone** / carbon oxysulfide, carboyl sulfide
ozobrome *m* (typo) / carbro [printing] process
ozobromie *f* (phot) / ozobrome
ozocérite *f*, ozokérite *f* / ozokerite, ozocerite, mineral o. earth wax, lignite wax (US), petrostearin[e]
ozonation *f*, ozonisation *f* / ozonization
ozone *m* / ozone, active oxygen
ozoné / ozonic, ozoniferous, containing ozone
ozoner, ozoniser / ozonize

ozoneur *m* / ozonizer, ozonizing apparatus
ozonides *m pl* / ozonides *pl*
ozonisation *f* / ozonization
ozonisé / ozonic, ozoniferous, containing ozone
ozoniseur *m* / ozonizer, ozonizing apparatus
ozono·lyse *f* / ozonolysis || **~mètre** *m* / ozonometer || **~mètre** *m* **enregistrant** / ozonograph || **~sphère** *f* / ozone layer, ozonosphere

P

P et T = Postes et Télécommunications (audevant:) P.T.T.
P.A., pilote *m* automatique (nav) / automatic helmsman, autopilot
Pa (1 pa = 1 Nm^{-2}), pascal *m* / pascal
pacemaker *m*, stimulateur *m* cardiaque / heart pacemaker o. pacer
pacfung *m*, packfung *m* / German o. nickel silver
pack *m* / pack ice || ~ (nav) / growler (iceberg too small to be detected by radar)
paco *m* / sneezewood, pako
pacotille *f* / junk o. job goods *pl*, trasky o. shoddy goods *pl*, job lot (US)
padding *m* / trimming capacitor, pad trimmer, padder
paddock *m* (agr) / paddock
paddy *m* / paddy[-rice]
padouk *m* **d'Afrique** (teint) / barwood
page *f* (typo) / page || **sur ou de deux ~s** (typo) / two-page [spread], double page [spread] || **sur une ~ entière** (typo) / full-page || ~ **blanche** (typo) / blank page || ~ **boiteuse** (typo) / end of a break || ~ **impaire** (typo) / recto, odd o. uneven page || ~ **imprimée** (typo) / printed page || ~ **paire** (typo) / even page, reverse || ~ **spécimen** (typo) / specimen page || ~ de **titre** (typo) / front o. title page || ~ **vierge** (typo) / blank page
pagination *f* (typo) / paging
paginer (typo) / page *vt*, mark the page, number the page
paie *f* (ordonn) / wage, pay
paiement *m* / payment || ~ **forfaitaire** / lump sum || ~ **normal** / standard pay || ~ pour le **temps entre l'entrée et la sortie de l'établissement** (ordonn) / portal-to-portal pay
paillasse *f* (chimie) / laboratory bench top || ~ de **coke** (fonderie) / coke bed
paillasson *m* / mat, matting || ~ (bâtim) / cane plating || ~ de **plancher** (auto) / floor mat || ~ de **porte** / door mat
paille *f* / straw || ~ (lam, forge, défaut de surface) / scale, scab, sliver, spill || ~ (TV) / image drop-out, vision break || ~ (diamant) / flaw || **~s** *f pl* (lam) / mill o. roll scale || ~ *f* (défaut) / flaw || ~ (laine) / straw, shive || ~ **bleue** (couleur) / pale blue || ~ **comprimée** / pressed straw || ~ de **fer** / steel wool o. shavings || ~ de **laminage** / mill chips o. splinters o. slivers *pl* || ~ de **lin** / flax straw || ~ de **lingot** (défaut) / double skin, bottom splash, curtaining || **~s** *f pl* de **liquation** (sidér) / liquate || ~ *f* pour **mulch** (agr) / mulch || **~s** *f pl* **pulvérisées** / mill scale dust || ~ *f* **superficielle** (acier) / surface flaking
pailler / cover with straw
paillet *m*, ressort *m* de targette / catch spring of a sliding bolt || ~ **obturateur ou de collision**, paillet *m* Makharoff (nav) / collision mat
pailleteur *m* / gold digger, pocket miner (US)
paillette *f* / tinsel || **~s** *f pl* (pap) / shiner || **~s** *f pl* (émail, défaut) / shiner || ~ *f* (pann. de particules) / fine flake || ~, lame *f* à braser / solder[ing] terminal o. eye[let] o. tag o. lug || ~ (tôle) / scale, flake || **~s** *f pl* (savon) / soap flakes *pl* || **~s** *f pl* (ELF) (mil) / radar chaff, chaff, window || **en ~s** (poudre) / platelike || **~s** *f pl* **d'ardoise** (bâtim) / slate cladding || ~ *f* de **gorge** (serr) / staple, tumbler, follower || ~ de **gouttière** (bâtim) / brace of a gutter, bracket, trough shaped section || ~ à **semi-conducteurs** / multi-chip
pailleux (sidér) / shelly, scabby || ~ (laine) / strawy, shivey
paillon *m* / straw husk o. wrapper
pain *m* (techn) / cake, loaf || ~ (plast) / slab of stock || **en ~ de sucre** (géol) / sugar loaf like || ~ de **potée rouge** (galv) / rouge cake || ~ de **résine** / cake of resin || ~ de **savon** / tablet of soap || ~ de **sucre** / sugar loaf || ~ de **terre** (céram) / clay loaf o. cake
pair / even
pairage *m* / quality of being paired o. mated || ~ de **lignes** (TV) / twinning of lines, pairing of lines
paire *f* / pair, couple || **à ~s multiples** / multi-pair || **par ~s** / mated || ~ de **bras** (électron) / pair of arms || ~ de **bras anti-parallèles** (électron) / pair of antiparallel arms || **~s** *f pl* **câblées en étoile** (électr) / spiral-eight twisting || ~ *f* de **chiffres** / number couple || ~ de **ciseaux** / scissors *pl*, a pair of scissors || ~ **coaxiale** (électron) / concentric tube feeder o. tube transmission line || ~ de **conducteurs** / pair of wires || ~ **Cooper** (électron) / Cooper pair || ~ **électronique** / electron pair || ~ **électron-positron** / electron-positron pair || ~ **électron-trou** / electron-hole pair || ~ d'**ions** / ion pair || ~ à **mouvement propre** (astr) / common proper motion pair, cpm pair || ~ **parallèle** (télécom) / parallel pair || ~ de **prismes** / prismatic pair || ~ **radio** (câble) / broadcast pair || ~ **révolutée ou révolutive** (cinématique) / revolute pair || ~ de **roues** (ch.de fer) / wheelset || ~ de **solives armée de queues d'aronde** / dovetailed beam || ~ de **solives assemblée par chevilles** (charp) / built beam with keys || ~ **torsadée** (télécom) / twisted pair
pairé / paired
pakice *m* (réfrigération) / pakice
pal *m* (bâtim) / pile || ~ **injecteur** (agr) / soil fertilizing injector
palan *m* / lifting o. pulley block, block and pulley o. tackle || ~ (nav) / tackle || ~ à **câble** / cable hoist || ~ à **chaîne[s]** / chain block o. hoist || ~ **différentiel** / differential pulley-block o. chain-block o. tackle || ~ **électrique** / electro-[pulley] block, electric hoist o. pulley block, power lift || ~ de **garde** (nav) / preventer winch, slewing o. span winch || ~ à **main** / hand hoist || ~ à la **main** (nav) / handy billy, gun tackle || ~ **mobile** (pétrole) / travelling block || ~ **ordinaire** (bâtim) / multiple lines *pl* || ~ de **pont** (nav) / deck tackle || ~ de **suspente** (nav) / topping lift || ~ **tendeur ou de traction** / tensioning tackle, power pull (US) || ~ de **tubage** (pétrole) / casing pulleys *pl*
palanquer (nav) / hoist
palastre *m*, palâtre *m* (serr) / main plate of mortise lock, box case of box lock
pale *f* (hélice, aviron, etc.) / blade || **à deux ~s** (hélice) / two-bladed || **à deux ~s** (hélice) / two-bladed || **à quatre ~s** (hélice) / four-bladed || **à trois ~s** / three-blade || ~ d'**aviron** / rudder blade o. plate || ~ avec **cellules solaires** / solar cell paddle || ~ **directrice d'éolienne** / vane of the wind power wheel || ~ **directrice ou fixe** (turbine) / guide blade o. vein of a turbine, directrix || ~ **directrice variable** / variable geometry blade || ~ **droop-snoot** (hélicoptère) / droop-snoot blade || ~ de **guidage**

(techn) / guide vane || ~ d'**hélice** (nav) / screw blade || ~ d'**hélice** (aéro) / propeller blade || ~ **non articulée** (aéro) / hingeless-rotor blade, swept-tip blade || ~ d'**obturation** (film) / cutting blade, master blade, flicker o. rotating shutter || ~ de **pliage** (tiss) / plaiting blade || ~ du **rotor** (aéro) / rotor blade || ~ du **soufflant avant** (aéro) / front fan blade || ~ de **ventilateur** / blower vane, fan blade (US)
pâle / pale, colourless || ~ (lumière) / dull, dim
pale ale *m* / pale ale (GB)
palée *f* / pile pier, row of piles || ~ de **contreventement** (bâtim) / crossbracing, wind o. sway bracing, transverse bracing || ~ de **pont** (hydr, bâtim) / panel of a bridge
paléo... / palaeo... (GB), paleo... (US) || ~**biochimie** *f* / palaeo-biochemistry || ~**botanique** *f* / palaeobotany || ~**lithique** *m* / Palaeolithic period || ~**magnétisme** *m* / palaeomagnetism
paléontologie *f* **végétale** / palaeobotany
Paléozoïque *m* (géol) / Palaeozoic
palette *f* (transports) / pallet, stillage || ~ (horloge) / pallet jewel o. stone || ~ (relais, régulateur) / cutout blade o. arm, relay armature, keeper || ~ (instr) / vane || ~, pale *f* (techn) / blade || ~ (typo) / spattle, spatula || ~ (ventilateur) / blower vane, fan blade (US) || ~, fer *m* à aplatir (verre) / battledore, pallette || ~ (pompe) / vane, blade || **sur** ~ / palletized, in busse packs (GB) || ~ d'**agitation** / agitator blade || ~ à **ailes** / wing pallet || ~ d'**amortissement** (instr) / damping vane || ~ **archive** / file pallet || ~ de **barbouilleur** (bâtim) / hawk, mortar board, whitewasher's pallet || ~ à **cadre mobile** (manutention) / pallet collar || ~**-caisse** *f* / box pallet || ~**-caisse** *f* à **deux entrées** / two-way [box] pallet || ~**-caisse** *f* à **plancher** / wing pallet, stevedore-type pallet, pallet with projecting floor || ~**-caisse** *f* à **quatre entrées** / four-way pallet || ~**-caisse** *f* en **treillis** / box pallet || ~ de **chargement** / loading pallet || ~ du **commutateur** (auto) / cutout blade o. arm || ~ sur **coussin d'air** / hoverpallet || ~ **creuse de cuiller** / bowl of the spoon || ~ de **diffuseur** / diffuser blade || ~ à **double plancher** / doubledeck pallet, double-faced pallet || ~ d'**échange européenne** / interchangeable European pallet || ~ à **entrées multiples** / multiple-entry pallet || ~ de **gerbage** / stacking pallet || ~ d'**impulsion** (horloge) / pallet stone, impulse stone, locking stone || ~ de **marchepied** / footboard, step[board], running board || ~ **mobile de relais** / cutout blade o. arm, relay armature, keeper || ~ à **montants ou à ridelles** (ch.de fer) / built-up pallet, post pallet || ~ **non retour**, palette *f* perdue / throw-away pallet || ~ à **plancher débordant** / wing pallet || ~ **plate ou simple** / flat pallet || ~ **pliante** (nav) / [cargo] flat || ~ du **pool** / pool pallet || ~ à **prises multiples** / multiple-entry pallet || ~ de **repos** (horloge) / pallet stone, impulse stone, locking stone || ~ **réutilisable** / returnable pallet || ~ **réversible** / reversible pallet || ~ à **roulettes remorquée** / roll trailer o. flat || ~ à **simple plancher**, palette *f* à un seul plancher / single deck pallet, single-faced pallet || ~ de **sortie** (horloge) / exit o. discharging pallet || ~ à **va-et-vient** / pull-back- o. push-pull-pallet || ~ de **ventilateur à petite vitesse** / paddle of a fan || ~ **vibrante** (auto) / voltage regulator blade o. arm
palettisable (ELF) / palletizable
palettisation *f* / palletizing
palettisé / palletized, in busse packs (GB)
palettiser (ELF) / palletize
palier *m* (techn) / bearing || ~ (bâtim) / stair head o. top, stairs-head, landing [place] || ~ (TV) / front and/or back porch || ~, stades successifs *m pl* / stage || ~ (électr) / end shield o. plate || **à deux ~s de sensibilité** / dual sensitivity... || **à sept ~s** / with seven bearings || **en** ~ (ch.de fer) / on the level || **par ~s** [de] / in steps o. increments [of] || **par ~s** / step-by-step, by steps, stepwise, by degrees, at stages || **sans** ~ / continuous || ~ à **aiguilles** / needle [roller] bearing || ~ d'**air** (techn) / air bearing || ~ **alésé en forme de citron** / lemon shaped bearing || ~ à **alignement automatique** / self-aligning [ball] bearing || ~ d'**allongement** / extension stage || ~ **angulaire** / V-shaped bearing || ~ **annulaire à billes** / ring ball bearing || ~ d'**appui** / supporting bearing, rest || ~ d'**arbre à cames** / camshaft bearing || ~ de l'**arbre intermédiaire** (nav) / tunnel bearing || ~ de l'**arbre de parallélogramme** (m. à vap) / radius block || ~ **arrière** (TV) / rear black porch o. shoulder || ~ d'**arrivée** / stairs head, landing || ~ **articulé** (techn) / self-aligning bearing || ~ d'**atterrissage** (aéro) / float || ~ **avant** (électr) / forward dynamo end plate || ~ **avant** (TV) / front porch || ~ à **bague divisée** / fractured race bearing || ~ à **balancier** (pont) / pendulum bearing || ~ à **bascule** / tilting o. pivoting o. rocker bearing, swing support o. bearing || ~ en **berceau** / V-shaped bearing || ~ à **billes** / ball bearing o. race || ~ à **billes sur joues de fil d'acier** / wire race ball bearing || ~ **boîtard** / neck [journal] bearing || ~ à **bouclier** (techn) / plug-in type bearing || ~ de **bout** (mot) / end o. outer bearing || ~ de **butée** / thrust bearing o. block || ~ de **butée en anneau lisse** / plain thrust bearing ring || ~ de **butée annulaire** / ring thrust bearing || ~ de **butée à billes** / thrust ball bearing || ~ de **butée de la broche** (lam. tubes) / bar steadier || ~ de **butée à** [couronne de] **segments** / pivoted pad o. tilting pad thrust bearing || ~ de **butée à disque unique** (nav) / single-collar thrust bearing || ~ à **cannelures** / multi-collar thrust bearing || ~ à **chaise** (techn) / pedestal bearing || ~ à **chapeau** / cap bearing, slit o. divided bearing || ~ à **collets** (techn) / neck [journal] bearing, top step || ~ **composite** / compound bearing || ~ **conique** (techn, m.outils) / cone bearing || ~ **conique à rouleaux** / taper[ed] roller bearing || ~ à **coquilles** / split o. divided bearing || ~ de la **courbe des points d'ébullition** / plane of the boiling point diagram || ~ à **coussinet-douille** / sleeve bearing || ~ de **culbutage** (mines) / working plane || ~ de **dépôt** (bâtim) / landing-place || ~ à **deux coussinets ou en deux pièces** / split o. divided bearing || ~ de **dilatation** (pont) / bridge roller bearing, expansion bearing || ~ de **direction** (motocycl.) / steering tube bush || ~ **double** / double bearing || ~ d'**entraînement** (électr, auto) / rear end plate of a dynamo || ~ **[entre escaliers parallèles]** (bâtim) / quarterpace landing || ~ d'**épaulement** / shoulder bearing || ~ **[d'escalier]** (bâtim) / resting place || ~ d'**étage** / stairs-head, landing || ~ **extérieur** / outside o. external bearing || ~ **extérieur** (nav) / rudder post bracket || ~ **extrême ou d'extrémité** (mot) / end o. outer bearing || ~ **fermé** / closed bearing || ~ à **film d'huile** / oil film o. fluid film bearing || ~ de **freinage** (ch.de fer) / brake step || ~ **frontal** / end journal bearing || ~ à **gaz** / gas bearing || ~ à **glissement**, palier-glisseur *m* / plain bearing, slide o. sliding o. friction bearing || ~ à **glissement sur couche de gaz** / gas-lubricated journal bearing || ~ à **graissage par disque** / disk and wiper lubrication bearing || ~ à **graissage forcé** / flood lubricated bearing || ~ **[à graissage par] bague**, palier *m* graisseur à bague / oil ring bearing,

ring-lubricating o. -oiling bearing, bearing with annular lubrication || ~ à **graissage sous pression** / pressure lubricated bearing || ~ à **graissage à une bague** / single oil ring bearing || ~ sur un **graphique** / plateau [region] || ~ **graphité** / graphite lubricated bearing || ~**-guide** *m* (électr) / guide bearing || ~**-guide** *m* **boîtard** / neck guide bearing || ~ **guide d'embrayage** / clutch release bearing, clutch guide bearing || ~ **hydrostatique** / hydrostatic journal bearing, externally pressurized porous bearing || ~ d'**impulsion rectangulaire** / pulse top || ~ **intérieur** / inside bearing o. box || ~ **intermédiaire** / half-pace, footpace || ~ **intermédiaire** (techn) / intermediate bearing || ~ à **joues** / locating bearing || ~ **libre** / movable bearing || ~ **lisse** / plain bearing, slide o. sliding o. friction bearing || ~ **lisse massif** / solid bearing || ~ **lisse sur support** / pedestal plain bearing || ~ **magnétique** / magnetic bearing || ~ **Michell** / pivoted pad thrust bearing, Michell thrust block o. bearing || ~ du **noir** (TV) / [front-and/or back-]porch || ~ **oscillant** / tilting o. pivoting o. rocker bearing, swing support o. bearing || ~ à **patins** voir palier Michell || ~ du **pédalier** (bicyclette) / bottom bracket ball bearing || ~ **pendant**, palier *m* de plafond / hanging bearing, drop o. shaft hanger, hanger || ~ de **pied de bielle** (mot) / small end bearing || ~ à **plateau** (techn) / plug-in type bearing || ~ d'un **pont** / bridge bearing || ~ de **poussée** (techn) / thrust bearing o. block || ~ de **pression** / pressure stage || ~ à **pression d'huile** / oil-jacked bearing || ~ **principal** / main bearing || ~ à **rainure hélicoïdale** / spiral- o. helical-groove bearing || ~ de **repos** (mines) / saller || ~ de **repos** (escalier) / half-pace, footpace || ~ à **ressort** (techn) / spring bearing || ~ de **rotation du segment** / trunnion bearing o. rest || ~ à **rotule** / tilting o. pivoting o. rocker bearing, swing support o. bearing || ~ à **rotule**, palier *m* articulé (techn) / self-aligning bearing || ~ à **rouleaux** / roller bearing || ~ à **rouleaux élastiques** / flexible roller bearing || ~ à **rouleaux sur joues de fil d'acier** / wire race roller bearing || ~ à **rouleaux obliques** / angular roller bearing || ~ à **rouleaux à tuyaux réfrigérants** / cooling tube roll bearing || ~ à **roulement** (gén) / rolling bearing || ~ d'une **route** / level stretch of a road || ~ **son** (TV) / sound carrier attenuation || ~ **supérieur d'un arbre vertical** / upper pan o. head pan of an upright shaft, bearing o. rest of the upper gudgeon || ~ de **suppression** (TV) / front and/or back porch || ~ **suspendu** voir palier pendant || ~ d'un **tourillon** (techn) / journal o. trunnion bearing o. rest || ~ à **tourillon sphérique** / ball socket bearing || ~ en **V** / V-shaped bearing || ~ de **vilebrequin** / crankshaft bearing || ~ de la **voie** (ch.de fer) / subgrade (US), formation (GB)

palière *f* / bottom o. curtail step, entrance o. first step

palifier / secure by pile foundation, pile *vt*

palingénésie *f* (géol) / palingenesis

pâlir / pale *vi*, grow pale, lose colour

palis *m* / pale

palissade *f* / paling, fence, (esp.) palisade || ~ de **signalisation** (bâtim) / warning fence for building sites

palissader / palisade *vt*

palissandre *m* / rosewood, palisander || ~ des **Indes** / Bombay blackwood, Indian rosewood

palisson *m* (cuir) / stake

palissonner (cuir) / stake *vt*

palladeux / palladium(II)-..., pallad[i]ous

palladier / palladium-plate

palladique / palladium(IV)-..., palladic

palladium *m* (chimie) / palladium, Pd || ~ **aurifère** (min) / palladium gold

pallier des **inconvénients** / reduce difficulties

palmer *m* / micrometer [gauge], (US coll:) mike || ~, vis *f* micrométrique / micrometer screw || ~ (tex) / palmer

palmier *m* / palm, palm-tree || ~ **oléifère**, palmier *m* à huile, palmiste *m* / oil palm

palmitate *m* / palmitate

palmitine *f* / palmitine

palonnier *m* (aéro) / rudder bar, control column o. stick, jogstick (coll) || ~ (hydr) / grappling beam || ~ (grue) / lifting beam || ~**-agrippeur** *m* (conteneur) / spreader || ~ **équilibreur de frein** (auto) / brake compensator o. equalizer o. equalization || ~ de **hissage** (aéro) / lift fixture

palpable / tactile, tangible

palpation *f* (m.outils) / tracing

palper / feel *vt* || ~ (fraiseuse à copier) / trace the shape, follow the pattern || ~ (ultrasons) / probe *vt*

palpeur *m* (m.outils) / [profile] tracer, tracing pin || ~ (métrologie) / sensor, detector || ~ (techn, tiss) / feeler || ~**-aiguille** *m* / contact stylus || ~ de **dérapage** (auto) / skid sensor || ~ **émetteur-récepteur** (ultrasons) / transceiver || ~ de **gabarits** / pecker, tracing needle o. stylus || ~**-guide** *m* d'**enrouleur de câbles** / traversing unit of the take-up stand || ~ du **point de rosée** / dew point thimble || ~ de **position** (contr.aut) / position sensor || ~ **pyrométrique ou de température** / temperature sensor || ~ de **rugosité de surface** / brush analyzer, stylus instrument || ~**-traceur** *m* (m.outils) / feeler || ~ d'**usure** (frein) / wear feeler o. sensor

palplanche *f* / sheet pile, grooved and tongued pile || ~**s** *f pl* / sheet piling || ~ *f* en **acier** / steel sheet pile, piling steel || ~ **profilé à froid de Wendel** / cold rolled sheet pile type Wendel || ~ **type Larssen** / Larssen sheet pile

paludification *f* / paludification

PAN (plast) / PAN, polyacrylnitrile

pan *m* (charp) / pane of bay work || ~ (papier peint, drap) / breadth, width || ~ (comble) / table, panel, space || ~, versant *m* (comble) / roof slope || **à ~ coupé** / bevelled || **à quatre ~s** / square || ~ de **bois** / timber frame wall || ~ **coupé** (bâtim) / cant || ~ d'un **cristal** / crystal face o. plane, facet || ~ d'**écrou** / flat of nut || ~ d'**étoffe** / web o. length of fabric || ~ du **foret** / heel of a twist drill || ~ d'un **mur** / pane o. front of a wall || ~ **rectangulaire coupé** (bâtim) / bay quoin || ~ de **tapisserie** / single breadth of paper hangings || ~ de **verre** / glass plate o. table

panabase *f* (min) / tetra[h]edrite, fahlerz, fahlore, grey copper ore

panache *m* de la **flamme** / outer zone of a flame, flame envelope || ~ de **fumée** / wreath of smoke

pancartage *m* des **produits dangereux** (ch.de fer) / marking of dangerous goods

pancarte *f* / placard, bill || ~, panneau *m* / warning board, danger sign || ~ (ch.de fer) / train service indicator

panchromatique / panchromatic

pancratique (phot) / pancratic[al]

panier *m* / basket || ~ (puits à câbles) / catch pan || ~ (égout) / dirt pan o. bucket || ~ (coll) (motocyclette) / sidecar || ~ à **battiture** (mét) / scale catching box || ~ de la **centrifugeuse** / centrifugal basket o. drum || ~ de **chargement** (sidér) / charging cage || ~**-classeur** *m* **pour diapositives** (phot) / slide file || ~ en **copeaux** / chip basket || ~ de **coulée** (coulée cont.) / pony ladle, tundish || ~ de **coulée** (fonderie) / tundish

|| ~ de **coulée tournant** (fonderie) / swivelling tundish || ~ à **couverts argentés** (lave-vaisselle) / silverware basket, cutlery basket || ~ de **décapage** (sidér) / pickling crate o. basket || ~ pour **diapositives** / slide magazine || ~ en **éclats de bois** / chip basket || ~ d'**essorage en fil perforé** / perforated basket || ~ **essoreur ou d'essorage** (lave-linge) / spin[ner] basket || ~ d'**essoreuse** / drum o. basket of a centrifugal machine || ~ d'**essoreuse non perforé** / nonperforated basket || ~ à **houblon** / hopback, hopstrainer || ~ à **paroi pleine** (essoreuse) / full o. solid jacket || ~ **protecteur** / protecting cage || ~ de **séchage** (m.à laver) / drying basket

panne *f*, avarie *f* / accident || ~, rupture *f* (gén) / breaking-down, failure || ~, défaillance *f* / malfunction || ~ (ord) / outage, failure || ~ (tiss) / woollen velvet, worsted long pile || ~ (bâtim) / purlin || ~ (marteau) / peen, pein || **avoir une ~ sèche** / run dry, run out of petrol o. gas || **en ~** / stuck || **être en ~** / malfunction || ~ d'**appentis** / lean-to roof purlin || ~ **articulée**, panne *f* cantilever / pin jointed purlin || ~ **continue** / continuous purlin || ~ d'**électricité** / failure o. interruption o. breaking-off of circuit || ~ **faîtière** / ridge purlin o. piece o. tree, ba[u]lk || ~ **fendue** (marteau) / claw of the hammer || ~ du **fer à souder** / bit of the soldering iron || ~ **inférieure** / inferior purlin || ~ **intermédiaire** / middle purlin || ~ de **lanterneau** / skylight purlin || ~ de **machine** / failure of machinery, accident to machinery || ~ de **moteur** / engine failure o. breakdown o. trouble || ~ **n'apparaissant que pour certaines combinaisons de données** (ord) / pattern-sensitive fault || ~ à **pied-de-biche** (marteau) / claw of the hammer || ~ à **poinçon** / queen post purlin || ~ en **porte à faux** / pin jointed purlin || ~ **sèche** (auto) / running dry, running out of petrol o. gas || ~ de **secteur** (électr) / voltage loss, line fault o. failure || ~ **support de vitrage** / skylight purlin || ~ de **toit à un égout** / lean-to roof purlin || ~ en **treillis** / framework purlin || ~ à **trois dimensions** (bâtim) / braced box purlin

panné *m* (tiss) / panne [velvet]

panneau *m* (men) / panel || ~ (bâtim) / panel board || ~ (électron) / panel of rack || ~ (chalut) / otter board || ~ (carrosserie) / floor panel || ~ (mines) / district || ~ (constr.des ponts) / bay, span || ~, calibre *m* (céram, fonderie) / strickle o. loam board, sweep || ~, pancarte *f* / warning board, danger sign || **à ~x** (men) / panelled || ~ **absorbeur** / panel absorber || ~ **acoustique** / acoustic panel o. board o. tile || ~ d'**affichage** (gén) / board[ing] || ~ d'**affichage** (ord) / visual display device, display device o. unit || ~ d'**agglomérés** (bois) / chip o. particle board, flake board || ~ d'**âme** (constr.en acier) / web panel || ~ d'**antennes** / panel array || ~ **arrière** / back panel of a box || ~ **arrière** (auto) / rear panel || ~ **arrière rabattable** (auto) / drop backboard o. tailboard || ~ d'**arrivée ou d'alimentation** / feeder panel || ~ **avant** (auto) / front panel || ~ d'**avertissement** (auto) / warning triangle (GB), emergency reflecting triangle (US) || ~ du **ballon en tissu** (aéro) / fabric gore o. panel || ~ [à] **basse tension** / low tension panel o. section || ~ en **béton lavé** (bâtim) / exposed aggregate panel || ~ en **béton préfabriqué** / precast concrete panel || ~ **bitumineux pour toitures** / bituminous waterproof sheeting for roofs || ~ du **block** (ch.de fer) / block post panel || ~ en **bois reconstitué** (bois) / chip o. particle board, flake board || ~ de **bois stratifié** / laminated wood panel || ~ de **boiserie** / wainscot, panelling || ~ de **bout** (constr.en acier) / end bay || ~ de **cale** (nav) / hatch[way] cover || ~ **calorifuge** / insulating board o. slab || ~ pour **cellules solaires** (espace) / solar panel || ~ de **charpente métallique ou en bois** / panel of steel o. timber framework || ~ **chauffant** / heating panel, wall heater || ~ de **coffrage** (bâtim) / shuttering panel || ~ de **commande** / control panel o. bench || ~ de **commande à boutons-poussoirs** / push button control panel || ~ **composé avec couche intérieure de panneaux de fibres** / composite board with core of fibre, building board || ~ **compris entre articulations** (constr.en acier) / suspended bay || ~ de **comptage ou à compteurs** (électr) / meter board || ~ de **contreplaqué** / plywood panel || ~ de **contrôle** (électr) / test board || ~ de **contrôle** (ELF) / control console o. desk o. panel, console || ~ de **contrôle par impulsions inverses** (télécom) / reverting signal panel || ~ de **côté** (auto) / side-panel || ~ **coulissant** (écoutille) / sliding cover || **~x** *m pl* **coulissants** (garage) / sliding gate || ~ *m* de **couplage** (électr) / switchboard section || ~ **creux** (constr.en acier, routes) / hollow plate || ~ de **criblage** / screen lining o. bottom || ~ de **cuvelage [assemblé ou à segments boulonnés]** (mines) / metal tubbing || ~ de **déchirure** (ballon) / ripping o. stripping panel || ~ de **départ** / outgoing panel o. section || ~ de **distribution** (électr) / switchboard, panel [board], electrical control panel || ~ de **distribution isolé** / isolated switchboard || ~ en **dosses** / boarded panel || ~ **dur** / hard board || ~ **dur de fibres** / hard fiberboard || ~ d'**échiff[r]e** / panel of a staircase || ~ d'**écoutille plat** (nav) / flush fitting hatch cover || ~ **électroluminescent** / electroluminescent source (a panel lamp) || ~ d'**entretien** (ord) / maintenance panel o. console || ~ **époxy-fibre de verre** / epoxy-fiberglass sheet || ~ d'**essai** (télécom) / test desk || ~ d'**étanchéité** (carton bituminé) / damp-proof course || ~ d'**exploitation** (mines) / working field || ~ **extérieur de portière** (auto) / outside door panel || ~ de **fenêtre** / window compartment || ~ **fibragglio composite** / multilayered board of cellular plastics and woodwool || ~ de **fibre extrudé** (bois) / extruded particle board || ~ de **fibres** / fiberboard, (esp.:) fiber building board || ~ de **fibres** (plast) / plastic fiberboard || ~ de **fibres** (bois) / wood building o. wood fiber slab o. board, wood wool slab (GB), Masonite [board] (US), Beaverboard (US) || ~ de **fibres bitumineux** / asphalt treated fiberboard || ~ de **fibres dur, [mi-dur, tendre]** / hard, [medium, soft] fiber building board || ~ de **fibres isolant** / wood fiber damp slab || ~ de **fibres léger** (bâtim) / lightweight fiberboard || ~ de **fibres stratifié décoratif** / decorative laminated fiber building board || ~ à **ficher** (électron) / patch o. plug board, jack panel || ~ de **fin d'agglomération** (routes) / end of built-up area board || ~ **final de couplage** (électr, télécom) / end panel || ~ **fléché** (routes) / direction sign || ~ à **forte production** (mines) / large scale mining operation || ~ de **fusibles** (électr) / fuse board o. panel || ~ à **grand rendement** (mines) / large scale mining operation || ~ d'**instructions** / instruction board || ~ **intérieur de portière** (auto) / inside door panel || ~ **isolant** / insulating board || ~ d'**isolement** (électr) / leakage indication section || ~ de **jacks** (télécom) / jack field o. panel || ~ de **lambris** (men) / panel of a wainscot || ~ **lamellé** (men) / laminboard || ~ de **lampes** / bank of lamps || ~ **laqué** (pann.part.) / enamelled board || ~ **latéral** (auto) / side-panel || ~ **latéral** (camion) / rave, side wall || ~ **latéral rabattable** / hinged side wall || ~ **latté** / wood core plywood || ~ **léger** / wall board || ~ **léger en laine**

de bois / wood-wool building slab || ~ **léger multicouches** / multiple lightweight building slab || ~ de **lit** (pierre) / lower cleaving grain || ~ de **localisation** (routes) / place identification sign || ~ **losange** (fenêtre) / sash-lozenge || ~ **lumineux de signalisation** / illuminated traffic o. road sign || ~ en **matière plastique cellulaire** (plast) / foam sheet || ~ du **milieu** / center bay o. panel || ~ pour **montage expérimental** (électron) / breadboard || ~ **multiplex** / multi-ply [wood] || ~ de **mur** / panel of a wall || ~ **mural** (bâtim) / patent board, building board, structural panel || ~ **ondulé** (toiture) / corrugated roof panel || ~ de **particules** (bois) / chip o. particle board, flake board || ~ de **particules disposées à plat** (bois) / flat pressed particle board || ~ de **particules extrudé** / extruded particle board || ~ de **particules fines** / fine flake board || ~ de **particules fines étalées** / gravity spread fine particle board || ~ de **photopiles** (énergie solaire) / solar cell panel || ~ en **planches** / boarded panel || ~ d'une **porte** / door panel || ~ de **porte à claire-voie** / deadlight of door || ~ **préfabriqué** / prefabricated wall panel || ~ **préfabriqué de parquet** / parquet block || ~ de **présignalisation** (routes) / advance sign || ~ **protecteur** / protective o. safety panel || **~x** *m pl* **radiants incorporés** / radiant panel heating || **~x** *m pl* **radiants à rayons infrarouges** / infrared panel heating || **~x** *m pl* **rayonnants** / radiant panels *pl* || ~ *m* **renforcé** (bâtim) / stiffened panel || ~ de **replacage** / core stock || ~ **reposant sur les encorbellements** (constr.en acier) / suspended bay || ~ en **retrait** (bâtim) / sunk panel || ~ *m (pl: panneaux sandwich)* **sandwich** / sandwich *(pl: sandwiches)*, sandwich construction || ~ *m* **sandwich à PVC** / skinplate || ~ de **signalisation** / traffic sign || ~ **solaire** / solar [cell] panel || ~ **stratifié** / laminated panel || ~ **stratifié de fibres** / laminated fibre building board || ~ **supérieur** (sandwich) / top panel || ~ de **sûreté** (ballon) / ripping o. stripping panel || ~ **suspendu** (constr.en acier) / suspended bay || ~ du **tableau de distribution** (électr) / switchboard panel || ~ **tendre** / soft board || ~ de **tête** (pierre) / fore-part, face of a stone || ~ de **touches** / keyboard || ~ **triangulaire ou d'avertissement** (auto) / emergency reflective triangle (US), warning triangle (GB) || ~ à **trois couches** (bois) / three-ply || ~ du **type folding** (nav) / folding-type hatch cover || ~ à **vitre** / window compartment

panneautage *m* / fairing, panelling || ~ (aéro) / placing of ground strip signals

pannelé (men) / panelled

panneler (charp) / panel

panneresse *f* (brique) / stretcher, outbond brick, panel brick || ~ **posée à plat** (bâtim) / bull stretcher

panneton *m* (serr) / key bit, web of a key || ~ à **entailles ou rainuré** / grooved bit

pan[n]onceau *m* / traffic sign, road sign || ~ de **rappel** (routes) / repeated traffic sign

panoplie *f* (techn) / tool board

panorama *m* (gén, radar) / panorama || **~gramme** *m* / panoramagram

panoramique *adj* / panoramic || ~ *m* (phot) / panning || ~ (radar) / panoramic || ~ **filé ou rapide** (film) / whip pan || ~ **vertical** / tilt of the camera

panoramiquer (TV, film) / pan *vi*

panse *f* (cloche) / sounding bow rim, belly of a bell || ~ (sidér) / belly || ~ d'**a** / rounding of letter "a" || ~ de **bouteille** / body of bottle

pantin *m* (jacquard) / colour indicator [cord]

pantobase (aéro) / pantobase...

pantographe *m* (dessin) / pantograph || ~ (ch.de fer) / pantograph, current collector || ~ à un **bras ou unijambiste** / single-arm pantograph || ~ à **double étage** / double-articulated pantograph

pantomètre *m* (arp) / graphometer [circle]

papaïne *f* / papain

papavérine *f* (chimie) / papaverine

papeterie *f* / paper manufacture o. trade || ~ (articles) / stationery || ~ (industrie) / paper industry, (also:) paper mill || ~ en **continu** / continuous stationery

papier *m* / paper || ~ (ord) / paper form || **~s** *m pl* / paper work || **de** ~ / of paper || ~ *m* **affiche ou pour affiches** / blank paper, poster paper || ~ d'**aiguilles** / book of needles || ~ à **aiguilles** (emballage) / needle paper || ~ **albuminé** (phot) / albumin[ized] paper || ~ **alfa** (pap) / esparto || ~ à l'**alkannine de Böttger** / Boettger's paper || ~ d'**amidon à iodure de potassium** / potassium iodide starch paper, ozone paper || ~ pour **annuaire** / directory paper || ~ pour **annuaire téléphonique** / telephone directory paper || ~ **antiadhésif** / release paper (for self-adhesive labels) || ~ **antirouille** / needle wrapping paper, antirust paper || ~ **antiternissure** / antitarnish paper || ~ à **apprêt similitoile** / fabric finish paper, linen embossed paper || ~ **apprêté** / machine finished paper, M. F. paper || ~ d'**armure** (tex) / design paper || ~ **asphalté** / sheathing paper, asphalt laminated kraft paper || ~ pour **atlas** / atlas paper || ~ **auto-adhésif** / pressure sensitive adhesive paper || ~ **autocopiant** / no-carbon paper, carbonless copy paper || ~ **autocopiant à double couchage** / double-sided prepared self-copying paper || ~ **autographique** / retransfer paper || ~ pour **avion** / airmail paper || ~ **bakélisé** (plast) / laminated paper || **~-bande** *m* **télégraphique** / Morse slip o. tape || ~ pour **bandes perforées** / tape paper || ~ de **baryte** / baryta paper || ~ **bible** / bible paper || ~ **bible de chiffons** / rag bible paper || ~ **bicoloré pour films rouleaux** / two-layer photo protecting paper || ~ pour **billets de banque** / bank and bond paper, bond paper, loan || ~ **bilogarithmique** / double-logarithmic paper || ~ **bitumé** / waterproof paper || ~ à **bleus** / blueprint paper || ~ en **bobines** / endless o. continuous paper, reel o. web paper || ~ de **bois brun** / brown [paper], nature brown, Brazil wood paper || ~ pour **boîtes d'allumettes** / matchbox lining paper || **~s** *m pl* de **bord** (gén) / ship's papers *pl* || ~ *m* **bouffant** (typo) / featherweight paper || ~ **bronzé** / bronze glazed paper || ~ **brouillon** / scribbling paper, draft o. exercise paper || ~ **brun goudronné renforcé** / reinforced union paper, tarred thread paper || ~ **brut** / base o. body paper || ~ de **bureau** / document paper || ~ **buvard** / blotting paper || ~ **buvard chromo** / enamel blotting paper || ~ pour **câbles électriques** / cable for conductor insulation || ~ **calandré** / calendered paper || ~ **calandré humide** / water finished paper || **~-calque** *m*, papier *m* à calquer / ca[u]lking paper, tracing paper || ~ **calque huilé** / oiled tracing paper || ~ **cambric** / cambric paper || ~ **cannelure pour carton ondulé** / fluting paper, corrugating paper || ~ **carbone** / carbon paper || ~ **carbone autocopiant couché une fois** / one-time carbon paper || ~ **carbone bleu** / blue carbon paper || ~ **carbone hectographique** / hectographic carbon paper, spirit carbon paper || ~ **carbone une fois** / one-time carbon sheet || ~ **[carbone] pour copies à la main** / copying carbon paper for hand writing || ~ pour **cartes compte** / account book paper || ~ pour **cartes géographiques** / map paper || ~ pour **cartes perforées** / paper for punched cards || ~ pour

cartouches / ammunition cartridge || ~ à la **celloïdine** (phot) / celloidin paper || ~ de **cellulose** / cellulose paper || ~ **chagrin** / shagreen paper || ~ **charbon** (typo) / carbon tissue, pigment paper || ~ à **chèques** / check paper, bill [head] paper || ~ **chiffon ou de chiffons** / rag [content] paper || ~ **chiné** / veined paper || ~ **chintz** / chintz paper || ~ **chlorobromure** (phot) / contact paper, (formerly:) gaslight paper || ~ **chromo** (fortement couché) (typo) / chromo paper || ~ **chromo lissé à brosses** / brush finished chromo paper || ~ à **cigarettes** / cigarette o. smoking paper || ~ **collant pour placages** / taping paper || ~ **collé** / sized paper || ~ **coloré deux faces** / two-sides coloured paper || ~ **colorié** / colo[u]red o. fancy paper, tinted paper || ~ pour **condensateurs** / capacitor tissue paper || ~ **Congo** / Herzberg's paper, Riegl's paper, Congo red paper || ~ de **construction** / fiber board sheathing, structural fibre insulation board, building paper || ~ **continu** / endless paper, machine [made] paper || ~ en **continu pour appareils** (jacquard) / endless paper for Verdol jacquards || ~ **contrecollé** / stratified paper, pasted paper || ~ à **contretraction** / counteracting paper || ~ à **copier** / manifold [paper], copy paper, flimsy || ~ **corde** / jute paper || ~ **couché** / enamelled paper o. board, coated paper || ~ **couché antiadhésif** / release paper || ~ **couché couleurs** / coated paper o. stock || ~ **couché à l'émulsion** / emulsion coated paper || ~ **couché à haut brillant** / cast coated paper || ~ **couché léger pour impression** (graph) / light weight coated paper, LWC paper || ~ **couché aux matières plastiques** / polypaper || ~ **couché mousse** / bubble coated paper || ~ **couché de séparation** / release paper, antiadhesive paper || ~ **couché au solvant** / solvent coated paper || ~ **couché au trempé** / dip coated paper || **~-couleur** *m* / colour paper || ~ à **couverture** (Canada) / roofing board || ~ **couverture kraft** / kraft liner || ~ pour **couvertures** (typo) / cover stock o. paper || ~ **crayonné** / enamelled paper o. board || ~ **crêpé** / crêpe paper || ~ **crêpé adhésif** / pressure sensitive crêpe paper || ~ **crêpé d'emballage** / creped packing paper || ~ **crêpé à l'état humide** / full- o. water-crêped paper || ~ **crêpé extensible** / creped extensible paper || ~ **cristal** / glassine || ~ à **curcuma** (chimie) / curcumin o. turmeric paper || ~ à la **cuve pour aquarelle** / hand made paper for aquarell painting || ~ à **décalcomanie simplex** / decalcomania simplex paper || ~ à **décalquer** / ca[u]lking paper, tracing paper || ~ de **décharge** (typo) / interleaving paper || ~ à **décorer** / decorating fancy paper || ~ à **dessin** / design o. drawing paper || ~ à **dessin** (tex) / detail paper || ~ **deux couches** / two-layer paper, duplex || ~ de **devant coloré** / coloured back paper || ~ par **développement** (phot) / contact paper, (formerly:) gaslight paper || ~ à **diagrammes** / chart paper, functional paper || ~ pour les **diagrammes circulaires** / recording chart paper || ~ **diaphane** / diaphanic paper || ~ **diazo** / diazo paper, dyeline paper || ~ **diélectrique** / paper for electrical insulation || ~ pour **documents de longue conservation** / paper for long storage documents, deed paper || ~ **doré** / gold paper || ~ de **doublage** (bâtim) / lining paper || ~ **doublé métal** / metallic paper || ~ **doublé de toile** / cloth-lined o. -centered paper || ~ **double-bitumé** / union paper o. kraft || ~ **duplex ou en deux couches** / duplex paper || ~ pour **duplicateur** / duplicating o. copying paper || ~ pour **duplicateur à alcool** / spirit duplicator copy paper || ~ pour **duplicateur à stencil** / [stencil] duplicator paper || ~ **dur[ci]** / resin bonded o. impregnated paper, paper base laminate, hard paper || ~ **écolier** / exercise o. scribbling o. draft paper || ~ d'**écorce** / bask o. bast paper || ~ à **écrire ou d'écriture** / writing paper || ~ d'**emballage ou à emballer** / wrapping paper || ~ d'**emballage au bisulfite** / sulfite packing paper || ~ d'**emballage bitumé** / tarred brown paper || ~ d'**emballage composé de vieux papiers** / packaging paper made of waste || ~ d'**emballage frictionné** / machine-glazed o. M.G. sulphite wrapping paper || ~ *f* d'**emballage paraffiné** / oiled paper || ~ *m* pour **emballer l'argenterie** / silver paper || **~-émeri** *m* / abrasive o. emery paper || ~ **enregistreur** / chart paper, functional paper || ~ **entoilé** / cloth-lined paper || ~ **entre-deux toiles** / cloth-centered paper || ~ d'**épingles** / book of needles || ~ **époxy** / epoxy paper || ~ **essuie-planche** (typo) / plate wiping paper || ~ d'**étamine** / canvas paper || **~-étoffe** *m* / damask-figured paper || ~ de **fabrication récente** / green paper || ~ **fantaisie** / fancy paper || ~ **fantaisie chromo** / fancy chromo paper || ~ **ferroprussiate**, papier *m* ferro industriel / blueprint paper || **~-feutre** *m* / felt-cardboard || ~ de **fibres synthétiques** / synthetic paper, paper of synthetic fibers || ~ à **fibres de verre** / glass fibre paper || ~ pour **fiches** / index paper || ~ **fiduciaire** / security paper || ~ **filable ou au filage**, papier *m* à filer / spinning paper || ~ **filigrané** / filigree paper, watermarked paper || ~ **filtre** / filter[ing] paper || ~ **fin ou surfin** / fine paper || ~ **floqué** / flock paper || ~ à **fluoresceïne** / fluorescein paper, Zellner's paper || ~ à **fond d'or** / brocaded paper || ~ à la **forme** / mould- o. hand-made paper, vat paper || ~ **fortement apprêté** / English finish paper, e.f. paper || ~ **fossile** / asbestos paper || ~ **frais** / green paper || ~ de **garde** (typo) / end paper || ~ **gaslight** (phot) / contact paper, (formerly:) gaslight paper || ~ **gaufré [de fort grammage]** / relief paper hanging o. wall covering (US) || ~ à **gaze** / cloth-lined paper || ~ **glacé** (typo) / brush finished lining || ~ **glacé albumineux** (phot) / albumin[ized] paper || **~-goudron** *m* **ou goudronné** / tarred brown paper || ~ **goudronné de revêtement** / tarred sheathing paper || ~ à **grain de toile** / cambric paper || ~ **granité** / granite paper || ~ pour **graphiques** / chart paper, functional paper || ~ **gris pour emballage** / bogus paper || ~ **gris ondulé** / waste paper fluting || ~ d'**habillage** / tympan paper || ~ **hectographique** / hectographing paper || ~ **héliographique** / [heliographic] printing o. tracing paper || ~ **héliographique ferro** / ferroprussiate paper, blueprint paper || ~ **huilé** / oiled paper || ~ **hydrophile** / waterleaf [paper] || ~ **hygiénique** / sanitary o. toilet paper || ~ pour **illustrations** / halftone printing paper || ~ pour l'**imprégnation avec résines synthétiques** / paper impregnated with synthetic resin || ~ d'**impression** / printing paper, printers *pl* || ~ pour **impression artistique** / enamelled paper o. board || ~ d'**impression pour taille-douce** / copper plate printing paper || ~ pour **impressions litho** / lithographic paper, plate-glazed paper || ~ **imprimé à l'huile** / pattern paper primed with oil || ~ pour **imprimés en continu** / paper for continuous stationary || ~ **indicateur** (chimie) / test paper || ~ **intercalaire** / interleaving paper || ~ à **intercalation** (graph) / between-lay paper o. wrapping || ~ **intermédiaire** / transfer paper, intermediate || ~ **iodoamidonné** / potassium iodide paper || ~ **isolant** / fishpaper, insulating paper || ~ d'**isolation électrique** / paper for electrical insulation || ~ **Jacquard** / Jacquard paper || ~ du **Japon** / Japan o. China paper, Japanese paper || ~ **jaspé** / granite paper || ~ **Joseph** / filter[ing] paper || ~ **journal** / newsprint, news stock || ~ **journal en bobines** / newsprint in reels || ~ **kraft** / kraft [paper] || ~ **kraft pour sacs** / kraft bag paper || ~ **kraft secondaire** / secunda kraft paper || ~ **laminé à la plaque** / plate-glazed paper || ~ à **laminer** / base paper for lamination || ~ **léger** (typo) / featherweight paper, light-weight paper || ~ à **lettres** / note paper || ~ pour **lettres privées** / paper for personal stationary || ~ **linéaire-logarithmique** / lin-log paper || ~ **liner** / liner (collective term for kraftliner and test liner) || ~ **lissé à brosses** / brush-finished paper || ~ pour **livres** / letterpress paper, book paper || ~ pour **livres de comptabilité** / account book paper || ~ **logarithmique** / log paper || ~ **logarithmique double** / double-logarithmic paper || ~ **machine ou pour machine à écrire** / typewriting paper || ~ qui à de la **main** / bulky o. bulking paper, featherweight paper || ~ **manille** / manil[l]a paper || ~ **marbré** / dutch marble paper || ~ **mat** (phot) / dull o. mat paper || ~ **mat couché** / mat coated paper || ~ [à la] **mécanique** / endless paper, machine [made] paper || ~ **métallisé** / metallized paper, metal foil paper || ~ **métallisé** (phot) / silver paper || ~ **métallisé pour câbles du type Hochstadter** (électr) / H-paper || ~ **millimètre** (bâtim) / profile paper || ~ **millimétré ou -métrique** / cross-section o. graph paper, squared o. scale paper, functional o. sectional paper || ~ **mince** / thin letter paper || ~ **mince** (typo) / light-weight paper || ~ **mince à impression** / thin printing paper, bible paper || ~ **ministre** / document paper || ~ de **mise en carte** (tiss) / ruled o. squared paper || ~ **mixte à base de soude** / mixed sulphate paper || ~ **mousseline** / tissue paper, [wrapping] tissue, French folio || ~ **multigrade** / multigrade paper || ~ du **mûrier** / mulberry paper || ~ à **musique** / music paper || ~ **NCR** (papier autocopiant) / NCR-paper || ~ **négatif** / negative paper || ~ **nitré** (mot) / sparking o. touch paper || ~ à la **nitrification** / nitration o. nitrating o. nitrated paper || ~ **noir** / black-line paper || ~ **noir protecteur** / photo protecting paper || ~ au **noircissement direct** (phot) / printing-out paper, P.O.P. || ~ **non collé** / unsized paper || ~ **non couché** / non coated paper || ~ **non ternissant** / non-tarnish paper || ~ **normalisé** / standardized paper || ~ **offset** / offset paper || ~ **olfactif** (analyse sensorielle) / smelling paper || ~ **ondulé** / corrugated paper || ~ **ondulé à décorer** / corrugated fancy paper || ~ d'**or** / gold paper || ~ **ordinaire** / ordinary wallpaper || ~ **overlay** (plast) / overlay paper || ~ à **oxyde de zinc** / zinc oxide paper || ~ **ozonoscopique** / ozone paper || ~ **paille** / straw paper || ~ de **paille macérée** / yellow straw paper || ~ **paraffiné** / wax o. waxed paper || ~ **parcheminé** / greaseproof paper || ~ de **pâte** / woodpulp paper || ~ de **pâte au bisulfite** / sulphite cellulose paper || ~ de **pâte de bois** / wood paper || ~ de **pâte mécanique** / mechanical [wood pulp] paper || ~ à **patrons** (tiss) / ruled o. squared paper, design o. drafting o. point paper || ~ **peint** / paper prints *pl*, paper wall covering || ~ **peint ingrain** / ingrain wall covering, wood-chip wall paper || ~ à **pelotonner le fil** / yarn package paper || ~ **pelure** / onion skin paper || ~ pour **périodiques** / magazine paper || ~ **photocalque** / [heliographic] printing o. tracing paper || ~ **photocopiant** / photocopying paper || ~ **photographique** / photographic paper || ~ **photographique au bromure d'argent** / silver halide paper, reversal paper || ~ à **plat** / plane paper, paper in the flat || ~ **pôle** (électr) / pole finding paper || ~ à **polycopier** / hectographing paper || ~ **ponce** / pouncing paper || ~ **porcelaine** / enamelled paper o. board || ~ **protecteur pour papiers photographiques** / photo wrapping glassine || ~ **pur chiffon** / pure rag paper || ~ **pur paille** / yellow strawpaper || ~ **quadrillé** / scaled paper || ~ **quadrillé** (tiss) / ruled o. squared paper, design o. drafting o. point paper || ~ **quadrillé**, papier *m* muni de carreaux / squared paper || ~ **réactif** / test paper || ~ **réactif électrique** (électr) / pole finding paper || ~ de **rebut** / waste paper, spoilage, spoils *pl*, discards *pl* || ~ **réglé** / ruled paper || ~ **renforcé toile** / cloth-lined o. -centered paper || ~ **résistant aux microbes** / microbial resistant paper || ~ **réversal** (phot) / reversal paper, silver halide paper || ~ de **riz** / rice o. pith paper || ~ pour **rouleaux de calandres** / calender bowl paper || ~ **sablé** (Canada) / sandpaper || ~ pour **sacs d'épicerie** / grocery paper || ~ **sans bois** / woodfree paper || ~ **sans colle** / waterleaf paper || ~ **sans fin** / endless o. continuous paper, reel o. web paper || ~ **satiné** / supercalendered paper, glazed o. satin[ed] o. satiny paper, velvet finished paper || ~ de **sécurité** / security paper || ~ **semi-logarithmique** / ratio paper || ~ **[sensible] négatif** / negative paper || ~ de **séparation** / antiadhesive paper, casting o. release paper || ~ **simili à la cuve** / imitation hand made paper || ~ **similicuir** / Brazil wood paper, brown [paper], nature brown || ~ **similicuir lissé** / smooth leather paper || ~ **simili-sulfurisé** / grease-proof paper || ~ **simili-vélin japonais** / Japanese vellum || ~ **simplex** / simplex paper, single-ply paper || ~ [de] **soie** / tissue paper, [wrapping] tissue, French folio || ~ à **soude** / sodium paper, soda paper (US) || ~ **sous-dalles** (bâtim) / waterproof paper || ~ **spirit-carbone** / hectographic carbon paper, spirit carbon paper || ~ **stérilisable** / aseptic paper || ~ **suède** / flock paper || ~ **sulfurisé** / artificial parchment, parchment paper, vegetable parchment, papyrin[e], greaseproof paper || ~ **support** / base o. body paper || ~ pour **support abat-jours** / lamp shade base board || ~ **support carbone** / carbon[izing] base paper || ~ **support pour gommage** / gumming base paper || ~ **support imprégnable** / impregnating body paper || ~ **support pour l'imprégnation avec résines synthétiques** / paperbase impregnated with synthetic resin || ~**-support** de **papier de verre** / sandpaper base || ~ **support photographique** / photo base paper || ~ **support pour tenture** / wallpaper base || ~ **support stencil** / duplicating stencil base paper || ~ **support underlay** / resin laminated core paper, underlay base paper || ~ pour **supports pour enroulements** / paper for formers of yarn packages || ~ de **sûreté** / antifalsification paper || ~ **surfin** / superfine paper || ~ de **tapisserie** / paper hangings *pl*, wallpaper, paper wall covering || ~ **teinté en surface** / stained paper || ~**-tenture** *m* / paper prints *pl*, paper wall covering || ~ **thermocollant** / heat set adhesive paper || ~ **thermosoudable** / heat sealable paper || ~ de **tirage** / duplicating o. copying paper || ~**-toile** *m* / tracing cloth || ~ de **toile de coton** / chintz [paper] || ~ **toilé** / fabric finish paper, linen embossed paper || ~ de **tournesol** (chimie) / litmus paper || ~ **transfert** / antiadhesive paper, casting o. release paper || ~ **translucide de comptabilité** / parchment for accounting machines || ~ **transparent** / transparent paper || ~ pour les **travaux de bureau** / office paper || ~ de **troisième qualité** / thirds *pl* || ~ pour **tubes** (électr) / core paper, tube paper || ~ pour **tubes de filature** / paper for textile paper tubes || ~ **type semi-conducteur** (phot) / semiconductor layer paper || ~ pour **typographie** / letterpress paper || ~ en **une couche** / simplex paper, single-ply paper || ~ **vélin** / vellum paper, wove paper || ~ **velours** (bâtim) / flock paper || ~ **velouté [par flocage]** / velour paper || ~ **Verdol** / Verdol paper || ~ **vergé** / laid paper || ~ **vergé crème** / cream-laid paper || ~ **verni** / varnished paper || ~ **verré ou de verre** / sandpaper || ~ **vierge** / virgin paper || ~ **vitrauphane** / diaphanic o. vitrauphanic paper

papillon *m* / flap o. clack valve, leaf valve, clapper || ~ (tirage) / throttle valve, regulating flap || ~ (gaz) / [bat]wing o. fishtail burner || ~ (film) / filmgate mask || ~ (pap) / adhesive label, sticker (US) || ~ **[de commande ou d'étranglement]** / butterfly valve || ~ des **gaz** (mot) / throttle [valve], gas regulator

papillotage *m* / intermittent photometry || ~ (typo) / slurring

papillotement *m* / flickering, flicker || ~ de **chromaticité** / chromatic o. colour flicker || ~ des **couleurs** (TV) / colour flicker[ing] o. jitter, chrominance ringing, chromatic[ity] flicker || ~ **et pleurage** (électron) / flutter [and wow] || ~ **étendu** (TV) / large area flicker || ~ de **luminosité** / luminance o. brightness flicker || ~ **multiple** (TV) / interdot flicker || ~ des **points de trame** (TV) / dot bounce || ~ en **trames** (TV) / frame (GB) o. field (US) flicker

papilloter (typo) / mackle, smut

papyracé / papyraceous

paquebot *m* / passenger boat o. liner || ~ **aérien** / airliner

paquet *m* / parcel, packet, pack[age] || ~, balle *f* / pack, bale || **en ~s** (sidér) / in-and-out..., by batches || **par [petits] ~s** / in batches || ~ de **cartes** (c.perf.) / card tier o. deck || ~ de **cartes «données»** (c.perf.) / data deck || ~ de **cartes entrée** (c.perf.) / input deck || ~ de **cartes en langage symbolique** (c.perf.) / source deck || ~ de **cartes objet** / object deck || ~ de **cartes pour test** / debug [card] deck || ~ d'**électrons** (klystron) / electron package || ~ d'**épingles** / book of needles, needle book || ~ d'**erreurs** (ord) / error burst || ~ de **ferrailles** / briquet[te] of scrap || ~ de **fil** / bundle yarn, yarn in bundles || ~ de **filtres** (extrudeuse) / screen pack || ~ **groupé** (télécom) / cluster pack || ~ de **mer** / breaker, heavy sea || ~ d'**ondes** (phys) / wave pack[et] || ~ de **tôles** (lam) / pack, run-over || ~ de **trois** [luminophores] (TV) / phosphor dot trio || ~ de **tubes** (mét) / run of piping

paqueter / pack *vt* || ~ (mét, ferrailles) / bundle *vt*, bale, strap

paqueteur *m* (lam) / drag-out

P.A.R. (radar) / precision approach radar, PAR

para-aminophénol *m* / para-amino phenol

parabole *f* / parabola || ~ de **coupure** (magnétron) / critical voltage parabola || ~ **critique** (magnétron) / cut-off parabola || ~ de **degré supérieur ou d'ordre supérieur** / parabola of higher degree o. order || ~ du **3e degré** / cubic parabola

parabolique / parabolic || ~ (math) / square-law...

paraboloïdal / paraboloidal

paraboloïde *m* / paraboloid || ~ **hyperbolique** (math) / hypar || ~ **hyperbolique** (bâtim) / hyperbolic paraboloid || ~ [de] **révolution** / paraboloid of revolution

paracentrique / paracentric[al]

parachevé / elaborate, perfected

parachèvement *m* (lam) / finishing || ~ (gén) / adjusting, finishing, perfecting || ~ (fonderie) / finishing, cleaning || ~ **clés en main** (bâtim) / final finish

parachever / finish *vt* || ~, ajuster / adjust

parachor *m* (phys, chimie) / parachor

parachutage *m* / parachute jump o. descent || **faire le** ~ / descend by parachute, parachute, jump

parachute *m* / [para]chute || ~ (horloge) / shock-proof device, parachute || ~ (ascenseur) / safety catch o. stop o. gear || ~ **annulaire** / annular parachute, parachute skirt || ~ **antivrille** (aéro) / antispin parachute, spin chute (coll) || ~ **automatique** / automatic parachute || ~ **auxiliaire** / pilot parachute || ~ **carré** / square parachute || **~-cerf-volant** *m* / kite parachute || ~ **dorsal** / back-type parachute || ~ à **étages** (aéro) / compound o. lobe parachute || ~ avec **extracteur** / parachute with pilot, pull-off (US) o. lift-off parachute || ~ en **forme** / shaped parachute || **~-frein** *m* / brake parachute, parabrake || ~ **Mouchoir** (aéro) / parasheet || ~ **Mouchoir à bord [non] froncé** / gathered, [ungathered] parasheet || ~ avec **parachute-pilote** / parachute with pilot, pull-off (US) o. lift-off parachute || **~-pilote** *m* / pilot parachute || ~ **plat** / flat parachute || ~ **porté à la poitrine** / chest pack parachute || ~ à **prise instantanée** (ascenseur) / safety catch o. stop o. gear || ~ de **queue** / brake parachute, parabrake || ~ de **queue pour atterrissage** / aircraft arrestor || ~ à **rubans** (aéro) / ribbon parachute || ~ du type **«sac à dos»** / back-type parachute || ~ **[sac]-siège** / seat pack parachute || ~ **sans corde d'ouverture ou de déploiement** / parachute without release cord, free o. dropping (US) type parachute || ~ de **secours** / emergency parachute || ~ **stabilisateur** / stabilizing parachute || ~ **triangulaire** / triangular parachute

parachuter / air-drop, parachute

paraclase *f* (géol, mines) / shifting, fault

paraclose *f* (charp) / ledge, cover strip

paradiaphonie *f* (télécom) / near-end crosstalk

paradioxy-benzène *m* / dimethylhydroquinone

paradoxe *m* / paradox || ~ **hydrodynamique** (phys) / hydrodynamic paradoxon || ~ **hydrostatique** / hydrostatic paradoxon

para-électrique / para-electric

paraffine *f* / paraffin[e], paraffin o. limit hydrocarbon || ~ **brute non déshuilée** (pétrole) / slack wax, paraffin sludge || ~ **complètement raffinée** (pétrole) / fully refined wax || ~ **dure** / high melting point wax || ~ **écaille** / paraffin scale || ~ **molle** / soft paraffin || ~ **précipitée au fond du réservoir** (pétrole) / tank wax

paraffiner / paraffin *vt*

paraffineur *m* (filage) / paraffin application device

paraffineux (pétrole) / waxy

paraffinique / paraffinic

paraflow *m* (pétrole) / paraflow

paraformaldéhyde *m f*, paraforme *f* / paraform[aldehyde]

parafoudre *m* / lightning arrester || ~ (antenne) / antenna fuse || ~ (électron) / lightning protection fuse || ~ **cornu** / arcing horn, horn arrester || ~ à **disques** / disk lightning arrester || ~ à **éclateur** / air gap protector || ~ **électrolytique** / aluminium arrester || ~ à **expulsion** (électr) / expulsion fuse || ~ à **gaz raréfié** / rare gas lightning protector || ~ à **plaques** / plate o. film lightning arrester, tablet protector || ~ à **résistance variable** (électron) / nonlinear resistance arrester || ~ à **tige** / stem

lightning rod
parafouille *m* (hydr) / toe wall
parafuchsine *f* / pararosaniline
paragénèse *f* (géol, min) / paragenesis
paragonite *f* (min) / paragonite
paragraphe *m* (typo) / section [mark] || ~ (typo) / paragraph, par. || ~ (COBOL) / paragraph
paragutta *f* / paragutta
parahydrogène *m* (nucl) / parahydrogen
para-hydroxybenzoates *m pl* / parabens *pl*, p-hydroxybenzoates *pl*
paraison *f* (plast) / preform, parison || ~ (verre) / gob, ball, lump, gather || ~ en **bande** (plast) / strip o. sheet parison
paraître / appear || **faire** ~ (typo) / edit, issue, publish || ~ à **fleur de terre** (mines) / appear on the surface, crop out, outcrop, basset
paraldéhyde *m f* / paraldehyde, paracetaldehyde
paralique (géol) / paralic
parallactique / parallactic
parallaxe *f* / parallax || **sans** ~ / free from parallax, without parallax, no-parallax, antiparallax || ~ de **hauteur** / parallax in altitude || ~ **horizontale** (astr, arp) / horizontal parallax || ~ d'**observation** / observation parallax || ~ de **profondeur** / parallax in depth || ~ **séculaire** (astr) / secular parallax || ~ **solaire** / solar parallax || ~ **spatiale** (aéro) / space parallax
parallèle *adj* / parallel *adj* || ~ [à] / parallel [with, to], par. || ~ *m* (géogr) / circle of latitude || ~ *f* (math) / parallel [line] || **en** ~ (nav) / abreast || **en** ~ (électr) / in parallel || **en** ~ **par bit** (ord) / parallel by bit || **établir ou tirer une** ~ / draw a parallel line || ~ *adj* à l'**axe** / parallel to the axis || ~ de **hauteur** / parallel in altitude || ~ *f* de **hauteur** (astr) / azimuth circle, circle of altitude
parallélipipède *m*, -épipède *m* (math) / parallelepiped
paralléliser / parallel *vt*
parallélisme *m* / parallelism || ~ **magnétomécanique** / magnetomechanical parallelism
parallélogramme *m* / parallelogram || ~, mouvement *m* parallèle / parallel motion || ~ des **forces** (méc) / parallelogram of forces || ~ **rectangle** (math) / rectangle, oblong
parallélotope *m* (math) / parallelotope
paralume *m* / louver (illumination), spill shield || ~ en **boîte à œufs** / diagonal louver
paralyser / paralyse
para·magnétique / paramagnetic || ~**magnétisme** *m* / paramagnetism
paramécie *f* / slipper animalcule, param[o]ecium
paramètre *m* (électr, techn) / parameter || ~ (ord) / control data, defining argument, key || ~ (math) / characteristic value, parameter || ~ **arbitraire** / arbitrary parameter || ~ **dynamique** / program-generated parameter, dynamic parameter || ~ d'**état** (astr) / physical parameter || ~ de la **fin d'une boucle** (FORTRAN) / terminal parameter || ~ **formel** (ord) / formal parameter || ~ de **gain** (tube à onde progressive) / gain parameter || ~ **hybride ou H** (transistor) / h-parameter || ~ d'**impact** (nucl) / impact parameter || ~ des **incréments** (ord) / incrementation parameter || ~**s** *m pl* **météorologiques** / meteorological elements *pl* || ~ *m* **prédéfini** (ord) / preset parameter || ~ de **programme** (ord) / program parameter || ~ de **ralentissement** (nucl) / average logarithmical energy decrement || ~**s** *m pl* **répartis** / distributed parameters *pl* || ~ *m* de **réseau** (crist) / lattice parameter || ~ **s direct,** [inverse] (transistor) / forward, [reverse] s-parameter || ~ **s d'entrée,** [de sortie] (transistor) / input, [output] s-parameter || ~ de la **section conique** (math) / focal chord, latus rectum || ~ de **signal** (électronique) / signal parameter || ~ de **signal faible** (transistor) / small signal parameter || ~**s** *m pl* **statistiques** / statistical parameters *pl* || ~ *m* de **transistor** / transistor parameter || ~ de **tube électronique** / tube parameter || ~ **vide** (ord) / null parameter || ~ de la **vie d'outil** / tool life parameter || ~ **y** (semicond) / y-parameter
paramétré (math) / inparametric representation
paramétrique / parametric
para·métron *m* (ord) / parametron || ~**molécule** *f* / paramolecule || ~**morphine** *f* / thebaine, paramorphine
parangonner (fond. en caract) / adjust, bring up
parapet *m* (pont) / bridge rails *pl* || ~ de **fenêtre** / window breast
paraphénylène-diamine *f* / paraphenylene diamine
parapheur *m* / signature folder
parapluie *m* / umbrella || ~ (électr, télécom) / pole cap
para-public / semipublic
pararosaniline *f* / pararosaniline
parasheet *m* (aéro) / parasheet
parasitaire, parasite *adj* / parasitic[al]
parasite *m* (biol) / parasite || ~**s** *m pl* (électron) / radio interference, mush (US) || ~**s** *m pl* (agr) / vermin[s] || ~**s** *m pl* (radio) / interference || **ne pas émettre des** ~**s** / not produce radio interferences || ~ *m* **agricole** / field pest, injurious insect || ~**s** *m pl* **atmosphériques** (électron) / [atmo]spherics *pl*, statics, strays *pl* || ~**s** *m pl* du **blé** / cereal pests *pl* || ~**s** *m pl* dus au **châssis** (auto) / chassis pick-up || ~ *m* des **cultures** / field pests *pl* || ~**s** *m pl* de **décharge** (électr) / precipitation noise || ~ *m* des **fruits** / fruit pest || ~**s** *m pl* **H.F.** (électron) / radiofrequency interference, R.F.I., rfi || ~ *m* d'**hygiène** / hygiene pest || ~ **important** (agr) / major pest || ~ **industriel** / man-made noise || ~**s** *m pl* dus à la **réflexion par la mer** (radar) / sea clutter || ~**s** *m pl* dus aux **roues** (auto) / wheel static || ~ *m* du **sol** / soil pest || ~ **spatial** (bot) / space parasite || ~ des **stocks** / pest of stored food
parasitique / parasitic, -ical || ~ (électron) / spurious
parasitologie *f* / parasitology
parasol *m* / parasol
parasol *m* (auto) / visor [over windshield]
parasoleil *m* (techn) / sunshade || ~ (phot) / sunshade, lens hood || ~ (sextant) / shade
para·statal (belgicisme) / semipublic || ~**statistique** *f* / parastatistics, Gentile statistics
parasurtension *m* (électr) / surge absorber o. arrester o. diverter o. modifier, overvoltage suppressor o. arrester || ~ **électrolytique** / electrolytic lightning arrester
parathion *m* (chimie) / parathion
paratonnerre *m* / lightning rod || ~ (antenne) / antenna fuse || ~ à **arêtes** / saw-toothed arrester || ~ **cornu** / arcing horn, horn arrester || ~ de **ligne ou de poteau** / lightning arrester for poles || ~ à **tige** / stem lightning rod
paravalanche *m* (routes) / avalanche protector o. screen
paravent *m* / windscreen
paraxial / paraxial
parc *m* / park || ~, chantier *m* / stockyard, storage yard || ~ (agr) / paddock || ~ **automobile** / fleet of motor vehicles || ~ à **autos** (auto) / parking lot (US) o. space, car park || ~ d'**avions** / airplane park || ~ à **bois** / wood yard, lumber wharf o. yard (US), timber

[storage] yard (GB) || ~ à **charbon** / coal depot, coal storage yard, coalyard || ~ **commercial** (ch.de fer) / stock of goods wagons (GB) o. freight cars (US) || ~ du **cycle du combustible nucléaire** / nuclear fuel cycle park || ~ de **dissuasion** / park-and-ride yard || ~ d'**emmagasinage** / storeyard, depot, stockyard || ~ **EUROP** (ch.de fer) / EUROP wagon park || ~ à **ferrailles** / scrap yard || ~ aux **mélanges** (sidér) / place for iron-ore || ~ de **minerai** / ore stockyard || ~ de **mise en stock des betteraves** / beet dump || ~ **moteur** (ch.de fer) / tractive stock || ~ **nucléaire** / nuclear park || ~ à **réservoirs distributeur** (pétrole) / from-depot (GB), from-tank farm (US) || ~ à **réservoirs de stockage** (pétrole) / tank farm || ~ de **stationnement** / parking garage || ~ de **stockage** / stockyard, yard || ~ de **tanks tête** / head depot (GB) o. tank farm (US) || ~ à **tiges** (raffinerie de pétrole) / pipe rack || ~ à **tôles** / sheet metal stockyard || ~ [de **véhicules]** / motor vehicle fleet o. pool (US) || ~ de **voitures et de locomotives** (ch.de fer) / rolling stock || ~ de **voitures et de wagons** (ch.de fer) / carriage o. wagon stock, rolling equipment

parcage *m* (auto) / parking

parcelle *f*, fragment *m* (gén) / particle || ~ **grise** (reprographie) / gray patch || ~ de **terrain** / plot o. lot o. parcel of land

parceller / parcel, partition, break up

parchemin *m* / vellum, parchment || ~ **végétal** / artificial parchment, parchment paper, vegetable parchment, papyrin[e], greaseproof paper

parcheminé / parchment-like, pergameneous, pergamentaceous

parcheminer (pap) / convert into parchment, give a parchment finish

parclose *f* (charp) / ledge, cover strip

parcomètre *m* / parkometer

parcourir / pass [through] || ~ (électr) / flow || ~ une **distance** / travel, cover a distance

parcours *m* / distance covered || ~ (radiation de particules) / range || ~ (filage) / passage, head || ~ (techn) / pass, passage || ~, trajet *m* / voyage || ~ (fleuve) / course || ~ (durée) (ch.de fer) / time for one run || ~ (p.e. triple parcours) (chaudière) / pass (e.g. threepass) || ~ (p.e. autobus) / route (e.g. of a bus) || ~ d'**absorption unitaire** / radiation length || ~ à **accélérer ou avec accélération** / distance of acceleration || ~ en **automobile** / car ride, drive || ~ du **courant** (électr) / path o. flow of the current || ~ de **démarrage** / starting distance || ~ en **descente** / running down a gradient o. grade (US), downward run || ~ en **double traction** (ch.de fer) / assisted running with two engines at the head of train || ~ d'**éloignement** (aéro) / reciprocal leg || ~ **entre deux points de navire** (nav) / distance covered between bearings taken || ~ d'**entrée** (ch.de fer) / entry distance || ~ **erratique** (nucl) / random walk of a particle || ~ d'**essai** / test run || ~ d'**essai** (ch.de fer) / trial track || ~ de l'**étincelle** / spark path || ~ par **fer** (trafic) / rail section || ~ de **garantie** (gén) / trial trip o. ride || ~ d'**interpénétration** (ch.de fer) / interpenetrating section || ~ **libre [moyen]** (phys) / [mean] free path || ~ en **masse** (nucl) / mass range || ~ **mensuel** (ch.de fer) / monthly run || ~ en **montée** / hill climb[ing], upward run || ~ **optique** / optical distance o. path || ~ en **pente** / running down a gradient o. grade (US), downward run || ~ en **pousse** (ch.de fer) / banking || ~ du **rayon** / path o. trace of ray || ~ de **refroidissement** / cooling stretch || ~ en **renfort** (ch.de fer) / assisting run of an engine || ~ **terminal** (ch.de fer) / terminal distance o. run || ~ de **transport** / carrying o. conveying distance || ~ à **vide** (ch.de fer) / empty running || ~ du **wagon** (ch.de fer) / run of a wagon, distance covered by a wagon

parcouru, être ~ par le courant / carry current || ~ par le **courant** / current-carrying o. -bearing, live, energized

pare-aiguille *m* (m à coudre) / finger guard

pare-brise *m (inv)* / windscreen || ~ *m* (auto) / windscreen (GB), windshield (US) || ~ **arrière** (auto) / back shield, partition window || ~ **bombé** (auto) / curved [wind]screen || ~ de **côté** (auto) / side wing || ~ en **coupe-vent**, pare-brise *m* en V (aéro) / V-fronted [wind]screen || ~ **panoramique** (auto) / wrap-around windshield

pare-chocs *m*, parechocs *m* (auto) / bumper (US), fender (GB) || ~ (moteur) / dashpot || ~ **arrière** (auto) / rear bumper (US) o. fender (GB) || ~ en **caoutchouc** (auto) / rubber bumper || ~ **De Carbon** / dashpot system De Carbon || ~ de **radiateur** (auto) / radiator guard || ~ à **tube unique** (auto) / single tube dashpot

pare-éclats *m* / screen, blind || **~-étincelles** *adj* / spark arresting || **~-étincelles** *m* / spark arrester || **~-feu** *adj* / fire-protective || **~-feu** *m* (ch.de fer, aéro) / fire break || **~-feu** *m* (céram) / flash-wall || **~-flammes** *m* / flame protection || **~-fumée** *m* (loco) / smoke screen || **~-gel** *m* de **béton** / antifreezung additive for concrete || **~-gouttes** *m* (chimie) / mist collector o. eliminator || **~-huile** *m* / oil barrier

pareil / like, alike, similar

pare-main *m* / hand [safety-]guard

parement *m* (bâtim) / facing || ~, côté *m* de devant (bâtiment) / surface of a wall || ~ (planche) / face of a plank || ~ (mines) / bench, working face || ~ (tiss) / size application || ~, bordure *f* (routes) / kerbstone (GB), curbstone (US), edge o. cheek stone || ~ **amont** (mines) / upper bank || ~ **aval** (hydr) / downstream face of dam, glacis || ~ d'**aval-pendage** (mines) / lower bank || ~ **[en briques]** (bâtim) / brick veneer || ~ de **déblai** / face o. plane of a slope, battered face || ~ d'un **mur** / surface of a wall || ~ d'une **pierre** / fore-part, face of a stone || ~ en **pierres de taille** / ashlar facing, ashlaring || ~ de **plâtre** (bâtim) / fining o. finishing o. setting coat, set, plaster for facing, patent plaster || ~ en **tuiles** / facing in bricks

parementer (bâtim) / face, line

parenchyme *m* / parenchyma || ~ de **xylème** (bot) / wood parenchyma

pare-neige *m* (ch.de fer) / snow fence o. shed

parenté *f* **diagonale** (chimie) / diagonal relationship

parenthèse *f* (math, typo) / round bracket, parenthesis (pl: parentheses) || **entre ~s** / bracketed || ~ **gauche, [droite]** (math) / left, [right] parenthesis

pare-pierres *m* (auto) / stone guard || **~-poussière** *m* / dustguard, dust shield o. screen || **~-poussière** *m* de **boîte d'essieu** (ch.de fer) / dustguard of the axle box

parer (techn) / trim *vt*, shape, rough down, smooth, straighten || ~ (maçon) / face *vt* || ~ (cuir) / scarf *vt* || ~ [à], éviter / parry, avoid || ~ (tiss) / size *vt* || ~ (fonderie) / clean *vt*, dress, trim || ~ **[de]** / ornament, decorate, adorn [with] || ~ un **mur** (bâtim) / face, line

pare-soleil *m* (auto) / sun visor || **~-soleil** *m* (phot) / lens shield o. screen

paresseux (chimie) / less active

pare-suie *m* / soot catcher o. arrester

pareuse-encolleuse *f* (tiss) / warp dressing and sizing machine, slashing machine, slasher, tape frame (GB)

parfaire / perfect *vt*, complete *vt* || ~ le **réglage** /

readjust
parfait / perfect *adj*, perf. || ~ (vide) / perfect || ~, impeccable / perfect, exquisite
parfaitement / perfectly || ~ **plastique** / perfectly plastic-elastic
parfilage *m* de **laine** / unraveled worsted
parfondre / fuse o. melt thoroughly
parfum *m* / perfume, scent, fragrance
parfumer / perfume
parfumerie *f* / perfumery
pargasite *f* (min) / pargasite
pargélisol *m* (géol) / frozen soil
parian *m* (céram) / parian
pariétal (écoulement) / peripheral
parisienne *f* / sample bag
parité *f* / parity
parker *m* / Parker screw
parkérisation *f* / parker's process, parkerizing
parkérisé / parkerized
parkériser / parkerize
parking *m* (auto) / parking lot (US) o. space, car park || ~ (action) / parking || ~ en **bordure de route** / lay-by || ~ **élevé ou en étages** / multistor[e]y car park || ~ de **longue durée** / long-time car park || ~ **payant** / supervised car park || ~ à **plusieurs niveaux ou à multiples étages** / multi-storey car park (GB), parking garage (US) || ~ **souterrain ou en sous-sol** / underground parking, basement garage
parkomètre *m* / parking meter
parleur *m* (télécom) / sounder || ~ (acoust) / loudspeaker, speaker || ~ **digital** (télécom) / digi-talker
paroi *f* (réservoir) / side, wall || **à ~ épaisse** / thick-walled || **à ~ mince** / thin-walled || **à ~ stabilisée** / wall stabilized || **à ~s plates** / flat-walled || ~ d'**about ou de bout** (ch.de fer) / end of a car, end wall || ~ à **absorption acoustique** (film) / tormentor || ~ **amont**, pignon *m* d'enfournement (four) / back wall, end o. gable wall || ~ **arrière** (bâtim) / back wall || ~ **aval**, pignon *m* de sortie (four) / front wall || ~ **avant** (mines) / face (of the gateway o. of work), working stall o. place, gallery o. gate end o. head || ~ de **batardeau en béton armé** / armoured concrete pile wall || ~ de **Bloch** (phys) / Bloch wall, domain wall || ~ de **bout** (ch.de fer) / end of body, end wall || ~ de la **cage** (bâtim) / carriage wall, staircase o. string wall || ~ en **charpente** (constr.en acier) / framework wall || ~ en **charpente métallique** / steel trelliswork partition o. latticework partition || ~ de **cheminée** / jamb of flue || ~ **compartimentée** (bâtim) / grid wall || ~ du **conteneur** / outer wall of a container || ~ de **creuset** (sidér) / hearth wall, well wall || ~ de **cylindre** / cylinder wall || ~ **double** / double bottom, false floor || ~ **extérieure** / outer o. outside wall, outwall || ~ **extérieure du mur** (bâtim) / mantle || ~ d'**extrémité** (conteneur) / end wall || ~ de **face** / front wall || ~ du **four** (sidér) / furnace shell || ~ du **foyer de liquation** (sidér) / wall of the liquation hearth || ~ **frontale** (mines) / face (of the gateway o. of work), working stall o. place, gallery o. gate end o. head || ~ **frontale** (ch.de fer) / end of body, end wall || ~ **frontale de la boîte** / carton bottom || ~ **insonore** / absorbing wall || ~ **intérieure** / inner o. interior surface || ~ **intérieure du canon** (mil) / bore surface || ~ **latérale** / side wall || ~ **latérale de la boîte** / carton side wall || ~ en **madriers** (bâtim) / planking || ~ de **navire** / skin of a vessel || ~ avec **partie enfonçable** (plast) / sidewall with break-through area || ~ **plongeuse** (eaux usées) / baffle plate || ~ **portante** (constr.en acier) / web of a suspension girder || ~ à **potentiel de contact** / contact potential barrier || ~ du **récipient** / wall of the container, container wall || ~ de **séparation** (bâtim) / partition o. party wall, parting wall || ~ de **séparation** (auto) / bulkhead || ~ **sourde** (acoustique) / dead wall || ~ de **soutènement en béton armé** / armoured concrete pile wall || ~ de **suspension** (constr.en acier) / web of a suspension girder || ~ en **torchis** / clay wall, mud wall || ~ **transversale** / transverse wall || ~ de **travers d'un puits de mine** (mines) / short side of a shaft || ~ en **treillis complet** (constr.en acier) / full trellis work || ~ entre **trous** (découp) / web between holes, remaining metal || ~ en **tubes de fumée** (chaudière) / tube wall o. sheet o. plate || ~ de **tunnel** / tunnel lining || ~ de **verre** / glass panel
parole *f* (faculté) / speech || ~ **visualisée** / visible speech
parpaing *m* (bâtim) / binder, bond o. binding stone, perpendstone, perpend[er] || ~, aggloméré *m* préfabriqué / building block || ~ **creux** (bâtim) / hollow block
parquer (auto) / park *vt vi*
parquet *m* (bâtim) / parquet || ~ (fabr.de caoutchouc) / sheething || ~ à l'**anglaise** / strip flooring, plain wood strip flooring || ~ à **bâtons rompus** / herringbone flooring || ~ en **carreaux** / boarded parquet floor, parquet blocks *pl* || ~ de **chêne** / oaken parquet || ~ **collé** / inlaid floor || ~ à **compartiments** / boarded parquet floor, parquet blocks *pl* || ~ à la **Française** / French flooring || ~ en **liège** / cork parquet || ~ de la **machine** (nav) / engine room platform || ~ **magnésien sans joints**, parquet *m* à la magnésite / magnesite flooring || ~ de **miroir** / wooden backing of wall mirror || ~ **mosaïque** / wood mosaic flooring || ~ **mosaïque [en damier]** / inlaid floor || ~ à **points de Hongrie** / mitered herringbone flooring
parquetage *m*, parqueterie *f* / parquetry
parqueter / parquet a floor
parqueteur *m* / parquet layer
parsec *m* (vieux) (1 parsec = 3,08371 · 10^{18} cm), pc / parallax second, parsec
parsemer [de] / spangle [with]
part *f*, partie *f* / quota, share, part, portion || **de ~ et d'autre** / on both sides || **prendre** ~ [à] / participate [in] || ~ d'**angle de rotation** / rotatory contribution || ~ de l'**effort de freinage de l'essieu arrière** (auto) / rear axle brake power fraction || **~s** *f pl* **par million**, p.p.m. / parts per million *pl*, ppm || ~ *f* **salariée** / wage fraction || ~ **sans dessin** (ordonn) / part without drawing, not represented part || ~ de **volume** / volume percent
partage *m* / partition, division, (also: sharing) || ~ (prépar) / partition || **en ~ de temps** (ord) / time sharing || ~ de **charge** / load sharing || ~ de **colonne** (c.perf.) / column split || ~ d'**échos** (radar) / echo splitting || ~ **électrolytique** / electrolytic separation, electroparting || ~ des **fonctions** (télécom) / function sharing || ~ de **temps** (ELF) (ord) / time sharing, TS, remote computing
partagé / shared || ~ en **morceaux** / parted, divided, split || ~ en **trois** / three-parted, threefold
partager / share || ~, diviser / divide || ~ **[complètement]** / partition *vt* || ~ en **deux** / divide in two parts || ~ en **deux moitiés égales** / halve || ~ par **lots** / parcel *vt*, partition, break up || ~ en **quatre** / divide into four parts || ~ en **quatre parts égales** / quarter *vt*
partance *f* (nav) / putting to sea, departure || **en ~** (ch.de fer, nav) / outgoing

partant, en ~ [de] / basing [on], taking... as a basis
partenaire *m* **réactionnel** / reactant
parterre *m* (agr) / bed || ~ (silvicult) / clear cutting o. felling || ~ pour **pommes de terre à semences** / seed potato plot
participant *m* (concours) / entrant
participation *f* aux **bénéfices** (ordonn) / profit o. gain sharing
participer [à] / participate [in] || ~ à l'**exposition** / send exhibits [to], exhibit [at]
particles *f pl* par **billion** / parts per trillion, ppt.
particulaire / particulate
particularisé / customized (US)
particulariser (ELF) / customize
particularité *f* / [characteristic] feature, particularity
particule *f* (gén) / particle || ~ (phys) / elementary particle, particle || **à ~s non uniformes** / non-uniform || **à ~s uniformes** / uniform || **à une** ~ (nucl) / one-particle... || ~ **alpha** / alpha particle, α-particle || ~ **atomique** / atomic particle || ~ **bêta** / beta particle, β-particle || ~ **broyée** (pann.part.) / ground particle || ~ de **cascade** (nucl) / Xi-particle, cascade particle || ~ **chargée** (phys) / charged particle || ~ **combustible** / fuel particle || ~ **constituante** / constituent particle, material particle || ~ **cosmique** / cosmic particle || ~ **coupée** (bois) / sliced particle || ~ **delta** / delta particle, δ-particle || ~ **désintégrée** (bois) / disintegrated particle || ~ de **Dirac** / Dirac's particle || ~ d'**écorçage** (bois) / peeler shaving || ~ **élémentaire** / elementary particle, fundamental particle, corpuscle || **~s** *f pl* **élémentaires** / small ultimate particles *pl* || ~ *f* **émise** (nucl) / emitted particle || **~s** *f pl* **enrobées** (nucl) / coated particles *pl* || **~s** *f pl* **extérieures** (panneaux de particules) / texture material || ~ *f* de ou à **faible énergie** (phys) / low energy particle || ~ de **fer** / iron fragment o. particle || ~ **fine** (bois) / fine particle o. flake || ~ **fondamentale** / elementary particle, fundamental particle, corpuscle || **~s** *f pl* **grosses** / grit, gravel || ~ *f* **hachée** (pann.part.) / chip || ~ **J** / J- o. psi-particle || ~ **lourde** / heavy particle || ~ de **matière** / particle of matter || ~ **neutre** (nucl) / neutral particle || ~ **non appariée** (nucl) / non-paired particle || ~ **non pénétrante** (phys) / low energy particle || ~ **nucléaire** (nucl) / nuclear particle || ~ **oméga** / omega o. ω-minus particle || ~ **plate** (pann.part.) / flake || ~ **ponctuelle** (nucl) / point particle || ~ de **poussière** / dust particle o. grain || ~ **psi** / J- o. psi-particle || ~ de **rabotage** (plaques à particules) / planer shaving || ~ **rapide** (phys) / high-speed particle || ~ de **recul** (nucl) / recoil particle || ~ **sigma ou Σ** / sigma particle, σ-particle || ~ **subatomique** / subatom || ~ en **suspension** / floating particle || **~s** *f pl* en **suspension** / suspended and settleable solids *pl* || ~ *f* **V** (nucl) / V-particle || ~ de **virus** / virus particle || ~ **Xi** (nucl) / Xi-particle, X-particle, cascade particle || ~ de **Yukawa** (nucl) / Yukawa particle
particulier / peculiar, special || ~ (techn) / specially made o. designed o. built
particulièrement chargé de poussière / excessively dusty
partie *f* / part || ~, fragment *m* / piece, fragment || **d'une seule** ~ / one-piece..., 1-piece..., solid, undivided || **en ~s** / partial || **en ~s inégales** / with unequal sides || **en trois ~s** / three-parted, threefold, tripartite || **en une** ~ / one-piece..., 1-piece..., solid, undivided || **la ~ la plus basse** / bottom || **par ~s** (math) / partial, by parts || ~ **active** (m.outils) / cutting part || ~ **adresse** (ord) / address part || ~ **aliquote** (math) / aliquot number || ~ de la **bande en aval,** [en amont] / downstream, [upstream] section of tape || ~ **[basse ou haute] de carte perforée** (c.perf.) / [lower o. upper] curtate || ~ **basse pression** (turbine) / low-pressure cylinder, L.P. cylinder || ~ **brillante** (défaut) / shiner || ~ **centrale du convertisseur** / body, belly || ~ de la **chaudière réservée à la vapeur** / steam room o. space || ~ **code opération** (ord) / operation part || ~ **constituante** (chimie) / constituent || ~ **constitutive** (télécom) / component [part] || ~ **correspondant au fond** (filage) / cop bottom curve || ~ **courbe** / curve, bend || ~ **croissante** (impulsion) / leading edge || ~ **débordante** (typo) / kern || ~ au **dessus de la ligne de flottaison** (nav) / dead o. upper works *pl* || ~ **dorsale** / back || ~ **dorsale de clavette** / back of the wedge || ~ **écrénée** (typo) / kern || ~ d'un **ensemble** (math) / subset || ~ **entraînée** / entrainment || ~ **essentielle** (gén) / main o. basic o. essential o. principal item || ~ **extérieure de l'aile** (aéro) / outer wing || ~ de **filière à section constante** (extrudeuse) / die land, orifice land || ~ **finale** (pap) / end section || **~s** *f pl* à **finissage d'aspect fini brillant** (techn) / bright work || ~ *f* **fixe du moule** (plast) / front o. cover mo[u]ld || ~ **fonctionelle non conductrice** (c.intégré) / non-conductive pattern || ~ **formante de la couche de canette** (tex) / building part of the layer || ~ de **forme ronde** (pap) / cylinder part, vat section (GB) || ~ **fractionnaire** (ord) / fractional part of a number || ~ **haute** (c.perf.) / upper curtate || ~ **haute pression** / high-pressure end || ~ **horizontale de la fourche** (chariot élévateur) / blade of fork || ~ **horizontale de la marche**, giron *m* (bâtim) / tread[board] of step, tread [board] || ~ **hors texte** (c.perf.) / zone, zoning || ~ **humide** (pap) / wet end section, forward part || ~ **imaginaire** (math) / imaginary part || ~ **immergée** (nav) / quick works *pl*, submerged part of the vessel || ~ **index** (ord) / index part || ~ **inférieure** / bottom part || ~ **inférieure de la contre-poupée** (m.outils) / tailstock base || ~ **inférieure du fuselage** (aéro) / bottom of fuselage || ~ **inférieure de l'ouvrage** (sidér) / lower part of the hearth || ~ **intégrante** / integral part[icle], integrant || ~ **intermédiaire** (four) / intermediate brickwork || ~ **latérale** / side part o. piece || ~ **latérale arrière** (auto) / rear side part || ~ de la **machine à papier** / section of the paper machine || ~ par **milliard**, p.p.b. / p.p.b., parts per billion (10^{-9}) || ~ par **million**, p.p.m. / parts per million, p.p.m., ppm || ~ **oblique** / oblique part || ~ d'**opérande** (ord) / operand part || ~ s'**opposante** (brevet) / opponent || ~ **pivotante** / swivel o. pivoted part || ~ **plane de la courbe des points d'ébullition** (phys) / plane of the boiling point diagram || ~ en **poids** / part by weight || ~ de **programme** / routine, program part || ~ **propre** (math) / proper subset || ~ **radio du combiné** / radio facility || ~ **rapportée** (modèle) / detachable part, impression block || ~ **rayée** (canon) (mil) / main bore || ~ **recouverte de tuile** (bâtim) / cover of a tile || ~ **réelle** (FORTRAN) / real part || ~ **résistante à l'usure** / working o. wearing part || ~ **rotative** / swivel o. pivoted part || ~ **roulante** / rotor || ~ **saillante du pôle** (électr) / pole core o. shank || ~ en **saillie** / projecting part, jut, overhang || ~ **supérieure** / upper part || ~ **supérieure** (nav) / dead works *pl*, upper side || ~ **supérieure de la contre-poupée** / tailstock barrel || ~ **supérieure du fuselage** (aéro) / upper side of fuselage, back o. top of fuselage || ~ **supérieure de l'ouvrage** (sidér) / upper part of the hearth || ~ **supérieure de la presse** (m.outils) / crown of a press || ~ **supérieure**

du treuil (mines) / upper part of the cage || ~ taillante (filière) / chamfer of lead (die stock) || ~ taillante de tarauds / threaded portion of tabs || ~ des tamis (pap) / wire section || ~ terminale du cycle du combustible (nucl) / back end of the fuel cycle || ~ thermique (locom.) / heat equipment || ~ tournante / swivel o. pivoted part || ~ tournante (pelle) / revolving superstructure || ~ tronconique du creuset LD / taphole of LD converter || ~ d'usine / works part || ~ verticale (chariot élévateur) / shank || ~ [verticale] du cadre (charp) / vertical frame piece, frame piece || ~ vive / rotor || ~ en volume / part by volume

partiel / partial, by parts

partielle *f* (acoustique) / partial [tone]

partiellement / partially, in part, partly || ~ **allié** (poudre de frittage) / prealloyed, master alloy ... || ~ **blindé** (électron) / partially screened o. shielded || ~ **démontable** (vilebrequin) / semibuilt-up || ~ **élastohydrodynamique** / starved elastohydrodynamic || ~ **ordonné** (math) / partially ordered

partie-tout, ensemble ~ / whole-and-part system

partinium *m* (alliage AlWo) / partinium

partir / leave, depart || ~ (coup) / go off || ~ [de] / originate, issue || **à** ~ [de] / taking...as a basis || **à** ~ [de], de, en / made [of], from || **à** ~ (p.e. d'un point) / starting (e.g. from a point) || **à** ~ **de l'usine** / at o. ex works || **faire** ~ (gén) / start *vt*, set going || **faire** ~ (train) / dispatch, start, despatch || **faire** ~ (liquide) / drain *vt* || ~ en **dérive** (ch.de fer, wagon) / break away *vi*

partiteur *m* / diverter

partition *f* / partitioning || ~ (micrographie) / division

parure *f* / cutting, clipping || ~ d'une **peau** / leather clipping

parution *f* (typo) / appearance, publication

parvenir [à] / arrive [at]

pas *m* (gén, ord, télécom) / step || ~ (filet) / lead || ~ (horloge) / step || ~ (réacteur) / pitch || ~ (tiss) / shed, lease || ~ (filet, engrenage) / pitch || ~ (câblerie) / lay, twist || ~ (câble) / lay length, pitch || **à** ~ **à droite** / right-hand[ed] || **à** ~ **à gauche** / left-hand[ed] || **à** ~ **ouvert** (tiss) / open-shed... || **à** ~ **rapide** (filetage) / of coarse pitch || **à** ~ **simple** (vis) / single || **au** ~ / dead slow || **au** ~ **!** / go slow! || **au** ~ **métrique** (filet) / metric || **avec** ~ **à droite** (méc) / right-handed || **être hors du** ~ (tiss) / miss the thread || ~ **anglais** (roue dentée) / English pitch || ~ **angulaire** (roue dentée) / angular pitch || ~ **apparent** (roue hélicoïdale) / transverse pitch || ~ de l'**arc** / arcing step || ~ **arrière** (électr) / back span || ~ des **articulations** (chaîne) / sprocket pitch || ~ de l'**aubage** / blade pitch || ~ **avant** / front span || ~ **axial** (vis) / axial pitch || ~ **axial** (denture) / axial pitch || ~ d'en **bas** (tiss) / lower shed || ~ de **base** (roue dentée) / base pitch || ~ de **base apparent** / transverse base pitch || ~ de **base réel** / normal base pitch || ~ de **bobinage** (électr) / coil span (GB), coil pitch (US) || ~ de **bobinage rapporté au pas polaire** / relative coil o. winding pitch || ~ de **bure** (mines) / landing [place o. dock] || ~ de **câblage** (câble) / length of lay o. twist || ~ des **cadres d'image** (phot) / frame pitch || ~ des **centres de trous** / pitch o. spacing of holes || ~ de **chaîne** / chain pitch || ~ de **chaîne** (tiss) / shed || ~ **circulaire ou circonférentiel de l'engrenage** (techn) / circular pitch, C.P. || ~ au **collecteur** (électr) / commutator pitch || ~ de **commutation** (électr) / make-and-break cycle || ~ **constant** (rivets) / constant pitch || ~ de **contact** (engrenage) / normal base pitch || ~ de **courant de travail** (télécom) / code pulse || ~ **croissant** (vis) / expanding pitch || ~**-de-chat** *m* (tiss, défaut) / skip, tangle || ~ **dentaire ou des dents** (électr) / slot pitch || ~ de **denture** (fraise) / tooth pitch || ~ **diamétral** (roue dentée) / diametral pitch, D.p. || ~ **diamétral apparent** / transverse diametral pitch || ~ **diamétral axial** / axial diametral pitch || ~ **diamétral d'outil** / cutter diametral pitch || ~ **diamétral réel** / normal diametral pitch || ~ de **diamètres** / gradation of diameters || ~ **double** (tiss) / double shed || ~ à **droite** (câble) / right-hand[ed] twist || ~ à **droite** (filetage) / right-hand[ed] thread || ~ aux **encoches** (électr) / tooth pitch || ~ d'**enroulement** (électr) / winding pitch || ~ d'**entraînement** (ord) / feed pitch || ~ **fermé** (tiss) / closed shed || ~ de **filetage** / screw o. thread pitch || ~ de **film** / frame pitch || ~ **formé** (tiss) / formed shed || ~ de **freinage** (hélice aérienne) / brake pitch || ~ **gaillis** (tiss) / weave o. weaving fault || ~ à **gauche** (filet) / left-hand[ed] thread || ~ du **gaz** / gas thread, [gas-]pipe thread || ~ **géométrique** (aéro) / geometric pitch || ~ de la **grille** (électron) / grid pitch || ~ d'en **haut du métier à gaze** (tiss) / cross shed || ~ d'**hélice** (roue hélicoïdale) / spiral pitch o. lead || ~ d'**hélice** (ELF) (techn, aéro) / propeller pitch || ~ **horizontal des caractères** (imprimante) / character spacing, horizontal spacing || ~ **inférieur** (tiss) / shed for the shuttle || ~ **international** (I.S.O.) / ISO metric [screw] thread || ~ **inverse** (ELF) (techn, aéro) / reverse pitch, inverse pitch || ~ **irrégulier** / non-uniform pitch || ~ de **lames** (tiss) / pitch of the harness || ~ des **lignes** (b.magnét) / row pitch || ~ **longitudinal** / longitudinal pitch (of chains etc.) || ~ de **marche** / tread [width] of stair || ~ **millimétrique** (filet) / millimeter pitch || ~ de **mise en drapeau** (aéro, hélice) / feathered o. feathering pitch || ~ de **moletage** / pitch of knurling || ~ de la **navette** (tiss) / shed for the shuttle || ~ **négatif** (ELF) (techn, aéro) / reverse pitch, inverse pitch || ~ **nominal d'outil** (roue dentée) / nominal pitch of the cutter || ~ **normal** / standard pitch || ~ **normalisé** (filet) / standard thread || ~ **oblique** (roue hélicoïd.) / transverse pitch || ~ **ouvert** (tiss) / clear shed || ~ **partiel** (électr) / fractional o. part pitch || ~ **partiel** (vis sans fin multiple) / divided pitch || ~ à **pas** / step-by-step, by steps o. inches, stepwise || ~ de la **perforation** (film) / pitch || ~ de **perforation** (c.perf.) / pitch of punch || ~ **polaire** (électr) / pole pitch || ~ de la **porte** / door step || ~ de **programme** / program step || ~ **progressif** (canon) / gaining twist || ~ de **progression** (table traçante) / step size || ~ de **progression** (ELF) (math, phys) / increment || ~ de **pupinisation** (télécom) / coil o. load spacing || ~ en **quinconce** (rivet) / staggered pitch (rivet) || ~ de la **rampe** (pompe d'injection) / lead of control edge o. of helix || ~ **rectiligne** (engrenage) / chordal pitch || ~ **réel** (roue hélicoïd.) / transverse pitch || ~ **réel de la denture** (roue droite) / normal pitch || ~ de **référence** (vis sans fin) / reference pitch || ~ du **réseau** / grid pitch || ~ des **rivets** / pitch o. spacing of rivets || ~ de **rotation** (télécom) / rotary step || ~ **Sellers** / U.S.S. thread, Sellers thread || ~ de **souris** (hydr) / offset, set-off, retreat of a sloping || ~ de **spire** / helical pitch || ~ **supérieur** (tiss) / cross shed || ~ de **tir** (à proscrire), base *f* de lancement (ELF) (espace) / launch[ing] pad o. base o. frame o. platform || ~ de **torsion** / pitch of a rope || ~ de **transposition** (électr) / transposition step, crossing step || ~ **transversal** (b. magnét) / track pitch || ~ **transversal** (engrenage) / transverse pitch || ~ des **trous** / hole spacing o. pitch || ~ **vertical** (télécom) / vertical step || ~ de **vis** / thread pitch || ~ de **vis**, filet *m* / thread, turn || ~ de vis du Congrès / universal thread || ~ de la **vis sans fin** / worm pitch || ~ **Whitworth** / Whitworth thread

pascal *m* (ord) / pascal [program language] || ~ (1 pa = 1 Nm^{-2}), Pa / pascal

passage *m* / passage, way || ~ (filage) / passage, head || ~ (astr) / transit || ~ (ord) / pass || ~ (électr, techn) / duct, leadthrough || ~ (techn) / pass || ~, galerie *f* / aisle, corridor, gallery || ~, diamètre *m* admissible / diameter of wire || ~ (lam) / body of pass || ~ (ch.de fer) / bridge crossing || ~, voyage *m* par mer (nav) / passage, voyage || ~, transfert *m* / transfer, transition || ~ (p.e. informations) / passing[-on], transmitting (e.g. informations) || ~ (moulin à cylindres et compartiment de plansichter) / grind (rollermill and plansifter compartment) || **à ~ simple** (caniveau) / single duct ... || **de ~** voir passager (adj.) || ~ **à l'air** (teint) / air passage || ~ **annulaire** / annular gap o. passage || ~ d'**arbre** (auto) / center hump || ~ **au-dessus** (piétons) / foot bridge || ~ en **blanc** (typo) / blanking || ~ en **bulles** (chimie) / bubbling through || ~ sur **câble** (funi) / bent-support || ~ de **câbles** / raceway || ~ **cannelé** (moulin) / fluted grind || ~ de **cartes** / card run, card pass || ~ de **chaleur** / heat transition || ~ **clouté** (routes) / pedestrian o. zebra crossing || ~ de **contrôle** (ord) / monitor session || ~ de **contrôle des fils secs** (filage) / dry dividing zone || ~ du **copeau** (rabot) / plane hole o. mouth || ~ des **copeaux** (m. outils) / chip clearance o. space || ~ de **copeaux libre** (m.outils) / ample chip clearance || ~ de **courant** / current passage || ~ **[couvert]** / arcade, passage || ~ en **dessous [des rails]** (ch.de fer) / underbridge, underpass, undergrade crossing (US) (road under railway) || ~ en **dessus** (route sur voie ferrée) / overbridge, overhead crossing, overpass (road over railway) || ~ d'un **document** (m.compt) / passage, run || ~ de **données** (ord) / throughput, thruput, run || ~ de **dressage** (lam) / very light cold rolling pass, skin-pass, temper pass || ~ d'un **électron d'une orbite sur une autre** / electron jump || ~ **entièrement dégagé** (pompe) / completely free passage || ~ d'**étirage** (tex) / passage of drawing || ~ d'**étoile** (astr) / star transit || ~ **étroit** / throat || ~ du **fil [dans les lames]** (tiss) / pass, drawing-in || ~ du **fil dans le ros** (tiss) / reeding || ~ des **fils de chaîne** (tex) / heddling, looming || ~ de la **flamme** (sidér) / fire hole || ~ au **four** (sidér) / melt, heat || ~ de **fuite** / escape route || ~ d'**huile** / oil flow || ~ **inférieur** (route sous voie ferrée) / underbridge, underpass, undergrade crossing (US) (road under railway) || ~ **inoccupé** (bande perforée) / free running || ~ d'**instrumentation** (vide) / instrumentation feedthrough || ~ **intégral** (robinet) / full bore || ~ du **laboratoire obscur** (phot) / light trap || ~ au **large** (tex) / passage in full width || ~ **libre** / free passage || ~ **libre de soupape** / diameter of a valve, free passage of a valve, valve throat || ~ de **ligne** (TV) / line traversal || ~ à la **limite** (cinématique) / limiting process || ~ **lisse** (moulin) / smooth grind || ~ en **machine** (c.perf., ord, m.outils) / pass, passage through a machine || ~ au **méridien** (astr) / meridian passage o. transit || ~ de **modification** (ord) / updating run || ~ **moléculaire** / molecular flow || ~ entre **montants** (presse) / throat gap || ~ à **mouvement rectiligne** (tube) / linear motion leadthrough || ~ à **niveau**, PN (ch.de fer) / grade crossing, level crossing || ~ au **noir** (fonderie) / blackening || ~ de **piétons** / foot traffic || ~ en **planches** (routes) / duck boards *pl* || ~ en **pointe** (tiss) / diamond draft || ~ **[protégé pour] piétons** / pedestrian crossing, zebra crossing || ~ entre **quais [à niveau]** (ch.de fer) / foot-crossing || ~ sur **rails** (funi) / bent-station with rails || ~ en **retour** / return pass || ~ de **retraite** / escape route || ~ de **robinet** / passage o. way of a cock || ~ de **roue** (auto) / wheel housing || ~ de **sauvetage** / escape route || ~ **souterrain** (ch.de fer) / platform subway o. tunnel || ~ **souterrain** (bâtim) / subway || ~ **souterrain** (routes) / [pedestrian's] subway, subway crossing || ~ **supérieur** (route sur voie ferrée) (ch.de fer) / overbridge, overhead crossing, overpass (road over railway) || ~ **supérieur piétonnier** (routes) / foot bridge || ~ **tournant** (arbre) / rotary transmission leadthrough || ~ des **trains** (ch.de fer) / passage of trains || ~ à **travers la matière** / penetration of o. through matter || ~ des **trous ronds aux trous carrés** (mines) / transition from round to square holes || ~ **tubulaire** (vide) / tubular feedthrough || ~ de **vapeur** / porthole, steam port || ~ des **véhicules** [sur] (routes) / travelling [on], passing over || ~ du **vent** (sidér) / blast passage || ~ à **vide** (film) / drop-out || ~ par **zéro** (courant alt.) / crossover

passager *adj* / transient, momentary, transitory || ~ (phys, électr) / transient || ~ (bot) / transitory || ~ *m* / passenger || ~ (motocyclette) / pillion-rider || ~ **arrière** (auto) / backseat passenger

passant *m*, tamisat *m* / undersize, fines *pl* || ~ **droite** (serrure) / DIN-left-handed || ~ **gauche** (serrure) / DIN-right-handed || ~ en **inverse** (semi-cond) / reverse conducting || ~ à **point fixe** (distillation) / homogeneous

passation *f* de **contrats** / placing of orders

passavant *m* (nav) / catwalk, fore-and-aft bridge

passe *f* (c.perf., ord, m.outils) / pass, passage through a machine || ~, profondeur *f* de passe (m.outils) / depth of cut || ~ (lam) / pass || ~ (hydr) / shipping channel o. passage || ~ (typo) / extra sheet, paper overs *pl*, overplus || ~ (soudage) / bead, reinforcement || **en une ~** (soudage) / single-pass || **très légère ~ de laminage à froid** / very light cold rolling pass, skin-pass, temper pass || ~ à **anguilles** (hydr) / eel ladder || ~ **avant-finisseuse** (lam) / leader || **~-bande** *m* (électron) / band[-pass] filter || **~-bas** *adj* (électron) / low-pass... || **~-câble** *m* / cable bushing || ~ *f* en **cannelure profilée** (lam) / shaping pass || **~-courroie** *f* / belt shifting || ~ de **couverture** / applying the covering layer || ~ **élargisseuse** (lam) / broadsiding pass || ~ d'**étirage** (lam) / roughing pass || ~ d'**étirage** (emboutissage) / redraw || ~ **fendeuse pour rails** (lam) / knife pass for rails || **~-fil** *m* / feed-through sleeve || **~-fil** *m* en **caoutchouc** (auto) / rubber funnel || **~-fil** *m* en **porcelaine** (électr) / porcelain bushing || **~-fils** *m* (électron) / grommet, grummet || ~ *f* **finale** (lam) / final pass || ~ **finale** (soud) / final run || ~ **finale** (tréfilage) / follow-up drawing || ~ **finale ou de parage** (lam) / final pass || ~ **finisseuse** (sidér) / shaping pass || ~ de **finition** (NC) / finishing pass || ~ de **finition ou de parachèvement** (m.outils) / finishing cut || ~ d'un **fleuve** (hydr) / axis of streaming, river channel o. current o. main body || ~ de **flottage** (hydr) / log chute, logway || **~-formules** *m* / bill feed || **~-froment** *m* / meslin || **~-général** *m* (serr) / general pass key || ~ *f* à **gravier** (hydr) / sand evacuating sluice || **~-haut** *adj* (électron) / high-pass... || ~ *f* **humide** (tréfilage) / wet drawing || ~ **initiale** (lam) / initial pass || **~-lacet** *m* (tex) / bodkin, broach || ~ *f* de **laminage** / reduction stage o. pass || ~ de **laminage à froid** / skin pass rolling, cold rerolling || ~ en **long** (lam) / longitudinal pass || ~ de **machine-outil** / pass || ~ **navigable** / waterway, shipping channel || **~-partiel** *m*, passe-partout *m* (serr) / master key, pass o. skeleton key || ~**-partout** *m* (phot) / mount, slip[-in] mount || ~**-partout** *m*, fausse-clé *f* / pick-lock || ~**-partout** *m* (scie) / pit saw, cleaving saw || ~**-plat** *m* (bâtim) / service o. serving hatch, pushthrough || ~ *f* à **plat** (lam) / flat pass || ~ à **poissons** (hydr) / fish ladder, pass for fish || ~ **préparatrice** (lam) / breaking-down pass, cogging o. roughing o. blooming pass || ~ de **profilage** (lam) / forming pass || ~ à **réduction** (lam) / reducing pass || ~ **refouleuse** (lam) / edging o. upset pass || ~ **refouleuse pour rails** (lam) / dummy pass || ~**-repas** *m* (bâtim) / service o. serving hatch, pushthrough || ~ *f* en **retour** (lam) / return pass || ~ de **soudure** / welding pass o. run o. bead || ~ **terminale** (soud) / final run || ~ **tirée** (soudage) / string bead || ~ d'**usinage** / stage of machining || ~ à **vide** (lam) / blind pass

passé, déteint / discoloured || ~ (fruit) / overripe || ~ en **alun ou en mégie** (tan) / alumed, dressed with alum, tawed || ~ en **tan** (tan) / oozed, bark tanned || ~ au **tonneau** / tumbled || ~**-à-travers** *m* (tamis) / sifted matter, siftings *pl*, screened matter, screenings *pl*

passée *f* (tiss) / shuttle course o. race || ~ (tamisage) / screenings *pl*, siftings *pl*, undersize, particles *pl* passing through the mesh || ~ (défaut de tissu) / passée (in woven goods) || ~ **charbonneuse** / layer of coal, coal vein || ~ **latérale** / branch vein || ~ à **marée** / tide gate, tide outlet o. sluice

passement *m* (tex) / lace, braid || ~ en **caoutchouc** / elastic ribbon o. tape o. web, elastic

passementerie *f* (tex) / small wares *pl*, haberdashery (GB), notions *pl* (US) || ~ (m.à coudre) / border, trimming, braid, edging

passepoil *m* (tex) / braid, hem, piping

passer *vi* (temps) / expire || ~ [devant] / pass, go by o. past || ~ [par] / pass through || ~ [à] / pass over o. switch over o. turn [to] || ~ (liquide) / penetrate || ~ [par], éprouver / undergo, experience || ~ (couleur) / fade || ~ (gaz) / flow || ~ [par] *vt* / pass through *vt*, run *v* through || ~ (fils de chaîne) / draw-in o. heddle the warp threads || ~ (se) (temps) / pass *vi*, elapse || **faire ~ aux écritures** (comptabilité) / put on the books || **faire ~ dans un bain** / run through a bath || **faire ~ un courant d'air à travers la fonte liquide** / press air through the melt || **faire ~ la navette** (tiss) / cross o. ply the shuttle || **faire ~ par force** / squeeze through || **faire ~ une écluse** / pass a boat through a lock, lock a ship || ~ à l'**acide** / turn sour || ~ en **alun** (tan) / taw *vt* || ~ à l'**autoclave** (aliments) / autoclave, treat by autoclave || ~ au **bain** / run through the bath || ~ en **bateau** / cross, traverse || ~ en **chamois** / chamois[-dress], shamoy-dress || ~ par ou à la **claie** (bâtim) / sift, screen || ~ en **code** (auto) / dip *vi* || ~ la **communication** (télécom) / transfer a call || ~ en **compte** / post, book || ~ un **contrat** / enter into an agreement || ~ le **cordon** / lead o. run in, draw o. pull in || ~ **[à côté]** / overhaul, overtake || ~ **écriture d'un article** (comptabilité) / post an entry || ~ **l'émail au feu** / burn-in enamel || ~ à l'**émeri** / emery || ~ à l'**encre** (dessin) / ink || ~ l'**éponge** [sur] / wipe with a sponge, sponge *vt vi.* || ~ un **essai** / pass o. withstand a test || ~ à la **fabrication** / slate for production (US) || ~ un **fil sur un isolateur [d'angle]** (électr, télécom) / shackle a wire || ~ au **filtre** / filter *vt* || ~ **graduellement [à]** / graduate [into] || ~ à **gué** (auto) / ford || ~ la **herse** [sur] / harrow *vt* || ~ **inoccupé** (bande magn.) / pay off || ~ au **jet de sable** / sand-blast || ~ au **laminoir d'écrouissage** / reroll || ~ à la **lunette** (tan) / perch, pare || ~ sa **main** [sur] / rub gently, stroke || ~ la **maquette d'essai en soufflerie** / direct the airflow against the model || ~ un **marché** / place an order || ~ en **mégie** / taw *vt* || ~ la **mesure** / exceed || ~ de **mode** / fall into disuse || ~ dans un **œillet** / thread *vt*, lead o. run in || ~ **par-dessus** / omit, pass [over], skip || ~ **par-dessus** (relais) / pass o. run o. ride [over] || ~ **par-dessus** [de] / move along || ~ à la **paumelle** (cuir) / grain, board || ~ au **pinceau** / brush over || ~ par **radio** / give out by wireless, broadcast || ~ au **râteau** (agr) / rake || ~ une **rivière** / cross a river || ~ la **station** (ch.de fer) / run past the station || ~ au **tamis** / sieve *vt*, screen *vt* || ~ en **tan** (tan) / bark, tan, steep in tan || ~ la **trame** (tiss) / shoot in || ~ à **travers** / push through || ~ en **travers** (mines) / cut across, hole-through, open || ~ à **travers** *vi* (tamis) / fall through || ~ sous un **tunnel** (route) / lead through a tunnel || ~ les **vitesses** (auto) / shift gears || ~ par **zéro** (électr) / null

passerelle *f* / access o. running board || ~ (nav) / command bridge, conning bridge || ~ (hydr, ch.de fer) / footbridge || ~ (techn) / passage gallery, service platform, platform || ~ (routes) / foot bridge || ~ (mines) / platform || ~ de **chargement relevable** (ch.de fer) / loading ramp || ~ de **commande** / switchboard gallery || ~ de **débarquement** (nav) / gangway || ~ d'**intercirculation** (ch.de fer) / gangway between coaches, gangway floor plate || ~ de **liaison** / connecting bridge || ~ **pipeline** (pomp) / bridge for fire hoses || ~ **relevable** (ch.de fer) / lifting o. collapsible loading ramp || ~ de **service** (barrage mobile) / service platform of a weir || ~ à **signaux** (ch.de fer) / signal gantry, signal bridge || ~ **supérieure** (nav) / observation deck || ~ **suspendue en chaînes** (pont) / chain suspended footbridge || ~ de **transfert** / transfer bridge || ~ **transporteuse de morts-terrains** / overburden conveyor gantry || ~ de **travail** / working platform || ~ des **treuils** / winding gear platform || ~ **volante** (nav) / catwalk

passette *f* (tex) / bodkin, broach || ~ (tiss) / heald hook, heddle hook, drawing-in hook || ~ pour **peigne** (tiss) / reed hook

passeur *m* (lam. de tôles) / catcher || ~ **automatique d'échantillon** / automatic sample changer

passif *adj* / passive || ~, non-fonctionnel / non-functional || ~ (antenne) / parasitical[ly excited], indirectly fed, passive || ~ *m* / liabilities *pl*

passimètre *m* / passimeter

passivant *m* (flottation) / deadening agent, deadener

passivation *f* (flottation) / passivation

passivé (flottation) / depressed

passiver / passivate, render passive

passivité *f* / passivity

passoir *m* (hydr) / outlet of a lock

passoire *f* / sieve, sifter, strainer || ~ à **décaper** (mét) / pickling basket

pastel *m* (teint) / woad || ~ / pastel [crayon]

pastérisateur *m* / pasteurizer

pasteurisation *f* **rapide à haute température** / high-short-pasteurization

pasteuriser / pasteurize

pastille *f* / pellet || ~ (c.intégré) / dot, donut || ~, microplaquette *f* (c.intégré) / chip, dice || ~ (extrusion à froid) / slug || ~ (plast) / tablet (GB), pellet (US) || ~ (pharm) / lozenge, tablet || ~ (outil) / tip (e.g. of stellite) || ~, bouchon *m* (contreplaqué) / patch, plug || ~**s** *f pl* (frittage) / pellets *pl* || ~ *f* (fonderie) / biscuit, slug || **sans** ~ (circ.impr.) / landless || ~ **[agglomérée]** (semicond, plast) / pellet (US), tablet (GB) || ~ **antirémanente** (relais) / antisticking o. non-freeze plate || ~ **bombée** / sealing washer || ~ de **brasure** (c.intégré) / land for soldering || ~ de **combustible** (nucl) / fuel pellet || ~ de **couleur** / colour chip || ~ à

cylindre pour emmanchement / sealing cap, push-in type || ~ à **cylindre à mandriner** / sealing cap, expanding type || ~ d'**équilibrage** (pneu) / balance patch o. dough (US) || ~ **fulminante** (mines) / primer, priming cap, match point || ~ de **phosphore** (TV) / phosphor dot || ~ de **plasma** / plasma pellet || ~ au **sélénium** (électron) / selenium pellet || ~ de **silicium** (semicond) / silicon dice o. chip

pastiller (plast) / pellet, preform

pastilleur *m* (pharm) / tablet compressing machine, pill machine

pastilleuse *f* (plast) / pelleting press o. machine (US), preforming press, tablets press (US) || ~ **rotative** / rotary pelleting machine

pasting *m* (cuir) / pasting

patara[s] *m* (nav) / preventer shroud

pâte *f* / mass, paste || ~ (géol) / matrix, elementary matter || ~ (céram) / paste || ~ (boulangerie) / paste, dough || ~ (pap) / pulp [stock] || ~ (émail) / batch[-composition] || ~ (typo) / pie, pied type || ~ (pharm) / paste || ~ (céram) / body || ~ (graissage) / extreme pressure additive || **en ~ dure** (céram) / stiff-plastic || ~ **abrasive** / abrasive paste || ~ **abrasive pour polir** / polishing paste || ~ pour **accumulateurs** (accu) / filling o. forming paste || ~ **active** (accu) / active material || ~ d'**alfa** (pap) / esparto pulp || **~s** *f pl* **alimentaires** / farinaceous products *pl*, pasta *sg* || ~ *f* d'**argile** (céram) / clay slip || ~ au **bisulfite** / sulphite wood pulp, sulphite cellulose || ~ de **bois** / wood cement o. putty || ~ de **bois chimique** (pap) / chemical wood pulp || ~ de **bois mécanique** (pap) / ground wood pulp || ~ de **bois résineux** / softwood pulp || ~ **[du bois] de feuillu** / hardwood [kraft] pulp || ~ de **brasure imprimée par sérigraphie** / screen printing solder paste || ~ de **caoutchouc** / caoutchouc paste || ~ à **caractères** (m. à écrire) / type cleaner || ~ à **cémentation** / cementation paste || ~ de **cendres** (pap) / ash paste || ~ **céramique** (céram) / compounded clay || ~ de **chaux** (tan) / lime cream o. paint o. paste || ~ de **chaux éteinte** (bâtim) / lime paste || ~ de **chiffons** / rag pulp || ~ **chimique** (pap) / chemical pulp || ~ **chimique à haut rendement** / high yield [chemical] pulp || ~ de **ciment** / cement paste || ~ de **ciment après prise** / hardened cement paste || ~ à **coke** (cokerie) / coal charge || ~ **commercialisée** / market pulp || ~ **conductrice** / conductor paste || ~ de **couchage** (pap) / coating colour o. slip || ~ de **cuir** / leather pulp || ~ **décapante** / paste solder, solder paste || ~ **défibrée à chaud** (pap) / hot-ground pulp || ~ à **détacher** / detergent paste || ~ **dissolvante** / alpha o. dissolving pulp || ~ de **doreur** / gilder's wax, gilding wax || ~ **dure** (pap) / strong pulp || ~ **écrue** / unbleached pulp || ~ **émeri** / abrasive slurry || ~ d'**enchaussenage** (tan) / lime cream o. paint o. paste || ~ d'**encollage** (tiss) / sizing agent o. material o. preparation || ~ à **enduire** (gén) / coating slip, slurry || ~ **engraissée** (pap) / wet stuff || ~ d'**enlevage** (tex) / discharge [paste] || ~ **épaisse** (ciment) / slurry || ~ **épaisse** (pap) / slush stock, slushed pulp || ~ **épilatoire** (tan) / depilatory || ~ d'**épinette** / spruce [wood] pulp, pine pulp || ~ d'**étanchéité pour joints** / joint filler o. filling agent || ~ de **feuillus** / hardwood pulp || ~ **filtrée** (pap) / filter pulp || ~ **grasse** / wet o. slow stock || ~ à **grener** / powder paste o. composition || ~ à **haut rendement** / high yield pulp || ~ **hautement blanchie** / fully bleached pulp || ~ **humide** / wet o. slow stock || ~ d'**impression ou pour impression** (tex) / printing paste || ~ **isolante** / insulating compound || ~ **kraft** / kraft pulp || ~ **kraft de pin** / pine [kraft] pulp || ~ **liquide** / pulp slurry || ~ **liquide** (pap) / stock || ~ **liquide de porcelaine** / porcelain slip || ~ de **magnésie** / xylolite, stone-wood || ~ de **matière active** (accu) / active material || ~ de **matière première** (ciment) / raw slurry || ~ **mécanique** [de défibreur] / mechanical wood pulp, ground wood pulp || ~ **mécanique brune** / brown mechanical pulp || ~ **mécanique de raffineur** / refiner mechanical pulp || ~ **mécano-chimique** (pap) / chemical o. chemiground [wood] pulp || ~ des **meuletons** (pap) / edge runner pulp || ~ **mi-blanchie** / semi-bleached pulp || ~ **mi-chimique** / semichemical paper pulp || ~ **mordante** (verre) / diamond o. etching ink || ~ à **nettoyer** / polishing composition, polish || ~ de **paille** (pap) / straw pulp || ~ de **paille lessivée ou macérée** (pap) / yellow straw pulp || ~ à **papier** / paper pulp o. paste o. stuff || ~ **[pour papier] finie** (pap) / pulp [stock], stuff || ~ **phosphatée** / igniting composition o. mixture || ~ **pigmentaire** / pigment paste || ~ de **plâtre** / plaster of Paris paste, thin plaster || ~ à **polir** / polishing composition, polish || ~ de **polissage au disque toile** / buffing paste || ~ au **polissage spéculaire** (galv) / finishing compound || ~ de **poudre** / powder paste o. composition || ~ **raffinée** (pap) / pulp [stock], stuff || ~ de **râperie mécanique** / mechanical wood pulp, ground wood pulp || ~ de **remplissage** / [re]filling compound o. composition o. paste || ~ **[de remplissage] isolante** / insulating filler || ~ de **remplissage des joints** / pointing composition o. compound || ~ de **réserve** / reserve, resist [paste], resisting agent || ~ de **résineux** / softwood [kraft] pulp || ~ de **résistance** (électron) / resistor paste || ~ de **rodage** / grinding o. lapping compound o. paste || ~ de **rodage pour soupapes** / valve grinding compound || ~ **rongeante d'enlevage** / reserve, resist [paste], resisting agent || ~ à **rouleaux d'imprimerie** (typo) / printing roller composition || ~ de **sapin** / spruce [wood] pulp, pine pulp || ~ à **sérigraphie** / screen printing paste || ~ **solide** (pap) / strong pulp || ~ **solide de porcelaine** / porcelain body || ~ à la **soude** / sodium cellulose o. woodpulp, soda pulp || ~ au **sulfate** / sulphate pulp, kraft pulp || ~ au **sulfite** / sulphite wood pulp, sulphite cellulose || ~ au **sulfite neutre** / neutral sulphite pulp || ~ **textile** (pap) / textile pulp || ~ **textile** (chimie) / dissolving pulp || ~ **thermomécanique** / thermomechanical pulp, TMP || ~ à **usage chimique** (pap) / alpha o. dissolving pulp || ~ **vieux papiers** / pulp from used paper

pâté *m* (typo) / pie, pied type || ~ d'**encre** / blur, blot[ch] || ~ de **maisons** (bâtim) / quadrangle

patelin *m* (Belg) (verre) / skittle pot

patenôtre *f* / bucket [chain] conveyor, bucket elevator

patentage *m* à l'**air** (sidér) / air patenting || ~ au **bain ou en bain de sels** (sidér) / bath patenting || ~ à la **botte** (fil de fer) / coil patenting || ~ **continu** / continuous patenting || ~ au **plomb** / lead patenting || ~ à la **plongée** / immersion patenting

patenter (acier) / patent *vt* || ~ le **fil au plomb** / lead-patent the wire

patère *f* / hat-peg || ~, tampon *m* de bois / nog, nogging piece

pater-noster *m* / bucket [chain] conveyor, bucket elevator || ~ (ascenseur) / paternoster [lift o. elevator], continuous lift (GB) || ~ (teint) / batcher with endless belt, paternoster winder

pâteux / consistent, pasty

pathogène / morbific

patin *m* / runner, skid || ~ (aéro) / snow skid (US) || ~ (échafaudage) / scaffold base plate || ~ (techn) / base, block, bolster || **~s** *m pl* (pelle) / walking legs *pl* || **sur ~s** (pelle) / walking || ~ *m* **articulé de ressort** (auto) / spring bushing o. bearing, dumb iron || ~ de **buse** (plast) / nozzle shoe || ~ de **charpente** (bâtim, hydr) / grating [of timbers], grillage || ~ de **chenille** / pad, crawler shoe, grouser plate || ~ de **chenille à trois nervures** / three-webbed crawler shoe || ~ de **crosse** (m.à vap) / crosshead block o. shoe || ~ d'**étrier de ressort** / spring tension plate || ~ de **glissement** (ch.de fer) / side friction block, transom of a bogie || ~ de **guidage** (techn) / guide shoe, sliding block || ~ de **manœuvre** (aéro) / sidetracking skate || ~ de **meubles** / glider for furniture || ~ à **nervures** (tracteur) / grouser plate || ~ de **palier de butée** / bearing pad of Michell bearing || ~ à **pédale** (auto) / pedal pad || ~ de **ponçage** (m.outils) / sanding pad || ~ **presseur** (film) / pressure pad || ~ du **rail** / rail foot o. flange o. base, lower flange of rail, patten || ~ de **ressort** / spring saddle

patinage *m* / false skid, wheel slip, creep || ~ (auto) / grinding of wheels, skidding || ~ (ch.de fer) / slipping o. skidding of driving wheels || ~ de l'**embrayage** (auto) / slipping of the clutch

patine *f* (cuivre) / patina, vert antique

patiner (roues) / slip *vi*, skid *vi*, spin *vi*

patinoire *f* (technique de froid) / artificially frozen rink

patio *m* (bâtim) / patio

pâton *m* de **kaolin** (pap) / clay lump

patouillet *m* (mines) / washing cylinder, trommel washer || ~ (céram) / kneader || ~ (sidér) / vat, tub || ~ de **séparation** (mines) / clearing o. washing o. picking cylinder o. drum

patron *m* / pattern, stencil || ~ (tex) / dress o. paper pattern || ~, employeur *m* / employer, boss (coll) || ~, maître *m* / master, foreman || ~ (tiss) / point paper design o. draft || ~, modèle *m* / pattern, model || ~ **[ajouré]** (m. de bureau) / stencil || ~ pour le **croisement** (tiss) / weave design || **~s** *m pl* **et ouvriers** / employers and employed *pl*

patronage *m* / stenciling

patronat *m* / entrepreneurship

patronite *f* (min) / patronite

patrouilleur *m* **rapide** (guerre) / fast patrol boat, E[nemy]-boat (GB) || ~ **rapide lance-missiles** / guided-missile fast patrol boat

patte *f* / fastening hook, (esp.:) gambrel [stick] || ~ (serrure) / hasp || ~ (charp) / triangular notch (for joining the rafter with the purlin) || ~ (techn) / tab || ~ (zool) / paw || ~ (morceau d'étoffe) / flap || ~ d'**accouplement du télémètre** (phot) / slip-on mount || ~ d'**ancre** (nav) / anchor palm || ~ d'**araignée** / oil groove || **~s** *f pl* d'**attache** / fastening lugs *pl*, fixing lugs *pl* || ~ *f* d'**attache**, oreille *f* / bracket, bearer, lug, standard || ~ d'**attache**, console *f* de support / supporting o. lifting bracket o. lug || ~ d'**attache d'aiguille** (ch.de fer) / tongue attachment || ~ de **câble** / fag-end of a rope || ~ de **coq** (céram) / spur || ~ de **déchirage** (emballage) / tear tab, tear-off strip || ~ de **déchirure** (parachute) / tear-off cap || ~ de **fermeture** (serr) / staple and hasp || ~ de **fixation pour conduits** / saddle || ~ de **grenouille** (électr, télécom) / draw vice, draw[ing] tongs *pl*, Dutch tongs *pl* || ~ de **lièvre** (ch.de fer) / wing rail || ~ de **marche-pied** / footboard o. step bracket || ~ d'**oie** (routes) / road junction, bifurcation || ~ d'**oie** (constr.mét) / triangular crossbracing || ~ d'**oie d'un pilier de pont** (pont) / dolphin before the pier of a bridge || ~ de **scellement** (bâtim) / wall anchor || ~ **transversale** (grue) / jack leg || ~ **transversale mobile** (grue mobile) / stabilizer, outrigger

pattelettes *f pl* (laine) / foot locks *pl*, leg wood

pattemouille *f* (tex) / moist ironing cloth

pattinsonage *m* / Pattinson's process, pattinsonizing

pâturage *m* (agr) / pasture || ~ **rationné** (agr) / close folding

Pauly *m* (sucre) / Pauly pan

paumelle *f* / hinge plate, hinge with hook || ~ (tan) / crimping board, pommel || ~ **double** (serr) / double hinge || ~ à **lames** (men) / flap hinge || ~ à **ressort pour porte va-et-vient** / spring hinge for swing doors || ~ **simple** (serr) / loop and hook, turning band o. joint || ~ **simple en té** (serr) / T-hinge strap, double garnet, crosstailed hinge || ~ **triple** / three-leaf pin hinge

pause *f* (radio) / station break || ~ (ordonn) / pause, break, let-up (coll) || **sans ~** / continuous[ly] || **~-café** *f* (bureau) / meal time || ~ de **fermeture de moule** (plast) / dwell[ing] || ~ de **midi** / meal time || ~ **minimale** (télécom) / minimum pause || ~ de **saccharification** (bière) / saccharification rest || **~-thé** *f* / tea break || **~-vacance** *f* / works holidays *pl*

pauser (radio) / be off the air

pauvre / base, poor [grade] || ~ (minerai) / base, lowgrade, lean || ~, improductif / lean || ~ (mélange) / lean, poor || ~ en **carbone** / low-carbon... || ~ en **eau** (phys) / anhydrous || ~ en **fer** / poor in iron || ~ en **gaz** (charbon) / non-gassing, non-gassure || ~ en **phosphore** / low-phosphorous... || ~ en **soufre** (sidér) / low-sulphur...

pavage *m* / paving, (esp.:) laying of a pavement || ~ en **asphalte** / asphalt o. bitumen o. bituminous layer o. pavement o. paving o. carpeting; black top || ~ en **blocage mince** / small sett pavement || ~ en **bois** / wood-block paving || ~ en **briques** / brick paving || ~ **diagonal ou en losanges** (routes) / diagonal paving || ~ de ou en **pierres** (routes) / block pavement

pavé *m* / pavement, paving || ~ (morceau de grès etc.) / paving stone, pavior || ~ en **asphalte** voir pavage en asphalte || ~ **bâtard** (routes) / [hand pitched] stone subbase, subbase of stone pitching || ~ en **blocages** / cobblestone o. rubble pavement; boulder pavement || ~ de **bois** / paving block (of wood) || ~ en **bois** / wood-block paving || ~ en **briques** / brick pavement || ~ en **briques posées à plat** / flat brick pavement || ~ en **briques recuites** / clinker pavement || ~ de **carreaux** / cube pavement || ~ de **carreaux rangés en losange** / diamond pavement || ~ **[dressé à la tête]** (routes) / cube || ~ pour **façade** (céram) / facing tile || ~ **glissant** / skidding conditions *pl* || ~ **gras** / greasy road || ~ de la **partie inclinée** (hydr) / pitching, pitched work || ~ de ou en **pierres** / block pavement || ~ en **pierres alignées**, pavé *m* par rangées / coursed pavement, pavement in rows || ~ de **verre** / glasses *pl* for floors of reinforced concrete

pavement *m* / paved floor || ~ pour **façades** / facing tiles *pl* || ~ en **pierres 10 x 10 cm** / small sett pavement

paver / pave, lay a pavement

paveur *m* (routes) / pavior, paver

pavillon *m* (bâtim) / pavilion || ~ (acoust) / flare, mouth || ~ (auto) / top, roof [hood] || ~ (télécom) / mouth piece || ~ (nav) / flag || ~ **aspirateur** (nav) / cowl ventilator || ~ **double ou pour deux familles** / double pavilion || ~ **exponentiel** (acoustique) / exponential o. logarithmic horn || ~ d'un **haut-parleur** / loudspeaker funnel o. horn || ~ d'un

récepteur téléphonique (télécom) / earpiece, receiver [earpiece], telephone trumpet, sounder || ~ **réentrant** (haut-paleur) / re-entrant horn || ~ à **signaux** / signal flag || ~ du **silencieux** / muffler trumpet
pavois *m* (nav) / breastwork, bulwarks *pl*
payant (parking) / pay... || ~ (réserves) / recoverable
paye *f* / wage, pay || ~ à la **pièce** / piecework pay
payé à **tarif normal** / full-rate...
payer / pay *vt vi*
pays *m* / country || **du** ~ / domestic || ~ d'**enregistrement** (aéro) / state of registry || ~ d'**origine** / country of origin o. of manufacture || ~ **plat** (géol) / plain || ~ *m pl* **tropicaux** / tropical countries *pl*
paysage *m* / landscape || ~ **culturel ou de culture** / agricultural landscape
paysagiste *m* / landscape gardener
P.A.Z., plan *m* d'aménagement de zone / development plan
PC *m*, polycarbonate *m* / PC, polycarbonate
P.C.R., poste *m* de commandement régional (ch.de fer) / district control office
P.C.V., polychlorure *m* de vinyle / polyvinyl choride, PVC || ~ **dur** / PVC rigid
PD, probabilité *f* de détection (radar) / catching probability
Pe (hydr) / Péclet number
péage *m* / pike (US), toll || ~ d'**éclusage** / lock-charges *pl*, lockage
PEARL *m* / PEARL programming language
peau *f* (tan) / hide, fell || ~ (lam, forge) / shut, lap || ~ (gén) / skin || ~ (plast) / skin || ~ (bot) / peel (of peach), rind (of banana) || ~ de **bœuf** / neat's hide || ~ de **bouc**, peau *f* de cerf / buckskin || ~ **brute** / raw skin o. kip || ~ **chamoisée** / washing leather, chamoy o. shammy leather || ~ de **chevreuil** / doeskin || ~ du **comprimé** (mét.poudre) / pressing skin || ~ de **crocodile** (sidér) / orange peel || ~ de **crocodile** (émail) / alligator hide || ~ de **crocodile** (caoutchouc) / alligatoring || ~ **crue** (tan) / pelt || ~ de **cuisson** (céram) / firing skin || ~ de **daim** / buckskin || ~ **étanche** / closed skin || ~ de **fonderie** (fonderie) / casting o. outer crust o. skin, skin o. crust of cast iron || ~ de **frittage** / sinter skin || ~ de **laminage** (lam) / rolling skin o. scale || ~ **[de mouton] chamoisée** / chamois [leather], shammy leather || ~ de **mouton [tannée]** / sheepskin || ~ à **nettoyer** / chamois o. window o. wash leather, shammyskin (US, coll) || ~ d'**orange** (défaut) / egg-shell finish, orange peel || ~ **oxydée** / oxide skin o. film || ~**x** *f pl* **passées en mégie** / dressed hides *pl* || ~ *f* de **peinture** / film o. skin of paint || ~ **planée** (tan) / skin free from hair || ~ **[en poils]** / fell, pelt || ~ de **poisson** / fish skin o. leather || ~ de **porc[s]** / pigskin [leather], hogskin || ~ **rapportée** (plast) / applied skin || ~ de **taupe** (tex) / moleskin || ~ **verte** (tan) / pelt || ~ de **vulcanisation** / vulcanization skin
peausserie *f* / leather goods o. articles *pl*, skins *pl*
pechblende *f* (min) / pitchblende, black blend, nasturan
pêche *f* **au filet dérivant** / drift-net fishery || ~ à la **baleine** / whale fishing, whaling || ~ **côtière** / inshore fishing || ~ au **filet** / net fishing || ~ **maritime** / deep-sea fishing
pêcher / fish *vt vi*
pechstein *m* (géol) / pitchstone
péchurane *m* (min) / pitchblende, black blend, nasturan
pectase *f* / pectase
pectinase *f* / pectinase
pectine *f* / pectin
pectique / pectic
pectocellulose *f* (tex) / pectocellulose
pectolite *f* (min) / pectolite
pédale *f* / pedal || ~ (ch.de fer) / rail contact, pedal || ~ (typo) / cropper || ~ (techn) / treadle || **à la** ~ / foot operated || ~ de l'**accélérateur** (auto) / accelerator o. gas pedal, accelerator, foot throttle, throttle pedal || ~ **aubine** (ch.de fer) / signal replacer, mechanical replacement treadle || ~ pour **bicyclettes** / bicycle pedal || ~ de **calage** (ch.de fer) / depression bar, locking bar || ~ de **commande des phares** / foot operated dimming switch, foot selector switch || ~ **crantée** / rat-trap pedal || ~ de **débrayage** (auto) / clutch lever o. pedal || ~ de **démarrage** (auto) / foot [actuated] starting switch, foot starter || ~ de **direction** (aéro) / rudder bar o. pedals *pl* || ~ **électromagnétique sur voie** (ch.de fer) / electromagnetic treadle (on track) || ~ **électromécanique** (ch.de fer) / electromechanical treadle || ~ **électromécanique à flexion de rail** (ch.de fer) / rail flexure electromechanical treadle || ~ **électromécanique à levier** (ch.de fer) / electromechanical treadle || ~ d'**embrayage** (auto) / clutch lever o. pedal || ~ de **fermeture automatique d'un signal** (ch.de fer) / signal replacer, mechanical replacement treadle || ~ de **frein** / brake pedal || ~ **inverseur** / reverse pedal || ~ **lumineuse** (bicycl.) / reflectorizing pedal || ~ de **manœuvre** (techn) / control pedal || ~ de **marche AR** / reverse pedal || ~ **mécanique d'aiguille en pointe** (ch.de fer) / facing point [lock] bar || ~ de **mise en marche** / foot [actuated] starting switch || ~ à **réflecteur** (bicycl.) / reflectorizing pedal || ~ de **sécurité** (ch.de fer) / safety [control] bar || ~ de **verrouillage** (ch.de fer) / depression bar, locking bar
pédaler (bicycl.) / pedal *vi* || ~ (fam) / ride on a bicycle, cycle, bike (US coll)
pédalier *m* (bicyclette) / pedals and bottom bracket bearing assembly
pédestre / pedestrian *adj*
pédiluve *m*, pédilophore *m* (piscine) / foot bath
pédion *m* (crist) / pedion
pédologie *f* / pedology (science dealing with soils)
pédomètre *m* / pedometer
pédoncule *m* de **houblon** / cone sprig o. stem of hop
pédonne *f* (jacquard) / peg || ~ du **cylindre-dessin** (m. Verdol) / prism peg, pattern cylinder peg
pégamoïd *m* (chimie, tex) / pegamoid || ~ (simili-cuir) / imitation o. near leather, compo leather, leather cloth, Leatherette
pegmatite *f* (min) / pegmatite || ~ **graphique** (géol) / graphic granite, runite
pegomye *f* de la **betterave** / mangold fly, beet leaf miner, Pegomyia betae
peignage *m* (tex) / combing room o. plant || ~ du **coton** / cotton combing || ~ de **laine** / wool combing works
peigne *m* / comb || ~ (aéro) / mouse, rake, comb || ~ (tiss) / comb, wraith || ~ (filetage) / die stock chaser || ~ (filage de coton) / doffer o. doffing comb, vibrating o. fly o. stripper comb || ~ (filière) / land || ~ (tulle) / guide comb || ~ (fonderie) / stripping plate || ~ d'**abattage** / evener comb || ~ d'**accès** (mém. à disques) / access arm || ~ **articulé** (tiss) / hinged reed || ~ de **câble** / cable fan || ~ **circulaire** (filage de laine) / porcupine || ~ **débourreur** (filage) / stripping comb || ~ de **décharge** (électr) / comb type brushes *pl* || ~ à **décors** (peinture) / graining comb o. tool || ~ **détacheur** (filage de coton) / doffer o. doffing comb, vibrating o. fly o. stripper comb || ~ **diviseur** (tiss) /

dividing o. separating o. splitting comb, raddle || ~ **droit** (filage de coton) / stationary o. top comb || ~ d'**échappement** (tex) / loose reed || ~ **égaliseur** (filage) / evener comb || ~ d'**égrugeoir** (tex) / ripple || ~ **émoucheteur** / long ruffer || ~ d'**envergeure ou d'enverjure** (tiss) / leasing reed || ~ à **expansion et à contraction** / expanding reed o. comb, expansion comb, spacing reed || ~ **femelle** (filetage) / inside chaser || ~ à **fileter ou de filetage** / chaser, chasing tool || ~ à **fileter à épaulement** (tourn) / shouldered thread chaser || ~ à **fileter à une dent** / single-tooth chaser || ~ **fin** / finishing o. fine heckle, switch [heckle] || ~ **fixe** (filage de coton) / stationary o. top comb || ~ de **guidage** / guide comb || ~ **miseur ou de mises** (tiss) / reed, weaving reed, [weaver's] comb || ~ à **mouvement accéléré** (tex) / wool card with accelerated motion || ~ **nacteur** (filage) / stationary o. top comb || ~ de **Pitot** (aéro) / pitot comb || ~ **poissé** (tex) / pitch bound reed || ~ **ramasseur**, peigne *m* répétiteur voir peigne diviseur || ~ à **repasser** (chanvre) / finishing o. fine heckle, switch [heckle] || ~ à **ressorts** (tiss) / spring comb, spring wraith || **~-rot** *m* (tiss) / sleeve blade || **~-séran** *m* (coton) / hackling comb || ~ **zigzag** (ourdissoir) / zig-zag comb o. wraith

peigné *adj* / combed || ~ *m*, fil *m* de laine peignée (tex) / worsted || ~, trait *m* / sliver [combing], tow || ~ **doux** / soft worsted || ~ **dur** / hard worsted || ~ **mélangé** (tex) / marl yarn || ~ **pur** (tex) / clear top || **~-cardé** *m*, peigné-mixte *m* / carded worsted yarn, semiworsted yarn, stocking yarn || **~-chaîne** *m* (tiss) / worsted warp || **~-trame** *m* / worsted weft

peignée *f* / wool for worsted spinning

peigner (tiss) / comb *vt* || ~ (chanvre) / hackle || ~ (filetage) / chase thread || ~ la **laine** / tease wool

peigneron *m* (tiss) / reed maker, reeder

peigneur *m* de **chanvre** / hemp hackler

peigneuse *f* (tex) / comber || ~ à **action continue**, peigneuse *f* circulaire (filage) / circular combing machine, continuous action comber || ~ à **action intermittente** (filage) / French comb || ~ **Heilmann** (tex) / comber with intermittent action, Continental o. French comb, rectilinear comb[er] || ~ à **lin** / flax hackler || ~ **mécanique à chanvre** / hemp combing o. hackling machine || ~ **rectiligne** / French comb

peignoir *m* (tex) / dressing gown, bath robe || ~ en **fin** / finishing hackle

peindre / paint *vt* || ~ en **décors** / grain *vt*, marble, vein || ~ à **immersion** / dip[-coat], immersion-paint || ~ au **pistolet** / spray-coat, spray-paint || ~ au **vernis-émail** / stove-enamel o. -finish, enamel, bake

peine, à ~ / scantily || **à ~ suffisant** / scarce, short, unsufficient

peint à l'**huile** / oil-painted

peintre *m* / painter || ~ (auto) / enameller || ~ en **bâtiments** / house painter || ~ **décorateur** / decorator, ornamental painter, painter-decorator || ~ **pistolet** / spray painter

peinturage *m* (action) / painting || ~ (bâtim) / house-painting, painter's work

peinture *f* (agent) / paint, colouring, enamel (US) || ~ (art et ouvrage) / painting || ~ (auto) / enamelling || ~ **anticorrosive** / protecting o. protective coating of paint || ~ **anti-incendie** / fireproof coat[ing] o. paint[ing] || ~ **antirouille** / antirust[ing] o. rustproofing paint o. enamel (US) || ~ **antisolaire** / shading paint || ~ **antisonique** / sound-deadening paint || ~ d'**apprêt** / priming paint o. colour, flat paint || ~ de ou en **apprêt** (action) / priming coat, base o. first o. ground coat[ing], dead colouring || ~ à l'**atelier** / shop coat o. painting || ~ [à **base de résine] synthétique [à l'huile ou à l'eau]** / synthetic enamel || ~ [à **base] de dispersion** / dispersion paint || ~ [à **base] d'émulsion** / emulsion paint, oil-bound water paint || ~ **bâtiment** / house paint || ~ en **bâtiments** / house-painting, painter's work || ~ pour **béton** / concrete coating o. enamel (US) || ~ **bitumineuse** / bituminous paint || ~ pour **bois** / wood paint, stain (US) || ~ à **braser** / solder paint || ~ à la **brosse** / brush application of paint || ~ de **camouflage** / camouflage painting || ~ à **cartouches** / stenciling || ~ **cellulosique** / cellulose lacquer || ~ **cellulosique au pistolet** / cellulose spraying || ~ sur **chantier** / site (GB) o. field (US) painting || ~ à la **chaux** / whitewash, limewash, LW || ~ à la **colle** / glue-[water] colour, size colour, [non-washable] distemper, calcimine (GB) || ~ pour **constructions métalliques** / structural steel paint || ~ pour **couches de fond** / flatting varnish || ~ en **couleurs** / coat of paint || ~ **couvrante** / masking paint || ~ de **décoration ou en décors** / decoration painting || ~ **définitive** / last coating of paint || ~ en **détrempe** / glue-[water] colour, size colour, [non-washable] distemper, calcimine (GB) || ~ à **dispersion** / dispersion paint || **~s** *f pl* à l'**eau** / water colours *pl* || ~ *f* à **effet spécial** / special effect varnish || ~ par **électrophorèse** / electrophoretic enamelling, electro-dipcoat || ~ **électrostatique au pistolet** / electrostatic spray painting || ~ **émail** / enamel varnish o. paint || ~ **émulsionnée**, peinture-emulsion *f* / emulsion paint || ~ **extérieure** (bâtim) / exterior finish || ~ pour **façades** / house paint || ~ à **faux-bois** / scumble || ~ de **finissage** / last coat of paint || ~ de **fond** / priming paint o. colour, flat paint || ~ pour **fonds de navires** / ship's bottom paint || ~ **givrée** / wrinkle paint || ~ **glycérophtalique** / glyptal resin lacquer || ~ aux **goudrons** / tar coating o. covering || ~ **graphitique** / graphite paint || ~ à l'**huile** / coat of oil paint || ~ **hydrofuge** / sealing paint || ~ **ignifuge** / fireproof coat[ing] o. paint[ing] || ~ d'**impression** / metal printing ink || ~ [d'**impression] anticorrosive** / anticorrosive primer || ~ d'**impression antirouille** / antirust[ing] primer || ~ **incombustible** / fireproofing paint || ~ **intérieure** / interior painting || ~ **intumescente** / intumescent paint || ~ **isolante** / sealer || ~ **laquée** / varnish paint coat || ~ au **latex** / latex paint || ~ **lumineuse** / day-glow paint, daylight luminous paint, fluorescent paint || ~ **maritime antisalissure** / antifouling [composition o. paint] || ~ **métallisée** / bronze paint o. varnish || ~ **opaque** / masking paint || ~ à **oxyde métallique** / oxide-of-metal paint || ~ pour **parois** / wall paint || ~ **pénétrante** / penetrating paint || ~ **phosphorescente** / luminous paint o. colour || ~ à **pigment métallique** / bronze paint o. varnish || ~ au **pistolet[-pulvérisateur]** / paint spraying technique, spray painting || ~ **plastique** / texture paint || ~ à **plusieurs couches** / several coats of paint *pl* || ~ par **poudrage [électrostatique]** / powder coating || ~ **préliminaire** / first coat[ing], subcoating, priming || ~ **primaire** / priming coat, base o. first o. ground coat[ing], dead colouring || ~ **primaire réactive** / reaction o. wash primer, self-etching primer (US) || ~ **primaire réactive d'atelier** / shop primer || ~ **primaire réactive de mélange** / two-component o. two-pot primer || ~ **protectrice** / protecting o. protective coating of paint || ~ **pyrométrique** / thermal control paint || **~s** *f pl* **RAL** / RAL-colours *pl* || ~ *f* de **ravalement** / repainting of a house || ~ **résistant aux acides** /

acidproof coat[ing], anti-acid coat || ~ **résistant aux intempéries** / weatherproof painting || ~ au **rouleau** / roller application of paint || ~ **sanitaire** / sanitary paint || ~ aux **silicates** / silicate colour || ~ **sous glaçure** / underglaze painting || ~ pour **sous-couches** / flatting varnish || ~ **sous-marine** / ship's bottom paint || ~ en **tube** / tube colour || **~s** *pl*, **vernis et préparations assimilées** / paints, varnishes, and similar products *pl*, coating materials *pl*, lacquers and paints *pl* || ~ *f* sur **verre** / baked glass painting || ~ en **zinc** / inorganic zinc (US)

peinturé au **pistolet** / sprayed (enamel)

peinturer / paint || ~ au **pistolet** (techn) / spray-paint, spray-coat

pékin *m* (tex) / pekin

pelable (p.e. vernis) / strippable

pelage *m* (nucl) / chemical decladding

pélagial, pélagien, pélagique / pelagic, oceanic

pelain *m* (tan) / lime pit || ~, épilatoire *m* (tan) / depilatory

pelaner (tan) / lime

peler (gén) / peel *vt* || ~ (p.e. bande adhésive) / yank off || ~ le **vernis** / strip paint

pèlerin, de ~ (lam) / pilger, pilgrim

pélican *m* / clip, holdfast

pellage *m* voir pelletage

pelle *f* / shovel, scoop || ~ (drague) / dipper ladle (GB), shovel (US), scoop || ~ (engin de terrassement) / shovel o. dipper dredger (GB), [mechanical o. power] shovel o. navvy (US), dredging shovel (US) || ~ [en] **rétro** / back o. trench hoe, ditcher, clipper shovel, backacter || ~ **automatique** / automatic grab || ~ **automobile universelle** / universal automobile dredger || ~ d'**aviron** / rudder blade o. plate || ~ aux **balayures** / dustpan || **~-bêche** *f* / digging shovel || ~ à **benne preneuse** / clamshell [digger], bucket excavator || ~ à **charbon** / coal shovel || ~ **chargeuse** / tractor backhoe loader || ~ sur **chenilles** / crawler shovel || ~ **creuse** / mining o. pan shovel || **~-cuiller** *f* (verre) / ladle || ~ à **curer** (machine) / drag, dredging shovel || **~-décolleteuse** *f* (betteraves) / topping shovel || ~ **découpeuse** / peat drag || ~ **doseuse** (ch.de fer) / measuring shovel || **~-dragline** *f* / dragline excavator, cable crane scraper, small type cable dredger o. excavator || ~ d'**échantillonnage** (prépar) / scoop || ~ **électrique** / electric shovel (US) || ~ **excavatrice** / shovel dredger || ~ **excavatrice**, pelle *f* fouilleuse / dipper shovel, ditcher, back-acter o. -hoe, trench hoe || ~ **excavatrice** (agr) / dyker || ~ **excavatrice hydraulique** / hydraulic excavator || ~ **excavatrice mobile** / mobile excavator || ~ **hydraulique** / hydraulic shovel || ~ à **main** / shovel || ~ **mécanique** / shovel o. dipper dredger (GB), [mechanical o. power] shovel o. navvy (US), dredging shovel (US) || ~ **mécanique**, pelleteuse *f* mécanique / crane shovel || ~ **mécanique équipée en butte** (bâtim) / push shovel, power shovel || ~ **mécanique à godet retourné** (routes) / backhoe || ~ à **niveler** / skimmer || ~ à **rebords** / rimmed shovel || ~ **rétro-arrière** / backhoe || ~ **rétrocaveuse** (routes) / backhoe || ~ **semi-automatique** / hand-operated o. -controlled power shovel || ~ à **terre** (agr) / earth scoop || ~ **tranchante** / trenching shovel o. spade || ~ **[travaillant] en** [fouille] **rétro** / backhoe || ~ **universelle** / general-purpose bucket

pellet *m* (pulpes sèches comprimées) (sucre) / pellet || ~ **rubber** (caoutchouc en forme de granules) / pellet rubber

pelletage *m* / shovelling || ~ (mines) / treatment of loose rock and ore

pelletée *f* / throw, shovel-full || ~ (drague) / shovel contents, bucket contents

pelleter / shovel, scoop || ~ (matière en vrac) / stir, agitate

pelleterie *f* / peltry, furs *pl*, pelts *pl* || ~ (profession) / fur making o. trade

pelleteur *m*, pelleur *m* / shovelman

pelleteuse *f* / shovel o. dipper dredger (GB), [mechanical o. power] shovel o. navvy (US), dredging shovel (US) || ~ à **godets puiseurs** / multiple bucket loader with digging buckets || ~ à **godets racleurs** / multiple bucket loader with scraping buckets || ~ **mécanique** / shovel dozer, dozer o. face shovel, tractor o. power loader o. shovel || ~ **mécanique** (routes) / rocker shovel loader, throwshovel loader

pelliculage *m* (phot) / frilling

pellicule *f* (chimie) / membrane, film, coat[ing] || ~ (phot) / film || ~ **adhésive** / aperture adhesive || ~ **biologique** (eaux usées) / filter film || ~ en **bobine** / roll film || ~ **cellulosique transparente** / transparent foil o. sheet, regenerated cellulose film || ~ **cinématographique** / cinema[tograph] o. movie film, cinefilm || ~ **cinématographique vierge** / cinematographic raw film, raw [film] stock o. film || ~ **externe incorporée à la mousse** / integral skin foam || ~ **format réduit** (8-17.5 mm) / substandard film-stock, narrow[-gauge] film || ~ pour **garder frais** / vacuum sealing foil, fresh-keeping foil || ~ **inversible** / reversal raw stock || ~ **isolante** / insulating film || ~ **lubrifiante** / grease o. lubricating o. oil film || ~ de **moulage** (plast) / surface film || ~ **négative [son]** / [sound] negative raw stock || ~ **nue** / blank o. clear film || ~ de **peinture** / film o. skin of paint || ~ **pelable de protection** / protective film || ~ **positive** / positive raw stock || ~ à **projection** (film) / film strip || ~ **protectrice** / coating film || ~ **rétractable** (plast) / shrink film, heat shrinking foil || ~ **rigide** (phot) / flat o. sheet film || ~ de **rouille** / rust film || ~ de **vernis** / coating film || ~ **vierge négative son** / sound negative raw stock

pelliplacage *m* / foil coating

pellucidité *f* (min) / pellucidity, pellucidness

pelon *m* (tan) / lime pit, alignment of the line

pelotage *m* (tex) / ball winding

pelote *f* / twist || ~ (tex) / package in the creel || ~ **allongée** (retors) / oblong ball, pull skein || ~ de **ficelle** / string reel || ~ de **fil** / thread ball o. clew || ~ **ronde** / round ball

peloter (tex) / ball

peloteuse *f* **mécanique** / ball winding o. balling machine

peloton *m* / clue, clew || ~ de **coton** / cluster of cotton || ~ de **fil** / thread ball o. clew

pelotonné / conglomerate *adj*, balled, clewed

pelotonner (fil) / ball *vt*

pelotonneuse *f* **mécanique** (filage) / ball winding o. balling machine

pelouse *f* / lawn, green

peluchage *m* (typo) / fluffing || ~ (pap) / picking

peluche *f* (tiss) / plush || ~, bout *m* de fil (tiss) / thread end, fluff || **sans ~s** / lintfree || ~ **bouclée** (tex) / looping plush, knitted pile fabric || ~ de **coton** / cotton plush, plush velveteen || ~ **coupée** / cut plush || ~ **épinglée ou frisée** / uncut plush || ~ de **laine** / wool plush || ~ à **mailles cueillies** / knitted plush || ~ **mohair** / mohair plush || ~ de **soie** / silk plush

pelucheux / plushy || ~, velu (tex) / nappy, napped || ~

(bois) / rough sawn
pelure *f* / peel (of fruit), rind (of melon), skin (of onion) || ~ de **cacao** / cacao shell o. husk || ~ pour **duplicateur** (pap) / manifold [paper], duplicating paper || ~ **japonaise** / Japanese tissue || ~ d'**oignon** (pap) / onion skin paper, cockle finished paper || ~ d'**orange** (panneaux de particules) / telegraphing [after painting] || ~ d'**orange** (peinture) / orange peel || ~ de **pomme de terre** / potato peel
pénalités *f pl* **[contractuelles] de retard** / conventional o. stipulated fine
penchant *adj* / inclined, sloping || ~ *m* / slope || **avoir un** ~ / show a trend [to] || ~ d'un **terrain** / sloping terrace, ascent
penché, être ~ / lean *vi*, incline
pencher *vi* / lean *vi*, incline || ~ *vt* / lean *vt*, incline, tilt || ~ la **balance** / weigh down the scale || ~ d'un **côté** (balance) / turn *vi*
pendage *m* (géol) / line of slope || ~ (mines) / hade, descent, dip, inclination || ~ (mines) / full dip || ~ **nul** (mines) / horizontal bedding || ~ de **plateur** (mines) / low o. flat hade o. inclination
pendant *m* / counterpart, pendant || ~ (funi) / hanger, suspension tackle || ~ (montre) / bow o. pendant of a watch || **faire** ~ [à] / form the counterpart
pendatif *m* (électr) / suspended lamp, pendant lamp
pendentif *m* (bâtim) / panache, pendentive || ~ (ascenseur) / trailing cable || ~ de l'**arc** (bâtim) / spandrel || ~ à **tirette** (électr) / counterweight pendant, rise-and-fall pendant
penderie *f* / wardrobe, closet
pendiller / swing || ~ en l'**air** / dangle
pendre *vt* / hang [up] *vt* || ~ *vi* / hang [down] *vi* || ~, retomber / droop
pendulaire / oscillating, in pendulum fashion, pendulous || ~ (horizontal) / pivoted, swinging
pendule *m* / pendulum || ~ *f* / pendulum clock || **en** ~ / in pendulum fashion || ~ **400 jours** / 400-day clock || ~ *m* **balistique** / ballistic pendulum || ~ de **bogie** / swinging link of bogie || ~ *f* de **bureau** / office wall clock || ~ *m* **centrifuge** / centrifugal o. conical pendulum || ~ *f* de **cheminée** / table clock || ~ *m* à **clinomètre** / clinometer pendulum || ~ **compensateur** (horloge) / compensated o. compensation pendulum || ~ **compensateur [de Graham]** (horloge) / compensated o. compensation pendulum, grid-iron pendulum || ~ **composé** / built-up o. compound o. physical pendulum || ~ **conique ou conoïdal** / centrifugal o. conical pendulum || ~ **cycloïdal** / cycloid[al] pendulum || ~ de **Foucault** / Foucault pendulum || ~ à **gril** voir pendule compensateur || ~ de **Holweck-Lejay** (géophysique) / pendulum apparatus || ~ **horizontal** / horizontal pendulum || ~ **hydrométrique** / hydrometrical pendulum || ~ de **ligne caténaire** / overhead contact system dropper || ~ **magnétique** / magnetic pendulum || ~ au **mercure** (horloge) / mercurial pendulum || ~**-mère** *f* / central o. master clock, regulator [clock] || ~ *m* **métrique** / meter pendulum || ~ **pesant** / gravity actuated pendulum || ~ à **pirouette** / centrifugal o. conical pendulum || ~ *f* de **pointage** (ordonn) / time clock o. detector, attendance clock || ~ *m* de **résonance** (phys) / resonance pendulum || ~ *f* **ronde** / plate clock || ~ *m* **simple** / simple pendulum, mathematical pendulum || ~ *f* **[suspendue]** / wall clock || ~ *m* **sympathique** (phys) / sympathetic pendulum || ~ à **torsion ou tournant** (phys) / torsional pendulum
pêne *m* (serr) / slide o. sliding bolt || ~ **demi-tour** (serr) / latch, catch bolt || ~ **dormant** / lock rail o. bolt || ~ de **portière** (auto) / door striker || ~ **quart de cercle** / compass bolt
pénéplaine *f* (géol) / peneplain, peneplane || ~ (math) / peneplain, -plane
pénétrabilité *f* / penetrability || ~ à l'**aiguille** (cire; graisse) / needle penetration || ~ au **cône** (cire, graisse) / cone penetration
pénétrable aux **clous** / nail-holding, nailable
pénétrant / penetrative || ~ (froid) / biting || ~ (outil) / sharp
pénétrante *f* (routes) / access expressway || ~ en **brousse** / access o. feeder road, farm-to-market road || ~ **urbaine** / radial highway
pénétrateur *m* (asphalte) / indenter
pénétration *f* / penetration || ~ de **cémentation** / depth of case hardening || ~ de la **couleur** / colour bleeding, parting with colour || ~ **électronique** (électron) / reciprocal of the voltage amplification factor in %, passage, penetration coefficient o. factor, inverted o. inverse amplification factor || ~ du **fond** (peinture) / grinning-through, showing-through || ~ de **fonte liquide dans le sable du noyau** (fonderie) / metal penetration || ~ **forte** (soudage) / deep [weld] penetration || ~ dans le **garnissage** (sidér) / intrusion into furnace linings || ~ d'**humidité** / moisture permeation o. penetration || ~ de l'**humidité** (bâtim) / penetration of moisture || ~ de **métal** (fonderie) / rough surface || ~ de **métal dans le sable** (fonderie) / metal penetration, burning-in || ~ **oblique** (math) / skew penetration || ~ à la **racine** (soudage) / penetration, root penetration || ~ au **repos** (graisse) / unworked penetration || ~ du **revenu** / quenching and tempering depth || ~ d'une **roche liquifiée** (géol) / injection || ~ de la **soudure** / root penetration || ~ des **têtes** (b. magnét) / tip engagement o. penetration || ~ de **trempe** / hardness penetration depth || ~ des **voûtes d'arête** / circular domical vault || ~ dans la **zone de silence** (radar) / screening angle penetration
pénétrer / penetrate, enter [into] || ~ (teint) / show through || ~ (gaz) / permeate || ~ (eau, mines) / penetrate || ~ (couleur) / mark off || ~ [sur] / pass [through] || ~ (se) / permeate || **[faire]** ~ **d'humidité** / moisten thoroughly || **se** ~ **réciproquement** / interlock
pénétromètre *m* / penetrometer || ~ (rayons X) / qualimeter || ~ à **fils** (rayons X) / wire penetrometer
pénibilité *f* (ordonn) / strain
pénible / hard, difficult, (work:) toilsome
péniche *f* (ca. 1000 to) / river barge, barge, canal boat, lighter || ~ **automotrice ou autotractrice**, péniche *f* à moteur (nav) / self-propelled vessel, motor barge || ~ de **débarquement** (nav) / landing craft || ~ **remorquée** / towed boat, barge
pénicilliforme (bot) / penicillate, penicilliform
pénicilline *f* / penicillin
penicillium *m* / penicillium
penne *f* (tiss) / porter || ~ (antenne) / tip of the antenna
pennine *f* (min) / penninite, pennine
penning-pompe *f* (vide) / sputter[ing] ion pump, penning [type] pump
pénombre *f* (phys) / half-shadow, half-shade, penumbra || ~ **d'une tache solaire** (astr) / penumbra || ~ de **Terre** (astr) / incomplete shadow
penta *m* / penta-erythritol o. -erythrityl tetranitrate, PETN, nitropenta || ~**borane** *m* **stable** / [stable] pentaborane || ~**carbocyclique** / pentacarbocyclic || ~**carbonyle** *m* de **fer** / iron carbonyl o. pentacarbonyl || ~**chloroéthane** *m* / pentachloroethane || ~**chlorophénol** *m* / pentachlorophenol || ~**chlorure** *m* de **phosphore** / phosphorus pentachloride o. perchloride

pentade *f* / pentad
penta·décagone *m* / pentadecagon || **~èdre** *m* / pentahedron || **~édrique** / pentahedral || **~érythritol** *m* / pentaerythritol, tetrakis (hydroxymethyl) methane || **~gonal** / pentagonal || **~gone** *m* / pentagon || **~grille** *f* (électron) / pentagrid [converter] || **~méthylène** *m* / cyclopentane, pentamethylene
pentane *m* (chimie) / pentane
pentanol *m* / 1-pentanol, amyl alcohol
pentasulfure *m* **d'antimoine** / antimony grey o. orange o. pentasulphide, crocus of antimony
pentatron *m* (électron) / pentatron
pentavalent (chimie) / quinquevalent, pentavalent
pente *f* / fall, descent || ~ (routes) / declivity, descent, gradient || ~ (gén) / slope, incline, grade (US) || ~ (math) / slope || ~ (mines) / hade, slope, descent, dip, inclination || ~, rapport *m* d'inclinaison / gradient, ratio of inclination, degree of slope || ~, plan *m* incliné / incline, inclined o. oblique plane || ~, penchant *m* (terrain) / slope || ~ (routes) / downgrade, descending gradient o. slope || ~ (test d'huile) / slope || **à ~ forte** (mines) / semisteep || **à grande ~** (électron, tube) / high-transconductance..., high-mu, hi-mu (US) || **en ~** / declivitous, declivous || **en ~** (mines) / inclined || ~ **aérodynamique** / air path inclination angle o. climb angle, climb gradient || ~ **d'amorçage d'oscillations** (tube) / starting transconductance || ~ **ascendante** / upgrade, ascending gradient o. slope || ~ **automotrice** (mines) / drop of runway || ~ **en biais** (routes) / transversal slope || ~ **de caractéristique dans le sens inverse** (tube) / short-circuit reverse transfer admittance || ~ **de clavette** / wedge taper || ~ **d'un comble** / pitch of a roof || ~ **continentale** [douce] (géogr) / continental shelf || ~ **de conversion** (tube) / conversion [trans]conductance || ~ **du créneau** (impulsion) / pulse tilt || ~ **[descendante]** / descending gradient o. slope, downgrade || ~ **douce** / easy gradient o. slope || ~ **dynamique** (électron) / dynamic slope || ~ **de l'escalier** / pitch of staircase || ~ **escarpée** / precipice, precipitous incline || ~ **faible** (mines) / low o. flat hade o. inclination || ~ **du flanc d'impulsion** / pulse slope o. steepness || ~ **d'un fleuve** / head of a river || ~ **du front** (électron) / pulse tilt || ~ **de gain** (tube) / gain slope || ~ **latérale** / lateral inclination || ~ **moyenne** (vis) / mean pitch || ~ **moyenne** (électron) / mean mutual conductance || ~ **normale de palier** (nucl) / normal plateau slope || ~ **de la pierre d'appui** (bâtim) / weathering, slope of the window sill || ~ **d'un plan** (math) / rake || ~ **profil lors du brochage** / back taper || ~ **raide**, pente *f* rapide / precipice, precipitous incline || ~ **de la rampe** (pompe d'injection) / lead of control edge o. of helix || ~ **relative de palier** (nucl) / relative plateau slope || ~ **du signal** (électron) / edge steepness || ~ **du terrain** / ground slope || ~ **transversale** (routes) / banking, camber, transversal slope || ~ **de tube** (électron) / mutual o. slope conductance, transconductance, slope (coll), goodness (coll)
pentédécagone *m* / pentadecagon
pentène *m* / pentene
penthiobarbital *m* (chimie) / thiopental, Pentothal
pentine *f* / pentine
pentlandite *f* / iron nickel pyrites, nicopyrite
pentode *f* (électron) / pentode [valve] || ~ **exponentielle** / exponential pentode || ~ **finale** (électron) / output pentode || ~ **à haute fréquence** / high-frequency pentode || ~ **à pente variable** / variable-mu pentode
pentose *m* (chimie) / pentose
pentothal *m* (chimie) / thiopental, Pentothal
pentoxyde *m* **iodique** / iodine pentoxide, iodic anhydride || ~ **de nitrogène** / nitrogen pentoxide || ~ **de vanadium** / vanadium pentoxide
pentrite *f* / penta-erythritol o. -erythrityl tetranitrate, PETN, nitropenta
penture *f* (serr) / hinge, spindle || ~ **à crapaudine** (serr) / butt o. socket hinge, hinge hook || ~ **de fenêtre** / casement hinge || ~ **ornée** (serr) / ornate hinge || ~ **à ressorts pour portes battantes** / spring hinge for swing doors || ~ **en forme de T** (charp) / cross-garnet
pénultième / next-to-last, penultimate
pénurie *f* / shortage, scarcity, lack || ~ **d'eau** / water shortage || ~ **de logements** / housing shortage
people-mover *m* / people mover
pépin *m* / seed (apple), stone (raisin), pip (orange) || ~ / bug (US, coll)
pépinière *f* / seed-plot, nursery
pépite *f* / nugget
peplosphère *f* / peplosphere
pepsine *f* / pepsin || ~ **végétale** / papain
peptidase *f* / peptidase
peptide *m* (chimie) / peptide
peptisant *m* (pap, caoutchouc) / peptizer, dispergator
peptisation *f* / peptization
peptiser / disperse, peptize
peptonate *m* **de fer** (chimie) / iron peptonate
peptone *f* / peptone
peptonification *f* / peptonization
peptonifier / peptonize
peracide *m* / peracid, per-acid
perborate *m* / perborate
perbunan *m* / buna N, Chemigum (Goodyear), paracril (Stdd Oil)
perçage *m* / piercing || ~ (techn) / drilling, boring || ~, perforation *f* / perforation || ~ (pap) / puncture || ~ **à l'autogène** / flame boring || ~ **automatique** (sidér) / siphon tap || ~ **biais** / inclined bore || ~ **central** / central bore || ~ **cloison** / cutting through of a wall, wall duct || ~ **de drainage** / drain hole || ~ **électrochimique de précision** / electrochemical fine drilling || ~ **par faisceaux électroniques** / electron beam drilling || ~ **à fourreau** / quill feed drilling || ~ **en montant** / inverted drilling || ~ **percutant ou à percussion** (gén) / impact drilling || ~ **de positionnement** / location hole || ~ **par rayons d'électrons** / electron beam drilling
percale *f* (tiss) / percale
percaline *f* (tiss) / percaline
perçant (froid) / piercing || ~ (ton) / acute, piercing, sharp || ~ (bruit) / screaming
percarbonate *m* **de potassium** / potassium percarbonate
percarburé / percarbonated
perce, en ~ / on draught
percé (jacquard, carte) / punched || **bien ~** (pour trafic) / opened up (for traffic) || **être ~** (électr) / break down, spark, puncture (US) || ~ **à jour** / open-worked
perce-bois *m* (zool) / wood borer
perce-bouchon *m* (chimie) / cork borer
percée *f* (sidér, fonderie) / tap[ping] || ~ / tap hole || ~ (mines) / cross-connector || ~ (routes) / digging, cutting || ~ (ch.de fer) / through-cut, cut[ting] || ~ (silviculture) / clearing || **faire la ~** (sidér) / tap *vt vi* || ~ **de creuset** (sidér) / break-out || ~ **de galerie** / holing through of the tunnel
percement *m* (mines) / advance o. development heading, (headway:) driving || ~, communication *f*

(mines) / intersection || ~ (bâtim) / cutting in a wall || ~ **électrique** / electrical breakdown || ~ par **journée** (mines) / daily headway || ~ de **mur** (électr) / lead-in, wall duct || ~ d'une **rue** / opening of a street || ~ de **tension** (électr) / voltage puncture || ~ d'un **tunnel** / cutting-through of a tunnel

percentage *m*, pourcentage *m* / percentage

percentile *m* / percentile, centile || ~ d'**ordre Q** (contr.qual) / Q-percentile

perceptibilité *f* / perceptibility || ~ (acoust) / audibility

perceptible / perceptible, noticeable, sensible || ~ (opt) / visible || ~ à l'**oreille** / audible

perception *f* / perception || ~ de **couleur** (d'un objet) / perceived colour || ~ des **couleurs** (faculté) / sense for colour || ~ du **danger** (auto) / recognition of danger || ~ de **hauteur d'un son** / pitch perception || ~ du **stimulus** / stimulus perception || ~ **subliminale** / subliminal perception, SP || ~ au **verso** (typo) / strike-through, print-through || ~ **visuelle spatiale** / visual space perception

perceptron *m* / perceptron

percer / pierce || ~ (techn) / drill, bore || ~ (mines) / open the communication passage, pierce, hole o. cut through || ~ (typo) / register, prick || ~ (bière) / tap || ~, fuser / fuse through || ~ les **aiguilles** / eye || ~ un **avant-trou** / pilot-drill || ~ d'en **bas** (mines) / drill from below || ~ à la **drille** / drill by the screw drill || ~ le **fourneau** (sidér) / tap the furnace || ~ une **galerie** (mines) / drive a gallery || ~ le **haut fourneau** (sidér) / run off the iron, tap the blast furnace || ~ une **nouvelle rue** / cut o. open a new street || ~ un **tunnel** / drive a tunnel

percette *f*, percerette *f* / gimlet with ring handle, twist gimlet

perce-tuyaux *m* (tuyauteur) / boring pipe box, tapping sleeve

perceur *m* / borer, drilling machine worker || ~ de **cartons Jacquard** / card cutter || ~ sur **machine verticale** / vertical boring mill operator || ~ de **nœuds** / knot borer || ~ sur **perceuse radiale** / radial drilling machine operator || ~ du **verre** / glass drill

perceuse *f* / drilling machine, drill press || ~ d'**angle [à pointeau]** / angle drill || ~ à **arbre articulé** / articulated spindle drilling machine || ~ à **broches multiples**, perceuse *f* multibroches / [adjustable center] multi-spindle drilling machine, multiple drill[-press] o. drilling machine || ~ sur **colonne** (m.outils) / upright o. pillar drill[ing machine] || ~ par **coordonnées** (m.outils) / jig boring machine o. mill || ~ à **dénoder** (bois) / knot boring machine || ~ à **deux vitesses** / two-speed drilling machine || ~ à **double broche** / two-spindle drill press || ~ **électrique** / electric drill[ing machine], power drill || ~ **électrique portative à percussion** (m.outils) / impact drilling machine || ~ d'**établi** / bench drill, drill press (US), garage press (US) || **~-fraiseuse** *f* / drilling and milling-machine || ~ à **grande vitesse** / high-speed drilling machine || ~ **longitudinale** / slot boring machine, longitudinal boring machine || ~ à **main** / hand drill, portable drill[ing machine] || **~-mortaiseuse** *f* (bois) / boring and mortising machine || ~ **multibroche** voir perceuse à broches multiples || ~ à **percussion** / impact drilling machine || ~ à **pointer** (m.outils) / jig boring machine o. mill || ~ **portative à charbon** / rotary coal boring machine || ~ de **précision** / fineboring machine, jig boring machine || ~ **radiale** / radial drill[ing o. boring machine] || ~ **roulante** / portable drill[ing machine] || ~ **sensitive** / sensitive drill || ~ **superfine** / fineboring machine, jig boring machine || ~ de **superfinition** / superfinish boring machine || ~ à **tourelle** / turret head drilling machine || ~ **transportable** / portable drill[ing machine] || ~ **verticale** / upright drill

perce-verre *m* / glass drill

perchage, à ~ insuffisant (cuivre) / underpoled

perche *f* / pole || ~ (microphone) / microphone boom || **~s** *f pl* (bois) / poles *pl* || ~ *f* d'**arpenteur** / measuring stick || ~ de **bois** / wooden pole || ~ à **brasser** (sidér) / poker || ~ de **contact** / trolley pole || ~ de **fer** / iron bar o. rod || ~ à **houblon** / hop pole || ~ **isolante**, perche *f* de manœuvre (électr) / switch rod || ~ de **mise à la terre** / earth rod o. spike || ~ de **ravitaillement en vol** / refuelling-in-flight system || ~ de **sondage** / sounding rod || ~ de **trolley** / trolley pole

perchiste *m* (ELF) (TV) / perchman, boom operator

perchlorate *m* / perchlorate, chlorate(VII) || ~ de **nitronium** (moteur-fusée) / nitronium perchlorate || ~ de **potassium** / perchlorate of potassium, potassium perchlorate

perchloratite *f* / perchloratite

perchlorination *f* / perchlorination

perchloroéthane *m* / hexachlor[o]ethane, hexoran (US)

perçoir *m* / drill bit || ~ (relieur) / stabbing-machine || ~ (cordonnier) / awl || ~ à **couronne** / annular bit, crown bit o. drill || ~ à **roquet** / ratchet o. lever brace o. drill, cat-rake

percolateur *m* / strainer || ~ (cafetière pour grandes quantités) / percolator

percolation *f* (chimie, pétrole) / percolation || **~-filtration** *f* / percolation-filtration

percoler / percolate

percussion *f* (méc) / percussion, knock, impact || ~ (acoustique) / percussion, reverberation (rare) || **à ~** / percussive || ~ **annulaire** (mil) / rim priming || ~ **centrale** (fusil) / center priming || ~ **unité** (électr) / unit [im]pulse, Dirac function

percutant / percussive

percuté (p.e. atome) / knock-on

percuter (mines) / assay by the hammer, test || ~ ([contre] **un arbre**) (auto) / collide [with], foul || ~ un **véhicule** (auto) / crash into a car, collide with a car

percuteur *m* (mil) / striking pin

perdistillation *f* / perdistillation

perditance *f* (électr) / loss, leakage

perdre *vi* / lose *vi*, leak, let escape || ~ *vt* / lose *vt* || ~ (se) / be omitted || ~ (se) (hydr) / ooze o. seep o. trickle away || ~ (se) (son) / die *vi*, fade away || ~ (se) (foret) / run off center || **se ~** [dans] (liquide) / infiltrate, seep o. soak o. trickle [into] || **se ~ en coin** (géol, mines) / thin out *vi*, pinch || ~ sa **couleur** / fade, change, discolour || ~ l'**équilibre** / tip o. turn over || ~ le **synchronisme** (électr) / slip out o. fall out of step o. of synchronism, be pulled out of step

perdu / lost || ~ (techn) / dead, lost || ~, à jeter / disposable, expendable, non returnable, one-trip..., throw-away...

perduren *m* (plast) / perduren

père *m* (disque) / master copy || ~ **nucléaire** / parent nuclide

pérennant / perennial

perfection *f* / perfection

perfectionné / advanced

perfectionnement *m* / improvement || ~ **technique** / progress, advancement, further development

perfectionner / improve, perfect || ~, donner le fini / perfect

perfectionnnement du **travail** / methods engineering

perfo-bloc *m* (c.perf) / block punch[ing unit]
perforage *m* / boring
perforamètre *m* (pap) / puncture tester
perforateur *m* / perforating attachment, perforator || ~ (c.perf.) / punching unit || ~ (découp) / punching die, piercing punch || ~ d'**arrivée** (télécom) / receiving perforator, reperforator || ~ de **bande** / tape perforator || ~ de **bande** / tape punch || ~ [de **bureau]** (pap) / perforator || ~ à **clavier** / keyboard punch || ~ de **papier** / paper drill[ing machine] || ~ **rapide** (bande perforée) / high-speed tape puncher || ~**-récepteur** *m* **de bande** (ord) / reperforator
perforation *f* (film) / sprocket holes *pl* || ~ (pap) / puncture || ~ (corrosion) / holing, pitting || ~ (électr) / disruptive breakdown, blow-out, puncture || ~ (bande perf.) / punching || ~ 1 à 9 (c.perf.) / underpunch || ~ **11** (c.perf.) / X-punch, eleven punch || ~ **12** (c.perf.) / Y-punch, twelve punch || ~, crevaison *f* (pneu) / puncture || ~ (timbres-poste) / perforation || **à ~s marginales** / margin-perforated || **sans ~s** (film) / unsprocketed || ~ **allongée** (découp) / slotting, oblong perforation || ~ de **bande** / tape punching || ~ à l'aide d'un **clavier** / key punching || ~ par **clou** (pneu) / nail hole || ~ de **contrôle** (c.perf.) / control punch || ~ de **contrôle en ligne 11 ou 12** (c.perf.) / overpunch || ~ de **contrôle de totaux et de nombres négatifs** (c.perf.) / control punch for total sums and minus figures || ~ **détériorée** / damaged o. picked o. torn perforation || ~ **douze** / 12-zone punch, twelve punch, Y-punch || ~ d'**entraînement** (bande perf.) / feed hole || ~ du **film** (film) / sprocket holes *pl* || ~ **fonctionnelle** (c.perf.) / function hole, control hole || ~ en **grille** (c.perf.) / lace punching || ~ de **guidage** (bande perf) / guiding hole || ~ **hors texte** (c.perf.) / overpunch || ~ d'**identification** (c.perf.) / identifiying punch || ~ **individuelle des cartes** (c.perf.) / single-item punching || ~ **intercalée** (c.perf.) / interstage punching || ~ de l'**isolant** / dielectric breakdown || ~ **[marginale]** (film) / perforation || ~ de **matricules** (c.perf.) / serial number punching || ~ **normale** (c.perf.) / normal stage punching || ~ **numérique** (c.perf.) / numerical punching || ~ **à partir de cartes graphitées** (c.perf.) / marksensed punching || ~ en **quinconce** / alternating o. zigzag perforation || ~ **répétitive** (c.perf.) / repetitive punching || ~ par **rouleau** (pap) / roulette || ~ en **série** (c.perf.) / gang punching || ~ en **série avec intercalation** (c.perf.) / interspersed gang punching || ~ en **série avec cartes maîtresses** (c.perf.) / interspersed gang punching || ~ en **série avec cartes maîtresses insérées** (c.perf.) / master card gang punching || ~ en **série décalée** (c.perf.) / offset gang punching || ~ de **signe** (c.perf.) / sign punch || ~ **significative d'un code** (bande perf.) / code hole || ~**-vérification** *f* (c.perf.) / combined perforation and verification || ~ en **zigzag** / alternating o. zigzag perforation
perforatrice *f* (c.perf.) / card punch girl, punch operator || ~ (mines) / drill, rock o. coal drill || ~ (techn) / punching machine || ~ sur **affût** (mines) / column-type o. pillar o. upright drilling machine || ~ **[à alimentation] manuelle** (c.perf.) / manual perforator, hand [feed] punch, key punch || ~ **alphanumérique** (c.perf.) / alpha[nu]meric punch || ~ **alphanumérique automatique** (c.perf.) / alphabetic duplicating punch || ~ d'**avancement** (mines) / hammer drill, drifter || ~ **bloc** (c.perf.) / [automatic] gang punch || ~**-calculatrice** *f* (c.perf.) / calculating o. computing punch, calculator || ~ de **cartes** (c.perf.) / card punch || ~ à **clavier** / keypunch || ~ à **diamants** (mines) / diamond [rock] drill || ~ à **distance** (c.perf.) / card unit (IBM) || ~ **duplicatrice** (c.perf.) / [card] reproducer, reproducing punch o. unit || ~ **imprimante** (c.perf.) / printing punch || ~ **imprimante à clavier** (c.perf.) / printing keyboard punch || ~ **imprimante alphanumérique** (c.perf.) / alphabetic printing punch || ~ **imprimante électrique** (c.perf.) / electric printing punch || ~ **intégrale** / duplicating punch || ~ **manuelle** (ord) / perforator || ~ à **moteur** (c.perf.) / motor drive punch || ~ **multiple** / multiple punch || ~ à **percussion** / piston drill || ~ **poinçonneuse à clavier** (c.perf.) / manual perforator, hand [feed] punch, key punch || ~ **rapide** (c.perf.) / high-speed punch[er] || ~ **récapitulative en série** (c.perf.) / gang summary punch || ~ **réceptrice** / reperforator || ~ à **relais** (c.perf.) / electric punch || ~ au **rocher** (mines) / machine rock drill, drill || ~ **rotative** (mines) / rotary boring machine || ~ **vibro-rotative ou vibrée** / rotary cam percussion drill
perforé / perforated, perforate, perf. || ~ en **binaire** / binary punched
perforer / bore through || ~ (ch.de fer) / clip tickets || ~ (c.perf.) / punch *vt* || ~ (timbre-poste) / perforate || ~ par **rouleau** (pap) / roulette *vt* || ~ en **série** (c.perf.) / gang-punch *vt*
perforeuse *f* (c.perf.) / card punch girl, punch operator || ~ de **papier** / paper drill[ing machine]
performance *f* de **coupe** / cutting capacity, cutting power || ~ sur **route** (essence) / road performance || ~ de **vol** / flying performance
performant / heavy-duty, high-capacity, high-performance, high-power, -powered
performarteau *m* (mines) / drill[ing] hammer, hammer drill
performer [pour] / serve [as, for], be used [as]
perfostyle *m* (c.perf.) / port-a-punch
perfo-vérif[ication] *f* (c.perf.) / combined perforation and verification
pergélisol *m* (ELF) / permafrost soil
pergola *f*, pergole *f* / pergola
perhydrogéner / perhydrogenize
perhydrol *m* (chimie) / Perhydrol
périastre *m* (ELF) (astr) / periastron
péricarpe *m* / seed capsule, seedcase || ~ de la **graine de coton** / boll
péri·clase *f* (min) / periclase || ~**cline** *f* (min) / pericline || ~**cycloïde** *f* (math) / pericycloid
péride *f* de la **rave** / cabbage worm, Pieris rapae L.
péri·dot *m* (min) / peridot || ~**dotite** *f* (géol) / peridotite
périf *m* / ring road (of Paris)
périgalactique (astr) / perigalactic
périgée *adj* / perigeal, -gean || ~ *m* / perigee
périhélie *adj* / perihelial, -helion || ~ *m* / perihelion
péri-informatique *f* / office-oriented data processing technology o. industry
péril *m* en **air** / distress in the air || ~ en **mer** / distress on sea
périlune *m* / perilune
périmer / expire, become out-of-date
périmètre *m* (gén) / periphery || ~ (géom) / perimeter (the boundary of a closed plane figure) || ~, longueur de contour *f* / perimeter, length of a perimeter || ~ (opt) / perimeter || ~ **mouillé** (hydr) / wetted perimeter || ~ du **noyau central** (méc) / core line || ~ de **protection** (danger de feu) / fire break [around an object] || ~ **urbain** / urban o. municipal area
péri·morphe (crist) / perimorphic, -morphous || ~**morphose** *f* (min) / perimorph
periodate *m* (chimie) / periodate
période *f* / period || ~, phase *f* (gén) / state, stage || ~,

cycle *m* (techn) / trip, cycle || ~ (ordonn) / cycle time || ~ (mot) / phase, cycle || ~ (math, chimie, électr) / period || **à ~ unique** (math) / single periodic || **à ~s multiples** (math) / multiple periodic || **autre ~ de présence au travail** / attendance time || ~ d'**accélération** (mot) / run-up period || ~ d'**adaptation** (gén) / adaptation time || ~ d'**adaptation** (ordonn) / conversion period || ~ d'**affinage** (sidér) / refining o. oxidizing period || ~ d'**arrêt** / stop o. rest period || ~ d'**arrêt** (film) / light period || ~ d'**attardement** (nucl) / lingering period || ~ de **battement** / beat period || ~ **biologique** (nucl) / biological half-life || ~ de **Brückner** (météorol) / Brückner cycle || ~ **cachée** (biol) / latent period || ~ **carbonifère** / Carboniferous || ~ de **chauffage** / heating period || ~ **chiffre** (ord) / digit period o. time || ~ de **commutation** (instr) / time per point || ~ **complète** (électr) / complete alternation o. cycle || ~ de **conduite** (auto) / driving period || ~ **creuse** (ch.de fer) / slack period o. hours *pl* || ~ **critique** (sidér) / holding time || ~ de **croissance rapide** (agr) / grand period of growth || ~ des **défaillances d'usure** / wear-out failure period || ~ des **défaillances précoces** / early failure period || ~ de **démarrage** / starting period, start-up || ~ d'**échantillonnage** (radar) / time base, sampling period || ~ d'**éclats lumineux** / flash period || ~ **effective** (nucl) / effective half-life || ~ **élémentaire** (ord) / digit period o. time || ~ d'**essai** / test period || ~ **finale de la campagne** (sucre) / off-season, dead season || ~ de **fonctionnement par inertie** (techn) / slowing-down time to full stop || ~ **fondamentale** (vibrations) / fundamental period || ~ du **format de télémesure** / frame period || ~ de **freinage** / braking period, duration of brake application || ~ **glaciaire** / glacial period, great ice age || ~ **holocène** (géol) / alluvium || ~ **hors service** (auto) / rest period, off-duty period || ~ d'**identité** (math) / identity spacing || ~ d'**incubation** / incubation || ~ d'**induction** (carburant) / induction period || ~ d'**induction** (chimie, phot) / induction period, latency period || ~ d'**innovation** / innovation period || ~ **latente** (biol) / latent period || ~ des **lignes** (TV) / line interval || ~ **longue** (chimie) / long period || ~ de **mise en marche** (sidér) / running-in period || ~ de **mise en train** (réacteur) / equilibrium o. starting time || ~ de **mouvement** (film) / moving period || ~ **naturelle** / natural period [of oscillation] || ~ de **non-conduction** (redresseur) / idle period, off-period || ~ d'**obscurité** / dark interval o. period || ~ d'une **oscillation** / period o. time of vibration o. of oscillation || ~ d'**oscillation propre** / period of natural oscillations || ~ **oxydante** (sidér) / refining o. oxidizing period || ~ de **paie** / payroll period || ~ de **pleine ouverture** (phot) / duration of full aperture || ~ de **pointe** (télécom) / busy hours *pl* || ~ de **pointe** (trafic) / peak traffic hours *pl*, (rail:) peak period || ~ de **pression** (soudage) / pressure dwell || ~ de **production de gaz** / gas producing period || ~ **propre de vibration d'un système** / natural frequency o. oscillation || ~ **radioactive** (ELF) (nucl) / half-life value, [radioactive] half-life, half-[value] period, period of decay || ~ d'un **réacteur** / reactor time constant, reactor period || ~ de **repos** (auto) / rest period, off-duty period || ~ **résultante** (nucl) / effective half-life || ~ de **retenue en mémoire** (ord) / storage period || ~ de **réverbération** / reverberation time || ~ de **révolution** (astr) / period of revolution || ~ de **roulis** (nav) / rolling period || ~ par **seconde** / cycle per second, cps, c.p.s., CPS, c/s, hertz || **~s** *f pl* de **service** / working periods *pl* || ~ *f* de **service** (camion) / period of duty || ~ **sidérale** / sidereal period o. revolution || ~ **stationnaire** / stationary period || ~ de **tarissement** / drought || ~ à **taux de défaillance constant** / constant failure rate period || ~ de **temps d'un réacteur** (nucl) / reactor time constant, reactor period || ~ **tertiaire** (géol) / Tertiary, tertiary system || ~ **transitoire** / transition period || ~ **transitoire** (TV) / build-up o. rise time || ~ **transitoire** (contr.aut) / rise o. build-up time, response time || ~ de **travail** / working period || ~ de **travail** (sidér) / boiling period || ~ des **travaux effectifs** (camion) / actual working period || ~ de **validité de fiches** (ord) / file retention period || ~ d'une **vibration** / period o. time of vibration o. of oscillation

périodemètre *m* (nucl) / period meter

périodicité *f* / periodicity

periodique (chimie) / periodic

périodique *adj* / periodic, periodical || ~, intermittent / intermittent || ~ *m* / periodical || ~ **illustré** / magazine || ~ **professionnel** / professional paper, trade paper o. magazine || **~s** *m pl* **professionnels** / trade journals *pl*

périodiquement / periodically

périodogramme *m* / periodogram

périphérie *f* / periphery || ~ d'un **cercle** / periphery of a cercle, circle

périphérique *adj* / peripheral, peripherical || ~ *m* (ord) / peripheral unit o. equipment || **~s** de l'**ordinateur industriel** / process computer peripherals *pl*, process interface system

péri·scope *m* / periscope || **~sphère** *f* (phys) / perisphere

périssable / short-lived, short-life, ephemeral || ~ (vivres) / perishable

péri·staltique (induction) (électr) / peristaltic || **~stérite** *f* (min) / peristerite || **~style** *m* / peristyle || **~tectique** (sidér) / peritectic || **~télévision** *f* / TV peripheral units || **~trochoïde** *f* (math) / peritrochoid || **~tron** *m* (r.cath) / peritron

perlages *m pl* / blowpipe beads *pl*

perlaire / pearly

perle *f* / pearl || **faire la** ~ / form bubbles, sparkle || ~ au **borax** / borax bead || ~ des **cavernes** (min) / pisolite || ~ de **chalumeau** / blowpipe bead || ~ d'**émail** / enamel pearl || ~ **facilitant l'ébullition** / boiling stone o. chip, broken pot o. tile || ~ de **ferrite** / ferrite bead || ~ **isolante** / insulating bead || ~ **isolante en céramique** / ceramic bead || ~ de **soudage** / blowpipe bead || ~ de **verre** (chimie) / glass bead

perlier / beaded

perlite *f* (géol, fonderie) / perlite || ~ **lamellaire** / lamellar perlite || ~ **sphéroïdale** / granular o. globular perlite

perlitique (sidér) / perlitic

perlon *m* (chimie, tex) / Perlon

perlure *f* de **brasage** / solder bead

permafrost *m*, permagel *m* (ELF), permagélisol *m* / permafrost soil

permalloy *m* / permalloy

permanence *f* / permanence, -ency || ~ (télécom) / continuous attention || ~ **téléphonique** (télécom) / telephone answering service, absent subscriber service

permanent / continuous, continued, non-intermittent || ~ (électrode) / inconsumable || ~ (écoulement) / non stationary || **~-dynamique** / permanent-dynamic || ~ *m* à l'**heure** / daily o. hourly labourer

permanganate *m* / manganate (VII) || ~ de **potassium** / potassium manganate (VII) || ~ de

sodium / sodium manganate (VII)
permatron *m* (électron) / permatron
perméabilité *f* / penetrability, permeability, permeableness, perm, perviousness || ~ **[absolue] du vide** / magnetic constant || ~ à l'**air** / air permeability || ~ à l'**air des joints** / air permeability of joints || ~ **différentielle** / differential permeability || ~ à l'**eau** / water permeability || ~ aux **électrons** / electron stream transmission efficiency || ~ au **gaz** / permeability to gas || ~ à l'**huile** / oil-penetrability || ~ **incrémentielle** / incremental permeability || ~ à l'**infrarouge** / diathermancy, -ance || ~ des **joints** (bâtim) / air permeability of joints || ~ **magnétique** / permeability || ~ aux **rayons infrarouges** / diathermancy, -ance || ~ **relative** / relative permeability || ~ à **vapeur** / vapour permeability || ~ à la **vapeur d'eau** / water vapour permeability || ~ du **vide** / permeability of vacuum
perméable (phys) / permeable || ~ **[à l'eau]** / permeable to water
perméamètre *m* / permeameter
perméance *f* (électr) / permeance || ~ (phys) / penetrability, permeability, permeableness, perm, perviousness, perm, perviousness || ~ (pap) / permeance || ~ (filtre) / inefficiency, penetration || ~, porosité *f* (pap) / permeance
permeat *m* (chimie) / permeate
perméation *f* / permeation
permettant un **dialogue** (ord) / interactive
permien *adj* / Permian, Permic || ~ *m* / Permian system, Permic
perminvar *m* (sidér) / Perminvar
permis *adj* / admissible, permitted || ~, autorisé / allowed || ~ *m* de **conduire** / driving license (GB), driver's license (US) || ~ de **construction ou de construire** / building permit o. license (US) || ~ de **prospection** (pétrole) / grant, concession || ~ de **recherches** / right of mining, prospecting license
permission *f* / permit || ~ d'**approche** (aéro) / approach clearance || ~ d'**atterrir** (aéro) / clearance
permittivité *f* (phys) / permittivity || ~ **absolue** / absolute permittivity || ~ **absolue du vide** / electric constant || ~ **relative** / relative permittivity, specific inductive capacity, dielectric constant || ~ du **vide** / absolute permittivity of the vacuum
permutateur *m* **double** (électr) / double fourway switch
permutation *f* (math) / permutation || ~ (gén) / exchange, interchange || **faire une ~ circulaire** (chimie, ord) / rotate, revolve || ~ de **barres** (méc) / exchange of members || ~ **circulaire** (math) / cyclic o. circular permutation o. variation || ~ **circulaire** (ord) / end-around o. circular shift
permutatrice *f* / commutator rectifier, permutator
permuté symétriquement (erreur) / wrong on the face
permuter (math) / permute || ~ (gén) / exchange, interchange *vt* || ~ des **chiffres** / transpose o. rearrange numerals
permutite *f* / Permutit
pernette *f* (four) / saddle
pernicieux / pernicious, noxious
Pérot-Fabry *m* / Fabry and Pérot interferometer
peroxoacétylnitrate *m* / peroxoacetylnitrate, PAN
peroxydase *f* (chimie) / peroxidase
peroxyde *m* / [su]peroxide || ~ d'**azote** / nitrogen peroxide || ~ d'**hydrogène** / hydrogen peroxide o. dioxide || ~ de **plomb** / lead peroxide || ~ de **sodium** / sodium peroxide
perpendiculaire *adj* [à, sur] / normal [to], square [to], perpendicular [to] || ~ (mines) / perpendicular, vertical, normal || ~ *f* / perpendicular, vertical || ~ (mines) / perpendicular [line] || **entre ~s** (nav) / between perpendiculars, B.P. || ~ **avant** (nav) / forward perpendicular, F.P. || ~ aux **fibres** / crossgrain || ~ **opposée à** α (math) / side opposite α || ~ du **sommet de la trajectoire** / perpendicular of the zenith of a trajectory || ~ à la **stratification** (mines) / perpendicular to the stratification || ~ à la **stratification** (aggl. laminé) / flatwise, perpendicular to the layers || ~ d'une **trajectoire** (mil) / perpendicular of a trajectory
perpendicularité *f* / perpendicularity
perpétuel / constant, continuous, perpetual
perquisitionner / scrutinize, examine critically
perré *m* (hydr) / riprap, pierre perdue, pierraille || ~ (hydr) / pitching of embankment, pitched work || ~ en **pierre sèche** (bâtim) / dry wall, stone packing || ~ en **pierres sèches** (routes) / hand pitched stone subbase, stone subbase, subbase of stone pitching
perrier *m*, perrière *f* (fonderie) / tapping bar o. rake o. rod, lancet || ~, carrier *m* (ardoiserie) / quarry man, quarrier
perron *m* / door steps *pl*, flight of steps, stoop (US) || ~ d'une **chute d'eau** / fall, drop
perrotine *f* à **plaques** (tex) / common perrotine
persel *m* (chimie) / persalt, per-salt
persévérance *f* / persistence, -ency, perseverance
persévérer / persist, persevere, continue steadily
persienne *f* / slotted shutter || ~ du **radiateur** (auto) / radiator shutter o. damper
persistance *f* / persistence || ~ (phys) / persistence || **à ~ durable d'écran** / longtime afterglowing || **sans ~** (électron) / memoryless || ~ d'**éclat** / gloss retention || ~ d'**écran** (TV) / persistence, afterglow, tailing, hangover || ~ de l'**image** / image retention || ~ des **impressions** (TV) / persistence of the image spot || ~ des **insecticides** / persistence of insecticides || ~ de **luminescence** / post-luminescence || ~ de **luminescence** (nucl) / luminescence || ~ **optique** / retinal fatigue || ~ de **vision** / persistence o. permanency of vision
persistant / persistent, sustained, permanent || ~ (écran) / persistent || ~ (bot) / evergreen, persistent, indeciduous || ~ (odeur) / lasting, enduring
persister / last *vi*, persist [in] || ~ **[dans]** / adhere [to]
persistor *m* / persistor
personne *f* / individual || ~ **chargée de la mise en application** (ord) / implementor || ~ en **ligne** (télécom) / partner || ~ **participant aux essais** / person experimented upon || ~ **qui téléphone** / telephonist
personnel *adj* / personal || ~ *m* / personnel (GB), staff (US) || ~ (industrie) / employees *pl* || **à ~** (mines) / man-riding || **sans ~ permanent** (gare) / unstaffed, unattended || ~ d'**accompagnement** (ch.de fer) / train crew (US) o. staff o. personnel || ~ d'**atelier** / men on the payroll *pl* || ~ **auxiliaire** / auxiliary o. temporary staff || ~ **clé** / key personnel || ~ de **conduite** (ch.de fer) / driving crew || ~ de **conduite** (techn) / attendance crew o. staff, service staff || ~ d'**exécution** (ch.de fer) / operational staff || ~ **informaticien** (ord) / liveware || ~ de la **machine** (nav) / engine room complement o. staff || ~ de **maîtrise** (nav) / officers *pl* || ~ **navigant** (aéro) / flying personnel, aircrew || ~ **non navigant** (aéro) / ground crew o. personnel, groundmen *pl* || ~ **ouvrier** (gén) / labour || ~ **primitif** / regular o. permanent staff, permanent labour || ~ **radio** / radio operators *pl* || ~ **roulant ou de route** / train crew, road crew (US) || ~ de **sauvetage** (mines) / crew corps (US), mine

rescue corps o. rescue brigade || ~ **stable** voir personnel primitif || ~ de **surveillance [et d'entretien] de la voie** (ch.de fer) / permanent-way staff || ~ **technique** / technical staff
persorption *f* / persorption
perspectif / perspective *adj*
perspective *f* (dessin) / perspective || **à ~ centrale** / in central perspective || ~ **cavalière** / cavalier projection || ~ **linéaire** / linear perspective || ~ **[spéculative]** / perspective || ~ en **vue [accidentelle] de face** / parallel perspective
persulfate *m* / persulfate (US), -sulphate (GB) || ~ de **potassium** / potassium persulphate
P.E.R.T. *m* (program evaluation and review technique), PERT *m* / PERT (= Program evaluation and review technique, programme estimation revaluation technique)
PERT-coût *m* / PERT cost || **~-temps** *m* / PERT time
perte *f* / deficiency, loss, perdition || **éviter trop de ~s** / minimize losses || **sans ~ de temps** / without delay || **sans ~s** / lossless, lossfree, dissipationless, non-dissipative, zero-loss... || ~ par **absorption terrestre** (électron) / ground absorption || ~ d'**amplification** (TV) / amplification loss || **~s** *f pl* d'**antenne** / antenna loss || **~s** *f pl* en **attente** (électr) / stand-by loss || ~ *f* par **calcination** (chimie) / ignition loss || ~ de **capacité** (accu) / loss of capacity || ~ de **chaleur** / heat loss || **~s** *f pl* de **charbon dans les schistes** (mines) / waste washings *pl*, tailings *pl* (GB), tails *pl* (US) || ~ *f* de **charge**, perte *f* de chute (hydr) / loss of head, head loss || ~ de **charge** (électr) / loss of potential o. voltage || **~s** *f pl* au **collecteur** / commutator losses *pl* || ~ *f* au **commettage** (câble) / spinning loss || **~s** *f pl* par la **commutation** (électron) / turn-on loss || **~s** *f pl* de **commutation** (semi-cond) / switching losses *pl* || ~ *f* par **condensation** / condensation loss || **~s** *f pl* de **conductibilité** (électron) / [d.c.] leakance || ~ *f* de **conversion** (semicond) / conversion loss || ~ de **corps solubles** / soluble-matter loss || ~ de **courant** / electric loss, loss of current || ~ par **courant de fuite** (électr) / parasitic loss || ~ par **courant parasite ou par courant Foucault** / eddy current loss || **~s** *f pl* au **cours d'un traitement** (gén) / processing losses *pl* || ~ *f* de **course de la vis** / end play, lost motion || **~s** *f pl* par **court-circuit** (électr) / short circuit losses *pl* || ~ *f* dans le **cuivre** (électr) / copper loss || ~ dans le **cuivre rotorique** / rotor copper loss || ~ **diélectrique** (câble) / dielectric loss || **~s** *f pl* en **direct** (redresseur) / forward power loss o. dissipation || ~ *f* de **données** (ord) / overrun of data || ~ par **doublement et recombinaison** (antenne) / splitting and combining loss || **~s** *f pl* d'**eau** / loss of water || **~s** *f pl* d'**ébullition** / boiling losses *pl* || ~ *f* par **écho magnétique** (b.magnét) / printing loss || ~ par **effet de couronne** / corona power loss || ~ par **effet d'espacement tête-bande** / spacing loss || ~ par **effet Joule** / Joule's heat loss || ~ de l'**électricité** / electric loss, loss of current || ~ de l'**électricité par suite d'humidité** (électr) / weather contact loss || ~ **électrique** / electric loss || ~ par **encoches** (électr) / slot leakage || ~ d'**énergie** / loss o. degradation of energy || ~ d'**énergie [en mètres]** (hydr) / fall o. drop in meters || ~ d'**énergie par frottement** (découp) / lost work of deformation || ~ d'**énergie par ionisation** / ionization loss || ~ par **entraînement** / drag-out || ~ dans l'**entrefer** (électr) / gap leakage, tip clearance loss || ~ dans l'**entrefer** (b.magnét) / gap loss || ~ dans l'**enveloppe de plomb** (câble) / sheathing loss || **~s** *f pl* d'**étranglement** / throttling loss || ~ *f* par **évaporation** / evaporation loss || ~ par **évaporation** (gaz liquéfié) / boil-off || ~ dans l'**excitatrice** (électr) / energizing loss || ~ d'**exploitation** / loss of output || ~ d'**extraction** (mines) / tonnage lost || ~ dans le **fer** (électr) / core loss, iron loss || **~s** *f pl* dans le **fer dues aux harmoniques supérieurs** (électr) / incremental iron losses *pl* || ~ *f* au **feu** (sidér) / loss on ignition, L.O.I., loss due to burning, loss at red heat || ~ au **feu** (alliages) / melting loss || ~ de **focalisation** (TV) / blooming || ~ par **friction ou par frottement** / friction[al] loss || **~s** *f pl* par **friction et par frottement de l'air** (génératrice) / friction and windage losses *pl* || **~s** *f pl* par le **frottement de l'engrenage** / gear friction losses || ~ *f* [par **frottement] dans le palier** / bearing-friction loss || ~ par **fuite** (rés. de stockage) / ullage || **~s** *f pl* sur la **gaine** (câble) / sheath losses *pl* || ~ *f* d'**humidité par sublimation** (surgélation) / humidity loss by sublimation, freezer burn || ~ dans l'**hydrogène** (frittage) / hydrogen loss || ~ par **hystérésis** / magnetic o. hysteresis loss || ~ par **hystérésis différentielle** (électr) / incremental hysteresis loss || ~ d'**infiltration** (hydr) / loss by leakage, leakage || ~ d'**information** (b.magnét) / drop-out || ~ d'**insertion** (télécom) / insertion loss || ~ dans l'**interstice** (gén) / gap leakage || **~s** *f pl* en **inverse** / non-conducting direction loss || ~ *f* par **inversion magnétique** (électr) / magnetic o. hysteresis loss, cyclic magnetization loss || ~ au **lavage** / loss of weight by washing out || ~ de ou dans la **ligne** / line loss || ~ de **ligne due aux fuites** (liquide) / pipeline [loss by] leakage || ~ **magnétique** / magnetic loss || ~ **manométrique** (hydr) / loss of head, head loss || ~ de **marche à vide** / no-load loss || ~ de **matière pendant la dessication** / loss of material during the drying process || ~ de **niveau** (film) / drop-out || **~s** *f pl* dans le **noyau** / core losses *pl* || ~ *f* **ohmique** (électr) / I^2R-loss, Joule's heat loss || ~ d'**oxyde** (b.magn) / oxide shedding || ~ au **piston d'équilibrage ou d'allègement** (turb. à vap.) / dummy loss || ~ de **plasma à la fusion nucléaire** / pump-out || ~ en **poids** / loss in weight || ~ [en **poids] due au lavage** / dressing loss || ~ de **poil** (feutre) / hair shedding || ~ de **potentiel** (électr) / loss of potential o. voltage || ~ de **poussée** (écoulement) / drag reduction || ~ de **précision** (ord) / lost significance, loss of accuracy || ~ de **pression** / pressure drop || ~ de **pression due au frottement** / pressure loss due to friction || ~ de **production** / loss of production || **~s** *f pl* **propres** / inherent o. internal o. natural losses *pl* || ~ *f* de **puissance** / lost effect o. power, waste power || **~s** *f pl* en **puissance** (électr) / stray power || **~s** *f pl* en **puissance par commutation** (semi-cond) / switching losses *pl* || **~s** *f pl* en **puissance à l'état bloqué** (semi-cond) / off-state power loss || **~s** *f pl* en **puissance à l'état passant** (semi-cond) / conducting state power loss, on-state power loss || **~s** *f pl* en **puissance provoquées par la commutation de l'état bloqué à l'état passant** (semi-cond) / turn-on power dissipation || **~s** *f pl* de **puissance provoquées par la commutation de l'état passant à l'état bloqué** (semi-cond) / turn-off loss || **~s** *f pl* en **puissance dans le sens direct** (semi-cond) / forward power loss o. dissipation || **~s** *f pl* en **puissance dans le sens inverse** (semi-cond) / non-conducting state power loss || **~s** *f pl* de **pulsation** (électr) / pole face losses *pl* || ~ *f* de **qualité** / degradation || ~ au **raccord** (tex) / matching waste || **~s** *f pl* de **raffinage** / refinery o. refining losses *pl* || ~ *f* par **rayonnement** / radiation

loss || ~ par **réflexion** / loss by reflection, reflection loss || ~ par **rejets** / reject loss || ~ de **renversement de marche** (lam) / loss due to plugging || ~ par **résistance** (télécom) / resistance loss || ~ de **séchage** / drying loss || ~ par **séchage** (tex) / shrinkage loss || ~s *f pl* **secondaires** (turbine) / secondary loss || ~s *f pl* de **stockage** / storage o. store losses *pl* || ~ *f* de **substance** / loss of material o. matter || ~ par **suintement** / leakage || ~s *f pl* **supplémentaires** / additional losses || ~ *f* par les **supports** (électr) / loss of current by derivation || ~ de **sustentation** (aéro) / lift decrement || ~ de **tamisage et de triage** / screening and sifting loss || ~ de **temps** / loss of time || ~ de **tension** / potential o. voltage drop o. fall || ~ de **tension au passage** / contact drop || ~ à la **terre** / earth (GB) o. ground (US) leakage || ~ de **tirage** (foyer) / reduction of draught || ~ **totale** (auto) / total loss, wreck || ~s *f pl* **totales ou globales** / total losses *pl* || ~s *f pl* **totales en puissance** (diode) / total dissipation of energy || ~s *f pl* dues au **trait** (scie) / cutting waste || ~ *f* de **transfert** (ultrasons) / transfer loss || ~ de **transition** (guide d'ondes) / transition loss || ~ de **transmission** (électr) / transmission loss || ~ de **transmission** (télécom) / overall [transmission] loss || ~ de **transport** (électr) / transmission loss || ~ de **travail** / waste of labour, loss of work || ~s *f pl* par **turbulence** / churning losses *pl* || ~ *f* de **valeur** / decrease o. loss in value, depreciation || ~ de **ventilation** (mines) / air leakage || ~s *f pl* par la **ventilation** (électr, turb. à vapeur) / windage || ~s *f pl* à **vide** / no-load losses *pl* || ~ *f* de **vitesse** (aéro) / lost motion || ~ de **volume** / loss of volume || ~s *f pl* dans la **volute** / volute mixing loss || ~ *f* en **watt** / power loss

pertinax *m* (plast) / Pertinax

pertinence *f* / relevance, pertinence, -nency

pertuis *m* / throat, narrow || ~ (écluse) / outlet of a lock || ~ (géogr) / narrow

pertuisé de **vers** / worm eaten

perturbation *f* (gén) / perturbation || ~ (astr) / perturbation || ~ (contr.aut) / disturbance || ~ (électron) / pick-up || ~ (télécom) / parasitic noise || **sans** ~s / undisturbed || ~s *f pl* **atmosphériques** (météorol) / atmospheric disorder || ~s *f pl* **atmosphériques** (électron) / atmospherics *pl*, strays *pl* || ~s *f pl* dues aux **canaux adjacents** / interstation interference || ~ *f* de l'**équilibre** / disturbance of equilibrium || ~ due à la **fréquence-image** (électron) / image interference || ~ **industrielle** / man-made noise || ~ **locale** (électron) / close disturbation || ~ **magnétique** / magnetic perturbation || ~ **marginale** / edge disturbance || ~s *f pl* **non atmosphériques** (électron) / man-made noise || ~ *f* **provenant du même canal** / co-channel interference || ~ du **radar** / radar clutter || ~ **radiophonique ou de radiodiffusion ou de radioréception** / radio interference || ~ de **réception** (électron) / interference with reception || ~s *f pl* de **sources industrielles** (électron) / man-made noise || ~ *f* sur **voie commune** (télécom, électron) / common channel interference

perturbé / disturbed

perturber / interfere [with...]

pervéance *f* (électron) / perveance || ~ de **diode** / diode perveance

pervibrateur *m* (béton) / immersion o. internal o. poker vibrator, full depth vibrator

pesage *m* / weighing

pesant (phys, méc) / weighty, ponderous || ~, lourd / clumsy || ~ (mines) / pressing || ~ **50 kg** / weighing 50 kilos

pesanteur *f*, poids *m* / heaviness, weightiness || ~ / gravity || ~ **nulle** (espace) / zero-g

pesé [dans] (chimie) / weighed-in

pèse-acide *m* / acetometer

pesée *f* / weighing || ~ (chimie) / weight, weighed quantity || ~, prise *f* d'essai (chimie) / weighed-in quantity || ~, force *f* / force, effort || **faire la** ~ / weigh *vt* || **faire des ~s fausses** / weigh wrong

pèse-esprit *m* (pl.: pèse-esprit ou -esprits) / spirit gauge || **~-lait** *m* (invariable) / galactometer, lactometer || **~-lettre** *m* (pl.: pèse-lettre ou -lettres) / letter balance o. scales *pl* || **~-moût** *m* (invariable) / saccharometer, must gauge

peser *vi* / weigh *vi* || ~ *vt* / weigh *vt*, balance, scale || ~, considérer / weigh [the consequences] || ~ (chimie) / weigh-in || ~ [sur] / weigh [upon] || ~ sur un **levier** / bear on a lever, press hard || ~ le **pour et le contre** / counterbalance against each other || ~ en **retour** (chimie) / reweigh

pèse-sel *m* (pl. pèse-sels) / salinometer, halometer, brine gauge o. poise

peseuse *f* / filling balance

peson *m* / scales *pl*, balance || ~ (filage) / wharve || ~, capteur *m* dynamométrique / load cell || ~ (ELF) (pétrole) / drillometer, weight indicator || ~ **activé par pression** / push scale || ~ à **ressort**, peson *m* à tiers-point / spring balance o. scale || ~ de **traction** / draw type spring balance o. scale

pesticide *m* / pesticide

pétale *m* **arrière** (antenne) / backlobe || ~ **latéral** (antenne) / side lobe || ~ de **rayonnement** (antenne) / lobe

pétalite *f* (min) / petalite, berzelite, castorite

pétarade *f* (électron) / motor-boating || ~ (auto) / backfire || ~ au **carburateur** (auto) / backfire, -flash || ~ au **silencieux** (auto) / muffler explosion o. backfiring, exhaust detonation, chug

pétard *m* (ch.de fer) / fog-signal, torpedo, detonator || ~ (pyrotechnie) / squib

pétardement *m* d'**épaves** / blasting of wrecks

pétarder (mines) / block-hole *vt*, blast *vt*

pételot *m* (mines) / pop shot

pétillant (boisson) / brisk, fizzy (water), sparkling (wine)

pétiller (boisson) / form bubbles, sparkle || ~, crépiter / pelt, crackle

pétiole *m* / petiole || ~ du **houblon** / cone sparig o. stem of hop

petit / little, small || ~s *m pl* (charbon) / smalls *pl* || **de ~e culture** (sol) / light || **des ~s signaux** (semi-cond) / small-signal... || **en** ~ / scaled down || **en ~s morceaux** / small size[d] || ~ **aigle** *m* (pap) / format 70 x 94 cm || **~e ampoule** *f* / small size bulb || **~e annonce** *f* (typo) / small ad || ~ **appareil allongé** (maçon) / elongated small bond || ~ **autel** *m* (sidér) / firebrick arch, fire stop, flue bridge || ~ **avion** / small airplane || ~ **axe** (math) / minor axis || **~e bascule** *f* (méc) / seesaw, rocker bar || ~ **bidon** *m* / small can || ~ **bleu** / tubular letter || ~ **bois** (fenêtre) / transom[e], crossbar o. sashbar o. sashrail of a window, window bar o. rail || ~ **bois en fer** (fenêtre) / iron window bar o. rail || ~ **bout** / bit, tip || ~ **bout** (arbre) / top end of a trunk || **~s bouts** *m pl* / odds and ends *pl* || **~e boutisse** *f* (bâtim) / small header-bat || **~e bride** *f* / small flange || **~e brise** (force de vent 3) *f* / gentle breeze || **~e bulle d'air** (verre) / bleb || **~e butte** *f* (mines) / small gusset || **~e calorie** (vieux) *f* / [gram o. small] calorie, cal, gram calorie o. degree (US), g.ca. || **~es capitales** *f pl* (typo) / small capitals, s. caps., s.c. *pl* || ~ **chariot basculant** (bâtim) / baby dumper || ~ **chenal** *m* (géogr) / slough, creek in shallows || ~ **cheval** (nav) / donkey pump || ~ **cheval** (ch.de fer) / brake compressor || **~s ciseaux pointus** / small pointed scissors *pl* || ~ **clou** / tack || ~ **coke** / small coke, breeze || ~ **combinateur à cames** (électr) / small cam switch || ~ **connecteur circulaire** / miniature circular connector || ~ **consommateur** / small consumer || ~ **convertisseur Bessemer** / baby Bessemer converter || **~e corde** *f* (nav) / seizing line || ~ **côté** *m* / end wall of a house || ~ **coupe-circuit** (électr) / microfuse || ~ **culot Edison** (électr) / miniature [Edison screw] cap o. socket || **~s débits** *m pl* / light load, low load || ~ **diamètre du tronc de cône** (vis) / diameter of flat cone point || **~e douille Edison** *f* (électr) / intermediate socket || **~e drague sur câble** / small-type cable dredger o. excavator, dragline excavator, cable crane scraper || **~es eaux** *f pl* (sucre) / diffusion waste water o. pulp water || ~ **écrit** *m* / slip of paper || **~e entreprise** *f* / small scale enterprise, small business (US) || ~ **étançon** *m* (mines) / spurring || **~e exploitation** *f* (agr) / small farm || **~e ferme** *f* (bâtim) / couple roof || **~e ferraille** *f* / lightweight scrap || **~s fers** *m pl* / small sections *pl*, light section steel || ~ **feu** *m* (fonderie) / mild firing || ~ **flacon laveur** / small gas bubbler || **~s fonds** *m pl* (nav) / floor heads || ~ **godet** *m* / cup || ~ **halo** / ice halo, halo of 22° || **~e impulsion** *f* (électr) / blob || **~e industrie** *f* / small industry || ~ **industriel** *m* / small scale industrialist || **~e intégration** *f* (semicond) / small scale integration, SSI || ~ **interrupteur** *m* / installation o. house-wiring switch, small switch || **~s jus** *m pl* (sucre) / sweetwater || **~-lait** *m* (agr) / whey, butter-milk || **~e lettre** *f* / small letter, minuscle || **~e machine frigorifique** / small-type refrigerating machine || **~e marée** *f* / neap [tide] || ~ **marteau d'établi** / bench o. hand hammer, engineer's hammer || **~s massifs de charbon** *m pl* (mines) / spurns, staples *pl* || ~ **matériel d'installation** (install) / incidentals *pl* || ~ **matériel de montage** / hardware || ~ **matériel de voie** (ch.de fer) / track fastenings *pl* || **~e mécanique** *f* / fine o. precision mechanics, light engineering || ~ **meuble** *m* / occasional furniture || ~ **morceau** / bit, chip || ~ **moteur** (électr) / small size motor, small power motor || ~ **moteur électrique** / fractional horsepower motor, F.H.p. motor (up to 746 W at 1500 min^{-1}) || **~e moyenne** *f* (montre) / third wheel || **~es ondes** *f pl*, P.O. (bande 6) / hectometer o. hectometric waves *pl*, medium waves (200-1000 m) *pl* || **~s outils** *m pl* / small tool, shop tools *pl* || ~ **paquet** *m* / packet || **~e période** *f* (chimie) / short-period || ~ à **petit** / by degrees, little by little || **~e phalène hiémale** / winter moth || **~e pièce** *f* (bâtim) / small by-room || **~es pièces d'installation** (install) / incidentals *pl* || **~e pierraille** *f* (routes) / stone chips *pl*, chip[ping]s *pl* || **~e pierraille** *f* (ch.de fer) / broken o. crushed stone || ~ **plateau de l'échappement à ancre** (horloge) / safety roller || **~s points** *m pl* / dots, spots *pl* || **~e pompe** *f* / syringe || ~ **projecteur** (500 W) *m* (film) / baby [spot o. keg spot] || ~ **projecteur à incandescence** / inky-dinky || ~ **rayon de carre**, P.R.C. / small knuckle radius || ~ **rayon de direction** (auto) / short turning radius || ~ **relais de commutation** / miniature switching relay || ~ **relais de puissance courants forts** / mains switching miniature relay || **~es réparations** *f pl* / minor repairs *pl* || **~e route** *f* / by-road || ~ **sac** *m* / bag, sack (US) || ~ **sac de papier** / paper bag || ~ **secoueur** (fonderie) / small jolting machine || ~ **signal** (ord) / low-level signal, low level, small-signal || **~e soufflure** *f* / bead, froth bubble || ~ **tableau distributeur** (électr) / small distribution board || **~e tache** *f* / dot || ~ **tapis** *m* / [scatter- (US) o. floor- (GB)] rug || **~e tête de bielle** (mot) / connecting rod small end || **~e têtière** *f* (filage) / winding stock || ~ **tour** *m* (m.outils) / hand o. bench lathe || ~ **tracteur** / small tractor, compact tractor || ~ **train** / light- o. small-section rolling mill || ~ **transformateur** / bell transformer || ~ **treuil de voie** (mines) / mobile haulage gear, main and tail haulage gear || **~e vitesse** *f* (nav) / slow speed || **~e vitesse** *f*, P.V. (ch. de fer) / goods *pl* (GB), freight (US) || ~ **vrac** *m* / small consumer quantities *pl*

petitesse *f* / smallness

PETP = polytéréphtalate d'éthylène

pétrification *f* / [process of] petrifaction || ~ (objet) / fossil

pétrifier, [se] ~ / turn into stone *vi*, petrify *vi* || ~ *vt* / turn into stone *vt*, petrify *vt*

pétrin *m* (briqueterie) / pug mill || ~ **mécanique** (boulanger) / dough mixer o. mill

pétrir / knead || ~ le **caoutchouc** / masticate caoutchouc

pétrissable / ductile, kneadable

pétrisseur *m* de **caoutchouc** / rubber kneader, Banbury mixer || ~ à **dispersion** / dispersion kneader || ~ au **xanthate** (tex) / xanthating churn

pétrisseuse *f* / kneading machine, masticator

pétro·chimie *f* / petrochemistry, chemistry of rocks || **~chimie** *f* (synonyme ancien de petroléochimie) / petrochemistry, petrol chemistry

pétrographie *f* / petrography || ~ **physico-chimique** / petrology

pétrographique / petrologic[al]

pétrolatum *m* / petrolatum

pétrole *m* / crude petroleum (US), kerosine (US), paraffin[e] o. rock oil (GB) || **qui promet du** ~ / of oil bearing capacity || ~ **brut** / crude [oil], feedstock || ~ **brut contenant ses gaz originels** / live oil || ~ **brut naphténique**, pétrole *m* brut à base de naphtène (pétrole) / naphthenic crude || ~ **brut non sulfureux** / sweet crude || ~ **brut du Proche-Orient ou du Moyen Orient** / middle East crude [oil] || ~ **carburant pour tracteurs** / T.V.O., tractor vaporizing oil, vaporizing oil, vapoil || ~ [de **gisement] marin** / offshore oil || ~ **lampant** / lamp oil, kerosine, -sene || ~ **lampant pour éclairage de longue durée** / long-time burning oil || ~ **léger** / light crude [oil] || ~ **lourd** / heavy fuel || ~ du **plateau continental**, pétrole *m* marin / offshore oil || ~ **raffiné d'éclairage** / lamp oil, kerosine, -sene || ~ **solvant** / solvent kerosene || ~ **synthétique** / synthetic crude, syncrude

pétroléochimie *f* / petrochemistry, petrol chemistry

pétroléo-électrique / petrol- (GB) o. gasoline- (US) electric

pétrolier *adj* / petroleum... || ~ *m* (ELF) / petroleum o. oil tanker || ~ **géant** / very large o. ultra large crude carrier, VLCC (200-300 thsd tons), ULCC (above 300 thsd tons) || **~-minéralier** *m* (nav) / OBO-carrier, ore-bulk-oil-carrier || ~ à **moteur** (nav) / motor tanker, MT || ~ de **moyen tonnage** / middle size tanker || ~ pour **produits finis** / product carrier

pétrolochimie *f* / petrochemical industry

pétrologie *f*, pétrographie *f* / petrography || ~ (au sens propre) / petrology

pétrominéralier *m* (nav) / dual purpose bulk carrier, oil-ore carrier

pétrosilex *m* / petrosilex, compact fel[d]spar

pétunsé *m*, pétunzé *m* / China clay

petzite *f* (min) / petzite

peu, à ~ près / roughly || **de ~ de valeur** (minerai) / base, lowgrade, poor [grade] || ~ **amorti** / weakly damped || ~ **approprié** / inadequate, unsuitable || ~ **bruyant** / low-noise..., quiet || ~ **carburé** / low-carbon... || ~ **cohérent** / loose, mellow || ~ **collé** (pap) / soft sized, SS || ~ **combustible** / hardly combustible || ~ **compact** / incompact || ~ **compact** (tissu) / low-warp || ~ **consistant** (liquide) / weak || ~ **contrasté** (phot) / flat, poor in contrast, with low gamma || ~ **duité** (tiss) / open || ~ **écumant** (détergent) / low foaming || ~ **élevé** / low || ~ **élevé de plafond** (bâtim) / with low ceiling || ~ **encombrant** / space-saving, packed, compact || ~ **important** (pente) / gentle || ~ **inflammable** / hardly inflammable || ~ **maniable** / unwieldy, unhandy, unmanageable || ~ **maniable** (p.e. outil) / awkward || ~ **mouillé** (béton) / dry || ~ **poussé** / mean, inferior || ~ **pratique** (arrangement) / impractical, unpractical, unhandy || ~ **profond** / saucer-type || ~ **profond** (eau) / shallow || ~ **réactif** (chimie) / less active || ~ **réductible** (sidér) / difficult to reduce || ~ **rentable** / uneconomic[al], [sub]marginal || ~ **robuste** / weak || ~ **salé** / mild cured || ~ **serré** (tissu, nœud) / flimsy || ~ **soluble** / hardly soluble || ~ **spécifique** / nonspecific || ~ **stable** / unsteady || ~ **tordu** (filage) / loosely twisted || ~ **visqueux** / of low viscosity || ~ **volatil** / not easily volatilized

peuplage *m* des **aiguilles** / needle gauge

peuplé (p.e. bande) (électron) / occupied (e.g. channel) || **très** ~ / thickset

peuplement *m* (agr) / stocking (e.g. of fish pond) || ~ de la **barrette à aiguilles** (peigneuse) / needle setting, needling || ~ **forestier** / stand of timber trees, crop

peuplier *m* / poplar || ~ **blanc de Hollande**, Populus alba / white poplar || ~ du **Canada ou de la Caroline**, Populus deltoides monilifera / Canadian poplar, cottonwood || ~ **franc ou noir**, Populus nigra / black poplar || ~ **tremble**, Populus tremula / aspen tree

P.G.C.D., plus grand commun dénominateur *m* / greatest o. highest common divisor o. measure o. factor, G.C.D.

pH *m* (potentiel hydrogène) / pH

phalène *f* (zool) / moth || ~ **hiémale ou d'hiver** / winter moth, Cheimatobia brumata

phanérocristallin / phanerocrystalline

phanotron *m* (électron) / phanotron

phare *m* (nav) / light house, beacon || ~ (auto) / headlamp, -light || ~ (aéro) / beacon || ~ **accessoire** / secondary searchlight || ~ **anticollision** (aéro) / anticollision beacon || ~ d'**avertissement d'aéroport** / aerodrome o. airdrome o. airfield hazard beacon || ~ pour **bicyclettes** / bicycle [head] lamp || ~ à **brouillard ou antibrouillard** (auto) / fog lamp, adverse weather lamp (US) || ~ **camouflé** / masked headlight || ~**-chercheur** *m* (auto) / adjustable spot light || ~ **code** (auto) / low[er] beam, traffic beam || ~ de **danger** (aéro) / hazard beacon || ~ **double tournant** / light house with double revolving light || ~ à **éclipses ou à éclats** / blinker beacon o. light || ~**s** *pl* **et balises** / navigation guide, sea mark || ~ *m* à **feu fixe,** [gyrophare ou phare à feu tournant, phare à élipse] / light house wit h fixed light, [with revolving light, with flashing light] || ~ **hertzien** / radio range || ~ d'**identification** (aéro) / identification beacon, IBn || ~ à **iode antibrouillard** / iodine fog lamp o. adverse weather lamp (US) || ~ **longue-portée**, phare *m* de pointe (auto) / distance beam headlight, long-distance beam, long range lamp || ~ **radiogoniomètre ou radiogoniométrique** / DF station o. transmitter || ~ de **roulage** (aéro) / ground projector, landing [flood]light o. searchlight || ~ de **roulement** (aéro) / taxi light || ~ type **sealed beam** / sealed beam headlight || ~ de **terrain** (aéro) / approach o. orientation o. location beacon || ~ **tournant de signalisation** (auto) / warning beacon, flashing alarm lamp

pharmaceutique / pharmaceutic[al]

pharmacie *f* / pharmaceutics *sg*, pharmacy

pharmacien *m* / pharmac[eut]ist, dispensing chemist

pharma·cochalcite *f* (min) / prismatic arseniate of copper || ~**cochimique** / chemical-pharmaceutical || ~**colite** *f* (min) / pharmacolite || ~**cologie** *f* / pharmacology || ~**cologique** / pharmacological || ~**cologiste** *m*, -cologue *m* / pharmacologist || ~**copée** *f* des **Etats Unis** / USP, United States Pharmacopoeia || ~**cosidérite** *f* (min) / pharmacosiderite, cube ore, arsenical iron ore

phase *f* (chimie, électr) / phase || ~, cycle *m* / trip, cycle || ~, branche *f* (électr) / lane, branch || ~, stade *m* / state, stage || ~ (ordonn) / run, operation || ~ (comm.pneum) / step || ~ (math) / phase [angle] || **à ~ unique** (alliage) / unary || **à ~s reliées**, entre phases (électr) / interlinked || **à deux ~s** / two-phase || **en** ~ (électr) / equiphase || **en** ~ (électron) / inphase || **[être] en** ~ (électr) / be in phase || **être en** ~ / be in phase || ~ d'**allongement** (sidér) / elongation step || ~ d'**approvisionnement** / acquisition phase || ~ d'**assemblage** (ord) / assembly o. assembling phase || ~ **auxiliaire** / auxiliary winding, split phase || ~ en **avance** (électr) / leading phase || ~ **cholestérique** (chimie) / cholesteric phase || ~ de **compilation** (COBOL) / compile o. compiling phase || ~ **consolidante** (alliage) / strengthening phase || ~ de **dégradation progressive** (ord) / wear-out phase || ~ **différentielle** (TV) / differential phase || ~ **dispersée** (chimie) / disperse[d] o. discontinuous phase || ~ d'**élaboration du travail** / operations scheduling phase || ~ d'**équilibre d'un cycle de combustible** (nucl) / equilibrium cycle || ~ d'**essai** / experimental o. trial stage || ~ d'**études et de planning** (ordonn) / lead time || ~ d'**exécution** (ord) / execute o. executing phase || ~ **gazeuse** / gas[eous] phase || ~ **gazeuse seule** / gas-only phase || ~ **homogène solide** (crist) / duplex region || ~ **hyperfine** (nucl) / hyperfine level || ~ d'**incertainité** (aéro) / uncertainity phase || ~ d'**inhibition** / inhibitory phase || ~ **intermédiaire** / intermediate phase || ~ de **lancement** (espace) / launching phase || ~ **liante** (frittage) / binder phase || ~ **limite solide-liquide** (sidér) / solid-liquid interface, solidification contour || ~ **liquide** (chromatogr.) / liquid phase || ~ **liquide et gazeuse** (colloïde) / ligasoid || ~ **liquide et solide [en présence l'une de l'autre]** / solid-liquid phase || ~ **liquide seule** / liquid-only phase || ~ **mésomorphe** (crist) / mesomorphous phase || ~ **morte** (four électr) / cold phase || ~ **non-propulsée** (fusée) / coasting || ~ **nulle** (électron) / zero phase || ~ de l'**opération d'usinage** / phase of operation o. machining || ~ **opposée** / opposite phase || ~ à **phase** / phase to phase || ~ **piétons** (trafic) / pedestrian phase || ~ de **préparation du travail** / operations scheduling phase || ~ **primaire** (sidér) / primary phase || ~ **principale** (électr) / main phase || ~ de **programme** / program phase || ~ par **rapport à une phase** (électr) / phase to phase || ~ par **rapport à la terre** (électr) / phase to earth || ~ de **rentrée à gravité nulle** (espace) / zero-gravity inflight || ~ de **rouge** (circulation) / red phase || ~ **sauvage** (sidér) / wild phase || ~**s** *f pl* **séparées** (électr) / isolated phases *pl* ||

~ *f* **sigma** (sidér) / sigma phase || ~ **solide** / solid phase || ~ **solide et gazeuse** / solid-gaseous phase || ~ **solide seule** / solid-only phase || ~ de **temps** (météorol) / weather phase || ~ de **traduction** (ord) / translate o. translating phase || **~s** *f pl* de **travail** / working o. operating cycles || ~ *f* d'**usinage** / machining cycle || ~ **vapeur** / vapour phase || ~ **verte** (circulation) / green phase
phasemètre *m*, indicateur *m* de phase / power factor indicator o. meter, phase indicator o. monitor || ~ **enregistreur** / graphic o. recording power factor meter
phaseur *m* / complexor, phasor, sinor
phasmajecteur *m* (TV) / phasmajector
phasotron *m* / frequency-modulated cyclotron, synchro-cyclotron
phellandrène *m* (chimie) / phellandrene
phellogène *m* (bot) / phellogen
phén·acétine *f* (chimie) / phenacetin, acetophenatidine || **~acite** *f* (min) / phenakite, phenacite (US) || **~anthrène** *m* (chimie) / phenanthrene || **~anthroline** *f* / o-phenanthroline, 1,10-phenantroline || **~ate** *m*, phénolate *m* / phenate, phenolate || **~azine** *f* / phenazine
phène *m* (rare) / benzene, benzol
phénédine voir phénacétine
phén·étidine *f* (chimie) / phenetidine || **~étol** *m* / phenetole
phénidone *f* (phot) / 1-phenyl-3-pyrazolidinone, phenidone
phénoblaste *m* à **disthène** (géol) / cyanite porphyroblast
phénol *m* / phenol, carbolic o. phen[yl]ic acid || ~ **brut** / crude phenol || ~ **octylique** (chimie) / octyl phenol
phénolate *m*, phénate *m* / phenolate, phenoxide
phén·oler / carbolize || **~olique** / carbolic, phenolic
phénologie *f* (météorol, biol) / phenology
phénologique / phenological
phénolphtaléine *f* / phenolphthalein, 3,3-bis(p-hydroxyphenyl)-phthalide
phénomène *m* (phys) / phenomenon || ~ qui se passe dans l'**atmosphère** / meteorological phenomenon || ~ de **combustion** / process of combustion, combustion process || ~ **concomitant** / accompaniment || ~ de **contact** (chimie) / contact action || **~s** *m pl* d'**écoulement** / flow configurations (GB) o. patterns (US) || ~ *m* de la **fermentation** / fermentative process || ~ de **flambement** (méc) / buckling [process] || **~s** *m pl* d'**instabilité** / instability phenomena *pl* || ~ *m* d'**interférence** / interference phenomenon || ~ **lumineux** / luminous phenomenon || ~ [de la **nature ou naturel]** / phenomenon, appearance || ~ **optique** / optical phenomenon || **~s** *m pl* d'**oscillation** / oscillating quantities || ~ *m* **Peltier** / Peltier effect || ~ de **renard** (barrage) / piping || ~ de **rétroaction** / retroaction effect || ~ **satellite ou secondaire** / accompaniment || ~ de **tassement** / settling phenomenon || ~ de **Toms** (rhéologie) / Toms' phenomenon || ~ **transitoire** (gén) / transitional phenomenon || ~ **transitoire** (électr, télécom, électron) / transient effect o. phenomenon || ~ du **tremblement de Schrödinger** / zitterbewegung, trembling motion o. vibration of electrons
phénoplaste *m* / phenolic moulding compound o. molding composition (US), phenolic plastic
phénothiazine *f* / phenothiazine
phénotype *m* (biol) / phenotype
phénoxybenzène *m* / diphenyl ether
phén·oxyéthanol *m* / phenoxyethanol || **~oxypropanediol** *m* / phenoxypropanediol
phényl·acétate *m* / phenyl acetate || **~alanine** *f* / phenylalanine || **~amine** *f* / phenylamine, aniline
phényle *m* / phenyl, Ph
phénylène *m* / phenylene || **~diamine** *f* / m-phenylene diamine
phényl·éthylène *m* / styrene, phenyethylene, styrol[ene] || **~glycine** *f* (teint) / N-phenylglycine, anilinoacetic acid || **~hydrazine** *f* / phenylhydrazine || **~hydroxylamine** *f* / phenylhydroxylamine || **~mercaptan** *m* / phenyl mercaptan, thiophenol || **~mercure** *m* / phenylmercury || **~mercuri-urée** *f* / phenylmercuriurea || **~méthane** *m* / toluene, phenylmethane
phényl-2-phénol *m* / 2-phenyl phenol
phényl·-1-pyrazolidinone-3 *f* (phot) / 1-phenyl-3-pyrazolidinone, phenidone || **~thiourée** *f* / phenylthiourea, -thiocarbamide || **~uréthane** *m* / phenylurethan[e]
phéro[r]mone *f* / pheromone
phillipsite *f* (géol, min) / phillipsite
phimètre *m* voir phasemètre
phlobaphène *f* (tan) / phlobaphene
phlogopite *f* (min) / phlogopite
phloroglucine *f*, -glucite *f* / phloroglucin[ol]
pH-mètre *m* / pH-meter || ~ de **réglage** / pH-regulator
pholade *f* / piddock
phone *m* / phon
phonème *m* (télécom) / phoneme
phonemètre *m* / phon[o]meter
phonétique *f* / phonetics
phono·capteur *m* / pick-up cartridge || **~chimie** *f* / phonochemistry || **~contrôle** *m* / audio monitoring || **~gramme** *m* / phonogram || **~gramme** *m* (télécom) / phonogram || **~graphe** *m* / phonograph, gramophone (GB), Gramophone (US), gram (coll) || **~lecteur** *m* / pick-up cartridge || **~lit[h]e** *m* (géol) / phonolite, clink-stone || **~métrie** *f* / phonometry
phonon *m* (phys) / phonon
phono·scope *m* / phonoscope || **~thèque** *f* / phonotheque || **~vision** *f* / phonovision (US) || **~visuel** / sound and picture...
phorone *f* (chimie) / phoron
phoscar *m* (nav) / phoscar
phosgène *m* / phosgene [gas], carbonyl chloride, chlorocarbonic acid, chloride of carbonyl
phosgénite *f* (min) / phosgenite
phospham *m* / phospham[ide]
phosphatage *m* (chimie) / phosphatizing || ~ (agr) / phosphate fertilizing || ~ **électrolytique** / electrolytic phosphatizing
phosphatase *f* / phosphatase
phosphatation *f* (techn) / phosphatization, phosphatizing, phosphate treatment
phosphate *m* / phosphate || ~ d'**amidon** / starch phosphate || ~ **ammoniacomagnésien** / magnesium ammonium phosphate || ~ **bimétallique** / monohydric phosphate || ~ **bimétallique double de sodium et d'ammonium** / sodium ammonium hydrogen phosphate || ~ **calciné** / calcined phosphate || ~ de **calcium** (chimie) / phosphate of calcium o. of lime || ~ **diacide de calcium** / monobasic o. acid calcium phosphate || ~ de **fer** / iron phosphate, phosphate of iron || ~ **ferrique** / ferric phosphate || ~ de **lavage** / washing phosphate || ~ de **manganèse** / manganese phosphate || ~ **minéral**, phosphate *m* monohydrique / rock phosphate || ~ **monohydraté** / monohydric phosphate || ~ de **plomb natif** (min) / green lead ore, pyromorphite || ~ de **potassium** /

potassium phosphate || ~ de **sodium** / sodium phosphate || ~ **tétracalcique** / tetracalcium phosphate || ~ **tricalcique** / tribasic calcium phosphate, tricalcium phosphate || ~ **tricrésylique** / T.O.C.P., triorthocresylphosphate || ~ **trisodique** / trisodium phosphate, T.S.P.
phosphaté / phosphate treated, phosphatized
phosphater / phosphatize || ~ (agric) / phosphate-fertilize
phosphatide *m* / phosphatide, phospholipin
phosphatique / phosphatic
phosphine *f* (teint) / phosphine, chrysaniline, leather yellow
phosphite *m* (chimie) / phosphite
phospho-amidase *f* / phosphoamidase || **~-créatine** *f* / phosphocreatine
phosphokinase *f* (chimie) / kinase, phosphokinase
phospholipase *f* / lecithinase, phospholipase
phospholipide *m* / phospholipid
phosphonation *f* (agent de surface) / phosphonation
phosphoprotéide *m* / phosphorproteide
phosphore *m* (chimie) / phosphorus, P || ~ **blanc ou jaune** / white phosphorus || ~ **«métallique» de Hittorf** / black phosphorus || ~ **rouge** / red phosphorus
phosphoré / containing phosphorus
phosphorescence *f* / phosphorescence
phosphorescent / phosphorescent, noctilucent || **être** ~ / phosphoresce
phosphorescer / phosphoresce
phosphoreux / phosphorous, phosphorus(III)...
phosphorimètre *m* / phosphorometer
phosphorique / phosphoric, phosphorus(V)...
phosphorisé / phosphorated, phosphoret[t]ed, phosphuret[t]ed
phosphoriser / phosphorate, phosphorize
phosphorisme *m* / phosphorus poisoning
phosphorite *f* (min) / phosphate rock
phosphorochalcite *f* (min) / phosphocalcite
phosphoroscope *m* / phosphoroscope
phosphorylation *f* / phosphorylation
phosphoryler / phosphorylate
phosphosidérite *f* / phosphosiderite
phosphotungstate *m* / phosphotungstate, $PW_{12}O_{40}$
phosphuranylite *f* (min) / phosphuranylite
phosphure *m* / phosphide || ~ de **fer** (chimie, sidér) / iron phosphide || ~ de **gallium** / gallium phosphide, GaP || ~ d'**indium** / indium phosphide || ~ de **sodium** / sodium phosphide
phot *m* (vieux) (opt) / phot, centimeter candle
photo *f* / photograph, photographic picture || ~ (épreuve) / photographic print o. copy || **~-actinique** / photo-actinic || **~bactérie** *f* / photogenic bacterium || **~biologie** *f* / photobiology || **~calque** *m* / blueprint || **~-calque** *m* **négatif** / negative cyanotype || **~calquer** / blueprint *vt vi* || **~capteur** *m* / photosensor || **~catalyse** *f* / photocatalysis || **~cathode** *f* / photocathode || **~cathode** *f* **mosaïquée** (électron) / mosaic photocathode || **~chimie** *f* / photochemistry || **~chromatique** / photochromatic || **~chromisme** *m* / photochromism || **~chronographe** *m* (ordonn) / photochronograph || **~climat** *m* / photoclimate || **~collographie** *f* / phototype, collotype || **~composeuse** *f* / photocomposing o. photo-typesetting machine, photocomposer, filmsetter, filmsetting machine || **~composeuse** *f* du **docteur Hell** (typo) / Hell type film setting machine || **~composeuse** *f* type **Intertype** / fotosetter || **~composition** *f* / photo type-setting, filmsetting || **~conducteur** *adj* / photoconductive || **~conducteur** *m* / photoconductor, PC, photoresistor, light-dependent resistor, LDR || **~conducteur** *m* **électroluminescent** / ELPC, electroluminescent photoconductor || **~conduction** *f* / photoconductivity || **~copie** *f* / photocopy, photoduplicate, -cation || **~copie** *f* **bleue** / blueprint || **~copie** *f* de **bureau** / office copy || **~copier** / photocopy *vt vi*, photoduplicate *vt vi* || **~copieur** *m* / photocopier, photocopying apparatus || **~copieur** *m* / printer, duplicator, copier || **~désintégration** *f* / photonuclear reaction, photodisintegration, nuclear photoeffect || **~détachement** *m* / photon detachment || **~détecteur** *m* / photodetector, photosensitive cell || **~diélectrique** / photodielectric || **~diode** *f* / photodiode || **~dissociation** *f* / photodissociation, -decomposition || **~dynamique** / photodynamic || **~élasticité** *f* / photoelasticity || **~élastique** / photoelastic || **~électricité** *f* / photoelectricity || **~électrique** / photoelectric, autophotic, phototronic || **~électroluminescence** *f* / photoelectroluminescence || **~électromoteur** / photoelectromotive || **~électron** *m* / photoelectron || **~électronique** *f* / photoelectronics || **~émetteur**, -émissif / photoemissive || **~émission** *f* / photoelectric emission, photoemission, photoemissive effect || **~excitation** *f* / photoexcitation || **~-FET** *m* (semicond) / photo-FET || **~-finish** *f* / camera timer, photofinish camera || **~fission** *f* / photofission || **~gène** (biol) / photogenic, luminiferous || **~génique** (phot) / photogenic, photographable, taking well, coming out well || **~gramme** *m* / photoprint, print || **~gramme** *m* (film) / picture frame, frame, photogram
photogrammétrie *f* (aéro, arp) / photogrammetry, metrophotography || ~ **aérienne** (aéro, arp) / photogrammetry, metrophotography || ~ à **planchette** / plane photogrammetry || ~ **stéréoscopique** / stereophotogrammetry || ~ **terrestre** / photographic surveying, phototopography || ~ à **une image** / stop-motion photogrammetry
photographe *m* / photographer
photographie *f* / photography || ~ (image) / photograph, photographic picture || ~ **aérienne** (gén) / aerial o. air photo[graph], aerial view || ~ **aérienne oblique** / oblique aerial photograph || ~ à **cadence élevée** / high-speed photography || ~ **cinématographique** / motion-picture, moving picture, movie (coll) || ~ prise à **contre-jour** / backlighted photo || ~ en **couleurs** / colour photography, chromotype, photochromy || ~ en **couleurs fausses** / false color photo, phantom color photo || ~ à **étincelles** / electric spark photography || ~ au **flash** / flash picture || ~ à **fréquence porteuse** / carrier frequency photography || ~ à **grande distance aux rayons infrarouges** / infrared telephotography || ~ **I.L.** / low-light-level image pick-up, available light photography, ALP || ~ à **image fendue** / slit-image photography || ~ [à l']**infrarouge** / infrared photographie || ~ **instantanée** / snapshot || ~ par **intensification de la lumière** / available-light photography || ~ en **lumière réfléchie** / incident light o. impingent light photography || ~ en **lumière transmise** / transmitted light print || ~ de **mesure aérienne** / aerial survey photograph, airscape, aerophotogram || ~ **oblique** (aéro) / forward oblique picture || ~ **publicitaire** / publicity still || ~ **quasi verticale** (aéro) / near vertical photograph || ~ par **radiation ultraviolette** / ultraviolet photography ||

~ par **réflexion** / incident light o. impingent light photography || ~ de la **région étudiée de la Terre** / ground photograph || ~ de la **représentation radar** / radar display photography || ~ par **satellite** / satellite photography || ~ par **scanner** / scan photograph || ~ par **transmission** / transmitted light print || ~ **trichrome** / three-colour o. trichromatic photography || ~ **verticale** (aéro) / true-vertical [picture]

photo·graphier / photograph *vt vi*, take pictures || ~**graphique** / photographic, -ical

photograveur *m* / photoengraver

photogravure *f* / photogravure, photoengraving, ..heliography, heliogravure || ~ (circ.impr.) / photoetching || **à ~ typo** (typo) / photo-chemigraphic || ~ en **creux** (graph) / uniform depth photogravure

photo·halide *m* / photohalide || ~**héliographe** *m* (astr) / photoheliograph || ~**hydraulique** (laser) / light-hydraulic || ~**-interprétation** *f* / photointerpretation || ~**lithographie** *f* (procédé) / photolithography (process) || ~**loupe** *f* (opt) / photomacrographic system || ~**luminescence** *f* / photoluminescence || ~**lyse** *f* / photolysis || ~**lyse** *f* **flash** / flash photolysis || ~**lyser** / photolyze || ~**lytique** / photolytic || ~**macrographie** *f* / macrophotograph || ~**magnétisme** *m* / photomagnetism || ~**masque** *m* / photomask || ~**mécanique** / photomechanical || ~**méson** *m* (nucl) / photomeson

photomètre *m* (gén) / photometer, light meter || ~ (phot) / photometer || ~ à **brillance comparée** / equality-of-brightness photometer || ~ de **Bunsen** / grease spot o. Bunsen photometer, translucent disk photometer || ~ à **double faisceau** / double beam photometer || ~ à **écran diffusant** / dispersion photometer || ~ à **égalité d'éclairement** / equality-of-contrast photometer, contrast photometer || ~ à **électrophérogramme** / electropherogram photometer || ~ à **interférence** / interference photometer || ~ de **Joly** / Joly [block] photometer || ~ de **Lummer et Brodhun** / Lummer-Brodhun photometer || ~ à **noircissement** / photographic plate photometer || ~ de **papillotement** / flicker-photometer || ~ à **plaque photographique** / photographic plate photometer || ~ **polarisant** / polarizing o. polarization photometer || ~ à **prismes** / prism photometer || ~ à **réflectance** / reflectance photometer || ~ de **Rumford** / shadow o. Rumford's photometer || ~ **sphérique d'Ulbricht** / Ulbricht globe photometer, globe photometer || ~ à **tache d'huile** voir photomètre de Bunsen

photométrie *f* / photometry || ~ par **émission à flammes** / emission flame photometry || ~ de **flamme** / flame photometry || ~ **photoélectrique** (astr) / photoelectric photometry || ~ **photographique** / photographic photometry

photométrique / photometric

photomicrographie *f* / microphotography (= microdocumentation), photomicrography (= photography through microscope) || ~, -microgramme *m* / photomicrograph || ~ / micrate

photo·microscope *m* / attachment microscope || ~**montage** *m* / photomontage || ~**mosaïque** *m* (TV) / photomosaic || ~**multiplicateur** *m* / photo[electric] o. photoelectron multiplier, multiplier phototube

photon *m* / light quantum, photon || ~ de **dématérialisation** / annihilation photon || ~ **périphérique** (phys) / near-edge photon (photon whose energy is near the band-gap energy)

photo·nastie *f* (bot) / photonasty || ~**négatif** (conductibilité) / photonegative || ~**neutron** *m* / photoneutron

photonique / photonic

photo·nucléaire / photonuclear || ~**-oxydation** *f* / photooxidation || ~**phone** *m* / photophone || ~**phore** *m* (biol) / photophore || ~**phore** *m* (microscope) / microscope lamp || ~**phore** *m* (scaphandre) / diver's lamp || ~**phore** *m* (gén) / cap lamp || ~**phore** *m* (une bouée) / photophore buoy || ~**phorèse** *f* (chimie) / photophoresis

photopile *f* / photocell, photoelectric cell, PEC, pec, photoelectric galvanometer || ~ (semicond) / photovoltaic cell || ~ **noire** / black cell || ~ **solaire** / solar cell || ~ au **tellure de cadmium** / cadmium telluride cell, CdTe solar cell || ~ à **vide poussé** (TV) / high-vacuum photo-cell || ~ **violette** / violet cell

photo·plan *m* (arp) / controlled mosaic, aerial o. photo map, aerial mosaic || ~**planigraphe** *m* / photoplanigraph || ~**plastographie** *f* / photoplastic recording || ~**polarimètre** *m* à **formation d'image** / imaging photopolarimeter, IPP || ~**polymère** *m* / photo-polymer || ~**positif** (conductivité) / photopositive || ~**proton** *m* (nucl) / photoproton || ~**rama** *m* / photoconductor, PC, photoresistor, light-dependent resistor, LDR || ~**récepteur** *m* / photoreceptor || ~**relais** *m* / photorelay || ~**résist** *m* (circ.impr.) / photosensitive resist || ~**résistance** *f* / photoconductor, PC, photoresistor, light-dependent resistor, LDR || ~**résistance** *f* (photodiode) / illumination resistance, photoresistance || ~**scope** *m* (phys) / photoscope || ~**sensible** / sensitive to light, light-sensitive, optically sensitive, photo-active, photosensitive || ~**sensible** (verre) / photochromic, -sensitive || ~**sensible** (phot) / photosensitive || ~**sphère** *f* (astr) / photosphere || ~**style** *m* (ELF) (ord) / [light] pointer, light pen || ~**synthèse** *f* / photosynthesis || ~**tactique** (biol) / phototactic || ~**tactisme** *m* / phototaxis || ~**télégramme** *m* / photoradiogram || ~**télégraphie** *f* / phototelegraphy, picture transmission, telephotography, facsimile, fax || ~**télégraphique** / phototelegraphic || ~**télescope** *m* / phototelescope || ~**télescope** *m* **zénithal** / photographic zenith tube || ~**théodolite** *m* / phototheodolite || ~**thèque** *f* / photo o. stills library || ~**thyristor** *m* / photothyristor || ~**topographie** *f* / aerial survey || ~**transistor** *m* / phototransistor, photistor || ~**tropie** *f* (chimie) / phototropy || ~**tropie** *f*, photochromisme *m* / photochromism || ~**tropique** / phototropic || ~**tropisme** *m* / phototropism || ~**tube** *m* (électron) / photoelectric tube, phototube || ~**typie** *f* (typo) / phototype, photogelatine printing || ~**varistor** *m* / photovaristor || ~**voltaïque** / photo-voltaic || ~**voltaïque** *f* / photovoltaics || ~**zincographie** *f* / photozincography

phrase *f* (COBOL) / sentence

phréatique (géol) / phreatic

phtalamide *m* / phthalamide

phtalate *m* / phthalate || ~ de **dibutyle** / dibutyl phthalate

phtaléine *f* / phthalein

phtalimide *m* / phthalimide

phtalique / phthalic

phtalocyanine *f* / phthalocyanine

phtalonitrile *m* / phthalonitrile

phugoïde *m* / phugoid curve

phyllite *f* (géol) / phyllite

phyllomanie *f* (bot) / phyllomania

phyllosilicate *m* / phyllosilicate

phylloxéra *m* / vine fretter o. louse, phylloxera

phylloxéré / vine fretter infested
phylum *m* (bot) / phylum, subkingdom, branch
physicien *m* / physicist
physico-chimie *f* / physical chemistry, physicochemistry || **~-chimique** / physico-chemical || **~-chimiste** *m* / physical chemist
physio *m* / loudness control
physiographie *f* / physiography
physiologie *f* / physiology || ~ du **travail** / occupational physiology
physiologique / physiological || ~ **végétale** / plant-physiological
physique *adj* (phys) / physical || ~ (gén) / physical || ~ *f* / physics || ~ des **atomes** / atom physics, metachemistry || ~ des **cristaux** / crystal physics || ~ d'**électrons** / electron physics || ~ **expérimentale** / experimental physics || ~ des **gisements** / exploration geophysics || ~ du **globe** / geophysics || ~ des **hautes énergies** / high-energy physics || ~ des **hautes pressions** / physics of high pressures || ~ des **hautes vitesses** / high-speed physics || ~ des **ions lourds** / heavy ion physics || ~ **mathématique** / pure physics || ~ **moléculaire** / molecular physics || ~ des **neutrons** / neutron physics || ~ **nucléaire** / subatomics || ~ **nucléaire appliquée** / nucleonics || ~ des **particules** (nucl) / particle physics *sg* || ~ des **particules élémentaires** / high-energy physics || ~ **phénoménologique** / macrophysics || ~ du **plasma** / plasma physics || ~ de **quanta** / quantum physics || ~ de **radiation optique** / optical radiation physics || ~ **radiologique** / radiological physics || ~ de **rayonnement optique** / optical radiation physics || ~ des **rayonnements** / radiation physics || ~ des **rayons X** / physics of X-rays || ~ des **réacteurs** / reactor physics || ~ **solaire** / solar physics || ~ du **solide** / solid-state physics || ~ **statistique** / quantum statistics || ~ **subnucléaire** / high-energy physics
physostigmine *f* / physostigmine, eserine
phytiatrie *f* / phytopathology
phytine *f* (chimie) / phytin
phytium *m* de la **betterave** / black leg of sugar beet, root rot, phytium disease
phyto·biologie *f* / phytobiology, plant biology || **~chimie** *f* / phytochemistry || **~géographie** *f* / phytogeography, geobotanics || **~hygiène** *f* / phytohygiene || **~pathologie** *f* / plant pathology, phytopathology || **~pharmacie** *f* / phytopharmacy || **~sanitaire** / plant protective, phytopathological || **~stérol** *m*, phytostérine *f* (chimie) / phytosterol || **~thérapie** *f* / phytotherapy || **~toxicité** *f* (insecticide) / tolerance to plants, plant tolerance
pi *m* / number π
piano *m* / piano, pianoforte || ~ à **queue** / grand piano
pic *m* (spectre) / peak || ~ (bâtim) / pick[ax] || ~ à **air comprimé** (bâtim) / pneumatic pick || ~ **arrière** (nav) / after peak || ~ à **deux pointes**, pic *m* acmé, pic-hoyau *m* (mines) / double pointed pick || ~ de **haveuse** (mines) / pick || ~ **ordinaire ou au charbon ou au rocher** (mines) / wedge pick || ~ à **roc** (outil) / stone pick || ~ à **rocher ou à tête** (mines) / headed pickax || ~ à **tranche** / pick hammer, dentate o. serrated pickaxe
piccadil *m* / hearth glass
pickeringite *f* (min) / pickeringite
picklage *m* (tan) / pickling process, pickle
pickle *m* (tan) / pickle bath
pick-up *m* (auto) / express body truck, pick-up [body] truck (US) (pl: pick-ups) || ~ (phono) / pick-up [head] || ~ **acoustique** / mechanical pick-up, sound box || ~ **baler** (agr) / pick-up baler o. press || ~ du **détonomètre** / pick-up of the detonation tester (CFR-engine) || ~ **reel** (agr) / pick-up reel
pico..., 10^{-12} / pico...
picocurie *f* par **gramme de calcium** (déconseillé: unité de strontium) (nucl) / strontium (GB) o. sunshine (US) unit
picofarad *m* / pico-farad, pF, micromicrofarad, mmf, puff[er] (US coll)
picoline *f* / methyl pyridine, picoline
picot *m* (bonnet) / garterrun-stop, picot edge || ~ (mines) / gad || ~ (bois) / splinter, sliver, shiver, chip || **~s** *m pl* (tex, défaut) / specks, pinholes, pricks *pl* || **~s** *m pl* (émail) / point bars *pl* || ~ *m* de **barbelé** / barb o. point of barbed wire
picotage *m* à **suralimentation** (tex) / overfeed pinning
picoter (mines) / block *vt*
picotite *f* (min) / picotite, chrome spinel
picral *m* / picral
picrate *m* / picrate
picrite *f* (géol) / picrite
pictographie *f* / pictography
pièce *f* / piece (as a whole o. as part of a whole), pce. || ~ (tiss) / cut, piece, length of cloth, bolt of cloth || ~ (couture) / patch || ~ (bâtim) / room, apartment || ~ (agric) / field || ~ (ordonn) / workpiece || ~ (cinématique) / link || **à ~s tournantes** (m.outils) / work rotating type || **à la ~** / by contract || **avec la ~ coulée** / cast en bloc o. integral, integrally cast || **d'une ~** / one-piece..., single-piece... || **d'une seule ~** (chaudière) / single-barrel type || **en une ~** (auto) / one-piece... || **en une ~** / nondivided, one-piece... || **~s** *f pl* **accessoires** / accessories *pl*, fittings *pl* || ~ *f* en **acier forgé** / forged piece, forging || ~ en **acier moulé** / steel casting || ~ en **acier moulé ferritique** / ferritic steel casting || ~ **ajoutée** / piece joined on || **~s** *f pl* **ajoutées** / additional parts o. pieces *pl* || ~ *f* **ajustée ou d'ajustage ou adaptée** / fitting o. matching piece || ~ d'**amarrage** (espace) / docking piece || ~ d'**ancrage** (sidér) / anchor || ~ **annexée** (commerce) / enclosure || **~s** *f pl* **appariées** / paired pieces *pl* || ~ *f* d'**appui** (charp) / breast rail || ~ d'**appui** (forge) / saddle (forge) || ~ d'**argent** / piece [of money], coin || ~ d'**articulation** (pompe d'injection) / sliding block || ~ d'**artifice** / fireworks *pl* || ~ d'**assemblage** / thing annexed || ~ d'**assemblage pour tuyaux** / special (for pipes) || **~s ayant battu dans leur logement** / worn out parts || ~ de **battue** (fonderie) / inset core, drawback || ~ de **bois** (routes) / paving block || ~ de **bois de colombage** (Canada) / board (over 4" wide, up to 2" thick) || ~ de **bois en grume** (bois) / log, trunk || ~ de **boîtier** / part of a case || ~ **brute de coulée ou de fonderie** (sidér) / roughcasting || ~ **brute creuse** / tube blank || ~ **brute d'estampage** / rough [drop] forging || ~ **brute à forger** / forging blank || ~ **brute matricée** (forge) / stamping || ~ **brute percée** (lam) / pierced blank || ~ de **cambrure de souliers** (en bois) / shoe arch || ~ de **canon** / cannon, gun || ~ en **caoutchouc** / moulded rubber part || **~s** *f pl* de **carrosserie** / body parts *pl* || ~ *f* du **centre** / central o. middle piece || ~ **cintrée** (techn) / sector || **~s** *f pl* de **coin** (conteneur) / corner castings o. fittings *pl* || ~ *f* de **coin** (conteneur) / container corner || ~ **comptable** (m.compt) / voucher, document || **~s** *f pl* **constituantes ou constitutives** / piece parts *pl*, prefabricated parts *pl* || ~ *f* **constitutive** / component part || ~ **constitutive de commande** / driving gear || ~ de

construction / constructional element, structural part || ~ de **contact** (électr, interrupt.) / contact maker o. piece || ~ **coudée** / bend, elbow || ~ **coulée** / casting || ~ **coulée par centrifugation** / spun type casting || ~ de **coulée composite** / composite o. compound casting || ~ **coulée d'exécution soignée** / neat casting || ~ **coulée en métal** / cast metal || ~ **coulée de précision** / precision casting || ~ **coulée sous pression** / die-cast part, die-casting || **~s** *f pl* **coulées en série** / duplicate castings *pl* || **~s** *f pl* **coulées pour la vente** (fonderie) / job[bing] casting || ~ *f* **coulissante ou à coulisse** / sliding block, slider || ~ en **[cours de] travail ou en usinage** / work piece, subject (US), production (US) || ~ en **cours de soudage** / work piece during welding operation || ~ **creuse** / tube blank || ~ en **croix** (tuyauterie) / crosspiece o. joint, cross, four-way junction o. piece || **~s** *f pl* de **décolletage** / screw machine products o. parts || ~ *f* **découpée** (découp) / blank || ~ **découpée à l'emporte-pièce** / blank || **~s** *f pl* **découpées ou de découpage** / stampings *pl* || ~ *f* **défectueuse** / defective [item] || ~ **démontable** / loose piece || ~ en **déport** (fonderie) / out-of-line casting || **~s** *f pl* **descriptives d'invention** / description o. specification of a patent || **~s** *f pl* **détachées** / piece parts *pl*, (esp.:) spare parts *pl* || **~s** *f pl* **détachées pour automobiles** / motor car accessories *pl* || **~s** *f pl* **[détachées] pour armes** / rifle o. gun parts *pl* || **~s** *f pl* **détachées de précision** / precision parts *pl* || **~s** *f pl* **détachées de radio** / radio component parts *pl* || **~s** *f pl* sur **devis** / custom-made parts *pl* || **~s** *f pl* de **direction d'automobiles** (auto) / steering assembly parts *pl* || ~ *f* de **distance des segments de frein** (auto) / brake shoe spacer || ~ **doublement coudée** / double knee o. elbow || ~ de **drap** / bolt o. length of cloth, (also:) bale of cloth || ~ d'**eau** / pond || ~ d'**écartement** / intermediate shim, spacer, liner, distance block o. piece || **~s** *f pl* d'**écartement matées** (turbine) / ca[u]lking pieces *pl* || ~ *f* **électroformée** / electroform || ~ **emboutie** / deep-drawn piece || ~ **emboutie à la presse** (gén) / pressed piece o. part || ~ d'**embranchement** / branch piece o. -T o. tee || ~ d'**embranchement** (pomp) / T-piece || ~ **encastrée** (techn) / insert || ~ **enchâssée** / gusset || ~ d'**entretoisement** (bâtim) / crosshead, tie bar || ~ à **essayer** / test piece || ~ **estampée** (gén) / pressed piece o. part || ~ **estampée à chaud** / hot-pressed forging || ~ **estampée à froid** (forge) / cold-pressed forging || ~ à l'**état de neuf** / new value part || ~ d'**étoffe** / bale of cloth || ~ d'**étoffe**, torchon *m* / rag || ~ de **fabrication en série** / serial product || ~ **fabriquée en grande série ou en masses** / mass produced part, piece produced in wholesale manufacture || ~ **fabriquée à la presse** / stamping || ~ **fabriquée en série** / serial product || ~ **façonnée** / formed o. shaped part o. piece, form, shape || ~ **façonnée** [au tour] / form turned piece, special shape turned part || ~ **façonnée en tôle** / sheet steel stamping || ~ **finie** (forge) / finished forging || ~ de **fonderie** / casting || ~ de **fonte** / iron casting || ~ en **fonte grise** / gray cast iron casting || ~ en **fonte pour raccordement de tuyaux** / pipe fitting || ~ **forgée** / forged piece, forging || ~ **forgée à des tolérances précises** / close tolerance forging || ~ **forgée normale ou à tolérances commerciales** / commercial tolerance forging || ~ **forgée sans matrice** / smith hammer forging || **~s** *f pl* de **fournisseurs** / vendor parts *pl* || ~ *f* **frappée** (découp) / stamping || ~ **frittée** / sintered product || ~ de **frottement du linguet** (auto) / rub block of the contact arm, cam follower || ~ **fusible** / fusible o. safety plug o. cartridge, plug cut-out (US) || **~s** *f pl* de **garnissage** (bâtim) / iron furniture o. mounting o. garnishment, small iron work || ~ *f* de **grosse forge** / heavy forging || ~ de **guidage** (lam) / guiding table || ~ **hors série** / non-serial part || ~ **incorporée** / piece to be built in || ~ **injectée** / injection moulded part || ~ d'**insertion** (découp) / insert || ~ **intercalaire** / intermediary || ~ **interchangeable** / replacement piece || **~s** *f pl* **isolées** / piece parts *pl*, prefabricated parts *pl* || ~ *f* de **jointure ou de jonction** / joining piece, tie || ~ de **jonction de tuyau** / branch piece o. tee, branch-T || ~ **justificative** (m.compt) / voucher, document || ~ de **laiton moulée sous pression** / [hot] pressed brass part || ~ en **laize** (tex) / wide-open piece || ~ de **machine** / machine member, machine o. engine part o. piece || ~ de **machines en fonte** / castings for general engineering *pl*, engineering castings *pl* || ~ à **main** (outil) / handpiece || ~ **manquante** / stock outage || ~ **manquée** / reject || ~ **manquée** (fonderie) / waste, spoiled casting, misrun, off-cast || **~s** *f pl* **manquées** (atelier) / rejects *pl* || ~ *f* **matée** / ca[u]lking piece || ~ de **matière brute** (extrusion) / billet || ~ **matricée** (forg) / die-formed o. pressed part, drop forging o. stamping || ~ **matricée** (découp) / stamping || ~ **mécanique** / machine member, machine o. engine part o. piece || ~ de **mécanisme moteur** / transmission part || ~ **menée** (cinématique) / follower || ~ **métallique non sous tension** (électr) / dead-metal part || ~ d'un **métrage de 12 m** / piece 12 m long || ~ du **milieu** / central o. middle piece || **~s** *f pl* **mises en état** / repairs *pl* || ~ *f* de **modèle** / specimen o. piece to be copied || ~ de **monnaie** / piece, coin || ~ **moulée** (plast) / moulding || ~ **moulée** (fonderie) / moulded casting || ~ **moulée en béton** / concrete block || ~ **moulée à la cire perdue** / lost wax casting, precision investment casting || ~ **moulée par compression** (plast) / moulded shape || ~ **moulée par injection** (plast) / injection-moulded article o. part || ~ **moulée mécanique** / machine casting || ~ **moulée en pâte** / pulp moulding || ~ **moulée sous pression** / die-cast part, die-casting || ~ **moulée en stratifié** (plast) / laminated moulding || ~ **moulée trempée en surface** / clear chill casting || **~s** *f pl* **moulées pour la construction hydraulique** / castings for hydraulic systems *pl* || **~s** *f pl* en **mouvement** / moving parts *pl* || ~ *f* **moyenne** / central o. middle piece || **~s** *f pl* **[nécessaires] pour le montage** / mounting parts *pl* || ~ *f* **nervurée** (découp) / embossed work || ~ à **nez** (verre) / plate block || ~ **non travaillée** / unworked piece || ~ **normalisée** / standard part || ~ d'**œuvre** / subject (US), production (US), work piece || ~ **originale** / specimen o. piece to be copied || ~ par **pièce** / piece by the piece, piecewise, piecemeal || ~ **pliée** / bent component || ~ **pointe sèche** (compas) / divider point || ~ **polaire** / pole piece o. shoe || **~s** *f pl* **polies** / bright work || ~ *f* **porte-mine** (dessin) / pencil point || ~ **préfabriquée en béton** / precast concrete part || **~s** *f pl* **préliminaires** (typo) / preliminary o. front matter, prelims, oddments *pl* || ~ *f* **prise ou prélevée dans le tas ou au hasard** / sample taken at random, off-hand sample || ~ **produite par injection** (plast) / shot || ~ **profilée** / formed o. shaped part o. piece, form, shape || ~ **profilée au tour** / form turned piece || ~ de **pulpe aspirée** (plast) / [moulded] phenolic pulp product || ~ de **raccommodage** / patch || ~ de **raccord** / joining piece, tie || ~ de **raccordement** / thing annexed || ~ de **rallonge** / extension piece || ~ de **rallonge** (mines) / cap shoe, jointing shoe || ~ **rapportée** / gusset || ~ **rapportée du bâti** (m.outils) / bed insert || ~ de **rechange** (gén) / interchangeable part || ~ de **rechange** (techn) / spare [part] || ~ de **rechange originale** / genuine spare part || ~ **recourbée en arc** / bow, hoop, shackle, strap || ~ de **réduction** / reducer, reducing fitter o. adapter || ~ de **relevage** (frittage) / prelifting rod || ~ de **renforcement** (charp) / strengthening piece || ~ **répétitive** / repetition part || ~ de **repos** / rest, support || ~ **réticulée** / filigree porcelain || ~ de **robinetterie** / fitting, staple part || ~ **semi-ouvrée** / half-finished product || ~ de **séparation** (techn, bâtim) / separator || ~**s** *f pl* de **service** (bâtim) / arrangements *pl* || ~ *f* de **solin** (bâtim) / canting strip, water table || ~ **soudée ou à souder** / welded o. welding piece || ~ **soumise à l'usure** / wearing part || ~ **standardisée** / standard part || ~ **stratifiée moulée** / moulded laminated shape || ~ en **T** / T-piece, tee, T || ~**s** *f pl* de **terre** / real estates o. properties *pl* || ~ *f* **tire-ligne** (compas) / pen point for drawing instruments || ~ de **titres** (typo) / title panel || ~ **tournée** / turned part || ~ à **tourner** / lathe work, part to be turned || ~ en **travail** / piece in state of processing o. being worked upon || ~ **travaillant à la compression** (constr.en acier) / compression[al] member o. bar, member in compression || ~ **travaillée** / formed o. shaped o. worked part || ~ à **travailler** / subject (US), production (US), work piece || ~ à **trois joints cinématique** (cinématique) / bell crank, ternary link || ~ **usinée** / machined part || ~ à **usiner** / subject (US), production (US), work piece || ~ d'**usure perdue** / expendable part || ~ **voisine** (bâtim) / adjoining room

pied *m* / foot || ~ (bâtim) / foot, base || ~ (teint) / primitive colour, matrix || ~, support *m* / stand, support || ~ (arbre) / butt [end] || ~, console *f* / console, cabinet || ~ (m à coudre) / stand || ~, talus *m* / batter || ~ (table, chaise) / leg || ~ (mesure anglo-saxonne) (= 0.3048 m) / foot (pl: feet) || ~ (p.ex. salade) / head (e.g. lettuce) || **à ~ d'œuvre** (bâtim) / at hand || **à trois ~s** / three-legged || **donner du ~ à une échelle** / move away a ladder || **sur ~** (lavabo, bidet) / pedestal type || **sur ~s** (électr, techn) / self-contained, isolated || ~ **[américain]** (= 1200/3937 m = 0,304800609 m) (arp) / U.S. survey foot (= 1200/3937 m = 0.304800609 m) || ~ **amortisseur** (m.à ecrire) / rubber buffer || ~ **articulé à boutonnières** (m.à coudre) / hinge foot for button holes || ~ **articulé à broder** (m.à coudre) / hinge foot for embroidery || ~ de **bain** (fonderie) / heel || ~ du **ballast** (ch.de fer) / toe of the ballast || ~ de la **barre** (coulée cont.) / bottom of the casting || ~ de **bielle** (m à vap) / connecting rod small end || ~ de **bielle** (mot) / small end, little end (conn. rod) || ~ de **bois** / plank log o. timber, saw log || ~ de **bord** (m.à coudre) / straight foot || ~ **bordeur** (m.à coudre) / trimmer, binder || ~ **bordeur gauche, [droite]** (m à coudre) / left, [right] cording foot || ~ pour **bourdon** (m à coudre) / foot for ornamental seams || ~ à **bouton** (m.à coudre) / button sewing foot || ~ pour **boutonnières** (m à coudre) / buttonhole foot || ~ à **branches coulissantes** / telescoping tripod || ~ à **broder** (m à coudre) / embroidering foot || ~ de **cadran** (montre) / dial foot || ~ de **caméra** / camera stand o. tripod || ~ de **campagne** / field tripod || ~ de la **canette** / cop stand || ~ **carré** / square foot, sq.ft. || ~ de **cliché** / block mount || ~ à **colonne** (rayons X) / pillar stand || ~ **comprimeur** (m.à coudre) / press[ure] foot, sewing foot || ~ pour **cordonnet** (m.à coudre) / piping o. welting foot || ~ **cornier** / corner o. angle post || ~ à **coulisse** / sliding caliper, slide gauge || ~ à **coulisse** (silviculture) / calipers *pl*, caliper rule, sliding gauge o. caliper || ~ à **coulisse ordinaire** / shop caliper gauge || ~ à **coulisse à vernier** / vernier calliper gauge o. slide gage || ~ à **coulisse à vernier fermè, [ouvert) au 1/20 mm** / closed, [open] 1/20 mm vernier callipers *pl* || ~ pour **couture invisible** (m à coudre) / blindstitch foot || ~ **cube** / cubic foot, solid foot || ~ de **cuite** (sucre) / seed, pied-de-cuite, foot || ~**-de-biche** *m* / crowbar, pinching o. pinch-bar, pincher, handspike (GB), jim-crow (GB), pry (US) || ~**-de-biche** *m* (men) / bench screw, screw-check || ~**-de-biche** *m* (m. familiale) (m.à coudre) / hinged press[ure] foot || ~ de **dent** / root of tooth || ~ d'une **digue** / toe of a dike || ~**-droit** (pl: pieds-droits) *m* (bâtim) / skewback || ~**-droit** *m* (mines) / side wall || ~**-droit** *m* (constr.mét) / framed stanchion || ~**-droit** *m* (ponceau) / headwall || ~**-droit** *m* (four à coke) / division wall || ~**-droit** *m* (auto) / pillar || ~**-droit** *m* **chauffant** (sidér) / oven wall || ~**-droit** *m* de **culée** / abutment pier || ~**-droit** *m* d'**extrémité** (sidér) / end wall || ~**-droit** *m* de **fenêtre** / jamb[-post] || ~**-droit** *m* **intermédiaire de pont ou de voûte** (pont) / intermediate pier o. abutment o. post || ~**-droit** *m* de **porte** / jamb[-post] || ~**-droit** *m* de **tunnel** (bâtim) / abutment || ~ de la **fausse barre** (coulée cont) / dummy bar bottom || ~ pour **festons** (m à coudre) / piping foot for curves || ~ de la **force etc.** / tracing point of a force || ~ **fronceur** (m à coudre) / gathering foot, ruffler, shirring foot || ~ **ganseur** (m.à coudre) / piping o. welting foot || ~ **ganseur à trou supplémentaire** (m.à coudre) / French piping foot || ~ de **grue** / crane leg o. foot o. base || ~ à **hauteur** / scale of heights || ~ **isolant** / insulating base o. foot || ~ **Lambert** (unité de luminance) (= $3.426259 \cdot 10^{-4}$ sb) (opt) / foot-lambert || ~ de **lampe** / lamp stand || ~ de **levage** / crowbar || ~ de **lingot** / bottom of ingot || ~**-livre-seconde** *m* / foot-pound-second, f.p.s. || ~ de **mât** (nav) / mast heel || ~ du **mât** / pry pole of the [triangle] gin, gin pole || ~ à **mettre les cordes** (m.à coudre) / corder || ~ de **mouche** (typo) / [sign o. mark of] reference, reference [mark o. sign] || ~ de **mur** (bâtim) / patten || ~ pour **nervures** (m à coudre) / piping foot, welting foot || ~ **ouateur** (m à coudre) / quilter foot || ~ **ourleur** (m à coudre) / hemmer foot, folder || ~ **ourleur à point-coquille** / shell hemmer || ~ **passepoileur** (m.à coudre) / piping o. welting foot || ~ **photographique** / tripod || ~ d'un **piédestal** (techn, bâtim) / pedestal, footing, base || ~ de **pilote** / under-keel clearance || ~ de **piqûre** (m.à coudre) / straight foot || ~**-planche** *m* / board foot || ~ de **platine** (tiss) / sinker butt || ~ de **positionnement** / locating pin || ~ de **poteau de bois** (télécom) / butt of a wooden pole || ~ de **poteau** (électr, télécom) / pole base o. footing || ~ de **poupée** (tourn) / head end leg || ~ **presseur** (m.à coudre) / pressure foot || ~ **presseur articulé** (m. familiale) (m à coudre) / hinge[d] foot, hinged presser foot || ~**-pyramide** *m* / pyramid stand || ~ à **repriser** (m à coudre) / darning foot || ~ à **repriser et à broder** (m à coudre) / darning and embroidery foot || ~ à **rotule** (phare) / ball-and-socket base || ~ pour **roulotté** (m à coudre) / roll hemmer, double fold hemmer foot || ~ avec **semelle à gauche, [à droite]** (m à coudre) / left, [right] cording foot || ~ à **semelle étroite** (m.à coudre) / zipper foot || ~ de **table** (arp) / table stand || ~ de **talon** (pneu) / bead foot || ~ de **talus** (bâtim) / footing, patten o. projection o. sally o. sole of a talus || ~ de **tour** / lathe stand || ~ à **traverses coulissantes** / telescoping tripod || ~ de **tube** (tex) / base of a bobbin || ~ à **une seule branche** (phot) /

unipod || ~ d'une **verticale** / foot of a perpendicular || ~ de **vigne** / vinestock
piédestal *m* (bâtim) / base, pedestal || ~ de **colonne** / column base, plinth
piédroit *m* (pl. piédroits) voir pied-droit
piège *m* / trap || ~ (nucl) / radiation trap || ~ (électr) / line choking coil, screening protector || ~ (chimie) / trap || ~ (semicond) / trap || ~, getter *m* / getter || ~ à **absorption** / absorption trap || ~ **adiabatique** (nucl) / magnetic bottle, mirror machine, adiabatic trap || ~ **antibrillant** (colorimétrie) / gloss trap || ~ d'**audio** (TV) / sound trap, sound rejector || ~ de **chaleur à refroidissement par l'eau** / water-cooled heat trap || ~ **chaud** (nucl) / sodium hot trop || ~ à **condensat** (vide) / trap, separator, catch-pot || ~ de **couleur** (TV) / color trap || ~ à **crasse** (mét) / skim gate, dross filter || ~ à **crasses de poche** (sidér) / slag dam || ~ **cryogénique** (vide) / cold o. cooling o. condensation trap, cryosorb-trap || ~ d'**échos** (TV) / power equalizer (US), echo trap (GB) || ~ à **faisceau de rayonnement** (électron) / catcher || ~ à **flux** (nucl) / flux trap || ~ **froid** (nucl) / sodium cold trap || ~ à l'**huile** / oil catch[er] o. trap o. save || ~ d'**impulsions parasites** (TV) / interference trap || ~ à **ions** / ion trap (GB), beam bender (US) || ~ d'**ions** (r.cath) / ion trap || ~ **isolant** (vide) / isolation trap || ~ à **mercure** (chimie) / mercury trap || ~ d'**ondes** (guide d'ondes) / ditch, groove, trap circuit || ~ de **rayons** / ray trap || ~ **réfrigérant ou refroidi ou de refroidissement** (vide) / liquid air trap || ~ de **sodium** (nucl) / sodium [hot o. cold] trap || ~ à **sorption** / sorption trap || ~ à **vapeur** (vide) / baffle, vapour trap
piémontite *f* (min) / piemontite, piedmontite, mangan epidote
pienne *f* (tiss) / porter
piéride *f* du **chou** / cabbage butterfly, Pierris brassicae
pierrage *m* (m.outils) / honing || ~ au **jet de vapeur** (m.outils) / liquid honing, vapour blasting
pierraille *f* / pebbles, pebble stones *pl* || ~ (ch.de fer) / broken o. crushed stone || ~ (routes) / stoning, metalling (GB)
pierre *f* / stone || ~ (instr) / jewel hole || **de ou en** ~ / [from] stone || **en ~s sèches** (bâtim) / laid dry, dry (masonry) || ~ **abrasive à pierrer** / honing o. hone stone || ~ à **adoucir**, pierre *f* à aiguiser / rubber, grindstone, whetstone, rubstone, grinding slip || ~ à **aiguiser à eau** / water stone, whetstone, slip || ~ d'**aimant** (min) / magnetite, magnetic oxide of iron || ~ **alumineuse** / aluminous earth || ~ **angulaire** (bâtim) / headstone, quoin, corner stone || ~ d'**appui** (montre) / ring jewel || ~ d'**Arkansas** / Arcansas stone, novaculite || ~ d'**arrachement** (bâtiment) / toothing stone || ~ **artificielle** / artificial stone, cast stone || ~ d'**assise** / headstone, header || ~ d'**attente** (bâtiment) / toothing stone || **~-bague** *f* (instr) / hole o. ring jewel || ~ de **balancier dessus** (montre) / upper balance jewel || ~ à **bâtir** / brick || ~ de **béton** / artificial stone, cast stone || ~ **bombée** (instr) / balance jewel || ~ de **bordure** (routes) / border stone, kerbstone, curb[stone], edge stone, cheek stone || ~ en **boutisse** (bâtim) / binder, bond o. binding stone, perpendstone, perpend[er], header, throughstone || ~ à **briquets** / flint || ~ à **broyer** / stone for crusher || ~ à **brunir** (céram) / burnishing stone || ~ **brute de carrière** / unshaped stone, quarrystone, rubble stone (US) || ~ **carrée** / squared stone, building stone || ~ de **carrière vive ou ordinaire** / plane ashlar || ~ de **cendre** / cinder brick || ~ de **centre** (instr) / center jewel || ~ à **chaperon** (routes) / cover plate, coping stone || ~ de **chaperon à bahut** (bâtim) / rounded block of a cope || ~ à **chaux** / limestone || ~ **chaux-grès** / calcareous o. chalky sandstone || ~ de **cheminée** / hearth stone || ~ de **cloche** (géol) / phonolite, clink-stone || ~ en **coin** / feather edged o. wedge edged brick o. stone, wedge, radial brick || ~ **concassée** (ch.de fer) / broken o. crushed stone || ~s *f pl* **concassées** (routes) / stoning, metalling (GB), broken o. crushed stone || **~s** *f pl* **concassées 4-8 cm** / coarse crushed stone (1 1/2 to 3") || **~s** *f pl* **concassées à 2-3 cm** (routes) / 1" broken stone || ~ *f* **concave** / concave jewel || ~ **conique à chasser** (instr) / V-jewel || ~ de **construction** / brick || ~ **contre-pivot plate** (horloge) / straight cap jewel || ~ à **crochet** (bâtim) / toed voussoir || ~ **d'aimant** / loadstone, lodestone || ~ **dégrossie** / rusticated dressed ashlar || ~ **demi-boutisse** / headstone, header || ~ à **détacher** / fuller's earth || ~ **directrice** (bâtim) / guide stone || ~ **doublante** / calcareous o. double o. lime spar, calcite || ~ à **double creusure à sertir** / double cup cylindrical hole jewel for spinning || ~ pour **enregistreurs** / stylus, recorder jewel || ~ **équarrie** / squared stone, building stone || ~ **éruptive** / eruptive stone o. rock, igneous rock || ~ **essemillée** / roughly cut quarry-stone || ~ à **étendre** (verre) / flattening table || ~ **facilitant l'ébullition** / boiling stone o. chip, broken pot o. tile || ~ **faconnée** / cut stone, ashlar || ~ à **faux** / whet stone || ~ **«fenêtre»** / agate window || ~ à **feu ou à fusil** (géol) / firestone (US), flint || ~ **filtrante ou à filtre** / reservoir stone, dripstone || ~ **fine synthétique** / synthetic precious stone || ~ de **fondations** / foundation stone || ~ de **foudre** / mesosiderite || ~ **franche** / freestone || ~ **glace** (horloge) / [watch] stone, jewel, ruby || ~ **glace à trou ou avec creusure** (instr) / flat jewel || ~ à **grand trou** (instr) / large hole jewel || ~ de **grande moyenne** / center jewel || ~ **gypseuse** / gypsum || ~ **hématite** / native brown iron oxide || ~ à **huile** / oil rubber o. stone || ~ **ignée** voir pierre éruptive || ~ **infernale** / lunar caustic, silver nitrate || ~ à **Jésus** / specular gypsum || ~ de **Labrador** (min) / labradorite || ~ de **lard** / steatite, soapstone, potstone, rock soap, lardstone, lardite || ~ **liasique** / lias stone || ~ en **lit** / stone laid upon its cleaving grain || ~ **lithographique** / lithographic stone || ~ de **lune** (min) / moonstone || ~ de **Lydie** / black jasper || ~ **métallique** / glebe, lode of ore || ~ **météorique** / stony meteorite, mesosiderite || ~ **meulière** / millstone rock || ~ de **Moka** (min) / moss agate, mocha stone || ~ **naturelle taillée** / cut ashlar || ~ d'**orifice** (instr) / orifice [jewel] || **~-outil** *f* pour la **fabrication des transistors** (semicond) / jewel for transistor manufacturing || ~ de **parapet** / parapet stone || ~ de **parement** / facing brick o. stone || ~ **parpaigne** (bâtim) / perpend, perpender, perpendstone, through-binder o. -stone, bondstone, bonder || ~ à **paver** (routes) / paving stone, pavior || ~ **perdue** / riprap || ~ **piquée** / dressed quarry-stone, pointed ashlar || ~ pour **plafonds** / stone for ceilings || ~ de **plat** / stone laid upon its cleaving grain || ~ **plate** / plate of stone, broad stone, slab, flag || ~ **plate** (horloge) / [watch] stone, jewel, ruby || ~ **plate à trou** (instr) / flat jewel || ~ à **plâtre** / gypsum || ~ **plombière** / matte of lead, uncalcined lead || ~ **ponce** / pumice stone || ~ **ponce naturelle** / pumice || ~ **pontée à plancher** (bâtim) / hollow filler tile o. block || ~ de **Portland** / Portland rock o. [lime]stone || ~ **posée sur lit** / stone laid upon its cleaving grain || ~ **précieuse** / precious stone, jewel || ~ **précieuse artificielle ou**

fausse / artificial gem || ~ **précieuse taillée** / cut precious stone, gem || ~ **radiale** / radial o. radius o. compass brick || **~s** *f pl* de **rauchage** (mines) / brushed-down deads *pl* || ~ *f* **reconstituée** (bâtim) / reconstructed o. precast stone, patent stone || ~ de **recouvrement** (bâtim) / crown o. top o. cap stone || ~ de **refend** / outbond brick, stretcher || ~ **réfractaire** (géol) / firestone || ~ à **repasser** / rubber, grindstone, whetstone, rubstone, grinding slip || ~ à **repasser à l'huile**, pierre *f* à rasoir / oil rubber o. stone || ~ de **revêtement** / facing brick o. stone || ~ **rustique** / rusticated ashlar || ~ **sanguine à brunir** (céram) / burnishing stone || ~ **sanguine [à crayon]** / raddle, red ocher || ~ à **savon** (min) / saponite || ~ **semi-précieuse** / semiprecious stone o. gem || ~ de **sole** (sidér) / flagstone of the furnace sole || ~ de **Solnhofen** / lithographic stone || ~ **souple** / flex stone || ~ de **taille**, pierre *f* taillée / dressed ashlar || ~ à **taille irrégulière** / random tooled ashlar || ~ **taillée grossièrement** / rusticated dressed ashlar || ~ de **touche** / touchstone, lydite, Lydian stone || **~s** *f pl* de **triage** (mines) / hand-picked dirt, picked deads *pl* || ~ *f* à **trou sans creusure** (instr) / hole o. ring jewel || ~ **tube** (instr) / stone tube || ~ en **verre** / glass block o. brick || ~ **verte** / natural o. virgin stone || ~ **volcanique** / eruptive stone o. rock, igneous rock || ~ de **voûte** / arch brick o. stone, voussoir

pierrée *f* / stone batter || ~, pierré *m* (routes) / rubble drain, drystone drain

pierrer (m.outils) / hone

pierrerie·s *f pl* / stones *pl*, rock || **~s** *f pl*, pierres *f pl* précieuses / jewels *pl*

pierreux / stony || ~ (mines) / dirty

pierrier *m* (géol) / scree, talus || ~, puisard *m* / soakaway

pierriste *m* (instr) / jewel maker

piétage *m* (nav) / load-line marking, Plimsoll line, draught marks *pl* || ~ en **naphtol** (tex) / naphthol bottoming

piètement *m* pour **table** (men) / underframe for tables

piéter (teint) / bottom, ground

piétin-échaudage *m* des **céréales** (agr) / black-leg of potatoes, take-all of cereals

piétin-verse *m* (agr) / eyespot of cereals, root rot, stem break (US)

piéton *m* / pedestrian

piétonner / pedestrianize

piétonnier / pedestrian... || **devenir** ~ / become pedestrianized

pieu *m* / fence post o. picket, pale || ~ (bâtim) / stake, pile || ~ (arp) / peg || ~ d'**accostage** (hydr) / fender pile o. post || ~ en **acier** / sheet[ing] pile || ~ **battu** / driven foundation pile || ~ en **béton** / concrete pile || ~ en **béton armé** / reinforced concrete pile || ~ **bétonné en place** / situ-cast pile, cast-in-situ pile || ~ en **bois** / spile, wood o. timber pile || ~ à **compression** (bâtim) / consolidation pile, injection pile || ~ **creux** / hollow o. tubular pile || ~ [de] **défense** (hydr) / fender pile o. post || ~ **destiné à être battu** / foundation pile || ~ **élevé** (bâtim) / elevated pile, stilt || ~ **explosif** (bâtim) / explosive pile || ~ **foré** (bâtim) / shell-less o. uncased [cast-in-situ-] concrete pile, drill-foundation pile, [large] bored pile || ~ **incliné** / raking pile || ~ **incliné de renfort** / batter pile || ~ **moulé dans le sol ou sur place** (bâtim) / situ-cast pile, cast-in-situ pile || ~ **porteur** / bearing pile || ~ **[préfabriqué]** / prefabricated pile || ~ **protecteur** (électr) / chafe rod || ~ **tubulaire** / hollow pile || ~ à **vis** / screw pile

piézo·chimie *f* / piezochemistry || **~électricité** *f* / piezoelectricity || **~électrique** / piezoelectric || **~électrique** (haut-parleur, microphone) / crystal..., piezo[electric] || **~ferroélectrique** / piezo-ferroelectric || **~magnétique** / piezomagnetic || **~mètre** *m* / piezometer || **~métrique** / piezometric || **~résistif** (phys) / piezo-resistive || **~tropique** / piezotropic

pige *f* / gauge rod, dip rod o. stick || ~, échantillon *m* (alésage) / gauge for bore holes || ~ **graduée pour lacunes de dilatation** (ch.de fer) / measuring triangle (for gaps)

pigeage *m* (mot) / dipping

pigment *m* / pigment || ~ d'**argent moulu** / silver bronze powder || ~ à **base de chromate de baryum** / barium chromate pigment || ~ à **base de chromate de plomb** / lead chrome green pigment || ~ à **base de chromate de plomb et de bleu de phthalocyanine** / lead chrome-phthalocyanine blue pigment || ~ à **base de chromate de strontium** / strontium chromate pigment || ~ à **base de chromate de zinc** / zinc chromate pigment || ~ à **base d'oxyde chromique** / chromic oxide pigment || ~ à **base d'oxyde de fer** / iron oxide pigment || ~ à **base d'oxyde de titanium** / titanium oxide pigment || ~ **blanc** / white pigment || ~ **blanc pulvérisé** (pap) / white pigment powder || ~ **bleu de fer** / iron-blue pigment || ~ **bleuté** (céram) / blue glaze pigment || ~ de **bronze moulu** / bronze pigment || ~ de **charge** (laque) / extender || ~ à **chaux** / lime pigment || ~ **coloré ou colorant** / colouring pigment, coloured pigment || ~ de **couleur** / coloured pigment || **~s** *m pl* de **fer** / iron pigments *pl* || ~ *m* **fondamental de la bile** / bile pigment || ~ de **laque** / lake pigment || ~ **luminescent** / luminescent pigment || ~ **métallique** / bronze [powder] || ~ **minéral** (gén) / mineral pigment || ~ **minéral** (teint) / body o. mineral colour || ~ à **nuancer** (pap) / stainer, colouring o. shading-off pigment || ~ **organique** / organic pigment || ~ **outremer** / ultramarine pigment || ~ de **poussière de zinc** / zinc dust pigment || ~ **semi-minéral** / metallo-organic pigment || ~ d'**usure** (biol) / age pigment, lipofuscin || ~ **végétal** / plant pigment || ~ **vert des plantes** / chromule

pigmenté, être ~, pigmenter *vi* / become pigmented

pignon *m* (techn) / pinion [gear] || ~ (bâtim) / gable || ~ (bicyclette) / rear wheel cog o. sprocket || ~ (lam) / cogged wheel || ~ d'**angle** / angular o. bevel wheel, mitre wheel, conical gear wheel || ~ d'**attaque** / driving pinion || ~ **baladeur** (boîte à vitesse) / sliding gear wheel || ~ de **centre** (horloge) / minute o. center pinion || ~ du **centre du différentiel** (auto) / differential master gear || ~ à **chaîne** / sprocket [wheel], chain sprocket || ~ à **chevrons** (lam) / pinion [gear] || ~ de **commande** / driving pinion || ~ **conique** / angular o. bevel wheel, mitre wheel, conical gear wheel || ~ **conique de l'arbre primaire** (auto) / axle drive bevel gear || ~ **coulissant** (auto) / sliding gear wheel || ~ **coupe-feu** (bâtim) / strong wall above the roof || ~ à **crabots ou à clabots** (auto) / gear with dog clutch || ~ du **démarreur** / starter pinion o. gear || ~ à **denture hélicoïdale** (auto) / helical gear || ~ du **différentiel** (auto) / axle drive bevel gear || ~ de **distribution** (auto) / valve timing gear || ~ **double de marche AR** (auto) / reverse double pinion || ~ **droit** / spur pinion || ~ **droit du différentiel** / differential spur gear || ~ d'**enfournement** (sidér) / back o. end o. gable wall || ~ d'**entraînement** / driving pinion || ~ d'**entrée** / input gear || **~-étalon** *m* / master gear[wheel] || ~ de **grande moyenne** (horloge) / minute o. center pinion || ~ **intermédiaire** / transmission gear wheel || ~

intermédiaire (auto) / intermediate timing gear || ~ de **marche AR ou de marche en arrière** / reverse idler gear || ~ **menant** / driver, driving gear o. pinion || ~ de **minutes creux** (horloge) / hollow pinion || ~ **primaire** / input gear || ~ de **raquette** (montre) / index o. regulator pinion || ~ de **renvoi** / transmission gear wheel || ~ de **renvoi sur arbre intermédiaire** (auto) / layshaft gear, counter gear || ~ **satellite** / planet wheel, spider gear, carrier pinion || ~ **secondaire ou de sortie** / output gear || ~ de **secondes** / fourth[-wheel] pinion || ~ de **sécurité** (horloge) / safety pinion || ~ de **sortie** (sidér) / front wall || ~ **tombant** / tumbler gear || ~ de **vilebrequin** (auto) / crankshaft timing gear, timing sprocket || ~ à **vis sans fin** / worm pinion

pilastre *m* (escalier) / newel (at the foot of a stairway) || ~ (bâtim) / pilaster, wall pillar || ~ **cornier** / corner pillar || ~ en **lisière** (bâtim) / pilaster strip

pile *f* / pile, heap || ~ (ord) / batch || ~, derrière *m* d'une pièce (numism) / reverse, tail of a coin || ~ (mémoire) / push-down store, nest store, stack || ~ (électr) / battery, pile, cell || ~ (pap) / beater [roll], beating engine || ~ (pont) / pier || ~ (nucl) / pilot reactor || **~s** *f pl* (mines) / chock || **à ou sur ~s** (radio) / battery operated o. powered, battery powered, operated off battery, self-powered || ~ *f* à l'**acide chromique** (électr) / chromic acid cell, bichromate cell || ~ **alcaline** (électr) / alkali[ne] cell || ~ **Allan** (électr) / Allan cell || ~ **articulée** (constr.en acier) / articulated column, rocking o. socketed o. pendulum stanchion o. pier, hinged pier o. pillar || ~ **atomique** (espace) / atomic battery || ~ au **bichromate de potasse** (électr) / chromic acid cell, bichromate cell || ~ à **bioxyde de manganèse** (électr) / Leclanché cell || ~ **blanchisseuse** (pap) / potcher, washer (US) || ~ de **bois** / stack of wood || ~ **Bunsen** (électr) / Bunsen cell || ~ **centrale** / center pier || ~ à **charbon** / charcoal pile o. kiln o. stack o. mound || ~ **charbon-zinc** (électr) / carbon and zinc o. carbon-zinc cell, sal-ammoniac cell || ~ au **chlorure d'argent** / De la Rue cell, chloride of silver cell || ~ **Coignet** (bâtim) / Hennebique o. coignet pile || ~ à **combustible** (électr) / fuel cell || ~ de **concentration** (électr) / concentration cell || ~ **constante** (électr) / constant [voltage] cell || ~ **couveuse rapide** / fast breeding reactor o. breeder, FBR || ~ **croisée** (charp) / cribwork || **~-culée** *f* (pont) / abutment pier || ~ **Daniell** / Daniell cell || ~ **défileuse de chiffon** (pap) / rag engine || ~ **défileuse ou désagrégeante** (pap) / washer, washing o. breaking engine, breaker || ~ **déplaçable** (mines) / temporary chock || ~ à **dépolarisation par l'air** / air [depolarized] cell || ~ de **disques** (ord) / disk pack || ~ à l'**eau de mer** / sea cell || ~ **électrolytique à mercure** (électr) / mercury electrolytic cell || ~ **étalon** (électr) / normal element, standard cell || ~ **étalon Weston** / Standard Weston cadmium cell || ~ **exponentielle** (nucl) / exponential pile || ~ d'**extrémité** (bâtim, pont) / end pier || **~s** *f pl* à **files** (mines) / frame-type support || **~s** *f pl* à **flèche** (mines) / shield-type support || ~ *f* en **forme de tour** (constr.en acier) / tower pier || ~ **galvanique** / voltaic cell o. couple || ~ au **gaz** (chimie) / gas cell || ~ **hollandaise** (pap) / hollander, beating engine || ~ **hollandaise au défilage** (pap) / breaker beater || ~ **hydroélectrique** (électr) / wet cell, fluid cell || ~ **invariable** (électr) / constant [voltage] cell || ~ **Jokro** (pap) / Jokro mill || ~ [pour **lampe**] **de poche** / pocket o. flashlight battery || ~ pour **lampe torche** / torch battery (GB), flashlight o. penlite battery (US) || ~ **laveuse** (pap) / potcher, washer (US) || ~ **Leclanché** (électr) / sal-ammoniac cell, Leclanché cell || ~ **locale** (corrosion) / local element, electrolysis junction || ~ **mélangeuse** (pap) / beater mixer || ~ au **mercure** / mercury cell || ~ à **métal liquide** (électr) / fluid metal cell || **~s** *f pl* **monobloques** (mines) / chock-type support || ~ *f* **nucléaire** (nucl) / reactor, nuclear reactor, pile || ~ à **oxydoréduction** (chimie) / oxidation-reduction cell, reduction-oxidation cell, redox cell || ~ de **papier** (pap, typo) / batch, pile || ~ **Peltier** (électr) / Peltier cell || ~ **permanente** (électr) / inert cell || ~ **piscine** / swimming pool reactor, pool[-type] o. aquarium reactor || ~ de **pivotement** (pont) / pivot pier || ~ de **planches** / lumber pile || ~ à **plaques tubulaires ou cuirassées** (accu) / cell with tubular positive plates || ~ à **plonger** (électr) / bichromate o. dipping battery, immersion battery, plunge o. plunging battery || ~ de **pont** / bridge pier || ~ **primaire** (électr) / primary cell || ~ **raffineuse** (pap) / beater, beating engine, finisher || ~ **reposant sur la terre** (pont) / end abutment, land pier || ~ **réversible** (électr) / reversible cell || ~ de **rive** (bâtim, pont) / end pier || ~ en **rivière** (pont) / bed o. river pier || ~ **ronde R 03 DIN 40860** (électr) / round cell R 03 DIN 40860 || ~ **ronde R1 DIN 40861** (électr) / round cell R1 DIN 40861 || ~ **ronde R3 DIN 40862** (électr) / round cell R3 DIN 40862 || ~ **ronde R6 DIN 40863** (électr) / round cell R6 DIN 40863 || ~ **ronde R9 DIN 40864** (électr) / round cell R9 DIN 40864 || ~ **ronde R14 DIN 40865** (électr) / round cell R14 DIN 40865 || ~ **sèche** (électr) / dry cell || ~ **secondaire** / secondary cell || ~ **solaire** / solar furnace || ~ de **sonnerie** (électr) / bell ringing cell || ~ **standard de Clark** / Clark cell || ~ de **tissu** (tiss) / cloth pile || ~ **voltaïque ou de Volta** (électr) / pile, battery, voltaic cell || ~ **Weston** / Weston standard cadmium cell

pilé / pounded

pilée *f* (pap) / mash, pulp

piler / pound *vt vi* || ~ (chimie) / pound *vt*, crush *vt*, bruise *vt* || ~ (auto) / jam on the brakes || ~ **le lin** / swingle, scutch

pilette *f* (fonderie) / flat rammer

pileur *m* de **minerai** / pounding o. crushing mill for ore, ore stamp[er] o. crusher

pilier *m* / pillar || ~ (montre) / pillar, stud || **sur ~s** / spandrel-braced, elevated || ~ **accessoire** (mines) / man-of-war pillar || ~ en **béton** / concrete pillar || ~ de **bois** (mines) / crib || ~ **boutant** (bâtim) / spur, buttress || ~ **central** / center pier || **~s** *m pl* de **cœur du haut fourneau** / understructure of blast furnace || ~ *m* **continu à tous les étages** / continuous story column o. post || ~ de **contre-boutant** / counterfort, counterpilaster || **~s** *m pl* **coordonnés** / coordinate pillars *pl* || ~ *m* **cornier** / corner pillar || ~ **déplaçable** (mines) / movable crib || ~ en **faisceau** / clustered column, compound pillar o. pier || ~ de **fondation** / foundation pillar || ~ de **minerai** (mines) / sill of ore || ~ de **mur** (constr.en acier) / wall pier o. pillar || ~ **pendul[air]e** (constr.en acier) / articulated column, rocking o. socketed o. pendulum stanchion o. pier, hinged pier o. pillar || ~ de **protection** (mines) / safety pillar || ~ de **protection d'un puits** (mines) / shaft pillar || ~ de **remblais** (mines) / rubbish pillar || ~ **restant** (mines) / residual o. stope pillar || ~ de **roche solide** (mines) / [pit] pillar || ~ **rond** / round shafted pillar || ~ de **sécurité** (mines) / barrier [pillar], safety pillar, chain wall || ~ de **soutien** / pillar, support || ~ entre des **tailles** (mines) / [pit] pillar

pilon *m* / stamp hammer, stamp[er] || ~ (chimie) / pestle || ~ (sonnette) / ram[mer] || ~ à **béton** /

concrete rammer || ~ d'**estampage** (forge) / top swage, drop o. swage hammer || ~ à **friction** (forge) / friction hammer || ~ **hydraulique** / hydraulic ram
pilonner / tamp *vt*, pound || ~ (mét, garnissage) / tamp *vt*, ram || ~ *vi* (auto) / knock *vi*
pilonneuse *f* / tamper, rammer || ~ (routes) / heavy-type detonating rammer, leap-frog || ~ (four de coke) / ramming machine
pilot *m* (pap) / rags *pl* || ~ (mines) / gusset || ~ (= gros pieu) (bâtim) / pile, stake || ~ d'**ancrage** (bâtim) / anchoring pole || ~ de **fondement** (bâtim) / foundation pile || ~ **[préfabriqué]** / prefabricated pile || ~ **«Simplex»** (bâtim) / cast-in-situ pile, moulded-in-place pile, simplex pile
pilotage *m* (bâtim) / pile foundation || ~, battage *m* des pieux / piling, pile driving || ~ (mines) / spil[l]ing || ~ (nav) / piloting || ~ (nucl) / fine control || ~ (ELF) (aéro) / attitude control || ~ (ELF) (espace) / attitude control, steering || ~ **automatique par rayon de guidage** (aéro) / automatic track correction || ~ par **manche à balai** (aéro) / column o. stick (US) control || ~ par **moteurs-fusées** (espace) / RCS, reaction control system || ~ de **synchronisation** (télécom) / sync pilot
pilote *adj* / semi-industrial || ~ *m* / pilot[man] || ~, pilote-aviateur *m* / pilot, aviator || ~ (tiss) / pilot cloth || ~ (découp) / pilot [pin], pummel || ~ (télécom) / pilot || ~ **arrière** (outil de brochage) / rear pilot of a broach || ~ **automatique**, P.A. (nav) / automatic helmsman, autopilot || ~ **automatique** (aéro) / autopilot || ~ de **commande** (télécom) / control pilot, regulating pilot || ~ de **commutation** (télécom) / switching pilot || ~ **conique** (découp) / pilot [pin] || ~ de **continuité** (télécom) / continuity pilot || ~ **éclipsable** (découp) / retractable pilot pin || ~ d'**essai** (aéro) / test pilot || ~ **fixe** (découp) / pilot [pin] || ~ de **groupe** (électron) / group [reference] pilot || ~ **lamaneur** / river pilot || ~ de **sécurité** (aéro) / safety pilot || ~ de l'**usine** / test pilot, factory pilot
piloté (hydr) / pilot controlled || ~ (électr) / master controlled || ~ (pompe) / pilot operated || ~ **distance** / telecontrolled
piloter (nav) / pilot *vt*, navigate || ~ (aéro) / pilot *vt*, fly || ~ (télécom, TV, électron) / monitor *vt* || ~ (hydr) / pale *vt* || ~ (fondation) / pile *vt* || ~, battre les pieux / pile-drive
pilotis *m* / pile work, row o. rank of piles, spiling || ~ (bâtim) / pointed pile || ~ de **bordage d'un batardeau** (hydr) / gauge[d] pile o. standard pile of a coffer dam || ~ pour **enceinte de fouille** (bâtim) / guide pile (for foundation ditches) || ~ de **grillage ou de support** / foundation pile, bearing pile o. supporting pile of a grating || ~ à **vis** / screw pile
pilou *m* / beaverteen
pilule *f* / pellet, pill
P.I.M (voir «Prescriptions») (ch.de fer) / Int. Goods Regulations, P.I.M.
piment *m* / allspice, pimento
pin *m* (circ.impr.) / pin
pin *m* (bot) / pine || ~ **alvier** / Swiss stone pine, cembran pine, Siberian yellow pine || ~ **américain**, pin *m* des marais / American pitch pine, Pinus palustris || ~ des **Antilles** / Carribean longleaf pine, slash pine || ~ **baliveau**, Pinus strobus / yellow pine, Eastern white pine (US), Weymouth pine || ~ **cembro** / Swiss stone pine, cembran pine, Siberian yellow pine || ~ **commun** voir pin sylvestre || ~ **Douglas** / Oregon o. Douglas pine o. fir, Douglas spruce || ~ d'**Ecosse** / red o. common o. Scotch pine, Pinus resinosa || ~ **gemme** / resin bearing pine tree || ~ [dit] **jaune** / yellow pine || ~ de **kaori** / kauri [pine], cowrie, cowdie, agathis australis, copal tree || ~ du **Lord**, Pinus strobus / yellow pine, Eastern white pine (US), Weymouth pine || ~ des **marais**, Pinus palustris / pitchpine || ~ **maritime des Landes** / resin bearing pine tree || ~ des **montagnes**, pin *m* nain / knee pine, Pinus montana pumilio || ~ **noir d'Autriche**, Pinus nigra / black pine || ~ de **Paraná**, Araucaria angustifolia / Parana pine || ~ **pignon ou parasol** / stone o. umbrella o. parasol pine, Pinus pinea L. || ~ **rouge d'Amérique** / redwood || ~ **rouge du Canada** / American red fir || ~ **sylvestre** / pine, Scots pine o. fir, Baltic redwood, Pinus silvestris || ~ **Weymouth**, Pinus strobus / yellow pine, Eastern white pine (US), Weymouth pine
pinace *f* voir pin sylvestre
pinacoïde *m* (crist) / pinacoid || ~ **basal** (crist) / basal pinacoid
pina·col *m* (chimie) / pinacone, pinacol (US) || ~**colone** *f* / pinacolone, pinacolin, 3,3-dimethyl-2-butanone || ~**cryptol** *m* (phot) / pinacryptol
pinasse *f* voir pin sylvestre
pinatypie *f* (phot) / pinatype
pince *f* / squeezing device, clip || ~, petites tenailles *f pl* / pliers *sing o pl*, nippers *pl* || ~ (accu) / squeezing binder || ~ (électr) / binding post, binder || ~ (tex) / nippers;pl. || ~, levier *m* de biche voir pince[-levier] || ~ (propriété de saisir avec force) / prehensile power || ~ à **abaissement** / hooked retracting forceps *pl* || ~ **absorbante** / absorbing clamp || ~ pour **accumulateurs** / battery clip o. terminal || ~**-aiguille** *m* (m.à coudre) / needle guard o. clamp || ~ *f* d'**ajustage** / adjusting pliers *pl* || ~ à **ajuster** / adjusting pliers *pl*, straightening pliers *pl* || ~ **ampèremétrique** (électr) / clamp-on probe, tong-test instrument || ~ d'**ancrage** / anchoring clip || ~ d'**arrachage** (sonnette) / monkey, slip hook || ~ pour **automobiles** / vehicle pliers *pl* || ~ **autoserrante** (grue) / self-closing grappler || ~ d'**avance** (m.outils) / feed collet o. pusher, stock pusher (US) || ~ à ou pour **avoyer** / saw set pliers *pl* || ~ **bec de canard** / duck-bill pliers *pl* || ~ à **becs demi-ronds électronique** / needle nose pliers *pl* || ~ à **becs fins** / needle-nose pliers *pl* || ~ à **becs longs** / long-nose pliers *pl* || ~ à **becs minces allongés** / long-grip pliers || ~ à **becs plats** / flat [nose] pliers o. tongs *pl* || ~ de **bout** (électr) / binding post o. screw, connection o. connecting terminal, terminal [plug], connector || ~ à **briques à serrage [automatique ou commandé]** (bâtim) / brick fork || ~ à **brûleur** / burner o. gas pliers *pl* || ~ de **bureau**, pince-feuilles *m* / letter clip, paper clip || ~**-burette** *m* / spring clip || ~**-câble** *m* (funi) / rope clamp o. cramp || ~**-câble** *m* (chemin de fer funiculaire) / rope sockets *pl* || ~**-canette** *f* (tiss) / jaw, pirn clamp || ~ à **chasser les tiges de caractères cassées** (m. à écrire) / extractor for broken type printing hammers || ~ à **cintrer des tubes isolants** / bending pliers o. tongs *pl*, hickey (US) || ~**s** *f pl* à **cintrer les tubes** / pipe bending pliers || ~ *f* pour **circlips** / pliers *pl* for retaining rings for shafts, [for bores], circlip pliers *pl* || ~ **clinch** (emballage aérosol) / clinch tongs *pl*, clinching tool || ~ à **contact** (soudage) / contact bar o. jaw || ~ de **contrôle** (ch.de fer) / ticket punch o. clippers *pl* || ~ **corbeau** / self-gripping general-purpose pliers || ~ à **cordages** (funi) / rope clamp o. cramp || ~ à **cosses de batterie** / battery pliers *pl* || ~ **coulissante** / sliding tongs *pl* || ~ **coupante** (outil) / wire cutter || ~ **coupante articulée** / end cutting nippers with lever assisted

joint, double-action end cutter || ~ **coupante à becs demi-ronds** / snipe nose plier with side cutter || ~ **coupante devant ou en bout** / front o. end cutting nippers *pl* || ~ **coupante devant articulée** / end cutting nippers with lever assisted joint, double-action end cutter || ~ **coupante diagonale** voir pince diagonale || ~ à **coupe centrale** / center cutting nippers *pl*, middle cutter || ~ **coupe-fil** (agr) / fencing pliers *pl* || ~ de **courant** (électr) / binding post o. screw, connection o. connecting terminal, terminal [plug], connector || ~ à **courber** / bending iron o. wrench || ~ de **court-circuit** (électr) / bridge connector, bridging-over terminal || ~ de **court-circuit de la batterie** / bridge connector || ~ à **crampons** (ch.de fer) / spike tongs *pl* || **~s** *f pl* à **creuset** (sidér) / tongs *sg pl*, a pair of tongs || ~ *f* **croco[dile]** / [crocodile] clip, alligator clip || ~ de **décharge de traction** / strain relief clamp || ~ de **déclic** / tongs of a pile-engine || ~ à **déformer les câbles** / deforming clamp for wire ropes || ~ **demi-ronde** / snipe nose pliers, needle nose || ~ **demi-ronde électronique** / needle nose pliers *pl* || ~ à **dépouiller l'isolation**, pince *f* à dénuder / cable unsheathing pliers *pl* || ~ **détachante** (tex) / detaching nippers *pl* || ~ à **deux griffes** / hooked retracting forceps *pl* || ~ **diagonale** (outil) / diagonal cutting nipper, side cutting o. oblique cutting pliers *pl*, diagonal-nosed cutting pliers (US) *pl*, side nippers *pl* || ~ **diagonale électronique** / chain nose side cutting plier || ~ à **dresser** / adjusting pliers *pl*, straightening pliers *pl* || ~ à **dresser les aiguilles** / needle pliers || ~ **écorchante** / stripping tongs *pl*, wire stripper || ~ à **écrous** / nut pliers || ~ à **écrous pour robinets de montée** / water cock nut pliers *pl* || ~ d'**éjection** (découp) / gripper finger || ~ pour **électrodes** (soudage) / welding *pl* tongs, electrode holder || ~ **emporte-pièces avec étoile [à 6 tubes]** / revolving punch pliers *pl* || ~ à **enfoncer les embouts** / plugging pliers *pl* || ~ d'**essai** (électr) / test tongs || **~s** *f pl* à **essai** (sidér) / tongs *sg pl*, a pair of tongs || ~ *f* d'**essayeur** / assayer's tongs *pl* || ~ **étau** / vise-grip wrench || ~ **excentrique** / eccentric clamp o. grip || ~ **extensible** / lazyboy, lazy tongs || ~ d'**extrémité** / terminal clamp || ~ du **fil** (filage) / thread clip, locking device || ~ du **fil de contact** (ch.de fer) / feeder ear || ~ à **fioner** (verre) / chipping tool || ~ du **forgeron** / tongs for blacksmiths || ~ à **galets** / roller crow bar || ~ à **gaz** / burner o. gas pliers *pl* || ~ à **gaz** (NF E73-150) / vehicle pliers *pl* || ~ à **gaz pour plombiers** / pipe o. cylinder wrench, pipe tongs *pl* || ~ **gratte-laque** (électr) / coated wire stripping tweezer || ~ à **griffes** (ligne électrique) / parallel groove clamp || ~ à **gruger** / glass pliers *pl* || ~ **hollandaise** (maçon) / cramp iron, crampo[o]n, devil's claw || ~ **isolante** / pliers with insulated handles *pl*, insulated pliers *pl* || ~ **isolante** (électr) / insulating clamp || ~ **latérale** (rivet) / edge distance lateral || **~[-levier]** *f* / crowbar, pinching o. pinch-bar, pincher, handspike (GB), jim-crow (GB), pry (US) || ~ pour **liaisons sans soudure** (télécom) / jointing clamp || ~ à **lier les fils** / wire binding pliers *pl* || ~ **longitudinale** (rivet) / edge distance longitudinal || ~ avec **mâchoires pointues** / needle nose pliers *pl* || ~ **magnétique** / magnetic pliers || ~ à **main** (instr. de musique) / striking mechanism || ~ à **marqueur** / marking pliers *pl* || ~ à **marteau** (teint) / hammer clip || ~ de **mesure** (électr) / clip-on instrument || ~ **multiprise galbée** / multiple slip-joint gripping pliers *pl*, gripping pliers with SWP joint *pl* || ~ **multiprise** / water pump pliers || ~ **multiprise à crémaillère** / channel locking water pump pliers, forged groove joint pliers (US) || ~ à **nopper** (tex) / burling tweezer, weaver's nippers *pl* || ~ à **œillets** (cordonnerie) / eyelet punch o. pliers o. pincers || ~ à **oreilles** (électr) / wing post (US) o. terminal || ~ pour **ouvriers télégraphiques** / fencing pliers *pl*, lineman's pliers *pl* || ~ à **palettes** / pallet withdrawing gripper || ~ **pivotante** (m.outils) / tilting tongs || ~ **plate** / flat [nose] pliers o. tongs *pl* || ~ **plate** (électr) / flat terminal || ~ **plate angulaire** / bent flat pliers || ~ **plate et coupante** / flat nosed and cutting nippers || ~ **plate d'horloger** / flat nose pliers for horologists || ~ **plate parallèle** / parallel action flat nose pliers || **~s** *f pl* à **plier les tubes** / pipe bending pliers || ~ *f* à **plomber ou de plombage** / lead stamping punch pliers *pl*, lead sealing pliers *pl*, leading tongs *pl* || ~ à **poinçonner** (ch.de fer) / ticket *pl* punch o. clippers || ~ **pointue** / pointed pliers *pl* || ~ **porte-baguettes**, -électrode *f* (soudage) / welding tongs *pl*, rod holder || ~ **[pressante]** (chimie) / pinchcock, squeezing cock, spring clip || ~ **pressante à vis** / screw pinchcock || ~ de **prise** (soudage) / hand screw cramp || ~ à **prise multiple** / adjustable joint pliers || ~ de **raccordement** (électr) / connection o. connecting terminal, connector || ~ à **rails** (ch.de fer) / rail lifter o. pinch-bar o. tongs *pl*, barrow tongs for rails *pl* || ~ de **réception** (typo) / frisket [finger] || **~s** *f pl* **réglables DIN 5231** / multiple slip-joint gripping pliers *pl*, gripping *pl* pliers with SWP joint || ~ *f* de **régleuse** (horloge) / watchmakers' plier || ~ à **ressort** / spring clip || ~ à **ressort de frein** / brake spring pliers || ~ à **riper** voir pince[-levier] || ~ à **rivets** / tongs for rivets, riveting tongs *pl* || ~ **ronde** / round [nose] pliers *pl* || ~ de **serrage** (m.outils) / collet chuck, spring [collet] chuck, split chuck || ~ de **serrage à excentrique** / eccentric lever collet chuck || ~ de **serrage avec lamelles** (m.outils) / collet with clamping lamellas || ~ de **serrage poussée** / push-out collet chuck || ~ de **serrage tirée** (m.outils) / pull-in collet || ~ **serre-tube à talon** / pipe wrench, Swedish pattern || ~ à **sertir** / crimping tool || ~ de **suspension** (caténaire) / suspension grip || **~-tâteur** *f* (tex) / feeler clip || ~ à **tirer** (électr) / pull-in pliers *pl* || ~ à **torsades** / twist clamp || ~ de **tourmaline** / tourmaline tongs *pl* || ~ à **tréfiler** / wire drawing tongs || ~ de **treillageur** (agr) / fencing pliers *pl* || ~ pour **tuyaux souples** / hose o. tube clip o. clamp || ~ **universelle** / flat-nosed and cutting nippers, cut[ting] o. universal o. engineer's pliers *pl*, cut-pliers *pl* (US) || ~ pour **vitriers** / glass pliers *pl* || ~ à **voie** / saw set pliers *pl* || ~ **voltmétrique ou ampèremétrique** / tong-test instrument

pincé / cramped

pinceau *m* / paint brush, brush || ~ (poste à écran) / sweep || ~, faisceau *m* / beam o. pencil of rays || ~ à **air** (photogravure) / air brush o. jet o. knife || ~ à **badigeonner** / whitewash brush || ~ d'**électrons** / electron beam || ~ **étroit d'électrons** / gas-concentrated electron beam, narrow electron beam || ~ **fin** / hair pencil || ~ **lumineux** / light pen || ~ **lumineux** (opt) / luminous aigrette o. beam o. pencil || ~ **martre** (dessin) / badger pencil || ~ de **peintre en bâtiment** / painter's o. painting brush, (esp.:) rough surface paint brush || ~ **plat** / flat brush || ~ en **poil d'écureuil** / hair pencil || ~ **radiateur** / radiator paint brush || ~ en **soie de Chine** / hair brush

pinceautier *m* / maker of paint brushes

pincée *f* (reliure) / quire of 24 sheets

pincement *m* (ampoule) / pinch, stem press || ~ (plasma) / pinch || ~ (lam) / overfill || ~ [des **roues**

avant] (auto) / toe-in || ~ de **voie** (auto) / tuck-under
pincer / pinch *vt*, squeeze || ~ / tong *vt*, grasp with tongs || ~, enlever en pinçant / pinch *vt*
pincette *f* (serr) / [a pair of] tweezers, spring pincers || ~**s** *f pl* (tiss) / weaver's nippers *pl* || ~ *f* (lab.chem) / burette pincers || ~ à **bec** / hawk bill pliers *pl* || ~ à **corriger** (typo) / nippers;pl. || ~**s** *f pl* **rondes** / round [nose] pliers *pl*
pinçure *f* (lam) / burr from rolling || ~ (câble) / groove, ridge
pinène *m* / pinene
pink *m* (teint) / double chloride of tin and ammonium, pink salt o. colour, ammonium stannic chloride
pinnoïte *f* (min) / pinnoite
pinnule *f* / slot and window sights, sight vane, direct vision view finder, diopter || ~ à **fils** / cross-wire sight || ~ à **trou** / peep sight (US), pin sight
pinolite *f* (min) / pinolite
pinte *f* (Canada) / 1.36 liter (a measure of capacity)
piochage *m* / hoe cultivation || ~ (routes) / scarifying
pioche *f* / pickax[e] || ~ à **bourrer** (ch.de fer) / beater o. packing o. tamping pick || ~ de **carrier** / pick hammer || ~ d'un **continu** (tex) / shaft of the ring twister || ~ **ordinaire** / ordinary tamping pick || ~ **piémontaise** / flat pick || ~ de **terrassier** (bâtim) / [navvy] pick
piocher / pick *vt vi*, dig
piocheuse *f* (agric, pap) / chopping machine, chipper || ~ (télécom) / pecker || ~ (routes) / road scarifier o. plough, rooter plow (US) || ~**-défonceuse** *f* (routes) / ripper-scarifier
piolet *m* / ice-axe
pion *m* / π-meson, pion || ~ (mét. léger) / slug || **à ou de** ~ / pi- o. π-mesonic
pip *m* (radar) / pip, blib
pipe *f* (grande futaille) / big barrel for spirits || ~ de **cueillage** (verre) / potette, boot, hood || ~ en **porcelaine** (électr) / porcelain bush || ~ de **W.C.** / trap of WC
pipeline *m* (ELF) / pipeline || ~ **sous-marin** / underwater pipeline
pipérazine *f* / piperazine
pipéridine *f* / piperidine, hexahydropyridine
pipérin *m*, pipérine *f* / piperine, 1-piperoylpiperidine
pipéronal *m* / piperonal, heliotropin
piperonyl *m* **butoxyde** / piperonyl butoxide
pipette *f* / pipette || ~ (graissage) / drop tube || ~ (viticulture) / wine siphon o. syphon || ~ à **deux traits** (chimie) / [calibrated] delivery pipette || ~ pour **dilution** (chimie) / dilution pipette || ~ à **écoulement rapide** (chimie) / swift delivery pipette || ~ pour **écoulement entre traits, [pour écoulement à la pointe]** / pipette for partial, [complete] delivery || ~ à **gaz** / gas sampling pipette || ~ à **gaz à combustion complète** (chimie) / slow burning gas pipette || ~ **[à gaz de] Hempel** (chimie) / Hempel [gas] pipette || ~ **graduée** / graduated o. scale pipette || ~ **graduée pour écoulement à la pointe** (chimie) / graduated pipette for delivery to jet, swift delivery pipette || ~ **graduée pour écoulement entre traits** / graduated pipette for partial delivery || ~ **graduée à souffler** / blow-out scale pipette || ~ **jaugée** / graduated pipette || ~ à **piston** / piston [operated] pipette || ~ à **souffler** / blow-out pipette || ~ à **souffler à un trait** (chimie) / blow-out delivery pipette || ~ à **un trait** (chimie) / [calibrated] delivery pipette || ~ **volumétrique** (chimie) / volumetric pipette
pipetter / pipette *vt*
piquage *m* (bâtim) / pricking up || ~ / branch-T || ~ sur **conduite** / connection piece || ~ au **peigne** (tiss) / reeding || ~ à **plat ou à travers** (typo) / flat o. side [wire] stitching (with clinching of the wires), side stabbing (without clinching)
piquant *adj* / burning, biting || ~ (odeur) / pungent || ~ (pointe) / spiky, sharp || ~ (saveur) / harsh, pungent || ~ *m* / spine (zool), thorn (bot)
piqué *adj* (pap) / mouldy (GB), moldy (US), musty || ~ (pierres) / roughly squared || ~ (bois, blé) / rotten, fusty, pecky, smutted || ~ (phot) / clear in detail, sharp || ~ *m* (aéro) / nose dive, dive, diving || ~ (tiss) / piqué || ~ à **cheval** (graph) / saddle stitched || ~ par l'**humidité** / foxy, foxed, spotty o. stained by damp o. mould || ~ **limite** / terminal nose dive || ~ à **plat**, piqué à travers (graph) / wire stabbed || ~ de **rouille** / pitted by corrosion || ~ de **vers** / worm eaten
piquée *f* (sidér, fonderie) / tap, tapping, run-off
pique-feu *m* / fire-rake, poker
pique-huile *m* (horloge) / oil pike
piquer / prick *vt* || ~ (chimie, techn) / pit *vt* || ~ (pierres) / pick ashlars || ~ (couture) / stitch *vt*, quilt || ~ (lam) / rag *vt*, roughen || ~ (chaudière) / scale *vt*, strip the scale || ~ (typo) / register *vt*, prick || ~ le **feu** / poke *vt* || ~ le **lattis** (bâtim) / prick up, roughen || ~ à **plat ou à travers** / staple *vt* || ~ la **soudure** / peen the seam
piquet *m* / post, stake || ~ (arp) / stake || ~ de **départ** (arp) / main station peg, datum peg || ~ de **grève** / picket[ter], piquet || ~ d'**incendie** (mines) / fire hunter || ~ de **marquage** / marking stake || ~ de **mire** / station staff o. pole o. rod, directing o. range o. ranging rod o. pole o. staff || ~ de **nivelettes** / gradient peg, surface mark || ~ de **prise de terre** / earth rod o. spike || ~ de **référence** (arp) / recovery peg || ~ de **repérage** (fonderie) / positioning dowel || ~ de **repère** (arp) / datum peg, main station peg || ~ de **tente** / peg of a tent || ~ de **terre** / earth rod o. spike
piquetage *m* (bâtim) / roughing of walls
piqueter (arp) / peg out, stake out o. off
piqueur *m* (mines) / getter || ~ **de cartes ou de cartons** (jacquard) / jacquard card cutter || ~ de **dessins** (tiss) / card cutter
piqueuse *f* (m.à coudre industr.) / seamer || ~ à **agrafer** / stapling machine, wire stitching machine
piquoir *m* (avec loupe) (dessin) / pricker
piqûration *f* (contact, galv) / pitting
piqûre *f* (acier) / corrosion pit || ~ (soudage) / gas pocket || ~ (fonderie) / pinhole (defect) || ~ (plast) / pit, pitting || ~ (auto) / puncture || ~ (défaut, pap, tex) / pinhole || ~ (défaut, galv) / pit || ~ (couture) / stitching (a seam for decorative purposes only) || ~ (méd) / injection, shot (coll) || ~ (défaut, lam) / scab, scar || ~ (p.ex. d'épingle) / prick || **à** ~**s** (surface) / pitted || **devenir couvert de** ~**s** / pit *vi* || ~ à **cheval** (graph) / saddle stitching || ~ de **corrosion** / pitting, localized corrosion || ~ de **corrosion** (décapage) / etch pit || ~ au **fil métallique** (typo) / wire stitching o. stapling || ~ de **gaz** (fonderie) / pinhole || ~ de l'**humidité** (pap) / fox mark, mo[u]ld stain || ~ due au **laminage** (sidér) / roll mark, roll pick-up || ~ à **plat ou à travers** (typo) / wire stabbing || ~ **saillante due au laminage** (défaut, lam) / high spot || ~ de la **soupape d'échappement** / burning-out of the outlet valve || ~ de **vers** (bois) / shot-hole, worm hole o. groove
piriforme / pear-shaped, pyriform
pis[-]aller *m* / makeshift
piscine *f* / swimming pool || ~ (nucl) / reactor well, refuelling cavity || ~ **couverte** / [indoor] swimming pool || ~ **découverte** / open air [swimming] pool || ~ de **désactivation** (nucl) / cooling pond, canal || ~ de **plein air** / open air [swimming] pool || ~ **[privée]**

couverte / indoor swimming pool
pisé *m* / beaten cobwork || ~ (fonderie) / patch, ramming mass o. material o. mix || ~ de **calage** (sidér) / Compo (a ramming mass rich in SiO_2) || ~ en **chaux et sable** / rammed sand mortar work, rammed sand concrete work || ~ de **cubilot** / cupola lining || ~ **exothermique de masselotte** (sidér) / exothermic feeder head mixture || ~ de **magnésite damé** / magnesite ramming mass || ~ **réfractaire damé** (sidér) / refractory ramming mixture || ~ **réfractaire pour réparation** (sidér) / fettling material
pisiforme / pisiform, pisolitic
pisolithe *f*(min) / pisolite
pisolithique / pisolitic
pissasphalte *m* / bituminous tar o. pitch, Barbados tar, pissasphaltum, semicompact bitumen
pissette *f*(chimie) / wash[ing] bottle
pistache *f* **de terre** (bot) / earthnut, groundnut, peanut, arachis
pistage *m* / tracking || ~ de **bande son** / sound track striping || ~ **magnétique** / magnetic striping
piste *f* / track, trail || ~ (b.magnét) / channel, track || ~ (gén, nucl) / racetrack, race-track || ~ (ch.de fer) / pathway, side path || ~ (aéro) / runway || ~ (chaussée) / roadway, pavement (US) || ~ (station de service) / service station entrance || ~ (auto) / speedway || **à ~s multiples** (ord) / multiple track... || **à deux ~s** (b.magnét) / dual track... || **à deux ~s magnétiques** (film) / double edged || **à quatre ~s** (b.magnét) / four-track || ~ d'**accès** (aéro) / taxi lane || ~ à **accès rapide** (mém. à disque) / rapid-access loop o. track || ~ d'**adresses** / address track || ~ d'**approche de précision** / precision approach runway || ~ pour **approche à vue** / non-instrument runway || ~ d'**asservissement** (TV) / control track || ~ d'**atterrissage** / landing area o. strip || ~ d'**atterrissage de secours** (aéro) / emergency landing ground o. field (US) || ~ **audio** / audio track || ~ **bétonnée** (aéro) / concrete runway || ~ de **bibliothèque** (ord) / library track || ~ de **cartes** (c.perf.) / card track o. path, card channel || ~ **cavalière** (routes) / bridle path o. way || ~ **cendrée** / dirt track || ~ de **circulation** (ch.de fer) / four-foot way, side path, cess side || ~ de **commande** (bande vidéo) / control track || ~ **conductive** (circ.impr.) / strip conductor, track || ~ de **contrôle de parité** (b.magnét) / parity test track || ~ **couchée ou pré-couchée** (film) / prestriped track || ~ **cyclable** / bicycle way, cycle path, bikeway (US) || ~ de **décollage** (aéro) / runway || ~ de **disque** (ord) / disk track || ~ de **données** (bande perf.) / data track, code track || ~ **droite** (routes) / right lane, (England,Japan:) off-side lane || ~ d'**enregistrement** (ord) / recirculating loop || ~ d'**entraînement** (bande perf.) / feed o. sprocket track || ~ d'**entraînement de cartes** (c.perf.) / card bed, card guide || ~ d'**envol** (aéro) / take-off runway || ~ d'**envol et d'atterrissage** / runway, flight strip || ~ d'**essai** (auto) / test track || ~ **gauche** (routes) / left lane, (England,Japan:) near-side lane || ~ **horloge** (ord) / clock [marker] track || ~ d'**images** (film) / picture track || ~ des **informations** (b.magnét) / information track || ~ d'**insertion** (ord) / insertion track || ~ aux **instruments** (aéro) / instrument [approach] runway || ~ de **labels** (ord) / label track || ~ de **lecture** (c.perf.) / card read track || ~ **magnétique** (carte compte) / magnetic stripe || ~ **magnétique** (ord) / [magnetic] track || ~ **occupée par un bloc** (mémoire à disque) / track record || ~ d'**ordres** (bande vidéo) / cue track || ~ de **perforateur** (bande perf.) / track o. channel of punched holes || ~ **pilote** / guide o. cue track, pilot tone track || ~ pour **poids lourds** (routes) / climbing o. creeper lane || ~ **principale** (aéro) / main runway || ~ de **prolongement occasionnellement roulable** (aéro) / overrun || ~ de **remplacement** (ord) / alternate track || ~ de **roulage** (routes) / roadway, pavement (US) || ~ de **roulement** (aéro) / taxiway || ~ de **rythme** (ord) / clock [marker] track || ~ de **sable** (auto) / dirt-track || ~ **savonnée** (auto) / skidpan || ~ **serrée** (phono) / squeeze track || ~ **son[ore]** (film) / sound track || ~ de **son optique** / optical sound track || ~ **sonore** (TV) / sound on vision, S.O.V. || ~ **sonore de bourdonnement** (film d'essai) / buzz track || ~ de **synchronisation** (ord) / clock [marker] track || ~ **vidéo** / video track || ~ **voisine** (mém. à disques) / adjacent track
pistolage *m* / spraying by spray gun || ~ à la **flamme** (plast) / plast spraying
pistolet *m* / pistol || ~ (mines) / pitching-borer || ~ (urinoir) / wall urinal || ~ (fabr.de pneus) / captive bolt pistol, turn-up hook || ~ d'**abattage** / humane killer || ~ à **air** / blow-out gun || ~ à **braser** / solder gun || ~ à **cheville percutante** (abattoir) / captive bolt pistol, pneumatic gun || ~ **cloueur à agrafes** / tacker for staples || ~ à **colle** (traitement de bois) / glue gun || ~ à **désouder** / unsoldering set || ~ de **dessablage** / blowgun || ~ à **dessin** / curve templet o. template, French curve, multicurve || ~ à **enduire** / spray gun || ~ **enfonce-broches** / bolt firing tool, cartridge-operated hammer, explosive-actuated tool || ~ **enfonce-broches à piston** / plunger-type bolt setting tool || ~ à **fusée** / signalling o. illuminating pistol, very light pistol (US) || ~ **lance-fusées** / Very pistol, flare o. pyrotechnic pistol || ~ de **lumière** (électron) / light gun || ~ de **métallisation** / metallizing gun, metal spraying pistol || **~-mitrailleur** *m* / submachine gun, automatic [pistol], tommy gun (coll) || ~ de **peinture ou à projeter** / spray[ing] gun, spreader || ~ **plante-goujons** / bolt firing tool, cartridge-operated hammer, explosive-actuated tool || ~ à **projection des métaux fondus** / flame gun || ~ **pulvérisateur** (agr) / atomizer pistol lance || ~ **pulvérisateur** (peinture) / spray[ing] gun, spreader || ~ **pulvérisateur pour peintures** / colour sprayer || ~ **pulvérisateur pour la peinture des parois** (bâtim) / spray diffuser for wall painting || ~ **pulvérisateur de plasma** / plasma [spray]gun || ~ à **scellement** (bois) / dowel driver || ~ à **souder** / welding handle o. gun || ~ **spatial** / space pistol
pistoleur *m* / spray painter
piston *m* / piston, plunger || ~ (coulée sous pression) / plunger || **à ~ alternatif** / piston..., reciprocating... || **avec ~ de petit diamètre et à longue course** (mot) / oversquare || ~ d'**alimentation** (pompe à injection) / delivery plunger || ~ d'**allégement** (turbine) / relieving piston || ~ en **alliage d'aluminium** (auto) / aluminium alloy piston || ~ **aspirant ou d'aspiration** / valve piston || ~ **autothermique** (mot) / autothermic piston || **~-chasse** *m* / pressure piston, follower || ~ de **compression** / plunger [piston], force plate || ~ à **contact** (guide d'ondes) / contact plunger || ~ de **court-circuit** (radar) / piston attenuator || ~ **creux** (techn) / tubular piston || ~ **déplaceur** (mot) / displacement o. displacing piston, displacer || ~ en **deux [pièces]** / divided piston || ~ **différentiel** / differential o. step piston || ~ à **disque** / disk o. ring piston || ~ **distributeur** / piston valve || ~ à **double effet** / disk o. ring piston || ~ à **eau sous pression** / hydraulic lifting piston o. cylinder || ~

d'**éjecteur** (plast) / ejection ram || ~ **élévateur** / hydraulic jack of an excavator || ~ **élévateur ou élévatoire** (hydr) / lifting piston o. cylinder || ~ d'**équilibrage** (turbine) / balance o. dummy piston || ~ **flottant** / floating piston || ~ à **fond convexe ou sphérique** / spherical piston head || ~ **fourreau** (mot) / trunk piston || ~ **frappeur** (air compr.) / percussion piston, ram of the air hammer || ~ du **frein** / brake piston || ~ à **gradins** / differential o. step piston || ~ **inférieur** (presse) / bottom ram || ~ d'**injection** (plast) / pot plunger, injection ram || ~ à **jupe fendue** / split skirt piston || ~ à **lames de contact quart d'onde** (guide d'ondes) / bucket piston o. plunger || ~ **léger** (mot) / slipper piston || ~ de **levée [hydraulique ou à eau comprimée]** (hydr) / lifting piston o. cylinder || ~ **libre** / free floating piston || ~ de **métal léger** / lightweight piston || ~ **moteur** / working o. main piston || **~s** *m pl* **opposés** / pistons working in opposite direction, opposed pistons *pl* || ~ *m* à **piège** (guide d'ondes) / non-contact o. choke piston o. plunger || ~ **pilote** / piston valve || ~ avec **plaque d'acier Invar** / Invar piston || ~ **plat** / disk o. ring piston || ~ **plein** / plunger [piston] || ~ **plongeur** / ram, plunger [piston] || ~ de **pompe** (pétrole) / sucker || ~ de **pression** / pressure piston, follower || ~ **refouleur** / pressure piston, follower || ~ de **relevage hydraulique** / hydraulic lifting piston o. cylinder || ~ de **remontée** (plast) / pull-back ram || ~ **rotatif** / rotary piston || ~ **rotatif à palettes** / slide vane piston || ~ **secoueur** / jolt piston || ~ à **soupape** (techn) / valve piston || ~ **sphérique** (oléohydraulique) / ball piston || ~ à **tête plate** / flat-topped piston || ~ **tournant** / rotary piston || ~ du **vérin** (plast) / force plug, ram

pistonnage, à ~ pneumatique (prépar) / air-pulsed

pistonnement *m* / water displacement (in a lock) || ~ / air displacement (in a tunnel)

pit *m* **ordinaire** (sidér) / dead soaking pit || ~ à **scories** / slag o. cinder pit || ~ **sec** (sidér) / soaking pit

pitchpin *m* / Carribean longleaf pine, slash pine

pite *f*, pita, pitte *f* / Mexican fiber o. grass

piton *m* / eye-bolt || ~ (bâtim) / pipe hook || ~ (horloge) / stud || ~ (alpinisme) / piton, peg || ~ à **boule** / ball pin || ~ à **expansion** / straddling dowel || ~ **fileté** / eyelet bolt || ~ du **gond** (bâtim) / pan, socket || ~ **mural à scellement** / wall eye || ~ **porte-cadenas** / staple [for padlock] || ~ **sousmarin** / chimney rock || ~ **[à vis]** (techn) / jack ring (e.g. on heavy machinery) || ~ [à **vis] pour bois** / wood screw ring || ~ **[vissé]** / eye bolt

pitting *m* / pitting || ~ **destructif** (roue dentée) / destructive pitting || ~ **initial** (techn) / initial pitting

pivot *m* / pivot, swivel || ~ (techn) / pivot [pin], trunnion || ~ (nav) / pivot [of the tow hook) || ~ (horloge) / pivot || **à ~ fictif** (ch.de fer) / with false pivot || ~ d'**accouplement** (semi-remorque) / fifth wheel king pin || ~ d'un **arbre vertical** (techn) / pivot (o. lower gudgeon) of an upright shaft, vertical journal || ~ de **bogie** (ch.de fer) / bogie pin o. pivot, truck center pin (US), upper center casting || ~ **[central]** (pont tournant) / pivot o. center bearing || ~ **central** (grue) / king journal o. pillar o. post, central [vertical] pivot, center support || ~ **central** (auto) / king-bolt, kingpin || ~ du **compas** / center pin || ~ **conique** (horloge) / conical pivot || ~ à **crapaudine** / vertical journal || ~ **creux** / hollow spindle || ~ de **direction** (auto) / steering pivot || ~ d'**emboîtement** / center spigot || ~ de l'**essieu avant** (auto) / steering [knuckle o. pivot] pin (US), steering swivel pin (GB) || ~ de **galet de direction** / steering roller shaft || ~ **guide-clé** (vis) / pilot for the wrench key, key guide || ~ à **patte** (techn) / pivot with cheeks || ~ de **penture** (serr) / hinge, spindle || ~ à **rotule** / spherical gudgeon, ball-ended spindle, ball pivot || ~ de **roue** (auto) / wheel stud, wheel mounting bolt || ~ **sans portée** (horloge) / conical pivot || ~ **sphérique** / spherical gudgeon, ball-ended spindle, ball pivot || ~ de **vis** / half dog point

pivotant / pivoted, pivoting || ~, à rabattement / hinged, tilting

pivotement *m* / swivelling || ~ (phot) / panning

pivoter *vi* (grue) / swing out || ~ [autour] / swivel *vi*, swing round, pivot, rotate

pivoterie *f* (alternateur à cloche) / journal bearing unit

pivoteur *m* de **poche de coulée** / trunnion

P.K., point *m* kilométrique (ch.de fer) / mileage point

PL/1 *m* / programming language one, Pl/1

placage *m* (bois) / veneer, sheet of veneer || ~ (tex) / slop padding || ~ (galv) / deposit, plating || ~ (lunettes) / lamination || ~ (ébénisterie) / veneering || ~ (métal) / coating, cladding || ~ d'**argent** / silver plating || ~ de **bois précieux** (bois) / face veneer || ~ **boueux** (géol) / boulder clay || ~ **collé** / glued veneer || ~ en **contreplaqué** / plywood covering || ~ **dressé** / trimmed veneer || ~ **électrolytique** / plating || ~ par **explosion** / explosion plating || ~ **extérieur** / cross band veneer, top veneer, face veneer || ~ à la **flamme** / flame plating || ~ **jointé** / jointed veneer || ~ **métallique sélectif** (circ.impr.) / conductive pattern || ~ **métallique total** (circ. impr.) / panel plating || ~ des **métaux** / metal coat[ing] o. plating || ~ **monté** (défaut, bois) / pleat || ~ de **plomb** / leading, coating with lead || ~ **scié** / sawn o. sawed veneer || ~ **semi-déroulé** / half-round cut veneer || ~ **tranché** / sliced veneer || ~ **visible** / cross band veneer, top veneer, face veneer

placard *m* / wallpress, [upright] closet, wall cupboard || ~ (typo) / slip proof || ~, affiche *f* / poster, bill, placard || ~ **aux provisions** / larder, pantry

placarder (typo) / pull proofs || ~ *vt* / post *vt*

place *f* / place, location, spot || ~, position *f* / job, position of employment || ~ (ville) / square, place || ~ (ord, mot) / place, column || ~ (math) / place || ~, espace *m* / space, room || ~, situation *f* / post, job || **à ~ [de]** / in lieu [of] || **à une ~** / single-seat[ed], single-seater (US) || **par ~s** / in places || **pour gagner de la ~** / as to gain room o. space, to save room o. space || **sur ~** / spot... (e.g. check) || **sur ~** / in-house... (US) || ~ **assise** / seat, sitting room || ~ de **codage** (télécom) / coding position || ~ de **couchette** (ch.de fer) / reclining berth, couchette || ~ **debout** (ch.de fer) / standing room || **~-kilomètre** *f* (ch.de fer) / seat kilometer || ~ **libre** (ord) / blank character, void (as in a printer) || ~ **nécessaire** / floor space required || ~ **offerte** (ch.de fer) / seat provided || ~ **rasée** (tex) / gall, bare spot || ~ de **renseignements** (télécom) / information board o. desk || ~ **réservée ou retenue** / reserved space o. seat || ~ de **stationnement** (auto) / parking space || ~ de **stationnement** (routes) / parking bay || ~ de **surveillance** (télécom) / supervision table, deck of clerk in charge, chief operator's desk || ~ de **travail** / work[ing] place || ~ **vierge** (ord) / blank character, void (as in a printer)

placé, être ~ / lie, be [placed] || ~ en **amont** / superposed, topped (e.g. turbine) || ~ **au-dessus** (math) / superior, superscripted || ~ en **aval** (p.e. étage) / succeeding, later || ~ en **avant** (p.e. étage) / previous, preceding, prior, earlier || ~ en **contrebas** / inferior, subscripted || ~ en **dessous** / low[er], low-level, placed underneath || ~ en **haut** / high-level..., high-type

placement *m* / accommodation, arrangement, placing || ~ en **condensé** (électron) / packaging technique || ~ des **lamelles casse-chaînes** (tiss) / setting o. dropping the drop wires || ~ des **paliers** / arrangement of bearings

placer / place *vt*, put, set || ~, installer / contrive, provide, apply || ~ (ordonn) / position *vt*, take position || ~, arranger / arrange || ~, introduire / accommodate, place, put in place || ~ (techn) / mount *vt*, lodge, place || ~ [dans] / set in || ~, loger / house *vt*

placer (en Californie etc) *m* (min) / gold deposit, placer, (South Africa:) digging

placer alternativement / stagger || ~ en **arrière ou derrière** / reset || ~ **autrement** / change position, transpose, rearrange || ~ les **balises et feux** (nav) / buoy *vt*, mark by buoys || ~ les **bobines** (filage) / creel the bobbins || ~ de **chant** / lay o. set on edge || ~ en **couches** / tier *vt* || ~ en **dessous** / place under[neath] || ~ à la **disposition** / place at disposal || ~ par **fixation immédiate** / snap on || ~ en **lits** / tier *vt* || ~ des **points de soutirage** / have extraction points installed in the line, extract, bleed

placier *m* / local agent

placoplâtre *m* (bâtim) / sandwich type plaster board, gypsum plaster board

plafond *m* (gén, aéro, météorol) / ceiling || ~ (vitesse) / maximum o. top speed, upper limit of speed || ~ (mines) / back[s], roof || ~ (auto) / roof, top || ~ (aéro, vitesse) / cruising threshold || ~ du **ballast** (nav) / tank top || ~ en **bois** / wooden ceiling || ~ **[en bois] à feuillure** / clincher built ceiling || ~ **brut** (bâtim) / bare floor o. ceiling || ~ à **caissons** (bâtim) / panelled o. coffered ceiling, ceiling with bays || ~ de **chambre de combustion** / furnace roof || ~ de **chambre de tirage** (télécom) / cover o. lid of manhole || ~ **champignon** (bâtim) / mushroom construction o. slab o. floor, two-way-system flat slab (US) || ~ **crépi et enduit** / lathed and plastered ceiling || ~ **creux** / hollow floor o. ceiling || ~ de **croisière** (aéro) / cruise ceiling || ~ à **enduit sur treillage céramique** / wire plaster ceiling || ~ à **entrevous** / sound-boarded ceiling, sound floor || ~ de **fonctionnement normal** (aéro) / service ceiling || ~ de **galerie** (mines) / head of an adit || ~ **intermédiaire** (bâtim) / inserted o. intermediate ceiling || ~ **lisse** / plain roof || ~ **lumineux** / luminous ceiling || ~ **massif** (bâtim) / solid ceiling || ~ à **nervures** (bâtim) / ribbed ceiling o. floor || ~ de **nuages** / cover of clouds, cloud pall || ~ **planchéié** (bâtim) / boarded ceiling || ~ de **plâtre** / lathed and plastered ceiling, floated o. stucco ceiling || ~ à **poutres apparentes** / span flooring, joist ceiling o. floor, trabeated ceiling o. floor || ~ de **poutres en té** / T-beam ceiling || ~ **pratique** (aéro) / practical o. service ceiling || ~ de **rémunération** / peak o. top wage, maximum wage, wage ceiling || ~ en **service normal** (aéro) / service ceiling || ~ à **sous-poutres visibles** (bâtim) / open floor || ~ non **soutenu** (bâtim) / single-floor || ~ **suspendu** / suspended ceiling || ~ d'**utilisation** (aéro) / service ceiling || ~ **voûté** (bâtim) / arched floor

plafonnage *m* à **enduit** / dressed ceiling boarding || ~ du **toit** / ashlaring, ashlering

plafonner *vt* / put up a ceiling || ~ *vi* / be at the upper limit || ~ / fly in ceiling height || ~ (auto) / drive at maximum speed

plafonnier *m* / ceiling light fitting, ceiling lamp || ~ pour la **cabine du chauffeur** (auto) / cab light || ~ **encastré** / built in ceiling lamp

plage *f* (techn) / range, area || ~ (géogr) / beach || **à ~ ouverte** (cosse de câble) / forked || ~ d'**accord de la fréquence** / frequency tuning range || ~ d'**accrochage** (crist) / locking range || ~ d'**accrochage** (électr) / pull-in range || ~ **arrière** (nav) / quarterdeck, quarter-deck || ~ de **balayage** (récepteur à auto-synchronisation) / frequency coverage || ~ de **capture [d'un oscillateur]** (TV) / pull-in o. lock-in range || ~ de **description** (ord) / descriptive region || ~ de **dispersion** (NC) / range of dispersion || ~ **élevée** (géol) / raised beach || ~ d'**entraînement de fréquence** (électr) / pull-in range || ~ d'**erreur** / error range || ~ d'**erreur centrée** (ord) / range of balanced error || ~ de **gris** / achromatic colour || ~ d'**inflammabilité** / ignition range || ~ d'**insensibilité** (instr) / dead band || ~ d'**insensibilité** (NC) / neutral zone || ~ **lumineuse** / depth of field range || ~ **mate** (plast) / dull spot || ~ de **non-opération** (relais) / region of non-operation || ~ de **palier** / stage limit || ~ de **persistance** (TV) / retaining zone, retention o. hold range || ~ de **pivotement** (TV) / transverse freedom || ~ de **pression de détente** (compresseur) / minimum pressure range || ~ des **rapports d'engrenages** / spread of gear ratios || ~ de **réglage** / range of adjustment, range of control || ~ de **réglage** (m. outils) / adjustment range || ~ de **synchronisation** (TV) / retaining zone, retention range, locking o. hold range || ~ de **synchronisation** (électr) / pull-in range || ~ de **temporisation** (contr.aut) / time domain || ~ de **verrouillage** / frequency pull-in range || ~ de **vitesse de rotation** / speed range (of rotation) || ~ des **vitesses** / speed range

plagièdre (crist) / with skew facets

plagioclase *f* (min) / plagioclase feldspar

plagionite *f* (min) / plagionite

plain *adj* / plain || ~ (tiss) / plain, of plain colour || ~ *m* (teint, tiss) / ground || ~ (tan) / lime pit || **de ~ pied au sol** (bâtim) / at ground level

plaine *f* (géol) / plain, level land, flat land || ~ (outil) / draw[ing] knife || ~ **abyssale** / abyssal plain || ~ **basse** / low plain, lowland || ~ **inondable** (géogr) / bottom land || ~ de **submersion** / flood plain

plain-pied, de ~ / even [with], on a level [with]

plamée *f* (tan) / slaked o. slack lime, chalk lime || ~ (tan) / lime pit

plamer / lime *vt*

plan *adj* (math) / plane, two-dimensional, 2D || ~, plat / plain || ~ *m* / plan, draught, draft (US) || ~ (math, techn) / surface plane, plane [surface] || ~ (mines) / track level || ~ (bâtim) / outline, delineation || ~, disposition *f* / arrangement, lay[ing]-out || ~, projet *m* / project, plan || ~, vue *f* d'en haut (dessin) / plan, horizontal projection, topview || ~, devis *m* / schema, diagrammatic representation || ~, conception *f* / planning, concept || **faire le ~ de virure** (nav) / sheer || **sur ~** / according to o. after customer's drawing || ~ d'**action** (roue dentée) / plane of action || ~ d'**aérage** (mines) / plan of ventilation || ~ d'**agrès** (nav) / rigging plan || ~ de l'**âme** (constr.en acier) / plane of web || ~ d'**aménagement de câbles** / cable layout [plan] || ~ d'**aménagement de zone**, P.A.Z. / development plan || ~ d'**antenne** / antenna stack || ~ d'**archives** (TV) / library shot, stock shot || ~ d'**arête de l'outil** / tool cutting edge plane || ~ d'**arête en travail** / working cutting edge plane o. orthogonal plane o. reference plane || ~ **arrière** (aéro) / afterwing || ~ vers l'**arrière de l'outil** / tool back plane || ~ d'**assemblage** / assembly o. erection drawing, installation o. mounting drawing || ~ d'**atelier ou d'exécution** / [work]shop drawing || ~ **automoteur à chariot contrepoids** / self-acting o. balance incline || ~ d'un **bâtiment** (bâtim) /

architect's plan, building plan, working drawing o. plan || ~ **bis-automoteur** / double-acting inclined plane || ~ **bissecteur** / bisectional plane || ~ **bleu** / blueprint || ~ des **bornes** / terminal connecting plan || ~ de **bridage** (NC) / clamping plan || ~ de **câblage** / cable layout [plan] || ~ à **câble** (mines) / inclined plane with rope traction || ~ **cadastral** / catastral plan || ~ **cardinal** / cardinal plane || ~ **cassé** (ciné) / angle shot o. view || ~ au **centre du sujet** (phot) / middle distance || ~ de **centres des couleurs** (TV) / colour plane || ~ de **charge d'une machine** (ord) / machine-loading schedule || ~ de la **charpente** / frame of a timber work o. roof, plan of timber work || ~ de **charriage** (géol) / [over]thrust || ~ de **châssis** (fonderie) / joint face (GB), mold joint (US) || ~ des **chiffres égaux** (ord) / digit plane || ~ des **circuits** / plan of installations || ~ de **circulation** (ordonn) / work flow diagram || ~ de **cisaillement** (méc) / shearing force plane || ~ de **clivage** (crist) / cleavage face o. plane || ~ de **clivage facile** (mines) / cleat plane, slipplane, slip || ~ de **clivage lisse** / self-faced cleavage plane || ~ de **coffrage** / formwork plan || ~ de **collage** (contreplaqué) / glue line || ~ de **collimation** / plane of collimation, collimation plane || ~ de **commande** / order drawing || ~ **comptable** / standard form of accounts || ~**-concave** *adj* / plano-concave || ~ *m* de **construction** / construction[al] drawing || ~ de **construction** (nav) / run of a vessel, lines *pl* || ~ de **construction urbaine** / city o. town [improvement] planning || ~ de **contrôle** / check plan || ~ de **conversion** / conversion plan || ~**-convexe** *adj* / plano-convex || ~ *m* de **coordination** (bâtim) / coordinating plane || ~ de **Copenhague** (radio) / Copenhagen plan || ~ de **correction** / correction o. balancing plane || ~ **coté** / dimensioned drawing || ~ de **coupe** (math) / cutting plane || ~ de **couplage** / wiring o. connection diagram o. scheme || ~**-cylindrique** *adj* / plano-cylindric[al] || ~ *m* de **décollement** (géol) / detachment fault || ~ de **dégagement** (NC) / clearance plane || ~ de la **demande de concession** / concession plan || ~ de **détails** / detail drawing || ~ du **diaphragme d'ouverture** / plane of the aperture diaphragm || ~ **directeur** (urbanisation) / master plan (US) || ~ de **disposition** / layout || ~ de **disposition d'ensemble** / general drawing || ~ du **disque balayé** (aéro) / tip-path plane || ~ de **distribution** / distribution plan || ~ de **drainage** / drainage scheme || ~ **E** (guide d'ondes) / E-plane || ~ d'**eau** / sheet of water || ~ d'**eau rehaussé ou surélevé** / banked-up water level, banking || ~ d'**échantillonnage** / sampling plan || ~ d'**échantillonnage concerté** / sampling plan || ~ d'**échantillonnage multiple** / multiple sampling plan || ~ d'**écliptique** (astr) / plane of the ecliptic || ~ d'**encombrement** / floor space plan || ~ d'**enroulement** (électr) / tier of the winding || ~ d'**ensemble** (bâtim) / general plan of site o. location, plat || ~ d'**ensemble** (phot) / long shot, LS, establishing o. master shot, vista shot (US) || ~ d'**entretien** (m outils) / maintenance schedule || ~ d'**épannelage** (ELF) / plan for house building, local plan || ~ d'**équerrage** (m.outils) / bevelling plane || ~ d'**équilibrage** / correction o. balancing plane || ~ d'**espace** / floor space plan || ~ d'**essai** / test scheme || ~**s** *m pl* **et dessins** (ch.de fer) / plotting || ~ *m* **[et élévation] de mine** / plan and elevation || ~ d'**étage .m.** (bâtim) / floor plan || ~ d'**exécution** / construction[al] drawing || ~ d'**exploitation** (mines) / plan of working || ~ de **fabrication** (circuit imprimé) / manufacturing drawing || ~ de **faille** (géol) / bedding plane || ~ de **figure** / plane of projection || ~ **film** / packfilm, film pack || ~ de **financement** / financial program o. scheme || ~ **fixe** (aéro) / fin || ~ **fixe** (cinématique) / fixed link, frame || ~ **fixe horizontal** (aéro) / horizontal stabilizer (GB), tailplane (US), empannage || ~ **fixe de queue** (aéro) / vertical o. tail fin || ~ **fixe vertical** (aéro) / fin (US), vertical stabilizer || ~ **fixe vertical d'aile** (aéro) / wing fin || ~ **focal** / focal plane || ~ **fonctionnel** (techn) / operational diagram || ~ de **fondement** (bâtim) / foundation plan || ~ des **fouilles** / foundation ditch plan || ~ de **fréquence de lieu** (photographie à fréqu. porteuse) / spatial frequency plane || ~ de **gauchissement** (aéro) / wing flap || ~ **général** (bâtim) / general plan || ~ **général des transports** / general traffic plan || ~ du **génie civil** (bâtim) / architect's plan, building plan, working drawing o. plan || ~ de **glissement** / sliding plane || ~ de **gravitation** / plane of gravitation || ~ **H** (guide d'ondes) / H-plane || ~ à **hachures** / line-drop contour chart || ~ des **hautes eaux** / high-water level o. line || ~ **horizontal** / horizontal plane, level || ~ **[horizontal]** (dessin) / plan, horizontal projection || ~ **horizontal de bouche** / horizontal plane of the muzzle || ~ **horizontal de flottaison** (nav) / half-breadth plan || ~ **horizontal du sélecteur Strowger** (télécom) / level of the Strowger selector || ~ de l'**image en air** / virtual image plane || ~ d'**implantation d'une machine** / foundation plan of a machine || ~ d'**impulsion** (horloge) / impulse o. locking face o. plane || ~ d'**incidence** / plane of incidence || ~ d'**inclinaison** / plane of inclination

plan incliné *m* (phys) / incline, inclined o. oblique plane || ~ (géogr) / oblique plane || ~, glissoir *m* / conveyor chute o. shoot || ~ (mines) / downcast diagonal road o. gate, dip heading || ~ (rail de contact) (ch.de fer) / leading ramp (conductor rail) || ~ **automoteur** (mines) / brake o. braking incline, running jig || ~ de **chargement** / gravity loading incline || ~ à **deux roulages** / double-acting inclined plane || ~ pour **régler le dépointage** (filage) / tightening motion || ~ à **simple effet** / single-acting inclined plane || ~ du **skip** (sidér) / skip incline

plan *m* d'**installation du coffrage** (bâtim) / layout of forms || ~ des **installations** / plan of installations || ~ de **jaugeage** (nav) / tonnage plan || ~ de **joint** (fonderie) / parting line, mold joint (US), joint face (GB) || ~ de **joint de la matrice** / parting plane of a die || ~ de **joint des matrices**, surface *f* de battage (forge) / cushion face || ~ **latitudinal** (nav) / body plan || ~ **listrique** (géol) / listric plane || ~ **lointain** (phot) / extreme long shot, ELS, very long shot, VLS || ~ de **marche** (escalier) / tread || ~ de **masse** (ELF) (bâtim) / block plan || ~ de **masse, plan-masse** (ELF) (bâtim) / layout plan || ~ **médian** / center plane, mid-plane || ~ **médian** (vis sans fin) / mid-plane || ~ **médian du tore** / mid-plane of the toroid || ~ **méridien** (math) / meridian plane || ~ de **mesure** / measuring plane || ~ de **mine** / mine plot || ~**s** *m pl* de **mines** / mine *pl* plans || ~ *m* de **mise au point** / plane of reference || ~ **modulaire** / modular plan || ~ de **montage** / assembly o. erection drawing, installation o. mounting drawing || ~ de **montage** (électr) / internal wiring and assembly diagram || ~ de **montage des outils** / tooling diagram o. lay-out || ~ **moteur incliné** (mines) / engine plane, [upward] incline, winch incline, jig haulage || ~ de **navire** / draft o. plan of a ship || ~ de **niveau** (dessin) / datum level o. plane || ~ de **niveau** (arp) / datum plane || ~ de **niveau** (bâtim) / regulating ground o. level o. line o.

plane || ~ **normal à l'arête** (outil) / cutting edge normal plane || ~ d'**occupation des sols**, P.O.S. (bâtim) / zoning plan || ~ d'**ondes** (gén) / frequency [allotment] plan || ~ **optique** / optical flat || ~ d'**ordonnancement** (ordonn) / job scheduling plan || ~ d'**origine de convergence** (TV) / plane of equivalent thin lens || ~ **orthogonal de l'outil** voir plan d'arête en travail || ~ **osculateur** (math) / tangent plane, plane of osculation || ~ **polaire** (math) / polar plane || ~ de **polarisation** (laser) / plane of polarization || ~ de **pompage** (nav) / pumping plan || ~ de **poussières** / stone dust plan || ~ **principal** (aéro) / main plane || ~ **principal** (opt) / principal plane || ~ **principal** (mines) / principal plan || ~ de **projection** / plane of projection || ~ de **projection horizontal** / ground plane || ~ **quadrillé** / lattice chart || ~ **quinquennal** / five year plan || ~ **radial** (roulement) / radial plane || ~ **rampant** / face o. plane of a slope, battered face || ~ de **rappel** (dessin) / datum level o. plane || ~ **rapproché** (ELF) (cinéma) / close-up [view], close shot || ~ de **référence** (roue dentée) / datum plane || ~ de **référence du tranchant** (foret) / reference plane of the cutting edge || ~ **réfléchissant ou de réflexion** / plane of reflection || ~ de **régression** (statistique) / regression plane surface || ~ **remorqueur** (mines) / brake o. braking incline, running jig || ~ de **répartition des ondes** (électr) / frequency allotment plan || ~ de **répartition d'ondes de Stockholm** (électron) / Stockholm plan || ~ de **repos** (horloge) / impulse o. locking face o. plane || ~ **réticulaire** (rayons X) / grate plane || ~ de **rez-de-chaussée** (bâtim) / regulating ground o. level o. line o. plane || ~ **rhomboédrique de clivage** / rhombohedric cleavage plane || ~ de **rotation** / plane of rotation || ~ de **roulement** (jante) / center line || ~ de **section** (math) / plane of section || ~ de **séparation** (mines) / breakage o. fracture plane || ~ de **séparation du moule** / joint plane (GB), mold joint plane (US) || ~ **serré** (ELF) (TV) / close-up || ~ de **site** (bâtim) / plan of site, layout plan, plot, drawing || ~ de **situation** (bâtim) / general plan of site o. location, plat || ~ **stabilisateur** (aéro) / skid fin || ~ **stabilisateur**, plan *m* horizontal (aéro) / horizontal stabilizer (GB), tailplane (US), empannage || ~ **stabilisateur d'aile** (aéro) / wing stabilizer || ~ de **stratification** (géol) / cleats *pl*, cleat plane, main cleavage plane, stratification plane || ~ de la **surface** (auto) / surface drawing || ~ de **sustentation** (aéro) / deck, wing, plane, airfoil, aerofoil (GB) || ~ de **symétrie** / plane of symmetry, principal plane || ~ du **tamis** (prép) / sieve plane || ~ **tangent** (math) / tangent plane, plane of osculation || ~ **terminant** / terminating o. determinating plane || ~ de **terrain** (bâtim) / estate layout || ~ **topographique** / topographic map || ~ de **tores** (ord) / digit plane || ~ **transparent** (arp) / transparent plan || ~ **transversal** (nav) / body plan || ~ de **travail** (cuisine) / cooking surface o. top || ~ de **travail des tuyères** (sidér) / die reduction zone, die working zone || ~ des **travaux** / working plan o. program || ~ de **tuyautage** / piping plan o. drawing o. hook-up (US) || ~ des **tuyères à vent** (sidér) / tuyere level || **~-type** *m* / type drawing || ~ de **veine** (mines) / plan of the lode || ~ **vertical** (nav) / body plan || ~ **vertical** (photogrammétrie) / vertical plane || ~ **vertical longitudinal** (nav) / sheer draught o. plan, buttock line || ~ **vertical principal** (math) / principal vertical plane || ~ de la **ville** / city map || ~ de **vol** / flight plan, PLN || ~ de la **zone d'étirage** (filage) / drafting zone plane

planage *m* (lam) / skin passrolling, temper [pass] rolling || **faire le** ~ (découp) / flatten, planish || ~ par **rouleaux** / roller levelling o. straightening

planant / floating [in water, in air]

planar *m* (opt) / planar

planche *f* / board (thin), plank (thick) || ~ (ciseau) / face || ~ (techn) / access o. running board || ~ (agr) / bed || ~ (tex) / printing block || ~ [de plancher] (bâti / floor board || ~ (pour papiers peints) / wallpaper block || ~ (épaisseur 3 à 5 cm) / plank || **à ~s collées** glued laminated || ~ d'**abat-son** / louver board || ~ à **adresses** / address plate || ~ des **aiguilles** (tiss) / needle bed o. board, bed plate || ~ à **andain** (agr) / swath o. grass board || ~ d'**appui** / window o. elbo board || ~ d'**arcades** / harness o. hole o. comber board || ~ en **béton ponce** / pumice stone concret deal o. slab || ~ de **blindage ou de boisage** (bâtim) / lining board, [close] poling board o. plank || ~ de **bord** (auto) / instrument panel o. board (US), fascia (GB), dashboard || ~ à **bornes** / tagboard; terminal board || ~ **bouvetée** / match board[ing] o. lining || *f pl* **bouvetées ou embrevées** / matched boards || ~ *f* de **câblage imprimé** / printed wiring card o. circuit board, pwc, pcb || ~ de **câblage imprimé enfichable** / plug-in board || ~ **chanfreinée à rainure et languette** (charp) / chamfered board, tongued and grooved || ~ en **ciment** / concrete de o. slab || ~ à **clin ou à déclin** (Canada) (bâtim) / clap-board || ~ de **coffrage** (bâtim) / lining board, [close] poling board o. plank || ~ de **coffrage à languette** (charp) / feather-edge plank o. board || ~ à **collet** (jacquard) / bottom o. collar board || ~ de **collets** (tiss) / collar board || ~ **débitée sur maille** / comb-grained plank || ~ à **débourrer** (filage) / hand stripping board || ~ à **dessin[er]** / drawing board || ~ pour l'**écumage** (pap) / froth board || **~-émeri** *f* (filage) / emery board || ~ d'**enroulement de la nappe** (filage) / piecer || ~ **épaisse** / deal (width 9 to 11"; thickness 2 to 4"), plank (width from 11" up, thickness 2 to 6") || ~ d'**étaiement** (bâtim) / trench timber || ~ **flacheuse** / slab || ~ à **fond** (impression à la planche) / ground block || ~ de **fond** (bâtim) / floor board || ~ de **fond** (fonderie) / pattern board, moulding board || ~ de **Galton** / Galton board || ~ de **garnissage** (mines) / covering board || ~ de **hausse** / leaf of sight || ~ **hélio** / rotogravure form[e] || ~ à **imprimer ou d'impression** (typo) / printing plate || ~ d'**instruments** / instrument board || ~ **latérale** / sideboard || ~ à **levé** (arp) / surveyor's board o. table || **~s** *f pl* de **madrier** / plank bottom o. covering || ~ *f* **maîtresse** (galvano) / master form || ~ **matrice** (teint) / printing block || ~ à **modèle** (fonderie) / pattern board, moulding board || ~ pour **pièces** (ordonn) / tote board || ~ de **plâtre** / gypsum wallboard || ~ **polymétallique** (typo) / polymetallic plate, multi-metal offset plate || ~ de **pont** (nav) / deck plank || ~ de **propreté** (filage) / clearer board || ~ de **protection** / guard board || ~ **rainurée bouvetée** / profiled board with broad root || ~ à **recouvrement** (bâtim) / weather board || ~ de **revêtement** (charp) / feather-edge plank o. board || ~ à **roulettes** / skateboard || ~ **secondaire** (fonderie) / thickness strickle || ~ **servant comme entretoise** / strutting board || ~ de **stéréotypage** (typo) / stereo[type] || **~-tablier** *m* voir planche de bord || ~ *f* à **taluter** (bâtim) / sloping rule || **~s** *f pl* en **tas** / pile of planks || ~ *f* à **trousser** (fonderie) / frame o. flask board, moulding o. modelling board, template || ~ **vibrante** (bâtim) / vibratory plank

planchéiage *m* / deal floor || ~ / planking || ~ en **bois** (bâtim) / wooden lagging, timbering || ~ du **cintre** (bâtim) / lagging of the center || ~ à **clin** (bâtim) /

weather boarding || ~ de **comble** / roof boarding o. planking, roofers *pl* || ~ à **recouvrement** (bâtim) / weather boarding || ~ sur **soliveaux** / flooring on joists
planchéié / boarded || ~ / with timbering
planchéier / line, board, plank
planchéite *f* (min) / plancheite
plancher *m* (bâtim) / floor || ~ (auto) / floor board || ~ (hydr) / platform of a sluice || ~ (palette) / pallet deck || ~ **antidérapant** / non-slip floor || ~ en **béton** / concrete floor || ~ de **béton armé à poutres apparentes** / reinforced concrete slab and girder floor || ~ de ou en **bois** / wooden floor || ~ en **briques creuses** / hollow block (o. tile o.body) floor, pot floor || ~ en **briques et béton** / brick and concrete floor || ~ de **cabine** (auto) / floor of the driver's cab || ~ **champignon** (bâtim) / mushroom construction o. slab o. floor, two-way-system flat slab (US) || ~ de **chargement** (sidér) / charging floor || ~ **chauffant** / [under]floor heating || ~ **chauffant de séchage** (céram) / hot floor || ~ au **ciment Sorel** / magnesite flooring || ~ **cimenté** / cement floor || ~ à **clin** / clincher built ceiling || ~ de **comble** (bâtim) / roof plane || ~ de **culbutage** / tippler floor || ~ d'une **écluse** / bed o. bottom o. floor of a lock || ~ **faux** (bâtim) / dead floor, false ceiling || ~ **flottant** (bâtim) / flooring substitute, floating floor || ~ de **fond** (auto) / floor of the rear part || ~ en **granito** / terrazzo || ~ en **grilles** / floor grid, lath floor || ~ en **grilles** (agr) / slatted floor || ~ à **hourdi[s]** (bâtim) / tile lintel floor || ~ **insonore** (bâtim) / dead floor || ~ **magnésien** / magnesite flooring || ~ de **manœuvre** (four) / operating floor o. platform || ~ **mixte en acier et en pierre** (bâtim) / ribbed floor with hollow stone fillers || ~ **mobile** (observatoire) / rising floor o. platform || ~ **mobile** (bâtim) / suspended platform || ~ **mobile ou oscillant** (mines) / swinging platform || ~ de **mosaïque** / tesselated pavement, Roman mosaic, mosaic floor || ~ de **palette** / deck of a pallet || ~ **perdu** (bâtim) / dead floor, false ceiling || ~ du **personnel** / man riding platform || ~ en **pierres** / stone floor || ~ en **[planches de] bois** / batten floor || ~ à **plâtre** / anhydrite floor, composition floor || ~ **plein** / solid ceiling || ~ **plein** (béton/acier) / filler joist floor || ~ en **poutres de bois** / wood joist ceiling || ~ de **protection** (mines) / platform, shield || ~ de **puits** / stage o. landing of shaft || ~ à **remplissage** (bâtim) / filler floor || ~ de **service** / operating floor o. platform || ~ **[simple]** / boarded floor[ing] || ~ à **solives** / single-joisted o. single-naked floor || **~-support** *m*, -terrasse *m* / supporting floor for a flat roof || ~ en **terre** (bâtim) / dirt floor || ~ **volant** (bâtim) / suspended platform || ~ à **voûtins [système Schuermann]** / Schuermann's ceiling
planchette *f* / small board || ~ (arp) / plane table, surveyor's board o. table, anvil || ~ de **base** (phot) / base board || ~ à **bornes** / tagboard, terminal board || ~ d'**écrasement** (mines) / footboard || ~ de **garnissage** (filage) / spiked board || ~ de **guide-fil** (tiss) / thread board
planchodrome *m* / skate park
plancton *m* / plankton
plane *f* (outil) / draw[ing] knife
planéité *f* / surface eveness || ~ (typo) / flatness
planer *vt*, rendre plan (gén) / flatten || ~ (découp) / flatten, planish || ~, débosseler (métal) / planish, beat out dents o. humps || ~ (techn) / shave || ~ *vi* / hover, glide, soar || ~ à la **machine à emboutir** / planish on the spinning o. chasing lathe || ~ la **tôle** (lam) / dress sheet metal
planétaire *adj* / planetary || ~ *m* / planet wheel, spider gear || ~, planétarium *m* / orrery, planetarium || ~ *f* de **différentiel** (auto) / differential side gear, axle drive bevel gear
planète *f* (astr) / planet || ~ de **navigation** / navigational planet
planétoïde *m* / planetoid, asteroid, minor planet
planeur *m* (lam) / planisher || ~ (aéro) / glider, sailplane (US) || ~ **cargo** / paraglider || ~ **dynamique** / dynamic glider || ~ **école** (aéro) / primary glider || ~ **hypersonique** / hypersonic glider || ~ **orbital** / orbital glider || ~ à **pilote couché sur le ventre** (aéro) / prone position glider (US) || ~ **statique** / hovering glider, static sailplane (US)
planeuse *f* (routes) / road maintainer || ~ **rectifieuse** (typo) / block leveller, planer
planificateur *m* / planner
planification voir aussi planning || ~ *f* (ordonn) / planning || ~ (économie) / planned economy || ~ (ELF) / planning, design || ~ **automatisée** / computer aided planning, CAP || ~ de la **circulation** / traffic planning || ~ **[de la construction] urbaine** / town planning, urbanism || ~ **opérationnelle** / operational planning || ~ des **produits** / product planning || ~ de **projets en phases** / phased project planning, PPP || ~ des **réseaux** (électr) / power system planning
planiforme / planiform
planigramme *m* (ELF) / planning
planimètre *m* / planimeter || ~ **polaire** / polar planimeter || ~ **radial** / rotameter
planimétrie *f* / geometry of two dimensions, plane geometry, planimetry || ~ / planimetry
planitude *f* / even surface
plankton *m* / plankton
planning voir aussi planification || ~, planing *m* (ordonn) / planning || ~ / planning board || ~ **avant-contrat** (plan de réseau) / pre-orderplanning || ~ à **barres système G.E.R.T.** / GERT system (graphical evaluation and review technique) || ~ à **chemin critique** / critical path planning o. method, CPM || ~ d'**exécution** (plan de réseau) / planning of execution || ~ **préliminaire** / preliminary planning || ~ **régional** / regional planning || ~ par **réseau système G.A.N.** / GAN, generalized activity network
plansichter *m* (moulin) / grits gauze || ~ **auto-balanceur** (mines) / free-swinging plansifter || ~ à **caisse unique** / single-hopper plansifter || ~ à **deux caisses** (mines) / double-hopper plansifter || ~ de **meunerie** / flour plansifter
plantage *m* (horloge) / uprighting
plantation *f* / plantation || ~ d'**arbres à basse tige** (agr) / bush-tree orchard || ~ de **cacaoyers** / cacao o. cocoa plantation || ~ de **cannes à sucre** / sugar cane plantation || ~ de **caoutchouc ou d'hévéas** / rubber plantation || ~ de **coton** / cotton plantation || ~ d'**oliviers** / olive plantation
plante *f* (bot) / plant || ~ **alimentaire** / food plant || ~ **annuelle** / annual plant || **~s** *f pl* **aquatiques** / water plants *pl*, aquatics *pl*, aquatic plants *pl* || ~ *f* **aromatique** / aromatic plant || ~ **caoutchoutifère** / rubber plant || **~s** *f pl* **céréales** / cereals *pl*, grain || ~ *f* **cultivée** / cultigen, cultivated plant || ~ à **feuilles** / foliage plant || **~s** *f pl* **fibreuses à rembourrage** / upholstering plants *pl* || ~ *f* **fourragère** / forage plant || ~ **grimpante** / climbing o. creeping o. clinging plant, vine, creeper || **~-hôte** *f* / plant host || ~ **indicatrice** / plant indicator || **~s** *f pl* **légumières** / vegetable plants *pl* || **~s** *f pl* **légumineuses** / leguminous plants || **~s** *f pl* **médicinales** / medicinal o. officinal herbs *pl* || ~ *f* **naturalisée** / prepared

plant || ~ **oléagineuse** / oil plant || ~ d'**ombre** / shade plant || ~ **parasite** (bot) / entophyte || ~ **potagère** / herb, vegetable || ~ **psammophyte** / sand binder || **~s** *f pl* **sardées** / root *pl* crops || ~ *f* au **tan[n]in** / tanniferous plant || ~ **textile** / fibrous plant || ~ **tubérifère** / tuberous o. bulbous plant || **~s** *f pl* **utiles** / useful o. economic plants || ~ *f* **xérophyte** / xerophyte

planter / plant *vt vi* || ~ (techn) / mount, lodge, place || ~ (bâtim) / lay on o. down, construct || ~ (p.e. clous) / beat in, drive home o. in (e.g. nails) || ~ les **clous en biais** / toe, toenail || ~ des **piliers** (horloge) / plant pillars

planteur *m* de **coton** / cotton grower || ~ d'**échappement** (horloge) / escapement planter

planteuse *f* (agr) / planter, planting machine || ~ de **pommes de terre** / potato planting machine || ~ de **pommes de terre automatique** / automatic potato planter

plantoir-étoile *m* (agr) / dibbler || **~-soc** *m* (agr) / furrow opener [share]

plantule *f* (bot) / germ, embryo

planure *f* (charbon) / superficial seam

plapier *m* / synthetic paper, paper of synthetic fibers

plaquage *m* (galv) / plating || ~ (tex) / slop padding || ~ par **explosion** / explosion plating || ~ **ionique** / ionplating || ~ par **laminage** / roll-bonded cladding

plaque *f* (gén, accu, phot) / plate || ~ (électron) / board || ~ (pile voltaïque) / element, plate || ~ (verre) / pane[l] || ~, étiquette *f* / [stick-on] label || ~, disque *m* / disk, disc || ~ (filage) / card sheet || ~, tranche *f* / wafer, slice || ~ (métal) / metal plate || ~ (céram) / bat[t] || ~ (pierre) / slab || ~, plateau *m* (céram) / stillage, pallet || ~ d'un **accumulateur** / battery plate || ~ d'**aiguille ou à aiguille** (m.à coudre) / needle plate, throat plate || ~ à **âme** (accu) / core plate || ~ en **amiante** / asbestos sheet o. plate o. tray || ~ en **amiante-ciment** / asbestos cement sheet || ~ d'**amorçage** (four à arc) / starting plate || ~ d'**ancrage ronde** (techn) / round anchor plate || ~ **anti-érosion** (fonderie) / splash core || ~ **antipoussière** / dust guard o. shield o. screen || ~ **antirémanente** (relais) / antisticking o. non-freeze plate || ~ d'**appui** / bed plate, base plate, supporting plate || ~ d'**appui** (découp) / ejector pad, backing o. presser plate || ~ d'**appui** (haut fourneau) / buck plate || ~ d'**appui** (techn) / bearing o. sole plate || ~ d'**argile** / earthenware slab || ~ d'**arrêt** / terminal plate || ~ d'**arrêt** (auto) / check plate (in the gear) || ~ d'**arrêt** (vis) / screw o. nut locking device || ~ **aspirante** / vacuum suction plate || ~ d'**assemblage** / joining o. joint plate || ~ d'**assise** / bearing o. sole plate || ~ d'**assise**, plaque *f* de fondation / base o. bed o. sole plate || ~ d'**assise**, platine *f* / spacer, liner || ~ d'**assise d'aiguille** (ch.de fer) / switch plate || ~ **assurant la rigidité** (ordonn) / stiffening o. reinforcement o. reinforcing sheet o. plate o. strap || ~ d'**âtre** (sidér) / hearth plate || ~ d'**avant** (sidér) / fore-plate, sill of a Martin furnace || ~ de **base** (tricot) / batten plate || ~ de **base** (bouche d'égout) / ground plate for valve boxes || ~ de **base de moulage** (sidér) / joint board || ~ de **battage** (c. perf) / joggle plate || ~ de **batterie** / battery plate || ~ en **béton** / concrete slab || ~ de **béton arquée** (bâtim) / arched [concrete] plate || ~ **biaise** (bâtim) / skew slab || ~ de **bicyclette** / bicycle identification plate in France || ~ **bimétallique** (typo) / bimetallic plate || ~ de **blindage** / armour plate o. plating || ~ de **blindage composite** (sidér) / compound plate || ~ à **bobines** (tex) / creel board || ~ de **bois de bout** (bois) / crossgrain leaf || ~ à **bornes** (électr) / terminal board || ~ de **bout** / end plate || ~ de **branchement pour antenne** / antenna socket || ~ **bridée** / dished o. flanged steel plate || ~ de **butée** (techn) / breast plate || ~ à **cadre** (accu) / frame plate || ~ à **caisson** (accu) / wide meshed plate || ~ **calorifuge** / heat insulation board || ~ en **caoutchouc** / rubber sheet || ~ de **caoutchouc calandré** (caoutchouc) / rough o. crude o. rolled crepe sheet, rolling hide || ~ **caractéristique** (électr) / rating plate, maker's name plate || ~ de **cardes** (filage) / card sheet || **~s** *f pl* de **carène** (nav) / garboard strake || ~ *f* de **carotte** (plast) / sprue plate || ~ **chambrée** / honeycomb panel || **~s** *f pl* de **charbon détachées par les fractures de pression** (mines) / pressure partings *pl* || ~ *f* **chauffante** (chimie) / heating stage o. plate || ~ **chauffante ou de chauff[ag]e** (électr) / heated o. heating plate || ~ de **cheminée** / chimney brick || ~ à **circuits imprimés** (électron) / PC module o. board o. card || ~ de **cisaillement** / shear plate || ~ **collectrice** (TV, iconoscope) / signal plate o. electrode || ~ de **commande des tiroirs ou noyaux** (fonderie) / core plate || ~ de **compensation** / compensation plate || ~ de **compression** (constr.en acier) / compression plate || ~ **conductrice de la chaleur** / heat conducting spacer || ~ du **constructeur** / name plate || ~ de **contact** (électr) / pie of a multiple deck switch, wafer of a multiple deck switch || ~ de **contre-pivot empierrée pour balancier** / cap jewel || ~ **cornière** / corner plate || ~ de **couche** (fusil) / heel plate, butt plate || ~ [**de la coulée en source**] / group teeming bottom plate, bottom pouring plate, group teeming stool (US) || ~ de **couloir** (phot) / aperture plate || ~ de **couteau** / knife scale || ~ de **couverture** / cover plate || ~ de **couverture** (céram) / cover || ~ de **couvre-joint** (constr.en acier) / butt plate || ~ à **crampons** (charp) / spike grid || ~ **cuirassée** (accu) / ironclad o. tubular plate || ~ de **cuivre** / copperplate || ~ de **dame** (sidér) / dam plate || ~ de **débourrage** (moissonneuse) / cutter bar cleaning plate || ~ à **débourrer** (filage) / cleaning card || ~ de **démoulage ou de dévêtissage** / stripper plate || ~ **dévêtisseuse** (fonderie) / stripper plate || ~ **dévêtisseuse à ressorts** (découp) / spring stripper || ~ de **déviation** / flapper, deflector || ~ de **déviation horizontale** (TV) / horizontal deflection plate || ~ de **déviation verticale** (TV) / vertical deflection plate || ~ de **distance** / distance plate || ~ de **dressage** / surface plate, flattener, dressing o. straightening plate || ~ d'**écart de tôle** / butt plate || ~ d'**écartement** / distance plate || ~ d'**échange** (chimie) / bubble plate, [exchange] plate || ~ d'**éclissage** (constr.en acier) / junction plate || ~ d'**égout** / decking slab || ~ d'**égout en grille** (routes) / gully grating || ~ d'**éjection** (plast) / ejector plate || ~ **émaillée** / enamelled signboard o. [name]plate || ~ d'**embasement** (techn) / bearing o. sole plate || ~ **embrochable** (électron) / plug-in package o. unit, rack || ~ **embrochable d'échantillonnage** (rayons cath.) / sampling plug-in unit || ~ **empâtée** (accu) / pasted plate || ~ d'**encoignure** / corner plate || ~ **enveloppante** (graph) / wrap-around (GB) o. wrap-round (US) plate || ~ d'**espacement** / distance plate || ~ **étalon** / etalon plate || ~ d'**étanchéité** / gasket sheet || ~ à **étendre** (verre) / flattening table || ~ **eutectique** (réfrigération) / eutectic plate || ~ d'**extraction** (fonderie) / stripper plate || ~ d'**extrémité** (accu) / end plate || ~ d'**extrémité de noyau** (électr) / core end plate || ~ **extrudée** (plast) / extruded plate || ~ de **fabrication** (auto) / vehicle identification plate, manufacturer's nameplate || ~ de **faïence** (télécom) / shackle || ~ de

Fauré (accu) / Fauré plate, pasted plate || ~ de **fer** / iron plate || ~ de **ferrite à trous** (ord) / apertured [ferrite memory] plate || ~ **Ferrodo** (auto) / flexible o. Hardy disk, rubber universal joint || ~ de **filière** (sidér) / drawing plate o. die || ~**-filtre** *f* / mesh bottom || ~ de **firme** / signboard, plate || ~ de **fixation** (moule, plast) / backing o. support plate || ~ de **fixation** (m. outils) / clamping o. fixing plate, plate chuck || ~ **fixe du moule** (plast) / fixed die plate, stationary platen || ~ de **fond** / bearing o. sole plate || ~ de **fond** (tricot) / batten plate || ~ de **fond de lingotière** (sidér) / stool of an ingot mould, bottom o. base plate || ~ de **fondation** / base o. bed o. sole plate || ~ de **fondation pour le moteur** / motor base plate o. bracket || ~ en **fonte** / cast iron plate o. slab || ~ **forte de mouvement** (horloge) / false plate || ~ de **frein à came** / brake cam disk || ~ de **friction** / friction disk || ~ **froide cuisson** (cuisinière) / cool top platform || ~ **frontale** (fibres optiques) / face plate || ~ de **frottement** / rubbing plate || ~ de **garde** / guard plate || ~ de **garde d'essieu** (ch.de fer) / pedestal, axlebox guide, axle guard || ~ à **gaufrer** (typo) / embossing plate || ~ de **glissement** (ch.de fer) / slide plate o. chair || ~ de **glissement d'une aiguille** / slide chair of a switch || ~**-glissière** *f* (m à coudre) / slide plate || ~ **graduée revolver** (opt) / turret hairline screen || ~ à **grande surface** (accu) / formed o. Planté plate, large surface plate || ~ à **griffe de levier** / lever collar || ~ à **grille** (accu) / grid [plate] || ~ à **grilles** (puits) / covering grid plate || ~ de **guidage** (découp) / guide plate || ~ **Hall** / Hall plate || ~ **hétérogène** (accu) / pasted plate || ~ d'**identité** (gén) / type plate, nameplate || ~ d'**identité** / identification disc o. tag (US) || ~ d'**immatriculation** (auto) / license plate || ~ d'**impression** (typo) / worker, printing plate (from which printing is done) || ~ pour **impressions à teintes** (typo) / [flat] tint plate o. block || ~ **imprimée équipée** / printed board assembly || ~ **indicatrice** (gén) / information sign || ~ **indicatrice** (électr) / maker's name plate, rating plate || ~ **indicatrice** (routes) / road sign || ~ **indicatrice de parcours** (ch.de fer) / route indicator on platforms, train describer || ~ **indicatrice [sans texte]** / indicator plate || ~ **infinie** (nucl) / infinite slab || ~ d'**injecteur** (auto) / injector plate || ~ à **inscription pour machines** / output o. rating plate || ~ d'**instructions** / instruction plate || ~ **intérieure de porte de foyer** / screen plate o. backplate of a fire door || ~ d'**interrupteur** / flush o. switch plate || ~ **isolante** / insulating plate || ~ **isolante à base de caoutchouc et d'amiante** / It-plate (i: rubber, t: asbestos), compressed asbestos fiber sheet || ~ d'**itinéraire** (ch.de fer) / destination board o. panel o. sign (of the coach) || ~ de **joint** (constr.en acier) / splice plate || ~ de **jonction** / butt plate || ~ de **laiton** / brass plate || ~ de **liège** (bâtim) / cork plate o. sheet o. slab || ~ de **lingotières** (sidér) / mould plug || ~ **lumineuse de taxi** (auto) / dome-light of taxicab || ~ de **machines** / output o. rating plate || ~ **magnétique permanente** / permanent magnetic [holding] plate || ~ à **maintenir l'étoffe** (m.à coudre) / rib || ~ du **manche** (couteau) / haft of a knife || ~ du **mandrin** (tourn) / back plate of chuck || ~ en **marbre** / slab of marble || ~ de **marquage** (techn) / marking area || ~ **masonite** / hardboard, hard particle board, beaver board (US), Masonite (GB) || ~ de **métal** / plate of metal, [sheet] metal plate || ~ **mince frittée** (accu) / sintered foil plate || ~ **minéralogique** (auto) / licence plate (in France; up to 1929) || ~ de la **mire** (arp) / sliding vane || ~ de **mise à la terre** (électr) / earth (GB) o. ground (US) plate || ~ **mixte** / wall board || ~ **mobile de condensateur** / moving plate of a capacitor || ~**-modèle** *f* (fonderie) / pattern plate || ~**-modèle** *f* **double face** / double-sided pattern plate, match plate || ~**-modèle** *f* **réversible** / reversible pattern plate || ~ de **montage** / mounting plate o. base || ~ de **moteur** (auto) / engine suspension swivel || ~ de **nationalité** (auto) / national plate o. tag, nationality plate || ~ **négative** / negative plate || ~ **négative** (phot) / photographic plate || ~ pour **nom de rue** / street sign || ~ **numérotée ou de numérotage** (techn) / number plate || ~ d'**obturation** / closing plate || ~ **ondulée** / corrugated sheet || ~ à **ouvertures [multiples]** (ord) / apertured memory ferrite plate || ~ de **palier** (bâtim) / landing slab || ~ de **parement en plâtre composite** (bâtim) / sandwich type plaster board, gypsum plaster sandwich board || ~ à **pastilles** (accu) / Fauré plate, pasted plate || ~ **perforée** / mesh bottom plate || ~ **perforée** (pap) / filtering stone || ~ **perforée pour dessicateurs** / desiccator screen || ~ **photographique** / photographic plate || ~ à **pieds** / kicking plate (on doors) || ~ de **pierre** / stone slab || ~ à **pilonner** (mines) / crushing plate || ~ **pivotante** / swivel, hinged plate || ~ **pivotante alternative** (manutention) / pivoting junction table, alternative pivoting table || ~ [à **planche-]peigne** (fonderie) / stripping plate || ~ de **plancher** / floor plate || ~ de **Planté** (accu) / helical plate || ~ de **plâtre** / gypsum partitional slab || ~ de **plomb** / flat o. sheet lead || ~ à **pochettes** (accu) / pocket plate || ~ de **poinçonnage de plomb** / plug for lead stamps || ~ de **poinçonnage pour sceller le carter des instruments de pesage** / plug for stamp of balances || ~ des **poinçons** (découp) / force plate || ~ **porte-nez** (découp) / top plate || ~ **positive** (tube) / anode, plate || ~ **positive** (accu) / positive plate || ~ de **poussée** / kicking plate (on doors) || ~**-poussoir** *f* (routes) / push blade || ~ **pressée** / pressed sheet || ~ pour **prisonniers** (plast) / latch plate, retaining plate || ~ de **propreté** (porte) / finger plate || ~ de **protection contre les projections d'huile** / oil deflector || ~ de **qualité élevée** (lam) / high-grade sheet steel || ~ de **queue** (ch.de fer) / tail disk || ~ de **raccord** / connecting o. splicing plate || ~ de **rebondissement** (hydr) / rebounding plate || ~ de **recouvrement** (bâtim) / ground plate || ~ de **recouvrement** (techn) / covering plate || ~ **redresseuse polycristalline** / polycrystalline rectifier plate || ~ **réglable** / adjusting plate || ~ **[réglementaire] de contrôle** (auto) / licence o. number plate || ~ **repère** (ch.de fer) / reference plate || ~ de **repère** (réservoir d'huile) / datum plate || ~ à **repriser** (m.à coudre) / cover plate for darning || ~ **réverbérante** (acoustique) / plate reverberator || ~ **réversible** (tourn) / reversible carbide tip || ~ à **rouleaux** (ressort) / roller plate || ~ de **rupture** / bursting o. rupture disk || ~ de **Schumann** (phot) / Schumann o. gelatin-free plate || ~ de **scories** / slag [concrete] block || ~ de **séchage pour noyaux** (fonderie) / core carrier plate || ~ **sèche** (phot) / dry plate || ~ à **séchoir** / drying plate || ~ de **serrage** (électr) / armature endplate o. head || ~ de **serrage** (ch.de fer) / rail o. sleeper clip, clip, clamping plate || ~ de **serrage** (m.outils) / clamping o. fixing plate, plate chuck || ~ de **serrage à talon** (ch.de fer) / catch fitted clip || ~ de **serrure** (auto) / door striker || ~ **signal** (TV) / backplate electrode || ~ **signalétique** / identification plate || ~ **signalétique** (instructions) / instruction plate || ~ de **sole** (sidér) / dead plate || ~ de **sommet** (antenne) / vertex plate || ~

spectroscopique / spectroscopic[al] plate || ~ **stratifiée** / laminated sheet || ~ **stratifiée décorative** / decorative laminate || ~ **support** (repro) / carrier foil || ~ **support de modèle** (fonderie) / pattern plate || ~ **support de moule** (fonderie) / moulding plate || ~ de **sûreté** / shear plate || ~ de **table** / table board o. leaf o. top || ~ **tartinée** (accu) / pasted plate || ~ de **terre** / ground (US) o. earth (GB) plate || ~ à **tirer** (fonderie) / lifting plate of a pattern || ~ de **toiture** / roofing member o. panel o. slab || ~ de **tôle** / sheet metal plate || ~ [de **tôle**] **d'acier** / sheet steel plate || ~ de la **touche** (m.à ecrire) / key button o. head || ~ **tournante** / swivel, hinged plate || ~ **tournante** (ch.de fer, auto) / turntable, turning platform || ~ **tournante** (bâtim) / swinging platform || ~ **tournante à articulation pour locomotives** / articulated turntable for locomotives || ~ **tournante sur billes** (ch.de fer) / ball supported turntable || ~ **tournante à brames** / slab turning device || ~ **tournante pour croisement** / two-way turntable || ~ **tournante à niveau** / raised o. climbing o. overground o. surface turntable || ~ **tournante de suspension** (funi) / suspended turntable || ~ à **tracer** / surface plate, marking[-off] table o. plate || ~ de **transfert** / table of assembly conveyor || ~ de **transporteur** / apron pan of conveyor || ~ **transversale** (constr.en acier) / division plate || ~ **trimétallique** (typo) / trimetal plate || ~ de **trou d'homme** / manhole door o. cover || ~ à **trous** (électron) / multiaperture core || ~ à **trusquiner** voir plaque à tracer || ~ à **tubes** (chaudière) / tube plate o. sheet o. wall || ~ à **tubes ou tubulaire** (accu) / tubular plate, ironclad plate || ~ **tubulaire** (chimie) / tube sheet || ~ de **tuyère** (sidér) / hearth o. side plate || ~ d'**usure** / wearing plate || ~ d'**usure** (moissonneuse) / cutter bar wearing plate || ~ d'**usure de sabot intérieur** (moissonneuse) / main shoe wearing plate || ~ à **vapeur à presser à chaud** / steam press plate for hot pressing || ~ de **verre** / glass slab o. pane || ~ **vibrante** (routes) / vibratory plate || ~ à **vide** / vacuum suction plate || ~ de **visite** (ch.de fer) / inspection plate || ~ de **zinc pour l'imprimerie** (typo) / zinco[graph]

plaqué *adj* (planche de câblage imprimé) / copper clad || ~ *m* (matière) / cladding material || ~ (circuit intégré) / plating || ~ *adj* d'**acier** (lam) / steel plated || ~ d'**acier**, blindé / steel plated o. coated || ~ à l'**argent** / silver plated || ~ *m* d'**argent** / silver plating || ~ par **immersion** / dip plating || ~ *adj* de **laiton** / brass plated || ~ **métal** (circ.impr.) / metal-clad || ~ *m* en **métal** / metal coat[ing] o. plating || ~ au **nickel** / nickel-plated o. -clad || ~ d'**or** / gold plated || ~ de **platine** / platinum-plated work, platinum-plating

plaquer (verre) / coat, double, flash, plate || ~ (men) / veneer *vt* || ~ (métal) / plate *vt* || ~ de **cuivre** [sur...] / copper-clad *vt* || ~ d'**or** / plate with gold

plaquette *f* (typo) / booklet, pamphlet, brochure || ~ (tourn) / tip, insert || ~, tranche *f* (semicond) / wafer *n*, slice *n* || ~, briquette *f* (céram) / scone brick, split || ~ en **acier rapide** / rapid machining steel tip, high-speed steel tip || ~ **amovible** (tourn) / [throwaway carbide] indexable insert, throwaway insert || ~ [**amovible**] **en céramique** (tourn) / ceramic insert || ~ d'**arrêt** (vis) / screw retention o.locking || ~ d'**audiofréquence** (électron) / audiofrequency board || ~ de **carbure** / cutting-alloy tip, cemented carbide tip || ~ en **carbure à jeter** (m.outils) / throw-away insert || ~ **carrée** / [plain] square washer || ~ à **circuits imprimés** (électron) / [printed] card || ~ [**collée**] (lunettes) / pad, stick-on pad || ~ de **comprimés** (pharm) / blister pack || ~ de **contrôle** / test badge || ~ de **cosses à braser** / tagboard || ~ de **fermeture en tôle** / locking tin disk || ~-**frein** *f* (auto) / door striker || ~ de **frein à disque** / brake pad || ~ à **grain, [au aiguille]** (meule) / dressing plate with natural diamonds o. diamond grit, [with diamond points] || ~ **imprimée usinée** (circ.impr.) / printed board o. card [ready for insertion of components] || ~ d'**injecteur** (auto) / injector plate || ~ de **métal dur** [fritté] / cutting-alloy tip, cemented carbide tip || ~ **oblique pour profilés U et I** / channel steel clamping plate || ~ **pastillée** / printed board assembly || ~ à **picots** (tiss) / needle ledge, pin plate || ~ à **picots à croche** (tex) / hook type pin bar || ~ de **protection** (portes) / kick-strip, -plate || ~ de **serrage** (électr) / clamping lug || ~ **signalétique** (auto) / vehicle identification plate, manufacturer's nameplate || ~ de **valve** (pneu) / inner tube valve fitting, valve pad

plaqueuse *f* de **chants** (bois) / edge processing machine

plasma *m* (biol, phys) / plasma || ~-**chimique** / plasma-chemical || ~ **primordial** (nucl) / ylem

plasmagène *m* (phys) / plasmagene, plasmid

plasmatique / plasmatic

plasmatron *m* / plasmatron

plasmoïde *m* (phys) / plasmoid

plasmolyse *f* / plasmolysis

plastage *m* / plastic covering

plastic *m* / blasting o. explosive o. nitro gelatin[e]

plastication *f* à **chaud** / plast-spraying

plasticer / plasticize

plasticité *f* / plasticity, ductility || ~ (argile) / plasticity || ~ de la **déformation de phase** (métaux) / phase transformation plasticity || ~ de **sable** (fonderie) / flowability of sand

plastifiant *m* (caoutchouc) / plasticator || ~ (plast) / softener, plasticizer || ~ (gén) / emollient, softener || **sans** ~ (plast) / unplasticized || ~ **entraîneur d'air** (bâtim) / air-entraining plasticizer || ~ [de **malaxage du béton**] / plasticizer, wetting agent (GB)

plastification *f* à **chaud** (plast) / plast spraying

plastifié / platicized

plastifier / plasticize, plastify

plastigel *m* (chimie) / plastigel

plastiline *f* / plasticine, plastilina (US)

plastique *adj* / plastic, ductile, kneadable || ~ (céram) / plastic || [**en matière**] ~ / plastic || ~ *m* / plastic material, plastic || ~**s** *m pl* / plastics *sing* (US) || ~ *f* / plastic art || ~ (TV, défaut) / plastic effect || ~**s** *m pl* **ABS** / ABS resins *pl* || ~ *m* **alkyde** / dough-moulding compound || ~ **allégé composite** / syntactic cellular plastic, syntactic foam || ~ **allylique** / allyl plastic || ~**s** *m pl* **alvéolaires** / cellular materials o. plastics, foamy o. foamed o. expanded plastics *pl* || ~ *m* **armé** / low pressure resin, contact resin || ~ à **billes creuses** / syntactic cellular plastic, syntactic foam || ~ **cellulosique** / cellulosic plastic || ~ **époxydique** / epoxy plastic || ~ **expansé** / foamed plastic || ~ **flexible** / flexible plastic || ~ **fluoré** / fluoroplastic || ~ **polyacrylique** / polyacrylic plastic || ~ **polystyrénique** / polystyrene plastic || ~ **polyuréthanique** / polyurethane plastics || ~ **prop[yl]énique** / prop[yl]ene plastic || ~ **renforcé à la fibre de verre** / glass fiber reinforced plastic || ~ **stratifié au verre textile** / glass fiber laminate || ~ **thermodurci** / thermoset plastic || ~ **thermodurcissable** / thermosetting plastic || ~ **uréthanique** / urethane plastics

plastiquer / blast up with a plastic bomb

plastisol *m* (plast) / paste, plastisol

plastomère *m* / plastomer
plastosoluble (teint, tex) / plastosoluble
plasturgie *f* / plastics technology
plasturgiste *m* / plastics converter and processor
plat *adj* / flat || ~ (terrain) / even, level || ~ (phot) / flat, weak, without contrast || ~ (mines) / horizontal || ~, calme (nav) / dead || ~ (pneu) / flat || ~ (accu) / discharged, dead, run down || ~ *m* / web, flat side || ~ (bâtim) / large face || ~ (typo) / cover [of book] || ~ (lam) / flat, flat rolled steel, flat [steel] bar || ~ (cuisine) / dish, platter (US) || ~ (ch.de fer) / flat wagon || ~ (cylindre) / flat on a cylinder || ~ (balance) / weighing basin o. tray, scale pan || **~s** *m pl* / flat material o. stock, flats *pl* (coll) || **à ~** (pap) / [in the] flat || **à ~** (gén) / in a horizontal position || **à ~ en haut** (balance) / with scale pan on top || **~-bord** *m* (pl. plats-bords) (nav) / gunwale || ~ à **boudin** (nav) / bulb o. beaded flat || ~ à **bourrelet** / fencing iron, fence bar || ~ en **caoutchouc** / flat piece of rubber || ~ d'un **couteau** / face of a blade || **~s** *m pl* **cuisinés et prêts à emporter** / convenience food || ~ *m* à **[deux] boudins** / plain *pl* bulb flats || ~ de **jante** / tire seat || ~ de **marteau** / poll of a hammer, hammer face o. toe || ~ de la **recette** (mines) / charging platform for the mine hoist || ~ de **roue** (ch.de fer) / wheel flat || ~ au **taillant** (pince) / width of edge
platane *m* / plane tree, platan[e] || ~ d'**Amérique** / buttonwood, American plane o. sycamore
plateau *m* / tray || ~ (techn) / plate, disk || ~ (chimie) / deck, plate, tray || ~ (formage plast) / platen || ~ (m.à coudre) / platform || ~ (m.outils) / supporting table || ~ (géogr) / table[-land] || ~ (auto) / flat semitrailer || ~ (verre) / pane[l] || ~ (hydr) / bed || ~, plaque *f* (céram) / stillage, pallet || ~ (cuivre) / cake || ~ d'**alésage à forets multiples** / multi[ple] spindle drill head || ~ **amovible** (m.à coudre) / table, top, platform || ~ **amovible** (presse) / bedplate of press || ~ **angulaire** (m.outils) / angle plate || ~ **annulaire** / annular tray || ~ **annulaire** (chimie) / annular bottom || ~ d'**appui d'embrayage** (auto) / clutch driving plate || ~ d'**ascenseur** / platform of freight elevator || ~ de la **balance Roberval** / weighing scale o. basin, scale pan || ~ de la **balance romaine** / table of a weigh-bridge || ~ de **bridage** / clamping plate, clip plate, holding-down plate, plate chuck || ~ à **calottes** (chimie) / bubble [cap] plate, bubble tray || **~-came** *m* / cam plate || ~ à **cascade** (chimie) / cascade tray || ~ de **charge** (fonderie) / weighting plate for mould || ~ de **chargement** (palettes) / load board, pallet (US) || ~ **chauffant** / heating plate, (esp.:) steam plate[n] || ~ **circulaire** (tourn) / surface plate, face plate o. chuck, flanged chuck (GB) || ~ **circulaire** (fraiseuse) / circular milling attachment, rotary attachment || ~ à **cloches** (chimie) / bubble [cap] plate, bubble tray || ~ d'une **colonne de fractionnement** / fractionating tray || ~ de **commande sur la brochette** (filage) / spindle driving plate || ~ de **compression** (plast) / force plug || ~ à **contact** (chimie) / contact tray || ~ **continental** (hydr, géol) / shelf || ~ de **côté** / side extension o. rest || ~ du **coupe-racines** (sucre) / knife block || ~ de **couverture** (routes) / cover plate, coping stone || ~ de **débrayage** / clutch release plate || **~-décrottoir** *m* **de marchepied** (auto) / running plate || ~ à **denture intérieure** (m.outils) / internal gear face-plate || ~ de **déroulement** (câblage) / pay-off plate || ~ **diviseur** / dividing plate o. division, index dial o. disk o. plate || ~ **diviseur** (m.outils) / circular indexing table || ~ **double** (montre) / double roller [safety action] || ~ de **dressage** / surface plate, flattener, dressing o. surface plate || ~ d'**échange** (moule, plast) / duplicate plate || ~ **échangeur** (chimie) / exchange o. bubble plate, plate || ~ d'**échappement** (horloge) / discharging roller || ~ **éjecteur** (plast) / ejector plate, ejection plate || ~ d'**enregistrement** (électron) / tape deck, open reel deck || ~ d'**enroulement** / winding disk || ~ à **ensachage** (moissonneuse-batteuse) / bagging stand || ~ à **fentes** (chimie) / slotted tray || ~ de **fermeture d'embrayage** (auto) / clutch cover [plate] || ~ à **film** (chimie) / film tray || ~ de **fixation** (fonderie) / mounting plate, clamping plate || ~ de **fixation** (plast) / backing plate || ~ **fixe** (fonderie) / front o. stationary platen || ~ à **fractionnement** / fractionating tray || **~-fraiseur** *m* (m.outils) / inserted tooth milling cutter, cutter o. milling o. facing head || ~ de **frein** / brake backing plate || ~ de **frein à tambour** / backing plate of the drum brake || ~ à **friction** / friction disk || ~ **frontal** (plast, moule) / front shoe, backing plate || ~ à **fruits** / crate, fruit crate, tray || ~ **Glitsch** (chimie) / Glitsch tray || ~ à **grille** (pétrole) / turbogrid tray || ~ en **grille** (chimie) / grid tray || ~ **inférieur** (presse) / bottom plate[n] || ~ de **lavage** (chimie) / wash tray || ~ **magnétique** / magnetic holding plate || ~ de **manchon d'arbres à cardan** / cardan shaft flange || ~ **matrice** (plast) / die plate || ~ **mobile** (fonderie) / moving o. sliding platen || ~ **mobile** (plast) / floating platen || ~ **mobile d'une presse** / clamping plate, clip plate, holding-down plate, plate chuck || ~ pour **montres** / watch plate || ~ **moteur** (m.compt) / motor bar || ~ à **ouvrage** (m à coudre) / work plate || **~-palier** *m* (électr) / end shield o. plate || ~ de **pédalier** (bicyclette) / chain wheel, gear wheel || ~ **perforetype atomiseur** (plast) / spray type perforated plate || ~ de **piston** / piston cover o. head, top plate of the piston || ~ à **poids** / weight tray || ~ **porte-outillage** / die platen || ~ de **potentiel** / potential plateau || ~ **pousse-toc** (m.outils) / work fixture || ~ de **pression d'embrayage** / clutch thrust plate || ~ de **protection contre la pluie** / rain cover plate || ~ **pulvérisateur** (chimie) / shower plate o. grid || ~ à **quatre mors** / four-jaw chuck || ~ de **réception** (c. perf) / stacker plate || ~ **répartiteur** / distributing plate || ~ **revolver** / dial plate of a press || ~ **rocheux** (géol) / shelf || ~ de **roulement** / grinding track || ~ de **séchage** / tray, hurdle || ~ de **serrage** / press plate || ~ de **serrage** (m.outils) / driving chuck || ~ de **serrage**, mandrin *m* (m.outils) / clamping chuck || ~ de **serrage** (fonderie) / squeeze head || ~ de **serrage à aimant** (m.outils) / magnetic holding plate || ~ à **soupapes** (chimie) / valve tray, valve-ballast tray || ~ de **soutirage** (chimie) / draw-off tray || ~ de **soutirage total** (chimie) / total draw-off tray || ~ **supérieur** (presse) / crown (GB), stationary crosshead (US), main head || ~ **supérieur de cylindre** / cylinder cover o. top o. lid || ~ **support d'ensouple** (tiss) / warp beam support || ~ **support de pot** (filage) / can plate || ~ **support de prisonniers** (plast) / latch plate || ~ **support de segments [de frein]** (auto) / brake backing plate || ~ de **tampon** (ch.de fer) / buffer head o. disk || ~ **théorique** (chimie) / perfect o. theoretical plate || ~ à **toc** (m.outils) / driver o. driving plate, carrier plate, catch o. dog plate || ~ de **torréfaction** (malt) / torrifying kiln floor || ~ de **tour** / surface plate, face plate o. chuck, flanged chuck (GB) || ~ de **touraille** (bière) / drying hurdle o. plate, kiln floor o. hurdle || ~ **tournant** / rotary plate, revolving plate || ~ **tournant** (Belg) (ch.de fer, auto) / turntable, turning platform || ~ **tournant commandé** (manutention) / power driven rotating table || ~ **tourne-disques** (phono) / [record]

turntable || ~ de **traçage** / surface plate, marking[-off] table o. plate || ~ à **tracer** (nav) / scri[e]ve board || ~ à **transfert circulaire** / indexing plate || ~ à **tubes** (chimie) / tubesheet || ~ à **tuyères** (chimie) / valve tray || ~ de **verre** / glass slab o. pane || ~ du **volant** (mot) / flywheel flange

plate-bande *f (pl plates-bandes)* (agr) / bed || ~ *f* (filage) / spindle bearing plate || ~ (bâtim) / frieze || ~ de **baie** (bâtim) / platband, [door] lintel, summer || ~ de **broches** (filage) / spindle rail || ~ d'un **continu** (filage) / ring rail || ~ de **fenêtre** (bâtim) / plain moulding || ~ de **porte** / plate for door panels || ~ **suspendue** (bâtim) / hanging tie

platée *f* **[au-dessus des fondements]** (bâtim) / continuous pedestal, stereobate

plateforme *f*, plate-forme *f (pl: plates-formes)* (gén, ch. de fer) / platform || ~ (bâtim) / flat o. platform roof, terrace || ~ (cage d'extraction) / deck || ~ (nav) / platform deck, flat || ~ (accu) / battery rack || ~ (ch.de fer) / flat wagon || ~, pont *m* tournant (ch.de fer, auto) / turntable, turning platform || ~ (routes) / road level, soil || ~ (autobus) / tail || ~ d'**accès** (ch.de fer) / entrance o. entry vestibule || ~ **auto-élevatrice** (pétrole) / jack-up platform || ~ **automotrice pour transport routier de chars lourds** / tank retriever || ~ **avant** (ch.de fer) / front platform || ~ à **axes multiples** (espace) / multi-axis platform || ~ de **balance** / table of a weigh-bridge || ~ **basculante** / tipping platform || ~ de la **cale** (nav) / orlop deck || ~ de **chargement** / goods o. loading platform o. ramp || ~ de **chargement** (auto) / elevating gate || ~ de **chargement** (sidér) / charging o. top platform || ~ pour **chargement en bout** (ch.de fer) / end-loading platform || ~ de **chargement latéral** / side-loading platform || ~ de **chaussée** (routes) / soil, road level || ~ de **commande centrale** (électr) / control o. supervisory board, central control panel || ~ du **compas** (nav) / observation deck || **~-conteneur** *f* / platform container || ~ de **contrôle** (mines) / control platform || ~ de **coulée** (fonderie) / pouring platform || ~ à **coussin d'air** / hoverpallet || ~ de **culbutage ou de décharge** / dumping o. tilting stage o. platform || ~ du **culbuteur** / tippler floor || ~ de **déchargement** / discharging platform || ~ à **[dé]monter les essieux** (ch.de fer) / wheel lifting device, wheel and axle elevator (US), drop table (US) || ~ **descendante** / lowering stage o. platform || ~ de **déversement** / tilting o. tipping stage o. platform || ~ **élévatoire de bateaux** / ship lifting platform || ~ pour **élever des personnes** / platform for lifting persons || ~ d'**essai ou d'épreuve** (électr, électron) / inspection department, test department o. lab || ~ d'**essai ou d'épreuve** (techn, mot) / test[ing] stand o. bed o. room || ~ **étanche [à l'eau]** (nav) / watertight flat || ~ **flottante** / floating platform o. island || ~ du **gueulard** (sidér) / charging platform, top platform || ~ **inertielle** (aéro) / inertial [navigation] platform || ~ de **lancement** / launching pad for rockets || ~ de **levage** (gén) / lifting platform o. stage, platform lift || ~ de **manœuvre** / operating floor o. platform || ~ de **manœuvre** (sidér) / operating pulpit, control platform o. pulpit || ~ de **mélange** / mixing platform || ~ **mobile** / elevating platform || ~ à **molettes** (mines) / head frame platform || ~ de **montage** (techn, bâtim) / movable platform, portable extension stage (US) || ~ de **monte-charge** / elevator platform || ~ d'**observation** / observation platform || ~ **off shore pour l'exploitation** / offshore floating terminal || ~ à **panoramique horizontal et vertical** (phot) / pan-and-tilt head || ~ en **pierres** (hydr) / stone packing || ~ du **pont transbordeur** / suspended platform || ~ de **poser** / helicopter landing stage || ~ pour **poser les tuyaux** (pétrole) / pipe layer platform || ~ de **remplissage** / feeding o. filling floor || ~ de **roulage** (mines) / transfer car for inclines || ~ **roulante pour wagons** (ch.de fer) / traverser, travelling platform, traverse o. transfer table, car transfer table (US) || ~ de **service** / operating floor o. platform || ~ de **sondage** (mines) / boring frame || ~ **stabilisée** (ELF) (espace) / stabilized o. stable platform || ~ des **tableaux de distribution** / switchboard floor || ~ du **tablier** (pont) / bridge floor o. plate o. deck || ~ **télescopique** (espace) / telescope mount || ~ d'un **toit** / flat o. platform roof, terrace || ~ **tournante** / swinging platform || ~ de **travail** / working platform || ~ de **travail** (charp) / marking-off board || ~ de la **voie** (ch.de fer) / subgrade (US), formation (GB)

platelage *m* en **bois** / boarded flooring || ~ en **fer** / steel flooring || ~ **léger** (pont) / orthotropic deck || ~ en **madriers** / boarded floor[ing] || ~ du **pont** / bridge covering, bridge flooring

plateur *m*, plateure *f* (mines) / flat *n* || **en** ~ (mines) / flat

platforming *m* (pétrole) / platforming, platinum reforming

plâtière *f* / gypsum o. plaster furnace o. kiln

platinate *m* (chimie) / platinate

platine *m*, Pt / platinum || ~ à l'état natif / platina || ~ fulminant / fulminating platin || ~ iridié / platinum iridium || ~ laminé / platinum foil || ~ métallique / platinum metal || ~ rhodié / platinum rhodium || **~-ammine** *f* / platinum-ammonia [complex] compound

platine *f* / mechanism plate || ~ (horloge) / bottom plate || ~ (bonnet) / plate || ~ (typo) / platen || ~ (opt) / stage || ~ (fusil) / gun lock, breech bolt o. lock || ~ (lam) / moulder, scaler || ~ (chariot) / top plate || ~, larget *m* (sidér) / sheet o. mill bar || ~ **abaisseuse** (tiss) / falling wire, lap sinker || ~ d'**abattage** (tex) / knock[ing]-over bit || ~ d'**abattage à crochet** (bonnet) / hook release || ~ **automatique** / automatic platen press || ~ **avant** (instr, électron) / front panel || ~ du **cadran** (horloge) / bottom plate, dial plate || **~-cassette** *f* (acoustique) / cassette tape deck || ~ à **chariot croisé** / mechanical stage, stage with X and Y movements || ~ **chauffante** (microscope) / heating stage || ~ **chauffée** (presse) / heating plate, (esp.:) steam plate[n] || ~ de **cueillage** (tiss) / web holder, holding down sinker || ~ **cueillante standard** (tricot) / jack sinker || ~ à **déplacement programmé** (microsc.) / scanning stage || ~ de **distribution ou de formage** (bonnet) / dividing sinker, divider || ~ d'**échappement** (horloge) / escapement bearing plate || ~ d'**entraînement** (b.magnét) / motor board, tape deck || ~ d'une **fiche** (serr) / loop of a hinge || ~ **fixe** (tiss) / fixed wire || ~ de **formage** (bonnet) / dividing sinker, divider || ~ **formante de lisière** (bonnet) / selvedge divider platine || ~ **inférieure** (horloge) / lower plate || ~ d'**insertion** (tiss) / insertion plate || ~ à **lame coudée** (pap) / elbow [bed]plate || ~ de la **machine Cotton** (tiss) / lifting wire || ~ pour **métier à mailles retournées** (tex) / slide, knitting o. links jack || ~ **peluche** (tex) / pile sinker || ~ **perforée** (comm.pneum) / mounting grid || ~ **porte-objet** (opt) / microscope stage || ~ **rotative** (opt) / revolving stage || ~ **supérieure** (presse) / top platen || ~ **supérieure** (horloge) / upper plate || ~ pour **tôles** / steel sheet billet, steel sheet mill bar || ~ **tournante** / revolving stage || ~ du **trépied** (phot) / stand base || ~ de **verrou** (serr) / staple plate

platiner / platinize, platinum-plate || ~ / platinate

platineux / platinous, platinum(II)...
platinichlorure *m* / platinum(IV) chloride
platinifère / containing platinum
platinique / platinic, platinum(IV)...
platinite *m* (alliage FeNi) / platinite
platinocyanure *m* / cyanoplatinite
plat[in]ocyanure *m* de **baryum** / bariumtetracyanoplatinate(II)
platinoïde *m* / platinoid
platinotron *m* / platinotron
platinotypie *f* (typo) / platinotype
platoir *m* (maçon) / float
plâtrage *m* / plaster work, plastering || ~ (agric) / liming, calcium fertilizing
plâtras *m* / chips of broken-off plaster
plâtre *m* (min) / selenite || ~ (bâtim) / burnt o. dried gypsum, boiled plaster of Paris || ~, moulage *m* de plâtre / gypsum o. plaster cast || ~, stuc *m* / stucco, sculptor's plaster || ~ **aluné** / Keene's cement || ~ pour le **bâtiment** / building plaster, gypsum plaster || ~ à **borax anhydre** (bâtim) / Parian cement, Par.C. || ~ **caché** / plaster mortar, compo || ~ **cellulaire** / aerated o. cellular gypsum || **~-ciment** *m* / mortar o. cement of plaster || ~ **cuit** / burnt o. calcined gypsum || ~ **demi-cuit** (bâtim) / hemihydrate [gypsum] plaster || ~ d'**enduit** (bâtim) / plaster [of Paris][for facing] || ~ à **[enduit de] parement** / plaster for facing, patent plaster || ~ **éventé** / dead plaster || ~ **gâché** / plaster of Paris paste, thin plaster || ~ **menu non-cuit** (pap) / unburnt [powdered] plaster || ~ à **modèle** / plaster of Paris || ~ de **moulage** (bâtim) / plaster [of Paris][for facing], sculptor's plaster || ~ pour **moules** / plaster of Paris || ~ **mouliné** / flour of gypsum || ~ **noyé** / plaster of Paris paste, thin plaster || ~ de **Paris** / plaster powder, powdered plaster || ~ à **planchers** / plaster for flooring || ~ en **poudre** / flour of gypsum || ~ **pulvérisé** / powdered plaster
plâtrer / run in with plaster || ~ (agr) / lime
plâtreux / plastery
plâtrier *m* / plasterer || ~, stucateur *m* / plasterer, stuccoer
plâtroir *m* / plaster ladle
plattnérite *f* (min) / plattnerite
platymètre *m* (électron) / platymeter
plaxage *m* / coating with acrylic resin
play-back *m* (film) / playback method
pléiade *f* (chimie) / pleiades *pl*
plein *adj* / full || ~, complet / full, entire || ~ (constr.en acier) / solid o. plein web..., plate-webbed || ~, massif / massive, solid || ~ *m* (phys) / plenum || ~ (typo) / down-stroke || ~ (auto) / solid tire || **[à] ~e onde** / full wave || **à** ~ / on full || **à** ~ **papier** (typo) / bled-off (plate) || **à** ~ **[régime ou rendement]** / atmaximum o. full speed || **à ~s gaz** / at wide-open o. at full throttle || **donner ~s gaz** / open the throttle, step on the gas (coll) || **en** ~ **air** / open-air..., outdoor, exterior || **en ~e action ou marche** / at full work || **en ~e activité** / at full blast, in full operation || **faire le** ~ (auto) / top up || **les ~s gaz** (mot) / [wide-]open o. full throttle || ~ **air** / open air || ~ d'**aspérités** (routes) / rugged, bumpy || ~ dans le **but** / direct hit || **~e capacité** *f* / full load output || ~ **champ** *m* / full excitation || **~e charge** *f* / full load || **~-cintre** *m* / barrel o. annular o. tunnel o. wagon vault, straight-barrel vault || **~e déviation** *f* (câble pupinisé) / end section || ~ d'**éclats** (pap) / knotty || ~ **emploi** *m* / full employment || ~ d'**épines** / spinate, spiniform, spinose, spinous || **~e impulsion de commande** (mémoire à noyaux) / full drive pulse || ~ de **lacunes** / incomplete || **~e mer** *f* / open o. high sea || **~e mer** (marée) *f* / flood [tide] || **~e onde** *f* / full wave || **~e puissance** *f* / full load output || ~ **régime** *m* / maximum speed, full speed || ~ **relief** / full relief o. relievo || ~ **rendement** / full load output || ~ de **sève ou de suc** / succulent || ~ de **trous** / perforate[d] || **~e utilisation** *f* (électron) / 100 % modulation || **~e vapeur** *f* / full steam || **~e voie** *f* (ch.de fer) / open line o. track
pleinement valable / of high value
Pléistocène *m* / Pleistocene Period, Great Ice Period
plénitude *f* / fullness
plénum *m* / plenum chamber of air heater
pléo·chroïsme *m* (crist) / pleochroism || **~naste** *m* (min) / pleonaste, ceylonite
plésiothérapie *f* (nucl) / contact radiation therapy
plessite *f* (min) / plessite
pleurage *m* (électron) / wow || ~ **et papillotement** (b.magnét) / wow and flutter
plexiglas *m* (commerce) / plexiglass, Plexiglas, Lucite (of DuPont) || ~ (chimie) / polyalkylmethacrylate, PAMA
plexigum *m* (plast) / Plexigum
plexus *m* / plexus
pli *m* / crease, wrinkle || ~ (géol) / fold || ~ (m.à coudre) / fold, turning in, tuck || ~ (pap) / fold || ~ (pneu) / ply || ~ (étoffe) / crumple || ~ (tôle) / seam, welt || ~ (défaut, forg) / cold shut || ~, enveloppe *f* / envelope || **faire des ~s** / pucker || **sans ~s** / wrinkle- o. crease-free || **sous** ~ **séparé** / under separate cover || ~ **[de bois]** / layer of wood || ~ de **calandre** (pap, défaut) / calender cut || ~ de **carcasse** (auto) / casing ply || ~ **chevauchant** (géol) / pitching fold || ~ **couché** (géol) / fold carpet, recumbent fold, overthrust || ~ **déjeté** (géol) / asymmetrical o. inclined o. lopsided fault || ~ **déversé** (géol) / overfold || ~ **double** (tôle) / double welt o. seam || ~ **droit** (géol) / normal o. symmetrical o. upright fold || ~ d'**emboutissage** (tôle) / draw wrinkle || ~ à **entonnoir** (graph) / former fold, newspaper fold || ~ **extérieur** (stratifiés) / top lamination || **~-faille** *m* (géol) / break thrust [along a fault] || ~ **faux** (tiss) / milling rig || ~ **isoclinal** (géol) / isoclinal fold || ~ **latéral d'un sachet** / gusset of a satchel bag || ~ **monoclinal** (géol) / monocline || ~ de **nappe corde** (pneu) / casing ply || ~ **sens machine** (pap) / long[itudinal] fold || ~ de **séparation** (toiture en tôle) / standing seam joint || ~ **textile** / textile ply || ~ de **tissu** (pneu) / fabric o. textile ply o. insert || ~ de **tissu de coton** (caoutchouc) / cotton fabric ply || ~ **transversal** / crosswise fold || ~ **transversal** (placage) / cross band || ~ **transversal** (stratifié) / cross band
pliable / collapsible, collapsing || ~, flexible / flexible, pliant, pliable
pliage *m* / folding || ~ (typo) / folding of sheets || ~ (tex) / plaiting of the fabric web || ~, courbage *m* / flection, flexion (GB), curving || **à** ~ **paravent** (pap) / fanfold || ~ **accordéon** (pap) / fanfold, Leporello o. accordeon o. concertina o. zigzag fold o. pleat || ~ avec **arête ronde** (tôle) / bead || ~ en **cahiers** (typo) / right-angled folding, square folding || ~ **et découpage combinés** / combined cutting and bending || ~ à la **française** (tex) / French pleating || ~ au **large** (tex) / cuttling, plaiting || ~ **non guidé** (découp) / air bending || ~ à l'**ourdissage ou à l'encollage** (tiss) / beaming, batching up, winding up || ~ **paravent** (pap) / fanfold, Leporello o. accordeon o. concertina o. zigzag fold o. pleat || ~ en **rond** / hollow o. seam roll o. welt || ~ par **roulage** (découp) / bending by bulging || ~ en **U** (découp) / uing
pliant *adj* / collapsible, collapsing || ~, rabattant /

folding down || ~, à charnière / hinged, tilting || ~ *m* / camp stool o. chair, folding chair
plié / folded || ~ de **travers** (tex) / crumpled
plier / bow *vt*, bend || ~, courber / curve *vt*, crook || ~ (pap) / fold *vt* || ~, replier / fold *vt*, tilt || ~ (découp) / vee-bend *vt*, angle-bend || ~ (drap) / fold *vt* || ~ (tôle) / bend on the press-brake || ~ (reliure) / fold in || ~ (se) / bend *vi* || ~ **alternativement d'un côté à l'autre** / bend in alternate directions || ~ à **arête vive** / edge || ~ à **bloc** / double back *vt* || ~ au **centre** / fold in the middle || ~ à **chaud** / hot *vt* bend || ~ en **croisé** (découp) / set || ~ [en **dehors]** / bend outwards || ~ en **étirant** / stretch-bend *vt* || ~ une **feuille** / fold in a leaf || ~ à **froid** / bend cold, cold-bend || ~ de **travers** (tex) / crumple || ~ en **travers** (gén) / bend crosswise || ~ en **U** (découp) / tangent-bend, U-bend *vt*
plieur *m* (m.à coudre) / marker || ~ (tex) / folder, plaiter, cuttler || ~ du **papier** / paper folding machine
plieuse *f* (m.outils) / bending press || ~ (tiss) / folding o. plaiting machine || ~ **combinée à lames et à poches** (reliure) / combined knife and pocket folder || ~ à **lames** (typo) / knife folder || ~ à **mâchoires** (typo) / nip-and-tuck folder (GB), tuck and grip folder (GB), jaw folder (US) || ~ **mécanique** (graph) / folding machine, folder || ~ à **poches** (graph) / pocket folder, buckle o. plate folding machine || ~ de **tôles** / plate doubling machine, sheet doubler
plinthe *f* (bâtim) / plinth || ~ (men) / skirting board || ~ **chauffante**, plinthe *f* rayonnante incorporée / baseboard [radiation] heating, skirting heating || ~ de **mur** / projecting band
Pliocène *m* (géol) / Pliocene Period
pliotron *m* (électron) / pliotron
plissé *adj* (tex) / [mock] pleated || ~ *m* (tex) / plissé, accordion pleating
plissement *m* (géol) / folding, flexing
plisser (tex) / pleat *vt vi* || ~ (se) (p.e. enveloppe) / shrink *vi*, fall in folds
plissé-soleil *m* (pap) / radial folding
plisseur *m* (m.à coudre) / folder
plisseuse *f* / pleating o. frill machine, pleater
plocteuse *f*, carde *f* briseuse (tex) / scribbler
plomb *m*, Pb / lead || ~ (poids) / lead weight, plummet || ~, corps *m* d'équilibrage / balancing body || ~, sceau *m* de plomb / lead[en] seal, leading || **à ~ ou d'aplomb** / vertical, right by the plummet || **de** ~ / leaden || **sans** ~ (essence) / non-leaded || ~ **affiné** / high-purity lead (99,99%) || ~ **aigre** / antimonial o. -monous o. -mony lead, hard lead || ~ **alkylé** / lead alkyl [compound] || ~ **antimonié ou à l'antimoine** / antimonial o. -monous o. -mony lead, hard lead || ~ **blanc** / lead carbonate || ~ **blanc** (min) / cerussite, black o. white lead ore (depending on colour) || ~ à **braser** / lead solder, plumber's solder || ~ **brûlé** / lead dross o. ashes *pl* || ~ **brun** (min) / pyromorphite, brown o. green lead ore (native phosphate of lead) || ~ de **bure** / depth of a shaft || ~ **carbonaté** / lead carbonate || ~ **carbonaté noir** (min) / black lead ore || ~**s** *m pl* de **chasse** / small shot || ~ *m* **commercial** / common lead (99,85%) || ~ **corné** (min) / phosgenite || ~ de **crasse** / slag lead || ~ **doux** / refined o. soft lead, merchant lead || ~ **doux commercial** / commercial soft lead || ~ **dur** / antimonial o. -monous o. -mony lead, hard lead || ~ d'**écum[ag]e** / drop lead, scum lead || ~ **électrolytique** / electrolytic lead || ~ d'**essai** / test lead || ~ en **feuilles** / lead foil || ~ **filé** / lead wire, plumb wire, spun lead || ~ **fusible** / lead fuse o. cut-out || ~ en **grains** / grain lead || ~ pour les **grandes sondes** / deep-sea plummet || ~ **jaune** (min) / yellow lead ore || ~ **laminé** / flat o. sheet lead, milled o. rolled lead || ~ de **liquation** / argentiferous lead || ~ **marchand** / refined o. soft lead || ~ **molybdaté** (min) / yellow lead ore || ~ d'**œuvre** / argentiferous lead || ~ **oxydé** / oxidized lead || ~ de **première fusion** (99.9%) / commercial[ly pure] lead || ~ **pur** / blue lead || ~ **pur** (99,99%) / high-purity lead || ~ **raffiné** / refined o. soft lead || ~ **rainé en H** / came, glazier's o. window lead || ~ de **ressuage** / liquation lead || ~ **rouge** (min) / crocoite, crocoisite || ~ **rouge**, minium *m* / lead oxide red, minium || ~ en **saumon** / lead pig o. lump || ~ à **sceller** / lead[en] seal, leading || ~ **sélénié** / selenic lead || ~ de **sonde** / lead, plumb [bob] || ~ **spongieux** / spongy lead || ~ **sulfuré antimonifère et argentifère** / argentiferous grey copper ore || ~ de **sûreté** / lead fuse o. cut-out || ~ **tétraéthyle** / tetraethyl lead, T.E.L. || ~ **tétraméthyle** / tetramel, tetramethyl lead, TML || ~ **vert** / pyromorphite, brown o. green lead ore || ~ **vitreux** / anglesite || ~ de **vitrier ou à vitres ou de vitrage** / came, glazier's o. window lead
plombable / to besealed by lead
plombage *m*, plomberie *f* / lead work || ~ (par ex.: colis) / lead seal[ing], plumbing || ~ à **chaud ou au trempé** / lead coating
plombagine *f* (chimie) / plumbagin, $C_{11}H_8O_3$ || ~, mine *f* de plomb / lead refill || ~ (coll) (min) / graphite, black lead, plumbago, mineral carbon || ~ **impure** / powdered black lead
plombé / leaded || ~ (par ex.: colis) / sealed with lead || ~ à **chaud ou à feu** / lead-coated
plomber / coat with lead, lead || ~ (drap) / plumb, weight with lead, load || ~ (mines) / determine by the plumb line || ~ (agr) / stamp *vt* || ~ (céram) / varnish, glaze, enamel *vt* || ~ (charp) / let fall a perpendicular || ~ (par ex.: colis) / plumb, seal with leads
plomberie *f*, plombage *m* / lead work || ~ / plumbing [works] || ~ (manufacture) / lead manufactory o. works
plombeux / plumbous, lead(II)...
plombier *m* / plumber, lead caster || ~, ferblantier *m* / plumber
plombière *f* / matte of lead, uncalcined lead
plombifère / plumbiferous, containing lead
plombine *f* à **surface** (tex) / surface printing machine, steam pressure gauge
plongeants *m pl* [d'une **analyse par liqueurs denses]** (mines) / sinks *pl*
plongée *f* / diving || ~ / submerged state || ~ (phot) / top shot || ~ (routes) / banking, camber, transversal slope || ~ (tourn) / transverse feed o. movement o. travel, (esp.:) recessing feed, infeed || **en** ~ / underwater, submerged || ~ du **bac** (mines) / stroke of the jigger || ~ au **freinage** / brake diving || ~ **intérieure** / internal recessing || ~ en **saturation** / diving with helium-oxygen mixture
plongement *m* / decline || ~ (mines) / hade, descent, dip *inclination*, slope
plonger *vi* / dive *vi* || ~ (géol, mines) / dip *vi* || ~ (m.outils) / groove *vi*, recess, cut in || ~ *vt* / plunge, dip *vt* || ~ *m* (mines) / hade, descent, dip, inclination
plongeur *m* (techn) / ram, plunger [piston] || ~ (personne) / diver || ~ de **détection** / sensing pin || ~**-potence** *f* (bicyclette) / head tube || ~ *m* de **tampon** (ch.de fer) / plunger of the buffer, buffer plunger
plot *m* / diagram, graph[ical representation], chart || ~ (ourdissoir) / jack, heck box || ~ (radar) / pip, blib || ~ **autoréfléchissant** (routes) / reflecting road stud || ~ de **brasage** (électron) / soldering pin || ~ de **commutation** (combinateur) / controller notch || ~

de **contact** / contact block || **~s** *m pl* de **contact** (télécom) / contact bank || ~ *m* de **démarrage** (électr) / starter step || ~ d'**entrée** (c.perf.) / entry hub || ~ **équarri sans flaches** (bois) / log sawn through and through || ~ à **fourche** (électron) / U-pin, soldering terminal || ~ de **jonction** (électr) / soldering terminal o. eye || ~ de **lecture** (c.perf.) / read-in hub || ~ **[métallique]** / contact block || ~ de **mise en court-circuit** / short circuit plug || ~ **réflectorisé** (routes) / reflecting road stud || ~ de **remplissage** (électr) / filler plug || ~ de **repos** (relais) / back stop, spacing stop || ~ de **résistance** (électr) / resistance scale o. step || ~ **rétroréfléchissant** (routes) / reflecting road stud

ployer *vt* / curve *vt*, crook, bend *vt* || ~, plier / fold up || ~ *vi* / bow *vi*, yield

pluie, quelques ~s / occasional showers o. precipitation || ~ *f* **battante** / driving rain, pelting rain || ~ de **cuivre** / copper rain || ~ **et neige mêlées** / sleet, rain and snow || ~ d'**étoiles filantes**, pluie *f* météorique / meteoric shower || ~ **fine** / sprinkle, drizzle || ~ **torrentielle** / pouring rain

plumbate *m* / plumbate || **~(II)** *m* / plumbite, plumbate(II) || **~(IV)** *m* / plumbate(IV)

plumbeux / plumbous, lead(II)...

plumbique / plumbic, lead(IV)...

plumbo·aragonite *f* (min) / plumboaragonite || **~ferrite** *f* / plumboferrite

plume *f* / feather || ~ à **dessin[er]** / pen || ~ à **deux becs** / double pointed pen || ~ à **tube capillaire calibré [et entonnoir]** (dessin) / stencil pen

plupart *f* / the greater part, bulk

plurivalent (chimie) / polyvalent || ~, à plusieurs sens (terme) / many- o. multiple valued, plurivalent

plus *m* / positive o. plus sign || **à ~ de trois dimensions** / multidimensional, polydimensional, multivariate || **de ~ d'un chiffre** (math) / multidenominational, -digit, -place, of several places || **de ~ en plus** / more and more || **la ~ haute partie** / topping || **la ~ haute priorité** (ord) / right-of-way precedence, highest priority || **le ~ bas** / lowest || **le ~ haut** / highest || **le ~ haut degré** / climax || **le ~ haut niveau navigable** / highest navigable water level || **le ~ haut nombre** / highest number || **le ~ haut toléré** / ceiling... || **le ~ possible** / highest possible || **les ~ hautes eaux** / highest water || ~ de **15 nœuds** (nav) / 15 knots plus || ~ de **cent** / more o. better than 100 || ~ **élevé** / upper, head, top, superior || ~ **grand** [que] (OCR) / greater than sign || ~ **grand commun dénominateur** / highest common denominator || ~ **haut** / higher || ~ l'**infini** / plus infinite || ~ **lourd que l'air** / heavier-than-air || **~...moins**, ± / plus over minus || ~ **petit commun diviseur**, p.p.c.d. (math) / lowest common denominator || ~ **petit commun multiple**, p.p.c.m. (math) / lowest common multiple, least common multiple || ~ **petit [que]** (OCR) / less than sign || ~ **profond** / deeper, deepened

plusieurs (invariable) / several || **à ~ adresses** (ord) / multiaddress || **à ~ âmes** (bâtim) / multi-joisted || **à ~ angles** / many-angled, many-cornered, polygonal || **à ~ cages** (lam) / multiple stand... || **à ~ canaux** (électron) / multi[ple]-channel... || **à ~ chiffres** (math) / of many digits, multidenominational, multidigit, multiplace || **à ~ constituants** / multicomponent || **à ~ corps** (tiss) / in several groups || **à ~ couches** / multilayer[ed] || **à ~ coupes** (rivetage) / multiple shear... || **à ~ cylindres** (turbine) / multi-cylinder || **à ~ directions** (mines) / with several ways || **à ~ étages** (bâtim) / multistor[e]y || **à ~ étages** (techn) / multistage || **à ~ faces** (gén) / many-sided, versatile, allround || **à ~ facettes** (crist) / many-faced || **à ~ fils** (tex) / multifilament || **à ~ fils ou brins** (électr) / multiwire || **à ~ fonctions** / polyfunctional, multi-function || **à ~ fréquences** / multifrequency || **à ~ gammes de mesure** (instr) / multirange... || **à ~ gorges** / multiple-groove... || **à ~ lampes** (électron) / multitube || **à ~ maxima** (courbe) / with many cusps || **à ~ montants** (m.outils) / multicolumn || **à ~ moteurs** / multi-engine[d] || **à ~ nefs** (bâtim) / multi-bayed || **à ~ noyaux** (chimie) / polynuclear, multinuclear || **à ~ parties** / multipart[ite] || **à ~ pistes** (b.magnét) / multitrack || **à ~ pointes** (fiche) / multi-pin, multicontact || **à ~ reprises** / reiterate[d], repeated || **à ~ roues** / multiwheel || **à ~ socs** (charrue) / with many shares || **à ~ stades successifs** / in several steps o. stages || **à ~ tranchants** / multi-blade || **à ~ usages** / multi-purpose, multiple purpose..., all-purpose..., general-purpose..., polyfunctional, utility || **à ~ valences** (chimie) / polyvalent || **à ~ vitesses** / multispeed || **à ~ voies** / multipath || **à ~ voies** (mines) / with several ways || **de ~ heures** / of several hours duration, lasting for hours || **de ~ lentilles** / of several lenses || **en ~ composantes** / multicomponent || **en ~ couleurs** / multicoloured || **en ~ éléments** (chaudière) / with several rings o. belts || **en ~ épaisseurs** / multilayer[ed] || **en ~ pièces** / built[-up] || **en ~ pièces vissées** / built[-up] and screwed || ~ **fois** / reiterate[d], repeated

plus-value *f* / increment value || ~ (prix) / surcharge, plussage

plutogène / plutonium generating

plutonien, plutonique (géol) / plutonic

plutonisme *m* (géol) / plutonism

plutonium *m* (chimie) / plutonium, Pu

pluvieux / rainy, wet || ~ (climat) / wet

pluviographe *m*, pluviomètre *m* enregistreur (météorol) / recording rain gauge

pluviomètre *m* / pluviometer, rain ga[u]ge, hyetometer, udometer

P.M. *m*, point *m* mort (mot) / dead center, slack point

P.M.B. *m*, point *m* mort bas / bottom dead center, B.D.C.

P.M.H. *m*, point *m* mort haut / inner o. upper dead centre (GB)

PN, passage *m* à niveau (ch.de fer) / grade crossing, level crossing

P.N.B., produit *m* national brut / GNP, gross national product

pneu *m*, pneumatique *m* / tyre (GB), tire (US) || **~s** *m pl* / pneumatic tyres (GB) o. tires (US) || **avec des ~s** / with tires || **sur ~s** / running on pneumatics || ~ *m* **antidérapant** / nonskid tire || ~ **antistatique** (aéro) / earthing tire || ~ **arrière** / rear tire || **~s** *m pl* pour **automobiles** / automobile *pl* tires || ~ *m* d'**avion** / aircraft tire || **~-ballon** *m* / balloon tire, low-pressure tire || ~ à **base large** / wide-base tire || ~ [à] **basse pression** / low-pressure tire || ~ à **basse section** / low-section o. -profile tire || ~ pour **bicyclette** / bicycle tire || **~s** *m pl* **boue et neige** / grip tires *pl*, snow tires || ~ *m* pour **camion** / lorry tyre (GB), truck tire (US) || ~ à **carcasse métallique** / steel breaker tire || ~ à **carcasse radiale**, pneu *m* à ceinture / radial-ply o. braced-tread tyre o. tire, belted tire, rigid breaker tire || ~ à **carcasse en tissu cord** / cord tire || ~ à **chambre incorporée** / tubeless tire || ~ à **chambre séparée** / tube tire || ~ **classique**, pneu *m* diagonal / conventional o. diagonal o. bias [ply] tire, cross ply tire || ~ **confort** / balloon tyre, low-pressure tire || ~ à **couche de tissu**, pneu *m* à couches textiles / canvas tire || ~ à **crampons ou à clous**, pneu *m* cramponné / spike tyre (GB), stud tire (US) || ~ pour **cycle** / cycle tire || ~ **diagonal** voir pneu classique || ~ **diagonal ceinturé** / bias belted tire || ~ à **épaulement rond** / round shoulder tyre || ~ à **fonction multiple** / multipurpose tire, MPT || ~ **forestier** / logging tire || ~ pour **fortes charges** / heavy duty tire || ~ **géant** / giant air tire || ~ pour **génie civil** / earthmover tire || ~ **grande vitesse** / high velocity tire || ~ à **haute pression** / high-pressure tire || ~ d'**hiver** / snow o. winter tire || ~ d'**hiver clouté** / spike tyre (GB), stud tire (US) || ~**s** *m pl* **jumelés** / dual o. twin tires *pl* || ~ *m* **lamellisé** / siped tire || ~ **lisse** (neuf) / plain tread o. smooth tread tire || ~ **lissé** (usé) / bald o. worn tire || ~ pour **machines agraires ou agricoles** / implement tire || ~ pour **matériel de manutention** / industrial tire || ~ **monté sur moyeu** / hub tire || ~ **MPT** / multipurpose tire || ~ à **nappes sommet métalliques** / steel breaker o. steel belted tire || ~ **neige** / snow tire || ~ **plein** / solid tire || ~ **radial** voir pneu à carcasse radiale || ~ de **rechange ou de réserve** / spare tire || ~ **regommé** / remould [tire] || ~ **routier** / road type tire || ~ **sans chambre à air** / tubeless tire || ~ **sculpté** / sculptured tire || ~ à **sculpture rayurée** / ribbed tire || ~ de **secours** / spare tire || ~ pour **service hors-route** / off-the-road tire || ~ à **spikes** / spike tyre (GB), stud tire (US) || ~ **straight ou ss** voir pneu à tringles || ~ à **structure ceinturée croisée** / bias belted tire || ~ à **structure diagonale** / diagonal o. conventional tire, bias [ply] tire, cross-ply tire || ~ à **structure radiale** / radial ply tire, braced-tread tire, belted tire, rigid breaker tire || ~ **«super-single»** / super single tire || ~ à **surface conductrice** (aéro) / earthing tire || ~ à **talon** / bead tire, beaded edge tire || ~ **tourisme** / passenger car tire || ~ pour **tous usages** / multipurpose tire || ~ **tous-terrains**, pneu *m* tout-terrain / lug base tire, on-and-off the road tire || ~ **traditionnel** voir pneu classique || ~ à **tringles** / wired tire || ~ **tubeless** / tubeless tire || ~ pour **véhicules de ferme** (routes) / implement tire

pneumatique *adj* / pneumatic || ~ *m*, pneu *m* (auto) / pneumatic tire || ~**s** *m pl* / pneumatics *pl* || ~ *m*, pneu *m* (correspondance) / tubular letter

pneumatolyse *f* (géol) / pneumatolysis

pneumoconiose *f* / pneumo[no]koniosis

pneumo-électronique / pneumo-electronic

po., pouce *m* / inch, in

P.O., petites ondes (bande 6) *f pl* (électron) / hectometer *pl* o. hectometric waves, medium *pl* waves (200 – 1000 m)

poche *f* / pocket || ~ (plast) / contraction cavity || ~ (verre) / scoop, basting ladle || ~ (caoutchouc) / void || ~**s** *f pl* (pap) / bagginess || ~ *f* (fonderie) / ladle || **qui fait la** ~ (pap) / baggy || ~ **accélératrice** (frein à air) / air lock || ~**-accumulateur** *f* / collecting bin || ~ à **acier en fusion** / steel casting ladle || ~ **agitée** (sidér) / shaking pan || ~ d'**air** / inclusion o. trapping of air || ~ d'**air sur roulement** (pneu) / air under tread || ~ **basculante par le bec**, poche *f* à bascule / tilting ladle || ~ de **coulée** / foundry ladle, pouring ladle || ~ à **coulée par le bec** / tilting ladle || ~ de **coulée à main** / hand shank ladle || ~ de **coulée suspendue** (sidér) / crane ladle || ~ **cylindrique** / casting drum || ~ à **eau** (bâtim, constr.en acier) / water pocket || ~ d'**eau stagnante** / water pocket [in a conduit] || ~ aux **écumes** (sucre) / skimming bag || ~ de **flottabilité** / flotation bag || ~ à **fonte** (sidèr) / hot-metal ladle, transfer ladle || ~ à **fourche** (fonderie) / shank o. bull ladle, hand shank, ring carrier ladle || ~ de **laitier** / slag ladle o. pot, cinder pot || ~ à la **main** / hand ladle || ~ à **main ou à manche**, poche *f* mélangeuse (fonderie) / bull ladle || ~ de **minerai** (mines) / lump of ore || ~ **pliée** (typo) / buckle fold || ~ de **pourriture** (plaqué) / pocket rot, white pocket || ~ à **quenouille** (sidér) / bottom-pour ladle, bottom-tap ladle, stopper ladle || ~ de **résine** (plast) / resin pocket || ~ de **résine** (bois) / rosin gall, pitch pocket || ~ **roulante** / pouring o. casting car || ~ de **secours** (sidér) / emergency ladle || ~**-tambour** *f* (sidér) / drum type ladle || ~**-théière** *f* (fonderie) / teapot ladle || ~ **tonneau ou torpédo** (sidér) / submarine o. transfer ladle, kling || ~**-tonneau** *f* **suspendue** (fonderie) / crane ladle || ~ de **transfert** (sidér) / transfer ladle || ~ pour **transporter** / bull ladle || ~ à **vapeur** (auto) / vapour pocket || ~ de **vidange** / drip cup

pochette *f* (fonderie) / bull ladle || ~ à **cartes** (auto) / map holder || ~ de **compas** / case of mathematical o. drawing instruments (US), mathematical o. drawing set o. box || ~**-étui** *f* (phono) / record sleeve o. jacket o. cover || ~ **matelassée** / jiffy bag || ~ de **papier** / envelope with metal fastener || ~ **réparation** / repair kit || ~ de **tri** (c.perf.) / pocket

pocheur *m* (sidér) / ladleman || ~ (verre) / ladler

pochoir *m* (peintre) / pattern, stencil || ~ (sérigraphie) / stencil for screen printing, screen || ~ (tex) / film screen || ~ pour **balles** / letter model || ~ à **soie** (teint) / screen stencil

pocket *m*, calculatrice *f* électronique / pocket calculator

pocketing *m* (tiss) / pocketing

podomètre *m* / pedometer

podzol *m* (géol) / podzol, podsol

pœcilitique (géol) / poikilitic, poecilitic

pœcilotherme (biol) / poikilothermic

poêle *m* (céram) / furnace, kiln || ~ (bâtim) / stove || ~ *f* (gén) / [frying-]pan || ~ *m* à **accumulation** (électr) / thermal storage heating stove || ~ à **combustible solide** / slow-combustion stove || ~ à **convection** / convective stove || ~ de **cuisine en carreaux de faïence** / tile hearth || ~ en **faïence** / tile stove || ~ à **feu continu** / slow combustion stove || ~ *f* à **frire** / frying pan [with long handle] || ~ *m* à **gaz** / gas radiator o. stove o. range (US) || ~ à **mazout [d'appartement]** / fuel stove || ~ à **mazout raccordé à un conduit d'évacuation** / flued oil stove || ~ à **radiation** (gaz) / radiation furnace o. stove || ~ à **rayonnement** / radiant stove || ~ à **réflecteur** / radiant reflector stove

poêlier *m* / stove fitter o. maker o. setter

poidoseur *m* / dosing o. metering balance

poids *m* / weight || ~, pesanteur *f* / heaviness, weightiness || ~, pondération *f* (math, EDV, statistique) / weighting || ~, charge *f* (fonderie) / top weight || ~ (ord) / weight, significance || **à ~ constant** / up to constant weight || **avoir un** ~ [de] / weigh *vi* || **de ~ faible** (ord) / least significant || **de ~ moléculaire élevé** / of high molecular weight, high-molecular || **de faible ~ moléculaire** / low-molecular || **de peu de** ~ / light, lightweight || **du ~ de 50 kg** / weighing 50 kilos, of a weight of 50 kg || ~ d'**acier brut** / crude steel unit o. weight, CSU, CSW || ~ d'**acier utilisé** / steel consumption in tons || ~ **adhérent** / adhesive weight || ~ **admissible** (four) / admissible weight of melt || ~ d'**air déplacé** / weight of displaced air || ~ d'**air normal** / weight of air under standard conditions || ~ d'**application** (émail) / pick-up || ~ **atomique** / atomic weight || ~ **autorisé** (auto) / authorized weight || ~ pour la **balance de précision** / weight for precision balance || ~ de **bobine** (lam) / coil weight || ~ de la **bobine** (filage) /

weight of bobbin, reelage || ~ des **briques d'empilage** (cowper) / filler brick weight || ~ **brut** / gross weight || ~ **brut** (aéro) / basic weight || ~ **brut prêt à décoller** (aéro) / operating weight || ~ des **busettes** (filage) / weight of empty bobbins || ~ de **calcul du roulement au sol** / design taxying weight || ~ **calculé ou donné par le calcul**, poids *m* de calcul (aéro) / design weight || ~ à **carburant nul** (aéro) / zero-fuel weight || ~ de **charge** (ch.de fer) / weight of load, weight loaded, load || ~ en **charge** (auto) / fully loaded weight || ~ du **chassis nu** (auto) / bare chassis weight || ~ de **combinaison** (chimie) / combining o. equivalent weight || ~ **constant** (chimie) / constant weight || ~ **constructeur** (auto) / manufacturer's weight || ~ de la **construction** (aéro) / construction weight, structural weight || ~ de **couronne** (sidér) / weight of coil || ~ **curseur** / slider, sliding weight, jockeyweight || ~ au **décollage** (aéro) / take-off weight || ~ **équivalent** (chimie) / combining o. equivalent weight, weight equivalent || ~ d'**essieu**, poids *m* sous les roues d'un essieu / axle pressure o. load[ing], axle weight || ~ à l'**état sec** / weight when dried o. when dry || ~ à l'**état sec** (malt) / dried weight of malt || ~ du **frein** / brake loading weight || ~ **individuel** / single weight || ~ **injectable** (plast) / shot || ~ **isotopique** / isotopic weight, I.W. || ~ des **lisses** (jacquard) / lingo *(pl: lingoes)* || ~ **lourd** / heavy truck (US) o. lorry (GB) || ~ *m pl* **lourds** / heavy road vehicles *pl* || ~ *m* par **m³ de construction** / specific weight of building volume || ~ **manquant** / deficiency in weight, underweight || ~ des **matériaux bruts** / weight of materials including manufacturing losses || ~ de **matière déversée non tassée** / apparent o. piled density o. weight, bulkweight || **~-matrice** *m* / standard weight || ~ **maximal** / maximum weight || ~ **maximum admissible au décollage** (aéro) / maximum licensed take-off weight || ~ et **mesures** *pl* / weights and measures *pl* || ~ *m* par ou au **mètre [courant]** / weight per meter [run] || ~ par **mètre courant hors** (ou entre) **tampons ou hors tout** (ch.de fer) / weight per metre run between buffers || ~ de **mille grains** (agr) / thousand grain weight, TGW || ~ **minimal** / minimum of weight || ~ **mol[écul]aire** / molecular o. molar weight, mol wt || ~ **mol[écul]aire extrêmement élevé** / ultra-high molecular weight, UHMW || ~ de **moléculegramme** / mol[ecul]ar o. gram-molecular o. mole weight, mol wt || ~ **mort** / dead weight || ~ du **moteur vide**, poids net (aéro) / dry weight || ~ **net** / net weight || ~ **opérationnel** (aéro) / weight empty || ~ en **ordre de marche** (ch.de fer) / weight in working order || ~ en **ordre de marche** (auto) / kerb (GB) o. curb (US) weight || ~ en **ordre de vol** (aéro) / [total] flying weight || ~ de **papier** / weight of paper || ~ à la **pièce** / weight of single pieces, individual o. single weight, unit weight || ~ d'une **position** (math) / weight, place value || ~ **propre** / own o. dead weight, unloaden o. tare weight, dead load || ~ à la ou par **rame** (pap) / basis weight, substance || ~ des **rubans à réunir** (tex) / weight of the slivers to feed up || ~ à **sec** (fusée) / dry weight || ~ à **sec du véhicule** (auto) / dry weight of vehicle || ~ **secondaire** (techn) / by-weight || ~ de **serrage** (tiss) / pressed weight || ~ **serré** (fonderie) / jolt weight || ~ de la **soupape de sûreté** / load on a safety valve || ~ **spécifique** / specific gravity, Sp.Gr., sp.gr., s.g., volume o. unit weight, weight of unit volume || ~ **spécifique** (techn) / unit weight (e.g. of a boiler) || ~ **spécifique de la terre à l'humidité naturelle** / volume weight of earth with natural humidity || ~ **statistique** / statistic[al] weight (macroscopic state) || ~ **statistique** (nucl) / statistical factor || ~ de **structure** (aéro) / construction weight || ~ **suspendu** / spring suspended weight || ~ **tendeur** / stretching weight || ~ **thermique** (phys) / thermic weight || ~ **total** / total weight || ~ **total autorisé en charge** (auto) / laden weight || ~ **total de calcul** (aéro) / design gross weight || ~ **total en état de marche** (aéro) / all-up weight || ~ **tractable autorisé** (auto) / authorized towed weight || ~ du **train** (ch.de fer) / weight of a train || ~ **unitaire** / weight of single pieces, individual o. single weight || ~ **unitaire ou par unité de puissance** / weight per unit of power || ~ par **unité de volume** voir poids volumique || ~ du **véhicule carrossé en ordre de marche** (auto) / kerb (GB) o. curb (US) weight || ~ à **vide** (véhicule) / empty weight, weight empty, tare o. unloaden weight || ~ à **vide du groupe motopropulseur** (aéro) / weight of the power plant dry || ~ à **vide en ordre de marche** (auto) / kerb weight || ~ **volumique** / specific gravity, Sp.Gr., sp.gr., s.g., relative density, unit o. volume weight, weight of unit volume

poignée *f* / handle || ~ (filage) / [fiber] tuft || ~ (outil) / haft, tang, hand-hold || ~ (quantité) / handful || ~ **articulée emmanchée** (outil) / hinged handle || ~ **articulée emmanchée à carré mâle** / nut spinner flex head (square drive) || **~-barre** *m* **pour passager** (auto) / supporting strap || ~ *f* **bateau** (men) / hinged pattern handle, inset type || ~ **béquille** (serr) / turning handle || ~ à **billes** / ball handle || ~ **bombée** / machine handle || ~ de **caisse** / box handle o. hold || ~ de **capot** (mot) / bonnet (GB) o. hood (US) handle || ~ de **cisailles** / scissor handle || ~ à **cliquet** / ratchet handle || ~ **conique** / tapered machine handle || ~ **coquille** (men) / inset type handle || ~ **coudée** (vis) / offset handle || ~ **coulissante** (vis) / tee handle || ~ de **couteau** / haft of knife || ~ pour **électrode de soudage** (soudage) / electrode holder, welding tongs *pl* || **~-étoile** *f* / star grip || ~ en **étoile** (m.outils) / star handle || ~ **extérieure de portière** (auto) / outside door handle || ~ de **fermeture** / closing handle || ~ **fixe du guidon** / fixed handlebar grip || ~ en **forme d'étrier** / bow-type handle, stirrup-shaped handle || ~ de **frein** / brake handle || ~ de **frein à main** (auto) / hand brake handle || ~ de **gonflage** / hand-operated tire pump || ~ de **guidon** / handlebar grip || ~ **intérieure de porte** (auto) / inside door handle || ~ **isolante** / insulating handle || ~ de **jute** / strick of jute || ~ de **maintien** (ch.de fer, auto) / strap, grasp || ~ de **manivelle** / crank [handle] || ~ de **manœuvre** / operating handle o. lever, control o. working lever || ~ de **manutention** / carrying handle || ~ en forme de **massue** / club handle || ~ **montoire** (ch.de fer) / commode handle || ~ d'**ouverture de malle** (auto) / deck lid handle || ~ **pistolet** / pistol grip || ~ sur **platine** (serr) / T-handle || ~ de **porte** / door handle o. latch || ~ de **porte** (nav) / door handle || ~ du **rabot** / horn o. handle of a plane, ramshorn handle || ~ de **remise à zéro** / zeroizing handle || ~ **sphérique** / spherical button o. handle || ~ en **T** / T-handle || ~ à **tige** / handlebar || ~ de **tirage** / pull || ~ de **tirage de portière** (auto) / door pull handle || ~ de **tiroir** / drawer pull || ~ **tournante** (motocycl.) / turning handle, twist grip o. handle || ~ [de **transport]** / carrying handle

poïkilitique (géol) / poikilitic, poecilitic

poïkilotherme (biol) / poikilothermic

poil *m* / hair || ~ (tiss) / pile [warp], nap [warp] || ~ (soie) / poil o. pel[o] silk, single silk || **à ~ long** (tex) / longpiled || **sans ~** / napless || ~ d'**alpaca ou d'alpaga** (tex) / paco hair || ~ de **brosserie** / bristle ||

~ en **caoutchouc** / rubberized hair || ~ de **chameau** / camel hair || ~ de **chèvre** / goat hair || ~ de **chèvre [d'Angora]** / angora goat hair || ~ **couché** (tex) / laid pile || ~ de **laitier ou de scorie** / slag o. cinder wool o. hair, mineral wool o. cotton || ~ [de **lapin d'**]**Angora** / angora rabbit hair || ~ **ondulé** / curled hair || ~ **supérieur ou superficiel** (laine) / bristly wool || ~ **traînant** (tiss) / supplementary warp for figured stuffs || ~ de **trame** (tapis) / weft pile fabric || ~ de **vache** / cow hair || ~ à **velours** / velvet pile warp
poilu (tex) / nappy, napped
poinçon *m* (outil) / drift, piercer || ~ (forge) / header die, stamp || ~ (extrudeuse) / mandrel rod || ~ (découp) / punch, punching die || ~ (fonderie) / punch || ~, mandrin *m* / triblet, tribolet || ~ (essai de dureté) / penetrating stamp || ~, alène *f* plate / bradawl || ~, grain *m* (pierres) / chisel for work in stone, stone o. brick chisel || ~, marque *f* / type mo[u]ld || ~ (charp) / truss post || ~, montant *m* (techn, bâtim, nav) / stanchion, standard, stay, post || ~ (bâtim) / upright || ~ (étain) / touch mark for pewter || ~ **amovible** (plast) / loose punch || ~ de **caractères** / letter stamp || ~ à **chiffre** / numbering stamp o. tool || ~ à **ciseler** / engraving chisel || ~ de **contrôle** (joaillier) / plate mark, hallmark || ~ de **contrôle** (ch.de fer) / punch || ~ de **découpage** (découp) / blanking punch || ~ de **dent de rat** (bonnet) / lock-stitch point || ~ de **diminution** (m. Cotton) / narrowing point, point || ~ d'une **double arbalète** (charp) / queen post || ~ d'**ébavurage** (forge) / clipping punch || ~ d'**échafaudage** / standard of a scaffold || ~ à **emboutir** / chasing chisel || ~ d'**emboutissage** (découp) / drawing punch || ~ d'**encochage** (outil progressif) / spanking punch || ~ à **épisser** (nav) / marline spike, awl || ~ d'**épreuve** / stamp of the testing engineer o. officer || ~ [à **étamper]** (m.outils) / stamp || ~ de **faîte** (charp) / king post || ~ de **faîte continu** / king post resting on a tie beam || ~ d'une **ferme** / broach o. crown o. king o. middle post || ~ **flottant** (découp) / floating punch || ~ de **fonçage** (constr. des moules) / hob || ~ de **formage** / bending punch || ~ de **garantie** (joaillier) / plate mark, hallmark || ~ sur **glissière** (découp) / sliding punch || ~ à **grain d'orge** (mines, carreaux) / diamond-pointed punch || ~ de **grue** / crane pillar o. post || ~ d'**impression** (façonnage à froid) / hob || ~ **inférieur** (presse) / bottom ram || ~ **inférieur** (frittage) / bottom o. lower punch || ~**s** *m pl* à **lettres** / steel stamping letters *pl* || ~ *m* à **manche** (forge) / helved punch o. drift || ~ à **marquer** / marking punch o. stamp || ~ **multiple** (frittage) / split punch || ~ à **œils** (forge) / hardyhole punch || ~ de **perforation** / punching tool || ~ de **perforation** (c.perf.) / punch knife || ~ de **prépoinçonnage** / piercing punch || ~ d'une **presse à forger** / heading die, header || ~ de **réception** / acceptance stamp || ~ **supérieur** (frittage) / upper punch || ~ de **tranchage** (découp) / cropping tool, cut-off press tool || ~ à **vent** (bâtim) / wind beam, cross lath || ~ de **Vickers** / [Vickers] pyramid hardness tester
poinçonnage *m* / punching || ~ (façonnage) / indentation forming || ~ à **ponts** (profilés) / web punching
poinçonnement *m* (essai de tex) / plunger puncture
poinçonner / pierce *vt*, punch || ~, marquer / stamp *vt*, mark || ~ (forge) / pierce *vt*, hole, punch || ~ (billets) / punch o. clip tickets || ~ à **chaud** / hollow-forge
poinçonneur *m* / stamper, press operator, pressman
poinçonneuse *f* / punch, punching machine || ~ (cordonnerie) / eyelet [forming] machine, eyeletting machine || ~ **automatique** / automatic punching machine, mechanical feed punching machine, feed press || ~ **et grugeoir** / punching and coping machine, punch and coper || ~ à **levier** / lever punch || ~ **multiple** (découp) / multislide [machine] || ~ **rectiligne** / rectilinear punching machine || ~ à **revolver** / turret [punch] press || ~ pour **tôles** / plate punching machine || ~ **trou par trou** (c.perf.) / spot punch
poindre (germe) / sprout
poing *m* / fist
point *m* / point, place || ~ (phys, typo) / point || ~ (morse) / dot || ~ (couture) / stitch || ~ (ponctuation) / period, stop || ~ (par ex.: sur un «i») (typo) / dot || ~ (ELF) (nav) / reckoning, fix (US) || ~ (ELF) (aéro) / fix (US) || **à ~ d'ébullition élevé** (chimie) / high-boiling, boiling at high temperature || **à ~ de fusion élevé** / high melting [point...], HMP || **au** ~ (ord) / checked-out || **de ~ d'ébullition maximal** / highest-boiling || **de ~ d'ébullition inférieur** / low-boiling || **être au ~ culminant** / be at his height || **faire le** ~ / make the reckoning || **faire le ~ sur la carte** (nav) / work o. make the reckoning, work up the fix, prick the chart || **mis au** ~ (ord) / checked-out || ~ **aberrant** (essais) / runaway || ~ **Ac** (sidér) / Ac-point || ~ d'**accrochage** (grue) / load fastening point || ~ d'**accumulation** (math) / cluster, accumulation point || ~ **Acm** (sidér) / Acm-point || ~ d'**action du réglage** (contr.aut) / regulating point || ~ d'**affaissement** (sidér) / fusion o. softening o. sagging point || ~ d'**alimentation** (électr) / feeding o. distributing point || ~ d'**allumage** / ignition o. firing point || ~ d'**altitude** (arp) / [fixed] datum o. point o. station, point of reference, benchmark || ~ d'**amarrage pour un seul pétrolier** / SPM, single point mooring || ~ d'**amorçage de pompage** (compresseur) / surge point || ~ d'**amorçage de sifflement** (télécom, électron) / singing point || ~ d'**aniline en mélange** (chimie) / mixed aniline point || ~ d'**anticheminement de la caténaire** (ch.de fer) / mid-point anchor of the catenary || ~ d'**appel d'urgence**, P.A.U. (routes) / call box || ~ d'**application** (méc) / straining point, working point || ~ d'**application des charges** / load application point, loading point || ~ d'**application d'une force** (méc) / point of application of force || ~ d'**appui** / supporting point || ~ d'**appui** (techn) / bearing || ~ d'**appui** (arp) / control point || ~ d'**appui d'un levier** (méc) / fulcrum || ~ d'**appui du vérin** (aéro, auto) / jacking point, jacking pad || ~ **Ar** (sidér) / Ar-point, arrest point || ~ d'**Arago** (opt) / Arago point || ~ d'**argent** (960,5 °C) / silver point || ~ d'**arrêt** (géom) / point of regression || ~ d'**arrêt** (ord) / break point, check point || ~ d'**arrêt** (techn) / stop[page] || ~ d'**arrêt** (couture) / back o. stay stitch, backstack || ~ d'**arrêt** (circulation) / halt, station, stopping place || ~ d'**arrêt** (sidér) / arrest point, Ar-point || ~ d'**arrêt** (distillation) / stop point || ~ d'**articulation** / hinge point || ~ d'**attache** (méc) / point of attachment o. connection || ~ d'**attaque** (foret) / corner o. nose of drill || ~ d'**attaque d'une force** (méc) / point of application, working o. straining point, origin of force || ~ d'**attente [en air]** (aéro) / holding point || ~ d'**attente de circulation** (aéro) / taxi-holding position || ~ **autotangentiel** (math) / double cusp, tacnode, point of osculation || ~ **azéotrope** / point of inflection || ~ de **balayage** (TV) / flying o. scanning spot || ~**s** *m pl* de **base** (ordonn) / base points *pl* || ~ *m* de **bâti** (couture) / tack || ~ **Bessel** (métrologie) / Bessel point || ~ de la **bielle** (cinématique) / coupler point || ~ **bissecteur** / mid-point || ~ **blanc** (soudage) / fish eye (US) || ~

blanc (plast) / white point temperature || ~ **bon de la voie** (ch.de fer) / measuring point of the track, reference point || ~ à **boutonnières** (m.à coudre) / button hole stitch || ~ de **branchement** (ord) / branch point || ~ de **branchement** (télécom) / cross-connection point, branching point || ~ de **brasage** / soldering point || ~ **brillant** (émail, défaut) / shiner || ~ **brillant** (verre) / blibe || ~ de **brisure** (courbe) / salient point || ~ de **brûlage** (nucl) / burn-out point || ~ de **bulle** (pétrole) / bubble point || ~ de **caléfaction** (nucl) / burnout point || ~ **cardinal** (opt) / cardinal point || ~ **cardinal** (nav) / quarter, cardinal point || ~ à **centrer** / centering point || ~ de **chaînette** (m.à coudre) / chain stitch || ~ de **chaînette double** (tex) / double in-and-out stitch, double chain stitch || ~ du **changement brusque de la conductivité** / transition temperature || ~ de **charge** (télécom) / loading point || ~ **chaud** (réacteur) / hot spot || ~ de **chausson** (m.à coudre) / barred witch stitch || ~ où s'exerce le **choc** (méc) / center of impact o. percussion, point of impact || ~ de **chute des montres fusibles** / pyrometric cone equivalent, P.C.E. || ~ de **cintrage** (coulée cont.) / bending point || ~ **circulaire** (math) / umbilical point, circle point || ~ **circulaire** (cinématique) / circling point, frame pivot || ~**-clé** *m* de **mesure** (réacteur) / key measuring point || ~ de **cliché** (typo) / dot of screen, halftone dot || ~ de **col** (math) / saddle point || ~ **collé** / welding spot, weld point || ~ de **commande** (prép.trav) / reorder point || ~ **commun de brasage** (électron) / tie point || ~ de **compte rendu** (aéro) / reporting point || ~ à **compter** / asset o. credit point || ~ de **condensation** / dew point || ~ de **conduit** (graph) / leader [dot] || ~ de **congélation** (gén) / melting point, freezing point || ~ de **congélation** (graisse) / pour-point || ~ de **congélation** (huile minérale) / pour-point || ~ de **congélation** (eau) / ice o. freezing point || ~ de **connexion** (électr) / connecting point || ~ de **contact** / contact point || ~ de **contact** (métrologie) / measuring point || ~ de **contact** (math) / osculation point || ~ de **contact de commutation** (transistor) / forward break-over point || ~ de **contrôle** / check point || ~ de **contrôle** (IBM) (ord) / break point, check point || ~ de **contrôle altimétrique** (arp) / spot height || ~ à 25% de la **corde** (aéro) / quarter chord point || ~ de **couleur** (TV) / colour element || ~ de **coupe** (pétrole) / cutpoint || ~ de **coupure** (électron) / cutoff point || ~ de **coupure** (électr) / disconnect, point of separation || ~ de **coupure** (NC) / check point instruction || ~ de **couture** (gén, tex) / stitch || ~ de **cristallisation** (sucre) / granulation pitch || ~ de **cristallisation** (gén) / crystallisation point || ~ **critique** (phys) / critical point || ~ **critique** (espace) / point of no return, critical point || ~ **critique** (sidér) / critical point, arrest o. AR point, change point, recalescence point || ~ **critique avec changement de phase** (sidér) / transformation point, critical point with phase change || ~ de **croisée ou de croisement** / crossing point || ~ de **croisement** (télécom) / transposition point || ~ de **croisement** (lentille électron.) / crossover [point] || ~ de **croix** (couture) / cross stitch || ~ **cryohydrique** / cryohydric point || ~ **culminant** / climax || ~ **culminant** (astr, géom) / culminating point || ~ **culminant** (math) / vertex || ~ de **Curie** / Curie point o. temperature, magnetic transition temperature || ~ **cycles-limite** (contr aut) / limit cycle point || ~ **dangereux** / weak[est] point || ~ de **début de répétition** (NC) / starting point of repetition || ~ de **décision** (aéro) / decision point || ~ de **déclenchement** / release point || ~ de **décollage** (aéro) / unstick point || ~ de **décollement** (coulée continue) / shrink point || ~ de **décomposition** (chimie) / decomposition point || ~ de **décrochage de la couche limite** (aéro) / burble point || ~ **délimitant l'usinage** (NC) / finish point of machining || ~ de **départ** / starting o. initial point, point of origin || ~ de **départ** (arp) / point of reference, starting point || ~ de **dérapage** (auto) / skid point || ~ de **dérivation** (gén) / branch-off point || ~ de **désadaptation** (guide d'ondes) / irregularity || ~ **destiné à la rupture** / predetermined breaking point, rated break point || ~ de **détection** / measuring point || ~ de **déversement** (convoyeur) / discharge point || ~ **Didot** / type size || ~ de **discontinuité** / point of discontinuity || ~ de **dispersion ou de divergence** (opt) / point of divergence, virtual focus || ~ de **distribution de câble** / cable distributing point || ~**s** *m pl* **dorés** (émail, défaut) / copper heads *pl* || ~ *m* **double** (math) / crunode || ~ **droit** (m à coudre) / straight stitch, straght-away stitch || ~ **dur** (fonderie) / hard spot || ~ d'**eau** / water tap connection || ~ d'**ébullition** / boiling point o. heat o. pitch, b.p. || ~ d'**ébullition de l'eau** (phys) / steam point || ~ d'**ébullition moyen** / mid-boiling point || ~ d'**ébullition de soufre** / sulphur point || ~ d'**échange** (ch.de fer) / exchange point || ~ d'**échange d'informations** / interchange point || ~ **échantillon** (contr.qual) / sample point || ~ d'**éclair** (pétrole) / flash point || ~ d'**éclair** (chimie) / ignition point, point of ignition || ~ d'**éclair en vase clos** / closed flash point || ~ d'**éclair en vase ouvert** / open cup flash point || ~**s** *m pl* d'**écorce** (pap) / bark specks *pl* || ~ *m* d'**écoulement** (huile minérale) / pour-point || ~ **elliptique** (math) / elliptical point || ~ **éloigné à l'infini** (cinématique) / point of infinity || ~ d'**émetteur interne** (semicond) / internal emitter point || ~ d'**émission des données** / data source || ~ d'**encastrement** (méc) / fixing point, point of fixation o. of rigid support, bearing edge o. point || ~ d'**enclenchement** (boîte de vit.) / shift point || ~ d'**entrée** (aéro) / entry point || ~ d'**entrée** (ord) / entry point, entrance (US), entry (GB) || ~ d'**entrée primaire** (ord) / primary entry point || ~ d'**épinglage** (soudage) / tack weld || ~ d'**épure** / system point o.center, knot || ~**s** *m pl* **équinoxes ou équinoxiaux** / equinoctial points *pl* || ~ *m* **estimé** (nav) / dead-reckoning position, estimated position || ~**s et traits** (télécom) / dot-and-dash system || ~ **eutectoïde ou d'eutexie** / eutectoid point || ~ d'**évitement** (ch.de fer, routes) / passing [place o. point], turn-out, turnout || ~ d'**exclamation** / exclamation mark || ~ d'**exploration** (TV) / flying o. scanning spot || ~ **extrémal** (math) / apse || ~ d'**extrémité** / end, final point || ~ **faible** / weak[est] point || ~ de **fatigue** (méc) / straining point, working point || ~ de **fer** (céram) / iron spot || ~ à **festons** (m.à coudre) / shell scalloping stitch || ~ des **feux** (mil) / mine focus o. hearth || ~ **fin** (verre) / [fine] seed || ~ de **fin de répétition** (NC) / finish point of repetition || ~ **final de distillation** / final boiling point || ~ **final de la réaction ou de la titration** (chimie) / end point of reaction o. titration || ~ de **fixation** / locating point || ~ **fixe** (arp) / fixed datum o. point o. station, datum mark o. point, base, bench mark || ~ **fixe d'une échelle de température** / fixed reference point || ~ **fixe pour le maniement** (conteneur) / handling fixed point || ~ **fixe à moment nul** / zero point of moments, point of zero moment || ~ de **fluage ou de fusion** / fusing o. melting point, M.P. || ~ de **fluidisation** / fluidizing point || ~ de **fonctionnement dynamique** (électron) / working point || ~ de **fractionnement** (pétrole) / cutpoint || ~ de **fragilité** / brittle point || ~ de **fragilité à basse température** (plast) / low-temperature brittleness point || ~ de **fragilité Fraass** (bitumen) / Fraass breaking point || ~ **froid** (fonderie) / chill || ~ de **fumée** (pétrole) / smoke point || ~ de **fusion** (céram) / softening o. fusion point, sagging point || ~ de **fusion des cendres** (charbon) / hemisphere temperature || ~ de **fusion à l'épreuve de mélange** (chimie) / mixed melting point || ~ de **gel** / ice o. freezing point, point of congelation || ~ de **gélification** (chimie) / gelification point, gel point || ~ **géodésique** / geodetic point || ~ de la **glace fondante** / ice melting point || ~ de **goutte** (plast) / dropping point || ~ de **goutte** (lubrifiant) / drop point || ~ de **grainage** (sucre) / granulation pitch || ~ de **graissage** / greasing o. lubricating point || ~ de **grésage** (fonderie) / sinter point || ~ **haut** (arp) / high point || ~ **haut** (ondes) / crest of wave, wave crest || ~ d'**huilage** / oiling point || ~ **hyperbolique** (math) / saddle point || ~ **hyperfocal** (phot) / hyperfocal point || ~ **idéal** / ideal point, point at infinity || ~ **identifié** (ELF) (aéro) / pinpoint || ~ d'**ignition** (pétrole) / burning point, fire point || ~ d'**image** (TV) / picture element o. point, scanning element, elemental area || ~ d'**impact** (projectile) / point of impact, landing point || ~ d'**impact** (méc) / center of impact o. percussion, point of impact || ~ d'**incidence de la normale** (opt) / accidental point || ~ d'**indifférence de la courbe d'efficacité** (contr.qual) / point of control || ~ d'**inertie** / inertial point || ~ à l'**infinité** (math) / ideal point, point at infinity || ~ d'**inflammation** (chimie) / flash point || ~ d'**inflammation** (pétrole) / burning o. fire point || ~ d'**inflammation élevé** / high flash point || ~ d'**inflexion** / reversal point || ~ **initial** / starting o. initial point, point of origin || ~ **initial de distillation** / initial boiling point || ~ d'**injection** (plast) / gate (US), feed orifice || ~ d'**injection dans l'orbite** / orbital injection point || ~ d'**injection ou d'insufflation** (creuset à soufflage) / hot spot, impingement area || ~ **interne de base** (semicond) / internal base point || ~ **interrogatif ou d'interrogation** (typo) / question mark, note o. mark o. point of interrogation, interrogation point o. mark (US) || ~ d'**interruption** / point of break || ~ d'**interruption [conditionnel] de programme** / [conditional] break point of a program, checkpoint || ~ d'**interruption forcée** (ord) / break point || ~ d'**intersection** / intersecting point, [point of] intersection || ~ d'**intersection** (phys) / crossing point || ~ d'**intersection des tangentes** / intersection point || ~ **irradié** / irradiated point || ~ **isoélectrique** / isoelectric point || ~ **isohypse** (diode tunnel) / projected peak point || ~ de **jonction** / junction point, joint, juncture, splice || ~ de **jonction** (électr) / connection point || ~ de **jonction** (bâtim) / junction point of members || ~ de **jonction** (ch.de fer) / point of intersection || ~ de **jonction d'extrémité** (constr.en acier) / end point of intersection || ~ de **jonction des lignes de télévision locales** / video interconnection point || ~ **kilométrique**, P.K. (ch.de fer) / mileage point || ~ de **Krafft** (agent de surface) / Krafft point || ~ **lambda** (phys) / lambda point || ~ de **languette** (m.à coudre) / shell scalloping stitch || ~ de **liage** (tex) / stitcher, crossing o. interlacing point || ~ **limite** / end point || ~ **lourd** (pneu) / heavy spot || ~ de **lubrification** / oiling point || ~ **lumineux** / light spot || ~ **machine** (ord) / index marker o. point || ~ de **manœuvre** (aéro) / manoeuvre point || ~ **manqué** (m à coudre) / skipped stitch || ~ **masse ou matériel** / mass point, internal point, particle || ~ **mélangeur** (contr.aut) / mixing point || ~ **Mf** (sidér) / Mf-point || ~ de **mire** (mil) / point aimed at, point of aim || ~ de **mire** (arp) / target || ~ de **mise en circuit** / switching point, distributing office || ~ de **mise à la terre** / earthing point || ~ de **montée de câble** / cable distributing point || ~ **mort** (mot) / dead center o. point || ~ **mort** (acoustique) / dead spot, silent spot, nul || ~ **mort** (écoulement) / stagnation point || ~ **mort** (engrenage) / neutral [position] || ~ **mort** (cinématique) / [bearance] fulcrum || ~ **mort bas**, P.M.B., point *m* mort inférieur / bottom dead center, B.D.C., inner dead center || ~ **mort haut**, P.M.H., point *m* mort supérieur / top o. outer dead center || ~ **Ms** (sidér) / Ms-point || ~ **multiple** (math) / multiple point || ~ de **multiplication** (contr.aut) / multiplication point || ~ de **naissance** (bâtim) / springing || ~ du **navire** / place o. position of a ship || ~ de **Néel** (phys) / Néel point || ~ **neutre** / indifference point || ~ **neutre** (chimie, aéro) / neutral point || ~ **neutre** (électr) / star point, neutral [point], zero conductor o. wire || ~ **neutre** (espace) / gravipause, neutral point || ~ **neutre artificiel** (électr) / earthing reactor, neutralator, negative compensator o. auto-transformer || ~ **neutre à la terre** (électr) / neutral point || ~ **nodal** (phys, électr) / nodal point || ~ **noir** (café) / speck || ~ **noir** (circulation) / accident black spot || ~ **noué** (m.à coudre) / lock stitch || ~ **noué deux fils** (m.à coudre) / two-thread lock stitch || ~ **objet** / object point || ~ **observé** / ship's place by observation, position by astrocalculation || ~ **ombilical** (math) / umbilic[al point] || ~ d'**or** (phys) / gold point || ~ d'**orientation** (arp) / control point || ~ **origine** (coordonnées) / origin of [co]ordinates || ~ d'**origine** / zero point, point of origin || ~ d'**origine** (arp) / angle point || ~ d'**ornementation** (m.à coudre) / festoon stitch, ornamental stitch || ~ de **partage** (pont, tunnel) / water shed o. parting, drainage divide (US) || ~ de **percée** (math) / piercing point || ~ **[du périmètre] du noyau central** (méc) / point of the core || ~ de **pic** (diode tunnel) / peak point || ~ de **pliage** / bending point || ~ de **pliage** (nucl) / plait point || ~ le **plus éloigné** (satellite) / far point || ~ le **plus éloigné** (opt) / farthest point in picture || ~ par **point** / point-by-point... || ~ de **pointage** (soud) / tack weld || ~ de **poser** (aéro) / touch-down, spot || ~ de **poussée** (fusil) / trigger slack o. take-up || ~ de **poussée** (méc) / straining point, working point || ~ de **prélèvement** / sampling point || ~ **primitif** (roue dentée) / pitch point || ~ **principal antérieur ou objet** (opt) / external perspective center || ~ **principal postérieur ou image** (opt) / internal perspective center || ~ de **prise** (électr) / wiring point, tapping point || ~ de **prise d'aplomb** / plummeting point || ~ de **puisage** / tap connection || ~ **quadruple** (chimie) / quadruple point || ~ **quintuple** (chimie) / quintuple point || ~ de **raccordement [d'un circuit à quatre fils]** (électr) / hybrid terminal station [of a four wire circuit] || ~ **radiant** / point of radiation || ~ de **ralentissement** (NC) / slow-down point || ~ de **ramification** (méc) / branch point || ~ de **ramollissement** / softening o. fusion point || ~ de **ramollissement à anneau et cône** / R.a.B. softening point (= ring and ball) || ~ de **ramollissement selon Kraemer et Sarnow** (bitume) / Kraemer-Sarnow softening point || ~ de **ramollissement de Vicat** / Vicat softening point || ~ de **rattachement** (arp) / junction point || ~ de **rebond** (mil) / graze || ~ de **rebroussement** (courbe) / summit of a curve || ~ de **rebroussement** (math) /

stationary o.cusp[idal] point || ~ de **récalescence** (sidér) / arrest o. Ar-point || ~ de **réception nulle** (électron) / null || ~ de **recoupement** (mines) / cross measure drift || ~ de **référence** / point of reference, reference point || ~ de **référence** (coordonnées) / origin of [co]ordinates || ~ de **référence** (NC) / reference o. home position || ~ de **référence de chariot** (NC) / slide datum point || ~ de **référence d'outil** (NC) / tool datum point || ~ de **référence du taillant** (m.outils) / reference point of the cutting edge || ~ de **réflexion** (électr) / irregularity || ~ de **réglage** / set-point || ~ de **rejet** (bande transp.) / delivery end of belt || ~ de **remmaillage** (tex) / looped stitch || ~ de **rencontre** / meeting point || ~ de **rencontre de deux chemins** (P.E.R.T.) / merge point || ~ de **répartition** (télécom) / cross-connection point, branching point || ~ de **repère** / checkpoint, spot mark || ~ de **repère** (aéro) / airway o. aeronautical ground mark, landmark, field marker (US) || ~ de **repère** (mines) / pin, mark, sign || ~ de **repère** (typo) / corner o. register o. registration mark o. tick || ~ de **repère principal** (arp) / main station || ~ de **repère de rattachement altimétrique** (arp) / altitude junction point || ~ de **repère de siège** (tracteur) / seat index point || ~ de **repos** (électron) / quiescent [operating] point || ~ de **reprise** (ord) / restart point, rescue point (GB) || ~ de **reprise d'un programme** (ord) / conditional break point, check point || ~ de **retour** / reversal point || ~ de **retour du sous-programme** (ord) / re-entry point || ~ de **retournement** (semi-cond) / breakover point || ~ de **rosée** / dew point || ~ de **rosée de vapeur d'eau** / dew point of water vapour || ~ de **rupture** / point of break, location o. spot of rupture || ~ de **rupture** (ord) / break point, check point || ~ de **saturation** / saturation point || ~ **sauté** (m à coudre) / skipped stitch || ~ **sec de distillation** (pétrole) / dry point, d.p. || ~ de **sectionnement** / disconnect, point of separation || ~ [de la **séparation] d'aniline** (chimie) / aniline point || ~ **seuil** (semicond) / threshold point || ~ de **silence** (acoustique) / dead spot, silent spot, nul || ~ de **simili** (typo) / dot, halftone dot || ~ **singulier** (math) / singular point, singularity || ~ au **sol** (arp) / point on the ground || ~ de **solidification** (pétrole) / solidification o. setting point || ~ de **solidification de paraffine** / setting point (GB) o. melting point (US) of paraffin wax || ~ **solsticial** (astr) / solstitial point || ~ de **soudage** / welding spot, weld point || ~ de **soutenue** / supporting point || ~ de **soutirage du minerai** (mines) / drawpoint || ~ de **stagnation** / stagnation point || ~ **stationnaire** (astr) / stationary point || ~ **statique** (électron) / quiescent [operating] point || ~ de **support** / supporting point || ~ de **surjet** (m à coudre) / overedge stitch || ~**s** *m pl* de **suspension** (typo) / suspension points o. periods *pl*, break || ~ *m* de **tambourin** / tambour[ed] stitch || ~ **tangent ou de tangence** (arp) / tangent point || ~ à **terre** (nav) / navigation guide || ~ **test** (électr) / test point || ~**-tourbillon** *m* (aéro) / point vortex || ~ de **trace d'un satellite** (espace) / subsatellite point || ~ de **trame** (typo) / dot, halftone dot || ~ de **transformation** (sidér) / critical point, arrest o. AR point, change point, recalescence point || ~ de **transformation** (chimie) / transition o. transformation point || ~ de **transformation** (céram) / inversion point || ~ de **transformation martensitique** / martensite transformation point, Ms point || ~ de **transit** (ch. de fer) / exchange point [o. station] between two railways || ~ de **transition** (aéro) / transition point || ~ de **transition** (électron) / change-over point, transition point || ~ de **transition** (chimie) / transition o. transformation point || ~ de **transition de phase** (chimie) / phase transition [point] || ~ de **trempe** (verre) / strain point, lower annealing point o. temperature || ~ **triple** (chimie) / triple point || ~ de **trouble** (agent de surface) / cloud temperature, (tenside) || ~ de **trouble d'écoulement** / cloud point, pour point || ~ de **trouble de paraffine** / cloud point, chill point || ~ **typographique** / type size || ~ de **vallée** (diode tunnel) / valley point || ~ de **vaporisation** / evaporating o. vaporization point || ~ de **verrouillage du cristal en quartz** / crystal lock point || ~ de **verse** (bande transport.) / delivery end of belt || ~ **vertical** (gén) / zenith, vertex || ~**-virgule** *m* (typo) / semicolon || ~ de **vitrification** (fonderie) / sinter point || ~ de **vue** (gén) / point of view, outlook || ~ de **vue** (opt) / point of sight, of the eye, principal point || ~ de **vue** (math) / center of homology || ~ **X-pour-cent** (distillation) / running point, the X-point || ~ **zénithal** (astr) / zenith point || ~ **zéro** (ultra-sons) / transmission point || ~ **zigzag** (m à coudre) / zigzag stitch

pointage *m* / checking, ticking off || ~ (nav) / pricking of chart || ~ (radar) / plotting || ~ (mil) / aiming, laying || ~ (soud) / tack weld[ing] || **faire le** ~ / check o. mark off, tick [off] || ~ [à l'**horloge pointeuse]** (ordonn) / punching by the time clock, clocking in o. on o. out o. off

pointe *f* (gén, tourn) / point || ~, bout *m* / tip || ~, piquant *m* / spine || ~ (vis) / cone point || ~ (clou) / brad || ~ (enclume) / beak || ~ (spectre) / peak || ~, dent *f* / tooth, indentation || ~, flèche *f* (bâtim) / spire || ~ (ELF) (engin spécial) / nose cone, shroud, fairing || **à** ~ / tapering || **à** ~ **conique** (vis) / cone-point... || **à** ~ **latérale** (navette) / offset tip... || **à** ~ **retirée** (bougie d'allumage) / with retracted tip || **à** ~**s endommagées** (laine) / tippy || **à trois** ~**s** / tricuspid[al, -ate] || **en** ~ **effilée** / pointed, acute || **sans** ~ / tipless || ~ **absorbante** (électr) / suction o. collecting point o. spike || ~ en **agate du stylet** / agate point || ~ d'**aiguille** / pinpoint || ~ d'**aiguille** (ch. de fer) / tongue of a switch || ~ d'**aiguille ou d'index** (instr) / point of hand o. index || ~ d'**aile** (aéro) / wing tip edge || ~ d'**alignage** (m.outils) / aligning centre || ~ d'**ardoise** / slater's nail, slate peg, clout nail || ~ pour **assemblage** (clou) / sprig || ~ de **bougie d'allumage** / center electrode || ~ du **bourrelet** (pneu) / bead toe || ~ du **bras** (nav) / bill of the anchor fluke || ~ de la **canette** / cop nose || ~ de **canette trop longue** (tex) / pointed cop nose || ~ de **centrage** / lathe center || ~ de **centrage** / center point, locating center || ~ de **centrage de mèche à trois pointes** / pin of the centre bit || ~ de **centrage de la poupée** (m.outils) / back center, dead center || ~ à **centrer ou de centrage** / center pin || ~ du **chalumeau** (soudage) / torch tip || ~ de **charge** / peak [of the] load || ~ de **chute** (déchets) / break-off tip || ~ d'un **clocher** / spire || ~ de **clou rabattue ou aplatie** / clinch[ed nail] || ~ **collectrice** (électr) / suction o. collecting point o. spike || ~ du **compas** / point of the compass, divider point || ~ de **contact** (palpage) / probe tip || ~ de **contact** (électr) / plug pin || ~ de **contact** (diode à cristal) / catwhisker || ~ de **contact** (télécom) / contact point || ~ [de la **contrepoupée]** / [turning] center (US) o. centre (GB) || ~ de **cordonnier** / tack || ~ de **courbe** / cusp, spinode || ~ de [la **courbe de] charge** / load peak, peak load || ~ de **crue** / high-water peak || ~ **cuir** (m à coudre) / leather point || ~**s** *f pl* de **cuisson** (émail) / point bars *pl* || ~ *f* de **débit** (hydr) / peak of flow || ~ de **diamant** / glazier's diamond o. pencil, diamond pencil || ~ d'**essai** / probe tip, test prod || ~ de **fiche** (télécom) / tip of the plug || ~ de **fiche** (électr) / plug pin || ~ de **fission** (nucl) / fission spike || ~ de la **flèche** (grue) / point of the jib || ~ **française** (bonnet) / French foot || ~ de **fusée-sonde** / nose cone of a sounding rocket || ~ en forme de **grisotte** (bonnet) / gusset type toe || ~ d'**impulsion** / radar spike || ~ d'**impulsion** (oscilloscope) / spike, pulse overshoot || ~ de **jaune** (pap) / yellow cast || ~ de **jetée** (convoyeur) / discharge end || ~ de **lecture** (phono) / pick-up style o. stylus || ~ de **lecture en agate** / jewel stylus || **~s** *f pl* de **livraison** (usine électr) / peak power || ~ *f* **métallique** / aglet || ~ **mobile** (tourn) / revolving center || ~ de **mouleur** (fonderie) / sprig, moulder's pin o. nail || ~ de **navette** (m.à coudre) / beak of the shuttle || ~ de **navette** (tiss) / tip of shuttle || ~ pour **noyau** (fonderie) / core pin || ~ [de **Paris]** / wire o. French nail || ~ de **pénétration** (essai de dureté) / penetrator || ~ de **pivot** / pivot point || ~ **platinée ou de platine** / platinum o. platinized point || ~ [de **plume de stylographe] en iridium** / iridium point || ~ de la **poupée mobile** (tourn) / tail center || ~ de **pression** (vis) / thrust point || ~ de **puissance** / peak power || ~ de **puissance vocale** (télécom) / peak value of speech power || ~ du **puits foncé** / well point || ~ **rapportée en stellite** / stellite tipping || ~ de **raquette** (horloge) / regulator pin, curb pin || ~ **réelle d'aiguille** / tip of switch || ~ **réelle du cœur de croisement** (ch.de fer) / nose of crossing || ~ de **registre** (teint) / gauge o. guide pin, pitch pin || ~ à **ressort de cristal** (radio) / demodulator point || ~ **sèche** (compas) / compass point, divider point || ~ **Shibata** (phono) / Shibata stylus || ~ pour **taille-douce** / [en]graving needle || ~ du **talon** (pneu) / bead toe || ~ de **tapissier** / upholstering nail, cut nail, tin tack || ~ **taraudeuse** (vis) / tapping point || ~ de **tension** (électr) / spike, glitch (coll) || ~ de **tension**, montée *f* subite / surge || ~ à **tête bleue** / blueheaded tack || ~ à **tête d'homme** / wire nail with upset head || ~ à **tête plate** / clout nail || ~ à **tête ronde** / round-headed wire nail || ~ **théorique du croisement** (ch.de fer) / intersection of gauge line, theoretical nose || ~ **thermique** (nucl) / thermal spike || ~ d'une **tour** / pinnacle || ~ **tournante** (tourn) / revolving center || ~ à **tracer** / scribing iron || ~ du **trafic** / traffic peak || ~ **tranchante** (m à coudre) / leather point || ~ du **tympan** (typo) / spur, bodkin, point || ~ de **vert** / greenish cast || ~ au **zéro** (radar) / null signal

pointé (soudage) / tack-welded

pointeau *m* (brûleur) / injector needle o. pin || ~ (turb. Pelton) / nozzle valve of the pelton wheel || ~, cheville *f* d'arrêt / retention pin || ~, amorçoir *m* (techn) / prick punch, center punch || ~ **annulaire** / center ring punch || ~ d'**arrivée d'essence** (auto) / petrol o. gasoline inlet valve needle || ~ **automatique** / automatic center punch || ~ du **carburateur ou d'essence ou du flotteur** / carburettor float spindle o. valve o. needle || ~ **circulaire** (m.outils) / center ring punch || ~ de **purge d'air** (frein) / air relief valve

pointer / finebore || ~ (typo) / fix the sheets in the punctures || ~ (mil) / range a gun, aim, train, lay *vt* || ~ (arp, antenne) / sight || ~ (soudage) / tack *vt* || ~ (liste) / check off, mark off, tick [off] || ~, amorcer au pointeau (techn) / prick-punch *vt*, center-punch *vt* || ~ *vi* (bot) / sprout || ~ (l'entrée ou la sortie) / clock in o. out, clock on o. off

pointerolle *f* (mines) / pitching pollpick o. tool

pointeur *m* (nav) / tallyman || ~ (ch.de fer) / checker

pointeuse *f* / time clock

po[i]ntil *m* (verre) / spinning rod, pointil, punty, sticking-up iron (US)

pointillé *adj* (dessin, tiss) / spotted || **~s** *m pl* (défaut, teint) / specks, pinholes, pricks *pl*

pointiller / dot *vt* || ~ (teint) / produce specks

pointillés *m pl* / dots of a dotted line

point-source *m* / point source [of light]

pointu / sharp, pointed || ~ (filet) / sharp

pointure *f* (gant, chaussure) / size of gloves o. shoes || ~ (graph) / dowel, point spur

poire, en forme de ~ / pear-shaped, pyriform || ~ en **caoutchouc** / rubber syringe || ~ de **casse-fonte** (fonderie) / tup || ~ **interrupteur va-et-vient** / pear push || ~ **interrupteur va-et-vient suspendue** (électr) / pear switch || ~ **tombante** (sidér) / cracker ball || ~ **tombante** (bâtim) / falling o. drop weight

pois *m* (agr) / pea

poise *f*, Po (unité de viscosité) / poise

poison *m* / poison || **sans** ~ / free from poison || ~ **agissant sur l'épiderme** / skin poison || ~ **agissant sur les nerfs et le sang** / nerve and blood poison || ~ des **algues bleues** / cyanophycea's poison || ~ **bactérien** / bacterial poison || ~ du **catalyseur** / catalyst o. catalytic poison, anticatalist, paralyser || ~ **consommable** (nucl) / burnable poison || ~ de **contact** / contact poison || ~ de **fission** (nucl) / fission poison || ~ de **flottation** (prépar) / flotation poison || ~ **fluide** / liquid poison || ~ d'**ingestion** / stomach insecticide || ~ **irritant** / irritant poison || ~ de **luminescence** / luminescence poison o. killer || ~ **nucléaire ou au réacteur** / nuclear poison || ~ **respiratoire** / respiratory poison || ~ **soluble** (nucl) / soluble poison || ~ **végétal** / phytopoison

poisonnement *m* de **catalyseur** / catalyst poisoning

poisser / pitch *vt*, pay by pitch || ~ du **fil** (filetage) / wax thread *vt*

poisseux *adj* / smeary || ~ / pitchy, tarry || ~ *m* (blanchet offset) / tack || **devenir** ~ (laque) / gum *vi*, become gummy

poitrine *f* / breast || ~ d'un **fourneau** (sidér) / front o. face wall, furnace breast

poitrinière *f* (tiss) / breast beam

poix *f* / pitch || ~ **blanche de Bourgogne** / white rosin || ~ de **bois** / wood pitch, wood-tar pitch || ~ de **cellules** (pap) / cell pitch || ~ de **cordonnier** / common black pitch || ~ à **goudron** / tar asphalt || ~ **noire** / black pitch || ~ de **pétrole** / petroleum pitch || **~-résine** *f* / liquid o. mastic pitch

polaire *adj* (géogr, chimie, électr) / polar *adj* || ~ *f* (géom) / polar [line o. curve] || ~ d'une **aile ou d'un avion** (aéro) / polar curve o. diagram, profile polar || **~-apolaire** (tenside) / polar non-polar

polarimètre *m* / polarimeter || ~ **photo-électrique à cercle** / photoelectric polarimeter with circular scale

polarimétrie *f* / polarimetry

polarisable / polarizable

polarisant *m* / polarizer

polarisation *f* / polarization || ~ (b.magnét) / magnetic bias[sing] || ~ (électron) / reverse battery protection || ~ (électr) / bias voltage || ~ **automatique** / self-bias || ~ **circulaire** / circular polarization || ~ **circulaire à répartition dans le temps** / time division circular polarization, TDCP || ~ par **courant alternatif** / A.C. biassing || ~ du **diélectrique** / dielectric polarization || ~ **électrique résiduelle** / residual electric polarization || ~ **électrolytique** / electrolytic polarization || ~ **elliptique** / elliptic polarization || ~ **fixe** (tube) / fixed bias || ~ **horizontale** / horizontal polarization || ~ **inverse**

(électron) / reverse bias || ~ **linéaire** / plane polarization || ~ **magnétique** (chimie) / magneto-optical rotation, magnetic polarization || ~ **magnétique rémanente** / remanent magnetic polarization || ~ **négative** (électron) / negative bias || ~ **nucléaire** / nuclear polarisation || ~ **nulle** (électron) / zero bias || ~ dans un **plan** (opt) / plane polarization || ~ **rectiligne** / linear o. plane polarization || ~ **rotatoire** / rotatory polarization || ~ **verticale** / vertical polarization

polariscope *m* (opt) / polariscope || ~ **détecteur** (ou pour le contrôle) **des tensions internes** / polarizing stress tester

polarisé / polarized, biassed || ~ (électr) / biassed || ~, à polarité unique (électr) / unipolar || ~ (b.magnét) / biassed || ~ (fiche) / non-interchangeable, polarized || ~ à **angle droit** / polarized at right angle || ~ **deux fois** (électr) / double-biased || ~ **droit** / right-handed polarized || ~ **gauche** / left-handed polarized || ~ **inverse** / oppositely poled || ~ dans un **plan** / plane-polarized || ~ par **prismes croisés** / cross-polarized || ~ **rectilignement** / plane-polarized || ~ en **sens direct** (semicond) / forward biased

polariser (donner une direction unique) (électr) / polarize || ~ (électr, opt) / polarize || ~ (p.e. la grille) (électr) / bias *vt* || ~ (déconseillé), mesurer la polarisation (sucre) / measure the polarization

polariseur *m* / polarizer || ~ (phot) / polarizer, polarization filter || ~ **parallèle** / parallel polarizer || ~ à **prismes croisés** / crossed polarizer

polarité *f* / polarity || **de ~ contraire** / oppositely poled || ~ **directe ou normale** (soudage) / straight polarity || ~ **inverse** (soudage) / reversed polarity || ~ **renversée** (électr) / reversed polarity || ~ **unique** / single polarity

polaro·gramme *m* / polarogram || **~graphe** *m* / polarograph || **~graphie** *f* / polarography || **~graphique** (chimie) / polarographic

polaroïd[e] *m* (opt) / polaroid

polaron *m* (nucl) / polaron

polder *m* (hydr) / polder || ~ **formant réservoir** (hydr) / storage polder

pôle *m* (phys, méc, géogr) / pole || **à ~s alternés** (électr) / with alternating poles || **sans** ~ / non-polar || ~ **antarctique ou austral** (géogr) / south pole || ~ **arctique** / north pole || ~ **auxiliaire** voir pole de commutation || ~ de **commutation ou de compensation** (électr) / auxiliary o. compensating o. commutating o. reciprocating pole, compole, interpole || ~ **conséquent** (instr.) / consequent pole || **~s** *m pl* de **diffraction** (tube) / deflector plate, deflecting electrodes *pl* || ~ *m* d'**inflexion** (centre géometrique des accélérations) (méc) / inflection pole o. center || ~ **inversé** (méc) / image pole || ~ **lisse** (électr) / non-salient pole || ~ **magnétique** / magnetic pole || ~ **massif** (électr) / solid pole || **~s** *m pl* de **même nom** / poles of the same name o. sign *pl*, analogous o. similar o. like poles *pl* || ~ *m* **mobile** / travelling pole || ~ **négatif** (électr) / negative pole || **~s** *m pl* de **nom contraire** (phys) / poles of contrary names o. of opposite signs *pl*, unlike o. opposite o. antilogous poles *pl* || ~ *m* **nord** / north pole || ~ **nord de la boussole** / north [seeking]-pole || ~ **nord magnétique** / magnetic north || ~ **opposé** (cinématique) / complementary pole, contrapole, opposite pole || ~ **positif** (électr) / positive pole || ~ **principal** (électr) / main pole || ~ de **rebroussement** (méc) / return pole o. center, cuspidal pole || ~ de **rotation** / center of rotation o. of gyration o. of motion || ~ **saillant** (électr) / salient pole || ~ **sud** (géogr) / south pole || ~ **sud d'aimant** / magnetic south || ~ **sud de la boussole** / south-[seeking]-pole, S-pole || ~ situé par le **travers du navire**, pôle *m* transversal (nav) / cross pole, transverse o. thwartship o. athwartship (US) pole || ~ **unité** / unit pole

polémologie *f* / peace research

poli / polished || ~ (granite, marbre) / glassed || ~ (acier) / bright || ~ *m* / burnish, polish, luster, lustre, gloss || ~, lissé *m* / smoothness, slickness, sleekness || **qui prend un beau** ~ / polishable, taking a good polish || ~ d'**automobile** / motorcar polish || ~ **cylindrique** (opt) / cylindrical grinding || ~ **glace** / mirror polish || ~ **miroir** (galv) / ultrafinish, glacial polish || ~ *adj* **miroir ou spéculaire**, poli *adj* glace / high polished, with mirror finish || ~ *m* **naturel** (verre) / fire-polishing || ~ *adj* **naturellement** (bois) / natural wood finish || ~ *m* **optique** / optical polish || ~ **rayassé** / scratch polish || ~ **spéculaire** / glacial polish, ultrafinish

polianite *f* (min) / polianite, manganese dioxide, pyrolusite

police *f* (typo) / fount list o. scheme o. synopsis, bill of fount || ~ de **caractères à bâtonnets ou en traits** / font SC, bar font || ~ de **caractères Farrington** (ord) / Farrington font || ~ de **chargement** / bill of lading, B/L || ~ **sanitaire** / sanitary police || **~-secours** *f* / police signal system

polir / polish, brighten || ~, adoucir / smooth *vt*, sleeken, slick || ~ par **billes** / tumbling-polish || ~ à **copeaux** / rough-polish || ~ au **disque toile** (galv) / buff, bob, mop, ash || ~ **électrolytiquement** / anode-brighten, electrobrighten, electropolish || ~ au **feutre** (galv) / grind with a set-up wheel, dry-fine || ~ au **laminoir** / burnish, presspolish || ~ à **l'émeri** / emery *vt* || ~ sur **meule** / sleeken on the wheel stand || ~ à la **meule flexible** (métal léger) / burnish || ~ à la **meule flexible** (galv) / burnish, polish-grind, glaze, buff || ~ au **mouillé** / wet-polish || ~ à la **ponce** / sleeken with pumice stone || ~ sous **pression** / press-polish *vt* || ~ à **pression à galets ou à rouleaux** / burnish || ~ à **reflets** / mirror-polish *vt* || ~ à la **roue en feutre** (galv) / dry-fine, grind with a felt wheel || ~ à **sec** / dry-polish || ~ en **solution caustique** / attack-polish, etch-polish || ~ au **tonneau** / barrel-burnish, barrel-polish || ~ au **tonneau par billes** / ball-burnish || ~ le **verre** / polish glass

poli[sh] *m* d'**automobile** / car polish, motorcar polish

polissable / polishable

polissage *m* / polishing || ~ à l'**acide** (verre) / acid o. chemical polishing || ~ **chimique** / chemical polishing || ~ de **dégrossissage** / rough grinding || ~ au **disque** / buffing, mopping (GB) || ~ **électrolytique** / electrolytic polishing, anode-brightening, electropolishing, -brightening || ~ **électrolytique** (métal leger) / electrolytic polishing, electropolishing, -brightening, reverse current polishing || ~ **électrolytique au tampon** / electrolyte brush polishing || ~ **finisseur** / smooth polishing || ~ à la **flamme** (plast) / flame polishing || ~ de **glace** (verre) / second grinding || ~ **glaciaire** (géol) / glacial polish o. striation, ice scour || ~ au **laminoir** / burnishing || ~ au **liquide** (m.outils) / liquid polishing || ~ à la **meule** / polish-grinding || ~ à la **pierre** / honing || ~ à **pression** / press-polishing || ~ de la **section ou en section** / polish of cross-section || ~ au **solvant** / solvent polishing || ~ **spéculaire** (galv) / ultrafinish, glacial polish || ~ au **tonneau** / barrel o. tumble polishing || ~ du **verre** /

polishing glass
polisseuse *f* au **disque toile** / buffing machine || ~ de **malt** / malt polishing apparatus
polissoir *m* / polisher, sleeking steel || ~ à l'**émeri** / abrasive file
polissoire *f* / polishing plate || ~ / slicking shop (US), polishing shop
politique *f* **énergétique** / energy politics
polje *m* (géol) / polje
pollen *m* (bot) / pollen
polluant / pollutive || ~ / pollutant
pollué (eau, mat. de constr.) / contaminated
polluer / pollute
pollueur *m* / polluter
pollution *f* (ambiance) / pollution || **~s** *f pl* / pollutant emission || ~ *f* d'**air par inversion calme** / calm inversion pollution, CIP || ~ **artificielle** (essai de mat) / artificial pollution || ~ **atmosphérique ou d'air** / air pollution || ~ de l'**environnement** / environmental pollution || ~ d'un **fleuve** / river pollution || ~ de la **mer** / marine pollution || ~ du **sol** / soil contamination || ~ **sonore** / annoyance caused by [excessive] noise || ~ **thermique** (rivière) / thermal pollution
poloïdal (plasma) / poloidal
poloïde *f* (méc) / centrode, polode
polonium *m* (chimie) / polonium, Po
poly·acétal *m* / poly[vinyl]acetal || **~acétals** *m pl* / polyacetals *pl* || **~acétate** *m* **de vinyle** / poly[vinyl] acetate || **~acide** *m* / polyacid || **~acrylonitrile** *m* / polyacrylnitrile || **~addition** *f* (chimie) / polyaddition, addition polymerization || **~addition** *f* de **diisocyanate** / diisocyanate polyaddition || **~alcane** *m* / polyalkane || **~alcool** *m* / polyhydric o. polyhydroxy alcohol, polyalcohol || **~amide** *m* / polyamide, pA || **~amide** *m* de **coulée** / casting polyamide || **~amide** *m* **d'ester** / polyester amide || **~amideimide** *m* / polyamideimide || **~amine** *f* / polyamine || **~aminocaprolactame** *m* / polyaminocaprolactame || **~anodique** / multi-anode... || **~argyrite** *f* (min) / polyargyrite || **~arylsulfone** *m* / polyarylsulfone || **~ase** *f* / polyase || **~atomique** *f* (n: polyatomicité) / polyatomic || **~basique** (chimie) / polybasic || **~basite** *f* (min) / polybasite || **~blend** *m* / polyblend || **~butadiène** *m* / polybutadiene || **~butylène** *m* / polybutene, -butylene || **~butylène-téréphtalate** *m* / polybutyleneterphthalate || **~butyral** *m* de **vinyle** / polyvinyl butyral || **~carbamide** *m* / polycarbamide || **~carbonate** *m* / polycarbonate, makrolon || **~carburant** (mot) / multifuel..., polyfuel... || **~chloracétate** *m* de **vinyle** / polyvinyl chloride acetate || **~chlorobiphenyle** *m* / polychlorinated biphenyl, PCB || **~chloroprène** *m* / polychlor[o]prene, PCP || **~chlorotrifluoroéthylène** *m* / polychlorotrifluoroethylene || **~chlorure** *m* de **vinyle**, P.C.V., P.V.C. / polyvinyl choride, PVC || **~chlorure** *m* de **vinyle surchloré** / postchlorinated PVC || **~chroï[li]te** *f* (min) / polychroi[li]te || **~chroïsme** *m* (min, phys) / pleochroism || **~chroïte** *f* / polychroite, -chroit, colouring element of saffron || **~chromatique** (rayonnement) / polychromatic || **~chrome** / polychromatic, -chrome, multicoloured || **~chromie** *f* (phys, typo, teint) / polychromatism, polychromy || **~cisaillé** (rivure) / multiple-shear... || **~condensat** *m* (plast) / condensation polymer, polycondensate || **~condensat** *m* (échang. d'ions) / condensation resin || **~condensation** *f* (chimie) / condensation polymerization, polycondensation || **~condensation** *f* à l'**interface** / interfacial surface polycondensation || **~copie** *f* / duplicating, manifold[ing], (also:) duplicated copy || **~copier** / manifold *vt*, duplicate, roneo *vt* || **~courant** (électr) / multiple current... || **~courant** (locomotive) / multi-system... || **~cristal** *m* / polycrystal || **~culture** *f* (agr) / multi-course system || **~cyclique** (chimie) / polycyclic || **~directionnel** / polydirectional || **~dispersé** (colloïde) / polydisperse || **~dymite** *f* (min) / polydymite
polyé *m* (géol) / polje
poly·èdre *m* / polyhedron || **~édrique** / polyhedral || **~électrolyte** *m* (plast) / polyelectrolyte || **~énergétique** (nucl) / polyenergetic || **~épichlorohydrine** *m* / polyepichlorhydrin || **~ergol** *m* / multipropellant || **~ester** *m* (chimie) / polyester, PES || **~ester** *m* **acrylique** / polyacrylate || **~ester** *m* **chargé verre** / glass-reinforced polyester || **~ester** *m* **non saturé** / unsaturated polyester || **~estérique** (plast) / polyester..., alkyd... || **~esteruréthane** *m* / polyester urethane || **~étagé** (techn) / multistep, multistage || **~éther** *m* / polyether || **~éther** *m* **perfluorique** / perfluoropolyether
polyéthylène *m*, PE / polyethylene, polythene, PE, PET || ~ **chloré** / chlorinated polyethylene || **~-glycol** *m* / polyethyleneglycol || ~ **haute pression**, polyéthylène *m* dur ou haute densité / high-density polyethylene, HDPE, high-pressure polyethylene, HPPE || ~ **mou ou basse densité ou basse pression ou tendre** / low-density PE o. polyethylene, LDPE || ~ **réticulé** / crosslinked polyethylene || **~-téréphtalate** *m* / polyethylene terephthalate, polyterephthalic acid ester
polyfluorure *m* de **vinyle**, PVF / polyvinylfluoride || ~ de **vinylidène**, PVDF *m* / polyvinylidene fluoride, PVDF
poly·formaldéhyde *m* / polyformaldehyde || **~gène** (géol) / polygenetic, -genous || **~génétique** (teint) / polygenetic
polygonal (géom) / many-angled, many-cornered, polygonal || ~ (techn) / polygonal || ~ (par ex.: colonne) / canted, polygonal
polygonation *f* (arp) / traverse survey, traversing
polygone *m* / polygon || ~ **circonscrit au cercle** / polygon circumscribed about a circle || ~ des **effectifs cumulés** (statistique) / frequency polygon || ~ de **forces** (méc) / polygon of forces || ~ de **forces triangulaire** / triangle of forces || ~ des **fréquences cumulées** (statistique) / frequency polygon || ~ **funiculaire** (méc) / equilibrium o. funicular o. link polygon || ~ **inscrit au cercle** / polygon inscribed in a circle || ~ **régulier** (math) / regular polygon || ~ de **sustentation** (méc) / support polygon
poly·halite *f* (min) / polyhalite || **~holoside** *m* / starch hydrolysate || **~hydrocellulose** *f* (tex) / polyhydrocellulose || **~imide** *m* / polyimide || **~isobutylène** *f* / polyisobutylene, PIB || **~isoprène** *m* / polyisoprene
polymère *adj* (biol, chimie) / polymeric *adj* || ~ *m* / polymer[ide], polymerizate || **de ~ homologue** / polymeric homologous || **de ~ non synthétique** (plast) / polynosic, of nonsynthetic polymer || ~ **complexe** / multipolymer || ~ **échelle** / ladder o. double-strand polymer || ~ **greffé ou implanté** / graft polymer || ~ **homologue** / homologous polymer || ~ **ramifié** / branched polymer || ~ **réticulé** (chimie) / network polymer || ~ **SP** / polyimide || ~ **vivant, [dormant]** / living, [sleeping] polymer
polymérie *f* (chimie) / polymerism
polymérisation *f* / polymerization || ~ (panneau de part.) / curing || ~ par **addition** / addition

polymerization, polyaddition || ~ par **condensation** / condensation polymerization, polycondensation || ~ par **coulées** (plast) / casting polymerization || ~ en **émulsion** / emulsion polymerization || ~ **implantée ou par greffage** / graft polymerization || ~ **isotactique** / isotaxy || ~ en **masse** / mass polymerization || ~ en **masse alcaline** / block o. bulk polymerization || ~ en **perles** / pearl polymerization || ~ du **plasma** / plasma polymerization || ~ sous **pression** / pressure polymerization || ~ **sans solvant** / mass polymerization, solventless polymerization || ~ en **solution** / solution polymerization || ~ **stéreospécifique** / stereospecific polymerization || ~ en **suspension** / suspension o. pearl polymerization

polymériser / polymerize

polymériseuse *f* d'**apprêt** (tex) / curing machine, polymerizing machine

poly·méthacrylate *m* / polymethacrylate || ~**méthacrylate** *m* de **méthyle**, PMMA / polymethylmethacrylate, PMMA || ~**méthylène** *m* / polymethylene || ~**méthylène oxyde** *m*, POM / polymethylene oxide || ~**méthylénique** / polymethylenic || ~**mètre** *m* (climatologie) / polymeter || ~**morphe** (crist, chimie) / polymorphic, -morphous || ~**morphisme** *m* (chimie) / polymorphism || ~**naire** / polynary

polynie *f* / lead o. channel between ice floes

polynôme *m* (math) / polynomial, multinomial || ~ à **coefficients entiers** / integral polynomial || ~ **homogène** (math) / quantic || ~ de **Legendre** (math) / Legendre polynomial expansion

poly·nosique (plast) / polynosic, of nonsynthetic polymer || ~**nucléaire**, -nucléé (biol) / polynucleate || ~**nucléaire** (chimie) / polynuclear || ~**nucléotide** *m* / polynucleotide || ~**ol** *m* / polyhydric o. polyhydroxy alcohol, polyalcohol || ~**oléfine** *f* / polyolefine || ~**oléfinique** / polyolefin... || ~**ose** *m* / polysaccharide, polyose, -saccharose || ~**oxamide** *m* (plast) / polyoxamide || ~**oxybiontique** / polyoxybiontic || ~**oxyméthylène** *m* / polyformaldehyde, polyoxymethylene, POM || ~**peptide** *m* / polypeptide || ~**phasé** (électr) / multiphase, polyphase || ~**phénylène oxyde** *m*, PPO / polyphenylene oxide, PPOS || ~**phénylsiloxane** *m*, PPS / polyphenylsiloxane, PPS, PPS || ~**phtalate** *m* **diallylique** / polydiallylphthalate || ~**ploïde** (biol) / polyploid || ~**propylène** *m*, polypropène *m* / polypropylene, polypropene || ~**propylène** *m* **armé ou renforcé de fibres de verre** / glass-fiber reinforced polypropylene || ~**propylèneglycol** *m* / polypropyleneglycol || ~**réaction** *f* / polyreaction || ~**saccharide** *m* / polysaccharide, polyose, -saccharose || ~**saprobe** / polysaprobic || ~**saprobies** *f pl* / polysaprobes *pl* || ~**sème** *m*, terme *m* polysémique / polysemantic o. -semous term, polyseme || ~**silicium** *m* / polysilicon || ~**siloxane** *m* / polysiloxane, silicon || ~**soc** (charrue) / with many shares, multi-furrow..., gang[ed] (US) || ~**style** (bâtim) / polystyle || ~**styrène** *m*, polystyrol[ène] *m* (plast) / polystyrene || ~**styrène** *m* **cellulaire** / polystyrene foam || ~**sulfone** *m* / polysulfone || ~**sulfures** *m pl* / polysulphides *pl* || ~**téréphtalate** *m* d'**éthylène**, PETP / polyethylene terephthalate || ~**terpène** *m* / polyterpene || ~**tétrafluoréthylène** *m* (p.e. téflon; fluon), PTFE (plast) / polytetrafluorethylene, PTFE || ~**thène** *m* / polyethylene, polythene, PE, PET || ~**thène** *m* de **basse,** [haute] **densité** / low, [high] density polyethylene, LDPE, [HDPE] || ~**thène** *m* de **poids moléculaire très élevé** / ultra high molecular weight PE, UHM PE || ~**thermide** *m* / polythermide || ~**toxicité** *f* / polytoxicity || ~**trifluorochloréthylène** *m* (p.e. fluorothène; hostaflon), PTFCE / polytrifluorochloroethylene, PTFCE || ~**tropique** (phys) / polytropic || ~**type** *m* (typo) / logotype || ~**uréthane** *m* / polyurethane || ~**uréthane** *m* **cellulaire** / polyurethane foam || ~**uréthanique** / polyurethane... || ~**valence** *f* (chimie) / multivalence || ~**valent** / multi-purpose, multiple purpose..., all-purpose..., general-purpose..., polyfunctional, utility || ~**valent** (improprement dit), à plusieurs valences (chimie) / polyvalent

polyvinyl carbazol *m*, PVK *m* / polyvinylcarbazole, PVK

poly·vinylacétal *m* / polyvinyl acetal || ~**vinylacétate** *m* / polyvinyl acetate || ~**vinylchlorure** *m*, chlorure de polyvinyle, P.V.C., P.C.V. / polyvinyl chloride, pVC || ~**vinylchlorure** *m* **surchloré** / [post]chlorinated PVC || ~**vinyle** *m* / polyvinyle || ~**vinyléther** *m* / polyvinyl ether || ~**vinylidène** *m* / polyvinylidene || ~**vinylpyrrolidone** *f* / polyvinyl pyrrolidone, PVP

pomme *f* (bâtim) / steeple ball || ~ / apple || ~ d'**acajou ou de cajou**, pomme-cajou *f* / cashew nut || ~ d'**arrosoir ou d'arrosage** / sprinkling rose || ~ d'**arrosoir d'alimentation** (pompe) / strainer basket || ~ au **couteau** / eating apple

pommeau *m*, gaine *m* à cuir (auto) / protective cover of gear shift lever, gaiter

pomme de terre *f* / potato (pl: potatoes)

pommes de terre *f pl* **fourragères** / fodder *pl* o. feeding potatoes || ~ **hâtives** / early potatoes || ~ **sèches** / dried *pl* o. dehydrated potatoes || ~ à **semences** / seed *pl* potatoes

pommelle *f* / discharge strainer

pompabilité *f* / pumpability

pompage *m* / pumping || ~ (vitesse) / hunting, cycling, oscillation || ~ (contr.aut) / hunting || ~ (laser) / pumping || ~ (ord) / hunting || ~ (fonderie) / rod feeding || ~ par **air lift ou par émulsion** (pétrole) / gas lift || ~ **cryogénique** / cryogenetic pumping, cryopumping || ~ **longitudinal, [transversal]** (laser) / longitudinal, [transverse] pumping || ~ **optique** (nucl) / optical pumping || ~ dû aux **oscillations des gaz** (compresseur) / surge, surging || ~ à la **tige** (pétrole) / sucker rod pumping

pompe *f* / pump || **faire jouer les ~s à incendie** (pomp) / throw water || **la ~ marche ou est prise ou est chargée** / the pump works || ~ d'**affranchissement** / wrecking pump || ~ à **ailettes** / semirotary hand pump || ~ à **air** / air pump || ~ à **air à main** / hand-operated tire pump || ~ à **air mise en mouvement par la vapeur** / steam air pump || ~ à **air à piston** / piston air pump || ~ **alimentaire** / feed pump || ~ d'**alimentation** (m.à vap) / feed-water pump || ~ d'**alimentation** (nav) / donkey pump || ~ d'**alimentation ou de circulation** / feed pump || ~ d'**alimentation de carburant** / fuel [delivery o. feed o. transfer] pump || ~ d'**alimentation de chaudière** / boiler feed[ing] pump o. feeder || ~ d'**alimentation du combustible** (nav) / fuel oil booster pump || ~ d'**alimentation à** [jet de] **vapeur** / jet pump, [steam] injector || ~ d'**alimentation à vapeur** / steam feed pump || ~ à **anneau d'eau** / water ring pump || ~ à **anneau [de] liquide** / liquid ring pump || ~ **antigel** (auto) / defrosting pump || ~ **aspirante** / suction o. sucking pump, drawing o. lift[ing] pump || ~ **aspirante et foulante** / lifting and forcing pump, lift and force pump, sucking and forcing pump, double acting pump || ~ **aspirante à jet de vapeur** / steam ejector || ~ **aspirante à piston** / general-purpose pump || ~ d'**aspiration au retour** / recirculating o. return pump || ~ d'**assèchement du fond** / bilge pump || ~ d'**assèchement et de ballastage** (nav) / bilge and ballast pump || ~ **automobile** / fire engine || ~ **auxiliaire** (ELF) / backing pump || ~ d'**avaleresse** / bore hole pump || ~ **axiale** / axial-flow pump || ~ de **balayage** (mot) / scavenging pump || ~ **ballast à gaz** / gas ballast pump, surplus gas pump || ~ au **ballastage** (nav) / ballast pump || ~ **basse pression** / low lift pump || ~ à **béton** / concrete pump || ~ à **betteraves** / beet pump || ~ **bi-compound** (ch.de fer) / bi-compound pump || ~ à **bicyclette** / cycle pump, inflator || ~ à **bière** / beer engine o. fountain o. pump || ~ à **bière de comptoir à six poignées** / six motion beer engine || ~ à **bière pour le débit** / beer fountain o. tapping apparatus || ~ **booster** (déconseillé) voir pompe intermédiaire || ~ à **boue** / mud o. sludge pump || ~ à **boue** (pétrole) / sludge pump || ~ à **bras** / hand pump || ~ à **broche hélicoïdale** / screw pump (small type) || ~ de **cale** (nav) / bilge pump || ~ de **carburant** (auto) / fuel pump, petrol (GB) o. gasoline (US) pump || ~**-caverne** *f* / cavern pump || ~ à **cellules semi-rotative** / vane[-cell] pump || ~ **centrifuge** / centrifugal pump || ~ **centrifuge axiale** / axial-flow pump || ~ **centrifuge blindée** / armour-plate centrifugal pump || ~ **centrifuge multicellulaire** / multistage centrifugal pump || ~ **centrifuge à sable** / sand sucker || ~ à **chaîne** / chain pump || ~ de **chaleur** (France), pompe à chaleur (Suisse) / reverse cycle heating system, heat pump || ~ de **chantier** / contractor's o. building pump || ~ de **chantier** (mines) / pump placed in the drift || ~ de **circulation** / feed pump || ~ de **circulation de carburant** / fuel [delivery o. feed o. transfer] pump || ~ de **circulation d'eau [de refroidissement]** / cooling water circulating pump || ~ à **colonne** / general-purpose pump || ~ **combinée avec injecteur** (mot) / unit injector || ~ à **combustible** / fuel pump || ~ de **compression à eau** / power water operated pump || ~ à **compression à trois plongeurs** / three-piston pump, three plunger pump, three- o. triple-throw pump || ~ pour la **conduite assistée** / power-steering pump || ~ de **construction** / building o. contractor's pump || ~ de **creusement** / bore hole pump || ~ **cryostatique ou cryogénique** / cryopump || ~ à **cylindrée constante** / fixed displacement pump || ~ à **cylindrée variable** / variable displacement pump || ~ à **débit variable** / variable capacity pump || ~ à **déblais** / dredging pump || ~ de **démarrage** / starting pump || ~ **demi-rotative** / semirotary hand pump || ~ à **dépression** / suction o. vacuum pump || ~ pour **dessableurs** / grit-channel pump || ~ à **diffuseur et à éjecteur** (vide) / diffusion ejector pump || ~ à **diffusion** / diffusion [air] pump || ~ à **diffusion de mercure** / mercury [vapour] diffusion pump || ~ à **diffusion du type booster** (vide) / booster-type diffusion pump || ~ à **diffusion à [vapeur d']huile** / oil diffusion pump || ~ à **diffusion sous vide poussé** / high-vacuum diffusion pump || ~ **domestique** / general-purpose pump || ~ de **dosage** / proportioning o. dosing pump, metering pump || ~ à **double effet** / lifting and forcing pump, lift and force pump, sucking and forcing pump, double acting pump || ~ **duplex** / duplex [reciprocating] pump, duplex steam piston pump || ~ à **eau** / water pump || ~ à **eau froide du condenseur** / condenser circulating pump || ~ à **eau sous pression** / power water [producing] pump || ~ d'**eau refoulante** (drague suceuse) / forcing pump || ~ à **eau [de refroidissement]** / cooling water pump || ~ d'**eau salée** / brine pump || ~ à **eau usée** / dirty water pump || ~ à **eaux de presses** (sucre) / press water pump || ~ à **éjecteur** / ejector, jet pump || ~ **électrique portative** / drum o. barrel pump || ~ **électro-hydraulique** / electrohydraulic pump || ~ **électromagnétique** / electromagnetic pump || ~ **élévatoire** (mines) / pit o. shaft pump || ~ **élévatoire ou aspirante** / suction o. sucking pump, drawing o. lift[ing] pump || ~ à **engrenage intérieur** / generated rotor pump, gerotor pump, internal gear pump || ~ à **engrenages** / gear pump || ~ à **entraînement** (vide) / fluid entrainment pump || ~ d'**éolienne** / windmill o. wind pump || ~ d'**épreuve** / pressure test pump || ~ d'**épuisement** / water engine o. scoop, water drawing machine || ~ d'**épuisement** (nav) / wrecking pump || ~ d'**épuisement du fond** / bilge pump || ~ à **essais de pression** / pressure test pump || ~ à **essence** / petrol pump, roadside gasoline pump || ~ à **essence multigrade** / custom blending pump || ~ d'**évacuation** / evacuation pump || ~ à **évaporation** / sublimation pump, evaporation pump || ~ d'**exhaure** (mines) / draft engine || ~ d'**extraction [et de reprise] des condensats** / condensate pump, condensed steam pump || ~ à **faire le vide** / evacuating pump || ~ à **[faire le] vide à mercure** / mercury vacuum pump || ~ à **feu** / fire engine || ~ de **filature** (tex) / viscose pump || ~ à **fluide moteur** (vide) / fluid entrainment pump || ~ à **flux de vapeur** (vide) / booster-type diffusion pump || ~ de **fonçage** (mines) / pump for sinking shafts, sinking pump o. set || ~ de **fond** (pétrole) / oilwell pump, subsurface pump || ~ **foulante à caoutchouc** / rubber mo[u]lding machine || ~ **foulante et aspirante** voir pompe à double effet || ~ **foulante pour réacteurs à eau sous pression** / pressurized water reactor pump || ~ **fractionnante à diffusion** / fractionating diffusion pump || ~ à **friction de Tesla** / Tesla friction pump || ~ **Fuller-Kinyon** / Fuller-Kinyon pump (US) || ~ **Gaede à diffusion** / Gaede diffusion pump || ~ de **gavage** (espace) / booster pump || ~ **getter** / getter pump || ~ **getter à évaporation** (vide) / sublimation pump || ~ à **getter massif** / bulk getter pump || ~ **getter-ionique** / ion getter pump, getter ion pump || ~ de **gonflage des pneus** (auto) / tire pump o. inflator || ~ de **graissage** (auto) / grease gun || ~ de **graissage à levier** / lever type hand gun || ~ de **graissage à pousser** / rush type hand gun (for grease) || ~ à **graisse** / grease gun || ~ à **graisse[r]** / grease pump || ~ à **gravier** / gravel pump || ~ **haute pression** / jetting pump || ~ **haute pression à engrenage** (Bosch) / high pressure [Bosch] gear pump || ~**-hélice** *f* / axial-flow pump, propeller o. screw pump || ~ **hélice à coude** / elbow propeller pump || ~ à **huile** / oil-pump || ~ pour **huile surchauffée** / hot oil pump || ~ **hydraulique** / fluid power pump, hydraulic pump || ~ **immergée ou immersible** / submerged o. submergible pump, wet-pit o. deep-well pump || ~ **immergée** (auto) / immersed pump || ~ **immersible pour réservoirs** / submersible pump || ~ d'**incendie** / fire engine || ~ à **incendie à main** / hand fire engine || ~ d'**injection** (mot) / fuel [injection] pump, injection o. injector o. jerk pump || ~ à **injection** [de ciment] / ciment gun, ciment throwing jet || ~ d'**injection combinée avec l'injecteur** (mot) / monobloc injection pump and nozzle || ~ à **injection directe** (mot) / direct injection pump || ~ d'**injection à distributeur** (auto)

/ distributor injection pump || ~ d'**injection d'eau** (mines) / rinsing pump || ~ à **injection de graisse** / squirt gun, grease gun || ~ **installée en ligne** / inline pump || ~ **intermédiaire** (aéro) / booster pump || ~ **intermédiaire** (vide) / booster [pump], medium vacuum pump || ~ **ionique** / ion[ization] pump || ~ **ionique à cathode froide ou à pulvérisation** (vide) / sputter[ing] ion pump, penning pump || ~ **ionique à getter ou à sorbeur** / ion getter pump || ~ **ionique par vaporisation** (vide) / evaporation ion pump, getter ion pump || ~ à **jet** (vide) / fluid entrainment pump || ~ à **jet** (m à vapeur) / jet pump, [steam] injector || ~ à **jet aspirant** / sucking jet pump || ~ à **jet d'eau** (hydr) / water jet pump || ~ à **jet de liquide** / liquid jet pump || ~ à **jet de vapeur** / injector || ~ à **jet de vapeur aspirant** / ejector, jet pump || ~ **jumelle** / twin pump || ~ de **jus brut** / raw juice pump || ~ à **lessive** / lye pump || ~ à **levier** (graissage) / lever type hand gun || ~ à **liquides épais** / thick matter pump || ~ pour **lisier** (agr) / liquid manure pump || ~ à **main** / hand pump || ~ à **main** (auto) / tire pump o. inflator || ~ **mammouth** / mammoth pump || ~ pour **matières fécales** / sewage pump || ~ **mélangeuse** / proportioning pump, blender || ~ à **membrane** / diaphragm pump || ~ à **mercure** / mercurial o. mercury air pump || ~ à **mercure rotative** / Gaede mercury pump || ~ à **mercure à vide poussé** / mercury vapour pump || ~ **millitorr** / millitorr pump || ~ **mixte** voir pompe à double effet || ~ **moléculaire** / molecular [drag] pump || ~ **moléculaire de Gaede** / Gaede molecular pump || ~**-moteur** *f* (hydr) / pump motor || ~ à **moteur à gaine** / canned motor pump || ~ à **moteur submersible** / submersible motordriven pump || ~ à **moût** (bière) / must pump || ~ **multi-cellulaire** / vane pump || ~ **multipale** (vide) / multiple vane rotary vacuum pump || ~ **multiple** (vide) / multistage vacuum pump || ~ **non engorgeable** / unchokable o. non-chokable pump || ~ **nourricière** / feed pump || ~ **noyée** / submerged o. submergible pump, wet-pit pump || ~ pour **opérations chimiques** / process pump || ~ à **palettes** / vane pump || ~ de **pâte** (pap) / pulp pump, stock pump || ~ à **pédale** / foot pump || ~ **Penning** / penning pump, sputter[ing] ion pump || ~ **péristaltique** / squeezed tube pump, stricture pump, peristaltic pump o. impeller || ~ à **physisorption** / adsorption pump || ~ à **pignons** / mixed-flow pump || ~ à **piston** / reciprocating pump, piston pump || ~ à **piston alternatif** / reciprocating [piston] pump || ~ à **pistons axiaux** / axial piston pump || ~ à **pistons à cylindrée réglable** / variable displacement piston pump || ~ à **piston différentiel** / step piston pump || ~ à **piston oscillant [et à tiroir]** (vide) / rotary piston pump || ~ à **piston à pâte** (pap) / piston stock pump o. pulp pump || ~ à **piston plongeur** / plunger pump || ~**s** *f pl* à **pistons plongeurs et rotatives** / reciprocating and rotary pumps *pl* || ~ *f* à **pistons radiaux** / radial piston pump || ~ à **piston tournant** [et à coulisse] (vide) / rotary piston pump || ~ à **piston tournant** (gén) / rotary piston pump || ~ **plongeante** / submerged o. submergible pump, wet-pit pump || ~ à **plusieurs pistons plongeurs** / multiplunger pump || ~ sur **pneus** (auto) / tire pump o. inflator || ~ à **poissons** (nav) / fish pump || ~ **portative** / portable fire engine || ~ **[portative] à moteur** / motor-driven fire engine || ~ à **pousser** / rush type hand gun (for grease) || ~ de **pression** / press pump || ~ de **pression de carburant** / fuel pressure pump || ~ de **pression pour filtres** / charging filter pump || ~ à **pression à vapeur** / steam pump || ~ **primaire combustible** (nav) / fuel oil booster pump || ~ **primaire ou de prévidage** (vide) / backing o. roughing vacuum pump || ~ de **prise d'eau de mer** / seawater-intake pump || ~ à **produits chimiques** / chemical pump, centrifugal volute pump || ~ à **puisard** (bâtiment) / pit o. shaft pump || ~ de **puisard** (mines) / sump pump || ~ pour **puits peu profonds** / shallow well pump || ~ pour les **puits profonds** / deep well pump || ~ à **purin** / liquid manure pump || ~ de **recirculation** / recirculating pump, return pump || ~ **refoulante** / force o. forcing pump, press[ing] pump || ~ **refoulante [à piston plongeur]** / plunger pump || ~ de **refoulement** / recirculating pump || ~ de **refoulement d'huile** (mot) / oil pressure pump || ~ à **réfrigérant** / cooling pump || ~ de **refroidissement** / heat removal pump, cooling pump || ~ pour **refroidissement postérieur** (réacteur) / residual heat removal o. RHR pump || ~ **relais** (hydr) / booster pump || ~ de **renfort ou de secours** (mines) / assistant pump || ~ de **reprise** (auto) / accelerating pump, dashpot pump (US), starter jet pump || ~ à **résonance** / resonant pump || ~ de **retour d'huile** (mot) / oil recirculating pump || ~ **Roots** (vide) / Roots [blower] pump, Roots vacuum booster, Roots rotary positive booster || ~ **rotative** / rotary pump || ~ **rotative à ailettes ou à palettes** (techn) / semirotary o. wing pump || ~ **[à roue-]hélice** (hydr) / impeller pump || ~ à **rouleaux** (agr) / roller pump || ~ à **sable** / sand pump || ~ de **saumure** / brine pump || ~ à **schlamm de minerai** / iron ore slurry pump || ~ de **secours** (mot) / booster pump || ~ de **secours pour direction** (auto) / emergency steering pump || ~ **semi-rotative** (techn) / semirotary o. wing pump || ~ pour **serres** / thick matter pump || ~ **silencieuse** / whispering pump || ~ **siphon** / siphon pump || ~ **sonique** (pétrole) / sonic pump || ~ à **sorbeur** / getter pump || ~ à **sorption** / sorption pump || ~ **spirale** / spiral pump || ~ **Sprengel** (vide) / Sprengel pump || ~ **stripper** (pétrole) / stripper pump || ~ à **sublimation** (vide) / sublimation pump || ~ à **sublimation titane** (vide) / titanium sublimation pump || ~ **submersible** / submerged o. submergible pump, wet-pit pump || ~ **supplémentaire** / accessory o. auxiliary pump || ~ de **suralimentation** (mot) / [super]charge pump || ~ de **suralimentation** (ELF) (aéro) / booster pump || ~ de **surpression** / booster pump || ~ de **surpression à pistons rotatifs** / rotary exhauster o. blower || ~ **suspendue** (mines) / pump for sinking shafts, sinking pump o. set || ~ **télescopique à air** / telescopic air pump || ~ à **tiroirs rotatifs** / vane type rotary pump, rotary vane pump || ~ de **Toepler** (vide) / Toepler pump || ~ **tourbillonnaire** / vortex vacuum pump || ~ à **transfert** (vide) / gas transfer vacuum pump || ~ **transfert combustible** (nav) / fuel oil delivery pump || ~ à **trempe** (bière) / mash o. wort pump || ~ à **trous de mine** / bailer, sand pump, sludger || ~ **tubulaire** (tuyau rigide) / tubular type pump || ~ **tubulaire** (tuyau souple) / hose pump || ~**-turbine** *f* / pump-turbine || ~**-turbine** *f* **réversible** / reversible pump-turbine || ~ **turbomoléculaire** / turbomolecular pump || ~ à **un seul coude de manivelle** / single crank plunger pump || ~ à **vapeur** / direct acting steam pump || ~ à **vapeur d'huile** (vide) / oil [vapour] ejector pump, oil jet air pump || ~ à **vapeur de mercure** / mercury vapour pump

pompe à vide *f* / evacuating o. vacuum pump || ~ à **anneau de gaz** / gaseous ring vacuum pump || ~ à **anneau liquide** / liquid ring vacuum pump || ~ **annulaire** / gas ring vacuum pump || ~ **cinétique** /

kinetic vacuum pump || ~ à **diaphragme ou à membrane** / diaphragme vacuum pump || ~ **éjecteur** / ejector vacuum pump || ~ **intermédiaire** / booster vacuum pump || ~ de **maintien** / holding vacuum pump || ~ à **mercure** / mercury vacuum pump || ~ à **palette** / slide vane rotary vacuum pump || ~ à **piston alternatif** / piston vacuum pump || ~ à **piston oscillant** / rotary plunger vacuum pump || ~ à **piston tournant** / rotary piston vacuum pump || ~ **poussé** / high vacuum pump || ~ **préliminaire** / backing pump, fore-pump || ~ à **vapeur d'eau** (vide) / vapour pump || ~ **volumétrique** / positive displacement vacuum pump

pompe *f* à **vis** / propeller pump || ~ à **vis à grande capacité** / large type screw pump || ~ **volumétrique** / positive displacement pump || ~ **volumétrique**, pompe *f* de dosage / proportioning o. dosing pump, metering pump || ~ **volumétrique de Roots** / Roots [blower] pump, Roots vacuum booster, Roots rotary positive booster

pompé par **éclair** (laser) / flashlamp-pumped

pompier *m* / fireman || **~s** *m pl* / fire company o. department (US), fire brigade (GB)

pompiste *m* / filling station attendant

ponçage *m* (men) / sanding || ~ de **finition** (bois) / finish sanding || ~ par **ponceuse vibrante** / vibratory grinding || ~ à **sec** (bois) / dry grinding

ponce *f* (géol) / pumice [stone] || ~ de **laitier** / foamed slag, pumice slag || ~ de **laitier de haut fourneau** / blast furnace foamed slag o. pumice-stone slag

ponceau *adj* (invariable) / ponceau *adj* || ~ *m* (teint) / ponceau || ~ **3 R** (teint) / ponceau 3 R || ~ (bâtim) / underdrain || ~ (routes) / culvert || ~ (ch. de fer) / culvert || ~ en **cascade ou en gradins** / cascade culvert || ~ avec **dalle** / slab culvert || ~ avec **dalle accouplée** / twin slab culvert || ~ en **gradins** / cascade culvert || ~ **latéral** / side culvert || ~ **tubulaire** (routes) / pipe culvert

poncer / pumice *vt*, rub with pumice stone || ~ (galv) / grind || ~ (bois) / sand *vt* || ~ (tan) / fluff *vt* (leather on the flesh side) || ~ par **bande abrasive** / grind on the abrasive belt || ~ le **bois à travers [la fibre]** / grind across the grain || ~ d'**épaisseur** (bois) / thickness-grind || ~ au **papier de verre** (bois) / sand *vt* || ~ le **plancher** / surface floors *vt*

ponceur *m* (personne) / sanderer

ponceuse *f* (bois) / sanding machine || ~ à **bande** (bois) / belt sanding machine || ~ à **bande portative** / hand band sander || ~ pour **bâtons ronds** (bois) / round stock centerless sanding machine || ~ pour **chants, feuillures, et profils** (bois) / edge and rebate and profile sanding machine || ~ à **courroie** / strap sanding machine || ~ à **cylindres** (bois) / cylinder sanding machine || ~ à **disque** (bois) / disk sanding machine || ~ de **feuillures** (bois) / rebate sanding machine || ~ **orbitale** (m.outils) / orbital sander || ~ au **papier de verre** / sander, sanding machine || ~ à **patin oscillant** (bois) / sanding machine with oscillating action, vibrating grinder || **~-polisseuse** *f* à **bande** (bois) / belt sanding and polishing machine || ~ du **sol** / floor grinder || ~ **vibrante** / vibrating grinder [attachment], pad sander (US) || ~ **vibrante adaptable** (m.outils) / orbital sanding attachment

ponceux / pumiceous

poncif *m* (fonderie) / parting powder

poncis *m* (fonderie) / dust bag

ponctuation *f* (typo) / punctuation

ponctué (dessin) / stippled

ponctuel, régulier / punctual, prompt || ~ (trafic) / on schedule || ~ (contact) / localized || ~ (comme un point) / punctual, punctiform, point...

ponctuer / dot *vt*

pond *m* (pétrole) / pond

pondérabilité *f* / ponderability

pondérable / ponderable

pondéral / gravimetric, by weight

pondération *f* / ponderation || ~ (statistique) / weighting || ~ des **bruits** / noise rating o. weighting || ~ des **tâches** (ordonn) / job factor weighting

pondéré (statistique) / weighted

pondérer (statistique) / weight *vt* || ~ (gén) / weight

pondéreux (phys, méc) / weighty, ponderous

pondéromoteur (phys) / ponderomotive

pongé[e] *m* / China silk, pongee

ponor *m* (géol) / sinkhole, swallowhole, katavothre, ponor

pont *m* / bridge || ~ (électr) / bridge, balance || ~ (nav) / deck || ~ (verre) / bird cage o. swing || ~ (lunettes) / nose saddle o. piece || ~ (montre) / bridge, bar, cock || ~ **A** (nav) / A-deck || **~-à-bascule** *m* / bascule o. balance bridge || ~ **abri** (nav) / awning o. shelter deck || **~-abri** *m* (funi) / guard bridge, protection bridge || ~ **aérien** / air-lift || ~ **ajustable** (ch.de fer) / loading ramp || ~ d'**alimentation** (télécom) / feeding bridge || ~ à **âme pleine à tablier supérieur,** [inférieur] / plate deck bridge, [trough bridge] || ~ d'**ancre** (montre) / pallet cock || **~-aqueduc** *m* / bridge canal, aqueduct carrying a canal, canal bridge || ~ **AR type banjo** (auto) / banjo axle || ~ en **arc ou arqué ou en arches** / arch[ed] bridge || ~ en **arc en treillis** / arch truss bridge || ~ à **armatures et contrefiches** / strut and truss-framed bridge || ~ **arrière** (nav) / quarterdeck, quarter-deck || ~ **arrière**, pont *m* AR (auto) / rear axle stay o. casing || ~ d'**arrosage** (raffinerie) / shower deck || ~ d'**attelage** (pétrole) / racking platform, monkey board || ~ d'**atterrissage** (aéro) / flight deck (US), landing deck || ~ **au-dessus des terrains d'inondations** / inundation o. flood bridge || ~ en forme d'**auge** / open o. trough bridge || ~ **auxiliaire** / provisional o. temporary bridge || ~ **avant** (nav) / foredeck || ~ d'**azote** / nitrogen bridge || ~ **Bailey** / Bailey bridging equipment o. bridge || ~ de **balancier** (montre) / balance bridge || ~ **banjo** (auto) / banjo axle || ~ de la **barge de forage** / jacket of drilling barge || ~ de **barrillet** (montre) / barrel bridge || ~ **basculant** / flap bridge || ~ **basculant et roulant** / rolling lift bridge || **~-bascule** *m* / platform balance o. scales *pl*, weighbridge, patent weighing machine, patent scale beam || **~-bascule** *m* en **sol** / flush-mounted platform balance || **~-bascule** *m* à **véhicules routiers** / road vehicle weighing equipment o. machine || **~-bascule** *m* à **wagons** / waggon weigh-bridge || ~ à **béquilles** (routes) / rigid frame bridge || ~ en **béton** / concrete bridge || ~ **biais** / askew bridge || ~ **bow-string** / tension bridge, bridge hanging on bent beams, bridge on the bow-string principle || ~ à **câbles inclinés ou diagonaux** / guyed o. cable-stayed bridge, bridle chord bridge || ~ à **câbles inclinés en béton précontraint** / prestressed-concrete inclined cable bridge || ~ en forme de **caisson** / box girder bridge || **~-canal** *m* (routes) / tubular bridge || ~ **cantilever** / cantilever bridge || ~ **cantilever type Gerber** / Gerber type cantilever bridge || ~ de **capacités** / capacitance bridge, capacitance checker || ~ de **chargement** / loading o. handling platform o. stage || ~ de **chargement de minerais** / ore loading bridge || ~ **chargeur** (sidér) / charging crane || **~-chargeur** *m* d'**auges** (sidér) / charging box handling crane || ~ **chargeur d'augets à ferrailles**

(sidér) / scrap charging box handling crane || ~ à **chariots culbuteurs** / travelling bridge with tipping stage || ~ de **chemin de fer** / railway bridge || ~ **cheminant de traversée** / suspension o. aerial ferry, transporter bridge || ~ à **chevalets** / trestle bridge, trestlework (US) || ~ de **cloisonnement** (nav) / bulkhead deck || ~ à **coffre** (nav) / well deck || ~ de **communication** / connecting bridge || ~ de **comparaison** (opt) / comparison bridge || ~ pour **conduites** / pipeline bridge || ~ de **coulée** (fonderie) / casting crane || ~ en **courbe** / curved bridge || ~ **couvert** / roofed bridge || ~ de **culbutage** (mines) / tilting o. tipping stage o. platform || ~ à **curseur** (électr) / slide bridge || ~ à **dalle orthogonale anisotrope**, pont *m* à dalle orthotrope / orthotropic plate bridge || ~ de **débarquement ou de débarcadère** / landing stage || ~ à **décades** (électr) / decade bridge || ~ de **décharge** (mines) / tilting o. tipping stage o. platform || ~ de **déchargement** / discharging stage || ~ **déchargeur pour conteneurs** / portainer || ~ **démouleur** (sidér) / stripper o. stripping crane || ~ **démouleur de lingots** / ingot drawing crane || ~ **dépliable** (guerre) / folding bridge || ~ à **deux voies ou à double voie** / double track bridge || ~ de **déversement** (mines) / tilting o. tipping stage o. platform || ~ de **distorsion ou à mesurer la distorsion** (électron) / distortion bridge || ~ **double** (pont) / twin bridge || ~ **double [de Kelvin]** (électr) / Kelvin [double] bridge || ~ **double [de Thomson]** (électr) / Thomson o. double bridge || ~ d'**échafaudage** (bâtim) / rising scaffold bridge o. stage bridge || ~ d'**échappement** (sidér) / flue bridge, firebrick arch, fire stop || ~ à **éléments démontables** / bridging equipment, dismountable o. sectional bridge || ~ **élévateur pour autos** / elevator platform, autohoist, car lift || ~ des **embarcations** / boat deck || ~ **enfourneur de lingots** / ingot charging crane || ~ d'**ensoleillement** / sun deck || ~ d'**envol** (nav) / flight deck (US), landing deck || ~ d'**équipage** / bridging equipment, dismountable o. sectional bridge || ~ en **éventail** (constr.en acier) / radiating bridge || ~ **exposé** (nav) / weather deck || ~ à **fil** (électr) / slide wire bridge || ~ **flottant** / movable o. boat o. floating o. pontoon bridge || ~ de **fortune** / temporary bridge, flying o. provisional bridge || ~ de **four pit** / pit furnace crane || ~ de **franc-bord** (nav) / freeboard deck || ~ de **gaillard** (nav) / raised deck || ~ **garage** (car-ferry) / car deck || ~ **gerbeur** / stacking platform || ~ **gerbeur de conteneurs** / portainer || **~-grue** *m* (pl.: ponts-grues) / bridge crane [on elevated deck], gantry crane || ~ de **grue** / crane bridge || ~ [de **grue] de déchargement** / unloading bridge o. crane || ~ de **gueulard** (sidér) / skip bridge || ~ **hangar** (nav) / hangar deck || ~ **haubané ou à haubans** / guyed o. cable-stayed bridge, bridle chord bridge || ~ **hydrogène** (chimie) / hydrogen bridge || ~ d'**impédance** / impedance measuring bridge || ~ d'**inductances** / inductance measuring bridge || ~ **intégral** (électr) / full bridge || ~ à **jambettes** / strut frame bridge || ~ **Kelvin** / Kelvin [double] bridge || ~ **levant** / vertical lift bridge, lift o. lifting bridge || **~-levis** *m* **basculant à contre-poids** (routes) / bascule o. balance bridge || ~ de **liaison** (ch.de fer) / loading ramp || ~ de **limites** (électr) / limit bridge || ~ sur **longerons avec contre-fiches** / strut frame bridge || ~ de **manutention** voir pont transbordeur || ~ de **mesure à fiches** / plug type measuring bridge || ~ de **mesure à fil** (électr) / slide wire bridge, Wheatstone o. meter bridge || ~ de **mesure à induction** / induction bridge || ~ de **mesure à manettes** (électr) / measuring bridge with lever switches || ~ de **mesure RLC** (électron) / R-L-C-measuring bridge || ~ **métallique** / steel bridge || ~ de **Miller** (électr) / Miller bridge || ~ **monté sur échafaudage** / trestle bridge, trestlework (US) || ~ à **multivibrateur** (mesure de températ.) / multivibrator bridge || ~ **nano** (semicond) / nano bridge || ~ à **noix pendantes et déchargées** / truss frame bridge || ~ **oblique** / askew bridge || ~ **ouvert [à tablier inférieur]** / open o. trough bridge || ~ des **passagers** (aéro) / jetway || ~ à **péage** / toll bridge || ~ de **pesage ou à peser** / weigh[ing] bridge || ~ de **pierre** / stone bridge || ~ à **piliers ou à piles** / bridge resting on piers || ~ sur **pilotis** / pile bridge || ~ à **pinces** (sidér) / ingot tong crane, dog crane || ~ **pivotant** / turn[ing] o. swing bridge, swivel bridge || ~ **planétaire** (différentiel) / planetary hub reduction axle || ~ **plat** / plate bridge || ~ **polaire** (accu) / cell connector || ~ de **pontons** / movable o. boat o. floating o. pontoon bridge || ~ **portique** / gantry crane || **~-portique** *m* à **courroie à fonctionnement continu** / overhead belt transporter || ~ à **poutres** / girder bridge || ~ à **poutres à âme pleine** / plate girder bridge || ~ à **poutres consoles** / console girder bridge || ~ à **poutres continues** / bridge with continuous beams o. chords o. stringers || ~ à **poutres droites** / continuous girder bridge || ~ à **poutres droites avec des poutres à âme pleine** / continuous plate girder bridge || ~ en **poutres à longerons** / plate girder bridge || ~ à **poutres sous chaussée** / platform girder bridge || ~ à **poutres tubulaires** / pipe bridge || ~ **[principal]** (nav) / main deck || **~-promenade** *m* (nav) / promenade deck || ~ **protecteur** (funi) / guard bridge, protection bridge || ~ **provisoire** / flying o. provisional bridge, temporary bridge || ~ **racleur de boues** (égout) / rotating scraper bridge || ~ de **radeaux** / raft bridge || **~-rail** *m* / railway bridge || ~ de **rampant** (sidér) / flue bridge, firebrick arch, fire stop || ~ de **recouvrement** (tourn) / gap bridge o. piece, supplementary bridge || ~ de **relèvement** (nav) / observation deck || ~ de **résistance** (électr) / Wheatstone o. meter bridge || ~ à ou de **résistances** / resistance bridge || ~ à **résonance** (électr) / resonance bridge || ~ de **rochet** (montre) / ratchet bridge || ~ de **rouage** (montre) / train bar || ~ de **rouage de minuterie** (montre) / center wheel bar

pont roulant *m* (routes) / rolling o. traversing bridge || ~ (ch.de fer) / traverser, travelling o. sliding platform, transfer car || ~ (atelier) / travelling crane || ~ **à bec pivotant** voir pont roulant à chariot pivotant suspendu || ~ à **benne preneuse** / travelling crane with grab || ~ **casse-gueuses** / pig-breaking travelling crane || ~ de **chargement ou de stockage** / travelling o. loading bridge, bridge crane || ~ **chargeur** (sidér) / charging crane || ~ **chargeur de four** / ingot charging crane || ~ à **chariot pivotant suspendu** / travelling bridge with underslung slewing trolley || ~ **commandé à la main** / hand travelling crane || ~ **de coulée** / foundry travelling crane || ~ de **fonderie** / foundry travelling crane || ~ à **grappin** / travelling crane with grab || ~ de **poche** (sidér) / ladle crane || ~ **strippeur** / stripper travelling crane || ~ **suspendu** / overhead [travelling] crane, ceiling travelling crane, ceiling crane o. crab || ~ à **tenailles** (sidér) / ingot tong crane, dogging crane || ~ sur **voie circulaire** / polar bridge crane || ~ pour **wagons** / waggon (GB) o. freight car (US) traverser, wagon traverse o. transfer table

pont *m* **[roulant de four] pit** / pit furnace crane || ~**-route** *m* / road bridge || ~**-sautoir** *m* (horloge) / check spring, setting lever spring (US) || ~ de **Schering** (électr) / Schering bridge || ~ en **sens oblique** / askew bridge || ~ **strippeur** / ingot stripping crane || ~ **supérieur** (nav) / upper deck || ~ **suspendu** / hanging o. suspension bridge || ~ **suspendu à des armatures** / truss frame bridge || ~ **suspendu à câbles** / cable [suspension] bridge || ~ **suspendu sur chaînes** / chain bridge || ~ **suspendu à cintres** / bridge on the bow-string principle, tension bridge || ~ **suspendu renforcé ou rigide** / stiffened suspension bridge || ~ **suspendu en treillis** / trelliswork suspension bridge || ~ à **suspentes obliques** / guyed o. cable-stayed bridge, bridle chord bridge || ~ **symétrique** (électr) / balanced bridge connection || ~ à **tablier supérieur** (pont) / deck bridge || ~ **temporaire** / temporary bridge || ~ de **tension** (tiss) / tension bracket || ~**-tente** *m* (nav) / shade deck || ~ à **thermistors** / thermistor bridge || ~ **tire-lingots** / ingot drawing crane || ~ de **tonnage** (nav) / tonnage deck || ~ **tournant** (atelier) / swinging platform || ~ **tournant** (routes) / turn[ing] o. swing bridge, swivel bridge || ~ **tournant** (ch.de fer, auto) / turntable, turning platform || ~ **tournant sur couronne de galets** / rim-bearing bridge || ~ **tournant sur pivot** / center-bearing bridge || ~ **tournant à volées égales ou à bras égaux** / symmetric[al] swing bridge || ~ de **transbordement** (ch.de fer) / loading bridge o. gangway, transfer bridge || ~ **transbordeur** / suspension o. aerial ferry, transporter bridge || ~ **transbordeur ou de manutention** / charging [and discharging] gantry crane, loading bridge || ~ **transporteur** / conveying bridge, bridge conveyor || ~ à ou en **treillis** / lattice bridge, trelliswork bridge || ~ en **treillis sans contreventement supérieur** / open truss bridge || ~ entre **trous** (découp) / web between holes, remaining metal || ~ formé par **tube prismatique**, pont *m* tubulaire ou en tube / tubular bridge || ~ pour **tuyauterie** / pipe[line] bridge || ~ **urée** (chimie) / urea bridge || ~ **vélocipède** / jib crane || ~ **volant** / suspension o. aerial ferry, transporter bridge || ~ **volant** (charp) / suspended o. flying o. hanging scaffold o. stage, cradle o. boat scaffold || ~ **voûté** / arched bridge || ~ de **Wheatstone** (électr) / Wheatstone o. meter bridge || ~ de **Wien** (électr) / Wien bridge

pontage *m* (verre textile) / coupling || ~ (plast) / curing || ~ (brasage) / solder bridge

ponte *f* (insectes) / clutch of eggs || ~ des **œufs** / oviposition, egg laying

pontée *f* (nav) / deck cargo o. load

ponter (nav) / provide a deck || ~ (électr) / short-out

pontet *m* (fusil) / trigger guard o. handle o. bow || ~ de **connexion** (accu) / terminal o. connector bar, terminal yoke, cell connector, connecting strap

pontier *m* / crane man o. operator

pontil *m* (verre) / spinning rod, punty, pontil, sticking-up iron (US)

ponton *m* (nav) / hulk || ~ (bateau plat) / pontoon, bridging boat, pont (US) || ~ d'**accostage** / landing pontoon for tidal waters || ~**-allège** *m* (nav) / lighter, praam (Baltic and North Sea) || ~**-cureur** *m* / dredging boat, drag o. mud boat || ~ de **débarquement** / landing pontoon || ~ **dérocheur** (nav) / snag boat || ~**-grue** *m* / floating crane (non self-propelling) || ~ à **recreuser** voir ponton-cureur

pontuseau *m* (pap) / water line, chain o. water mark || ~ **inférieur** (pap) / table roll, tube roll

pool *m* / pool || ~ **dactylographique** / dictating exchange, central typing pool || ~ de **palettes** (trafic) / pallet pool

popeline *f* (tex) / poplin, popeline

population *f* / population || ~**s** *f pl* (statistique) / populations *pl* || ~ *f* **équivalente** (eaux usées) / population equivalence || ~ **finie** / finite population || ~ **maximale** (nucl) / maximum population || ~**-mère** *f* (statistique) / universe || ~ de **mesures** / statistic *n* || ~ **statistique** / statistical universe o. population

poquet *m* / seed hole

poquette *f* (fonderie) / sink

porcelaine *f* / porcelain, china || ~ **coudée** (électr) / angular porcelain bush || ~ **cuite en dégourdi** / statuary biscuit || ~ **dure** / hard porcelain || ~ **électrotechnique** / electrotechnical porcelain || ~ **frittée** / soft [paste] porcelain, vitreous o. frit porcelain, tender china ware o. porcelain || ~ **jaspée** / jasper[ated china] || ~ de **ménage** / chinaware || ~ **sanitaire** / sanitary china || ~ **tendre** / tender china ware o. porcelain || ~ **tendre anglaise** / bone china || ~ **tendre française** / vitreous porcelain || ~ d'**usage** / chinaware || ~ **véritable ou vraie** / hard porcelain || ~ **vitreuse** / soft [paste] porcelain, vitreous o. frit porcelain, tender china ware o. porcelain

porcelainier *m* / porcelain worker o. maker

porcellane *f* / porcelain, china

pore *m* / pore || **à ~s disposés en cercles concentriques** (bois) / ring-porous || **aux ~s minces** / fine pored || ~ du **bois** / cellular tube of wood || ~**s** *m pl* **communicants** (mét.poudre) / communicating pores || ~ *m* **mince** / ultrapore

poreux / porous, spongy, porose, poriferous || ~ (sidér) / blistered, cavernous, porous || ~, à structure vacuolaire (plast) / foamy

porion *m* (mines) / foreman of miners, sub- o. under-foreman (GB), shift- o. district boss (US) || ~ d'**aérage** (mines) / examiner || ~ du **fond** / mine foreman || ~ **mécanicien** / maintenance foreman o. captain || ~ de **roulage** (mines) / master-haulier, pusher-on || ~ en **second** (mines) / assistant deputy || ~ de **tir** / fireman

porline *f* (four à pots, verre) / stopper

porogène *m* / expanding o. foaming agent, gas-developing agent, pore-forming agent

poromère (plast) / poromeric

porophore *m* / expanding o. foaming agent, gas-developing agent

porosimètre *m* (pap) / porosity meter o. tester, porosimeter, Potts tester

porosité *f* / porosity, porousness || **sans ~s** / non-porous || **sans ~s ni retassures** / free from pores and sink-holes || ~ de **diffusion** (frittage) / diffusion porosity || ~**s** *f pl* **entre cristaux** / weak o.discontinuous structure || ~ *f* **fermée ou sous-cutanée** (sidér) / sealed o. closed o. sub-surface porosity || ~ aux **gaz** / gas permeability || ~ des **minerais abattus** (mines) / bulk porosity || ~ **résiduelle** / residual porosity || ~ **superficielle ou ouverte** (sidér) / apparent porosity, skin o. pin holes *pl*, pitted surface, pepperbox || ~ **utile** (adoucissement de l'eau) / specific yield of pore space

porpézite *f* (min) / porpezite, palladium gold

porphine *f* (chimie) / porphin

porphyre *m* (géol) / porphyry || ~ **noir** (géol) / augite o. black porphyry, melaphyre || ~ **quartzeux** / quartz-porphyry

porphyré / [ground and] powdered, comminuted, triturated

porphyrine *f* (chimie) / porphyrin
porphyriser / comminute, triturate
porphyr[it]ique / porphyritic, porphyraceous
porphyroblaste *m* à **disthène** (géol) / cyanite porphyroblast
porphyroïde *m* (géol) / porphyroid
porque *m f* (nav) / web frame
port *m* / carrying objects, wearing clothes
port *m* / harbour (basin), port (town) || ~, prix *m* du transport / carriage, carriage charges *pl*, freightage (US) || ~, tonnage *m* / tonnage || ~, orifice *m* de cylindre (mot) / port, cylinder orifice || ~ d'**armement ou d'attache** (nav) / port of registry || ~ **artificiel** / artificial harbour || ~ de **charbonnage** / coaling harbour || ~ de **demi-marée** / half-tide basin || ~ en **eaux profondes** / deepwater port || ~ d'**éclatement** / off-shore terminal || ~**-écluse** *m* / wet dock, tidal harbour || ~ d'**embarquement** / port of shipment || ~ **extérieur** / road[s pl.], roadstead || ~ *f* d'**extrémité** (conteneur) / end door || ~ *m* **fluvial** / river harbour || ~ de **fortune** / port of refuge o. of distress || ~ **franc** / free port || ~ d'**hivernage** / harbour of refuge || ~ **industriel ou de l'industrie** / industrial harbour || ~ **intérieur** / basin, inner harbour || ~ en **lourd** (nav) / tonnage, lading capacity, burden || ~ en **lourd** (pétrolier) / tankage || ~ aux **marchandises en vrac** / bulk goods harbour || ~ de **marée** / tidal harbour || ~ **maritime** / seaport, port || ~ **méthanier** / LNG-harbour || ~ **naturel** / natural harbour || ~ de **navigation intérieure** / river harbour || ~ de **pêche fraîche** / fishing port || ~ **pétrolier** / tanker harbour o. port || ~ **pétrolier en mer** / offshore port || ~ de **quarantaine** / quarantine harbour o. port o. anchorage || ~ de **refuge** / port of refuge o. of distress || ~ de **transbordement** / port of transshipping || ~ de **transit** / port of transit
portable / portable
portail *m* / main gate, front gate, gateway || ~ d'**approche** (aéro) / gate (a certain position on the extension of the axes of the runway) || ~ de **hangar** / shed door || ~ de **tunnel** / portal of a tunnel, tunnel mouth
portance *f* (aéro) / lift, ascending force || **à ~ rapide** (étançon) (mines) / early-bearing (prop) || **à ~ par réaction** / jetborne, in jet-lift condition || ~ **aérodynamique** (aéro) / aerodynamic lift || ~ **négative** / depression, descending force, negative lift || ~ **nulle** (aéro) / no-lift, zero-lift || ~ **positive** / positive lift || ~ du **sol** / soil bearing capacity
portant / carrying jointly || ~ sur **maçonnerie** / resting on brickwork || ~ de **soi-même** / self-supporting || ~ **sur voûte** / resting on arches
portatif / movable, moveable, portable || ~, tenu à la main / handheld
porte *f* (bâtim) / door || ~, portière *f* (auto) / car door || ~ (semicond) / gate || ~, ensemble-porte *m* / doorset || **à deux ~s** (auto) / two-door..., tudor... (US) || ~ d'**accès** / entrance door o. gate, entry door || ~ **accordéon** / concertina door, bellow framed door (US) || ~ d'**accostage** (espace) / docking port || ~ d'**aérage** (mines) / air o. trap o. gauge door, regulator || ~ d'**aérage de sécurité** (mines) / dam door || ~ d'**alimentation** (chauffage) / charging o. working door || ~ d'**amont** (écluse) / head gate, upper flood gate, water gate || ~ d'**amont** (écluse de port) / flood-tide gate || ~**-à-porte** (ch.de fer) / door-to-door... || ~ d'**appartement** / hall door, front door [of apartment] || ~ **articulée** / revolving folding door || ~ d'**ascenseur** / landing entrance || ~ d'**assemblage** / framed and braced door, panel door || ~ **assemblée à rainures et languettes emboîtées** / clamped door || ~ d'**aval** (écluse) / aft gate, tail gate || ~ d'**aval** (écluse de port) / ebb-tide gate || ~ [d']**avant** / front door || ~ du **balcon** / French window o. door o. casements *pl* || ~ **basculante** / tip-up door || ~ **battante** / vestibule o. swing door || ~ de **bief** (hydr) / gate of the upper reach of a waterway || ~ de **blindage** (nucl) / shielding gate || ~ **blindée** / armoured door || ~ sur **bordé** (nav) / side port o. gate o. door || ~ en **bout** (ch.de fer) / end door || ~ **busquée** (écluse) / check o. mitre gate || ~ à **cadre [et panneaux]** / framed and braced door || ~ **capitonnée** / padded door || ~ de **cave** / cellar door || ~ de **cendrier** / ash pit damper o. door || ~ de **chambre** / room door || ~ de **charge** (sidér) / charging o. working door || ~ de **chargement** (four) / service door || ~ de **chargement basculante** (four de recuit) / lift door || ~ de **chauffe** / stoke hole || ~ de **chauffe du foyer** / fire o. feed door o. hole || ~ **chemin-de-fer** (garage) / slide gate || ~ de **circuit logique** (ord) / gate [circuit] || ~ du **circulateur** (télécom) / port of a circulator || ~ à **claire-voie** / spar gate (of wood o. metal) || ~ à **claire-voie** (bois) / batten[ed] door || ~ de **cloison** / bulkhead door || ~ **cochère** / carriage entrance || ~ **cochère d'une porte** / porte-cochère, porte cochere || ~ de **communication** / communicating door || ~ des **compartiments étanches** / bulkhead door || ~ en **concertina** / concertina door, bellow framed door (US) || ~ en **contreplaqué** / plywood door || ~ à **côté** / side o. back door || ~ **coulissante ou à coulisses** / sliding gate || ~ **coulissante et louvoyante** (ch.de fer) / swinging-sliding door || ~ à **coulisse** (écluse) / sliding caisson o. gate, sash gate || ~ **coupée** / half-door || ~ **coupe-feu** / fire door o. stop, draft stop || ~ à **crémaillère** (sidér) / rack door || ~ **cuirassée** / armoured door || ~ de **dégagement**, porte *f* dérobée / side- o. by-door || ~ de **derrière** / backdoor || ~ à **deux battants ou vantaux** / double wing door || ~ à **deux panneaux** / two-panelled door || ~ de **devant** / front door || ~ de **disjonction** (ord) / exclusive OR gate o. element || ~ **doublée** / fancy door || ~ d'**écluse** / flood gate, lock gate || ~ d'**écluse en aval ou d'aval ou de mouille** (hydr) / tailgate, aft gate, lower flood gate || ~ d'**écluse tournante ou à compensation** (hydr) / balance gate || ~ **éclusière à coulisse** (hydr) / sliding sluice || ~ d'**embarcation** (aèroport) / passenger ramp, pier, gate || ~ **emboîtée et collée** / glued and clamped door || ~ **encadrée** / framed and braced door, panel door || ~ d'**enceinte frigorifique** / cold storage door || ~ à **enfournage** (sidér) / charging door || ~ d'**entrée** / entrance door o. gate, entry door || ~ d'**entrée de la maison** / street door, front o. entry door [of house] || ~ **envoûtée** / archway || ~ **équilibrée** (hydr) / crossbeam gate || ~ d'**équivalence** (ord) / IF-AND-ONLY-IF gate o. element || ~ **ET** (ord) / AND gate o. element || ~ **étanche** / bulkhead door || ~ d'**étrave** (nav) / bow flap o. door, end prow || ~ pour l'**évacuation des poussières** (filage) / dust ejection door || ~ d'**exclusion** (ord) / NOT-IF-THEN gate o. element || ~ **extérieure** / outside o. outer door, external door || ~ d'**extrémité** (conteneur) / end door || ~ de **face** / front door || ~ **feinte** / dead door || ~ de **four** / furnace door, wicket || ~ du **foyer** (ch.de fer) / firebox door || ~ **glissante ou à glissières** / sliding door || ~ **glissante ou à glissière** (écluse) / sliding caisson o. gate, sash gate || ~ **glissante et [re]pliante** / sliding and folding door || ~ **grillagée** / spar gate (metal o.

wood) || ~ à **guichet** (mines) / regulator o. gauge door || ~ d'**identité** (ord) / identity gate o. element || ~ d'**inclusion** (ord) / IF-THEN gate o. element || ~ **incombustible** / fire-proof door || ~ **intérieure** / internal door || ~ **isoplane** / flush-faced door, hospital door || ~ **jumelée** / fancy door || ~ **latérale** / side- o. by-door || ~ à **lattes** / batten[ed] door || ~ à **lever** / lift gate || ~ **louvoyante-coulissante** (ch.de fer) / articulated o. folding sliding door || ~ **majoritaire** (ord) / majority element o. gate || ~ de **mouille** (hydr) / tailgate || ~ de **nettoyage** (four) / cleaning door, soot door || ~ de **nettoyage de la cheminée** / cleaning door || ~ **NON** (ord) / NOT gate o. element || ~ **NON-ET** (ord) / NOT-AND o. NAND gate o. element || ~ **NON-OU** (ord) / NOR o. NOT-OR gate o. element || ~ **[numérotée du hall] d'embarcation** (aéro) / passenger ramp, pier, gate || ~ **ouvrant directement sur les pistes** (aéro) / gateway || ~ d'**ouvreau** (four à bassin, verre) / tweel block, shear cake || ~ **palière** (ascenseur) / landing entrance || ~ **palière** (bâtim) / hall door, front door [of apartement] || ~ à **panneau[x]** / framed and braced door, panel door || ~ de **paravent** / vestibule o. swing door || ~ à **persienne** / shutter door || ~ **pivotante** / revolving door || ~ **pivotante et pliante** (ch.de fer) / folding hinged door || ~ en **planches** / plank door || ~ **plane** / flush-faced door, hospital door || ~ **pliante** (bâtim) / multiple leaf door || ~ **principale d'aérage** (mines) / main air gate || ~ d'un **puits d'aérage** (mines) / door of an airshaft || ~ à **quatre panneaux** / four panelled door || ~ de **ramonage** (four) / soot door || ~ **régulatrice d'air** (mines) / air regulator || ~ **relevable** (garage) / lifting gate || ~ à **relevage** (hydr) / vertical lift gate || ~ **repliable** (ch.de fer) / articulated door || ~ **repliable à deux battants** (auto) / double folding door || ~ **repliable à trois vantaux** (ch.de fer) / three-wing folding door || ~ **réservée à la descente** (ch.de fer) / exit door of vehicles || ~ à **rideau** / roller shutter door || ~ **segment** (hydr) / radial lock gate || ~ de **serrement** (mines) / door of a dam || ~ à **tambour** / revolving door || ~ de **tête** (écluse) / head gate, upper flood gate, water gate || ~ de **tête** (écluse de port) / flood-tide gate || ~ **tournante** / revolving door || ~ **tournante d'écluse** / swing gate of a lock || ~ à **trappe** / drop gate of a lock || ~ de **travail** (sidér) / working hole || ~ en **treillis de fil de fer** / wire grating (or grille (US)) door || ~ à **trois panneaux** / three-panelled door || ~ **va-et-vient** / swing[ing] door || ~ à **vantaux pliants et tournants** (ch.de fer) / folding hinged door || ~ de **visite** / inspection door || ~ **vitrée** / glazed door || ~ en **voliges** / batten[ed] door

porté (p.e. niveleuse) (techn) / mounted [on] || ~ au **rouge** / red hot || ~ au **rouge clair ou rouge vif** / bright red hot

porte-à-faux *m* / prominence, protuberance, jutting out || ~ (bâtim) / projection, projecture, jut, bearing-out, overhang || ~ (piston) / canting

porte, en ~ à faux (méc) / cantilever || **en ~ à faux**, en saillie / projecting, salient, protruding, overhanging

porte-à-faux *m* **arrière, [avant]** (auto) / rear [front] overhang || ~ de **grue** / crane jib

porte-amarre *m* (nav) / line throwing apparatus || **~-ampoule** *m* (rayons X) / X-ray tube stand || **~-anneau** *m* (orifice) / holding ring of orifice || **~-auge** *m* / hodman, mason's labourer || **~-autos** *m* (ch.de fer) / car carrier || **~-avions** *m* / aircraft o. airplane carrier [ship], carrier ship || **~-bagage** *m* **arrière** (auto) / luggage grid || **~-bagages** *m* (bicyclette) / carrier || **~-bague** *m* (embrayage) / slipring holder || **~-baguette** *m* (soudage) / welding tongs *pl*, rod holder || **~-balai** *m* (électr) / brush holder || **~-balai** *m* (petit moteur) / brush rocker o. yoke (of small motors) || **~-balai** *m* à **serrage** (électr) / clamping brush-holder || **~-balai** *m* **tubulaire** (électr) / tubular brush-holder || **~-barres** *m* (atelier) / bar stock stand || **~-bicyclettes** *m* / bicycle stand || **~-bobine** *m* (m à coudre) / reel stand || **~-bobine** *m*, châssis *m* porte-bobine (tiss) / bobbin bay o. frame || **~-bobines** *m* (filage) / bobbin creel || **~-bobines** *m* (cablâge) / pay-off stand, cradle || **~-burette** *m* / burette stand || **~-câble** *m* / cable clip o. cramp o. clincher || **~-caractères** *m* (ord) / print member, type carrier || **~-caractères** *m* **rotatif** / print o. type wheel || **~-catalyseur** *m* / catalyst carrier || **~-chambre** *m* (opt) / cell holder || **~-charbon** *m* (électr) / carbon holder || **~-charge** *m* / load carrier || **~-clés** *m* / key ring || **~-conducteur** *m* / line carrier || **~-conteneurs** *m* (nav) / container vessel || **~-conteneurs** *m* **intégral** / all-container ship || **~-contre-bouterolle** *m* / holding-up lever, dolly bar, lever dolly || **~-couteaux** *m* (sucre) / knife block [for beet knives]

portée *f* / range, reach || ~ (pont) / span || ~ (roue dentée) / tooth bearing || ~, rayon *m* / swept area || ~ (arp) / target distance || ~ (canon) / range of a gun || ~, importance *f* / account || ~, étendue *f* / extent, range || ~, distance *f* entre appuis / bearing distance, span || ~, surface *f* d'appui / bearing area o. surface, supporting surface || ~ (ligne aérienne) / span between towers || ~ (tiss) / porter || ~ (musique) / staff, music lines *pl* || **à ~ de la main** / within [easy] reach || **à ~ libre** / having a false bearing || **au dehors de la ~ de vue**, hors portée optique / out-of-sight || ~ **anglaise** (fonderie) / tail print || ~ d'**appel** / reach of call, of signalling || ~ d'**application** / range o. field of application, scope || ~ de l'**arbre** / actual running surface || ~ d'**arbre à excentrique** / bearing of the eccentric shaft || ~ d'**attaque d'une pelle** / digging radius of a shovel || ~ de **calage de l'arbre** / axle seat || ~ de **calage du moyeu** / wheel fit || ~ de **centrage** / centering seat || ~ du **coussinet** / bearing surface || ~ du **cylindre** (lam) / roll neck || ~ **débordante** (fonderie) / projecting core print || ~ de **déchargement ou de déversement** / dumping radius || ~ **diurne** (radio) / day range || ~ de l'**échelle** (pomp) / ladder range || ~ d'**éclisse** (ch.de fer) / fishing surface of a rail || ~ **effective** (méc) / effective span || ~ d'**émetteur** (électron) / radius of the service area || ~ d'**émission** (radio) / transmitting range || ~ d'**enroulement** (électr) / coil span || ~ **extrapolée** (nucl) / extrapolated o. visual range || ~ d'une **fusée** / range of a rocket || ~ des **garnitures de frein** (auto) / effective brake area || ~ d'une **grue** / length of jib || ~ **intérieure** / inner span || ~ **libre** (bâtim) / clear span, width || ~ **limite** / limiting span length || ~ **lourde** (nav) / dead weight capacity || ~ de **lunette** / telescope head, head of telescope || ~ **maximale** / maximum range || ~ **maximale de radar** / radar range || ~ de **mine** (mines) / blasting range || ~ de **modèle** (fonderie) / core print || ~ **nominale** (bâtim) / nominal width || ~ de **noyau** (fonderie) / core print o. mark || ~ de **nuit** (radio) / night range || ~ **optique** / optical range || ~ de **palier** (vilebrequin) / crankshaft bearing || ~ d'un **projectile** / throw, cast, hurl, range of a projectile || ~ de **riveuse** / gap depth o. throat depth of the riveting machine || ~ du **son** / hearing, range of audibility, earshot || ~ du **talon** (pneu) / bead seat || ~ **téléphonique** (télécom) / speaking o. talking range, reach of talk || ~ de **tir** (mines) / blasting range || ~ **[tirée à l']anglaise** (fonderie) /

clearance taper, pocket print || ~ de **tourillon** / neck o. throat of shaft || ~ de la **travée** (bâtim) / span of a beam || ~ d'une **travée** (pont) / span of a panel || ~ **utile** (radar) / overall-system performance || ~ **verticale** / vertical range of a projectile, altitude range || ~ de **visée**, portée *f* visuelle ou de la vue / visual distance o. range, range o. reach of vision o. of sight, visibility, field of vision, optical range, sight[ing] distance || ~ de **visée radioélectrique** / radio line of sight || ~ de la **voix** / reach of call o. of signalling

porte-échappement *m* (horloge) / platform escapement || ~**-écran** *m* (TV) / frame of the coloured screen || ~**-électrode** *m* (soudage) / welding tongs *pl*, rod holder || ~**-embouts interchangeables** *m* / hand adapter for hexagon insert bits || ~**-ensouple** *m* (tiss) / beaming slide || ~**-équipements** *m* (chariot gerbeur) / fork carrier || ~**-équipement ISO** *m* / ISO fork carrier || ~**-étiquette** *m* (pap) / tag label || ~**-étiquettes** *m* (ch.de fer) / label rack o. holder, card rack (US) || ~**-fenêtre** *f* / French window

portefeuille, se mettre en ~ (remorque) / jackknife *vi*

porte-fil *m* (télécom) / wire carrier || ~**-filière** *m* (tréfilage) / die-plate, die proper, draw-plate || ~**-filière** *m* (filetage) / die holder o. stock || ~**-filière** *m* (extrusion) / die base o. body || ~**-filières** *m* pour **tuyaux** / pipe stock and die || ~**-film** *m* **pneumatique** (repro) / vacuum holder || ~**-fils** *m* (tiss) / back rest, back rail o. bearer, yarn rest || ~**-fils** *m* **oscillant ou mobile** (tiss) / rocking o. swinging beam o. tree, whip roll (GB) || ~**-filtres** *m* / filter cartridge || ~**-foret** *m* / drill chuck || ~**-fraise** *m* / cutter o. milling spindle || ~**-fusible** *m* (électr) / fuse carrier o. holder || ~**-galet** *m* (ch. de fer) / trolley head o. fork o. harp (US) || ~**-ganse** *m* (m.à coudre) / cord carrier || ~**-guide-fils** *m* (tiss) / thread guide carrier || ~**-hélicoptères** *m* (nav) / helicopter carrier || ~**-hydravions** *m* / hydroplane o. seaplane carrier [ship] || ~**-injecteur** *m* / nozzle holder || ~**-isolateur** *m* / insulator bracket o. pin o. spindle || ~**-isolateur** *m* en **étrier** / saddle bracket || ~**-lame** *m* **inférieur** / lower blade (o. knife) holder || ~**-lame** *m* **supérieur** / upper blade (o. knife) holder || ~**-lames** *m* (m. à fraiser) / cutter o. milling o. facing head, inserted tooth milling cutter || ~**-lanterne** *m* (bicyclette) / lamp bracket || ~**-lentille** *m* / lens holder || ~**-livre** *m* (typo) / book holder, book carriage

portemanteau *m* / coat hook, clothes peg || ~ (nav) / davit || ~ des **embarcations de côté** (nav) / quarter davit

porte-masse *f* **oscillante** / carrier of oscillating masses || ~**-matrice** *m* (forg) / anvil cap, bolster of an anvil, sow block || ~**-mèche** *m* (foret) / drill chuck || ~**-mèche** *m* à **serrage rapide** (m.outils) / quick change drill chuck || ~**-meule** *m* (m.outils) / grinding spindle || ~**-mine** *m* / propelling pencil, mechanical pencil (US) || ~**-mousqueton** *m* / carbine swivel, spring hook o. snap, trigger snap, clipper

porteneur *m* / portainer

porte-objectif *m* (opt) / base board || ~**-objet** *m* (opt) / glass o. object holder o. slide, microscope slide || ~**-original** *m* / copy holder

porte-outil *m* (m.outils) / tool holder o. block o. post (GB) || ~ (outil) / tool holder || ~**s** *m* (agr) / [multi-purpose] toolbar o. tool carrier || ~ **battant** (étau-limeur) / clapper, jim-crow || ~ pour **bloc central** (m.outils) / holder for the tool block || ~ de **brochage** / puller || ~ **contrecoudé** / angle toolholder || ~ à **dégrossir** (m.outils) / roughing tool box || ~ **flottant** / floating tool holder || ~ **latéral** (m.outils) / side-head || ~ de **mise au point** / indexing tool holder || ~ **multiple** (m.outils) / multiple-tool block || ~ **orientable** (tourn) / floating toolpost || ~ **pivotant** / indexing tool post || ~ à **plusieurs postes** / combination tool block || ~ **quadruple** (tourn) / four-way toolblock o. toolholder o. toolpost || ~ à **relevage** (m.outils) / relieving tool box || ~ de **serrage** (m.outils) / clamping tool holder || ~ à **six pans** (tourn) / six-way tool block || ~ à **soulèvement** / hinged tool holder || ~ de **traverse** / crossrail carriage (vertical turret lathe), crossrail head (planer)

porter *m* / porter beer

porte-palan *m* / crane trolley with cable hoist || ~**-palan** *m* **électrique** / electrically driven crane trolley || ~**-palpeur** *m* (m.outils) / tracing pin holder || ~**-papier** *m* / paper carrier || ~**-pignons satellites** *m* / planet carrier || ~**-plaque** *m* (typo) / plate cylinder || ~**-plaquette** *m* (m.outils) / tool holder || ~**-poinçon** *m* (découp) / punch plate, die plate || ~**-poinçon** *m* de **diminution** (m. Cotton) / narrowing finger o. comb || ~**-projecteur** *m* (auto) / headlamp o. -light bracket o. support

porter *vt vi* / carry, bear || ~, apporter / bring || ~ (vêtements) / wear *vt* || ~ [en] / outline [as] || ~ (géol) / wash away || ~, reposer (bâtim) / rest *vi* || ~ [sur soi] (mines) / carry, contain, bear || **qui peut** ~ / capable of bearing || ~ en **abscisse** / lay off as abscissa || ~ **atteinte à un brevet** / infringe a patent (GB) o. on a patent (US) || ~ **bien** (techn) / fit close *vi* || ~ à **blanc ou à candéfaction** / incandesce *vt* || ~ au **compte** [de] (ord) / itemize || ~ à **ébullition** / make boil || ~ à l'**échelle logarithmique** / plot in logarithmic scale || ~ à l'**écran** / film *vt* || ~ en **encorbellement** (bâtim) / project [from o. above o. over], be salient, protrude, overhang *vi* || ~ à **faux** / lean, incline, bear false, be out of perpendicular || ~ à **faux** (bâtim) / stand out, project *vi* || ~ à **fond** (bâtim) / be perpendicular || ~ à **fusion** / fuse, melt || ~ au **journal** / post, book || ~ au **journal** (arp) / book || ~ une **longueur** (dessin) / lay off a [straight] line || ~ à son **maximum** / peak *vt* || ~ à son **maximum ou à son plus haut degré** / maximize || ~ en **ordonnée** / lay off as ordinate || ~ au **rouge** / make red hot || ~ en **saillie** / overhang || ~ en **saillie** (bâtim) / stand out, project *vi* || ~ le **solde à nouveau** / carry forward o. over || ~ des **sommes [au crédit de qn]** (m.compt) / book, enter in the books || ~ à une **température de ... degrés** / carry to a temperature of ... degrees

porte-roue *m* (auto) / wheel carrier || ~**-sabot** *m* de **frein** (ch.de fer) / brake block holder || ~**-satellite** *m* / satellite vehicle || ~**-scie** *m* / cheeks *pl*, blade holder || ~**-scie** *m* à **main** / frame of the fret saw || ~**-segment** *m* (techn) / segment carrier || ~**-soc** *m* / plough body || ~**-soupape** *m* / valve support || ~**-sténogramme** *m* (m.à ecrire) / copy holder || ~**-tas** *m* (rivets) / holding-up lever, dolly bar, lever dolly || ~**-toner** *m* (xerox) / carrier || ~**-tourelle** *m* / turret carriage o. saddle o. slide || ~**-tuyaux** *m* / tube support o. stand || ~**-tuyères** *m* (sidér) / tuyere holder

porteur *adj* / bearing, carrying || ~ *m* (ligne de contact) / bearer cable, messenger wire || ~ (électron, TV) / carrier || ~, porte-toneur *m* (xerox) / carrier || ~ (nav) / dredger's nud barge, hopper barge || ~**-aménagé** *m* (ch.de fer) / pa-container || ~ de **bacilles** / bacillus carrier || ~ de **base** (fréqu. porteuse) / basic carrier || ~ **[de charge]** (semicond) / [charge] carrier, charged particle || ~ de **chrominance** (TV) / chrominance carrier || ~ de **données** / data carrier, data o. storage medium || ~ d'**émulsion** (phot) / base, emulsion carrier || ~ d'**images** / photocarrier || ~ d'**isotope** / isotopic carrier || ~ **local** (électron) / local carrier || ~ de **lunettes** / person wearing glasses o. spectacles || ~ **majoritaire** (semicond) / majority carrier o. conductor || ~ **minoritaire** (semicond) / minority carrier || ~ **son** / sound carrier || ~ de **virus** / virus carrier || ~ de la **voie** (pont) / bridge beam

porteuse *f* (électron) / carrier wave || **à ~s multiples** (fréqu. porteuse) / multicarrier... || ~ **image** (TV) / picture o. vision carrier || **~-image** *f* du **canal voisin** (TV) / adjacent picture carrier o. vision carrier || ~ **intermédiaire** (TV) / intercarrier || ~ de **pilote** (électron) / pilot carrier || ~ **son** / sound carrier || ~ de **son adjacente** (TV) / adjacent sound carrier || ~ **vidéo** / video carrier

porte-vent *m* (sidér) / blast o. tuyere connection, pen o. tuyere stock || **~-voix** *m* / megaphone, speaking trumpet || **~-volet** *m* de la **raboteuse** / clapper

portier *m* **électrique** / door interphone || **~-robot** *m* / combined door interphone and opener

portière *f* / gateway || ~ (tiss) / interval between the healds || ~ (véhicule) / door cutout || ~ (auto) / car door

portillon *m* (semicond) / gate || ~ / gate electrode of IG-FET || ~ du **foyer** / fire door o. hole, feed door, stoke hole || ~ de **passage à niveau** (ch.de fer) / level-crossing side gate o. wicket gate || ~ de **service** / wicket

portion *f* / portion || ~, lot *m* / quota, share, part, portion || ~ **principale** / chief constituent || ~ de **substance** / portion of substance

portique *m* (bâtim) / portico || ~ (ch.de fer) / arched catenary support, gantry support || ~ (constr.en acier) / frame, portal, bent (US) || ~ (échafaudage) / scaffold frame || ~ (funi) / gantry support || ~ (grue) / full gantry crane || ~, ferme-cadre *f* / principal frame of a roof || ~, porche *m* / porch || ~ d'**atelier** / workshop gantry crane || ~ **automoteur** / travelift || ~ à **bande** (mines) / conveyor bridge || ~ de **cale** / slipway gantry crane || ~ de **chargement** / travelling bridge, loading bridge || ~ à **chariot orientable** / portal jib crane || ~ de **contreventement** (constr.mét) / crossbracing frame || ~ à **crochet** / goliath crane || ~ **final** (constr.en acier) / crossbracing end frame || ~ de **gerbage automoteur** / straddle loader o. lift, van carrier || ~ des **isolateurs** (électr) / straining gantry || ~ de **levage automoteur** / straddle loader o. lift, van carrier || ~ **mobile** / mobile gantry || ~ avec **plateforme de basculement** / travelling bridge with tipping stage || ~ de **protection** (ch.de fer) / safety gantry || ~ de **reprise à rotopelle** / bucket wheel reclaiming gantry || ~ de **reprise pour déblaiement** / overburden conveyor gantry || ~ **rigide** (constr.en acier) / rigid frame || ~ **rigide** (caténaire) / rigid portal structure || ~ **souple** (caténaire) / head span, flexible cross-span suspension, flexible gantry || ~ **souple à câble transversal** (caténaire) / head span || ~ **support de caténaire** (ch.de fer) / gantry support, arched catenary support || ~ à **un seul étage** (bâtim) / frame o. portal o. bent (US) one story high || ~ de **versement au tas** / tilting o. tipping stage o. platform

portland *m* / portland cement || ~ **métallurgique** / portland blast-furnace cement

portuaire / port..., harbour...

P.O.S., plan *m* d'occupation des sols (bâtim) / zoning plan

pose *f* / laying, setting || ~, installation *f* / installation, fitting || ~ (phot) / taking, exposure || **faire une ~** (phot) / take a picture, (esp.:) make a time exposure || ~ des **allonges** (mines) / blocking || ~ de **briques sur chant** / brick-on-edge coping o. sill || ~ de **câbles** / layout of cables || ~ d'un **chapeau** / placing of a cover || ~ à **chaud** (asphalte) / hot pouring || ~ en **conduits** (électr) / conduit wiring || ~ des **conduits** (bâtim) / plumbing, [gas and water] fitting || ~ sous **crépi** (électr) / buried o. concealed wiring || ~ sur **crépi** (électr) / surface wiring

posé-décollé *m* (ELF) (aéro) / touch-and-go

pose *f* à **demeure** / permanent installation || ~ d'une **deuxième voie** (ch.de fer) / doubling of the track || ~ **directe de câbles** / direct laying of cables || ~ en **élévation** (conduit) / running pipes vertically || ~ d'une **équation** (math) / construction of an equation || ~ des **fils** / wiring || ~ de **lignes en parallèle** (électr) / parallel exposure || ~ au **plafond** / ceiling suspension || ~ en **pleine terre** / underground laying o. installation, embedding of cables || ~ de la **première pierre** / laying of the foundation stone || **~-tubes** *m* (ELF) (pipeline) / side boom [crane] || ~ *f* des **tuyaux** / bedding o. laying of tubes o. pipes || ~ de **vitres au mastic** / putty glazing || ~ des **voies** / track laying

posé en **blocs-tube ou en caniveaux** (câble) / laid in ducts || ~ **librement** / fitted loosely, not rigidly fastened || ~ **librement sur deux appuis** (méc) / freely supported, supported at both ends, on two supports, simple || ~ **l'un sur l'autre** / superimposed, lying upon another || ~ à **plat** / laid flatwise, lying flatwise || ~ à **sec** (bâtim) / laid dry

posemètre *m* (phot) / exposure meter || ~ (rayons X) / intensitometer || ~ à **cellule CdS** / cadmium sulphide exposure meter, CdS-meter || ~ **optique** / visual exposion meter, extinction meter

poser *vt* / place *vt*, lay, put [down] || ~ (conduits) / run *vt*, place, lay || ~, monter / fit *vt*, install, fix || ~ *vi*, reposer (bâtim) / rest *vi* || **se ~** [sur] (aéro) / land *vi* || **se ~ en douceur** / soft-land || **se ~ sur l'eau** (aéro) / alight o. descend on the water, water || **se ~ à plat** (aéro) / land smoothly || **se ~ à terre** / land *vi* || ~ des **allonges** (mines) / place extensions || ~ **autrement** (rails) / relay, re-lay || ~ le **bouquet sur le comble** (charp) / set the roof of a house || ~ des **câbles** / run out a cable || ~ les **carreaux** / lay flags, pave with flags || ~ de **chant** / lay o. set on edge || ~ à **chaud** / shrink on || ~ la **couverture** / roof *vt* || ~ des **couvre-joints** (constr.en acier) / butt-strap *vt* || ~ en **crémaillère** / interlace *vt*, stagger || ~ à **crossettes** / offset *vt*, form an offset in a wall || ~ les **fondements** (bâtim) / found, lay o. sink the foundations || ~ une **forme** (typo) / overlay *vt*, make ready || ~ à **froid** / cold-form, cold-rivet, clench, clinch || ~ l'**hélice de support** (câble) / lash *vt* || ~ un **indice** / index *vi* || ~ de **nouveau** / relay, re-lay || ~ un **parquet [mosaïque ou à assemblage]** / inlay *vi* || ~ à **plat** / lay o. set flatwise || ~ à **plat-joint** / butt-joint, butt joints || ~ une **porte sur les gonds** / hang on its hinges a door || ~ un **problème** / pose o. state a problem || ~ en **quinconce** / interlace *vt*, stagger || ~ les **rails** (ch.de fer) / track *vi* (US), lay rails || ~ à **recouvrement** (bâtim) / overlap || ~ un **rideau** / hang a curtain || ~ les **rivets** / insert rivets, (also:) rivet *vi* || ~ les **rivets à froid** / cold-form, cold-rivet, clench, clinch || ~ à **sec** (bâtim) / lay down dry || ~ un **tapis** / lay down a carpet || ~ les **tuiles** / lay the tiles || ~ l'**un sur l'autre** / superpose || ~ une **vis** / screw-in || ~ une **vitre** / put in a glass plane, glaze

poseur *m* de **ligne** (télécom) / wireman, lineman || ~ de **parquet** / floorer || ~ de **rails ou de la voie** (ch.de

fer) / platelayer, trackman (US) || ~ de **tuyaux** / pipe fitter, pipelayer, plumber
poseuse *f* de **traverses** (ch.de fer) / sleeper laying machine
posistor *m* (électron) / posistor
positif (math, électr) / positive, plus || ~ en **continu** (défaut) / consistently positive || ~ **couleur** (ciné) / colour print || ~ **intermédiaire** (film) / interpos[itive], intermediate positive || ~ **[lavande] pour contretype** (film) / duped print || ~**-négatif** (phys, flux) / true-false, positive-negative || ~ **offset** (typo) / typon || ~ sur **papier** / katapositive || ~ **son** (film) / sound positive film, SP || ~ **son et image** (film) / composite print || ~ **transparent ou sur verre** / transparency, positive [transparency], lantern slide, diapositive
position *f* (gén, télécom) / position || ~, attitude *f* / [upright] position, posture || ~ (math) / place in a cipher || ~, site *f* (bâtim) / site || **à ... ~s** (math) / .-figure, .-digit || **dans la ~ extrême** (condensateur en lames) / unmeshed || **en ~ couchée** / in horizontal position || **en ~ extrême** (antenne) / reeled-out || **en ~ ortho** (chimie) / in ortho-state || **en ~ para** (chimie) / in para-state || ~ d'**abaissement** (grue) / lowering position of the controller || ~ d'**annotatrice** (télécom) / B-[operator's] position, trunk record position || ~ de l'**arête** (outil) / orientation of cutting edge || ~ d'**arrêt** / idle position, off-position, inoperative position || ~ d'**arrêt** (télécom) / hold-over position || ~ d'**arrêt** (électr) / neutral o. open position, [switch-]off position || ~ d'**arrêt du signal** (ch.de fer) / stop position of the signal || ~ d'**arrivée** (télécom) / B-[operator's] position || ~ en **attente** / ready position || ~ **avancée** / extended position || ~ d'**avertissement** (ch.de fer) / warning aspect o. caution aspect o. position || ~ des **balais** (électr) / brush position || ~ **basse** / lowered position || ~ **binaire** (ord) / binary cell, bit position || ~ de **cadrage** (COBOL) / scaling position || ~ à **califourchon** / straddling position, sitting astride o. astraddle || ~ **centrale** (gén) / central position || ~ au **centre** / center position || ~ du **centre de gravité** / location of the center of gravity || ~ de **changement d'outil** (NC) / tool change position || ~ de **chargement** (frittage) / filling position || ~ **[de la] clé** / position of the key || ~ du **combinateur** (électr) / notch of a controller, position of a controller || ~ de **comparaison** (c.perf.) / comparing position || ~ du **compteur** / count of a counter || ~ de **concentration** (télécom) / concentration position || ~ du **contact** / contact position || ~ **contrôlée d'un sélecteur** (c.perf.) / X-side of a selector || ~ du **côté émulsion** (phot) / emulsion position || ~ de **coupure** (électr) / neutral o. open position || ~ de **coupure** (commutat.) / off-position || ~ de **crantage** / lock-in position || ~ de **déchargement** (fonderie) / discharging position || ~ **décimale** (ord) / decimal position || ~ **[du démarreur]** (électr) / point, notch, position || ~ de **départ** / starting position, original o. initial position || ~ de **départ** (électr) / starter step || ~ de **dépointage** (tricot) / cast-off o. knocking-over position || ~ **désaxée ou en déport** / mismatch, displacement || ~ de **descente du combinateur** / lowering position of the controller || ~ **désirée** (NC) / desired position || ~ de **desserrage** (frein) / release position || ~ **directrice** (télécom) / controlling position || ~ de **disjonction** / switch-off position, off o. open position || ~ d'**éjection [à matrice descendue]** (frittage) / withdrawal position || ~ **élevée** / upper o. top position || ~ **«enregistrement»** (radio-enreg.) / record position || ~ d'**équilibre** (méc) / position o. condition o. state of equilibrium, steady o. neutral position, balanced condition o. state || ~ d'**équilibre** (aéro, nav) / trimmed attitude || ~ dans l'**espace** / position in space || ~ d'**essais et de mesures** (télécom) / testing position || ~ d'une **étoile** / place o. position of a star || ~ **extrême** / extreme o. end o. final position || ~ de la **face de coupe, [de dépouille]** (m. outils) / orientation of face, [of flank] || ~ **fermée ou de fermeture** (électr) / switch-on position, on o. closed position || ~ de **fermeture** (robinet) / off position || ~ **finale** / extreme o. end o. final position || ~ de **finissage** (tourelle revolver) / finish position of turret || ~ **forcée** / constrained position || ~ de **freinage** / brake position || ~ de **freinage d'urgence** (ch.de fer) / emergency application position, rapid-acting brake position || ~ en **fréquence** (électron) / frequence position || ~ de **gauche** (math) / high-order position || ~ **gauche de l'aiguille** (ch.de fer) / points *pl* in reverse position || ~ du **gouvernail** / rudder position o. angle || ~ **identifiée** (ELF) (aéro) / pinpoint || ~ d'**image** (repro) / image orientation || ~ d'**impression** (ord) / print position || ~ d'**impression** (m.à écrire) / impression position || ~**s** *f pl* d'**impression adressées** (ord) / transfer print entry || ~**s** *f pl* d'**impression normales** (ord) / normal print entry || ~ *f* **inclinée** (aéro) / bank[ing] || ~ **inclinée**, dévers *m* / inclined o. oblique o. slanting o. sloping arrangement o. position || ~ **indéfinite** (méc) / change-point position || ~ **indifférente** (armature de relais) / neutral position || ~ **initiale** / initial position || ~ **inoccupée** (télécom) / dropped position, unstaffed position || ~ d'**interception** (ord) / intercept data storage position || ~ **intermédiaire** / intermediate position || ~ de l'**interrupteur** / switch position || ~ d'**isolement** (frein) / neutral position || ~ de **levage** / lift position || ~ de la **manivelle** / position of the crank[shaft] || ~ de **marche** / operating position || ~ de **marche** (p.e. frein) / driving position (e.g. brake) || ~ **médiane** (gén) / central position || ~ de **mémoire** (ord) / storage location || ~ de **mise au point** (m.outils) / indexing position || ~ de **montage** / fitting position || ~ **moyenne** / mean position || ~ **moyenne de l'étoile** (astr) / mean place || ~ du **navire** / place o. position of a ship || ~ **neutre** (gén) / central o. neutral position || ~ **neutre** (engrenage) / neutral [position] || ~ **neutre** (robinet du mécanicien) (ch. de fer) / lap position (driver's valve) || ~ **neutre ou de repos** / initial o. original o. starting position || ~ **normale** / normal position || ~ **oblique** / inclined o. oblique o. slanting o. sloping arrangement o. position || ~ d'**opératrice** (télécom) / switchboard position, B-[operator's] o. operator's position || ~ **ouverte** (électr) / switch-off position, off o. open position || ~ **ouverte** (robinet) / on position || ~ d'**ouverture** (commutat.) / off-position || ~ sur **paratonnerre** (radio) / lightning arrester in circuit || ~ de **planches à plat-joint** / side-by-side position || ~ de **poids fort** (math) / high-order position || ~ au **point mort** / dead centre [position] || ~ **prescrite** (NC) / desired position || ~ **professionnelle** / position, situation, job || ~ **protégée** (ord) / protected storage area o. location || ~ **radiale forcée** / forced radial position || ~ de **réception** (télécom) / receive position || ~ **relative** / relative position || ~ de **remplissage** (frein) / full-release position || ~ de **remplissage** (frittage) / filling position || ~ de **repos** / idle position, off-position, inoperative position || ~ de **repos**, position *f* ouverte (électr) / neutral o. open position,

[switch-]off position || ~ de **repos**, position *f* neutre / initial o. original o. starting position || ~ de **repos ou d'équilibre** / position of rest, neutral o. steady position, position of equilibrium || ~ de **serrage** (tourelle revolver) / work position || ~ de **serrage gradué**, position *f* de service (ch.de fer) / position for gradual application of driver's brake valve || ~ de **serrage d'urgence** (ch.de fer) / emergency application position || ~ du **signe** (ord) / sign position || ~ **sol** (aéro) / ground position || ~ du **soleil** / position of the sun || ~ sur **sonnerie** (télécom) / bell [in] circuit || ~ où **toutes les tiges sont sur une droite** (cinématique) / folded position || ~ sur la **trajectoire** (cinématique) / position on the path || ~ de **transport** (agr) / transport position || ~ de **travail** / working position, all-clear position || ~ de la **virgule** (ord) / point position || ~ [à] **zéro** / zero o. neutral position || ~ **zéro** (ord) / system reset

positionnement *m* / positioning, setting || ~ (r.cath) / positioning || ~ (NC) / approach || **de** ~ / positional || ~ de l'**aiguille** / index o. pointer setting || ~ en **boucle fermée** (NC, m.outils) / closed circuit control of dimensions and shape || ~ **continu** (NC) / continuous-path-control, contouring control system || ~ de **faisceau** (TV) / beam positioning || ~ **linéaire** (NC) / straight cut o. linear positioning || ~ d'**objet** (mes. précis) / object positioning || ~ de **piste** (bande perf.) / track positioning || ~ **ponctuel** (NC) / coordinate setting, point-to-point positioning control, position control, positioning || ~ de la **virgule** / point setting || ~ de la **voie d'entraînement** (bande perf.) / feed track positioning

positionner (techn) / position *vt*

positionneur *m* (m. compt) / crossfooter, balance counter || ~ (soudage) / positioner || ~ / detent

positionneuse *f* **connectée à l'ordinateur** / on-line calculating machine (for working out the balance of an account)

positivement électrique (électr) / electropositive

positon *m* (mieux que «positron») (phys) / positron, positive electron

positonium *m*, Ps (nucl) / positronium

posoir *m* / feeder

posséder un **dépôt** (grue) / serve a stockyard

possibilité *f* / possibility, chance || ~ [en minerais etc] (mines) / presumable occurrence || ~ d'**agrandissement ou d'extension** / accommodation for an ultimate size o. of later extensions, possibility of later extensions || ~ d'**analyse** / possibility of analyzing || ~ de **développement** / accommodation for an ultimate size o. of later extensions, possibility of later extensions || ~ d'**emploi** / usefulness, utility, serviceableness, serviceability || ~ d'**exécution** / feasibility, practicability || ~ d'**incorporation ou d'installation** (techn) / mounting arrangement || **~s** *f pl* **multiples d'utilisation** / versatility || **~s** *f pl* du **processus** (ordonn) / process capability || ~ *f* de **ré-adressage** (ord) / relocatability || ~ de **rotation** / turnability || ~ d'**usinage** / machinability || **~s** *f pl* en **pétrole** / oil bearing capacity

possible / possible || ~ (se dit de minerais etc) (mines) / presumably occuring || **dans la mesure du** ~ / as far as possible

post... / post...

post- et pré-accentuation *f* (acoustique) / post- and pre-emphasis

post-accélération *f* / post-acceleration

postal *adj* / postal || ~ *m* / postal parcel

post-allumage *m* (mot) / post-ignition

postambule *m* (ord) / postamble

post-bordage *m* (bonnet) / postboarding

post-brûleur *m* (aéro) / [exhaust] reheater (GB), afterburner (US)

post-chauffage *m* / coasting of temperature

post-chromatage *m* (tex) / top chroming

post-combustion *f* (ELF) (aéro) / reheat (GB), afterburning (US), post-combustion

post-contraction *f* (plast) / after-shrinkage

post-courant *m* (électr) / post-arc current

postcroissance *f* (gén) / regrowth

post-cuisson *f* (plast) / post-cure, afterbake, stoving

postdécharge (plasma) / afterglow

post-développement *m* (phot) / redevelopping

post-dilatation *f* (céram) / after-expansion

poste *m* (techn) / operator's stand, control station || ~ / job, position of employment || ~, emploi *m*, (verre) / gob, gather || ~, journée de travail *f* / shift

poste *f* / post (GB), mail (US)

poste, à ~ fixe / stationary || **à deux ~s** (ordonn) / double-shifted || ~ *m* **abaisseur de tension** (électr) / transformer station || ~ d'**abat[t]age** (mines) / coaling shift || ~ d'**abonné** / subscriber's set o. station, subset || ~ d'**accumulation par pompage** (électr) / relift pumping plant || ~ **additionnel** (télécom) / subscriber's extension station, subscriber's apparatus of an extension line || ~ *f* **aérienne** / airmail || ~ *m* d'**aiguillage** (ch.de fer) / interlocking cabin, signal box o. cabin, tower (US) || ~ *f* **ambulante** (ch.de fer) / railway post office, travelling post office || ~ *m* d'**annonce** (ch.de fer) / train announcing point || ~ à **appel multiple** (télécom) / multiple request line apparatus || ~ d'**appel d'urgence** (routes) / call box || ~ d'**après-midi** (ordonn) / swing shift || ~ d'**assemblage** / assembly station || ~ **avertisseur d'incendie** / call point || ~ de **block** (ch.de fer) / block [signal] post o. station || ~ de **block amont ou précédent** (ch.de fer) / rear box || ~ de **block en aval ou suivant** (ch.de fer) / forward box || ~ de **block à comptage d'essieux** / block signal box with axle counter || ~ de **block intermédiaire** (ch.de fer) / intermediate block post || ~ de **block terminal** (Suisse) (ch.de fer) / end block station || ~ de **bosse ou de butte** (ch.de fer) / hump cabin o. tower (US) || ~ à **[boutons-]poussoirs d'itinéraire** / signal box with push-button routing o. with key routing, all-relay interlocking [plant], NX tower (entrance-exit) || ~ de **cantonnement** (ch.de fer) / block [signal] post o. station || ~ à **charbon** / coaling shift || ~ de **chargement** (gén) / loading place || ~ *f* de **chemin de fer** / railway post office, travelling post office || ~ *m* à **clavier** (télécom) / key-operated o. touch-tone telephone || ~ à **clavier** (radio) / push-button receiver || ~ de **commandant**, P.C. (ch.de fer) / district control office || ~ de **commande** (ord) / control station || ~ de **commande** (électr) / control room, switchboard gallery || ~ de **commande** (techn) / operator's stand, control station o. platform || ~ de **commande** (grue, funi) / driver's cabin, driver stand || ~ de **commande** (nav) / engine control stand o. station || ~ de **commande centralisée** (ch.de fer) / centralized control box o. control point || ~ de **commande géographique à touches** / signal box with push button geographical circuitry, NX tower (US) || ~ de **commande miniature** / small control || ~ de **commande du réseau** (électr) / net control station, NCS || ~ de **commandement** / center of control || ~ de **commandement régional**, P.C.R. (ch.de fer) / district control office || ~ **commercial** (télécom) / business telephone || ~ de **communication à terre** (espace) /

ground communication station, earth station || ~ de **commutation** (télécom) / switching station || ~ de **commutation extérieur** (électr) / outdoor substation, switchyard || ~ de **comparaison** (c.perf.) / comparing position, comparison station || ~ de **conducteur ou de conduite** (grue, funi, loco) / driver's cabin, driver stand || ~ de **conduite** (techn) / operator's stand, control station o. platform || ~ de **conduite** (m.compt.) / entry || ~ de **conduite** (électr) / control station || ~ de **conformation** (fonderie) / moulding area || ~ de **contrôle** (radio) / control station || ~ de **contrôle** (lam) / directing stand || ~ de **contrôle** (nav) / engine control stand o. station || ~ de **contrôle** (techn, électr) / control room || ~ du **contrôle des câbles** / wire rope testing stand || ~ de **contrôle d'un four** / furnace control station || ~ de **contrôle par relecture** (c.perf.) / read-compare station || ~ de **contrôle thermique** / thermal control [switch] board || ~ de **conversion** (électr) / converter o. converting station, substation for frequency conversion || ~ **correspondant** (télécom) / remote station || ~ **côtier** (électron) / maritime station || ~ de **couplage** (ch.de fer) / distributing substation || ~ de **couplage** (électr) / distribution substation, switching station || ~ de **déboisage** (mines) / prop drawing shift || ~ de **décharge** (transporteur) / discharging station || ~ **demandé** (ord) / called station || ~ **demandeur** (ord) / calling station || ~ de **détection incendie** / call point || ~ de **diffusion troposphérique** (électron) / tropo-scatter station || ~ **distributeur d'essence** (auto) / filling o. service station, petrol (GB) o. gas[oline] (US) station || ~ **distributeur d'essence** (ord) / computer-run gas station || ~ **doseur** (bâtim, routes) / batching plant || ~ d'**eau** / bib-cock with sink basin || ~ d'**écoute** / listening station || ~ à **écran** (ord, radar) / display, display device o. unit || ~ **électromécanique** (ch.de fer) / electromechanical signal box || ~ **émetteur ou d'émission** / wireless (GB) o. radio (US) o. broadcasting station || ~ **émetteur** (télécom) / transmitter station || ~ **émetteur automobile** (électron) / mobile station || ~ **émetteur à grandes distances** (électron) / high-power[ed] long-distance broadcasting station || ~ **émetteur local** (électron) / local channel [station] (US) o. broadcasting station, local sender, regional transmitter || ~ **émetteur-récepteur portatif** / walkie-talkie || ~ **émetteur de son** / sound emitter || ~ **émetteur du téléscripteur** / teleprinter (GB), teletypwriter (US) || ~ **émetteur terrestre** / ground [radio] station, aeronautical o. earth o. surface station || ~ d'**émission à relèvement** / radio direction finding post o. station, radio bearing station || ~ d'**enclenchement** (ch.de fer) / interlocking cabin, signal box o. cabin, tower (US) || ~ d'**enclenchement tout relais** (ch.de fer) / all-electric interlocking apparatus || ~ d'**encollage** (pann.part) / glue deck || ~ d'**enrobage** (routes) / hot mix plant || ~ d'**entrée de données** / data input station, data collection station || ~ d'**entretien du matériel remorqué** (ch.de fer) / maintenance o. repair sidings || ~ d'**équipage** (nav) / crew's quarter o. space || ~ d'**espacement** (ch.de fer) / intermediate train distancing point, block post o. station || ~ d'**essai** / testing stand o. bed o. room, test bench o. stand || ~ d'**essai** (hydr) / measuring point || ~ d'**essai [à frein]** (mot) / torque stand o. bed || ~ d'**essai à frein hydraulique** / hydraulic brake test bench || ~ d'**essai à frein suspendu sur ressorts** / spring test bench || ~ des **essais des câbles** / wire rope testing stand || ~ d'**essence** voir poste distributeur d'essence || ~ d'**étamage** / tinning stage || ~ d'**étirage** (plast) / stretching section || ~ **exceptionnel** / extra shift || ~ d'**exploitation** (ch.de fer) / operating control point || ~ **extrême** (télécom) / terminal exchange || ~ de **fluxage** / fluxing station || ~ à **galène** (radio) / crystal set o. receiver || ~ **gonio[métrique]** / DF transmitter o. station, radio beacon, aerophare || ~ **groupé** (télécom) / shared line || ~ dans l'**habitation de l'abonné** (télécom) / subscriber's residence station || ~ d'**incendie** (mines) / fire hunter || ~ d'**interconnexion** (électr) / interconnecting station || ~ **intérieur** (télécom) / subscriber's residence station || ~ **intermédiaire** (télécom) / intermediate exchange o. office o. station || ~ d'**interrogation** (ord) / inquiry station || ~ d'**interrogation-réponse** (ord) / inquiry response station || ~ de **lancement** (ELF) (espace) / blockhouse || ~ de **lecture** (c.perf.) / read[ing] station || ~ à **leviers individuels** (ch.de fer) / signal box with individual levers || ~ à **leviers d'itinéraires** (ch.de fer) / route-lever signal box || ~ à **leviers libres** (ch.de fer) / free-lever signal box, relay interlocking system || ~ à **leviers libres d'entrée et de sortie** (ch.de fer) / entrance-exit free lever signal box || ~ à **lignes groupées** (télécom) / subscriber holding several call numbers || ~ de **manœuvre** (ch.de fer) / interlocking cabin, signal box o. cabin, tower (US) || ~ de **manœuvre** (techn) / operator's stand, control station || ~ du **matin** / morning shift || ~ de **mécanicien** / engineer's berth || ~ **mécanique** (ch.de fer) / mechanical interlocking cabin || ~ de **mesurage** (sidér) / measuring station || ~ de **mesure** / measuring desk o. position, test assembly o. set-up o. rig || ~ **météorologique** / meteorological office o. station || ~ de **mine** (télécom) / mine station || ~ de **mise en parallèle** (ligne de contact) / paralleling point || ~ **mobile** (télécom) / desk o. table [tele]phone, portable telephone || **~-moniteur** *m* / monitoring station || ~ de **moulage** (fonderie) / moulding area || ~ **mural** / wall telephone || ~ **n°** (télécom) / subscribers number || ~ **non effectué** (ordonn) / missed shift || ~ de **nuit** (ordonn) / graveyard o. dying shift, night shift o. turn || ~ d'**observation** / observation post || ~ à **ondes courtes** / short-wave o. high-frequency transmitter || ~ à **ondes longues** / long wave transmitter || ~ d'**opératrice** (télécom) / operator's phone o. set || ~ d'**oxycoupage** / gas o. torch o. flame cutting installation || ~ **particulier** (télécom) / private o. house [tele]phone || **~-passerelle** *m* (ch.de fer) / bridge signal box || ~ de **perforation** (c.perf.) / punching station || ~ **permanent de feu** (pomp) / engine house || **~-piles** *m* / portable receiver o. radio (US) o. wireless (GB), battery operated set || ~ **piles-secteur** / battery and mains operated set || ~ de **pilotage** (aéro) / pilot's cockpit || ~ *f* **pneumatique** / pneumatic post o. dispatch, pneumatic tube conveyor || ~ **pneumatique pour bordereaux** / pneumatic ticket carrier, ticket pneumatic tube system || ~ **pneumatique d'immeuble** / pneumatic house tube || ~ **pneumatique urbaine** / city-wide pneumatic tube systems *pl* || ~ *m* de **pompiers** / firemen *pl* || ~ à **pouvoir à leviers libres, [à leviers individuels]** (ch.de fer) / power signal box with free, [with individual] levers || ~ à **prépaiement** (télécom) / coin box || ~ **principal d'abonné** (télécom) / subscriber's main station || ~ **privé** / private o. house [tele]phone || ~ à **projection** (TV) / projection receiver || ~ **prolongé** (ordonn) / overshift || ~ **PTT** (télécom) / telephone o. call station || ~ **radar de poursuite** / RTS, radar tracking station || ~ **radio** (nav) / radio cabin || ~ de **radio** / wireless (GB) o. broadcast o. radio (US) receiver o. set, radio (US), receiving set || ~ de **radiocaptage** / intercept [station] || ~ de **radioélectricité terrestre** / ground [radio] station, aeronautical o. earth o. surface station || ~ **radiogoniométrique omnidirectionnel** / omnidirectional RF station || ~ de **radioguidage** (espace) / radio guidance station || ~ de **radioralliement** (aéro) / homer station || ~ de **radiorepérage** / radio direction finding post o. station || ~ de **radiotéléphonie côtier** / coastal radio station || ~ **radiotéléphonique** / broadcast transmitter, radio-telephony transmitter || ~ de **ravitaillement en essence ou en carburant** / filling o. gas o. [roadside] gasoline station (US), service station, filling o. petrol station (GB) || ~ **récepteur** voir poste de radio || ~ **récepteur des données de mesure** (espace) / read-out station || ~ **récepteur à écluse** / lock receiver of the letter shoot || ~ **récepteur à sélectivité et à fidélité poussées** / direct-pick-up receiver, repeater receiver || ~ **récepteur à signaux** / signal receiver || ~ **récepteur du téléscripteur** / teleprint o. teletype receiving unit || ~ **récepteur de télévision** / television receiver o. apparatus, televisor, teleceiver, TV (coll), telly (GB, coll) || ~ de **redressement** (électr) / rectifier [power] station || ~ **réducteur de tension** (électr) / transformer station || ~ **régulateur de pression pour un réseau urbain** (gaz) / station governor o. regulator || ~ **régulier** (aéro) / regular station || ~ **relais** (télécom) / relay station || ~ **relais hertzien ou radioélectrique** / radio-exchange, rediffusion o. relay station || ~ de **repérage par radiogoniométrie** / radio direction finding post o. station, radio bearing station || ~ **répéteur** / slave station || ~ **répétiteur** (antenne) / repeater antenna || ~ de **saisie des données** / input station || ~ **satellite** (gén) / satellite station || ~ **satellite** (ord) / tributary station || ~ de **sauvetage ou de secours** (mines) / life-saving station, pit rescue station || ~ **secondaire** (télécom) / [subscriber's] extension station || ~ de **secours** / first-aid post, ambulance station || **~-secteur** *m* / line operated wireless set o. radio, mains receiver || ~ de **sectionnement** (ligne de contact) / tie station, sectioning point || ~ **sélectif** / selective receiver || ~ de **sélection de groupe** (télécom) / group selection station || ~ **séparateur** / separator station || ~ de **service** / operator's stand, control station || ~ de **service à la demande** (télécom) / demand position || ~ de **soudage ou de soudure** / welding outfit || ~ de **soudage multiple** / multiple operator welding unit || ~ de **soudure oxyacétylénique** / acetylene welding outfit || ~ **[supplémentaire]** (télécom) / [subscriber's] extension station || ~ **supplémentaire à prise directe du réseau** / private branch exchange, P.B.X. || ~ **supplémentaire à prise limitée du réseau** / partially restricted extension || ~ de **surveillance de chaudières** / boiler switchboard || ~ de **table** (télécom) / desk o. table [tele]phone, portable telephone || ~ de **table** (électron, TV) / table set || ~ au **tapis roulant** / station of an assembly line || ~ de **télécommunication interne** / private o. house [tele]phone || ~ **télégraphique** / telegraph apparatus o. instrument || ~ de **télémétrie en temps réel** (espace) / RTT station (RTT = real time telemetry) || ~ **téléphonique** / telephone o. call station || ~ **téléphonique**, téléphone *m* / telephone set || ~ **téléphonique annexe ou supplémentaire** / subscriber's extension set || ~ **téléphonique automatique ou à cadran incorporé** / dial-in handset, dial telephone set || ~ **téléphonique automatique** / telephone call-box o. coin-box, prepaiement telephone, pay phone (US) || ~ **téléphonique de mine** / mine station || ~ **téléphonique mobile pour service automatique** / dial table telephone || ~ **téléphonique secondaire** (aéro) / tributary station || ~ **téléphonique terminal** / telephone receiver station || ~ pour **télévision projetée** (TV) / projection receiver || ~ **terminal** (ord) / data processing terminal equipment, DTE, data circuit terminating equipment, DCE || ~ **terminal de réception seulement** / RO-terminal, receive only terminal || ~ **terminal pour lignes télégraphiques** (ord) / telegraph line termination || ~ **terminus de block** (ch.de fer) / end block station || ~ **terrestre de satellite** (TV) / satellite ground station || ~ à **touches de commande et à schéma de voies** (ch.de fer) / push button and track-diagram signal box || ~ à **touches d'itinéraire** / signal box with push-button routing o. with key routing, all-relay interlocking [plant], NX tower (entrance-exit) || ~ **tout-relais** (ch.de fer) / free-lever signal box, relay interlocking system || ~ **tout relais à tableau de contrôle optique** / all-relay signal box with visual control panel || ~ pour le **trafic interurbain** / trunk junction circuit (GB) || ~ de **transfert** (électr) / interconnecting station || ~ de **transformation** / transforming o. transformer plant o. station || ~ [de **transformation] abaisseur** / step-down transformer station || ~ de **transformation et de répartition** / distribution center o. station || ~ de **transformation extérieur ou de transformateurs à l'air libre** / open-air o. outdoor transformer plant o. station || ~ à **transistors** / transistor[ized] receiver || ~ **transmetteur** (électron) / transmitting apparatus, transmitter, sender || ~ **transmetteur des signaux** / signal transmitter || ~ de **transmission** (électron) / transmitting apparatus, transmitter, sender || ~ de **travail** / work[ing] place || ~ *f* **tubulaire** / pneumatic post o. dispatch, pneumatic tube conveyor || ~ *m* **vidéo** / video [work] station || ~ de **vigie** / observation post

posté *adj* / shift working || ~ *m* (travailleur affecté à un poste) / shift worker

postérieur / subsequent

post-fixage *m* (bonnet) / postboarding

post·formage *m* (plast) / postforming || **propre à** ~, postformable (plast) / postforming

postformeuse *f* à **eau chaude** / hot water postshaping equipment

post-hydrolyse *f* / posthydrolysis

postiche / artificial, imitated

postluminance *f* (plasma) / afterglow

post-marquage *m* **magnétique** / subsequent magnetic character printing

post·mortem (ord) / postmortem || **~novae** *f pl* (astr) / postnovae *pl*

post-optimisation *f* (ord) / postoptimization

postprocesseur *m* (ord) / postprocessor

post·sonorisation *f* (ELF) / postscoring || **~sonoriser** (ELF), -synchroniser / postsynchronise

postsynchronisation *f* (film) / postsync[hronization]

post-tension *f* (béton) / posttensioning

post-traitement *m* (plast) / post-cure, afterbake, stoving

postulat *m* / postulate, axiom

postulatum *m* d'**Euclide** / euclidean axiom

pot *m* / pot, crucible || ~ (sidér) / pot || ~ (verre) / glass [melting] pot || ~ (filage) / can || ~ (pap) / format 31 x 40 cm || ~ en **carton comprimé** (filage) / card can || ~

céramique / earthenware vessel o. container || ~ de **charge** (télécom) / loading coil case o. pot || ~ à **châssis** (filage) / skeleton can || ~ à **colle** / glue pot || ~ de **condensation à flotteur** / bucket type steam trap, [ball] float steam trap, closed steam trap || ~ de **coulée** (verre) / cistern, cuvette || ~ d'**échappement** (auto) / exhaust silencer (GB) o. muffler (US) || ~ d'**échappement à diffuseur** / nozzle type silencer o. muffler || ~ d'**échappement silencieux** (auto) / exhaust retarder || ~ d'**étirage** (filage) / drawing can || ~ à **fibre** (filage) / fiber can || ~ de **filature** / spinning can o. pot || ~ de **filature tournant** (tex) / rotary spinning pot || ~ d'**injection** (plast) / injection cylinder || ~ d'**injection chauffé** (plast) / fusion pot || ~ en **papier mâché** (filage) / paper can || ~ à **peigne** (filage) / comb pot || ~ de **peinture** / paint pot || ~ de **presse** (presse à filer) / billet container || ~ de **purge** (gaz) / drip pot || ~ à **recuit de fonte** / cast annealing pot || ~ de **ruban** / sliver can || ~ de **terre cuite** / earthenware vessel o. container || ~ **tournant** (verre) / revolving pot || ~ **tournant** (filage) / revolving o. coiling can, coiler [can] || ~ de **transfert** (plast) / transfer pot

potable / potable, drinkable, drinking (water)

potasse *f* / potash, [any] potassium compound || ~ (carbonate de potassium) / potash [of commerce] || ~ **[d'Alsace]** / potash fertilizer o. manure || ~ **caustique** / caustic potash, potassium hydroxide o. hydrate || ~ **caustique** (lessive) / caustic potash solution || ~ **sèche** / dry potash

potassique / potassic

potassium, K / potassium, K

poteau *m* / post, pole || ~ (ligne él.) / line pole || ~ (charp) / main joist, truss post || ~ (techn, bâtim, nav) / stanchion, standard, stay, post || **à ou sur** ~ (télécom) / pole mounted || ~ en **A** (électr, télécom) / A-type pole, compound mast || ~ **accolé** / pilaster || ~ en **acier** / steel mast o. tower || ~ d'**amarrage** (nav) / snubbing post || ~ d'**ancrage** (four céram) / buckstay, buckstave || ~ d'**angle** / corner o. angle post || ~ d'**arrêt** (ligne de contact) / anchoring support, end tensioning post || ~ à **articulation** (électr, ch.de fer) / flexible support || ~ **avertisseur de signal** (ch.de fer) / visual warning sign || ~ en **béton armé** / reinforced concrete pole || ~ en **bois** / wooden pole || ~ **busqué** (écluse) / mitre post || ~ à **caténaire** (ch.de fer) / contact line mast || ~ de **chemin de roulement** (grue) / crane[way] column o. stanchion || ~ de **cloison** (bâtim) / wall stud || ~ à **console** (caténaire) / bracket pole || ~ **cornier** / corner o. angle post || ~ **cornier** (ligne aérienne) / rigid support o. tower, angle tower o. pylon || ~**x** *m pl* **couplés** (télécom) / H[-type] pole, coupled o. double pole || ~ *m* **creux** / hollow o. tubular pole || ~ de **rotation** / transposition pole || ~ de **décharge** (charp) / sway rod, wind brace || ~ de **distribution** / distributing o. junction pole || ~ d'**éclairage** / lamp post || ~ **électrique H.T. forme Muguet** (électr) / Muguet pylon || ~ à **fil aérien** (ch.de fer) / contact line mast || ~ de ou à **fond** (bâtim) / passing post o. pillar, thorough pillar || ~ des **gaz d'échappement** (nav) / waste gas pillar || ~ **haubané** (télécom) / pole and stay || ~ d'**huisserie** (fenêtre) / window post, jamb [post] (of window) || ~ d'**huisserie** (porte) / door post o. check, jamb [post] (of door) || ~ d'**incendie** / stand pipe, hydrant || ~ **incliné** / raker pile || ~ **indicateur** / signpost || ~ de **jonction** (électr) / distributing o. junction pole || ~ **jumelé** / twin poles *pl* || ~**x** *m pl* **jumelés** (télécom) / H[-type] pole, coupled o. double pole || ~ *m* **kilométrique** (ch. de fer) / kilometer o. mileage sign || ~ **mixte** / composite column || ~ **moisé** (télécom) / H[-type] pole, coupled o. double pole || ~ **montant d'une vanne** (hydr) / stanchion of a sluice, supporting pillar || ~ de **pin injecté à la créosote** / creosoted pine pole || ~ de **rappel** (électr) / anchoring tower, span pole, stay pole || ~ de **refend** (charp) / head post || ~ de **rempl[iss]age** (bâtim) / intermediate stud || ~ de **réserve** / adjoining post || ~ de **réverbère** / lamp post || ~ de **rotation** (télécom) / tranposition pole || ~ du **sas** / quoin o. heel post || ~ de **service** / rural o. service pole || ~ de **soutien** / adjoining post || ~ de **support** (électr) / anchoring tower, span pole, stay pole || ~ **télégraphique** (télécom) / line pole, telegraph pole || ~ **téléphonique** / telephone pole o. post o. mast || ~ **terminal** (électr, télécom) / terminal pole || ~ **tourillon** (hydr) / meeting post || ~ de **tramway** / tramway pole || ~ de **transposition** (télécom) / transposition pole || ~ en **treillis** / braced mast o. pole o. pier, lattice tower || ~ **tubulaire** (télécom) / tubular pole || ~ **valet** / supporting pole || ~ **X** (bâtim) / X-shaped column

potée *f* (fonderie) / moulding clay || ~ d'**émeri** / flour of emery from diamond cutting || ~ d'**étain** / tin anhydride o. ash o. putty, flowers of tin *pl*, putty o. polishing powder || ~ **rouge** / vitriol red, rubigo, red iron oxide, stone-red, caput mortuum, colcothar

potelet *m*, barreau *m* de main-courante / baluster, banister || ~ (électr) / house attachment o. pole || ~ d'**arrêt de ligne en façade** (électr) / anchoring bracket || ~ de **ligne en façade** (télécom) / wall bracket || ~ de **pignon** / gable bracket || ~ de **toiture** (électr) / roof standard

potence *f* / bracket || ~ (nav) / beam || ~, grue *f* à potence / bracket crane, wall crane || ~ d'**atelier** / bracket crane || ~ **monte-charge** / builder's hoist with bracket || ~**s** *f pl* du **pylône** (funi) / bracket of support || ~ *f* de **signalisation** (routes) / traffic sign post with elliptical arm curvature

potentiel *adj* / potential || ~ *m* / potency, -ence || ~ (électr) / tension, potential || **au** ~ [de] / level [with] || **de** ~ **constant** (électr) / constant-voltage... || ~ **accélérateur** (électron) / acceleration potential || ~ d'**activation** (acier) / activation potential || ~ des **alternances du milieu** / velocity potential || ~ **alternant** (électr) / alternating potential || ~ d'**amorçage** (tube) / critical grid voltage || ~ d'**arrêt** (phys) / stopping potential || ~ de **blocage** (surface isolante) / sticking potential || ~ de **charge** / charging potential || ~ de **contact** (galv) / contact potential || ~ **coulombien** / coulomb potential || ~ de **déformation** (électron) / deformation potential || ~ de **diffusion** (chimie) / diffusion potential, liquid junction potential, liquid-liquid potential || ~ de **diffusion** (semi-cond) / diffusion potential || ~ de **Donnan** / membrane potential || ~ d'**écoulement** (chimie) / streaming potential || ~ d'**électrode** / potential difference between electrodes || ~ **équivalent à l'énergie thermique des porteurs de charge** (semi-cond) / voltage equivalent of thermal energy || ~ d'**excitation** (nucl) / exciting o. excitation potential, resonance potential || ~ du **faisceau électronique** (électron) / beam voltage || ~ du **faisceau électronique** (magnétron) / beam potential || ~ de **focalisation** (électron) / focussing potential || ~ de **Gauss** (nucl) / Gaussian well || ~ de **grille** / grid potential o. voltage || ~ **hydrogène** / pH-value || ~ **interne** (méc) / internal potential || ~ d'**ionisation** / ionization potential || ~ de **jonction** (chimie) / diffusion potential, liquid junction potential, liquid-liquid potential || ~ **magnétique polaire** / scalar magnetic potential || ~ de **multiplication**

(nucl) / multiplication potential || ~ **neutre-terre** / neutral-to-ground potential || ~ **normal** (chimie) / standard electrode potential, standard reference voltage || ~ **nucléaire** (nucl) / nuclear potential || ~ d'**oxydoréduction** / oxidation-reduction o. redox potential || ~ de **pénétration** (nucl) / penetration potential || ~ **photoélectrique** / photoelectric voltage || ~ **radial** (électr) / radial tension || ~ **redox** / oxidation-reduction o. redox potential || ~ de **référence** / reference potential || ~ de **référence fondamental** (chimie) / standard electrode potential, standard reference voltage || ~ de **résonance** (électr) / resonance potential o. voltage || ~ **scalaire** / scalar o. vector potential || ~ de **sédimentation** / sedimentation potential || ~ de **séparation** (nucl) / separation potential || ~ du **sol** / earth potential || ~ de **sortie** (électron) / work function voltage || ~ **stationnaire** / stationary potential || ~ **terrestre** / earth potential || ~ **thermodynamique** (chimie) / thermodynamic potential, Gibbs' function, G || ~ **vecteur magnétique** / magnetic vector potential || ~ **zéro** (électr) / no-voltage, null voltage, zero potential || ~ **zéta** / zeta potential

potentiomètre *m* (électron) / potentiometer || ~ (télécom) / potentiometer of a telephone repeater || ~ d'**affichage** / read-out potentiometer || ~ **annulaire** / rotation potentiometer || ~ d'**appoint en disque** (électron) / disk type trimmer || ~ **bobiné** / wire-wound potentiometer || ~ à **couche** / non-wire wound potentiometer || ~ à **courant continu** / d.c. potentiometer || ~ **hélicoïdal** / multiturn o. helical potentiometer, helipot || ~ **inductif** / inductive potential divider, ipot || ~ **jumelé** / dual-ganged potentiometer || ~ de la **magnétorésistance** / magnetoresistor potentiometer || ~ **monotour** / single-turn pot || ~ à **prises fixes** (électron) / tapped control || ~ de **réglage** / preset pot || ~ du **réglage de champ** (électr) / potentiometer type field rheostat || ~ de **retransmission** (électron) / retransmitting pot[entiometer] || ~ **[rotatif]** / rotary potentiometer || ~ **sinus[oïdal]** (électron) / sine potentiometer || **~-trimmer** *m* / trimming potentiometer || ~ à **vernier** / vernier potentiometer

potentiométrie *f* (chimie) / potentiometric o. electrometric analysis o. titration

potentiométrique / potentiometric

potentiostat *m* / potentiostat

potentiostatique / potentiostatic

poterie *f* / ceramic goods *pl*, pottery || ~ (travail et atelier) / pottery || ~ (tuyau) / earthenware duct o. pipe, baked clay pipe || ~ **apyre** / fireclay pottery || ~ **cassée** / potsherd || ~ **commune** / coarse pottery || ~ **creuse** (céram) / hollow ware || ~ **d'étain** / pewter [ware] || ~ [en **grès**] / stoneware || ~ en **grès brun** / brown ware || ~ **imperméable** / impermeable earthenware || ~ **imperméable vernie** / glazed stone ware, G.S.W. || ~ **poreuse** / porous earthenware || ~ de **récupérateur** / recuperator block o. tube

poteyage *m* (fonderie) / die lubricant o. lube, release agent || ~ de **coquille** (fonderie) / die coating o. dressing || ~ pour **creuset** (fonderie) / pot o. crucible wash

potier *m* / potter, turner

potin *m* **gris** / cock metal

potion *f* (chimie) / potion

Potter-Bucky *m* (rayons X) / scattered-ray grid, antiscatter grid

potting *m* / wet decatizing, potting

pou *m* de **bois ou des livres** / wood louse || ~ de **San José** / Aspidiotus perniciosus, San Jose scale

poubelle *f* / dustbin (GB), garbage can (US) || ~ (de 20 - 50 litres) / dustbin (GB), ash bin o. can (US) || ~ (de 60 - 100 litres) / dustbin (GB), ash barrel (US)

poubellien *m* / contents *pl* of dustbin (GB) o. ash barrel

pouce *m* (tiss) / frame handle || ~ (= 25,40 mm) / inch, in || ~ **carré** (= 6,451626 cm^2) / square inch || ~ **courant** / lineal inch || ~ **cube** (= 16,3872 cm^3) / cubic inch

poudingue *m* (géol) / pudding stone

poudrage *m* (pap, défaut) / powdering, dusting || ~ (b.magn) / oxide shedding

poudre *f* / powder || ~ , poussière *f* / dust || ~ (cosmétique, sucre) / powder || ~ (ELF) (espace) / solid propellant || **de ~ fine** / fine as dust || **en ~** / pulverized || **en ~** (aliments) / dried, dehydrated (milk, eggs), powdered (chocolate), instant (coffee), castor... (sugar) || **en [forme de] ~** / powdery || ~ **abrasive** / pulverulent abrasive || ~ **abrasive de rodage** / lapping abrasive || ~ **aciculaire** (frittage) / acicular powder || ~ d'**alliage ou alliée** (frittage) / alloyed powder || ~ d'**alliage dur** / hard alloy powder || ~ d'**alliage mère** (frittage) / master alloy powder || ~ d'**amorçage** / priming o. touch powder || ~ **amylacée pour colle** / starch-based powdered adhesive || ~ **animale** / animal meal || ~ d'**ardoise** (plast) / slate flour || ~ d'**asphalte** / asphalt powder || ~ **atomisée** (mét.poudre) / atomized powder || ~ à **bronzer** / bronze pigment || ~ **broyée** / milled o. comminuted powder || ~ **broyée** (mét.poudre) / comminuted powder || ~ du **broyeur tourbillonnaire** / eddy mill powder || ~ à **canon** / powder for blasting and shooting, gun powder || ~ **cathodoluminescente** / phosphor (for C.R.T.) || ~ à **cémenter** / cementation o. cementing powder || ~ de **charbon** / powdered carbon, carbon powder || ~ de **charbon de bois** / ground charcoal || ~ de **chasse** / sporting powder || ~ à **combustion lente** / slow burning powder || ~ **complètement alliée** (frittage) / completely alloyed powder || ~ **composée ou composite** (frittage) / composite powder || ~ **dendritique** (frittage) / dendritic powder || ~ **détonante** / priming powder || ~ à **dispersion** / powder for strewing o. dusting purposes || **~-éclair** *f* / magnesium light || ~ en **éclats** (frittage) / fragmented powder || ~ à **écurer** / scouring powder || ~ **électrolytique** (frittage) / electrolytic powder || ~ d'**émeri** / emery dust o. flour o. powder || ~ à l'**épandage** / powder for strewing o. dusting purposes || ~ d'**éponge** (frittage) / sponge powder || ~ d'**éponge de fer** / sponge iron powder || ~ **ex-carbonyle** (frittage) / carbonyl powder || ~ **ex-hydrure** (frittage) / hydride powder || ~ **explosive** (mines) / blasting powder || ~ de **fer** / powdered iron || ~ **fine d'aluminium** / aluminium powder || ~ **fondante** (sidér) / flux powder o. stone || ~ de **friction** (géol) / rock flour || ~ **frittée** / sintering powder || ~ à **giboyer** / hunting o. sporting powder || ~ à **grain fin** / small-grained powder || ~ **granulée** (frittage) / granular powder, shot || ~ **granulée ou en grenailles** / granular powder || ~ de **guerre** / gun powder || ~ **Hametag** / eddy mill powder || ~ **irrégulaire** (frittage) / spattered powder || ~ de **lait** / milk powder, powdered o. desiccated milk || ~ **lamellaire** (frittage) / flaky powder || ~ **lamellée** / lamellar powder || ~ de **lycopode** / lycopodium || ~ de **métal** / metal powder || ~ de **mica** / mica flour || ~ de **mine** (mines) / black o. blasting powder, explosive o. bursting powder || ~ **mouillable** /

wettable powder || ~ **moulable** / moulding powder || ~ à **mouler** (plast) / moulding powder || ~ **moulue** (frittage) / milled o. comminuted powder || ~ **muriatique** / priming powder || ~ à **nettoyer** / polishing powder, cleaning powder || ~ **nodulaire** (frittage) / modular powder || ~ **noire de mine** voir poudre de mine || ~ d'**or** / dust gold, gold dust || ~ de **pailles de laminage** / mill scale powder || ~ en **paillettes** (frittage) / plate-like powder || ~ à **particules non uniformes** (frittage) / spattered powder || ~ à **particules uniformes** (frittage) / uniform powder || ~ de **phénoplaste à mouler** / phenolic moulding compound o. molding composition (US), phenolic plastic || ~ **picrique** / picric powder || ~ de **poisson** / fish meal || ~ à **polir** / polishing powder || ~ à **polir**, pâte *f* à polir / polishing powder, cleaning powder || ~ de **préalliage** (frittage) / prealloyed powder || ~ **précipitée** (frittage) / precipitated powder || ~ **propulsive** / powder for blasting and shooting, gun powder || ~ **pyrophorique** / pyrophorous powder || ~ de **quartz** / quartz powder || ~ **récuite** (frittage) / annealed powder || ~ à **récurer** / scouring powder || ~ **réduite** (mét.poudre) / reduced metal powder, reduction powder || ~ pour **revêtement électrostatique** / coating powder || ~ **sans fumée** / nitro powder || ~ de **savon** / soap powder || ~ **sèche** / drying powder || ~ **sphérique** (frittage) / spherical powder || ~ **sphéroïdale** (frittage) / spheroidal powder || ~ **sublimante** (fusée) / subliming solid propellant || ~ de **talc** / talcum powder (GB), French white (US)
poudrement *m* / powdering, dusting
poudrer / powder *vt vi*, dust *vt vi*
poudrette *f* / compost, mixed manure
poudreuse *f* (agr) / duster || ~ à **moteur** (agr) / motor duster || ~ à **moteur sur brancard** (agr) / barrow motor duster || ~ pour **semences** (agr) / seed dresser
poudreux / dusty
poulain *m* de **chargement** / dray ladder
poulie *f* / roller, pulley || ~ (organe moteur) / pulley, sheave || ~ (nav) / tackle || ~ d'**adhérence** (mines) / friction drive pulley, Koepe sheave || ~ **attaquée** / driven pulley || ~ à **bord** / flanged pulley o. wheel || ~ à **câble** (funi) / rope sheave || ~ de **charge** (nav) / cargo block || ~ de **commande** / main o. driving pulley o. sheave || ~ de **commande garnie de cuir** (funi) / leather lined driving sheave || ~ de **commande à gradins ou étagée** / driving cone pulley || ~ **compensatrice à câble** / rope compensation pulley || ~ **conductrice** / guide o. guiding o. idler pulley o. roller o. sheave || ~ à **cônes** (techn) / step o. cone pulley, stepped speed pulley, speed pulley o. cone || ~ de **contrainte** / deflection pulley o. sheave || ~ à **cordon ou à corde** / strap pulley o. wheel || ~ à **courroie trapézoïdale ou en V** / V-grooved pulley, vee belt pulley || ~ à **deux étages** / double cone pulley || ~ de **déviation** / deflection pulley o. roller o. sheave || ~ **différentielle** / differential pulley-block o. chain-block o. tackle || ~ **divisée** / split pulley || ~ **double**, poulie *f* à double renvoi / double purchase pulley || ~ à **empreintes à expansion** / chain gripper pulley || ~ de l'**ensouple arrière** (tex) / beam flange || ~ d'**entraînement** / main o. driving pulley o. sheave || ~ d'**entraînement du câble tracteur** / traction rope sheave || ~ en **étages** (techn) / step o. cone pulley, stepped speed pulley, speed pulley o. cone || ~ d'**excentrique** / eccentric o. cam pulley o. wheel || ~ **fixe** / fast pulley || ~ **folle** / idle pulley, running pulley || ~ **folle** (pap) / pipe o. idler o. idling roller || ~ **folle de pesage** (bande transp.) / weighing idler || ~**-frein** *f* / brake disk o. pulley o. sheave || ~ de **friction** / friction roller || ~ à **gorge pour câbles métalliques** / grooved pulley || ~ à **gorge pour courroie trapézoïdale** (auto) / V-grooved pulley, vee-belt pulley || ~ à **gorge pour courroies trapézoïdales étroites** / small vee-belt pulley, wedge belt pulley || ~ à **gradins** (techn) / step o. cone pulley, stepped speed pulley, speed pulley o. cone || ~ de **guidage** / deflection pulley o. roller o. sheave || ~**-guide** *f* (nav) / fairlead block, lead[ing] o. guide block || ~ de **halage** (nav) / warping block || ~ **isolante à gorge** (électr) / grooved o. corrugated insulator || ~ **Koepe** (mines) / Koepe sheave || ~ **libre ou mobile** / loose pulley o. wheel, movable o. idle[r] pulley, idler || ~ de **main-douce** (filage) / backshaft [drawing-out] scroll || ~ **mobile** voir poulie libre || ~ **mobile** (nav) / running block || ~ du **moteur** / motor pulley || ~ **motrice** / driving disk o. wheel, driving pulley || ~ de **mouflage** (ascenseur) / deflection sheave || ~ **mouflée** / lifting o. pulley block, block and pulley, block and tackle || ~ d'un **moulin** (filage) / wharve, whorl || ~ **multiple**, moufle *f* / pulley lifting tackle || ~ **multiple ou à plusieurs gorges** / multiple groove pulley || ~ à **pince** / clip pulley || ~ **principale de commande** (filage) / main driving pulley || ~ de **rappel** / pressure roller || ~ à **réas multiples** (nav) / purchase block || ~ à **rebord** / flanged wheel || ~ de **renvoi** / return pulley o. sheave || ~ de **renvoi** (tex) / guide roller || ~ de **renvoi** (bande transp.) / tail pulley || ~ de **renvoi** (ascenseur) / top pulley || ~ à **serrage** / jamming roller || ~ **[simple]** (funi) / roller || ~ **simple ou à simple renvoi** / single-purchase pulley || ~ de **tension** / tension o. stretching roller o. pulley || ~ [pour **transmission] à cordon ou à corde** / rigger, leather rope pulley, groove o. strap pulley o. wheel || ~ à **trois cônes** / three-step cone pulley || ~ de **ventilateur** (auto) / fan [driving] pulley || ~**-volant** *f* / flywheel type belt pulley
poumon *m* / lung || ~ d'**acier** / iron lung
poupe *f* (nav) / stern || **en** ~ (nav) / aback
poupée *f* (bois) / poppet || ~ (caoutchouc) / puppet, roll of uncured rubber || ~ (filage) / skein, bunch || **à** ~ **simple** (tourn) / gearless head, plain-head... || ~ **diviseuse** (m.outils) / dividing attachment o. apparatus o. head, divider || ~ à **double train baladeur** / double geared headstock || ~ à **engrenages** (tourn) / geared headstock || ~ **fixe** (tourn) / headstock || ~ à **lunette** (tourn) / fixed stay o. steady || ~ **mobile ou à pointe** (m.outils) / tailstock, tailblock || ~ **porte-broche ou porte-fraise** / drill head || ~ **porte-meule** / grinding spindle headstock || ~ **porte-pièce** / work piece spindle head || ~ à **train baladeur** / geared headstock || ~ de **treuil** (nav) / warping end o. drum o. head, drum head
pour cent, ...~ / percent, percentage || ~ *m* / percent, per cent, p.c., Pct || ~ de **volume**, pourcent *m* volumétrique / percent by volume
pourcentage *m* / percentage || **à** ~ **constant** / constant-percentage... || **de** ~ **bas** / low-percentage... || **d'un** ~ **élevé** / high-percentage... || **d'un** ~ **élevé** (alcool) / high-proof || **selon un** ~ / percental || ~ d'**acide** / percentage of acid || ~ de **crotte** (betteraves) / dirt tare per cent || ~ de **cuivre** (électr) / copper factor || ~ des **demandes satisfaites** (télécom) / percent completion || ~ de **dérive** (électron) / drift percentage || ~ d'**erreurs** / error percentage || ~ en **fer** / percentage of iron ores || ~ de **fonctionnement** / percentage duty cycle || ~ de

freinage (ch.de fer) / percentage of brake power, effective braking power || ~ d'**humidité** / percentage of moisture || ~ **instantané de défaillances** / temporary failure frequency || ~ en **masse** / percentage by mass || ~ de **modulation** / percentage modulation || ~ de **netteté** (télécom) / percentage articulation || ~ de **paye à la pièce** / percentage of the incentive rate || ~ des **pièces fautives** / percent defective || ~ **pondéral ou en poids** / weight per cent, percent in weight || ~ de **prise de terre** (télécom) / earthing percentage || ~ de **résine** / proportion of resin present, resin content || ~ de **terres** (mines) / percentage of waste || ~ d'**utilisation** / rate of utilization

pourcentile *m* / percentile, centile

pourchau *m* (mines) / balance weight

pour mille *m* / per mil, per thousand

pourpre *f* / purple || ~ *m* de **bromocrésol** / bromcresol purple || ~ de **Cassius** / gold purple, purple of Cassius, (US also:) mineral purple || ~ de **crésol** (chimie) / cresol purple || ~ **rétinien** / rhodopsin, visual purple || ~ à **vapeur** / steam purple

pourpré / purple

pourprure *f* (teint) / purple dyeing

pourri / decayed, decaying, rotten || ~ / fusty, musty

pourrir *vi* / decay *vi*, rot || ~ *vt* (céram) / age *vt*

pourrissage *m* (pap) / fermentation, rotting || ~ de la **magnésie** / souring of magnesite

pourriture *f*, pouriture *f* / rottenness, rot, decay, putridity, putridness, decomposition || ~ (bois) / [dry] rot, rotting || ~ **alvéolaire** (bois) / pocket rot, white pocket || ~ de l'**aubier** (bois) / sap rot || ~ **bleue** (bois) / blue stain, blueing || ~ **brune** (agr) / brown rot || ~ de **capsule** (coton) / boll rot || ~ du **cœur** (bois) / heartwood rot || ~ du **cœur**, pourriture *f* sèche (betteraves) / heart rot of beets || ~ **fusariose de la pomme de terre**, pourriture *f* sèche / dry rot of potatoes || ~ **grise ou noble** (due à Botrytis cinerea) (vigne) / gray mould of vine, botrytis disease || ~ **humide** / wet rot || ~ **rouge** / red rot || ~ du **tronc** / rotting of the trunk || ~ **verte** (bois) / mildew of wood

poursuite *f* / tracking || ~ (mil) / follow-up, pursuit, chase || ~, continuation *f* / continuation || ~ (ELF) (astron) / tracking || ~ **automatique** (radar) / automatic following || ~ **continue** (radar) / angle tracking || ~ **électrono-optique ou opto-électronique** / electron-optical tracking system, EOTS || ~ en **fréquence** (ELF) (espace) / frequency tracking || ~ par **radar** / radar tracking, RT || ~ par **radio** / radiotracking || ~ de **satellites** / satellite tracking || ~ en **VCM** (= visualisation des cibles mobiles) (radar) / range tracking

poursuivre / follow up, track

poursuivre, continuer / pursue, continue

pourtour *m* / passage round a building, circumference || ~, contour *m* / circumference, periphery

pourvoir [de] / equip o. furnish o. fit [out] o. provide [with] || ~ l'**arbre d'une flache** / blaze || ~ de **fusibles** (électr) / protect by fuse

pourvoyeur *m* (auto) / purveyor [of accessories], component supplier, [outside] vendor (US)

pourvu [de] / provided o. equipped [with]

poussage *m* (pont) / timed shifting || ~ (mines) / advance timbering, spil[l]ing || ~ du **moteur** (mot) / tune up, hot-up, soup-up

poussant droite (vantail) / left-hand (DIN 107) || ~ **gauche** (vantail) / right-hand (DIN 107)

poussard *m* / stretcher, sustainer || ~ / trench brace

pousse *f* (bot) / shoot, sprout || ~ (ch. de fer) / banking o. pusher locomotive o. engine, helper (US) || **faire des ~s** (betterave) / bolt *vi*, run to seed

poussé (nav) / push... || ~, avancé / advanced

pousse-aiguille *m* (m.à coudre) / needle driver

poussée *f* (méc) / thrust || ~, secousse *f* / shove, push || **à ~ augmentée** (aéro) / thrust augmented || **par ~** (m.outils) / push-type || ~ **aérostatique** (aéro) / lift, ascending force || ~ **aérostatique** (liquide) / buoyancy || ~ de l'**arc** / horizontal thrust, tangential thrust || ~ d'**Archimède** / buoyancy || ~ en **avant** (aéro) / propulsion || ~ **axiale** / axial o. end thrust || ~ due à la **chaleur** / thrust due to heat || ~ aux **conditions normales** (aéro) / [propeller o. jet] thrust || ~ de **décollage** (aéro) / take-off thrust || ~ au **démarrage** (comm.pneum) / starting kick, surge || ~ du **faîte** (mines) / super-incumbent pressure || ~ **fine** (espace) / fine thrust || **~s** *f pl* des **glaces flottantes** / rake of ice || ~ *f* de **groupe** (aéro) / group thrust || ~ d'**hélice** (nav) / screw thrust || ~ **[d'hélice ou du jet]** (aéro) / [propeller o. jet] thrust || ~ **horizontale** (gén) / horizontal thrust || ~ **horizontale** / horizontal o. tangential thrust || ~ **horizontale annulée** / counterbalanced horizontal thrust || ~ au **joint fixe** (aéro) / static jet thrust || ~ **[latérale]** (mines, bâtim) / horizontal thrust || ~ **longitudinale** / axial o. end thrust || ~ **moteur sec** (aéro) / basic dry rating || ~ **nette** (aéro) / net thrust || ~ du **pont arrière** (auto) / rear-axle thrust || ~ de **puissance** / run-up, bringing-up, raising || ~ **radiculaire** (bot) / root pressure || ~ au **sol** (aéro) / ground thrust || ~ **statique standard** (jet) / static jet thrust || ~ **tangentielle** (bâtim) / tangential thrust || ~ du **terrain** (bâtim) / ground thrust || ~ des **terrains** (mines) / rock thrust || ~ des **terres** / pressure of earth, soil o. foundation pressure || ~ **totale** (hélice) / shaft thrust || ~ de **vent** / wind pressure || ~ **vernier** (espace) / fine thrust || ~ **verticale** (hydr) / buoyancy || ~ au **vol** (aéro) / flight thrust

pousse-fiches *m* (men) / pin punch

pousse-navettes *m* (tiss) / shuttle driver

pousser *vt* / propel || ~ (mines) / drive o. push on, advance || ~, faire glisser / push, shove *vt* || ~ *vi* (agr) / grow *vi* || ~ (remorque) / slide on || ~ (mines) / exercise pressure, press || ~, heurter / push, shove *vi* || ~, presser / press, exert pressure || ~ (bâtim) / be out of perpendicular, bear false || ~ (bourgeons) / shoot *vi*, sprout || ~ en **avant** (gén) / push along || ~ **dehors** / eject, expel || ~ en **dehors** (bâtim) / be critically out of perpendicular || ~ à l'**écart** / side *vt*, shunt || ~ le **feu** / fan *vt*, kindle, blow into a flame || ~ à **fond** / push in fully || ~ à **outrance** / overexert, overwork, overstrain || ~ la **production** / enforce, force || ~ à **travers** / push through || ~ des **wagonnets** (mines) / haul o. put trucks

pousse-toc *m* (tourn) / lathe dog, carrier

poussette *f* / pushcart

pousseur *m* (nav) / push tug o. towboat, barge propelling tug, pushing motorbarge || ~ (mines) / putter, kibbler || ~ (mines, dispositif) / kick-back cylinder || ~ (ELF) (fusée) / booster stage o. rocket || ~ (ELF) (espace) / launch o. launcher rocket o. vehicle, booster rocket o. stage, carrier rocket, rocket vehicle || **~-encageur** *m* (mines) / decking plant || **~-encageur** *m* de **bure** (mines) / coal pusher in a staple pit || **~-encageur** *m* **pneumatique** (mines) / pneumatic ram || ~ **latéral** (ELF) (espace) / strap-on booster || ~ **mécanique d'encagement** (mines) / tub pushing device || ~ **pneumatique** (techn) / pneumatic thruster

pousseuse *f* (techn) / pusher || ~ (sidér) / pusher,

pushing device || ~ (p.e. chariot empileur) / pusher
poussier *m* (charbon) / coal dust, pulverized coal || ~, schlamms *m pl* (prép) / fines *pl* || ~ de **charbon de bois** / charcoal breeze o. cinder o. dust || ~ de **coke** / breeze || ~ de **lignite** / pulverized lignite
poussiérage *m* (pap) / fluffing
poussière *f* / dust || **en** ~ / dustlike, powdery, dusty || **sans** ~ / dustless, dustfree || ~ de **briques** / brick o. tile dust, grog (GB) || ~ des **carneaux des fours à zinc** (sidér) / zinc [oven flue] dust, blue powder o. metal || ~ de **cartes** (c.perf.) / lint || ~ de **charbon** / pulverized o. powdered coal, coal dust || ~ de **coke** / coke cinder o. dust o. breeze || ~ **combustible** / pulverized fuel || ~**s** *f pl* **cosmiques** / cosmic dust, star o. meteor dust || ~**s** *f pl* de **coton** (tex) / cotton dust, evaporation, flyings *pl* || ~ *f* de **farine** / mill dust || ~ de **fibres** (tex) / flue || ~ **folle** / fine dust || ~**s** *f pl* **folles en suspension** / airborne particles o. particulates *pl*, || ~ *f* de **forage** (mines) / bore dust, boring [dust] || ~ de **gaz ou de fumées** (sidér) / flue dust || ~ de **grillage** / dust of roasted ore || ~ de **gueulard ou des hauts fourneaux** / blast furnace flue dust, furnace o. throat dust || ~ de **houblon** / hop dust, lupulin || ~ **incombustible** (mines) / incombustible dust, stone dust || ~ **industrielle** / industrial dust || ~ **inerte** (mines) / stone dust, incombustible dust || ~ de **laine tontisse** / flock, wool powder || ~ de **malt** (bière) / maltdust || ~ **métallique** / metallic powder || ~ **météoritique** / meteoritic dust || ~ de **meulage** / wheel swarf || ~ de **moulage** / flour o. powder of emery || ~ d'**or** / dust gold, gold dust || ~ d'**oxyde d'étain** / tin fume || ~ de **polissage** / wheel swarf || ~ de **ponçage** (bois) / sanding dust || ~ **stérile** (mines) / stone dust, incombustible dust || ~ de **tourbe** (agr) / mull, peat dust || ~ **volante ou en suspension** / fine dust || ~ de **zinc** / zinc dust
poussiéreux / dust covered, pulverulent, powdery
poussoir *m* / pusher, thruster, thrustor || ~ (four à arc) / stinger || ~ (m.outils) / thrustor || ~ (chaîne) / pusher || ~ (four) / pusher, pushing device || ~ (soupape) / tappet || ~ (contraire: commutateur) / push button || **à** ~ (mot) / tappet actuated || ~ d'**alimentation de barres** / bar feed || ~ à **bouton lumineux** / luminous push-button key || ~ des **cames** / cam follower o. lifter || ~ à **chasser les noyaux** (fonderie) / pusher pin || ~ **coulissant** (mot) / sliding tappet || ~ à **galets** (mot) / roller tappet || ~ **«marche»** / on-button || ~ pour **montres** / push-piece || ~ de **rappel** (fonderie) / ejector return pin || ~ à **sabot** (mot) / mushroom follower || ~ de **soupape** (robinetterie) / cam follower o. lifter
poutrage *m*, poutraison *f* / beaming, timbers *pl*, timber work, framework of beams
poutre *f* (bâtim, constr.en acier) / beam, girder || ~ (méc) / girder || ~ à **âme pleine** / plate girder || ~ à **âme triple** (constr.en acier) / three-web girder, Rieppel girder || ~ d'**appui** (bâtim, constr.en acier) / girder with rigid bearings || ~ à **appuis fixes et mobiles** (méc) / girder with rigid and movable bearings || ~ en **arc** / camelback truss || ~ en **arc sous-tendu ou à tirant** / bowstring girder || ~ à **arcades** / quadrilateral beam o. girder, frame beam o. girder || ~ **arc-boutée composée** / strut framed beam || ~ **armée** / trussed girder || ~ **articulée** / hinged girder || ~ d'**assemblage en crémaillère** / joggle beam, indented-built beam, built-indented beam || ~ en **auge** (constr.en acier) / open-box girder || ~ **autolanceux** (pont) / launching gantry || ~ à **béquilles** / rigid frame || ~ en **béton armé** / reinforced beam || ~ en **bois** / [wooden] beam || ~ à **bois vif** / squared beam || ~ de **cadre** / beam of a frame || ~ **caisson** / box plate girder || ~ **cambrée** / curved beam || ~ **cambrée** (comble) / chamfered beam || ~ **cantilever** (formée par la poutre centrale et une poutre-console latérale de chaque côté) / Gerber beam, cantilever girder || ~ **centrale** / central beam o. girder || ~ sous **chaussée** / bridge beam o. girder || ~ **collée laminée** / glued laminated girder, glulam girder (US) || ~ **combinée d'acier et de bois** / composite wood/steel beam || ~ **combinée acier-béton** / composite steel/concrete girder || ~ **composée** / sandwich o. flitch beam (made up of planks o. steel sheets) || ~ **comprimée** / compressed beam || ~**-console** *f* / cantilever beam || ~ **contiguë au mur** (bâtim) / beam touching the wall || ~ **continue** / continuous beam o. girder, through beam o. girder || ~ **continue spirale** / continuous helicoidal girder || ~ **continue traversant sur plusieurs appuis** / continuous beam o. girder supported at several points || ~ **contrefichée système Pauli** (constr.en acier) / Pauli lattice girder || ~ à **contrefiches** / truss beam || ~ de **contreventement** / wind bracing girder o. beam || ~**-courbe** *f* / camelback truss || ~ à **crémaillière** (charp) / joggle beam, indented-built beam || ~ **creuse** / hollow beam o. girder || ~**s** *f pl* **croisées** (constr.en acier) / grillage, grid || ~ *f* **dameuse** (bâtim) / tamping plank || ~ **demi-parabolique** / semiparabolic girder || ~ à **dents** (charp) / joggle beam, indented-built beam || ~ à **dents de la herse** (agr) / harrow tooth bar || ~ sur **deux appuis** / girder resting on two bearings || ~ à **deux parois** / double-plate girder, trough-shaped girder || ~ **droite composée** / parallel girder || ~ **droite type Howe** (constr.en acier) / Howe type girder || ~ **écornée** / bevelled o. canted beam || ~ d'**égale résistance** / beam of uniform strength || ~ **égaliseuse** (routes) / screed || ~ d'**éjection** (fonderie) / bumper bar || ~ **encastrée à une extrémité** / cantilever [beam] || ~ **encastrée de part et d'autre** / fixed o. constrained beam o. girder || ~ **faîtière** / ridge bar o. beam, roof tree o. coping, ledge beam || ~ en **forme d'auge** (constr.en acier) / open-box girder || ~**-frein** *f* (frein de voie) / brake beam, retarder beam || ~ de la **grue** / crane girder || ~ de **herse** / harrow bar || ~ en **I** (lam) / standard beam, H- o. I-beam o. girder, beam || ~ **intermédiaire** (charp) / secondary beam o. girder, intermediate member || ~**s** *f pl* **jumelées** / double o. twin girder || ~ *f* **laminée** / rolled girder || ~ **lenticulaire** (constr.en acier) / lenticular beam o. girder, fishbellied girder, fish beam || ~ **lisseuse** (béton) / screed || ~ **longitudinale** (pont) / longitudinal o. main girder || ~ **longitudinale intermédiaire** (aéro) / intermediate longitudinal || ~ **longitudinale subsidiaire** (pont) / subsidiary longitudinal girder || ~ **maîtresse** / principal beam o. girder || ~ **maîtresse de pompe à balancier** (pétrole) / walking beam || ~ à **membrure inférieure cintrée en dedans** / girder with arched soffit, with arched bottom flange || ~ **métallique** / steel girder || ~ du **milieu** / central beam o. girder || ~ de **noue** (charp) / collar o. tie beam || ~ [d'**ouvrage**] **suspendue** / suspension girder || ~ **parabolique** / parabolic girder || ~ **parallèle** / parallel girder || ~ **parallèle à bouts trapéziformes** (constr.en acier) / parallel flanged girder with slanting end posts || ~ **parallèle à garniture triangulaire** / half-lattice o. Warren girder || ~ **pendante** (constr.en acier) / suspension girder || ~ du **plafond ou du plancher** / ceiling joist || ~ en **planches** / plank truss || ~ à **plaques** / sandwich o. flitch beam ||

~ **Polonceau** (constr.en acier) / Polonceau girder, Fink o. Belgian o. French truss || ~ **polygonale** (constr.en acier) / polygonal bowstring o. beam || ~ de **pont** / bridge girder o. truss || ~ en **porte à faux** / cantilever [beam] || ~ **principale** / principal beam o. girder || ~ **principale** (pont) / longitudinal o. main girder || ~ **reposant librement sur deux appuis** / girder resting on two bearings || ~ de **rigidité** / stiffening girder, crossbracing || ~ de **rive** (ch.de fer) / end girder || ~ de **rive** (constr.en acier) / edge girder o. beam || ~ de **roulement** / craneway o. gantry girder || ~ en **saillie** / beam with overhang || ~ en **segment** (constr.en acier) / segmental bowstring girder || **~-shed** *f* / girder of a shed roof || ~ **sollicitée en flexion** / girder subject to bending || ~ de **soutien** (porte) / breastsummer, bres[t]summer || ~ **supérieure** (bâtim) / suspender beam || ~ **support de traverses** (bâtim) / joist || ~ **support de traverses** (pont) / sleeper carrying girder || ~ **surélevée** / girder with arched soffit, with arched bottom flange || ~ **suspendue** (constr.en acier) / suspension girder || ~ **système Gerber** / cantilever girder || ~ **système Laves** (constr.en acier) / lenticular beam o. girder, fishbellied girder, fish beam || ~ en **T** (constr.mét) / T-beam || ~ à **tablier supérieur [ou inférieur]** / girder with floor on top [o. bottom] boom || ~ en **té** (béton) / T-beam || ~ à **tirant** / bowstring girder || ~ en **tôles [et cornières]** / plate girder, solid web girder || ~ **transversale** (gén) / transverse o. transversal bar o. beam o. girder, traverse, crossbeam, browpost || ~ **transversale** / stiffening girder, crossbracing || ~ **transversale intérieure** (aéro) / inner ridge-girder || ~ en **travers** / crossbeam || ~ **traversière** (charp) / straining piece, binding piece, bridging [piece] || ~ **traversière d'une ferme à moise** (bâtim) / straining beam o. collar o. tie, span o. spar piece, verge couple || ~ en **treillis** / truss [girder], lattice girder || ~ en **treillis en forme de croissant** (constr.en acier) / sickle shaped truss || ~ **triangulaire** (constr.en acier) / triangular o. triangulated girder || ~ **tubulaire** / tubular girder || ~ en **U** / U-beam || ~ à **une seule travée** (bâtim) / single-span girder || ~ au **vent** / wind bracing beam o. girder || ~ **vibrante** (bâtim) / vibratory plank || ~ **Vierendeel** / frame beam o. quadrilateral beam o. girder || ~ à **vive arête** / squared beam || ~ **voûtée** / curved o. camber beam || ~ **Warren** (constr.mét) / Warren girder

poutrelle *f* (lam) / rolled steel girder || ~ (constr.en acier) / girt || ~, barre *f* (constr.en acier) / member || ~, couvre-joint *m* / butt strap, cover plate || **~s** *f pl* (bois) / squared timbers *pl*, beams *pl* || ~ *f* à **ailes parallèles** / parallel flange[d] girder || ~ **alvéolaire** / castellated beam || ~ **alvéolaire ou ajourée ou expansée** / castelled welded beam || ~ de **butée** / buttress beam || ~ **Euronorm** / European standard beam || ~ **I** / I-beam || ~ **IPE** (profil Européen) / IPE beam (European section) || ~ **I.P.E., H.A., H.B., H.C., H.M.** / European standard beam || ~ **IPN** / IPN beam || ~ à **larges ailes ou à larges semelles** / broad flanged beam, wide flanged I-beam, H-beam || ~ **normale** / normal beam || ~ de **pont** / bridge beam || ~ **reconstituée soudée** / castellated welded beam || ~ **reconstituée soudée légère** / castellated welded light beam

pouvoir *m* / power, capacity || **ayant le ~ de décision** / policy level..., executive (US) || ~ **abrasif** / abrasive property || ~ **absorbant ou d'absorption** / absorbing power o. capacity, degree of absorption, absorbency || ~ **absorbant** (pap) / absorbency || ~ **absorbant de chaleur** (haut fourneau) / heat absorbing power || ~ **absorbant du sol** / suction pressure || ~ d'**absorption des colorants** (tex) / absorptive capacity of dyestuffs || ~ d'**accélération** / accelerating power || ~ d'**accélération** (auto) / pick-up, get-away || ~ d'**accélération important** (auto) / quick get-away || ~ d'**accommodation** / accommodating power, adaptability || ~ d'**accommodation** (physiol) / power of accommodation || ~ d'**accumulation** (hydr) / storage capacity || ~ d'**adaptation** / accommodating power, adaptability || ~ **adhérent ou d'adhérence** / adhesive force o. power || ~ **adhésif** / adhesive force o. power o. strength, adhesiveness, adherence, adherency || ~ d'**adsorption** (phys) / adsorption power || ~ **agglutinant** (gén, colle) / binding power o. strength || ~ **agglutinant ou d'agglutination** (charbon) / caking capacity o. property || ~ d'**amertume** (bière) / bittering power || ~ **analyseur** (électron) / resolution (US), definition || ~ d'**anti-redéposition** (agent de lavage) / anti-redeposition power || ~ d'**arrêt** (nucl) / stopping power || ~ d'**arrêt par collisions** (nucl) / linear collision stopping power || ~ d'**arrêt massique** / mass stopping power || ~ d'**arrêt relatif** (nucl) / relative stopping power || ~ d'**arrêt total atomique** / [total] atomic retarding o. stopping power || ~ d'**arrêt total linéique** (nucl) / total linear stopping power || ~ d'**attache** (gén) / adhesive force o. power || ~ **attractif** / attraction, force of attraction, attractive power || ~ **calorifique**, P.C. (combustible) / gross calorific value || ~ **calorifique inférieur**, P.C.I. / net calorific value || ~ **calorifique supérieur**, P.C.S. / gross calorific value || ~ **calorifuge** / heat insulation power || ~ de **chelation** / chelating power || ~ **cokéfiant** / coking capacity || ~ **collant** / tackiness || ~ **collant** (charbon) / caking capacity o. property || ~ **collant initial** (caoutchouc) / dry tack, aggressive tack || ~ **colorant** / colouring power o. value, staining power || ~ **complexant** / complexing power || ~ **conducteur** (phys) / conducting capacity o. power, conductibility || ~ **convergent** / power of a lens, focal power || ~ **convergent effectif** / principal point refraction, axial refraction || ~ de **coupure nominal** / rated breaking power || ~ **couvrant** (émail, couleur) / covering power o. capacity, hiding power, opacity || ~ **couvrant en surface** (couleur) / obscuration, spreading capacity o. power, spread, holdout (US) || ~ **détergent** (agent de lavage) / detergency, detergent power || ~ de **diffusion** / diffusibility || ~ **directif** (électr, techn) / directing o. directive force o. power || ~ **directif** (phys) / directivity || ~ **dispersant** (teint) / dispersive capacity, dispersing power || ~ **dispersant pour les savons de chaux** (tex) / lime soap dispersing property || ~ **dispersif** (galv) / throwing power || ~ **dissolvant** / dissolving power || ~ **éclairant ou d'éclairage** / luminous o. illuminating power || ~ d'**égalisation** (laque) / body of varnish, filling property of varnish || ~ **émissif** (nucl) / emissivity || ~ **émulsionnant ou émulsifiant** / emulsifying power || ~ d'**enclenchement** (électr) / making capacity || ~ d'**entraînement** (mot) / lugging ability || ~ **expansif** / expansive power o. force, expansiveness || ~ **explosif** / explosive force o. power o. strength, brisance || ~ **feutrant** / felting power o. property || ~ de **fixation** (gén) / adhesive force o. power, binding power || ~ **flottant** / buoyancy [lift], buoyant power, power of floating, supernatation || ~ **germinatif** (bot) / vitality || ~ **gonflant** (cuir) / plumping power || ~ de **gonflement** (rocher) / swelling characteristics *pl* || ~ de

gonflement (caoutchouc) / swelling property || ~ **inducteur** / inductive power || ~ **inducteur spécifique** / relative permittivity, specific inductive capacity, dielectric constant || ~ **infectieux** / infectivity || ~ **instantané** / short-time power || ~ **ionisant** / ionizing power || ~ **isolant** / insulating property o. power || ~ de **liaison** (chimie) / combining capacity || ~ **liant** (gén) / binding power o. strength || ~ **lubrifiant** / lubricity (of grease), oiliness (of oil) || ~ **magnétique rotatoire** / magnetic power of rotation || ~ de **micropénétration** (galv) / microthrowing power || ~ **mouillant** / wetting power o. ability || ~ **mouillant par immersion** (agent de surface) / dip-wetting ability || ~ **moussant** / frothing quality || ~ **moussant** (agent de surface) / foaming power || ~ **nivellant** (galv) / levelling || ~ **pénétrant ou de pénétration** / penetration [capacity o. power], percussion power o. force, perforating effect || ~ de **pénétration** (galv) / throwing power || ~ de **pénétration** (teint) / penetrating power of the dye || ~ des **pointes** (électr) / point effect o. action || ~ **portant** / carrying capacity || ~ **pouzzolanique** / pozzolanic property || ~ de **prise** (ciment, couleur) / setting power o. strength || ~ **protecteur contre la floculation** (teint) / flocculation preventing power || ~ de **ralentissement** / slowing down o. stopping power || ~ **rayonnant** (acoustique) / radiation index || ~ **réducteur** / reducing power || ~ de **réflexion ou réfléchissant** / reflectivity || ~ **réfringent** / [optical] refractive power, refrangibility, refringence, -ency || ~ **réfringent moléculaire** / molecular refraction o. refractivity || ~ **réfringent moléculaire spécifique** (chimie) / specific refraction || ~ **résolvant** (opt) / resolving capacity o. power, definition, resolution (US) || ~ de **rétention** / retaining power || ~ **rotatoire** (opt) / rotatory power || ~ **rotatoire optique** (polarisation) / specific rotation, rotatory power || ~ **séparateur** / separating power o. capacity || ~ **séparateur** (opt) / resolving power, definition, resolution (US) || ~ **séparateur** (distillation) / separation effect || ~ **séparateur en azimut** (radar) / azimuth angle definition || ~ **séparateur ponctuel** / point resolving power || ~ **séparateur radial** (radar) / range discrimination || ~ de **séparation de l'eau** (pétrole) / water separation ability || ~ **séquestrant** (chimie) / sequestering power || ~ **servir** *vi* / be suited, be suitable || ~ *m* **solubilisateur ou de solubilisation** / solubilizing power || ~ **spécifique** / specific output o. power || ~ **sucrant** / sweetening power || ~ **supporter** *vt* / bear *vt* || ~ *m* **suspensif** (chimie) / suspending power || ~ **tinctorial** (teint) / tinctorial power o. value dyeing power || ~ **tranchant** / cutting ability o. efficiency o. quality
pouzzolane *f* (bâtim) / pozz(u)olana || ~ **artificielle** (bâtim) / gaize
Poynting *m*, vecteur *m* de Poynting (électr) / Poynting vector
p.p.b., partie *f* par billion / parts per billion *pl*, ppb
p.p.c.d., plus petit commun diviseur (math) / lowest common denominator
p.p.c.m., plus petit commun multiple *m* / lowest common multiple
p.p.m., partie *f* par million / parts per million *pl*, ppm
PPO = oxyde de polyphenylène
PPOX = polypropylene oxide
PPS = polyphénylsiloxane
PPSU = polyphenylene sulfone
PR, patrouilleur *m* rapide (guerre) / fast patrol boat, E[nemy]-boat (GB) || ~ = ply rating (pneu)

pragmatique *f* (ord) / pragmatics
prairie *f*, pré *m* / grassland || ~ **[artificielle]** / meadow
prame *f* (nav) / lighter, praam (Baltic and North Sea)
praséodyme *m* (chimie) / praseodym[ium], Pr
praticabilité *f* / practicability, feasibility
praticable *adj* (routes) / traversable, passable, negotiable || ~ (projet) / executable, realizable, feasible, practicable || ~ (poste pneum) / for carrier passage || ~ (galerie) (mines) / open (galery) || ~ *m* (magasin) / dismountable warehouse stage || ~**s** *m pl* / practicals *pl*
praticien *m* / practician, practical man
pratique *adj* / useful, serviceable, convenient || ~ (personne) / practical, field-experienced || ~ *f* / practice || ~, exercice *f* / training || ~, expérience *f* / experience, practical knowledge || ~, maniement *m* / artifice || **en** ~ / in practice || ~ d'**avions-modèles** / model aviation
pratiquement (p.e. invisible) / practically (e.g. invisible)
pratiquer / exercise, practice *vt* || ~ une **route** / lay down o. construct a road || ~ la **saignée** (mines) / cut o. hew o. hole trenches, carve, cut, kirve, kerve
P.R.C., petit rayon de carre / small knuckle radius
pré *m* / grassland
pré·accélérer / preaccelerate || ~**accentuation** *f* (électron) / accentuation, preemphasis || ~**accentuation** *f* (filtre électron) / predistortion || ~**accentué** (filtre) / predistorted || ~**accentuer** des **fréquences** / preemphasize frequencies || ~**accordé** / pretuned || ~**accorder** / pretune, preset || ~**aérage** *m* / preaeration || ~**affinage** *m* de la **fonte** / preparation of hot metal || ~**-aiguilleteuse** *f* (tex) / preneedle loom || ~**aimantation** *f* en **courant continu** / d.c. bias || ~**aimanter** / bias *vt*, premagnetize || ~**alable** / preliminary || ~**alésoir** *m* / roughing reamer, semifinishing reamer || ~**alliage** *m* (fonderie) / intermediate o. master alloy || **de** ~**alliage** (poudre de frittage) / prealloyed, master alloy ... || ~**-allumage** *m* / preignition || ~**ambule** *m* (ord) / preamble || ~**ambule** *m* de la **revendication** (brevet) / characterizing clause o. portion, preamble of a patent, introductory clause (US) || ~**amplificateur** *m* (électron) / preamplifier, preliminary amplifier, PRE || ~**amplificateur** *m* [à] **basse fréquence** (TV) / low frequency preamplifier || ~**amplificateur** *m* à **H.F.** (électron) / high frequency preamplifier || ~**amplificateur** *m* de **microphone** / microphone o. (coll:) bullet amplifier || ~**amplificateur** *m* **retardé** / delayed gain control amplifier || ~**amplification** *f* d'**entrée** (électron) / input amplification || ~**-analyse** *f* (c.perf.) / presensing || ~**argenture** *f* / silver strike o. flash, pre-silver plating || ~**avertissement** *m* (ch.de fer) / outer distant signal || ~**avis** *m* (télécom) / personal o. report call, person-to-person call (US) || ~**broyage** *m* / preliminary disintegration, coarse breaking o. crushing || ~**broyer** / break coarsely, crush coarsely || ~**câblé** / prewired || ~**calcination** *f* (céram) / precalcination, preheating || ~**calcul** *m* (Suisse) / advance o. preliminary calculation, precalculation
précaution *f* / measures of precaution *pl*, safety measure || **avec** ~ / careful || **de** ~ / safety...
précaution *f* de **manipulation** / handling precaution
précédence *f* / priority || ~ (ALGOL) / rule of precedence
précédent / previous, preceding, prior, earlier || ~ (module) / preceding, connected in series
précentrer (opt) / prefocus
préceptes *m pl* à l'**esprit humain** (brevet) / function

that can be handled mentally
précession *f* / precession || ~ de **Larmor** / Larmor precession
pré·chambre *f* (mot) / prechamber, antechamber, precombustion chamber || **~charge** *f* / preload, initial load || **~chauffage** *m* (mét) / preheating || **~chauffage** *m* (céram) / prefire || **~chauffer** / preheat || **~chauffeur** *m* / preheater || **~chauffeur** *m* d'**eau** / water preheater || **~chaulage** *m* (sucre) / preliming, predefecation || **~chaulé** (sucre) / prelimed, predefecated
précipitable (chimie) / precipitable
précipitant *m* (chimie) / precipitant, precipitating agent
précipitation *f* (chimie) / precipitation, parting || ~ (métallurgie) / precipitation, dispersion || ~ (météorol) / precipitation || ~ (céram) / precipitation || ~ de **carbures** / carbide precipitation || ~ de **chaux** (teint) / lime scum || ~ **chimique** (eaux d'egout) / chemical precipitation || ~ **électrostatique** / electrostatic precipitation || ~ **hors du réseau** (métallurgie) / disappearance of network pattern || ~ de la **poussière** / dust precipitation o. settling || ~ **structurale** / structural precipitation || ~ [à **température ambiante ou à chaud]** (acier) / ageing at ambient temperature
précipité *m* (chimie) / deposit, sediment, precipitate, precipitation || ~ **atmosphérique** / precipitation || ~ **caill[ebott]é** (chimie) / curdy precipitation, curds *pl* || ~ de **cuivre** / copper precipitate || ~ de **mercure** (chimie) / mercury precipitate, precipitate of mercury || ~ **rouge** / red precipitate
précipiter (chimie) / precipitate || ~ *vt* (gaz) / condense *vt*, precipitate || ~ / dump *vt* || ~ *vi* (chimie) / subside, precipitate *vi* || ~ (se) (chimie) / part, segregate, precipitate *vi* || **se** ~ [vers] / bolt *vi*, dash *vi* || ~ la **poussière** / precipitate dust
précis *adj* / precise || ~ (découpage) / sheer, clean || ~, distinct / distinct, clear || ~, concis / concise || ~ *m* (graph) / digest || ~, manuel *m* / manual || **au millimètre** ~ / accurate to the mm
préciser / specify, state precisely || ~, indiquer / signal[ize], indicate
précision *f* / accuracy, precision, preciseness, exactness || ~ (NC) / accuracy || ~ (ord) / precision, word length || **à** ~ **réduite** (logarithme) / short precision || **de** ~ / accurate, correct, exact || **de** ~ **poussée** (instr) / high-precision ... || ~ d'**affichage** (instr) / resettability || ~ **contrôlée avec un vérificateur-étalon** (instr) / substandard precision || ~ **dimensionnelle** / accuracy of measurements, dimensional accuracy || ~ de **division** (m.outils) / dividing o. indexing precision || ~ **et tolérances** (pétrole) / precision and tolerances *pl* || ~ **extrême** / pinpoint accuracy || ~ des **lectures** / accuracy of reading || ~ des **mesures** / measuring accuracy, accuracy of measurement || ~ de **mise au point** (m.outils) / indexing precision || ~ de **positionnement** (NC) / positioning accuracy || ~ de **réglage** / setting accuracy || ~ de **relèvement** (aéro) / bearing accuracy o. classification || ~ de **rond** / truth [of running] || ~ de **syntonisation** (électron) / clearness of modulation o. tuning, tuning precision || ~ de **tracé** (circ.impr.) / definition || ~ de **travail** / finishing accuracy || ~ de l'**usinage** / accuracy of manufacture
pré·classer / preclassify || **~coagulat** *m* (latex) / precoagulum || **~coce** (caoutchouc) / scorchy || **~coce** (agr, ord) / early || **~combustion** *f* / precombustion || **~compression** *f* / precompression || **~compression** *f* (frittage) / preforming || **~comprimer** (bâtim) / precompress || **~concasser** / rough-crush || **~concasseur** *m* / primary crusher || **~conditionnement** *m* (essai des mat) / preconditioning || **de ~congélation** / prefreezing || **~conisé** / advocated, recommended || **~contraindre** (méc) / prestress || **~contraint** (méc) / prestressed
précontrainte *f* / mechanical bias, prestressing || ~ (bâtim) / pretensioning || ~ **postérieure** (béton) / posttensioning || ~ **transversale** / transverse pretensioning
pré·contrôle *m* (TV) / preview monitor || **~couché** (phot) / presensibilized || **~cuire** (plast) / precure || **~cuivrage** *m* / pre-copperplating, copper untercoating || **~cuivrage** *m* **léger** (galv) / copper flash o. strike || **~cuivrer** (galv) / pre-copperplate
précurseur *m* / forerunner, precursor || ~ (chimie) / precursor || ~ de **neutrons retardés** (nucl) / delayed neutron precursor || ~ de **noir** (TV) / leading black
pré·défini (ord) / preset || **~déflexion** *f* (TV) / predeflection || **~démarieuse** *f* de **betteraves** / beet thinner || **~dépôt** *m* (galv) / precoating || **~dépôt** *m* de **cuivre** voir précuivrage || **~destiné** / predetermined || **~détachage** *m* (teint) / prespotting || **~détachant** *m* / prespotting agent || **~détecteur** *m* **incendie** / early-warning fire alarm
prédéterminateur *m* / preset counter, preselect mechanism || ~ de **quantité** / predetermining o. preset counter
prédéterminé / predetermined, designated
prédiction *f* (contr.aut) / prediction || ~ du **temps** (météorol) / weather forecast o, report
pré·dissociation *f* (chimie) / predissociation || **~dit** / predicted || **~dominant** / dominant || **~dominer** / overbalance || **~doublage** *m* (filage) / two-end cheese winding || **~durcir** (sidér) / preharden || **~-échappement** *m* / pre-escape || **~emballage** *m* / prepackage || **~emptif** (ord) / preemptive || **~enregistré** (bande magn) / prerecorded || **~enrobé** (gravier) / precoated || **~épaissir** (couleur) / prebody || **~établi** / set || **~établi** (programme, ord) / compiled beforehand || **~-étamage** *m* / pretinning || **~étiré** (plast) / prestretched || **~étude** *f* / preliminary study [on] || **~excitation** *f* (électr) / preexcitation, premagnetization
préfabrication *f* (bâtim) / prefabrication || ~ **légère** / construction with individual precast concrete parts || ~ **lourde** (bâtim) / construction with precast concrete panels || ~ de **musique** / canning
pré·fabriqué (musique) / canned (coll) || **~fabriqué** (bâtim) / prefabricated
préférence, de ~ / preferential, preferred
préférentiel / preferential, preferred || ~ (échantillonnage) / sequential
préférer / prefer
pré·fini (pann.de part) / prefinished || **~fixage** *m* (bonnet) / preboarding || **~fixage** *m* (teint) / presetting
préfixe *m* (ord) / prefix || ~ (15 ou 16) **suivi par l'indicatif téléphonique interurbain**, préfixe *m* d'appel réseau (télécom) / area code (US) || ~ (pour désigner les multiples et les sous-multiples) (math) / combining form (e.g. kilo..., mega...) || **~s** *m pl* pour **puissances de dix** / prefixes for powers of ten
pré·fixé, polonais (ord) / prefix *adj*, polish, parenthesis-free, Lukasiewicz... || **~fixer** (tex) / preset
préflexion *f* d'une **plaque** (bâtim) / prebuckling of a plate
préformage *m* / preforming, (rope') pretwist, (tex:) preshaping
préforme *f* (semicond, plast) / pellet (US), tablet (GB) ||

~ (plast) / preform, parison || ~ (brasage) / solder preform || ~ **stratifiée** (plast) / laminated preform
préformé *adj* / preformed || ~ *m* / preform || ~ de **brasage** / solder preform
préformer / preform || ~ (plast) / pellet, preform
pré·fractionnateur *m* (chimie) / prefractionator || ~**frittage** *m* / presintering || ~**germé** (pomme de terre) / chitted || ~**germer** (bot) / pregerminate || ~**hension** *f* / grasp, grip
préhnite *f* (min) / prehnite
pré·hydrolyse *f* / prehydrolysis || ~**imprégné** / preimpregnated, prepreg... || ~**impregné** *m* (plast) / prepreg, preimpregnated board || ~**imprimé** / preprinted || ~**impulsion** *f* (radar) / pretrigger || ~**indication** *f* (c.perf.) / preindication || ~**injection** *f* (mot) / preinjection, pilot injection || ~**injection** *f* (coulée sous pression) / prefill[ing] || ~**ioniser** / preionize || ~**judice** *m* / detriment
prélart *m* (gén) / tarpaulin, tarred canvas
prélavage *m* / prewash[ing]
prélèvement (classification) / preliminary || ~ / taking-off a quota; deduction in advance, taking-off a quota || ~ (p.e. de mesures) / cal[l]ipering (measuring by or as if by cal[l]iper) || ~ (m.à vap) / tapping, bleeding || ~ (banque) / standing order || ~ (p.e. sur le capital) / levy (e.g. on the capital) || ~ du **courant** / current consumption, power demand || ~ des **échantillons** / sampling || ~ des **échantillons au hasard** / random sampling || ~ des **échantillons suivant un programme** / sequential o. systematic sampling || ~ de **gaz [pour échantillonnage]** / gas sampling || ~ au **hasard des quotes-parts** / quota sampling || ~ du **programme** / program fetch || ~ de **puissance** / drawing power
prélever / cal[l]iper (measure by or as if by cal[l]iper) || ~ / bleed, broach || ~ du **courant** / draw current || ~ un **échantillon** / sample, take samples || ~ des **échantillons au hasard** / sample each batch, random-test
préliminaire / preliminary, prelim
pré·lumination *f* (phot) / preexposure || ~**malaxation** *f* / stirring || ~**maturé** / premature || ~**mélange** *m*, prémix *m* / premix[ing] || ~**mélanger** / premix || ~**métro** *m* / underground tramway
premier *adj* / first || ~ (math) / prime || ~ *m* (bâtim) / (Europe:) first floor, (USA, Japan:) second floor || **faire le** ~ **recuit** / black- o. blue-anneal || ~ **article d'une chaîne** (ord) / home record || ~ **axe** / transverse axis || ~ **bassin de décantation** (eaux usées) / detritus chamber o. pit || ~ **clairçage** (sucre) / fore-wash || ~ **concasseur** / primary crusher || ~ **condenseur** (distillation) / [distillation] receiver o. recipient, run-down tank || ~ **corps** (sucre) / thin juice evaporator body || ~ **cylindre sécheur** (pap) / lead drier || ~ **développement** / primary development || ~ **emboutissage** (découp) / first-operation drawing || ~ **encollage** (tiss) / first dressing o. sizing || ~ **entré dernier sorti** (magasin) / first in-last out, filo || ~ **entré premier sorti** (magasin) / first in - first out, fifo || ~ **épart** (bâtim) / lower transom || ~ **et dernier terme** (math) / extreme [term] || ~ **étage de fusée** / primary rocket stage || ~ **étirage** (filage) / first drawing frame o. drawer, preparer gill box || ~ **filtre** / preliminary filter || ~ **harmonique** (phys) / first harmonic, fundamental component o. wave o. oscillation || ~ **jet** (sucre) / first product o. jet, high jet || ~ **jet** (dessin) / rough drawing || ~ **membre** (équation) / first member || ~ **montage** (film) / rough cut || ~ **moteur d'un montage en cascade** (électr) / main motor of a cascade || ~ **moût** (brass) / first wort || ~ **nettoyage** / prepurification, preliminary purification || ~ **plan** / foreground || ~ **polissage** / first polish || ~ **pont** (nav) / lower deck, below-deck || ~ **positif** (film) / married copy, daily o. rush print || ~ **principe de la thermodynamique** / first law of thermodynamics || ~ **produit** / first product || ~ **rattacheur** (tex) / spare spinner, head piecer || ~ **retors** (filage) / initial twist || ~ **rouleau d'un blooming** (lam) / breast roller || ~**s secours ou soins** *m pl* / first aid || ~ **sillon** *m* (agr) / land || ~ **stade** / early stage || ~ **terme d'une série** / leading term || ~ **tri** (c.perf.) / major sort || ~ **voyage** (nav) / maiden voyage o. trip
première *f* (auto) / first speed, low [gear] || ~ (soulier) / insole || **de** ~ **qualité** / first- o. high-class || **donner la** ~ **couche** (peinture) / prime *vt vi* || **donner la** ~ **coupe** / rough-cut || **en** ~ **approximation** / by first approximation || **la** ~ **pierre** / foundation stone, headstone || **pour la** ~ **fois** / first-time || ~ **anode d'accélération** (r.cath) / first accelerator || ~ **bourre** / watt silk || ~ **carbonatation** (sucr) / first carbonation || ~ de **change** / original copy || ~ **colonne** (typo) / head-page || ~ **convergence** (électr, constr.en acier) / crossover || ~ **copie** (film) / answer print || ~ **couche** (couleur) / priming coat, base o. first o. ground coat[ing], dead colouring || ~ **couche** (bois) / wood primer o. sealer || ~ **couche de vernis** / priming varnish || ~ **dérivée** / first derivative || ~ **édition** (typo) / editio princeps, first edition || ~ **forme** (typo) / prime, first form || ~ **fraction** / first light oil || ~ **huile légère** / primary benzol, first light oil || ~ **injection** (coulée sous pression) / prefill[ing] || ~ **loi de Kirchhoff** (électr) / first law of Kirchhoff || ~ **main** (auto) / firsthand owner || ~**s notions** *f pl* / basic terms *pl*, fundamentals, principles *pl* || ~ **période** *f* (chimie) / short o. first o. preliminary period || ~ **phase** (coulée sous pression) / prefill[ing] || ~ **phase d'achèvement** / first stage of completion || ~ **position de lecture ou d'écriture d'une bande** (ord) / load point || ~ **section de pupinisation** (télécom) / first section of coil loading || ~ **taille** (lime) / first cut || ~ **tête** / swage-head, die- o. snap- o. set-head || ~ **touche de levage du contrôleur** / first *etc* lifting notch of the controller || ~ **[vitesse]** (auto) / low gear, first speed
pré·modèle *m* (fonderie) / master pattern || ~**mordancer** (teint) / bottom || ~**mordant** *m* (teint) / bottom o. weak mordant || ~**mouture** *f* / preliminary disintegration
prenant à froid (colle) / cold setting
prendre *vt* / take || ~ *vi* (mortier, colle) / set *vi*, cement well, harden || ~ (vis) / take *vi*, put on || ~ (ciment) / bind *vi*, set, cement well || ~ (eau) / freeze up || ~, se coincer / bind *vi*, seize, gripe, get o. be stuck || ~ (lait, gras) / coagulate *vi* || ~ (se) / curdle || ~ (se) (huile) / congeal *vi*, solidify || **faire** ~ **l'encoche** (fiche) / seal || **se** ~ [à] / engage [in] || ~ l'**aimant** / show magnetic properties || ~ l'**air** (aéro) / take to the air || ~ une **allure horizontale** / taper off horizontally || ~ de l'**altitude** (aéro) / gain height || ~ l'**aplomb** (charp) / plumb || ~ un **bâtiment en louage** (aéro, nav) / charter || ~ un **billet** / take a ticket || ~ un **brevet** / take out a patent, patent *vi* || ~ le **charbon** (ch.de fer, nav) / coal *vi* || ~ en **charge** (ord) / extract || ~ le **colorant** / dye || ~ en **considération** / take into consideration o. account, consider || ~ **corps** / form || ~ **corps à l'air** (bâtim) / set in air || ~ la **demande** (télécom) / accept the call, answer o. interrogate a calling subscriber, inquire || ~ la **dérivée** (math) / derive, differentiate || ~ dans un **dessin** / copy from a drawing || ~ en **écharpe** / run into o. take

slantwise, side-crash *vi* || ~ l'**encoche** / snap [in], catch, lock, hook on || ~ son **faix** (bâtim) / take the set (as expected) || ~ **feu** / catch fire, ignite, kindle *vi* || ~ **fin** / expire || ~ **forme** / form || ~ le **fret** / take over the cargo || ~ de la **hauteur** (aéro) / gain height || ~ le **lest à bord** / ballast *vi* || ~ le **logarithme** / take the logarithm, logarithmize || ~ la **mesure** [de] / take the measurment, measure *vi* || ~ la **mire** (mil) / sight *vi*, aim o. take aim [at] || ~ la **moyenne** / strike o. take the average, average || ~ **naissance** / come into being, originate *vi* || ~ une **photo** (phot) / take pictures, photograph, snap (coll) || ~ par la **pointe ou en pointe** (aiguille) / run over the facing point, pass the point facing || ~ des **précautions** [contre] / take precautions [against], provide [against] || ~ le **quart** (nav) / be on watch || ~ **racine** (agr) / take root || ~ en **remorque** (nav) / take in tow || ~ en **remorque** (auto) / tow, take in tow, tug || ~ le **stationnement** / park in *vi* || ~ par le **talon ou en talon** (aiguille) / trail the point, pass the point trailing || ~ une **teinte brune** / take a brown tinge || ~ **terre** (nav) / land *vi* || ~ la **trempe** (sidér) / take the hardening || ~ **un ton** / colour *vi*, take on colour || ~ un **virage** / turn a curve || ~ une **voiture en écharpe** (auto) / side-crash *vi*, run into o. take slantwise || ~ une **vue** / shoot, take || ~ les **vues** [de] (film) / film *vt*

pré·nettoyage *m* / preliminary cleaning || **~nettoyeur** *m* de **grain** (agr) / aspirator, grain receiving and milling separator

preneur *m* de **feuilles** (typo) / gripper

prenez garde à la peinture! / wet paint!

pré·normalisation *f* (ord) / prenormalization || **~norme** *f* / tentative standard, draft code || **~opérationnel** (nucl) / preoperational, precommissioning || **~oscillation** *f* / preshoot

préparateur *m* (ord) / initiator || ~ (université) / assistant lecturer || ~ (ordonn) / methods engineer || ~ **des commandes** (magasin) / commissioner

préparatif (chimie) / preparative

préparatifs *m pl* / preparation, preparing || **faire des** ~ / arrange, prepare

préparation *f*, travaux *m pl* préparatoires / preparation, preparing || ~ (pharm) / preparation, compound || ~ (chimie) / disengagement, preparation || ~ (galv) / preparation, make-up || ~ (ord) / editing || ~ (sidér) / treatment || ~ de l'**acier** / steel making, manufacture of steel || ~ **alimentaire** / food[stuff] preparation || ~ **analytiquement pure** (chimie) / analytical reagent, a.r. || ~ **auxiliaire** (polarisation) / compensator plate || ~ d'un **bain** (galv) / solution preparation || ~ du **béton** / preparation of concrete || ~ du **bois** (pap) / preparation of logs || ~ des **bords** (soudage) / edge preparation || ~ des **charbons** / coal preparation || ~ de **colorant à cuve prête à l'impression** (tex) / ready-made vat-dye preparation || ~ des **documents** / document preparation || ~ des **données** (ord) / data preparation || ~ d'**eau** / water conditioning o. treatment || ~ de l'**eau d'alimentation** / feed-water treatment || ~ d'**eau chaude** / water heating || ~ **effective** (chimie) / preparative obtention, preparation || ~ à l'**état de pureté** / preparation in a pure condition o. state || ~ de **ferrailles** / scrap preparation [plant] || ~ **fixée** / permanent slide culture || ~ par **flottation** / [concentration by] flotation || ~ à **goudron** / tar preparation || ~ **gravimétrique ou par gravité** / gravity separation o. concentration o. dressing || ~ **ignifuge** / flame retardant || ~ d'**imprégnation** / impregnating agent o. compound o. composition o. fluid o. substance o. preparation || ~ **insuffisante du lit de fusion** (sidér) / underburdening || ~ du **lin** / dressing o. preparing of flax || ~ par **liquide dense** / heavy-liquid o. gravimetric flotation, heavy-media o. dense-media o. sink-float process || ~ du **lit de fusion** (sidér) / batching, mixing the burden || ~ **magnétique par voie humide** / wet magnetic dressing || ~ de la **marchandise** (teint) / goods preparation || ~ **mécanique des minerais** / mechanical o. dry dressing process || ~ du **minerai pour la fonte** / ore dressing o. washing, mineral dressing o. processing, beneficiation || ~ des **noyaux** (fonderie) / core moulding || ~ **organique** (chimie) / organic compound || ~ de la **pâte** (pap) / stock preparation || ~ de la **piste magnétique** / formating of the magnetic track || ~ au **rocher** (carrière) / opening out, quarrying out of rocks, dead works *pl* || ~ de **sable** (fonderie) / preparation of sand || ~ du **sable de noyautage** (fonderie) / core sand dressing plant || ~ de **santonine** / santonin || ~ **scientifique des décisions** / operations research || ~ à **sec ou par voie sèche** / mechanical o. dry dressing process || ~ **sèche** / dry preparation || ~ des **terres de moulage** (fonderie) / dry sand preparation || ~ du **travail** (gén) / job planning o. scheduling o. routing, operations scheduling, planning and layout || ~ du **trou de forage** (pétrole) / well completion || ~ des **valeurs mesurées** (contr.aut) / signal conditioning || ~ par le **vent** (mines) / air separation o. classification || ~ par **voie humide** (sidér) / [concentration by] flotation, wet dressing o. process, washing the ores

préparatoire / preparatory, preparative

préparé [à] / prepared [for] || ~ (chimie) / prepared || ~ (techn) / manufactured, processed || ~ à l'**état de pureté** (chimie) / isolated || ~ à **être chargé** (sidér) / ready to be charged || ~ à **sec ou par voie sèche** (charbon) / dry cleaned

préparer / prepare, make ready || ~ (chimie) / prepare, mix || ~, produire / make, prepare, fabricate, manufacture || ~ en **agitant** (chimie) / mix, compound || ~ le **bain** (teint) / prepare the bath || ~ les **commandes** (magasin) / commission *vi* || ~ l'**eau** / condition o. treat water || ~ le **lit de fusion** (sidér) / blend, mix || ~ les **minerais** / concentrate o. prepare o. treat ores || ~ la **pâte** (tex) / prepare the paste || ~ la **pâte** (pap) / prepare the stock || ~ la **piste** (b.magnét) / format a track || ~ au **sublimé corrosif** / treat by potassium cyanide || ~ avec du **tan** (tan) / bark, tan, steep in tan

pré·perforé (c.perf.) / prepunched || **~plastifiant** *m* / preplasticizer || **~plastificateur, -trice** / preplasticizing *adj* || **~plastification** *f* / preplasticizing || **~plastifier** (plast) / preplasticize, presoften || **~poinçonner** / prepunch || **~polymère** *m* (plast) / prepolymer || **~pondérant** / dominant || **être** ~ / overbalance || **~portionner** / portion

préposé *m* aux **aires de stationnement** (aéro) / marshaller || ~ à l'**analyse**, préposé *m* au contrôle chimique / laboratory senior o. boss (coll) || ~ à la **circulation des trains** (Suisse) (ch.de fer) / station master || ~ au **tir** / blaster

prépositionner (Therblig) / preposition

préprocesseur *m* (ord) / preprocessor

pré·ranger (ord) / prestore || **~réacteur** *m* (ELF) (nucl) / reactor experiment || **~réchauffer** / preheat *vt* || **~réfrigérer** / precool || **~régénération** *f* / preregeneration || **~réglable** / preset *adj* || **~réglage** *m* (TV) / preset control || **~réglage** *m* (gén) / preadjustment || **~réglage** *m* (électron) / preselection || **~réglé** / preset || **~régler** / preset || **~retordage** *m* (filage) / pretwisting, primary twisting || **~retordre** (filage) / twist initially || **~rétracté**, -rétréci (tex) /

preshrunk || **~rotation** *f* (pompe centrif.) / prerotation || **~rotation** *f* de **roues du train d'atterrissage** (aéro) / prerotation of landing gear wheels
près / near o. close [to], close-range... || ~ de **pôle** (astr, géogr) / subpolar, near-polar
presbyte / long sighted, farsighted, presbyopic
presbytie *f*, presbytisme *m*, presbyopie *f* / longsightedness, presbyopy
prescription *f* / regulation, instruction, prescription || ~ d'**acheminement ou d'itinéraire** (ch.de fer) / routing instruction || ~ à **appliquer** / specification to be applied || **~s** *f pl* de l'**arrêté ministériel en vue des véhicules routiers** / Federal Motor Vehicle Safety Standards (US), motor vehicle construction and use regulation, C. U.R. (GB) || **~s** *f pl* **concernant l'expédition** / forwarding instructions *pl* || **~s** *f pl* pour le **débitage de bois** / wood measuring regulations *pl* || ~ *f* d'**échantillonnage** / sampling specification || **~s** *f pl* d'**exécution** / instructions *pl* to carry out || ~ *f* **légale** / legal o. public rule (US) || ~ pour la **réception** / specification for acceptance || **~s** *f pl* **relatives à la charge** / regulations regarding loads *pl* || **~s** *f pl* de **sécurité** / safety specifications || **~s** *f pl* **techniques** / building code o. regulations *pl*
Prescriptions communes *f pl* **d'Exécution dans le Trafic International des Marchandises par Chemin de Fer**, P.I.M. (ch.de fer) / Int. Goods Regulations, P.I.M.
prescrire / prescribe
préséance, sans ~ / non-precedence, (comp:) non-priority
pré·séchage *m* / predrying || **~sécher** / predry || **~sécheur** *m* (pap) / receiving drier
présélecteur *m*, compteur *m* préréglé / preselection counter, preset counter || ~ / preselector || ~ d'**alignement** / line preselection || ~ **chercheur** (télécom) / preselector || ~ de **débit** / predetermining o. preset counter || ~ de **groupe plongeur** (télécom) / Keith line switch o. master switch || ~ **numérique** (électron) / thumb wheel switch || ~ **rotatif** (télécom) / rotary preselecting line switch || ~ de **temps** / predetermining o. preset time-counter || ~ des **vitesses** (auto) / gear preselector
présélection *f* / preselection || **de** ~ / preselective || ~ à **seuils** / step preselection || ~ de **stations** / pre-tuning of stations
pré·sélectionné / preset || **~sélectionner** / preselect, preset || **~sélectionner** (ord) / screen, preselect
présence *f* (électron) / presence || ~ d'**eau** (mines) / presence of water || ~ en **[gros] morceaux** / lumpiness || ~ d'un **minerai** (mines) / presence, occurrence || ~ de **minerai dans des couches** (mines) / presence of ore || ~ **simultanée** / simultaneous occurrence o. presence
présensibilisé (phot) / presensibilized
présent / present
présentant une **aimentation permanente** / permanent-magnetic || ~ des **écailles** / scaly
présentation *f* / presentation || ~, quantité *f* disponible / availability || ~ (étalage) / display specimen, sham package || ~ (typo) / get-up || ~ (tex) / make-up, making-up || ~ (radar) / presentation, display || ~ (cinéma) / cinema show || **à** ~ **brunie** (outil) / gunmetal finish || ~ **A et R** (radar) / A and R display || ~ d'un **article** / surface finish o. quality || ~ **chromée poli-spéculaire** / mirror-finish o. -bright chromium plated || ~ **complexe** (télécom, radar) / complex display || ~ de **feuille** / paper feed || ~ de l'**impression** (ord) / printing format || ~ de l'**impression de liste** (ord) / printer layout || ~ des **informations radar** / radar display || ~ en **langage machine** (ord) / machine format || ~ à la **main** (prépar) / hand placing || ~ de **normes** / presentation of standards || ~ **numérique** / digital representation || ~ des **résultats des essais** / interpretation of test results, test evaluation || ~ en **secteur** (radar) / sector display || ~ **type A,[B,C,etc.]** (radar) / A-, [B-,C-,etc.] display
présenté, disponible / available
présenter / present, produce || ~ / stage a demonstration [of] || ~ (propriétés) / show || **se** ~ [en] / be available || ~ un **à-coup** (tension) / surge || ~ une **allure** / take a course o. run, run || ~ une **allure asymptotique** / take an asymptotic course || ~ un **aspect lustreux** (tex) / having lustrous look || ~ des **défauts de remise à zéro** / clear faulty || ~ de la **laitance** (béton) / bleed, shed water || ~ en **numérique** / digitize, digitalize || ~ **une réaction** / react
présentoir *m* / counter display, display pack, dummy, (also:) display cabinet || ~ d'**étalage** / sales counter
présérie *f* / pilot lot o. production o. run (US)
préservant les **fibres** / fiber preserving
préservateur *adj* / preservative, protecting || ~ *m* pour **garder frais** / preserving means, fresh-keeping means
préservatif *m* / preservative
préservation *f* / conservation || ~ [de] / preservation [from] || ~ du **bois** / wood preservation o. impregnation || ~ du **paysage** (environnement) / landscape protection || ~ du **pied des poteaux** (électr) / stock protection of poles || ~ des **surfaces du bois** / surface protection of wood
préservé (p.e. latex) / preserved (e.g. latex)
préserver / preserve, protect [from] || **à** ~ **de l'humidité!** / keep dry!, keep in dry place! || **pour** ~ [de] / to protect [from] || ~ **pendant l'hiver** (bâtim) / winter
préseuil *m* / preliminary stage
président *m* du **comité de direction** / president (of a corporation)
présignalisation *f* (routes) / presignalling
pré·sonorisation *f* (film) / prescoring || **~sonoriser** (film) / prescore || **~souffler** (sidér) / fore-blow, preblow
pressage *m* / pressing || ~ **humide** / wet pressing || ~ à **sec** (céram) / [semi]dry pressing
pressboard *m* (pap) / pressboard
presse *f* / press || **mettre sous** ~ / publish || **sous** ~ (typo) / in the press || ~ pour **abat[t]age à l'eau** / hydraulic cartridge || ~ d'**agglomération par frittage** / sintering pan o. pallet || ~ à **agglomérer les particules** (bois) / press for coated particles || ~ à **agglomérer les rognures** / shavings press || ~ à **agglomérés** / briquetting press || **~-agrumes** *m* **électrique** / juice separator, juice extractor || ~ *f* d'**alcoolisation** (nitrocellulose) / alcoholization press || ~ à **alimentation automatique** (m.outils) / magazine feed press, mechanical feed o. table feed press || ~ à **alimentation intermittente** (m.outils) / press for intermittent processing || ~ d'**angle** (plast) / angle press || ~ à **arrêt de cylindre** (typo) / stop cylinder press || ~ **ascendante** / upstroke press || ~ d'**assemblage** / assembly press || ~ **automatique à estamper** / automatic punching machine, mechanical feed punching machine, feed press || ~ **automatique de recompression** (frittage) / automatic post press || ~ à **balancier** / hand-operated fly-press || **~-balles** *m* / baling o. packing press || ~ *f* à **bande métallique tressée**

pour panneaux de fibres / continuous metal link belt press for fiber boards || ~ à **blanc** (typo) / cylinder press || ~ en **blanc un tour** (typo) / single revolution press || ~ à **blocs** (celluloïd) / block press || ~ à **bois contreplaqué** / plywood press || ~ à **border** (chaudières) / bordering press || ~ à **boudiner** / extruder || ~ à **boulets** (mines) / ovoid press || ~ à **briques** / brick moulding machine o. press || ~ à **briques par voie humide** / pug stream machine, wet clay machine || ~ à **briquettes** / briquetting press || ~ [à **broche] à friction** / friction o. screw press, fly press || ~ **cadreuse ou à cadres** (men) / frame clamp o. press || ~ à **caler les bandages** (ch.de fer) / tire press || ~ à **caler les roues** / wheel [mounting] press || ~ à **calibrage par frappe** (découp) / coining machine, sizing press || ~ à **cames** (frittage) / cam [action] press || ~ à **carcasses** (men) / carcass clamp, carcase clamp || ~ de **chantage** / revolving [table] press, dial-feed press, turntable press || ~ à **châssis** (m.outils) / frame press || ~ à **chaud** (tex) / hot-pressing machine || ~ à **cingler** (sidér) / squeezer, shingling rolls *pl* || ~ à **cintrer** / bending press || ~ à **cintrer les blindages** / armour bending machine o. press || ~ à **cintrer et à dresser** / straightening and bending press || ~ à **cintrer les tôles** / O press for tubes || ~ à **cintrer les tubes** / pipe bending machine o. press || ~ à **cisailler et à paqueter les ferrailles** / scrap shearing and baling press || ~ à **coins** / wedge press || ~ à **col de cygne** (forge) / open-front forging press || ~ à **coller** (film) / joining press, splicer || ~ à **colonnes** (m.outils) / column press, strain rod press || ~ à **comprimer** (forge) / upsetting press || ~ à **contre-épreuve** (typo) / proofing machine o. press || ~ à **copeaux** / chip press || ~ à **copier** / manifold copying machine, letterpress || ~ à **coton** / cotton press || ~ **coucheuse** (pap) / couch press || ~ à **couder** / bending press || ~ de **coulée** (fonderie) / clamp || ~ à **cric** / jack-and-pinion press || ~ à faire les **cubes de sucre** / sugar cube press || ~ de **cuve** (pap) / vat press, pulp press || ~ à **cuvette** (tiss) / rotary cloth press, roller press, press with cover o. wrapper || ~ à **cylindre** (typo) / cylinder press || ~ **cylindrique à cuvette avec cylindre fixe** (tiss) / cylinder press with fixed cylinder || ~ **cylindrique avec feutre sans fin** (tiss) / bed press with doubler felt || ~ à **décaler** (auto) / garage press || ~ à **décaler les bandages** (ch.de fer) / tire removing press || ~ pour **décollage** (pap) / size press || ~ de **découpage ou à découper** [à froid] / blanking o. cutting press || ~ de **découpage volante** (découp) / flying press || ~ **descendante** (plast) / top ram press, down-stroke [moulding] press || ~ à **deux montants** / double column press, double sided press || ~ à **double action** (frittage) / double action press || ~ à **double impression** (typo) / perfecting press, perfector || ~ à **double jambage ou à double montant** voir presse à deux montants || ~ à **double piston** (plast) / double ram press || ~ à **dresser** / straightening press || ~ à **ébarber ou d'ébarbage** / edge finishing press, trimming press || ~ d'**ébavurage** / trimming press || ~ à **écrous** / nut press || ~ à **élargir les tubes** / tube expanding press, tube broaching press || ~ à **emballer** / baling o. packing press || ~ à **emboutir**, presse *f* d'emboutissage (découp) / drawing press || ~ à **emboutir ou à faire des brides** / flange press || ~ à **emboutir à engrenage** (m.outils) / geared reducing press || ~ à **emboutir à genouillère** / knuckle joint drawing press || ~ à **emboutir à table mobile** / bottom slide drawing press || ~ d'**emboutissage à double effet** / double-action drawing press || ~ d'**emboutissage à excentrique** [à double action] / [double-action] cam drawing press || ~ d'**empaquetage des vieux papiers** / waste paper compressing press || ~ à **[em]paqueter** / packing press || ~ à **empaqueter les fils** (tex) / bundle o. bundling press || ~ à **empreindre** (typo) / moulding press || ~ à **empreindre à chaud** (reliure) / blind blocking press || ~ à **empreindre les flans** (typo) / matrix striking press || ~ à **empreindre à genouillère** / knuckle joint embossing press || ~ **encolleuse** / size press || ~ à **endosser** (graph) / backing machine || ~ pour **entailler** (fonderie) / sprue cutting press || ~ à **épreuves** (typo) / proof press || ~ d'**essai ou à essayer** / test press || ~ à **essayer les moules** / die try-out press || ~ à **essorer** (tan) / dewatering press, drying press || ~ **essoreuse** (tex) / mangling machine, drying press || ~ à **estamper** / drop forging press o. machine || ~ à **estamper** (techn, numism.) / embossing press o. machine || ~ à **estamper à froid** / blanking o. cutting press || ~ d'**établi** (men) / bench screw, screw-check || ~ à **étages** / multiple die press, transfer (US) o. progressive (GB) press || ~ pour **étais de taille** / pit prop press || ~ à **étirer-emboutir** / stretcher leveller || **~-étoffe** *m* (m. à coudre) / pressure foot || **~-étoupe** *m* / packing o. stuffing box || **sans** ~ / glandless || **~-étoupe** *m* **compensateur** / expansion stuffing box || **~-étoupe** *m* de **cylindre** / cylinder stuffing box || **~-étoupe** *m* d'**étambot** (nav) / stern tube gland, stern tube stuffing box || **~-étoupe** *m* de **pompe à eau** / water pump gland || **~-étoupe** *m* de **soupape** / valve gland || **~-étoupe** *m* de la **tige de forage** (pétrole) / packer || ~ *f* à **excentrique** / eccentric press || ~ **excentrique à cadre en C ou à col-de-cygne** / open-front o. throat-type o. gap-frame eccentric press || ~ **excentrique à col-de-cygne et à double montant** / open-gap type o. throat-type double sided eccentric press || ~ à **excentrique d'établi** / bench[-type eccentric] press || ~ **excentrique à deux montants** / double-sided excentric press || ~ à **excentrique à écorner** / eccentric trimming press || ~ à **exprimer** / wringing machine || ~ à **extrusion** / extruding machine o. press, extruder || ~ à **extrusion de barres** / metal bar extrusion o. extruding press || ~ à **faire des brides ou des collerettes** / flange press || ~ à **faire des balles** / baling o. packing press || ~ à **ferrailles** / scrap baling press o. piling machine || ~ à **filer** voir presse à extrusion || **~-filtre** *m* pour les **dépôts de bac** (bière) / filter press for cooler sludge || ~ *f* à **foin** / hay bundling press || ~ à **fonçage** / hobbing press || ~ à **fonçage pour matrices** (m.outils) / die sinking press || ~ à **forger** / forging press || ~ à **forger au choc** (forge) / blow forging press || ~ à **forger à vapeur** / steam power forging press || ~ à **forger vibrante** / swing forge machine || ~ à **former les tuyaux en U** / U-press for tubes || ~ à **frappe** / blow forging press, percussion press || ~ à **frappe de finition** (découp) / coining machine, sizing press || ~ à **frapper** (techn, numism.) / embossing press o. machine || ~ à **fretter les cerceaux** (fûts) / hoop driving press || ~ à **fretter les pneus** (auto) / tire mounting press || ~ à **friction à vis** / friction screw press || ~ à **friction à vis Vincent** (forge) / Vincent friction screw press || **~-fruits** *m*, presse *f* à fruits / juice extracter, juicer || ~ *f* de **gainage de câbles** / cable sheathing press || ~ de **gainage à plomb** / lead sheathing press, extruding o. extrusion press for lead covered cables || **~-garniture** *m* / packing o. stuffing box || ~ *f* à **gaufrer** (typo) / blocking press ||

~ à **gaufrer le papier** / paper embossing press || ~ à **genouillère** / knuckle-joint press, toggle o. knee press || ~ de **graissage** / pressure gun || ~ de **graissage à haute pression** / grease gun || ~ à **graisse automatique** / automatic grease press || ~ à **granuler** (agr) / pelleting machine || ~ à **guillocher** (tiss) / pattern presser || ~ à **huile** / oil press, oil expeller || ~ **humide** (pap) / wet press || ~ **hydraulique** / hydraulic o. hydrostatic press || ~ **hydraulique pour câbles** / hydraulic cable press || ~ d'**impression rapide** / high-speed printing machine [for letterpress work], printing fly press || ~ [d'**impression] à platine** (typo) / platen press o. machine || ~ d'**imprimerie** / printing press || ~ d'**imprimerie à deux tours** (typo) / two-revolution printing press || ~ **inclinable** / inclinable [press] || ~ à **injecter ou d'injection** (plast) / injection moulding machine || ~ [à **injecter] à piston** (plast) / plunger-type injection moulding machine || ~ [à **injecter] à vis** (plast) / screw injection moulding machine || ~ d'**injection pour thermodurcissables** / jet mo[u]lding machine [for thermosetting plastics] || ~ d'**injection pour thermoplastiques** / thermoplastic jet moulding machine || ~ de **levage** / lifting press || ~ à **levier** / lever press || ~**-levure** *m* (bière) / yeast press || ~ *f* à **main** / C- o. screw clamp || ~ à **main à genouillère** / toggle hand press || ~ à **mandriner** / piercing press, arbor press (US) || ~ à **mandriner ou à poinçonner** / [hole] punching machine o. press || ~ à **manivelle** / crank press || ~ à **manivelle à emboutir** / crank [type] drawing press || ~ à **matricer** (forg) / drop forging press o. machine || ~ à **matricer** (techn, numism.) / embossing press o. machine || ~ à **matricer à froid** / cold sinking o. swaging press, hobbing press || ~ **mécanique** (m.outils) / mechanical press, power press || ~ **mécanique à dresser** (mines) / gag press (US) || ~ à **mettre en balles** / baling o. packing press || ~ à **molette** (pap) / marking press || ~ **monobloc** (plast) / self-contained press || ~ **monotour** (typo) / single revolution press || ~ **montante** (pap) / reverse[d] press || ~ à **monter les pneus** (auto) / tire mounting press || ~ au **mouillé** (pap) / wet press || ~ à **moulage par transfert** / transfer moulding press || ~ à **mouler** / moulding press || ~ à **mouler les verres** / glass mo[u]ld || ~ **multiple** / transfer (US) o. progressive (GB) press, multiple die press || ~ **offset** (typo) / offset printing machine || ~ **offset à plat** / offset proof press || ~ **offset une couleur** / single colour offset machine || ~ à **paille** (agr) / straw press o. baler || ~ à **paille à basse densité** / low-density press baler || ~ de **paille à haute pression** (agr) / high-density ram baler || ~ pour **panneaux de particules** / particle board press || ~ à **paqueter** / baling o. packing press || ~ à **paqueter les carrosseries automobiles** / scrap baling press for motorcar bodies || ~ à **paqueter ou à former en paquets les ferrailles** / scrap baling press o. piling machine || ~**-pâte** *m* (pap) / wet machine || ~**-pâte** *m* **rond** (pap) / cylinder wet machine || ~ *f* à **pédale** / kick press || ~ à **percer et à emboutir** / piercing and drawing press || ~ à **pile** (électr) / cell terminal, battery binder || ~ à **piston plongeur inférieur** / upstroke press, bottom ram press || ~ pour **placards** (typo) / slip printing press || ~ à **plaquer** / veneer[ing] press || ~ [à] **plate** / flatbed [printing] machine || ~ [à **plateau] revolver** / revolving [table] press, dial-feed press, turntable press || ~ à **plateaux** (tiss) / flat press || ~ à **plateaux chauffants** / press with [steam] heated plates || ~ à **platine automatique** (typo) / automatic platen press || ~ à **plier** / bending press || ~ à **plier et à façonner** / bending and forming press || ~ **plieuse** / press brake || ~ à **plusieurs étages** / platen press (US), multiple-daylight press (GB) || ~ à **poinçonner** / perforating press || ~ à **poinçons multiples** / multiple die press, transfer (US) o. progressive (GB) press || ~ **préliminaire** / prepress || ~ à **profiler les barres métalliques** / metal bar extrusion o. extruding press || ~ à **profiler les tubes métalliques** / pipe extruder || ~ de **pulpes** (sucre) / additional press || ~ à **pulpes** (analyse, sucr) / root pulper || ~**-purée** *m* (électroménager) / ricer || ~**-ramasseuse** *f* (agr) / pick-up baler || ~ **rapide pour l'impression sur tôles** / tin plate high speed printing machine || ~ de **rechapage** (pneu) / covering press || ~ **recto-verso**, presse *f* à retiration (typo) / perfecting press, perfector || ~ à **refouler** (forge) / bulldozer, upsetting o. jolting press o. machine || ~ à **relier ou de relieur** / binding press || ~**-repasseuse** *f* / ironing press || ~**-repasseuse** *f* à **auge** (tiss) / rotary cloth press, roller press, press with cover o. wrapper || ~ **revolver** / turntable press, revolving [table] press, dial-feed press || ~ à **river** / riveting press || ~ à **rogner** (typo) / plough knife || ~ **rotative** voir presse revolver || ~ **rotative [à imprimer]** / rotary o. web-fed [printing] machine o. press || ~ **rotative indexante** / indexing table press || ~ **rotative rapide** (typo) / rotary, high speed rotary press || ~ à **satiner** (pap) / rolling press || ~ à **sec** (céram) / dust press || ~ **sèche** / dry press || ~ à **sécher** / drying press || ~ à **soulever** / lifting press || ~ à **table tournante** voir presse revolver || ~ **taillée** (tiss) / tuck presser || ~ à **tête inclinable** / inclinable [press] || ~ à **tirer des épreuves** (typo) / proof-press || ~**-tôle** *m* (m.outils) / holding down appliance || ~**-tôle** *m* / sheet clamping device o. holder || ~**-tôle** *m* à **ressort** (découp) / spring-type die cushion || ~ *f* **transfert** voir presse multiple || ~ de **transfert** (pap) / transfer press || ~ de **transfert** (plast) / transfer moulding press || ~ de **transfert aspirante** (pap) / vacuum pick-up press || ~ pour **travaux de ville** (typo) / jobbing machine || ~ **typographique** (typo) / letterpress printing machine || ~ **[typographique] offset** / offset [printing] press || ~ à **un étage** / one-daylight press || ~ à **vapeur** (tex) / steam press || ~ à **vis** / screw o. fly press, friction press || ~ à **vis à main** / hand-operated fly-press || ~ à **vis à percussion** / percussion press || ~ par [une] **vis sans fin** / single-screw press || ~ à **vis à un seul montant ou à cadre à C** / throat-type o. swan-neck o. overhanging screw press || ~ de **vulcanisation** / vulcanizing press || ~ à **vulcaniser** (caoutchouc-métal) / rubber-to-metal vulcanizing press || ~ à **zigzag** / top and bottom press

pressé / pressed, compressed || ~ à **sec** (céram) / dust pressed

pressée *f* / pressing [action] || ~ / quantity to be pressed (in one operation)

presser *vt* / press *vt*, exert pressure || ~, hâter / hasten, push on || ~, serrer / press, squeeze || ~ [de] / squeeze out || ~ (vin) / press grapes || ~, comprimer / compress, condense || ~ [dans], enfoncer / impress, imprint || ~ [contre] / press [against] || ~, pousser / propel || ~ *vi* (mines) / exercise pressure, press || ~ un **bouton** / push a button || ~ à **chaud** / hot-press || ~ la **détente** / pull the trigger || ~ à **froid** / cold-press, press cold || ~ à **sec** / press in dry state || ~ sur une **touche** / press down a key || ~ l'**un contre l'autre** / press o. squeeze together

presseur *m* (filage) / presser, spring-finger || ~ (m.à

coudre) / pressure foot || ~ (typo) / back-up impression cylinder || ~ de **drêches** (bière) / grain presser
pressier *m* / printer, pressman, machine man (GB) || ~ à la **presse hydraulique** / hydraulic press operator
pressin *m* (cossettes) / pressed pulp
pression *f* (techn) / pressure || **à ~ hydraulique** / hydraulic drive... || **à la** ~ (bière) / on draught || **avoir de la** ~ (mines) / exercise pressure, press || **exempt de ou sans** ~ / depressurized, unpressurized || **mis en** ~ (ELF) / pressurized || **sous** ~ / under pressure || **sous ~ d'azote** (câble) / nitrogen filled || **sous ~ réduite d'air** / under diminished air pressure || **sous ~ de ressort** / spring urged || ~ **absolue d'admission** (mot) / manifold absolute pressure, M.A.P. || ~ d'**accouplement de semi-remorque** (auto) / fifth wheel load || ~ à l'**accumulateur** (air comprimé) / receiver pressure || ~ **acoustique** / sound o. excess pressure || ~ **active** / effective pressure || ~ d'**admission** (mot) / manifold pressure || ~ d'**admission** (régulateur de pression) / admission pressure || ~ d'**admission** (ELF) (mot, suralimentation) / boost pressure || ~ par **air** / air pressure o. squeeze || ~ d'**air [comprimé]** / air pressure, pressure of the air || ~ de l'**air à la surface de terre** / air pressure at ground level || ~ d'**ajustement** / set pressure || ~ d'**alimentation** (gaz) / supply pressure || ~ d'**alimentation** (régulateur de pression) / admission pressure || ~ d'**alimentation** (carde) / supply pressure || ~ d'**alimentation** (gaz en bouteilles) / inlet pressure || ~ **ambiante** / ambient pressure || ~ à l'**appareil de coupure** (air comprimé) / cutting-off pressure, switching pressure || ~ d'**application** (pantographe) (ch.de fer) / contact pressure (of the pantograph) || ~ **appliquée** / pressure o. force [acting against] || ~ sur les **appuis** / bearing pressure o. stress, pression on the support o. bearing || ~ sur l'**arête de la dalle** / edgewise compression || ~ sur les **arêtes** / compression across the edges, edge pressure || ~ d'**arrêt** (compresseur) / cutting-off pressure || ~ d'**arrêt isentropique** (aérodynamique) / total pressure || ~ d'**aspiration** (compresseur) / suction pressure || ~ d'**aspiration** (vacuum) / intake o. inlet o. fine-side pressure || ~ d'**aspiration** (mot) / intake pressure || ~ **atmosphérique** / atmospheric o. air pressure || ~ **atmosphérique standardisée** / normal pressure || ~ d'**attaque** (m.outils) / chip pressure || ~ **axiale** / axial o. end thrust || ~ de **balayage** (mot) / scavenging pressure || ~ **barométrique** / atmospheric o. air pressure || ~ à la **base** (bâtim) / contact o. foundation pressure, load o. pressure on the building ground o. soil || ~ de **base** (espace) / base pressure || ~ de **bière** / beer engine o. fountain o. pump || ~ de **bossellement** / indenting pressure || ~ de la **cannelure** (lam) / bite || ~ **capillaire** / capillary pressure || ~ au **centre** / center o. middle pressure || ~ dans la **chaudière** / boiler pressure || ~ **cinétique** (aéro) / kinetic o. dynamic pressure || ~ sur la **cisaille** (m.outils) / blade load || ~ **colloïde-osmotique** / oncotic o. colloid-osmotic pressure || ~ en **colonne d'eau** (hydr) / head, fall of water || ~ de **compression** (mot) / compression load o. pressure || ~ de **compression** (techn) / pressing power || ~ de **compression** (frittage) / compacting pressure || ~ de **compression** (gaz) / reference pressure || ~ du **contact** (électr) / contact[-point] pressure || ~ de **contact** (typo) / contact pressure || ~ de **contact** (bâtim) / soil o. foundation pressure, load o. pressure on the building ground o. soil || ~ **continue sur la touche** / sustained depression || ~ de **copiage** (m.outils) / copying o. profiling o. forming pressure || ~ de **coupe** (m.outils) / cutting o. tool pressure o. thrust || ~ du **courant** (phys) / streaming pressure || ~ au **courant maximum** (app. à rincer) / flow pressure || ~ **critique** / critical pressure || ~ du **cylindre supérieur** (sidér) / top roll pressure || ~ de **décharge** / blowing-off pressure, valving pressure (US) || ~ de **déclenchement** / pick-up pressure, triggering pressure || ~ de **déflagration** / bursting pressure || ~ sur la **dent** (techn) / tooth pressure at pitch line || ~ **diamétrale** / pressure on the face of a hole || ~ **différentielle** / differential pressure || ~ de **distribution** (air comprimé) / distribution pressure || ~ **dynamique** / dynamic pressure || ~ de l'**eau** / water pressure, hydraulic o. hydrostatic pressure || ~ d'**eau refoulée** / banked-up water pressure || ~ d'**échappement** (vide) / outlet o. discharge pressure || ~ d'**éclatement** / bursting pressure || ~ d'**écoulement** (graisse) / flow pressure || ~ d'**écoulement** (phys) / streaming pressure || ~ d'**écoulement plastique** (déformation) / yield pressure o. load || ~ d'**écrasement** / rivet forming pressure || ~ des **écumes** (sucre) / froth pressure || ~ **effective** / effective pressure || ~ **effective** (phys) / pressure above atmospheric || ~ **effective moyenne** / mean effective pressure, M.E.P. || ~ **effective moyenne indiquée** / indicated mean effective pressure, imep || ~ **effective moyenne au piston** / mean [effective] piston pressure || ~ d'**enclenchement** (compresseur) / cut-in pressure || ~ d'**entrée** (compresseur) / feed pressure || ~ d'**épreuve ou d'essai** / test pressure || ~ **équivalente d'azote** / equivalent nitrogen pressure || ~ **établie** (compresseur) / main receiver pressure || ~ d'**exercice** (fonderie) / accumulator pressure || ~ de ou à l'**explosion** / explosion pressure || ~ **extérieure** / external pressure || ~ **extrême** / extreme pressure, E.P. || ~ de **fermeture** (soupape de sûreté) / blowdown pressure, reseat pressure || ~ **finale** / ultimate pressure || ~ de **fluage** (déformation) / yield pressure o. load || ~ de **fonctionnement** / set pressure || ~**s** *f pl* de **fonctionnement** / useful pressure range || ~ *f* au **fond** (phys) / pressure on the bottom || ~ de **freinage** / brake pressure || ~ de **gaz** (gaz) / tension || ~ du **gaz à l'entrée** (gaz) / inlet pressure || ~ **gazeuse ou de gaz** / gas pressure || ~ **génératrice** (aérodynamique) / total pressure || ~ de **gonflage** (pneus) / tire pressure || ~ de **gonflement** (coke) / swelling pressure || ~ **hertzienne** / Hertzian stress || ~ d'**huile** / oil pressure || ~ **hydraulique ou hydrostatique** / water pressure, hydraulic o. hydrostatic pressure || ~ **indiquée moyenne** / mean indicated pressure || ~ **initiale** / initial pressure || ~ d'**injection** (mot) / injection pressure || ~ **interne ou à l'intérieur** / internal pressure || ~ **interstitielle** (béton) / interstitial pressure || ~ **latérale** / horizontal drift || ~ **latérale** (méc) / side force || ~ **latérale de piston** (auto) / side thrust of piston || ~ du **levier** / lever pressure || ~ **limite** / maximum permissible pressure || ~ **limite d'amorçage** / critical backing pressure, c.b.p. (GB), critical o. limiting o. tolerable forepressure (US) || ~ du **liquide** / hydraulic o. hydrostatic pressure || ~ de la **lumière** (phys) / light pressure, pressure of light || ~ de **marche** (hydr) / working pressure || ~ **maximale** / extreme pressure, E.P. || ~ **maximale tolérable d'aspiration de vapeur d'eau** (vide) / maximum tolerable water vapour inlet pressure || ~ **maximale de vapeur** / maximum vapour pressure ||

~ de **mercure** / pressure of mercury || ~ **minimale** / minimum pressure || ~ **minimale de fonctionnement** (compresseur) / minimum pick-up pressure || ~ **minimale de service** / minimum working pressure || ~ **minimale de vapeur** (phys) / minimum vapour pressure || ~ **motrice** (aéro) / actuating pressure || ~ de **moulage** / mould pressure || ~ sur le **moule** / impression, pressure on the mould || ~ au **moule** (plast) / moulding pressure || ~ **moyenne** / mean pressure || ~ **nominale** / nominal o. calculated o. rated pressure || ~ **nominale de l'appareil de coupure** (air comprimé) / nominal pressure of the switch || ~ **nominale de service de l'appareil de coupure** (air comprimé) / nominal operating pressure of the switch || ~ **normale** / normal pressure || ~ **oncotique** / oncotic o. colloid-osmotic pressure || ~ **osmotique** / osmotic pressure || ~ d'**ouverture** (compresseur) / cutting-in pressure || ~ sur la **paroi du trou** / pressure on the face of a hole || ~ **partielle** / partial pressure || ~ **physique** / physical atmosphere, 14,7 lbs/sq. in || ~ **Pitot** / pitot pressure || ~ de **pneu** (auto) / inflation pressure || ~ de **purge** / blowing-off pressure, valving pressure (US) || ~ **radiale** / radial pressure || ~ de la **radiation** (phys) / light pressure, pressure of light || ~ de **radiation acoustique** / sound radiation pressure || ~ de **rappel** / restoring pressure || ~ **réduite** / reduced pressure || ~ de **référence** / reference pressure || ~ de **refoulement** (techn) / pressure required for upsetting || ~ de **refoulement** (vide) / outlet o. discharge pressure || ~ de **refoulement** (pompe) / feed o. delivery pressure || ~ de **régime** / working pressure || ~ de **réglage** (air comprimé) / set pressure || ~ de **remplissage** (compresseur) / filling pressure || ~ de **réponse** / pick-up pressure || ~ dans le **réservoir** / pressure in the tank || ~ de **ressort** / spring pressure || ~ de la **retenue** (hydr) / banking-up pressure || ~ en **retour** / back pressure || ~ de **rivetage** / riveting pressure || ~ de la **roche** / pressure of soil o. rock o. mountain mass || ~ **secondaire** (régulateur de pression) / secondary pressure || ~ de **serrage** / nip pressure, grip[ping] pressure || ~ de **service** / working pressure || ~ de **service** (fonderie) / accumulator pressure || ~ de **service de l'appareil de coupure** (air comprimé) / operating pressure of the pneumatic switch || ~ de **solution** / solution pressure || ~ aux **sommiers** / pressure on abutment || ~ **sonore** / sound o. excess pressure || ~ de **sortie** (vide) / outlet o. discharge pressure || ~ de **soufflage** (sidér) / blast pressure || ~ **spécifique** / unit-area pressure || ~ **statique** (aéro) / static pressure || ~ **superficielle ou de surface** / surface pressure || ~ sur la **surface de la dalle** / flatwise compression || ~ du **terrain** (mines) / pressure of soil o. rock o. mountain mass || ~ **tête-bande** (b.magnét) / contact pressure || ~ **théorique** / calculated pressure || ~ du **timbre** (chaudière) / design pressure || ~ du **toit** (mines) / roof pressure || ~ **totale** (aéro) / total head || ~ sur la **touche** / pressing down a key || ~ de **turgescence** (bot) / turgor pressure || ~ par **unité de surface** / specific pressure, pressure per surface o. area unit || ~ de la **vapeur** / tension of steam || ~ de **vapeur à l'admission** / admission pressure of steam || ~ de **vapeur résiduelle** (vide) / residual vapour pressure || ~ de **vapeur saturant** / saturation vapour pressure || ~ de **vapeur saturée** / vapour pressure of water || ~ de **vapeur selon Reid** (combustible) / Reid vapour pressure || ~ de **vaporisation** / vapour pressure of water || ~ du **vent** / wind pressure || ~ de **vidange** (compresseur) / minimum receiver pressure || ~ **zéro de refoulement** (pompe) / zero-delivery pressure

pressoir *m* / wine o. oil press

pressostat *m* à **membrane** / pressure sensitive switch

presspahn *m* / glazed insulating pressboard, presspahn, glossboard, electrical pressboard || ~ pour **encoches** / presspahn for armature slot || ~ pour **tirer le fil** (électr) / fishpaper

pressurer / press out, wring o. squeeze [out] || ~ (vin) / press grapes

pressurisé (avion) / pressurized

pressuriser / maintain the pressure

pressuriseur *m* / pressure maintaining o. keeping device

préstabilisateur *m* / prestabilizer

prestation *f* d'une **auto** (auto) / driving performance || ~ **kilométrique** / mileage, kilometerage || ~ **kilométrique** (ch.de fer) / kilometric performance || ~ de **trafic ou de transport** / traffic o. transport capacity o. performance

présupposer / presuppose

présure *f* / rennin, chymosin

pré·syntonisé / pretuned || **~syntoniser** / pretune, preset

prêt / ready, set || ~ (techn) / operable || ~ à **conduire** / ready for driving || ~ à **cuire** / ready to cook || ~ à **décoller** / ready for take-off, ready to start || ~ à l'**emploi** / ready-made, ready for use, readied || ~ à l'**emploi au pinceau** (peinture) / prepared for use, p.f.u., ready for use, ready-mixed || ~ à **être mis en service ou à être exploité** / ready for work, operative, operable || ~ à **être monté** / ready to be installed || ~ à être **expédié** / ready for shipping || ~ **immédiat à l'usage** / ready for immediate o. instant use || ~ à être **mangé** / ready to eat || ~ à **prendre le vol ou à voler** voir prêt à décoller

prêtant / expandable || **se ~ à circulation** / accessible, man-sized || ~ à **confusion** (marque de commerce) / lending itself to confusion, involving danger of confusion

pré·teinture *f* (teint) / grounding, bottoming || **~tension** *f* (méc) / initial tension o. stress, prestress (US)

prêter *vi* / expand, dilate, spread *vi*

pré·torsion *f* / pretwist || **~trempage** *m* (m. à laver) / presoak || **~usiner** / premachine

preuve *f* / verification, proof || **à ~ de fraude** / tamper-resistant || **faire** ~ [de] / demonstrate, prove || **faire la** ~ (math) / check o. prove o. test a rule o. computation, try || **fournir ou donner la** ~ / deliver the proof || ~ **écrite** / certificate || ~ au **filet** (sucre) / string proof o. test || ~ par **neuf** (math) / casting-out nines || ~ de **performance** / performance record || ~ au **soufflé** (sucre) / bubble test

prévaporisation *f* / preevaporation

prévenir / prevent, preclude || ~, informer / inform, communicate || ~ d'un **danger** / warn

préventif / preventive || ~ de la **nutrition** (insecticide) / feeding deterrent

prévention *f* des **accidents** / accident prevention (GB) o. control (US) || **~-incendie** *f* / fire prevention

pré·vidage *m* / preevacuation || **~vide** *m* / backing (GB) o. fore (US) pressure

prévision *f* (ord) / forecasting || ~ (bâtim) / estimate || ~ d'**atterrissage du type tendance** (aéro) / weather trend, trend type landing forecast || ~ **générale** (météorol) / general inference, general forecast || ~ **météorologique ou du temps** / weather forecast o. report || ~ **météorologique numérique**, prévision *f* numérique du temps / numerical weather

prediction, NWP || ~ **PPI** / PPI prediction
prévoir / provide || ~ (ord) / schedule a unit
prévoyance *f* **sociale** / social welfare
prévu, qui n'est pas ~ dans le dessin / off-design
prévulcanisation *f* / prevulcanization
prévulcanisé / prevulcanized || **être** ~ / scorch *vi*
priller / prill
prilling *m* (chimie) / prilling || **faire le** ~ / prill
primage *m* / priming
primaire *adj* / primary, inducing || ~ *m* (électr) / primary || ~ de **transformateur d'oscillations** (électron) / primary jigger
prime (math) / primed
prime (p.e. a prime) / prime mark, dash (e.g. a' = a prime o. a dash) || ~ *f* / premium, pm || ~, boni *m* / bonus || ~ d'**abonnement** (électr) / basic rate o. charge || ~ de **compensation** / lieu bonus || ~ **[de danger, de travail salissant etc]** (mines) / furtherance || ~ de **production très stimulante** (ordonn) / accelerating premium || ~ de **productivité** / incentive rate || ~ de **rendement** (ordonn) / merit rate || ~ de **risque** / hazard bonus || ~ de **succés** (ordonn) / success bonus
primer (m.à vap) / prime *vi*
primitif (état) / original, primitive, primary || ~ (mines) / virgin
primitivation *f* (math) / primitivation
primordial / primordial
primuline *f* (teint) / primulin[e]
principal / cardinal, chief, principal, main || ~ **produit** *m* / staple
principe *m* / origin || ~ (math) / maxim || ~ / principle || ~ / principle, law, theoreme || **par** ~ / on principle || **premier ~ de la thermodynamique** / first law of thermodynamics || ~ de l'**action minimale** / principle of least action || ~ **amer** (chimie) / bitter principle || ~ d'**Archimède** (hydr) / principle of Archimedes, Archimedes' principle || **~s** *m pl* de **base** / fundamental principles *pl* || ~ *m* de **causalité** / law of causality || ~ du **champ magnétique rotatif** / Ferraris principle || ~ de **Clausius** / Clausius' theorem || **~s** *m pl* de **conservation** (phys, chimie) / conservation laws *pl* || ~ *m* de la **conservation de l'énergie totale** / law of conservation of energy || ~ de **construction** / principle of construction o. design, constructional conception || ~ de **correspondance** (nucl) / correspondence principle || ~ **crémaillère-engrenage** (électr) / rack-gear principle || ~ de **Dalembert ou de d'Alembert** / d'Alembert's principle || ~ de l'**égalité de l'action et de la réaction** / Newton's law of reaction || ~ d'**égalité de brillance** (chromatométrie) / visual colour matching || ~ d'**équipartition de l'énergie** / theorem o. principle of the equipartition of energy || ~ d'**étages** (fusée) / step principle || ~ d'**exclusion de Pauli** / Pauli's [exclusion] principle || ~ de **Fermat** / Fermat's principle [of least time] || ~ de **fonctionnement** / working principle || ~ de **Hess** / Hess's law, law of constant heat summation || ~ d'**Huygens[-Fresnel]** / Huygens-Fresnel principle || ~ d'**impulsions** (phys) / principle of linear momentum || ~ d'**incertitude de Heisenberg** (phys) / uncertainty o. indeterminancy principle || ~ de la **luminance constante** (TV) / constant luminance principle || ~ du **maximum** (contr aut) / maximum principle || ~ **mélangeur-décanteur** (nucl) / mixer-settler principle || ~ de **mesure** / principle of measurement || ~ de **moindre temps** / principle of least time || ~ de **Nernst** / Nernst heat theorem || ~ **opérationnel** (ord) / problem program || ~ de **permanence** (math) / principle of permanence || ~ de **permanence** (masses) / mass conservation principle || **~s** *m pl* **physiques** / physics *pl* || ~ *m* du **pollueur payeur** / polluter pays principle, pay-as-you-pollute principle || ~ de la **relativité d'Einstein** / Einstein relationship, special theory of relativity || ~ des **segments emboîtés** / [system of] nested intervals || ~ de **similitude** / law of similiarity, of similitude || ~ du **sinus** (math) / law of sines, sine law || ~ **stalo-coho** / stalo-coho principle || ~ de **superposition** (phys) / superposition principle || ~ de **surf** (nucl) / surfing principle || ~ de **variation** / variational principle
printanisation *f* / vernalization, jarowization
prioritaire (ord) / overriding, overruling || ~ (circulation) / having the right of way
priorité [sur] *f* / priority, precedence [over] || ~ (ord) / overlay, priority || ~ (circulation) / right of way || **avoir la** ~ [sur] (ord) / override, overrule, overlay || **la ~ revient** [à] / ...has the right of way || **sans** ~ (ordinateur) / non-precedence, (comp:) non-priority || ~ d'**accès à la mémoire** (ord) / high-speed direct access storage priority || ~ **changeante au rythme minifragmenté** / minislotted alternating priority || ~ de **convention** (brevet) / Convention priority || ~ **double** (ord) / dual precedence, dual priority || ~ à **droite** / righthand right of way || ~ **limite** (ord) / limit priority || ~ de **répartition** (ord) / dispatching priority || ~ de ... est **revendiquée** (brevet) / claims priority || ~ d'**usage** (brevet) / prior public use
pris, être ~ dans les glaces / freeze up o. in *vi* || ~ au **coulage** (béton) / cast-in || ~ à **quai** / ex wharf || ~ sur **rouleau** / wound up on tube || ~ à **Stuttgart** / ex Stuttgart || ~ à **l'usine** / ex works
prise *f* / hold, grasp, (motorcar:) speed || ~, solidification *f* / gelation || ~ (concasseur à cylindres) / nip || ~ (ciment) / set[ting], cementation || ~ (tiss) / taking-in || ~ (électr) / tap || ~, prélèvement *m* (mesures) / cal[l]ipering (measuring by or as if by cal[l]iper) || ~, soutirage *m* / tapping, bleeding || ~ (transformateur) / tapping point || **à ~ automatique** (pompe) / self-priming, regenerative || **à ~ à chaud** (colle) / hot-setting || **à ~ lente** / slow-setting, -taking || **à ~ médiane** (électr) / mid-tapped || **à ~ médiane** (électron) / center tapped || **à ~ rapide** (bâtim) / quick setting, quick-taking, rapid-hardening || **en** ~ (outil, engrenage) / in attack || **en** ~ (auto) / with gear thrown-in o. engaged || **en ~ - libre** / on - off || **en ~ perpétuelle** / constant mesh... || **faire la** ~ / bind, set, cement well || **la plus haute** ~ (auto) / top gear || ~ d'**air** / ventilation aperture, breather || ~ d'**air** (techn) / draught catcher || ~ d'**air chaud** (auto) / hot-air pipe || ~ d'**air dynamique** (aéro) / ram[ming] intake || ~ d'**air frais** / fresh-air inlet || ~ d'**anode** / anode plate || ~ **antenne** / antenna pick-up || ~ d'**aplomb** (nav) / sounding, casting the lead, plumbing || ~ **arrière** (électr) / rear connection || ~ **automatique** (pap) / lick-up || ~ de **baladeuse** (auto) / handlamp socket || ~ pour **baladeuse** / service o. convenience outlet || ~ en **bec de canard** (pince) / duckbill gripping surface || ~ de **bobine** (électr) / coil tap || ~ à **braser** / soldering outlet || ~ à la **chaleur** / heat-setting, thermosetting || ~ de la **charge** / taking up the weight || ~ en **charge de l'instruction** (ord) / instruction fetch || ~ à **chaud** / hot-setting
prise de courant *f* (électr) / connection, (esp:) socket, power o. wall outlet, convenience outlet o. socket (US) || ~ **angulaire** / right angle socket || ~ pour **barres omnibus** / bus-duct plug-in unit || ~ **bipolaire plus terre** / grounding receptacle (US) ||

~ à **collet** / socket with shrouded contacts || ~ à **deux fiches** / two-contacts connector || ~ d'**éclairage** / light [wall] socket || ~ **embrochable** / plug type connection, plug-in termination, outlet || ~ **encastrée** / flush socket || ~ **femelle** / pendant socket outlet || ~ **femelle à bride** / flange [type] socket || ~ **mâle** / cord connector || ~ **murale** / power o. wall outlet || ~ **normale** / nominal o. rated [current o. power] consumption || ~ à **parallélogramme articulé** / pantograph [type current collector] || ~ de **plancher** / floor socket-outlet || ~ **recevant ... fiches** / plug socket || ~ pour **remorques** (auto) / connector socket [for truck-trailer jumper cable] || ~ en **saillie ou sur socle** / surface socket || ~ de **sécurité** / shock-proof socket, Home Office socket (GB) || ~ **triple** / triple socket assembly || ~ **tripolaire** / three-pin o. -pole [plug] socket

prise de courant-force *f* / power outlet o. socket

prise·s *f pl* **diamétrales** / diametrical tappings *pl* || ~ *f* **DIN** / multiconductor locking plug || ~ **directe** (auto) / direct drive o. speed || ~ d'**eau** / water plug, hydrant, H || ~ d'**eau** (hydr) / channel head || ~ d'**eau** (activité) / intake of water || ~ d'**eau avec module à deux masques** (hydr) / siphon modul outlet || ~ d'**eau de canal secondaire** (hydr) / distribution head, lateral turnout || ~ d'**eau à incendie** / fire pillar, street hydrant || ~ d'**eau de mer ou à la mer** (nav) / sea [valve] chest || ~ d'**eau murale** / bib tap || ~ d'**eau murale** (pomp) / hydrant, fire plug, F.P. || ~ d'**eau en profondeur** (hydr) / submerged inlet || ~ d'**eau souterraine** / underfloor hydrant || ~ d'**eau de surface** / fire pillar, [street] hydrant || ~ d'**eau en surface** (hydr) / surface inlet || ~ d'**échantillon préliminaire** / preliminary sample || ~ en **écharpe** (ch.de fer) / cornering, slanting collision || ~ d'**écouteur** / earphone plug || ~ d'**essai** (chimie) / sampling || ~ d'**essai**, pesée *f* (chimie) / weighted-in quantity || ~ d'**essai en couches choisie au hasard** (fonderie) / stratified random sample || ~ d'**essence** / taking in fuel, [re]fuelling || ~ **femelle** (ch.de fer) / coupler socket || ~ **femelle** (électr) / socket, convenience outlet o. receptacle (US), plug receptacle (US), power o. wall outlet, outlet box || ~ **femelle étanche à l'eau plus terre** / watertight socket-outlet with earthing contact || ~ **femelle du prolongateur** (électr) / socket coupler, portable socket outlet || ~ de **fer** (forge) / tong-hold, bar hold || ~ de **fer** (lam) / initial [pass] section, starting section || ~ de **filament** (tube) / filament terminal || ~ de **force** (agr) / power take-off shaft || ~ de **force à l'avant** (agr) / front power take-off, front p.t.o. || ~ de **force dépendant de la boîte de vitesses** (agr) / engine speed power-take-off || ~ de **force indépendante ou moteur** (agr) / live power take-off || ~ de **gaz** (haut fourneau) / gas seal bell || ~ de **gaz** (soudage) / [oxy-]fuel gas connection || ~ d'en **haut** (phot) / high-angle photography o. shot || ~ de **haut-parleur** / loudspeaker plug || ~ d'un **hologramme** / holography || ~ d'**huile** (peinture) / oil absorption [value o. number] || ~ de **lumière** (bâtim) / day shaft, light well || ~ **lumière** (électr) / lighting outlet || ~ **macrocinématographique** / macrofilm photography || ~ **mâle** (électron) / connector, [attachment o. contact] plug || ~ **mâle et femelle** (électr) / coupler plug and socket connection, hickey (US) || ~ **mâle du prolongateur** (électr) / socket plug || ~ en **masse** (charbon) / caking || ~ en **masse** (couleur) / feeding-up, livering || ~ **médiane** (électr) / center tapping, mid connection || ~ **médiane** (transfo) / mid-point tapping || ~ **médiane du filament** / filament center tap, heater center tap || ~ de **mesure de résistance** / resistor tap || ~ **micro** / microphone connector || ~ de **mise en drapeau** (hélice) / feathered o. feathering pitch || ~ de **[mise à la] terre superficielle** / surface grounding (US) o. earthing (GB) connection || ~ **mobile de connecteur** (équip.ménager) / coupler socket, connector || ~ **multibroches à verrouillage** / multiconductor locking plug || ~ **multiple** / multiple socket || ~ **murale** / wall socket o. outlet (US), power point || ~ **ombilicale** (ELF) (satellite) / umbilical cord || ~ **partielle** (microfilm) / sectional copying || ~ par **photo-finish** / photo finish || ~ **[photographique]** / photograph, photographic picture, shot || ~ **pick-up** (radio) / grammophone socket || ~ **pick-up d'ampli[ficateur]** / pick-up socket || ~ par **pince** (ch.de fer) / loading and unloading by grappler || ~ **positive de filament** (électron) / positive filament terminal || ~ de **pression** (hydr) / pressure tapping || ~ **rapide** (ciment) / flash set || ~ des **réactions** / taking-up of forces || ~ **réglable** (hydr) / flow regulating water chamber || ~ de **réglage** (électr) / tap, [interstage] leak-off || ~ de **relèvement** / position finding o. fixing, taking of a bearing || ~ des **roues** / bite of the wheels || ~ au **secteur** (électr) / mains plug || ~ à **sertir** / beading plug || ~ de **sol en parachute** / parachute landing || ~ de **son** / sound pick-up || ~ du **son** (phono) / sound recording || ~ **striée** (pince) / serrated gripping surface || ~ à **stries croisées,** [droites, inclinées] (pince) / gripping surface with crosswise, [transverse, inclined] serration || ~ **téléphonique** / telephone installation || ~ de **télévision** / television pick-up, telerecording || ~ de **tension** / voltage tap || ~ de **terrain** (aéro) / approach || ~ de **terre** (électr) / earth o. ground connection || ~ de **terre** (antenne) / ground (US) o. earth (GB) mat o. net[work] || ~ de **terre factice** (électr) / earthing reactor, neutralator, negative compensator o. auto-transformer || ~ de **terre parafoudre** / lightning protection ground (US) o. earth (GB) || ~ de **terre de sécurité** (électr) / safety earth[ing] || ~ de **terre simple** / single earth || ~ de **terre symétrique** (électr) / mid-point earthing || ~ de **terre du système** (électr) / system earth || ~ de **test** (électron) / insulated test terminal || ~ **tourne-disque** (ELF) / pick-up [head] || ~ de **transformateur** / transformer tap || ~ à **trois broches** (ménager) / range plug || ~ de **vapeur** / steam tapping || ~ de **ventilation** (bâtim) / air drain || ~ **verticale** (arp) / vertical aerial photograph || ~ de **vue** (TV) / pick-up || ~ de **vue** (phot) / taking, take, shot || ~ de **vues en accéléré** (film) / fast motion shooting, undercranking || ~ de **vue aérienne** (gén) / aerial o. air photo[graph], aerial view || ~ de **vue ciné[ma]tique** (repro) / rotary filming || ~ de **vue cinématographique** / motion o. moving picture, movie (coll) || ~ de **vue de dessins** / filming of drawings || ~ de **vues des documents** / filming of documents || ~ de **vue dynamique** (repro) / rotary filming || ~ de **vue en extérieur** (TV) / location shooting, exterior filming o. shot || ~ de **vue au flash** / flashlight photo || ~ de **vue à** [grande] **distance** / telephotograph || ~ de **vue horizontale** (film) / straight-on angle shot || ~ de **vue image par image** (repro) / stop-motion o. time-lapse cinematography, frame-by-frame exposure || ~ de **vue à intensification de lumière résiduelle** / low-light-level image pick-up, available light photography, ALP || ~ de **vue à lumière propre ou naturelle** / natural light photograph || ~ de **vue**

muette / mute shot || ~ de **vue nocturne** / night picture o. photo[graph] || ~ de **vue panoramique** / pan[ning] shot || ~ de **vue par microscope électronique à balayage** / scanning electron microscope photo || ~ de **vues au ralenti** / slow-motion shooting, photochronography || ~ de **vue aux rayons infrarouges** / infrared photography || ~ de **vue statique** (repro) / planetary filming || ~ de **vue de télévision** / television pick-up, telerecording || ~ de **vue en zoom** (film) / zoom

prismatique / prismatic, -ical

prismatoïde *m* (math) / prism[at]oid

prisme *m* / prism || **en forme de** ~ / prismatic, -ical || ~ d'**Amici** / Amici prism || ~ de **cartes** (Jacquard) / card cylinder || ~ de **Cornu** / Cornu prism || ~ de **déviation** / deviation o. deviating prism || ~ de **guidage** (m.outils) / bed prism, Vee-guide || ~ de **guidage étroit** / narrow Vee-guide || ~ de **mesure** / Vee-block for measuring || ~ de **Nicol** / Nicol [prism] || ~ de **Nomarski** / Nomarski prism || ~ de **Pellin-Broca** / Pellin-Broca prism || ~ **pentagonal** / pentaprism, pentagonal prism || ~ **polariseur** / polarizing prism, polarizer || ~ **rectangle** / rectangular prism, prismatic square, cuboid || ~ à **redressement [de l'image]** / inverting o. reversing prism, image erecting prism || ~ à **réflexion totale**, prisme *m* réflecteur / reflecting prism || ~ **renversé** (m.outils) / inverted veeway o. vee o. V || ~ **solaire polariseur** / polarizing sun prism || ~ **support de fond** (accu) / bottom prism || ~ en **toit** / Amici prism || ~ **triangulaire** / ridge prism || ~ **triple** (réflecteur) / triple prism || ~ à **trois verres** / triple prism || ~ de **verre** / glass prism || ~**s** *m pl* en **verre à réflexion** (bâtim) / prism light || ~ *m* à **vision directe** / direct vision prism || ~ du **Wollaston** / Wollaston prism

prismomètre *m* (opt) / prismometer

prisomètre *m* (bâtim) / set tester

prisonnier *m* (plast) / insert || **être** ~ / enclosed, close

privatisation *f* / privatisation

privé / private

privilège *m* / privilege, right || ~ d'**exploitation de mines** / right of mining

privilégié (ord) / overriding, overruling

prix *m* / cost *sg*, price || **d'un** ~ **avantageux** / budget priced || ~ **abordable** (coll) / reasonable price (coll) || ~ d'**achat** / prime cost || ~ d'un **acier communautaire** / European Community steel price || ~ **brut** / retail o. resale price || ~ **camionnage** / cost of conveyance, of transportation, of carriage, shipping charges *pl* || ~ sur le **carreau de la mine** / pit price || ~ de **catalogue** / list price || ~ au **comptant** / cash price || ~ au **consommateur** / user price || ~**-courant** *m* / price list || ~ **coûtant** / selfcost || ~ de l'**énergie** (électr) / energy rate, kilowatt hour rate || ~ de **fabrication** / production cost, cost of production o. manufacture, manufacturing cost || ~ de **gros** / wholesale price || ~ du **kWh** (électr) / energy rate, kilowatt hour rate || ~ de **location** (ord) / rental || ~ de **location** (bâtim) / rent || ~ **main-d'œuvre** / labour cost || ~ **marqué** / list price || ~ **net** / trade price || ~ **net**, prix *m* de gros / wholesale price || ~**-pilote** *m* / standard price || ~ **proportionnel** / energy rate, kilowatt hour rate || ~ de **revente** / wholesale price, resale price || ~ de **revient** / selfcost, cost price || ~ de **revient marginal** / marginal cost || ~ du **transport** / carriage, carriage charges *pl*, freightage (US) || ~ **unitaire** / price per piece || ~ de **vente** / sales price

probabiliste / probabilistic

probabilité *f* / probability, chance, likelihood || ~ d'**adhérence** (nucl) / sticking probability || ~ d'**atteinte** (mil) / probability of hit || ~ de **collision** (gaz) / collision rate o. probability || ~ **conditionnelle de défaillance** / conditional probability of failure || ~ **cumulée** / cumulative frequency || ~ de **défaillance** / failure probability || ~ de **défaillance pour une période donnée** / incremental failure probability || ~ de **descendance** (nucl) / iterated fission expectation || ~ de **détection**, PD (radar) / acquisition probability || ~ **empirique** / empiric probability || ~ d'**erreurs** / probable error o. deviation, PE || ~ d'**erreur** (statistique) / level of significance || ~ de **fission itérée** (nucl) / iterated fission expectation || ~ de **fuites** (nucl) / leakage probability || ~ d'**ionisation par choc** / probability of ionization by collision || ~ de **non-fuite** (nucl) / nonleakage probability || ~ **nulle** / zero probability || ~ d'**occupation** (semicond) / occupation probability || ~ de **pénétration** (nucl) / penetration factor || ~ de **pertes** / loss probability || ~ de **première collision** (nucl) / first collision probability || ~ de **ruine** / fault probability || ~ de **survie** (gén, techn) / probability of survival || ~ **thermodynamique** / statistic[al] weight (macroscopic state) || ~ de **transition** (nucl) / transition probability

probable, le plus ~ / [most] probable

probe *f* (ultrasons) / probe

problème *m* / problem || ~**s** *m pl* **actuels** / present time problems || ~ *m* de **calcul des performances** (ord) / benchmark problem || ~**s** *m pl* de **choix d'implantation** / siting problems *pl* || ~ *m* de **congestion** (télécom) / congestion problem || ~ de **coordination** / coordination problem || ~ de **deux corps** (phys) / two-body problem || ~ de **Dirichlet** (math) / Dirichlet's problem || ~ de l'**environnement** / environmental problem, ecoproblem || ~ d'**instabilité** / stability problem || ~ de **langage d'interrogation** / query-language problem || ~ aux **limites** / boundary value problem || ~ à **N corps** / many body problem || ~**s** *m* du **personnel informaticien** (ord) / manware, peopleware || ~ de **plusieurs corps** (astr) / problem of many bodies, many-body problem || ~ de **positionnement** / positioning problem || ~ de **qualités** / grades problem || ~ de **rendez-vous** (contr.aut) / rendezvous problem || ~ de **stabilité** / stability problem || ~ de[s] **trois corps** (astr) / three body problem || ~ des **trois points** (arp) / three-point problem || ~ de la **valeur marginale** / boundary value problem || ~ aux **valeurs propres** (math) / eigenvalue problem

procédé voir aussi méthode || ~ / process || ~, méthode *f* / procedure, method || ~ **abrégé** / abridged process || ~ **acide** (sidér) / acid process || ~ **additif** / additive process || ~ d'**affinage au charbon de bois** / charcoal hearth process || ~ d'**affinage Bessemer ou au vent** / Bessemer refining process || ~ d'**affinage au minerai** (sidér) / direct process || ~ d'**affinage à l'oxygène** (sidér) / oxygen top blowing, oxygen [lance] process || ~ **aléatoire** / stochastic o. random process || ~ **Anaconda** (sidér) / Anaconda process || ~ **AOD** (argon, oxygène, décarburisation) (sidér) / AOD-process (argon, oxygen, decarburization) || ~ à l'**argent** / dry silver process || ~ **argonarc** (soudage) / argon-arc process || ~ **Armco** (sidér) / Armco process || ~ **Asarco de coulée continue** / Asarco process || ~ d'**attente** (aéro) / holding procedure || ~ de l'**auto-creuset** (nucl) / skull melting || ~ d'**autopositifs** (phot) / direct positive process || ~ **Ballard** (typo) / Ballard process || ~ **basique** (sidér) / basic process || ~ **Bayer** / Bayer process || ~ au **benday** (typo) / benday process || ~ **Bergius** (chimie) / Bergius process (hydrogenation of coal) || ~ **Bessemer** / Bessemer process, acid converter process || ~ au **bisulfite** (pap) / sulphite pulping o. digestion || ~ **bitherme de séparation** / dual temperature exchange separation || ~ de **blanchissage** (tex) / laundering o. washing process || ~ à **boue activée** (eaux usées) / activated sludge process || ~ [de] **Brinell** / Brinell o. ball-thrust method of hardness testing || ~ au **bromure** / bromide [printing] process || ~ de **broyage** / comminution process || ~ **Butamer** (pétrole) / butamerization || ~ **B.V.** (= Bochumer Verein) (sidér) / BV process || ~ **catadyne** / catadyne process || ~ au **catalyseur fluide** (chimie, pétrole) / fluid catalyst process || ~ **catalytique de désulfuration** / Gray catalytic desulphurization || ~ **Catarole** (aromatisation et oléfinisation catalytique) / catalytic production of aromatics and olefinic gases, catarole [process] || ~ de **cémentation** / carburization, carbonization, case hardening || ~ à **chaux et à soude** (eau) / lime-soda process || ~ **Chayen** / Chayen impulse method || ~**s** *m pl* **chimiques de base** / unit processes *pl* || ~ *m* **chlorex** (pétrole) / chlorex process || ~ **Clark** / Clark process || ~ **Claude pour la synthèse de l'ammoniac** / Claude process || ~ **Claus pour l'obtention du soufre** (pétrole) / Claus [sulphur recovery] process || ~ **Codir** / coal-ore direct iron reduction || ~ **cold-box** (fonderie) / cold box casting || ~ de **collage mince** (bâtim) / thin mortar bed technique || ~ de **combustion** / combustion process || ~ de **concentration** (chimie, sidér) / enriching operation || ~ de **contact** / Badischer process || ~ de **contact dans des cornues** / retort contact process || ~ en **continu** (tex) / continue o. continuous process || ~ en **continu** (ordonn) / continuous process || ~ **continu à colorants de cuve** (tex) / vat-dye continue process || ~ **convertol** (prép) / Convertol process || ~ **copyrapid** / diffusion contact printing || ~ en **coquilles de céramique** (moulage à moule perdu) / ceramic shell process of investment casting || ~ par **couche fluidisée** (chimie) / fluidized solids technique || ~ de **coulage d'aluminium sous pression** / aluminium die casting || ~ de **coulée continue CONCAST** / concast process || ~ de **coulée continue en une ligne** (fonderie) / single strand casting method || ~ de **coulée de mousse thermoplastique** (plast) / thermoplastic foam casting process || ~ de **craquage** (chimie) / cracking process || ~ **cryovac** / cryovac process || ~ au **cuivre ammoniacal** / cuprammonium process || ~ **CVD** (= chemical vapour deposition) / chemical vapour deposition process, CVD process || ~ à **cycle unique** (engrenage) / single-cycle process || ~ **cyclo-acier** (sidér) / cyclo-steel process || ~ de **Czochralski** / Czochralski method of pulling crystals || ~ **Deacon** (chimie) / Deacon process || ~ de **décalcomanie** / metachromotype process || ~ de **décantation [pour régénérer l'huile]** / decantation process for regenerating oil || ~ de **décapage d'aluminium** / pickling process for aluminium || ~ par **décharge hydrotypique** (typo, phot) / imbibition || ~ de **décomposition** / decomposition process || ~ **Demet** (pétrole) / demet process, demetallization process || ~ de **démodulation interporteuse** (TV) / intercarrier sound system || ~ de **déparaffinage à acétone et benzène** (pétrole) / acetone-benzole process || ~ de **désagrégation** (chimie) / disintegration method || ~ de **détection** (télécom) / searching || ~ **deux bains** (typo) / two-bath process || ~ par **développante** / hobbing, self-generating milling || ~ **DH** (= Dortmund-Hörde) (sidér) / DH process || ~ **DHD** (pétrole) / DHD-process || ~ **D + I** / drawing and ironing, D + I-process || ~ aux **diazotypies** (typo) / diazotype process || ~ de la **diffusion thermique** (nucl) / thermodiffusion method || ~ par **diffusion thermochimique** / thermochemical diffusion method || ~ de **diffusion par tuyères** (nucl) / nozzle process || ~ **direct** (sidér) / Renn o. direct process || ~ **direct** (mousse plast) / one-shot process || ~ en **discontinu** (teint) / discontinuous process || ~ de **dispersion** / dispersion process || ~ de **dissociation** / dissociation process || ~ de **division** (roue dentée) / dividing method of toothing || ~ de **division individuelle** (m.outils) / single-dividing o. -indexing method o. process || ~ **DME** (= distance measuring equipment) (aéro) / DME- (o. distance measuring equipment) method || ~ de **documentation K.W.I.C.** / keyword-in-context-indexing, KWIC || ~ **Dored** (sidér) / Dored process || ~ [dit] **de la double image** (opt) / double image procedure || ~ à **double jet d'émulsion** (phot) / double jet process || ~ **Dow** (magnésium) / Dow [etch] process || ~ **Downs** (chimie) / Downs process || ~ **D + R** / draw and redraw, D + R process || ~ **Duosol** / duosol process || ~ **duplex** (sidér) / duplex process || ~ du **durcissement** (bois aggloméré) / hardening process || ~ **Dwight Lloyd** (sidér) / Dwight-Lloyd process || ~ d'**écumage antérieur** (plast) / frothing process || ~ **Edeleanu** (pétrole) / Edeleanu process || ~ **éidophor** (TV) / eidophor process || ~ d'**élaboration** (sidér) / steel making process || ~ **électrocolor** / electrocolor process [for metal] || ~ **électrostatique** / electrophotography || ~ d'**enfoncement horizontal** (pipeline) / throughpress process || ~ d'**enlevage** (teint) / discharge method || ~ d'**enrichissement** (chimie, sidér) / enriching process || ~ par **ensemencement** (agric) / germinating method || ~ d'**épuration par boues activées** (eaux usées) / activated sludge process || ~ **Ericsson** (turbine à gaz) / Ericsson process || ~ d'**essai** / testing method || ~ de **fabrication** (acier) / production process || ~ de **fabrication** / manufacturing process o. method || ~ de **fermentation** / fermentation process || ~ de **fermentation et putréfaction** / fermentation-putrefaction process || ~ de **fibres disposées en faisceau plat méthode Pressley** (tex) / flat-bundle method, Pressley method || ~ **fil** (lam) / wire process || ~ de **filature en pots** / can spinning system || ~ **F.I.O.R.** (sidér) / FIOR-process || ~ **flexichrome** (typo) / flexichrome process || ~ par **flottant et fusion** (sidér) / flash smelting, levitation melting || ~ de **flottation** / flotation [concentration o. process] || ~ de **fondation** / method of laying foundations || ~ **fonte** (sidér) / pig process || ~ **fonte-minerai** (sidér) / pig iron-ore process || ~ **fonte-riblons** / pig iron scrap method || ~ de **foulardage à la cuve acide** (tex) / vat-acid pad dyeing || ~ de **foulardage et d'enroulement** (tex) / vat winding-up method || ~ de **foulardage et enroulement court** (tex) / short-dwell padding || ~ par **foulardage-enroulement à froid** (teint) / cold pad-batch dyeing, cold retention dyeing || ~ **foulard-vapeur** (teint, tex) / pad-steam process || ~ **Frasch** (extraction du sulfure) / Frasch process || ~ de **frittage** / sinter process, sintering technique || ~

Girbotol (chimie) / Girbotol process || ~ **Girdler** (chimie) / Girdler process || ~ de **Gossage** (chimie) / Gossage's process || ~ de la **goutte sessile** (sidér) / sessile drop method || ~ **graphique** / graphical evaluation o. method || ~ **Gulfining** (pétrole) / Gulfining || ~ **Haber**, procédé *m* de Haber et Bosch / Haber [-Bosch] process || ~ **Hall** (électrolyse d'aluminium) / Hall process || ~ sous **haute pression** / high-pressure process || ~ **Hélanca** (tex) / classic texturizing || ~ **HIB** (sidér) / HIB-process (= high iron ore briquettes) || ~ **H-Oil** (désulfuration et hydrocraquage des fractions lourdes) / H-oil process || ~ **Houdresid de craquage catalytique** / Houdresid catalytic cracking || ~ **Houdriflow de craquage catalytique** / Houdriflow catalytic cracking || ~ **Houdriforming** / Houdri forming || ~ **H.T.P.** (fabr. d'acétylène) / HTP-process || ~ d'**hydrodésalkylation** / hydro-dealkylation process, HDA-process || ~ d'**hydrogénation** (graisse) / hydrogenation process of fats || ~ **Hyl** (Hojalata y Lamina) (sidér) / Hyl process (Hojalata y Lamina) || ~ à l'**imbibition** (phot) / imbibition printing || ~ **impal** / impal process || ~ d'**impression en deux phases** / colloresin process, two-phase printing process || ~ d'**impression au stencil** (repro) / diffusion transfer process, chemical transfer process || ~ d'**imprimer** / printing process || ~ d'**injection** (mot) / injection process || ~ **inmould** (fonderie) / inmould process || ~ **interporteuse** (TV) / intercarrier sound system || ~ d'**investigation** / investigation method o. process || ~ **Isomax** (pétrole) / isomax process || ~ **Iso-Plus** (pétrole) / iso-plus Houdriforming || ~ **itératif** (NC) / record play-back method || ~ **Kaldo** (sidér) / Kaldo-process || ~ **Kellog-Orthoflow** (pétrole) / Kellog orthoflow process || ~ **Kodachrome** (phot) / Kodachrome process, dye transfer process || ~ dit **Kogasin** / Kogasin process || ~ de **Kroll** / Kroll's process || ~ **Kys** (sidér) / Kys process || ~ à **laitier simple** (sidér) / single-slag process || ~ à **laminoir étireur-réducteur** / tube breaking-down rolling practice (GB), tube tension reducing process (US) || ~ **L.D.** (L.D. = Linz-Donawitz) (sidér) / L.D.-process, top blowing || ~ **L.D.-A.C.** (= Linz-Donawitz-Arbed-CNRM) (sidér) / LD-AC-process || ~ **L.D.P.** (sidér) / LDP process (Linz, Donawitz, powder) || ~ **Leblanc** / Leblanc process of soda manufacture || ~ de **liquation ressuage** / liquation, liquating, separation by liquation || ~ à **lit fixe** (pétrole) / fixed bed process || ~ au **lit fluidisé ou mobile** (chimie) / moving bed process || ~ **Lomax** (pétrole) / lomax process, light oil maximizing process || ~ en **lumière alternante monocellulaire** (opt) / single-cell alternating light procedure || ~ **Martin** (sidér) / open-hearth o. O.H. o. Siemens-Martin process o. practice || ~ de **masque de moulage** / mould casting system Croning, shell mould casting, lost plastic moulding || ~ de **mesure incrémentiel** (NC) / incremental measuring method || ~ de **métallisation au pistolet** / metal [powder] spray process o. spraying || ~ des **meules** / charring of wood in heaps o. piles || ~ **MHKW** (sidér) / MHKV process, core zone remelting process || ~ **Micafil** / micafil process || ~ **Midrax** (sidér) / Midrax process || ~ de **Mitscherlich** (pap) / Mitscherlich process || ~ **mixte** / mixed method o. process || ~ de **Möbius** / Möbius process for parting gold and silver || ~ **Molex** (paraffine) / molex process || ~ de **Mond** (sidér) / Mond [nickel extracting] process || ~ **monobain** (typo) / monobath process || ~ à **mouillé** / wet method || ~ de **moulage par air-bag** (ou par water-bag) (plast) / bag moulding system, rubber bag moulding || ~ de **moulage en carapace** (fonderie) / shell casting process || ~ de **moulage en continu** / continuous moulding process on conveyor || ~ de **moulage sous pression** / [pressure] diecasting || ~ de **moulage réactif par injection** (plast) / reactive injection mo[u]lding system, RIM || ~ **moulé-tourné** (verre) / turn mould o. paste mould blowing || ~ **Mulholland** / Mulholland process || ~ **multiflash ou multiflush** / multistage flash process || ~ **Nathan** (bière) / Nathan process || ~ **négatif** (phot) / negative process || ~ **Obach de dérésinification** (gutta) / Obach process || ~ **O.B.M.** (oxygen, bottom, Maxhütte) (sidér) / Q-BOP process (quiet basic oxygen process), OBM-process (oxygen bottom blowing) || ~ **OCP** (= oxygène-chaux-pulverisée) (sidér) / OLP process (= oxygen-lime-powder) || ~ **OFC** (gaz naturel) / one-flow-cycle o. OFC-process || ~ **O.L.P.** (= oxygène, lance, poudre) (sidér) / OLP o. oxygen-lance-powder process || ~ **Orford** (nickel) / Orford process || ~ par **osmose** / osmosis process || ~ d'**oxydation** / oxidation process, oxidizing || ~ d'**oxydation électrolytique d'aluminium** / electrolytic oxidation process, anodic oxidation [treatment], oxidizing o. aluminite (US) process || ~ d'**oxydoréduction** / ox-redox process || ~ **Ozalid** / Ozalid process || ~ **Parex** (paraffine) / parex process || ~ **Parkes** (sidér) / Parkes' process || ~ à **pâte épaisse** / thick slurry process || ~ à **permutite** / permutit[e] process || ~ **Phenosolvan** / Phenosolvan extraction || ~ **Philips** (réfrig) / Philips process || ~ **PL** (sidér) / PL-process || ~ en **plusieurs bains** / multiple bath dyeing || ~ à **porteuse intermédiaire** (TV) / intercarrier sound system || ~ **Powerforming** (pétrole) / Powerforming || ~ **pressé-souffle-tourné** (verre) / paste-mould press and blow process || ~ **primaire** / primary process || ~ de la **prise** (béton) / process of setting || ~ **P.S.A.** (pétrole) / PSA process (= pressure swing adsorption process) || ~ **purex** (nucl) / purex process || ~ **Purofer** (sidér) / Purofer [direct reduction] process || ~ de **raffinage par argile chaud** (chimie) / hot clay contacting process || ~ de **réaction de grillage** (sidér) / roast-reaction process || ~ au **recristallisateur** (sel) / recrystallizer process || ~ **Rectisol** (pétrole) / rectisol process || ~ de **recyclage** (chimie) / recirculation process, recycling process || ~ **redox** / ox-redox process || ~ de **réduction en lit fluidisé** (sidér) / turbulence reduction method || ~ **Redux** (colle) / Redux process || ~ à **refondre par bombardement électronique** (sidér) / electron-beam remelting process || ~ de **remblayage par l'air comprimé** (mines) / pneumatic packing o. stowing process || ~ de **réponse fréquentielle** (contr.aut) / frequency response method || ~ de **reprise** (ord) / rerun procedure || ~ de **reproduction** / reproducing method o. process o. technology || ~ **réversal** (typo) / reversal process || ~ **RFP** (= Rapid-Faß-Pulver) (tan) / RFP-process || ~ **Rheocast** (sidér) / rheocast process || ~ **RIM** (plast) / reaction injection moulding || ~ **roll-bonding** (techn. du froid) / roll-bonding process || ~ à la **Rongalite et au carbonate de potassium** (teint) / potash-Rongalit method, potash sulfoxylate formaldehyde method || ~ de **sablage** / sand o. grit blasting, blast cleaning || ~ de **sanforisation** (tiss) / sanforizing process || ~ à ou au **sec** / dry process || ~ de **séchage** / drying process || ~ de **sédimentation** (fabr. des crayons) /

sedimentation process || ~ **semi-additif** (c.intégré) / semi-additive process || ~ de **séparation** (chimie) / separation process || ~ de **séparation par diffusion gazeuse** (nucl) / gaseous diffusion process || ~ **Shaw** (sidér) / Shaw-process || ~ [dit] **de la silhouette** (métrologie) / silhouette procedure || ~ **simple** / simple process || ~ **Solutizer** (pétrole) / solutizer process o. treatment || ~ **Solutizer au tan[n]in** (pétrole) / tannin solutizer process || ~ de **Solvay** (de fabrication de la soude à l'ammoniaque) / [Solvay's] ammonia-soda process || ~ **sons** / TV sound operations *pl* || ~ de **soudage** / welding process || ~ de **soudure argonarc** / argon-arc welding process || ~ de **soufflage à plongeur** (plast) / dip[ping mandrel] blow moulding process || ~ de **soufflage d'oxygène par le fond** (sidér) / Q-BOP process (quiet basic oxygen process), OBM-process (oxygen bottom blowing) || ~ **soufflé-tourné** (Belgique) (verre) / turn mould o. paste mould blowing || ~ **soustractif** (c.intégré) / subtractive process || ~ **Sovafining** (pétrole) / Sovafining || ~ **Sovaforming** (pétrole) / Sovaforming || ~ **Steffen par voie chaude** (sucre) / Steffen scalding process || ~ **Sterling** (zinc) / Sterling process || ~ **stochastique** / stochastic o. random process || ~ **suivi** / way o. method o. process of manufacture o. production, manufacturing process || ~ au **sulfite** (pap) / sulphite process || ~ de **surrégénération** (nucl) / breeding process || ~ par **tambour extincteur** / quenching drum o. slaking drum process || ~ **T.C.C.** (craquage catalytique au lit mobile) (pétrole) / rexforming, thermofor catalytic cracking (TCC) o. reforming (TCR) || ~ **technicolor** / Technicolor process || ~ **thermique de copiage** / thermography || ~ **Thermosol** (teint) / thermosol process || ~ de **Thermosol-Thermofixage** (teint) / thermosol/thermofixation process || ~ [basique] **Thomas** / basic [Bessemer o. converter (US)] process, Thomas-Gilchrist process (GB) || ~ **Thylox** (épuration du gaz) / Thylox process || ~ **Tin Sol B** (galv) / Tin Sol B process || ~ de **tirage au bromure** / bromide [printing] process || ~ de **tour** (chimie) / tower process || ~ de **traitement du pétrole** / treating process || ~ de **transfert** (typo) / transfer process || ~ **transfert par diffusion** (phot) / contact diffusion process || ~ de **transfert à la gélatine** / gelatine die transfer process || ~ par **transfert hydrotypique** (typo, phot) / imbibition || ~ par **trempage** / immersion o, dipping process || ~ au **trempé** (semicond) / dip coating || ~ **Trickle** (pétrole) / Trickle process || ~ **triplex** (sidér) / three furnace process || ~ à **trois couleurs soustractif** (phot) / three-colour subtraction printing o. subtractive process || ~ **TT** (teint) / thermosol/thermofixation process || ~ de **tufting** (tapis) / tufting process || ~ **Ultrafining** (pétrole) / ultrafining || ~ **Ultraforming** (pétrole) / ultraforming process || ~ à **un seul cycle de traitement** (chimie) / one-shot process || ~ **Unicracking** (pétrole) / unicracking || ~ **Unifining** (pétrole) / unifining process || ~ **Unisol** (pétrole) / unisol process || ~ **unitaire** (chimie) / unit operation || ~ d'**usinage** / machining operation o. process || ~ **VAC-VAC** (préservation des bois) / Vac-Vac process || ~ à **vide** / vacuum treatment || ~ **vidéo** / video operations *pl* || ~ par **voie humide** (sidér) / wet method o. treatment || ~ par **voie sèche** / dry method o. treatment || ~ **Winkler à lit fluidisé** (gazéification de charbon) / Winkler system, fluidization || ~ **Ziegler basse pression** (plast) / Ziegler process || ~ **zone fondue** (semicond) / zone melting o. refining technique

procéder / proceed || ~ [à] / undertake, perform, carry out

procédure *f* / procedure, proceeding || ~ (ord) / procedure || ~ d'**approche manquée** (aéro) / missed approach procedure || ~ d'**assurance de la qualité** / quality assessment procedure || ~ d'**autorisation** (nucl) / licensing procedure || ~ *m* de **chargement initial** (ord) / initial program loader, IPL || ~ **division** (COBOL) *f* / procedure division (COBOL) || ~**s** *f pl* **équilibrées HDLC** (ord) / HDLC balanced procedures (= high level data link control) || ~ *f* **HDLC** (ord) / HDLC procedure

procellulose *f* / procellulose

procès *m* en **brevet** / patent suit

processeur *m* (film) / film processor station || ~ (ELF), programme *m* de traduction (ord) / processor || ~ **analogique** (ord) / analogue processor || ~ de la **machine PL/1** (ord) / PL/1-processor || ~ **vectoriel** (ord) / vector processor

processor caméra *f* / processor camera

processus *m* / process || ~ **aléatoire branché** (math) / branching process || ~ d'**allumage** / ignition || ~ **analytique** / analyses process || ~ **anti-Stokes** / anti-Stokes process || ~ de **combustion** / process of combustion, combustion process || ~ sous **contrôle** / process under control || ~ de **démarrage** / starting process || ~ **élémentaire** / primary process || ~ d'**élimination** / process of selection || ~ **ergodique** / ergodic process || ~ de **fabrication** / manufacturing process || ~ de **fustigation** (ferromagnétisme) / umklapp process, U-process, fold-over process || ~ de **Goldschmidt** / Goldschmidt detinning process || ~ **Goldschmidt de soudure à la thermite** / aluminothermic o. thermite process o. welding || ~ **incrémentiel** (NC) / incremental measuring method || ~ **industriel** / industrial processing || ~ **markovien** (math) / Markov process || ~ **nucléaire en cascade** / nuclear cascade || ~ de **numérotage** (télécom) / selective process || ~ de **ramification** (math) / branching process || ~ **réactionnel** / reaction process || ~ de **réglage** (contr.aut) / control process o. operation || ~ du **réglage [complet]** / fully stabilizing || ~ de **réorganisation** (ferromagnétisme) / umklapp process, U-process, fold-over process || ~ **répétif** (NC) / record playback method || ~ **thermique** / thermal process o. phenomenon || ~ de **travail** / operating method o.procedure || ~ d'**urbanisation** / urbanization process || ~ **vivant** / living process

procès-verbal *m* (auto) / [policeman's] report, ticket || ~ (pl. procès-verbaux) / minutes *pl*, memo, record || ~ de **dommage** / damage report || ~ d'**essai** / test record || ~ de **mesure** / test certificate || ~ de **réception** / acceptance report || ~ de **réparation** / recovery report || ~ d'une **réunion** / proceedings *pl*, transaction o. minutes of a reading

proche / near o. close [to], close-range... || **de ~ en proche** / step-by-step, by steps o. inches, stepwise

procréation *f* / production, generation || ~ de **courant** / current generation o. production

proctor *m* (méc des sols) / Proctor test

proctotrype *f* / horntail

procurer / procure, get

prodigue / luxuriant

producteur *m* / producer || ~ (agr) / grower

productif / productive, efficient || ~ (mines) / productive

production *f* (techn) / generation || ~, produit *m* / work, product[ion] || ~ (outil) / tool life quantity || ~, fabrication *f* / fabrication || ~ (techn, mines) / output, yield || ~ (agr) / yield, agricultural production, output || **de** ~ (tourn) / production... || ~ **accouplée** / coupled production || ~ d'**acétylène par l'arc électrique** (chimie) / arc process for acetyene production || ~ d'**acier brut ou d'acier en ligots** / ingot tons *pl* || ~ par **an** / annual output, production per year || ~ **aurifère** / gold extraction, reduction (South Africa) || ~ **automatisée** / computer aided manufacturing, CAM || ~ de **copeaux** (m.outils) / chip production || ~ de **courant** / current generation o. production || ~ de **différentes catégories** (gén) / production of different commercial grades || ~ à l'**échelle industrielle** / commercial production, big scale o. industrial production || ~ **effective** / actual output || ~ d'**électricité** / current generation || ~ d'**énergie** / power generation || ~ de l'**énergie par effet Seebeck** / thermoelectric generation by Seebeck effect || ~ d'**énergie électrique par voie thermique** / thermoelectric generation || ~ de l'**essence** / gasoline recovery || ~ **et utilisation de la chaleur** / heat economy, thermo-economy || ~ **excédentaire** / overproduction || ~ **exigée** / planned target || ~ de **fer** / iron production || ~ du **froid** / cold production || ~ de **gaz** / gas production o. generation o. making || ~ par **homme-heure** / production per man-hour, p.m.h. || ~ **industrielle** / industrial production || ~ **journalière** / daily output o. production || ~ **jumelée** / coupled production || ~**s** *f pl* **maraîchères** / market-garden produce || ~ *f* de ou en **masse** (techn) / quantity o. mass o. bulk o. wholesale manufacturing o. production, large quantity o. large scale manufacture o. production || ~ en **masse** (sidér) / tonnage production || ~ d'un **méplat** / flattening || ~ d'une **mine** / output o. production of a mine || ~ de **paires** (nucl) / pair emission o. generation o. production || ~**s** *f pl* de **plein champ** / field crop || ~ *f* **prototype à chaîne** / prototype assembly line production || ~ en **quantités** / industrial scale manufacture || ~ **record** / maximum output, peak power || ~ en **série** / series o. duplicate production o. fabrication || ~ **spécifique horaire du four** (par m^2 de sole) (sidér) / output of hearth area o. surface || ~ en **surplus** / overproduction || ~ **théorique** / nominal o. rated (US) output || ~ des **trous borgnes** (techn) / bottoming || ~ d'une **usine** / throughput of a factory || ~ de **vapeur** / steam generating capacity

productivité *f* / efficiency, capability || ~, rendement *m* / productivity, productiveness || ~, capacité *f* productive / manufacturing capacity, productive capacity || ~ **accordée** (ordonn) / balancing of operation times || ~ d'**exploitation** / operating efficiency || ~ **moyenne** (ordonn) / average performance || ~ du **travail** / productivity of work

produire (techn) / manufacture, produce, turn out || ~, rendre / bear, yield || ~ (agr) / yield, bring forth || ~ (se) / develop || ~ (se) (évènement) / commence || ~ (se) (réaction) / go, run || **se** ~ (p.e. brouillard) / occur || ~ du **courant** (usine électr) / be in o. at power, generate current || ~ une **détonation** / detonate *vi*, explode || ~ de l'**effet** (techn) / work *vi*, act, function, operate || ~ des **étincelles** / strike sparks || ~ des **étincelles** (électr) / flash *vi*, spark || ~ une **friction** / produce friction || ~ des **fruits** / bear fruit[s] || ~ du **gaz** / generate gas || ~ en **masse** / produce in quantity, work for volume || ~ des **preuves** / prove *vi* || ~ **propre** / produce without pollution || ~ des **pulsations** / pulse *vi vt* || ~ la **rupture et le foudroyage du bas-toit** (mines) / run the roof to fall down, work by thrusts || ~ au moyen d'une **soufflerie** (sidér) / blow *vt* || ~ **synthétiquement ou par la synthèse** / synthetize

produisant une **double réfraction** / double refracting o. refractive, birefringent

produit *m* / product, make || ~ (math) / product || ~, gain *m* / production, yield || ~, article *m* / article, item || ~, œuvre *m* / formation, formed body || ~ [fabriqué par ou en...] / make, manufacture || ~ (isotopes) / output (isotopes) || **qui peut donner un** ~ **mousse** (plast) / expandable || **à haute teneur en** ~**s fins** / rich in fines || ~ **abrasif** / abradant, abrasive [product] || ~ **abrasif aggloméré** / bonded abrasive product || ~ **absorbant** / absorbent || ~ **accessoire** / byproduct || ~ **activant** (béton, bitumen) / bonding additive anti-stripping agent, antistripping agent || ~ d'**addition** / additive || ~ d'**addition** (chimie) / addition compound || ~ d'**addition au détergent** / detergent additive, ancillary (GB) || ~ **adultérant** / adulterant || ~ d'**aération pour noyaux** (fonderie) / core breakdown agent || ~ **agraire** / [farm] produce || ~**s** *m pl* **agricoles** / agricultural produce || ~**s** *m pl* **ajoutés** (chimie) / feed stream || ~**s** *m pl* **alimentaires** / aliments [for man] *pl*, nutriments, nourishments *pl*, food, eatables *pl*, edibles *pl* || ~ *m* **alvéolaire** (gén) / cellular o. foamed material || ~ **alvéolaire dur** / hard cellular material || ~ **alvéolaire avec évidements** / cored cellular material || ~ **alvéolaire souple** / flexible cellular material || ~ à **alvéoles fermés, [ouverts]** / closed-, [open-]cell cellular material || ~ **antigel** (auto) / antifreezing compound, antifreezer || ~ **antigel d'émulsions** / emulsion freeze stabilizer || ~ **antigivrage** (aéro) / anticer || ~ **antiparasite** / pesticide || ~ **antipitting** / antipitting agent || ~ **antiretassure** (sidér) / shrinkage pipe preventing agent, antipiping agent || ~ d'**asphalte** / bituminous product || ~ **auxiliaire** (tex) / auxiliary product || ~ **auxiliaire pour cuir** / leather auxiliary || ~ **auxiliaire pour l'industrie de tannage** / tanning auxiliary || ~ **auxiliaire textile** / textile auxiliary || ~ d'**azurage ou de blanchiment optique** (tex) / white dye || ~ de **bas de colonne** (chimie) / bottom product, bottoms *pl*, residues *pl* || ~ de **base** / base o. basic material, staple || ~**s** *m pl* de **base** / basic o. staple commodities *pl* || ~**s** *m pl* de **beauté** / cosmetics *pl* || ~ *m* **bitumineux** / bituminous product || ~ **blanc** (pétrole) / white product || ~ de **blanchiment oxygéné** / oxygen bleaching agent || ~ de **bouchage** (peinture) / stopper, stopping || ~ de **bouchage pénétrant** (peinture) / penetrating stopper || ~ **brillanteur** (galv) / brightener || ~ **brut** / raw product || ~ **brut** (sidér) / oversized material || ~ **brut de coulée** / casting as cast, unfinished casting || ~**s** *m pl* **bruts** / raw produce || ~ *m* **calorifuge** / thermic insulant || ~**s** *m pl* en **caoutchouc** / rubber articles o. goods *pl* || ~ *m* **cartésien** (math) / cartesian product || ~ en **cellulose moulée** / moulded pulp product || ~ **chimique** / chemical product, chemical || ~**s** *m pl* **chimiques minéraux** / heavy chemicals *pl* || ~**s** *m pl* **chimiques de qualité photographique** / photographic grade chemicals *pl* || ~ *m* de **chrome réfractaire** / chrome refractory || ~ de **cœur** (distillation) / main product o. run || ~ *adj* par **co-extrusion** / co-extruded || ~ *m* **collant** (tex) / size, slashing product || ~ **collant sur le cylindre** (lam) / cobble, sticker || ~ de **combustion** / product of combustion || ~ **commercial** / commercial article o. good, merchandise || ~ **comptable** (ordonn) / product unit || ~ **concentré** (mines) / concentrator product, concentrate, -trates pl || ~ de **condensation** (chimie) / condensation polymer ||

~**s** *m pl* **congelés** / frozen foods || ~**s** *m pl* **consommables** (ordonn) / process materials *pl* || ~**s** *m pl* de **consommation** / daily commodities, consumer goods *pl* || ~ *m* en **continu** / endless product || ~ de **convertissage** / attrition product || ~**s** *m pl* **corroyés** (alumin.) / wrought products *pl* || ~ *m* de **coupage** (peinture) / extender || ~**s** *m pl* **creux** (céram) / hollow ware || ~ *m* **décapant** (graph) / stripper || ~ **décapant** (sidér) / pickle || ~ de **décomposition** / decomposition product || ~ de **dédoublement** (chimie) / cleavage product || ~ de **dégradation** / decomposition product || ~**s** *m pl* **demi-finis** / half-finished o. semifinished products o. goods *pl* || ~ *m* **demi-manufacturé** / half-finished o. semifinished o. semimanufactured good o. product || ~ de **densité voisine de la coupure** (prépar) / near-gravity material || ~ de **départ** / starting material || ~ **dérivé** (chimie) / byproduct, derivative || ~ **dérivé de l'alcool** / alcohol derivative || ~ **dérivé du goudron de houille** / coaltar produce || ~ **dérivé du pétrole** / petroleum derivative || ~**s** *m pl* **dérivés de la houille** / coal by-products *pl* || ~ *m* de **désintégration** (nucl) / decay product || ~ **desséchant** (gén) / drying agent, dehydrating agent, dehumidifier || ~ de **désuintage** / scour for wool || ~**s** *m pl* de la **détonation** / blast damp o. fumes *pl* || ~ *m* de **diffusion** / diffusion product || ~ de **dissolution** / decomposition product || ~ de **distillation directe** (pétrole) / virgin o. straight-run product || ~ **élué** (chimie) / eluate || ~ **embouti** / dished o. flanged product || ~ d'**encollage** (tex) / size, slashing product || ~ d'**ensimage** (filage) / lubricant, batching o. spinning oil || ~ d'**entretien pour automobiles** / car polish || ~ d'**épuisement** / extraction o. extracting o. extractive agent o. product o. matter, extractant || ~**-étalon** *m* (chimie) / standard substance || ~ d'**évaporation** / evaporation [product], evaporate || ~ **exothermique** (sidér) / shrinkage pipe preventing agent, antipiping agent || ~ **exothermique pour la masselotte** (fonderie) / pouring gate exothermic compound || ~ d'**extension**, diluant *m* / diluent, diluting agent || ~ **extérieur** (math) / vector o. cross product, outer product || ~ d'**extraction** / extraction o. extracting o. extractive agent o. product o. matter, extractant || ~ **extrait ou à extraire** (mines) / mine run material || ~ d'**extrusion** / extrudate, extruded material || ~ *adj*, par un **faisceau laser** / laser-induced || ~ *m* de **fer** / ferrous product || ~ *adj* par **fermentation basse** / produced by sedimentary fermentation, fermented from below, bottom fermented || ~ par la **fermentation haute** (bière) / produced by surface o. top o. high fermentation, fermented from top || ~**s** *m pl* **ferreux** / ferrous products *pl* || ~ *m* de **fil métallique** / wire product || ~ de **filiation** (nucl) / daughter product || ~ **filtré** / filtered matter, filtrate || ~ **final ou fini** / ultimate o. final o. end product || ~ **fini à chaud** / hot finished product || ~ **fini de fonderie** / finished foundry product || ~ **fini de forgeage** / finished forging || ~ **fini de laminage** / finished rolling mill product || ~ de **fission** (nucl) / fission product || ~**s** *m pl* de **fission des gaz rares** / noble fission product gas || ~ *m* de **fonderie** / cast product, casting || ~ **fritté** / sintered product || ~ de **gélatinisation** / gelatinizing agent o. substance || ~ de **gélification** / jellification o. thickening agent || ~ **géométrique** (de St. Venant) (math) / cross product || ~ **germicide** / germicide || ~ **graphite-argile réfractaire** (sidér) / plumbago refractory || ~ à **griller ou de grillage** / material to be roasted || ~ d'**hydrolyse** / hydrolyzate, hydrolisate || ~ d'**hydrolyse d'amidon** / starch hydrolysis product || ~ **incendiaire** / incendiary [agent] || ~ **indigène** / domestic good || ~ **industriel** / industrial product || ~ d'**inertie** (méc.du vol) / inertia product || ~ **initial** (chimie) / first runnings product || ~ **insecticide** (agr) / [insecticide] spray || ~ **intérieur** (math) / inner o. scalar o. dot product, direct product || ~ **intermédiaire** (gén, math) / intermediate product || ~ **intermédiaire de fermentation** / fermentation intermediate || ~ d'**intermodulation** (électron) / intermodulation product || ~ **ionique** / ionic product || ~**s** *m pl* **laitiers** / dairy produce o. products *pl* (US) || ~**s** *m pl* **laminés** / rolling mill products *pl* || ~**s** *m pl* **laminés plats** (lam) / flat rolled steel, flat products *pl* || ~ *m* de **lavage** / scouring material || ~ de **lavage** (ménager) / detergent, washing agent || ~**s** *m pl* de **lavage et nettoyage** / washing and cleaning agents *pl* || ~**s** *m pl* **lavés ou de lavage** (mines) / clean coal, cleans *pl*, washed produce || ~ *m* **lessiviel** / washing auxiliary o. adjuvant || ~**s** *m pl* **lessiviels** / detergents *pl* || ~ *m* **lourd** (prépar) / high-ash component || ~ **Malimo** (tex) / Malimo fabrics *pl* || ~ **manufacturé** / product, manufactured article || ~**s** *m pl* **manufacturés** / manufactured articles o. goods || ~ *m* **maraîcher** / horticultural product || ~ **marchand normal** (prépar) / standard commercial product || ~ de **marque** / brand[ed] o. trademarked o. name article, proprietary o. proprietor article || ~ de **matière à charge textile** / moulded macerated article || ~ [en **matière] synthétique** / synthetic article o. product || ~ à **mesurer la polarisation** (sucre) / filtrate prepared to measure the polarization || ~ du **métabolisme** / metabolic product, metabolite, product of metabolism, of assimilation || ~**s micacés** *m pl* / mica products *pl* || ~ *m* **mi-fini** / half-finished good o. product || ~**s** *m pl* **miniers** / mining produce || ~ *m* de **mise à feu** / detonating agent || ~ **modérateur** (tex) / retarding and levelling agent || ~ **monosubstitué** / monosubstituted product || ~ **moulé** (plast) / shot || ~ **moulé** (fonderie) / casting || ~ **moulé en coquille, [par coulée centrifuge, en sable]** / permanent mould (o. chill), [centrifugal, sand] casting || ~ **moussant** (chimie) / sponging agent || ~ **mousse** (à cellules isolées ou non) / plastic foam || ~ de **naphte** / naphthalene product || ~ **national brut** / GNP, gross national product || ~ **naturel** (gén) / natural product || ~ **net** / net proceeds *pl* || ~ pour le **nettoyage électrolytique** (galv) / electrocleaner || ~ de **nettoyage et de dégraissage** / cleaning and degreasing compound || ~ de **nettoyage pour l'industrie** / industrial cleaner o. cleaning agent || ~ à **nettoyer** (gén) / cleaning material || ~ à **nettoyer les tuyaux** / pipe cleaner o. cleaning agent || ~ **nivelant** / level[l]ing agent || ~ **nocif** / noxious matter, harmful substance || ~ **noir** (pétrole) / black product || ~ **non manufacturé** / raw o. crude product || ~ pour **obturation** / filling material || ~ **parasiticide** (agr) / [insecticide] spray, parasiticide || ~ **partiel** / subproduct || ~**s** *m pl* **partiels dizaines** (ord) / left-hand components *pl* || ~**s** *m pl* **partiels unités** (ord) / right-hand components *pl* || ~ *m* **passé** / filtered matter, filtrate || ~ **passé [à travers le crible]** / screenings *pl*, siftings *pl*, undersize, particles *pl* passing through the mesh || ~ du **pays** / domestic good || ~**s** *m pl* de la **pêche** / fishery products *pl* || ~**s** *m pl* **pétrol[é]ochimiques** / petrochemicals *pl*, petroleum chemicals || ~ *m* **pétrolier** / petroleum product || ~**s** *m pl* **pharmaceutiques** / pharmaceuticals *pl* || ~ *m* de

platforming (pétrole) / platformate || **~s** *m pl* **plats** (lam) / flat products *pl* || ~ *m* à **polir** / polishing agent o. material o. composition || ~ de **polissage pour meubles** / cabinet varnish o. polish || ~ de **polissage en poudre** / buffing powder, polishing powder || **~s** *m pl* de **pollution atmosphérique** / atmospheric pollutants *pl* || ~ *m* de **polymérisation** / polymer[ide], polymerizate || ~ **préplastificateur** / preplasticizer || ~ de **préservation de bois** / wood preservative || ~ **protecteur des talus** (typo) / echant additive || ~ **protectif phytosanitaire ou phytopharmaceutique** / plant protective, phytopharmacological product || ~ à base de **pulpe** (plast) / [moulded] phenolic pulp product || ~ **pur** (mines) / final product || ~ de **purification** / cleaning material || **~s** *m pl* de **queue** (pétrole) / bottom product || ~ *m* **raffiné** / raffinate || ~ **réactionnel** (chimie) / reaction product || ~ de **réactivation** / reviver || ~ de **récupération** / residuary product || **~s** *m pl* de **récupération** / salvaged o. old material || **~s** *m pl* de **recyclage** / recycled material || ~ *m* à **recycler** (mines) / recirculating middlings *pl* || ~ de **réduction** / decomposition product || **~s** *m pl* de **réemploi** (lam, collectif) / reusable products || ~ *m* **réfractaire à chamotte** / fireclay refractory || ~ **réfractaire de diaspore** / diaspore refractory || ~ **réfractaire extra-alumineux** / high alumina refractory || ~ **réfractaire moulé en fusion** (céram) / molten cast refractory, electrocast refractory || **~s** *m pl* **réfractaires de fonderie** / casting pit refractory || ~ *m* **réfrigérant ou refroidisseur** (gén) / coolant || **~s** *m pl* pour **relais** / relay materials *pl* || ~ *m* de **remplacement** / substitute || **~-repère** *m* (chimie) / standard substance || **~s** *m pl* de **réserve** / reserve substance o. material || **~s** *m pl* en **retour** (mines, sidér) / returns *pl* || **~s** *m pl* **retransformables** / salvaged o. old material || ~ *m* de **rinçage** / scouring material || ~ **scalaire** (math) / inner o. scalar o. dot product || ~ **secondaire** / byproduct || ~ **[se]mi-fini ou semi-manufacturé** / half-finished o. semifinished o. semimanufactured good o. product || **~s** *m pl* **semi-finis en cuivre** / wrought coppers *pl* || ~ *m* **semi-ouvré** / intermediate [product] || ~ **séparé** / graded o. sized procuct || **~s** *m pl* **sidérurgiques** / iron and steelworks products *pl* || ~ *m* **social** / national product || ~ de **solidification** / product of solidification || ~ de **solubilité** / solubility product || **~s** *m pl* du **sous-sol** / mineral resources *pl*, mineral wealth, wealth underground || ~ *m* de **soutirage latéral** (distillation) / side cut o. stream || **~s** *m pl* **spéciaux** (sidér) / specials *pl* || ~ *m* **spongieux à cellules fermées** / aerated o. expanded (US) plastic || ~ **stabilisant à ou par la chaleur** / heat stabilizer || ~ de **substitution** / substitute || **~s** *m pl* **surcuits** (céram) / overburns *pl* || ~ *m* **tabagique** / tobacco product || ~ pour faire **tendre la chair** / tenderizer || ~ **terminal** / ultimate o. final o. end product || ~ **terminal d'une famille radioactive** (nucl) / end product of a radioactive series || ~ **ternaire** / ternary product || **~s** *m pl* de la **terre** / agricultural products *pl* || **~s** *m pl* de **tête** (pétrole) / tops *pl* || ~ *m* **textile** (tex) / fabric || ~ en **tôle forte** / plate product || **~s** *m pl* de **trafic** (aéro) / traffic revenue [yield] || ~ *m* de **traitement des semences** (agr) / seed dressing [powder] || ~ **trempé** / hardened part || **~s** *m pl* **tubulaires** (lam) / tubular products *pl* || ~ *m* **vectoriel ou des vecteurs** (math) / vector o. cross product, external o. outer product || ~ *adj* au **vent froid** (sidér) / cold-blast || **~s** *m pl* **vernis** (céram) / glost ware || **~s** *m* en **verre textile** / textile glass products *pl* || ~ **vierge** (pétrole) / virgin o. straight-run product || ~ **volatil de combustion** / fire effluent (smoke and gases) || ~ de la **volatilité** / volatility product || ~ de **vulcanisation** / vulcanized material

proenzyme *m* (chimie) / proenzyme

pro·eutectique (sidér) / proeutectic || **~eutectoïde** / pro-eutectoid

proférer (son) / produce, bear, yield

profession *f* / vocation, occupation, calling, trade, business, job (coll) || ~ d'**enseignant** / skilled trade || ~ **établie** / self-employing o. -employment || ~ **exigeant un apprentissage** (ordonn) / vocation requiring an apprenticeship || ~ **indépendante** / self-employing o. -employment || ~ **libérale** / professional career, profession || ~ d'**ouvrier d'art** / handicraft

professionnel / vocational, occupational || ~ (profession lib) / professionnal || **~[lement]** / professionnally

profil *m* / contour, [profile] outline || ~, projection *f* sur un plan vertical / profile, section, profile section || ~ (NC) / profile || ~ (bâtim) / profile [scaffold] || ~ (colline) / outline of a hill || ~ (ville) / skyline || ~ de l'**aile** / wing profile || ~ d'**aile en forme de coin** (aéro) / knife-edge wing profile || ~ **allégé** (lam) / light section || ~ **apparent** (engrenage) / transverse profile, back cone tooth profile || ~ à **arbres cannelés** / external spline || ~ de l'**arc** / outline of arch o. vault || ~ en **arc de cercle** / circular arc profile || ~ **avant** (arp) / front profile || ~ **axial** (roue dentée) / axial profile || ~ du **bandage** (ch.de fer) / tire contour || ~ de **base** (filetage) / basic profile || ~ **binaire** (ord) / bit configuration, bit pattern || ~ **biseauté** / canted o. bevelled profile || ~ de **came** / cam contour o. shape o. profile o. outline || ~ **cannelé** (arbre) / spline profile || ~ **chanfreiné** / canted o. bevelled profile || ~ de **concentration du dopant** (semicond) / doping concentration profile || ~ **creux** / hollow profile o. section || ~ de la **dent** / tooth contour o. shape, tooth profile || ~ **dentelé** / serration profile || ~ **DIN de référence** (film) / DIN reference profile || ~ **douze pans** / double hexagon profile || ~ d'**encombrement** (ch.de fer) / loading ga[u]ge, load limit gauge, clearance gauge || ~ d'**encombrement limite** (ch.de fer) / loading gauge || ~ d'**espace libre** (ch.de fer) / structure gauge o. clearance || ~ de l'**espace utile** (bâtim) / space in the clear, clear space || ~ en **fer à cheval** (tunnel) / horseshoe profile o. section || ~ **fermé** (NC) / closed contour || ~ de **filetage** / thread profile || ~ du **fond** (denture) / dedendum flank || ~ à **froid** (lam) / cold rolled section, cold steel section || ~ à **gorge** (poulie) / groove profile || ~ **huit pans** / octagon profile || ~ **Joukowski** (aéro) / Joukowski profile o. section || ~ **laminaire** (aéro) / laminar profile || ~ d'une **ligne** (ch.de fer) / gradient diagram || ~ de **ligne** / line profile || ~ **longitudinal** (arp) / longitudinal profile o. section || ~ **longitudinal non défiguré** (arp) / true section || ~ **mère** (lam) / original section || ~ pour **moyeux cannelés** / internal spline || ~ **ogive** (sidér) / Gothic section || ~ de **passage** (ch.de fer) / clearance gauge, load limit gauge || ~ à **pente unique** (routes) / straight crossfall || ~ **plein** / solid profile || ~ **porteur** (techn) / active profile || ~ **quatre pans** / square profile || ~ de **rail** / rail section || ~ **reconstitué soudé** / welded support made of rolled sections || ~ **réel** (engrenage) / normal profile || ~ **réel** (rugosité) / real profile || ~ **réel** (engrenage) / normal profile || ~ de **référence** (engrenage) / basic profile o. rack, basic rack tooth profile || ~ de **renforcement** / reinforcing rib || ~ **six pans** / hexagon profile || ~ du

sol / profile section of the surface of ground || ~ des **températures** (transfert de chaleur) / temperature profile || ~ en **travers** / profile, section, profile section || ~ en **travers forme de toit** (routes) / cambering || ~ d'**une ligne** (ch.de fer) / gradient diagram || ~ d'**usure** / abrasion profile || ~ de la **voûte** / outline of an arch o. a vault
profilage *m* / forming, shaping || ~ (tourn) / form turning, form[ing] work, profiling, shaping || ~ **[à froid] sur galets** (lam) / cold forming of sections || ~ à la **fraise** / profile milling || ~ **hors feuillard à froid**, profilage *m* de rubans / cold-roll forming || ~ en **plongées sur rectifieuse** / plunge profile grinding
profilé *adj* (tex) / raised || ~ / streamlined || ~ *m* (lam) / structural o. section[al] steel o. bar o. shape, section || ~ pour **arbres cannelés** / spline profile || ~ d'**armature** / profiled concrete steel || ~ en **caoutchouc** / rubber profile || ~ **chapeau** / top hat rail || ~ à **charnière** (sidér) / hinge plate steel bar, hinge strip o. section || ~ pour **châssis** / cold formed light U-section || ~ à **clé** (caoutchouc) / clamping profile || ~ de la **construction navale** (lam) / shipbuilding section || ~s *m pl* **creux** (lam) / hollows *pl* || ~ *m* **creux extrudé** / hollow extruded section || ~ en **croix** / cross-shaped section || ~ en **double T** / standard beam, I-beam, girder, joist || ~ **embouti stratifié** / postformed laminated section || ~ d'**étanchéité** (auto) / piping, weatherstrip || ~ **extrudé** (caoutchouc) / extruded section o. profile o. shape || ~ à **face concave** (sidér) / fluted bar || ~ à **fiches** (lam) / steel hinge strip, hinge plate steel bar, hinge strip o. section, hinge profiles *pl* || ~ **filé** / extruded section o. profile o. shape || ~ **filé d'aluminium** / aluminium extruded section || ~ en **forme de cloche** (lam) / bell-shaped profile || ~ en **forme de gouttière** (lam) / trough section || ~ à **froid** (lam) / cold rolled section, cold steel section || ~ pour **garde-corps** / banister steel || ~ en **I** voir profilé en double T || ~ en **I pour mines** (mines) / GI section || ~ **léger** / light [steel] section || ~ **lourd** / heavy section || ~ pour **main courante** / banister steel || ~ **métallique** / metal section || ~s *m pl* pour **mines** / structural steel for mines || ~ *m* **moulé stratifié** / moulded laminated section || ~ à **nez** (lam) / ribbed flat || ~ **obtenu par filage** / extruded section o. profile o. shape || ~ **oméga** / omega rail || ~ **plein** / solid profile || ~ pour **rambardes** / bulwark rail section steel || ~ *m* **semi-creux** / semi-hollow profile || ~ *m* **stratifié enroulé et moulé** / rolled and moulded laminated section || ~ **stratifié en T** / laminated T-section || ~ **stratifié en V** / laminated channel section || ~ **support** (électr) / mounting rail || ~ en **T** (lam) / T-[steel] bar || ~ en **T spécial à âme longue** / window drip section || ~ en **T pour vitrages** (lam) / glazing tees *pl* || ~ en **U** (lam) / channel, U-section || ~ en **U normal** / normal channel, normal U-section || ~ à ou en **Z** (sidér) / Z-steel, zeds, zees *pl* (US) || ~ **Zorès** / Zorès section
profiler / profile *vt*, contour || ~, caréner (aéro, nav) / fair *vt*, streamline || ~ le **bois** (bois) / mould, flute || ~ sur **modèle** / cut to pattern
profilographe *m* / profile recording instrument
profilomètre *m* / profile meter, profilometer
profit *m* / advantage, profit || ~, bénéfice *m* / gain, yield || ~ (antenne) / antenna o. power o. directive gain, directivity
profitable (mines) / worthy of being worked, workable, minable || **être** ~ / be advantageous, derive advantage [from]
profond / deep || ~ (nav) / with a deep hold || **peu** ~ / shallow || **plus** ~ / deeper
profondeur *f* / depth || ~ (mines) / deepness || ~ (canal) / depth of water || ~, étendue *f* en longueur / depth (e.g. of a forest) || **un mètre de** ~ / one meter deep || ~ d'**aile** (aéro) / chord of wing || ~ d'**aplomb** (mines) / perpendicular deepness || ~ d'**aspérité d'une surface** / peak-to-valley height, surface roughness || ~ d'**attaque** / digging depth of a dredger || ~ d'**atténuation** (semicond) / attenuation distance || ~ du **bain** (sidér) / depth of hearth || ~ de **cémentation** / case hardening thickness, thickness of hardened layer || ~ de **champ** (phot) / depth of focus || ~ du **col de cygne** (m.outils) / throat depth, overhang, sally || ~ de **coupe** (m.outils) / depth of cut || ~ de **cratère** (fonderie) / pool depth || ~ du **creux** (typo) / depth of print || ~ **décarburée** / decarburization depth || ~ de **demi-exposition** / half-value depth, HVD, o. thickness, HVT || ~ de l'**eau** / depth of water || ~ d'**eau requise** (nav) / sea gauge || ~ d'**empreinte** / impression depth || ~ de l'**empreinte** (dureté Brinell) / depth of impression || ~ de l'**empreinte cruciforme** (vis) / depth of cross-recess || ~ d'**entaille** / dimension to bottom of notch || ~ **filetée** / reach of a screw, thread reach || ~ de **forage** / drilling depth || ~ de **fouille** / digging depth of a dredger || ~ de **foyer** / depth of focus || ~ d'une **galerie depuis le jour** / deepness of a gallery level || ~ de la **gorge** (m.outils) / throat, overhang, sally || ~ **illimitée** (mines) / unlimited depth || ~ d'**immersion** / depth of immersion || ~ d'**insertion** (réacteur) / insertion depth || ~ du **laboratoire** (sidér) / depth of hearth || ~ de **local** (bâtim) / room depth (from window to opposite wall) || ~ **minimale prescrite des sculptures de la bande de roulement** (pneu) / statutory depth of profile || ~ de la **modulation** / depth of modulation || ~s *f pl* de l'**océan** / deep sea || ~ *f* du **pas** / thread depth || ~ de **passe** (meule) / feed motion of the grinding wheel || ~ de **passe** (NC) (m.outils) / depth of cut || ~ de la **passe navigable** / depth of waterway || ~ **pelliculaire** (H.F.) / skin depth || ~ de **pénétration** / penetration depth || ~ **[de pénétration] de trempe** / effective hardening depth, hardness penetration depth || ~ **perpendiculaire** (mines) / perpendicular deepness || ~ de **pose** (câble) / depth of trench, laying depth, depth under surface || ~ d'un **profil d'aile** (aéro) / chord length || ~ de **puits** / depth of a mine || ~ de **rugosité d'une surface** / peak-to-valley height, surface roughness || ~ de la **sculpture** (pneu) / tread depth, pattern o. skid (US) depth || ~ de **sculpture restante** (pneu) / remaining thread depth, remaining nonskid (US) || ~ **surcarburée** / carburization depth, carbonization o. cementation depth || ~ **taraudée** / thread reach || ~ de **teinte** / depth of colour o. shade || ~ de **trame** / screen depth || ~ de **trempe** / hardness penetration, depth of hardness || ~ de **trempe par nitruration** / nitriding depth || ~ de **visée** (hydr) / visibility depth
profondimètre *m* / depth gauge || ~ (pneu) / thread depth gauge, skid depth gage (US)
progestérone *f* / progesterone
progiciel *m* (ord) / packet [of programs]
programmable / programmable || ~ pour **lecteur manuel** (ord) / programmable for hand-held reader
programmateur *m* (ord) / scheduler || ~ de **lave-vaisselle** / programmer of the dish washing machine || ~ de **priorité** (ord) / priority scheduler
programmathèque *f* / program library, PL
programmation *f* / programming || ~ **absolue** / absolute programming || ~ à **accès sélectif ou** (ELF:) **aléatoire** / random access programming || ~

automatique / automatic programming || ~ de **cuisson** / programmer of the kitchen range || ~ en **diagramme synoptique** (contr.aut) / block diagrammatic programming || ~ en **double précision** / double-precision programming || ~ **dynamique** / dynamic programming || ~ en **langage machine** / absolute o. specific coding o. address || ~ **linéaire** / linear programming || ~ **maison** / open shop programming || ~ par **masquage** / mask programming || ~ **mathématique** / optimalization || ~ en **nombres entiers** / discrete o. integer programming || ~ **non-linéaire** / nonlinear programming || ~ en **parallèle** / parallel programming || ~ **quadratique** / quadratic programming || ~ **relative** / relative programming || ~ **sans boucle** / straight line programming || ~ à **temps d'accès minimal** / forced programming, minimum access programming || ~ de **travaux multiples** / multi-job scheduling

programme *m* / design, planning || ~ / program[me] || ~**s** *m pl* / software || **à ~ fixe** / fix-programmed || **dont le ~ est sur cartes** / card programmed || ~ *m* d'**adaptation** / post processor || ~ d'**affectation** / allocation organization program, allocator routine || ~ **alternatif** / alternative program || ~ d'**amorce** / bootstrap [loader] || ~ d'**analyse** / tracing o. trace program o. routine || ~ d'**analyse sélective** / snapshot program, snapshot trace program (US) || ~ d'**annotation** / annotation routine || ~ d'**appel** / calling program || ~ d'**appel de compilateur** / prompter || ~ d'**application** / application program || ~ **autoadaptatif** / self-adapting program || ~ **autoorganisateur** / self-organizing program || ~ d'**autopsie** / postmortem program || ~ **banalisé** / operating o. running program || ~ de **bibliothèque** / library routine || ~ de **branchement** / branch routine || ~ **câblé** / hardwired o. prewired program || ~ de **calcul** / computing program[me] o. routine || ~ de **chaînage** / binder program || ~ de **chargement** / loading o. bootstrap program || ~ de **chargement pour programme translatable** / relocatable program loader, relocating loader || ~ de **compilation** / compiling routine || ~ de **construction** (ELF) / design, planning, scheme of work || ~ de **contrôle** / test o. check program o. routine || ~ de **contrôle du programme principal** / operation mode routine || ~ de **conversion** / reliberator, conversion program || ~ d'un **cours** / syllabus || ~ de **dépistage** / disk trace program || ~ en **déroulement** / running program || ~ de **diagnostic** / diagnostic program o. routine, debugging o. malfunction routine || ~ d'**édition** / report program || ~ d'**émulation** / emulation program o. routine || ~ d'**enchaînement** / binder program || ~**s** *m pl* **enchaînés** / linked routines *pl* || ~ *m* **enregistré** / internally stored program || ~ d'**entrée** / input program || ~ d'**essai** (techn) / test program || ~ d'**essai** / test o. check program || ~ des **essais en vol** / flight trials program || ~ d'**études** / curriculum, syllabus || ~ **exécutable** / object[-language] o. target program || ~ de **fabrication** / fabrication scheme, production program || ~ de **formation et de perfectionnement des employés** / training and development program || ~ de **fusion** / merge program || ~ **général** / processor || ~ **générateur** / generator [program] || ~ de **génération d'un système** / system generating program || ~ **généré** / object [language] o. target program || ~ de **gestion** / executive program, control program || ~ de **gestion de bibliothèque** / librarian [program], library maintenance program || ~ **I.H.A.S.** (aéro) / IHAS or integrated helicopter avionics system program || ~ d'**impression de parcours** / tracing o. trace program o. routine || ~ d'**initialisation** / initializer [program] || ~ d'**instantané** / snapshot program, snapshot trace program (US) || ~ d'**introduction** / input program || ~ d'**investissements** / investment program || ~ de **laminage** / rolling program o. schedule || ~ de **lavage** (app. électroménager) / washing program || ~ de **livraison d'instruments** / instrument line || ~ **machine** / object program o. routine, machine program || ~ **modulaire** / modular program || ~ **moniteur** / monitor routine o. supervisor, executive [routine] || ~ **non translatable** / non relocatable program || ~ **nucléaire de puissance** / nuclear power program || ~ **objet** voir programme exécutable || ~ **optimum** / optimal[ly coded] program || ~ d'**origine** / source program || ~ **ouvert** / open routine || ~ **partiel** / modular program || ~ de **pièce** (NC) / part program || ~ de la **plus forte priorité** / advanced priority scheduler || ~ de **poussée** (engin) / thrust program || ~ **précâblé** / prewired program || ~ **principal** / master program || ~ de **production** / production scheme || ~**-produit** *m* (ELF) / package || ~ **prognostique** / prognostic program || ~ **provisoire** / preliminary program || ~ de **recherches** / research scheme o. program[me] || ~ **rentrant** / re-enterable program[me], reentrant program || ~ de **reprise** / rerun program o. routine || ~ **résultant** voir programme exécutable || ~ **réutilisable** / reusable program || ~ **scolaire** / curriculum, syllabus || ~ de **séquence** / successor program || ~ **séquentiel** / sequential program, straight-through program || ~ de **service** / service program o. routine, utility routine || ~ de **servitude système** / system service program || ~ de **simulation** / simulator, simulator o. simulating program || ~ de **sortie** / output routine o. program || ~ **source** / source program || ~ **spatial** / space application program, space program[me] || ~ **standard** / library routine || ~ **superviseur** (COBOL) / supervisor || ~ de **surveillance radiologique** / radiological survey || ~ **symbolique** / symbolic program || ~ **symbolique optimal d'assemblage** / soap program, symbolic optimal assembly program || ~ de **télévision** / telecast, television broadcast[ing] || ~ de **télévision N° 3** / TV 3 program || ~ [de] **test** / test o. check o. diagnostic program o. routine || ~ de **test** (gén) / test program || ~ de **traçage** voir programme d'analyse || ~ de **traduction** / compiler || ~ de **traitement** / processing program || ~ de **traitement d'incidents** / diagnostic program o. routine, malfunction routine || ~ de **traitement de langage** / language translator, processor || ~ **translatable** / relocatable program || ~ de **transmission à canaux multiples** / multichannel communications program, MCP || ~ des **travaux** / working plan o. program || ~ de **trempage** (bière) / mashing program || ~ de **tri** / sorting program || ~ de **tri/mixage** / sort/merge program || ~ d'**utilisateur** / problem program || ~ **utilitaire** voir programme de service || ~**s** *m pl* **utilitaires de base** / basic utilities *pl* || ~ *m* de **vidage** (ord) / dump routine || ~ de **vidage sélectif** / selective trace || ~ **vidéo-enregistré** / kinescope recording || ~ en **virgule flottante** / floating-point routine

programmé / programmed, programed || ~, conforme au plan / scheduled || ~ par **supports**

externes / programmed externally
programmer / program[me] *vi vt*
programmerie *f*(ord) / software
programmeur *m* / program[m]er
progrès *m* / progress || ~ , progression *f* / progression, advancement || ~ (incendie) / spreading, propagation || ~ d'**allongement** / progression of elongation
progressif / progressive || ~ (échantillonnage) / sequential || ~ (qui augmente peu à peu) / progressive, advancing, gradual
progression *f* / progress[ion], advance || ~ (math) / progression || ~ (outil de brochage) / depth stepping, offset in depth || ~ **alternante** (math) / alternating series || ~ **arithmétique** / arithmetical progression || ~ du **compteur** / counter advance || ~ **croissante** (math) / ascending progression || ~ **décroissante** (math) / descending progression || ~ par **degrés ou échelonnée** / progressive ratio || ~ de **denture en saut** (brochage) / skip stepping, jump offset || ~ **exponentielle** / exponential series || ~ **finie** (math) / finite series || ~ **géométrique** (math) / geometric progression o. series || ~ **harmonique** / harmonic progression, harmonic series || ~ de l'**outil de brochage** / stepping || ~ par **quotient** (math) / geometric progression o. series
progressiste *adj* (techn) / up-to-date..., advanced design...
progressivement / gradually
prohiber / prohibit
projectable (réfractaire) / gunning
projecteur *m* / searchlight [projector], spotlight, [concentrating] reflector || ~ (bande transp.) / pitcher || ~ (film) / sun arc || ~ (illumination) / floodlight || ~ (cinéma) / projecting o. projection apparatus, film projector || ~ d'**aire d'atterrissage** (aéro) / landing area floodlight || ~ d'**ambiance** / floodlight projector || ~ **antibrouillard** (auto) / fog lamp, adverse weather lamp (US) || ~ **antibrouillard arrière** / rear fog lamp, fog tail lamp || ~ **antibrouillard à halogène** / halogen foglamp || ~ de **bicyclette** / bicycle [head] lamp || ~ de **cadrage** (repro) / light finder || ~ de **carte** (radar) / map projector || ~ **ciné** / film o. motion-picture projector, cinema[tograph] (GB), movie projector (US) || ~ de **complément** (auto) / additional o. extra headlight || ~ **convergent** / focussing lamp || ~ pour les **décors** (théâtre) / scenery projector || ~ du **dessin-modèle** (dessin) / forms projector || ~ de **diapositives** / still projector, diascope || ~ à **diffusion en largeur** (auto) / wide o. broad beam headlight, spread-beam headlamp, wide angle light fitting || ~ **épiscope** / episcope, opaque projector || ~ à **faisceau concentré** / profile spotlight || ~ à **faisceau concentré** / spotlight || ~ pour **films sonores** / sound film projector || ~ **grand angle** (studio) / fill-in light, klieg o. kleig light || ~ sur **grand écran** / wide-angle projector || ~ à **lentille Fresnel** / Fresnel lens spotlight || ~ des **lignes de coupe** (soudage) / cutting line projector || ~ à **longue portée** / long-range projector || ~ à **main** / portable searchlight || ~ de **marche-arrière** (auto) / back[ing][-up] lamp o. light, reversing lamp (IEC 50) || ~ de **microfilms** / microprojection equipment || ~ **orientable** (auto) / adjustable spot light || ~ **parabolique** (auto) / paraboloid headlight || ~ **ponctuel** / spot lamp o. light || ~ **ponctuel** (ciné, étalage) / spotlight [luminaire] || ~ **ponctuel à réflecteur** / reflector spotlight || ~ **portatif** / portable searchlight || ~ de **poursuite** (film) / follow spot[light] || ~ **principal à halogène** / halogen headlamp || ~ pour **quai** / loading ramp spotlight || ~ pour la **reproduction sonore** / sound picture o. talking picture projector || ~ **route** (auto) / main headlight || ~ **routes à halogène** (auto) / halogen high-beam headlamp || ~ de **son sous-marin** / underwater sound projector || ~ **sonore** (film) / sound projector || ~ **stéréoscopique** / double projector || ~ de **studio** / studio light || ~ pour **télécinéma** / telecine projector || ~ de **télévision** / television projector || ~ **tournant** (aéro) / rotatable light || ~ à **tracer** (nav) / optical marking-off device (for mould lofts) || ~ de **virages** (auto) / wide o. broad beam headlight, spread-beam headlamp, wide angle light fitting
projectif (math) / projective
projectile *m* / projectile, missile || ~ **chemisé** / enveloped o. jacketed bullet o. projectile || ~ **creux** (mil) / hollow projectile || ~ **explosif** / explosion projectile || ~ de **pistolet d'abattage** (abattoir) / captive bolt
projection *f*, action *f* de projeter / projection, ejection || ~ (liquide, soud) / dash, splash || ~ (cartogr) / projection, representation || ~ (dessin) / projection || ~ , saillie *f*(techn) / projection (e.g. of a screw), length standing proud || **~s** *f pl* (sidér) / slopping, spatter, spittings *pl* || **à** ~ (p.e. store) / hook-out || ~ *f* d'**abrasif** / blasting || ~ **américaine** (dessin) / third angle projection || ~ par l'**arrière** (repro) / rear projection || ~ **azimutale** (cartogr) / azimuthal projection || ~ des **barres** (réacteur) / rod ejection || ~ de **billes de verre** / glass bead blasting || ~ **centrale** / central projection || ~ **conforme** (cartogr) / conformal representation || ~ **conique** (cartogr.) / conical projection || ~ **conique sécante** / conical secant projection || ~ **conique tangente** / Lambert projection || ~ **cylindrique** (cartogr.) / cylindrical projection || ~ en ou sur **deux plans** (dessin) / projection on two planes || ~ **développée** (dessin) / developed view || ~ de **diapositives** / slide projection, still projection || ~ **droite** / straight forward projection || ~ d'**eau** / splash of water || ~ **équatoriale** (géogr) / stereographic projection || ~ **européenne** (dessin) / first angle projection || ~ d'un **film** / film demonstration o. projection || ~ à la **flamme** (plast) / plast spraying || ~ à la **flamme** (métal) / schoopage, schooping || ~ de **flammèches** / throwing off of sparks || ~ **frontale** / front projection || ~ **gnomonique** / gnomonic projection || ~ sur **grand écran** / large-screen projection || ~ de **gravillons** (routes) / loose chippings *pl* || ~ de **grenaille angulaire** / grit blasting || ~ **horizontale** (cartographie) / horizontal projection || ~ **horizontale** (dessin) / plan, horizontal projection || ~ **humide** (fonderie) / hydraulic blast o. fettling, hydroblast || ~ **interrompue** (cartogr) / interrupted projection || ~ selon **ISO** (dessin) / ISO projection || ~ **Lambert** / Lambert projection || ~ **latérale** / side elevation || ~ **Mercator** / Mercator's projection || ~ de **métal** (fonderie) / metal projection || ~ **oblique** (dessin) / skew o. oblique projection || ~ **oblique à 45° degrés** / cavalier projection || ~ **orthogonale** / orthogonal projection, orthograph || ~ **orthographique** (cartogr) / orthographic projection || ~ **parallèle** / parallel projection || ~ de **particules** / coming off in splinters || ~ sur un **plan horizontal** (dessin) / plan, horizontal projection || ~ sur un **plan vertical** (dessin) / elevation, upright projection, vertical plan || ~ **polaire** / polar projection || ~ **polyconique** (géogr) / polyconic projection || ~ **polyédrique ou polycentrique** (cartogr) / polyhedral projection || ~ **stéréographique** (géogr) /

stereographic projection || ~ du **toit** / roof design || ~ par **transparence** (film) / back projection || ~ par **transparence** (TV) / transparent projection || ~ par **transparence** (repro) / rear projection || ~ **verticale** (dessin) / elevation, upright projection, vertical plan || ~ **verticale** (mines) / perpendicular elevation, [vertical] section

projectionniste *m* / projectionist

projecture *f* / prominence, protuberance || ~ (bâtim) / projection, projecture, jut, bearing-out, corbelling

projet *m* / project, plan, scheme, design || ~ (techn) / project work o. planning || ~ (bâtim) / outline, delineation || **faire des ~s** (gén) / plan *vi*, make plans || ~ de **construction** / building project || ~ de **construction clé en main** / turnkey project || ~ d'**exploitation** (mines) / plan of working || ~ de **génie civil** / building project || ~ de **norme** / tentative standard, draft code || ~ **pieuvre** (océanographie) / octopus project || ~ de **recherches** / research project || ~ de **travaux publics** / public building scheme || **~-type** *m* / type design

projetante *f* / projecting ray

projeté / projected, planned, intended

projeter / design, project, plan || ~ (lumière, ombre) / flash (lumière), cast (shadow) || ~ (dessin) / project *vt* || ~ (se) / extend *vi* || ~ (se) (bâtim) / jut out, be salient, protrude || ~ à **base de module** (bâtim) / modulate *vt* || ~ les **métaux fondus** / flame-spray || ~ en **pluie** / atomize, spray *vt*

projeteur *m* / constructing o. design engineer

prolamine *f* / prolamin[e]

prolifération *f* (bot) / proliferation || ~ **due à la piqûre de puceron** (agr) / cancer due to woolly aphis

proliférer (bot) / grow exuberantly, luxuriate

proline *f* (chimie) / proline

prolongateur *m* / extension piece || ~ (nucl) / follower || ~ (électr) / extension cord (US), [extension] flex (GB) || ~ **secteur** / line cord, A.C. extension cord

prolongation *f* / extension || ~ (électr) / coupling || ~ (math, arp) / production, prolongation

prolongé / protracted, prolongated || ~ (antenne) / extended

prolongement *n* (techn) / elongation, prolongation, extension, lengthening, projection || ~ *m* d'**arrêt** (aéro) / stopway || ~ **revêtu** (aéro) / overrun

prolonger (math, arp) / produce, prolong || ~ / prolong[ate]

prométhium *m*, Pm / promethium, Pm

promoteur *m* (catalyse) / catalyst promoter

promotion *f* (ordonn) / promotion, upgrading || ~ des **ventes** / sales promotion

promouvoir (hommes) / promote, further

prompt / prompt, ready, quick

promptitude *f* / readiness, promptness

prononciation *f* (télécom) / diction

pro-oxygène *m* / oxidation promoter

propadiène *m* (chimie) / allene, propadiene

propagande *f* / publicity, propaganda

propagateur *m* de **chaîne** (chimie) / chain propagator

propagation *f* (phys) / propagation, transmission || **à ~ à droite** (onde) / dextropropagating || ~ de **craquelures** / crack growth || ~ par **diffusion** / scatter propagation o. radiation || ~ par **diffusion** (radio) / forward scatter propagation || ~ dans l'**espace** / propagation in space || ~ des **fissures** (méc) / crack propagation || ~ des **flammes** / flame propagation || ~ de la **gelée** / propagation action of frost || ~ de **lumière** / transmission of light || ~ **multivoie** / multipath propagation || ~ **normale** (électron) / standard propagation || ~ des **ondes** (phys) / wave propagation, radiation o. propagation of the waves || ~ à **plusieurs voies** / multipath propagation || ~ du **son** / sound propagation

propagaz *m* / propane

propager (phys) / propagate, cause to spread || ~ (se) / disseminate, spread

propanal *m* / propanal, propion-, propylaldehyde

propane *m*, air *m* propané / propane || ~ **commercial** / commercial propane

propanediol *m* / propanediol

propanier *m* (nav) / propane tanker o. carrier

propanol *m* / propyl alcohol

propanone *f* / acetone, propanone

propénal *m* / acrolein[e]

propène *m* / prop[yl]ene

propénol *m* / allyl alcohol

propension [à] *f* / propensity [for]

propergol *m* (ELF) / propergol || ~ **hybride** (ELF) / lithergol || ~ **liquide** (ELF) / liquid propellant || ~ **solide** / solid propellant

prophylactique / preventive, prophylactic

propionate *m* / propionate

propionique (acide) / propionic

proportion *f* / proportion || ~ (dimensions) / ratio of sizes o. dimensions, proportion in size || **en ~** [de] / in proportion [to], proportionnally [to] || **toute ~ gardée** / strictly proportional || **toutes ~s gardées** / all other things being equal || ~ de **blocs** / yield of lumps || ~ de **combinaison** (chimie) / combining proportion || ~ de la **concentration** / ratio of concentration || **~s** *f pl* **constantes** / constant o. definite proportions *pl* || ~ *f* **continue** (math) / continual proportion || ~ de **défectueux** / fraction defective, per cent defective || ~ d'**expansion** / expansion ratio || ~ **géométrique** (math) / geometric proportion o. ratio || ~ de **gros** / yield of lumps || ~ d'**isotopes** / isotopic ratio || ~ des **masses** / mass ratio || ~ de **mélange** / ratio of components o. of mixture o. of ingredients, mixture ratio || ~ **moyenne** / average proportion || **~s** *f pl* **multiples** (math) / multiple proportions *pl* || ~ *f* **numérique** / numerical ratio || ~ **pour cent des cendres** / ash content, contents of ashes *pl* || ~ de **poussières** / ratio of dust || ~ **réciproque** / reciprocal relation o. proportion || **~s** *f pl* **réciproques** / equivalent o. reciprocal proportions *pl* || ~ *f* de **succès** (techn) / success ratio || ~ en **volume** / volume relation, proportion by volume

proportionné / proportioned || ~ [à] / commensurate [with, to] || **bien ~** / well proportioned || **n'est pas ~** [à] / is in no proportion [to]

proportionnel / proportionate, proportional

proportionnelle *f* (math) / proportional

proportionnellement [à] / im proportion [to] || ~ **inférieur** / underproportional || ~ **supérieur** / superproportional

proportionner / proportion, adjust || ~, doser / apportion, proportion || ~ [à] / proportion [to]

proposition *f* (math) / proposition, theorem || ~ de **montage** / suggestion for mounting

propoxylation *f*, propoxylénation *f* / propoxylation

propre *adj*, net *adj* / clean, tidy, neat || ~ (nucl) / clean || ~, convenable / convenient, fit || ~, inhérent / incident [to] || ~, particulier / proper, particular || ~ (= à soi) / own || ~ *m* / characteristic feature, quality || ~ à la **filature** / fit for spinning, spinnable || ~ à un **ordinateur particulier** (ord) / computer dependent || ~ **production** *f* / own production || ~ à la **reprographie** / meeting reprography requirements || ~ **signal télégraphique** *m* (télécom) /

code pulse
propreté *f*, netteté *f* / cleanness, cleanliness, neatness || ~ du **laitier** / slag purity
propriétaire *m* / owner || ~ d'**auto** / car o. vehicle owner || ~ **[qui fait bâtir]** / building sponsor o. owner
propriété *f* / characteristic feature, quality || ~ / property, ownership || ~ (analyse sensorielle) / attribute || ~ **adhésive** / adhesiveness, adhesive property || ~ **associative** (math) / associativity, associative property || ~ **autonettoyante** / self-cleaning properties *pl* || ~ en **bordure de la chaussée** (bâtim) / frontage || ~**s** *f pl* **chimiques** / chemistry, chemical properties *pl* || ~ *f* de **collage** / glueing ability, glueing property || ~**s** *f pl* de **décontamination** / decontamination properties *pl* || ~ *f* **diathermane ou diathermique** / diathermancy || ~**s** *f pl* d'**écumage** / foaming characteristics || ~**s** *f pl* **ensembles** / overall properties *pl* || ~**s** *f pl* de **fluage à long temps** / creep and stress rupture properties || ~ *f* **foncière** (agr, bâtim) / ground, real estate || ~**s** *f pl* de **fonctionnement exceptionnel en cas d'urgence mais de durée limitée** (gén) / emergency running properties *pl* || ~**s** *f pl* de **frottement** / frictional properties *pl* || ~ *f* **hydraulique** (liant) / hydraulic property || ~ **hygroscopique** / hygroscopicity || ~**s** *f pl* en **long** (sidér) / with-grain properties *pl* || ~**s** *f pl* de **lubrification** / lubricating properties *pl* || ~ *f* **mécanique** / mechanical property, physical o. strength property || ~ **mécanique à la traction** / tensile property || ~**s** *f pl* **mécaniques de fracture** / mechanical fracturing properties *pl* || ~ *f* **minière** / concession, mineral right (US) || ~ **pouzzolanique** (liant) / pozzolanic property || ~ **rectificatrice** (électr) / asymmetrical o. unilateral conductivity, tube effect o. action || ~ **rectificatrice** (électron) / valve effect o. action, unilateral conductivity || ~ **réductrice** / reducing property || ~**s** *f pl* de **roulement** / running qualities o. properties, operation characteristics || ~**s** *f pl* **thermiques** / thermal properties *pl* || ~**s** *f pl* en **travers** (sidér) / crossgrain properties *pl* || ~**s** *f pl* d'**usinage** / machining properties *pl* || ~**s** *f pl* **vibratoires** / vibrational properties *pl*
propulsant *m* / rocket propellant
propulsé par **fusée** / rocket driven o. propulsed
propulseur *adj* / driving || ~ *m* / means of propulsion, mover, motor, movement || ~ (astron) / thruster, power unit o. module || ~, hélice *f* / propeller, airscrew || ~ (ELF) (fusée) / propulsion unit || ~ **auxiliaire** (ELF) (fusée) / booster rocket || ~ à **deux engins** (aéro) / double-engine power unit || ~ **électrothermique** / resisto-jet [thrustor] || ~ de **fusée** (ELF) / rocket engine, rocket drive o. propulsion [unit] || ~ à **hélice** (aéro, nav) / [screw] propeller || ~ **hybride** / hybrid thruster o. propulsion || ~ d'**ions à haute fréquence** (espace) / radiofrequency ion thruster || ~ d'**ions par choc électronique** (espace) / electron-impact ion engine, Kaufman engine || ~ **principal de la navette spatiale** / space shuttle main engine, SSME || ~ **[du type fusée]** / propulsion stage || ~ **Voith-Schneider à pales verticales** / Voith-Schneider perpendicular (o. cycloidal) propeller
propulsif (explosif) / propulsive, propellant
propulsion *f* (aéro, nav) / propulsion || **à ~ nucléaire** / nuclear-powered || ~ à l'**arrière** (auto) / rear drive || ~ en **bout de pale** (aéro) / tip drive || ~ à **chaîne** / chain drive || ~ **colloïdale** (espace) / colloid propulsion || ~ à **fusées** (gén) / rocket drive o. propulsion || ~ par **jet** / jet o. reaction propulsion || ~ par **jet d'eau** (nav) / hydrojet || ~ type **maître-esclave** (nav) / master-and-slave drive || ~ d'un **navire** / ship's propulsion || ~ **nucléaire** (espace) / nuclear propulsion || ~ à **plasma** / hydromagnetic propulsion || ~ par **réaction** / propulsion by recoil o. reaction o. repulse o. jet, reaction propulsion || ~ par **réaction** (aéro) / jet o. reaction propulsion
propyle *m* / propyl, propyl radical C_3H_7-
propylène *m* / prop[yl]ene
propylidène *m* / propylidene
propyne *m* (chimie) / propine, allylene
propynol *m* / propargyl alcohol
prorata *m* des **coûts d'outillage** / proportion of tooling costs
prorogation *f* / delay, prorogation
proroger / prolong[ate], continue
proscrire, à ~ (terme) / should be phased out
prospecter (mines) / prospect *vt*, explore, search, dig || ~ à la **baguette** / dowse
prospecteur *m* / prospector
prospection *f* (mines) / prospecting || ~ **électrique des pétroles** / electrical bore-hole prospecting || ~ **électromagnétique** / electromagnetic prospecting || ~ **géophysique** / geophysical prospecting o. exploration || ~ du **pétrole** (pétrole) / exploration, search || ~ **près de la surface** (mines) / near-surface exploration || ~ **sismique** / seismic prospection
prospectus *m* / prospectus, leaflet
protactinium *m* (chimie) / protactinium, Pa
protamine *f* / protamine
prote *m* (typo) / overseer
protéase *f*, protéinase *f* (chimie) / protease, proteinase, peptidase
protecteur *adj* / protective || ~ *m* (techn) / protector, shield, guard || ~ (Suisse) (ch.de fer) / flagman, look-out man || ~ **anti-bruit** / hearing protector || ~ d'**étincelles** (électr) / arc shield, arc deflector, deflectors *pl* || ~ contre le **glissage** (auto) / slide preserver o. preservation || ~ **intérieur** (auto) / inlay || ~ **intérieur continu** / thorough ply || ~ de **meuleuse** / wheel guard cover || ~ des **paysages** / conservationist || ~ *adj* contre les **salissures** / dirt repelling, antisoiling || ~ *m* **thermique** / temperature fuse, thermal link || ~ de **tubage** (forage rotary) / thread protector
protection [contre] *f* / protection [against] || ~ (p.e. IP44) (électr) / system of protection, protective system || **à ~ climatique** / climatic proofed || ~ contre les **accidents** / accident protection || ~ **accordée des modèles** / protection of effects o. designs, copyright in effects o. designs || ~ contre les **acides** / acid protection || ~ **acoustique** / ear protection || ~ **anodique** / plate protection || ~ **antidéflagrante ou antigrisouteuse** (électr) / explosion proofness o. protection, flame proofness || ~ **antigaz** / protection against poisonous gas || ~ **anti-inductive** (télécom) / [anti-]inductive protection || ~ par **autorégulation** (transfo) / self-balance protection || ~ du **bas de caisse [par enduit plastique]** (auto) / underseal || ~ des **berges par des grilles suspendues** (hydr) / bank protection by suspended gratings || ~ par **bobines de décharge** / protection by choking coil || ~ **cathodique** / electric corrosion protection, cathodic o. galvanic protection || ~ contre les **chocs électriques** / protection against electric shock || ~ contre les **chutes d'objets** / falling-object protection, FOB || ~ par **circuit de**

compensation (électr) / balanced protective system || ~ **civile** / civil defense, aerial o. air defense, anti-aircraft defense, air-raid protection o. precaution || ~ contre les **contacts accidentels** (électr) / protection against accidental contact || ~ par **couples électrolytiques dérivants** (galv) / electrolytic protection || ~ contre les **coupures de phase** (électr) / open phase protection || ~ contre le **dépassement de vitesse** / overspeed protection || ~ contre le **déraillement** / derailment guard || ~ **différentielle** (électr) / differential protecting system o. protection || ~ **différentielle** (télécom) / differential protecting system o. protection || ~ **différentielle à fil pilote** (électr) / pilot-wire differential protecting system || ~ **différentielle longitudinale** (électr) / longitudinal differential section || ~ **différentielle à pourcentage** (électr) / percentage differential protection || ~ **différentielle transversale** (électr) / transverse differential protection || ~ des **données emmagasinées** (ord) / protection of stored data, data protection || ~ **«e»** (électr) / type of protection "e" || ~ contre l'**eau sous pression** (électr) / watertight protection || ~ des **eaux** / water protection || ~ contre les **effets de rayonnements ionisants** / radiation protection, health physics || ~ de l'**environnement** / environmental protection || ~ contre les **explosions** / explosion proofness o. protection, flame proofness || ~ de la **face** / face screen || ~ contre le **feu** / fire protection || ~ contre la **foudre** (électr) / high-voltage fuse o. protector, protector [block] || ~ contre les **gaz toxiques** / protection against poisonous gas || ~ contre les **hautes eaux** / flood protection || ~ **imputrescible** / rot protection || ~ contre les **incendies** / fire protection || ~ contre l'**intrusion** (bâtim) / room supervision || ~ des **inventions** / invention protection || ~ contre les **jets d'eau** (électr) / hoseproofness || ~ des **marques déposées** / protection of [registered] trade marks || ~ de la **maternité** / protection of mothers-to-be and of nursing mothers || ~ de [la] **mémoire** (ord) / storage protection || ~ des **métaux** / protection against corrosion, corrosion prevention o. proofing || ~ du **milieu naturel** (ou vital) / environmental protection, antipollution control || ~ par **[mise à la] terre** (électr) / protective o. protection o. safety earth (GB) o. ground (US) || ~ contre les **mises à la terre accidentelles** / protection against accidental earthing || ~ des **modèles et dessins** / legal protection for registered utility models || ~ par **mot de passe** (ord) / password protection || ~ contre les **ondes progressives** / travelling-wave protection || ~ des **paysages** / landscape conservation || ~ de la **personnalité humaine** / protection against invasion of privacy || ~ système **Pfannkuch** (câble) / Pfannkuch protection || ~ **phytosanitaire ou des plantes** / plant protection || ~ **pilote** (relais) / pilot protection || ~ contre la **pluie** (électr) / rain shield[ing] || ~ **post-éclatement** / post-burst protection || ~ contre la **pourriture** / rot protection || ~ contre les **projections** (électr) / splash[proof] o. weatherproof protection || ~ **radiologique** / radiation shielding || ~ contre les **rayonnements** / protection against radiation, radiation protection o. shielding || ~ **réactique** / plate protection || ~ contre les **redémarrages intempestifs** (électr) / reclosure preventing device || ~ contre le **réfrigérant** (m.outils) / splash guard || ~ par **relais discriminateur** (électr) / selective protection || ~ par **remplissage pulvérulent** (électr) / sand filling || ~ au **retournement** (auto) / roll-over protective structure, ROPS || ~ contre la **rouille** / protection against rust, rust protection o. prevention o. proofing || ~ **sacrificielle** (galv) / sacrificial protection || ~ **sanitaire** / health protection || ~ **sanitaire de personnes contre les rayonnements** / health physics, radiation protection || ~ **secondaire** / secondary protection || ~ **sélective** (électr) / selective protection || ~ du **sol** / soil conservation || ~ d'une **substance** (brevet) / chemical product protection || ~ **superficielle ou de surface** / preservation of surfaces, surface protection || ~ contre les **surcharges** (électr, techn) / overload protection || ~ **technologique** (nucl) / physical protection || ~ **temporaire contre la rouille** / temporary [anticorrosion] film || ~ de **tension nulle** / low-voltage o. undervoltage protection || ~ des **trains** (ch.de fer) / protection of train running, train protection || ~ du **travail** / protection of labour || ~ d'**usure** / wearing protection || ~ des **yeux** / eye shield || ~ de **zone** (ord) / area protection

protégé / [safe]guarded, secure, protected || ~ (électr) / all-insulated, contact-voltage proof, protected type || ~ (passage) (routes) / major (GB), priority... (US) || ~ **contre les contacts accidentels** / contact-voltage proof || ~ **contre le court-circuit** / short circuit proof || ~ **contre les jets d'eau** (électr) / hoseproof || ~ par **coupe-circuit** (électr) / protected by fuse o. by cut-out || ~ contre les **coups des poussières** (électr) / dust-ignition proof || ~ par **défaut** (électron) / fail-safe || ~ par **dépôt de phosphate** / phosphate-treated against corrosion || ~ contre les **explosions** (électr) / explosion-proof, flame-proof || ~ par **fusible** (électr) / protected by fuse o. by cut-out || ~ contre l'**humidité** / humidity-proof || ~ contre les **intempéries** / weatherproof, -tight, -resisting, fast to exposure || ~ contre les **intempéries** (électr) / weatherproof || ~ par la **loi** (marque) / proprietary || ~ contre la **lumière** / light-tight || ~ contre les **manipulations** / tamper-proof || ~ contre la **marche à sec** (palier) / safe to run dry || ~ aux **projections [d'eau]** (moteur) (moteur) / splash-proof || ~ contre les **rayonnements** / rayproof || ~ par **recouvrement** (électr, parties mobiles) / protected[-type...] || ~ contre les **risques d'inondations** / safe against flooding || ~ des **rongeurs** (câble) / gopher-protected, rodent-protected || ~ contre le **vandalisme** / vandal-safe

protège-angle *m* (bâtim) / angle o. corner iron || **~-arête** *m* (convoyeur) / edge protection || **~-câbles** *m* / protective covering of cables || **~-conducteur** *m* (tracteur) / overhead guard || **~-doigts** *m* (presse) / hand o. finger guard || **~-main** *m* (m.outils) / hand rejector || **~-oreilles** *m* **anti-bruits [à coquilles]** (aéro) / muffs *pl*, ear defenders *pl*

protéger / protect, defend, guard [against], shield [against o. from], preserve [from] || ~ par **écran** / screen || ~ par **fusibles** (électr) / protect by fuse || ~ une **liaison téléphonique** (télécom) / guard a speaking pair || ~ à la **peinture** / protect o. seal by paint

protège-radiateur *m* (auto) / radiator baffle plate

protéide *m* (chimie) / proteid[e], conjugated protein

protéidique / proteidic

protéinase *f* (chimie) / proteinase, protease, peptidase

protéinate *m* d'**argent** / protargol

protéine *f* (chimie) / protein || ~ **fibreuse** / fibrous protein || ~ de **maïs** / maize protein, corn meal protein (US) || ~ **végétale texturée** / textured

vegetable protein, TVP
protéinique / proteinaceous
protéique / proteinic
pro·téolyse *f* / proteolysis || **~téolytique** / proteolytic || **~téose** *f* / proteose
protérozoïque *m* (géol) / Proterozoic
protestation *f* / objection [to]
prothèse *f* / prosthesis || **~ auditive** / hearing aid
prothrombine *f* / prothrombin
protide *m* / protid[e]
protium *m* (chimie) / protium
protocole *m* de **mesure pour recherche de pannes** / diagnosis test record
proto·gène (chimie) / protogenic || **~génique** (géol, chimie) / protogenic || **~lyse** *f* (chimie) / protolytic reaction
proton *m* (phys) / proton || **~ rapide** / high-speed proton, fast proton || **~ thermique** / thermal proton || **~ à une seule charge positive** / single positively charged proton
protonation *f* / protonation
protonium *m* / protonium, nucleonium
proto·phile (nucl) / protophilic || **~plasma** *m*, -plasma *m* / protoplasm || **~porphyrine** *f* / protoporphyrin || **~prisme** *m* (crist) / protoprism || **~pyramide** *f* (crist) / protopyramid
prototype *m* / prototype || **~ d'essai** (auto) / pretest vehicle || **~ de réacteur** / prototype reactor
protoxyde *m* / monoxide || **~ d'azote** / nitrogen monoxide, nitric oxide
protozoaires *m pl* / protozoans *pl*, (subkingdom:) protozoa *pl*
protubérance *f* / excrescence, protuberance || **~ solaire** / solar prominence o. protuberance
proue *f* (nav) / prow
proustite *f* (min) / light red silver ore, proustite
prouvé, pas ~ / unproved, unverified
prouver / demonstrate, prove
provenance *f* / provenience, origin, source
provende *f* (agr) / mixed provender, mash
provenir [de] / originate, issue, arise, stem [from]
province *f* **géologique** (géol) / clan || **~ pétrographique** (géol) / petrographic province
provision *f* de **charbon**, stock *m* / coal supply || **~ d'eau** / water supply o. reserve
provisoire / provisional, auxiliary
provitamine *f* / provitamin, precursor of a vitamin
provoquer / provoke || **~ un danger** / bring about danger || **~ la ou une polymérisation** / polymerize
proxicon *m* (TV) / proxicon
proximité *f* / proximity || **à ~ de sol** / near to ground || **à ~ de la Terre** / near Earth
P.R.S., poutrelle *f* reconstituée soudée / castellated welded beam
P.R.S.L., poutrelle *f* reconstituée soudée légère / castellated welded light beam
pruche *f*, Tsuga canadensis / pine, eastern hemlock
prudent / careful, cautious
prunelle *f* (tiss) / prunella, prunello, lasting
prussiate *m* / prussiate, pentacyanoferrate || **~ de cuivre** / mahogany brown, prussiate of copper || **~ jaune** / potassium ferrocyanide, yellow prussiate of potash || **~ rouge** / potassium ferricyanide
psat[h]urose *f* (min) / stephanite, brittle silver ore
p-semi-conductivité *f* / p-type o. hole conduction
pseud[o]... / pseudo-..., apparent
pseudo·-acide *m* (chimie) / pseudo-acid || **~-aléatoire** (ord) / pseudo-random || **~-alliage** *m* (sidér) / ply metal || **~-alliages** *m pl* / pseudoalloys *pl* || **~-asymétrie** *f* (chimie) / pseudoasymmetry || **~base** *f* (chimie) / pseudobase || **~binaire** (math) / pseudobinary || **~boléen** / pseudo-Boolean || **~catalyse** *f* / pseudocatalysis || **~-clivage** *m* (géol) / strain-slip cleavage || **~code** *m* (ord) / pseudocode || **~décimale** *f* / pseudodecimal digit || **~découplé** (contr.aut) / pseudo-noninteracting || **~-instruction** *f* (ord) / directive for the operating system || **~-instruction** *f* (programmation) / dummy o. pseudo instruction || **~-lamelles** *f pl* (fonderie) / quasi flakes *pl* || **~malachite** *f* (minerai) / pseudomalachite || **~marbre** *m* / artificial marble made from plaster || **~mérie** *f* (chimie) / pseudomerism || **~monotrope** (chimie) / pseudomonotropic || **~morphe** (min) / pseudomorph[ous] || **~morphisme** *m* (min) / pseudomorphosis || **~morphisme** *m* **physique** (min) / paramorphosis || **~plasticité** *f* / pseudoplasticity || **~programme** *m* (ord) / pseudoprogram[me] || **~-scalaire** (math) / pseudoscalar || **~-science** *f* / exploded science || **~-scopique** / pseudoscopic || **~-sphère** *f* (math) / pseudosphere || **~stable** / pseudo-stable || **~symétrie** *f* (min) / pseudosymmetry || **~tsuga** *m* / Douglas fir o. spruce o. pine, British Columbian pine, Oregon pine || **~variable** *f* / pseudovariable
psilomélane *f* (min) / psilomelane
psophomètre *m* (télécom) / psophometer
psoque *m* / wood louse
psychologie *f* **industrielle** / industrial psychology, psychotechnics *sg*, psychotechnology
psychotechnicien *m* **industriel** / industrial psychologist, soul engineer (US coll)
psychotechnique *f* / industrial psychology, psychotechnics *sg*, psychotechnology
psychromètre *m* / psychrometer
psylle *f* de la **carotte** / carrot psyllid || **~ du poirier** / pear sucker, psylla pyricola || **~** *m* du **pommier** / apple-leaf sucker
PTFCE = polytrifluorochloréthylène / polytrifluorochloroethylene
ptomaïne *f* (chimie) / ptomaine
P.T.T., Postes, Télégraphe, Téléphone (télécom) / common [communication] carrier
ptyaline *f* (chimie) / ptyalin[e]
P.U. = pick-up
puanteur *f* / putrid smell, stench
public, [en] ~ / public || **~** *m* / the public, the people || **~-voyageurs** *m* / travelling public
publication *f* (typo, action) / appearance, publication || **~s** *f pl* / literature || **~** *f* du **brevet** / patent publication || **~ de la demande exigée** (brevet) / document laid open to public inspection || **~ d'entreprise** / company magazine o. newspaper, house organ || **~ imprimée antérieure** / prior printed publication || **~ scientifique** / scientific paper || **~ du titre de licence** / patent grant
publicité *f* / advertisement, ad[vt], advertising, publicity || **~ au cinéma** / screen advertising || **~ lumineuse au néon** / luminous advertising, illumination advertisement || **~ radiophonique** / wireless advertising (GB), broadcast advertising (US) || **~ télévisée** / commercial o. sponsored television
publidiffusion *f* / public broadcast
publier (typo) / edit, issue, publish || **~** (brevet) / place open
puce *f* (tex) / nep, burl || **~** / chip, dice || **~** (verre) / [fine] seed
puceron *m* / aphid || **~ [cendré] du chou**, Brevicoryne brassicae / green-gray cabbage aphis || **~ du houblon**, Phorodon humili / hop Damson aphis || **~ lanigère**, Eriosoma lanigerum (agr) / wool[l]y aphis || **~ noir du cerisier**, Myzus cerasi /

black cherry aphid || ~ **noir des fèves** / black aphid, Aphis fabae || ~ du **pommier**, Aphis o. Doralis pomi o. mali / apple aphid || ~ **rouge**, Tetranychus urticae / red spider mite || ~ **[vert] du pêcher**, Myzus persicae / green peach aphid
puchérite *f* (min) / pucherite
puddler (sidér) / puddle *vt*
puis... (processus) / followed by ...
puisage *m* / drawing action o. point
puisard *m* (hydr) / gully, well || ~ (eaux usées) / sink, sewer, cesspool, cesspit, sump || ~ (ch.de fer, routes) / sunk draining trap || ~ (bâtim) / draining well, drainage pit || ~ (auto) / crankcase sump, oil sump || ~ d'**aspiration** (mines) / pump sump o. well || ~ d'**assèchement ou de pompage** (nav) / drain o. bilge well || ~ à **pompe d'exhaure** (mines) / drop o. sunk shaft, shaft with sunk-in tubbing || ~ du **puits** (mines) / sink, sump, pump sump, bottom || ~ de la **station de pompage** / wet well (pumping station), pumping pit
puisatier *m* / well sinker o. borer, well digger
puiser [à, dans] / ladle [out], scoop || ~ de l'**eau** (robinet) / draw water
puisette *f* / scoop
puiseur *m* de **condensat** (pap) / dipper type condensate evacuator
puisoir *m* / scoop || ~ (verre) / scoop, basting ladle || ~ (fonderie) / ladle
puissamment, qui agit ~ / being powerful
puissance (10 puissance 4) (math) / to (US) (e.g. ten to four, 10^4), power (GB) || ~ *f* (phys, méc) / power, activity || ~ (math) / power || ~ / working intensity, rate of working || ~, énergie *f* / energy, available power || ~, vigueur *f* / power, strength || ~ (mines) / thickness, depth, substance || ~ (lentille) / power of a lens, focal power || **de ~** (résisteur) / power... || **de ~ maximale** / very high output || **de basse ~** / low-powered, low-power... || ~ **absorbée** / power consumption, power requirement o. drain o. draw || ~ **absorbée** (électr) / connected o. installed load || ~ **absorbée sur l'arbre** / braking power || ~ **absorbée induite** (aéro) / induced power loss || ~ **absorbée théorique** (compresseur) / theoretical required power || ~ **absorbée par la traînée de profil** (aéro) / profile-drag power loss || ~ d'**absorption** / absorbing power o. capacity, degree of absorption, absorbency || ~ **acoustique** / acoustic capacity o. power, audibility || ~ **acoustique instantanée** / instantaneous acoustic power || ~ **active** (électr) / active o. actual o. effective o. real output o. power, nonreactive power, true watts *pl* || ~ **active en voltampères** / active volt-amperes *pl* || ~ **administrative** (auto) / tax[able] horsepower || ~ d'**aimantation** / magnetizing force || ~ d'**amplification** / amplifier output [power] || ~ **apparente** / apparent power o. output || ~ **apparente du transformateur de tension** / apparent power of the voltage transformer || ~ à l'**arbre** (compresseur) / shaft power || ~ d'**arrachement** (pelle) / tear-out o. break-out o. biting force, bail pull || ~ à **arrêt d'urgence** (nucl) / emergency shutdown power || ~ d'**aspiration** (aspirateur de poussière) / cleaning power || ~ d'**aspiration nominale** (vide) / rated o. nominal throughput || ~ **astigmatique** (opt) / astigmatic power || ~ d'**attaque** (électron) / driving power || ~ d'**attaque de grille** / grid-driving power || ~ aux **bornes** (électr) / terminal power || ~ de **bruit** (électron) / noise output o. power || ~ de **bruit spécifique** / noise power per 1 Hz bandwith, kT || ~ de **bruit totale d'une résistance** (électron) / kTb, total resistance noise power || ~ **calorifique** (app. de chauffage) / useful output o. heat || ~ **calorifique** (combustible) / caloric power, Cp || ~ **cathodyne** / cathode follower output || ~ de la **centrale** (électr) / plant capacity || ~ de **chaudière** / boiler capacity || ~ de **chauffage en décroissance** (nucl) / decay heat power || ~ en **chevaux mesurée sur l'arbre** / shaft horse power, SHW || ~ du **combustible** (nucl) / fuel power || ~ de **commande** (électron) / driving power || ~ d'un **condenseur** / capacity of a capacitor || ~ **connectée** / connected load o. wattage || ~ **consommée** / consumption of energy o. power || ~ **continue** / permanent o. continuous o. constant power o. output || ~ de **coupure** (électr) / breaking o. rupturing capacity || ~ de **coupure sur court-circuit** / short circuit breaking power || ~ en **courant continu** / d.c. power || ~ en **courant triphasé** / three-phase power || ~ de **crête de la bande latérale** (électron) / peak sideband power, PSP || **~-crête** *f* **ou de crête** / maximum [temporary] output, peak power || ~ au **crochet** (ch.de fer) / drawbar power || ~ **croissante** (math) / ascending power || ~ **débitée** / outgoing o. power output, power delivery || ~ de **décharge** (électr) / discharge power || ~ au **décollage** / take-off power || ~ de **démarrage** / starting capacity o. output || ~ de **départ** (aéro) / take-off power || ~ **déwattée** (électr) / wattless o. idle o. reactive power o. volt-amperes *pl*, var || ~ de **dimensionnement** (ch.de fer) / dimensional output || ~ **diminuée** / reduced output || ~ **directe** (électr) / positivesequence power || ~ de **dissipation** (semicond) / power dissipation || ~ de **dissipation d'émetteur** / emitter dissipation || ~ **dissipée** (électron) / dissipated energy, power loss o. dissipation || ~ **dissipée au collecteur** / collector dissipation || ~ de **dix** (math) / power of ten || ~ d'**écoute** / auditory power || ~ **effective** (techn) / effective output || ~ **effective** (électr) / active o. actual o. effective o. real output o. power, nonreactive power, true watts *pl* || ~ **efficace musicale** / music signal power || **~s** *f pl* **égales** (math) / like powers || ~ *f* **électrique** (phys) / electrical power || ~ **électrique brute** (nucl) / gross, [net] electric output || ~ **électrique en MW** (réacteur) / megawatt electric, MWE, MWe || ~ **électronique** / electronic power || ~ d'**émission** / transmitting power || ~ d'**émission de sons** / transmitting power response || ~ **entière** (math) / integral power || ~ d'**entraînement** / engine power || ~ d'**entrée ou à l'entrée** / input power || ~ d'**entrée** / input [power] || ~ d'**entrée de grille** (électron) / driving power || ~ **évaporatrice ou d'évaporation** / evaporative capacity o. duty || ~ d'**excitation** (électr) / excitation power, exciter rating o. output || ~ d'**excitation de grille** (électron) / driving power || ~ d'un **feuillet** / strength of shell || ~ **finale** (électron) / output || ~ **fiscale** (auto) / tax horsepowers *pl*, taxable HP *pl*, rating horse power || ~ **fluctuante** (électr) / fluctuating power || ~ de **fonctionnement** (réacteur) / rated power || ~ **fondamentale** (électron) / fundamental power || ~ de **frappe** (forge) / power of the blow || ~ du **frein** / brake force o. power, brake effort || ~ au **frein ou de freinage** / braking power || ~ **frigorifique** / refrigerating capacity || ~ de **fuite** (tube) / leakage power || ~ **géométrique de la jumelle** / geometrical luminosity || ~ **«Gillette»** (laser) / Gillette power || ~ de **grossissement** / magnifying power, coefficient of magnification || ~ **HF** (télécom) / high frequency output || ~ **homopolaire** (électr) / homopolar power || ~

hydraulique / hydraulic power || ~ d'**immersion-humidificateur** (agent de surface) / dip-wetting ability || ~ de l'**impulsion de crête** / peak pulse power || ~ **indiquée** (techn) / indicated effect o. power || ~ **installée** (électr) / performance, output, installed o. mechanical power || ~ **instantanée** / instantaneous power || ~ **interne** (compresseur) / internal power || ~ **intrinsèque d'une loupe** / factorial o. lens magnification, magnifier enlargement || ~ **inverse** (électr) / negative sequence power || ~ à la **jante** (ch.de fer) / power at wheel rim || ~ de **levage** / hoisting o. lifting power || ~ de **levier** / leverage || ~ **limite admissible** (électron) / operating limit || ~ **linéique** (nucl) / linear power [density] || ~ par **litre** (mot) / specific output (with reference to the cylinder volume in liters) || ~ d'une **machine** / power of an engine || ~ **magnétisante** / magnetizing force || ~ **massique** (p.e. kW/N) / specific output o. power || ~ **maximale** / outstanding o. peak achievement || ~ **maximale** (émetteur) / peak power || ~ **maximale** (semicond) / power capability || ~ **militaire** (aéro, mot) / combat rating || ~ **minimale** / minimum output || ~ du **moteur** / engine power o. output || ~ **motrice** / driving power || ~ **moyenne** / average output || ~ **musicale ou de musique** (radio) / musical power || ~ **nécessaire** / power requirement o. drain o. draw || ~ **nominale de combustible** (nucl) / rated fuel power || ~ **nominale continue** (électr) / continuous rating || ~ **nominale de décollage** (aéro) / take-off power rating || ~ **nominale de moteur** / motor rating || ~ **nominale de rupture** / interrupting rating || ~ **normale ou nominale** (techn) / power rating, nominal o. rated power || ~ **nucléaire** / nuclear power || ~ **nulle** (nucl) / zero energy, zero power || ~ **optique** / refractive power || ~ **oscillatoire** (électr) / fluctuating power || ~ au **plateau d'accouplement** / effective shaft output || ~ de **pompage** / pumping capacity, displacement capacity || ~ des **porteurs** (électron) / carrier power || ~ de **poste émetteur** / transmitting power || ~ de **poussée** / pushing power || ~ de **pression** / pressing power || ~ de **propulsion** / driving o. propelling o. propulsive power || ~ **propulsive de l'hélice** / propulsive power of the screw || ~ **psophométrique** (télécom) / psophometric power || ~ **quatre** (math) / fourth power || ~ **rayonnée ou de rayonnement** (radio) / radiated power || ~ de **rayonnement effective** / effective radiated power, ERP || ~ du **réacteur** / reactor output || ~ **réactive** (électr) / wattless o. idle o. reactive power o. volt-amperes *pl*, var || ~ de **réception** (antenne) / received power || ~ **réelle** / actual output || ~ **réelle** (électr) / active o. actual o. effective o. real output o. power, nonreactive power, true watts *pl* || ~ en **régime semi-horaire** / half-hourly rating || ~ de **réglage** / actuating o. regulating power || ~ de **remorquage** / towing power || ~ **résiduelle** (nucl) / after-power || ~ de **résisteur** / rating of a resistor || ~ de **résolution des couleurs** (TV) / power of chromatic resolution, acuity of colour image || ~ de **rupture** (électr) / breaking o. rupturing capacity || ~ de **séparation** (nucl) / separating power || ~ au **service intermittent** (électr) / periodic rating || ~ **sinusoïdale** (radio) / sinusoidal power, sine wave power || ~ au **sol** / power near to ground || ~ de **son** / sound level scale || ~ **sonore** / acoustic capacity o. power, audibility || ~ **sonore** (acoust) / volume of sound, contrast || ~ de **sortie** (emetteur) / transmitting power || ~ [de **sortie] de bruit** (antenne) / noise output power || ~ **spécifique** (nucl) / specific power, fuel rating || ~ **spectrique** (électr) / power spectrum || ~ **surfacique** (nucl) / surface power density || ~ **surfacique acoustique moyenne** / intensity of sound, sound intensity o. volume, sound energy per square unit, acoustic power || ~ de **taxation** (auto) / tax horsepowers *pl*, taxable HP *pl*, rating horse power || ~ d'un **test** / power of a test || ~ **théorique** / calculated o. rated power || ~ **thermique** (réacteur) / thermal power of a reactor || ~ **thermique globale** (réacteur) / rated total thermal power || ~ de **tirage** (ventilateur) / suction power, intensity of draft || ~ **totale** / total output || ~ **totale équivalente au frein** (aéro) / total equivalent brake horsepower, t.e.h.p. || ~ de **traction** / tractive power o. effort, traction capacity || ~ de **travail** / working power o. intensity || ~ **[uni]horaire** (techn) / hourly capacity, outpout per hour || ~ par **unité de surface** / capacity per unit area || ~ par **unité de temps** / capacity per unit time || ~ **utile** / outgoing o. power output, power delivery || ~ **utile** (électr) / output || ~ **utile** (France) (mines) / total thickness of coal worked || ~ **utilisable** (télécom) / overload level || ~ de **vaporisation** / evaporative capacity o. duty || ~ de **ventilateur** / fan performance || ~ **vérifiée** / verified power || ~ **visuelle** / sight, visual faculty || ~ **vocale** / speech power || ~ **vocale instantanée** / instantaneous speech power || ~ **vocale moyenne** (télécom) / average speech power || ~ de la **voix** (phys) / loudness || ~ **volumétrique** (mot) / specific output (with reference to the cylinder volume in liters) || ~ **volumique** (nucl, antenne) / power density || ~ **volumique nominale** (nucl) / rated power density || ~ **vraie** / true power || ~ **zéro** (électr) / homopolar power

puissant / powerful || ~ (agent) / highly effective o. active || ~ (mot) / high-power..., -powered

puits *m* / tube well, drilled o. bore well || ~ (pétrole) / well, oil well || ~ (bâtim, mines) / shaft, pit || ~ **abandonné** (mines) / disused shaft || ~ **absorbant** / negative well, dead o. absorbing well || ~ **absorbant** (drainage) / drain o. dead o. absorbing well, negative well || ~ **absorbant** (eaux usées) / soakage pit, soakaway [pit], soaker || ~ **abyssin[ien]** / Abyssinian well || ~ d'**accès** / manhole || ~ d'**aérage** (mines) / ventilating o. air shaft || ~ d'**aérage descendant** (mines) / intake shaft || ~ d'**aération ou d'appel** (mines) / upcast ventilating shaft, uptake || ~ d'**air** / air well || ~ **artésien** / Artesian well || ~ **automoteur** (mines) / brake shaft || ~ **auxiliaire** (mines) / by-pit || ~ à **câbles** (mines) / rope shaft || ~ à **câbles** (électr) / cable pit o. shaft o. manhole || ~ à **câbles au trottoir** (électr, télécom) / footway (GB) o. sidewalk (US) jointing chamber || ~ aux **chaînes** (nav) / chain locker o. well || ~ pour les **charges** (semicond) / sink || ~ de **combustion** (four annulaire) / fire pillar || ~ de **congélation** (mines) / freezing shaft || ~ **débouchant au jour ou partant du jour** (mines) / air shaft || ~ **dégageant du gaz** (pétrole) / gasser || ~ de **descente** (mines) / man-riding shaft || ~ à **deux compartiments**, puits *m* double (mines) / double pit || ~ **drainant ou de drainage** (bâtim) / soakaway, rummel (GB) || ~ **droit** / perpendicular pit o. shaft || ~ d'**eau d'incendie** / fire well || ~ d'**éclatement** / mine crater || ~ d'**égout** (canalisation) / access gully || ~ d'**égout** (bâtim) / drain o. gully shaft || ~ d'**entrée** (mines) / shaft for descent || ~ d'**entrée d'air** / downcast [shaft] || ~ d'**épuisement ou d'exhaure** (mines) / sump shaft, engine pit o. shaft || ~ **éruptif** / spouter, gusher || ~ d'**étirage** (verre) / drawing chamber || ~ d'**exploration** / exploring o. trial shaft o. pit || ~ d'**extraction** (mines) / drawing o. hauling pit o. shaft, main o. winding o. working pit o. shaft || ~ **filtrant** / filtering well || ~ **foncé** (bâtim) / sunk cylinder o. well, foundation cylinder || ~ **foncé**, puits *m* abyssin / driven well, Abessynian well || ~ **foncé par congélation** (mines) / freezing shaft || ~ à **fort pendage** (mines) / underlay [shaft], underlayer || ~ de **four** / furnace shaft || ~ **funiculaire** (mines) / rope shaft || ~ d'une **galerie** (mines) / shaft o. aperture of a gallery || ~ de **Gauss** (nucl) / Gaussian well || ~ **incliné** / downcast [shaft] || ~ d'**infiltration** (hydr) / dry well || ~ **instantané** / Abyssinian well || ~ **intérieur ou intermédiaire** (mines) / blind pit o. shaft, jack-head pit, wince, winze staple [pit] || ~ de **jonction** (câble) / cable pit, cable jointing chamber o. manhole || ~ de **jonction ou de visite** (électr) / cable pit o. shaft o. manhole || ~ au **jour** (bâtim) / day shaft, light well || ~ *m pl* **jumeaux** / double pit || ~ *m* à **lente distillation** / low temperature carbonization vessel || ~ **magnétique** (plasma) / minimum B configuration || ~ de la **mine** (mines) / shaft, pit || ~ de **montée aux câbles** / vertical wall duct, cable shaft || ~ d'un **moule** / recess of a mould || ~ **ordinaire** (sidér) / soaking hearth o. chamber || ~ **perdu ou de perte** (bâtim) / negative well || ~ **perpendiculaire** (mines) / perpendicular pit o. shaft || ~ à **personnel** / man riding shaft || ~ de **pétrole** / oil spring o. well || ~ de **pompage** / pump well || ~ à **pompe** (mines) / pump shaft o. pit || ~ à **pompe** (pétrole) / pump well, pumper || ~ **pompé ou en pompage** (pétrole) / pumping o. beam well, pumper || ~ de **potentiel** (nucl) / potential well o. pot o. pit || ~ sous **pression** (aqueduc-siphon) / pressurized well || ~ **principal** (mines) / main pit o. shaft || ~ **productif** (pétrole) / producing well || ~ **profond** / deep well || ~ **profond** (mines) / pit || ~ **profond** (nucl) / deep well || ~ du **réacteur** (nucl) / reactor well || ~ de **rechargement** (nucl) / reactor well, refuelling cavity || ~ de **recherche** (mines) / prospecting shaft || ~ de **remonte** (mines) / ascending shaft || ~ **salant** / brine [extracting] shaft || ~ **salin** / salt o. brine spring || ~ **sec** (pétrole) / dry well o. hole || ~ de **séparation** (mines) / parting shaft || ~ de **sommet** (pétrole) / crest[al] well || ~ de **sortie** (mines) / ascending shaft || ~ de **sortie de l'air** (mines) / upcast ventilating shaft, uptake || ~ de **souterrain** (mines) / tunnel shaft o. pit || ~ de **stockage** (réacteur) / storage space || ~ de **surveillance** (nucl) / monitoring well || ~ à **treuil** (mines) / pit worked by a whim || ~ à **trousse coupante** (mines) / drop shaft sunk by cutting sleeve || ~ de **tunnel** (mines) / tunnel shaft o. pit || ~ de **turbine** / turbine well o. shaft || ~ pour **tuyauterie** (bâtim) / inlet and outlet pipe pit o. well || ~ **vertical** (mines) / perpendicular pit o. shaft || ~ de **visite** / access gully || ~ de **visite** (télécom) / jointing chamber o. manhole o. box, distribution chamber, main box || ~ de **visite** (câble) / cable pit, cable jointing chamber o. manhole

pullulation *f* (parasites) / pullulation, rapid multiplication

pulmoteur *m* / pulmotor

pulpe *f* / pulp || ~**s** *f pl* (sucre) / beet pulp || ~ *f* **agglomérée** / pulp moulding || ~ de **betteraves** / beet [root] pulp || ~ **épaisse** (mines) / dense medium || ~ **épaisse régénérée** (mines) / regenerated dense medium || ~ **fine de défibrage à chaud** (pap) / thin hotground pulp || ~**s** *f pl* **humides** (sucre) / wet pulp || ~**s** *f pl* **pressées** (sucre) / pressed pulp || ~**s** *f pl* **sèches** (sucre) / dried pulp, dried sugar beet cossettes *pl* || ~**s** *f pl* **[sèches] mélassées** / molasses o. molassed pulp

pulper (bois) / pulp *vt*, break up || ~ *m* (pap) / pulper, defibrator

pulpeux / pulpy

pulsant / pulsatory, pulsating

pulsar *m* (astr) / pulsar

pulsateur *adj* / generating pulsations, pulsating || ~ *m* (m. à traire) / pulsator || ~ à **piston** (agr) / piston pulsator

pulsatif / generating pulsations

pulsation *f* / pulsation || **à** ~ **d'air** (prépar) / air pulsed || ~ **complexe** (électr, math) / complex angular frequency || ~ du **courant** (électr) / current pulsation || ~ d'une **grandeur sinusoïdale** / angular o. circular frequency || ~ **gyromagnétique** / cyclotron frequency || ~ de **plasma** (électron) / plasma frequency || ~ de **synchronisation** (TV) / synchronizing [im]pulse

pulsatoire / generating pulsations || ~ (électr, math) / pulsating

pulsé / pulsating || ~ / pulsed

pulser *vi* / pulsate, pulse *vi* || ~ (électron) / pulse *vi*

pulsomètre *m* / pulsometer [pump]

pulsoréacteur *m* / pulse jet, aeropulse || ~ **sans volets d'admission** / valveless pulsejet || ~ **sous-marin** (nav) / underwater pulse-jet engine

pultrusion *f*, extrusion *f* par étirage / pultrusion

pulvérisable / pulver[iz]able

pulvérisateur *m* / pulverizer || ~ (cosmétique) / sprayer, atomizer || ~ (bière) / spraying apparatus || ~ (Diesel) / injection nozzle || ~, appareil *m* à réduire en poudre / fine grinding apparatus, pulverizer || ~, broyeuse *f* / refiner, rotary grader || ~, pistolet *m* de peinture / spray gun || ~ (brûleur) / atomizer || ~ pour **arbres fruitiers** / orchard sprayer || ~ de **blanchiment au lait de chaux** (agr) / whitening sprayer || ~ à **boules Fuller-Lehigh** / Fuller-Lehigh pulverizer || ~ de **charbon** / coal pulverizing mill || ~ de **charbon à jet d'air** / air jet impact pulverizer || ~ à **charbon ventilé** / directly feeding coal dust mill, direct-fired coal mill || ~ à **cultures** (agr) / field sprayer || ~ de **désherbage** / weed sprayer || ~ à **deux roues** (agr) / two-wheel field sprayer || ~ à **diaphragme** (agr) / diaphragm sprayer || ~ à **disque** / disk mill o. pulverizer || ~ à **dos** / knapsack sprayer || ~ d'**eau à haute pression** / high-pressure [water] atomizer || ~ à **haute pression** / mechanical atomizer || ~ d'**huile** / oil atomizer || ~ d'**insecticides** / insecticide sprayer || ~ à **jet d'air** / jet mill || ~ de **liquides** / spray diffuser, vaporizer || ~ de **mazout à basse pression** / low-pressure atomizer || ~ à **poudre** (pap) / dry spray

pulvérisation *f* / spraying || ~, trituration *f* / powdering, [grinding-]pulverizing, fine grinding || ~ (liquides) / atomization, spraying disintegration || ~ (céram) / dusting || ~ **cathodique** / cathode o. cathodic sputtering o. evaporation || ~ **chimique** / spray process || ~ à **courant d'air** / air-swept grinding || ~ au **débourrement** (agr) / bud burst spraying || ~ **électrostatique** / electrostatic atomization || ~ en **état congelé** (vivres) / cryomill process, freeze grinding || ~ par **faisceau ionique** / ion beam sputtering || ~ des **insecticides** / spraying of insecticides, of larvicides || ~ de **peinture** / paint spraying, spray painting o. coating || ~ au **pistolet** / gun spraying || ~ de **produits phytosanitaires** / spraying of insecticides, of larvicides

pulvérisé, trituré / pulverized, atomized

pulvériser (liquide) / atomize, spray *vt* || ~, réduire en poudre / reduce to powder, powder, attrite, comminute, triturate || ~ (minerais) / pulverize

pulvériseur *m* (agr) / clod breaker || ~ à **deux rangées de disques avec dispositif à semer** /

tandem disk harrow with seed drill || ~ à **disques** (agr) / [bumper] disk harrow || ~ à **disques en deux sections** / A-type disk harrow || ~ à **disques, quatre sections** / tandem disk harrow || ~ **double à disques type offset** (agr) / offset disk harrow || ~ **verger à disques** (agr) / orchard disk harrow
pulvérulence *f* / pulverulence
pulvérulent *adj* (chimie) / pulverulent || **~s** *m pl* (ch.de fer) / traffic in powder form, dry bulk freight
punaise *f* / tack, pin || ~ (dessin) / drawing pin, thumb-tack (US) || ~ de la **betterave**, Piesma quadratum / beet leaf bug || ~ des **céréales** / wheat shield bug || ~ **magnétique** / magnetic clamp
punctum *m* **proximum** (opt) / closest point in picture || ~ **remotum** (opt) / far-point
pupille *f* / aperture diaphragm o. plate || ~ d'**entrée** / entrance pupil || ~ de **sortie** / exit pupil
pupinisation *f* (télécom) / pupinizing || ~ en **duplex** / composite o. phantom load[ing] || ~ **échelonnée** (télécom) / intermittent loading || ~ **légère** / light loading || ~ **moyenne** / medium loading
pupinisé pour **transmission radiophonique** / coil-loaded with musical loading
pupiniser (télécom) / pupinize, load with coils, coil-load, lump-load
pupitre *m* / desk || ~ (électron) / sloping panel cabinet || ~ d'**appels** / calling concentrator || ~ de **commande** / control board || ~ de **commande** (TV) / control console o. desk o. panel, master control desk o. board, director's consoles (US) *pl* || ~ de **commande** (ord) / console, [system o. operator's] control panel, control desk o. console, operator panel || ~ de **commande** (électr) / master switch || ~ de **commande à la console** (nav) / bridge console || ~ de **commande de la bascule** (b.magnét) / switch control console || ~ de **commande centralisée** / main switch desk || ~ de **commande ou de conduite** (ch.de fer) / driver's o. control desk || ~ de **commande de programme** / operator intervention panel || ~ de **démonstration** / demonstration desk || ~ à **dessiner** / drawing desk o. table || ~ **dirigeur** (télécom) / call director || ~ de **distribution** / control console o. desk o. panel, desk switchboard, operating o. switch desk || ~ d'**essai** / test board || ~ d'**étalonnage pour compteurs** (électr) / meter test console || ~ **indicateur** (astron) / flight indicator || ~ de **manœuvre et de commande** / operator control panel || ~ de **mélange** (TV, électron) / mixer [console] || ~ de **mélange vidéo** / video mixing desk || ~ **mélangeur de sons ou du son** / sound o. audio mixer || ~ **moniteur** (télécom) / supervisory desk, monitor console || ~ **principal** (électr) / central switch desk || ~ **principal de régie** (TV) / master control desk o. board || ~ de **régie ou du régisseur** (TV) / observation desk
pupitreur *m* (électr) / controller || ~ (ord) / operator
PUR = polyuréthane
pur / pure || ~, sans mélange / unalloyed || ~ (couleurs) / chromatic[ally] pure || ~ (chimie) / reguline || ~ (mines) / native || ~ (radio) / clear, having a pure tone || **le plus** ~ / super-clean, highest grade || **~ement électrique** / all-electric || **~e laine** *adj* / all-wool[len]... || **~e soie** *f* / all o. pure silk
purée *f* de **pommes de terre en poudre** / potato granules *pl* || ~ de **sels** / salt grained sludge
pureté *f* / cleanness, purity || ~ (sucre) / purity || **de** ~ **marchande** / commercial purity... || ~ **chimique d'un échantillon radioactif** / radiochemical purity || ~ **colorimétrique** (TV) / colorimetric purity, colour density || ~ de la **couleur** / colour purity || ~ **marchande** / commercial purity || ~ **radioactive** / radioactive purity || ~ **radio-isotopique** / radioisotopic purity || ~ du **son** (radio) / purity of sound
purge *f* / purging || ~ d'**air** (hydr) / venting || ~ de l'**air** (tuyau) / air bleed || ~ d'**huile** / oil drain
purgeage *m* par **pételots** (mines) / boulder popping, secondary shooting o. blasting
purge-mariage *m* (filage) / breaker
purgeoir *m* / filtering basin o. tank
purger / blow out o. off, drain *vt* || ~ (sucre) / clarify, clear || ~ (mines) / cheek off, (quarry:) ringer || ~ (conduites) / vent *vt* (conduits) || ~ d'**eau** (tuyauterie) / drain
purgeur *m* / drain cock || ~ (vapeur) / water trap o. separator, steam trap || ~ (ch.de fer) / drain valve || ~ (chaudière) / blow-down valve || ~ (compresseur) / separator || ~ d'**air** / air relief cock || ~ **automatique ou de vapeur** / steam trap || ~ de **compresseur** / water separator || ~ de **Diesel-oil** / water separator for diesel fuel || **~-extracteur** *m* (m.à vap) / waste-water return pipe || ~ de **fil** (filage) / yarn o. thread cleaner, slub catcher || ~ du **fil à lumière réglable** (tiss) / slit thread cleaner || ~ à **flotteur inverse ouvert** / inverted bucket steam trap, Dayton-Armstrong steam trap (GB) || ~ de **gaz** / gas purifyer || ~ de **vapeur** / steam trap o. separator, drainage pot
purificateur *m* / purifier || ~ d'**huile** / oil cleaner o. purifier
purification *f* / purification || ~ (chimie) / preparation in a pure condition o. state || ~ par **carbonatation** (sucre) / purification by carbonation || ~ par **distillation fractionnée** (réacteur, combustible) / volatility process || ~ de l'**eau** / water purification || ~ des **eaux d'un réacteur** / reactor water clean-up || ~ du **gaz** / gas purifying o. cleaning o. washing || ~ **sommaire** / coarse cleaning || ~ dans le **vide** (sidér) / [reactive] vacuum purification || ~ des **zones** (semicond) / zone refining o. purification
purifié / purified
purifier / purify, clean *vt* || ~ (chimie) / purify, prepare || ~ (eau) / purify water || ~, clarifier / cleanse, purge, purify, defecate || ~ le **caoutchouc** / purify the caoutchouc
purin *m* / liquid manure
purine *f* (chimie) / purine
purot *m* / cistern for liquid manure
purpurate *m* d'**ammonium** / purpurate of ammonia
purpurin / purplish, purply
purpurine *f* / painter's gold, gold bronze || ~ (teint) / purpurin[e]
pusher *m* (bâtim) / pusher, pushloader
push-pull... (électron) / push-pull...
pustule *f* (plast) / pimple (defect)
putréfactif / putrefactive
putréfaction *f* / putrefaction, rot[t]ing, decay[ing] || ~ **alcaline** / alkalescence, -ency, putrefaction by alkali[e]s || ~ des **boues** / sludge digestion || ~ **humide** / wet rot
putréfié (boue) / digested
putréfier / putrefy *vt*, make putrid || ~ (se) / putrefy *vi*, rot, decay
putrescence *f* / putrescence, putridness
putrescible / putrescible
putrescine *f* (chimie) / putrescine
putride / putrid
putridité *f* / rottenness, putridness, decomposition
PVC, polychlorure *m* de vinyle / polyvinyl choride, PVC || ≗ *m* **dur** (plast) / rigid vinyl o. PVC || ≗ **mou ou plastifié** / plasticized PVC
PVDF = polyfluorure de vinylidène

PVF = polyfluorure de vinyle
PVK = polyvinyl carbazole
PVP = polyvinylpyrrolidone
pycnomètre *m* (chimie) / pyknometer, pycnometer, density bottle
pyinkado *m* / pyinkado, Burmese ironwood
pylône *m* / pylon || ~ (TV, électron) / tower || ~ (pont) / tower of a suspension bridge || ~ (funi) / support || ~ en **acier** / steel tower, pylon || ~ d'**ancre ou d'ancrage** (ligne à haute tension) / rigid support o. tower || ~ d'**angle** (électr) / angle tower o. pylon, angle support || ~ d'**antenne** / radio tower o. mast, antenna mast, mast radiator || ~ d'**arrêt** (électr) / terminal tower, dead-end tower || ~ en **béton armé fabriqué par centrifugation** / centrifugally cast armoured concrete pylon || ~ en **charpente métallique** (électr) / pylon, lattice pole o. tower || ~ d'**éclairage** / lighting pylon, lighting mast || ~ d'**éclairage** (ch.de fer) / lighting pylon o. mast || ~ de **haubanage** / rigid support o. tower || ~ à **haubans ou de haubanage** (électr) / anchoring tower, span pole, stay pole || ~ de **lignes électriques aériennes** (électr) / transmission tower || ~ pour **lignes à haute tension** / tower o. lattice pole for aerial lines, pylon, high-tension-line [steel] tower || ~ **métallique** (électr) / pylon || ~ **porteur** / supporting mast o. pylon || ~ de **tête de ligne** (électr) / terminal tower, dead-end tower || ~ **tétrapode** (ligne aérienne) / pylon with four footings || ~ de **transposition** (électr) / transposition tower || ~ en **treillis** / braced mast o. pole o. pier, lattice tower || ~ en **treillis tubulaire** / tubular lattice tower || ~ **tubulaire** / tubular pole o. mast
pyoméride *f* (géol) / pyromeride
pyrale *f* de la **farine** / flour mite || ~ du **maïs** / European corn borer || ~ des **pommes** / codling moth, apple moth o. worm (US) || ~ **rouillée** / Asiatic rice borer, purple lined rice borer || ~ de la **vigne** / Oenophthira pilleriana
pyramidal / pyramidal
pyramide *f* / pyramid || ~ des **couleurs** / colour pyramid || ~ **dodécaédrique** / dodecahedron || ~ **double** / double pyramid, bipyramid || ~ **quadrangulaire** / square pyramid || ~ **triangulaire** / triangular pyramid, tetrahedron || ~ **tronquée** / truncated pyramid, frustum o. ungula of a pyramid (US)
pyramidé (crist) / pyramidal
pyranomètre *m* / pyranometer, solarimeter
pyrargyrite *f* (min) / pyrargyrite, dark red silver ore
pyrazol *m* (chimie) / pyrazole
pyrène *m* (chimie) / pyrene
Pyrex *m* / thermal glass
pyrgéomètre *m* / pyrgeometer
pyrhéliomètre *m* (météorol) / pyrheliometer || ~ **compensé ou à compensation** / compensation pyrheliometer || ~ à **disque d'argent** (phys) / silverdisk pyrometer
pyridazine *f* / pyridazine
pyridine *f* (chimie) / pyridine
pyrimidine *f* (chimie) / pyrimidine
pyrite *f* (min) / pyrite || **~s** *f pl* / sulphide ores *pl*, pyritiferous ores *pl* || **de** ~ / pyritic, -ical || ~ *f* **aurifère** / auriferous pyrite[s] || ~ **blanche** / marcasite, hydropyrites || ~ **capillaire** / hair pyrites || ~ **cuivreuse** / chalcopyrite, yellow copper ore, copper pyrite || ~ [de **fer**] [**hexaédrique**], pyrite *f* ferrugineuse ou martiale (min) / pyrite[s], iron o. cubic pyrite[s], mundic || ~ **grillée** / pyrite[s] cinder, calcined o. roasted pyrite[s], burnt ore || ~ **hépatique** (min) / hepatic tin ore || ~ **magnétique** (min) / magnetic o. magnetopyrite, magnetkies, pyrrhotite || ~ **sulfurée commune** / aluminous pyrites || ~ **traitée** / pyrite[s] cinder, calcined o. roasted pyrite[s], burnt ore
pyriteux, pyritifère / pyritiferous
pyritique / pyritic, -ical
pyro·... (chimie) / pyro... || **~carbone** *m* / pyrocarbon, PC || **~catéchine** *f* / pyrocatechol || **~chimique** / pyrochemical || **~chlor** *m* / Pyrochlor || **~chlore** *f* (min) / pyrochlore || **~chroïte** *f* (min) / pyrochroite || **~électricité** *f* / pyroelectricity || **~électrique** / pyroelectric || **~gallol** *m* / pyrogallol, pyro, pyrogallic acid
pyrogénation *f* (chimie) / pyrogenic reaction || **par** ~ (chimie) / pyrogenic, pyrogenous || ~ du **bois** (improprement appelée «distillation») / wood distillation
pyro·graphe *m* / pyrographic o. poker apparatus || **~gravure** *f* / pyrography, poker work || **~ligneux** (bois) / pyroligneous || **~lignite** *m* (chimie) / pyrolignite || **~lusite** *f* / pyrolusite
pyrolyse *f* / decomposition by heat, pyrolysis || ~ à l'**arc d'hydrogène** / hydrogen arc pyrolysis || ~ **in-situ** / in-situ pyrolysis
pyrolytique / pyrolytic
pyrométallurgique / pyrometallurgical
pyromètre *m* / pyrometer || ~ à **aspiration** / suction pyrometer || ~ **chromatique** / colorimetric pyrometer || ~ à la **coupelle** / cupel pyrometer || ~ à [**disparition de**] **filament** / disappearing filament optical pyrometer, D.F. || ~ à **écoulement gazeux** / gas pyrometer || ~ **optique** / radiation pyrometer || ~ de **Princep** / cupel pyrometer || ~ à **radiation ou à rayonnement** / radiation pyrometer || ~ à **rayonnement total** / total radiation pyrometer, ardometer || ~ à **résistance électrique** / resistance pyrometer || ~ **spectral** / spectral pyrometer
pyrométrie *f* / pyrometry || ~ à **rayonnement** / radiation pyrometry
pyrométrique / pyrometric
pyromorphite *f* (min) / pyromorphite, brown o. green lead ore (native phosphate of lead)
pyrone *f* (chimie) / pyrone
pyrope *m* (min) / pyrope
pyro·phore *m* / pyrophoric material || **~phorique** / pyrophoric || **~phorique** par **friction** / frictional pyrophoric || **~phosphate** *m* (chimie) / pyrophosphate || **~phosphate** *m* **tétraéthyle** / tetraethyl pyrophosphate, T.E.P.[P.] || **~photographie** *f* (céram) / pyrophotography || **~phyllite** *f* (min) / pyrophyllite, pencil stone || **~pissite** *f* (min) / pyropissite || **~scope** *m* / signalling fire detector || **~scope** *m* (céram) / assaying vessel, sample of the baking, show || **~sol** *m* (chimie) / pyrosol || **~sphère** *f* (géol) / sima || **~technicien** *m* / pyrotechnist || **~technie** *f* / pyrotechnics *pl*, pyrotechny || **~technique** / pyrotechnic *adj* || **~xénite** *f* (géol) / pyroxenite || **~xyline** *f* / pyroxylin
pyrrazol *m* (chimie) / pyrazole
pyrrhotine *f* (min) / magnetic o. magnetopyrite, magnetkies, pyrrhotite || ~, marcasite (min) / pyrrhotite
pyrrol[e] *m* / pyr[r]ole, azole
pyrrolidine *f* / pyrrolidine
pyrroline *f* / pyrroline
pyruvate *m* (chimie) / pyruvate
pythagorique / Pythagorean

Q

Q (électr) / Q, quantity of electricity
Q *m* **infini** / infinite Q
Q *m* d'**une cavité résonnante** / Q_{loaded}
Q *m* **value** (nucl) / Q value
Q *m* à **vide** (électron) / Q unloaded, basic Q, non-loaded Q, unloaded Q
Qc (hydr) = débit caractéristique moyen / characteristic usual rate of flow
Q.F., qualité finale / final quality
Q-facteur *m* (électron) / quality, Q
Q-mètre *m* / Q-meter
Q-switch *m* / Q-switch
Q.T., qualification *f* de travail (ordonn) / job grading
quadrangulaire / four-edged, square || ~ (qui a pour base un quadrilatère), quadrangulé (math) / four-sided, quadrilateral
quadrant *m* (gén, astr) / quadrant, quad || **à deux ~s** (électron) / two-quadrant... || **à quatre ~s** (électron) / four-quadrant...
quadraphonie *f* / quadraphony, tetraphony
quadraphonique / quadraphonic, -sonic, tetraphonic
quadrat *m* (typo) / space
quadratin *m*, quad (typo) / m-quadrat, em-quad, mutton
quadratique (math) / quadratic, quadric
quadrature *f* / quadrature, squaring || ~ (bâtim) / quadrature || ~ (marées) / quadrature || **en** ~ (électr, astr) / in quadrature || ~ de **phase** / phase quadrature
quadri·corrélateur *m* (électr, TV) / quadricorrelator (quadrature information correlator) || **~cycle** *m* / quadricycle || **~cylindre** *m* à **plat** / flat-four || **~latéral** (géom) / four-sided, quadrilateral, quadrangular
quadrilatère *adj* (géom) / four-sided, quadrilateral || ~ *m* / trapezium (US), trapezoid (GB) || ~ **articulé** (méc) / four-bar linkage || ~ **articulé en parallélogramme** / parallelogram four-bar linkage || ~ **inscriptible** (math) / quadrilateral inscribed in a circle || ~ **rectangle** (math) / rectangle, oblong
quadrillage *m* / square ruling || ~ (bâtim) / grid, surface grid || ~ (carte) / implantation of a grid || ~ (gén) / chequer work || ~ (routes) / grid layout || ~ d'**étude** (nav) / layout grid || ~ **modulaire** (bâtim) / modular surface grid || ~ **modulaire de base** (nav) / basic modular grid || ~ de **référence** (bâtim) / reference grid
quadrillé *adj* (cartogr.) / gridded || ~ (tiss) / chequered || ~ (pap) / squared || ~ *m* (tiss) / quadrillé || ~ (carte géogr.) / grid (map)
quadriller / square out || ~ (cartographie) / implant a grid || ~ (lam) / rag *vt*, roughen
quadrillion *m*, 10^{24} / quadrillion (GB), septillion (US)
quadri·lobé (bâtim) / cloverleaf... || **~mestriel** (typo) / quadrimestriel || **~moléculaire** / quadrimolecular || **~moteur** / four-engine[d] || **~nôme** *adj* (peu usité) (math) / quadrinomial || **~parti** (fem: -parti[t]**e**) / quadripartite || **~partition** *f* (échantillonnage) / quartering || **~phonie** *f* / quadraphony, tetraphony || **~polaire** / four-pole, -polar
quadripôle *m* (télécom) / quadripole || ~ (électr) / quadrupole || ~ de **bruit** / noise twoport || ~ **élémentaire** (télécom) / section of recurrent structure || ~ **passif** (télécom) / passive four-terminal network, passive quadripol || ~ **réactif** / reactance quadripole
quadrique (math) / quadric *adj*, quadratic || ~ *f* (math) / quadric
quadri·réacteur *m* (aéro) / quadrijet || **~valence** *f* (chimie) / quadrivalence, -ency, tetravalence, -ency || **~valent** (chimie) / quadrivalent, tetravalent
quadruple *adj* / fourfold, quadruple || ~ (filet) / quadruple, four-start... || ~ *m* / quadruple || **à ~ effet** / quadruple effect..., being four times as effective || **à ~ redondance** / quad-redundant
quadrupler, [se] ~ / quadruple, quadruplicate, increase o. multiply fourfold
quadrupleur *m* de **fréquence** (électron) / quadrupler
quadruplex (électr) / quadruplex
quai *m*, levée *f* (hydr) / embankment || ~ (ch.de fer) / platform [for passengers], [station] platform || ~ (port) / quay, wharf, pier, dock || ~ (routes) / embankment road || **à prendre sur** ~ / ex wharf, alongside || **être à** ~ / be berthed || ~ **d'accostage** / mooring berth || ~ d'**achèvement ou d'armement** / fitting-out quai o. pier || ~ d'**arrivée** (ch.de fer) / arrival platform, in-track platform (US) || ~ aux **automobiles** / car loading platform o. bay || ~ à **bestiaux** (ch.de fer) / cattle loading ramp, livestock platform || ~ en **bout ou en cul-de-sac** (ch.de fer) / end-loading ramp, head ramp || ~ de **chargement** (ch.de fer) / loading platform || ~ à **coke** (sidér) / coke side o. end, coke withdrawal side || ~ à **conteneurs** / container pier || ~ de **départ** (ch.de fer) / out-track platform (US) || ~ **[d'escale]** / pier, quay, wharf, dock || ~ de **fortune** (ch.de fer) / emergency platform || ~ à **houille** / coal wharf || ~ **intermédiaire** (ch.de fer) / intermediate platform || ~ **latéral** (ch.de fer) / side platform || ~ à **marchandises** / loading platform || ~ **mobile** / elevating platform || ~ **ouvert** / goods o. loading platform o. ramp || ~ **pétrolier** / oil pier || ~ de **secours** (ch.de fer) / emergency platform || ~ de **servitude** / harbourcraft quay
qualification *f* / qualification || ~, marque *f* de qualité / quality mark o. term || ~ du **pointeur** (ord) / pointer qualification || ~ par **points** / points rating method, point system || ~ de **soudeur** / welding qualification || ~ d'une **tâche** (ordonn) / job assessment || ~ de **travail**, Q.T. (ordonn) / job grading, job evaluation || ~ de **vol aux instruments** / instrument rating of aviators
qualifié [pour] / qualified [for] || ~ (ord) / qualified || ~ (ouvrier) / skilled || ~ pour **diriger ou décider** (ordonn) / policy-level...
qualifier / qualify
qualimètre *m* (rayons X) / qualimeter
qualimétrie *f* (contr.qual) / qualimetry
qualitatif / qualitative
qualité *f*, valeur *f* / quality, grade || ~ (mines) / quality of the lode || ~, espèce *f* / description, kind, type, sort, species || ~, teneur *f* / content || ~, nature *f* / nature, quality || ~, caractère *m* / property || **de ~ élevée** / high-grade, high-quality || **de ~ supérieure** / of superior quality || **dont la ~ a été prouvée à de multiples reprises** / having proved his worth many times || **d'une ~ inférieure ou médiocre** / base, poor [grade] || **en ~ de commerce** / commercial || ~ d'**acier** / steel quality, steel grading || ~ d'**air** / air quality || ~ d'un **ajustement** / quality of a fit || ~ d'**ajustements** / grade of fits || ~ d'**allumage** (Diesel oil) / [good] ignition qualities *pl*, ignition performance || ~ pour **anodiser** (alumin.) / anodizing quality || ~ **antifriction d'un coussinet** / antifrictional qualities *pl* || ~ d'**archive ou d'être archivé** (typo) / archival quality || ~ de **bande** (électron) / band merit || ~ du **blanc** (pap) / whiteness || ~ d'être **brevetable** / patentability || ~ **commerciale** / commercial grade o. quality || ~ qui se **conserve bien** / keeping quality || ~ de **coupe** /

quality of cut || ~ **découpage** (tôle) / punching o. stamping quality || ~ d'**eau** / water condition || ~ pour **emboutissage** / drawing quality || ~ **emboutissage profond** / deep drawing quality || ~ d'**environnement** / quality of the environment || ~ d'**équilibrage** / balance quality || ~ pour **étirage** / drawing quality || ~ d'**être lisse** / evenness || ~ d'**être produit** / producibility || ~ d'**exécution** / quality of performance || ~ de **fabrication** / quality of manufacture || ~ **finale**, Q.F. / final quality || ~ **finie** (rondelle) / medium finish || ~ **géométrique de surface** (dessin) / roughness grade || ~ **H** (gaz) / high quality || ~ de l'**image** / picture quality || ~ de l'**impression** / print quality || ~ **[intrinsèque]** / condition, nature, quality || ~ **L** (gaz) / low quality || ~ **marchande** / commercial grade o. quality || ~ **marchande** / market maturity || ~ de **marche** / road performance || ~ **moyenne** / medium quality || ~ **moyenne de fabrication** (contrôle de qu.) / process average || ~ de **précision** / grade of accuracy o. tolerance || ~ de **production** / technical production quality || ~ du **projet** / quality of design || ~ de **réception** / goodness of reception || ~ **réfractaire** / refractoriness, refractory quality || ~ de **réglage** / control performance || ~ de **reproduction** / reproduction quality || ~ de **roulement**, qualités routières *f pl* (véhicule) / road performance, running quality || ~ de **service** / grade of service || ~ de **service** (circulation) / grade of service || ~ en **service** (télécom) / service quality || ~ de **stockage** / storage quality || ~ **supérieure** (sidér) / premium quality || ~ de **surface** / [surface-]finish || ~ de **transmission** (télécom) / transmission performance, merit

quantifiable / quantifiable

quantificateur *m* (ord) / quantizer || ~ (math) / quantor || ~ **existentiel** (math) / existential quantifier

quantification *f* (phys) / quantization, quantizing || ~ (math) / quantification || ~ du **champ** / field quantization || ~ **directionnelle** (phys) / directional quantization || ~ **spatiale** / spatial quantization

quantifié / digital || ~ (ord) / quantified || ~ (phys) / quantized

quantifier / quantify

quantile *m* (math, statistique) / quantile, fractile

quantimètre *m* / quantum meter

quantique / quantal

quantitatif / quantitative

quantitativement / quantitatively

quantité *f* / quantity || ~ (math) / value, quantity || **en ~ industrielle** / on an industrial scale || **par rapport à la ~** / quantitatively || ~ **acceptée** / acceptance number o. quantity || ~ d'**air** / air quantity || ~ d'**air nécessaire** / air requirement o. consumption || ~ d'**air de refroidissement par unité de temps** / cooling air flow rate || ~ d'**air spécifique** / air renewal rate in a specified time || ~ **caractérisée par les dimensions de travail** (phys) / quantity having the dimensions of work || ~ de **chaleur** / amount o. quantity of heat || ~ de **chaleur absorbée** / heat absorbed || ~ de **charge par cycle** (mot) / charge input per cycle || ~ en **circulation** / total circulating capacity o. quantity || ~ **débitée** (pompe) / quantity delivered || ~ de **décision** (ord) / decision content || ~ **déposée** (prépar) / amount of settled matter || ~ **différentielle** / differential o. infinitesimal quantity || ~ **disponible** / available quantity || ~ **distribuée** / quantity issued o. withdrawn || ~ d'**eau** (hydr) / amount o. quantity o. volume of water || ~ d'**eau annuelle moyenne** / mean annual flow || ~ d'**eau réfrigérante par unité de temps** / cooling water flow rate || ~ **économique** / commercial quantity || ~ d'**électricité** / quantity of electricity || ~ **émise** / emitted quantity || ~ d'**humidité** / quantity of moisture || ~ **idempotente** (math) / idempotent || ~ **infiniment grande** / infinity, infinite quantity || ~ **infiniment petite ou infinitésimale** / infinitesimal o. differential quantity || ~ de **liquide laveur** / washing liquid quantity || ~ de **lumière** / quantity of light, light quantity || ~ **maximale d'énergie électrique produite en un laps de temps donné** / available energy in a given period || ~ du **mélange par unité de temps** (mot) / specific charge input || ~ de **moût** (bière) / length of wort || ~ de **mouvement** / linear momentum || ~ de **mouvement électromagnétique** / electromagnetic momentum o. quantity of motion || ~ **passée** / throughput, thruput || ~ **pesée** (chimie) / weighed-in quantity || ~ de **pluie prise pour base du calcul** / calculated amount of precipitation || ~ **radicale** (math) / radical quantity o. expression, radicand || ~ de **rayonnement** / radiated quantity || ~ de **référence** / reference quantity || ~ de **reflux** (vide) / backstreaming || ~ de **réglage** (contr.aut) / control quantity || ~ **réglée** (contr.aut) / controllable variable || ~ à **répandre** (bâtim) / strewable quantity || ~ de **sortie traduite** (contr.aut) / converted output quantity || ~ de **travail** / performance || ~ **unitaire d'emballage** / packing unit || ~ **variable** (math, ord) / variable [quantity]

quantum *m* / quantum, quantity, amount || ~, tant *m* pour cent / share, part, portion || ~ (pl: quanta) (phys) / quantum || ~ d'**action** / quantum of action, action quantum || ~ d'**action élémentaire** / elementary effective quantum || ~ de **champ** (phys) / field quantum || ~ **élémentaire d'électricité** (phys) / elementary quantum, atomic charge || ~ d'**énergie** / energy quantum, quantum of energy || ~ de **flux** (électron) / flux quantum || ~ **gamma** (phys) / gamma quantum || ~ **gravitationnel** / graviton, gravitational quantum || ~ de **temps** (ord) / time quantum || ~ **virtuel** / virtual quantum

quantummécanique / quantum mechanical

quark *m* (nucl) / quark

quart *m* / fourth part, quarter || ~ (maçon) / quarter brick, queen closer || ~ (nav, temps) / watch || ~ (= 1,1365 litres (GB), **0,9464 litres liquid measure, 1,101 litres dry measure** (US)) (unité) / quart || ~ (= 11° 15') (navigation) / point of the compass, compass point, rhumb || ~ **central d'un câble** / central quad of cable || ~ de **cercle** (math) / quadrant, quarter of a cercle || ~ de **circonférence** / quarter circle, fourth part of the circumference || ~ de **cône** / one-quarter cone || ~ de **demi-cercle** (électron) / quarter half circle, QHC || ~**-gras** (graph) / medium face || ~ de **litre** / quarter of a liter || ~ à la **machine** (nav) / steam watch || ~ d'**onde** (λ/4) (phys) / quarter-wave || ~ de **période** (électr) / quarter period || ~ de **rond** / quartered timber || ~ de **sphère** (math) / quarter sphere || ~ de **tour** / quarter turn

quarte *f* (câble) / quad cable, quadruple || ~ (télécom) / phantom [circuit] || ~ (électr) / bundle of four conductors || **en ~** (électr) / quadruplex || ~ **D-M ou Dieselhorst-Martin** (télécom) / multiple twin [quad], DM-quad || ~ **étoile** (télécom) / quad pair || ~ **torsadée** (électr) / spiral quad

quartet *m* / four bit byte, quartet

quarteuse *f* (câble) / quadding machine

quartier *m* / district || ~ (maçon) / quarter brick, queen closer || ~ (chaussure) / quarter || ~ (mines) / field, district, panel || ~ (mil) / barracks *sg* || **faire**

faire ~ / overturn a piece of timber || ~ d'**abat[t]age** (mines) / district, panel, segment || ~ d'**aérage** (mines) / ventilating district || ~ de **bureaux** / center of administration || ~ **commercial** / business center || ~**s** *m pl* **excentriques** / suburban areas *pl* || ~**s** *m pl* d'**habitation** / residential *pl* quarters || ~ *m* **incendié ou en feu** (mines) / pit on fire || ~ de **marbre** / block of marble || ~ **tournant** (escalier) / winding quarter || ~ d'un **tronc** (charp) / quarter timber || ~ de **ville** / quarter

quartil[e] *m* (d'une distribution) / quartile

quartique *f* / quartic

quartz *m* (min) / quartz || ~ (électron) / crystal || ~**-agate** *m* / broken o. quartz-agate, agate-breccia || ~ **aurifère** / gold bearing quartz, auriferous quartz || ~ **chloriteux** / green quartz || ~ **citrine** (min) / Scotch topaz || ~ **enfumé** / smoky quartz || ~ **étalon** / crystal calibrator || ~ **ferrugineux** / ferruginous quartz || ~ **fibreux** (min) / needle-stone, rutilated quartz || ~ **filtrant** / resonator o. filter crystal || ~ **fondu** / quartz o. silica glass, fused o. vitreous silica || ~ **fondu translucide** / translucent fused quartz || ~ **hyalin** / transparent quartz || ~ **hyalin limpide** / mountain o. rock crystal, pebble || ~ **hyalin rubigineux** / ferruginous quartz || ~ **hyalin transparent cristallisé** / crystallized hyaline transparent quartz || ~ **iridescent** (min) / iris || ~ **oscillateur** / oscillator quartz o. crystal || ~ **rouge ou rose** / rose-quartz || ~ **stabilisateur de fréquence** / oscillator crystal o. quartz, control crystal, master vibrator, frequency stabilizing crystal

quartzeux / quartz...

quartzifère / quartziferous

quartzite *f* / quartzite || ~ en **bloc erratique** (céram) / findling quartzite || ~ **lacustre** / bu[h]rstone

quasar *m* / quasar, quasi-stellar radio source, QSS

quasi bistable (électron) / quasi-bistable || ~ **complémentaire** / quasi-complementary || ~ **cristallin** / quasi-crystalline || ~ **duplex** (télécom) / quasi-duplex || ~ **élastique** / quasi-elastic || ~**-fission** *f* (nucl) / quasi-fission || ~ **hybride** / quasi-hybrid || ~ **libre** (électron) / quasi-free || ~**-linéarisation** *f* (math) / quasi-linearisation || ~ **optique** / quasi-optical, semioptical, sub-millimetre... || ~**-particule** *f* / quasi particle || ~ **périodique** / quasi-periodic || ~**-ponctuel** / quasi-punctiform || ~ **simultané** / quasi-simultaneous || ~ **stable** / quasi-stable || ~ **stationnaire ou statique** / quasi-statical, -stationary || ~**-synonyme** / quasi-synonymous || ~ **totalement** / largely || ~**-totalité** de **territoire** / almost the whole territory

quassia *m*, quassier *m* / quassia

quassine *f* / quassin

quaternaire *adj* (chimie) / quaternary || ≗ *m* / Quaternary era o. formation

quaternion *m* (math) / quaternion

quatre, les ~ **opérations ou règles** / four primary computations *pl* || ~ **conducteurs en faisceau** / bundle of four conductors || ~ **et trois** (téléphone) / seven || ~ **fois répété** / quadruplicate, four-times repeated || ~ **liaisons** *f pl* (chimie) / quadruple bond || ~**-pans** *m* / square || ~ **quartiers** *m pl* (bâtim) / whole brick || ~ **roues motrices** (auto) / fourwheel drive

quatrième, du ~ **degré** (math) / biquadratic, fourth-power... || **la** ~ **dimension** (phys) / fourth dimension || ~ **puissance** *f* (math) / fourth power

quatrillion *m*, 10^{24} / quadrillion (GB), septillion (US)

quelconque / any, whatever

quenouille *f* (fonderie) / stopper rod, stopple, plunger

quercite *m* / quercite, d-quercitol

quercitrin *m* (colorant) / quercitrin

quercitron *m* (principe colorant) / quercitron, black o. dyer's oak

querelle *f* (géol) / carbonated o. carboniferous sandstone

question *f* d'**appréciation** / question of opinion

queue *f* / heel, tail, handle || ~ (bâtim) / fang of an anchoring rod || ~ (animal, comète) / tail || ~ (bande transp.) / tail end || ~ (outils) / tang || ~ (nucl) / heel || ~ (foret) / shank of the drill || ~ (bot) / stalk || ~, traîne *f* / trail || ~ (comm.pneum) / end plate || ~, file *f* d'attente / queue, waiting queue || **faire la** ~ / queue [up] || **sans** ~ (aéro) / tailless || ~ d'**accrochage de l'outil de brochage** / pull end of a broach || ~ d'**aigle** (charp) / dovetail, swallowtail || ~ d'**amarrage** / sprue of a drop-forged piece || ~ **arrière** (outil de brochage) / tail end || ~ de **bande** (bande perf.) / trailer || ~ de la **barre** (forge) / bar hold || ~ de **bluterie** (moulin) / tail of a dressing machine || ~ de **bouton** (tailleur) / shank of a button || ~ de **centrage** / centering pin || ~ de **cochon** (filage) / wire thread guide, pig-tail guide, feeder || ~ de **composant** (électron) / component lead || ~ **conductrice de courant** (accu) / plate lug || ~ **cône 7/24** / 7/24 taper shank || ~ **cône Morse** (outil) / Morse taper o. cone || ~ de **coulée** / git, sprue || ~ **cylindrique** (outil) / parallel o. straight shank || ~**-d'aronde** *f* (pl.: queues-d'aronde) (men) / dovetail || **à** ~**-d'aronde** (men) / dovetailed || ~**-d'aronde** *f* **recouverte ou à patte** (men) / covered dovetail || **faire une** ~**-de-poisson** (auto) / cut-in || ~**-de-carpe** *f* (bâtim) / calked end || ~**-de-cochon** *f* / stage screw || ~**-de-poisson** *f* (auto) / cutting in || ~**-de-rat** *f* / rat-tail file || ~ de **dessus** (typo) / ascender || ~ de la **détente** / trigger || ~**-de-vache** *f* (charp) / rafter end || ~ de **distillation** (analyse) / heavy ends o. tails *pl* || ~ de **drap** / fag end || ~ d'**eau** / banking, banked-up o. dammed-up water, catchment water || ~ de l'**enclume** / anvil beak || ~ d'**étoile filante** / meteor trail || ~ de **filet** (nav) / tail of a net || ~ de **fixation** (découp) / spigot of a die || ~ de **garnissage** (mines) / facing board || ~ d'**hirondelle** (motocyclette) / fishtail type exhaust || ~ à **huile** / oil rubber o. stone || ~ **magnétique de la Terre** / magnetotail of Earth || ~ du **marteau** / peen, pein || ~ de **morue** / flat brush || ~ **movable** (aéro) / all-flying tail || ~ **non conductrice** (accu) / suspension lug, lug || ~ d'**onde** / wave tail || ~ de **page** (typo) / foot, tail || ~ de **page**, page *f* boiteuse (typo) / end of a break || ~ de **pic** (serr) / two-way key bit || ~ de la **plaque** (accu) / plate lug || ~ de la **poche** (fonderie) / ladle shank || ~ de **poussée** (ELF) (fusée) / thrust decay || ~ du **rivet bifurqué** / prong of the split rivet || ~ de **signal** (TV) / pulse tail || ~ de **soupape** (mot) / valve spindle o. stem o. rod || ~ de la **tige de piston** (m.à vap) / tail piece of the piston rod || ~ de **toile** (tiss) / fag end || ~ de **wrapping** / [wire-]wrap contact tail

queusot *m* (ampoule) / pip

qui est là (ord) / who are you, WRU

quille *f* / keel || ~ (jouet) / pin, minepin, skittle[-pin] (GB) || **à ou en** ~ (nav) / having a keel || ~ **auxiliaire** (nav) / auxiliary o. bilge o. bulge keel, drift keel || ~ **carlingue** (nav) / center through-plate keel || ~ **latérale**, quille *f* de roulis voir quille auxiliaire || ~ **plate** (nav) / flat bottom o. keel || ~ **pleine** (nav) / bar keel || ~ **principale ou supérieure** (nav) / main o. upper keel

quinaire (math) / quinary, two-out-of-five...

quinaldine *f* (chimie) / quinaldine

quinalizérine *f* / alizarin bordeaux

quincaillerie [d'outillage, du bâtiment, de ménage] *f* / hardware || ~ (serr) / small iron work || ~ de **bâtiment** / building hardware
quinconce *m* / quincunx || **en** ~ (agr) / in quincunx, quincuncial, -cunxial || **en** ~, en zigzag / staggered, zig-zag... || **en** ~ (bot) / alternate
quinhydrone *f* / quinhydrone
quinine *f* / quinine
quinoléine *f* / quinoline, chinoleine (US)
quinone *f* / quinone
quinonique (chimie) / quinonoid, quinoid
quinoxaline *f* (chimie) / quinoxaline
quinquémoléculaire / quinquemolecular
quinquina *m* / China o. Peruvian bark, cinchona bark
quintal *m* **métrique** (pl: quintaux, qx) / quintal, hundredweight
quintet *m* (ord) / quintet, five-bit byte
quintillion *m*, 10^{30} / quintillion (GB), nonillion (US)
quintuple *adj* / quintuple *adj* || ~ *m* / quintuple
quintupler / quintuple *vi vt*
quiosser (cuir) / perch, pare *vt*
quittance *f* / receipt || ~ (techn) / acknowledgement
quitter, ne pas ~ (télécom) / hold the line o. wire || ~ **le stationnement** (auto) / park out
quota *m* de **défaillances observées** / failure quota || ~ de **mortalité** (semicond) / force of mortality
quote-part *f* (pl. quotes-parts) / quota, share, part, portion
quotidien / daily
quotient *m* / quotient || ~ **diamétral** (engrenage) / diametral quotient || ~ des **indices absolus de deux milieux** / relative refraction coefficient || ~ **intellectuel**, I.Q. / intelligence quotient
quotientmètre *m* (électr) / quotient meter
quottement *m* (dent de roue) / meshing, engaging, gearing in
quotter *vi* (dent de roue) / mesh, engage, gear in

R

R à **Z**, remettre à zéro / reset, zeroize, clear
rabais *m* / rebate, discount
rabane *f* / raphia fiber fabric
rabasner (mines) / dint *vi*
rabat *m* / flap of the book jacket || ~ (forge) / recoil, rabbit, spring beam
rabattable / hinged, tilting, folding up o. down
rabattage *m* (mines) / winning, breaking down
rabattant / folding down
rabattement *m* (tôle) / bead, crimping || **à** ~ / hinged, tilting || ~ de **nappe** / lowering of ground water [level] || ~ du **ressort** (auto) / spring deflection
rabatteur *m* (agr) / pick-up reel || ~ (moissonneuse) / reel of the reaper || ~ du **fil** (tex) / take-up sweep assembly
rabattre / turn down || ~, replier vers le bas / hinge down, fold down || ~ (nappe phréatique) / depress, lower || ~ (mines) / win, break down || ~ (couture) / fell || ~ (bord de tôle) / bead, flange, border || ~ (prix) / decrease, knock off || ~ (se) (trafic) / join a traffic stream || **bien à** ~ / folding down || ~ le **bord** / crimp *vt* || ~ **court** (forge) / hammer with short blows *vi* || ~ la **pointe d'un clou** / clench o. clinch nails
râblage *m* (mines) / raking operation
râble *m* (mines) / raker || ~ (sidér) / rabble arm || ~ de la **drague** / rake of a scraper || ~ à **fritte** (verre) / poker, fretting iron
rabot *m* / plane || ~ (hydr) / dredging boat, drag o. mud boat || ~ (tex) / trevet, trevette, trivet || ~ **activé** (mines) / activated coal plow || ~ **ajouté** / mounted coal plow || ~**-bélier** *m* (mines) / ramming equipment || ~ à **boudin** / beading plane || ~ à **canneler** / grooving o. fluting plane || ~ à **chantourner** / round-sole plane || ~ à **charbon** / coal plane || ~ **cintré** / rounder, compass plane || ~**-ciseau** *m* de **mine** / scissor-frame coal plow || ~ à **contre-fer** (bois) / short double plane || ~ à **corniche** / cornice o. moulding plane || ~ à **dégrossir** / chipping o. edging plane || ~ **denté ou à dents**, rabot *m* à écorner / tooth plane, tenoner || ~ à **doucine** / ogee plane || ~ d'**établi** / bench plane || ~ à **fer renversé** / shaving plane || ~ **gigogne** (mines) / piggyback drill || ~ à **gorge** / hollow plane, beading o. fluting o. moulding plane || ~ à **joue mobile** / fence plane || ~**-lime** *m* à **rails** / track grinder || ~ **long** / wood fore plane || ~ de **mine activé** / activated coal plow || ~ de **mine à auto-déclenchement** / auto-percussive coal plow || ~ de **mine léger, [multiple]** / light-duty, [multi-]plow || ~ de **mine lent ou statique** / slow coal plow || ~ à **moulures** voir rabot à gorge || ~ à **queue-d'aronde** / dovetail plane || ~ à **racler** (men) / scraper || ~ à **rainurer** (men) / router plane, routing plane || ~ à **recaler** / wood smooth plane || ~ **rond** / rounder, compass plane || ~ à **tirer d'épaisseur** / thicknesser
rabotage *m* (mines) / ploughing || ~ à **survitesse** (mines) / ploughing at overtaking speed || ~ des **temps** (ordonn) / rate cutting
raboter / plane *vt* || ~ (mines) / plow, plough *vt* || ~ en **développante** / generate gears by shaping, shape by the generating method || ~ à l'**étau-limeur** / shape on the shaping machine || ~ à **travers le grain** (men) / traverse || ~ **verticalement** (m.outils) / slot
raboteur *m* (ouvrier) / planer || ~ à la **machine** / planing machinist, planer hand
raboteuse *f* / planing machine, planer || ~ à **course longue ou en long** / parallel planing machine || ~**-dégauchisseuse** *f* / surface planing and thicknessing machine || ~ à **deux montants** / straight-side o. two-column planing machine || ~ à **disque** (pann.part.) / disk shaver || ~ à **engrenages coniques** / bevel gear planing machine o. planer || ~ à **engrenages coniques suivant gabarit** / forming bevel gear shaper || ~ à **engrenages coniques à développante** / generating bevel gear planer || ~ pour les **fonçailles des tonneaux** / head planing machine || ~ à **fosse** (m.outils) / pit planing machine || ~ avec **outil rotatif** / thicknessing machine || ~ à **placage** / veneer planing machine || ~ à **table mobile** / reciprocating table type planer || ~ à **un montant** / open-side planing machine || ~ **universelle** / universal planer || ~ **verticale** / vertical planing machine
raboteux (bois) / rough, knotty
rabotoir *m* (typo) / block leveller, planer
raboture *f* / planing chips *pl*, wood shavings *pl*, parings *pl* of wood
raboutage *m* (pétrole) / stubbing
rabouter, -tir / add [to], lengthen || ~, mettre bout-à-bout / join end-to-end *vt*, butt together *vt* || ~ (charp) / scarf
raboutissage *m* (charp) / lengthening
raccommodage *m* / mending, repair[ing]
raccommoder (techn) / mend, repair || ~ (tailleur) / darn || ~ (mines) / mend the timber work
raccommodeur *m* (mines) / carpenter, timberman, timberer

raccord *m* / connection, connector || ~, adaptateur *m* / fitting piece o. part, adapter || ~, connexion *f* / connection, (GB) a.: connexion || ~ (tuyau) / connecting branch o. sleeve, pipe union o. socket || ~ (techn) / joining element || ~ (guide d'ondes) / mount || ~ (routes) / link, junction || ~ (tuyaux) / pipe coupling || **~s** *m pl* en **acier** / steel [pipe] fittings *pl* || ~ *m* d'**admission d'air** (mot) / scoop, air horn || ~ **affleuré**, assemblage *m* affleuré / flush joint || ~ de l'**aile au fuselage** (aéro) / wing attachment to fuselage || ~ **angulaire** / bend, elbow || ~ **annulaire** / ring type nipple || ~ d'**aspiration** (pomp) / suction coupling || ~ **boulonné** / clamped joint || ~ à **bouts femelles** / coupling with female ends || ~ de **branchement** / branch socket || ~ à **bride lisse** (guide d'ondes) / butt joint || ~ à **brides** / bolted o. flanged joint || ~ par **brides à griffes** / clamped flange connection || ~ à **brides à souder** / brazed flanged nipple || ~ de **câbles** / cable connection || ~ de **canalisation en malléable** / malleable pipe coupling || ~ **cannelé** / barbed nipple || ~ à **collerette** (ch. de fer, conduite d'air) / flanged joint || ~ pour **collier de serrage** (tuyau flex.) / segment socket || ~ **conique** / taper pipe || ~ **conique femelle** / taper sleeve o. bush || ~ **conique mâle** (laboratoire) / taper-ground spigot || ~ de **cordons** (électr) / flit plug || ~ **[coudé]** (gouttière) / hopper head || ~ **coudé** / elbow || ~ **coudé à 90°** / quadrant pipe || ~ **coudé à 30°** / standard socket and spigot elbow 3o° || ~ **coudé ou en équerre** / union elbow || ~ **courbé** / bow-shaped connection || ~ **courbé** (tuyau) / pipe o. tube bend || ~ **courbé d'allongement** / expansion bend || ~ **courbé en col de cygne** (tuyau) / swan-neck bend || ~ **courbé double** (techn) / double bend, S-bend || ~ de **dilatation** / expansion joint || ~ **direct de guide d'ondes** / waveguide junction || ~ **double à vis** / taper nipple || ~ d'**échappement** (auto) / exhaust stub o. head || ~ à **emboîtement** / bell-and-spigot-joint, sleeve o. socket joint, spigot-and-socket joint (GB) || ~ **embrochable de tube flexible** / socketless fitting || ~ par **empreintes en étoile ou par encochage** / staking || ~ à **épaulement à soudure** (nav) / welding bulk-head socket || ~ en **équerre** / ell-bend, elbow socket || ~ **Erméto** / Ermeto coupling || ~ **express** / rapid action hose coupling || ~ **femelle** (véhicule citerne) / female coupling || ~ **fileté** / screw socket, screw coupling || ~ **fileté** (tuyau) / coupling with male ends || ~ **fileté de graissage** / lubricating o. lubricator nipple, grease nipple || ~ **fileté de graissage à pression** / force-feed lubrication nipple || ~ **fileté d'huilage** / lubricator [nipple] || ~ **fileté orientable** / swivelling screw-fitting || ~ **fileté [ou taraudé]** / threaded nipple || ~ **fileté de rallonge** / threaded extension piece || ~ de **fils à écrou** / wire nut connector || ~ en **forme de selle** (tuyau) / welding saddle || ~ à **gousset** (constr.en acier) / gusset o. corner o. junction plate || ~ de **graissage** (auto) / force-feed lubrication nipple || ~ **hexagonal** / hexagon nipple || ~ **hexagonal à braser** / brazed hexagon nipple || ~ du **luminaire** / lantern fixing || ~ **mâle et femelle** / plug and socket connection || ~ par **manchon** / bell-and-spigot-joint, sleeve o. socket joint, spigot-and-socket joint (GB) || ~ **mobile pour tuyaux** / screwed socket for hoses || ~ pour **nettoyage** / washout connection || ~ **Oclau** / refrigeration flare type fitting || ~ d'**orientation** / swivelling screw-fitting || ~ de **panne** (charp) / purlin joint || ~ de **pied** (phot) / tripod connection o. bush || ~ à **piège** (guide d'ondes) / choke joint || ~ **plat de graissage** / button head lubricating nipple || ~ **pompier** / quick-fitting pipe union, in-line quick coupling || ~ **principal de combustible** (Diesel) / inlet connector || ~ de **prise** (air comprimé) / bleeder connection || ~ **rapide** / rapid action hose coupling || ~ **rapide** (vide) / quick release coupling || ~ **[rapide] à petites brides** (vide) / small flange connection || ~ de **ravitaillement** (espace) / refuelling adapter || ~ **réducteur ou de réduction** / reducer, reducing fitting o. adapter || ~ de **réduction** (tuyau) / taper pipe || ~ de **réduction à deux brides** / double-flanged taper o. reducer || ~ de **refoulement** (compresseur) / delivery connection || ~ de **reniflard** (pompe) / snore-piece || ~ à **rodage conique** (vide) / taper ground joint || ~ à **rodage sphérique** / ground-in ball-and-socket joint || ~ en **S** (tuyau) / goose-neck || ~ en **segment** / segment, bow-shaped connection || ~ à **sertir** (électr) / notch type joint || ~ **six-pans biconique** / connecting socket || ~ au **sol** (aéro) / ground connection || ~ à **souder** / welded hexagon nipple || ~ à **souder** (forage rotary) / tool joint || ~ **symétrique** / quick-fitting pipe union, in-line quick coupling || ~ [au **système] Télex** / telegraph adapter || ~ en **T** (tuyau) / branch piece o. -T o. tee || ~ **terminal** (accu) / terminal connector || ~ **terminal** (télécom) / terminal connection || ~ à **tubes ou de tuyaux** / tube o. pipe joint o. connection || ~ de **tubes en T** / branch piece o. -T o. tee || ~ **tubulaire vissé** / threaded tube connection || ~ pour **tuyau d'arrosage** / hose stem || ~ de **tuyau de refoulement** / pressure [pipe] joint || ~ pour **tuyau souple** / hose fitting || ~ de **tuyauterie** / fitting || ~ de **tuyauterie en grès-cérame** / vitrified clay fitting || ~ en **U** (tuyau) / U-bend || ~ à **un tuyau** (gaz) / one-pipe connection || ~ à **une seule bride** / flanged spigot || ~ **union** / pipe union || ~ **union passe-cloison** / bulkhead stuffing box || ~ d'**usure de la tige carrée** (sondage) / kelly sub || ~ en **verre** / all-glass connection || ~ de **vidange** / discharging o. draining connection || ~ à **vis** / threaded joint, screw coupling || ~ à **vis coudé** / threaded elbow joint, elbow union || ~ à **vis pour tuyaux flexibles** / threaded hose coupling || ~ **vissé à bague coupante** / taper bush type pipe union || ~ **vissé pour tuyaux** / screwed pipe o. tube joint o. connection || ~ en **Y** (eaux usées) / Y-shaped fitting

raccordant des **câbles** (connecteur à fiches) / cable-to-cable

raccordement *m* / jointing || ~, assemblage *m* affleuré / flush joint, levelling of two surfaces || ~ (ch. de fer) / connecting track o. line, junction o. loop line || ~ (câble) / splice, splicing || ~ (électr) / connection || ~ (pap) / splicing || ~ (des courbes) (routes) / easement of curves, transition || ~ (Belg) (télécom) / subscriber's cable o. line || ~ d'**aile** (ELF) (terme à proscrire: karman) (aéro) / wing fillet || ~ de **Bethe** (guide d'ondes) / multihole coupler || ~ sur **bouteilles à gaz** / connecting fitting for gas cylinders || ~ pour la **charge** (électr) / charging connection || ~ pour **circuits d'éclairage** (ch.de fer) / illumination circuit o. light circuit coupling || ~ **collectif** (télécom) / shared line || ~ en **croix** (tuyau) / cross union || ~ des **déclivités ou des dénivellations** (ch.de fer) / transition from one gradient to an other || ~ des **dévers** (routes) / cross fall change-over || ~ **direct** / direct connection || ~ **double en croix** (tuyau) / double junction || ~ **électrique** / electric connection || ~ **fileté** / threaded connection || ~ de **force motrice** (électr) / power outlet || ~ **frontal** (électr) / front connection || ~ des **groupes** / group linking || ~ à **impédance**

adapté (électron) / matched impedance connector || ~ **interurbain** (télécom) / connection to trunk (GB) o. toll (US) exchange || ~ du **manomètre** / manometer connection || ~ de **mine** (ch.de fer) / mine sidings *pl* || ~ **multipoint** (ord) / multipoint connection || ~ d'**outil** (m outils) / tool holding fixture || ~ **party-line** (télécom) / mesh network, party line connection || ~ des **phases** (électr) / interlinkage of phases || ~ à **pince** / clamping, pinching || ~ à **plat**, raccordement *m* sur plage (électr) / flat termination, flat blade connection || ~ **point-à-point** (ord) / point-to-point connection || ~ **point-to-point** (télécom) / point-to-point communication o. circuit || ~ **privé** / private junction line o. sidings *pl*, industry track (US) || ~ **privé** (électr) / private connection || ~ de **programmes** (radio) / link-up || ~ **rapide** (action) / rapid coupling || ~ de **remplissage d'air** (auto) / filling connection || ~ de **remplissage des réservoirs** (nav) / filling connection for tanks || ~ en **T** / T-piece, tee, T || ~ **téléphonique** / telephone connection o. installation || ~ à la **tuyère d'éjection** (turboréacteur) / nozzle junction || ~ à **un système existent** / retrofitting || ~ à **vis** / screwing, screwed connection o. joint

raccorder / connect, link up, join || ~ (télécom) / put through [on o. to] || ~ (bâtim) / level out, (also:) mend || ~, adapter / adapt, suit, match || ~, affleurer / make even o. flush o. level, level, trim flush || **se** ~ [à] (télécom) / be connected [with] || ~ à l'**égout** / drain buildings || ~ un **moule** (fonderie) / finish o. patch o. mend a mould

raccorderie *f* (ELF) (conduite d'eau) / fittings || ~ de **chaudières** (ELF) / boiler fittings *pl*

raccourci (gén, math) / short[cut], abbreviated

raccourcir *vi* / shorten *vi*, grow shorter || ~ *vt* / reduce *vt*, shorten, curtail || ~, abréger / abbreviate || ~ (charp) / cut off the end || ~ **(se)** / contract, shrink

raccourcissement *m* / shortening

raccrocher le **combiné** (télécom) / hang up the receiver

race *f* / breed

racé, caréné / streamline[d], streamline-shaped

racémate *m* (chimie) / racemic compound

racémique / racemic, r-

racémiser (chimie) / racemize

racheux, râcheux / fibrous, knotty

racinal *m* (charp) / ground beam o. timber || ~ du **comble** / roof beam || ~ des **longerons ou des poutres** (hydr, charp) / wooden corbel, corbel piece, bolster || ~ de **palée** (hydr) / traverse beam of a grating

racine *f* (bot) / radix, root || **~s** *f pl* (bot) / roots *pl*, root system || ~ *f* (math) / root || ~ **adventive** / adventitious root || ~ de l'**arc** (électr) / root of an arc || ~ d'**asphodèle** (bot) / asphodel root || ~ de la **betterave** (sucre) / body of the beet root || ~ de **buis** / boxwood root || ~ **carrée** / square root || ~ **cubique** / third o. cube root || ~ **de curcuma** (teint) / curcuma || ~ du **derris** / derris root, tuba o. Deguelia root || ~ de l'**épi** (hydr) / root end o. land end of the groyne || ~ de **garance** / madder root || ~ de **manioc** / manioc o. cassava root || ~ **multiple** (math) / multiple root || ~ d'un **nombre** / root of a figure || ~ d'un **nombre n**^{ième} / nth root || ~ d'**orcanète ou d'orcanette** / dyer's alkanet o. gromwell || ~ de la **saponaire** / soaproot || ~ de la **soudure** (Suisse, Belg) / root of seam || ~ de **velours** / pile root

rack *m* (télécom) / rack, shelf || ~ (instr) / rack, shelf || ~ (électron) / rack || ~, système *m* modulaire / modular rack system || **en** ~ / plug-in unit design || ~ d'**alimentation** (électron) / power supply chassis || ~ pour **bacs de manutention** / tote box shelf || ~ à **barres gerbables** (m.outils) / bar rack o. shelf || ~ **standard** (électron) / 19" rack enclosure, standard rack

raclage *m* (mines) / raking operation || ~ d'**engrenages** / shaving of gears

racle *f* / scraping knife, scraper || ~, règle *f* à racler / striker, straightedge [striker], strickle, justifier || ~ (teint) / doctor [knife], scraper || ~ (typo) / doctor o. wiping blade o. knife || ~ à **air comprimé** / air squeegee || ~ **arrière** (teint) / lint ductor, counter-ductor || ~ en **caoutchouc** / rubber squeegee o. squilgee || ~ **tournante** (teint) / metering rod o. bar, revolving ductor

raclé / scraped

racler / scrape || ~ (boue) / dredge || ~ (bâtim) / scrape off a wall || ~ (tan) / shave *vt*, skive, flesh out || ~ (convoyeur) / scrape || ~ (tiss) / doctor *vt*, apply by doctor || ~, araser (fonderie) / strickle off

raclette *f* / scraper || ~ (sérigraphie) / squeegee || ~ (silviculture) / bark scraper, spud || ~ (impression text) / colour ductor || ~ (convoyeur) / scraper, plough || ~ en **caoutchouc** (phot) / squeegee, squilgee || ~ d'**essuie-glace** (auto) / wiper blade || ~ de **mouleur** (fonderie) / scraper || ~ **nettoie-vitre** (auto) / window wiper

racleur *m* / scraper || ~ (convoyeur) / conveyor plough o. scraper || ~ de **boue** (eaux usées) / sludge scraper || ~ à **bras** / hand [actuated] scraper || ~ à **brosses** / scraper brushes *pl* || ~ de **fumier** (agr) / dung scraper o. slider || ~ d'**huile** (mot) / N-ring, oil-scraper ring || ~ d'**huile biseauté** / chamfered oil scraper ring || ~ d'**huile à biseaux égaux** (mot) / G-ring, double bevelled slotted oil control ring || ~ d'**huile à fentes** (mot) / S-ring, slotted oil control ring || ~ d'**impuretés** / dirt scraper || **~s** *m pl* **mécaniques** (mines) / rabbling machine

racleuse *f* pour **fils de schappe** / stripping machine for schappe yarn || ~ de **nappe de pétrole** / oil slick licker

racloir *m* (men) / scraper || ~ (silviculture) / bark scraper, spud || ~, racle *f* / scraper, drag bar || ~, ratissoire *f* / scraper, scraping knife || ~, racloire *f*, règle *f* à racler (bâtim) / straightedge [striker], striker, strickle, justifier || ~, dragline *f* / dragline, scraper || ~ (impression text) / doctor, wiper || ~ (fonderie) / strickle || **~-brunissoir** *m* / scraping burnisher || ~ **dentelé** / notched spatule || ~ **lisse** / plain scraper || ~ de **peinture** / stripping knife || ~ de **schlamms** / sludge scraper

raclures *f pl* / scrapings *pl*

racornir (cuir) / harden *vt*

rad *m* (vieux) (J/kg) / rad, rd, radiation absorbed dose

radar *m* / radar (radio detecting and ranging) || ~ **acoustique sous-marin** / underwater sound fixing and ranging equipment || ~ d'**acquisition** / acquisition radar || ~ pour **aéroport** / airport surveillance radar, ASR || ~ **air-mer** (aéro) / aircraft-to-surface vessel radar || ~ d'**alerte ou anticollision** / anticollision radar || ~ d'**altimétrie** / height-finder radar || ~ d'**approche** / approach control radar || ~ d'**approche pour avions** / airborne radar || ~ d'**approche de précision**, P.A.R. / precision approach radar, PAR || ~ d'**atterrissage** (aéro) / approach control radar (GB) || ~ d'**atterrissage de grande précision** / precision approach radar, talk down system || ~ **auxiliaire à pinceau électromagnétique étroit** / zone position indicator || ~ d'**avion** / airborne radar || ~ à **balayage latéral** / side looking [airborne] radar,

SLAR || ~ de **bord** (aéro) / airborne radar, board radar || ~ **cohérent** / coherent pulse radar || ~ de **conduite de tir** / acquisition radar || ~ **continu** / continuous radar system || ~ de **contrôle d'aérodrome** voir radar pour aéroport || ~ de **contrôle [de tir]**, radar *m* directeur / ground anti-aircraft control radar || ~ **côtier** / coast defense radar || ~ **diversité** / diversity radar || ~ **Doppler ou à effet Doppler-Fizeau** / Doppler [effect] radar || ~ **Doppler à modulation de fréquence** / FM Doppler radar || ~ **Doppler à ondes lumineuses** / light wave Doppler radar || ~ **Doppler pulsé** / pulsed Doppler radar || ~ à **élimination des échos fixes** / MTI radar, moving target indication radar || ~ à **faisceau orientable commandé par électronique** / electronic scanning radar system || ~ **fonctionnant sur ondes centimétriques** / microwave radar || ~ de **gardienne** / burglar alarm radar || ~ de **guet** / surveillance radar || ~ de **guet panoramique** / all-around search radar || ~ de **guet pour ports** / port surveillance radar || ~ **H ou à écran H** (aéro) / H-radar || ~ **H2S** / H2S-radar || ~ à **impulsions** / pulse modulated radar || ~ à **impulsions cohérentes** / coherent pulse radar || ~ à **impulsions modulées en fréquence** / FM-radar || ~ **incliné** / side looking [airborne] radar, SLAR || ~ **intégrateur de position** (radar) / air position indicating radar || ~ à **laser** / ladar, laser radar || ~ de **localisation** / direction finding radar, DF radar || ~ de **localisation et de poursuite** / acquisition and tracking radar || ~ à **longue portée** / long range radar || ~ de **marine militaire** / marine radar || ~ **météorologique** / weather radar || ~ à **modulation de fréquence** / FM-radar || ~ **monopulsé** / monopulse radar || ~ **MTI** / MTI radar, moving target indication radar || ~ pour la **navigation** / navigational radar || ~ **numérique portatif** (radar) / digital doppler hand radar || ~ à **ondes entretenues** / continuous wave radar || ~ **optique** / colidar (coherent light detection and ranging) || ~ **panoramique** / panar, panoramic radar || ~ **panoramique de surveillance** / surveillance radar element, ground-surveillance radar, panorama radar || ~ **passif** / passive radar || ~ à **piaillement** / chirp radar || ~ de **port** / port surveillance radar || ~ de **portée moyenne** / middle-range radar || ~ de **poursuite** / tracking radar || ~ de **poursuite des missiles** / missile tracking radar, MTR || ~ à **présentation absolue** / true motion radar || ~ **primaire** / primary radar || ~ **pulsé** / pulse modulated radar || ~ **pulsé-Doppler** / pulse modulated Doppler radar || ~ à **rayons infrarouges** / infrared range and detection radar, IRRAD || ~ de **recherche** / search radar || ~ de **recherche latérale** / side looking [airborne] radar, SLAR || ~ de **rendez-vous** (satellite) / rendezvous-radar || ~ de **repérage** / direction finding radar, DF radar || ~ à **retransmission** / relay radar || ~ **routier à pulsations** / pulsed radar detector || ~ **secondaire** / secondary radar || ~ à **simple impulsion** / monopulse radar || ~ au **sol** / ground radar [set] || ~ **sol-vaisseaux de surface** / ground-to-surface vessel radar, GSV || ~ de **surveillance** / surveillance radar || ~ de **surveillance aérienne** / airport surveillance radar, ASR || ~ de **surveillance d'aérodrome** / airfield surface movement radar, ASM || ~ de **surveillance secondaire** / secondary surveillance radar, SSR || ~ à **synthèse d'ouverture** / synthetic aperture radar || ~ de **temps** / weather radar || ~ à **trois dimensions** / threedimensional radar || ~ de **veille** / surveillance radar || ~ de **veille** (aéro) / air surveillance radar

radarastronomie *f* / radar astronomy

radariste *m*, opérateur *m* radariste / radar operator || ~, technicien *m* radariste / radar specialist, radar engineer

rade *f* (nav) / roads *pl*, roadstead || **être stationné sur ~** / lie in the roads

radeau *m* / float, raft || ~ **pneumatique** / pneumatic float || ~ de **sauvetage** / life raft || ~ de **soulèvement** (gén) / lifting platform o. stage, platform lift

rad-gramme *m* (= 10^{-5} J) / gram[me]-rad (unit of ionization radiation)

radiac *m* / radiac

radial / radial

radiale *f* de **collecteur** (électr) / commutator riser

radialement *adv* / radially

radialiser (auto) / equip with radial-ply tires

radiamètre *m* (nucl) / contamination meter, radiation meter

radian *m* (math) / radian || ~ par **seconde** / radian per second

radiant *adj* / bright, radiant || ~ (chaleur) / radiating || ~ *m* (étoiles filantes) / point of radiation of a meteoric shower

radiateur *m* / radiator || ~ (électron) / heat sink, dissipator || ~, four *m* radiateur (gaz) / gas fire || ~ (chauffage) / radiator || ~ (pour refroidir) (aéro, auto) / radiator || ~ à **accumulation** / thermal storage radiator o. heater || ~ **acoustique** (électron) / acoustic radiator || ~ d'**aile** / wing radiator || ~ **[à ailettes]** / ribbed radiator || ~ à **ailettes** (auto) / finned o. ribbed radiator, cellular radiator || ~ à **air pulsé** / fan heater, heater blower || ~ **[alpha-, bêta-, etc.]** / α-, β-, etc emitter || ~ **annulaire** (aéro) / ring radiator || ~ d'**antenne** / antenna radiator, radiating element of an antenna || ~ de **cale** (tracteur) / keel cooling radiator || ~ à **cellules** (mot) / cellular type radiator || ~ de **chauffage** (bâtim) / radiator || ~ **chauffant** / radiant heater || ~ sous **coffre** / covered radiator || ~ à **convection** / convector heater || ~ en **cornet [électromagnétique]** (électron) / horn antenna o. radiator, hornshaped emitter, electromagnetic horn || ~ en **coupe-vent** (auto) / pointed radiator, V-shaped o. V-front radiator || ~ **diélectrique à tige** (antenne) / polyrod antenna || ~ à **diffuseur** (mot) / divergent nozzle radiator || ~ **divisé en blocs séparés** (auto) / sectional core radiator, radiator with detachable sections, block radiator || ~ **électrique** (électroménager) / electric oven o. radiator || ~ **électrique à accumulation** / thermal storage heating stove || ~ d'**électrode** / electrode heat sink o. heat dissipator || ~ en **fonte** / cast iron radiator || ~ en **forme de toit** (mot) / saddle radiator (US) || ~ en **forme de mât** (antenne) / mast radiator || ~ en **forme de tambour** / drum o. barrel (US) radiator || ~ **frontal** / front radiator || ~ de **fuselage** (aéro) / fuselage radiator || ~ à **gaz** / gas furnace o. stove o. burner (US), gas fire || ~ **intégral** (phys) / full radiator || ~ à **lames** (aéro, auto) / sheet metal radiator, finned o. gilled radiator || ~ à **lampes incandescentes** / bright radiator || ~ **linéaire** (antenne) / linear radiator || ~ **lumineux** (phys) / bright emitter || ~ **multitubulaire** / chorded [cooling] tubes *pl* || ~ **mural** / wall radiator || ~ à **nid d'abeilles** (auto) / honeycomb radiator || ~ **noir ou de Planck** / full radiator || ~ **non sélectif** (phys) / gray body || ~ **obscur** / dark radiator || ~ **panneau** / flat radiator || ~ **parabolique** / bowl fire, electric fire || ~ de **plaque** / anode heat sink o. heat dissipator || ~ **plat** (chauffage central) / flat radiator || ~ **primaire** / primary radiator || ~ **rayonnant ou à rayonnement** / radiant element o. heater || ~ à **rayons infrarouges** / infrared radiator || ~ **secondaire** (électron) / secondary radiator || ~ **secondaire** (techn) / additional cooler, aftercooler, recooler || ~ à **serpentins** / coil o. spiral condenser o. radiator o. refrigerator, coiled cooling pipe || ~ **soufflant** (électroménager) / fan heater, heater blower || ~ à **surface** / surface radiator || ~ en forme de **tambour** / drum o. barrel (US) radiator || ~ **thermique** / thermal radiator || ~ à **tubes aplatis** / flat pipe radiator || ~ à **tubes plats** (aéro, auto) / sheet metal radiator, finned o. gilled radiator || ~ **tubulaire** / tubular heating element || ~ **tubulaire** (auto) / tube radiator || ~ à **tuyaux plats** (auto) / flat tubular radiator || ~ à **tuyères** (mot) / divergent nozzle radiator || ~ **vertical** (antenne) / vertical radiator

radiation *f* (brevet) / annulment, cancellation || ~ (action d'émettre le rayonnement) / radiation || ~ **alpha** / alpha radiaton || ~ d'**annihilation** / annihilation radiation || ~ d'**antenne** / antenna radiation || ~ **atomique** / atomic radiation o. rays || ~ **caractéristique** / characteristic radiation || ~ **caractéristique de l'atome** / characteristic atom radiation || ~ de **chaleur** / radiation of heat || ~ du **corps noir** / cavity radiation, black body radiation || ~ **cosmique** / cosmic radiation || ~ **cosmique primaire** / primary cosmic radiation || ~ **cosmique solaire** / cosmic solar radiation || ~ de **Czerenkov** / Czerenkov radiation || ~ **diffuse de l'atmosphère** / sky light || ~ **galactique** / galactic radiation || ~ **globale** / solar and sky radiation || ~ **incidente** (gén) / irradiation || ~ **incidente de lumière** / incident light radiation || ~ **libre-libre** (nucl) / free-free radiation || ~ de **lumière** / radiation of light || ~ **lumineuse** / luminous radiation || ~ **lumineuse dans l'obscurité** / radiation in the dark || ~ **monochromatique** (phys) / monochromatic radiation || ~ **nucléaire** / nuclear radiation || ~ **parasitaire** / parasitic radiation || ~ de **particules** (nucl) / particle radiation || ~ **primaire** / primary radiation || ~ **propre** / characteristic radiation || ~ **quadripolaire** / quadrupole radiation || ~ à **résonance** (nucl) / resonance radiation || ~ **sélective** / selective emission o. radiation || ~ **solaire** / solar radiation || ~ **totale** / total radiation || ~ **ultraviolette** / [treatment by] ultraviolet radiation

radical *m* (gén, chimie) / radical, rad. || ~ (math) / radical [sign] || ~ **acide** / acid radical, acyl o. negative group || ~ **actif** (éch. d'ions) / anchor group, fixed ion || ~ **chimique** / chemical radical || ~ d'**éthyle** / ethyl radical, Et || ~ **libre** / free radical

radicalaire (chimie) / like a radical

radicelle *f* (betterave) / beet tail || ~**s** *f pl* de **malt** / malt culms o. rootlets *pl*

radicicole / radicicolous

radier *vt*, rayonner / radiate *vt*, ray || ~, rayer / erase, strike, cross off || ~ *m* (galerie, tout-à-l'egout) / invert || ~ (hydr) / platform of the sluice || ~ **d'assise ou de fondation** / bed plate, base o. foundation o. sole plate || ~ du **bassin** (nav) / apron of a dock || ~ d'un **canal** / canal bottom || ~ de **fondation** / foundation raft || ~ de **fossé** / bed of a ditch, bottom o. floor of a trench || ~ **général** (bâtim) / raft foundation o. footing || ~ de **pied du déversoir** / foot of fall || ~ du **sas** (hydr) / bed o. bottom of the lock || ~ de **tranchée** / bed of a ditch, bottom o. floor of a trench

radiesthésiste *m* **utilisant une baguette** / dowser, water diviner o. finder, water-witch (US)

radieux / lustrous, radiant, shining

radié / radiate[d], rayed

radifère / containing radium

radio *m*, radiotélégraphiste *m* (électron) / signalman, radio operator, radioman || ~, radiogramme *m* / radiogram, radiomessage || ~... / wireless (GB), radio..., broadcast, rad. || ~ *f* / broadcasting service (US), wireless operation (GB) || ~, poste *m* de radio (récepteur) / wireless (GB) o. broadcast o. radio (US) receiver o. set, poste *m* de radio, radio (US) || ~ (émission) / radio transmission || **à la** ~ / on the radio || **par** ~ / by radiogram || ~ pour **auto** / car radio || ~ *m* de **bord** (aéro) / aircraft wireless (GB) o. radio (US) operator || ~ *f* de **bord** (aéro) / airborne o. aircraft o. airplane radio [equipment o. set] || ~ à **cloche** / clock radio || ~ **ferroviaire** / radio-service on trains, train radio telephony || ~ **marine** / marine radio || ~ **portative** / portable radio || ~ **scolaire** / educational radio transmission || ~ sur les **trains** / radio communication with trains || ~ dans les **triages** (ch.de fer) / radio in marshalling yards || ~**actif** / radioactive || ~**-actinium** *m* / radio-actinium, RdAc || ~**activité** *f* / radioactivity || ~**activité** *f* **artificielle** / artificial o. induced radioactivity || ~**activité** *f* **naturelle** / natural radioactivity || ~**activité** *f* **terrestre** / terrestrial radioactivity || ~**alignement** *m* de **descente** (ELF) (aéro) / glide path (GB) o. slope (US) || ~**alignement** *m* de **piste** (ELF) / localizer || ~**-altimètre** *m* (aéro) / pulse o. radio altimeter || ~**-amateur** *m* / radio amateur [constructor] || ~**astronomie** *f* / radio-astronomy

radiobalise *f* / radio beacon, marker beacon || ~ en **éventail** / radio fan marker, fanmarker [beacon o. control] || ~ **extérieure** (aéro) / outer marker [beacon], foremarker || ~ **intérieure** (aéro) / inner boundary o. marker beacon || ~ **marine** / maritime radio beacon station || ~ à **ondes métriques** / VHF marker beacon || ~ **repère** / marker beacon || ~ **tournante** / rotating o. revolving radiobeacon || ~ **Z** (aéro) / Z- o. zero marker beacon, ZM

radio·baliser / equip with radio beacons || ~**bélinographe** *m* / video transmitter || ~**biologie** *f* / radiobiology || ~**borne** *f* (ELF) (aéro) / marker radio beacon || ~**canal** *m* / radio channel || ~**-carbone** *m* / radiocarbon || ~**-césium** *m* / radio caesium || ~**chimie** *f* / radiation o. radiochemistry || ~**chimique** / radiochemical || ~**-cobalt** *m* / radio cobalt, cobalt 60, ^{60}Co || ~**colloïde** *m* (nucl) / radiocolloid || ~**commande** *f* par **tout ou rien** (téléguidage) / flicker control || ~**communications** *f pl* / radio communication o. traffic || ~**communication** *f* **bord-bord** / marine radio || ~**communication** *f* à **grande distance** / long-distance radio link || ~**communication** *f* de **satellite par faisceau dirigé** / satellite radio relay link || ~**communication** *f* **satellite-Terre** / satellite-earth link || ~**compas** *m* (aéro) / radio-compass || ~**compas** *m* **automatique** / automatic direction finder, ADF, A.D.F., adf, a.d.f. || ~**compas** *m* à **rayons cathodiques** / CRT unit, cathode ray direction finder || ~**conductivité** *f* / radio conductivity

radiocorps *m* / radioactive body

radio·cristallographie *f* / X-ray crystallography || ~**cristallographique** / X-ray-crystallographic || ~**dermite** *f* / radio dermatitis

radiodiffusion *f* / wireless (GB), radio, broadcast[ing] (US) || ~ pour la **circulation** / road traffic broadcasting || ~ par **faisceau** / radio link system, point-to-point radio system || ~ sur **fréquence ou onde commune** / common frequency o. common wave broadcasting, mutual broadcasting system, MBS, shared-channel broadcasting, synchronized broadcasting system || ~ de **musique** / music broadcasting || ~ **sonore** / sound broadcasting o. radio || ~ **visuelle** / television broadcasting, T.V.

radio·électricité *f*, radio-électricité *f* / radioelectricity || ~**électricité** *f*, radio-technique *f* / radio-engineering || ~**électricité** *f*, technique *f* de la haute fréquence / HF technics || ~**électrique** / radioelectric || ~**élément** *m* / radio-element || ~**élément** *m*, isotope *m* radioactif / radioisotope, radioactive isotope || ~**émetteur** *m* / radio transmitter || ~**émission** *f* / broadcasting, wireless transmission (GB) || ~-**enregistreur** *m* (électron) / recorder || ~**exposition** *f* / irradiation || ~**fréquence** *f*, R.F. (électron) / radiofrequency, R.F. (BRD: 10^4 - 3 · 10^9 Hz, Engl.: 10^4 - 3 · 10^{12} Hz, USA: › 1,5 · 10^4 Hz) || ~**gène, -génique** / radiogenic

radiogoniomètre *m* / radiogoniometer, direction finder, DF || ~ **Adcock rotatif à antennes auxiliaires** / Robinson-Adcock direction finder || ~ **aéroporté** (aéro) / airborne direction finder o. DF || ~ **automatique double** / dual automatic direction finder, dual ADF || ~ de **Bellini** / Bellini-Tosi direction finder || ~ de **bord** (aéro) / airborne direction finder o. DF || ~ à **cadre tournant** / rotating loop direction finder || ~ à **cadres** / spaced-loop direction finder || ~ **homing** / homing receiver || ~ **terrestre** / ground o. earth DF station || ~ **tournant** / rotating direction finder

radiogoniométrie *f* / radio direction finding o. fixing (US), RDF || **par** ~ / by radiogoniometry

radio·goniométrique / by radiogoniometry || ~**gramme** *m* (télécom) / radiogram || ~**gramme** *m* (rayons X) / radiogram, radiograph || ~**graphie** *f* (phot) / radiography, X-ray photography || ~**graphie** *f* (essai matériaux) / radiography || ~**graphier** / radiograph *vt* || ~**graphique** / X-ray..., radio[logical], radiographic || ~**guidage** *m* / radio o. wireless guidance, teleautomatics || ~**guidé** (projectil) / guided || ~**guider** / radioguide || ~**hygiène** *f* / radiation hygiene || ~-**indicateur** *m* / radioactive tracer || ~-**iode** *m* / radio-iode || ~-**isotope** *m* / radioisotope, radioactive isotope || ~-**journal** *m* / broadcast news, news bulletin

radiolaire *m* / radiolarian

radiolarite *f* (géol) / radiolarian chert, radiolarite

radio·lentille *f* / [metal] lens antenna || ~**lésion** *f* / biological radiation damage || ~**lite** *f* (min) / radiolite || ~**localisation** *f* / radiolocation || ~**logie** *f* (gén) / radiology || ~**logie** *f* (rayons X) / radiology || ~**logique** *adj* / radiological || ~**logique** (rayons X) / radiographic, X-ray... || ~**logue** *m*, -logiste *m* / radiologist || ~**luminescence** *f* / radioluminescence || ~**lyse** *f* (nucl) / radiolysis || ~**métallographie** *f* / radiometallography, metal radiography

radiomètre *m* / radiometer || ~ **acoustique** / sound intensity meter, radiometer || ~ de **Crookes** / Crookes' radiometer || ~ d'**infrarouge** / infrared radiometer || ~ de **très haute résolution** (espace) / VHRR, very high resolution radiometer

radiométrie *f* (géol) / radiometry || ~ à **hyperfréquence** / microwave radiometry || ~ à **infrarouge** / infrared radiometry

radio·métrique (chimie) / radiometric || ~**micromètre** *m* / radiomicrometer || ~**microphone** *m* / radiomicrophone || ~**mimétique** (biol, chimie) / radiomimetic || ~**navigant** *m* (nav) / radio operator o. officer, radioman || ~**navigation** *f* / radio navigation || ~**navigation** *f* **aérienne** / air navigation, avigation || ~**nuclide** *m*, -nucléide *m* / radionuclide || ~-**optique** / radio-optical

radiophare *m* (ELF) / [directional] radio beacon || ~ d'**alignement** (ELF) / radio range, range || ~ d'**alignement audio-visuel** (aéro) / visual-aural radio range control || ~ d'**alignement de descente** (aéro) / glide path [approach] beacon || ~ d'**alignement de piste**, R.A.P. (aéro) / [tone] localizer, LOC, localizer beacon || ~ d'**approche** (aéro) / radio marker || ~ d'**atterrissage** (aéro) / runway localizing beacon || ~ d'**atterrissage** [radioguidé] (aéro) / glide path [approach] beacon || ~ **auxiliaire de terrain** (aéro) / compass locator [beacon] || ~ de **course** (aéro) / route beacon || ~ **directionnel** / directive radio beacon || ~ **directionnel pulsé** / directional radar beacon || ~ **distant** (aéro) / long range radio beacon || ~ **équisignal d'approche** (aéro) / airfield runway beacon || ~ **exempt d'erreurs nocturnes** (nav) / night-errorfree radio beacon || ~ de **jalonnement** (aéro) / locator [beacon] || ~ **marqueur** (aéro) / position marker || ~ **non dirigé** / nondirectional [radio] beacon, N.D.B. || ~ **omnidirectionnel** / nondirectional [radio] beacon, N.D.B. || ~ **omnidirectionnel pulsé** / pulsed rotated radio beacon || ~ **parlant** / VHF rotating talking beacon || ~ **pulsé** (nav) / pulsed beacon || ~ pour **radar** / radar beacon || ~ de **radioralliement** / homing beacon || ~ **répondant** (radar) / responder [beacon] || ~ **répondant ou pour radar** / active radar target || ~ de **secours** (radar) / emergency transmitter beacon || ~ **sonore** / aural radio range || ~ **terrestre** / ground radio beacon || ~ **tournant** / rotating o. revolving radiobeacon || ~ **VHF omnidirectionnel** (aéro) / VOR, very high frequency omni[directional radio beacon o.] range, ORB || ~ **vidéo** / visual radio range, visual direction finder

radio·phone *m* / radio[tele]phone || ~**phone** *m* **portuaire** / port operations radiophone || ~**phoner** / radiophone *vi* || ~**phonie** *f* / broadcasting, wireless (GB) || ~**phonie** *f*, radiotéléphonie *f* / radiotelephony || ~**phonie** *f* **portuaire ou de port** / port operations radiotelephony || ~**phonique** / wireless (GB), radio..., broadcast || ~**phono** *f* / radio-gramophone, radiogram (GB) || ~**photographie** *f* / radiophotogram, radiopicture, telephoto, photo-radiogram || ~**photographie** *f* (ELF) (nucl) / photofluorography || ~**physique** *f* / radiological physics || ~-**pirate** *f* (électron) / pirate sender || ~-**plomb** *m* / radio lead || ~**protection** *f* / health physics, radiation protection || ~**publicité** *f* / radio advertising || ~**ralliement** *m* (radar) / self-bearing || ~**ralliement** *m* (ELF) (aéro) / homing || ~**récepteur** *m* / wireless (GB) o. broadcast o. radio (US) receiver o. set, radio (US), receiving set || ~**repérage** *m* / direction finding, DF, radio bearing, radiodetermination, radio direction finding o. fixing (US), RDF || ~**reportage** *m* / field pick-up, nemo (US), outside broadcast[ing], OB commentary, O.B., OB || ~**résistance** *f* (biol) / radioresistance || ~**scléromètre** *m* / radio-sclerometer || ~**scopie** *f* / radioscopy || ~**sensible** / radiosensitive || ~**sondage** *m* / radio prospecting || ~**sondage** *m* des **trous de forage** / radiometric bore-hole logging || ~**sonde** *f* (météorol) / radio-sonde || ~**source** *f* / radio-star || ~**source** *f* **discrète** / discrete radio source || ~-**strontium** *m* / radiostrontium, RdSr || ~**technicien** *m* / radio technician o. mechanic || ~**technicien** *m* (mil) / radio mechanic || **~technique** *f* / radio-engineering || **~télécommande** *f* / radio telecontrol || **~télégramme** *m* / radio o. wireless message o. telegram, radiogram || **~télégraphie** *f* / radio o. wireless telegraphy, W.T., radiotelegraphy || **~télégraphie** *f* **dirigée** / directed wireless telegraphy || **~télégraphie** *f* sur **ondes décamétriques** / short-wave wireless o. radio telegraphy || **~télégraphier** / radiotelegraph || **~télégraphique** / radiotelegraphic || **~télégraphiste** *m* (nav) / radio operator, radioman || **~télémétrie** *f* / radiotelemetering || **~téléphone** *m* / radio[tele]phone || **~téléphone** *m* **portatif** / walkie-talkie || **~téléphoner** / radiophone, radiotelephone *vi* || **~téléphonie** *f* / radiotelephony || **~téléphonique** / wireless (GB), radio... (US) || **~télescope** *m* / radiotelescope || **~télétype** *m* (télécom) / radioteletype, RATT || **~téléviser** / broadcast by T.V. || **~tellure** *m* / radiotellurium, RdTe || **~thérapie** *f* (gén) / radiotherapy || **~toxicité** *f* / radiotoxicity || **~traceur** *m* / radioactive tracer || **~transmission** *f* / radio transmission

radium *m* / radium, Ra || **~thérapie** *f* / radiotherapy

radôme *m* (aéro) / radome, raydome, blister || ~ **gonflable** / inflatable radome

radon *m* (chimie) / radon, Rn || ~ **222** / radium emanation, RaEm

rafale *f* / gust, flaw || ~ **ascendante** / air bump, upward current || ~ **descendante** (aéro) / down-gust || ~ d'**informations** (ord) / burst of informations || ~ de **trains** (ch.de fer) / group of trains || ~ **verticale** / vertical gust

raffermi à la **consistance de cuir** (céram) / leather-hard

raffes *f pl* / leather waste o. trimmings *pl*

raffinade *f* (sucre du premier jet) / white refined sugar

raffinage *m* (gén, huile, sucr) / refining || ~, trituration *f* (pap) / refining || ~ à l'**acide sulfurique** (pétrole) / acid treatment o. sweetening || ~ à l'**argile** (pétrole) / clay treatment, clay contacting || ~ **catalytique** (pétrole) / catalytic refining || ~ **complet** / full refining || ~ **complet** (des résidues de la distillation primaire) / full refining of topping residues || ~ de **copeaux** (pap) / chip refining || ~ du **cuivre** / refining of copper || ~ **électrolytique** / electrolytic refining, electrorefining || ~ **hydrogénant** / hydrofining, hydro-refining || ~ de **métal** / metal refining || ~ de **pétrole** / oil refining || ~ en **pile** (pap) / beating || ~ sous **pression** / refining under pressure || ~ par **procédé Edeleanu** (pétrole) / Edeleanu process || ~ au ou par **solvant** / solvent refining || ~ par **voie humide** (pétrole) / wet refining

Raffinal *m* / highest grade aluminium

raffiné *adj* / refined || ~ (cuivre) / tough-pitch || ~, compliqué / sophisticated, gadgety || ~ *m* (pap) / pulp [stock], stuff [stock], paper stock || ~ au **feu** (cuivre) / fire-refined || ~ **maigre** (pap) / fast draining

raffiner (gén, métal, sucre) / refine || ~, triturer (pap) / finish || ~, coupeller (sidér) / extract, cupel || ~ (filage) / attenuate, refine, improve || ~ (chimie) / refine, clear || ~ le **cuivre au procédé Bessemer** / treat copper in the Bessemer converter || ~ la **fonte** (fonderie) / refine the melt || ~ **préalablement** (sidér) / prefine

raffinerie *f* (pétrole) / oil refinery || ~ (métal) / refinery || ~ de **sucre** / white sugar factory

raffineur *m* / refiner || ~ (pap) / refiner, (formerly:) perfecting engine || ~ à **jets** (moulin) / jet refiner || ~ **Jordan** (pap) / Jordan mill o. refiner, hydrafiner || ~ **monodisque** (pap) / single-disk refiner

raffineuse *f* (moulin) / channel separator

raffinose *m* / raffinose, melit[ri]ose

rafistolage *m*, mauvais travail *m* / tinker o. patch work, botching

rafistolé / botchy

rafle *f*, raffe *f*, râpe *f* / stalk of the grape, cob of maize

rafleux / rough, jagged, ragged

rafloir *m* / stalk separator

rafraîchir / furbish [up], brush o. touch o. vamp up, refresh || ~ (boisson) / cool *vt* || ~ (sidér) / repair, revamp || ~ (se) / get cool[er] || ~ le **bandage** (ch.de fer) / retread o. re-turn tires || ~ le **cuivre ou la litharge** / refine copper o. litharge

rafraîchissant *m* (caoutchouc) / freshener

rafraîchisseur *m* à **air** / air cooler

rafraîchissoir / cooling || ~ (moulin) / hopper-boy, cooler

ragré[e]ment *m* / finish-machining, finishing, completion

rai *m* / spoke

raide / firm, rigid, stiff || ~ (techn) / tight || ~, non pliable / inflexible, rigid, unpliable || ~ (pente) / steep

raideur *f* / stiffness, rigidity, rigidness || ~ / resistance to elastic deformations || ~ / tightness, tension || ~ **acoustique** / acoustical inertia o. stiffness (US) || ~ **dynamique** (engrenage) / dynamic stiffness, dynamic elastic constant o. spring constant || ~ à la **flexion** / flexural strength || ~ d'une **pente** / steepness || ~ d'un **ressort** / spring stiffness

raidir / strain, draw o. stretch tight || ~ / stiffen || ~, étayer / brace *vt* || ~, renforcer / reinforce, strengthen || ~ (laitier) / thicken *vt* || ~ (se) (chimie) / fix *vi* || ~ une **corde** / tighten a rope

raidissement *m* / stiffening || ~ **longitudinal** / longitudinal stiffening o. reinforcement || ~ de la **paroi** / reinforcement of a wall || ~ de la **poupe** (aéro) / tail stiffening

raidisseur *m* (constr.mét) / stiffener || ~ (fonderie) / moulding, bead || ~ (nav) / stringer || ~ de **bout** (cordonnerie) / toe puff, box toe, toe-piece o. toe-cap stiffening || ~ de **contrefort** (cordonnerie) / heelpiece stiffening, back puff || ~ en **cornière** (constr.mét) / stiffener angle || ~ **extrême** (constr.mét) / end stiffening || ~ de **fil** (gén) / wire stretcher o. strainer, draw-tongs *pl* || ~ de **fil** (électr, télécom) / draw vice, draw[ing] tongs *pl* || ~ **lisse** (aéro) / stringer || ~ **longitudinal** (constr.mét) / longitudinal stiffener || ~ de **proue** (nav) / bow stiffener

raie *f* / line || ~, bande *f* / streak, stripe || ~ (agric) / ridge (between furrows) || ~, éraflure *f* / scratch || ~ (spectre) / line in a spectrum || **à ~s** / striped || **faire des ~s sur papier** / rule *vi* || ~ d'**air** (spectre) / airline || ~ **C** / C-line || ~ **D du sodium** / D-line || ~ **double** (opt) / doublet || ~ **émise** (spectre) / emission line || **~s** *f pl* de **Fraunhofer** / Fraunhofer lines *pl* || **~s** *f pl* **jumelées** (spectre) / line pairs *pl* || ~ *f* du **krypton** / krypton line || ~ **Raman** / Raman line || ~ de **référence** (nucl) / parent [mass] peak || ~ de **sécurité** (billet de banque) / security line || ~ **transversale** (tex) / cross-stripe

rail *m* / rail || ~ (navigation) / lane (a route prescribed for ships) || **~s** *m pl* / track || **~s** *m pl* (mines) / rails in the gallery *pl* || **sans ~s** / trackless || **sur ~s** / track-bound || **sur ~s** (grue) / track mounted || ~ *m* en **acier** / steel rail || ~ en **acier composite** / soft-center rail || ~ **amont** (ch.de fer) / rail in rear || ~ **annulaire** (filage) / ring rail || ~ **aval** / rail in advance || ~ des **bobines ou porte-bobines** (filage) / bobbin rail on roving frame || ~ de **bordure** / lining rail || ~ **Brunel** / hollow o. bridge rail || ~ **brut** / mill bar || ~ **bruyant ou chantant** / roaring rail, corrugated rail

|| ~ **central** (ch.de fer) / center o. central rail, middle rail || ~ **central de contact** (ch.de fer) / central conductor rail || ~ à **champignon** (ch.de fer) / flat bottom rail, Vignol rail || ~ du **chariot** (tex) / carriage rail || ~ du **chariot** (gén) / carriage rail || ~ de **coffrage** / shuttering rail || ~ **compensateur ou de compensation** (ch.de fer) / make-up rail, closure rail || ~ **conducteur ou de contact** (ch.de fer) / conductor o. contact o. live o. third rail || ~ **contre-aiguille** (ch.de fer) / main rail || ~ **convergent** (ch.de fer) / junction-rail of a crossing || ~**s** *m pl* **convergents** / junction rails *pl*, crossover road, interchange track || ~**s** *m pl* **coupés** (ch.de fer) / cut-up rails *pl* || ~ *m* à **coussinet** (ch.de fer) / bullhead[ed] rail, chair rail || ~ **denté système Abt** (ch.de fer) / Abt rack, flat bar toothed rack || ~ **double** / twin o. double rail || ~ à **double champignon** (ch.de fer) / double-head[ed] rail, bullhead[ed] rail, chair rail || ~ **échancré** (ch.de fer) / eroded rail || ~ **éclairage fluo** / fluorescent lamp fixture || ~ [à] **éclisse** (ch.de fer) / fishplate rail || ~**s** *m pl* d'**évitement** (ch.de fer) / side track o. rails *pl* || ~ *m* **exfolié** (ch.de fer) / exfoliated o. flaked rail || ~ de **fixation du râtelier** (continu à retordre à anneau) / creel rail || ~ **fixe** (ch.de fer) / main rail of a switch || ~-**frein** *m* (ch.de fer) / retarder, rail brake || ~ de **friction** / friction rail || ~ à **galets** (convoyeur) / roller rail || ~ à **gorge** / grooved [girder] rail, tramway o. streetcar (US) rail || ~ pour **grue** / crane rail || ~ de **guidage** (ascenseur) / guide rail || ~-**guide** *m* (ch.de fer) / safeguard, safety rail || ~ **jumelé** / twin o. double rail || ~ de **lève-vitre** (auto) / window lifter rail || ~ de **liaison** (techn) / connecting band o. bar || ~ du **milieu** (ch.de fer) / junction-rail of a crossing || ~ pour **mines** / mine rail || ~ **mobile de l'aiguille** (ch.de fer) / point rail || ~ à **ornière** / grooved [girder] rail, tramway o. streetcar (US) rail || ~ à **patin** (ch.de fer) / flat-bottomed rail, A.S.C.E. standard T-rail (US), vignoles (GB) o. vignol (US) rail, girder rail (US), one-headed rail, T-rail || ~ **plat** / flat[-headed] rail, strap rail || ~ de **pointe** (ch.de fer) / point rail || ~ de **porte roulante** / sliding rail of a door || ~ **porte-broches** (filage) / spindle rail, spindle bearing plate || ~ de **prise de courant** (électr) / power rail || ~ de **rebut** (ch.de fer) / scrap rail || ~ de **réemploi ou de remploi** (ch.de fer) / recovered rail || ~ de **retenue** / stay bar || ~ de **retour** (ch.de fer) / fourth rail || ~ de **retour** (funi) / return loop rail || ~ de **roulement** / runner, running rail || ~ de **roulement** / copping o. shaper rail || ~-**route...** / rail-road... || ~-**route** *m* / combined rail-and-road transport || ~ de **section pleine** (ch.de fer) / filled section rail || ~ de **sécurité** (routes) / beam barrier, guide board, crash barrier (GB) || ~**s** *m pl* de **service** (ch.de fer) / side track o. rails *pl* || ~**s** *m pl* **soudés en barres longues** (ch.de fer) / long-welded rails *pl*, continuous welded rail, ribbon rails (US) *pl* || ~ *m* de **sûreté** (ch.de fer) / safeguard, safety rail || ~ à **surface bombée** / rail with convex top || ~ à **surface plate** / plate rail || ~ **tendeur** / slide rail || ~ **tendeur** (électr) / slide o. sliding rail, (esp.:) screw rail || ~ **transversal** / transverse rail, crossbar || ~ en **U** / U-shaped rail || ~ à **un seul champignon** (ch.de fer) / simple-T-rail, single-champignon headed rail || ~ **Vignole** (pl: rails Vignole) voir rail à patin || ~ pour **voie démontable** / light rail || ~ de **voie suspendue** / suspended rail

railophone *m* (ch.de fer) / telephone on the train

rainé (acier à ressorts) / ribbed and grooved

rainer / flute *vi vt*, chamfer, groove *vi vt* || ~ [le **bois**] / flute wood

rainurage *m* (men) / rabbeting, rebating (GB) || ~ à la **molette** (découp) / beading, necking-in

rainuration *f* / channel[ing], flute, fluting, corrugation

rainure *f* / groove || ~ (charp) / bearing, housing, notch || ~, encoche *f* / channel, mortise, groove || ~ (nav) / channel o. jag o. notch of a thimble || ~ (m.à coudre) / slot || ~ (Lune) / rille || ~ (guide d'ondes) / ditch, groove, trap circuit || ~ (poulie) / groove of a sheave || ~, encoche *f* (techn) / slot, notch || ~, coupure *f* / incision, indentation || ~, gorge *f* / slot, groove || ~ (mines) / cut[ting], scar || **à ~ hélicoïdale** / helically fluted || **à ~ unique** / single-groove... o. grooved || **à ~s droites** (outil) / straight-fluted || **faire des ~s** / flute wood || ~ d'**admission du piston** (pompe d'injection) / filling groove || ~ de l'**aiguille** / groove of the needle || ~ d'**ajustage** / fitting groove || ~ pour **anneau de retenue** / snap ring groove || ~ **annulaire du piston** / piston ring groove || ~ de **bande de roulement** (pneu) / tread groove || ~ **bouvetée de frisette** (men) / broad root with chamfer || ~ **brise-copeaux ou à casser les copeaux** (m.outils) / chip breaking flute || ~ de **clavette** (techn) / key bed o. groove o. seat o. slot, keyway || ~ [de **clavette**] **longitudinale** / longitudinal slot o. keyway || ~ à **copeaux** / groove for chips || ~ à **emboîtage** (men) / clamping groove || ~ d'**enroulement** (électr) / winding slot || ~ du **fil** (navette) / weft slot || ~ de **fixation** (m.outils) / chucking groove, fixing slot, T-slot || ~ pour la **garniture** (techn) / lining o. packing groove || ~**s** *f pl* de **gaz** (galv) / gas grooves *pl* || ~ *f* de **graissage** / oil groove || ~ de **guidage** / guiding groove || ~ **hélicoïdale** / helical groove || ~ d'**induit** (électr) / armature slot || ~**s** *f pl* **longitudinales** (pneu) / parallel and longitudinal nerves *pl* || ~ *f* pour **montage léger** (techn) / entering groove, assembling groove || ~ d'un **mur** / chase in a wall || ~ de **picots** (tex) / trick [of needle cylinder], needle slot || ~ pour un **pliage** (bâtim) / groove for a seam || ~ des **poulies** / pulley groove || ~ de **remplissage** (roulement à billes) / filling notch || ~ à **section semi-cylindrique** / semi-circular groove || ~ de **serrage** (m.outils) / chucking groove, fixing o. T-slot || ~ de **soudage** / welding groove || ~ en **T** / fixing o. T-slot || ~ de **tête d'isolateur** / insulator groove || ~ par **tournage** / tool mark || ~ pour **tuyaux** (bâtim) / chase in a wall (for pipes etc.) || ~ à **verre** (montre) / crystal groove

rainuré / grooved

rainurer (techn) / channel, groove || ~, canneler / groove, flute, channel || ~ à la **molette** / bead, neck-in

raisin *m* (pap) / format 50 x 65 cm

raison *f*, rapport *m* (math) / ratio, proportion || **à ~ [de]** / at the rate [of] || **en ~ directe** / direct proportional || **en ~ d'ennuis mécaniques** / due to technical trouble o. faults || **en ~ inverse** / in indirect o. inverse ratio || **être en ~ inverse** / be in the inverse ratio [to] || **pour des ~s constructives** / for reasons of design || ~ d'**amortissement** (électr) / ratio of attenuation || ~ **arithmétique** / difference of consecutive terms in an arithmetic progression || ~ **géométrique** / rate o. ratio of consecutive terms in a geometric progression || ~ **inverse ou réciproque** / inverse o. reciprocal ratio, reciprocity, reciprocation

raisonnement *m* par **récurrence** / mathematical induction

rajustage *m* / readjustment

rajustement *m* d'une **machine** (m.outils) / resetting,

retooling
rajuster, réajuster / readjust || ~ / realign || ~ (m.outils) / reset, retool || ~ (électron) / readjust by trimming
ralenti *m* (film) / slow motion || ~ (mot) / idling || ~, mouvement *m* très lent / inching || **au** ~ / in slow motion || ~ le **plus réduit** (mot) / low idle [run]
ralentir *vi* / decelerate, slow down || ~ *vt* / retard *vt*, decelerate, slacken || ~ (nucl) / moderate *vt*, retard || ~ **!** (auto) / slow down! || ~ (auto) / slow down o. up, slack up || ~ (se) / decelerate *vi*
ralentissant / lagging, inhibitive, impeding
ralentissement *m* / slowing-down || ~ (ELF) (nucl) / retardation, moderation || ~ du **freinage** / braking deceleration || ~ de la **vitesse** / speed reduction, decrease of speed, deceleration
ralentisseur *adj* / lagging, inhibitive, impeding || ~ *m* (nucl) / retarder, moderator || ~ (film) / slow motion device || ~ (auto) / retarder || ~ de **balayage** (r.cath) / sweep magnifier || ~ de **croissance** / growth retardant || ~ sur **échappement** (auto) / exhaust retarder || ~ **électromagnétique monté sur l'arbre de transmission** / Telma brake || ~ sur **moteur électrique de traction** (auto) / electric motor as retarder || ~ des **neutrons** (nucl) / graphite moderator
ralingue *f* (peinture) / belt || ~ (nav) / bolt rope
ralliement, à ~ **par radar** / radar homing...
rallier (aéro) / provide regular services
rallonge *f* (men) / drawer, chest of drawers || ~ (charp) / eking piece || ~ (mines) / tymp, cap || ~ (électr) / extension cord (US), [extension] flex (GB) || ~ (techn) / extension piece || ~ (tuyau) / faucet pipe || ~ (sonnette) / pile block || **à ~s** / telescopic, telescoping, sliding || ~ **articulée** (mines) / articulated cap || ~ à **carrés mâle-femelle** / extension bar || ~ de **compas** (dessin) / lengthening bar for compasses || ~ **emmanchée** (outil) / spanner handle, tommy bar || ~ **emmanchée à carré mâle** / male square spin-type handle || ~ du **fleuret** (mines) / lengthening rod || ~ **métallique** (mines) / steel cap o. bar || ~ à **rotule à carrés mâle-femelle** / square drive universal joint ball-type extension || ~ de **sondage** / lengthening rod || ~ de **valve** (chambre à air, auto) / extension stem of valve
rallongement *m* (charp) / lengthening || ~ (techn) / projection, prolongation
rallonger / add [to], lengthen || ~, rabouter / piece together
rallumage *m* (tube) / reignition
rallumer / reignite || ~ (sidér) / blow in [again] || ~ le **moteur** (aéro) / relight the engine
rallumeur *m* / igniter
ramage, à ~s (tiss) / [fancy-]figured
ramark *m* (radar) / ramark
ramassage *m* / gathering, collecting || ~ (électron) / pick-up || **de** ~ / collecting
ramassé / cramped, compact || ~, concis / concise || **très** ~ / tightly o. closely packed
ramasse-pâte *m* (pap) / pulp catcher o. saver, save-all, catch-all || ~ à **entonnoir** (pap) / funnel save-all, Marx [conical] save-all, settling cone || ~ de **flottation** (pap) / flotation pulp catcher
ramasse-poussière *m* / garbage collector
ramasser / gather *vt*, collect, pick-up || ~ un **câble** / pick up a cable
ramasseur *m* (agr) / pick-up || ~ (tex) / fancy stripper || **~-chargeur** *m* de **balles** (agr) / pick-up bale loader || ~ de **gailleteries** / coal picker
ramasseuse *f* **arrière** (agr) / rear-mounted buckrake || **~-botteleuse** *f* / combine baler || **~-botteleuse** *f* **roulante à foin** (agr) / rotobaler || **~-chargeuse** *f* (agr) / chopper forage harvester, field chopper || **~-chargeuse** *f* (manutention) / paddle loader || **~-chargeuse** *f* de **betteraves** / beet pick-up loader || ~ à **foin** / hay sweep, buckrake || **~-hacheuse** *f* (agr) / chopper forage harvester, field chopper || **~-hacheuse** *f* à **ventilateur hacheur** (agr) / pick-up chopper || **~-pince** *f* (agr) / sweep rake, hay sweep || **~-presse** *f* (agr) / pick-up baler o. press
rambarde *f*, rambade *f* (nav) / breastwork, rail[ing]
ram-bow *m* (nav) / ram bow
rame *f* (nav) / oar || ~ (ch.de fer) / cut o. raft o. rake o. set of coaches o. wagons || ~ (tiss) / tenter (US), stenter (GB) || ~ (agr) / stick, prop || ~ (ELF) (pétrole) / string of pipes || ~ à **air transversal** (tex) / tenter (US) o. stenter (GB) with lateral ventilation || ~ **articulée de banlieue** (ch.de fer) / articulated suburban train set || ~ **automotrice** (ch.de fer) / motor-coach train, rail motor set o. unit, motor train set o. unit, railcar train || ~ **automotrice de grand parcours**, R.G.P. / multiple-unit train || ~ de **bateaux** / convoy || ~ **continue** (tiss) / stenter (GB), tenter[ing machine] || ~ à **égaliser** (tiss) / equalizing frame, levelling frame || ~ à **égaliser**, étireuse *f* à égaliser au large (tiss) / broad drawing equalizing machine || ~ à **éléments multiples** / multiple-unit train, motor-coach train || ~ à **étage** / double-deck coach train || ~ de **fixage** (tex) / setting stenter (GB) o. tenter (US) || ~ de **grand parcours** (ch.de fer) / motor-coach train, multiple-unit train || ~ **indéformable** (ch.de fer) / train set that can not be split || ~ d'**oscillation** (tex) / jigging frame || ~ de **papier** (500 feuilles) / ream of paper (= 20 quires, o. 480 sheets, printer's ream = 516 sheets) || ~ à **plusieurs étages** (tex) / multi-tier tenter frame (US) o. stenter frame (GB) || ~ sur **pneus** (ch.de fer) / pneumatic tired train set || ~ **réversible** (ch.de fer) / pull and push train, reversible train || ~ **sécheuse** / drying stenter (GB) o. tenter (US) || ~ **sécheuse à étages** (tex) / drying stenter in tiers || ~ **sécheuse plane** / horizontal frame drier || ~ pour le **service de jour** / day-coach train || ~ **turbine à gaz**, RTG / gas turbine driven railcar || ~ **type** (ch.de fer) / set of standard stock || ~ à **un étage** / stenter of one level, tenter of one level
rameau *m* (bot) / branch, sprig || ~ (bâtim) / branch o. collecting pipe || ~ (antenne) / stub || ~ d'un **filon** (mines) / vein extending through the rock, ramification of a vein || ~ de **minerai** / course of ore
ramener / bring back, carry o. take back || ~ [à], reduire / reduce [to] || ~ l'**avion à l'équilibre** / steady the plane
ramer (apprêt) / stenter *vt* (GB), tenter *vt* (US)
rameuse *f* (tiss) / stenter (GB), tenter[ing machine] (US)
rameux / ramified, branched
ramie *f* / ramie [fiber], China grass
ramification *f* / branching, ramification || ~ (mines) / branch o. leader of a lode || ~ (câble) / cable branch || ~ de la **chaîne** (chimie) / chain branching || ~ **dendritique** (fonderie) / dendrite arm || **~s** *f pl* **électriques** / electrical brush aigrette
ramifié / branched, ramiform || ~, dendroïde / dendroid, dendriform, arborescent || ~ (chimie) / branched
ramifier *vt* / branch *vt* || ~ (se) / ramify, branch out o. away || ~ (se) (filon) / ramify
ramille *f* / brush[wood]
rammelsbergite *f* (min) / rammelsbergite
ramollir *vt* / soften *vt* || ~ (chamois) / dress hides || ~ (se), ramollir *vi* / squat, sag
ramollissement *m* / softening || ~ (plast) / melting

ramoner / sweep *vt*
ramonerie *f* (moulin) / brushing cylinder
rampage *m* (électr) / creeping
rampant *adj* (mines) / overhand, driven on the rise || ~ (voûte) / rampant, with supports at different height || ~ (personnel) (aéro) / ground... (crew) || ~ *m* (bâtim) / descent of a gutter, caping || ~, canal de la cheminée / smoke flue || ~, pente *f* / descending gradient o. slope || ~ (mines) / downcast diagonal road o. gate, dip heading, incline || **~s** *m pl* (aéro) / ground crew || ~ *m* d'**aérage** (mines) / fan drift || ~ du **brûleur** (verre) / port neck || ~ **collecteur** / main flue
rampe *f* / ramp || ~, approche *f* / approach incline o. ramp || ~ (brûleur) / burner o. float rail, gas float || ~ (ch.de fer) / gradient, grade, up-grade || ~ (escalier) / stair railing, hand rail, banister || ~ (théâtre) / footlights *pl* || ~, voûte *f* rampante (céram) / ramp || ~ d'**accès** (routes) / ramp lane || ~ d'**accès du pont** / bridge approach || ~ d'**accès de garage** / sloping access of a garage || ~ d'**alimentation** (brûleur) / gas float || ~ **arrière** (nav) / stern slip || ~ à **bestiaux** (ch.de fer) / cattle loading ramp, livestock platform || ~ **caractéristique** (ch.de fer) / ruling gradient, limiting gradient || ~ de **chargement** / goods o. loading platform o. ramp || ~ de **chargement** (c.perf.) / file feed || ~ de **chargement** (raffinerie) / loading rack || ~ **circulaire** / helical ramp || ~ de **cultures basses** (agr) / crop spraying boom || ~ de **défournement** / coke side o. end, coke withdrawal side || ~ de **démarrage** (ch.de fer) / gravity incline || ~ **douce** (ch.de fer) / slight gradient || ~ d'**enraillement** (ch.de fer) / rerailing frog o. ramp || ~ d'**escalier en bois** / wooden railing o. banisters || ~ d'**évacuation** / evacuation ramp || ~ **fictive** / theoretical gradient || ~ **fondamentale** (ch.de fer) / ruling gradient, limiting gradient || ~ de **gaz** (gaz) / bar o. pipe burner || ~ **gravissable en %** (auto) / gradability || ~ **gravissable maximale** (auto) / hill climbing ability || ~ de **guidage** / guide vane || ~ à **huile** / oil distributor, oil manifold || ~ d'**injection** / fuel pipe of turbojet || ~ de **lampes** / bank of lamps || ~ de **lancement** (ELF) / launching ramp || ~ **lumineuse** / footlights *pl* || ~ **lumineuse d'atterrissage** / landing o. contact lights *pl* || ~ **maximale** (ch.de fer) / maximum gradient || ~ **montante** / sloping ramp || ~ au **néon** / neon strip light || ~ pour **pipettes** (chimie) / manifold for gas pipettes || ~ **prononcée ou très sévère** / steep incline, drag (USA) || ~ de **raccord de dévers** (ch.de fer) / superelevation [connecting] ramp || ~ de **service** (techn) / ascent || ~ de **triage** (ch.de fer) / hump, [double] incline, summit || ~ **unité** (électr) / unit ramp
rampement *m* (gén) / creeping, creep
ramper / creep *vi*, crawl
rampiste *m* / staircase maker
rance / rank, rancid
ranche *f* / rundle, rung || ~ en **fer** / steel rung
rancher *m* (manutention) / peg o. rack ladder || ~ (voiture) / stake, stanchion, standard || ~ **amovible** (ch.de fer) / removable stanchion || ~ **articulé ou rabattable** / hinged stanchion || ~ **cornier** (ch.de fer) / end stanchion || ~ à **fourche** / forked stanchion
rancidité *f* / rankness, rancidness
randomisation *f* (math) / randomization *n*
randomiser (ord) / randomize
rang *m* / row, line || ~ (graph) / composing frame, rack || ~ (math) / rank || **à deux ~s** (rivure) / double chain o. row || **à trois ~s** / three-stage || **à un** ~ / single-row... || **prendre ou avoir** ~ / grade, rate o. rank [as] || ~ d'**aiguilles** (tiss) / row o. set of needles || ~ **boutisse** (bâtim) / binding o. bond course || ~ d'un **chiffre** (ord) / decimal position || ~ **panneresse** (bâtim) / stretching course || ~ de **pilotis ou de pieux** / row o. rank of piles, piling, spiling || ~ **plat** (typo) / [imposing] stone, random
rangé / settled, quiet || **pas** ~ / inordinate
rangée *f* / row, line, range || ~ (rivure) / gauge line o. center line of rivet holes || **à deux ~s** (roulement) / double- o. two-row || **à une** ~ / single-row... || ~ de **bande** (b.perf.) / tape row || ~ des **brûleurs** (chaudière) / burner array || ~ de **buttes juxtaposées** (mines) / row of props || ~ de **colonnes** (électr) / rack row || ~ de **contacts** (télécom) / line bank || ~ de **contacts** (relais) / stack of contacts, pile-up || ~ de **cornues** (sidér) / bank of retorts || ~ **de billes** / row of balls || ~ de **fenêtres** (bâtim) / row of windows || ~ des **fils** (filage) / thread layer || ~ **horizontale de radiateurs** / horizontal row of radiators || ~ de **javelles** (comble) / layer of straw sheaves || ~ **lâche** (tricot) / linkage course || ~ de **lames de contact** (relais) / contact spring assembly o. stack || ~ de **mailles** (tex) / stitch row || ~ de **maisons** / row of houses || ~ de **matrice** (math) / matrix row || ~ de **rapports** (teint) / row of repeats || ~ à **remmailler** (tricot) / linkage course || ~ de **rivets** / chain of rivets, row o. line of rivets || ~ des **spires** (filage) / thread layer || ~ **transversale de perforations** (bande perforée) / array
rangement *m* d'**adresses en mémoire** (ord) / address assignment || ~ en **mémoire** / storage, storing
ranger / range, arrange || ~, mettre en ordre / order || ~, classifier / sort, classify || ~ en **mémoire** / store || ~ par **ordre d'importance** (ord) / rank
rangeur *m* (lam) / unscrambler || ~ des **feuilles** (typo) / jogger[-up]
ranimer / revive
R.A.P., radiophare d'alignement de piste (aéro) / [tone] localizer, LOC, localizer beacon
râpe *f* / rasp, (kittchen appl:) grater, potato rasp || ~ [à **bois]** / wood rasp || ~ **chaîsière** / cabinett rasp || ~ **ronde** / cylindrical rasp
râpé (tissue) / threadbare, shiny: shabby || ~ (valve pneum) / buffed
râper / rasp *vt* || ~ (se) (tex) / become threadbare
râperie *f* de **betteraves** / beet juice factory
rapetasser / patch up, piece up
rapetissement *m* / diminution, reduction
rapetisser / reduce in size
raphia *m* / raffia palm || ~ (fibre) / raffia fiber
raphides *m pl* / raphides *pl*
rapide *adj* / rapid || ~ (ch.de fer) / fast || ~ (ord) / high-speed || ~ (pente) / steep || ~ *m* / fast o. express train || ~ (hydr) / shoot, river fall, rapid || ~ (m.outils) / rapid o. fast o. quick motion o. traverse o. movement, power quick traverse o. quick motion
rapidité *f* / quickness, speed || ~ (techn) / rapidity, rapidness || ~ d'**accord** / tuning rate, tuning speed || ~ **DIN** (phot) / DIN-speed || ~ [d'une **pente]** / declivity || ~ de **réponse relative d'une excitatrice**, rapidité *f* d'excitation / exciter response || ~ du **tir** / rate of fire || ~ d'**un film** / film speed
rapiéçage *m* (contreplaqué) / insert
rapiécer (techn) / patch [up]
rapiécetage *m*, rapiécage *m* / patchwork
rapiéceter / patch up, piece up
rappareiller (p.e. une collection) / complete *vt*
rapparier / match *vt*, mate, pair
rappel *m* / return movement o. motion o. travel || ~ [sur] / reminder || ~ (ligne de contact) / pull-off || ~ (télécom) / calling back, recall, ringing back || ~ (m.à dicter) / backspacing || **faire ~ arrière** (tête magn.) / backspace || ~ **automatique** (télécom) / interrupted

ringing || ~ de **bogie** (ch.de fer) / adjusting gear of bogies || ~ **continu** / continuance
rappelé sur son **siège** (soupape) / closed (e.g. by spring)
rappeler (télécom) / call back *vt*, ring back || ~ / recall *vt*, call back || ~ le **chariot** (m.à écrire) / return the carriage || ~ à **zéro** / zeroize
rapplicage *m*, dégorgement *m* (teint) / bleeding || ~ sur les **rouleaux** (teint) / marking-off on the rollers
rapport *m* / report, statement || ~, attestation *f* (gén) / certificate, testimonial || ~ (math) / quotient [of] || ~, relation *f* / relation[ship] || ~ [entre deux choses] / interrelationship || ~ [avec] / bearing, influence [on, upon] || ~ (électron) / ratio (e.g. speech/noise ratio) || ~ (auto) / speed || ~ (géom) / relation || ~, rendement *m* (agr) / yield || ~ (ferblantier) / joint, seam || **en** ~ [avec] / analogous, in keeping [with] || **être au** ~ (tex) / register || **être en** ~ [avec] / suit, be suitable || **par** ~ [à] / versus || **par** ~ **au Nord** / north-up || **par** ~ **au temps** / with respect to time || ~ de **A à B** / ratio that A bears to B || ~ d'**agrandissement** / enlargement ratio || ~ **air enfermé / combustible** / trapped air / fuel ratio || ~ **air global / combustible** / overall air / fuel ratio || ~ **air/combustible** / air-fuel ratio || ~ d'**allongement** / aspect ratio || ~ d'**allongement** (aéro) / aspect o. fineness ratio || ~ d'**allongement** (nav) / coefficient of fineness || ~ **arithmétique** / numerical ratio || ~ [d'**armure**] (tissue) / weave repeat || ~ d'**aspect du plasma** / plasma aspect ratio || ~ d'**atténuation** (électr, télécom) / attenuation ratio || ~ des **axes** / axial ratio || ~ du **bain** (tex) / bath ratio || ~ en **bas de page** (ord) / page footing report group || ~ sur le **bilan-matières** (nucl) / material balance report || ~ de **bobinage** / wind ratio || ~ **cadmique** / cadmium ratio || ~ de **cartons** (jacquard) / number of cards to a pattern || ~ de **causalité** (phys) / causality || ~ **certifié d'essais**, RCE / certified test record, CTR, CTR || ~ en **chaîne** / warp pattern || ~ de **changement des boîtes** (tiss) / box change repeat || ~ des **changements de vitesse** (auto) / ratio of speeds || ~ de **chevron** (tiss) / repeat in a diamond design || ~ **ciment-eau** (bâtim) / cement to water ratio || ~ **clair-obscur** (électron) / light/dark ratio || ~ **CO/CO_2** / CO/CO_2-ratio || ~ de **commande** (électron, tube) / control ratio || ~ de **commutations** (thermostat) / duty cycle || ~ de **compression** (mot) / compression ratio, pressure ratio || ~ de **compression** (frittage) / fill[ing] factor || ~ de **concentration** / ratio of concentration || ~ de **conductance** (électr) / conductance ratio || ~ de **conduite** (roue dentée) / contact ratio || ~ de **conduite apparent** (roue dentée) / transverse contact ratio || ~ de **contraste des détails** (TV) / contrast ratio || ~ de **conversion** (nucl) / nuclear conversion ratio || ~ de **conversion initial** / initial conversion ratio || ~ de **conversion relatif** (nucl) / relative conversion ratio || ~ du **copeau** / chip length ratio || ~ de **corrélation** (statistique) / correlation ratio || ~ de **côtés** (repro) / aspect ratio || ~ des **courants transitoires** (semi-cond) / transitory current ratio || ~ **course-alésage** (mot) / stroke-bore ratio || ~ de **court-circuit** (électr, m. synchrone) / short circuit ratio || ~ entre le **coût et le rendement** / cost-effectiveness ratio || ~ entre le **coût et l'effet utile** (ord) / cost-to-performance ratio || ~ entre le **coût et l'efficacité** / cost effectiveness || ~ **coût/performances** / cost-performance ratio || ~ de **déformation** (forge) / deformation ratio || ~ de **démultiplication** (antenne) / velocity factor o. rate || ~ de **dépassement du bas de page** (ord) / overflow footing record group || ~ de **dépassement du haut de page** (ord) / overflow heading record group || ~ de **déviation** (contr.aut) / deviation ratio, offset ratio || ~ des **diamètres** / ratio of diameters || ~ **direct** (math) / direct ratio || ~ de **diversité** / diversity ratio || ~ de **double section** (math) / cross ratio || ~ de **duitage** (tiss) / picking repeat || ~ **durée de passage de courant pendant le cycle/durée de cycle** (gén) / mark[-to]-space ratio, pulse width repetition rate || ~ **E/C** (eau/ciment) / water-cement ratio || ~ d'**éclat apparent** (astr) / light ratio || ~ **économique acier/béton** (bâtim) / economic ratio steel/concrete || ~ d'**effort minimum à l'effort maximum** (méc) / stress ratio || ~ d'**élancement** (méc) / aspect ratio || ~ d'**emboutissage** (découp) / drawing ratio || ~ d'**embranchement** (nucl) / branching ratio || ~ **énergie habitant** / per-capita consumption of energy || ~ d'**engrenage** / gear ratio || ~ **entaille-limite d'élasticité** / notch-yield ratio || ~ d'**entrelacement** (TV) / interlace factor o. ratio || ~ d'**épreuve** / trial record || ~ d'**essais** / test report || ~ de **flèche** (pont) / rise-span ratio || ~ de **forage** (pétrole) / log[-book] || ~ de **formage** (forge) / deformation ratio || ~ **fréquence de lignes à fréquence de trame** (TV) / line frequency to frame frequency ratio || ~ **gaz-huile** / gas to oil ratio || ~ **grain/paille** / grain-straw ratio || ~ de la **hauteur à la largeur** (math) / height-width ratio || ~ **huile/résine** / oil length || ~ **important** / high ratio || ~ des **impulsions** / pulse ratio || ~ d'**impulsions** (télécom) / pulse to no-current ratio || ~ d'**inclinaison** / gradient, ratio of inclination, degree of slope || ~ des **ingrédients** (chimie) / proportion of ingredients || ~ d'**intervention** (ord) / call report || ~ **inverse en % du facteur d'amplification de potentiel** (électron) / reciprocal of the voltage amplification factor in %, passage, penetration coefficient o. factor, inverted o. inverse amplification factor || ~ **K/L** (nucl) / K/L-ratio || ~ des **leviers** / leverage, lever transmission, mechanical advantage, MA || ~ de **limite de fatigue et de charge de rupture** / fatigue ratio || ~ **L/M** (nucl) / L/M ratio || ~ **logique** / logical relation || ~ de **masse** (fusée) / mass ratio || ~ **masse-surface** (aéro) / mass-area ratio || ~ de **mélange** / ratio of components o. of mixture o. of ingredients, mixture ratio || ~ **météorologique** / weather report o. forecast || ~ du **minimum au maximum** (TV) / peak-to-valley ratio || ~ **mixte dans les broyés** (mines) / degree of dissociation || ~ **M/N** (nucl) / M/N ratio || ~ **modérateur-combustible** / moderator-fuel ratio || ~ **modulaire** (béton) / modular ratio || ~ **molaire** / mol ratio || ~ **moment du couple au volume du creux** (mot) / torque to bore volume ratio || ~ de **multiplication** (engrenage) / speed increasing ratio || ~ **net-brut de charge** (sidér) / net-to-gross furnace load || ~ de **niveaux sonores** / acoustic ratio, loudness ratio || ~ **nominal d'aspect** (pneu) / nominal aspect ratio || ~ **numérique** / numerical ratio || ~ d'**ourdissage** / repeat of warp || ~ d'**ourdissoir** / warp pattern || ~ de **phases** / phase relation || ~ **pic/vallée** (diode tunnel) / peak-to-valley ratio || ~ **poids en charge-poids à vide** (auto) / load/no-load ratio || ~ de **pondération** (de tension ou de courant) / weighting factor (for voltage o. current) || ~ non **pondéré son/bruit** / unweighted signal-to-noise ratio || ~ de la **poussée au poids** (aéro) / weight per pound o. kilogram thrust, thrust-weight ratio || ~ de la **poussée au poids total** (aéro) / thrust/weight

ratio || ~ de **pression par étage** (compresseur) / stage pressure ratio || ~ **prix-rendement** / cost-performance ratio || ~ de **proportion** / proportion || ~ entre la **puissance utile maximale et la cylindrée** / performance per liter || ~ **puissance/poids** / power[-to]-weight ratio || ~ **puissance/poids** (mot) / specific weight of the engine, weight per unit power || ~ de **quantités de substance en mol** / mol percent || ~ de **quinzaine** (bâtim) / two-weekly o. fortnightly (GB) report || ~ des **rayonnements avant et arrière** (antenne) / front-to-back ratio, front-to-rear ratio, rear-to-front ratio, forward-backward ratio || ~ de **réception** / acceptance report || ~ de **recouvrement** (roue dentée) / overlap ratio || ~ de **réduction** (engrenage) / speed reducing ratio || ~ de **régéneration** (nucl) / conversion ratio || ~ de **rendement** / efficiency ratio || ~ de **réunion scientifique** / minute, memo || ~ **salaires à la pièce aux salaires à l'heure** / bonus index || ~ entre **signal et bruit**, rapport *m* signal/bruit / signal-to-hum o. -to-noise ratio || ~ **signal de synchronisation au signal vidéo** / sync signal-to-video signal ratio || ~ **signal/bruit de courant d'alimentation de batterie** (électron) / signal-to-battery supply circuit noise ratio || ~ **signal/bruit de haute fréquence** / R.F. wanted/interfering signal ratio || ~ **signal/bruit subjectif** (TV) / weighted signal-to-noise ratio || ~ **signal/niveau résiduel d'effacement** (bande son) / erasure ratio || ~ **signal/parasite** / signal-to-hum o. -to-noise ratio || ~ **signal/tension parasite** / signal-to-noise voltage ratio || ~ de **sondage** / log[-book] || ~ de **surrégénération** / breeding ratio || ~ des **temps** (télécom) / mark-space ratio || ~ des **teneurs isotopiques** / isotopic abundance ratio || ~ en **tête de page** (ord) / page heading report group || ~ **total de conduite** (engrenage) / total contact ratio || ~ **tour/diamètre** (câble) / lay ratio || ~ en **trame** (tiss) / repeat of weft threads || ~ de **transfert** (électr) / transfer ratio || ~ de **transfert** (convertisseur à c.c.) / transfer factor || ~ de **transfert direct du courant à base commune** (semicond) / current amplification factor for base grounded || ~ de **transfert direct du courant à émetteur commun** (semicond) / current amplification factor for emitter grounded || ~ de **transfert direct du courant [avec] sortie en court-circuit** (semi-cond) / short circuit forward current transfer ratio || ~ de **transfert intrinsèque direct du courant** (semi-cond) / inherent value of the forward current ratio || ~ de **transformation** (électr) / turn[s] o. voltage o. winding ratio || ~ de **transmission de la timonerie de frein** / brake leverage || ~ **travail-repos** (clignoteur) / make-break ratio || ~ d'**unités** (phys) / unitary ratio || ~ **utile de synchronisation** (TV) / useful effect of synchronization || ~ **vertical** / vertical relationship || ~ de **viscosité** / viscosity ratio || ~ de **vitesse pour le gravissement des côtes** (auto) / hill gear || ~ **volumétrique** / quantitative proportion o. relation o. composition || ~ **volumétrique** (p.e. 9/1) (mot) / compression ratio, C.R.

rapporté (techn) / built[-up] || ~, par rapport [à] / referred [to] || ~ (techn) / mounted [on], [directly] attached || ~ (terre) / made || ~ (poutre) / compound || ~ (pièce) / added, separate || ~ (tranchant) / insert || ~ en **fonction de la fréquence** / represented as a function of frequency || ~ à la **sortie** (électron) / RTO, rto, referred to output

rapporter / report *vi*, give an account || ~ (dessin) / lay off || ~ (tex) / repeat || ~, donner un revenu / yield || ~ [à] / refer [to] || **à** ~ / slip-on... || **se** ~ [à] / refer [to], apply [to] || ~ un **arpentage** / plot a survey || ~ un **article** (m.compt) / post an item || ~ un **étage** (bâtim) / raise, increase, heighten || ~ par **soudure** / weld on || ~ en **stellite** / stellite || ~ des **terres** (bâtim) / fill up

rapporteur *m* (math) / protractor || ~ (techn) / reference ga[u]ge || ~ **secondaire** / secondary standard

rapproché / close

rapprochement *m* **fin** / fine feed, sensitive adjustment

rapprocher deux feuilles et les coller sur chants (placage) / joint and glue

rappuyer le **modèle au noir** / stamp black o. print black the pattern

rapt *m* (nucl) / pick-up reaction || ~ d'un **nucléon** (ELF) / pick-up of a nucleon

râpure *f* / raspings *pl* || ~ de **corne** / horn clippings *pl*

raquette *f* (ch.de fer) / loop, avoiding o. loop line || ~ (montre) / index [regulator]

raquetterie *f* (montre) / index assembly (GB), regulator assembly (US)

rare / rare || ~ (phys) / rare, rarefied || ~ (air) / thin (air)

raréfacteur-compresseur *m* à **piston rotatif** (poste pneumat.) / rotary piston blower

raréfaction *f* de l'**air** / air dilution o. rarefication, rarefaction of air

raréfiable (phys) / rarefiable

raréfié (phys) / rare, rarefied || ~ (air) / thin (air)

raréfier (phys) / rarefy || ~ (air) / pump down o. out, evacuate, exhaust

rareté *f* / rarity

ras / flush || ~ (drap) / napless || ~ (velours) / cut || ~ *m* sur l'**eau** (nav) / straight-sheered

rasage *m* (tiss) / cropping, shearing

rasance *f* (mil) / flatness

rasant (opt) / glancing || ~ (balistique) / flat, grazing

rasé (tex) / pileless, napless

rase-mottes *m* (aéro) / hedge hopping

raser (velours) / shear velours || ~ (bâtim) / strip, pull o. take o. break down, demolish || ~ une **forêt** / stub trees

rasette *f* (agr, outil) / beet hoe || ~ (charrue) / jointer, knife cutter, skim coulter || ~ (mines) / raker || ~ en **cœur** (agr) / duckfoot share o. blade || ~ **latérale** (plantoir) / L-blade || ~ pour **pommes de terre buttées** / sweep for ridged potatoes

raseur *m* de **velours** (tiss) / velvet shaver

rasoir *m* (tex) / trevet, trevette, trivet || ~ / razor || ~ **électrique** / electric razor o. shaver

rassemblement *m* **électronique** / electron bunching

rassembler / unite || ~ **et préparer les marchandises pour l'expédition** / commission *vt*

rassortir (magasin) / order a new supply, reorder

ratatiné / shriveled

ratatiner (se) / shrink, shrivel || ~ (se) (laque, défaut) / curtain, crawl

raté *adj* / botched, bungled || ~ (teint, défaut) / checkered, spotty || ~ *m* / failure, malfunction || ~ (électr) / power failure o. outage, failure of the current supply || **avoir des ~s** (mot) / misfire, backfire || **il y a des ~s de courant** (électr) / fail *vi* || ~ d'**allumage** (redresseur) / misfire || ~ d'**allumage** (auto) / firing failure, misfire || ~ de **blocage** (redresseur) / arc-through, loss of control, break-through || ~ de **mesure** / measuring error, faulty measurement

râteau *m* (laine) / lifter, lifting fork || ~ (horloge) / rack || ~ (agr) / rake || ~ (tiss) / separator, ravel || ~ (nav) / fairleader batten || ~, râble *m* (sidér) / rabble arm || ~ **andaineur** (moissoneuse) / side delivery rake, swath

rake || ~ en **arc** (eaux usées) / curved bar screen || ~ à **chaume** (agr) / stubble rake || ~-**faneur** *m* / hay rake and tedder || ~-**faneur** *m* à **chaîne** (agr) / chain type [side] rake || ~-**faneur** *m* **combiné** / combined side delivery rake and swath turner || ~-**faneur** *m* à **disques** (agr) / finger-wheel hay maker, finger-wheel o. star-wheel rake || ~-**faneur** *m* à **tambour** (agr) / [combined] side-rake and tedder || ~ de **guidage de tissu en boyau** (teint) / pegrail || ~ des **heures** (horloge) / hour rack || ~ **refroidisseur** (moulin) / cooling rake || ~ **traîné** (agr) / drag rake || ~ de **transbordement** (lam) / shuffle bar || ~ de **transport** / conveyor fork
râteler (agr) / rake
râtelier *m* (retordeuse) / yarn supply creel || ~ (jacquard) / grid || ~ (tiss) / separator, ravel || ~ **[avec sa pleine garniture] de bobines** (filage) / warp[ing] o. bobbin creel, spool rack || ~ pour **deux roues** / bicycle stand o. rack || ~ **porte-ensouple** / beam creel || ~ à **rouleaux** (typo) / roller frame || ~ à **tubes à réaction** (chimie) / test tube rack o. stand || ~ à **tuyaux** (pétrole) / pipe rack
rater (mot) / misfire, fail, conk [out] (coll)
ratière *f* d'**armure** (tex) / dobby, dobbie || ~ d'**armure à double lève** (tex) / double-lift dobby || ~ à **changement à deux cylindres** (tiss) / cross border dobby
ratine *f* (tiss) / ratiné, ratine
ratiner (tex) / ratine, frieze
ratineuse *f* (tex) / friezing machine
rationalisation *f* / rationalization
rationnel (math) / rational || ~ (méthode) / purposeful, concerted
rationnement *m* des **matières premières** / controlled materials plan, CMP
ratio-transistor *m* / ratio transistor
ratisser / scratch off, scrape off || ~ (tan) / shave, skive, flesh out || ~ (ch.de fer) / close-up
ratisseuse-chargeuse *f* (mines) / scraper type shovel loader
ratissoire *f* / scraper, scraping knife
ratissure *f* / scrapings *pl*, shavings *pl*
rattachage *m* (filage, tiss) / piecing
rattache *f*, rattachement *m* (filage) / joining, piecing, knotting and twisting and tying-in
rattachement *m* (télécom) / subscriber's cable o. line
rattacher / fasten, tie [up] again, retie || ~ (tiss) / tie *vt*, join || ~ (se) (auto) / strap into the seat || ~ des **fils** (tiss) / join by twisting || ~ un **nivellement** (arp) / connect a levelling
rattacheur *m* (filage, tiss) / piecer
ratter *m* (mines) / coarse sieve, crible
rattrapage *m* (ELF) / retrofit || **à ~ de jeu** / adjustable || **à ~ de jeu automatique** / floating caliper... || ~ du **jeu** / backlash elimination || ~ de **jeu** (NC) / width of backlash || ~ de **jeu des freins** / brake clearance adjustment || ~ de **modification** / supplement to a modification || ~ du **mou** / taking up slack
rattraper (trafic) / overtake, gain [on], catch up [with] || ~ (typo) / mark out || ~ le **jeu** / eliminate backlash || ~ le **jeu des paliers** / take up bearing play
rattrapeur *m* (lam. de tôles) / catcher || ~ **lamineur à l'arrière** (lam) / catcher || ~ de **perche** (électr) / pole retriever
rature *f* / scratching out || ~ (techn) / scrapings *pl* || ~, effacement *m* / erasure || ~**s** *f pl* d'**étain** / tin slips *pl*
raturer / cross out, strike out, cancel, delete || ~ / scrape || ~ (tan) / shave, skive, flesh out
raucher (mines) / brush down
ravager (agr) / skeletonize, strip of the leaves
ravages *m pl* (agr) / skeletonizing, stripping
ravageur *m* des **champs** (agr) / field pest || ~**s** *m pl* de la **vigne** / vine pests *pl*
ravalement *m* (bâtim) / resurfacing (of outside walls)
ravaler (mines) / deepen the shaft || ~ (bâtim) / resurface
ravaudage *m* / patching, botching, bungling
rave *f* (bot) / root, beet
ravin *m* / ravine, gully
ravine *f* (géol) / gully, gulley (GB) || ~ (géogr) / ravine, gorge || ~ (eau) / mountain torrent
ravinement *m* d'un **remblai** / washout of the embankment, erosion of the embankment
ravitaillement *m* / supply (of food etc.) || ~ en **carburant** / fuel supply || ~ en **eau chaude sanitaire** / hot water supply || ~ en **essence** (auto) / refuel[l]ing || ~ à la **mer** / naval mobile support logistic || ~ sous **pression** (aéro) / pressure refuelling || ~ [en **vol**] / refuel[l]ing in flight
ravitailler / tank *vt* up || ~ (se) / take in fuel, tank || ~ en **combustible** (aéro) / refuel
ravitailleur *m* (nav) / supplier, logistic ship, replenishment ship || ~ **automatique de barres** (m.outils) / automatic magazine bar feed || ~ **polyvalent** / multi-purpose supplier || ~ en **produits blancs** (nav) / fuel supply ship
ravivage *m* à la **meule flexible** (galv) / colouring
raviver / redress the surface || ~ (charp) / cut square || ~ (feu) / revive, kindle
rayé (tiss) / striped, streaked || ~ (tex, défaut) / cloudy, striped, barry, streaky || ~, barré / crossed || ~ (fusil) / rifled || ~ en **travers** / cross-striped, with transverse stripes
rayer / streak, stripe || ~ (carton) / score, crease || ~, barrer / strike out, cross o. score out || ~ (verre) / graze *vt*, scratch || ~ (fusil) / rifle *vt* || ~ (se) / become striated || ~ avec une **pointe** / scratch
rayère *f* / narrow window of a tower
rayeur *m* (tex) / striping attachment, yarn striping device || ~ à **trois barres** (tex) / ringless attachment, alternating three carrier attachment
ray-grass *m* / ray-grass
rayl *m* (= 1 µbar(cm/s)$^{-1}$) / rayl (unit of specific sound impedance)
rayon *m* / radius || ~ (men) / shelf || ~, domaine *m* / region || ~ (roue) / spoke, rung || ~ (phys) / ray, beam || ~ (agr) / small furrow, drill || **à ~s blancs** / white radiated || **à ~s X** / X-ray..., radio[logical] || **dans un** ~ [de], à rayon [de] / within a radius [of] || ~ en **acier** / steel shelf || ~ d'**action** (machine) / power range, range of capacity || ~ d'**action** (aéro) / flying range || ~ d'**action** (missile) / operating range || ~ d'**action en air tranquille** (aéro) / still-air range || ~**s** *m pl* **alpha** / alpha rays *pl* || ~**s** *m pl* **anodiques** / positive o. anode rays *pl* || ~ *m* de l'**arête arrondie** (outil) / rounded cutting edge radius || ~ d'**arrondi** / radius of curvature || ~ d'**arrondi sous tête** (vis) / radius under head || ~ de **bec** (outil) / corner radius || ~**s** *m pl* de **Becquerel** / Becquerel rays *pl* || ~**s** *m pl* **bêta ou** β / beta rays *pl* || ~ *m* pour **bicyclettes** / bicycle spoke || ~ du **bombé** (vis) / radius of raised portion || ~ du **bombé** (bout de vis) / radius of rounded end || ~ de **bordage** (chaudière) / flanging radius || ~ de **braquage** (auto) / turn, degree of lock || ~ de **bride** / flanging radius || ~ **canal** (pl: rayons canaux) (phys) / canal ray || ~ de **carre** / flanging radius || ~ **cathodique** / cathode ray || ~ de **cintrage** / bending radius || ~ **conducteur** / conducting ray || ~ de **congé** / rounding-off radius || ~ de **convergence** (math) / radius of convergence || ~**s** *m pl* **corpusculaires** / corpuscular rays *pl* || ~**s** *m pl* **cosmiques** / cosmic rays *pl* || ~ *m* de **courbure** /

bending radius || ~ de **courbure** (géom) / radius of curvature || ~ de **courbure principal** / principal radius of curvature || ~ **couvert par une grue** (grue) / radius of a crane || ~ de **couverture** (radar) / detection range || ~ **critique** (acoustique) / critical range || ~ de **décharge** / dumping radius || ~**s** *m pl* **delta** / delta rays *pl* || ~ *m* de **déversement** / dumping radius || ~ **dynamique** (pneu) / dynamic effective o. loaded o. rolling radius || ~ **effectif d'un émetteur** (électron) / effective radius of a sender || ~ **effectif du pneu** (auto) / dynamic effective [loaded] tire radius, effective rolling radius || ~ de l'**électron** / electron radius || ~ **électronique** / electron-beam || ~ d'**excentrique** / eccentric radius || ~ **focal** / focal ray || ~**s** *m* **gamma ou** γ / gamma o. γ-rays *pl* || ~ de la **gorge** / gorge radius || ~ de **guidage** (aéro) / guide beam, localizer o. radio beam || ~ **hydraulique** (hydr) / hydraulic mean depth, H.M.D., hydraulic radius || ~ **incident** / incident ray || ~ d'**inertie** / radius of gyration || ~ **ionique** (crist) / ionic radius || ~ **laser** / laser beam || ~ **libre** (pneu) / free o. unloaded (US) radius || ~ **limite** / grenz-ray, Bucky ray || ~ **lumineux** / ray of light, light beam o. ray || ~ de **magasin** / shelf || ~ de la **manivelle** / crank throw || ~ **médullaire** (bois) / medullary o. vascular ray || ~ **[métallique]** (sandwich) / honeycomb core || ~ de **miel** / honeycomb || ~ **minimal d'inscription en courbes** / minimum radius of curves || ~ **moléculaire** / molecular beam o. ray || ~ **normal** / normal beam || ~ du **noyau** (filetage) / minimum radius || ~ du **noyau central** (méc) / core radius || ~ **ordinaire** (biréfringence) / ordinary ray || ~ de **pivotement** / pivoting radius || ~ du **pneu chargé au repos** / loaded tire radius || ~ de **pointe** (outil) / corner radius || ~ **positif** (phys) / canal ray || ~ **primitif de référence** (roue dentée) / geometrical radius || ~ **principal** / principal ray || ~ de **profil** / profile radius || ~ de **raccordement rebord portée** (pneu) / bead seat radius || ~**s** *m pl* **radiographiques** / X-rays *pl*, Röntgen rays *pl* || ~ *m* de **référence** (aéro) / standard radius || ~ **réfléchi** / reflected ray || ~ **réfracté** / ray of refraction, refracted o. broken ray || ~**s** *m pl* **roentgen ou de Röntgen** / X- o. röntgen rays *pl* || ~ *m* **rompu** / ray of refraction, refracted o. broken ray || ~ de **roulement statique** (auto) / static rolling radius || ~ **sagittal** (opt) / sagital ray || ~ **sans charge** (pneu) / free o. unloaded (US) radius || ~**s** *m pl* **secondaires** / secondary radiation || ~ *m* **sous charge** (pneu) / loaded radius || ~ **terrestre** / earth's radius || ~**s** *m pl* **tertiaires** / tertiary radiation || ~ *m* de **torsion d'une courbe sphérique** / radius of torsion of a spherical curvature || ~ du **tranchant d'outil** / tool lip radius || ~**s** *m pl* **ultraviolets** / ultraviolet o. UV rays *pl* || ~ *m* **vecteur** (math) / position o. radius vector || ~ **vecteur** (coordonnée) / radius o. polar vector (pl: radii vectores, radius vectors) || ~ **vert** (météorol) / green flash || ~ de **virage** (aéro) / turning radius || ~ **visuel** / visual ray || ~**s** *m pl* **X** / X- o. röntgen rays *pl* || ~**s** *m pl* **X durs** / hard X-rays *pl* || ~ *m* de **xylème** (bot) / wood ray

rayonnage *m* / tier [stand o. frame], shelving, shelves *pl* || ~ **bureau** / office cabinet || ~ **gros porteur** / stand for heavy loads || ~ **mobile** / sliding shelves *pl* || ~ **porte-bacs** / tote-box shelving

rayonnant / bright, radiant

rayonne *f* (tex) / rayon || ~ d'**acétate** / acetate silk || ~ **alpaca** (tex) / alpaca rayon || ~ **creuse** / aerated rayon || ~ **cuproammoniacale** / cuprammonium o. cuprated silk o. rayon, copper rayon, lustracellulose || ~ **matée** / delustered o. dull rayon || ~ de **triacétate** / triacetate filament || ~ de **verre**, silionne *f* / textile glass multifilament product, silionne || ~ de **verre tordue** / glass fiber yarn || ~ **viscose glacée** (tex) / lustrous viscose

rayonné / radiate[d], rayed

rayonnement *m* (phys) / radiation || ~ α **ou** β **ou** γ / α- o. β o. γ-radiation || ~ **ambiant** (nucl) / background radiation || ~ d'**annihilation** / annihilation radiation, disintegration of matter into radiation, dematerialization || ~ de l'**antenne** / energy radiated by the antenna || ~ **calorifique** (phys) / thermal o. heat radiation || ~ en **cascade** / cascade radiation || ~ de **chaleur** / heat dissipation, heat radiation || ~ dû au **choc** (phys) / impact radiation || ~ [diffus] **du ciel** / diffuse celestial radiation o. light || ~ **corpusculaire** / corpuscular o. particle radiation o. emission || ~ **cosmique** / cosmic radiation || ~ **cosmologique** / ultragamma rays *pl* || ~ **diffusé** / leakage radiation || ~ **diffusé en avant** / forward scatter[ing] of radiation || ~ **dispersé** (électron) / scatter propagation, over-the-horizon propagation, scattered radiation || ~ **dur** / hard radiation || ~ **effectif** / effective radiation || ~ **électromagnétique** / electromagnetic radiation || ~ de **fond** (nucl) / background radiation || ~ de **freinage** (ELF) (nucl) / bremsstrahlung || ~ de **freinage interne** / inner bremsstrahlung || ~ de **fuite** / leakage radiation || ~ **gamma** / gamma o. γ radiation || ~ **gamma de capture** / capture gamma radiation || ~ **gamma instantané** / prompt gamma radiation || ~ **gamma rétrodiffusé** / backscattered γ-radiation || ~ **global** / global irradiance || ~ de **grande intensité** / high-level radiation || ~ **hertzien des corps célestes** (astr) / radio radiation || ~ **hétérogène** / heterogenous radiation || ~ **infrarouge** / infrared radiation || ~ **ionisant** / ionizing radiation || ~ **ionisant naturel** / natural background [radiation] || ~ du **laser** / laser irradiation || ~ de **lumière** / luminous radiation || ~ **Mallet-Čerenkov** / Czerenkov radiation || ~ **neutronique** / neutron radiation || ~ **noir** / black radiation || ~ **nucléaire** / nuclear radiation || ~ **parasite** / spurious radiation || ~ **perturbateur** / perturbing o. interference o.spurious radiation || ~ de **pompage** (laser) / pumping || ~ **primaire** (nucl) / direct o. primary radiation || ~ **rétrodiffusé** / backscattered radiation || ~ **solaire** / solar radiation || ~ **solaire global**, R.S.G. / global solar radiation, G.S.R. || ~ du **son** / sound radiation o. projection || ~ des **structures** (électron) / cabinet radiation || ~ **thermique** (phys) / thermal o. heat radiation || ~ **ultraviolet** / ultraviolet o. UV radiation || ~ **X** / X-radiation || ~ **X caractéristique** / characteristic X-rays o. X-radiation

rayonner *vi* / radiate *vi*, send out rays || ~ *vt* / fit with shelves, shelve *vt* || ~ (agr) / drill *vt*, furrow *vt* || ~ à **travers** / radiograph *vi*

rayonneur *m*, sillonneuse *f* (agr) / moulder, furrow opener || ~ **[butteur]** (agr) / ridger

rayure *f* (défaut) / stripe, streak || ~ (trace) / scratch, scar, scrape || ~ (verre) / scratch || ~ (phono) / disk scratch, surface noise || ~ (canon) / groove, rifle, rifling || ~**s** *f pl* (film) / cinch marks *pl* || ~ *f* d'**emboutissage** (tôle) / deep drawing groove || ~ d'**étirage** (tube) / drawing groove || ~ de **grippage** / score groove, groove || ~ **laissée par la peigne** (tiss, défaut) / reed mark, reediness || ~ du **pneu** (auto) / groove || ~ en **travers** / horizontal stripe pattern

raz *m* de **marée** / high storm water || ~ de **marée** (improprement dit), tsunami *m* / tsunami

RCE, rapport *m* certifié d'essais / certified test

record, CTR

réa *m* / rigger, leather rope pulley, groove o. strap pulley o. wheel

réactance *f* / [inductive and capacitive] reactance || ~ **acoustique** / acoustic reactance || ~ **capacitive** / capacitive reactance, capacitance, condensance || ~ **directe** (électr) / positive phase-sequence reactance || ~ d'**électrode** / electrode reactance || ~ de **fuite** (électr) / leakage reactance || ~ **homopolaire** / zero phase-sequence reactance || ~ **inductive** (électr) / inductance, inductive reactance || ~ de **masse** / mass reactance || ~ de **Potier** (électr) / Potier reactance || ~ de la **prise de terre** (électr) / earthing reactor, neutralator, negative compensator o. auto-transformer || ~ **subtransitoire** / subtransient reactance || ~ **transiente** (électr) / transient reactance || ~ **transitoire longitudinale** / direct axis transient reactance || ~ **transitoire transversale** / quadrature axis, transient reactance

réactant *m* / reactant

réacteur *m* (chimie) / reactor, reaction vessel || ~ (aéro) / jet o. reaction engine, thermojet || ~ (nucl) / [nuclear] reactor || ~ **aqueux** / aqueous [homogeneous] reactor || ~ **autorégulateur** / self-regulating reactor || ~ **avancé** / advanced reactor || ~ **avancé à eau sous pression** / advanced pressurized water reactor || ~ à **basse fluence** / low flux reactor || ~ de **bout de pale** (aéro) / pressure jet, tip mounted turbojet || ~ à **carbure, [céramique]** / carbide-, [ceramic-]fueled reactor || ~ à **cavité minimale** (espace) / mini-cavity reactor || ~ à **circulation forcée** / forced circulation reactor || ~ à **cœur fermé** (nucl) / tank reactor || ~ à **cœur à germes** (nucl) / seed core reactor || ~ à **cœurs accouplés** / coupled-core reactor || ~ à **combustible céramique** (nucl) / ceramic [fueled] reactor || ~ à **combustible circulant** / circulating fuel reactor || ~ à **combustible fluidisé** / fluidized [bed] reactor || ~ à **combustible métallique liquide** / liquid-metal-fueled reactor, LMFR || ~ à **combustible en suspension** / slurry o. suspension reactor || ~ à **commande par absorption** / absorption control reactor || ~ à **commande configurative** / configuration control reactor || ~ à **commande par poison** / fluid poison control reactor, FPCR || ~ **compact** / compact reactor || ~ **convertisseur** (nucl) / converter [reactor] || ~ **critique propre** / clean cold critical reactor || ~ à **cycle direct** / direct cycle reactor || ~ à **cycle direct au diphényl** (nucl) / direct cycle diphenyl reactor, DCDR || ~ à **cycle fermé de gaz** / gas cycle reactor || ~ à **cycle indirect** / indirect-cycle reactor || ~ à **dérive spectrale** / spectral shift reactor || ~ à **double cycle** / split-flow reactor, dual-cycle reactor || ~ à **double flux** (ELF) (aéro) / bypass engine, turbofan engine || ~ à **eau bouillante**, B.W.R. / boiling light water moderated and cooled reactor, water-boiler reactor, boiling water reactor, BWR || ~ à **eau légère** / light-water reactor, LWR || ~ à **eau légère refroidi par gaz** / LWGCR, light water moderated, gas cooled reactor || ~ à **eau lourde** / heavy water o. deuterium reactor, HWR || ~ à **eau sous pression** / pressurized water reactor || ~ à **ébullition** / boiling reactor || ~ **«en cœur»** (espace) / incore reactor || ~ **enrichi** / enriched-uranium[-fueled] reactor, enriched reactor || ~ d'**entraînement** / training reactor || ~ **épithermique** / epithermal reactor || ~ **épithermique à sel fondu** / molten salt epithermal reactor || ~ d'**essais de matériaux** / materials testing reactor, MTR || ~ **expérimental** / experimental reactor, material test reactor || ~ **expérimental régénérateur** / experimental breeding reactor || ~ **exponentiel** (nucl) / exponential reactor || ~ à **faible flux** / low flux reactor || ~ à **fission** / fission reactor || ~ à **fluide sous pression** / pressurized reactor || ~ de **fusion** / fusion reactor || ~ à **gaz avancé ou poussé** / advanced gas-cooled reactor, AGR || ~ à **gaz en phase liquide** / gas-liquid phase-reactor || ~ de **grande capacité** / high-energy level reactor || ~ au **graphite refroidi à l'eau** / LWGR, light water cooled, graphite moderated reactor || ~ à **haut flux** / high-flux reactor || ~ à **haute température** / high temperature reactor || ~ à **haute température au thorium** / thorium high temperature reactor, THTR || ~ à **haute température avec turbine à l'hélium en cycle direct** / high temperature reactor with direct cycle helium turbine || ~ **hétérogène** (nucl) / heterogenous reactor || ~ **homogène** (nucl) / homogeneous o. circulating reactor || ~ **H.T.G.R.** / HTGR, high temperature gas cooled, graphite moderated reactor || ~ **intégral** / integral reactor || ~ d'**irradiation** / food irradiation reactor, F.I.R. || ~ **isotopique à haut flux** / high-flux isotope reactor, HIFR || ~ à **lit de boules** / pebble-bed reactor || ~ à **lit fluidisé** / fluidized bed reactor || ~ à **maximum de flux** (nucl) / highest flux o. very-high flux reactor || ~ à **métal liquide** / liquid metal reactor, LMR || ~ **modéré** / moderated reactor || ~ **modéré au béryllium** / beryllium-[oxide-]moderated reactor || ~ **modéré au graphite** / graphite moderated reactor || ~ **modéré par matériaux céramiques** / ceramic reactor || ~ **modéré par matière organique** / organic moderated reactor, OMR || ~ à **neutrons intermédiaires** / intermediate [spectrum] reactor || ~ à **neutrons rapides** / fast [neutron] reactor || ~ à **neutrons thermiques** / thermal [neutron] reactor, (formerly:) slow reactor || ~ **non-homogène** (nucl) / heterogenous reactor || ~ **nu** / bare reactor || ~ **nucléaire** / [nuclear] reactor || ~ à **oxyde** / oxide fueled reactor || ~ à **pâte** / paste reactor || ~ **piscine** / swimming pool reactor, pool[-type] o. aquarium reactor || ~ au **plutonium** / plutonium [-fueled] reactor || ~ à **poussée vectorisé** (aéro) / vector thrust engine || ~ **préfabriqué** (ELF) / package reactor || ~ pour **procédés chimiques** (chimie) / chemical processing reactor || ~ de **production** (nucl) / production o. regenerative reactor || ~ de **production de chaleur** / process heat reactor || ~ de **production d'isotopes** / isotope-production reactor || ~ de **production de matières fissiles** / fissile-material production reactor || ~ de **production de plutonium** / plutonium-production reactor || ~ de **production de puissance** / power reactor || ~ de **production de vapeur** / steam generating reactor || ~ de **propulsion** / propulsion reactor || ~ **prototype** / prototype reactor || ~ de **puissance** / power reactor || ~ de **puissance à eau légère** / light water power reactor || ~ de **puissance électrique** / electric-power reactor || ~ de **puissance modéré par eau lourde et refroidi par gaz** / heavy water moderated gas cooled power reactor || ~ de **puissance zéro** / zero-energy o. zero power reactor || ~ **pulsé** (nucl) / pulsed reactor || ~ de **radiobiologie** (ELF) / biomedical reactor || ~ de **radiochimie** (ELF) / chemonuclear reactor || ~ **rapide** / fast [neutron] reactor || ~ de **recherche** / research reactor || ~ de **recherche à fonctions multiples** / multi-purpose research reactor || ~ à **recyclage** / recycle reactor ||

~ **refroidi par gaz modéré au graphite** / gas-cooled, graphite-moderated reactor, GCR || ~ **refroidi à liquide** / liquid-cooled reactor || ~ **refroidi au sodium** / sodium cooled reactor || ~ **refroidi à vapeur saturée** / saturated steam cooled reactor || ~ à **refroidissement par circulation naturelle** / natural circulation reactor || ~ à **refroidissement par convection** / natural convection reactor || ~ à **refroidissement par poussière** / dust-cooled reactor || ~ à **refroidissement par vapeur surchauffée** (nucl) / superheated steam cooled reactor || ~ à **réservoir** / tank reactor || ~ **secondaire** (nucl) / secondary reactor, enriched pile || ~ au **sodium-graphite** / sodium graphite reactor || ~ **source** (nucl) / source reactor || ~ à **spectre intermédiaire** / intermediate [spectrum] reactor || ~ à **spectre mixte** (nucl) / mixed spectrum reactor || ~ à **spectre réglable** / spectral shift reactor || ~ à **surchauffage** / superheat reactor || ~ **surconvertisseur ou surrégénérateur rapide** / fast breeding reactor o. breeder, FBR || ~ **surrégénérateur au plutonium** / plutonium breeder || ~ **surrégénérateur de puissance** / power breeder o. breeding reactor || ~ **surrégénérateur à uranium** / uranium breeder || ~ à **tank** / tank reactor || ~ **thermique** (auto) / thermal exhaust manifold reactor || ~ de **traitement des matériaux** / materials processing reactor || ~ **transportable** / transportable reactor || ~ à **tubes de force** / pressure tube reactor || ~ à **uranium** (nucl) / uranium reactor || ~ à **uranium enrichi** / enriched-uranium[-fueled] reactor, enriched reactor || ~ à **uranium naturel** / natural-uranium-fueled reactor || ~ **vaporigène** / steam generating reactor || ~ **virtuel** (nucl) / image o. virtual reactor

réactif *adj* / reactive || ~ *m* (chimie) / reagent || ~ d'**attaque** / corrosive, corroding agent || ~ d'**attaque micrographique** / pickling solution || ~ **cupro-alcalin** / Fehling's solution || ~ **Eschka** (chimie, mines) / Eschka's reagent || ~ de **flottation** (prépar) / modifier, modifying agent || ~ de **flottation** (pap) / flotation [re]agent || ~ **inducteur** (chimie) / trigger || ~ **microanalytique** (chimie) / microanalytical reagent, MAR || ~ de **Nylander** (chimie) / Nylander solution || **~s** *m pl* de **pulvérisation** (chimie) / spray reagents *pl* || ~ *m* de **régénération** / regenerant || ~ de **Schiff** / Schiff's reagent || ~ **tampon** (chimie) / buffer [reagent]

réaction *f* / answer, reaction || ~ (méc) / back pressure, reaction || ~ (gén) / feedback || ~ (phys, méc) / reaction || ~ (chimie) / reaction || ~ (électron) / back-coupling, [positive] feedback, regeneration, retroaction, reaction || ~ (fusée) / reaction, repulse || **à** ~ / regenerative || **à ~ acide** / with an acid reaction, acid [to] || **donner lieu à une** ~ / react *vi* || **la ~ se produit ...** / the reaction takes place || **ne donner qu'une** ~ (chimie) / produce only one reaction || **qui entrave ou gêne la** ~ / reaction inhibiting || **qui entre facilement en** ~ / reactive, active || **qui oriente la** ~ / guiding the reaction || ~ **acoustique** / acoustic feedback || ~ de ou par **addition** / addition reaction || ~ de l'**air suivant la corde de l'aile** (aéro) / force along the chord || ~ **aluminothermique** / aluminothermic reaction || ~ d'**anode** (électron) / feedback admittance o. susceptance || ~ **apériodique** (télécom) / aperiodic regeneration || ~ d'**appui ou aux appuis** / bearing pressure o. stress, pression on the support o. bearing || ~ d'**asservissement** (contr.aut) / feedback || ~ **auto-entretenue** (nucl) / self-sustained reaction, critical reaction || ~ de **Baudoin** / Baudouin reaction || ~ de **Cannizaro** (oxy-, hydrogène) / dismutation || ~ en **chaîne** / chain reaction || ~ en **chaîne accroissante** (chimie) / propagation o. growth reaction || ~ en **chaîne sous contrôle** / controlled chain reaction || ~ **chimique** / chemical reaction || ~ **chimique de couleur** / chemical coloration || ~ de **Claisen** (chimie) / Claisen reaction || ~ **colorée** / colour reaction || ~ **complète** (chimie) / complete reaction || ~ **concurrente** / competing reaction || ~ **consécutive** / secondary o. consequent reaction || ~ des **contraintes** / constraining force || ~ **convergente** (nucl) / convergent o. subcritical reaction || ~ **correctrice** (électr) / antidistortion feedback || ~ de **coupe** (m.outils) / cutting force o. power o. reaction || ~ de **courant** (électron) / current feedback || ~ du **courant de l'induit** (électr) / armature reaction || ~ **critique** (nucl) / self-sustained reaction, critical reaction || ~ de **croisement** (phys) / crossing reaction || ~ de **croissance de la chaîne** (chimie) / growth o. propagation reaction || **~s** *f pl* **dans un train** (ch.de fer) / slack action of the wagons, surging of vehicles || ~ *f* de **décomposition** / degradative reaction || ~ par **dérivation ou de différenciation** (contr.aut) / derivative feedback || ~ **divergente** (nucl) / divergent o. supercritical reaction || ~ de **double décomposition** (chimie) / exchange reaction || ~ **dynamique** / motional feedback || ~ à l'**élaïdine** / elaidine reaction || ~ **électromagnétique** (électron) / inductive o. [electro]magnetic reaction || ~ **élémentaire** / elementary reaction || ~ **élémentaire photochimique** / elementary photochemical reaction || ~ d'**élimination** (chimie) / elimination reaction || ~ d'**équilibre** (chimie) / balance reaction || ~ **équilibrée** (chimie) / balanced o. reversible reaction || ~ **et moulage par injection**, R.M.I. (plast) / reaction-injection moulding, RIM || ~ **étagée** (chimie) / successive reaction || ~ à **explosion** / explosion reaction || ~ au **feu** / reaction to fire || ~ de **fission** / fission reaction || ~ de **formation** (chimie) / reaction of formation || ~ de **freinage** / brake reaction o. response || ~ de **fusion nucléaire** / nuclear fusion reaction || ~ **globale** / overall o. total reaction || ~ de **gonflement** (cellulose) / swelling reaction || ~ en **groupes** / group reaction || ~ par **induction** (électron) / inductive o. [electro]magnetic reaction || ~ **inductrice** (chimie) / inducing o. initiating o. start reaction || ~ d'**induit** / armature reaction || ~ **interne** (semicond) / internal feedback || ~ **inverse** (électron) / inverse feedback, countercoupling || ~ au **manche** (aéro) / control feel || ~ **mécanique** / mechanical action || ~ de **mise en position** (contr.aut) / position feedback || ~ dans les **moules** (plast) / reaction-injection moulding, RIM || ~ **multiple** (contr.aut) / multiple feedback || ~ **négative** (contr.aut) / negative follow-up || ~ **négative d'intensité** / negative current feedback || ~ **neutron-neutron** / neutron-neutron reaction || ~ **non réversible** / irreversible reaction || ~ **nucléaire** / nuclear reaction || ~ **nucléaire en chaîne** / nuclear chain reaction || ~ d'**obscurité** (chimie) / dark reaction || ~ en **parallèle** / parallel feedback || ~ **parasite** / parasitic reaction, stray reaction || ~ **partielle** (chimie) / balanced o. reversible reaction, incomplete reaction || ~ **perturbation-réponse** (contr.aut) / disturbance-response feedback || ~ de **phases** (chimie) / phase reaction || ~ **photonucléaire** / photonuclear reaction || ~ **physique de couleur** (pap) / physical colour reaction || ~ de la **position** (contr.aut) / position feedback || ~ **positive** / positive

feedback || ~ **principale** (contr.aut) / major o. primary feedback || ~ **propergolique** / propergolic reaction || ~ **proton-neutron** / proton-neutron reaction || ~ **proton-proton** / proton-proton chain || ~ **radicalaire** (chimie) / radical reaction || ~ de **réflexe** / startle reaction || ~ de **Reimer-Tiemann** (chimie) / Reimer-Tiemann-reaction || ~ en **retour** (chimie) / back reaction || ~ **réversible** (chimie) / balanced o. reversible reaction || ~ **rigide** (contr.aut) / proportional o. rigid feedback || ~ de **Sandmeyer** (chimie) / Sandmeyer's reaction || ~ **secondaire** / secondary o. side effect o. action || ~ à **seuil** (nucl) / threshold reaction || ~ **simultanée** voir réaction secondaire || ~ aux **sommiers** / pressure on abutment || ~ **sous-critique** (nucl) / convergent o. subcritical reaction || ~ **stabilisatrice** (électron) / stabilizing feedback || ~ **subséquente** / subsequent reaction || ~ **suractivée** (dégagement hydrogène) / shift reaction || ~ **surcritique** (nucl) / divergent o. supercritical reaction || ~ **tachymétrique** (contr.aut) / rate feedback || ~ de **tension** (électron) / voltage feedback || ~ **thermonucléaire** / thermonuclear reaction || ~ **topochimique** / topochemical reaction || **~s** *f pl* dans un **train** (ch.de fer) / slack action of the wagons, surging of vehicles || ~ *f* **type** (chimie) / specific reaction || ~ **unimoléculaire** / monomolecular o. unimolecular reaction || ~ **xanthoprotéique** / xanthoprotein reaction
réactivation *f* / reactivation
réactiver / reactivate
réactivité *f* (chimie) / capability of reacting, reactivity || ~ à l'**arrêt** (nucl) / shutdown reactivity || ~ en **charge** / creep, crawling || ~ en **charge à chaud** / creep || ~ dans l'**huile** / oil reactivity, reactivity to oil || ~ **négative** (nucl) / negative o. deficit reactivity || ~ au **repos** / elastic after-effect o. after-working o. fatigue, elastic hysteresis o. lag, residual elasticity
réadaptation *f* / rehabilitation || ~ de la **production** / rearrangement o. conversion of production, production change-over
ré-adressable (ord) / relocatable
ré-adresser (ord) / relocate
réaérage *m*, réaération *f* / re-aeration
réaffecter un **symbole** (ord) / revalue a symbol
réaffûter / regrind, resharpen
réagir (électr) / come into action, act, react, respond || ~ (chimie) / react || ~ (méc) / react || **faire** ~ / react *vt* || ~ **alcalin** / react alkaline
réagissant rapidement / quick-action...
réaimanter / magnetize, remagnetize
réajustement *m* (personnel) / dismissal, discharge
réajuster / adjust, readjust, reset || ~ l'**équilibre** / restore the equilibrium
réalésage *m* / rebore, reboring
réaléser (mot) / rebore *vt*
réalgar *m* (min) / realgar
réaligner / realign
réalimentation *f* d'**énergie** / energy backfeed
réalisation *f* / realization, embodiment, achievement || ~ des **bâtiments** / [execution of] construction work || ~ **concrète** (s'oppose à conception) / accomplishment || ~ d'un **dessin** / layout of a design || ~ d'un **hologramme** / holographic representation || ~ en **série** / series fabrication || **~s** *f pl* **techniques** (ELF) / engineering achievements *pl* || ~ *f* à l'**unité** / individual make
réalisé (revenue, aéro) / revenue... || ~ par **éléments** / fabricated, prefabricated || ~ par **programme** / programmed, programed
réaliser / realize || ~ (brevet) / embody, reduce to practice || ~ une **configuration** / configure

réaménagement *m* **urbain** / urban redevelopment
réamorçage *m* (tube) / reignition
réamorcer (fil de verre) / pick down
réantifrictionner / reline o. remetal bearings
réappliquer (électron) / couple o. feed back, regenerate
réapprovisionner (m.de bureau) / replenish forms
réappuyer sur un **bouton** / press down a button several times || ~ sur la **touche** / press again a key
réarmement *m* (relais) / reclosing || ~ (comm.pneum) / reset[ting]
réarmer (mil) / rearm || ~ **le relais** / reset a relay
réarrangement *m* (chimie) / transposition, rearrangement
réarranger (gén, chimie) / rearrange
réassortir (magasin) / order a new supply, reorder
rebancher (mines) / dint *vt* || ~ par **explosifs** (mines) / open by blasting
rebaquetage *m* / slough, slovan, gullet
rebâtir / re-erect
rebelle (fonderie) / sluggish || ~ / refractory, rebel
rebobinage *m* (ord) / rewind || ~ (électr) / rewinding || ~ de la **bande perforée** / tape rewind || ~ à **friction** (film) / take-up friction || ~ **rapide** (b.magnét) / fast rewind || ~ à **vitesse élevée** (b.magnét) / highspeed rewind
rebobiner (électr) / rewind || ~ (pap) / roll up again, reroll || ~ un **bloc** (b.magnét) / rewind one gap
rebobineuse *f* (pap) / rewinder
reboisement *m* / reafforestation
reboiser / reafforest, reforest
rebond *m* / resilience, bounce || ~ de **soupape** (mot) / valve bounce
rebondir *vi* / kick, rebound, bounce || ~, faire ressort / spring *vi*, be resilient o. elastic || ~ (projectile) (mil) / glance off, ricochet || **faire** ~ / make rebound || ~ en **arrière** / resile
rebondissement *m* / rebound, bounce || ~ / overshoot, overswing || **sans** ~ / bounce-free || ~ de **contact** / contact bounc[ing] o. chatter || ~ **élastique** (plast) / rebound resilience
rebord *m* / shoulder, edge || ~, bord *m* replié / rim || ~ (couture) / lining, bordering || ~ (tex) / wale, rib || ~ (bâtim) / moulding || ~ (techn) / cheek, fence, shoulder || ~ **amovible** (jante) / detachable endless flange || ~ **amovible verrouilleur** (jante) / detachable spring flange || ~ de la **boîte de vitesses** (auto) / gearbox flange || ~ d'une **cavité ou d'une bobine** / brim, edge of a cavity o. bobbin || ~ de **centrage** / centering shoulder || ~ de **fenêtre** / window sill o. cill (GB) || ~ de **jante** / bead of rim || ~ de la **pale d'hélice** / leading edge of propeller || ~ du **raccord à piège** (guide d'ondes) / choke flange || ~ de la **roue** (ch.de fer) / wheel rim || ~ de **tôle** (techn) / edge of flange
rebouclement *m* (tex) / looping
rebouillir / boil [out o. off]
rebourrer (ch.de fer) / retamp, repack
rebours *m* (drap) / counter-pile || **à** ~ / in the reverse direction || **à** ~ (tex) / against the nap o. pile || **à** ~ (compte) / down [counting]
rebroussage *m* d'**air** (mines) / back draught o. draft (US) of air
rebroussement *m* / turning back || ~ (ch.de fer) / switch-back, back shunt, setting back
rebrousse-poil, à ~ / against the nap o. fur
rebrousser / brush up || ~ (cuir) / grain *vt*, board || ~ (drap) / shear against the grain, (also:) brush up, nap *vt* || ~ **chemin** / turn back, retrace one's steps
rebut *m* (gén) / discard, waste, refuse || ~ (lam) / cobble || ~, détritus *m* / garbage, spoil, detritus || ~,

camelote *f* / junk o. job goods *pl*, job lot (US) || ~ (plast) / transfer cull || ~ (fonderie) / waste, spoiled casting, misrun, off-cast || ~ (ordonn) / rejects *pl* || **mettre au** ~ / scrap *vi vt* || ~ à l'**entrée et à la sortie [d'un circuit d'ordinateur]** (ord) / garbage in garbage out, GIGO || ~**s** *m pl* de **lavage** (houille) / residue of coal washing || ~ *m* de **lin** / scutching tow, tangle fibre || ~**s** *m pl* **mesurés** (nucl) / discarded materials *pl*, measured discards *pl* || ~ *m* **non récupérable** / rubbish, refuse, rejections *pl* || ~**s** *m pl* de **poissons** / fish offal || ~ *m* **récupérable** / reusable rejects *pl* || ~**s** *m pl* **textiles** / textile waste

rebuter / reject sharply, rebuff *vt* || ~ (techn) / discard, scrap

recadrer / check, verify

recaler / smooth-plane

recalescence *f* (sidér) / recalescence

recalescer (sidér) / recalesce

recalibrer / recalibrate

recaoutchoutage *m* (auto) / full cap, [re]treading, recap

récapitulation *f* / recap[itulation]

recarburant *m* (sidér) / recarburizing agent

recarburation *f* (sidér) / carbon restoration

recarburé (sidér) / carbon corrected

récème *m* / transceiver || ~ du **canot de bord** (radio) / lifeboat transceiver || ~ à **dos d'homme** / manpack transceiver || ~ **magnétostrictif** / magnetostrictive transceiver || ~ **tél[é]autographique** / facsimile transceiver

recensable statistiquement / numerically evaluable

recenser [parmi] / include

récent / modern

recentrer l'hélice / realign the airscrew

receper, recéper (agr) / cut down to the ground || ~, recéper (pieux) / top *vt*, saw off

récépissé *m* / receipt || ~, reçu *m* / voucher

récepteur *m* (gén, télécom, électron) / receiver || ~ (télécom) / receiver [earpiece] || ~ (radio) / receiving set o. unit || ~ (gén) / place of deposit || ~ (phys, électr) / consumer || ~ à **alimentation mixte** / battery- and mains-operated receiver, battery/mains receiver || ~ à **amplification directe** / tuned radio-frequency receiver, TRF, direct detection receiver, straight receiver || ~ **autodyne** (électron) / auto[hetero]dyne receiver || ~ de **battements à tubes** / beat-frequency o. heterodyne tube receiver || ~ **bélinographique** / facsimile receiver || ~ à **bobines** (télécom) / moving coil receiver || ~ à **boutons-poussoirs** / push-button radio || ~ de **cartes** / card stacker, card bin || ~ en **cascade** / tuned radio-frequency receiver, TRF, direct detection receiver, straight receiver || ~ à **changement de fréquence** (électron) / beat o. beatnote o. superheterodyne receiver, supersonic heterodyne receiver, double detection receiver, superhet || ~ du **combiné** (télécom) / telephone receiver, receiver cap o. case || ~ **combiné A.M./F.M.** (électron) / AM/FM receiver || ~ de **commandes** (espace) / command receiver || ~ **compensé** (électron) / balanced receiver || ~ de **contrôle** / check o. monitoring receiver || ~ de **contrôle de la couleur** (TV) / colour monitor, television monitor || ~ de **contrôle de l'image** / vision check receiver, television monitor || ~ **coudé vers le haut** (poste pneum.) / receiver unit for upward reception || ~ de **courant** (électr) / current o. power consumer, user of electric power || ~ à **décalage** (c.perf) / offset stacker || ~ **décomposeur** / resolver receiver o. repeater || ~ à **deux circuits** (électron) / two-circuit receiver || ~ **différentiel** (contr.aut) / differential repeater o. receiver || ~ **directif** / directional receiver || ~ de **documents** / document stacker || ~ pour **domicile** / home radio || ~ de **données numériques** / digital data receiver, DDR || ~ à **double action superhétérodyne** (électron) / double superheterodyne receiver || ~ d'**écho** / echo receiver || ~ **[électro-]acoustique** / electroacoustic transducer || ~**-émetteur** *m* / transceiver || ~**-émetteur** *m* à **dos d'homme** / manpack transceiver || ~**-émetteur** *m* **tél[é]autographique** / facsimile transceiver || ~ d'**émission du son** (électron) / initial sound receiver, impulse receiver || ~ **équilibré** (électron) / balanced receiver || ~ d'**étalonnage** (électron) / standard receiver || ~ en **forme montre** (télécom) / watch [case] receiver, box receiver || ~ à **galène** (radio) / demodulator receiver, crystal receiver || ~ **gonio[métrique]** (électron) / position finder o. fixer || ~ de **guidage** (missile) / guidance receiver || ~ **harmonique** / harmonic receiver || ~ **hétérodyne** / beat-frequency o. heterodyne receiver || ~ **Hi-Fi** (électron) / high fidelity receiver || ~ **homodyne** / zero-beat receiver || ~ **imprimeur** (télécom) / printing receiver || ~ d'**interception** (mil) / intercept receiver || ~ à **interrupteur** (électron) / ticker, chopper [receiver], buzzer receiver || ~ **M.F. piézoélectrique** / crystal gate receiver || ~ de **niveau** (contr.aut) / level receiver || ~ à **ondes courtes** / short-wave receiver || ~ pour **ondes non amorties** / continuous wave receiver || ~ d'**ordres** (fusée) / command receiver || ~ **panoramique** (radar) / panoramic receiver || ~ **panoramique** (électron) / panoramic receiver || ~ de **papier d'imprimante** (ord) / forms stacker || ~**-perforateur** *m* / perforated strip recorder (GB) || ~ à **piles** / portable receiver o. radio (US) o. wireless (GB) || ~ **piles-secteur** / battery- and mains-operated receiver, battery/mains receiver || ~ à **plusieurs circuits accordés** (électron) / multi-circuit harmonic receiver || ~ de **poche** (ELF) / pocket[able] radio o. portable || ~ **portatif** / portable receiver o. radio (US) o. wireless (GB) || ~ de **radiodiffusion**, récepteur-radio *m* / wireless (GB) o. broadcast o. radio (US) receiver o. set, radio (US) || ~ **radiogoniomètre** / direction finder, directional receiver, [radio] position finder o. fixer, radiogoniometer || ~ de **radiophare** / radio beacon receiver || ~ de **radioralliement** (aéro) / homing receiver || ~ du **rayon de guidage à l'engin** / missile guide-beam receiver || ~ **réflexe** (électron) / reflex [receiver], regenerative reflex receiver || ~ **résistant** (électr) / resistor || ~ à **rétroaction** (électron) / regenerative receiver || ~ **secondaire** (électron) / branch set || ~ **secondaire** (TV) / secondary television receiver || ~ sur **secteur alternatif** / a.c. mains receiver || ~ de **signaux** / signal receiver || ~ à **siphon** (télécom) / siphon recorder || ~ **sous-marin de son** / submarine sound receiver, subaqueous microphone, hydrophone || ~ **spécial pour émetteur relais** / direct-pick-up receiver, repeater receiver || ~ **superhétérodyne** / beat[note] o. superheterodyne receiver, double detection receiver, supersonic heterodyne receiver, superhet (coll) || ~ à **superréaction** / periodic trigger-type receiver || ~ de **table** (électron, TV) / table-model receiver || ~ **tél[é]autographique** (télécom) / phototelegraphic receiver || ~ de **télécommande centralisée** (électr) / ripple control receiver || ~ **téléphotographique** (télécom) / phototelegraphic receiver, facsimile receiver || ~ du **téléscripteur** / telex receiver, teleprint (GB) o. teletype (US) receiver || ~ **témoin** / check o. monitoring receiver, test receiver || ~ **témoin** (TV) / monitor, monitor[ing] loudspeaker || ~ à **ticker** (électron) / ticker, chopper [receiver], buzzer receiver || ~ **toutes ondes** (électron) / all-wave receiver || ~ pour **traduction simultanée** / translator o. transistor baton || ~ de **trafic** / road message receiver || ~ à **transistors** / transistor receiver || ~ à **tubes radio** / tube receiver || ~ **ultradyne** / ultradyne receiver || ~ à **ultra-son** / ultrasonic receiver || ~ à **un circuit d'accord** (électron) / single-circuit receiver || ~ **vertical** (c.perf) / radial stacker

réception *f* / reception, receipt || ~ (TV, électron) / reception || ~ (ordonn) / acceptance, reception || ~, essai *m* de réception / acceptance test || ~ **auditive** / aural reception, reception by sound || ~ d'un **bâtiment neuf** / taking over a newly erected house || ~ des **betteraves** / factory reception of beets || ~ **brouillée** (électron) / noisy reception || ~ sur **cadre** / frame o. loop reception || ~ des **cartes commandée par programme** (c.perf.) / [program-]controlled card stacking [unit], select stacker || ~ de **cartes à décalage** (ord) / offset stacking || ~ **collective** / community listening o. viewing || ~ **collective d'antenne de télévision** / community antenna television, CATV || ~ des **copeaux** / chip pan o. tray || ~ **dirigée ou directive** / directed o. directive reception || ~ **diversité ou en diversity** / diversity reception || ~ **diversité polarisée** / polarized diversity reception || ~ **double** (radio) / double reception || ~ par **écrit** / recorder reception || ~ **erronée** (ord) / invalid reception || ~ des **fournitures** / acceptance of deliveries || ~ à **grande distance** / distant o. long-distance reception || ~ en ou sur **hétérodyne** / heterodyne reception || ~ **homodyne** (électron) / homodyne o. zero-beat reception || ~ **intermédiaire** / intermediate reception || ~ **locale** / short-distance receiving || ~ **marchandises** / acceptance of goods || ~ des **marchandises** (ch.de fer) / slow goods reception || ~ du **matériel** / material acceptance || ~ **multiplex ou multiple** (télécom, électron) / multiple reception || ~ **neutrodyne** (électron) / neutrodyne reception || ~ **non dirigée** / allround reception || ~ des **ondes décimétriques** (électron) / decimetric wave reception || ~ en **ondes métriques** / metric wave o. ultrashort wave reception || ~ à l'**oreille** / aural reception, reception by sound || ~ **radiophonique** / radio (US) o. wireless (GB) reception || ~ **radiophonique par satellite de télécommunication** / broadcast[ing] satellite service || ~ avec **reconstitution ou réinjection de porteuse** / local carrier demodulation o. reception || ~ **régionale** (électron) / short-distance receiving || ~ à **résistance parallèle** / parallel ohm method || ~ **retransmise par faisceau hertzien** / radio relay reception || ~ **simultanée avec deux antennes et deux récepteurs** (électron) / dual diversity || ~ **superhétérodyne** (électron) / heterodyne reception || ~ **synchrone** / homodyne reception || ~ en **usine** / works acceptance || ~ **vidéo** / video reception

réceptionnaire *m* (techn) / checker, receiving agent

réceptivité *f* / receptivity, receptiveness || ~ à l'**écoute** (télécom) / listening

recette *f* (chimie) / recipe || ~ (commerce) / return, revenue || ~ (ordonn) / acceptance test || ~ **[d'accrochage]**, recette *f* du fond (mines) / pit eye, plat || ~ de **fournitures** / acceptance of deliveries || ~ **intermédiaire** (mines) / intermediate hopper o. inset || ~ **[du jour]** (mines) / delivery platform || **~s** *f pl* des **licences** / license revenue || ~ *f* au **niveau du sol** (mines) / pithead, banking level

receveur *m* (tramway) / conductor || **sans** ~ (autobus) / driver-only..., one-man... || ~ de **douche** / foot basin of the shower || ~ de **feuilles** (typo) / flyer sheet deliverer, sheet deliverer || ~ de **réponse** (aéro) / responsor

recevoir / receive, get || ~ un **appel ou un coup de fil** (télécom) / receive a call || ~ une **fourniture** / take over

rechange *m* / replacement, substitute || **de** ~ / spare...

rechangeage *m* (mines) / flat

rechanger / replace

rechapage *m* (auto) / full cap, [re]treading

rechaper (auto) / re-tire, rerubber, rebuild, recondition

recharge *f* / refill || ~ (accu) / additional o. second charge

rechargeable (accu) / rechargeable

rechargement *m* (accu) / additional o. second charge || ~ / build-up weld, resurfacing by welding || ~ (nucl) / refuelling || ~ (fonderie) / surfacing, refilling, depositing || ~ au **chrome des pièces usées** / chromium plating for thickness || ~ **dur par soudage** / hardfacing [by welding], surfacing (US) || ~ de **jantes** / building-up weld of tires

recharger (accu) / recharge || ~ (phot) / reload the camera || ~ les **bobines** (tex) / load the loom, creel bobbins || ~ par **soudage de métal dur** / hardface [by welding], surface *vi* (US) || ~ par **soudure** / weld on [to]

rechargeur *m* de **bobines** (tiss) / bobbin feeder

réchaud *m* / cooker, cooking o. hot plate || ~ à **alcool** / spirit stove, alcohol cooking stove, etna || **~-buffet** *m* à **gaz** / gas cooker (GB) o. range (US) || ~ à **chauffage rapide** / open-type boiling plate || ~ **électrique** / electric hot plate || ~ **électrique type tabouret** / stool type electric cooking plate || **~-four** *m* à **gaz** / gas cooker (GB) o. range (US) || ~ à **gaz de pétrole** / kerosene gas [cooking] stove || ~ **[plat] à gaz** [à ... feux] / table cooker [with...units]

réchauffage *m* / calefaction, heating || ~, post-chauffage *m* (sidér) / reheating || ~ (brûleur) / coasting of temperature || ~, préchauffage *m* / preheating || ~ de l'**eau d'alimentation** (m.à vap) / heating the feed-water || ~ **étagé** / interrupted o. step heating

réchauffe *f* (ELF) (aéro) / reheat (GB), afterburning (US), post-combustion

réchauffement *m* / calefaction, heating || ~ par **diffusion** (nucl) / diffusion heating

réchauffer / reheat || **faire ~ à cœur** (sidér) / soak *vt* || ~ des **aliments** / heat eatables || ~ à **cœur** (sidér) / soak *vt* || ~ la **machine** (mot) / preheat the engine

réchauffeur *m* / preheater || ~ d'**air** / air heater, air heating apparatus || ~ d'**air de carburateur** (mot) / intake air heater || ~ d'**air [frais]** (auto) / fresh-air heater || ~ d'**air à récupération de chaleur** / regenerative air heaterheater || ~ d'**air à régénération** / regenerative air heaterheater || ~ d'**air tubulaire** / tubular air heater || ~ à **contre-courant** (sucre) / countercurrent juice heater || ~ d'**eau d'alimentation** / feed[-water] heater || ~ de **ferrailles** / scrap preheater || ~ à **flux parallèles** / uniflow preheater || ~ à **gaz de fumée** / flue-gas o. smoke-gas preheater, economizer || ~ à **immersion** (électr) / immersion heater o. boiling device || ~ **intermédiaire** / interheater || ~ de **jus à plusieurs circulations** (sucre) / multiflow juice heater || ~ à **mélange** / mixer preheater || ~ à plaques / plate preheater || ~ [préliminaire] d'air / air preheater, economizer || ~ de riblons / scrap preheater || ~ à surface / surface economizer || ~ tubulaire / tube preheater || ~ avec tuyau ascendant / vertical tube type heat exchanger || ~ de vapeur / steam preheater || ~ à vapeur d'échappement / exhaust steam preheater

rechausser (techn) / repair the lower end, line the foot

rêche, rude au toucher / rough

recherche *f* / research || ~ (gén, ord) / search || ~, études *f pl* (ordonn) / research || ~ (brevet) / search || ~s *f pl* / study, investigation, research [work] || **de** ~, de recherches / exploratory || **faire des ~s** [dans] / research, conduct [exhaustive] studies || ~ *f* **acoustique du personnel** (électron) / call of persons || ~ **appliquée** / applied research || ~ **automatique d'une ligne** (télécom) / finding [action], hunting || ~ **binaire** (ord) / dichotomizing search, binary chop, binary search || ~ du **bloc complet** (NC) / search for program alignment function || ~s *f pl* sur le **bois** / wood research || ~ *f* sur la **cellulose** / pulp research || ~ en **chaîne** (ord) / chaining search || ~ sous **contrat** / contract research || ~ de **débouchés** / market research, marketing || ~ d'un **dérangement dans la ligne** (télécom) / localizing a line failure || ~ **dichotomique** voir recherche binaire || ~ **documentaire** / information retrieval, retrieval of information o. data || ~ de **données** (NC) / search for particular data || ~ **entrelacée** (ord) / seek overlap || ~ d'**équilibre** (ord) / hunting || ~ de l'**espace** / space exploration o. research || ~ **et développement** / research and development, R & D || ~ **et développement et test** / RDT, research, development, and test || ~ des **extrêmes** (contr.aut) / hill-climbing technique || ~ sur le **fer** / iron and steel research || ~ **fictive** (ord) / dummy seek || ~ **fondamentale** / fundamental o. pure research [work] || ~ **industrielle** / industrial research || ~ des **informations** / information retrieval, retrieval of information o. data || ~ **libre** (télécom) / finding [action], hunting || ~ de **ligne** (télécom) / path o. line finding || ~ par **méthodes séismiques** / seismic exploration method || ~ **minière** / reservoir exploration technique || ~ **minière par gravité** / gravity prospecting || ~ **minière par secousses provoquées** / seismic prospection || ~ **minière avec tranchées** / costeaning || ~s *f pl* **nucléaires** / nuclear research || ~ *f* du **numéro de séquence** (NC) / search for block number || ~ **opérationnelle** / operations o. operational research, OR || ~ des **pannes** / fault finding, trouble tracing || ~ de **perforations dans une carte [en recherche documentaire]** (c.perf.) / peek-a-boo, sight check, visual check || ~ de **personnes** (radio) / paging || ~ **préalable** / investigation || ~ sur les **pressions extrêmes** / ultrahigh pressure research || ~ de **produits** / subject-matter search || ~ des **programmes** (radio) / station selection || ~ **pure** / fundamental o. pure research [work] || ~ des **rhizosphères** / rhizosphere research || ~ **scientifique** / scientific research || ~ **scientifique des orages** / thunderstorm research || ~ **spatiale** / space exploration || ~ des **stations** / station finding || ~ en **table** (ord) / table lookup

rechercher (gén, mines) / search *vt* || ~, faire des recherches [dans] / research *vt*, conduct [exhaustive] studies || ~ la **cause** / investigate the cause || ~ une **panne** / trace a fault

récif *m* (géol) / reef || ~ **corallien** / coral reef

récifal / reef...

récipient *m* / receptacle || ~ (tiss) / collecting vat, chute, receiver, receptacle || ~ (chimie) / recipient, receiver || ~ (fonderie) / collecting hearth || ~, casier *m* / tote box || ~ d'**air comprimé** / compressed air reservoir o. chamber || ~ d'**appâts** (agr) / bait glass || ~ de la **centrifugeuse** / extractor basket || ~ **collecteur** / collecting basin o. box o. receiver o. vessel || ~ **collecteur** / [distillation] receiver o. recipient, run-down tank || ~ **[conique] décanteur** (mines) / clearing o. settling cone || ~ de **dégagement de gaz** (chimie) / generating vessel || ~ de **dépôt** (nucl) / retainer, retention basin || ~ de **détente** (chimie) / equalizing o. levelling vessel || ~ d'**échantillons** (prépar) / sample container || ~ **enroulé** (réacteur) / strip-wound pressure vessel (steel), wire-wound pressure vessel (concrete) || ~ d'**évaporation** / evaporating basin o. dish o. pan || ~ d'**exposition** (chimie) / show o. storage flask o. vessel, jar || ~ d'**extraction** (mines) / skip, skep || ~ à **fentes** (prépar) / slotted vessel || ~ **florentin** (chimie) / Florence flask || ~ pour **fluides sous pression** / pressure tank || ~ **frigorifique** / cooling tank || ~ à **gaz** / gas collector || ~ de **gaz etc. comprimé** / pressure vessel || ~ de **magasin** (chimie) / show o. storage flask o. vessel, jar || ~ de **mesure pour entrée comptable** (nucl) / input accountability tank || ~ **métallique scellé** (nucl) / canister || ~ en **plomb** / leaden container || ~ de **pression** / pressure vessel || ~ de **radium** / radium container || ~ de **réception** (chimie) / collecting basin || ~ **séparateur** / decantation tank || ~ de **séparation** (chimie) / decantation glass o. vessel || ~ à **suie** / soot pit || **~-tampon** *m* (chimie) / pressure compensation vessel || ~ à **trop plein** (chimie) / overflow flask || ~ en **verre** / glass jar || ~ en **verre** (accu) / battery glass tank

réciprocité *f* / reciprocity || ~, mutualité *f* / reciprocity, reciprocation, mutuality

réciproque / reciprocal || ~, mutual / mutually corresponding || **~ment** / reciprocally, mutually, conversely

recirculation *f* / recirculation || ~ des **gaz brûlés** / waste gas recirculation

réclamation *f* / objection [to], claim, complaint || **faisant l'objet d'une** ~ / refused, objected

réclame *f* / advertisement, ad[vt], advertizing, publicity || ~ (radio) / plug (coll) || ~ (typo) / catchword || ~ [par enseigne] **lumineuse** / luminous advertizing, illumination advertisement

réclamer / claim

reclassement *m* (mines) / sizing, grading, classifying

reclasser (ch.de fer) / reclassify, re-form

récolte *f* (activité) / harvest[ing], gathering, reaping || ~ (résultat) / yield || ~ (extraction d'or) / winnings *pl* || ~ (produits) / crop || ~ du **bois** / wood felling, cut[ting] || ~ des **boues** / sludge extraction, recovery of tailings || ~ des **cocons** / yield of cocoons || ~ à **moissonneuse-batteuse** (agr) / combining || ~ de **plante entière** / whole crop harvesting of cereals || ~ des **schlamms** voir récolte de boues

récolter / harvest *vt*, reap

récolteuse-batteuse *f* de **maïs** (agr) / maize picker-sheller || **~-hacheuse** *f* à **fléaux** / flail type forage harvester

recombinaison *f* (chimie, nucl, semicond) / recombination || ~ à la **surface** (semicond) / surface recombination

recombiner, [se] ~ / recombine *vi*

recommandé / recommended

recomplémenter (ord) / recomplement

recomposer (typo) / reset

recomposition *f* (typo) / recomposition, reset[ting]
recompression *f* (frittage) / repressing || ~ à **chaud** (frittage) / hot repressing || ~ des **gaz dans le gisement** (pétrole) / selective plugging of gas-injection wells with smoke, gas-injection method
recompter / count over again *vt*, recount *vt*
reconcasser / crush again
reconcasseur *m* / second crusher
reconditionnement *m* (commerce) / reconditioning || ~ (ELF) (pétrole) / working over
reconditionner / work over, recondition
reconduire / see o. take o. drive somebody home, take back *vt*
réconfortant *m* / tonic, stimulant
reconnaissable / recognizable
reconnaissance *f* / recognition || ~ (mines) / exploration, search || ~ (géol) / reconnaissance || ~ (mil) / recon[naissance] || ~ **automatique de caractères** / automatic character recognition o. detection of signs || ~ de **caractères** (ord) / character recognition o. reading || ~ **électronique** (mil) / ER, electronic reconnaissance || ~ des **formes ou des structures** (ord) / pattern detection, pattern recognition || ~ **magnétique de caractères** / magnetic ink character recognition, MICR || ~ des **marques** (gén) / mark recognition || ~ **optique de caractères**, ROC (ord) / OCR, optical character recognition || ~ **optique des marques** / OMR, optical mark recognition || ~ de la **parole** / speech recognition || ~ de la **parole et des formes** (ord) / speech and pattern recognition || ~ des **structures** (ord) / pattern recognition
reconnaître / spot, recognize
reconstituer / restore
reconstruction *f* / reconstruction, rebuilding || ~ de **talon à talon** (pneu) / full retreading
reconstruire / restore, renew, reconstruct, rebuild
reconstruit / reconstructed
reconversion *f* / reconversion || ~ **vidéo** / image reconversion
reconvertir dans de **nouvelles fabrications** / reconvert o. switch to new products
record *m* / record || ~ de **fichiers etc** / contents *pl* of files
recoulement *m* (bâtim) / tapering, battering
recoupage *m* **inférieur** (mines) / undercutting
recoupe *f* (mines) / offset, cross drive || ~ (agr) / aftermath, second crop || ~ (moulin) / middlings *pl*, second flour || ~**s** *f pl* / stone chippings || ~ *f* d'**aérage** (mines) / air drift || ~ de **front** (mines) / face cross-cut
recoupement *m* (bâtim) / retreat in a wall, batter in a stepped wall || ~ (talus) / stepping of an embankment || ~ (arp) / determination of a point by intersection of two lines || ~ (informations) / cross-check || **faire un** ~ / cross-proof, crosscheck *vt* || ~ par **bombardement** (nucl) / cross-bombardment
recouper / cut again || ~ (bâtim) / retreat *vt*, step *vt* || ~ (mines) / find by boring || ~ (gîtes) / meet, discover
recoupette *f* (moulin) / third flour
recourbé / curved, bent || ~ en **avant** / forward bent || ~ en **crochet** / hooklike, hook-shaped, hooked
recourber / curve, bend back o. down
recourir [à] / resort [to]
recouvert / covered, coated || ~ (pap) / lined || ~ d'une **couche mince par galvanisation** (techn) / plated, electro-plated
recouverture *f* du **fil** / covering with thread
recouvrance *f* (méc) / recovery || ~ **élastique** (méc) / elastic recovery || ~ en **fluage** (méc) / creep recovery
recouvrant / overlapping
recouvrement *m* / covering || ~ (techn) / cover, [over]lap, overlapping || ~, chevauchement *m* / lap [joint] || ~ (escalier) / lapping over || ~, parement *m* (bâtim) / incrustation, lining || ~, revêtement *m* / coat[ing] || ~ [d'une pièce sur une autre] / bite [on] || ~ (porte) / lapping || **à** ~ / overlapped || **à** ~ (électr, enroulement) / lapped || **à 50 % de** ~ / half lapped, with 50 % overlap || **à** ~ **en tôle d'acier** / steel-coated || ~ [de l'**acier**] (béton) / cover || ~ d'**admission** (m.à vap) / outside lap, steam lap || ~ d'**argent** / silver coating o. foil[ing] || ~ en **contreplaqué** / plywood covering || ~ **cuivreux** / copperplating layer o. deposit || ~ **intérieur** (m.à vap) / exhaust lap, inside lap || ~ **latéral** (arp) / side lap || ~ **longitudinal** (arp) / end lap || ~ de **mémoires** / storage overlapping || ~ **métallique** / metal trim o. plating || ~ **métallique à froid** / cold plating, plating by rubbing o. friction || ~ **métallique par immersion** / hot-dip coat || ~ de **protection** / protective coat || ~ **rivé** / riveted lap || ~ **segmental de comptage** (ord) / sector count overlay || ~ aux **tables** / slab lining o. dressing || ~ de la **tension** (électron) / recovering of the voltage || ~ de la **tension à l'état passant** (diode) / recovery of the voltage in the conducting state || ~ du **tiroir** (m.à vap) / lap, overlap || ~ de **toit** (auto) / roof panel || ~ en **tôle** (toiture) / sheet-metal o. tin roofing || ~ en **tôle** / metal sheathing o. covering || ~ en **tôle ondulée** / corrugated metal covering
recouvrir (gén) / cover [over], overlap, overlay || ~ (bâtim) / cap *vt* || ~, chevaucher / lap over *vt*, overlap, cover || ~ (se) / overlap *vi* || ~ de **béton** (bâtim) / cover with concrete || ~ d'**étoffe** / cover with cloth || ~ de **peinture** / paint anew o. afresh o. out o. over, new-paint, repaint, retouch, refresh, freshen [up] || ~ en **planches** / plank *vt* || ~ d'une **plaque de fer** (fer à souder) / iron-plate || ~ de **végétation** / overgrow *vt*, grow over, cover with herbage *vt*
récréatif / recuperative
récréation *f* / recuperation, recreation, recovery
recréer (ord) / regenerate, re-write
récréer (se) / recover *vi*, recuperate
recreusage *m* (pneu) / regrooving
recreuser (en forant) / deepen (by boring)
récrire / rewrite || ~ (ord) / regenerate, rewrite || ~ des **données** (ord) / rewrite data
recristallisation *f* / recrystallization
recristalliser / recrystallize
recroqueviller (se) (pap) / curl *vi*, cockle *vi*
rectangle *m* (math) / rectangle, oblong || ~ de **Berne** (ch.de fer) / Berne rectangle || ~**-isocèle** *adj* / isosceles-rectangular
rectangulaire (surface) / rectangular, oblong || ~ / rectangular, right-angle[d]
rectangularité *f* / squareness, rectangularity
rectificateur *m* (chimie) / rectifying apparatus, rectifier
rectification *f* (erreurs) / correction o. rectification of an error || ~ (hydr) / diversion || ~ (dist) / rectification, concentration || ~ (pétrole) / stripping || ~ (m.outils) / grinding || ~ (surfaces) / surface treatment || ~ en **appui** (m.outils) / support grinding || ~ des **arbres** (m.outils) / cylindrical grinding || ~ à **arrosage** (m.outils) / wet grinding || ~ en **bombé** / camber grinding || ~ du **calcul** / subsequent calculation || ~ en **calibrage automatique** / size-controlled grinding || ~ en **chariotage** / longitudinal grinding || ~ **concave ou creuse ou en creux** / hollow o. concave grinding || ~ **convexe** / camber grinding || ~ **cylindrique** / cylindrical o. circular grinding || ~

cylindrique en long / cylindrical longitudinal grinding || ~ **cylindrique en plongée** / cylindrical plunge-cut grinding || ~ **cylindrique en tangentiel** / cylindrical tangential grinding || ~ d'**ébauche ou de dégrossissage** (m.outils) / rough grinding || ~ à **écroûter** (sidér) / rough grinding || ~ **électrolytique** / electrolytic grinding || ~ en **enfilade** (m.outils) / throughfeed grinding || ~ en **enfilade en plongée** / throughfeed plunge-cut o. infeed grinding || ~ du **fil** (télécom) / stretching the wire || ~ en **filade discontinue** / intermittent method of grinding || ~ des **gorges creuses** / channel o. groove grinding || ~ **longitudinale** / longitudinal o. traverse grinding || ~ **longitudinale à écroûter** / rough traverse grinding || ~ dans la **masse** / full width grinding || ~ à **meule boisseau** / cup-wheel grinding || ~ avec **meule en caoutchouc** / polish-grinding, rubbing || ~ de **parachèvement** / finish-grinding || ~ à **pièce suivante** / down-grinding || ~ **plane** / surface grinding || ~ en **plongée** / infeed o. plunge-cut grinding || ~ en **plongée droite** / straight infeed grinding || ~ en **plongée à écrouter** / rough infeed grinding || ~ en **plongée en enfilade** / plunge-cut through-fed grinding || ~ par **plongée oblique** / angular infeed grinding || ~ en **plongée sans centres** / centerless infeed grinding || ~ des **rails** / track lining || ~ par **reproduction** / copy-grinding || ~ avec **stries croisées** / cross-grinding || ~ avec **stries parallèles** / arc-grinding || ~ des **surfaces cylindriques** / cylindrical o. circular grinding || ~ des **surfaces planes** / surface grinding || ~ **tangentielle** / peripheral o. circumferential grinding || ~ du **tracé de la voie** (ch.de fer) / lining of the track || ~ des **zones** (semicond) / zone refining o. purification

rectifié / rectified, corrected

rectifier / rectify, correct, set right || ~ (hydr) / correct, regulate || ~ (m.outils) / precision- o. finish-grind || ~ (chimie) / fractionate, rectify || ~ (cylindre de laminage) / rag || ~ (routes) / straighten || ~ **conique** / bevel-grind, cone- o. taper-grind || ~ une **courbe** (math) / rectify a curve || ~ en ou les **creux** / hollow-grind || ~ en **enfilade** / grind continuously || ~ l'**esprit-de-vin** / try spirit || ~ les **gorges** / hollow-grind || ~ [par **meulage**] / regrind || ~ les **profils** / profile- o. plunge- o. form-grind || ~ des **soupapes** / reface valves || ~ une **surface cylindrique** / grind cylindrically || ~ une **surface plane** / surface-grind || ~ les **surfaces internes** / grind internally || ~ à des **tolérances précises** / precision-grind

rectifieur *m* de **surfaces** (ouvrier) / surface grinder || ~ de **surfaces cylindriques** (ouvrier) / cylindrical grinder

rectifieuse *f* (m.outils) / grinder, grinding machine || ~ d'**alésages** / internal circular grinding machine || ~ de **collecteurs** / commutator grinder || ~ aux **cylindres** (mot) / cylinder grinding machine || ~ de **cylindres** (lam) / roll grinding machine || ~ **cylindrique** / cylindrical grinding machine || ~ **cylindrique et de profils universelle** / universal circular and profile grinding machine || ~ **cylindrique extérieure** / cylindrical surface grinder || ~ **cylindrique sans centres** / centerless cylindrical grinding machine || ~ à **engrenages** / gear grinder || ~ à **engrenages à développante** / gear generating grinder || ~ à **montants** / column type grinder || ~ en **plongée** / infeed o. plunge-cut grinder || ~ à **portique** (m.outils) / planer type grinding machine || ~ de **précision** / precision grinding machine || ~ pour **profils** / profile grinding machine || ~ pour **soupapes et sièges de soupapes** / valve-face grinding machine || ~ de **surface** / surface grinding machine || ~ pour **tours** / grinding attachment for lathes, tool-post grinder || ~ **universelle** / universal grinder || ~ **verticale** / vertical spindle grinder

rectiligne / rectilinear, in a straight line

recto *m* (typo, c. perf, billet) / face, recto

reçu *m*, récépissé *m* / voucher, receipt

recueil *m* d'**informations** (ord) / thesaurus

recueillir / collect || ~ / collect, gather || ~, récupérer / recover *vt*, collect || ~ un **liquide** / catch liquid

recuire (verre) / anneal || ~ (laque) / stove[-enamel] || ~ (acier) / anneal || ~ sous **atmosphère protectrice** / bright anneal || ~ pour **éliminer les tensions** / anneal for relieving stresses, normalize, stress-free anneal || ~ **excessivement** / over-anneal || ~ **final** / final anneal || ~ **sans atmosphère protectrice** (sidér) / open-anneal, blue-anneal || ~ des **tôles au-dessus de A3** / full anneal, true-anneal

recuisson *f* (liquides) / reheating

recuit *adj* (sidér) / annealed || ~ *m* (sidér) / annealing || ~ (plast) / post-cure, afterbake, stoving || **ayant subi le ~ de coalescence** / close annealed || ~ d'**adoucissement** / thermal softening || ~ à l'**adoucissement complet** (sidér) / dead soft annealing || ~ d'**affinage structural** (sidér) / grain refining o. refinement || ~ en **atmosphère contrôlée** / annealing with protective gas || ~ **au-dessus [au-dessous] de l'intervalle critique** / supercritical, [undercritical] annealing || ~ *adj* **blanc** / bright annealed || ~ *m* **blanc** / bright annealing, white annealing || ~ **bleu** / blue o. open annealing || ~ des **bobines ouvertes** (sidér) / open coil process || ~ **brillant** / bright annealing || ~ *adj* en **caisse** (sidér) / box-annealed || ~ *m* en **caisse** (sidér) / box annealing, close annealing || ~ de **coalescence** / soft o. dead annealing || ~ **complet** / full annealing || ~ **complet d'adoucissement** / full annealing for softening || ~ **dans, [devant] la chaîne de galvanisation** (sidér) / annealing in-line [out of line] || ~ de **détente** / stress relief annealing || ~ de **détente à température élevée** / high temperature stress relief || ~ de **diffusion** / diffusion annealing, homogenization || ~ *adj* **doux** (sidér) / soft annealed || ~ d'**élimination des tensions** / stress-relieved || ~ *m* en **fosse** / pit annealing || ~ *adj* par le **fournisseur** (sidér) / mill annealed || ~ *m* en vue du **grossissement du grain** / full annealing || ~ *adj* en vue du **grossissement du grain** (sidér) / fully annealed || ~ *m* d'**homogénéisation** / diffusion annealing, homogenization || ~ d'**homogénéisation au stade solidus** (métal léger) / solution heat treatment || ~ **intermédiaire** (sidér) / intermediate o. process annealing || ~ **isotherme** / isothermal transformation || ~ **léger de détente** (sidér) / stress relief, stress-free annealing || ~ en **liaison avec un formage à chaud sans refroidissement intermédiaire à température ambiante** / annealing directly from hot forming temperature without intermediate cooling || ~ de **mise en solution** (métal léger) / solution heat treatment || ~ *adj* **nettement au-dessus de Ac3** (sidér) / fully annealed || ~ **noir** / black annealed || ~ *m* **noir** (sidér) / black annealing || ~ en **paquet** (lam) / pack annealing || ~ au **passage ou à la volée** (sidér) / continuous annealing || ~ de **perlitisation** (sidér) / isothermal annealing || ~ en **pot** / box annealing, close annealing || ~ *adj* en **pot ou en caisse** (sidér) / box-annealed || ~ *m* **préalable ou préliminaire** / preliminary annealing || ~ de **précipitation** (métal léger) / precipitation annealing || ~ *adj* de **recristallisation** / recristallization annealed || ~ *m* de **recristallisation** / subcritical o. process annealing || ~ de **régénération** (sidér) / grain refining o. refinement || ~ de **relaxation** (sidér) / stress relieving annealing || ~ de **restauration** (mét) / recovery annealing || ~ *adj* **sombre** / black annealed || ~ *m* de **sphéroïdisation** (sidér) / spheroidizing || ~ de **stabilisation** (déconseillé) / stress relief annealing, stabilizing anneal || ~ de **stabilisation des aciers austénitiques** (sidér) / stabilizing of austenitic steel, stabilization annealing || ~ à **température nettement au-dessus de Ac3** (sidér) / coarse grain annealing || ~ *adj* au **traitement ultérieur** (sidér) / work- o. works-annealed || ~ *m* en **vue du grossissement du grain** (mét) / coarse grain annealing

recul *m* / backward movement || ~ (téléimprimeur) / unshift || ~ (électr) / switching back || ~ (techn) / lagging, retard || ~ (NC) / reverse travel || ~ (nav) / going astern || ~ (arme à feu) / recoil, kick || ~ (bouche à feu) / barrel recoil || **être en** ~ (bâtim) / set back || **sans** ~ / recoilless || ~ d'**hélice** (aéro, nav) / slip of the propeller || ~ de la **table** (m.outils) / table return movement

reculement *m* (bâtim) / batter of a wall || ~ d'un **talus** / measure of a slope

reculer *vi* / go back, back [up] || ~ *vt* / push back

récupérable (espace) / recoverable || ~ *m* / salvaged o. old material

récupérateur *m* / recuperator || ~ (mil) / recuperator, counterrecoil mechanism || ~ de **chaleur** (sidér) / blast heating apparatus o. preheater, hot blast apparatus o. stove, [regenerating] air heater, regenerator, recuperator, Cowper stove || ~ d'**huile** (m.outils) / oil extractor || ~ de **radicelles** (sucre) / tailings separator

récupération *f* / recovery, recuperation, reclamation, regain || ~ (produits retransformables) / reclaiming process || ~ (électr) / current regeneration o. recuperation, power feedback || ~ (ELF) (satellites) / recovery, recuperation, salvage || **de ou à** ~ / recuperative || ~ à l'**alcali** / alkali reclaiming process || ~ de **benzol** / benzol[e] recuperation || ~ de la **chaleur** / heat recovery || ~ de la **chaleur perdue** / waste heat utilization o. economy o. recovery || ~ du **courant** / current regeneration || ~ des **déchets** (ELF) / waste utilizing o. utilization, salvage || ~ **des décombres** / debris utilization || ~ de l'**énergie** / energy recuperation o. regeneration, power feedback || ~ des **gaz perdus** / waste gas o. exhaust gas utilization || ~ de **lessive** / lye recovery || ~ du **milieu dense** (prép) / dense medium recovery, medium solids recovery || ~ de **pâte ramassée** / save-all recovery || ~ de **plutonium** / plutonium recovery || ~ **primaire** (pétrole) / primary recovery || ~ **secondaire par augmentation de la pression** (pétrole) / repressuring || ~ du **solvant** / solvent reclamation o. recovery || ~ de **soude** (pap) / soda recovery || ~ des **sous-produits** / recovery of by-products || ~ **tertiaire** (pétrole) / tertiary recovery || ~ **thermique** / waste heat utilization o. economy o. recovery || ~ **thermique d'huile** / thermal oil recovery || ~ du **tritium** / removal of tritium

récupérer / recover *vt*, recuperate, get back || ~ (mines) / draw timbers, clear, encroach || ~ (ord) / retrieve || ~ les **cintres** (mines) / recover metal frames || ~ des **matières premières** / recover basic material *vt*, salvage

récupérés *m pl* / salvaged o. old material

récupéreuse *f* **hydraulique de cintres** (mines) / hydraulic arch withdrawing device

récurer / scour *vt*, scrub

récurrence *f* (math) / recursion || ~ d'**impulsions** / impulse sequence, pulse train || ~ des **interrogations** (radar) / interrogation sequence

récurrent (math) / recurring || ~ (math) / recursive

récursif (math) / recursive

récursivité *f* / recursiveness

recyclage *m* / recycling || ~ des **connaissances** / conversion, transition training, retraining || ~ **contrôlé** (chimie) / controlled cycling process || ~ de l'**eau** / water retentivity || ~ des **eaux résiduaires** / reutilization of industrial water || ~ à **étage unique** (nucl) / single stage recycle || ~ des **gaz brûlés** / waste gas recycling || ~ des **gaz d'échappement** (auto) / recycling of exhaust gases || ~ de **jus trouble** (sucre) / carbonation juice return || ~ au **lavoir** (mines) / recleaning || ~ de **plutonium** / plutonium recycling

recycler / recirculate, recycle

redan *m* / steps of a wall built on sloping ground || ~ (mines) / graduated bank || ~**s** *m pl* (hydr) / baffles *pl* || ~ *m* de la **partie inférieure de la coque** (aéro) / step in the under-surface of a float

reddingite *f* (min) / reddingite

redéclencher / retrigger

redémarrage *m* (magnétron) / restarting ability || ~ **automatique** / hold-in circuit || ~ d'un **réacteur** (nucl) / renewed start-up procedure

redent *m* (ELF) (bâtim) / shed of a shed roof

redéposition *f* des **salissures** (tex) / soil redeposition

redevance *f* (ELF) / royalty || ~**s** *f pl* d'**abonnement** (télécom) / subscriber's rental, subscription || ~ *f* **annuelle** / annual rate || ~ de **location** (électr) / basic rate o. charge

redévider / rereel, rewind

rediffuser (électron) / rebroadcast

rediffusion *f* (TV) / ball reception || ~ (radio) / chain broadcasting, repeat broadcast, rerun

rédiger (ord) / redact || ~ le **procès-verbal** / keep the minutes || ~ des **questionnaires** / fill in questionaries || ~ un **rapport** / work out, write up

redistillation *f* / redistillation

redistiller / redistil, dephlegmate, cohobate

redistribution *f* des **électrons secondaires** / redistribution of secondary electrons

redondance *f* / redundancy || ~ **multiple** (ord) / cross-strapping || ~ de **secours** (ord) / stand-by redundancy

redondant (math, ord) / abundant, redundant

redoublement *m* / redoubling, intensification

redox *adj* (chimie) / redox, oxidation-reduction...

redressé (électr) / rectified || ~ de **droite à gauche** / reversed right-to-left

redressement *m* (techn) / straightening [out] || ~ (opt) / restitution, rectification || ~ (électr) / rectification || ~ (économie) / rise, upswing || ~, réparation *f* d'une erreur / amendment, correction || ~ par **action sur la lisière** (tiss) / curved draft || ~ des **couches** (géol) / uplift of strata || ~ **demi-onde** / half-wave o. single-wave rectification || ~ à **deux alternances** / full-wave rectification || ~ **différentiel** (arp) / differential rectification || ~ **graphique par quatre points identiques** (arp) / graphical rectification by four identical points || ~ par la **grille** / grid rectification || ~ de l'**image** / erecting the image || ~ **linéaire** (télécom) / straight-line o. linear rectification || ~ par la **plaque** / anode [bend] rectification || ~ **pleine-onde** / full-wave rectification || ~ **quadratique** / square-law rectification || ~ des **rails** / track lining || ~ d'un **rouleau arqué** (tiss) / curved draft || ~ **salin** (mines) / dome-shaped body of salt, salt dome

redresser / straighten [out], unbend || ~ (hydr) / correct, regulate || ~, relever / lift up, raise up || ~ (forge) / restrike, set, tap || ~ (lam) / straighten || ~, réparer une erreur / amend, correct an error || ~ (se) / recover *vi* || ~ l'**avion** (aéro) / redress, right the plane || ~ les **courants alternatifs** (électr) / rectify a.c. || ~ les **fils télégraphiques** / straighten out wires || ~ l'**image** (opt) / errect inverted image

redresseur *m* (électron, tube) / rectifier o. rectifying tube, Fleming valve || ~ (électr) / rectifier || ~ (turb. à vapeur) / diffuser, distributor || ~ à **anodes** / anode rectifier, plate o. anode detector || ~ **antiretour** / polarity trap || ~ **biphasé** (électron) / single-way rectifier o. demodulator o. detector || ~ **biplaque** (électr) / full-wave rectifier || ~ à **cathode froide** / cold cathode rectifier || ~ de **charge d'accumulateurs** (électr) / charging rectifier || ~ **colloïdal** / colloid rectifier || ~ **commutateur** (électron) / free-wheel rectifier || ~ à **contact par pointe** / point rectifier || ~ à [**contact par] pointe soudée** / blocking layer rectifier, [electronic] contact rectifier || ~ à **contact par surface** (électr) / surface-contact rectifier || ~ à **couplage de Graetz** / [full wave] Graetz o. Gratz rectifier || ~ à **cuve** / tank rectifier || ~ à **cuve métallique** (électr) / metal-tank rectifier || ~ **demi-onde** / half-wave rectifier || ~ de **distorsions** (TV) / equalizing magnet || ~ **électrolytique** / electrolytic rectifier o. valve || ~ **électronique à tube** / vacuum [tube] rectifier, electronic o. thermionic o. tube rectifier || ~ **électronique à semiconducteurs** / semiconductor rectifier || ~**s** *m pl* **empilés** / metallic rectifier stack || ~ *m* au **germanium** / germanium rectifier || ~ par la **grille** / bias rectifier || ~ à **grille polarisée** / cumulative o. polarized grid rectifier || ~ à **haute tension** / high-voltage rectifier || ~ **indirect** / indirect rectifier || ~ pour **instruments de mesure** / meter rectifier || ~ à **jet ondulé** / jet wave rectifier || ~ à **jonction** (semicond) / junction rectifier || ~ à **lame vibrante** / vibrating reed rectifier, pendulum rectifier || ~ de **mercure à ampoule de verre** / glass-bulb rectifier || ~ **métallique** / steel-tank o. steel-clad rectifier, tank rectifier || ~ en **montage push-pull** / back-to-back rectifier || ~ à **ordre de phases** / phase sequence rectifier || ~ **oscilloscope** / neon tube rectifier || ~ à **oxyde cuivreux** / copper-oxide o. copper disk rectifier, cuprous oxide-on-copper rectifier || ~ à **plaques [de cuivre]** (électr) / plate rectifier || ~ **pleine-onde** / [full wave] Graetz o. Gratz rectifier || ~ **pleine-onde** (électron) / double diode || ~ **pointe-plaque** (électr) / point-plate-rectifier || ~ à **pointes** (électr) / point rectifier || ~ en **pont** (électr) / bridge [connected] rectifier || ~ de **puissance** (électr) / power rectifier || ~ **quadratique** / square-law rectifier || ~ pour **rails** / rail straightener o. press || ~ **sec** / dry-plate o. copperplate rectifier, metal[lic] rectifier || ~ de **secteur** / mains o. power rectifier || ~ au **sélénium** / selenium rectifier || ~ à **semiconducteurs** / semiconductor rectifier || ~ au **silicium** / silicon rectifier || ~ au **silicium commandé** / silicon controlled rectifier, SCR, scr || ~ de **soudage** / rectifier welding set || ~ **symétrique** / back-to-back rectifier || ~ **synchronisant** / synchronizing discriminator || ~ au **tantale** / tantalum rectifier || ~ **thermoionique** (électr) / thermionic rectifier, glow cathode o. hot cathode rectifier || ~ **T.H.T. ou très haute tension** (TV) / E.H.T. rectifier || ~ de **trame** / weft straightener || ~ de **trame courbe** (tex) / bowed weft adjuster || ~ de **trame oblique** (tex) / skewed weft adjuster || ~ à **tubes** / vacuum [tube] rectifier, electronic o. thermionic o. tube rectifier || ~ à **[vapeur de] mercure** / mercury-arc o. -vapour rectifier || ~ de **ventilateur** / fan straightener || ~ à **vide** / vacuum [tube] rectifier || ~ **vidéo** / image demodulator, image frequency changer

redressoir *m* (ferblantier) / planishing iron

réductase *f* (chimie) / reductase

réducteur *adj* / reducing || ~ *m* (outil) / converter for sockets || ~ (m.outils) / reducing socket o. sleeve || ~ (engrenage) / speed reducing gear pair, reduction gear || ~ (chimie) / reducing agent, reductant || ~ (dessin) / reducer || ~**-adjoncteur** *m* de **batterie** (accu) / cell switch, battery [regulating] switch || ~**[-adjoncteur]** *m* **double** (accu) / double battery [regulating] switch, double accumulator switch || ~**[-adjoncteur]** *m* **simple** (accu) / reverse cell switch, simple battery switch || ~ à **arbre creux** / slip-on gear mechanism || ~ de **bruit** (électron) / noise limiter o. killer, NL || ~ à **carrés mâle-femelle** / attachment for square drive socket wrenches || ~ de **charge ou de décharge** (accu) / regulating switch || ~ d'**échantillons à riffles** (prépar) / riffle sampler || ~ **énergétique** / strong reducing agent || ~ à **engrenage droit** / spur gear

reducteur *m* de **force de freinage**, reducteur *m* de pression de freinage / braking force attenuator

réducteur *m* **manuel de batterie** / hand-battery switch || ~ **mécanique** / reducing gear, speed reducer, step-down gear || ~ de **pression pour condenseurs commandé par le vide** (vapeur) / load suppression gear, vacuum-operated load reducer for condensers || ~ à **roues droites** / spur gear || ~ de **vitesse** (engrenage) / speed reducer, reducing gear

réductibilité *f* / reducibility

réductible / reducible || ~ (math) / reducible || ~ (chimie, ord) / reducible

réductif / reductive

réduction *f* / reduction || ~ (math) / depression of an equation, reduction || ~ (techn) / gear reduction, demultiplication, stepping o. gearing down || ~ (chimie) / reduction, deoxidation || ~ [à] / reduction [to] || ~, amincissement *m* / reduction, diminution || ~ (phot) / reduction [print] || ~ (commerce) / rebate, discount, allowance || ~, gradin *m* (techn) / step, shoulder, relief || ~ (temps) / shortening || ~ de **2,5 [diamètres]** / demagnification standard [of a lens] of 2.5 to one || ~ **catalytique** (galv) / catalytic process || ~ en **cendres** / reduction to ashes || ~ de la **charge** (électr) / derating || ~ des **charges admissibles** (électron) / derating || ~ par **chocs** (bois) / hogging, shredding || ~ des **dépenses** / cost savings *pl*, cutting down of expenditure, retrenchment || ~ aux **différentes passes** (lam) / reduction o. draught per pass || ~ **directe** (mét) / direct reduction process || ~ **directe des données** (ord) / one-line-data reduction || ~ **directe système Krupp** / Krupp direct reduction process || ~ de **dix fois** / scale of a tenth || ~ d'**échelle** (dessin) / scaling down [operation] || ~ à l'**échelle** / scale-down || ~ de l'**effet de pluie** (radar) / fast time [gain] control, F.T.C., differentiating circuit, rain clutter suppression, antirain clutter control, peaker (US) || ~ de l'**effet de mer** (radar) / sensitivity time o. gain time control, STC, GTC, swept gain, anticlutter sea, anticlutter gain control || ~ d'**émission** / deterioration o. reduction of emission || ~ par **engrenage** / gear reduction || ~ d'**épaisseur aux différentes passes** (lam) / draught of pass, reduction per pass || ~ de **fabrication** / production drop o. shutdown || ~ **gazeuse ou indirecte** (sidér) / indirect reduction || ~ **irrélévante** (télécom) / irrelevance reduction || ~ en **lit fluidisé** (frittage) / fluidized bed reduction || ~ de la **litharge en plomb** / reduction of litharge into lead || ~ de **masse** (phys) / mass reduction || ~ d'**oxygène** / removal of oxygen, deoxidation || ~ en **pâte** (pap) / pulping, defibration || ~ en **pâte mi-chimique** / semichemical pulping || ~ en **pâte au sulfate** (pap) / sulphate pulping o. digestion || ~ **point-position** (engrenage) / point-position reduction || ~ de **pression** (techn) / pressure reduction o. decrease || ~ de la **pression de vapeur** / lowering of vapour pressure || ~ de **puissance** (mot) / derating || ~ de la **puissance** (gén) / power reduction o. setback || ~ de la **qualité** / degradation || ~ de **qualité de transmission due à la limitation de la bande de fréquences effectivement transmises** (télécom) / distortion transmission impairment, DTI || ~ de la **qualité de transmission due aux bruits de circuits** (télécom) / noise transmission impairment, NTI || ~ de la **qualité de transmission** (télécom) / transmission impairment || ~ de **redondance** (TV) / redundancy reduction || ~ de **section** (gén) / reduction of area of cross section || ~ de **section en pourcentage** / reduction of area in percent || ~ de la **section transversale** (tréfilage) / draft in wire drawing || ~ de **surface** / area reduction || ~ de la **tension superficielle** / lowering o. depression of the surface tension || ~ **totale de section** / overall reduction of cross section || ~ des **types** / standardization of types || ~ de la **vitesse de phase** / reduction in phase velocity || ~ **zénithale ou au zénith** (astr) / zenith reduction

réduire / reduce [to] *vt* || ~ [à] (chimie) / reduce [into] || ~ (tex) / bring warp and weft close together || ~ (dessin) / reduce [the scale], scale down || ~, diminuer (p.e. éclairage) / take down (e.g. lighting) || ~ (math) / reduce *vt*, cancel out || ~ (temps) / shorten || ~ (techn) / lessen, thin || ~ (nombre de tours) / reduce, decrease || ~ (techn, bâtim) / taper *vt*, contract, diminish || ~, transformer l'état / convert, transform || ~, rendre plus concentré / concentrate, thicken, reduce [by boiling] || ~ (monnaie) / change into small coin || ~ (ord) / scale *vt* || ~ (se) / be reduced [to] || ~ en **acier** / steelify || ~ en **bouillie** / reduce to pulp by overboiling || ~ en **cendres** / reduce to ashes || ~ par **ébullition** / boil [down], thicken by boiling || ~ en **émoulant** / grind down || ~ des **fractions** (math) / reduce, cancel out || ~ le **jeu** / eliminate backlash || ~ au **même dénominateur** (math) / reduce to a common denominator || ~ en **[petits] morceaux** / comminute, disintegrate || ~ les **pierres en chaux** / calcine limestone || ~ en **poudre** / reduce to powder, powder, pulverize, attrite, comminute, triturate || ~ en **poussière** / reduce to powder o. to dust || ~ la **pression** / decrease o. reduce the pressure || ~ la **pression au normal** (aéro) / depressurize || ~ le **prix** [de] / cut down the price || ~ en **proportions exactes** / scale down || ~ le **salaire** / dock *vt*, cut o. reduce wages || ~ la **tension** (électr) / attenuate the voltage, step down the voltage || ~ la **tension** (méc) / reduce the tension || ~ la **vitesse** / reduce o. diminish the speed

réduisant le **fading** (électron) / antifading, fade reducing

réduit / diminished || ~ (tolérance) / reduced || ~ (poudre de frittage) / reduced || ~, effilé / reduced, taper[ed], drawn, diminished || ~ (multiplication) / short[-cut] || ~ (arp) / with vertical exaggeration || ~ en **poudre [fine]** / powdered

reduplication *f* / reduplication

redwood *m* / redwood

rééditer (typo) / reissue, republish

réédition *f* (typo) / reprint

rééducation *f* (techn) / conversion, transition training, retraining

rééduquer (techn) / retrain

réel *adj* / real, effective, actual || ~ (électr) / real || ~ (roue hélicoïdale) / normal || ~ (math) / real || ~ *m*, effectif *m* / actual inventory || ~ (prépar) / real feed[ing]

réembobinage *m* (phot) / rewind || ~ **rapide** (b.magnét) / fast rewind

réémetteur *m* (radio, TV) / transposer || ~ (Decca) / active repeater station

réémettre / reemit

réémission *f* (TV) / ball reception || ~ (radio) / chain broadcasting

réemploi *m* / repeated application o. use, reuse, re-employment

réenclenchement *m* (techn) / recoupling || ~ (électr) / reclosing || ~ **continu** / continuous switching || ~ sur **court-circuit passager** / automatic rapid reclosing under short-circuit conditions || ~ **rapide** (électr) / rapid o. quick reclosing

réenclencher le **courant** (électr) / reclose, restore power

réengrener / remesh

réenrailler (ch.de fer) / rerail

réenregistrement *m* (phono) / rerecording || ~ (son magnétique) / rerecording, transfer || ~ sur **bande** / transcription on tape

réenregistrer (électron) / spin-off (from record o. radio) || ~ (b.magnét) / rerecord

réenrouler (tiss) / rewind

réenrouleur *m* (sidér) / recoiler

réensoupler (tiss) / rewind

rééquilibrer (pont électr) / rebalance

réétirage *m* (découp) / redrawing

réétirer (découp) / redraw

réexpédier / re-expedite

réextraction *f* (pétrole) / stripping || ~ (nucl) / stripping (US), backwash (GB) || ~ **différentielle** (nucl) / splitting

réextrait *m* (lubrifiant) / solvent retreated extract

refabrication *f* (nucl) / refabrication

refaire, changer d'emballage / repack, new-pack || ~, réparer / repair || ~, remettre en bon état / do up || ~ les **coussinets** / box o. line o. bush bearings || ~ le **plein** / refill, top up || ~ la **pointe** / sharpen the point || ~ le **revêtement** / reline

refaisage *m* (tan) / binder pit || ~ / remaking, making it again

réfection *f* / repair[ing], overhaul[ing], restoration || ~, reconstruction *f* / rebuilding, reconditioning || ~ (bâtim) / overhauling of the work || ~ de la **route** / road repair work

refend *m* / splitting || ~ **porteur** (bâtim) / structural wall

refendement *m* de **serre** (mines) / steating

refendeuse *f* / slitting machine || ~ en **long** (pap) / paper reel slitting machine

refendre / slit *vt* || ~ (cuir) / skive, pare *vt*

refente *f* en **sens machine** (pap) / slitting || ~ en **sens travers** (pap) / cutting

référence, [vôtre] ~ / customer's reference sign || ~ /

point of reference, reference point || ~, album *m* d'échantillons / specimen book || ~ (lettre) / reference sign || **de** ~ / reference... || **mettre une** ~ (ord) / tag || ~ **externe** (ord) / external reference || ~ d'**identification en code** (ord) / label || ~ aux **normes** / reference to standards || ~ aux **normes avec identification rigide** / reference to standards by exact identification || ~ aux **normes avec identification glissante** / reference to standards by undated identification || ~ de **réduction photographique** (circ.impr.) / photographic reduction dimensions *pl*
référencer (ord) / label
référentiel *m* / reference frame, referential system || ~ (math) / universal set
référer, se ~ [à] / refer [to]
refermé / closed, tight
refermer, se ~ **[en tombant]** / shut *vi*
refermeture *f* (électr) / reclosing
refilmage *m* (repro) / retake
réfléchi / reflected, reverberatory, thrown back || ~, inversé / mirror-inverted, laterally reversed || **être** ~ (rayons) / be reflected || **~-binaire** (math) / reflected binary
réfléchir / reverberate *vt*, reflect, throw back || ~ **élastiquement** / spring back
réfléchissant / reflecting, -tive, reflex, reverberating, -tive, reverberatory
réflectance *f* (émail) / reflectance || ~, facteur *m* de luminance (opt) / reflectance, reflection factor || ~ **diffuse** / diffuse reflectance o. transmittance || ~ **lumineuse** / coefficient of reflex luminous intensity || ~ **moyenne** (pap) / microreflectance || ~ **spectrale** / spectral reflectance
réflectant / reflecting, reflective, reflex, reverberatory, reverberating
réflecteur *adj* / reflecting, -tive, reflex, reverberating, -tive, reverberatory || ~ *m* (gén) / reflector || ~ d'**antenne à treillis** (électron) / grating reflector || ~ **argenté** / silvered reflector || ~ à **armilles** / circular reflector || ~ en **beryllium** (nucl) / tamper, retarder || ~ **cerf-volant** (radar) / kite || ~ **ciné** / movie light || ~ en **coin** / triple reflector o. mirror || ~ de **concentration** / concentrating reflector || ~ **cylindrique** (antenne) / cheese || ~ **dièdre** (antenne) / corner reflector || ~ à **éclairage indirect** / indirect light reflector || ~ d'**encoignure** / corner reflector || ~ **métallique** / metal reflector || ~ de **neutrons** / neutron shield o. reflector || ~ d'**ondes** / wave reflector || ~ **parabolique** (antenne) / paraboloidal-type reflector || ~ **parabolique coupé ou déformé** (antenne) / cut paraboloid reflector || ~ **passif** (antenne) / passive reflector || ~ **plan** / planar reflector || ~ en **pleine tôle** (antenne) / solid sheet reflector || ~ **résonant** (laser) / resonant reflector || ~ **rouge** / rear [red reflex] reflector || ~ en **treillis** (antenne) / grid-type reflector || ~ en **trièdre** (arp) / triple mirror
réflectibilité *f* / reflectibility
réflectographie *f* (typo) / player-type
réflectomètre *m* / reflectometer || ~ **hyperfréquence** / microwave reflector || **~-photomètre** *m* / reflectance photometer
réflectométrie *f* / reflectometry
réflectorisé / with rear reflector
réflectoscope *m* **virtuel** (radar) / virtual reflectoscope
reflet *m* / reflex || ~ (pétrole) / bloom || **à ~s soyeux** / sheeny || **exempt de ou sans ~s** / reflexfree, free from [internal] reflexes || ~ d'une **huile** (pétrole) / reflected colour, bloom || ~ de **métal** / glint || ~ **rapide** / flash || ~ de **soie** / sheen of silk
reflétant / reflecting, -tive, reflex, reverberating, -tive, reverberatory
reflété / reverberatory, reflected
refléter / mirror *vt*, reflect, reverberate
reflex *m* (phot) / reflex camera || ~ à **deux objectifs** / twin lens [reflex] camera || ~ à **visée à travers l'objectif**, reflex *m* à un objectif / single-reflex camera, S.R.C., single-lens reflex [camera], SLR, TTL camera (= time through lens)
réflexe *adj* / reflex *adj* || ~ *m* / reflex, reflection || ~ **parasite** (radar) / stray reflection
réflexion *f* / reflection, reflex[ion], reverberation || **à** ~ **partielle** (miroir) / half-silvered || **par** ~ / by reflected light || **sans ~s** / free from reflections || ~ **blanche** / white reflection || ~ du **brouillard** (radar) / fog return || ~ des **corps creux** / hollow body reflection || ~ **côtière** (radar) / coastal reflection || ~ **diffuse** / diffuse reflection || ~ **double** (crist) / double reflection || ~ de la **lumière** / luminous reflectance || ~ **maximale** / maximum reflection || ~ **multiple** / multiple reflection || ~ **régulaire** / regular o. specular reflection || ~ **rotative** (crist) / rotatory reflection || **~s** *f pl* **s[é]ismiques** / seismic reflections *pl* || ~ *f* **sélective** / selective reflection || ~ par le **sol** (électron) / ground reflection || ~ du **son** / resounding, sound reverberation o. repercussion || ~ **spectrale** / spectral reflection || ~ **spéculaire** / regular o. specular reflection || **~s** *f pl* au **sujet des frais** / cost considerations *pl* || ~ *f* **totale** / total reflection || ~ d'un **vice de matière** (ultrasons) / reflection of the beat from the flaw
réflexivité *f* (math) / reflexivity
reflotter (mines) / refloat *vt*
refluement *m* / backflow, reflux [action]
refluer / flow back, back-flow
reflux *m* / flowing back || ~ de la **distillation primaire** (chimie) / top reflux || ~ de la **haute marée** / ebb[-tide] || ~ d'**huile** (vide) / backstreaming of oil || ~ **interne** (pétrole) / internal o. intermediate reflux
réfluxion *f* (pétrole) / back blending
refondre / recast, remake, remodel || ~ (fonderie) / refuse, remelt, resmelt || ~ (pap) / repulp || ~ (livre) / change *vt*, transform, convert, do up || ~ (sidér) / work *vt*, smelt || ~ (sucre) / remelt || ~ le **plomb** / reduce lead
refondu / remelted || ~ sous **vide** / cast in vacuo
refonte *f* (sidér) / remelt heat || ~ du **têt ou du test** / reducing of the litharge
reforer / rebore
reformage *m* (ELF) / gas reforming || ~ **catalytique** (ELF) (pétrole) / rexforming, thermofor catalytic cracking (TCC) o. reforming (TCR) || ~ **catalytique SBK** / SBK catalytic reforming || ~ du **gaz naturel** / reforming of natural gas
réformat *m* / reformate
réformation *f* (électron) / reforming || ~ **catalytique** / catforming || ~ à la **vapeur** / steam reforming plant
reformer (chimie) / form again o. back *vt* || ~ (diode) / reform *vt*
réformer (ch.de fer) / scrap *vt*, place out of service
reformeur *m* (ELF) (pile à combustible) / reformer
reforming *m*, reformage *m* (ELF) / gas reforming
refouillement *m* / cavity (e.g. of stones)
refouiller un **trou** / clean carefully a hole
refoulage *m* de la **tête de rivet** / closing-up the rivet
refoulé (hydr) / banked up || ~ à **froid** / cold-headed, cold-upset
refoulement *m* / repercussion, rebound, recoil || ~ (forg) / upsetting || ~ / repression, repressing || ~ (hydr) / banking up || ~ (pompe) / lift of a pump || ~

(tex) / remilling of cloth || ~ de **boue en nappe** / upflow sludge blanket process || ~ avec **chauffage par effet Joule** / electrothermal upsetting test || ~ du **combustible** (fusée) / propellant expulsion || ~ du **copeau** / upsetting of chips || ~ à **froid** / cold upsetting || ~ de **têtes à froid** / cold heading
refouler / drive o. force back || ~ (ch.de fer) / push back || ~ / jump *vt*, upset *vt* || ~ (ch.de fer, rame) / set back, push back || ~ (forg, lam) / head *vt*, upset *vt*, jolt || ~ (pompe) / lift *vt*, deliver || ~ (hydr) / bank up, dam up || ~ à la **bosse** (ch.de fer) / push up on the hump || ~ des **déblais** / pump up the spoil
refouleur *m* (coke) / pusher rack, ram rack, ram bar || ~ / upsetting device || ~ (pompe) / force o. forcing pump, press[ing] pump || ~ du **laminoir à dresser et lisser** (sidér) / reel edger
refouloir *m* **pneumatique** (mines) / pneumatic rammer
réfractaire *adj* / refractory, fire-proof, fire... || ~ (acier) / heat resisting || ~ (fonderie) / sluggish || ~ *m* **acide** / acid refractory || ~ d'**alumine ou de corindon** / alumina refractory || ~ **alumineux ou silico-alumineux** / alumino-silicate refractory || ~ d'**andalousite ou de cyanite ou de sillimanite** / sillimanite refractory || ~ **argileux** / fireclay refractory || ~ à **base de carbures,** [nitrures, siliciures] / carbide, [nitride, silicide] refractory || ~ **basique** / basic refractory || ~ de **carbone** / carbon refractory || ~ de **carbure de silicium** / silicon carbide refractory || ~ de **chromite** / chrome refractory || ~ de **chromite-sillimanite** / chrome-sillimanite refractory || ~ **coulé par fusion** / fusion cast refractory || ~ de **diaspore** / diaspore refractory || ~ **électro-fondu** / electro-cast refractory || ~ à **envelope métallique** / metal-cased refractory || ~ **graphité ou de plombagine** / plumbago refractory || ~ à **haute teneur en alumine** / high-alumina refractory || ~ aux **hautes températures** / highly refractory || ~ **léger** / lightweight refractory || ~ de **magnésie-chromite** / magnesite-chrome refractory || ~ de **masselottes** / mould brick || ~ **moulu** (sidér) / grog || ~ de **silice** / silica refractory || ~ de **thorine** / thoria refractory
réfractarité *f* / refractoriness, high temperature strength o. stability, heat-proofness o. resistance
réfracté (opt) / refracted
réfracter (phys) / refract
réfracteur *m* / refractive prism || ~ (rare) (astronom) / refracting telescope, refractor || ~ **solaire Coudé** / solar Coudé refractor
réfractif (phys) / refracting, refractive, refringent
réfraction *f* / refraction || ~ **atmosphérique** / atmospheric refraction || ~ **axiale** / principal point refraction, axial refraction || ~ **conique** / conical refraction || ~ des **couleurs** (phys) / colour refraction || ~ **double** / double refraction, birefringence || ~ **infranormale** (radar) / sub-refraction || ~ **normale** / standard refraction || ~ des **ondes au passage de la côte** (électron) / coastal refraction, coastline o. shore effect || ~ de **rayons lumineux** / refraction of light rays || ~ **s[é]ismique** (mines) / seismic refractions *pl* || ~ du **son** / refraction of sound
réfractomètre *m* (phys) / refractometer || ~ selon **Abbe** / dipping refractometer || ~ de **bijoutier** / jeweller's refractometer || ~ à **immersion** / dipping o. immersion refractometer || ~ **interférentiel** / interferometer || ~ à **lait** / milk fat refractometer || ~ à **main** / hand refractometer || ~ à **parallaxe** / parallax refractometer || ~ de **Pulfrich** (phys) / Pulfrich refractometer || ~ de **Rayleigh** / Rayleigh refractometer || ~ **saccharométrique** / Abbe refractometer || ~ à **sucre à main** / hand-held Abbe refractometer
réfrangibilité *f* (phys) / refrangibility, refractive power || ~ **[absolue] de l'air** / absolute refractive power
refréner / restrain, check
réfrigérant *adj* / cooling, freezing || ~ *m* (agent) / cooling agent o. medium || ~ (appareil) / cooler, cooling apparatus || ~ à **ailettes** / ribbed o. finned radiator o. cooler || ~ à **air** / air cooler || ~ d'**Allihn** (chimie) / Allihn condenser || ~ **antérieur** / precooler || ~ **atmosphérique** / tower cooler, cooling tower || ~ à **bière** / beer cooler || ~ à **cheminée** (techn) / cooling tower || ~ à **cheminée à tirage naturel** / cooling tower with natural draught || ~ de **condensation** (m.à vap) / condensing water || ~ de **cuve de fermentation** (bière) / attemperator || ~ de **Dimroth** (chimie) / Dimroth cooler || ~ **droit de West** (chimie) / Liebig condenser || ~ à **eau** / water cooler || ~ à **gaz** / gas cooler || ~ à l'**huile** / oil cooler || ~ **hydraulique d'huile** (transfo) / oil-to-water heat exchanger || ~ à **lait** / milk cooler || ~ **lubrifiant** / cooling lubricant || ~ **postérieur** (gaz) / additional cooler, aftercooler, recooler || ~ à **reflux** / reflux o. return condenser || ~ de **retour** / recooling plant || ~ à **ruissellement** / surface irrigation cooler, spray cooler, rinsing recooler || ~ à **serpentin de Graham** (chimie) / Graham type cooling coil || ~ **terminal** / final cooler
réfrigérateur *adj* / cooling, freezing || ~ *m*, congélateur *m* (gén) / freezer, deep freezer || ~ (électroménager) / household refrigerator, reefer (coll), fridge (coll) || ~ à **absorption** / absorption [type] refrigerator || ~ **armoire** / full-size refrigerator || ~ à **compartiment congélateur** / refrigerator-freezer || ~ à **compression** / compression [type] refrigerator || ~ **conservateur** / nofrost refrigerator || ~ à **gaz** / gas refrigerating machine || ~ d'**huile fonctionnant à l'eau** / water-oil cooler, oil-to-water heat exchanger || ~ à **lait sur bidons** / in-churn milk cooler || ~ **ménager** / household refrigerator, reefer (coll), fridge (coll) || **~s** *m pl* **ménagers** / domestic o. household refrigerators *pl* || ~ *m* **table** / table type refrigerator
réfrigération *f* / refrigeration || **à ~ par combustible** / fuel-cooled || ~ en **circuit fermé ou par circulation** / refrigeration by circulation || ~ par **combustible** (espace) / regenerative o. recuperative cooling || ~ à **ébullition** (mot) / ebullient cooling || ~ par **effet de Peltier** / Peltier cooling || ~ **rapide** / rapid cooling || ~ à **surface à ruissellement** / surface cooling || ~ **thermoélectrique** / thermoelectric cooling o. refrigeration || ~ dans le **vide** (agr) / vacuum cooling
réfrigérer / chill, refrigerate, freeze || ~ (mét) / refrigerate to subzero temperatures
réfringence *f* / [optical] refractive power, refrangibility, refrangibleness || ~ **spécifique** / refractivity
réfringent / refracting, refractive, refringent
refrittage *m* (mét.poudre) / resintering, high-sintering
refroidi par **air** / air-cooled || ~ à l'**air agité, [calme]** / rapid, [slowly] air cooled || ~ par **azote** (réacteur) / nitrogen cooled || ~ par l'**eau** / water-cooled || ~ à **eau ordinaire** (nucl) / light water cooled || ~ par **gaz** (nucl) / gas-cooled || ~ par **hélium** / helium cooled || ~ par l'**huile** / oil-cooled || ~ par **liquide** / liquid-cooled || ~ par **matière organique** (nucl) /

organic-cooled || ~ par **métal liquide** / liquid-metal cooled || ~ par **sodium** / sodium-cooled || ~ au **sodium** (nucl) / sodium cooled

refroidir, [faire] ~ / cool [down] *vt* || **[se]** ~ / cool [down] *vi* || ~ *vt* / cool *vt* || ~ *vi* / cool *vi* || ~ **brusquement** (sidér) / plunge *vt*, chill, quench

refroidissage *m* par **pompe** (aéro) / ducted cooling || ~ par **projection d'eau** (sidér) / splash cooling

refroidissement *m* / cooling || ~ (nucl) / radioactivity decay, cooling || **à ~ par air fonctionnant à l'eau** (électr) / water-air cooled || **à ~ par convection** / convection cooled || **à ~ à l'eau** / water-cooled || **à ~ par récupération** (astron) / fuel-cooled, regeneratively cooled || ~ des **aciers** / refrigerating of steels || ~ **adiabatique** / adiabatic heat drop || ~ à **air** / air cooling || ~ à **air aspiré** / forced-draught cooling || ~ par **arrosage** / spray cooling, shower cooling || ~ **brusque** (sidér) / chilling || ~ de la **charge** (mot) / charge cooling || ~ de la **chemise** (électr, techn) / jacket cooling o. ventilation || ~ par **circulation d'eau** / cooling by circulating water || ~ par **circulation forcée d'huile** / oil circulating cooling || ~ par **conduction** / conductive cooling || ~ à **courant d'air forcé** / forced air cooling || ~ à **courant d'air forcé** (auto) / fan-[type air-]cooling || ~ par **diffusion** (nucl) / diffusion cooling || ~ **direct du cuivre** (câble) / internal cooling || ~ **direct de la surface des câbles** (câble) / integral cooling || ~ à l'**eau chaude** (mot) / ebullient cooling || ~ à l'**eau fraîche** / open-circuit water cooling || ~ par **eau ou à l'eau** / water cooling || ~ par l'**enveloppe** (électr, techn) / jacket cooling o. ventilation || ~ par **évaporation** / evaporation o. evaporative cooling || ~ par **film fluide** (ELF) (fusée) / film cooling || ~ **forcé** / forced air cooling || ~ au **four** (fonderie) / furnace cooling || ~ par **fusion** / cooling by melting metal || ~ à l'**hydrogène** / hydrogen cooling || ~ **indirect des câbles** (câble) / lateral cooling || ~ **intermédiaire** / intermediate cooling || ~ **interne des conducteurs** (câble) / internal cooling || ~ **naturel** / natural cooling || ~ **pelliculaire** (ELF) (fusée) / film cooling || ~ à la **poche** (fonderie) / ladle cooling || ~ par **pompe** (auto) / forced circulation o. forced flow cooling, pump circulated cooling || ~ par **radiateur caréné** (aéro) / ducted cooling || ~ par **radiation** / radiant cooling || ~ par **récupération** (espace) / regenerative o. recuperative cooling || ~ de **secours** (réacteur) / standby cooling, emergency cooling || ~ **sélectif** (sidér) / selective freezing || ~ **superficiel** / surface cooling || ~ à **surface à ruissellement** / surface irrigation cooling, spray o. rinsing cooling || ~ de la **tête de four** / chill of port end || ~ par **thermosiphon** (auto) / natural circulation water cooling, cooling by automatic circulation || ~ par **transformation** (sidér) / cooling thru transformation || ~ par **transpiration** / sweat o. transpiration cooling || ~ par **vaporisation** / evaporation o. evaporative cooling || ~ par **ventilateur** (auto) / fan-[type air-]cooling || ~ par **ventilation forcée** / forced air cooling

refroidisseur *adj* / cooling || ~ *m* / cooler || ~ (lam) / cooling rack o. bank o. bed o. trough || ~ (électron) / heat sink, dissipator || ~ (fonderie) / chill plate || ~ (pap) / cooling cylinder o.drum o. roll, sweat roll || ~ **additionnel** / add-on cooler || ~ à **air** / air cooler || ~ à **chaîne** (sidér) / chain cooling bed || ~ du **clinker** / clinker cooler || ~ de **coke** / coke cooling plant || ~ de **forme** (fonderie) / densener || ~ du **gaz** / gas cooler || ~ d'**huile à surface** / surface oil cooler || ~ à **injection** / quench cooler || ~ **intermédiaire** / intercooler || ~ **malaxeur avec échangeurs thermiques** (sucre) / water-cooled crystallizer, cooler crystallizer || ~ à **pulvérisation** (pap) / spray type cooler || ~ **rapide** (sucre) / rapid cooling crystallizer || ~ à **râteaux** (sidér) / rake type cooling bank || ~ **rotatif** / rotary cooler || ~ à **rouleaux** (sidér) / roller cooling bed o. bank || ~ à **ruissellement** / surface irrigation cooler, spray o. rinsing cooler || ~ pour **semiconducteurs** / semiconductor cooling element, heat sink || ~ à **serpentins** / coil o. spiral condenser o. radiator o. refrigerator, coiled cooling pipe || ~ à **surface étendue** / extended surface cooler || ~ **tubulaire** / tube cooler, cooling coil || ~ de **tuyère à laitier** (sidér) / monkey cooler || ~ **vibrant à tourbillon** / fluidized bed vibro cooler

refroidissoir *m* (lam) / hot bank o. bed || ~ à **cliquets** (lam) / dog- o. cam- o. pawl-type bed || ~ à **retournement des billettes** (mét) / rotating-type cooling bed for billets

refuge *m* (mines) / refuge, shelter || ~ (nav) / harbour of refuge || ~ (autoroute) / lay-by || ~ de **sécurité ou pour piétons** (routes) / traffic island || ~ de **tunnel** / recess in a tunnel, refuge hole

refus *m* (fonderie) / blowhole || ~ (brevet) / refusal, rejection || ~ *m pl* (pap) / rejects *pl* || ~ *m* d'**acceptation** / rejection o. refusal of acception || ~ de **criblage** / sieving residue o. retainings *pl*, screen overflow, oversize, residue || ~ *m pl* d'**épuration** (pap) / screenings *pl* || ~ *m* **supérieur** / oversize particle

refuser / reject

refusion *f* (sidér) / remelt heat || ~ de la **brasure sur cartes de circuits imprimés** / solder reflow on printed circuit boards || ~ sous **laitier électroconducteur** / electroslag remelting process

regagner du **temps perdu** (ch.de fer) / make [up lost] time

regain *m* (agr) / aftermath, -grass, second growth o. crop || ~ (bot) / flush (abundant new growth) || ~ (bois) / overmeasure of structural timber

régale *f* des **mines** / mining rights *pl*

régaler (ch.de fer, bâtim) / top-level *vt*, clear o. finish the formation

régaleur *m* (routes) / planisher

régaleuse *f* (ch.de fer) / formation finishing o. levelling machine

regard *m* (opt) / sight, vision, look || ~ (télécom) / test box || ~ / air o. light shaft o. well || ~ (bâtim) / lunette || ~ (conduit) / manhole || ~ (four) / peephole, sight o. spy hole, witness hole (US) || ~ dans la **culasse** (sidér) / gas port hole o. peephole || ~ d'**égout** (routes) / gully hole || ~ d'**égout** (eaux usées) / inspection chamber || ~ de **poing** / handhole, inspection port || ~ de **vanne** (routes) / valve box, surface box || ~ de **visite** (poste pneum) / handhole, inspection port

regarder / look [at] || ~ dans un **télescope** / look through a telescope || ~ la **télévision** (TV) / teleview, watch television, look in || ~ à la **télévision** (TV) / see on television

regarnir (ch.de fer) / re-ballast || ~ (rouleaux etc) / recoat, reline || ~ (fours) / reline || ~ (palier) / remetal, reline || ~ (teint) / replenish, feed up || ~ (frein) / reline || ~ (m. de bureau) / replenish forms

regarnissage *m* des **cylindres** / recoating o. relining of rollers

regarnisseuse *f* / machine for reballasting the track

regazéification *f* / regasification

regel *m* / regel[ation]

regélatiner / regelatinize

regélation *f* / regelation

regeler / regelate
régénérant *m* / regenerant
régénérateur *m* (chimie) / reclaimer || ~ (sidér) / regenerator
régénerateur *m* (nucl) / converter reactor
régénérateur *m* de **haut fourneau** / cowper [stove], hot-blast stove || ~ d'**impulsions** / impulse regenerator || ~ de **prairie** (agr) / pasture ripper, rejuvenator
régénératif / regenerative, regenerating
régénération *f* / regeneration || ~ (chimie) / reactivation, regeneration || ~ (caoutchouc) / reclaiming || ~ de l'**adoucisseur d'eau** (lave-vaisselle) / regeneration of softener || ~ du **catalyseur** / catalyst regeneration || ~ à **co-courant** (échangeur d'ions) / co-current regeneration, co-flow regeneration || ~ du **cœur** (fonderie) / core refining || ~ à **contre-courant** (échangeur d'ions) / countercurrent regeneration || ~ du **gaz carbonique en oxyde de carbone** (sidér) / carburation, carburization, carburetting || ~ de l'**huile ou des huiles** / oil regeneration || ~ d'**impulsions** / pulse regeneration o. restoration || ~ du **milieu dense** (prépar) / pulp regeneration || ~ du **révélateur** / replenishment of the developer || ~ de **signal** / signal regeneration o. processing o. shaping || ~ de **tension** / voltage regeneration || ~ par **terre activée** (pétrole) / clay regeneration || ~ **thermique ou à la vapeur surchauffée** (caoutchouc) / steam process regeneration, thermal reclaiming process
régénéré / regenerated
régénérer / regenerate *vt* || ~ (caoutchouc) / reclaim || ~ (ord) / regenerate *vt*, re-write || ~ (accu) / charge *vt* || ~ (se) / regenerate *vi* || ~ (bain de décapage) / top up, regenerate the bath || ~ des **impulsions** (électron) / reshape pulses || ~ des **récupérés** / recover, salvage
régi, être ~ par cette norme / come within the scope of a standard || ~ par **calculateur** / computer controlled
régie *f* (TV) / central control room, control cubicle o. center || ~ **finale** (TV) / master control room || ~ **mobile** (TV) / mobile control room
régime *m* / regime, régime, (esp.:) range of capacity, rating || ~ (électr) / load || ~, norme *f* / norm, rule || ~ (mot) / speed || **à ~ lent** / slow-speed... || **de ~** / operational, operative || **en ~ capacitif** / capacitive || **en ~ inductif** (électr) / inductive || **en ~ permanent** (processus) / steady-state... || **en ~ pulsé** (laser) / tunable || **plein ~** / full speed || ~ **accéléré** (ch.de fer) / fast goods o. freight (US) service o. traffic || ~ de **bananes** / bunch o. cluster of bananas, stem || ~ de **charge** (accu) / charge o. charging rate || ~ de **charge** (électr) / duty classification || ~ de **charge d'espace** / state of space charge || ~ de **charge faible** / weak charging rate || ~ de **consommation réduite** / economical operating range || ~ de **contraintes** / stress conditions *pl* || ~ de **courant résiduel** (tube électron.) / residual-current state || ~ en **court-circuit** (électron) / back-to-back operation || ~ **critique** (écoulement) / critical flow || ~ de **croisière** (vitesse) / economic speed || ~ de **dépression** / low-pressure area, minimum || ~ **déséquilibré** (électr) / out-of-balance regime || ~ de l'**eau** / water economy || ~ de l'**eau et du sel** / salt and water balance || ~ des **eaux** (rivière) / water regime || ~ des **eaux souterraines** / ground water regime || ~ **économique complexe** (gén) / integrated system || ~ d'**écoulement du gaz** (sidér) / gas flow control || ~ d'**équilibre** / position o. condition o. state of equilibrium, steady o. neutral position, balanced condition o. state || ~ **établi** / equilibrium, steady state || ~ d'un **fleuve** (hydr) / nature of a river || ~ **fluvial tranquille**, écoulement *m* tranquille / subcritical flow || ~ de **fonctionnement** / operating o. working conditions *pl* || ~ **forcé** (phys) / forced state || ~ **fortement stationnaire** / strongly [self-]stationary state || ~ de **freinage** / brake operating conditions *pl* || ~ des **fréquences** / frequency range || ~ de **fusion** / melting range || ~ en **génératrice** / generating service || ~ de **gigahertz** / Gc range, gigacycle o. gigahertz range || ~ **harmonique** (contr aut) / harmonic range || ~ de **haute pression** (météorol) / high, high [pressure] area, anticyclone, barometric maximum || ~ **hydrographique** (hydr) / hydrograph curve || ~ **hydrologique** / water economy o. balance || ~ **impulsionnel** / pulsed mode o. operation || ~ **industriel** / industrial application range || ~ d'**instruction «do»** (FORTRAN) / range of a DO statement || ~ **intermittent** (électr) / crane rating || ~ **laminaire** / state of laminary o. steady o. streamline o. viscous flow || ~ **libre** (TV) / free running state || ~ de **manipulation** (électron) / keying mode || ~ de **marche** / operating conditions *pl*, operation || ~ **maximal** / full modulation, full drive || ~ **moteur** / engine speed || ~ **normal** / standard capacity || ~ **permanent** (électr) / continuous duty || ~ **permanent** (contr.aut) / steady state condition || ~ **permanent** (électr) / steady state || ~ **quart horaire** (électr) / quarter-hourly rating || ~ de **réglage des vitesses** / range of speed control || ~ de **saturation** (semicond) / saturation [drive] || ~ de **secours** / emergency service || ~ **semi-horaire** / half-hourly rating || ~ **stationnaire** (vibrations) / stationary process || ~ **supercritique ou torrentiel** / supercritical flow || ~ de **températures étendu** / extended temperature range, ETR || ~ **transitoire** (état) / transition state, transient state || ~ **transitoire** (action) / transient operation || ~ **transitoire** (électr) / transient state || ~ **unihoraire** (ch.de fer) / hourly service || ~ **variable des eaux** / variable flow || ~ des **vents** / wind conditions *pl* || ~ de **vitesse de rotation** / speed range, r.p.m. range || ~ des **vitesses** / speed range || ~ de **volume** (électron) / volume range
région *f* / region, area || ~ (transistor) / region, zone || ~, contrée *f* (géogr) / district || **hors de la ~ spectrale** / non-spectral || **par ~s** / regional || ~ d'**appauvrissement** (semicond) / depletion region || ~ **asservie** / coverage || ~ d'**atmosphère** / air layer || ~ **attractive** (aimant) / field of attraction || ~ de **charge d'espace** (électron) / space charge-limited current region || ~ de **claquage** (semi-cond) / channeling region || ~ de **collecteur** (transistor) / collector zone o. region || ~ du **coton** / cotton growing area, cotton belt || ~ **critique** / critical range || ~ **critique** (math) / critical region || ~ de **culture fruitière** / fruit farming region || ~ **D** (atmosphère) / D-layer || ~ **E** (atmosphère) / E-layer || ~ d'**émetteur** / emitter region || ~ d'**équilibre [entre Terre et Lune]** (espace) / null region || ~ de l'**état bloqué** (semi-cond) / blocking state region || ~ de l'**état passant** (semi-cond) / conducting state region || ~ **explorée** (radar) / scanned area, cover[age] || ~ de **Geiger-Müller** (nucl) / Geiger region o. plateau || ~ de **glissement facile** (crist) / easy-gliding || ~ de **grille d'un transistor à effet de champ** / gate region of FET || ~ de **haute pression** (météorol) / high, high [pressure] area, anticyclone, barometric maximum || ~ **industrielle** / industrial district || ~

d'**information de vol** (aéro) / flight information region, FIR || ~ **marécageuse** / marshy region || ~ **minière** / mining district || ~ **morte** / dead range || ~ d'**origine** / source region || ~ **partielle** (sciences) / branch of science || ~ **perturbée** (nucl) / spike || ~ **pétrolifère** / oil field || ~ de **piégage** (semicond) / capture spot || ~ de **rationalité** (math) / corpus, domain [of rationality], field || ~ de **saturation** / saturation region || ~ **sinistrée** / labour-surplus area || ~ de **source** (semicond) / source [terminal o. electrode o. region] || ~ des **températures de service** (semi-cond) / working temperature range || ~ des **températures de stockage** (semi-cond) / storage temperature range

régional *adj* / regional || ~ *m* (télécom) / local telephone network, exchange area || ~ [de Paris] / Paris exchange area || ~ (une zone plus grande) (télécom) / extended area service, EAS

registration *f* / registration

registre *m* (ord) / register || ~ (poêle) / damper || ~ (sidér) / gate, stopper || ~ **adresse** (ord) / address register || ~ d'**adresse d'instruction** (ord) / instruction address register, [sequence] control register, control counter, control instruction register || ~ d'**adresses d'indexation** (ord) / indexing address register || ~ d'**adresses de mémoire** (ord) / memory address register, MAR || ~ d'**annonce des trains** / train record book, train register || ~ d'**arrêt** / stopper || ~ d'**arrêt de ventilation** (sidér) / damper register || ~ **banalisé** (ord) / general purpose register || ~ à **bascule** / flip-flop register || ~ de **base** (ord) / B- o. base o. index register || ~ des **brevets** / patent rolls o. lists *pl*, records *pl* of patents || ~ **cadre** (ord) / covering register || ~ de **canal** (ord) / channel register || ~ de **cantonnement** / train record book, train register || ~ de **cendrier** / ash stop || ~ de la **cheminée** / damper, register || ~ de **comptage** (ord) / tally register, counting register || ~ à **coulisses** / slide damper || ~**s** *m pl* pour **cowpers** / cowper *pl* fittings || ~ *m* à **décalage** (ord) / shift register || ~ à **décalage délivrant une séquence de longeur maximale** / maximum length sequence shift register, MLSR || ~ **double** / double [length] register || ~ à **encoches** (typo) / thumb index, banks *pl* || ~ d'**entrée manuelle** (ord) / manual input register || ~ **final** (phot) / final title strip || ~ **Foncier et Gérances** (Suisse) / Estate and Rating Surveyor's Department || ~ à **fumées** (sidér) / flue gas valve || ~ à **gaz de fumée** (chaudière) / flue gas register || ~ à **glissement** (ord) / shift register || ~ **grave, [médium, aigu]** (acoustique) / deep, [medium, high] pitch || ~ d'**horloge** (ord) / timer [register], clock [register] || ~ d'**index** (ord) / index register o. accumulator, modifier o. B-register || ~ **indicateur** (ord) / indicating register || ~ d'**installation** (ord) / facility register || ~ d'**instruction** (ord) / program register || ~ **intégral** / integral register || ~ d'**interruption** (ord) / interrupt register || ~ des **interruptions de programme** (ord) / interrupt status register || ~ **KWIC** (ord) / KWIC index, key-word-in-context index || ~ **manuel** (air) / manual damper || ~ des **marques** / trademark register || ~ **mécanique** (m.compt) / mechanical register || ~ [de] **mémoire** (ord) / memory register || ~ des **modèles** / utility pattern register || ~ de **multiplicandes, [de dividendes]** (ord) / multiplicand, [dividend] register || ~ de **multiplicateurs** (ord) / multiplier register || ~ **national des brevets** / patent-rolls o. -lists *pl*, records of patents *pl* || ~ des **navires** / register [book] || ~ d'**opérande** (ord) / operand register, arithmetical register (of arithmetic unit) || ~ à **organe mobile unique** (air) / single leaf damper || ~ **parallèle** (ord) / parallel register || ~ **pivotant** (canal de fumée) / reducing damper || ~ de **plusieurs mots** (ord) / multiword register || ~ à **ressorts** (tex) / spring reverse motion, undersprung motion for healds || ~ du **son** / pitch, register || ~ **tampon** (ord) / intermediate stor[ag]e o. memory, buffer store (GB) o. storage (US) || ~ de **télémesure** / telemetering register || ~ de **tirage** / damper, register || ~ à **transistors** (ord) / transistor register || ~ d'**un mot** (ord) / one-word register || ~ de **vapeur** (m.à vap) / throttle [valve], regulating valve || ~ de **vent au cubilot** / cupola blast gate || ~ à **vent froid** (sidér) / cold blast sliding valve || ~ de **ventilation** (bâtim) / ventilation flap, air shutter o. valve || ~ de **ventilation au mur** / wall ventilator

réglable / adjustable || ~ en **continu** (débit) / infinitely variable (capacity) || ~ à **volonté** / adjustable at will, variable at will

reglaçage *m* (ch.de fer) / re-icing

réglage *m* (techn) / adjustment, control, regulation || ~ (m.outils) / tool setting, tooling, set-up, setting[-up] || ~ (instr) / control || ~ (électron) / adjustment, reset || ~, dosage *m* / proportioning, dosage, dose || ~ (pap) / ruling, lining || ~ (aéro) / rigging || ~ (radio) / tuning || ~ (commande des éléments de couplage) (télécom) / setting (actuation of switching elements) || **à ~ continu** / continuous[ly adjustable], continuously o. infinitely variable || **de ~** (pas: directeur!) (contr.aut) / adjusting, adjustment... || **pouvant être commandé par ~ de phase** (électr) / phase controllable || ~ à **action** / upward gain control || ~ d'**air** / air regulation o. control || ~ d'**allumage** / ignition control o. timing, sparking advance o. retard || ~ d'**allumage automatique** (auto) / automatic [spark] advance, automatic timer || ~ de l'**allumage à main** (auto) / hand advance || ~ d'**allumage semi-automatique** (auto) / semiautomatic advance o. control o. timing || ~ d'**amplification** (électron) / gain control || ~ de l'**amplitude de ligne** (TV) / width control || ~ **analogique** / analogous adjustment || ~ **approximatif** (gén) / coarse o. rough adjustment || ~ d'**attelage en hauteur** (agr) / vertical hitch adjustment || ~ des **aubes** (techn) / blade adjustment || ~ à **auto-adaptation** (contr.aut.) / adaptive system || ~ **automatique** / automatic control || ~ **automatique du gain** (électron) / automatic gain stabilization o. stabilizer, AGS || ~ **automatique de gain** (radio) / automatic amplitude control o. gain control, AGC, automatic volume control, AVC || ~ **automatique de l'ouverture** (film) / exposure timer || ~ **automatique de phases** (TV) / automatic phase control [circuit], APC, apc || ~ **automatique de surcharge** (radar) / automatic overload control, AOC || ~ [d']**avance** / ignition control o. timing || ~ en **avant** / forward automatic gain control, forward AGC || ~ d'**azimut** (m.outils) / vertical adjustment || ~ de la **bande [passante]** (radio) / band width control || ~ de la **barbotine** (émail) / slip adjustment || ~ vers le **bas** (instr) / downward adjustment o. control || ~ de **bouchon** (sidér) / stopper control || ~ à **boucle fermée** / closed loop control system (GB), feedback control (US) || ~ de **brillance** (TV) / brilliance control, brightness o. background control (US) || ~ de **brillance des couleurs** (TV) / background control, colour brightness control || ~ en **cascade** (contr.aut) / cascade control, piggyback control || ~ du **champ** (électr) / field control || ~ du **champ de mesure** / measuring range control || ~ des **chapeaux** (filage) /

card top adjustment || ~ de **chaudières** / boiler regulation || ~ à **chauffage restreint** / low-setting control || ~ du **chroma** (TV) / chroma[ticity] control || ~ par **coin** / regulation by wedge taper, wedge pass gap setting device || ~ des **coïncidences** / coincidence control || ~ **combiné** / coupled control || ~ **composé** (contr.aut) / compound control, convergent control system || ~ de la **constante** (ord) / header control || ~ **continu** / continuous control || ~ du **contraste** (électron) / companding || ~ des **couleurs** (m. à écrire) / ribbon throw || ~ de **coulisseau** (presse) / ram adjustment || ~ du **débit** / rate control || ~ de la **définition** (TV) / pitch control || ~ à **deux effets alternés** / on-off o. on-and-off control o. function, bang-bang control system || ~ du **diaphragme** / stop setting || ~ **dimensional de l'image** / picture size adjustment || ~ de **distance** / sequence timing || ~ de **distance** (phot) / distance o. focus setting, focussing || ~ **double** / dual control || ~ **double simultané** / simultaneous dual control || ~ **dynamique** / dynamic control || ~ **économique** / economic control || ~ **[à effectuer]**, mise *f* au point / adjustment || ~ **exact de luminosité** (TV) / tracking || ~ d'**exposition** / exposure time adjustment o. setting || ~ d'**extinction** (électr) / termination control || ~ **extrémal** (contr.aut) / peak holding system || ~ par la **fabrique** (instr) / factory adjustment || ~ **faux** (contr.aut) / misadjustment || ~ de **fil** (tex) / thread straightening || ~ **fin** (nucl) / fine control || ~ **flou du gain** / flat gain control || ~ de la **foule** (tiss) / setting of the shed || ~ du **foyer** / focus adjustment, focussing || ~ **fréquence-puissance** (électr) / load-frequency control || ~ des **fréquences** / frequency regulation || ~ du **gain** (électron) / gain control || ~ du **gamma** (TV) / gamma control || ~ par **grilles** / grid control || ~ **grossier** (gén) / coarse o. rough adjustment || ~ par **hachage** (électron) / pulse o. chopper control || ~ vers le **haut** (instr) / upward adjustment o. control || ~ vers le **haut** (électron) / forward automatic gain control, forward AGC || ~ de la **hauteur d'image** (TV) / height control || ~ d'**image** (TV) / picture control || ~ **immédiat** / instantaneous control || ~ par **impulsions** (électron) / pulse o. chopper control || ~ par **impulsions échantillonnées** / sampled[-data] system || ~ d'**incidence des pales** (hélicoptère) / feathering of blades || ~ d'**incidence du stabilisateur** / tail plane control || ~ par **injection partielle** (mot) / control by partial injection, volumetric control || ~ **instantané de glissement** (électron) / IDC, instantaneous deviation control || ~ **intégral et dérivé** (contr.aut) / integral plus rate action control || ~ d'**interligne** (m.à écrire) / line space control || ~ **intermittent** / on-off o. on-and-off control, intermittent control o. function || ~ des **joints** (ch.de fer) / joint setting || ~ du **laitier** (sidér) / slagging practice || ~ de la **latitude** (télescope) / polar adjustment of a telescope || ~ **lié** (contr.aut) / cascade control, [closed loop] variable command control, sequential control || ~ en **longueur** / adjustment of lengths || ~ de la **luminosité** (TV) / brilliance control, brightness o. background control (US) || ~ à la **main** / manual adjustment o. control || ~ à **main et lampe de contraste** (TV) / d.c. restoration (GB) o. reinsertion (US) || ~ au **maximum** / maximum level control || ~ **micrométrique ou minutieux** / micrometer adjustment, precise o. vernier adjustment || ~ de **mise à zéro** / zero adjuster || ~ de **mise en veilleuse** / low-setting control || ~ de la **mise au point** (phot) / focus adjustment || ~ de **mise à zéro** / rectification of an instrument, zero adjust control || ~ **modal** / modal control || ~ de la **netteté** / focus adjustment, focussing || ~ de **niveau** / level control || ~ du **niveau de chrominance** / chrominance control || ~ du **niveau de sensibilité d'amplification** (électron) / gain control || ~ par **ondes entières** / multicycle control || ~ **optimal** / optimizing control || ~ d'**orbite** / orbit control || ~ à **paliers multiples** (contr.aut) / multi[ple]-step control || ~ **par tout ou rien** / on-off o. on-and-off control o. function, bang-bang control system || ~ **parallèle de précision** (m.outils) / parallel vernier adjustment || ~ du **pas** (tiss) / setting of the shed || ~ du **pas de l'hélice** (aéro) / pitch change o. control || ~ à **pendule** (contr.aut) / average position action || ~ de la **pénétration par réaction** (soud) / feedback penetration control || ~ aux **petits débits** / low-load compensation || ~ de **phase** (électr) / phase-angle control || ~ de **phase** (redresseur) / phase control || ~ de **phase séquentiel** (électron) / sequential phase control || ~ au **point zéro** / reset, zeroizing || ~ par **potentiomètre** / potentiometer control || ~ **poussé** / meticulous adjustment || ~ du **pouvoir calorifique** (gaz) / reconditioning || ~ **précis ou de précision** / precise o. vernier adjustment || ~ à **prédiction** (contr.aut) / prediction [control] system || ~ à **programme** (contr.aut) / automatic sequencing, program control || ~ **progressif** / continuous control || ~ **proportionnel et par dérivation** / proportional plus derivative control, PD control || ~ de **pureté des couleurs** (TV) / colour correction control || ~ de la **quantité d'injection** / injected fuel quantity control || ~ **rapide** (m.outils) / quick adjustment || ~ à **réaction** / closed loop control system (GB), feedback control (US) || ~ **remise à zéro** / zeroizing adjustment || ~ de **repérage circonférentiel** (typo) / circumferential register adjustment || ~ à **retard** (contr.aut) / retarded control || ~ **rigide** / proportioning control || ~ par **serrage de cale** / regulation by wedge taper, wedge pass gap setting device || ~ **shunt** / shunt control || ~ des **sièges [en distance ou en inclinaison]** (auto) / seat adjustment || ~ **silencieux** (électron) / silent tuning || ~ des **soupapes** / valve timing || ~ de **stabilité horizontale** (TV) / line hold, horizontal hold || ~ de **température** / temperature control || ~ de la **temporisation** (relais) / time element, time-lag device || ~ de **temps de pose** / exposure time adjustment o. setting || ~ de **tension** (auto) / constant voltage control, vibrating voltage-generator control || ~ du **tiroir [de la caisse aspirante]** (pap) / deckle adjustment || ~ de **tonalité** (électron) / tone control || ~ par **tout ou rien** (contr.aut) / bang-bang-system of control, on-off o. on-and-off control o. function || ~ **unique** (électron) / single-control tuning, ganged tuning || ~ de **valeur fixe** / fixed command control, set value control || ~ **vertical** / vertical adjustment || ~ **vertical** (m.outils) / depth adjustment || ~ de **vitesse** / speed control || ~ de **vitesse par prise de champ** (électr) / tap field control || ~ de **vitesse par variation de tension** / variable-voltage control, generator-field control || ~ du **volume** / volume control || ~ de **zéro** / zero point adjustment || ~ de **zone morte** (contr.aut) / dead zone control

réglant / regulating

règle *f* / straightedge, ruler, rule || ~ (dessin) / blade of the T-square || ~ (tex) / beater blade o. lag || ~ (bâtim) / smoothing board, long float || ~ (math) / fundamental rule o. operation || ~, prescription *f* / norm, rule || **en ~ générale** / generally speaking, as a rule || **faire ~ [pour]** / be valid [for] || **les quatre ~s** /

the four [fundamental] operations || **selon les ~s d'art** / expert, workmanlike, professional || **~s** *f pl* **ABC** / alphabetic rules *pl* || ~ *f* d'**Ampère** / Ampère's rule, Amperian float law || ~ d'**application** / contact rule || ~ **approximative** / rule-of-thumb, thumbrule, snap regula || ~ à **araser le béton** (routes) / screed || **~s** *f pl* de l'**art** (brevet) / state of art || ~ *f* **autoparallèle** (dessin) / sliding parallel straightedge || ~ de **Bragg** (nucl) / Bragg rule || ~ à **calcul** (math) / formula of calculation || ~ à **calcul[er]** / calculating o. slide rule || **~s** *f pl* **C.C.B.A.** (= Comité Consultatif du Béton Armé) (bâtim) / CCBA-rules *pl* || **~s** *f pl* de **circulation** (ch.de fer) / traffic instructions o. regulations *pl* || ~ *f* **conjointe** (math) / chain rule, compound o. conjoined rule of three || ~ de **correction de la courbure de la Terre** / altitude correction ruler || ~ à **découper** / cutting rule || ~ à **dessiner** / tee-square, T-square || ~ **dioptrique** / alidade || ~ **directrice** (m.outils) / master o. guide plate, former, template || ~ des **distances** (arp) / stadiometric straightedge || ~ **divisée** / graduated rule, line rule || ~ **divisée pliable ou de route** / folding measuring rod || ~ à **dresser** / straightedge || ~ **dresseuse et retourneuse** (lam) / manipulator straightedge || ~ de **dualité** (math) / duality principle || ~ de **Duhamel** (math) / Raabe's convergence test || ~ d'**écartement** (ch.de fer) / distance o. spacing gauge o. rule[r] || ~ à **échelle** / graduated rule || ~ **empirique** / empirical rule || **~[-équerre]** *f* / rule triangle, rectangle || **~s** *f pl* **et réglettes de bordure** (pap) / deckle boards *pl* || ~ *f* **étalon** / standard straightedge || ~ d'**exception** (nucl) / rule governing the selection || **~s** *f pl* d'**exploitation** / procedural rules *pl* || ~ *f* de **Fleming** (électr) / Fleming's rule, three-finger rule || ~ **fondamentale** / fundamental rule || ~ **graduée** (ch.de fer) / graduated ruler || ~ **graduée** (outil) / line rule || ~ **graduée** / meter rule o. stick || ~ **graduée en acier** / graduated metal rule || ~ **graduée triangulaire** / triangular meter rule || ~ de **Grimm** (crist) / Grimm's rule || **~-guide** *f* (m.outils) / former, template, guide o. master plate, profile o. profiling plate || ~ d'**Hund** (nucl) / Hund rule || ~ **logarithmique** / calculating o. slide rule || ~ de la **machine à papier** / slice of the paper machine || ~ de la **main droite** / Fleming's dynamo rule, right-hand rule || ~ de la **main gauche** / Fleming's motor rule, left-hand rule || ~ de **Maxwell** / corkscrew rule || ~ des **mélanges** / rule o. law of mixtures || ~ de **modeleur à retrait** / contraction rule, pattern maker's rule || ~ de **Neper ou Napier** (math) / Napier's analogies *pl* || ~ de **Nernst** / Nernst theory || ~ à **niveler** (arp) / boning rod || ~ **[de nivellement ou à niveler]** (arp) / level, ruler || ~ de **Pappus** (math) / Pappus theorem || ~ **parallactique** / parallactic rule || ~ **parallèle** / guide rule || ~ à **parallèles**, règles parallèles *f pl* / parallel ruler || ~ du **parallélogramme** / parallelogram rule (for addition of vectors) || ~ des **phases** / phase rule || ~ du **pied à coulisse** / beam of side rule || ~ de **platine** / standard meter || ~ **pliante** (dessin) / pliant rule || **~-point** *m* (m.à coudre) / stitch length mechanism o. length control, stitch regulative mechanism o. regulating lever || ~ *f* du **pouce** / rule-of-thumb || ~ de **précision** / knife-edge straightedge || **~s** *f pl* de **procédure** / process rules *pl* || ~ *f* à **racler** / striker || ~ de **réjointoyeur** (bâtim) / jointing rule || **~s** *f pl* de la **route** / rules of the road *pl* || ~ *f* de **sélection** (nucl) / rule governing the selection || **~s** *f pl* de **sélection nucléaire** / nuclear selection rules *pl* || ~ *f* **sinus** / sine bar || ~ des **sommes** / rule of sums || ~ de **surhaussement** (ch.de fer) / ruler for the superelevation of rails || ~ **syntaxique ou de syntaxe** (ord) / syntax rule || ~ en **T** (dessin) / tee-square, T-square || ~ du **tire-bouchon** (électr) / corkscrew rule || ~ du **trapèze** (math, arp) / trapezoidal rule || ~ de **trois** / rule of three o. of proportion || ~ des **trois doigts** (électr) / Fleming's rule, three-finger rule || ~ de **Trouton** (chimie) / Trouton's rule || ~ en **V** / V-shaped rule || **~s** *f pl* **VDE** / regulations of the VDE *pl*, VDE rules o. standards *pl* || ~ *f* **vibrante** (bâtim) / vibrating beam || **~s** *f pl* pour le **vol aux instruments**, I.F.R. / instrument flight rules, IFR *pl*

réglé / controlled || ~ (pap) / ruled || **non** ~ (pap) / plain || **profondeur** *f* **sur laquelle l'outil a été** ~ / set depth || ~ par **grille** / grid-controlled, cumulative-grid... || ~ à la **main** / handset || ~ au **maximum** (amplificateur) / driven to full output

règlement *m* (normes) / regulation || ~ (circulation) / rules of the road

Règlement sur *m* **les adjudications des travaux de constructions** (bâtim) / contract procedure

règlement *m* d'**atelier** / shop rules *pl*, factory regulations *pl* || ~ **concernant les constructions** / building ordinance o. regulations *pl* || **~s** *m pl* **concernant la sécurité des travailleurs** / worker's protection rules || ~ *m* pour la **construction des navires** / rules for the building of vessels || ~ d'**essai** / test specification o. condition || ~ de l'**exploitation** / clearing up of a factory || ≗ **International concernant le Transport des Conteneurs**, R.I.Co. (ch.de fer) / Intern. Regulations concerning the Carriage of Containers, R.I.Co. || ~ du **Lloyd** (pour la construction et la classification des navires) / Lloyd's rules and regulations *pl* || ~ de **navigation maritime** / regulations *pl* for preventing collisions at sea, rules *pl* at sea || **~s** *m pl* **particuliers** / implementing regulations *pl* || ~ *m* des **pauses** (ordonn) / rest-time regulation || ~ de **prévoyance contre les accidents** / regulations o. rules for prevention of accidents *pl* || ~ **relatif à la construction et à l'exploitation des chemins de fer** / Railway construction and operating regulations *pl* || ~ **relatif aux transports par chemin de fer**, EVO / regulations *pl* concerning carriage by rail || ~ des **salaires** / wage determination || ~ **sanitaire** / health protection || ~ de **sécurité de la construction** / construction regulation o. requirement || ~ de **service** / shop rules *pl*, factory regulations *pl* || ~ de **service** / operating o. working instructions *pl*, instruction o. information book, manufacturer's instructions *pl* || ~ **technique** / technical regulations *pl* || ~ de **trafic maritime** / rules at sea *pl* || **~s** *m pl* du **travail** (ordonn) / plant regulation

réglementaire / in accordance with regulations, conforming to specification

réglementation *f* (circulation) / regulation || ~ de la **circulation** (auto) / traffic control o. regulation || ~ **électronique de la circulation** / electronic traffic control || ~ du **trafic** (auto) / traffic control o. regulation || ~ du **trafic aérien** / air traffic control

régler / regulate, adjust || ~ [sur] (horloge) / adjust, set [after] || ~, tirer des lignes / rule || ~ (m.outils) / set, adjust || ~, corriger / adjust, correct || ~ (instr) / adjust || ~, déterminer / fix, appoint || ~ (phot) / focus *vt* || **se** ~ [sur] / go [by], work [according to] || ~ l'**allumage** (mot) / time the ignition || ~ vers le **bas** / adjust downward || ~ l'**émetteur** / tune the station || ~ un **fusil** / try o. test a gun || ~ vers le **haut** / adjust upward || ~ des **instruments** / adjust instruments || ~ la **luminosité** (TV) / intensity-modulate || ~ la

marge (m.à ecrire) / set the margin || ~ au **maximum** (contr.aut) / drive to full output || ~ le **moteur** / tune the engine || ~ de **nouveau** / readjust || ~ jusqu'à **pleine puissance** / adjust to maximum of power || ~ avec **précision** / regulate precisely || ~ à **puissance maximale** (mot) / tune up || ~ le **répéteur** (télécom) / adjust the repeater || ~ les **sièges** (auto) / adjust the seats || ~ la **tension** (techn) / regulate the tension || ~ le **tir** (bouche à feu) / register *vt* || ~ à **zéro** / adjust to zero

réglet *m* (bâtim) / listel || ~ (techn) / short measuring tape || ~ (typo) / composing o. setting rule

réglette *f* (typo) / slug, lead, reglet, interlinear space || ~ / [square] meter rule || ~ en **acier** / metal rule || ~ d'**attaches** (électron) / socket board, socket terminal strip || ~ d'**attaches à braser** / tagboard for sockets || **~-bloc** *f* / fluorescent lamp fitting || ~ de **bornes** (télécom) / terminal strip || ~ de **broches** (électron) / tag block || ~ de **contacts** (télécom, électron) / contact bank || ~ de **contacts à couteau** / multiple o. multipoint plug || ~ à **douilles** / socket board, socket terminal strip || ~ **enfichable** / multipoint o. mulitple plug || ~ de **guidage** (techn) / gib || ~ de **jacks** (télécom) / strip of jacks || **~-jauge** *f* / oil-level gauge o. indicator, dip rod o. stick || ~ des **lampes** (télécom) / lamp strip || ~ pour **lampes fluorescentes** / fluorescent lamp fitting || ~ **latérale** (pap) / former strip, deckle board || ~ de **localisation des défauts** (ultrason) / flaw location scale || ~ du **pied à coulisse** / slide[r] of slide rule || ~ de **pinces plates** / flat terminal connection strip || ~ de **poste-étiquettes** (télécom) / marking strip || ~ de **raccordement** (électron) / socket board, socket terminal strip || ~ de **touches** (télécom) / key strip || ~ de **volets** (télécom) / strip of drops

régleur *adj* (contr.aut) / adjusting, adjustment || ~ *m* / adjuster || ~ **automatique de timonerie** (frein) / slack adjuster || ~ de **cardes** / card setter || ~ [de **machines-outils]** / set-up man || ~ **précis** (électr, techn) / precision regulator

régleuse *f* / ruling machine

réglure *f* / lining, lines *pl*

règne *m* **animal** / animal kingdom o. regnum || ~ **minéral** / mineral kingdom || ~ **végétal** / vegetable kingdom

régner [sur] (vieux) / extend

regorger *vi* (eau) / flow back up a drain || **faire** ~ / fill to overflowing

regraissage *m* / greasing again, regreasing

regraver / resink a die

régressif / regressive

régression *f* (math) / regression || ~ (électr) / switching down || **en** ~ (combinateur) / retrograde || ~ **linéaire** (statistique) / linear regression || ~ **marine** (géol) / regression

regroupement *m* / rearrangement || ~ (ord) / pool || ~ **nucléaire** / nuclear rearrangement

regrouper / pile anew, rearrange

regroupeur *m* de **colis** / load separator (e.g. baggage)

régulage *m* (coussinet) / lining with white metal || ~ par **centrifugation** / centrifugally lining with white metal

régularisation *f* (hydr) / diversion, training of a river || ~ **annuelle ou de longue durée** (hydr) / long-time storage

régulariser / regulate

régularité *f* / regularity || ~ (composants) / reliability of components || ~ d'**abrasion** / abrasion interrelationship

régulateur *adj* (pas: régleur!) (contr.aut) / regulating || ~ *m* / controller, control unit, control system (GB), controlling means (US) || ~ (tiss) / regulator || ~ (horloge) / timepiece || ~ (filage) / backing-off regulator || ~ (locomotive) / regulator || ~ à **action différentielle** (contr.aut) / lead controller, derivative control unit || ~ à **ailettes** (techn) / fly regulator o. governor, governor fly || ~ à **air comprimé** (compresseur) / compressed air chamber || ~ **alimentaire** / self-acting feed apparatus o. feeder, feeding regulator || ~ d'**alimentation** (tex) / feed regulator || ~ d'**allumage** (mot) / spark timer || ~ d'**allumage automatique** (auto) / centrifugal spark advance || ~ d'**amenage** / feed regulator || ~ d'**amplification** (télécom) / potentiometer of a telephone repeater || ~ **automatique** / automatic regulator || ~ **automatique d'exposition** / automatic exposure timer || ~ **automatique du niveau** (radar) / instantaneous automatic gain control o. volume control, IAGC, IAVC || ~ à **bascule autonome** (contr.aut) / relay control system || ~ à **boules** / centrifugal o. pendulum governor, [Watt] governor || ~ **by-pass** / by-pass regulator, circulation regulator || ~ en **cascade** (contr.aut) / follow-up o. follower controller || ~ **centrifuge** / centrifugal governor || ~ **centrifuge à contact** / centrifugal contact governor || ~ de **champ** (électr) / [exciter] field rheostat o. regulator, automatic rheostat || ~ de **circulation** / by-pass o. circulation regulator || ~ de la **circulation des trains** (ch.de fer) / dispatcher (US), traffic controller || ~ de **combustion** / combustion regulator || ~ à **commutation** / switching controller || ~ de **concentration** (pap) / consistency regulator || ~ **[conjoncteur-disjoncteur]** (auto) / voltage regulator, generator regulator || ~ à **contacts vibrants** / vibrating contact regulator || ~ à **corrélation intégrale** (contr.aut) / floating action o. integral action controller, integral control unit || ~ de **couche de séparation** / interfacial level controller || ~ de **couleur** (TV) / colour control || ~ **coulissant** (électr) / roller type governor (GB) o. controller (US) || ~ à **coulisse** / slider control || ~ de la **croissance** / plant growth regulator || ~ de **cuite** (sucre) / tightening regulator || ~ à **curseur** (électron) / slider control || ~ **D** (contr.aut) / lead controller, derivative control unit || ~ de **débit** / flow rate controller || ~ de **débit** (hydr) / flow control valve || ~ de **densité** (prépar) / density control device || ~ à **dépression** (auto) / vacuum advance mechanism || ~ en **dérivation** (électr) / field-coil regulator, shunt [dynamo] regulator || ~ à **dérivation** (contr. aut) / derivative control unit || **~-détendeur** *m* (hydr, soud) / pressure reducer || ~ à **deux éléments** / two-element generator regulator || ~ à **deux niveaux** / two-stage o. two-level controller || ~ à **deux paliers** / on-off o. bang-bang-controller || ~ à **deux positions** / two-position o. -step controller || ~ **différentiel** (techn) / differential governor || ~ **différentiel de pression** (hydr) / differential pressure regulator || ~ à **distance permettant le fonctionnement d'ensemble** (usine électr.) / remote control for ensuring co-operation || ~ de **distances** (funi) / car distance regulator || ~ d'**échappement** / escapement regulator || ~ d'**éclairage** / dimming resistance || ~ d'**écoulement** / flow governor || ~ d'**écoulement** (accu. d'eau) / discharge regulator || ~ d'**effort de freinage** / braking power regulator || ~ de l'**embrayage** (tex) / backing-off control o. regulator o. retarding motion o. chain-tightening motion || ~ **et limiteur de vitesse** (mines) / driving governor || ~ à **étrier mobile** / chopper bar controller || ~ **extrémal** / extremum controller || ~ de **fil** (m à coudre) / tension check spring || ~ du **filage** / spinning regulator || ~ à **flotteur** / float regulator || ~ [à **force**] **centrifuge** / centrifugal o. pendulum governor, [Watt] governor || ~ à **frein** / brake regulator || ~ de **freinage** / brake pressure regulator || ~ de **freinage pour tracteur** (auto) / brake regulator of the tractor || ~ du **gaz** / gas governor o. regulator || ~ de **glissement** (électr) / slip regulator || ~ des **graves** (électron) / bass control || ~ **grossier** / coarse regulator || ~ d'une **horloge électrique** / regulator [clock], precision clock || ~ à **induction** / induction regulator, phase [shifting] transformer || ~ d'**induction à courant triphasé** / three-phase induction regulator || ~ à **induction monophasé** / single-phase induction regulator || ~ d'**injection** (mot) / injection timing device, timing advance device || ~ **intégral ou à action intégrale** (contr.aut) / floating action o. integral action controller, integral control unit || ~ d'**intensité lumineuse** (phot) / automatic gain control || ~ du **jet** / jet regulator || ~ de **largeur** (tiss) / temple, expander || ~ à **main** / manual regulator || ~ **manométrique de pression** / pressure balance o. governor (GB) o. regulator o. scale (US) || ~ **mini-maxi** (pompe à injection) / injection timing device || ~ de **mode** (ord) / mode control || ~ de **niveau d'eau** / constant level regulator || ~ de **niveau enregistrant** / level recorder controller, LRC || ~ de **niveau interfacial** (raffinerie) / interfacial level controller || ~ de **phase** (électr) / phase regulator || ~ **P.I.D.** / three-term o. PID controller (proportional plus floating plus derivative) || ~ à **pile de carbone** / carbon pile voltage regulator || ~ **pneumatique** / pneumatic governor || ~ à **poids** / weight [loaded] o. weighted o. gravity regulator o. governor || ~ **potentiométrique** / potentiometer controller || ~ par **poursuite** / servo governor (GB) o. controller (US) || ~ **précis** (électr, techn) / precision regulator || ~ de **pression** (auto, frein) / unloader valve || ~ de **pression** (hydr) / pressure regulator, regulating valve || ~ de **pression de bière** / beer pressure regulator || ~ de **pression d'immeuble** (bâtim) / service regulator || ~ de **pression d'eau** / water pressure regulator || ~ de **pression du gaz** / [gas] pressure governor (GB) o. regulator (US) || ~ de **pression de la vapeur** / steam pressure regulator || ~ **proportionnel** (contr.aut) / proportional [action] control[ler], proportional [position] action controller, proportional control unit, P controller || ~ **proportionnel et par dérivation** / proportional-plus-derivative controller || ~ **proportionnel et par intégration** / proportional-plus integral control unit, proportional plus reset controller, proportional and floating action controller, PI controller || ~ **proportionnel de pression** / proportioning pressure regulator || ~ de la **puissance de freinage** / braking power regulator || ~ de **puissance de wattage** (lampe fluorescente) / fluorescent lamp ballast || ~ de **quantité** / quantity governor || ~ **rapide** / quick acting regulator || ~ à **réaction** / back bias regulator || ~ de **réactivité** / reactivity control agent || ~ de **recouvrement** (arp, phot) / overlap regulator || ~ de **rendement** / output regulator || ~ de **renvidage** (tex) / governor motion || ~ de **réseau** / network regulator || ~ à **ressorts** / spring-loaded governor || ~ de **signalisation** (trafic) / traffic signal controller || ~ de **soufflet** / blast volume regulator || ~ de la **teinte** (TV) / hue control || ~ de **température** / thermoregulator || ~ de **tension** (électr) / voltage regulator || ~ de **tension à action rapide** (électr) / automatic voltage regulator || ~ de **tension de chaîne** (tex) / let-off motion || ~ de **tension à deux étages** / two-stage voltage regulator || ~ de **tension à distance** (télécom) / distant o. remote voltage regulator || ~ de **tension électrodynamique** (électr) / moving coil regulator || ~ de **tension à limiteur de débit** / voltage regulator with steep droop characteristic curve || ~ de **tension à tubes** (électron) / voltage regulator tube, reference tube, v.r. tube || ~ de **tension à un étage** (auto) / single-contact regulator || ~ **Thury** (électr) / Thury regulator || ~ de **tirage** / draught regulator || ~ de **ton[alité]** (sons aigus et graves) / tone control || ~ par **tout ou rien** / on-off o. bang-bang-controller || ~ à **triple action** (proportionnel, par intégration et par différentiation) / three-term o. PID controller (proportional plus floating plus derivative) || ~ à **trois éléments** (électr, auto) / voltage regulator with steep droop characteristic curve || ~ à **vannes** / mixing valve || ~ **variable d'affaiblissement** (télécom) / variable attenuator || ~ du **vent** / blast regulator || ~ de **vitesse** / speed controlling device, speed governor o. regulator || ~ de **vitesse** (auto) / speed regulator, cruise control || ~ de **vitesse à vitesses variables** (pompe à injection) / variable speed governor || ~ de **vitesse [par freinage]** (turbine à eau) / brake type speed regulator || ~ **vocal** / vogad || ~ [de la **voie**] **des dents** (scie) / tooth set regulator || ~ de **volume** / volume governor

régulation *f* / prescript, direction, rule, regulation, specification || ~ (techn) / control, adjustment || **à ~ par échelons ou en point par point** / on-off-control..., with step-by-step action || **à ~ sensible** / closely stepped, sensitive || **pour ~ par armoires à thyristors** / thyristor-controlled || ~ à **action directe** / self-acting control || ~ d'**alimentation** (nucl) / feed adjustment || ~ d'**alimentation à pédale** (tex) / pedal feed motion || ~ **automatique** / automatic control || ~ en **boucle fermée de position** (contr.aut) / closed loop position control || ~ en **cascade** (ord) / cascade control || ~ à **cascade simple** / single-cascade control || ~ de **chaleur** / heat control || **~s** *f pl* **concernant le permis de conduire** / motor vehicle driving licence regulations, D.L.R. || ~ *f* de **correspondance** (contr.aut) / cascade control, [closed loop] variable command control, sequential control || ~ du **courant** (électr) / current regulation || ~ par **dérive spectrale** / spectral shift control || ~ à **deux positions** (contr.aut) / flicker control, bang-bang o. black-white o. flip-flop o. on-off control || ~ d'une **déviation** (contr.aut) / deviation control || ~ **directe** / self-acting control || ~ à **échelons multiples** (contr.aut) / sampled-data system || ~ d'**écoulement** / flow control || ~ **électronique** / electronic control || ~ de l'**energie** / control of energy || ~ des **espacements entre véhicules** (trafic) / longitudinal control, headway control || ~ **flottante** / floating control || ~ de **gradation** (TV) / gamma control || ~ vers le **haut** (contr.aut) / set-up || ~ **hydraulique** / hydraulic control || ~ **interdépendante** / interadjustment || ~ **linéaire** / linear control || ~ de **maintien** / fixed command control, set value control || ~ de l'**orientation** (ELF) (espace) / attitude control, steering || ~ par **paliers** (contr.aut) / sampled-data system || ~ par **plus ou moins** (contr.aut) / flicker control, bang-bang o. black-white o. flip-flop o. on-off control || ~ par

plus ou moins à trois paliers / three-position control || ~ de **position** (contr.aut) / positioning action || ~ de **position horizontale** (r.cath) / horizontal position control, H-centering control || ~ à **positions multiples** (contr.aut) / multi[ple]-step control, multiposition control || ~ à **programme** (contr.aut) / time pattern control, time program control || ~ **rhéostatique** / rheostatic control || ~ **statistique des cotes** / statistical quality control || ~ de **synchro[nisme]** / synchronization control || ~ par **tiges filetées** / spindle regulation || ~ par **tout ou rien** voir régulation par plus ou moins || ~**s** *f pl* pour le **trafic aérien** / rules of the air *pl* || ~ *f* à **triple action** / proportional plus floating plus derivative control, PID control || ~ à **troisième balai** (auto) / third-brush control || ~ de **vitesse** / speed control
régule *m* (mét) / reguline metal, regulus || ~, métal *m* antifriction / babbit o. antifriction metal, bearing o. white metal || ~ d'**antimoine** / native antimony, regulus of antimony || ~ d'**argent** / silver grain, regulus of silver || ~ **natif d'arsenic** / native arsenic
régulé (missile) / distance-controlled, remote guided
reguler / regulate
réguler (coussinets) / line bearings, metal bearings || ~ (électr) / keep constant
régulier / regular, orderly || ~ (phys, chimie) / natural || ~ (brevet) / correct as to form || ~ (crist) / isometric || ~ (mouvement) / even || ~ (progrès) / steady || ~ (usure) / even, smooth
rehausse *f* (fonderie) / sand filling frame || ~**-camion** *m* / jacking-up block for trucks || ~ *f* pour **convoyeurs à raclettes** (mines) / bridge for raker-type chain conveyor || ~ de **coulée** (fonderie) / feeder o. pouring o. rising bush || ~ de **masselotte** (sidér) / shrink head casing || ~ de **palette** / pallet collar
rehausser (bâtim) / raise, increase, heighten
réhumectage *m* (pap) / remoistening
réhydratation *f* / rehydration
réimposer (typo) / re-impose
réimpression *f* (typo) / reprint, reimpression
réimprimer / reprint *vt*
rein *m* (pipeline) / haunch || ~ (voûte) / flank, haunch || ~ **vide d'une voûte** / empty haunch, spandrel
réinjecter (électron) / couple o. feed back, regenerate
réinjecteur *m* des **suies** / soot reinjector
réinjection *f* (ord) / feedback || ~ (fréqu. porteuse) / reinsertion || ~ (électron) / back-coupling, [positive] feedback, regeneration, retroaction, reaction || ~ (contr.aut) / feedback || ~ par **condensateur** (électron) / capacity o. capacitance reaction || ~ **élastique** (c.perf.) / elastic feed-back || ~ **négative** (électron) / inverse feedback, countercoupling || ~ **négative du courant de l'anode** (électron) / negative anode current feedback || ~ **positive** (électron) / positive feedback
réitération *f* / repetition, repeat, rep || ~ (arp) / reiteration
réitéré / reiterated, repeated
rejaillir / splash *vi*, gush out o. up || ~, rebondir / rebound *vi* || **faire** ~ [sur] / shower *vt*, sprinkle, spray, bespatter, splash
rejaillissement *m* / bounce, bound, rebound, repercussion, recoil
rejaugeage *m* (hydr) / repeating a measurement
réjecteur *m* d'**audio** (TV) / sound trap, sound rejector
réjection *f* (TV) / rejection || ~ d'**audio** (TV) / sound rejection, take-off || ~ de la **fréquence-image** / image [frequency] rejection o. suppression || ~ en **mode commun** (électron) / common mode rejection
rejet *m* (géol) / throw of a fault, upthrow, downthrow, drop, downcast || ~ (flottation) / refuse, rubbish || ~ (ordonn) / rejections *pl* || ~**s** *m pl* (nucl) / tails *pl* || ~**s** *m pl* (pap) / rejects *pl* || ~ *m*, dégagement *m* (nucl) / release, disposal || ~ (isotopes) / reject (isotopes) || ~ vers le **bas ou au mur,** [vers le haut ou au toit] (géol) / downthrow, [upthrow] || ~ de **burette** / glass-jet of the dropping glass || ~ de **chaleur** (dessalement) / heat rejection || ~ d'**eau** (fenêtre) / window drip || ~ d'**effluents radioactifs** / disposal of radio active waste, effluent discharge || ~**s** *m pl* en **escalier** (géol) / step fault || ~ *m* **horizontal** (géol) / heave for reverse faults || ~**s** *m pl* de **tamisage** (pap) / ground wood reject || ~ *m* **transversal** (géol) / offset || ~ de la **veine** (mines) / fault of the vein
rejetage *m* à **pelle** (mines) / treatment of loose rock and ore
rejeté (géol) / heaved, downcast, upcast || ~ dans l'**environnement** / discharged to the environment
rejeter / reject *vt* || ~, rebuter / discard *vt*, exclude || ~, repousser / object *vt*, refuse || ~ *vi* (agr) / sprout *vi*, shoot out, sucker *vi* || ~ (se) (géol) / fault *vi* || ~ vers le **bas** (typo) / hook down
rejet[t]eau *m* (bâtim) / drip stone
rejeu *m* (ELF) (ton) / playback
rejoindre / rejoin, join || ~, atteindre / overtake
rejointement *m* (bâtim) / rejointing, repointing
relâche *m* (ordonn) / stop, intermission || ~ *f* (nav) / port of refuge o. of distress || **faire** ~ (nav) / put in, call [at]
relâché / drooping || ~ (fil métallique) / flaccid, flabby, slack, loose || ~ (p.e.ressort / relaxed
relâchement *m* / flaccidity, looseness || ~, libération *f* / release, disengaging || ~, relaxation *f* / relaxation || ~ (ordonn) / release, slating for production (US) || ~ de l'**accommodation** / relaxed state of accommodation || ~ **différé** (relais) / controlled drop-away o. dropout
relâcher *vt* / loosen *vt*, slacken || ~ / release || ~ *vi* (nav) / put into port *vi* || ~ (se) / loosen *vi*, get loose, slacken || ~ pour la **fabrication** / slate for production (US) || ~ un **ressort** / unbend a spring, release a spring
relais *m* (électr) / relay || ~ d'**absence de courant** / no-voltage release relay || ~ *m pl* **accolés** (télécom) / latching relays *pl* || ~ *m* **accordé** / tuned relay || ~ à **action différée** / differential relay || ~ à **action différée**, relais *m* retardé / marginal relay || ~ à **action rapide ou instantanée** (électr) / trip relay || ~ **actionné par le courant de travail** / working current relay || ~ d'**aiguillage** / control relay || ~ d'**amortissement** (bruits) / muting relay || ~ **ampèremétrique** (électr) / overload o. overcurrent relay, automatic current controller, automatic control switch || ~ **amplificateur** (comm.pneum) / amplifier relay || ~ à **anche** / reed relay || ~ **annonciateur** (télécom) / annunciator relay || ~ d'**antipompage** / antisquegging relay || ~ d'**appel** / ringing relay || ~ d'**appel interurbain** / toll call relay (US) || ~ **approche-précision** / coarse-fine relay || ~ à **armature basculante** / unbiased polarized relay || ~ à **armature battante** / cut-out blade relay || ~ à **armature latérale** (télécom) / side armature relay || ~ d'**arrêt** / locking relay, retentive-type relay || ~ pour **arrêt d'urgence** (électr) / overflux relay || ~ à **auto-entretien** / locking relay || ~ à **autofermeture** / permissive make relay || ~ à **autopériodicité** / self-timing relay || ~ **bas niveau** / low level relay || ~ **batteur** / time-pulse relay || ~ **bistable** / side-stable relay || ~ **block** (ch.de fer) / block relay || ~ en **boîtier** / can relay || ~ en **boîtier**

rond / round can relay || ~ de **cantonnement** (ch.de fer) / block relay || ~ **capteur** (comm.pneum) / pilot o. relay valve || ~ pour **capteur à fuite** (comm.pneum) / booster relay || ~**-carte** *m* / relay for printed circuit board || ~ **clignotant** / flashlight relay || ~ de **commande** (contr.aut) / control relay || ~ à **commutation rapide à contacts en métal précieux** (télécom) / ESK highspeed contact relay || ~ de **compensation de phase** / phase balance relay || ~ **compteur** / counting relay || ~ de **connexion** (télécom) / cut-through relay || ~ à **contacts à mercure** / mercury contact relay || ~ à **contacts scellés** / dry-reed contact o. relay o. switch, reed contact o. relay o. switch || ~ de **contrôle** / pilot relay || ~ de **contrôle du potentiel de plaque** / relay for plate potential || ~ **contrôleur des fréquences** / frequency relay || ~ de **couplage type ESK** (télécom) / ESK relay coupler || ~ de **coupure** / cutoff relay || ~ à **courant de grande intensité** (télécom) / heavy current relay || ~ à **courant d'induction** / induction [current] relay || ~ pour **courant très fort** / maximum current relay, peak current relay || ~ pour **courants forts** / power relay || ~ à **couteau de répartition** / knife-edge relay || ~ **débloqueur** (ch.de fer) / unblocking relay || ~ à **décharge lumineuse** / gas discharge relay, grid glow tube || ~ de **déclenchement au retour de puissance** / directional relay, discriminating relay, reverse current o. reverse power relay || ~ **déclencheur** / release relay || ~ de **déconnexion** / cutoff relay || ~ de **découplage** / uncoupling relay || ~ **delta** (télécom) / delta relay || ~ de **démarrage** / starter relay || ~ de **désaccouplement ou de désembrayage** (techn) / releasing relay || ~ de **détente** / tripping relay || ~ à **deux directions** / unbiased polarized relay || ~ à **deux paliers ou à deux seuils** / two-stage relay || ~ de **déverrouillage** (réacteur) / overflux relay || ~ **différé** / time lag relay, marginal relay, sucker || ~ **différentiel** / differential o. balancing relay || ~ **différentiel à pourcentage** (électr) / biased percentage differential relay, percentage differential relay || ~ **directionnel** / directional relay, discriminating relay, reverse current o. reverse power relay || ~ **directionnel de puissance** (électr) / power direction[al] relay, PDR || ~ à **double armature** / double armature relay || ~ **double repos** (relais) / break-break contact || ~ **double repos à pont** / double break contact-on-arm contact || ~ **double travail** / make-make-contact o. relay || ~ **double travail à pont** / double-make contact-on-arm contact || ~ **électronique** / electron relay, thermionic o. gas relay || ~ d'**encaissement** / coin [box] relay || ~ **encliqueté** / latching relay || ~ **enfichable ou à fiches** / plug-in relay || ~ **ESK** (= Edelmetall-Schnellkontakt) (télécom) / ESK highspeed contact relay || ~ à **fermeture** / make relay || ~ **ferromagnétique** / ferromagnetic relay || ~ à **fiches** / plug-in relay || ~ à **fils** / wire-contact relay || ~ de **fin de conversation** (télécom) / clearing relay || ~ [à **fonctionnement] retardé** / slow-acting o. -dropping relay o. contactor, time lag relay, slow-to-operate relay || ~ à **force centrifuge** / centrifugal relay || ~ de **fréquence** / frequency relais || ~ **galvanométrique** (télécom) / cable call relay || ~ à **gaz ionisé** voir relais électronique || ~ **Gulstad** / vibrating relay || ~ **harmonique** (télécom) / voice-frequency relay || ~ **hertzien** / radio relay, radio repeater || ~ d'**impédance** / impedance relay || ~ d'**impression** / print relay || ~ à **impulsion** / latching relay, [time] pulse relay || ~ à **impulsions** / impulse o. step relay || ~ **indifférent** / neutral [armature] (GB) o. nonpolarized (US) relay || ~ **indiquant le déséquilibre** / out-of-balance relay || ~ **indirect** / secondary relay || ~ à **induction** / induction relay || ~ **intégrateur** / integrating relay || ~ d'**intensité** / current relay || ~ **inverseur** / change-over relay || ~ à **lame vibrante** / [dry-]reed contact o. relay o. switch || ~ à **lames** / duo relay || ~ à **lames vibrantes multiples** (télécom) / multireed contact || ~ des **lampes pilotes** / supervisory relay || ~ de **lancement** (auto) / starting motor relay || ~ **«latching»** / latching relay || ~ de **ligne** / line relay o. contactor, call relay || ~ de **locomotives** / locomotive changing point || ~ à **longue temporisation** / slow-acting o. -operating relay || ~ à **loquetage** / latch relay, interlock relay || ~ **magnétique** (auto) / starting motor relay || ~ à **manipulation** / relay key || ~ à **manque de tension** / no-voltage relay || ~ à **maximum de courant ou d'intensité** / maximum-current relay, overvoltage relay || ~ à **maximum et à minimum [de tension]** / over- and under[-voltage] relay || ~ à **maximum de tension** / maximum voltage relay || ~ de **mer** / foreshore || ~ de **mesure** / measuring relay || ~ **microminiature** / microminiature relay || ~ **miniature** / miniature relay || ~ à **minimum** (électr) / minimum o. undercurrent relay || ~ à **minimum de tension** (électr) / low-volt relay, minimum voltage relay || ~ de **mise à la terre** / earthing relay || ~ **non polarisé** / neutral [armature] (GB) o. nonpolarized (US) relay || ~ à **[noyau] plongeur** / dipper relay, plunger relay || ~ **optique** / photorelay || ~ à **ouverture** / break relay || ~ **ovale** / oviform relay || ~ à **palette** (électr) / vane relay || ~ **palpeur** (locom. bi-courant) / system-sensitive device || ~ à **pas** / step[ping] relay || ~ **pas à pas** / impulse o. step relay || ~ **photoélectrique** / photoelectric relay, photorelay, photoswitch, light barrier o. relay || ~ **pilote** / pilot relay || ~ **pilote avertisseur pour coupe-circuit** / fuse supervisory relay || ~ **plat** / low profile relay, flatform relay, thinpack relay || ~ **plat hermétique** / hermetically sealed flatform relay || ~ à **plongeur** / plunger relay || ~ **pneumatique** (comm.pneum) / pilot o. relay valve || ~ **polarisé** / polarized relay || ~ **précis de distance** / precision type distance relay || ~ **précis de temporisation** / precision type time lag relay || ~ **primaire** / series relay || ~ **programmateur** / step[ping] relay || ~ à **programme** / programmed relay || ~ **progressif** / step[ping] relay || ~ **protecteur ou de protection** / voltage relay, protective relay || ~ de **protection de distance** (électr) / back-up protection relay || ~ de **protection voltmétrique** (électr) / over- and under[voltage] relay || ~ de **puissance** / power relay || ~ de **puissance active,** [passive] / active, [reactive] power relay || ~ **pyrotechnique** (mines) / cartridge fuse || ~ de **quotient** / quotient relay || ~ **radar** / radar relay station || ~ **radioélectrique** (électron) / relay transmitter, relay [broadcasting] station, radio relay station, rebroadcasting o. repeat[er] station, reradiating sender, retransmitter || ~ **rapide** (télécom) / [noble-metal contact] high-speed relay || ~ de **rappel** / restoring relay || ~ à **réactance** / reactance relay, impedance o. distance relay || ~ de **réception** (contr.aut) / acknowledging relay || ~ **reed** / reed contact || ~ **rémanent** / locking relay, retentive type relay || ~ **répétiteur** / rotary relay || ~ à **retard constant ou indépendant** / independent time-lag relay || ~ **retardé** / time-lag relay || ~ **retardé à bague de cuivre** / coppered relay || ~ à **retour de courant** / directional o. discriminating relay, reverse current o. reverse power relay || ~ **rupteur** / breaker relay || ~ de **scintillement** (télécom) / flashing relay || ~ **sec à anche[s]** / reed contact || ~ **sélectif** / selective relay || ~ à **séquence** / self-acting relay || ~ à **shunt magnétique** / shunt field relay, diverter relay || ~ de **signalisation** / transmitting relay || ~ de **signalisation d'un défaut à la terre** / ground (US) o. earth (GB) leakage detector relay || ~ de **supervision** / supervisory relay || ~ de **surcharge** / overload o. overcurrent relay || ~ de **surcharge à réenclenchement automatique** / recycling over-current relay || ~ **tabatière** (électr) / box relay o. contactor || ~ **tachymétrique** / overspeed monitor || ~ **télécommandé** / distance relay || ~ **téléphonique** / telephone relay || ~ **temporisable** / adjustable time-lag relay || ~ **temporisateur ou de temporisation** (contr.aut) / time function element || ~ à **temporisation longue** / slow-acting o. -operating relay || ~ **temporisé**, relais *m* à temps / time-lag o. -delay relay || ~ **temporisé à l'attraction** / slow-acting relay, time-delay relay || ~ **temporisé à la chute** / slow-dropping o.-release relay || ~ **temporisé électronique** / electronic time-limit relay || ~ de **tension** / voltage relay || ~ **thermique** / thermorelay, thermal relay || ~ **thermique avertisseur** / heat monitoring relay || ~ **thermo-ionique** / thermionic relay || ~ **tip** (= tiny and protected) (télécom) / tip relay || ~ **tout-ou-rien** / all-or-nothing relay || ~ **translateur** / repeating relay || ~ **transmetteur d'appel** (télécom) / continuous ring relay || ~ **travail avant repos** / center-zero relay || ~ **travail avant repos-travail** (relais) / make-break-make [contact], make before change-over || ~ **travail-travail avant repos** (relais) / make-make-[before] break contact || ~ de **verrouillage** (électr) / interlock relay || ~ **vibrateur** / vibrating relay || ~ de **vitesse de variation** / rate-of-change relay || ~ de **voie** (ch.de fer) / track relay || ~ de **voie à courant codé** (ch.de fer) / code-following track relay || ~ **voltmétrique** / voltage relay, protective relay || ~ à **voyant** / relay with signal light || ~ à **voyant de déséquilibre** / out-of-balance relay with signal light || ~ **wattmétrique** / power relay

relaminer (lam) / reroll

relance *f* (ord) / restart procedure

relargage *m* (savon) / salting-out, graining-out || ~ (nucl) / salting out

relargant *adj* (nucl) / salting-out...

relarguer (savon) / salt out, grain-out

relatif / comparative, relative || ~ à l'**entrée** (électron) / RTI, rti, referred to input || ~ aux **quanta** / quantum... || ~ à la **technique du tissage** / referring to the technology of weaving

relation [avec] *f* / bearing [on], influence [on, upon], variation [of... with...] || ~, fonction *f* / dependance, -ence [on, upon] || **avoir une ~ réciproque** / correlate || **de ~** (ord, ALGOL, FORTRAN) / relational || **sans être en ~** / unrelated || ~ **[avec, entre]** / relation [with, between], relationship || ~ de **Boltzmann** / Boltzmann equation || **~s** *f pl* **commerciales** / commerce, trade || ~ *f* des **cosinus** (math) / law of cosine || ~ de **dispersion** (nucl) / dispersion relation || ~ **dose-effet** (nucl) / dose-effect relation || ~ **double** (arp) / double ratio || ~ **duale** (math) / dyad, duad || ~ **ferroviaire** / railway service o. connection || ~ de **flèche** (pont) / rise-span ratio || ~ **fonctionnelle** / functional relation || ~ de **Geiger-Nuttall** / Geiger-Nuttall relationship || ~ à **grand parcours ou à grande distance** (ch.de fer) / long-distance service || ~ **harmonique** (math) / harmonic ratio || ~ **hauteur-débit** (hydr) / stage-discharge relation || **~s** *f pl* **humaines** / human relations *pl* || **~s** *f pl* **humaines au sein de l'entreprise** / shop moral, in-house environment (US) || ~ *f* d'**incertitude** (nucl) / uncertainty principle relation, indeterminancy principle relation || ~ d'**incertitude de Heisenberg** / Heisenberg uncertainty principle || **~s** *f pl* **industrielles** / industrial relations *pl* || **~s** *f pl* **interrégionales** (horaire) / inter-regional services *pl* || ~ *f* **masse-luminosité** (astr) / mass-luminosity relation o. law || ~ entre la **matière et les groupes de tolérances** / correspondence between material and tolerance group || **~s** *f pl* **métriques** / dimensional relations *pl* || ~ *f* **molaire** / mol ratio || ~ **mutuelle** / interrelation [between, of] || ~ **parcours-énergie** (nucl) / range-energy relation || **~s** *f pl* **période-luminosité** (astr, céphéides) / period-luminosity relations *pl* || ~ *f* des **phases** (électr) / phase relation || ~ **réciproque** / correlation, reciprocal relationship || ~ de **récurrence** (nucl) / recursion relation || **~s** *f pl* **tension-allongement** / stress-strain relations || ~ *f* de **trafic** / traffic relation || ~ **transitive** (math) / transitivity, transitiveness, transitive relationship

relativiste / relativistic

relativité *f* / relativity || ~ **restreinte** / restricted o. specific relativity

relaver (prépar) / rewash

relaveur *m* (mines) / rewash box

relaxant (oscillation) / decaying

relaxation *f* / relaxation || ~ (TV) / relaxation oscillation || ~ (acier) / stress-relieving anneal, stress-relieving stabilization || ~ (tex) / shrinkproof finish, non-shrink finish, shrink-resist finish || **à faible ~ élastique** (câble) / nonrotating, -spinning, -twisting || ~ en **contrainte** (plast) / stress relaxation || ~ des **contraintes** (sidér) / stress relief, stress relieving || ~ de **déformation** (méc) / strain relaxation, relaxation of deformation || ~ **élastique** / elastic relaxation || ~ de **stabilisation** (sidér) / stress relief annealing, stabilizing anneal || ~ de **tension** (caoutchouc) / relaxation, release of tension || ~ de **vieillissement** / ageing relaxation

relayer (électron) / rebroadcast || ~ (télécom) / relay *vi vt* || ~ (locomotive) / re-engine || ~ (personnel) / relieve

relecture *f* / proof reading

relevable, à charnière / hinged, tilting || ~, à emboîtement / detachable, slip-on...

relevage *m* / lift[ing], elevation || ~ (navires) / salvaging || ~ (arp) / surveying || ~ (ch.de fer) / re-railing || ~ (liquides) / pumping up || ~ (mines) / clearing out || ~ **actionné par la prise de force** / shaft-driven power lift || ~ **hydraulique** (charrue) / hydraulic power lift || ~ à **main** (moissonneuse) / hand lift || ~ **mécanique** (charrue) / power lift || ~ d'**outil** (m.outils) / rise of a tool || ~ **vertical de la charrue** (agr) / steep-lifting

relève *f* / relief || ~ (ordonn) / shift change-over

relevé / raised || ~, echancré / curved || ~ *m* / schedule, list || ~ (compteur) / reading || ~ (arp) / surveying || ~ (nav) / bearings *pl*, position finding o. fixing, direction finding || ~ **associatif partiel** (ord) / set associative o. hybrid associative mapping || ~ de **communications** / toll ticket || ~ de **compte [journalier]** (m.compt) / [bank] statement || ~ **de contrôle** / test certificate || ~ d'**étanchéité** (bâtim) / impervious flashing || ~ des **impacts** (mil) / target

diagram, dispersion pattern || ~ des **manquants** / return of "shorts" || ~ du **problème-exemple** (ord) / sample problem statement || ~ **topographique** / survey of land || ~ de **train** (ch.de fer) / guard's journal, wheel rapport o. report (US)
relève-balais *m* (électr) / brush lifting device o. lifter
relevée *f* (mines) / projection of face length on a horizontal plane
relèvement *m* / lift[ing] || ~ (arp) / back observation, backsighting || ~ (nav) / position finding o. fixing, taking of a bearing, bearings *pl* || ~ (bâtim) / raising (of a wall) || ~ (astronom, nav) / azimuth || ~ à l'**aide des étoiles** / bearing by stars || ~ de l'**annonciateur** (télécom) / replacement of a drop || ~ au **compas** / compass bearing || ~ de **contrôle** (aéro) / check bearing || ~ de l'**eau sous l'effet du vent** / raising of water level by wind || ~ des **eaux** (mines) / elevation of water || ~ à **grandes ondes** / low frequency direction finding || ~ **magnétique** (aéro, nav) / magnetic bearing || ~ d'**outil** (m.outils) / tool relief || ~ du **pont** (nav) / sheer || ~ par la **propre station** (électron) / self-bearing || ~ **radiogoniométrique** / radio-gonometric direction finding, radio bearing || ~ **radiogoniométrique à partir de la terre ou du sol** (aéro) / ground position finding || **~s** *m pl* **rèciproques** / reciprocal bearings *pl* || ~ *m* par **recoupement** (radar) / cross bearing || ~ du **signal minimal** / zero signal direction finding || ~ au **sol** (aéro) / ground direction finding || ~ du **soleil** / bearing by the sun || ~ par une **station radio-goniométrique** (aéro, nav) / back bearing, bearing by a radio-compass station, ground direction finding || ~ d'une **terre** (nav) / shore bearing || ~ de **terre** (aéro, nav) / back bearing, bearing by a radio-compass station, ground direction finding || ~ de la **tête du produit laminé** / turn-up o. -down of rolling stock || ~ de **virage** (routes) / banking, camber, cross-fall || ~ du **volet** (télécom) / replacement of a drop
relève-presseur *m* (m à coudre) / pressure foot lifting lever
relever *vt* / lift up, raise up || ~, faire les relevés / take bearings || ~ (câble) / pick up || ~ (couleur) / raise colours || ~ (arp) / resect || ~ (bâtim) / run up, raise || ~ une **adresse** / note down an address || ~ un **angle** / measure o. determine a bearing || ~ en **bosse** / emboss || ~ la **capote** / open the folding hood || ~ un **compteur** / read a counter || ~ la **couleur du laiton** (galv) / bright dip *vt*, pickle brass || ~ un **dérangement** / eliminate troubles || ~ des **diagrammes ou des tracés d'indicateur** (techn) / indicate || ~ les **rails** / raise the tracks || ~ le **temps** (ordonn) / observe and record time || ~ en **tournant** / wind up, raise (by turning a screw) || ~ un **tracé ou un diagramme d'indicateur** (techn) / indicate || ~ le **train d'atterrissage** / raise the landing gear
relève-rail *adj*, relève-voie / rail-lifting
relève-rails *m* (ch.de fer) / rail lifting jack, track jack
releveur *m* (lam) / elevator, lifting table || ~ **articulé** (m à coudre) / link take-up || ~ **bilatéral** (lam) / front and back elevator || ~ de **boucles** (lam) / loop lifter || ~ à **double plateau** (lam) / front and back elevator || ~ d'**épis** (agr) / ear's lifter, crop lifter || ~ de **fil** (m.à coudre) / take-up lever, thread take-up || ~ de **frein** / brake lifter || ~ à **rouleaux** (lam) / tilting table || ~ **unilatéral** (lam) / front elevator
reliage *m* / hooping of barrels
relié / bound || ~ [à] (électr) / electrically connected || ~ à la **masse** (électron) / on ground (US) o. earth (GB), earthy (coll)
relief *m* / relievo, relief || **~s** *m pl* (lam) / bulges *pl* || **en** ~ (techn) / raised, embossed || **en** ~, tridimensionnel (opt) / in relief, stereoscopic, threedimensional || **en** ~ **ménagé dans une cavité** (inscription) / flush || **en** ~ **profond** (thermoformage) / snap-back... || **sans** ~ (phot) / flat, weak, without contrast || ~ *m* **acoustique** / spatial effect, auditory perspective, stereophony || ~ **résiduel** (géol) / residual deposits o. hills *pl* || ~ **sonore** (électron) / sound picture || ~ **sonore** (phono) / stereosound
relier / couple, link, join || ~ (routes) / connect || ~ (typo) / bind || ~, enchaîner / concatenate, interlink || ~ [à] (ord) / interface || ~ [avec] (télécom) / put through [on o. to], connect [with] || ~ (électr) / switch || ~ [par ... à ...] (télécom) / connect through || ~ par **collage** (typo) / pad || ~ par une **connexion métallique** / make a metallic connection || ~ par **spirale** (typo) / whip[stitch] || ~ à la **terre** (électr) / ground *vt* (US), earth *vt* (GB), connect to ground o. earth o. frame
relieur *m* / book binder
reliquat *m* de **processus** (nucl) / heel
relire (ord) / reread, rescan
reliure *f* / binding of a book || ~, carton *m* pour reliure / bookbinder's board, bookboard || ~ (métier) / bookbinding || ~ à **bradel** / combination style binding || ~ en **carton** / binding in boards || ~ à **colle thermofusible** / hot-melt binding || ~ en **cuir** / calf binding || ~ **demi-pleine en cuir** / quarter binding || ~ d'**éditeur** / edition o. publisher's binding || ~ à **feuillets mobiles** / loose-leaf system || ~ en **fil spirale** / spiral binding || ~ **flexible** / flexible binding || ~ **plastique** / plastic binding o. cover || ~ **plate** / flat binding || ~ **pleine ou en cuir plein** / whole o. full binding || ~ **sans couture** / adhesive o. threadless o. perfect o. unsewn binding || ~ **souple** / flexible binding || ~ en **surjet** / overcasting, whipping, whip stitching || ~ en **tissu** / cloth binding || ~ en **veau** / calf binding
reloqueter / relatch
réluctance *f* (électr) / reluctance
rem *m* (rayons X) / rem, röntgen equivalent man || ~ (nucl) / rem
rémagnétiser / magnetize, remagnetize
remaillage *m* (bas) / mending-in a ladder
remailler (tricot) / mend a ladder in
remailleuse *f* **rectiligne** (tex) / straight bar linking machine
rémanence *f* (phys) / remanence, retentivity, residual magnetism || ~ (oscilloscope) / image persistence || ~ (magnétisme) / magnetic remanence || ~, déformation rémanent (élastomère) / set || ~ d'**affichage** (ord) / display duration || ~ des **images** / persistence of vision || ~ des **impressions lumineuses** (TV) / persistence, afterglow, tailing, hangover || ~ **magnétique de saturation** / magnetic remanence from saturation
rémanent (ord) / non-volatile || ~ (phys) / remanent, residual
remaniage *m* / remodelling
remanier / do over again, rework, work over, retouch, perfect || ~ (typo) / overrun || ~ (étau) / shift || ~ (ch.de fer) / reclassify, re-form || ~, changer / renew || ~, modifier / alter, remodel || ~ un **exposé** / rewrite || ~ un **pavé** / repave || ~ une **toiture en tuiles** / retile a roof
remarque *f* (ord) / comment, annotation
remater des **rivets** / recaulk rivets
rematricé / restamped
remblai *m* (routes; ch.de fer) / embankment || ~ (mines) / packing, stowing, stowage, gob[bing], goaf, pack || **~s** *m pl* (mines) / deads *pl*, rocks *pl* || ~ *m* (bâtim) / backfill || ~ **antibruit** (routes) / noise protection

embankment, noise o. sound barrier || ~ en **béton** / concrete heap[ing] o. layer || ~ en **butte** (excavateur) / high spoil area || ~ de **chemin de fer** / embankment || ~ **complet** (mines) / compact stowing || ~ en **fouille** (excavateur) / low spoil area || ~ en **gravier** (hydr) / gravel heap[ing] || ~ **latéral** (bâtim) / sidecasting || ~**s** *m pl* pour **mines** / gob stuff || ~ *m* **pneumatique** (mines) / pneumatic packing o. stowing || ~ de **route** / road embankment || ~ de **sable** / sand bedding o. coffering || ~ par **soufflage** (mines) / pneumatic packing o. stowing || ~ de **terre** / earth bank o. wall o. dam || ~ en **terre** (pour surélever un terrain) / land-fill || ~**s** *m pl* repris au **terril** / rubbish from the dump
remblayage *m*, remblaiment *m* / backfill, backing || ~ (mines) / packing, stowing, stowage, gob[bing], goaf, pack || ~ par **culbutage** (mines) / dump stowing || ~ à **fausses voies** (mines) / dummy packing o. stowing || ~ **hydraulique** (mines) / hydraulic o. water stowing o. packing || ~ **hydraulique** (bâtim) / washing-in || ~ **hydraulique** (à ciel ouvert) (mines) / flushing dump || ~ par **percussion** (mines) / tamping || ~ **pneumatique** (mines) / pneumatic packing o. stowing || ~ [à] **sec** (mines) / dry stowing o. packing || ~ par **soufflage** (mines) / pneumatic packing o. stowing
remblayer (mines) / fill, pack, stow || ~ (bâtim) / bank up || ~ **contre un ouvrage** / backfill
remblayeur *m* (mines) / stower, packer, cogger (GB), gobber (GB)
remblayeuse *f* (routes) / backfiller || ~ (mines) / packer, packing o. stowing machine, stower || ~ (ELF), remblayeur *m* / trench filler, back filler || ~ **mécanique ou à projection**, remblayeuse *f* centrifuge / centrifugal o. mechanical packing machine || ~ **pneumatique** / pneumatic packing o. stowing machine || ~ **pneumatique à roue cellulaire** (mines) / wheel pneumatic stower
rembobinage *m* **rapide** (b.magnét) / fast rewind
rembourrage *m* / padding, stuffing || ~ (matière) / upholstery, bolstering [material] || ~ de **planche de bord** (auto) / dashboard pad || ~ de **siège** (auto) / seat upholstery
rembourré / upholstered
rembourrement *m* (auto) / upholstery
rembourrer / stuff *vt*, pad, upholster || ~, garnir / pad *vt*
rembourroir *m* (charp) / head tree
rembourrure *f* / upholstery, padding o. stuffing [material]
remboursement *m* des **frais** / reimbursement
rembrunir (se) / darken *vi*
remède *m* (substance) / drug || ~ (traitement) / remedy, cure || ~ **tonique** / tonic
remédier [à] / cure *vt* || ~ à une **cause d'erreur** / eliminate, eradicate, weed out a source of errors || ~ à des **inconvénients** / eliminate inconveniencies
remélangeage *m* (pétrole) / backmixing || ~ **longitudinal** (chimie) / longitudinal back-mixing
remembrement *m* **[agricole]** (agr) / reallotment, land consolidation, land use zoning || ~ **urbain avec fusion des parcelles** (ville) / consolidation || ~ **urbain sans fusion des parcelles** (ville) / regroupment, regrouping
remenage *m* (mines) / bringing back
remener (mines) / bring back
remesurer / verify, measure [again]
remettage *m* (tiss) / draft[ing], drawing-in, taking-in, heddling || ~ des **fils de chaîne** (tex) / heddling, looming || ~ **sauté ou satin** (tiss) / skip pass
remetteur *m* de **télévision** / television re-broadcasting station
remettre, replacer / put back || ~, dessaisir (se) / give over, turn over || ~, différer / postpone, defer || ~ (tiss) / draw in (warp) || ~ (travaux) / allocate (works) || ~ à l'**ancien état** / restore || ~ à l'**état 0** (comm.pneum) / close-off supply pressure || ~ en **état** / repair, overhaul, fix (US coll) || ~ à l'**état initial** / reconvert || ~ à l'**état initial** (ord, instr) / restore, reset || ~ à l'**état initial** (multivibreur) / reset || ~ en **état le soutènement** (mines) / reline || ~ à **feu** (sidér) / restart, put in blast again || ~ à **flot** (nav) / refloat *vt* || ~ en **marche** / restart *vt* || ~ à la **mémoire** (ord) / re-store || ~ **[à la mode]** / modernize, bring up-to-date || ~ à **neuf** / re-create, remake || ~ à **neuf**, renouveler / renovate, do up like new || ~ en **place** / reset || ~ à **plus tard** / defer, postpone, put off, leave over || ~ à la **position initiale** (ord, instr) / restore || ~ sur **rails** / rerail || ~ en **route** (gén) / restart *vt* || ~ en **service** (nav) / recommission || ~ à **zéro** / zeroize, zero *vt*
remeuler / regrind
reminéralisation *f* (eau) / remineralization
reminéraliser / remineralize
remis, qui peut être ~ à zéro / resetting (adj.) || ~ à **zéro** (mémoire) (ord) / cleared
remise *f* / putting back || ~ / delivery (of letter etc.) || ~, rabais *m* (commerce) / rebate, discount || ~ (local) / garage || ~ (tiss) / harness, mounting || ~ (finances) / remittance || ~ (ch.de fer) / engine shed, roundhouse (US) || ~ en **circuit d'une ligne téléphonique** / calling party release || ~ en **circulation** / recirculation || ~ en **état** / repair[ing], overhaul[ing] || ~ en **état** (mines) / clearing-out || ~ à l'**état initial** (ord) / restoration || ~ à l'**état initial**, remise à zéro / reset || ~ en **état du moteur** / engine overhaul || ~ en **état à tour de rôle** (ord) / turn-around || ~ en **forme des impulsions** / pulse regeneration || ~ en **forme de signal** / signal regeneration o. processing o. shaping || ~ à l'**heure automatique** (horloge) / automatic setting || ~ à l'**heure du support de diagramme** (instr) / time setting || ~ en **ligne** (télécom) / last subscriber release, last party release || ~ à **locomotives** (ch.de fer) / engine house o. shed || ~ en **marche** / restarting || ~ à **matériaux** (local) / store shed || ~ à **neuf** (bâtim) / redevelopment || ~ à **neuf** (gén) / repair[ing], overhaul[ing] || ~ à **niveau automatique** (ascenseur) / automatic levelling of the cage || ~ à **outils** (pomp) / utility shed || ~ en **route ou en service** / restarting || ~ en **service d'une ligne** / reopening of a line || ~ en **suspension** / resuspension || ~ de **taxes** / remission of fees || ~ à **zéro** / zeroizing, reset || ~ à **zéro du compteur de cycles** (ord) / cycle reset
remiser (auto) / garage *vt* || ~ (ch.de fer) / stable *vt*
remisse *m* (tiss) / harness, heald (GB)
remmaillage *m* (tricot) / stitching on, linking on, looping into a chain || ~ (bas) / mending a ladder || **sans** ~ (bonnet) / loopless, linkless
remmailler / stitch on
remmailleuse *f* (tricot) / linking o. looping machine, binding-off machine || ~ **circulaire** (tex) / circular linking machine
remmoulage *m* (fonderie) / mould assembly
remmouler (fonderie) / mould again || ~ le **châssis** / assemble and close the mould
remodulation *f* (fréqu. porteuse) / remodulation
remontage *m* (ch.de fer, nav) / upward journey || **à** ~ **automatique** (horloge) / self-winding *adj* || ~ **automatique** (horloge) / self-winding || ~ à **main** (action) (horloge) / winding by hand
remontant (moulage d'acier) / cast uphill, bottom

poured
remonte *f*(mines) / heading upwards || ~ du **personnel** (mines) / ascent of miners
remonté (mines) / extracted, raised
remontée *f* / lift[ing] || ~ (sidér) / rise of ingots || ~, montée *f* / mounting, rising || ~, parcours *m* en montée / hill climb[ing], upward run || ~ (laque) / leafing || ~, remonte *f*(mines) / heading upwards || ~ de **boue** (pétrole) / standpipe, riser || ~ de la **chaux** (sidér) / lime boil || ~ d'**eau** (bâtim) / penetration of moisture || ~ **mécanique** / mechanical ascending aid (comprehensive term) || ~ du **puits**, remonte *f* / ascent of miners
remonte-glace *m*(auto) / window lift[er] o. opener, window winder
remonte-pente *m*(gén) / inclined haulage [on the ground] || ~, télésiège *m* / ski-lift, chair-lift || ~, téléski *m* / T-bar [lift]
remonter *vi*(baromètre, température, water) / rise, get up || ~ (mot) / rev up *vi* || ~ (mines) / ascend || ~ *vt*(gén, horloge) / wind up || ~ [à] (teint) / top *vt* || ~ (alcool) / blend alcohol || ~ / reassemble || ~ (mines) / hoist || ~ le **courant** / stem up || ~ un **fleuve** / go upstream || ~ les **pièces** (m.outils) / rechuck || ~ à la **source** / trace the source || ~ en **tournant** / wind up, raise [by turning a screw]
remontoir *m*(horloge) / winding-up mechanism || ~ (bobine de film) / winding key || ~ / stemwinder, stemwinding watch || ~ à **main** (dispositif) (horloge) / winding by hand || ~ au **pendant** (horloge) / stem winding
remorquage *m* / towing, hauling, haulage || ~ (auto) / caravaning || ~ (nav) / towing, towage, tugging || ~ par **avion** / towing by aircraft || ~ des **planeurs** / glider-towing || ~ des **planeurs au câble** / launch by towing, rope start (US) || ~ par **tracteur** / tractor haulage
remorque *f*(gén) / towed vehicle || ~ (tramway) / trailer, second car (GB) || ~ (véhicule) / trailer || ~ (auto) / tow[ing] rope || ~ (nav) / tow[ing] [line o. cable o. hawser o. rope], dragging cable || ~ (péniche) / towed boat, barge || ~ *m* d'**autobus** / bus trailer || ~ *f* de l'**autobus articulé** / second half of the articulated bus || ~ d'**autocar** / trailer coach || ~ à **automobiles** / motorcar trailer || ~ **autonome** / full trailer || ~ **basculant en arrière** / rear tipping trailer || ~ **basculante** (auto) / dump trailer || ~ à **benne basculante transbordeuse** (agr) / high-level delivery tipping trailer || ~ pour **bicyclettes** / cycle trailer || ~ à **cabine de conduite** (ch.de fer) / driving cab vehicle, driving o. control trailer, multiple-unit control car, A-unit || ~ de **camion** / trailer for motor lorries (GB), truck trailer (US), drawbar trailer || **~-camping** *f* / trailer [caravan], caravan || ~ sur **chenilles** / crawler-mounted trailer || **~s** *f pl* aux besoins **communaux** / communal trailers *pl* || ~ *f* **dépanneuse** (auto) / service car, salvage lorry (GB) o. car (US), breakdown lorry (GB), towing ambulance (US), wrecking car (US), trouble car || ~ de **dépanneuse** / vehicle trailed by a service car || ~ à **deux roues** / two-wheel trailer, single-axle trailer || ~ de **ferme** / farm trailer || ~ à **fond ouvrant** / bottom dumper trailer || ~ à **fond plat** (auto) / flatbed [trailer], low-bed o. low-loading trailer, well trailer || **~-fourgon** *f* d'**autorail à un essieu** / two-wheeled luggage trailer || ~ à **fourgon frigorifique** / refrigerator trailer || ~ **fourgon isotherme** (auto) / trailer with insulated body || ~ **guidée** (auto) / pole trailer || ~ pour **hydroplanes** / seaplane benching trolley || ~ **intermédiaire de la rame automotrice** / center trailer || **~-laboratoire** *f* (auto) / laboratory trailer || ~ pour **long bois** (auto) / pole trailer || **~-mangeoire** *f* à **fourrage** (agr) / self-feed forage trailer || ~ de **manœuvre** / shunting tractor || ~ à **pneus** (agr) / farm gear (US) o. truck o. wagon || ~ **polyvalente** / multi-purpose trailer || ~ **porte-wagon** (ch.de fer) / wagon carrying trailer || ~ à **poste de commande** (ch.de fer) / driving cab vehicle, driving o. control trailer, multiple-unit control car, A-unit || ~ pour **ramasseuse-hacheuse** (agr) / forage box o. trailer || ~ **routière de transport de chars lourds** / tank transport trailer || ~ **spatiale** (espace) / space tug || ~ **surbaissée** voir remorque à fond plat || ~ pour le **transport des fûts** (auto) / barrel carrying trailer || ~ pour le **transport de machines** (agr) / implement carrier || ~ **UFR [à roues auxiliaires]** / roll trailer o. flat || ~ à **un seul essieu** / two-wheel trailer, single-axle trailer || ~ à **usage général** (auto) / general purpose trailer
remorqué (nav) / in tow || ~ (auto) / towed || ~ (véhicule) / hauled
remorquer (auto) / tow, take in tow, tug || ~ (nav) / tow, tug
remorqueur *m*(nav) / towboat, tug[boat], towing boat || ~ d'**avions** (aéro) / towing dolly || ~ **électrique** / electric tractor || ~ **océanique ou de haute mer** / salvage tug, sea-going o. ocean-going tug || ~ **[de port]** / harbour craft, harbour tug || ~ de **rivière** / river o. canal tug || ~ de **sauvetage [en mer]** / sea-going salvage tug, salvage tug || ~ **spatial** / space tug
remoudre (issue de la mouture) / mill again, grind again *vt*
remoulage *m*(moulin) / middlings *pl*
remouler (fig) / recast
rémouleur *m* / grinder
remous *m*(hydr) / swell, eddy || ~ (électr, air) / eddy || **faire un ~** / churn || ~ d'**air** / air vortex o. whirl || ~ **axial** / axial vortex || ~ d'un **bateau** / wash of a ship || ~ **dépassant la cote de retenue prévue** (hydr) / overdammed backwater || ~ de **lame brisante** (hydr) / undertow (US), underwater || ~ de **marée** / swash || ~ de **piles de pont** / standing pier eddy || ~ **portant** / lifting o. supporting vortex || ~ **produit par le moyeu** (aéro) / eddy produced by the propeller boss || ~ de **sillage** / wake
remplaçable / replaceable || ~ (chimie) / displaceable, supplanting
remplacement *m* / replacement, displacement || ~ / substitute || **de ~** / replacing, substitute || ~ de **mémoires** (ord) / memory swapping || ~ du **ruban** (m. à ecrire) / ribbon replacement
remplacer [de, par] / change, replace || ~ / retrieve || ~, supplanter / supersede, supplant || ~ **A par B** / supersede A by B
remplage *m*(bâtim) / filler || ~ (ord) / padding
rempli *adj* / full, filled || ~ (sol) / made || ~ *m*(couture) / fold || ~ d'**air** / inflated || ~ de **gaz** / gas-filled || ~ à la **machine** / type-written || ~ de **soufflures** (fonderie) / blown, blowy
remplir (imprimée) / complete, fill in (GB), fill out (US) || ~ (bâtim) / dump, fill || ~, refaire le plein / fill up || ~ (derrière un ouvrage) / back-fill || **se ~** [de] / be filled to overflowing, fill *vi* || **se ~ de vase** (hydr) / silt [up] || ~ la **batterie** / top up the battery || ~ des **conditions** / conform to requirements, meet the requirements || ~ **[de]** / fill [with] || ~ d'**eau** (bâtim) / flood *vt*, overflow || ~ une **formalité** / comply with a formality || ~ une **formule** / fill in o. up o. out a form || ~ des **fûts par tuyaux** (bière) / hose *vt* || ~ de **graisse** / smear || ~ les **joints** / flush the joints || ~ de

liquide / fill || ~ en **maçonnerie** / back o. line with bricks || ~ des **positions inutilisées** (ord) / pad *vt* || ~ par **soudage** / close by welding || ~ **trop** / over-charge || ~ un **trou**, boucher / stop o. plug a cavity || ~ en **versant** / fill by pouring
remplissage *m* / filling up o. in || ~ (bâtim) / lining with bricks || ~ (câble) / filling, blocking || ~ (treillis) / field || ~ (hydr) / back-filling || ~ (gén, ord) / padding || **à ~ pulvérulent** (électr) / powder filled || ~ d'**azote** / nitrogen filling || ~ en **briques** / brick nogging, brick-and-stud work || ~ de la **fouille** / flooding a ditch || ~ du **frein** (ch.de fer) / recharging o. filling of the brake || ~ **froid** (aérosol) / cold-fill || ~ de **gaz** / gas inflation || ~ par **gravité** / gravity filling || ~ **insuffisant** / underfilling || ~ à **masse donnée** (frittage) / filling by a given mass || ~ de la **mémoire** (ord) / memory fill || ~ sous **pression** (aérosol) / pressure fill || ~ sous **pression** (combustible) / pressure filling || ~ sous **pression en lubrifiant** / pressure re-oiling filling || ~ **pulvérulent** (électr) / powder filling || ~ à **volume donné** (frittage) / volume filling
remplisseur *m* / inert filler
remplisseuse *f* **mécanique** / feeding o. filling machine
remploi *m* / repeated application o. use, reuse, re-employment
remuage *m* au **râble** (mines) / tossing, kieving
remue-méninges *m* / brainstorming
remuer *vt* / move *vt*, stir || ~ (bière) / stir up || ~ *vi*, bouger / move *vi* || ~ en **bout** / shake *vi*, dangle, be o. hang loose
remueur *m* / stirring device
rémunération *f* / wage, pay[ment], remuneration
renard *m* (scie) / cross frame || ~ (réservoir) / ground seepage || ~, louve *f* / devil's claw || **~-grappin** *m* (silviculture) / cant-hook o. dog, rolling dog, swamp hook
rencontre *f* / encounter, clash || ~, réunion *f* / meeting || ~ (gén, ch.de fer) / collision
rencontrer / meet *vt* || ~ (se) (math, méc) / cut each other, intersect || ~ (se) (ch.de fer, auto) / collide, run into || **se ~ juste** (mines) / meet *vi* || ~ des **difficultés** / meet with difficulties
rencrontrer (se) (routes) / join *vi*
rendement *m* (techn, mines) / output, yield, turn-out || ~ (phys, électr, techn) / efficiency || ~, débit *m* / effect, yield || ~ (mines) / production, yield || ~ (prépar) / yield power || ~ (sucre) / yield of sugar o. of sucrose, rendement || **à grand ~** / productive, efficient || **de bon ~** / efficient || **plein ~** (nombre de tours) / full speed || ~ à l'**abattage** / mining yield || ~ **actinique** / actinic efficiency || ~ d'**adaptation** / adaptation efficiency || ~ d'**air** / fan delivery || ~ d'**allure** (ordonn) / performance efficiency || ~ **annuel** / annual output, production per year || ~ **anodique** (galv) / anode efficiency || ~ d'**antenne** / radiation o. antenna efficiency || ~ d'une **batterie en ampère-heures** / ampere-hour efficiency of a battery || ~ en **benzol** / benzol[e] yield || ~ du **calibrage** (prépar) / efficiency o. yield of sizing || ~ **calorifique** / calorific output || ~ **calorique** / caloric power, heating effect || ~ de **chaîne** (isolateur) / string efficiency || ~ en **charge** (télécom) / load efficiency || ~ du **chrome** (sidér) / chromium recovery || ~ de **circuit** (électron) / circuit efficiency || ~ en **coke** / coke production || ~ du **colorant** (teint) / dyestuff yield || ~ de **comptage** (nucl) / counter efficiency || ~ à **compter** / chargeable demand || ~ de **concentration** / concentration efficiency || ~ de **conversion** (héliotechnie) / photovoltaic o. conversion efficiency || ~ d'une **couche** / min[e]able coal || ~ de **coupe** / cutting capacity, cutting power || ~ en **courant** (galv) / current efficiency || ~ du **cristal** (ultrasons) / crystal activity || ~ **directionnel** (antenne) / front-to-back ratio, front-to-rear ratio || ~ **dynamique** / dynamic efficiency || ~ d'**éclairage** / luminosity factor, luminous efficiency o. power, light efficiency || ~ **économique** / efficiency, returns *pl* || ~ **effectif** / labour efficiency || ~ **électroacoustique** (haut-parl) / total response || ~ de l'**encre** (typo) / ink coverage o. mileage || ~ **énergétique** / energy efficiency || ~ de l'**espace-temps** (chimie) / space-time yield, production output || ~ par **étage** / stage efficiency || ~ **excellent** / outstanding o. peak achievement || ~ **exigé** / declared capacity || ~ de l'**explosif** / explosive force o. power o. strength, brisance || ~ en **fibre du cocon** / fiber yield of a cocoon || ~ des **filières** (étirage) / die tonnage || ~ en **fins** (prépar) / yield of fines || ~ de **fission** (nucl) / fission yield || ~ de **fission en chaîne** / chain fission yield || ~ de **fission primaire** / independent o. primary fission yield || ~ de **fluorescence** (nucl) / fluorescent yield || ~ **fond** (mines) / underground output || ~ **fond et jour** (mines) / overall output || ~ **garanti** (techn) / declared efficiency || ~ en **gaz** / gas yield || ~ **global** (phys) / overall efficiency || ~ **global** (débit) / overall yield || ~ de **grille** (opt) / grid efficiency || ~ de **gros** (mines) / clod o. lump yield || ~ à l'**hectare** / yield per hectare || ~ d'**hélice** (aéro) / propeller efficiency || ~ d'**hélice** (nav) / propeller o. screw performance || ~ **heure-homme** / man-hour output || ~ d'**homogénéisation** (nucl) / mixing efficiency || ~ **horaire ou par heure** (techn) / hourly capacity, outpout per hour || ~ **horaire d'un circuit** (télécom) / paid time ratio || ~ **imposé** / target, quota || ~ **indiqué** / indicated thermal efficiency || ~ **inférieur** / unsufficient output, deficiency in output || ~ d'**injection** (semicond) / injection efficiency || ~ **isothermique** / isothermal efficiency || ~ **journalier** / daily output o. capacity || ~ de **laboratoire** / laboratory yield || ~ du **lit de fusion** / burden yield || ~ **maison** (P.E.R.T.) / in-house effort || ~ **maximal** / maximum [temporary] output, peak power || ~ **mécanique** / mechanical efficiency || ~ **mécanique de l'hélice** / performance factor of the airscrew || ~ en **métal** (mines) / metal yield || ~ de **minerai métallifère** / yield of ores || ~ en **morceaux** (mines) / clod o. lump yield || ~ **moyen** / average yield o. output || ~ **moyen par heure** / average output per hour || ~ **net** (aéro) / net [airscrew] efficiency || ~ **nucléaire** / nuclear yield || ~ par **ouvrier-poste** / output per shift || ~ en **paires d'ions** / ion yield, M/N ratio || ~ **permanent** / sustained yield || ~ en **photons** / photon yield || ~ du **plateau** (chimie) / plate efficiency, Murphy grade efficiency || ~ **pondéral** / weight yield || ~ **pondéral en %** (prépar) / weight percentage || ~ **pondéral théorique** (prépar) / theoretical yield || ~ par **poste-homme** (sidér) / man-shift output || ~ en **pourcent** (mines) / weight percentage || ~ **prévu** / declared capacity || ~ en **profondeur** (nucl) / percentage depth dose || ~ de **propulsion** (aéro) / propulsive efficiency || ~ de **puissance d'une conversion d'énergie** / power efficiency of an energy conversion || ~ **quantique** / quantum yield || ~ en **quantité** / quantity efficiency || ~ de **raffinage** (sucre) / rendement || ~ par **rapport au voltage** (accu) / voltage efficiency || ~ [de la **récolte**] / crop yield || ~ de **redressage** (électr) / rectification efficiency || ~ **réduit** / reduced output || ~ en **régime continu** (laser) / continuous wave o.

c.w. power || ~ **relatif** (mot) / relative efficiency || ~ de **séparation** (nucl) / separative efficiency || ~ en **service** / operative o. working efficiency || ~ en **solides** (mines) / yield of solids || ~ de **sortie** (électron) / output || ~ en **sucre** / rendement || ~ **supérieur** / superior output || ~ en **surface** (peinture) / obscuration, spreading capacity o. power, spread, holdout (US) || ~ en **taille** (mines) / face output [per man shift] || ~ du **télégraphe** / modulation rate || ~ **théorique** / declared capacity || ~ **thermique** (phys) / thermal efficiency || ~ **thermique** (débit) / thermal yield || ~ **thermique au frein** / brake thermal efficiency || ~ **thermique indiqué** (mot) / indicated thermal efficiency || ~ **thermodynamique** / thermodynamic efficiency || ~ **total** / total output || ~ de **transmission** (électron) / transmission efficiency || ~ en **travail** / performance in service, operating performance || ~ de la **turbine** / turbine output || ~ des **tuyères** (sidér) / nozzle capacity || ~ d'**usine** (électr) / plant factor || ~ **utile** / useful effect || ~ **volumétrique** / volumetric efficiency || ~ **volumétrique du moteur** (aéro) / volumetric efficiency of the engine

rendez-vous *m* (ELF) (espace) / rendezvous || ~ sur **orbite terrestre** (espace) / earth orbit rendezvous, EOR

rendition en **couleurs** (phot) / colour rendition

rendoublement *m* (couture) / fold, turning-in, tuck

rendre, restituer / render, give back, restore || ~, fournir (agr) / yield, produce || ~, accomplir / accomplish || ~ **audible** / render audible || ~ **automatique** / automate || ~ **basique** / basify || ~ **carré** (gén) / square [up] || ~ **compact** / compact *vt* || ~ **conducteur** (tube) / drive into conduction || ~ **convexe** / render convex || ~ **droit** / put o. set upright, rear up || ~ **effectif** / execute, realize || ~ **étanche** / make close o. [water]tight, pack, seal, stuff, obturate || ~ **étanche**, jointoyer / slush up joints || ~ **flou** (phot) / blur *vt* || ~ **hélicoïdal** / coil *vt* || ~ **horizontal** / bring to the level, even *vt* || ~ **imperméable à l'air** / airproof *vt* || ~ **impur** / render impure || ~ **inactif** / inactivate || ~ **inflexible** / stiffen *vt* || ~ **ininflammable** / flame-proof *vt* || ~ **inutilisable** (ord) / disable || ~ **moins coûteux** / cheapen, make cheaper || ~ **mou** / mellow || ~ **navigable** / render navigable || ~ **navigable**, adapter aux besoins de la navigation / navalize *vt* || ~ **opaque** / body || ~ **passif** / passivate, render passive || ~ **phosphorescent** / phosphorate || ~ **pire** / deteriorate, degrade || ~ **plat** / flatten || ~ **plus beau** / beautify, enhance, embellish || ~ **plus difficile** / aggravate || ~ **plus foncé** (teint) / deepen || ~ **plus grossier** / coarsen || ~ **plus pénible** / aggravate || ~ **plus profond** / deepen *vt* || ~ **plus raide le front d'impulsion** / sharpen pulses || ~ **[plus] sensitif** / sensitize || ~ **pointu** / point *vt*, sharpen || ~ **polygonal** (crist) / polygonize || ~ **possible** / permit, make possible || ~ **rectangulaire** (ondes) / make rectangular || ~ **réfléchissant** / reflectorize || ~ **réverbérant** (acoustique) / liven || ~ **rugueux** (bâtim) / roughen, pick, hack, stab || ~ **sensible** / pictorialize, make clear || ~ **silencieux ou insonore** / noiseproof || ~ **solide** / ruggedize || ~ **uni** / even *vt*

rendu *m* / rendering, rendition || ~ **actif** *adj* / activated || ~ *m* **architectural** / architectural model || ~ sur **chantier** *adj* / delivered at [building] site || ~ *m* des **couleurs** / colour rendering o. rendition || ~ des **détails** / detail rendition o. reproduction || ~ **nettement** *adj* / clean cut || ~ **plus fort** / reinforced

rendurcir (se) / harden *vi*

renfermé / enclosed, close

renfermer / contain, include, encompass || ~ (bâtim) / fix o. seal in a wall || ~ en **soi** / comprehend, comprise

renflé / bulged, bulging, swollen || ~ (nav) / bluff bowed

renflement *m* / swelling, bulging out || ~ (tuyau) / swelling || ~ (fusil) / cheek piece of shaft

renfler un **tube de chaudière** / expand a tube by rolling

renflouage *m* (ELF), renflouement *m* / salvage of a wreck

renflouer (ELF) / set afloat

renfoncement *m* (typo) / [hanging] indent, inden[ta]tion || ~ d'une **façade** (bâtim) / recess of a front || ~ **inverse** (typo) / hanging o. reverse indention, hanging paragraph

renfoncer (typo) / indent, draw-in

renforçage *m* / strengthening || ~ (phot) / intensification

renforçant / reinforcing || ~ par **soi-même** / self-energizing

renforçateur *m* (explosif, détergent etc) / booster || ~ (phot) / intensifier || ~ pour **détachant** / booster of a detergent || ~ à **mercure** (phot) / mercury intensifier || ~ de **mousse** (tex) / lather booster || ~ de **nettoyage** / drycleaning detergent || ~ au **sublimé corrosif** (phot) / mercury intensifier

renforcé / strengthened, reinforced || ~ (pap) / reinforced || ~ (assurance de qualité) / enhanced || ~ par **barbes** (métal) / whisker reinforced || ~ à **fibre courte de verre** (plast) / short glass fiber reinforced || ~ par **fibre de verre** / glass fiber reinforced || ~ par **fibres** (plast) / [fiber] reinforced || ~ **nylon** / nylon reinforced

renforcement *m* / backing, reinforcement || ~ (bâtim, routes) / fortification || ~ (techn) / reinforcement, strengthening, stiffening || ~ (électron) / accentuation || ~ (soudage) / bead, reinforcement || ~ (typo) / inden[ta]tion || ~ (phot) / intensification || **à ~ unidirectionnel** (plast) / unidirectional reinforced || **sans ~** (soudage) / flush contour || ~ des **aiguës** (acoustique) / treble boost, high-frequency emphasis || ~ de l'**âme** / web plate stiffener || ~ d'**angle** / corner stiffening || ~ de l'**arc** (bâtim) / arch stiffening || ~ de **champ** (électr) / strengthening of the field || ~ du **châssis** (auto) / frame trussing || ~ des **côtés de mailles** / selvedging || ~ **diagonal** / cross strut || ~ de la **face arrière** (pap) / back liner, backs ply || ~ des **graves** / bass accentuation o. boost[ing] o. control || ~ **longitudinal** / longitudinal stiffening o. reinforcement || ~ des **membrures** (constr.en acier) / bracing o. stiffening of boom (GB) o. chord (US) || ~ du **pied de la digue contre l'infiltration** (hydr) / landside cofferdam || ~ de **pilier** / reinforced strutting || ~ des **poteaux** (télécom) / underground pole reinforcement || ~ de **résonance série** (électron) / series peaking || ~ de **semelle** (bonnet) / sole splicing || ~ du **sommet** (pneu) / tread bracing || ~ **transversal** / transverse bracing, sway bracing, cross-tie || ~ de **trou d'homme** / manhole ring o. frame o. reinforcement || ~ **vertical** (constr.en acier) / vertical bracing

renforcer / stiffen, reinforce, cradle || ~ (phot) / intensify || ~ (bain) / strengthen || ~ (force) / intensify, boost, amplify || ~ un **train** (ch.de fer) / strengthen a train

renfort *m*, pièce ajoutée à augmenter la solidité / reinforcing piece || ~ (enseign.progr.) / reinforcement || ~ (fonderie) / rib || **de ~** / booster... || ~ d'**angle** / corner stiffening || ~ d'**angle** (men) / corner block || ~

d'**angle par cornière** (bâtim) / angle cleat || ~ du **châssis** (auto) / frame trussing || ~ de **chaudière** / boiler brace || ~ de **cloison** (nav) / bulkhead rib || ~ d'**essieux** / axle stay || ~ pour **table tripode** (men) / strengthening plate for tripod tables || ~ du **talon haut** (bonnet) / high-heel splice o. splicing
rengréner, -grener (engrenage) / reengage
reniflard *m* (chaudière) / puppet o. snifting valve || ~ d'**aération du carter** / crankcase breather
renifler (pompe) / snort
réniforme / reniform || ~ (cocon) / kidney-shaped
renouvelage *m* d'**air** / air renewal
renouveler / renew, replace || ~ l'**air** / renew the air || ~ l'**huile** / change the oil || ~ le **matériel roulant** (ch.de fer) / recondition o. reconstruct the rolling stock || ~ un **ordre** / repeat an order || ~ la **rembourrure** / upholster, renew the upholstering || ~ le **revêtement routier** (routes) / resurface
renouvellement *m* / renewal, renewing || ~ (biol) / turnover || ~ / rebuilding, reconditioning, modernization || ~ d'**air** / air renewal || ~ d'**huile** / oil change || ~ **mécanisé de la voie** (ch.de fer) / mechanized track renewal
rénovation *f* / modernization, remodeling, reconditioning, rebuilding
rénover / revamp || ~ (bâtim) / renovate
renseignement *m* (gén) / a piece of information, information || ~ (cybernétique) / signal, statement, information || ~ (gén, guerre) / reconnaissance, recon || ~**s** *m pl* (télécom) / information [desk] || ~**s** *pl* (ch.de fer) / inquiries *pl* || ~**s** *m pl* en **clair** (ord) / clear || ~**s** *m pl* **comptables** / quantitative information || ~**s** *m pl* **descriptifs** (nucl) / design information || ~**s** *m pl* **relatifs à l'état des routes** (radio) / informations on road conditions, road news *pl* || ~**s** *m pl* **statistiques** / statistical data *pl*
renseigner / inform
rentabilité *f* / profitability, profitableness || ~ de **travail** / labour efficiency
rentable / profitable, paying
renton *m* (charp) / skew scarfing
rentrage *m* (impression textile) / grounding-in || ~ (typo) / dissecting for colours || ~ (tiss) / draft[ing], drawing-in, taking-in || ~ **discontinu** (tiss) / space pass || ~ **droit** (tiss) / straight drawing-in draft || ~ dans les **lamelles** (tiss) / threading the drop wires || ~ en **lisse** (tiss) / drawing in, heddling || ~ au **peigne** (tiss) / reeding || ~ **sauté** (jacquard) / skip draw o. draft
rentraiture *f*, rentrayage *m* / invisible seam
rentrant *adj* (ord) / reenterable || ~ (courbe) / reentrant || ~ (angle) / re-entering, re-entrant || ~ (ord) / reenterable || ~ (mouillage) / advancing || ~ *m* (bâtim) / niche || **faire des** ~**s** (bâtim) / build in recesses, make recessed, draw-in
rentré par **dévidoir** / reeled-in
rentrée *f* (impression text) / indention || ~ (typo) / [hanging] indent, inden[ta]tion || **à [une]** ~ (enroulement électr) / lapped || **à la** ~ (espace) / re-entry... || **à une seule** ~ (électr) / single-reentrant || ~ d'**air** / false o. secondary air, air entering through a leak || ~ dans l'**atmosphère** (astron) / re-entry || ~ du **chariot** (tex) / inward run, run-in of the carriage || ~ de **flamme** (soudage) / flashback || ~ des **outils** (pétrole) / reentry of tools || ~**s** *f pl* de **trame** (tiss, défaut) / lashing-in
rentrer *vi* / come o. go back, return || ~ (bâtim) / bend-in, re-enter || ~ (agr) / gather in || ~ *vt* / haul home o. in || ~ (tex) / draw-in || ~ (renvideur) / reel-in || ~ (chaîne) (tiss) / draw in (warp) || ~ une **ligne** (typo) / indent a line || ~ le **train d'atterrissage** (aéro) / raise the undercarriage
rentrure *f* (tiss) / place of junction, joinings *pl*, meetings *pl* || ~ (impression textile) / repeat of design o. pattern
renversable / tiltable, tilting
renversé / inverse, opposite, reverse[d], contrary || ~ (soupape) / overhead, O.H., in the head || ~ (géol) / inverted || ~ de **haut en bas** / upside down
renversement *m* / upsetting, overturning || ~ (engrenage) / reverse o. reversing gear [box] || ~ (constr.en acier) / overturning || ~ (des efforts) / reversing of forces || **à** ~, basculant / dumping || ~ de **charge** (phys) / umladung || ~ d'une **image** / reversal of image, inversion || ~ **latéral** (p.e. tracteur) / tip, tipping, tilt || ~ de **marche** / reversing the [sense of] direction || ~ de **marche par courroie** / belt reverse || ~ de **marche à engrenages coniques** / shifting double bevel gear mechanism || ~ de la **marée** / change o. turn of the tide || ~ du **mouvement** / return of motion || ~ d'une **raie** (spectre) / self-reversal || ~ **rapide** / fast reversing drive || ~ du **sens de rotation** / reversing the [sense of] direction || ~ de **température** / temperature inversion
renverser *vi* (auto) / overturn *vi*, tip over, upset || ~ (marée) / turn *vi*, reverse || ~ (horloge) / overbank || ~ *vt* / overthrow *vt*, overturn || ~, bouleverser / turn upside down, upset, tumble || ~, coucher / lay down || ~ (se) / tumble down, tip o. turn over, upset || **ne pas** ~ **!** / keep upright! || ~ l'**aiguille** / reverse o. throw-over the points || ~ le **courant** (électr) / change poles || ~ un **levier** / throw over a lever || ~ la **marche** / reverse the direction || ~ la **marche** (lam) / reverse || ~ un **rapport** (math) / invert || ~ le **télescope** (arp) / invert the telescope, transit *vi*
renverseur *m* de **courant** (électr) / commutator, reversing switch
renvidage *m* (filage) / winding up, reeling, rewinding || ~ **conique** (filage) / cop winding
renvider / roll, coil round o. up, wind up
renvideur *m* (filage) / intermittent winder, mule || ~ **automatique** (filage) / mule [spinning machine], spinning mule, selfacting mule, selfactor || ~ **automatique différentiel** (tex) / self-acting differential mule || ~ à **laine cardée** / woollen spinning mule || ~ à **retordre** / twiner mule, mule doubler || ~ pour **trame** / weft mule
renvoi *m* / sending back, returning || ~ (personnel / dismissal || ~ / gear, transmission || ~ (typo) / [sign o. mark of] reference, reference [mark o. sign], cross reference || ~ de **commande des accessoires** (aéro) / accessory drive gear box || ~ **[de commande intermédiaire] suspendu ou de plafond** / overhead o. ceiling countershaft || ~ à **courroie** / belt drive gear, belt driven countershaft || ~ de **direction** (auto) / steering mechanism o. assembly || ~ de **direction par écrou et coulisse** (auto) / screw-and-nut steering device || ~ de **direction par vis sans fin et secteur** (auto) / worm-and-sector steering device || ~ **électrique** / autosyn || ~ à **engrenage conique** / bevel[led] gear || ~ à **engrenage droit** / spur gear || ~ à **engrenages** / wheel gear || ~ **hydraulique de direction** (auto) / hydraulic steering gear || ~ de **marge** (typo) / mark of elision, caret || ~ de **mouvement par des arbres** / transmission [line], shafting || ~ d'**organigramme** (ord) / connector || ~ **[sans préavis]** / dismissal || ~ sur une **séquence ou sur un sous-programme** (ord) / jump, [control] transfer || ~ du **traitement d'un sous-programme à la séquence principale** / return
renvoyé, être ~ (ord) / return *vi* || **être** ~ [par] (phys) / reverberate

renvoyer [à] / refer [to] || ~ (phys) / reflect, reverberate || ~ [à], remettre / postpone, defer || ~ (ord) / return *vt* || ~ la **communication sur l'opératrice** (télécom) / return a call to the office || ~ un **employé** / dismiss, discharge, fire *vt* (coll)
réomètre *m* pour **liquides visqueux** / rheometer
réorganisation *f* / reorganization || ~ de la **production** / rearrangement o. conversion of production, production change-over
réorganiser / reorganize
réoxydation *f* (teint) / reoxidation
rep *m* (vieux) / r, rep, röntgen equivalent physical
répandeur *m* (routes) / blade o. road grader
répandeuse *f* [d'**asphalte]** (routes) / asphalt spreader || ~ [de **béton]** (routes) / concrete distributor || ~ de **goudron** / road tarring machine
répandre (liquide) / pour out, spill || **[se]** ~ / spread *vi* || ~, émettre / give off || ~ [sur] / pour out *vt*, spill, shed *vt* || ~, disséminer / strew, scatter || ~, étendre / spread *vt*, stretch || ~ (lumière) / shed light || ~ (se) (liquide) / spill *vi*, slop over || ~ de l'**asphalte ou du goudron** / seal with asphalt o. tar || ~ de l'**eau** [sur] / shower, sprinkle, spray, bespatter, splash || ~ une **faible lueur** / glow, be incandescent o. red hot || ~ **légèrement** / apply a thin coat
réparable / repairable, reparable || **non plus** ~ / out of repair
réparage *m* / repair
réparateur-mécanicien *m* (auto) / motorcar o. motor mechanic, mechanic
réparation *f* / repair[ing], overhaul[ing] || ~ (ord) / recovery [procedure] || **ayant besoin de ~s** / in need of repair || **faire une ~ provisoire ou improvisée ou de fortune** / make a makeshift o. provisional repair || ~ des **dérangements** / fault clearance, trouble-shooting || ~ de **fortune** (auto) / roadside repair || ~ **générale** / major overhaul || ~ **périodique** (ch.de fer) / periodical repair || **~s** *f pl* **de routine** / routine repair work
réparer / repair *vt* || ~ (haut fourneau) / revêtir, garnir || ~ (erreur) / retrieve, redress || ~, rafraîchir / furbish up, refresh || ~ (auto) / service *vt* || ~ (ELF) / fix (coll), put in order || ~ le **boisage** (mines) / mend the timber work
réparti / distributed || ~ (const. circulaire) / distributed || ~ **régulièrement sur le pourtour** / equi-circumferential || ~ **uniformement** / evenly o. uniformly distributed
repartir (auto) / reaccelerate
répartir / distribute, share out, parcel out || ~ (énergie) / distribute energy || ~ [sur...] **à l'état pulvérulent** / powder, dust || ~ en **plusieurs projets** / projectize || ~ les **signaux de modulation** / dispatch modulation signals || ~ **symétriquement** / distribute symmetrically || ~ en **zones** (télécom) / zone *vt*
répartiteur *m* (télécom, électron) / distributing frame, splitter || ~ (ord) / dispatcher || ~ (électr) / block of binding posts || ~ (pap) / distributor || ~ (ELF) (pétrole) / dispatcher || ~ d'**appels** / allotter, consecution controller || ~ à **barres croisées** (électron) / crossed bus bars *pl* || ~ de **charge** (électr) / load dispatcher o. distributor || ~ de la **circulation des trains** (ELF) (mines) / dispatcher || ~ de **frais de chauffage** / heating cost distributer || ~ de **freinage** / brake effort proportioning system || **~s** *m pl* **généraux** (télécom) / main distribution frame, MDF, trunk distribution frame (for trunk calls) || ~ *m* **horizontal** / horizontal distribution frame || ~ **intercalaire** (télécom) / intermediate distribution frame o. distributor, IDF || ~ **mixte** (télécom) / combined distribution frame, C.D.F. || ~ de **pâte** (pap) / flow spreader, cross flow distributor || ~ **plot test** (électron) / test plot || ~ du **programme** (NC) / coded plug || ~ de **répéteurs** (télécom) / repeater distribution frame || ~ à **sélecteur rotatif** (télécom) / rotary selector distributor || ~ de **torque** / torque divider
répartition *f* / distribution, division, sharing out || ~ (ELF) (télécom) / dispatching || ~ **aléatoire** / random distribution || ~ d'**appels** (télécom) / call sharing || ~ en **cases** / compartitioning || ~ du **champ d'ouverture** (antenne) / aperture illumination (US), field distribution of the aperture (GB) || ~ de **charges** / load distribution || ~ de la **compression** (méc) / distribution of compression || ~ du **courant** (électron) / current partition o. distribution || ~ **dimensionnelle des granules** (carbone) / pellet size distribution || ~ des **frais** [entre] / cost allocation || ~ **granulométrique** / grain size distribution || ~ **intégrale** (forge) / scrap-free cropping || ~ des **intensités** / intensity distribution || ~ **linéaire [des inclusions non-métalliques]** (mét) / banding, formation of bands || ~ de la **matière** (forge) / edging || ~ au **moyen d'une formule** / breakdown || ~ **normale** / normal distribution || ~ du **poids** / distribution of weights o. load || ~ **primaire de courant** (galv) / primary current distribution || ~ de **probabilité** (nucl) / probability distribution || ~ **spectrale relative d'énergie** / [relative] spectral energy distribution || ~ des **tensions** (méc) / diffusion of stress
repas *m* du **bouquet** / roofing ceremony, topping-out (GB)
repassage *m* (lame) / sharpening, whetting || ~ (roue dentée) / shaving || ~ (lam) / bypassing || **~s** *m pl* (mines) / intermediate product || ~ *m* de **chiffons de laine** (pap) / wool rag sorting || ~ des **refus de criblage** / oversize return
repasse *f* (distillation) / heavy ends o. tails *pl*, tails *pl*, last runnings *pl* || ~ (moulin) / meal || **faire la** ~ (eau-de-vie) / redistil, dephlegmate, cohobate
repasser / refinish, finish o. touch up, rework || ~ (découp) / shave *vt* || ~ (tiss) / trim *vt* || ~ (lame) / whet *vt*, set an edge, sharpen || ~ (bâtim) / retouch || ~ (filage) / shag *vt* || **faire ~ des produits laminés** / pass back rolling stock || ~ les **crasses** / fuse again the slag || ~ au **fer** / iron linen, press clothes || ~ un **filetage** / rethread || ~ à la **lime** / retouch by filing || ~ [au **marteau]** / hammer over || ~ en **matrice** (forge) / restrike || ~ à la **presse** / repress, press again || ~ au **recuit** (sidér) / reanneal || ~ par la **teinture** / dye again o. afresh, new-dye, redye || ~ au **tour** (tourn) / turn [outside] diameter
repasseuse *f* (carde) / breaker card, scribbler [card]
repaver / repave
repêchage *m* (mines) / fishing
repeignage *m* (filage) / (cotton:) double combing, (worsted top:) re-combing
repeindre / paint anew o. afresh o. out o. over, repaint, retouch, new-paint
repérage *m* (typo) / registry || ~, marquage *m* / marking [out] || ~, relèvement *m* / position finding || ~ (électr) / identification || **à** ~ (typo) / in good register || **à ~ fautif** / out-of-register || **faire des ~s radiogoniométriques** / find direction by radio || ~ **aérien** / aerial position finding || ~ à l'**aide d'étoiles** (espace) / astrofixing || ~ **altimétrique** (aéro) / high altitude navigation || ~ **AN** (aéro) / AN direction finding || ~ d'un **bâteau** / ranging a ship || ~ des **bornes** / terminal marking || ~ **comparatif** / auxiliary direction finding || ~ des **couleurs** (TV, typo) / registration || ~ de la **coupe** (typo) / crop mark

|| ~ de la **forme** (typo) / pre-registering of forms, form-positioning || ~ à **papillotement** / flicker direction finding || ~ **peu loin** / close direction finding || ~ du **pli** (typo) / fold mark || ~ **point sur point** (typo) / register || ~ **radiogoniométrique ou par radiogono** / radio[goniometric] direction finding || ~ par le **son** / sound ranging method of detection [method] || ~ du **temps** (instr) / time record || ~ de la **trace** (radar) / gating || ~ de la **voie** (ch.de fer) / alignment of the track by means of monument

répercussion *f* / repercussion || ~ (phys, méc) / reaction || ~ du **son** / reverberation of sound, echo

répercutant / reflecting, -tive, reflex, reverberating, -tive, reverberatory

répercuté / reverberatory, reflected

répercuter / reverberate *vt*, reflect

repère *m* (charp) / benchmark, mark o. point of reference || ~ (men) / guiding mark || ~ (typo) / lay mark, register mark || ~ (gén) / marker, distinguishing mark o. sign || ~ (arp) / point of reference || ~ (radar) / reference mark, pen marking || ~ (nav) / landmark || ~ (mines) / pin, mark, sign || ~**s** *m pl*, données *f pl* de référence / reference figures, auxiliary data *pl* || ~**s** *m pl* (bâtim) / line o. stones of reference || ~**s** *m pl* (électr) / tag || ~ *m* **aéronautique** (aéro) / airway o. aeronautical ground mark, landmark, field marker (US) || ~ d'**ajustage** / correction mark || ~ d'**altitude** / datum mark o. point, elevation mark || ~ d'**atterrissage lumineux** / luminous ground mark (US) || ~ de **câble** / cable marker || ~ de **calage** / timing mark || ~ de **calibrage** (électron) / time marker, screen marker || ~ de **centrage** (film) / collimating point || ~ de **centrage** (repro) / centering arrows *pl* || ~ de **contrôle** / test mark || ~ de **correction** / correction mark || ~ des **couleurs** (typo) / colour register || ~ de **coupe** (typo) / crop mark || ~ en **croix** (arp) / mark, sign || ~ de **départ** (film) / printer's start mark || ~ de **distance** (radar) / distance mark || ~ des **éléments** (dessin) / item reference || ~ **encliquetable** / map-on marking tag || ~ **face-à-face** (film) / synchronization mark || ~ de **faîte** (mines, arp) / roof station || ~ **fin de bande** / end-of-tape marker || ~ de **jet** (point de cassage) (fonderie) / sprue button || ~ **lumineux** (ELF) / light spot || ~ de la **marée** / spring tide mark || ~ de la **marque fluviale** (hydr) / high-water mark || ~ de **nivellement** / point of reference || ~ de **nivellement** (conteneur) / benchmark || ~ du **nivellement général** (arp) / standard datum plane || ~ de **pliage** (typo) / fold mark || ~ du **point mort** (auto) / timing mark [on flywheel] || ~ de **position** / location identification code || ~ de **positionnement d'un composant** (bâtim) / positional reference of a component || ~ de **relèvement** / bearing object || ~ de **rogne** (typo) / crop mark || ~ de **synchronisation** (ord) / timing mark || ~ de **temps** (film) / time marker || ~ **terrestre ou topographique** (aéro) / landmark || ~ d'**usinage** (fonderie) / locating point

repérer / localize, locate || ~ / mark *vt* || ~ (aéro) / take a bearing || ~ sur la **carte** / set on a map || ~ **point sur point** (typo) / register, be in register || ~ par **radio-gonio** / fix the position by radio

reperteur *m* (mines) / finger disk

répertoire *m* / list of terms [arranged in alphabetical order] || ~ des **articles** / classified index of goods || ~ des **fichiers** (ord) / file directory || ~ des **instructions** (ord) / instruction list o. repertoire, command list || ~ des **normes** / list of standards

repeser / weigh again

répétabilité *f* / repeatability

répété / reiterate[d], repeated || ~, multiple / multiple, manifold || ~ **trois fois** / repeated three times, threefold

répétence *f*, nombre *m* d'onde / wave number

répéter / repeat, iterate || ~ / reproduce || ~ (se) (math) / recur || **faire se** ~ / rerun

répéteur *m* (Decca) / slave || ~ (télécom) / repeater || ~ (ord) / repeater station || ~ (repro) / step-and-repeat machine, repeater || ~ (TV) / translator || ~ [**pour circuits] à deux fils** (télécom) / two-wire repeater || ~ sur **cordon** (télécom) / cord circuit repeater || ~ à **deux fils en double pont** (télécom) / double bridge two-way repeater || ~ d'**extrémité** (électron) / final amplifier, output amplifier || ~ **final** (télécom) / final o. terminal repeater, speech amplifier || ~ **immergé** (télécom) / submerged repeater || ~ à **impédance négative** (télécom) / negative impedance repeater o. amplifier || ~ **implanté dans le câble** (télécom) / cable repeater || ~ d'**impulsions** (TV) / pulse regenerator o. shaper || ~ **intermédiaire** (télécom) / intermediate repeater || ~ **passif** (radio) / passive repeater || ~ à **quatre fils** (télécom) / four-wire repeater || ~ **réversible à deux fils** (télécom) / two-wire two-way repeater || ~ **téléphonique** (télécom) / repeater || ~ **terminal** (électron) / final amplifier, output amplifier

répétiteur *adj* (compas) / slave... || ~ *m* (télécom) / repeater, repeating coil, translator || ~ (ch.de fer) / repeater || ~ (compas) / auxiliary o. slave o. repeater compass || ~ de **block** (ch.de fer) / block repeater || ~ de **commutation** (télécom) / switching selector repeater || ~ de **contrôle de feu** (ch.de fer) / light repeater || ~ de **courant d'appel** / ringing repeater || ~ **lumineux** / fog repeater || ~ par **paquets** (télécom) / repeater on packets, ROP || ~ de **position** (contr.aut) / position response synchro || ~ de **programme** (télécom) / program repeater || ~ de **réception** (télécom) / receiving o. reception repeater || ~ **réversible à un tube** / single-tube two-way repeater || ~ de **signal** (ch.de fer) / signal repeater || ~ de **sortie** (télécom) / output transformer || ~ **télégraphique** / telegraph repeater

répétiteuse *f* (jacquard) / repeating machine

répétitif / repetitive

répétition *f* / repetition, repeat, rep || ~ (arp) / repetition || ~ / remote indication, reply || **à** ~ (compas) / slave... || ~ d'**appel** / call repeating || ~ **automatique** (télécom) / automatic repetition || ~ **continue** / continuance || ~ du **dessin** (teint) / pattern repeat || ~ de l'**impression** (m.compt) / repeat print || ~ d'**impulsions** / impulse repetition o. regeneration || ~ **médiale du dessin** (teint) / center repeat || ~ de **programme** / repeat of program

rephosphoration *f* (sidér) / rephosphorization

repiquage *m*, repiquement *m* (phono) / rerecording || ~ (son magnétique) / rerecording, transfer || ~ (repro) / spotting || ~ (agr) / transplantation of hot-bed plants || ~ (routes) / repair of pavement || ~ sur **bande** / transcription, rerecording on tape || ~ de **cartons** (jacquard) / card repeating

repiquer (électron) / spin-off || ~ (bâtim) / retouch

repiqueuse *f* (agr) / transplanter

répit *m* / break

replanter / transplant

réplétion *f* (ELF) (espace) / mascon

repli *m* / pleat, double fold || ~ (forg, défaut) / shut || ~ (m.à coudre) / fold, turning in, tuck || ~ (drap) / milling crease (GB), fulling fold (US) || ~ (fonderie) / cold lap || ~ **creux** (ferblantier) / hollow welt

repliable (p.e. conteneur) / collapsible, collapsing || ~

(p.e. volée de grue) / folding up || ~ **vers le bas** / folding down || ~ **vers le haut** / folding up
repliant / collapsible, collapsing
replié / folded up || ~ / reversed, doubled
replier / fold up *vt* || ~ (tôle) / edge *vt*, edge-form o. -raise, border || ~ (lam) / laminate *vt* || ~ le **train d'atterrissage** (aéro) / raise the undercarriage || ~ **vers le bas** / fold down
réplique *f* (typo) / duplicate plate || ~ (électron) / transponder reply
repliure, à ~s de laminage (sidér) / seamy, with pinches || ~ de **laminage** (lam) / lap, lamination || ~ **longitudinale de laminage** (lam) / pinch, pincher
repolissage *m* des **filières** (étirage) / die ripping
répondeur *m* (radar) / responder beacon || ~ (aéro) / transponder || ~ **automatique** (télécom) / telephone answering set o. answerer o. responder, answer-only set || **~-enregistreur** *m* / recording telephone answering set, automatic message recorder
répondre / answer, reply || ~ (électr) / come into action, act, react, respond || ~ [à] / meet || **ne ~ plus** (frein) / fail || ~ [à l'**abonné appelant**] (télécom) / accept the call, answer o. interrogate a calling subscriber, inquire
réponse *f* (techn) / response, reaction || **à ~ rapide** (électr, électron) / fast response... || ~ **acoustique** (ord) / audio-response || ~ au **courant** (acoustique) / response to current || ~ **dynamique** (instr) / dynamic response || ~ **électroacoustique** / frequency response of sound pressure level || ~ **enregistrement-lecture** (b.magnét) / write-read response || ~ en **F.I.** / intermediate frequency response || ~ **finie à une impulsion** / finite impulse response, FIR || ~ de **freinage** / brake reaction o. response || **~-fréquence** *f* **linéaire** / flat frequency response || ~ de la **fréquence-image** / image [frequency] response || ~ aux **fréquences, réponse-fréquence** (tube cathodique) / frequency response || ~ **fréquentielle** / frequency characteristic, frequency response curve || ~ **fréquentielle ou harmonique** (microphone) / response || ~ à **haute fidélité** / high-fidelity o. hi-fi response || **~-image** *f* (ord) / image response || ~ **indicielle** (contr.aut) / indicial response, time o. transient response, transfer function, step [function] response || ~ en **phase** (électron) / group delay-frequency characteristic, phase-frequency characteristics, phase response || ~ **phase en proportion de fréquence vidéo** (TV) / phase-frequency characteristics *pl*, phase response || ~ **plate** / flat-top response || ~ en **pression** / pressure response o. sensitivity || ~ **radar** / radar response || ~ **relative** / relative response || ~ **sélective** (télécom) / selective response || ~ au **signal unité** (TV) / transient response, unit function response, surge characteristic (US) || ~ en **signaux carrés** (électr) / square wave response, square amplitude response || ~ **spectrale** / spectral response || ~ **thermique** (réacteur) / thermal response || ~ par **tout ou rien** (phys) / all-or-nothing response || ~ **uniforme** (électron) / flat response
report *m* (math) / carry [over] || ~ (typo) / transfer || **faire un** ~ (m.compt) / carry forward o. over || ~ **accéléré** / high-speed carry || ~ **bloqué à neuf** / standing-on-nines carry || ~ **bouclé** (ord) / end-around carry || ~ **bouclé à neuf** / standing-on-nines carry || ~ en **cascade** / cascaded carry-over || ~ de **charge** (auto) / weight transfer || ~ **circulaire** voir report bouclé || ~ **commandé** (ord) / separately instructed carry || ~ **complet** / full carry-over || ~ **continu des dizaines** (m.compt) / full carry-over || ~ des **dizaines rampant** / crawl tens transfer mechanism || ~ des **épreuves** / transfer of lithographs || ~ **négatif bouclé** / end-around borrow || ~ du **papier charbon** (typo) / pigment paper transfer || ~ **partiel** / partial carry [over] || ~ **rampant** / crawl carry || ~ **simultané** / high-speed carry
reportage *m* en **direct** (radio) / live coverage, spot recording || ~ **radiophonique ou télévisé** / field pick-up, nemo (US), outside broadcast[ing], OB commentary, O.B., OB
reporter en **fonction** [de] / plot [against] *vt* || ~ à **plus tard** / delay *vt*, postpone
reporteuse *f* (ord) / facsimile posting machine, transfer interpreter || ~ (fac-similé) / facsimile recorder
repos *m*, répit *m* / rest, repose || ~ (ordonn) / break || ~ (bâtim) / resting place || ~ (horloge) / lock[ing] (penetration in a lever escapment) || **au ~** / unused || **au ~ ou à l'état de repos** (charge) / permanent, dead || **en ~** (techn) / at rest || **en état ~** / inoperative, off || ~ du **battant** (tiss) / dwell of the slay || ~ **«casse-croûte»** (dans l'atelier) / meal time || ~ de **conversation** (télécom) / non-speech interval, quiet period || **~-double** *m* **travail** (relais) / break-make-make [contact o. relay] || ~ de la **foule** (tiss) / shed rest || ~ **journalier** (auto) / daily rest time || ~ du **métal** (fonderie) / dead-melting, killing || **~-travail** *m* **avant repos** (relais) / break-make-break [contact] (GB), break-make before break [contact] (US)
reposant / resting || ~ **librement sur deux appuis** (méc) / freely supported || ~ sur le **sol** (W.C.) / pedestal type
repose-pied *m* (motocyclette) / foot rest || **~-pied** *m* **rétractable** (motocyclette) / retractable foot rest || **~-pieds** *m* (auto) / foot rest || **~-pouce** *m* / thumb rest
reposer *vi* (bâtim) / rest *vi* || **faire** ~ (chimie) / allow to stand || ~ des **calibres** *vt* / season gauges || ~ à **plat** / lie flat
repose-tête *m* (auto) / neck-rest, headrest, head restraint
repoussage *m* (découp) / planishing || ~ au **tour** (m.outils) / metal spinning
repoussant les **électrons** / electron-repelling
repousse *f* (cuir, caoutchouc) / blooming
repoussé / chased || ~ *m* / chased work
repoussement *m* (arme) / recoil, blow-back, kick
repousser / drive o. force back || ~ (tourn) / spin, chase || ~, ciseler / enchase, engrave, carve o. cut with the graver || ~, chasser / chase *vi vt*, emboss || ~, marteler / emboss by hammering || **se ~ mutuellement** / repel mutually
repousseur d'eau / water-repellent, hydrophobic
repoussoir *m* (chaudronnier) / drift, blunt chisel || ~, chasse-goupille *m* / driving hammer
reprécipitation *f* / reprecipitation
reprécipiter / reprecipitate
reprendre (travail) / resume *vt vi* || ~ (transport) / reclaim || ~, absorber / absorb *vt*, take up || ~ (ord) / restart *vt* || ~ une **construction** / consolidate || ~ une **maille** / take up, pick up || ~ en **sous-œuvre** (bâtim) / underpin, rebuild the foundation || ~ au **stock** (mines) / take from stock
représentant *m* (statistique) / representative || ~ / representative, agent
représentatif / representative
représentation *f* (gén) / representation, presentation, display || ~ (cinéma) / cinema show, movies *pl* || ~,

illustration *f* / representation, outline || ~ (courbe) / march o. course of a curve || ~ **analogique** / analog representation || ~ en **binaire** / binary notation || ~ **cartographique** / map projection || ~ **codée en binaire** / binary-coded notation || ~ **complémentaire** (math) / complement representation || ~ **conforme** / conformal representation o. mapping || ~ en **coordonnées** / cross-plot || ~ à l'**échelle** / true-to-scale representation || ~ d'**écoulement des filets fluides ou des filets d'air** / flow configuration (GB) o. pattern (US) || ~ **externe** (ord) / external representation || ~ **graphique** / diagram, graph[ical representation] || ~ **graphique de la relation fonctionnelle entre la grandeur d'entrée et la grandeur de sortie** (contr.aut) / control characteristic || ~ d'**impulsion** (nucl) / momentum representation || ~ des **informations** / data [re]presentation || ~ **liée à un type d'ordinateur particulier** (ord) / hardware dependent representation || ~ **M** (radar) / M-display || ~ **N** (radar) / N-display || ~ des **nombres** / number representation || ~ **numérale** / digital representation || ~ **numérique** / numeric representation || ~ **ondulaire** (phys) / wave representation || ~ **P** (radar) / PPI-display || ~ **paramétrique** / parametric representation || ~ en **perspective** (radar) / perspective representation || ~ de **sommes** (antenne) / sum pattern || ~ **symbolique** / symbolic notation || ~ à **virgule fixe** (ord) / fixed point representation || ~ à **virgule flottante** / floating point notation o. representation

représenter / picture || ~ / represent, embody, stand [for] || ~ sous une forme **visible** / visualize || ~ des **forces** (méc) / represent forces || ~ **graphiquement** / represent graphically, trace in a graph || ~ en **moyenne** / average *vi*

repressage *m* / repressing

réprimer, réduire / choke *vt*, check, repress *vt* || ~, supprimer / repress *vt*, suppress

reprise *f* / recovery, recuperation || ~ (tex) / mending, darn[ing] || ~ (tiss, faute) / starting bar o. place || ~ (mot) / revving up || ~ (économie) / recovery || ~ (repro) / retake || ~ (ord) / restart procedure || **à maintes ou plusieurs ~s** / reiterate[d], repeated[ly] || **par ~s** / intermittently, intermittingly || **~s** *f pl* **aux propres établissements** (mines) / own consumption || ~ *f* de **coulée** (fonderie, défaut) / cold set, cold shut o. lap, overlap, scabs *pl*, misrun, scabs *pl* || ~ de **coulée** (coulée sous pression) / cold shot || ~ **élastique** (caoutchouc) / elastic recovery || ~ **élastique** (pâte) / recovery (paste) || ~ [**d'électrodes**] (soud) / electrode change || ~ **facultative** (ord) / rerun option || ~ d'**humidité** (tex) / regain of humidity || ~ d'**humidité** (pap) / moisture regain || ~ **magnétique ou photo-électrique du numéro de compte** / account number pickup || ~ des **piliers** (mines) / pillar drawing o. extraction o. robbing || ~ des **soldes** (m.compt) / [old] balance pickup, balance forward || ~ en **sous-œuvre** (bâtim) / consolidation of the foundation, underpinning || **~s** *f pl* au **stock** / withdrawal o. taking from stock || ~ *f* au **stock** (mines) / reclaiming || ~ des **travaux** / resumption of work || ~ d'**usinage** (m.outils) / locating point

repriser (tailleur) / mend

reproducteur *adj* / reproducing || ~ *m* de **bande perforée** / tape reproducer || ~ **son** / reproduction set, reproducer || ~ de **tour** (m.outils) / former, template, guide o. master plate, profile o. profiling plate

reproductibilité *f* / reproducibility || ~ (NC) / repeatability || ~ (essais) / reproducibility, repeatability

reproductible / reproducible, reproduceable

reproduction *f* / reproduction || ~ (typo) / copy || ~, imitation *f* / imitation || ~, polycopie *f* / duplication || ~ **acoustique** / acoustic reproduction || ~ des **aiguës** (radio) / treble response || ~ **anastatique** / anastatic printing process || ~ des **caractères** (m. à écrire) / reproduction of the types || ~ **et addition** (c.perf.) / double-dabble method || ~ **exacte** / exact reproduction || ~ **fidèle** / faithful reproduction || ~ **haute fidélité ou Hi-Fi** / hi-fi, high-fidelity || ~ d'**images** / reproduction of the picture o. image || ~ **monophonique** / mono[phonic] playback || ~ **optique** / optical printing || ~ **parfaite** / true-to-life sound reproduction || ~ **[photographique]** / copy, print, reproduction || ~ en **relief** / stereo reproduction || ~ **sonore ou du son** / sound reproduction, audio playback || ~ des **sons enregistrés sur bande magnétique** / magnetic sound reproduction || ~ **topographique** / representation of the terrain

reproductrice *f* (c.perf.) / reproducing punch, [card] reproducer || ~ **perforant des cartes à partir de cartes graphitées** (c.perf.) / marksensing reproducer

reproduire / reproduce || ~ (ton) / play back, reproduce || ~ (phot) / photograph *vt*, take a picture || ~ (m.outils) / copy *vt* || ~ (se) / repeat *vi* || ~ (se) / reproduce *vi*, breed *vi* || ~ sur **perforatrice duplicatrice** (c.perf.) / duplicate *vt*, reproduce

reprogrammable (ord) / reprogrammable

reprographie *f* / reproduction graphics (blueprints, technical photography, small offset)

reps *m* (tex) / rep[p], reps || ~ en **diagonale** / diagonal rep || ~ de **laine** / russel cord || ~ de **trame** / filling rep (US), weft rib fabric (GB) || ~ **travers** / warp rep

reptation *f* (ELF) (aéro) / snaking

répulsif *adj* / repellent, repellant || ~ *m* / repellent, repellant

répulsion *f* / repulsion || ~ **nucléaire** / nuclear repulsion

réputé cylindrique (alésage) / basically cylindric (bore)

requis / requisite

R.E.R., réseau *m* express régional (ch.de fer) / city o. urban railway

reradiation *f* (électron) / reradiation

rerayonnement *m* / reradiation

rescision *f* / rescission

réseau *m* / network || ~ (électr) / electric network, mains supply || ~ (opt) / grating || ~ (plan de ville) / grid || ~ (bâtim) / network || ~ (électr, télécom) / line system || ~ (ch.de fer) / railway network o. system || ~ (navigation) / space grid || ~ (p.e. de globe terrestre) / map grid || **en** ~ (chimie) / cross-linked, interlaced || ~ d'**accès** (télécom) / access network || ~ **aérien** (électr) / transmission line network || ~ d'**air comprimé** / compressed air ductwork system || ~ d'**alimentation** / supply network o. system o. grid, mains system || ~ d'**alimentation de bord** (aéro) / supply system on board || ~ **analogique** (ord) / network analogue || ~ d'**antennes** / antenna array || ~ d'**antennes directives** / beam array || ~ d'**antennes fortement concentré** (électron) / highly directional antenna || ~ d'**antennes à grande ouverture** (antenne) / broadside o. christmastree antenna || ~ d'**assainissement** (eaux pluviales) / storm sewer system || ~ d'**assainissement public** / sewerage system o. network || ~ **atomique** / atom[ic] lattice || ~ **automatique** / dial exchange area, dial-up network || ~ de **base** (télécom) / basic network || ~ de **base** (échangeur d'ions) / matrix || ~ **basse tension** / low-voltage mains *pl* || ~ **bidimensionnel** (crist) / plane lattice, two-dimensional lattice || ~ de **bord** (nav) / ship electrical system, ship network, ship's supply system || ~ de **bord** (aéro) / supply system on board || ~ **bouclé ou en boucle** (électr) / ring main system || ~ de **Bravais** (crist) / Bravais lattice || ~ **[de câbles] souterrain** / underground cable system || ~ de **caractéristiques** / family of characteristics || ~ de la **carte** / network of paralleles and meridians || ~ **cartographique** / map grid || ~ en **chaîne** (télécom) / ladder network || ~ de **chemin de fer** / network of railways, web of railway lines, system of railroads (US) || ~ de **chlorure de sodium** (crist) / sodium chloride lattice || ~ de **circuits imprimés** / land pattern || ~ **circulaire d'antennes** / circular array of antennas || ~ **combinatoire** (ord) / combinatorial circuit || ~ de **communications** / traffic system o. network || ~ de **commutation** (ord) / switching network || ~ de **commutation central** (télécom) / central switching network || ~ de **commutation de messages** (télécom) / message o. packet switching network || ~ **compensateur** (télécom) / compensating circuit o. network || ~ **concave par réflexion** (opt) / concave o. Rowland grating || ~ **connexe** (électr) / connected network || ~ **correcteur** (télécom) / equalizing network, equalizer, correcting circuit o. network || ~ **[à courant] alternatif** / a.c. network o. system || ~ à **courant continu** / direct-current system o. network || ~ de **courbes** (math) / family of curves || ~ de **courbes caractéristiques** / family of characteristic curves || ~ des **cours d'eau** / system of rivers and streams || ~ **cristallin** / molecular o. crystal lattice || ~ **cristallin fibreux** (crist) / fibrous grid || ~ **cristallin principal** (crist) / parent lattice || ~ **cubique centré** (crist) / body-centered cubic lattice || ~ **cubique à faces centrées** (crist) / face-centered cube lattice || ~ **déformable** (méc) / unstable frame || ~ en **delta** (électr) / delta network || ~ de **demandes de secours** (télécom) / emergency call network || ~ à **deux conducteurs** (électr) / two-wire system o. network || ~ **différenciateur** (modulation) / differentiator, differentiating circuit o. network || ~ de **diffraction** / diffraction grid o. grating || ~ de **diffraction de Rowland** (opt) / concave o. Rowland grating || ~ **diphasé** / two-phase network o. system || ~ **diphasé à quatre fils** / two-phase four-wire system || ~ **diphasé à trois fils ou à phases reliées** / two-phase three-wire system, interlinked two-phase system || ~ de **distribution** / distribution network o. system o. grid || ~ de **distribution** (électr) / network, main circuit, mains *pl*, supply network o. system o. grid || ~ de **distribution de bord** (aéro) / supply system on board || ~ de **distribution souterrain** / underground cable system for power supply || ~ [de **distribution]** **d'énergie** / electrical distribution mains *pl* || ~ **dual** (électron) / dual network, reciprocal network || ~ à **échelons de Michelson** (opt) / echelon grating || ~ d'**éclairage** / lighting line[s] o. mains *pl* || ~ d'**égouts** / sewerage system o. network || ~ **électrique primaire d'avion** (électr) / main circuit in an airplane || ~ **équilibré** (électr) / balanced network || ~ **équilibreur** (électr) / artificial mains network, network analog || ~ **équivalent** (électr) / network analyzer o. calculator || ~ en **étoile** (télécom) / star network || ~ [en] **étoile** (radar) / star chain for direction finding || ~ d'**exploration** / scanning grating || ~ **express régional**, R.E.R. (ch.de fer) / city o. urban railway || ~ **ferré**, réseau *m* ferroviaire / network of railways, web of railway lines, system of railroads (US) || ~ **fictif** / artificial mains network || ~ de **fil de fer** / wire netting || ~ de **fils** (lampe à arc) / wire trellis || ~ **filtrant** (télécom) / weighting network || ~ **fluvial** / system of rivers and streams || ~ de **force motrice** / power lines o. mains *pl* || ~ **fournisseur de puissance** / power supply network o. system || ~ **fractionnaire** (PERT) / fragnet || ~ de **gazoducs** / gas grid || **~-guide** *m* (PERT) / guidance network || ~ **H** / H-network || ~ à **haute tension** / high-voltage system o. network o. grid (GB) || ~ **hexaphasé** (électr) / six-phase system || ~ **informatique** / data o. information network || ~ **intégré** (télécom) / integrated network || ~ **interconnecté ou d'interconnexion** (électr, gaz) / mesh network || **~x** *m pl* **interconnectés** (électr) / integrated system, overall economy || ~ *m* **interurbain** (télécom) / trunk system || **~x** *m pl* **inverses** (électron) / inverse networks *pl* || ~ *m* **ionique** (chimie) / ionic lattice || ~ de **liaison entre lignes** (télécom) / interline link network || ~ **ligne** / line grating || ~ de **lignes aériennes** / network of air routes || ~ de **lignes auxiliaires** (télécom) / junction network || ~ **linéaire pour planification** (ordonn) / network, lattice design, arrow diagram || ~ de **Mach** / principal net of the flow, Mach net || ~ **maillé** (télécom) / lattice network o. section, bridge network || ~ **maillé** (électr) / mesh network || ~ de **mailles** / net, meshwork || ~ **matriciel de transformation des signaux de couleur** (TV) / colour matrix unit || ~ **mixte** (télécom) / combined o. mixed network || ~ **mixte** (crist) / mixed lattice || ~ **modérateur** / moderator lattice || ~ **modulaire** / modular space grid || ~ **modulaire de projet** (bâtim) / planning grid || ~ **moléculaire** / molecular o. crystal lattice || ~ **monophasé** / monophase network o. mains *pl* || ~ **multiplicateur** (nucl) / reactor lattice || ~ **multipoint** (télécom) / mesh network, party line connection || ~ **non connexe** (électr) / unconnected network || ~ **optique** / optical grating || ~ **orthorhombique** (crist) / orthorhombic lattice, rhombic lattice || ~ **partagé** (télécom) / mesh network, party line connection || ~ **passif** (télécom) / passive network || ~ **PERT ou P.E.R.T.** / lattice design || ~ de **phase** / phase grid || ~ **pi** (télécom) / pi-network, π-network || ~ **pilote** (électr) / pilot network || ~ **plan** (crist) / plane lattice, two-dimensional lattice || ~ **plan d'antennes** (antenne) / planar array of antennas || ~ **plan de points** (math) / grid || ~ de **points** / point lattice || ~ de **points de vente** / franchised dealers *pl* || ~ en **pont** (télécom) / lattice network o. section, bridge network || ~ **primaire** / high-voltage system o. network o. grid (GB) || ~ **principal de l'écoulement** / principal net of the flow, Mach net || **~-prisme** *m* (opt) / lattice prism || ~ de **quadrillage** (arp) / grid || ~ à **quatre fils** (électr) / four-wire network || ~ de **radiocommunication utilisant les gerbes cosmiques** (espace) / deep space network || ~ **radiogoniométrique** / DF network || ~ **ramifié** / ramified network || ~ de **réacteur** (nucl) / reactor lattice || **~x** *m pl* de **réacteurs** (math) / lattice theory || ~ *m* **réciproque** (électron) / dual network, reciprocal network || ~ **récurrent** (télécom) / recurrent o. recurrence o. iterative network, artificial coil || ~ **récurrent réactif** / reactive network || ~ de **référence** (bâtim) / reference network || ~ **régional** (télécom) / local telephone network, exchange area || ~ **régulier** / line grating || ~ de **relais** / relay tree || ~

de **repérage par radiogoniométrie** / DF network || ~ de **réservation de places** (ch.de fer, aéro) / seat reservation system || ~ d'un **réticule** (opt) / reticule grid || ~ des **routes principales** / trunk road system || ~ **routier** / system of [high]ways, road system || ~ de **Rowland** (opt) / concave o. Rowland grating || ~ **RRSB** (granulométrie) / RRSB-grid || ~ **séparatif** (égout) / separate system || ~ de **signaux** / signal network || ~ **souterrain avec points de concentration** (télécom) / plant with distribution boxes || ~ **spatial** (crist) / space lattice || ~ de **sprinkler sous air, [sous eau]** / dry pipe, [wet pipe] sprinkler || ~ à **structure radiale** (électr) / independent o. radial feeder electric power distribution system, radial network || ~ **symétrique** (télécom) / ladder network, symmetric network || ~ en **T** (télécom) / Y- o. T-network || ~ en **T en dérivation** (électron) / parallel-T-network || ~ de **télécommunication** / telecommunication network o. system, network of telecommunication channels || ~ de **télécommunication régional intégré large bande à fibres de verre** / integrated wide band local telephone network using glass fiber conductors || ~ de **téléconduite** / telecontrol configuration || ~ de **téléconduite en boucle** / multipoint-ring configuration || ~ de **téléconduite en étoile ou radial** / multiple point-to-point configuration || ~ de **téléconduite hybride** / hybrid o. composite configuration || ~ de **téléconduite en ligne partagée** / multipoint-partyline configuration || ~ de **téléconduite multipoint** / multipoint-star configuration || ~ de **téléconduite omnibus** / omnibus configuration || ~ de **téléconduite point à point** / point-to-point configuration || ~ **télédynamique** (H.T.) / high voltage transmission line system || ~ **télégraphique particulier** / private telegraph network || ~ de **téléphone automatique du chemin de fer** / automatic railway telephone system || ~ de **téléphone automatique rural** / rural automatic telephone system || ~ de **téléphonie automatique à longue distance** (télécom) / automatic long-distance telephone system || ~ **téléphonique** / telephone network o. system || ~ **téléphonique automatique** (ord, télécom) / switching network || ~ **téléphonique interurbain** (télécom) / long-distance o. trunk (GB) o. toll (US) system o. network || ~ **téléphonique particulier** / private telephone network || ~ **téléscripteur**, réseau *m* Télex / telex network || ~ à **tension constante** / shunt system || ~ **thermique équivalent** (semi-cond) / thermal equivalent circuit || ~ de **traction** (électr) / traction network o. system || ~ de **translation** (crist) / translation grid, elementary grid || ~ de **transmission de données** / data o. information network || ~ des **transmissions** / communication network || ~ de **transport d'énergie ou de force** / power transmission network o. grid (GB) o. system, transmission network o. grid (GB) o. system || ~ de **transports publics rapides** / public express traffic network o. system || ~ de **treillis** / frame o. system of a trelliswork || ~ de **triangles géodésiques** / triangulation network || ~ **triphasé** / three-phase network o. mains *pl* || ~ **triphasé à trois fils** / three-phase three-wire network || ~ **tripôle** / tripolar network || ~ à **trois fils** / three-wire network || ~ de **tuyauterie** / network of pipes, pipe system, piping, tubing || ~ **unitaire** (égout) / combined system || ~ **vertical de dipôles** / dipole curtain || ~ des **voies navigables** / waterway system

réserpine *f* (chimie) / reserpine

reserrement *m* d'**image** (TV) / crispening

reserrer (se) / contract *vi* || ~ (se) (drap) / shrink [up] *vi*

réservage *m* (impr.text) / resist[ing] agent, reserving agent

réservation *f* des **places** / seat reservation

réserve *f* / reserve || ~ (circ.impr.) / resist || ~ (teint) / resist[ing] agent, reserving agent || ~ (silviculture) / young forest plantation || **~[s]** *f pl* / reserves *pl* || **~s** *f pl* (biol) / reserve substance o. material || **de** ~ / reserve... || **sous** ~ / with reservation || **sous ~ des modifications** / subject to alteration[s] || ~ *f* au **batik** (teint) / wax coats *pl*, wax resist || ~ de **brasage** (circ.impr.) / solder resist || **~s de charbon** *f pl* / coal reserves *pl* || ~ *f* **colorée** (tex) / colour resist || **~s** *f pl* d'**eau** (hydr) / water reserves *pl* || ~ *f* d'**énergie** / power margin o. reserve o. surplus, reserve power || ~ de **flottaison** (nav) / reserve buoyancy || ~ de **fourrage** (agr) / reserve food material || ~ sur **laine** (teint) / wool resist agent || ~ de **linéarité** (électron) / overload factor || ~ de **marche** (horloge) / power reserve || **~s** *f pl* en **minerai** / ore reserves *pl* || **~s** *m pl* **payants** (mines) / recoverable reserves *pl* || ~ *f* des **places** / seat reservation, booking of seats || ~ **positive ou sûre** / proved reserve || ~ **possible** (mines) / probable o. prospective reserve || ~ **préimprimée** (teint) / preprinted resist || ~ **probable** (mines) / probable reserve || ~ de **puissance** / power margin o. reserve o. surplus || ~ de **réactivité** (nucl) / excess o. built-in reactivity || ~ de **réactivité xénon** (nucl) / xenon override || ~ à la **résine** (impression tex) / resin resist || ~ **rouge** (tex) / red resist || ~ au **tan[n]in** (tex) / tannic resist || ~ d'**usinage** (NC) / machining allowance, oversize for machining || **~s** *f pl* **vérifiées** / proved reserves *pl*

réserver / reserve *vt*, set aside || ~ une **place** / reserve a seat

réservoir *m* / basin, water-tank, tank, vessel, container || ~ (nucl) / reservoir || ~, citerne *f* (eau de pluie) / cistern || ~ (ch.de fer) / tank wagon o. car (US) || ~, silo *m* / bunker, bin || ~ (ELF) / storing basin o. reservoir o. tank || ~ d'**air** (mot) / air chamber o. cell || ~ d'**air** (compresseur) / air dome o. chamber o. vessel o. tank, antifluctuator, receiver (GB) || ~ d'**air à antichambre** (frein, auto) / antechamber air reservoir, wet tank || ~ à **air comprimé** / compressed-air reservoir o. container || ~ d'**air en dépression** / vacuum tank || ~ d'**air supplémentaire** / supplementary air tank, auxiliary air reservoir || ~ d'**alimentation par gravité ou d'essence en charge** / gravity-feed gasoline tank || ~ d'**alimentation d'oléoduc** / pipeline tankage || ~ à **aliments** (agr) / meal bulk hopper || ~ à **ammoniaque** / liquid ammonia receiver || ~ d'**amorçage** / suction tank || ~ **annuel** / annual reservoir || ~ **antiroulis** (nav) / antirolling tank || ~ d'**assiette** / trimming tank || ~ **attenant** / close-coupled cistern || ~ d'**auto, de moto etc.** (auto) / fuel tank || ~ **auxiliaire** / auxiliary tank || ~ de **barrage** (hydr) / catchment o. storage basin o. reservoir || ~ **basculant** (nav) / tipping tank || ~ **blindé** (nucl) / shielding pool o. pond || ~ du **bout d'aile** (aéro) / tip tank || ~ de **cannettes** / pirn container o. box || ~ à **carburant** (auto) / fuel tank || ~ du **carter inférieur** / engine pit o. sump, crank pit || ~ de **centrage** / trimming tank || ~ en **charge** (auto) / gravity tank || ~ de **chasse** (W.-C.) / flushing o. rinsing box, toilet o. water tank, waste preventer || ~ de **chasse d'eau** / flushing tank || ~ de **chasse d'urinoir** / urinal flushing tank || ~ **[collecteur]** /

collecting basin || ~ de **commande** (frein) / control cylinder || ~ de **compensation** / equalizing reservoir || ~ du **coqueron avant** (nav) / forepeak tank || ~ de **décantation ou de curage ou à clarifier** / clearing o. settling basin o. sump o. pool o. reservoir o. cistern || ~ des **déchets** / refuse tank || ~ **décrochable** (aéro) / droppable [fuel] tank, drop o. slip tank, belly tank || ~ à **dépression** (auto) / vacuum tank || ~ de **désactivation** (nucl) / delay tank || ~ de **détente** / blow tank || ~ **digesteur d'Imhoff** / Emscher o. Imhoff tank || ~ de **distribution** (source d'eau) / water chamber || ~ de **dosage** / metering tank || ~ **droit** / vertical tank || ~ d'**eau** / water storage tank o. basin || ~ à **eau** (techn) / water cistern o. reservoir o. box o. tank || ~ d'**eau chaude** / hot-water [supply] tank, hot well, boiler || ~ à **eau chaude sous pression** (chauffage) / pressurized hot-water tank || ~ à **eau comprimée** / pressure tank for water || ~ d'**eau élevé** / overhead water tank, water tower || ~ d'**eau potable** / clear-water reservoir, service o. distribution reservoir || ~ d'**eau de secours** / emergency water tank || ~ d'**eau sous pression** / pressure tank [for water] || ~ **égalisateur** / equalizing reservoir || ~ d'**égalisation de pression** / surge tank || ~ d'**énergie** (horloge) / oil sink || ~ **enterré** (mazout) / buried tank || ~ d'**entreposage de lait** / milk storage tank || ~ d'**essence** / petrol (GB) o. gasoline (US) tank || ~ pour **établir l'assiette** / trimming tank || ~ d'**expédition** (manutention) / pressure vessel of air lock || ~ de **fond** (nav) / bottom tank, water o. fuel bottoms *pl* || ~ à **fond plat** / flat bottom tank || ~ de **frein** (ch.de fer) / brake tank || ~ à **gaz** / gas o. steel cylinder, gas bottle (coll) || ~ à **gaz** (cokerie) / gas holder || ~ à **gaz à cloche flottante** / floating bell gasholder || ~ à **gaz sec** / piston o. disk type gasholder, waterless o. dry gasholder || ~ à **haute pression** / high-pressure tank o. receiver || ~ **hebdomadaire** (électr) / weekly o. week's storage || ~ d'**hiver** (électr) / winter storage || ~ à **huile** / oil reservoir o. basin o. tank || ~ **humide** (frein, auto) / antechamber air reservoir, wet tank || ~ d'**hydraulique** / [hydraulic] reservoir || ~ **intégral** (aéro) / integral tank || ~ **interannuel** / storage for more than one year || ~ d'**Intze** (hydr) / Intze tank || ~ **jaugeur** / measuring tank || ~ au **jus épuré** (sucre) / clear juice tank || ~ de **largage** (aéro) / droppable [fuel] tank, drop o. slip tank, belly tank || ~ de **liquide de frein** / brake fluid reservoir || ~ à **liquides** / sheet metal case || ~ pour **maturation** (tex) / ripening container || ~ à **mazout** (bâtim) / oil tank || ~ à **mazout** (nav) / oil fuel tank || ~ de **mélange** / mixing vessel || ~ **métallique** / sheet metal case || ~ de **moto** / motorcycle tank || ~ **multicellulaire** / multichamber reservoir || ~ d'**oxygène** (espace) / oxidizer tank || ~ **PDC** (nav) / period and damping controlled o. PDC tank || ~ du **pistolet à peinture** / paint reservoir || ~ à **plateau intérieur mobile** / piston o. disk type gasholder, waterless o. dry gasholder || ~ **pliable en forme de coussin** (pétrole) / collapsible container || ~ de la **pompe de reprise** (auto) / pick-up well || ~ en **porcelaine** / porcelain tank || ~ de **porte-plume** / fount of a fountain pen || ~ à ou sous **pression** / pressure reservoir o. tank o. vessel || ~ sous **pression en acier** / pressure gas cylinder || ~ à **pression d'huile variable** / oil expansion tank || ~ **principal** (raffinerie) / feeding basin o. reservoir o. tank || ~ **principal de combustible** / main tank || **~-radiateur** *m* (aéro) / tank oil cooler || ~ à **réaction sous haute pression** (chimie) / high-pressure reaction vessel || ~ pour **recueillir les eaux pluviales** / rainwater [store] reservoir || ~ de **régulation d'alimentation** (nucl) / feed adjustment tank || ~ de **réserve à carburant** (auto) / replacement gasoline tank (US), auxiliary o. spare fuel tank || ~ de **retenue** (hydr) / storage basin o. reservoir, catchment basin || ~ de **retenue d'eau** (eau potable) / service o. distribution reservoir, clear water reservoir || ~ à **retour d'eau** / low-level service reservoir || ~ **séparateur d'hydrogène** / hydrogen separating vessel || ~ de **stockage** / storage tank || ~ de **stockage en raffinerie** / refinery storage tank || ~ **supplémentaire** / additional fuel tank || ~ **surbaissé** / underground tank || ~ **surélevé** / [high-level] distributing reservoir, high-level service reservoir o. tank, overhead o. elevated tank o. storage basin || ~ du **thermomètre** / thermometer bulb, basin o. bulb o. cistern o. reservoir of a thermometer || ~ à **toit fixe, [flottant]** / fixed, [floating] roof tank || ~ de **trop-plein** / overflow o. expansion vessel || ~ **tubulaire souple, repliable pour stockage** / dracone || ~ **[uni-]horaire** / one-hour storage || ~ à **vase** / mud catch pit

résidant en **mémoire centrale** (ord) / core storage resident, main frame resident

résidence *f* (ord) / residence || ~ en **programme** (ord) / program residence || ~ **secondaire** / second home || ~ **système** (ord) / system residence

résident *m* **système** (ord) / system resident

résidu *m* (math) / residue, residuum || ~ (chimie) / residual matter, residuum || ~, dépôt *m* / residue, grounds, foots *pl* || ~ (gén) / residue, remnant || ~ (peu us.) (math) / modulo || ~ d'**acide sulfhydrique** / hydrogen sulfide residue || ~ d'**air** / residual air || ~ d'**après Conradson** (pétrole) / Conradson carbon residue || ~ **asphaltique** / black oil || ~ **atmosphérique** (chimie) / residual atmosphere || ~ de **calcination** / annealing residue || ~ **carbonisé** (sidér) / carbonized residue || ~ de **coke** (pétrole) / carbon residue, residual coke || ~ de **combustion** / residue of combustion || ~ de la **combustion** (chimie) / ash o. incineration residue || ~ **court de la distillation poussée** (pétrole) / short residue || ~ de **criblage** / sieving residue o. retainings *pl* || ~ **déposé** / sediments *pl*, silty precipitates *pl* || **~s** *m pl* **déposés deltaïques** / deltaic deposits *pl* || ~ *m* de **destillation du pétrole** / asphaltum oil || **~s** *m pl* de **détergents** / washing powder slurries *pl* || ~ *m* de **distillation atmosphérique** (pétrole) / long residue, reduced o. topped crude || ~ de **distillation [poussée]** (chimie) / bottom product, bottoms *pl*, residues *pl* || ~ d'**élutriation** (céram, mines) / wash residue || ~ d'**évaporation** / solid residue from evaporation, evaporation residue || ~ d'**évaporation** (pétrole) / gum || ~ **fertile** (nucl) / fertile residue || ~ de **fission** (phys) / fission residue || ~ au **fond de réservoir** (pétrole) / tank bottoms *pl*, heel || **~s** *m pl* de **fruits** / pomace || ~ *m* de **grillage** (mét) / residue from roasting, roasting residue || ~ de **grillage** (chimie) / calcination residue || ~ **harmonique** (électr) / harmonic content || ~ à **haut point d'ébullition** (pétrole) / bottoms *pl*, high-boiling residue || ~ d'**huile** / oil mud o. deposit o. sludge || ~ de l'**incinération** / incineration residue || ~ **insulfoné** (pétrole) / unsulfonated residue || **~s** *m pl* de **lubrification** / lubrication residues *pl* || **~s** *m pl* **métalliques** / metal residues *pl* || ~ *m* de **mouture** / grinding residue || ~ **paraffinique** / paraffin residue, paraffin slop || ~ de **porteur** (fréqu. port.) / residual carrier || ~ de **pyrites traitées** / calcined pyrite[s] || ~ de **raffinage** (pétrole) / waste oil || ~ **sec** / dry

residue || ~ **sec obtenu** / solid material [obtained by centrifugal process] || ~**s** *m pl* de **soude** / tank waste || ~**s** *m* de **traitement de'luranium** / mill tails o. milling wastes of uranium
résiduaire / residuary, residual || ~ (qui constitue le résidu) / residual
résiduel (phys) / remanent, residual
résilience *f* / impact strength o. resistance || ~ (métal etc) / resiliency || ~ d'une **éprouvette entaillée** / notch[ed bar impact] value, impact strength when notched, notched bar test toughness || ~ en **flexion** / impact blending strength || ~ d'**impact** / impact resilience
résilient / resilient, springy || ~ / notch ductile
résille *f* (vitrail) / leaden came o. fillet, fretted lead || ~ **flexible** / flexible web material
résinage *m* / tapping of resin
résinate *m* / resinate
résine *f* / resin || ~ **acétal** / acetal resin || ~ **acétonique** / acetone resin || ~ **acétonique** / acetone resin || ~ **acrylique** / acrylic resin || ~ **aldéhydique** / aldehyde resin || ~ **alkyde** / alkyd resin || ~ **alkylphénolique** / alkyl phenol[ic] resin || ~ **allylique** / allyl resin || ~ **alpha** / amorphous resin of colophony || ~ **amidosulfonique** / sulphonamide resin || ~ **amine** / amine resin, anion exchanger || ~ **aminique** / amino resin || ~ **amino** / amino resin || ~ d'**amyris** / gum elemi || ~ **aniline-formaldéhyde** / aniline-formaldehyde resine || ~ **aniline-phénol** / phenolic aniline resin || ~ d'**arbre** / liquid pitch, tree gum || ~ **artificielle** / artificial o. synthetic resin, plastic || ~ **basse pression** / low pressure resin, contact resin || ~ **carbamide** / aminoaldehyde o. -aldehydic resin, carbamide o. carbamidic resin, urea resin || ~ **cétonique** / ketone resin || ~ **composite** / reaction resin || ~ de **condensation** / condensation resin || ~ de **conifères** / gum turpentine || ~ de **contact** / contact resin || ~ à **couler** / cast[ing] resin || ~ de **coumarone** / c[o]umarone resin || ~ de **coumarone** / coumarone resin || ~ **coumarone-indène** / c[o]umarone-indene resin || ~ **courbaril** / anime [resin], gum anime, soft copal || ~ **crésol-formaldéhyde**, CF / cresol formaldehyde resin, CF || ~ **crésolique** / cresol o. cresylic resin || ~ **cyclohexanone** / cyclohexanone resin || ~ au **dicyandiamide** / dicyandiamide resin || ~ **durcie** / hardened resin || ~ **durcissant à la pression atmosphérique** / no-pressure plastics || ~ à l'**échange d'ions ou échangeuse d'ions** / ion exchanger || ~ à **enduire** / wiping resin || ~ **époxy à couler** / epoxy casting resin || ~ **époxy[de]**, résine *f* d'époxyde / epoxy resin || ~ **ester** / rosin ester, ester gum || ~ à **esters** / ester resin || ~ à l'**état B** / B-stage resin || ~**s** *f pl* **fluorées** / fluorocarbon resins, fluoroplastics *m pl* || ~ *f* **formaldehyde** / formaldehyde resin || ~ **furanique** / furan resin || ~ **furfural** / furfural resin || ~ de **gaïac ou de gayac** / [gum o. resin] guaiac || ~ type **glyptal** / glycerol-phthalic resin, glyptal resin, phthalic glyceride resin || ~ de **houblon** / hop resin || ~ d'**huile du pin** / tall resin || ~ **imprégnatrice** / resin varnish for impregnating, impregnating resin lac (US) || ~ d'**isocyanate** / isocyanate resin || ~ de **kauri** / kauri gum o. resin || ~ de **lignine** / lignin resin || ~ **liquide** (plast) / soft resin, liquid resin || ~ **maléique** / maleic resin || ~ de **mélamine** / melamin[e] resin || ~ **mélamine-formaldéhyde** / melamine formaldehyde o. MF-resin || ~ au **méthacrylate de méthyle** / methyl-methacrylate resin || ~ **méthacrylique** / methacrylic resin || ~ de **méthylsilicone** / methyl silicone resin || ~ **modifiée à l'huile** / oil-modified resin || ~ **molle** (plast) / soft resin, liquid resin || ~ pour **moulage à basse pression** / contact resin || ~ à **moulage par compression** / moulding resin || ~ **moulée** (plast) / cast[ing] resin || ~ **naturelle** / natural resin || ~ **oléoactive** / oil-reactive resin || ~ **oléosoluble** / oil-soluble resin || ~ **P.F.** / phenol formaldehyde o. P.F. o. phenolic resin o. plastic || ~ de **phénalkyde** (plast) / phenalkyd resin || ~ **phénol-formol ou -formaldehyde**, résine *f* P.F. ou phénoplaste / phenol formaldehyde o. P.F. o. phenolic resin o. plastic || ~ **phénol-furfural** / phenol-furfural resin || ~ **phénolique** / phenolic resin || ~ **phénolique à couler** / phenolic casting resin || ~ **phénolique stratifiée** / phenolic laminate || ~ **phtalique** / phthalate resin || ~ de **pin** / common o. black rosin || ~ **polyacrylique** / polyacrylic resin || ~ **polyester** / polyester resin || ~ **polyméthacrylique** / polymethacrylic resin || ~ **polystyrénique** / polystyrene [resin] || ~ **polystyrénique pour moulage par injection** / polystyrene injection moulding resin || ~ **polyvinylique** / polyvinyl resin || ~ de **réaction** / reaction resin || ~ de **renforçage** (caoutchouc) / reinforcing resin || ~ **résorcine-formaldéhyde** / resorcin[ol] formaldehyde resin || ~ **résorcinol-formol** / resorcin[ol] formol resin || ~ du **sapin** / fir o. pine resin || ~ à **sceller** / sealing resin || ~ **silicone** / silicon[e] resin || ~ **solide** / solid resin || ~ pour **stratifiés** / laminating resin || ~**s** *f pl* au **styrène** / styrene resins, styrol resins *pl* || ~ *f* **sulphonamide** / sulphonamide resin || ~ **synthétique** / artificial o. synthetic resin, plastic || ~ **synthétique «Pollopas»** (plast) / pollopas || ~**s** *f pl* **synthétiques type ABS** / ABS-resins *pl* || ~ *f* **tacamahaca** / balsamic resin || ~ de **Tampico** / tampico resin || ~ de **tannage** / resin tanning material || ~ de **térébenthine** / wood rosin (US) || ~**s** *f pl* **thermodurcissables** / thermosetting plastics *pl* || ~ *f* **thio-urée** / thiourea resin || ~ **thio-urée-formaldéhyde** / thiourea formaldehyde resin || ~ **U.F.** / urea formaldehyde resin, U.F.R., UFR || ~ d'**urée** / aminoaldehyde o. -aldehydic resin, carbamide o. carbamidic resin, urea resin || ~ **urée-formaldéhyde**, résine U.F. / urea formaldehyde resin, U.F.R., UFR || ~ pour **vernis** / resin for lacquers and varnishes || ~ **vinylidène** / vinylidene resin || ~ **vinylique** / [poly]vinyl resin || ~ de **vinyltoluène** / vinyl toluene resin || ~ **visqueuse** (plast) / soft resin, liquid resin || ~ **xylénique** / xylenol resin
résiné / resin[ifer]ous
résiner / resin *vt* || ~, extraire la résine / tap for resin *vt* || ~, enduire de résine / brush-over resin
résineux / resinlike, resinous
résinifère / resinogen[et]ic
résinification *f* / formation of resin
résinifier / resin *vt*, resinify || ~ (se) / become resin
résiniforme / resinlike, resinous
résinoïde / resinlike, resinous || ~ *m* / resinoid
résinose *f* (bot) / resin flux, resinosis
résinyle *m* / resin oil (from colophony), rosin oil, rosinol, retinol
résistance *f* (gén) / resistance, resistivity || ~ (phys, méc) / resistance || ~ (biol) / resistance || ~ (phys) / resistance || ~, résisteur *m* (électr) / resistor || ~ (électron) / resistor, leak [resistor] || ~ [à] / endurance || ~ (couleur) / colour fastness || ~, solidité *f* / service durability, work life || **à ~ élevée** / high-strength... || **à ~ élevée au choc** (plast) / of raised impact strength || **à ~ initiale élevée** (ciment) / high early

strength... || ~ à l'**abrasion** / scratch resistance, abrasion resistance (e.g. on a taber abraser) || ~ **acoustique** / acoustic resistance || ~ **active** (électr) / active o. actual o. effective resistance || ~ **additionnelle** (électr) / additional o. external o. intermediate o. series resistor || ~ d'**adhésion** / bond strength || ~ d'**affaiblissement [du champ]** (électr) / field breaking resistance, field discharge resistance || ~ à l'**affaissement sous charge à haute température** (céram) / refractoriness under load, RUL || ~ aux **agents frigorifiques** / stability against refrigerants || ~ aux **agents de lavage** / stability against detergents || ~ **agglomérée** (électron) / composition o. composite carbon resistor || ~ de l'**air** (aéro, auto) / air resistance, head resistance (coll), drag || ~ à l'**aldéhyde formique** / resistance o. fastness to formaldehyde || ~ à l'**allongement** (méc) / yield strength || ~ à l'**allongement d'une déchirure** / tear propagation resistance || ~ d'**allumage** (lampe à arc) / arc lamp starter || ~ **amortissante ou d'amortissement** (électr) / diminishing o. reducing resistance || ~ d'**anode** / anode load resistance || ~ d'**antenne** / antenna resistance || ~ **antibuée** (ch.de fer) / antisplash resistor || ~ d'**antiparasitage** (auto) / resistor type suppressor || ~ **apparente** (semi-cond) / slope resistance || ~ **apparente** (électr) / impedance || ~ d'**appoint** (électr) / additional o. external o. intermediate o. series resistor || ~ à l'**arc** / arc resistance || ~ à l'**arrachage** (pap) / surface bonding strength || ~ à l'**arrachement d'une aiguille** (caoutchouc) / needle tear resistance || ~ à l'**aspiration** / resistance to suction, suction strength || ~ à l'**avancement** (ch.de fer) / running o. tractive resistance, normal resistance of a vehicle || ~ à l'**avancement**, traînée *f* / head resistance, drag (coll) || ~ **ballast** / ballast resistorance || ~ **ballast** (télécom) / iron filament ballast || ~ aux **basses températures** / resistance to cold || ~ **bobinée** (électr) / wire [wound] resistor || ~ **bobinée fixe** / fixed wire-wound resistor || ~ **bobinée à secteurs** / resistor with sectorial windings || ~ **bobinée vitrifiée** / vitreous enamelled wire-wound resistor || ~ des **bords au déchirement** / edge tear resistance || ~ au **bore-carbone** / boro-carbon resistor || ~ de **boucle** (télécom) / loop resistance || ~ pour **bougie de préchauffage** (auto) / heat plug resistor || ~ au **bris par chute** (mines) / resistance to shatter test || ~ du **canal** (semi-cond) / channel resistance || ~ **caractéristique** / characteristic strength || ~ au **carbone ou au charbon** / carbon composition resistor, composition o. composite carbon resistor, AB (after Allen-Bradley Co)(US) || ~ à **carborundum** (électr) / silit resistor || ~ à la **chaleur ou au chaud** / resistance to [the effects of] heat, high temperature strength o. stability, heat-proofness o. resistance || ~ à la **chaleur continue** / fatigue strength at elevated temperatures || ~ à la **chaleur rouge** / incandescence resistance || ~ à la **chaleur selon Martens** (plast) / Martens dimensional stability under heat || ~ aux **champignons** (plast) / fungus resistance || ~ de **charge** (électron) / load resistance o. resistor || ~ de **charge** (électr) / ballast o. fixed o. loading resistor || ~ de **charge** (accu) / charging resistance || ~ au **chaud** voir résistance à la chaleur || ~ de **chauff[ag]e** (électr) / heating resistor || ~ au **cheminement H.T.** / resistance to tracking at HT || ~ au **choc** / resistance to shock o. impact, impact strength o. resistance || ~ au **choc sur barreau entaillé** / notch[ed bar impact] value, impact strength when notched, notched bar test toughness || ~ au **choc selon Izod** / Izod test toughness o. value || ~ aux **chocs répétés** / impact fatigue strength || ~ aux **chocs thermiques** / resistance to thermal shocks || ~ **chutrice** (circuit de chauffage) / drop[ping] resistor || ~ à la **circulation** / flow resistance || ~ au **cisaillement** / transverse o. transversal strength o. resistance, shear[ing] strength o. resistance || ~ au **cisaillement sous compression** (collage) / compression shear strength || ~ à **coefficient positif de température** / PTC-resistance (= positive temperature coefficient) || ~ due à la **cohésion** (phys) / cohesive resistance || ~ **combinée ou à combinaison** (électr) / joint resistance || ~ de **comparaison** / comparator resistor || ~ de **compensation en série** (instr) / compensating series resistor || ~ pour la **compensation de température** (instr) / swamping resistance || ~ **composée** (méc) / composite strength || ~ à la **compression** (gén) / compressive strength || ~ à la **compression** (refractaires) / crushing strength, crush resistance || ~ de la **compression à l'arête** / edge crush resistance || ~ à la **compression diamétrale** (frittage) / diametrical compression resistance || ~ à la **compression à plat** (pap) / flat crush resistance || ~ à la **compression unidimensionnelle** (sol) / unconfined compression strength || ~ du **comprimé ou à crue** (frittage) / green strength || ~ à la **conductibilité de chaleur** / thermal resistance || ~ de **constriction** (électr) / constriction resistance || ~ de **contact** (électr) / contact o. transition resistance || ~ de **contact des balais** / brush contact resistance || ~ à **contact de frottement** (électr) / slide o. sliding [wire] resistor || ~ **continue du tranché** (m.outils) / cutting edge fatigue strength || ~ au **contournement** (électr) / flash-over resistance || ~ du **cordon de soudure** / strength of weld || ~ du **corps humain** / human body resistance || ~ de **correction** (TV) / linearizing resistor || ~ à la **corrosion** / corrosion resistance, anticorrosion property || ~ à la **corrosion sous fatigue** / corrosion fatigue strength || ~ de **couche** (semicond) / sheet resistor || ~ à **couche de carbone** / deposited carbon resistor, carbofilm o. carbon film resistor || ~ à **couche métallique** / metal film resistor || ~ à **couche mince** / thin film resistor || ~ à la **coupe** (m.outils) / cutting o. shearing resistance || ~ en **courant alternatif** / a.c. resistance || ~ en **courant continu** / d.c. resistance || ~ en **courant continu à l'état passant** (électron) / conducting state d.c. resistance, on-state d.c. resistance || ~ due aux **courbes** (ch.de fer) / curved track rolling resistance || ~ de **court-circuit** / short circuit resistance || ~ du **cristal à la fréquence série** (oscillateur) / series resistor || ~ **critique d'excitation** (électr) / critical build-up resistance || ~ **CT négligeable** (instr) / swamping resistor || ~ en **décades** (électr) / decimal resistor, decadal resistor, decade resistance box || ~ de **décharge** / discharging resistor || ~ au **déchirement** / tear strength || ~ à la **déchirure amorcée** / resistance to tear propagation, tear growth resistance, slit tear resistance || ~ à la **déchirure du bord** (pap, plast, tex) / edge tearing o. initial tearing resistance || ~ à la **décohésion** (phys) / cohesive resistance || ~ au **décollement interlaminaire** (pap) / delamination resistance || ~ à la **déformation** (forge) / yield strength || ~ à la **déformation** (gén) / resistance to deformation || ~ au **démarrage** / starting resistance || ~ de **démarrage** (électr) / starting resistor, rheostatic starter || ~ de **démarrage de stator** (électr) / stator starter || ~ de **dérivation** (électr) / bleeder [resistor] || ~ d'une **dérivation** (électr) / branch resistance || ~ à la **dérive** (pneu) / lateral stability || ~ à la **détonation** (essence) / knock rating, preignition resistance || ~ **diélectrique** / dielectric resistance || ~ **diélectrique spécifique** / specific dielectric strength || ~ **différentielle** (semi-cond) / small signal resistance, incremental resistance || ~ **différentielle à l'état passant** (semicond) / differential forward resistance || ~ **différentielle en état inverse** (semicond) / differential inverse resistance, reverse a.c. resistance || ~ de **diffusion** (semicond) / spreading resistance || ~ à la **dilatation** / resistance to extension, strength of extension || ~ **directe** (électron) / forward d.c. resistance || ~ **disruptive** (électr) / puncture o. disruptive strength, dielectric strength o. rigidity || ~ **drain-source** (semicond) / drain source resistance || ~ **dynamique** (électron) / dynamic resistance || ~ **dynamique** (méc) / resistance to vibrations or oscillations, dynamic resistance || ~ à l'**eau** / water resistance || ~ à l'**eau chaude** / stability o. resistance to hot water || ~ à l'**éclatement** / bursting strength || ~ à l'**éclatement** (réfractaire) / spalling resistance || ~ d'**économie** (électr) / economy resistance || ~ à l'**écrasage** (tex) / resistance to crushing || ~ à l'**écrasement** / crushing strength o. resistance || ~ à l'**écrasement** (terrain) / soil bearing capacity || ~ à l'**écrasement d'un cube** (bâtim) / pressure resistance of a test cube || ~ à l'**écrasement à froid** (céram) / cold crushing strength || ~ à l'**écrasement radial** (frittage) / radial crushing strength || ~ **effective** (électr) / active o. actual o. effective resistance || ~ à **effet de corona** (électr) / corona resistance, glow stability || ~ due à l'**effet pelliculaire** / radiofrequency o. r.f. resistance || ~ à la chaleur ou contre les **effets de la chaleur** / heat-proofness o. resistance, resistance to [the effects of] heat, thermal endurance o. stability || ~ aux **efforts alternés** (méc) / fatigue strength under vibratory o. oscillation stresses, limiting range of stress, endurance limit || ~ aux **efforts alternés sous une charge au pliage pulsatoire** / fatigue strength for completely reversed bending stress || ~ aux **efforts alternés de traction et de compression** / compression-tension fatigue limit o. endurance limit || ~ aux **efforts de flexion alternés** / bending vibration strength || ~ aux **efforts pulsatoires de flexion** / pulsating fatigue strength under bending stresses || ~ aux **efforts pulsatoires ou ondulés** / pulsating fatigue strength, fatigue strength under pulsating stresses || ~ d'**électrode** / electrode resistance || ~ **électrolytique** / electrolytic resistance || ~ d'**endurance** voir résistance aux efforts alternés || ~ d'**endurance aux sollicitations alternées** / fatigue strength under reversed stresses || ~ d'**endurance à la traction** / endurance tensile strength || ~ à l'**enfoncement** / cut-through resistance || ~ **enrobée de ciment** (électron) / cement-coated resistor || ~ d'**entrée** / input resistance || ~ d'**entrée d'antenne** / antenna feed impedance || ~ **équivalente** (électr) / compensating resistance || ~ **équivalente du faisceau électronique** (électron) / d.c. electron beam resistance || ~ aux **éraflures** / scratch resistance || ~ à l'**essai de fluage** / resistance to creep, creep resistance || ~ à l'**essuyage** / stability against wiping || ~ **étalon** / calibrating o. test o. standard resistor || ~ dans l'**état bloqué** (semi-cond) / off-state o. blocking resistance || ~ à l'**état humide** (méc) / wet strength || ~ à l'**état humide** (gén) / humidity resistance || ~ à l'**état neuf** / new strength || ~ en **état passant** (électron) / forward d.c. resistance || ~ à l'**état de recuit** / as annealed tensile strength || ~ **externe ou extérieure** (électron) / load resistance o. resistor || ~ **extrinsèque de base** (semi-cond) / extrinsic base resistance || ~ à la **fatigue** / fatigue strength, fatigue life || ~ à la **fatigue pour une durée de vie déterminée** (techn) / fatigue strength for finite life || ~ à la **fatigue par flexion ondulée** / fatigue strength under repeated (or under pulsating) bending stresses || ~ de **fatigue à la flexion ou aux flexions alternées** / bending endurance, bending stress fatigue limit, repeated flexural strength (US) || ~ à la **fatigue aux torsions alternées** / constant reverse-torsion fatigue strength || ~ à la **fatigue par traction** / endurance tensile strength || ~ à la **fatigue de traction-compression** / compression-tension fatigue limit o. endurance limit || ~ [à la **fatigue] aux efforts alternés** / fatigue limit o. endurance limit under completely reversed stress || ~ au **fendage** (bois) / cleaving resistance || ~ au **fendillement** (béton) / crack resistance || ~ en **fer** (électr) / iron resistor || ~ **fer-hydrogène** / iron hydrogen resistor, barretter, ballast tube || ~ au **feu** / fire resistance || ~ au **feu sous charge** (céram) / refractoriness under load, high-temperature load bearing capacity || ~ [en **fil] de manganine** (électr) / manganin [wire] resistor || ~ de **filament** / filament resistance || ~ du **filtre** / resistance of filter || ~ **fixe** (électr) / ballast o. fixed o. loading resistor || ~ **fixe** (électron) / fixed resistor || ~ **fixe à couche** / fixed film resistor || ~ **fixe à couche de carbone** / fixed carbon-film resistor || ~ au **flambage** / buckling resistance o. strength || ~ à la **flamme et à l'explosion** / flame- and explosion-proofness || ~ à la **flexion** / bending strength, cross breaking strength, flexural strength || ~ à la **flexion** (céram) / transverse strength, cross breaking strength, modulus of rupture || ~ à la **flexion alternée ou aux flexions répétées** / fatigue strength under reversed bending stresses || ~ à la **flexion par compression axiale** / buckling resistance o. strength || ~ à la **flexion par choc** / impact strength o. resistance || ~ en **flexion au seuil d'écoulement** (plast) / flexural yield strength || ~ au **fluage** / creep strength || ~ au **fluage** (pâte) / non-sag properties *pl* (paste) || ~ au **fluage sous charge permanente** / continuous creep strength || ~ au **fluage pour une durée déterminée** (sidér) / creep rupture strength || ~ au **fluage sous pression** / compressive creep strength || ~ au **fluage à température élevée** / longterm creep and stress-rupture strength, long-time high temperature strength || ~ en **fonte** (ch.de fer) / grid resistor || ~ de **forme** / inherent stability || ~ de **freinage** / brake o. braking resistance || ~ à la **frisure** (tex) / crimp resistance, curling resistance || ~ à **froid** / low temperature stability || ~ à **froid** (électr) / cold resistance || ~ à **froid sous charge** (céram) / cold crushing strength || ~ due au ou par **frottement** / friction[al] drag o. resistance || ~ au **frottement** (p.e. papier) / rubbing fastness || ~ de **fuite** (électron) / bleeder resistor || ~ de **fuite de grille** (électron) / grid leak [resistor] || ~ au **gel** (pierre) / frost resistance || ~ au **glissement** / slippage resistance || ~ de **glissement** (électr) / slipping resistance || ~ au **gonflement** (caoutchouc, tex) / resistance to swelling || ~ à **gradins** (électr) / stepped rheostat || ~ en ou au **graphite** / graphite resistor || ~ au **grattage** (pap) / erasability || ~ de **grille** (électron) / grid resistance || ~ de **grille** (semi-cond) / gate resistance || ~ de **haute valeur** /

high ohmic resistance || ~ à l'**huile** (électr) / oil-cooled resistor || ~ à l'**humidité** / moisture resistance || ~ **hydraulique** (électr) / water resistor o. rheostat || ~ **hydraulique** (liquide) / flow resistance || ~ **hydraulique spécifique** / flow resistivity || ~ **hydrolytique** (verre) / hydrolytic resistance || ~ **immergée** / immersion heater || ~ **inductive** / inductive resistor || ~ par l'**inertie** / inertia || ~ **infinie** (électr) / infinity plug || ~ **inhérente** (électr) / inherent resistance || ~ **initiale** (béton) / early strength || ~ **initiale** (essai de mat.) / fatigue limit under pulsating o. under fluctuating stresses, intrinsic fatigue resistance || ~ aux **intempéries** / weather[ing] resistance || ~ d'**interaction** / surface transfer impedance, interaction impedance || ~ **intercalée [en amont]** (électr) / additional o. external o. intermediate o. series resistor || ~ **intérieure** (isolant) / volume resistance || ~ **intérieure ou interne** / internal resistance || ~ **interne de base** (semicond) / internal base resistance, base spreading resistance || ~ **interne limite** (tube) / limiting anode impedance || ~ **interne du tube** / differential anode resistance, incremental resistance of the anode || ~ **interne d'un tube mélangeur** / conversion impedance || ~ d'**interpolation** (électr) / interpolation resistance || ~ d'**isolement** / resistance of insulation, insulating o. insulation resistance || ~ de **laboratoire** / laboratory resistor || ~ de **lampe** (électr) / lamp resistance || ~ de **liaison** (électron) / coupling resistance || ~ de **liaison** (connecteur) / surface transfer impedance, interaction impedance || ~ **limite aux efforts alternés** (méc) / limiting range of stress || ~ **limite d'endurance ou de fatigue ou aux efforts répétés** / fatigue strength, fatigue [endurance] limit || ~ **linéique** / resistance load per unit length || ~ de **liquides** / liquid resistance || ~ de **lissage** / current equalizer || ~ de **localisation** (électr) / localization resistance || ~ **localisée** (antiparasite) / concentrated resistive suppressor || ~ à la **lumière** / light-fastness, light resistance || ~ **magnétique** / magnetic resistance || ~ à la **marche** (méc) / travelling resistance || ~ des **matériaux** / strength of materials || ~ **mécanique** / solidity, firmness, consistency || ~ au **mercerisage** / fastness to mercerizing || ~ **minimale** / minimum strength || ~ **modératrice** (électr) / diminishing o. reducing resistance || ~ aux **moisissures** / fungus resistance || ~ au **mouillé** / humidity resistance, strength when humid || ~ **moulée** / moulded resistor || ~ **négative** / negative resistance, negative resistor || ~ **nominale du fil** (câble métall.) / rated strength of wire || ~ **non-linéaire**, R.N.L. / nonlinear resistor, NLR || ~ **NTC** (= negative temperature coefficient) / NTC resistor || ~ d'**obscurité** / dark resistance || ~ en **océlite** / ocelit rod o. resistor || ~ **ohmique** / d.c. resistance, ohmic resistance, ohmage || ~ **ohmique** (antenne) / equivalent o. loss resistance || ~ **ohmique apparente** (transfo d'intensité) / working resistance || ~ **ohmique dynamique** / motional resistance || ~ aux **ondes de surtension** / surge capacity, surge voltage strength || ~ à l'**oscillation** / resistance to vibrations o. oscillations, dynamic strength || ~ à l'**oxyde d'uranium** (électron) / uranous oxide ballast resistance || ~ du **papier due à l'encollage** / imperviousness of paper due to sizing, resistance of paper due to sizing || ~ **parallèle effective** (quartz) / equivalent parallel resistance, EPR, performance index, PI || ~ de **passage** (mot. de traction) / transition resistor || ~ au **passage de chaleur** / thermal resistance || ~ **passant en inverse** (semicond) / reverse conducting resistance || ~ au **pelage** (circ.impr.) / peel strength || ~ au **pelutage** (pap) / pulling o. pick-resistance, surface bonding strength || ~ au **percement disruptif** (électr) / puncture o. disruptive strength, dielectric strength o. rigidity || ~ à la **percussion** (bois) / percussion strength || ~ à la **perforation** (carton) / puncture strength || ~ aux **plaques de carbone** / carbon pile resistor || ~ des **plaques de terre** (électr) / resistance of the earth plate || ~ **plastique** / flow strength || ~ au **pliage** / flectional o. flexural strength o. resistance || ~ au **pliage** (pap) / folding resistance || ~ à **plots** (électr) / stepped rheostat || ~ **pneumatique** (ord) / pneumatic resistor || ~ de **polarisation automatique** (électron) / grid leak [resistor] || ~ de **portée** (palier) / bearing capacity o. strength || ~ de **portillon** (électron) / gate [winding] resistance || ~ à **poudre de charbon** (électr) / carbon dust resistor || ~ à la **poussée** (méc) / resistance to sliding friction o. to slide, pushing o. slide resistance || ~ de **précision** / precision resistor || ~ **préréglée** / pre-set resistor || ~ à la **pression** / resistance to pressure || ~ à la **propagation du déchirement** / resistance to tear propagation, tear growth resistance, slit tear resistance || ~ à la **propagation des flammes** / nonflammability || ~ **proportionnée du pont de Wheatstone** (électr) / proportionate arm, ratio arm || ~ **propre** / inherent stability || ~ **propre du véhicule** (ch.de fer) / running o. tractive resistance, normal resistance of a vehicle || ~ à la **propulsion** (nav) / resistance to propulsion || ~ **protectrice** (électr) / protective resistor || ~ **protectrice de la grille** (électron) / grid stopper || ~ **pyroscopique**, RP (céram) / pyrometer cone equivalent, PCE || ~ à **radiateur** / heat sink encased resistor || ~ pour **radiofréquence** / radiofrequency resistance || ~ de **rayonnement** (antenne) / radiation resistance || ~ de **redressement** (électr) / rectifier load resistance || ~ **réglable** (électr) / adjustable o. regulating o. variable resistance, rheostat || ~ de **réglage** (électr) / variable resistor || ~ **régulatrice de tension** / ballast resistance || ~ **relative d'une fonte** (fonderie) / degree of normality || ~ **relative du joint** (soudage) / joint efficiency || ~ à la **relaxation** / resistance to relief of stresses, relaxation resistance || ~ **répartie** (semicond) / spreading resistance || ~ **répartie** (antiparasite) / distributed resistance || ~ **résiduaire** (nav) / residuary o. wave resistance || ~ de **résonance** / dynamic resistance, resonant impedance || ~ au **revenu** (acier) / good tempering properties *pl* || ~ après **revenu** / as tempered strength || ~ à la **rouille** / rust resisting property o. quality || ~ au **roulement** / resistance to rolling || ~ au **roulement standard** (auto) / road load || ~ en **ruban** (électr) / flexible resistor || ~ à la **rupture** / rupture strength, resistance to fracture o. breaking, factor of safety || ~ à la **rupture** (tissu) / tear strength || ~ à la **rupture sous charge permanente** / fatigue strength for infinite time, time yield || ~ à la **rupture en flexion** (isolateur) / cantilever strength || ~ à la **rupture à haute température**, résistance *f* à la rupture en fluage / creep rupture strength || ~ à la **rupture [par traction]** / tensile strength || ~ à la **salissure** / resistance to soiling || ~ de **saturation** (semicond) / collector saturation resistance || ~ à la **scorification** (sidér) / resistance to slagging || ~ **sec du sable** (fonderie) / dry strength of sand || ~ **secondaire** (électr) / secondary resistance || ~ **selfique ou de la self** / inductive resistance || ~ en **sens de conduction** / forward resistance || ~ en **série** (électr) / intermediate o. additional resistance ||

~ **série** (instr) / range multiplier || ~ **série à coefficient de température négligeable** (instr) / swamping resistor || ~ **série du collecteur** (semi-cond) / collector bulk resistance o. series resistance || ~ en **série d'un conducteur** / series resistance of a conductor || ~ en **série effective** / equivalent series o. effective series resistance, ESR, crystal impedance, CI || ~ **série de l'émetteur** / emitter bulk resistance o. series resistance || ~ au **serrage** / clamping strength || ~ au **shattertest** (essai de charbon) / shatter strength || ~ en **shunt** (électr) / shunt resistance || ~**-shunt** *f* du **condensateur de grille** (tube) / grid resistance || ~ de **shuntage** (électr) / bleeder o. shunt resistor || ~ aux **sollicitations ondulées accroissantes de flexion** / fatigue strength under repeated (or under pulsating) bending stresses || ~ aux **solvants** / resistance to solvents || ~ à la **sortie** / output resistance || ~ de **source** (électron) / internal o. source resistance || ~ **spécifique** (ch.de fer) / specific train resistance || ~ **spécifique** (électr) / resistivity, specific resistance || ~ **spécifique à la séparation** / cohesion strength || ~ de **stabilisation** (électr) / steadying resistance || ~ **statique** (méc) / static strength || ~ **structurelle** (méc) / structural resistance || ~ à la **succion** / suction resistance || ~ à la **sueur** (teint) / perspiration resistance || ~ **superficielle ou de surface** / surface resistance || ~ **supplémentaire** / additional o. supplementary resistance o. resistor, booster resistance o. resistor || ~ de **tarage** / tuning resistance || ~ **témoin pour bougie de préchauffage** (auto) / pilot resistance for glow plugs || ~ aux **températures alternantes** / resistance to thermal shocks || ~ **terminale** / terminal resistor || ~ de **terre** / earth wire circuit resistance || ~ de la **terre** / earth resistance || ~ de **terre de la base d'un poteau** (électr) / footing resistance || ~ **thermique** (semi-cond) / thermal resistance || ~ **thermique** (essai de mat.) / temperature stability o. resistance || ~ **thermique extérieure** (entre boîtier et ambiante) (semi-cond) / external thermal resistance || ~ **thermique au retrait sous compression** (plast) / high temperature compression set stability || ~ à la **torsion** / torsional strength || ~ **totale** (électr) / joint resistance, combined resistance || ~ à la **traction** (ch.de fer) / resistance to traction o. of train, tractive o. train resistance || ~ à la **traction** (plast) / ultimate tensile strength || ~ à la **traction** (pap) / tensile strength || ~ à la **traction de barreaux entaillés** / notch-tensile strength || ~ à la **traction et au cisaillement** / combined tension and shear resistance || ~ du **tranchant** / wearing resistance of an edge, edge-holding property || ~ à la **transmission de chaleur** / heat transmission resistance || ~ à la **transpiration** (teint) / perspiration resistance || ~ au **trommel normalisé** (charbon) / drum resistance || ~ des **tuyaux** / friction in pipes, resistance of pipes || ~ **ultime** (méc) / ultimate load || ~ **unitaire** (méc) / specific strength, strength per unit, ultimate [tensile] strength || ~ **unitaire** (électr) / resistance load per unit length || ~ à l'**usure** / capacity of resistance to wear, abrasion resistance || ~ à **valeurs ohmiques très élevées** / high ohmic resistance || ~ **variable** (électr) / adjustable o. regulating o. variable resistance, rheostat || ~ **variable pour éclairage** / dimmer, light regulator || ~ en **vert** (mét poudres) / green strength || ~ en **vert** (fonderie) / green strength of sand || ~ au **vieillissement** / ag[e]ing stability || ~ **virtuelle** / virtual resistance || ~ au **voilement** (plaque) / buckling resistance o. strength, deflection strength || ~ de **volume** (semicond) / bulk resistance || ~ de **volume négative** (semicond) / bulk negative resistance

résistant / strong, solid || ~ [à] / resistant o. resistive [to], .-proof || ~ (étoffe) / serviceable || ~ (biol) / resistant || ~ à l'**abrasion** / abrasionproof, resistant to abrasion, non-abrasive || ~ à l'**acide sulfureux** (teint) / fast to sulphurous acid o. to stoving || ~ aux **acides** / stable towards acids, acidproof, -resisting || ~ aux **alcalis** / alkali-fast, -proof || ~ aux **attaques chimiques** / chemically resistant || ~ à **basses températures** / stable at low temperatures || ~ au **bitume** (plast) / bituminous-resistance... || ~ au **boulochage** (tex) / pill resistant || ~ au **calaminage** / non scaling || ~ à la **chaleur ou au chaud** / heat-proof || ~ à la **chaleur** (acier) / heat resistant || ~ à la **chaleur rouge** / stable at red-heat || ~ à **chaud** / heat resisting, high temperature... || ~ au **chlore** (tex) / fast to chlorine, chlorine resistant, resistant to chemicking || ~ aux **chocs** / shock-proof, rough-service... || ~ aux **chocs** (montre) / shock resistant, shockproof || ~ à la **chute d'un avion** (réacteur) / aircraft-impact o. -crash resistant || ~ au **claquage** / puncture-proof || ~ aux **collisions** (auto) / crash resistant || ~ à la **congélation** / antifreezing || ~ à la **corrosion** / corrosion-proof, -resisting, noncorroding, noncorrosive, corrosionless || ~ aux **courants de fuite** (électr) / creep o. track resistant, nontracking || ~ aux **courts-circuits** / short circuit-proof || ~ à l'**eau de mer** / saltwater-proof || ~ à l'**écrasement** / break-proof, resisting to fracture o. breaking || ~ à l'**écrasement** (sol) / good bearing || ~ aux **effets de la chaleur** / thermally stable || ~ aux **effets des climats extrêmes** / climatic proofed || ~ aux **essences et huiles** / fast to petrol (GB) o. gasoline (US) and oil || ~ à l'**état humide** (pap) / wet-strength... || ~ à la **fatigue** / fatigue resisting, antifatigue || ~ au **feu**, réfractaire / refractory || ~ au **flambage** / buckle-proof || ~ au **fluage à température élevée ou à chaud** (acier) / creep resistant at elevated temperatures || ~ au **fluage à températures supérieures** (acier) / high-temperature... || ~ au **froid** / cold-resistant || ~ au **gel** / frost resisting || ~ au **glissement** (sol) / slide blocking || ~ au **gonflement** / swell resistant, non swelling, swellproof || ~ à l'**huile** (couleur) / oil resisting || ~ à l'**humidité** / moisture resistant || ~ à l'**influence atmosphérique** / fast in air o. to air o. to atmospheric influences || ~ aux **intempéries** / weatherproof, -tight, -resisting, fast to exposure || ~ à la **lessive** / resistant to alkaline o. caustic solutions, alkali-fast, -proof, lye resistant || ~ aux **liquides alcalins** / resistant to alkaline o. caustic solutions, alkali-fast, -proof, lye resistant || ~ à la **lumière** / light-fast o. -resisting, non-fading, unfading, fadeless, stable to light, color-fast, sunfast (US) || ~ aux **mailles coulées** (bonnet) / ladder-proof (GB), run-proof (US) || ~ aux **mites** / mothproof, moth resistant || ~ à l'**oxydation à chaud** (acier) / non scaling || ~ à l'**ozone** / ozone-proof || ~ aux **poisons** (catalyseur) / fast to poison || ~ à la **pourriture** / antifouling, -septic, antirot || ~ à la **poussée** (agr) / bolting resistant || ~ à la **pression** / compression-proof || ~ au **rayonnement** / radiation-proof || ~ au **repassage** (tex) / fast to ironing o. pressing, unaffected by ironing || ~ [à la] **rognure d'insectes** / insect resisting o. resistant || ~ à la **rupture** / fracture-proof || ~ aux **secousses** / vibration-proof

|| ~ aux **surcharges** / overload-proof || ~ aux **températures élevées** / heat-proof || ~ à l'**usure** / resistant to wear, abrasionproof, resistant to abrasion, wear resisting, resisting wear, long wearing || ~ à l'**usure** (tex) / long-wearing, hardwearing || ~ à l'**usure** (m.outils) / edge-holding, wear-resisting || ~ au **vieillissement par l'écrouissage** / non-strain-ageing
résiste *m* / resist
résister / withstand, resist || ~ à un **essai** / pass o. withstand a test, prove successful in a test || ~ aux **intempéries** / resist o. defy weather
résisteur *m* (Néol), résistance *f* (électr) / resistor
résistivimètre *m* / resistivity meter
résistivité *f* (électr) / resistivity, specific resistance || ~ du **collecteur** (semicond) / collector resistivity || ~ **électrique** / electrical resistivity || ~ de **masse** / mass resistivity || ~ **superficielle** / surface resistivity || ~ **thermique** / thermal resistivity || ~ **transversale** (plast) / volume resistivity || ~ **volumique électrique** (électr) / volume resistivity
résite *m* (plast) / resite
résitol *m* (plast) / resitol
résol *m* (plast) / resol
résoluble (math) / dissoluble, solvable
résolution *f* (TV) / definition, resolution || ~ (électron) / selectivity, resolution (US) || ~ (contr.aut, math, chimie) / resolution || ~ dans le **champ proche** / near zone resolution || ~ **énergétique ou en énergie** / energy resolution || ~ d'une **équation** / equation evaluation || ~ **équivalente** / equivalent solution of a problem || ~ [à l'**introduction**] (NC) / input sensitivity, smallest input capacity || ~ [au **mesurage**] (NC) / smallest measurable quantity || ~ **radiale** (radar) / range discrimination || ~ **spatiale** / space resolution
résolvant *m* / solvent, resolvent
résolvante *f* (math) / resolvant equation, resolvent
résolveur *m* (NC) / resolver || ~ (électron) / resolver, selsyn || ~, encodeur *m* (électron) / shaft encoder || ~ d'**équations** / equation resolver || ~ **sphérique** / spherical o. ball resolver
résonance *f* (phys, chimie, nucl) / resonance || ~ **dynamique** (techn) / dynamic response || ~ de l'**ébénisterie** (électron) / cabinet resonance || ~ **ferromagnétique** / ferromagnetic resonance || ~ **fondamentale** / dominant resonance || ~ **magnétique électronique R.M.E.** / electron spin resonance, ESR || ~ **magnétique nucléaire** / nuclear magnetic resonance, NMR || ~ de **neutrons** / neutron resonance || ~ **parallèle** / current o. parallel resonance || ~ **parallèle** (acoustique) / parallel resonance || ~ **paramagnétique nucléaire** / nuclear paramagnetic resonance || ~**s** *f pl* **parasites** / unwanted responses *pl* || ~ *f* de **phases** / phase o. velocity resonance || ~ **propre** / natural o. self resonance || ~ **protonique** / proton resonance || ~ **secondaire** (quartz) / spurious resonance || ~ **série** (électr) / series o. voltage resonance || ~ [en] **série** (électron) / series resonance || ~ de **spin électronique, R.S.E.** / electron spin resonance, ESR || ~ **subordonnée** / sympathetic resonance || ~ à **symétrie radiale** (acoust) / pulsation resonance || ~ du **tube** (électron) / tube ring
résonant (par opposition à résonnant) (qui est le siège d'un phenomène de résonance) / resonant, exhibiting o. inducing resonance
résonateur *adj* / resonant || ~ *m* (gén) / resonator || ~ / resonator || ~ **circulaire ou de Hertz** / circular resonator || ~ **creux d'échos** (radar) / echo box || ~ d'**entrée** / input resonator, buncher || ~ de **flexions** / flexural resonator || ~ de **Helmholtz** / Helmholtz resonator || ~ de **ligne coaxiale** / coaxial line resonator || ~ de **Pary** / re-entrant cavity resonator || ~ **passe-bande** / band-pass resonator || ~ **piézoélectrique** / piezoelectric quartz o. resonator || ~ à **plaques parallèles** (électron) / plane-parallel resonator || ~ de **sortie** (électron) / catcher, output resonator of velocity modulated valves
résonnant, retentissant (que réfléchit le son en le renforçant) / resonant
résonner / resound, reverberate || ~ (vaisselle) / clink || ~ (métal) / ring, clang || ~ (voix) / boom, drone, sound || **faire** ~ / sound || ~ **simultanément** / resound || ~ en **vibrant** (auto) / drum
résorber / resorb
résorcine *f*, **-cinol** / resorcin, -cinol, benzene-1,3-diol
résorption *f* / resorption
résoudre (chimie) / dissolve || ~ (math) / resolve || ~, convertir / convert || ~ la **parenthèse** (math) / remove the bracket
résouffler (sidér) / after-blow *vi*
resoufrer / resulphurize
respect *m* de **cotes** / accuracy to size, dimensional accuracy, tolerance compliance || ~ des **formes** / observance of forms
respecter / observe, meet, comply [with] || ~ la **priorité** (trafic) / watch the right of way
respirabilité *f* / ease of breathing
respirable / respirable
respirateur *m*, masque *m* respiratoire / box respirator, respiratory protective device (US) || ~ (natation) / schnorkel || ~ à **air sous pression** / compressed air breathing apparatus
respiration *f* / respiration || ~ de **bouche à bouche ou à nez** / exhaled-air resuscitation, mouth-to-mouth o.-to-nose respiration || ~ **cellulaire** / cellular respiration || ~ **intramoléculaire** / intramolecular respiration || ~ des **réserveroirs** (pétrole) / breathing of the containers
respiratoire / respiratory || ~ (tex) / breathing
respirer / breathe
resplendir / be resplendent, shine *vi*
responsabilité *f* / responsibility || ~ de la **défectuosité** / liability for defects || ~ du **fait des produits** / strict liability (US) || ~ **limitée** / L.L., limited liability
responsable [de] / responsible [for] || **être** ~ **de dégâts** (auto) / crash *vi*, bust (US) || ~ *m* de la **radioprotection** / health physicist, radiological safety officer
resquiller (coll) (radio) / tap *vt*
resquilleur *m* (coll) (TV) / pirate viewer || ~ (coll) (radio) / pirate listener, radio (US) o. wireless (GB) pirate
ressac *m* / breakers *pl*, surf
ressaut *m* (bâtim) / projection, projecture, jut, bearing-out, corbelling || ~, saillie *f* de pilier (bâtim) / pilaster strip || **être en** ~, faire ressaut / jut [out] || ~ **hydraulique** / hydraulic jump || ~ d'un **mur** / steps *pl* of a wall built on sloping ground
ressauter / bear out, hang over, overhang, project
ressemblant / similar
resserrage *m* de **domaine** (contr.aut) / range suppression
resserre *f* / store room || ~ à **outils** (bâtim) / shed, site hut
resserré / small, narrow[ed], confined || ~, concis / concise

resserrement *m* / crowding together || ~ de la **voie** (ch.de fer) / gauge tightening o. narrowing
resserrer / constrict *vt*, confine, narrow *vt* || ~ (vis) / tighten || ~, rétrécir (pores) / lock up || ~ (se) / contract *vi*, shrink *vi* || ~ (se) (mines) / pinch *vi*, narrow *vi*
ressort *m* / competence || ~ (figuré) / resilience, resiliency || ~ (techn) / spring || **~s** *m pl* / resilience, resiliency || **à** ~ / fitted with a spring || **à ~s** / spring..., spring mounted o. born, sprung || **faire** ~ / spring, be resilient o. elastic || **faire** ~, jouer / unbend itself, spring off, snap || **qui fait** ~ / resilient, springy || ~ *m* **accumulateur** (frein) / pre-loaded spring || ~ d'**acier** / steel spring || ~ **acier-caoutchouc** / steel-rubber spring || ~ **additionnel de pleine charge** (auto) / full load auxiliary spring || ~ d'**aiguille** / needle spring || ~ d'**ajustage** / adjustment spring || ~ d'**amorçage du balancier** (horloge) / clock starting spring || ~ **amortisseur** / absorbing spring || ~ **amortisseur** / concussion spring (of shock absorber) || ~ **antagoniste** / antagonistic [spring], counterspring || ~ **antagoniste** (télécom) / retractile spring || ~ **antivibrant** / antivibration spring || ~ d'**apport** / magazine spring || ~ en **arc** (véhicule) / bow spring || ~ de l'**archet** (pantographe) / pantograph spring || ~ d'**arrêt** / retaining o. drag spring || ~ d'**arrêt** (ch.de fer) / stop spring || ~ d'**arrêt pour portes** / suspension catch for door hooks || ~ **arrière** / trailing spring || ~ d'**attelage** (ch.de fer) / draw spring || ~ d'**automobile** / motorcar spring || ~ **auxiliaire** (auto) / helper o. overload spring || ~ [d']**avant** / front o. leading spring || **~-bague** *m* / annular spring || ~ de **balai** (électr) / brush spring || ~ du **balancier** (horloge) / balance o. hair spring || ~ de la **barre d'attelage** / drawbar spring || ~ à **barre de torsion** / torsion bar o. spring, torque rod, twister || ~ **Belleville** / Belleville spring washer, cup o. saucer spring, disk spring || ~ **bombé** / barrel spring || ~ à **boudin** / coil o. helical spring (not: spiral spring) || ~ à **boudin** (sommier) / elastic o. steel spring || ~ à **branches** / leg spring || ~ **cantilever** (auto) / cantilever spring || ~ en **caoutchouc** / rubber spring || ~ de **casque** / headband o. [head]strap of the headphone || ~ de **choc** (ch.de fer) / volute spring, buffer spring || ~ **circlip** / circlip [securing ring] || ~ de **cliquet** / catch spring || ~ [en] **col de cygne** / C-spring, scroll spring || ~ de **commande** / moving spring || ~ **compensateur** / compensating o. equalizing spring || ~ **compensateur de fil** (m à coudre) / tension check spring || ~ **conique** / conical o. volute spring || ~ **conique en fil métallique** / conical wire spring || ~ de **contact** / contact spring || ~ à **cran d'arrêt** / catch o. detent o. stop spring || ~ **croisé** / cruciform spring || ~ à **crosse** / scroll spring || ~ à **crosse** (auto) / three-quarter elliptic spring || ~ **cylindrique** / helical spring (not: spiral spring) || ~ **cylindrique en anneau** / garter spring || ~ **cylindrique de compression** / helical compression spring || ~ **cylindrique en fil de section circulaire** / helical wire spring || ~ **cylindrique de traction** / helical extension spring || ~ de **décharge** / discharging o. relieving spring || ~ **déclencheur** (frein) / brake release spring || ~ à **déclic** / catch spring || ~ de **demi-tour** / volute spring, flat spiral spring || ~ **desserreur** (frein) / brake release spring || **~-détente** *m* (fusil) / trigger spring || ~ à **disques** / Belleville spring washer, cup o. saucer spring, disk o. plate spring || ~ **écarteur** (frein) / brake expanding spring || ~ **élastique à deux spires** / double coil washer with spring lock || ~ **elliptique** (ch.de fer) / elliptical bogie spring || ~ d'**embrayage** / clutch facing spring o. engagement spring, clutch thrust spring || ~ à **enrayer** / retaining o. drag spring || ~ d'**entretien** (horloge) / maintaining power spring || ~ en **épingle** / kickover spring || ~ d'**équilibr[ag]e**, ressort *m* de décharge / discharging o. relieving spring || ~ **équilibreur** / equalizer spring || ~ d'**essieu** / axle spring || **~s** *m pl* de l'**essieu** (gén) / spring suspension of axle || ~ *m* en **étoile** / spider spring || ~ **évidé** / hollow spring || ~ **feuilleté** voir ressort à lames || ~ du **frein** / brake spring || ~ de **freinage** (horloge) / brake spring, slip[ping] spring || ~ de **friction** / friction spring || ~ de **friction** (montre) / friction spring || **~-frotteur** *m* (électr) / brush spring, wiper || ~ **hélicoïdal**, ressort *m* en hélice / helical spring (not: spiral spring), screw spring || ~ **hélicoïdal en ruban** / volute spring, flat helical spring || ~ **hydraulique** (techn, auto) / oil spring || ~ **inducteur** / inductor spring || ~ à **lame** / leaf spring || ~ à **lames [avec ou sans brides]** / leaf o. coach spring, compound spring, laminated spring || ~ de **lancement** / starting spring || ~ de **montre** (horloge) / rectangular section clock type spring, clock o. main spring || **~-moteur** *m* / motive spring || **~-moteur** *m* (horloge) / rectangular section clock type spring, clock o. main spring || ~ de **mouvement** (horloge) / driving o. main spring || ~ **no-sag** / no-sag-spring, sinuous o. zig-zag spring || ~ de **percuteur** (mil) / firing main spring, pin spring || ~ à **pincette** / double-elliptic o. full-elliptic spring || ~ à **pincettes** (ch.de fer) / full elliptical spring || ~ de **piston** (pompe d'injection) / plunger [return] spring || ~ **plat** / flat spring || ~ de **platine verticale** (tex) / upright sinker spring || ~ **porteur** / bearing o. suspension spring || ~ de ou à **pression** (techn) / pressure spring || ~ de **pression d'embrayage** / clutch facing spring o. engagement spring, clutch thrust spring || ~ **progressif** / progressive spring || ~ de **rappel** / pull-back spring, retracting o. return spring, draw spring || ~ de **rappel** (plast) / return spring || ~ de **rappel** (télécom) / retractile spring || ~ de **rappel de la timonerie** (ch.de fer) / brake-gear return spring || ~ **régulateur de tension** (techn) / tension regulator o. regulating spring || ~ de **relais** / relay o. contact spring || ~ de **renversement** / kickover spring || ~ de **renvoi** (montre) / spiral coiled spring || ~ de **retenue** / retaining spring || ~ de **retour** / recoil spring, spring-return mechanism || ~ à **ruban** / flat spiral spring || ~ **savonnette** (montre) / hunter o. fly spring || ~ **secret** (horloge) / secret spring || ~ à **section trapézoïdale** / trapezoid spring || ~ **semi-elliptique** / semielliptic spring || ~ **sinueux** / no-sag-spring, sinuous o. zig-zag spring || ~ de **sommier** / elastic o. steel spring || ~ de **soupape** (mot) / valve spring || ~ **spiral** / flat coil o. flat spiral spring || ~ **spiral** (instr) / spiral spring || ~ **spiral** (montre) / spiral coiled spring || ~ **spiral** (serr) / volute spring, flat spiral spring || ~ en **spirale conique** / conical helical spring, volute spring || ~ de **suspension** / bearing o. suspension spring || ~ **synchroniseur** (auto) / synchronizing spring || ~ de **tampon** (ch.de fer) / volute spring, buffer spring || ~ de **tension** (m.à coudre) / tension spring || ~ de **tête** (télécom) / headband o. [head]strap of the headphone || ~ à **torsion** / torsional spring || ~ à **torsion ou à barre de torsion** / torsion bar o. spring, torque rod, twister || ~ de **traction** (ch.de fer) / draw spring || ~ de **traction et de choc** (ch.de fer) / draw[-bar] spring || ~ **transversal** (auto) / transverse spring || ~ à **trempe et revenu** / heat treatable spring || ~ en **tube flexible** / Bourdon

tube, spiral element || ~ en **tube de tombac ondulé** / pressure capsule, sylphon bellows || ~ de **verrouillage** (serr) / tumbler spring || ~ de **vitesse** (auto) / accelerating spring || ~ de **voiture** / carriage spring || ~ en **volute** / volute spring, buffer spring || ~ en **volute** (ch.de fer) / volute spring, conical buffer spring || ~ à **wagons ou pour wagons** (ch.de fer) / carriage spring || ~ **zigzag** / no-sag-spring, sinuous o. zig-zag spring
ressortir, faire ~ (typo) / throw up
ressortissant [à] / belonging [to], [ap]pertaining [to] || ~ **étranger** / foreign national
ressouder / resolder
ressource *f* (gén) / resource, facility || ~**s** *f pl* (ord) / resources *pl* || ~**s de charbon** *f pl* / coal deposits *pl* || ~**s** *f pl* en **eau** / water resources *pl*
ressuage *m* (insecticide) / blooming || ~ (frittage) / sweating, exudation || ~ / dye penetration test, fluorescent penetration test || ~ (graisse) / bleeding (grease) || ~ de la **créosote** / sweating of the creosote || ~ **et raffinage** (plomb) / softening, improving
ressuée *f* / condensation water, perspiration [water]
ressuer (graisse) / bleed *vi* || ~ (plast) / bloom *vi* || ~ (mur, asphalte) / sweat *vi* || ~ (sidér) / become liquated, segregate *vi* || ~ (peinture, béton) / bleed *vi*
ressuyé (sol) / dried up
ressuyer / dry up *vt*
restant *adj* / residuary, remaining || ~ *m* / rest, remainder || ~, arrière *m* / backlog || **le** ~ **de propriétés** / remaining properties *pl*
restaple *f* (Belgique) (mines) / packing, stowing, stowage
restauration *f* / restoration || ~ des **cristaux** / crystal regeneration
restauré (électr, tension) / recovered
restaurer, réparer / repair || ~ (ord) / reset, clear
reste *m* / remainder, rest, remnant || **de** ~ / residuary, left over || ~ d'une **division** (math) / modulo || ~ d'une **série infinie** (math) / remainder of an infinite series
rester accroché (électrode, soud) / freeze *vi* || ~ en **arrière** / fall behind, lose, be slow, drag || ~ **enfoncé** / stall, get stuck || ~ en **panne** (auto) / break down, have a breakdown
restituer / render, return, give back || ~ [à partir de] / reconstruct [from], retrace
restitution *f* (télécom) / restitution || ~ (photogrammétrie) / plotting || ~ (état) / restoration || ~ (ord) / restitution || ~ (opt) / restitution, rectification || ~ **affine** (photogramme) / affine plotting || ~ de la **composante continue** (TV) / d.c. restoration (GB) o. reinsertion (US) || ~ de **contraste** (phot) / contrast correction || ~ **élastique** (méc) / elastic restitution || ~ du **gamma** / gamma restitution, log-masking (US) || ~ du **niveau du noir** (TV) / black level clamp[ing] o. control, d.c. restoration (GB) o. reinsertion (US) || ~ du **niveau du noir par diode unique** (TV) / black level clamping by a single diode || ~ **numérique** (arp) / numerical plotting || ~ des **photographies aériennes** / air photo interpretation || ~ de **porteuse** (électron) / reconditioning of the carrier || ~ des **prises photogrammétriques** (arp) / image evaluation, photo interpretation || ~ des **sons** / sound reproduction
restreignant / restricting
restreindre / restrict, limit || ~, rétrécir / constrict, contract || ~ (se) / retrench *vi*
restreint / restricted || ~ (espace) / confined, narrow
restriction *f* / limitation, restriction || ~ d'**exploitation** / restriction of output
résultant *adj* / resultant, ensuing [from] || ~ *m* (math) / resultant, eliminant
résultante *f* (méc) / resultant
résultat *m*, issue *f* / result, outcome, upshot || ~, effet *m* / effect, result || ~ du **battage** (agr) / yield of threshing || ~ **clé** / key result || ~ **définitif** / breakdown, net result || ~ **expérimental** / test result || ~ **final** / breakdown, net result || ~ **futile** / void result || ~ **impeccable** / perfect result || ~ **intermédiaire** (math) / extension || ~ d'une **mesure** / measuring result || ~ **moyen** / average result
resultat *m* de **vidage** (ord) / dump
résulter / ensue || ~ [de] / result [from], arise [from], ensue [from]
résumé *m*, sommaire *m* / synopsis *pl* (pl.: -opses) || ~, aperçu *m* / summary, résumé, abstract || ~, précis *m* / summary, résumé *digest* || ~, abrégé *m* / excerpt, abstract, compendium, summary
résumer / condense, summarize, sum up
resurchauffe *f* / re[super]heating, reheat || ~ **multiple** / multiple reheat
resurchauffé / re[super]heated
resurchauffeur *m* / reheater
rétablir / restore || ~ (se) (aéro) / flatten out *vi*, straighten out || ~ l'**équilibre** / redress
rétablissement *m* / restoration || ~ de la **composante continue** (TV) / d.c. restoration (GB) o. reinsertion (US) || ~ [de la **forme] des impulsions** / pulse regeneration
retaillage *m* / cutting of files || ~ (pneu) / regrooving
retannage *m* (tan) / retanning
retard *m* / time lag, delay || ~ (méc) / retardation, retarded motion || ~ (commerce) / delay || ~ (biol; phys) / retard || **à** ~ **dépendant** / dependent time-lag... || **à** ~ **indépendant** / independent time-lag..., definite time-delay... || **avoir du** ~ / lose, be slow || **en** ~ / retarded || **en** ~ (phase) (électr) / lagging || **être en** ~ / lag || **être en** ~ **de phase** / lag in phase || **sans** ~ **de temps** / time-invariant || ~ à l'**allumage** (auto) / sparking retard, retarded ignition || ~ de la **bobine** (tex) / drag || ~ de **champ** (électr) / lag (of the field) || ~ de **cisaillement** (méc) / shear lag || ~ **constant** (électron) / delay time in a delay line || ~ à la **croissance** (semi-cond) / recovery time || ~ à la **croissance commandée par la gâchette** (thyristor) / gate controlled delay time || ~ au **déclenchement** / fall-delay time || ~ à la **décroissance** (semi-cond) / carrier storage time || ~ à l'**ébullition** / retardation of boiling o. ebullition, delay in boiling, defervescence || ~ à l'**enclenchement** (électr) / rise-delay time || ~ à l'**engagement** (lam) / backward slip, peripheral recession, lagging || ~ de **fabrication** / backlog || ~ à l'**inflammation** (chimie) / ignition delay || ~ d'**injection** / injection lag || ~ **magnétique** (b.magnét) / magnetic delay || ~ de **parcours** (contr.aut) / distance-velocity lag, transport[ation] lag o. delay, delay time || ~ de **parcours** (électron) / delay time in a delay line || ~ de **phase** (télécom) / phase delay o. retardation o. lag || ~ de **phase** (électr) / phase lag[ging] o. retardation || ~ **provoqué par l'opérateur** / operating o. operative delay || ~ **provoqué par raisons extérieures** (ord) / external delay || ~ de **réponse** (télécom) / answering delay || ~ du **train** / train delay || ~ de **transport** (NC) / transport lag
retardant / lagging, falling behind, slow
retardateur *adj* / retarding || ~ *m* (chimie) / retarder || **avec** ~ (relais) / slow-release, slow-acting, slow dropping || **sans** ~ (relais) / normal release || ~ de **combustion** *adj* (plast) / flame resistant o. resistive o. retardant || ~ *m* de **flamme** / flame retardance || ~

d'**impulsion** / pulse delay unit || ~ de **prise** (bâtim) / retarder, retarding agent, retarding admixture || ~ de **séchage** / antidrier || ~ de **vulcanisation** / antiscorcher, antiscorching agent
retardation *f* (phys) / retardation || ~ (Néol) (méc) / retardation, speed reduction, decrease of speed, deceleration || ~ **réactionnelle** / reaction inhibition, negative catalysis
retardatrice *f* (mines) / delay element
retardé / retarded || ~, retardant / slow, falling behind, lagging
retardement *m* (méc) / retardation
retarder *vi* / retard *vi* || ~ / fall behind, lose, be slow, drag || ~ (horloge) / lose, be slow, be o. go too slow, retard || ~ (vitesse) / loose speed || ~ *vt*, différer / delay *vt*, put off || ~, ralentir / retard *vt* || ~ (phys) / retard, slow up || ~ [de] (horloge) / put back || ~ (se) (vitesse) / decelerate *vi*, loose speed
retassement *m* par **fluage** (nucl) / creep shrinking
retasser (se) / pipe *vi*, shrink *vi*
retassure *f* (fonderie) / contraction cavity, shrink cavity o. hole || ~ (plast) / sunk spot, sink, shrink mark || ~, marque *f* de surchauffe (plast) / heat mark || **sans ~s** / free from cavities o. holes || ~ **filiforme** (sidér) / central o. axial porosity, coky center || ~ en **forme de canal** (sidér) / pipe || ~ **interne** / shrink hole, internal shrinkage || ~ **secondaire** (sidér) / secondary pipe
reteindre / dye again o. afresh, new-dye, redye
reteint / redyed
retendre (tex) / stenter (GB), tenter (US) || ~, tendre à nouveau / increase the tension
rétène *f* (chimie) / retene
reteneur *m* de **ficelle de la moissonneuse** / twine holder
retenir / keep, detain || ~ (billets) / book [transportation] || ~ (math) / carry *vt* || ~ l'**eau** (hydr) / retain, dam up || ~ la **ligne** (télécom) / hold the line o. wire || ~ une **place** / book o. reserve o. register a seat
rétentat *m* (dialyse) / residue of dialysis
rétenteur (bâtim) / retentive
rétentif (hydr) / retentive
rétention *f* (chimie) / retention || ~ (math) / carring, carry-over || ~ de **lac** (hydr) / retention of a lake
retentir / boom *vi* || ~, résonner / resound, reverberate
retentissant / sounding || ~, résonnant / resonant, echoing
retentissement *m* / resound, reverberation, repercussion
retenu / retained || **être** ~ (mines) / be kept back (as by a chair)
retenue *f* / damming up, banking up || ~, barrage *m* (hydr) / barrage || ~ (math) / carry [over], carrying over || ~ (écluse) / lock retention || ~ en **cascade** (ord) / cascade carry || ~ de **chaîne** (nav) / chain compressor || ~ de **chasse** / drainage lock o. sluice, dike lock o. drain || ~ **complète** (ord) / complete carry || ~ d'**eau** (tuyauterie) / water pocket || ~ **négative** (ord) / borrow digit || ~ **négative circulaire** (ord) / circular borrow || ~ **partielle** (ord) / partial carry || **~s** *f pl* sur **salaires** / deductions *pl* from salary
réticulable (chimie) / cross-linkable
réticulaire / reticulate, reticular, retiform || ~ (bâtim) / cellular
réticulant *m* / crosslinking agent
réticulation *f* (chimie) / cross linkage o. linking || ~ (phot) / distorted grain effect, reticulation of the emulsion
réticule *m* [à **croisée ou à croisillon**] (opt) / graticule, reticule, reticle, hair cross, cross hairs o. wires *pl* || ~ **perspectif** (arp) / perspective grid
réticulé / reticulate, reticular, retiform || ~ (chimie) / cross-linked, interlaced || ~ (bâtim) / lozanged || ~ **chimiquement** / chemically cross-linked || ~ par **irradiation** (chimie) / crosslinked by irradiation
réticuler (chimie) / interlace, cross-link
rétinite *f*, rétinasphalte *m* / retinite, retinasphalt[um]
retirage *m* (filage) / afterdraft || ~ (typo) / reprint
retiration *f* (typo) / backing up, perfecting || ~, impression *f* du second côté (typo) / second o. perfecting form[e]
retirer / withdraw, take back || ~ (bâtim) / build in recesses, make recessed, draw-in || ~ (se) / retire, withdraw, retreat || **en** ~ (roues) / pull off || **se ~ en se fronçant** (étoffe) / contract *vi*, crumple, wrinkle || ~ la **cheville** (télécom) / draw o. pull the plug, unplug || ~ de la **circulation** / withdraw from service || ~ le **cran d'arrêt** (mil) / take off safety || ~ la **fiche** (électr) / unplug || ~ les **scories** / draw the slags
retirons *m pl* / wool taken from the noils, noils *pl*
retirure *f* (émail, défaut) / curling, crawling, shrinking
retombée *f* (bière) / falling-back || **~s** *f pl* **entraînées par la pluie** (nucl) / washout, rainout || ~ *f* du **plafond** (bâtim) / frieze || ~ **radioactive** (nucl) / fall-out || ~ **radioactive primaire** (nucl) / close-in fallout || **~s** *f pl* **technologiques** (espace) / spin-off development
retomber (électr) / fall [off], be released
retondre (pierres) / clean off, chisel off the soft of stones
retorchage *m* (fonderie) / patch[ing]
retordage *m* / twisting o. twining together || ~, retordement *m* (text) / twist[ing], twining, doubling || ~ (soie) / twisted silk || ~ (tiss, chaîne) / doubling, plying || ~ **crêpe** / crepe twist[ing] || ~ **direct**, retordage *m* en une seule étape / one-stage twisting || **~-étirage** *m* / draft- o. draw- o. stretch-twisting || ~ **final**, retordage *m* de finition / final twisting || ~ dans le **même sens que celui du fil simple** (tex) / doubling in the same direction as the twist || ~ **préliminaire**, retordage *m* primaire / pretwisting, primary twisting || ~ en **sens opposé** (tex) / doubling in the opposite direction
retorderie *f* (filage) / doubling mill
retordeur *m* / twister, doubler
retordeuse *f* à **deux étages** (tex) / doubledeck twisting machine || ~ à **double torsion** / double-twist frame, two-for-one twister || ~ **fil fantaisie** / fancy yarn doubling frame || ~ à **filière** (tex) / tube twister || ~ de **lin** / flax twist[ing] machine || ~ à **plusieurs rangées de bobines** (tex) / uptwister || ~ à **trois étages** (filage) / three-stage doubling machine
retordoir *m* (filage) / twisting o. doubling o. twine frame o. machine, twister, doubler (GB)
retordre (tex) / double, twist, twine || ~ (soie) / twist o. organzine silk
retordu (filage) / twisted || ~ **floche** / twisted slack || ~ **fortement** / tightly twisted, hard-spun || ~ au **sec** (tex) / dry-doubled
retors *adj* (filage) / twisted || ~ (verre textile) / folded, plied || ~ *m* (filage) / twist[ed thread], twine || ~ pour **bonneterie** / hosiery yarn, fingering [yarn] || ~ **boutonné ou bouchonneux** (tex) / spot yarn || ~ de **chanvre** / hemp thread || ~ *adj* à **deux bouts** / twofold || ~ *m* à **deux fils** (filage) / two-threads, two-cord, double thread || ~ **final** / finishing yarn || ~ **flammé** / flake twist, slub twist || ~ **gauche** (laine) / crossband, warp twist, left-hand twine || ~ à **gauche** / left-hand thread || ~ de **guipage** /

covering yarn || ~ pour **lisses** (tex) / heald twine o. thread || ~ à **renvideur de deux fils** (tex) / double mule-twist || ~ en **S** voir retors gauche || ~ **simple** (tex) / twine, twisted yarn || ~ **solide** / crepe twist || ~ **vrillé ou en tire-bouchon** (défaut) / corkscrew || ~ *adj* **vrillé ou en tire-bouchon** (défaut) / corkscrewed

retorsion *f* (filage) / additional twist, extra twist, aftertwist

retouche *f* (repro) / spotting || ~ (techn) / finishing operation, dressing, retouching work, fashioning || ~ (phot) / retouch[ing] || ~ à l'**aérographe** (phot) / spray-brush retouch[ing] || ~ sur **machine** (typo) / machine retouch

retoucher / do over again, rework, work over, retouch, perfect || ~ (peinture) / paint anew o. afresh o. out o. over, new-paint, repaint, retouch, refresh, freshen [up] || ~, rafraîchir / furbish [up], brush o. touch o. vamp up, refresh || ~ (phot) / retouch

retoucheur *m* / retoucher

retour *m* / return movement o. motion o. travel, return || ~, reprise *f* / recovery, recuperation || ~ (tiss) / return, extremity || ~ (techn) / return stroke || ~ (m.outils) / return traverse || ~ (électron) / back discharge || ~ (chauffage) / return || **à ~ rapide** / quick-return || **avoir un ~ de flamme** / flash back, light back, backfire || **en** ~ (emballages) / returned (packings) || **faire un ~ arrière** (b.magn.) / backspace *tr* || ~ de l'**air** (mines) / main airhead o. airway o. windway || ~ d'**air principal** (mines) / main return airway || ~ d'**arc** (redresseur) / flashback, arc[ing] back || ~ d'**arc** / arc-back || ~ [en] **arrière** (film) / flashback || ~ **arrière** (terme à deconseiller), espace *m* arrière (ord) / backspace [character], BS || ~ d'**auvent** / revetment of a porch roof || ~ de **balayage** (TV) / flyback || ~ de **balayage horizontal** (TV) / horizontal flyback o. retrace, line flyback || ~ de **balayage vertical** / field o. vertical flyback || ~ de la **bande** (bande magn.) / tape reverse || ~ de **cadran** (télécom) / return of the dial || ~ **chariot** (m.à ecrire) / carriage return [travel] || ~ **chariot intermédiaire** (m.compt) / intermediate carriage return || ~ **commun** (électr) / common return || ~ de **courant** (électr) / reverse current, return o. back current || ~ de **courant** (hydr) / backflow || ~ **élastique** / resilience, resiliency, spring-back, backspring[ing] || ~ **élastique au choc** / impact resilience, bounce || ~ d'**équerre** (bâtim) / junction o. meeting of two roofs || ~ à l'**état initial** / recovery, recuperation || **~s** *m pl* de **fabrication** (sidér) / return scrap, works o. revert o. mill o. own scrap || ~ *m* de **ferrailles** (sidér) / process scrap, recycling scrap || ~ de **flamme** (soudage) / flashback || ~ de **flamme** (auto) / popping back, backfire || **~s** *m pl* de **fonderie** / cast iron scrap || ~ *m* de **grille** (électron) / grid return || ~ d'**information** (ord) / feedback || ~ **isolé** / insulated return || ~ à la **ligne** (ord) / new-line character, NL || ~ à la **main** / hand return || ~ de **manivelle** / return o. back kick of the starting crank || ~ par **masse** / earth return || ~ de **mer** (radar) / sea return || ~ de **piston** / return stroke o. backstroke of the piston || ~ par les **rails** (électr) / rail o. track return || ~ **rapide** (m.outils) / quick return traverse || ~ au **repos du sélecteur** (télécom) / homing of the selector || ~ à la **séquence principale** (ord) / return control transfer || ~ par le **sol** (télécom) / ground return || ~ du **spot** (TV) / flyback, retrace, kickback (US) || ~ au **terrain** (radar) / self-bearing || ~ par la **terre** / earth circuit o. return || ~ par la **terre** (télécom) / earth return [circuit] || ~ **vertical du spot** (TV) / vertical retrace || ~ à **vide** (tombereau) / deadheading || ~ à **zéro** (électron) / RZ, return to zero

retournement *m* des **nappes**, retournement *m* des plis (pneu) / ply turn-up

retourner *vi* / go back, come back, return || ~ (ord) / return || ~ *vt* / turn *vt* || ~, culbuter / turn over *vt*, turn upside-down || ~ (typo) / work and tumble || ~ en **arrière** (enregistrement) / play back || ~ à la **charrue** / plough up || ~ le **sol** / upturn, turn up || ~ au **zéro** (oscillation) / die [out]

retourneur *m* (lam) / manipulator for turnover, tilter || ~ de **lingots** (lam) / tilting fingers *pl* || ~ de **malt** / malt turner || ~ de **touraille** (bière) / kiln turner

retracer / retrace || ~, refondre / redesign

rétractable / retractable, retractile

rétracter / retract, draw back

rétracti[b]le / retractable, retractile

rétractilité *f* / retractility || ~ (bois) / shrinkage

rétraction *f* / cancellation, revocation || ~ (caoutchouc) / retraction || ~ de **fourreau** / center sleeve withdrawal mechanism

rétraindre (emboutissage) / neck *vt*

retrait *m* / contraction, shrinking, shrinkage || ~ (bâtiment) / set-off, setoff (US), offset || ~ (tex) / shrinkage, sinkage || ~ (NC) / retreat || ~ (typo) / [hanging] indent, inden[ta]tion || ~ (briques, métaux) / contraction, shrinkage || ~, rétrécissement *m* (tex) / shrinkage || ~, résidu *m* de mouture / grinding residu || **en** ~ / immersed, immerged || **en** ~ (bâtim) / standing back || **être en** ~ (bâtim) / stand back || ~ en **air** / air shrink[age] || ~ du **burin** (m outils) / chisel retreat o. withdrawing || ~ par **compression contrôlée** / shrinkproof finish, non-shrink finish, shrink-resist finish || ~ pour **compteurs** (bâtim) / recess for meters || ~ de **cuisson** (plast) / curing shrinkage || ~ de **cuisson** (brique) / firing shrinkage || ~ **double** (fonderie) / double shrinkage o. contraction || ~ au **durcissement** (sidér) / hardening shrinkage || ~ **entre la solidification et la température ambiante** (fonderie) / solid contraction o. shrinkage || ~ de **feutrage** (tex) / felting shrinkage || ~ en **hauteur** / shrinkage in height || ~ **horizontal** (frittage) / shrinkage in length || ~ en **longueur** (tiss) / shrinkage in length || ~ au **moulage** (plast) / moulding shrinkage || ~ **naturel** / air shrink[age] || ~ de **séchage** / shrinkage in drying || ~ par **solidification** / solidification shrinkage || ~ au **stockage** (briques) / aftercontraction || ~ **thermique** / thermal contraction || ~ **ultérieur** (plast) / aftershrinkage || ~ **vertical** (frittage) / shrinkage in height || ~ [de] **vieillissement** (briques) / aftercontraction

retraite *f* (roue dentée) / recess contact || ~ (m.outils) / withdrawing || ~ (bâtim) / diminution, lessening || **faire** ~ (bâtim) / stand back || ~ [laissée à **chaque assise de pierre]** (bâtim) / retreat || ~ d'**une digue** (hydr) / offset, set-off, retreat of a sloping

retraitement *m* / reprocessing || ~ (un second traitement) / aftertreatment, subsequent o. secondary treatment || ~ du **combustible** (ELF) (réacteur) / reprocessing

retraiter (chimie) / reprocess || ~ (prépar) / reclean

retranchement *m* / bin (enclosed space used for storage)

retransmettre (télécom) / transmit || ~ (électron) / rebroadcast

retransmission *f* (télécom) / transmission || ~ (TV) / ball reception || ~ (radio) / chain broadcasting, rebroadcasting || **faire la ~ d'une radiodiffusion** (électron) / rebroadcast || ~ d'**informations** / transmission of messages

retravailler / change, transform, convert, do up
rétréci / constricted, narrow || ~ / contracted, shrunk
rétrécir / narrow *vt* || ~ (bâtim) / build in recesses, make recessed, draw-in || ~ (tex) / shrink || ~ (techn) / reduce, raise in || **[se]** ~ / tighten *vi*, narrow *vi* || ~ (découp, forge) / neck *vt* || ~ (dessin) / reduce perspectively, foreshorten || **[se]** ~ (drap) / shrink || ~ un **vaisseau capillaire** / constrict
rétrécissable / shrinking, shrinkable
rétrécissant, non ~ (tex) / shrink-resistant, shrinkproof, non shrink[ing]
rétrécissement *m* / narrowing, contraction || ~ (tex) / shrinking, shrinkage || ~ de **chaussée** (routes) / narrow section fo road || ~ dans la **largeur** (tiss) / shrinkage in width || ~ de **relaxation** (tex) / relaxation shrinkage || ~ d'un **vaisseau capillaire** / contraction || ~ de la **voie** (ch.de fer) / gauge tightening o. narrowing
rétreindre, marteler / reduce by hammering, swage || ~ (emboutissage) / neck *vt* || ~ au **tour** / spin *vt*, chase *vt*
rétreint *m* / contraction in area, necking
retrier / screen o. sieve o. sift again
retrieval *m* (repro) / information retrieval
rétroactif / retroactive || ~ (électron) / retroactive, reacting
rétroaction *f* (gén) / feedback || ~ (électron) / back-coupling, [positive] feedback, regeneration, retroaction, reaction || **exempt de** ~ / reactionless || ~ **électromagnétique** (électron) / magnetic reaction || ~ **négative** / negative o. reverse feedback o. reaction, degenerative o. inverse feedback, countercoupling || ~ **positive** / regenerative o. positive feedback, regeneration
rétro·agir [sur] / retroact || **~-chargeur** *m* / reversed loader || **~chargeuse** *f* (ELF) (routes) / overhead o. overshot loader o. shovel, back loader || **~compatibilité** *f* / recompatibility, reverse compatibility || **~compatible** / recompatible, reversibly compatible || **~diffusion** *f* (ELF) (nucl) / backscatter || **~fusée** *f* / retroactive rocket, retro-rocket || **~gradation** *f* (astr) / regression of nodes || **~gradation** *f* (amidon) / retrogradation, set-back || **~grade** / retrograde, backward, retrogressive || **~grader** *vi* / retrograde *vi* || **~grader** les **vitesses** (auto) / shift down, shift in a lower gear || **~pédalage** *m* (bicyclette) / back pedalling || **~projecteur** *m* (film) / back projector || **~projecteur** *m* (phot) / overhead projector || **~projection** *f* (film) / back projection || **~propulsion** *f* (hydr, aéro) / drag || **~réfléchissant** (panonceau) / reflecting, reflective || **~réflecteur** *adj* / retroreflecting || **~réflecteur** *m* (espace) / retroreflector || **~signal** *m* / remote indication, reply
retroussis *m* **protecteur** (rayonnement) / protective cuff
retrouver / retrieve, find again || ~ (ord) / retrieve
rétroviseur *m* (auto) / driving mirror, rear [vision o. driving] mirror || ~ d'**aile** (auto) / lateral rear mirror, wing mirror || ~ **extérieur** (auto) / exterior mirror, exterior rear view mirror, outside rear view mirror || ~ **intérieur** / rear-view mirror || ~ **jour et nuit**, rétroviseur *m* intérieur anti-éblouissant (auto) / dipping mirror || ~ **latéral** (auto) / lateral rear mirror, wing mirror
rets *m* de **fond** / trawl
retubage *m* / inserting new tubes in a boiler
réuni en **globe** / conglobate
réunion *f* (acte) / bringing together || ~ , réassemblage *m* / recombination || ~, assemblée *f* / meeting, assembly, gathering || ~ de **deux ensembles** (math) / union || ~ d'**ensembles** (math) / union of sets || ~ d'**instructions en série** (ord) / chaining of instructions || ~ **logique** (ord) / disjunction, OR-operation, logical add
réunir / collect, combine || ~, joindre / join, put o. bring together || ~ (se) (hydr) / flow together || **se** ~ **en croissant** / concrete *vi*, grow together, unite, coalesce || ~ par la **fusion** / fuse together || ~ en une **masse** / throw together || ~ les **rayons** / condense rays || ~ des **systèmes** / configure
réunissage *m* (filage) / doubling || ~ (ourdissage) / assembly beaming
réunisseuse *f*, réunisseur *m* (filage) / sliver lap machine
réussir / manage, succeed || ~ (télécom) / get through [to] || ~ son **décollage** (aéro) / get off well
réutilisable / reusable
réutilisation *f* / reutilization
réutiliser / reuse
revanche *f* / freeboard (as between ship's bottom and lock bottom)
revêche (pierre) / difficult to work || ~ (chimie) / rebel
réveil-matin *m* / alarm clock
révélateur *adj* / tell-tale || ~ *m* (phot) / developer, photographic developer || ~ de **bande magnétique** / bit viewer || ~ **chromogène** (phot) / dye coupling developer || ~ **compensateur** (phot) / retarding developer || ~ à **diaminophénol** / amidol || ~ **film** / film developer || ~ de **grain fin** (phot) / fine grain developer || ~ **négatif** (phot) / negative developer || ~ **positif** (phot) / positive developer || ~ **rodinal** (phot) / Rodinal
révéler *vt* / reveal, disclose, show || ~ (gén, phot) / develop
revendeur *m* / retailer
revendication *f* (brevet) / patent claim || ~ pour un **dispositif** / device claim || ~ **indépendante** / subclaim || ~ **principale** / first o. main claim || ~ de **priorité** / claim of priority
revendiquer / claim
revendre / job *vt*, resell
revenir (math) / recur || ~ [à] / recur [to] || ~ [en] (auto) / change down *vi*, shift down (US) || **faire** ~ (sidér) / temper *vt*, draw || ~ **élastiquement** / spring back || ~ à son **point de départ** (techn) / return to the starting point || ~ au **repos** (cadran) / run back
revente *f* / resale
revenu *m* / income || ~ (sidér) / annealing, drawing the temper, letting down || ~ (alliage léger) / artificial ageing || **faire un** ~ **au bleu** / blue-anneal || ~ **au-dessous du point critique** / tempering || ~ **autogène** (sidér) / low temperature annealing o. stress-relieving || ~ *adj* à **basse température** / tempered at low temperature || ~ *m* **bref à température plus élevée qu'usuellement** / impulse annealing || ~ **brut** / gross yield || ~ de **détente ou de stabilisation** / stress-relieving anneal, stress-relieving stabilization || ~ **éclair** (acier) / shock o. flash tempering || ~ à l'**huile** / oil tempering || ~ *adj* au **jaune ou au gorge de pigeon** (sidér) / yellow tempered || ~ *m* **martensitique** / martensite tempering || ~ **social** / social net return || ~ de **stabilisation** / stabilization annealing, stabilizing
réverbérant / reflecting, reflective, reflex, reverberatory, reverberating || ~ (son) / repercussive, reverberating || **rendre** ~ (acoustique) / liven
réverbération *f* (son) / reverberant sound, reverberation || ~ d'une **salle** (acoustique) / liveness
réverbère *m* / lamp reflector || ~ (routes) / street lamp

|| ~ (sidér) / reverberating roof, furnace dome || **à ~s** (four) / reverberatory || ~ d'**éclairage de l'ouvrage** / work[ing] place light fixture || ~ à **gaz** / gas street lamp || ~ **suspendu** / cable-hung lantern || ~ **suspendu du poteau** (routes) / pole-hung lantern
réverbéré / reverberatory, reflected
réverbérer *vi* / reverberate *vi* || ~ *vt* (chaleur, son etc) / reverberate, reflect
reverdir (chamois) / dress hides
reverdoir *m* (brasserie) / wort trough, underback
revernissage, faire un ~, revernir / overpaint
revers *m* (gén, tiss) / reverse [side], rear side || ~ / back || ~ (bas) / double top, welt || ~ (numism.) / verso, reverse of a coin, pile || ~ (routes) / sloping pavement || **à** ~ (tiss) / on the back of cloth, on the lefthand side || ~ **automatique** (bas) / welt turner o. turning attachment || ~ **fermé** (bas) / stocking o. turning welt, garter top
reversement *m* **automatique**, autoreverse *f* (b.magnét) / autoreverse
réversibilité *f* de **force de mesurage** / hysteresis of measuring force
réversible / reversible, reversing || ~ (lam) / reversing || ~ (tiss) / reversible, double faced || ~ (réaction) / balanced, reversible || ~ (mot) / direct reversing || **non** ~ (lam) / non reversing
réversion *f* / reaction || ~ (crist) / reconstitution
revêtement *m* / covering, sheathing || ~ (bâtim) / incrustation, lining || ~ (routes) / surfacing || ~ (nucl) / shrouding || ~ (hydr) / apron || ~ (câble) / coating, serving || ~ (techn) / shell, case, casing || ~ (galv) / plating || ~ (four) / lining || **à** ~ **en jute** (câble) / JP, jute protected || **à** ~ **partiel** / with partial coating || **avec** ~ **aux résines synthétiques** / plastic-laminated || ~ **acide** (four) / acid lining || ~ en **acier** / steel casing o. case || ~ **adapté au profil** (routes) / surface true to profile || ~ en **amiante** / asbestos covering o. sheathing || ~ **anodique** / anodic coating || ~ en **ardoise** / slate hanging || ~ en **asphalte** (routes) / asphalt o. bitumen layer o. pavement o. paving, bituminous carpet, black top || ~ en **bain fluidisé** / fluidized bed coating || ~ **basique** (four) / basic lining || ~ en **béton** (routes) / concrete pavement o. paving || ~ en **béton armé** (hydr) / concrete apron || ~ en **bitume** (routes) / bitumen pavement, bituminous layer o. carpeting o. pavement, black top || ~ de **bitume** (tuyaux) / bitumen coating o. lining || ~ de **bitume chargé d'amiante** / bitumen-asbestos mastic || ~ **bitumineux cylindré** (routes) / rolled bituminous carpet || ~ en **blocs de carbone** (four) / carbon lining || ~ en **bois** / wood lagging || ~ en **bois** (bâtim) / wooden panelling || ~ **calorifuge** / heat insulation o. insulator, lagging (GB), heat relief || ~ en **caoutchouc** / top-layer of caoutchouc, cover of rubber || ~ de la **charge creuse** / liner of a hollow charge || ~ en **charpente** / plank revetment, planking || ~ de **chaudière** / boiler jacket o. case o. casing o. covering o. cleading o. lagging || ~ en **chrome dur** / hard [chrome] plating || ~ de **contact** / dip coat || ~ du **convertisseur** / converter lining || ~ par **couches antiréfléchissantes** / coating, lumenizing, blooming (GB) || ~ du **couvercle** / cover dressing || ~ de **cylindre en caoutchouc** (m.à ecrire) / rubber cover || ~ en **dalles** / paving with flagstones o. plates o. tiles, flagging, slabbing || ~ **damé** (sidér) / rammed lining || ~ **damé et comprimé** (routes) / padded-down pavement || ~ en **décharge** / counterarched revetment || ~ **décoratif** / appearance cover || ~ **en C.P.V.** (sol) / PVC flooring || ~ **étain-zinc** (galv) / tin-zinc finish || ~ d'**étanchéité** (hydr) / apron || ~ **extérieur du câble** / cable serving o. sheathing || ~ **extérieur d'une digue** / apron of a dike || ~ **extérieur en papier** / paper covering || ~ en **fer** (puits) / steel tubbing o. casing of a shaft || ~ de **four** (sidér) / lining || ~ du **fuselage** (aéro) / fuselage lining || ~ **galvanique** / electroplating || ~ **galvanoplastique partiel** / parcel plating || ~ en ou de **gazon** / sod work o. revetment, turf lining || ~ de **glissière** / slideway lining || ~ par **gravillon** (routes) / blinding || ~ à **gravillon enrobé de bitume** (routes) / hot rolled asphalt [with precoated chippings] || ~ de **gunite** / coating by Torcrete process || ~ **intérieur** / lining || ~ **intérieur en papier** / paper lining || ~ **intérieur en plomb** / inside lead lining o. facing || ~ en **jute** (câble) / hessian (GB) o. jute serving o. wrapping || ~ de **jute imprégné** (électr) / compound jute serving || ~ en **laitier** (sidér) / clinker coating || ~ de **lessiveurs** / lining of digesters || ~ au **liant hydrocarboné** (routes) / black top, asphalt o. bitumen pavement, bituminous layer o. pavement || ~ en **macadam en pénétration** (routes) / bitumen grouted macadam surfacing || ~ en **macadam traité en percolation** (routes) / penetration macadam surfacing || ~ en **maçonnerie** / brickwork lining || ~ en **madriers** / plank revetment, planking || ~ de **marchepied** (auto) / step pad || ~ en **matière plastique sans joints** / PVC flooring || ~ de **matrice** (frittage) / die liner o. lining o. insert || ~ **métallique** / metal coating o. sheath, metallic coating || ~ **métallique** (galv) / metal coat[ing] o. plating || ~ **métallique à chaud** / hot dip metal coating || ~ **métallique par immersion** / immersion plating || ~ **métallique sélectif** / pattern plating || ~ **mort** (bâtim) / dead revetment || ~ d'un **mur par tuiles** (bâtim) / tile hanging, vertical o. weather tiling || ~ **mural** / incrustation, lining || ~ [des **murs]** (bâtim) / roughcasting || ~ **neuf** (sidér) / fresh lining || ~ de **paroi** (bâtim) / panel lining || ~ de la **paroi du tunnel** / facing of the side walls || ~ **partiel** (galv) / parcel plating || ~ en **pierre sèche** (ch.de fer) / facing of an embankment || ~ en **pierres** / stone revetment || ~ en **pierres de taille** / ashlar revetment || ~ au **pistolet** / thermal spraying || ~ au **pistolet à flamme** / flame spray coating || ~ de **plafond** / plastering of ceilings || ~ en **planches** (hydr, bâtim) / sheeting || ~ **plastique en lit fluidisé** (plast) / whirl sintering, powder painting || ~ en **plomb** (câble) / leaden case o. covering o. sheath[ing] o. jacket, lead cover || ~ de **poche** (sidér) / ladle lining || ~ **porteur** (aéro) / load carrying o. bearing wing covering || ~ par **poudre** (plast) / powder coating || ~ d'une **poutre** / girder casing || ~ par **projection** / spray coating || ~ **protecteur** / protective cap o. bonnet o. covering o. sheathing || ~ **protecteur** (galv) / surface protection || ~ de **protection cathodique** / cathodic oxide coating || ~ de **puits** / shaft lining o. walling || ~ **réfractaire** / refractory lining || ~ **réfractaire de surface** / refractory coating o. wash || ~ de **réservoirs** / lining of tanks || ~ **résistant aux acides** / acidproof lining || ~ au **rouleau** / roll coating || ~ par **rouleau inverse** (plast) / reverse roll coating || ~ par **rouleau de transfert** (plast) / kiss-roll coating || ~ **routier** / road carpet o. pavement o. paving || ~ **routier en béton** / concrete pavement o. paving || ~ **routier sans joints** / sheet pavement || ~ en **sacs à terre ou à sacs de sable** / sandbag revetment || ~ de **sécurité** (sidér) / outer lining of mixers || ~ de **sol** / floor covering || ~ de **sol caoutchouc** / rubber flooring || ~ de **sol organique** / organic flooring || ~ de **sol en parquet** / parquetry floor || ~ de **sol**

textile / textile floor covering || ~ de la **soufflerie** / fan cowling o. shroud || ~ du **tablier** (pont) / road carpet o. surface || ~ des **talus** (ch.de fer) / revetment o. soiling of slopes || ~ du **toit** (auto) / head lining || ~ en **tôle d'acier** / sheet steel jacketing o. casing || ~ du **train de séchage** (pap) / drier clothing || ~ au **trempé** / dip coating || ~ du **trou de forage** (pétrole) / casing pipe, bore hole tubing || ~ de **tunnel** / tunnel lining || ~ **zingué à chaud** / hot dip galvanized coating || ~ **zingué non retréfilé** / finally galvanized coating || ~ **zingué retréfilé** / drawn galvanized o. drawn after galvanizing coating
revêtir / coat, line, lay out || ~ (bâtim) / face, line || ~ (techn) / line *vt* || ~ de **bois ou de charpente** (mines, charp) / line [with boards], board *vt* || ~ de **carreaux** / pave with flags, lay flags || ~ d'une **couche antireflet** / lumenize o. coat lenses || ~ d'**émail** / enamel *vt* || ~ d'**étain-nickel** / tin-nickel plate *vt* || ~ des **formes** / form *vi*, take on forms o. shapes || ~ de **maçonnerie** / line with brickwork || ~ de **planches** / line with boards, board *vt* || ~ de **planches** (bâtim) / line *vt*, board, plank *vt* || ~ de **roseaux** (bâtim) / line with reed
revêtu (hydr) / overgrown || ~, garni / padded, lined || ~ (contreplaqué) / overlaid || ~ d'**acier** / steel plated o. coated || ~ d'**amiante** / asbestos covered, asb.c.
revider (techn) / rebore, bore again o. up
réviser, reviser (techn) / look over, revise, overhaul || ~ (ord) / redact || ~ (gén) / revise || ~, vérifier / verify || ~ un **compte** / count o. go over, examine || ~ des **épreuves** / proof-read
réviseur *m* (typo) / corrector of the press
révision *f* / revision, overhauling || ~ du **calcul** / checking up || ~ des **chaudières à vapeur** / boiler inspection o. testing || ~ des **épreuves** / proof-reading || ~ **générale** / general overhaul || ~ de la **voie** (ch.de fer) / maintenance of track
revisser / screw down a cap
revivification *f* (écume de plomb) / reduction of litharge into lead o. of the lead scum
revivifier / revive *vt* || ~ le **cuivre ou la litharge** / reduce copper o. litharge
révocation *f* / cancellation, revocation
revoir (bâtim) / retouch
révolution *f* (techn) / rotation, revolution || ~ (géol) / revolution || ~ (astr) / revolution || **~s** *f pl* (techn) / revolutions *pl* || **de** ~ (math) / generated by rotation o. revolution
revolver *m* (gén) / revolver || ~ **changeur de grossissement** / magnification changer || ~ de **filtres** / filter wheel o. turret || ~ à **objectifs** (phot) / revolving objective changer || ~ à **objectifs glissants** (microsc.) / sliding objective changer || **~-oculaire** *m* **ou à oculaires** / eyepiece head o. changer o. revolver
revue *f* / journal [scientifique]
rez-de-chaussée *m* / ground-floor, (US, Japan:) first floor || **au** ~ / level with the ground || ~ **surélevé** / intermediate storey
rez-de-jardin *m* / storey at garden level
rez-terre *m* / uniformly level surface
R.F., radiofréquence *f* (électron) / radiofrequency, R.F. (BRD: $10^4 - 3 \cdot 10^9$ Hz, Engl.: $10^4 - 3 \cdot 10^{12}$ Hz, USA: › $1{,}5 \cdot 10^4$ Hz)
R.G.P., rame *f* de grand parcours (ch.de fer) / motor-coach train, multiple-unit train
rH *m* (chimie) / rH-value, reduction intensity || ~, round hump (pneu) / RH, round hump rim
rhabiller / repair, make a repair
Rhagoletis cerasi *m* / cherry fruit fly
rhamnacine *f* (teint) / rhamnazin
rhamnétine *f* (chimie) / rhamnetin
rhamnose *f* / rhamnose
rheniforming *m* (pétrole) / rheniforming
rhénium *m*, Re / rhenium
rhéo·chor *m* / rheochor || **~électrique** / rheoelectrical || **~graphe** *m* / rheograph || **~laveur** *m* (mines) / trough washer || **~logie** *f* / rheology || **~logique** / rheological || **~mètre** *m* (hydr) / current meter, flow meter, hydrometric vane, Woltmann's sail wheel || **~mètre** *m* **à orifice** / orifice flow meter || **~morphisme** *m* (géol) / rheomorphism || **~pectique** / rheopectic || **~pexie** *f* / rheopexy
rhéostat *m* (électr) / adjustable o. regulating o. variable resistance, rheostat || **avec ~ incorporé** (électr) / rheostatic || ~ d'**ajustage** (électr) / adjusting rheostat || ~ **bobiné** / wirewound rheostat || ~ de **champ magnétique** (électr) / [exciter] field rheostat o. regulator || ~ de **chauffage [radio]** (électron) / filament rheostat || ~ à **chevilles** / plug rheostat || ~ à **curseur** (électr) / slide o. sliding [wire] resistor || ~ à **cylindre** (électr) / cylinder rheostat || ~ de **démarrage** (électr) / rheostatic starter || ~ [de **démarrage] à liquide** (électr) / liquid starter o. starting resistance || **~-démarreur** *m* en **série** / series starter || ~ d'**excitation** (électr) / [exciter] field rheostat o. regulator || ~ à **fiches** / plug rheostat || ~ de **glissement** (électr) / slip regulator || ~ **hydraulique** (électr) / water resistor o. rheostat || ~ à **liquide** (électr) / liquid rheostat || ~ de **réglage** (télécom) / potentiometer of a telephone repeater || ~ de **réglage du champ** (électr) / rheostatic controller o. starter || ~ de **réglage** (soudage) / arc adjuster, welding resistor, series regulating resistor || **~-régulateur** *m* d'**intensité [de courant]** / current regulator || ~ en **série** / series regulator || ~ de **shuntage du champ** (électr) / field diverter rheostat || ~ de **soudage** / arc adjuster, welding resistor, series regulating resistor || ~ de **stabilisation** (électr) / steadying resistance
rhéo·striction *f* (plasma) / pinch || **~tactisme** *m* / rheotaxis, rheotropism
rhizobium *m* / rhizobium
rhodamine *f* (chimie) / rhodamine [B]
rhodammine *f* / ammonium thiocyanide o. sulfocyanide
rhodéose *f* / rhodeose
rhodiage *m* / rhodanizing
rhodié / rhodic, containing rhodium
rhodier / rhodanize, rhodium-plate
rhodite *f* (min) / rhodite
rhodium *m*, Rh (chimie) / rhodium
rhodochrosite *f* (min) / diallogite, rhodochrosite
rhodonite *f* (min) / rhodonite (manganese mineral)
rhodopsine *f* / rhodopsin
rhombiforme, rhombique / lozenged, rhombic, diamond o. rhomb shaped, rhomboidal || ~ (crist) / orthorhombic, rhombic
rhombododécaèdre *m* / rhombic dodecahedron || ~ (type grenat) (crist) / granatohedron
rhombo·èdre *m* / rhombohedron (pl: -hedrons, -hedra) || **~édrique** / rhombohedral
rhomboïdal, rhomboïde / rhombic, rhomboidal, diamond o. rhomb shaped || ~ (math) / rhomboid[al]
rhomboïde *m* (math) / rhomboid, parallelogram
rhométal *f* / rhometal
rhumb *m* / compass point, rhumb
rhumbatron *m* (électron) / rhumbatron
rhumerie *f* / rum distillery
rhyolite *f* (géol) / rhyolite, liparite
RI = règlement international (p.e. RIV)
ria *f* (géogr) / ria

ribé / rub-mark on mortar facing
riblon·s *m pl* / scrap iron || **~s** *m pl* d'**acier** / steel scrap, steel scraps *pl* || **~s** *m pl* de **laminage** / mill revert scrap || **~s** *m pl* **lourds** / heavy scrap || **~s** *m pl* **paquetés** / baled scrap, fagotted scrap || **~s** *m pl* de **recyclage** / works o. mill scrap, revert o. circulating scrap, arising interplant scrap || **~s** *m pl* de l'**usine** (sidér) / home o. plant scrap
riblonner / scrap *vi vt*
riboflavine *f* / riboflavin
ribose *m* (chimie) / ribose
ribosome *m* (chimie) / ribosome
riche [en] / high [in]... || ~ (mines) / abundant, rich, productive || ~ (couleur) / deep, rich, saturated || ~, substantiel / intensive, strong || ~ (sol) / fat || ~ en **azote** / highly nitrogenous || ~ en **carbone** / rich in carbon || ~ en **diastase** (bière) / buoyant || ~ en **minerai** / abundant in ore || ~ en **raies** / exhibiting a great wealth of lines, with large number of spectral lines || ~ en **résine** / highly resinous || ~ au **ressources** / resource-rich || ~ en **sève** / sappy || ~ en **silicium** / high in silicon || ~ en **soufre** / sulphur[e]ous, sulfur[e]ous (US)
richesse *f* / content || ~ de **betteraves en %** / total sugars percentage || ~ **minéral[ogiqu]e ou souterraine** / mineral resources *pl*, mineral wealth, wealth underground
richtstrecke *f* (mines) / main entry (US) o. road (GB), drift[way]
ricine *f* (chimie) / ricin
rickettsies *f pl* / rickettsias, -siae pl.
R.I.Co. (ch.de fer) / Intern. Regulations concerning the Carriage of Containers, R.I.Co.
ricocher / skip with glancing rebounds *vi* || ~ (mil) / glance off, ricochet
ricochet *m* (mil) / ricochet
ridage *m* (couleur) / curtaining, crawling
ride *f* / fold, wrinkle || ~ (nav) / lanyard || ~ (sable) / rill mark || ~ (eau) / ripple || **~s** *f pl* (plast) / fold-back, wrinkle-formation || **~s** *f pl* sur l'**eau** / dimple || ~ *f* du **mica** / ridge of mica
ridé / fluted, corrugated, corr., structured (US) || ~ / rugulose, wrinkled || **devenir** ~ / cockle *vi*, shrink, wrinkle
rideau *m* / curtain, drape (US) || ~ (opt) / clip-on lens attachment || **en** ~ (mur) / non-bearing, curtain || ~ **abri** (agr) / shelter belt, screen || ~ d'**aérage** (mines) / brattice cloth || ~ d'**air** (four) / air seal || ~ d'**air chauffé** / hot-air curtain || ~ de **chaînes** (sidér) / chain screen || ~ de **dipôles** (antenne) / dipole curtain || ~ en **dipôles horizontaux à réflecteurs** (antenne) / Kooman's array, pine-tree array || ~ **directionnel** / billboard antenna, curtain array || ~ d'**eau** / water curtain || ~ d'**eau pulvérisée** / water screen o. film || ~ d'**entr'acte** / stage curtain || ~ **étanche** (bâtim) / reception o. retention wall || ~ **étanche** (hydr) / apron || ~ [de **fenêtre]** / window curtain || ~ de **fer** / fireproof o. safety curtain || ~ d'**injections** (hydr) / injection apron || ~ de **manœuvre** (théâtre) / act drop || ~ **métallique** / metal roller blind || ~ d'**occultation** / blackout curtain || ~ de **palplanches** / sheet piling || ~ de **palplanches en bois** / wooden sheet piling || ~ de **palplanches métalliques** / steel sheet piling || ~ de **palplanches système Larssen** / Larssen's sheet piling || ~ **plat directionnel** (antenne) / flat reflecting broadside array || ~ **rayonnant** (antenne) / radiating curtain || ~ **réflecteur** / reflecting curtain || ~ **roulant** / window blind o. shade || ~ **soudure** / welding curtain || ~ **souterrain** (bâtim) / diaphragm wall, slurry trench wall || ~ de **sûreté en amiante** / asbestos curtain
ridelle *f* (camion) / side panel || **à ~s** (palette) / post..., stacking || ~ **arrière** (auto) / tail board (GB) o. gate (US) || **~s** *f pl* sur **quatre côtés** (agric.) / farm trailer extension, forage extension sides *pl*
rider / wrinkle *vt* || ~, nervurer / rib *vt* || ~, raidir un cordage / tension by turnbuckle || ~ (eau) / ruffle *vt* || ~ (se) / cockle *vi*, shrink, wrinkle || ~ (se) (émail, défaut) / crinkle *vi* || ~ (se) (défaut, laque) / curtain *vi*, crawl || ~ (se) / ripple *vi*
ridoir *m* / turnbuckle
riebeckite *f* (min) / riebeckite
riemannite *f* (min) / allophane
riflard *m* / trying plane
rifler / rough-plane, plane roughly
rifloir *m* / rifling file
rigide *adj* / inflexible, rigid, unpliable || ~, connecté rigidement / rigidly mounted || ~ *m* / rigid airship || **~-extensible** (mines) / rigid-extensible || ~ en **phase** / rigid o. locked in phase, phaselock[ed] o. -rigid || **~-plastique** / plastic-rigid || ~ en **torsion** / stiff against torsion, torsion-proof (US)
rigidement mis à la terre / solidly grounded (US) o. earthed (GB)
rigidifier (gén) / stiffen
rigidimère *m* / monoplast with 1 - 3 % elongation
rigidité *f* / rigidity, rigidness, stiffness || ~ / resistance to elastic deformations || **de ~ flexionnelle nulle** / showing no flexural strength || ~ des **angles** / rigidity of corners || ~ **diélectrique [du corps]** / dielectric strength o. rigidity, electric strength o. rigidity || ~ en **flexion** / stiffness in flexure o. bend || ~ **flexionnelle ou à la flexion** / flexural strength || ~ **latérale** / lateral rigidity || ~ **magnétique** (nucl) / magnetic rigidity, momentum-charge ratio || ~ en **torsion** (câble) / stiffness in torsion
rigole *f* / groove, flute, channel || ~ (géol) / spillway, rill || ~ (mines) / water ditch, trench || ~ (sidér) / launder || ~ (hydr) / drawing ditch, drain, outlet trench || ~ (routes) / water o. side gutter, kennel (US) || ~ d'**alimentation** (hydr) / feeder ditch || ~ à **chauffer** (lam) / heat channel || ~ de **coulée** (fonderie) / launder, spout || ~ de **coulée pivotante** (sidér) / swivel launder || ~ de **décharge** (lam) / billet chute || ~ à **découlement** (m.outils) / coolant gutter || ~ de **déversement** / channel, outlet || ~ à **eau** / [water] gutter || ~ d'**écoulement** / channel, outlet || ~ d'**écoulement** (barrage) / by-channel o. -wash || ~ d'**écoulement des eaux** (mines) / slough, slovan, gullet || ~ d'**écoulement du réfrigérant** (m.outils) / coolant gutter || ~ de **granulation** (sidér) / granulating sprout || ~ d'**irrigation** / irrigation ditch o. drain, catch feeder o. drain || ~ de **piquée** (sidér) / tapping spout, [tapping] launder, runner || ~ de **répartition** / distribution channel || ~ à **scorie** / slag channel, slag runner o. spout || ~ **souterraine** / catch water drain || ~ de **transfert** (fonderie) / [transfer] launder || ~ de **transport** (mines) / conveying o. conveyor trough
rigoler / run ditches
rigoleuse *f* / digging plough
rigoureusement exact / absolutely accurate
rigoureux / exacting, strict, hard and fast (rule)
rill-mark *f* (sable) / rill mark
Rilsan *m* / Rilsan, Nylon 11
rimaye *f* (géol) / boundary fault
rinçage *m* / rinsing, washing || ~ (chimie) / flushing || ~ (m.à laver la vaisselle) / clear rinsing || **à ~ automatique** (eaux usées) / self-cleansing || ~ d'**attente** (m. à laver la vaisselle) / rinse [and] hold || ~ à **circulation** / circulating rinsing

rinceaux *m pl* (bâtim) / leafage, leaves *pl*
rince-bouteilles *m* / bottle rinsing o. cleansing o. washing machine
rincer / rinse, wash || ~ par un **courant d'eau** / flush, scour || ~ à **grande eau** / swill *vt*, sluice *vt* || ~ **ultérieurement** / rerinse, rewash
rinceur-décanteur à **vis d'Archimède** / screw-type classifier
rinceuse *f* à **injection** (tex) / injection rinsing machine
rinçure *f* / swill, slops *pl* || ~ de **distillerie** / distiller's wash
ringard *m* (feu) / poker || ~ (sidér) / tapping bar o. rake o.rod || ~ (fonderie, bâtim) / stirring rod
ringeot *m* (nav) / fore-foot, gripe
ringless (bonnet) / ringless
riomètre *m* (astr, électron) / riometer
ripable (bande transp) / mov[e]able
ripage *m* (ch.de fer) / shifting of the track
ripe *f* (meule) / trough of the grindstone
riper / scratch off, scrape off || ~ (rails) / move rails, shift the track
ripeur *m* (lam) / drag over, skid [transfer], transfer || ~ à **câble** (lam) / rope drag || ~ à **cliquets** (lam) / pawl-type skid || ~ à **taquets** (sidér) / dog-bar [type] conveyer || ~ **transversal** (lam) / skid-type transfer, transfer skid || ~ **transversal à chaîne** (lam) / chain transfer
ripeuse *f* / track shifting machine || **~-charrue** *f* (mines) / plow-type shifter
ripidolite *f* (min) / ripidolite, prochlorite
ripolin *m* / Ripolin (a brilliant varnish)
ripoliner / paint with Ripolin
ripper *m* (routes) / scarifier, ripper || ~ (mines) / ripper || ~ **pivotant à dent unique** (routes) / pivoted beam ripper
ripple-mark *m* (géol) / ripple mark
riquette *f* / waste iron
riser *m* (pétrole) / riser
risque *m* / chance, risk, hazard || **à ~ permanent de grisou** (mines) / fiery, firedamp... || ~ de **chute de pierres !** (routes) / fallen rock zone! || ~ du **client** / consumer's risk || ~ de **contamination** / contamination hazard || ~ d'**électrocution** (électr) / electric shock hazard || ~ d'**environnement** / environmental hazard || ~ du **fournisseur** / producer's risk || ~ d'**incendie** / danger of fire || ~ à **long terme** / long-term hazard || ~ de **première,** [seconde] **espèce** (contr.qual) / type I, [II] risk (size of the test), risk of first, [second] kind || ~ de **rupture** / risk of fracture
riste *f* (filage) / fiber tuft, tuft || ~ de **jute** / strick of jute || ~ de **laine** / wool tuft
R.I.V. / Intern. Wagon Union, R.I.V.
rivage *m* (geogr) / shore, strand, coast || ~ , rivetage *m* / riveting
rive *f* / riverside, bank of a river, shore of a lake || ~, litoral *m* / littoral || ~ (tiss) / edge of the warp || ~ (routes) / marginal strip, verge || ~ (bois) / edge of sawn timber || ~ (hydr) / berm[e] || ~ **brute de laminage** / rough rolled edge || ~ **dépérissante** / eroding o. washing bank || ~ de **laminage** (feuillard) / mill edge || ~ **ondulée !** / soft shoulder!
rivé / riveted || ~ à **chaud, [à froid]** / hot, [cold] riveted
rivelaine *f* (mines) / holing pick
river / rivet *vt*, fasten with rivets || ~ à **chaud** / hot-rivet || ~ des **clous** / clinch nails || ~ à **froid** / cold-form, cold-rivet
riverain *m* / adjoining owner, abutter || ~ au **bord de la rivière** / riverside o. riparian owner || ~ le **long d'une route** / wayside owner, frontager
rivet *m* / rivet || ~ d'**attente** / temporary rivet, tack rivet || ~ **aveugle** / blind rivet || ~ **aveugle à filetage freiné** / blind rivet with thread locking || ~ pour **courroie** / straight belt rivet || ~ **creux** / tubular rivet, hollow rivet || ~ **deux pièces tubulaire** (une pièce mâle, une pièce femelle) / compression rivet || ~ **entaillé** / notched rivet || ~ à **expansion** / body-bound rivet || ~ **explosif** / explosive[-type] rivet || ~ **fendu** / bifurcated o. split rivet || ~ de **membrure** / frame rivet || ~ de **montage** / assembly rivet, field[-driven] (US) o. site[-driven] (GB) rivet || ~ **plaqué** / contact rivet || ~ **platiné** / platinum plated contact rivet || ~ à **pointeau** / rivet pin || ~ **posé à l'atelier** / shop rivet || ~ **posé sur chantier** / assembly rivet, field[-driven] (US) o. site[-driven] (GB) rivet || ~ **postiche** / dummy rivet || ~ **provisoire** / temporary rivet, tack rivet || ~ **semi-tubulaire** / semitubular rivet || ~ de **solidarisation** / temporary rivet, tack rivet || ~ à **tête bombée** / mushroom head rivet, truss head rivet || ~ à **tête conique à 120°** / half-countersunk rivet || ~ à **tête cylindrique** / flat cheese head rivet || ~ à **tête fraisée ou conique** / countersunk [head] rivet || ~ à **tête goutte-de-suif** / mushroom head rivet || ~ à **tête ronde** / round head rivet || ~ à **tête ronde pour charpentes en fer** / round rivet || ~ à **tête tronconique ou plate** / panhead rivet || ~ à **tige forée** / semitubular rivet, solid rivet drilled shank || ~ à **tôle** / plate rivet || ~ **tubulaire ou de tube** / tubular rivet
rivetage *m* / riveting || ~ **aveugle** / blind riveting || ~ à **froid** / cold-riveting o. -forming || ~ à **goupille** / pin riveting || ~ à la **main** / hand riveting || ~ au **marteau** / hammer riveting || ~ **mécanique** / machine o. power riveting || ~ à la **presse** / machine riveting || ~ à **tige sans tête** / pin riveting
riv[et]euse *f* / riveting press || ~ à **levier articulé** / toggle [joint] riveting press || ~ à **molettes** / rivet spinning machine
riveur *m* / riveter
rivière *f* / stream, river
rivoir *m* / riveting hammer
rivure *f* / riveted joint o. seam || ~ (tête aplatie) / swaged rivet head || ~ **bombée ou bouterollée** / snap-head o. snapped riveting || ~ à **chaîne** / chain riveting || ~ de **chaudière** / riveted boiler seam || ~ à **clin** / lap rivet[ed] joint || ~ à **couvre-joint ou à éclisses** / butt rivetting || ~ à **deux rangs** / double riveted seam || ~ **double alternée** / staggered riveted joint, zigzag riveting || ~ à **double couvre-joint** / double butt strap joint, double strap butt joint || ~ à **double couvre-joint et à deux rangs parallèles** / double chain riveted double strap butt joint || ~ à **double couvre-joint et à un rang** / single-row double butt strap rivet joint || ~ en **échiquier** / staggered riveted joint, zigzag riveting || ~ **étanche** / staunch rivet joint, fluid-tight rivet joint, ca[u]lked joint || ~ à **froid** / cold-formed o. -riveted joint || ~ à **martelage** / percussion riveted joint || ~ **multiple** / multiple row riveted joint || ~ **noyée** / countersunk riveted joint, flush riveted joint || ~ **parallèle** / chain riveting || ~ à **plusieurs rangs** / multiple row riveted joint || ~ en **quinconce** / staggered riveted joint || ~ à **recouvrement** / lap rivet[ed] joint || ~ à **recouvrement en zigzag ou en quinquonce** / zigzag riveted lap, staggered lap joint || ~ à **rivets borgnes** / blind riveting || ~ à **simple section** / single-row rivet[ed] joint || ~ à **surface lisse** / flush riveted joint || ~ pour **transmission des forces ou**

des efforts / stress transmitting rivet joint, solid riveting || ~ à **un rang** (à recouvrement) / single-row rivet[ed] joint || ~ en **zigzag** / staggered riveted joint, zigzag riveting
riz *m* **blanchi**, riz *m* glacé / polished rice || ~ **décortiqué** / husked rice || ~ en **paille** / paddy
rizière *f* / paddy field
rizoctone *m* **noir** / black speck o. scurf
R-Nav, navigation *f* horizontale (aéro) / area o. omnidirectional navigation, R-nav
roadster *m* (auto) / roadster
robe *f* (pap) / cover sheet || ~ (r.cath) / cone || ~ d'un **cigare** / outer o. ouside leaf
robinet *m* / tap, cock, faucet (US) || ~, vanne *f* / valve || ~ **alimentaire ou d'alimentation** / feed [pipe] cock || ~ d'**alimentation** (chaudière) / boiler feed valve || ~ d'**amorçage** / feed cock || ~ d'**arrêt** / regulating tap, stop valve || ~ d'**arrêt d'eau** / stop valve for water supply || ~ d'**arrêt à équerre** / corner stop valve || ~ d'**arrêt de gaz** (soudage) / fuel gas valve || ~ d'**arrêt principal** / emergency stop valve || ~ d'**arrêt du réservoir de réserve** (auto) / reserve valve || ~ d'**arrêt tournant** / stop cock || ~ d'**arrivée** / feed cock || ~ **axial à soupape** / axial valve || ~ de **batterie** (auto) / battery main switch || ~ à **beurre** (sucre) / defoamer charge valve || ~ à **boisseau** / tap cock || ~ à **boisseau sphérique** / ball valve || **~-bouchon** *m* (chimie, céram) / plug tap || ~ de **boue** / mud valve || ~ de la **bouteille** / [compressed] gas cylinder valve || ~ à **brides** / double flanged valve || ~ de **burettes** / burette stop cock || ~ **capillaire** / capillary tap || ~ de **carburant** / fuel cock, gasoline (US) o. petrol (GB) shutoff || ~ de **carburant mécanique** / motorized fuel valve || ~ de **chasse d'eau** (W.C.) / flushing valve || ~ **chef** (gaz) / main cock of a building || ~ de **commande du frein de manœuvre** / shunting brake cock || ~ **compte-gouttes** / dropping cock || ~ de **contrôle** / test cock, try-cock || ~ de **cylindre** (m.à vap) / priming cock, delivery cock o. valve, cylinder cock || ~ à **débit limité** (ch.de fer) / lever tap || ~ de **décharge** / drain cock || ~ de **désaération** (pompe) / blow valve || ~ à **deux orifices** / two-way o. straight-way cock || ~ à **deux passages obliques** / double oblique bore stopcock || ~ à **deux voies** / two-way cock || ~ de **distribution** / service cock || ~ de **dosage** (vide) / variable leak valve || ~ **droit** / two-way o. straight-way cock || ~ d'**eau** / water cock o. tap o. plug, faucet || ~ à **eau chaude** (bâtim) / hot-water tap || ~ d'**ébouage** / mud cock o. drain || ~ d'**écoulement** / drain cock || ~ à **embout porte-caoutchouc** (gaz) / tube o. hose tap for flexible tube || ~ à **emmancher** (chimie) / push-in tap || ~ d'**essai** / test cock, try-cock || ~ d'**essence** / fuel cock, gasoline (US) o. petrol (GB) shutoff || ~ à **fermeture rapide** / quick acting gate valve || ~ [à] **flotteur** / ball o. float cock || ~ du **frein direct** (ch.de fer) / through-brake cock || ~ de **frein du mécanicien** (ch.de fer) / driver's o. engineer's (US) brake valve || ~ du **frein de secours** (ch.de fer) / emergency brake valve || ~ de **frein du tracteur** (auto) / tractor brake valve || ~ de **freinage** / brake valve || ~ de **freinage** (auto) / driver's control valve || ~ à ou du **gaz** / gas tap || **~s** *m pl* de **gaz** / gas valves *pl* || ~ *m* à **gaz** (DIN 3538) (gaz) / butterfly valve || ~ pour **gonflage des pneus** (auto) / tire inflating cock || **~-graisseur** *m* **ou à graisse** / grease cock || ~ en **grès cérame blindé** (chimie) / ironclad stoneware valve || ~ d'**huile ou d'huilage** / lubrication cock, oil cock, lubrifier || ~ d'**incendie armé** / fire plug with hose and spout || ~ **inverseur** (auto) / crossover cock || ~ **inverseur de carburant [à trois voies]** / three-way fuel cock || ~ d'**isolement** (vide) / isolating valve || **~-jauge** *m* / [water] gauge-cock, try-cock || ~ **lubrificateur du cylindre** / cylinder lubricating valve || ~ à **manchon[s]** / valve with socket ends || ~ **mélangeur** / mixing battery o. tap || ~ **mélangeur bain douche monobloc** / mixing battery for showers || ~ à **membrane** / diaphragm valve || ~ de **[mise en] charge** / feed cock || ~ de **montée** (bouche d'incendie) / water cock o. tap o. plug || ~ de **niveau** / gauge-cock || ~ à **noix** / tap cock || ~ d'**ordonnance** (immeuble) / service valve || ~ **papillon** / butterfly cock o. valve, winged tap o. faucet (US) || ~ à **papillon** (techn) / butterfly valve || ~ à **papillon sans brides** / wafer butterfly valve || ~ à **papillons à brides** / double flanged butterfly valve || ~ de **passage** / two-way o. straight-way cock o. faucet (US) || ~ à **passage direct** / one-way cock, single-way cock || ~ à **pédale** (auto) / pedal operated brake valve || ~ à **pédale** (ch.de fer) / pedal tap || ~ à **pédale** / pedal brake valve || ~ à **piston** / tubular [slide] valve, piston [slide] valve || ~ **pivotant** / swivel tap || ~ à **poignée** / grip type cock o. faucet (US) || ~ à **pointeau** / needle valve tap || ~ à **presse-étoupe** / gland tap, stuffing box cock || ~ **principal** / main cock || ~ **principal de gaz** / main gas valve || ~ à **projection** / squirt cock || ~ **puisard ou de puisage ou de prise** / faucet (US), tap, cock, tapping cock || ~ de **purge** / pet cock, drain cock || ~ de **purge pour l'huile de graissage** / oilpan drain cock, oilpan tap || ~ **purgeur** (m.à vap) / mud cock o. drain, purge cock || ~ à **quatre voies ou eaux ou ouvertures ou passages** / four-way cock o. faucet (US) || ~ de **raccordement** / appliance cock || ~ de **refoulement** / boiler feed valve || ~ de **regard** / test cock, try-cock || ~ de **réglage** / adjusting o. regulating valve || ~ de **remplissage** / feed [pipe] cock || ~ de **retenue** (techn) / stop cock, shutoff || ~ de la **sablière** (ch.de fer) / sand distributor lever || **~s** *m pl* **sans brides** / wafer type valves *pl* || ~ *m* **sans brides à souder** / weld-on valve || ~ de **sécurité** / emergency stop valve || ~ **simple [sur paroi horizontale]** (sanitaire) / pillar tap || **~-sonde** *m* (sucre) / massecuite test cock || ~ de **soulagement** (pompe) / blow valve || ~ à **soupape** / globe valve || ~ à **soupape d'arrêt** / stop valve || ~ à **soupape à filetage extérieur, [intérieur]** / valve with outside, [inside] screw || ~ **soupape passage d'équerre** / corner valve || ~ à **soupape à tête droite** / screw-down stop globe valve || ~ à **soupape à tête inclinée** (NF) / slanted seat valve, Y-valve, oblique pattern globe valve || ~ de **soutirage** / drawing-off cock, tapping cock || ~ de **soutirage** (bière) / tap cock || ~ de la **tige carrée** (pétrole) / kelly [stop] cock || ~ **[tournant]** / ball o. plug valve || ~ à **tournant à brides** (chimie) / coned flange tap || ~ à **tournant conique** (install) / plug cock o. tap, taper[ed] plug valve || ~ à **tournant conique à sortie d'équerre** / angle pattern tapered plug valve || ~ à **tournant cylindrique** / parallel plug valve || ~ **tournant d'équerre** / right angle stop cock || ~ à **tournant sphérique** / steel ball valve || ~ à **trois eaux ou à trois orifices ou à trois fins ou à trois voies** / three-way o. three-throw cock o. tap || ~ à **trois voies en T** / T-bore stopcock || ~ à **[une ou deux] bride[s]** / flanged cock o. valve || ~ à **une voie** / one-way cock || ~ d'**urgence** (ch.de fer) / emergency brake valve || **~-vanne** *m* (NF) (gén) / slide o. sliding valve, gate [valve], slide gate || **~-vanne** *m* à **coins à corps rond** / sluice valve with round body || **~-vanne** *m* à **levée verticale** / lift

valve || ~-**vanne** *m* à **main** (hydr) / hand-operated sluice valve || ~-**vanne** *m* **plat** / flat slide valve || ~-**vanne** *m* **plat à coins** / wedge-type flat slide valve, sluice valve [with flat body] || ~-**vanne** *m* **plat à corps oval à coins** / oval-body wedge gate valve || ~-**vanne** *m* à **sièges obliques** / tapered slide valve, sluice valve, wedge gate o. wedge-type valve || ~-**vanne** *m* à **sièges parallèles** / parallel slide gate valve || ~-**vanne** *m* à **soufflet** / bellows-seal[ed] valve || ~-**vanne** *m* à **soupape à brides d'équerre** / corner valve, angle globe valve || ~ en **verre** (chimie) / glass tap || ~ de **vidange** (m.à vap) / mud cock o. drain, purging cock || ~ de **vidange de carter d'huile** (mot) / waste oil tap || ~ de **vidange du radiateur** (auto) / radiator drain cock || ~ à **vide** / vacuum tap || ~ à **vis** / cock with screwed shank

robinetterie *f* (conduite d'eau) / fittings *pl* || ~ (fonderie) / brass foundry || ~ pour **acides** / acid fittings *pl* || ~ à **brides** / flanged fittings *pl* || ~ de **chaudières à vapeur** / steam boiler fittings *pl* || ~ à **corps caché** (lavabo) / basin mixer || ~ à **eau** / water fittings *pl* || ~ en **manchons filetés** / valves *pl* with screwed sockets || ~ **mélangeuse** / combination set (US), mixing battery o. tap (GB) || ~ **mélangeuse à corps apparent entretoisé montée sur paroi verticale** (bâtim) / mixing tap with visible cross connected body for mounting on vertical surface || ~ **mélangeuse monotrou** (lavabo) / pillar mixer || ~ **mélangeuse montée sur paroi horizontale** / mixing tap with concealed body for mounting on horizontal surfaces || ~ **sans brides** / weld-on valves *pl*

robot *m* / robot || ~ (nucl) / robot toiler || ~ (manipulateur) / master-slave manipulator || ~ d'**assemblage** / assembly robot || ~ **industriel** / industrial roboter || ~ de **soudage** / welding robot

robotique *adj* / robot... || ~ *f* / robotics, robotism

robotisation *f* / robotization

robotiser / robotize

robotologie *f* / robot technology

roburite *f* (explosif) / roburite

robuste / sturdy, robust, strong

robustesse *f* / robustness || ~ (méc) / sturdiness || ~ de **contacts soudés** / contact bond strength || ~ du **matériel roulant** (ch.de fer) / strength of a wagon

roc *m* / rock

ROC = reconnaissance optique des caractères

rocade *f* (routes) / ring road (GB), belt highway (US) || ~ **intérieure** (routes) / loop || ~ de **verdure** (bâtim) / green belt

roccella *f* / dyer's moss o. lichen

roccelline *f* / roccellin

rochage *m* (brasage) / fluxing with borax

roche *f* / rock || ~ (mines) / ground, country || ~**s** *f pl* **abyssales** / intrusion rocks *pl*, deep-seated o. plutonic rocks *pl* || ~**s** *f pl* **acides** / acidic rocks *pl* (Kemp), acidites *pl* (v. Cotte), persilicic rocks (Clarke) *pl* || ~ *f* **alcaline** / alcaline rock || ~ **argileuse** / argillaceous rock || ~**s** *f pl* **asphaltiques** / asphalt rocks *pl* || ~**s** *f pl* **basiques** / basic rocks *pl* || ~**s** *f pl* **bitumineuses** / asphalt rocks *pl* || ~ *f* **calcaire** / limestone || ~ **carbonatée ferrique** / black-band [iron ore], carbonaceous ironstone || ~ **charbonneuse** / carbonaceous rock || ~ **clastique** / clastic rock || ~ **clastique meuble** / clastic rock, brash, fragmental deposits o. rocks *pl* || ~ de **contact** (géol) / contact rock || ~**s** *f pl* **cristallophyliennes** / metamorphic o. crystalline rock || ~ *f* **détachée** (mines) / detached rock || ~**s** *f pl* **détritiques** (géol) / detritus, detrital minerals *pl* || ~**s** *f pl* **dolomitiques** / dolomitic rocks *pl* || ~ *f* **ébouleuse** (mines) / running ground o. country || ~**s** *f pl* **effusives ou d'épanchement** / extrusive rocks *pl*, lava flows *pl* || ~**s** *f pl* **encaissantes** / partition o. wall rocks *pl*, country [rock] || ~**s** *f pl* **éruptives ou ignées** / eruptive stones o. rocks *pl* || ~ *f* **ferme** / solid rock || ~ **filonienne** / native rock, dike rocks *pl* || ~ **graveleuse** / gritty o. pebbly rock || ~**s** *f pl* **intermédiaires** / intermediate igneous rocks *pl* || ~**s** *f pl* **intrusives** / intrusion rocks *pl* || ~**s** *f pl* **lunaires** / lunar rocks *pl* || ~**s-magasins** *f pl*, -réservoirs *f pl* (pétrole) / reservoir rocks *pl* || ~ *f* **magmatique** / magmatic rock || ~ de **massif** / massive rock || ~-**mère** *f* (pl: roches mères) (géol) / parent rock || ~**s** *f pl* **métamorphiques** / metamorphic o. crystalline rock || ~**s** *f pl* **migrantes** / shifting rock || ~ *f* **moutonnée** / roche moutonnée (pl.:) roches moutonnées || ~ **neutre** / silicate rock || ~ **originaire** / primary o. primitive rock || ~ des **parois** / partition o. wall rock, country [rock] || ~ **pélitique** / pelitic rock, clay || ~ en **place** (mines) / bed rock || ~ **plutonique**, roche *f* plutonienne / deep seated rock, abyssal o. plutonic rock || ~ **primitive** / primary o. primitive rock || ~**s** *f pl* **psammitiques** (géol) / psammitic rocks *pl* || ~ *f* **pulvérisée** (mines) / powdered mineral, rock o. stone dust || ~**s** *f pl* **salines** / salt rocks *pl* || ~**s** *f pl* **secondaires** (mines) / secondary rocks o. strata *pl*, stratified rock, -s *pl*, fletz formation || ~**s** *f pl* **secondaires près du minerai** / secondary accompanying ore || ~ *f* **sédimentaire** / aqueous o. sedimentary rocks *pl* || ~**s** *f pl* **siliceuses** / siliceous rocks *pl* || ~ *f* **stérile** / dead rock o. heaps o. grounds *pl*, deads *pl*, weed || ~ **stratifiée** / stratified rock || ~**s** *f pl* **stratiformes** (mines) / secondary rocks o. strata *pl*, stratified rock, -s *pl*, fletz formation || ~ *f* à **structure filamenteuse ou glanduleuse** (géol) / phacoid || ~**s** *f pl* de **surface** / surface rocks *pl* || ~ *f* de **trap-porphyre** / augite o. black porphyry, melaphyre || ~**s** *f pl* **ultrabas[it]iques** (géol) / ultrabasic rocks *pl* || ~ *f* **vive** (mines) / solid o. bed rock, rock in place || ~ **volcanique à feldspathoïdes** / feldspathoidal basalt || ~**s** *f pl* **volcaniques** / vulcanic rocks *pl*, lava flows *pl*

rocher *vt* / flux with borax *vt* || ~ *m* / rock, (esp.:) round boulder || ~ en **place** / native o. bed rock

rochet *m* / ratchet gear o. mechanism || ~ (horloge) / ratchet wheel, ratchet || ~ (filage) / winding ratchet wheel || ~ (scie) / spring ratchet wheel, cogwork || ~ de **diminution** (tricot) / narrowing spindle || ~ de **friction du micromètre** (techn) / micrometer ratchet stop o. friction drive || ~ des **heures** / hour ratchet

rochetage *m* (nucl) / ratchetting

rocheux / rocky

rocou *m* (teint) / annatto, methyl yellow

roctage *m* / quarrying

rodage *m* (techn, auto) / running-in || ~ de **charbons** (électr) / bedding of carbon brushes || ~ **cylindrique** / cylindrical lapping || ~ **interchangeable normalisé** (verre) / standard ground joint, conical ground joint || ~ **libre** / ultrasonic machining || ~ **mâle** (verre) / ground cone (glass) || ~ **mâle et femelle** (verre) / ground joints of cone and socket, multi-glass hard-soft seal || ~-**polissage** *m* / lapping and polishing || ~ [par **poudre abrasive]** (m.outils) / lapping || ~ des **soupapes** / valve [seat] grinding, reseating || ~ en **verre** / ground joint

rodenticide *m* / rodenticide

roder (m.outils) / lap *vt*, hone || ~ (techn) / run in, break in || ~ (verre) / grind in || ~ avec **contre-pièce** / lap in

|| ~ sur son **embase** / grind on || ~ à la **pierre** / hone *vt* || ~ par **poudre abrasive** / lap *vt* || ~ les **roues dentées** / burnish gears || ~ une **surface cylindrique extérieure** / lap a cylindrical surface || ~ une **surface cylindrique intérieure** / lap a bore o. boring || ~ un **véhicule** (ch.de fer) / lap a vehicle
rodeur *m* de **soupapes** (outil) / valve refacer
rodoir *m* / abrasive file
roentgen *m*, röntgen *m* (vieux) / röntgen equivalent physical, r, rep || **~-film** *m* / X-ray film, roentgen film || **~-gramme** *m* / gram[me]-röntgen
rognage *m* / edging, trimming
rogné à **fleur** (typo) / cut flush
rognement *m*, rognage *m* (tôle) / edge-planing, trimming || ~ des **résistances** / resistor trimming
rogne-pied *m* / paring knife
rogner / pare, trim || ~ (tôle) / edge-plane, trim || ~ (bouts de fils mét.) / trim, crop || ~ (montants) / dock, cut off, clip || ~ (typo) / plough, cut open, trim || ~ (charp) / taper, bevel || ~ à **fleur** / make even o. flush o. level, level, trim flush || ~ à **vif** (typo) / bleed *vt*
rogneur *m* de **papier** / paper trimmer
rogneuse *f* / trimming machine, polling machine
rognoir *m* / paper trimmer
rognon *m* (géol) / nodule || **en ~s** (mines) / by groups || ~ de **carbonate de fer** / botroydal hematite || ~ de **minerai** / ore module
rognure·s *f pl* (gén) / litter, leavings *pl* || **~s** *f pl* (reliure) / offcut, trimming || **~s** *f pl* (bois) / offal timber || **~s** *f pl*, balayures *f pl* / sweepings *pl*, refuse || **~s** *f pl* de **bois** (plast) / wood filler || ~ *f* à **bonder** (emballage) / excelsior tissue (US), paper shreds *pl* || ~ de **forage** / drilling o. bore chips *pl*, borings *pl* || ~ **humide** (pap) / wet broke || **~s** *f pl* des **plaques [métalliques]** / trimmings of metal plates *pl* || **~s** *f pl* de **tissu** (plast) / fabric chips *pl*
rôle *m* / role, rôle || **avoir pour** ~ / serve [as]
roll-film *m* / roll film
roll-on/roll-off *m* (nav) / roll-on/roll-off, ro-ro
romain (typo) / Roman || ~ (typo) / Roman character o. print
romaine *f* / beam scale, beam and scales *pl*, steelyard || ~ à **crochet** / butcher's scale || ~ de **numérotage** / yarn balance o. scale, quadrant || ~ de **précision à fil** / accurate yarn quadrant
roman (bâtim) / Roman
romanèchite *f* / psilomelane
roméine *f* (min) / romeïte, romeine
rompre *vt* / break *vt* || ~, ouvrir / break open, open *vt* || ~, casser / break off, rupture || ~ *vi*, rompre (se) / break *vi*, burst || ~ une **communication** (télécom) / disrupt a communication || ~ les **cornes** (charp) / taper *vt*, bevel || ~ l'**équilibre** / unbalance *vt* || ~ en **flambant** / buckle *vi*, give way to o. yield to buckling || ~ [en **tirant**] / tear off *vt* || ~ [par **traction**] / rip up, rend o. tear [to pieces] || ~ la **trempe** (bière) / soak o. steep the malt o. grist
rompu *adj* / broken || ~ *m* (m.outils) / bed gap, gap
rompure *f* / break[ing] || ~ (typo) / jet o. tang of a letter
ronce *f* **artificielle** / barbed wire, barbwire
ronceux (bois) / knotty
rond / round, rounded || ~, circulaire / circular || ~ *m* (découp) / circular blank, circle || **~s** *m pl* (techn) / rounds *pl*, round bars *pl* || **les ~s** *m pl* (lam) / rounds *pl* || ~ *m* en **acier** / round [bar] steel, rounds *pl* || **~s** *m pl* à **béton** / concrete steel, reinforcing steel, reinforced concrete rounds *pl* || ~ *m* à **béton lisse** / plain reinforcing bar, plain rounds for reinforced concrete *pl* || **~e-boule** *adj* (fraise) / spherical || **~s** *m pl* de **sciage** / saw log[s] || ~ *m* de **transport** (nucl) / transfer port || **~s** *m pl* à **tubes** (sidér) / tube rounds *pl*
ronde *f* (typo) / round hand || **faire la** ~ (gardien) / traverse his beat || ~ de **garde-voie** (Suisse) (ch.de fer) / inspection of the line
rondelle *f* / washer || ~, tranche *f* (semicond) / wafer, slice || ~ d'**ajustage** (techn) / shim ring, adjusting washer || ~ d'**arrêt** / lockwasher, locking o. retaining washer || ~ d'**arrêt à aileron[s]** (techn) / tab washer || ~ pour **bague de frein** / supporting ring [for retaining washers] || ~ **Belleville** / Belleville washer || ~ **biaise** / taper washer || ~ **bombée** / plate washer || ~ de **bourrage** / packing ring o. disk o. washer || ~ **brute ou à l'état brut** / blank o. plain washer, non-machined o. raw washer || ~ de **butée** / thrust washer || ~ en **C** / C-washer || ~ de **calage** (techn) / shim || ~ [de] **caoutchouc** / rubber washer o. gasket || ~ pour **carosserie** (auto) / large diameter washer || ~ en **carton** / cardboard washer || ~ de **centrage** / plugwasher || ~ **chamfreinée** / chamfered plain washer (DIN 115) || ~ de **charge** (horloge) / timing washer || ~ de **choc de tampon** (ch.de fer) / buffer ring || ~ **conique** / Belleville spring washer, cup o. saucer spring, disk spring || ~ **conique à éventail, forme V** (Suisse) / serrated lock washer, conical type || ~ de ou en **cuir** / leather washer || ~ **décolletée** / bright o. machined washer || ~ à **dents chevauchantes extérieures, [à denture intérieure]** / serrated lock washer [external o. internal teeth], [external o. internal teeth] fan type lock washer || ~ à **dents espacées concave** / multiteeth lockwasher, conical type || ~ à **denture concave** / serrated lock washer, conical type || ~ **élastique** / spring washer, elastic washer || ~ **élastique bombée** / conical spring washer, curved o. strain washer || ~ **élastique cintrée** / curved spring washer || ~ **élastique conique** / conical spring washer || ~ **élastique pour fraisure** / multiteeth lockwasher, conical type || ~ **élastique ondulée** / crinkled spring washer || ~ d'**épaisseur calibrée** / washer machined to close tolerances || ~ **étalonnée** (pour boulons HR) / calibrated washer (for HT bolts) || ~ d'**étanchéité** / sealing washer || ~ d'**étanchéité de plomb** / leaden sealing washer || ~ à **éventail [extérieur, forme A, intérieur, forme J]** (Suisse) / serrated lockwasher [external o. internal teeth], [external o. internal teeth] fan type lockwasher || ~ de **facette** / thrust washer || ~ **fendue amovible** / demountable washer with slot || ~ en **feutre** / felt disk o. washer || ~ en **fibre** / fiber gasket || ~ **frein** / spring washer || ~ **frein d'écrou à ergot extérieur, [à ergot intérieur]** / safety plate tongued outside, [inside] || ~ de **friction** (montre) / friction washer || ~ **g** (= grossière), **[mg** (= moyenne-grossière), **m** (= moyenne)**]** (Normes Suisses) / washer g (= raw), [mg = medium raw, m = medium] (Swiss standards) || ~ de **garniture** / packing o. joint disk o. ring o. washer || ~ **Grower** / split washer || ~ **isolante** / insulating disk || ~ à **languettes** / tab washer || ~ **m** / medium finished washer || ~ **ondulée** / crinkle washer || ~ à **oreille pour écrous à encoches** / safety plate tongued inside || ~ **plate** / washer || ~ **plate à trou carré** / washer with square hole || ~ en **plomb** / leaden washer || ~ en **plomb pour la borne d'accu** (accu) / lead disk || ~ à **portée sphérique** / spherical disk, washer with spherical seal || ~ de **pression** / pressure disk || ~ de **réglage** (horloge) / timing washer || **~-ressort** *f* / single-coil spring lock washer || **~-ressort** *f* d'**arrêt** / spring retention || **~-ressort** *f* à **becs, lisse** / positive pattern lock washer || **~-ressort** *f* **bombée Limes** / Limes type

conical spring washer || **~-ressort** *f* à **denture** / multiteeth lockwasher || **~-ressort** *f* à **denture extérieure, forme A** / external teeth lockwasher || **~-ressort** *f* à **denture intérieure, forme J** / internal teeth lockwasher || **~-ressort** *f* **double** / double wound spring lockwasher || **~-ressort** *f* à **éventail extérieur** / external teeth fan type lockwasher || **~-ressort** *f* **intermédiaire** / intermediate spring link washer || ~ à **rotule concave** (techn) / conical socket || ~ de **serrage de valve** (pneu) / valve clamping washer || ~ pour **tôle ondulée** / limpet washer || ~ **usinée** / polished o. bright washer, machined washer

rondeur *f* (chose ronde) / round (something that is round) || ~ (état) / roundness

rondin *m* / round timber o. wood o. stock (US) || **~s** *m pl* / faggot wood || ~ *m* (forge) / loop, ball || ~ de **déroulage** (pann.pant.) / peeler core || **~s** *m pl* de **mine** / round pit timber

rond-point *m* / traffic roundabout (GB), rotary intersection (US) || ~ (Canada) / traffic circle, roundabout

Ronéo *m f* / duplicating o. copying apparatus (working with wax matrices), Roneograph

ronéot[yp]er / manifold, duplicate, roneo

ronflant (feu) / roaring

ronflement *m* (électr) / buzzing noise, hum, zoom || ~ (électron) / hum[ming] noise, hum, ripple, noise interference || ~, vrombissement *m* (électron) / whine || ~ (ELF) (fusée) / chugging || ~ **électromagnétique** / electromagnetic interference, EMI || ~ du **générateur** (électr) / generator hum || ~ **magnétique** (électron) / magnetic hum o. ripple || ~ de **moteurs** / roar of engines || ~ du **secteur** (électron) / mains hum, power line hum, A.C. hum

ronfler / niril, vibrate || ~ (mot) / purr *vi*, whir[r] *vi* || ~ (feu) / roar *vi*

ronfleur *m* (électr) / buzzer || ~ (télécom) / microphone buzzer || ~ à **interruption** / rhythmic buzzer

rongé, être ~ par la rouille / rust through

rongeabilité *f* / dischargeability

rongeage *m* (agent) / discharging agent, discharge || ~, enlevage *m* (avtivité) / enlevage, discharge printing || ~ **coloré** (tex) / colour discharge printing || ~ à la **Rongalite** (tex) / Rongalite discharge

rongeant *m* (teint) / chemical discharge || ~ au **chromate** / white discharge || ~ **réducteur** (tex) / reduction discharge || **~-réserve** *m* (tex) / discharge resist, resist paste || ~ pour **rose** (teint) / pink discharge

ronger (techn) / affect *vt*, attack, corode, bite-in || ~ (hydr) / hollow out [from below], wash away, erode || ~ un **métal** (chimie, techn) / pit *vt*

ronron *m* (télécom) / hum[ming] || ~ (machine) / purr, whir[r]

ronronnement *m* (phono) / rumble || ~ (engrenage) / humming || ~ (électr) / buzzing noise, hum, zoom || ~ (télécom) / hum[ming] || ~ du **secteur** (électron) / mains hum, power line hum, A.C. hum

ronronner (mot) / purr *vi*, whir[r] *vi*

roof *m* (nav) / deckhouse

roomette *f* (ch.de fer) / roomette

rooter *m* / road scarifier o. plough, rooter plow (US) || ~ (mines) / ripper

roquelle *f* (filage) / condenser bobbin without flanges

roquet *m* à **joues** / condenser bobbin with flanges || ~ d'un **moulin** (filage) / double flanged bobbin of an uptwister

roquetage *m* / quarrying

roquette *f* (ELF) / rocket || ~ **antiaérienne** / anti-air[craft] rocket

ros *m* (tiss) / dent, weaving reed

rosace *f* (bâtim) / rose-window || ~ de **mur** / wall rose[tte] || ~ de **plafond** / ceiling rose[tte]

rosage *m* (teint) / pink shading

rosaniline *f* / ros[e]aniline, aniline red (US)

roscoëlite *f* (min) / roscoelite, vanadium mica

rose *adj* / pink || ~ *f*, rosace *f* (bâtim) / rose[tte] || ~ **graduée** / card of the compass || ~ **réglable** / adjustable compass card || ~ des **vents** (nav) / rose of a compass [containing the thirty-two winds], compass card o. dial o. face || ~ des **vents** (météorol) / wind rose

rosé / rose || ~, rouge faible / pink, roseate

roseau *m* (bâtim) / reed || ~ **commun** / common reed, ditch reed

rosée *f* / dew

roséine *f* / ros[e]aniline, aniline red (US)

roser / dye turkey-red, rose *vt*

rosette *f* (serr) / rose, rosette || ~ de **cuivre affiné** / dry o. refined copper

roskopf *m* (horloge) / pin-lever escapement

rossignol *m* (commerce) / dormant stock, sticker (coll)

rot *m* (tiss) / reed, comb

rot *m* (électr) / curl, rotation

rot *m* (agr) / rot || ~ **blanc** (agr) / grape white rot, hail disease || ~ **brun** (agr) / brown rot, spur canker || ~ **gris ou brun** (vigne) / downy mildew

rotacteur *m* (TV) / channel selector switch, T.V. tuner || ~ (rare) (radio) / tuner

rota-frotteur *m* (filage) / rubber condenser o. gear, rotafrotteur || ~ en **treillis métallique** (filage) / rubber made of wire netting

rotamètre *m* / rotameter

rotateur *m* (phys) / rotator || ~ de **soupapes** (mot) / valve rotator

rotatif / rotating, rotative, rotary || ~ (typo) / web o. reel fed || ~, orientable / rotatable, turning, revolving, rotating

rotation *f* / rotation, rotational o. rota[to]ry motion o. movement, spinning || ~ (chimie) / rotation || ~ [d'un plan] **de 180°** / rotation through 180° || ~ (électr) / curl, rotation || ~ (ord) / logic[al] shift, circular shift || ~, possibilité *f* de rotation / turnability || **à ~** / rotating, rotary || **à ~ complète** / fully rotating || **de ~** (math) / generated by rotation o. revolution || ~ **alternative** / rocking motion || ~ **antagoniste** (hélice) / counterrotation (US), reverse rotation (GB) || ~ d'**astronef** (espace) / passive thermal control, PTC || ~ d'**axe longitudinal** (NC) / windup, rotation of longitudinal axis || ~ **complète** (méc) / complete rotation || ~ des **cultures** (agr) / rotation o. shift of crops || ~ **dextrogyre ou à droite** / right-hand o. clockwise rotation || ~ **effective** (potentiomètre) / effective rotation || ~ de **fils téléphoniques** (télécom) / transposition || ~ **galactique** / galactic rotation || ~ à **gauche** / left-hand rotation || ~ de l'**hélice** (nav) / turn of the ship's propeller || ~ de l'**image** / image rotation || ~ **inverse** / reversed rotation || ~ de la **lunette** (arp) / transit, rotation of the telescope || ~ du **matériel remorqué** (ch.de fer) / turn-round of wagons || ~ **mobile** / free rotation || ~ **mol[écul]aire** / molecular rotation || ~ **optique** / optical rotation || ~ du **personnel** (ordonn) / labour turnover || ~ de **phase** / phase angle rotation || ~ du **pneu sur la jante** / creep of the tyre on rim (GB), tire slippage (US) || ~ **propre** / self-motivated spin || ~ **rapide** / spinning, spin || ~ du **réseau** (phot) / grid rotation || ~ dans le **sens des aiguilles d'une montre** /

right-hand o. clockwise rotation, ckw o. cw rotation || ~ en **sens inverse horaire** / anticlockwise o. counterclockwise o. contraclockwise rotation, cckw o. ccw rotation || ~ **spécifique** (polarisation) / specific rotation, rotatory power || ~ des **tâches** / job rotation || ~ du **vent vers la gauche** / backing
rotationnel *m* (électr) / curl, rotation || ~ (math) / curl || ~ d'un **champ vectoriel** (math) / rotation of a vector field, rot v, curl
rotative *f* / rotary o. web-fed [printing] machine o. press || ~ à **adresser** / rotary addresser || ~ **hélio** (typo) / rotogravure web fed press || ~ à **journal** / newspaper rotary printing press || ~ **offset** / rotary offset press || ~ **offset à bobines** (graph) / web offset press || ~ **offset à bobines plusieurs couleurs** / multicolour rotary offset press || ~ **typo** (typo) / letterpress rotary machine || ~ **typographique à feuilles** / sheet-fed rotary press
rotatoire / rotatory
roténone *f* / rotenone
rotier *m* (tiss) / reed maker, reeder
rotin *m* / peeled ratan reeds *pl*
rôtir (gén) / roast *vt vi*
rôtissoire *f* / roaster
rotofaucheuse *f* / rotary mower
rotogravure *f* / rotogravure
rotomoulage *m* / rotational mo[u]lding of plastics
roton *m* (phys) / roton
rotonde *f* (bâtim) / rotunda || ~ à **locomotives** / circular shed, rotunda for locomotives (GB), roundhouse (US)
rotondité *f* / round, roundness || ~ de la **Terre** / earth curvature
rotopelle *f* / bucket wheel loader
rotor *m* / rotor || ~ (auto) / distributor rotor, rotor arm || ~ (aéro) / helicopter rotor o. propeller || ~, roue-hélice *f* / impeller wheel || ~ (électr) / rotor, armature || ~ (turbine à vapeur) / rotor disk, blade wheel || ~ (compteur) / rotating element of a meter, moving element of a meter, rotor of a meter || ~ type **ABC** (hélicoptère) / advanced blade concept rotor, ABC rotor || ~ **anticouple** / auxiliary rotor, tail rotor || ~ avec **aubes** / pump impeller || ~ **bloqué** (électr) / locked rotor || ~ **bobiné** / slip-ring o. wound rotor || ~ à **cage en chevrons** (électr) / staggered slot rotor || ~ **coaxial à marche contraire** (hélicoptère) / controllable twist rotor || ~ de **compresseur [sans aubes]** (aéro) / compressor drum || ~**s** *m pl* **contrarotatifs** (aéro) / egg beater rotors *pl* || ~ *m* **convertible** (aéro) / convertible rotor, proprotor, prop rotor || ~ **coulissant** / displacement type of armature || ~ en **court-circuit** / short-circuit armature o. rotor || ~ **cylindrique** (électr) / drum [wound o. type] armature || ~ en **disque** (électr) / disk armature || ~ de **distributeur antiparasite** (auto) / suppression distributor rotor || ~ **fixe** (aéro) / hingeless rotor || ~ **haute pression ou H.P.** (turbine) / high-pressure wheel || ~ d'**hélicoplane** (aéro) / paddle-wheel rotor || ~ à **jante empilée** (électr) / segmental rim rotor || ~ de la **magnéto** (auto) / magneto armature o. inductor || ~ de **moteur** (électr) / motor armature || ~ **moyenne pression** (turbine) / medium pressure wheel || ~ à **pales télescopiques** / TRAC-rotor || ~ **principal** (aéro) / main rotor || ~ **sec** / dry rotor || ~ de la **soufflante** / blower wheel || ~ **[support] du fan arrière** (aéro) / fan tail rotor || ~ **transsonique** (compresseur) / transonic impeller || ~ avec **tube à orientation fixe** (opt) / swing-tube rotor
rotrode *f* / rotating disk electrode
rotule *f* (sidér) / penstock, gooseneck || ~ (cinématique) / spheric pair, S || ~ (aéro) / pot type joint || ~, tourillon *m* / trunnion, pivot [pin] || ~ d'**attache** / ball of trailer coupling || ~ pour **barre d'accouplement** (auto) / tie rod end o. yoke (US), track rod end (GB) || ~ du **joint de cardan** (auto) / torque ball || ~ du **levier de vitesse** (auto) / gearshift knob || ~ de **poussée** (auto) / torque ball
rouage *m* (gén) / mover, moving apparatus, movement, motor || ~, mécanisme *m* / wheel work, mechanism || ~ à **aiguilles** / dial train, motion work || ~**s** *m pl* **intermédiaires** (techn) / intermediate o. transmission gear, (esp.:) reduction gear || ~ *m* d'un **moulin** / mill work, grinding gear
roue *f* / wheel || ~ (engrenage) / wheel, gear || **à ~s multiples** / multiwheel || **à deux ~s** / two-wheel, -wheeled, single-axle || **à trois ~s** / three-wheel[ed] || **à une seule** ~ / one-wheel[ed] || **en [forme de]** ~ / wheel-shaped || ~**s** *f pl* **accouplées** (ch.de fer) / coupled wheels || ~ *f* d'**adhérence** (tracteur) / strake wheel || ~ à **alvéoles** (excavateur) / bucket wheel || ~ d'**angle** / angular o. bevel wheel, mitre wheel, conical gear wheel || ~**s** *fpl* d'**angle** / bevel[led] gear || ~ *f* d'**appui** (roulotte) / support wheel (caravan) || ~ d'**arpenteur** / surveying o. measuring o. metering wheel, perambulator, ambulator || ~ d'**arrêtage** (montre) / stop wheel || ~ **arrière** / rear o. hind wheel || ~ d'**atterrissage** (aéro) / landing wheel || ~ à **aubes** (turbine) / turbine blade wheel || ~ à **aubes** (turbocompresseur) / bladed wheel || ~ à **augets** (excavateur) / bucket wheel || ~ à **augets** (convoyeur) / scoop wheel || ~ de l'**avance** / ratchet wheel || ~ d'**avancement pas à pas** / step-by-step wheel || ~ **avant** (véhicule) / leading o. front wheel, fore-wheel || ~ **avant d'atterrissage** (aéro) / nose wheel || ~ **avant droite** (en G.B.), roue *f* avant gauche (en France) / off front wheel || ~**s** *f pl* **avant motrices** (auto) / front-wheel drive, FWD || ~**s** *f pl* **avant pivotantes** / swivelling fore-wheels *pl* || ~ *f* à **axe vertical** (hydr) / horizontal water wheel, vortex o. tube wheel || ~ à **bandage fretté** (chariot) / press-on tire wheel || ~ à **bandage volcanisé**, roue *f* bandagée (chariot) / bonded tired wheel || ~ de **Barlow** (phys) / Barlow's wheel || ~ de **béquille [arrière]** (aéro) / tail wheel || ~ à **betteraves** (sucre) / beet wheel || ~ **brute [à denter]** / gear blank || ~ **caoutchoutée** / rubber wheel || ~ à **caractères** / print wheel, type wheel, daisy wheel || ~ de **centre** (horloge) / center wheel and pinion || ~ de **centre de commande** (montre) / center wheel || ~ à **centre plein** / disk wheel || ~ **centrifuge pour la granulation des scories** (fonderie) / spinner- o. whirl-gate || ~ **cerclée** (chariot) / hoop wheel || ~ à **chaînes** (techn, horloge) / chain wheel || ~ de **changement de vitesse** (m.outils) / change [gear] wheel, change gear || ~ de **chant** / contrate gear || ~ de **chant** (horloge) / escapement wheel || ~ à **chevrons**, roue *f* [en] chevron / double helical wheel, herringbone [gear] wheel || ~ de **chute** (horloge) / locking wheel || ~ de **chute 4/4** (horloge) / 4/4 locking wheel || ~ à **cliquet** / ratchet wheel || ~ de **commande** (auto) / driving wheel || ~ de **commande à cliquet** / ratchet wheel || ~ de **compresseur** (aéro) / impeller || ~ de **compte** (horloge) / locking plate || ~ **compteuse** / counter, counting wheel || ~ **conique** / angular o. bevel wheel, mitre wheel, conical gear wheel || ~ **conique à développante** / octoid gear, involute bevel gear || ~ **conique hélicoïdale** / helical bevel gear || ~ **conique hypoïde** / hypoid bevel gear || ~ **conjuguée** (roue dentée) / mating gear || ~ de **coulée**

(fonderie) / casting wheel || ~ **couplée** (ch.de fer) / coupled wheel || ~ à **créneaux** / multi-tooth ratchet || ~ **cycloïdale** / cycloid[al] gear wheel || ~ **cylindrique** (engrenage) / cylindrical gear || ~ **cylindrique à développante** / involute cylindrical gear || ~ **cylindrique équivalente** / virtual cylindrical gear || ~ **cylindrique à fuseaux** (horloge) / cylindrical lantern gear || ~ à **déclic** / curb o. locking o. stopping wheel || ~ **déformée en huit** / buckled wheel || ~ de **délai** (horloge) / warning wheel, moderator of the clock-work || ~ **dentée** / toothed wheel, (esp. railway:) cog wheel || ~ **dentée à contact roulant** / rolling contact gear || ~ **dentée du différentiel** (auto) / differential side gear, axle drive bevel gear || ~ **dentée droite** (techn) / spur [toothed] wheel || ~ **dentée intérieure** / internally toothed o. internally geared wheel || ~ **dentée motrice** / driving toothed wheel || ~ **dentée motrice** (ch.de fer à crémaillère) / climber || ~ **dent[el]ée** (bicyclette) / chain wheel, gear wheel || ~ à **denture à chevrons** voir roue à chevrons || ~ à **denture hélicoïdale**, roue *f* à dents helicoïdes / spiral-toothed gear wheel || ~ à **denture hélicoïdale**, roue *f* à vis / worm wheel || ~ à **denture hélicoïdale double** voir roue à chevrons || ~ à **denture intérieure** / internal geared wheel || ~ à **denture en V** voir roue à chevrons || ~ à **déport externe,** [interne] / outset, [inset] wheel || ~ à **déport nul** (engrenage) / zeroset wheel || ~ **déportée** (denture) / X-gear || ~ à **dessin** (tex) / pattern wheel || ~ en **deux parties** / built-up wheel || ~ de **devant** / leading o. front wheel, fore-wheel || ~ à **développante** / involute gear || ~ **directrice** / leading wheel, guiding wheel || ~ **directrice** (bicyclette) / front wheel || ~ **directrice** (pompe centrifuge) / peeler || ~ **directrice** (funi) / castor wheel || ~ à **disque** / disk wheel || ~ à **disque semi-double** / half-double disk wheel || ~ de **distribution** (mot) / valve timing gear || ~ de **division** (techn) / dividing o. dial plate || ~ à **double disque** / double-disk wheel || ~ **droite conique** / straight bevel gear || ~ **droite cylindrique** / spur gear || ~ d'**échange** (m.outils) / change [gear] wheel, change gear || ~ d'**échappement** (m.à ecrire) / escapement wheel || ~ d'**échappement** (horloge) / escape wheel || ~ d'**échappement Roskopf** (horloge) / pin lever escape wheel || ~ **élastique** (ch.de fer) / resilient wheel || ~ **élévatrice** / elevating o. lifting wheel, wheel elevator || ~ **élévatrice à godets** / scoop wheel elevator o. feeder || ~ d'**encliquetage** / curb o. locking o. stopping wheel || ~ d'**engrenage** / gear wheel, toothed wheel || ~ à **engrenage cylindrique** / spur gear || ~ d'**entraînement** / sliding wheel || ~ d'**entraînement à chaîne** / chain starwheel || ~ **éolienne** (techn) / windmill, wind wheel || ~ **épicycloïdale** / epicycloidal wheel || ~ **étagée ou en étages** / wheel in steps, step wheel || ~ d'**étanchéité à mouvement opposé** (pompe à sable) / expeller of a sandpump || ~ **excentrique** (techn) / eccentric o. cam plate o. wheel o. disk (US) || ~ **extractrice du silo** / bunker reclaiming wheel || ~ de **feutre** (galv) / set-up wheel || ~ **folle** / loose pulley o. wheel, movable o. idle[r] pulley || ~ de **fournisseur** (tricot) / yarn feedwheel || ~ de **friction** / frictional wheel || ~ à **fusées** (horloge) / lantern pinion o. wheel || ~ de **fusil** (hydr) / vortex wheel, tube wheel, horizontal water wheel || ~ **génératrice** (m.outils) / generating gear || ~ à **godets** (excavateur) / bucket wheel || ~ à **gorge** / groove wheel || ~ du **gouvernail** (nav) / steering wheel || ~ à **gradins** / wheel in steps, step wheel || ~ de **grande seconde** (horloge) / sweep second wheel || ~ de **guidage** (ch.de fer) / guiding wheel || ~ **guide ou de guidage** / deflection tumbler, training idler, guide roll || **~-hélice** *f* / impeller [wheel], runner || ~ **hélico-centrifuge** (pompe) / impeller wheel || ~ **hélicoïdale** / helical gear || ~ des **heures** (montre) / hour o. pattern wheel || ~ **horizontale** (hydr) / vortex wheel, tube wheel, horizontal water wheel || ~ **hydraulique** / water wheel || ~ **hyperbolique** / hyperbolical wheel || ~ **hypoïde** (denture) / hypoid gear || ~ **imprimante ou d'impression** / print o. type wheel, daisy wheel || ~ **industrielle** / industrial wheel || ~ **intérieure** / internal gear || ~ **intermédiaire** (techn) / intermediate wheel, carrier, idle o. stud wheel || ~ **intermédiaire** (montre) / intermediate wheel || ~ à **jante démontable** / demountable rim wheel || ~ du **jeu d'engrenages** (m.outils) / change [gear] wheel, change gear || **~s** *f pl* **jumelées** / twin wheel, dual wheel || ~ *f* à **lamelles** (meule) / flap wheel || ~ à **lamelles sur tige** (meule) / flap wheel with shaft || ~ **lanterne** / trundle [motion], lantern wheel || ~ de **liaison** / intermediate gear wheel || ~ **libre** (auto) / free wheel || ~ **libre à billes** / free-wheel with ball bearings || ~ à **maille** (tex) / sinker o. loop wheel || ~ à **main** / handwheel || ~ à **main avec croisillons courbés** / handwheel with bent o. crooked arms || ~ à **main avec volant ondulé** / handwheel with undulated rim || ~ à **main avec volant plein** / handwheel with full rim || ~ à **manivelle** / crank wheel || ~ de **manœuvre** (m.outils) / indexing gear o. wheel || ~ de **manutention** / industrial wheel || ~ **menante** / driving gear || ~ **menée** / driven gear || ~ **mesureuse** / measuring wheel || ~ de **minuterie** (horloge) / minute wheel || ~ de **minuterie avec son pinion** (horloge) / minute wheel pinion o. nut || ~ des **minutes** (horloge) / center wheel || ~ à **miroirs** (TV) / mirror drum o. wheel || ~ de **mise à l'heure** (horloge) / setting wheel || ~ **mobile** (turbine) / rotor disk, blade wheel, wheel || ~ à **moleter ou à moletter** / knurling wheel o. tool, knurl || ~ à **moleter en croisure** / axially and circumferentially knurling wheel || ~ **monobloc** (ch.de fer) / solid wheel, wheel in one piece || ~ **motrice** / leader, main wheel || ~ **motrice** (agr) / bull wheel (US), driving wheel || ~ **motrice d'une turbine** / rotor disk, blade wheel, wheel || ~ de **moussage** (mines) / foaming wheel || ~ **moyenne** (horloge) / third wheel || ~ **octoïde** (dite «roue conique à développante») / octoid gear, involute bevel gear || ~ à **palettes** / bucket wheel || **~-pelle** *f* / bucket wheel excavator o. (Australia:) dredger, revolving cutter head excavator, rotary bucket excavator || **~-pelle** *f* sur **chenilles, [sur rails]** / crawler-, [rail-]mounted bucket wheel [excavator] || ~ [de] **Pelton** / Pelton wheel || ~ **phonique** (télécom) / phonic wheel o. drum || ~ à **picots** (techn) / sprocket wheel || ~ **planétaire** / planet wheel || ~ **plate** / crown gear || ~ **pleine** / disk wheel || ~ à **pneumatique** / pneumatic tired wheel || ~ **polaire** (électr) / field spider, magnet wheel, revolving field || ~ à **polir** (galv) / spinner, polishing wheel || ~ à **polir en bois** (galv) / box board lap || ~ à **polir en feutre** (galv) / felt polishing disk || ~ de **Poncelet** (hydr) / Poncelet wheel || ~ **porteuse** (ch.de fer) / carrying wheel, bogie o. track wheel || ~ **porteuse** (agr) / land wheel || ~ **porteuse arrière** (ch.de fer) / trailing [carrying] wheel || ~ **preneuse** (m.outils) / carrier o. dog wheel || ~ de **raie** (agr) / furrow wheel || ~ **rapportée** / change [gear] wheel, change gear || ~ à **rayons** / open o. spoke[d] wheel || ~ à **rayons en alliage léger** (auto) / light alloy spoked wheel || ~ à **rayons métalliques** / wire spoke[d] wheel || ~ à **réaction** (phys) / Barker's wheel o. mill, reaction wheel, wheel of recoil || ~ de **rechange** (auto) / spare wheel || ~ de **rechange** (m.outils) / loose change gear wheel || ~**s** *f pl* de **rechange d'avance** / feed change gear wheel || ~ *f* de **rechange de tordage** (filage) / twist change gear wheel || ~ de **recouvrement** (agr) / covering wheel || ~ **réductrice** (tex) / (knitting m.): bluff link, (Jacquard): bluff wheel || ~ de **registre** (tex) / repeat wheel || ~ de **réglage** (télécom) / stepping wheel || ~ de **rencontre** (horloge) / pin wheel, striking wheel || ~ de **rencontre** (échappement à verge) (horloge) / crown wheel || ~ de **renvoi** / intermediate gear wheel || ~ de **réserve** (auto) / spare wheel || ~ à **rochet** / ratchet and pawl, ratchet wheel || ~ à **rochet** (scie) / spring ratchet wheel, cogwork || ~ à **sabots** (hydr) / Persian wheel || ~ **sans boudin** (ch.de fer) / flangeless wheel || ~ **sans déport** (denture) / X-zero gear || ~ de **seconde** (montre) / fourth wheel || ~ de **secours** (auto) / spare wheel || ~ **semi-axiale** (pompe) / semiaxial wheel || ~ de **sillon** (agr) / furrow wheel || ~ **solaire** / sun gear || ~ de **sonnerie** (horloge) / pin wheel, striking wheel || ~ **spirale** / spiral gear || ~ **subordonnée** / follower [wheel] || ~ **support de timon** (agr) / drawbar jack castor wheel for trailers || ~ à **surface cylindrique** (ch.de fer) / flangeless wheel || ~ à **tambour** / drum type wheel || ~ **tangente** / worm wheel o. gear || ~ de **tirage** (câblage) / capstan gear || ~ à **toile nervurée** (ch.de fer) / ribbed disk wheel || ~ à **toile pleine** / disk wheel || ~ **toujours en prise** / intermediate gear wheel || ~ du **train d'atterrissage** (aéro) / landing wheel || ~ de **translation** (tourn) / translating o. transposing gear wheel || ~ de **transmission** / toothed gear o. wheel || ~ **trotteuse** (montre) / fourth wheel || ~ de **turbine** / turbine wheel || ~ de **turbine radiale** / radial-flow wheel || ~ de[s] **types** / print o. type wheel || ~ en **une seule pièce** (ch.de fer) / solid wheel, wheel in one piece || ~ de **ventilateur** / fan wheel (US), blower wheel, impeller || ~ à **vis**, roue-vis *f* (techn) / worm wheel || ~ à **vis cylindrique** / cylindrical worm wheel || ~ à **vis globique** / enveloping worm wheel || ~ à **voile ajouré** / pressed steel wheel (imitating spokes) || ~ à **voile plein en acier moulé** (auto) / cast-steel disk wheel || ~ à **voile plein en alliage léger** (auto) / light alloy disk wheel || ~ à **voile plein en fonte grise** / cast-iron disk wheel || ~ à **voile plein en tôle d'acier** (auto) / sheet steel disk wheel || ~ de **voiture** / cart wheel || ~ de **volant** (techn) / fly regulator o. governor, governor fly || ~ **volante** / flywheel || ~ de **Woltmann** / impeller wheel

rouennerie *f* / printed calico

rouet *m* / roller || ~ (filage) / spinning wheel || ~ (puits) / collar of the shaft, shaft set[ting] || ~ à **pédale** / treading wheel, pedal wheel || ~ à **picoter** (mines) / wedge o. wedging crib o. curb o. ring, tubbing crib

rouf *m* (nav) / deckhouse || ~ de **treuil** (nav) / winch o. mast house

rouge *adj* / red *adj* || ~ *m* / red || **être** ~ / glow *vi*, be incandescent, be red hot || ~ **anglais ou d'Angleterre** (couleur) / crocus, polishing rouge || ~ d'**Angleterre ou de Prusse** (galv) / jeweller's [trip] red, English o. Paris red || ~ *adj* **ardent** / flame-red || ~ **beige** / beige-red || ~ *m* de la **bignonia chica** (teint) / chica || ~ **blanc** / incandescence, incandescent heat || ~ *adj* **bordeaux** / bordeaux || ~ *m* **brique** / brick colour o. red || ~ *adj* **brun** / bay, rufous || ~ *m* au **cachou** / catechu red || ~ de **cadmium** / cadmium o. selenium red || ~ *adj* **cerise** / cerise o. cherry [red] || ~ *m* **cerise** / cherry red heat || ~ **cerise clair** (1225 K) **ou très clair** (1275 K) / bright cherry red heat || ~ **cerise naissant** (1075 K) **ou sombre ou tendre** (1125 K) / low cherry red heat || ~ de **chrome** / chrome red, basic lead chromate || ~ *adj* **clair** / coccineous, light red || ~ *m* **Congo** / Congo red || ~ *adj* **corail** / coral red || ~ *m* de **crésol** (chimie) / cresol red || ~ **diamine** / Sultan red (US) || ~ *adj* **doré** / golden red || ~ *m* **écarlate** (teint) / Sudan IV, scarlet red || ~ *adj* **éteint** / pink || ~ **feu** / flame-red || ~ **foncé** / deep red || ~ *m* **kino** / kino-red || ~ de **Mars** / red ocher, ruddle || ~ de **méthyle** / methyl red || ~ de **molybdène** / molybdenum red || ~ **naissant** / incipient red heat || ~ de **naphtaline** / naphthalene o. magdala red || ~ **neutre** / neutral red, toluylene red || ~ *adj* **noir** / black red || ~ *m* **Para ou paranitraniline** (teint) / parared || ~ de **Paris** voir rouge anglais || ~ de **Perse** / Persian gulf red || ~ au **phénol** / phenol red, phenol-sulphonphthaleine, P.S.P. || ~ à **polir** / jeweller's [trip] red, English o. Paris red || ~ **pompéien** voir rouge anglais || ~ **ponceau** / xylidine red || ~ de **Prusse** voir rouge d'Angleterre || ~ **quinaldine** / quinaldine red, Eastman No. 1361 || ~ *adj* **rubis** / ruby red || ~ *m* au **ruthénium** / ruthenium red || ~ *adj* **sanguin** / blood-red, dark crimson || ~ *m* de **Saturne** / minium, lead oxide red || ~ **solide** (teint) / parared || ~ **sombre** (925 K) / red heat || ~ **sombre avancé** (1025 K) / bright red heat || ~ **sombre naissant** (775 K) **[avancé]** (775 K) / dark red heat || ~ **sombre très avancé** (1120 K) / medium cherry red heat || ~ de **Soudan** / oil red o. scarlet || ~ **thioindigo** (teint) / thioindigo red || ~ de **toluylène** / toluylene red || ~ **trypane** / trypan red || ~ **turc** (galv, tex) / Turkey red || ~ **végétal** / carthamine, carthaminic o. carthamic (US) acid || ~ de **Venise** / Venetian red || ~ *adj* **vif** / bright o. high red, deep red || ~ **vin** / wine red || ~ *m* de **xylidine** / xylidine red

rougeâtre / reddish

rougir en **blanc** / carry to incandescent heat || ~ au **feu** / make red hot

roui *m* voir rouissage

rouille *f* (bot, fer) / rust || ~, formation *f* de rouille / rust formation || ~**s** *f pl* (agr) / rust diseases *pl* || ~ *f* (bois) / brown rot of fruit trees || ~ d'**ajustage** / frictional o. fretting corrosion || ~ de **betteraves** / beet rust (by uromyces betae) || ~ **blanche** (agr) / white blister || ~ **brune** (agr) / brown [leaf] rust || ~ du **caféier** (bot) / coffee o. leaf disease || ~ **[de fer]** / iron rust || ~ de **frappe** voir rouille d'ajustage

rouillé / slightly rusty

rouiller (mines) / cut downhill || ~ (se) / rust *vi*, get rusty

rouilleuse *f* (mines, bâtim) / downhill coal cutter

rouillure *f* (mines) / vertical cut o. kerf o. slot || ~ / rusting, forming rust, getting rusty, rust formation || ~ de **fer** (tex) / rust stain

rouir (lin) / water, ret, steep

rouissage *m*, roui *m* (lin) / retting, rotting || ~ à l'**eau** / water retting || ~ à l'**eau chaude** / hot-water retting || ~ à l'**eau froide** / cold water retting || ~ à l'**eau stagnante** / pond retting || ~ sur le **pré ou à la rosée** / land retting || ~ à la **vapeur** / steam retting

rouissoir *m* / retting tank o. pit o. pond o. pool

roulage *m* (découp) / edge coiling o. rolling || ~ (mines) / hauling || ~ (gén) / rolling || ~ / freight o. goods (GB) traffic || ~ (pap) / curl, cup behaviour || ~ à **bras** (mines) / extraction by hand || ~ des **dentures planétaires à froid** / planetary style production rolling of gears || ~ du **fond**, roulage-fond *m* (mines)

/ conveyance underground || ~ en **galerie** (mines) / underground hauling o. haulage o. conveyance, haulage on driftways || ~ par **locomotive** (mines) / locomotive hauling || ~ en **navette** (mines) / shuttle type conveyance (on the surface) || ~ à **plat** (auto) / running flat || ~ [de la **terre**] (agr) / rolling of ground || ~ des **terres** (mines) / conveyance of rocks

roulant / movable, moveable, portable || ~ (friction) / rolling, wheel... || ~ (mines) / rolling down, loose || ~ (ruban) / conveyer..., assembly... || ~ sur **deux rails** / running on two rails || ~ sur **rails** / track-bound, railborn, rail-mounted || ~ en **sens inverse** (circulation) / oncoming, approaching

roulante *f* (mécanisme) / moving polode o. centrode

roule *m* / commercial bole || ~ / heavy [load] roller || ~ (teint) / batch || **~-fût** *m* / barrel rolling device

rouleau *m* / cylinder, roll[er], barrel, drum || ~ (Jacquard) / cylinder || ~ (agr) / cylinder roller, land roller || ~ (tabac) / tobacco roll o. carrot o. twist || ~ (pap) / cylinder of the rag engine, beater roll || ~ (m.à ecrire) / platen || ~ (câble) / coil || ~ d'**aiguisage** (tex) / traverse grinder, grinding roller || ~ **alimentateur** / feed cylinder o. roller || ~ d'**alimentation** (gén, typo) / feed roller || **~x** *m pl* d'**alimentation des électrodes** (four) / electrode feed rollers *pl* || ~ *m* d'**appel** (tiss) / lap roller || ~ d'**appel** (filage) / sliver calender || ~ d'**appui** / carrying roller || ~ en forme d'**auge** / trough roller o. trough-shaped idler for belt conveyors || ~ **automoteur** (lam, convoyeur) / electric motor pulley || ~ d'**avancement de la bobine** (phot) / mounting o. cocking reel || ~ de **balayeuse à brosse métallique** / steel wire sweeping roller || ~ de **bande** / coil || ~ pour **bande étroite** (sidér) / mill coil || ~ de **bande perforée** / roll of punched tape || **~x** *m pl* de **bandes abrasives** / rolls *pl* of coated abrasives || ~ *m* de la **barre presse-papier** (m.à ecrire) / paper o. pressure roll || ~ à **barres en travers** / cage drum roller || ~ de **batteur** (tex) / scutcher lap || ~ d'un **blooming** (lam) / breast roller || ~ **bobineur** (typo) / winder, winding roller o. drum || ~ **bobineur** (lam) / coiling drum || ~ de **brique** (bâtim) / brick rail (above window) || **~-briseur** *m* / spiked o. toothed roller || ~ **brosseur** (tex) / brushing roller || ~ à **câble tracteur** (funi) / traction rope o. cable roller || ~ dans la **cage** (lam) / breast roller || ~ de **calandre** / calender roll[er], calender bowl || ~ **Cambridge** (agr) / Continental Cambridge roller || ~ **cannelé** (agr) / Cambridge roller (English style), ring roller, soil pulverizer || ~ **cannelé** (typo) / propeller, boss || ~ **cannelé en spirales** (typo) / spiral roller || ~ en **caoutchouc** / rubber cylinder || ~ en **caoutchouc** (phot) / squeezer, squeegee, squilgee || ~ **chiffré ou chiffreur** / ciphering roller || ~ de **commande** / driving roller || ~ de **compactage** (routes) / compaction roller || ~ **compensateur** (gén, typo, tex) / compensating o. jockey roller, compensator, dancing o. looping roller || ~ **compensateur** (ourdissoir) / falling o. return roller || **~x** *m pl* de **composition** (teint) / composition rollers *pl* || ~ *m* **compresseur** / press-roll[er] || ~ **compresseur** (routes) / grader roller || ~ **compresseur** (agr) / press[ing] roll[er] || ~ **compresseur à moteur** / motor roller || ~ à **comprimer le sous-sol** (agr) / land packer || **~-conducteur** *m* (mines) / guide roll || ~ **conducteur** (typo) / guiding roller || ~ **conjugué** / mating roll || ~ à **contact linéaire** (pap) / nip roll || ~ de **corde** / coil of rope || ~ **coucheur** (pap) / couch roll || ~ à **croupons** (tan) / sole leather roller, carriage roller || ~ **cylindre** (routes) / grader roller || ~ **dameur** / road o. street roller, motor roller || ~ **danseur** / jockey roller, dancing roller || ~ **débourreur** (carde) / stripping brush roller || ~ à **dents** (agr) / toothed roller || ~ à **descente par gravité** (sidér) / catchweight coil || ~ **détacheur** (panneau de particules) / scraper roll || ~ **diagramme** / roll of a recorder || **~x** *m pl* **différentiels** (sidér) / differential speed rolls || **~x** *m pl* de **dilatation** (pont) / expansion bearing o. rollers *pl* || ~ *m* **directeur** (dameur) / pony truck || ~ **distributeur** (typo) / transfer cylinder || ~ **distributeur des couleurs** / colour distributing roller || ~ **distributeur-encreur** (typo) / ink distributor roll || ~ de **doubleur** (tex) / blanket roller || ~ à **dresser** (sidér) / mangle roll || ~ **égoutteur** (pap) / dandy [roller], egoutteur || ~ **égoutteur à pression** (pap) / press dandy roll || ~ **égoutteur à rebord** / rim-type dandy roller || ~ **égoutteur à tourillon** (pap) / closed journal type dandy roll || ~ **élargisseur** (tex) / rotary stretcher, expander roller || ~ **émotteur** (agr) / roller tiller || ~ **émotteur courant** / roller tiller for attachment to plows || ~ **émotteur à étoiles en acier** / rotary harrow with steel stars || ~ **émotteur à étoiles en fonte** (agr) / clod crusher || ~ **encolleur** / glue spreading roller || ~ **encreur** (typo) / inking roller || ~ d'**enroulage** (tex) / batch winder || ~ **enrouleur** (lam) / coiling drum || ~ **ensimeur** (tex) / lubricant roller || ~ d'**entraînement** (tiss) / drawing roller, calender [take-off] roller || ~ d'**entraînement** (pap) / queen roll || ~ d'**entraînement à picots** (ord) / pin feed platen || ~ **entraîneur** / driving roller || ~ **entraîneur** (cintreuse) / transporting roller || ~ **entraîneur** (lam) / pinch roll || **~x** *m pl* d'**entrée** (typo) / bending o. forming rollers *pl* || ~ *m* d'**entrée** / draw-in roller || ~ à **essore** (repro) / print roller || ~ **exprimeur** / press-roll[er], nip roller, nipper || ~ **extracteur** (coulée cont.) / withdrawal roll || ~ **extracteur** (lam) / withdrawal o. pinch roll || ~ à **faire les collerettes** / flanging roller || ~ de **fil** (lam) / wire coil || ~ à **former en auge** / troughing idler || ~ **fou** / free bending roll || ~ à **gélatine** / gelatin[e] roll || ~ **gratteur** (tex) / brushing cylinder, raising o. teazeling roller || ~ à **grille** (routes) / grid roller || ~ de **guidage** (convoyeur) / guide roller || **~-guide** *m* / guide o. guiding roller || **~-guide** *m* (câble) / fairlead || **~-guide** *m* (tex) / guide roller || **~-guide** *m* **automatique** (pap) / automatic wire guide roll || **~-guide** *m* de **feutre** (pap) / felt guide roll || **~-guide** *m* de **papier** (pap) / paper guide roll || ~ **guide-câble** / cable guide roll || ~ d'**imprimerie** (typo) / impression cylinder || ~ **imprimeur** / print wheel, type wheel, daisy wheel, (also:) printing roller o. barrel || ~ d'**imprimeur** (typo) / composition o. inking roller o. cylinder, inker, form inking roller || ~ **inférieur** (convoyeur) / return idler || ~ de **journal** (m.compt) / journal roll || **~-laineur** *m* (tiss) / raising roller || ~ **laveur** / washing roller || ~ **laveur** (balayeuse) / roller brush || ~ **lisse** (routes) / smooth-wheeled roller || ~ de **manutention** / transport roller || ~ **mesureur** / measuring roller || ~ de **microfilm** / roll microfilm || ~ **moteur** / driving roller || ~ **moteur de transmission** / power roll || ~ **mouilleur** (typo) / dampening roller (US), damping roller (GB) || ~ de **moulin à cylindre** (pap) / rag engine cylinder || ~ de **nappe** (tex) / lap roll || ~ de **nappe d'étirage** (filage) / ribbon lap machine roll || ~ **offset** (typo) / offset roller || ~ **ondulé** (agr) / Cambridge roller (English style), ring roller, soil pulverizer || ~ d'**ourdissoir** (tiss) / warping drum, warping reel || ~ à **papier** / paper [feed] roller || ~ au **papier** / reel for paper || ~ en **papier** / reel o. web paper, continuous o. endless paper || ~ de **papier** (sans support) / roll of paper || ~

de **papier adhésif** / roll of gummed tape, gum tape || ~ de **papier peint** / bolt of wallpaper || ~ à **peindre** / paint roller || ~ de **pellicule** / reel of the projector, roll of the camera || ~ à **pieds de mouton** (routes) / sheepsfoot o. tamping roller || ~ de **pincement** (coulée cont.) / pinch roll || ~ **pinceur** (lam) / pinch roll || ~ **plombeur** (agr) / flat roller || ~ **plombeur triparte** (agr) / gang of flat rollers || ~ sur **pneus** (routes) / pneumatic-tired roller || ~ de **porphyre** / porphyry roller || ~ **porte-fils** (tiss) / back rest roller || ~ **porteur** (funi) / carrying roller || ~ **porteur droit** / straight idler || ~ **preneur** (typo) / ductor [roller], transfer roller || ~ **presseur** / roller, press-cylinder o. roll[er] || ~ **presseur** (typo) / back-up impression cylinder || ~ de **pression** / pressure roller || ~ de **renvoi** (convoyeur) / return idler || ~ de **ressort** / rolled end of a spring || ~ de **retour** (convoyeur) / return idler || ~ [de **ruban**] / disk [of tape] || ~ de **serrage** / pressure roller || ~ [à **serrer**] (agr) / [land- o. cylinder-] roller, smooth roller || **~-serreur** *m* du **sol** (agr) / smooth roller || ~ de **sortie** / delivery roller || ~ [de la machine] **à souder** / welding wheel || ~ pour **soulever de grands fardeaux** / lifting roller || ~ **sous-sol** (agr) / land packer || ~ **sous-sol-émetteuse** (agr) / combined land packer and roller tiller || ~ à **spirales** (typo) / spiral roller || ~ **supérieur** (lam, filage) / top o. upper roll[er], pressure roller || ~ du **tablier** (filage) / lattice roller o. block || ~ **tandem automoteur** (routes) / motor tandem roller || ~ **tendeur** (calandre) / tension roller || **~x** *m pl* **tendeurs** (graph) / draw[ing] rollers *pl* || ~ *m* de **tension** / tension o. stretching roller o. pulley, idler pulley, tightening roller || ~ de **tension** (typo) / jockey o. dancing roller || ~ de **tête** (pap) / breast roll || ~ de **toile** (tiss) / cloth draw-off roller, cloth [take-up] beam || ~ **toucheur** (tex) / dye feeding roller || ~ **tracté** (routes) / dummy roll || ~ de **transfert** (typo) / transfer cylinder || ~ **typographique** (typo) / roller || ~ à **vergeure** (pap) / dandy-roller, égoutteur || ~ à **vernis** (phot) / coating roller || ~ **vibrant à barre d'attelage** (routes) / trailing vibrating roller

roulement *m* (gén) / rolling || ~ (techn) / march, functioning, running, operation || ~, palier *m* à roulement (techn) / rolling bearing || ~ (bruit) / rumble || ~, campagne *f* / working season o. period o. run || ~ (personnel) / rotation || **de** ~ (friction) / rolling || **en** ~ / in closed circuit || **par** ~ / in rotation || ~ à **aiguilles** / needle [roller] bearing || ~ **articulé** (techn) / self-aligning bearing || ~ à l'**atterrissage** (aéro) / landing run || ~ à **billes** / ball bearing || ~ à **billes par cône et cuvettes** / cup-and-cone bearing, bicycle type ball bearing || ~ à **billes [démontable] et à épaulement** / separable ball bearing || ~ à **billes à disposition oblique ou à contact oblique** / angular [contact] ball bearing || ~ à **billes à disposition annulaire** / radial ball bearing || ~ à **billes à gorge profonde** / rigid deep groove ball journal bearing || ~ à **billes miniature** / miniature ball bearing || ~ à **billes [ordinaire]** / radial ball bearing || ~ de **butée à billes** / ball thrust bearing || ~ du **chariot** (grue) / trolley traversing o. travelling || ~ **combiné à billes et rouleaux [montés] sur joues de fil d'acier** / wire race ball and roller bearing || ~ à **douille de serrage** / adapter for the taper clamping sleeve || ~ type **«economic»** / economic bearing || ~ des **équipes** (ordonn) / shift change-over rotation || ~ à **galets** / parallel roller journal bearing, cylindrical roller bearing || ~ **incorporé** / integral bearing || ~ **miniature** / miniature rolling bearing || ~ du **personnel de conduite** (ch.de fer) / driver's roster || ~ **rainuré à billes** / deep groove ball bearing || ~ à **ressort** / spring loaded bearing || ~ à **rotule** / spherical roller bearing, swivel-joint roller bearing || ~ à **rouleaux** / roller bearing || ~ à **rouleaux articulé** / self-aligning o. swivel-joint roller bearing, spherical roller bearing || ~ à **rouleaux complet** / full-type roller bearing || ~ à **rouleaux coniques** / taper[ed] roller bearing || ~ à **rouleaux cylindriques** / cylindrical roller bearing || ~ **sans frottement** / integral bearing || ~ **sans glissement** / rolling motion || ~ à **simple rangée de billes** / single-row ball bearing || ~ à **simple rangée de billes à gorge profonde** / single-row rigid deep groove ball journal bearing || ~ à **tonneaux** / spherical roller bearing, swivel-joint roller bearing || ~ **transversal à billes** / radial ball bearing || ~ à **vide** / no-load operation o. running o. working, idling, idle running, running with no load

rouler *vt vi* / roll *vt vi* || ~ *vt* / [make] circulate || ~ (découp) / roll o. bend round || ~ (mines) / haul *vi vt* || ~ (chariot) / wheel *vt* || ~ (forge) / gather, roll || ~ [sur] / roll off || ~ (sidér) / roll *vt* || ~ *vi* (véhicule) / run *vi* || **[se]** ~ / roll *vi*, move on rolling contact || ~ (auto) / motor *vi*, drive, tool *vi* || ~ (nav) / roll || ~ à ou après l'**atterrissage** (aéro) / roll out || ~ **dégonflé** / run flat || ~ au **départ** (aéro) / roll o. taxi to the starting line || ~ **en «roues libres» ou «en roulette»** (auto) / run with gear thrown out || ~ sur son **erre** (auto) / roll out *vi* || ~ des **filets** / roll thread || ~ **pare-chocs** / drive nose to tail o. bumper to bumper || ~ une **pelouse** / roll a lawn || ~ à **plat** («le pneu a ou est crevé») (auto) / run flat *vi* (coll) || ~ [trop] **près l'un à l'autre** / drive nose to tail o. bumper to bumper || ~ au **sol** (aéro) / roll o. taxi to the starting line || ~ au **tambour** / tumble *vi vt*, drum *vi vt* || ~ à **toute allure** (auto) / drive at full speed || ~ à **toute allure** (nav) / crack on

roulette *f* (meubles) / castor, caster (US) || ~ (math) / roulette || ~ (techn) / small wheel || **à ~s pivotantes** / castering || **en** ~ (math) / roulette... || ~ de **châssis** (fenêtre) / sash pulley || ~ de **contact** (électr) / contact roller, trolley [wheel] || ~ **fixe** (men) / fixed castor || ~ de **mise au diapason** (électron) / tone wheel || ~ à **patron** / dotting wheel || ~ **pivotante** / free castering wheel, swivel castor || ~ **pivotante** (meubles) / swivelling roller, castor, caster (US) || ~ **pivotante à double roue** (men) / twin wheeled swivel castor || ~ **pivotante sphérique** (men) / ball castor || ~ **tâteur** / roller feeler || ~ de **tirage** (tricot) / delivery roller || ~ de **trolley** / contact roller, trolley [wheel]

rouleur *m* (tiss) / bobbin cylinder || ~ (mines) / putter, kibbler || ~ (auto) / trolley jack || ~ de **troncs d'arbres** (scie) / log roller

roulis *m* (ch.de fer) / rocking o. tail motion || ~ (bâtim) / roll, bead || ~ (aéro) / rolling, wing-over (US) || ~ (nav) / roll, rolling [motion] || ~ (auto) / rolling motion || **avoir du** ~ / roll *vi* || **en** ~ (nav) / rolling || ~ **hollandais** (aéro) / Dutch roll movement

roulisse *f* (mines) / supporting frame, walling crib

rouloir *m* (tiss) / take-up roller, winding-up apparatus, reeling apparatus || ~ (bonnet) / work beam

roulotte-camping *f* / trailer [caravan], caravan || ~ [de **touriste**] (Canada) / caravan

roulure *f* (bois) / cup shake

round hump *m*, RH (auto) / round hump, RH

round-heel *m* (bonnet) / round heel

roure *m* des **corroyeurs** / sumac[h], shumac

roussi *m* / burnt smell, smell of burning o. scorching ||

~ (cuir) / yuft[s pl.], Russia leather
roussier *m* / sandy o. muddy o. earthy [iron] ore
roussir / scorch *vt*, singe *vt* || ~ / smoulder || ~ *vi* / become red || ~ la **farine** / roast flour
routage *m* / job planning o. scheduling o. routing, operations scheduling, planning and lay-out || ~ des **appels** (télécom) / route control || ~ par **voie[s] transversale[s]** (télécom) / direct routing [scheme]
route *f* / road || ~ (aéro) / track || ~ (nav) / course || **en** ~ / underway, in transit || ~ d'**accès** / access road || ~ en **acier amovible** (routes) / steel plate auxiliary road || ~ **aérienne** (aéro) / course of flight || ~ **apparente** (nav) / compass course o. heading, steered course || ~ **bétonnée ou en béton** / concrete road || ~ de **ceinture** / detour o. by-pass road, belt line (US), circumurban [road], orbital road || ~ en **chaussée** / roadway, embankment || ~ à **chaussées séparées** (routes) / dual carriageway, divided highway (US) || ~ **combinée** (nav) / traverse, compound course || ~ de **communication** (routes) / through road (GB) || ~ au **compas** (nav) / compass course o. heading, steered course || ~ **conjuguée à une grande route** (routes) / frontage o. service road || ~ en **corniche** / cliff road || ~ **défoncée [par des nids-de-poules]** / washboard road (US), rough o. rugged road || ~ de **dégagement** / by-pass road || ~ **départementale** / county road || ~ de **desserte** / entry road || ~ **directe** (télécom) / direct route || ~ **divisée**, route *f* à deux voies séparées voir route à chaussées separées || ~ **encaissée**, route *f* en déblai / road in cutting, sunken road || ~ **établie** (nav) / established route || ~ **forestière** / logging road || ~ à **grande circulation** / traffic arterial, arterial o. main road, thoroughfare, thrufare (US), highway || ~ en **lacets** / winding road || ~ de **liaison locale** / minor road || ~ **maritime** / ocean lane || ~ de **montagne** / mountain road || ~ **nationale** (France) / national highway, state road, trunk road (GB) || ~ de **navigation cartographique** (nav) / real course || ~ de **navigation magnétique** / magnetic track o. course || ~ de **navigation vraie ou corrigée** (nav) / true course || ~ **opposée** (nav) / opposite course || ~ à **péage** / toll road, pike (US) || ~ en **pierres concassées**, route *f* empierrée / metalled o. macadamized road || ~ sur **piliers** / stilted road, causeway (US) || ~ **présélectée** (aéro) / preselected heading || ~ **prescrite** (maritime) / desired course || ~ **principale de sortie** / main outlet || ~ à **prioritée** / major road (GB), preference road (US), main road || ~ **propre** (nav) / OSC (own's ship course) || ~ **protégée** / stop arterial (US), right-of-way road || ~ à **quatre voies** / dual carriageway, divided highway (US) || ~ en **remblai** / embanked road, road on embankment || ~ **réservée pour les véhicules automobiles** / motor highway, throughway (US), motorway (GB), motorcar road || ~ **secondaire** / by-road (country), bystreet (town) || ~ de **sortie** / arterial road || ~ **surélevée** / stilted road, causeway (US) || ~ en **terre** / dirt road (US) || ~ **transversale ou traversière ou de traverse** / crossroad, -way || ~ **verte** / parkway
routier *adj* / road bound (US) || ~, de circulation / traffic..., road... || ~ *m* / trucker (US), truckman (US), lorry driver (GB) || **~s** *m pl* **lourds** / heavy road vehicles *pl*
routière *f* / long-haul truck (US), long-distance lorry (GB)
routine *f* (gén) / routine || ~ (ord) / reusable program, routine || **par** ~ / routine, routinely || ~ de **diagnostic** / diagnostic program o. routine || ~ de **point de contrôle** / checkpoint routine || ~ **réentrante** / reenterable o. reentrant program || ~ **résultante** / object [language] program
routinier / mechanical, after a certain pattern
routoir *m* / retting tank o. pit
rouver[a]in (sidér) / short-brittle || ~ à **chaud** / red short
roux / reddish-brown, -yellow
R.S.G., rayonnement *m* solaire global / global solar radiation, G.S.R.
ru *m* **d'irrigation** (agr) / irrigating ditch, watering o. irrigation ditch, catch feeder o. drain, drain for irrigation
ruban *m* (gén, filage) / ribbon, tape, band || ~ (pap) / strip, tape || ~ (coton) / sliver || ~ d'**acier** / steel band o. strip o. hoop || ~ d'**adaptation** (guide d'ondes) / matching strip || ~ **adhésif** / scotch tape || ~ **adhésif** (repro) / mounting tape || ~ **adhésif [en bobine]** / cel[l]otape || ~ **adhésif de raboutage** / joiner o. splicing patch || ~ **adhésif sensible à la pression** / pressure-sensitive adhesive tape || ~ **adhésif de tissu** / adhesive cloth tape || ~ d'**alimentation** / feed belt || ~ d'**arpenteur** / band chain, steel tape measure (length 20 to 50 m) || ~ **autoadhésif**, ruban *m* autocollant / scotch tape, pressure sensitive adhesive tape || ~ **boiteux** (tiss) / ribbon with a single border || ~ en **caoutchouc** / rubber band o. tape || ~ **carbone** / carbon ribbon || ~ de **carde** (filage) / card[ed] sliver || ~ pour **cardes** (filage) / card filleting || ~ de **carte couchée** (pap) / endless [chromo] cardboard || ~ **chargeur** / transition belt || ~ de **chauffe** / electric band heater, heater band, strip heater || ~ **conducteur** / ribbon conductor || ~ de **coton** (électr) / cotton tape || ~ [de **couleur] pour machines à écrire** / typewriter ribbon || ~ de **diagramme** / diagram strip || ~ **élastique** / elastic ribbon o. tape o. web || ~ **émerisé ou à l'émeri** / emery belt || ~ **encré ou -encreur** (m.à ecrire) / typewriter o. ink[ing] ribbon || ~ **encré au solvant de carbone** / solvent carbon ribbon || ~ **encreur bicolore** / colour ribbon || ~ **encreur violet** (m.à ecrire) / purple ribbon || ~ d'**étanchéité de filetage** / thread sealing tape || ~ d'**étirage** (filage) / drawing frame sliver, draw sliver || ~ **étroit** (filage) / narrow band o. ribbon || ~ d'**évacuation à plaques** / discharging plate conveyor || ~ **façonné** / fancy o. figured ribbon || ~ de **fibres** (filage) / sliver, card sliver || ~ de **fibres discontinues** / top sliver || ~ de **film** (plast) / foil strip || ~ de **filoselle** / twilled floss silk ribbon || ~ de **fixage** / gummed o. adhesive tape || ~ de **frein** / brake band o. strap || ~ **goudronné** / tarred tape || ~ **Hessian** (électr) / hessian tape || ~ **isolant** / adhesive o. insulating tape, electric[ian's] tape (US), friction tape (US) || ~ **laqué** (électr) / cambric tape, varnished cotton tape || ~ de **ligature** / lacing tape || ~ pour **machines à écrire** (m.à ecrire) / typewriter o. ink[ing] ribbon || ~ **magnétique** / magnetic tape, magtape || ~ **magnétique homogène** (b.magnét) / powder impregnated tape || ~ **métrique** / centimeter tape || ~ **métrique ou de mesurage** / dimensionally stable tape measure || ~ **micacé** / mica tape || ~ de **Möbius** (math) / Möbius strip || ~ **moiré** / moiré o. watered ribbon || ~ de **moulage** (fonderie) / mould tape || **~-nourricier** *m* (filage) / feeding sliver || ~ de **papier** / paper strip o. tape || ~ **peigné** (carde) / combed sliver, combed top || ~ **perforé** / punched tape, (GB also:) paper tape || ~ à **raclettes** / scraper o. scraping belt, trough o. tray scraper || ~ de **satin ou satiné** / satin ribbon || ~ de **scie** / endless saw blade || ~ **serre-tête** / headband o. [head]strap of the headphone || ~ **silionne** / glass fabric ribbon || ~ de **soie vernie** /

varnished silk tape || ~ de **soie de verre vernie** / varnished glass fabric tape || ~ **textile** / fabric tape || ~ **thermoadhésif** (repro) / heat sealing tape || ~ de **tirage** (install) / pull-in o. fish[ing] tape || ~ de **tirage en acier** (électr) / steel fishing tape || ~ **tissé** / woven ribbon || ~ de **toile vernie** / varnished cotton tape, cambric tape || ~ en ou de **tôle** / sheet metal strip || ~ de **transport horizontal** / horizontal belt conveyor || ~ **verni** (électr) / cambric tape, varnished cotton tape || ~ de **verre textile** (filage) / glass sliver || ~ de **verre tissé** / glass fabric ribbon || ~ de **voile** (filage) / web strip, card sliver, sliver, slubbing
rubanage *m* / tape lapping || ~ (contreplaqué) / interlocked o. ribbon grain || ~ en **papier** (câble) / paper tape o. ribbon (US) insulation, spiral strip paper insulation || ~ de **papier** (filage) / paper lapping
rubané (isolation) / taped, lapped
rubaner / tape, lap
rubanerie *f* / ribbon weaving
rubaneuse *f* (tex) / draught frame || ~ (placage) / taping machine || ~ (tuyaux) / wrapping machine || ~ à **cage** / cage lapper || ~ à **papier** (câbles) / paper lapping unit || ~ **tangentielle** (pap) / tangential lapper
rubanier *m* / ribbon weaver
rubescent / reddish
rubidium *m* (chimie) / rubidium, Rb
rubigineux / rubiginous, rubiginose
rubis *m* (montre) / jewel bearing || ~ (couleur) / ruby || ~ (min) / ruby || ~ de **compteur** (instr) / meter-cup jewel || ~ **spinelle** / balas ruby
rubrique *f* (typo) / caption || ~ (dictionnaire) / article o. entry o. item of a glossary
rubriqué (typo) / headed
ruchage *m* (sidér) / checker work, checkers *pl*, chequers *pl* || ~ à **zones** (sidér) / checker work arranged in zones o. stages
ruche *f* / ruche
rude / coarse, rough || ~ (routes) / bumpy, rough || **être** ~ / chafe || ~ au **toucher** / coarse feel o. handle
ruder (bâtim) / notch, roughen
rudération *f* (routes) / pitching || ~ (bâtim) / daubing, dabbing
rudesse *f* / coarseness, roughness
rue *f* / street || ~ (typo) / gutter, river, street, gap, hound's teeth (US coll) *pl* || ~ d'**achats ou commerçante** / shopping street || ~ **barrée** / road closed for traffic || ~ **latérale** / bystreet || ~ des **magasins** / shopping parade || ~ au **niveau supérieur** / stilted street, elevated street || ~ **non prioritaire ou avec stop** / stop street || ~ **secondaire** (en ville) / bystreet || ~ à **sens unique** / one-way street || ~ **transversale** / cross-street
ruelle *f* / lane, narrow street
rugosité *f* / coarseness, roughness || ~ (oxycoupage) / drag lines || ~ (techn) / surface roughness, (esp.:) peak-to-valley height || ~ **moyenne arithmétique** (techn) / average peak-to-valley height
rugueux / rough || ~ (routes) / bumpy, rough || ~ (bâtim) / roughened
ruine *f* / ruin || ~**s** *f pl* / ruins *pl* || **en** ~ / dilapidated, ruinous, ruined
ruiner / ruin *vt*
ruisseau *m* / rivulet, brook || ~ de **rue** / street gutter, kennel
ruisselant / dripping
ruisseler / drip *vi*, run || ~ / trickle down, stream o. run down
ruissellement *m* (agr) / sprinkling, [surface] irrigation || ~ / surface water
rumb *m* / compass point
ruminant *m* (zool) / ruminant
runabout *m* / runabout (a boat)
ruolz *m* / gold- o. silver-plated metal
rupteur *m* (relais) / normally closed contact, home contact || ~ (électr) / power circuit breaker [for cos $\varphi < 0.7$] || ~ (auto) / contact breaker || ~ (sonnette) / hammer break o. interrupter, Wagner's interrupter, trembler
rupture *f* / rupture, break[ing] || ~, déchirement *m* / tearing, parting || ~ (ord) / interrupt || ~ (géol) / subsidence of shore, broken-down bank || ~ (essai des mat. digue; four) / break[-down], rupture || ~ (électr) / break, interruption || ~, vide *m* / break, gap || ~ de l'**âme** (câble) / conductor break || ~ d'**arête** (bois) / crack along the edge, edge crack || ~ d'**attelage** (remorque) / breaking away, separation || ~ d'**attelage** (ch.de fer) / division of a train, breaking of coupling || ~ de **brin** (câble) / break of a single conductor || ~ **brusque** / forced rupture, overload breakage || ~ **brusque** (interrupteur) / quick break || ~ **brutale de gaine** (nucl) / fast burst || ~ du **câble** (électr) / parting of a cable || ~ de **câble** (techn) / severing, rope breakage || ~ des **câbles** (pneu) / fabric break || ~ de **chaîne** (chimie) / termination of a chain || ~ à **chaud** (sidér) / hot shortness || ~ de **conducteur** (câble) / break of a single conductor || ~ de **contrôle** (c. perf, COBOL) / control break || ~ de **contrôle mineur** (c.perf.) / primary change of cards || ~ de la **couronne** (digue) / creast rupture || ~ **diélectrique** / dielectric breakdown || ~ d'une **digue** / bursting of a dam, breach in a dam (GB), crevasse (US) || ~ d'une **émulsion** / breaking of an emulsion || ~ d'**endurance ou de fatigue** / fatigue failure, repeated stress failure || ~ d'**essieu** / breaking of axle || ~ de **fatigue par vibrations** / vibration failure || ~ de **fil** / line break, wire break, fracture of wire || ~ de **fil** (filage) / thread breakage || ~ du **fil de chaîne** / warp breakage || ~ du **film d'eau** (galv) / water break || ~ par **fluage** / creep fracture || ~ de **fluage pour une durée de 1000 h** / 1000-h rupture stress value || ~ [à **fonctionnement] brusque** (électr) / quick break || ~ **fragile** (sidér) / cleavage fracture || ~ de la **fusée de l'essieu** (auto) / fracture of the steering knuckle || ~ de **gaine** (nucl) / burst slug, failed element || ~ **intérieure par choc** (pneu) / bruise break || ~ de **maille** / chain link fracture || ~ de **nappe** (pneu) / ply break || ~ au **niveau inférieur** (c.perf.) / minor control change || ~ au **niveau intermédiaire** (c.perf.) / intermediate control break o. change || ~ au **niveau supérieur** (c.perf.) / major control change || ~ des **rails** / rail break o. failure || ~ de **ressort** / spring fracture || ~ par **surcharge** / forced rupture, overload breakage || ~ des **toiles** (pneu) / fabric break || ~ du **toit** (mines) / caving in of roof || ~ **transversale** (emboutissage) / crack || ~ de **tuyau** / pipe break o. fracture o. burst || ~ due à une **vibration continue** / vibration fatigue failure || ~ par **violence** / forced rupture, overload breakage
rural / rural
ruse *f* / dodge, knack
rustique (bâtim) / rustic || ~ (pierre) / rusticated
rustiquer / rusticate || ~ l'**enduit** (bâtim) / imitate rustication
ruthénium *m*, Ru (chimie) / ruthenium
rutherford *m* (vieux) / rutherford [unit], rd
rutherfordium *m* (nucl) / rutherfordium (US)
rutile *m* (min) / rutile
rutine *f* / vegetable yellow
rythme *m* de **base** (ord) / basic cycle || ~

d'**introduction** (m.compt) / key striking cycle || ~ **manuel** (NC) / manual clock || ~ **pas à pas** (ord) / signal element timing || ~ **trait-point** (télécom) / dash-dot rythm
rythmer (électron) / strobe
rythmeur *m* (ord) / clock generator o. oscillator o. register, clock unit, [internal o. master] clock || ~ **fonctionnant en temps réel** (ord) / real-time clock || ~ de l'**horloge de mémoire** (ord) / storage clock interval timer || ~ **relatif** (ord) / relative time clock
rythmique (gén, géol, électron) / rhythmic
RZ, enregistrement *m* avec retour à zéro / return-to-zero recording, RZ

S

S (= siemens) (unité de conductivité)
S, en forme de ~ / S-shaped
sabin *m* (unité acoustique) / sabin, acoustic absorption unit, open window unit
sablage *m* / sand blasting, blasting, blast cleaning || ~ **humide** / wet sand blasting, vapour blasting || ~ à **jet de sable** (m outils) / jet blasting || ~ **sec** / dry sand blasting
sable *m* / sand || **faire passer le** ~ (hydr) / degrit || ~ **abrasif** / abrasive sand || ~ **amoncelé par le vent** / drift sand || ~ **argileux** (fonderie) / fat o. clayed sand || ~ **bitum[in]eux** / asphaltic sand || ~ **blanc ou de dune** (fonderie) / dune o. beach sand || ~ **boulant** / quick sand, (better): running sand || ~ de **carrière** (bâtim) / pit sand, dug o. unwashed sand || ~ de **carrière** (fonderie) / quarry sand || ~ **collant** (fonderie) / sticky sand || ~ de **concassage** / crushed stone fines || ~ de **construction** / sand for building purposes || ~ de **contact** (fonderie) / facing sand || ~ pour **décapage** (fonderie) / abrasive [sand], blast sand || ~ d'**emballage** (fonderie) / heap o. backing sand || ~ **enrobé** (routes) / sand asphalt || ~ **étuvé** / baked o. dry sand || ~ à **faire le verre** / vitreous sand || ~ de **fer** / ferruginous o. iron sand || ~ **fin** (entre 0.2 et 0.05 mm) (géol) / fine sand || ~ **fin de moulage** (fonderie) / facing sand, fine moulding sand || ~ **flottant** / quick sand, (better): running sand || ~ de **fonderie** / moulding sand || ~ **fort** (fonderie) / strong o. fat sand, strong o. fat sand || ~ **glauconifère** (géol) / glauconitic o. green sand || ~ **goudronné** (routes) / tar sand || ~ **gras** (fonderie) / strong o. fat sand || ~ **grossier** (entre 2 et 0.2 mm) (géol) / coarse sand || ~ **[isolant] de joint** (fonderie) / parting sand || ~ **kaolinique** / kaolinitic sand || ~ de **laitier** / granulated blast furnace slag, slagsand || ~ à **luter** (céram) / daubing o. luting sand || ~ **maigre** (fonderie) / lean sand, weak sand || ~ de **mer** / beach sand || ~ de **modèle** (fonderie) / moulding sand || ~ **monazité ou de monazite** / monazite sand || ~ de **moulage ou à mouler** / moulding sand || ~ **mouvant** / quick sand, (better): running sand || ~ **moyen** (géol) / medium sand || ~ **naturel** (fonderie) / natural sand || ~ de **nettoyage** (fonderie) / abrasive [sand] || ~ **neuf** (fonderie) / new sand, fresh sand || ~ **normal** (bâtim) / standard sand || ~ à **noyaux** (fonderie) / core sand || ~ **perméable** (fonderie) / open sand || ~ **pétrolifère** (géol) / oil sand || ~ à **polir** / grinding sand || ~ **préparé** (fonderie) / prepared o. reconditioned sand || ~ de **ravine** / river o. drift sand || ~ **recuit** / burnt sand || ~ **réfractaire** / refractory sand, fire sand || ~ de **remplissage** (fonderie) / body o. backing o. black sand, heap o. floor (GB) o. filler (US) sand || ~ de **rivière** / river sand, (also:) gravel || ~ à **saupoudrer** (fonderie) / parting sand || ~ **silicieux** / silica o. glass sand, sharp and non-absorbent sand, arenaceous quartz || ~ **standard** (fonderie) / standard sand || ~ **stannifère** (galv) / tin grain || ~ de **surface** (fonderie) / facing sand || ~ **synthétique** (fonderie) / synthetic [moulding] sand || ~ au **tas** (fonderie) / spillage o. black sand || ~ **traité** (fonderie) / prepared o. reconditioned sand || ~ **vert** (fonderie) / green sand || ~ **vieux** (fonderie) / spillage sand, black sand
sablé *m* (tiss) / sand crepe
sabler / sand *vt*, spread sand || ~ (fonderie) / sandblast, blast sand || ~ au **papier-émeri** / sandpaper *vt*
sablerie *f* (fonderie) / sand moulding shop
sableuse *f* (routes) / sander || ~ (fonderie) / sand blast [apparatus], sand blaster || ~ à **disques** (bois) / disk sander (US), grinding wheels *pl*
sableux / sandy
sablier *m* / egg timer, hour glass || ~ (pap) / sand table, riffler || ~ **épurateur** (pap) / sand collector o. trap
sablière *f* / sand pit || ~ (ch.de fer) / sander, sanding gear, (esp.:) sand box || ~ (comble) / inferior purlin || ~ (charp) / ground beam o. timber || ~ de **forme** (bâtim) / inferior purlin || ~ de **grillage** (bâtim) / sill of a grated foundation || ~ **portée** (routes) / mounted sander || ~ **supérieure** (charp) / head rail
sablon *m* (sable entre 0.05 et 0.2 mm) (géol) / finest sand
sablonner / scour with sand || ~ (soudage) / sand *vt*, sprinkle with sand
sablonneux / sandy
sablonnière *f* / sand pit for fine sand || ~ (fonderie) / moulding box, flask
sabord *m* (nav) / port, porthole || ~ d'**angle** / corner door || ~ de **charge** (nav) / cargo port || ~ de **décharge** (nav) / freeing port, wash port
saborder (nav) / scuttle *vt*
sabot *m* (techn) / shoe || ~ (coll) (auto) / jalopy (coll) || ~ (baignoire) / hip-bath || ~ (funi) / saddle || ~, toupie *f* d'enfant / pegtop, top || ~ (ch.de fer) / skate || ~ (m.à coudre) / sliding shuttle, open-boat shaped shuttle || ~ **alimentateur à secousses ou avec mouvement de va-et-vient** (mines) / hopper shoe o. vibrator, reciprocating feeder || ~**s** *m pl* d'**animaux râpés** / cattle foot shavings *pl* || ~ *m* d'**appui** (pont) / bearing chair o. block o. stool || ~ d'**appui** (funi) / saddle || ~ d'**arrêt** (ch.de fer) / skid-pan, drag shoe, stop block || ~ d'**assemblage** (mines) / cap shoe, jointing shoe || ~ du **câble porteur** (funi) / carrying cable saddle || ~ de la **cureuse** / shoe of a ditcher || ~ de **Denver** (auto) / a lock attached by police to the spokes || ~ de **déraillement** (ch.de fer) / derailer, derailing stop || ~ d'**enrayage** (ch.de fer) / drag shoe, skid-pan, stop block || ~ à **fourche** / forked fitting, clevis type fitting (US) || ~ de **frein** (ch.de fer) / brake block, brake shoe || ~ de **frein à semelle amovible** (ch.de fer) / brake block with removable refill || ~ **inclinable** (m.outils) / swivel, hinged plate || ~ **intérieur** (moissonneuse) / main o. inner shoe || ~ de **limon** / division of the string-board || ~ de **longeron** (aéro) / wing spar box || ~ de **pare-chocs** (auto) / overrider || ~ de **pieu** / block, bolster || ~ **[de pilot]** / pile shoe o. ferrule, iron sheath of a pile || ~ de **suspension pivotant** (funi) / suspended swivelling saddle, turning o. swivelling suspension saddle o. shoe || ~ **tranchant** (mines) / cutting o. drum curb || ~ de la **trémie** (moulin) / hopper shoe o. vibrator
saboté (poteau) / stub-reinforced
saboter un **pieu** / shoe a pile || ~ des **traverses** (ch.de fer) / adze the sleepers, chair sleepers

sabre *m* (filage) / picker o. picking stick o. arm, beater
sac *m* / sack, bag ‖ ~ à **air à cuisson** (caoutchouc) / air bag, curing bag ‖ ~ **amortisseur** (aéro) / bumping bag ‖ ~ pour **anodes** (galv) / anode bag ‖ ~ en **caoutchouc** / rubber bag ‖ ~ à **charbon** / coal sack ‖ ≗ au **Charbon** (astr) / Coal sack ‖ ~ à **double paroi** (pap) / duplex bag ‖ ~ pour **échantillons** (pap) / sample bag ‖ ~ **extérieur du parachute** (aéro) / pack cover ‖ ~ à **farine** / flour bag o. sack ‖ ~ **filtrant** / filtering bag ‖ ~ **filtrant pour bière** / beer filter bag ‖ ~ de **filtration** / bag filter ‖ ~ **fourre-tout** (phot) / bag for camera and accessories ‖ ~ **[intérieur] du parachute** / parachute pack ‖ ~ pour le **mal de l'air** (aéro) / sanitary paper bag (US) ‖ ~ de **moulage** (plast) / forming pad, blanket ‖ ~ **multiplis** / multiwall bag ‖ ~ à **noir** / soot-chamber ‖ ~ à **outils** / tool kit o. bag ‖ ~ en **papier** / paper bag ‖ ~ à **parois multiples** / multiwall bag ‖ ~ **pliant** / folding bag ‖ ~ à **pommes de terre** / potato bag ‖ **~-poubelles** *m* / plastic bag for refuse collectors ‖ ~ à **poussière** / dust bag ‖ ~ à **provision en plastique** / shopping bag o. carrier, carry-home o. carrier bag ‖ ~ de **sable** / sandbag ‖ ~ **toujours prêt** (phot) / ever-ready case ‖ ~ à **valve** / valve paper bag, valve sack
saccade *f* / jerk, jolt, bump, hitch ‖ **à ~s** (tréfilage) / jerkily ‖ **par ~s** / by jerks and jolts, jerkily, by fits and starts ‖ **sans ~s** / smooth, vibrationless
saccadé, par à-coups / shocklike ‖ ~, intermittent / intermittent, fitful, periodical
saccharase *f* / saccharase ‖ ~ de **levure** / yeast saccharase
saccharate *m* / saccharate, sucrate ‖ ~ de **calcium** / calcium saccharate o. sucrate, saccharated lime
saccharide *m* / saccharide
saccharifère / sacchariferous, saccharated, saccharine
saccharification *f* / saccharification ‖ **à ~ terminée** (bière) / normal to iodine ‖ ~ du **bois** / saccharification of wood, wood hydrolysis
saccharifier / saccharify ‖ ~ le **bois** / hydrolyze wood
saccharimètre *m* / saccharimeter, saccharometer ‖ ~ (bière) / saccharometer
saccharimétrie *f* / saccharimetry
saccharine *f* / saccharine
saccharogénèse *f* / saccharose formation
saccharomyces *m*, -mycètes *m pl* / saccharomyces
saccharose *m* / saccharose, sucrose
sachet *m* / bag ‖ ~ à **couleur** (comme marque de détresse) (aéro, nav) / dye-marker ‖ ~ **déshydratant** / dehydrating bag ‖ ~ **déshydratant** / desiccant bag ‖ ~ pour **échantillons** (pap) / sample bag ‖ ~ d'**envoi postal** / jiffy bag ‖ ~ à **fond carré** / square bottom bag ‖ ~ à **fond croisé** / cross bottom bag, block bottom bag ‖ ~ à **fond plat** / flat- o. butt-ended bag ‖ ~ à **fond à plis latéraux rentrants** / folded bag ‖ ~ de **paie** / pay envelope o. packet, wage envelope o. packet ‖ ~ **plat** / flat bag ‖ ~ à **prélèvement d'échantillons de gaz** / analytical air bag, air sampling bag ‖ ~ en **soufflet** / satchel bag ‖ ~ à **soupape** / valve paper bag, valve sack
sacoche *f* (bicyclette) / saddle bag ‖ ~ en **cuir** / leather bag
safflorite *f* (min) / safflorite
safran *m* (condiment) / saffron ‖ **~s** *m pl* (nav) / antirolling fins *pl* ‖ ~ *m* **bâtard** / safflower ‖ ~ de **gouvernail** / rudder blade o. plate
safranière *f* / saffron plantation
safranine *f* / saffranin[e]
safre *m* / cobalt o. oxide blue
sagittal / sagittal
sagou *m* / sago
saigné (typo, phot) / bleed [design], marginless
saignée *f* (soudage) / cutting kerf ‖ ~ (mines) / kerf, kirve, kirving, undercut ‖ ~ (hydr) / drain, draining, drainage ‖ ~ / incision (e.g. in a flat sheet to adapt it to a convex surface) ‖ **à ~s** (conducteur) / tapped
saigner *vt* (gén) / drain *vt* ‖ ~ (mines) / drain *vt*, fork a mine ‖ ~ (m.outils) / groove *vt*, recess, cut in ‖ ~ *vi* / bleed *vt* ‖ ~ (colle) / bleed through
saillant *adj* / salient, projecting ‖ ~ (méc, aéro, bâtim, constr.en acier) / cantilever
saillie *f* (bâtim) / projection, projecture, bearing-out, overhang ‖ ~ (roue dentée) / addendum ‖ ~ (horloge) / nut, pallet ‖ ~ (techn) / cam, shoulder ‖ **en ~** / built-on ‖ **en ~** (méc, aéro, bâtim, constr.en acier) / cantilever ‖ **en ~** (angle) / convex ‖ **[monté] en ~** (techn) / mounted [on], [directly] attached ‖ **en ~** (arbre) / overhang ‖ **en ~** (bâtim) / return... ‖ **en ~** (électr) / surface... ‖ **en ~ au dedans** / inward projecting ‖ **être en ou faire ~** / jut [out], stick out, protrude, project ‖ **par ~** (eau) / by jets ‖ ~ d'un **candelabre** / bracket projection of a lighting column ‖ ~ des **conduits de fumée** / chimney cope o. coping o. head o. neck o. shaft ‖ ~ à la **corde** (roue dentée) / chordal height ‖ ~ à la **corde réelle** (roue dentée) / chordal addendum ‖ ~ à **corniche massive** (bâtim) / ruille[d] eaves *pl* ‖ ~ à **coyaux visibles** / chantlate eaves *pl* ‖ ~ de la **dent** / addendum ‖ ~ de la **dent à la corde** / chordal height ‖ ~ de la **marche supérieure** / projection of tread ‖ ~ *m* de **pilier** (bâtim) / pilaster strip ‖ ~ *f* de la **pointe polaire** (tête magnét.) / tip protrusion ‖ ~ de **référence, [de fonctionnement]** (vis sans fin) / reference, [working] addendum ‖ ~ de **toit** / eaves *pl*, projection of roof, overhang
saillir (surface verticale) / bear out *vi*, stand out, jut out, project, protrude ‖ ~ (surface horizontale) / project [from o. above o. over], be salient, jut [out], protrude ‖ ~ (liquide) / squirt out, gush out
saindoux *m* / lard
sainfoin *m* (bot) / sainfoin
saisie *f* des **cylindres** (lam) / bite ‖ ~ de **données** / data acquisition o. collection, data logging o. recovery o. preparation ‖ ~ des **données primaire** / source data acquisition ‖ ~ de **données à la source** / source data o. original data collection
saisir *vi* (techn) / bite-in *vi* ‖ ~ *vt* / seize *vt* ‖ ~ (Th) (ordonn) / grasp ‖ ~ des **données** (ord) / collect o. capture data ‖ ~ un **liquide** / catch, collect ‖ ~ **[à la volée]** / catch (in midair)
saisissable / tactile, tangible
saison *f* / season ‖ ~ des **pluies** / rainy season
saisonnier / seasonal
saladier *m* du **haut parleur** / loudspeaker frame
salaire *m* (ouvrier) / wage, pay ‖ ~ (agent) / salary, remuneration ‖ ~ (somme) / total amount of salaries, total pay roll (US) ‖ ~ de **base** / base pay o. rate, basic wage rate, wage floor (US) ‖ ~ de **base local** (ordonn) / going rate o. wage ‖ ~ **brut** (ordonn) / total compensation, gross earnings *pl* ‖ ~ de **début** / entrance wage o. rate ‖ ~ **direct** / direct labour cost ‖ **~s** *m pl* **et avantages sociaux** / wages and welfare ‖ ~ *m* **exclusivement à l'heure** (ordonn) / straight time pay ‖ ~ **exclusivement aux pièces** (ordonn) / straight piece rate ‖ ~ **global moyen aux pièces** / average earned rate o. earnings *pl* ‖ ~ **hebdomadaire** / weekly pay o. wage ‖ ~ **horaire ou par heure** / hourly o. time wage ‖ ~ **journalier ou d'une journée** / daily wages *pl* ‖ ~ **maximum** / peak o. top wage ‖ ~ **minimum garanti** / guaranteed

base rate o. wage rate, wage floor || ~ **minimum interprofessionnel de croissance**, S.M.I.C. / base rate guaranteed by law in France || ~ **moyen** / average hourly earnings || ~ **net** / take-home pay || ~ **normal** (ordonn) / going rate o. wage || ~**s** *m pl* **ouvriers** / labour wages *pl* || ~ *m* aux **pièces** / piece wage || ~**s** *m pl* **réels** / real wages *pl* || ~ *m* au **rendement par équipe** / pay per shift || ~ à la **tâche** / piece wage || ~ **tarifaire** / class rate, union wage (US)
salaison *f* / salt preserves *pl* || ~ (bœuf) / corning (US), salt[ed] beef
salariat *m* / salaried employees o. workers *pl*
salarié *m* (ouvrier) / wage earner || ~ (gén) / employee, employe, employé || ~ (agent) / salaried employee o. worker (US) || ~ en **conscience** (typo) / stab, establishment
salbande *f* (mines) / face o. wall of a bed o. lode || ~ (géol) / gouge
sale / dirty, filthy, unclean || **très** ~ / badly soiled
salé amer / salso-amarous
saler / cure meat, salt, corn
saleté *f*, tache *f* / smudge, smear || ~ / dirt, filth
sali par l'**huile** / oiled-up, fouled by oil || ~ de **suie** / sooty, blackened with soot
salicine *f* / salicin[e]
salicole / salt producing
salicorne *f*, (midi de France:) salicor *f* / saltwort, salsola
saliculture *f* / salt production o. manufacture
salicylal *m* / salicylaldehyde, salicylic aldehyde
salicylanilide *m* / salicylanilide
salicylate *m* / salicylate || ~ de **méthyle** / methyl salicylate || ~ de **phényle** / salol, phenyl salicylate
salicyler / salicylate
salicylique / salicylic
salifère / saline
salifiable / salt producing
salification *f* / salt formation o. liberation, salification, salifying
salifier un **acide** / produce the salt of an acid
saligénine *f* / saligenin[e], saligenol, salicyl alcohol
salignon *m* / salt cake
salin *adj* / saline, salty || ~ *m* / crude potash
salinage *m* / crystallization of salt
saline *f*, salin *m* / salt works o. refinery, saltern || ~ (source) / salt o. brine spring || ~ (mine) / salt mine || ~ à **graduation** / graduation works, thornhouse
salinité *f* / salinity
salinograde *m* / brine areometer
salinomètre *m* / brine o. salt gauge o. poise, halometer, salinometer
salir / contaminate, dirty, soil, stain (dirty slightly) || ~ (se) / soil, dirty, foul, smut
salissant (tex) / easily soiled || ~ (travail) / soiling, dirty
salissure *f* (tex) / soiling || ~ (nav) / fouling, incrustation of fouling matter || ~**s** *f pl* / smears *pl* || ~ *f* (linge) / dirt
salle *f* (bâtim) / room (esp.: appropriated to some purpose) || ~ [publique] / hall || ~ d'**accumulateurs** / battery room || ~ des **appareils [de téléphonie automatique]** (télécom) / apparatus o. switch room, auto room || ~ d'**attente** (ch.de fer) / waiting room || ~ de **bains** / bathroom, toilet (US) || ~ des **bains-douches** (mines) / coop, coe || ~ des **balances** (laboratoire) / balance room || ~ **blanche** (ord) / clean room || ~ de **bobinage** / winding department || ~ de **brassage** (bière) / brew[ing] o. boiling room o. house || ~ de **captation** / water chamber, well chamber o. house || ~ des **chaudières à brasser** voir salle de brassage || ~ de **cinéma** / motion-picture house || ~ de **commande** (usine électr) / control room || ~ de **composition** / composing room || ~ de **conférences** (entreprise) / conference room || ~ de **conférences**, salle *f* de cours (école) / lecture hall o. room o. theatre, auditorium, auditory || ~ de **contrôle** (usine électr) / control room, switchboard gallery || ~ de **démonstration** / showroom || ~ à **dessiner ou de dessin** / drafting room, designing o. drawing o. drafting office || ~ des **digesteurs** / digester house, digestery || ~ de **distribution** / control room || ~ d'**eau** (bâtim) / washroom, restroom, lavatory || ~ d'**embarquement** / departure hall o. lounge || ~ d'**émission** (électron) / broadcasting studio || ~ d'**enseignement** / classroom || ~ d'**essai ou d'épreuve** (électr, électron) / inspection department, test department o. lab || ~ d'**essai ou d'épreuve** (techn, mot) / test[ing] stand o. room || ~ **fermée** (ord) / closed shop || ~ de **filature sur métiers** / spinning room || ~ de **finissage** (pap) / salle, finishing house || ~ des **gabarits** (nav, charp) / lofting department, drawing loft [floor], mould loft floor || ~ des **guichets** (ch.de fer) / departure o. passenger hall || ~ **hors-poussière** / dustproof room, white room, clean room || ~ des **impressions** (typo) / press room || ~ de **lessivage** / digester house, digestery || ~ des **machines** / machine[ry] room || ~ des **machines** (graph, atelier) / press room || ~ à **manger** / dining room || ~ de **mélange** (tex) / mixing room || ~ de **mesures** / room for precision measuring || ~ des **métiers à tisser** (tex) / weaving shed, loomery || ~ de **mixage** (TV, électron) / mixing booth || ~ de **nettoyage** (tex) / opening room, blow[ing] room || ~ d'**opération** / work[ing] room || ~ d'**ourdissage** (tiss) / warping department || ~ des **outils** / tool shop || ~ des **piles** (pap) / beater room o. house || ~ des **pompes** / pump room || ~ des **presses** / pressing plant, pressroom || ~ **principale de régie** (TV) / main control room || ~ de **prise de son** (film) / sound recording room || ~ de **réunion** / assembly room || ~ **réverbérante** (acoustique) / live room, reverberation o. echo chamber || ~ de **rinçage** (bière) / cask rinsing department || ~ de **séjour** (gén) / common room || ~ de **séjour** (ELF), living room *m* (apartement) / living o. sitting room, drawing room || ~ des **signaux** (télécom) / signal room, auto room || ~ [des **spectacles**] / auditorium, auditory || ~ à **tracer** (nav, charp) / lofting department, drawing loft [floor], mould loft floor || ~ de **traite** (agr) / milking parlour || ~ de **traite parallèle** (agr) / abreast milking parlour || ~ des **turbines** / turbine hall o. house
salmonellas *f pl* / salmonella bacilli *pl*, salmonella[s], -nellae *pl*
salmonellose *f* / salmonellose (pl.:) -oses
salol *m* / salol, phenyl salicylate
salon *m* (bâtim) / drawing room, sitting room || ~ (auto) / motor show
saloper *vt* / botch a piece of work
salopette *f* / work dress, overall, dungarees *pl*
salpêtre *m* / nitre, niter (US) || ~ **brut** / crude saltpeter || ~ du **Chili** / Chile saltpetre o. saltpeter (US) o. nitre o. niter (US) || ~ **cubique** / sodium niter o. saltpeter || ~ **première cuite** / crude saltpeter || ~ **synthétique** / synthetic niter
salpêtreux / saltpeter-covered
salpêtrière *f* / saltpeter mine
salpêtrisation *f* / nitrification, (also:) rotting of walls
salse *f* (géol) / mud volcano, salse
salsola *m* / salt wort, salsola kali
salsugineux / sea salt-impregnated
salubre / health giving, salubrious
salutaire / health giving

salvatation *f*(pétrole) / salvatation
salve *f* dans une **chambre de ionisation** (ELF) (nucl) / ionization burst || ~ d'**ionisation** (rayonnement cosmique) / giant shower || ~ de **neutrons** (ELF) (nucl) / neutron burst
samarium *m*, Sm (chimie) / samarium, Sm, Sa
samarskite *f*(min) / samarskite
samba *m* (Ivory Coast) (bois) / wawa, Ghana obeche
SAN = copolymère styrène-acrylo-nitrile
sandaraque *f* / sandarac
sand cutting *m* (géol) / sand cutting o. scratch
sandow *m* (aéro) / elastic rubber cable, rubber cord, sandow
sandre *m* (géol) / outwash [fan]
sandwich / sandwich... || ~ (pl: sandwichs ou sandwiches) (nucl) / sandwiching || **en** ~ / sandwich..., sandwiched || ~ **mousse** / foam sandwich || ~ **nid d'abeilles** / honeycomb design o. construction
sang *m* **[des]séché**, sang *m* coagulé / blood meal, dried blood || ~**-dragon** *m* (teint) / dragon's blood
sangle *f* / strap || ~ (techn) / cover band || ~**s** *f pl*(nav) / boat sling || ~ *f*(aéro) / seat belt || ~ d'**amarrage** (nav) / lashing strap || ~ **cablé acier** / steel cord belt || ~ de **chanvre** / hemp strap || ~ de **coton** / cotton strap o. webbing || ~ de **jalousies** / strap for blinds || ~ à **nœuds coulants** / rigging o. suspension band || ~ d'**ouverture automatique** (aéro) / self-opening seat belt || ~ d'**ouverture automatique** (ELF), S.O.A. (parachute) / static line || ~ de **sécurité** / safety belt || ~ de **suspension** (parachute) / lift web || ~ pour **tapissier** / upholstery o. furniture webbing || ~ **tissée** / fabric belt || ~ de **volet roulant** / strap for blinds
sanguine *f* / red hematite || ~ (couleur) / ruddle, red ocher || ~ (fruit) / blood-orange
sanidine *f*(min) / sanidine, rhyacolite
sanitaire *adj* / sanitary, health... || ~ *m* (bâtim) / sanitary block, plumbing unit
santal *m* **blanc ou citrin** (bois) / santalwood
santalol *m* (chimie) / santalol
santé, de ~ / sanitary, health...
santonine *f* / santonine
saper *vi* / undermine, sap *vi*
sapeur *m* **pompier** / fireman
saphir *m* (min) / sapphire || ~ (instr) / sapphire needle
saphirine *f*(min) / sapphirin[e]
sapin *m* / fir[-tree], spruce || ~ **blanc**, sapin *m* vrai ou du Nord ou pectiné ou des Vosges, Abies alba / silver fir, Abies alba || ~ du **Brésil**, Araucaria angustifolia / Parana pine || ~ **douglas** / Douglas fir o. spruce o. pine, British Columbia pine, Oregon pine || ~ **rouge**, Picea abies, Picea excelsa Link / European o. Norway o. common spruce
sapine *f*(bois) / white deal || ~ (grue) / jib tower || ~ (auto) / crane truck (US) o. lorry (GB) || ~ (bâtim) / self-supporting building hoist
sapinière *f* / spruce forest
sapogénine *f*(chimie) / sapogenin
saponifiable / saponifiable
saponification *f* / saponification || ~ à **base de lithium** / lithium base saponification || ~ à **base de soude** / sodium base saponification || ~ **calcaire ou à base de chaux** / saponification by lime || ~ **sulfurique** / sulphuric saponification
saponifier / saponify
saponine *f*(chimie) / saponin
saponite *f*(min) / saponite
saprobies *pl* / saprobes *pl*
sapro·gel *m* / saprocol, saprogel || ~**gène** / saprogenous || ~**pel** *m*, sapropèle *m* / sapropel, faulschlamm || ~**pélique** / sapropelic || ~**pélite** *f*(min) / sapropelite || ~**phages** *m pl* / saprophagous organisms *pl* || ~**phyte** *adj* / saprophilous, saprobiotic, -phytic || ~**phytes** *m pl* / saprobes *pl*, saprophytes *pl*
Saran *m* (plast) / Saran
sarcina *f*, **sarcine** (bactérien du sol) / sarcina *pl*
sarcler un **champ** (agr) / hoe *vt*, spud || ~ les **herbes** / weed *vt*
sarcleuse *f* / weeding machine
sarcosine *f* / sarcosin[e], monomethyl-glycine
sarment *m* (bot) / tendril
sarrasin *m* / buckwheat
sarrau *m*, sarrot *m* / smock, overall || ~, -rot *m* (tex) / blue dungaree || ~ **antiacide** / acidproof clothing
sartorite *f* / sartorite
sas *m* (écluse) / flooding chamber, lock chamber || ~ (m.outils) / material lock || ~, tamis *m* / sieve || ~ (moulin) / bolter || **au** ~ **fin** (p.e. plâtre) / finely sieved o. screened (e.g. plaster) || ~ à **air** / air lock || ~ à **air à surpression** / pressed air lock || ~ **amont** (hydr) / upper [flooding] chamber || ~ **aval** / lower [flooding] chamber || ~ du **bassin** (port) / harbour lock, entrance lock || ~ en **crin** / hair sieve || ~ d'**épierrage** (sucre) / rock catcher || ~ à **fil fin** / hair sieve || ~ de **magasin** (m.outils) / magazine lock || ~ de **manutention** (nucl) / control rod handling room || ~ pour les **matériaux** (bâtim) / material lock
sasser *vt* / sieve *vt* || ~ / pass through a lock, lock *vt* || ~ (moulin) / bolt flour || ~ (techn) / agitate in abrasive liquid *vt*
sasseur *m* (moulin) / purifier
sassoline *f*(min) / sassolite
satelliser / insert in a satellite orbit
satellite *m* (astr) / satellite, secondary || ~ (ord) / satellite || ~ (espace) / satellite, artificial o. man-made satellite || ~ (engrenage) / planet wheel, spider gear, carrier pinion || ~ (ELF) **d'un aéroport** / satellite of an airport building || ~ **actif** / active satellite || ~ d'**applications** / application satellite || ~ d'**applications technologiques** / application technology satellite, ATS || ~ pour le **contrôle du trafic transocéanique** / transoceanic air-traffic control satellite || ~ **culbutant** / tumbling satellite || ~ **défilant**, satellite *m* à défilement / orbiting satellite || ~ du **différentiel** (auto) / drive pinion, differential bevel pinion || ~ de **diffusion directe** / satellite for direct reception || ~ de **distribution** / repeater satellite || ~ à **énergie solaire** / solar power satellite, SPS || ~ **équatorial synchrone** / stationary [equatorial] satellite || ~ **E.S.S.A.** / environment survey satellite, ESSA || ~ **géodésique** / geodetic satellite || ~ **géosynchrone** / geostationary o. geosynchronous satellite || ~ **I.M.P.** / IMP-satellite, interplanetary monitoring platform satellite || ~ **météorologique** / meteorological o. weather satellite, metsat || ~ de **navigation** / navigation satellite, NAVSAT || ~**s** *m pl* **non maintenus en poste** / random satellites *pl* || ~ *m* en **orbite basse** / near earth satellite || ~ **passif** / passive satellite || ~ à **proximité de la Terre** / near earth satellite || ~ de **recherche spatiale** / space research satellite || ~ de **reconnaissance** / spy satellite || ~ de **reconnaissance et de surveillance** / integrated satellite, IS || ~ **répéteur** (télécom) / repeater satellite || ~ **scientifique** / scientific satellite || ~ pour **services maritimes** / maritime service satellite || ~ **sous-synchrone** (ELF) / sub-synchronous satellite || ~ **stationnaire** / stationary o. synchronous satellite || ~ de **télécommunications** / [tele]communication satellite || ~ de **télécommunications militaires** /

milcomsat (military communication satellite) || ~ de la **Terre** (astr) / Earth satellite || ~ de **transmission** (télécom) / transmission satellite
satin *m* / satin || ~ **broché** / brocaded satin || ~ par **chaîne ou effet de chaîne** / sateen, warp sateen || ~ **clos pour duvets** / mitcheline || ~ de **coton** / sateen || ~ **duchesse** (tex) / satin duchesse || ~ **effet trame** / weft satin (GB), filling satin (US) || ~ de **laine** / woollen satin || ~ **turc** / five-end satin
satinade *f* / satinet[te]
satinage *m* / satin lustre || ~ (pap) / bowl glazing || ~ à **froid** (tex) / cold pressing
satiné *adj* (ampoule) / frosted || ~ (pap) / dull-glazed, velvet finished || ~ (tex) / with sateen finish || ~ *m* / satin lustre || ~ sur **calandre** (pap) / machine-finished, M.F., mill finished, M.F.
satiner (pap) / calender, satin, glaze, gloss || ~ (métal) / satin-finish *vt*
satinette *f* / satinet[te]
satineuse *f* (pap) / calender, glazing machine || ~ à **cylindres** (pap) / pressing rollers *pl*, pressing calender, rolling machine
satisfaire / satisfy || ~ [à] / meet *vt*, fulfill || ~ à une **condition ou demande** / fulfil a condition, meet a requirement || ~ au **contrôle de parité** / parity-check *vi* || ~ aux **exigences** / meet the requirements
satisfaisant les **normes** / conforming to standards
saturable / saturable
saturateur *m* / air humidifier
saturation *f* / saturation, permeation || ~ (couleurs) / saturation || ~ du **blanc** (TV) / white saturation || ~ de **couleur** (TV) / colour saturation || ~ d'**eau** (sol) / waterlogging || ~ **magnétique** / magnetic saturation || ~ du **noir** (TV) / black saturation
saturé / saturate[d], satiated || ~ (chimie) / saturated || ~ (couche électronique) / filled up || ~ (sol) / waterlogged
saturer / saturate || **se** ~ [de] / become saturated || ~ de **gaz carbonique** / carbonate, saturate with carbonic acid
saturne *m* (alchimie) / lead
saturnin / saturnine
saturnisme *m* / lead poisoning, plumbism, saturnism
sauce *f* de **couchage** (pap) / coating colour o. slip || ~ du **tabac** / tobacco sauce
saucer (tabac) / sauce *vt*
saucisson *m* (hydr) / water fascine
sauf erreur ou émission, S.E. ou O., S.E.O.O. / E.E. (error excepted), E. O.E. (error and omission excepted), S.E. [ ] O. (salve error et omissione)
saule *m* / willow, osier, sallow
saumâtre / brackish
saumon *m* (sidér) / cake || ~, plomb *m* de sonde / sounding weight || ~ de **coke** / coke cake || ~ de **fer ou de fonte** / iron pig || ~ de **plomb** / lead pig o. lump
saumure *f* / pickle, brine || **à** ~ / briny || ~ **usée** / waste brine
saumuré / briny
saunage *m*, saunaison *f* / extraction of sea salt
sauner / produce o. extract salt
saunerie *f* / salt works o. refinery, saltern
saupoudrage *m* / dusting || ~ du **bord d'un avion** / scattering dust from a plane, air plane dusting || ~ de **pesticides** / pesticide dusting
saupoudrer / cover with dust, dust, powder || ~ / dust || ~ le **moule** (fonderie) / blacken the mould || ~ de **sel** / sprinkle with salt || ~ de **sucre** / sugar
saurer, saurir / cure fish
saussurite *f* (min) / saussurite
saussuritisation *f* (géol) / saussuritisation
saut *m* / jump, leap, bound || ~ (c. perf., imprimante) / carriage [skip] || ~ (c.perf.) / punch column skip, skipping device || ~ (tabulation) / skip, skipping [motion] || ~ (techn) / jump, sudden increase || ~ de **colonnes** (c.perf.) / column skip || ~ **conditionnel,** [inconditionnel] / conditional, [unconditional] jump || **~-de-mouton** *m* (ch.de fer) / fly-over, overbridge || **~-de-mouton** *m* (routes) / scissors crossover, fly-over || **~-de-ski** *m* (hydr) / ski jump || ~ de **fréquence** / frequency jumping || ~ de l'**image** / break of vision || ~ **multiple** (ord) / continuous skip || ~ d'une **onde** / hop, skip || ~ **onze** (c.perf.) / X-skip || ~ de **papier** (ord) / slewing of forms (US), paper throw o. skip o. slew (US) || ~ de **papier** (bande perf) / tape skip || ~ des **quanta** (phys) / quantum jump o. transition || ~ de **report** (c.perf.) / carry skip || ~ de la **roue sur le joint** (ch.de fer) / kick on the joint || ~ de **ski** (hydr) / ski jump, spillway || ~ de **tension** (tube à décharge lumineuse) / voltage jump || ~ **vertical immédiat** (ord) / immediate skip
sautage *m* (mines) / blast, charge || ~ (émail) / chipping || ~ des **chambres** (mines) / chamber blasting, chambering || ~ par **charge superficielle** (mines) / secondary blasting
saute *f* / sudden change || ~ **brusque du temps** / sudden o. abrupt change || ~ de **lumière** / flaming up, flaring up || ~ de **mode** / mode jump o. shift || **~-rails** *m* (mines) / traverser || ~ *f* de **réactivité** / reactivity excursion || ~ de **vent** / shift of wind || ~ de **vitesses** (auto) / skipping [of speeds]
sauté (coupe-circuit) / burnt-out, blown, fused, gone || ~ (contreplaqué) / non-adhering, dead, encased
sauter *vi* / jump *vi*, leap *vi* || ~, faire ressort / fly back || ~ (vent) / go round, change, veer *vi* || ~, éclater / chip off || ~, omettre / skip *vi* || ~ (émail) / pop off, jump || ~ (fusible) / blow *vi* || ~, exploser / explode, go off o. up || **faire** ~ / flip *vt* || **faire** ~, sauter *vt* / shoot *vt*, blast || **faire** ~ **des rochers** / blast off, shoot off || **faire** ~ **les plombs** / blow the fuses || **qu'on peut faire** ~ (mines) / which may be blasted || ~ **dehors** / trip *vi* || ~ **par-dessus** / jump over
sauterau *m* (instr) / jack, hammer, fly-finisher
sauterelle *f* (charp) / bevel protractor || ~ (nav) / swing derrick || ~ (convoyeur) / mobile o. travelling belt conveyor || ~ **double T ou en I** / T-bevel || ~ de **mitre** (men) / mitre rule
sauteuse *f* **basculante** / tilting type frying pan
sautillement *m* (TV) / line jitter, line shake || ~ (6-30 Hz) (électron) / flutter || ~ de **faisceau** (radar) / beam jitter || ~ d'**image** (TV, radar) / picture jitter, jitter || ~ de l'**indication** / discontinuity of indication
sautiller / hunt *vi* || ~, scintiller / flicker, quiver
sautoir *m* (jacquard) / catch, check cone
sauvage (plante) / wild
sauvegarde *f* de l'**emploi** / ensuring employment || ~ de la **nature** / nature conservation || ~ du **paysage**, sauvegarde *f* des sites / landscape protection
sauver / save *vt*
sauvetage *m* **et retour** / salvage and recovery || ~ des **naufragés d'un avion** / air-sea rescue
S.A.V., service *m* après-vente / after-sales service o. servicing
savant *m* / student, scientist
savate *f* (nav) / keel block, bilge o. bulge block
savoir *m* / knowledge, science || ~ **faire** (ELF) / know-how
savon *m* / soap || ~ **amygdalin** / almond soap || ~ **animal ou d'axonge** / fat[ty] soap, soap of grease || ~ à **base de soude** / soda soap || ~ **blanc de soude** voir savon de Marseilles || ~ en **briques** / soap in bars ||

~ de **chaux** / calcium soap, lime soap || ~ en **copeaux** / soap chips *pl* || **~-dégraisseur** *m* / scouring soap || ~ **dur** / soda soap || ~ d'**empilage** (sidér) / checker o. chequer brick || ~ d'**étain** (graisse) / tin soap || ~ au **fiel** / bile soap || ~ **flottant** / floating soap || ~ à **foulon** / fulling o. milling soap || ~ à **glycérine** / transparent soap || ~ **grainé** / curd o. grained soap, kettlewax || ~ de **grande longueur** (sidér) / whelp || ~ d'**huile végétale** / vegetable fat soap || ~ à **lanoline** / wool fat soap || ~ **liquide** / liquid soap || ~ **liquide**, savon *m* levé sur gras (NF T60-300) / finished o. genuine soap, soap on nigre || ~ de **Marseille**, savon *m* de ménage / olive oil castile soap, household o. laundry soap || ~ **médicinal** / medicated soap || ~ **métallique ou de métal** (chimie, tex) / metal o. metallic soap || ~ **mou**, savon *m* noir / potash soap, soft o. potassium soap || ~ **noir** / soft o. potassium soap || ~ en **paillettes** / soap flakes *pl* || ~ en **pains** / soap in cakes || ~ **plombeux** (chimie) / lead soap || **~-ponce** *m*, savon *m* poncifié / pumice soap || ~ de **potasse** / potash soap, soft o. potassium soap || ~ en **poudre** / soap powder || ~ de **résine** / soap of resin, rosinate, resinate || ~ du **ricin** (tex) / ricinoleic acid soap || ~ [à base] **de soude** / hard o. soda soap || ~ de **soude relargué** (tex) / salted-out hard curd soap || ~ **sulfonique** / sulphonic o. black soap || ~ de **toilette** / toilet soap || ~ de **tréfilage** / drawing powder || ~ de **verrerie**, savon *m* des verriers / manganese soap

savonnage *m* (tex) / soaping

savonner / soap *vt*, wash with soap

savonnette *f* (horloge) / hunter (a pocket watch with cover) || **~s** *f pl* (tabac) / shrub leaves *pl*

savoyard *m* / tilt type semitrailer

saxony *m* (tex) / saxony

SB, plastiques *m pl* styrène-butadiène / styrene-butadiene plastics *pl*, SB

SBR = caoutchouc au styrène-butadiène

scaglia *pl* (géol) / scaglia *pl*

scalaire *adj* (math) / scalar *adj* || ~ *m* / scalar

scalène / scalene[-angled]

scalénoèdre *m* (crist) / scalenoeder, scalenohedron

scandium *m*, Sc (chimie) / scandium, Sc

scanner *m* / scanner || ~ **multispectral** (espace) / multispectral scanner

scanning *m* / scanning

scaphandre *m* / scaphander, pressure suit || ~ (natation) / diving equipment o. suit || ~ d'**altitude** / pressure suit || ~ **autonome** / aqualung, scuba || ~ **spatial** / space suit

scaphandrier *m* / diver

scapolite *f* (min) / scapolite, wernerite

scarificateur *m* (routes) / scarifier, ripper || ~ (mines) / ripper || ~ (agr) / subsoil plough, draining scarifier || ~ (bâtim) / clearing dozer || ~ en **parallélogramme** (routes) / parallelogram ripper

scarifier (opt) / scarify || ~ (routes) / take up, unpave, break o. tear o. cut up

scatol[e] *m* (chimie) / scatole, skatol[e]

scattéromètre *m* / scatterometer

scavenger *m* [adsorbant] (éch.d'ions) / scavenger

sceau *m* / seal || ~ de **plomb** / lead[en] seal, leading

scellé (électr) / compound-filled || ~ (ampoule) / sealed off || ~, cimenté / cemented || ~ / sealed || ~ au **plomb** / sealed with lead

scellement *m* (boîte d'extrémité de câble) / plugging, compound filling || ~ (mines) / bedding || ~ (bâtim) / fixing o. sealing in a wall || ~ **[à queue de carpe ou à crochet]** (bâtim) / anchor bolt, fixing o. foundation anchor o. bolt || ~ **annulaire** (tube électronique) / ring seal || ~ [d'**étanchéité**] / seal || ~ **métal-verre** / glass-to-metal seal || ~ des **nœuds** (peinture) / knotting || ~ au **plâtre** / running-in with plaster || ~ des **poutres** (bâtim) / beam o. joist bearing || ~ **thermique sous compression** (plast) / compression heat sealing || ~ **verre-métal** / glass-to-metal seal || ~ par **vitrification** (semicond) / glassivation, glass-ambient o. -passivated seal

sceller / seal *vt* || ~, enchâsser dans le mur / fix o. seal in a wall || ~ (techn) / run in || ~ (joints) / point, grout || ~ à l'**asphalte ou au goudron** / run in o. seal with asphalt o. tar || ~ au **ciment** / grout [in] with cement || ~ **hermétiquement** / close hermetically o. airtight || ~ en **plomb** / bed in o. run in with molten lead, lead *vt*

scénario *m* (film) / script

scène *f* (partie du théâtre) / stage || ~ à **plateau tournant** / revolving stage

scénographie *f* (bâtim) / scenograph[y]

sch (math) / hyperbolic secans, sech

schappe *f* / schappe yarn || ~ de **soie** / silk waste, floss silk || ~ de **verre** / glass staple fiber

schéelite *m* (min) / scheelite

scheidage *m* (mines) / culling, picking, sorting ores by hand

scheider / cull o. pick o. sort ores by hand

schéma *m*, schème *m* / schema (a representation) || ~, diagramme *m* / diagram || ~ de **balayage de radar** / radar scan pattern || **~-bloc** *m* (électron) / block diagram || ~ des **bornes** / terminal diagram || ~ de **câblage** / wiring o. connection diagram o. scheme, circuit diagram || ~ de **câblage** (télécom) / trunking scheme || ~ de **câblage** (installation) / diagram of installation and equipment || ~ de **calcul** / diagram of a computer || ~ de **calibrage** (lam) / roll pass design || ~ de la **charge** (constr.en acier) / load diagram o. curve || ~ de **charge** (pont) / load train, bridge testing train || ~ **cinématique** (cinématique) / kinematic representation || ~ des **circuits** / wiring o. connection diagram o. scheme, circuit diagram || ~ de **circulation** (prépar) / equipment flowsheet || ~ de **circulation des eaux** (prépar) / liquids flow sheet || ~ de **conduite** / controller diagram || ~ de **connexion** (c.perf.) / plugging chart || ~ de **connexion par fiches** (ord) / plugging chart, plugboard chart || ~ des **connexions** (électr) / wiring o. connection diagram o. scheme, diagram of connections || ~ des **connexions** (électron) / hook-up || ~ [des **connexions] détaillé** / detailed wiring diagram || ~ des **connexions électriques et pneumatiques** / electric and pneumatic connecting diagram || ~ des **connexions extérieures** / interconnection diagram || ~ des **connexions aux gares** (ch.de fer) / diagram of connections for stations || ~ des **connexions des groupes** (électr) / group linking diagram || ~ des **connexions intérieures** / unit wiring diagram || ~ de **couplage** / wiring o. connection diagram o. scheme, diagram of connections || ~ de **cristallisation** / boiling scheme || ~ **directeur d'aménagement** / development plan || **~s** *m pl* **directeurs d'aménagement du sol au niveau local** (bâtim) / local development plan || **~s** *m pl* **directeurs d'aménagement et d'urbanisme, S.D.A.U.** / general development plan || ~ *m* d'**enroulement** / winding diagram || ~ **équivalent ou d'équivalence** / equivalent circuit diagram || ~ **fonctionnel** (gén) / functional diagram || ~ **fonctionnel** (ordonn) / flow chart, operational chart || ~ **fonctionnel** (contr.aut) / block diagram || ~ **fonctionnel** (ord) / logic[al] diagram [deprecated], block diagram || ~ **fonctionnel** (chimie) / flow sheet ||

~ **fonctionnel du flux de jus** (sucre) / diagrammatic flow sheet || ~ **fonctionnel ou général** (électron) / block diagram || ~ d'**installation** / installation diagram || ~s *m pl* d'**installation architecturaux et topographiques** / installation architectural and topographical diagrams *pl* || ~ *m* **logique** (contr.aut) / signal flow diagram o. graph || ~ **logique** (ord) / block diagram || ~ **logique** (NC) / functional design || ~ de **montage** (électr) / wiring o. connection diagram o. scheme, diagram of connections || ~ de **montage** (techn) / assembly plan, set-up diagram || ~ d'**occupation des bornes** / plan of terminal connexions || ~ **opératoire** / working plan o. program || ~ **pneumatique** / pneumatic connection diagram || ~ de **principe** / skeleton diagram || ~ de **principe ou de travail** / flow sheet o. chart || ~ de **pupinisation** (télécom) / loading scheme || ~ de **réalisation** (électr) / circuit diagram, wiring diagram || ~ de **répartition de chaleur** / heat-flow diagram, thermal circuit diagram || ~ **séquentiel** (ord) / sequential diagram || ~ **simplifié** / skeleton diagram || ~ **simplifié de traitement** (prépar) / process flow sheet || ~ **technologique** (électr) / appliance connection scheme || ~ de **termes** (phys) / term scheme o. diagram, energy-level diagram || ~ de **traitement** (flottation) / flotation flow sheet || ~ de **traitement** (chimie) / diagrammatic flow sheet, treatment diagram || ~ de **travail** / flow sheet o. chart || ~ des **voies** / track diagram o. model o. plan

schématique / diagrammatic, schematic, skeleton...

Schiff *m* / Schiff's reagent

schillérisation *f* (géol) / schillerization

schiste *m* (géol) / slate, shale || ~**s** *m pl* (mines) / deads *pl*, rocks *pl* || ~ *m* **adhésif** / adhesive slate || ~ **alunacé ou d'alun** / alum shale || ~ **argileux** / argillaceous o. clay schist o. slate, argillite, adhesive o. coal slate || ~ **bitumineux** / oil shale || ~ **calcaire** / calcareous slate o. schist o. shale || ~ **charbonneux** / bituminous schist o. shale, black batt, slate coal o. clay || ~ **cuivreux** / cupriferous o. copper schist o. slate || ~ **gris** (mines) / gray metal || ~ **gris** (géol) / graywacke slate o. schist || ~ **houiller** voir schiste argileux || ~**s** *m pl* de **lavage ou provenant du lavage** (mines) / tailings *pl* (GB), tail[s pl] (US), waste washings *pl* || ~ *m* **marneux** / marl slate o. shale || ~ **micacé à disthène** / cyanite mica schist || ~ **micacé noduleux** (géol) / nodular mica schist || ~ **noir bitumineux** / bituminous schist o. shale, black batt, slate coal o. clay || ~ à **polir** / adhesive slate, tripoli [powder], tripolite, float[ing] stone, polishing slate || ~ en **poudre** / ground slate || ~ **pyriteux** / pyritic shales *pl* || ~ **quartzeux** / quartz slate, quartzose schist || ~ à **radiolaires** / radiolarian shale || ~ **siliceux** (géol) / chert || ~ **sulfureux** / fetid shale || ~ **talqueux** / talcose o. talc slate o. schist || ~ **[tégulaire]** / roof[ing] slate || ~**s** *m pl* de **triage** (mines) / hand-picked dirt, picked deads *pl* || ~ *m* **tripoléen** / adhesive slate, tripoli [powder], tripolite, float[ing] stone, polishing slate

schisteux / schistous, schistose

schistifier (mines) / cover with stone dust

schistoïde / slatelike, slaty, schistose

schistosité *f* (géol) / schistosity

schlamm *m* (ciment) / laitance || ~**s** *m pl* (galv) / sludge, muddy deposit || ~**s** *m pl* (prépar) / slurry || ~**s** *m pl* (mines) / coal slime o. sludge o. washings *pl* || ~ *m* **épaissi** / sewage sludge || ~**s** *m pl* **fins** (prépar) / slimes *pl* || ~**s** *m pl* de **minerai lavés** / washed ore slime || ~**s** *m pl* **primaires** (mines) / primary slime

schlammer / elutriate

schlammeux (mines) / oozy, slimy, sludgy

schlich *m* (mines) / sands *pl*, schlich

schlitte *f* (forêt) / wooden descent

schnorkel *m* (ELF), schnorchel *m* (ELF) (nav) / snorkel, schnorkel, snort

schoopage *m* / schoopage, Schoop's metal spraying process

schorl *m* (min) / schorl rock || ~ **lamelleux** (min) / radiated schorl || ~ **scapiforme** (min) / scapiform schorl

sciage *m* (action) / sawing, cutting wood || ~, bois *m* scié / stuff || ~ des **dosses** (bois) / slabbing || ~ de **long** (charp) / timber-cut for deals

sciagraphie *f* (laser) / shadowgraph

scialytique *adj* / shadowless, sinumbra || ~ *f* / shadowless lamp

sciant, en ~ / by saw

sciascopie *f* / shadow[graphic] method

sciat[h]ère *m* (compas) / shadow pin || ~ du **cadran solaire** / gnomon, style, cock, needle

scie *f* / saw || ~ à **affleurer** (men) / tenon o. mitre saw || ~ **alternative** / alternating saw || ~ **alternative** (m.outils) / power hacksaw || ~ **alternative à cadre ou à châssis** (bois) / rift saw || ~ **alternative à équarrir** (bois) / slabbing gang || ~ **alternative horizontale** / horizontal saw frame o. saw mill o. deal frame || ~ **alternative verticale** / vertical frame sawing machine || ~ à **arc** / saw in D-shaped bow || ~ à **archet** / coping saw || ~ à **bois** / wood saw || ~ à **bois pour ébénistes** (men) / tenon o. mitre saw || ~ à **bois à trait biais** / whip saw || ~ de **boisselier** / dovetail saw || ~ à **bras** / arm o. hand saw || ~ à **bûches** / frame o. span saw || ~ à **bûches «savoyarde»** / frame saw for logs || ~ à **cadre** / reciprocating o. frame o. gang saw, gate saw, saw frame o. gate, deal frame || ~ à **cadre pour billes** / log frame || ~ de **cadreur** / back [pad] saw || ~ à **chaîne[tte]** / chain saw || ~ à **chanfreiner** / trimmer saw || ~ à **chantourner** / inlaying o. scroll saw, jig saw (a machine saw) || ~ à **chariot** / sliding frame saw || ~ pour **charpentier montée avec dos** / carpenter's saw fitted with back || ~ à **châssis** / frame o. span saw || ~ à **châssis à main** / framed hand saw || ~ à **chaud** / hot saw

scie circulaire *f* / circular saw || ~ en forme d'**assiette** / concave saw || ~ à **chaud** / circular hot sawing machine || ~ **combinée avec toupie et mortaiseuse** / circular sawing-moulding-mortising machine || ~ à **coupe multiple** / multiple disk circular saw || ~ pour **coupe transversale** / cross-cut circular saw || ~ à **froid** / circular cold saw || ~ à **lame flottante** / drunken o. wobble saw || ~ pour **métaux** / circular metal saw || ~ pour **mise au format** / panel saw || ~ **monolame à grumes** / log circular sawing machine || ~ à **mouvement parallèle** / parallel link sawing machine || ~ **multiple** / multiple disk circular saw || ~ à **outil mobile** / rising and falling circular saw || ~ **pendulaire avec axe d'articulation en bas, [avec bras horizontal]** (bois) / pendular type circular sawing machine with axis of articulation below workpiece, [level with workpiece] || ~ à **raboter** / smooth cutter combination circular saw saw || ~ à **rainurer à deux lames** / duokerf circular saw || ~ à **table de menuisier** / circular saw bench

scie *f* **concave** / concave saw || ~ à **contourner** / scroll saw, fret saw || ~ de **coupe** (lam) / cutting cylinder || ~ à **coupe arrière** / saw cutting backwards || ~ pour **[couper les] queues d'aronde** / dovetail saw || ~ **cylindrique**, scie *f* en couronne / annular o. crown o. drum saw || ~ **cylindrique [à lames amovibles]** / drum saw [with interchangeable blades] || ~ à **débiter** (bois) / cutting-out saw || ~ à **découper** (typo) / mechanical fret saw, scroll saw || ~ à **découper électrique** / fret saw[ing] machine, jig saw || ~ à **découper à main** / fret o. scroll saw || ~ à **déligner** (bois) / edge trimming saw || ~ à **dents droites** / straight tooth saw || ~ à **denture grosse** / rack saw || ~ à **denture très fine** / lead saw, [straight] dovetail back saw || ~ à **deux mains** / two-handed saw, cross-cut saw || ~ [à **deux mains] de long** / rip[ping] saw, cleaving saw || ~ **diamantée** / diamond saw || ~ à **dos pour ébénistes** (men) / tenon o. mitre saw || ~ à **dresser** (bois) / trimmer saw || ~ à **dresser en long** / ripping trimmer saw || ~ pour **ébénistes coudée [à manche fixe]** (men) / offset dovetail saw [with fixed handle] || ~ pour **ébénistes réversible** (men) / reversible dovetail saw || ~ à **échancrer** / bow saw, coping saw || ~ **égoïne** / straight back hand saw with open handle || ~ à **enfoncer les entre-lames** (électr) / undercutting saw || ~ d'**entrée** / compass saw || ~ d'**entrée à lame remplaçable** / compass saw with interchangeable blade || ~ à **équarrir** / trimmer saw || ~ à **équarrir les planches** (scie) / square saw frame || ~ à **équarrir les quatre chants** (bois) / four-edge trimming saw || ~ pour **faire les queues-d'aronde** / dovetail saw || ~ à **fer** / metal cutting saw || ~ **forestière** / two-handed saw, cross-cut saw || ~ à **froid** / cold saw || ~ à **froid à tronçonner** (m.outils) / cold-saw cutting-off machine || ~ à **guichet** / compass saw [with open handle], pad o. keyhole saw, piercing saw, sabre saw || ~ à **horloger** / clockmaker's turning saw || ~ de **jardinier** / pruning saw || ~ de **jardinier double** / double-edged pruning saw || ~ [à **lame] circulaire** / circular o. buzz (US) saw, disk saw || ~ à **lames amovibles** / saw with interchangeable blades || ~ de **long** / saw for parallel sawing, for squaring || ~ **machine ou mécanique** / sawing machine, saw mill || ~ à **main** / hand o. arm saw || ~ à **marqueterie** / fret o. scroll saw || ~ à **métaux** / metal cutting saw || ~ **montée** / frame o. span saw || ~ à **mouvements alternatifs** (m.outils) / hacksaw || ~ à **mouvements alternatifs** [verticaux] / alternating sawing machine || ~ à **mur** / stone saw || ~ à **onglet** / mitre-box saw || ~ **oscillatoire** / circular cross-cut saw || ~ **parallèle** / parallel saw || ~ **passe-partout** / trim saw || ~ **passe-partout à deux mains** / long o. logging o. timber saw || ~ **passe-partout rigide** / one-man cross-cut saw || ~ **passe-partout type pistolet** / pistol-grip cross-cut saw || ~ **pendulaire** / pendulum saw, swinging saw || ~ à **pierres** / stone saw || ~ à **placage** / veneering web o. saw, veneer frame saw || ~ à **placage dentée des deux côtés** / double-edged veneer saw || ~ à **poing** / arm o. hand saw || ~ à **raboter** / smooth cutter combination saw || ~ à **rainure** / swivelling grooving saw || ~ à **rainurer et tenonner** (charp) / grooving saw, saw for cutting grooves || ~ à **rainurer et tenonner** (men) / groove and dovetail saw || ~ à **râper** / fuse o. fusing disk, fusion cutter, friction saw || ~ à **refendre** / rip[ping] saw || ~ à **refendre à deux mains** / pit o. cleaving saw || ~ à **refendre ou à bûches** / frame o. span saw || ~ **rotative** / trepanning machine || ~ **rotative à lames amovibles** / rotating circular band saw || ~ à **ruban** / band o. belt o. strap saw || ~ à **ruban à trois volants** / three-pulley band sawing machine || ~ à **ruban pour acier** / metal band saw || ~ à **ruban de menuisier** / wood cutting band saw || ~ à **ruban à métaux** / metal-cutting band saw || ~ **sauteuse** / compass saw [with open handle], pad o. keyhole saw, piercing saw, sabre saw || ~ **sauteuse mécanique** / alternating sawing machine || ~ **suspendue** / pendulum saw, swinging saw || ~ à **tambour** / cylinder saw || ~ à **tenon** / slash saw || ~ à **travailler sous l'eau** (hydr) / underwater saw || ~ à **travers** / framed crosscut saw || ~ à **trépaner** / circular slitting saw || ~ pour le **tronçonnage des charpentes de toit** / roof truss cutting machine || ~ à **tronçonner** / log crosscut sawing machine || ~ à **tronçonner** (sidér) / separating saw || ~ **verticale alternative à plusieurs lames** / multiple blade frame saw || ~ **verticale à une, [deux, etc] lame[s]** / vertical frame sawing machine || ~ **volante** / flying saw

scié avivé (bois) / square-edged sawn || ~ **avivé à rives parallèles** (bois) / square-edged sawn with parallel edges || ~ sur **dosse** (bois) / back- o. bastard-sawn, plain- o. slash-sawn, crown-cut || ~ **non avivé** (bois) / unedged sawn || ~ en **tangente** (bois) / back- o. bastard-sawn, plain- o. slash-sawn, crown-cut

science *f*, connaissance *f* / learning, knowledge || ~, théorie *f* / science, theory || ~ **accessoire** / auxiliary science || ~ du **bois** / knowledge of wood || ~ des **denrées alimentaires** / food science || ~**s** *f pl* **économiques relatives à la gestion des entreprises** / science of industrial management, applied economics || ~ *f* d'**écoulement des liquides et des gaz** / fluid mechanics || ~ de l'**espace** / cosmonautics || ~**s** *f pl* **exactes** / exact sciences *pl* || ~ *f* **horlogère** / horology || ~**s** *f pl* **humaines** / discipline of the mind || ~ *f* **hydraulique** / hydraulics || ~ **hyperlourde** / high-energy physics || ~**s** *f pl* de l'**ingénieur** (ELF) / engineering sciences *pl* || ~**s** *f pl* **mathématiques** / mathematics || ~**s** *f pl* **médico-physiologiques** / life science || ~ *f* **militaire** / defense engineering || ~ de **mines** / [science of] mining || ~**s** *f pl* **naturelles** / natural science || ~ *f* des **pollutions** / pollution science || ~**s** *f pl* **pures** / pure sciences *pl* || ~ *f* de la **résistance des matériaux** / [science of] strength of materials || ~ de la **structure cristalline** / science of crystalline structure || ~ de la **structure et du fonctionnement des entreprises** / science of industrial management, applied economics || ~ **technique** / technical science, technics, technology

scientifique / scientific || ~ **et technique** / scientific and technical

scier / saw [off] || ~ en **biais** (charp) / bevel || ~ **contre le fil** / saw across the grain || ~ de **long** / rip *vt* || ~ en **onglet** (charp) / bevel || ~ dans la **pièce** / saw out of the piece || ~ en **travers ou transversalement** / saw across the grain

scierie *f* / sawmill, lumber-mill, siding (US) o. timber mill || ~ à **vapeur** / steam sawmill || ~ **verticale à une lame au milieu** / single-blade frame saw

scintigraphie *f* (phys) / scintigraphy, scintiscanning

scintillateur *m* / scintillator

scintillation *f* / scintillation

scintillement *m* (gén, TV) / glitter, twinkle, flicker || ~ (TV) / jitter || **sans** ~ / non-flicker || ~ des **couleurs** (TV) / chrominance ringing, chromatic[ity] flicker, colour flicker[ing] o. jitter || ~ à la **fréquence du secteur** / mains frequency flicker || ~ d'**interlignage** (TV) / flicker with interlaced scanning, interline flicker, line interlace flicker

scintiller / scintillate || ~ (TV) / flicker, jitter || ~ (p.e. étoile) / flicker, quiver, twinkle

scintillomètre *m* (phys) / scintillometer, spinthariscope || ~ (nucl) / scintillometer, scintillation counter

scintilloscope *m* / scintilloscope
sciographie *f* (laser) / shadowgraph
scion *m* (bot) / shoot
sciotte *f* / stone saw
scissile / scissile
scission *f* / scission
sciure *f* / sawdust
scléro·mètre *m* / sclerometer || **~protéine** *f*, -protéines *f pl* / scleroprotein
scléroscope *m* / [Shore] scleroscope, hardness drop tester || ~ **portatif** / duroscope, portable scleroscope
sclérotiniose *f* (agr) / stalk break, root rot (carrots)
scooter *m* (auto) / motor scooter, scooter
scootériste *m* / scooter driver
scopolamine *f* / scopolamine
scoriacé (fer) / drossy, slaggy, wet || ~ (gén) / scoriaceous
scorie *f* (gén, sidér) / slag, cinder, dross || **~s** *f pl* (zinguerie) / metallic scoria || **donner des ~s** / clinker *vi* || ~ *f* d'**aciérie** / scoria, (pl.:) scoriae, slag || ~ **adhérente** (sidér) / tacky slag || ~ d'**affinage** (sidér) / oxidizing slag, refining cinders *pl* || ~ de **chaudière** / clinker || ~ **chromifère** / chromium bearing slag || ~ **crue d'affinage** / slag of raw melting, raw o. poor fining-slag || ~ **débordée** (sidér) / boilings *pl* || ~ de **décrassage** (sidér) / flush slag, flushing cinder || ~ de **déphosphoration** / basic slag (US), Thomas slag (GB) || ~ de **désoxydation** / refining slag || ~ **finale** (sidér) / final slag || **~s** *f pl* de **forge** / forge cinder, clinker || ~ *f* de **four Martin** / open-hearth slag || ~ de **foyer** / hearth slag || ~ de **halde** / cast-away slag || ~ du **haut fourneau** / blast furnace slag, scoria || ~ de **liquation** / liquation slag || **~s** *f pl* de **matte** (fonderie) / scoria of matte || ~ *f* de **matte crue** (sidér) / scoria of raw matte || ~ d'un **métal en fusion** (sidér) / dross, scoria containing iron || ~ de la **métallurgie de cuivre** / copper work's slag || ~ **oxydante** (sidér) / oxidizing slag, refining cinders *pl* || ~ **pauvre** (sidér) / poor fining-slag, raw fining-slag, tap cinder || ~ de **plomb** / lead slag, dross of lead || ~ **renfermant du fer** (sidér) / iron-rich slag || ~ **Thomas** / basic slag (US), Thomas slag (GB) || ~ **Thomas [moulue]** (agr) / basic slag, phosphate fertilizer, Thomas meal || ~ d'**usines métallurgiques** / metal [work's] slag || ~ **vitreuse** / vitreous slag
scorieux (gén) / slaggy, scoriaceous || ~ (fer) / drossy, slaggy
scorifère / slagging
scorification *f* / formation of slag
scorifier / slag *vt*, form into slag || ~ (docimasie) / scorify *vt*
scotch-brite *m* / scotch brite
Scotchlite *m* / Scotchlite
scotophore *m* (opt) / scotofor, -phor || ~, poison *m* de luminescence / luminescence poison o. killer
scourtin *m* / oil-bag (of coco fibers used when pressing olives)
scramjet *m* / scramjet, supersonic combustion ramjet
scrapedozeur *m* (routes) / rear motor scraper, motor scraper, scrapedozer
scraper *m*, décapeuse *f* / scraper, dragline || ~, dragline *f* à benne / cable dredger o. excavator, dragline excavator || ~ (pipeline) / go-devil, pig || ~ (routes) / scraper || ~ (bâtim) / skimmer || ~ **coupant** (mines) / scraper box || ~ d'**emmagasinage** / reclaiming scraper || **~-rabot** *m* (mines) / scraper box || ~ de **sel** / scraping conveyor for salt sheds, salt scraper || **~-treuil** *m* (mines) / slusher hoist
scribler (laine) / scribble *vt*
script *m*, scénario *m* (film) / script
scriptes *f pl* (typo) / scripts *pl*
scrubber *m* / gas scrubber o. washer, washer-scrubber || ~ à **coke** / coke scrubber
scrupuleux / meticulous
scrutateur *m* / researcher, research worker || ~ **électronique** / teleindicator, televisor, remote indicator
scrutation *f* de la **mémoire** (ord) / storage scan
scruter, examiner à fond / scrutinize, examine closely || ~ (ord) / scan || ~ le **disque** (ord) / scan the disk
scrutin *m* / inspection, scrutinizing
sculpter / carve, cut
sculpteur *m* sur **bois** / wood carver
sculpture *f* de **bande de roulement** (pneu) / tread pattern o. profile || ~ à **barrettes** (pneu) / cleat profile, lug tread || ~ à **blocs transversaux** (pneu) / transversal block profile || ~ sur **bois** / carved wood, wood carving || ~ à l'**encoche** / chip carving || ~ à **grosses côtes** (pneu) / cleat profile, lug tread || ~ à **nervures longitudinales** / circumferential rib tread pattern || ~ du **pneu** / tire engraving o. sculpture || ~ à **rainures transversales** (pneu) / transversal groove profile || ~ **rayurée** (pneu) / rib tread || ~ à **rayures transversales** (pneu) / cross groove tread || ~ **rhombique** (pneu) / diamond tread
sea-line *m* (pétrole) / sea-line
seau *m* / pail, bucket || ~ **basculant** / tip pan || ~ d'**incendie** / fire bucket || ~ à **ordures** / garbage can || **~-pompe** *m* (pomp) / stirrup pump || ~ à **traire** / milking pail || ~ à **traire suspendu** (agr) / suspended pail milking unit
sébum *m* / sebum
sec *adj* / dry *adj* || ~ (métal) / dry, over-refined || ~ (bâtim) / laid dry || ~ *m* (agr) / provender || ~ / dry, dryness, dry place || ~ (ELF) (film) / cut || **à ~** (nav) / dry, aground || ~ **absolu** / absolutely dry || ~ à l'**air** (pap) / air dry || ~ à **blanc** (céram) / white-hard || ~ au **doigt** / hand-dry || ~ à l'**étuve** / oven-dried o. dry
sécable / cleavable, divisible || ~ (comprimé) / cleavable
SECAM *m* (= séquentiel à mémoire) (TV) / Secam system
sécant (math) / intersecting, cutting, secant
sécante *f* (math) / secant || ~ **hyperbolique**, sch, sech (math) / hyperbolic secans, sech
sécateur *m* / pruning scissors
sech (math) / hyperbolic secans, sech
séchage *m* (gén) / drying || **à ~ rapide** / fast- o. quick-drying || **à ~ rapide** (peinture) / sharp || **à ~ rapide** (graph, encre) / fast set ... || ~ à l'**air** (malt) / withering || ~ à l'**air** (bois) / natural seasoning || ~ à l'**air chaud** (agr) / flue-curing || ~ **[artificiel] du bois** / desiccation of timber || ~ des **betteraves avec feuilles** / desiccation of untopped beets || ~ du **café en cerise, [en parche]** / drying of cherry, [parchment] coffee || ~ sur **claies** (tex) / rack o. lattice drying || ~ par **contact** / contact drying || ~ en **contrainte** / restraint drying || ~ par **convection** / convector o. convection drying || ~ **définitif ou final** / final o. second drying process || ~ des **écumes** (sucre) / sludge drying || ~ au **four** / hot-air seasoning || ~ au **four** (peinture) / stoving, baking || ~ de l'**huile** / dehydration of oil || ~ en **mansarde** (tex) / drying after the printing apparatus || ~ **naturel** (bois) / natural seasoning || ~ des **pulpes** (sucre) / pulp drying || ~ par **pulvérisation** / spray drying || ~ par **rayons infrarouges**, séchage *m* par infrarouge / infrared drying [process] process || ~ aux **solvants** (agr) / solvent-drying || ~ au **tambour** / drum drying

séchant à l'**air** / air-drying || ~ **rapidement** / fast- o. quick-drying
séché (bois) / well seasoned || ~ à l'**air** / air-dried, seasoned (wood) || ~ par **congélation** / freeze-dried || ~ à l'**étuve ou au four** / oven-dried o. dry || ~ sur **machine** (pap) / machine dried || ~ par **pulvérisation** / spray-dried || ~ **rapidement** / fast-o. quick-dried || ~ au **tambour** / rotary-dried
sèche-cheveux *m* / hair drier o. dryer
sèche-linge *m* / linen drier
sèche-mains *m* / hand drier
sécher *vt* / desiccate, exsiccate || ~, torréfier / dry *vt*, roast || ~ *vi* / dry *vi*, become dry || **faire ~ le bois** / season wood || ~ à l'**air** (malt) / wither || ~ à l'**air** (bois) / season *vt* || ~ dans la **chambre ou dans l'étuve** / stove *vt* || ~ par **chauffage** / dry by heating || ~ des **cocons** / dry cocoons || ~ **doucement** / dry slowly || ~ à **fond** / dry thoroughly || ~ au **four** (couleurs) / bake || ~ au **four** (fruits) / kiln-dry || ~ **l'huile** / desiccate oil, dehydrate oil || ~ **rapidement** / flash-dry || ~ dans un **solvant** / solvent-dry
sécheresse *f* (gén) / dryness
sécherie *f* / drying plant o. installation || ~ (pap) / dry o. reeling end, drier part o. section || ~ de **chicorée** / chicory drying kiln
sécheur *m* / drying apparatus, drier || ~ d'**air au silicagel** (transfo) / silica gel breather || ~ à **auge** / trough drier || ~ à **bande** / belt drier || ~ **bandes multiples** / rack drier || ~ à **claies** (pann.part.) / chamber drier || ~ de ou à ou par **contact** / contact drier || ~ par **contact direct avec des gaz de combustion** (sucre) / direct-drying o. fire-drying apparatus || ~ **continu** / continuous flow drier || ~ à **convection forcée** / forced convection drier, high velocity [impingement air] drier || ~ à **couloir** / tunnel tube drier, tower drier || ~ à **détente à vis sans fin** (caoutchouc) / expeller-expander drier || ~ à **écumes** (sucre) / defecation slime drier, waste slurry drier || ~ à **étages** / rack drier || ~ à **fluidisation** (prépar) / float drier, suspension drier || ~ **frictionneur** (pap) / machine glazing o. M.G. cylinder, Yankee drier || ~ **frigorifique d'air comprimé** / pneumatic freeze-drier || ~ à **jet de flammes** (pap) / flame jet drier || ~ de **légumes** / vegetable drier o. desiccator || ~ de **pâte** (pap) / pulp drier || ~ à **plateau[x]** / disk o. plate drier || ~ par **pulvérisation** / [jet] spray drier, pulverizing drier || ~ **rotatif** / rotary drier || ~ **rotatif ou à tambour** (gén) / drum drier || ~ à **succion** / suction drier || ~ de **sucre** (sucre) / granulator || ~ **suspendu à boucles** (pap, tex) / festoon drier || ~ à **tambour** / drum drier || ~ à **tambour** (sucre) / granulator || ~ en **tour** / tower drier, stack type drier || ~ **tubulaire** / tubular drier || ~ **tunnel** / continuous flow drier || ~ à **tuyères** / nozzle tube o. jet tube drier || ~ de la **vapeur** / water trap o. separator || ~ **vertical [à plateaux]** (sucre) / drying tower || ~ à **vide** (électr) / vacuum oven
sécheuse *f* / linen drier || ~ à **guide toile perforé** (tex) / brattice drier || **~-rameuse** *f* (tiss) / drying and tentering machine
séchoir voir aussi sécheur || ~ *m* / drier, dryer || ~ / stove, stove o. drying room || ~ (teint) / ageing room || ~ / drying room o. chamber o. installation || ~ (cheveux) / hair drier || ~ à **aspiration** (tex) / suction air drier || ~ à **bande transporteuse** (tex) / drying conveyor || ~ en **boîte** (agr) / bin drier || ~ à **cellules** (tex) / cabinet drier || ~ **circulaire à bobine** (tex) / rapid packager drier || ~ à **colonne d'air chaud** / float drier, suspension drier || ~ à **compartiment** / compartment drier, chamber drying oven || ~ à **convection** (tex) / convection drier || ~ **discontinu** (agr) / batch drier || ~ **électrique** / hair drier || ~ à **étagères** (céram) / rack drier || ~ à **filtre cellulaire** / filter drier || ~ pour le **fourrage** (agr) / feeder drier || ~ à **gravité** (pann.part.) / fall shaft drier || ~ **horizontal** (tex) / flat layer drier || ~ d'**impression** (tex) / printing dryer || ~ à **jaillissement du lit** / spouted bed drier || ~ **lay-on-air** / lay-on-air drier || ~ de **légumes** / vegetable drier o. desiccator || ~ de **linge** / linen drier || ~ en **lit fluidisé** / fluid[ized] bed drier || ~ **micro-ondes** (tex) / microwave drier || ~ à **parcours droit** (tex) / single passage drier || ~ à **plis suspendus** (pap, tex) / festoon drier || ~ à **plusieurs parcours** (tiss) / multipassage drier || ~ **pneumatique** / flash dryer || ~ à **pulvérisation** / jet spray drier, spray drier || ~ à **radiation visible** / bright radiation drier || ~ par **rayonnement** / radiation drier || ~ à **rideau de particules** (panneaux de partic) / suspension drier || ~ **rotatif** / drying drum o. cylinder o. roll[er], rotary drier || ~ **rotatif avec chauffage** (bois) / climate spiral centrifuge || ~ à **rouleau-guide** (tex) / guide roller drier || ~ pour **séchage rapide** / flash drier || ~ de **suspension** / float o. suspension drier || ~ à **suspension et à jet** / suspension jet drier || ~ à **tambour** (tex) / cylinder drying machine || ~ à **tambour perforé** (tex) / perforated drum drier, sieve drum drier || ~ à **tambours** (tex) / cylinder drying machine || ~ à **tissu flottant** / float o. suspension drier || ~ pour **tissus non-tissés** / drier for non-wovens || ~ sur **tournettes** / skeleton cylinder drier || ~ à **tunnel** / tunnel drier o. drying oven || ~ à **tuyères** (tex) / nozzle drier
second / second *adj* || **de ~ ordre** / secondary || **~e addition** *f* / superaddition || ~ **axe** *m* (math) / conjugate axis, secondary axis || ~ **canal** (TV, électron) / second channel || ~ **canot de sauvetage** / daughter boat || ~ **chaulage** / second liming || ~ **choix** (pap) / retree [paper], job lot paper || **~e commande** *f* / repeat[-order] || ~ **crépi** *m* (bâtim) / second coat of rough-cast || ~ **décapage** (tôle) / white pickler || **~e [épreuve]** *f* (typo) / final o. clean proof || ~ **fournisseur** *m* / second source || **~e grille** *f* / anode screen[ing] grid || **~e ligne** *f* (télécom) / pilot o. second line || **~e main** *f* (auto) / second hand owner || ~ **membre** *m* (équation) / second member || ~ **œuvre** (bâtim) / interior works *pl* || ~ **revenu** (sidér) / retempering || **~e série** *f* (spectre) / sharp series || **~e taille** *f* (lime) / second course, up-cut || **~e tête** *f* (rivet) / closing head, snap- o. set-head || ~ **traitement** *m* (nucl) / rework
secondaire *adj* / secondary *adj* || ~ (électr) / induced, secondary || ~ *m* (électr) / secondary || ~ (enroulement) (électr) / secondary [winding]
seconde (p.e. A") / double dash
seconde *f* / second, sec., s || ~ (ch.de fer) / second-class || ~ (typo) / backing-up, perfecting || ~ (auto) / second [gear] || ~ d'**angle** / second of an angle, angular second || ~ d'**arc** / angular second || ~ au **centre** (horloge) / sweep-second o. -hand || ~ de **conversation** (télécom) / call second || ~ **[facette de la] face de coupe, [de dépouille]** (tourn) / second face, [flank], second land of the face, [flank] || ~ d'un **grade** / grade second, second of a centesimal degree || ~ **morte** (horloge) / independent second || **~s** *f pl* **rapportées** (horloge) / sunk seconds *pl* || ~ *f* de **réaction** (auto) / driver perception-reaction time, reaction time, moment of alarm || **~s** *f pl* **Redwood** / Redwood seconds *pl* || ~ *f* **universelle de Saybolt** / Saybolt Universal second, SUS, SSU
secouage *m* / shaking, jerk, jog || ~ à la **main** /

manual shaking
secouer / shake *vt* || ~ (fonderie) / jolt *vt*, jar || ~ le **navire** / toss the ship || ~ la **poussière** / shake off the dust
secoueur *m* / shaking apparatus o. device, shaker || ~ des **noyaux** (fonderie) / core shaker || ~ de **paille** / straw rocker
secoueuse *f* / mechanical shaker
secours *m* / aid, assistance, help || **avec le** ~ [de] / with the aid [of] || **de** ~ / stand-by..., stop-gap..., emergency..., spare...
secousse *f* / concussion, shock, shaking, jarring || ~, à-coup *m* / jerk, jolt, hitch, bump || **~s** *f pl* / shaking motion o. movement || **à ~s brusques** (aéro) / bumpy || **à l'abri de ~s** / safe o. free from vibrations, vibrationless, antivibration... || **par ~s** / by jerks and jolts, jerkily, by fits [and starts] || **par ~s** / shocklike || ~ *f* **prémonitoire** (géol) / trembler || ~ **s[é]ismique ou tellurique** / earth tremor
secret *adj* (men) / secret *adj* || ~ *m* (horloge) / secret spring || ~ de **communications téléphoniques** / secrecy of telecommunication || ~ de **fabrique** / trade secret
secrétaire *m* / davenport, writing desk (with a top section for books), escritoire
sécréter *vt* / secrete *vt* || ~ (tan) / bloom || ~ (latex, gomme) / gum
sécrétion *f* / secretion || ~ **latérale** (géol) / lateral secretion
secteur *m* (math) / sector || ~ (techn) / sector || ~ (tourn) / quadrant, adjustment plate || ~ (électr) / electric network, mains supply, main || **du** ~ **ouest** / westerly || **être raccordé au** ~ / be connected to the mains || **fonctionnant sur** ~ / mains-operated || **sur** ~ **alternatif** / for a.c. || ~ d'un **anneau de cercle** / sector of an annulus || ~ **aveugle** (radar) / blind o. shadow o. risk area o. region o. sector || ~ **central** / central sector || ~ **circulaire ou du cercle** / sector of a circle || ~ de **collecteur** (électr) / commutator bar o. segment (GB) || ~ du **compas** / quadrant of a divider || ~ d'un **condensateur** (électron) / vane of a capacitor || ~ [à **courant] alternatif** / a.c. system o. network || ~ à **courant continu** / d.c. system o. network || ~ **denté** (techn) / toothed quadrant, toothed sector, sector gear || ~ de **direction** (auto) / steering sector || ~ **électrique** (électr) / network, main circuit, mains *pl*, supply network o. system o. grid || ~ **enfoncé d'un collecteur** / flat in a commutator bar || ~ à **gisements inexacts ou douteux** (radar) / risk sector || ~ **gradué** / graduated arc || ~ à **grille** (auto) / gear-shifting gate || ~ **impression** (typo) / press room || ~ de **labels** (ord) / label sector || ~ du **levier de changement de marche** (m.à vap) / guide o. section of the reversing lever || ~ **opaque** (film) / cutting blade, master blade, flicker o. rotating shutter || ~ **original** (m. à diviser) / prime sector || ~ de **partage** (hydr) / summit-level section || ~ des **processus** (ordonn) / processing section || ~ du **radioalignement de descente** / glide path sector || ~ de **renversement** (m.outils) / tumbler gear || ~ de **route frontal** (aéro) / front course sector || ~ **saillant d'un collecteur** / high bar of the commutator || ~ du **signal constant** / equisignal zone o. sector || ~ **sphérique** / sector of a sphere, spherical sector || ~ **technologique** (ordonn) / processing section || ~ de **tuyères** (turbine) / nozzle section || ~ de la **vis sans fin de direction** / steering [worm] sector
section *f* (gén) / section || ~ (livre) / division, subdivision, section, part || ~ (ch.de fer) / length, section || ~ (géom) / profile, section || ~ (ord) / segment || ~ (cadastre) / estate || ~ (lettre) / break, period || ~, département *m* / department, dept. || ~, tête *f* d'étirage (filage) / head || ~ (dessin) / sectional drawing, section, cross section || ~ (math) / cross section || ~ (autobus) / fare stage || ~ (COBOL) / section (COBOL) || **à ~ multiple** (rivure) / multiple-shear... || **à ~ ronde** (fil métall) / round || **en ~s** / sectional || ~ à **abandonner** (espace) / fallaway section || ~ d'**absorption** (nucl) / absorption o. capture cross section || ~ d'**acheminement des données** (ord) / data link || ~ d'**adaptation d'impédance** (guide d'ondes) / matching stub || ~ **additionnelle** (télécom) / additional multiple section, extension multiple [section] || ~ **aérodynamique** / streamline[d] section || ~ d'**aile** / wing section || ~ d'**amplification** (télécom) / repeater section || ~ d'**approche** (ch.de fer) / approach section || ~ de l'**armature** (bâtim) / effective cross-sectional area of reinforcing steel || ~ **audio** (TV, film) / audio o. sound section || ~ sur l'**axe X** (math) / X-intercept || ~ **axiale** / axial o. axis section || ~ de la **barre de coupe** (agr) / knife section of the mower bar || ~ de **block** (ch.de fer) / block section o. action || ~ **bloquée** (ch.de fer) / line blocked || ~ de **bobine** (électr) / coil section || ~ en **bout du bâti** (filage) / out end, end section || ~ d'une **chaîne de transmission** / hop of a transmitter chain || ~ de **charge** (télécom) / loading coil section || ~ d'un **chemin de fer** / railroad line (US), railway o. track section (GB) || ~ de **cisaillement** / shearing section o. area || ~ **composée** / compound o. built-up section || ~ **composite** / composite section || ~ **comprimée** / cross section under compression || ~ du **conducteur** / metallic section, wire cross section || ~ **conique** (math) / conic [section] || ~ d'un **convertisseur double** (électr) / section of a double converter || ~ de **coupure** / chip section, cut || ~ **creuse** / hollow section || ~ **creusée ou au creusement** (mines) / excavated cross section || ~ en **croix** / cross-shaped section || ~ de **cuivre** (électr) / copper cross section || ~ **débloquée** (ch.de fer) / line clear || ~ du **déchargeoir** / discharge cross section || ~ **demi-torique** / half-toric section || ~ de **départ** (lam) / initial section || ~ en **direction du cône** / section in direction of the cone axis || ~ en **double T** / H- o. I-section, I-beam section || ~ **droite** / cross section || ~ **droite de choc** (nucl) / collision cross section || ~ **droite du cône** / section perpendicular to the cone axis || ~ d'**écoulement** / sectional area of flow || ~ d'**écoulement** (hydr) / wetted cross section || ~ **effective d'un câble** / effective cross sectional area of a cable
section efficace *f* (nucl) / [activation] cross section || ~ d'**absorption** (nucl) / absorption cross section, capture cross section || ~ d'**absorption de neutrons** / neutron absorption cross section || ~ d'**activation** / activation cross section || ~ d'**atome libre, [lié]** / free, [bound] atom cross section || ~ de **capture** (nucl) / absorption cross section, capture cross section || ~ de **choc** (électron) / effective [collision] cross-section || ~ de **clairance** (nucl) / removal cross section || ~ de **déplacement** (nucl) / removal cross section || ~ **différentielle** (nucl) / differential cross-section || ~ **différentielle angulaire** (nucl) / angular cross section || ~ **différentielle en énergie** / spectral cross section || ~ **différentielle double** / double differential cross section || ~ de **diffusion** / scattering cross section || ~ de **diffusion inélastique** (nucl) / inelastic scattering cross-section || ~ de **diffusion inélastique radiative** / radiative inelastic scattering cross

section || ~ **d'ensemble** / bulk cross section || ~ d'**extraction de groupe** / group removal cross section || ~ de **fission** / fission cross section || ~ de **fusion** (nucl) / nuclear fusion reaction cross section || ~ d'**ionisation** / ionization cross section || ~ **macroscopique** (nucl) / macroscopic cross section, cross section density || ~ **microscopique** / [activation] cross section || ~ **moyenne Doppler** (nucl) / Doppler averaged cross section || ~ de **neutrons** / neutron cross section || ~ **d'un noyau** / nuclear cross section || ~ **de réaction** / reaction cross section || ~ **réciproque** (nucl) / reciprocal cross section || ~ **spectro-angulaire** (nucl) / spectro-angular cross section || ~ **thermique** (nucl) / thermal cross section || ~ **thermique effective** / effective thermal cross section, Westcott cross section || ~ de **Thomson** (nucl) / [classical] scattering cross section, Thomson cross-section || ~ **totale de choc** (nucl) / total effective collision cross section, total [microscopic] cross section || ~ de **transfert** / transfer cross section || ~ de **transfert de groupe par diffusion** / group transfer scattering cross section || ~ de **transport** (nucl) / transport cross section || ~ de **Westcott** / Westcott cross section, effective thermal cross section

section *f* **élévatrice** (Power and Free) / drop section || ~ d'**épuisement** (nucl) / stripper || ~ **équivalente de coupe** / equivalent chip section || ~ d'**exploitation** (mines) / building department || ~ du **fer** / iron cross section || ~ **fictive** (ord) / dummy section || ~ **finale** / end section || ~ **finale** (bâtim) / closing section of vault || ~ de **fouille** / excavation cross section || ~ de **galerie** (mines) / road cross section || ~ **géométrique** (nucl) / geometrical cross section || ~ **H** (télécom) / H-section || ~ en **H ou en I** (profilé) / H- o. I-section, I-beam section || ~ **horizontale** / horizontal section || ~ **initiale** (lam) / initial section || ~ de l'**installation** (chimie) / plant unit, plant section || ~ **isolée** / insulated section || ~ d'**itinéraire** (ch.de fer) / partial distance o. journey o. section, section, length || ~ de **lame** (moissonneuse) / knife section || ~ de **ligne** (ch.de fer) / partial distance o. journey o. section, section, length || ~ **longitudinale** / axial o. longitudinal section || ~ de **machine** (métier à retordre) / machine section || ~ de **matière fissile** (nucl) / fuel bearing section || ~ **mesurée** / measured length o. section || ~ **métallique** / metallic section, conductor cross section || ~ **morte** (électr) / dummy coil || ~ **mouillée** (hydr) / cross section of stream, wetted section || ~ **nette** / net section || ~ **neutre** (ch.de fer) / neutral section of contact line || ~ **nominale** / nominal o. rated cross-section[al area] || ~ **non conforme** / unsuitable section || ~ **normale** (math) / normal o. right section || ~ d'**or** (math) / golden section || ~ d'**ourdissage** (tiss) / warp section o. sheet || ~ **ovoïde** (caniveau) / egg-shaped section || ~ **parallèle** / parallel section || ~ de **parcours** / track section, route section || ~ **partielle** (dessin) / broken-out o. partial section || ~ de **passage** / opening area of a valve || ~ de **passage** (écoulement) / cross section of flow || ~ de **percement** (mines) / excavated cross section || ~ **pi** (électron) / pi section || ~ **polie** / ground section of a specimen || ~ **[de poutre] en caisson** / box beam section || ~ de **presses** / press section || ~ **principale** / main section || ~ **principale** (dessin) / principal section || ~ **principale d'essais** (télécom) / principal test section || ~ de **procédé** / process section || ~ de **programme en commun** (ord) / common control section || ~ de **protection** (ligne de contact) / insulated section || ~ de **puits** (mines) / cross-section of the pit || ~ de **pupinisation** (télécom) / loading coil section || ~ **radiante** / radiation section || ~ de **rail** / rail section || ~ de **recherche de ligne** (télécom) / path finding section || ~ de **rectification** (nucl) / rectifier || ~ de **référence** (méc) / reference section || ~ d'un **réseau** (électr) / section of a network || ~ de **résistance** (filetage) / stressed cross section || ~ de la **rupture** / cross section of rupture || ~ **sans escale** (aéro) / route segment || ~ à **semelles multiples** (constr.en acier) / cellular section || ~ de **séparation** (ligne de contact) / phase break || ~ de **séparation** (nucl) / stripper || ~ de **séparation des fils à l'état humide** (tiss) / wet splitting device || ~ de la **sole** (sidér) / section of the hearth || ~ de **sortie** / outlet section || ~ **soumise à la compression** / cross-section under compression || ~ **soumise à l'effort de traction**, section *f* tendue / cross section under tension || ~ à **terre nue** (mines) / excavated cross section || ~ en **torsade** (techn) / torque rod || ~ de **trajet** / track o. route section || ~ de **transposition complète** (télécom) / fully protected section || ~ **transversale** (arp) / cross section || ~ **transversale** (dessin) / section || ~ **transversale** (math) / cross section || ~ **transversale de l'aile** / airfoil o. aerofoil (GB) section || ~ **transversale effective** / active cross-section || ~ **transversale elliptique** / elliptical cross section || ~ **transversale de moindre résistance à l'avancement** / streamline[d] cross section || ~ en **travers** / transverse section || ~ en **U renversé** (constr.en acier) / top-hat cross section || ~ **utile** / effective o. useful cross section || ~ de **voie** / track section || ~ de **voie neutre** (ch.de fer) / neutral track section

sectionnable (tiroir) / pull-out, telescoping

sectionné (antenne) / sectionalized

sectionnel / sectional

sectionnement *m* / sectioning || ~ (électr, ch.de fer) / sectioning of the contact line || ~ **et commande** / isolation and switching || ~ à **lame d'air** (ch.de fer) / air gap [overlap span], overlap span, section gap

sectionner / cut [in]to pieces, divide up

sectionneur *m* (ELF) (ligne de contact) / section insulator || ~ (ELF) (électr) / section switch, disconnecting o. separating switch, isolating switch, isolator || ~ d'**antenne auxiliaire à diagramme circulaire** (antenne) / sense antenna switch || ~ **[de barres]** (électr) / busbar sectionalizing switch, bus section switch || ~ **coulissant** / sliding switch, sliding type isolator || ~ à **coupure en charge** / load-break o. -disconnecting switch || ~ pour **courant de forte intensité** (électr) / heavy current isolating switch || ~ **demi-pantographe** (électr) / one-leg pantograph disconnector || ~ à **isolateur support unique** / one-column disconnecting switch || ~ de **mise à la terre** / earthing isolator || ~ **principal** (électr) / main isolating switch || ~ de **puissance** (électr) / power circuit breaker [for any value of cos φ], power switch || ~ **rotatif** / rotating insulator side-break switch || ~ de **toiture** (ch.de fer) / roof disconnector

sectionneuse *f* de **briques** / brick cutting device

sécurité *f* [contre] / security [from, against], safety [from] || ~ / safety [device] || **à ~ intrinsèque** / intrinsically safe || **à trois ~s** / with threefold safety || **de ~** / back-up..., stand-by..., emergency... || **de ~** / allowable, permissible, admissible, safe || **de ~** (système) / fail-safe || ~ **aérienne** / aerodynamical safety || ~ de **blocage** / positive safety || ~ de la **circulation** / traffic safety || ~ de **communication** / communications security || ~ **«e»** (électr) / type of protection "e" || ~ de l'**exploitation** / operational safety || ~ d'**exploitation ou de fonctionnement** / operational dependability o. reliability, reliability of operation o. of service, working reliability o. safety || ~ contre le **flambage** / safety against buckling [by axial compression] || ~ de **force** / non-positive safety || ~ **homogène** / homogeneous safety || ~ contre l'**incendie** / fireproofness || ~ **intrinsèque** / inherent safety || ~ au **loquetage** / latching clearance || ~ de **maniement** / safe handling || ~ **minière ou dans les mines** / safety of mines || ~ de la **navigation aérienne** / air traffic control, ATC || ~ de la **navigation aérienne par radar** / radar air traffic control || ~ des **ouvriers** / protection of workers || ~ **positive** (nucl) / fail-safe principle || ~ contre les **risques mécaniques** / mechanical safety || ~ **routière** / traffic safety || ~ contre la **rupture** / security against fracture || ~ contre la **rupture**, coefficient *m* de sécurité / factor of safety || ~ **sociale minière** / miner's union || ~ à **toute épreuve** / foolproofness || ~ à **vis** / screw retention, screw locking [device] || ~ au **voilement** (plaques) / safety against buckling o. warping

sédatif / sedative

sédentaire / sedentary, settled

sédiment *m* (géol) / deposit, sediment || ~ (chimie) / deposit, sediment, precipitate, precipitation || ~**s** *m pl* (m.à vap) / boiler scale, incrustation, [calcareous] fur || ~**s** *m pl* (hydr) / sediment discharge o. transportation, traction o. bed load || ~ *m* **argilleux** / argillaceous sediment || ~ de **boues** (auto) / sediment, sludge || ~**s** *m pl* **clastiques à grains fins ou finement grenus** (géol) / fine grained clastics *pl*, cryptoclastic sediments *pl* || ~ *m* **détritique ou de débris** / clastic rock, brash, fragmental deposits o. rocks *pl* || ~ d'**estuaire** / estuarine deposition || ~ des **impuretés** (auto) / sediment, sludge || ~ **salin** / saline o. salt deposit

sédimentaire (géol) / sedimentary

sédimentation *f* (sucre) / clarification, sedimentation, decantation || ~ (géol) / sedimentation, deposition || ~ des **matières en suspension** / silt of precipitates

seeding *m* (galv) / seeding

S.E.E.O. (Suisse) / E.E. (error excepted), E. O.E. (error and omission excepted)

segment *m* (math) / segment || ~ (techn) / segment, bow-shaped connection || ~ (méc) / line interval o. segment, distance || ~ (mines) / mountain block || ~ (électr) / commutator segment || ~ (géol) / massif || ~ (fil mét.) / length of wire || ~ d'**arrêt**, circlip *m* (vis) / circlip [securing ring] || ~ de **cercle** / segment of a circle || ~ **commun de programme** (ord) / common control section || ~ de **compression** (mot) / compression ring || ~ **comprimé ou primaire** (frein) / leading o. primary shoe || ~ de **contact** / switch segment || ~ de **cuvelage** (méc) / triangulation || ~ de **cuvelage** (mines) / tubbing segment || ~ **denté** (techn) / toothed quadrant || ~ **denté du secteur** / toothed quadrant || ~ de **direction** (auto) / steering sector || ~ d'**étanchéité** (aéro, mot) / obturator ring, sealing ring || ~ d'**étanchéité en forme L** (aéro) / obturation ring || ~ de **frein** (auto) / brake block o. shoe || ~ **inférieur d'un arc** / brick lining of an arc || ~ de **meule** / abrasive segment || ~**-modèle** *m* (fonderie) / segment pattern || ~ de **parabole** / segment of a parabola || ~ de **piston** / piston ring || ~ de **piston** (pompe) / plunger ring || ~ **[de piston] en acier élastique**, segment *m* faisant ressort (mot) / elastic packing ring || ~ de **piston à [coupure en] recouvrement ou à joint à recouvrement** / lap-joint piston ring, step-cut o. stepped piston ring || ~ de **piston à crochet de jointure** / piston ring with hook lock || ~ de **piston à fente en sifflet ou à coupe oblique** / diagonal joint o. bevel joint piston ring, mitre cut piston ring || ~ de **piston indivisé** / one-piece o. plain (US) piston ring || ~ de **piston à section rectangulaire** (mot) / R-ring, plain compression ring || ~ **primaire** (frein) / leading o. primary shoe || ~ de **programme** / control section, program section o. segment || ~ **racleur d'huile** / oil [control] ring, oil wiper o. wiping ring o. deflector, scraper ring || ~ de **recouvrement** (ord) / overlay segment || ~ de **roue-vis** / worm segment || ~ **secondaire** (frein) / trailing o. secondary shoe || ~ **sphérique** / segment of a sphere, spherical segment || ~ **sphérique à deux bases** (math) / spherical segment between two parallel circles, spherical segment of two bases || ~ **tendu** (frein) / trailing o. secondary shoe || ~ de **tiroir en D** / racking block

segmentaire / segmental

segmentation *f* (biol) / merogenesis

segmenté / meristic, segmental

segmenter / segment *vt* || ~ (se) / segment *vi*, split up in segments

ségrégation *f* / segregation || ~ (sidér) / segregation, liquation || ~ (frittage) / segregation, demixing || ~ (béton) / bleeding || ~ (chimie) / elimination, isolation || ~ dans les **angles d'un lingot** / ingot corner segregation || ~ **axiale**, ségrégation *f* à cœur (sidér) / core segregation || ~ du **carbure** / carbide segregation || ~ **décalée** (sidér) / displaced segregation || ~ **dendritique** (sidér) / minor segregation, microsegregation || ~ **inverse** (sidér) / inverse o. negative segregation || ~ **majeure** / ingotism, ingot structure, major segregation || ~ **mineure** (sidér) / minor segregation, microsegregation || ~ des **phases** (sidér) / phase separation

ségrégé, peu ~ (sidér) / with little segregation

ségréger (se) / part *vi*, segregate *vi*

seiche *f* (hydr) / seiche

seigle *m* (bot) / rye, Secale cereale || ~ **ergoté** (agr) / ergot

sein, au ~ / within, in the heart [of]

seinage *m* (nav) / seining

seine *f* / draw net, drag[-net], trawl [net], seine

seineur *m* (navire) / seiner [boat] || ~ (personne) / ring netter

séisme *m* / earthquake, quake, seism || ~ à **distance** / remote earth tremors *pl* || ~ **retransmis** (géol) / relay earthquake || ~ **sous-marin** / seaquake

s[é]ismicité *f* / seismicity

s[é]ismique / seismic

s[é]ismographe *m* / seismograph

séismologie *f* / seismology

séismomètre *m* / seismometer

seizaine *f* / pack-thread, packing cord

séjour *m* (four) / holding time, stay[ing] in furnace

sel *m* / salt || ~ (pour distribuer) (routes) / de-icing salt || ~ **acide** / acid salt || ~ **amer** / bitter salt, Epsom salts *pl*, epsomite || ~ **ammoniac** / sal ammoniac, ammonium chloride || ~ **basique** / basic salt || ~ à **bétail** / cattle lick || ~ **bivalent d'étain** / tin(II)-salt || ~ **blanc** / table salt || ~ **caloporteur** / heat transfer salt || ~ **caloporteur** (pour refroidissement) / heat transfer salt || ~ **caustique** / caustic salt || ~**s** *m pl* de **chaux** (sucre) / lime salts *pl* || ~ *m* **chromeux** / chromous salt, chromium(II) salt || ~ **chromique** / chromic salt, chromium(III) salt || ~ **colorant** / colour salt || ~ **commun** / common salt || ~**s** *m pl* **complémentaires** (galv) / addition agents *pl* || ~ *m* **complexe** / complex salt || ~ **conducteur** (galv) / conducting salt || ~ de **corne de cerf** / sal volatile ||

~ **cristallisé** / crystallized salt || ~ de **cuisine** / common o. kitchen salt || ~ **cuivreux** / cuprous salt, copper(I) salt || ~ **cuivrique** / cupric salt, copper(II) salt || ~ de **déblais** / potassium salt, waste salt, [Stassfurt] abraum salt || ~ de **diazonium** (teint) / diazo[nium] salt || ~ **double** / double salt || ~ d'**Epsom** / Epsom salts *pl*, bitter salt, epsomite || ~ d'**étain** / tin salt || ~ **ferreux** / ferrous salt, iron(II) salt || ~ **ferrique** / ferric o. iron salt, iron(III) salt || ~ **fixatif** / fixing salt, sodium thiosulphate, hypo || ~ de **fluorescéine** / fluorescein salt || ~ **gemme** (min) / halite, common o. rock-salt || ~ de **Glauber** / Glauber's salt, sodium sulphate || ~ **gris** / unrefined sea salt || ~ d'**hydrazine** (fusée) / hydrazinium salt || ~**s** *m pl* **hydrofuges** / waterproofing salts *pl* || ~ *m* **hydrotropique** / hydrotropic salt || ~ **inorganique** / inorganic o. metallic salt || ~ de **magnésium** / magnesium salt || ~ **marin** / sea salt || ~ **métallique** / inorganic o. metallic salt || ~ des **métaux lourds** / salt of heavy metals || ~ **microcosmique** / microcosmic salt bead || ~ **minéral** / mineral salt || ~ de **Mohr** / Mohr's salt || ~ **neutre** / neutral salt || ~ **nutritif** / nutrient salt || ~ d'**oseille** voir sel de sorrel || ~ **oxonium** / oxonium salt || ~ **phosphonium** / phosphonium salt || ~ de **phosphore** / microcosmic salt bead || ~ **platinique** / platinum(IV) salt || ~ **potassique [naturel brut]** / potassium salt, natural raw potassic salt, [Staßfurt] abraum salt || ~ **raffiné** / boiled salt || ~ de **saline** / common salt from boiled-down brine, boiled salt || ~ de **Sedlitz** / bitter salt, Epsom salts *pl*, epsomite || ~ de **Seignette** / Seignette o. Rochelle salt, sodium potassium tartrate || ~ de **sorrel** / potassium tetraoxalate o. quadroxalate o. bioxalate, sorrel salt, salt of sorrel || ~ des **sources salines** / spring o. brine salt || ~ **surbasique** / basic salt || ~ de **table** / table salt || ~ **triple** / triple salt || ~ de **Vichy** / sodium hydrogen carbonate o. bicarbonate || ~ de **virage-fixage ou de viro-fixage** (phot) / tone-fixing salt || ~ **yttrique** / yttrium(III) salt || ~ **zincique** / zinc(II) salt

sélecter (jeu de cartes) / decollate (p.c.)

sélecteur *m* / selector || ~ (trad. simult.) / language selector || ~ (auto) / selector, automatic gear-shift lever || ~ **absorbeur** / digit suppressor o. dropper || ~ d'**admission** (aéro) / turbo-boost selector || ~ d'**appareil périphérique** / device selector || ~ des **appels** / allotter, consecution controller || ~ d'**arrivée** / front-end selector || ~ d'**assignation** / assignment selector || ~ **automatique** (télécom) / automatic dialling unit || ~ **auxiliaire** (c.perf.) / co-selector || ~ à **balais** / brush selector || ~ du **bureau central** (télécom) / service connector, special code selector, sender selector || ~ de **canal O.dm-O.m** (TV) / combined tuner || ~ [de **canal**] **O.dm** (= ondes décimétriques) (TV) / UHF channel selector || ~ [de **canal**] **O.m** (= onde métrique) (TV) / VHF channel selector || ~ de **canaux** (TV) / channel selector || ~ de **cap** (aéro) / omnibearing selector, omniselector || ~ de **circuit** (hydr) / shuttle valve || ~ de **colonnes** / indenting mechanism, self-starter || ~ de **colonnes multiples** / multiple column control || ~ **coordinateur** / coordinating selector || ~ de **coordonnées à moteur à contacts en métal précieux** / two-motion motor switch with noble-metal contacts || ~ **crossbar** / crossbar selector o. switch, matrix selector || ~ de **détection** / sweep selector || ~ **différentiel** / discriminating selector, discriminator, routing switch o. selector || ~ **discriminateur [d'acheminement] urbain** / local selector with digit discrimination || ~ **enregistreur des deuxièmes lettres** / B-digit selector || ~ **enregistreur des premières lettres** (télécom, système directeur) / A-digit selector || ~ d'**entrée** (bande sonore) / front-end selector || ~ **Ericsson** / Ericsson selector || ~ d'**essai** / access selector || ~ **et distributeur** (manutention) / preselective sorter and traffic control || ~ **final** / tandem connector || ~ **final d'installation d'abonné avec postes supplémentaires** / private branch exchange final selector || ~ de **fonction** (électr) / function selector || ~ de **fréquence** (électron) / cycle selector || ~ des **gammes** (électron) / band switch o. selector || ~ **glissant** / continuous drive mechanism || ~ de **groupes** / group selector o. switch || ~ d'**impulsions** / impulse selector || ~ d'**indice** (télécom) / digit selector || ~ à **intersection** / recode selector || ~ **[interurbain automatique]** / automatic long-distance selector || ~ de **ligne d'appel** / ringing lead selector || ~ de **ligne de service** / call circuit selector || ~ de **ligne urbaine** / local line selector || ~ de **lignes** / final selector o. switch || ~ de **lignes groupées** / group selector o. switch || ~ **mécanique** / motor operated selector, power driven selector || ~ de **mélange du téléphone automatique** / outgoing secondary switch, load distribution switch || ~ à **mouvement double** / two-motion selector, bank-and-wiper switch, vertical and rotary selector || ~ **multipoint** / multipoint selector || ~ de **nombres** / numerical selector || ~ **numérique** / numerical selector || ~**-octane** *m* (auto) / octane number selector || ~ à **panneau** / panel selector || ~ de **phase** / phase selector || ~**-pilote** *m* (c.perf.) / pilot selector || ~ de **point** (m à coudre) / stitch-type selector || ~ de **position** / position selector || ~ de **préfixe** / code selector || ~ du **premier groupe** / first group selector || ~ **progressif** / step-by-step selector || ~ à **rappel de chercheur** / digit absorbing device o. selector || ~ **rotary** / rotary selector || ~ **rotatif** / rotary [type] selector, single-motion type selector, uniselector || ~ **rotatif de groupe** / rotary group selector || ~ **rotatif pas à pas** / motor-uniselector || ~ **rotatif pas à pas à métal précieux** / noble-metal uniselector motor switch || ~ **Strowger** / Strowger selector || ~ des **tables auxiliaires** / service connector, special code selector, sender selector || ~ **tandem** / tandem selector || ~ pour **tous canaux** / all-band tuner || ~ de **transit** / tandem selector || ~ **UHF** (TV) / UHF channel selector || ~ **VHF** (TV) / VHF channel selector || ~ **VHF-UHF** (TV) / combined tuner || ~ de **vitesse** (auto) / speed selector, speed change control || ~ de **vitesse des neutrons** / neutron velocity selector || ~ de **voltage** / voltage selector || ~ **XY** / X-Y selector

sélectif / selective || ~ en **fréquence** / frequency selective

sélection *f* (ord) / selecting || ~ (norme française S20-006) (cinéma) / separation master || ~ **abrégée** (télécom) / abbreviated dialling || ~ **automatique de ligne** (ord) / selective line printing || ~ **automatique de machine** (télécopieur) / automatic machine selection, AMS || ~ en **avant** (télécom) / forward selection || ~ **basse, [haute]** (frein auto) / select-low, [-high] || ~ de **blocs** (ord) / block selection || ~ par **boutons** (électron) / automatic tuning || ~ par **[boutons-]poussoirs** (télécom) / push-button dialing || ~ de **canaux** (b.magnét) / channel selection || ~ par **coincidence de courant** (ord) / coincident current selection || ~ **continue** (télécom) / continuous hunting || ~ des **couleurs** (TV) / colour separation || ~ de **distance** (radar) / range discrimination (GB) o.

resolution (US) || ~ par **filtre vert** (typo) / green filter separation || ~ d'**indice** / digit selection || ~ **indirecte** (typo) / indirect process, threeway process || ~ **interurbaine automatique** / long-distance automatic dialling || ~ **interurbaine mécanique** (télécom) / automatic calling unit || ~ de **ligne** (télécom) / circuit switching || ~ **linéaire** (ord) / linear selection || ~ **matricielle** / coordinate setting || ~ de la **mémoire** (m.compt) / register engaging and disengaging mechanism || ~ **numérique** (télécom) / impulse stepping, numerical selection || ~ sur **plusieurs niveaux** (télécom) / level hunting || ~ de **position** (ord) / question length, digit selection || ~ par **priorité** / priority selection || ~ **[recommandée] d'ajustements** / selection of fits || ~ de **régime** / range select || ~ **rotative** (télécom) / rotary hunting || ~ des **signaux** / selection of sensor signals || ~ des **signaux radar** / gating || ~ **synchronisée** (télécom) / step-by-step operation || ~ **tandem** (télécom) / tandem selection || ~ dans le **temps** / time selection || ~ à **touches** (télécom) / key-set selection || ~ de **transit** (télécom) / tandem dialling || ~ **trichrome** (phot) / tricolour separation || ~ **trichrome négative** (phot) / colour separation negative || ~ de **vitesse** (auto) / gear selection, speed change control || ~ de **vitesse** (électron) / phase selecting, phasing || ~ de **zones** (c.perf.) / field selection

sélectionné / selected || ~, choisi / choice

sélectionnement *m* de la **ligne d'impression** / line identification o. selection, selective line printing

sélectionner / select || ~ / pick, gather || ~ (contr.aut) / select || ~ (c.perf.) / match

sélectionneuse *f* de **chèques** / bank proof machine

sélectivité *f* (radio) / selectivity || ~ **adjacente** (électron) / adjacent channel selectivity || ~ **effective** / effective selectivity || ~ d'un **filtre** / filter discrimination || ~ **mauvaise** / flat tuning || ~ **spectrale** / spectral selectivity o. response, colour response

séléniate *m* / selenate

sélénibase *f* / selenibasis

sélénifère / seleniferous

sélénite *m* / selenite

séléniteux (vieux) / containing gypsum

sélénium *m*, Se / selenium, Se

séléniure *m* / selenide || ~ d'**argent** / silver selenide || ~ d'**azote** / nitrogen selenide || ~ de **cuivre** / cuprous selenide || ~ **cuivreux** / selenkupfer, copper(II) selenide || ~ de **gallium** / gallium selenide, GaSe || ~ d'**hydrogène** / hydrogen selenide

sélénographie *f* / selenography

sélénographique / selenographic

self *f* / self-inducting o. -induction coil, choke [coil], reactor || ~ d'**alimentation** (électr) / feeder reactor || ~ d'**amortissement** (télécom) / smoothing choke || ~ d'**amortissement** (électr) / quenching [choke] coil || ~ **antiparasite** / radio interference suppression coil || ~ de **commutation** (transfo) / commutating reactor || ~ de **comptage** / counting choke [coil] || ~ à **décharge statique** / static drain choke coil || ~ d'**écrêtement** (électr) / peak limiting clipping choke [coil] || ~ de **filtrage** (électron) / filter choke || ~ de **filtrage** (télécom) / smoothing choke || ~ pour **haute fréquence**, self *f* H.F. / high-frequency choke || ~ de **lissage** / smoothing choke, smoothing filter choke || ~ de **mise à la terre** / earthing reactor || ~ à **noyau de fer** / iron core inductor o. induction coil || ~ **oscillatrice** (électron) / swinging choke || ~ de **répartition** (redresseur) / current dividing coil || ~ **sans fer** / air core induction coil || ~ de **stabilisation** (électr) / stabilizing choke || ~ **symétrique** (électr) / twin reactor || ~ de **syntonisation d'antenne** / antenna loading coil || ~ **variable** (électron) / variable inductance, variometer

self-extinguishing *adj* (gén) / self-quenching, self-extinguishing

self-induction *f* (électr) / self-induction

selfique (électr) / inductive

selfmètre *m* / inductivity meter

selle *f* (gén, bicyclette) / saddle || ~, plaque *f* d'assise / ground o. bearing o. bed plate || **en [forme de]** ~ / saddle shaped, saddle-back... || ~ d'**appui** (pont) / bearing chair o. block o. stool || ~ d'**appui** (techn) / bearing chair o. block || ~ pour **bicyclettes** / bicycle saddle || ~ **biplace** (motocycl) / dual seat || ~ à **crochet** (ch.de fer) / hooked tie plate, hooked sole plate || ~ à **crochet et crampon** (ch.de fer) / hooked sole plate with tenon || ~ **pivotante** (grue à câble) / swivelling saddle || ~ de **rail** / rail bearing plate, sole plate || ~ de **rail à crochet** (ch.de fer) / hooked sole plate o. tie plate (US) || ~ de **rail nervurée** (ch.de fer) / ribbed sole plate (GB) o. tie plate (US) || ~ de **remplissage** (chimie) / saddle packing || ~ de **repos pour câbles** (pont) / cable saddle

seller / saddle *vt*

sellerie *f* / saddler's trade o. shop

sellette *f* (techn) / saddle || ~ (voiture) / axle tree bolster || ~ d'**accouplement articulée** (remorque) / fifth wheel || ~ d'**attelage** (auto) / trailer dolly (US), fifth wheel || ~ à **glissières** (m. à mouler) / sliding carriage

sellier *m* / saddler

selsyn *m*, synchromachine *f* (électr) / selsyn motor || ~ (électron) / selsyn, resolver || ~ **différentiel** (contr.aut) / differential generator o. transmitter, differential selsyn || ~ **télécommandé** (électr) / control synchro

sem voir sémaphore

semaille *f* / seeding, sowing || ~**s** *f pl* / sowing the seed || ~ *f* (le temps) / seed time, sowing season o. time || ~**s** *f pl* d'**automne** / sowing of winter corn

semaine *f* (salaire) / week's pay || **[de] chaque** ~ / weekly || **en** ~ / on week-days

sémantème *m* (ord) / semanteme

sémantique *adj* (ord) / semantic[al] || ~ *f* / semantics

sémaphore *m* (ch.de fer) / semaphore signal || ~ (S.N.C.F.) (ch.de fer) / station signal

sémaphoriste *m* (ch.de fer) / block post keeper, signalman

semblable / like, similar

semelle *f* (gén) / sole || ~ (soulier) / shoe sole || ~ (constr.mét) / flange, chord (US), boom (GB) || ~ (tour revolver) / lathe saddle o. slide || ~ (profilé) / flange of sections || ~ (techn) / bearing o. sole plate || ~ (bâtim) / sill, sole, base || ~ (fraiseuse) / table base || ~ (lam) / moulder, scaler || ~ (mines) / sole piece || ~ (charp) / ground beam o. timber || ~ (nav) / sword || ~ (caoutchouc) / tab sole || ~ d'**archet de pantographe** / pantograph slipper, pantograph wearing strip || ~ **arquée** (bas) / bow-shaped splicing || ~ d'**assemblage** / sill o. sole of a framework || ~ de **bas** / foot of stocking || ~ de **base du poteau** (électr, télécom) / pole cribbing (US), cross bracket || ~ en **béton** / concrete slab || ~ en **béton** (bâtim) / oversite concrete || ~ de **cadre d'hélice** (nav) / sole piece || ~ **élastique** (ch.de fer) / resilient sleeper pad o. tie pad (US) || ~ d'**enclume** (forge) / bolster of an anvil, anvil cap, sow block || ~ d'**étambot** (nav) / sole piece || ~ **filante** / continuous footing, ground table || ~ de **fondation en béton armé** / armoured concrete foundation plate || ~ de **freinage** (ch.de fer) / brake shoe insert || ~ **inférieure** (constr.en acier) / bottom flange || ~ **intérieure** (soulier) / insole, sock lining || ~ **intermédiaire** / throughsole || ~ de **labour** / plough pan o. sole (US) || ~ de la **matrice** / anvil cap, bolster of an anvil, sow block || ~ de **plomb** / diver's lead sole || ~ de **poutre composée** / flange of a plate girder || ~ **première naturelle** (soulier) / leather insole || ~ du **rabot** / sole of the plane || ~ de **radier** (hydr) / sill beam || ~ du **rail** / rail foot o. flange o. base || ~ de **recouvrement** (constr.en acier) / chord (US) o. boom (GB) plate, cover strip, top flange plate || ~ de **ressort** / spring pad || ~ du **sabot intérieur** (moissonneuse) / main shoe o. inner shoe slipper o. sole || ~ **supérieure** (constr.en acier) / top flange || ~ **supérieure d'une poutre à âme pleine** (constr.en acier) / upper o. top boom (GB) o. chord (US) o. flange || ~ à **tension** / tension boom (GB) o. chord (US) || ~ d'**usure** (soulier) / outsole

semence *f* / seed || **~s** *f pl* / seed[-corn] || ~ *f* (nucl) / spike, seed || ~ (clou) / brad, tack || **~s** *f pl* **calibrées** (agr) / graded seed || ~ *f* de **coton** / cotton seed, seed-cotton || **~s** *f pl* **pilulées** (agr) / pilled seed || ~ *f* de **tapissier** / upholstering nail, cut nail, tin tack

semer *vt* / sow *vt*, seed *vt* || ~ **dru ou épais** / sow large || ~ en **ligne** (agr) / drill || ~ **serré** / sow large || ~ à la **volée** (agr) / broadcast

semeur *m* à **maïs** / corn planter (US)

semi-... / demi..., semi... || **~-droite** *f* (math) / half-line, ray || **~-accouplement** *m* de **frein** (ch.de fer) / brake hose half coupling, brake hose coupling || **~-additif** (galv) / semiadditive || **~-arbre** *m* (auto) / rear-axle shaft || **~-arrondi** *m* (ord) / half-cent adjustment (bookk m), half correction o. adjust (comp) || **~-automatique** / semiautomatic, -automatical || **~-autonome** (réaction, décharge) / non selfmaintained || **~-axial** (turbine) / semiaxial || **~-ballistique** / semiballistic || **~-barrière** *f* (ch.de fer) / half way gate o. barrier || **~-bitumineux** (houille) / semibituminous, medium volatile || **~-blanchi** (pap) / semibleached || **~-calmé** (acier) / semikilled, semirimming, balanced || **~-carbazide** *f* / semicarbazide || **~-carbazone** *f* / semicarbazone || **~-circulaire** / semicircular || **~-clair** (mica) / fair stained || **~-coke** *m* / low temperature [carbonization] coke carbonization coke || **~-commandé** (électron) / partially controlled || **~-complet** (clavier) / semifull

semi-conducteur *adj*, semiconducteur / semiconducting || ~ *m*, semiconducteur *m* / semiconductor || **à ~s** (électron) / solid-state..., monolithic || ~ **CMOS** / C/MOS o. CMOS (= complementary [symmetry] metal-oxide semiconductor) || ~ **compensé** / compensated semiconductor || ~ **D/MOS** / D/MOS semiconductor (= double diffused MOS) || ~ **extrinsèque** / extrinsic semiconductor || ~ **homogène** / homogeneous semiconductor || ~ **intrinsèque ou type i** / intrinsic semiconductor, i-type semiconductor || ~ à **isolateur métallique** / metal insulator semiconductor, MIS || ~ **MTNS** / metal thick oxide-nitride-silicon semiconductor, MTNS || ~ **MTOS** / MTOS, metal thick oxide semiconductor || ~ **polycristallin** / polycristalline semi-conductor || ~ au **silicium** / silicon semiconductor || ~ **type i** / i-type o. intrinsic semiconductor || ~ **type n** / n-type semiconductor || ~ **type p** / p-type semiconductor || ~ en **verre** / glass semiconductor

semi-continu (math) / semicontinuous || **~-couvert** (pont de nav) / half-decked || **~-cristallin** / semicrystalline || **~-critique** (P.E.R.T.) / semicritical

semicteur *m* (nucl) / semiconductor detector

semi-cyclique (chimie) / semicyclic || **~-déroulé** (placage) / half round cut || **~-diamètre** *m* (nav) / semidiameter || **~-diesel** *m* / semidiesel engine, mixed cycle engine || **~-direct** / semidirect || **~-duplex** *adj* / half-duplex || **~-duplex** *m* (ord) / half duplex transmission || **~-électrique** / electrically assisted || **~-encastré** / half-countersunk || **~-fermé** (électr) / half-enclosed, semienclosed || **~-flottant** (arbre) / semifloating || **~-fluide** / semiliquid, semifluid || **~-hématite** *f* / semihematite || **~-homogène** (réacteur) / semihomogenous || **~-hydrate** *m* (plâtre) / hemihydrate || **~-indirect** (éclairage) / semi-indirect || **~-industriel** / half-industrial || **~-interquartile** *m* (statistique) / semi-interquartile range || **~-invariant** (math) / seminvariant || **~-lavé** (café) / washed and cleaned || **~-liquide** / semiliquid, semifluid || **~-lustre** *m* (tex) / low lustre || **~-mat** (laque) / half-matte || **~-métro** *m* / underground tramway || **~-minéral** (pigment) / metallo-organic || **~-mobile** / semiportable || **~-mouflé** (four) / semimuffle

séminaire *m* / workshop (US), seminar, classroom corrosion (US coll)

semi-naturel / seminatural || **~-opaque** (teint) / semiopaque

sémiotique *f* / semiotic[s pl.]

semi-ouvert (électr) / half-enclosed, semienclosed || **~-ouvré** / rough- o. half-finished, intermediate || **~-peigné** (filage) / half-worsted || **~-pénétration** *f* (routes) / semigrouted o. semipenetration surfacing || **~-perforation** *f* (pap) / chadless cutting || **~-perforé** (pap) / chadless || **~-perméable** / semipermeable || **~-pneumatique** (pneu) / semipneumatic || **~-polaire** (chimie) / semipolar || **~-porté** (p.e. charrue) / semimounted (e.g. plow) || **~-porte-conteneurs** *m* (nav) / semicontainership || **~-portique** *m* / semiportal crane, one-legged gantry crane || **~-positif** (moule) / semipositive || **~-produit** *m* / half-finished o. semifinished o. semimanufactured good o. product || **~-public** / semipublic || **~-quick-look** *m* (espace) / semiquick look || **~-remorque** *m*, ensemble *m* bracteur et semi-remorque / articulated road train || **~-remorque** *f* (auto) / semitrailer || **~-remorque** *f* d'**autobus** / bus semitrailer || **~-remorque** *f* **citerne** / tank semitrailer || **~-remorque** *f* à **deux essieux** / tandem axle semitrailer || **~-remorque** *f* **kangourou** / piggyback traffic semitrailer (France) || **~-remorque** *f* à **plateforme surbaissée** / low-platform semitrailer || **~-remorque** *f* **porte-pelle** / semitrailer for shovel dredgers || **~-remorque** *f* **rail-route** (ch.de fer) / rail-road semitrailer || **~-remorque** *f* à **usage général** / general purpose semi-trailer || **~-rigide** / semirigid

semis *m* / sowing, seeding || ~ (silviculture) / young forest plantation || ~ (terrain) / corn field, grain field (US) || ~ d'**automne** (agr) / autumn sowing || ~ en **bandes** / seed sown in bands || ~ sur **chaumes** (agr) / stubble drilling || ~ **direct** / direct drilling || ~ en **poquets** (agr) / dibbling

semi-silice (réfractaire) / semisilica... || **~-stabilisé** / semistable || **~-taché** (mica) / good stained || **~-ton** *m* / semitone || **~-transparent** / semitransparent || **~-transparent** (miroir) / half-silvered || **~-vitrifié** (résistance) / semivitreous

semoir *m* / sowing machine || ~ sur **billon** (agr) / ridge drill || ~ **combiné avec distributeur d'engrais** / combine [fertilizer placement] drill || ~ avec **fertiliseur pour betteraves** (agr) / drill with fertilizer attachment for beet sowing || ~ en **lignes**

(agr) / grain o. seed drill || ~ **monograine** (agr) / seed spacing drill || ~ à la **volée** / broadcast sowing machine o. seeder, [seed] broadcaster

semoule *f* / semolina || ~ **jaune ou de froment** / hard wheat semolina

senne *f* / draw net, drag[-net], trawl [net]

sens *m* / sense || ~, direction *f* / direction || ~ (ord) / meaning || **à ~ clair** / definite || **au ~ large** / wide-sense... || **dans le ~ du fil** (tiss) / with the hair || **dans le ~ des fibres** / with the grain || **dans le ~ de la largeur** / broadwise || **dans le ~ de la marche** (ch.de fer) / facing the engine || **dans les deux ~** / to-and-fro || **dans un seul ~** / one-way, o.w., one-direction || **de ~ négatif** / negative-going || **en ~ alterné** (câble) / reversed lay ... || **en ~ horaire** / clockwise || **en ~ inverse** / in an opposite direction || **en ~ inverse** (semicond) / in reverse direction, reverse || **en ~ inverse horaire ou inverse des aiguilles** / anticlockwise || **en ~ passant** (semicond) / in [forward] conducting direction (not: "forward") || **en ~ transversal** / transverse || **en ~ transversal aux fibres** / across the grain || **par ~** (trafic) / in each direction || ~ des **aiguilles d'une montre** / clockwise direction || ~ d'**aimantation préférentiel** / preferred magnetic orientation || ~ **aller et retour** / go-and-return directions *pl* || ~ de **bobinage** (électr) / direction of winding || ~ de **câblage** / direction of lay of rope || ~ du **commettage à la droite** / right-hand[ed] twist || ~ du **commettage à la gauche** / lefthand twist || ~ de **conduction** (redresseur) / conducting direction || ~ des **couches** (géol) / rift || ~ des **couleurs** / colour sense, feeling for colour || ~ du **courant** (électr) / current direction || ~ de **déroulement** (ord) / flow direction || ~ de **descente** (grue) / downward o. lowering direction || ~ **direct** (rotation) / clockwise || ~ **direct** (électron) / forward direction || ~ de **direction dans l'espace** / direction in space || ~ de **direction de la manœuvre** / direction of actuation || ~ d'**écoulement** (hydr) / set, drift, direction of flow || ~ d'**enroulement** (électr) / direction of winding || ~ de l'**équilibre** / static sense || ~ d'**état bloqué** (électron) / non-conducting o. high-resistance direction || ~ des **fibres** (pap) / machine o. long direction || ~ des **fibres** (filage) / direction of feed || ~ **giratoire** (trafic) / gyratory (GB) o. roundabout (US) traffic || ~ d'**hélice** / sense of helix || ~ de l'**hélice** (vis) / direction of thread || ~ **horaire** / clockwise direction || ~ **interdit** / prohibited direction || ~ **inverse** (rotation) / anticlockwise, counterclockwise || ~ **inverse** / reversed direction || ~ **inverse** (semi-cond) / reverse direction || ~ **inverse [du mouvement]** / opposite direction || ~ du **laminage** (lam) / grain, direction of rolling || ~ du **levage** / hoisting o. lifting direction || ~ de **liaison** (ord) / flow direction || ~ de **littéral d'un terme** / internal form, litteral meaning of a term || ~ le **long de la machine**, sens *m* machine (pap) / machine o. long direction || ~ **longitudinal** / sense of length, longitudinal direction || ~ de **marche** / direction of projection o. motion || ~ de **mouvement** / moving direction o. sense || ~ de **non-conduction** (électron) / non-conducting o. high-resistance direction || ~ **oblique** / bias || ~ de l'**odorat** / scent, sense of smell || ~ du **papier** (graph) / direction of feed || ~ **passant** (électr) / conducting direction || ~ **propre** (terme) / primary o. basic o. original meaning of a term || ~ **rétrograde** / reverse direction || ~ de **rotation** / direction o. sense of rotation || ~ **stéréognostique** / sense of touch, tactile o. tactual sense, [sense of] feeling || ~ d'un **terme** / meaning, significance, sense of a term || ~ de **tissu** / grain of fabric || ~ de **tordage** (filage) / twist direction o. sense || ~ de **toronnage** (câble) / direction of lay of strand || ~ du **tors** (phys) / sense of turn || ~ de **torsion du câble** / direction of lay of rope || ~ du **toucher** / sense of touch, tactile o. tactual sense, [sense of] feeling || ~ du **trafic** / direction of traffic || ~ **transvers[al]** / transverse direction || ~ **transversal aux fibres** / cross-direction || ~ de **travail** / working direction || ~ **travers** / cross dimension[s pl.] || ~ **travers** (pap) / short grain, cross direction || ~ **unique** / one-way street || ~ de la **vue** / sight

sensation *f* / perception, sensation || ~ d'**assouplissement** / drowsiness || ~ **chromatique** / colour perception

senseur *m* (déconseillé), détecteur *m* (astron) / sensor || ~ **fluidique du sol** (espace) / fluidic sun sensor || ~ **ionique** (espace) / ion sensor

sensibilisateur *m* (gén, chimie, phot) / sensitizer, sensibilization agent

sensibilisation *f* / sensitivation || ~ du **tube cathodique** / gating of a cathode ray tube

sensibiliser (phot) / sensitize

sensibilité *f* / sensitivity, sensitiveness || ~ (biol) / sensibility || **à ~ chromatique** / colour sensitive || **d'une ~ excessive au rouge** (TV) / red-conscious || ~ d'**accord** / tuning sensitivity || ~ **A.S.A.** (American Standards Association) (phot) / A.S.A.-speed || ~ à l'**attaque** (teint) / dischargeability || ~ d'un **carburant** / sensitivity of a motor gasoline || ~ de la **cathode** / cathode sensitivity || ~ à la **chaleur** / sensitivity to heat || ~ **chromatique** / chromatic o. colour sensitivity, spectral response || ~ aux **contrastes** / contrast sensitivity || ~ à la **corrosion** / corrodibility || ~ à la **corrosion due au soudage** / weld decay || ~ au **coude** (électr) / knee sensitivity, knee luminous flux || ~ au **courant en court-circuit** (semi-cond) / short-circuit current sensitivity || ~ aux **criques de trempe** / heat treatment crack sensitivity || ~ de **déflection électrostatique** / electrostatic deflectional sensitivity || ~ en **degrés Scheiner** (film) / degrees Scheiner *pl* || ~ aux **dérangements** (techn) / susceptance to trouble o. failure, fault liability || ~ de **détonation** / detonability, detonation susceptibility || ~ de **déviation** / deflectional sensitivity || ~ **DIN** (phot) / DIN-speed || ~ **dynamique** (cellule photovoltaïque) / dynamic sensibility || ~ d'**émulsion** (phot) / sensitivity [of the emulsion], speed || ~ à l'**entaillage ou à l'effet d'entaille** / notch sensitivity || ~ du **film** / film speed || ~ au **flux** (électronique) / flux sensitivity || ~ de **fonctionnement** / responsiveness, operating threshold sensibility || ~ à la **force** (élément Hall) / magnetomotive force sensitivity || ~ au **froid** / sensitivity to frost || ~ d'**indication** / indication sensitivity || ~ d'**interpolation** (NC) / interpolation sensitivity || ~ **intrinsèque** (électron) / intrinsic responsivity || ~ **limite** (phys) / absolute sensitivity || ~ **lumineuse** / sensitivity to light, luminous sensitivity, photosensitivity || ~ de **mesurage** / measuring sensitivity || ~ du **microphone** / microphone response || ~ de **modulation** / modulation sensitivity || ~ aux **parasites** (électron) / interference susceptibility || ~ de la **pellicule selon Weston** / Weston film speed || ~ aux **perturbations** (techn) / susceptance to trouble o. failure, fault liability || ~ de **phase** / phase response || ~ **photographique du film** / film speed o. sensitivity || ~ de **réception** / sensitivity of reception || ~ **relative** / relative response || ~ **relative du circuit**

de garde et du circuit de signalisation (télécom) / guard circuit coefficient || ~ au **rouge** / red sensitivity || ~ **spectrale** / chromatic o. colour sensitivity, spectral response || ~ à la **surchauffe** (sidér) / overheating sensitivity || ~ aux **tapures de trempe** / heat treatment crack sensitivity || ~ au **vieillissement** / sensitivity to ageing

sensible [à] / sensitive [to], sensing || ~, perceptible / sensible || ~ (instr) / sensible || ~ à l'**air** / sensitive to air || ~ aux **chocs** / susceptible to shocks || ~ aux **couleurs** / colour sensitive || ~ à la **direction** / direction-sensitive || ~ à l'**eau** (essence) / susceptible to water || ~ à [l'**effet de**] **la pression** / pressure sensitive || ~ au **feu** / sensitive to flames || ~ à la **fréquence** / frequency-sensitive || ~ au **froid** / susceptible to freezing || ~ à la **phase** / phase-selective, -sensitive || ~ à la **vue** / visible, perceptive to vision

sensitif / sensitive

sensitivité *f*(phot) / sensitivity || ~ de la **cellule photoélectrique** / PEC sensitivity || ~ à l'**eau** / hygroinstability || ~ à l'**épaisseur** (fonderie) / section sensitivity || ~ à la **trempe** / quench sensitivity, sensitivity to hardening

sensitogramme *m* / sensitometric test strip, sensitogram

sensitomètre *m* (phot) / sensitometer

sensitométrie *f*(phot) / sensitometry

sensoriel / sensory

sentaine *f*(filetage) / tying-up thread, skeining thread

sentant le **brûlé** / tasting of burning

senteur *f* / scent

sentier *m* / footpath, path, track || ~ (Decca) / lane

sentine *f*(nav) / pump well

sentir / sense || ~ **mauvais** / stink, smell bad

S.E.O.O. (France), sauf erreur ou omission / E.&O.E.(error and omission excepted), S.E.[&].O. (salve errore et omissione)

sep *m* (charrue) / slade o. runner (US) of a plow, plough sole

séparable / separable || ~ (chimie) / decompoundable || ~, divisible / divisible

séparateur *m* (chimie, TV) / separator || ~ (vide) / trap, separator, catch-pot || ~ (accu) / plate separator || ~, couche *f* de séparation / separation layer || ~ (pétrole) / settler || ~, installation *f* séparatrice / separating plant || ~, récipient de séparation (chimie) / separatory, refining glass || ~ (ord) / delimiter || ~ d'**acide carbonique** / carbon dioxide separator || ~ d'**air** / air separator || ~ à **air** (céram) / cyclone dust collector, air classifier || ~ d'**angle** (sidér) / elbow separator || ~ de **balles** (agr) / chaffer || ~ **bascule** / swing separator || ~ de **boues** / mud separator || ~ à **buses** / nozzle type separator || ~ de **câbles** / cable divider (on cable drums) || ~ des **cendres volantes** / flue dust catch o. collector o. retainer || ~ **centrifuge** / centrifugal, centrifuge, centrifugal separator || ~ **centrifuge** (fonderie) / spinner || ~ à **champ progressif** (mines) / travelling field separator || ~ à **chicanes** / baffle type separator || ~ **condenseur** (filature) / blowroom condenser || ~ de **crasse du filtre** (auto) / sediment bowl of the filter || ~ à **cyclone** (sidér) / cyclone [dust separator], dust chamber o. precipitator || ~ [**des courants de circulation**] (routes) / traffic divider || ~ à **disque** / disk separator || ~ d'**eau** / water trap o. separator || ~ d'**eau de condensation** / steam trap o. separator, drainage pot || ~ d'**égout** (routes) / interceptor || ~ **électromagnétique à enveloppe tournante** (prépar) / drum cobber || ~ d'**essence** (bâtim) / gasoline (US) o. petrol (GB) trap o. separator || ~ de **fer** / magnetic separator || ~ des **fils** (tiss) / thread divider || ~ à **force centrifuge** / centrifugal force sizer || ~ des **formats** (lettres) / format separator || ~ de **gaz** / gas separator || ~ de **goudron** / tar extractor || ~ de **graisse** (eaux usées) / grease o. fat trap o. collector o. extractor o. separator, channel gulley || ~ à **gravité** (moulin) / gravity separator || ~ à **hélice** (mines) / spiral [type] classifier || ~ d'**huile** / oil separator o. trap, oil interceptor || ~ d'**huile pour la vapeur** / oil o. grease separator o. filter for steam || ~ d'**informations** / IS, information separator || ~ d'**interférences** (TV) / sync pulse separator || ~ de **lait de chaux et de gravier** (sucre) / milk-of-lime grit separator || ~ de **lames** / spring leaf opener, spring separator || ~ par **liquide dense** (prépar) / dense-medium washer, heavy-medium separator || ~ **magnétique** / magnetic separator || ~ **magnétique à ruban** (mines) / belt separator || ~ de **masses** (phys) / mass separator || ~ par **milieu dense** (prép) / dense medium washer, heavy medium separator || ~ de **mots** (ord) / word separator || ~ de **mottes** (agr) / clods separator || ~ des **petites eaux** (sucre) / sweetwater separator || ~ de **plasma** (espace) / plasma separator || ~ de **poussière[s]** / dust separator o. collector o. catcher || ~ de **radicelles** / tailings separator || ~ **rotatif** (mines) / trommel washer || ~ de **sable** (sucre) / sand catcher, rock catcher || ~ de **sable** (hydr) / sand catcher, grit chamber || ~ de **scories** (sidér) / dirt catcher || ~ de **synchronisation** (TV) / sync separator, amplitude filter || ~ à **tambour** (prépar) / drum cobber, induced roll separator || ~ de **vapeur** / steam separator, steam trap || ~ à **vent** (céram) / cyclone dust collector, air classifier || ~ **vibrant** / rocking o. vibrating screen || ~ de **zones** (ord) / field separator

séparation *f*(gén) / separation || ~, partage *m* / parting, separation, severing || ~ (mines) / separation, screening o. dressing o. separating plant || ~ (chimie) / segregation || ~, isolement *m* / isolation || ~ d'**arc** (électr) / arc shield, arc deflector, deflectors *pl* || ~ d'**argent** / silver refining, separation of silver || ~ de la **chape** (pneu) / tread separation || ~ de **chiffres** (télécom) / digit discrimination || ~ **chimique en phase gazeuse** / chemical vapour deposition, CVD || ~ **chromatique** / chromatic separation o. splitting || ~ des **conduits** (cheminée) / partition of a chimney, midfeather || ~ de la **couche limite** / boundary layer separation || ~ des **couches** (placage) / ply separation || ~ des **couleurs** / colour splitting || ~ des **couleurs** (phot) / colour separation || ~ dans un **courant gazeux** / air separation || ~ de **crasse** / dirt separation || ~ du **C.S.M.** (astron) / satellite separation || ~ par **densité ou par équivalence** (prépar) / separation by equal falling o. equal settling || ~ en **deux produits** / two-product separation || ~ par **écumage** / foam separation || ~ d'**égout** (sucre) / classification of runnings || ~ des **étages** / separation of stages || ~ **fixe** (ord) / fixed point || ~ **flottante** (ord) / floating decimal o. point || ~ par la **force** (télécom) / power separation || ~ **fractionnaire** (math) / radix point || ~ des **gaz** / gas splitting o. separation || ~ de **gaz et d'huile** / oil and gas separation || ~ du **graphite** (sidér) / separation of graphite || ~ **gravimétrique** / separation by equal falling o. equal settling || ~ de l'**huile des graisses** / bleeding || ~ de l'**image secondaire** (verre) / secondary image separation || ~ des **impulsions** / pulse separation || ~ **isomérique** / isomer separation || ~ **isotopique** / isotope o. isotopic separation || ~ **latérale** (aéro) / lateral separation || ~ par **liquide dense** / dense-medium washing, gravimetric flotation, sink-float-process || ~ de **locaux** / partitioning || ~ **magnétique** (céram, mines) / magnetic separation || ~ **magnétique à gradient élevé** / high gradient magnetic separation, HGMS || ~ de **manganèse** / demanganizing, demanganization || ~ au **manganèse de l'eau** / demanganizing of water || ~ du **mélange** / segregation of mixtures || ~ des **phases** / phase break || ~ entre **plis** / lamination crack, ply looseness o. separation || ~ entre **plis** (caoutchouc) / ply looseness o. separation || ~ des **sirops** (sucre) / separation of molasses || ~ des **teintes** / colour tone separation || ~ en **trois produits** (mines) / three-product separation || ~ **unique** (nucl) / simple process || ~ **variable** (ord) / variable point || ~ par **voie humide** / wet separation

séparatiste / separative

séparé / separate, distinct || ~, isolé / particular, single, individual, independent || ~ **de ...** / at a distance [of]

séparer / separate *vt*, divide [from] || ~, isoler / isolate, separate || ~ (chimie) / separate, precipitate *vt* || ~, trier / cull o. pick o. sort ores || ~, ôter / remove || ~, démêler / disentangle, unravel, ravel || ~, assortir / sort *vt* || ~ (se) (chimie) / deposit, be deposited, precipitate || **se ~ à l'état cristallin** / crystallize out *vi* || **se ~ en flocons** (chimie) / separate as a flocculent precipitation *vi*, flocculate, coagulate || **se ~ par fusion** / melt off *vi* || ~ par **cloison** (bâtim) / separate by a partition || ~ en **congelant** / freeze out || ~ à **courant d'eau** (mines) / classify || ~ de la **crasse** (sidér) / clear from dross || ~ la **crasse** (sidér) / separate the dross o. slag from the metal || ~ les **fibres** / ravel out || ~ par **filtration** / filter out || ~ par la **fusion** / melt off || ~ par une **grille** / fence off, rail off, separate by lattice o. trellis || ~ l'**huile** / segregate oil || ~ une **liaison** (chimie) / break a linkage || ~ les **minerais** / dress ores || ~ en **pressant** / separate by pressing, squeeze off, pinch off || ~ les **scories** (sidér) / separate the dross o. slag from the metal || ~ le **silicium** (sidér) / desiliconize || ~ par **virgule** (ord) / point off

sépia *f* / sepia

sépiolite *f* (min) / sepiolite, meerschaum

septarias *m pl* (géol) / septaria, septarian nodules, septata concretions *pl*

septet *m* (ord) / septet

septillion 10^{42} *m* / septillion

septique / dirty

septoriose *f* de la **tomate** / tomato leaf spot

septum *m* (bot) / septum || ~ (guide d'ondes) / septum

septuple / sevenfold

séquence *f* / sequence || ~, ordre *m* / sequence, order || **mis en** ~ (ord) / sequenced || ~ d'**appel** (ord) / calling sequence || ~ de **bobinage** (filage) / yarn layer || ~ des **calibres** (lam) / pass sequence || ~ de **chaînage** (ord) / linking sequence || ~ de **chargement** (sidér) / cycle of charges || ~ **continue** (télécom) / direct sequence, DS || ~ de **contrôle par bloc** (ord) / block check sequence, frame check sequence || ~ des **couleurs** / colour sequence || ~ d'**élaboration** (ord) / interlude || ~ d'**étincelles** / spark sequence || ~ d'**instructions d'enchaînement** (ord) / linking sequence || ~ d'**instructions initiales** (ord) / bootstrap || ~ de **laminage** (lam) / pass sequence || ~ des **manœuvres** (électr) / switching sequence || ~ **mineure** (c.perf.) / primary sequence || ~ des **opérations** / process cycle o. sequence || ~ de **programme** / region of a program || ~ des **unités de traitement [en] entrée** (ord) / input job-stream || ~ de **vérification de trame** (télécom) / frame check sequence, FCS

séquenceur *m* (électr) / sequence switch || ~ (comm.pneum) / sequencer || ~ (ELF) (astron) / sequencer || ~ **cumulatif** (comm. pneum.) / sequence processor || ~ **[sélectif]** (comm.pneum) / sequence cascade

séquentiel (ord) / sequential || ~, consécutif (ord) / consecutive, sequential || **~-indexé** (ord) / indexed sequential

séquestrant *m* (teint) / sequestering agent, complexing agent

séquestration *f* (agent tensio-actif) / sequestration

sequoia *m* / sequoia (comprising the two species big tree and redwood) || ≗ **gigantea**, séquoia *m* géant / giant redwood, redwood || ≗ **sempervirens** / big tree

séran *m*, sérançoir *m* (chanvre) / gill frame, flax comb, hackle

sérançage *m* (chanvre) / gilling, hackling, teasing

sérancer (chanvre) / gill *vt*, hackle *vt*, tease

serfouette *f* (agr) / combined hoe and fork

serge *f* (tiss) / serge || ~ de **balancier** (horloge) / balance rim, balance wheel || ~ de **laine peignée** / twilled cloth, twill

sergé *m* (tex) / ribbed twill || ~, armure *f* sergé / twill weave || ~ **brisé** (tex) / broken twill || ~ en **chevron** (tiss) / feather twill, herringbone twill || ~ **effet chaîne** (tiss) / warp (GB) o. filling (US) twill || ~ **effet trame** / filling (US) o. weft (GB) twill || ~ **ondulé** (tiss) / undulating twill, wave twill || ~ de **quatre** (tex) / four-end o. -leaf o. -harness o. -shaft twill || ~ de **trois** / three-leaf twill

sergent *m* / cooper's tongs

sériaire (qui est disposé en série) / serial, in series, in serial arrangement

sérial (qui appartient à la série) / serial, appearing in series

sériation *f* / seriation

séricículteur *m* / silk breeder

sériciculture *f*, culture *f* séricicole / sericulture, cultivation of silk, silk husbandry o. culture

séricimètre *m* / elasticity tester for silk threads

séricine *f* / sericin, silk gum

séricite *f* (min) / sericite

série, [en] ~ (math, ord) / serial || ~ / series, set || ~ (math, chimie) / series || ~ (p.e. de faits) / succession, run || **en** ~, par séries / in quantities || **en** ~ (électr) / serial, [in] series || **en** ~ (techn) / series ..., in series || **en ~ par bit** (électron) / serial by bit || **en ~ au même sens** (électr) / series-aiding || ~ **acyclique** (chimie) / acyclic o. aliphatic series || ~ **aromatique** (chimie) / aromatic compounds *pl* || ~ **Balmer** / Balmer series || ~ de **bandes** (phys) / series of bands || ~ **Bergmann** (spectre) / fundamental series || ~ **binôme** / bonomial series || ~ de **Brackett** / Brackett series || ~ de **chiffres** / group of figures o. ciphers || ~ **complète de solutions solides** / continuous crystalline solid solution || ~ des **cônes pyrométriques** / series of pyrometric cones || ~ de **contact** (électr) / electrochemical o. contact o. displacement series, electromotive chain o. series || ~ de **cylindres** (lam) / series of rolls || ~ **diffuse** / diffuse series || ~ **divergente** / divergent o. oscillating series || ~ **double** (math) / double series || ~ d'**écartements** (mines) / sieve scale || ~ **économique** (prép.trav) / economic ordering quantity (EOQ), economic batch size o. lot size || ~ **électrochimique des tensions** / electrochemical o. contact o. displacement series, electromotive chain o. series ||

~ d'**essais** / series of tests o. of experiments, experimental run || ~ **exponentielle** / exponential series || ~ de **fabrication** (ordonn) / series, row, batch || ~ **fondamentale** (spectre) / fundamental series || ~ de **Fourier** (math) / Fourier series || ~ de **fours à gaz** / bench of gas furnaces || ~ **grasse** (chimie) / fatty series || ~ de **Hofmeister** (chimie) / lyotropic series, Hofmeister series || ~ **homologue** (chimie) / homologous series || ~ **hydrographique** (instr. de mesure) / hydrographic series || ~ d'**impulsions** / pulse train, impulse sequence || ~ **infinie** / infinite series || ~ **isologue** (chimie) / isolog[ous] o. isologue series || ~ **K** (nucl) / K-series || ~ **limite économique** / economic ordering quantity (EOQ) o. lot size, economic batch size || ~ de **Lyman** (phys) / Lyman series || ~ **lyotrop[iqu]e** (chimie) / lyotropic series, Hofmeister series || ~ de **Maclaurin** (math) / Maclaurin's series || ~ de **matériaux** / series of materials || ~ de **mesures** / series of measurements || ~ de **méthane** / methane series || ~ de **modules** / module series || ~ de **neptunium** (phys) / neptunium series || ~ de **nombres** / series of numbers || ~ de **nombres normaux** / series of preferred numbers || ~ **obtenue par séléction** (normes) / selection series || ~ d'**ondes** (phys) / wave train || ~ **paraffinique** / paraffin[e] series || ~**-parallèle** (accu) / series-parallel || **en ~-parallèle** (électr) / series-parallel || ~ de **Paschen** / Paschen series || ~ de **Pfund** (spectre) / Pfund series || ~ de **poids** / box of weights *pl* || ~ **principale** (spectre) / principal series || ~ **radioactive** / radioactive disintegration series, transformation chain || ~ de **raies spectrales** / spectral series, series of lines || ~ de **Renard** / series of preferred numbers || ~ **sélectionnée** (normes) / selection series || ~ **spectrale** / spectral series || ~ de **tamis** / sieve set, (esp.:) regular set of sieves || ~ de **Taylor** (math) / Taylor's series || ~ de **tension** voir serie de contact || ~ **terpénique** / terpene series || ~ **thermochimique** / thermochemical series || ~ **type** / standard series || ~ **type de structure** (mét) / standard structure series

sériel (math, ord) / serial

sérier / compose, compound

sérigraphie *f* / silk screen process o. printing, screen process printing, serigraphy || ~ (tex) / screen printing || ~ (produit) / serigraph || ~ à **cadre rotatif** / rotary screen printing

sérimètre *m* / elasticity tester for silk threads

sérine *f* (chimie) / serine

seringue *f* / syringe, squirt || ~ à **gaz** (phys) / gas syringe || ~ de **graissage** / syringe oiler, grease gun || ~ d'**huile** / lubricating o. oil gun o. syringue

serpentage *m* (lam) / looping [action] || ~ (ELF) (aéro) / snaking

serpentant (hydr) / sinuous, winding, meandering

serpenteau *m* (feu d'artif.) / fire cracker, cracker, serpent

serpentement *m* (hydr) / meandering || ~ / sinuosity, winding, curving

serpentin *m* / serpentine o. winding pipe o. tube, pipe coil || ~ de **condensation** / condensing coil, coil [type] condenser, worm condenser || ~ **évaporatoire** / evaporator coil || ~ de **papier** (télégr.) / ticker tape || ~ **perforé à injection de vapeur** (sucre) / perforated steam [injection] coil || ~ **radiant** / radiant coil || ~ **réchauffeur** / heating coil || ~ **réfrigérant de cuve de fermentation** (bière) / attemperator || ~ de **surchauffeur** / superheater coil || ~ à **vapeur** / steam coil

serpentine *f* (min) / serpentine || ~ **fibreuse** (min) / chrysotile, Canadian asbestos

serpe[tte] *f* / gardening knife, pruning knife

serpillière *f* / pack[ing] cloth o. canvas o. duck, bagging o. sack cloth, coarse canvas, sacking || ~ (à laver le plancher) / floor o. scouring cloth, swab

serrage *m* / squeeze, clamping || ~ (m.outils) / chucking || ~ (étau) / clamping range || ~ (typo) / quoins *pl*, locking-up apparatus || ~ (lam) / screwing down, adjustment || ~ (agr, routes) / packing, compacting || ~ (frettage) / shrinkage allowance || ~, cerclage *m* (emballage) / hooping || ~ de **cale ou de clavette** / wedge taper || ~ de **cannelure** (lam) / reduction of roll passes || ~ à **coin** (typo) / wedge closing device || ~ des **cylindres** (lam) / roll adjustment || ~ à **fond** (frein) / full brake application o. braking || ~ de la **forme** (typo) / locking-up, dressing || ~ du **fourreau** / center sleeve locking mechanism || ~ des **freins** / pulling o. putting o. setting the brakes || ~ **gradué** (frein) / gradual application of brake || ~ **intérieur** (m.outils) / internal chucking || ~ à **mandrin** (m.outils) / collet gripping o. chucking || ~ **maximal** / maximum interference, negative allowance || ~ **minimal** / minimum interference || ~ du **moule** (plast) / locking of the mould || ~ de l'**oculaire** / clamping device for the eye-piece || ~ **pneumatique** (m.outils) / air chucking || ~ **pneumatique** (fonderie) / pneumatic ramming || ~ de **pointes** (filage) / tight winding of cop noses || ~ par **pression** (fonderie) / squeeze moulding || ~ **rapide** (m.outils) / quick gripping || ~ des **rubans de nappe** (filage) / sliver condensing || ~ par **secousses** (fonderie) / jolt ramming || ~ de la **tourelle** (m.outils) / turret clamp || ~ par **vibrations** (fonderie) / vibration ramming

serrant par **ressort** / spring-actuated o. -hinged

serre *f* / greenery, green- o. glasshouse || ~ (nav) / stringer || ~ (mines) / [pit] pillar || ~ (filage) / press, calender || ~ (fonderie) / degree of ramming || ~ **[chaude]** / hot-house, green o. forcing house, conservatory || ~ **fausse** (fonderie) / uneven ramming || **~s** *f pl* **multiples** (m.Cotton) / loop control device || ~ *f* **tendre** (fonderie) / soft ramming

serré *adj* / constrained, restrained || ~ (construction) / compact || ~, comble / packed, crowded || ~ (typo) / solid, close-spaced o. -set || ~ (tiss) / closely o. tightly woven || ~ (typo, lettre) / condensed || ~ (vêtement) / tight || ~ (ELF) (film) / cut || ~ à **bloc** / fixed by pins o. wedges || ~ **court** (m.outils) / with short overhang || ~ **humide** (fonderie) / compressed moist || ~ à la **main** / finger-tight || ~ à **vis** / screwed home

serre-câble *m* / wire rope clamp, cable clamp || **~-câble** *m*, agrafe *f* / rope fastener, hook || **~-câble** *m* **automatique** / self-locking cable clamp || **~-écran** de **câble** *m* / cable screen clamp

serre-fil *m* (télécom) / wire grip || ~ d'**antenne** / antenna terminal || ~ en **croix pour quatre fils** (électr) / four-wire connector || ~ à **deux vis** (électr) / double clamp insulator, double connector binding screw || ~ de **jonction** / two-wire connector || ~ de **jonction** (Suisse) (ch.de fer) / clamp for contact wires || ~ de **suspension** (Suisse) (ch.de fer) / suspension grip || ~ **terminal** / terminal clamp

serre-fils *m* (électr) / saddle

serre-flan *m* (découp) / holding down clamp o. device for plates, blank holder, pressure pad || **~-frein** *m* (mines, ch.de fer) / brakeman, braker || **~-joint** *m* / clamp || **~-joint** *m* **à coller** / screw clamp, glue o. C clamp o. press || **~-joint** *m* à **coins** (men) / glue press, collar || **~-joint** *m* à **pompe [à serrage instantané]** (men) / screw clamp, cramping frame || **~-joint** *m* à **serrage par vis** / thumbscrew ||

~**-matrice** *m* / die clamp
serrement *m* (mines) / dam || ~ / constriction, contraction || ~ à **coins ou sphérique ou en voûte** (mines) / spherical dam
serre-navette *m* (tiss) / swell || ~**-papiers** *m* (invar.) / set of pigeon holes
serrer / squeeze *vt*, pinch || ~ (m.outils) / chuck *vt*, clamp, load || ~ (typo) / drive the lines || ~, comprimer / pack *vt*, compact || ~ [contre] / press [against] || ~ (lam) / screw down, adjust || ~ (vis) / tighten, screw down || ~, fermer / close *vt*, lock, shut off, turn off || ~ (routes) / pack *vt*, consolidate, compact || ~, cylindrer (agr, routes) / roll *vt* || ~ à **agrafe** / clamp *vt*, clasp || ~ [à **bloc**] / clamp *vt*, cramp, wedge || ~ à **bloc** (vis) / drive home o. in || ~ [à **bloc] par clavette** / wedge *vt* || ~ à **bloc par vis** / fasten with screw, screw down || ~ des **cercles de fûts** / truss || ~ avec des **coins** / tighten by wedges || ~ avec des **coins** (mines) / drive wedges in || ~ les **coins** / tighten wedges || ~ la **composition** (typo) / compose closely || ~ avec un **cordon** / strap, lace together || ~ **court** (m.outils) / give a short overhang || ~ les **écrous** / draw up the nuts || ~ à **fond** / drive home o. in || ~ la **forme** (typo) / lock [up] again || ~ le **frein** (auto) / apply, put on, pull || ~ le **frein à bloc** / set the brake || ~ une **ligne** (typo) / reduce the spaces in a line || ~ un **moule** (fonderie) / squeeze a mould || ~ les **outils ou les pièces** (m.outils) / chuck, clamp, load, grip || ~ la **pince de serrage** / lock the collet chuck || ~ le **sable** (fonderie) / ram sand, impact sand || ~ les **sangles** / buckle [on], fasten by buckles, clasp || ~ les **tôles** / set rivets || ~ à **vis** / bolt *vt*, screw up
serre-tête *m* **double** / headphone || ~**-tôle** *m* (m.à river) / plate grip o. closer || ~**-tôles** *m* (outil) / riveting set || ~**-tube** *m* (pince) / groove, pipe grip || ~**-tubes** *m* / pipe o. cylinder wrench, pipe tongs *pl* || ~**-tubes** *m* (rivetage) / riveting clamp for boilers || ~**-tubes** *m* à **chaîne** / chain pipe wrench, chain tongs *pl*
serrez à droite! (auto) / keep right!
serrière *f* (sidér, fonderie) / stopper o. tapping o. botter rod
serrure *f* / lock || ~ **affleurée** / flush [enchased] lock, dummy lock || ~ d'**aiguille** (ch.de fer) / point lock || ~ en **applique** / box lock, case[d] o. outside o. rim lock || ~ en **applique pour armoires** / cupboard lock || ~ **auberonnière** / cash box lock || ~ à **bascule** / bascule[-bolt] (US), espagnolette [bolt] (GB) || ~ **bénarde** / double handed lock || ~ à **bosse** / box lock, case[d] o. outside o. rim lock || ~ à **broche** / bay lock, pipe-keyed o. pin lock || ~ **cachée** / mortise lock || ~ de **capot** (auto) / bonnet [lock] catch, bonnet lock || ~ à **cassettes** / [cash] box lock || ~ à **chiffres** / puzzle lock, wheel lock, letter[-keyed] lock || ~ à **chronomètre** / time lock || ~ de **Chubb** / Chubb lock || ~ à **clenche unique** / single latch bolt lock || ~ à **combinaison** / puzzle lock, wheel lock, letter[-keyed] lock || ~ de **contact** (auto) / ignition lock || ~ **[cylindrique] à pompe** / cylinder lock || ~ à **demi-tour** / half turning lock || ~ à **deux fermetures** / double shutting lock || ~ à **deux pênes** / two-bolt lock || ~ à **double tour ou à deux tours** / double turn lock || ~ **droite et gauche** / double shutting lock || ~ à **droite en tirant** / DIN-right-handed lock || ~ **encadrée**, serrure *f* encastrée / mortise lock || ~ **enchâssée** / flush [enchased] lock, dummy lock || ~ à **espagnolette** (à pênes tournants) / espagnolette lock (revolving) || ~ **forée** / bay lock, pipe-keyed o. pin lock || ~ à **fourreau** / mortise lock || ~ à **gorges** / safety lock type "Chubb" || ~ **haut et bas** / espagnolette lock (sliding) || ~ à **houssette** / spring lock, backspring o. catch o. snap lock || ~ **incrochetable** / safety lock || ~ à **insertion** / mortise lock || ~ à **loquet** / lock with a falling latch || ~ à **minuterie** / time lock || ~ à **mortaise** / mortise lock || ~ à **mortaise verticale** / flush [enchased] lock || ~ à **palastre** / cash box lock || ~ actionnée par **pièces de monnaie** / coin lock || ~ à **pêne demi-tour** / latch lock || ~ à **pêne déporté vers le bas,** [vers le haut] / bottom, [top]lock || ~ à **pêne dormant** / dead lock || ~ à **pêne dormant et à loquet** / French lock || ~ à **pêne sans ressort** / dead o. bolt lock || ~ à **pompe** / spring lock || ~ à **pompe** (tiss) / catch thread device || ~ de **porte** / door lock || ~ de la **porte d'entrée** / stock lock || ~ **programme** (ord) / program lock || ~ **qui ferme des deux côtés à la fois** / double-handed lock || ~ à **rondelles** / plate puzzle lock, round lock || ~ à **rouleaux** / dial o. ring lock || ~ à **secret** / puzzle lock, wheel lock, letter[-keyed] lock || ~ de **sécurité** (m.compt) / locking mechanism || ~ à un **seul pêne** / dead o. bolt lock || ~ de **sûreté** / safety lock || ~ à **une gorge** / single tumbler lock
serrurerie *f* / locksmith's work || ~ / locksmith's shop
serrurier *m* / locksmith || ~ en **bâtiment**, serrurier-constructeur *m* / locksmith specialized in construction work, building locksmith || ~**-installateur** *m* / building plumber || ~**-mécanicien** *m* / mechanic, fitter, mechanic installer
serte *f* (diamants) / mount[ing], setting
serti / folded || ~ (contact) / crimped || ~ *m* voir serti[ssure]
sertir (électron) / clinch leads, (esp.:) crimp wires || ~ (tôle) / crimp over || ~ (joaillerie) / mount *vt*, set || ~ (p.e. rivets creux) / clinch || ~ des **fils** / pinch o. squeeze wires
sertissage *m* (câble) / coating, serving || ~ (tôle) / tacking and fastening || ~ (électron) / crimp connection, crimping || ~, moulure *f* / lock beading, canaluring || ~ de l'**agrafe du bandage** (ch.de fer) / fastening of the tire clip || ~ du **couvercle** (fût d'acier) / cover seaming || ~ **crimp** / crimping of connecting wires, crimp connection
sertisseuse *f* / crimping machine
sertissoir *m* / flanging pliers *pl*
serti[ssur]e *f* (diamants) / mount[ing], setting
sérum *m* **[antitoxique]** / antitoxin serum (pl.:) serums, sera || ~ du **latex** / serum of latex
servant *m* / operator
servante *f* d'**établi** / bench vice || ~ d'**outillage** / tool and gear wagon o. truck || ~ pour **outillages de presses** (découp) / low lift platform truck for heavy gear
service *m* / service || ~ (ch.de fer, aéro) / service, operation || ~, mode *m* de service (électr) / class of rating, duty cycle || ~, fonction *f* (techn) / operation, functioning || ~, departement *m* / department, dept. || **de** ~ / working, operative || **de** ~ (ord) / nonproductive, red-tape... || **de bon** ~ (teint) / fast to wearing || **en** ~ (ELF) (chimie) / on stream || **en ~ et hors service** / on-and-off duty, in and out-of commission || **être en** ~ (TV) / be on the air, take the air, air *vi* || **être hors** ~ / be out of action, be out of operation || **pour ~ intensif** (m. outils) / heavy-duty... || **sans ~ d'entretien** / maintenance-free || ~ d'**abonnés** (télécom) / subscriber service || ~ [d']**achat** / purchasing department || ~ **aérien** / air traffic || ~ **aérien d'outre-mer ou intercontinental** / intercontinental flight service || ~ **affluent** (ch.de fer) / feeder service || ~ **annexe** / auxiliary plant || ~ de l'**annuaire** (télécom) / information board o. desk ||

~ **anti-acridien** / locust fighting || ~ d'**apprentissage** / apprentice training dept. || ~ **après-vente**, S.A.V. / after-sales service o. servicing || ~ **assuré exclusivement par batteries** (accu) / battery operation || ~ **automatique international** / International subscriber dialling, ISD || ~**s** *m pl* **auxiliaires** / auxiliary plants o. shops *pl* || ~ *m* de **banlieue** / short-haul traffic, short-distance traffic || ~ des **Bâtiments** / Building Surveyor's Office || ~ des **bâtiments** (atelier) / building department || ~ à **batterie locale** (télécom) / local battery working || ~ **[à charge] variable** (électr) / intermittent duty || ~ des **chemins de fer** / railway practice, railroads *pl* (US), railways *pl* (GB) || ~ des **chèques postaux** / post-cheque service || ~ **clients** / servicing || ~ **clients actif** / field servicing (after-sales service) || ~ des **communications aériennes** / air dispatch service, air communications service || ~ **comptabilité** (ordonn) / cost center || ~ des **constructions** / construction department || ~ **continu** / continuous operation o. working o. running || ~ **continu** / 24hours working || ~ du **contrôle** / inspection department || ~ du **Contrôle des Mines** / Superior Board of mines || ~ du **contrôle de la production** / efficiency department || ~ **courant** (ELF) / [after-sales] service o. servicing || ~ de **courte durée** / short-time service o. operation, temporary service || ~ des **débits** (atelier) / costing department || ~ de la **défense des végétaux** / crop protection service || ~ à la **demande** (télécom) / demand o. no-delay service o. working || ~ du **dépannage** (télécom) / monitor position, trouble department || ~ de **dépannage** (auto) / motorcar repairshop, service station, garage (US) || ~ **Départemental de l'Urbanisme et de l'Habitation** / Building Department || ~ des **dérangements** (télécom) / monitor position, trouble department || ~ de **dératisation** / deratization service || ~ de **détresse** (aéro, nav) / distress service || ~ **discontinu** (électr) / short-time service o. duty || ~ du **Domaine** / Estate and Rating Surveyor's Department || ~ **dur** / heavy duty || ~ **échelonné** (télécom) / staggered o. echelon working || ~ d'**entretien et de rechange** / maintenance and repair service || ~ [d'**entretien ou clients ou après ventes**] / [after-sales] service o. servicing || ~ d'**entretien de la voie** (ch.de fer) / permanent-way maintenance department || ~ **espace** (radio) / space service || ~ d'**été des trains voyageurs** / passenger trains summer service || ~ d'**Exploitation** (ch.de fer) / technical service || ~ d'**exploitation** (mines) / production department || ~ **exportations** / export department || ~ **extérieur** / field service, outdoor employment || ~ **fixe** (p.e. aéronautique) / aeronautical fixed service, fixed service || ~ des **fréquences étalon** / standard frequency service || ~ de **garde** / works o. factory o. plant protection force o. squad || ~ de **garde** (radio) / continuous radio alert || ~ de **grand parcours** / long-haul traffic, long-distance traffic || ~ de **grande banlieue** (ch.de fer) / outer suburban service || ~ du **haut fourneau** / blast furnace practice o. operation || ~ d'**hiver des trains de voyageurs** (ch.de fer) / passenger trains winter service || ~ **hydrographique** / hydrographic office || ~ des **incendies** / fire protection o. fighting || ~ **ininterrompu** (électr) / continuous operation duty cycle || ~ **ininterrompu à charge variable** / continuous duty with variable load || ~ **ininterrompu à charge intermittente** / continuous operation duty type || ~ **intermittent** (électr) / intermittent service || ~ **international des communications** / international communication service || ~ **interrompu** / intermittent duty o. rating || ~ **interurbain** (télécom) / trunk service || ~ **interurbain accéléré** (télécom) / demand working o. service || ~ de **jour** / day-service || ~**s** *m pl* du **jour** (mines) / surface activities *pl* || ~ *m* de **manœuvre** (ch.de fer) / shunting || ~ **manuel ou à la main** (télécom) / manual operation || ~ **matériel et traction** (ch.de fer) / mechanical and electrical engineers department || ~ **mécanographique [de cartes perforées]** / punched card department, EAM department (= electronic accounting machine) || ~ **météorologique** / meteorological service || ~ **météorologique aérien** / meteorological service for aviation || ~ **météorologique maritime** / maritime meteorological service || ~ des **mines** (mines) / Board of Mines || ~ **mixte adhérence et crémaillère** / mixed adhesion and rack-and-pinion operation || ~ **mobile [de radio] aéronautique** / aeronautical radio mobile service || ~ **mobile [de radio] maritime** / maritime radio mobile service || ~ **mobile [de radio] terrestre** / land radio mobile service || ~ **mobile [de radio] terrestre public** / land mobile [telephone] service || ~ des **modifications** (ordonn) / modification o. updating service || ~ **municipal de nettoiement** / public cleansing, refuse removal, city sanitation || ~ de **navette** / shuttle traffic || ~ de **nettoiement** / sanitation service, refuse o. garbage collection || ~ **nominal** / operation at normal rating || ~ **nominal continu maximal** / maximum continuous rating, power rating || ~ **nominal cyclique** (électr) / duty-cycle rating || ~ **nominal temporaire** / short-time rating || ~ de **nuit** (ch.de fer) / night service || ~ **participant** / party service || ~ de **patrouilles des glaces** / ice patrol service || ~ **périodique** / periodical operation type duty || ~ de **permanence** (radio) / continuous radio alert || ~ à **petite distance** (ch.de fer) / outer suburban service || ~ des **plans** / mine-surveying office || ~ des **ponts et chaussées** / road construction office || ~ des **postes** (expédition) / interoffice mail || ~ de **prévision du temps** / meteorological service || ~ des **prix de revient** / cost accounting department || ~ **progiciel** (ord) / packet switch service || ~ **public** / public service || ~ **public** (entreprise) / public utility || ~ de **publicité** / advertising o. publicity department || ~ de **radiocommunication** / radio service (US), wireless communication service || ~ de **radiodiffusion** / broadcasting service (US), wireless operation (GB) || ~ **radioélectrique aérien** / aeronautical radio service || ~ **radioélectrique maritime** / radio service with ship stations, marine radio service || ~ **radioélectrique de la police** / police radio || ~ de **radiolocalisation** / non-navigational radio locating service || ~ **radiométéorologique** / meteorological radio service || ~ de **radionavigation** / navigational radio service || ~ de **radionavigation aéronautique** / aeronautical radio service || ~ de **radionavigation maritime** / maritime navigational radio service || ~ des **réclamations** (télécom) / complaints office || ~ **régional** (télécom) / local operation || ~ **régulé** (télécom) / regulated service || ~ **régulier** / scheduled service || ~ **régulier de marchandises** / regular line service for freight o. cargo || ~ **régulier de voyageurs** / regular passenger line service || ~ de **répandage** (routes) / salt o. sand spreading service, spreading service || ~ de **réserve** / stand-by service

|| ~ **réuni au même endroit** / centralized control || ~ de **réveil** (télécom) / wake-up service || ~ **R.M.O.** (= réparations-machines-outils) / machine tool repair shop || **~s** *m pl* **sanitaires** / sanitary services *pl* || ~ *m* **sans délai d'attente** (télécom) / demand working o. service, no-delay working || ~ de **santé** / sanitation, care of health || ~ de **sauvetage** / life-saving service || ~ de **sauvetage en mer** / maritime distress service || ~ **secondaire** / follow-up facility || ~ de la **sécurité et de l'hygiène du travail** / trade board || ~ **social** / personnel service || ~ **stationnaire de radiocommunication par satellites** / fixed satellite service || **~s** *m pl* de la **surface** (mines) / surface activities *pl* || ~ *m* de **table** / plates and dishes *pl* || ~ **technique** (ELF) / engineering department || **~s techniques** *m pl* / engineering and design department || ~ *m* de **télécommunication aéronautique** / aeronautical telecommunication service || ~ de **télécommunication des données** (télécom) / data telecommunication service || ~ de **télécommunications** / agency of [signal] communication || ~ **télégraphique et téléphonique** / telecommunication service || ~ **télégraphique par satellite de télécommunications** / communication satellite service || ~ **téléphonique** / telephone service || ~ **téléphonique «abonnés absents»** (télécom) / message taking service || ~ **téléphonique à courte distance** (télécom) / local o. junction traffic o. service, intergroup traffic, short-distance service, toll service (GB) || ~ **téléphonique régional à tarif forfaitaire** (Etats-Unis) / WATS, wide area telephone service (US) || ~ **«telpak»** (télécom) / telpak service || ~ **temporaire** (électr) / short-time service o. duty || ~ **temporaire variable** / short-time service with variable load || ~ de **topographie souterraine** / mine-surveying office || ~ de **trains-navette** (ch.de fer) / shuttle-train service || ~ à **un seul agent** (ch.de fer) / one-man operating o. driving || ~ d'**usagers** (télécom) / user service || ~ d'**utilité publique** / public service o. utilities *pl* (US) || ~ des **ventes** / sales department || ≗ **Voie et Bâtiments**, service V.B. (ch.de fer) / Civil Engineer's Department (GB), Way and Structures Department (US) || ≗ de **Voierie** / Highways Department || ~ de **voirie** / sanitation service, refuse o. garbage collection

serviette-éponge *f* / Turkish o. terry towel

servir [au guichet] / serve, attend [to], wait [on] (US) || ~ [de] / serve [as] || **faire** ~ [à] / activate, utilize [for] || **se** ~ [de] / use, make use [of], utilize || ~ de **base** [à] / serve as base

servitude *f* / easement on real estate || **de** ~ (ord) / nonproductive, red-tape... || ~ de **passage** / right of way || **~s** *f pl* au **sol** (aéro) / ground equipment

servo... / servo || ~ *m* de **frein** / brake energizer o. booster || **~amortisseur** *m* (aéro) / automatic stabilizer, automatic stabilizing equipment, ASE || **~commande** *f* (ELF) / servocontrol || **~commande** *f* **hydraulique** / running o. stench o. water trap, siphon [trap] || **~débrayeur** *m* (auto) / power clutch || **~décomposeur** *m*, servorésolveur *m* / servo resolver || **~direction** *f* (auto) / power [assisted] steering || **~frein** *m* / servo brake, power brake, servo-unit for brakes, brake energizer || **~frein** *m* à **air comprimé** (ch.de fer) / compressed-air servo brake || **~frein** *m* **unicellulaire** / single-chamber brake energizer o. booster

servomécanisme *m* / servo mechanism, servo || ~ **angulaire** / angular resolver || ~ de **cabestan** (b.magnét) / capstan servo system || ~ pour des **instruments de mesure** / servomechanism for measuring instruments || ~ à **saturation** / saturating servo-mechanism || ~ des **têtes** (TV) / head wheel servo system, drum servo system || ~ à **vide** (auto) / vacuum servo

servomoteur *m* (contr.aut) / motor operator (US), servomotor (GB) || ~ en **barre** / steering engine on tiller || ~ à **déplacement linéaire** (robinetterie) / linear actuator attachment || ~ à **fraction de tour** (soupape) / part-turn valve actuator || ~ de **gouvernail** (aéro) / rudder servomotor || ~ de **gouvernail de profondeur** (aéro) / elevator servomotor || ~ de la **roue mobile** (turbine) / blade wheel servomotor || ~ du **secteur de gouvernail** (nav) / quadrant steering gear || ~ à **suspension à la Cardan** / gimbal servomotor o. torquer || ~ de **vannage** (turbine d'eau) / guide wheel servomotor || ~ à **vapeur de gouvernail** (nav) / steam operated steering gear

servo·positionneur *m* (NC) / servo positioner || **~résolveur** *m* / servoresolver || **~soupape** *f* / servo valve || **~soupape** *f* de **mise en circuit** (comm.pneum) / servo control valve || **~tab** *m* (aéro) / servo tab || **~valve** *f* / servo valve

sésame *m* [de l'**Inde**] / sesame, Sesamum indicum, gingli

sésamine *f* / sesamin

sesqui·... (chimie) / sesqui... || **~mestriel** (typo) / sesquimestrial || **~oxyde** *m* d'**azote** / nitrous anhydride, nitrogen trioxide, nitrogen(III) oxide || **~oxyde** *m* de **chrome** / chromium(III) oxide || **~oxyde** *m* de **manganèse** (chimie) / manganese trioxide, nitrogen(III) oxide, manganic oxide || **~terpènes** *m pl* / sesquiterpenes *pl*

seston *m* (biol) / seston

setzage *m* (mines) / hutch work, jigging

seuil *m* (gén, techn) / threshold || ~ (bâtim) / sill, doorsill, threshold [of a door] || ~ (physiol) / threshold || ~ d'**alimentation du bac** (prépar) / washbox feed sill || ~ d'**apparition** (arome) / detection threshold (aromatics) || ~ d'**audition** / threshold of audibility o. hearing o. sound, minimum audibility, minimum audible field, MAF || ~ de **bruit élevé** (semicond) / high threshold, HT || ~ **cadmium** (nucl) / cadmium cut-off || ~ **central du bac** (prépar) / washbox central sill || ~ **chromatique** / colour threshold || ~ de **commutation** (nucl) / switching threshold || ~ de **contraste** (TV) / contrast threshold || ~ de **dépilotage** (comm pneum) / pressure to break || ~ de **détection** / detection threshold || ~ **différentiel** (acoustique) / differential threshold || ~ **différentiel** (phys) / JND, just noticeable difference, MPCD, minimum perceptible difference || ~ d'**écluse** / mitre o. lock o. clap sill, shutting sill || ~ d'**écoulement** (plast) / yield point || ~ de l'**effet laser** / lasing threshold || ~ d'**efficacité** (préservation du bois) / efficiency threshold || ~ d'**énergie** (nucl) / threshold energy || ~ d'**entrée** (hydr) / intake sill || ~ d'**évacuation du bac** (prépar) / washbox discharge sill || ~ de **fonctionnement** / responsiveness, operating threshold sensibility || ~ de **fond** (hydr) / ground sill || ~ du **four** (sidér) / fore-plate, sill of a Martin furnace || ~ d'**identification** / recognition threshold || ~ d'**incertitude de la réponse** (contr.aut) / threshold || ~ d'**insensibilité de la réponse** (télécom) / responsiveness || ~ **nucléaire d'énergie** (nucl) / threshold energy of fission || ~ **nucléaire d'énergie** (chimie) / energy barrier o. hill || ~ de **perception** / detection threshold || ~ **photoélectrique** / photoelectric threshold

[frequency] || ~ de **pilotage** (comm.pneum) / pressure to make || ~ de **piste** (aéro) / runway threshold || ~ de **porte** / door sill || ~ de **positionnement** (calc. industriel) / setting threshold || ~ de **potentiel** / potential barrier o. threshold || ~ de **présélection** / preselector stage || ~ de **prise d'eau** (hydr) / intake sill || ~ de **radier** (hydr) / invert wall, bucket lip wall || ~ de **reconnaissance** / recognition threshold || ~ de **régularisation de torrent** (hydr) / low overfall, submerged dike, bar || ~ de **rentabilité** / break-even point || ~ de **réponse** / response level, reaction point, threshold || ~ de **sécurité** / stage of security || ~ de la **sensation douloureuse [à l'oreille]** / threshold of feeling o. pain, feeling threshold || ~ de **sensibilité** / sensitivity threshold || ~ de **sensibilité** (électron) / limiting sensitivity || ~ de **signification** (statistique) / level of significance (statistics) || ~ de **sortie** (hydr) / end sill || ~ de **stimulation** / threshold of sensation o. of stimulation, stimulus threshold || ~ de **température** / temperature threshold
sève *f* (bois) / sap || ~ de **cellule** / cell sap || ~ d'**écoulement** (ensilage) / percolating juice
sévérité *f* (essais) / severity || ~ **accrue** / tightened-up conditions *pl*
sexagésimal / sexagesimal
sextant *m* / sextant || ~ en **boîte** / pocket sextant || ~ à **bulle** (aéro) / bubble sextant || ~ de **poche** / pocket sextant || ~ à **prismes** / prism sextant || ~ **[à réflexion]** / reflecting circle, Hadley's sextant
sextet *m* (ord) / sextet
sextile *m* (statistique) / sextile
sextillion 10^{36} *m* / sextillion
sextique *f*, forme *f* sextique (math) / sextic [quantic]
sextuple / six-fold, sextuple
SFERT (télécom) / master telephone transmission reference system
sgn (math) / signum function, sgn, sg
sgraffite *m* (bâtim) / scratch work, [s]graffito
sh / hyperbolic sine, sinh
shampooineur *m* (auto) / shampooner
shed *m* / shed roof, double-ridged roof, saw tooth roof
sheet *m* (caoutchouc) / sheet, rolled o. rough sheet, crude crepe sheet (US) || ~ **non conforme aux qualités commerciales** (caoutchouc) / off grade sheet
shellac *m* / shellac
shelling *m* / shelling
shérardisation *f* / sherardization
shimmy, faire le ~ (auto) / shimmy *vi* || ~ *m* des **roues avant** / shimmy, front-wheel wobble
shingle *m* / an artificial stone made from bitumen and glass wool
ship chandler *m* / ship chandler
shirting *m* (tiss) / shirting
shock absorber (déconseillé) *m*, absorbeur *m* de chocs / shock absorber
shoddy *m* (tex) / artificial long-stapled wool, shoddy wool || ~ de **couverture** / blanket shoddy || ~ de **soie** / fancy silk, silk shoddy
shoran *m* (nav) / shoran (short range navigation)
shredder *m* pour **carrosseries** / shredder (for cars)
shunt *m* (électr) / bleeder o. shunt resistor || ~ (télécom) / potentiometer of a telephone repeater || ~ (bâtim) / shunt [of chimney] || ~ de **compteur** / meter shunt || ~ à la **désexcitation d'un circuit de voie**, shunt *m* limite (ch.de fer) / drop shunt of a track circuit || ~ **inductif** / inductive shunt || ~ **ohmique** / shunt resistance || ~ **préventif** (ch.de fer) / prevent shunt || ~ **résonnant** (électr) / resonant shunt || ~ **résonnant** (électron) / shunt resistance || ~ d'un **train** (ch.de fer) / train shunt || ~ **universel** (télécom) / universal shunt
shuntage *m* du **champ** (électr) / field weakening, shunting || ~ par **dérivation** (électr) / field shunting
shunté (électron) / shunted
shunter (électr) / shunt, connect side by side, connect in parallel o. across || ~, ponter (électr) / short-out
shunteur *m* (ch.de fer) / shunt controller || ~ (électr) / field-coil regulator, shunt [dynamo] regulator
shuntmeter *m* (électr) / shunt meter
si x = O / if x = O
S.I., Système *m* International / International System, SI
sial *m* (géol) / sial
sibérienne *f* (tiss) / duffle
sicc., de ~ abs. (chimie) / to abs. dryness, bone dry
siccateur *m* à **fil de fer** / fence rack || ~ à **foin** (agr) / hay drying frame
siccatif *adj* / fast- o. quick-drying || ~ *m* / drier, siccative || **~s** *m pl* / desiccants *pl* || ~ *m*, huile *f* siccative / drying oil || ~ **liquide** / linoleate o. oil drier || ~ au **manganèse** / manganese drier || ~ **solide** / solid siccative
siccité *f* / dryness || ~ (pap) / dry content
sicilienne *f* (tex) / sicilian
sicrozem *m* (Géol) / sicrozem
side-boom *m* (déconseillé), pose-tubes *m* (ELF) (pipeline) / laying cat
side-car *m*, sidecar *m* / sidecar, side carriage || ~ (l'ensemble) / motorcyle combination
sidéral / sidereal
sidérite *f*, sidérose *f* (min) / siderite, chalybite, spathic iron ore || ~ (météorite de fer) / siderite (a meteorite), holosiderite
sidéro·graphie *f* (typo) / siderography || **~lithe** *f* (min) / siderolite
sidérose *f* (mines) / blackband, carbonaceous ironstone || ~, -osis *f* (méd) / siderosis || ~ (min) / siderite, chalybite, spathic iron ore || ~ **grillée** / roasted spathic carbonate o. iron ore
sidéro·stat *m* (astr) / siderostat || **~technicien** *m* / ironworker, metallurgist
sidérurgie *f* / iron and steel industry || ~ / ferrous metallurgy, metallurgy of iron || ~ **fine** / metallurgy of special steels || ~ **[lourde]** / metallurgical engineering
sidérurgiste *m* / steel man
siegbahn *m* (unité) / siegbahn
siège *m* / seat, chair || ~ (d'une chaise) / seat of a chair, bottom || ~, centre *m* / center || ~ (techn) / receiver, seat, receptacle || **à deux ~s** / two-seated || **à un** ~ / single-seat[ed], single-seater (US) || ~ à l'**anglaise** voir siège de W.C. || ~ **arrière** (auto) / backseat || ~ **arrière** (motocyclette) / pillion [seat] || ~ **assis transversal** / cross o. transverse seat || ~ **avant** / front-seat || ~ **baquet** (auto) / integral moulded seat, tub-shaped seat, bucket seat || ~ de **cabinet** / toilet seat || ~ **catapultable** / catapult o. jettison seat, ejection capsule o. seat || ~ du **conducteur** / driver['s] seat, dickey seat (GB) || ~ **conique** (soupape) / bevel seat || ~ **coulissant** (auto) / sliding seat || ~ en forme de **cuvette** (auto) / integral moulded seat, tub shaped seat, bucket seat || ~ **double** / tandem seat || ~ **éjectable** (aéro) / ejection capsule o. seat, catapult o. jettison seat || ~ d'**extraction** / mine, pit || ~ à **glissière** (auto) / sliding seat || ~ de l'**impériale** (auto) / roof-seat || ~ **inclinable** (ch.de fer) / reclining seat || ~ à **inclinaison variable** / tilting back || ~ de **pilot[ag]e** (aéro) / cockpit || ~ **pivotant** / swivel seat || ~ **plat**

(bougie) / flat seating (spark plug) || ~ **pliant** / camp stool or chair || ~ **pliant ou repliant** / flap o. folding o. tilting seat, tip-up seat || ~ **principal** / head office, headquarters *pl* || ~ **rapporté de soupape** (mot) / [detachable] valve seat ring, insert || ~ **rapporté d'un robinet** / integral seat of a valve || ~ **rembourré** / easy-chair || ~ **repliable à ressort** / folding jump type seat || ~ de **réserve** / spare seat || ~ de **réserve** (auto) / rumble seat in a roadster || ~ **réversible** / reversable seat || ~ à **roues adaptable sur motoculteur** (agr) / sulky, seat bogie || ~ de **secours** / spare seat[ing] || ~ **social** / head office, headquarters *pl* || ~ de **soupape** (mot) / valve seat || ~ **talon** (pneu) / bead seat || ~ **tandem** / tandem seat || **~-tonneau** *m* (auto) / integral moulded seat, tub shaped seat, bucket seat || ~ **tournant** / revolving seat || ~ en **travers** / cross o. transverse seat || ~ en **tube** / tubular steel seat || ~ de **voiture** / automotive seating || ~ de **W.C.**, cuvette de W.C. / seat of a toilet, toilet seat

siemens *m* (unité) / siemens, S, reciprocal ohm, Mho

SIERE = Syndicat des Industries Electroniques de Reproduction et d'Enregistrement

sifflement *m* (radio) / whistle || ~ (microphone) / microphone hiss || ~ de l'**arc** (électr) / hissing of the arc || ~ de **battement** / heterodyne whistle || ~ **interférentiel** / heterodyne whistle || ~ **propre** (électron) / self-whistling || ~ du **tube** (électron) / tube hiss o. noise

siffler / fizz, hiss || ~ (ch.de fer) / hoot (US), whistle || ~ (télécom, électron) / whistle, sing || ~, bruir / whiz[z]

sifflet *m* (charp) / skew scarf || ~ / whistle || **en** ~, en biseau / bevelled || ~ à **air** / air whistle || ~ d'**alarme** (m.à vap) / alarm whistle || ~ d'**alarme** (locomotive) / engine whistle || ~ **avertisseur de bas niveau** / low-water alarm || ~ de **brume** / fog whistle || ~ à **compression** (auto) / compression whistle || ~ de **déviation** (pétrole) / whip stick || ~ sur l'**échappement** (auto) / exhaust alarm o. siren o. signal o. whistle || ~ [de] **Galton** / Galton whistle || ~ à **roulette** / pea whistle, thunderer whistle || ~ à **vapeur** / steam whistle

sigle *m* / letter symbol

sigmatron *m* (nucl) / sigmatron

signal *m* (gén, télécom, électron) / signal || ~ (ch.de fer) / marker || ~ (arp) / mark, sign || ~ voir aussi signaux || **donner ou faire un** ~ / signal[ize], give o. make a signal || **le ~ est ouvert [à l'arrêt]** (ch.de fer) / the signal is cleared, [placed at stop] || ~ d'**abri** (ch.de fer) / cab signal || ~ d'**accusé de réception** (télécom) / acknowledg[e]ment signal || ~ **acoustique** / acoustic o. audible o. aural o. sound signal || ~ d'**action** (contr.aut) / action signal, adjustment || ~ d'**aiguille** / signal point indicator || ~ d'**alarme** / danger-signal, emergency signal, signal of distress o. danger || ~ d'**alarme** (ch.de fer) / alarm signal handle || ~ d'**anticipation de bourrage** / jam anticipation signal || ~ d'**appel** (ord) / polling signal || ~ d'**appel** (télécom) / ringing tone, R.T., ring [tone], free line signal || ~ d'**appel collectif** (télécom) / collective call sign || ~ d'**appel en manœuvre** (ch.de fer) / calling-on signal || ~ d'**arrêt** (ch.de fer) / stop[ping] signal, stop light, "on" signal || ~ d'**arrêt d'émission** (télécom) / stop-send signal || ~ d'**arrêt permissif ou franchissable** (ch.de fer) / stop and proceed light || ~ d'**arrêt S.N.C.F.** / home signal, S.N.C.F. stop signal || ~ vers l'**arrière** (télécom) / backward signal || ~ d'**attaque** (électron) / driving signal || ~ **attention** / warning sign || ~ **au-dessus du niveau de noir** (TV) / signal above black level || ~ **audio** / audio signal || ~ **automatique de fin** (télécom) / automatic clearing || ~ d'**autorisation** (ord) / enabling signal || ~ **avancé** (routes) / advance sign || ~ **avancé ou d'avertissement** (ch.de fer) / distant o. warning signal || ~ vers l'**avant** (télécom) / forward signal || ~ d'**avertissement de section neutre** (ch.de fer) / dead section warning signal || ~ **avertisseur** / danger signal || ~ **avertisseur acoustique** / aural alarm || ~ **avertisseur de bouchon** (circulation) / queue warning sign || ~ **avertisseur lumineux** / warning light || ~ **avertisseur de passage à niveau** (ch.de fer) / warning cross, cross buck sign (US) || ~ **«baissez pantographes»** (ch.de fer) / signal to lower pantograph || ~ de **barres verticales et horizontales** (TV) / checker-board signal || ~ **bas** (ch.de fer) / dwarf signal || ~ de **base** / initial signal || ~ **binaire** (ord) / binary signal || ~ de **blanc normal** (TV) / nominal white signal || ~ de **blocage** (gén) / blocking signal || ~ de **block** (ch.de fer) / block signal || ~ de **block à aspects multiples** (ch.de fer) / multi-aspect block signal || ~ de **bosse** (ch.de fer) / humping signal || ~ **brouilleur** (électron) / unwanted signal || ~ de **cadrage** (fac-similé) / framing signal || ~ de **cadran** (télécom) / forward transfer signal || ~ de **cantonnement** (ch.de fer) / block signal || ~ du **capteur** / sensor signal || ~ de **caractère** (télécom) / mark || ~ **carré** (électron) / rectangular pulse, square pulse || ~ **«céder le passage à l'intersection»** / sign regulating priority || ~ de **chantier de voie** (ch.de fer) / slow flag (US), working site signal (GB) || ~ de **chemin de fer** / railway signal || ~ de **chrominance** (TV) / chrominance sync o. signal, chrom. sig. || ~ de **chrominance combiné** (TV) / combined chrominance signal || ~ **clignotant** / flash[light] signal, intermittent signal || ~ de **cloche** / bell signal o. warning || ~ **code d'identification de station** (électron) / station identification code signal || ~ de **commande** (ord) / control signal || ~ de **commutation** (électr) / switch signal || ~ de **comparaison** / compare signal || ~ **complet en couleur** / colour video signal (GB), composite color signal (US) || ~ **complet de synchronisation** (TV) / composite synchro signal || ~ **composé** (télécom) / compound signal || ~ **composé ou complet de chrominance** / composite colour [video] signal, colour video signal || ~ **composé vidéo** (TV) / image, blanking, and synchronizing signal, composite television o. video signal || ~ **continu** (télécom) / continuous signal || ~ de **correction** (télécom) / correcting o. correction signal || ~ de **correction d'erreurs** (contr.aut) / error correction signal || ~ de **couleur** (TV) / chrominance sync o. signal, chrom. sig. || ~ **couleur composé** / colour video signal (GB), composite color signal (US) || ~ de **coupure** (télécom) / cutoff signal, disconnect signal || ~ de **danger** / danger sign || ~ de **décrochage** (télécom) / off-hook signal || ~ de **départ** (ultrasons) / original [im]pulse || ~ de **départ** (ch.de fer) / starting signal || ~ de **dérangement** (télécom) / out-of-order tone, o.o.o.-tone || ~ de **dérangement** (électr, techn) / trouble o. malfunction signal || ~ de **descente** (aéro) / descent signal || ~ de **détresse** / danger-signal, emergency signal, signal of distress o. danger || ~ de **détresse international** / international distress signal, PAN || ~ de **déviation** (contr.aut) / actuating signal (US) || ~ de **différence de couleur** (TV) / colour difference signal || ~ **différentiel** (télécom) / differential-mode signal || ~ de **direction** (ch.de fer) / diverging junction signal o. splitting signal || ~ de **direction** (autoroute) / direction sign || ~ de

disponibilité (ord) / availability indicator || ~ à **disque** (ch.de fer) / disk signal || ~ à **distance** (ch.de fer) / distant o. warning signal || ~ de **données** / data signal || ~ **échelonné** (TV) / gray scale signal, staircase signal || ~ à **éclat lumineux** / flash[light] signal, intermittent signal || ~ d'**effacement** (électron) / blanking o. blackout (US) signal || ~ d'**effacement de groupe** (caractère OCR) / group erase || ~ d'**entrée** (ch.de fer) / home signal, entry signal || ~ d'**entrée** (électron) / input signal || ~ **entretenu** / continuous wave signal || ~ **équilibré** (électr) / balance signal || ~ d'**erreur** / error signal || ~ d'**essai** (TV) / test [pattern] signal || ~ d'**état** (contr.aut) / status signal || ~ à **feu de couleur** (ch.de fer) / colour-light signal || ~ de **fin automatique** (télécom) / central battery signalling, C.B.S. || ~ de **fin de communication** (télécom) / clear-back o. clearing signal, on-hook signal, supervisory signal, S.V.S. || ~ de **fin de numérotation** (télécom) / end of pulsing signal || ~ **fort** (ord) / high-level [signal] || ~ de **fréquence étalon** / standard-frequency signal || ~ de ou par **fumée** / smoke marker || ~ **geométrique** (contr.aut) / transfer of a spatial quantity || ~ d'**horloge** (ord) / clock signal o. pulse || ~ d'**horloge de contrôle** (ord) / testing clock signal || ~ d'**identification** (télécom) / identification signal || ~ [d']**image** (TV) / picture o. video signal, vision signal (GB) || ~ d'**image avec suppression** (TV) / blanked picture signal || ~ d'**image complet** (TV) / composite [picture] signal, video o. vision (GB) signal || ~ d'**image en couleur** (TV) / color signal || ~ **impulsionnel** (télécom) / pulse signal || ~ d'**incident** / trouble o. malfunction signal || ~ **indicatif** (routes) / informative sign || ~ d'**interdiction** (ord) / inhibiting o. disabling signal || ~ d'**interdiction** (routes) / prohibiting o. prohibitive sign || ~ **intermittent** / blinker beacon o. light || ~ d'**intervention** (télécom) / intervention signal || ~ de **lecture** (électron) / playback signal || ~ de **lecture** (mémoire à tores) / sense signal || ~ de **libération** (télécom) / proceed-to-send signal || ~ de **libération de garde** (télécom) / release guard signal || ~ de **ligne** (télécom) / line signal || ~ de **ligne libre** (télécom) / dialling tone, free line signal, clear signal || ~ **limite de garage** (ch.de fer) / shunting limit signal, fouling point || ~ de **luminance** (TV) / luminance signal

signal lumineux *m* (gén) / luminous o. light signal || ~ (ch.de fer) / light signal, colour-light signal || ~ (télécom) / lamp indicator || ~ (routes) / traffic light, traffic signal || ~ de **bouée de sauvetage** / phoscar || ~ **coloré à plusieurs indications** (ch.de fer) / multi-aspect colour-light signal || ~ de **détresse** (auto) / amber flash lamp || ~ à **feux de position** (ch.de fer) / position light signal || ~ à **oculaire mobile coloré** (ch.de fer) / searchlight type colour signal || ~ à **plusieurs feux de couleur** / multi-unit type colour light signal || ~ de **position** / position light signal

signal *m* de **manœuvre** (ch.de fer) / shunting signal || ~ de **manœuvre** (télécom) / dial [ringing] tone, DT, pulsing signal || ~ de **manœuvre des pantographes** / pantograph operating signal || ~ **maritime** / navigation guide, sea mark || ~ de **mesure** / test o. measuring signal || ~ **minimal perceptible** / minimum discernable signal || ~ de **mire** (TV) / nominal signal, test signal || ~ de **mise à «un»** / one-output [signal] || ~ à **mode commun** (électron) / common mode signal || ~ **Morse** (télécom) / Morse signal || ~ **nain** (ch.de fer) / dwarf signal || ~ **noir** (TV) / dark spot signal || ~ de **noir normal** (TV) / nominal black signal || ~ **noir de phase** (fac-simile) / phase black || ~ **non en service** (ch.de fer) / St. Andrew's cross (signal not-in-use sign) || ~ de **nuit** / night signal || ~ de **numéro reçu** (télécom) / number received signal || ~ de **numérotation** (télécom) / dialling signal, dial tone || ~ d'**obligation** (gén) / mandatory sign || ~ d'**occupation** (télécom) / engaged signal || ~ **optique** (ch.de fer) / visual signal || ~ d'**ordre de départ** (ch.de fer) / departure signal || ~ **parasite** (TV) / unwanted signal || ~ **parasite** voir aussi signaux parasites || ~ **«pas libre»** (télécom) / engaged signal || ~ **phonique** / acoustic o. audible o. aural signal, sound signal || ~ de **pilotage** (comm.pneum) / command signal || ~ de **pilotage X** (comm.pneum) / input signal X || ~ de **pilotage Y** (comm.pneum) / input signal Y || ~ **pilote** / pilot signal || ~ de **pleine voie** (ch.de fer) / signal on open line || ~ **porteur** / carrier signal || ~ de **position d'aiguille** / signal point indicator || ~ de **préavertissement** (ch.de fer) / outer distant signal || ~ du **premier plan** (TV) / foreground signal || ~ de **prescription absolue** (type B) (routes) / commanding and prohibiting sign, regulatory sign || ~ **primaire de couleur** (TV) / primary signal || ~ de **prise** (télécom) / number unobtainable tone, N.U. tone, N.U.T. || ~ de **proximité de fin de support** (ord) / approach of end of medium warning || ~ **Q** (TV) / Q-signal (NTSC) || ~ de **raccrochage** / clear-back signal, on-hook signal || ~ **radio** / radio signal || ~ de **radiobalise intérieure** (radar) / middle marker beacon || ~ de **ralentissement** (ch.de fer) / signal to reduce speed, speed restriction signal, slow flag (US) || ~ de **rappel** (télécom) / call-back o. recall signal || ~ de **réception** / receiving signal || ~ de **référence** (électron) / reference signal o. oscillation || ~ de **référence de couleurs** (TV) / colour reference signal || ~ **«relevez pantographes»** (ch.de fer) / signal to raise pantograph || ~ **répétiteur** (ch.de fer) / repeating signal || ~ de **réponse** (électron) / return light || ~ de **réponse** (télécom) / answer signal || ~ de **réserve** (ch.de fer) / emergency signal, substitute signal || ~ de **retour d'appel** (télécom) / ringing tone, R.T. || ~ en **retour ou de réplique** / revertive signal || ~ de **rétroaction** (contr.aut) / feedback signal || ~ **routier** / traffic sign, marker (US) || ~ **routier variable** (routes) / variable message sign || ~ de **saturation** (radar) / saturation signal || ~ de **scintillement** (télécom) / flashing signal || ~ **secondaire** (ch.de fer) / subsidiary signal || ~ **sémaphorique** (ch.de fer) / semaphore signal || ~ **sifflé** (ch.de fer) / blast of the whistle || ~ **simple** (télécom) / single-component signal, simple signal || ~ de **site** / positional signal || ~ **sonore** / acoustic o. audible o. aural signal, sound signal || ~ de **sortie** (ch.de fer) / exit signal || ~ de **sortie** (ord) / output signal || ~ de **sortie à déclenchement périodique** (contr.aut) / sampled output, keyed output signal || ~ de **sortie échantillonné** (contr.aut) / sampled output, pulsed output signal || ~ de **sortie inchangé** (ord) / undisturbed output signal o. response signal || ~ de **sortie «un»** / one-output [signal] || ~ de **sortie zéro** / nought o. zero output [signal] || ~ **S.O.S.** (nav) / SOS-signal || ~ de **suppression** (TV) / blanking o. blackout (US) signal || ~ de **suppression de bruit** / noise inversion signal || ~ de **suppression de couleur** (TV) / colour killer || ~ de **synchronisation** (TV) / synchronizing signal, sync beep || ~ de **synchronisation de couleur** (TV) / colour sync signal || ~ de **synchronisation horizontale** (TV) / line sync signal || ~ de **synchronisation supplémentaire** (TV) / equalizing signal || ~ de la **synchronisation verticale** / vertical sync signal || ~

de **taches** (TV, tube) / spurious signal || ~ de **télévision** / vision (GB) o. TV (US) signal || ~ de **télévision H.F.** (TV) / R.F. television signal || ~ en **temps réel** / real-time signal || ~ **test** (TV) / test [pattern] signal || ~ **test composé** (TV) / composite test signal || ~ de **transfert** (télécom) / transfer signal || ~ de **transfert en parallèle** (ord) / parallel transfer signal || ~ de **transmission** (télécom) / dial tone || ~ par **trompe** (ch.de fer) / horn signal || ~ **«un» à la sortie** (ord) / one-output signal || ~ **utile** (télécom) / wanted signal || ~ **valable** / valid signal || ~ de **validation** (ord) / enabling signal || ~ **vidéo** (TV) / picture o. video signal, vision signal (GB) || ~ **vidéo couleur** (TV) / colour video signal || ~ **vidéo à modulation négative** (TV) / negative video-signal || ~ **vidéo-composite** / composite television o. video signal, picture o. video o. vision (GB) signal || ~ de **visée** (arp) / target signal || ~ **visible** / visible signal || ~ **visible** (télécom) / lamp indicator || ~ **vocal** / voice signal || ~ à **voie libre** (ch.de fer) / clear signal || ~ **wig-wag** (ch.de fer) / wig-wag [signal]

signaler / signal[ize] || ~, annoncer / point out, indicate || ~ au moyen d'un **drapeau** (ord) / flag || ~ une **route** / provide with road signs, mark roads

signaleur *m* / blinker || ~ (télécom) / signalling relay unit || ~ (Belgique) (ch.de fer) / points man, signalman, switchman (US) || ~ à **fréquence vocale** / voice frequency signalling converter

signalisation *f* / signalling, signaling (US) || ~, technique des communications *f* / communication engineering, communications *pl*, weak-current engineering, signal engineering (US) || ~ (télécom) / signalling, signaling (US) || ~ (ch.de fer) / signalling, signaling (US) || ~ (routes) / road signs || ~ **acoustique de communications en attente** / call-waiting tone || ~ **acoustique sous-marine** / submarine signalling || ~ **avancée de direction** / advance direction sign || ~ **continue** (ch.de fer) / continuous signalling || ~ des **défauts** (gén) / malfunction o. error indication || ~ à **fréquence acoustique** (télécom) / tonic train signalling || ~ **horizontale** (routes) / marking of roadway o. pavement (US) || ~ **hôtel** / hotel room status and call system || ~ **intempestive** (récepteur) / spurious response (receiver) || ~ **lumineuse** / luminous call || ~ **lumineuse avec interphonie** / light call communication equipment, intercommunication installation || ~ **maritime par balises et feux** / laying-out o. streaming buoys || ~ **petite** (ord) / low-level signal, low level, small-signal || ~ de **position** / position message || ~ **routière** / road marking || ~ **sélective des détecteurs** (incendie) / individual detector identification || ~ **technique des communications** / communication engineering, communications *pl*, signal engineering (US)

signalmètre *m* (électron) / S-meter

signature *f* / signature || ~ de **feuille** (typo) / signature [mark], sheet signature || ~ **seconde** (typo) / asterisk o. starred signature

signaux *m pl* / signals *pl* || **à ~ équilibrés** (électron) / equisignal... || **les ~ R.B.V.** (TV) / transmission primaries *pl* || ~ **accouplés ou conjugués** (ch.de fer) / coupled signals *pl* || ~ d'**arrêt et de stationnement** / standing and parking signs *pl* || ~ **parasites** (radar) / hash || ~ **parasites** (radio) / radio interference o. disturbance || ~ **parasites par vibrations** (électron) / hash

signe *m* / sign, indication || ~, marque *f* / mark || ~ (ord, math) / operational sign || ~ & (typo) / ampersand || **avec ~** (math) / signed || **de ~ contraire** / of opposite kind o. sign o. name || **donner le ~ du départ** / give the start sign || **faire ~ à la main** / direct by signs, wave *vi* || **sans ~** (math) / unsigned || ~ d'**abréviation** / abbreviation mark || ~ d'**addition** / positive o. plus sign || ~ d'**alinéa** (typo) / reversed o. blind P || ~ **caractéristique** / distinguishing mark o. sign || ~ **conventionnel** (électr) / graphical symbol for contact units and switching devices, symbol for contact units and switching devices || ~ **conventionnel en lettres** / algebraic symbol || ~ **convenu** / symbol || ~ de **correction** (typo) / proofreader's mark o. symbol || ~ de **crédit** (ord) / credit symbol || ~ de **danger** / danger sign || ~ **décimal** (ord) / decimal point || ~ **diacritique** (typo) / diacritical mark, diacritic[al] sign || ~ **distinctif** / distinctive mark o. sign, earmark || ~ de **division ou «divisé par»** (math, typo) / division sign o. mark, sign of division || ~ d'**égalité** (math) / equal mark o. sign || ~ d'**existence** (math) / existential quantifier || ~ de la **firme** / signature sign || ~ **fonctionnel** (m.compt) / functional character || ~ d'**identification** (aéro) / identification sign || ~ d'**identité** / identification mark, point of orientation || ~ d'**inégalité** (s'énonce: «différent de») (math) / sign of inégalité || ~ d'**intégrale ou d'intégration** / integral sign, sign of integration || **~-lettres** *m* / signature folder || ~ **marquant la hauteur** (arp) / elevation mark || **~s** et symboles **mathématiques** *m pl* / mathematical symbols and signs *pl* || ~ *m* **moins** / minus sign, negative sign || ~ de **multiplication ou «multiplié par»** / multiplication sign || ~ **non-addition** (ord) / number sign || ~ d'**omission** (typo) / mark of elision, caret || ~ **optique** (phys, chimie) / optical sign || ~ **plus** / positive o. plus sign || ~ de **polarité** (électr) / polarity sign || ~ de **ponctuation** (ord) / punctuation symbol || ~ **«pour cent», %** / percent mark, % || ~ **précurseur** / forerunner || ~ **quantitatif** (math) / variate || ~ **radical** (math) / radical [sign] || ~ de **référence** (typo) / [sign o. mark of] reference, reference [mark o. sign] || ~ de **répétition** / tilde || ~ de la **somme** / summation sign || ~ de **soustraction** / minus sign, negative sign

signer / stamp *vt*, mark *vt*

significatif / significant, meaningfull || ~ (ord) / significant || ~ (marquage) / meaningful

signification *f* / significance, meaning, sense || ~ (brevet) / notice of delivery, delivery

signifier / signify, mean

silage *m* (agr) / silage fodder || ~ **préfané** (agr) / wilted silage || ~ **vert** (agr) / fresh o. green silage

silane *m* / silane, hydrosilicon

silanediol *m*, **[-triol]** / silanediol, [-triol]

silanol *m* (chimie) / silanol

silatrane *m* **allylique** (un composé Si-C) / allyl silatran

silcrète *f* / silcrete

silence *m* / silence || ~ **électronique** / electronic silence || ~ **maison** / household noise level || ~ **radio** (aéro, nav) / silent period, radio silence, blackout

silencier / noiseproof

silencieux *adj* / quiet, still, silent || ~ (techn) / silent, noiseless || ~ *m* (électron) / squelch [circuit] || ~ (acoust) / damper || ~ (auto) / exhaust silencer (GB) o. muffler (US) || ~ d'**aspiration** / inlet silencer, intake muffler || ~ **auxiliaire d'échappement** (auto) / pre-expansion chamber || ~ à **chicanes** / baffle silencer || ~ du **jet** (aéro) / jet silencer || ~ avec **pot principal et pot auxiliaire** (auto) / two-pot silencer || ~ **principal d'échappement** (auto) / main exhaust silencer (GB) o. muffler (US) || ~ de **recherche** (radio) / muting device (during station selection)

silent-bloc *m*, support *m* élastique / shock mount, silentbloc
silette *f* / plough frame
silex *m* (géol) / silex, firestone (US), flint || ~ **meulier** / millstone rock
silicagel *m* / silica gel
silicate *m* (géol) / silicate || ~ (chimie) / silicate || ~ **alcalin** / alkali silicate || ~ d'**alumine** / alum[o]silicate || ~ **alumineux** (céram) / aluminosilicate || ~ d'**aluminium** / aluminium silicate || ~ d'**aluminium hydraté** / hydrated aluminium silicate || ~ **calcaire** / lime silicate || ~ de **calcium** / calcium silicate || ~ de **cuivre** / copper silicate || ~ de **fer** / silicate of iron || ~ de **magnésium hydraté** / magnesium silicate hydrate || ~ de **plomb** / silicate of lead || ~ de **potassium** / silicate of potassium, water glass || ~ de **protoxyde de fer et de manganèse** / acid silicate o. double silicate of iron protoxide and manganese || ~ de **sodium** / silicate of sodium, soda water glass
silice *f* (min) / silica, silicon dioxide, siliceous anhydride || ~ (géol) / kieselgu[h]r || ~ **cellulaire** (techn. du froid) / cellular silica || ~ **fondue ou vitreuse** / translucent fused quartz, vitreous fused silica
silicé / siliceous, silicic, silicious, siliciferous
silicer / silicate *vt*, siliconize *vt*
siliceux / siliceous, silicic, silicious, siliciferous, containing silicium
silicide *m* de **calcium** / calcium silicide
silicification *f* (géol) / silicification
silicifié, être ~ / silicify *vi*, become silicified
silicium *m* (chimie) / silicon, silicium, Si || ~ de **désoxydation** / fine silicon
siliciure *m* / silicide || ~ de **fer** (chimie) / silicon iron
silico-aluminate *m* / aluminium silicate || ~**-alumineux** / alumino-silicate || ~**calcaire** *m* / cherty limestone, siliceous limestone || ~**chromate** *m* / silicochromate || ~**-éthane** *m* / silicoethane, disil[ic]ane
silicol *m* (chimie) / silanol
silico·manganèse *m* / silicomanganese || ~**méthane** *m* / silicobutane
silicone *f* (plast) / silicon[e], polysiloxane || ~ **RTV** / RTV silicone (= room temperature vulcanizing) || ~ **R.T.V. pour colles** / RTV silicone for sealants (vulcanizing at room temperatures)
silicopropane *m* / silicopropane
silicose *f* / silicosis
silicozirconate *m* / zircon mineral
silionne *f* / textile glass multifilament product, silionne || ~ **coupée** / chopped glass strands *pl* || ~ **tordue** / glass fiber yarn
sillage *m* (hydr, espace) / wake || ~ (nav) / wake, wash, track || ~ **arrière** (aéro) / slipstream || ~ **arrière** (nav) / wake, suction || ~ **et poussée** (nav) / wake and thrust || ~ **sonore** (aéro) / noise footprint || ~ de la **torpille** / torpedo track o. furrow
sillimanite *f* (min) / sillimanite, fibrolite, bucholzite
sillomètre *m* / harpoon o. patent log, taffrail log
sillon *m* (agr) / furrow, drill || ~ (phono) / groove in a record || ~ (soud) / undercut || ~ (lune) / rille || ~ (géol) / vein || ~ (mines) / rock vein || ~ **blanc** (phono) / unmodulated groove || ~ **CD-4** (phono) / CD-4 groove || ~ de **départ** / run-in o. lead-in groove || ~ **enregistré** / groove of the record || ~ **final** / finishing groove || ~ **interplage** / lead-over groove || ~ de **lingotage** (sidér) / pig bed || ~ **modulé concentrique** (phono) / locked groove || ~ **non modulé** (phono) / unmodulated groove || ~ de **semences** (agr) / drill || ~ de **sortie** (phono) / lead-out o. run-out groove
sillonnage *m* / furrowing || ~ du **filetage** / thread rolling
sillonnant le **filetage** / rolling thread
sillonner (écoulement) / gutter || ~ (agr) / furrow
sillonneuse *f* (agr) / furrow opener, moulder || ~ **butteuse** (agr) / ridger
silo *m* / bin, silo, hopper || ~ (agr) / silo, elevator (US) || ~ de **betteraves** / beet pile || ~ de **céréales** (agr) / silo, grain ware house, granary, cornhouse, grain elevator (US) || ~ à **ciment** / cement silo || ~ à **coke** / coke storage bin, coke bunker || ~ à **compartiments** (agr) / elevator (US), silo || ~**-cuve** *m* (agr) / pit silo || ~ **[cylindrique]** (agr) / meal bulk hopper || ~ d'**ensilage** / fodder fermenting silo || ~ d'**extinction**, silo *m* d'hydratation (chaux) / slaking bin || ~ **intermédiaire** / surge bin o. tank || ~ de **malaxage du schlamm** (ciment) / slurry blending silo || ~**-meule** *m* (agr) / clamp [silo] || ~ à **minerais** / ore bin o. bunker || ~ de **missiles** / missile silo || ~ **multicellulaire** / multiple silos *pl* || ~ pour **particules humides** / wet particle silo || ~ à **pommes de terre** / potato clamp || ~ à **pulpes** (sucre) / pulp silo || ~ à **schistes** (mines) / refuse bin || ~**-tampon** *m* (mines) / surge bin || ~**-tour** *m* (agr) / tower silo || ~ en **trèfle** (bâtim) / clover-leaf shaped bin for aggregates || ~ **unicellulaire** / single silo || ~ de **vaporisage** (panneaux de particules) / steaming o. soaking pit || ~ **vertical** (agr) / tower silo
siloxane *m* (chimie) / siloxane || ~ (plast) / silicon[e], polysiloxane
silt *m* (hydr, mines) / silt, silty fine sand
silteux (géol) / silty
siltstone *f* (géol) / siltstone
silurien *adj* (géol) / silurian || ≗ *m* (géol) / Silurian o. Siluric system
sima *m* (géol) / sima
simbleau *m* (men) / a cord for drawing circles || ~ (techn) / centering bridge (for finding the center of a bore)
similaire / of the same kind
simili·... / man-made, false || ~**...** (bâtim) / mock || ~ / gilded pinchbeck || ~ (graph) / duplex autotype
simili cuir *m* / imitation o. near leather, compo leather, leather cloth, Leatherette || ~ **expansé** / expanded leather cloth
similigravure *f* (typo) / autotype
similisage *m* (tex) / simili mercerizing
similiseuse *f* (tex) / calender for simili mercerizing
similitude *f* (math) / similarity || ~ **dynamique** (aéro) / dynamic similarity
simmogramme *m* (ordonn) / operation flow chart, simultaneous motion cycle chart, simo chart, operational chart
simple / plain, simple || ~ (rivure) / single-row... || ~ (constr.en acier) / plain || ~ (fer de rabot) / uncut || ~ (filage) / monofil, unifilar || ~ (ton) / clear[-toned] || **à** ~ **chute** / single-lock || **à** ~ **démultiplication** / single-stage || **à** ~ **effet** (techn) / single-acting || **à** ~ **poil** (tiss) / single-pile || **à** ~ **section à recouvrement** / single-row lap riveted || **à** ~ **voie** (ch.de fer) / single-line, one-track || ~ **commande d'un interrupteur** (électr) / single change-over || ~ **échelle** *f* / ladder || ~ **expression de désignation** (ord) / simple designational expression || ~ à **faire** / easy || ~ **jet** *m* / single-jet burner || ~ **précision** (ord) / short precision || ~ **traction** *f* (ch.de fer) / single traction || ~ **travail** *m* (relais) / make contact, normally open contact || ~ **voie** (Suisse) *f*, voie *f* unique (ch.de fer) / single track
simplex / simplex

simplifiant le **travail** / labour-saving
simplification *f* du **travail** / labour saving, operational saving, work o. job simplification
simplifié (multiplication) / short[-cut], shortened
simplifier / simplify || ~ (math) / reduce, cancel
simulateur *m* / simulator || ~ (ord) / simulator, simulator o. simulating program || ~ de **démarrage à froid** (essai d'huile) / cold cranking simulator || ~ de **réacteur** / mock-up reactor, reactor simulator || ~ de **vol** (ELF) / flight simulator, link trainer || ~ de **vol électronique** / electronic flight simulator
simulation *f* (gén, ord, télécom) / simulation || ~ (ord) / simulation || ~ **inverse** (contr.aut) / inverse simulation
simulé (bâtim) / blank, blind, dummy, feigned, mock
simultané / simultaneous
simultané[ité], en ~ (ord) / concurrent
simultanéité *f* / simultaneousness, simultaneity || ~ (ord) / simultaneity || ~ du **mouvement** / isochronism
singer / imitate, counterfeit
singlet *m* (spectre) / singlet
singularité *f* (math) / singular point, singularity || ~ d'une **conduite** (fluide) / irregularity of a conduct
sing[u]let *m* (chimie) / singlet
singulet *m* (spectre) / singlet
sinigrine *f* (chimie) / sinigrin
sinistre *m* en **mer** / average
sinueux / sinuous || ~ (route) / winding
sinuosité *f* / winding, meandering || ~ du **lit d'un fleuve** / bend of a river
sinus *m* (math) / sine || ~ **hyperbolique**, sh / hyperbolic sine, sinh || ~ **verse** (math) / versine, versed sine, sagitta
sinusoïdal / sinusoidal
sinusoïde *f* (électr) / sine wave || ~ (géom) / sinusoid, harmonic curve, curve of sines
siphon *m* / plunging siphon, thief || ~ (fonderie) / siphon of a cupola furnace || ~ (hydr) / siphon, culvert || ~ (sanitaire) / water seal, stink o. running o. stench o. water trap, siphon [trap] || **avec** ~ (bâtim) / trapped || ~ à **débordement** (hydr) / siphon spillway || ~ de **dépôt de graisse** (eaux usées) / grease o. fat trap o. collector o. extractor o. separator, channel gulley || ~ **double** / double siphon || ~ d'**égout** / yard o. gulley trap || ~ d'**évier** (bâtim) / siphon trap of the sink || ~ à **filtre** / filter siphon || ~ **inverse** / inverted siphon || ~ à **laitier** (sidér) / dirt catcher || ~ à **panier [mobile]** (bâtim) / catch pit o. basin || **~-recorder** *m* (télécom) / siphon recorder || ~ de **sédimentation** (égout) / catch pit o. basin || ~ de **sol** (sanitaire) / floor gully
siphonner / suck liquids by siphon, siphon *vt*
sirène *f* (acoustique) / siren || ~ (nav) / tyfon [whistle] || ~ d'**alarme ou d'alerte** / air-raid siren || ~ à **vapeur** / steam siren
sirex *m* (parasite) / horntail
siriomètre *m* (= 10^6 AE = 1,495 · 10^{14} km) (astr) / metron, macron
sirop *m* / syrup, sirup || ~ (en glucoserie) / concentrated refinery liquor || ~ de **betteraves** / beet syrup || ~ **centrifugé** (sucre) / high green syrup || ~ **clair** (sucre) / clear syrup || ~ d'**égout** (sucre) / drips *pl* || ~ de **fruits** / concentrated fruit juice || ~ de **glucose** / glucose syrup, corn syrup (US) || ~ de **glucose deshydraté** / corn syrup solids (US);pl., corn syrupsolids (US) *pl* || ~ **perlé** / boiled-in syrup || ~ **refondu** / remelt syrup || ~ de **sucre** / sugar syrup || ~ **vierge**, jus *m* dense / thick juice
sirupeux / syrupy
sisal *m* / sisal [hemp], henequen
sismique / seismic
sismologie *f* / seismology
sismomètre *m* / seismometer
sister-ship *m* / sister ship
site *m* / landscape || ~ (bâtim) / building ground o. lot o. plot o. site o. yard, lie of the ground || ~ (radar) / elevation angle || ~ **actif** (enzyme) / active center || ~ **banal** (routes) / non-reserved lane || ~ **classé** / national park || ~ **propre** / separate roadbed, (also:) bus lane || ~ **radiogoniométrique** (aéro, nav) / radio fix || ~ **rural** / landscape, beauty spot || ~ d'**usine** / mill site || ~ **vacant** / vacancy
sitiochimie *f* / food [stuff] chemistry
sitiologie *f* / food science, dietetics
sitostérol *m* (chimie) / sitosterol
situation *f*, condition *f* / situation, state, condition || ~, lieu *m* / location, situation, position || ~ **abritée** / sheltered site || ~ de l'**approvisionnement en matières premières** / raw material situation || ~ **atmosphérique** / atmospheric o. meteorological conditions *pl* || ~ de **conflits** (aéro) / conflict situation || ~ **dégagée** / exposure, exposed site || ~ d'un **édifice** / location of a building || ~ à **flanc de coteau** / location on a slope || ~ **générale de l'exploitation** / operating o. working conditions *pl* || ~ **microsynoptique** / microsynoptic situation || ~ du **temps** / atmospheric o. meteorological conditions *pl* || ~ du **trafic** / traffic situation
situé [en] / located [at] || ~ au **côté** [de] / collateral || ~ **plus profond ou plus bas** / low-lying
six *f* (typo) / nonpareil, 6 p || **à ~ membres ou chaînons** (chimie) / hexacyclic || **en ~ parties** / sextuple || ~ **et sept** (télécom) / thirteen || ~ **pans creux** *m* (vis) / hexagon socket || ~ **roues motrices** (auto) / six-wheel drive
sixième et septième chiffres du nombre codé (matériau) / sixth and seventh digit of a coded number
six-pans croix *m* / four-way rim wrench, lug wrench (US)
size *m* (horloge) / size
ski *m* / ski || ~, saut *m* de ski (hydr) / ski jump, spillway || ~ d'**atterrissage** (aéro) / landing skid, snow skid || ~ d'**extrémité** (aéro) / wing [tip] skid || ~ **[de glissement]** (aéro) / undercarriage skid, landing skid || ~ **nautique** / water ski
skiamètre *m* (rayons X) / skiameter
skiascope *m* / skiascope
skiatron *m* / dark-trace tube, skiatron
skim-latex *m* / latex-skim, skimmed latex
skin-effect *m*, effet *m* de peau / skin effect
skinplate *f* / skinplate
skip *m* (mines) / skep, skip || ~ (haut fourneau) / charging basket o. bucket (US) || ~ **basculant** / tipping o. dumping bucket || ~ **élévateur et culbuteur de wagons** (ch.de fer) / waggon tippler hoist || ~ à **marche automatique** / automatic skip hoist
skot *m* (unité opt) / skot
skutterudite *f*, smaltine *f*, smaltite *f* (min) / smaltine, smaltite, pyrites of cobalt, gray cobalt
Skylab *m* (espace) / skylab
SL, special ledge (pneu) / SL, special ledge
slab *m* d'**essai** (caoutch.) / test slab o. rubber
slabbing *m* (lam) / slab cogging o. slabbing mill
slakline *m* (manutention) / slakline
SLAR (arp) / side looking airbone radar, SLAR
slinger *m* (fonderie) / sandslinger
slip *m* **[de halage]** (nav) / slip, slipway || ~ de **halage transversal** (nav) / transversal slipway
slip-bande *f* (sidér) / slipband
slipes *m pl* (laine) / skin wool, slipe wool

slip-form-paver *m* (routes) / slip form paver
slipway *m* en **long** (hydr) / longitudinal slipway
sluice *m* (mines, prépar) / launder, sluice
slump-test *m* (béton) / slump test
slush *f* (météorol) / slush
S.M., module *m* de service (espace) / service module
smalt *m* (le pigment) (verre) / blue glass (the pigment), smalt || ~ (le verre) / cobalt glass o. silicate
smaragdin / emerald green
smectique (crist, chimie) / smectic
S-mètre *m* (radio) / S-meter
S.M.I.C., salaire *m* minimum interprofessionnel de croissance / base rate guaranteed by law in France
smicard *m* (ordonn) / receiver of base rate pay (in France)
smiller / spall *vt*
smithsonite *f* (min) / zinc spar, smithsonite, calamine (GB), electric calamine (US)
smog *m* / smog, smoke and fog
smoked sheets *m pl* (caoutchouc) / smoked sheets *pl*
S.N.L.E. = sous-marin nucléaire lanceur d'engins balistique
SNV / Swiss Standards Association, SNV
S.O.A., sangle *f* d'ouverture automatique (parachute) / static line
soc *m* / ploughshare || **à ~ unique** (défonceuse) / single-shank... || ~ **avancé** (agr) / skim coulter || ~ à **butteur complet** (agr) / ridging body || ~ **chargeur** / plow of the coal cutter || ~ **chasse-neige** / snow plough || ~ de **cultivateur** / cultivator shovel || ~ à **déblayer** (mines) / clearing plough, deflector o. gathering o. scavenging plough || ~ à **effleurer** (agr) / skimming share || ~ **équerre** (agr) / landside share || ~ **lame de rasoir** (charrue) / razor-blade share || ~ du **scarificateur** / bit (of the scarifier) || ~ du **semoir** (agr) / drill coulter
soccage *m* / saltern
socialisé (entreprise) / state-owned
société *f* / association || ≗ de **Classification** (nav) / Classification Society || ~ **compétitive** / achieving society, meritocracy || ~ de **consommation** / consumer society || ≗ de **digues** / dike union || ~ **[de distribution] d'électricité** / electric power station o. plant, power station o. plant, generating plant o. station || ~ d'**entreprises** / employer's association o. federation o. union || **~s** *f pl* d'**études ou d'ingénierie** / engineering companies o. firms || ≗ *f* **Ferroviaire Internationale des Transports Frigorifiques** / INTERFRIGO, International Railway owned Refrigerated Transport Company || ~ **houillère** / coal mining company || ~ **mère** / parent company || ~ de **mines ou minière** / mining company || ~ de **promotion immobilière** / project developer || ~ de **services et de conseil en informatique** (ELF) / software house || ~ de **surveillance des chaudières à vapeur** / Boiler Inspection Association || ~ de **télécommunications** (télécom) / common [communication] carrier
socket *m* **Dual-In-Line**, socket *m* DIL / dual-in-line base o. socket
socle *m* / base, pedestal || ~ (géol) / block of rock || ~ (bâtim) / socle || ~ (techn) / pedestal pad, mounting plate o. base || ~ (électron) / tube cap o. base, tubular lamp cap || ~ (m.outils) / base || ~ **adaptateur** (électr) / adapter cap || ~ de **béton** / concrete socle || ~ de **colonne** / column base || ~ à **compression de verre** (électr, électron) / pinch base || ~ **connecteur** (ménager) / apparatus o. appliance plug, appliance inlet || ~ **continental** (hydr, géol) / shelf || ~ d'**enclume** / anvil bed o. stock o. stand || ~ d'**interrupteur** / switch base || ~ de **lambris** / skirting board || ~ pour **machine** / engine bracket o. pedestal || ~ du **microphone** / backplate || ~ **mobile** (électr) / portable socket outlet || ~ du **montant porte-broche** (fraiseuse) / column base || ~ **pressant** (électr, électron) / pinch base || ~ de **prise de couplage** (électr) / socket coupler, portable socket outlet || ~ de **prise de courant** (électr) / surface socket || ~ de **prise de courant multiple** / multiple socket || ~ de **rabot** (mines) / plow baseplate, sword (coll) || ~ du **réacteur** (nucl) / core support stand
soda *m* **[water]** / acidulated o. soda water
sodalite *f* (min) / sodalite
sodamine *f* (chimie) / sodium amide
sodar *m* / sodar, sound radar (sound fixing and ranging)
sodé (chimie) / sodic, sodium... || ~ (détergent) / containing soda, soda...
sodium *m* / sodium, Na || ~ **métallique** / sodium metal || ~ **nitroprussique ou nitroprussiate** / sodium nitroprusside
soffioni *m pl* (géol) / soffione
soffite *m* (bâtim) / panelled o. coffered ceiling, ceiling with bays || ~ / visible ceiling joist || ~ de l'**avant-toit** (bâtim) / verge o. barge board || ~ **lisse** (bâtim) / flush soffit
software *m* (déconseillé), logiciel *m* (ELF) (ord) / software || ~ de **base** / base software || ~ **house** (déconseillé), société de services voir société de services
soi, en ~ (math) / intrinsic
soie *f* / silk || ~, palier *m* de vilebrequin / crankshaft bearing || ~ (outils) / tang || ~ (notion de qualité) (tex) / staple || **de** ~ / silken || ~ à l'**acétocellulose** / cellulose acetate silk || ~ d'**alginate** / alginate silk || ~ **artificielle** / rayon || ~ **artificielle Chardonnet** / nitro[cellulose] silk || ~ pour **ballons** / balloon silk o. fabric || ~ du **bombyx du mûrier** / natural o. real silk, pure silk || ~ à **broder** / slack-silk || ~ de **calotropis** / Calotropis silk, Yercum o. Madar fiber || ~ **changeante** / shot silk || ~ **chargée** / weighted silk || ~ **chargée jusqu'à l'équivalence** / par [loaded] silk || ~ de **cochon** / bristle || ~ de **collodion** / collodion silk, nitro silk || ~ de **coton** / cotton staple || ~ à **coudre** / sewing silk || ~ à **cravates** (tex) / necktie silk || ~ **cuite** / cuite, bright silk || ~ au **cuivre** / cuprammonium o. cuprated silk o. rayon, copper rayon, lustracellulose || ~ à **dentelles** / blonde silk || ~ **[é]crue** / raw silk, bast o. ecru silk, unboiled o. unscoured silk || ~ **fantaisie** / fancy silk, silk shoddy || ~ **filée** / silk thread || ~ **floche** / slack-silk || ~ en **flocons** / flock silk, knub o. waste o. floss silk, sleave || ~ **grège** / grège [silk] thread || ~ **grenadine** (tex) / grenadine || ~ **huilée ou à l'huile** / oiled silk || ~ du **Japon** / Japan silk || ~ **lavable** / washing silk, washable silk, tub[bable] silk || ~ pour **machines à coudre** / sewing machine silk, machine silk || ~ **marine ou de mer** / byssus silk || ~ **mêlée** / silk mixed with cotton, union silk, half-silk || ~ **micuite** / souple silk, suples *pl* || ~ **moulinée** / thrown silk || ~ **naturelle** / natural o. real silk, pure silk || ~ à la **nitrocellulose** / collodion silk || ~ **ondée** (tex) / ondé, ondulé || ~ à l'**oxyde de cuivre ammoniacal** / cuprammonium o. cuprated silk o. rayon, copper rayon, lustracellulose || ~ **plate** / slack-silk || ~ de **porc** / hog's bristle || ~ **[de porc] artificielle** / artificial bristle || ~ **pure** / natural o. real silk, pure silk || ~ **retorse** / thrown silk || ~ **sauvage** / wild silk, Tussah silk || ~ **shoddy** / fancy silk, silk shoddy || ~ **souple** / souple silk, suples *pl* || ~

surah (tex) / surah || ~ **torse** / twisted silk || ~ **trame** (tiss) / tram [silk], weft silk || ~ **végétale** / vegetable silk || ~ **vernie** (électr) / empire (GB) o. varnished silk || ~ de **verre** (déconseillé), silionne *f* / glass silk, glass filament || ~ **viscose** / viscose silk || ~ **yama-mayu** / yamamai silk
soierie *f* (activité) / silk weaving || ~ (atelier) / silk mill o. manufactory
soigné (travail) / careful, painstaking, elaborate
soigner / attend [to] || ~ (mach.text.) / mind *vt*
soigneur *m* (tex) / minder, tenter || ~ **de carde[rie]** / card minder o. tenter, carder
soigneuse *f* de la **réunisseuse** (tex) / doubler, sliver lap machine tenter
soigneux / careful, painstaking || ~ (traitement) / careful, gentle
soin·s *m pl* / attendance || **avec** ~ / careful || **par vos ~s** / by the buyer o. customer || **~s** *m pl* aux **plantes** (agr) / plant husbandry
soja *m* / soy[a] o. soja bean
sol *m* (chimie) / sol, colloidal solution
sol *m* (agr) / earth, soil || ~ (mines) / working level, worked stratum, worked streak of ore || ~ (bâtim) / ground, (also:) floor || **au niveau du** ~, au sol / on a level with the ground, at ground level || **sur le** ~ (balises) / surface... || **~-air** (aéro) / sol-air || ~ **argileux** (géol) / clay [soil], clayey ground o. land o. soil || ~ pour ou à **bâtir** (gén) / building ground || ~ **battant** / clayey soil with 40-50 % clay content || ~ **bétonné** / concrete floor o. ceiling || ~ **boulant** (bâtim) / soft ground || ~ **calcaire** (géol) / lime soil || ~ **carrelé** / tiled floor, tiling || ~ **chauffant** / floor heating, floorwarming, concealed o. coil heating in the floor || **~-ciment** *m* / grouted ground || ~ **cimenté** / cement floor || ~ **coagulé** (chimie) / coagulated o. flocculated sol || ~ de **coffre à bagages** (auto) / bottom of luggage trunk || ~ **désagrégé** / loose earth o. soil || ~ du **dock** (nav) / apron of a dock || ~ **et sous-sol** (agr) / soil and subsoil || ~ **ferralitique** / latosol, oxisol (US), ferralitic soil, terra rossa || ~ **fini** / finished floor || ~ **floculé** (chimie) / coagulated sol, flocculated sol || ~ **foisonné** (excavateur) / loose ground || ~ de **fondation** (bâtim) / foundation soil || ~ **industriel** / industrial floor || ~ **keuprique** / keuper marl || ~ **lessivé** (géol) / bleached soil || ~ **marécageux** / moorland, marshy ground || **~s** *m pl* **minéraux** / mineral soils *pl* || ~ *m* **mouvant** / loose earth o. soil || ~ **naturel** / grown soil || ~ **plastique [sans joints]** / plastic [jointless o. seamless] floor || ~ **rapporté** (bâtim) / made ground || ~ **remblayé** / filled-up soil || ~ **résistant** (bâtim) / firm soil || ~ **rocailleux** / rocky ground || ~ **sableux argileux** / clayey sand soil || ~ **sablonneux** / sandy ground o. soil || ~ **sans joints** / jointless flooring, seamless flooring || ~ **schisteux** / schistous soil || **~-sol** (mil) / surface-to-surface, ground-to-ground || **~-sol balistique stratégique** *m*, SSBS / medium-range ballistic strategic missile || ~ **squelettique** / skelettal soil || ~ **tourbeux** (agr) / organic soil || ~ de **végétation** (géol) / stigmarion bed soil
solable (phot) / reversible, solarizable
solaire / solar
solanine *f* / solanine
solar architecture *f* / solar architecture
solarigraphe *m* / solarigraph
solarimètre *m* / solarimeter
solarisation *f* (phot) / solarization, reverse phenomenon, reversal process
solarium *m* de **maison** (bâtim) / sun parlor (US)
solarstéarine *f* (chimie) / solarstearin
solde *m* (commerce) / balance || ~ **débiteur**, solde *m* négatif / credit balance
sole *f* (mét) / hearth, bottom, floor || ~ (mines) / sole piece || ~ (forge) / smith's hearth || ~ (agr) / plot, break, field (US) || ~ (four) / bed, hearth || ~ (charp) / sill || ~ d' **aiguille** (ch.de fer) / point plate || ~ de **barrage** / weir bottom || ~ du **broyeur à meules** / edge mill bedstone || ~ de **carrière** / quarry floor || ~ de **chambre** (coke) / oven sole || ~ en **charbon** (sidér) / charcoal bottom o. bed || ~ de **creuset** (sidér) / hearth floor || ~ **damée** (sidér) / rammed bottom o. hearth || ~ de **défournement** (lam) / discharge end of the furnace || ~ **déplaçable** (sidér) / car-bottom o. mobile hearth || ~ **distributrice** (prépar) / distributing plate || ~ **doseuse** / vane feeder || ~ **dure** (sidér) / rammed and sintered bottom || ~ d'**égalisation** (sidér) / soaking hearth o. chamber || ~ du **four** / furnace bottom || ~ de **four à longerons mobiles** (sidér) / walking beam type bottom of a furnace || ~ du **fourneau** (sidér) / hearth, bottom, floor || ~ de la **galerie** (mines) / gallery level || ~ **mobile** (sidér) / car bottom o. hearth || ~ **oscillante** (sidér) / vibrating table || ~ **pisée** / rammed bottom o. hearth || ~ de **plancher** / sleeper o. dormant of the groundfloor || ~ à **souder** (sidér) / soaking hearth || ~ de **tunnel** / tunnel floor || ~ de la **voie** (mines) / underhand stope || ~ de **wagonnet** (sidér) / car deck
soleil *m* (tiss) / soleil || ~ (typo) / pie, pied type || ~ (pap) / format 60 x 80 cm || ~ (lumière) / sunlight, sunshine || ~ **tranquille** / quiet sun || ≗ (astre) / sun || ≗ **moyen [libre dynamique]** (astr) / mean sun
solénation *f* (d'un contour fermé) (électr) / current linkage (with a closed path)
solénoïdal / solenoidal
solénoïde *m* (phys) / solenoid || ~ (électr) / solenoid [coil]
solfatare *f* (géol) / solfatara
solide *adj* / fast, lasting, durable || ~ (couleur) / lasting, fast, solid || ~, ferme / massive, solid, free || ~ (géom) / solid || ~ (mines) / solid, not yet worked || ~ (bâtim) / stable || ~ (teint) / lasting, fast, made to last || ~ (roches) / conglobate || ~ (tiss) / durable, serviceable, wear resistant || ~, dur / hard || ~ *m* (gén) / solid || **être** ~ / endure, resist, bear || ~ *adj* à l'**acide sulfureux** (teint) / fast to sulphurous acid o. to stoving || ~ au **blanchiment** / fast o. resistant to bleaching || ~ au **bouillon** (tex) / boil-fast o. -resistant, fast to washing o. boiling || ~ au **chlore** / chlorine fast || ~ à la **cuisson** (tex) / boil-fast o. -resistant, fast to washing o. boiling || ~ au **débouillage acide** / fast to boiling acid || ~ à l'**eau** (tex) / fast to water || ~ à l'**ébullition** / boil-fast o. -resistant || ~ à l'**ébullition au carbonate de soude** / fast to boiling soda || ~ à l'**encollage** (tex) / fast to sizing || **~s** *m pl* **fluidisés** / fluidized dry matter, fluidized solids *pl* || ~ à l'**insolation** (tex) / sunfast || ~ au **lavage** (tex) / wash-fast || ~ au **lessivage** / resistant to alkaline o. caustic solutions, alkali-fast, -proof, lye resistant || **~-liquide** / solid-liquid || ~ à la **lumière** / lightfast, non-fading, unfading, fadeless, stable to light, color-fast, sunfast (US) || ~ au **parement** (tex) / fast to sizing || ~ au **retrait** (tex) / resistant to shrinking o. shrinkage, shrinkproof || ~ *m* de **rotation ou de révolution** / solid of o. generated by rotation o. revolution, body of revolution, rotational solid || **~-solide** / solid-solid || ~ au **soufr[ag]e** (teint) / fast to sulphurous acid o. to stoving || ~ à la **sueur ou à la transpiration** (teint) / fast to perspiration || ~ au **sulfate** / sulphate resisting || ~ **toroïdal** / toroid || ~ en **vrac** / shattered o. smashed solid
solidification *f* / solidification || ~ (sidér) / solidification, freezing || ~ (chimie) / solidification,

concretion, coagulation || ~ (huile) / solidification || ~ **dirigée** (fonderie) / directional solidification
solidifié / solidified, frozen, congealed
solidifier *vt* (chimie) / solidify *vt* || ~ (se) / solidify *vi*, congeal, freeze, set
solidité *f* / solidity || ~, durabilité *f* / service durability, work life, strength || ~ (chimie) / solidity || ~ (tex) / long wearing o. hard wearing properties *pl*, wear resistance || ~ (couleur) / fastness, lasting properties *pl* || **avoir de la** ~ / last *vi*, endure || ~ des **arêtes** / edge strength, form stability || ~ à l'**arrachage de points** (feutre) / stitch point tearing-out resistance || ~ d'**attache** / adherence, adhesion, adhesiveness || ~ à l'**avivage** (teint) / brightening fastness || ~ au **carbonisage** (tex) / fastness to carbonizing || ~ à la **chaleur sèche** (tex) / fastness to dry heat || ~ au **chlore** (tex) / resistance to chemicking || ~ au **décatissage** / decatizing fastness || ~ au **décatissage à l'eau bouillante** / fastness to potting || ~ à la **déchirure** / resistance to tearing o. breaking, tear resistance || ~ au **dégommage** / fastness to degumming || ~ à l'**eau** / water fastness || ~ à l'**eau de mer** (teint) / seawater fastness, fastness to saltwater || ~ de **fixation** / adherence, adhesion, adhesiveness || ~ au **foulage** (tex) / fastness to fulling || ~ **générale** (teint) / allround fastness || ~ à la **goutte d'eau** (teint) / fastness to water spotting o. drops || ~ aux **intempéries** (tex) / fastness to weathering, weather stability o. resistance, weatherability || ~ au **lessivage** (tex) / fastness to bucking || ~ à la **lumière** / lightfastness || ~ au **potting** / fastness to potting || ~ au **repassage** / fastness to ironing o. pressing || ~ au **savon** (tex) / fastness to soap || ~ du **sol** / soil bearing capacity || ~ aux **solvants organiques** (teint) / solvent fastness o. resistance, stability to solvents || ~ à la **surteinture** / fastness to cross-dyeing || ~ de **teinture** / colourfastness [to light], dye fastness || ~ au **thermofixage** / dry heat setting stability || ~ au **vaporisage** (tex) / fastness to steaming
solidus *m* (diagr. de constitution) / solidus || ~ (surface) / solidus area || ~ (courbe) / solidus [line]
solifluxion *f* (géol) / solifluction, -fluxion
solin *m* (bâtim) / canting strip, water table || ~ (bâtim) / flashing (as round a chimney) || ~ de **faîtage** / mortar bedding of ridge tile || ~ de **mortier** / mortar filling
solion *m* (électr) / solion
solivage *m* / framing, frame of joists
solive *f* / ceiling joist, balk || ~ **boiteuse**, solive *f* enchevêtrée ou d'enchevêtrure / trimmer [joist] (GB), header [joist] (US) || ~ **passante** (bâtim) / summer, bearer, beam, girder, rail || ~ de **refend** / halfbeam o. timber || ~ **retroussée** (charp) / trimmer, trimmed o. trimming joist, tie beam, tail beam o. piece o. joist || ~ **supérieure** (charp) / cross-top, cap piece || ~ **transversale** / summer, bearer
soliveau *m* **inférieur** (bâtim) / ceiling joist
solivure *f* / framing, timber work
sollicitation *f* (essai de mat) / stress || ~ (brevet) / claim || ~ **admissible** / safe[ty] load o. stress || ~ **alternante ou alternée** (méc) / alternating stress || ~ aux **chocs thermiques** / thermal cycling || ~ au **cisaillement** / shearing o. transverse stress, shear stress || ~ en **compression** / compression o. compressive stress || ~ à l'**extension** / tensile stress || ~ **externe** / external stress || ~ de **fatigue** / continuous stress || ~ de **flambage** / collapsing stress (US), buckling stress || ~ de **flexion** / bending stress || ~ de **flexions alternantes** / reversals of bending *pl* || ~ à **froid** / cold working || ~s *f pl* dues à l'**inertie** / inertia stresses *pl* || ~ *f* **maximale** / highest o. maximum o. peak stress || ~ de **torsion** / torsional o. twisting stress || ~ de **traction ou de tension** / tensile stress
solliciter / stress *vt* || ~ (aimant) / attract *vi* || ~ (brevet) / claim *vi* || ~ **excessivement** / overtax
solo, en ~ (ELF) / without trailer
solubilisation *f* (chimie) / solubilizing, solubilization
solubiliseur *m* (chimie) / solubilizer
solubilité *f* / solubility || ~ **citrique** / citric acid solubility || ~ à l'**état solide** / solid solubility
soluble (chimie) / soluble || ~ dans l'**acide** / acid-soluble || ~ dans l'**alcool** / alcohol soluble || ~ **difficilement** / of low solubility, sparingly o. hardly o. slightly soluble, antisoluble || ~ dans l'**eau** / water-soluble || ~ dans l'**huile** / oil-soluble
soluté *m* (chimie) / solute
solution *f* (gén, math, chimie) / solution, sol, soltn || ~ au **1/10 molaire** / one tenth molar solution || **se trouvant en** ~ / dissolved || ~ à **absorption saturable** (laser) / saturable absorber || ~ **ammoniacale** / ammonia solution o. water, ammonium hydroxide, aqueous o. liquid ammonia || ~ **amorce** (galv) / strike || ~ **antiréfrigérante** (auto) / antifreeze, antifreezing compound || ~ **apportée** (math) / solution, answer || ~ **aqueuse** / hydrous solution, aqueous solution || ~ de **base** (chimie) / parent solution, stock solution || ~ de **blanchiment** (pap) / bleach liquor || ~ **caustique** / corrosive, corroding agent || ~ de **chlorure décolorant** / chlorine bleaching, chemic[k] || ~ de **chlorure stannique** (teint) / tin composition || ~ pour le **clairçage** / clarifying agent || ~ **colloïdale** / colloidal solution, sol || ~ **concentrée** / strong solution || ~ **concentrée de pyroxyline** / celloidin || ~ de **continuité** / interruption of continuity, void, gap || ~ **contrôlée** (repro) / stock solution || ~ de **déchets fortement radioactifs** / high-level radioactive waste solution, HAW solution || ~ **décinormale** / decinormal solution || ~ en **équilibre** (chimie) / balanced solution || ~ d'**essai à blanc** / blank solution || ~ d'**essai à blanc chimique** / chemical blank solution || ~ d'**étain [en eau régale]** (teint) / tin composition || ~ **étalon** (chimie) / standard o. normal solution || ~ d'**étalonnage** (chimie) / reference solution || ~ **étendue** / dilute solution || ~ **éthérée** / ethereal solution || ~ à **filer** / spinning dope || ~ **fondamentale** (chimie) / parent solution || ~ **formula[tion]** (galv) / solution formula[tion] || ~ d'**hypoiodite** / hypoiodite solution || ~ **impropre** (math) / extraneous solution, spurious solution || ~ d'**indigo** / indigo solution || ~ **initiale** (chimie) / parent solution || ~ de **mise en marche** (repro) / starting solution || ~ de **mise à zéro** / zero number compensation solution || ~ **molaire ou moléculaire** / molecular o. true solution || ~ de **mouillage** (offset) / fountain solution || ~ **neutre** (chimie) / neutral solution || ~ de **nitrate mercurique** / Millon's reagent || ~ **normale** (chimie) / standard o. normal solution || ~ de **nourrissage** (teint) / replenishing solution || ~ **pauvre** (pétrole) / lean solution || ~ [de **potassium] iodo-iodurée** / solution of iodine and potassium iodide || ~ **primitive** (chimie) / original solution || ~ **pulvérisée de sels d'étain** (céram) / tin salt spray || ~ de **redosage** (repro) / replenisher || ~ de **référence** (chimie) / standard o. normal solution || ~ **saline** / saline [solution], brine || ~s *f pl* **salines** (bois) / wood preserving salts *pl* || ~ *f* **saturée** / fat o. saturated solution || ~ de **savon** / [soap] suds *pl* || ~ de **sel de cuisine** / salt solution o. water || ~ de **silicate fondu** (sidér) / melted silicate solution || ~ **singulière** (math)

/ singular solution || ~ **solide** / mixed crystal, solid solution || ~ **solide primaire** (sidér) / primary solid solution || ~ de **soude caustique** / caustic soda hydrated o. lye || ~ **tampon ou tamponnée** (chimie) / buffer solution || ~ **tampon de phosphate** (chimie) / phosphate buffer || ~ **témoin de savon** / standard soap solution || ~ de **titrage** / titrating solution || ~ **transitoire** (gén) / temporary solution || ~ **type** (chimie) / standard o. normal solution || ~ **volumétrique** / volumetric solution, V.S.

solutum *m* (chimie) / solute

solvant *adj* / solvent *adj* || ~ *m* (chimie) / solvent, resolvent || ~ (chromatogr) / solvent || ~ (laque) / [paint] thinner, reducer || ~ **actif** / active solvent || ~ **aromatique** / high-aromatic solvent || ~ **blanc** / white spirit || ~ d'**extraction ou d'épuisement** / extraction o. extracting o. extractive agent o. product o. matter, extractant || ~ de **graisse** / fat solvent || ~ **ionisant** / ionizing solvent || ~ **lent ou faible** / slow solvent || ~ **naphta** / solvent naphtha || ~ **non-aqueux** / non-watery solvent || ~ de **pétrole** / petroleum solvent || ~ **résiduaire** / residual solvent || ~ **Stoddard** (pétrole) / Stoddard solvent (US) || ~ **volatil** / light solvent

solvatation *f* (chimie) / solvation

solvate *m* / solvate

solvaté / solvated

solvater / solvate *vt*

solvatochromie *f* (chimie) / solvatochromy

solvolyse *f* (chimie) / lyolysis, solvolysis

somatomètre *m* (tex) / somatometer

sombre / dark, unlighted || ~ / half dark, semidark

sombrer (nav) / sink *vi*, founder, go under

sommaire *adj* (travail) / crude || ~ *m* / summary, résumé, abstract

sommateur *adj* / summing || ~ *m* / summing integrator, averager

sommation *f* / summation, adding up, addition || ~ **constante des chaleurs** / constant summation of heat || ~ des **pertes individuelles** / loss summation

somme *f* (math) / sum, total || ~ (quantité) / rate, amount || **faire la** ~ / add [up], cast up, sum || ~ des **angles** / angular sum || ~ des **carrés** / sum of squares || ~ des **chiffres [d'un nombre]** / sum of digits || ~ des **faces de deux dents d'un engrenage** / sum of addenda of two mating gears, working depth || ~ **géométrique** / geometric[al] sum, vector sum || ~ **globale** / lump sum, [sum] total, total sum || ~ **intermédiaire** (addit) / subtotal, group-total || ~ de la **série** / sum of an infinite series, sum to infinity || ~ **totale** / lump sum, [sum] total, total sum || ~ de **travail** / work load || ~ **vectorielle** / geometric[al] sum, vector sum

sommé, qui peut être ~ / summable

sommet *m* / summit, top, vertex || ~, point *m* culminant / highest point, climax, maximum || ~ (bois) / top end of a trunk || **à un seul** ~ / unimodal || ~ d'un **angle** / vertex of an angle || ~ d'**arc** / crown of an arch || ~ d'une **branche de réseau**, noœd *m* (électr) / node, vertex (US) || ~ d'une **chambre à air** / crown of a tire tube || ~ du **cône** (math) / vertex of a cone || ~ du **cône primitif** (roue dentée) / reference cone apex || ~ d'une **courbe** / highest o. lowest point of a curve || ~ de la **dent** (roue dentée) / tip of a tooth || ~ du **diagramme** (méc) / knot, system point o. center || ~ de **digue** / top o. summit of a dike || ~ d'**engrenage** (roues coniques) / reference cone apex, common apex || ~ du **filet** / crest of thread || ~ d'**impulsion** / pulse top || ~ de **mode** (électron) / mode center, mode top || ~ **noir** (TV) / peak black, black peak || ~ de **prisme** (accu) / prism bridge || ~ du **schéma** (méc) / knot, system point o. center || ~ de la **trajectoire** (balistique) / summit of a trajectory || ~ de la **trajectoire** (géom) / maximum of a curve || ~ du **triangle** / vertex of triangle || ~ de la **vanne** / crest o. top of a weir || ~ de la **vanne à rouleau** (hydr) / top of the roller drum gate

sommier *m* / supporting beam, girder || ~ (constr.mét) / stringer || ~ (bâtim) / transom || ~ (lam) / rest bar [for carrying guides and guards] || ~ (voûte) / skewback, springer || ~ (m.à mouler) / spring release || ~ (Suisse) (aiguille) / rigid o. stock rail || ~ d'en **bas** (typo) / crosspiece || ~ du **battant** (tiss) / slay cheek o. beam || ~ de **citerne** / tank cradle || ~ d'**éjection** (coulée sous pression) / ejector box || ~ d'**empilage** (sidér) / lattice grate || ~ du **fût** / double hoop at end of barrel || ~ de **grille** / fire-bar bearer || ~ du **lit** / mattress || ~ **métallique** (lit) / wire mattress || ~ en **mousse** (lit) / foam rubber mattress || ~**s** *m pl* à **pattes** (tex) / spindle-and bobbin rails *pl* || ~ *m* **presse-tôle** (m.à plier) / top beam || ~ de **pression ou de presse ou de serrage** / crosshead of a press || ~ de **sortie** (lam) / delivery beam || ~ **supérieur** (m. outils) / top clamping bar || ~ de **voûte** (bâtim) / springer of arch

sommité *f* voir aussi sommet || ~ du **tronc** / top end of a trunk

son *m* (moulin) / bran || ~ **gros** / coarse bran || ~ (acoust) / tone, sound || ~**s** *m pl* (gén) / sounding || **au** ~ **clair** / high [pitch] || ~ *m* **accessoire non harmonique** / partial *n* || ~**s** *m pl* **aériens** / airborne sound o. noise || ~ *m* **aigu** / all-top sound, high-pitched sound || ~ **ambiant** / wild o. ambient sound || ~ **audible** / audible sound || ~ de **battement** / beat note o. tone, difference tone || ~ **bîpe** (télécom) / beep [tone] || ~ **clair** / clear ring || ~ **complexe** / complex sound || ~ **diffus** / random sound || ~ en **direct** / live sound || ~ **dominant** / overtone sound || ~ **étalon** / reference tone, reftone || ~ **fondamental** (acoustique) / fundamental sound o. tone, key tone, tonic || ~**s** *m pl* **graves** / basses *pl*, deep tones *pl* || ~ *m* **harmonique** (acoustique) / overtone, upper harmonic || ~ **harmonique inférieur** / lower harmonic || ~ **hululé** (télécom) / warble tone || ~ **image** (AM facsimile) / picture tone || ~ d'**interférence** / beat note o. tone, difference tone || ~ **magnétique** / magnetic sound || ~ **magnétique combiné** (film) / COMMAG || ~ **métallique** / ring[ing], chink || ~ **net** / clear ring || ~ **optique** / optical sound || ~ **optique combiné** / COMMOPT || ~ d'**ordre** (vidéo) / cue tone || ~ **original** / original sound || ~ **partiel** / partial (noun) || ~ **pur** / pure o. simple tone || ~ en **relief** / stereosound || ~ **résultant** (phys) / summation tone || ~ **sourd** / all-bottom sound, boomy o. dull sound || ~ **stéréophonique** / stereosound || ~ **surmodulé** / overshooting sound || ~ **transmis par l'eau** / underwater sound || ~**s** *m pl* **wobbulés** / warble tones *pl*

sonar *m* (nav) / sonar (sound navigation and ranging), asdic, A.S.D.I.C. (Allied Submarine Devices Investigation Committee) || ~ à **balayage latéral** (nav) / side scan sonar

sondage *m* (nav) / sounding, casting the lead, plumbing || ~ (pétrole) / trial o. test boring o. drilling || ~ (chimie) / random sampling || ~ (statistique) / sampling || **faire des** ~**s** / explore the ground by bore holes || **faire un** ~ **préalable ou de reconnaissance** (mines) / open up by boring || **par** ~**s** (chimie) / by sampling || ~ **acoustique par écho** / echo depth sounder || ~ d'**avalement** (mines) / conductor shaft || ~ par **battage** (mines) / percussive o. percussion boring o. drilling || ~ à **battage rapide**

(mines) / rapid percussion drilling || ~ au **câble** (mines) / [percussive] rope boring || ~ à **carotte** (mines) / core drilling o. boring || ~ de **congélation** / freeze sinking || ~ de **contrôle** / check bore hole || ~ à la **corde** (mines) / [percussive] rope boring || ~ **dévié** (mines) / offset drilling || ~ aux **diamants** (mines) / boring by diamond drill || ~ à **entraînement de l'huile par l'eau** (mines) / wash boring || ~ **explorateur ou d'exploration** (pétrole) / prospecting drilling || ~ **gravimétrique** (mines) / gravimetric exploration || ~ **horizontal** (mines) / horizontal drilling || ~ avec **injection d'eau** (mines) / wash drilling || ~ en **mer** / offshore oil well || ~ par **percussion** (mines) / percussive boring, percussion boring o. drilling, bore with the jumper o. by percussion || ~ **probabiliste** / probability sampling || ~ de **recherche** / exploratory o. experimental boring o. drilling, prospective drilling || ~ de **recherche d'eau** / exploratory boring for water || ~ de **reconnaissance ou de recherches** (pétrole) / prospecting drilling || ~ **rotatif ou par rotation** / rotary drilling o. boring || ~ du **sol** / soil examination, soil testing || ~ aux **tiges pleines** (mines) / rod boring, boring by means of a rod || ~ par **ultra-sons** / ultrasonic depth finding

sonde *f*, plomb *m* / lead, plumb [bob], plummet || ~, détecteur *m* / probe, sensor || ~ (r.cath) / probe || ~, pige *f* / sounding rod o. line || ~ d'**accostage** (espace) / docking probe || ~ **acoustique** / sound probe || ~ d'**alimentation** (instr. de mesure) / exciting probe || ~ à **ballon captif** (météorol.) / wire sonde || ~ à **bois** (télécom) / pole testing drill o. tester || ~ pour **carottage** / core sampler || ~ de **charge** (électr) / charging probe || ~ à **clapet** (mines) / valve anger o. wimble || ~ de **conductibilité** / conductivity probe || ~ de **coulée** (fonderie) / tapping bar o. rake o. rod, lancet, opening tool || ~ de **couplage** (électr) / coupling probe || ~ à **cuiller** (mines) / auger [bit], boring bit || ~ d'un **détecteur de fuites** / escape o. leak indicator || ~ **détectrice** (guide d'ondes) / detector load || ~ de **dosage de loxygène** (sidér) / oxygen probe o. sensor || ~ **électrochimique ou FME ou à électrolyte solide** (sidér) / E.M.F. cell, solid electrolyte cell || ~ **électromagnétique** / flux gate magnetometer, saturable core magnetometer || ~ **électronique** / electron probe || ~ d'**étude des altitudes** [au-dessus de 35 km] / high-altitude sounding or research rocket || ~ à **film métallique** (contr.aut) / metal film probe || ~ de **Förster** / Förster probe || ~ **[à fouiller]** / ground o. earth auger o. borer, scooping iron || ~ à **gaz** (sidér) / gas probe, test rod || ~ de **Hall** / Hall probe || ~ à **impédance** (espace) / impedance probe || ~ **inductive** (guide d'ondes) / probe, coupling loop || ~ **interplanétaire** / interplanetary probe || ~ de **Langmuir** (phys) / Langmuir probe || ~ pour **lit de fusion** (sidér) / charge level indicator || ~ **lunaire** / lunar probe || ~ **manométrique** / manometric capsule || ~ **mécanique** (nav) / sounding machine || ~ sur la **mécanique des sols** (espace) / soil mechanics surface sampler || ~ **météo[rologique]** / weather sensor o. probe || ~ de **mouleur** / depth gauge || ~ de **Pitot** (aéro) / dynamic airspeed indicator, Pitot head || ~ de **Pitot à flux continu** / Pitot tube flowmeter || ~ **planétaire** (espace) / planetary probe || ~ de **prélèvement des fumées** (sidér) / wast gas probe || ~ **pyrométrique** / pyrometric o. thermometer probe || ~ [par] **radar** / radar sonde || ~ **spatiale** (ELF) / space probe || ~ de **température** / heat sensor, temperature probe || ~ de **température du foin** / hay temperature probe || ~ **thermométrique** / pyrometer o. thermometer probe || ~ **thermostatique** / thermostatic probe || ~ à **tiroir** (sucre) / sampler

sonder / sound *vt*, explore || ~ (mines) / drill *vt* || ~ / sound *vt*, fathom *vt* || ~, percuter (mines) / assay *vt* by the hammer, test || ~ par **marteau** (bandage) / hammer-test the tire || ~ par **percussion** (mines) / bore by percussion o. with the jumper || ~ un **terrain** / explore the ground by bore holes

sondeur *m* (nav) / sounding machine || ~ **acoustique** (nav) / depth sounder, echo depth sounder, echo sounding apparatus || ~ par **écho acoustique** (aéro) / sound o. sonic altimeter || ~ **ultrasonore** / ultrasonic depth finder

sondeuse *f* de **prospection** / prospecting drilling machine || ~ **rotative à carottage continu** / core drilling machine

sone *m* (unité de sonie) / sone

sonie *f* / loudness (as measured in sones)

sonique / sonic

sonnage *m* (câble) / ringing test, buzz out test

sonner *vt* (cloche) / ring *vt* || ~ *vi* / sound *vi* || ~ un **câble** / buzz out o. ring out a cable || ~ l'**heure** (horloge) / strike

sonnerie *f* / alarm [bell] || ~ (horloge) / striking train o. work || ~ (le son) / ring[ing] (of a bell) || ~, caractère *m* appel (ord) / bell character, BEL || ~ d'**alarme** (électr) / alarm bell || ~ d'**annonce** (ch.de fer) / warning bell || ~ **[d'appel]** (télécom) / bell set, ringer, alarm [bell] || ~ d'**appel** (ch.de fer) / call bell || ~ d'**appel continu** (télécom) / continuously ringing o. constant active ringing bell || ~ **avertisseuse** / warning bell || ~ à **chaperon** (horloge) / locking plate striking mechanism || ~ à **courant continu** (télécom) / trembler, trembling bell || ~ à **courant fort** / mains o. power bell || ~ **d'appel** (télécom) / call bell || ~ **électrique** (télécom) / electric ringing apparatus || ~ **électrique** / electric bell || ~ **électromagnétique** (télécom) / magneto bell || ~ des **heures** (horloge) / striking train o. work for hours || ~ **magnétique** (télécom) / polarized bell o. ringer || ~ **pilote** (télécom) / pilot alarm o. bell || ~ de **poste téléphonique** (télécom) / station ringer, bell set || ~ de **quarts** (horloge) / ting-tang

sonnette *f* / bell, door bell, house bell || ~ (tiss) / cut mark || ~ (techn) / pile driver || ~ d'**alarme** / alarm bell || ~ de **battage** / pile driver, ram, pile-driving machine || **~-compteur** *f* / bell item counter || ~ **électrique** / electric bell || ~ à **résonance** / resonant pile driver || ~ à **tiraude** (hydr) / ringing pile-engine, ring engine || ~ à **vapeur** / steam piledriving engine o. pile driver

sonneur *m* (mines) / signalman || ~ (télécom) / sounder || ~ (personne) / operator of a pile driver

sono (film) voir sonorisation || ~**balise** *f* **radio** / radiosonobuoy || ~**graphique** *m* / sound analysis || ~**luminescence** *f* (ultrasons) / sono-luminescence

sonomètre *m* (phys) / monochord, sonometer || ~ (télécom) / sound level meter || ~ de **précision** / precision sound level meter

sonore / sonorous, ringing, clear || ~ (voix) / big || ~, résonnant / repercussive, reverberating, echoing

sonorimpulsimètre *m* / impulse sound level meter

sonorisation *f*, sono *f* (film) / sound recording, dubbing, scoring || ~ (phono) / sound recording || ~ / sound installation || ~ d'une **salle** / acoustic irradiation

sonoriser (film) / add sound, set to music || ~ une **salle** (électr) / wire a hall for sound

sonorité *f* / sonority || ~, belle *f* sonorité / sonorousness || ~ des **bois** / sonority of wood,

sonorousness
sonothèque *f* (film) / sound library
sophistiqué / sophisticated
sorbant *m* / sorbent
sorbat *m* / sorbate
sorbet *m* / frazil ice
sorbetière[-glacière] *f* / sherbet machine
sorbeur *m* (électron) / getter || ~ à **immersion** / dip getter
sorbier *m* / mountain ash || ~ **domestique**, cormier *m* / European mountain ash, rowan tree
sorbite *f* (sidér) / sorbite
sorbitol *m* (chimie) / sorbit, D-sorbitol, glucitol
sorbonne *f* (chimie) / fume cupboard o. hood, closed hood
sorbose *m f* (chimie) / sorbose, sorbin[e]
sorgho *m*, sorgo *m* / sorghum
sorosilicate *m* (géol) / sorosilicate
sorption *f* / sorption || ~ par **getter** (électron) / getter system, gettering
sortance *f* (ord, électron) / fan-out || ~ en **pyramide** (ord) / fan-out
sortant de l'**usine** / brand-new
sorte *f*, espèce *f* / description, kind, type, sort, species || ~, genre *m* / species, genus || ~, variété *f* / variation, variety || **~s** *f pl* (typo) / batter
sorti (électr) / free
sortie *f* / exit, way out || ~ (semicond) / lead, bump || ~ (W.C.) / outlet || ~ (ord) / output || ~ (électron) / lead of a component || ~ (ch.de fer) / departure || ~ (techn) / first presentation of a new product || ~ (aérogare) / gate || ~ (filage) / delivery || ~ (mines) / delivery, discharge || ~ (hydr) / outlet || **de ~** / outgoing || **de ~** (ord, TV, électron) / output... || ~ **admissible** (amplificateur) / output capability || ~ d'**air** / air escape || ~ d'**air** (ventilateur) / air exit side || ~ de l'**air chaud** / hot air exit o. outlet || ~ d'**air type Punkah-Louver** (condit.d'air) / Punkah louver outlet || ~ **analogique** (ord) / analog output || ~ d'**arbre d'hélice** (nav) / stern tube || ~ **asservie** / slave output || ~ **basse ou en bas** (filage) / low discharge [weft exit] || ~ du **chariot** (tex) / outward run, run-out of the carriage || ~ de **code pour une commande** / data link escape, DLE || ~ du **cœur de croisement** (ch.de fer) / switch end of a turnout || ~ **compteur** / counter total exit || ~ d'un **courant de circulation** / leaving a traffic stream || ~ de **délestage** (autoroute) / improvised exit || ~ de **données** (ord) / data output || ~ d'**eau boueuse** / muddy water discharge || ~ d'**eau du radiateur** (auto) / radiator outlet connection, drain of the radiator || ~ d'**écluse** (hydr) / tailbay || ~ de l'**emprise** (lam) / delivery side of roll gap || ~ de **feuilles à plat** (typo) / open sheet delivery || ~ du **fil** (filage) / weft exit || ~ de la **filière** (extrusion) / die relief || ~ **frontale** (typo) / front delivery || **~s** *f pl* du **grand tambour** (tex) / drum waste, cleanings *pl* of the drum || ~ *f* sur **imprimante** (ord) / log[-book], print-out, type-out || ~ **imprimante** (c.perf.) / print selection common exit || ~ d'**impulsion** / pulse output point || ~ de **laser** / laser output || ~ de **ligne** / line output || ~ du **malaxeur** / issue of a mixer || ~ de **mémoire** (ord) / read-out || ~ de **mémoire sur imprimante** (ord) / storage print-out || ~ de la **mine** / ascent of miners || ~ en **mode commun** / common mode output || ~ **nominale** (amplificateur) / output capability || ~ **numérique** / digital output || ~ d'**ordinateur sur microfilm** / computer output on microfilm, COM || ~ **parasite** (électron) / spurious output || ~ **particulière** (ord) / single-ended output || ~ de **plaque** / anode feedthrough || ~ en **push-pull** (ord) / push-pull output || ~ du **récepteur** / receiver output || ~ **réponse** (contr.aut) / controller output, correcting variable, manipulated variable (US), regulated quantity o. condition || ~ par **rouleaux** (filage) / roller delivery || ~ de la **salle d'embarquement** (aérogare) / gate || ~ de **secours** / emergency exit, fire exit || ~ **simple** (électr) / single-ended output || ~ sur **support en papier** (ord) / hard copy || ~ **symétrique** (ord) / push-pull output || ~ [du] **système** (ord) / system output || ~ en **temps réel** (ord) / real time output || ~ de **tuyau de descente des eaux pluviales** (bâtim) / lower end of the down-pipe || ~ des **tuyères** (sidér) / tuyere exit || ~ **vidéo** (TV) / video output
sortir *vi* / originate, issue || ~ (p.e. tige de piston) / extend, be extended || ~ (fumée) / escape || ~ (eau, mines) / come out o. forth || ~ (libre) / come out || ~ *vt* / take out, bring out *vt*, pull out *vt* || **faire ~** / let out || **faire ~** (chaîne) / let go || **faire ~** (électr) / lead through || **faire ~**, expulser / expel || **faire ~ des feuilles** (typo) / deliver || **faire ~ un navire du bassin** (nav) / undock || **faire ~ à la presse** / crush out || **faire ~ par pression** (chimie) / separate by pressing || ~ d'une **boucle** (ord) / branch out || ~ **en impression** (ord) / print o. type out || ~ du **lit** (fleuve) / overflow its banks || ~ de la **mine** (mines) / ascend, ride outbye, get up, leave the mine || ~ en **output** (ord) / output *vt* || ~ en **pyramide** (ord) / fan out *vt* || ~ des **rails ou de la voie** (ch.de fer) / derail *vi*
SOS *m* (semi-cond) / silicon on sapphire, SOS
soubassement *m* / substructure || ~ (tex) / substrate || ~ en **carton** / cardboard filler o. insert || ~ **unicolore** (teint) / one-colour blotch print
souche *f* (agr) / carrot || ~ / stump of a tree || ~ (bactériol, bot, zool) / phylum, subkingdom, branch || ~ d'**aile** (aéro) / wing butt (US) o. stump || ~ d'un **carnet à cheques** / stub of a checkbook || ~ de **cheminée** / chimney outlet
soucoupe *f* **plongeante** (océanographie) / diving saucer || ~ **volante** / flying saucer (coll), U.F.O.
soudabilité *f* / weldability
soudable / weldable, welding || ~ (électr) / solder hook terminated
soudage *m* (ELF) / welding || **de ~** / welding || ~ à l'**acétylène** / acetylene welding || ~ de l'**aluminium** / aluminium welding
soudage à l'arc *m* / arc welding || ~ à l'**air libre** / unshielded arc welding || ~ en **atmosphère inerte** / inert-gas welding || ~ en **atmosphère inerte avec électrode fusible ou consommable** / MIG arc welding, shielded [inert gas metal] arc welding || ~ en **atmosphère inerte avec électrode tungstène** / tungsten inert-gas welding, TIG-welding || ~ **[avec fil-électrode]** / metal arc welding
soudage *m* à **arc court en atmosphère inerte** / short shielded arc welding
soudage à l'arc *m* avec **électrode au carbone ou à l'arc au charbon** / carbon-arc welding || ~ **avec électrode consommable sous protection des gaz actifs** / MAG arc welding || ~ avec **électrode enrobée immobile ou couchée** / fire-cracker welding, arc welding with stationary covered electrode || ~ avec **fil-électrode en atmosphère active** / activ-gas metal-arc welding, MAG arc welding || ~ avec **fil-électrode en atmosphère gazeuse** / gas[-shielded] metal-arc welding || ~ avec **fil-électrode en atmosphère inerte** / inert-gas metal-arc welding, MIG arc welding || ~ avec **fil-électrode sous mélange gazeux** / gas-mixture-shielded metal-arc welding || ~ avec **fil-électrode sous CO_2** / CO_2-shielded metal-arc

welding || ~ sous **flux [électro-conducteur avec fil-électrode]** / submerged [arc] welding || ~ avec **fusion en pluie** / spray arc welding || ~ sous **gaz protecteur ou sous protection gazeuse** / shielded [inert gas metal] arc welding, inert gas shielded arc welding || ~ par **gravité** / gravity arc welding || ~ à l'**hydrogène atomique** / atomic-hydrogen welding || ~ au **jet de plasma soufflé** / plasma jet o. plasma flame welding || ~ **MAG** / MAG arc welding || ~ **MIG** / MIG arc welding, metal electrode inert gas welding || ~ avec **percussion dans champ magnétique** / magnetic field stud welding || ~ avec **percussion ou par pression** / stud welding || ~ de **plasma** / plasma jet welding, constricted arc o. plasma arc welding, transferred arc welding || ~ **pulsé** / pulsed-arc welding || ~ **TIG** / TIG o. T.I.G. o. Tig o. tig welding, tungsten-inert gas [shielded] welding || ~ **transféré [avec jet de plasma]** / plasma jet welding, constricted arc o. plasma arc welding, transferred arc welding

soudage *m* **arcatom** / atomic [hydrogen] arc welding, hydrogen arc welding || ~ **argomat** / argon metal arc welding || ~ **argonarc** / argon arc welding process || ~ en **arrière** / rightward o. backward (US) welding || ~ d'**assemblage** / joint welding, full fusion welding || ~ **autogène** / autogenous welding, gas welding || ~ **autogène par pression** / solid phase welding || ~ en **avant** / left welding, forward o. forehand (US) welding || ~ par **bombardement électronique** / electron beam welding || ~ **bord à bord** / butt [seam] welding || ~ par **bossages** / disk depression welding || ~ en **bouchon** / plug weld || ~ par **boulons explosifs** / explosive stud welding || ~ **bout à bout ou en bout** / butt [seam] welding || ~ **bout à bout à la molette avec feuillard d'apport** / foil butt seam welding || ~ **bout à bout par rapprochement** / resistance flash welding o. butt welding || ~ en **bout par étincelage** / flash-butt welding || ~ en **bout à l'aide de réflecteurs** (plast) / butt-welding o. -sealing with heat reflectors || ~ en **bout par refoulement** / upset [butt] welding || ~ en **bout par résistance** / resistance [upset-]butt welding || ~ **bout-à-bout par compression** / upset [butt] welding, butt-seam [resistance o. induction] welding || ~ par **buse** (plast) / orifice welding || ~ par **capillarité** (c.intégré) / gap welding || ~ au **chalumeau** / oxy-acetylene o. gas welding, torchwelding (US) || ~ au **chalumeau oxhydrique par pression** / Oxweld welding || ~ au **chalumeau oxyacétylénique** / autogenous welding, gas welding || ~ en **chambre par résistance** / enclosed resistance welding, chamber welding of wire ends || ~ sur **chantier** / welding on site, site o. field (US) weld || ~ à **chaud avec pression** / hot-pressure welding || ~ à **chaud par ultra-sons** / ultrasonic hot welding || ~ à **choc** / shock welding || ~ à ou avec **[com]pression** / pressure welding || ~ par **contact** / welding with touch-type o. contact electrode || ~ des **contacts** (électr) / charring of contacts || ~ **continu** / continuous o. line o. seam welding || ~ **cyc-arc** / cyc-arc welding || ~ **descendant** / downhand o. flat-position welding || ~ **descendant ou ascendant** / weld from the top down, from the bottom up, vertical weld || ~ **diélectrique H.F.** (plast) / electronic sewing, HF-welding || ~ par **diffusion** / diffusion welding || ~ à **double cordon à deux opérateurs** / double cordon welding with two operators || ~ à **droite** / righthand o. rightward o. backhand o. backward welding || ~ à **droite avec normalisation à la volée** / rightward welding with normalizing || ~ **dur** / hard [sur]facing || ~ à **écartement serré** / narrow-gap welding process || ~ par **effet Joule avec pression** / resistance pressure welding || ~ par **effet Joule sans pression** / resistance fusion welding || ~ **électrique** / electric welding || ~ **électrique sous laitier** / electroslag welding || ~ **électrique par résistance** / resistance welding || ~ à l'**électrode au charbon** / carbon arc welding || ~ avec **électrodes à enrobage d'amiante** / Quasi-arc welding || ~ **électrodynamique de canalisations** / hydrodynamic welding || ~ aux **éléments thermiques** (plast) / heated tool welding || ~ à **épinglage** (plast) / stitch welding || ~ par **étincelage bout-à-bout** / flash butt welding || ~ par **explosion** / blast welding || ~ à **fente étroite** / narrow gap welding || ~ par **fentes** / slot weld || ~ de **feuilles dans le gabarit** (plast) / jig welding || ~ en **filet** / continuous o. line o. seam welding || ~ à la **flamme** / flame welding o. sealing || ~ à la **flamme plasma** / plasma jet o. plasma flame welding || ~ de **fonte [avec ou sans réchauffage]** / cast iron welding [with o. without preheating] || ~ de **force** / strength o. strong welding || ~ à la **forge** / forge welding || ~ à **forte pénétration** / deep welding process || ~ à **fréquence réseau** / welding with mains frequency || ~ par **friction** / friction weld[ing] || ~ par **friction à** [l'aide d'un] **volant** / flywheel welding, inertia welding || ~ à **friction par mouvement linéaire** (plast) / linear movement friction welding || ~ à **froid** / cold pressure welding || ~ par **fusion** / fusion welding || ~ par **fusion et par énergie thermo-chimique, utilisant un liquide comme moyen pour transférer la chaleur** / fusion welding by thermochemical energy (using a liquid as means of heat transfer) || ~ par **fusion et pression combinées** / combined fusion and pressure welding || ~ au **galet** / continuous o. line o. seam weld[ing] || ~ à **gauche** / left welding, forward o. forehand (US) welding || ~ aux **gaz** / oxy-acetylene o. gas welding, torchwelding (US) || ~ au **gaz chaud** (plast) / hot gas welding || ~ à **gaz inerte à électrode fusible ou consommable** / MIG arc welding, metal electrode inert gas welding || ~ aux **gaz par pression** / pressure gas welding || ~ aux **gaz par pression avec un espace entre les faces à souder** / open square pressure gas welding || ~ des **goujons** / arc pressure welding, stud welding || ~ des **goujons par friction** / friction stud welding || ~ des **goujons par résistance** / resistance stud welding || ~ à **haute fréquence, [à fréquence moyenne]** (par conduction ou par induction) (plast) / high-frequency, [medium frequency] [conduction o. induction] welding || ~ **Heliarc** / heliarc welding || ~ **H.F.** (plast) / HF-welding, seam o. jig welding, radiofrequency welding || ~ par **hydrogène atomique** / atomic arc welding, hydrogen arc welding || ~ à **impulsions magnétiques** / magnetic pulse welding || ~ **intérieur** / inside welding || ~ en **ligne continue [par molettes]** / continuous o. line o. seam welding || ~ en **ligne continue par écrasement** / mash [seam] welding o. resistance welding || ~ à la **machine** / automatic welding, machine welding || ~ **MAG** / MAG arc welding, metal active gas welding || ~ **magnétarc** / magnetarc welding || ~ à la **main** / manual welding || ~ **manuel à l'arc** / manual arc welding || ~ des **matières plastiques** / welding of plastics || ~ **MIG** / inert-gas metal-arc welding, MIG, MIG arc welding || ~ en procédé **MIG [automatique] à arc pulsé** / pulsed MIG arc welding || ~ à la **molette** /

seam welding || ~ en **montant** / uphand welding || ~ à **nœuds** / node welding || ~ **oxyacétylénique** / oxy-acetylene o. gas welding, torchwelding (US) || ~ **oxyacétylénique sous poudre** / gas powder welding || ~ à **pas de pélerin** / step-back welding || ~ **pas-à-pas par molette** *m* / step by step seam welding || ~ par **percussion** / resistance percussive welding || ~ par **percussion électrostatique** / electropercussive o. electrostatic percussion welding || ~ par **pétrissage** / forge welding || ~ au **plafond** / overhead welding || ~ au **plan incliné** / weir soldering || ~ en **plusieurs passes** / multiple layer welding

soudage par points *m* / resistance spot welding || ~ à **couvre-joint** / bridge spot weld || ~ **direct** / direct spot welding || ~ **indirect** / indirect spot welding || ~ en **ligne** / resistance spot seam welding || ~ en **ligne droite** / straight-line spot welding || ~ à la **molette** / resistance roller-spot-welding || ~ à **pistolet** / gun spot weld || ~ en **zigzag** / staggered spot welding

soudage *m* par **pression** / pressure welding || ~ par **pression et par énergie thermo-chimique, utilisant un liquide comme moyen pour transférer la chaleur** / pressure welding by thermochemical energy (using a liquid as means of heat transfer) || ~ **profond** / deep penetration welding, deep welding || ~ par **pulsations** / electropercussive welding, electrostatic percussion welding || ~ en **quinconce** / staggered spot welding || ~ par **radiation laser** / laser welding || ~ par **rayonnement** / beam welding || ~ de **réparation** / repair welding || ~ par **résistance à clin ou à recouvrement** / resistance lap seam welding || ~ par **résistance avec contacts frotteurs** / resistance welding with rubbing contacts || ~ par **résistance en ligne continue par points** / resistance stitch seam welding || ~ à **résistance en ligne continue** / resistance seam welding || ~ [par **résistance] par points** / resistance spot welding o. point welding || ~ par **résistance pure** / upset [butt] welding, butt-seam [resistance o. induction] welding || ~ par **résistance avec transformateur rotatif** / rotary transformer resistance welding || ~ à **retard à l'amorçage des ignitrons** / phase lag welding || ~ par **rotation** (plast) / spin welding || ~ au **rouge blanc** / welding at white heat || ~ **simultané** (c.intégré) / mass soldering || ~ **solide** / strength o. strong welding || ~ **sous l'eau** / underwater welding || ~ **submergé** / ELLIRA-welding || ~ à **superposition** / building-up by welding (GB), surfacing (US) || ~ **TIG** / tungsten inert-gas welding, TIG-welding || ~ des **traits** (filage, tiss) / planking || ~ en **trou** (Suisse) / plug o. slot weld || ~ à **tungstène et à gaz inerte**, soudage *m* TIG / TIG o. T.I.G. o. Tig o. tig welding, tungsten-inert gas [shielded] welding || ~ par **ultrasons** (plast) / ultrasonic sealing || ~ en **une passe** / single run welding || ~ **vertical** / weld from the top down, from the bottom up, vertical weld || ~ par **vibration** (plast) / vibration welding || ~ sous **vide** / vacuum welding || ~ **WIMA** / WIMA welding (wire mash welding)

soudan III *m* (teint) / Sudan III(G), oil red o. scarlet

soudant / weldable, welding

soude *f* (bot) / salt wort, salsola kali || ~ (carbonate neutre de sodium) (chimie) / soda, sodium carbonate || ~ à l'**ammoniaque** / ammonia-soda || ~ à **blanchir** / bleaching soda || ~ **calcinée** / soda ash (GB), calcined soda || ~ **caustique** / caustic soda hydrated o. lye, soda lye, sodium hydroxide || ~ [de **commerce]**, cristaux *m pl* de soude / soda [salt], sodium carbonate, sal soda, washing soda, soda ash (GB) || ~ **ménagère** / washing soda (GB), sal soda

soudé / welded || ~ (comp. électron.) / wired-in || ~ **bout à bout ou en bout**, soudé bord à bord / butt-welded || ~ par l'**effet de Joule [par résistance électrique ou par induction] sous pression** / resistance welded using pressure || ~ à l'**étain** / soldered || ~ par **friction** / friction welded || ~ par **fusion** / fusion welded || ~ par **points** / spot-welded || ~ par **points d'épinglage** / tack-welded

souder *vt* / weld || ~, braser / solder [on] || ~ [sur] / weld on [to] || ~ (tiss) / add [to] || ~ (se) (bot) / grow together || **à** ~ / welding || ~ à l'**arc** / arc-weld || ~ à l'**autogène** / gas-weld, weld autogenously || ~ à l'**étain**, braser / soft-solder, sweat || ~ au **feu** / forge-weld || ~ à **froid** / weld without preheating || ~ au **gaz** / gas-weld, weld autogenously || ~ avec **préchauffage et postchauffage** / weld with pre- and postheating || ~ par **recouvrement** / lap-weld

soudeur *m* / welder, welding operator || ~ à l'**arc** / arc welder || ~ [à l'**]autogène** / gas welder || ~ au **chalumeau** / gas welder || ~ [pour le **soudage] de l'acier** / welder for welding steel

soudeuse *f* / welding machine || ~ **électrique à condensateurs** / stored-energy [welding] machine || ~ à **laser** / laser welding device

soudière *f* / soda factory

soudobrasage *m* / soudobrasage (GB), braze welding (US)

soudoir *m* / soldering copper o. bit o. iron, copper bit || ~ en **marteau** / chisel-shaped soldering iron o. copper bit || ~ à **pointe** / pointed soldering stick

soudure *f* / weld seam || ~ (verre) / solder || ~, métal *m* d'apport de brasage / solder, filler metal || **faire la** ~ (figuré) / bridge *vt* || **sans** ~ / weldless || ~ d'**aluminium** / aluminium solder || ~ [en **ambiance] froide** / cold junction of thermocouple || ~ à **âme de colophane** / resin-cored solder || ~ en **angle** [intérieur] / fillet weld inside || ~ d'**angle sur chant** / fillet in normal shear || ~ d'**angle concave** / hollow weld, concave fillet weld || ~ d'**angle convexe** / convex fillet weld || ~ en **angle extérieur** / corner weld || ~ à l'**arc** / arc welding || ~ à l'**arc sous flux solide** / submerged [arc] welding || ~ d'**argentan** / argentan solder || ~ à l'**atelier** / [work]shop weld || ~ **bombée** / convex fillet weld || ~ **bord-à-bord** / butt seam, butt weld || ~ sur **bords relevés** / square-edge joint, double flanged butt joint || ~ en **bouchon** / plug weld, slot weld || ~ **bout-à-bout ou en bout** / butt seam, butt weld || ~ sur **chantier** / site o. field (US) weld || ~ **circonférentielle ou circulaire** / circumferential o. round seam || ~ à **clin** / fillet weld in a lap joint || ~ **concave** / light o. concave weld || ~ en **congé** / hollow weld, concave fillet weld || ~ **continue** / continuous weld || ~ **convexe ou bombée** / convex weld || ~ à **couvre-joint** / bridge weld || ~ **défectueuse** / defective weld o. joint, unsound weld || ~ avec **écartement profond des bords** / deep gap welding || ~ à **électropercussion** / automatic butt welding, contact flash welding || ~ **enrobée** / flux cored tin solder, cored filler wire || ~ à **entaille** / slot weld || ~ d'**étain en fil** / thread type solder || ~ d'**étanchéité** / seal weld || ~ **face-à-face** (Belg.) / fillet weld inside || ~ **faible** / solder (30% Pb, 70% Sn) || ~ à **fente** (Suisse) / slot weld || ~ des **ferblantiers** / solder (55% Pb, 45% Sn) || ~ au **feu de la forge** / forge welding || ~ **fine** / fine solder || ~ par **friction** / spin welding, rotary friction welding || ~ **froide** / cold junction || ~ par **fusion** / flash [butt] welding, fusion welding || ~ à **haute fréquence** (plast) / electronic sewing || ~ **interne** (verre) / internal seal || ~ **longitudinale** / straight weld || ~ à la **molette** / seam weld || ~ par **moulage** / cast welding || ~ **normale** / standard weld || ~ d'**orfèvre** / goldsmith's link || ~ **oxyhydrique** / oxyhydrogen welding || ~ **plastique** / plastic solder || ~ **plate ou à plat** / flush weld || ~ de **pointage** / tack weld || ~ en **points croisés** / cross seam || ~ par **points multiples** / multiple electrode spot weld || ~ sous **pression** / pressure welding || ~ de **raccordement** / connection weld || ~ par **rapprochement** / pressure welding || ~ à **recouvrement** / splice lap, lap seam o. joint || ~ **résistante** / strong o. strength welding || ~ à **superposition** / build-up weld, resurfacing by welding || ~ avec **surépaisseur** / convex weld || ~ **témoin** / experimental weld || ~ à la **thermite** / aluminothermic o. thermite process o. welding || ~ **thermocompression** (circ. int) / thermocompression welding || ~ **tranche surface** (Belg.) / fillet weld in a lap joint || ~ en **trou** (Suisse) / plug weld, slot weld || ~ de **tuyau** / tube seam || ~ en **U** / bell seam, U-groove seam || ~ en **V** / V-groove weld o. seam || ~ pour **vaisselle d'étain** / solder (20/15% Pb, 80–85% Sn) || ~ **verticale** / vertical weld || ~ en **X** / double Vee-groove weld o. seam || ~ des **zingueurs** / solder (60% Pb, 40% Sn)

soufflabilité *f* (sidér) / blowability

soufflable (sidér) / blowable

soufflage *m* (sidér, verre) / blow[ing] || ~ (convertisseur) / blow, heat, melt || ~ (plast) / blow moulding || ~ d'**arc** / spark extinction || ~ **au-dessus du bain** (sidér) / downjet || ~ de la **couche limite** (aéro) / boundary layer bleed-off || ~ en **cylindres** (verre) / cylinder process || ~ de **feuilles** (plast) / film blowing-extrusion || ~ de **gaines extrudées** (plast) / tubular film blowing, extrusion of tubular film || ~ sous **grille** (foyer) / underdraft || ~ **magnétique** (électr) / magnetic blow-out || ~ sur **matrice** (plast) / blow moulding || ~ **mesuré du ballast** (ch.de fer) / measured shovel packing || ~ d'**oxygène par le fond** (sidér) / oxygen bottom blowing || ~ **postérieur** (sidér) / after-blow || ~ **sans moule** (verre) / chair work || ~ **sans moule** (plast) / free blowing || ~ du **verre** / glass blowing o. making

soufflant, faire disparaître en ~ / blow off

soufflante *f* / blower (compression ratio ‹3) || ~ (sidér) / blowing engine, blower || ~ (ELF), ventilateur *m* / [ventilating] fan, ventilator || ~ d'**air de refroidissement** / cooling air blower || ~ **axiale** / axial[-flow] blower || ~ **axiale en tuyau** / tube axial fan || ~ **canalisée ou carénée** / ducted fan || ~ **canalisée ou carénée** (ELF) (aéro) / by-pass engine o. power-unit o. turbine, ducted fan turbine engine || ~ **centrifuge** / rotary blower, centrifugal airpump o. blower || ~ sous **grille** / underblast fan || ~ de **haut fourneau** / blast furnace blowing engine || ~ **monoétagée** / single stage blower o. fan || ~ à **moteur à gaz du gueulard** / gas engine blower || ~ à **piston à palettes** / slide vane blower || ~ à **piston rotatif** / rotary piston blower o. compressor || ~ **polyétagée** / multistage blower o. fan || ~ **radiale** / radial compressor || ~ **rotative** / positive displacement blower || ~ à **tambour rotatif** / rotary drum type blower || ~ **tangentielle** / crossflow blower || ~ **[volumétrique] Roots** / Roots [positive] blower

soufflard *m* / fire damp outburst || ~ (géol) / soffione || ~ de **gaz** (mines) / blower (a gas-bearing layer), gasser

souffle *m* / blast || ~ (explosion) / blast from explosion || ~ (acoustique) / breathing || ~ (microphone) / microphone hiss || ~ (électron) / tube hiss o. noise, white noise, flat random noise || **à ~ réduit** (électron) / of low noise, low noise [level]... || ~ d'**air** / puff || ~ d'**amplificateur** / amplifier noise || ~ d'**antenne** / antenna pickup || ~ **électrique** (électr) / point effect action || ~ de l'**hélice** / propeller race, prop blast, wake || ~ de l'**image** / unsharpness, fuzziness, blur || ~ du **signal** / modulation noise, noise behind the signal

soufflé (verre, plast, huile) / blown || ~ (mot) / supercharged || ~ à **fond** (bitume) / fully blown

souffler (gén) / blow *vi vt* || ~ (sidér) / blow || ~ (feu) / fan, kindle, blow into a flame || ~ [sur] / flow [against], blow [against] || ~, siffler / fizz, hiss || ~, gonfler / inflate, swell, blow up, distend || ~, éteindre / blow out o. off, extinguish || ~ l'**air** / circulate air || ~ à **chaud** (sidér) / hot blow || ~ de **nouveau** / after-blow || ~ du **vent chaud** / use hot blast

soufflerie *f* (fonderie) / blower || ~ (aéro) / wind tunnel, flume || ~ **aérodynamique en cascades** / cascade tunnel || ~ **aérodynamique à pression** (aéro) / pressure tunnel || ~ d'**air frais** / fresh air blower || ~ **centrifuge** / centrifugal airpump o. blower || ~ **centrifuge à suralimentation** (mot) / centrifugal supercharger || ~ à **circuit fermé** (aéro) / return flow wind tunnel || ~ à **circuit fermé et à retour** / original NPL-type wind tunnel (closed jet return flow) || ~ à **circuit fermé et à non-retour** / standard NPL-type wind tunnel (closed jet non return flow) (NPL = Nat. Phys. Lab, GB) || ~ à **circuit ouvert** / atmospheric tunnel || ~ à **circuit ouvert et à non-retour** / Eiffel type wind tunnel (open jet non-return flow) || ~ à **circuit ouvert et à retour** / Göttingen type wind tunnel (open jet return flow) || ~ à **gaz** / gas blower || ~ des **gaz de combustion** (ciment) / waste gas blower || ~ à **gaz à haute pression** / high-pressure exhauster, high-pressure blower for gas || ~ à **grains** / pneumatic grain conveyor || ~ à **grains aspirés** / aspirated-air grain conveyor || ~ à **grande vitesse** / high-speed wind tunnel || ~ de **grenaillage** (techn) / shot blasting [machine] || ~ à **haute pression** / high-pressure blower || ~ à **hélice** (techn) / helical blower, propeller fan || ~ **hypersonique** / hypersonic wind tunnel || ~ de **mines** (mines) / colliery fan o. ventilator || ~ à **pied** / foot bellows o. blower || ~ à **piston** / piston blower || ~ à **piston rotatif** / rotary piston blower o. compressor || ~ **radiale** / radial blower || ~ à **retour** (aéro) / return flow wind tunnel || ~ de **Roots** / Roots [positive] blower || ~ **Roots à haute pression** / high-pressure Roots blower || ~ **rotative** / rotary blower || ~ à **suralimentation** (aéro, auto) / supercharger, blower || ~ **transsonique** / transonic wind tunnel || ~ à **vapeur** / steam blast o. blower o. blowing machine || ~ à **vide** (aéro) / vacuum tunnel || ~ de **vol libre** / free flight wind tunnel || ~ de **vrille** (aéro) / vertical wind tunnel, spin[ning] tunnel

soufflet *m* / bellows *sing* || ~ (soulier) / tongue gusset || ~ de **dilatation** (tuyauterie) / extension compensating member, expansion bellows || ~ d'**intercirculation** (ch.de fer) / communication o. gangway bellows, concertina walls *pl* || ~ **métallique** / pressure capsule, sylphon bellows || ~ à **pédale** / foot bellows o. blower || ~ à **piston** / piston blower || ~ **pneumatique** (fonderie) / compressed air sprayer || ~ **protecteur** / protective bellows || ~ de **protection antipoussière** (m.outils) / dust boot

soufflette *f* **à air comprimé** (fonderie) / air o. blow o. spray gun

souffleur *m* (mines) / blower (a gas-bearing layer) || ~, aérateur *m* (ch.de fer) / fan o. ventilator of coaches || ~ d'**arc** (électr) / spark arrester o. blow-out o. extinguisher o. quencher, arc breaker || ~ de **grains** / pneumatic grain conveyor || ~ **magnétique** / magnetic spark arrester || ~ d'un **programme** / prompter || ~ **Roots à suralimentation** (mot) / Roots supercharging blower || ~ de **vapeur** (ch.de fer) / steam blower
souffleuse *f* (agr) / blower container || ~ **(Canada)** / rotary snow plow || ~ à **éjection** (agr) / impeller blower || ~ pour la **paille hachée** / chaff blower
soufflure *f* (soudage) / blistering || ~ (fonderie) / blowhole, bubble || ~ (pneu) / bulge || **à ~s** (fonderie) / blown, blowy || **sans ~s** (soudage) / dense, non-porous || **~s** *f pl* de **décapage** (sidér) / pickling blistering, pickling blow holes || **~s et piqûres** *f pl* (soud) / blowholes and pores *pl* || ~ *f* de **gaz** (fonderie) / gas pocket o. cavity, blowhole, void || ~ d'**hydrogène** (sidér) / hydrogen blister || **~s** *f pl* **vermiculaires** (soud) / pipes *pl*
souffrance, en ~ (courrier) / mischanneled || **en** ~ (travail) / awaiting attention, pending
souffrir / be overstrained
soufrage *m* (gén) / sulphuring || ~ (vin) / stumming of wine
soufre *m* / sulphur, sulfur (US), brimstone || ~ α **orthorhombique ou octaédrique** / rhombic sulphur || ~ β **clinorhombique ou prismatique** / monoclinic o. β-sulphur || ~ en **canons** / roll brimstone o. sulphur, stone-brimstone || ~ **colloïdal** / colloidal sulphur || ~ **cristallisé en octaèdres** / Muthmann's sulphur || ~ **doré d'antimoine** / antimony grey o. orange o. pentasulphide, golden antimony sulfide || ~ **élémentaire** / elementary sulphur || ~ γ **orthorhombique ou octaédrique** / colloidal sulphur || ~ **mercaptan** / mercaptan sulphur || ~ **mouillable** (agr) / wettable sulphur || ~ **pâteux**, soufre μ / plastic sulphur || ~ au **poudrage** (agr) / sulphur dust || ~ **prismatique** / prismatic sulphur || ~ **sublimé** / flowers *pl* of sulphur, sublimed sulphur || ~ **total** / total sulphur
soufré / sulphur[e]ous, sulfur[e]ous (US)
soufrer *vt* / sulphur *vt* || ~ / treat with sulphur vapour || ~ (fût) / fumigate || ~ (tex) / stove *vt*, sulphur *vt* || ~ une **deuxième fois** (tex) / restove
soufrière *f* / sulphur pit o. mine
soufroir *m* (tex) / stoving chamber, sulphur stove
souiller *vt* / contaminate, dirty *vt*, soil *vt*, stain *vt*
souillure *f* / smudge, smear || ~ (tex) / soiling
soulagement *m* / easement, relief || **de** ~ / accessory, additional || ~ de **traction** (électr) / pull o. strain relief, mains lead cleat
soulager (bâtim) / lighten || ~ le **frein** / relieve the brake
soulevé / raised
soulèvement *m* / first lift || ~ de l'**appui du pont** / raising, lifting, jacking up || ~ du **dépôt** (galv) / spalling || ~ de l'**oscillation** / oscillatory impulse, stimulation of vibrations || ~ de **poussières de charbon** / whirling up of coal dust || ~ de **tourbillon de poussières** / raising of dust, whirling up of dust
soulever / lift up || ~ / lift [up], elevate, raise || ~ par **cric ou vérin** / jack [up] || ~ un **fardeau** / heave a load || ~ **ici !** / lift here! || ~ au moyen d'un **levier** / heave by leverage || ~ une **question** / pose o. state a problem || ~ en **tourbillons** / whirl up
souleveuse *f* de **betteraves** / beet plow
soulier *m* / shoe || ~ de **contact** / contact shoe o. saddle || ~ **façon California ou façon Mandarin** / California o. slip-lasted o. platform shoe
souligner / underscore, score under, underline
souligneur *m* de **contours** (TV) / crispener
soumettre [à] / subject [to] || ~ à l'**action d'un réservage** (teint) / resist-dye, make use of reserving o. resisting agent || ~ la **barre à la compression** / subject to compressive stress, compress *vt* || ~ à un **couple de torsion** / subject to torsional stress, torque *vt* || ~ au **craquage** (chimie) / crack *vt* || ~ à des **efforts** / subject to stress, stress || ~ à un **recuit** / anneal *vt* || ~ au **recuit intermédiaire** / process-anneal || ~ la **section à la traction** / subject the cross section to tensile stress || ~ une **source à l'exploitation** / tap o. open a source || ~ à la **trempe superficielle** / case harden *vt*
soumis [à] / subject [to] || ~ à la **compression** (constr.en acier) / compression..., in compression || ~ à une **contrainte radial ou à un effort radial** / radially stressed, under radial stress || ~ à la **douane** / dutiable || ~ à l'**effort de traction** / under tension || ~ à une **forte usure** / highly stressed by wear || ~ à de **gros efforts** / subject to high stresses, highly stressed || ~ au **paiement d'un supplément** / subject to payment of a supplement || ~ au **recuit intermédiaire** (tôle) / process-annealed || ~ à la **tendance** / trend-influenced
soumission *f* / tender, bid
soumissionnaire *m* / tenderer
soupape *f* (techn, mot) / valve || ~ (bain) / plug || **à ~ pilote** (hydr) / pilot operated || **sans** ~, sans soupapes / valveless || ~ d'**admission** (mot) / admission valve, inlet o. intake valve, suction valve || ~ d'**admission d'air** (m.à vap) / snifting valve, puppet clack || ~ d'**admission à coude** / corner stop valve || ~ d'**admission de pompe** / pump intake valve || ~ d'**air additionnel** (carburateur) / supplementary air valve || ~ à **air du condenseur** / puppet o. snifting valve || ~ d'**alimentation** / feed valve || ~ d'**alimentation** (diesel) / delivery valve || ~ d'**alimentation à chaudière** / boiler feed valve || ~ d'**alimentation à chaudière de retenue** / feed check valve || ~ d'**alimentation automatique** / regulating feed valve || ~ d'**amorçage** (pompe) / primary valve || ~ **annulaire [Hörbiger]** / annular valve system Hörbiger || ~ **antiacide** / acidproof valve || ~ d'**arrêt** / stop valve o. cock, shut-off o. check valve || ~ d'**arrêt à boulet** / ball check valve || ~ d'**arrêt rapide** (m.à vap) / quick-action stop valve || ~ d'**aspiration** (pompe) / foot o. upstroke valve || ~ d'**aspiration** (mot) / suction o. admission valve || ~ **atmosphérique ou renversée** (pour chaudières) / reverse valve for boilers, atmospheric o. air valve || ~ **automatique** / automatic control valve || ~ **automatique d'admission** / automatic inlet valve || ~ à **bille ou à boulet** / spherical o. ball valve, globe valve || ~ **blindée** / armoured valve || ~ de **boue** (chaudière) / blow-down valve || ~ à **brides** / flange valve || ~ à **cathode incandescente** / hot-cathode valve || ~ en **champignon** (mot) / mushroom o. poppet valve || ~ à **chapeau** / yoke-type valve || ~ à **clapet** / flap o. clack valve, leaf valve, clapper || ~ à **cloche** / cup valve || ~ de **commande** / on-off valve || ~ de **commande de verrouillage** (frein) / spring brake cylinder inhibiting valve || ~ **commandée** / mechanical[ly operated] valve, geared valve || ~ **commandée par le bas** (mot) / valve-on-the-side, side-by-side valve || ~ **commandée par le haut** (mot) / valve in the head, inverted o. drop o. overhead valve, O.H.V. || ~ de **compression** / pressure valve || ~ à **contrepoids** / deadweight o. dead load [safety] valve || ~ à **coulisse** / sliding

valve || ~ de **courant de freinage** (ch.de fer) / brake-current valve || ~ de **curage à clapet** (mines) / mud bailer o. socket || ~ du **cylindre** (m.à vap) / cylinder valve || ~ de **décharge** / overflow valve o. trap, escape valve o. trap, (esp.:) stress-relief valve || ~ de **décharge** (nav) / discharge valve || ~ de **décharge** (auto) / discharge valve, overflow valve || ~ de **décharge d'huile** / oil relief valve || ~ de **dégagement d'air** (gén) / ventilating valve || ~ de **dégagement d'air** (liquide de frein) / bleeder valve || ~ de **démarrage** / auxiliary o. starting valve || ~ de **dérivation d'huile** (auto) / oil by-pass valve || ~ de **détente** / pressure reducing valve || ~ à **détente double** / two-stage reducing valve || ~ à **deux voies** / shuttle valve || ~ à **diaphragme** / diaphragm valve || ~ en **disque** / disk valve || ~ de **dosage à injecteur réglable** (brûleur) / adjustable-port proportioning valve || ~ **double de non-retour** / double check valve || ~ à **double siège** (techn) / double seat o. double-beat valve || ~ **droite** / straight-way valve, full-way valve, two-way [steam] valve || ~ d'**eau** / hydraulic seal || ~ d'**échappement** / exhaust valve || ~ d'**échappement rapide** (hydr) / quick-action ventilating valve || ~ **économique** / differential o. economizer valve || ~ **électronique** / valve tube || ~ d'**émission** / overflow valve o. trap, escape valve o. trap || ~ d'**émission ou d'expiration** / eduction o. discharge valve || ~ d'**équerre** / corner valve || ~ d'**équilibre de pression** / pressure compensation valve || ~ d'**essai** / test valve || ~ **étagée** / step valve || ~ d'**étranglement** / choker valve, flow control valve || ~ d'**étranglement** (m. frigorif, mot) / throttle valve || ~ d'**étranglement de retenue** / one-way restrictor || ~ d'**évacuation** (gén) / ventilating valve || ~ d'**évacuation ou de purge** / blow-off valve || ~ à **fermeture automatique** / pipe-break valve || ~ de **fermeture instantanée ou rapide ou automatique** (hydr) / quick-action stop valve || ~ à **fermeture rapide pour gaz comprimé** / quick-action stop valve for compressed gas || ~ à **flotteur** / ball o. float valve || ~ de **fond** (nav) / flooding valve o. cock, sea[-inlet] o. bottom valve, Kingston valve || ~ de **fond** (pompe) / upstroke valve, bottom o. foot valve || ~ du **fond du réservoir** / tank bottom valve || ~ du **frein de secours** (ch.de fer) / emergency brake valve || ~ de **freinage pour train routier** / tractor-trailer brake valve || ~ à **gaz** / gas discharge relay || ~ à **grille** / gridiron valve || ~ à **grille ou à lanterne** / spherical valve with housing || ~ de **gueulard** (sidér) / valve seal of the furnace top || ~ **hydraulique** / hydraulic valve || ~ **hydraulique** (soud) / water seal || ~ d'**indicateur** / indicator valve || ~ **injectrice** / injection valve || ~ d'**introduction** / suction valve, admission o. inlet o. intake valve || ~ d'**inversion** / reversing valve || ~ **ionique** / gas discharge relay || ~ d'**isolement** (réacteur) / isolating valve || ~ à **jus** (sucre) / juice valve || ~ à **lanterne** / cup valve, bell-shaped valve || ~ à **lanterne ou à grille** / spherical valve with housing || ~ de **limitation de pression** / pressure control valve || ~ de **limitation du débit** (comm.pneum) / flow control valve || ~ **liquide** / water seal || ~ à **manchon** / sleeve valve, socket valve || ~ de **manœuvre** / manoeuvring o. hand valve || ~ de **marée montante** (hydr) / antiflood [and tidal] valve || ~ **mécanique d'admission** / mechanically operated inlet valve, M.O.I.V. || ~ de **mise à l'atmosphère** (frein) / bleeder valve || ~ de **mise en circuit** (comm.pneum) / connecting valve || ~ de **mise en train ou en marche** / stop valve o. cock, shut-off o. check valve || ~ de **modération** (m.à vap) / throttle [valve], regulating valve || ~ à **moteur** / motor-operated valve || ~ à **mouvement libre** / automatic o. ungeared valve || ~ de **navire** (nav) / Kingston valve, flooding valve o. cock, sea[-inlet] o. bottom valve || ~ de **nivelage** (auto) / level[l]ing valve || ~ de **non-retour** / nonreturn valve || ~ **ordinaire** / straight-way valve, full-way valve, two-way [steam] valve || ~ **oscillante** (hydr) / shuttle valve || ~ **papillon à deux plans** (hydr) / biplane butterfly valve || ~ de **pied ou commandée au pied** / foot-actuated valve || ~ **pilote** / pilot o. relay valve || ~ **pistolet** / pistol valve (fire extinguisher) || ~ à **piston** / plunger valve || ~ à **plusieurs sièges** / multiple-seat valve, step valve || ~ à **pointeau** (carburateur) / carburettor needle valve || ~ de **pompe** / pump clack o. valve || ~ de **prise d'eau** / water intake valve || ~ de **prise de vapeur rapide** (m.à vap) / quick-action stop valve || ~ de **protection contre les explosions** / explosion door || ~ de **purge** (gén) / bleeder valve, ventilating valve || ~ de **purge** (condensateur) / upper blow-trough valve || ~ de **purge ou de vidange** / drain valve, blow-off valve || ~ **réductrice** / reducing valve || ~ **réductrice ou de réduction** / pressure reducing valve || ~ de **refoulement** / boiler feed valve || ~ de **refoulement** (vide) / discharge valve || ~ de **refoulement de mise en marche** / starter check valve || ~ de **refoulement de pompe** / head valve || ~ de **réglage** / metering valve || ~ de **réglage** (contr aut) / control valve || ~ **reniflante** / puppet o. snifting valve || ~ **renversée** (mot) / valve in the head, inverted o. drop o. overhead valve, O.H.V. || ~ à **ressort ou commandé par ressort** / ungeared valve, automatic valve || ~ de **retenue** / nonreturn valve || ~ de **rinçage** / washout valve || ~ **sèche** (électron) / blocking-layer rectifier, [electronic] contact rectifier || ~ **sèche** (soud) / dry backpressure valve || ~ à **siège** / seat valve || ~ **[à siège] annulaire** / annular valve || ~ à **siège plan** / disk valve || ~ de **sortie** / eduction o. discharge valve || ~ à **soufflet** / bellow type valve || ~ de **soutirage** (sucre) / exit juice valve || ~ **sphérique** / spherical o. ball valve || ~ de **sûreté** / safety o. escape o. emergency valve || ~ de **sûreté à fermeture rapide** / pop valve || ~ de **sûreté à contrepoids** / lever safety valve || ~ de **sûreté ou de décharge** / relief o. unloading valve || ~ de **sûreté à ressort** / spring safety valve || ~ de **surpression** / pressure control valve, PCV, [pressure] relief valve, safety valve || ~ en **T** (m. à vapeur) / spindle valve || ~ de **tête ou de trop-plein** / overflow valve o. trap, escape valve o. trap || ~ en **tête** (mot) / valve in the head, inverted o. drop o. overhead valve, O.H.V. || ~ **thermostatique** / thermostatic valve || ~ à **tiroir** (m.à vap) / distributing regulator || ~ à **tiroir conique** (techn) / conical slide valve, bevel slide valve, plug valve || ~ de **traversée** / straight-way valve, full-way valve, two-way [steam] valve || ~ à **trois orifices ou fins ou voies** / three-way valve || ~ de **trop-plein** / by-pass o. escape o. overflow valve o. trap, discharge o. safety valve || ~ du **tuyau de décharge** / drain valve, waste valve || ~ à **vapeur** / steam valve || ~ **verticale** (mot) / valve-on-the-side, side-by-side valve || ~ de **vidange** / valve tap o. siphon, flush valve || ~ de **vidange ou de purge** / drain valve || ~ à **volet** / disk valve

soupassement *m* de **capacité** / arithmetic underflow

soupeau *m* (agr) / ground wrist of a plough

soupente *f* (bâtim) / hanging floor, (esp.:) loft (as of an

artist) || ~ d'**escalier** / cupboard under staircase
soupeser / weigh in the hand *vt*, feel the weight *vt*
soupirail *m* (bâtim) / day shaft, light well || ~ (fonderie) / air o. vent hole || ~ (cave) / cellar window, air hole
souple *adj* (gén) / supple, pliable, flexible || ~ (cuir) / soft, pliable || ~ (soie) / partially boiled || ~ (aéro) / non-rigid || ~ *m* (soie) / partially boiling, half-boiling, assouplissage || ~ **et nerveux** (moteur d'auto) / flexible || ~ à **incendie [en chanvre]** / fire hose
souplesse *f* / flexibility, versatility, suppleness || ~ (méc) / flexibility || ~ (techn) / versatility of application || ~, faculté d'être pliable / flexibility, pliability || ~ (vibrations) / compliance || ~ (mot) / smooth o. soft running || ~ de la **barre** / slenderness ratio
souplisso *m* (télécom) / knob insulator, insulating knob (US) || ~ (auto) / loom, sleeving, spaghetti [tubing]
source *f* (gén, math, ord, hydr) / source || ~ [**première**] / origin || ~, gîte *m* / locality o. location of deposit || ~ (semi-cond) / source, source terminal o. electrode o. region || ~ (Belgique) (four à verre) / dog-house, filling end || **en** ~ (fonderie) / uphill o. bottom cast || ~ **abondante** / rich source || ~ d'**alimentation** (instr) / [auxiliary] power supply || ~ d'**alimentation stabilisée** (électron) / regulated power supply || ~ **alternative** / a.c. power supply || ~ de **bruits** / noise source || ~ de **chaleur** / source of heat || ~ **chaude** (nucl) / radioactive source || ~ **commune** (semi-cond) / common source || ~ de **courant** (électr) / source of current o. electricity o. of electric power || ~ de **courant alternatif** / a.c. power supply || ~ **density** (ISO 921) / source density || ~ de **dérangement** / failure source || ~ de **données** / data source || ~ [**d'eau**] **saline** / salt o. brine spring || ~ d'**eaux acides** / mineral spring || ~ d'**électricité** / source of current o. electricity || ~ **énergétique ou d'énergie** / source of energy || ~ **épaisse, [mince]** (nucl) / thick, [thin] source || ~ d'**erreurs** / source of errors || ~ d'**étalonnage** (instr) / source for calibration functions || ~ **étrangère** (électr) / outside source || ~ **externe de courant** (électron) / external power supply || ~**s** *f pl* de **flash-lumière** / flashlight sources *pl* || ~ *f* **froide** (nucl) / cold source || ~ de **gaz naturel** / natural gas well o. source, gusher o. source of natural gas || ~ de **gaz polluant** / pollution gas source || ~ d'**huile minérale** / mineral oil well o. spring, oil well || ~ d'**incidents** / source of danger || ~ d'**informations ou de messages** / information source, message source || ~ d'**ions** / ion source || ~ **isotrope** (électron) / isotropic source o. radiator, omnidirectional o. spherical radiator || ~ **jaillissante** / spouter || ~ de **kilocuries** / kilocurie source || ~ de **lumière** (TV) / illuminant || ~ de **lumière froide** / cold light source || ~ de **lumière secondaire** (phys) / secondary light source || ~ de **lumière à semi-conducteur** / semiconductor light source || ~ de **lumière standardisée** / standard source || ~ **luminescente** / self-luminous o. luminescent source || ~ **luminescente normale** / standard illuminant || ~ **lumineuse** / luminous source, source of light, light source || ~ **lumineuse** (opt) / illuminator || ~ **lumineuse ou de lumière ponctuelle** / point source [of light] || ~ **lumineuse de référence** / comparison lamp || ~ **lumineuse verticale** / opaque illuminator || ~ **mince** (nucl) / thin source || ~ **minérale** / mineral source || ~ **multimode** / multimode radiator || ~ **négative du champ** (phys) / sink || ~ de **neutrons** / neutron source || ~ **non scellée** (nucl) / unsealed source || ~ des **parasites** (électron) / source of interference || ~ de **parasites** (radio) / source of radio noise || ~ des **pertes** / source of losses || ~ de **pétrole** / oil well || ~ **ponctuelle** / point source [of light] || ~ **première de lumière** / primary light source || ~ de **puissance H.F. statique** / static high frequency power source || ~ **radioactive** / radioactive source || ~ **radioactive** (astr) / radio source || ~ **radioactive** (nucl) / radioactive source || ~ du **rayonnement** / radiation source || ~ de **rayonnement au cobalt** / cobalt unit || ~ de **rayonnement de grande capacité** (nucl) / large source || ~ de **référence** / radioactive o. radioactivity standard, reference source || ~**s** *f pl* **renouvelables** / renewable sources of energy *pl* || ~ *f* **riche** / rich source || ~ d'une **rivière** (géol) / valley head || ~ **salée ou saline** / salt o. brine spring || ~ **scellée** (nucl) / sealed source || ~ **sonore ou de son** / source of sound || ~ à **spectre de raie** / line source || ~ de **tension** (électron) / voltage source || ~ de **tension continue** / constant voltage source o. supply || ~ de **tension de grille** / grid voltage source || ~ **thermale** (plus de 20°C) / thermal spring
sourcier *m* / dowser, water diviner o. finder, water-witch (US)
sourd / anechoic, acoustically dead, insonorous || ~ (physiol) / deaf || ~ (ton) / deep, low, hollow || ~ (couleur) / saddened, muted || ~ (bruit) / dull
sourdine *f* (musique) / mute || ~ (horloge) / sourdine, damper, mute || ~ (télécom) / sound damper
sourdre / gush *vi*, spring *vi*
sous / below, under, underneath || ~ **l'eau** / underwater || ~ **presse** (typo) / at o. in the press || ~ **verre** / glass enclosed || ~ **terre** / underground || ~**-acétate** *m* de **plomb** / monobasic lead acetate, lead subacetate || ~**-arbrisseau** *m* / herbaceous plant || ~**-bloc** *m* (ord) / sub-block || ~**-bois** *m* / undergrowth, underwood, -brush || ~**-canal** *m* (ord) / subchannel || ~**-carré** (mot) / undersquare || ~**-cave** *f* (mines) / channel, kerf, kirving, [under]cut || ~**-caver** (mines) / hole trenches, carve, kerve, bannock, cut *vi* || ~**-caver** (bâtim) / undermine, excavate, lay bare || ~**-cellule** *f* (ord) / subcell || ~**-centrale** *f* (électr) / substation || ~**-charge** *f* / fractional load, underload || ~**-chef** *m* (mines) / overman, senior supervisor || ~**-chef** *m* de **feuille** (dépôt de locomotives) / locomotive running foreman || ~**-classe** *f* (math) / subclass, -group || ~**-compensé** / undercompensated || ~**-conducteur** *m* (électr) / subconductor || ~**-contracteur** *m* / subcontractor || ~**-copier** (phot) / underprint
sous-couche *f* / next layer, underlayer || ~ (galv) / precoat, preplating || ~ (tapis) / backing (carpet) || ~ **alveolée** (tapis) / embossed backing || ~ d'**amortissement élastique** (routes) / cushion layer || ~ **anti-halo** (typo) / antihalation layer || ~ **atomique** / atomic shell || ~ de la **bande de roulement** (pneu) / tread base, subtread || ~ de **cuivre** / copper undercoating, pre-copper plating || ~ de **gravier** / underlayer of gravel || ~ **mousse** (tapis) / foam backing || ~ de **peinture** / undercoat || ~ **thibaude** (tapis) / combined underlay || ~ **tissée** (tex) / backing fabric, secondary backing || ~ de **tissu métallique** / flexible braided metal liner
sous-creuset *m* (sidér) / hearth bottom || ~**-critique** (nucl) / subcritical || ~**-cuisson** *f* (plast) / undercure || ~**-cuisson** *f* (céram) / underfiring || ~**-dépassement** *m* (vibrations) / undershoot || ~**-déterminant** *m* (math) / minor [determinant], subdeterminant || ~**-développé** / underdeveloped || ~**-développement** *m* (phot) / under-development ||

~-dimensionné / of too low capacity o. size o. strength || **~-domaine** *m* (math) / subdomain || **~-échantillon** *m* (prépar) / replicate sample || **~-ensemble** *m*, sous-élément *m* de produit ou d'ouvrage (techn) / partial assembly || **~-ensemble** *m* (math) / subset || **~-ensemble** *m*, sous-système *m* / subsystem || **~-ensemble** *m* de **caractères** (ord) / character subset || **~-entrepreneur** *m* (gén) / [sub]contractor || **~-entrepreneur** *m* (bâtim) / subcontractor || **~-étage** *m* (mines) / sublevel || **~-état** *m* (nucl) / substate || **être mis ~ presse** / go to press || **~-excité** (électr) / underexcited || **~-exposition** *f* (phot) / underexposure || **~-face** *f* de **linteau** / soffit of transom || **~-garde** *f* (fusil) / trigger guard o. handle o. bow || **~-géante** *f* (astr) / subgiant || **~-genre** *m* / subspecies || **~-glaçure** *f* (céram) / underglaze || **~-gonflage** *m* (pneu) / under-inflation || **~-groupe** *m* (math) / cyclic group, undergroup, (theory of sets:) subgroup || **~-groupe** *m* (techn, aéro) / subassembly, structural component || **~-groupe** *m* (techn) / subassembly (as a unit) || **~-groupe** *m* **distingué ou invariant ou normal** (math) / normal divisor, invariant subgroup, self-conjugate subgroup || **~-groupe[ment]** *m* (techn) / subassembly (as a unit) || **~-harmonique** (math) / subharmonic || **~-intensité** *f* (électr) / undercurrent

sous-jacent / subjacent || **se trouver ~** / underlie

sous·-lemma *m* (ord) / sublemma || **~-licence** *f* / sublicence || **~-longeron** *m* (hydr, charp) / wooden corbel, corbel piece, bolster || **~-longueur** *f* / short length || **~main** *m* / blotting o. writing pad || **~-marin** *adj* / subsea, submarine || **~-marin**, sous le plan de joint (moule plast) / submarine || **~-marin** *m* / submarine [boat], U-boat || **~-marin** *m* **à propulsion nucléaire** / atomic submarine || **~-marin** *m* de **poche** (nav) / minisub, midget submarine || **~-micron** *m* / submicron || **~-microscopique** / submicroscopic || **~-modéré** (nucl) / undermoderated || **~-modulation** *f* / undermodulation || **~-module** *m* / submodule || **~-modulé** / undermodulated || **~-naine** *f* (astr) / subdwarf || **~-nitrate** *m* de **bismuth** / bismuth subnitrate o. white || **~-niveau** *m* (phys) / sublevel || **~-niveau** *m* **magnétique** (phys) / magnetic sublevel || **~-normal** / subnormal *adj* || **~-normale** *f* (math) / subnormal || **~-œillet** *m* (soulier) / eyelet stay o. facing || **~-œuvre** *m* (bâtim) / foundation || **~-œuvre** *m* (travail) / subcontract || **~-optimal** (contr.aut) / suboptimal || **~-orbital** (espace) / suborbital || **~-oxyde** *m* / suboxide || **~-oxyde** *m* de **carbone** / carbon suboxide || **~-phase** *f* (ordonn) / suboperation || **~-population** *f* (statistique) / sub-population || **~-porteuse** *f* (électron) / subcarrier || **~-porteuse** *f* **couleur ou de chrominance** (TV) / auxiliary solour carrier, colour subcarrier || **~-porteuse** *f* **intermédiaire** (électron) / intermediate subcarrier || **~-poutre** *f* / ceiling joist || **~-poutre** *f* (hydr, charp) / wooden corbel, corbel piece, bolster || **~-produit** *m* (techn) / by-product || **~-produit** *m* (fig.) / fall-out, spin-off (US) || **~-produits** *m pl* du **charbon ou de la cokéfaction de la houille** / coke oven by-products *pl*

sous-programme *m* (ord) / subroutine, -program || ~ d'**amorçage** / bootstrap program || ~ du **calculateur industriel** / predefined process (industrial control computer) || ~ de **contrôle de séquence** / sequence checking routine || ~ **fermé** / closed o. linked subroutine || ~ d'**interruption** / interrupt program, interrupt processing routine || ~ d'**introduction** / input routine o. program || ~ **ouvert** / in-line o. open subroutine, direct-insert subroutine || ~ de **service ou de servitude** / red-tape, housekeeping || ~ de **sous-programme** / subroutine subprogram

sous·-protecteur *m* (pneu) / tread base, subtread || **~-règne** *m* (bot, zool) / phylum, subkingdom, branch || **~-répartiteur** *m* / cable distributing plug o. sleeve || **~-réseau** *m* (PERT) / sub net || **~-revendication** *f* / subclaim || **~-saturation** *f* / saturation deficit || **~-saturé** (phys) / undersaturated || **~-saturé** (électr) / working on the straight part of the curve, undersaturated || **~-sel** *m* / subsalt, basic salt

sous-sol, [en] ~ / subterranean, underground, subsurface || ~ / subsoil, substratum || ~ (bâtim) / underground floor, basement (US, Japan) || **en ~ de l'usine** (sidér) / below ground level || ~ de **distribution des câbles** (télécom) / cable vault

sous·-soleuse *f* (agr) / subsoiler, subsoiling attachment, trace o. underground lifter || **~-station** *f* (électr) / distributing o. transformer substation || **~-station** *f* (chauffage) / heat-exchanger station || **~-station** *f* **concentrée** (électr) / main substation || **~-station** *f* de **conversion de fréquence** / frequency transformation station || **~-station** *f* de **distribution** (ch.de fer) / distributing substation || **~-station** *f* **mobile** (électr) / mobile o. portable substation || **~-station** *f* **monophasée** / single-phase substation || **~-station** *f* de **redressement** / rectifier substation || **~-station** *f* de **sectionnement** (électr) / distribution substation, switching station || **~-sulfite** *m* de **soude** / antichlor[ine], sodium thiosulphate || **~-synchrone** / subsynchronous || **~-système** *m* / subsystem || **~-système** *m* de **saisie de données** (aéro) / DAS, data acquisition subsystem || **~-tâche** *f* (ord) / subtask || **~-tangente** *f* / subtangent || **~-tension** *f* (électr) / undervoltage || **~-titre** *m* (ciné) / subtitle || **~-ton** *m* (teint) / undertone, underhand appearance || **~-total** *m*, -totalisation *f* / subtotal

soustracteur *m* **complet** (ord) / full subtracter || ~ **[numérique]** (ord) / [digital o. full] subtracter

soustractif (math, TV) / subtractive

soustraction *f* / subtraction || **à ~ directe** (m.compt) / direct subtracting || **faire la ~** / subtract || ~ **complémentaire** / complementary subtraction

soustraire / subtract || ~ **horizontalement** / cross-subtract

sous·-traitance *f* / delivery of subcontractor || **~-traitant** *m* / subcontractor, [outside] vendor (US) || **~-vapeur** *f* / steam admitted from below, under-steam || **~-virer** (auto) / understeer || **~-vireur** *adj* (auto) / understeering || **~-voie** *f* (ord) / time derived channel || **~-voûte** *f* (céram) / drop arch || **~-vulcanisé** / undercured || **~-zone** *f* (assembleur) / subfield

soutache *f* en **caoutchouc** / rubber band o. tape, elastic

soute *f* (nav) / bunker || **~s** *f pl* (ELF) (nav) / bunker fuel || ~ *f* à **bagages** (aéro) / load bay || ~ à **bombes** (aéro) / bomb bay o. recess || ~ des **câbles** / cable vault || ~ aux **câbles** (nav) / cable tier o. locker || ~ à **charbon** (mines) / bunker || ~ à **coke** / coke bunker, coke storage bin || ~ à **compartiments** (mines) / zonal bunker || ~ **[d'emmagasinage] du charbon** / coal bunker, coal storage bin || ~ à **fond en fentes** / slot-bottom bin || ~ à **mazout** (nav) / oil tank || ~ **surbaissée** / underground hopper, pit bin || ~ à **une voie** / single-way chute || ~ à **valeurs** (nav) / strongroom, locker

soutenable / substantial, firm, sound

soutènement *m* (mines) / timbering and walling || ~ (bâtim) / allaying, shouldering wall || ~ en **anneaux**

de cintres ou à cadres circulaires (mines) / cribwork, ring support, circular arch support || ~ en **arc fer à cheval** / horseshoe girder || ~ en **bois** / wooden lining || ~ par **bouclier** / shield-type support || ~ par **cadres** / framing, cribbing, square sets *pl* || ~ à **cadres espacés** / cross-timbering || ~ en **cadres métalliques** / steel timbering with gangway sets || ~ à **cadres rectangulaires** / frame timbering, goal-post support system || ~ **chassant** / support parallel to the face || ~ en **cintres d'acier** / steel ring support || ~ en **cintres métalliques** / arch type supports *pl*, arch sets *pl* || ~ **coulissant** / flexible support || ~ par **étançons hydrauliques** / powered supports *pl* || ~ de **galerie** / drift o. tunnel timbering || ~ **grimpant** (bâtim) / climbing forms *pl* || ~ **imbriqué** / staggered timbering || ~ **marchant** / self-advancing o. powered support || ~ **métallique** / steel lining o. support || ~ de **mines** / lining [construction] of roadways, support of mine workings || ~ **montant ou en direction** / support at right angles to the face || ~ **polygonal** / square setting o. timbering || ~ en **porte à faux en taille, [en voie]** / cantilevered support, [forepoling] || ~ par **poussage** / piling through quicksand || ~ avec des **profilés** / sectional steel support || ~ par **rallonges glissantes,** [par bêles glissantes (Belg)] / slide bar system || ~ **suivant la pente** / support parallel to the face || ~ en **taille** / face support || ~ des **voies** / headway timbering || ~ des **voies en béton** / massive concrete arching

soutenir *vt* / stand *vt*, withstand, last *vt* || ~, étayer / stay *vt*, support, [under-]prop, sustain || ~ (bâtim) / underpin, rebuild the foundation || ~ (mines) / support *vt* || ~ (p.e. une observation) / bear (e.g. an observation), support

soutenu / supported || ~ par des **colonnes** / column[at]ed

souterrain *adj* / underground || ~ (mines) / below ground, underground || ~ (électr) / subterranean, underground, subsurface || ~ *m* / underground floor, basement (US, Japan) || ~ (routes) / subway, underground passage || ~ (ch.de fer) / subway, tunnel || **~es** *f pl* / ground water

soutien *m* / carrying device || ~ (électr) / consolidation pole || **à ~ supplémentaire** / semicantilever || **de** ~ (mil) / escort... || ~ de **chevrons** (constr.en acier) / rafter cleat o. clench o. clinch || ~ pour la **main** / steady || ~ de **roche** (mines) / barrier pillar

soutirage *m* (liquides) / drawing off, racking, tapping || ~ (m.à vap) / bleeding, extraction || ~ (isotopes) / product of isotope separation || **à ~ latéral** / side delivery... || ~ de la **bière** / drawing off of beer || ~ de **chaleur** / heat abstraction o. absorption || ~ à **contre-pression** / counterpressure filling || ~ de **gaz** / gas off-take || ~ **intermédiaire** (vapeur) / intermediate tapping, extraction, bleeding || ~ du **jus** (sucre) / draught in diffusion, juice draw-off || ~ **latéral d'un produit** (chimie) / side-stream draw-off

soutirer *vt* (électr, vapeur) / bleed *vt*, broach || ~ (liquide) / draw-off, broach, tap, rack *vt* || ~ (bière) / draw off, rack *vt* || ~ le **minerai** / draw-off ore from bins || ~ les **scories** (sidér) / slag *vi*

soutireuse *f* à **bouteilles** / bottle filling o. charging machine, bottling machine

soxhlet *m* (chimie) / Soxhlet apparatus

soya *m* / soy[a] o. soja bean

soyage *m* (découp) / rim hole, eyelet

soyer (découp) / lance, plunge, burr, bur (US)

soyeux *adj* / silky, silken, silk-like || ~ (tiss) / silky, silk-luster... || ~ *m* (min) / silk

soyez prudents! / safety first!

spacer *m* **pour transistors** / transistor spacer

spacieux / spacious

spaciforme / in solid form

spacistor *m* (électron) / spacistor

spallation *f* (nucl) / spallation

spangolite *f* (min) / spangolite

spaniolithe *f* / spaniolite, schwatzite

spardeck *m* (nav) / spardeck

spart[e] *m*, Stipa tenacissima / esparto, alfa[grass]

spartéine *f* (chimie) / sparteine, lupinidine

spat *m*, sp (astr) / spat (= 10^9 km)

spath *m* (min) / Iceland spar, calcareous spar, calcite || ~ **cubique** / anhydrite || ~ **doublant** / calcite || ~ de **fer** / iron spar || ~ **fluor** / fluorspar, fluorite, calcium fluoride, Derbyshire spar || ~ **fluor fétide** / bituminous fluorite, fetid fluorspar || ~ **gypseux** / gyps[e]ous spath, lamellar gypsum || ~ d'**Islande** (min) / Iceland spar, calcareous spar, calcite || ~ **pesant** / barite, barytes, heavy spar

spathique / spathic, spathose, sparry

spatial / spatial, spacial, [of] space...

spatialiser (ELF) / adapt to space conditions

spatio·naute *m* (ELF) / astronaut (US), cosmonaut (GB), spaceman || **~nautique** *f* / space flight, cosmonautics (GB), astronautics(US) || **~nef** *m* / spaceship, spacecraft

spatiopyrite *f* (min) / safflorite

spatio-temporel / spatial and temporal

spatule *f* / spreading knife, knife bar || ~, couteau du peintre / spattle, spatula, stopping knife, palette knife (US) || ~ (fonderie) / sleeker || ~ à **biseauter** (fonderie) / angle sleeker || ~ en **bois** (chimie) / wooden stirrer o. paddle || ~ d'**encre** (typo) / slice, ink slab || ~ de **vitrier** / putty knife o. spattle, glazing knife

spatuler / prime

speaker *m* (radio) / narrator, announcer

speakerine *f* (radio) / [female] announcer

spécial / special, specially made o. designed o. built || ~ (techn) / single-purpose...

spécialisation *f* / specialization || ~ (études) / professional study

spécialis *1* special purpose...

spécialisé dans **tâches** (ord) / job oriented

spécialiser, se ~ [dans] / specialize [in], gear [for]

spécialiste *m* / specialist, expert, authority || **en ~** / relevant, pertinent, appropriate || ~ d'**alimentation** / nutrition expert || ~ de **circuits** / circuit engineer || ~ du **classement** (mines) / classifier || ~ en ou de **fonderie** / foundryman || ~ de **lavage** (forage pétrole) / mud engineer || ~ **méthodes** (ordonn) / systems engineer || ~ du **microscope** / microscopist || ~ de **rationalisation** / efficiency engineer || ~ de la **statique** / [structural] engineer engaged in statical calculations || ~ **technique** / engineering specialist || ~ de **trempe** / heat treating engineer, heat treater, hardener

spécialité *f* / speciality || ~ / speciality, special subject || **de ~ technique** / special, professional, technical

spécificateur *m* (ord) / specifier

spécification *f* / specification || ~ d'**achat** / purchasing specification || ~ d'**ambiance** / ambiance specification || ~ de **base** / basic specification || ~ du **brevet** / patent claim || ~ en **cause** / appropriate specification || **~s** *f pl* du **constructeur** / factory specifications o. specs *pl* (US) || ~ *f* d'**essai** / test specification o. condition || ~ du **format de bloc** (ord) / block format specification || ~ des **frais** / costs division || ~ **générique** (CENEL)

/ generic specification || ~ **intermédiaire ou de section** / sectional specification || ~ **particulière** / detail specification || ~ **particulière ou du client** / custom's specification || ~ des **poids** / weight specification || ~ de **position** (bâtim) / specification of position || ~ **principale** / generic specification || ~ de **qualité** / quality specification || ~ de **répétition** (ord) / repetitive specification || ~ de **section** (normes) / sectional specification || **~s** *f pl* du **Service des Mines** / Federal Motor Vehicle Safety Standards (US), motor vehicle construction and use regulation, C. U.R. (GB) || ~ *f* d'un **stimulus de couleurs** / colour stimulus specification || **~s** *f pl* de **surface** / specifications *pl* for surfaces || ~ *f* de la **tâche** (ordonn) / job description || **~s** *f pl* **techniques** / technical specifications o. standards || **~s** *f pl* **techniques** (ordonn) / technical data *pl* || **~s** *f pl* **techniques de livraison** / technical specifications *pl* || ~ *f* de **tolérances selon le point de vue statistique** / specification of tolerances according to statistic aspects || **~s** *f pl* **types** (bâtim) / type standardization || **~s** *f pl* **VDE** / regulations of the VDE *pl*, VDE rules o. standards *pl*

spécificité *f* / specificity

spécifié / specified

spécifier / specify, spec (US) (preterit: spec'ed) || ~, stipuler / stipulate

spécifique *adj* / specific *adj* || ~ *m* / specific || ~ à une **race** / racially specific

spécimen *m* / sample [piece], specimen || ~ (essai des mat) / test bar o. specimen || ~ des **apparences** / mockup (US), sample of finish o. make-up || ~ en **essai de fatigue sans rupture** / fatigue tested specimen without rupture || ~ de **pliage** / bending sample, sample of bending work

spectacle *m* / cinema show

spectateurs *m pl* / public, audience

spectral / spectral

spectre *m* (math, phys) / spectrum *(pl: spectra, spectrums)* || ~ d'**absorption** / absorption spectrum || ~ d'**absorption infrarouge** / infrared spectrum || ~ d'**activité** / spectrum of activity || ~ **aérien ou du Brocken** / spectre of the Brocken || ~ **aérodynamique** / aerodynamic spectrum || ~ **alpha** / alpha-ray spectrum || ~ d'**arc** / arc spectrum || ~ **atomique** / atomic spectrum || ~ de **bandes** / band spectrum || ~ **bêta** / beta-ray spectrum || ~ **biologique** / biological spectrum || ~ du **bruit** / noise spectrum || ~ **continu** / continuous spectrum || ~ **dispersé** (télécom) / spread spectrum || **~-éclair** *m* (astr) / flash spectrum || ~ d'**émission** / emission spectrum || ~ **énergétique** / energy spectrum || ~ d'**étincelles** / spark spectrum || ~ de **fission** (nucl) / fission spectrum || ~ de **flammes** / flame spectrum || ~ de **fluorescence** / fluorescence spectrum || ~ de **Fourier** / Fourier spectrum || ~ de **fréquences** / frequency spectrum || ~ **hydrodynamique** / hydrodynamic spectrum || ~ **lumineux** (phys) / visible o. optical o. luminous spectrum || ~ **magnétique** / force line spectrum || ~ de **masse** / mass spectrum || ~ **mol[écul]aire** / molecular spectrum || ~ de **phase de Fourier** / [Fourier] phase spectrum || ~ de **phosphorescence** / phosphorescence spectrum || ~ **produit par prisme** / prismatic spectrum || ~ de **raies** / discontinuous o. line spectrum || ~ **Raman** / Raman spectrum || ~ des **rayons X** / X-ray spectrum || ~ de **réponse aux chocs** (vibrations) / shock response spectrum || ~ de **réseau** / diffraction o. grating spectrum || ~ **rotatoire** / rotational spectra || ~ **secondaire** / secondary spectrum || ~ de **série de Fourier** / Fourier series || ~ **solaire** / solar spectrum || ~ **stellaire** (astr) / stellar spectrum || ~ **thermique** / thermal spectrum || ~ de **transmission** / transmission spectrum || ~ des **vibrations** / vibrational spectrum

spectro-chimie *f* / spectrochemistry || **~bolomètre** *m* / spectrobolometer || **~chimique** / spectrochemical || **~comparateur** *m* / spectrocomparator || **~fluorimètre** *m* / spectrofluorometer || **~gramme** *m* / spectrogram

spectrographe *m* / spectrograph || ~ d'**Aston** (à champs magnétiques et électriques perpendiculaires) / Aston's spectrograph || ~ de **Dempster ou à champ magnétique** / magnetic spectrograph || ~ à **diffraction** / grating spectrograph || ~ de **Féry** / Féry spectrograph || ~ des **fréquences** (électron) / panoramic monitor || ~ de **masse** / mass spectrograph || ~ à **prismes** / prism spectrograph || ~ à **rayons X** / X-ray spectrograph o. diffractometer || ~ à **réseau** / grating spectrograph || ~ de **Thomson** (à champs magnétiques et électriques parallèles) / Thomson's spectrograph

spectro·héliogramme *m* / spectroheliogram || **~héliographe** *m* (phot) / spectroheliograph || **~hélioscope** *m* (astr) / spectrohelioscope

spectromètre *m* / spectrometer || ~ à **cristal** / crystal spectrometer || ~ à **diffraction** / grating spectrometer || ~ **double faisceau** / double beam spectrometer || ~ à **infrarouge** / spectroradiometer || ~ de **masse** / mass spectrometer || ~ de **masse cycloïdale** (nucl) / trochoidal mass analyzer || ~ de **masse quadripolaire** / quadrupole mass spectrometer || ~ de **masse à trajectoires en trochoïdes** (nucl) / trochoidal mass analyzer || ~ **monocanal** / single channel spectrometer || ~ **monofaisceau** / single beam spectrometer || ~ **monopôle** / monopol[e] mass spectrometer || ~ **multicanal** / multichannel spectrometer || ~ de **neutrons** / neutron spectrometer || ~ de **neutrons à temps de vol** / time-of-flight neutron spectrometer || ~ à **plaques parallèles** / parallel plate spectrometer || ~ à **prismes** / prismatic spectrometer || ~ à **protons de recul** / proton recoil spectrometer || ~ de **rayons gamma** / gamma [ray] spectrometer || ~ à **rayons X** / X-ray spectrometer || ~ à **réseau** / grating spectrometer || ~ à **scintillation** / scintillation spectrometer || ~ **séquentiel à rayons X** / X-ray sequential spectrometer

spectrométrie *f* / spectrometry || ~ d'**absorption atomique** / atomic absorption spectrometry || ~ de **masse** / mass spectrometry

spectro·métrique / spectrometric || **~photomètre** *m* / spectrophotometer || **~photomètre** *m* **enregistreur** / recording spectrophotometer || **~photométrie** *f* / spectrophotometry || **~photométrique** / spectrophotometric || **~polarimètre** *m* / spectropolarimeter

spectroscope *m* **acoustique** / sound spectrograph || ~ de **comparaison** / comparison spectroscope || ~ à **interférence** / interference spectroscope || ~ de **poche** / pocket spectroscope || ~ **sans fente** / slitless spectroscope, objective prism

spectroscopie *f* / spectroscopy || ~ par **absorption atomique** / atomic absorption spectroscopy || ~ **électronique selon Auger** / Auger electron spectroscopy, AES || ~ **électronique pour analyses chimiques** / electron spectroscopy for chemical analysis, ESLA || ~ d'**émission** / emission spectroscopy || ~ de **flamme en émission** / flame emission spectroscopy || ~ de **flammes** / flame spectroscopy || ~ **Fourier** / Fourier spectroscopy || ~ à **hyperfréquence** / microwave spectroscopy || ~ à **infrarouge** / infrared spectroscopy || ~ de **masse** / mass spectroscopy || ~ de **masse aux ions secondaires** / secondary ion mass spectroscopy, SIMS, SIMS || ~ **nucléaire à résonance magnétique** / nuclear magnetic resonance spectroscopy || ~ de **photoélectrons** / electron spectroscopy for chemical analyses, ESCA, ESCA || ~ **Raman** / Raman spectroscopy || ~ à **résonance** / electron resonance spectroscopy || ~ par **résonance magnétique nucléaire** / radiofrequency spectroscopy, nuclear magnetic resonance spectroscopy || ~ **ultraviolette ou U.V.** / ultraviolet spectroscopy

spectroscopique / spectroscopic, -ical || **~ment pur** / spectroscopically pure, specpure

spectrostratoscope *m* / spectrostratoscope

spéculaire / specular, reflective, mirror-like

spéculum *m* (opt, méd) / speculum

speiss *m* (sidér) / speiss, speise || ~ de **cobalt** / arseniuret of cobalt, cobalt regulus

spéléologie *f* / speleology

sperrylite *f* (min) / sperrylite

spessartine *f*, -tite *f* (min) / spessartine, -tite, manganese garnet

spessartite *f* (géol) / spessartite

sphène *m* (min) / sphene

sphénoïde *m* (crist) / sphenoid

sphère *f* / sweep, sphere, domain || ~ (math) / sphere, globe || ~ d'**action** (ELF) (phys) / gravisphere || ~ **active ou d'action** / range o. sphere of influence o. of action || ~ d'**application** / range o. field of application, scope || ~ de **commotion** / sphere of commotion || ~ **creuse** / hollow ball o. sphere || ~ [pour **façonner les verres concaves**] / sphere, bruiser || ~ d'**Horton** (un reservoir) / Horton sphere || ~ d'**influence** / sphere of influence || ~ d'**influence** (ELF) (phys) / gravisphere || ~ **intégrante d'Ulbricht** / [Ulbricht] globe photometer || ~ *m* d'**osculation** (math) / osculating sphere || ~ *f* **photométrique pour géométrie de mesure** / sphere geometry || ~ de **Riemann** (math) / number sphere || ~ de **stockage** (gaz) / spherical gasholder || ~ de **stockage pour gaz sous pression** / Horton sphere || ~ de la **Terre** / geosphere || ~ **terrestre** / globe || ~ de **verre** / glass globe

sphéricité *f* / sphericity

sphérique *adj* / spherical, globular, globulate || ~ (ondes) / spherical || ~ *m* (aéro) / spherical balloon

sphérocolloïde *m* / spherocolloid

sphéroïdal / spheroidal || ~ (fonderie) / nodular

sphéroïde *m* / spheroid

sphéroïdisation *f* (sidér) / spheroidizing || ~ **de la cémentite** (sidér) / spheroidizing of cementite

sphéro·lithe *m* (géol) / spherulite, spherolite || **~lithique** (géol, fonderie) / spherulitic || **~mètre** *m* / spherometer || **~mètre** *m* à **base annulaire** / ring base spherometer || **~sidérite** *f* / chalybite, spatic iron ore

sphygmomètre *m* / pulsometer [pump]

spiciforme / spicular, -late

spider *m* (haut-parleur) / spider || ~ (auto) / rumble [seat] of roadster, dickey seat (GB) || ~ (auto) / narrow backseat of coupé

spiegel *m* (fonderie) / spiegel[eisen], spiegel iron

spike *m* du **laser** (laser) / spike

spilite *f* (géol) / spilite

spilitique (géol) / spilitic

spin *m* (phys) / spin, intrinsic angular momentum || ~ un, deux etc / spin one o. two etc. || ~ d'**électrons** / electron spin || ~ **entier** / integral spin || ~ **isobarique** / isobaric o. isotopic spin, isospin || ~ **nucléaire** / nuclear spin || ~ d'**orbite** (nucl) / path spin

spinelle *m* (min) / spinel

spineur *m*, spinor *m* (phys) / spinor

spinthariscope *m* / spinthariscope

spiral *adj*, spiralé / spiral || ~ *m* (horloge) / balance spring || ~ **Bréguet** (horloge) / bréguet spring

spirale *f* / spiral [line] || **en** ~ / spiral || ~ d'**Archimède** / spiral of Archimedes || ~ de **chauffe incandescente ouverte** / exposed tubular heating unit || ~ **conique** / conical spiral || ~ **droite** / right-handed helix || ~ d'**Euler** / clothoid, Cornu o. Euler's spiral || ~ du **filament** / heating spiral || ~ de **fixation** (câble) / reinforcement helix || ~ **incandescente** / glow filament || ~ **logarithmique** / equiangular o. logarithmic spiral || ~ de **Pappus** / spiral of Pappus || ~ **parabolique** / Fermat's o. parabolic spiral || ~ **protectrice de cordon** (électr) / cord armouring || ~ **sinusoïdale** (math) / sinusoidal spiral

spiralé (p.e. tube) / spirally wound || ~ (p.e. tuyau flexible) / protected by wire wrapping (as a hose)

spire *f*, tour *m* / convolution, volution || ~ (techn) / thread, turn, spire || ~ (bobinage) / wrap || ~ (techn) / thread, turn || ~ (câble) / turn || **à ~s parallèles** (tuyau) / corrugated || **à ~s parallèles serrées** (tuyau) / closely corrugated || **à une** ~ (électr) / single-turn... || **en** ~ / spiral, screw-shaped || **en ~s** / convolute, coiled, volute[d] || ~ de **bobine** (électr) / turn of a coil || ~ **coupée** (électr) / open circuit in the armature o. field, open coil || ~ de **court-circuit** / short-circuit winding || ~ de **départ** (filage) / starting coils *pl* || **~s** *f pl* **effectives par phase** (électr) / effective turns per phase || **~s** *f pl* d'**entrée** / starting turns *pl* || ~ *f* **extérieure du spiral Bréguet** (horloge) / overcoil || ~ de **fil** (filage) / thread spiral || **~s** *f pl* **inductrices** / field windings *pl* || ~ *f* **morte** (électr) / dead-end turn || ~ de **polarisation** (ultrasons) / polarizing flux winding || **~s** *f pl* non **rangées** (lam, rouleaux) / irregular turns *pl* || **~s** *f pl* **rangées** (lam, bobines) / regular turns *pl* || ~ *f* de **vis** / thread o. turn of a screw

spiritueux / alcoholic || ~ *m* / liquor, spirits *pl*

spiroïdal, spiroïde / spiral

spiromètre *m* / spirometer

spité / dowel[l]ed

spitzkasten *m* (mines) / spitzkasten, V-box

spitzluttle *f* (mines) / spitzlutte, hydraulic classifier

splittage *m* (ord) / split[ting] || ~ de **cylindre** (m.compt) / split of platen

splitter *v* (ord) / split *vi vt* || ~ *m* (fractionnement) / splitter

spode *m* (métallurgie) / tutty

spodumène *m* (min) / spodumen[e], triphane

spongieux *adj* / porous, porose, poriferous || ~ (bois) / conky, spongy || ~ *m* / sponge o. cellular rubber, rubber sponge || ~ à **cellules fermées** / closed cell sponge

spongiosité *f* (fonderie, défaut) / spongiosis, graphite corrosion, graphitization

spontané / spontaneous || ~, volonaire / controlled

spontanément inflammable / self-igniting, -inflammable, spontaneously inflammable

spooling *m* (exécution simultanée d'opérations périphériques et de programmes principaux sur un même système) (ord) / SPOOL, spontaneous peripheral operations on-line

sporadiquement / sporadically

spore *f* / spore || ~ de **charbon** (agr) / loose smut spore || **~s** *f pl* **of clostridium** (fermentation) / spores *pl* of clostridium
sport *m* **automobile** / motoring
sporulation *f* / sporulation
sporulé (bot) / sporulated, spore forming
sporuler / sporulate
spot *m* (TV) / light spot || ~ (ciné, étalage) / spotlight || ~ (TV, publicité) / spot || ~ **analyseur ou explorateur ou d'exploration** (TV) / scanning spot o. element, picture element o. point || ~ **lumineux** / light spot || ~ **lumineux** (r.cath) / flying spot || ~ **magnétisé** (b.magn) / magnetized spot || ~ **publicitaire** / commercial, publicity spot
spray *m* / dispersion medium, spray || ~ (cosmét) / spray || ~ à **aérosol** / aerosol spray
spreader *m* (grue) / spreader || ~ (mines) / spreader (GB), boom stacker (US) || ~ **normal** (conteneur) / standard spreader || ~ **télescopique** / telescope spreader
sprinkler *m* (techn) / sprinkler, sprinkling apparatus || ~ (eau d'égout) / rotary o. revolving sprinkler o. sprayer || ~ (incendies) / fire extinguishing rose, sprinkler
spun-roving *m* (verre) / spun roving
spun-textured (tex) / spun-textured
squalène *m* (chimie) / squalene
squealing *m* (électron) / squeaking, squealing
squeezer *m* (lam) / squeezer
squelch *m* (électron) / squelch [circuit]
squelette *m* / skeleton || ~ (aile d'avion) / median line || ~ (ord) / skelettal code || ~ **carboné ou de carbone** / carbon network || ~ de **cristal** (géol) / skeleton crystal || ~ **fritté** / sintered skeleton
sr, stéradian *m* / steradian, sr
SSBS, engin *m* sol-sol balistique stratégique / medium range ballistic strategic missile
stabilisant *m* (pétrole) / gum inhibitor || ~ (chimie) / stabilizing agent, stabilizer || ~ aux **esterétains** / ester tin stabilizer
stabilisateur *m* (gén, auto) / stabilizer || ~ (aéro) / horizontal stabilizer (GB), tailplane (US), empannage || ~ (électron) / voltage stabilizer, (esp.:) voltage stabilizing tube || ~ à **aileron** (nav) / fin stabilizer || ~ d'**altitude** (aéro) / altitude stabilizer || ~ **automatique** (aéro) / automatic stabilizer, automatic stabilizing equipment, ASE || ~ à **barre de torsion** (auto) / antiroll bar (GB), torsion bar [stabilizer] (US), sway bar || ~ à **base de savons de métaux** / metal soap stabilizer || ~ **bord de fuite** (aéro) / trimming strip || ~ à **dioctylétain** / dioctyltin stabilizer || ~ à **di-organo-étain** (plast) / diorganotin stabilizer || ~ **gyroscopique** / gyroscopic o. gyrostatic stabilizer || ~ **horizontal** (TV) / horizontal stabilizer || ~ **latéral** (aéro) / fin (US), vertical stabilizer || ~ **magnétique de tension** (électron) / magnetic constanter || ~ de **mousse** (sidér) / froth stabilizing agent || ~ de **niveau** (TV) / synchronization stretcher || ~ de **potentiel** (électron) / stabilizer || ~ de **rouille** / rust converter || ~ de **sol à simple passe** (routes) / single-pass mixer || ~ de **tension** (électron) / voltage stabilizer, automatic voltage regulator, AVR || ~ de **tension** (électr) / voltage stabilizer || ~ **transversal** (auto) / transverse stabilizer || ~ **vertical [du balayage trames]** (TV) / vertical blocking stabilizer
stabilisation *f* / stabilization || ~ (bâtim, routes) / fortification || ~ (mét) / stress-relieving anneal, stress-relieving stabilization || ~ (électr) / stabilization || ~ **antiroulis par tuyaux amortisseurs** (nav) / flume stabilization system || ~ par **boucle fermée, [ouverte]** (alimentation en énergie) / closed, [open] loop stabilization || ~ d'une **combinaison** (chimie) / stabilization o. tightening of a compound || ~ **double par rotation** (espace) / dual-spin stabilisation || ~ de **fréquence** / frequency stabilization || ~ des **fréquences en fonction de la puissance** (électr) / load-frequency control || ~ par **gradient de gravité** (espace) / gravity gradient stabilization || ~ **horizontale** (TV) / horizontal stabilization || ~ d'une **liaison** (chimie) / tightening of a compound || ~ de **ligne** (télécom) / line stabilization || ~ d'**orientation** (ELF) (astron) / attitude control || ~ d'un **poste de travail** / workplace improvement || ~ de la **rotation** / stabilization of rotation || ~ de la **route** / road crușt [work] || ~ du **sol par ciment** / grouting of the ground || ~ de la **tache** (r.cath) / display stabilization || ~ des **talus** (ch.de fer, routes) / slope stabilization || ~ **verticale** (TV) / vertical stabilization
stabilisé en **courant** (électron) / current stabilized || ~ par **cristal** / crystal stabilized || ~ **fortement** / highly stable || ~ à **ou par la chaleur** / heat stabilized || ~ en **tension** (électron) / voltage stabilized
stabiliser / steady *vt* || ~ (espace) / de-spin || ~ la **barbotine** (céram) / set up the slip || ~ les **contraintes** (photoélasticité) / freeze stresses || ~ des **explosifs** / stabilize explosives || ~ l'**image de télévision** / frame *vt*
stabilité *f* / stability, steadiness || ~, durabilité *f* / durability, durableness, persistence || ~ (méc) / stability under load || ~ (moule à injection) / dimensional stability || **à haute ~ du point zéro** (électron) / zero-stable || **de ~ illimitée** / of unlimited stability || **de [grande] ~ des dimensions** / permanent to size o. dimension || **en ~ de direction** / directionally stable || ~ aux **agents atmosphériques** / resistance to atmospheric corrosion, weathering resistance || ~ [contre l'**amorçage]** (télécom) / stability against whistling || ~ d'**assiette** / trim stability || ~ **asymptotique** (contr.aut) / asymptotic o. Lyapunow stability || ~ des **couleurs** / permanency of colours || ~ à **court terme** / short time stability || ~ **dérivée** (aéro) / stability derivative || ~ au **déversement** (aéro) / tilt resistance || ~ **dimensionelle** / stability of size o. dimension, dimensional stability || ~ **dimensionnelle** (pap) / dimensional stability || ~ **dimensionnelle à la chaleur** (plast) / shape permanence to heat, dimensional stability under heat || ~ **dimensionnelle de Vicat** (plast) / Vicat dimensional stability [under heat] || ~ de **direction** (aéro) / directional stability || ~ **directionnelle** (auto) / directional stability || ~ **dynamique** (nav) / dynamical stability || ~ d'**émulsion** / emulsion persistence || ~ au **feu** / fire stability || ~ à la **floculation** / flocculation stability || ~ au **fluage** (méc) / creep stability || ~ de la **forme** (méc) / inherent stability o. strength || ~ de **fréquence** / stability of the frequency || ~ au **glissement** / slide stability, sliding resistance || ~ d'**huile pour machines frigorifiques** / stability of refrigerator oils || ~ d'**image** / picture steadiness || ~ **inhérente** / inherent stability o. strength || ~ **inhérente** (nucl) / inherent stability || ~ aux **intempéries** / resistance to atmospheric corrosion, weathering resistance || ~ d'un **isolateur** / insulator strength || ~ **latérale** (auto) / lateral stability, cornering force || ~ de **Liapounov** (contr.aut) / Lyapunov stability || ~ à **long terme** / long time stability || ~ **longitudinale** (aéro) / longitudinal stability || ~ à la **lumière** /

light-fastness || ~ au **magasin** / stability in storage, storage life || ~ de **marche** / quiet running || ~ **marginale** / marginal stability || ~ **Marshall** (routes) / Marshall stability || ~ **mécanique** / mechanical stability || ~ au **mouillé** (collage) / water immersion endurance || ~ de **mousse** / foam persistence || ~ des **nœuds** (structure en nid d'abeilles) / node-to-node bond (honeycomb structure) || ~ **orbitale** / orbital stability || ~ à l'**oxydation** / oxidation stability || ~ de **phase** (nucl) / phase stability || ~ des **plis** (tex) / pleat retention || ~ **propre** (méc) / inherent stability o. strength || ~ de **route** (aéro) / directional stability || ~ à **sec** / dry strength || ~ du **soutènement** / solidity, stability || ~ **statique** (aéro) / static stability || ~ **statique ou au renversement** / stability, steadiness, rigidity || ~ en **stockage** (pétrole) / storage stability || ~ au **stockage** (plast) / pot life || ~ de la **structure** / structural stability || ~ de la **surface** (pann.part.) / surface stability || ~ d'un **système asservi** / servo stability || ~ d'un **système d'excitation** (électr) / excitation system stability || ~ en **température** / temperature stability o. resistance || ~ **thermique** / thermal endurance o. stability || ~ de **trajectoire** (auto) / tracking o. steering stability || ~ **transitoire** (électr) / transient stability || ~ **transversale** (aéro) / lateral stability || ~ au **vent** / wind resisting strength || ~ au **vide primaire** / limiting forepressure, forepressure tolerance critical backing pressure || ~ à **vrille et dérapage** (aéro) / pitch-yaw stability || ~ du **zéro** (électron) / zero stability

stable / solid, stable, steady || ~ (valeurs) / consistent || ~, ferme / firm || ~, permanent / constant, continuous, permanent || ~ (météorol, méc) / settled, set fair || ~ à l'**air** / fast in air o. to air o. to atmospheric influences || ~ à la **lumière** / light-fast o. -resisting, non-fading, unfading, fadeless, stable to light, color-fast, sunfast (US) || ~ au **rouge** (acier) / stable at red-heat

stabulation *f* (agr) / indoor stock keeping, housing

stachyose *f* (chimie) / stachyose

stade *m* / state, stage || ~, arène *f* / stadium || ~ **antérieur** / primary stage, pre-stage || ~ **«bouton floral»** (biol) / flower bud stage || ~ **chrysalide** (biol) / chrysalid stage || ~ de **construction** / construction stage || ~ **couvert** / domed stadium || ~ de **début** / initial stage || ~ d'**expansion** (télécom) / expansion stage || ~ **expérimental** (électron) / breadboard stage || ~ de **fabrication** / production stage || ~ **final** / final stage || ~ **«fleurs»** (biol) / flower stage || ~ **«fruits»** (biol) / fruit stage || ~ de **glace** / ice stadium || ~ du **laboratoire** / laboratory stage || ~ **primitif** / primary stage, pre-stage || ~**s** *m pl* **successifs** / successive stages *pl* || ~ *m* **«taché»** (biol) / macula stage || ~ **transitoire** / transition state

stadia *m* / triangulation instrument

staff *m* (bâtim) / staff (a building material)

stage *m* / practical o. laboratory course || ~ de **formation ou d'instruction** / training course, course of instruction || ~ de **perfectionnement professionnel** / vocational education course

stagiaire *m* / trainee

stagnant / stagnant || ~ (eau) / still || **être** ~ / remain stagnant, stagnate

stagner / become o. remain stagnant, stagnate

stagoscopie *f* (chimie) / stagoscopy

stalactite *f* (géol) / stalactite || ~ (brasage) / icicle

stalagmite *f* (géol) / stalagmite

stalagmomètre *m* / stalagmometer

stalagmométrie *f* / stalagmometry

stalle *f* (agr) / stall of a stable || ~ (ELF) (bâtim) / box || ~ (ELF) (auto) / lock-up, separate box

stampe *f* (mines) / vertical distance of veins || ~ **stérile** (mines) / intervening strata, country rock

stand *m* / stand, rest || ~ **distributeur** / display cabinet || ~ d'**exposition** / booth, stall, exposition stand

standard *adj* / standard *adj* || ~ (auto) / standard, from the assembly line || ~ *m* / standard || ~, titre légal (en Grande Bretagne) / standard (GB), fineness, titer, [legal] standard || ~ (télécom) / switchboard || ~ avec **annonciateurs à volets** (télécom) / annunciator board, drop switchboard, telephone drop board, jackknife apparatus o. board || ~ **C.C.I.R.** (TV) / European television standard, C.C.I.R. standard || ~ **C.I.E. du ciel couvert** / CIE standard overcast sky || ~ de **méthodes** / methods standard || ~ **multiplace** (télécom) / multiposition switchboard || ~ **partiel** / partial standard || ~ des **pièces détachées** / parts standard || ~ **sans cordes** (télécom) / cordless switchboard || ~ à **signalisation lumineuse** (télécom) / lamp switchboard, illuminated panel || ~ de **télévision** / television standard || ~ de **télévision en couleurs** / colour television standard || ~**s** *m pl* de **temps de mouvements** / predetermined motion time standards *pl*, PMTS || ~ *m* de **vie** / standard of living

standardisation *f* / standardization, normalization || ~ des **types** / standardization of types

standardisé / standard *adj*

standardiser / standardize || ~ les **types** / standardize type sizes o. types

standardiste *m f* (télécom) / operator

stand-by *m* (aéro) / stand-by list

standing, de grand ~ / luxury...

standolie *f* / stand oil || ~ de l'**huile de bois** / tung oil standoil || ~ de **lin** / linseed standoil

stannane *m* / stannane, tin hydride

stannate *m* / stannate || ~ **II** / tin(II), stannate(II), stannous || ~ **IV** / tin(IV)..., stannate(IV), stannic || ~ de **sodium** (galv, tex) / preparing salt, sodium stannate

stanneux / tin(II)..., stannate(II), stannous

stannifère / stanniferous, tin-bearing

stannine *f* (min) / stannite, bell metal ore

stannique / tin(IV)..., stannate(IV), stannic

stannite *m* (chimie) / stannite || ~ *f* (min) / stannite, bell metal ore

stanzaïte *f* / prismatic andalusite

staple *f* (Belgique) (mines) / packing, stowing, stowage

starie *f* (nav) / turnround time

start *m* / start

starter *m* (électrode d'amorçage) / starter || ~ (lampe fluor.) / starter || ~, démarreur *m* (auto) / starting motor || ~, étrangleur *m* (auto) / choke || ~ à **pédale** (auto) / foot starter

stassfurtite *f* (min) / stassfurtite

statement *m* (ELF) (ord) / order, instruction, command || ~ d'**instruction** (ord) / instruction statement

staticien *m* / [structural] engineer engaged in statical calculations

statif *m* (lab. chim.) / stand || ~**-plafonnier** *m* (rayons X) / ceiling mount

station *f* / stand, station, location, place || ~, arrêt *m* / halt, station, stopping place || ~ (ch.de fer) / station, [railroad] depot (US), railway station (GB) || **en** ~ / on station || **hors** ~ / off station || ~ **aéronautique terrienne** / space research earth station || ~ d'**alimentation d'urgence** (nucl) / emergency feed station || ~ d'**ancrage** (funi) / anchoring station || ~

d'**angle** (funi) / angle o. curve station || ~ d'**arrivée du téléphone** / telephone terminal || ~ **asservie** (ord) / slave station || ~**-aval** *f* (ELF) (espace) / down-range station || ~ de **bifurcation** (ch.de fer) / junction station || ~ au **brin inférieur** (convoyeur) / return belt station || ~ de **chargement** (funi) / loading station o. terminal || ~ de **chemin de fer** / railroad depot (US), railway station (GB) || ~ de **commande** (funi) / driving station o. terminal || ~ de **commande** (électr) / control room || ~ de **convertisseurs** (électr) / converter o. converting station, substation for frequency conversion || ~ de **culbutage** (mines) / dumping station || ~ **debout** / upright position || ~ de **déchargement** (funi) / unloading station o. terminal || ~ de **déchargement ou de déversement** (courroie transp) / discharge station o. end || ~ de **départ du téléphone** / telephone sender station || ~ **directrice** (télécom) / control office o. station || ~ de **données** / data station, terminal station || ~ **électrique** / generating plant o. station, power station || ~ **électro-solaire** / solar heat power station || ~ **émettrice** (TV, électron) / wireless (GB) o. broadcast[ing] o. radio (US) station || ~ **émettrice multiplex** / multi[ple]-channel radio transmitter || ~ d'**épuration** / plant for sewage purification, sewerage plant || ~ d'**essai** / testing house || ~ d'**essais** / experimental o. research station || ~ d'**essence** / petrol o. service station (GB), filling o. gas station (US) || ~ d'**évaporation [à multiple effet]** (sucre) / evaporator station || ~ **génératrice** / generating plant o. station, power station || ~ **génératrice de barrage** / barrage power station || ~ **hydraulique** / pump work o. station || ~ **intermédiaire** / intermediate station || ~ de **jonction** (ch.de fer) / branching-off station, intersecting station, interchange track (US) || ~ de **lavage** / car washing plant || ~ **libre service** / self service station || ~ **maître au sol** (loran) / master ground station || ~ **maîtresse** (ord) / master station || ~ **météorologique** / meteorological office o. station || ~ **mobile** (télécom) / mobile telephone station || ~ de **montagne** (funi) / mountain station || ~ **motrice** (funi) / driving station || ~ **orbitale** (ELF) (espace) / orbital station || ~ **piquet radar** / radar picket station || ~ de **pompage** / waterworks *pl* || ~ des **pompes** / dry well, pump house || ~ de **poursuite** (espace) / tracking station || ~ de **prélèvement** (mesure de liquides) / observation o. sampling station || ~ de **raccordement** (ch.de fer) / branching-off station, intersecting station, interchange track (US) || ~ de **radio de bord** (aéro) / airplane radio station || ~ de **radiodiffusion** (TV, électron) / wireless (GB) o. broadcast[ing] o. radio (US) station || ~ **radiogoniomètre ou radiogoniométrique** / DF transmitter o. station || ~ **radiogoniométrique côtière** / coastal direction finding station || ~ **radiogoniométrique terrestre** / terrestrial direction finding station || ~ de **réception de betteraves** (sucre) / beet reception || ~ de **recharge** (accu) / charging station || ~ de **[re]chargement** / filling station || ~ **régulatrice** (télécom) / control office o. station || ~ de **renvoi** (convoyeur) / tail station || ~ de **retour avec dispositif tendeur** (transporteur) / combined return and tensioning station || ~ de **retransmission de télévision** / television re-broadcasting station || ~ **secondaire de répéteurs** (télécom) / secondary repeater station || ~**-service** *f* / service station || ~ au **sol** (radar) / ground station || ~ **sous-directrice** (télécom) / subcontrol office o. station || ~ **sous-directrice à fréquence porteuse** / carrier frequency subcontrol station || ~ **spatiale** (télécom) / communication satellite space station || ~ **spatiale** (ELF) (astron) / space platform o. station || ~ de **taxis** / rank of taxis || ~ **téléphonique émettrice** / telephone sender station || ~ **téléphonique [portative] pour la surveillance des voies** (télécom) / portable telephone set for faultsmen || ~ de **télévision** / television station || ~ **tendeuse** (funi) / tension station o. terminal || ~ de **tension et d'ancrage** (funi) / combined tensioning and anchoring station || ~ de **terre** (U.I.I.) (télécom) / terrestrial station || ~ **terrestre** (télécom) / communication satellite earth station || ~ **terrienne ou de Terre** (ELF) (astron) / Earth station || ~ de **vallée** (funi) / valley station

stationnaire / stationary, fixed || ~ (ondes) / stationary, standing || ~ (plasma) / stationary

stationnarité *f* (math) / stationary state

stationnement *m* (ch.de fer) / immobilization, stabling || ~ (circulation) / parking vehicles || ~, parc *m* de stationnement (auto) / parking lot (US) o. space || ~, action *f* de stationner (auto) / parking || ~ **autorisé** / attended parking lot || ~ en **bataille** / angle o. diagonal parking || ~ du **corps** / fire station (GB), firehouse (US) || ~ de **courte durée** / short-time parking || ~ **double** / double-parking || ~ en **feu** / keeping up the steam || ~ en **file** / curbside parking || ~ **hors, [sur] chaussée** / off-, [on-]street parking || ~ **interdit!** / no parking! || ~ **irrégulier** / parking outside of parking spaces || ~ **non surveillé** (auto) / customer o. driver parking, unattended parking || ~ **payant** / parking subject to charges || ~ à **temps limité** / time-limited parking

stationner (auto) / park *vi* || ~ (techn) / dwell || ~ en **double file** (auto) / double-park

statique *adj* / static, statical || ~ (charge) / static || ~ *f* / statics || ~ des **constructions** / statics of constructions || ~ des **fluides élastiques ou des gaz** / mechanics of elastic fluids || ~ **graphique** / graphical statics, graphics (US) || ~ des **liquides** / mechanics of fluids, hydromechanics || ~ des **solides** / mechanics of rigid bodies, of solids

statiquement actif / statically active || ~ **déterminable** / statically definable o. determinable || ~ **déterminé ou évalué** / statically defined o. determinate o. determined || ~ **indéterminable** / statically indeterminable

statisme *m* / stationary charge of electricity, electrostatic charging || ~ (contr.aut) / offset [behaviour], position error, proportional offset || ~ (turbine) / steady-state speed regulation, speed drop || ~ de **réseau** / static charge of mains

statistique *adj* / statistical, numerical || ~ *f* (tableau) / statistics || ~ (science) / statistics || ~**s** *f pl* / quantitative data used for statistics *pl*, statistical figures:pl, statistics || ~ *f* **automobile** / motor statistics || ~ de **Boltzmann** / Maxwell-Boltzmann statistics || ~ de **Bose-Einstein** (phys) / Bose[-Einstein] statistics || ~ de **Fermi[-Dirac]** / Fermi statistics || ~ de **Maxwell-Boltzmann** / Maxwell-Boltzmann statistics || ~ d'**ordre** / order statistic || ~**s** *f pl* **physiques** / physical statistics || ~**s** *f pl* **quantiques** / quantum statistics || ~ *f* à **tester** (contr.qual) / test statistic || ~ **véhicules** / motor statistics

statolimnimètre *m* (ELF) / static level meter

statomagnétique (ord) / magnetostatical

stator *m* (électr) / stator || ~ (turb. à gaz) / vane ring || ~ **double** (moteur linéaire) / double stator of linear motor || ~ de l'**embrayage hydraulique** / stator || ~

de **turbine** / stator of a steam turbine
statoréacteur *m* (aéro) / ram jet engine, aerothermodynamic duct || ~ à **combustion supersonique** / scramjet, supersonic combustion ramjet
statoscope *m* (aéro) / statoscope
stature *f*, hauteur *f* / height, tallness || ~, forme *f* / figure, form, shape
stauffer *m* / Stauffer grease cup o. box, Stauffer lubricator, compression lubricator
staurotide *f*, staurolite *f* (min) / staurolite
steam-cracking *m* (paraffine) / steam cracking || ~**-lift** *m* (pétrole) / steam lift || ~**-reforming** *m* (pétrole) / steam reforming
stéarate *m* / stearate || ~ d'**aluminium** / aluminostearate
stéarine *f* / stearin
stéarinerie *f* / stearin factory
stéaschiste *m* / talcose o. talc slate o. schist
stéatite *f* / steatite, soapstone, potstone, rock soap, lardstone, lardite || ~ de la **Chine** (min) / pagodite
stellarator *m* (plasma) / stellarator
stellarite *f* (asphalte) / stellarite
stellitage *m* / stellite surfacing
stellite *f* / stellite
stème *m* (ordonn) / microelement
stencil *m* (bureau) / stencil
sténopé *m* (phot) / pin diaphragm o. stop
sténopéique (opt) / stenopaic
sténosation *f* (rayonne filament) / stenozation
sténotype *f* / syllable typewriter, stenotype
sténotypie *f* / stenotypy
stéphanite *f* (min) / stephanite, brittle silver ore
steppe *f* / steppe || ~ due à la **culture** / steppe caused by extensive cultivation of the soil
steppeux / steppe...
stéradian *m* / steradian, sr
stérane *m* / sterane
stère *m*, st (bois) / stere, stacked cubic meter
stéréo... / plastic || ~ **demi-cylindrique** / curved o. cylindrical stereo || ~ **nickelé** (typo) / nickel-faced stereo plate || ~**acoustique** *adj* / stereophonic, -sonic || ~**acoustique** *f* / stereophony, auditory perspective || ~**acuité** *f* **visuelle** / stereo acuity || ~**autographe** *m* / stereo-autograph || ~**caoutchouc** *m* / stereocaoutchouc || ~**chimie** *f* / stereochemistry || ~**comparateur** *m* (arp) / stereocomparator || ~**duc** *m* / stereoduc || ~**gramme** *m* / stereograph, -gram, stereoscopic image || ~**gramme** *m* **parallaxe** (phot) / parallax stereogram || ~**graphie** *f* (dessin) / stereography || ~**graphique** / stereographic || ~**-isomère** *m* (chimie) / stereoisomer || ~**-isomérie** *f* / stereoisomerism || ~**logique** / stereological || ~**mètre** *m* / stereometer || ~**métrie** *f* / stereometry, geometry of solids, solid geometry || ~**métrique** / stereometric || ~**micromètre** *m* (arp) / parallax bar, stereomicrometer || ~**microphone** *m* / stereomicrophone, stereophonic microphone || ~**microscope** *m* / stereomicroscope || ~**phonie** *f* / stereophony, plastic hearing || ~**phonie** *f* à **différence d'intensités** / intensity stereophony, intensity-difference o. coincident-microphone stereo || ~**phonique** / stereophonic, -sonic || ~**photogrammétrie** *f* / stereophotogrammetry || ~**photographie** *f* / stereo [photo]graph || ~**photographie** *f* / stereoscopic o. 3D photography || ~**planigraphe** *m* / stereoplanigraph || ~**restituteur** *m* / stereo plotting machine, stereoplotter || ~**scope** *m* / stereoscope || ~**scopie** *f* / 3d film, three-dimensional film || ~**scopique** / in relief, stereoscopic || ~**spécificité** *f* (chimie) / stereoselectivity, -specificity || ~**spécifique** (chimie) / stereospecific || ~**statique** *f* / statics of rigid bodies || ~**télémètre** *m* / stereoscopic range-finder o. telemeter || ~**topographe** *m* (arp) / stereotop || ~**typage** *m* / stereo[type] founding o. casting, stereotyping, block making || ~**typage** *m* (impression) / stereo[type] printing || ~**type** *m* (imprimé) / stereotypy || ~**type** *m*, cliché *m* (typo) / stereo[type] || ~**typé** / stereotyped || ~**typer** / stereotype *vt* || ~**typeur** *m* / stereotyper || ~**typie** *f* / stereo[type] founding o. casting, stereotyping, block making || ~**typie** *f* (impression) / stereo[type] printing
stérile *adj* / free[d] from germs, sterilized || ~ (prép. de minerais) / barren || ~ (agr) / barren, sterile || ~ (mines) / dead, sterile, barren || ~ *m* / dead rock o. heaps o. grounds *pl*, deads *pl*, weed || ~ (prépar) / discard || ~**s** *m pl* (prépar) / inerts *pl*, deads *pl* || ~**s** *m pl* de **lavage ou du lavoir** (mines) / tailings *pl* (GB), tail[s pl] (US), waste washings *pl* || ~**s** *m pl* de **triage** (mines) / picked deads *pl*
stérilisateur *m* / sterilizer, sterilizing apparatus o. tray || ~ à **flammes** / flame sterilizer || ~ à **sec** / drying sterilizer
stérilisation *f* / sterilization
stérilisé / free[d] from germs, sterilized
stériliser / sterilize, degerminate, disinfect || ~ (vivres) / process || ~ des **mines** / sterilize o. desarm mines
stérique (chimie) / steric
sternutatoire *m* / sternutator
stéroïde *m* (chimie) / steroid
stérol *m* (plast) / sterol || ~ (chimie) / sterine
stéthophone *m* / insert[ion] earphone
stéthoscope *m* / stethoscope
stibine *f* (min) / antimonite, stibnite || ~ (chimie) / stibine
stibiotartrate *m* de **potassium** (teint) / tartar emetic, potassium antimonyl tartrate
stibiure *m* / antimony alloy
stick-slip *m* (techn) / stick-slip
stigmastérol *m* / stigmasterol
stigmateur *m* (microscope électron) / stigmator
stigmatique (opt) / [ana]stigmatic
stigmomètre *m* / split-field telemeter, split-image range finder
stilb *m* (vieux) (1 sb = 1 cdcm^{-2}) (unité secondaire de luminance) / stilb
stilbène *m* (chimie) / stilbene
stilbite *f* (min) / stilbite, desmine
stil-de-grain *m* (couleur) / Dutch pink, yellow lake
stillatoire / oozing, trickling, dropping
stillicide *m* / dripping o. trickling water
stilligoutte *m* (chimie) / dropping bottle
stilliréaction *f* (galv) / drop reaction o. test
stilpnosidérite *f* (min) / stilpnosiderite
stimulant *adj* / stimulating || ~ (ordonn) / incentive || ~ *m* / stimulant || ~ (ordonn) / financial o. wage incentive
stimulateur *m* **cardiaque intracorporel** / pacemaker
stimulation *f* / stimulation || ~ (cultiv. plantes) / stimulation || ~ de la **vente** / sales promotion
stimulé (émission) / stimulated
stimuler / stimulate, animate
stimulus *m* de **couleur** / colour stimulus, chromatic stimulus || ~ de **couleur achromatique** / achromatic colour stimulus || ~ **ou stimuli cardinaux** *m pl* (éclairage) / cardinal stimuli *pl* || ~ *m* **primaire de couleur** (TV) / reference stimulus || ~ **primaire virtuel de couleur** (TV) / virtual reference stimulus || ~ **visuel** / optical stimulus
stipulation·s *f pl* / details *pl*, specifications *pl* || ~**s** *f pl*

techniques / technical specifications *pl*
stitched-down (soulier) / stitch[ed]-down, flexible, Veldtschoen...
stochastique (math) / random, stochastic || ~ (ord) / stochastic
stock *m* / stock, store || ~ (mines) / stockpile || ~, magasin *m* / store, storage room o. space || **en** ~ / in stock, on store || **en** ~ (livraison) / off-the-shelf || ~ d'**alerte** (ordonn) / minimum inventory || ~ de **charbon** / coal heap o. pile || ~ **comptable** / book inventory || ~ **comptable final** / adjusted ending book inventory || **~s** *m pl* **existants** / goods *pl* on hand [in the store] || **~s** *m pl* d'**exploitation** / working stocks *pl* || ~ *m* de **film** / film stock || ~ **final** / closing inventory, ending inventory || ~ de **pellicules d'image négative** / negative stock || ~ **physique** (nucl) / physical inventory || ~ **pièces demi-finies** / stock of half-finished products || ~ de **pièces à portée de main de l'opérateur** (ordonn) / stock kept at the workbench || ~ de **poteaux** (télécom) / pole-store || ~ en **processus** (nucl) / in-process inventory || ~ des **produits finis** / finished stock || ~ à **terres** (mines) / heap of refuse o. rubbish o. waste, rubbish dump, pit heap, refuse tip
stockage *m* / storage, stocking || ~ en **cavité** (gaz, pétrole) / geological storage, storage in underground cavities || ~ de **conditionnement** / conditioning storage || ~ des **déchets** / refuse piling || ~ **définitif ou final ou ultime** (nucl) / final o. terminal o. ultimate storage || ~ **dynamique** (manutention) / flow storage || ~ sous **eau avec enveloppe** (nucl) / water basin with overpack || ~ **et recherche des informations** / information storage and retrieval, I.S.R. || ~ à **galets** (chauffage) / rock-bed storage || ~ de **gaz** / gas storage || ~ **humide** / storing in humid atmosphere || ~ des **informations** / information storage || ~ de **liquides** / liquid storage || ~ en **raffinerie** / refinery storage tank o. receiving tank || ~ de **sirop** / thick juice storage || ~ **souterrain** (gaz, pétrole) / geological storage, storage in underground cavities || ~ **souterrain de gaz liquéfié** (pétrole) / underground gas storage || ~ **tampon sous forme liquide** (nucl) / liquid buffer storage || ~ **temporaire** (nucl) / interim storage
stocker / stock *vt*, store up || ~ (ord) / store, roll in, read in || ~ le **charbon** (mines) / stockpile coal || ~ **couché** / keep in horizontal [position] || ~ pour **faire le plein** / restock
stockiste *m* / franchised dealer
stœchio·chimie *f*, -métrie *f* (chimie) / stoichiometry || **~métrique** (chimie) / stoichiometric
stoker *m* (chaudière) / stoker
stokes *m* (unité de viscosité ciném.) / stokes
STOL *m* (aéro) / short take-off and landing plane, STOL plane
stolzite *f* (min) / stolzite
stop *m*, feu *m* stop / stoplight || ~ **!** (signal d'arrêt) / stop!
stoppage *m* (tex) / invisible mending || **faire un** ~ (tiss) / mend invisibly, fine-draw
stopper *vt* / stop *vt*, arrest, check, halt || ~ (tiss) / mend invisibly, fine-draw || ~ *vi* / come to a stop || ~ une **machine** / stop an engine
stoppeur *m* (nav) / stopper, block || ~ de **câble** (nav) / rope stopper || ~ de **chaîne** (nav) / cable o. chain stopper
storax *m* (oléorésine) / storax, levant storax
store *m* (gén) / window curtain, (also:) awning, canvas blind || ~ d'**air froid** (cond.d'air) / air curtain o. door || ~ à **bannes** / awning with articulated arms || ~ **corbeille** / awning, half-spherical || ~ à **croisillons** / awning with lazy tongs || ~ d'**intérieur** / blind || ~ à **lamelles de bois ou à lattes** / Venetian blind o. shutter (made of wooden slats), jalousie || ~ à **lamelles flexibles et orientables** (bâtim) / Venetian blind (made of plastic slats) || ~ **[manœuvré à cordon]** / rolling window curtain, window blind o. shade || ~ **roulant** / roller blind || ~ **roulant** / window shade o. blind [(esp.:) spring actuated], rolling window curtain || ~ **roulant à bras de projection** / hook-out blind, roll-up awning || ~ en **toile pour terrasses etc.** (bâtim) / awning, canvas blind || ~ **vénitien** / Venetian blind || ~ **vertical** / Venetian blind with vertical slats
stossbau *m* (mines) / cut-and-fill method, shortwall working
stot *m* (mines) / barrier pillar || ~ de **charbon** / coal pillar || ~ de **limite de concession** / boundary pillar || ~ de **protection** (mines) / barrier [pillar], safety pillar, chain wall || ~ de **protection d'un puits** (mines) / shaft pillar
stout *m* (bière) / stout
stovaïne *f* (chimie) / stovaine
strain-jauge *f* (déconseillé), jauge *f* de contrainte / strain ga[u]ge, extensometer
stramine *f* / canvas, tiffany
strap *m* (ord) / patch cord, jumper cable || ~ de **programmation** / program patch cord
strapontin *m* / tip[-up] seat || ~ du **bus** / aisle seat
strappé (circ.impr.) / connected by strip conductors
strass *m* (verre) / paste, strass
strasse *f* (filage) / refuse silk, silk waste
strate *f* (géol, mines) / measure, stratum, seam, bed || ~ [de **bois]** (contre-plaqué) / ply of plywood || ~ de **roches** / stratified rock[s pl.] || ~ **supérieure** (géol) / superstratum || **~s** *f pl* en **surplomb** (mines) / cap [rock] of a deposit, capping, overlying rock, roof [rock]
stratification *f* (géol) / stratification, bedding || ~ de l'**eau** / water layers *pl* || ~ **entrecroisée ou oblique** (géol) / cross o. current bedding || ~ **horizontale** (mines) / horizontal bedding
stratifié *adj* / stratified || ~ (mines) / in layers || ~ (pap) / laminated || ~ *m* (plast) / laminated plastic, moulded laminate[d material] || ~ (bois) / laminated board || **être** ~ (mines) / be stratified o. straticulate || ~ **[au coton]** (plast) / cotton fabric laminate, fabric-base laminate, laminated cloth o. fabric, resin bonded fabric || ~ à **base de mats de fibre** / glass fibre quilted mat || ~ **basse pression** (plast) / low-pressure laminate || ~ en **couches** (mines) / stratified in layers || ~ **croisé** / cross[wise] laminate || ~ *adj* **croisé ou à couches croisées** (plast) / cross-laminated || ~ *m* d'**emballage** / packaging laminate || ~ *adj* **enroulé et moulé** (plast) / rolled and moulded || ~ *m* aux **fibres de verre** / fiber glass [reinforced] laminate || ~ en **matériaux alvéolaires** / expanded laminate || ~ **moulé** (plast) / laminated moulding || ~ au **papier** / hard paper, resin bonded o. impregnated paper, paper base laminate || ~ *adj* **parallèle** (plast) / parallel laminated || ~ *m* en **planche** (plast) / laminated sheet || ~ à base de **tissu ou de papier** / laminated plastic
stratifier (plast) / laminate || ~ (pap) / cover, laminate
stratifil *m* (filage) / roving || ~ **bouclé** / spun roving || ~ de **verre textile** / textile glass roving || ~ de **verre textile «torsion zéro»** / torsion-free glass roving
stratiforme (mines) / in rows
stratigraphie *f* (science) / stratigraphy || ~ (mines) / disposition of the mass || ~ (rayons X) / tomography
stratigraphique / stratigraphical

stratimat *m* / resin bonded glass mat, glass-mat-base laminate o. plastic
strato·cumulus *m* / stratocumulus || **~pause** *f* / stratopause || **~sphère** *f* / stratosphere || **~vision** *f* (TV) / stratovision, satellite television
stratus *m* (nuage) / stratus
stress *m* (géol) / stress
stretch *m* (tricot) / stretch
striage *m*, cannelure *f* / ribbing, fluting || ~ (roue dentée) / rippling
striation *f* (défaut, coulage centrifuge) / bacon striping || ~ (géol) / harness || ~ (techn) / striation || ~ (semicond, défaut) / striation || ~ (défaut de calandrage) (plast) / pine tree || ~ **alvéolaire** (caoutchouc) / cellular striation || ~ de **Neumann** (crist) / Neumann lamellae o. bands *pl* || ~ par **usure** / scoring || ~ **verticale** (TV) / vertical striation
strict / exacting, strict
striction *f* / contraction o. reduction of o. in area, necking || ~ (phys) / striction || ~ (caoutchouc) / necking || ~ **azimutale ou orthogonale** (plasma) / theta-pinch || ~ en **pourcent** (fonderie) / reduction of area, R. of a || ~ à la **rupture** / reduction o. contraction of o. in area [when breaking] || ~ à la **rupture par fluage** / creep reduction of area
strident / shrill, piercing, sharp
stridulation *f* (télécom) / chirps *pl* || ~ de **manipulation** (télécom) / keying chirps *pl*
strie *f* / schliere || ~, striure *f* / stria (pl.: striae), mark || ~ (lam, défaut) / gouge || **~s** *f pl* (phys) / schlieren *pl*, striae *pl* || **~s** *f pl* (géol) / schlieren *pl* (small masses o. streaks) || **~s** *f pl* (crist) / striae *pl*, striation, (also:) schlieren *pl* (regions of varying refraction) || **~s** *f pl* (plast) / striae *pl* || ~ *f* **aérienne** / streak o. striation in the air o. produced by air || ~ **courte et fine**, strie *f* filiforme (verre) / stria, thread, ream || **~s** *f pl* **croisées** (pince) / crosswise serration || **~s** *f pl* **droites** (pince) / transverse serration || **~s** *f pl* **glaciaires** / glacial action marks *pl* || **~s** *m pl* de **glissement ou de frottement** (géol) / harness || **~s** *f pl* **inclinées** (pince) / inclined serration || **~s** *f pl* de **lame du docteur** (pap) / ductor blade streaks *pl* || ~ *f* due au **laminage froid** (lam, défaut) / gouge || ~ de **meulage** / grinding mark o. trace || **~s** *m pl* de la **pince** / gripping surface of tongs, serration || ~ *f* de la **rectification** (m.outils) / ghost line
strié / ribbed, fluted || ~ (lam) / checkered || ~ (pince) / serrated || ~ (tex, défaut) / cloudy, striped, barry, streaky || ~ (joint d'étanchéité) / grooved || ~ en **long** / ribbed longitudinally
strier / corrugate || ~ (carton) / score *vt*, crease || ~ (se) / get grooved o. striated o. streaked
striogramme *m* / schlieren photograph
strioscope *m* / striae measuring apparatus, schlieren set-up
strioscopie *f* / schlieren method
strioscopique / schlieric
stripage *m* (lam) / stripping || ~ (pétrole) / stripping || ~ (ELF) (nucl) / stripping reaction
striper (nucl) / strip the atom
stripeur *m*, strippeur *m* (sidér) / ingot stripper || ~ (chariot él.) / pusher
stripper *m*, dégazolineur *m* (pétrole) / stripper || ~, colonne *f* de rectification (pétrole) / stripper, stripping column, [stripping] still
stripping *m* (pétrole) / stripping
striqueuse *f* (tiss) / laying down gig
stroboscope *m* / stroboscope, timing light (US) || ~ à **éclats** / high-speed flash stroboscope || ~ à **lampe au néon** / neon lamp stroboscope
stroboscopique / stroboscopic
stromeyérite *f* (min) / stromeyerite
strong rubber *m* / strong rubber
strontiane *f* / oxide of strontium, strontia
strontianite *f*, strontiane *f* carbonatée (min) / strontianite
strontique / strontium...
strontium *m* (chimie) / strontium, Sr
stross *m* (mines) / stope
structural / textural, structural
structure *f* (disposition des éléments d'un tout) / structure || ~ (sidér) / structure, texture, microstructure || ~, bâtiment *m* / construction, structure, building || ~ (pierre) / grain of a stone || ~, ossature *f* (bâtim) / [structural] framework, frame, carcass || ~ (math) / structure || **à ~ plane** (bâtim) / single storied || **à ~ vacuolaire** / foamy, frothy || **de ~** / textural, structural || **du fait de la ~ de la matière** / as conditioned by the material || ~ en **acier formée de tôles** / steel plate structure || ~ **aléatoire** / random structure || ~ **atomique** / atomic structure || ~ **bainitique inférieure** (sidér) / lower bainitic structure || ~ **bainitique** (sidér) / bainite [structure] || ~ de **bande** (sidér) / banding || ~ en **bandes** (sidér) / bands *pl*, banded o. banding structure || ~ **basaltique** (crist) / columnar structure || ~ de **bloc** (ord) / record format o. layout || ~ **brute** (fonderie) / cast structure || ~ à **bytes jumelés** (ord) / double-byte structure || ~ de la **cassure** / fracture || ~ en **chapelet** (sidér) / stippling || ~ à **cœur** (fonderie) / core structure || ~ de **coulée** (fonderie) / cast structure || ~ **cristalline ou du cristal** / crystal[line] structure || ~ **cubique** / cubical structure || ~ **cyclique** (chimie) / ring structure || ~ **défectueuse** (crist) / defect structure || ~ **détériorée** (sidér) / disturbed structure || ~ de **domaines** (phys) / domain structure || ~ de **données** (ord) / file structure, data format || ~ **double** / twinning || ~ **élémentaire de la matière** (phys) / ultimate structure || ~ **eutectique** / eutectic structure || ~ de la **feuille** (pap) / sheet formation || ~ en forme de **fibres spirales** / helical fiber structure || ~ **fibreuse** (sidér) / fibering *pl*, fibrous structure || ~ **filandreuse** (géol) / flaser structure || ~ **fine** / fine structure || ~ **fluidale** (géol) / fluidal texture, flow structure || ~ **fondamentale** / skeletal structure || ~ **fondamentale** (math) / fundamental structure || ~ des **frais** / cost structure || ~ **générale** (ord) / major structure || ~ **glanduleuse** (géol) / flaser structure || **~s** *f pl* **gonflables** / air-supported structures *pl* || ~ *f* **granulaire** (sidér) / granular structure o. texture || ~ **granuleuse** (phot) / granularity of emulsion, grain[eness] || ~ **granuleuse** (plast) / granular structure || ~ **grumeleuse** (sol) / crumbliness, crumbly o. friable structure || **~s** *f pl* **hydrauliques** / hydraulic structure, -s *pl* || ~ *f* **hyperfine** / hyperfine structure, hfs || ~ de l'**instruction** (ord) / instruction format || ~ **intégrée** (semicond) / overlay technique || ~ **lâche** (sidér) / porous structure || ~ **lamellaire** / lamellar structure || ~ des **lignes** (TV) / line structure || ~ **logique** (ord) / logic design || ~ **macrogéométrique** / macrostructure || ~ de **message** / information format || ~ **modulaire** / modular structure || ~ **moléculaire ou des molécules** / molecular structure || ~ **monocoque** / monocoque system || ~ **mosaïquée** (crist) / mosaic structure || ~ **multicellulaire** (aéro) / multicell structure || ~ **multiligne** (ord) / multiline format || ~ **multiple** (math) / multiple structure || ~ en **nid d'abeilles** / honeycomb structure || ~ **nucléaire** / nuclear structure || ~ à **ondes lentes** / slow-wave structure || ~ **ordonnée** (math) / order structure || ~

pneumatique / air-inflated structure o. tent, inflated tent || ~ **polaire-apolaire** (agent de surface) / polar non-polar structure || ~ des **pores** / pore structure || ~ **poreuse** (sidér) / porous structure || ~ **porteuse plane** (bâtim) / plane load-bearing structure || ~ **porteuse à trois dimensions** / space frame structure || ~ à **portiques** / framework construction || ~ à **rainures longitudinales** (pneu) / longitudinal grooved profile, continuous groove profile || ~ **ramifiée** (sidér) / feathery structure || ~ **réticulaire** (sidér) / lattice structure || ~ **réticulée** (bâtim) / tracery || ~ de **revenu** (sidér) / structure as tempered || ~ **rigide** (bâtim) / rigid framework || ~ des **salaires** / wage structure || ~ de **sauvetage gonflable automatiquement** (nav) / automatic life-raft || ~ **semi-monocoque** (aéro) / semimonocoque design || ~ du **sol** / soil structure || ~ **sous-microscopique** / submicrostructure || ~ **sphéroïdale** (sidér) / spheroidized structure || ~ de la **surface** / superficial structure || ~ **trachytoïde** (géol) / trachytic structure || **~s-types** *f pl* (crist) / structural types *pl* || ~ *f* **vibrante** (nucl) / vibrating structure

structurer / structure *vt*, form into a structure

struvite *f* (min) / struvite, struveite, guanite

strychnine *f* / strychnine

stub *m* (antenne) / stub

stuc *m* / [plaster] stucco, cement of plaster || **~s** *m pl* / stuccowork, stucco decoration || ~ *m* **mêlé de mastic** / stucco mixed with linseed oil and lime

stucage *m* / stuccowork, stucco decoration

stucateur *m* / worker in stucco, plasterer

stucatine *f* (bâtim) / stuc (a stone imitation by plaster)

studio *m* (bâtim) / studio, study || ~ (logement) / efficiency [apartment] (US), bed-sitting-room, bed-sitter (fam) || ~ (film) / film studio || ~ (radio) / studio || ~ [d'**enregistrement**] (électron, TV) / dubbing studio, recording studio || ~ **multirésonnant** / broadcasting studio || ~ **sonorisé** (film) / film studio || ~ pour **télévision** / telestudio, teletorium, TV studio

stupéfiant *m* / intoxicant, intoxicating drug, dope (coll)

stuquer / decorate o. coat with stucco, stucco *vt*

style *m* / style, architecture, construction, structure || ~ (cadran solaire) / gnomon || ~ **architectural** / constructional form || ~ **carré** (typo) / grouped style || ~ **diviseur** (techn) / dividing point || ~ **nouveau** (astr) / New Style, NS

stylet *m* **inscripteur** / stylus, recorder jewel || ~ **inscripteur en agate** / jewel stylus || ~ **vibreur** / vibracorder

stylisme *m* / design

styliste *m* / designer, styling man

stylo *m* (NC) / pen || ~ à **bille** / ball point pen || **~-dosimètre** *m*, stylo *m* exposimètre / pen dosimeter || ~ à **encre de Chine** / India o. China ink pen

styrax *m*, storax *m* / storax

styrène *m*, styrol, styrolène *m* / styrene, styrol[ene], phenylethene || **~-acrylonitrile** *m* (plast) / styrene-acrylonitrile || ~ **brut** / crude styrene || **~-butadiène** *m*, SB / styrene-butadiene, SB || **~-caoutchouc** *m* / styrene rubber || ~ **vinylique** / vinyl styrene

styrénique / styrene...

Styrofoam *m* / Styrofoam

suage *m* / creasing tool

sub·additif (math) / subadditive || **~aquatique** (p.e. photo) / underwater... (e.g. shot) || **~atomique** / subatomic || **~cadmique** / subcadmium... || **~-compacte** *f* (auto) / subcompact

subdivisé (contr.qual) / subdivided, replicate[d]

subdivision *f*, branche *f* / subdivision, branch || ~, classification *f* / subdivision || ~, sous-genre *m* / subspecies || ~ d'un **angle** / subdivision of an angle || **~s** *f pl* **multiples** / subdivision of parts into more parts

subduction *f* (nucl) / subduction

suber *m* (bot) / suber, phellem

subéreux / suberose, corky

subérine *f* (bot) / suberin

subérique (chimie) / suberic

subérisation *f*, subérification *f* / suberization

subgravité *f* / subgravity

subir une **avarie** / suffer sea-damage || ~ le **fluage** / creep || ~ une **modification** / undergo a change || ~ la **trempe superficielle** / case-harden

subjectif / subjective

subjectile *m* (peinture) / substrate, support

sublimable / sublimable

sublimant (chimie) / subliming

sublimation *f* / sublimation

sublimé *adj* / sublimed || ~ *m* / sublimate || ~ **corrosif** / chloride of mercury, mercuric chloride, mercury(II) chloride || ~ **doux** / mercurous chloride, calomel, mercury(I) chloride

sublimer (chimie) / sublimate, sublime

submergé (soudage) / submerged || **être** ~ (nav) / sink, founder, go under

submerger / inundate, submerge, overflow, flood, overrun, swamp

submersible *adj* / submergible, submersible || ~ *m* / submarine [boat], U-boat

submersion *f* / submersion || ~ (hydr) / inundation, flooding || ~ du **terrain** (géol) / submergence of ground

sub·micron *m* / submicron || **~microscopique** / submicroscopic || **~miniature**, de subminiature (électron) / subminiature... || **~miniaturisation** *f* (électron) / subminiaturization || **~ordination** *f* / subordination || **~ordonné** / subordinate, ancillary || **~particule** / subatomic || **~particule** *f* / subatom || **~raclette** *f* / one-bladed hand hoe

subséquent / subsequent, succeeding || ~, postérieur (traitement) / posterior, after...

subsonique / subsonic

substance *f* (phys) / substance, matter || ~ (chimie) / body || ~ **absorbante** (électron) / space-cloth || ~ **active** / working substance || ~ **active au bleu de méthylène** / methylene-blue active substance, MBAS || ~ **agglutinante ou agglutinative** / gum, adhesive, bonding agent o. cement, cement || ~ **amère** (bière) / bittern || ~ **antiferromagnétique** / antiferromagnet || ~ d'**aplatissement** (réacteur) / flattening material || ~ de **base** / base o. basic material || **~s** *f pl* **chimiques** / chemicals *pl* || ~ *f* à **clarifier la bière** / beer fining || ~ **combustible** / combustible substance || ~ de **contraste** (rayons X) / contrast medium || ~ de **croissance** / growth[-promoting] substance o. factor, (esp.:) growth hormone || ~ **diamagnétique** / diamagnetic substance || ~ à l'**épaississement des couleurs** (teint) / inspissation, thickener, thickening matter || ~ **équivalente à l'air, [au tissu]** (nucl) / air, [tissue] equivalent material || ~ d'**extinction du feu** / fire extinguishing substance || ~ **ferromagnétique** / ferromagnetic material || ~ **fertilisante** / fertilizer, fertilizing agent || ~ de **filiation** (nucl) / daughter substance || ~ **fluorescente** (r.cath.) / phosphor || **~-génératrice** *f* / mother substance || ~ d'**imprégnation** / impregnating agent o. compound

o. composition o. fluid o. substance o. preparation || ~ **luminescente** / luminous matter o. substance || ~ **mère** (chimie) / parent o. mother substance || ~ **nocive ou nuisible** / noxious matter, harmful substance || ~ **odorante** (biol) / osmophore, odoriphore || ~ **odorante** (chimie) / odorizer || ~ **ostéotrope** (nucl) / bone seeker || ~**s** *f pl* **photosensibles** (phys) / photochromics *pl* || ~**s** *f pl* **plastiques synthétiques** / plastics *pl* || ~**s** *f pl* **polluantes contenues [dans les produits ou dans les effluents]** / contents of polluants o. of harmful substances || ~ *f* **radioactive** (nucl) / contaminant || ~ **radiomimétique** / radiomimetic agent || ~ de **référence** (chimie) / standard o. comparison substance || ~ **servant à décaper** (sidér) / pickling agent || ~ **servant à nettoyer** / cleanser, cleaning o. scouring material || ~ **titrimétrique normale ou étalon** / standard titrimetric substance || ~ **végétale** / plant substances *pl*
substantiel / intensive, strong, matterful || ~ (Neol. à déconseiller), important / substantial, considerable
substantif (teint) / substantive, direct
substituant *m* (chimie) / substituent
substitué (chimie) / substituted
substituer [à] / substitute, replace [by] || ~ une **quantité** (math) / substitute a quantity
substitueuse *f* de **traverses** (ch.de fer) / sleeper (GB) o. tie (US) exchanging machine
substitut *m* / substitute, surrogate || ~ de **tartre** (teint) / acid sodium sulphate
substitution *f* / replacement, substitute || ~ (math) / transposition || ~ (géol) / replacement, metasomatism, -tosis || ~ [à] (chimie) / substitution [for] || **de** ~ / standby..., replacement || ~ de la **chaîne latérale** (chimie) / side [chain] substitution
substrat *m* / feedstock || ~ (chimie) / substrate || ~, chip *m* (c.intégré) / dice, chip || ~ (biochimie) / substratum, substrate || ~ **agricole en mousse expansée** (plast) / foam for agricultural uses
substratum *m* (agr, phot, géol) / substratum, subsoil
substructure *f* (techn) / substructure || ~ (bâtim) / substructure, substruction, basement
subtil, fin / thin, fine
subtilité *f* (poudre) / fineness
subtransitoire (électr) / subtransient
subtropical / subtropic[al], semitropical
suc *m* / juice || ~ (bot) / sap || ~ du **Japon** (tan, teint) / catechu [black], cashoo, cutch
succédané *m* / substitute, surrogate || ~ de **café** / coffee substitute || ~ de **cuir** / imitation leather
succès, avec ~ / effectual, successful || ~ **durable** / permanent success
successeur *m* (math) / successor
successif / successive
succession *f* / succession, sequence, series || ~ **aléatoire** (math) / random sequence || ~ des **billettes** (lam) / billet sequence || ~ de **bonds** (instr) / erratic indication || ~ des **évènements** / sequence of events || ~ des **manœuvres** / switching sequence, sequence of operations || ~ des **opérations** (électr) / closing sequence || ~ des **passes** (lam) / pass sequence || ~ de **régions** (semicond) / sequence of zones o. of regions || ~ dans le **temps** / succession in time
successivement / successively
succin *m* (min) / amber, succinite
succinéine *f* / amber resin, resin of amber
succinimide *m* / succinimide
succinite *f* (min) / succinite, amber
succinylique (chimie) / succinyl...
succion *f* (phys) / suction, intake || ~ (aéro) / suction, pull
succulent / succulent
succursale *f* / branch [establishment]
sucer / suck || ~ (chimie) / take up, absorb || ~ le **sol** (agr) / exhaust the soil
suceur *adj* (électr) / negative booster... || ~ *m* de **vase** (drague) / mud o. sludge suction dredger
suceuse *f* / suction implement || ~, drague *f* suceuse avec chapelet / compound dredger || ~ (laine) / suction extractor || ~ (manutention) / suction nozzle
sucratage *m* / desweetening ("sweetening-off" should be phased out) || ~ de la **mélasse** / sugar extraction
sucrate *m* de **calcium** (chimie) / calcium saccharate o. sucrate || ~ **monocalcique** / monocalcium saccharate || ~ de **strontium** / strontium sucrate
sucraterie *f* / sugar extraction plant
sucratier *m* / chief of sugar extraction plant
sucre *m* / sugar || ~ (Belg) (électr) / insulating screw joint, lustre terminal || ~ **affiné** (sucre) / affinated o. affination sugar || ~ de **betteraves** / beet o. beet root (US) sugar || ~ de **bois** / wood sugar, xylose || ~ **brut**, sucre *m* cuite / coarse o. crude o. raw sugar || ~ **brut de betteraves** / raw beet sugar || ~ **candi** / candy, candied sugar || ~ de **canne** / cane sugar || ~ **cétonique** / ketose || ~ de **consommation directe** / [unrefined o. direct] consumption sugar || ~ **cristallisé** / crystal sugar || ~ **cristallisé 3ᵉ jet ou dernier jet** (sucre) / third jet, afterproduct || ~ **cristallisé premier jet** / first [product o. class] sugar || ~ de **Cuba** / Cuban sugar || ~ **cuite** voir sucre brut || ~ de **deuxième jet** / second raw sugar || ~ **dextrogyre** / dextrorotatory sugar || ~ **disponible** / spot sugar || ~ **granulé** / granulated sugar || ~ **humide** / moist sugar || ~ **interverti** / invert sugar || ~ de **lait** / milk sugar, lacto[bio]se || ~ **lévogyre** / laevo-rotatory sugar || ~ du **maïs** / corn sugar (US) || ~ **marchand** / [unrefined o. direct] consumption sugar || ~ **mélasse** / sugar extracted from molasses || ~ en **morceaux** (sucre) / granulated sugar cubes *pl* || ~ en **morceaux [cubiques]** / cube sugar || ~ d'**orge** / malt-sugar, maltose || ~ du **palmier** / palm sugar || ~ **pilé** / pilé sugar || ~ de **plomb** / neutral lead acetate, lead sugar || ~ en **poudre** / powdered sugar, icing o. castor sugar (GB), confectioners sugar (term to be phased out) || ~ de **premier jet** / first raw sugar || ~ **raffiné** / white refined sugar, white [direct consumption] sugar || ~ **raffiné en pains** / loaf o. cone sugar || ~ **réducteur** / reducing sugar o. (esp.:) saccharide || ~ à **refondre** / remelt sugar || ~ **roux** voir sucre brut || ~ **semoule** / castor sugar || ~ **têté** / sugar loaf, sugar cone || ~**s** *m pl* **totaux** / total sugar's content
sucré / sugared, sweetened, sweet
sucreries *f pl* / confections *pl* || ~ *f* **betteravière ou de betteraves** / beet sugar factory || ~ de **canne** / cane sugar mill || ~ pour **sucre brut** / sugar mill || ~ pour **sucre raffiné** / sugar factory
sud *m* **magnétique** (nav) / magnetic south
suède *m* (cuir) / suede, suède
suer *vi* / sweat *vi*, show condensation || ~ *vt* / exude *vt*, sweat *vt*
sueur *f* / sweat, perspiration
suffire / suffice *vi*, be sufficient
suffisamment tôt / in time
suffisant / adequate [to] || ~ (math) / sufficient
suffixe *m* / suffixe
suffocant (chimie) / suffocating
suffoquer *vi vt* / suffocate *vi vt*
suggestion *f* / suggestion
suie *f* / soot || ~ (fonderie) / fly ash, soot || ~ de **cheminée** / chimney soot || ~ **cristallisée** / shining

soot || ~ **inactive** / thermal o. thermatomic [carbon] black, non-reinforcing black || ~ **mercurielle** / mercurial soot, stupp
suif *m* / tallow || **de** ~ / tallowy, made from tallow || **de la nature du** ~ / tallowy || ~ de **bœuf** / beef dripping o. suet || ~ de **Chine** / Chinese tallow || ~ de **Malabar** / vegetable tallow || ~ **minéral** / mineral wax, (esp.:) ozokerite || ~ de **mouton** / mutton fat
suiffeux / tallowy, greasy
suint *m*, suin *m* (laine) / suint || ~ (verre) / gall of glass, salts *pl*, saltwater || **en** ~ (laine) / in oil
suintage *m* de la **colle** / glue penetration
suinté (géol) / vadose
suintement *m* / ooze, oozing
suinter / ooze *vi*, seep, trickle *vi* || ~ (bâtim) / sweat, show condensation || **[faire] ~ à travers** / percolate *vi [vt]* || ~ [à **travers]** / leak through, ooze, seep, soak
suite *f*, ordre *m* / order, turn, [consecutive] sequence || ~, continuation *f* / continuation, sequel || ~, succession *f* / succession, sequence, series || **à la** ~ / rear, posterior || **de** ~, successif / successive || **trois fois de** ~ / three successive times || ~ d'**auditions** (radio) / radio series || ~ **convergente** (math) / convergent sequence || ~ de **couches** (géol) / series of strata || ~ des **couleurs** / colour sequence || ~ d'**éclats lumineux** / flash period || ~ des **évènements** / sequence of events || ~ de **jobs présentés sous file** (ord) / stacked job processing, sequential job scheduling || ~ de **nombres** / sequence of numbers || ~ de **nombres aléatoires ou au hasard** (math) / random number sequence || ~ des **opérations** / process cycle o. sequence || ~ des **opérations** (ordonn) / sequence of operations || ~ des **opérations sélective** (ord) / selective sequence || ~ des **phases** / sequence of phases || ~ **récurrente** (math) / recursively defined sequence
suivant / following, next || ~ / according [to] || **en** ~ / rear, posterior || ~ un **axe** (vol) / along an axis || ~ les **distances nécessaires** (télécom) / equidistant || ~ la **normale à la stratification** (mines) / flatwise || ~ **plan** / as scheduled, methodic[al]
suiveur *adj* (ELF) (espace) / tracking || ~ *m* (ELF) (espace) / tracker || ~ [des **pièces]** (ordonn) / dispatcher, expediter, follow-up clerk || ~ **stellaire** (ELF) (espace) / astro o. star tracker || ~ de **trains** (mines) / trip rider
suivi *adj* / contiguous, continuous || ~ (bain de teinture) / standing, old || ~ *m* (espace) / tracking, orientation
suivre *vt* / succeed, follow, come after || **faire ~ la ligne de niveau** (routes) / contour || ~ un **chemin** / follow, go along || ~ le **filon** (mines) / trace a vein || ~ la **trace** / track, trace
sujet *adj* [à] / subject [to] || ~ *m* / subject, matter || **au ~ [de]** / about, concerning || ~ d'**expérience** / person experimented upon || ~ à se **gâter** / perishable
sujétion *f* (brevet) / disadvantage, drawback || ~ aux **conditions d'environnement** / subjection to environmental conditions
sulfamate *m* / sulphamate, sulfamate || ~ d'**ammonium** / ammonium sulphamate || ~ de **nickel** / nickel sulphamate
sulfamide *m* / sulfamide, sulfa drug
sulfatage *m* / sulphation, sulphating || ~ (agr) / treating with copper(II) sulphate o. with blue vitriol
sulfatation *f* / sulphation, sulphating
sulfate *m* / sulphate, sulfate (US) || ~ **acide** / bisulphate || ~ **acide de sodium** (teint) / acid sodium sulphate || ~ d'**aluminium** / aluminium sulphate, sulphate of alumina || ~ d'**aluminium-potassium** / aluminium potassium sulfate || ~ d'**amidon** / starch sulphate || ~ d'**ammonium ferrique** / iron(III) ammonium sulphate, ferric alum || ~ d'**ammonium ou d'ammoniaque** / ammonium sulphate || ~ de **baryum** (chimie) / tiff (US), barium sulphate || ~ de **baryum opaque** (rayons X) / barium meal || ~ de **calcium** / calcium sulphate || ~ de **calcium hémihydraté dit bêta** / calcium sulphate hemihydrated (so called beta), plaster of Paris || ~ **céreux** / cerium(III) sulphate || ~ de **chaux anhydre** / anhydrite || ~ **chromique** / wool mordant, chromic sulphate || ~ de **cuivre** (commerce) / copper(II) sulphate, blue vitriol || ~ **cuivrique** (chimie) / copper(II) sulphate || ~ de **cuprammonium** / tetrammine copper(II) sulphate(VI) || ~ de **diméthyle** / dimethylsulphate || ~ **double** / double sulphate || ~ II d'**étain** / tin(II) sulphate || ~ de **fer** / iron sulphate || ~ **ferreux** / [green] copperas, iron(II) sulphate || ~ **ferrique** / iron(III) sulphate || ~ d'**hydrazine** / hydrazin[e] sulphate || ~ d'**hydrogène** / bisulphate || ~ d'**hydrogène potassique** / potassium hydrogen sulphate || ~ d'**hydroxy-8-quinoléine** / 8-hydroxyquinoline sulphate || ~ de **magnésium** / magnesium sulphate || ~ de **manganèse** / manganese sulphate || ~ **neutre de sodium** / sodium sulphate, Glauber's salt || ~ de **nickel** / nickel sulphate || ~ de **nickel et d'ammonium** / nickel ammonium sulphate || ~ **plombeux ou de plomb** / lead sulphate || ~ de **potassium** / potassium sulphate || ~ de **radium** / radium sulphate || ~ de **sodium** / sodium sulphate || ~ **stanneux** / tin(II) sulphate || ~ de **strontium** / strontium sulphate || ~ de **zinc** / zinc sulphate, sulphate of zinc || ~ de **zinc** (teint) / white vitriol
sulfaté / sulphated
sulfater / sulphate, sulphatize, sulfate o. sulfatize (US) || ~ (agr) / treat with copper(II) sulphate o. with blue vitriol
sulfateur / sulphating
sulfatiser / sulphate *vt*, sulphatize
sulfhydrate *m* / sulfhydrate
sulfhydromètre *m* / sulphohydrometer
sulfidisation *f* (fonderie) / sulphidizing
sulfidité *f* (pap) / sulphidity
sulfindigotine *f* / sulphate of indigo, sulphindigotic acid
sulfinisation *f* / sulphinizing
sulfiniser / sulphinize
sulfinuzation (techn) / sulfinuz processing
sulfinuzé / treated by sulfinuz process
sulfitage *m* (teint) / sulphidizing
sulfitation *f* / sulphitation || ~ (tenside) / sulphur formation || ~ **finale** (sucre) / final sulphitation || ~ du **sirop** / thick juice sulphitation
sulfite *m* / sulphite, sulfite (US) || ~ **acide** / bisulphite, hydrogen sulphite || ~ d'**ammonium ou d'ammoniaque** / ammonium sulphite || ~ d'**hydrogène** / hydrogen sulphite, bisulphite || ~ de **sodium** / sodium sulphite
sulfo·bactériales *f pl* / sulphur bacteria *pl* || **~base** *f* / sulpho base || **~carbonate** *m* / thiocarbonate || **~chlorage** *m* (paraffine) / sulphochlorination || **~chlorure** *m* / thiochloride || **~cyanate** *m*, -cyanure *m* / rhodanide, thiocyanate || **~cyanique** / thiocyanic
sulfocyanure *m*, -cyanate *m* / rhodanide, thiocyanate || ~ **cuivreux** / copper(I) thiocyanate || ~ **cuivrique** / copper(II) thiocyanate || ~ de **fer** / iron thiocyanate || ~ **ferrique** / iron(III) thiocyanate

|| ~ **mercurique** / mercury(II) thiocyanate o. sulfocyanate o. sulfocyanide || ~ de **potassium** / potassium thiocyanate
sulfonate *m* de **benzène d'alkyle** / alkylbenzenesulphonate || ~ de **phénol** / phenolsulphonate
sulfonation *f* / sulphonation
sulfone *f* / sulphone
sulfoné, être ~ / undergo sulphonation
sulfoner / sulphonate *vt*, sulfonate (US), sulphurize, sulfurize (US)
sulfo·nitruration *f* / sulphonitriding || **~-urée** *f*, sulfoürée *f* / thiocarbamide, thiourea
sulfoxyde *m* **diméthylique** / dimethylsulfoxide
sulfurage *m* (viniculture) / treating the roots of vines with injected carbon disulphide
sulfuration *f* (chimie) / sulphuration o. sulphurizing (GB), sulfuration o. sulfurizing (US) || ~ du **caoutchouc** / vulcanization
sulfure *m* / sulphide, sulfide (US), sulphuret, sulfuret (US) || ~ d'**alkyle** / alkyl sulphide || ~ d'**antimoine** / antimony sulphide || ~ d'**argent** / silver sulphide || ~ de **cadmium** / cadmium sulphide, orange cadmium (US) || ~ de **cadmium** (couleur) / cadmium yellow || ~ de **calcium** / calcium sulphide || ~ de **calcium luminescent** / luminous calcium sulphide, Canton's phosphorus || ~ de **carbone** / carbon disulphide || ~ de **cobalt** / cobalt sulphide || ~ de **cuivre** / copper sulphide || ~ **cuivreux** / copper(I) sulphide || ~ **cuivrique** / copper(II) sulphide || ~ **diéthylique** / [di]ethyl sulphide, thioethyl ether || ~ II d'**étain** / tin(II) sulphide || ~ de **fer** / iron sulphide || ~ **ferreux** / iron(II) sulphide || ~ **ferrique** / iron(III) sulphide || ~ d'**hydrazine** / hydrazin[e] sulphide || ~ d'**hydrogène** / hydrogen sulphide, hydrosulphide, bisulphide, sulphur hydride || ~ **jaune d'arsenic** (min) / orpiment, yellow arsenic trisulphide || ~ **lumineux** / luminous sulphide || ~ **manganeux** (chimie) / manganese(II) sulphide || ~ **mercurique** (chimie) / mercury(II) sulphide || ~ **mercurique noir** (min) / metacinnabarite, black [sulphide of] mercury, amorphous [black] mercuric sulphide || ~ **mercurique rouge** (min) / cinnabar, native red mercuric sulphide || ~ de **molybdène** (min) / molybdenite || ~ **niccoleux** / nickel(II) sulphide || ~ **phosphorique** / phosphorus(V) sulphide o. pentasulphide o. persulphide || ~ de **potassium** / potassium sulphide || ~ de **sodium** / sodium sulphide || ~ **stanneux** / tin(II) sulphide
sulfuré (chimie) / sulphured
sulfureux (qui tient de la nature de soufre) / sulphur[e]ous, sulfur[e]ous (US) || ~ (qui contient des dérivés de soufre) / containing sulphur derivatives, sulphur[e]ous || ~ (gaz, pétrole) / sour
sulfurifère / sulphur[e]ous, sulfur[e]ous (US)
sulfurisé *m* (pap) / vegetable parchment
sulfuriser / sulphurize
sulvanite *f* (pyrite de cuivre et de vanadium) (min) / sulvanite
sumac *m* (bot) / sumac
sundeck *m* / sundeck
sunn *m* / sunn [hemp]
super *vt* (nav) / suck water || ~ *vi* (tuyau) / get plugged up || ~ *m* (carburant) / premium grade gasoline (US), premium (US), supergrade petrol (GB) || ~ **33 tours** (phono) / long playing record, L.P. || **~-grand-angle** *m* (phot) / semi-fish eye || **~aérodynamique** *f* / super-aerodynamics || **~alliage** *m* / superalloy || **~audible** / superaudible || **~automatique** / superautomatic || **~calandre** *f* (pap) / supercalender || **~calandré** (pap) / supercalendered, s.c., high mill finish || **~carburant** *m* (ELF) / premium grade gasoline (US), premium (US), supergrade petrol (GB) || **~cardioïde** (microphone) / supercardioid || **~carré** (alésage supérieur à la course) / oversquare || **~cavitant** (hélice nav) / supercavitation..., fully cavitating || **~centrale** *f* / superpower station, huge power station, long-distance supply station || **~choc** / highly shock-resistant || **~ciment** *m*, ciment *m* C.P.A. 500 / cement 50 (ISO) || **~citernier** voir superpétrolier || **~cops** *m* / supercops || **~critique** (aéro) / supercritic
supérette *f* / foodstuff supermarket
superficie *f* / surface || ~ / superficial extent, area || ~ de **contact** (engrenage) / area of contact || ~ de **contact** (électr) / contact surface, area of contact || ~ de **discontinuation** (hydr) / discontinuity surface || ~ de **fenêtres** / window area || ~ **réservée à la circulation** / traffic area || ~ de la **terre** / the earth's surface || ~ de la **terre** (mines) / surface || ~ **visible [non fonctionnelle]** / visible surface
superficiel / superficial, on the surface || ~ (trou de vers) / shallow
super·fini / superfinished, microfinished, superhoned || **~finir** (m.outils) / superfinish *vt*, microfinish *vt*, superhone || **~finition** *f*, superfinish *m* / superfinish, superhoning, microfinish, -stone || **~flu** / dispensable, superfluous, unnecessary || **~fluide** (phys) / superfluid || **~géante** *f* (astr) / supergiant || **~hétérodyne** *f* (radio) / superheterodyne || **~iconoscope** *m* (TV) / image o. super-iconoscope, superemitron
supérieur / superior, upper, higher || ~ (contr.aut) / supremal || ~ (typo) / superior || ~, de haute qualité / high-quality..., high-grade, superior || ~ **[à]** / better [than] || ~ **ou égal** [à] / greater than or equal to
supériorité *f* (gén) / superiority
super·marché *m* / supermarket || **~novæ** *f pl* (astr) / supernovae, SN *pl* || **~orthicon** *m* / super- o. image-orthicon camera || **~pétrolier** *m* / supertanker, ultra-large crude carrier, ULCC || **~phosphate** *m* / superphosphate || **~phosphate** *m* de **calcium ou de chaux** / calcic superphosphate || **~plasticité** *f* / superplasticity || **~polyamide** *m* / superpolyamide || **~polymère** (chimie) / superpolymer || **~population** *f* (nucl) / overpopulation || **~posable** / stackable, stacking
superposé / superimposed, lying upon another || ~ (radio) / superimposed || ~ (antenne) / stacked || ~ (radar) / superimposed
superposer / superimpose || ~ (b.magnét) / overwrite || ~ (routes) / make an overpass || ~ (OCR) / superimpose (OCR) || ~ (géom) / superpose || ~ (se) (géom) / be superposed
superposition *f* (gén) / superposition || ~ (TV) / overlay || ~ des **couches** (plast) / lay-up || ~ des **couleurs** (TV) / colour registration || ~ de **courant continu** / d.c.-superposition || ~ de **lignes** / overlapping of lines || ~ du **voile** / superposition of web
super·radiance *f*, -radiation *f*, -rayonnement *m* (opt) / superradiance || **~rayonnant** / superradiating || **~réfractaire** / superrefractory || **~réfraction** *f* (radar) / superrefraction || **~régénération** *f* (électron) / superregenerative coupling, superreaction || **~satiné** (pap) / highly glazed || **~signalisation** *f* **«danger grave»** (routes) / [final] danger sign || **~sonique** *adj* / supersonic *adj* || **~sonique** *m* / supersonic aircraft o. plane, supersonic
superstructure *f* (gén) / superstructure || ~ (ch.de fer) / superstructure of a wagon o. coach || ~ (bâtim) / upper works *pl*, superstructure || ~ (routes) / road

crust || **sans** ~ (techn) / low-built, without superstructure || ~ **ballastée** (ch.de fer) / ballasted track || ~ [de **chemin de fer]** (ch.de fer) / superstructure || ~ d'une **locomotive** (ch.de fer) / superstructure of a locomotive || ~ **métallique** / steel superstructure || ~ de **navire** / superstructure *pl* || ~ d'un **pont** / superstructure of a bridge || ~ du **pont exposé** (nav) / upper works *pl* || ~ sur **traverses en bois** / wooden sleeper track || ~ de la **voie** (ch.de fer) / superstructure, permanent way

supertanker *m* / ULCC-ship, ultra-large crude carrier

superviseur *m* (ord) / executive [routine] || ~ (COBOL) / supervisor || ~ (cinéma) / monitor

supervision *f* / checking

supplanter / supplant, supersede, displace

supplément *m* / supplement, extra || ~ (taximètre) / excess fare, supplement || ~ (salaire) / bonus || ~ d'un **angle** / supplementary angle, contiguous o. adjacent o. adjoining angle || ~ d'un **brevet** / supplementary patent specification || ~ de **consommation** / additional consumption || ~ des **frais généraux sur les salaires** / labour burden || ~ du **poids** / additional charge for excess weight || ~ de **poids**, surpoids *m* / excess weight, overweight || ~ pour le **rendement** / piecework supplement, incentive earning o. wage || ~ de **taxe** (ch.de fer) / excess fare, supplement || ~ de **torsion** / stranding allowance || ~ de **traitement** / salary increase, pay raise (US) o. rise (GB)

supplémentaire / supplementary, additional, extra, accessory || ~ (p.e. fonction) / additional || ~ (techn) / booster...

support *m* / support, rest, stay, stand, prop || ~ (techn) / bracket, rest, sustainer || ~ (repro) / base material, base stock || ~, pilier *m* de soutien / pillar, support || ~, pied *m* / stand, support || ~ (plast) / supporting base || ~ (semicond) / supporting plate || ~ (peinture) / base, substrate || ~, poteau *m* / post, stay, prop || ~, patte *f* d'attache / bracket, bearer, lug, standard || ~, appui *m* (techn, constr.en acier) / bearing, support || ~, palier *m* (techn) / pillow block, pedestal || ~ (touret) / pressure rest || ~ (mines) / timbering and walling || ~ (filage) / former || ~ (couleur) / vehicle, medium || **de** ~ / supporting, carrying, holding || ~ **adaptateur** (électr) / tube adapter || ~ d'**amortisseur** (auto) / shock absorber bracket || ~ d'**ancrage** (ligne de contact) / anchoring support, end tensioning post || ~ d'**antenne parabolique rotatif** (aéro) / rotating reflector antenna || ~ d'**arbre porte-hélice** (nav) / propeller bracket o. strut || ~ d'**arrêt** (électr) / house attachment o. pole || ~ d'**aubes directrices** / vane support || ~ **auxiliaire** (tourn) / auxiliary sliding rest || ~ de **bande magnétique** / tape base || ~ des **barres d'alésage** / boring bar end support || ~ **basculant** (bicycl., moto) / tilting stand, spring-up stand, kick o. jiffy stand (US) || ~ de **base** / base frame || ~ de **batterie** (auto) / battery tray || ~ à **béquille** (constr.en acier) / articulated column, rocking o. socket o. pendulum stanchion, hinged pier o. pillar || ~ en **béton armé** / armoured concrete pole || ~ de **bobine** (ourdissoir) / package holding device || ~ des **bobines** (tréfilage) / creedle || ~ de **boucles** (lam) / loop lifter || ~ de **câble** / cable bracket o. console || ~ de **canal** (électron) / channel carrier || ~ de **canette** (tiss) / pirn holder || ~ des **canettes** (filage) / cop lath || ~ de **catalyseur** / catalyst carrier || ~ de **caténaire** / catenary support, railway pole || ~ de **centrage** (haut-parleur) / inside spider || ~ **céramique pour microplaquettes** (c.intégré) / channel for chips, chip channel || ~ à **chariot** (tourn) / sliding rest || ~ à **chariot inférieur** (m.outils) / bottom slide rest || ~ de **charrue** (agr) / gauge wheel || ~ de **charrue** (électr) / plough carrier || ~ de la **chaudière** / boiler bracket || ~ de **colonne de direction** (auto) / steering column bracket || ~ de **commande de changement de vitesse** (auto) / gearshift lug || ~ du **condenseur** / substage mount || ~ du **conducteur de parafoudre** / lightning conductor holder || ~ de **contact** (auto) / breaker anvil, fixed contact || ~ par **couronne de galets** / roller ring bearing || ~ à **couteau** (balance) / steel prism || ~ de la **crapaudine** (grue) / center support || ~ du **creuset** (sidér) / crucible stand || ~ en **cuivre détachable** (soudage) / copper back-up bar || ~ de **culbuteur** (auto) / rocker arm bracket || ~ des **cylindres** (tex) / cylinder stands *pl* || ~ des **cylindres de l'étireuse** (tex) / roller stand || ~ à **deux points d'appui** / two-point [contact] bearing || ~ de **diagramme** / chart support || ~ de **direction** (auto) / steering gear mounting || ~ de **données** (ord) / recording o. data o. storage medium, data carrier, volume (IBM) || ~ **double en J** (électr) / J-spindle || ~ **double [du noyau]** (fonderie) / double chaplet || ~ **dur de soudage** / hardfacing || ~ de **dynamo** (auto) / dynamo bracket || ~ **élastique** (ELF) / Silentbloc type rubber-metal connection || ~ des **éléments chauffants** (électr) / element former, -carrier || ~ d'**enduit** (bâtim) / plaster base, lathwork || ~ d'**enregistrement** (laser) / storage medium || ~ d'**enregistrement son** / magnetic recording medium || ~ d'**ensouple** (tiss) / beam creel || ~ d'**ensouple d'ourdissoir** (tiss) / warper's beam frame || ~ à **entonnoir** (chimie) / filter o. funnel stand || ~ d'**entretoise** / support, truss (US), bracket || ~ [à l'**envers] détachable ou non subsistant** (soudage) / backing bar, detachable backing strip || ~ en **équerre** (grue automobile) / stabilizer, outrigger || ~ d'**essieu** (auto) / axle bracket || ~ du **filament chauffant** / carrier of the resistance wire || ~ **fixe** (tourn) / fixed support || ~ **flottant** / floating support || ~ **fourché** (tex) / bobbin carrier frame, bobbin holder || ~ de **fraises** / arm brace of milling machine || ~ de **frein** (auto) / brake anchor plate || ~ de la **fusée d'essieu** (auto) / steering knuckle bracket || ~ de **garde-fou** (pont) / handrail bracket || ~ de **grille** (chauffage) / bar frame, grate bearing || ~ de **grille** (électr) / grid support || ~ de **guide-mèche** (filage) / sliver guide rail || ~ de **guides** (lam) / rest bar [for carrying guides and guards] || ~ de **guindres sans broches** (typo) / spindleless reel stand || ~ **incliné et écarté** / raking forked column || ~ d'**informations** (ord) / recording o. data o. storage medium, data carrier, volume (IBM) || ~ **intermédiaire** (funi) / intermediate support || ~ **intermédiaire du chariot** (tex) / carriage bracket || ~ **isolant** (circ.impr.) / supporting board || ~ **isolant** (électr) / pin o. post insulator, support insulator || ~ d'**isolateur** / insulator pin o. spindle o. bracket || ~ d'**isolateur à crochet** (télécom) / screwed pole insulator bracket, hook-shaped insulator-bracket, swan-neck-spindle || ~ d'**itération** (ord) / run-time support || ~ de **levier oscillant** (auto) / rocker arm bracket || ~ de **lignes électriques aériennes** (électr) / transmission tower || ~ [de la **main] de ressort** / spring bracket || ~ de la **manivelle de lancement** (mot) / starting crank bearing || ~ de **marche-pied** / footboard o. step bracket || ~ de **matrice** (découp) / die bed o. bolster o. shoe || ~ de **matrice** (frittage) / die plate || ~ **métallo-caoutchouc** / rubber suspension o. mounting || ~ de **montage** / assembling o. erecting trestle || ~ du **moteur** /

engine o. motor bed o. frame o. support o. trestle || ~ de **moteur** (auto) / engine bearer || ~ de **mouvement** (montre) / [bottom] plate || ~ de **noyau** (fonderie) / chaplet || ~ de **noyau de forme** / contoured chaplet || ~ de **noyau hélicoïdal** / spring chaplet, springer || ~ **oscillant** (grue à câble) / pendulum tower o. support || **~-percuteur** *m* (fusil) / firing pin piece || ~ **photographique** / photo base paper, photographic medium || ~ de **pied** (motocyclette) / foot rest || ~ de **pivot** (compas) / pivot post, center pin support || ~ du **pivot** (pont tournant) / pivot o. center bearing || ~ pour **placages** / core stock || ~ au **plafond** (rayons X) / overhead support || ~ de **plan** / copy holder || ~ de **plateforme** (auto) / platform outrigger || ~ de **plomb** (accu) / accumulator grid || ~ **poignée** / handle support || ~ du **point d'appui d'un levier** / fulcrum bracket || ~ d'un **pont** / bridge bearing || ~ **porte-balai** (électr) / brush holder o. support || ~ **porte-outil** (m.outils) / clamping chuck || ~ de **pouce** / thumb rest || ~ des **poulies** (techn) / pulley carrier || ~ **prismatique** / V-block || ~ de **radiateur** (auto) / radiator bracket o. mounting || ~ de **rambarde** (pont) / handrail bracket || ~ de **réparation pour essieux** / axle assembling stand || ~ de **ressort** (auto) / spring support, spring bracket || ~ de **rouleau de bande perforée** (bande perf.) / core || ~ de **rouleau de nappe** (batteur) / wound lap undercasing || ~ à **rouleaux** / roller bracket o. block || ~ de **selfs** (électr) / coil frame o. base || ~ du **son** / sound carrier || ~ de **starter** (lampe fluoresc) / starter socket || ~ de **suspension de cabine** (ascenseur) / cage beam o. yoke || ~ de **téléphone pivotant** / telephone swivel arm || ~ **tendeur ou de tension** / stretching o. tautening o. tensioning trestle o. block || ~ **terminal** (p.e. ferrure) / end support (e.g. fitting) || **~-tige** *m* (électr) / J-spindle with terminal insulator || ~ **tournant pour inspecter les pneus** / tire spinner || ~ de **transistor** / transistor base socket || ~ de **transmission** (teint) / connection support || ~ **traversant pour charges lourdes** (ch.de fer) / lead-out support || ~ du **trolley** (électr) / trolley base o. support || ~ de **tronçon** (guide d'ondes) / stub support || ~ de **tube radio** (électron) / tube holder o. socket || ~ du **tube à rayons X** / X-ray tube stand || ~ de **tubes** (éclairage) / suspension eye for conduits || ~ de **tubes de voûte** / conduit ceiling hook || ~ de **tubes muraux** / pipe hook || ~ à **tubes à réaction** (chimie) / test tube rack o. stand || ~ pour **tuyaux** / bracket, support for pipes || ~ de **ventilateur** (auto) / fan bracket o. support || ~ en **verre-epoxy** (électron) / epoxy-glass substrate || ~ **vide** (ord) / empty medium || ~ **vierge** (ord) / virgin medium || ~ de **voûte** / summer, console

supportant la **radiation** (électron) / radiation-tolerant || ~ le **stockage** / storable, fit for storage

supporter, soutenir / stay *vt*, support, [under]prop || ~, porter / carry, bear *vt* || ~, endurer / stand, endure, tolerate || ~ une **observation** / bear an observation, support

supposé / assumed, assumptive

supposer / assume, presume, suppose, surmise || **à** ~ [que] / assumed, assumptive

supposition *f* / assumption, supposition || ~ de **charges** (méc) / design load

suppresseur *m* (antiparasitage) / suppressor || ~ de **bruits parasites** (électron) / X-stopper || ~ d'**écho** (télécom) / echo suppressor || ~ d'**échos fixes** (radar) / moving target indicator, M.T.I. || ~ d'**écho terminal duplex** (télécom) / duplex terminal echo suppressor || ~ d'**harmoniques** / harmonic suppressor o. filter o. trap || ~ de **réaction** / feedback o. reaction suppressor, antireaction circuit || ~ **sélectif des échos fixes** (aéro) / selective moving target indicator, SMTI

suppression *f* / suppression || ~ (TV) / blanking, blackout || ~ du **bruit de fond** (TV) / low-level blanking || ~ du **décalage** (ord) / cycle delay dropout || ~ d'**échos** / anechoism || ~ des **échos de pluie** (radar) / rain clutter suppression || ~ des **échos fixes** (radar) / clutter gating, moving target indication, M.T.I. || ~ [du **faisceau**] (TV) / [beam] blanking, blackout || ~ de **faisceau noir** (TV) / blanking || ~ dans le **faisceau principal** / blanking out of maximum radiation || ~ du **faisceau au retour** (TV) / beam suppression o. blanking during flyback || ~ du **faisceau au retour du spot** (TV) / retrace blanking || ~ de la **fréquence porteuse** / carrier suppression || ~ de la **fréquence-image** / image [frequency] rejection o. suppression || ~ **image** (TV) / vertical blanking (US), field blanking || ~ d'**impulsions parasites** / interference blanking, noise gating || ~ d'**interlignage** (m.compt) / paper feed[ing] suppression || ~ de **ligne[s]** (TV) / line blanking || ~ du **lobe secondaire** (radar) / side lobe suppression, SLS || ~ du **point zéro** (instr) / zero point suppression || ~ de **pression** (nucl) / pressure suppression || ~ de la **rémanence** / remanence o. retentivity suppression || ~ au **retour de balayage** (TV) / flyback blanking || ~ de **secteurs** (radar) / zone blanking || ~ de **tension parasite** (électron) / noise voltage rejection || ~ **trame** (TV) / vertical blanking (US), field blanking || ~ **ultérieure du faisceau** (TV) / final blanking, post-blanking || ~ des **zéros** (ord) / zero elimination o. compression o. suppression || ~ de **zone** / zone elimination

supprimé, être ~ / be omitted

supprimer / check, curb, suppress || ~ (radar) / mark || ~, neutraliser / neutralize, remove, do away [with] || ~ (poussière) / precipitate dust || ~ les **bavures** / burr, [de]bur (US), trim || ~ une **communication** / put an end to a communication || ~ le **défaut d'alignement** (bande magn.) / de-skew || ~ une **difficulté** / remove a difficulty || ~ le **faisceau** (TV) / blank *vt* || ~ la **fluorescence** (pétrole) / debloom || ~ les **parasites** (électron) / screen *vi*

supprimeur *m* **d'écho** (télécom) / echo suppressor || ~ d'**échos type redresseur** (électron) / rectifier type echo suppressor

supra·conducteur *adj*, -conductible / superconductive || **~conducteur** *m* / superconductor || **~conducteur** *m* à **champ d'intensité élevée** / intense-field superconductor || **~conductibilité** *f*, **-conductivité** / superconductivity || **~fluide** / superfluid || **~fluidité** *f* / superfluidity || **~liminaire** *adj* (analyse sensorielle) / supra-threshold || **~réfraction** *f* / superrefraction || **~-téléphonique** (fréquence) / above telephone frequency

suprême / highest

sur *adj* / tart, sour

sur... (prép) / on

sûr / safe, secure || **[de fonctionnement]** ~ / reliable

sur, a ~ b (math) / a over b, a divided by b

sûr après défaillance / fail-safe

surabondant / superabundant

suraccélération *f* (dérivée troisième de l'espace par rapport au temps) (ELF) (aéro) / jerk

surah *m* (tiss) / twill

suralimentateur *m* (mot) / supercharger, blower

suralimentation *f* (mot) / supercharging, pressure

charging || ~ **indépendante** (mot) / independent supercharging || ~ par **oscillation d'admission** (mot) / tuned intake pressure charging || ~ par **turbo-soufflante** (mot) / turbocharging
suralimenté (mot) / supercharged, boosted, blown
suralimenter (mot) / supercharge, boost, blow (coll)
suramortissement *m* / overdamping
surangles *m* (six pans) / width across corners
suranné / antiquated, old-fashioned, out-of-date
surbaissé (voûte) / surbased, segmental
surbaisser (bâtim) / build surbased
surbase *f* (bâtim) / surbase
surbâtir / overbuild *vt*
surbau *m* (nav) / coaming || ~ d'**écoutille** / hatch coaming
surbille *f* (bois) / top log
surbouchage *m* du **vin** / wine bottle [closure] capsule
surbroyer / overgrind (by mistake)
surcarburation *f* (sidér) / overcarbonization
surcharge *f* (méc) / overload[ing], surcharge, excessive load o. burden || ~, surcroît de charge calculé / load allowance o. tolerance || ~ (béton) / surcharge || ~ (peinture) / too full coat || ~ (pont) / traffic o. travelling load, live o. movable o. moving load, rolling o. working load || ~ (sidér) / overburdening || ~ (électr) / overcharge || **en** ~ / overloaded || **en [régime de]** ~ / under overload conditions || ~ en **couleurs** (TV) / colour overload || ~ **exagérée** / excessive overload || ~ d'**exploitation** (constr.en acier) / live o. superimposed load, load capacity || ~ de **service** (constr.mét) / working load || ~ de **vent ou due à la poussée du vent** / load due to o. from wind pressure, wind load stressing
surchargé / overloaded || **être** ~ / be overstrained
surcharger, charger en excès / over-charge || ~ / overweight *vt*, overload || ~ (sidér) / overburden || ~ (manuscrit) / write over other words, write between lines || ~ (timbres) / overprint || ~ (microphone) / blast
surchauffage *m* (m.à vap) / overheating of boiler wall
surchauffe *f* / overheating || ~ (phys) / retardation of boiling o. ebullition, delay in boiling, defervescence || ~ de la **fonte** (fonderie) / superheating of the melt || ~ **intégrée** (nucl) / internal superheat || ~ **intermédiaire** (vapeur) / re[super]heating || ~ **nucléaire** / nuclear superheat || ~ **séparée** (nucl) / external superheat
surchauffé, être ~ (acier) / burn out || **être** ~ (arbre) / become o. get hot by friction
surchauffer / overheat *vt* || ~ (vapeur) / superheat *vt* || ~ (forge) / superheat *vt* || ~ le **frein** (auto) / run the brake hot, overheat the brake
surchauffeur *m* (m.à vap) / superheater || ~ à **convection** / convective superheater || ~ [en matière] **fossile** (réacteur) / fossil superheater || ~ à **rayonnement** / radiant superheater || ~ [de **vapeur**] / steam superheater
surchlorer (plast) / [post]chlorinate
surclassé *m* / oversize particle
surclassement *m* (ch.de fer) / change of class
sur·compensation *f* / excessive compensation o. regulation, overcompensation || **~compenser** / overcompensate
surcompresseur *m* (mot) / supercharger, blower || ~ en **carter** / crankcase supercharger (US), blower embodied in the crankcase || ~ **centrifuge** / centrifugal [flow] compressor o. supercharger || ~ **commandé par turbine à gaz d'échappement** (mot) / exhaust gas turboblower o. turbo[super]charger || ~ à **pistons rotatifs** (aéro) / radial cylinder supercharger o. compressor
sur·comprimé (mot) / supercharged || **~copier** (phot) / overprint || **~coupler** (télécom) / overcouple || **~couverte** *f* (céram) / overglaze colour || **~critique** (réaction nucl) / divergent, supercritical
surcroît *m* / growth, increase, increment, accretion || ~ de **dépenses** / extra o. excess expenses o. expenditure
surcuire (plast) / overcure || ~ (laque) / overbake || ~ (réfractaire) / overfire || ~ la **chaux** / overburn lime, dead-burn o. kill lime
surcuit (chaux) / dead-burned o. -burnt
sur·dépassement *m* (propagation d'ondes) / overshoot || **~dépôt** *m* (circ.impr.) / overplate || **~développé** (phot) / overdeveloped, cooked (coll) || **~développement** *m* (repro) / overdevelopment || **~dimensionné** / oversize[d] || **~dimensionnement** *m* (pneu) / oversizing || **~dimensionner** / oversize *vt*
sureau *m* **noir**, suin *m*, sulion *m* / elder, common o. black-berried elder
sur·écartement *m* (ch.de fer) / amplification o. widening of the gauge || **~écartement** *m* dans les **courbes** (ch.de fer) / gauge-clearance in curves
surélévation, en ~, sur piliers (constr.en acier) / on pillars, elevated || ~ *f* dans la **courbe** (routes) / superelevation, bank || ~ **normale** (hydr) / normal regulation of flow || ~ du **rail extérieur** / elevation of the outer rail, cant o. superelevation of rails || ~ de **surface** / asperity on a surface
surélevé / elevated, overhead || ~ (constr.en acier) / saddle-backed || ~ (auto, châssis) / upswept
surélever (routes) / bank *vt*, camber *vt*
suremballeuse *f* / exterior packaging machine
surempoisonnement *m* **xénon** (nucl) / xenon peak, xenon build-up after shutdown
surépaisseur *f* / excessive thickness || ~ (béton) / surcharge || **sans** ~ (soud) / flush contour... || ~ d'**alimentation** (fonderie) / overmeasure of ladling, padding || ~ pour **meulage** / grinding allowance
surépaisseur *f* de **retrait** / contraction allowance
surépaisseur *f* pour le **tournage** / overmeasure for turning || ~ de ou pour l'**usinage** / machining allowance
surestarie *f* (nav) / demurrage
sûreté *f* / safety [from] || ~, coupe-circuit *m* (électr) / fuse || ~, securité *f* / security || **à** ~ **intégrée** (ELF) / fail-safe || **de** ~ / safety... || **mettre en** ~ (arme) / put on safety || ~ à **bouchon** (électr) / cartridge fuse || **~-criticité** *f* / [nuclear] criticality safety || ~ contre les **explosions** / safety against explosion accidents || ~ **intégrée** (ELF) (fusées) / failsafety || ~ **intérieure** (techn) / internal safety || ~ **nucléaire** / nuclear safety || ~ contre la **rupture** / security against fracture, factor of safety || ~ du **tir** (mil) / security of fire
sur·excédant *m* de **matière** (m.outils) / overmeasure of material || **~excitation** *f* (électr) / overexcitation || **~excité** / overexcited || **~exposé** (phot) / overexposed, burnt-up || **~exposition** *f* (phot) / overexposure
surfaçage *m* / surface improvement o. refining, surfacing || ~ (tourn) / facing, transverse turning operation || ~ **conique** / bevel facing
surface *f* / surface || ~, variété *f* bidimensionnelle (math) / surface, two-[dimensional] manifold || ~, aire *f* de surface (math) / area of surface || ~, encombrement *m* (techn) / floor space, ground area || ~, partie *f* dorsale / upper surface, top surface || **à** ~ **égale** (math) / equal in area || **à** ~ **lisse** (min) / self-faced || **à** ~ **lisse** (mines) / flat, even || **à** ~ **plane** / even [with] || **à** ~ **de roulement élargie** (ch.de fer, bande) / with widened tread || **de ou en** ~ (nav) /

surface... || **faire** ~ (nav) / surface *vi*, break surface *vi* || ~ d'**ablocage** (m.outils) / clamping plate, plate chuck || ~ d'**about** / abutting surface || ~ **acoustique [pour réflexion ou amortissement]** / sound reflecting o.dampening surface || ~ **active** (gén) / effective area o. surface || ~ **active** (nucl) / active area o. lattice o. zone, effective area o. surface || ~ **active** (techn) / active surface || ~ d'**adhérence** / adhesive surface || ~ d'**ajustage** / fitting surface || ~ **alaire nette** (aéro) / net wing area || ~ **alaire totale** / gross wing area || ~ de l'**alésage** (mil) / bore surface || ~ d'**anneau** / ring area || ~ d'**appui** (techn) / area of support, base || ~ d'**appui** (plast, moule) / flash edge o. ridge o. land, land area of a mould || ~ d'**appui** (aéro) / vertical stabilizer, fin (US) || ~ d'**appui** (palier) / bearing area o. surface || ~ d'**arrêt** / stop[ping] face || ~ **asphérique** / toroidal surface || ~ d'**association** (crist) / composition surface || ~ d'**attaque** (corrosion) / corroding surface || ~ d'**attaque** (meule) / grinding face || ~ d'**attaque** (tourn) / face, first face, land of the face || ~ de **bain** (mét) / surface of metal in a mould, meniscus || ~ **balayée par les pales de l'hélice** (aéro) / disk area || ~ de **base** / base, basis || ~ de **battage** (forge) / cushion face || ~ de **blocage** (routes) / subgrade || ~ de **bout du tronc** / cross-cut end of a trunk || ~ de **brasage** / soldering surface || ~ de **bridage** (m.outils) / mounting table, clamping surface || ~ **caractéristique ou de caractéristiques** / characteristic surface || ~ **caustique** / caustic [surface] || ~ d'un **cercle de 0,001" de diamètre** / circular mil || ~ de **chargement** (ch.de fer) / loading area || ~ **chauffante ou chauffée ou de chauffe** / generator surface, fire o. flue o. heating surface || ~ de **chauffe d'un empilage** (four Martin) / checker heating surface || ~ **chauffée totale** / aggregate heating surface || ~ de **chevauchement** (géol) / shear plane || ~ de **choc** / impact surface || ~ **circulaire** / circular surface || ~ de **cisaillement** (m.outils) / shear plane o. zone || ~ de **cisaillement** (découp) / sheared edge || ~ de **cisaillement** (méc) / shearing section o. area || ~ de **coffrage** (béton) / formwork shell || ~ de **compensation d'aileron** (aéro) / aileron compensating surface o. balancing surface || ~ de **composition** (crist) / composition surface || ~ **conductrice** (électr) / conducting surface || ~ **conique ou conoïde** / conical surface || ~ de **contact** (gén) / contact surface || ~ de **contact** (électr) / contact surface, area of contact || ~ de **contact** (techn) / contact o. faying surface || ~ de **contact** (ajustement) / locating surface, fitting o. faying surface, seat engaging surface || ~ de **contact** (soupape) / valve face || ~ de **contact du coussinet** / actual running surface || ~ de **contact de la dent** / tooth contact area || ~ de **contact du pneu** (auto) / contact area of the tire || ~ de **convergence** / convergence surface || ~ **convexe** (math) / nappe || ~ de **coupe** / cut edge, edge produced by cutting || ~ **coupée** (outil) / transient surface || ~ **courbe** / curved surface || ~ **couverte** (bâtim) / floor area || ~ **criblante** / [discharge] area of the screen, screen surface || ~ **cristalline** / crystal surface || ~ de **cuisson** (cuisine) / cooking surface o. top, cooktop || ~ **cylindrique** (math) / surface o. superficies of a cylinder || ~ **cylindrique circulaire** / surface of a regular cylinder || ~ de **décollement** (géol) / detachment fault || ~ de **dégagement** (NC) / clearance surface || ~ **déhouillée en m^2min^{-1}** / area extracted in m^2min^{-1} || ~ d'un **demi-cercle** / area of the semi-circle || ~ de **départ** / working face, locating face || ~ en **dépouille** (outil) / major flank || ~ de **dépouille de l'arête secondaire** (outil) / minor flank || ~ **développable** (math) / developable [surface] || ~ du **diagramme des moments** (méc) / moment area || ~ de **discontinuité** / discontinuity surface || ~ du **disque balayé par le rotor** (aéro) / disk area || ~ **durcie du sol par passages répétés des tracteurs** (agr) / subsoil made hard by repeated passages of tractors || ~ de l'**eau** / water surface o. level || ~ d'**écoulement** (méc) / yield surface || ~ **écrouie localement** (fonderie) / single-shot surface || ~ **effective** / effective area o. surface || ~ **effective** (techn) / active surface || ~ **effective** (corrosion) / working surface || ~ **effective** (antenne) / absorption area, effective area o. surface || ~ **effective** (rugosité) / effective o.measured surface || ~ **efficace du piston** (hydr) / ram area || ~ des **efforts tranchants** / area of shearing force || ~ **électrique active** / electrically active surface || ~ **élémentaire** (math) / element of area, plane element (US), differential of area, areal element, surface element || ~ d'**empennage** (aéro) / tail [control] surface || ~ d'**endroit** (tex) / cloth face, right side || ~ d'**énergie potentielle** / potential [energy] surface || ~ **engendrée** / machined surface || ~ **entresillons** (disque) (phono) / land in records || ~ **enveloppante** (math) / enveloping surface || ~ **enveloppante de course de soupape** (mot) / valve curtain area || ~ de l'**enveloppe** (bâtim) / surface shell, trelliswork casing || ~ d'**équilibrage d'aileron** (aéro) / aileron compensating surface o. balancing surface || ~ **équipotentielle** / equipotential surface o. region || ~**s** *f pl* **équipotentielles** / orthogonal surfaces *pl* || ~ *f* d'**étanchéité** / sealing surface || ~ **exposée au vent** / area o. side o. surface exposed to the wind || ~ **extérieure** (pierre) / face of a stone || ~ **extérieure d'une cellule** / boundary layer of a cell || ~ à **façonner** / machining surface, working surface || ~ de **faille** (géol) / fault plane || ~ de **fatigue** / bearing surface || ~ **fermée du tissu non tissé** / close formation || ~ de **Fermi** / Fermi surface || ~ **figurée** (tiss) / figured surface || ~ du **fil** (filage) / surface of the yarn || ~ **filtrante** / filtering surface || ~ de **fixation** (techn) / seat, seating || ~ de **fixation** (m.outils) / clamping surface || ~ de **fixation de la pièce** (m.outils) / locating face || ~ de **frappe** / impact o. striking surface || ~ de **frein** / braking area o. surface || ~ **frottante** (serr) / striking surface || ~ **frottante ou de friction** / friction o. rubbing surface || ~ de **frottement** / friction o. rubbing surface || ~ de **frottement** (ch.de fer, fil de contact) / sliding o. wearing surface || ~ de **frottement** (piston) / slide face of piston || ~ de **frottement du collecteur** (électr) / commutator [sur]face || ~ **gauchie** / skew surface || ~ de **glissement** / sliding surface || ~ de **glissement** (crist) / slip plane || ~ de **glissement** (pont) / sliding way || ~ de **glissement** (ch.de fer, fil de contact) / sliding o. wearing surface || ~ de **grain** (mét) / grain surface || ~ **granulée** / granular [surface] structure || ~ de **grille** (techn) / grate area o. surface || ~ de **guidage** / guideway || ~ d'**habitation** / floor area, inhabitated area || ~ **hélicoïdale** / screw surface, helicoid || ~ d'**impression** (typo) / type area, printing area || ~ **inférieure** / lower surface || ~ **intérieure** / inner o. interior surface || ~ **intérieure** (arc) / inner o. interior surface, side against the intrados || ~ **isodose** (nucl) / isodose [surface o. curve] || ~ de **joint** (techn) / contact o. faying surface || ~ de **joint** (bâtim) / joint surface || ~ de **joint** (fonderie) / parting line || ~ de **jointement** / mating surface || ~ **latérale** (géom) / convex surface || ~ **latérale du bord** (nav) /

lateral plan || ~ **libre** / open space || ~ **limite** / boundary layer || ~ **limitée** / circuit || ~ de **liquide** / liquid level || ~ **luisante** / slick || ~ **lumineuse** (r.cath) / phosphor surface || ~ **marine ou de la mer** / surface of the sea || ~ **mate** / mat surface || ~ **mesurée** (rugosité) / effective o. measured surface || ~ **miroitante des eaux** / smooth o. shining surface of a sheet of water || ~ de **Möbius** (math) / Möbius surface || ~ des **moments de Culmann** / Culmann's diagramm of moments || ~ des **moments d'après Gerber** / Gerber's diagram of moments || ~ de la **nappe souterraine** / groundwater table || ~ **neutre** (méc) / neutral surface || ~**s** *f pl* de **niveau**, surfaces *f pl* équipotentielles / orthogonal surfaces *pl* || ~ *f* de **niveau** (électr) / equipotential surface o. region || ~ **nodale** (électron) / nodal surface || ~ **nominale** (tamis) / nominal area || ~ d'**obturation** (soupape) / valve face || ~ **ondulatoire** / wavy surface || ~ **optique** / optical surface || ~ d'**ouverture** (plast) / opening surface || ~ **oxydée due à un décapage incomplet** (sidér) / pickle sticker || ~ à **peindre** / area o. surface to be painted || ~ **peinte** / painted surface || ~ de la **pièce** / work surface || ~ de la **pièce fraisée** (m.outils) / surface of milled work || ~ de **pied** (roue dentée) / root surface || ~ du **piston** / piston area || ~ **pla[i]ne** / plane surface, flat o. even surface || ~ du **plancher** (wagon) / floor area || ~ de **pôle** (électr) / pole face || ~ **polie** / polished o. ground surface || ~ **polie et attaquée** (sidér) / polished and etched microsection || ~ **polie de minerai** (microsc.) / mineral specimen || ~ de **portage** (coussinet) / actual running surface || ~ **portante** / supporting surface, area of support || ~ **portante** (aéro) / wing || ~ **portante** (palier) / bearing [sur]face || ~ **porteuse effective** (constr.en acier) / effective bearing area || ~ **primitive de fonctionnement** (engrenage) / pitch surface || ~ **primitive de référence** (engrenage) / reference surface || ~ de **prise** (pince) / gripping surface || ~ de **projection** (math) / projected area || ~ de **queue** (aéro) / tail [control] surface || ~ **rabotée** / planed surface || ~ **radiante** / radiating surface || ~ **râpée** (tex) / buffed surface || ~ de **référence** (engrenage) / reference surface || ~ de **référence de travail** (m.outils) / working reference plane || ~ [de **référence] de mesure** / measuring surface || ~ **réfléchissante** / reflecting surface || ~ **réfléchissante** (opt) / plane of reflection || ~ de **refroidissement** / cooling surface || ~ **réglée** (math) / ruled surface || ~ de **régression** (statistique) / regression surface || ~ de **renvoi** / reflecting surface || ~ de **rétrodiffusion** / backscattering surface || ~ avec **revêtement protecteur** (galv) / surface with protective coating || ~ avec **revêtement protecteur zingué retréfilé** (fil) / surface with drawn galvanized protective coating (wire) || ~ [de] **révolution** / surface of revolution || ~ **riemannienne** / Riemann surface || ~ de **rotation** (math) / surface of revolution || ~ de **roulement** (roues) / tread of wheels || ~ de **roulement** (techn) / running o. bearing [sur]face || ~ de **roulement** (ch.de fer) / running tread || ~ de **roulement** (cinémat) / rolling surface || ~ de **roulement de la chenille** / chain tread || ~ de **roulement du rail** / tread of rail, rail surface || ~ de **rupture** / surface of fracture || ~ du **second degré** (math) / quadric || ~ **sélective** (chaleur) / selective surface || ~ **sensible** (phot) / sensitized face o. side || ~ de **séparation** (gén) / parting plane || ~ de **séparation**, surface *f* limite / boundary layer || ~ de **siège** / seat, seating || ~ **significative** (contreplaqué) / significant surface || ~ de la **sole** / hearth area || ~ **solidus** / solidus area || ~ de **soudage** (soudage) / welding surface, weldment area (US) || ~ **soumise à la résistance de l'air** / drag area || ~ **spécifique** (frittage) / specific surface area [of a powder] || ~ **spéculaire** / catoptric element || ~ **sphérique** / spherical surface || ~ **stabilisatrice** (aéro) / tail surface || ~ de **stationnement** (auto) / parking area || ~ **structurée** (tex) / textured surface || ~ **supérieure** / top surface, upper side || ~ de **support** / supporting surface, area of support || ~ à **surchauffer** (m.à vap) / superheating surface || ~**-surface** (engin) / inter-ship... || ~ de **table** (m.outils) / table area || ~ de **teinte homogène** (pap) / full-tone surface || ~ **terminale** / end face || ~ du **terrain** / surface of land || ~ de la **terre** (mines) / surface || ~ **terrestre ou de la terre** / earth's surface || ~ **terrière à hauteur de poitrine** (forêt) / basal area || ~ de **tête** (engrenage) / tip surface || ~ de **timon** (nav) / rudder surface || ~ de **tissu** (tiss) / surface of fabrics || ~ de **translation** (crist) / gliding plane || ~ **transversale** (tourn) / [end]face || ~ du **travail de tournage** (m.outils) / surface of turned work || ~ **travaillante** / working surface || ~ d'un **pan de voûte** / cap surface of a severy || ~ **unie** / plain o. flat o. even surface || ~ d'**usinage** / machining o. working surface || ~ **usinée** / machined surface || ~ d'**usure** (gén) / wearing surface || ~ d'**usure** (ch.de fer, fil de contact) / sliding o. wearing surface || ~ **utile** / effective area o. surface || ~ **utile** (tamis) / useful area || ~ **vue par le microscope** / surface as observed by microscope

surfacé (pap) / surface sized

surfacer *vt* / surface *vt*, dress the surface || ~ (tourn) / face *vt* || ~ une **seconde fois** / reface

surfacique / surface... || ~ (nucl) / surface density...

surfactif *m*, surfacteur *m* / surface active agent, surfactant

surfondre (sidér) / supercool, undercool || ~**fréquence** *f* / overfrequency || ~**fritté** (mét.poudre) / oversintered || ~**fusion** *f* (sidér) / super-, undercooling

surge *f* (laine) / greasy wool, wool in the yolk || ~ (activité solaire) / surge (solar activity)

surgélateur *m* / sharp o. quick freezer || ~**gélation** *f* (denrées) / deep-freezing, quick freezing, refrigeration || ~**gélation** *f* / deep o. quick freezing || ~**gélation** *f* à **180 K** / superchill process || ~**gélation** *f* **rapide** / sharp freezing || ~**gelé** / deep-frozen, quick-frozen || ~**gelé**, frigorifique / deep-freeze... || ~**geler** (denrées) / refrigerate, deep- o. quick-freeze || ~**glacé** (pap) / imitation art..., glazed || ~**gonflage** *m* (pneu) / overinflation || ~**grassé** (savon) / super-fatted (soap) || ~**groupe** *m* (math) / class of classes, larger class || ~**haussé**, sur piliers / on pillars, elevated || ~**haussé** (routes) / banked, cambered || ~**haussé** (arp) / with vertical exaggeration || ~**haussé** (arc) / high-pitched || ~**haussement** *m* (routes) / banking, camber, cross-fall || ~**haussement** *m* (bâtim) / stilting || ~**haussement** *m* du **rail extérieur** / elevation of the outer rail, cant o. superelevation of rails || ~**hausser** (routes) / bank, camber || ~**hausser** (bâtim) / stilt *vt*, render stilted || ~**hausser** le **niveau d'eau** (hydr) / overdam || ~**impression** *f* (typo, teint) / overprint || ~**impression** *f* (phot) / double exposure, superimposition || ~**impression** *f* (TV) / superposition || ~**impression** *f* de la **réserve** (tex) / resist cover print || ~**impressionner** (r.cath) / superimpose (OCR) || ~**imprimer** (typo) / surprint || ~**imprimer** (bande magn) / erase by new recording || ~**incombant** (mines) / superincumbent, overlying,

overhanging || **~intensité** *f* de **courant** (électr) / excess current || **~intensité** *f* **dynamique** (transfo) / instantaneous short-circuit current || **~intensité** *f* **lumineuse brusque** (TV) / womp || **~jacent** (géol) / superjacent, overlying || **~jectif** (math) / surjective, onto *adj* || **~jection** *f* (math) / surjection, onto mapping
surjet, à ~ (m.à coudre) / overcast, whipped, oversewn, sewn overhand
surjeter / oversew, overcast, sew overhand
surjeu *m* (ELF) / rerecordeing, transfer || ~ (coll) (film) / prescoring
surlargeur *f* (routes) / widening in a curve || ~ de **charge** (auto) / wide load
surlongueur *f* / overlength, excessive length o. footage
surluminance *f* (TV) / edge flare
surmenage *m* / overfatigue, overwork, overexertion || ~ **résultant de la fumée** / smoke nuisance
surmener / overexert, overwork, overstrain
surmesure *f* / overdimension, overmeasure || ~ de **pliage** (découp) / bend allowance
surmodéré (nucl) / overmoderated || **~modulation** *f* (électron) / overmodulation || **~moduler** (électron) / overmodulate || **~moduler** les **blancs** (TV) / burn out o. overmodulate the whites
surmonter (bâtim) / run up, top || ~ des **difficultés** / surmount, overcome, get over, master, get the better [of] || ~ la **gravité** / surmount the gravity
surmoudre / grind, triturate
surmoulage *m* (fonderie) / duplicate moulding, moulding from a casting
surmoule *m* (fonderie) / duplicate mould, mould taken from a casting
surmoulé (électr) / compound-filled
surmultiplexage, avec ~ (électron) / supercommutated
surmultiplicateur *m* (auto) / overdrive, overspeed drive
surnager (fonderie) / float on the surface
surnombre *m* / surplus || **en** ~ / supernumerary
surnormal / supernormal || **~numéraire** / supernumerary *adj* || **~numéraire** *m* / assistant, supernumerary || **~obtus**, concave (angle) / concave || **~oscillation** *f* (TV) / ringing || **~oxydé**, suroxygéné / oxygen-enriched, over-oxidized || **~oxyder** le **bain** (mét) / over-oxidize || **~pan** *m* (vis) / wrench size across flats, width across [flats], nut across flats || **~passer** / surpass, outdo || **~paye** *f* pour **difficulté** (ordonn) / difficulty allowance || **~perforer** (c.perf) / overpunch *vt* || **~plat** *m* (vis) / wrench size across flats, width across [flats], nut across flats || **~platine** *f* **hémisphérique** (opt) / ball stage
surplomb *m* / prominence, protuberance, jutting out || ~ (circ.impr.) / overhang
surplomb[ement] *m* / overhanging
surplomb, en ~ / overhanging *adj*
surplombant / overhanging *adj* || ~, en surplomb (mines) / superincumbent, overlying, overhanging
surplombé par des **exploitations** (mines) / influenced by overlying workings
surplomber / overhang *vi*, hang over
surplus *m* / surplus, excess || **à** ~ **de joints** (méc) / overclosed, with redundant contraints || **en** ~ / excess, surplus || **en** ~, en surnombre / supernumerary || ~ d'**énergie** / excess [of] energy || ~ de **gaz** / excess o. surplus gas || ~ de **portance** (nav) / reserve buoyancy o. lift
surpoids *m* / excess weight, overweight
surpose *f* (phot) / overexposure
surposer / superpose
surpresseur *m* (mot) / supercharger, blower || ~ à **anneau liquide** (sucre) / water ring pump || ~ à **piston rotatif** / rotary piston booster o. supercharger, rotary blower, Root
surpression *f* / excess[ive] pressure || ~ (mot) / boost pressure || ~ (distribution d'air) / relief || **à** ~ **interne** / pressurized || ~ **interne** (électr) / forced draught o. draft (US), pressurization || ~ de **vapeur** / effective steam pressure, steam pressure above atmospheric
surproduction *f* / overproduction
surprofil *m* (pneu) / oversize || **~profilage** *m* (pneu) / oversizing || **~proportionnel** / superproportional || **~raffiné** (métal) / dry, over-refined || **~réactivité** *f* **anti-xenon** (nucl) / xenon override || **~refroidir** (mot) / overcool, undercool, supercool
surrégénérateur *m* (ELF) / breeding reactor, [nuclear] breeder || ~ à **combustible métallique liquide** / LMFBR, liquid metal fast breeder reactor || ~ au **thorium** (nucl) / thorium breeder
surrégénération *f* (nucl) / breeding
surréguler / overregulate || **~réservation** *f* (ELF) (aéro) / surbooking || **~résonance** *f* / wool[l]iness, excessive resonance
sursaturation *f* (chimie) / supersaturation, oversaturation || ~ **critique** / critical oversaturation || ~ **et cristallisation du sucre** / sugar house work o. practice, crystallizing and curing
sursaturé (chimie) / supersaturated, oversaturated || **~saut** *m* **radioélectrique** (astr) / radio burst || **~sauter** (tex) / twitch *vi* || **~sol** *m* / structures built over station compounds || **~solide** *m* (math) / fourth power || **~souffler** (sidér) / overblow || **~structure** *f* (métallographie) / superlattice || **~sulf** *m* (traitem. de surface) / sulphitizing || **~sulfaté** (ciment) / supersulphated || **~tannage** *m* / overtanning || **~teindre** (tex) / cross-dye, overdye, top[-dye] || **~teinture** *f* (tex) / cross-dyeing, overdyeing, double dyeing, topping
surtension *f* (électr) / excess-voltage, overvoltage, surge voltage || ~ de la **charge** (électron) / Q external || ~ de **commutation** (électr) / [line] switching surge || ~ à l'**état bloqué** (semicond) / surge off-state voltage || ~ **globale** (résonateur) / Q_{loaded} || ~ **sans charge** (électron) / Q unloaded, basic Q, non-loaded Q, unloaded Q || ~ **transitoire** (électr) / line transient
surtitré (destillation) / overproof || **~tondre** / shear o. clip excessively *vt* || **~tordre** (filage) / crepe *vt*, overtwist || **~torsion** *f*, surtors *m* (filage) / overtwisting, (fault:) snarl || **~tout** *m* (fonderie) / coat, mantle || **~tréfiler** / overdraw || **~urbanisé** / overurbanized, marred by urban sprawl || **~utiliser** / overuse *vt*
surveillance *f* / supervision, supervising, superintendence || ~, contrôle *m* / watch[ing], supervision, control, oversight || ~, soins *m pl* / attendance || ~ (contr.qual) / monitoring || **sans** ~ **[d'un opérateur]** / non-attended, unattended || ~ en **avant** (ord) / forward supervision || ~ **centrale à distance** (ordonn) / centralized remote control || ~ des **chantiers** / building o. construction o. site supervision o. inspection || ~ de la **chaudière** / boiler attendance || ~ des **chaudières à vapeur** (révision) / boiler inspection o. testing || ~ à **distance** (ch.de fer) / remote supervision || ~ **étroite** / severe o. strict supervision || ~ d'**exploitation** / plant supervision, shop control || ~ de l'**irradiation** / monitoring for radiation || ~ **locale** (aéro) / area monitoring || ~ par **radar** / radar monitoring || ~ **radiologique** / protection survey [against radiation], radiological survey || ~ de **séquences** / sequence monitor || ~ du **trafic** / traffic control o.

surveillance || ~ de **zone** (aéro) / area monitoring
surveillant *m* / attendant || ~, inspecteur *m*: / supervisor, overseer || ~ d'**aérage** (mines) / examiner, fireman, gasman, fire boss (US) || ~ de **machines** / machine operator o. attendant, machinist || ~ de la **voie** (ch.de fer) / ganger, lineman, surfaceman, trackman, trackwalker (US)
surveiller / superintend, supervise, inspect, overlook, oversee
surverse *f* / overflowing of a liquid
survêtement *m* **tricoté** (tex) / knitted outerwear || ~**vieilli** / superannuated || ~**vieillissement** *m* / superannuation || ~**virer** (auto) / oversteer *vi* || ~**vireur** (auto) / oversteering, tending to oversteer
survitesse *f* (électr) / overspeed || **faire marcher à ~** (moteur) / overspeed *vi vt*
survitrage *m* / countersash window
survivants *m pl* (contr. qual) / survivals *pl*
survivre [à] / outlast, outlive, survive
survoler / fly [over o. across]
survolter par **transformation** (électr) / step up
survolteur *m* (électr) / positive booster, booster [machine] || ~ (transfo) / step-up transformer || ~ (ELF) (mot) / booster coil || ~ de **compensation** (électr) / auxiliary compensation set, additional compensation set, auxiliary booster machine || ~**-dévolteur** *m* / reversible booster || ~**[-dévolteur]** *m*, convertisseur statique *m* / d.c. voltage changer
susceptance *f* / susceptance || ~ d'**électrode** / electrode susceptance
susceptibilité *f* / susceptibility [to] || ~, capabilité *f* / capability, capacity || ~ à la **contrainte** (techn) / stress susceptibility || ~ aux **criques de soudage** / susceptibility to weld cracking || ~ **diélectrique** / dielectric susceptibility || ~ **électrique** / electric susceptibility || ~ d'**être pompé** / pumpability || ~ d'**explosion** / explosiveness, explosibility || ~ au **gaufrage** (pap) / creasing ability || ~ de **gonflement** (tex) / swelling capacity, swellability || ~ **magnétique** / magnetic susceptibility || ~ du **vieillissement** / ag[e]ing tendency
susceptible [de] / susceptible [of], capable [of] || ~ de **contraction** / contracti[b]le || ~ d'**être entendu** / audible || ~ d'**être injecté** / injectable || ~ de se **fixer par addition** (chimie) / capable of addition reaction || ~ à la **galvanoplastie** (plast) / platable *adj* || ~ à la **trempe** / sensitive to hardening
sus-jacent / lying above o. on top || ~ (mines) / overlying, -hanging
suspendre *vt* / hang up || ~ (chimie) / suspend || ~, discontinuer / suspend, discontinue, hold up || ~ à la **Cardan** / hang by o. mount on o. suspend on gimbals || ~ **librement** / suspend freely || ~ sur **ressorts** / spring *vt*
suspendu / hanging, suspended, pendant, pendent || ~ / hinged, suspended || ~ (lavabo) / suspended, wall-mounted o. -hung || ~ (écran, bâtim) / curtain... || ~ (pont) / suspension... || **être ~** / be suspended, hang || ~ sur **caoutchouc** / rubber suspended o. cushioned || ~ sur **ressort** / fitted with a spring, spring mounted o. born, sprung
suspens, être en ~ / poise, be in abeyance (e.g. a project)
suspension *f* / suspension, hanging || ~ (chimie) / suspension || ~ (frittage) / slurry || ~ (lampe) / suspended lamp || ~, discontinuation *f* / break, interruption || **à ~** / suspended, suspension [type]... || **à ~ caoutchouc** / rubber suspended o. cushioned || **à ~ compensée** (ch.de fer) / tilting || **à ~ libre** / [freely] suspended || **à ~ pneumatique** / air-cushioned || **en ~** (chimie) / in suspense || ~ **active** (nucl) / active deposit || ~ **avant indépendante** (auto) / I.F.S., independent front suspension || ~ sur **barres de torsion** / torsion bar suspension || ~ **bifilaire** (métrologie) / bifilar suspension || ~ par **câble transversal** (ch.de fer) / flexible cross-span suspension, flexible gantry, cross-wire suspension || ~ de **cage** (mines) / intermediate cage suspension, intermediate gear || ~ à la **Cardan** / cardanic o. gimbal mount[ing] o. suspension, suspension by cardan o. universal joints, gimbal || ~ à la **Cardan** (engin) / gimbal ring || ~ **caténaire polygonale** (ch.de fer) / polygonal suspension || ~ **caténaire simple** / single-catenary suspension || ~ à **chaîne** / chain suspension || ~ de la **circulation** / traffic suspension || ~ à **compensation** / self-balancing suspension tackle || ~ à **cordon ou à contrepoids** (électr) / cord lamp o. pendant, counterweight fitting || ~ dans les **courbes** / tilting || ~ à **couteau** / knife-edge suspension || ~ **dense** (prépar) / heavy liquid, dense medium || ~ **élastique** / spring mounting o. suspension, springing || ~ **élastique** (aéro) / landing gear springing || ~ **élastique en caoutchouc** / rubber springing || ~ **épaisse** (céram) / slurry || ~ de l'**essieu** / axle suspension || ~ de l'**essieu avant** / front axle suspension || ~ à **essieu indépendant** (auto) / independent o. individual suspension || ~ à **étrier** / shackle suspension || ~ à **étrier pivotant** / revolving shackle suspension || ~ d'**exécution** (ord) / abort || ~ de la **fabrication** / phase-out || ~ à **fil** (phys) / fiber o. fibrous suspension || ~ du **fil de contact** (ch.de fer) / contact wire suspension o. fastening || ~ à **fil et à ressort** / spring and fibre suspension || ~ à **fil de torsion** (instr) / strained suspension, taut band suspension || ~ **flexible** / flexible fastening, flexible suspension || ~ **flexible de la ligne de contact** (ch.de fer) / flexible fastening of the contact wire, resilient fastening of the contact wire || ~ **indépendante** (auto) / single wheel suspension || ~ aux **joints universels** / cardanic o. gimbal mount[ing] o. suspension, suspension by cardan o. universal joints, gimbal || ~ à **joug** / yoke suspension || ~ sur **levier à genouillère** (auto) / knee action suspension || ~ **pâteuse** (pap) / pulp slurry || ~ du **pendule** / pendulum suspension || ~ à **pivot** (techn) / pivot suspension || ~ **pneumatique** (auto) / air suspension || ~ à **pointe** / pin support o. suspension || ~ **primaire** (bogie) (ch.de fer) / primary suspension of the bogie || ~ à **ressort** / spring mounting o. suspension, springing || ~ à **ressort pour la roue arrière** / rear-wheel springing || ~ par **ressorts d'acier** (auto) / steel springing || ~ à **ressorts de l'essieu** (gén) / axle spring mounting, axle springing || ~ **rigide de la ligne de contact** (ch.de fer) / rigid mounting o. fastening o. suspension || ~ de la **roue avant** / front-wheel suspension || ~ à **roues indépendantes** (auto) / independent o. individual suspension || ~ des **roues indépendantes par parallélogramme** (auto) / parallelogram suspension of wheels || ~ à **ruban tendu** (instr) / strained suspension, taut band suspension || ~ de la **scie** / tang of a saw || ~ **secondaire** (ch.de fer) / secondary suspension || ~ **souple** / flexible fastening, flexible suspension || ~ **souple de la ligne de contact** (ch.de fer) / flexible o. resilient fastening of the contact wire || ~ sur **supports centraux** (ch.de fer) / center pole suspension || ~ **télescopique** (auto) / telescopic shock absorber || ~ **tendue** (instr) / strained suspension, taut band suspension || ~ à **tirage** (électr) / cord lamp o. pendant, counterweight fitting || ~ à **torsion** (électr) / torsion suspension || ~ **tous-terrains** / off-highway spring

suspension || ~ **transversale souple** (ch.de fer) / head span, flexible cross-span suspension, flexible gantry || ~ à ou par **trois points** / three-point bearing || ~ **unifilaire** / unifilar suspension
suspensoires *f pl* (pont) / truss frame, trussing
suspente *f* (parachute) / grappling rope, rigging o. shroud line || ~ (pont) / suspender, suspension post
sustentateur / sustaining, supporting
sustentation *f* / buoyancy [lift], buoyant power || ~ (aéro) / lift, ascending force || ~ (ch.de fer) / levitation || ~ **aérostatique** / static lift || ~ **électrodynamique** (ch.de fer) / electrodynamic levitation || ~ **électromagnétique** (ch.de fer) / electromagnetic levitation || ~ **magnétique** / magnetic levitation || ~ **nulle** (aéro) / no-lift, zero-lift || ~ **spécifique** (aéro) / specific lift || ~ **totale** (aéro) / gross o. total lift || ~ **unitaire** (aéro) / specific lift coefficient
svelte / slim, slender
sveltesse *f* / slimness, slenderness
swindletron *m* (nucl) / swindletron
sycomore *m*, Acer pseudoplatanus / sycamore
syénite *f* (géol) / syenite
syllogisme *m* (math) / syllogism
sylvane *m* (min) / sylvanite, gold-silver telluride
sylviculture *f* / silviculture, sylviculture
sylvine *f* (min) / sylvine, sylvite
sylvinite *f* (engrais potassique) / potash fertilizer o. manure, sylvinite
sylvite *f* (min) / sylvine, sylvite
symbole *m* / symbol, conventional sign || ~ (électron) / short designation || ~ (programmation) / symbol || ~ d'**affectation** (ord) / assignment symbol || ~ de **base** / basic symbol || ~ **binaire** / binary number, binary digit || ~ **chimique** / chemical symbol || ~ pour **contacts et appareils de connexion** (électr) / [graphical] symbol for contact units and switching devices || ~ de **déclaration** (ord) / declarator || ~ du **dollar** (m.compt) / dollar sign || ~ d'**éléments technologiques** / symbol for components || ~ **externe** (ord) / external symbol || ~ **fonctionnel** (ord) / functional symbol || ~ **général** / basic symbol || ~ **graphique** / graphic[al] symbol, graphic || ~ **graphique NON** / NOT symbol || ~ **graphique «tension dangereuse»** (électr) / danger arrow || ~ d'**information dans un schéma fonctionnel de lignes de transfert** (contr.aut) / line symbol || ~**s** *m pl* **isotopiques** / isotopic symbols *pl* || ~ *m* Λ (ord) / caret || ~ **littéral** / letter symbol || ~ **logique** (ord) / logic[al] symbol || ~ **mnémonique** (ord) / mnemonic symbol || ~ **monétaire** (ord) / CS, currency sign o. symbol || ~ de **mot** / word delimiter (ALGOL) || ~ **NON** / NOT symbol || ~ **original** / original symbol || ~ de **positionnement** (ord) / set symbol || ~ [de **représentation]** / symbol || ~ de **retard** (fusible) / time-lag symbol || ~ de **sous-totalisation** (ord) / lozenge || ~ de **surface** (ordonn) / designation of surface finish || ~ de **terre** (électr) / ground (US) o. earth (GB) symbol || ~ de **total partiel** (ord) / lozenge || ~ d'**usinage lisse** (dessin) / smooth finish symbol
symbolique / symbolic
symétrie *f* / symmetry || **à ~ ponctuelle** / centrically o. point-symmetric || **à ~ de révolution** / rotational symmetrical || **à ~ spéculaire** (phot) / laterally reversed, mirror-inverted, -symmetrical || ~ d'**ordre huit** (phys) / octad symmetry || ~ **sphérique** (nucl) / spherical symmetry || ~ **unitaire** (nucl) / unitary symmetry o. system || ~ des **voies** (électron) / channel balancing
symétrique / symmetric[al] || ~ (électron) / push-pull... || ~ des **deux côtés** / double-symmetrical || ~ **gauche** (math) / skew-symmetric || ~ par **rapport à l'axe ou à une droite** / axially symmetric[al], axisymmetric
sympathie, de ~, sympathique / sympathetic
sympathomimétique (chimie) / sympathomimetic
symposium *m*, **-ion** / symposium
symptomatique / symptomatic
symptôme *m* / symptom || ~ de **fatigue** / symptom of tiring o. fatigue, fatigue || ~ d'**intoxication** / symptom of poisoning o. intoxication
synaldoxime *m* (chimie) / synaldoxime
synartétique (chimie) / synartetic
synbactéries *f pl* / myxobacteria, -bacteriales *pl*
synchro *m* / synchro (consisting of a synchro generator and a synchro motor) || ~ de **commande** (électr) / control synchro || ~**comparateur** *m* / synchro comparator || ~**cyclotron** *m* / synchro-cyclotron, frequency-modulated cyclotron || ~**-décomposeur** *m* (contr.aut) / synchro resolver || ~**générateur** *m* (contr.aut) / synchro [control] transmitter, synchro generator || ~**machine** *f*, selsyn *m* / selsyn motor || ~**machine** *f* de **puissance** / torque-synchro, -selsyn || ~**mesh** *m* (auto) / synchronization, synchronizing || ~**moteur** *m* (électr) / selsyn motor
synchrone / synchronous, sync
synchronisable / synchro *adj*, adapted to synchronization
synchronisateur *m* (TV) / phaser
synchronisation *f* / synchronization, synchronizing, syncing || ~ (électron) / tracking || ~ (film) / phasing, synchronization || **à ~ automatique** (électr) / self-sync[hronizing] || ~ **automatique** / self-timing || ~ [par **comparateur de phase] à effet de volant** (TV) / flywheel synchronization || ~ des **couleurs** (TV) / colour sync[hronization] || ~ **extérieure ou externe** (électr) / remote synchronization || ~ **F** (phot) / F-synchronization, F-contact || ~ **horizontale** / X-synchronization || ~ d'**images** (TV) / vertical o. frame synchronization || ~ **interne** / internal synchronization || ~ des **lèvres** (ciné) / lip-sync || ~ de **ligne[s]** / X-synchronization || ~ **«M»** (phot) / M- o. flash-synchronization || ~ en **moteur** (électr) / motor synchronizing || ~ de **phase** (TV) / phase synchronization || ~ de **phases** (électr) / phase synchronizing, phasing || ~ par **pilote centrale** / master-slave synchronisation || ~ **précise** (électr) / ideal synchronizing || ~ **rapprochée** (électr) / random synchronizing || ~ au **repos** (ord) / synchronization idle || ~ par le **secteur** / mains synchronization || ~ de **trame** (télémesure) / frame synchronization || ~ des **vitesses** (auto) / gear synchronization, synchromesh design
synchronisé (techn) / ganged || ~ (électr) / synchronized, in step || **être ~** / synchronize *vi* || ~ par **tops d'horloge** (télécom) / slotted
synchroniser / synchronize *vt* || ~ (électron) / tune-in || ~ **image et son** (film) / dub *vt*
synchroniseur *m* (TV) / synchronizer, sync[hro] generator, sync pulse generator, SPG, timing pulse generator || ~ **automatique** (électr) / autosyn || ~ **final** (ord) / postamble || ~ **initial** (ord) / preamble
synchronisme *m* (gén) / synchronism, synchroneity, simultaneousness || ~ (électr) / synchronism
synchronoscope *m* (électr) / synchro[no]scope, synchronizing lamp, phase lamp
synchro·phasotron *m* / proton synchrotron, synchrophasotron || ~**-récepteur** *m* (contr.aut) / synchro motor o. receiver || ~**-récepteur** *m* **différentiel** (contr.aut) / differential motor || ~**transformateur** *m* / synchro-transformer ||

~-**transmetteur** *m* (contr.aut) / synchro generator || ~-**transmetteur** *m* **différentiel** (contr.aut) / differential generator o. transmitter, differential selsyn || ~**transmetteur et synchrorécepteur** *m* / synchro (consisting of a synchro generator and a synchro motor)
synchrotron *m* (phys) / synchrotron || ~ **bêta** / beta synchrotron || ~ à **modulation de fréquence** / FM synchrotron || ~ à **protons** / proton synchrotron
syn·clinal *adj* / synclinal || ~**clinal** *m* (géol) / syncline
synderme *m* / substitute leather [made from leather clippings]
syndicat *m* d'**études** / research association || ~ **ouvrier** (ordonn) / trade- o. labour-union
syn·diotactique (plast) / syndiotactic || ~**entropie** *f* (ord) / average transinformation content, mutual information, synentropy || ~**érèse** *f* / syneresis || ~**ergie** *f* (phys) / synergism || ~**ergie** *f* (pharm) / synergistic effect, synergy || ~**ergique** (phys) / synergetic, synergic || ~**ergiste** *m* (chimie) / synergist || ~**génétique** (min) / syngenetic || ~**gonie** *f* (crist) / crystal symmetry, crystal system || ~**odique** (astr) / synodical
synonyme *m* / synonym || ~**s** *m pl* (ord) / synonyms *pl*, duplicate addresses *pl*
synoptique (météorol) / synoptic || ~ *m* **modulaire** / modular mimic display, block diagram
syntactique, -taxique (ord) / syntactic[al]
syntans *m pl* / syntannins *pl*
syntexie *f* (chimie) / syntexis
synthèse *f* / synthesis, building-up || ~ des **acides gras** / fatty acid synthesis || ~ de l'**ammoniac** / ammonia synthesis || ~ **asymétrique** (chimie) / asymmetric synthesis || ~ du **benzène** / gasoline synthesis || ~ **diénique** / diene synthesis || ~ de **Fischer et Tropsch** / Fischer-Tropsch synthesis || ~ de **Fourier** / harmonic o. Fourier synthesis || ~ de **Friedel-Crafts** / Friedel and Crafts' synthesis || ~ **harmonique ou de Fourier** / harmonic o. Fourier synthesis || ~ **hydrothermale** / hydrothermal synthesis || ~ des **médicaments** / drug synthesis || ~ **métrique** / dimensional synthesis || ~ **numérique** / number synthesis || ~ **oxo** (chimie) / Oxo synthesis, hydroforylation, Roelen reaction || ~ **paramétrique** / parsyn (parametric synthesis) || ~ des **réseaux électriques** (électr) / network synthesis || ~ **structurale** (méc) / type synthesis || ~ **totale** / total synthesis || ~ **trajectoire-point** / point-path synthesis || ~ à la **vapeur de métaux**, métallochimie *f* / steam synthesis, metallochemistry || ~ de **Wurtz** (chimie) / Wurtz synthesis
synthétique / synthetic, -ical || ~**s** *m pl* (tex) / synthetics *pl*
synthétiseur *m* (ord) / speech synthesizer
syntonisateur *m* (radio) / tuning knob || ~ (TV, radio) / tuner, tuning variometer || ~ **rapide** (électron) / instantuner
syntonisation *f* / tuning || ~ **aiguë** (électron) / sharp tuning || ~ d'**antennes** / aerial syntonizing, antenna tuning || ~ **automatique** (électron) / pulling into tune || ~ par [**bouton-**]**poussoir** / push-button tuning || ~ par **cadre radiogoniométrique** (radar) / loop tuning || ~ par **diodes à capacitance variable** / variable capacitance diode tuning || ~ à **distance** / distant o. remote tuning || ~ de la **fréquence-image** (électron) / double-spot tuning || ~ des **fréquences** / frequency tuning || ~ de **hauteur de son** (radio) / note tuning || ~ **magnétique** / permeability tuning || ~ **multiple** (antenne) / multiple tuning || ~ par **noyau de fer** (radio) / slug tuning || ~ **Schuler** (nav.) / Schuler tuning || ~ par **variation de perméabilité** (électron) / permeability tuning || ~ à **vernier** (électron) / sharp tuning
syntonisé (acoust., magnétron) / tuned
syntoniser (électron) / tune *vt*
systématique *adj* / methodic[al], systematic[al] || ~ (ord) / unconditional || ~ *f* (zool, bot) / systematics || ~ (ordonn) / process o. production engineering, routing
systématiser / classify, organize
système *m* / system || ~ (math, méc) / sheaf, system, family || ~ (techn) / system, design || **à deux ~s propulseurs** (ch.de fer) / using two sources of power || **de ~ mixte** (mot) / petrol- (GB) o. gasoline- (US) electric || ~ d'**accès contrôlé** / CAS-system (controlled access) || ~ à **action intégrale** (contr.aut) / system with one integration || ~ **adaptatif** / adaptive system || ~ d'**ajustement conique** / cone fit system, system of cone fits || ~ d'**ajustements** / system of fits || ~ d'**ajustements fins** / system of close fits || ~ d'**ajustements restreint** / selection system of fits || ~ à **alésage normal** / basic hole system || ~ d'**alignement type ILS** (aéro) / ILS system, instrument landing system || ~ d'**alimentation** / feed system || ~ d'**alimentation par rail** (ch.de fer) / conductor rail system || ~ d'**alliage** / alloy system || ~ **ALOHA à multiples fronts d'impulsions** / multiple slotted ALOHA system || ~ **amortisseur** / spring system || ~ d'**analyse en hélice** (TV) / helical scan recording || ~ d'**analyse de valeurs mesurées** / data scanning system || ~ **A.N.P.N.** (indice d'octane) / Army-Navy-performance Number System, A.N.P.N.-System || ~ d'**antennes** / antenna array || ~ d'**antiblocage** (auto) / antislip brake control system, antiskid brake system, skid control system || ~ **antichoc** (montre) / shock absorber || ~ **anticollision** / anticollision system || ~ **antivol** / antitheft system, antiburglar alarm system || ~ d'**appel codé par radio** / radio code paging system || ~ d'**appel téléphonique à cartes** / card dialer telephone || ~ d'**approche contrôlée au sol** (radar) / G.C.A. system, ground control approach system || ~ d'**approche standard à faisceau** (aéro) / standard beam approach o. S.B.A.-system || ~ **aquo** (chimie) / aquo system || ~ d'**arrosage du cœur** (nucl) / core spray system || ~ d'**arrosage en douche** (pomp) / deluge sprinkler || ~ **articulé d'un axe** / movable axle || ~ **articulé des bogies** / movable bogie [system] || ~ **articulé du pantographe** / articulated pantograph system || ~ **asservi** / controlled member (GB) o. system (US), control system of a process (US) || ~ **asservi** (NC) / closed-loop control system, servo system || ~ **asservi continu** / infinitely variable control system || ~ **asservi échantillonné** / discontinuous control system || ~ **asservi de modèle** / model feedback || ~ **asservi à plusieurs boucles** / multi-loop control system || ~ d'**asservissement** / servo system || ~ **astatique** (compas) / astatic system || ~ d'**atterrissage automatique** (aéro) / autoland[ing] system || ~ d'**atterrissage aux instruments par VHF** / blind o. beam approach beacon system, B.A.B.S. || ~ d'**atterrissage aux instruments**, I.L.S. / instrument landing system, ILS || ~ d'**atterrissage par micro-ondes** (aéro) / microwave landing system, MLS || ~ **autodidactique** / adaptive system || ~ **automatique** (télécom) / dial switching o. system, dial-up service (US) || ~ **automatique de navigation** (nav) / automatic navigator || ~ **automatique tout relais** (télécom) / relay combination o. set || ~ d'**automatisme asservi** /

controlled member (GB) o. system (US), control system || ~ **auxiliaire de propulsion** (espace) / service propulsion system, SPS || ~ d'**avancement à griffes** (film) / claw feed system || ~ **avertisseur aéronautique** / flight warning installation || ~ d'**avertisseur [à appel] par magnéto** / magneto alarm system || ~ **avertisseur de danger** / danger warning o. alarm system, jeopardy alarm system || ~ d'**avertisseurs d'incendies** / fire alarm system || ~ **AWACS** / AWACS, airborne warning and control system || ~ d'**axes** / system of coordinates || ~ d'**axes de coordonnées** / system of [the two] coordinates, coordinate o. system axes *pl* || ~ d'**axes parallactiques** / equatorial head || ~ **BABS** / blind o. beam approach beacon system, B.A.B.S. || ~ des **baffles** (vide) / baffle system || ~ de **balayage successif** (TV en couleurs) / field o. frame sequential system (US) || ~ à **base décimale** / decimal system || ~ **bibande** (film) / separate recording of picture and sound || ~ **bicyclique** (chimie) / bicyclic system || ~ **billard** (espace) / billiard system || ~ **binaire** (math) / dyadic system, binary system || ~ **binaire** (sidér) / binary system || ~ **BLEU d'atterissage** (aéro) / blind landing experimental unit, BLEU system (GB) || ~ à **boucle ouverte** / open loop system || ~ **bouclé ou en boucle** (électr) / loop system || ~ **buse-palette** / nozzle-baffle system, nozzle-flapper system || ~ de **calculation industrielle** / process computing system || ~ **CAMAC** (ord) / CAMAC-system || ~ **cambrien** (géol) / Cambrian formation, Cambric || ~ de **canaux** / canal system || ~ **cardinal** (nav) / cardinal system || ~ **C.B.S.** (= Columbia Broadcasting) / CBS-system, Columbia Broadcasting System color television || ~ **C.C.H.T.** / high-voltage d.c. transmission, HVDC o. h.v.d.c. system || ~ **CD4** (phono) / compatible-discrete-4 system, CD4-system || ~ **ceinture-contact ou contact-ceinture** (auto) / ignition interlock system || ~ **cellulaire** (nav) / bracket plate system || ~ du **centre de masse** (nucl) / center-of-mass system, CMS || ~ de **certification [par une tierce partie]** / [third party] certification system || ~ **C.G.S.** (phys) / centimetre-gramme-second system, c.g.s.-system || ~ à **chaîne unique** (tex) / single-warp system || ~ de **chauffage monotubulaire** / one-pipe system || ~ de **chauffage de la touraille** (bière) / kiln heating system || ~ **chronométrique électrique** / electrical time distribution system || ~ à **cinq conducteurs** (électr) / five-wire system || ~ **circulaire** / circulation system || ~ de **codage à durée de créneaux** (télécom) / hop time system, HTS || ~ **cohérent des unités** / coherent system of units || ~ de **collecte des données** / data collection system, DCS

système de commande *m* / operating device o. mechanism || ~ (contr.aut) / control system || ~ **adaptive** (contr.aut) / adaptive control system || ~ en **chaîne fermée** (NC) / closed-loop control system, servo system

système *m* à **commande directe** (télécom) / selector switches keeping pace with dialling, dialling-switching coincidence system

système de commande *m* à **distance** / remote control system || ~ **et de contrôle d'un réacteur** / reactor control system

système *m* à **commande indirecte** / indirect control system

système de commande *m* **irréversible** (aéro) / irreversible control system || ~ **numérique** (NC) / numerical control system || ~ **optimal** / optimal control system

système *m* **commandé** / controlled member (GB) o. system (US), control system of a process (US) || ~ **commandé par reflex** (amplificateur) / reflex monitor system || ~ de **communication** / communication system, CS || ~ de **commutation** (contr.aut) / switching system || ~ de **commutation électronique** (télécom) / electronic switching system, ESS || ~ de **commutation progiciel**, TRANSPAC (télécom) / packet switching net || ~ à **conducteur médian** (électr) / neutral o. third wire system || ~ **conductif** / conductive system || ~ **conservatif** (phys) / conservative system || ~ **Consol** (radar) / Consol [long distance radio navigation] system || ~ de **construction par blocs** / building block system, modular construction o. design || ~ **continu** (manutention) / continuous system o. operation || ~ **continuel** (TV) / free running || ~ de **contrôle** (ord) / monitor system || ~ de **contrôle de l'approche par radar** / carrier controlled approach, CCA || ~ de **contrôle d'attitude par gaz** (espace) / gas attitude control system || ~ de **coordonnées** / coordinate frame || ~ de **coordonnées** [rectangulaires] / system of coordinates || ~ de **coordonnées de la machine** (NC) / machine coordinate system || ~ de **coordonnées de la pièce** / workpiece coordinate system || ~ **copernicien ou de Copernic** / Copernican system || ~ de **copiage** (NC) / tracer control || ~ de **couleurs** / system of colours || ~ à **courant porteur** / carrier system || ~ de **craquage** (filage) / stretch break process || ~ de **cristaux** / crystal system || ~ **crossbar** (télécom) / crossbar system || ~ **décimal** / decimal system, decadic [number] system || ~ de **décollage et atterrissage courts** / short take-off and landing system || ~ **DECTRA** / DECTRA, Decca tracking and ranging || ~ à **délai d'attente** (télécom) / delay working || ~ **déplaçable** (méc) / movable system || ~ de **déplacement du gaz** / gas displacement device || ~ **dernier entré premier sorti** (magasin) / last-in first-out system, LIFO-system || ~ à **derricks jumelés** (nav) / twin derrick system || ~ **détecteur d'erreurs avec demande de répétition** / error detecting system with signal repetition || ~ en **deux** (techn. du froid) / split system (compressor and evaporator separated) || ~ à **deux calculateurs** / double o. dual computer system || ~ de **deux équerres à prismes** / double prism for angles of 90 ° || ~ de **déviation verticale** (TV) / vertical deflection unit || ~ de **dialogue à utilisateurs multiples** (ord) / multi-user dialog system || ~ **dichromatique C.I.E.** / C.I.E. standard colorimetric system || ~ **Didot** (typo) / Didot point system || ~ **différentiel** (électr) / differential system || ~ de **diffusion publique** / public address o. PA system || ~ **diphasé à phases reliées** / two-phase three-wire system, interlinked two-phase system || ~ **diphasé à quatre fils** / two-phase four-wire system || ~ **diphasé à trois fils** / two-phase three-wire system, interlinked two-phase system || ~ **diplex** (télécom) / diplex [system] (simultaneous transmission of two signals) || ~ **direct** (électr) / positive sequence system || ~ **directeur** (télécom) / director system || ~ **discontinu** (manutention) / intermittent system o. operation || ~ **discriminateur de protection** (électr) / directional o. discriminating circuit-breaking o. circuit-control, discriminating protective system, reverse current circuit-breaking || ~ **dispersé ou en dispersion** / disperse system || ~ de **distribution en boucles** (électr) / ring main system || ~ de

distribution à plusieurs conducteurs / multiple wire system || ~ de **distribution préfabriqué à barres protégées** (électr) / [power distribution] tap trunking || ~ **Doran** (mil) / doran (= Doppler range) || ~ **double en attente** (ord) / stand-by system || ~ **double bande** (film) / separate recording of picture and sound || ~ à **double cycle** (nucl) / dual cycle system || ~ du **double palpeur** (ultrasons) / double probe system || ~ à **doublets impulsionnels** (contr.aut) / doublet pulse control system || ~ **dual** (math) / dual system || ~ **duodécimal** / duodecimal [number] system || ~ **duplex** (télécom) / duplex system (simultaneous telecommunication in two directions) || ~ **duromère** (plast) / duromer system || ~ **dyadique** (math) / dyadic system || ~ **dynamique à vide ou de vide** / dynamic (US) o. pumped (GB) vacuum system || ~ d'**échange intercom** / intercom [exchange], communicator || ~ à **échantillonnage** (contr.aut) / sampled-data system || ~ **électronique de téléphone automatique** (télécom) / electronic switching system || ~ **électronique de transfert de données** / electronic data transmission system || ~ **émetteur** (radio) / chain system || ~ d'**enclenchement tout relais** / relay interlocking system || ~ d'**énergie total** / total energy system || ~ d'**enregistrement optique** (film) / sound-on-film system, optical recording || ~ d'**enregistrement sur disque** / sound-on-disk system || ~ des **entretoises** (constr.en acier) / web system || ~ d'**équations** (math) / system of equations || ~ d'**équations différentielles** / simultaneous differential equations *pl* || ~ d'**équilibrage pneumatique** (balance) / pneumatic balancing equipment || ~ **équivalent de projection** (carte géogr) / equal-area projection || ~ **EROS** (aéro) / EROS-system (Eliminate Range Zero System) || ~ **ESK-crosspoint** (télécom) / ESK crosspoint system || ~ **eutectique** (chimie) / eutectic [alloy system] || ~ d'**exploitation** (ELF) (ord) / operating system, OS || ~ d'**exploitation à bandes** (ord) / tape operating system || ~ d'**exploitation de base** (ord) / POS, primary operating system, BOS, basic operating system || ~ d'**exploitation à disques** (ord) / disk operating system || ~ d'**exploitation en temps réel** (ord) / real-time system || ~ de **fabrication à la chaîne** (ordonn) / flow-line system || ~ à **faisceaux en V** (radar) / V-beam system || ~ **F.D.M.A.** / frequency division multiplex access system, FDMA-system || ~ de **fermeture du moule** (fonderie) / die closing o. locking mechanism || ~ de **fil de contact** (ch.de fer) / overhead contact system || ~ à **fil double** (électr) / double- o. two-wire system || ~ à **flèches parallèles** (nav) / parallel boom system || ~ **Floff** (pétrole) / floating offshore liquefaction o. FLOFF-system || ~ **flottant** (compas gyrosc.) / float system || ~ **flottant** (aéro) / floating gear || ~ à **flux double** (turbine) / ducted-fan system, by-pass system || ~ **fonctionnant en temps réel** (ord) / real-time system || ~ **fondamental européen de référence pour la transmission téléphonique**, SFERT (télécom) / master telephone transmission reference system || ~ **foot-pound-second** (phys) / foot-pound-second system, F.P.S. system || ~ de **forces** / system of forces || ~ de **formulation** (teint) / colour matching system || ~ de **fractionnement des rayons** / beam-splitting system || ~ de **freinage au sol des avions** / aircraft arrestor || ~ de **freinage à deux circuits** / dual circuit brakes *pl*, divided brake system || ~ de **freinage à plusieurs circuits** / multiple circuit brake system, split brake system || ~ à **fréquence porteuse** / carrier-frequency system || ~ **galactique** / galactic system || ~ **G.C.A.** (radar) / G.C.A. system, ground control approach system || ~ à **générateur et démarreur séparés** (électr, auto) / two-unit system || ~ à **genouillère** / bell-crank o. toggle-lever system || ~ de **gestion des entrées-sorties** / IOCS, input-output control system || ~ **Giorgi** (phys) / MKSA-system (meter, kilogram, second, ampere), Giorgi system of units || ~ de **grandeurs** / system of sizes o. magnitudes || ~ par **gravité** / gravity system || ~ de **groupes d'émetteurs** (électron) / chain system || ~ de **guidage et de navigation** (espace) / guidance/navigation system || ~ de **guide d'ondes** / waveguide system || ~ **gyroscopique** (radar) / gyroscopic system || ~ d'**habitat** (bâtim) / settlement system || ~ **HARCO** (navigation) / HARCO, hyperbolic area covering navigation system || ~ **harmonisé d'assurance de la qualité** / harmonized system of quality assessment || ~ **hélicoïdal** (TV) / helical scan recording || ~ **hexagonal** (crist) / hexagonal system || ~ **homopolaire** (électr) / zero phase sequence [system] || ~ **hybride mixte** (ord) / mixed hybrid system || ~ **hybride de propulsion** (auto) / hybrid drive || ~ **hydraulique** (aéro) / hydraulic system || ~ **ILS** (aéro) / instrument landing system, ILS || ~ d'**immersion du cœur** (nucl) / core flooding system || ~ d'**information mécanisé sur ordinateur** / computer-oriented information system, CIS || ~ **informatique** / information system || ~ d'**informatique à accès à distance** / remote access computing system || ~ **intégré** (ord) / integrated system || ~ **intégré de commande linéaire des trains** (ch.de fer) / integrated system of linear train control || ~ **intégré de gestion** / management information system, MIS || ~ **intercarrier** (TV) / intercarrier sound system || ~ d'**intercirculation à soufflet** (ch.de fer) / intercommunication bellows gangway || ~ d'**intercommunication** / intercommunication system, staff location plant, staff locator installation || ~ d'**intercommunication** (aéro) / intercommunication || ≗ **International d'Unités**, S.I. / Internal System of Units, SI || ~ **international de classification des houilles** / international system of classification for coals || ~ **international pour la notation ou pour les numéros des livres**, ISBN / International Standard Book Number, ISBN, SBN || ~ **international pour la notation de séries de livres**, I.S.S.N. / International Standard Serial Number, ISSN, ISSN || ~ **international d'unités métriques** / international metric measures *pl* || ~ d'**interrogation-réponse** (ord) / inquiry system || ~ **interrupt** (ord) / interrupt system || ~ à **interruptions** (métrologie) / interrupt system || ~ **intrinsèque de communication en chantier** (mines) / intrinsically safe face communication system || ~ d'**introduction et d'accès** (ord) / retrieval system || ~ d'**introduction et d'affichage des données** (aéro) / DEDS, data entry and display subsystem || ~ **inverse** (électr) / negative sequence system || ~ **ISO d'ajustements** / ISO system of fits (International Organization of Standardization) || ~ **ISO de tolérances** / ISO system of tolerances || ~ **isométrique** (math) / isometric system || ~ **isométrique** (crist) / isometric system, cubic o. octahedral o. regular system || ~ **itératif** (télécom) / iterative network || ~ **itératif à plusieurs sections** / multi-section network || ~ de **jonction** / interface [system] || ~ du **laboratoire** (nucl) / laboratory system, LS || ~ **Lanac** (aéro, radar) / Lanac system || ~ **latéral** / lateral system || ~ de **lentilles** / lens combination o. system || ~ **Levelair** (circ.impr.) /

Levelair system for tinning printed boards || ~ de **liaison** (chimie) / bond system || ~ de **liaison** (électron) / interface [system] || ~ de **liaison de données** / data link system || ~ **libre** (TV) / free running || ~ **limite** (sidér) / binary edge, bounding system (US) || ~ **lorac** / Lorac (long-range accuracy radar) || ~ **Loran** / Loran, long-range navigation system || ~ **Lorimer** (télécom) / Lorimer system || ~ à **mâts parallèles** (nav) / twin derrick system || ~ de **Mendeleeff** (ou de Mendeleïeff ou de Mendeleev) (chimie) / Mendeleev's table

système de mesure *m* / measuring system || ~ **absolue** / absolute system of measures || ~ **absolue** (NC) / absolute measuring system || ~ **absolue répétitive** (NC) / cyclic-absolute measuring system || ~ **angulaire** (NC) / angular position measuring system || ~ **de déplacement** (NC) / path measuring system || ~ des **Etats Unis** / US system of measures || ~ **incrémentielle** (NC) / incremental measuring method || ~ **linéaire** (contr aut) / linear measuring scale || ~ de **position** (NC) / position measuring system

système *m* des **mesures** / system of units || ~ de **mesures anglais** / Imperial system of measures, English Imperial measures *pl* || ~ **mètre-kilogramme-seconde ou MKS** (vieux) / MKS system || ~ **métrique** / metric system || ~ **«minitrack»** (espace) / minitrack || ~ **MIS** (informatique de gestion) / MIS-system, management information system || ~ de **mise en application** (ord) / implementation system || ~ de **mise à la terre** / earth system || ~ **mixte** / mixed system o. service || ~ **M.K.S.A.** (phys) / MKSA-system (meter, kilogram, second, ampere), Giorgi system of units || ~ **mobile** (méc) / movable system || ~ **modulaire** (électron) / modular system || ~ **modulaire**, rack *m* (électron) / rack system || ~ de **modulation à créneaux de durée** / time hopping system || ~ **Mondopoint de mesure des chaussures** / Mondopoint system of shoe sizing || ~ **monoclinique** (crist) / oblique system || ~ **monoconducteur** (électr) / single-wire system || ~ à **multicalculateur** / multicomputer system, -computing system || ~ **multi-médias** / joint media, multi-media system || ~ **multiplex** (TV) / multi[ple]-channel system || ~ **multiplex à porteuses multiples** (télécom) / multi-carrier multi-channel system || ~ **multi-processeur** (ELF) (ord) / multiprocessor || ~ **multipupitres** / multi-console system || ~ **Munsell** (chromatique) / Munsell system [of chromaticity], Munsell scale || ~ à **n degrées de liberté** / multi-degree-of-freedom system || ~ **navaglobe** (radioguidage) / navaglobe system || ~ de **navigation bénito** / benito navigation system || ~ de **navigation Doppler** / Doppler navigation system || ~ de **navigation inertielle** / ship's inertial navigation system, SINS || ~ de **navigation rho-thêta** (nav) / rho-theta [navigational system] || ~ **NEL** (NC) / NEL-system || ~ **nerveux** / nervous system || ~ de **nettoyage Taprogge** (pipeline) / Taprogge system of cleaning || ~ de **neurones** / neuron system || ~ avec **neutre à la terre** / earthed-neutral system || ~ de **nombres décimaux** / decimal number[ing] system || ~ **non-décimal** / non-denominational number system, non-decimal system || ~ de **noyage du cœur** (nucl) / core flooding system || ~ **N.T.S.C.** (TV) / NTSC-system (National Television System Committee) (USA, Japan) || ~ **nucléaire d'alimentation en vapeur** / nuclear steam supply system, NSSS || ~ de **numération** (math) / number system || ~ de **numération binaire** / binary system || ~ de **numération décimale** / decimal number system || ~ de **numération hexadécimal** (math) / hexadecimal number system || ~ de **numération octal** (math) / octal [number] system || ~ **O.B.D.** (= omnibearing distance navigation) (nav) / OBD system (omnibearing distance navigation) || ~ **oboe** (radar) / oboe [system] || ~ **opérationel** / operating system || ~ **optimal** / optimal o. optimum system || ~ **optimalisant** / opti[mi]zation system || ~ **optique de caméra** / lens system of camera || ~ **optique d'inversion du faisceau** (TV) / beam reversing lens || ~ **optique de signaux** / optical system for signals || ~ **orbital de manoœvre** / orbital maneuvering system, OMS || ~ **orienteur** / sun tracker system, heliotropic orientation device || ~ **orthorhombique** (crist) / [ortho]rhombic system || ~ **oscillant** / oscillating o. vibrating system || ~ de l'**outil en main, [en travail]** / tool-in-hand,[-in-use] system || ~**s** *m pl* d'**oxydes mixtes** (gén) / mixed oxide systems *pl* || ~ *m* d'**oxygène à base de demande** (aéro) / demand oxygen system || ~ **PAL** (TV) / PAL [system] (= phase alternation line) || ~ à **paramètres répartis** (contr.aut) / distributed-parameter system || ~ **park-and-ride** (routes) / park-and-ride-system || ~ **pas à pas** (télécom) / step-by-step system, dialling-switching coincidence system || ~ de **paye à la pièce intégral** (ordonn) / hundred per cent incentive || ~ à **pertes** (télécom) / loss system || ~ de **pinces** (film) / claw-feed system || ~ par **plus ou moins ou par + et -** / high-low action control system || ~ à **plusieurs constituants** (sidér) / multicomponent system || ~ à **plusieurs degrées de liberté** / multi-degree-of-freedom system || ~ à **plusieurs fils ou conducteurs** / multiple wire system || ~ à **plusieurs fréquences** / multifrequency system || ~ de **point typographique** (1p = 0.376 mm, 12p = 1 cicero) (typo) / point system (England and USA: 1p = 0.351 mm, 12p = 1 pica) || ~ **polychrome** (TV) / polychrome o. polychromatic system || ~ **polynaire** / polynary system || ~ **pondéré** / weighted system || ~ **porteur** (aéro) / wing unit, main plane structure || ~ **porteur plan** / plane structure || ~ de **position des valeurs** (math) / positional system || ~ de **positionnement** / positioning system || ~ à **postes embrochés** (télécom) / way circuit || ~ de **poursuite** (espace) / tracking system || ~**s** *m pl* de **poutres** (constr.en acier) / girder types o. systems *pl* || ~ *m* à **prélèvement** (contr.aut) / keyed system || ~ **premier entré - premier sorti** / first in - first out system, FIFO system || ~ du **premier, [second] ordre** (contr aut) / first, [second] order system || ~ par **pression** / pressurization system || ~ de **pressurisation d'enceinte** / enclosure pressurization system || ~ de **prime intégral** (ordonn) / 100 % incentive rate || ~ de **primes** / premium [wage] system || ~ de **priorités** (ord) / priority scheme || ~ de **programmation conversationnelle** / conversational programming system, CPS || ~ **progressif de changement des vitesses** (auto) / progressive system of gear shifting || ~ **protecteur** (électr) / protective system || ~ de **protection** (électr) / system of protection, protection system, kind of enclosure || ~ de **protection contre les défauts d'isolement** / leakage protective system || ~ de **puissance auxiliaire nucléaire** (espace) / Snap (system for nuclear auxiliary power) || ~ de **qualification par points** / rating by points || ~ **radar Gee** / Gee system || ~ **radial** (électr) / radial system || ~ de **radiodiffusion par faisceau hertzien** / radio link system || ~ de **radionavigation dit Consol** (radar) / Consol system || ~ de **radionavigation à grande portée dit Loran** / Loran system, long-range navigation system || ~ à **rail conducteur** (ch.de fer) / conductor rail system || ~ **rail-route** / rail-road system || ~ de **ramification** (ord) / ramification system || ~ à **réaction linéaire** / linear reactor || ~ **Rebecca-Eureka** (radar) / Rebecca-Eureka system || ~ **récepteur** / receiving system || ~ de **recherche documentaire** / information retrieval system || ~ de **recherche documentaire à cartes perforées** (c.perf.) / Peek-a-Boo- o. Batten system || ~ **récupérable** (espace) / recovery system || ~ de **redressement de l'image** / image erecting system || ~ de **référence** / reference system || ~ de **référence colorimétrique C.I.E.** / C.I.E. standard colorimetric system || ~ de **régénération** (chaleur) / regenerative system || ~ de **réglage** / control system || ~ de **réglage autonome** / independent control system || ~ de **réglage à circuit fermé** / closed-cycle control system || ~ de **réglage et de commande** / automatic control system || ~ à **réglage flottant** (contr.aut) / system with one integration || ~ de **réglage à plusieurs circuits ou boucles** / multi-loop control system || ~ de **réglage pour ambiance** (espace) / environmental control system, ECS || ~ **réglé** / controlled member (GB) o. system (US), control system of a process (US) || ~ **régulateur** / control unit, controller, control system (GB), controlling means (US) || ~ **régulateur de course** (radar) / air route control system || ~ de **régulation unitaire** / standardized control system || ~ de **relais** (contr.aut) / relay control system || ~ de **relais à prédiction** (contr.aut) / predictive control system || ~ de **repérage et de télémétrie d'objets multiples** / MTR o. multiple track radar range, multiple object phase tracking and ranging || ~ de **répétition automatique** (téléscripteur) / automatic requestion system, ARQ system || ~ du **réseau** (électr) / network || ~ de **ressorts** / spring system || ~ de **rétroaction ou de réinjection** / feedback system || ~ **rétrofoyer** / retrofocus system || ~ **rhô-thêta** (télécom) / P, υstem, rho-theta system || ~ **rocheux** / rock formation || ~ de **rouages** / mover, moving apparatus, movement, motor || ~ de **satellite de relais pour la resynchronisation de la transmission de données** / tracking and data relay satellite system, TDRSS || ~ à **saut de fréquences** / frequency hopping spread spectrum system || ~ **S.B.A.** (aéro) / standard beam approach o. S.B.A.-system || ~ **S.E.C.A.M.** (= séquentiel à mémoire) (TV) / field o. frame sequential system (US), sequential colour system || ~ **SECANT** (aéro) / SECANT system (Separation Control of Aircraft by Nonsynchronous Technique) || ~ de **sécurité** / safety assembly o. system || ~ de **sécurité aérienne ou en vol** / air traffic control || ~ de **sécurité automatique** (auto) / passive restraint system || ~ de **sécurité par déverrouillages successifs** (fonderie) / interlock system || ~ **Selcal** (radio, aéro) / Selcal system || ~ **sélectif de changement de vitesse** (auto) / gate-type gear shifting || ~ de **sélection de phase** (télécom) / phase selecting system || ~ à **sélection synchronisée** (télécom) / selector switches keeping pace with dialling, dialling-switching coincidence system || ~ **semi-automatique** (télécom) / semiautomatic system || ~ **séparatif** (tout-à-l'égout) / separate system || ~ à **séquence de points** (TV) / dot sequential system || ~ **séquentiel** (TV) / sequential system || ~ **séquentiel** (contr.aut) / follow-up system || ~ du **service télégraphique** / telegram service system || ~ **seulement numérique** (ord) / all-numerical system || ~ **SI** / International System of Units, SI || ~ de **signalisation** / signalling system || ~ de **signalisation d'accidents** / accident signalling system || ~ de **signalisation à cantons multiples** (ch.de fer) / multiple block signalling || ~ de **signalisation de chemin de fer** / railway signalling || ~ de **signalisation de réponse partielle** / partial response signalling system, PRS || ~ de **signalisation d'itinéraire** (ch.de fer) / route signalling system || ~ de **signaux** (TV) / signal complex (GB), information (US) || ~ **solaire** / solar system || ~ **solvo** / solvo system || ~ de **sonorisation publique ou extérieure** / public address o. PA system, PAS || ~ **SPADE** (télécom) / SPADE-system (Single channel per carrier PCM multiple Access Demand assignment Equipment) || ~ de **spécifications** / system of specifications || ~ à **spectre dispersé** / frequency hopping spread spectrum system || ~ **SQ** / SQ-matrix system (= stereo quadraphonic) || ~ à **standards de temps de mouvement** (ordonn) / predetermined motion time system || ~ **start-stop à courant jet** (séchage) / jetstream-stop-start-system || ~ **strap-down** (espace) / strapdown system || ~ de **suggestions** / suggestion system || ~ de **suppression de pression** (réacteur) / pressure reduction system || ~ de **surveillance** (radar) / surveillance system || ~ de **symétrie** (crist) / system of crystal symmetry || **~s** *m pl* **synchrones de radiotélégraphie** / synchronous radiotelegraph systems *pl* || ~ *m* **systémique** / systemic class || ~ à la **tâche** (mines) / tribute system || ~ en **tandem** (techn, télécom) / tandem system || ~ de **tarification** / tariff[-rate] system || ~ **technique desservi à plusieurs variables** / multivariable technical control systems *pl* || ~ **téléphonique automatique** (télécom) / automatic telephone switching o. system, machine switching system || ~ **téléphonique automatique à barres transversales** (télécom) / crossbar system || ~ de **télévision à champ simultané ou à couleurs additionnelles** (TV) / field o. frame simultaneous system || ~ de **télévision à séquence des couleurs** (TV) / field o. frame sequential system (US), sequential colour system || ~ **temporisé** (contr.aut) / time function element || ~ de **temps de parcours ou de temps de retard** (contr.aut) / dead time control system, transport[ation] delay o. lag system || ~ en **temps partagé** (ord) / time sharing system || ~ des **temps de référence** (ordonn) / standard time system || ~ des **termes** (nucl) / level system || ~ **termi-point** (ord) / termi-point system || ~ **ternaire** (chimie) / ternary system || ~ **tex** (tex) / tex system of yarn counts || ~ de **tiges** (méc) / linkage of bars || ~ à **tiroirs** (soudage) / water-to-carbide generator o. system || ~ des **tolérances** / system of tolerances || ~ de **tonalité 3-D** / 3-D system of sounds || ~ **total** / compound system || ~ de **touraille combiné à jalousies et à rigoles** (bière) / combined lattice and through kiln system || ~ par **tout ou peu** / high-low action control system || ~ **tout à relais** (télécom) / marker system || ~ **tout-à-l'égout séparatif** (eaux usées) / separate system || ~ **tout-à-l'égout unitaire** (eaux usées) / combined system || ~ à **tranche de temps** / time-slot pattern || ~ de **transfert de charge** (semi-cond) / charge-transfer system || ~ de **transmission** (télécom) / transmission system || ~ de **transmission électronique de données** /

electronic data communication system || ~ de **transmission et de contrôle de la force motrice** (horloge) / timekeeping mechanism || ~ de **transmisson de données** (contr.aut) / process communicating system || ~ de [**travail aux**] **primes** / [wage] incentive system || ~ du **treillis** (bâtim) / checker work || ~ **triangulaire** / triangular o. triangulated system || ~ **triangulé** (bâtim) / triangulate[d] lattice || ~ **trichrome** / trichromatic system || ~ **triphasé à quatre fils** / three-phase four-wire system || ~ **triphasé à six fils** / three-phase six-wire system || ~ **triphasé à trois fils** / three-phase three-wire system || ~ à **trois adresses** (ord) / three-address system || ~ à **trois fils** (électr) / neutral o. third wire system || ~ à **trois fils** (télécom) / three-wire system || ~ **UCS** (théorie des couleurs) / UCS-system (= uniform chromaticity scale) || ~ **ULMS** / ULMS- o. under-sea long-range missile system || ~ **unifilaire** (électr) / single-wire system || ~ **unitaire** (tout-à-l'égout) (eaux usées) / combined system || ~ d'**unités** / unitary system || ~ des **unités de montage** / building block system || ~ **utilisable en temps réel** (ord) / real-time system || ~ de **valence normalisée de la CIE** (opt) / C.I.E. standard colorimetric system || ~ à **vanne et gicleur** / nozzle-baffle system, nozzle-flapper system || ~ **varioplex** (télécom) / varioplex system || ~ de **vérification** / checking system || ~ de **verrouillage** (télécom) / interlock device || ~ de **verrouillage central** / centrally controlled locking system || ~ de **vidange** (mat.fécales) / cesspool system || ~ de **vide statique** / static o. sealed vacuum system || ~ **vidéo longue durée** / video long play system, VLP-system || ~ **vidéotext** / videotext system || ~ **VORTRAC** (nav) / VORTRAC system (= VOR, TACAN) || ~ **Yerkes** (astr) / MK- o. Yerkes-system

systémique / systemic

syzygie *f* (astr) / syzygy

T

T, tesla (= 1 Wb m^{-2}) (unité) / Tesla, T

T *m* / T-piece, tee, T

T *m* (m.à vap) / elbow joint

T *m* (dessin) / tee-square, T-square

T *m* d'**atterrissage** (aéro) / wind-T

T *m* **lumineux d'atterrissage** (aéro) / landing direction indicator light

T *m* **normal** (tuyeau) / standard tee

tab *m* **commandé** (aéro) / trimming tab, trimmer || ~ à **ressort** (aéro) / spring tab

tabagisme *m* / nicotine poisoning, nicotinism

tabatière *f* / garret o. dormer window || ~ (auto) / roof light

tabellaire / in tabular form, tabulated

tabisé / cloudy, watered

table *f* / slab, plate || ~ / table || ~ (tiss) / table || ~ (tôle) / table || ~ (m.outils) / bed || ~ (verre) / pane[l] || ~ (typo) / table || ~ (marteau, rabot, enclume) / face || ~ (bâtim) / plate [of stone] || ~ (salin deau de mer) / first evaporation basin || **en forme de** ~ / in tabular form, tabulated || ~ à **abattants** / flap o. folding table, drop-leaf table || ~ d'**ajustage** / adjustment table || ~ **alimentaire** (typo, tricot) / feedbord-table || ~ **alimentaire ou d'alimentation** (filage) / feed lattice o. table || ~ **alternante** (m.outils) / reciprocating table || ~ d'**amalgamation** (mines) / amalgamating plate || ~ des **antilogarithmes** / table of antilogarithma || ~ d'**appels** (télécom) / concentrating table || ~ en ou d'**ardoise** / slab o. tablet of slate || ~ d'**arrivée** (télécom) / dial system B switchboard, DSB || ~ d'**arrosage** (tex) / spraying table || ~ à **balais** (sidér) / rack, nicking o. sweeping buddle, sweeping table || ~ **basculante** (mines, lam) / tilting table || ~ à **billes** (manutention) / table on ball bearing guides || ~ à **boucle ou de bouclage** (sidér) / hump table || ~ à [**boutons-**]**poussoirs** / signal box with push-button routing o. with key routing, all-relay interlocking [plant], NX tower (entrance-exit) || ~ à **calculer** / calculating table || ~ de **chargement** / feeding disk || ~ **chromatologique** / colour chart || ~ de **cintrage** / bending table || ~ **circulaire** (m.outils) / turntable, circular table || ~ **circulaire basculante** (m.outils) / circular swivel table || ~ des **clothoïdes** / table of clothoides || ~ de **codes** (ord) / code list || ~ de **commande** / control table || ~ à **commutateurs** (ch.de fer) / switch-type interlocking frame || ~ **comparative de dureté** / hardness conversion table || ~ **composée** (m.outils) / compound table, cross table || ~ **composée circulaire** (mortaiseuse) / circular [compound] table || ~ de **composition** (typo) / composing table || ~ de **concentration** (prépar) / [concentrating] table || **~s** *f pl* de **conditionnement à courroie** / belt table conveyor || **~s** *f pl* de **conditionnement à tapis métallique** / wire mesh table conveyor || ~ *f* **conique** (mines) / conical table || ~ à **console** (m.outils) / knee o. bracket table || ~ à **consulter** (ord) / look-up table || ~ de **conversion** / conversion table || ~ de **conversion des fils** (filage) / count conversion table || ~ à **copiage** / copying table || ~ de **correction** / correction table || ~ à **couler** (verre) / casting plate o. slab || ~ de **couleurs** / colour chart || ~ des **couleurs DIN** / DIN colour chart || ~ **coulissante** / sliding table || ~ **courte** (m.outils) / short table || ~ de **criblage** (sidér) / table of screens || ~ **cubique** (m.outils) / box table || ~ de **cuisson** (cuisine) / cooking surface o. top, cooktop || ~ **culbutante** (mines) / tilting table || ~ du **cylindre** (lam) / barrel, roll surface || ~ **dactylo** / typist's desk || ~ de **décision** (ord) / decision table || ~ de **dégauchissage** / dressing o. straightening o. surface plate, flattener || ~ de **descente** (fonderie) / run-in table || ~ à **dessiner** / drawing desk o. table || ~ à **dessiner** (ord) / curve plotter || ~ à **dessiner en parallélogramme** / parallelogram drawing table || ~ de **déviation** (aéro) / deviation table || ~ **dirigeuse** (télécom) / call director || ~ de **distribution** / [rotary] plate feeder || ~ de **distribution**, disque *m* doseur / disk feeder with stripper || ~ **dormante à toiles** (prép.de minerais) / blanket strake || ~ d'**ébarbage** (fonderie) / dressing table || ~ d'**écoute** (télécom) / wiretap || ~ d'**écoute** / monitor desk o. position || ~ **élévatrice** / elevating platform || ~ d'**emballage** / bagging board, packing table || ~ d'**enclume** / anvil face o. plate || ~ à **encoches** (typo) / thumb index, banks *pl* || ~ d'**épuration pneumatique** (prépar) / pneumatic ore processing table || ~ d'**essai** (télécom) / test board || ~ d'**essais et de mesure** / test and measuring table || ~ d'**estime** (aéro) / compound course arrangement || ~ d'un **établi** / top of the work bench || ~ pour **étaler la carte** / map table || ~ d'**étalonnage** / calibration table || ~ des **étiquettes** (ord) / symbol table || ~ de **fabrication** (pap) / [sheet] forming zone || ~ de **feutre** / felt sheet || ~ de **feutre**, couche *f* de feutre / felt pad o. cushion o. mat || ~ de **fixation** / clamping table || ~ **fixe** (m.outils) / rigid table || ~ de

fonctionnement (circuit digital) (électron) / function o. work table || ~ de **fonctions** (ord) / function table || ~ de **foyer** (sidér) / dead plate || ~ des **fréquences** (statistique) / frequency table || ~ **«g»** (espace) / G-table o. arm (US) || ~ **gigogne** (meubles) / nest of tables || ~ de **grillage** / hearth roaster || ~ **guidée et réglable par vis** (m.outils) / screw-spindle adjustable plate || ~ d'**harmonie** / sound[ing] board || ~ à **hauteur fixe** (m.outils) / compound table, cross table || ~ de **Karnaugh** (électron) / Karnaugh map || ~ de **laboratoire** / laboratory bench || ~ de **lancement** (ELF) (engins) / launch[ing] pad o. platform o. base, rocket launcher || ~ à **lattes** (fonderie) / lattice table || ~ à **laver la vaisselle** / dish washing table || ~ de **lavoir** (mines) / frame, buddle, strake || ~ de **lecture** (phono) / [record] turntable || ~ de **lecture de contrôle** (film sonore) / playback desk || ~ **lisse** (lam) / bullhead pass || ~ à **lisser** / sleeking table || ~ de **logarithmes** / log table || ~ de **lubrification et de graissage** / lubrication chart o. diagram o. plan, oil chart || ~ **lumineuse** (opt) / light table || ~ **lumineuse pour copiage** / light table, shiner || ~ pour **machines de bureau** / office machine desk || ~ de **machine-outil** (m.outils) / [supporting] table, platen || ~ de **marge** (typo) / feed[ing] board, lay-out board || ~ de **marteau** / poll of a hammer, hammer face o. toe || ~ des **matières** / record, index || ~ des **matières** (livre) / [table of] contents *pl*, register, index to a book || ~ de la **membrure** (constr.en acier) / cover strip, end plate, top flange plate || ~ de **mesure** / measuring table || ~ de **mesure** (télécom) / test desk || ~ de **métal** / plate of metal, [sheet] metal plate || ~ de **mixage** (TV) / audiomixer, sound mixer, mixing desk o. console || ~ **mobile à manœuvre** (forge) / displacement saddle || ~ **mobile à secousses** (sidér) / percussion frame o. table, bump o. sweep table, table for buddling || ~ de **montage** / editing table o. bench o. console, cutting table || ~ de **montage fixe à bande sur sole de glissement** / assembly table on sliding base || ~ à **mouvement alternatif** / reciprocating table || ~ à **mouvements croisés** (gén) / compound o. cross table || ~ **multiple de fabrication** (pap) / multi[-wire] Fourdrinier machine || ~ de **multiplication** / multiplication table || ~ d'**opération** (teint) / operating table || ~ d'**opérations** (ord) / truth table, Boolean operation table || ~ **optique** / light table || ~ **oscillante** (prépar) / oscillating table || ~ d'**ouvrage** (atelier) / working table, work bench o. table || ~ d'**oxycoupage** / welding bench || ~ de **perçage** (m.outils) / drilling machine table || ~ **pilote** (flottation) / pilot table || ~ **pivotante** (m.outils) / swing-out o. swing table || ~ de **pliage** (tiss) / plaiting table || ~ **pliante** / flap o. folding table || ~ de la **plieuse** / bottom beam of the folding machine || ~ de **plomb** / sheet o. plate of lead || ~ **pointue** (tiss) / pointed bed o. table, cloth rest || ~ **porte-pièce** / work table || ~ de **positionnement** (soudage) / positioner || ~ de la **presse** / platen of a press, press bed || ~ à **raboter ou de rabotage** (m.outils) / planing table || ~ de **raboteuse** (m.outils) / planer platen || ~ **rainurée** (mines) / riffled table || ~ à **rallonges** / pull-out table, extension table, telescopic table || ~ des **rayons** / radii-table || ~ de **rebobinage du film** (film) / rerolling table || ~ de **réception** (typo) / delivery table || ~ **rectangulaire** (m.outils) / angle table, knee || ~ **rectangulaire** (m. à rectifier) / square table || ~ des **références symboliques** (ord) / symbol table || ~ de **refroidissement** (lam) / cooling bed || ~ de **renseignements** (télécom) / inquiry office || ~ de **repassage** (mines) / cleaner jig || ~ **réversible** / reversible table || ~ **ronde** (prépar) / rotating table || ~ **ronde** (m.outils) / turntable, circular table || ~ **ronde à graduation** / circular dividing table || ~ de **rotation** (pétrole) / rotary o. rotating table || ~ **rotative** (c.intégré) / spinning table || ~ **rotative** (m.outils) / turntable, swivel table || ~ **rotative pour moules** (fonderie) / mould turntable || ~ **roulante** (film) / dolly || ~ **roulante d'atelier** / tool and gear truck || ~ à **rouleaux automoteurs** / roller table, roller gear bed || ~ à **rouleaux automoteurs à engrenages coniques** (lam) / bevel gear type roller table || ~ à **rouleaux collecteurs** (lam) / collecting roller table || ~ à **rouleaux d'évacuation** (lam) / exit table, delivery o. run-out roller table || ~ de **roulement** (rails) / tread, upper face of rail || ~ à **roulette** (lam) / roller gear table || ~ **secoueuse ou à secousses** (mines, fonderie) / shaking o. reciprocation screen o. sieve o. table, riddle, griddle || ~ à **secousses** (essais) / vibrator table || ~ à **secousses** (prépar) / oscillating table || ~ de **serrage** (m.outils) / clamping table || ~ de **serrage rectangulaire** (m.outils) / angle plate || ~ **sinus** (m.outils) / sine bar clamping table || ~ de **soudage ou de soudure** / welding bench || ~ **spectrale** / spectrum chart || ~ **supérieure de la traverse** (ch.de fer) / upper surface of the sleeper || ~ **support de cylindre** (tex) / cylinder support || ~ **support machines** / typewriter desk || ~ **synoptique** / luminous circuit diagram, illuminated diagram || ~ de **tailleur** / shop-board || ~ **téléphone** / telephone desk || ~ de **tir graphique** (mil) / graphic range table, firing o. range diagram || ~ des **tiroirs** (m.à vap) / cylinder face, backplate of a cylinder || ~ **tournante** / revolving table, turntable || ~ **tournante** (prépar) / rotating table || ~ **traçante** / plotting table || ~ **traçante** (ord) / graphic output unit, graphic o. data plotter || ~ **traçante pour microfilms** / microfilm plotter || ~ à **transfert circulaire** (m.outils) / [rotary] index table || ~ de **transit interurbain** (télécom) / through switching board || ~ **transporteuse** / conveyor table || ~ de **travail** (m. à fraiser) / milling machine table || ~ de **travail** (m.outils) / chucking table || **~s** *f pl* de **travail et de conditionnement à palettes métalliques** / apron table assembly conveyor, pallet table assembly conveyor || **~s** *f pl* de **travail à courroie** / belt assembly conveyor || ~ *m* de **travail et de conditionnement** (prépar) / picking table conveyor || **~s** *f pl* de **travail à tapis métallique** / wire mesh belt assembly conveyor || ~ *f* à **travailler la tôle** (m.outils) / plate supporting table || ~ de **triage** / picking table || ~ **universelle** (m.outils) / universal table || ~ à **vaporiser** (tex) / steaming table || ~ de **vérification des produits** / workpiece inspection table || ~ de **vérité** (math) / truth table || ~ de **verre** / glass slab o. pane || ~ **vibrante** / jolting o. vibrating table || ~ **vibrante** (fonderie) / bench jolter || ~ **vibrante ou trépidante** (prépar) / vibrating table || ~ de **visite et de triage** (agr) / picking o. sorting belt o. band || ~ **visiteuse** (tex) / inspection table

tableau *m*, liste *f* / list, register, panel, table, board, index || **~x** *m pl* (typo) / column matter || ~ *m* d'**acheminement des trains** (ch.de fer) / route diagram || ~ d'**affichage** / blackboard || ~ d'**affichage numérique à grande distance** / large-size digital indicator || ~ **alphabétique** / alphabetical index || ~ d'**annonces** / notice board || ~ **annonciateur** (télécom) / drop annunciator || ~ d'**arrêt pour rames de manœuvre** (ch.de fer) / limit of shunt sign[al] || ~ **arrière** (nav) / flat of the stern, upper stern || ~ **avant** (nav) / deck hook || ~ d'**avis ou**

d'avertissement / notice o. warning board || ~ **[blindé] de force** (électr) / [metal-clad] power distribution panel || ~ **blindé en fonte** (électr) / metal-clad distribution panel || ~ de **bord** (aéro, auto) / instrument panel o. board (US), fascia (GB), dashbord, dash (coll) || ~ de **charge** / planning board || ~ de **chargement** (ch.de fer) / loading table || ~ de **chargement** (filage) / feed lattice || ~ à **clef à canon multiforme** (télécom) / multishape key-plug switchboard || ~ à **coffrets en fonte** (électr) / metal-clad distribution panel || ~ de **combinations possibles d'itinéraires** (ch.de fer) / diagram of possible route combination || ~ de **commande** (ord) / control panel o. bench || ~ de **commande** (ch.de fer) / control panel || ~ de **commande à boutons-poussoirs** / push-button control panel || ~ de **commande centralisée** (ch.de fer) / centralized control panel || ~ de **commande de l'opérateur** (ord) / operator control panel || ~ **commutateur interurbain** (télécom) / trunk switchboard (GB), long-distance switchboard (US) || ~ **commutateur manuel** (télécom) / manual switchboard, key-cabinet || ~ de **comparaison** / comparison table || ~ **complet de fiches** (télécom) / complete multiple || ~ pour **compteurs** / meter mounting board || ~ de **connexion** (ord) / patchboard, plugboard || ~ des **connexions** (câblage) / wiring table || ~ de **connexions à fiches** (NC) / plugboard || ~ de **connexions à broches ou à tringles** / pinboard || ~ de **contingence** (statistique) / contingency table || ~ de **contrôle** (électr) / control o. supervisory board || ~ de **contrôle** (électr) / test board || ~ de **contrôle** (ord) / test console || ~ de **contrôle** (ELF) / control console o. desk o. panel, console || ~ de **contrôle optique** (ch.de fer) / illuminated diagram o. track diagram || ~ de **coupe-circuit** (électr) / fuse board o. panel || ~ de **départ** / distribution switchboard || ~ des **départs** (ch.de fer) / departure table || ~ **distributeur ou de distribution** / distribution switchboard || ~ de **distribution** (auto) / main driving switch || ~ de **distribution intercalaire** (télécom) / cross connecting board || ~ de **distribution pour les piles** / battery switchboard o. panel || ~ **éducatif** / poster studyview || ~ d'**épellation des noms** (télécom) / spelling table || ~ d'**équivalence de mesures** / conversion table of units || ~ d'**estime** (nav) / coupling table, traverse table || ~ **E.W.P.** (ch.de fer) / European through-coach working plan || ~ à **feuilles arrachables pour conférence**, tableau *m* à feuilles mobiles (ord) / flip chart || ~ de **fiches** (télécom) / cross-connection field, jumper field || ~ de **fonction** / function chart || ~ **géographique de contrôle et de commande** (ch.de fer) / geographic[al] control panel || ~ de **gonflage** (pneu) / inflation table || ~ **Henry-Reinhardt** (mines) / washability table || ~ **hypsométrique** (arp) / hypsometric tables *pl* || ~ **indicateur** / signboard || ~ **indicateur** (m. à dicter) / index stripe || ~ **indicateur des arrivées des trains** (ch.de fer) / train arrival indicator || ~ **indicateur à volets** (télécom) / drop annunciator || ~ des **instruments** (auto) / instrument panel o. board (US), fascia (GB), dashbord, dash (coll) || ~ **intérieur de jonction** (électr) / house connection board || ~ d'**intuition** / visual aid || ~ de **lampes témoin** / control light panel || ~ de **lavabilité** (mines) / washability table || ~ à **levier tournant** (télécom) / spindle switch-board || ~ **lumineux** / control light panel || ~ **lumineux des appels débordants** (télécom) / signalling of peak load traffic || ~ **lumineux de commande** / luminous control panel || ~ **manœuvre machine** (nav) / engine control stand o. station || ~ **monocordon** (télécom) / single-cord switchboard || ~ **mural**, tableau *m* noir / blackboard || ~ **numérique** (typo) / table || ~ d'**occupation des voies** / track occupation diagram || ~ **ordinateur** (électron) / prepatch board, patchboard || ~ d'**ordre de manœuvre des leviers** (ch.de fer) / interlocking diagram o. table, lever manipulation o. pulling chart || ~ de **papier pour conférences** / paper board, flip chart || ~ **périodique des éléments** / periodic table || ~ des **piles** / battery distribution table || ~ de **plan[n]ing** / planning board || ~ des **pneumatiques** / tire chart || ~ de **pondération** (radio) / table of subjective grades || ~ des **pressions de saturation** (phys) / steam table o. chart || ~ de **principe** / basic circuit o. wiring diagram, elementary diagram || ~ de **programmation** (NC) / problem-board, program board || ~ de **raccordement** / patchboard || ~ **récapitulatif** / synoptical table || ~ pour la **recherche des pannes** / trouble shooter's guide || ~ **réclame** / poster, bill, placard || ~ des **relais** (télécom) / relay-working diagram || ~ de **résistances** / resistance table || ~ des **salaires** / table of wages || ~ à **schéma** (électr) / mim[et]ic diagram || ~ **schématique lumineux des voies** (ch.de fer) / illuminated diagram o. track diagram || ~ de **séquence** / sequential diagram || ~ de **service** (ch.de fer) / rota, rooster || ~ des **services directs européens** (ch.de fer) / European through-coach working plan || ~ de **signalisation** (télécom) / annunciator board || ~ **suspendu à boutons-poussoirs** (m.outils) / pendant station || ~ **synoptique** / synoptical table, conspectus || ~ **synoptique** (électr) / synoptical switchboard || ~ des **tarifs de distances** (taximètre) / table of distance [drive] tariffs || ~ de **temps** / timing chart || ~ des **temps de parcours** (ch.de fer) / running chart || ~ de **temps de pose** (phot) / exposure chart o. table || **~x** *m pl* **types charactéristiques** (normes) / tabular layout of characteristics

tableauter (typo) / compose tabular matter

tableautier *m* (typo) / composer of tabular matter

tableautiste *m* (électr) / switchboard attendant

tablement *m* / slab lining o. dressing

tablette *f* / panel of a table || ~ (pharm) / tablet || ~ (men) / partition, case, compartiment, shelf || ~ (chocolat) / bar of chocolate || ~ d'**appui de fenêtre** / window sill o. cill (GB) || ~ d'**armoire** / shelf || ~ à **bahut** (bâtim) / rounded block of a cope || ~ de **bord** (toit) / brim plate || ~ à **bornes** / tagboard, terminal board || ~ de **cheminée** / mantletree of chimney || ~ de **gélatine** / gelatin sheet || ~ le **long du virement** (toit) / verge sheet of metal || ~ de **rayonnage** / shelf

tablier *m* (gén, scraper) / apron || ~ (pont) / bridge floor, floor slab o. (concrete:) plate || ~ (bâtim) / finish of window sill o. cill (GB) || ~ (auto) / apron, cowl || ~ (balance) / table of a weigh-bridge || ~ (scie) / traveller || ~ (hydr) / sliding panel || ~ (p.e. de la locomotive) / foot plate of locomotives, running board, deck (US) || ~ à **aiguilles sans fin montant** (tex) / upright spiked lattice || ~ **alimentaire ou d'alimentation** (filage) / feed lattice || ~ d'**alimentation de l'ouvreuse** (filage) / opener lattice || ~ d'**atelier** / work apron || ~ d'**auvent** (auto) / splashboard || ~ en **béton** (pont) / floor plate (of concrete) || ~ de **bure** (mines) / apron || ~ **cardeur sans fin** / endless card table || ~ de **chargement** / feed table || ~ du **chariot** (tourn) / saddle apron || ~ à **construction mixte acier-béton** (pont) / composite carriageway steel-concrete || ~ **élévateur à picots**

(filage) / upright lattice || ~ **inférieur** (pont) / lower deck || ~ **métallique** (convoyeur) / plate belt o. conveyor || ~ **mobile à lattes** (épandeur de fumier) / endless floor || ~ **oscillant** (lam) / tilting table || ~ **plieur** (m. à plier) / folding beam || ~ à **pointes** (filage) / spiked [feed] lattice || ~ du **pont** (ch.de fer, routes) / bridge deck o. platform || ~ **protecteur en plomb** (rayons X) / body o. protective apron || ~ **releveur** (lam) / elevator, lifting table || ~ **releveur à commande au pied** (lam) / foot operated tilting table || ~ à **rouleaux** (lam) / elevator, lifting table || ~ **sans fin** (filage) / lattice [apron o. feed] || ~ **sans fin montant** (tex) / upright lattice, elevator lattice || ~ de **soudeur** / welding apron || ~ **supérieur ou surélevé** (pont) / roadway above boom || ~ **suspendu** (pont) / suspended deck

tabouret *m* / stool || ~ d'**atelier** / workshop stool || ~ **isolant** / insulating chair o. stool

tabulaire / in tabular form

tabulateur *m* (m.à ecrire) / tabulator, tab

tabulation *f* (m.à ecrire) / tabulation || ~ (c. perf., imprimante) / carriage [skip] || **faire une** ~ / tab *vt*, tabulate

tabulatrice *f* (c.perf.) / electric accounting machine, EAM, tabulating machine, tabulator || ~ **imprimante** (c.perf.) / printing tabulator

tabuler (ord) / tabulate, tab *vt*

T.A.C., train *m* auto couchettes / car-sleeper train, motorail

tacamaque *f* / balsamic resin, tacamahac

tacan *m* (radar) / Tacan system, tactical air navigation

tache *f* / dot, spot, speck || ~, souillure *f* / smudge, smear || ~ (émail) / spit-out || ~ (tiss, défaut) / spot || ~ (fonderie) / blow hole || ~, éclaboussure *f* / splash || **à l'abri de ~s** (plast) / stain-clear || **faire des ~s de graisse** / stain *vt* || ~ due à l'**air** / air stain || ~ d'**arsenic** (procédé de Marsh) / arsenic stain, stain of arsenic || **~s** *f pl* d'**attaque** (lam, défaut) / etching || ~ *f* de **boue ou de graisse** / stain || ~ **cathodique** / hot spot || ~ **cathodique** (redresseur) / cathode spot || ~ **causée par des réflexions** (phot) / flare || ~ **causée par les réflexions sur les faces air-verre** (phot) / lens flare, womp || ~ de **charge** (plast, défaut) / filler speck || **~s** *f pl* de **chaux** (cuir) / lime blast || ~ *f* **colorée ou de colorant** / mottle, colour stain || ~ **colorée de l'aubier** (bois) / sapstain || **~s** *f pl* **difficiles à effacer** / tenacious stains *pl* || ~ *f* d'**encre ou de peinture** / blob, blot[ch] || **~s et rayons** (bois) / stains and streaks *pl* || ~ **et veine de cœur** (bois) / fungal heartwood stains and streaks *pl* || **~s** *f pl* **et veines de cœur** (défaut de bois) / fungal heartwood stains and streaks *pl* || ~ *f* d'**exsudage** (émail, défaut) / sweat spot || ~ de **fer** / iron mould o. stain || ~ d'**huile** / oil stain || ~ d'**humidité** / spot of mildew o. mould, damp-stain || ~ **[hyper]lumineuse** (TV) / womp || ~ **iconoscopique** (prise de vue) (TV) / shading || ~ **ionique** (TV) / ion spot o. burning || ~ de **lumière** (TV) / hot spot, light spot || ~ **lumineuse parasite** / flare spot || ~ de **Mariotte** (œil) / blind spot || ~ **noire** (TV) / dark spot || **~s** *f pl* **noires** (stratifié, défaut) / hull, dark specks || ~ *f* **ovale** (sidér, défaut) / oval flaw || ~ d'**oxyde** (sidér) / black patch || **~s** *f pl* **parasites** / radar clutter || **~s** *f pl* **rouges** (bois) / foxiness || ~ *f* de **rouille** / iron mould o. stain || ~ **scorifiée** (sidér) / slaggy patch || ~ **solaire** (astr) / sunspot || **~s** *f pl* **sulfureuses** (mét) / sulphur pockmarks *pl*

tâche *f* / job || ~ (atelier) / incentive performance || ~, journée *f* de travail / working shift, turn, task || ~ (ord, informatique) / job || ~ (ord, logiciel) / task || ~ [journalière] / day work || **à la** ~ / by contract || ~ **indirecte** (ordonn) / service job || ~ **majeure** (ord) / major task || ~ du **matin** / morning shift || ~ **séparée** (ordonn) / job || ~ **système** (ord) / system task

taché (défaut) / spotted, specked, dotted || ~ par l'**humidité** / foxy, foxed, spotty o. stained by damp o. mould

tachéo·graphe *m* (arp) / tachygraph || **~mètre** *m* (arp) / tachymeter || **~mètre** *m* à **réduction** (arp) / self-reducing tachymeter || **~mètre** *m* de **réduction à double image** / double image range-finder || **~métrie** *f* (arp) / tachymetry

tacher / spot, stain, maculate

tâcheron *m* / workman by the job o. piece o. task, jobman, piece o. task worker

tacheté / speckled, spotted

tacheter / speck[le] *vt*, spot *vt*, mottle *vt*

tachygraphe *m*, tachographe *m* / tachograph, speedograph, black box (coll) || ~ à **courant de Foucault** / eddy current tachograph || ~ **électronique** / electronic tachograph || ~ à **pendule centrifuge** / centrifugal pendulum type tachograph

tachymètre *m* / speedometer, speed indicator, tachometer, revolution o. speed counter || ~ **contrôleur d'angle de came** (auto) / dwell-tachtester || ~ à **courant de Foucault** / eddy current speed indicator || ~ **électro-optique** (ch.de fer) / electro-optical speedometer || ~ **enregistreur** / recording tachometer

tachyon *m* (nucl) / tachyon

tacon *m* (défaut de coulée) / roughness

taconner (typo) / jog *vt*, knock up

tacot *m* / flivver (coll), jalopy (coll) || ~ (tiss) / [loom]picker

tacticité *f* (plast) / tacticity

tactique (plast) / tactic

tactoïde *m* (colloïde) / tactoid

tactosol *m* / tactosol

taffetas *m* / taffeta || ~ **changeant** / shot taffeta || ~ **glacé** / glazed taffeta, lutestring, lustrine

tagatose *f* (chimie) / tagatose

tailer des **pierres** / hew stones, dress stones

tailings *m pl* (mines) / tailings *pl* (GB), tail[s pl] (US), waste washings *pl*

taillade *f* (tex) / longitudinal cut by scissors, slash, gash

tailladé (surface de cylindres) / fretted

taillader / slash *vt*, slit *vt*

taillage *m* des **dents** (méc) / tooth formation || ~ par **génération ou en développante** / hobbing, self-generating milling || ~ des **limes** / file cutting || ~ de **meules** / dressing o. trueing o. trimming grinding wheels

taillandier *m* / cutler

taillant, en forme de ~ / knife-shaped || ~ à **coupe axiale** (pince) / cutting edge with external bevel || ~ à **coupe à ras** (pince) / cutting edge without external bevel, flush cutting edge || ~ à **couronne** (mines) / cross o. crown bit || ~ à **deux tranches** (mines) / double bit || ~ en **double biseau ou burin** (mines) / double bit || ~ de **fleuret** (mines) / rotary drilling bit || ~ du **foret** / cutting edge || ~ en **rosette** (mines) / cross o. crown bit || ~ **simple** (mines) / chisel bit || ~ **vibro de fleurets rotatifs** (mines) / vibro-rotating drilling bit || ~ en **Z** (mines) / Z-shaped drilling bit

taille *f* (gén, film) / cutting (of a tree o. film), clipping (of hairs) || ~ / figure, form, shape || ~, hauteur *f* / height, tallness || ~, dimension *f* / size || ~ (expl. à ciel ouvert) / face || ~ (mines) / longwall [face] || ~, décade *f* (math) / digital numbers within a decade || **à** ~

croisée (lime) / double-cut || **à ~ douce** (lime) / smooth-cut || **à ~ en pointe** / tapering || **à deux ~s** (lime) / cross-cut || **de ~ moyenne** / medium-sized || ~ d'**approche** (mines) / approach cutting (open cut), pioneer cut || ~ **avançante ou chassante** / advancing face || ~ du **bain de soudure** / weld pool size || ~ **bâtarde** (lime) / bastard cut || ~ **circulaire** / circular cut || ~**-crayon** *m* / pencil sharpener o. pointer || ~ *f* **critique** (nucl) / critical size || ~ **croisée** (lime, pierre) / cross cut || ~ **descendante** (mines) / longwall in the dip, dip face || ~ de **diamants** / cutting of diamonds || ~ de **double unité** (chimie) / double-unit face o. panel || ~ **douce** (lime) / smooth cut || ~ de l'**échantillon** / sample size || ~ **effective** (éch. d'ions) / effective bead size || ~ sur **ennoyage** (mines) / overtipped face || ~ **entière** (mines) / complete cutting || ~ d'**exploitation** (mines) / gate [road], panel entry || ~ **extraordinaire** / odd size || ~ à **forte production** (mines) / large scale mining operation || ~ à **gradins droits** (mines) / stepped face || ~ à **gradins renversés** (mines) / stoping in the back, overhand stope, back o. overhead stoping, stepped stoping face || ~ à **grand rendement** / large scale mining operation || ~**-haies** *f* / hedge clippers o. shears *pl*, lopping shears *pl* || ~ à **havage** / cut face || ~ **horizontale** (mines) / horizontal drift || ~ de **lime** / cut || ~ du **lot** (contr. qual) / lot size || ~ **montante** (mines) / rise face || ~ **oblique** (mines) / oblique face || ~ au **pendage** (mines) / face on the line of full dip || ~ **préalable** / previous cutting || ~ **préalable** (mines) / induced cleavage || ~ **préparatoire** (lime) / preliminary cut || ~ **rabattante** / retreating face || ~ sur **relevage** (mines) / undertipped face || ~ **simple** (lime) / float-cut || ~ **spéciale** (lime) / special cut || ~ **standard** (forme) / standard shape || ~ **standard** (dimension) / standard size || ~ **transversale** (mines) / cross-opening || ~ de **verre** / glass grinding

taillé (roue dentée) / cut || ~ en **bahut** (bâtim) / shaped like the lid of a trunk || ~ en **biseau** / feather-edged || ~ à **deux** (lime) / double-cut || ~ aux **dimensions nécessaires** / cut to size || ~ **non poli**, taillé mat (verre) / dead ground, mat cut

tailler (techn, m.outils) / cut *vt* || ~ (mines) / cut *vt*, pick [out] || ~ (lam) / rag *vt*, roughen || ~ (pierre précieuse) / cut *vt* || ~ (mines) / work in benches || ~ (bois) / carve, cut || ~ à **angles droits** / square [up] || ~ en **biseau** / bevel *vt*, chamfer *vt* || ~ des **briques** / gauge bricks || ~ par **chaîne-mère développante** / chain-hob *vt* || ~ au **ciseau** (charp) / mortise *vt*, mortice || ~ en **cône** / taper *vt* || ~ **contre le fil** (bois) / cut wood across the grain || ~ en ou par **dessous** (mines) / undercut, undermine, slot || ~ en **développante** / hob *vt*, generate gears || ~ à **facettes** / cut with facets, facet, bevel || ~ avec la **fraise** (techn) / mill *vt* || ~ par **gradins** (mines) / work by coffins o. by banks o. gradations o. by degrees o. by benches || ~ à **jour** (men, charp) / carve, pink through || ~ des **limes** / cut files || ~ en **marches** / cut into steps || ~ les **meules** / dress o. true o. trim grinding wheels || ~ en **pointe** / point, sharpen || ~ la **roche** (mines) / drive the head of a gallery || ~ en **strosses** voir tailler en gradins

tailleur *m* de **limes** / file cutter || ~ de **pierres** / stone mason o. cutter o. dresser || ~ de **verre** / glass grinder o. cutter

taillis *m* (silviculture) / undergrowth, underwood, -brush, brushwood, low o. sprout forest, copse || ~ (bot) / coppice

tain *m* / mirror foil o. coating || ~ / molten tin bath for tinning iron

talc *m* (pharm) / talcum, talc || ~ (min) / lardstone, steatite, talc || ~ **bleu** (min) / disthene, cyanite, kyanite || ~ **feuilleté**, talc *m* schistoïde ou schisteux / talc[ose] slate o. schist || ~ **laminaire** / laminar talc || ~ **pulvérisé** / powdered lardstone

talcage *m* / powdering with talcum

talcique / talcose, talcous

talent *m* / aptitude, skill, talent

tallol *m* / tall oil, tall[e]ol, liquid rosin

taloche *f* de **maçon** (maçon) / float

taloché fin (béton) / floated

talocher / float *vt*

talon *m* (soulier) / heel [piece] || ~ (gén) / heel || ~ (pneu) / bead of tires || ~ (techn) / nose, heel, lug, projection, shoulder, set-off || ~ (tronçonneuse) / tooth || ~ (foret) / heel of twist drill || ~ (arbre) / butt end || ~ (soud) / root face || ~ (bâtim) / mould || **sans** ~ (pneu) / straight-side || ~ d'**aiguille** / pin shank || ~ d'**aiguille** (ch.de fer) / heel of blade o. points || ~ d'**aiguille de machine à coudre** / shank of the sewing machine needle || ~ **américain** (bonnet) / American o. pouch heel, gore o. gusset heel || ~ **articulé** (ch.de fer) / rigid switch, heel type || ~ du **bandage** (ch.de fer) / tire fastening by single flange || ~ de **charrue** / slade o. runner (US) of a plow || ~ de **chèque** / counterfoil, stub of a cheque || ~ de **chèque** / counterfoil || ~ de **clavette** / gib head, nose of the wedge || ~ du **cœur de croisement** (ch.de fer) / switch end of a turnout || ~ de **contrôle** / counterfoil, stub || ~ **dégagé** (tex) / swaged shank || ~ d'**éjection** (coulée sous pression) / ejector lug || ~ de l'**enveloppe** (auto) / tire bead || ~ **haut** (bonnet) / high heel || ~ de **lavage** (coulée sous pression) / overflow well || ~ de la **mâchoire** (segment de frein) / heel of the brake shoe || ~ d'**outil** (tourn) / heel of tool || ~ de **platine** (tiss) / sinker butt || ~ de **pneu** (auto) / tire bead || ~ **pyramidal** (bonnet) / pyramid heel || ~ **renforcé** (bonnet) / spliced heel || ~ **rond** (bonnet) / round heel || ~ [du **sep**] (charrue) / slip heel || ~ de **suspension** (accu) / [suspension] lug || ~ d'un **tronc d'arbre** / butt end || ~ **uni** / plain heel

talonnage *m* (auto) / tailgating || ~ (agr) / slip heel soil pressure || ~, talonnement *m* (ch. de fer) / forcing o. bursting open, running through [switches] (US)

talonnement *m* (ressort) / bottoming of springs

talonner *vi* (ressort) / bottom *vi* || ~ *vt* (ch. de fer, aiguille) / burst *vt* open, force open, run through switches (US) || ~ (bonnet) / heel *vt*

talqueux / talcose, talcous

talus *m* / slope || ~ (fossé) / bank of a ditch || ~ (routes) / slope of embankment || ~ (d'un mur) (bâtim) / batter, slope of a wall || ~ d'**amont** (hydr) / upstream slope || ~ en **butte** / fill slope || ~ de **canal** / canal bank || ~ **continental** / continental slope || ~ de **déblai** (routes) / slope of cutting || ~ d'**éboulement** / angle of repose, natural slope || ~ d'**éboulis** (géol) / scree, talus || ~ **extérieur** (hydr) / upstream slope || ~ d'**extraction** (mines) / extraction bank || ~ en **fouille** / cutting o. excavation slope || ~ en **remblac** / fill slope || ~ de **remblai** (routes) / embankment, slope [of an embankment] || ~ des **tranchées** (ch.de fer) / slope of the cut || ~ de la **voie** (ch.de fer) / slope of the embankment

talutage *m* (bâtim) / sloping

taluter, taluer (routes) / slope *vt* || ~ (bâtim) / weather *vt*

talweg *m* (géol, hydr) / axis of streaming, river channel o. current o. main body

tamarin[ier] *m* / tamarind

tamarin *m* / tamarind pulp

tambour *m* / drum || ~, grand tambour *m* (filage) / cylinder, main cylinder, swift || ~ (pap) / reel-spool || ~ (m à coudre) / hoop, tambour || ~ (excavateur) /

[bottom] tumbler || ~ (grue) / rope o. cable drum o. barrel o. reel || **premier ou petit** ~ (tex) / breast cylinder o. roller || ~ d'**aiguisage** (filage) / grinder, emery o. grinding roller || ~ d'**annonce** (Belge) (ch.de fer) / remote controlled train indicator system || ~ à **assortir les pommes de terre** / potato sorting drum o. screen || ~ **automoteur électrique** (bande transp) / motor belt drum || ~ d'**avance** / feed drum || ~ de **bande** (b. magnét) / tape drum || ~ pour **bande transporteuse** (bande transp.) / conveyor drum || ~ de **barrillet** (horloge) / barrel drum || ~ du **bas** (excavateur) / bottom tumbler || ~ **bicylindro-conique** / double-conical rope drum || ~ **brise-jet** (excavateur) / breaker drum || ~ **briseur** (tex) / licker-in || ~ **briseur à dents** (loup briseur) / swift cylinder || ~ des **broches** (filage) / tin roller || ~ **brosseur** (tex) / brushing roller || ~ de **broyage** / grinding drum || ~**-broyeur** *m* / breaking drum o. barrel || ~**-broyeur** *m* pour **installations de triage** / grinding plant || ~**-cabestan** *m* / capstan drum || ~ de **câble** / cable drum, cable reel || ~ à **câble** (grue) / rope o. cable drum o. barrel o. reel || ~ à **câble d'extraction** (mines) / winding drum o. barrel || ~ [du **câble] de suspension** (benne preneuse) / holding drum || ~ à **câble en tôle** / rope drum made from steel plate, steel barrel || ~ de **caractères d'une imprimante de lignes** (ord) / line printer barrel, type drum || ~ à **chaîne** / chain barrel, chain drum || ~ **chaudière** / cylindrical boiler shell || ~ de **chenille** (tracteur) / chain drum || ~ à **claire-voie** (tex) / skeleton cylinder || ~ **classeur** (mines) / clearing o. purificating drum o. cylinder || ~ de **colonne** (bâtim) / pillar section, tambour, drum of a column || ~ de **commande** / contactor-controller || ~ à **confectionner les nappes de câblés**, tambour *m* à confection bracelets (pneu) / tire pocket building machine || ~ **conique** (tex) / cone drum || ~ de **contrainte** (convoyeur) / snub pulley || ~ de **contrôle** (électr) / master controller || ~ à **courroie** (bande transp.) / belt drum || ~ à **couvercle** / drum with removable cover || ~**-crible** *m* à **copeaux** (pap) / chip screen || ~ **cribleur** / rotary screen || ~ **cribleur** (prép) / classifying drum, sizing drum || ~ à **crocs** (filage) / willowing drum || ~ [du **cure-môle]** / bottom tumbler || ~ **cylindrique** (pour le transport de câbles) / cylindrical barrel for cables || ~ de **décharge** (tex) / fillet, doffing cylinder || ~ du **démarreur** / drum of the drum starter || ~ **denté** (projecteur) / sprocket || ~ à **dents** (filage) / porcupine roller o. cylinder || ~ à **dents inégales** (m. à calculer) / stepped cylinder, Leibniz wheel || ~ **dessableur ou de dessablage** (fonderie) / tumbling barrel || ~ à **dessins** (tex) / pattern drum || ~ **détacheur** (filage) / porcupine roller o. cylinder || ~ à **deux cônes** / double barrels o. cone || ~ du **diagramme** / chart [bearing] drum || ~ **divisé** / graduated o. micrometer drum || ~ **égreneur** (filage) / porcupine roller o. cylinder || ~ à **émeri** (filage) / grinder, emery o. grinding roller || ~ **enregistreur ou d'enregistrement** / recording drum o. cylinder || ~ d'**enroulement** (grue) / rope o. cable drum o. barrel o. reel || ~ **enrouleur à nappe** (drap) / fleece roller, lap winder || ~ d'**entraînement** / driving drum || ~ **épaississeur** / thickening drum || ~ d'**escalier** / hollow newel of stairs || ~ d'**étirage** (tréfilage) / wire drawing drum || ~ à **fentes** (filage) / groove o. split drum || ~ en **fer-blanc** / steel barrel || ~ de **fermeture** (benne preneuse) / holding o. closing drum || ~ **filtrant** / filter drum || ~ **filtre cellulaire aspirateur** / drum of the rotary cellular filter || ~ **final** (bande transp.) / tail pulley || ~ de **fraise rotatif** (chasse-neige) / drum of the rotary snow plough || ~ de **frein** / brake drum || ~ à **godets** / bucket wheel || ~ **gradué** / graduated o. micrometer drum || ~ du **guindeau** (nav) / windlass drum || ~ du **haut** (excavateur) / top tumbler || ~ d'**impression** (ord) / print drum o. barrel (GB) || ~ de **jetée** (convoyeur) / discharging drum || ~ de **justification** (typo) / justifying scale || ~ à **laquer** / coating drum || ~ **laveur** (mines) / trommel washer, washing drum || ~ **laveur en milieu dense** (prépar) / dense medium washing drum || ~ **laveur [rotatif]** (pap) / washing drum o. cylinder || ~ de **laveuse** / washing drum || ~ de la **machine à extraction** (mines) / rope drum of the winding machine || ~ d'une **machine à lainer** / gig barrel, card cylinder || ~ **machines** (nav) / engine o. machinery casing || ~ **magnétique** / magnetic drum || ~**-malaxeur** *m*, tambour *m* à mélanger / mixing drum || ~ de **mesure** / graduated o. micrometer drum || ~ de **micromètre** / thimble || ~ **moteur** / motorized driving pulley || ~ **moteur à chaîne** / chain barrel, chain drum || ~ **moteur turbinaire** (mines) / compressed-air turbine for belt conveyors || ~ à **mouture** / grinding drum || ~ de **nettoyage** / tumbling barrel o. drum o. tub, rattle o. rumbling barrel, rumbler || ~ à **nettoyer les chiffons** (pap) / duster || ~ d'**ourdissoir** (tiss) / warping drum, warping reel || ~ **ouvreur** (tex) / opening cylinder || ~ **ouvreur à dents** (filage) / pocupine roll[er] o. cylinder || ~ à **papier support** (pap) / base sheet reel spool || ~ à **pellicule** / spool box || ~ à **pointes** (filage) / willowing drum || ~ de **polissage** / polishing drum o. barrel || ~ à **poncer** (bois) / drum sander || ~ **porc-épic** (filage) / porcupine roller o. cylinder || ~ de **porte** / revolving door || ~ **porte-broche** (m.outils) / spindle drum || ~ **presseur** / pressure roller || ~ à **prismes** (TV) / prism drum || ~ **programme** (c.perf.) / program drum || ~ **propre** (câble) / barrel of the cable drum || ~ de **purification** / clearing o. purificating drum o. cylinder || ~ **réducteur** (grue) / geared pulley || ~ de **refroidissement** (tex) / cooling roller || ~ de **renvoi** (convoyeur) / tail pulley || ~ **revolver** (arme) / cylinder of the revolver || ~ à **rouler** / tumbling barrel o. drum o. tub, rattle o. rumbling barrel, rumbler || ~ de **séchage** / drying drum o. cylinder o. roll[er], rotary drier || ~ **sécheur** (gén) / rotary drying kiln, drum type drier || ~ **séparateur** / separating drum || ~ **stérilisateur** / sterilizing drum || ~ **[tamiseur]** / sieve o. screening drum, rotating sieve || ~ de **tension** (tracteur) / idler || ~ de **tension** (bande transp) / take-up pulley || ~ en **tôle d'acier** / steel barrel || ~ de **torréfaction** / roasting drum || ~ à **tourailler** (bière) / kilning drum || ~ de **tréfilerie** / wire drawing block o. cylinder || ~ de **treuil** / barrel o. drum of a winch || ~ de **triage** (mines) / sizing drum || ~ à **tuyaux** / hose reel || ~ pour **vaporiser les canettes** / cop steaming pot || ~ à **vide** / drum of a cellular filter || ~ de **vitesses** (m.outils) / drum of the speed change gear

tamis *m* / sieve || ~ (moulin) / bolting [cloth of] silk, silk gauze bolter || ~ à **... mesh** / .-mesh sieve || ~ d'**air** (tex) / air screen || ~ pour **analyses** / laboratory sieve || ~ à **barreaux à faibles interstices** / bar screen o. sieve || ~ à **brosses** (moulin) / brush strainer || ~ **circulaire ou cylindrique** / cylindrical sieve || ~ de **contrôle certifié, [fidèle]** / certified, [matched] test sieve || ~ en **crin** / hair sieve || ~ de **déschlammage préliminaire** (mines) / preliminary desilting screen || ~ **déslimeur ou déschlammeur** (mines, prépar) / depulping o. desliming screen || ~ d'**égouttage** / collander, cullender || ~ à **farine** /

flour sifter || ~ à **fentes** / slotted hole screen, needle slot screen || ~ de **feutrage** / felting screen || ~ à **fil fin** / hair sieve || ~ en **fil métallique** / wire sieve o. screen || ~ **fin** (prépar) / fine sieve o. screen || ~ à **gaze** / gauze [wire] screen o. sieve || ~ à **gravité** / gravity screen || ~ **gros** / coarse sieve || ~**-harpe** *m* / wire rod screen || ~ à **huile** (auto) / oil screen || ~ de la **lampe de sûreté** (mines) / wire gauze of the safety lamp || ~ de **lavage** (mines) / jigger, jig screen [plate] || ~ à **micromailles** / micromesh o. electroformed sieve || ~ **moléculaire** (pétrole) / molecular sieve || ~ **normalisé** / standard test sieve || ~ **oscillant** (mines) / vibrating screen || ~ **[oscillant] à résonance** / oscillating resonance screen || ~ à **percussion** / percussion screen o. sieve || ~ **plat** / flat sieve o. screen || ~ à **pulvérisation** / spraying sieve || ~ à **refoulement** / jigging screen || ~ de **remplissage** / filling strainer o. sieve || ~ de **rinçage** (mines) / rinsing-spraying screen || ~ **rotatif** / rotary screen || ~ à **schlamms** / Zimmermann screen for coarse slurry || ~ **secoueur ou à secousses** (sucre) / grasshopper strainer || ~ à **secousses** (mines) / vibrating screen || ~ à **tambour** / cylindrical sieve o. screen, drum screen o. sieve || ~ en **toile métallique** / wire mesh screen || ~ en **tôle perforée** / punched screen || ~ du **tuyau de pompe** / pump kettle o. sieve o. strainer || ~ à **va-et-vient** (eaux usées) / travelling screen for sewage || ~ **vibrant** (pétrole) / vibrating screen, shale shaker (US) || ~ **vibrant** (mines) / vibrating screen || ~ **vibr[at]eur ou à vibration ou à châssis vibrant** / vibrating screen, vibration sifter || ~ à **vibrations libres à résonance** / free-oscillating resonance screen

tamisage *m* / screening, sieving, sifting || ~ du **jus** / juice straining || ~ de **lumière** / subdueing of light

tamisat *m*, déclassé *m* inférieur (tamisage) / undersize [particles]

tamiser / screen *vt*, sieve, sift || ~ (mines) / riddle *vt*, screen, sieve, sift || ~ (lumière) / dim *vt* || ~ (acoustique) / muffle *vt* || ~ (chimie) / strain [off], filter || ~ les **couleurs d'impression** / strain colour pastes || ~ les **grains d'étain** / size tin *vt*

tamiseur *m* à **barres rotatives** (sidér) / revolving bar screen || ~ de **cendres** / cinder garbler || ~ à **pulpe** (sucre) / pulp catcher o. saver || ~ **rotatif à sable** / rotary sand sieve || ~ d'un **tamis** / sieve o. screening drum

tampico *m* / henequen

tampon *m* / stopple, stopper, plug || ~ (ord, logiciel) / buffer || ~ (ord) / buffer o. temporary store (GB) o. storage o. memory (US) || ~ (chimie) / pad, plug || ~ (pétrole) / plug || ~ (auto) / shock absorber, pad || ~ (tailleur de pierres) / stonemason's hammer || ~ (métrologie) / barrel o. plug of a gauge || ~, bouchon *m* / stopple, stopper || ~ (bureau) / rubber stamp || ~ (four) / stopper [end] || ~**-amortisseur** *m* / buffer [gear], cushioning, bumper, shock absorber || ~ d'**argile** (sidér) / bot[t], botter || ~ **atmosphérique** / air buffer o. cushion o. pad || ~ de **bois** (bâtim) / wood o. timber brick, nog[ging piece] || ~ à **boisseau** (ch.de fer) / plunger buffer || ~**-calibre** *m* **fileté** / screw [barrel] plug, plug thread gauge, thread plug || ~ de **carbonate** / carbonate buffer || ~ **[de choc]** (ch.de fer) / buffer, bumper || ~ **[de choc] en caoutchouc** / rubber buffer o. cushion || ~ **conique** / taper plug gauge || ~ de **coulée** / ladle stopper, bot || ~ **cylindrique de vérification** / check plug gauge || ~ **double à contact intégral** (techn) / cylindrical limit gauge || ~ **égalisateur** (techn) / tension regulator o. regulating spring || ~ **élastique ou à ressort** / spring buffer, spring bumper pad || ~ d'**encrage** (typo) / dabber, ink ball, tampon || ~ **encreur** (bureau) / ink[ing] o. stamping pad o. cushion || ~ d'**enfournement** / batch of coking coal || ~ d'**entrée** (ord) / input buffer || ~ d'**entrée** (bureau) / stamp of receipt || ~ d'**expulsion** / discharging stamp, pushing ram || ~ **graisseur** (ch.de fer) / oil pad || ~ **hermétique** (techn) / sealed cover || ~ **hermétique** (routes) / sealed manhole cover || ~ d'**impression** (ord) / synchronizer printer storage, print buffer || ~ de **laine** / dabber, wad || ~ **latéral** (ch.de fer) / side buffer || ~ **lisse de fabrication** / workshop plug gauge || ~ **lisse ou à limites** / barrel o. cylinder o. plug gauge || ~ **métallo-caoutchouc** / antivibration pad || ~ **N'ENTRE PAS** / plug gauge "NOT GO" || ~ d'**ouate** / mob, swab || ~ de **pare-chocs** (auto) / overrider || ~ de **perturbation chimique** (spectre) / releaser || ~ **plongeur** (ch.de fer) / plunger buffer || ~ **pneumatique** / air buffer o. cushion o. pad || ~ **presseur ou de pression** / pressure pad || ~ de **quenouille** (four) / stopper end || ~ à **ressort-bague** (ch.de fer) / buffer with spring collar || ~ de **scellement** (bâtim) / permanent soil anchor || ~ **taraudé** / screw plug || ~ de **terres** (mines) / pack, side packs *pl* || ~ à **tige** (ch.de fer) / buffer with rod, rod buffer || ~ à **tolérance** / limit plug gauge, plug limit gauge, plug gauge ĠO AND NOT GO || ~ du **trou de mine** (mines) / tamping-plug || ~ à **vis** / screw plug

tamponnage *m* (bâtim) / sealing || ~ (chimie) / buffer action

tamponnement *m* (ch.de fer) / buffing, (also:) collision, smashing [up] || ~ (auto) / collision, crash, bumping

tamponner / drill dowel holes || ~, heurter / drive [against], collide, smash [into], bump [into] || ~ (bouteille) / cork *vt* || ~ (électr, techn) / buffer *vt* || ~ (se) (auto) / smash *vi*, collide *vi*, crash [into]

tamponnoir *m* / pin drill, tap borer, wall drill

tan *m* / tan, [oak] bark || ~ de **chêne** / oak bark, tanbark from oak || ~ de **pin** / pine tan, tanbark from pine || ~ [en **poudre]** / powdered tanbark

tandem *m* / tandem

tandjung *m* (bois) / bulletwood

tangage *m* (nav) / pitching, nosing (US) || ~ (ELF) (aéro) / pitch

tangent / tangent *adj*

tangente *f* (ligne) / tangent [line] || ~ (math) / tangent, tg, tan, tang || ~ de l'**angle de pertes** (diélectr.) / dielectric loss factor, [dielectric] dissipation factor, tangent of loss angle, loss tangent || ~ à la **base** (méc) / centrode tangent || ~ **hyperbolique**, th / hyperbolic tangent, tanh || ~ d'**inflexion** / stationary o. flex o. inflectional tangent || ~ au **point de rebroussement** (math) / vertex tangent || ~ de la **trajectoire** / tangent of motion, tangential path

tangenter / draw a tangent [line]

tangentiel / tangential

tangible / tactile, tangible

tangon *m* (nav) / boat o. riding o. swinging boom

tanguer (ch.de fer, nav) / pitch, nose (US)

tanin *m*, tannin *m* / tannin, [querci]tannic acid || ~ de **houblon** / hop tannin || ~ de **[noix de] galle** / gall [nut] tannin || ~ de **retannage** / retanning material || ~s *m pl* **synthétiques** / syntannins

tanique / tannic

tank *m* (nav) / tank || ~ de **finition** (galv) / drag-out tank

tanker *m* (nav) / tanker || ~ (avion) / tanker (aircraft), refuelling aircraft, refueller || ~ pour **gaz liquides** / gas tanker

tannage *m* / tanning || **à ~ mixte** / combination

tanned || ~ au **chêne** / oak [bark] tanning || ~ au **chrome** / chrome tanning || ~ à la **cuve** / drum tannage || ~ **dongola** / Dongola tannage || ~ à l'**écorce** / bark tanning || ~ à **façon** / tanning on commission, contract tanning || ~ à la **flotte** / ooze o. liquor tanning || ~ dans la **fosse** / pit tanning || ~ au **foulon ou au tonneau** / drum tannage || ~ **minéral** / mineral tanning || ~ **mort** / case hardening || ~ **rapide** / accelerated tanning || ~ en **teintes** / dye tanning || ~ **végétal** / vegetable tanning

tannate *m* d'**albumine** / albumin tannate || ~ **mercureux** / mercurous tannate || ~ de **quinine** / quinine tannate || ~ de **zinc** / sal barnit (US), zinc tannate (GB)

tanné / oozed, bark tanned

tanner / bark *vt*, tan, steep in tan || ~ au **chrome** / taw *vt* || ~ à **mort** / tan excessively

tannerie *f* / bark tannage

tanneur *m* / tanner

tannin *m* voir tanin

tannique / tannic

tansad *m*, tan-sad *m* (pl: tan-sads) (motocyclette) / pillion [seat]

tant, en ~ [que] / as || **en** ~ **qu'accessoires** / supplementary

tantalate *m* (chimie) / tantalate

tantale *m* / tantalum || **~(III)...** / tantalous, tantalum(III)... || **~(V)...**, tantalique / tantalic, tantalum(V)...

tantalite *f* (min) / tantalite

taon *m* / horse fly, gad fly

tapage *m* / rumble, loud noise

tape *f* d'**écubier** (nav) / hawse block o. plug

taper / tap *vt*, tip, strike gently || ~ en **aveugle** / touch-type || ~ à la **machine** / type *vt*, typewrite

tapioca *m*, -oka *m* / manihot starch

tapiolite *f* (min) / tapiolite

tapis *m* / carpet, rug || ~ (tiss) / blanket cloth, blanketing || ~ d'**amiante** / asbestos blanket o. mat || ~ de **caoutchouc** / rubber mat[ting] || ~ **chauffant** / heating mat || **~-chemin** *m* / runner, carpet || **~-contact** *m* (commande de porte) / tread mat || ~ d'**enrobés ou en matériaux enrobés** (routes) / black top, asphalt pavement || ~ d'**escalier** / runner, stair carpet, Venetian carpet || ~ de **feutre** / felt mat || ~ de **feutre**, table *f* de feutre / felt sheet || ~ **isolant** / insulating jacket || ~ **métallique** (transporteur) / wire mesh [belt] conveyor || **~-moquette** *m* (tex) / pile carpet || **~-moquette** *m* **noué à la machine** / machine-knotted pile carpet || ~ de **mousse carbonique** (aéro) / foam carpet || ~ de **peluche** / terry carpet || ~ **plastique** / plastic floor covering || ~ **plat** / textile floor covering without pile || ~ **plat tissé**, [tressé, tricoté] / woven, [braided, knitted] floor covering without pile || ~ **plein** (bâtim) / wall-to-wall floor covering || ~ en **poil animal** / hair carpet || ~ à **poil long** / high tufted carpet || ~ **roulant** (transporteur) / belt o. band (GB) conveyor, conveying belt || ~ **roulant** (atelier) / conveyor o. assembly line || ~ **roulant pour caisses** / roller way for boxes || ~ **routier** / road topping || ~ de **sol** (auto) / floor mat || ~ de **sol** (tiss) / ground sheet, ground cloth || ~ de **table** / tapis || ~ de **Tournai** / Tourney cut-pile o. velvet carpet || ~ **tufting ou tufted** / tufted carpet || ~ d'**usure** (bâtim, routes) / topping || ~ en **velours bouclé** / terry carpet || ~ **velouté ou à velours** / pile carpet || ~ **velouté aux aiguilles** / tufted carpet || ~ de **voiture** (auto) / automobile carpet

tapissé d'une **cire** / wax-lined

tapisser / hang papers o. the tapestry, paper

tapisserie *f* / tapestry making o. works || ~ pour **meubles** / upholstery || ~ **murale** / tapestry, hangings *pl*

tapissier[-décorateur] *m* / upholsterer

tapoter / pat *vt* || ~ (m.à écrire) / tap *vt*

tapure *f* / stress crack || ~ due aux **flocons** (sidér) / flake || ~ de **forgeage** / forging crack o. burst || ~ de **refroidissement** (fonderie) / cold crack || ~ de **tension** / stress o. tension crack || ~ de **trempe** / hardening crack, heat treatment crack, quenching crack

taque *f* / cast iron plate o. slab || ~ (m. à fraiser) / fixed table || ~ d'**assise** / cast iron sole plate || ~ de **contrevent** (sidér) / blast plate || ~ de **fixation** / clamping plate, clip plate, holding-down plate, plate chuck || ~ de **fond** (sidér) / recess plate, backplate || ~ à **laitier** / front plate, floss hole plate || ~ à **rainures de fixation** / sliding frame o. floorplate || ~ de **serrage** voir taque de fixation || ~ du **tour en l'air** / bed of a front-operated lathe

taquer (typo) / plane down the forme || ~ les **feuilles** / jog [piled sheets of paper], align the edges

taquerie *f* (men) / corner block o. ledge

taquet *m* (techn) / carrier, catch, driver, dog, star, tappet || ~ (tiss) / loom driver, picker || **~s** *m pl* (mines) / kep, fang, holding apparatus || ~ *m* (nav) / belaying cleat || ~ (m.compt) / stop || ~ (soupape) / tappet || ~, arrêt *m* / limit stop, buffer, catch, stopper || ~ (men) / shelf support || ~ d'**arrêt** (ch.de fer) / movable scotch block || ~ **basculant** (m.compt) / selecto-stop || ~ [de **commande]** / control stopper, control catch || ~ de **contact** / contact tappet || ~ **de déclenchement** / releasing cam || ~ de **déraillement** (ch.de fer) / derailer, derailing stop || ~ d'**embrayage et de dé[sem]brayage** / releasing cam || ~ d'**enclenchement** / locking tappet o. dog || ~ d'**inversion** (m.outils) / reversing dog || ~ **mobile** (minuterie) / shiftable stop || ~ pour **navette à frappe sur pointe** (tiss) / picker for center tip shuttle || ~ **poussoir** (Power and Free) / pusher dog

taquoir *m* (typo) / planer

tarabiscot *m* / fillet o. moulding plane

tarage *m* (thermocouple) / calibration, rating

tararage *m* (agr) / seed cleaning

tarare *m* / winnoing machine, winnower

taraud *m* / [screw] tap || ~ **ébaucheur** / entering o. taper tap, first tap || ~ à **entrée hélicoïdale** / curling o. progressive tap || ~ pour **filières** / die tap || ~ **finisseur** / last o. third tap || ~ **hélicoïdal** / spiral fluted tap || **~s** *m pl* d'un **jeu** / serial hand taps *pl*, serial screwing taps *pl* || ~ *m* **machine** (m.outils) / tapper tap || ~ à **main** / hand tap || ~ **mécanique** / single-pass plug tap || **~-mère** *m*, -matrice *m* / original tap, master tap || **~-mère** *m* à **main** / screw plate tap || ~ à **trous borgnes** / bottoming tap || ~ pour **tubes** / pipe tap || ~ pour **tubes** (mines) / fishing o. taper tap, tap catcher

taraudage *m* / internal screw thread, inside o. female thread || ~ (opération) / tapping

taraudé / tapped, threaded

tarauder / tap, thread || ~ les **écrous** / run a tap through nuts, tap nuts

taraudeuse *f* / nut tapper

tard / late || **au plus** ~ (P.E.R.T.) / latest

tardon *m* (nucl) / tardon

tare *f* / tare [weight] || ~, poids à vide *m* / own o. dead weight, unloaden o. tare weight, tare

taré / calibrated

tarer / counterbalance, tare

taret *m* / teredo navalis, shipworm, marine borer

(US)
targette *f*, petit verrou *m* (fenêtre) / sash bolt || ~ (bois) / auger [bit] || ~ à **bascule** / bascule[-bolt] (US) (sliding without turning), espagnolette [bolt] (GB)
tarière *f* (bois) / lip auger || ~ (mines) / auger [drill] || ~ à **ailettes** (sondage) / wing-type soil sampler || ~ à **boue** (pétrole) / mud auger || ~ pour **chevilles** (carp) / jumper || ~ à **clapet** / mud bailer || ~ **creuse façon suisse** / single twist [hand] auger, gimlet bit || ~ à **cuiller ou à glaise** (mines) / auger [bit], gouge o. casing bit || ~ **cylindrique** / tubular drill || ~ à **large spire** / earth auger o. borer || ~ **mécanique** / ground boring machine || ~ [à **sonder]** / ground o. earth auger o. borer, scooping iron || ~ **torse ou à vis** / hand auger bit
tarif *m* / price list, tariff || ~ (salaires) / rates *pl* || ~ (ch.de fer) / tariff, rate, fare || ~ **binôme** (électr) / two-part o. contract-rate tariff || ~ **collectif** / skeleton wage agreement || ≗ **Commun International pour le Transport de Voyageurs et de Bagages**, T.C.V. / Standard International Passenger and Baggage Tariff || ~ de **consommation** (électr) / demand rate || ~ **dégressif** / differential tariff, step rate || ~ à **dépassement** / load/rate tariff || ~ **différentiel** / differential tariff || ~ **douanier** / customs tariff || ~ **échelonné** / differential tariff, step rate || ~ à **forfait** (électr) / flat-rate tariff || ~ **forfaitaire** (ordonn) / piece[-per-hour] rate || ~ des **honoraires** (bâtim) / scale of fees || ~ de **jour** (électr) / day tariff || ~ **large** (ordonn) / loose standard o. rate || ~ **maximal** / maximum tariff || ~ de **maximum** (électr) / contract-demand tariff || ~ de **nuit** / night tariff || ~ aux **pièces** (ordonn) / piece rate o. time || ~ aux **pièces de base** (ordonn) / basic piece rate || ~ le **plus réduit** / lowest o. cheapest rate || ~ des **prix de base** / standing charge tariff || ~ de **salaire horaire** / time-wages tariff || ~ **salarial** / scale of wages, wage scale || ~ **scindé** / sectional tariff, split rate || ~ **serré** (ordonn) / tight job o. rate || ~ **simple** (électr) / single-rate tariff || ~ **Trains Complets ou TC** (ch.de fer) / rate for complete train load, block train rate || ~ pour **usages domestiques** / household o. domestic rate || ~ par **zone** (télécom) / block rate [tariff] || ~ par **zones** (ch.de fer) / zonal rate o. fare
tarifage *m* (filage) / numbering
tarifaire / contractual
tarir *vt* (agr) / drain || ~ *vi* / be exhausted, dry up *vi*, run dry *vi*
tarissement *m* / draining
tarlatane *f* (tex) / tarlatan, tarletan || ~ (phot) / [light] diffusing screen, diffuser scrim o. screen, scrim diffuser, butter worker (coll), lite (US)
tarmacadam *m* (routes) / tarmacadam || ~, Tarmac *m* (le liant) / (Tarmac (a bituminous binder)
tartan *m* (tex) / tartan
tartiner (accu) / paste
tartrate *m* / tartrate || ~ **double de potassium** / potassium bitartrate, cream of tartar (US) || ~ **double de sodium et de potassium** / Seignette o. Rochelle salt, sodium potassium tartrate || ~ de **potassium** / potassium tartrate, soluble tartar
tartrazine *f* (teint) / tartrazin[e]
tartre *m* (bière) / copper-fur || ~ (chaudière) / incrustation, [calcareous] fur, boiler scale, deposit || ~ (chimie) / tartar || ~ **antimonyle de potassium**, tartre *m* d'émétique / potassium antimonyl tartrate || ~ **brut** / crude tartar, argol, argal
tartrer / tartarize
tartreux, tartrique / containing o. like tartar || ~ (chaudière) / scaly, furry
tas *m* / stack, pile, heap || ~ (agr) / stack, rig || ~ (forge) / stake || ~ (rivet) / holding-up hammer, holder-up, dolly || **sur le** ~ (bâtim) / in-situ || ~ à **battre les faux** / scythe anvil || ~ de **bois** / stack of wood || ~ de **déblais ou de déchets** / rubbish dump || ~**-étampe** *m* (m.outils) / boss, swage block || ~ de **ferrailles** / scrap pile || ~ de **malt** (bière) / malt couch || ~ à **planer** (ferblantier) / planishing anvil o. stake || ~ à **queue** (forge) / anvil inset stake || ~ de **rejets** / rubbish dump || ~ à **soyer** (forg) / swage block
tasmanite *f* (géol) / tasmanite
tassage *m* (sucre) / steam consumption || ~ du **sol** / ramming, packing
tasse *f* (techn) / cup
tassé / cramped, crowded || ~ (frittage) / tapped || **très** ~ (chimie) / close-packed
tasseau *m* / dolly, stake, hand anvil || ~ (enclume) / holdfast, anvil inset stake || ~ (bâtim, men) / ledge, strip, brace-lath || ~, butoir *m* de clapet / valve guard || ~ de **hangar** (bâtim) / brick foundation of shed || ~ de **levage** (nav) / lifting lug
tassement *m* / settling [phenomenon], subsiding, set || ~, mesure *f* de tassement (bâtim) / amount of settling o. sinking || ~, agglomération *f* / agglomeration || ~ (tex) / crushing, flattening || ~ (nucl, ord) / packing || ~ (fonderie) / tucking || ~ du **sol** / subsidence, caving-in || ~ du **soutènement** / settlement || ~ des **supports ou des appuis** / subsiding of supports
tasser (terre) / ram, pack || ~ (objets) / compress, squeeze, cram || ~, écraser / crush || ~ (se) (bâtim) / take the set || ~ [des **données]** (ord) / pack
tasseur *m* (frittage) / tap machine
tassomètre *m* / settlement meter || ~ (matière en vrac) / settlement reference marker for bulk goods
tâtant (procédure) / tentative
tâte-ferraille *m* (pétrole) / junk feeler || ~**-fil** *m* (tex) / stop[ping] motion
tâter / feel *vt*, touch || ~ (terrain) / sound *vt*, explore
tâteur *m* (techn, tiss) / feeler, detector || ~ à **aiguiser** (tex) / slide tracer || ~ de **casse-fil** (tiss) / yarn detector || ~ de **tension** (tiss) / thread tension regulator o. equalizer || ~ de **trame** / weft feeler
tâte-vin *m* / plunging siphon, thief
tâtonnement *m* / trial-and-error method
taupe *f* (ELF) (tunnel) / mole || ~**-grillon** *f* (pl.: taupes-grillons) (parasite) / mole cricket
taupin *m* (parasite) / click beetle, elater
taurine *f* (chimie) / taurine
tauto·chronisme *m* des **vibrations** / isochronisme of vibrations || ~**mère** *adj* / tautomeric || ~**mère** *m* / tautomer || ~**mérie** *f* (chimie) / tautomerism, dynamic isomerism || ~**mérie** *f* **céto-énolique** / keto-enolic tautomerism || ~**mérie** *f* **ionique** (chimie) / ionic tautomerism, ionotropy || ~**mérie** *f* **noyau-chaîne** (chimie) / ring-chain tautomerism || ~**mérie** *f* **oxy-cyclo** (chimie) / oxy-cyclo tautomerism || ~**mérisation** *f* (chimie) / tautomerization || ~**morphe** / isomorphic
taux *m* / proportion, rate || ~ en % / percentage, ratio || ~ d'**absorption** (phys) / absorption factor o. coefficient || ~ d'**absorption de réverbération** (phys) / reverberation absorption factor o. coefficient || ~ d'**accord électronique** / electronic tuning figure || ~ d'**accroissement** / rate of growth || ~ d'**activité** (ord) / activity rate o. ratio || ~ d'**admission** (m. à vap, diesel) / rate of admission, rate of feeding || ~ d'**adsorption** / adsorption factor || ~ d'**alcool** / alcoholic strength || ~ **d'aléas** (ordonn) / rate of uncertainty in time observations || ~ d'**allongement** (forge) / drawing-out ratio || ~

d'**amplification de tension** / voltage amplification ratio, voltage gain ratio || ~ d'**autoréglage** (contr.aut) / self-regulation rate || ~ de **balayage** (mot) / scavenging rate || ~ de **blutage** (moulin) / comminution rate || ~ de **bon fonctionnement** (ord) / uptime ratio || ~ de **champ résiduel** (électr) / effective field ratio || ~ de **charge** (mot) / supercharging rate || ~ de **charge** (accu) / charge o. charging rate || ~ de **collision** (vide) / collision rate || ~ de **combustion** (nucl) / specific burn-up || ~ de **compression** (mot) / compression ratio || ~ de **compression** (gén) / compression ratio || ~ de **compression d'un faisceau** (électron) / beam concentration ratio || ~ de **comptage** (nucl) / counting rate for a radioactive tracer || ~ de **concentration** (chimie) / concentration ratio || ~ **constant d'alertes erronées** / constant false alarm rate, CFAR || ~ des **constituants** / ratio of components o. of mixture o. of ingredients || ~ de **contraction** (soufflerie) / contraction ratio || ~ de **contraction** (essai de mat) / contraction o. necking ratio || ~ de **corroyage** / forging ratio o. grade || ~ des **couples** (électr) / torque ratio || ~ du **courant transitoire** (électron) / transient current ratio || ~ **crête à dépression** (TV) / peak-to-valley ratio || ~ **critique du flux de chaleur** (nucl) / minimum ratio between DNB heat flux and local heat flux, minimum DNBR, critical heat flux ratio || ~ de **crotte** (sucre) / dirt level || ~ de **déblaiement** (excavateur) / stripping ratio || ~ de **début** / setting gauge || ~ de **décomposition** / rate of decomposition || ~ de **défaillance moyen observé** (ord) / mean failure rate observed || ~ de **défaillances observées** (gén) / failure quota || ~ de **déformation** (forge) / deformation ratio || ~ de **défruitement** (mines) / proportion of extraction || ~ de **dérive** (électron) / drift percentage || ~ de **désaccord de la charge** (électron) / pulling figure || ~ de **désactivation** / deactivation rate || ~ de **désadaptation** / mismatching rate || ~ de **désintégration** (nucl) / disintegration rate || ~ de **détente** (gaz) / ratio of expansion || ~ de **dilution** (ELF) (aéro) / bypass [dilution] ratio || ~ de la **diminution** (méc) / pressing o. compression rate || ~ de **disponibilité** (ord) / operating o. operation ratio || ~ de **distorsion** / distortion ratio || ~ de **distorsion arythmique** (télécom) / amount of start-stop distortion || ~ de **distorsion arythmique totale** (télécom) / degree of gross start-stop distortion || ~ de **distorsion harmonique** (électron) / harmonic ratio || ~ de **distorsion totale** / non-linear distortion factor, relative harmonic content, klirrfactor || ~ de **dose d'irradiation** / exposure dose rate || ~ d'**échantillonnage** (statistique) / sampling fraction || ~ d'**écrêtage d'impulsion** (radar) / pulse limiting rate || ~ de l'**efficacité du travail** (ordonn) / efficiency (ASME) || ~ d'**embauche** / entrance wage o. rate || ~ d'**émission secondaire** / secondary emission rate, coefficient of secondary emission || ~ **encoches/dents** (électr) / tooth ratio || ~ d'**enlèvement de copeaux** / rate of metal removal || ~ d'**ensoleillement** / fraction of solar irradiation || ~ d'**épuisement** (réacteur) / burn-up fraction || ~ d'**erreurs** / error rate || ~ d'**erreurs sur les bits** / bit error rate || ~ d'**erreurs sur les blocs** (ord) / block error rate || ~ d'**erreurs sur les éléments** / elemental error quota || ~ d'**erreurs sur les bits** (ord) / bit error rate || ~ d'**erreurs sur les caractères** (ord) / character error rate || ~ d'**erreurs sur les éléments** (télécom) / unit element error rate || ~ d'**erreurs résiduelles** / residual error rate || ~ d'**erreurs pour les unitaires sémalèmes isochrones** (télécom) / unit element error rate || ~ d'**étendage de l'encre** (typo) / ink coverage o. mileage || ~ d'**évanouissement** (électron) / fading rate || ~ d'**évaporation** (nav) / boil-off rate (LNG) || ~ d'**excitation** (électr) / effective field ratio || ~ d'**extrusion** / extrusion ratio || ~ de **fluage** (essai de mat) / flow rate || ~ de **fondamental** (phys) / fundamental factor || ~ de **formage** (forge) / deformation ratio || ~ de **freinage** (auto) / braking ratio o. efficiency || ~ de **fuite** (vide) / leak rate || ~ de **gonflage** (plast) / blow-up ratio || ~ de **gonflement** (sidér) / swelling ratio (as of pellets) || ~ du **gonflement** (bois) / amount of swelling || ~ de **groupement** (modulation de vitesse) / bunching parameter || ~ **gyromagnétique** / gyromagnetic ratio || ~ d'**harmoniques** (phys) / total harmonic distortion || ~ **horaire** / hourly rate, rate per hour || ~ d'**humidité** / degree of moisture || ~ **impulsion-intervalle** / break-make ratio || ~ d'**impulsions** (NC) / pulse-duty factor, duty factor of pulses || ~ d'**impulsions** (radar) / pulse-power ratio || ~ d'**incidence** / impingement rate, rate of incidence || ~ d'**intensité** (électron) / volume range, contrast o. dynamic range || ~ d'**interférence standard** (électron) / standard interference rate || ~ de **mailles** (tex) / stitch o. mesh density, stitch spacing || ~ de **masse volumique** (phys) / density ratio || ~ **maximal ou maximum** / maximum rate || ~ des **maximums et minimums** (électron) / peak-to-valley ratio || ~ **minimum** / minimum rate || ~ de **mise en circuit** (chauffage) / heater-on ratio || ~ de **modulation** / modulation depth o. factor, depth of modulation || ~ de **modulation** (TV) / white-to-black amplitude range || ~ de **modulation de vitesse** (électron) / depth of velocity modulation || ~ de la **montée** (escalier) / ratio of rise and tread || ~ de **motorisation** / motorization rate, motor population || ~ de **mouvement** (ord) / activity rate o. ratio || ~ d'**ondes stationnaires** (antenne) / [voltage] standing wave ratio, [V]SWR || ~ d'**ondulation** (électr) / ripple factor o. ratio || ~ d'**ondulation** (antenne) / voltage standing wave ratio, VSWR || ~ d'**ondulation de crête** / peak ripple factor || ~ d'**ondulation efficace** / r.m.s. ripple factor, ripple content || ~ d'**ondulations du courant continu** (électron) / d.c. ripple factor || ~ d'**ouverture** / aperture ratio || ~ de **partage** (mines) / separation grade || ~ du **pas** (câble) / lay ratio || ~ des **périodes d'obscurité** / break-make ratio || ~ de **perte d'infiltration** / leak[age] rate || ~ aux **pièces** (ordonn) / piece rate o. time || ~ de **plastification** (plast) / plasticizing rate || ~ du **poids du lit de fusion au poids de coke** / burden ratio || ~ de **pores** / void ratio || ~ **pour cent** / percentage || ~ de **pression** / pressure rating || ~ de **production de paires** (semicond) / pair creation o. generation rate || ~ de **puissance** (électron) / power ratio || ~ de **pulsation** / pulsation factor || ~ de la **rampe en %** (ch.de fer) / ratio of grade in % || ~ de **raréfaction à la bouche** (cheminée) / draught measured at chimney exit || ~ de **réaction** / feedback factor || ~ de **rebut ou des pièces manquées** (ordonn) / reject rate || ~ de **rebuts** (ord) / reject rate || ~ de **recombinaison** (semicond) / recombination rate || ~ de **rectangularité** / squareness ratio || ~ de **récupération** / recovery rate || ~ de **recyclage** (rectification) / recycle ratio || ~ de **réduction** / step-down ratio, gear reduction, [reduction] gear ratio || ~ de **reflux ou de retour** / reflux ratio || ~ de **régulation** / regulation ratio || ~ de **réinjection** /

feedback ratio || ~ de **réjection en mode commun** (r.cath) / rejection factor || ~ de **rejet d'une cascade** (nucl) / stripping concentration of a cascade || ~ de **renouvelage d'air** / air renewal rate || ~ de **répartition du métal** (galv) / metal distribution ratio || ~ de **répétition** (télécom) / repetition rate || ~ de **reproduction** / reproduction ratio || ~ de **résine** / proportion of resin present, resin content || ~ de **retard** (électron) / delay constant || ~ de **rétention de l'humidité** / water retention value, WRV || ~ de **rétroaction** / primary feedback ratio || ~ de **salaire à la pièce** (ordonn) / incentive rate || ~ de **shuntage** (électr) / field weakening ratio || ~ de **soufflage** (plast) / blow-up ratio || ~ de **sucre** / percentage of sugar || ~ de **suppression d'ondulation** (c.intégré) / ripple rejection ratio || ~ de **suralimentation** (mot) / supercharging rate || ~ **surfacique d'incidence** (vide) / impingement rate || ~ de **tassement** (ord) / packing factor || ~ *m pl* des **taxes** / rates of charges *pl* || ~ *m* **top-analyse** (radar) / blip-scan ratio || ~ de **triage** (mines) / separation grade || ~ **uniforme** (ordonn) / flat rate || ~ d'**usure** / abrasion factor || ~ de **vapeur sèche** / dryness fraction || ~ de **variation de réactivité** (nucl) / reactivity rate || ~ des **volumes** / ratio of volumes

taveler / dot-spot, dot, spot, stipple

tavelle *f* / silk reel, swift

tavelure *f* **Venturia inaequalis** / apple scab

tawa *m* / tawa, New Queensland walnut

taxation *f* (télécom) / message accounting

taxe *f* / charge, tariff-rate || ~ de **base** (télécom) / basic o. flat rate, rental rate (GB) || ~ de **base** (télécom, conversation) / unit charge o. fee, message unit, call unit || ~ de **circulation** / motor vehicle tax || ~ de **conversation** (télécom) / call charge || ~ **fixe** (électr) / basic rate || ~ **globale** / flat rate || ~ à **percevoir** / additional o. extra charge, surcharge || ~ de **raccordement** / charge for being connected || ~ **réduite** / reduced rate || ~ de **stationnement** (ch.de fer) / detention charges *pl*, demurrage || ~ **téléphonique** / call charge || ~ de **transport** (ch.de fer) / fare, carriage charge || ~ de **transport** / carriage, carriage charges *pl*, freightage (US) || ~ à la **valeur ajoutée**, T.V.A. / TVA, tax on value added

taxé / subject to charges

taxer / estimate *vt*

taxi *m* / taxi[cab], taxicar || ~**mètre** *m* / [taxi]meter || ~**nomie** *f* (ord) / taxonomy || ~**phone** *m* / telephone call-box o. coin-box, prepayment telephone, pay phone (US) || ~**way** *m* (aéro) / taxiway

taxonomie *f* (ord) / taxonomy

T.B.T.O. *m* / tributyl tin oxide, T.B.T.O.

tchernoziom *m* / chernozem, black earth, (Canada:) black loam, (India:) regur

TCM = Transports Combinés des Marchandises

T.C.O., tableau *m* de contrôle optique (ch.de fer) / visual control signal

T.C.V., Tarif Commun International pour le Transport des Voyageurs et des Bagages / Standard International Passenger and Baggage Tariff

T.D.I., tolylène *m* di-isocyanate / tolylene di-isocyanate

té *m* (dessin) / tee-square, T-square || ~ (techn) / T-piece, tee, T || ~ à **âme allongée**, té à ailes inégales (lam) / long-stalk Tee || ~ de **branchement ou de dérivation** (électr) / derivating post o. screw, branch terminal || ~ à **dessin** (dessin) / tee-square || ~ **égal** (verre) / equal T || ~ **hybride ou magique** (guide d'ondes) / magic T || ~ [à **manchons**], té *m* normal (tuyau) / standard tee || ~ **parallèle**, té *m* plan H (guide d'ondes) / shunt-Tee || ~ de **raccordement** / connecting tee || ~ **réduction** / reducing T || ~ **renversé** (bielle) / crosstail || ~ **[simple]** (serr) / T-hinge strap, doubled garnet, crosstailed hinge || ~ **simple et équerre** (men) / garnet [hinge] || ~ à **tampon hermétique** / sealed manhole

TEC = Transports Européens Combinés

técalémit *m* / Tecalmite

technétium, -cium *m* / technetium, Tc (OZ = 43)

technicien *m* / technician || ~ des **asservissements** / control engineer || ~-**chimiste** *m* / laboratory technician || ~ d'**entretien** (ord) / customer technician || ~ de **galvanoplastie** / electroplater || ~ de **laboratoire dentaire** / dental laboratory technician || ~ **méthodes** (ordonn) / methods engineer || ~ de **papeterie** / paper technician || ~ de **télévision** / television o. video operator o. technician

technicité *f* / technicality

technico-chimique / chemico-technical

technique *adj* / technical || ~, de préparation / preparative || ~**[ment]**, en spécialiste / relevant, pertinent, appropriate[ly] || ~ *f* / technique, technology (US), engineering || **qui se rapporte à la ~ des fluides** / fluidic || ~ d'**acoustique** / acoustic engineering, sound o. audio engineering || ~ de l'**aération** / room ventilation technique || ~ des **aérosols** / aerosol mist o. fog technology || ~ **agricole** / agricultural technique || ~ **alliage-diffusion** (électron) / alloy-diffusion technique || ~ d'**arpentage** / surveying || ~ d'**assainissement des agglomérations** / public health engineering || ~ de l'**automatique** / automation technology || ~ du **bois** / wood engineering || ~ **brassicole** / brewing technique || ~ de **broyage** / size reduction technics || ~ de **câblage** (électr) / circuitry || ~ des **câbles creux** / hollow cable engineering || ~ de **calcul** / calculation procedure o. method || ~ du **calcul numérique** / digital calculation method || ~ des **cartes perforées** / punched-card technique || ~ de la **chaleur** / heat technology || ~ du **chauffage** / fuel engineering || ~ du **chauffage** / heating technics || ~ des **circuits** / circuit technique || ~ de **circuits intégrés** / SLT (= solid logic technology) || ~ de la **circulation** / traffic engineering || ~ de **circulation ou des fluides** / fluid mechanics || ~ **cokière** / coal carbonizing practice || ~ de **commande** / control technique || ~ des **commandes à distance** (INEL) / telecontrol, telearchics, -automatics *pl*, remote control technique, teleoperation || ~ de **commande des signaux par [boutons-]poussoirs** (ch.de fer) / push-button signalling technique || ~**s** *f pl* **commerciales** / marketing || ~ *f* des **communications** / communication engineering, communications *pl*, weak-current engineering, signal engineering (US) || ~ de **communication sur fil** / wire-bound communication engineering || ~ des **communications à longue distance** / long-distance communication engineering, long-range communication technique || ~ de la **commutation** / circuitry || ~ de **commutation de messages** (télécom) / message switching system || ~ de la **construction en acier** / structural steel engineering || ~ de la **construction** (ELF) / structural engineering || ~ de la **construction en feuillard d'acier formé à froid** / steel engineering || ~ de la **construction en ossature métallique** / steel structural engineering || ~ des **couches épaisses** (électron) / thick film technology, cermetology || ~ de **coulée sous pression** /

diecasting practice || ~ de **coupe [des métaux]** / cutting procedures *pl* || ~ des **courants faibles** / light current engineering, weak-current engineering || ~ des **courants forts** / power engineering || ~ des **courants porteurs** / carrier frequency technology || ~ **cryogénique** / cryogenics *pl* || ~ **culturale** / agricultural technique || ~ **CX** (phono) / compatible expansive o. CX technology || ~ **DCTL** / direct coupled transistor logic, DCTL || ~ de **découpage** / pressing [technique] || ~ à **deux scories** (sidér) / two-slag practice || ~ de **diffusion** / scatter technique || ~ de **diffusion dans la base** (semicond) / diffused-base technology || ~ **DMM** (phono) / direct metal mastering o. DMM technology || ~ **DTL** (= diode-transistor logique) / diode transistor logic, DTL-logic || ~ d'**éclairage** / illuminating o. lighting engineering || ~ **écologique** / environmental technology || ~ **électronique** (ELF) / electronic engineering || ~ d'**émulsion** (nucl) / emulsion technique || ~ de l'**enlèvement des copeaux** / cutting procedures *pl* || ~ de l'**enregistrement du son sur bande magnétique** / magnetic sound recording [technics] || ~ d'**entraînement** / motive power engineering || ~ d'**estampage et de poinçonnage** / pressing technique || ~ **et économie énergétique nucléaire** / nuclear energetics || ~ d'**extinction d'incendie** / fire extinguishing method || ~ des **extra hautes fréquences** / hyper-frequency engineering || ~ de **fabrication** / production technique || ~ **fail-safe** / fail-safe principle || ~ de la **fermentation** / zymotechnology || ~ du **filament chauffé** / flashing of electronic tubes || ~ des **fluides** / fluid mechanics || ~ des **fondations** (ELF) / foundation engineering || ~ de **forgeage** / forging practice || ~ **frigorifique ou de froid** / refrigeration engineering o. technology || ~ de **frittage et d'infiltration** / sintering and infiltration technique || ~ des **fusées** / rocketry || ~ **gazière** / gas engineering || ~ de la **génération de lumière** / illuminating o. lighting engineering || ~ de **gestion** / management technics *pl* || ~ de **gestion de la qualité** / quality engineering || ~ de **grilles au silicium** (semicond) / silicon-gate technique || ~ de la **haute fréquence** / high-frequency engineering || ~ de la **haute tension** / high-voltage engineering || ~ de l'**hexafluorure de soufre** (chimie) / sulphur hexafluoride o. SF_6-technique || ~ **«high-key»** (phot) / high-key method || ~ d'**hologrammes** (phys) / holography || ~ **hydraulique** / canal-, harbour-, and river engineering || ~ d'**hygiène publique** / sanitary engineering || ~ **I.L.** / low-light-level technology || ~ **I²L** (semicond) / integrated injection o. I²L-logic o. technology, merged transistor logic, MTL || ~ d'**illumination** / illuminating o. lighting engineering || ~ des **impulsions** / impulse technique || ~ à **impulsions uniques** (électron) / monopulse technique || ~ des **indicateurs** / tracer technique || ~ des **installations** / plant engineering o. technics || ~ d'**intensification de la lumière résiduelle** / low-light-level technology || ~ **kangourou** (enregistreur cassette) / kanaroo technique || ~ de **l'informatique** / data systems engineering || ~ de **masquage** (électron) / mask matching technique || ~ du **mélange** / mixing technique || ~ **ménagère** / domestic technique || ~ de **mensuration stochastique-ergodique** / stochastic-ergodic measuring technique || ~ de **menu** / menu technique || ~ de **mesurage** / surveying || ~ de **mesure** / mensuration o. measurement techniques *pl*, test methods *pl* || ~ de **mesure de précision** / precision measuring techniques *pl* || ~ de **mesure et réglage** / measuring and control engineering || ~ sur **microfilm** / microfilming || ~ de **micro-image photochromique** / photochrome micro procedure || ~ **microscopique** / microscopy || ~ de **miniaturisation** / miniature technics || ~ **modulaire** (ord) / modular technique || ~ de **moulage** (plast) / moulding technique o. technology || ~ de **moulage par injection** / diecasting engineering o. technology || ~ **nucléaire** / nuclear engineering o. technology || ~ de **numérotation** / numbering practice || ~ **opératoire** / systems engineering || ~ d'**optique** / optical technology || ~ **planaire** (semicond) / planar technique || ~ des **plans de réseau** / critical path planning, network analysis, project network techniques *pl* || ~ **POB** (semicond) / POB-technique (= push out base) || ~ de **pointe** / advanced technology || ~ de **presse à simple effet** / single press technique || ~ des **pressions extrêmes** / very high pressure technique || ~ de la **prise des vues** (microfilm) / technical proceeding of recording || ~ de **production** / product[ion] o. manufacturing engineering || ~ de la **production** (ELF) / process o. production engineering, production planning, routing || ~ de **programmation** / method of programming || ~ de **projection d'argent** (galv) / silver spray technique || ~ de **radar** / radar engineering || ~ de la **radiodiffusion** / wireless (GB) o. broadcast o. radio (US) engineering, radiotechnology || ~ de la **radio-électricité** / high-frequency engineering || ~ **radiologique** / radiotechnology || ~ des **radionucléides** / radio nuclide technique || ~ du **rang** (calcul des matrices) / rank o. grade technique || ~ du **réglage automatique ou de réglage et de commande** / [automatic] control technique o. engineering || ~ de **réplique** / replica technique || ~ de **reproduction** (gén) / reproducing method o. technology || ~ de **reproduction** (typo) / repro technics || ~ de **rétention** (nucl) / removal technology || ~ des **rivières, des canaux et des ports maritimes** / canal-, harbour-, and river engineering || ~ **routière** (ELF) / road engineering || ~ en **salle blanche** / clean-room technology || ~ **sanitaire** (ELF) / sanitary engineering || ~ **sèche** / dry technique || ~ de **séparation** / separation process || ~ de **signalisation** / signalling technique || ~ à **simples impulsions** (électron) / monopulse technique || ~ des **solides fluidisés** (chimie) / fluidized solids technique || ~ du **son** / sonics, sound technique || ~ du **son parallèle** (TV) / parallel sound technique || ~ de la **soudure** / welding engineering || ~ **spatiale** / space technology || ~ de **sucrerie** / sugar mill o. factory technology || ~ de **teinture** / dyeing technology || ~ des **télécommunications** / electrical communication engineering, light current engineering, signal engineering (US) || ~ de **télémesure ou des télémesures** / telemetering || ~ **téléphonique** / telephone engineering o. technics || ~ **téléphonique et télégraphique** voir technique des télécommunications || ~ de la **téléscription** / teletypewriter engineering || ~ de **télétransmission** / telecontrol, telearchics, -automatics *pl*, remote control technique, teleoperation || ~ de la **télévision** / television technique, TV engineering || ~ du **théâtre** / theatre technics || ~ des **traceurs** / tracer technique || ~ de **traction** / traction technique || ~ de **transmission entre centraux** / message switching technology || ~ de **tricotage sur métier chaîne** / warp knit

engineering || ~ des **ultrasons** / ultrasonics [technology] || ~ de la **vapeur** / steam technology, steam engineering || ~ de la **vente** / sales engineering || ~ du **vide** / vacuum technology || ~ des **vidéofréquences** / video frequency engineering || ~ de **virage** (auto) / cornering technique || ~ **VLSI** / VLSI technique, very large scale integration technique
technologie *f* (science) / technology || ~ (ensemble des moyens) / technique, technical mehods *pl*, technology (US) || **de ~ chimique** / chemico-technological || ~ d'**aération** / room ventilation technique || ~ **blocs** / building block method || ~ des **carrières** / pit and quarry engineering || ~ **chimique** / chemical engineering || ~ des **courants porteurs** / carrier frequency technology || ~ d'**emballage** / packaging technology || ~ **ESFI** (semicond) / ESFI technology || ~ des **fréquences porteuses** / carrier frequency technology || ~ de **gravidéviation ou gravicélération** (espace) / swing-by technology || ~ **I.S.** (électron) / IS-technology, integrated screen technology || ~ **Josephson** (microélectronique) / Josephson technology || ~ des **matières plastiques** / plastics technology || ~ de la **pâte** (pap) / pulp technology || ~ du **pétrole** / mineral oil technology || ~ des **plastiques** / plastics technology || ~ des **poudres** / powder technology || ~ des **poussières** / dust technology || ~ des **procédés industriels** / materials processing, unit operations *pl* || ~ des **réacteurs** / reactor technology || ~ de **salle blanche** / sterile room technology || ~ de **séchage** / drying technology o. technique || ~ **S.O.S.** (semicond) / SOS technology || ~ **sucrière** / sugar mill o. factory technology || ~ de la **transformation ou de traitement des matières** / processing technology || ~ des **transistors** / transistor technology
technologique / technological
technophysique *f* / technical physics
teck *m* (bois) / teak || ~ de **Guyane** / basralocus wood
tecticier *m* / roofing expert
tectite *m* (géol) / tektite
tectonique *adj* (géol) / tectonic || ~ *f* (géol) / tectonics || ~ **fixiste** (géol) / fixisme || ~ à **plaques** (géol) / new global tectonics, plate tectonics
tectonosphère *f* / tectonosphere
tectosilicate *m* (géol) / tectosilicate
T.E.E. (ch.de fer) / Trans-Europ-Express, T.E.E.
téfaliser / teflonize
téflon *m* (plast) / Teflon
Tegofilm *m* / Tego film
tégole *f* (bâtim) / concave tile
tégument *m* / [in]tegument
teignant / colorific || ~ en **jaune** / yellow dyeing
teigne *f* / moth || ~ du **chou ou des crucifères** / diamond-back moth, Plutella maculipennis || ~ des **feuilles du pommier** / apple leaf skeletonizer || ~ des **grains** / European grain moth || ~ du **pommier** / apple fruit moth || ~ des **vêtements**, teigne *f* domestique / clothes moth
teigneuse *f* **large** / wide-open dyeing machine, jigger
teiller (lin) / swingle *vt*, scutch
teilleuse *f* **mécanique** / flax breaking and stripping machine
teindre (teint) / stain, dye || ~ au **ca[té]chou** / dye with catechu || ~ en **colorants solides** / dye fast || ~ en **cramoisi** / crimson *vt*, dye crimson || ~ en **effet changeant** (tex) / shot-dye || ~ à l'**envers** (tex) / dye inside-out || ~ en **laine** / dye in the wool o. grain || ~ **légèrement** / tincture *vt* || ~ en **milieu neutre** / dye in a neutral bath || ~ en **nuances foncées** / sadden || ~ en **pièce** (tex) / dip-dye, piece-dye || ~ **pourpre** / [dye] purple *vt* || ~ au **rouge turc** / dye turkey-red, rose || ~ en **vert** / green *vt*
téinochimie *f* / teinochemistry
teint *adj* / dyed || ~ *m* (tex) / dyeing || **de grand ~**, de ou en bon teint / colour-fast, non-fading, unfading, fadeless, sunfast (US) || **pas grand ~** / discolouring, fading || ~ *adj* sur **bobine** / cop-dyed || ~ en **colorant résistant au blanchiment** (tex) / resistant to bleaching in piece || ~ en **écheveau** / dyed in the hank || ~ en **filés** / yarn-dyed || ~ en **laine** / dyed in grain, grained || ~ **légèrement** / tinted || ~ dans la **masse** / spun-dyed, solution-dyed || ~ *m* **solide ou stable** / permanent colour
teinte *f* / tint, tinge, tonality || ~ **chalybée** / black lead || ~ **claire** / light tone || ~ des **couleurs** / gradation of colour || ~ d'**identification** / identification colour[ing] || ~ **mélangée** / secondary colour || ~ **neutre** / neutral tint || ~ **nuageuse** (verre) / whitish film, hum || ~ **plate** / plain o. solid colour, single o. solid shade || **~s** *f pl* **primaires du récepteur** (TV) / receiver primaries *pl*, display primaries *pl* || ~ *f* **propre** / self-colour || ~ **relative [de contraste]** (phys) / object [perceived] colour || ~ **sombre** / dark tone || ~ **unie** (teint) / plain o. solid colour, single o. solid shade
teinter / tinge *vt*, tint *vt* || ~ (bois) / stain
teintier *m*, nuancier *m* / palette
teinture *f* (tex) / dyeing || ~ (bois) / water stain || ~ (chimie) / tincture || **de ~** / tinctorial, used in dyeing || ~ sous **addition de solvants** / solvent dyeing || ~ en **autoclave** / kettle dyeing || ~ de **benjoin** / benzo dyestuff || ~ sur ou en **bobines** / pack[age] dyeing || ~ de ou à **bois** / mordant for staining wood, wood stain || ~ en **bourre** / loose dyeing || ~ en **boyaux** / rope dyeing || ~ à **bronzer** / bronzing tincture || ~ à la **brosse** / brush dyeing || ~ de **caramel** / sugar dye, browning, burnt sugar [colouring], caramel || ~ des **chaînes** / warp dyeing || ~ aux **colorants de cuve** / vat dyeing || ~ de **comparaison** / comparative dyeing || ~ en **continu** / continuous dyeing || ~ en **cuve autoclave** / pressure dyeing in autoclave || ~ **défectueuse** / off-colour, off-shade || ~ en **deux tons** / two-tone dyeing || ~ des **écheveaux sous pression** / pressure hank dyeing || ~ en **électroplastie** / dyeing in anodizing || ~ par **empaquetage** / pack[age] dyeing || ~ des **étoffes en pièces** / piece dyeing || ~ sur **étoile de lyonnaise** / star dyeing || ~ en **fibre** / [raw-]stock dyeing || ~ avec **fixation par choc en milieu acide** / acid shock dyeing || ~ du **fond** / bottom dyeing || ~ par **foulardage** / jig padding, pad dyeing || ~ par **foulardage Pad-Roll** / pad-roll method || ~ à **froid** / cold dyeing, low temperature dyeing || ~ par **immersion** / dip dyeing || ~ d'**iode** / tincture of iodine || ~ **irrégulière** / uneven dye || ~ au **jigger** / jig dyeing || ~ **localisée** / localized dyeing || ~ **mate ou terne** / dead dyeing || ~ au **métachrome** / metachrome o. monochrome dyeing || ~ aux **naphtols** / naphthol dyeing || ~ en **nuances claires** / tint || ~ en **nuances foncées** / shade || ~ au **Pad-Jig** / pad-jig dyeing || ~ **partielle** / localized dyeing || ~ **pigmentaire ou aux pigments** / pigment dyeing method || ~ **réparande** / off-shade dyeing || ~ **rose** / pink colouration || ~ en **rubans peignés** / top dyeing || ~ **terne** / dead dyeing || ~ **ton sur ton** / tone-in-tone dyeing || ~ en **tonneau** / drum dyeing || ~ au **type** / self-shade || ~ en **uni** / plain dyeing || ~ **uniforme** / level dyeing || ~ **vitale** / vital stain

teinturerie *f* / dyehouse, dye room o. shop, dyeing plant || ~ (nettoyage de vêtements) / drycleaning shop
teinturier *m* / dyer, stainer || ~ d'**échantillons** / swatch dyer || ~ en **laine** / woollen dyer
tektite *m* (astr) / tectite
télamon *m* (bâtim) / telamon
télautographe *m* / telautograph
télautographie *f* / facsimile o. picture telegraphy o. transmission
télé *f* (coll) / television, T.V., TV || ~**affichage** *m* / remote indication || ~**appeler** / page *vi vt* || ~**aste** *m* / TV-man, broadcaster || ~**autographe** *m* / telautograph || ~**autographie** *f* / facsimile o. picture telegraphy o. transmission || ~**avertisseur** *m* / teleindicator, televisor, remote indicator || ~**benne** *f*, télécabine *f* / passenger ropeway with small cabins, telpher carrier || ~**centrique** (dessin) / telecentric || ~**cinéma** *m* / TV projection on screen o. wall || ~**cinéma** *m* à **vidicon** / vidicon film scanner, vidicon motion-picture pick-up (US), telecine
télécommande *f* (ELF) / distance o. remote control || ~ **centralisée** (électr) / centralized multistation o. multiservice control system, centralized ripple control system || ~ **centralisée à fréquence vocale** / audiofrequency remote control method || ~ en **espace** / space telecommand || ~ **magnétique** / electromagnetic control || ~ du **moteur principal**, télécommande *f* passerelle (nav) / remote bridge control || ~ à **multiplexage en fréquences** / remote control by frequency division multiplex || ~ par **radio** / wireless control || ~ **sans fil** (TV) / cable-less remote control, cordless remote control || ~ par **tout ou rien** / flicker control
télé·commandé / telecontrolled, remote controlled || ~**commander** / operate by remote control || ~**communication** *f* (télécom) / communication || ~**communications** *f pl* / telecommunications *pl* || ~**communication** *f* **spatiale** / satellite communications *pl* || ~**con** *m* (TV) / telecon (a camera tube) || ~**conférence** *f* / TV-linked conference, televised meeting || ~**contrôle** *m* / remote monitoring || ~**contrôle** *m* du **fond** / remote monitoring of underground workings || ~**copieur** *m* / telecopier, facsimile communication equipment || ~**couplage** *m* (électr) / remote o. distant control, remote[-controlled] switching || ~**cran** *m* / TV-screen, telescreen || ~**détection** *f* (ELF) / remote sensing || ~**diaphonie** *f* (télécom) / far-end crosstalk || ~**diaphonie** *f* entre **réel et fantôme** (télécom) / side-to-phantom far-end crosstalk || ~**diaphonie** *f* entre **réel et réel** / side-to-side far-end crosstalk || ~**diaphonique** / far-end crosstalk... || ~**diffusion** *f* (émission télévisée) / wired television || ~**diffusion** *f* par **antenne** (TV) / antenna reception || ~**diffusion** *f* par **câble** / wired radio o. wireless (GB), wire broadcast[ing], line broadcasting o. radio, carrier transmission, carrier broadcasting system || ~**distribution** *f* (TV, électron) / program transmission || ~**distribution** *f* par **câble** (TV) / wired television, cable TV, cablecasting || ~**dynamie** *f* (électr) / power supply by transmission line, long-distance power supply || ~**écran** *m* (TV) / screen, telescreen || ~**enregistreur** *m* / telerecorder || ~**enregistreur** *m* pour **films** (TV) / telerecording equipment for film || ~**fax** *m* / facsimile telegraphy || ~**férique** *m* voir téléphérique || ~**film** *m* / TV film || ~**génique** / telegenic
télégramme *m* / telegram, wire || **par** ~ / telegraphically || ~ **intercontinental** / cable[gram]
télégraphe *m* / telegraph || ~ de **bateau** / ship's telegraph || ~ de **bourse** / exchange telegraph, stock and share telegraph, stock indicator o. tell-tale, ticker || ~ **imprimant ou imprimeur** / printing telegraph [apparatus] || ~ à **multiple transmission harmonique** / multiplex harmonic telegraph
télégraphie *f* / telegraphy || ~ (construction) / telegraph engineering, telegraphy || ~ **A1** / interrupted continuous wave telegraphy, I.C.W.T. || ~ **A2** / modulated continuous wave telegraphy || ~ **automatique** / automatic telegraphy || ~ à **courant continu** / direct current telegraphy || ~ par **déplacement de fréquence** / frequency shift telegraphy || ~ à **deux courants** / double current working, polar direct current system (US) || ~ **diplex** / diplex telegraphy (two informations simultaneously) || ~ **duplex** / contraplex working, duplex system (simultaneous informations in opposite directions) || ~ **duplex à quatre fréquences** / twinplex || ~ **harmonique** / audiofrequency o. voice frequency telegraphy || ~ **harmonique multiplex** / multi[ple]-channel voice frequency telegraphy || ~ **harmonique à ondes porteuses** / sound telegraphy, ST, voice-frequency carrier telegraphy, VFCT || ~ **harmonique à voies multiples** / voice-frequency multichannel telegraphy || ~ par **impulsions** / pulsed telegraphy || ~ **infra-acoustique** / infra-acoustic telegraphy, subaudio telegraphy || ~ **infra-acoustique par courant continu** / infra-acoustic d.c. telegraphy, subaudio d.c. telegraphy || ~ **infra-acoustique sur lignes aériennes** / subaudio telegraphy over open wire lines || ~ **multiplex** / multiplex telegraphy || ~ **multiplex alternative ou sélective** / selective multiplex telegraphy || ~ **octuple** / octoplex telegraphy || ~ par **ondes entretenues** / continuous-wave telegraphy || ~ **quadruplex** / quadruplex telegraphy || ~ **semi-fantôme** / half phantom telegraphy || ~ **sextuple** / sextuplex telegraphy || ~ **simplex** / simplex telegraphy || ~ **simultanée** / earth return phantom circuit || ~ par le **sol** / earth telegraphy || ~ **supra-acoustique** / superaudio telegraphy || ~ **triplex** / triplex telegraphy || ~ **univocale ou bivocale** / intraband telegraphy
télé·graphier *vt*, transmettre une dépêche / telegraph *vt*, wire *vt*, cable *vt* || ~**graphier** *vi* / wire *vi*, send a wire [to] || ~**graphier** en **Morse** (télécom) / key *vt vi*, morse *vt vi.* || ~**graphique** / telegraphic || ~**graphiste** *m* / telegraph operator o. clerk || ~**guidage** *m* / telecontrol, remote control || ~**guidage** *m* **électrique** / radio telecontrol, radio control o. steering (US) || ~**guidage** *m* par **faisceau** (aéro) / beam riding guidance || ~**guidage** *m* de **missiles** / missile guidance || ~**guidé** (projectil) / guided || ~**guider** / radio-control *vt*, guide *vt* || ~**guider** (m.outils) / remote-control *vt* || ~**imprimeur** *m* / teleprinter (GB), teletyper, teletypewriter (US), Teletype (US) || ~**imprimeur** *m* **arythmique ou start-stop** / start-stop teleprinter || ~**imprimeur** *m* **émetteur-récepteur** (ord) / automatic send-receive o. ASR-terminal || ~**imprimeur** *m* **[sur feuilles]** (télécom) / page teleprinter || ~**indicateur** *m* / teleindicator, televisor, remote indicator || ~**indicateur** *m* de **serrage** (lam) / roll gap teleindicator || ~**indication** *f* / remote indication || ~**informatique** *f* / tele[infor]matics, tele-data-processing || ~**[inter]rupteur** *m* / distance switch || ~**interrupteur** *m* (électr) / trip switch, mechanically operated switch || ~**journal** *m*

(TV) / daily TV news || **~maintenance** *f* (ELF) (ord) / housekeeping [program], red-tape o. overhead program || **~maintenance** *f* (ELF) (espace) / housekeeping || **~manipulateur** *m* (nucl) / remote handling o. manipulating equipment, manipulator || **~manipulateur** *m* (forg) / telemanipulator || **~manipulateur** *m* **asservi** / master-slave manipulator || **~manipulateur** *m* **robot ou asservi** (nucl) / master-slave manipulator || **~manipulateur** *m* **télécommandé** (nucl) / robot toiler || **~matique** *f* / telematics || **~matique** *f* (= télécommunication + informatique) / compunication (= computer + communication) (US) || **~mécanicien** *m* / telecommunication o. telephone serviceman || **~mécanique** *f* / telecontrol, telearchics, -automatics *pl*, remote control technique, teleoperation || **~mécanique** *f* / [mechanical] remote control system || **~mégascope** *m* / wide-screen TV projector, video-projector || **~mesure** *f* (ELF) (contr.aut) / telemetry || **~mesure** *f* (ELF) (espace) / remote sensing, telemetering || **~mesure** *f* de **compteurs** / telemetering || **~mesure** *f* à **fréquence** / telemetering by impulse frequency || **~mesure** *f* **hydrométéorologique** / hydromet (hydro-meteorological telemetry)

télémètre *m* / range finder, RF || ~ **automatique** / automatic range finder || ~ à **base étendue** (arp) / long base range finder || ~ à **coïncidence** / coincidence range finder, superposed-image range finder || ~ à **coins** / rotating wedge range finder || ~ à **dépression** / depression telemeter || ~ à **images sectionnées** voir télémètre à coïncidence || ~ du type **«invert» ou à renversement** / inverted image range finder, inversion telemeter || ~ de **position** / position telemeter || ~ **radar** / range-only radar, ROR || ~ de **rapport** / ratio type telemeter || ~ **stéréoscopique** / stereoscopic range-finder o. telemeter

télé·métrie *f* / telemetry, range finding || **~métrie** *f* en **espace** / space telemetering || **~métrie** *f* **inertielle** (espace) / inertial sensing o. integrity sensing system || **~metrie** *f* à **laser** / laser range finding || **~microphone** *m* / telemicrophone || **~microscope** *m* / telescopic microscope || **~moteur** *m* / telemotor || **~objectif** *m* / telephoto [lens], teleobjective, telelens

téléologie *f* (biol) / teleology

télé·opération *f* / distant o. remote control || **~ordinateur** *m* / data transmission unit || **~pancartage** *m* (ch.de fer) / remote controlled train indicator system || **~pancartage** *m* (aéroport) / tele-indication || **~pancarte** *f* / remote controlled train indicator

téléphérique *m* / [aerial] ropeway o. cableway || ~ **bicâble** / bicable [ropeway] || ~ **bicâble à cabines de grande capacité** / passenge rope way weth large cabins || ~ à **câble sans fin** / continuous ropeway || ~ de **chantier** / flying fox (US), building site ropeway || ~ pour le **transport de personnes** / [aerial] ropeway o. cableway for passenger traffic, passenger ropeway

téléphonant, en ~ / by telephone, telephonic

téléphone *m* / telephone, phone || **le** ~ / telephony || **par** ~ / by telephone || ~ **automatique** / automatic o. dialling telephone || ~ **automatique ou public** / public o. prepayment telephone, pay phone (US), (esp.:) telephone call- o. coin-box (GB) o. -booth (US), telephone kiosk || ~ de **block** (ch.de fer) / block telephone || ~ à **clavier** / touch-tone (US) o.pushbutton telephone || ~ de **contrôle** / test telephone || ~ **haut-parleur** / loudspeaking o. radiating telephone || ~ à **jetons** (vieux) / public o. prepayment telephone || ~ avec **magnéto d'appel** / telephone with calling magneto || ~ **payant** (Canada) / public call office (GB), pay station || ~ **privé** / private o. house [tele]phone || ~ **public** voir téléphone automatique || ~ **public dans le train** (ch.de fer) / telephone on the train || ~ **radio** / motorcar telephone || ~ **rouge** / hot line o. loop o. wire, (esp.: hot line USA to Kremlin) || ~ **rouge d'administration** / command hot loop || ~ de **service** / service [tele]phone || ~ **temporaire** / temporary telephone connection || ~ **vert** / hot line Elysée to Kremlin

téléphoner *vt*, transmettre par téléphone / telephone *vt*, phone *vt* || ~ [à] *vi*, utiliser le téléphone / give a ring, call up || ~ un **télégramme** / phonogram *vi*

téléphonie *f* / telephony || ~ **automatique à longue distance** / automatic long-distance telephony || ~ par **courants porteurs** / carrier wave telephony, CWT, carrier current telephony || ~ par **courants porteurs sur ligne à haute tension** / power line [carrier] telephony || ~ en **double bande** / double sideband telephony || ~ **duplex** / duplex telephony o. working || ~ **fantôme** / phantom working o. telephony, phantoming || ~ par **fil** / line telephony || ~ **H.F.** / HF-telephony || ~ à **laser** / laserphony || ~ à **longue distance** / long-distance telephony || ~ à **modulation de fréquence** / FM voice operation || ~ **multiplex** / multiplex telephony || ~ **multiplex à fréquence porteuse** / multiplex carrier current telephony || ~ **ordinaire** / audiofrequency telephony || ~ **système quiescent** / quiescent carrier telephony

télé·phonique / by telephone, telephonic || **~phoniste** *f m* / telephone operator, telephonist || **~phoniste** *f m* **chef** / chief operator || **~phonométrie** *f* / telephonometry || **~photo** *f* / wirephoto || **~photogramme** *m* / photo-radiogram || **~photographie** *f* / video communication || **~photographie** *f* (phot) / telephoto[graph] || **~photographie** *f* à **demi-teintes** / facsimile class B || **~photographie** *f* pour **gravures en trait** / facsimile class A || **~photographique** / telephotographic || **~psychromètre** *m* / [tele]psychrometer || **~psychromètre** *m* **d'Assmann** / aspiration [tele]psychrometer || **~radiographie** *f* / teleradiography

téléran *m* / Teleran system

télé·récepteur *m* / television receiver o. apparatus, televisor, teleceiver, TV (coll), telly (GB, coll) || **~récepteur** *m* à **vision directe** / direct vision TV-receiver || **~réglage** *m*, -régulation *f* / telecontrol, remote control || **~régulé** / remote controlled || **~reportage** *m* (TV, électron) / remote, TV-reporting || **~rupteur** *m* (électr) / trip switch, mechanically operated switch

télescopage *m* (ch.de fer, auto) / end-on collision, telescoping

télescope *m* (gén) / telescope || ~ (astr) / reflecting telescope, reflector [telescope] || ~ **binoculaire** / binocular telescope || ~ de **Cassegrain** / Cassegrain telescope || ~ **coudé** / elbow telescope, coude telescope o. mounting || ~ **dioptrique** / dioptric telescope || ~ **directeur** / guiding telescope || ~ **électronique** / photoelectron telescope || ~ **faisant une révolution complète sur lui-même** (arp) / transit telescope || ~ à **infrarouge** / infrared telescope, IR image converter, sniperscope || ~ à **lentilles** / refractor || ~ à **ménisques** / meniscus o. Maksutov telescope || ~ à **miroir** / reflecting telescope, reflector [telescope] || ~ **monoculaire** / monocular telescope || ~ **panoramique** / panoramic telescope || ~ **protonique** (espace) / proton telescope || ~ à **réflecteur** / reflecting telescope, reflector [telescope] || ~ **réversible** (arp) / transit telescope || ~ **solaire** / solar telescope || ~ **solaire à tour** / solar telescope [on] tower, solar tower || ~ à **tour** / domeless telescope, tower telescope

télescoper / telescope *vt*, crush *vt* || **[se]** ~ / telescope *vi*, concertina *vi*

télescopique (opt) / telescopic || ~, coulissant / telescopic, telescoping, sliding

télé·scripteur *m* (ELF) / teleprinter (GB), teletypewriter (US), Teletype (US) || **~scripteur** *m* **Hell** (télécom) / Siemens-Hell printer, Hell printer || **~siège** *m* / chair lift || **~ski** *m* / T-bar [lift] || **~spectateur** *m* / televiewer || **~spectateur** *m* **clandestin** / pirate viewer || **~surveillance** *f* / remote monitoring, telemonitoring || **~surveillé** (électr) / unattended || **~text** *m* / teletext || **~thèque** *f* / TV library || **~thermomètre** *m* / telethermometer, distance o. remote thermometer || **~traitement** *m* (ord) / remote processing, line loop operation || **~traitement** *m* **conversationnel par lots** (ord) / conversational remote batch entry, CRBE, low speed remote job entry, conversational o. interactive mode || **~traitement** *m* de **données** (ELF) (ord) / remote data processing, teleprocessing of data, tele-data-processing || **~traitement** *m* par **lots** (ELF) (ord) / remote job entry, RJE, remote job processing, RJP || **~transmetteur** *m* / teletransmitter || **~transmetteur** *m* à **résistance variable** / rheostatic teletransmitter || **~transmetteur** *m* de **vitesse** (tachymètre) / impulse transmitter || **~transmission** *f* / teletransmission, remote transmission || **~transmission** *f* **de données** / teleinformatics *pl*, tele-data-transmission || **~travailleur** *m* / telecommuter || **~tron** *m* (tube TV) / teletron || **~typesetter** *m* (typo) / teletype setter || **~typiste** *m* (USA) / teletypist || **~vigie** *f* (mines) / central mine control, pit control centre, centralized control post || **~viser** / broadcast *vt* by T.V., televise *vt*

téléviseur *m* / television receiver o. apparatus, televisor, teleceiver, TV (coll), telly (GB, coll) || ~ pour **canalisations** / sewer television set || ~ **console ou en ébénisterie** / console receiver || ~ en **couleurs** / colour receiver || ~ **noir et blanc** / monochrome receiver, mono set (coll) || ~ sur **pieds** / footed cabinet || ~ **portatif** / portable television receiver || ~ de **table** / table set || ~ pour **trous de sondage** (mines) / televisor (borehole)

télévisible / suitable for TV recording, televisual (GB)

télévision *f* / television, T.V., TV || ~ (organisation) / TV station o. corporation || ~ par **antenne collective** / community antenna television, CATV || ~ par **bande vidéo** / tape television || ~ par **câble** / wired television, cable TV || ~ à **cassette** / [cassette] video playback system, cartridge o. cassette television || ~ [passant] **en circuit fermé** / closed circuit television, CCTV, industrial TV || ~ **commerciale** / commercial o. sponsored television || ~ **communautaire** / communal TV || ~ **compatible** / compatible television || ~ [en] **couleurs** / colour television || ~ **couleur à écran à plasma** / colour television with plasma screen || ~ en **direct** / direct pickup, on-the-spot pickup, live transmission || ~ **directe par satellite** / satellite-to-receiver telecasting || ~ à **écran mural plat** / wall television (flat screen) || ~ **éducative** / educational o. school television, ETV || ~ d'**enseignement** / educational television || ~ sur **grand écran** / theater TV || ~ **industrielle** / closed circuit television, CCTV, industrial TV || ~ **institutionnelle** / institutional o. network TV || ~ par **intensification de lumière** / low-light-level television, LLLTV || ~ en **noir et blanc** / black-and-white o. monochrome television || ~ **projetée ou de projection** / projection o. wall television || ~ **régionale** / regional o. local (US) television || ~ en **relief** / stereoscopic television, three-dimensional television || ~ **retransmise** / relay television || ~ **scolaire** / educational o. school television, ETV || ~ **stéréoscopique** / stereoscopic television, three-dimensional television || ~ **thermale** / thermal television || ~ à **transmission simultanée des signaux de chrominance** / simultaneous colour television

télé·voltmètre *m* / televoltmeter || **~wattmètre** *m* / telewattmeter

Télex *m* / telex o. tex system

télexer / telex *vt*, send by telex

télexiste *m* / teletypist, telex operator

tellière *f* (pap) / format 34 x 44 cm

tellurate *m* / tellurate

telluraurate *m* / telluraurat

tellure *m* (chimie) / tellurium, Te || ~ **lamelleux** / foliated o. black tellurium

tellureux / tellurous, tellurium(II)...

tellurien *adj* / tellurian

tellurique / telluric, tellurium(IV) o. (VI)...

tellurite *f* (min) / tellurite

tellurohmmètre *m* (électr) / leakage tester

telluromètre *m* / tellurometer

tellurure *m* / telluride || ~ d'**argent** (chimie) / silver telluride || ~ de **zinc** (semicond) / zinc telluride

TELMA *m* (auto) / TELMA type eddy current brake

télomère *m* (plast) / telomer

télométrie *f* / telemetry, range finding

Telstar *m* (TV) / Telstar

témoin *adj* / reference... || ~ *m* (essai de mat) / test specimen || ~ (gén) / monitor || ~ (routes) / old man, dumpling || **~s** *m pl* (tiss) / uneven shearing || ~ *m* d'**aile** (auto) / wing indicator o. feeler || ~ de **charge** (auto) / charge control o. indicator lamp, telltale lamp, generator warning light || ~ de **clignotant tracteur, [semi-remorque]** / trailer, [semitrailer] flashlight (US) o. clignoteur (GB) pilot lamp || ~ de **coulée** (sidér) / test bar || ~ de la **dépouille** (tourn) / first flank, land of the flank || ~ de **feux de direction** / direction indicator o. turn signal (US) pilot lamp || ~ de **forgeage** / forge o. hammer mark || ~ de **graissage** / oil [pressure o. temperature] pilot lamp || ~ de **listel** / land (GB) o. margin (US) of twist drill || ~ **lumineux** / pilot lamp o. indicator o. signal [lamp] || ~ **lumineux** (électr) / lamp detector || ~ de **phares** (auto) / headlamp, -light main beam indicator, high beam indicator lamp || ~ de **production** / sample [piece], specimen || ~ **proportionnel** (sidér) / proportional test piece || ~ d'**usure des garnitures de frein** / brake lining wear indicator || ~ d'**usure du pneu** / tread wear indicator, TWI, TWI

tempe *f*, templet *m* (tex) / tenter, stretcher, tenter[ing] o. stenter[ing] frame

température *f* / temperature || **à ~ ambiante spécifiée** (semicond) / ambient rated || **à ~ de boîtier spécifiée** (semicond) / case rated || **à ~ contrôlée** / temperature controlled || **à ~ élevée** / high temperature... || **à la ~ de la main** / warm to the touch, lukewarm || **mettre en** ~ (techn) / heat up || ~ **absolue** / absolute temperature || ~ d'**admission** / inlet temperature || ~ d'**affaissement** (céram) / pyrometric cone equivalent, P.C.E. || ~ d'**air à l'aspiration** / air intake temperature || ~ **aller** (chauffage) / flow temperature || ~ d'**allumage spontané** / auto-ignition temperature, autogenous o. spantaneous ignition temperature || ~ **ambiante** / ambient o. room temperature || ~ d'**amollissement** (caoutchouc) / distortion temperature, heat distortion temperature || ~ d'**aniline** / aniline point, an. pt. || ~ d'**antimoine** / antimony point || ~ d'**arrêt ou génératrice** (mécanique du vol) / total temperature || ~ d'**arrêt des tapures** (essais de mat) / crack arrest temperature, CAT, CAT || ~ **au-dessous de zéro** / degree below zero || ~ d'**auto-inflammation** / spontaneous o. self-ignition temperature, SIT || ~ du **bleu** (sidér) / blue temper heat || ~ de **brillance ou de luminance** / black body temperature, brightness o. luminance temperature || ~ de **bruit** / noise temperature || ~ de **bruit d'un bipôle** / dipole noise temperature || ~ de **bruit à l'entrée** / input noise temperature || ~ de **bruit de référence** / noise reference temperature || ~ de **bruit à système** / system noise temperature || ~ de **cisaillage** (m.outils) / cutting edge temperature || ~ de **clarification** (agent tensio-actif) / clarification temperature || ~ de **collage** (pétrole) / blocking temperature o. point || **~s** *f pl* de **combustion** / calorific intensity, combustion temperature || ~ *f* de **congélation** / freezing temperature || ~ de **consigne** (traitement therm) / projected holding temperature || ~ du **corps noir** / black body temperature, brightness o. luminance temperature || ~ **correspondante de frittage** / relative sintering temperature || ~ de **couleur** / colour temperature || ~ de **coupe** (m.outils) / cutting edge temperature || ~ à **la coupole** (fonderie) / cupola temperature || ~ **critique** (sidér) / transformation o. equilibrium temperature || ~ **critique de dissolution** / cloud point || ~ **critique de miscibilité complète** / consolute temperature || ~ de **déformation** / softening o. fusion point || ~ d'**ébullition** / temperature of ebullition || ~ d'**égouttement** / dripping o. dropping point || ~ **élevée** / elevated temperature || ~ d'**entrée** / inlet o. admission temperature || ~ d'**équilibre** / equilibrium temperature || ~ de l'**équilibre thermique** / steady-state temperature || ~ **équivalente interne** (semi-cond) / virtual temperature, internal equivalent temperature || ~ **exprimée en K** / Kelvin o. thermodynamic temperature || ~ **extérieure** / outside o. outdoor temperature, temperature of the external surroundings || ~ de **façonnage à chaud** (forge) / hot forming temperature || ~ **finale** / final temperature || ~ de **fluage** (lubrifiant) / flow temperature || ~ de **fluidité** (plast) / flow temperature || **~s** *f pl* de **fonctionnement** (gén) / working temperature range || ~ *f* de **formage** (plast) / forming temperature || ~ de la **formation de films** (plast) / temperature of film formation || ~ de **fragilité** (couleur) / brittle point o. temperature || ~ de **fragilité** (plast) / brittle temperature || ~ de **frittage** / sintering heat o. temperature || ~ pour le **frittage** (céram) / densification temperature || ~ **froide** / cold || ~ de **fusion du métal** / melting point of metal || ~ de **goutte** / dripping o. dropping point || ~ d'**ignition** (chimie) / inflammation point o. temperature || ~ d'**ignition** (plasma) / critical temperature || ~ **inférieure de recuit** (verre) / strain point, lower annealing point o. temperature || ~ **inférieure à zéro** / subzero temperature || ~ d'**inflammation** (chimie) / inflammation point o. temperature || ~ d'**inflammation spontanée** / spontaneous o. self-ignition temperature, S.I.T. || ~ **insuffisante** / insufficient temperature || ~ **intérieure ou à l'intérieur** / internal temperature || ~ d'**inversion** / inversion temperature || ~ du **jaune orangé** / yellow heat (1270 K) || ~ de la **jonction virtuelle** (semi-cond) / virtual junction temperature || ~ du **laboratoire** / room temperature || ~ **lambda** (phys) / lambda point || ~ **maximale** / maximum o. highest temperature || ~ de **mélange** / mixing temperature || ~ de **mercure condensé** / condensed mercury temperature || ~ **moyenne de référence** / referred mean temperature || ~ **naturelle** / characteristic temperature || ~ de **Néel** / Néel temperature || ~ **neutronique** / neutron temperature || ~ **nominale** / nominal temperature || ~ **normale d'ébullition d'eau** (phys) / steam point || ~ de la **paroi** / wall temperature || ~ au **point de condensation** / wet point temperature || ~ au **point de rosée** / dew point temperature || ~ **potentielle** (phys) / potential temperature || ~ de **prise en masse** / pour-point || ~ d'un **radiateur en pleine activité** (radiation thermale) / full radiator temperature || ~ de **radiation** / effective o. radiation temperature || ~ de **rayonnement du corps noir** / luminance temperature, temperature of black body radiation || ~ de **recristallisation** / recrystallization temperature || ~ de **référence** / reference temperature || ~ de **refoulement** (compresseur) / descharge temperature (compressor) || ~ de **régime** / working temperature || ~ de **relaxation** / relaxation temperature || ~ de **résistance à la chaleur** / heat distortion temperature || ~ de **revenu** / tempering temperature || ~ au **rouge cerise** (1175 K) / cherry-red heat, bright red heat || ~ au **rouge sombre ou au rouge foncé** / low red heat (825-970 K) || ~ [de la **séparation] d'aniline** (chimie) / aniline point, an.pt. || ~ de **service** / working temperature || ~ du **service continu** (four) / rated temperature || ~ de **solidification** (verre) / transformation temperature o. point, 13.4-temperature, Tg-point || ~ de **sortie** / outlet temperature || ~ de **soudage** / sparkling o. welding heat || ~ **standardisée** / standard temperature || ~ de **stockage** (magasin) / storing temperature || ~ de **suintement** / dripping o. dropping temperature || ~ **supérieure [à la normale]** / excess temperature || ~ **supportable à la main** / lukewarmness, warmness to the touch || ~ de **Tamman** (phys) / Tamman's temperature || ~ **thermodynamique** / absolute temperature (measured in K) || ~ au **thermomètre mouillé** / wet bulb temperature || ~ au **thermomètre sec** / dry bulb temperature || ~ au **toucher** / lukewarmness, warmness to the touch || ~ de **transformation** (sidér) / transformation o. equilibrium temperature || ~ de **transformation [de second ordre]** (verre) / transformation temperature o. point, 13.4-temperature, Tg-point || ~ de **transition** / magnetic transition temperature || ~ de **transition de résilience** (réacteur) / ductile-brittle transition temperature, DTT || ~ de **transition de rupture** / brittle fracture transition temperature || ~ de **transition de la supraconductibilité** / transition temperature || ~ de **travail** / working temperature || ~ de **trempe** (sidér) / quenching temperature, temperature of quench || ~ de **trouble** (agent de surface) / cloud temperature || ~ de la **vapeur au soutirage** / bleed steam o. extraction steam

temperature || ~ de **verre** (plast) / second order transition temperature, glass o. brittle temperature || ~ **virtuelle** (semi-cond) / virtual temperature, internal equivalent temperature
tempérer / temper *vt*, moderate *vt*
tempête *f*, force du vent 10 / whole gale || ~ **électrique** / electric storm || ~ de **poussière** / dust storm
temple *m* (tiss) / temple || ~ **cylindrique** (tiss) / roller temple
templet *m* (tex) / fabric expander [roll], cloth spreader || ~ de **métier à bras** (tex) / temple, stretcher, tenter hook || ~ à **molette horizontale**, templet *m* soleil (tex) / solar ring temple o. ring stretcher
tempo *m* (musique) / tempo
tempolabile (chimie) / tempolabile
temporaire / temporary
temporisateur *m* (électr, techn) / retarder || ~ (relais) / time lag o. time delay relay, marginal relay, sucker
temporisation *f* (ord) / hold, dwell time || ~ (électr) / delay time || ~ de **démarrage** (électr) / rise-delay time || ~ de la **retombée** / fall-delay time
temporisé (relais) / time delay..., -lag..., slow-release...
temps *m*, durée *f* / time || ~ (état de l'atmosphère) / weather || ~ (musique) / tempo || ~ (mot) / cycle, stroke || **à ~ d'attente nul** (ord) / zero access || **à ~ d'écoulement rapide** (liquide) / quick running || **à ~ perdu** (vis) / with end play || **à un ~ défini** / at a determinate time || **en ~ différé** / postponed, differed || **en ~ réel** (ord) / real-time... || **par tous les ~** / in all weathers || **qui épargne du ~** / time-saving || **qui exige ou prend du ~** / time-consuming || ~ d'**accélération** (turbine) / run-up time || ~ d'**accès** (ord) / access time || ~ d'**accès** (automation) / running-in period || ~ d'**accès minimal** (ord) / minimum o. minimal latency, minimum access time || ~ d'**accroissement** (freinage) / build-up time || ~ d'**accumulation des porteurs** (semi-cond) / carrier storage time || ~ d'**action dérivée** / derivative action time || ~ d'**actionnement** (relais) / operating time || ~ d'**activité** (plan de réseau) / time of activity || ~ d'**activité** (ordonn) / productive time || ~ d'**activités annexes** (ord) / incidentals time || ~ d'**ajustage** (contr.aut) / floating time || ~ **alloué** (ordonn) / allowed time || ~ **alloué de rechange** (ordonn) / alternate time standard || ~ d'**amorçage** (tube) / firing time || ~ d'**amorçage par la gâchette** (thyristor) / gate-controlled turn-on time || ~ d'**amortissement** / decay time || ~ d'**antenne** (TV) / viewing time || ~ **apparent local ou du lieu** / local apparent time, L.A.T. || ~ d'**armement** (relais) / operating time || ~ d'**arrêt** / dwell o. holding time || ~ d'**arrêt** (ord) / downtime, fault time, outage (US) || ~ d'**arrêt** (ordonn) / machine downtime || ~ d'**arrêt** (taximètre) / time drop, waiting time || ~ d'**arrêt des contacts** (auto) / dwell of contacts || ~ d'**arrêt pour dégazage** (plast) / dwell[ing] || ~ d'**arrêt machine** (ordonn) / downtime || ~ d'**arrêt momentané** (techn) / dwell time || ~ d'**arrêt de pression** (m.outils) / pressure dwell || ~ d'**assemblage avant pression** (collage) / closed assembly time || ~ d'**attente** (gén, ordonn) / waiting time || ~ d'**attente** (ord) / latency [time], waiting time || ~ d'**attente** (télécom) / delay, waiting time || ~ **auxiliaire** (ordonn) / excess work allowance || ~ du **balayage** (TV) / scanning time || ~ de **balayage** (mot) / scavenging cycle o. stroke || ~ de **barème** (ordonn) / synthetic data || ~ de **blocage** (tube él.) / blocking period || ~ de **bon fonctionnement** (ord) / up-time || ~ de **calcul représentatif** (ord) / representative calculating time || ~ de **changement de pédale** (auto) / change-over time (from brake- to gas-pedal) || ~ de **chauffage de la cathode** / cathode heating time || ~ de **circulation** (parasites) / circulation time || ~ hors de **circulation** (auto) / time laid-up o. parked || ~ *m pl* **classés en fonction de leur nature** (ordonn) / time classifications *pl* || ~ *m* de **commutation** (mémoire) / switching time || ~ de **commutation** (relais) / change-over time || ~ de **compensation** (contr.aut) / reset time, integral action time || ~ de **compression** (mot) / compression stroke || ~ de **conduction** (électron) / electrode-current averaging time || ~ de **conduction** (électr) / current carrying time || ~ de **conduite** (auto) / driving time || ~ **consacré** [à] / expenditure of time, time consumed || ~ de **contact** / dwell time || ~ entre **coulée et mise en pits** (sidér) / track time || ~ de **coupage** (compteur de Geiger-Müller) / quench time || ~ de **coupure** (récepteur) / splitting time || ~ de **croissance** (transistor) / build-up time, rise time || ~ de **croissance commandée par la gâchette** (thyristor) / gate-controlled rise time || ~ de **croissance du flanc** (semi-cond) / slope time, rise time || ~ du **cycle** (ordonn) / cycle time || ~ de **cycle d'écriture/lecture** / write/read cycle time || ~ de **cycle pour la mémoire** / memory cycle time, main frame speed || ~ de **débit** (électr) / current carrying time || ~ **d'échappement** (auto) / scavenging cycle o. stroke || ~ de **décharge** (accu) / discharge time || ~ de **décharge de dix heures** (accu) / ten hours discharge time || ~ de **décollage** (aéro) / time to take off || ~ de **décollage** (relais) / releasing time o. delay || ~ de **décroissance** (semi-cond) / slope time, fall time || ~ de **décroissance** (transistor) / fall time || ~ des **défaillances initiales** (ord) / burn-in [time] || ~ de **défaillances précoces** (électron) / debugging time || ~ de **démarrage** (électron) / warm-up time, starting time || ~ de **démarrage** (ordonn) / start-up time || ~ de **dépannage actif** / active repair time || ~ de **dépannage** (machine) (ord) / debugging time || ~ de **déplacement** (relais) / releasing time o. delay || ~ de **déplacement de la commande** (freinage) / operating time || ~ de **dépôt** (chimie) / settling time || ~ de **dépôt** (ordonn) / storage time || ~ de **désamorçage par la gâchette** (thyristor) / gate controlled turn-off time || ~ de **descente de l'impulsion** / pulse fall time o. drop-off time || ~ de **descente du signal** (télécom) / decay time || ~ de **désintégration** (nucl) / decay period o. time || ~ de **désionisation** (électron) / de-ionization time || ~ de **desserrage** (frein) (ch.de fer) / releasing time o. delay || ~ de **détente** (mot) / firing o. expansion o. power o. working stroke || ~ **disponible** (ord) / available machine time || ~ **donné** (électron) / measurement of time per unit event, preset time || ~ de **doublement** (nucl) / doubling time || ~ **dynamique unitaire** / dynamic unit of time || ~ d'**échappement** / exhaust stroke || ~ d'**échauffement** / heating-up time || ~ d'**écoulement** (liquide) / run-out time || ~ **effectif de production** / actual production time || ~ d'**égalisation de température** (soudage) / heat equalization time || ~ **élémentaire** (ordonn) / synthetic data *pl* || ~ **élémentaire** (~ 10^{-23} s) / elementary time || ~ d'**emmagasinage des porteurs** (semicond) / carrier storage time || ~ d'**encliquetage** (TV) / ratchet time || ~ d'**enregistrement** (télécom) / request time || ~ d'**entraînement** (ordonn) / training period || ~ des **éphémérides** / ephemeris time || ~ d'**épreuve** / [time of] probation || ~ d'**équipe** / time of a shift || ~ d'**équipement** / set-up time || ~ **estimé** (ordonn) /

estimated time || ~ d'**établissement** (circuit numér.) / set-up time || ~ d'**établissement** (amplificateur) / relaxation time || ~ d'**établissement** (signaux électron) / enable time || ~ d'**événement** (plan de réseau) / action time || ~ d'**exécution** (ord) / operation time || ~ d'**exécution minimal** (ord) / minimum o. minimal latency, minimum access time || ~ d'**exploitation** (ord) / operating time || ~ d'**exploitation prévu** (ord) / schedule[d] operation time || ~ d'**explosion** (mot) / ignition cycle o. stroke || ~ d'**exposition avant assemblage** (collage) / open assembly time || ~ d'**extinction** (b.magnét) / blackout time || ~ d'**extinction minimal** (tube ém.-réc.) / recovery time || ~ **favorable au vol** / flyable o. flying weather || ~ de **fermeture** (plast) / closing time || ~ de **fermeture à commande de gâchette** (thyristor) / gate time, gate controlled turn-on time || ~ de **fonctionnement** (ord) / uptime || ~ de **fonctionnement** (instr) / summing time || ~ de **fonctionnement intégral** / full working time || ~ de **fonctionnement partiel** / partial working time || ~ de **fonctionnement sans surveillance** (ord) / unattended time || ~ de **fonctionnement sous surveillance** (ord) / attended time || ~ de **formation** (électr) / formation time || ~ en **friche** (ordonn) / idle machine time || ~ **garé** (auto) / time laid-up o. parked || ~ de **gélification** / gel time || ~ de **génération** (nucl) / generation time || ~ **géologique** / geologic[al] time || ~ **humain** (ordonn) / human-depending time || ~ **improductif** / nonproductive time || ~ **inactif** (redresseur) / idle period, off-period || ~ d'**inactivité** / idle o. lost o. nonproductive time || ~ d'**indisponibilité** (ord) / unavailable time || ~ **inexploitable** (ord) / unoperable time || ~ d'**inflammation** / ignition time || ~ d'**inoculation** (parasites) / inoculation time || ~ aux **instruments** (aéro) / instrument time || ~ d'**intégration** (électron) / electrode current averaging time || ~ d'**interruption** (ordonn) / machine down time || ~ d'**invalidation** / disable time || ~ d'**inversion** (ord) / reverse time || ~ d'**inversion** (cowper) / reversal time || ~ d'**ionisation** (tube) / ionizing o. ionization time || ~ de **latence** (nucl) / latency time || ~ **létal moyen**, DL50 (nucl) / mean o. median lethal time, LD 50 time, MLT || ~ **machine** (ordonn) / machine running time || ~ **machine** (m.outils) / machining time || ~ **machine disponible** (ord) / machine-available time || ~ **machine pur** (ordonn) / controlled machine time || ~ **main** (ordonn) / manual o. hand time || ~ de **maintenance** (traitement du combustible irradié) / turn-around time || ~ de **maintenance concertée** (ord) / scheduled engineering time || ~ de **maintien** (vide) / stay-down-time || ~ de **maintien** (circuit) / stop o. rest period || ~ de **maintien** (supprimeur d'écho) / holding time || ~ de **maniement ou de manipulation** (ordonn) / handling time || ~ de **manœuvre** (ordonn) / production time || ~ de **manœuvre** (contr.aut) / response time || ~ de **manœuvre** (techn) / switching time || ~ de **manœuvre effectif** (ordonn) / production time, essential operating time || ~ de **mise en action** (frein) / time necessary for applying || ~ de **mise en fonctionnement** (électron) / warm-up time, starting time || ~ de **mise en œuvre** / implementation, running-in period || ~ de **mise au point** (m.outils) / indexing time || ~ de **mise au point** (programme) (ord) / debugging time || ~ de **mise au repos** (électr) / fall time || ~ de **mise en route** (ordonn) / start-up time || ~ de **mise en service d'un appareil** / running-in period, implementation || ~ de **mise en température** (tube) / [pre]heating time || ~ de **mise en température du filament** (tube) / heating time for the filament || ~ de **mise en train** / set-up time || ~ de **mise au zéro** (impulsion) / fall time || ~ de **mise au zéro du signal** (télécom) / decay time || ~ de **modification** (matériaux) / forming time || ~ de **montage** (ordonn) / set-up time || ~ de **montée** (TV) / build-up o. rise time || ~ de **montée** (luminescence) / rise o. build-up time || ~ de **montée** (contr.aut) / rise o. build-up time, response time || ~ de **montée** (phys, électron) / rise time, build-up time || ~ de **montée** (automation) / implementation || ~ de **montée de l'impulsion** / pulse rise time || ~ de **montée en pression** (frein, comm. pneum) / pressure build-up time || ~ **mort** / nonproductive time || ~ **mort** (ordonn) / idle machine time || ~ **mort** (ord, télécom) / time out || ~ **mort** (gén) / idle o. lost o. nonproductive time || ~ **mort** (ord) / idle time || ~ **mort** (nucl) / dead time || ~ **mot** (ord) / word time || ~ **moteur** (mot) / working cycle o. stroke || ~ de **moulage** (plast) / moulding time || ~ **moyen de Greenwich** / Greenwich Mean Time, GMT || ~ **moyen observé jusqu' à défaillance**, MTTF (ord) / mean time to failure observed, MTTF || ~ de **nettoyage** (ordonn) / clean-up || ~ **non productif** (m.outils) / non-cutting time || ~ **normal** (ordonn) / normal time || ~ **normalisé** / allowed time basing on time studies, standard time || ~ d'**ouverture** (électron) / on-period || ~ d'**ouverture** (phot) / time of shutter opening || ~ de **panne** (ord) / downtime || ~ de **panne de machine** (gén) / machine downtime || ~ de **paralysie** (nucl) / paralysis time || ~ **[de parcours] de la lumière** (astr) / light-time || ~ **partagé** (ord) / timesharing mode || ~ de **passage** (gén) / flow time, time of passage || ~ du **passage** (astr) / transit time || ~ de **passage** (circulation) / green period || ~ **passé** (ordonn) / clock hours *pl* || ~ de **pause** (manipulation) / dead time || ~ **perdu** / lost time || ~ **perdu** (ordonn) / nonproductive time || ~ **perdu**, temps *m* de montage (m.outils) / setting-up time || ~ **perdu matériel** (ordonn) / lost time operational || ~ **perdu objectif** (ordonn) / lost time operational || ~ **perdu personnel** / lost time personal, personal need allowance || ~ de **persistence** (TV) / time of persistence || ~ de **planification et de l'étude** / lead-up || ~ de **planification de la production et de l'étude** (ordonn) / lead time || ~ de **pompage** (vide) / pump-down time || ~ de **pose** (mémoire à disque) / set-up time || ~ de **pose** (phot) / exposure time || ~ de **positionnement** (mémoire à disque) / seek time || ~ de **positionnement** (NC) / positioning time || ~ **préaffiché** (compteur) / measurement of time per unit event, preset time || ~ **prédéterminé** (ordonn) / synthetic data *pl* || ~ de **préparation** (ordonn) / change-over time, set-up and take-down time || ~ de **préparation** (semicond) / set-up time || ~ de **préparation et de mise en route** (ordonn) / lead time || ~ de **présence** (ordonn) / attendance time || ~ de **présence dans l'entreprise** (ordonn) / door-to-door time || ~ **prévisionnel** (ordonn) / planned time || ~ **prévu** (ordonn) / allowed time || ~ **principal d'usinage** (ordonn) / production time, essential operation time || ~ de **prise** (béton) / setting time, (also:) curing properties o. characteristics *pl* || ~ de **production** / time for manufacturing, total o. production time || ~ de **propagation** (électron) / transit time, propagation o. propagating time || ~ de **propagation composite** / overall transmission time || ~ de **propagation de groupe** (télécom) / envelope o. group delay [time] || ~ de **propagation de phase** (électr) / time of phase transmission || ~ de propagation de porteur (semicond) / carrier transit time || ~ **[pur] de traitement** / essential operation time || ~ de **rajustage** / reset[ting] time || ~ de **ralentissement** (techn) / time of slowing-down, retardation time || ~ de **rangement [à la fin de poste]** (ordonn) / take-down time || ~ de **réaction** (psychol) / reaction o. response time o. period || ~ de **réaction** (techn) / attack o. response time, reaction time o. period || ~ de **rebondissement** (relais) / bouncing time || ~ de **rechange** (m.outils) / loading o. rechucking time || ~ de **recherche** (b.magnét) / search time || ~ de **recherche libre** (télécom) / interdigit o. selector hunting time || ~ de **recouvrement** / recovery time || ~ de **recouvrement après commutation du circuit** (thyristor) / circuit commutated recovery time || ~ de **recouvrement à l'état passant** (semi-cond) / conducting state recovery time || ~ de **recouvrement inverse** (semi-cond) / reverse recovery time || ~ de **récréation** (aéro) / restoring period || ~ **réel** (ELF) (ord) / real time || ~ de **référence** / allowed time basing on time studies, standard time || ~ de **référence garanti** / guaranteed standard time || ~ de **réflexe** (auto) / driver perception-reaction time, reaction time, moment of alarm || ~ de **refroidissement** (soudage) / cooling-down time || ~ **régénérateur ou de régénérabilité** / recovery time || ~ de **réglage** (contr.aut) / recovery time || ~ de **réglage** (ordonn) / set-up and take-down time || ~ de **relaxation ou de relâchement** / relaxation time || ~ **relevé** (ordonn) / clock hours *pl* || ~ de **rémanence** (TV) / persistence || ~ de **remise** (relais) / reset[ting] time || ~ depuis la **remise en état** (aéro) / TSO, time since overhaul || ~ de **remise en route** / change-over time || ~ de **remise à zéro** (ord) / reset period of a core || ~ de **renversement** (mot) / reversal time || ~ de **réparation** / active repair time || ~ de **répétition** (ord) / cycle time || ~ de **réponse** (oscillation) / attack o. response time || ~ de **réponse** (techn, frein) / attack o. response time, reaction time o. period || ~ de **réponse** (phot) / reaction o. response time o. period || ~ de **réponse** (contr.aut) / response time || ~ de **réponse final, [initial]** (frein) / final release, [initial delay] time (GB), brake release, [activation] time (US) || ~ de **repos** / recovery time || ~ de **repos** (atelier) / break, rest, nonworking time || ~ de **repos** (redresseur) / idle period, off-period || ~ de **repos** (manipulation) / dead time || ~ de **reprise** (ord) / rerun time || ~ de **résidence de programme** / program residence time || ~ de **résolution** (circuit) / resolution o. resolving time || ~ de **restitution** / recovery time || ~ de **restitution du compteur** (nucl) / counter recovery time || ~ de **rétablissement** / recovery time || ~ de **retard** (contr.aut) / distance-velocity lag, transport[ation] lag o. delay, delay time || ~ de **retard** (instr) / insensitive o. dead time || ~ entre **retours du spot** (TV) / flyback period of the line [o. frame] frequency || ~ de **réverbération** (acoustique) / reverberation time o. period || ~ d'une **révolution** (méc) / time of a revolution, duration of a revolution || ~ de **rodage d'une machine** / run[ning]-in period, break-in period o. time (US) || ~ de **rotation par inertie** (techn) / run-down time || ~ **secondaire** (ordonn) / ancillary time, auxiliary progress time, nonproductive time || ~ de **séjour** (chimie) / retention time || ~ de **séjour** (nucl) / residence o. dwell time in the reactor || ~ de **sensibilité d'une chambre à traces** (nucl) / sensitive time || ~ par **série** (ordonn) / change-over time || ~ de **serrage des freins** / braking time || ~ **serré** (ordonn) / close o. tight time || ~ **sidéral** / sidereal time || ~ **solaire** / solar time || ~ **solaire apparent ou vrai** / apparent o. true solar time || ~ **solaire moyen** (astr) / mean solar time || ~ de **soustraction** (ordonn) / subtracted time || ~ de **stabilisation** / damping period || ~ de **suppression de faisceau** (radar) / vertical (US) o. field (GB) blanking time || ~ de **surveillance** (ordonn) / attention time || ~ de **survie 50 %** (nucl) / mean o. medial lethal time, LD 50 time, MLT || ~ **technologique** / processing time, machining time || ~ **technologique auxiliaire** (ordonn) / machine ancillary time || ~ de **tenue** (plast) / moulding time || ~ de **test** / test time || ~ **théorique** (ordonn) / synthetic data *pl* || ~ **total de fabrication** / total process time || ~ de **traitement sur unité centrale** (ord) / mill time (GB), CPU time (US) || ~ de **transfert** (ord) / transfer time || ~ de **transformation** / processing time, machining time || ~ de **transit** (électron) / transit time, propagation o. propagating time || ~ de **transit des électrons** / electron transit time || ~ de **transit de transistor** (semicond) / transistor transit time || ~ de **transition** / transitional period || ~ de **transition** (semi-cond) / slope time || ~ de **transport** (ordonn) / handling time || ~ de **travail** (mot) / working cycle o. stroke || ~ de **travail direct** / man minute [o. hour] labo[u]r || ~ de **travail par pièce** (m.outils) / machining rate o. time || ~ entre **travaux de remise en état** (ord) / TBO, time between overhaul || ~ **unitaire** (m.outils) / machining rate o. time || ~ **unitaire** (ordonn) / unit time, time per unit || ~ **universel**, T.U. / universal time, U.T. || ~ d'**usinage** (m.outils) / machining time || ~ **utile** / period of service, operating time || ~ **utile de travail** / actual working time || ~ **utilisable** (ord) / operable o. up time || ~ d'**utilisation** (plast) / potlife || ~ d'**utilisation** (four) / furnace hours worked || ~ d'**utilisation machine** (ordonn) / machine running time || ~ de **validité** / valid time || ~ de **vert** (circulation) / green phase || ~ **vide** (télécom) / no-load time || ~ à **vide** (radio) / off-the-air time || ~ de **vol** / flight time || ~ de **vol de bouée à bouée** / buoy-to-buoy time || ~ de **vol de cale à cale** (aéro) / block time, block-to-block time, chock-to-chock time || ~ de **vol de particule** (nucl) / time of flight || ~ **zéro** (compte à rebours) / zero-time

tenace / tenacious || ~ (cuivre) / tough-pitch || ~ à **froid** / having high impact strength at low temperatures

ténacité *f* / tenacity, toughness || ~ (fig) / persistency || ~ (espace) / tenacity || ~ de **colle** / binding power o. strength, adhesiveness || ~ à **froid** / high impact strength at low temperatures || ~ à la **rupture** / fracture toughness || ~ à la **rupture au mouillé** (tex) / wet tenacity || ~ **superficielle** / surface tenacity

tenaille *f* (tex) / nippers;pl. || ~**s** *f pl* (gén) / pincers *pl*, nippers, nipper pliers *pl* || ~**s** *f pl* (forge) / tongs || ~ *f* pour **arbres** (grue) / tree tongs || ~ à **bottes de feuillard** (sidér) / coil tongs || ~ à **boucle et à mors** / sliding tongs *pl* || ~ à **bouteilles** (verre) / folding mould || ~ à **brames** / slab tongs || ~ à **bras** / blacksmith's o. forge tongs || ~ *m* à **creuset** / crucible tongs || ~**s** *f pl* à **crochets** (forge) / hooked tongs || ~**s** *f pl* **démouleuses** / stripping tongs || ~**s** *f pl* du **forgeron** / blacksmith's o. forge tongs *pl* || ~ *f* de **forgeron creuse** / pincer o. anvil tongs || ~**s** *f pl* de **forgeron à gueule juste** / flat bit tongs || ~ *f* à **lingots** / ingot dog o. tongs || ~ de **menuisier** (men) / carpenter's pincers *pl* || ~ à **rails** (ch.de fer) / rail lifter o. pinch-bar o. tongs || ~**s** *f pl* au **refoulement** / large tongs || ~ *f* à **ressort** / spring tongs || ~ **ronde**

(forge) / wolf's jaw tongs, blacksmith's tongs *pl* || **~s** *f pl* **russes** / tower pincers for cutting wire netting || ~ *f* à **saisir** (forge) / wolf's jaw tongs, blacksmith's tongs *pl* || **~s** *f pl* **traînantes** (tréfilage) / wire tongs || ~ *f* à **tréfiler** / drawing tongs || **~s** *f pl* à **tuyaux à encoignures** / corner work pipe wrench
tenailleur *m* (lam) / tongsman
tenant, d'un seul ~ / all in one piece || ~ de la **chaux** / limy || ~ le **milieu** / median || ~ la **pression** / pressure sealed
tendable / tensible
tendance *f* / tendency || ~ (contr. de qualité) / trend || ~ [à] / susceptibility [to] || **avoir** ~ [à] / tend [to] || **ayant ~ à piquer** (aéro) / nose- o. bowheavy || ~ **barométrique** / barometrical variation || ~ à la **cokéfaction** / susceptibility to coking || ~ à la **corrosion** / susceptibility to corrosion || ~ aux **criques** / susceptibility to fissuring o. cracking || ~ du **développement** / trend of development || ~ à **écumer** / foaming property o. tendency || ~ au **fendillement par contrainte** (plast) / stress cracking susceptibility || ~ à la **fissuration pendant le soudage** / weld cracking || ~ au **floconnement** (sidér) / susceptibility to flakes || ~ à **mousser** / foaming property o. tendency || ~ **orageuse** / tendency toward[s] thunderstorm || ~ à **piquer** / nose-heaviness || ~ au **retour sur pas nul** / zero pitch return tendency || ~ à **rétroaction** / feedback o. regeneration tendency || ~ à la **rupture par clivage** (min) / cleavage brittleness || ~ à la **sédimentation** (bitume) / sedimentation tendency || ~ au **sifflement** (électr) / near-singing
tendard *m* / stretcher, sustainer || ~ (bâtim) / trench brace || ~ (mines) / horizontal strut reinforcing a porch set
tendelet *m* (nav) / awning, tilt
tender *m* (ch.de fer) / [engine] tender || ~ (nav) / tender || ~ **attelé ou séparé** (ch.de fer) / trailing tender
tendeur *m* / spanner || ~ (navette) / tension device || ~ (techn) / tension jack || ~, tapissier *m* / decorator (US), [paper] hanger (GB) || ~ d'**attelage** (ch.de fer) / coupling screw || ~ de **bande** / taut tape attachment || ~ de **chaîne** / chain adjuster, take-up, T.U. || ~ à **chape** / forked turnbuckle, clevis end turnbuckle (US) || ~ en **ciseaux** (phot) / lazy tongs || ~ de **cordon** / cord tender || ~ de **courroie** / belt tensioning roller o. pulley, expanding roller o. pulley || ~ à **disques jumelés** (filage) / [double] disk tension || ~ de **fil** (électr, télécom) / draw vice, draw[ing] tongs *pl* || ~ de **fil** [à frein] (tex) / yarn tension device || ~ de **fil de contact** (ch.de fer) / wire strainer || ~ [pour **fils] simple** / wire stretcher o. strainer, draw-tongs *pl* || **~-grenouille** *m* (électr, télécom) / draw vice, draw[ing] tongs, Dutch tongs || ~ du **hauban** / stay tightener || ~ de **largeur** (tex) / fabric expander [roll], cloth spreader || ~ à **levier** (tex) / power stretcher || ~ de **ligne** (électr) / Dutch draw tongs || ~ de **ligne de contact** (ch.de fer) / wire strainer || ~ de **précontrainte** (béton) / pulling head || ~ **tournant** (tex) / variable tension rails o. rollers *pl* || ~ à **vis pour fil métallique** / turnbuckle
tendoir *m* / stenter (GB), tenter (US) || **~-sécheur** *m* (tex) / stenter (GB) o. tenter (US) drier
tendre *adj* / tender *adj* || ~ (charbon, minerai, pierres, bois) / soft || ~ (couleur) / quiet
tendre *vt* / stretch *vt*, strain, tighten || ~ (papiers peints) / paper *vt* || ~ (tiss) / stenter *vt* (GB), tenter *vt* (US) || ~ [à] / tend [to], lead [to] || ~ un **câble** / tighten a rope || ~ d'**étoffe** / cover with cloth || ~ **fortement** / strain, draw o. stretch tight || ~ la **tapisserie** / hang papers o. the tapestry, paper *vt* || ~ **trop** / overstrain, overstretch
tendu / taut, tight || ~ (câble) / tight, taut, tense || ~ (méc, constr.en acier) / in tension || ~ (trajectoire) / prolate, flat
ténébrion-meunier *m* / flour o. meal worm
teneur *f* / content || **à ~ aqueuse** / aqueous || **à ~ basse en bitumen** (charbon) / low volatile || **à ~ en sel au-dessus de 40 pourmille** / hyperhaline || **à faible ~ en oxyde de carbone** / with low carbon oxide content || **à forte** ~ (mines) / rich, abundant || **à haute ~ en carbone** / highly carburized || **à haute ~ en matières volatiles** (charbon) / high-volatile || **de ~ maximale** / highest-grade, with maximum content || **de ~ pauvre** / low-grade, with low grade || **d'une ~ très haute** / high-grade, with high grade || ~ en **acide** / acid content || ~ de l'**air en vapeur d'eau** / water content of the air || ~ en **alcalis** / alkali content || ~ en **alcool** / alcoholic strength || ~ en **argent** / silver content || ~ en **asphaltes durs** (graisse) / hard bituminous content || ~ en **azote** / nitrogen content || ~ en **carbone** / carbon content || ~ en **carbone en fin de fusion** (sidér) / melt-down carbon, melt-down C, carbon at melt-down || ~ en **cendres** / ash content, contents of ashes *pl* || ~ en **cendres** (pap) / ash content || ~ en **chlore** / chlorine content || ~ en **corps étrangers** / content of foreign matter || ~ **décisive** / decision content, decisive content || ~ en **eau** / water content || ~ en **eau résiduelle** (chimie) / content of undetermined water || ~ en **eau totale** / total humidity || ~ en **extrait** / original gravity || ~ en **fer** / ferruginous parts *pl*, iron contents *pl* || ~ **forte** / high content || ~ en **gaz** / gas content, contents of gas *pl* || ~ en **graisse** / fat content || ~ en **harmoniques** (électr) / harmonic content || ~ en **huile** / oil content || ~ en **humidité** / content of moisture, moisture contents *pl* || ~ en **hydrogène** / hydrogen content || ~ en **inertes** (charbon) / inerts content || ~ **inférieure** / deficiency in content, unsufficient content || ~ **initiale en carbone** (sidér) / melt carbon, melt-down C, carbon at melt down || ~ **isotopique** (ELF) / isotopic abundance || ~ **isotopique naturelle** (nucl) / natural abundance || ~ **limite en cendres** (charbon) / limit of ash content || ~ en **matière sèche** (gén) / content of solid matter o. material, dry content || ~ en **matière sèche** (chimie) / dry solids content, content of solid matter o. material || ~ en **matière sèche** (sucre) / dry substance content || ~ en **matière sèche par méthode gravimétrique** / dry-substance content by analytical method || ~ de **matières solides** / solids content || ~ **maximale** (chimie) / maximum content || ~ en **moût original** (bière) / original gravity || ~ en **phosphore** / phosphorus contents *pl* || ~ en **plomb** (carburant) / lead content || ~ **pour cent** / percentage || ~ en **poussière** / dust content || ~ en **réducteurs** / reducing-substance content || ~ de **rejet d'une cascade** (nucl) / stripping concentration of a cascade || ~ de **rejet normalisée** (isotopes) / standard tails assay || ~ **relative en fondamentale** / relative fundamental content || ~ **relative en harmoniques** / relative harmonic content || ~ **résiduelle en graisse** / residual grease content || ~ à **respecter** (galv) / desired value of content || ~ en **sel** / salt content, -s *pl* || ~ en **soufre** / sulphur content || ~ en **sucre dosée par polarimétrie** / sugar content measured by polarization || ~ **totale en carbone inorganique** (eaux usées) / total anorganic carbon content, TAC content || ~ **totale en carbone organique** (eaux usées) / total organic carbon value, TOC value || ~ en **U235** (nucl) / U235-assay || ~ **volumétrique** /

volumetric content || ~ **vraie en extrait** (chimie) / true extract
teneurmètre *m* (ELF) (nucl) / content meter || ~ en **cendres de charbon** / coal ash content meter || ~ à **fluorescence**, fluorimètre *m* / fluorescence content meter || ~ de **minerai** / ore content meter
tenir *vt* (gén, Therblig) / hold *vt* || ~ [à] / cling [to] || ~ *vi*, resister / resist, hold || ~, coller ensemble / cohere *vi*, stick together || ~ (couleur) / hold *vi*, adhere || ~, retenir / keep *vt* || ~, renfermer / hold *vt*, contain || **bien ~ la route** / hold the road || ~ **bon ou ferme** / endure, resist, bear || ~ dans les **bornes** / bound *vt* || ~ la **comptabilité** / keep accounts || ~ **embrassé** / embrace || ~ un **essai** / pass o. withstand a test || ~ **humide** / keep moist || ~ **ouvert** / keep open || ~ la **poussière** / consolidate dust || ~ la **pression** / hold the pressure || ~ **prêt à partir** (nav) / make ready || ~ en **suspension** (chimie) / suspend
tennantite *f* (min) / tennantite, [arsenical] fahlerz
tenon *m* (charp) / plug o. stub tenon, joggle || ~ (turbine) / blade foot || ~ (montre) / post, stud, peg || ~ (techn) / hook, catch || ~ (outil) / tang || ~ (m.outils) / tenon || **en forme de** ~ / peg-shaped || ~ **arasé** (charp) / axled o. shouldered tenon || ~ en **croix** / double halved tenon || ~ du **cylindre** (lam) / roll neck || ~ d'**emplanture** / heel tenon of a mast || ~ d'**enco[i]gnure** / corner tenon || ~ d'**entraînement** (outil) / driving feature o. tenon || ~ à **épaulement** (charp) / tusk tenon || ~ de **guidage** / guide o. dowel pin || **~s** *m pl* **jumelés** (charp) / twin tenons *pl* || ~ *m* à **mi-bois** (men) / scarf tenon || ~ à **mortaise** (charp) / mortised tenon || ~ en **queue d'aronde** / dovetailed tenon || ~ à **renfort** (charp) / tusk tenon || ~ de **repérage** / guide peg o. pin || ~ de la **tuile plate** / knob of a tile, cog, nib, stud
tenoneuse *f* **double** / double-end shaping machine, double-end tenoner o. profiler
ténorite *f* (min) / tenorite
tenseur *m* (math) / tensor || ~ de **contrainte** (méc) / stress tensor || ~ de **déformation** (math) / strain tensor || ~ d'**impulsion-énergie** (nucl) / energy-momentum tensor || ~ de **jaugeage** / ga[u]ging tensor || ~ de **matière** / matter tensor || ~ **métrique** (math) / metric tensor || ~ **scalaire** / scalar
tensio·-actif *adj* / lowering the interfacial tension, capillary o. surface active || **~-actif** *m* / surface-active agent, surfactant || **~-activité** *f* / capillary activity || **~-fissuromètre** *m* / stress crock meter || **~mètre** *m* (chimie) / tensimeter
tension *f* (électr) / electric potential o. pressure o. tension, voltage || ~ (fig) / exertion, stress || ~ (méc) / tension || ~ (gaz) / tension of gas || ~ (m.à coudre) / automatic tension || **à ~ continue** (électr) / constant-voltage... || **à ~ invariable** / voltage-stable || **à basse ~ superficielle** (liquide) / low surface tension... || **à haute** ~ (électr) / high-voltage... o. -tension... o. -potential... || **sans** ~ (pap) / placid || **sans** ~ (cordage) / loose, slack || **sans [aucune]** ~ (électr) / dead, idle || **sous** ~ (électr) / alive, live, live-line..., current-carrying || ~ d'**accélération** (électr) / extraction voltage o. potential || ~ **accélératrice** (magnétron) / beam potential || ~ **accumulée** (électr) / overall o. total voltage || ~ **active** (électr) / active potential o. voltage || ~ **additionelle** (électr) / boost || ~ d'**agitation thermique** / molecular motion tension || ~ d'**alimentation** (électr) / mains voltage || ~ d'**alimentation**, tension *f* utile / serviceable voltage || ~ d'**allumage** / ignition voltage || ~ d'**alternateur** / generator voltage || ~ **alternative** (électr) / alternating voltage || ~ **alternative** (redresseur) / a.c. voltage || ~ **alternative de grille** / grid a.c. voltage || ~ **alternative originaire** (redresseur) / initial a.c. voltage || ~ d'**amorçage** (câble) / break-through voltage o. potential || ~ d'**amorçage** (soudage) / striking voltage || ~ d'**amorçage** (tube mémoire) / priming speed || ~ d'**amorçage** (tube électron) / initial velocity current starting point || ~ d'**amorçage** (isolateur) / flashover o. sparkover voltage, arc-over o. breakdown o. sparking voltage || ~ d'**amorçage par la gâchette** (thyristor) / gate trigger voltage || ~ d'**amorçage d'ionisation** / ionization striking voltage || ~ d'**amorçage sous [la] pluie** / wet flashover o. sparkover voltage || ~ d'**anode critique** (magnétron) / cut-off voltage || ~ d'**anode négative** (électron) / negative anode potential || ~ **anodique** / anode o. plate [d.c.] voltage o. potential || ~ **anodique d'amorçage** / anode breakdown voltage || ~ **anodique avant l'amorçage** (électron) / anode voltage before breakdown || ~ d'**apparition** / inception voltage || ~ **appliquée** / impressed voltage || ~ **appliquée** (filage) / applied tension || ~ à l'**arc** (électr) / welding [arc] voltage || ~ des **arêtes** / edge stress || ~ **assignée de tenue** (transfo) / rated withstand voltage || ~ **assignée d'isolement** (transfo) / rated insulation level || ~ d'**avalanche** / avalanche voltage || ~ d'**avalanche** (effet Zener) / breakdown o. Zener voltage || ~ de **bain** (galv) / tank voltage || ~ de **balayage** / sweep voltage || ~ de **balayage vertical** (TV) / vertical o. frame scanning voltage || ~ de la **bande** (pap) / web tension || ~ de **bande** (b.magnét) / tape tension || ~ de ou dans la **barre** (constr.en acier) / bar tension o. stress || ~ de **base** (semicond) / base voltage || ~ de **blocage** (p.e. téléécran) / sticking voltage, blocking voltage || ~ de **blocage** (transistor à effet de champ) / cut-off voltage || ~ de **blocage de grille** (électron) / grid-base voltage, grid cut-off voltage || ~ de **blocage par grilles** (électron) / cutoff grid voltage, cutoff bias || ~ aux **bornes** / terminal voltage || ~ aux **bornes de la centrale** / station voltage, bus pressure (US) || ~ aux **bornes de filament** (tube) / heating filament voltage || ~ de **bruit** / noise voltage o. potential || ~ de **bruit équivalente** (semi-cond) / equivalent noise voltage || ~ de **bruit de fond non pondéré** (b.magnét) / unweighted noise voltage || ~ de **bruit de fond pondérée** (b.magnét) / weighted background noise voltage || ~ **c.a.** / a.c. voltage, VAC || ~ **carrée** / square wave voltage || ~ **c.c.** / d.c. voltage, VDC || ~ de **chaîne** / chain tension || ~ de **charge** / charging voltage || ~ de **chauffage** / heating voltage || ~ de **chauffage de filament** / heating filament voltage || ~ en **circuit fermé** (accu) / working (US) o. on-load (GB) voltage || ~ de **cisaillement par unité** / ultimate shearing strain || ~ de **claquage** (distance explosive) / breakdown o. sparking voltage || ~ de **claquage** (semicond) / turnover voltage, breakdown voltage || ~ de **claquage** (électr) / breakdown o. breaking-down voltage, disruptive o. puncture voltage || ~ de **claquage d'anode** / anode breakdown voltage || ~ de **claquage asymptotique** (électr, câble) / asymptotic breakdown voltage || ~ de **collage** / withstand voltage || ~ au **collecteur** / commutation voltage || ~ au **collecteur** (photo-diode) / collector voltage || ~ **collecteur-émetteur** / collector-emitter voltage || ~ **collecteur de saturation** (semicond) / collector saturation voltage || ~ de **commande** (contr.aut) / control voltage || ~ de **commande en courant alternatif** / a.c. control voltage || ~ de **commande en courant continu** / d.c. control voltage || ~ de **comparaison** (méc) / reduced stress || ~ de

compensation / balancing o. compensating voltage || ~ **composée** (électr) / mesh voltage, phase-to-phase voltage, delta voltage || ~ de **compression** / compressive strain || ~ de **consigne** / desired voltage || ~ de **consommation** / supply voltage || ~ **constante** / constant o. invariable o. steady voltage || ~ de **contact** (phys, électr) / contact voltage || ~ de **contact dangereuse** / shock-hazard voltage || ~ **continue** / direct-current o. direct voltage, d.c. voltage, DCV || ~ **continue anodique** / anode d.c.-voltage || ~ **[continue et alternative] composée** (électr) / mixed [d.c. and a.c.] voltage || ~ **continue de grille** / grid d.c. voltage || ~ **continue permanente en direction directe** (diode) / [direct] forward off-state voltage || ~ **continue permanente à l'état bloqué** (semi-cond) / continuous [direct] off-state voltage || ~ **continue permanente inverse** (semicond) / [direct] reverse off-state voltage || ~ **continue à vide** (électr) / no-load direct voltage || ~ de **contournement** / flashover o. sparkover voltage, arc-over o. breakdown o. sparking voltage || ~ de **contournement à sec** / dry flashover o. sparkover voltage || ~ de **contournement sous pluie** / wet flashover o. sparkover voltage || ~ **côté primaire** (électr) / primary voltage || ~ de **coulage** (fonderie) / casting strain o. stress || ~ de **coupure** (tube) / cutoff voltage || ~ de **coupure de grille** (électron) / grid-base voltage, grid cut-off voltage || ~ du **courant alternatif** / a.c. voltage, VAC || ~ du **courant continu** / d.c. voltage, VDC || ~ du **courant porteur** / carrier voltage || ~ de **courroie** / belt tension || ~ en **court-circuit** / short circuit voltage || ~ **crénelée** / square wave voltage || ~ de **crête** / peak voltage || ~ de **crête en direct** (semicond) / crest forward voltage || ~ de **crête à l'état bloqué en direct** (semicond) / crest working (o. off-state) forward voltage || ~ de **crête inverse** (semicond) / crest reverse voltage, peak inverse voltage || ~ **critique de grille** / critical grid voltage || ~ de **cuve** (galv) / cell o. tank voltage || ~ du **début de dégagement gazeux** (accu) / voltage at begin of gassing || ~ de **décalage à l'entrée** (ampli) / input offset voltage || ~ de **décharge** (accu) / discharge voltage || ~ de **décharge d'un tube** / voltage drop of a discharge gap || ~ de **déclenchement** (relais) / drop-out o. drop-away value of a relay || ~ de **décomposition** (galv) / decomposition voltage || ~ de **défaut** / error voltage, EV || ~ en **delta** (électr) / delta o. mesh voltage || ~ au **départ** (électr) / initial o. starting voltage || ~ de **déviation** (TV) / deflecting voltage || ~ **diamétrale** (électr) / diametrical voltage || ~ **directe** (électron) / forward voltage || ~ de **dispersion** (électr) / stray voltage || ~ **disruptive** (électr) / breakdown o. breaking-down voltage, disruptive o. puncture voltage || ~ **disruptive** (distance explosive) / breakdown o. sparking voltage || ~ **disruptive impulsionnelle** / impulse flashover voltage || ~ **drain-source** (semi-cond) / drain source voltage || ~ **échelonnée** (électr) / staircase-type voltage || ~ d'**écho** (télécom) / return voltage || ~ d'**éclatement** / flashover o. sparkover voltage, arc-over o. breakdown o. sparking voltage || ~ d'**effacement** (b.magnét) / erasing potential o. voltage || ~ **efficace** (électron) / root mean square voltage, virtual value of voltage || ~ d'**effluve** / glow potential || ~ [due] **aux efforts de traction et de compression** / tensile and compressive stress || ~ aux **électrodes** / potential difference between electrodes || ~ d'**élément** (accu) / cell voltage || ~ **élevée de blocage** / high inverse voltage || ~ **émetteur-base** / emitter-to-base tension || ~ **émetteur minimale** / minimum emitter voltage || ~ d'**enclenchement** (semicond) / turn-on voltage || ~ **engendrée par la lumière** / photoelectric voltage || ~ à l'**entrée** (électron) / input voltage || ~ d'**entrée de la fréquence du signal** / input voltage of signal frequency || ~ d'**essai** / testing voltage || ~ d'**essai au choc** (essai de mat) / bumping test tension || ~ d'**essai sous [la] pluie** (électr) / wet test voltage || ~ d'**étalement** (liquide-solide) / spreading tension o. coefficient || ~ à l'**état bloqué** (semicond) / off-state voltage || ~ à l'**état passant** (semicond) / conducting state voltage, on-state voltage || ~ d'**étincelles** / sparking voltage || ~ **étoilée ou en étoile** (électr) / star voltage, Y-voltage, phase voltage, voltage to neutral || ~ **excessive** (électr) / excessive voltage || ~ d'**excitation** (électr) / excitation o. exciting voltage || ~ d'**exploration des lignes** / line scanning voltage, line scanning voltage || ~ d'**extinction** (transfo) / extinction voltage || ~ d'**extinction sans commutation** (électron) / quenching voltage || ~ du **fil au cylindre d'entrée** (filage) / input o. feed tension || ~ de **filament** (tube) / filament voltage || ~ **finale de charge** (accu) / cutoff voltage || ~ de **flambage** / buckling strain || ~ de **flexion à la rupture** / transverse rupture stress || ~ **flottante** (semicond) / floating voltage || ~ de **fonctionnement** / effective o. operating voltage || ~ de **fonctionnement du multiplicateur** / photomultiplier operating voltage || ~ de **gâchette** (semicond) / gate voltage || ~ de **gâchette de désamorçage** (thyristor) / gate turn-off voltage || ~ du **gaz** / gas pressure || ~ de **génératrice** / generator voltage || ~ **grille** / grid potential o. voltage || ~ **grille-déclencheur** (triac) / d.c. gate trigger voltage || ~ **grille-drain** (semi-cond) / gate-drain voltage || ~ de **grille-écran** / screen[-grid] voltage || ~ **grille-source** (semi-cond) / gate-source voltage || ~ d'**harmonique supérieure** (électron) / higher harmonic voltage || ~ en **hexagone** (électr) / hexagon voltage || ~ **indirecte** (semicond) / inverse o. reverse voltage, back voltage || ~ d'**inducteur** (électr) / field voltage || ~ **induite** / induced o. secondary voltage || ~ **inférieure à 42 V** / extra low voltage (below o. equal 42 V) || ~ **initiale** (méc) / initial tension o. stress, prestress (US) || ~ **initiale de la charge** (accu) / initial voltage on charge || ~ **initiale des fils** / top tension || ~ **initiale inverse** (redresseur) / initial inverse voltage || ~ **instantanée à l'état passant** / on-state voltage || ~ **interfaciale** / interfacial [surface] tension || ~ **intérieure** (méc) / internal stress || ~ **interne** (électr) / internal voltage || ~ **invariable** / constant o. steady voltage || ~ d'**inverse** (télécom) / return voltage || ~ **inverse** (redresseur) / off-state voltage || ~ **inverse alternative** (diode) / alternating reverse voltage || ~ **inverse d'anode** / inverse anode voltage || ~ **inverse de claquage** / reverse breakdown voltage || ~ **inverse continue permanente** (semi-cond) / continuous reverse voltage || ~ **inverse de crête** (semicond) / crest working o. peak working reverse voltage || ~ **inverse à l'état bloqué** / reverse blocking voltage || ~ **inverse de gâchette** (semicond) / reverse gate voltage || ~ **inverse limite à l'état bloqué** (électron) / permissible peak inverse voltage || ~ **inverse nominale** (semicond) / recommended o. nominal crest working reverse voltage || ~ **inverse de pointe non-répétitive** / non-repetitive peak reverse voltage || ~ **inverse de pointe répétitive** (semi-cond) / repetitive peak off-state voltage || ~ **isohypse** (diode tunnel) / projected peak point voltage || ~ entre **lames** (électr) / pressure o. voltage between collector bars || ~ de **ligne** (électr) / mains voltage || ~ **limite** (méc) / limit of tension || ~ **magnétique** / magnetic potential difference, magnetomotive force || ~ de **maintien** / withstand voltage || ~ de **manœuvre** (contr.aut) / control voltage || ~ [de **marche] à vide** / no-load o. open-circuit voltage || ~ **maximale** (méc) / limit of tension || ~ **maximale** (électr) / peak voltage || ~ **maximale admissible** (électr) / ceiling voltage || ~ dans la **membrure** (constr. en acier) / stress in the boom (GB) o. chord (US) || ~ de **mesur[ag]e** (électr) / measuring voltage || ~ **microphonique** / microphonic voltage || ~ **minimale** / minimum voltage || ~ **minimale de démarrage** / minimum starting voltage || ~ de **mise au repos** (relais) / drop-out o. drop-away value of a relay || ~ de **mouillage rentrante, [sortante]** (agents de surface) / advancing, [receding] wetting tension || ~ **moyenne** (essai de fatigue) / mean stress, steady stress component || ~ **moyenne zéro** / mean stress zero || ~ **naturelle** (électr) / natural voltage || ~ de **neutralisation** / neutralizing voltage || ~ **neutre en alternances** (télécom) / neutral square-wave voltage || ~ **neutre-terre** / neutral point earth voltage || ~ **nominale** / nominal o. rated voltage || ~ **nominale d'anode** / anode supply voltage || ~ **nominale de court-circuit** (transfo) / impedance voltage || ~ **nominale primaire** (transfo) / nominal o. rated primary voltage || ~ **nulle** (électr) / no-voltage, null voltage, zero potential || ~ **offset** (ampli. opérationnel) / offset voltage || ~ d'**ondulation** / harmonic voltage || ~ d'**ondulation du côté continu** / ripple voltage on the d.c. side || ~ d'**origine étrangère ou indépendante** (électr) / external voltage || ~ d'**oscillateur** / oscillator voltage || ~ **parasite** / interference o. noise voltage o. potential, parasitic voltage || ~ **parasite entre circuit de mesure et terre** (instr) / common mode parasitic voltage || ~ **parasite en série** (instr) / series mode parasitic voltage || ~ **partielle** / component voltage || ~ du **pas d'enroulement** / pace voltage || ~ de **pénétration ou de perçage** (semicond) / penetration voltage, punch-through o. reach-through voltage || ~ au **percement disruptif** (électr) / breakdown o. breaking-down voltage, disruptive o. puncture voltage || ~ **perturbatrice** / disturbance o. interference voltage || ~ **perturbatrice aux bornes [a]symétrique** / [a]symmetrical terminal voltage || ~ **perturbatrice aux bornes sur réseau en V** / V-terminal voltage || ~ par **phase** (électr) / mesh voltage, phase-to-phase voltage, delta voltage || ~ par **phase d'enroulement** (électr) / phase voltage, voltage to neutral || ~ entre **phases** (montage en delta) / delta o. mesh voltage || ~ **photoélectrique** / photoelectric voltage || ~ de **pincement** / pinch-off voltage || ~ de **plafond** (électr) / ceiling voltage || ~ de **plaque** / anode o. plate [d.c.] voltage o. potential || ~ au **point de pic** (diode tunnel) / peak point voltage || ~ de **pointe** (électr) / peak voltage || ~ de **pointe à l'état bloqué, [de pointe inverse]** (semicond) / peak offstate, [peak reverse] voltage || ~ de **pointe non répétitive à l'état bloqué** (semicond) / non-repetitive peak off-state voltage, peak transient off-state voltage || ~ de **pointure** (électr) / breakdown o. breaking-down voltage, disruptive o. puncture voltage || ~ de **polarisation** (semicond) / basis bias || ~ de **polarisation** (électr) / polarization voltage || ~ de **polarisation du démodulateur** / detector polarizing voltage || ~ de **polarisation de grille** / grid bias, grid priming voltage, bias voltage || ~ **polygonale** (électr) / polygonal voltage || ~ du **pont** (électr) / bridge voltage || ~ de **porteuse** / carrier voltage || ~ **préalable** (câble en acier) / preliminary tension || ~ **préliminaire** (câble). / preliminary tension || ~ **primaire** (transfo) / primary voltage || ~ **principale** (méc) / principal stress o. tension || ~ **psophométrique** (télécom) / noise voltage o. potential, psophometric voltage || ~ de **rallumage** (électron) / restriking voltage || ~ par **rapport à neutre** (électr) / phase voltage, voltage to neutral || ~ **réactive** (électr) / reactive voltage || ~ **rectangulaire** (électron) / square wave voltage || ~ **redressée** / rectified voltage || ~ de **référence** (électr) / reference voltage || ~ de **référence pour un potentiomètre** (électron) / potentiometer reference [voltage] || ~ de **référence de précision** (électron) / precision voltage reference || ~ de **régime** / nominal o. rated voltage || ~ de **réponse** (électron) / pick-up voltage || ~ de **repos** (accu) / off-load o. open-circuit voltage || ~ de **repos des électrodes** / electrode bias || ~ du **réseau** (électr) / mains voltage || ~ **résiduelle** (phys) / residual voltage || ~ **résiduelle collecteur-base** (semicond) / cutoff collector voltage || ~ **résiduelle parasite** (télécom) / residual [interference] voltage || ~ du **ressort** / spring tension || ~ de **retournement** (semi-cond) / sweep voltage || ~ **RMS** (électron) / RMS voltage, root mean square voltage, virtual value of voltage || ~ **rotorique** (électr) / rotor voltage || ~ de **rupture** (électr) / breakdown o. breaking-down voltage, disruptive o. puncture voltage || ~ de **saturation** / saturation voltage || ~ de **saturation de plaque** / anode saturation voltage || ~ **secondaire** / induced o. secondary voltage || ~ **secondaire** (méc) / secondary stress || ~ **secteur** / mains [connection] voltage || ~ de **service** / operating o. circuit voltage, working o. service voltage || ~ de **service d'anode** / anode supply voltage || ~ de **seuil** (semicond) / threshold voltage || ~ de **seuil** (chambre d'ionis) / ionization striking voltage || ~ de **seuil** (électron) / threshold o. Hartree voltage || ~ de **seuil à l'état passant** (semicond) / on-state threshold voltage || ~ **simple** (électr) / phase voltage, voltage to neutral || ~ **sinusoïdale** / sinusoidal alternation || ~ de **solution électrolytique** / electrolytic solution voltage || ~ de **sortie** (électron) / output voltage o. potential || ~ de **souffle** / noise voltage o. potential || ~ **spécifique réduite à l'unité** (méc) / specific load, tension reduced to unit area || ~ par **spire** / potential difference along a turn || ~ de **stabilisation horizontale** / horizontal drive voltage || ~ **superficielle** / surface tension || ~ de **tenue** (isolation électr) / withstand voltage || ~ de **tenue aux courants alternatifs** (électr) / power frequency withstand voltage || ~ de **tenue aux ondes de choc** / withstand impulse o. surge voltage || ~ *m* **thermique** / thermal stress || ~ *f* **thermoélectrique** / thermoelectric voltage || ~ de **torsion** (méc) / torsional stress || ~ **transitoire** / transient voltage || ~ **transitoire [de rétablissement]** / transient recovery voltage, restriking voltage TRV || ~ en **triangle** (électr) / delta voltage || ~ par **unité** (méc) / specific load, tension reduced to unit area || ~ d'**utilisation** / serviceable voltage || ~ de **vallée** (diode tunnel) / valley point voltage || ~ de la **vapeur** / tension of steam, steam pressure || ~ de la **vapeur de l'eau** / vapour tension of water || ~ à **vide** (électr) / voltage at no-load condition, at open circuit || ~ à **vide d'une électrode** / electrode voltage (tube

non-conducting) || ~ à **vide d'une pile** (accu) / off-load voltage, open-circuit voltage || ~ de **voilement** (méc) / buckling stress, warping stress || ~ de **x^e^-étage** (dynode) / stage voltage || ~ **Zener** (électr) / Zener o. breakdown voltage
tentatif / tentative
tentative *f* / attempt || ~ **avortée** / abort || ~ d'**établir un record** / attempt to establish a record
tente *f* / tent || ~ à **baldaquin** / canopy [top] || ~ en **bois ou en dur** / bungalow || ~ du **soudeur** / jointer's tent || ~ de **soudeur de câbles** / wireman's tent, jointer's tent
tenter / attempt *vt*, undertake, try
tenthrède *f* **limace** / cherry sawfly || ~ de la **nave** / turnip sawfly || ~ du **sapin** / pine sawfly, Diprion pini
tenture *f* / hangings *pl* || ~ en **fibres brutes** / ingrain wall paper || ~ [de **papier]** / paper hangings *pl*, wallpaper || ~ [de **protection]** / wall covering
tenu (p.e. position) / working || ~ à la main / handheld
ténu (chimie) / not dense, tenuous, rare, thin || ~ (fil) / fine, thin
tenue *f* (fig) / behaviour || ~ [à] / resistance [to] || ~, habillement *m* / dress || ~ (électr) / withstand strength || **à ~ de coupe** (m.outils) / edge retaining || **bonne ~ en air** / air worthiness || **de bonne ~ en virage** (auto) / curve-going || **la ~ de la voie est bonne** (mines) / the road stands well || ~ en l'**air** (aéro) / air worthiness || ~ au **claquage instantané** (électr) / instantaneous breakdown strength || ~ de **compte** (banque) / service charge || à la **corrosion** / corrosion stability || ~ de **cotes** / accuracy to size, dimensional accuracy, tolerance compliance || ~ en **côte** (auto) / hill climbing ability, climbing ability o. capacity || ~ de **coupe** (couteau) / edge retention || ~ en **court-circuit** / behaviour under short circuit conditions || ~ de **descente** (mines) / miner's clothing || ~ de **direction** / tracking o. steering stability || ~ au **feu** / behaviour in fire || ~ avec **graissage insuffisant** / emergency running property || ~ à **jour d'un fichier** (ord) / file maintenance || ~ des **livres** / bookkeeping || ~ en **longue durée** / long-time strength || ~ à la **lumière** / light-fastness || ~ des **matériaux brûlants** / burning behaviour || ~ à la **mer** / sea state capability || ~ de la **mousse** (bière) / head retention || ~ de la **pression** / keeping the pressure || ~ de **route** / roadability || ~ de **route du matériel routier** / roadholding characteristics *pl* || ~ en **service** / performance in service, operating performance || ~ **shunt** (électr) / shunt characteristics *pl*, constant speed characteristics *pl* || ~ sous **tension continue** (câble) / d.c. voltage strength || ~ au **vent** / wind state capability || ~ au **vieillissement** / ag[e]ing stability || ~ en **virage** (auto) / cornering ability || ~ **viscosité-température** / viscosity-temperature characteristics
ténuité *f* / thinness, tenuity
téphigramme *m* (météorol) / tephigram
téphrite *f* (géol) / tephrite
téphroïte *f* (min) / tephroite
tera..., T, 10^{12} / tera..., T (trillion in US, billion in GB)
terbium *m* (chimie) / terbium, Tb
térébenthène *m* (diluant) / terebene, tereb[anth]ine || ~ ($C_{10}H_{16}$) (chimie) / pinene
térébenthine *f* / turpentine || ~ de **Briançon ou de mélèze** / larch turpentine, Venetian o. Venice turpentine || ~ du **Canada** / Canada balsam o. turpentine, balsam of fir
térébinthe *f* / terebinth
térébrant (insecte) / [wood-]boring
térébrer *vt*, percer *vt* avec une tarière / bore *vt* || ~ les **pins** / tap o. bore pine trees
téréphtalate *m* / terephthalate
tergal *m* (US) (plast) / Terylene (GB), Tergal (US)
terme *m* / end, limit || ~, mot *m* / term, expression, word || ~ (ord) / term || ~ (phys) / term, energy level || ~ (math) / term || **à deux ~s** (math) / two-term[ed], binomial || **à quatre ~s** (math) / quadrinomial || **d'un seul** ~ (math) / monomial || ~ de l'**addition** / addend || ~ **arithmétique** / algebraic expression || ~ **complexe** / complex term o. form, combination of morphmes, word combination || ~ **cyclique** (chimie) / cyclic member || ~ de **Deslandres** / Deslandres equation || ~ **dont on soustrait** (math) / minuend || ~ **double** (nucl) / doublet term || ~ à **éviter** / deprecated notion, term that should be phased out || ~ **final** (math) / final term || ~ **générique** / generic name o. notion, class name || ~ **impair** (nucl) / odd term || ~ **impropre** / misnomer || ~ **intermédiaire** (math) / intermediate term || ~ **K** (astr) / K-effect || ~ **logique** (ord) / logical term || ~ **métastable** / metastable term || ~ de **métier** / engineering term, technical term || ~ de **métier de freinage** / brake engineering term || ~ **moyen** / average o. mean [value] || ~ **moyen** (math) / mean [term] of an equation || ~ **primaire** (math) / primary || ~ **secondaire** (math) / secondary || ~ d'une **somme** / summand || ~ **soustractif** / subtrahend || ~ **technique** / engineering term, technical term || **~s** *m pl* **techniques fondamentaux** / general technical terms *pl* || ~ *m* **vibrationnel ou de vibrations** / vibrational term
terminaison *f* / close, end, termination, conclusion || ~ **basse puissance** (guide d'ondes) / low power termination || ~ de **conduit** / line o. circuit termination || ~ à **deux fils** / two-wire termination || ~ à **quatre fils** / four-wire termination
terminal *m* (électron) / terminal || ~ (trafic) / terminal || ~ (ord) / data processing terminal equipment, DTE, data circuit terminating equipment, DCE, terminal || ~ (ELF) (trafic aerien) / city terminal || ~ à **conteneurs** / container terminal || ~ à **écran cathodique** / CRT terminal || ~ **émetteur** (ord) / transmitting terminal || ~ de **guichet bancaire** / bank teller's terminal || ~ **intelligent** / intelligent terminal || ~ par **lots** / batch terminal || ~ **lourd** / remote batch terminal || ~ en **mer** (pétrole) / deep water terminal || ~ **récepteur** (ord) / receiving terminal || ~ [de **saisie de données]** (ELF) (ord) voir terminal || ~ de **sortie** (ord) / output terminal || ~ **tél[é]autographique** / facsimile terminal || ~ en **temps partagé** (ord) / time-share terminal || ~ d'**usager** (ord) / user terminal
terminant (se) (production) / phasing out
terminateur *m* (astr) / terminator
termination *f* (activité) / cutoff || ~ de la **trempe** (bière) / finish mashing
terminé en **pointe** / tapering
terminer, achever / end *vt*, finish *vt*, bring to an end, complete || ~, limiter / limit *vt*, serve as a boundary || ~ (se) / end *vi*, come to an end || **se ~** [par] / result [in], issue [in] || **se ~ en coin** (géol, mines) / thin out, pinch || ~ le **laminage** / finish-roll *vt* || ~ en **pointe** / taper
termineur *m* (électr) / forked connecting line || ~ [d'un **circuit à quatre fils]** (télécom) / four-wire termination set o. unit, hybrid [set]
terminologie *f*, nomenclature *f* / terminology || ~, nomenclature *f* / terminology, nomenclature
terminus *m* (ch.de fer) / dead-end station, terminal [depot o. station] (US), terminus [station] (GB) || ~ (circulation) / terminal, terminus || ~ **urbain** (aéro) /

city terminal
termite *m* / termite, white ant
ternaire (ord) / ternary || ~ (chimie) / ternary
terne *adj* (métaux) / dull || ~ (couleur) / lackluster, lacklustre, lustreless, mat, matt[e], dull || **devenir ~** (couleur) / sadden *vi* down || **rendre ou devenir ~** / tarnish
terne *m* (trois conducteurs jumelés) / bundle of three conductors || ~ (ligne triphasée aérienne) / three-phase transmission line (one wire for each phase)
terni (métaux) / dull || ~ (verre) / clouded, blurred
ternir / deaden, dull, mat, tarnish || **[se] ~** / tarnish *vt vi* || ~ (métal) / tarnish *vt* || ~ (se) / dim *vi* || ~ (se) (miroir, métal) / tarnish *vi*, become tarnished
ternissure *f* (verre) / dimness || ~ (métaux) / tarnish
terpadiène *m* / terpadien[e]
terpène *m* / terpene
terpine *f* (chimie) / terpin, terpinol
terpinène *f* / terpinene
terpin[é]ol *m* (chimie) / terpineol
terpolymère *m* / terpolymer
terra *f* **cotta** / terra-cotta, art ceramics *pl*
terrain *m* (géogr) / terrain || ~, nature *f* du terrain / physical features of a tract of land || ~ (géol) / formation || ~ (agr, bâtim) / ground, soil || **sur le ~** (bâtim) / in-situ || ~ d'**alluvions** (géol) / alluvial soil o. deposits *pl* || **~s** *m pl* **appartenant au chemin de fer** / railway ground o. area o. territory || ~ *m* **arénacé** (géol) / sandy ground o. soil || ~ **argileux** (géol) / clay [soil], clayey ground o. land o. soil || ~ d'**atterrissage** / landing ground o. terrain || ~ **avancé** (hydr) / outland, foreland || ~ d'**aviation** (aéro) / flying field || ~ d'**aviation provisoire** (aéro) / sod field || ~ **bas** (géogr) / bottom land, lowland, flat || ~ **à bâtir** / building site || ~ **boisé** / wood[land], timber[land] (US) || ~ **bourbeux** / muddy ground || **~s** *m pl* **caillouteux** / alluvial detritus || ~ *m* **carbonifère** / coal field || ~ **compact** / solid rock || ~ **crayeux** / chalk soil || ~ **crétacé** / cretaceous terrain || ~ de **décharge** / dumping ground o. yard || ~ au **dehors de la digue** / outland, foreland || ~ au-delà de la **digue** / foreshore || ~ **écroulé** (mines) / drawrock, drawslate || **~s** *m pl* **encaissants** / country rock, surrounding rock || ~ *m* d'**essais** / proving grounds *pl* || ~ **exploité** (mines) / open space || ~ **fangeux** / muddy ground || ~ **ferme** / grown soil || ~ de **fondation** (bâtim) / subsoil, substratum, foundation soil || ~ de **fouille** / digging o. prospecting location || ~ **houiller** (géol) / Carboniferous o. Carbonic o. coal formation o. series || ~ **industriel** / industrial area || ~ **keupérien** / keuper series || ~ **légèrement ondulé** / open undulating ground o. country || ~ **marécageux** / marshy o. swampy district || ~ pour **mesurages** (électron) / test site || ~ **meuble** / loose ground, unconsolidated deposit || ~ **mort** / partition o. wall rock, country rock || ~ **naturel** / grown soil || ~ **pétrolifère** / proved oil land || ~ **plastique** / plastic strata *pl* || ~ **polygonal** / polygonal soil || ~ **primaire** (géol) / transition rocks *pl* || ~ **rapporté** (bâtim) / made ground || ~ de **recouvrement** (mines) / cap rock of a deposit, overlying rock, roof [rock], capping || ~ de **recouvrement** (expl. à ciel ouvert) / overburden || ~ **remblayé** / made ground || ~ **secondaire d'aéroport** (aéro) / emergency landing ground o. field (US) || ~ de **studio [pour prise de vues en extérieur]** / movie lot || ~ **sus-jacent** (mines) / overburden || ~ **tourbeux** / peaty soil || ~ de **transition** (géol) / transition rocks *pl* || ~ d'**usine** / mill area, factory premises *pl* || ~ **vague** / gap between buildings
terrasse *f* (géol) / terrace || ~ (hydr) / terraced gradient, terrace || ~ (jardin etc) / terrace || **en ~s** / terraced || **faire la ~ pour le pavé** / smooth o. face the ground || ~ **[sur comble]** / flat o. platform roof, terrace || ~ **surélevée** (bâtim) / stoop, stoep
terrassement *m*, creusage *m* / earth work o. shifting, digging || ~, exhaussement *m* / banking up || ~ **hydraulique** / hydrolicking
terrasser (bâtim) / fill up
terrassier *m* / digger, excavator, navvy || ~ (ch.de fer) / surfaceman, platelayer, navvy (GB)
terrazzo *m* (Canada) / terrazzo
Terre *f* (planète) / Earth || ~ (continent) / land, earth || **~s** *f pl* / earth masses *pl* || **~s** *f pl* (mines) / deads *pl*, rocks *pl*, attle (GB, of ore mining) || ~ *f* (électr, auto) / ground (US), frame (US), earth (GB) || ~, fil *m* pilote (électr) / ground[ed] (US) o. earth[ed] (GB) conductor o. lead o. wire || ~ (bâtim) / earth, soil || **~s** *f pl*, propriété *f* / estate || **être à la ~** (électr) / be on earth || **à ~** (nav) / ashore, on shore || **de ~** (vent) / off-coast, off-shore || **de ~ [glaise]** / earthen, fictile || **par ~** / on the floor, on the ground || **par ~** (transport) / overland || **par rapport à la ~** (électr) / to ground (US), to earth (GB) || **sous ~** (mines) / below ground, underground || ~ *f* **accidentelle** / ground (US) o. earth (GB) contact o. fault o. leakage || ~ **accidentelle sur un des conducteurs** (électr) / leakage on one phase || ~ **accidentelle sur deux phases** / double earth fault, ground (US) o. earth (GB) leakage on two phases || ~ **accidentelle d'une durée limitée** (électr) / short-time earth leakage || ~ **accidentelle permanente** (électr) / continuous earth (GB) o. ground (US), permanent earth (GB) || ~ **accidentelle polyphase** / polyphase earth || ~ **activée** (pétrole) / activated earth, activated clay || ~ **alluviale ou alluvienne** (géol) / alluvial soil o. deposits *pl* || ~ **alumineuse** / aluminous earth || ~ **arable** (gén) / top soil || ~ **arable** (agr) / farmland, arable land || ~ **argileuse** / clayey land o. ground o. soil, loamy ground || ~ **argileuse** (briqueterie) / loam, brick clay || ~ **armée** (bâtim) / armoured soil || ~ de **baryte** / barium oxide, baryta || ~ **battante** / clayey soil with 40 - 50% loam || ~ **battue** / dirt || ~ **bolaire** (galv) / red bole o. chalk, reddle || ~ **bourbeuse** / clayey ground o. land o. soil, loamy ground || ~ à **brique** / loam || ~ **calcaire** (géol) / lime soil || ~ à **cassettes** (céram) / refractory o. saggar clay || ~ **cérique** / cerite earth || ~ **colorante** / earth colo[u]r || **~s** *f pl* **colorées** / coloured clay, colouring earth || ~ *f* **coulante** / loose earth o. soil || ~ **cultivée** / tillage, cultivated ground || ~ **décantée** / washed kaolin || ~ **décolorante** (teint, pétrole) / active o. bleaching earth || ~ **décolorante [de Floride]** / bleaching earth || ~ **[décolorante] à foulon** / fuller's o. bleaching earth, bentonite || ~ **défrichée** (agr) / newly broken soil || **~s** *f pl* du **dehors** (mines) / extraneous dirt, imported dirt o. stowing || ~ *f* **déserte ou désolée** / unfertile soil, waste land || ~ à **diatomées** / diatom[aceous] earth, diatomite, infusorial earth, celite, tripolite, siliceous earth (US) || **~s** *f pl* d'**entretien** (mines) / made refuse || **~s** *f pl* **extérieures** (mines) / extraneous refuse || ~ *f* **ferme** / land || ~ **ferrugineuse** / ferruginous earth || **~s** *f pl* du **fond ou de fosse** (mines) / mining rubbish || ~ *f* **forte** (agr) / clayey ground o. land o. soil, loamy ground || ~ à **foulon** / fuller's o. bleaching earth, bentonite || ~ à **foulon** [de Floride] / Florida earth || ~ à **foulon** (fonderie) / fullbond || ~ **franche** / clayey soil with ‹ 30% loam || ~ **friable** (agr) / light soil || ~ **gagnée sur l'eau** (bâtim) / reclaimed soil o. ground ||

~ **gagnée par récupération** / reclaimed soil o. ground || ~**s** *f pl* **gagnées par remblayage** (hydr) / innings *pl* || ~ *f* **glaise** (géol) / clay [soil], clayey ground o. land o. soil || ~ **glaise** (céram) / potter's clay o. earth o. loam, ball clay || ~ **glaise** (fonderie) / loam || ~ **glaise de rejetage** (géol) / gouge || ~ **humifère** (bâtim) / muck || ~ **inculte** / unfertile soil, waste land || ~ du **Japon** / cashew gum || ~ **labourable** / plough land, arable land || ~**s** *f pl* de **lavage** (or) / tailings *pl* (GB), tails *pl* (US), waste washings *pl* || ~**s** *f pl* de **lavage ou provenant du lavage** (mine houillère) / washery refuse o. slack o. slate, refuse slate, washed dirt || ~ *f* **maigre** / clayey land o. ground o. soil, loamy ground || ~ de **Maxwell** (électr) / Maxwell ground (US) o. earth (GB) || ~ **meuble** (agr) / light soil || ~ **meuble** (mines) / loose arenaceous earth || ~ de **moulage** (fonderie) / moulding clay || ~ de **moulage** (mét) / moulding loam || ~ **nitreuse** / nitrous soil || ~ **noire des steppes** / chernozem, black earth || ~ **nouvellement défrichée** (agr) / newly broken soil || ~ d'**ombre** / umber || ~ **ordinaire** (mét) / coarse loam || ~ **phosphatée** / phosphated earth || ~**-plein** (pl: terre-pleins) *m* (hydr) / backfill, backing || ~**-plein** *m* (routes) / traffic divider || ~**-plein** *m* **[bordé de quais]** / quayage || ~**-plein** *m* **central**, TPC / central reserve (GB), median strip (US) || ~**-plein** *m* **constitué par les déblais de dragage** (hydr) / backfill by excavated material || ~ *f* **polyphasée** / polyphase earth || ~ de ou à **porcelaine** / terra alba, kaolin, China clay || ~ **principale** (électr) / main earth (GB) o. ground (US), equipment earth o. grounding || ~ de **protection** (électr) / protective o. protection earth (GB) o. ground (US) || ~**s** *f pl* de **rapport** / filled-up soil || ~**s** *f pl* **rares** / noble earths *pl*, rare earths (oxides of rare earth elements) *pl* || ~ *f* **rassise** / settled earth || ~ **récupérée sur la mer** / reclaimed soil o. ground || ~**s** *f pl* de **remblayage** (mines) / gob stuff || ~ *f* **sablonneuse** / sandy ground o. soil || ~ **savonneuse** / fuller's earth, bleaching earth || ~ de **Sienne** / sienna [earth] || ~ de **Sienne cuite** / burnt sienna || ~ **tourbeuse** / peaty soil || ~ **tourbeuse noire** (géol) / muck || ~ **végétale** / top soil || ~ **verte** (min) / green earth || ~ **verte**, terre *f* de Vérone (couleur) / Verona o. Veronese green, terre verde || ~ **verte** (routes) / terrace, planted area || ~ **verte** (autoroute) / central reserve (GB), median strip (US) || ~ de **Wagner** (télécom) / Wagner earth || ~**s** *f pl* **yttriques** / yttric earths *pl*

terreau *m* / mo[u]ld, soil [rich in humus] || ~ **artificiel** / hotbed soil || ~ **naturel** / top soil

terrésine *f* / mixture of tar and lime

terrestre / terrestrial

terreux / earthy || ~, couleur de terre / earth-coloured

terril *m* (mines) / waste dump o. heap o. tip, dump, tip || ~ **brûlant** (mines) / fire bank || ~ de **mine** / colliery dump o. heap

terrilleur *m* / worker on the dump

territoire *m* / territory || ~ qui **promet du pétrole** / oil region || ~ de la **ville** / municipal o. town o. city area

tertiaire *adj* / tertiary || ~ *m* (géol) / Tertiary, tertiary system

tertre *m* / hillock, knoll

térylène *m* (GB) (plast) / Terylene (GB), Tergal (US)

tesla *m*, T ($= 1\ \text{Wb m}^{-2} = 10^4\ \text{G} = 1\ \text{kgs}^{-2}\text{A}^{-1}$) / Tesla, T

tesselle *f* (pavois) / tessera, tessella (pl: -ae)

tessiture *f* / pitch (of a voice), theme o. subject (of a composition)

tesson *m* / fragment, shard (of a bottle), potsherd || ~ de **porcelaine** / crock

test *m* (pl.: tests) / test || ~ (personnel) / qualifying examination || ~ (chimie) / test, cupel (GB) || ~ d'**accident simulé** (auto) / crash test || ~ d'**adhérence sur fonte** / Manson effect test || ~ **auditif** (télécom) / click control, audible test || ~ **bilatéral** (statistique) / two-sided test || ~ de **boue selon Michie** (pétrole) / Michie sludge test || ~ χ^2, test *m* khi deux (statistique) / Chi-squared test || ~ aux **colibacilles** / coli test || ~ de **comparaison par tri** (ord) / sort-compare test || ~ de **conductivité** / conductivity test, fall-of-potential test || ~ **de décollement** (stratifié) / peeling test || ~ **écologique** / environmental testing procedure || ~ d'**égalité** (ord) / zero check o. test || ~ d'**étanchéité** / leak test || ~ d'**étanchéité par bulles de savon** / soap bubble test || ~ de **floculation** / floc[culation] test || ~ de **Foucault à couteau** (opt) / Foucault knife-edge test || ~ de **grandeur** / comparison of sizes o. dimensions || ~ d'**humidité** / moisture test || ~ **kit** (chimie) / test-kit [for analyses] || ~ de **ligne occupée** (télécom) / busy test, engaged test || ~ aux **marges** / marginal test o. check || ~ au **mercure** (chimie) / quick test || ~ à la **murexide** (chimie) / murexide test || ~ **[non-]paramétrique** (contr.qual) / parametric, [distribution-free] test || ~ de **pelage** (stratifié) / peeling test || ~ de **performance** / performance check o. test || ~ de **Philipp** (huile pour réfrigérateurs) / Philipp test of refrigerator oils || ~ **préliminaire** (chimie) / preliminary test || ~ **saute-mouton** (ord) / leap-frog test || ~ **saute-mouton restreint** (ord) / crippled leap-frog test || ~ à **scorifier** / scorifying vessel, scorifier || ~ **sélectif** (ord) / leap-frog test || ~ de **signe** (ord) / sign test || ~ **statistique ou de significance** / statistical test, significance test || ~ de **sulfure** (chimie) / hepar test || ~ **T ou de Student** (statistique) / T- o. Student test || ~ par **tout-ou-rien** / true-false test || ~ à **tube incandescent** (chimie) / ignition tube test || ~ **unilatéral** (statistique) / one-sided test

tester *vt* / test *vt*, try, inspect, prove, examine || ~ (docimasie) / assay *vt* || ~ *m* (pétrole) / tester

testpult *m* (ord) / test console

têt *m* / assay test || ~ **docimatique** / assay porringer || ~ à **rôtir** / roasting dish || ~ à **scorifier** / scorifying vessel, scorifier

têtard *m* (silviculture) / pollard

tétarto·èdre *m* (crist) / tetartohedron || ~**pyramide** *f* (crist) / tetartopyramid

tête *f* / head || ~ (bâtim) / [boss] stone || ~ (tunnel) / portal, mouth || ~ (m. Cotton) / section, knitting head || ~ (techn) / crest, top || ~, face *f* (bâtim) / fore-part || ~ (four) / port-end || ~ (marteau, rabot, enclume) / face || ~ (violon) / neck of the violin || ~ (typo) / headline || **à** ~ **chercheuse** / homing || **à** ~ **conique** / flat headed || **à** ~ **demi-fraisée** / half-countersunk || **à** ~ **encastrée ou perdue** (techn) / [flush-]countersunk || **à** ~ **plate** / broad-headed || **à** ~ **ronde** / round-headed || **à la** ~ / in front || **être à la** ~ **[de]**, gérer / manage || **à nombreuses** ~**s** (m.Cotton) / multi-section[ed] || **de** ~ (pétrole) / topped || **en** ~ / leading || **en** ~ (soupape) / inverted, overhead, O.H. || ~ **malaxeuse** / mixing head || **sur la** ~ / upside-down || ~ d'**accouplement** (frein, auto) / hose coupling of air brake || ~ à **ailettes de centrage de la torpille** (plast) / spider head || ~ d'**allumeur** (auto) / distributor disk o. head o. cap || ~ d'**amont d'une écluse** / upper chamber lock || ~ d'**angle** (extrudeuse) / angle head || ~ **annulaire** (tête magnétique) / ring core head || ~ **antidérapante**

(mines) / friction cap || ~ d'**arrosage** (techn) / sprinkler, sprinkling apparatus || ~ **aspirante** (cheminée) / deflector || ~ d'**asservissement** (bande vidéo) / control head || ~ d'**attelage** (ch.de fer) / drawgear o. coupler head || ~ de **barre d'attelage** / drawhook head || ~ de la **benne preneuse** / head of grab || ~ de **bielle** (mot) / connecting rod big end o. cotter end || ~ de la **bielle** (m.à vap) / tail piece of the piston rod || ~ de **bielle type marin** (m.à vap) / marine type connecting rod big end || ~ de **bobinage** (tiss) / pirn o. winding head || ~ de **bobine** (électr) / [armature] end windings o. end connections o. end turns *pl*, winding overhang || ~ de **boîte multiple de distribution** (télécom) / box head || ~ **bombée** (techn) / cup o. round head, button head (US) || ~ **bombée** (boulon) / mushroom o. truss head || ~ **bombée à collet carré** (boulon) / mushroom head square shank, cup square head || ~ de **boudineuse** / extrusion head || ~ de **boulon** / bolt head || ~ de **broche** (m outils) / spindle nose || ~ de la **broche** (filage) / spindle head || ~ à **brocher** (m.outils) / drawing head, pulling head || ~ à **brocher** (reliure) / stitching head || ~ de **brûleur** (gén) / burner head || ~ de **câblage** / layplate || ~ de **câble à auge** / trough terminal for cables || ~ de **câble isolée à l'huile** / oil cable head, oil cable end sleeve || ~ de **canettage** (tiss) / winding head || ~ de la **canette** (tex) / pirn head, bobbin head o. butt || ~ **carrée** / square head; sq.hd. || ~ à **charnières** (plast) / swinging gate || ~ de **châssis du chariot** (tex) / carriage rest || ~ **chercheuse** / homing head, seeker head || ~ de **cheval** / swinging arm, swivel arm || ~ de **chevron** (charp) / rafter end || ~ de **cisaillement** (m.outils) / shear coupling || ~ de **clavette parallèle** / head of a parallel key || ~ de **clé anneau** (serr) / key bow || ~ d'un **clou** / nail head || ~ de **colonne** / capital of column || ~ de **compression** (câbleuse) / compacting head || ~ **comptométrique** (distr.d'essence) / computer head, countmetering head || ~ **conico-cylindrique** (boulon) / conico-cylindrical head || ~ **conique** (vis) / sunk head, flat head (US) || ~ **conique bombée** (vis) / raised countersunk head || ~ de **contrôle** (b.magnét) / play-back head || ~ de **contrôle à trois contacts** / three-point measuring head || ~ de **cornue** (sidér) / mouthpiece of converter || ~ **coudée à fraiser les angles** / angular cutter head || ~ **coulissante** (pompe d'injection) / sliding block || ~ **coupante** (mines) / main nose || ~ de **coupe** (soudage) / cutting tip o. nozzle || ~ **cupule** (boulon) / cup head || ~ de **cylindre** (mot) / cylinder head || ~ **cylindrique** (boulon) / cheese head || ~ **cylindrique** (rivet) / flat cheese head || ~ **cylindrique bombée** (vis) / raised cheese head, fillister head || ~ **cylindrique bombée mince** (vis) / flat cheese head || ~ **cylindrique à dépouille** (vis) / pan head || ~ **demi-ronde** (techn) / cup o. round head, button head (US) || ~ de **distillation** (pétrole) / distillation front, forerunning light ends *pl* || ~ de **distribution** (auto) / hydraulic head of the injection pump || ~ **distributrice ou de distributeur** (auto, allumage) / distributor cap o. head || ~ **droite** (plast) / extrusion head for tubular film || ~ d'**eau à injection indépendante** (mines) / flushing head || ~ d'**écluse** / sluice head o. bay o. crown || ~ d'**écroûtage** (câbleuse) / peeling head || ~ d'**effacement** (b. magnét) / erase o. erasing head, eraser || ~ de l'**élévateur** / elevator head || ~ d'**enregistrement** (b. magnét) / record[ing] head, write head, print element || ~ d'**enregistrement** (app. à dicter) / recording head, write head || ~ d'**enregistrement inductive en couche mince** (ord) / inductive recording head, IRH || ~ d'**enregistrement-lecture** / recording-reproducing head, rec.-rep. head || ~ **enregistreuse de son** / magnetic o. sound head || ~ d'**épi** (hydr) / groin head || ~ d'une **épingle** / pin o. needle head || ~ d'**équerre** (extrudeuse) / crosshead, angular extruder head || ~ d'**éruption** (pétrole) / christmas tree, [subsea] tree || ~ d'**étirage** (filage) / head of the drawing frame || ~ d'**étirage** (tréfilage) / drawing head || ~ d'**étirage-torsion** (filage) / twisting drawing frame || ~ d'**évent** (fonderie) / feeder o. sink head, feeder || ~ d'**extrusion par cisaillement** (plast) / shear extruder head || ~ de **faisceau de triage** (ch.de fer) / head of a set of sorting sidings || ~ de la **fausse barre** (coulée cont) / dummy bar head || ~ à **fente** (vis) / recessed screw head || ~ de **fermeture** (rivet) / rivet point || ~ à **fileter**, tête-filière *f* (m.outils) / die box o. head, screwing chuck || ~ de **filière** (extrudeuse) / extruding head || ~ de **filière** (tréfilage) / drawing head || ~ **flottante** (ord) / floating head || ~ de **four** (céram) / bulkhead || ~ du **four** (sidér) / furnace end, port block o. end || ~ de **fourche** (bicycl) / fork head, handlebar bracket || ~ de **fraisage à renvoi d'angle** / vertical milling head || ~**-fraise** *f*, tête *f* de fraisage (m.outils) / inserted tooth milling cutter, cutter o. milling head || ~**-fraise** *f* d'**angle** / right angle milling head || ~**-fraise** *f* **droite** / face milling head, facing head || ~ **fraisée** (vis) / countersunk head, flat head || ~ **fraisée bombée** (vis) / raised countersunk head, raised oval head || ~ **fraisée bombée réduite** (vis) / flat oval head || ~ à **fraiser d'équerre** / vertical milling head || ~ aux **fumées** (sidér) / off-take end || ~ de **gicleur à trous radiaux** (mot) / nozzle with transverse holes || ~ du **goniomètre** (crist) / goniometer head || ~ en **goutte de suif** (techn) / mushroom head || ~ du **grappin** / head of grab || ~ de **havage** (mines) / cutting head || ~ **hexagonale** / hexagon head || ~ d'**homing aux rayons infrarouges** / infrared guidance head || ~ **inférieure** (hydr) / lower head of lock, downstream end || ~ d'**injecteur à filetage extérieur,** [intérieur] (sidér) / orifice hood o. cap || ~ d'**injection** (pétrole) / [rotary] swivel || ~ à **jute** (câblage) / jute serving unit || ~ de **lame** (moissonneuse) / knife head || ~ de **lecture** (phono) / pick-up cartridge || ~ de **lecture** (b.magnét) / read[ing] head || ~ de **lecture à charbon** / carbon pick-up || ~ de **lecture à cristal** / crystal pick-up || ~ de **lecture de disques stéréo** / stereo[phonic] pick-up cartridge || ~ de **lecture-écriture**, tête *f* de lecture-enregistrement (ord) / read-write head || ~ de **lecture électromagnétique** / magnetic pick-up || ~ de **lecture et imprimante combinées** (ord) / reader-printer || ~ de **lecture magnéto-résistive** (ord) / magneto-resistive head, MRH, barber-pole || ~ de **lecture monophonique** / mono[phonic] pick-up || ~ de **lecture piézo-électrique ou à cristal** / piezoelectric o. crystal pick-up || ~ de **lingot** (sidér) / ingot top || ~ **lumineuse du voyant** / lamp cover || ~ de **machine** (m.à coudre) / machine head || ~ **magnétique** / magnetic head || ~ **magnétique à lecture sans contact** / flying head || ~ **magnétique à longue vie** / long life sound head || ~ de **maille** (tricot) / needle loop || ~ **malaxeur** / mixing head || ~ de **manœuvre à trois pans** (boulon) / three-square head || ~ **manométrique** / measuring head || ~ [de **mât**] (nav) / top || ~ du **mélangeur** (brûleur) / mixer head || ~ **mélangeuse** (guide d'ondes) / mixer casing || ~ de **mesure** / measuring head || ~ de **meule** (m.outils) / grinding head || ~ **mobile** (b.magnét) / flying head || **~s** *f pl* de **moineaux** (Belg) (mines) / double nuts *pl* || ~ *f* de **môle** / jetty o. mole o. pier head || ~ **motrice à double tambour moteur** (nav) / donkey winch, yarder || ~ **multibroche de perceuse** / multiple-spindle o. multi-spindle drill-head || ~ d'un **mur** (bâtim) / cap of a wall || ~ **ovale** (techn) / oval head || ~ **panoramique** (phot) / pan[ning] head || ~ de **pavot** / poppy head || ~ **perceuse percutante** (perceuse à main) / impact drilling attachment || ~ de **perforation** (c.perf.) / punchhead, punching station || ~ de **pierrage** / hone, honing tool || ~ de la **pierre de taille** / stone facing || ~ **piézoélectrique** / crystal head, piezoelectric head || ~ de la **pince plate** / jaw of flat pliers || ~ de **pince de serrage** / collet chuck closer || **~s** *f pl* de **piquage** (reliure) / stitching head || ~ *f* de **piste d'ordres** (vidéo) / cue head || ~ de **piston** (techn) / piston head o. top || ~ de **piston** (m.à vap) / [piston] crosshead, tie-bar || ~ **pivotante** (fluidique) / rod and plain eye || ~ **plate trapézoïdale** / pan head || ~ de **platine** (tiss) / sinker head || ~ de **poinçon** (découp) / punch head || ~ de **ponceau** / end o. head of a culvert || ~ **porte-caractères** / print head || ~ **porte-lames** / cutter head o. block, milling o. facing head || ~ **porte-meule** / grinding spindle head || ~ **porte-pièce de la meuleuse** / work piece spindle head || ~ de **pose** (rivet) / swage-head, die- o. snap- o. set-head || ~ d'une **poutre** / beam head || ~ de **première lecture** / preread head || ~ de **projecteur** / picture head || ~ du **puits** / pit-brow || ~ de **rabot** / face of the plane || ~ de **raccordement** (thermomètre) / connecting head || ~ de **raccordement** (contr.aut) / terminal block || ~ **rectangulaire avec angles abattus** (vis) / hammer head, Tee-head || ~ de **réduction** / gearhead || ~ de **remorquage** / crosshead, stay head || ~ de **reproduction** / playback head, reproducing o. pick-up head || ~ de **revêtement** (pétrole) / casing head || ~ **revolver** (m.outils) / turret [head], turret tool post || ~ **revolver à six pans** / six-faced turret head, six-tool turret tool post || ~ **revolver en tambour** (m.outils) / drum turret || ~ de **rivet** (outil) / swage-head, die- o. snap- o. set-head || ~ de **rivet** / rivet head || ~ de **rivet conique** / pointed rivet head || ~ de **rivet fraisée ou noyée** / flat countersunk o. flush countersunk head o. point || ~ de **rivet en pointe de diamant** / pointed rivet head || ~ **ronde** (vis) / cup o. round head, button head (US) || ~ **ronde de rivet** / round head of rivet || ~ de **rotor** (aéro) / rotor head || ~ à **rouler les filets** / thread rolling head || ~ **rubaneuse ou de rubanage** (pap) / lapping head || ~ de **serrage** (m.outils) / work head || ~ de **serrage** (essai de mat) / tension shackle || ~ à **six pans** / hexagon head || ~ **son** (TV) / audio head || ~ de **sondage à rinçage** (mines) / water flush drill head || ~ de **soudage** / welding head || ~ de **soudage à molette** / electrode wheel head || ~ de **soufflage** (m. à noyauter) / shooting head || ~ de **soupape** (mot) / valve disk o. head || ~ **spongieuse** (sidér) / rising top || ~ de **surimpression** (cinéma) / superimposing head || ~ de **tenailles** / head of tongs || ~ de la **tige de piston** / tail piece of the piston rod, big end || ~ de la **touche** / key button || ~ du **train** / front of a train || ~ **transversale** / crosshead || ~ de **traverse** (ch.de fer) / end of sleeper || ~ du **[tré]pied** / tripod head o. top || ~ de **trolley** / trolley head o. fork o. harp (US) || ~ **tronconique** / truncated cone head || ~ de **tubage** (pétrole) / casing head || ~ de **turc** (engin de battage) / helmet || ~ **ultrasonique** / ultrasonic detector || ~ de **verre** (épingle) / glass head || ~ **vibrante à poncer** / vibrating grinder [attachment], pad sander (US) || ~ **vidéo** / video head || ~ de **vis** / bolt head, screw head || ~ de **vis à six-pans creux** / internal wrenching head (GB), socket head (US)

têté / headed

tête-à-queue, faire un ~ (auto) / swing right round

têter / head *vt*

têtière *f* en **bout** (filage) / out end, end section || ~ de **commande** (filage) / headstock

tétine *f*, chaussette *f* (électr) / cable support sleeve || ~ d'**écoute** / insert[ion] earphone

tétoir *m* (tiss) / jack

téton *m* (vis) / dog point || ~ **bombé** (vis) / oval half dog, half-dog point with oval end || ~ avec **bout tronconique** (vis) / coned half dog || ~ **coaxial** (antenne) / coaxial stub || ~ **court** (vis) / half dog point || ~ de **court-circuit** (antenne) / closed stub || ~ du **diable** (géol) / belemnite || ~ **long** (bout de vis) / full dog point || ~ **percé** (vis) / point with split pin hole

tétra·basique (chimie) / tetrabasic, quadribasic || **~borate** *m* **disodique ou de sodium** / borax || **~borate** *m* **disodique anhydre** / anhydrous o. fused sodium [tetra]borate || **~carbinol** *m* / tetracarbinol || **~carbonylnickel** *m* / nickel carbonyl || **~chloréthane** *m* / tetrachloroethane || **~chloréthylène** *m* / per- o. tetrachloroethylene, carbondichloride || **~chloroaurate** *m* de **potassium** / gold potassium chloride

tétrachlorure *m* d'**acétylène** / sym.-tetrachloroethane, acetylene tetrachloride || ~ de **carbone** / carbon tetrachloride, tet (US), tetrachloromethane, benzinoform || ~ de **platine** / platinum(IV) chloride || ~ de **titane** / titanium(IV) chloride

tétra·cide (chimie) / tetracid || **~cyclique** (chimie) / tetracyclic

tétrade *f* (math, ord) / tetrad

tétra·dymite *f* (min) / tetradymite, telluric bismuth || **~èdre** *m* / triangular pyramid, tetrahedron || **~édrite** *f* (min) / tetra[h]edrite, fahlerz, fahlore, grey copper ore || **~éthyle** *m* de **plomb** / lead tetraethyl || **~fluoréthylène** *m* / tetrafluoroethylene, TFE || **~fluorodichloréthane** *m* / tetrafluorodichlorethene || **~fluorure** *m* de **silicium** / silicon tetrafluoride || **~fonctionnel** / tetrafunctional || **~gone** / tetragonal || **~hydrofurane** *m* / tetrahydrofurane || **~iodure** *m* [de] / tetraiodide || **~line** *f*, tétrahydronaphtalène *m* / tetralin[e] || **~méthylméthane** *m* / neo-pentane || **~mix** *m* / tetramix || **~morphe** (crist) / tetramorphous || **~nitrate** *m* **de pentaerythritol** / penta-erythritol o. -erythrityl tetranitrate, PETN, nitropenta

tétranyque *m* / two-spotted spider mite, "red spider"

tétra·oxalate *m* de **potassium** / potassium tetroxalate o. quadroxalate || **~oxyde** *m* d'**osmium** / osmium tetroxide, (erroneously: osmic acid) || **~phasé** (électr) / four-phase, tetraphase || **~phényloborate** *m* de **sodium** / sodium tetraphenyloborate || **~phonie** *f* / quadraphony, tetraphony || **~phonique** / quadraphonic, -sonic, tetraphonic || **~pode** *m* (hydr) / tetrapod || **~polaire** / four-pole, -polar

tetratomicité *f* / tetratomicity

tétratomique / tetratomic

tétra·valence *f* (chimie) / quadrivalence, -ency, tetravalence, -ency || **~valent** (chimie) / quadrivalent, tetravalent || **~zole** *m* / tetrazole

tétrode *f* (électron) / tetrode, four-electrode tube, bigrid [tube] || ~ à **faisceau** (électron) / beam tetrode || ~ à **grille-écran** / four-electrode screen grid tube

|| ~ **transistor à effet de champ** / tetrode field effect transistor
tétrose *f* (chimie) / tetrose
tetroxyde *m* d'**azote** / dinitrogen tetroxide
tétryl *m* (explosif) / tetryl
têtu *m* / pick hammer, sledge hammer
tex *m* (unité textile) / tex
texalite *f*, brucite *f* (min) / texalite
texoïde *m* / leather cloth o. fabric
texte *m* / letterpress (the reading matter in a book), text || ~ **chiffré** / cryptogram || ~ en **clair** / clear o. plain text || ~ **complet** (m.compt) / full text || ~ sur **écran** / videotext || ~ **numérique** / numerical text || ~ **préliminaire** (typo) / preliminary o. front matter, prelims, oddments *pl* || ~ **standard** (ord) / standard text
textile *adj* / textile || ~ *m* / textile fiber || **~s** *m pl* / wove fabrics *pl*, textile fabrics *pl*
texturant *m* (chimie) / texturing agent
texturation *f* / texturing || ~ (matières graisses plastiques) / texturation, texturization || ~ sous **traction** / draw texturing
texture *f* (gén, géol, pap) / texture || ~ (bois) / texture, grain || ~ (min, sidér) / [micro]structure, texture || ~ **caverneuse** (géol) / vesicular structure || ~ **caverneuse** (béton) / no-fines texture || ~ **feuilletée oblique** (géol) / oblique lamination || ~ **graphique** (géol) / graphic texture, eutectic structure || ~ de **laminage** (tôle) / rolling mill texture || ~ de **papier** (pap) / look-through || ~ d'une **pierre** (bâtim) / grain of a stone || ~ **porphyrique** / porphyritic texture || ~ de **surface** (phot) / texture || ~ de **tissage** (tiss) / texture in weaving || ~ **vacuolaire ou vésiculeuse** (géol) / vesicular structure
texturé / textured, texturized || ~ par **filage** / spun-textured
texturer (filage) / texture *vt*, bulk *vt*
tg δ (diélectr.) / dielectric loss factor, dissipation factor, tangent of loss angle
TG[D], thermogravimétrie en dérivation / DTG, derivative thermogravimetry
th, tangente *f* hyperbolique / hyperbolic tangent, tanh
T.H., titre *m* hydrotimétrique (eau) / total hardness
thalassal *m* (aluminium) / thalassal
thalassographie *f* / oceanography
thalleux / thallous, thallium(I)-...
thallique / thallic, thallium(II)-...
thallite *f* (géol) / pistacite, epidote
thallium *m* (chimie) / thallium, Tl
thalweg *m* (géol, hydr) / axis of streaming, river channel o. current o. main body
thébaïne *f* / thebaine, paramorphine
thébaique / opium...
thébaïsme *m* / opium poisoning
théine *f* / thein[e]
thénardite *f* (min) / thenardite
théobromine *f* / theobromine, 3,7-dimethylxanthine
théodolite *m* (arp) / theodolite, transit || ~ [à **chambre de mesure] photographique** / photogrammetric theodolite || ~ **gyroscopique** / theodolite gyroscope || ~ à **micromètres** (arp) / micrometer theodolite || ~ à **microscopes** / theodolite with reading microscopes || ~ de **précision** (arp) / theodolite || ~ **radar** / radar theodolite || ~ **répétiteur ou à répétition** / repetition o. repeating theodolite || ~ **répétiteur avec limbe vertical** / repetition theodolite with vertical circle || ~ **suspendu** / suspension theodolite || **~-tachymètre** *m* / tacheometer theodolite
théorème *m* / theorem, proposition || ~ d'**adsorption de Gibbs** (chimie) / Gibbs' adsorption theorem || ~ des **aires** / Kepler's law of areas || ~ d'**approximation de Weierstrass** (math) / Weierstrass' test for uniform convergence || ~ de la **chaleur** / heat theorem || ~ des **cosinus** (math) / law of cosine || ~ de **Guldin** (math) / properties of Guldinus *pl*, Pappus theorem, centrobaric method || ~ **Lüders-Pauli**, théorème *m* C.P.T. ou T.C.P. (phys) / CPT theorem (C = charge conjugation, P = parity operation, T = time reversal) || ~ des **moments** (phys) / momentum theorem || ~ de la **moyenne** (math) / theorem of the mean || ~ de **Nernst** / heat theorem || ~ de **Norton** / Norton's theorem || ~ de **Pascal** / Pascal's theorem || ~ de **Penrose** / Penrose theorem || ~ de **Poynting** / Poynting theorem || ~ de la **projection de la quantité de mouvement** (phys) / principle of linear momentum || ~ de **Ptolémée** (math) / Ptolemy's theorem || ~ de **Pythagore** / Pythagorean theorem o. proposition || ~ de **réactance** / [Forster's] reactance theorem || ~ de **réciprocité** (phys) / reciprocity theorem || ~ des **résidus** / remainder theorem [of Gauss] || ~ des **résidus** (math) / residue theorem [of Laplace] || ~ de **Stokes** / Stokes' theorem || ~ de la **tangente** / theorem of the tangent || ~ de la **vélocité du centre de gravité** (phys) / center-of-gravity principle
théorie *f* / theory || ~ **acide-base ou acido-basique** (chimie) / Brönstedt-Lowry theory || ~ de l'**âge de Fermi** / Fermi age theory || ~ des **armures** (tex) / theory of interlacing || ~ des **asservissements** / automatic control || ~ **atomique** / atom theory || ~ de **calcul élasto-plastique** (bâtim, constr.en acier) / plastic design o. theory, plasticity theory || ~ du **champ** (phys) / field theory || ~ du **champ électromagnétique** (phys) / electromagnetic field theory || ~ des **charmes** (phys) / charm theory || ~ **cinématique** / kinematic theory || ~ **cinétique des gaz** / kinetic theory of gases || ~ **cinétique des réactions** / reaction kinetics, kinetic theory of reactions || ~ des **circuits** / network theory || ~ de **coques minces** (bâtim) / theory of thin shells || ~ **corpusculaire** / corpuscular theory || ~ des **couleurs** / science of the colours, chromatics *sg* || ~ de la **création continue** (phys) / steady state cosmology o. theory, continual creation theory || ~ des **deux films** / two-film theory || ~ à **deux groupes** (nucl) / two-group theory || ~ des **deux liquides** / double- o. two-fluid theory || ~ de la **diffusion** (nucl) / diffusion theory || ~ des **dipôles** / theory of the two-terminal network || ~ du **disque actuateur** (pompe centrifuge) / actuator disk theory || ~ des **distributions** (math) / theory of distributions || ~ d'**échantillonnage** / theory of random sampling || ~ de l'**émission** (lumière) / emission theory || ~ des **engrenages** (techn) / theory of the wheel gear || ~ des **ensembles** (math) / set theory, theory of sets || ~ de l'**épigenèse** (biol) / epigenesis theory || ~ **ergodique** (phys) / ergodic theory || ~ des **files d'attente** (ord) / queueing theory || ~ des **fonctions** / theory of functions || ~ **générale ou généralisée de la relativité** / general relativity theory || ~ des **graphes** / graph theory || ~ des **groupes** (math) / theory of groups, group theory || ~ du **gyroscope** / gyrostatics || ~ **hydrodynamique du laminage** / hydrodynamic theory of rolling || ~ d'**hydroxylation** / hydroxylation theory || ~ d'**indicateurs d'Ostwald** / Ostwald's theory of indicators || ~ d'**information** / information theory || ~ d'**ions** (chimie) / ionic hypothesis o. theory || ~ des **jeux** (math) / theory of games || ~ des **lignes de**

fracture (méc) / yield-line theory || ~ des **machines** / mechanical engineering || ~ des **mécanismes** (cinématique) / theory of mechanisms, kinematics || ~ des **mesures** (math) / measure theory || ~ **multigroupe ou à plusieurs groupes** (nucl) / multi-groups theory || ~ des **nombres** / theory of numbers, number theory, theoretical arithmetic || ~ **ondulatoire ou des ondulations** / wave o. undulatory theory || ~ **orbitale** / orbital theory || ~ à **plusieurs groupes** (nucl) / multi-groups theory || ~ des **polaires** / theory of pole and polar || ~ du **potentiel** / potential theory || ~ de **prédiction** (math) / prediction theory || ~ des **quanta** / quantum theory || ~ des **quanta du champ** (ou des champs) / quantized field theory || ~ des **quanta de Planck** / Planck's law || ~ de **réinjection ou de rétroaction** (contr.aut) / feedback theory || ~ des **relations** / relation theory || ~ de la **relativité** / [general] theory of relativity || ~ de la **relativité restreinte** / restricted o. special theory of relativity || ~ du **réseau** / network theory || ~ des **réseaux** (nucl) / lattice theory || ~ de **serrure et clé** / lock-and-key theory || ~ des **similitudes** / similitude theory || ~ des **solides de moindre résistance à l'avancement** / aerofoil o. streamline theory || ~ du **souffle** (aéro) / airscrew o. slipstream theory || ~ **spatiale** (chimie) / space theory || ~ des **surfaces portantes** / lifting surface theory || ~ des **systèmes** (cybernétique) / systems theory || ~ des **tensions** (chimie) / strain o. tension theory || ~ des **tensions de Baeyer** (chimie) / Baeyer's strain theory o. tension theory || ~ de **transformation** / transformation theory || ~ des **translations continentales [de Wegener]** (géol) / Wegener's hypothesis || ~ du **transport** (nucl) / transport theory || ~ des **treillis** (math) / lattice theory || ~ des **trous** (semicond) / hole theory || ~ à **un groupe** (nucl) / one-group theory || ~ du **vent de l'hélice** (aéro) / airscrew o. slipstream theory || ~ de **Werner** (chimie) / Werner's theory

théorique / theoretic[al], calculated, on paper

théralite *f* (géol) / theralite, essexite

thérapie *f* **physique** / physical therapy

therblig *m* (ordonn) / therblig, [Gilbreth] basic element

thermactinique (phys) / thermactinous

thermal (techn) / thermal

thermalisation *f* (nucl) / thermalization

thermalloy *m* / thermalloy

thermie *f* (techn. du froid) / a French unit of refrigeration technology = $4.1855 \cdot 10^6$ J

thermion *m* / thermion

thermique *adj* / thermic || ~ (p.e. gerbeur) / with IC-engine, (esp.:) diesel-engined || ~ *f* / science of heat

thermistance *f*, thermistor *m* (semi-cond) / thermistor

thermistor *m* **N.T.C.** (électron) / high temperature conductor, hot carrier thermistor (= thermal resistor) || ~ **P.T.C.** / PTC-resistor, barretter (US)

thermite *f* (soudage) / thermite

thermo·analyse *f* (chimie) / thermal analysis, thermoanalysis || ~**analytique** / thermoanalytical || ~**balance** *f* / thermobalance, thermo gravity balance || ~**barographe** *m* / thermobarograph || ~**baromètre** *m* / thermobarometer || ~**chimie** *f* / thermochemistry || ~**chimique** / thermochemical || ~**chromie** *f* / thermochromism || ~**chrose** *f* / thermochrosy, -chrosis || ~**cinétique** *f* / thermocinetics || ~**clase** *f* (céram) / spalling || ~**collage** *m* / fusible printing for interlining || ~**conducteur** (phys) / conducting heat || ~**conductivité** *f* **unitaire** (thermodynamique) / unit conductance || ~**convertisseur** *m* / thermal converter || ~**copie** *f* (repro) / thermic copy || ~**couleur** *f* / thermocolor || ~**couple** *m* (électr) / thermoelectric couple o. cell, thermoelement, -couple, thermal converter || ~**couple** *m* **fer-constantan** / iron-constantan thermocouple || ~**couple** *m* à **immersion avec indication instantanée** (sidér) / quick-immersion thermocouple || ~**désorption** *f* (chimie) / thermodesorption || ~**diffusion** *f* / thermodiffusion, thermal diffusion || ~**durci** (plast) / thermoset || ~**durci** *m* (plast) / thermoset || ~**durcisseur**, -durcissable (plast) / duroplastic || ~**dynamique** *adj* / thermodynamic || ~**dynamique** *f* / thermodynamics || ~**élasticité** *f* / thermoelasticity || ~**électricité** *f* / thermoelectricity || ~**électrique** / thermoelectric || ~**électrique** (électron) / thermionic || ~**électromoteur** / thermoelectromotive || ~-**émission** *f* / thermoemission || ~**fixage** *m* / heat-setting, thermosetting || ~**fixeuse** *f* (tex) / thermo-fixing o. -setting machine

thermoformage *m* (plast) / thermoforming || ~ par **glissement** / slip thermoforming || ~ en **relief profond sous vide** / vacuum snap-back thermoforming || ~ sous **vide** / vacuum thermoforming || ~ sous **vide assisté par poinçon** / plug-assist vacuum thermoforming || ~ sous **vide sur coussin d'air** / air-slip vacuum thermoforming || ~ sous **vide au drapé** / drape vacuum thermoforming

thermo·galvanomètre *m* / thermogalvanometer || ~**gène** (phys) / heat generating, calorific || ~**gramme** *m* (terme à proscrire dans ce sens), courbe *f* thermogravimétrique ou TG / thermogram || ~**graphe** *m* / thermograph || ~**graphie** *f* (terme à proscrire), analyse *f* thermique / thermography (deprecated term), thermal analysis

thermogravimétrie *f*, TG / thermal gravimetric analysis, thermogravimetry, TG || ~ en **dérivation**, TGD / derivative thermalgravimetry, DTG || ~ **isobare, [isotherme]** / isobaric, [isothermal] mass-change determination

thermo·gravimétrique / thermogravimetric || ~-**imprimeuse** *f* / thermoprinter || ~-**ionique** / thermionic || ~**labile** (chimie) / thermolabile || ~**luminescence** *f* / thermoluminescence || ~**lyse** *f* / thermolysis, thermal dissociation o. decomposition || ~**magnétique** / thermomagnetic || ~**manomètre** *m* / thermomanometer

thermomètre *m* / thermometer, therm. || **au moyen d'un** ~ / thermometric || ~ **acoustique** / acoustic thermometer || ~ à **aiguille** / dial o. pointer thermometer || ~ **ajustable** / adjustable thermometer || ~ à l'**alcool** / alcohol thermometer || ~ de **Beckmann** / Beckmann thermometer || ~ à **bilame** / bimetallic strip thermometer || ~ à **boule mouillée** / wet bulb thermometer || ~ du **bruit thermique** / thermal noise thermometer || ~ **calorimétrique** / calorimeter thermometer || ~ **centésimal** / centigrade thermometer || ~ à **colonne capillaire** / capillary column thermometer || ~ à **contact** / contacting thermometer || ~ **coudé** / angle thermometer || ~ à **cristal** / quartz thermometer || ~ **différentiel** / radiation thermometer || ~ à **dilatation** / expansion thermometer || ~ à **dilatation de liquide dans gaine de verre** / liquid-in-glass thermometer || ~ à **dilatation de liquide avec manomètre** / liquid expansion thermometer with manometer || ~ à **dilatation de gaz** (phys) / gas thermometer || ~ à dilatation de liquide / liquid type thermometer || ~ à dilatation de solides à tige / solid expansion thermometer || ~ à distance d'eau de refroidissement / remote water temperature gauge || ~ à distillation / distillation thermometer || ~ à échelle fine / precision thermometer || ~ à échelle protégée ou enfermée / enclosed scale thermometer || ~ à échelle protégée à immersion partielle / straight enclosed-scale thermometer || ~ enregistreur / thermograph || ~ à extrêmes / maximum and minimum thermometer || ~-fronde *m* / slinging o. whirling thermometer || ~ géologique / geologic[al] thermometer || ~ gradué sur tige / thermometer graduated on the stem, stem thermometer || ~ d'huile à distance / remote oil temperature gauge || ~ industriel à résistance de platine / industrial platinum resistance thermometer || ~ I.P.T. (pétrole) / I.P.T.-thermometer || ~ de Jolly (phys) / gas thermometer || ~ à liquide / liquid [expansion] thermometer || ~ avec manomètre / spring type thermometer || ~ à maxima / maximum thermometer || ~ à maximums et minimums / maximum and minimum thermometer || ~ médical / fever o. clinical thermometer || ~ à mercure / mercury thermometer || ~ métallique / metallic thermometer || ~ à minimums / minimum thermometer || ~ mouillé / wet bulb thermometer || ~ suivant les normes ASTM / ASTM thermometer || ~ à radiation / radiation thermometer || ~ à résistance à deux entrées / double input resistance thermometer || ~ à résistance électrique / resistance o. platinum thermometer || ~ à ressort / spring type thermometer || ~ rotatoire / rotating thermometer || ~ sec / dry bulb thermometer || ~ système Allihn / Allihn thermometer || ~ à tension de vapeur / steam pressure thermometer || ~ à tension de vapeur avec manomètre / spring type steam pressure thermometer || ~s *m pl* trousse d'Allihn / Allihn thermometer set || ~s *m pl* trousse d'Anschütz / Anschütz thermometer set || ~ *m* en verre / glass tube thermometer

thermo·métrie *f* / thermometry || ~métrique / thermometric || ~nucléaire / thermonuclear || ~-osmose *f* / thermo-osmosis || ~-oxydatif / thermoxidative || ~pane *m* / thermopane glass || ~phile / thermophilic || ~phone *m* (acoustique) / thermophone || ~pile *f* (électr) / thermoelectric battery, thermopile || ~plasticité *f* (plast) / thermoplasticity || ~plastique *adj* / thermoplastic *adj* || ~plastique *m* / thermoplast[ic] || ~plastiques *m pl* / thermoplastic plastics *pl* || ~plongeur *m* (électr) / immersion heater o. boiling device || ~plongeur *m* en graphite / graphite resistance || ~pompe *f* / reverse cycle heating system, heat pump || ~pompe *f* air-air / air-to-air heat pump || ~pondéral / thermogravimetric || ~régulateur *m* / regulator of temperature, thermoregulator || ~régulation *f* / thermoregulation || ~rémanent (géol) / thermoremanent || ~résistant (biol) / resisting heat, thermoresistant || ~rétrécissement *m* / heat shrinking || ~rhéostat *m* / thermorheostat || ~rupteur *m* (électr) / thermal breaker

Thermos *m* / Thermos flask o. bottle, vacuum bottle

thermo·scellage *m* / heat sealing || ~scope *m* / thermoscope || ~sensibilisateur *m* (plast) / heat sensitizer || ~sensibilité *f* / sensitiveness o. sensibility to heat || ~sensible / heat sensitive, thermosensitive || ~siphon *m* (phys) / thermosiphon || ~site *f* (sidér, bâtim) / foamed slag, pumice slag || ~soudable / heat sealing || ~soudant (plast) / heat fusing || ~sphère *f* / thermosphere || ~stabile, -stable / thermoresistant, thermostable

thermostat *m* / heat valve, thermostat, thermoregulator || ~ (électr) / thermostat || ~ d'ambiance ou local / room thermostat || ~ du radiateur / radiator thermostat || ~ de zéro / zero thermostat

thermo·statique / thermostatic || ~tolérant (biol) / resisting heat, thermoresistant || ~ventilateur *m* / hot-air fan || ~vision *f* / thermovision

thésaurus *m* (ord) / thesaurus

thèse *f* de doctorat / doctoral dissertation, thesis

thésigraphie *f* (essai des denrées) / thesigraphy

T.H.F., très haute fréquence (électr) / very high frequency, V.H.F.

thiamide *m* / thiamide

thiaminase *f* / thiaminase

thiamine *f* / thiamine

thiazine *f* / thiazine

thiazole *m* / thiazole

thibaude *f* / drugget (a coarse fabric), undercarpet, underlay, underfelt || ~ libre / separate underlay

thio·acide *m* / thioacid || ~alcool *m* / mercaptan, thio-alcohol, thiol (US) || ~bactéries *f pl* / sulphur bacteria *pl* || ~carbamide *f* voir thiourée || ~col *m* (plast) / Thiokol (US)

thiocyanate *m* / rhodanide, thiocyanate || ~ d'ammonium / ammonium thiocyanate o. rhodanide || ~ cuivreux / cuprous thiocyanate || ~ cuivrique / cupric thiocyanate || ~ de fer / iron thiocyanate || ~ ferrique / ferric thiocyanate o. sulfocyanate o. -ide || ~ de mercure / mercuric thiocyanate o. sulfocyanate o. sulfocyanide || ~ mercurique / mercuric thiocyanate o. sulfocyanate o. sulfocyanide

thio·cyanogène *m* / thiocyanogene || ~éther *m* / thio-ether, alkyl sulphide || ~fène *m* / thiophen[e], thio[fur]furan, thio[tetro]le || ~gène / thiogenic

thiol *m* / mercaptan, thio-alcohol, thiol (US)

thio·nine *f* / thionin[e], 3,7-diaminophenothiazonium chloride || ~nyle *m* / thionyl || ~phène *m* / thiophen[e], thio[fur]furan, thio[tetro]le || ~phénol *m* / thiophenol, benzenethiol || ~plaste *m* / thioplast, alkyl polysulphide, polyalkyl sulphide || ~sulfate *m* de sodium / sodium thiosulphate, fixing salt, antichlor[ine] || ~urée, thio-urée *f* / thiocarbamide, thiourea

thixo·trope *adj* / thixotrope *adj* || ~trope *m* (chimie) / thixotrope || ~tropie *f* (chimie) / thixotropy

thomsonite *f* (min) / thomsonite

thonier *m* senneur / tuna purse seiner

thorianite *f* (min) / thorianite

thorié / thoriated

thorier / thoriate

thorine *f* / thoria, thorium oxide

thorite *f* (min) / thorite

thorium *m* / thorium, Th || ~ 227 / radio-actinium, RdAc

thoron *m* / thorium emanation, thoron, ThEm, Tn

thorure *m* (nucl) / thoride

thréonine *f* (chimie) / threonine

threpsologie *f* / nutrition science

thrips *m* du tabac / onion thrips

T.H.T., très haute tension (TV) / extra-high tension o. voltage, E.H.T., E.h.t

thuia *m*, thuja *m*, thuya *m* / thuja, arborvitae

thulium *m* / thulium, Tu, Tm

thuringite *f* (géol) / thuringite

thym *m* / thyme

thymine *f* (chimie) / thymine

thymol *m* (chimie) / thymol, thyme camphor

thymolphtaléine *f* / thymolphthalein
thyratron *m* (électron) / thyratron || ~ à **cathode froide** / cold cathode thyratron || ~ de **puissance au silicium** / silicon power thyratron || ~ [à l'état] **solide** / silicon controlled rectifier, SCR, scr
thyristor *m* / thyristor, semiconductor controlled rectifier, SCR, gate controlled switch, GCS || ~ **blocable** / gate turn-off switch, GTO || ~ **contrôlé par grille** (semicond) / gate controlled switch, GCS || ~ **diode** / dynistor, diode thyristor || ~ **diode bi-directionnel** / diac, bidirectional diode thyristor || ~ à **disque** / disk type thyristor || ~ de **fréquence** / frequency thyristor || ~ à **gâchette contrôlée** (semicond) / gate controlled switch, GCS || ~ **N** / N-gate thyristor || ~ **P** / P-gate thyristor || ~ de **puissance en forme de disque** (semicond) / power pack, pp, mega-pack || ~ **triode** / triode thyristor || ~ **triode bi-directionnel** / triac, (triode A.C. semiconductor switch), bi-directional triode thyristor
ticket *m* / ticket || ~ de **location de place**, ticket *m* garde-place / reservation card o. ticket
tickicide *m* / tickicide
tic-tac, faire ~ (horloge) / beat *vi*, click, tick
tictaquer / tick *vi*, run *vi*
tiède / tepid, lukewarm
tierce *f* (électr) / three-wire conductor || ~ (musique) / third || **n** ~, n‴ (math) / n triple dash || ~ **majeure** (musique) / major third || ~ **mineure** (musique) / minor third
tiers *adj*, tierce / third *adj* || ~ *m* / third (one of three equal parts) || **~-point** *m* / saw file, three-square file
tige *f* (bot) / stem, stalk || ~ (techn) / rod || ~ (ancre, clé, outil) / shank || **~s** *f pl* (techn) / gear, rods *pl* || ~ *f* (typo) / shank || ~ (horloge) / arbor, staff || ~ [à rotule] (isolateur) / pin ball || ~ (bâtim) / riser (between gas meter and consumer) || ~ (cinémat) / element, link || ~ (filage) / lifter o. lifting rod, lifting poker || **en forme de** ~ (min) / columnar || ~ **allégée** (vis) / reduced shaft, antifatigue shaft || ~ de l'**arbre** / stem o. stock o. trunk of a tree || ~ d'**armature de noyau** (fonderie) / core bar || ~ **articulée** / joint rod || ~ **articulée de maintien ou de support d'ouverture** / elbow brace || ~ de **battage** (mines) / drill rod for percussive rock drilling || ~ de **bielle** (auto) / connecting rod, con-rod || ~ de **boulon** / barrel of a bolt || ~ de **butée** (m.outils) / stop rod || ~ de **calage** / timing pin || ~ de **captage** (paratonnerre) / lightning rod || ~ de **caractère** (typo) / type shank, type body || ~ à **caractères ou porte-caractères** (m.à ecrire) / type bar || ~ **carrée** (forage rotary) / grief stem, kelly || ~ à **chape** (ch.de fer) / shackle stud || **~s** *f pl* **choquantes** (m.à écrire) / striking type bars || ~ *f* de **cloche de houblon** / cone sprig o. stem of hop || ~ **collectrice** (paratonnerre) / lightning rod || ~ du **collier d'excentrique** / eccentric rod || ~ de **colonne** / body o. shank o. shaft o. trunk of a column || ~ de **commande** / control rod || ~ de **commande des fourchettes** (auto) / selector shaft and fork || ~ de **compression** (techn) / forcing lever, pressure bar || ~ **conductrice** (techn) / motion o. drag link o. rod || ~ **conique** / cone shaft || ~ de **contrôle** (auto) / feeling pin, selecting pin of the injection nozzle || ~ **crémaillère de la pompe d'injection** / control rod of injection pump || ~ de **culbuteur** (mot) / tappet push rod || ~ **défourneuse** (sidér) / pushing ram, ram bar o. rack || ~ **directrice** (techn) / drag-link o. rod || ~ pour **écarter le surplus** (continu à retordre) / deflecting rod || ~ d'**éjection** (découp) / ejector pin, knockout pin || ~ d'**entraînement** / [square] kelly, oilfield kelly, grief stem || ~ **étagée** (outil) / stopped shank || ~ **filetée** / screw rod o. spindle, male screw || ~ **filetée [sans modification]** / threaded rod || ~ **filetée à scellement à queue de carpe** (bâtim) / rag bolt, stone bolt || ~ **filetée de translation** / screw drive [mechanism] || ~ **fixe** (cinématique) / fixed link, frame || ~ du **fleuret** (mines) / [mining] drill steel || ~ de **forage** (pétrole) / drill-stem o. collar || ~ du **foret** / auger shank || ~ de **fraise** (bois) / loose moulding spindle || ~ du **frein** (ch.de fer) / truss bar of the brake || ~ du **galet de soupape** / valve push rod || ~ des **glissières** (techn) / motion o. drag link o. rod || ~ du **grain** / corn stalk || **~s** *f pl* de **guidage** / guiding rod system || ~ *f* d'**herbe** / stalk, stem || ~ du **houblon** / hop bine o. bind || ~ d'**immersion** (tex) / immersion rod || ~ de **jauge** / dipstick || ~ de **lettre** (typo) / body, type shank || ~ de **maïs** / maize o. corn (US) stalk || ~ à **mandrin** (lam) / piercing rod || ~ du **marteau perforateur à rainures hélicoïdales** (mines) / rifle bar, twist bar || ~ de **mesurage** / measuring pin || ~ **métallique du parapluie** / rib of an umbrella || ~ de **montée et descente** / lifting spindle || ~ d'**outil** (m outils) / tool shank || **~s** *f pl* du **parallélogramme** (m.à vap) / main link bars of the parallelogram *pl*, parallel bars *pl* || ~ *f* de **paratonnerre** / lightning rod || ~ à **pieds** (m.à coudre) / treadle rod || ~ de **piston** / piston rod || ~ de **piston d'injection** (coulée sous pression) / plunger rod || ~ **plastique** (vis) / reduced shaft, antifatigue shaft || ~ **pleine** (vis) / unreduced shaft || ~ de **pompage** (pétrole) / sucker rod || ~ de **pompe** / pump rod || ~ **porte-caractères** (m.à ecrire) / type bar || ~ **porte-foret** (m.outils) / boring o. cutter bar || ~ de **positionnement** (m.compt) / arranging pin || ~ de **poussoir de soupape** (mot) / tappet push rod || ~ **première** (mines) / stirrup brace head || ~ de **raccordement** / tie bar o. rod || ~ de **raccordement** (isolateur) / pin ball for insulators || ~ de **raccordement à deux rotules** (ligne aérienne) / twin-balled pin, double ball o. pin || ~ de **réglage** / adjusting spindle || ~ de **remontoir** (montre) / stem of a watch || ~ à **ressort** / spring pin || ~ de **rivet** / shank o. stem o. shaft of a rivet, rivet body o. shank || ~ de **rivet forée** / solid rivet drilled shank || ~ à **rotule** / pin ball for insulators || ~ de **scellement** / foundation bolt || ~ de **serrage de frein** / brake lever connecting rod, brake pull bar o. rod || ~ de **sondage** (mines) / drill rod || ~ à **souder** (vis) / welding stud || ~ de **soupape** (mot) / valve spindle o. stem o. rod || ~ de **suspension** / antisack bar, suspension rod || ~ de **suspension centrale** (cage d'extraction) / king bolt || ~ de **tampon** (ch.de fer) / plunger of the buffer, buffer plunger || ~ **tendue ou de traction** (gén) / connecting rod, con-rod, tie rod || ~ du **tiroir** (m.à vap) / slide rod o. shaft || ~ de **traction** (ch.de fer) / drawbar, drawgear, draught- o. drag-bar || ~ de **tubes** / tube nozzle || ~ **tubulaire de sondage** (pétrole) / drill pipe || ~ de **vanne** / valve stem o. spindle || ~ en **verre** / glass rod o. stirrer o. bar || ~ de **verre** (ampoule) / pinch base, glass stem || ~ de **verrouillage** / stay bar, lock bail || ~ **voleuse** (réservoir) / thief rod
tigré / sprinkled, stained
tigrer (tiss) / weave in colours o. multicoloured
tilde *m* (typo) / tilde
tillandsia *f* (tex) / Spanish moss, American moss
tille *f* / poll pick || ~ (mines) / hatchet hammer, hammer axe
tilleul *m* / lime [tree], linden, tilia || ~ **américain** / white basswood, beetree
tillite *f* (géol) / till[ite], boulder clay
tiltdozer *m* / tiltdozer
tilt[ing] *m* (niveleuse) / tilting

tilt-tainer *m* (conteneur) / tilt-tainer
timbrage *m* (relieur) / stamp printing
timbre *m* / stamp || ~, marque *f* d'oblitération / postmark || ~ / clock bell [with hammer] || ~ (télécom) / sheep gong || ~ (bureau) / rubber stamp || ~ (horloge) / gong || ~ **[acoustique]** / timbre, tone colo[u]r || ~ pour **bicyclettes** / bicycle bell || ~ en **caoutchouc** / rubber stamp || ~ d'une **chaudière** / maximum working pressure || ~ de **cloche** (électr) / bell dome || ~ **dateur ou à date** / date stamp, dater || ~ au **départ** / postmark || ~ **imprimé** / printed postmark, indicia *pl* (US) || ~ **monocoup ou à un seul coup** (électr) / single-stroke bell || ~ d'**office** (bâtim) / [simple o. double] sink basin || ~**-poste** *m* / postage stamp || ~ de **sonnerie** / gong of the bell, alarm bell || ~ de **sonnette** / bell dome
timbré / stamped
timbrer / stamp *vt* || ~ une **lettre** / stamp a letter
timer *m* (phot) / time accelerator
timon *m* / pole || ~ (remorque) / drawbar, drawgear, draught- o. drag-bar || ~ (charrue) / plough-beam o. tree, beam of the plow || ~ de **balancier de seconde classe** (nav) / partially balanced rudder || ~ de **commande** / tiller of industrial truck || ~ pour **herses** (agr) / whippletree
timonerie *f* (nav) / pilot o. wheel house || ~ (techn) / gear, rods *pl* || ~ (auto) / steering gear || ~ de **changement de vitesse** / [gear] shift linkage || ~ de **frein** / brake linkage o. rigging, brake rods *pl*
tin *m* (nav) / keel block, bilge o. bulge block || ~ de **quille** (nav) / [keel] block
tincal *m* / tincal, native o. raw borax
tinctorial / tinctorial, used in dyeing
tine *f* / small barrel || ~ (géol) / pothole || ~ (mines) / kettle, bucket
tinéides, -ites *m pl* / moths *pl*
tinette *f* / earth closet, soil tub
tinkal *m* / tincal, native o. raw borax
tinne *f* / clay mill
tintement *m* / ringing [of a bell], tinkle [of a small bell], jingle [of keys], clink [of glasses]
tintiat *m* (mines) / catch prop
tippy (laine) / tippy
tique *f* / tick
tir *m* (gén) / shooting || ~ (mines) / blast, charge || ~ **[avec amorces] à retard** (mines) / blast with delayed detonator || ~ d'en **bas** / shot from below || ~ de **bouchon** (mines) / opening shot, buster shot (US) || ~ en **chambre** (mines) / coyote tunneling method (US) || ~ **coup par coup** (mines) / shot-by-shot firing || ~ à **coup de mine profond** / well drill blasting || ~ d'**ébranlement** (mines) / inducer shot || ~ au **grisou** / fire dump shot || ~ à la **poudre** (mines) / [shooting and] blasting || ~ de **purgeage** (mines) / boulder blaster, blaster o. pop shot || ~ en **volée** / multiple shot ignition
tirage *m* / pull[ing], draw[ing] || ~ (câblage) / capstan, haul-off || ~ (serr) / spring catch || ~ (dessin) / traced design, tracing || ~ (soie) / reeling of the cocoon || ~ (auto) / lateral o. side pull || ~ (ventilateur) / draught || ~ (mines) / blast, charge || ~ (typo) / printing || ~ (filage) / draft[ing], drawing || ~ (tréfilage) / wire drawing || ~ (four) / draught, draft || ~ (nombre d'exemplaires) (typo) / number of copies || **à ~ naturel** / open flued || **à fort** ~ (typo) / high-circulation || **faire le** ~ (typo) / print *vi* || **par** ~ (semicond) / rate growing o. grown || ~ d'**air** (fonderie) / venting || ~ **artificiel** (four) / forced draught o. draft || ~ par **aspiration** / induced o. suction draught || ~ à **barillet** / pull switch for bathroom || ~ à la **brosse** (typo) / flat o. rough proof || ~ de **câbles dans des conduits** / draw-in system || ~ du **chariot** (métier renvideur) / carriage draft || ~ de **cheminée** / draught o. draft of chimney || ~ du **conduit de fumée** (cheminée) / upward draft o. pull || ~ par **contact** (typo, phot) / contact copy o. print || ~ **contact continu, [intermittent]** (film) / continuous, [step] contact printing || ~ d'une **copie** (phot) / printing || ~ des **cordes** (tiss) / cord draught || ~ du **côté** / emptying from the side || ~ en **couleur sur la presse à gaufrer** / colour[ed] embossing || ~ de **cristaux** / crystal pulling o. growing || ~ **Czochralski ou CZ** (crist) / Czochralski method of pulling crystals || ~ **diazo** / diazo print, diazotype, diazocopy || ~ **et développement des films** / film treatment || ~ **et diffusion** (semicond) / growth diffusion || ~ par **extraction** (film) / separation || ~ du **fil** / tension of the thread || ~ **forcé** (chaudière) / artificial o. forced draught o. draft (US) || ~ du **four** / furnace draught o. draft || ~ [en] **hélio[gravure]** (typo) / rotrogravure, gravure o. intaglio printing || ~ d'**humidité** (fonderie) / weep hole || ~ **induit** / induced o. suction draught || ~ d'un **journal** / circulation of a newspaper || ~ de **long des rails** / pull of rails || ~ **naturel** / natural draft o. draught o. ventilation || ~ **oculaire** / eye draw-tube || ~ **optique** (phot) / optical printing || ~ **optique par agrandissement** (film) / blow-up printing || ~ **optique [dés]anamorphosé** (film) / deanamorphosing, anamorphosing || ~ **optique désanamorphosé recadré** (film) / scanning || ~ **optique normal** (film) / one-to-one printing || ~ **optique par réduction** (film) / reduction printing || ~ du **papier** / pull of the paper web || ~ à **part** (typo) / off-print || ~ **positif** / positive cyanotype || ~ **positif des épreuves** (typo) / positive copying process || ~ à la **poudre** (mines) / [shooting and] blasting || ~ en **retiration** (typo) / backing-up, perfecting || ~ par **transparence** / transmission copying || ~ **vendu** (typo) / net paid circulation || ~ à **vitesse variable** (crist) / rate growth
tirant *m* / tie rod, tension rod, tie || ~ (bâtim) / beam tie, iron tie, brace, cramp || ~ (charp) / collar o. tie beam, top beam || ~ (constr. en acier) / drag strut || ~ (télécom) / tie rod, drawing rod || ~, boulon *m* fileté (techn) / stud bolt || ~, nervure *f* (techn) / web, rib, ledge || ~ (fonderie) / brace || **à fort ou grand ~ d'eau** (nav) / of great draught || ~ en **acier** / steel tie || ~ d'**air** (nav) / total height above designed water line || ~ d'**air d'un pont** / overhead clearance, clearance height, headway, headroom || ~ d'**ancrage** (bâtim) / tie o. tension rod || ~ **arrière** (grue) / tie member (of a double guide jib system) || ~ de **brancard** / truss rod || ~ à **câble** / cable pull o. control || ~ de **châssis** (ch.de fer) / underframe crosstie || ~ d'**eau** (nav) / draught, draft, drft., gauge || ~ d'**eau en charge ou d'échantillonnage ou étudié** (nav) / load draught || ~ d'**eau de construction** (nav) / designed draft, moulded draught || ~ d'**eau peu considérable** (nav) / shallow draught || ~ en **fer** (bâtim) / wall anchor, tie bolt || ~ du **frein** (ch.de fer) / brake rod || ~ de **pied** / stay of a tripod || ~ de **raccordement** / tie bolt, connecting rod || ~ de **radiateur** (auto) / radiator stay [rod] o. strut || ~ de **remorquage** (aéro) / draw tongue || ~ de **roche** / rock anchor || ~ de **serrage de frein** / brake lever connecting rod, brake pull bar o. rod || ~ de **suspension** (constr.en acier) / suspension rod || ~ du **toit de foyer** / roof o. crown bar
tire *f* / maple sugar sirup
tiré *adj* / pulled, drawn || ~ au **cordeau** / in a straight line || ~ *m* à **part** (graph) / off-print
tire-bouchon, en ~ / annulated || **en** ~ (filage) /

corkscrewed
tire-bourr[ag]e *m* / packing worm, packing extractor
tire-cendre *m* (invar.) (crist) / tourmaline
tire-cheville *m* / bolt drawer || **~-clou** *m* / box chisel, nail puller || **~-crampons** *m* / spike drawing winch || **~-douilles** *m* / bush extractor || **~-étoupe** *m* / packing worm, packing extractor || **~-fil** *m* **en acier** / steel fish[ing] tape o. pull-in tape || **~-fond**, tirefond *m* (ch.de fer) / sleeper o. rail screw || **~-fond** *m*, piton *m* à vis / jack ring || **~-fond** *m* (vis à bois) (bâtim) / anchor bolt, fixing o. foundation anchor o. bolt
tirefonner / fasten by anchor bolt, bolt *vt* || ~ (ch.de fer) / fasten by means of sleeper screws
tirefonneuse *f* (ch.de fer) / sleeper screwdriver, spike driver (US)
tire-goupille *m* (pl.: tire-goupilles) / pin extractor || **~-ligne[s]** *m* (pl. tire-lignes) / ruler, ruling device, (esp.:) drawing pen || **~-ligne** *m* à **charnière croix** (dessin) / swivel nib pen || **~-ligne** *m* à **courbes** (dessin) / curve pen || **~-ligne** *m* **double** (dessin) / road pen, railroad pen || **~-ligne** *m* **double à courbes** / double curve pen || **~-ligne** *m* à **encre** (dessin) / ink pen || **~-ligne** *m* à **spatule** (dessin) / border pen || **~-lisses** *m pl* (tiss) / spring shaft || **~-noyau** *m* / core puller
tirer *vt* (gén) / draw *vt*, pull, drag || ~ [de] / bring out || ~ (impression des tissus) / pick-off || ~ (typo) / strike off || ~, enlever / strip *vi vt* || ~ (mil, mines) / shoot, fire || ~ (liquide) / draw-off, broach, tap || ~ (phot) / print || ~, étendre / stretch out || ~, traire / milk *vt* || ~ *vi* (four) / draw || ~ [sur] (teint) / incline [towards], be tinged [with] || ~ l'**air** (fonderie) / vent *vi* || ~ un **arc** / draw an arc || ~ **bien** (mot) / pull o. draw through || ~ à la **brosse** (typo) / beat *vt* || ~ un **câble** / pull a rope || ~ un **calque** / blueprint *vt* || ~ un **cristal** / pull a crystal || ~ des **exemplaires** (typo) / print *vt* || ~ un **feu d'artifice** / let off fireworks || ~ les **fils** / pull-in o. fish wires || ~ un **flan** (typo) / make a matrix o. flong || ~ au **hasard** (statistique) / draw at random || ~ en **haut** / lift *vt*, hoist || ~ une **ligne** / draw a line || ~ la **manette d'étrangleur** / pull the choke || ~ **... mètres d'eau** / draw ... meters of water || ~ son **origine** / arise || ~ la **pierre** / quarry *vi* || ~ en **placards** (typo) / take o. pull a proof copy in slips || ~ **profit** / derive advantage [from] || ~ des **raies sur papier** / rule paper || ~ à la **Ronéo** / roneo *vt* || ~ avec le **siphon** / siphon *vi* || ~ le **verrou** / bolt *vi*, bar *vi* || ~ au **vide** / hang over, project || ~ **violemment** / pull hard, tug
tire-rivets *m* / riveting set || **~-sacs** *m* / sack hoist o. lift
tiret *m* (typo) / bar, cross-line, dash || ~, trait *m* d'union (typo) / hyphen || **à ~s longitudinaux** / lineate[d] || **en ~s** (math) / broken, dotted || ~ **alinéa** / indent
tiretaine *f* (tex) / linsey [-woolsey]
tireté, en ~ long / marked in dot-and-dash pattern
tiretée *f* à **traits interrompus courts, [moyens]** / broken, dotted
tire-terre *m* (agr) / drag-hoe
tirette *f* / pull cord || ~ (palan) / pull chain || **à ~** / pull actuated || ~ à **câble de frein** (auto) / brake pull cable, brake cable assembly || ~ de **commande** / actuating link o. pull || **~-éclair** *f* (Belgique) / zip fastener || ~ d'**étrangleur** (auto) / choke pull || ~ à **main** / hand wire pull || ~ de **volet d'air** (auto) / choke pull
tireuse *f* (film) / printer || ~ en **continu ou dynamique** (repro) / continuous o. rotary printer || ~ **continue** (film) / continuous film printer, rotary copier || ~ pour **films** / printing machine for films, film printer || ~ à **fonctionnement rapide** / rapid printer || ~ **pas à pas** (phot) / intermittent o. step printer || ~ **rotative** (repro) / continuous o. rotary printer || ~ pour **textes** (film) / titler, title printer || ~ à **vide** / rapid contact printer
tirez! (mines) / up!
tiroir *m* / drawer, chest of drawers || ~ (phot) / extension of the camera || ~ (ord) / pull-out slide, drawer || ~ (m.à vap) / distributing regulator, slide valve || ~ (plast) / mould slide || ~ (cheminée) / damper, register || ~ (prépar) / box car, drawer || ~ **annulaire** (techn) / annular slide valve, obturating ring || ~ **aplati** / flat slide [valve], flat-body o. plain slide valve || ~ de **bac** (prépar) / washbox slide valve || ~ de la **baie** (ord) / rack module || ~ de **chasse** / scouring [slide] valve || ~ **classeur** (bureau) / card index box o. cabinet, filing box o. cabinet || ~ à **coquille** (m.à vap) / three-ported slide valve, shell valve || ~ de **décharge** / balancing slide valve || ~ de **distribution** (m.à vap) / distributing regulator, slide valve || ~ **enfichable** (électron) / plug-in package o. unit, rack || ~ d'**entrée** / in-control valve || ~ d'**étranglement** / throttle slide [valve] || ~ d'**évacuation** / outlet slide valve, outlet gate || ~ de l'**expansion** / expansion slide valve || ~ de **fond** (hydr) / distributing slide valve || ~ des **gaz** / gas slide valve o. sluice valve || ~ au **gaz chaud** / hot gas slide valve || ~ à **grille** (m.à vap) / gridiron slide valve || ~ **perçable** / tapping slide valve || ~ **plan** / flat slide [valve], flat-body o. plain slide valve || ~ **résistant aux acides** / acid sluice valve || ~ **rond** / tubular [slide] valve, piston [slide] valve || ~ **rotatif** / rotary [slide] valve || ~ à **section ovale** / oval-body valve || ~ de **sonnerie** / bell knob o. handle o. button o. push || ~ **standard** / standard drawer o. slide, 19" [standard] rack || ~ **tournant** / rotary [slide] valve || ~ à **trois orifices** (m.à vap) / three-ported slide valve, shell valve || ~ **tubulaire** / pipe o. sleeve valve || ~ de **vapeur** / steam distributor slide [valve], distributing governor || ~ de **vidange de fond** / bottom outlet slide valve
Tiros *m* / TOS, Tiros operational system (US)
tisard *m* / poke o. stoke hole
tison *m* / [fire] brand, ember
tisonner / poke
tisonnier *m* / fire raker, poker
tissage *m* / weaving || ~ (usine) / mill || ~ à **chaîne croisée** / crossing, cross-weaving || ~ en **couleurs** / colour o. tinted weaving || ~ en **étroit** / narrow weaving || ~ de **fil métallique** / wire weaving || ~ au **jacquard** / fancy o. figure[d] o. picture weaving, fancy jacquard weaving || ~ à la **main** / handloom weaving || ~ [à la] **mécanique** / power weaving || ~ au **métier à bras** / handloom weaving || ~ de **soie** / silk weaving || ~ du **velours** (tex) / pile-weaving
tissé / woven || ~ **feutre** / felted cloth o. fabric
tisser / weave
tisserand *m* / weaver || ~, Tetranychus telarius (parasite) / two-spotted spider mite, "red spider" || ~ en **drap** / cloth weaver || ~ en **laine** / wool weaver
tisseranderie *f* / art of weaving
tissé-uni (tapis) / plain weave
tisseur *m* / weaver || ~ d'**art** / art square weaver
tissu *adj* [de] / inwrought, woven-in || ~ *m* / fabric (cotton, silk), cloth (laine) || **~s** *m pl* / textiles, dry o. soft goods *pl*, drapery || ~ *m* (zool, bot) / tissue || **avec ~ de coton** / with cotton foundation || ~ **ajouré** / a-jour fabric || ~ d'**ameublement** / furniture o. upholstery fabric || ~ d'**amiante** / asbestos cloth o. fabric || ~ **animal** / animal tissue || ~ **bakélisé** (plast)

/ cotton fabric laminate, fabric-base laminate, laminated cloth o. fabric, resin bonded fabric || ~ de **base** (tex) / foundation fabric, ground texture || **~s** *m pl* **bondings** (tex) / bondings *pl* || ~ *m* **bouclé** / looped fabric, terry cloth || ~ **broché** / extra weft figured fabric, lance || ~ **câblé** (pneu) / fabric || ~ **câblé sans trame** (pneus) / web cord || ~ en **caoutchouc** / caoutchouc tissue || ~ **caoutchouté** / rubber cloth || ~ **cellulaire** (bot) / cellular tissue || ~ **chauffant** / electric heating fabrics *pl* || **~s** *m pl* **clairs** / sheer fabrics *pl*, tissues *pl* || ~ *m* **côtelé** (tex) / cord fabric || ~ de **coton** / cotton fabric o. goods *pl* || ~ de **coton en croisé** / cotton twill o. serge || ~ de **coton écru** / grey cotton cloth, nettle cloth, heavy-weave o. plain-weave cotton fabric || ~ en **coton témoin** / test cotton fabric || ~ **crêpe** / crêpe fabric o. weaves *pl* || ~ du **crible** / screen o. sieve netting, strainer texture || ~ **crin** / horsehair tissue o. stuff o. web || ~ **crin pour tamis** / hair cloth for sieves || ~ **croisé** / double milled twill, twilled cotton fabric || ~ **décoratif [devant une enceinte acoustique]** / grille cloth || ~ à **dessin à losanges** / diaper || ~ à **dessin quadrillé ou carré** / check || ~ de **dessus** / top cloth || ~ **double** / double cloth || ~ **double face** / double-face fabric, reversible fabric || ~ **double face en chaîne** / warp-backed fabric, two-and-one warp || ~ **doublé** / bonded fabric, bonding || ~ **double-étoffe** / tissue in double pieces || ~ **écru** / grey cloth || ~ **élastique** / shirred fabric || ~ **électrogène** (zool) / electric tissue || ~ **émerisé** / emerized fabric || ~ **enduit** / coated o. laminated fabric || ~ **enduit ou doublé** / bonding, bonded fabric || ~ d'**entoilage** (aéro) / fabric covering || ~ **éponge** / Turkish toweling, terry cloth o. fabric, terry pile toweling || ~ **éraillé** / scratch in a tissue || ~ **étanche** / diagonally laminated fabric || ~ **étroit** (tex) / narrow fabric || ~ en **fibres** (tex) / fibrous tissue || ~ [du **fil] de papier** / paper fabric || ~ **fileté** / netting, open meshed fabric || ~ en **fils de chaîne** / warp loom fabric || ~ en **fils croisés ou en fils biais** / biassed cloth || ~ de **fils teints** / dyed o. coloured cloth || ~ de **fils de verre** / glass cloth || ~ **filtrant ou pour filtres** / filter [press] cloth, sieve o. sieving o. straining cloth || ~ **floconneux** / nap cloth o. fabric || ~ de **fond** (tex) / foundation fabric, ground texture || ~ à **fond lisse ou à fond uni** (tex) / tabby backs *pl* || ~ pour **friction** / friction fabric || ~ pour **garnitures de cardes** / card cloth || ~ **gaufré** / tissue in relief || ~ de **gaze** / leno [cloth o. fabric], gauze cloth o. fabric || ~ **grain d'orge** / huckaback drills *pl* || ~ **haut-module** (fibranne) / high-module fabric || ~ **imperméabilisé** / proofed fabric, proofing, rubber-backed fabric || ~ **imprégné** (plast) / impregnated fabric for shaped laminates || ~ **imprimé** (tex) / printed fabric || ~ **imprimé pour revêtir les murs** / tapestry || **~s** *m pl* **industriels** / industrial fabrics *pl* || ~ *m* à **jour** / à-jour fabric || ~ de **jute bitumé** / bitumenized jute fabric || ~ de **laine** / woollen cloth, stuff || ~ de **laine écru** / unmilled wool[len] cloth || ~ de **laine shetland** / shetland || ~ **lainé** / raised fabric || ~ **lastex** / lastex fabric || ~ **léger** (tex) / lightweight goods *pl* || ~ **léonique** / leonine spun || ~ **lignifié** (bot) / woody tissue || ~ de **lin** / linen, linen cloth || ~ **lisse** / smooth-surface woven fabric, smooth fabric || ~ à **long poil ou à poil long** / deep pile fabric, high pile woven fabric || ~ à **maille** / knitwear, knitted article o. goods *pl*, knits *pl*, hosiery || **~s** *m pl* **maillés au mètre** / knitted yard goods *pl* || ~ *m* à **mailles métalliques** / metallic tissue, metallic cloth, wire cloth o. fabric o. netting || ~ **mailles Raschel** / raschel fabric, double rib goods *pl* || ~ à **mailles tricotées** / warp knit[ted] fabric o. goods *pl* || ~ à **main** / hand-woven, -loomed || ~ pour la **maison** / home textiles *pl*, furnishing fabrics *pl* || ~ à **mélange de fibranne** / viscose staple blended fabrics || ~ **mélangé** / blended o. mixed fabric, mixture, blend, union fabric || ~ **«melded»** / melded [fabric] || ~ **métallique** / metal[lic] fabric, metallized woven fabric || ~ **métallique à tamis** / screen o. sieve netting, strainer texture || ~ **mi-lin** / linsey-woolsey || ~ **mixte en uni** (tex) / plain blended fabrics *pl* || ~ **mixte silionne et verranne** / woven glass filament/staple fiber fabric || ~ **mou** / soft tissu || ~ **multicouche** / multilayer fabric || ~ **multiple** / compound fabrics *pl* || ~ **non tissé** (plast) / spunbonded fabric || ~ **non tissé à couches superposées biaises** / scrim || ~ à **noppes** / nobbed o. slubby fabric || ~ **ouaté** / soft tissue || ~ en **partie double** / tissue in double pieces || ~ pour **pneus** / tire fabric || ~ à **poils** / pile fabric || ~ de **pression** / press cloth || ~ de **ramie** / Chinese linen || ~ de **rembourrage** / stuffing coat, upholstery fabric || **~-résine** *m* **phénoplaste** / phenolic resin fabric || ~ **réversible** / reversible, double face[d] fabric || ~ de **roseaux** (bâtim) / reed tissue || ~ **shoddy** / shoddy || ~ de **silionne** / glass filament fabric || ~ de **soie** / silk fabric || ~ de **soutien de végétaux vasculaires** (bot) / tissue system, collenchyma || ~ **«spunbonded»** (tex) / nonwoven, spunbonded tissue || ~ **squelettique** (caoutchouc) / skeleton braid || ~ **stratifié** / cloth laminate, bonded o. laminated (GB) fabric || ~ **stratifil [de verre]** / woven glass roving fabric, woven rovings *pl* || ~ **strié en chaîne** / reedy fabric, reed-marked fabric || ~ **supérieur** (tex) / top cloth || ~ **support** (tex) / backing fabric || ~ **synthétique** (tex) / synthetics *pl* || ~ de **talon** / chafer fabric || **~s** *m pl* **techniques** / industrial fabrics *pl* || ~ *m* **teint** / dyed o. coloured cloth || ~ **témoin** / test fabric || ~ **tricoté ou en tricot** / tricot fabric, knit[ted] fabric || ~ **tricoté en chaîne** / warp knit fabric || ~ **triplex avec intercouche de mousse brûlée** (plast) / foamless foam || ~ **trois plis** (carde) / three-ply cloth (carding) || ~ **tubulaire** (tex) / hollow web, tubular fabric || ~ pour **ulster** / ulster cloth || ~ **urbain** / occupant density || ~ **végétal** (bot) / tissue system || ~ **velouté** / pile fabric, pile goods *pl* || ~ **velouté par chaîne** / warp pile fabric || ~ **verni** / varnished fabric o. cambric || ~ **verni de fils de verre** (électr) / varnished glass fabric || ~ de **verranne** / woven glass staple fiber fabric || ~ de **verre siliconé** / siliconized fiber glass || ~ de **verre textile** / woven glass fabric

tissure *f* / mode of weaving, weave, texture || ~ **égale ou unie** (tiss) / even texture

tissutier-rubanier *m* / ribbon weaver

titan *m* / tower o. turret slewing crane, revolving o. slewing tower crane, hammer-head crane

titanate *m* / titanate || ~ de **potassium** / potassium titanate

titane *m* (chimie) / titanium, Ti

titaneux / titanous, titanium(III)-...

titanifère / titaniferous, titanic

titanique / titanic, titanium(IV)

titanite *f* (min) / titanite || ~ (m.outils) / titanite

titanométrie *f* (chimie) / titanometry

titrage *m* (chimie) / volumetric analysis, volumetry, titration || ~ (filage) / numbering || ~ **arrière** / back titration || ~ **bioampèremétrique**, titrage *m* dead-stop / dead stop titration || ~ **direct dans deux phases** / direct two-phase titrage || ~ au **formol** / formol titration || ~ **fractionné** / step

titration || ~ en **présence d'indicateurs colorés** / colour-indicator titration
titration *f* (chimie) / titration || ~ **H.F.** / high-frequency titration || ~ **néphélométrique** (chimie) / heterometry || ~ en **retour** / back-titration, return-titration || ~ à **thorine** / thorin titration
titre *m* (typo) / caption (of an article), heading (of a chapter), title (of a book), headline (of a newspaper) || ~ (métaux) / fineness, standard, content || ~ (chimie) / normality, titer || ~, droit *m* / claim || ~ (retors) / grist of yarn, yarn count || **à ~ de comparaison** / as a comparison of sizes || **à ~ d'essai** / on appro[val], tentatively || **à ~ fin** (tex) / fine-denier || **à ~ gracieux** / free of charge, gratis || **à ~ professionnel** / for commercial use || **de ~ bas ou inférieur** (minerai) / base, lowgrade || ~ d'**argent** / silver content || ~ du **brevet** / patent document o. specification || **~s à contraste élevé** (TV) / high-contrast titles *pl*, Hi-cons *pl* || ~ **courant** (typo) / live heading, catchword, running head o. title || ~ **courant des divisions** (typo) / running title || ~ **décimal** (chimie) / decimal titer, Td || ~ **déroulant** (film) / rolling title || ~ **étalon** (chimie) / titrimetric standard || ~ d'**exploitation** (pétrole) / concession || ~ de **fin** (phot) / final title strip || ~ **fin** (film) / end title || ~ sur **fond** (film) / background title || ~ **hydrotimétrique**, T.H. (eau) / total hardness || ~ **international** (tex) / metric o. international count || ~ **international** (chimie) / decimal titer, Td || ~ **légal** (chimie) / legal titer || ~ **nominal** (tex) / nominal titre || ~ de l'**or** / gold content, standard of gold || ~ de **propriété industrielle** / patent document o. specification || ~ de la **soie** / silk titer
titrer (chimie) / titrate
titreuse *f* (film) / titler, title printer || ~ (typo) / headliner
titrimètre *m* / titrimeter
titulaire, être ~ (brevet) / hold || ~ d'un **brevet** / patentee || ~ de **licence** / licensee, licencee, licensed party, grantee
tjâle *m* / permafrost
TL50 = temps létal 50%
TLE = transfert linéique d'énergie
t/min = tours par minute
T.N.T. *m* / trinitrotoluene, TNT
tobbogan *m* (manutention) / parcels o. goods chute
toboggan [démontable] *m* (routes) / elevated steel road || ~ d'**évacuation** (aéro) / evacuation slide || ~ **lisse** / spiral chute, antibreakage chute || ~ à **rouleaux** / spiral roller chute
toc *m* / carrier, catch, driver, dog, tappet || ~ d'**entraînement**, toc *m* du tour / lathe carrier, heart shaped driver, driving dog
tocophérol *m* / tocopherol
tocopherol *m*, α-~ / vitamin E, α-tocopherol, 5,7,8-trimethyltocol || β-~ *m* / β-tocopherol, 5,8-dimethyltocol || δ-~ *m* / δ-tocopherol, 7,8-dimethyltocol
toile *f* / linen, linen cloth || ~ (théatre) / drop scene || ~ (forg) / wad || ~ (découp) / wall of the stamped hole || ~, fond *m* de dentelle / lace ground || **de ~** / linen *adj* || **en ~ d'araignée** / cobweblike, arachnoid || ~ **abrasive** / abrasive cloth || ~ d'**aérage** (mines) / brattice cloth || ~ d'**amiante** / asbestos cloth o. fabric || ~ à l'**arpe** / grass cloth o. linen || ~ à **bâches** (tiss) / awning cloth || ~ **bakélisée** / linen delecto, dilecto || ~ pour **blue-jean** / blue jeans fabric || ~ à **calquer** / vellum cloth || ~ **caoutchoutée** / friction cloth, rubberized cloth || ~ de **chanvre** / hemp cloth || ~ pour **chemises** / shirting [fabric] || ~ **cirée** / American cloth o. leather (GB), enamelled cloth (US), patent cloth, cerecloth || ~ de **coton** / cotton fabric, calico || ~ de **coton gaufré** / embossed calico || ~ **damassée** / linen damask || ~ de la **dentelle** (tiss) / lace ground || ~ à **drap de lit** (tiss) / sheeting, linen sheeting || ~ **écrue** / raw o. unbleached flax o. linen [cloth] || ~ d'**emballage ou à emballer** / pack[ing] cloth o. canvas o. duck, bagging o. sack cloth, coarse canvas, sacking || ~ **émeri**, toile émerisée ou d'émeri (filage) / emery canvas, saddle grinder || ~ [d']**émeri** (techn) / abrasive o. emery cloth || ~ [**en**]**gommée** / friction cloth, rubberized cloth || ~ d'**étoupe de lin** (tex) / tow linen || ~ pour **filtre-presses** / filter cloth o. stuff || ~ **fine** / sheer lawns *pl* || ~ **frictionnée ou gommée** / friction cloth, rubberized cloth || ~ **goudronnée** (nav) / tarpaulin, tarred canvas || ~ à **grenats** (galv) / garnet cloth || ~ **grossière** / pack cloth o. duck || ~ **imprégnée à écrire** / writing linen cloth || ~ d'**impression** / printed calico || ~ d'**intercalaire** (caoutchouc) / intercalated fabric || ~ de **jute** / jute bagging o. canvas, gunny || ~ de **jute à emballer** / gunny, burlap || ~ de **lieuse** / canvas apron of harvester-binder || ~ de **lin** / linen cloth || ~ de **lin pure** / pure linen || ~ à **livrets** / book cloth || ~ **lustrée** / sleeked dowlas, glazed o. trellis linen || ~ de **machine à papier** / paper making wire [cloth], wire cloth o. fabric o. netting || ~ à **matelas** (tex) / ticking || ~ de **ménage** / homespun linen || ~ **métallique** / metallic cloth, metal cloth o. gauze || ~ **métallique** (p.e. pour fenêtres) / wire mesh || ~ **métisse** (tiss) / union linen || ~ **micanite** / micanite linen || ~ **nettoyeuse** (filage) / cleaning o. wiping cloth || ~ **oblique** (pap) / oblique wire || ~ **peinte** / printed calico || ~ à **polir ultra-fine** / crocus cloth || ~ de **refroidissement** (fonderie) / cooling web || ~ à **reliure** / book cloth || ~ **sans fin** (carde de laine) / endless cloth || ~ **sans fin** (pap) / machine wire web, [endless] wire || ~ de **sauvetage** / jumping sheet || **~-tailleur** *f* / interlining material, stiffening cloth || ~ de **tamisage** / screen o. sieve netting, strainer texture || ~ de **tente** / tent awning o. canopy || ~ **vernie** / oiled linen || **~-verre** *f* / glass [fiber] fabric o. cloth || ~ à **voile** (nav) / canvas, duck, sail cloth || ~ à **voile** (tiss) / awning cloth
toilerie *f* (tex) / white goods *pl*
toison *f* / shear wool, [wool shearing] fleece || ~ de la **première année** (laine) / first year's wool
toit *m* (bâtim, auto) / roof, top || ~ (mines) / [hanging] roof, hanging wall || **en forme de ~** / rooflike || ~ en **appentis** / lean-to roof, pent[house] roof, monopitch o. shed (US) roof || ~ en **appentis à portée libre** / cantilever leanto || ~ à **arc bombé [de Zollinger]** / segmental arch roof || ~ **arc-bouté** / trussed roof || ~ d'**auto** / motorcar hood o. top || ~ **avancé** voir toit en appentis || ~ de **bardeaux** / shingle roof, shingling || ~ en **bâtière** / gable o. ridge roof, double pitch roof || ~ en **berceau** (bâtim) / barrel o. waggon roof, arched roof || ~ **cantilever** / flat o. truncated roof || ~ **carré** / square roof || ~ en **carton bituminé ou goudronné**, toit *m* en carton-pierre / [asphalted] cardboard roof || ~ **chaud** / roof without vapour barrier insulation, non-insulated roof || ~ de **chaume** / thatch[ed] roof || ~ à **chevrons** / couple roof || ~ au **cinquième** / roof with pitch of 1:5 || ~ **cintré** / cambered roof || ~ en **cloche** / bell-cast roof || ~ **conique ou en cône** / conical broach roof || ~ à **contre-fiches** / trussed roof || ~ en **coque** / shell type roof || ~ en **coque de bois** / timber shell roof || ~ d'une **couche** (mines) / top o. back of a stratum || ~ en **coupole** (bâtim) / dome-shaped roof, cupola roof || ~ en **croupe** /

corner o. hip[ped] roof || ~ **décapotable** (auto) / collapsible o. folding hood o. top o. roof, convertible hood || ~ en **demi-croupe** (charp) / false o. half o. partial hip roof || ~ à **deux égouts ou à deux pentes** / ridge roof, gable roof || ~ **double** / close-boarded battened roof || ~ à **double paroi ou en deux parties**, toit *m* froid / roof with air insulation || ~ **éboulé** (mines) / caved roof || ~ à **éclisse** (bâtim) / split tiled roof || ~ **éjectable** (aéro) / jettison hood || ~ en **encorbellement** / cantilever roof || ~ avec **entrait supérieur** / collar roof with strut, collar beam roof || ~ **[du filon]** (mines) / [hanging] roof, hanging wall, top [wall] || ~ à **forte pente** / high pitched roof, steep roof || ~ de **galerie** (mines) / gallery roof || ~ de **garde** / shed || ~ à **jambes de forces** / trussed roof || ~ à **lanterneau** / crown roof || ~ en **M** / M-roof || ~ à la **Mansard** / mansard o. curb o. French o. gambrel roof, broken o. knee roof || ~ **métallique isolé** / insulated metal roof || ~ **ouvert** (sans plafond) / open roof || ~ **ouvrant** (auto) / sliding o. sunshine roof || ~ **ouvrant** (conteneur) / opening roof, open-top... || ~ **ouvrant en acier** (auto) / steel sliding roof || ~ de **paille** / thatch[ed] roof || ~ en **papier** / [asphalted] cardboard roof || ~ de la **passerelle** (nav) / observation deck || ~ en **pavillon** / tent roof || ~ de **planches** / board roof || ~ **plat** / terrace, flat roof, platform roof || ~ **plissé** / multi-pitch roof || ~ en **porte à faux** / cantilever roof || ~ à **potence** / lean-to roof, pent[house] roof, monopitch o. shed (US) roof || ~ de **protection** / shed || ~ de **protection pour automobiles** (auto) / carport, car shed || ~ **pyramidal** / spire roof, pyramidal broach roof || ~ au **quart** / roof with pitch of 1:4 || ~ **raide** / high pitched roof, steep roof || ~ en **redents** / double-ridged roof, saw tooth roof, shed roof || ~ en **roseaux** / thatch[ed] roof || ~ en **selle double** / M-roof || ~ en **shed** / double-ridged roof, saw tooth roof, shed roof || ~ à **simple paroi ou en une partie** / roof without vapour barrier insulation, non-insulated roof || ~ **suspendu** / suspended roof || ~ **suspendu à câbles** / cable suspension o. suspended (US) roof || ~ **télescopique** / rising roof || ~ *f* en forme de **tente** / tent roof || ~ *m* au **tiers** (bâtim) / roof with pitch of 1 : 3 || ~ en **tôle ondulée** / corrugated sheet roof || ~ en **tôle pliée** (bâtim) / fold structure roof || ~ de **tour** / spire roof, pyramidal broach roof || ~ de **tuiles** / tile roof || ~ en **tuiles creuses**, toit *m* en tuiles à canal / roof in hollow tiles, roof in convex and concave tiles || ~ en **tuiles de verre** / glass tile roof || ~ à **une pente** (bâtim) / lean-to roof, pent[house] roof, monopitch roof, shed roof || ~ **vitré ou en verre** / glass roof || ~ **vitré** (auto) / skylight roof || ~ de **voiture ou de wagon** (ch.de fer) / waggon roof, deck (US)

toiture *f* / roofing, roof covering || ~ (bâtim) / roof[ing], covering || ~ (auto) / roof, top || ~ de ou en **ardoise** / slating, slate[ed] roof || ~ en **béton translucide** / glass-crete roof, reinforced concrete roof with glass tile fillers || ~ **chaude** / roof without vapour barrier insulation, non-insulated roof || ~ à **deux versants** / gable o. ridge roof, double pitch roof || ~ à **feutre goudronné** / tarred carboard roof || ~ **froide** / roof with air insulation || ~ à **maîtresses poutres** / couple-close roof || ~ **monocouche** / single-layer roof || ~ en **panneaux** / slab roof || ~ en **parapluie** / station-roof || ~ en **plaques ondulées** / corrugated sheet roofing || ~ en **plomb** / plumb roofing, lead covering || ~ en **redents** (ELF), toiture à redans ou en shed / shed roof, double-ridged roof, saw tooth roof || **~-terrasse** *f* / flat o. platform roof, terrace || ~ en **tuiles** / tiling of roofs || ~ à **un versant** (bâtim) / lean-to roof, pent[house] roof, monopitch roof, shed roof || ~ en **verre** / glass roof

tokamak *m* (plasma) / tokamak

tôle *f* / sheet metal || ~ d'**acier** / sheet steel || ~ d'**acier inox de construction** / architectural stainless steel sheet || ~ d'**aluminium** / aluminium sheet o. plate || ~ de l'**âme** (constr.en acier) / web plate || ~ **angulaire** (constr.en acier) / sheet steel corner plate || ~ d'**appui** / dummy sheet || ~ d'**arcasse** (nav) / transom plate || ~ en **argent** / silver foil o. plate || ~ d'**assemblage** / joining o. joint plate || ~ d'**assise** / dummy sheet || ~ en **auge** / trough sheet || ~ de **ballast** (nav) / tank wall plate || ~ de **barbotage** / oil splasher o. striker o. thrower || **~s** *f pl* de **bardage** (lam) / facing sheets *pl* || ~ *f* **bleuie** / blue annealed sheet, blued sheet || ~ **bombée** / arched o. vaulted plate || ~ du **bord** / brim plate || ~ **bossue** / buckle[d] plate, embossed plate || ~ à **boutons** / warted o. nipple plate, button plate || ~ **cambrée** / buckled sheet || ~ de **capotage** / engine protection plate || ~ de **carène** / keel plate || ~ de **carrosserie** / facing sheet, cover o. lining o. coating sheet || ~ pour **carrosserie automobile** / deep-drawing sheet steel, [auto]body sheet || ~ formant la **cathode** (galv) / mother blank || ~ de **chargement** (contre-plaqué) / caul || ~ pour **châssis** / chassis o. frame plate || ~ **[pour] chaudière** / boiler plate || ~ de **chemise** / jacket sheet o. sheathing, sheet casing || ~ de **chicane** / baffle [plate] || ~ **chicane** (auto) / spoiler || ~ **cintrée** / arched o. vaulted plate || ~ de **cloison** (sidér) / partition plate || ~ de **cloison** (nav) / bulkhead plate || ~ de **coffrage**, chicane *f* pour retenue d'huile / coating sheet, trim panel || ~ **collectrice d'huile**, chicane *f* pour retenu d'huile (mot) / oil baffle || ~ à **collets** / steel plate for flanging || ~ de **construction** / structural sheet [steel], structural plate || ~ pour la **construction** / structural sheet [steel], structural plate || ~ pour **constructions navales** / ship plate || ~ **cornière** (constr.en acier) / sheet steel corner plate || ~ de **côté** (nav) / tank wall plate || ~ **courante** (lam) / medium plate, medium sized sheet iron, heavy-gauge sheet, jobbing sheet o. plate || ~ **courb[é]e** / buckle[d] sheet || ~ de **couverture** / roofing sheet || ~ de **cuivre** / sheet copper || ~ pour **culots** (électr) / base sheet || ~ **décorée** / decorative sheet o. fancy sheet metal [cover] || ~ pour **découpage** / punching sheet [steel] || ~ **découpée pour transformateur** / transformer stamping || ~ de **dosage** (filage) / stripping plate || ~ **dressée** (lam) / straightened sheet || ~ [pour] **dynamo** / dynamo o. core sheet || ~ **ébauchée** (lam) / sheet bar || ~ d'**égouttage** / drip plate || ~ **élastique à ressorts** / spring steel sheet || ~ **électrique** / magnetic steel sheets, electric sheets (US) *pl* || ~ à **émailler** / enamelling sheet || ~ pour **emballages** (sidér) / packing plate || ~ **emboutie** / buckled plate o. sheet || ~ à **emboutir** / deep-drawing sheet || ~ d'**emboutissage profond qualité spéciale** / extra deep drawing sheet [steel] || ~ **entretoise** / spacer sheet || ~ d'**enveloppe** / jacket sheet o. sheathing, sheet casing || ~ pour **estampage** / punching sheet [steel] || ~ d'**étanchéité** / skinplate || ~ de **faîtage** / ridge plate || ~ **fine** (lam) / sheet || ~ **fine commerciale** / commercial quality sheet || ~ de **flanc** (nav) / tank wall plate || ~ de **fond** / bottom plate || ~ **forte** / [heavy] plate || ~ **forte gaufrée** / pattern sheet || ~ de **fourrure** (constr. en acier) / stiffener [plate], lining plate || **~s** *f pl* **froissées** (coll) (auto) / crash || ~ *f* **[frontale] de capotage du moteur** / engine bonnet

[GB) o. hood (US) || ~ à **galvanisation** / sheet for galvanizing || ~ **galvanisée** / galvanized [sheet] iron || ~ **galvanisée nervurée** (toiture) / ridging plate || ~ **gaufrée** (lam) / goffered plate || ~ **gaufrée pour marchepied** / checker plate for footboard || ~ **glacée** / bright polished sheet || ~ **glacée polie** / high-mirror-finished sheet || ~ à **griffes** / clamping plate || ~ **grosse** / [heavy] plate || ~**-guide** *f* **ou de guidage** / guiding plate || ~ d'**hiloire** (nav) / coaming plate || ~ **incurvée** / buckled sheet || ~ d'**induit** (électr) / punching, stamping, lamination || ~ **inférieure** (auto) / underscreen o. -shield o. -protection o. -pan, engine shield, mud pan o. shield || ~ **intercostale** (nav) / intercostal plate || ~ d'**isolation** / screening wall || ~ **labyrinthe** / oil seed labyrinth || ~ de **laiton** / brass plate o. sheet, sheet brass || ~**s** *f pl* **laminées à la paire** (lam) / doubles *pl* || ~ *f* **lance-gouttes** / oil splasher o. striker o. thrower || ~ **larmée** (lam) / bulb plate, chequer plate with oval protrusions for gripping || ~ **lustrée** / bright polished sheet || ~ en **M pour transformateurs** / shell-type transformer stamping || ~ **magnétique** / magnetic steel sheets, electric sheets (US) *pl* || ~ **maîtresse** (électr) / armature endplate o. head || ~ **marchande** / merchant sheet || ~ à **marchepied** / chequer plate for footboard || ~ **mate** / dull-finish sheet, terne plate || ~ **mère** (lam) / sheet panel (for subsequent processing) || ~ de **métal léger** / light sheet metal || ~ **métallique** / sheet metal || ~ **mince** (lam) / sheet || ~ à **moissonner en andain** (agr) / metal sweep || ~ au **molybdène-titane** / moly-ti, Mo-0,5% Ti sheet || ~ **moyenne** (lam) / medium plate, medium sheet, light plate, jobbing sheet o. plate || ~ de **nickel** / nickel sheet || ~ **noire** / black plate, black sheet || ~ **noire pour fer blanc** / tin plate sheet || ~ de **noyau** (électr) / core sheet || ~ **ondulée** / corrugated sheet || ~ **ondulée à onde triple** / triple corrugated sheet || ~ **ornée** / decorative sheet o. fancy sheet metal [cover] || ~ **paravent** (locomotive) / smoke deflector plate || ~ **perforée** / perforated sheet o. plate || ~ **perforée pour cribles** / screen[ing] o. sieve plate o. sheet, perforated plate || ~ **perforée à trous carrés, [oblongs]** / square, [oblong] hole perforated plate || ~ **perforée trous ronds** / round hole perforated plate || ~ **plaquée** (lam) / clad sheet || ~ **plastifiée** / skinplate || ~ pour **pliage** / sheet with good bending properties || ~ **plombée** (sidér) / terne [plate] || ~ **polie** / bright polished sheet || ~ de **premier choix** / prime sheet || ~ **profilée** / profiled sheet [metal] || ~ à **profiler le fond du fossé** (excavateur) / crumber || ~ de **protection** / shroud || ~ de **protection** (m.outils) / workpiece guard, splash guard || ~ de **protection** (filage) / shielding plate || ~ de **pulvérisation** (sidér) / splash board || ~ de **qualité emboutissage** / deep drawing quality sheet || ~ de **rebut** (lam) / wasted sheet, waster || ~ **rebutée lors de l'arrêt d'un train** (lam) / unit stops sheet || ~ de **recouvrement** / flooring plate || ~ de **recouvrement** (pont) / sliding plate || ~ de **recouvrement** (constr.en acier) / cover strip, end plate, top flange plate || ~ de **recouvrement**, semelle *f* supérieure (constr.en acier) / chord (US) o. boom (GB) plate || ~ de **refroidissement** / cooling plate || ~ **refusée** / wasted sheet, waster || ~ de **renfort ou de renforcement** / stiffening o. reinforcement o. reinforcing sheet o. plate o. strap || ~ à ou pour **réservoirs** / tank sheet steel, tank plate || ~ de **revêtement** / stiffener [plate], lining plate || ~ de **rotor ou rotorique** / core disk o. plate o. stamping o. punching, armature core disk lamination || ~ de **roulis** (nav) / wash plate || ~ en **ruban** (lam) / strip || ~ **satinée** (panneaux de part.) / satin caul || ~ de **second choix** / mender || ~ en **segment** (électr) / segmental core disk || ~ au **silicium** / silicon sheet || ~ du **stator** (électr) / stator lamination || ~ **striée** / checker[ed] plate, channeled plate || ~ de **sûreté** (techn) / locking plate || ~ à **tamisage** / screen[ing] o. sieve plate o. sheet, perforated plate || ~ **terne** / dull-finish sheet, terne plate || ~ de **toiture** / roofing sheet || ~ à **tourbillon** / swirl vane || ~ pour **tracés** / sketch plate || ~ de **transfer** / deflector plate || ~ pour **transformateurs** (électr) / transformer plate o. sheet || ~ en **U** / channel plate, U-shaped plate || ~ d'**usure** / wearing plate || ~ à **voûte** / arched o. vaulted plate || ~ de **zinc** / zinc plate o. sheet, sheet zinc

tôler (électr) / stack laminations

tolérable (techn) / tolerable, permissible

tolérance *f* (techn) / allowance, tolerance || ~ (dessin) / tolerance || ~ [sur] / tolerance [on] || **avec de ~s courantes** (lam) / with standard flatness tolerances || **en dehors des ~s** / off-gauge, out of tolerances || ~ d'**acceptation** / acceptance limit o. tolerance || ~ d'**ajustement** / tolerance of the fit, fit tolerance || ~ de l'**angle de déphasage** / phase angle deviation tolerance || ~ du **cône** / cone tolerance || ~ **courante** / standard tolerance || ~ de **déséquilibre** / unbalance tolerance || ~ **dimensionnelle ou des dimensions** / dimensional tolerance || ~ **[dimensionnelle] pour dimensions non tolérancées** / dimensional variation || ~**s** *f pl* des **dimensions, du faux-rond et de la voile** (meule) / tolerances for dimensions and run-out *pl* || ~ *f* **étroite** / exacting tolerance || ~ d'**excentration de la pièce cylindrique** / concentricity tolerance || ~ de **fabrication** / manufacturing tolerance, mill limit || ~ de **faux plan** / run-out tolerance || ~ **fondamentale** / fundamental tolerance || ~ sur **forme** / form error || ~ de **fréquences** / frequency tolerance || ~ **g négative** (espace) / negative g tolerance || ~ d'**humidité** / humidity tolerance || ~ **ISA** / ISA tolerance, IT || ~**s** *f pl* **maxi et mini du même côté de zéro** (techn) / unilateral tolerance || ~ *f* **maxi[mum] et mini[mum]** / plus and minus limit || ~ de **mesure** / dimensional tolerance || ~ **minimale** (adjustement) / minimum clearance || ~ de **mise au point** / depth of focus || ~ des **plantes** (insecticide) / tolerance to plants, plant tolerance || ~ **plus-moins** / plus and minus limit || ~ sur le **poids** / tolerance on the weight || ~ de **position** (bâtim) / positional tolerance || ~ de **positionnement** (NC) / positioning variation, scatter || ~ **positive de g** (espace) / positive g tolerance || ~ de **pourcentage des défectueux dans un lot** / lot tolerance percent defective, LTPD || ~ de **réception** / acceptance tolerance || ~ de **retrait** / shrinkage allowance || ~ **serrée de laminage** / close mill limit || ~ **sévère** / exacting tolerance || ~ de **temps** (gén) / time allowance o. margin || ~ d'**usinage** (m.outils) / machining tolerance || ~ d'**usine** / work tolerance, mill tolerance

tolérancement *m* (dessin) / tolerancing || **sans** ~ (dessin) / without tolerancing || ~ de **battement** / tolerances *pl* of runout || ~ **géometrique** / geometrical tolerancing || ~ d'**orientation** / tolerances *pl* of orientation || ~ de **position** / tolerances *pl* of location

tolérancer / draw the tolerances into a design

toléré / allowable, permissible, admissible, safe

tôlerie *f* / fabricated steel sheet structure, steel plate work o. construction || ~ (usine) / plate o. sheet

rolling mill || ~ (fourneau) / shell || ~ de **poche** (sidér) / ladle casing o. shell || **~s** *f pl* **rotoriques** (électr) / rotor plates *pl*, armature laminations *pl* || **~s** *f pl* **statoriques** (électr) / stator plates o. laminations *pl*
tolite *f* / trinitrotoluene, TNT
tolu *m* / tolu balsam, balsam o. resin tolu, Thomas balsam
toluène *m* / toluol, toluene, methylbenzene || ~ **brut** / crude toluene || ~ **pur** / pure toluol
toluidine *f* / toluidine
toluol *m* / toluol, commercial grade toluene
tombac *m* / tombac || ~ **au plomb** / leaded semi-red brass, brass 81-3-7-9
tombant dans une **direction oblique ou voisine de la surface** / with low o. flat hade o. inclination || ~ le **même jour** / concurrent || ~ sous le **sens** (brevet) / obvious
tombé dans le **domaine public** (brevet) / no longer protected, expired || ~ en **ruines** / dilapidated, gone to run
tombée *f* de **came** / cam drop || ~ de **sulfate** (émail, défaut) / sulphur scum
tomber (gén) / fall [down] || ~ [sur] / dash [against], bump o. strike [on], impact || ~ [sur] (foudre) / strike *vi*, hit || ~, mollir / abate || ~, culbuter / tumble [down] *vi* || ~ (rosée) / fall *vi*, come down || **[laisser] ~ en ruines** / dilapidate || **ne pas laisser ~ !** / not to be dropped! || ~ **au-dessous** [de] / fall below, fall short [of] || ~ en **décadence** / become dilapidated, fall o. go to ruin || ~ en **déliquescence** (chimie) / deliquesce || ~ en **désuétude** / fall into disuse || ~ en **éclats** / come off in splinters || ~ en **efflorescence** (min, chimie) / effloresce || ~ en **glissant** / slide [down o. off] || ~ par **glissement** (aéro) / side-slip *vi* || ~ **goutte à goutte** / drop *vi*, drip || ~ [d'en **haut]** / fall down || ~ **hors du pas ou hors de phase** (électr) / slip out o. fall out of synchronism o. of step, be pulled out of step || ~ en **ligne** (typo) / end even || ~ **mal** (typo) / be badly registered || ~ en **morceaux** / collapse, fall asunder || ~ en **page** (typo) / make up the page, finish square || ~ en **panne** (ord) / go haywire (coll), conk (coll) || ~ à **plat** (aéro) / stall, pancake || ~ par suite de **pourriture** / rot [off] || ~ en **pourriture** / decay || ~ à la **renverse** / tumble down, tip o. turn over, upset || ~ à la **renverse** / change *vi* to the contrary || ~ en **ruine** (bâtim) / dilapidate, go o. fall to ruin || ~ à **travers** / fall through
tombereau *m* / dumping cart (two wheels) || ~ (bâtim) / dumper, trough tipping wagon, V-dump car (US), skip lorry (GB) o. truck (US), dump truck || ~ (ch.de fer) / waggon (GB) o. freight car (US) with high sides || ~ (ELF) (auto) / dumper || ~ **automoteur** (bâtim) / front tipper o. dumper || ~ **basculant à trois roues** (agr) / three-wheel tumbril || ~ **chenillé** / track truck || ~ **élévateur** / high dumper
tome *m* **[dépareillé]** (typo) / volume || **~s** *m pl* **isolés** (typo) / oneseys *pl* (US) || ~ *m* des **signaux** (nav) / signal book
tomette *f* / hexagone tile
tomo·graphie *f* (rayons X) / tomography, lamino-, planigraphy, body-section radiography || **~vision** *f* (TV) / tomovision
ton *m* / tone || ~ (phonétique) / pitch of a tone, tone pitch || ~ (teint) / tone || ~ (phot) / tint, colour, tone || **en ~ de cuir** / buff-coloured || **~s** *m pl* **aigus** (électron) / tweet || ~ *m* **briqueté** / brick colour o. red || ~ **différentiel** / difference tone || ~ **entier** (acoustique) / whole tone || **~-étalon** *m* / concert o. standard pitch, philharmonic pitch || ~ **explorateur** (acoustique) / sinusoidal tone || ~ **foncé** (couleur) / fullness || ~ **musical** (télécom) / buzzer tone || ~ **naturel** (acoustique) / eigenperiod, eigenton || ~ **pur** / pure tone || ~ de **référence** / reference tone, reftone || **~s** *m pl* **résultant d'une combinaison** / combination tones *pl* || ~ *m* **sonore** / voiced sound || ~ **sourd** / unvoiced sound || ~ **sur ton** (teint) / of the same shade
tonal / tonal
tonalite *f* (géol) / tonalite
tonalité *f* / tonality, tonal quality || ~ (couleur) / tint, tinge, tonality || ~ (téléphone) / tone || ~ (musique) / key, tonality || ~ d'**appel** / ringing tone, R.T. || ~ d'**attente** / tone indicating a third party waiting || ~ **audible** (télécom) / auditive tone || ~ de **blocage** (télécom) / locking signal || ~ **continue** (télécom) / continuous o. steady tone || ~ de **dérangement** (télécom) / trouble tone || ~ d'**invitation à transmettre**, tonalité *f* d'envoi / proceed-to-dial tone || ~ de **manœuvre** (télécom) / dial [ringing] tone, DT, pulsing signal || ~ de **numérotage** / proceed-to-dial signal || ~ de **numérotation** / audible ringing tone, audible signal, dial hum, dial [ringing] tone, DT || ~ d'**occupation** / number-unobtainable-tone, N.U.tone, N.U.T. || ~ des **P.T.T.** / audible ringing tone, audible signal, dial hum, dial [ringing] tone, DT || ~ [de **retour] d'appel** / ringing tone, R.T. || ~ **sinusoïdale** (acoustique) / sinusoidal tone || ~ de **vibrateur** / buzzer signal o. tone
tonca *m*, Dipterya odorata (bot) / tonka bean
tondaille *f* / shearing wool o. flock
tondeur *m* / [sheep] shearer, clipper
tondeuse *f* / clippers *pl*, clipping machine || ~ (tiss) / cropping machine || ~ (gazon) / lawn o. grass mower o. mowing machine || ~ à **action continue en longueur, [en largeur]** (tex) / shearing machine by continuous action lengthwise, [crosswise] || ~ **autoportée** / lawn mower with driver seat || ~ **cheveux** / clippers *pl*, clipping machine || ~ à **cylindre oscillant** (tex) / oscillating shearing machine || ~ à **entraînement par roues latérales** / spiral-bladed lawn mower, reel mower || ~ **hélicoïdale** (tex) / cylinder shearing machine || ~ **longitudinale** / lengthwise shearing machine || ~ **mécanique à lames rotatives** / lawn mower with rotating blades, rotary mower || ~ **mécanique de tissus** / cloth shearing machine o. motion || ~ à **moteur électrique** (agr) / electric motor mower || ~ **oscillatoire** (tex) / oscillating shearing machine || ~ **transversale** / crosswise shearing machine
tondre / clip *vt*, shear || ~ le **gazon** / mow the lawn
tondu (tiss) / plain, glossy
toner *m* (xérogr) / toner || ~ (p.e. en peinture) (DIN 7730) (plast) / toner
tonique *m* / tonic
tonka *m* (bot) / tonka bean
tonnage *m* (nav) / measurement || ~, jauge *f* (nav) / tonnage, burden || ~ (production) / tonnage || ~ **brut** (mines) / raised and weighed tonnage || ~ **brut** (nav) / gross tonnage || ~ **enregistré** / tons registered, T.R. *pl* || ~ **extrait** / tonnage of a mine || ~ en **lourd** (nav) / dead weight capacity || ~ **net** (nav) / net tonnage || ~ **net de registre** / net registered tonnage, NRT || ~ **produit par une filière** (tréfilerie) / die tonnage || ~ **réel** / deadweight tonnage || ~ de **registre** (nav) / registered tonnage || ~ en **stock** (charbon) / tonnage of piled coal || ~ d'un **train** (ch.de fer) / weight of a train
tonne *f* / barrel || ~ / metric ton || ~ (bouée) / nun buoy || **~s** *f pl* par **an** / tons per year || ~ *f* **anglaise ou forte** (ca. 1016 kg) / long ton (= 2240 lbs) || ~ **courte** (907,185 kg) / short ton || ~ d'**essai** (métal précieux) /

assay ton (= 29,166 g for the short ton, = 32,67 g for the long ton) || ~ de **jauge** / register ton || ~**s** *f pl* par **jour** / tons per day || ~**-kilomètre** voir ce mot || ~ *f* **métrique** (vieux) / meter-ton || ~**s** *f pl* par **mois** / tons per month *pl* || ~ *f* **nette** / net ton || ~**s** *f pl* de **port en lourd** / gross registered tons *pl*, G.R.T. || ~ *f* de **réfrigération** (unité) / refrigeration ton || ~ **valant 1.1326 m³** / shipping ton (= 1,1326 m³) || ~ **valant 907,185 kg**, tonne *f* courte / short ton (GB, US) (= 2000 lbs = 907.185 kg) || ~ **Washington** / long ton (= 2240 lbs)

tonneau *m* / barrel, cask || ~ (aéro) / roll || **faire des ~x** / roll *vi* || **faire un** ~ (aéro, auto) / overturn *vi*, roll over, topsize || ~ d'**arrimage** / measured ton, shipping ton || ~ à **bière** / beer barrel || ~ de **dessablage** (fonderie) / tumbling barrel || ~ d'**encombrement** / shipping ton || ~ de **jauge** / register ton || ~**x** *m pl* de **jauge internationale bruts** / gross registered tons *pl*, G.R.T. || ~**x** *m pl* de **jaugeage** (nav) / measurement || ~ *m* à **mettre en suif** (tan) / stuffing drum || ~ de **nettoyage** (fonderie) / tumbling barrel || ~ de **polissage** / polishing drum o. barrel o. tub, scouring barrel || ~ à **rouler** (fonderie) / tumbling barrel

tonne-kilomètre *f* (aéro) / ton-kilometer, ton-km || ~ **brute complète**, tkbc (ch.de fer) / gross ton-kilometer worked || ~ **brute remorquée, tkbr** (ch.de fer) / gross ton-kilometer [hauled] || ~ **nette**, tkn / net ton-kilometer || ~ **offerte**, tko / ton-kilometer provided || ~ **taxée**, tkt / ton-kilometer charged || ~ **utile**, tku / usable ton-kilometer || ~ **virtuelle**, tkv (ch.de fer) / virtual ton-kilometer || ~ **virtuelle complète**, tkvc / virtual ton-kilometer worked || ~ **virtuelle remorquée**, tkvr / virtual ton-kilometer hauled

tonnelage *m* au **mouillé** / wet tumbling

tonneler / tumble *vt*

tonnelet *m* / small cask, keg || ~, hobbock *m* / hobbock

tonnelier *m* / cooper, hooper, barrel-maker

tonnelle *f* / barrel o. cylindrical o. waggon o. tunnel vault, semicircular vault || ~ / arbo[u]r, bower

tonnellerie *f* (fabrique) / cask manufactory, cooperage || ~ (atelier) / cooper's workshop, cooperage

tonpilz *m* (radio) / tonpilz

tonstein *m* (géol) / claystone

tonte *f* / shorn o. sheared wool || ~ / shearing || **d'une seule** ~ (laine) / of one year, single-clip... || ~ des **moutons** / sheep shearing, cropping of sheep || ~ de **poil** (tex) / pile napping

tontisse *f* de **drap** / shearing wool o. flock

tonture *f* (nav) / sheer || **à** ~ (nav) / sheered || **sans** ~ (nav) / straight-sheered

tonturé (nav) / sheered

top *m* (radar) / pip, blip, spike || ~ de **cible** (radar) / target blip o. pip || ~**-coating** *m* (cuir) / surface treatment || ~ de **commande** / control pip || ~ de **départ** / start mark || ~ d'**écho** (radar) / range strobe, blip || ~ **[d'écho] permanent** (radar) / permanent blip || ~ de **front de départ** / slot || ~ **horaire** / time signal || ~ d'une **impulsion** (électron) / pulse pip o. spike || ~ d'**intensification** / intensification pip || ~ **parasite** / pulse spike || ~ de **synchro de sens négatif** / negative-going sync pulse || ~ de **synchronisation** (film) / sync[hronization] pip o. plop, sync beep, sound pulse || ~ de **synchronisation de lignes** / [scanning] line sync[hronizing im]pulse

topaze *f* (min) / topaz || ~ **brûlée** / yellow o. gold topaz

topinambour *m*, Helianthus tuberosis / topinambour, Jerusalem artichoke

topique / topical

topo *m* / topographical sketch || ~**chimie** *f* / topochemistry || ~**graphie** *f* (géogr, météorol, arp) / topography, land surveying || ~**graphie** *f* **moléculaire** / molecular topology || ~**graphique** / topographical || ~**logie** *f* (math) / topology || ~**logie** *f* des **réseaux** (électr) / topology of networks || ~**logique** (math) / topological || ~**métrie** *f* / survey of land || ~**rama** *m* / toporama || ~**tactique** (crist) / topotactical || ~**taxie** *f* / topotaxis, topotactical reaction

torbanite *f* (schiste bitumineux) (min) / torbanite

torbénite, -bernite *f* (min) / copper o. cupro-uranite, torbernite

torchage *m* (raffinerie) / burning off

torche *f* / torch || ~ (électr) / electric torch (GB), flashlight (US) || ~ (raffinerie) / flare-stack || ~ à **allumer** (turbine à gaz) / torch igniter || ~ de **brûlage** (pétrole) / flare [bleeder], surplus gas burner || ~ **électronique ou à plasma** / electron torch || ~ **luminaire** (ciné, phot) / ciné hand lamp

torcher / wipe || ~ (raffinerie) / burn off

torchère *f* (pétrole) / flare stack tip || ~ (éclairage) / floor lamp, stand lamp || ~ du **gaz en excès** (pétrole) / surplus gas burner

torchis *m* / daub

torchon *m* / cleaning rag, scouring cloth || ~ pour **fenêtres** / window cloth || ~ à **vaisselle** / dish-cloth

torchonnette *f* / cleaning rag, scouring cloth

tordage *m* / twisting

tordeuse *f* / leaf roller moth, tortrix moth || ~ des **bourgeons du sapin**, Rhyacionia buoliana Schiff / European pine shoot moth || ~ du **chêne**, Tortrix viridana / oak leaf roller moth || ~ de la **grappe**, Cochylis ambiguella / grape berry moth || ~ **pyrale ou verte du pommier**, Carpocapsa pomonella / codling o. apple moth || ~ de la **vigne** / Oriental moth

tordre *vt* / distort, wring, twist *vt* || ~ (méc) / wring off, twist off || ~ (soie) / twist o. organzine silk || ~ (se) / twist *vi* || ~ le **linge** / wring [out]

tordu / twisted, wound || ~, arqué (défaut) / crooked, cambered, contorted, deviated || ~, de travers / wry || ~ à **froid** / twisted while cold || ~ à **gauche**, tordu S / S-twist

tore *m* (gén) / torus || ~ (rabot) / torus || ~ (vis sans fin) / toroid || ~ (électr) / toroid, torus || ~ **bobiné** (électr) / choking coil || ~ en **C** / C-core toroid || ~ **enroulé** (ord) / tape [wound] core || ~ **enroulé fendu**, tore *m* coupé (transfo) / C-core, split tape[-wound] core || ~ de **ferrite** (ord) / iron-dust o. -powder core, ferrite core || ~ **magnétique** (ord) / magnetic core || ~ **miniature** (ord) / miniature core || ~ **multitrous** / multiaperture core || ~ **pendulaire** (instr) / ring balance || ~ de **pied** (vis sans fin) / root toroid || ~ à **plusieurs trous** (électron) / multiaperture core || ~ à **poudre de ferrite** (électron) / dust core || ~ de **référence** (vis sans fin) / reference toroid

torique / toric

tornade *f*, tornado *m* (météorol) / tornado, (pl.: -does, -dos)

tornado *m* (avion) / MRCA-plane (= medium range combat airplane), tornado

toroïdal / toroidal

toroïde *m* / toroid

toron *m* / strand || ~ (nav) / strand of rope || **à trois ~s** / three-stranded || **à trois ~s** / three-strand[ed] || ~ **central** / central strand, core strand || ~ **clos** (électr) / locked coil conductor || ~ en **cuivre** / copper

tinsel conductor, copper strand o. braid || ~ **métallique** / wire heald, strand || ~ **ovale** / oval strand || ~ **plat** / ribbon strand || ~ **profilé** / sectional strand || ~ de **raccordement** (électr, électron) / pigtail || ~ **rond** / round strand || ~ **simple** / one-part line, single strand || ~ de **sonnerie** / bell cord o. strand || ~ **triangulaire** / triangular strand
toronnage *m* / twisting || ~ à **droite ou Z** (câble) / right-hand o. Z-strand || ~ à **gauche ou S** (câble) / left-hand o. S-strand
toronné / stranded
toronner / strand *vt* || ~ en **quartes** (télécom) / quad, quad-twist
toronneuse *f* / wire stranding machine || ~ **rapide** / high-speed strander || ~ **tubulaire** (câble) / tubular stranding machine
torpédo *m* (auto) / touring car, phaeton, open car with folding top || ~ **sport** (auto) / sporting car, sportscar, sportster
torpille *f* (inj. sous pression) / spreader, runner || ~ (mil) / torpedo || ~ **enfoncée** (mil) / sunken torpedo || ~ de la **filière** (plast) / die torpedo || ~ **Polyliner** (plast) / polyliner
torquage *m* (filage) / winding into skeins
torque *f* (tréfilage) / coil o. bundle of wire || ~ de **cinq écheveaux** (filage) / knot of 5 hanks || ~ de **fil** (filage) / skein
torr *m* / torr, 1/760 atmosphere
torréfacteur *m* [à **café**] / coffee roaster
torréfaction *f* / torrefaction, roasting
torréfié (café) / roast *adj*
torréfier / roast *vt* || ~ le **café** / roast coffee
torrent *m* / torrent || ~ de **lave** / flow of lava
torride (climat) / torrid
tors *adj* / spiral, crooked || ~ (filage) / twisted || ~ (bois) / having twisted o. spiral fibers || ~ *m* / turn, twist || ~ (filage) / winding || ~ (lam) / twisting || ~ *adj* **irrégulier** (filage) / corkscrewed || ~ *m* **passager donné au coton dans le banc à tubes** / temporary twist in the tube loom
torsade *f* / [any] twisted object || ~ (télécom) / twist joint o. ligature, American twist joint || ~ (électr) / bunched conductor || ~ (tex) / twisted fringe, torsade || ~ (tricot) / cable stitch || ~ **binomiale** (guide d'ondes) / step (US) o. binomial (GB) twist
torsadé (électr) / tw, twisted
torsader / twist *vt* || ~ (fils) / bunch *vt*
torseur *m* (méc) / wrench
torsiographe *m* / recording torsiometer, torsiograph
torsiomètre *m* (filage) / yarn twist tester || ~, couplemètre *m* / torquemeter, torsion meter, torsiometer || ~, balance *f* de torsion / torsion balance || ~ **enregistreur** / torsiograph, recording torsiometer || ~ à **entrefer** / air-gap torsion meter || ~ de **fil** / yarn twist tester
torsion *f* / turn, twist[ing] || ~ (méc) / torsion || ~ (math) / torsion of a space curve || ~ (lam) / twisting || ~ (filage) / twist || **à ~ floche** (filage) / loosely twisted || **à ~ simple** (câble) / long-lay || **à ~ zéro** (tex) / torsion-free || ~ sur l'**axe** / torsion on the axis || ~ du **câble** / spin, turn of a rope || ~ à **droite** (filage) / right-hand twine, Z-twist, open-band (GB) || ~ du **fil** (filage) / twist of the thread || ~ **forte** / hard twist || ~ à **froid** / cold twisting || ~ **gauche** (filage) / left-hand twine, reverse o. S-twist || ~ **Lang** (câble) / Lang['s] lay, long lay || ~ de **retordage** / ply torque o. twist, twist torsion || ~ en **S** (filage) / left-hand twine, reverse o. S-twist || ~ **simple** / Lang['s] lay, long lay || ~ de **St. Vénant** (Auerbach) **ou de Saint-Vénant** (Morgenstern-Scabo) (méc) / Saint-Venant torsion, St.Venant torsion problem || ~ **supplémentaire** (filage) / twisting at the head || ~ **Z** (filage) / right-hand twine, Z-twist, open-band (GB)
tortillard *m* / arched o. bent beam o. timber, crooked o. curved timber o. piece, compass timber
tortiller / twist, twirl
tortilleur *m* (ELF) (techn) / torsion bar o. spring, torque rod, twister
tortoir *m* / twist clamp
tortu / contorted, crooked
tortueux / sinuous, winding || ~ (routes) / winding, tortuous, meandering
tortuosité *f* / tortuousness
torus *m* / torus
total *adj* / total *adj*, entire, whole || ~, complet / perfect, complete, utter || ~ *m*, montrant *m* / upshot, result || ~ (math) / sum [total], total || **faire le ~** / add [up] *vi* || ~ de **contrôle** (ord) / control o. hash total || ~ **cumulé** (ord) / running total || ~ **général** (math) / final total || ~ **partiel** / subtotal || ~ **progressif** (c.perf.) / progressive total || ~ des **spots de ligne** (TV) / the scanning spots of a line || ~ pour **vérification** / check sum, proof total
totalement contrôlable (électron) / fully controllable || ~ **étanche** / hermetically sealed o. closed, airproof, airtight
totalisateur *m* (gén) / totalizer, accumulator, register || ~ (techn) / integrating train o. device, totalizer || ~ (calculateur) / product register || ~, addeur *m* / adding device, adder, summing-up mechanism || ~ à **distance** / remote integrator || ~ d'**heures de marche** (techn) / elapsed time indicator o. clock o. meter, time meter, working hour meter, running time meter (US) || ~ d'**impulsions** (électron) / pulse counter || ~ **kilométrique de parcours** / hodometer (GB), odometer, mileage o. kilometer counter || ~ de **quantités** / volume meter || ~ **secret** / concealed register || ~ **visible** / visible register
totalisation *f* / cast
totalisatrice *f* **à fiches de vente** / cash register printer, customer's receipt printer || ~ à **tickets** / check (US) o. cheque (GB) printer
totaliser / sum *vt*, cast up, add up, count up, totalize
totaliseur *m* d'**estime** (un indicateur) (radar) / ground position indicator, G.P.I.
totalité *f* / totality, the whole || ~ des **fibres du velours** / total pile fiber content
touage *m* / towing, towage, tugging
touaille *f* **essuie-mains continue**, touaille *f* / roller towel
touchau *m* (orfèvre) / proof-needle, touch[ing] needle
touche *f* / press button || ~ (m.outils) / fence, jaw || ~ (orfèvre) / touch, assay by the touch needle || ~ **1, 2 et 3 zéros** / two-three-cipher o. -zero key || ~ à **accrochage** / [self-]locking key || ~ de l'**amplificateur** / probe tip || ~ d'**appel** / calling key, starting o. ringing key || ~ d'**arrêt** / stop key || ~ d'**arrêt de secteur** (radio) / mains disconnecting key || ~ d'**avance à vide** (repro) / blank key || ~ du **blanc de chiffres** (télécom) / figure o. cipher blank key || ~ **blanc de lettres** (télécom) / letter-blank key || ~ de **blocage** / fixing key || ~ de **block** (ch.de fer) / block signalling || ~ de **charbon** / carbon contact || ~ de **chiffre** / numeral key || ~ **[de clavier]** (télécom, m.compt, m.à ecrire) / key || ~ à **clé** / lock-up key || ~ du **combinateur** (électr) / notch of a controller, position of a controller || ~ de **commande** (gén) / control o. function key || ~ de **commande** (électron) / enabling key || ~ de **commande** (télécom) / request

key || ~ **correction** / reset key || ~ de **coupure** (télécom) / cut key || ~ de **déclenchement** / release button o. key || ~ de **dégagement du papier** (m.compt) / open-close key || ~ de **dépose [de pose] des arrêts de tabulation** (m.à ecrire) / tabulator clear key, [set key] || ~ de **descente** (combinateur) / lowering position of the controller || ~ de **desserrage** / release key || ~ à **deux zéros** (m.compt) / two-cipher o. two-zero key || ~ **dividende** (m.compt) / divided entry key || ~ **double** (télécom) / double [tapper] key || ~ à **double fonction** (ord) / double function key || ~ **duplication** (c.perf.) / duplicate key || ~ d'**écoute** / playback key || ~ à **effleurement** / touch contact switch || ~ d'**éjection** / eject key || ~ d'**élimination du dernier chiffre** (addit) / backspace eliminating last digit || ~ d'**enregistrement** (cassette) / recording button o. key || ~ d'**entrée** (ord) / entry key || ~ d'**espace arrière** (m.à écrire) / backspace o. return key, backspacer || ~ d'**espace blanc** (ord) / blank key || ~ d'**espacement double** / expand key || ~ d'**essai** (télécom) / test key || ~ **fixe** (micromètre) / anvil || ~ **fixe-majuscules** (m.à ecrire) / shift-key lock, shift lock-key || ~ de **fonction** (m.compt) / control key, function key || ~ **géométrie** (NC) / geometry key || ~ à **glissière** / push key || ~ à **impulsion** / touch control || ~ d'**interruption** / break key || ~ de **lettre** (caisse enregistr.) / initial key || ~ de **libération** (déclenchement) / release button o. key || ~ de **lignes de service** (télécom) / order wire key || ~ **lumineuse** / illuminated push button, lighted push button switch || ~ **magnétique** (électron) / magnetic key || ~ des **majuscules** (m.à ecrire) / case shift || ~ **marche-arrière** (m.compt) / carriage directional key o. return key || ~ de **mesure** / test prod || ~ **mobile** (micromètre) / screw, spindle || ~ **morte** (m.à ecrire) / non-tab o. dead key || ~ de **motion** (m.à écrire) / shift key || ~ de **motion haute** (m.à ecrire) / upper case shift key || ~ **motrice** (m.compt) / motor bar || ~ **non-addition** / non-add key || ~ **numérique** (addit) / numeral key || ~ **passe-marge** (m.à ecrire) / margin release || ~ **plus** / plus bar o. key || ~ de **pose des taquets de tabulation** (m.à ecrire) / tabulator [set] key || ~ pour **pourcentage automatique** (ord) / automatic percentage key || ~ à **poussoir** (télécom) / plunger key || ~ de **programme** / program key || ~ de **quittance** / acknowledge key || ~ de **rappel** / repeat key, repeater || ~ de **rappel arrière** (m.à écrire) / backspace key || ~ de **rebobinage** / rewind key || ~ de **recherche des stations** / station finder pushbutton, station selector pushbutton || ~ de **remise à zéro** (compteur) / reset button || ~ de **répétition** (m.à ecrire) / repeater, repeat key || ~ de **reproduction** / playback key || ~ de **retour** (m.à ecrire) / backspace [key], backspacer, return key || ~ de **retour à la ligne** / return key || ~ de **scintillement** (télécom) / flicker-signal key, flashing key || ~ de **sélection de programme** / program [select] key || ~ de **service** (gén) / function key || ~ **sous-total** (addit) / subtotal key || ~ de **soustraction** (addit) / minus o. subtract key || ~ de **surimpression** (film) / trick button || ~ de **symbole** / character key || ~ **système** (ord) / system key || ~ de **tabulation** (m.à ecrire) / tabulate key, tab key || ~ de **tabulation décimale** / decimal tabulating key || ~ de **tabulation simple** / unit tabulating key || ~**-témoin** *f* / warning key || ~ du **total** / summing-up key || ~ du **total général** (m.compt) / total [taking] key || ~ de **transposition des lettres** (m.à ecrire) / letter shift || ~ à **trois zéros** / three-cipher key, three-zero key || ~ de **trucage** (film) / trick button || ~ à **verrouillage** / push-to-lock key (US) || ~ de **verrouillage de motion** (m.à ecrire) / shift-key lock, shift lock-key || ~ de **vigilance** (ch.de fer) / vigilance button o. device || ~ **virgule** (ord) / decimal fraction key || ~ de **zéro** (addit) / [single-]cipher o. zero key

toucher [à] *v* / contact *v*, touch || ~ (se) / touch *vi*, meet *vi* || ~ (techn) / try-out [by blue ink], touch-up || ~, attendre / hit *v* || ~ le **but** / score a hit || ~ **légèrement** / touch gently || ~ le **fond** (nav) / touch o. strike the ground || ~ du **bout du doigt** / tap *v*, tip, strike gently || ~ un **chèque** / cash a cheque || ~ un **salaire** / draw a salary

toucher *m* / feel || ~ (sens) / touch, sense of touch || ~, frappe *f* / key stroke || ~ (étoffe) / hand (US), handle (GB) || **avoir un ~ rugueux** / have a coarse feel || **ayant du ~** / having a good feel || **donner le ~ craquant** / scroop silk || **par le ~** / by the touch || ~ **carteux** (tex) / boardy feel || ~ **craquant** (soie) / scroopy feel || ~ **dur** (tex) / harsh feel || ~ **firme ou plein ou rêche** (tex) / firm o. solid feel || ~ **plein** / full feel o. handle || ~ **solide** (tex) / compact feel || ~ **soyeux** / silk scroop

toucheur *m* (typo) / composition o. inking roller o. cylinder, inker, form inking roller

toué (nav) / in tow

touer (nav) / tow *vt*, tug || ~ **entre mouillages** (nav) / warp *vt*

touffe *f* (filage) / cluster, bunch || ~ (tapis) / tuft || ~ de **laine** / wool tuft

touffeté (tapis) / tufted

touffu [et mêlé] (laine) / felted

touiller, agiter (fonderie) / stir *vt*

toupie *f* / pegtop, top || ~ (bois) / shaping machine || ~ (fibre synthét) / melt spinning head, melt extrusion head || ~ (modelage) / shaper || ~ à **béton** (bâtim) / truck mixer || ~ à **copier** (bois) / double spindle shaping machine || ~ **double** (bois) / double end moulding machine || ~ pour **moulures arrêtées** (bois) / stooped grooves shaper

toupilleuse *f* (typo) / routing [and trimming] machine, router

tour *m* (méc) / rotation, revolution || ~, tr (géom) / complete revolution, 2π in radians || ~, circonférence *f* / circumference, measurement || ~ (m.outils) / lathe, turning lathe || ~ (câble) / turn, lay || ~ (nav) / turn of the ship's propeller || ~ (enroulement) / lap || ~, truc *m* / artifice, trick, contrivance || ~, bord *m* / enclosure, surround, curb, skirt || ~ (atelier) / round, tour through the factory || ~, inflexion *f* / inflexion (GB), inflection || ~ (techn) / thread, turn, spire || ~ (filage) / reel || ~ (tiss) / repeat of weft threads || **à ~ de rôle** / in turns, alternate || **à deux ~s** (serr) / double-turn || **à un ~** (serr) / single-turn... || **faire faire un ~** / turn *vt* || **faire le ~ [de]** / double, drive round || **faire le ~ [de]** (électr) / avoid, go round, straddle (US) || ~ d'**aboutissement** (électr) / end turn || ~ en l'**air** / face o. facing lathe || ~ en l'**air ou à barre** / bar lathe || ~ en l'**air sur taque** / facing lathe with a floor || ~ à **aléser les bandages** / tire boring lathe || ~**-alésoir** *m* / boring bench || ~**-alésoir** *m* pour **lingots** / ingot boring lathe || ~ **[pour l'atelier] d'outillage** / toolmaker's o. toolroom lathe || ~ **automatique** (tourn) / automatic lathe, automatic, autolathe || ~ **automatique à broches multiples ou multibroche** / multi[ple]-spindle automatic lathe || ~ **automatique à cinq broches** / five-spindle automatic lathe || ~ **automatique à entraînement central** / center drive automatic lathe || ~ **automatique à façonner et à charioter** / automatic forming and screw machine || ~ **automatique à façonner ou à profiler ou à**

décolletage / automatic forming machine || ~ **automatique horizontal** / horizontal automatic lathe || ~ **automatique longitudinal** / long turning automatic screw machine || ~ **automatique à mandrin** / automatic chuck lathe, chucker (US) || ~ **automatique monobroche ou à broche simple** / single-spindle automatic lathe || ~ **automatique multibroche travaillant aux mandrins** / multiple-spindle o. multi-spindle automatic chucking machine || ~ **automatique à portique** / portal automatic || ~ **automatique à quatre broches** / four-spindle automatic lathe || ~ **automatique à six broches** / six-spindle automatic lathe || ~ **automatique travaillant dans la barre** / automatic bar machine, bar automatic || ~ **automatique pour vis ou pour boulons ou pour boulonnerie** / automatic screw [cutting] machine, screwing machine || ~ avec **banc incliné** / inclined bed turning lathe || ~ à **banc rompu** / gap lathe || ~ à **banc rompu avec extension coulissante** (m.outils) / sliding extension gap lathe || ~ à **barre** / bar lathe (a small lathe on a bar-shaped slideway) || ~ pour **barres** / bar stock lathe || ~ à [travailler le] **bois** / [turning] lathe, wood turning lathe || ~ à **brides** / flange planing and trimming machine || ~ de **brins** (filage) / number of ends o. threads, thread count || ~ à **broche** / mandrel o. spindle lathe || ~ de **broche** / revolution of mandrel o. spindle || ~ du **câble** / spin o. turn of a rope || ~ à **chariot** / slide [rest] lathe || ~ à **charioter** (m.outils) / bar o. sliding lathe || ~ à **charioter automatique** / long turning automatic screw machine || ~ à **charioter et à fileter** / screw cutting and feed-shaft lathe || ~ à **charioter, percer et tronçonner** / turning, boring and cutting-off machine || ~ de **clé** / turn of key || ~ à **commande à levier** / lever controlled lathe || ~ au **cône à gradins** / cone pulley drive lathe || ~ à **copier** / copying o. contour lathe, reproducing o. duplicating lathe || ~ de **cordage** (câble) / lay || ~ à **cycle automatique** / automatic cycle lathe || ~ à **cylindres de laminoirs** / roll [turning] lathe || ~ à **décolleter** (tourn) / automatic lathe, autolathe || ~ à **décolleter multibroche** / multi[ple]-spindle automatic lathe || ~ à **dégager** / backing-off lathe, relieving lathe || ~ à **dégauchir** (bois) / wood turning lathe || ~ à **dégrossir** / rough-turning o. roughing lathe || ~ à **dégrossir les fusées** / journal lathe || ~ à **dégrossir les lingots** / ingot turning lathe || ~ à **dépouiller ou à détabonner** / backing-off lathe, relieving lathe || ~ à **deux outils** / duplex lathe || ~ à **dresser** / facing o. surface lathe || ~ à **dresser le bois** / wood turning lathe || ~ à **dresser les faces verticales aux extrémités des essieux** / lathe for facing axle ends || ~ à **droite** / right-hand rotation || ~ d'**ébauchage** / rough-turning o. roughing lathe || ~ à **écroûter les lingots** / ingot turning lathe || ~ à **écroûter les lingots ou les blocs carrés** / square ingot turning lathe || ~ à **[écrouter les] lingots polygonaux** / polygon shaping lathe, corrugated ingot o. fluted ingot turning lathe || ~ à **emboutir** / spinning o. chasing lathe || ~ à **engrenages** / geared [head] lathe || ~ **entièrement automatique** (m.outils) / full automatic lathe o. screw machine etc || ~ à **essieux montés** / wheel lathe || ~ **et aléseuse** / turning and boring machine || ~**s** *m pl* **et retours** (routes) / sharp bends o. turns *pl* || ~ *m* d'**établi** / bench center lathe || ~ pour **fabrications variées** / multi-purpose lathe || ~ à **façonner** / copying o. profiling o. forming lathe || ~ à **fileter** / s.s. and s.c. lathe (= sliding, surfacing, and screw-cutting) (GB), screw-cutting lathe (GB), engine lathe (US) || ~ de **fils** (filage) / number of ends o. threads, thread count || ~ **finisseur ou de finissage** / finish-machining lathe, finishing lathe || ~ à **fosse** (m.outils) / pit lathe || ~ **frontal** / front-operated lathe || ~ **frontal à deux mandrins** / twin front operated chucking lathe || ~ **Frontor** (m.outils) / Frontor lathe || ~ à **gabarit** / copying o. contour lathe, reproducing o. duplicating lathe || ~ à **galeter** / burnishing lathe || ~ à **galeter les fusées d'essieux** / axle journal burnishing lathe || ~ à **grand rendement ou à grand débit** / heavy-duty lathe || ~ à **grande puissance** / large-dimension lathe || ~ à **guillocher** / geometrical lathe, cycloidal engine, rose engine || ~ d'**horloger** / speed lathe, turn bench, watchmaker's lathe, dead-center lathe || ~ **Jacot** (horloge) / Jacot tool || ~ à **jauge** / copying o. contour lathe, reproducing lathe || ~ à **lisser** / smoothing lathe || ~ de **main** / know-how, knack, trick || ~ de **mécanicien** / mechanician's lathe || ~ de **menuisier** / double center lathe || ~ à **métaux** / metal turning lathe || ~**s** *m pl* [par] **minute** / speed, number of revolutions, revolutions/min *pl*, rpm, r.p.m., RPM, revs *pl* || ~ *m* **mort** (câble) / round turn || ~ pour **moulures variées** (men) / beading machine || ~ d'**opérations** / manufacturing o. production lathe || ~ d'**outillage** / tool room [center] lathe || ~ à **outils multiples** / multiple tool lathe, multi-cut lathe || ~ à **outils rotatifs** / lathe with rotating tools || ~ à **ovale** / oval [turning] lathe || ~ **parallèle** / center lathe || ~ **parallèle d'usage général** / general purpose center lathe, sliding lathe || ~ à **pédale ou au pied** / foot [operated] lathe, pedal lathe || ~ à **perche** (bois) / pole lathe || ~ à **pivoter** (horloge) / Jacot tool || ~ à **plateau** / surface lathe, facing lathe || ~ à **plateau horizontal** / vertical boring and turning mill || ~**s** *m pl* à **pleine charge** / full load speed || ~ *m* à **pointes** / center lathe || ~ de **potier** (céram) / thrower's engine, throw[wheel], throwing lathe o. mill o. table, potter's wheel || ~ de **précision** / precision turning lathe || ~ à **prismatique** / gantry lathe || ~ de **production** / manufacturing o. production lathe || ~ de **production à grande vitesse** / speed lathe, superspeed lathe, rapid production lathe || ~ pour **produire les excentriques** / eccentric turning lathe || ~ à **profiler** / copying o. profiling o. forming lathe || ~ à **profiler les bandages de roues montées** / railway workshop wheel lathe || ~ **rapide** / [high-]speed lathe || ~ à **repousser** / spinning o. chasing lathe || ~ à **repousser et à planer** / chasing and planishing machine || ~ de **reprise** / second-operation lathe [model] || ~ **revolver** / turret lathe || ~ **revolver automatique** / turret automatic || ~ **revolver à chariot longitudinal** / saddle type turret lathe (US), combination turret lathe (GB) || ~ **revolver linéaire** / linear turret lathe || ~ **revolver ordinaire** (m.outils) / plain turret lathe || ~ de **roue** / turn of a wheel || ~ **sans centres** / centerless lathe || ~ **semi-automatique** / semiautomatic machine || ~ de **table** / bench lathe || ~ de **taille** / girth (body meas.), waist measurement || ~ à **tour** / in o. by turns || ~ à **tour et côté à côté** / alternately side by side || ~ à **tourelle [revolver]** / capstan and turret lathe || ~ à **tourner en ovale** / oval turning machine || ~ à **travailler les métaux** / metal turning lathe || ~ pour **travaux en l'air ou en mandrin** / front operated chucking lathe || ~ pour **travaux de précision** / precision turning lathe || ~ à **tronçonner et centrer les essieux** / axle cutting-off and centering lathe || ~ à **tronçonner les tubes** / tube cutting-off lathe o. slicing lathe || ~

universel / universal lathe || ~ de l'**usine** / tour through the factory (GB), plant visitation (US) || ~ à **usiner les bandages** / tire turning mill || ~ pour **usiner les roues** / wheel lathe || ~ **vertical** / vertical boring and turning mill || ~ **vertical à bandages** (ch.de fer) / vertical turning and boring mill for tires || ~ à **vis-mère** / s.s. and s.c. lathe (= sliding, surfacing, and screw-cutting) (GB), screw-cutting lathe (GB), engine lathe (US)

tour *f* / tower

tour *f* pour **acides** / acid tower || **~-antenne** *f* **T.V. ou pour la télévision** / television tower || **~-atelier** *f* (espace) / assembly tower || ~ de **blanchiment** (pap) / bleach[ing] tower || ~ de **bouclage** (lam. de feuillards) / looping tower || ~ à **brut** / raw o. crude coal bunker || ~ de **bureaux** / multistory office building || ~ à **charbon** / coal [storage] tower, coal service bunker || ~ à **coke** / coke tower || ~ de **contrôle** (aéro) / [traffic] control tower || ~ de **coulage de béton** / concrete chuting o. placing tower, tower concrete spouting plant || ~ de **craquage** / cracking tower || ~ de **débenzolage** (pétrole) / scrubbing tower || ~ de **décantation pour fines** (prépar) / settling pit || ~ **descendante** (hydr) / lining of a wall, sinking masonry || ~ de **dessèchement** / dripping tower || ~ de **diffusion** / diffusion tower || ~ d'**éclairage** (ch.de fer) / lighting pylon o. mast || ~ d'**égouttage** / draining tower || ~ d'**emmagasinement des charbons** / coal [storage] tower, coal service bunker || ~ **excavatrice** / dragline with on fixed and one travelling tower o. hitch || ~ **excavatrice à câbles mous** / dragline with two travelling towers o. hitches || ~ de l'**extinction de coke** [à arrosage] / coke quenching tower, damping-down tower || ~ d'**extraction liquide-liquide** / liquid-liquid contactor || ~ d'**extraction avec machine installée en tête** (mines) / tower-type headgear || ~ à **filtres** (sucre) / filter tower || ~ à **foin** (agr) / hay tower || ~ [de **forage**] (ELF) (pétrole) / [oil] derrick || ~ de **fractionnement** / fractionating column, fractionater, dephlegmator || ~ de **Gay-Lussac** (chimie) / Gay-Lussac tower || ~ de **Glover** (chimie) / Glover tower || ~ d'**habitation** / dwelling tower || ~ **hertzienne** / radio tower o. mast || ~ de **lancement** (ELF) (missile) / launching rail || ~ de **lancement** (ELF) (astron) / launching tower || ~ de **lavage** (sidér) / tower scrubber, spray tower || ~ de **lavage** (chimie) / wash[ing] column o. tower || ~ de **lavage** (gaz) / wascher-scrubber, gaswasher || ~ de **machine** (grue à câble) / engine tower || ~ **mobile pénétrante ou descendante** (mines) / drop shaft, open caisson || ~ de **montage** (ELF) (astron) / assembly tower || ~ de **montage rotatoire** (astron) / rotating service structure || ~ **orientable** (grue à câble) / pendulum type tower || ~ **penchée** (phys) / leaning tower || ~ **piézométrique** (hydr) / surge chamber o. tank || ~ **pointue** (prépar) / purification cone || ~ en **poivrière** (bâtim) / spire || ~ à **porte-à-faux** (grue) / jib tower || ~ de **prilling ou à priller** (chimie) / prilling tower || ~ de **prise d'eau du barrage** / intake construction of the barrage || ~ de **puits** (hydr) / lining of a well, sinking masonry || ~ de **radio** / radio tower o. mast || ~ de **radio-repérage** / DF tower || ~ de **refroidessement à tirage naturel** / natural draught cooling tower || ~ de **refroidissement ou de réfrigération** (techn) / cooling tower || ~ de **refroidissement d'agglomérés de minerai** (fonderie) / sinter cooling tower || ~ **relais des PTT** / telecommunication[s] tower || ~ de **retraite** (espace) / flight tower || ~ de **séchage** / drying tower || ~ de **séparation de butane** (pétrole) / debutanizer || ~ de **séparation d'éthane** (pétrole) / de-ethanizer || ~ de **séparation de propane** (pétrole) / depropanizer || ~ de **service** (espace) / service structure o. tower || ~ de **sondage** (mines) / boring frame || ~ de ou à **télévision** / television tower || ~ **tourellée** (bâtim) / turreted tower || ~ de **vannes** (barrage) / valve tower, sluice column

touraille *f* (bière) / drying house o. kiln o. room || ~ à l'**air ou à calorifère** (bière) / air kiln || ~ à **feu nu** / open fire o. direct (fire) drying kiln || ~ à **jalousies** (bière) / dumping kiln floor || ~ à un **plateau** (bière) / one-floored kiln || ~ à **sécher le houblon** / hop drying kiln, hop oast || ~ à **sécher le malt** (bière) / oast, malt kiln || ~ à **sécher l'orge** (bière) / barley sweating kiln || ~ à **tambour** / malt drying drum kiln || ~ à **vapeur** (bière) / steam kiln

touraillon *m* (bière) / maltdust

tourbage *m* / peat digging o. extraction, cutting of peat

tourbe *f* / peat || ~ **carbonisée** / peat charcoal || ~ **comprimée** / pressed peat || ~ **fibreuse** / fibrous peat || ~ **homogène ou limoneuse** / bituminous o. black peat || ~ **minéralisée** / peat fertilizer || ~ en **mottes** / peat sods *pl* || ~ de **racines** / fibrous peat

tourbeux / peaty

tourbière *f* / peat moss o. bog || ~, couche *f* de tourbe / peat bed

tourbillon *m* (hydr) / vortex, eddy, whirlpool || ~ (électr, aéro) / whirl, eddy || ~ (météorol) / whirlwind || ~, rot[ationnel] *m* (électr) / curl, rotation || ~ (coulée sous pression) / swirl || ~ d'**air** / air vortex o. whirl || **~s alternés de Bénard-Karman** *m pl* / Karman vortex street || ~ *m* **ascendant** / fire storm || **~s** *m pl* **axiaux** (aérodynamique) / axial vortex || ~ *m* **composant** / partial vortex || ~ [d'**eau**] / whirlpool, eddy, vortex || ~ **élémentaire** (aérodynamique) / elementary vortex || ~ à l'**extrémité** (aéro) / tip vortex (US) || ~ de **fumée** / smoke coil || ~ de **Karman** / Karman vortex || ~ **libre** (aéro) / trailing vortex || ~ **lié** / attached vortex || ~ **linéaire** / line vortex || ~ **marginal** (phys) / boundary vortex || ~ **marginal** (aéro) / edge vortex || ~ de **poussière** / swirl, whirl

tourbillonnaire / swirling, whirling

tourbillonné / swirled, whirled

tourbillonnement *m* / whirling, eddying || ~ (auto) / turbulence of air

tourbillonner *vi* / whirl *vi* round, swirl, eddy || ~ le **filet** / whirl thread, cut thread chipless

tourelle *f* (bâtim) / turret || ~ (m. outils) / turret head || ~ à **cheval sur le faîte** / ridge o. louver turret || ~ **cornière** (bâtim) / corner turret || ~ d'**extraction de toiture** / roof ventilator || ~ d'**objectifs** (phot) / revolving objective changer || ~ **revolver** (gén) / turret head || ~ **revolver carrée** / four-faced turret head || ~ **revolver à cinq outils** / five tool turret tool-post || ~ **revolver à six pans** / six-faced turret head, six-tool turret tool post || ~ de **tension** / tensioning tower

touret *m* (câble) / cable drum o. reel || ~ (nav) / trawler winch || ~ à **croisillons** (câble) / open drum with cross pieces || ~ **dérouleur** (sidér) / uncoiler || ~ **dérouleur freiné** (sidér) / drag reel || ~ **enrouleur** (nav) / rope storage reel || ~ **hydraulique** (pétrole) / [rotary] swivel || ~ à **meuler ou 2 meules** (m.outils) / wheel stand, floor stand grinder (US) || ~ à **polir** / buffer (US), polishing wheel stand || ~ à **tuyaux** / hose reel

tourie *f* / acid carboy

tourillon *m* / bearing neck o. journal o. throat,

journal || ~ à **appui** / lifting lug || ~ de l'**arbre** (techn) / journal of a shaft || ~ à **boulet** / spherical gudgeon, ball-ended spindle, ball pivot || ~ de **chaîne** / chain stud, link pin || ~ de **châssis** (fonderie) / flask trunnion, moulding box trunnion || ~ à **collets** / neck o. throat of a shaft || ~ **conique du vilebrequin** (aéro) / taper end of crankshaft, propeller cone o. pin (US) || ~ du **cylindre** (lam) / neck || ~ **fixe** (cinématique) / center of pivot on frame || ~ de **frein** / brake bolt || ~ **[frontal]** / trunnion || ~ de **guidage** (outil) / pilot || ~ du **hérisson** (filage) / roller stud || ~ de **manivelle** / crank pin o. stud o. journal || ~ de **porte-balais** (électr) / brush bolt o. stud, trip spindle, brush spindle || ~ **porteur** / lifting lug || ~ d'une **roue** / spindle, pivot || ~ **tréflé** (lam) / wobbler || ~ **vertical** (techn) / neck collar journal, upper gudgeon of a vertical shaft || ~ du **vilebrequin** / crankshaft journal

tourmaline *f* (min) / tourmaline, turmaline || ~ **noire** (min) / schorl

tournadozer *m*, bouteur *m* à pneus / tournadozer

tournage *m*, usinage *m* au tour / turning [on the lathe], lathe work || ~ (film) / shooting || ~ **bombé** / crowning, spherical turning || ~ **brillant** / bright turning || ~ **conique** / taper turning || ~ **longitudinal** (m.outils) / longitudinal o. straight turning || ~ **plan ou transversal** (tourn) / facing, face o. transverse turning [operation]

tournant *adj* / turning || ~ (escalier) / winding || ~ (m.outils) / live, revolving || ~ *m* / reversal point || ~ (routes) / turn[ing], bend, curve, (esp.:) corner || ~ (auto) / turning space || **prendre son** ~ (auto) / turn back, reverse *vi* || **prendre un ~ à la corde** / cut a corner close || ~ *adj* **autour de la Lune** / moon circling || ~ sur ou autour d'un **axe** / rotatable, turning, revolving, rotating || ~ *m* **brusque** (routes) / sharp o. dangerous bend || ~ *adj* sur une **charnière** / hinged, tilting || ~ sur une **couche de gaz ou dans un coussinet gazeux** (techn) / gas bearing *adj* || ~ à **droite** / right-handed rotating || ~ à **droite** (filetage) / right-hand || ~ *m* de l'**eau** / whirl, whirlpool, eddy || ~ *adj* à **gauche** (méc) / left-handed rotating || ~ *m* en **lacet** (routes) / turning bend || ~ *adj* en **monophasé** (électr) / single-phasing || ~ **rond** (roue) / true, running true

tournapull *m*, bouteur *m* à pneus / wheel dozer, tournadozer, tournapull

tourné / turned || ~ de **... degrés** / turned by ... degree || **qui peut être** ~ / rotatable, turning || ~ **bombé** (poulie) / crowned, turned spherically, high-on-face, high-faced || ~ en **vinaigre** (vin) / turned sour

tourne-à-droite *m* / right turning

tourne-à-gauche *m* / left[hand] turn || ~ (outil) / tap wrench || ~ (scie) / [plier] saw set o. wrest, upset || ~ **extensible ou réglable** / tap wrench with movable jaws || ~ à l'**indonésienne** (trafic) / turning nearside-to-nearside || ~ [pour **tuyaux]** / gas-pipe wrench

tourne·--bande *f* (b.magn) / tape transport o. drive || **~-billes** *m* (silviculture) / cant-hook o. dog, rolling dog, peavey || **~-disques** *m* / record player

tournée *f* / round || **faire une ~ de mine** (mines) / inspect || ~ du **fond** (mines) / descending (of a pit) || ~ de **voie** (ch.de fer) / inspection of the line

tourne-fil *m* / tool sharpening steel

tourner [autour] (astron) / circle *vi* || ~ *vi* / move in a circle, revolve, rotate, turn *vi* || ~, effectuer un demi-tour / turn *vi* round || ~, pivoter / pivot *vi*, hinge *vi* || ~ [dans] (véhicules) / swing around a corner || ~ (mot, roue) / run *vi* || ~ [sur] (arbre) / run on bearings || ~ (lam) / tilt *vi* over || ~ *vt* / turn *vt* || ~, diriger / direct *vt* || ~ (m.outils) / turn on a lathe || ~ (céram) / form on the jigger || **faire** ~ (techn) / let run || **faire ~ l'hélice sustentatrice** (aéro) / rev up the helicopter screw || **faire ~ le moteur à plein régime ou à pleins gaz** / run up to topspeed, run the engine all out || **faire ~ à vide** / let idle, let run light o. at no-load || **ne pas ~ bien rond** / run untrue, run out of true || ~ à l'**acescence** / turn sour || ~ **aisement** / turn readily || ~ en **arrière** / turn back[wards] || ~ en **arrière** *vi* (techn) / run back, return || ~ à **arrosage** / wet-turn *vt* || ~ sur une **articulation** / hinge [on], slue, slew || ~ **autour de son ancre** (nav) / swing || ~ sur un **axe ou autour d'un axe** / slew, slue, revolve o. rotate o. turn around its axis || ~ **bombé** / crown *vi vt* || ~ sur une **boucle** (ord) / go into a loop, loop *vi* || ~ à **câble** (bois) / turn *vi* twisted o. cabled, cable *vi* || ~ des **cannelures** (lam) / groove a roll || ~ le **commutateur** (électr) / close, switch-on, turn-on, connect, cut in || ~ **conique** / turn taper, taper-turn || ~ **dextrogyre** (météorol) / veer || ~ la **difficulté** / get around a difficulty || ~ en **étages** / multiple-diameter-turn || ~ l'**extérieur** (tourn) / turn [outside] diameter || ~ **faux-rond** / run untrue o. out of true || ~ une **feuille** / turn over a page || ~ un **film** / shoot a film || ~ les **forets** (mines) / rotate o. turn the drilling bit || ~ à **grande vitesse** / run at high speed, revolve fast, spin *vi* || ~ à **haute précision** (tourn) / take the finishing cut || ~ **intérieur** (m.outils) / turn interior diameter || ~ **librement** / turn readily || ~ **mal** (techn) / run badly || ~ la **manivelle** (techn) / [turn the] crank || ~ dans la **masse** (m.outils) / turn from the solid || ~ un **obstacle** / double, drive round an obstacle || ~ en **ovale** / turn oval || ~ une **rainure intérieure** / trepan || ~ au **ralenti** / clock over, tick over, decelerate || ~ **rond** (roue) / run true || ~ dans le **sens des aiguilles d'une montre**, tourner dans le sens dextrorsum ou en sens horaire / rotate clockwise || ~ en **sens inverse du mouvement des aiguilles d'une montre**, tourner dans le sens sénestrorsum / rotate anticlockwise || ~ **sphériquement** / crown *vt*, turn spherically o. high-on-face || ~ **synchroniquement** (électr) / run synchronous[ly] || ~ à **vide** (ord) / idle || ~ à **vide** (techn) / run light || ~ en **vinaigre** / turn sour

tournerie *f* / turnery

tournesol *m* (teint) / litmus, turnsole [acid]

tournette *f* (offset) / plate whirler, plate coating machine || ~ pour **photogravure** (circ.impr.) / spinner for photoetching

tourneur *m* / lathe hand o. operator, turner || ~ de **bois** / wood turner || ~ en **métal** / metal turner || ~ d'**outils** / toolroom lathe operator || ~ **revolver** / turret lathe operator || ~ sur **tour à plateau horizontal** / vertical boring and turning mill operator || ~ sur **tour à pointes** / center lathe operator

tournevis *m* / screwdriver || ~ d'**angle** / [double] offset screwdriver || ~ **automatique** / spiral-ratched screwdriver, automatic screwdriver || ~ **certifié** / certified screwdriver || ~ à **cliquet** / ratchet screwdriver, cat-rake screwdriver || ~ **coudé** / [double] offset screwdriver || ~ **coudé cruciforme** / [double] offset screwdriver for recessed head screws || ~ à **courte lame** / stubby screwdriver || ~ **cruciforme** / screwdriver for recessed head screws || ~ **détecteur de tension** / voltage tester screwdriver || ~ pour **écrous à fente** / slotted screwdriver || ~ **électrique** / electric screwdriver || ~ à **équerre** / [double] offset screwdriver || ~ à **frapper** / impact screwdriver || ~

lame carrée, [gainée, ronde] / screwdriver with square shank, [insulated blade, round shank] || ~ **manche boule** / screwdriver with ball handle || ~ de **mécanicien** / mechanic's screwdriver || ~ **mécanique** / power driver || ~ **multilame** / multiblade screwdriver || ~ **Philips** / screwdriver for recessed head screws || ~ **porte-vis** / screwholding screwdriver || ~ **réversible** / reversible screwdriver || ~ à **rochet** / ratchet type o. cat-rake screwdriver || ~ **va-et-vient automatique** / spiral-ratched screwdriver || ~ pour **vis à tête fendue** / slotted screwdriver
tourniller (tricot) / fix the meshes, hook up, bind off
tourniquet *m* (lam) / collecting turnstile || ~ (tréfilage) / swift || ~ (fenêtre) / casement fastener, sash fastener o. lock, turnbuckle for furniture || ~ (ch. de fer) / turnstile || ~ (agr) / rotary sprinkler || ~ (tourn) / star handle || ~ (mines) / hauling whim o. winch o. windlass || ~ **agitateur** / tourniquet || **~-compteur** *m* / self-registering turnstile || ~ **dégage-talon** (ind. du caoutch.) / bead breaker || ~ **hydraulique** / Barker's wheel o. mill, reaction wheel, wheel of recoil || ~ **intérieur** (bâtim) / entering catch || ~ **ovale** (tex) / oval winch || ~ de **teinture** / wince, dye winch, dyeing paddle, slat roller
tournisse *f* (bâtim) / vertical post, stud post in framework
tournoyer *vi* / wheel *vi*, swirl, whirl
tournure *f* / shape produced on the lathe || ~, copeau *m* / chip, turning [chip] || ~ (fig) / turn, direction
tourrillon *m* (écluse) / quoin post, heel post
tourteau *m* / cake || ~ (presse) / press cake || ~ (électr) / rotating field magnet, field spider || ~ (excavateur) / tumbler || ~ de **boue** / sludge cake || ~ d'**engrais** / fertilizer cake from olive pressings || ~ d'**entraînement** / chain starwheel || ~ [de **filtration]** (sucre) / filter cake || ~ de **graines de coton** / cotton seed cake || ~ de **graines de lin** / linseed cake || ~ [de **graines oléagineuses]** / oil cake || ~ d'une **machine électrique** / armature o. rotor spider
tous circuits occupés (télécom) / all trunks busy, ATB || **~-courants** / a.c.-d.c., d.c.-a.c., universal || ~ [les] **feux éteints** / dark, unlighted || ~ **temps** / all-weather... || **~-terrains** (auto) / cross-country, off-highway, off-the-highway, off-the-road
tousser (mot) / splutter, spit
tout / all, whole || **à ~ usage** / general-purpose... || **à ~e épreuve** (schème) / foolproof || **à ~e heure** / horary, hourly, at any hour || **sur ~e la surface** (gén) / all-over || **~-acier** / all-steel... || **~-bois** / all-wood... || **~es les deux heures** / every second hour || ~ **électrique** / all-electric || ~ **entier** / complete, entire, whole || ~ **juste** / scantily || **~e la gamme** / every size || ~ **laine** / all-wool... || ~ **lin** (tex) / pure linen || **~-métal** / all-metal... || ~ **multiple** / integral o. whole multiple || **~es ondes** (électron) / all-pass..., multi-range... || ~ **ou rien** / all or nothing || ~ **pneumatique** / all-pneumatic || ~ d'un **tenant** / one-piece..., single-piece... || **~-terrain** (auto) / cross-country, off-highway, off-the-highway, off-the-road || **~e vapeur** *f* / full steam || ~ **venant** *adj* (mines) / run-of-mine *adj* || **~-venant** *m* / raw coal, run-of-mine coal || **~-venant** *m* **50% de gros** / best quality coal (US) || **~-venant** *m* **amélioré plus 30 mm, 40 % de gros** / good quality through (screened and hand-cleaned coal over 30 mm containing 30 - 40% of lumps over 80 mm) || **~-venant** *m* **forte ou bonne composition** / lumpy run-of-mine coal || **~-venant** *m* **trié** (mines) / sorted smalls *pl*
tout-à-l'égout *m* (inv) / sewage removal o. disposal, sewerage || **~, système séparatif** (eaux usées) / separate system || **~, système unitaire** (eaux usées) / combined system
toute vitesse en avant / full speed ahead
toxicité *f* / toxicity
toxicologie *f* / toxicology
toxicose *f* / toxicosis, (pl.: -ses)
toxine *f* / toxin
toxique *adj* / poisonous, toxic || ~ *m* / poison, toxicant || ~ **respiratoire** / breathing poison
traçage *m* / tracing, marking, scribing || ~ (mines) / advance working o. heading, development leading || ~, poursuite *f* / tracking || ~ (typo) / blind blocking || ~ de **cartes** / mapping || ~ de **gisement** / exploration, opening-up || ~ **isolé au charbon** / advance o. heading in coal deposit || ~ **manuel** (contr.aut) / manual plotting o. MP-method || ~ au **moule** (tailleur de pierres) / wooden templet || ~ par **radar de la trajectoire de vol** (aéro) / radar plotting || ~ des **rigoles** / trenching || ~ des **signaux** (électron) / signal tracing || ~ de **vérification** (table traçante) / verification plot
tracaner, tracanner (soie) / separate silk
trace *f* (math, chimie, radar) / trace || ~, base *f* de temps (radar) / sweep || ~ (fig) / touch, trace || ~ (chambre de Wilson) / track || ~ (tiss) / shuttle race o. path o. curve, lay o. loom race, race plate o. board || **en ~s** / in traces || ~ d'**abrasion** (film) / stress mark || **~s** *f pl* d'**abrasion** (pneu) / buffing marks *pl* || ~ *f* de **broutage** (tourn) / chatter mark || ~ **[du courant] de fuite** (électr) / creep current trace || **~s** *f pl* de **doigt** / finger marking o. marks *pl* || ~ *f* d'**écoulement** (fonderie) / flow line || ~ d'**écoulement** (plast) / segregation || **~s** *f pl* d'**écoulement du métal** (fonderie, défaut) / runmarks *pl*, flowmarks || ~ *f* d'**éjecteur** (coulage sous pression) / pin mark || ~ d'**éjecteur** (plast) / ejector pin mark || **~s** *f pl* de **feu** / rusty spots on sheet steel || ~ *f* **fictive** (nucl) / false curvature || **~s** *f pl* de **freinage** / wheel traces *pl* (US), skid mark || ~ *f* de **friction** (film) / stress mark || ~ de **fumée** (mil) / tracer streak || ~ de **glissement** (défaut de surf., sidér) / spreader mark, tree || ~ d'**ionisation** / cloud track || ~ du **joint d'un moule** (injection) / mould parting line, mould[ing] seam || **~-lettres** *m* / writing pattern || ~ *f* de la **ligne** (math) / piercing point trace || ~ de la **matrice** (math) / spur of a matrix || ~ due au **noyau Li-8**, trace *f* au marteau (nucl) / hammer track || ~ **nucléaire** / nuclear trace o. track || ~ des **pneus** / tire track || ~ des **pneus dérapants** (auto) / skid mark || ~ de **retour** (TV) / return trace || ~ du **retour d'outil** (tourn) / score [from withdrawing the tool] || ~ de **roues** / wheel rut o. track || ~ du **spot** (radar) / radar trace || ~ en **T** (nucl) / hammer track || ~ **théorique** / system line || ~ d'**usure** / wear mark || ~ de **vol** / flight path
tracé *adj* / full, unbroken || ~ *m* (arp) / line || ~ (arp, action) / laying out, aligning || ~, plot *m* / diagram, graph[ical representation], chart || ~ (frontière, route) / course || ~ (dessin) / plan, horizontal projection || ~ (usinage) / marking of workpiece, scribing || ~ (c.intégré) / conductor || **faire le ~ d'un ouvrage sur le terrain à la pioche** (bâtim) / mark the site by pick || ~ de la **cannelure** (lam) / pass design || ~ des **cannelures des cylindres** (dessin) / roll drafting, roll pass design || ~ d'une **courbe** / trace, continuous line || ~ à l'**échelle** (math) / protraction || ~ d'**entonnoirs et de canaux** (fonderie) / gating || ~ d'une **figure géométrique** (math) / geometrical construction || ~ **[général]** / layout || ~ de la **ligne**

(ch.de fer) / layout of the line || ~ de la **ligne** (télécom) / direction of a line || ~ de **mines** / lining, surveying o. draft underground, dialling || ~ **polygonal ou en polygones** (arp) / draft of traverse, progression || ~ en **polygone ouvert** (arp) / open traverse || ~ de **référence** (engrenage) / basic profile o. rack, standard basic rack tooth profile || ~ en **retour du faisceau de balayage** (TV) / return trace, return line flyback || ~**s** *m pl* de **rives d'une fleuve** / boundary of an improved river channel || ~ *m* d'une **route** / line of a road || ~ sur le **terrain** (ch.de fer) / location of the line || ~ sur le **terrain** (arp) / tracing || ~ d'un **train** (ch.de fer) / train path

tracelet *m* / scriber

tracement *m* / tracing

tracer *vt* / design, sketch || ~ (usinage) / mark, scribe || ~ (nav, charp) / trace in full size || ~ (arp) / peg out, stake out o. off || ~ (fossés) / trench *vt* || ~ la **cannelure** (lam) / design roll passes, calibrate || ~ un **cercle** / describe a circle || ~ au **compas** / compass, mark with compasses || ~ une **courbe** / plot a curve || ~ un **diagramme** / plot a graph || ~ à l'**échelle** (math, arp) / protract || ~ en **ferme** (mines) / draft narrow || ~ en **grandeur naturelle ou à l'échelle grandeur nature** / draw to full o. life size || ~ un **plan de mine** (mines) / survey o. dial mines || ~ des **raies sur papier** / draw lines || ~ une **route** / plot o. trace out o. locate a road || ~ des **sillons** (agr) / furrow *vi* || ~ un **train** / schedule a train || ~ en **traits et points ou en traits mixtes** / mark in dot-and-dash pattern, dash-dot, chain-dot (GB)

traceret *m* voir traçoir

traceur *m* (ord) / plotter, graphic output unit || ~ (radar) / plotter || ~ (nucl) / tracer || ~ (travailleur) / marker, scriber || ~ de **courbe** / curve recording apparatus o. recorder o. tracer || ~ de **courbes** (ord) / plotter, graphic output unit || ~ de **hauteur** / scribing block || ~ **isotopique** / isotopic tracer || ~ **radioactif** / radioactive tracer, labelled o. tagged atom || ~ de **route** (aéro) / flight path recorder || ~ de **route** (un app. enregistreur) (radar) / ground position indicator, G.P.I. || ~ de **signaux** (électron) / signal tracer || ~ à **tambour** (ord) / drum type plotter

traceuse *f* (ELF) / tracer shell o. bullet, tracer || ~ de **lignes** / ruling device, ruler

trachée *f* (bot) / wood vessel

trachyte *m* (géol) / trachyte

traçoir *m* (outil) / scriber || ~ (mèche) / nicker || ~ (m.outils) / burin, graver

tract *m* / leaflet, pamphlet

tracteur *m*, véhicule tracteur *m* / traction engine, tractive machine, tractor, towing vehicle || ~ **agricole** / agricultural tractor || ~ d'**arboriculture** / orchard tractor || ~ à **bagages** (ch. de fer) / luggage o. goods trolley || ~ pour **binage** / root crop tractor || ~ à **chenilles** / tracklaying o. track-type tractor, crawler o. creeper tractor || ~ de **courbes** / data plotter || ~ à **deux roues** / walking tractor || ~ **électrique** / electric tractor || ~ **enjambeur** (agr) / straddle tractor || ~ **houblonnier** / hopgarden tractor || ~ **industriel** / industrial tractor || ~ pour **manœuvrer les wagons** (ch.de fer) / car shunting tractor || ~ de **niveleuse** (routes) / scraper tractor, tractor of a scraper || ~ **porteur**, tracteur *m* porte-outils (agr) / tool carrier [tractor] || ~ **pose-tubes** (ELF) (pétrole) / side beam tractor || ~ **pousseur** (bâtim) / pusher, pushloader || ~**-pousseur** *m* pour **charge à roulage direct** / tugmaster for ro-ro traffic || ~ à **quatre sillons** / four-furrow tractor || ~ à **roues ou à pneus** / wheel tractor || ~ **routier** (auto) / road tractor, draw-bar tractor, trailer towing vehicle || ~ sans **semi-remorque** / bobtail || ~ de **semi-remorque** / truck tractor, semitrailer truck [tractor] (US), articulated lorry (GB) || ~ en **tandem** (agr) / tandem tractor || ~**-tondeuse** *m* / land tractor || ~ à **un sillon** (agr) / one-furrow tractor || ~ **universel** (agr) / general-purpose tractor || ~ **vigneron** (agr) / narrow track tractor || ~ à **voie étroite** (agr) / narrow track tractor || ~ à **voie large** / row-crop tractor

tractif / drawing

tractiomètre *m* / tractiometer

traction *f* (phys, méc) / traction || ~ (auto) / traction of a tire || ~ (mines) / traction haulage || **à ~ électrique** (ch.de fer) / electrical[ly] driven o. operated || **de ~** / drawing, pulling || ~ par **accumulateurs** / accumulator o. battery traction || ~ par **adhérence** (ch.de fer) / adhesion traction || ~ **arrière** / backwheel o. final drive, rear-axle drive || ~ **avant** / front drive, front-wheel drive, FWD || ~ de la **bande** (lam) / strip tension || ~ système **Büchli** (ch.de fer) / springborn universal gear drive, Büchli drive || ~ par **câble** / rope traction || ~ par **câble** (mines) / rope haulage o. extraction || ~ par **câble en dessus** (funi) / upper rope traction || ~ par **câble en dessous** (funi) / undertype coupler traction || ~ par **câble sans fin** (mines) / endless rope haulage || ~ par **câble traînant** / rope haulage || ~ par **câble-tête et câble-queue** (mines) / main and tail rope haulage || ~ par **câble-tête et câble-queue avec deux treuils** (mines) / shuttle hauler || ~ **continue** / continuous traction || ~ à **courant alternatif** (ch.de fer) / a.c. traction || ~ à **courant continu** (ch.de fer) / d.c. traction || ~ de la **courroie** / pull of the belt || ~ au **crochet d'attelage** (ch.de fer, auto) / drawbar pull || ~ **électrique** (ch.de fer) / electric traction || ~ du **fil** (télécom) / stretching the wire || ~ d'**hélice** (aéro, nav) / propeller thrust || ~ par **locomotive** / locomotive traction || ~ **mécanique** / mechanical o. power transport o. traction || ~ au **point fixe** (avion à hélices) / static thrust || ~ **propulsive** (aéro) / propulsive thrust || ~ **sur les quatres roues** / fourwheel drive || ~ des **tourets** (lam) / reel tension || ~ **toutes roues motrices** (auto) / all-wheel drive || ~ **transversale** (méc) / transverse pull || ~ **type Westinghouse** (ch.de fer) / geared quill drive, Westinghouse drive || ~ [à] **vapeur** (ch.de fer) / steam traction

tractrice *f*, tractoire *f* (géom) / tractrix

trade-mark *m* (pl. trades- ou trade-marks) / trade mark

traditionnel / conventional, customary, traditional

traducteur *m* (ord) / translating program || ~ (télécom, électron) / translator || ~ (contr.aut) / transmitter || ~ **analogique-digital** / analog-to-digital converter, adc || ~ **électroacoustique** / electroacoustic transducer || ~ de **groupe** (électron) / group modulator o. translator || ~ **numérique-analogique** / digital-to-analog converter, dac

traduction *f* (ord) / translation || ~ (télécom) / translation || ~ **automatique** (ord) / mechanical translation || ~ **dynamique d'adresses** (ord) / dynamic address translation || ~ de **formules** (ord) / formula translation

traductrice *f* (machine) (c.perf.) / interpreter || ~ **alphanumérique** (c.perf.) / alphabetic interpreter || ~ de **cartes perforées** / card print[ing device], card interpreter

traduire (langage) / translate || ~ des **cartes perforées** (c.perf.) / interpret

trafic *m* / traffic || **à ~ intense** (ch.de fer, ligne) / carrying dense o. heavy traffic || ~ **accéléré** (ch.de fer) / express freight traffic || ~ **aérien** / air traffic || ~ **aérien interne** / domestic air service || ~ **animé** / heavy traffic || ~ d'**arrivée** / arriving traffic || ~ d'**attente** (télécom) / waiting traffic || ~ **au-dehors de la banlieue** / interurban traffic || ~ de **banlieue** / suburban traffic || ~ **bilatéral** (télécom) / two-way traffic || ~ **brut remorqué** (ch.de fer) / gross traffic hauled || ~ **combiné** / combined traffic o. transport || ~ **commun** / joint traffic || ~ **conteneurs** / container traffic || ~ de **débordement** (télécom) / overflow traffic || ~ de **départ** (télécom) / originating traffic || ~ de **destination** / terminating traffic || ~ des **deux côtés** (télécom) / two-way traffic || ~ **duplex** (télécom) / full duplex traffic o. control || ~ sur l'**eau** / waterborne traffic || ~ d'**échange** (ch.de fer) / exchange traffic || ~ d'**expédition** / sundries || ~ **externe-externe** / through traffic, external-external traffic || ~ **externe-interne** / terminating traffic || ~ **ferroviaire** / railway (GB) o. railroad (US) traffic || ~ de **grande banlieue** (ch.de fer) / outer suburban service || ~ à **grande distance** (gén) / long-distance o. intercity (US) transport o. traffic, long-haul traffic || ~ de **groupage** (ch.de fer) / groupage traffic || ~ **habitation-travail** / commuter traffic || ~ [à l'**heure] de pointe** / peak load traffic || ~ **intense** / heavy traffic || ~ **intérieur** / internal o. inland traffic || ~ **intérieur** / internal traffic || ~ **interne** (dans les limites d'un réseau ferré) / internal o. domestic traffic || ~ **interne-externe** / originating traffic || ~ **interurbain** (gén) / intercity traffic || ~ **interurbain** (télécom) / long-distance o. toll (US) o. trunk (GB) service || ~ de **marchandises** / goods (GB) o. freight (US) traffic || ~ **marchandises à longue, [courte] distance** / long-haul,[short-haul] transport o. goods traffic || ~ **maritime** / waterborn traffic || ~ d'**origine** / originating traffic || ~ **pédestre** / foot traffic || ~ à **petite distance** (ch.de fer) / short-distance o. local traffic || ~ de **pointe** / peak traffic, rush hour traffic || ~ de **port à port** / port-port-traffic || ~ **rapide** / express o. rapid traffic || ~ **rapide interurbain** / high-speed intercity traffic || ~ **régional** (télécom) / neighbourhood traffic || ~ **roll-on/roll-off** / roll-on/roll-off traffic, ro-ro traffic || ~ sur **routes aériennes internationales** / international air service || ~ **routier** / highway traffic || ~ **routier à petite distance** (routes) / short-haul road service || ~ **sans délai** (télécom) / no-delay service o. working, toll service (GB) || ~ **scindé** (gén) / combined rail-water traffic || ~ **scindé** (ch.de fer) / separately charged traffic, re-invoiced o. split traffic || ~ **semi-duplex**, trafic *m* simplex (télécom) / half-duplex traffic, simplex traffic || ~ à **sens giratoire** (auto) / gyratory (GB) o. roundabout (US) traffic || ~ en **site banal** / traffic on public roads || ~ **suburbain** / suburban traffic || ~ **téléphonique** / telephone communication o. traffic o. service o. operation, telephony || ~ **touristique** / tourist traffic || ~ de **transbordement** (ch.de fer) / tran[s]shipment traffic || ~ en **transit** / through traffic, external-external traffic || ~ **unidirectionnel** / one-way traffic || ~ d'**urgence** (télécom) / distress traffic || ~ de **va-et-vient** / shuttle traffic || ~ **vicinal** / local traffic || ~ de **voisinage** (télécom) / neighbourhood traffic || ~ **voyageurs** / passenger traffic, conveyance of passengers

traille *f* / ferry rope || ~, chalut *m* / trawl [net] || ~ (peu usité) / rope ferry, trail ferry

train *m* (ch.de fer) / train || ~ (lam) / train || ~ (techn) / train, truck (a series of machines) || ~ (auto) / chassis || ~, vitesse *f* / pace, speed || ~ pour **acier marchand** (lam) / merchant bar train, train for rods o. bars o. rounds || ~ **APT** / advanced passenger train, APT || ~ d'**argile homogénéisé** / clay column || ~ **articulé** (ch.de fer) / articulated train || **~-atelier** *m* (ch.de fer) / workshop train

train d'atterrissage *m* (aéro) / landing gear, undercarriage || ~ **avant** / front landing gear || ~ à **ballon de football** / football landing gear || ~ **détachable ou largable** / releasable undercarriage, droppable landing-gear || ~ à **deux roues** / double-wheel o. two-wheel landing gear || ~ **escamotable** / retractable landing gear, retractable undercarriage || ~ type **Jockey** / Jockey landing gear || ~ à **patin central** / single-skid undercarriage o. chassis (US) || ~ à **quatre roues** / fourwheel bogie || ~ à **roue de béquille** / tail undercarriage, tail wheel landing gear || ~ à **skis ou du type traîneau** / ski type landing gear || ~ **tricycle ou à trois roues** / tricycle [landing] gear, nose wheel landing gear

train *m* **automoteur** (ch.de fer) / motor-coach train, rail motor set o. unit, motor train set o. unit, railcar train || ~ **automoteur de grand parcours** (ch.de fer) / motor-coach train, multiple-unit train || ~ **autos-couchettes** / car sleeper train o. express || ~ **baladeur** (m.outils) / sliding gear drive o. gear transmission || ~ **baladeur Norton** (m.outils) / quick change gear [mechanism] || **~-balai** *m* / last night train || ~ à **bandages** (lam) / strip rolling mill for tires || ~ de **banlieue** / commuter train (US) || ~ pour **barres** (lam) / merchant bar train, train for rods o. bars o. rounds || ~ de **bateaux** (nav) / chain of towed boats || ~ de **bateaux de poussage** (nav) / pushing unit, push tow, compartment boat train, pusher train || ~ de **berlines** (mines) / gang of mine cars || ~ à **billettes** (lam) / blooming o. cogging mill || ~ **bis** (ch.de fer) / relief train, conditional train (US) || **~-bloc** *m* (ch.de fer) / block train || ~ **blooming** (lam) / blooming train || ~ à **cardes** / card[ing] train || ~ **charbon** / coal train || ~ de **charge** (pont) / load train || ~ de **chemin de fer** / railway train (GB), railroad train (US) || ~ à **chenilles** (excavateur) / crawler type undercarriage, tracklaying truck o. gear || ~ **collecteur** (ch.de fer) / pick-up goods train, way freight train (US) || ~ à **combinaison de deux et de quatre cylindres** (lam) / duo-quarto combination || ~ **complet** (ch.de fer) / complete train-load || ~ **continu** (lam) / continuous mill train || ~ **continu à fils** (lam) / continuous wire rod mill || ~ **[continu] à larges bandes** / broad strip train || ~ **continu pour tubes** (lam) / continuous pipe o. tube rolling mill || ~ **convoyeur** (mines) / hopper train || ~ en **correspondance** (ch.de fer) / connecting train, connection, corresponding train || **~-croiseur** *m* (ch.de fer) / train in the opposite direction, opposing train (US) || ~ de **dédoublement** (ch.de fer) / relief o. conditional (US) train, extra o. second (US) train || ~ **dégrossisseur** (lam) / roughing[-down] train, break-down train || ~ de **derrière** (voiture) / hind carriage || ~ **descendant** / down train (GB, Japan) || ~ **désheuré** (ch.de fer) / out-of-course o. schedule || ~ de **desserte** / pick-up goods train || ~ à **dimensions fines** (tréfilerie) / last drawing, finishing pass || ~ **direct** / through train, nonstop train || ~ **double duo** (lam) / double duo, double two-high mill || ~ **drapeau** (ch.de fer) / named o. crack train || ~ **duo** (lam) / two-high rolling mill || ~ **duo pour laminage**

à froid / two-high cold reduction mill || ~ **duo réversible** / two-high reversing-mill || ~ **duo à tôles** (lam) / two-high plate mill || ~ **duo en zigzag** (lam) / staggered mill || ~ **ébaucheur** / roughing[-down] train, break-down train || ~ **échelonné** (lam) / staggered mill || ~ d'**engrenages** (auto) / auxiliary transmission, differential change gear || ~ d'**engrenages** (techn) / compound train, train of gears || ~ d'**engrenages** (m. outils) / wheel gear || ~ d'**engrenages coniques** / bevel wheel gear || ~ d'**engrenages coniques réversible** / shifting double bevel gear mechanism || ~ d'**engrenages multiplicateur** / multiplying linkage o. gear || ~ **épicycloïdal** / planetary o. epicycloidal gear train || ~ **express** (ch.de fer) / fast train, express train || ~**-ferry** *m* (pl: train-ferries) / railway o. train ferry, ferry[-boat] || ~ à **feuillards** (lam) / broad o. wide strip rolling mill, strip rolling mill || ~ à **feuillards à chaud** (lam) / hot strip mill || ~ à **fils** / rod o. wire [rolling] mill || ~ à **fils et à petits fers** / wire and light section rolling mill || ~ à **fines tôles** (lam) / small section mill || ~ **finisseur** (lam) / finishing train || ~ à **froid pour feuillards** / cold rolling train for steel strip || ~ à **galets** (semi-remorque) / auxiliary wheel gear || ~ de **grand parcours** / long-distance train || ~ à **grande vitesse**, TGV / TGV-train || ~ de **grandes lignes** (ch.de fer) / main line train || ~ à **grosses sections** (lam) / rolling train for heavy products || ~ **homogène** (ch.de fer) / homogeneous train || ~ **impair** / down train (GB, Japan) || ~ d'**impulsions** / pulse train o. string || ~ **interville ou Intercity** / Intercity train || ~ de **jour** (ch.de fer) / day train || ~ de **laminage** / mill train || ~ de **laminage à chaud** / hot rolling train || ~ de **laminage intermédiaire** / intermediate rolling mill || ~ **laminoir à bandes** / strip [rolling] mill, broad strip mill || ~ de **laminoir à froid** / cold reduction o. cold rolling mill || ~ de **laminoir du type Mannesmann** / Mannesmann type rolling train || ~ **laminoir à rails** (lam) / rail [mill] train || ~ de **laminoirs** / rolling [mill] train, roll train || ~ de **laminoirs complètement continu** (lam) / fully continuous mill || ~ **local** (ch.de fer) / omnibus (GB) o. local (US) train || ~ d'une **machine** (techn) / mechanism, linkage || ~ de **marchandises** / goods (GB) o. freight (US) train || ~ de **marchandises direct** (ch.de fer) / through goods train || ~ de **matériel vide** (ch.de fer) / train of empty passenger cars || ~ en **mauvaise marche** (ch.de fer) / delayed train || ~ de **messageries** / express parcels train || ~ de **messageries direct** (ch.de fer) / through parcels train || ~ de **meulage des rails**, train *m* meuleur (ch.de fer) / rail grinding train || ~ **miniature** / model railroad || ~ **mixte [marchandises-voyageurs]**, M.V. (ch.de fer) / mixed train || ~ **montant** (ch.de fer) / up train (GB, Japan) || ~ de **moulin à cannes** (sucre) / milling train || ~ **moyen** (lam) / intermediate mill || ~ **moyen** (tréfilage) / medium drawing || ~ **multiplicateur** (engrenage) / speed increase gear train || ~ **navette** (ch.de fer) / pull-and push train, reversible train, shuttle [service] train || ~ **navette à bande** (mines) / hopper train || ~ à **nombre de places limité** (ch.de fer) / limited [express] || ~ **omnibus** (ch.de fer) / stopping train, commuter train (US) || ~ d'**ondes** (phys) / wave train || ~ d'**ondes amorties** / damped wave train || ~ d'**ondes lumineuses** / light wave train || ~ **pair ou montant** / up train, even-number train || ~**-parc** *m* (ch.de fer) / train for railway construction, work train || ~ de **passage** / through-train || ~ **permanent** (ch.de fer) / regular train || ~ de **permissionnaires** / leave train || ~ à **petits fers** (lam) / light- o. small-section rolling mill || ~ de **pignons** / cluster gear || ~ **planétaire** / planetary o. epicycloidal gear train || ~ **planétaire simple** (engrenage) / single planetary gear train || ~ de **pompage** (vide) / trolley exhaust system || ~ **porteur** / set of carrying wheels || ~**-poste** *m* (ch.de fer) / mail train || ~ à **poutrelles** (lam) / beam rolling mill, girder o. joist rolling mill || ~ **préparateur** / roughing[-down] train, roughing line o. train || ~ **rapide de marchandises** / fast goods train || ~ **réducteur** (engrenage) / speed reducing gear train || ~ **refoulé** (ch.de fer) / backed-up train || ~ **régulier** (ch.de fer) / regular train || ~ de **remise** (ch.de fer) / exchange train || ~ à **retour** (galv) / reversing installation || ~ **réversible** (ch.de fer) / pull and push train, reversible train || ~ **réversible** (lam) / reversing train o. mill || ~ de **roues** (ch.de fer) / wheel and axle set || ~ de **rouleaux** (lam) / roller table, roller gear bed, table roller || ~ de **rouleaux d'accès** / live roller feed bed || ~ de **rouleaux d'amenée** (lam) / approach roller gear, mill approach table, entry table || ~ de **rouleaux automoteurs** / individual drive roller table || ~ de **rouleaux en Y** (lam) / Y-roller table || ~ à **rouleaux d'évacuation ou de sortie** (lam) / run-out [roller table], delivery roller table || ~ de **rouleaux d'exploitation** (lam) / working roller table, mill table || ~ de **rouleaux de jonction** (lam) / connecting roller rack || ~ de **rouleaux obliques** (sidér) / skew roller table || ~ de **roulement** / running carriage || ~ de **roulement**, chenille *f* / tracklaying truck o. gear || ~ **routier** / road train || ~ **routier, convoi exceptionnel** / drawbar tractor combination || ~ **routier double ou articulé** / double o. articulated train || ~ **routier à passagers** / passenger road train || ~ **routier à plateforme** / platform road train || ~ **routier pour transport à longues distances** / long-distance road train || ~ **routier d'une voiture particulière** / passenger car/trailer combination || ~ de **séchage** (pap) / dry o. reeling end, drier part o. section || ~ de **secours** (ch.de fer) / breakdown train, wrecking train (US) || ~ à **sections moyennes** (lam) / intermediate mill || ~ de **sens contraire** (ch.de fer) / train in the opposite direction, opposing train (US) || ~**-soudeur** *m* / welding mill || ~ **Steckel** (sidér) / Steckel mill || ~ **supplémentaire** (ch.de fer) / relief o. conditional (US) train, extra train, second section || ~ **supplémentaire précédant, [suivant] le régulier** (ch.de fer) / extra train o. section (US) preceding, [following] the regular train || ~**-surprise** *m* (ch.de fer) / mystery trip || ~ à **sustentation magnétique** / magnetic cushion train || ~ de **tiges** (mines) / boring rods o. tools *pl* || ~ à **tôles** (lam) / sheet rolling mill || ~ à **tôles à chaud** (sidér) / hot plate mill || ~ à **tôles fortes** (lam) / plate rolling train || ~ à **tranches multiples** (ch.de fer) / multiple section train || ~ de **travaux** (ch.de fer) / train for railway construction, work train || ~ de **travaux** (ord) / job stream || ~ **très rapide** (ch.de fer) / high-speed train || ~ **trio** (lam) / three-high train || ~ **trio de finissage à cinq cages** (lam) / five-stand three-high finishing train || ~ **trio à tôles** / three-high sheet train || ~ **trio en zigzag** (lam) / cross-country mill || ~ **type** (pont) / load train, loading diagram || ~ à **verges** (lam) / guide bar rolling mill || ~ de **vie** / style o. standard of living, establishment || ~ [d'une **voiture**] / undercarriage, truck, bogie || ~ [de **voitures**] (ch.de fer) / set of coaches, train set || ~ [de] **voyageurs** (ch.de fer) / passenger train || ~ [de **wagons**] **en métal léger** (ch.de fer) / lightweight metal train

traînage *m* / haulage || ~ (mines) / tramming || ~ (tube

de prise de vue) / trailing, streaking || ~ (électr, électron) / viscosity || ~ par **câble** / cable o. rope haulage || ~ par **câble**, funiculaire *m* / cable car, funicular [railway] || ~ par **câble** voir aussi traction par câble || ~ à **chaîne** / chain conveyor || ~ par **chaîne** (mines) / chain haulage || ~ **[magnétique]** / magnetic relaxation || ~ **mécanique** / mechanical haulage || ~ d'un **tube** (électron) / transient decay current
traînant / trailing
traînard *m* (fraiseuse horiz.) / table saddle || ~ (scie) / traveller || ~ du **montant porte-broche** (m. à fraiser) / column saddle
traîne *f* / trail || ~, senne *f* / draw net, drag o. trawl [net] || **à la** ~ (nav) / in tow || ~ de l'**impulsion** / pulse stretching, trail, tail
traîné (p. ex. charrue) / trailed
traîneau *m* / dray, sled, sledge || ~ (agr) / clod crusher, leveller, scrubber, sweeper (US) || ~ (nav) / draw net, drag[-net], trawl [net] || ~ **automobile** / motor sleigh o. sledge, snowmobile || ~ à **rouleau** / roller sledge
traînée *f* / trail || ~ (phys) / drag, head resistance (coll) || ~ (phot) / blurred contour of fast moving object || ~, éraflure *f* (phot) / strip, stripe, streak || ~ d'**air au joint** (fonderie) / vent on mould joint || ~ d'**albumine** (chimie) / albumin drag || ~ **colorée** (verre) / streak || ~ de **compressibilité** / compressibility drag || ~ de **condensation** (aéro) / condensation trail, contrail || ~ de **culot** (aéro) / base drag || ~ de **forme** (aéro, auto) / form drag || ~ des **grues** / wind drag || ~ d'**interférence** (aéro) / interference drag || ~ **lumineuse** (mil) / tracer streak || ~ **lumineuse** (astr) / comet trace o. tail, trails *pl* || ~ **noirâtre** / dust trail on walls (above heated objects) || ~ d'**ondes** (aéro) / wave o. shock drag || ~ de **pression** (aéro) / pressure drag || ~ de **prise d'air** (aéro) / ram drag || ~ de **profil** (aéro, auto) / profile drag, parasitic drag || ~ de **refroidissement** (aéro) / cooling drag || ~ **totale** (aéro) / total drag
traineeship *m* (Néol) / traineeship
traîner *vt* / drag *vt*, trail, haul, draw || ~ (voiture) / draw, pull || ~ (filet) / drag || ~ (se) (auto) / crawl || ~ en **longueur** (affaire) *vi* / drag *vi* out o. along || ~ du **sable** (hydr) / carry sand
traînoir *m* / sweeper (US), clod crusher, leveller, scrubber
traire *vt* / milk *vt*
trait *m* (plume) / stroke, line || ~ (typo) / gray-key image || ~ (mines) / wind || ~ (télécom) / dash || ~ (filage) / combed sliver o. top, worsted top || ~ (scie) / saw cut, deep saw mark || **à grands ~s** / giving a [rough] outline || **avoir** ~ [à] / refer [to], be connected [to] || **en ~ interrompu** (math) / in short dashes, dashed, broken || **en ~s et points, en traits mixtes** / in dot-and-dash line || **faire un ~ de scie** / give a cut with the saw || **qui à** ~ [à] / concerning, regarding, relating [to], referring [to] || ~ de **balance** / turn of the scale || ~ du **cadran** / scale graduation mark || ~ de **comptage** / tally || ~ **continu** (télécom) / continuous dash, long dash || ~ de **côte** / shore line || ~ **distinctif** / characteristic || ~ de **division** (typo) / mark of suspension o. division || ~ **double vertical** (typo) / parallel || ~ d'**échelle déterminé par expérience** (instr) / fiducial point || ~ **fin** / light line || ~ de **fraction** (typo) / oblique stroke, fraction o. shilling (GB) stroke || ~ de **graduation** / division mark, graduation mark || ~ **gravé** / chisel mark || ~ en **grisé** / shaded line || ~ **horizontal; p.e.** a (lire: a barre) (ord, typo) / vinculum, bar (e.g. a) || ~ de **Jupiter** (charp) / oblique scarf [joint] || ~ de **mesure** / gauge mark || ~ **mixte** / dot-and-dash line || ~ **ondulé** (typo) / wave rule || ~ d'**outil** / tool mark || ~ **plein** (dessin) / full line || ~ du **plein** (récipient) / "full" mark || ~ **[de plume]** / stroke, line || ~ [en] **pointillé** / dotted line || ~ de **racle** / ductor streak || ~ de **repère** / locating mark || ~ de **repère** (typo) / lay mark, register mark || ~ de **repère** (essai de mat) / reference mark, bench mark || ~ **simili combiné** (typo) / line-halftone combination, combination plate || ~**s** *m pl* **stadimétriques** (arp) / stadia hairs || ~ *m* **suspensif** (typo) / score || ~ d'**union** / division, hyphen || ~ **vertical long** / long vertical mark || ~ **vide vertical** (TV) / frame sync gap || ~ de **zéro** / index line || ~ en **zigzag** / zigzag
traitable / meltable || ~ par **ordinateur** / computer-processable || ~ [à l'**usine]** (minerai) / treatable
traitant des **mots** (ord) / word treating || ~ des **phrases** (ord) / record treating
traite *f* / milking || ~ **mécanique** / machine milking
traité *adj* (techn) / formed || ~ par lots / batch-processed o. agitated || ~ [antireflet] **fluoré** / coated, lumenized, bloomed (GB) || ~ chimiquement / processed || ~ au silicone (pap) / silicone-treated || ~ par skin-pass ou par passage de dressage (lam) / skin-passed, pinch-passed, rerolled
traité *m* / treatise
traitement *m* / treatment || ~, salaire *m* / salary, remuneration || ~ (ord) / procedure || ~ (ELF) (pétrole) / processing || **à ~ parallèle des caractères** (ord) / parallel by character || **à ~ sériel des caractères** / serial by character || **à ~ soigneux des fibres** / fiber preserving || **à ~ thermique** / hardenable || **après** ~ (film) / processed || **de ~ de données** / data-processing || ~ par **acide** (bâtim) / acid treatment || ~ à l'**acide et à la terre** (pétrole) / acid and earth treatment || ~ à l'**acide du minerai d'uranium** / acid cure || ~ à l'**acide oxalique** / oxalic acid treatment || ~ **acide des puits** (pétrole) / deep well acidizing || ~ à l'**acide sulfurique** (pétrole) / acid treatment o. sweetening || ~ **aléatoire** (ord) / random processing || ~ **améliorant la surface** / surface refinement || ~ **antifluorescent** (pétrole) / de-blooming || ~ **antigel** (prépar) / freeze proofing || ~ **antipoussière** (prépar) / dustproofing || ~ **antireflet** / [antireflection] coating of lenses, blooming (GB) || ~ d'**apport** (galv) / diffusion treatment || ~ à l'**argile** (pétrole) / clay treatment, clay contacting || ~ **asynchrone** (ord) / random processing || ~ **automatique de l'information** / automatic data processing, ADP || ~ **autonome** (ord) / home-loop operation || ~ au **bain chaud** (sidér) / delayed martensitic hardening, martempering || ~ [en] **batch** (ord) / batch processing || ~ de **béton après prise** (béton) / curing || ~ des **bois** / wood conditioning || ~ à **chaud** [sur] / hot treatment [of] || ~ **chimique** (pétrole) / chemical treatment, treating of petrochemicals || ~ **chimique** (eaux d'égout) / chemical treatment || ~ **chimique de la paille** (pap) / alcaline treatment of straw || ~ **«clayless»** (sans terre décolorante) (lubrifiant) / clayless treatment || ~ du **coke** / coke preparation || ~ du **combustible irradié** (nucl) / reprocessing of fuel || ~ à **contre-courant** (mines) / countercurrent treatment || ~ **pendant la coulée** (sidér) / pouring stream treatment || ~ à la **demande** (ord) / demand o. immediate processing || ~ des **denrées** / food[stuff] processing || ~ de **détente** (métal) / stress-free annealing || ~ en **différé** (ord) / off-line processing || ~ **différé ou groupé** (ord) / batch processing || ~ **différé à priorités** (ord) / quick

batch || ~ de **diffusion** / diffusion annealing, homogenizing || ~ de **diffusion** (galv) / diffusion treatment || ~ **direct** (ord) / in-line processing || ~ à **distance** (ord) / remote computing || ~ de **données** / data processing, data handling || ~ de **données en gestion** / administrative o. business data processing || ~ des **données sur place ou dans l'usine même** / in-plant system || ~ de **durcissement** (soudage) / aged-and-welded treatment || ~ d'**eau** / water conditioning o. treatment || ~ des **eaux de chaudière** / boiler feedwater treatment || ~ des **eaux d'égout**, traitement *m* des eaux usées / treatment of waste water o. of sewage || ~ à l'**ébullition sous pression** (chimie) / pressure boil[ing] || ~ des **effluents gazeux** (nucl) / mass absorption coefficient || ~ **électrique de minéraux** / electric treatment of ores || ~ **électronique des données ou de l'information** / electronic data processing, EDP || ~ d'**erreurs normal** (ord) / standard error procedure || ~ **externe** / external procedure || ~ **final [du combustible irradié]** (réacteur) / tail end (reprocessing) || ~ de **finition** / final treatment || ~ **galvanique** / galvanic deposition o. plating, electroplating || ~ **galvanique à inversion périodique du courant** (galv) / PRC-plating (periodic reverse current) || ~ **gravimétrique** (mines) / gravity concentration o. dressing || ~ **groupé** (ord) / batch mode o. processing || ~ d'**homogénéisation** / diffusion annealing, homogenizing || ~ par voie **humide** / wet method o. treatment || ~ par l'**hydrogène** (pétrole) / hydrofining || ~ d'**images** (TV) / image processing || ~ **immédiat** (ord) / immediate o. in-line processing || ~ d'**infeutrabilité** (tex) / non-felting process || ~ de l'**information** / information processing || ~ **initial** / preparatory treatment, pretreatment || ~ **initial** [du combustible irradié] / head end of fuel processing || ~ **intégré de l'information** / integrated data processing, IDP || ~ d'**interrogation[-réponse]** (ord) / inquiry processing || ~ **interrupt** / interrupt handling || ~ **inversible ou inverseur ou d'inversion par reste** (repro) / reversal processing || ~ **irrétrécissable** (tex) / nonshrink finishing || ~ **irrétrécissable compressif** (tex) / compressive shrinkage || ~ des **labels** (ord) / label processing || ~ en **ligne** (ord) / immediate o. in-line processing || ~ des **listes** (ord) / list processing || ~ **local par lots** (ord) / local batch mode || ~ par **lots** (ELF) (ord) / batch processing || ~ **magnétique** (mines) / magnetic dressing o. separation || ~ de **masse** (ord) / bulk information processing || ~ de **matières dures** / crushing hard materials || ~ des **matières plastiques** / plastics processing || ~ **métallurgique** / working-off, smelting || ~ des **minerais** / ore dressing o. washing, mineral dressing o. processing, beneficiation || ~ des **minerais triturés** / liberation || ~ *f* de **mise en solution** (acier) / solution heat treatment || ~ *m* en **mode dégradé** (ord) / fail-soft behaviour || ~ au **mouillé** (agr) / fluid dressing || ~ des **mouvements dès leur apparition** (ord) / transaction processing || ~ **numérique** / way of calculating [with] || ~ du **pétrole** / treating of petrochemicals || ~ des **pétroles** / oil refining || ~ au **plombite** (pétrole) / sweetening, decolour treatment || ~ au **plombite de soude** (pétrole) / doctor process || ~ en **poche de coulée sous vide** (fonderie) / vacuum ladle treatment || ~ **préalable ou préliminaire ou préparatoire** / preparatory treatment, pretreatment || ~ par **précipitation** / precipitation hardening || ~ **préservatif** / preservation of wood, preserving timber o. lumber || ~ par **priorité** (ord) / priority processing o. scheduling || ~ par les **radiations ultraviolettes** / [treatment by] ultraviolet radiation || ~ par voie **sèche** / dry method o. treatment || ~ **séparé** (ord) / single-tasking || ~ **séquentiel** (ord) / sequential processing || ~ **séquentiel ou par trains** (ord) / batch processing || ~ **sidérurgique du fer** / metallurgical treatment of iron || ~ en **simultané** (ord) / simultaneous mode of working || ~ de **soie au sel de fer** / treatment of silk in a solution of ferric salt || ~ à la **soude caustique** / caustic neutralizing o. wash[ing], alkali treatment || ~ de **stabilisation** (métal léger) / stabilizing, stabilization annealing || ~ des **structures** (ord) / pattern processing || ~ **subséquent** / aftertreatment, subsequent o. secondary treatment || ~ **superficiel** (routes) / surface coating o. dressing || ~ **superficiel ou de la surface** (techn) / surface treatment || ~ de la **surface de métal** / metal finishing treatment o. surface treatment || ~ en **temps réel** (ord) / real-time mode o. processing o. working || ~ par **terre décolorante ou activée** (pétrole) / earthing, clay o. earth treatment || ~ **tertiaire des eaux usées** / tertiary treatment of sewage || ~ **thermique** (acier) / quenching and tempering, drawing the temper, hardening with subsequent tempering || ~ **thermique** [sur] (gén) / hot treatment [of] || ~ **thermique non-oxydant** / non-oxidizing heat treatment || ~ au **tonneau** / barrel processing || ~ de **travaux internes** (ord) / internal job processing, IJP || ~ par **trempe et revenu** voir traitement thermique || ~ de **trempe et revenu à cœur** (sidér) / full o. through quenching and subsequent tempering || ~ **Tufftriding** (acier) / Tufftriding || ~ **ultérieur** / aftertreatment, subsequent o. secondary treatment || ~ au **vide** / vacuum treatment

traiter / treat *vt*, deal [with] || ~ (gén, ord) / process *vt* || ~ (plast) / cure *vt* || ~ à l'**acide** / treat with acid || ~ à l'**acide nitreux** / treat with nitrous acid || ~ l'**acier** / harden and temper || ~ avec des **agents antifluorescents** (pétrole) / debloom || ~ à l'**alite** (techn) / alitize, alite || ~ **[antireflet]** / bloom *vt* (GB), coat lenses, lumenize || ~ au **bore** / treat with boron || ~ sur la **calandre type Chaising** / treat on the cha[i]sing calender || ~ à **chaud** / heat-treat || ~ au **convertisseur Bessemer** / bessemerize || ~ par **diffusion** (sidér) / homogenize || ~ des **données** (ord) / process data || ~ en **double voie** / lay a second track, double the track || ~ l'**eau** / condition o. treat water || ~ par le **froid** (mét) / subzero-refrigerate || ~ **infroissable** / creaseproof *vt* || ~ au **lit fluidisé** (chimie) / fluidize, treat in fluid[ized] bed || ~ par **maturation artificielle** (métal léger) / age artificially || ~ les **minerais** / dress ores || ~ au **phénol** / carbolate, carbolize || ~ par **photogravure** (typo) / process || ~ **postérieurement** / give a subsequent treatment || ~ au **procédé de Boucherie** (bois) / boucherize || ~ selon le **procédé Parkes** / operate the Parkes treatment || ~ par la **radiothérapie ou par les rayons** (méd) / irradiate *vt*, give a radiation treatment || ~ au **silicone** / siliconize || ~ à la **soude caustique** (tex) / treat in alkaline solution o. with caustic soda || ~ au **tannin** (tex) / tan *vt*, mordant with tannic acid

trajectographie *f* / trajectography, tracking

trajectoire *f* (phys, espace) / trajectory || ~ (méc) / way, path || ~ (cyclotron) / circular path of the electron in the cyclotron || ~ (nucl, projectile) / orbit, flight path o. way || ~ (NC) / path || ~ de **chute libre** (espace) / free fall trajectory || ~ **circulaire** / orbit, circuit, circular movement o. motion || ~ **courbe** (balistique) / high-angle trajectory || ~ de la **courbe d'inertie** (cinématique) / path of the inertia curve || ~ de l'**éclair** / lightning path || ~ **enregistrée** (engin) / plotted trajectory || ~ **interplanétaire** / interplanetary trajectory || ~ **isogonale** / isogonal trajectory || ~ du **mouvement** (ordonn) / movement pattern, path of motions || ~ **orthogonale** / orthogonal trajectory || ~ d'**outil** (m outils) / cutter o. tool path || ~ des **particules** (hydr) / path line, streak line || ~ d'un **point de la bielle** (méc) / coupler curve, coupler point curve || ~ du **rayon** / path o. trace of a ray || ~ **tendue** (phys) / flat trajectory || ~ des **tensions** (méc) / trajectory of stresses, stress lines *pl* || ~ des **tensions tangentielles** (méc) / slip o. slide line || ~ de **vol** / flight trajectory o. path

trajet *m* / way, route, trip || ~ (ultrason) / traverse || ~ (nav) / voyage, passage || ~ (mines) / journey || ~ (auto) / drive, run, ride || ~ (aéro) / flight || ~ **aller et retour** (impulsion) / scan and flyback || ~ **complet** / driving cycle || ~ du **courant** (électr) / path of the current o. circuit || ~ **élastique** / range of spring, travel of the spring system, spring excursion || ~ **optique** (laser) / optical path length || ~ des **particules** (nucl) / bubble track || ~ **retour** / return, return passage, coming back

tram *m* / tram, streetcar (US) || ~ **miniature** / model railway

tramage *m* (tex) / weft insertion

tramail *m* (nav) / trammel [net]

trame *f* (TV) / partial interlaced picture frame (GB), field (US) || ~ (typo) / screen, raster || ~ (tiss) / weft (GB, US), woof (US), filling (US), pick, shot, shoot || ~ (film) / frame || ~ (bâtim) / grid || ~ à **brocher** (tiss) / brocade o. broché o. figure weft, figuring filling o. shoot || ~ **chromatique** (TV) / colour frame || ~ de ou par **contact** (typo) / contact screen, variable-opacity screen || ~ de **copie** (typo) / copying screen || ~ de **couleur** (typo) / colour screen || ~ de **dessin** (tex) / pattern weft || ~ de **dessous** (tiss) / bottom shot o. shoot || ~ de **dessus** (tiss) / face pick || ~ **éboulée** (tiss, faute) / slough-off, sloughed-off pirn || ~ *m* d'**écran** (ord) / screen pattern || ~ *f* d'**endroit** (tex) / face pick || ~ d'**entrelacement** (TV) / interlaced field || ~ d'**envers ou de dessous** (tex) / ground o. back pick o. weft (GB) || ~ **fine** (typo) / fine screen || ~ à **grain** (typo) / grain screen, stipple || ~ **grossière** (typo) / coarse screen || ~ de l'**image** / picture frame || ~ de **lignes** (TV) / line scanning pattern || ~ **mezzographe** (typo) / grain screen, stipple || ~ en **noir et blanc** / chequerboard pattern || ~ de **parking souterrain** / minimum distance between pillars in a basement garage || ~ de **poil** (tex) / pile pick || ~ de 7 x 7 **points** / 7 by 7 dot matrix || ~ de **référence** (bâtim, dessin, circ.impr.) / reference grid || ~ de **schappe** / single schappe silk || ~ **serrée** (tex) / tight weft || ~ **serrée** (typo) / fine screen || ~ **tachée** (défaut) / shuttle marking

tramer (tiss) / shoot in, insert the filling o. the weft, pick *vt*

trameuse *f* (tiss) / pirn [cop] winder, weft o. filling winder, quiller (US)

traminot *m* (ELF) / tramway (GB) o. streetcar (US) employee

tramp *m* / tramp[er]

tramping *m* / tramping

tramway *m* / street line (US), tramway (GB) || ~ (ligne) / streetcar line (US), street railway (US), tramlin (GB) || ~ (voiture) / surface o. streetcar (US), tramway car (GB) || ~ **articulé** / articulated tramcar unit || ~ **funiculaire** / cable car (as in San Francisco) || ~ à **trolley** / trolley line streetcar (US) o. tramway (GB)

trancanage *m* (câbleuse) / distribution, wire guiding

tranchage *m* (découp) / cutting, cropping || ~ à **couteau** (découp) / cutting with blades

tranchant *adj* (couteau) / sharp, keen, sharp-edged || ~ (couleur) / glaring, loud || ~ (ton) / sharp || ~ *m* / edge of a tool o. knife, knife o. cutting edge, bezel || ~ (tan) / fleshing knife || **à deux ~s** (couteau) / bidirectional || **à trois ~s** / three-edged || **à un seul ~** / single-cutting, one-edged || **sans ~** (outil) / dull, blunt, edgeless || ~ **annulaire** / annular cutting edge || ~ β **du foret** / wedge angle of the drill || ~ de **ciseau** / cutting edge of chisel || ~ des **ciseaux** / shear blade || ~ *adj* **comme un couteau** / very sharp || ~ *m* **coupe-écorce** / [motor] bark remover || ~ de **couteau** / knife-edge, cutting edge of a knife || ~ **diamanté** / diamond cutting point || ~ **émoussé** / dull o. blunt edge || ~ *adj* du **fait de l'usure** (boudin) / sharp || ~ *m* en **métal dur** (m.outils) / carbide cutting edge || ~ d'**outil** / lip of a tool || ~ **principal** (outil) / cutting edge on the feed side, major cutting edge

tranche *f* / slice || ~ (découp) / sheared edge || ~ (forge) / blacksmith's cold chisel || ~ (mines) / slice || ~ (reliure) / edge || ~, rognure *f* / chip, paring, snip[ping], shred, chip[ping], bit || ~, carne *f* (planche) / edge || ~ (semicond) / wafer || ~ grosse / slab || ~ mince / sliver || **à ~s jaspées ou marbrées** (typo) / marble edged || **par ~s** / in slices || ~ d'**alésoir** / bit, cutting edge || ~ **attaquée à l'acide** (essai de mat) / etched slice || ~ à **chaud** (forge) / chisel for hot working || ~ de **chiffres** / group of figures o. ciphers || ~ de **construction** / phase of construction, stage of a programme || ~ de **cylindres** (mot) / cylinder row || ~ de **densité** (prépar) / specific gravity fraction || ~ **dorée** (typo) / gilt edge || ~ d'**exécution** (ord) / time slice || **~-fil** *m* (tapis) / cutter || **~-fils** *m* (pap) / [chain] marks *pl* || ~ *f* à **froid** / blacksmith's cold chisel || ~ d'une **gamme** / bracket of numerals || **~-gazon** *m* / sod knife || ~ *f* de **gazon** / sod || **~-lard** *m* / flensing knife || ~ *f* d'un **livre** / edge of a book || ~ sur **maille** (bois) / rift o. radial cut o. sawing || ~ **matée** / ca[u]lking edge || ~ à **plier** (forge) / hatchet stake || ~ **principale d'un train** (ch.de fer) / main section of a multiple-section train || ~ des **unités** (math) / bracket of digits in the unit's place

tranché (plast, contreplaqué) / sliced

tranchée *f* / trench, ditch || ~ (ch.de fer) / through-cut, cut[ting] || ~ (silviculture) / lane, riding cut || **mis en ~** / in a cutting || ~ à **câbles** / cable trench o. channel || ~ à **corroie d'argile** (hydr) / puddle trench || ~ **drainante** (agr) / trench o. French drain || ~ d'**eau** (routes) / drainage channel || ~ **ferroviaire** / railway cutting || ~ de **fondation** (bâtim) / trench for the foundation || ~ **latérale** (routes) / side cutting || ~ de **recherche** (mines) / prospecting trench, surface cut || ~ pour **tubes** / chase, drain-pipe trench, pipe trench

trancher / slice *vt*, skive, pare || ~ (découp) / cut *vt* with blade, crop, shear || ~ (forge) / cut *vt* by chisel || ~ (verre) / crack *vt* || ~ par **ciseau** / chisel off, chip off || ~ la **coulée** (fonderie) / cut the runner system

tranchet *m* / paring knife || ~ (pap) / trimming knife || ~ (forg) / blacksmith's cold chisel || ~ de **ciseau** / shank o. tail of a chisel || ~ **recourbé** / slanting knife

trancheuse *f* / shearing machine || ~ (plast) / slicing machine || ~ (bois) / veneer slicer || ~ (ELF), creuseur *m* de tranchées / trench hoe (US), trench ditching machine, ditcher || ~ **électrique** / electric slicer

tranquille / calm, stagnant, quiescent, motionless || ~

(écoulement) / sub-critical
tranquilliser / allay *vt*, mollify, appease, quiet *vt*
tranquilliseur *m* (écoulement) / tranquil[l]izer, baffle
trans·accordéon *m* / transshipping bellows || ~**actinide** *m* / transactinide element || ~**admittance** *f* (électr) / transadmittance || ~**admittance** *f* **en court-circuit** (télécom) / transfer admittance || ~**admittance** *f* **externe** (semicond) / external transadmittance o. -conductance || ~**aminase** *f* (chimie) / transaminase || ~**amination** *f* (chimie) / transamination
transbordement *m* / tran[s]shipping, transfer || ~ de **cargaison en orbite terrestre** / earth orbit cargo transfer || ~ de **marchandises** / transfer of goods
transborder *vt* / tran[s]ship, transfer *vt* || ~ (nav) / unlade, unload
transbordeur *m* / reloading o. trans[s]hipping device o. plant || ~ (techn) / traverser || ~, plaque *f* de transfert / conveyor table || ~ (ch.de fer) / traverser, travelling o. sliding platform, transfer car || ~ (nav) / ferry[-boat], traject || ~ (sur de grandes distances) (ELF) (aéro) / car ferry (over longer distances), air ferry (over shorter distances) || ~ **aérien** / suspended platform [ferry] || ~ **aérien pour bois** / gravity cable for timber || ~ à **canivaux** (ch.de fer) / half-sunk traverser || ~ pour le **déchargement** / unloader, unloading crane o. bridge || ~ à **fosse** (ch.de fer) / pit type traverser || ~ pour **locomotives** / travelling platform for locomotives || ~ à **niveau** (ch.de fer) / surface traverser o. travelling platform, transfer table || ~ pour **wagons** / waggon (GB) o. freight car (US) traverser, wagon traverse o. transfer table
trans·cendant (math) / transcendental || ~**code** *m* **BCD** / BCD transcode || ~**coder** / transliterate, convert the code, transliterate || ~**codeur** *m* / code converter, transcriber || ~**conductance** *f* (électr) / transconductance || ~**conteneur** *m* / transcontainer
transcription *f* / transcription || ~ **mémoire** (ord) / dump operation
transcrire (gén) / transcribe || ~ (b.magnét) / transcribe, record *vt* on tape
trans·cristallin / transcrystalline || ~**diode** *f* / transdiode
transducteur *m* (télécom, électron) / transducer || ~ (contr.aut) / translating device, transducer || ~, convertisseur *m* (électr) / current converter || ~, transformateur *m* (électr) / current transformer || ~ (ultrasons) / transducer, modulator || ~ **acoustique à résonance** / resonance transducer || ~ **actif** (télécom) / active transducer || ~ à **bride** / bolted transducer || ~ **électrique de mesure** / electrical measuring transducer o. transmitter, measuring transducer o. transmitter || ~ **électroacoustique** / electroacoustic transducer || ~ **électromagnétique** / electromagnetic transducer || ~ **ferro-électrique** / ferroelectric transducer || ~ de **force** / force transducer || ~ **linéaire** (vibrations) / linear transducer || ~ **magnétique** (électron) / transductor, magnetic amplifier, magamp || ~ **magnétostrictif ou à magnétostriction** (électron) / magnetostriction oscillator o. transducer || ~ **non-réversible** (vibrations) / unilateral transducer || ~ **optique** / shape transducer || ~ **passif** (transformation) / passive transformer || ~ **passif** (convertissage) / passive converter || ~ **passif** (ord) / passive transducer || ~ de **position** (NC) / position measuring system || ~ **réacteur** / transductor reactor || ~ **réversible** (télécom) / reversible transducer || ~ **réversible** (vibrations) / bilateral transducer || ~ **sismique** / seismic transducer o. pick-up || ~ de **translation rectiligne** (vibrations) / rectilinear transducer || ~ d'**ultrasons conique** / taper stub transformer || ~ **unidirectionnel** (électron) / unilateral transducer
transestérification *f* (chimie) / transesterification, double decomposition, ester interchange, interesterification
Trans-Europ-Express *m*, T.E.E. / Trans-Europ-Express, T.E.E.
transférase *f* / transferase
transferé (sens) / transferred (meaning)
transférer (ord) / move || ~ de la **mémoire centrale vers une mémoire auxiliaire** (ord) / roll-out || ~ par **pompage** / pump over || ~ une **usine** (techn) / redeploy o. transfer a shop
transfert *m* / transfer || ~ (ord) / move mode || ~ (m.outils) / indexing || ~ d'**appel** (télécom) / call transfer || ~ **bilatéral** (ord) / bidirectional flow || ~ **blanc** (ord) / blank transfer || ~ de **bloc**, transfert-bloc *m* (ord) / block transfer || ~ d'un **brevet** / assignment of a patent || ~ en **chaîne** *m* (ord) / stream transmission || ~ *m* de **chaleur** / heat transfer o. transmission || ~ des **contrastes** / contrast transfer || ~ de **courant** (électr) / current transfer || ~ au **cycle alimentation** / card cycle total transfer || ~ **direct modulateur-démodulateur** / electronics-to-electronics transfer, E-E transfer || ~ d'**énergie** / energy transfer coefficient || ~ en **entrée** (ord) / copy-in || ~ de **Hohmann** (ELF) (espace) / Hohmann-transfer || ~ **itératif des mesures** (bâtim) / successive transfers of measurements || ~ **linéique d'énergie**, TLE (nucl) / linear energy transfer, LET || ~ de **masse de carbone** (nucl) / carbon mass transfer || ~ de **matière** (nucl) / mass transfer || ~ d'une **mémoire auxiliaire en mémoire centrale et vice versa** (ord) / rollin-rollout || ~ d'une **mémoire centrale en mémoire auxiliaire et vice versa** (ord) / rollout-rollin || ~ sur **mémoire à disques** (ord) / memory swapping || ~ **orbital** (espace) / orbital transfer || ~ **périphérique** (ord) / peripheral transfer || ~ de **porteurs de charge** (électron) / transfer of charge carriers || ~ **radial** (ord) / radial transfer, input-output process || ~ en **retour** (addit) / backtransfer device || ~ par **rouleau aspirant** (pap) / suction o. vacuum pick-up o. transfer || ~ au **secteur privé** / privatisation || ~ [en] **série** (ord) / serial transfer || ~ en **sortie** (ord) / copy-out || ~ **thermique** / heat transfer o. transmission || ~ de[s] **totaux** / total transfer
transfil *m* (pap) / mould wire || ~ (tapis) / cutter
trans·fini (théorie des ensembles) / transfinite || ~**fluxor** *m* (électron) / transfluxer
transfo *m* / transfo[rmer]
transformable / convertible
transformateur *adj* (industrie) / manufacturing || ~ *m* (électr) / [current] transformer || ~ (télécom, électron) / transformer || ~ (plast) / converter and processor || ~ **abaisseur** / step-down o. buck (US) transformer, reducing transformer || ~ d'**adaptation** / adapter transformer || ~ d'**adaptation en delta** / delta matching transformer || ~ d'**adaptation d'impédance** (contr.aut) / impedance buffer o. converter o. transformer || ~ à **air** / air-cooled o. air-core transformer || ~ à l'**air libre** / free air transformer || ~ d'**alimentation** (électron) / mains transformer || ~ d'**alimentation de l'anode** / anode supply transformer || ~ **annulaire [adapté]** (télécom) / adapted ring transformer, ring transformer, toroidal repeating coil || ~ d'**antenne** / antenna transformer || ~ à **audiofréquence** (TV) /

audiofrequency transformer, aft || ~ **auxiliaire** / station service transformer, auxiliary transformer || ~ à **bain d'huile** (électr) / oil transformer || ~ de **balayage** (TV) / sweep transformer || ~ de **balayage horizontal** (TV) / line transformer || ~ de **balayage vertical** (TV) / field output transformer, vertical deflection transformer (US) || ~ à **barre[s]** / bar-type current o. series transformer, bus-type transformer || ~ **basse tension** / distribution transformer || ~ à **bobine mobile** / moving-coil transformer || ~ de **câble** / cable transformer || ~ de **carton** / board converter || ~ en **cascade** (électr) / cascade transformer || ~ de **circuit réel** (télécom) / side circuit repeat coil || ~ à **colonne** / column type transformer || ~ à **colonnes** (électr) / core [type] o. double core transformer || ~ de **commande** / control transformer || ~ **[côté] équilibreur** / balancing repeating coil, balance transformer || ~ à **coulisse** (électr) / sliding transformer || ~ de **couplage** (électron) / intertube transformer || ~ de **couple** / torque converter || ~ de **couple [système] Föttinger** / Föttinger torque converter || ~ du **courant** / current transformer || ~ à **courant alternatif** (électr) / a.c. transformer || ~ à **courant constant** / constant current transformer || ~ de **courant supporté** / slip-on transformer || ~ **cuirassé** (électr) / shell[-type] transformer || ~ de **découplage** (électr) / isolation o. isolating transformer, one-to-one transformer || ~ de **démarrage** (électr) / starting transformer || ~ à **deux noyaux ou colonnes** / double-core transformer || ~ **dévolteur** / step-down o. reducing o. buck (US) transformer || ~ **différentiel** (électron) / differential transformer || ~ **différentiel** (télécom) / hybrid coil, bridge transformer || ~ **diphasé-triphasé** / two-phase three-phase transformer || ~ à **dispersion** / leakage field o. stray field transformer || ~ de **distribution** / distribution transformer || ~ **diviseur de tension** (électr) / autotransformer, one-coil transformer || ~ à **eau** / water-cooled transformer || ~ pour l'**éclairage** / lighting transformer || ~**-égalisateur** *m* / a.c.-balancer, hybrid transformer o. coil || ~ **élévateur de tension** / step-up transformer, booster transformer || ~ d'**énergie** (phys) / engine || ~ d'**énergie** (électr) / power transformer || ~ à **enroulement en bande** / sheet-wound transformer || ~ à **enroulement en feuille** / foil-wound transformer

transfo[rmateur] *m* à **enroulement mobile** / voltage variable-ratio transformer, voltage regulating transformer, variable-ratio o. -voltage transformer

transformateur *m* d'**entrée ou à l'entrée** (électron) / input transformer || ~ d'**entrée symétrique-dissymétrique** (électr) / balance[-to]-unbalance transformer, balun, bazooka || ~ à **enveloppe** (électr) / shell[-type] transformer || ~ **équilibreur** / balancing repeating coil, balance transformer || ~ d'**essai** / testing transformer || ~ d'**étage intermédiaire** (électron) / interstage transformer || ~ à **fer divisé** (électron) / air gap transformer || ~ **F.I.** / I.F. transformer, intermediate frequency transformer, IFT || ~ de **filament** (électron) / filament transformer || ~ **filtre** (électron) / filter transformer || ~ pour **force motrice** / power transformer || ~ de **fréquence** / frequency transformer || ~ à **fuites magnétiques** / stray field o. leakage field transformer || ~ à **gradins ou à prises** / step transformer || ~ **herisson** / hedgehog transformer || ~ **H.F.** / high-frequency transformer, radiofrequency transformer || ~ **H.T.** / high-voltage transformer || ~ dans l'**huile ou à bain d'huile** (électr) / oil transformer || ~ **hybride** (électron) / hybrid transformer || ~ **hydraulique pour force motrice** / hydraulic gear o. transmission || ~ **idéal** (télécom) / ideal transformer || ~ d'**images** (TV) / image sensor, photo-sensor || ~ d'**image à charge couplée** (laser) / charge coupled imager, CCI, CCI || ~ à **imprégnation intégrale de résine** / cast-resin dry-type transformator || ~ d'**impulsions** (électron) / pulse transformer || ~ aux **instruments** (électr) / instrument o. measuring o. pilot transformer || ~ d'**instruments à huile** (électr) / oil-filled instrument transformer || ~ d'**intensité** / current transformer || ~ d'**intensité à compensation** / compensated current transformer || ~ d'**intensité pour courant continu** / d.c.-to-d.c. current converter || ~ d'**intensité de découplage** / isolating instrument transformer || ~ d'**intensité à primaire barre** (électr) / bus-type transformer || ~ d'**intensité à primaire unifilaire** (électr) / single-turn transformer || ~ d'**intensité type traversée** / bushing type [current] transformer || ~ **intermédiaire** (électron) / intertube transformer || ~ du type **isolateur** (électr) / insulator type transformer || ~ **isolateur des hautes fréquences** (antenne) / radiofrequency lighting transformer || ~ d'**isolement** (électr) / isolation o. isolating transformer, one-to-one transformer || ~ de **liaison** / coupling transformer || ~ de **mesure** / instrument transformer || ~ de **mesure à deux noyaux** (électr) / double-core instrument transformer || ~ de **mesure à huile** (électr) / oil-filled instrument transformer || ~ de **mesure à sec** (électr) / dry-type instrument transformer || ~ de **microphone** / microphone transformer || ~ de **mixage** (électron) / multiple-input transformer, mixing transformer || ~ de **modes** / mode changer o. transducer o. transformer || ~ de **mode par barre transversale** (guide d'ondes) / crossbar transformer || ~ de **mode en bouton de porte** (guide d'ondes) / door-knob transformer || ~ de **modulation** / modulation transformer || ~ de **modulation du haut-parleur** / loudspeaker output transformer, speaker output transformer || ~ à **moyenne fréquence** / medium frequency transformer || ~ **[du nombre] des lignes** (TV) / line transformer || ~ à **noyau** (électr) / core [type] o. double core transformer || ~ à **noyau fermé** / closed-core transformer || ~ *adj* du **papier** / paper working o. converting o. processing || ~ *m* **pilote** (électr) / pilot transformer || ~ à **pince**, transfo-pince *m* / split core type transformer || ~ de **point neutre** (électr) / earthing autotransformer || ~ en **pont** (électron) / bridge transformer (hybrid coil) || ~ à **poteaux ou sur poteau** / pole [type] transformer || ~ de **potentiel** (électr) / voltage o. potential transformer || ~ de **potentiel capacitif** / capacitive voltage transformer || ~ de **pression** / pressure transformer || ~ à **prises [de courant]** / tapped transformer || ~ de **puissance** (électr) / power transformer || ~ de **puissance type sec** / dry-type power transformer || ~ à **quadrature du courant secondaire** / quadrature transformer || ~ pour **radiographie** / X-ray transformer || ~ à **réactance** / reactance transformer || ~**-redresseur** *m* / transfo-rectifier || ~ **réducteur** / step-down o. buck (US) transformer, reducing transformer || ~ à **refroidissement par air** / air-cooled o. air-core transformer || ~ à **refroidissement par circulation d'huile** / oil-cooled transformer || ~ de **réglage ou réglable** / regulating transformer || ~ **régulateur annulaire**

(télécom) / adapted ring transformer, toroidal repeating coil || ~ de **retour du spot** (TV) / flyback transformer || ~ **rotatif** / adjustable o. variable transformer || ~ **saturé** (électr) / saturation transformer || ~ à **sec** / air-cooled o. air-core transformer || ~ de **sécurité** / safety transformer || ~ de **séparation** (électr) / isolation o. isolating transformer, one-to-one transformer || ~ de **séparation et de commande** / isolating and control transformer || ~ en **série** / series transformer || ~ de **shuntage** (électr) / by-pass transformer || ~ au **sol** / floor type transformer || ~ **sonde** (guide d'ondes) / probe transformer || ~ de **sonnette** / bell transformer || ~ de **sortie** (électron) / output transformer || ~ de **sortie [pour base de temps] de lignes** (TV) / line-output transformer, LOPT || ~ de **sortie du son** (TV) / sound output transformer || ~ de **sortie ton** (haut-parleur) / sound output transformer || ~ de **soudage** / welding transformer || ~ pour le **soudage par résistance** / press-package transformer || ~ de **soudage trimonophasé doubleur de fréquence** (électr) / welding transformer with three-phase input and single-phase double frequency output || ~ **suceur** (électr) / negative boosting transformer, suction transformer || ~ **support** / spreader type current transformer || ~ **survolteur** / step-up o. booster transformer || ~ **survolteur-dévolteur** / buck boost transformer || ~ de **tension** (électr) / voltage o. potential transformer || ~ **terminal** (électron) / terminal transformer || ~ **toroïdal** (télécom) / [adapted] ring transformer, toroidal repeating coil || ~ de **traversée** / bushing type [current] transformer || ~ **triphasé** / rotary current transformer, three-phase transformer || ~ **triphasé dans l'huile** / oil-cooled three-phase transformer || ~ à **trois colonnes** / three-column transformer || ~ **variable** / regulating transformer || ~ de **vitesse [système] Föttinger** / Föttinger speed transformer

transformation *f* / change, transformation || ~, conversion *f* / transformation, conversion || ~ (chimie) / transformation, modification, conversion || ~ (bâtim) / alteration || **de ~ [ultérieure]** (industrie) / manufacturing || ~ **affine** (arp) / affine transformation || ~ par **affinité** (math) / affine mapping, affinity || ~ de l'**atome** / atomic disintegration || ~ **bactérienne** / bacterial transformation o. modification || ~ **biunivoque** (math) / one-to-one correspondence o. transformation || ~ en **boulettes** (plast) / pelletizing, pelletization || ~ des **canaux** (télécom) / group modulation || ~ **chimique** / rearrangement || ~ **conforme** (cartographie) / conformal representation o. mapping || ~ des **coordonnées** (NC) / transformation of coordinates || ~ **critique** (sidér) / transformation point || ~ **directe de l'énergie** / direct conversion of energy || ~ **directe de Fourier** / direct Fourier transform, direct Fourier integral equation || ~ **étoile-triangle** (électr) / star-delta transformation || ~ en **feuille** (pap) / sheet forming o. making || ~ par **finition** (contreplaqué) / transformation by finishing || ~ de **Fourier** / Fourier transform || ~ de **fréquences** / frequency transformation || ~ **galiléenne** (phys) / Galilean transformation || ~ **gel-sol** / peptization || ~ en **humus** (agr) / humification || ~ **inverse** / reconversion || ~ **inverse** (chimie) / reverse transformation || ~ **inverse de Fourier** / inverse Fourier transform, inverse Fourier integral equation || ~ de **Laplace** / Laplace-transform || ~ **linéaire** (math) / linear transform[ation] || ~ de **Lorentz** (math) / Lorentz transformation || ~ **magnétique** / magnetic transition temperature || ~ **mécanique** (contreplaqué) / mechanical transformation || ~ des **métaux** / metal working || ~ **nucléaire** (nucl) / nuclear transformation o. transmutation || ~ d'**onde** / mode transformation || ~ en **ondes carrées** (électron) / squaring || ~ **ouverte** / non-reversible conversion, nonconvertibility || ~ de **phase** / phase transformation || ~ **polymorphe** (sidér) / polymorphic transformation || ~ en **poudre** (marais) / formation of mull o. dust || ~ de **pression** (électron) / pressure transformation || ~ **projective** (math) / projective transformation || ~ de **réseau** / network transformation || ~ du **réseau** (crist) / transformation of the molecular o. crystal lattice || ~ **réversible** / reversible conversion, convertibility || ~ **rotationnelle** (plasma) / rotational transformation || ~ de **signal** / signal transformation || ~ de **similitude** (arp) / similarity transformation || ~ en **steppe** / desiccation, exsiccation, transformation into steppe || ~ de la **structure** / structural transformation || ~ **ultérieure** / further manipulation o. processing o. treatment, subsequent treatment || ~ **X** (math) / x-transform || ~ **Z** (math) / z-transform || ~ **Z inverse** (math) / inverse z-transform

transformé / converted || ~ en **mousse** / foamed

transformée *f* (math) / transform || ~ **inverse** (math) / inverse transform || ~ de **Laplace** / Laplace transform || ~ en **Z** (contr aut) / Z-transform

transformer / change *vt*, transform, modify || ~, modifier / alter, transform, convert, do up || ~ [en] (chimie) / convert [to], transform || ~ (math) / transform *vt* || ~ (électr) / transform the voltage || **se ~ en charbon** / carbonate *vi*, carbonize, coke, convert into coal, coal *vi* || ~ en **acier** / steelify || ~ **bainitiquement** (sidér) / convert during bainite stage || ~ du **charbon en courant électrique** / convert coal into electric energy || ~ en **énergie** / convert into energy || ~ la **fonte brute** / convert iron || ~ en **mousse** (plast) / foam *vt* || ~ en **retour** / reconvert || ~ en **xanthate** / xanthate *vt*

transfuser (chimie) / pour into another receptacle, pour out [into]

transgression *f* (géol) / transgression || ~ **marine** (géol) / marine transgression, transgressive superposition, overlap

transient / transient, momentary, transitory

trans·impédance *f* **en court-circuit** (télécom) / transfer impedance || **~information** *f* (ord) / transinformation

transistor *m* / transistor || **à ~s** / transistorized || ~ **allié ou à alliage** / alloyed transistor || ~ d'**attaque** / driving transistor || ~ à **avalanche** / avalanche transistor || ~ à **barrière de surface** / surface barrier transistor, SBT || ~ de **commutation** / switching transistor || ~ à **concentration de base variant progressivement** / diffused base o. graded base transistor, drift transistor || ~ à **contact par pointe** / point transistor || ~ à **couche de barrière** / SBT, surface barrier transistor || ~ à **couche intrinsèque** / intrinsic barrier transistor || ~ à **couche de jonction** / depletion layer transistor || ~ à **déplétion** / depletion transistor || ~ **diffusé** / diffused transistor || ~ type **ECDC** / electrochemical diffused collector transistor

transistor à effet de champ *m* / field effect transistor, FET, transtrictor || ~ **accéléré** / drift field effect transistor, DFET || ~ à **canal N** / N-channel FET || ~ à **canal P** / P-channel FET || ~ à **couche mince** / insulated-gate thin-film FET || ~

à **déplétion** / depletion type FET || ~ à **enrichissement** / enhancement-type FET || ~ à **grille isolée** / insulated emitter FET || ~ à **grille isolée par oxyde métallique** / MOS-FET (= metal oxide semiconductor field effect transistor) || ~ à **grille à pointe** / metal gate FET || ~ à **jonctions** / junction gate FET
transistor *m* à **émetteurs multiples** / multi-emitter transistor || ~ d'**enrichissement** / enhancement transistor || ~ **épitaxial** / epitaxial transistor || ~ **final** / output transistor || ~ à **gâchette résonnante** / resonant gate transistor, RGT || ~ **intégré** / overlay transistor || ~ à **jonction** / junction transistor || ~ à **jonction par tirage** / grown junction transistor || ~ à **jonction par tirage et diffusion** / grown diffused o. diffusion transistor || ~ **MADT** / MADT-transistor, micro-alloy diffused transistor || ~ type **MAS** / MAS transistor (metal-alumina-semiconductor) || ~ type **MAT** / micro-alloy transistor, MAT || ~ **mesa** / mesa transistor || ~ **MNOS-FET** / MNOS-FET (= metal nitride oxide semiconductor) || ~ **M.O.S.**, transistor *m* métal-oxyde-semiconducteur / metal oxide semiconductor transistor, MOS transistor || ~ **NPIN** / NPIN transistor || ~ à **passage longitudinal** / series pass transistor || ~ **plastique** / plastic can transistor || ~ à **plusieurs émetteurs** / multi-emitter transistor || ~ **p-n-p ou PNP** / PNP transistor || ~ à **pointes** / point transistor || ~ **programmable** / programmable transistor || ~ de **puissance** / power transistor || ~ à **structure plane** / planar transistor || ~ **tétrode** / transistor tetrode || ~ **triode** / transistor triode || ~ **tunnel** / tunnel transistor o. triode || ~ **unijonction** / unijunction transistor || ~ **unipolaire à effet de champ** / unipolar [field effect] transistor
transistorisé / transistorized
transistoriser / transistorize
transistormètre *m* / transistor testing instrument
transit *m* / transit || ~ **rigide** (ch.de fer) / route locking with no sectional release || ~ **souple** (ch.de fer) / route locking with sectional release, sectional release route locking
transition *f* (gén) / change-over, passing || ~ (chimie) / transmutation, transition || ~ (au profil ISO) (filetage) / change-over (to ISO profile) || **de** ~ / transitional || ~ **active** (électronique) / active transition || ~ des **couleurs** (TV) / colour transition || ~ du **courant** / current conduction, conductive connection || ~ entre les **deux voies** (routes) / interchange of lanes || ~ **graduelle** / gradual transition || ~ **interdite** (nucl) / forbidden transition || ~ **isomérique** (nucl) / isomeric o. nuclear transition || ~ **libre-libre** (nucl) / free-free transition || ~ du **noir au blanc** / black-to-white step o. transition || ~ **non interdite uniquement de premier ordre** (nucl) / first non unique forbidden transition || ~ **nucléaire** (nucl) / isomeric o. nuclear transition || ~ de **phase** (phys) / phase transition o. change || ~ par **pont équilibré** (électr) / balanced bridge transition || ~ **radiative** / radiative transition || ~ du **régime laminaire au régime tourbillonaire** (hydr) / transition from laminar to turbulent flow || ~ **résonnante** / resonance transition
transitionnel / transitional
transitionneur *m* (ch.de fer) / transition apparatus
transitoire *adj* / transient, momentary, transitory || ~ (valeurs, phys, électr) / transient || ~ (bot) / transitory || ~ *f* (TV, électron) / transient [effect o. phenomenon] || ~ **xénon** / xenon transient
transitron *m* (électron) / transitron
translatabilité *f* (ord) / relocatability
translatable (ord) / relocatable
translater (méc) / translate *vt* || ~ un **programme** (ord) / relocate a program
translateur *m* (télécom) / repeater, repeating coil, translator || ~ (mines) / traverser || ~ **duplex ou fantôme** (télécom) / phantom repeating coil, phantom transformer || ~ de **groupe primaire ou de base** (télécom) / basic group translator || ~ d'**impulsions** / pulse repeater || ~**s** *m pl* **jumelés** (télécom) / matched repeating coils || ~ *m* de **sortie** (télécom) / microphone transformer || ~ **toroïdal** (télécom) / [adapted] ring transformer, toroidal repeating coil
translation *f*, transport *m* / displacement, displacing, dislocation, shifting, transposition || ~ / relaying || ~ (télécom) / translation || ~ (tourn) / translation, transposition, compounding (US) || ~ (méc) / [parallel] translation, movement of translation, translational motion || **de** ~ (cinématique) / translational || ~ d'**appel par relais** (télécom) / relay repeater for ringing currents || ~ **circulaire** (méc) / circular translation || ~ **dynamique** (ord) / dynamic relocation || ~ **parallèle** (méc) / parallel translation, translation, translational motion, parallel displacement || ~ du **personnel** (mines) / descending by the rope, man-ride, winding of persons || ~ à **trajectoire circulaire** (cinématique) / circular translation
translator *m* / simultaneous interpretation facility, translator
trans·littérer / transliterate, convert the code || ~**location** *f* (biol) / translocation || ~**lucide** / translucent, -lucid, pellucid, diaphanous || ~**lucide** (opt) / with lower refractive index || ~**lucidité** *f* / light transmission, transparence, -ency, translucence, -lucency || ~**lunaire** (astr) / translunary || ~**marin** / transmarine || ~**mettance** *f* à **boucle** / loop transfer function
transmetteur *m* (télécom) / key transmitter, manipulator || ~ (contr. aut.) / transmitter || ~ (télécom) / transmitter of the telephone || ~ (électron) / transmitting apparatus, transmitter, sender || ~ d'**annonces** (ch.de fer) / announcement transmitter || ~ **automatique [par bande perforée]** (télécom) / tape transmitter, automatic [tape] transmitter || ~ à **capsule** / button microphone || ~ de **clé** (ch.de fer) / key transmitter || ~ **clignotant** (auto) / flasher [unit], clignoteur (GB) || ~ de **commande** (électron) / control transmitter, pilot oscillator, drive unit, exciter || ~ **débitmétrique** / volume transmitter || ~ de **force** (espace) / force transmitter || ~ **intermédiaire** (télécom) / link transmitter || ~ de **marquage** (aéro) / marker transmitter || ~ de **microphone** / transmitter of the microphone || ~ de **niveau** (contr.aut) / level generator o. sender || ~ de **numéro d'ordre** (télécom) / numbering transmitter || ~ d'**ordres** / command transmitter || ~ d'**ordres** (atelier) / staff locator || ~ d'**ordres** (nav) / engine room telegraph || ~ **portatif de télévision** (TV) / portable television camera transmitter || ~ de **position** / selsyn transmitter || ~ **recorder** / recorder sender || ~ du **signal horaire ou de signal de temps** (électron) / time signal transmitter || ~ de **signaux** / signal transmitter || ~ de **télévision** / television o. video transmitter, telestation || ~ de **température à thermocouple** (contr.aut) / thermocouple temperature transmitter || ~ de **vitesse** / impulse transmitter
transmettre / hand on, forward (a letter), transmit (a message), communicate (news), convey (an

instruction) || ~ (phys, électr) / convey, transmit || ~ (télécom) / transmit *vt* || ~ (phys) / transmit *vt* || ~ par **ondes hertziennes** (mesures) / telemeter || ~ sur **tube** (TV) / televise, telecast
transmis (opt) / transmitted
transmissibilité *f* / transmissibility, transmittivity
transmissible (p.e. puissance) / transferable (e.g. power)
transmission *f* (phys) / transmission, transmittance || ~ (mécanisme) / power train, transmission (GB), linkage (US) || ~ (télécom) / transmission, communication || ~ (radio) / transmission, broadcast (US) || ~ (atelier) / transmission [line], shafting || ~ (auto, techn) / gear, transmission, drive || ~ (électr) / transmission, conduction || ~, renvoi *m* (commerce) / transfer || **par** ~ / by transmitted light || ~ sur l'**arrière** / rear-wheel drive, barkwheel o. final drive || ~ **automatique** (auto) / automatic gear change || ~ **avec composante continue utile** (TV) / d.c. transmission || ~ à **bande [latérale] résiduelle** / vestigial sideband transmission || ~ à **bandes latérales dissymétriques** / asymmetrical sideband transmission || ~ par **bielles** (ch.de fer) / side rod drive, link drive || ~ par **blocs** (ord) / record transmission block by block || ~ de **bruits** / noise transmission || ~ de **bruits par l'air** / air conduction of noise || ~ de **bruits par dérivation** / flanking transmission || ~ de **bruits par la maçonnerie** / noise transmission by masonry || ~ par **câble** (techn) / rope drive || ~ par **câble** (radio) / transmission by cables || ~ à la **Cardan** / universal o. cardan drive o. transmission || ~ par **chaîne** / chain o. sprocket wheel drive, chain drive || ~ de **chaleur** / heat transmission o. carriage || ~ de **chaleur**, déperdition *f* de chaleur / heat loss || ~ à **changement de vitesse** / range o. shift transmission, change speed gear || ~ **collective** / gear assembly o. set || ~ par **cône de friction** (auto) / friction cone transmission || ~ des **contrastes** / contrast transfer || ~ par **cordon sans fin** / endless string drive || ~ en **courant continu** (télécom) / d.c. transmission || ~ par **courant porteur** / carrier frequency transmission || ~ à **courroie** (techn) / belt transmission || ~ à **courroie dentée** / synchronous belt drive || ~ par **courroie trapézoïdale** / V-belt drive || ~ **demi-onde** (électr) / half-wave transmission || ~ par **deux chaînes** / double chain drive || ~ **diffuse** (opt) / diffuse transmission || ~ en **direct** (TV) / direct pickup, on-the-spot pickup, live transmission || ~ **directe** (techn) / direct-coupled transmission || ~ **directe de dates** / direct data transmission || ~ **dispersée** (opt) / diffuse transmission || ~ de **données** / data transmission || ~ de **données unidirectionnelle** / one-way communication || ~ par **double-courant** (télécom) / double-current transmission || ~ **duplex** (télécom) / duplex operation, up-and-down working || ~ **électrique** / electric transmission (GB) o. linkage (US) || ~ par **engrenages** / toothed gearing o. wheel-work || ~ de l'**essieu arrière** / rear wheel drive, backwheel o. final drive || ~ par **fibres optiques** / optical fiber transmission || ~ par **fil** / wire[d] transmission || ~ par **fil** (ch.de fer) / wire transmission o. gearing || ~ au travers d'un **filtre** / filter transmittance || ~ de **force [motrice] ou d'énergie** (gén) / power transmission, transmission of energy o. power || ~ de **forces par des clavettes inclinées** / taper keys torque transmission || ~ à **friction par poulies à gorge ou à coin** / frictional grooved gearing, multiple V-gear, wedge friction gear || ~ **funiculaire** (ch.de fer) / wire transmission o. gearing || ~ **hydraulique** (ch.de fer, auto) / fluid drive || ~ **hydraulique** (frein) / hydraulic transmission (GB) o. linkage (US) || ~ **hydrodynamique** (ch.de fer, auto) / fluid drive, hydrodynamic transmission || ~ **hydrodynamique «dynaflow»** (m.outils) / dynaflow drive || ~ **hydromécanique** / hydromechanical transmission || ~ **hydrostatique** / hydrostatic transmission || ~ des **images** (TV) / picture transmission, phototelegraphy || ~ des **images radar** / radar relay || ~ d'**impulsion en bande de base** / baseband pulse transmission (GB) o. linkage (US) || ~ d'**impulsions** / pulse transmission || ~ **indirecte** (acoustique) / flanking transmission || ~ **individuelle des essieux** (ch.de fer) / individual o. independent axle drive || ~ d'**informations** / transmission of messages || ~ **intermédiaire** / intermediate gear o. link-motion || ~ **isochrone** (télécom) / synchronous transmission || ~ par **levier** / leverage || ~ à **levier coulissant** (auto) / gate change gear || ~ de la **lumière** / light transmittance, transmission factor || ~ à **manivelle** / crank mechanism o. gear || ~ **mécanique** (frein) / mechanical transmission (GB) o. linkage (US) || ~ par **modulation** / carrier frequency transmission || ~ par **moteur à arbre creux** (ch.de fer) / quill drive || ~ de **mouvement** / transmission of motion, motion transfer || ~ **multiple** (ch.de fer) / multiple transmission, multi-axle drive || ~ **multiplex** / multiplex transmission || ~ **multipoint** (ord) / multidrop o. multipoint transmission || ~ **multivoie** (ord) / multipath transmission || ~ en **noir et blanc** (TV) / monochrome transmission || ~ d'**ordres** / transmission of orders || ~ **parallèle** / parallel transmission || ~ de la **parole** (télécom) / voice transmission || ~ à **plateaux de friction** / disk friction gear || ~ **pneumatique** (frein) / pneumatic transmission (GB) o. linkage (US) || ~ de **pression** / pressure transmission || ~ de **prise de force** / power take-off gear || ~ de **radiation** / transmission of radiation, transmittance || ~ **radioélectrique ou à la radio** / radio transmission || ~ à **réglage continu** / infinitely variable change-speed gear || ~ à **ressort** / spring drive o. motor o. work, clock movement, clockwork [motion] || ~ **réversible** (hydr) / reversing drive || ~ **réversible** (techn) / reverse o. reversing gear [box] || ~ **réversible à courroies** / reversing belt drive || ~ aux ou des **roues arrières** / rear wheel drive, backwheel o. final drive || ~ **sans accusé de réception** (télécom) / blind transmission || ~ **sans composante continue utile** (TV) / a.c. transmission || ~ **secondaire** / secondary transmission || ~ en **série** (inform) / serial transmission || ~ du **signal de réponse incomplète à quadrature** / quadrature partial response signalling || ~ des **signaux** (contr aut) / signal transmission || ~ des **signaux** (métrologie) / transmission of measured values o. quantities || ~ des **signaux sur les trains en marche** (ch.de fer) / train control || ~ de **signaux unidirectionnelle** / one-way communication || ~ **simple courant** (télécom) / single current transmission || ~ à **simple démultiplication** / single-stage reducing gear || ~ **simplex** (ord) / simplex transmission || ~ des **sons par l'air** / air conduction of noise || ~ **spectrale** (phot) / spectral transmission || ~ **supérieure** / overhead o. ceiling countershaft || ~ **synchrone** (télécom) / synchronous transmission || ~ **tandem** (auto) / tandem drive || ~ **téléphonique** / telephone transmission || ~ de **télévision** / telecast, television broadcast[ing] o. transmission || ~ **tétraphonique** / four-channel transmission || ~ **thermique** / heat o.

thermal conduction, conduction of heat || ~ de **valeurs** / transmission of values || ~ à **vis sans fin** (techn) / worm drive o. gear[ing] || ~ de la **voix** (télécom) / voice transmission
trans·missomètre *m* (météorol) / light transmission meter || **~mittance** *f* (opt) / transmittance, transmission factor || **~mittance** *f* (électron) / short circuit forward transfer admittance || **~mittivité** *f* (opt) / transmittivity, transmissivity || **~modulation** *f* (électron, défaut) / intermodulation, crossmodulation || **~modulation** *f* (télécom) / monkey chatter
transmutation *f* (alchimist., nucl) / transmutation || ~ de l'**atome** / atomic transmutation || ~ des **éléments** / element transmutation || **~s** *f pl* par **seconde** / transmutations per second, tps *pl*
transpalette *f* / pallet truck o. stacker || ~ à **bras** / hand elevating truck || ~ à **fourche à bras** / hand pallet truck
transparaître (typo) / show through
transparence *f* / transparentness, transparence, -ency, lucidness || ~ (opt) / light transmitting capacity o. power o. quality, transparency, pellucidity || ~ (tube compteur) / transparency || ~ de **grille** (électron) / grid penetration factor || ~ au **rayonnement** / transmission of radiation, transmittance
transparent *adj* / clear, transparent, limpid, lucid || ~ (dessin) / tracing || ~ (émail) / clear || ~ *m* / transparency, transparent screen, diaphane || ~ pour les **hautes fréquences** / pervious o. transparent to high frequencies || ~ à **un code** (ord) / code transparent
transparente *f* pour **rétroprojection** / overhead transparent foil
trans·passif / transpassive || **~percement** *m* de **colle** (contreplaqué) / glue penetration, bleed through || **~percer** / transpierce, transfix, pierce, penetrate, puncture || **~phosphatase** *f* (chimie) / transphosphatase
transpiration *f* / perspiration, sweat || ~ (bot) / transpiration || ~ **thermique des gaz** / transpiration of gases
trans·planter / transplant || **~plateforme** *f* / lifting truck, lift-truck || **~polaire** / transpolar
transpondeur *m* (électron) / transponder
transport *m* / transportation, transport, conveyance, conveying, carrying || **~s** *m pl* / transport, transportation (US), [system of] public conveyance || ~ *m* (électr) / transmission [of power o. energy] || ~ (mil) / carrier || ~ **aérien** (aéro) / airlift, air transport || ~ des **arbres abattus** (silviculture) / timber hauling o. skidding, logging || ~ d'**avions** (nav) / aircraft transport || ~ de **bande** (phot) / film transport || ~ par **canalisation** / transport through pipeline || ~ de **chaleur** / heat convection || ~ à la **charette** / cart transportation, wheeling || ~ en **charge** (ordonn) / transport loaded || ~ de **charge** (semicond) / charge transfer || ~ par **chemin de fer** / railway carriage o. transport, transport by rail || ~ par **cheminée [au charbon]** (mines) / shoot-hole extraction, chute-hole extraction || ~ **combiné** / combined traffic o. transport || **~s** *m pl* en **commun** / public transport || ~ *m* pour **compte propre** / works transportation system o. traffic || ~ par **conduite** / transport through pipeline || ~ par **conteneurs** (ch.de fer) / container system, container traffic || ~ de **courant continu à haute tension** / high-voltage d.c. transmission, HVDC o. h.v.d.c. system || ~ de **courant à très haute tension** / UHV transmission || ~ des **déblais** (bâtim) / distribution of masses o. earth quantities || ~ de **débris minéraux** (hydr) / bed load carried by a stream || ~ par **eau** / shipment || ~ de l'**énergie** / energy o. power transmission o. transport || ~ d'**énergie** (électr) / electric power transmission || ~ **et communications** / transport and communications || ~ par **fer** / railway carriage o. transport, transport by rail || ~ par **fer de remorques routières** (ch.de fer) / rail transport of trailers, trailers on flat cars, T.O.F.C. (GB), piggy back service (US) || **~s** *m pl* au **fond** / haulage operations *pl* || ~ *m* de **force** (électr) / electric power transmission || ~ de **force [motrice] ou d'énergie** (gén) / power transmission, transmission of energy o. power || ~ **frigorifique [routier]** / refrigerated transports *pl* || **~s** *m pl* **frigorifiques** (ch.de fer) / refrigerated traffic || ~ *m* en **galerie** (mines) / underground hauling o. haulage o. conveyance, haulage on driftways || ~ à **grande distance** / long-haul carriage || ~ de **gros tonnages** (mines) / large volume extraction || ~ **horizontal** / level transportation || ~ **individuel** / individual motor car traffic, private transport || ~ **intérieur** / internal o. inland traffic || ~ **intermodal** / intermodal transport || ~ **international de gaz combustibles [par canalisation]** / long-distance gas o. grid gas transport || ~ **ionique ou des ions** / migration of ions, ion o. ionic migration || ~ **kangourou** (ch.de fer) / transport by kangaroo type vehicles || ~ de **marchandises** / carrying traffic, transportation of goods (GB), freightage (US) || ~ de **marchandises par camions** / motor transport || ~ de **marchandises à courte distance** / short-distance goods traffic, local goods traffic || ~ de **marchandises à grande distance** (auto) / overland transport o. traffic, long-distance goods traffic || ~ **maritime ou par mer** / sea transport, shipping || ~ en **masses** / mass transportation || ~ des **matériaux ou de la matière** / material transport || ~ de **matières solides** (hydr) / bed load carried by a stream || ~ **mécanique de documents** / document conveying belt || ~ par **mer** / sea transport, shipping || ~ **mixte** / mixed transport (by rail, road, ship) || ~ par **moyens hydrauliques** / hydraulic conveyance || ~ **multimodal** / intermodal transport || ~ **net** (nucl) / net transport || ~ de **personnes** / passenger service o. transport, conveyance o. transport of passengers || ~ sur de **petits parcours** / short-haul traffic o. transport || ~ **porte à porte** / door-to-door transport || ~ **privé ou individuel** / individual motor car traffic, private transport || **~s** *m pl* **publics** / public transportation || ~ *m* sur **rail** / rail transport || **~s** *m pl* sous le **régime du froid** (ch.de fer) / refrigerated traffic || ~ *m* **routier ou par route** / road (GB) o. highway (US) transport || ~ de **sédiments** (hydr) / bed load carried by a stream || **~s** *m pl* **souterrains** / haulage operations *pl* || **~s** *m pl* **suburbains** (ch.de fer) / suburban service || ~ *m* par **terre** / land-carriage o. -conveyance || ~ des **terres** (bâtim) / haul, hauling || ~ **terrestre** / ground transportation || ~ **terrestre guidé** / guided surface transport || ~ [de **troupes**] (nav) / carier || ~ **ufr** (ch.de fer) / "ufr"-transport (in France) || ~ à **vide** (ordonn) / reach, transport empty || ~ par **voie d'eau** / water carriage || ~ par **voie ferrée** / railway carriage o. transport, transport by rail || ~ par **voie de terre, par voie d'eau** / land o. water carriage || ~ de **voyageurs** / passenger service o. transport, conveyance o. transport of passengers || ~ en **vrac** / mass transportation || ~ sur **wagons spéciaux de véhicules routiers gros porteurs** (ch.de fer) / transport on special wagons of heavy road vehicles
transportable, mobile / locomotive, mobile || ~,

roulant / locomotive, travelling, traveling (US) || ~, à être expedié / transportable
transportation *f* / transportation, transport, conveyance, conveying, carrying
transporté, être ~ (chimie) / be transmitted [to] || ~ par **avion** / by air, airborne || ~ **gratuit ou non taxé** (ch.de fer) / free-hauled
transporter / convey, transport, transfer, carry || ~ (typo, tiss) / transport || ~ (phys, électr) / convey, transmit || ~ (méc) / translate, shift || **à ~ debout !** / keep upright! || ~ à la **brouette** / cart *vt* || ~ à la **couronne de chargeage** (mines) / bring to the pit eye || ~ **dehors** / take out, carry out || ~ par **eau** / ship || ~ à la **recette d'accrochage** (mines) / bring to the pit eye || ~ la **terre à la brouette** / cart soil
transporteur *m* / transport operator || ~ (aéro) / carrier || ~, voiturier *m* (ch.de fer) / haulier || ~, expéditeur *m* / loader, transporter || ~ (m.à coudre) / top feed || ~ (techn) / conveyor || ~ **aérien** / airline company, carrier || ~ **aérien** (funi) / ropeway, aerial tramway || ~ **aérien électrique** / telpher line o. system, telpherage, telferage || ~ **aérien à gravité** / gravity cable o. cableway, rope incline || ~ **aérien pour mise au terril** / dumping ropeway o. cableway || ~ **aérien de montage** / auxiliary o. erection ropeway || ~ **aérien réciproquant** / to-and-fro system aerial ropeway, pendulum type ropeway || ~ **aérien à service continu** / continuous o. endless ropeway || ~ **aérien pour les voyageurs** / [aerial] ropeway o. cableway for passenger traffic, passenger ropeway || ~ d'**alimentation à vis sans fin** / screw feed conveyor || ~ **ascendant** (mines) / upbrow conveyor || ~ en **auge** / scraper o. scraping conveyor o. chain o. belt o. band || ~ à **auge** (mines) / conveying o. conveyor trough || ~ à **bande** / belt o. band (GB) conveyor, conveying belt || ~ à **bande entraîné par câble métallique** / traction rope belt conveyor || ~ à **bande souple** / belt o. band (GB) conveyor, conveying belt || ~ à **bande souple à traction par câbles** / cable belt conveyor || ~ à **bande souple à traction par chaînes** / chain belt conveyor || ~ à **barreaux** / bar conveyor || ~ à **chaîne** / endless chain transporter o. haulage [system] || ~ à **chaîne charnière** (mét, céram) / slat conveyor || ~ à **chaînes charnières** / slat-band chain conveyor || ~ à **[chaîne à] godets** / bucket chain conveyor || ~ à **chaînes palettes** / slat-band chain conveyor || ~ à **chaîne porteuse** / carrying chain conveyor || ~ à **chaîne à raclettes** (mines) / scraping chain conveyor, chain conveyor, armoured face conveyor || ~ à **chaîne ralentisseuse à raclettes** (mines) / scraper o. scraping conveyor o. chain o. belt o. band || ~ **circulaire** / circular o. endless conveyor || ~ **circulaire à câble** / cable conveyor || ~ en **continu** / continuous mechanical handling equipment || ~ de **cossettes** / cossette conveyor || ~ à **courroie** / belt o. band (GB) conveyor, conveying belt || ~ à **courroie navette** / shuttle belt conveyor || ~ à **courroie portatif** / portable belt conveyor || ~ à **courroie ripable** / movable belt conveyor || ~ à **courte distance** / short-distance o. close transporter o. conveyor || ~ à **crochets** (sidér) / hook conveyor (for wire coils) || ~ **descendant** / downhill conveyor || ~ avec **dispositif d'entassement** / staple conveyor, [rack] stacker || **~-distributeur** *m* / feeding chute || ~ à **éléments d'acier articulés** / steel plate apron conveyor || **~-élévateur** *m* **latéral** / side loading fork lift truck || **~s** *m pl* **et convoyeurs et élévateurs** / conveyors and elevators *pl* || ~ **et élévateur commandés** / power driven conveyor and elevator || ~ *m* d'**extraction à vis sans fin** / screw type extractor || ~ à **fond de taille** (mines) / face conveyor || ~ **freineur** (mines) / downward conveyor || ~ au **front de taille** (expl. à ciel ouvert) / bench belt || ~ à **galets** / wheel conveyor || ~ **gerbeur** / staple conveyor, [rack] stacker || **~-gerbeur** *m* à **caisses** / stapling conveyor for boxes || ~ à **godets** / bucket [chain] conveyor, bucket elevator || ~ à **godets basculants** / tipping bucket conveyor o. elevator || ~ à **godets de chargement** / charging o. feeding bucket conveyor || ~ à **godets oscillants** / chain and bucket conveyor, pendulum bucket o. swing bucket conveyor, suspended swing tray conveyor || ~ de **grains** (agr) / grain conveyor || ~ **hélicoïdal** / spiral conveyor || ~ **immergé** (prépar) / dredging conveyor || ~ **incliné** / slope conveyor || ~ par **inertie** / vibrating conveyor || ~ en **masse** / en masse conveyor, troughed chain conveyor || ~ de **mise au terril** (mines) / tipping belt || ~ **mobile à raclettes** / charging scraper conveyor || **~-navette** *m* / shuttle belt conveyor || ~ à **palettes** / plate belt o. conveyor || ~ à **palettes avec joues et cloison arrière** / apron conveyor with closed pans || ~ à **palettes métalliques** / apron conveyor || ~ **pneumatique** / pneumatic conveyor || ~ **public** / public carrier o. haulier || ~ à **raclettes ou à racloirs** / scraper o. scraping conveyor o. chain o. belt o. band, trough o. tray conveyor o. scraper || ~ **ralentisseur** (mines) / downward conveyor, retarding conveyor || ~ **ralentisseur à disques** (mines) / retarding disk conveyor, disk retarding conveyor || ~ à **râteaux** / rake conveyor || ~ **releveur** (mines) / uphill shaker conveyor || ~ de **reprise à tablier métallique** / discharging plate conveyor || ~ à **rouleaux** / [gravity] roller conveyor o. path o. way || ~ à **rouleaux** (lam) / live roller table || ~ à **rouleaux commandés** (gén) / live roller conveyor || ~ à **rouleaux commandé débrayable** / friction driven live roller conveyor || ~ à **rouleaux commandé par chaîne** / chain driven live roller conveyor || ~ à **rouleaux commandé par courroie** / belt driven live roller conveyor || ~ à **rouleaux d'évacuation** (lam) / exit table, discharge rollers *pl* || ~ à **rouleaux extensible** / accordion roller conveyor || ~ à **rouleaux par gravité** / gravity roller table || ~ à **rouleaux relevables** / hinged roller conveyor || ~ **routier** (auto) / road haulier, motor carrier, trucker (US) || ~ du **ruban** (filage) / ribbon feeder || ~ à **ruban en acier** / metal band conveyor, steel belt conveyor || ~ à **secousses** / vibrating conveyor || ~ en **spirale** / spiral conveyor || ~ à **tablier métallique** / steel plate apron conveyor || ~ à **tapis métallique courbe** / curved wire mesh belt conveyor || ~ **télescopique à courroie** / telescopic belt conveyor || ~ à **tocs ou à taquets** (lam) / dog-bar [type] conveyer || ~ **vibrant ou à vibrations** / vibrating conveyor
transporteuse *f* à **vis sans fin** / feed screw
transposer (électr) / cross, transpose || ~ (typo) / misprint || ~ (math) / transpose || ~ (gén, chimie) / rearrange || ~ une **page** (typo) / impose wrong, transpose
transposition *f* (math) / transposition || ~ (télécom) / twisting of wires, phantom transposition || ~ (électr, enroulement) / transposition || ~ (chimie) / transposition, rearrangement || ~ **benzinidique** / benzidine rearrangement o. transformation || ~ **benzylidénique** / benzylidene o. benzal rearrangement || ~ du **code des données** / code transposition of data || ~ **coordonnée** (lignes

téléphon) / coordinated transposition || ~ par **croisement** (télécom) / transposition || ~ des **fils** / wire transposition || ~ en **fréquence d'une voie** (télécom) / frequency translation of a channel || ~ **inverse** (chimie) / inverse rearrangement o. transposition
transpulsion *f* (nucl) / push-through
transrouleur *m* / [gravity] roller conveyor o. path o. way || ~ **mécanique** / live roller conveyor || ~ en **spirale** / gravity roller spiral, spiral roller conveyor
transroulier *m* (nav) / roll-on/roll-off vessel, drive-on/drive-off ship
trans·sonique / transonic, transsonic || **~sulfatase** *f* (chimie) / transsulfatase || **~teneur** *m* / transtainer || **~-traîneur** *m* (mines) / endless chain transporter o. haulage [system] || **~uranien** / transuranic, transuranium || **~uraniens** *m pl* / super[heavy] o. transuranic elements *pl*, transuranics *pl* || **~vasement** *m* / decantation || **~vaser** / decant || **~vaser** [par **pompe**] / pump over, transfer by pumping
transversal *adj* / traverse, transverse, -versal || ~ (math) / intersecting, cutting, secant || ~ (mouvement) / traversing || ~ *m* (ligne de contact) / cross-wire || ~ de **réglage** (fil conducteur) / cross-span adjuster o. counterbalance
transversalement au **sens de laminage** / at right angles to the rolling direction
transverse *m* (math) / transversal, traverse
transvision *f* (typo) / strike-through, print-through
trap *m* (semicond) / trap, deathnium center o. trap
trapèze *m* (lam) / trapezoid || ~ **irregulier**, quadrilatère *m* / trapezoid (GB), trapezium (US) || ~ **isocèle, [rectangle]** / isosceles, [rectangular] trapezium (GB) o. trapezoid (US) || ~ **[régulier]** (math) / trapezium (GB) (pl.: -iums, -ia), trapezoid (US)
trapézien / trapezoid[al]
trapézoèdre *m* (géom) / trapezohedron, icositetrahedron || ~ (crist) / icositetraedron, tetragonal trisoctahedron, trapezohedron
trapézoïdal, trapézoïde, trapéziforme / trapezoid[al]
trapezoïde *m* voir trapèze
trappe *f*, piège *m* / pitfall || ~ (camion) / drop backboard o. tailboard || ~ (bâtim) / trapdoor || ~ (techn) / trap || ~ (trémie) / flap || ~ (fenêtre) / hanging sash, balance[d] sash || ~ (TV) / interference trap || ~ d'**accès** / trap door, skylight, exit opening || ~ d'**apiquage** (nav) / topping winch || ~ d'**atterrisseur** (aéro) / wheel fairing || ~ de **chargement** (ch.de fer) / loading trap || ~ du **compartiment moteur** / engine compartment door || ~ de **déchargement** / chute trap door || ~ de **déchargement rabattable** (ch.de fer) / hinged unloading trap || ~ d'**expansion** / explosion door || ~ de **fermeture** (mines) / safety platform, fall table || ~ de **fond** (excavateur) / cover slide || ~ du **malaxeur distributeur** (sucre) / massecuite emptying gate || ~ à **nettoyage** (ch.de fer, routes) / sink hole o. trap || ~ de **nettoyage de la cheminée** / cleaning door || ~ **obturatrice** / shutter, flap || ~ au **pavillon** (auto) / footstep of driver's cab, step of driver's cab || ~ de **plancher** (ch.de fer) / drop door, hinged bottom, floor trap || ~ d'un **pont-levis** / leaf of a bridge || ~ sur la **porteuse image du canal voisin** (TV) / [adjacent] picture carrier trap || ~ sur la **porteuse son du canal voisin** (TV) / adjacent sound channel rejector || ~ du **puits** (mines) / trap door of the mouth of a pit || ~ de **regard** / inspection o. observation flap || ~ **rotative articulée** (ch.de fer) / articulated rotating flap (freight car) || ~ des **roues** (aéro) / wheel fairing || ~ **son** (TV) / sound trap || ~ de la **soute** / bin gate || ~ de **visite** / inspection o. observation flap
trass *m* (géol) / trass
travail *m* / working, labour || ~ (gén, phys) / work || ~ (ord) / job || ~ (fermentation) / working, fermentation || ~, effort *m* / effort, exertion || ~, formage *m* / shaping, forming || ~ (relais) / make contact || ~, façon *f* / make || ~ voir aussi travaux || ~, emploi *m* / employment, work, job || **de** ~, actif / acting, active || **de ~ de bois** / wood-manufacturing, wood working || **de ~ direct** (ordonn) / direct labour... || **qui entraîne beaucoup de** ~ / labour-consuming || ~ **accessoire** / part-time work, byjob, bywork || ~ **agricole** / farmwork, agricultural labor || ~ en l'**air** (tourn) / chuck[ing] work || ~ d'**alésage ou à la barre d'alésage** / boring work || ~ à **allure libre, [limitée]** (ordonn) / free, [restricted] work || ~ de l'**amortisseur** (techn) / cushioning o. spring work o. action || ~ d'**atelier** / workmanship || ~ en **aveugle** (m.à écrire) / touch operation || ~ **bâclé**, travail *m* bousillé / blunder, bungling, scampwork, botching, slap-dash, sloppy work || ~ du **bain** (sidér) / boiling || ~ sur la **bande latérale** / sideband working o. transmission o. system || ~ à la **barre** (m.outils) / bar work || ~ en **béton** / concrete work, concreting || ~ du **bois** / wood working || ~ au **bouclier** (tunnel) / shield driving method || ~ **broché** / work done in a hurry and slovenly || ~ de **bureau** / desk o. office work || ~ à la **chaîne** / continuous o. flow production, progressive operations *pl* || ~ au **chalumeau** (verre) / lamp working || ~ par **chambres isolées** (mines) / board-and-stall working, room-and-pillar work || ~ des **champs** / farmwork, agricultural labour || ~ au **chantier** / construction-site service, site work || ~ sur **chantier** (bâtim) / field engineering || ~ de **cisaillement** / shearing work || ~ **collectif** / team work || ~ en **commun** / team work || ~ par **compartiments** (mines) / board-and-stall working, room-and-pillar work || ~ à la **compression** / compression o. compressive stress || ~ de **compression** / work done on compression || ~ de **copiage** (m.outils) / copying job o. work || ~ de **coupe** (m.outils) / cutting energy o. force || ~ de **creusement** (mines) / advance work || ~ au **crochet** / work at draw-hook || ~ à la **défilée** (tex) / unwinding over head || ~ de **déformation** (méc) / strain energy, deformation work || ~ de **déformation** (forge) / deformation work || ~ de la **déformation élastique** (méc) / work of elastic strain || ~ de **déformation spécifique** / unit resilience || ~ de **dégrossissage** / roughing-down work || ~ à la **déroulée** (tex) / unrolling || ~ de **dessablage** / sand blasting work || ~ à **deux mains** (ordonn) / right-and left-hand working || ~ à **deux postes** / work in two-shifts, two-shift operation || ~ **direct** / productive job, direct labour || ~ à **domicile** / outwork, homework || ~ en **double précision** / double-length o. double-precision arithmetic || ~ **effectif** (ordonn) / work time || ~ **effectué au-dessus [de la hauteur] de la tête** / overhead work || ~ d'**emboutissage [profond]** / deep-drawing work || ~ d'**emboutissage ou à border** / dishing, flanging || ~ d'**émulsionnement** / emulsification work || ~ **en 2 x 8, [3 x 8]** / work in two, [three] shifts, two, [three] shift operation || ~ d'**enlèvement de copeaux** / cutting energy o. work || ~ d'**équipe** / team work || ~ par **équipes** (ordonn) / working in shifts || ~ d'**essai** / testing work || ~ d'**étanchement** / sealing work || ~ d'**excavation** /

earth work o. digging, ground work || ~ d'**expansion** / work done on expansion || ~ aux **explosifs** (mines) / blasting [work] || ~ à l'**extension** / work of extension || ~ **extérieur** / outside work || ~ d'**extraction** (électron) / electron affinity, work function, work of emission || ~ d'**extraction** (nucl) / expulsion energy || ~ **extraordinaire** (mines) / reconditioning || ~ à **façon** / wage work, paid labour || ~ **féminin** / women's job o. labour || ~ de **finissage** / finish-machining, finishing, completion || ~ dû au **flambage** / work done on buckling || ~ à la **flexion** / work done on bending || ~ du **fond** (ord) / background job || ~ de **foration et aux explosifs** (mines) / shooting and blasting || ~ à **forfait** / piecework || ~ à **forfait** (ordonn) / piecework, contract o. task work || ~ à **forfait** (mines) / contract work, piecework || ~ de **forgeage** / forging work, blacksmith's work || ~ de **fouille** / earth work o. digging, ground work || ~ de **foulage** (caoutchouc) / flexing work || ~ de **fragmentation** / size reduction energy || ~ de **freinage** / braking work || ~ de **friction à l'interface** / interfacial work || ~ à **froid** / cold working || ~ de **frottement** / work consumed by friction || ~ de **frottement** (découp) / lost work of deformation || ~ de **giration** / work on gyration || ~ à **grappins** / grab operation o. service || ~ de **grenailles et sables** (prép) / fine grain washing || ~ par **groupes** / group work || ~ à l'**heure** / timework || ~ **humain** / human labour || ~ **illicite** / scab work, moonlighting (US) || ~ d'**impulsion** (phys) / impact work || ~ **interfacial** (plast) / interfacial work || ~ d'**ionisation** / ionization work || ~ de **jour** / day shift o. turn || ~ en **jour férié** / Sunday and holiday work || ~ à la **journée** (ordonn) / working in shifts || ~ de **levage** / lifting work || ~ **libre** (ordonn) / manual element, unrestricted job || ~ **limité** (ordonn) / restricted job || ~ en **longueur double** / double-length o. double-precision arithmetic || ~ **lourd** / heavy work o. labour || ~ d'une **machine** / working o. functioning of a machine || ~ **mal fait** (techn) / trash || ~ au ou en **mandrin** (tourn) / chuck[ing] work || ~ **manuel ou à la main** / manual labour || ~ **masqué** (ordonn) / inside work || ~ des **matières** / material stressing, stress on [the] material || ~ **mécanique** / mechanical work || ~ des **métaux** / metal working || ~ des **métaux en feuilles** / sheet work, sheet metal forming, tin plate work[ing] || ~ de **meulage** / grinding work || ~ du **minerai** / ore working || ~ **minier** / pit work || ~ à **mi-temps** / part-time work || ~ de **montage de ferrures** (bâtim) / mounting of metal fittings || ~ de **mortaisage** (m.outils) / shaping work || ~ de **moulage** (fonderie) / moulding work || ~ à **multiple longueur de mot** (ord) / multiple-length arithmetic o. working, multiple-precision working || ~ **musculaire** / physical work || ~ **nécessaire** / expenditure of work o. labour || ~ **nocturne ou de nuit** / night work || ~ **normal** / routine work || ~ **normal**, marche *f* normale / normal functioning || ~ de **normalisation** / standardization work o. procedure || ~ de **nuit** / night shift o. turn o. work || ~ à **outils multiples** (m.outils) / multiple tool operation, gang tool operation || ~ en **partage de temps** (ord) / time sharing system || ~ en **partage de temps** (terminal) / time sharing mode || ~ **partiel** / part-time work || ~ de **peinture** (auto) / enamelling work || ~ de **percussion** (phys) / impact work || ~ à la **pièce** / piecework || ~ à la **pièce** (ordonn) / piecework, contract o. task work || ~ à la **pièce par équipe ou en groupe** (ordonn) / group piece rate, group piece work [plan], group incentive o. scheme || ~ aux **pièces individuel** (ordonn) / individual piece work, individual scheme || ~ de **piston** / work done on piston stroke || ~ de **pliage** / work done on folding || ~ le **plus pénible** / extra heavy work || ~ à **plusieurs machines** (ordonn) / multiple machine assignment o. work || ~ **point sur point** (typo) / dot-for-dot work || ~ entre **pointes** (tourn) / work between centers || ~ **posté** / working in shifts, shift work || ~ de **précision** / precision work || ~ de **précision mécanique** / precise mechanical work || ~ **préparatoire** / preliminary o. preparatory studies o. work || ~ de **pressage** / pressing || ~ sur **presse** (typo) / press work, machining || ~ **profond au cultivateur** (agr) / deep cultivating || ~ au **puits** (mines) / pit work || ~ par **puits et galeries** / underground mining || ~ de **rabotage** / work on planing, planing work || ~ de **recherche** (mines) / prospecting work || ~ de **rectification** / grinding work || ~ à **refendre** (cuir) / splitting cuts || ~ de **remise en état** / overhaul work, repair work || ~ **repoussé** / chased work || ~ de **reproduction** (m.outils) / copying job o. work || ~ du **ressort** / cushioning o. spring work o. action || ~ du **rivet** / strain of the rivet || ~ au **rocher** (mines) / hewing rock || ~ de **routine** / routine work || ~ de **rupture** (électr) / work done on breaking || ~ de **séparation** (nucl) / separative work || ~ en **simultanéité** (ord) / simultaneous mode, concurrent working || ~ du **sol** / soil cultivation o. tilling || ~ de **sortie** (électron) / electron affinity, work function, work of emission || ~ de **sortie photoélectrique ou des photoélectrons** (photo électr) / photoelectric work function || ~ de **sortie thermoionique** / thermionic work function || ~ **souterrain** (mines) / underground excavation || ~ **spécifique de déformation** / specific strain energy, strain energy per square inch o. unit area || ~ **spécifique à la rupture** / specific rupturing work, unit rupture work || ~ **supplémentaire** / overtime [work], over-work || ~ **supplémentaire** (ordonn) / outside work || ~ des **surfaces** (m.outils) / surface working || ~ à la **tâche** / piecework || ~ à la **tâche** (mines) / contract work, piecework || ~ à la **tâche** (ordonn) / piecework, contract o. task work || ~ au **tapis roulant** / continuous o. flow production, progressive operations *pl* || ~ **temporaire** / temporary work, odd job || ~ de **terrassement** / excavation work || ~ des **tôles** / sheet work, sheet metal forming, tin plate work[ing] || ~ à la **torsion** / work done on torsion || ~ au **tour à dépouiller** / relieving work || ~ au **tour revolver** (tourn) / turret work || ~ de **tournage** / turning [on the lathe], lathe work || ~ de **tournage précis** / superfinish turning || ~ de **translation** (méc) / work on translation o. shift || **~-travail** *m* **avant repos** (relais) / make-make-[before] break contact || ~ de **trempage** (bière) / steeping operations *pl* || ~ **très lourd** / extra heavy work || ~ à **trois postes** / three-shift operation, working in three shifts || ~ d'**un jour** / work done in a day shift || ~ **unitaire à la rupture** / unit rupture work || ~ **utile** / effective o. useful work, duty || ~ **utile**, effet *m* utile / performance || ~ de **ventilation** / sort work || ~ du **verre** / hyalotechnics || ~ à **vide** / wasted power o. energy

travaillant (méc) / stress-bearing || **ne ~ plus** (acier) / refined || ~ par **brèche montante ou descendante** (mines) / buttock ... || ~ avec des **clivages montants** (mines) / working on the face slip[s] || ~ avec des **clivages plongeants** (mines) / working on the back slip[s] || ~ au **double cisaillement** (méc) / two-shear

|| ~ à l'**extension** (méc, constr.en acier) / in tension || ~ le **fer** / metal working || ~ à **plein rendement** / fully utilized
travaillé (techn) / formed, machined || ~ (ordonn) / trained, learned || ~ **partout** / machined all over
travailler [à] *vi* / work [on] *vi* || ~ (chimie) / be [up]on the fret, ferment, work || ~ *vt*, malaxer / squeeze *vt*, knead || ~ (métal) (sidér) / boil || **faire ~ le moteur à plein[e admission]** / run the engine at wide-open o. full throttle || ~ en **bosse** / emboss || ~ à la **chaleur rouge** / hot-work, work at red heat || ~ à **chaud** / hot-work, work at red heat || ~ en **débit** / work for quantity || ~ **dur** / labour, labor (US) || ~ au **fuseau** / do bobbin lace o. pillow lace o. bone lace work || ~ **irrégulièrement** (mot) / run erratically, work unsteadily, cut out || ~ à la **journée** / do journey-work || ~ à la **lime** / file *vi* || ~ à l'**outil** (m.outils) / remove material || ~ avec la **perche** (cuivre) / pole || ~ en **plongée** (tourn) / face || ~ selon les **règles** (mines) / work systematically || ~ [en] **rétro** / excavate by backacting o. pull (US) shovel, backhoe *vi* || ~ à la **tâche** / work by contract o. by the piece, piece-work *vi* || ~ en **tâches** / do shift work
travailleur *m* / man, workman, worker || ~ (tex) / worker || ~ **appointé** / salaried employee o. worker (US) || ~ de **force** / heavy worker || ~ **intellectuel** / brain worker, professional man || ~ **manuel** / manual labourer || ~ **migrant** (agr) / migrant worker (US) || ~ **non qualifié** / general hand o. worker, navvy (GB) || ~ **posté** / shift worker || ~ **salarié** / wage earner, hourly[-paid] employee (US) || ~ **sans formation** / general hand o. worker
travailleuse *f* / female worker o. labo[u]rer, workwoman
travaux, autres ~ effectifs en dehors de la cabine (conducteur auto) / other work done outside of cab || ~ *m pl* d'**about** / shaft repair work || ~ d'**alésage** (m.outils) / boring work || ~ d'**arpentage** / surveying || ~ d'**art** (ch.de fer, routes) / construction[al] works *pl* || ~ **au-dessous d'une galerie** (mines) / dip work, working under the main haulage level || ~ d'**automne** (agr) / autumn sowing || ~ en **aval-pendage** (mines) / dip work, working under the main haulage level || ~ de **barrage et de perreyage** (hydr) / paving || ~ de **bétonnage** / concrete work || ~ *m* de **blindage** (bâtim) / sheeting works *pl* || ~ *m pl* de **canalisation** (hydr) / training works *pl* || ~ de **charpentier** / carpenter's work || ~ de **coffrage** (bâtim) / formwork, shuttering || ~ de **coffrage** (fondements) / sheeting works *pl* || ~ **complets de sûreté** (mines) / timbering and walling || ~ de **construction** / building works || ~ de **correction d'un fleuve** / river training [works] || ~ de **couverture** / roof covering, roofing || ~ de **déblaiement** / removal o. clearing work || ~ par **descenderie** (mines) / dip work, working under the main haulage level || ~ **divers** / sundries *pl* || ~ d'**entrepreneur** (bâtim) / contractor works *pl* || ~ d'**entretien** / maintenance work, upkeep || ~ d'**entretien** (agr) / plant husbandry || ~ d'**étanchement du toit** / roof sealing works *pl* || ~ d'**excavation** / diggings *pl* || ~ d'**excavation et d'achèvement sous couverture en béton** / underground construction work under top cover || ~ d'**expérience** (mines) / trial works *pl* || ~ d'**extension** / extension o. addition works *pl* || ~ de **fonçage** (mines) / sinking works *pl* || ~ de **fond** (mines) / underworkings *pl* || ~ de **gagner du terrain** (hydr) / land reclamation || ~ de **génie civil** / civil engineering works || ~ des **géomètres** (mines) / underground o. mine surveying || ~ **hydrographiques** (hydr) / hydrographic works *pl*, charting of bodies of water || ~ d'**injection** (bâtim) / grouting works *pl* || ~ d'**installation** (bâtim) / installation work || ~ du **jardinier-paysagiste** / landscaping works *pl* || ~ de **levé**, travaux *m pl* de mesurage / surveying || ~ des **mines** / mine operation || ~ **nécessaires par force majeure** / relief works *pl* || ~ **neufs** (gén) / new works *pl* || ~ de **nivellement** / levelling || ~ de **peinture** / paint o. painter's work || ~ de **perçage** (m.outils) / boring work || ~ de **percement** (mines) / gallery driving o. work || ~ de **plombier** / plumbing work || ~ *mpl* **pratiques** / laboratory work || ~ *m pl* **pratiques** (enseignement) / practical course, laboratory course || ~ **préliminaires** / preliminary o. preparatory studies o. work || ~ **préliminaires de tissage** / preparatory operations for weaving mills || ~ de **préparation** (mines) / dead works *pl* || ~ **préparatoires** / preparation, preparing || ~ **préparatoires au rocher** (mines) / opening-out, quarrying-out of rocks, dead works *pl* || ~ **publics** / public works *pl* || ~ **publics ou de génie civil** / civil engineering works || ~ **! Ralentir !** (routes) / road works! || ~ à la **recette** (mines) / banking || ~ de **recherches** (mines) / prospecting o. searching operations *pl*, exploration, search || ~ de **reconnaissance et préparatoires** (mines) / exploration, search || ~ en **régie** (bâtim) / building in day-work || ~ **remis en sous-traitance** / work done by subcontractor || ~ de **réparation** / repair [work] || ~ de **repassage de puits** / shaft repair work || ~ au **rocher sans passées de charbon** / dead work o. mullocking under coal seam || ~ **[routiers]** / road works *pl* || ~ **routiers** / road works *pl* || ~ **routiers !** / danger! men at work || ~ de **secours [pour les chômeurs]** / relief works [during strike] *pl* || ~ de **sondage** (mines) / drilling work || ~ **souterrains** (mines) / mining, working, winning || ~ en ou de **superstructure** / building construction, overground workings *pl* || ~ de **terrassement** / moving of soil o. rock, earth work o. movement || ~ de **terrassement fouillés** / diggings *pl* || ~ de **tournage** (film) / shooting, filming || ~ **urgents** / relief works *pl* || ~ de **viabilité** / road works *pl* || ~ de **ville** (typo) / jobbing || ~ de **voirie urbaine** / street construction works *pl*
travée *f* / door panel || ~ (constr.des ponts) / bay, span || ~ (bâtim) / bay, compartment (between pillars) || ~ (électr) / switchboard section of outdoor station || **~s** *f pl* (bâtim) / brick nogging partitions *pl*, partitions *pl* || **à ~ unique**, à une travée (constr.mét) / single span... || **à ~s multiples** (pont) / multi-span... || ~ *f* d'**arrivée ou d'alimentation** (électr) / feeder section || ~ **centrale** (pont) / main arch || ~ **contiguë au mur** / tailbay || ~ **extrême** (constr.des ponts) / end span || ~ **latérale** (pont) / side span o. arch || ~ de **longeron** (techn, aéro) / panel of the spar || ~ de **montage** (bâtim) / false o. temporary frame || ~ de **plancher** / distance between beams || ~ **principale** (pont) / center o. central o. main span o. arch arch || ~ de **rive** (constr.des ponts) / end span || ~ de **voie** / track length o. panel o. span, line o. track section
travelage *m* / sleeper (GB) o. tie (US) spacing, distance between sleepers (GB) o. ties (US)
traveller *m* (filage) / traveller
travelling *m* (film) / camera crane, dolly, travelling platform || ~ (TV) / dolly shot, follow o. tracking o. travelling shot || ~ en **dedans**, travelling *m* en avant (TV) / dolly in, push in, track in || ~ en **dehors**, travelling *m* en arrière (TV) / dolly out, push out,

track out
travers *m* (sidér) / lintel brick
travers *m* / breadth || **à ou au** ~ / obliquely || **au** ~ [de] / through, thru (US) || **de** ~ / askew, out of square, crookedly || **de** ~, pas d'aplomb / out of the straight, off straight || **de** ~, tordu / wry || **en** ~ (lam) / at right angle to the rolling direction || **en** ~ **de la fibre** / across the grain || **par le** ~ (nav) / abreast || **par le** ~ (collision) / broadside on
traversage *m* (teint) / penetration dyeing
traversant *m* / alley
travers-banc *m* **principal** (mines) / main cross-cut || ~ de **sole** (mines) / bottom cross-cut || ~ de **sous-étage** (mines) / subcross-cut, sublevel o. subdrift cross-cut
traverse *f* / crossbeam, crosspiece || ~ / crosshead, tie-bar || ~ (m.outils) / intertie rail || ~ (ch.de fer) / sleeper (GB), tie (US), cross-tie (US) || ~ (fonderie) / stay || ~ (mines) / steating || ~ (hydr) / ridge beam || ~ (techn, serr) / crossbar || ~ (palette) / stringer || **à** ~**s de liaison** (constr.mét) / connected by batten plates || ~**s** *f pl* **accolées** (ch.de fer) / twin sleeper (GB) o. tie (US), sleeper block || ~ *f* en **acier** (ch.de fer) / steel sleeper (GB) o. tie (US) || ~ **arrière oscillante** (tiss) / oscillating back rest || ~ d'**attelage arrière** (locomotive) / trailing box || ~ d'**attelage ou extrême** (ch.de fer) / headstock of a wagon, buffer beam || ~ **basse** (fenêtre) / breast rail || ~ **basse** (porte) / sill, cill (GB) || ~ en **béton armé** (ch.de fer) / concrete sleeper (GB), concrete tie (US) || ~ de **blocage** / clamp, clip || ~ en **bois** (ch.de fer) / timber sleeper, lumber tie (US) || ~ de **butée en bois** / timber curb || ~ de **cadre** (constr.mét) / frame transom || ~ de **caisse** / transom of a wagon || ~ du **châssis** (ch.de fer) / frame-stay || ~ de **cloison** (bâtim) / bay rail || ~ de **compression** (techn) / crosshead [taking up the pressure] || ~ **coulissante** / traversing saddle (GB), traverse glide (US) || ~ en **croix** (auto) / cruciform transom || ~ **danseuse** (ch.de fer) / pumping o. dancing sleeper || ~ **danseuse de bogie** (ch.de fer) / bogie bolster || ~ **dormante** / door frame, window frame || ~ d'**échafaudage** (bâtim) / scaffolding tie-bar, counterbracket || ~ d'**éjecteur** (plast) / ejection connecting bar || ~ d'**entretoisement** (bâtim) / crosshead, crossbeam, transom || ~ d'**extrémité** (constr.mét) / end batten o. end tie plate || ~ de **grande bielle** / crosstail || ~ **haute** (porte) / head brace || ~ d'**imposte** (fenêtre) / crossbar o. sashbar o. sashrail of a window, transom of window || ~ d'**imposte** (porte) / transom of door || ~ **intermédiaire** (ch.de fer) / intermediate sleeper || ~ à **isolateurs** (télécom) / cross arm, pole brace || ~ de **joint** (ch.de fer) / joint sleeper o. tie (US), connecting tie (US) || ~ **jumelée** (ch.de fer) / twin sleeper, sleeper block || ~ de **liaison** (constr.mét) / batten o. tie o. stay plate || ~ **métallique** (ch.de fer) / steel sleeper o. tie (US) || ~ **mixte, fer et béton** (ch.de fer) / concrete-block and steel tie-bar || ~ **mobile** / movable beam || ~ **moyenne** (charp) / crossbrace || ~ de **pied** / stay of a tripod || ~ de **pivot** (ch.de fer) / pivot bolster o. support, truck bolster (US) || ~ **pivotante de bogie** (ch.de fer) / swivelling o. pivoted bolster || ~ du **plancher** (bâtim) / cross member || ~ d'une **porte encadrée** / rail of a door-frame || ~ **porte-broches** (filage) / spindle rail || ~ **porte-griffes ou porte-pattes** (grue) / claw crossbar || ~ **porte-outil** (raboteuse) / rail head of a planer || ~ **porte-tampons ou de tête** (ch.de fer) / headstock of a wagon, buffer beam || ~ de **portique** (constr.mét) / frame transom || ~ de **poteau** (télécom) / cross arm || ~ **principale de grillage** / main brace of a pile grating || ~**s** *f pl* d'un **puits de mine oblique** (mines) / crossbeam o. traverse in a hading shaft || ~ *f* de **remplissage** (ch.de fer) / spot sleeper || ~ **sabotée** (ch.de fer) / lopped sleeper || ~ d'une **scie** (scie) / traverse of a saw || ~ **supérieure de bout de caisse** (ch.de fer) / end rail o. sill || ~ **supérieure de fenêtre** / upper transom of a window || ~ de **tête** (ch.de fer) / breast piece, head stock, buffer beam || ~ **transversale** (gén) / transverse o. transversal bar o. beam o. girder, traverse, crossbeam, browpost || ~ de **trou d'homme** / crossbar of the manhole || ~ **tubulaire** (bâtim) / tubular cross bar
traversé (irradiation) / irradiated, penetrated by radiation || ~ par le **courant** / current-carrying o. -bearing, live, energized
traversée *f* (action) / traverse, passage || ~ (nav) / crossing, passage || ~ (mines) / cross-connector || ~ (électr) / crossing || ~ (bâtim) / passage || ~ (électr, techn) / feed-through || ~ (ch.de fer) / crossing, railway crossing || ~ d'**agglomération** / principal street, traffic arteria || ~ d'**antenne** / antenna duct o. lead-in || ~ à **basse tension** (électr) / low-voltage bushing || ~ de **câble** / cable duct o. lead-in || ~ par **câbles porteurs** (ch.de fer) / carrier cable crossing || ~ par **câbles porteurs** (ch.de fer) / carrier-cable crossing || ~ de **cloison** (aéro) / gland || ~ de **cloison étanche** (nav) / bulkhead pipe fitting || ~ **combinée** (ch.de fer) / diamond crossing with one track curved, curved diamond || ~**-condensateur** *f* d'**extérieur** / capacitor bushing o. terminal || ~ de **courant** (ampoule) / seal wire || ~ en **courbes** (ch.de fer) / diamond crossing with one track curved, curved diamond || ~ en **déblai** / digging, cutting || ~ de **grille** / grid lead-in || ~ à **haute tension** (transfo) / high-voltage bushing || ~ **isolée** (électr) / bushing || ~**-jonction** *f* (ch.de fer) / slip (a kind of switch) || ~**-jonction** *f* **double** (ch.de fer) / double slip || ~**-jonction** *f* **double avec lames intérieures**, T.J.D. (ch.de fer) / double slip [crossing] on straight tracks || ~**-jonction** *f* **double avec lames extérieures** (ch.de fer) / double slip crossing || ~ **jonction simple enroulée cintrée intérieur** (ou simple convergente (Suisse)) (ch.de fer) / outside single slip on inside of similar flexure curve || ~**-jonction** *f* **simple enroulée cintrée extérieur** (ou simple divergente (Suisse)) (ch.de fer) / outside single slip on straight track || ~ d'une **ligne de transport de courant** (ch.de fer) / traverse of a power transmission line || ~ de **mur** (électr) / lead-in, wall duct || ~ **oblique** (ch.de fer) / diamond crossing || ~ **ordinaire** (ch.de fer) / common o. ordinary crossing || ~ **passe-barres** (électr) / bar lead-in || ~ dans un **pilier** (mines) / steating || ~ de **plafond** / ceiling duct || ~ de **pont** (ligne électr) / bridge crossing || ~ en **porcelaine** (électr) / porcelain bushing || ~ **proprement dite** (partie d'appareil de voie) (ch.de fer) / obtuse crossing (part of a switch gear) || ~ **rectiligne** (ch.de fer) / diamond crossing on straight tracks || ~ **sous-fluviale** (pétrole) / underwater pipeline || ~ de **verre** (électr) / glass seal
traversement *m* / traversing
traverser *vi* / cross *vi*, traverse *vi* || ~ (encre) / strike through, bleed || ~ *vt* / flow [through] *vt*, pass [through] *vt* || ~ / traverse *vt*, cross, pass over, go across || ~ (mines) / open the communication passage, pierce, hole o. cut through || ~, pénétrer / permeate || ~ l'**axe médian de la chaussée ou le terre-plein de l'autoroute** / drive [by mistake] on the oncoming lane || ~ par **creusement ou par fonçage** (mines) / sink a shaft through || ~ des **poutres** / insert beams || ~ des **rails** / cross the rails ||

~ une **rivière** / cross a river || ~ par **sondage** (mines) / sink a shaft through
traversier *m* (bâtim) / side gable || ~ (antenne) / spreader || ~ (Canada) / motorcar ferry, ferry[boat]
traversière *f* (charp) / straining piece, binding piece, bridging [piece]
traversin *m* (nav) / crossbeam || ~ d'une **balance** / balance arm o. beam, scale beam || ~ de **nage** / stretcher of a boat
traversine *f* (hydr) / traverse beam of a grating || ~ (charp) / straining piece, binding piece, bridging [piece]
travertin *m* (géol) / travertine, calcareous tuff
travon *m* (hydr) / coping, capping piece || ~ (pont) / bridge flooring beam || ~ **suspendu** / suspended horizontal beam
traxcavator *m* (déconseillé), chargeuse *f* sur chenilles / traxcavator
trayeur *adj* / milking
trayeuse *f*, trayeur *m* / mechanical milker, milking machine || ~ au **quart** (agr) / quarter milker
T.R.C., tube *m* aux rayons cathodiques / cathode ray tube, CRT
trébuchet *m* / tare balance, pharmaceutic[al] balance, assay balance (for gold)
tréchoir *m* (filage) / flyer
tréfilage *m* / wire drawing || ~ au **baquet** / wet drawing || ~ avec **contre-traction** / back pull || ~ à **dimensions fines** / finishing drawing || ~ d'**écrouissage** / follow-up drawing || ~ de **précision** / accurate wire drawing || ~ à **sec** / dry drawing || ~ avec **traction arrière** / finishing pass || ~ par **voie humide** / wet drawing
tréfilé (fil métallique) / drawn || ~ **blanc par voie humide** / bright-wet drawn || ~ **dressé** / dead-drawn || ~ au **gras** / gray-bright drawn || ~ **légèrement** / soft drawn, SD || ~ à des **tolérances précises** / exactly drawn
tréfiler / draw wire || ~ à **mort** / kill wire || ~ de **nouveau** / draw again
tréfilerie *f* / wire drawing || ~, machine *f* à tréfiler / wire drawing machine || ~ de **fils de fer** / wire works, wire drawing plant
tréfileur *m* / wire drawer
tréfileuse *f* **droite** / straight-lined wire drawing machine || ~ pour **fil machine** / thick wire drawing bench, rod breakdown machine
trèfle *m* (bot) / trefoil, clover Trifolium || **en forme de feuille de** ~ / trefoiled, trefoil-like
tréflé / three-leaf, -leaved
tréhalose *m* / trehalose
treilarmé *m* (Belgique) (bâtim) / welded wire mesh (GB) o. fabric (US), lock-woven mesh, woven steel fabric, (spez:) British Reinforced Concrete o. B.R.C. fabric
treillage *m* / lattice work || ~ / wire cloth o. fabric o. netting || ~ en **bois** / wooden beading material || ~ **céramique** / clayed wire mesh || ~ **métallique** / wire netting o. fence || ~ pour **toits en verre** / trellis for glass roofs
treillis *m* / plaiting o. plating, plait, trellis || ~, coutil *m* (tiss) / drill, drilling || ~ (opt, radar) / lattice || ~ (télécom) / bridge circuit || ~ (bâtim) / framework, trelliswork, latticework, truss || ~ (vêtement) / dungarees *pl*, overall[s] || **en ou à** ~ (bâtim) / braced || ~ en **aciers plats** (pont) / flat lacing, lacing of flat bars || ~ d'**armature** (béton) / wire mesh || ~ **articulé** / pin-jointed o. pin-connected truss || ~ en **bois** / wooden beading material || ~ de **Boole** / boolean algebra o. lattice || ~ de **coton** / cotton drill || ~ **cristallin** / crystal lattice o. grating || ~ en **espace à double coque** / double layer space frame shell || ~ à **essuie-main** / huck, huckaback || ~ de **fenêtre** / window grate, grille || ~ **fil** / wire netting o. fence || ~ en **fil métallique** / wire netting || ~ **hexagonal** / hexagon[al] wire mesh o. netting, poultry netting (US) || ~ **métallique de renfort** / wire mesh framework || ~ avec **montants verticaux**, treillis *m* en N (constr.en acier) / vertical truss || ~ à **pièces inclinées** (constr.en acier) / strut frame o. bracing, pink truss || ~ de **poutres** (constr.en acier) / grillage, grid || ~ **protecteur** / protective grating || ~ **Rabitz** / wire o. Rabitz plaster netting || ~ à **sac** (tiss) / trellis, sack drill || ~ **sans montants verticaux** (constr.en acier) / fink o. Belgian o. French truss || ~ **soudé pour béton armé** (bâtim) / welded wire mesh (GB) o. fabric (US), lock-woven mesh, woven steel fabric, (spez:) British Reinforced Concrete o. B.R.C. fabric || ~ **sphérique** (bâtim) / trellis dome-work || ~ à **traits** / ruled grating || ~ **triangulaire** (pont) / triangular bracing || ~ à **trois dimensions** / three-dimensional framework, spatial trussed structure || ~ en **V** (constr.en acier) / strut frame o. bracing, pink truss || ~ à **volailles [à mailles hexagonales]** / chicken wire o. fence
treillissé / crossbarred, latticed, latticework..., trellised, trelliswork...
treillisser / trellis *vt*, provide with a trellis || ~ des **fils métalliques** / plait wires
tréma *m* (typo) / diaeresis, dieresis, diereses
trémail *m* (nav) / trammel [net]
tremblant *m* (orgue) / waving
tremble *m* / aspen tree
tremblé *m* (typo) / wave rule
tremblement *m* (ELF) (aéro) / buffeting || **à l'abri des ~s de terre** / earthquakeproof || ~ **secondaire** / aftershock || ~ de **terre** / earthquake, quake, seism
trembler / tremble, quiver, shake || ~ (fenêtre) / rattle *vi* || ~ (m.outils) / tremble || ~ (ELF) (aéro) / buffet *vi* || **faire** ~ / oscillate *vt*, vibrate *vt*
trembleur *m* (électron) / ticker || ~ à **console** (télécom) / cantilever trembler
tremblotement *m* (lumière) / flickering
trémie *f* / cone, hopper || ~ (mines) / intermediate hopper at the landing || ~ (rabot) / plane hole o. mouth || ~, accumulateur *m* / storage bin o. hopper || ~, bec *m* de trémie / throat, funnel || ~ (moulin) / mill-hopper || ~ d'**admission**, trémie *f* d'alimentation (filage) / feed chute || ~ d'**alimentation** / feed o. feeding hopper || ~ d'**approvisionnement ou d'alimentation** / feed o. storage bin o. hopper || ~ **automatique** (agr) / automatic dry feeder || ~ à **charbon** (mines) / bunker || ~ à **charbon**, tour *f* à charbon / coal [storage] tower, coal service bunker || ~ à **charbon pulvérisé** / pulverized coal hopper || ~ de **chargement** / charging hopper o. bin, feeding o. loading hopper || ~ à **coke** / coke bunker, coke storage bin || ~ de **décharge** / discharge o. discharging hopper || ~ de **décharge des remblais** (mines) / refuse o. rubbish extractor || ~ à **déchets** / waste o. discard hopper || ~ de **déversement** / discharge o. discharging hopper || ~ de **dosage** (bâtim) / gauge o. batch box || ~ de **dosage** (sidér) / gauging hopper || ~ d'**écumes** (sucre) / mud o. scum hopper o. funnel || ~ à **égouttage activé** (charbon) / active dripping tower || ~ d'**égouttage à plans inclinés et à plusieurs compartiments** (mines) / inclined zonal bunker || ~ **[d'emmagasinage] de charbon** / coal bunker || ~ **entonnoir** / discharge o. discharging hopper || ~ d'**entrée** / feed o. feeding hopper, admission hopper || ~ d'**escalier** / stair opening || ~ sous le **filtre** /

sump of the filter press || ~ à **gerbes pour déchargeur** (agr) / intake hopper || ~ du **gueulard** / receiving hopper, furnace-top hopper || **~-jauge** *f* / gauging hopper || ~ à **minerais** / ore bin o. bunker || ~ **orientable à distribution** (sidér) / revolving top || ~ de **pesage** (sidér) / weighing hopper || ~ de **réception** / delivery chute || ~ de **réception** (sidér) / receiving bunker o. hopper || ~ **régulatrice** / tapping funnel || ~ de **remplissage** (techn) / admission hopper, feeding hopper || ~ **roulante pour alimentation du convoyeur** / belt feeding car || ~ de **soutirage** / discharge o. discharging hopper || ~ **surélevée** / overhead o. elevated bin o. hopper || **~-tampon** *f* / surge bin o. tank, catch bin, surge hopper || ~ de **travaux publics** (routes) / bin unloader || ~ **vibrante** / rocking conveyor o. channel o. runner o. spout o. trough, shaking conveyor o. channel o. trough, oscillating o. grasshopper conveyor || **~-volant** *f* / surge bin o. tank, catch bin, surge hopper

trémolite *f* (min) / tremolite

trempabilité *f* (dans le sens d'accroissement de dureté par trempe) / hardenability || ~ (dans le sens de pénétration de trempe), trempabilité *f* en profondeur (acier) / potential hardness increase || ~ à **cœur** / through hardenability

trempage *m* / steeping, soaking || ~ (galv) / immersion coating || ~ (bière) / mashing || ~ (verre) / tempering || ~ (caoutchouc) / dipping in latex || ~ **électro-phorétique** / electrophoretic enamelling || ~ dans la **poudre fluidisée** / whirl sintering || ~ **sélectif** / selective hardening

trempant *adj* / hardenable || ~ *m* / hardening agent

trempe *f* (sidér) / quench hardening, hardening, quenching || ~ (bière) / mash || ~ (verre) / tempering, toughening || ~ **active** / cutting hardness of a tool || ~ à l'**air** / hardening in the air, air-hardening || ~ à l'**air suivie de revenu** / air hardening with subsequent tempering || ~ par **aspersion** (sidér) / spray hardening || ~ **au-dessous de 670 K** (sidér) / austempering || ~ en **bain de sel** / salt bath hardening, liquid heat treatment || ~ **bainitique** (sidér) / bainitic hardening || ~ à **blanc** (sidér) / blank carburizing, pseudocarburizing || ~ avec **brève austénitisation** / impulse hardening || ~ **brillante** (sidér) / blank carburizing, pseudocarburizing || ~ au **chalumeau** / flame- o. torch-hardening || ~ à **cœur** (acier) / through-hardening, full o. core o. penetration hardening || ~ du **cœur** (fonderie) / core hardening || ~ en **coquille** (sidér) / chill hardening || ~ **différée martensitique** / martempering, delayed martensitic hardening || ~ **directe** / direct hardening || ~ **directe après cémentation** / direct hardening after cementation || ~ **directe après formage à chaud** / direct hardening after hot forming || ~ par **durcissement structural** (métal léger) / dispersion o. precipitation hardening || ~ à l'**eau** (techn) / water hardening || ~ à l'**eau puis revenu** / water quenching followed by tempering || ~ **et revenu** (acier) / hardening and annealing o. tempering || ~ **et revenue à l'air** / air hardening with subsequent tempering || ~ **étagée** / step quenching || ~ **étagée bainitique** / austempering || ~ **finale** / final quenching || ~ **graduelle de l'acier** / gradual tempering of steel || ~ à **haute fréquence** / high frequency [induction] hardening || ~ **homogène** (acier) / through-hardening, full o. core o. penetration hardening || ~ à l'**huile** (techn) / oil hardening, O.H., oil quenching || ~ à l'**huile suivie d'un revenu** / oil quenching and tempering || ~ par **immersion** / dip hardening || ~ par **induction** / induction hardening || ~ **interrompue** / step hardening || ~ **inverse** (fonderie) / inverse o. internal chill || ~ de **lavage** (bière) / afterwort || ~ **lédéburitique** (fonderie) / tendency to chilling, chill || ~ **locale** / selective hardening || ~ **martensitique interrompue** / martempering || ~ d'**outil coupant** / cutting hardness of a tool || ~ au **passage ou à la volée** (sidér) / continuous hardening || ~ **pénétrante** / hardness penetration || ~ au **plomb** (sidér) / lead hardening || ~ à la **plongée** / dip hardening || ~ par **précipitation** / dispersion o. precipitation hardening || ~ de **proche en proche** (sidér) / progressive hardening || ~ **profonde** / hardness penetration || ~ **simple** / single hardening || ~ **solubilisante** / solution hardening || ~ dans une **solution saline ou dans une saumure** / salt water quenching || ~ **structurale** / structural hardening || ~ **superficielle** / surface hardening || ~ de la **surface cémentée** (mét) / hardening of the carburized surface || ~ à partir de la **température de formage à chaud, puis revenu** / tempering from hot-forming temperature || ~ de **transformation** (sidér) / transformation hardening || ~ par **trempe et revenu** / hardening by tempering and annealing || ~ et **vieillissement** / quenching and age-hardening

trempé *adj* / hardened || ~ (brasage) / dip soldered || **[au]** ~ (soudage, électr) / dip coated || ~ *m* (brasage) / dip soldering, dip brazing || **au** ~, par immersion / immersed || ~ *adj* au **chalumeau** / flame hardened || ~ à **cœur** / fully hardened, through-hardened || ~ en **coquilles** / chill hardened || **~-coulé** *m* / cold enamelling || ~ à l'**eau** / water hardened, water quenched, W.Q. || ~ à la **flamme** / flame hardened || ~ à **haute** (ou à moyenne) **fréquence** / induction hardened || ~ à l'**huile** / oil hardened, O.H. || ~ à l'**huile et revenu** (sidér) / oil quenched and tempered || ~ en **surface** / chilled

tremper *vt* / steep *vt*, soak || ~ (sidér) / quench *vt*, chill || ~ (métal léger) / age artificially, temper-harden || ~ (bière) / mash *vt* || ~, immerger / plunge *vt*, immerge || ~ (chaux) / slake lime || ~ *vi* / steep *vi* || ~ (verre) / toughen || **faire** ~ / soak *vt*, steep *vt* || ~ à l'**air** / air-harden || ~ en **bain de sels** / salt bath patent *vt* || ~ **bainitiquement** (sidér) / bainite-harden || ~ au **chalumeau** / weld-harden || ~ à **cœur** / full-harden || ~ à **cœur suivi de revenu** / full- o. through-quench and temper subsequently || ~ à l'**eau** / water-quench || ~ **et faire écouler** (émail) / dip and drain || ~ **et [faire] revenir** / quench and temper, quench and draw, draw the temper, harden and temper || ~ à la **flamme** / flame-harden || ~ au **plomb** / lead-patent *vt* || ~ par **précipitation** (métal léger) / precipitation-harden

tremperie *f* / hardening shop o. bay

trempeur *m* (sidér) / hardener || ~ du **papier** (typo) / paper wetter

trempis *m* / pickling acid

trépan *m* / drag bit || ~ (mines) / cutter, trepan, boring bit, rock drill || ~ (pétrole) / drag bit || ~ **aléseur** (pétrole) / reamer, enlarging bit || ~ d'**attaque** (pétrole) / spudding bit || **~-benne** *m* (ELF) / hammer grab || ~ **carottier** (pétrole) / core drill || ~ à **chute libre** (mines) / free fall bit || ~ à **cônes** (pétrole) / rock o. cone bit || ~ à **couronne** / crown saw || ~ en **croix** (pétrole) / star bit || ~ **crushing** / crushing bit || ~ à **déclic** (mines) / detent terrier || ~ à **deux étages à six lames** (pétrole) / green head bit || ~ à **deux taillants ou ailettes** (pétrole) / two-wing bit || ~ à **disques** (pétrole) / disk bit || ~ **élargisseur** (pétrole) / underreamer || ~ **excentrique** (mines) / eccentric bit

|| ~ à **jets** (mines) / jet chisel || ~ à **lames** / blade bit || ~ à **molettes** (mines) / roller bit || ~ à **molettes muni d'ajutages** (mines) / jet chisel || ~ à **oreilles** (pétrole) / ear bit || ~ **pilote** (pétrole) / pilot bit || ~ **queue de carpe** (pétrole) / fishtail bit || ~ à **redans** (mines) / ear o. step bit || ~ de **sondage** / trepan || ~ de **sondage** / core drill || ~ [à **tranchant]** (sondage) / chisel bit o. jumper, flat jumper, pitching borer || ~ à **turbine hydraulique** (mines) / turbodrill

trépidation *f* (gén) / vibration, oscillation || ~ (aéro) / judder

trépideur *m* de **palplanches** / vibratory sheet pile driver

trépied *m* / tripod [stand] || ~ (échaffaudage) / tripod || ~ à **branches télescopiques ou coulissantes** / telescoping o. folding o. sliding tripod || ~ à **manivelle** / elevator tripod

trépointe *f* (cordonn) / welt, welt strip || ~ **véritable** (cordonn) / welted, welt-sewn

très, de ~ haute précision / high-precision ... || ~ **basse tension** (c.c.: inférieure à 50 V, c.a.: inférieure à 24 V) / extra low voltage o. potential || ~ **brisant** / high-explosive..., H.E. || ~ **concentré** / high-grade, highly concentrated || ~ **dangereux** / hazardous || ~ **dur et très sec** / bone-dry || ~ **étudié** / ingenious, clever, well-contrived || ~ **fluide** (chimie) / easily liquefiable || ~ **grande intégration** (électron) / very large scale integration, VLSI || ~ **haute fréquence**, T.H.F., V.H.F. (électr) / very high frequency, V.H.F. || ~ **haute fréquence** / ultrahigh frequency || ~ **haute pression** / ultrahigh pressure || ~ **haute tension** / extra high tension o. potential (in France › 220 kV) || ~ **haute tension**, T.H.T. (TV) / extra-high tension o. voltage, E.H.T., E.h.t || ~ **légère brise**, force *f* de vent 1 / light air (windforce 1) || ~ **légère passe de laminage à froid** / very light cold rolling pass, skin-pass, temper pass || ~ **poreux** / highly porous || ~ **précis**, très près [de qc.] / absolutely accurate, of pinpoint accuracy || ~ **rapide** (phot) / high-speed... || ~ **résistant à l'usure** / highly wear resistant || ~ **sensible** / highly sensitive || ~ **soluble** / very easily o. readily soluble || ~ **visqueux** (chimie) / very viscous || ~ **volatil** / highly volatile

tresaillé, tresallé (céram) / crazed, crackled

tresailler (céram) / crack *vi*, (surface:) craze *vi*

tresaillure *f* / craze, crazing, crackle

tresillon *m* (charp) / pin, peg

tressage *m* / braiding, plaiting, weaving (of baskets) || **à ~ métallique** (câble) / metal-braided || ~ de **câble** / braiding of cables, plaiting || ~ de **fil métallique** / covering with thread, braiding

tressaillure *m* (défaut, émail) / hairline crack, crazing || ~ *f* (céram) / craze, crazing, crackle

tresse *f* / tress, plait, plat || ~ (électr) / plaiting, cotton covering, covering || **sans** ~ (câble) / no braiding || ~ en **amiante** / asbestos cord o. rope o. twine || ~ de **câble** / braiding of cables, plaiting || ~ de **coton** / cotton braiding, cotton covering || ~ en **cuivre** / copper strand o. braid || ~ en **cuivre étamé** / tinned copper braid || ~ de **filet** / covering with thread || ~ en **fils de cuivre** / copper mesh, copper braiding || ~ **graphitée** / graphited cord || ~ de **mise à la masse** (auto) / bonding jumper || ~ de **paille** / braided straw rope || ~ de **raccordement** / connecting strand o. braid || ~ **tissée** (tuyau souple) / woven jacket for hoses

tresser / braid *vt*, plait *vt* round || ~ (électr) / braid *vt*

tresseuse *f* / braiding machine, braider || ~ pour **passementerie** / braiding machine for trimmings

trestel *m* à **tuyaux** (pétrole) / pipe rack

tréteau *m* / frame, stand, trestle || ~ de **montage** (auto) / tire mounting rack o. remover

treuil *m* / windlass, winch || ~ (mines) / engine, windlass, mining winch || ~ (nav) / winch || ~ d'**affourchage** (nav) / mooring winch o. gear || ~ d'**amarrage** / mooring block || ~ d'**amarrage automatique** (nav) / automatic mooring winch o. gear || ~ d'**apiquage** (nav) / topping winch (moving without load), span winch (moving under load) || ~ **arrache-porte** (four) / door-lifting winch || ~ **auxiliaire** (grue) / auxiliary hoisting o. lifting gear o. tackle || ~ **auxiliaire à vapeur** (nav) / donkey winch || ~ à **axe vertical** / capstan [engine] || ~ à **bâti** / simple frame winch || ~ à **bras** / hand winch || ~ de **brassage** (nav) / guy winch, slewing o. span winch || ~ de **bure** (mines) / whim for blind shafts || ~ à **câble** / rope o. cable winch, hoisting winch || ~ pour ou à **câble** (électr) / cable winch || ~ pour **cales sèches** / hauling winch for ships, ship's elevator || ~ de **chalut** (nav) / trawl winch || ~ de **chantier** / builder's winch o. windlass o. hoist || ~ de **chargement** (nav) / cargo winch || ~ à **communicateur** (mines) / crab winch || ~ à **courant triphasé** (nav) / a.c. winch (threephase) || ~ de **curage** (sondage) / sand reel || ~ pour le **débardage** / logging winch || ~ de **déboisage** (mines) / recovery winch || ~ de **déhalage** (nav) / mooring o. warping winch || ~ de **déplacement** (grue) / travelling winch || ~ à **deux tambours** / grab winch with separate hoisting and discharging drums || ~ **différentiel** / differential windlass || ~ de l'**échelle de coupée** (nav) / accommodation ladder winch || ~ d'**élévateur** / windlass of elevator o. lift || ~ d'**embarcation** (nav) / boat winch || ~ **enrouleur** / coiling winch || ~ d'**extraction** (mines) / hauling winch o. whim o. windlass || ~ **freiné** / brake winch || ~ à **friction** / friction winch o. windlass || ~ à **grappin** / grab winch || ~ de **grappin à tambours de levage et de vidange séparés** / grab winch with separate hoisting and discharging drums || ~ à **grappin à un tambour** / single-barrel grab winch || ~ de **grue** (bâtim) / power control unit || ~ d'une **grue** / crane winding gear o. mechanism, hoisting o. lifting gear || ~ de **halage** / winch || ~ de **halage** (mines) / driftway winch || ~ de **halage** (nav) / ship's elevator, hauling winch for ships || ~ de **halage à axe vertical** / capstan winch, capstan || ~ **Karlik à friction** / grip disk || ~ de **levage** / hoisting o. lifting gear, winding gear o. mechanism || ~ de **levage à deux tambours** (grue) / tandem hoist drums *pl* || ~ de **levage rapide** (grue) / high-speed hoisting gear || ~ de **magasin** / warehouse hoist o. winch || ~ à **manivelle ou à main** / hand winch || ~ de **manœuvre** / handling winch || ~ de **manœuvre** (ch. de fer) / shunting winch || ~ de **manœuvre** (pétrole) / draworks *pl* || ~ de **martinet** (nav) / topping winch (moving without load), span winch (moving under load) || ~ à **moteur** / motor winch o. hoist || ~ **ordinaire à pattes** / simple frame winch || ~ de **panneau de cale** / hatch cover winch || ~ à **patins** / windlass, builder's winch o. hoist, winch o. hoist || ~ de **pêche** / trawler winch || ~ **principal** / main hoist o. lift, main hoisting o. lifting gear o. tackle || ~ [de **puits]** (mines) / hauling whim, whim || ~ de **raclage** (mines) / slusher hoist || ~ de **remorque** (nav) / towing winch || ~ de **remorque à patte d'oie** (nav) / towing bridle winch || ~ **roulant** / travelling crab o. trolley, crab o. trolley, traveller, crane trolley || ~ **roulant sur deux rails** (grue) / crab running on two rails || ~ de **roulement** / travelling winch || ~ de **roulement pour le chariot** / trolley travelling winch || ~ de **touage** / warping winch || ~ de **traction** / draw

winch || ~ de **traînage** / ropeway drive || ~ de **triage** / shunting winch || ~ de **tubage** / calf o. casing reel || ~ à **un tambour** / single-barrel grab winch || ~ à **vapeur** (nav) / steam winch
trévire *f* / parbuckle
trézalé (céram) / crazed
tri *m* (minerais) / grading || ~ (ord) / sort[ing] || ~ à l'**aiguille** (c.perf.) / needle sorting || ~ des **cartes à microfilm** / filmsort || ~ du **courrier** / letter sorting || ~ des **données** (ord) / data sort[ing] || ~ **final** (ord) / final sort || ~ par **groupes** (ord) / area research || ~ **incrémental** / incremental processing || ~ **mineur** (c.perf.) / minor sort || ~ **numérique** (ord) / radix sorting
triac *m* / triac, (triode A.C. semiconductor switch), bi-directional triode thyristor
triacide (chimie) / triacid
triade *f* (math) / triad, triple[t] || ~ (TV) / triad
triage *m* / sizing, sorting || ~ (mines) / picking || ~ (ch.de fer) / shunt o. switch o. classification yard, marshalling yard (US) || ~ (atelier) / picking plant || ~ (prépar) / picking || ~ (silviculture) / ranger's o. forester's district, beat, forest range || ~ (pap) / sorting || **faire le** ~ (mines) / cull, pick *vt* || ~ à **air** (mines) / pneumatic classification o. dressing || ~ de **coke** / coke sizing o. sorting plant || ~ par **couleur** / sorting according to colours || ~ par un **courant d'air** / air separation || ~ des **décombres** / debris utilization || ~ selon la **finesse** / sort according to fineness || ~ par **gravité** / gravity shunting || ~ au **hasard de tas** (sidér) / cluster sampling || ~ de la **houille** / screening of coals || ~ de **laine** / wool breaking o. picking o. sorting || ~ au **lancer** (ch.de fer) / fly shunting o. switching || ~ **magnétique** (mines) / magnetic separation || ~ à la **main** (mines) / hand selection || ~ au **marteau** / spalling, bucking || ~ **pneumatique** (mines) / pneumatic classification o. dressing || ~ à **tamis** / sieve classification, screening || ~ à **vent** (mines) / pneumatic classification o. dressing
triakis·octaèdre *m* (crist) / triakisoctahedron || **~tétraèdre** *m* (crist) / triakistetrahedron
trialcoïlétain *m* / trialkyltin
triamine *f* (chimie) / triamine
triangle *m* (géom) / triangle || ~ (dessin) / set square, square, triangle || **à ~ mâle** (clé) / male triangular || ~ de **charge ou supportant la charge** / load triangle || ~ des **couleurs** / chromaticity diagram, colour triangle || ~ **creux** / triangle socket || ~ de **diffusion** (semicond) / diffusion triangle || ~ **équilatéral** / equilateral triangle || ~ d'**erreur** (nav) / cocked head || ~ de **forces** / triangle of forces || ~ à **galets** / triangular base on rollers || ~ d'**impédance** / impedance triangle || ~ **isocèle** / isosceles triangle || ~ [de la **ligne] d'influence** (méc) / triangle of influence || ~ de **Pascal** / Pascal's triangle || ~ **polaire de section conique** (math) / self-polar o. self-conjugated triangle || ~ des **pôles** (méc) / pole triangle || ~ en **quartz** (chimie) / silica triangle || ~ de **recoupement** (arp) / error triangle || ~ **rectangle** / rectangular o. right triangle || ~ de **référence** (arp) / reference triangle || ~ de **route** (nav) / course triangle || ~ **scalène** (math) / scalene [triangle] || ~ de **[pré]signalisation ou de sécurité** (auto) / emergency reflective triangle (US), warning triangle (GB) || ~ **sphérique** / spherical triangle || ~ **supérieur** (typo) / balloon former, length fold collection || ~ de **terre-cuite** (chimie) / [pipe]clay triangle || ~ **viseur** / rule triangle, rectangle || ~ de **voie** (ch.de fer) / reversing triangle, Y-track (US)
triangulaire / triangular, trigonal, trigonous || ~ (prisme) / triangular, triangled, three-edged, three-cornered, three-square || ~ (antenne) / triatic, triangle...
triangulation *f* / triangulation, trigonometrical survey || ~ (nav) / triangulation || ~ du **territoire** / triangulation network
triangulé / triangulate[d]
trianguler (arp) / triangulate
Trias *m* / Triassic formation o. system, Trias || ≗ **supérieur** / keuper series
triassique (géol) / Triassic
triatomique / triatomic
triax *m* (électron) / triax
triaxial / triaxial
tri·azine *f* / triazine || **~azone** *f* (tex) / triazone
triballe *f* (tan) / tilt hammer
triballer (tan) / stock *vt*
tribasique (chimie) / tribasic
tribo·corrosion *f* / tribocorrosion || **~électricité** *f* / frictional o. tribo-electricity || **~logie** *f* / tribology || **~luminescence** *f* / triboluminescence || **~mètre** *m* / friction measuring instrument || **~oxydation** *f* / tribooxidation || **~physique** *f* / tribophysics
tribord *m* (nav) / starboard
tribotechnique *adj* / tribotechnical || ~ *f* / tribology
triboulet *m* / taper plug gauge || ~ en **soie** / ring brush
tribride *adj* (espace) / tribride *adj* || ~ *m* / tribrid
tribune *f* / stand, tribune, platform || ~, plateforme *f* / stage, scaffold
trichite *f* (ELF) (crist) / whisker || ~ à **SiC** / SiC o. Sic-whisker
tri·chloréthane *m* / trichloroethane || **~chloréthylène** *m* / trichlor[o]ethylene, trichloroethene, Trilene, ethynil trichloride || **~chlorméthane** *m* / trichloromethane, chloroform || **~chlorofluorométhane** *m* / trichlorofluormethane || **~chloronitrométhane** *m* / trichloronitromethane, chloropicrine, aquinite (US) || **~chlorophénate** *m* de **zinc** / zinc trichlorophenoxide o. -phenate || **~chlorotrinitrobenzène** *m* / trichlorotrinitrobenzene
trichlorure *m* **d'azote** / nitrogen trichloride || ~ d'**indium** / indium trichloride || ~ d'**iode** / iodine trichloride || ~ **phosphoreux** / phosphorous chloride, phosphorus(III) chloride || ~ de **phosphoryle** / phosphoryl [tri]chloride
tri·chroïsme *m* (opt) / trichroism || **~chrome** / trichromatic, trichromic || **~chromie** *f* (typo) / three-colour printing o. process, trichromatic printing || **~chromie** *f* (physiol) / trichromatisme || **~chromoscope** *m* (TV) / trichromoscope || **~clinique** (crist) / triclinic, triclinate, anorthic || **~coises** *f pl* / large pincers *pl* || **~coise** *f* (maréchal) / farrier's pincers *pl* || **~col** *m* / Woulff bottle || **~coline** *f* (tex) / tricoline || **~colore** / three-colour, tricolour || **~cône** *m* (mines) / tricone bit || **~cosane** *m* (chimie) / tricosane
tricot *m* (tiss) / tricot, stockinet, knitting || ~ **ajouré** / fillet stitch fabric || ~ **circulaire** / circular knitted goods *pl* || ~ en **côte anglaise** / tuck[-rib] fabric, cardigan fabric || ~ en **côte anglaise transposée** / full cardigan racked fabric || ~ à **côtes** / rib fabric, rib knitting || ~ **cueilli** / flat knit || ~ **façonné** / fully fashioned fabric || ~ avec **fils trames** / fabric with laid-in yarns || ~ **gratté** / raised knitted fabric || ~ **interlock** / interlock fabric || ~ **jersey** / plain jersey fabric || ~ de **laine** / knitted woollen fabric || ~ en **maille vanisée** / plaited tubular goods || ~ à **mailles retournées** / purl fabric, links/links fabric || ~

milanais / traverse warp fabric || ~ **plissé** / mock-pleated fabric, pleated fabric || ~ **rectiligne** / flat knit || ~ **tubulaire** / circular o. tubular fabric o. goods *pl* || ~ **vanisé** / plated fabric || ~ de **verre textile** / knitted *pl* goods of glass fiber
tricotage *m* / knitting || ~ (produit) / knit[ted] fabric || ~**s** *m pl* / knitwear, knitted o. jersey goods || ~ *m* sur **métier chaîne** (tex) / warp knitting || ~**s** *m pl* **Rachel** (tex) / double rib warp goods
tricoté (tiss) / knit[ted] || ~ **machine** / machine o. mechanically knit || ~ en **tubulaire ou sur métier tubulaire** / circular knitted
tricoter / knit *vt* || ~ à **droite** / plain-knit *vt* || ~ à **gauche ou à l'envers** / purl *vt*
tricoterie *f* / knitwear o. tricot manufacture
tricoteuse *f* / hosiery machine || ~ de **chaussettes** (tricot) / half-hose machine || ~ **circulaire à aiguilles à bec à une fonture** / sinker top pattern knitting machine || ~ **circulaire à côte fine** / fine rib circular knitting machine || ~ *m* **circulaire à lisière** / border circular knitting machine || ~ *f* **circulaire à lisière à une fonture** / plain circular strong border knitting machine || ~ **circulaire à platines de** [dé]**crochage à une fonture** / sinker top loop o. top fleece knitting machine || ~ **circulaire à une fonture** / plain circular knitting machine || ~ **mécanique rectiligne** (tiss) / hand knitting machine || ~ **rectiligne**, tricoteuse *f* à main / flat knitting machine || ~ **rectiligne à mailles retournées** / flat purl knitting machine || ~ **rectiligne à une fonture** (tex) / single bed flat-knitting machine || ~ à **trois aiguilles** (tiss) / three-needle [hose] frame
tricotine *f* (tex) / tricotine
tri·crésylphosphate *m* / T.O.C.P., triorthocresylphosphate || ~**cuspide** *f* / [Steiner's] tricusp
tricycle *m* (auto) / tricycle, tricar (GB) || ~ (bicycl) / tricycle (propelled by pedals) || ~ à **moteur** / motor tricycle o. three wheeler
tricyclique (chimie) / tricyclic
tridem (semi-remorque) / six-wheel (semitrailer)
tri·denté / trifurcate || ~**dimensionnel** (gén) / three-, tridimensional || ~**dimensionnel** (opt) / plastic, three-dimensional || ~**dimensionnel** (acoustique) / three-dimensional, tridimensional, 3-D... || ~**ductor** *m* (électron) / triductor || ~**dymite** *f* (min) / tridymite
trièdre *adj* / trihedral || ~ *m* (math) / trihedron || ~ (aéro) / axis system || ~ **aérodynamique** / air-path axis system || ~ **avion** / body axis system || ~ **cinématique** / flight-path axis system || ~ de **référence** / pitch, roll, and yaw axes *pl* || ~ de **référence d'inertie** / inertial system o. frame || ~ **terrestre** / earth-fixed axis system
trier / assort, size || ~ (mines) / cull, pick *vt* || ~ (ch.de fer) / marshal || ~ [par] / separate [by], classify || ~, tamiser / classify, sort, sieve, sift || ~ (p.e. des chèques) / sort *vt* (e.g. checks) || ~, ranger / sort, classify || ~, sélectionner / select, screen *vt* || ~ suivant la **finesse** / sort according to fineness || ~ en **gros** / sort coarsely || ~ à la **main** (mines) / cull, pick *vt* || ~ au **marteau** (mines) / assay by the hammer, test || ~ le **minerai** (mines) / select, cull the ore || ~ **préalablement** / preclassify, presort || ~ pour la **première fois** / sort coarsely || ~ les **riblons** / segregate scrap || ~ **statistiquement** / sort
triergol *m* (ELF) (astron) / triergol, lithium-fluorine-hydrogen tripropellant system
tri-étage (fusée) / three-stage
tri·éthanolamine *f* / triethanolamine || ~**éthylamine** *f* / triethylamine
trieur *m* (moulin) / grain cleaning machine, trieur || ~ (mines) / ore picker, hand picker || ~**-calibreur** *m* / grader, grading machine || ~ de **chiffons** / rag sorter || ~ à **grain** (agr) / grain cleaning machine, cereal-seed dresser || ~ à **grand débit** / high-capacity seed dresser || ~ **magnétique** (prépar) / magnetic separator || ~ de **nœuds et d'éclats** (pap) / pulp strainer, knotter, breast roller || ~ **rotatif de bûchettes** (pap) / rotary sliver screen || ~ de **semences** / seed sorter o. grader || ~ de **semences à cylindre** (agr) / cylinder seed grader || ~ à **tambour** / separating cylinder || ~**-toboggan** *m*, trieur *m* à vis sans fin / spiral separator
trieuse *f* / separating plant o. installation || ~ (mines) / ore separator o. sorter || ~ (techn, mines) / sizing machine || ~ de **cartes** / card sorter || ~ **compteuse** (c.perf.) / counting sorter || ~ de **documents** / document sorter || ~ **électronique pour lettres** / electronic letter sorter, electronic reader || ~**-liseuse** *f* (c.perf.) / sorter-reader, reader-sorter || ~**-liseuse** *f* de **documents** / document reader sorter || ~**-liseuse** *f* de **documents magnétiques** (ord) / reader-sorter || ~ **multifonction** (c.perf.) / card proving machine
trifluoro·chloréthylène *m* / trifluorochloroethylene || ~**monochlorméthane** *m* / trifluoromonochloromethane || ~**trichloréthane** *m* / trifluorotrichloroethane
tri·focal / trifocal || ~**fonctionnel** / trifunctional || ~**forme** / triform[ed] || ~**furqué** / trifurcate
trigatron *m* (électron) / trigatron
trigger *m* (électron) / trigger circuit o. pair || ~ de **Schmitt** (électron) / cathode-coupled binary, Schmitt-trigger, Schmitt (US)
tri·gistor *m* (électron) / trigistor || ~**glycéride** *m* / triglyceride || ~**glycol** *m* (chimie) / triglycol || ~**gone** / triangular, trigonal, trigonous
trigonométrie *f* / trigonometry, trig (coll) || ~ **circulaire ou linéaire ou plane** / plane trigonometry || ~ **sphérique** / spherical trigonometry
trigonométrique / trigonometric, -ical
tri·gramme *m* (ord) / three-digit group || ~**latéral** / trilateral, threesided || ~**latération** *f* / trilateration
trillion *m*, 10^{18} / quintillion (US), one billion billions (US), trillion (GB)
tri·lobé / three-lobed || ~**maran** *m* (nav) / trimaran || ~**mère** *adj* (chimie) / trimeric || ~**mère** *m* (chimie) / trimer || ~**méthylamine** *f* / trimethylamine || ~**méthylbutane** *m* / triptane || ~**méthylène** *m* / trimethylene || **N-~méthylglycine** *f* / N-trimethylglycine, betaine
trimmage *m* (techn) / trimming
trimmer *m* (électron) / trimmer || ~ **céramique** / variable capacitor, ceramic envelope || ~ de **précision** (électron) / vernier capacitor
tri·moléculaire / tri-, termolecular || ~**morphe** / trimorph[ous], trimorphic || ~**morphisme** *m* / trimorphisme || ~**moteur** *m* / three-engined
tringlage *m* de **commande ou d'entraînement** / driving linkage
tringle *f* (techn) / rod || ~**s** *f pl* (techn) / gear, rods *pl* || ~ *f* d'**attaque d'aiguille** (ch.de fer) / stretcher rod || ~ de **bois** / wood lath o. ledge || ~ de **butée** / detent pin || ~ de **changement** (tex) / reversing rail || ~ de **changement de vitesse** (auto) / sliding selector shaft || ~ de **clouage** (bâtim) / pallet || ~**s** *f pl* de **commande** (mot) / valve gear || ~**s** *f pl* de **commande de l'embrayage** (auto) / clutch operating gear, clutching gear || ~ *f* de **commande du papillon** (auto) / throttle operating rod || ~ de

connexion d'une aiguille (ch.de fer) / stretching rod || ~ **crénelée** / serrated bar || ~ de **débourrage** (moissonneuse) / cleaner of the reaper || ~ **dénudée** (pneu) / exposed bead wire || ~ **diviseuse** (tiss) / leasing rod || ~ **dorée** / gilt mo[u]lding || ~ d'**écartement des lames d'aiguille** (ch.de fer) / stretching rod || ~**s** *f pl* d'**embrayage** (techn) / engaging and disengaging gear || ~ *f* d'**enroulement de la nappe** (peigné) / lap rod || ~ de **fixation des tapis** / stair [carpet] clip o. rod || ~ de **garde** / guard strip || ~ de **lame** (moissonneuse) / knife back || ~ de **lisses** (tex) / ridge bar || ~ de la **machine à raboter** / gib of a planer || ~ de **manœuvre d'aiguille** / point operating stretcher, point o. throw rod, head rod (US) || ~ **ornementée** / decorative o. fancy o. ornamental batten o. strip || ~ de **rappel de frein** (ch.de fer) / release rod || ~ de ou à **rideau** / curtain rod || ~**-support** *f* des **guide-fils** (filage) / thread guide bar || ~ du **support de rabotage** / rail-head saddle gib || ~ de **talon** (pneu) / bead wire o. core o. bundle || ~ à **tapis** / stair [carpet] clip o. rod || ~**-tendeur** *f* (tiss) / stenter (GB) o. tenter (US) bar

tringler (bâtim) / mark with a line, line *vt* out || ~ une **ligne au cordeau** / chalk a line

tringlerie *f* (techn) / gear, rods *pl*, rod assembly || ~ d'**admission** / admission gear || ~ du **carburateur ou des gaz** / accelerator to throttle [o. to carburetor] rod assembly, carburettor [throttle] control linkage || ~ de **réglage** (mot) / control rod assembly

tri·nitroaniline *m* / trinitroaniline, T.N.A. || ~**nitrobenzène** *m* / trinitrobenzene, T.N.B. || ~**nitroglycérine** *f*, -glycérol *m* / trinitroglycerin[e], -glycerol (US), blasting oil || ~**nitrophénol** *m* / picric o. picronitric o. nitroxanthic acid, trinitrophenol || ~**nitrorésorcinate** *m* de **plomb** / lead trinitroresorcinate || ~**nitrotoluène** *m* / trinitrotoluol, trinitrotoluene, TNT, T.N.T., tolite (US) || ~**nitroxylène** *m* / trinitroxylene, T.N.X. || ~**nôme** *adj* (math) / trinomial *adj* || ~**nôme** *m* (math) / trinomial

trinqueballe voir triqueballe

trio *m* (lam) / three-high mill || ~ **réversible** (lam) / three-high reversing mill

triode *f* (électron) / triode || ~ de **balayage** / sweep triode || ~ à **chauffage industriel** / industrial heating triode || ~ à **disques** (électron) / disk seal triode || ~ **finale** (électr) / end triode || ~ à **gaz** / gas triode || ~**-hexode** *f* / triode-hexode [frequency changer] || ~ **plane** / planar triode || ~ **transistor à effet de champ** / triode field-effect transistor, triode FET

trio·-dégrossisseur *m* / three-high cogging o. roughing train || ~**-finisseur** *m* (lam) / three-high finishing train

triol *m* (chimie) / triol

tri·oléine *f* / triolein || ~**organoétain** *m* / triorganotin || ~**organostannylamine** *m* / triorganostannyl amine

triose *m* (chimie) / triose

trioxyde *m* / trioxide || ~ de **chlore** / chlorine trioxide || ~ d'**indium** / di-indium trioxide, indium(III) oxide || ~ de **rhénium** / rhenium trioxide, rhenic acid anhydride || ~ de **sulphure** / sulphur(VI) oxide

tri·pack *m* (phot) / tripack || ~**parti[te]** / three-parted, threefold || ~**partition** *f* / trisection, tripartition || ~**partition** *f* (nucl) / ternary fission || ~**périodicité** *f* (crist) / treble periodicity

triphane *m* (min) / spodumen[e], triphane

triphasé *adj* (électr) / three-phase || ~ *m* / three-phase network o. mains *pl*

tri·phénylméthane *m* / triphenylmethane || ~**phénylphosphate** *m* / triphenyl phosphate, T.P.P. || ~**phosphate** *m* de **thiamine** / TTP, thiamine triphosphate || ~**plan** *m* (aéro) / triplane

triple *adj* / treble, triple, threefold, ternary || ~ *m* (math) / triple[t] || **à ~ étage** / three stories high, three-floored || **à ~ pas** (filetage) / triple thread[ed], three-start || **à ~ renvoi** / triple geared || ~ **jet** (gaz) / treble jet burner || ~ **lacune** *f* (semicond) / trivacancy || ~ **manivelle** / three-throw crank || ~ **précision** (ord) / triple precision || ~ **touche de zéro** / three-cipher o. triple cipher key || ~**-valve** à **action rapide** (ch.de fer) / quick acting triple valve o. distributor valve

tripler / treble, triple

triplet *m* (bâtim) / triple lancet window || ~ (phys, chimie) / triplet || ~ (lentille) / Cooke's o. Taylor lens

triplette *f* (bicycl) / three-seater

tripleur *m* de **fréquence** / frequency tripler

triplex *m*, verre *m* triplex / triplex glass

triplite *f* (min) / triplite

triplure *f* / interlining material, stiffening cloth

tripode *m* / tripod, three-legged stand

tripolaire / three-pole, triple-pole

tripôle *m* (électron) / tripole

tripoli *m* / tripoli powder, tripoli[te], diatomite, adhesive slate, terra cariosa

tripolir, tripolisser / polish with tripoli

triqueballe *m* (silviculture) / bar o. big wheels *pl*, timber o. logging wheels *pl*, logcart sulky

triquet *m* / double ladder

tri·réacteur (aéro) / tri-jet || ~**saccharide** *m* / trisaccharide || ~**section** *f* (math) / trisection || ~**sectrice** *f* (math) / trisectrix || ~**sel** *m* / triple salt || ~**séquer** (géom) / trisect *vt* || ~**silane** *m* / silicopropane

trisoc *m* / three furrow plough (GB), three-bottom plow (US)

trisoctaèdre *m* (crist) / trisoctahedron

tristandard *adj* (TV) / three-standard...

trisulfure *m* d'**arsenic** / arsenic trisulfide, arsenic [sulfide] yellow, orpiment, auripigment

tritanope / tritanopic

triticine *f* (pharm) / triticine || ~ $(C_{12}H_{22}O_{11})$ (chimie) / triticine

tritié / tritiated, labeled with tritium

tritium *m* (chimie) / tritium, T

triton *m* (nucl) / triton

triturateur *m* (pap) / pulper || ~ à **boulets** / ball grinder || ~ de **laboratoire** / laboratory crusher o. grinder

trituration *f* / pulverization || ~ (pap) / slushing || ~ des **déchets** / reduction in size of waste products

triturer / comminute, pulverize || ~ (pap) / beat, refine, slush *vt* || ~ (chimie) / triturate, grind, comminute thoroughly

tritureuse *f* (ELF) (bâtim) / pulvimixer

trivalent (chimie) / trivalent, tervalent

tr/min / speed, number of revolutions, rpm, r.p.m., RPM, revs

trochoïde *adj* (math) / trochoidal || ~ *f* / curtate cycloid, trochoid

trochotron *m* (électron) / trochotron

trognon *m* / core of fruit, stump of cabbage

troïlite *f* (min) / troilite

trois, à ~ rang[ée]s / three-row, triple-row || **de ~** (sergé) / three-end, three-leaved || **de ~ membres ou termes** / three-membered || ~ **bouts** (filage) / three-cord, -leaf, -leaved, -ply, treble twisted || ~ **carré** (math) / three squared || ~ **pans creux** *m pl* /

three-square socket || ~ **quart** / three-quarter || ~ **quartiers** (bâtim) / three-quarter bat, king closer
troisième *f* (auto) / third [speed] || ~ **cylindre** *m* (filage) / billy-roller || ~ **étage de l'épuration des eaux d'égout** / tertiary treatment of sewage || ~ **frein** (auto) / sustained action brake || ~ **lecture** *f* (c.perf.) / third reading || ~ **loi de Newton** / Newton's law of reaction || ~ **partie** / third || ~ **principe de la thermodynamique** / Nernst heat theorem || ~ **puissance** (math) / third power, cube || ~ **rail** *m* (ch.de fer) / conductor o. contact o. live o. third rail || ~ **vitesse** *f* (auto) / third [speed]
troland *m* (unité opt.) / troland
trolitul *m* / Trolitul
trolley *m* (électr) / rod collector || ~**bus** *m* / [trackless] trolley bus
trombe *f* **marine** (météorol) / waterspout || ~ **terrestre** / windspout, vortex
trombone *m* (une agrafe) / clip, (esp.:) paper clip || ~ (antenne) / folded dipole [antenna] || ~ (musique) / trombone
trommel *m* (prépar) / trommel [screen], rotary o. revolving screen || ~ **débourbeur** / clearing o. purificating drum o. cylinder || ~ **rotatif Bradford** (prépar) / rotary o. Bradford breaker
trompe *f* (aéro) / ejector exhaust pipe || ~ (ch.de fer) / sounding horn || ~ (auto) / bulb horn o. hooter || ~ (bâtim) / squinch || ~ à **eau** (chimie) / glass filter pump || ~ à **eau** (mines) / tromp[e] || ~ de **Pitot [de Prandtl]** / Prandtl's Pitot tube, pitostatic tube, pitot head || ~ à **poire** / bulb horn o. hooter || ~ **soufflante** / water jet blast || ~ à **vide** / liquid jet vacuum pump
tromper (se) (typo) / mistake *vi* || **se ~ en comptant** / miscount || **se ~ en mesurant** / measure wrong, mismeasure
trompette *f* (musique) / trumpet || **en forme de ~** / trumpet-like, flared || ~ de **brume** / foghorn || ~ **électrique** / loud note buzzer, strong tone buzzer (US) || ~ d'**essieu arrière** (auto) / rear-axle flared tube, flared rear axle tube
trompeur *adj* / false, mock, sham, counterfeit
trona *m* (min) / trona, urao, sodium sesquicarbonate
tronc *m* (arbre) / stem, stock o. trunk of a tree || ~ (typo) / shank || ~ de l'**atome** / atomic residue || ~ de **colonne** / body o. shank o. shaft o. trunk of a column || ~ **commun** (ch.de fer) / joint section || ~ de **cône** (vis) / flat cone point || ~ de **cône** (géom) / truncated cone, conic o. conoid[al] frustum, frustum o. ungula of a cone (US) || ~ de **cylindre** / truncated cylinder, frustum o. ungula of a cylinder (US) || ~ d'**ion** / core of an ion || ~ de **pyramide** (math) / truncated pyramid, frustum o. ungula of a pyramid (US) || ~ à **sciage** / saw log
troncation *f* (ord) / digit cut-off || ~ des **parties fractionnaires** / fraction blockout
troncature *f* (ord, math) / truncation || ~ (vis) / core (GB) o. minor (US) diameter, root diameter || ~ d'une **chaîne** (math) / truncation of a chain
tronçon *m* / section || ~, bout *m* / end o. tail piece, stump || ~ (forge) / slug || ~ (tuyau) / a length of a pipe || **en ~s** (auto, barre d'accouplement) / divided || ~ d'**aile** (aéro) / wing butt (US) o. stump || ~ de **câble** / cable section || ~ de **chaîne;.m.** / a length of chain || ~ de **galerie** (mines) / gallery section || ~ de **ligne** (antenne) / stub || ~ de **ligne** (ch.de fer) / piece of a line, track section || ~ de **ligne rigide** (guide d'ondes) / rigid line section || ~ de **lingot** / ingot butt || ~ de la **membrure** (constr.en acier) / boom o. chord member || ~ d'**onde** (phys) / wave section || ~ **préfabriqué** (constr.mét) / prefabricated section || ~ de la **racine** (sucre) / tap root || ~ de **rivière** / river section || ~ à **section variable** (guide d'ondes) / squeeze section || ~ **travaillant à la compression** (constr.en acier) / compression[al] member o. bar, member in compression || ~ de **voie** / track section
tronconique / truncated, tapered
tronçonnage *m* (fil mét) / sucking || ~ **à chaud** (mét) / hot cropping || ~**-dissolution** *m* (nucl) / chop and leach || ~ par **meule** / cut-off grinding, parting-off grinding, abrasive cut-off
tronçonné à froid (lam) / cold sheared
tronçonner / cut [in]to pieces, divide up || ~, mettre en longueur / cut into lengths o. sections, break down || ~ (tourn) / slice, skive, pare, truncate || ~ (géom) / truncate || ~ à la **meule ou par abrasion** / cut off by grinding, part by grinding
tronçonneuse *f* (gén) / cutter || ~ (scie) / motor saw || ~ (m.outils) / slicing lathe o. machine || ~ à **chaîne** / chain saw || ~ **circulaire** / circular cross-cut saw || ~ *f*, **contre-profileuse et tourillonneuse** (bois) / cutting, dowel-hole boring, and shaping machine || ~ pour **lingots** (sidér) / ingot parting lathe o. machine, ingot slicing lathe || ~ à **meule** / abrasive cutting-off machine, parting-off grinder || ~ **rapide** / high-speed cross-cut saw
tronqué (gén) / truncated, mutilated || ~ (géom) / truncated
tronquer (math) / truncate || ~ (programme) / truncate || ~ (charp) / cut off the end
troostite *f* (sidér) / troostite, bainite (US), hard pearlite
trop *m*, excédent *m* / surplus, overplus || ~ **chargé à l'avant** (nav) / bow-heavy, trim by the bow || ~ **décarburé** (acier) / overrefined || ~ **lourd du haut** / top heavy || ~ **mûr** / overripe || ~ **serrer** / overtighten || ~ **vif** / glaring, loud
tropéoline *f* (chimie) / trop[a]eolin[e] || ~ **0** (teint) / trop[a]eolin[e] O, resorcinol yellow, chrysoine || ~ **00** / trop[a]eolin[e] 00 || ~ **000 No.1** / orange I, tropaeolin 000 No. 1 || ~ **000 No.2** / Orange II, tropaeolin 000 No. 2, mandarin 6 (US) || ~ **D** / methyl orange, helianthine
trophologie *f* / trophology
tropical (gén) / tropic[al]
tropicalisé / tropicalized
tropicaliser / tropicalize
tropine *f* (chimie) / tropine, 3-tropanol
tropique *m* (géogr) / tropic || ~**s** *m pl* / tropics *pl*, Tropics *pl* || **sous les ~s** / in the tropics
tropisme *m* (biol) / tropism
tropo·pause *f* / tropopause || ~**sphère** *f* / troposphere || ~**sphérique** / tropospheric
trop-plein *m* / overflow [pipe o. tube], waste pipe o. tube || ~ (hydr) / overflowing [of a weir], overfall || ~ d'**essence** (mot) / petrol o. gasoline by-pass o. overflow || ~ à **laitier** (sidér) / skimmer, slag overflow
troquer [contre ou pour] / exchange, interchange
trotteuse *f* (montre) / second[s] hand
trottoir *m* / pavement (GB), sideway (GB), sidewalk (US), foot-walk (US) || ~ (ch.de fer) / [station] platform || ~ **cyclable** / cycle track || ~ **cyclable** / cycle track || ~ en **encorbellement** (pont) / salient sideway (GB) o. sidewalk (US) || ~ **roulant** / moving pavement (GB), moving sidewalk (US), passenger conveyor
trotyl *m* / trinitrotoluol, -toluene, TNT, T.N.T., tolite (US)
trou *m* / hole || ~, brèche *f* / blank, gap, vacancy || ~ (semicond) / conduction hole || ~, œil *m* / ear, eye || ~, mortaise *f* (nav) / hole || ~ (routes) / pothole || ~ (plast, défaut) / pit || ~ (routes) / pothole || **à ~s métallisés** /

throughplated || ~ d'**accès** (c.intégré) / access hole || ~ d'**aérage** (mines) / air flue o. hole || ~ d'**aiguille** / eye of a needle || ~ d'**air** (aéro) / air hole o. pocket || ~ d'**air** (fonderie) / air drain || ~ d'**air des noyaux** / air channel || ~ d'**ajustage** / locating hole || ~ de l'**ancre** (nav) / ring of the anchor || ~ pour **anneau reducteur** (presse) / bedplate ring || ~ pour **anneau réducteur** (presse) / bedplate ring || ~ de **bonde** (bière) / bunghole, bung || ~ **borgne** (techn) / blind o. pocket hole, dead hole || ~ de **boulin** (bâtim) / putlog hole o. recess, scaffolding hole || ~ de **brochage** / timing hole || ~ de la **busette etc.** / nozzle bore || **~s** *m pl* du **cadran d'appel** (télécom) / dialling o. finger holes *pl* || ~ *m* **carré** / square hole || ~ de **centrage** (m.outils) / center hole || ~ **central** / center o. central hole || ~ de **centre** (m.outils) / center drill, dimple || ~ à **chauffe** (briqueterie) / fire door || ~ de **cheville** (bâtim) / dowel-hole || ~ de **cheville** (techn) / pinhole || ~ à **coin** (tailleur de pierres) / cramp o. lewis hole || ~ [de **communication] d'aérage** (mines) / bore hole for ventilation || ~ de **connexion** (circ.impr.) / component hole || ~ de **coulée ou de descente** (fonderie) / filling port || ~ de **coulée** (mét) / discharge aperture, taphole || ~ de **coulée auxiliaire** (sidér) / auxiliary taphole || ~ de **coulée de la fonte** / iron notch || ~ de **coulée de laitier** / slag o. cinder hole o. notch o. tap || ~ de **crampon** (tailleur de pierres) / cramp o. lewis hole || ~ de **crampon** (bois) / dog hole || ~ à **crasses** / slag o. cinder hole o. notch o. tap || ~ dû au **crochet** (bois, défaut) / dog hole || ~ **débouchant** (techn) / through hole, clearance hole || ~ de **décharge** (sidér) / sink hole || ~ de **dégagement** (filière) / clearance hole || ~ de **dessablage** (fonderie) / core removing hole || **~s** *m pl* **échelonnés** / staggered holes *pl* || ~ *m* d'**écoulement** (bâtim) / weephole || ~ d'**écubier** (nav) / hawse hole || ~ **électronique** / electron hole || ~ d'**entraînement** / driving o. tappet hole o. slot || ~ à **épaulement** (mét.poudre) / counter bored hole, shouldered bore || ~ d'**épingle** (plast, défaut) / pin hole || ~ d'**étirage** (tréfilage) / bore of a drawing plate, drawing hole || ~ en **fente** / slotted hole, slot, long o. oblong hole || ~ de **forage pour injection de gaz** (pétrole) / gas injection well || ~ de **four** / oven mouth || ~ de **goupille** (techn) / pinhole || ~ de **goupille conique** / tapered hole for taper pin || ~ de **graissage** / lubricating o. lubrication hole || ~ de **grand diamètre ou à gros diamètre** (mines) / well drill hole || ~ de **guidage** / guide hole || ~ de **guidage de tissu en boyau** (tex) / pot-eye for guiding || ~ d'**homme**, trou *m* à homme (techn) / manhole || ~ d'**homme** (câble) / cable pit, cable jointing chamber o. manhole || ~ **indicateur d'usure** (pneu) / wear depth hole, wear indicating hole || ~ de **jante pour la valve** / valve o. rim hole, valve aperture || ~ **longitudinal** / elongated o. long o. oblong hole, slot || ~ de la **louve** (pierres) / lewis o. sling hole || ~ de **maniement** (techn) / handle hole || ~ **métallisé** (circ.impr.) / plated through hole || ~ de **mine** (mines) / shot o. blast hole, bore hole, hole || ~ de **mine au sol** (mines) / toe-hole, foothole || ~ **mobile** (semicond) / hole [electron] || ~ de **montage** (c.intégré) / mounting hole || ~ à **nettoyage** (m.à vap) / man hole, mud hole || ~ de **nœuds** (bois) / knot hole || ~ **noir** (astr) / black hole || ~ **non venu de fonte** (défaut) / filled hole || ~ dans les **nuages** / cloud gap || ~ **oblong ou ovale** / elongated o. long o. oblong hole, slot || ~ **outre**, trou *m* de passage (techn) / through hole, clearance hole || ~ de **passage d'huile** (techn) / oil duct o. hole || ~ de **percée ou de perçage ou de piquée** (four) / discharge aperture || ~ à **pétardes** (mines) / blast o. shot hole || ~ **plein** (défaut) / filled hole || ~ pour **plombs** (écrou) / pin hole || ~ **poinçonné** / punched hole || ~ de **poing** / handhole, inspection port || ~ de **pointe** (typo) / point hole || ~ de **pompage** (électron, tube) / exhaust port || ~ de **positionnement** / location hole || ~ **provenant d'un nœud** (bois) / knot hole || ~ de **rat** (pétrole) / mouse hole, rathole || ~ de **recherche** / exploratory o. experimental boring o. drilling, trial o. test boring o. drilling || ~ de **référence** (gabarit) / guide hole || ~ de **remplissage** / charging hole || ~ **repère** / timing hole || ~ **repère** (circ.impr.) / reference o. indexing o. registration hole || ~ de **rivet** / rivet hole || **~s** *m pl* **secondaires** (turb. à gaz) / secondary holes *pl* || ~ *m* de **serrure** / keyhole || ~ de **sondage** (pétrole) / well, well hole, bore hole || ~ de **sonde préalable** (mines) / conductor shaft || ~ de **sonde de recherche** / exploring bore-hole || ~ de **sortie** / ejection hole || ~ dû à une **soufflure** (lingot) / pit hole || ~ de **souris** / mouse hole, rathole || ~ **taraudé** / tap hole, tapped o. threaded hole || **~s** *m pl* **tertiaires** (aéro) / tertiary holes *pl* || ~ *m* de **transport** (nucl) / transfer port || ~ de **traverse** (bâtim) / putlog hole o. recess, scaffolding hole || **~s** *m pl* du **tuyau aspirateur** (mines) / snore-holes *pl* || ~ *m* de la **tuyère** (sidér) / tuyère hole o. orifice o. mouth o. opening, nozzle || ~ de **verron** (cuir, défaut) / warble || ~ de **vers** / worm hole, bored hole || ~ de **vers superficiel** (bois) / shallow worm hole || ~ de **visée** / sight hole, pinhole for sighting || ~ de **visite** / handhole, inspection port

trouble *adj* / muddy, turbid || ~ (jus, sucre) / muddy || ~, voilé (liquide) / cloudy, clouded || ~ *m* / perturbation || ~ (techn) / breakdown, breaking-down, mishap, trouble, failure || ~ (plast) / haze || ~ (télécom) / noise || ~ (chimie) / cloudiness || **sans ~ etc.** / troublefree || ~ **atmosphérique** / turbidity of air || **~s** *m pl* dus à un **excès de chaux** (sidér) / lime set || **~s** *m pl* dus à un **excès de soufre** (mét) / sulphur set || ~ *m* **inductif** (télécom) / crossfire || ~ de **réception** (électron) / interference with reception

troublé (électr) / disturbed

troubler / trouble *vt*, render turbid, cloud *vt* || ~ / trouble, perturb || ~ (se) (chimie) / become cloudy

troué / perforated, perforate, perf. || ~, plein de trous / perforate[d]

trouée *f* (silviculture) / lane, riding cut

trouer *vt* / hole *vt* || ~ les **aiguilles** / eye needles

troussage *m* (fonderie) / strickling

trousse *f* / set (of similar things) || ~, plaque *f* de coulée en source (sidér) / group teeming bottom plate, bottom pouring plate, group teeming stool (US) || ~ (motocycl.) / tool kit o. bag || ~ (fonderie) / strickle o. sweep board || ~ (p.e. à assortiment de limes) / bag, kit, kitbag || ~ **coupante** (fonçage de puits) / cutting o. drum curb || ~ de **cuvelage** (mines) / wedge o. wedging crib o. curb o. ring, tubbing crib || **~s** *f pl* à **dissection** / dissecting instruments *pl*, dissecting case || ~ *f* de **fenderie** / slitting rollers *pl* || ~ d'**outillage** (auto) / tool outfit o. kit || ~ d'**outils** / set of tools, tool kit || ~ d'**outils**, petite sacoche *f* / tool kit o. bag || ~ de **pièces détachées** / spare part kit, kit of spares || ~ à **réparation** (auto) / tool outfit o. kit || ~ de **secours** / first-aid box || ~ de **thermomètres d'Allihn** / Allihn thermometer set

trousseau *m* (fonderie) / strickle, moulding o. modelling board, template || ~ de **clés** / bunch of keys || ~ **diviseur pour engrenages** (fonderie) / gear moulding machine || ~ à **noyau** (fonderie) / core template o. strickle

troussequin *m*

trouver / find || ~ (se) / occur [in], be || **se ~ en défaut** / be inoperative o. ineffective || ~ le **moyen ou la moyenne** / take the mean || ~ un **pareil** / match, mate, pair || ~ **remède [à]** / take remedial measures
tr/sec / rps, revolutions *pl* per second
trub-sac *m* (bière) / filter bag
truc *m* / dodge, knack || ~ (objet) / gadget[ry], gag (US), gimmick || ~ (funi) / flat truck, bogie
trucage *m* (film) / special effects *pl*
truck *m* / carriage, running gear || ~ (auto) / pole dolly || ~ (locomotive) / auxiliary frame, subframe || ~ (grue) / bogie truck o. wagon || **~-mixer** *m* (remorque) / truck mixer || ~ **moteur** (ch.de fer) / motor truck || **~-porteur** *m* (ch.de fer) / wagon carrier truck
truelle *f* (bâtim) / brick trowel, trowel || ~ (sidér) / trowel || ~ **brettée** / raker, pointer, notched trowel || ~ **carrée** / square-pointed trowel || ~ à **charger**, truelle *f* à emplir ou pour joints (bâtim) / filling o. pointing trowel, jointer || ~ à **enduire** / trowel for plastering || ~ à **lisser le plancher** / floor smoothing trowel || ~ de **lissure** / smoothing trowel || ~ de **maçon pour faire les raccords**, truelle *f* à profiler (bâtim) / brick trowel
truité / [red] speckled || ~ (fonte) / mottled || ~ (céram) / crackled
trumeau *m* (bâtim) / window pier || ~ (miroir) / pier glass || ~ (miroir) / pier glass
trunk-deck *m* (nav) / trunk deck
truquage *m* (film) / special effects *pl*, process shot || ~ (TV) / keying || ~ (TV) / keying || ~ **électronique par incrustation** (TV) / overlay || ~ par **médaillons** (film) / inlay
trusquin *m* (bâtim) / mortise ga[u]ge || ~ (techn) / scriber, marking tool || ~ **[d'ajusteur, de mécanicien, de menuisier, de charpentier]** (techn) / scribing block, marking o. surface gauge || ~ d'**assemblage** (charp) / mortise gauge || ~ **coupant** / cutting gauge || ~ à **dents** / tooth ga[u]ge || ~ à **équerre** / square marking gauge || ~ à **filet** (men) / router gauge || ~ de **traçage** (techn) / ruler, ruling device || ~ à **tracer** (bois) / scratch gauge, marking o. shifting gauge
trusquinage *m* (constr.en acier) / marking-off dimension, tracing dimension
trusquiner / mark *vt*, scribe, trace, delineate
trypaflavine *f* / trypaflavine, acriflavine hydrochloride
tryptophane *m* (chimie) / tryptophan[e]
tsé-tsé *f* / glossina
tsuga *m* de **Caroline** / pine, eastern hemlock || ~ de l'**Himalaya** / hemlock spruce, tsuga
tsunami *m* / tsunami
T.U. (= temps universel) / Greenwich Mean Time, GMT
tub *m* / bath tub
tuba *m* (plongeur) / snorkel, schnorkel, snort
tubage *m* (action) / casing || ~ (pétrole) / pipe column, pipes *pl* || ~ **continu** (pétrole) / completion || ~ **denté** (mines) / jagged casing || ~ **perdu** (pétrole) / lost casing, liner || ~ **perforé** (pétrole) / perforated casing
tubbing *m* (mines) / tubbing || ~ **ondulé** (mines) / corrugated tubbing
tube *m* (tuyau cylindrique d'un diamètre plutôt étroit) / pipe, tube || ~ (opt) / body of the tube, barrel of a telescope || ~ (dentifrice) / [collapsible] tube || ~ (guide d'ondes) / tube || ~ (filage) / tube, empty holder || ~ (électron) / tube (US, GB), valve (formerly GB, obsolete) || ~ (orgue) / organ pipe || **à ~s** (TV) / tubed || **à ~s électroniques** / thermionic || **à ~s multiples** (électron) / multitube || **petit ~ d'observation** (opt) / observation tube || ~ **absorbeur à boule** [en U] (chimie) / absorption tube with bulb, [U-shaped] || ~ d'**acier noir** / steel tube o. pipe || ~ **acorn** (électron) / acorn tube o. valve, door-knob tube || ~ **additionnel** (phot) / lens tube || ~ d'**affichage** / nixie tube || ~ à **affichage numérique** / numerical indicator tube || ~ d'**affluence** / feed tube || ~ **agrafé** / slip [joint] tubing || ~ à **ailettes** / gilled pipe || ~ **alimentateur** / feed tube || ~ d'**alimentation** (m.à vap) / alimentary pipe, feed[ing] pipe || ~ **alternat** / TR- and ATR-tube || ~ **alternat ATR** / ATR-tube || ~ **alternat pré-TR** (radar) / pre-TR cell || ~ **alternat TR** (électron) / TR-tube || ~ d'**amiante-soude** (chimie) / soda-asbestos tube || ~ d'**amorçage** / trigger tube || ~ d'**amortissement** (électr, techn) / damping tube, dashpot || ~ **amplificateur à onde progressive** / c.w. power amplifier travelling wave tube || ~ **analyseur [d'image]** (TV) / flying-spot scanning tube || ~ **analyseur d'image Farnsworth** (TV) / Farnsworth tube || ~ **analyseur à photoconduction** (TV) / photoconducting camera tube, photoconductive pick-up tube || ~ **«apple»** (TV) / apple tube || ~ pour **applications commerciales** (électron) / industrial tube || ~ avec **arbre de direction** (auto) / steering column jacket with steering column || ~ d'**arbre de transmission** (auto) / propeller shaft o. cardan shaft housing || ~ **armé** (électr) / armoured conduit || ~ d'**arrivée du gaz** / gas pipe o. tube || ~ d'**arrosage** / scouring pipe, washing o. flushing pipe || ~ **articulé** / articulated tube, swing pipe || ~ **ascendant de trop-plein** / vertical overflow pipe o. tube || ~ d'**ascension de vapeur** (bassin à vide) / downtake of a vacuum tank, central well || ~ d'**aspiration d'air** / air intake o. suction tube || ~ d'**assistant** / assistant's viewing tube || ~ **ATR** / ATR-tube || ~ d'**attaque** (électron) / driver tube || ~ **auto-oscillant** (électron) / self-oscillation tube || ~ **autoprotecteur** / autoprotective tube || ~ **ballast** (électron) / ballast tube, barretter || ~ à **barbotage** (chimie) / gas bubbler || ~ **basculant à mercure** / mercury tilting o. tipping tube || ~ en **béton** / concrete pipe || ~ **biconique** (filage) / pineapple bobbin || ~ **blindé** (électr) / steel armo[u]red conduit, rigid conduit (US), metal conduit, screwed steel conduit || ~ en **bois roulé** / built-up (GB) o. laminated (US) wooden tube || ~ **bouilleur** (chaudière) / fire o. heating o. smoke tube || ~ à **boules** (chimie) / bulb tube, tube with one o. more bulbar enlargements || ~ **Bourdon** / Bourdon tube || ~ **bouton** (électron) / door-knob tube || ~ de **Braun** / Braun tube || ~ à **brides** / flanged pipe || ~ pour **broches de continus à filer et à retordre à anneaux** / tube for ring spinning and ring doubling spindles || **~-broyeur** *m* / tube mill || **~-broyeur** *m* à **barres** (mines) / rod tube mill || **~-broyeur** *m* à **plusieurs chambres** / multi-chamber tube mill || **~-broyeur** *m* à **pulvérisation** / triturating tube mill || ~ **broyeur par voie humide** / wet tube mill || ~ de **câbles** / cable conduit || ~ pour ou à **cadre** (bicycl) / frame tubing o. tubes || ~ **canette-trame** / filling (US) o. weft (GB) pirn || ~ en **caoutchouc** / rubber tube || ~ **[en caoutchouc] pour les valves** (pneu) / valve tubing || ~ **capillaire** / capillary tube || ~ **capillaire à mesurer le point de fusion** / capillary tube melting point apparatus || ~ **capillaire séparé par fusion** / seal-off capillary || ~ **capillaire du thermomètre** / thermometer capillary tube || ~ **carottier** (pétrole) / core barrel || ~ **carottier intérieur** (sondage) / inner casing || ~ à **cathode [chaude ou froide]** / cathode tube || ~ à **cathode chaude** / hot cathode tube || ~ à **cathode creuse** /

hollow o. concave cathode tube || ~ à **cathode froide** / cold cathode tube || ~ à **cathode incandescente** / thermionic tube, hot cathode tube || ~ **[cathodique] à écran luminescent** (électron) / luminescent screen tube
tube cathodique *m* / cathode ray tube, C-R tube, C.R.T., CRT, crt || ~ à **double faisceau** / double cathode ray tube || ~ à **écran absorbant** (TV) / skiatron || ~ à **effet avant** / front surface projection tube || ~ à **focalisation magnétique interne** / internal magnetic focus tube || ~ de **générateur de fonction** (r.cath) / shaped-beam tube || ~ de **haute résolution** (oscilloscope) / flying spot tube || ~ à **mémoire** / cathode ray memory tube, cathode ray tube store || ~ à **mono-accélérateur** / mono[accelerator] tube || ~ à **post-accélération** / post-deflection accelerator tube, P.D.A. || ~ de **radar** / radar CRT || ~ de **réception** / television o. picture o. pick-up tube, kinescope (US) || ~ pour **télévision** / picture tube, television tube, teletube, kinescope (US) || ~ **tricolore à canon unique** / single-gun colour television tube, chromoscope || ~ **tricolore à triple canon** (TV) / three-gun picture tube
tube *m* **central** (réacteur) / central column || ~ de **champ de force** (électr) / tube of force || ~ à **champ de freinage** / brake-field o. retarding-field tube || ~**s** *m pl* de **charnière** (horloge) / knuckles *pl* || ~ *m* de **chaudière** / boiler tube || ~ de **chauffage** (nucl) / heating tube || ~ à **chauffage indirect** (électron) / cathode heater tube, heater type tube || ~ de **chauffe** (nucl, espace) / heat pipe || ~ à **cinq électrodes** (électron) / five electrode tube, pentode || ~ **collé** (plast) / cemented tube || ~ de **colonne de direction** (auto) / outer steering column, steering column jacket o. tube || ~ à **combustion** / combustion tube || ~ de **commande** (électron) / control tube, modulator o. modulating tube || ~ de **communication** / joint pipe || ~ **commutateur** (électron) / switching tube || ~ **commutateur à gaz** / glow switching tube || ~ **compound** (électron) / multiple-unit tube
tube compteur *m* / counter o. counting tube || ~ (rayonnement) / radiation counter tube || ~ de **comparaison** / comparison counter tube || ~ à **courant gazeux** (nucl) / gas counter, gas flow counter tube || ~ **électronique** / electron o. beta counter tube || ~ à **gaz** / glow counting tube || ~ de **Geiger-Müller** / Geiger[-Müller] counter [tube] || ~ à **halogène** / halogen-quench Geiger tube || ~ de **mesure** / measuring counter tube || ~ à **plaques parallèles** (nucl) / parallel plate chamber || ~ de **pointes** (nucl) / point counter tube
tube *m* de **condenseur** / condenser pipe o. tube || ~ **conducteur ou de conduite** / conduit [pipe] || ~ **conducteur de sondage** (pétrole) / conductor of a bore hole || ~ à **conduction induite par électrons** (TV de nuit) / EIC-tube (= electron induced conduction) || ~ de **conversion** (électron) / frequency converter, mixer tube || ~ **convertisseur d'image** (TV) / image converter [tube] o. viewing tube || ~ **Coolidge** (rayons X) / Coolidge tube || ~ à **coordonnées polaires** / circular time base tube, polar coordinate tube || ~ **coudé** / elbow [joint], knee piece || ~ de **couleurs** (peintre) / colour tube || ~ **couvre-joint** / sleeve tube || ~ de **Crookes** / Crookes' tube || ~ en ou de **cuivre** / copper pipe || ~ de **cuvelage** (pétrole) / casing || ~ à **cyclone** / cyclone tube || ~ **cylindrique** (filage) / cylindrical tube || ~ à **décharge** (électron) / discharge tube || ~ à **décharge commutateur ATR** / ATR-tube || ~ à **décharge électronique** / electron discharge tube || ~ à **décharge haute fréquence** / radiofrequency gas discharge tube || ~ à **décharge lumineuse** / [cold cathode] glow tube || ~ à **décharge lumineuse à deux anodes** / double anode glow tube || ~ à **décharge à vide poussé** (électron) / high-vacuum o. hard tube || ~ de **déchargement** (électron) / discharge tube || ~ de **déclenchement** / trigger tube || ~ à **déflagration** (chimie) / detonating tube || ~ **delta** (TV) / delta tube || ~ **démodulateur** / demodulator tube || ~ à **deux grilles** (électron) / two-grid tube, double grid tube || ~ à **deux systèmes** (électron) / double tube || ~ **diagnostique** / diagnostic tube || ~ **directeur** / guiding tube || ~ de **direction** (bicyclette) / head tube || ~ de **direction intérieur** (auto) / inner steering column o. steering post || ~ à **discussion** (microscope) / discussion tube || ~ à **disque scellé** (électron) / lighthouse tube, sealed disk tube, disk seal tube, coplanar grid tube || ~ **distillatoire ou de distillation** / distilling tube || ~ de **distributeur** (verrerie) / feeder sleeve o. tube || ~ d'**eau** / water pipe || ~ d'**eau support de voûte** (locomotive) / water-tube arch support || ~ **ébauché** (lam) / rough-pierced tube blank, tube blank || ~ d'**écartement** / spreader tube, stay tube || ~ **échangeur de chaleur** / heat exchange tube || ~ d'**écoulement** / discharge pipe, outlet pipe o. tube, drain [pipe] || ~**-écran** *m* à **masque perforé** (TV) / shadow mask tube || ~ à **écran modulateur de lumière** (TV) / light modulator tube || ~ à **écran plan** / flat-ended o. -faced tube || ~ d'**égouttage** / drop nozzle || ~ d'**égouttage à débit visible** / sight-feed nozzle || ~ **électrométrique** (électron) / electrometric tube || ~ **électronique** / electron tube, thermionic [vacuum] tube || ~ **électronique de télévision** / television picture tube || ~ **émetteur** / transmitting tube || ~ d'**émission à anode refroidie** / cooled anode [transmitting] valve, CAT || ~ d'**émission de petite puissance** / small power transmitting tube || ~ d'**encastrement** / mediating tube || ~ **enjoliveur** (auto) / outer steering column, steering column jacket o. tube || ~ **enroulé** / roller (o. rolled) laminated tube, wrapped tube || ~ à **enrouler** (pap) / rewinding tube || ~ à **entonnoir** (chimie, auto) / funnel tube || ~ d'**entrée** / leading-in tube o. socket, bushing tube o. socket || ~ à **entretien d'images** / viewing storage tube || ~ à **essais** (chimie) / test tube || ~ d'**étambot** (nav) / stern tube, shaft tube || ~ d'**évacuation d'air** / outgoing air pipe || ~ **extracteur de Bersch** (chimie, labor) / jacketed Soxhlet extractor || ~ **extracteur de Soxhlet** (chimie) / Soxhlet extractor || ~ **extrudé** / extruded tube || ~ à **faisceau** (électron) / beam tube || ~ du **faisceau de calandre** (sucre) / calandria tube || ~ à **faisceau électronique** / electron beam tube || ~ à **fenêtre mince** (électron) / thin-window tube || ~ pour **filage et retordage** (tex) / tube for spinning and doubling || ~ **fileté** / threaded pipe || ~ de **film télévisé** (TV) / flying-spot scanning tube || ~ **finisseur** / tube mill || ~ de **flammes** (turb à gaz) / flame tube || ~ **flexible en acier** / flexible steel tube || ~ **flexible [en] caoutchouc** / rubber hose o. tube || ~ **flexible contractible** / heat shrinkable sleeve, shrinkdown plastic tubing || ~ **flexible coupleur** (ch.de fer) / coupling hose || ~ **fluorescent** / fluorescent lamp o. tube || ~ **fluorescent à trois bandes**, tube *m* fluorescent à trois puissances, tube *m* fluorescent à bandes étroites / three-line [phosphorus] fluorescent lamp, tri-phosphorus fluorescent lamp (US) || ~ de **flux** (aimant) / tube of force || ~ **flying-spot** (TV) / flying spot tube || ~ de

fourche (bicycl) / head tube || ~**-foyer** *m* / fire o. heating tube || ~**-foyer** *m* **ondulé** / corrugated flue || ~ **fretté** (mil) / built-up barrel, multi-section barrel || ~ de **fumée** / fire o. smoke tube || ~ de **gainage** (réacteur) / cladding tube || ~ **gaine pour câbles** (auto) / cable bushing o. sleeve o. loom || ~ à **gaz** (électron) / gas-filled tube, soft tube || ~ à **gaz lumineux** / electric discharge lamp, gas discharge o. condenser discharge lamp || ~ de **Geissler** / Geissler tube || ~ du **gicleur** (auto) / nozzle tube || ~ **gland** (électron) / acorn tube o. valve, door-knob tube || ~ de **glissement à cavité multiple** / multicavity velocity modulation tube || ~ **gradué** / graduated tube || ~ de **graissage** / oil pipe o. tube || ~ à **grande distance** (télécom) / repeater tube || ~ à **grille** / power grid tube || ~ à **grille d'arrêt** / barrier grid tube || ~ à **grille de charge d'espace** / space charge pentode, beam pentode || ~ à **grille de tension** (TV) / frame grid tube || ~ à **grille-écran** / screened grid tube || ~ à **grilles multiples** (électron) / multi-grid tube || ~ **guide d'ondes** (télécom) / waveguide tube || ~ **guide-barre** / stock guide tube || ~ **guide-fils** (auto) / cable bushing o. sleeve o. loom || ~ de **guide-fils** (filage) / thread guide tube || ~ **haute fréquence** / high frequency tube || ~ de **Heil** (électron) / Heil generator o. oscillator o. tube, coaxial line tube || ~ **horizontal** (bicycl.) / top tube || ~ d'**huile** / oil pipe o. tube || ~ pour **hyperfréquences** / microwave tube || ~ **image** / television o. picture o. pick-up tube, kinescope (US) || ~ **image en couleurs type in-line** / in-line colour picture tube || ~ à **image électrono-optique** / electron-optical tube || ~ **incandescent** (mot) / hot o. ignition tube || ~ **incliné** (microscope) / inclined tube || ~ **index** (TV) / index tube || ~ **indicateur à décharge lumineuse** / glow indicator tube || ~ **indicateur de syntonisation** (électron) / visual tuning indicator || ~ **inférieur** (bicyclette) / down-tube || ~ d'**injection** / injection o. injecture (US) pipe || ~ d'**installation** / conduit for electrical wiring || ~ **intensificateur d'images de rayons X** / X-ray amplifier tube || ~ **intermédiaire** (techn) / mediating tube || ~ **intermédiaire du filtre** (opt) / filter intermediate tube || ~ **ionique** / ionic tube || ~ **ionique sans électrodes** (électron) / spark gap tube || ~ **isolant** (électr) / insulated conduit || ~ **[isolant] armé d'acier** (électr) / steel armo[u]red conduit, rigid conduit (US), metal conduit, screwed steel conduit || ~ **isolant en ébonite** / ebonite tubing || ~ **isolateur ou isolant en papier** (électr) / paper conduit, paper insulating tube || ~ non **isolé** / Peschel [non insulated] conduit || ~ de **jointure** / joint pipe || ~ de **jonction** / union stem (connecting two hoses) || ~ de **Kundt** (acoustique) / Kundt's tube || ~**-laboratoire** *m* / reaction pipe || ~ en **laiton** / brass pipe o. tube || ~ de **lancement des engins** / launcher tube || ~ **lance-torpilles** (nav) / torpedo launching tube || ~ de **Lenard** (r.cath) / Lenard tube || ~ **loctal** (électron) / loctal tube || ~ de **Lodge** / ionic tube || ~ **lumineux** / neon tube o. lamp || ~ pour **machines d'étirage et de retordage** (filage) / tube for draw-twister || ~ à **masque** (TV) / mask tube || ~ à **masque d'ombre** (TV) / shadow mask tube || ~ **matrice** (TV) / matrix storage tube || ~ **mélangeur** (chimie, brûleur) / mixer tube || ~ **mélangeur** (électron) / frequency converter, mixer tube || ~ à **mémoire** (électron) / storage o. memory tube || ~ à **mémoire enregistreur ou analyseur** (TV) / image storing tube, storage [camera] tube, iconoscope || ~ à **mémoire en ligne** (TV) / line storage tube || ~ à **mémoire en ligne à deux faisceaux** / two-beam line storage tube || ~ à **mémoire de longue durée** / infinite persistance screen || ~ à **mémoire en plan** (électron) / plane storage tube || ~ à **mémoire de signal** / signal converter storage tube || ~ à **mémoire en surface à deux faisceaux** / two-beam plane storage tube || ~ de **mémorisation de Williams** (ord) / cathode ray tube store, Williams tube storage || ~ à **mercure** (électron) / mercury tube || ~ **mère** (céram) / guide [tube] || ~ de **mère de coulée** (fonderie) / center riser o. runner || ~ de **mesurage** / meter tube || ~ **miniature** (électron) / dwarf tube, [sub]miniature tube o. valve || ~ **miniature** (guide d'ondes) / miniature tube || ~ **modulateur** (électron) / modulator tube, modulating tube, control tube || ~ à **modulation de vitesse** (électron) / velocity modulated [electron] tube, prionotron (US) || ~ à **modulation de vitesse à double grille** (électron) / velocity modulation tube, klystron || ~ **moniteur** (TV) / monitor tube || ~ **monobloc** / monobloc barrel || ~ **monoculaire droit** (microscope) / monocular straight barrel || ~ à **montage doubleur de tension de Greinacher** (électron) / stabilovolt [tube] || ~ **mou** (électron) / soft tube || ~ **moulé stratifié [et usiné]** / machined moulded and laminated tube, moulded and laminated tube || ~ **multigrille** (électron) / multi-grid tube || ~ **multiple** (électron) / multiple tube || ~ au **néon** / neon tube o. lamp || ~ à **niveau d'eau** / glass o. water ga[u]ge, water o. gauge glass || ~ à **niveau du jus** (sucre) / juice level indicator || ~ **noval** (électron) / nine-pin tube || ~ d'**objectif** / lens barrel || ~ d'**observation** / viewing device, observation tube || ~ d'**observation** (opt) / observation tube || ~ d'**observation simultanée** / secondary viewing tube || ~ à **onde de choc** (dynamique des gaz) / shock tube || ~ à **ondes électroniques** / electron wave tube || ~ à **onde progressive** / travelling wave tube, TWT || ~ à **onde progressive à champ transversal** / transverse field travelling wave tube || ~ à **onde progressive à couche de résistance** / resistive wall amplifier || ~ à **onde progressive du genre magnétron** / travelling wave magnetron, linear magnetron, M-type carcinotron || ~ à **ondes progressives avec guide à deux moulures** / double ladder travelling wave tube || ~ **ondulé** / corrugated pipe || ~ **oscillateur** (électron) / oscillator tube || ~**-oscilloscope** *m* / oscilloscope tube || ~ en **papier** (tex) / roll of paper || ~ en **papier mâché** (filage) / cop tube || ~ du **pédalier** (bicyclette) / down-tube || ~ **Péligot** / Péligot-tube || ~ à **pénétration** (radar) / penetration tube || ~ **pentatron** / pentode [tube], five-electrode tube || ~ à **pente raide ou à pente linéaire** (électron) / sharp cut-off tube || ~ à **pente réglable ou variable** (électron) / variable mutual conductance tube, multi- o. variable-mu tube (GB), remote cut-off tube (US), extended o. long-tail o. supercontrol tube (US) || ~ **pentode** (électron) / five electrode tube, pentode [tube] || ~ **pentode à haute fréquence** (électron) / high-frequency pentode || ~ **perforé [en tôle pour teinture]** (filage) / [metal] cheese center [for dyeing purposes] || ~ aux **perles** (chimie) / bead tube, tube filled with glass beads || ~ **Peschel** / Peschel [non insulated] conduit || ~**-phare** *m* (électron) / lighthouse tube, sealed disk tube, disk seal tube, coplanar grid tube || ~ **photoélectrique** (électron) / photoelectric tube, phototube || ~ **photoélectrique à décharge luminescente** / photoglow tube || ~ **photographique** / photographic tube || ~ de **Pitot** / Pitot tube || ~ de **Pitot double**, tube *m* de Pitot de

Prandtl / Prandtl's Pitot tube, pitot-static tube, pitot head || ~ de **Pitot simple** / total pressure Pitot tube || ~ de **Pitot-Venturi** / Pitot-Venturi-tube || ~ **plat** (TV) / flat tube || ~ en **plomb** / lead tube || ~ à **plusieurs électrodes** / multi-electrode tube || ~ **pneumatique** (nucl) / rabbit system || ~ de **pointage** (TV) / character storage tube || ~ **polyode** (électron) / multiple tube || ~ de **pompage** (gaz nat.) / flow string || ~ de **pompage** (pétrole) / tubing || ~ du **pont arrière** (auto) / rear-axle tube || ~ **porte-selle** (bicycl.) / saddle o. seat pillar || ~ à **potassium** (télécom) / potassium tube || ~ **préampli** / preamplification tube || ~ à **prélèvement de gaz** (chimie) / gas sampling tube || ~ à **préparations** (chimie) / preparation o. specimen glass o. tube || ~ de **pression** / forcing o. pressure pipe || ~ de **pression statique** (aéro) / static[-pressure] tube || ~ de **prise d'air** / air admission pipe || ~ de **prise de vue** (TV) / pick-up tube, camera tube || ~ de **prise de vue SEC** / SEC-tube (= secondary electron conduction) || ~ de **prise de vues photoémissif** / photoemissive camera tube || ~ de **production** (gaz nat.) / flow string || ~ de **production** (ELF) (pétrole) / tubing || ~ **protecteur** / protecting tube || ~ de **protection** (auto) / outer steering column, steering column jacket o. tube || ~ à **protons** (phys) / proton tube || ~ de **puissance** (électron) / power tube || ~ de **puissance du faisceau** (électron) / beam power valve || ~ de **purge** / breather tube || ~ de **purge** (sidér) / blow-off pipe || ~ en **quartz** / quartz tube, silica tube || ~ de **Quincke** (acoustique) / Quincke tube || ~ pour **radio** / radio tube || ~ **radiogène** / X- o. röntgen ray tube || ~ **rallonge** (phot) / extension tube || ~ de **rallonge** (techn) / extension piece, lengthening pipe || ~ à **rayons cathodiques** voir aussi tube cathodique || ~ à **rayons cathodiques**, T.R.C. *m* / cathode ray tube, CRT, C.R.T., crt || ~ à **rayons cathodiques à double faisceau** / split-beam o. double-beam CRT || ~ à **rayons cathodiques radiaux** / radial beam tube || ~ à **rayons X** / X- o. röntgen ray tube || ~ à **réactance** (électron) / reactance tube, tube reactor || ~ de **réactance modulateur** / reactance tube modulator || ~ à **réaction** (chimie) / test tube || ~ **récepteur** (électron) / receiving tube || ~ **récepteur de télévision** / picture tube, television tube, teletube, kinescope (US) || ~ **redresseur [à l'arc]** / rectifier tube || ~ **redresseur à gaz** / gas-filled rectifier || ~ **redresseur à gaz à cathode chaude** / gas-filled hot cathode rectifier || ~ **redresseur monoplaque** / single-way rectifier tube || ~ de **refroidissement** / refrigerating o. cooling pipe || ~ à **régime d'arc** (électron) / arc tube || ~ **régulateur** voir tube à pente réglable || ~ **régulateur**, tube *m* ballast (électron) / ballast tube, baretter || ~ **relais à décharge lumineuse** / trigger tube || ~ à **remblayage pneumatique** (mines) / pneumatic packing o. stowing pipe || ~ de **remplissage** (mot) / filler neck || ~ **reniflard** / breather tube || ~ de **repêchage** (pétrole) / horn o. friction socket || ~ de **reproduction en couleurs** (TV) / colour picture tube || ~ de **reproduction en noir et blanc** / black-and-white television tube || ~ **résistance** (électron) / ballast tube, baretter || **~-ressort** *m* / Bourdon tube || ~ **de retour** (distillation) / downcomer || ~ de **retour d'huile de fuite** (auto) / overflow oil line || ~ **rétroactif** / retroactive tube o. valve, retroactor || ~ **Rimlock** (électron) / rimlock tube || ~ de **rinçage** / scouring pipe, washing o. flushing pipe || ~ à **robustesse élevée** (électron) / ruggedized-variety tube || ~ **roulé hélicoïdal** (pap) / spiral tube || ~ en **S ou de sécurité** (chimie) / loop trap funnel tube || ~ **sanitaire de cave** (bâtim) / cellar drain, basement gully || ~ **sans culot** / wire-in tube || ~ **scellé** (chimie) / Carius tube || ~ de **Schuler** (électron) / Schuler tube || ~ de **selle** (bicycl.) / saddle o. seat tube || ~ **séparateur ou de séparation** (nucl) / separation tube, calandria o. shroud tube || ~ à **seuil** (TV, radar) / threshold tube, clipper tube (US) || ~ **Skiatron** (TV) / skiatron || ~ de **sondage** (pétrole) / casing pipe, bore hole tubing || **~-sonde** *m* (nav) / sounder || ~ **sorbant** / absorption tube || ~ de **sortie** (électron) / output valve o. tube || ~ de **sortie de l'arbre** (nav) / tubular stern, tubular tail post, stern tube || ~ de **sortie de ligne** (TV) / line output tube || ~ **souple** / collapsible tube || ~ de **soutien** / stay tube || ~ aux **spécimens** (chimie) / specimen tube || ~ à **spot mobile** (TV) / flying spot tube || ~ **stabilisateur** (électron) / regulator (a glowtube) || ~ **stabilisateur à gaz ou au néon** / bias clamping tube || ~ **standard** (guide d'ondes) / standard tube || ~ **stratifié enroulé** / laminated rolled tube || ~ **stratifié moulé par compression** / laminated moulded tube || **~-support** *m* / stay pipe || ~ de **sûreté droit** (chimie) / thistle funnel o. bulb || ~ en **T** / T-tube, three-way pipe || ~ à **tare** (chimie) / tare tube || ~ **témoin** (vide) / discharge tube indicator || ~ de **tension de référence** / voltage reference tube || ~ **testeur** (mines) / pulp density meter || ~ **thermoionique** / hot-cathode tube, thermionic tube || ~ du **thermomètre** / thermometer stem o. tube || ~ à **tourbillonnement** (réfrig.) / vortex tube || ~ **tout-acier** (électron) / all-metal tube || ~ **TR** / TR-tube || ~ de **trafic** (poste pneum.) / forwarding tube, conveyor tube || ~ **transformateur d'image** (TV) / image converter [tube] o. viewing tube || ~ à **transit** (nucl) / drift tube || ~ **transporteur hélicoïdal** / screw tube conveyor, spiral tube conveyor || ~ **traversant** (filage) / through-tube || ~ **tricolore à canon unique** (TV) / chromoscope, single gun colour television tube || ~ à **trois électrodes** (électron) / triode [tube], three-electrode [thermionic] tube || ~ de **tufting** (tex) / tufting tube || ~ **twystron à microondes** (électron) / twystron || ~ en **U** / U-tube || ~ à **une seule grille** (électron) / one-grid tube || ~ **universel** (électron) / multiple-unit [tube] || ~ en **V** / elbow tube o. pipe, V-tube o. pipe || ~ **variable** / exponential tube || ~ de **Venturi** / Venturi meter o. tube || ~ de **Venturi** (aéro) / pitot o. static o. pressure tube || ~ de **Venturi tronqué** / truncated venturi tube || ~ **verni** (plast) / varnished tube || ~ de **verre** / glass tube || ~ de ou en **verre** (redresseur) / lamp, tube || ~ à **vide** (électron) / vacuum tube || ~ à **vide à deux électrodes** / diode, two-electrode thermionic tube || ~ **[à vide] à deux grilles** (électron) / double o. two-grid valve, bigrid [valve] || ~ **vidicon** (TV) / vidicon [tube] || ~ **vidicon à infrarouge** (TV) / infrared vidicon || ~ à **vision directe** (TV) / direct viewing tube || ~ en **Y** / bifurcated pipe, breeches o. forked pipe

tubeless (pneu) / tubeless

tuber *vt* (mines) / tube *vt* || ~ un **trou de forage** / coat a bore hole, line, lay out

tubercule *m* (bot) / tuber || ~ d'**igname** / yam

tuberculisation *f* (corrosion) / tuberculation

tubériforme / bulbous, bulbiform

tubulaire / tubular

tubulé bas (chimie) / with outlet at bottom

tubulure *f* / connection piece, branch || ~ (techn) / thimble || ~ (pap) / manifold distributor, manifold type flow spreader || ~ (liquides) / nozzle [pipe] || ~ d'**admission d'air** (mot) / scoop, air horn || ~

d'**aspiration** (pompe) / tail o. foot pipe || ~ d'**aspiration** (mot) / air intake || ~ de **balayage** (mot) / scavenging conduit o. duct || ~ de **décharge** / drain o. outlet sleeve, delivery joint || ~ d'**eau** (auto) / filler tube o. neck || ~ [d'entrée ou de sortie] **d'eau de refroidissement** (mot) / cooling water filler neck || ~ d'**échappement** / breather tube neck || ~ d'**échappement de vapeur** / exhaust steam pipe || ~ de **fermeture** (auto) / plug neck || ~ **filetée** (auto) / screw neck || ~ **latérale capillaire** (laboratoire) / lateral capillary || ~ de **levage** (auto) / jack socket || ~ de **raccord** / connecting tube || ~ de **remplissage de carburant** / fuel filler neck || ~ de **remplissage d'huile** (mot) / oil filler neck || ~ de **valve** (pneu) / valve stem

tuckstone *m* (four de verre) / tuck stone

tuer (catalyseur) / poison *vt* || ~ un **puits** (pétrole) / kill a well

tuf *m* (géol) / tuff || ~ **basaltique** / basaltic tuff || ~ **calcaire** (géol) / calc-tufa, tufa, tufaceous limestone || ~ **cristalline meuble** / unconsolidated crystal tuff || ~ à **diabase** / diabasic tuff, greenstone tuff || ~ **éruptif**, tuf *m* volcanique / volcanic tuff, tuff || ~ **meuble** / unconsolidated tuff, volcanic ash || ~ d'**opale incrustante** / tufa, siliceous sinter || ~ **ponceux** / pumice stone tuff || ~ **trachytique** (géol) / rauhwacke

tufacé, tufeux, tufier / tufaceous

tuffite *f* **consolidée** / consolidated tuffite

tugmaster *m* (manutention horizontale) / tugmaster

tuile *f* / tile, roof tile || ~, patin *m* d'usure (tracteur) / grouser shoe || ~ d'**angle** / corner tile || ~ **arêtière** / hip starting tile || ~ d'**argile** / clay tile || ~ en **béton** / concrete roofing tile || ~**s** *f pl* à **canal** / convex or concave tiles *pl*, curved tiles *pl*, pantiles *pl* || ~ *f* à **canal de dessous** / concave [roof] tile || ~ à **canal de dessus** (bâtim) / convex [roof] tile || ~ **chatière** / ventilating tile || ~ de **chenille** / track link o. pad, endless chain link || ~ de **courant** / concave [roof] tile || ~ **creuse** / gutter tile || ~ **creuse sans emboîtement** / concave tile, hollow tile || ~ à **crochet** / plain o. plane o. crown tile || ~ de **croupe** / hip o. ridge tile || ~ à **deux nervures** (tracteur sur chenilles) / double grouser track shoe || ~ à **double emboîtement** / double roll tile || ~ **droite** / right-hand side tile || ~ d'**égout** / margin tile || ~ à **emboîtement** [pour toitures] / grooved roof tile || ~ à **emboîtement en auge** / trough gutter tile || ~ à **emboîtement à double encoche** / double depression interlocking tile || ~ à **emboîtement parallèle** / parallel gutter tile || ~ à **emboîtement à une encoche** / single depression interlocking tile || ~ **encaustique** / glazed tile || ~ **faîtière** / hip o. ridge tile || ~ **faîtière d'angle** / ridge corner tile || ~ **faîtière de départ ou d'extrémité** / ridge head tile o. starting tile || ~ **faîtière du dernier rang** / ridge tail tile || ~ **faîtière [en double S]** / hip o. ridge tile, crest o. bonnet tile || ~ **femelle** (bâtim) / concave [roof] tile || ~ **flamande** (toit) / flap tile || ~**s** *f pl* de **gouttière** / margin tiles *pl* || ~ *f* **imbriquée** / scale tile || ~ **mâle** (bâtim) / convex [roof] tile || ~ **mécanique** / long-stringed gutter tile || ~ **mécanique en auge** / trough gutter tile || ~ à **nervures** (tracteur) / grouser plate || ~ à **onglet imbriquée** / scale gutter tile || ~ à **onglets pour tours** / tower gutter tile || ~ **plate** / plain o. plane o. crown tile || ~ **plate recourbée** / flap tile || ~ de **rive** / border tile, margin tile || ~ en **S** / grooved roof tile, pantile || ~ à **trois nervures** (tracteur) / triple grouser shoe || ~ de **verre** / glass tile || ~ **verte** / unburnt tile

tuilé / scaled

tuileaux *m pl* / broken tiles *pl*

tulipe *f* de **contact** / annular contact || ~ d'un **tuyau** (install) / bell, socket (GB), hub (US)

tulle *m* (tiss) / tulle, reyon o. silk net || ~ **bobin** / bobbinet, bobbin net || ~ de **coton** / bobbinet || ~ de **rayonne** / rayon net o. tulle || ~ pour **rideaux** / curtain net

tullerie *f* / bobbinet weaving

tulliste *m* / bobbinet weaver

tuméfaction *f* de l'**arbre** / canker[ous growth]

tumeur *f* **bactérienne du collet et des racines** (par Agrobacterium tumefaciens) (agr) / bacterial crown gall

tumultueux / wild (torrent), boisterous (sea) || ~ (réaction) / vigorous

tunage *m*, tune *f* (hydr) / sao

tuner *m*, bloc *m* d'accord (TV, radio) / tuner, tuning variometer || ~ **toutes ondes** (TV) / all-wave tuner

tungar *m* / Tungar rectifier

tungstate [de] *adj* / tungstate... || ~ *m* / tungstate, wolframate || ~ de **baryum** / barium tungstate o. wolframate

tungstène *m*, W / tungsten, wolfram || **exempt de** ~ / tungstenless

tungstènifère / tungsteniferous

tungstique / tungstic

tungstite *f* (min) / tungstite, tungstic ochre

tuning *m*, syntonisation *f* (radio) / tuning

tunnel *m* / tunnel || **faire passer un** ~ [sous], pratiquer un tunnel / tunnel *vi*, drive a tunnel || ~ d'**accès** (ch.de fer) / entrance tunnel || ~ d'**accostage** (espace) / docking tunnel || ~ **aérodynamique** (aéro) / wind tunnel, flume || ~ **aérodynamique à densité variable** / compressed-air wind tunnel, variable-density wind tunnel, excess pressure wind tunnel || ~ d'**arbre** (nav) / [tail] shaft passage o. tunnel || ~ de l'**arbre porte-hélice** / propeller shaft tunnel || ~ d'**arbre de transmission** (auto) / center hump || ~ d'**aspiration** (mines) / fan drift || ~ de **câble** / conduit subway || ~ de **cavitation** (nav) / cavitation tunnel, Lithgow tunnel || ~ de **congélation** / freezing tunnel, tunnel freezer || ~ **étanche d'intercirculation** (ch.de fer) / intercommunicating bellows gangway || ~ de **glissement** (électr) / drift tunnel || ~ **hélicoïdal** (ch.de fer) / helical tunnel || ~ de **lyophilisation** (vivres) / lyophilization tunnel || ~ de **passage** / passage tunnel || ~ de **recuisson [pour verre creux]** (verre) / lehr, lear, leer || ~ de **refroidissement** / cooling duct o. channel || ~ **routier** / vehicular tunnel, underpass || ~ de **séchage** / tunnel drier o. drying oven || ~ de **tir** (mil) / firing tunnel

tunneler (semicond) / tunnel *vt*

turbidimètre *m* / turbidimeter

turbidité *f* (chimie) / cloudiness

turbine *f* (gén) / turbine || ~ (arrachage de pommes de terre) / separating head || ~ (sucre) / centrifugal || ~ à **action** / action o. Curtis turbine || ~ à **action et réaction mixte** / impulse-reaction turbine, combination turbine, combined impulse turbine, disk-and-drum turbine || ~ à **action à un étage** / single-pressure-stage impulse turbine, de Laval turbine || ~ à **admission partielle [ou totale]** / fractional, [full] admission o. supply turbine || ~ [à **admission] radiale** / radial [flow] turbine || ~ à **ailettes** / vane type turbine || ~ à **air chaud** / hot air turbine || ~ à **air comprimé** / air turbine || ~ **amont** / back pressure turbine, topping turbine o. unit (US) || ~ **axiale** / axial-flow turbine || ~ **axio-centrifuge** (hydr) / Dériaz-type turbine || ~ à **bâche cylindrique** (hydr) / turbine in cylindrical casing || ~

à **bâche hélicoïdale** / spirally shaped water turbine || ~ à **bateaux** / marine turbine || ~ **birotative** / birotary turbine || ~ **bulbe** (hydr) / tubular o. tube o. bulb turbine, Kaplan [water] turbine || ~ **centrifuge** / outward-flow turbine || ~ **centrifuge** (sucre) / centrifugal [machine] o. centrifuge || ~ **centrifug[eus]e du 3e jet** (sucre) / afterworker || ~ **centripète** / inward-flow turbine || ~ à **chambre de combustion** / combustion chamber turbine || ~ en **chambre d'eau** (hydr) / open flume turbine || ~ **combinée à action et à réaction** / impulse-reaction turbine, disk-and-drum turbine, combination turbine || ~ à **combustion** / combustion turbine, gas turbine [engine] || ~ à **compresseur** (aéro) / compressor turbine || ~ à **condensation** / condensing turbine || ~ à **contre-pression à prise de vapeur** / bleeding o. tapped back-pressure turbine || ~ **Curtiss [à étages de vitesse]** / action o. Curtis turbine || ~ **Dériaz** (hydr) / Dériaz-type turbine || ~ à **engrenage** / geared turbine o. turbogenerator || ~ **éolienne** / wind turbine || ~ **essoreuse** / hydroextractor, whizzer, centrifugal drier || ~ à **expansion** / expansion turbine || ~ **Francis** / mixed-flow water turbine, Francis water turbine, American water turbine || ~ à **gaz** / gas turbine [engine], internal combustion turbine || ~ à **gaz à circuit ouvert, [fermé]** / open [o. closed] cycle gas turbine [engine] || ~ à **gaz à échappement libre** (gaz) / exhaust gas turbine || ~ à **gaz à grand débit** (nav) / heavy duty [marine] gas turbine || ~ à **gaz industrielle** / industrial gas turbine || ~ à **gaz navale** / marine gas turbine || ~ à **gaz à piston libre** / free-piston gas turbine plant || ~ de **grenaillage** (fonderie) / spinner o. whirl gate || ~ **haute pression** (aéro) / high-pressure o. HP turbine || ~ **haute pression** (ou **H.P.) marche arrière** (ou A.R.) / high-pressure o. HP astern turbine || ~ à **hélice** (hydr) / propeller type [water] turbine || ~ **hydraulique** / water turbine, hydroturbine, water wheel (coll) || ~ à **impulsions radiales** (hydr) / cross-flow turbine || ~ à **injection partielle [ou totale]** / fractional, [full] admission o. supply turbine || ~ à **jet libre** / Pelton turbine || ~ de **Kaplan** / tubular o. tube turbine, Kaplan [water] turbine || ~ de **Laval** / single-pressure-stage impulse turbine, Laval turbine || ~ **libre** (aéro) / free turbine || ~ de **Ljungstrœm** / Ljungstrœm turbine || ~ pour **marche arrière** (nav) / astern turbine || ~ de **marche avant** (nav) / ahead o. cruising turbine || ~ **marine** / marine turbine || ~ **mixte** / mixed pressure [steam] turbine || ~ à **mouvements contraires ou opposés** / birotary turbine || ~ **Parsons** / Parsons turbine || ~ à **passage directe** / direct flow turbine || ~ de **Pelton** / Pelton turbine || **~-pompe** *f* (accumulation par pompage) / pump-turbine || ~ à **prélèvement de vapeur** / bleeder type turbine, bleeding o. tapped turbine, extraction type turbine || ~ **préliminaire** (sucre) / forerunner, foreworker || ~ à **pression dynamique** (aéro) / ram-air turbine || ~ à **pressions multiples** / mixed pressure [steam] turbine || ~ à **prise de vapeur** voir turbine à prélèvement de vapeur || ~ à **réaction** (hydr) / reaction turbine || ~ à **réducteur** / geared turbine o. turbogenerator || ~ à **réduction** / reducing turbine || ~ à **resurchauffe** / resuperheat turbine || ~ à **soutirage** / bleeder type turbine, bleeding o. tapped turbine, extraction type turbine || ~ à **soutirage intermédiaire** / reducing turbine || ~ **supersonique à rejeter** / SETE (= supersonic expendable turbine engine) || ~ **supersonique avec soufflant** (aéro) / FAST (= fan and supersonic turbine) || ~ de **tête** / back pressure turbine, topping turbine o. unit (US) || ~ **très haute pression** / superpressure turbine || ~ **type tambour** / drum type turbine || ~ à **vapeur** / steam turbine || ~ à **vapeur d'échappement** / exhaust steam o. waste steam turbine || ~ à **vapeur fraîche** / live steam turbine || ~ **[à vapeur] à haute pression** / high-pressure turbine || ~ à **vapeur de mercure** / mercury vapour turbine || ~ à **vapeur sans condensation** (m.à vap) / non-condensing steam turbine || ~ à **vapeur saturée** / wet steam turbine

turbiner (sucre) / spin *vt*

turbineur *m* (sucre) / centrifugal operator

turbinier *m* / turbine manufacturer

turbo-alternateur *m* / turbo-generator, turbine type generator || **~brûleur** *m* / turboburner || **~carottage** *m* / turbodrilling with carrot recuperation || **~combustible** *m* (ELF) / turbine fuel o. gasoline o. kerosene, ATF, ATG, ATK || **~compressé** / equipped with turbocompressor || **~compresseur** *m* / turbo blower, turbocompressor || **~compresseur** *m* **à flux axial** / axial-flow turbocompressor || **~compresseur** *m* à **gaz d'échappement** (mot) / exhaust gas turbocharger || **~compresseur** *m* **radial** / centrifugal compressor || **~compresseur** *m* à **suralimentation** (aéro) / turbocharger || **~compresseur** *m* à **suralimentation type Büchi** (mot) / Büchi-type supercharger || **~convertisseur** *m* (électr) / turboconverter || **~couplage** *m* / turbocoupling || **~crible** *m* / turboscreen || **~-démarreur** *m* (aéro) / turbostarter || **~-électrique** (nav) / turboelectric || **~émulseur** *m* (chimie) / turboemulsifier || **~-extracteur** *m* / turbo exhauster || **~forage** *m* (mines) / turbodrilling || **~foreuse** *f* (mines) / drilling turbine || **~fusée** *f* (aéro) / turbo-rocket || **~générateur** *m* (électr) / turbogenerator || **~générateur** *m* à **courant continu** / turbodynamo || **~grid-tray** *m* (pétrole) / Turbogrid tray || **~laveur** *m* (mines) / turbo washer || **~machine** *f* (gén) / turbo-engine o. -machine || **~machine** *f* (aéro) / turbine aero engine || **~machine** *f* à **double flux** / turbofan, ducted fan turbine engine || **~malaxeur** *m* **rapide** (fonderie) / high-speed turbo mixer || **~moteur** *m* / turbo-engine, turboshaft engine || **~-onduleur** *m* (électr) / d.c.-a.c. turboconverter || **~-onduleur** *m* à **jet de mercure** / rotary jet mercury converter || **~plan** *m* (aéro) / turboplane || **~pompe** *f* / turbopump || **~pompe** *f* **axiale** / axial-flow turbopump || **~propulseur** *m* (aéro) / turboprop [engine], turbo-propeller engine || **~propulsion** *f* (aéro) / turbopropulsion

turboréacteur *m* (aéro) / turbojet [engine] || ~ **double corps** (aéro) / two- o. twin-spooled jet || ~ à **double flux** (ELF) (aéro) / turbofan, ducted fan turbine engine, by-pass engine o. power-unit o. turbine || ~ **double flux à fan avant ou à soufflant avant** (aéro) / front-fan drive || ~ **double flux soufflant arrière** / aft-fan drive || ~ à **soufflante carénée** (ELF) **ou canalisée** (ELF) (aéro) / turbofan, ducted fan turbine engine, by-pass engine o. power-unit o. turbine

turbo-rotor *m* / turborotor || **~-sécheur** *m* / hydroextractor, whizzer, centrifugal drier || **~soufflante** *f* / turboblower || **~soufflante** *f* à **gaz d'échappement** (mot) / exhaust gas turboblower o. turbocharger || **~-statoréacteur** *m* / turboramjet engine || **~train** *m* (ch.de fer) / turbotrain || **~train** *m* à **grande vitesse**, TGV (ch.de fer) / high-speed turbotrain || **~transmission** *f* (ch.de fer, auto) / fluid drive, hydrodynamic transmission || **~ventilateur** *m*

/ turbofan || **~ventilateur** *m* (mines) / turboventilator
turbulence *f* / turbulence || ~ **aérodynamique secondaire** (aéro) / boss eddy o. vortex || ~ de l'**air** (auto) / turbulence of air || ~ en **air limpide** (ELF) / clear-air turbulence, CAT || ~ **atmosphérique** (aéro) / atmospheric turbulence || ~ par **convection** / convectional turbulence || ~ due à **la friction** / frictional turbulence || ~ **verticale** / vertical gust
turbulent / turbulent
turgescence *f* (bot) / turgescence
turgite *f* / turgite, hydrohaematite
turgor *m* (bot) / turgor [pressure]
turmdiffusion *f* / diffusion tower
tussah *m*, tussau *m* / tussah o. tussur silk, tussore
tutie *f* (mét.de plomb) / tutty
tuyau *m* (métal) / pipe, tube || **~x** *m pl* (mines) / pipes *pl*, pipe column || ~ *m* (caoutchouc, plast) / hose, tube || ~ d'**accouplement [de chauffage]** (ch.de fer) / heating hose || ~ à **accouplement rapide** / express coupling pipe || ~ d'**acheminement du ciment** / cement delivery hose || ~ **acoustique** / speaking tube, voice pipe || ~ d'**admission** / admission o. inlet pipe || ~ d'**aérage** (mines) / casing tube, air conduit o. tube, air duct || ~ d'**aération** / aerating o. ventilating pipe o. tube || ~ à **aiguilles** / pin-fin pipe || ~ à **ailettes circulaires** / gilled pipe || ~ à **ailettes hélicoïdales** / spiral tube || ~ **alimentaire** / feeding main o. pipe || ~ d'**alimentation** (bâtim) / supply o. service pipe o. tube || ~ d'**alimentation** (mot) / feed pipe || ~ d'**alimentation** (m.à vap) / alimentary pipe, feed[ing] pipe || ~ d'**alimentation d'eau** / water feed pipe || **~x** *m pl* d'**alimentation du réservoir** (fusée) / thrust nozzle feed pipe assembly || ~ *m* d'**amenée** / feeding main o. pipe || ~ d'**amenée de l'air de soufflage** (sidér) / blast feeding pipe || ~ d'**amenée d'eau** / water feed pipe || ~ en **amiante-ciment** / asbestos ciment pipe || ~ **annelé** / corrugated sheathing hose || ~ pour **appareil à gaz** / flexible gas tube || ~ en **argile** / earthenware duct || ~ **armé** (électr, auto) / flexible conduit || ~ d'**arrosage** / garden hose || ~ **articulé** / flexible conduit || ~ **ascendant** / ascending o. rising pipeline || ~ d'**aspiration** / suction pipe || ~ d'**aspiration d'air frais** / fresh air suction pipe || ~ d'**assèchement** / drainage pipe || ~ pour **avion** / aircraft hose || ~ **blindé à brides** (chimie) / armoured flanged pipe || ~ pour **boissons** / hose for beverages || ~ à **bouts plans** / plain ended pipe || ~ à **bride[s]** / flanged pipe || ~ de **cale** (nav) / bilge pipe || ~ [en] **caoutchouc**, tuyau *m* caoutchouc souple / rubber hose o. tube || ~ en **caoutchouc de radiateur** (auto) / radiator hose || ~ en **caoutchouc avec ressort en spirale** / spiral-lined hose || ~ **caoutchouc souple renforcé entoilé [... plis]** / textile reinforced rubber covered hose || ~ en **caoutchouc avec spirale** / spiral hose || ~ **capillaire** (phys) / capillary [tube] || ~ **carré** / rectangular tube || ~ **chantepleure** (ch.de fer, routes) / drop pipe || ~ en **chanvre** / hemp hose || ~ en **chanvre caoutchouté** (tex) / rubber-lined canvas hose || ~ de **chasse d'eau** / flush[ing] pipe || ~ de **chauffage** / heating tube || ~ de **cheminée** / flue lining || ~ de **chute** (bâtim) / standpipe, soil pipe, S.P. || ~ en **ciment** / cement pipe || ~ **collecteur** (chaudière) / header of a boiler || ~ de **communication** / joint pipe || ~ **compensateur** / tube compensating piece || ~ de **condenseur** / condenser tube o. pipe || ~ **conducteur ou de conduite** / conduit [pipe] || ~ **coudé**, tuyau *m* courbé / pipe elbow o. bend || ~ **coudé à brides** / flanged pipe elbow || ~ en **croix** (tuyauterie) / crosspiece o. joint, cross, four-way junction o. piece || ~ en **croix à quatre brides** / all-flanged cross || **~-culotte** *m* / bifurcated pipe, breeches o. forked pipe || ~ de **décharge** / discharge pipe, outlet o. outflow o. eduction pipe || ~ de **décharge** (pompe) / lifting tube, ascending pipe || ~ de **dégivreur** / de-icer hose || ~ à **dépression** (auto) / vacuum conduct || ~ de **descente** / downpipe o. -spout || ~ de **descente** (install) / rainwater pipe || ~ de **descente** (eaux d'égout) / soil pipe, S.P. || ~ **distributeur** / distributing pipe || ~ de **distribution**, tuyau *m* d'embranchement / branch pipe || ~ pour **douille de serrage** (tourn) / (drawing:) draw-in tube, (pushing:) push-out tube || ~ de **drainage** (agr) / drain pipe || ~ de **drainage** (ch.de fer, routes) / drop pipe || ~ d'**eau** / water conduit o. pipe || ~ d'**échappement** (bâtim) / foul-air o. ventilating flue o. pipe || ~ d'**échappement, avant, [arrière]** (auto) / muffler exhaust front, [tail] pipe || ~ d'**échappement à vapeur** / steam exhaust pipe || ~ pour l'**écoulement** / discharge hose, run-off hose || ~ d'**égout** (eaux usées) / soil pipe, S.P. || ~ d'**égout en grès** / sewer tile || ~ **élastique** / spring tube, spiral element || ~ à **emboîtement** / socket o. spigot pipe || ~ d'**embranchement** / branch pipe || ~ d'**émission** / discharge pipe, outlet o. outflow o. eduction pipe || ~ en **entonnoir** / funnel pipe || ~ d'**entrée** / feed pipe o. tube || ~ d'**essence** / fuel hose || ~ d'**évacuation** (bâtim) / vent pipe, continuous vent || ~ d'**évacuation des fumées** (chauffage) / flue || ~ d'**évaporation** / injection pipe || ~ **fendu** / open seam tube || ~ en **ferrite** / ferrite tube || **~-filtre** *m* / filtering tube || ~ **flexible** / flexible tube, hose || ~ **flexible** (plast) / tubing || ~ **flexible à l'air** / air hose o. tube || ~ **flexible d'aspiration** / [flexible] suction tube || ~ **flexible d'aspiration parcouru par le courant** (aspirateur) / current carrying hose || ~ **[flexible] à eau** / hose, garden o. water hose || ~ **flexible à treillis d'armature** / rubber covered hose with layer of braided wires || ~ de ou en **fonte** / cast iron pipe || ~ en **fonte** (gouttière) / cast iron gutter pipe || ~ de **fonte centrifugée** / centrifugally cast pipe, spun [iron] pipe || ~ **forcé de carburant** / forced fuel pipe || ~ à **fourche** / bifurcated pipe, breeches o. fork pipe, three-way pipe || ~ à **frette de bois** / built-up (GB) o. laminated (US) wooden tube || ~ avec **garniture intérieure en étoffe** / hose with fabric plies || ~ à **gaz** / gas pipe o. tube o. hose || ~ à **gaz principal** / main gaspipe, public main || ~ à **gaz sans soudure** / seamless gas pipe || ~ de **gonflage** / inflation tube o. hose || ~ en **grès** (eaux usées) / earthenware pipe, [baked] clay pipe || ~ en forme d'**hélice** / serpentine o. winding pipe o. tube, pipe coil || ~ d'**huilage** / oil pipe o. tube || ~ d'**huile** / oil line || ~ pour **huile de lavage** / scavenge oil pipe || ~ d'**immersion** / immersion pipe || ~ d'**incendie** / fire hose || ~ de **jointure** / joining pipe o. socket, joint pipe || ~ en **laiton** / brass pipe o. tube || ~ à **manchons** / socket o. spigot pipe || ~ à **manchons coulé par centrifugation** / centrifugally cast socket and spigot pressure pipe || ~ **métallique** / metal tube o. tubing o. pipe || ~ **métallique agrafé** / folded spiral-seam tube || ~ **métallique flexible ou souple** / flexible metal tube || ~ **montant** (craquage) / riser, rising mains *pl* || ~ de **montée** / ascending o. rising pipe || ~ à **nervures** / ribbed tube o. pipe || ~ d'**oléoduc** (pétrole) / line pipe || ~ **onduleux flexible** / corrugated hose || ~ d'**orgue** / organ pipe || ~ [en **papier] de la canette** / cop tube || ~ **perforé** / perforated pipe, pipe shower || ~ **plissé** / quill tube || ~ de ou en **plomb** / lead o. leaden pipe o. tube || ~ de **poêle** / stove pipe || ~ de **pompe** (bière) / pump

pipe || ~ en **poterie** / earthenware duct || ~ en **poterie verni** / glazed stone pipe, G.S.W. pipe || **~x-poutres** *m pl* / tubular girder || ~ *m* **principal** / main [pipe] || ~ de **prise** (vapeur) / bleed pipe || ~ de **protection** / pipe liner o. lining || ~ de **protection des câbles** (câble) / cable bushing, cable protecting sleeve || ~ de **purge** (m.à vap) / blast pipe, escape pipe || ~ de **raccord** / faucet pipe || ~ de **raccordement** / joining pipe o. socket, joint pipe || ~ de **rallonge[ment]** / connection piece || ~ **raméal de drainage** / branch drain pipe || ~ **rechargé par soudure** / weld-overlaid pipe || ~ de **refoulement** / forcing o. delivery hose, flexible pressure tubing || ~ de **refoulement**, culotte *f* / pressure [pipe] joint || ~ de **refoulement** (pompe) / lifting tube, ascending pipe || ~ de **refoulement du béton** / concrete delivery hose || ~ de **refroidissement** / refrigerating o. cooling pipe || ~ **renforcé par gaine hélicoïdale** (plast) / helically wound pipe, pipe with helical reinforcing web || ~ à **répandre** (chimie) / sparger || ~ de **retenue d'huile** (antipollution) / oil boom || ~ de **retour d'huile** / scavenge oil pipe || ~ de **rinçage** (bière) / sparge arms *pl* || ~ à **rinçures** / hydraulic stowing pipe || ~ [en forme de] **S** / ess pipe o. tube, S pipe, offset || ~ **salubre** / waste water downcomer || ~ à **siphon** / siphon pipe || ~ à **siphon** (cowper) / siphon pipe in the blast heating apparatus || ~ du **siphon**, culotte *f* / bifurcated pipe, breeches o. forked pipe || ~ de **sondage** (nav) / sounding pipe || ~ de **sortie de l'eau** / water discharge o. exit o. outlet pipe || ~ de **soudure** / flexible hose for welding purposes || ~ de **soufflage** / blast pipe || ~ **souple entièrement métallique** / all-metal hose || ~ **souple à l'épreuve du vide** / pressure tubing, vacuum hose o. tubing || ~ **souple à haute pression** / high-pressure hose || ~ **sous bac** (prépar) / refuse discharge pipe || ~ de **soutirage** (vapeur) / bleed pipe || ~ **spiralé** / spiral hose || ~ **stillatoire** (ch.de fer, routes) / drop pipe || ~ en **terre cuite** / earthenware duct || ~ en **terre poreuse** (bâtim) / land tile || ~ de **tirage** / chimney flue || ~ en **tôle** / sheet metal pipe || ~ **torchère** (four de coke) / bleeder pipe, gas bleeder || ~ **transversal** (gaz) / bridge pipe || ~ de **traversée** (électr) / inlet nipple, wall duct || ~ à **trois branchements** / bifurcated pipe, breeches o. forked pipe *three-qay pipe* || ~ de **trop-plein** / overflow [pipe o. tube], waste pipe o. tube || ~ à **vapeur** / steam pipe || ~ de **ventilation** / aerating o. ventilating pipe o. tube || ~ de **verre** / glass tube || ~ **vertical** (pap) / standpipe || ~ **vertical à embranchement double** (pomp) / upright branch pipe || ~ de **vidange** (m.à vap) / blast pipe, escape pipe || ~ en **Y** / Siamese joint (US), Y-tube

tuyautage *m* / network of pipes, pipe system, piping, tubing

tuyauterie *f* / conduit [of pipes], pipeline, duct || ~ (techn) / pipework || ~ de l'**absorbeur** / riser || ~ **ascendante** / ascending o. rising pipeline || ~ en forme de **canalisation circulaire** / closed ring pipeline || ~ de **chute** (mines) / downpipe for stowing material || ~ **et plomberie** (bâtim) / plumbery, piping || ~ du **frein** (ch.de fer) / brake air conduit, train pipe o. line || ~ en forme d'**hélice** / spiral pipe o. tube || ~ de **mise à l'air libre du réservoir** (aéro) / vent pipe of tank || ~ pour faire **monter l'eau** / ascending o. rising pipeline || ~ de **pompage** / pump main o. piping || ~ pour **remblayage pneumatique** (mines) / stower pipe line || ~ **suspendue** (raffinerie) / overhead piping system || ~ de **transport** / conveyor pipe line, transport line || ~ de **vapeur** / steam line o. main || ~ à **vent chaud** / hot-blast conduit o. [pipe]line

tuyauteur *m* (bâtim) / plumber, tinner || ~ (techn) / pipe fitter, pipelayer

tuyère *f* (techn) / nozzle || ~ (pipeline) / flow nipple || ~ (sidér) / tuyere, twyer (US), twyere (GB), blast pipe, nozzle || ~ (électr) / explosive chamber o. pot || ~ à **air** / air nozzle || ~ **annulaire** (plast) / tubular die || ~ d'**aspiration** / suction nozzle, Venturi meter o. nozzle || **~s** *f pl* **bouchées** (sidér) / blind tuyeres *pl* || ~ *f* en **caoutchouc** (flottation) / rubber nozzle || ~ **convergente-divergente** / convergent-divergent o. con-di nozzle || ~ de **cubilot** (fonderie) / cupola nozzle || ~ d'**échappement** (aéro) / jet pipe o. tube || ~ d'**écoulement** / ejection nozzle || ~ d'**écoulement** (métrologie) / flow nozzle || ~ d'**écoulement du sable** (ch.de fer) / sanding pipe || ~ d'**éjection** / ejection nozzle || ~ d'**éjection [des gaz]** (aéro) / propelling nozzle || ~ d'**étalage** (sidér) / bosh tuyère || ~ à **gaz** (sidér) / gas jet, gas nozzle || **~-gouvernail** *f* (nav) / steering nozzle || ~ de **gouvernail actif** (nav) / steering nozzle || ~ **Kort** (nav) / propeller duct o. shroud o. nozzle || ~ à **laitier** / monkey, slag o. cinder notch || ~ de **Laval** / Laval nozzle || ~ **mélangeuse** / proportioning o. mixing nozzle o. jet, combining nozzle || ~ de **mesure** / measuring nozzle || ~ à **noyau central** (ELF) / plug nozzle || ~ **orientable** (ELF) (fusée) / swivelling nozzle || ~ de **poussée** (aéro) / propelling nozzle || ~ de **pulsoréacteur** / propulsive duct, pulse o. pulsating jet engine, dyna-jet || ~ à **pulvériser** / spray[ing] nozzle || ~ du **réacteur de pale** (aéro) / rotor tip jet || ~ à **réaction** / reaction control jet || ~ de **répandage de poudre** / spray nozzle for powder || ~ de **séchoir** (tex) / drying nozzle || ~ de **secours** (sidér) / auxiliary tuyere || ~ **séparatrice ou de séparation** (nucl) / thermal diffusion nozzle, separation nozzle || ~ de **sublimation** (espace) / sublimation jet || **~s** *f pl* **tournantes** (tex) / rotary nozzles *pl* || ~ *f* à **turbulence** / swirl nozzle o. sprayer || ~ à **vapeur** / steam nozzle || ~ à **vent** (sidér) / tuyere, twyer (US), twyere (GB), blast pipe, nozzle

T.V.A., taxe *f* à la valeur ajoutée / TVA, tax on value added

tweed *m* (tex) / tweed || ~ **donegal** (tiss) / donegal tweed

tweeter *m*, haut-parleur *m* aigu / tweeter loudspeaker, tweeter, treble loudspeaker

twill *m* (tiss) / twill

twin-douci *m* (verre) / twin grinder

twistor *m* (électron) / twistor

tx, tonneaux *m pl* de jauge (nav) / measurement || **de ...** ~ (nav) / ...ton's ship, ...tonner

tympan *m* (typo) / tympan || ~ (horloge) / pin wheel, striking wheel

tyndallimétrie *f* / tyndallimetry

tyndalliser / tyndallize

tyndallomètre *m* / Tyndall meter

type / standard... || ~ (techn) / pattern, design, type, model || ~ (gén) / standard model, type || ~ (typo) / letter, type, character || **~s** *m pl* / types *pl* || **~s** *m pl* (typo) / printing type, print script || **~[s]** *m pl* (ord) / font || ~ *m* d'**ajustement** / kind of fit || ~ **auxiliaire** (typo) / ornamental o. fancy type of letters || ~ d'**avion** / type of aircraft || ~ **canard** (aéro) / canard type, tail first || ~ de **charbon** / rank of coal || **~s** *m pl* de **circuits** / connecting methods *pl* || ~ *m* de **collage** / kind of bonding || ~ **courant** (ch.de fer) / normal type || **~s** *m pl* **à distribuer** (typo) / dead matter || ~ *m* de **fantaisie** (typo) / ornamental o.

fancy type of letters || ~ de **liaison** (phys) / kind of linkage || ~ du **moteur** / type of motor o. engine || ~ **mural** / wall fastening type || ~ **non courant** / non-standard type || ~ **normal** / normal o. standard o. conventional design o. execution o. type || ~ **ordinaire** / normal o. standard design o. execution o. type || **~s** *m pl* de **population** (astr) / population types *pl* || **~s** *m pl* de **protection** (électr) / types of protection o. enclosures *pl* || ~ *m* de **protection spécial** (électr) / special protection || ~ de **rapport** (ord) / report group || ~ **SC** (ord) / font SC || ~ de **service** / duty type || ~ **spécial** (ch.de fer) / special execution, something made to specification || ~ **standard** / conventional design o. execution || ~ **standardisé** / standardized || ~ **standardisé** / standard type o. execution, standard type construction || ~ de **temps** / atmospheric o. meteorological conditions *pl* || ~ de **transition** / transition type || **~s** *m pl* **usuels** (typo) / body o. book type || ~ *m* de **véhicule** / vehicle type || ~ **volumétrique** (compresseur) / positive displacement design

typer, typifier / typify *vt*

typique / representative, typical

typographe *m* / typographer || ~, imprimeur *m* / letterpress printer, printer, pressman, typographer || ~, compositeur *m* / typesetter, setter, compositor

typographie *f* / letterpress printing || ~ / typography, art of letterpress printing || ~ (atelier) / printing works, typography || ~ **indirecte** / letterset printing, dry offset

typo·graphique / typographic, -graphical || **~mètre** *m* / typometer, type o. line gauge

typon *m* (typo) / typon, offset film

typoplaque *f* (graph) / wrap-around (GB) o. wrap-round (US) plate

tyramine *f* / tyramine

tyrosinase *f* / tyrosinase

tyrosine *f* / tyrosine

U

U, en [forme d']U, à U / U-shaped, stirrup-shaped

U *m* pour **grilles** (lam) / beaded iron, fence bar

ubac *m* (bâtim) / shady side

UCPTE = Union pour la Coordination de la Production et de Transport d'Electricité

u.e.m.C.G.S., unité *f* électromagnétique (vieux) / electromagnetic unit

U.F.O. / flying saucer (coll), U.F.O.

UG, unité *f* de gestion (nucl) / material balance area, MBA, MBA

U.H.T., ultra-haute tension *f* / ultra-high voltage, UHV

U.I.C., Union Internationale des Chemins de Fer / Intern. Union of Railways, U.I.C.

U.I.T.P., Union Internationale du Transport Public (ch.de fer) / Intern. Union of Public Transport, U.I.T.P.

ulexite *f* (min) / ulexite, cotton ball

ullmanite *f* (min) / nickel antimony glance, ullmanite

ulmique / humic

ultérieur / subsequent

ultérieure[ment] / later on, subsequently

ultra·-abyssal (océanographie) / hadian, hadal, ultra-abyssal || **~-audion** *m* (électr) / ultra-audion || **~balance** *f* (chimie) / ultrabalance || **~basites** *f pl* (géol) / ultra-basic rocks *pl* || **~blanc** (TV) / whiter than white || **~centrifuger** / ultracentrifuge *vt* || **~centrifugeuse** *f* / ultracentrifuge, high-speed centrifuge || **~chromatographie** *f* (chimie) / ultrachromatography || **~cinéma** *m* / high-speed camera o. cinematograph, rapid sequence camera || **~condensateur** *m* / ultracondenser || **~filtration** *f* / ultrafiltration || **~filtre** *m* / ultrafilter || **~-fins** *m pl* (sidér) / superfines *pl* || ~ **haute fréquence** (300-3000 MHZ) *f* / ultrahigh frequency, UHF ($3 \cdot 10^8 - 3 \cdot 10^9$ Hz) (GB: $3 \cdot 10^8 - 3 \cdot 10^9$ Hz) || ~ **haute tension** (électr) / supervoltage, ultra high voltage, UHV || **~linéaire** / ultralinear || **~marine** *f* / lazulite blue, ultramarine || **~microanalyse** *f* / ultra-microanalysis || **~microscope** *m* / ultramicroscope || **~moderne** / ultramodern, in latest fashion || **~noir** (TV) / infrablack, blacker than black || **~rapide** (fusible) / super-quick-acting || **~sensible** / extremely o. high sensitive || **~son** *m*, ultra-son *m* / supersonics, ultrasonics, sg. || **~sonore** (aéro) / supersonic *adj*, ultrasonic || **~sonore** (acoustique) / ultra-audible, superaudible || **~vide** *m* / ultrahigh vacuum, vacuum below 10^{-6} torr || **~violet** *adj*, ultra-violet, U.V. / ultraviolet, UV || **~violet** *m* **lointain** / extreme ultraviolet

ululer (télécom) / warble

ululeur *m* (télécom) / warbler

umladung *m* / umladung

un (probabilité) / unit || **à ~ filet** (filetrage) / single-flighted || **avec deux ~** / with two ones || **l'~ après ou derrière l'autre** / successive || ~ **à un** (engrenage) / one-to-one || ~ **fuite** (math) / elusive one || ~ **à la sortie** (ord) / one-output || ~ **seul cycle ou passage** / single-cycle || ~ **tout seul** (phys) / one only

underbody (déconseillé), dessous *m* de caisse auto / underbody

une brique / one brick [thick] || ~ **décimale après la virgule** / one decimal o. one place behind the decimal point || ~ **fois** / once

undécagone *m* / undecagon, hendecagon

undécane *m* (chimie) / undecane

undécyle *m* (chimie) / undecyl

undécylène *f* / undecylene

uni *adj* (tiss) / plain || ~ [comme un miroir] / smooth as a mirror, dead-smooth || ~, égal / flat, clean cut || ~ (mines) / flat, even || ~ (teint) / plain, of plain o. uniform colour, dyed of one colour, whole colored, uni || ~ *m* (teint) / plain colour, single o. self shade || **~axe** (phys) / uniax[i]al || **~cellulaire** / unicellular || **~colore** (tex) / single-colo[u]r..., whole colo[u]red, of uniform colour, dyed of one colour, plain, of plain colour, uni || **~directionnel** / unidirectional || **~face** (math) / unifacial || **~fication** *f* / unification || **~fié** / unified, unitized || **~fier** (techn) / standardize || **~filaire** / monofil, unifilar || **~filaire** (électr) / unifilar || **~filaire**, monoconducteur / single-wire, single-line

uniforme (fonctionnement) / steady, smooth, soft || ~ (chimie) / unary || ~ (math) / uniform

uniformément croissant, [décroissant] / monotonic increasing, [decreasing] || ~ **réparti** / evenly o. uniformly distributed || ~ **varié** / uniformly variable

uniformité *f* / uniformity || ~ du **spectre** / spectral flatness

uni·latéral / one-sided, one-side... || **~modal** (statistique) / unimodal || **~modulaire** (math, ord) / unimodular || **~moléculaire** / monomolecular, monofilm... || **~nucléé** (biol) / uni-nucleate, -nuclear, mononuclear, -karic

union *f* (action) / bringing together, concentration || ~ (tuyaux) / union piece || **≗ Internationale des Chemins de Fer**, U.I.C. / Intern. Union of Railways,

U.I.C. || ² Internationale des **Télécommunications**, U.I.T. / International Telecommunication Union, ITU || ² **Internationale des Transports Publics**, U.I.T.P. (ch.de fer) / Intern. Union of Public Transport, U.I.T.P. || ² **Internationale des Wagons**, R.I.V. / Intern. Wagon Union, R.I.V. || ² des **Services Routiers des Chemins de fer Européens** / U.R.F., Union of European Railway-owned Road Services
UNIPEDE (= Union Internationale des Producteurs et Distributeurs d'Energie) / UNIPEDE
unipolaire / single-pole..., S.P., unipolar || ~ (chimie) / unipolar, single-polar[ity...]
unique / once-through... || ~ / sole *adj*, only, single, unique || ~ (math) / single-valued, well defined
unir / combine *vt*, unite *vt* || ~, égaliser / equalize || ~ (men) / give the finishing stroke of planing || ~ **(s')** / meet *vi*, unite *vi* || **s'~ en fondant** / fuse *vi* together
unisson *m* / perfect prime, unison || ~ (microsc.) / general stain
unitaire / specific, unit... || ~ (phys) / unitary
unité *f* (phys) / unit || ~ (m.outils) / [boring o. milling etc.] unit || **à ~s multiples** / multi-unit... || **à une ~ près** / to the unit [place] || **en ~s multiples** (ch.de fer) / multiple unit ... || ~ **absolue** / fundamental [unit], absolute o. base unit || ~ d'**accroissement** / increment || ~ d'**adaption pour données** / data adapter unit || ~ d'**affichage** (ELF) (ord) / display unit || ~ d'**alésage** (m.outils) / boring unit || ~ [d'**alimentation] de courant** (électron) / power pack o. supply o. unit, mains supply circuit || ~ d'**alimentation d'essai** / test power control unit || ~ **amidon** (chimie) / starch unit || ~ d'**amplification à l'entrée** (électron) / IA-unit (= input amplification) || ~ d'**angle** / unit of angle, angular unit || ~ d'**antiparasitage** (auto) / radioshielding assembly o. unit || ~ **antitoxique** / antitoxin unit || ~ d'**appel automatique** (ord) / automatic calling equipment, ACE || ~ **arithmétique et de commande** (ord) / arithmetic and logical unit || ~ **astronomique** / astronomical unit, AU || ~ **atomique** / atomic unit || ~ **automatique de couture** / sewing robot || ~ **autonome** / self-contained unit || ~ de **balayage des lignes** (TV) / line scanning unit || ~ de **bande magnétique** / [magnetic] tape unit || ~ de **base** (liquéfaction du gaz) / baseload plant || ~ de **base du système international** / basic SI unit || ~ de **base de temps [des lignes]** / horizontal time base generator, line frequency generator || ~ de **bétail** (agr) / animal unit || ~ de **broche de tournage** (m.outils) / headstock spindle unit, single spindle facing and boring unit || ~ de **calcul** (ord) / arithmetic unit || ~ de **calcul parallèle** / parallel arithmetic unit || ~ de **calcul en série** (ord) / serial arithmetic unit || ~ de la **capacité calorifique, J/grd** / heat capacity, J/grd, (formerly in GB:) B.T.U./deg.F || ~ à **cartouche bande magnétique** / magnetic tape cassette || ~ **centrale** (ord) / central processing unit, CPU, central processor, main frame (US) || ~ de **charge** (télécom) / loading unit || ~ de **charge** (ord) / load unit || ~ de **charge** (phys) / unit charge || ~ de **charge positive** / unit positive charge || ~ de **chariot** (m outils) / slide o. feed unit || ~ de **chariot-montant** (m outils) / vertical saddle column [unit] || ~ de **commande** (contr.aut) / controlling unit || ~ de **commande** (ascenseur) / elevator o. lift control [gear] || ~ de **commande** (ord) / control unit || ~ de **commande en baie** / crate controller || ~ de **commande des données** / data control unit || ~ de **commande hydraulique** / hydraulic drive unit o. gear || ~ de **commande de la mémoire** (ord) / storage control unit || ~ de **commande de transmission de données** (ord) / transmission control unit, multiplexer, -plexor || ~ de **commutation** (ord) / switching unit || ~ **complémentaire** / hook-up unit || ~ à **console** (m.outils) / knee-type unit || ~ de **contrainte** / unit of stress, Nm^{-2} || ~ **contre-poupée** / tailstock unit || ~ de **contrôle arithmétique** (ord) / arithmetic sequence unit || ~ de **contrôle d'erreurs** (ord) / error control unit || ~ de **contrôle de séquence** (c.perf.) / sequence unit of a collator || ~ à **décalage de cycle** (ord) / cycle-delay unit || ~ de **déflexion** (TV) / deflector, scanning component || ~ de **déflexion verticale** (TV) / vertical deflection unit || ~ de **densité de gaz** / unit of density of gas, amagat || ~ **diaphonique** / crosstalk unit || ~ de **disques** (ord) / disk unit || ~ de 11 **disques** (ord) / eleven-disk pack || ~ de **distillation à détentes multiples** / multiflash distillation unit || ~ de **dose à la peau** / unit skin dose || ~ **double** (ord) / standby unit, alternative unit || ~ de **durée d'émission** (télécom) / unit interval || ~ d'**éclairage** / luminous standard || ~ d'**éclairement** / unit of illumination || ~ **électromagnétique**, u.e.m.C.G.S. (vieux) / electromagnetic unit || **~s** *f pl* **électromagnétiques de Heaviside et de Lorentz** / Heaviside-Lorentz [electromagnetic] units *pl* || ~ *f* **électrosolaire à conversion thermodynamique** / solar power farm || ~ d'**endossement** (c.perf.) / endorsing unit || ~ d'**énergie** / energy unit, unit of energy || ~ **enfichable** / plug-in module || **~-engrenage** *f* **réducteur** (m.outils) / fine feed unit, sensitive adjustment unit || ~ d'**entrée** (ord) / input unit o. equipment || ~ de l'**entropie, J/K** / unit of entropy || ~ pour **exploitation à distance** (ord) / remote control unit || ~ d'**extension de la mémoire** (ord) / expansion feature o. unit || ~ **externe d'alimentation en courant** (aéro) / auxiliary power unit, APU || ~ **fondamentale** (liquéfaction du gaz) / baseload plant || ~ **fondamentale** (phys) / fundamental [unit], absolute o. base unit || ~ de **forage** (m.outils) / drilling unit || ~ de **force** / unit of force || ~ de **fraisage** (m.outils) / milling unit || ~ de **gestion**, UG (nucl) / material balance area, MBA, MBA || ~ en **groupe** / on-line machine || ~ d'**habitation** (bâtim) / living module, facility || ~ de **Heitler** (phys) / shower unit, cascade unit [of cosmic rays] || ~ **hors groupe** / off-line machine || ~ **hydroskimming** / hydroskimming refinery, hydroskimmer || ~ d'**immunité** / antitoxin unit || ~ d'**impression** (ord) / printing unit || ~ d'**intensité du pôle électromagnétique** / unit magnetic mass || ~ **internationale** (biol) / International Unit, I.U. || ~ d'**interpolation** (NC) / interpolation unit || ~ d'**interprétation** (c.perf) / interpreter || ~ d'**interrogation et de mémoire** (contr.aut) / sample and hold unit || ~ de **lecture-écriture** / print/read unit || ~ de **longueur** / unit of length || ~ **lumineuse à oculaire mobile** (ch.de fer) / movable-roundel light unit || ~ de **masse** / unit of mass, mass unit || ~ de **masse atomique**, u.m.a. (nucl) / atomic mass unit, amu || ~ de **mesure** / unit of measure[ment] o. notation, measuring unit, dimensional unit (GB) || ~ de **mesure angulaire** (outillage) / angle measuring system || ~ de **mesure numérique** / digital measuring unit || **~-microprocesseur** *f* / microprocesser unit, MPU || ~ de **millimasse atomique** (nucl) / millimass unit, mamu || ~ **mobile extravéhiculaire** (espace) / extravehicular mobility unit, EMU || ~ **modulaire** / constructional unit, modular unit || ~ **modulaire enfichable** / plug-in modular unit || ~ de **montage** (m.outils) / building

block machine, constructional unit || ~ de **montant** (m outils) / vertical column unit || ~ de **multiplication** (ord) / multiplying unit, multiplier || ~**s** *f pl* **naturelles** / natural units || ~ *f* **naturelle de quantité d'information**, NAT (ord) / natural unit of information content, NAT || ~ de **perforation** (c.perf.) / punching unit || ~ **périphérique** (ord) / peripheral unit || ~ **périphérique de multiplexage** (ord) / terminal multiplexer || ~ **photométrique** / photometric o. light unit || ~ de **poids** / unit of weight || ~ de **poids atomique** / atomic weight unit || ~ de **porteur avec renvoi** (m outils) / geared carrier unit || ~ **pratique de correction** (équilibrage) / practical correction unit || ~ **préfabriquée** (bâtim) / prefab unit || ~ de **pression** (phys) / unit of compressional stress || ~ **principale de commande** (ord) / main control unit || ~ de **production** (ordonn) / unit of production || ~ de **propulsion à moteurs-fusées multiples** (espace) / multi-SPU-system (standard propulsion unit) || ~ de **propulsion standard** (espace) / SPU, standard propulsion unit || ~ de **puissance** / power unit, watt || ~ de **quantité** / unit of quantity || ~ de **quantité de chaleur** / thermal o. heat unit || ~**s** *f pl* **rationnelles** (électr) / rationalized units *pl* || ~ *f* de **rayonnement** / radiation unit || ~ de **rayonnement**, unité *f* de Heiler (phys) / shower unit, cascade unit [of cosmic rays] || ~ de **référence** / reference unit || ~ à **réponse vocale** (ord) / audio-response unit || ~ de **reproduction** (m.outils) / profiling unit || ~ de **réserve** (gén) / spare set || ~ **secondaire** / subunit || ~ en **secours** (ord) / standby unit, alternative unit || ~ de **sélection** (c.perf.) / feed control unit || ~ **«self-contained»** (électron) / self-contained unit || ~**s** *f pl* **S.I.** / SI units *pl* || ~ *f* de **signalisation** / signalling unit || ~ de **sortie** (ord) / output unit || ~ de **Störmer** / Störmer unit || ~ **S.T.R.** (m. de bureau) / S.T.R. unit, synchronous transmitter-receiver || ~ de **surface ou de superficie** / unit area || ~ de **table coulissante** (m outils) / slide o. feed unit || ~ de **taxation** (télécom) / unit charge o. fee, message unit, call unit || ≈ **Technique des Chemins de Fer**, U.T. / Railway Technical Unity, T.U. || ~ de **télécommande de données** / data adapter unit || ~ de **télécommunication** / communications department || ~ de **télémanipulation** / master unit || ~ **télémanipulée** / slave unit || ~ de **télétransmission** / teletransmission unit || ~ de **temps** / unit of time || ~ de **traitement** (ord) / program step || ~ de **traitement** (IBM) (ord) / processing unit, PU || ~ de **transmission** / communications department || ~ de **transmission** (en série ou en parallèle) (ord) / remote control unit || ~ de **travail** / dynamic unit || ~**s** *f pl* **trichromatiques** / trichromatic units *pl* || ~ *f* de **tritium** (chimie) / tritium unit || ~ de **valeur** (math) / denomination || ~ de la **valeur fourragère** / feed value unit || ~**-véhicule** *f* (ch.de fer) / vehicle unit || ~ de **visualisation** (ord) / visual display device, display [unit] || ~ de **voiture particulière**, UVP / passenger car unit, PCU || ~ de **volume** (phys) / unit of volume || ~ de **volume** (en décibels) / volume unit, VU || ~ **X** (nucl) / X-unit

univalent (chimie) / monovalent, univalent || ~ (math) / single-valued, well defined

univariant (chimie) / monovariant, univariant

univers *m* (pap) / format 100 x 130 cm

universel / general, universal || ~, adaptable / flexible, versatile || ~ (techn) / multi-purpose, multiple purpose...

univibrateur *m* / one-shot o. monostable o. gated multivibrator, monovibrator, MV, monoflop (US), flip-flop (GB)

univoque / univocal

upérisation *f* / ultrapasteurization

upsilon *m* (nucl) / upsilon

upwelling *m* (océanologie) / upwelling

uracile *m* (chimie) / uracil

uranate *m* / uranate

urane *m* / uranous oxide, uranium(IV) oxide || ~ à **base de pechstein** / retinic uranium || ~ **micacé** / uranium mica, uranglimmer

uraneux / uranous, uranium(IV)...

uranides *m pl* (chimie) / uranides *pl*

uranifère / containing uranium

uranine *f* / uranine [yellow]

uraninite *f* (min) / uraninite, pitchblende

uranique / uranic, uranium(VI)...

uranium *m* / uranium, U || ~ **bêta** / beta uranium || ~ **naturel** / natural uranium

urano·circite *f* / uranocircite || ~**lithe** *m* / stony meteorite, mesosiderite || ~**métrie** *f* / positional astronomy, astrometry, uranometry || ~**phane** *f* (min) / uranophane || ~**pilite** *f* (min) / uran-ochre, uranopilite

uranyle *m* / uranyl...

urao *m* / urao, sodium sesquicarbonate

urate *m* (chimie) / urate

urbain / city..., town..., municipal, urban

urbanification *f* / planning of areas to be urbanized

urbanisation *f* / urbanization || ~ **effrénée ou incontrôlée ou sauvage** / urban sprawl

urbaniser / urbanize

urbanisme *m* / city o. town construction o. planning

urbaniste *adj* / urbanistic || ~ *m* / urbanist, city planner

uréase *f* (chimie) / urease

urédinales *f pl* (agr) / Uredinales *pl* || ~ *m pl* des **betteraves** / beet rust fungi, Uredinales of beet *pl*

urée *f* / urea, carbamide

uréide *m* (chimie) / ureide

uréna *f* (fibre) / urena

uréthane *m* / ethyl carbamate || ~ de type **élastomère cellulaire** / microcellular elastomeric urethane

urgence *f* / need || ~ (ELF), état *m* d'urgence / emergency || **d'**~ / emergency || ~ **double** (ord) / dual precedence, dual priority

urinoir *m* (dans l'intérieur) / urinal || ~ à **bec** (bâtim) / flat back urinal || ~ **mural** / wall hung urinal || ~ à **stalles** / slab urinal

URSI = Union Radio-Scientifique Internationale (= Intern. Scientific Radio Union)

usage *m* / use, using, employment || ~, pratique *f* / practice, praxis || **à l'**~ [de] / for || **à ~s multiples** / versatile || **d'**~ **général** / general-purpose... || **hors d'**~ / worn out, useless || **pour** ~ **domestique** / for domestic application, for household use || **pour ~s électriques** / for electrical purpose || ~ **domestique** / household use || ~ **multiple** / multi-use || ~**s** *m pl* **spatiaux** / space use, space applications *pl* || ~ *m* de **téléviseurs à jetons au compteur** / coin o. subscription o. toll television, pay-as-you-view television, [per program] pay television

usagé / worn, second hand... || ~ (accu) / dead, run-down

usager *m* / user || ~ de **radiodiffusion** / wireless (GB) o. broadcast (US) o. radio (US) listener || ~ du **rail** / railway user || ~ de la **route** / road user || ~ du **téléphone** / telephone user || ~ de la **voie publique** (jurisdiction) / road user [on wheels o. on foot]

USASI / USASI, United States of America

Standards Institute, (now:) ANSI = American National Standards Institute o. ASA = American Standards Association
usé / worn [out] || ~ (cordages) / nagged || ~ (routes) / rutty || ~ (ressort) / lame, weak || **être** ~ (palier) / be worn out || ~ **jusqu' à la corde** / threadbare
user / wear *vt* out, use up || **[s']**~ / wear [and tear] *vi vt*, wear out || ~ (s') / wear *vi* away o. down o. out || ~ / use, using, wearing || ~ en **courant** / wear out by walking || ~ à **force de manier** / wear off by much handling || ~ à **force de frottement** / abrade, rub away || ~ **mutuellement** / work *vi* in with each other
usinabilité *f* / machinability
usinable / machinable
usinage *m*, travail *m* sur machine-outil / machining || ~, ensemble *m* des operations / treatment, processing (US) || ~ par l'**arc électrique** / arc machining || ~ en **brut** (techn) / rough machining || ~ **électrochimique** / electrochemical machining, ECM || ~ **électro-érosif** voir usinage par étincelage || ~ **électrolytique** / electrolytic machining, electroshaping || ~ **électrolytique à tube profilé** / shaped tube electrolytic machining, STEM || ~ par **étincelage** / electrical discharge machining, EDM, electrical erosion, electroerosion, [electric] spark machining, spark erosion || ~ par **étincelage planétaire** / planetary eroding || ~ à la **face arrière** / rear operation || ~ par **faisceaux électroniques** / electron beam machining || ~ à **fraise monodent** / fly-cutting o. -milling || ~ **intérieur** / inside machining || ~ par **laser ou à laser** / laser machining || ~ de **métaux** / metal cutting || ~ à **plusieurs outils** (m.outils) / multiple tool operation || ~ **séparé** (découp) / separate operation || ~ des **surfaces** (m.outils) / surface working || ~ au **tour** / lathe machining || ~ **ultérieur** / subsequent machining o. treatment o. work || ~ par les **ultra-sons** / ultrasonic machining o. grinding
usine *f* / factory, works *sing*, mill, plant (US) || ~ (électr) / power station o. plant || ~ d'**accumulation à air comprimé** (électr) / compressed air storage power station || ~ d'**accumulation par pompage** / pumped storage power station, pump-fed power station || ~ d'**acier** / steel mill o. works, steel making plant, melting shop || ~ d'**agglomération** / briquetting plant || ~**s** *f pl* **annexes** / auxiliary plants and shops o. installations || ~ *f* d'**apprêts** (tex) / chemical finishing plant || ~ d'**armement** / armament factory, war plant || ~ d'**articles métalliques** / metal stamping shop o. works, metal working factory, metal works || ~ d'**automobile** / automobile o. automotive (US) factory, motorcar factory || ~ d'**avions** / aircraft factory || ~ de **ballast** (ch.de fer) / stone breaking works *pl*, ballast works *pl* || ~ de **barrage** / storage power station || ~**-barrage** *f* à **turbines immergées** / run-of-river power station || ~ de **base** / base load power station || ~ **Bessemer** / Bessemer steel plant o. works || ~ **Bessemer à petits convertisseurs**, usine *f* Bessemer à petit volume / baby Bessemer steel plant || ~ de **caoutchouc** / rubber factory || ~ **centrale** / central power station || ~**s** *f pl* à **chaux** / lime works || ~**s** *f pl* **chimiques** / chemical works o. industries *pl* || ~ *f* de **construction de machines** / locomotive o. engine works || ~ [de **construction] de moteurs** / motor o. engine works *pl* || ~ de ou à **cuivre** / copper mill o. works *pl* || ~ de **dessalement** (eau de mer) / desali[ni]zation plant (sea water) || ~ de **distillation** (pétrole) / refinery || ~ à **distillation de lignite** / lignite carbonization power station || ~ de **distribution d'eau**, usine *f* à eaux de la ville / municipal waterworks *pl*, waterworks *pl* || ~ **électrique** / generation plant o. station, electric power station o. house o. plant, power station o. house o. plant, generation o. supply station, central station || ~ **électrique à barres omnibus communs** / range-type (GB) o. common-header (US) power station || ~ **électrique H.P.** / high pressure power plant || ~ **électrique à mazout** / oil-fired power station || ~ **électrique submergée** / underwater power station || ~ **électrique à unités génératrices autonomes** / block power station, unit-type power station || ~ **électro-solaire** / solar power station || ~ **électro-solaire sur satellite** / satellite solar power station, SSPS || ~ **élévatoire pour les eaux** / pumping station || ~ d'**énergie** voir usine électrique || ~ d'**énergie atomique** / atomic o. nuclear power station || ~ d'**énergie à vapeur** / steam generating station (GB) o. power station o. plant || ~ d'**évitement** / shadow factory, emergency plant || ~ à l'**exploitation commerciale** / commercial sized installation || ~ de **fixation d'azote** / nitrogen fixation works || ~ **fluviale** / river [power] station || ~ **[à force] électrique** voir usine électrique || ~ à **gaz** / gas works || ~ **génératrice** voir usine électrique || ~ **hydraulique** / waterworks *pl* || ~ **hydraulique de ville** / public o. city water works, municipal water works || ~ **hydro-électrique** / hydroelectric plant o. [power o. generating] station, hydrostation, water power station o. plant || ~ **hydro-électrique au fil de l'eau** / run-of-river power station || ~ d'**incinération d'ordures ménagères** / destructor station (GB), garbage o. refuse incinerating plant || ~ de **laminage** / rolling mill || ~ de **laminage de cuivre** / copper rolling mill || ~ de **laminage de fer** / steel rolling mill || ~ de **laminage de tubes** / tube o. pipe (rolling) mill || ~ de **lavage pour laine** / wool washing o. scouring plant factory || ~**-livreuse** *f* / delivering o. purveyance works *sg*, supplier || ~ **marémotrice** / tidal power station || ~**-mère** *f* (ordonn) / main plant o. factory || ~ **métallurgique** / metallurgical works o. plant || ~ **mixte gravitaire/pompage** / mixed pump storage station || ~**s** *f pl* **municipales** / municipal [electric, gas and water] works *pl*, public service enterprises, municipal services *pl* || ~ *f* de **papier journal** / newsprint mill || ~ de **parachèvement** / finishing works || ~ de **pâte** / woodpulp works *pl* || ~ de **peintures et vernis** / lacquer and varnish factory || ~**-pile** *f* / power station in bridge pier || ~ **pilote** / exploratory operation || ~ de **pointe** / peak load power station || ~ **productrice** voir usine électrique || ~ de **raffinage** (pétrole) / refinery || ~ **[réacteur] d'une taille d'exploitation commerciale** (nucl) / commercial sized installation || ~ de **récupération des sous-produits** / by-product works || ~ **sidérurgique** / ironworks || ~ **sidérurgique intégrée** / integrated iron and steel works || ~ à **sous-produits** / by-product works || ~ pour la **sublimation de l'arsenic** / arsenic works || ~ **thermique** (électr) / thermal [electric] station, fuelled power station (GB) || ~ **thermique à** [base de] **houille** / coal-fired power station || ~ **thermique à base de lignite ou au lignite** / brown-coal o. lignite-fired power station || ~ **thermique à base de tourbe** / peat power station || ~ de **traitement** (mines) / concentration plant, ore o. mineral processing o. dressing plant || ~ de **traitement indépendante** (mines) / customs concentration plant || ~ de **traitement des ordures ménagères** / refuse (GB) o. garbage dressing plant

|| ~ de **transformation** (nucl) / conversion plant || **~s** *f pl* de **tréfilage** / wire works || ~ *f* de **ventilation** (tunnel) / ventilator installation || ~ à **zinc** / zinc works o. smelting plant
usiné (m.outils) / shaped, worked, machined || ~ (rondelle) / bright turned || ~ **fin** / finish-machined || ~ au **tour** / machined on the lathe, turned || ~ au **tour à la face** (m.outils) / machine faced || ~ de **tout côté** / machined allover
usiner / machine *vt*, tool *vt* || ~ par **enlèvement des copeaux** / detach cuttings || ~ **lisse** (m.outils) / smooth *vt*, dress, trim || ~ la **surface** / surface *vt* || ~ la **tôle** / fabricate || ~ à des **tolérances précises** / machine to close tolerances
usineur *m* / machine-tool operator || ~ **ionique** / ionic etching apparatus
usité / current, standard, ordinary, conventional (US) || ~ (merchandise) / sal[e]able, marketable, merchantable
ustensile·s *m pl* / tackle, implements *pl*, tools *pl*, outfit, equipment || ~ *m* **agricole** (agr) / agricultural implement || ~ de **brasage** / soldering equipment || ~ de **cidrerie** / musting implement || **~s** *m pl* de **cuisine** / kitchen utensils *pl*, utensils *pl* || **~s** *m pl* de **cuivre** / copper utensils *pl* || **~s** *m pl* d'**installation** / installation equipment || **~s** *m pl* de **jardinage** / gardening implements *pl* || ~ *m* de **ménage** / household article o. requisite || **~s** *m pl* de **ménage** / kitchen utensils *pl*, utensils *pl* || **~s** *m pl* pour **mines** / mining supplies o. materials *pl* || **~s** *m pl* de **pressurage** / winemaking implements *pl* || **~s** *m pl* [de **professionnels]** / gear, stock of tools, implements *pl*
ustilaginales *f pl* (sing: ustilago m) / Ustilaginales, (coll:) smut fungi, smuts *pl*
usuel / usual, in common use || ~ à l'**industrie** / usual in industrial practice
usure *f* / wear, wear and tear || ~ (électrode) / consumption || ~ par **abrasion** / wear by abrasion || ~ des **balais** (électr) / brush consumption || ~ de la **bande de roulement** (pneu) / tread wear || ~ de **chape** (auto) / tread wear || ~ de la **chape due à des erreurs de chasse** (auto) / tread squirm || ~ du **collecteur** / radial wear on a commutator || ~ des **contacts** / contact consumption || ~ par la **détérioration naturelle** / wear and tear || ~ des **électrodes au carbone** / carbon consumption || ~ **et accidents de toutes sortes** / wear and tear || ~ en **étages** (pneu) / shelving || ~ de la **face d'attaque** (outil) / face wear || ~ de la **face en dépouille** (outil) / flank wear || ~ par **frottement** (routes) / attrition || ~ par le **frottement** / abrasion, attrition, detrition, wear || ~ par **grippage** (engrenage) / scuffing || ~ **inadmissible** / excessive wear || ~ due à l'**interférence d'engrenage** (roue dentée) / interference wear || ~ **localisée** (pneu) / bald spot || ~ **maxi-mini** (pneu) / eccentric wear || ~ **normale** / fair wear and tear || ~ **ondulatoire** (ch.de fer) / rail corrugation || ~ **ondulée de pneus** (auto) / cupping of tires || ~ d'**outil** (m.outils) / tool wear || ~ **permise** / admissible wear || ~ de la **pointe de lecture** (phono) / needle wear || ~ des **rails** / wear of rails || ~ de **roulement** (auto) / tread wear || ~ due au **roulement** / rolling wear || ~ à **sec** / dry wear || ~ des **soupapes** / pocketing of valves || ~ de **surface** / scuffing || ~ des **surfaces libres** / flank wear || ~ au **talon par frottement** (pneu) / chafing on the bead || ~ de **traces** (routes) / tracking || ~ par **trottoir** (pneu) / kerbing damage, scuffing o. curbing damage (US)
utilance *f* (éclairage) / utilance, room utilization factor
utile / useful, serviceable, handy || ~ / suitable, usable
utilisable / usable, available || ~ [comme] / applicable, utilizable || ~ sur des **ordinateurs différents** / computer-compatible
utilisateur *m* (ord) / user || ~ **final** / end-user, final o. ultimate consumer || ~ d'une **station radioélectrique privée fonctionnant dans la bande 27 MHz pour les loisirs** / user of citizens band, "CBer" (US)
utilisation *f* / utilization || ~, domaine *m* d'application / planned use || ~ de la **bande latérale** / sideband working o. transmission o. system || ~ de la **capacité totale** (aéro) / overall (o. all-up o. weight) load factor, revenue ton-mile load factor || ~ de **chaleur** / utilization of heat, heat utilization || ~ de la **chaleur du gaz de fumée** / flue gas utilization || ~ de la **chaleur perdue** / waste heat utilization o. economy o. recovery || ~ de l'**eau** / utilization of water || ~ des **eaux d'égout** / salvage of sewage || ~ de **l'emplacement** / economy of space || ~ de l'**énergie solaire** / solar energy utilization || ~ **extérieure** / outside use || ~ des **ferrailles** (sidér) / reclamation of scrap || ~ des **gravats** / debris utilization || ~ des **immondices** / garbage o. refuse dressing || ~ **judicieuse ou parcimonieuse des matières premières** / judicious o. sensible utilization of raw materials || ~ de **machines** / machine utilization || ~ de la **mémoire** (ord) / storage efficiency o. utilization || ~ à **pleine capacité** / full use of the capacity || ~ du **retour du spot** (TV) / flyback utilization || ~ de **signaux** / signalling, signaling (US) || ~ **usine** (ordonn) / overall performance || ~ de la **vapeur pour le chauffage** / steam utilization for heating purposes || ~ de la **vapeur d'échappement** / waste steam [heat] utilization || ~ en **vol de cycles** (ord) / cycle stealing
utilisé, le plus ~ (gén) / mostly required || ~ à **plein** / fully utilized || ~ à **pleine capacité ou au maximum** / running o. working to capacity capacity
utiliser / utilize, use, employ || ~ [comme] / employ [in, for] || ~ pour **autre emploi** / work up || ~ en **commun** / share
utilité *f* / usefulness, utility, convenience, service || ~ **pratique** / usability, suitability
U.V., ultraviolet / ultraviolet, UV || $\stackrel{\circ}{\sim}$ *m* / [treatment by] ultraviolet radiation
UVP, unité *f* de voiture particulière / passenger car unit, PCU

V

V, en $\stackrel{\circ}{\sim}$ / V-shaped
V *m* de **guidage** (m.outils) / V-way, Vee o. prismatic way o. guide, vees *pl*
V *m* de **perçage** (m.outils) / V-block
V *m* **renversé de guidage** (tourn) / inverted V-way
V.A.B. *m* (espace) / vehicle assembly building
vacance *f*, interstice *m* (crist) / vacancy, void || **~s** *f pl* **annuelles** / annual o. yearly holiday o. vacation (US) || ~ *f* **double** (semicond) / bivacancy || **~s** *f pl* **payées** / paid holidays *pl* || ~ *f* d'un **poste** / job opening
vacant / vacant
vache *f* / vache leather, vache, [vache] sole leather
vachette *f* / vachette, split o. dressing hide
vacillant (lumière) / unsteady, flickering
vacillation *f* / oscillation, vibration, undulation,

undulating motion
vacillement *m* / jitter || ~ (TV) / flutter || ~ (techn) / drunkenness || ~ de l'**arc** / scattering o. fluttering of the arc
vaciller / vacillate, wobble || ~ (lumière) / flicker, quiver || ~ (techn) / wobble *vi*, stagger, waver
vacuole *f* / vacuole
vacuomètre *m* / vacuum gauge o. indicator o. meter || ~ à **adsorption** / adsorption vacuum gauge || ~ de **McLeod** / McLeod gauge || ~ de **Pirani** / Pirani vacuum gauge || ~ **[radiométrique] de Knudsen** / high-vacuum manometer, Knudsen type || ~ à **tube élastique ou de Bourdon** / Bourdon pressure gauge, Bourdon manometer
vacuum *m* / vacuum, empty space || ~ **tube** / vacuum tube
vade-mecum *m* / vade mecum (pl.: vade mecums), handbook
vadose (géol) / vadose
va-et-vient / to-and-fro || ~ / reciprocating movement || ~ (électr) / two-way switch || **à** ~ / reciprocating
vagabond (électr) / eddy, stray, vagrant
vagabonder (électr) / stray *vi*
vague *adj* / vague || ~, flou / indistinct, indefinite, fuzzy || ~ *m* / vagueness
vague *f* / wave, billow || **~s** *f pl* (défaut, carton) / washboarding effect || **~s** *f pl* (mer) / motion of the sea, seaway, rough sea, sea disturbance || ~ *f* de **chaleur** (météorol) / heat wave || ~ **déferlante** / breaker, comber, surf || ~ de **froid** (météorol) / snap || ~ **interne** (plast) / internal waviness || ~ de **proue** (nav) / bow wave || ~ de **ressac** / breaker || ~ **superficielle** (plast) / surface waviness || ~ **verte** (circulation) / green wave, traffic pacer
vagueur *m* (bière) / mash agitator
vaigrage *m* (nav) / ceiling || ~ à **claire-voie ou à jour** (nav) / spar ceiling || ~ **fermé** / close ceiling || ~ de **fond** (nav) / bottom o. floor ceiling || ~ à **jour** / open ceiling, sparred ceiling || ~ **mobile** / loose ceiling
vaigre *f* (nav) / ceiling plate
vaisseau *m*, recipient *m* / vessel || ~ (nav) / ship, vessel, boat, craft || ~ (bâtim) / nave, body || ~ **amiral** / flagship || ~ du **bois** / cellular tube of wood || ~ **capillaire** / capillary vessel || ~ de **construction mixte** (nav) / composite craft || ~ à **deux hélices** / twinscrew ship || ~**-école** *m* / training ship || ~ de **remplissage** / replenishing cup || ~ de **sauvetage d'avions** / air-base vessel || ~ **spatial** / space ship || ~ en **verre** / glass jar
vaisselier *m* / cupboard
vaisselle *f* / crockery ware, table ware || ~ **émaillée** / enamel ware || ~ de **fer-blanc** / tin vessel, hollow o. tin ware || ~ **inox** / stainless vessel
valable / valid || ~, admissible / acceptable || ~ (billet) / valid, available, good || ~ **3 jours** (ch.de fer) / available for three days || ~ **partout** / generally o. universally valid
valence *f* (chimie) / valence, -ency || ~ **1** (chimie) / monovalency || ~ **4** (chimie) / quadrivalence, -ency, tetravalence, -ency || **à ~ 1** (chimie) / monovalent, univalent || **à plusieurs ~s** (chimie) / polygenic, -genous || ~ **auxiliaire** (chimie) / auxiliary o. partial valency || **~-gramme** *f* / gram-equivalent, VAL || ~ **ionique** (chimie) / ionic valence || ~ **partielle** (chimie) / auxiliary o. partial valency, residual affinity || ~ **principale** (chimie) / principal valency || ~ **résiduelle** / residual valency || ~ **secondaire** (chimie) / auxiliary o. partial valency || ~ **zéro** / null valency
valentinite *f* (min) / valentinite, antimony bloom
valet *m* / joining press || ~ d'**établi** (men, charp) / timber dog, hold-fast, cramp iron, bench stop
valeur *f* / value, worth || **à ~s discrètes en temps** (ord) / of discrete values in time (parameters) || **à quatre ~s** (math) / four-valued || **de ~ ohmique élevée** (électron) / high-resistivity..., high-resistance..., highly resistive, high-value... || **de ~s continues** (ord) / of continuous values (parameters) || **de ~s discrètes** (ord) / of discrete values (parameters) || ~ **absolue** / absolute value || ~ d'**achat** / original value || ~ **actuelle** (bâtim) / standing value, present value || **~s** *f pl* **ADI** (= acceptable daily intake zones for man) (chimie) / ADI values (= acceptable daily intake zones for man) || ~ *f* **ajoutée** / increment value || ~ **alimentaire du fourrage** (agr) / feed value || ~ d'**approche** (m.outils) / amount of infeed || ~ **approchée** / approximate, approximate[d] value, approximation || ~ **arrondie** / round value, rounded number || ~ **assignée** (contr.aut) / desired o. index value of controlled variable (GB) || ~ **assignée** (IEC) / nominal value, rated value, rating || ~ à **autodéfinition** (assembleur) / self-defining value || ~ à **blanc** (insecticides) / plant blank || ~ du **blanc ultra** / ultra white value || ~ de **brassage** / fermentation value || ~ **calculée** / calculated value || ~ **calorifique** / calorific o. thermal value, thermal power || ~ **calorifique brute ou maximale** / gross calorific value || ~ **calorifique nette ou minimale** / net calorific value || ~ de la **capacité** (électr) / capacitance || ~ **caractéristique** (math) / characteristic value, parameter || ~ **caractéristique de bruit** / characteristic noise parameter || ~ **caractéristique à l'état passant** (semicond) / conducting state voltage-current value (not: characteristic forward value) || ~ **caractéristique de retrait** / characteristic shrinkage value || **~s** *f pl* **caractéristiques du fonctionnement ou de puissance** / performance characteristics *pl* || ~ *f* des **cendres** / ash value || ~ **chromatique** / colour value || ~ **combative** / combat efficiency || ~ **comparative ou comparée** / comparative value || ~ **complémentaire** (ord) / complement form || ~ de **consigne** (contr.aut) / desired o. index value of controlled variable (GB), control point, set-point, reference input o. variable (US) || ~ de **consigne de coefficients** (ord) / coefficient setting || ~ de **consigne de la grandeur réglée** (contr.aut) / control o. set point (of controlled variable), set value, desired o. index value of controlled variable (GB), reference input o. variable (US) || ~ **constante** / permanent value || ~ **conventionnelle** (instr) / fiducial value || **~s** *f pl* de **conversion** (essai de mat) / conversion values *pl* || ~ *f* de **couplage** / coupling value || ~ de **crête** / peak o. maximum o. crest value || ~ de **crête à creux** / peak-to-valley value || ~ de **crête du courant cathodique** / peak cathode current || ~ de **crête d'une grandeur alternative** / peak value of an alternating quantity || ~ **crête-à-crête** (TV, électron) / peak-to-peak value, pp.-value, double amplitude peak value, D.A.P. || ~ **crête-crête** (math) / peak-to-peak value, pp.-value || ~ de **creux** / valley value || ~ **cumulée** / cumulative value || ~ de **déformation** (bitume) / deformation value || ~ d'un **degré** / degree-value || ~ de **dénomination** / nominal value, rated value, rating || ~ de **densité** (phot) / density value || ~ de **déséquilibre** / amount of unbalance || ~ de **diaphragme** (phot) / lens stop, f-number || ~ **diénique** (chimie) / diene value || ~ de **discontinuité d'une fonction** (math) / saltus, step value, discontinuity value || **~s** *f pl* **discrètes** / single freak values, single runaways || ~ *f* d'un **échelon** /

value of a scale division || ~ **effective** / actual value || ~ **effective** (NC) / programmed o. actual position || ~ **efficace** (électr) / root mean square [value], r.m.s. o. rms [value], virtual value || ~ **empirique** / experimental value || ~ **enregistrée** / measured value, reading || ~ d'**entrée** / input value || ~ **équiprobable** (calcul prob.) / equiprobable value, median || ~ **équiprobable** / equiprobable value || ~ **escomptée** / expected o. expectancy value || ~ [de l'**essai**] **à blanc** (phys, chimie) / blank value || ~ **estimative** / assessed value || ~ **estimée** / estimate || ~ à l'**état neuf** / original o. as-new value || ~ **exigée** / setting o. desired value, command value || ~ **expérimentale** / measured quantity o. value || ~ d'**exposition** / exposure value || ~ **extrême** / extremity || ~ de **facteur** (c.perf.) / factor value || ~ du **facteur de rétention** (chimie) / Rf-value (= retention factor) || ~ **fertilisante** / fertilizer value || ~ **FIFA** (= fissions per initial fissile atom) / FIFA value (fissions par initial fissile atom) || ~ **FIMA** (= fissions per initial metal atom) (nucl) / FIMA-value (fissions per initial metal atom) || ~ **finale** / final o. terminal value || ~ **fixe** / constant || ~ de la **fonction** (math) / value of the function || ~ en **fonction du temps** / time history || ~ **fondamentale** / fundamental value || ~ des **frais prédéterminés** / target cost value || ~**s** *f pl* **garanties** / guaranteed values || ~ *f* de **gris** / gray scale value || ~ **indicative** / standard value || ~ **indicée** (ord) / subscripted value || ~ **indiquée** / measured value, reading || ~ **indiquée au manomètre** / pressure reading || ~ d'**influence** (contr.aut) / actuating variable, influencing variable || ~ **initiale** / initial value || ~ **instantanée** / momentary o. instantaneous value || ~ **instantanée** (NC) / programmed o. actual position || ~ **intrinsèque** / intrinsic value || ~ d'une **invention** / inventive merit o. step, amount of subject matter || ~ **inverse** / reciprocal [value] || ~ **K** (plast) / K-value || ~ **limite** / limiting value, limit || ~**s** *f pl* **limites** / limiting values *pl*, maximum ratings *pl* || ~**s** *f pl* **limites absolues d'utilisation** / absolute maximum ratings *pl* || ~**s** *f pl* **limites des caractéristiques pour projets** (électron) / design maximum ratings *pl* || ~**s** *f pl* **limites et caractéristiques** / ratings and characteristics || ~ *f* **limite de la chaîne de tolérances** / limit accumulation of tolerances || ~ **limite du courant moyen à l'état passant** (semi-cond) / limiting value of mean on-state current || ~ **limite maximale du courant de surcharge accidentelle à l'état passant** (semi-cond) / maximum rated surge on-state o. forward current || ~ **locative** / rental o. renting value || ~ **logique** (ord) / logical value || ~ **maximale** / peak o. maximum o. crest value, maximum amount || ~ **maximale d'une courbe** / maximum of a curve || ~ **maximale du gamma** (phot) / gamma infinity || ~ **médiane** (statistique) / median || ~ **mesurée** / measured quantity o. value || ~ **micronaire** (coton) / Micronaire-value || ~ **minimale** / low value, minimum [value] || ~ **minimale** (math) / trough, minimum, valley || ~ **minimale** (phys, électr) / minimum, valley || ~ **minimale d'indication** (instr de mesure) / reaction time o. period || ~ **minimale d'oxygène** / limit oxygen index, L.O.I. || ~ **momentanée** / momentary value || ~ **moyenne** / mean value || ~ **moyenne du courant** (déterminée électrolytiquement) (électr) / average current || ~ **moyenne linéaire en temps** / mean value of a periodic quantity || ~ **moyenne de signal vidéo** (TV) / video signal mean level || ~ **nominale** (IEC) / nominal value, rated value, rating || ~ **nominale du courant direct moyen** (semi-cond) / nominal o. rated current || ~ **numérique** / numerical value || ~**s** *f pl* **numériques de Helmholtz** / coefficient of measure || ~ *f* **nutritive** / food value, nutritive value || ~ **observée** / observed value || ~ **observée moyenne** (phys) / median || ~ **obtenue** / measured quantity o. value || ~ **ohmique** / ohmic value || ~ **optima[le]** / optimum || ~ du **pas angulaire** (NC) / angular pitch || ~ **permanente** (contr.aut) / final value, steady state value || ~ **pH** / pH-value || ~ **pK** (chimie) / pK-value || ~ la **plus probable** / mode, modal value || ~ de **pointe** / peak o. maximum o. crest value, maximum amount || ~ de **pointe/valeur moyenne** (électr) / peak-to-average ripple factor || ~ **pondérée d'une tension** / weighted tension || ~ de la **position** (math) / place || ~ **préférée** / preferred value || ~ **prescrite** / setting o. desired value, command value || ~ **propre** / eigenvalue, proper value || ~ **propre multiple** (contr.aut) / multiple eigenvalue || ~ **Q** (nucl) / nuclear disintegration energy, reaction energy, Q value || ~ **Q** (électr) / Q-value, circuit Q, factor of guality || ~ **quadratique moyenne** (électr) / root mean square [value], r.m.s. o. rms [value], virtual value || ~ **R** (nucl) / R-value || ~ du **rapport de transfert inverse de la tension** (semi-cond) / value of the open-circuit reverse voltage transfer ratio || ~ de **réactivité** (nucl) / reactivity worth || ~ **réciproque** / reciprocal [value] || ~ **réciproque du facteur d'ondulation** (électr) / inverse standing wave ratio || ~ **réciproque de l'impédance caractéristique** (électron) / reciprocal of characteristic impedance || ~ **réciproque de sensibilité** / sensibility reciprocal || ~ **réduite d'une dimension** / reduced value of a dimension || ~ **réelle** / effective value, actual value || ~ **réelle** (math) / true form || ~ de **référence** (gén) / reference value || ~ de **référence** (contr.aut) / desired o. index value of controlled variable (GB), control point, set-point, reference input o. variable (US) || ~ de **réflectance** (teint) / reflectance value || ~ de **régime** / ideal value || ~ **relative de luminosité** / lightness value || ~ au **repos** (électron) / quiescent value || ~ **résiduelle** / residual o. recovery value || ~ des **résidus autorisés** (insecticide) / permitted value of residues || ~ de **résilience** / impact value || ~ de la **résistance** / value o. amount of resistance || ~ de **rotation** (polarisation) / amount of rotation || ~ de **rugosité** / roughness value || ~ **S** (nucl) / S-value || ~ de **saponification [par rapport à 100 millilitres]** / saponification value || ~ de **saturation** / saturation value || ~ de **service** / service value, serviceableness, serviceability, usefulness-value || ~ de **seuil** (contr.aut) / resolution sensitivity, threshold value || ~ **seuil** (phys) / liminal o. threshold value || ~ **seuil** (physiol) / threshold || ~ **significative** (ord) / significance || ~ des **sommes** / cumulative value || ~ **statique du rapport de transfert du courant** (semi-cond) / static value of the forward current ratio || ~ **théorique** / theoretical o. desired value || ~ **thermique** / thermal o. heat value || ~ à **titre indicatif** / reference value || ~ **triple** (math) / triple[t] || ~ **trouvée par analyse** (chimie) / analytical finding || ~ **utile** / efficiency || ~ à **vide** / no-load value || ~ **vraie** / true value || ~ **zéro** / zero value

valide (ch.de fer) / available, valid, good

valider un **programme** (ord) / validate a program

validité *f* **générale** / universal validity, universality, generality

valine *f* (chimie) / valine

valise *f* de **contrôle** / measuring case || ~ de **mesure pour câbles** / portable cable measuring set || ~ de

test / portable tester
vallée *f* (géol) / valley || ~ (mines) / bench, brow, inclined drift, jinny road || ~ en **éperon** (géol) / spur valley || ~ **fluviale** / river valley || ~ à **sec** (géol) / dry valley || ~ **suspendue** (géol) / hanging valley
vallon *m* (géol) / small valley, vale, dell
vallonné (terrain) / wavy, waved, undulating
valoir / suit
valonée *f* (tan) / valonia
valorisation *f* (invention) / valorisation of an invention || ~ du **charbon** / upgrading of coal
valorisé (nucl) / improved
valve *f* (zool) / shell, scallop shell, cockle shell || ~ (pneu) / valve || ~ (électron) / valve tube || ~ d'**arrêt** (frein) / lock o. shuttle valve || ~ de **barrage** (auto) / spill valve || ~ **bidirectionnelle** (électron) / bidirectional valve || ~ de **bouteilles à gaz** / valve for steel cylinders || ~ de **chambre à air** (pneu) / tube valve || ~ dans un **circuit** (électron) / circuit valve || ~ à **commande différentielle** / differential control valve || ~ de **commande de la remorque** / trailer control valve || ~ **contrecoudée** (auto) / coil valve || ~ **coudée 90°** (pneu) / tube valve 90° single-bent || ~ de **desserrage** (ch.de fer, auto) / release valve o. device || ~ **différentielle et égalisatrice [du frein modérable]** (ch.de fer) / differential and equalizing no-load and overload valve || ~ **doublement coudée** (auto) / double bend valve || ~ de **drainage** (m.à vap) / bleeder o. extraction valve || ~ **enrobée** (pneu) / rubber covered valve || ~ **génie-civil** (pneu) / earthmover valve || ~ de **gonflage** (pneu) / tube valve || ~ de **gonflage avec capuchon de poussière** (pneu) / tube valve with dust cap || ~ de **gradation** (ch.de fer) / graduated release valve, graduating valve || ~ d'**inversion** / reverse valve || ~ de **nivellement** (auto) / suspension levelling valve || ~ à **pied métallique** (pneu) / metal base valve || ~ pour **pneu sans chambre** / tubeless valve || ~ **pneumatique** / compressed-air valve || ~ de **purge** (ch.de fer) / discharge valve || ~ **relais d'urgence** (auto) / emergency relay valve || ~ **rotative** / turning valve || ~ en **S** (auto) / double bend valve || ~ **unidirectionnelle** (électron) / unidirectional valve || ~ **universelle** (pneu) / screw-on universal valve
vanadate *m* / vanadate || ~ d'**étain** / tin vanadate
vanadifère / containing vanadium
vanadinite *f* (min) / vanadinite
vanadium *m* (chimie) / vanadium, V || **~II** *m* / vanadous, vanadium(II)... || **~III** *m* / vanadic, vanadium(III)...
vanadyle *m* / vanadyl...
vanille *f* / vanilla
vanilline *f* / vanillic aldehyde, vanillin
vanisage *m* (bonnet) / plating || ~ du **bas complet** (bonnet) / plaiting of the entire stocking || ~ **renversé** (bonnet) / reverse plating
vaniser (tiss) / plait, plate
vannage *m* (minerai) / vanning of ore || ~ (hydr) / gating of turbine || ~ (techn) / regulation of valve || ~ de **fond** (hydr) / bottom outlet
vanne *f* (hydr) / sliding panel o. valve o. lock-gate, sluice, flood gate, hatch, wicket of a weir || ~ (techn) / valve, slide valve || ~ d'**admission** / inlet [slide] valve || ~ d'**admission** (hydr) / inlet sluice || ~ d'**admission [de vapeur]** / steam admission [slide] valve || ~ d'**aiguillage** / switching valve || ~ à **air** (sidér, forge) / blast [side] valve, blast gate || ~ à **alternance** (pap) / shuttle valve || ~ d'**arrêt** (turb. à eau) / main slide valve, stop valve || ~ d'**arrêt** (barrage) / sluice gate || ~ d'**arrêt de vapeur** / steam gate valve (US) o. stop valve || ~ **automatique** (hydr) / control valve || ~ de **barrage** / wicket of a weir || ~ **basculante** (hydr) / tip o. tilting o. flap gate, hinged-leaf gate || **~-batardeau** *f* (hydr) / bulkhead gate || ~ à **boisseau** / plug valve || ~ à **boisseau sphérique à plusieurs voies** / multiple-way spherical valve || ~ à **boue** / mud valve || ~ de **cheminée** (sidér) / chimney valve || **~-chenille** *f* (écluse) / caterpillar gate || ~ à **chenilles du type Coaster** (hydr) / coaster gate || ~ à **clapet** (hydr) / flap gate || ~ à **clapet oscillant** / shuttle valve, rotary lock || ~ à **coin à double opercule** (sidér) / double disk wedge valve || ~ à **contre-poids** (hydr) / balanced flood gate, balanced sluice || ~ à **corps cylindrique coulissant** (hydr) / annular slide valve, obturating ring || ~ **cylindrique ou à cylindre** (hydr) / drum gate, roller sluice gate || ~ de **décharge** (sidér) / blow-off valve || ~ de **détente** / pressure reducing valve || ~ de **détour ou de dérivation** (sidér) / by-pass valve || ~ de **déversoir** / wicket of a weir || ~ de **dosage** / metering valve || ~ d'**écluse** / shutter, flood gate, paddle valve || ~ d'**écoulement** / outlet gate || ~ **électromagnétique** / electro[magnetic] valve || ~ **électronique** / electronic contactor || ~ d'**étranglement** / choker valve, butterfly o. throttle valve || ~ d'**évacuation** / outlet slide || ~ à **fermeture radiale** / radial valve || ~ à **flotteur** (hydr) / ball o. float valve || ~ de **fond** (hydr) / fixed wheel gate || ~ de **fond** (fonderie) / bottom flap || ~ à **galets** (hydr) / roller gate || ~ de **garde** (turb. à eau) / main slide valve, stop valve || ~ à **gaz** / gas slide valve o. sluice valve || ~ à **gaz de fumée** / flue gas register || ~ **glissière** (hydr) / slide gate || ~ d'**interception** (turbine) / intercept valve || ~ **jet creux** (hydr) / spiral jet o. hollow jet valve || ~ **levante** / vertical lift gate || ~ **magnétique** / electrovalve, solenoid valve || ~ **mélangeuse de chauffage** / mixing valve for heating installation || ~ **moyenne pression** / intermediate slide valve || ~ à **obturateur** / gate valve || ~ **oléohydraulique** (hydr) / oil weir || **~-papillon** *f* / butterfly valve || **~-papillon** *f* (sidér) / rotary slide valve || **~-papillon** *f* **à trois voies** / three-way rotary valve || ~ à **passage direct** / sliding valve || ~ à **pâte** (pap) / knife gate valve || **~-pilote** *f* (contr.aut) / control valve || ~ à **piston annulaire** / annular piston valve || ~ à **plusieurs voies** / directional control slide valve || ~ pour **poche de coulée** / pouring ladle valve || ~ à **pointeau** (hydr) / needle gate || ~ de **prise d'eau** (hydr) / intake [service] gate || ~ à **quatre voies** / four-way slide valve || ~ au ou de **refoulement** / pressure valve || ~ de **réglage à diaphragme iris** / iris diaphragm control valve || ~ à **régulation** / control valve || ~ de **remplissage** (sous-marin) / flooding flap || ~ de **retenue** / wicket of a weir || ~ **retournée** (hydr) / hook type sluice gate || ~ à **réversion à quatre voies** / four-way rotary slide valve || ~ **rotative** (hydr) / roller sluice gate, drum gate || ~ **rotative** / rotary valve || ~ à **roues** / roller gate o. sluice || ~ à **roue et coin** (hydr) / wedge roller gate || ~ à **rouleau** / drum o. roller weir, roller drum gate || ~ à **roulettes submersible** (hydr) / submersible roller sluice gate || ~ à **secteur** (hydr) / sector gate || ~ à **segment** / radial o. Tainter gate || ~ à **sièges obliques** / tapered slide valve, sluice valve, wedge gate o. wedge-type valve || ~ à **soufflet** / bellows-seal[ed] valve || ~ **sphérique** / globe valve || ~ à **survitesse** / velocity shut-off valve || ~ à **tiroir** / gate [stop] valve, stop [slide] valve || ~ à **trois voies** / three-way valve || ~ à **vapeur** / steam gate valve (US) o. stop valve || ~ à **vent chaud** (sidér) / hot blast slide valve || ~ à **vent froid** (sidér) / cold blast slide

valve || ~ **verticale roulante** / roller gate o. sluice || ~ de **vidange à plateau** (pap) / disk type emptying valve || ~ **wagon** / fixed axle gate || ~ **wagon avec tuyère en amont** (hydr) / jetflow gate
vannelle *f* / sash gate o. sliding valve of lockgate || ~ à **jalousie** (hydr) / paddle valve
vanner *vt* (agr) / winnow *vt* || ~ *m* / vanner
vannier *m* / basket maker o. weaver
vantail *m* (bâtim) / leaf of door o. window || **à quatre vantaux** (men) / four-leaved || ~ d'**écluse tournant** / leaf of a lock gate || ~ **intérieur** / second wing || ~ de **porte** / door leaf || ~ de la **porte d'écluse** / leaf of a lock gate
vantelle *f* / sash gate o. sliding valve of lock gate || ~ à **jalousie** (hydr) / paddle valve
vapeur *m* / steamship, steamer
vapeur *f* / exhalation, damp, vapour, vapor (US), reek || ~ (phys) / vapour, vapor (US), reek || ~ (eau) / steam || ~ [d']**acide** / acid fume o. vapor || ~ **admise de dessous** / steam admitted from below, under-steam || ~ d'**admission** / live steam || **~s** *f pl* d'**alcool** / alcohol vapours *pl* || **~s** *f pl* **ammoniacales** / ammonia vapours *pl* || ~ *f* de **bain** (galv) / bath vapour || ~ de **balayage** / scavenging steam || ~ de **barrage** / locking vapour || ~ de **bourrage** / steam from packing box || ~ **chaude** / water vapour || ~ de **chauff[ag]e** / heating steam || ~ de **détente** (dessalement) / flash vapour || ~ **directe** (caoutchouc) / open steam || ~ d'**eau** / water vapour, steam || ~ d'**eau en excédent** / water vapour excess, excess of water vapour || ~ d'**échappement** / escape o. dead steam || ~ d'**échappement** (sucre) / exhaust steam || ~ **épuisée** / escape o. dead steam || ~ d'**essence** / gasoline (US) o. petrol (GB) vapo[u]r || ~ d'**évacuation** / escape o. dead steam || ~ d'**extinction** (sidér) / quenching vapour || **~s** *f pl* de **four** / baking oven vapours *pl* || ~ *f* **fraîche** / live steam || ~ de **fuite** / steam from leaks || ~ de **goudron** / tar vapo[u]r || ~ d'**huile** (m.outils) / oil mist || ~ **humide** / saturated o. wet steam || ~ de **jus** (sucre) / juice vapours || ~ de **mercure** (électr) / mercury vapo[u]r || **~s** *f pl* **mercurielles** (mines) / mercury vapours || ~ *f* **métallique** (fonderie) / metallic fume || **~s nitreuses** *f pl* / nitrous fumes *pl* || ~ *m* à **roue d'arrière** / stern wheeler || ~ *f* **saturée** (phys) / saturated vapour || ~ **sèche** / dry steam || **~s** *f pl* des **solvents** / solvent vapours *pl* || ~ *f* **soutirée** / bleeder steam || **~s** *f pl* de **strippage** / strip steam || ~ *f* **surchauffée** / superheated steam || ~ **vive** / live steam || **~s** *f pl* **volcaniques** (géol) / resurgent gases *pl* || **~s** *f pl* de **zinc solidifiées** / zinc fume, solidified zinc vapo[u]rs *pl*
vapo·craquage *m* (ELF) / steam cracking || **~craqueur** *m* (ELF) / steam cracking plant
vaporeux / steamy, vaporous || ~ (météorol) / murky, obscure with mist
vaporigène *m* / steam boiler
vaporimètre *m* / vaporimeter
vaporisage *m* (teint) / vaporization, ag[e]ing, steaming || ~ au **pistolet** / spray painting
vaporisateur *m*, vaporiseur *m* / evaporating apparatus, evaporator, vaporizer || ~, atomiseur *m* / atomizer, nebulizer, sprayer || ~ (tex) / steam box, steamer (GB), ager (US) || ~ d'**ammoniaque** / ammonia vapourizer || ~ **circulaire** (tex) / cottage steamer || ~ de **coton** / cotton steamer || ~ à **couche mince** (chimie) / thin-film evaporator || ~ à **cylindre** (tex) / cylinder steamer (GB) o. ager (US) || ~ **éclair ou flash** / flash evaporator || ~ d'**encaustique** / wax sprayer and atomizer || ~ en **étoile** (tex) / star [frame] steamer (GB), star [frame] ager (US) || ~ de **fixation** (tex) / fixing ager || ~ d'**humectation** (tex) / steam applicator || ~ de **mazout** / fuel evaporator || ~ **neutre** (tex) / neutral steamer (GB) o. ager (US) || ~ à **plis suspendus** (tex) / festoon steamer (GB) o. ager (US) || ~ **rapide** (tex) / flash ageing steamer, high-speed steamer (GB), quick acting ager (US) || ~ **rapide à festons** (tex) / rapid festoon ager || ~ **rotatif** / rotary evaporator || ~ à **vide** / vacuum ager (US) o. steamer (GB)
vaporisation *f* / steam generation o. formation || ~ (vide) / vapour-deposition o. vaporization technique || ~, évaporation *f* / boiling down, evaporation, vapourizing || ~ (teint) / steaming (GB), ageing (US), vaporization || ~ (liquides) / atomization, spraying disintegration || ~ **ascendante** / up-evaporation, vertical evaporation || ~ par **bulles** (pétrole) / bubble vaporization o. evaporation || ~ **descendante** / down evaporation, inverted evaporation || ~ **oblique** / oblique sputtering || ~ **par m² de surface de chauffe** (techn) / evaporation per m² of heating area || ~ à **température élevée** (tiss) / hot steaming, high-temperature steaming
vaporiser / evaporate, vaporize, vapo[u]r, steam || ~ (liquide) / atomize, spray *vt* || ~ (vide) / vaporize, vapour-deposit, -plate || ~, volatiliser / volatilize || ~ (teint, tex) / steam, vaporize, age || ~ en **fines gouttelettes** (cosmétic) / spray *vt*
vaporiseur voir vaporisateur
vapor-lock *m* (auto) / vapour lock
Var *m* (électr) / var, VAR (= reactive volt-ampere)
varactor *m* (semicond) / varactor, variable reactor || ~ à **mémoire** (électron) / storage varactor, varactor frequency multiplier diode
varactron *m* (électron) / varactron
varangue *f* de **fond** (nav) / floor [plate], frame of floor || ~ de **voûte** (nav) / transom plate
varech *m* (bot) / sea-wrack, seaweed, kelp
varheuremètre *m* / idle-current wattmeter, reactive energy meter o. power meter, reactive volt-ampere-hour meter, wattless component meter
varia *m* (ELF) (TV, radio) / feature
variabilité *f* / variableness, variability, variance || ~ du **lot** (contr. qual) / batch variation || ~ avec la **température** / dependence on temperature || ~ du **temps** / variations of weather *pl*
variable *adj* / changing, varying || ~ (vent) / variable, variant || ~, réglable / adjustable || ~ (météorol) / unsettled, variable || ~ *m* («être à ou au variable») (baromètre) / variable ("be at variable") || ~ *f* (math, ord) / variable [quantity] || **à deux ~s** (math) / bivariate || **au** ~ / on the change || ~ d'**action** (nucl) / action variable || ~ **aléatoire** (math) / stochastic variable, variate || ~ **aléatoire continue** / continuous variate || ~ **aléatoire normale** (math) / normal variate || ~ **booléenne** (math) / boolean variable || ~ **bornée** (ord) / bounded variable || ~ **commandée** / controlled condition o. quantity o. variable, output quantity, regulating variable || ~ **complexe** / Laplace transform || ~ de **condition** (ord) / conditional variable || ~ *adj* avec le **contexte** (ord) / contextual || ~ par **degrés** / gradual, stepped || ~ *f* **dépendante** / dependent variable || ~ **discrète** / discrete variable || ~ **électrique** / electric variable || ~ **électrique numérique** / digital electric quantity o. signal || ~ d'**état** / state variable, variable [quantity] || ~ à **flare** (astr) / flare star || ~ **indépendante** / independent variable || ~ **logique** / switching variable || ~ de **machine** (calculateur anal.) / machine variable || ~ **mesurée** (contr.aut) / quantity

to be measured, measurable variable || ~ de **notation** (ord) / notation variable || ~ de **pointeur** (ord) / pointer variable || ~ du **problème** (contr.aut) / problem variable || ~ **réglante** (contr.aut) / controller output, correcting variable, manipulated variable (US), regulated quantity o. condition || ~ **scalaire** / scalar variable || ~ **semi-régulière** (astr) / semiregular variable || ~ *adj* avec la **température** / temperature-dependent || ~ en **temps** / time controlled, TC, time dependent || ~ en **temps** (contr.aut) / time-variant, -varying || **~s** *f pl* du **type Mira ceti** (astr) / Mira stars *pl*, long period variables *pl*

variance *f* (statistique) / variance || ~ (math) / variance || ~ **aléatoire de prélèvement**, variance d'échantillonnage / variance of something || ~ de **division d'échantillon** / variance of sample division || ~ de **n échelons** / variance of n samples

variante *f* / variant || ~ (math) / variant, variate || ~ en **califourchon** (microordinateur) / piggy-back version || ~ à **composants séparés** (microprocesseur) / bond-out version || ~ de **modèle** (auto) / secondary model

variateur *m* (électr, text) / variator || ~ (engrenage) / variable-speed drive unit || ~ de **détorsion** / twist adjusting device || ~ **hydraulique** / flow o. hydraulic converter, hydroconverter || ~ de **lumière** / dimmer, light regulator || ~ du **point d'aspersion** (mot) / injection timing gear o. timing mechanism || ~ de **vitesse** / variable speed drive || ~ de **vitesse à courroie trapézoïdale** / variable speed belt drive || ~ de **vitesse hydraulique** (techn) / fluid change gear

variation *f* / variation || ~ (instr) / variation || ~ (aiguille aimantée) / variation of the compass, magnetic variation o. declination || ~, erreur *f* totale du compas / total compass error || ~ **admissible** (dessin) / tolerance || ~ d'**affaiblissement en fonction de l'amplitude** (télécom) / amplitude distortion (GB), net loss variation with amplitude || ~ d'**amplitude dans le temps** / variation of amplitude in time || ~ **brusque ou à-coup de charge** / sudden increase of load || ~ **brusque de pression** / sudden change of pressure || ~ de **charge** / load change o. variation || ~ du **compas** / compas deviation o. deflection || ~ **continue** / continuous variation || ~ de **diamètre** / variation in diameter || ~ **dimensionnelle** (dessin) / deviation, variation in dimension || ~ des **dimensions** (tex) / dimensional change || ~ du **flux inducteur** (électr) / variation of magnetic flux || ~ d'une **fonction** / function course || ~ avec la **fréquence** / dependance on the frequency || ~ de **fréquence** / frequency deviation || ~ d'**inductance** / self-inductance variation || ~ de [l'**intensité du] courant** (électr) / fluctuation of current || ~ de **largeur d'un bague** (roulement) / ring width variation || ~ **linéaire permanente de dimension à la recuisson ou à la surcuisson** (céram) / permanent linear change on reheating, PLC || ~ de la **période** (astr) / period change || ~ de **phase** / phase variation || ~ de la **porteuse** (électron) / carrier compression || ~ **progressive** (géol) / secular change || ~ **propre de tension** (génératrice) / inherent regulation || ~ **propre de vitesse** / inherent speed regulation || ~ **séculaire** (géol) / secular change || ~ **simultanée** / covariation || ~ du **stock** / inventory change || ~ de **température** / fluctuation of temperature, variation of o. in temperature, thermal fluctuation || ~ **temporelle ou en fonction du temps ou dans le temps** / variation with time || ~ de **tension** / voltage regulation || ~ de **tension continue** / direct voltage regulation || **~s** *f pl* de la **tension de secteur** / mains voltage fluctuations *pl* || ~ *f* de **tonalité** / pitch variation || ~ de **vitesse** / variation of o. in speed, speed fluctuation || ~ de **vitesse de rotation** / speed regulation

Varicap *m* / Varicap (a capacity diode)

varié / variate, diverse, diversified || ~, irrégulier / non-uniform, irregular || ~, complexe / complex, many-sided

varier *vt* / vary *vt* || ~ *vi* / fluctuate *vi*, vary *vi* || ~ en **un même point** / vary about the same value

variété *f* / variety, multiplicity || ~, modification *f* / modification || **une grande ~** / a wide range || ~ de **couleurs** / colourfulness, brightness || ~ **indigène**, variété *f* locale (agr) / local strain o. variety || ~ **précoce** / early variety || ~ **riemannienne** / Riemannian variant

vario·couplage *m* (électron) / back-to-back connection || **~coupleur** *m* (électron) / variocoupler

variole *f* des **tubercules** / black speck o. scurf

variolite *f* (géol) / variolite

variomètre *m* (aéro) / variometer, vertical speed indicator, rate-of-climb indicator || ~ (électron) / variable inductance, variometer || ~, statoscope *m* (aéro) / statoscope || ~, variocoupleur *m* / variocoupler || ~ à **galettes** / disk coil variometer || ~ **magnétique** / ferrite reactor || ~ de **tonalité** (électron) / sound level variation meter, wow meter

variscite *f* (min) / variscite

varistance *f* / varistor || ~ **C.T.N.** / high temperature conductor; NTC resistor (negative temperature coefficient) || ~ **C.T.P.** / PTC-resistor (positive temperature coefficient) || ~ **V.D.R.** / voltage dependent resistor, VDR

varistor *m* (électron) / varistor || ~ au **carbure de silicium**, varistance *f* V.D.R. / voltage dependent resistor, VDR, varistor, silicon carbide varistor

varlope *f* / long plane, jointer || ~ à **recaler ou à repasser** (men) / smoothing long plane, shooting plane

varmètre *m* / varmeter, vari-, varometer || ~ **enregistreur** / recording varmeter

varmétrique / varmeter...

varouleur *m* (filage) / bobbin setter o. layer-on, rail setter o. filler

varron *m* / ox warble fly, hypoderma || ~ **percé** (cuir) / warble hole

varvé (géol) / varved

vasard / oozy, slimy, sludgy

vasculose *f* / vasculose

vase *f* (hydr) / sludge, slush, ooze, mud, silt || ~ d'**eaux d'égout** / sewage sludge || ~ à **radiolaires** / radiolarian ooze

vase *m* / vessel || ~ d'**absorption** / absorption cell o. vessel, absorber || ~ d'**accumulateur à redans crénelés** (accu) / accumulator case with guide channels || ~ **clarificatoire ou à clarifier** / clarifier, clearing vessel o. tub || ~ **clos** (sidér) / annealing pot || ~ de **conductivité** (chimie) / conductivity cell || ~ de **Dewar** / Dewar vessel o. flask || ~ **émaillé** / enamelled vessel || ~ d'**envoi ou d'exportation** / shipping box o. container o. can || ~ d'**Erlenmeyer** / conical o. Erlenmeyer flask || ~ **évaporatoire** / evaporating basin o. dish o. pan || ~ en **fer-blanc** / sheet iron can, tin can || ~ **fermé** (point d'éclair) / closed cup || ~ à **filtration** / filtering cup || ~ de **gaz etc. comprimé** / pressure vessel || ~ **jaugé** (chimie) / glass measure, graduated vessel || ~ **jaugé pour pluviomètre** / measuring glass for rain gauge || ~ **poreux** / porous cell o. cylinder o. pot || ~ de **pression** / pressure vessel || ~ de **roulage** / carrier,

conveying tank || **~s** *m pl* en **terre poreuse** / hydroceramics, porous earthenware || ~ *m* en **verre** / glass jar
vaseline *f* / petrolatum (US), petroleum jelly (GB) || ~ **raffinée** / petrolatum stock (US)
vasistas *m* / fanlight
vasitron *m* (rad. cosm.) / varitron
vasque *f* (réverbère) / trough || ~ en **matière plastique** (luminaire) / transparent plastic trough || ~ de **protection** (p.e. d'une lampe) / protecting trough
vaste / vast, broad || ~ (pièce) / roomy || ~ **étendue** / vastness, expanse || ~ **zone urbanisée** / conurbation
VCM, visualisation *f* des cibles mobiles (radar) / moving target indication, MTI || ≗ par **balayage interrompue** (radar) / step-scan-MTI
vé *m* / V- o. vee-block, vee, V || ~ à **bascule** / swivelling V-block || ~ de **mesure** / measuring vee || ~ de **perçage** (m.outils) / V-block
veau *m* / calf [leather] || **~-clair** *m* (reliure) / light-brown calf [binding] || ~ **corroyé** / kip curried leather, curried calf leather || ~ **velours** / Danish leather, suede
vecteur *m* (math) / vector || ~ (espace) / vehicle, carrier || ~ d'**armes nucléaires** (mil) / nuclear weapon carrier || ~ **[égal à l']unité** (méc) / unit vector || ~ d'**état** (math) / state vector || ~ **«facteur de charge»** / load factor vector || ~ d'**intensité du champ électrique** / electric field vector || ~ [de] **lumière** (crist) / light vector || ~ **magnétique** / magnetic vector || ~ **moment angulaire** / moment of momentum || ~ de la **normale principale** / principal normal || ~ **orthogonal** (math) / orthogonal vector || ~ de **Poynting** (électr) / Poynting vector || ~ **propre** / eigenvector || ~ de **puissance** (électr) / power vector || ~ de **référence** / referential vector || ~ **relatif** (ord) / relative vector || ~ **représentatif du moment** (math) / momental vector || ~ de **réseau** (électr) / grid vector || ~ de **réseau** (crist) / lattice vector || ~ **scalaire** / scalar vector || ~ **spatial** / space vector || ~ **temporel ou de temps** / time vector || ~ **tourbillon** (électr) / curl, rotation || ~ **tournant** / rotating vector, phasor || ~ **tourné de vitesse** (méc) / rotated velocity vector || ~ **vitesse air** (aéro) / aircraft velocity vector
vectographe *m* (stéréo) / vectograph
vectoriel / vectorial
vectorscope *m* (TV) / vectorscope
vedette *f* (nav) / speedboat || ~ (typo) / display type || ~, mot *m* vedette / catchword, headword || ~ de **lamanage** / pilot boat || ~ **lance-missiles** / guided-missile fast patrol boat || ~ **rapide** (guerre) / fast patrol boat, E[nemy]-boat (GB) || ~ **rapide de la douane** / customs o. revenue cutter || ~ de **sauvetage aéronautique** / rescue [SAR] launch
végétal / vegetable
végétatif / vegetative
végétation *f* / vegetation || ~ **littorale** (hydr) / littoral o. shore vegetation
végéter *vi* (bot) / vegetate, grow || ~ (sidér) / scatter *vi*, grow
véhément / vehement
véhicule *m* / vehicle || ~ (chimie) / vehicle, carrier || ~ (pharmacol) / vehicle, excipient, menstruum || ~ (laque) / vehicle, pigment carrier || ~ (opt) / optical system || ~ à **accumulateurs** (ch.de fer) / storage battery vehicle || **~s** *m pl* **agricoles** / farm vehicles *pl* || ~ *m* **allant à ou vers la droite ou gauche** (auto) / car turning off || ~ **amphibie** / amphibian vehicle || ~ **articulé** / articulated vehicle || ~ **automobile ou à moteur** / motor vehicle, power driven vehicle || **~s** *m pl* **automobiles par habitant** / motor population || ~ *m* de **chemin de fer** / railway vehicle || ~ à ou sur **chenilles ou chenillé .** / tracklaying craft o. vehicle || ~ de la **circulation suburbaine** / suburban traffic vehicle || ~ **citerne** / road tank car, RTC, tank truck (US) o. lorry (GB), road tanker || ~ **commercial** / commercial vehicle || ~ à **coussin d'air** / air cushion vehicle o. craft, ACV, hovercar o. -craft (GB), aeromobile (US), air car (US) || ~ se **dirigeant vers la droite ou gauche** (auto) / car turning off || ~ à **effet de sol** / ground effect machine, GEM || ~ pour l'**épuration des canalisations souterraines** / vehicle for cleaning sewers || ~ d'**essais** (aéro) / test vehicle || ~ d'**exploration lunaire** (espace) / local scientific survey module, LSSM || ~ d'**extinction** / fire engine, fire fighting vehicle, fire brigade truck || **~s** *m pl* de **ferme** / farm vehicles *pl* || ~ *m* **ferroviaire électrique** / electric rail vehicle || **~s** *m pl* **ferroviaires** / rail vehicles *pl* || **~s** *m pl* **ferroviaires automoteurs** / railway locomotives and motor cars || ~ *m* de **fonctions** (auto) / official car || ~ de **forcement** (ch.de fer) / strengthening vehicle || ~ **industriel** / commercial o. utility vehicle || ~ d'**information** / input-output o. input and output media || ~ d'**inspection des caténaires** / catenary inspection vehicle || ~ **lourd** / heavy lorry (GB) o. truck (US) || ~ **lourd de dépannage** (ELF) (mil) / tank retriever || ~ **lunaire logistique** / lunar logistics vehicle, LLV || ~ à **moteur** / motor vehicle || ~ **moteur** (ch.de fer) / motor o. traction vehicle, power o. tractive unit || **~s** *m pl* en **mouvement** / moving traffic || ~ *m* pour le **nettoyage de la voie publique** / street cleansing vehicle || ~ **orbital** / orbiting vehicle, OV || ~ sur **pneus** / rubber tired vehicle || ~ **poids lourd** / heavy truck (US) o. lorry (GB) || ~ **polyvalent** / multi-purpose vehicle || ~ de **premier secours** (pomp) / vehicle for tools and gears || ~ de **présérie** / pilot production car || ~ à **quatre roues motrices** (auto) / fourwheel drive truck, quad (coll.), four by four, 4 x 4 || ~ [de] **radio** / radio car || ~ **rail-route** / rail-road vehicle || ~ sur **rails** / rail car, rail vehicle || ~ de **ravitaillement** / transport space ship || ~ de **rentrée** (espace) / re-entry vehicle || ~ à **roues** (gén) / wheel carriage || ~ **routier** / road vehicle || ~ **routier électrique** / electric road vehicle || ~ **routier à moteur Diesel** / diesel engined road vehicle, D.E.R.V., derv || ~ **semi-chenillé** / half-track vehicle || ~ de **série** (auto) / standard design o. standard type car, production o. stock car || ~ de **service** (auto) / official car || ~ pour **service d'hiver** (auto) / snow fighting vehicle || ~ de **servitude** (ELF) / commercial vehicle, utility vehicle || ~ de **servitude** (ELF), véhicule *m* à usage général / allround vehicle || ~ à **six roues motrices** (auto) / six by six, 6 x 6 || ~ **spatial** / space ship || **~s** *m pl* en **stationnement** / parking vehicles *pl* || ~ *m* **téléguidé** / RPV, remotely piloted vehicle || ~ **tous-terrains ou tout-terrain** (auto) / cross-country car o. truck, all-terrain vehicle, ATV || ~ **tracté** / towed vehicle || ~ **tracteur** / traction engine, tractive machine, tractor || ~ **tracteur de remorque** (auto) / road tractor, draw-bar tractor, trailer towing vehicle || ~ **tracteur de semi-remorque** / semitrailer motor vehicle o. towing vehicle, fifth wheel tractor || ~ de **transfert orbital** / orbital transfer vehicle, OTV || ~ de **transport de boues à grue** / crane sludge tanker || ~ **universel** / multi-purpose vehicle || ~ à **usage général** (ELF) (auto) / allround vehicle || ~ **[à usage]**

spécial / special-purpose vehicle || ~ à **usages multiples** / multi-purpose vehicle || ~ **utilitaire** / commercial vehicle || ~ **utilitaire/break** / truck station wagon || ~ sur **voie** (ch.de fer) / rail car o. vehicle

véhiculer (chimie, bruits) / carry || ~ (liquides) / convey, transport

veille *f* **automatique** (ch.de fer) / dead man's handle || ~ à **grande distance** (mil) / early warning || ~ **météorologique** (espace) / weather watch || ~ **météorologique mondiale**, V.M.M. / World Weather Watch, WWW

veiller [à] / make sure [that], look after, see to

veilleuse *f* / permanent pilot flame, pilot flame || ~ (auto) / parking light || **en** ~ (haut fourneau) / banked || ~ de **sécurité** / safety pilot

veine *f* (mines) / lode, stratum, seam || ~ (liquide) / jet || ~ (géol) / vein, seam || ~ d'**air** / air o. gas stream || **~s** *f pl* de **bois** / grain of wood || ~ *f* de **charbon** / coal vein, coal lode o. seam || ~ **contractée** (hydr) / vena contracta || ~ **disséminée ou enchevêtrée** / veinstuff, ledge matter || ~ d'**essai** (soufflerie) / working section || ~ **et tache de cœur** (bois) / fungal heartwood stains and streaks *pl* || ~ de **fer** / iron lode, course of iron ore || ~ à **fleur de terre** / cropping-out lode o. vein || ~ **fluide** (aéro) / filament of flow || ~ **gazeuse** / air o. gas stream || ~ de **houille** / coal vein || ~ **inclinée** (mines) / inclined bed || ~ **latérale** (mines) / side lode || ~ **métallique** / mineral o. metalliferous vein o. lode || **~s** *f pl* des **noyaux** (fonderie) / veining of cores || ~ *f* en **pente** (mines) / inclined bed || ~ de **plomb** (mines) / lead vein || ~ **principale** (mines) / master o. mother lode || ~ de **quartz** (mines) / quartz vein || ~ **qui se perd dans la roche** (mines) / vein disappearing in the rock, side lode going upward || ~ **qui s'étend en longueur dans la roche** (géol) / trunk || ~ **résinifère**, veine *f* résineuse ou de résine (bois) / resin streak, pitch streak || ~ **riche en minerai** (mines) / course o. gulf o. moor of ore || ~ de **roc** / dike, vein of rock || ~ **sombre** (sidér) / ghost [line], segregation line o. streamer || ~ **stannifère** / tin lode o. floor || ~ de **substances pierreuses** / dike, vein of rock || ~ **superficielle** (mines) / superficial seam || ~ **transversale** (mines) / cross-lode

veiné (bois) / streaked, streaky, veined, veiny

veiner / grain, marble, vein

veineux / streaked, veined

vélanède *f*, vélani *m* (tan) / valonia

vélin *m* / parchment

vélo *m* (coll) / cycle, bicycle, bike (US coll)

vélocimètre *m* / velocimeter

vélocité *f* / velocity, speed || ~ (phys) / velocity || **à ~ constante** (acoustique) / constant velocity...

vélomètre *m* / velometer

vélomoteur *m* (cylindrée inférieure à 125 cm³) / moped

velours *m* / velour[s], velvet, pile fabric || ~ (tapis) / pile || ~ **bouclé** / uncut velvet, loop pile fabric || ~ **bouclé rasé** (tapis) / tip sheared pile || ~ **chaîne** / warp velvet, velvet, warp pile velvet || ~ **changeant** / shot velvet || ~ **chenille** / chenille velvet || ~ **ciselé** (tapis) / carved pile || ~ **côtelé ou à côtes** / cord[uroy], cord fabric, rip o. cord velvet || ~ de **coton** / cotton velvet || ~ de **coton à fond croisé** (tex) / Genoa back o. cord || ~ **couché** / panne [velvet] || ~ **coupé** / cut velvet, cut pile || ~ **croisé** / twilled o. Genoa velvet || ~ à **demi-soie** / union velvet (silk face and cotton back) || ~ **double-pièce** / double velvet || ~ **épinglé**, velours *m* frisé [à boucle] / uncut velvet, terry velvet || ~ **frisé** (tapis) / curled pile || ~ de **Gênes** (tex) / Genoa back o. cord || ~ de **laine** / worsted velvet || ~ **lavable** / Genoa back o. cord, washable velvet || ~ **lisse** / plain velvet || ~ **miroir** / panne [velvet], mirror velvet || ~ **non coupé** / terry velvet || ~ à **panne de soie**, velours *m* panné / panne [velvet] || ~ en **relief** / sculptured pile fabric || ~ **simulé** / silk reps || ~ de **soie** / silk velvet || **~-toile** *m*, velours *m* par trame à soubassement en toile / plain back o. tabby back velveteen || ~ de **trame** / weft velvet || ~ de **trois** / three-cord o. three-pile velvet || ~ **uni** / plain velvet || ~ **utile**, velours *m* au-dessous du soubassement / effective pile, pile above substrate || ~ d'**Utrecht** / Utrecht velvet

veloutage *m* (tex) / flock coating, flocking, dry coating

velouté (tex) / piled, velveted, velvety

velouter (tex) / raise *vt*, nap *vt*

velu (tex) / nappy, napped

vélum *m* (bâtim) / sunshade for fanlights

vélux *m* / window pivoting around the horizontal center line

velverette *f* / rip o. cord velvet

velvetine *f* / velveteen, cotton velvet

vena *f* **contracta** / vena contracta

venant (trafic) / oncoming, approaching

vendable / marketable

vendanger / gather the grapes

vendeur *m* / seller, vendor

vénéneux (bot, chimie) / poisonous, toxic

venimeux (zool) / venomous

venin *m* / venom, poison || **sans** ~ / poisonless, non-poisonous || ~ de **serpent** / snake venom, venom

venir (phot) / come out o. up || ~ (agr) / grow || **faire ~ à l'appareil** (télécom) / call to the telephone || **ne pas ~** / fail || ~ à **bout** [de] / bring about || ~ à **manquer** / run short || ~ à **maturité** (agr) / ripen

vent *m* / wind || ~ (sidér) / blast, forced air || ~ (bâtim) / chimney draught o. draft || ~ (mécanique du vol) / wind velocity || **au** ~ (nav) / windward, aweather, up || **contre le** ~ / up the wind || **de plein** ~ (bot) / growing in the open || **donner du** ~ / vent *vt* || **donner le** ~ / blow up the blast || **sous le** ~ (nav) / leeward, alee || **~s** *m pl* **alizés** (géogr) / trade winds *pl* || ~ *m* **anabatique** / anabatic wind || ~ **arrière** (aéro) / following o. rear-on o. tail wind || ~ d'**ascendance mécanique ou forcée** (aéro) / mechanical o. forced up-current, slope current || ~ **ascendant de chaleur** (aéro) / thermal [up-]current, thermal, ascending convection current || ~ **ascendant dynamique ou de frottement** / dynamic ascending o. up (US) current || ~ d'**ascension forcée** (aéro) / mechanical o. forced up-current, slope current, topographic wind, up-current of air (US) || ~ **catabatique ou descendant** / katabatic wind || ~ **chaud** (sidér) / hot blast o. air || ~ **contraire** / contrary wind || ~ de **côté** (aéro) / cross-wind || ~ **coulis** (météorol) / light air || ~ **coulis** (bâtim) / draft, draught || ~ **debout** (aéro) / contrary wind || ~ **descendant** / katabatic wind || ~ **électrique** / electric wind || ~ **frais** (force 6) / strong breeze (wind force 6) || ~ **froid** (sidér) / cold blast || ~ **géostrophique** / geostrophic wind || ~ de l'**hélice** / propeller race, prop blast, wake || ~ **latéral** (aéro) / wind across || ~ **longitudinal** (aéro) / wind down || ~ **mécanique** (aéro) / mechanical o. forced up-current, slope current, topographic wind, up-current of air (US) || ~ de **mer** (météorol) / sea breeze || ~ **plongeant** / katabatic wind || ~ en ou de **poupe** / following o. rear-on o. tail wind, downwind || ~ de **quartz** / quartz wind || ~ **relatif** (aéro) /

relative wind || ~ au **sol** / ground wind || ~ **solaire** / solar wind || ~ **soufflé ou de soufflage** (sidér) / blast || ~ de **terre** / land breeze o. wind || ~ **thermique** / thermal wind
vente·s *f pl* / turnover || ~ *f* des **articles de consommation** / consumer products sales *pl* || ~ de **courant** (électr) / current delivery || ~ **sous marque** / sale under proprietor name
ventelle *f* / sliding lock paddle
venteux / windy, wind-swept
ventilage *m* du **sol** (agr) / soil ventilation
ventilateur *m* (ELF) / [ventilating] fan, ventilator || ~ (auto) / cooling fan || ~ (mines) / wind collector || ~, bouche *f* d'aération / vapour escape || ~, évent *m* / vent, gas o. smoke outlet || ~ d'**aérage** (mines) / colliery fan o. ventilator || ~ **aspirant** / sucking fan, fan acting by suction || ~ **aspirant** (nav) / airscoop || ~ **aspirant** (mines) / suction o. upcast fan || ~ **aspirant** (chaudière) / exhaust[ing] fan || ~, d'**aspiration** / exhauster || ~ d'**aspiration des copeaux** / shavings exhauster || ~ **booster** / booster fan || ~ **centrifuge** / turbo exhauster || ~ de **chauffage** (auto) / heater fan || ~ de **circulation** / circulation fan, air circulator || ~ à **courant transversal** / cross current ventilator, cross-flow fan || ~ **extracteur** / aspirator, exhauster, extract fan, extractor, air suction ventilator || ~**-hacheur** *m* (agr) / chopper blower || ~**-hacheur** *m* pour **ensilage** (agr) / green crop chopper blower || ~ **hélicoïdal ou à hélice** (techn) / helical blower, propeller o. screw fan o. ventilator || ~ **hélicoïde** / axial fan || ~ de **mine** / colliery fan o. ventilator, mine [ventilating] fan || ~ à **pales** / [paddle] blade fan || ~ à **pales doubles** (auto) / two-blade fan || ~ **plafonnier ou de plafond** / ceiling fan || ~ à **pression** / pressure fan || ~ **radial** / radial fan o. ventilator || ~ de **radiateur** (auto) / cooling fan || ~ **refoulant** / fresh air ventilator || ~ de **réinjection des suies** / soot reinjection fan || ~ **secondaire** (mines) / turboventilator || ~ **séparé** / separate fan || ~ **soufflant** / forced draught o. draft fan || ~ de **sustentation** (aéro) / lifting o. lift fan || ~ de **table** / desk fan || ~ de **tirage par aspiration** (four) / induced draught ventilator || ~ du **toit** / roof ventilator || ~ à **turbine** / impeller type centrifugal fan || ~ à **vapeur** / steam blast o. blower o. blowing engine || ~ **volumogène** / positive displacement blower
ventilation *f* / ventilation || ~ (ordonn) / evaluation, analysis, ventilating || ~ (mines) / ventilation, aeration || ~, conduite *f* aérienne / air conduction || **à ~ autonome** (électr) / self-cooled || **à ~ extérieure** (électr) / totally enclosed fan-cooled || **à ~ forcée** (électr) / air-blast..., pipe- o. force-ventilated || ~ **artificielle** / artificial ventilation || ~ par **aspiration** (bâtim) / ventilation by aspiration || ~ par **aspiration** (tunnel) / forced ventilation || ~ **automatique** / self-ventilation || ~ **autonome** (électr) / induced o. self-ventilation, fan-[type air-]cooling || ~ **auxiliaire** (mines) / auxiliary ventilation || ~ en **circuit fermé** (électr) / closed air-circuit cooling || ~ en **circuit ouvert** (électr) / fresh air cooling || ~ des **égouts** / sewage ventilation || ~ **extérieure** (électr) / surface cooling by air || ~ **forcée** (mines) / artificial ventilation || ~ **forcée ou indépendante** (électr) / forced draught o. draft (US), pressurized enclosure || ~ **incorporée** / forced-air cooling by built-in unit || ~ **intérieure** (techn) / internal ventilation || ~ **naturelle** (tunnel) / natural ventilation || ~ à **refroidissement par air en circuit fermé** (électr) / closed air-circuit fan-ventilation || ~ **secondaire** (mines) / auxiliary ventilation || ~ **séparée** (électr) / extraneous ventilation || ~ **transversale** / cross venting
ventilé / ventilated || ~ (électr) / enclosed-ventilated, semi-enclosed, rain- o. drip-proof (GB)
ventiler / aerate, air *vt* || ~ (mines) / ventilate, aerate || ~ (math) / break down || ~ (ord) / disperse *vt*, scatter *vt* || ~, répartir entre comptes (ord) / sort *vt*, apportion || ~, détailler / itemize || ~ à **faux** (mines) / ventilate in a wrong direction
ventis *m* / wind fall[en wood], rolled lumber (US)
ventouse *f* (caoutchouc) / sucker, suction cup || ~ / air bleed cock || ~ (bâtim) / air drain || ~ (techn) / air choke o. damper o. strangler || ~ d'**aération** / air valve || ~ de **tirage** / airing hole
ventre *m* / lower side o. [sur]face, underside, bottom || ~ (four à verre) / waist, belly || **à ~ de poisson** / fishbellied || **faire le** ~ / batter, belly, bulge, jut out || ~ de la **bouteille** / body of a bottle || ~ de **cubilot** / breast of cupola || ~ du **haut fourneau** (sidér) / belly, bosh parallels *pl* || ~ d'**onde** / antinode || ~ de **vibration ou d'oscillation** / antinode, -nodal point, internode, loop, bulge
ventrière *f* (méc) / brace, bracing
ventru / bellied, bulged, bulgy
venturi *m* / Venturi meter o. tube || ~ (auto) / choke || ~ (aéro) / pitot o. static o. pressure tube || ~**-tuyère** *m* / venturi nozzle
venu de **fonte ou de fonderie** / cast en bloc o. integral [with] || ~ de **forge,** [de tour] / forged, [turned] in one piece [with]
venue *f* (arbre) / growth || ~ **correcte** / accurate make || ~ d'**eau** (mines) / inrush o. irruption o. intrusion of water || ~ d'**eau souterraine** / ground water inrush || ~ **fonte** (sidér) / cast blank || ~ de **gaz** (mines) / sudden inrush of gas, gas inrush, blow
ver *m* de **bateaux** / teredo navalis, shipworm, marine borer (US) || ~ **blanc** (agr) / white grub, cockchafer grub || ~ de **bois** / wood worm || ~ de la **capsule** / boll worm || ~ de **carènes**, ver *m* de digue / teredo navalis, ship worm, marine borer (US) || ~ de **cochylis** / grape berry moth (US), vine moth || ~ de **farine** / flour o. meal worm || ~ **fil-de-fer** (agr) / wire worm || ~ des **fruits** / codling worm || ~ des **pommes** / apple worm || ~ à **soie** / silkworm, bombyx
véranda[h] *f* (bâtim) / veranda[h], porch (US)
vératrine *f* (chimie) / veratrine
verbe *m* de **programmation** / verb name || ~ de **programmeur** / new verb, user defined verb
verbération *f* / percussion, verberation (rare)
verboquet *m* (bâtim) / guy rope
verdâtre / bluish green
verdet *m* / verdigris
verdillon *m* (tiss) / fitter || ~ / crow bar for quarries
verdir *vt* / paint green || ~ *vi* / grow o. turn green
verdunisation *f* / light chlorination of drinking water
verduniser / chlorinate drinking water lightly
verdure *f* / greeness, verdure
véreux / worm eaten
verge *f* / rod, stick || ~ (presse à vis) / bar, cross-arm, fly lever || ~ (ancre, clé, techn) / shank || ~ (horloge) / verge of escapement || ~ (Québec) (= 0.914 m) / yard || ~ de l'**ancre** (nav) / anchor shank || ~ d'**arpenteur** / measuring stick || ~ du **balancier** (horloge) / pendulum rod || ~ des **lames** (tiss) / shaft rod o. stave, heald stave || ~ **métallique** / metal bar || ~**s** *f pl* du **parallélogramme** (m.à vap) / main link bars of the parallelogram *pl*, parallel bars *pl*
vergé (pap) / laid || ~ (teint) / cloudy, striped, barry,

streaky
vergence *f*, puissance *f* optique / refractive power
verger *m* / fruit grove, orchard
vergeure *f* (pap, le fil) / laid wire || **~s** *f pl* (pap, les marques) / laid lines *pl*
verglacé / icy
verglas *m* («danger de verglas!») / black o. glazed frost, glare [ice] (US)
vergne *m*, verne *m*, Alnus glutinosa / alder || ~ *f* (hydr) / river damming by stakes and fascines
vergue *f* (nav) / yard || ~ d'**antenne** / antenna yard
vérifiable / detectable
vérificateur *m* (ordonn) / inspector, controller, checker || ~ (instr) / testing instrument, tester, gauge || ~ de l'**altimètre** (aéro) / altitude control equipment, A.C.E. || ~ des **calibres à limites** / master gauge || ~ des **comptes** / auditor || ~ du **courant** (auto) / cell tester || ~ d'**égalité** (filage) / evenness tester || ~ d'**égalité du fil** / yarn evenness tester || ~ d'**équilibrage** (télécom) / balancing network tester || **~-étalon** *m* (électr) / substandard instrument || ~ de **filetage** / thread mating plug gauge || ~ à **levier** / test indicator || ~ à **levier pour alésages** / internal profile tracer || ~ du **pas** / thread lead tester || ~ du **point d'inflammation** / ignition point tester || ~ du **rapport de transmission** / transmission ratio monitor || ~ du **réseau** / grid tester || ~ de la **surface de chaussée** (routes) / corrugmeter, profilometer, roughness tester || ~ des **poids et des mesures** / weights and measures inspector (GB), gauger, sealer (US)
vérification *f* / verification, control, check || ~ (poids) / adjustment || ~ (aéro) / rigging || ~ (finances) / audit || ~ de **bloc** (ord) / record check || ~ des **cartes** (c.perf.) / key-verify || ~ des **contraintes** (méc) / stress detection || ~ des **dimensions** / dimensional inspection || ~ par **échantillonnage** / sampling inspection || ~ d'**enregistrement** (ord) / [write] verify || ~ d'**état** (ord) / status test || ~ des **freins** / brake test || ~ d'**impression** (ord) / print check || ~ **intérieure** / interior check || ~ d'**inventaire** / inventory verification || ~ du **niveau** (télécom) / level measuring || ~ de **niveau avec la pige** / tank dipping || ~ des **numéros des comptes** / account number check || ~ de la **numérotation consécutive** / consecutive number check || ~ par **opération horizontale** (ord) / crossfooting test || ~ des **perforations par superposition** (c.perf.) / peek-a-boo || ~ de la **polarisation** / bias check || ~ de **programme** / program test || ~ de **sécurité contre l'incendie** / fire risk testing || ~ par la **somme des chiffres** (ord) / checksum test || ~ **ultérieure d'étalonnage** / subsequent verification || ~ d'**un seul flanc** (roue dentée) / single-flank test
vérificatrice *f* (c.perf.) / verifier || ~ (opératrice) / verifier operator || ~ **alphanumérique** (c.perf.) / alphabetic verifier || ~ de **cartes** / card verifier
vérifié / checked
vérifier / check, verify, go over || ~ à **100 %** / one-hundred-percent inspect || ~ (techn) / look over || ~, étalonner / gauge o. standardize o. calibrate instruments, adjust weights || ~ (finance) / audit *vt* || ~ la **capacité en litres** / gauge the capacity by liters || ~ un **compte ou un calcul** / examine, check up || ~ une **dimension** / check a dimension || ~ l'**étalonnage** (instr) / recalibrate || ~ le **nombre** / count over again || ~ le **poids** / weigh again || ~ le **serrage des vis** / check the tightness of screws
vérifieuse *f* (opératrice) / verifier operator
vérin *m* / screw jack, jackscrew, autolifter || ~ (air compr.) / thrustor || ~ (ELF) (contr.aut) / actuator, actuating drive || ~ [à l'**abattage**] **hydraulique** (mines) / hydraulic bursting jack || ~ à **châssis** / tripod jack || ~ **différentiel** (air comprimé) / differential thrustor || ~ de **fermeture** / closing thrustor o. cylinder || ~ à **fosse** (ch.de fer) / jack for inspection pits, wheel and axle elevator (US), drop table (US) || ~ à **galet** (auto) / trolley jack || ~ **hydraulique** (m.outils) / hydraulic jack || ~ **hydraulique de levage** / hydraulic jack of an excavator || ~ d'**inclinaison** (presse) / inclining mechanism || ~ d'**injection** (coulée sous pression) / injection cylinder || ~ de **levage de locomotives** (ch.de fer) / engine heaver o. jack, locomotive heaver || ~ **pneumatique ou hydraulique** (techn) / pressure cylinder, thrustor || ~ de **réglage de plinthe** (men) / levelling screw || ~ de **ripage** / pushing ram || ~ de **serrage** / closing thrustor o. cylinder || **~-support** *m* (grue autom.) / screw jack, outrigger || ~ **télescope** (air compr.) / telescopic cylinder || ~ à **vis** / lifting screw o. jack, screw [lifting] jack || ~ à **vis au tambour de câble** / jack for the cable reel || ~ de **voie** / track lifter
vériner / jack *vt*, lift by jack
véritable / true || ~, authentique / real, genuine || ~ **verre au plomb** / full lead crystal glass
vermeil *adj* (couleur) / vermillion, bright red || ~ *m* / gilt silver, vermeil
vermicide *m* / vermicide
vermiculaire (graphite) / vermicular
vermiculé (surface) / wormy
vermiculite *f* (min) / vermiculite
vermiculure *f* (plast) / stretcher strain formation || ~ (décoration) / vermiculation
vermillon *m* / cinnabar red, vermilion || ~ **artificiel** (couleur) / artificial cinnabar, Chinese red
vermine *f* (agr) / vermin[s]
vermoulu / worm eaten
vermoulure *f* (bois) / shot-hole, worm hole o. groove
vernalisation *f* / vernalization, jarowization
verne *m*, vergne *m*, Alnus glutinosa / alder
verni / varnished || ~ (brique) / enamelled, glazed || ~ (électr) / enamelled || ~ au **sel** (céram) / salt-glazed
vernier *m* / vernier, nonius || ~ (Decca radar) / vernier || ~ **direct** / direct vernier || ~ donnant un **dixième d'un millimètre** / vernier reading to one tenth of a millimeter || ~ **rétrograde** (arp) / retrograde vernier || ~ de **syntonisation** (électron) / clarifier
vernir / varnish || ~ (lam) / varnish tin strip || ~ à **immersion** / dip-varnish || ~ au **tampon** (men) / French-polish *vt* || ~ au **vernis à cuire** / stove-enamel o. -finish, enamel, bake
vernis *m* / [oleo-resinous] varnish || ~ **acétocellulosique** / acetyl cellulose lacquer || ~ à l'**acétone** / acetone lacquer || ~ **adhésif** / adhesive varnish || ~ à l'**alcool** / spirit lacquer o. varnish, alcohol diluted lacquer || ~ **antiacide** / acidproof enamel || ~ **anticryptogamique** / fungicidal varnish || ~ **antiflash** / antiflash varnish || ~ à l'**asphalte** / asphalt varnish, black japan || ~ d'**automobile** / car polish, motorcar polish || ~ **barrière de finition** / coating o. covering varnish || ~ [à **base de résine] synthétique [gras à l'huile ou long en huile]** / synthetic [long oil] varnish || ~ pour le **béton** / concrete coating || ~ **brillant** / gloss paint, brilliant varnish || ~ **brillant pour meubles** / polish || ~ **bronzant** / bronze varnish o. lacquer || ~ **cachetable** / finishing varnish || ~ de **cellulose acétulée** / acetyl cellulose lacquer || ~ **cellulosique** / cellulose lacquer || ~ **clair** / clear varnish || ~ **collant** / adhesive varnish || ~ **conducteur** (électr) / conductive lacquer o. varnish || ~ [au] **copal** / copal

o. anime varnish || ~ **corsé** / long-oil varnish || ~ **court en huile** / short-oil varnish || ~ **couvre-nœuds** / knot varnish (for wood) || ~ à **couvrir** (phot) / opaque, resist || ~ **craquelant du type «stress-coat»** / strain indicating lacquer || ~ **cristallisant** / frosted o. crystallized lacquer o. paint || ~ pour **cuir** / leather varnish || ~ à **cuire** / baking o. stove enamel, enamel || ~ pour **découpage** / stamping varnish || ~ du **disque original** (phono) / metal o. metallic soap || ~ d'**ébéniste** / polish || ~ d'**ébéniste au shellac** / French o. furniture polish || ~ à **effet de structure** / structural varnish || **~-émail** *m* / baked o. stove enamel, enamel || ~ d'**émaillage** / insulating lacquer || ~ d'**emballage déchirable ou pelable** / package lacguer o. varnish || **~-émulsion** *m* / emulsion paint || ~ **enduit** / finishing varnish || ~ **épargne** / long-oil varnish || ~ à l'**essence** / turpentine varnish || ~ **faible** / short-oil varnish || ~ **fait à froid** / cold-cut varnish || ~ pour **fer-blanc** / tinplate varnish || ~ pour les **ferrures ou pour fer** / iron black || ~ pour les **fils de fer** / wire enamel || ~ **flatting** / flatting o. rubbing enamel o. varnish, dull-finish lacquer || ~ de **fond** / priming varnish || ~ **fongicide** / fungicidal varnish || ~ **fort** / long-oil varnish || ~ au **four** / baking o. stove enamel || ~ **givré** / frosted o. crystallized lacquer o. paint || ~ à **gomme-laque** / shellac varnish || ~ **gras** / long-oil varnish || ~ à l'**huile** / [oleo-resinous] varnish || ~ à l'**huile de lin** / boiled linseed oil, kettle boiled oil || ~ à l'**huile de lin** (tannerie) / linseed oil lacquer || ~ à **immersion** / dipping varnish o. paint || ~ à **imprégnation** / impregnating varnish o. resin || ~ **isolant** / isolac, enamel || ~ pour **lingotières** / ingot mould varnish o. coating || ~ **litho[graphique]** (typo) / lithographic varnish o. oil, litho oil || ~ **long en huile** / long-oil varnish || ~ **luisant** / glazing varnish || ~ **maigre** / short-oil varnish || ~ à **masquer** (phot) / opaque, resist || ~ **mat** / mat lacquer || ~ pour **meubles** / polish || ~ **oléorésineux** / oleo-resinous varnish || ~ d'**or** / gold varnish || ~ **pelable de protection** / protective film || ~ au **pinceau ou pour peinture** / painting varnish, brushing paint o. varnish (US) || ~ pour **plancher** / floor enamel o. varnish || ~ au **plomb** / lead glazing || ~ à **poncer** / flatting o. rubbing enamel o. varnish, dull-finish lacquer || ~ **protecteur** / protecting lacquer || ~ **protecteur incolore** / clear protective coating || ~ **pyrométrique** / temperature indicating lacquer || ~ à **résine** / gum lac o. lake || ~ à base de **résines alkydes** / alkyde resin varnish || ~ de **résinyle** / resin oil varnish || ~ **résistant aux acides** / acidproof enamel || ~ **ridé** / wrinkle o. ripple finish o. paint || ~ **séchant à l'air** / air-drying lacquer || ~ **séchant à l'étuve** / baking o. stove enamel, enamel || ~ au **sel** (céram) / salt glaze || ~ pour **sérigraphie** / screen varnish || ~ au **shellac** / shellac varnish || ~ **siccatif** / drying o. siccative varnish || ~ **soudable** / solderable lacquer || ~ au **succin** / amber varnish || ~ pour **tableaux** / China water || ~ **transparent** / transparent lacquer, clear lacquer o. varnish || ~ au **trempé** / dipping varnish o. paint || ~ de **vérification des contraintes** / stress coating || ~ **zapon** / cellulose lacquer

vernissage *m* / varnish[ing] || ~ (briques) / glaze, enamel || ~ (céram) / glaze, glazing || ~ en **continu** (sidér) / roll coating || ~ **électrophorétique à immersion** / electrophoretic enamelling, electro-dipcoat || ~ **en chaîne** / progressive enamelling || ~ de **fond** / undercoat || ~ **mat ou terne** / mat enamelling || ~ **sans air [comprimé]** / airless painting || ~ au **tampon** / French polish || ~ de l'**usine** / factory finishing

vernisser (céram) / varnish *vt*, glaze *vt*, enamel *vt* || ~ à **immersion** / dip[-coat], immersion-paint

vernisseur *m* de **carrosserie** / body painter || ~ **[à la laque]** / lacquerer || ~ de **meubles** / furniture varnisher || ~ au **pistolet** / spray painter

vernisseuse *f* (pap) / varnishing machine || ~ de **feuillard à rouleau contraire** (sidér) / reverse-roll-coater || ~ à **rideau** (bois) / curtain coater

verouiller la **culasse** (arme) / lock the breech

verranne *f* / glass staple fiber

verre *m* / glass || **à ~s cerclés** (lunettes) / with rims || **à ~s nus** (lunettes) / rimless || **de ~** / glass..., of glass || **sous ~** / glass enclosed || ~ **acrylique** / acrylic glass, (proprietary type:) plexiglass || ~ **allant au four** / oven-proof glass || ~ **aluminio-silicate** / aluminio-silicate glass || ~ **antisolaire** / antisolar glass || ~ **ardent** / burning glass || ~ **armé** / armour-plate || ~ de **bâtiment** / glass for building purposes, glazing glass, GG || ~ à **bec** / graduated measuring glass, glass gauge o. measure || ~ **[bi]concave** / diminishing glass || ~ **bifocal ou bi-forces** (opt) / bifocal lens || ~ **biseauté** / cut glass || ~ **blanc** / alkali-lime glass || ~ **bleu** / cobalt glass o. silicate || ~ **bleu** (chimie) / cobalt blue, oxide blue || ~ de **Bohème** (verre) / lime crystal || ~ aux **borophosphates** / borophosphate glass || ~ de **borosilicate** / borosilicate glass || ~ à **boudine** / crown glass || ~ à **bouteilles**, verre *m* creux / bottle glass || ~ à **bouteilles**, verre *m* de couleur verte / common green glass, bottle glass || ~ **brut** / blank (glass) || ~ **brut coulé** / rough plate || ~ **calcaire natron** / soda-lime[-silica] glass || ~ **calorifuge** / heat insulating glass || ~ **cannelé** / ribbed glass || ~ **cathédrale** / rippled o. cathedral glass || ~ **cellulaire** / cellular glass || ~ de **chauffage à couche mince d'or** / gold-film glass || ~ **[choix] courant vitrerie** / window glass || ~ **clair** / clear glass || ~ **clair jardinier** / greenhouse glass, horticultural sheet glass || **~-cloche** *m* / protecting glass o. lens, glass guard || ~ au **cobalt** / cobalt glass o. silicate || ~ **coloré ou de couleur** / stained glass, tinted glass || ~ **coloré** (phys, phot) / colour[ed] filter o. screen || ~ **coloré** (nav) / coloured slide || ~ **complémentaire** / slip-on reading lens || ~ **comprimé** / pressed o. moulded glass || ~ **concave** / concave mirror || ~ **concave**, verre *m* creux / round glass, hollow [glass] ware, container ware || ~ de **construction** / glass for building purposes, glazing glass, GG || ~ **cornéen ou de cornée**, verre *m* de contact / contact lens || ~ **coulé** / cast glass || ~ **craquelé** / crackle[d] glass || ~ **creux** / hollow [glass] ware, container ware, round glass || ~ de **Crookes** (opt) / Crookes' glass || ~ **cru** / raw glass || ~ **culinaire** / flameproof glass, oven ware, ovenproof glass || ~ **cylindré** / broad [window] glass || ~ de **décantage** / settler || ~ en **demi-lune** / crescent shaped lens || ~ **dépoli** / obscured glass || ~ **dépoli** (phot, opt) / ground glass disk o. screen, groundglass, diffusing o. focus[s]ing screen || ~ **diaphane aux rayons UV ou ultraviolets** / glass transparent to UV rays || ~ **diffusant** (phot) / ground glass disk o. screen, groundglass, diffusing o. focus[s]ing screen || ~ **diffusant** (phare) / diffusing screen || ~ **dispersif** / scattering screen || ~ **dormant** (bâtim) / dormer window, fixed light || ~ **double à bord bouché** (bâtim) / sealed double pane || ~ à **double foyer** (opt) / bifocal lens || ~ **doublé** / flashed glass, cased glass || ~ **duplex** / duplex glass || ~ **dur** (à haut point de ramollissement) / hard glass (with high softening point) || ~ **dur** (résistant à la rayure) / hard glass (scratch resistant) || ~ à **eau** / drinking cup, water glass || ~s *m* pour **emballages** / packaging glasses *pl* || ~ **encadré par électrolyse** / copper [lite] glazing, electro copper glazing || ~ **épais [dit «triple»]** / window glass up to 6 mm || ~ à l'**épreuve des projectiles** / bullet-proof glass || ~ pour la **fabrication d'appareils** (chimie) / soft soda glass || ~ ayant une **face plane** (opt) / plane face glass || ~ **façonné** / figured glass || ~ à **feu** / flameproof glass, oven ware, ovenproof glass || ~ en **feuille** / flat o. window glass (comprises sheet and plate glass) || ~ **feuilleté** / compound glass || ~ **feuilleté avec couche intermédiaire en fibre de verre** / ply glass || ~ **filé** / glass fibre, spun glass || ~ **filé imprégné à la bakélite** / fiber glass [reinforced] laminate, glass reinforced laminate || ~ **filigrané** / filigree glass || ~ **filtrant les rayons infra-rouges** / infrared o. ultrared absorbing glass || ~ **flotté**, verre *m* float / float glass || ~ **flotté trempé** / tempered float plate glass || ~ **foncé** (opt) / moderating glass || ~ de **frittage** (couche épaisse) / fritted glass || ~ **fritté** / sintered glass || ~ de **Fuchs** / water glass, silicate of potassium, soluble potassium || ~ **fumé** / smoked glass || ~ **fumé** (astr) / shade || ~ à **glace** / patent o. polished plate glass, mirror glass o. plate || ~ à **gobeleterie** / cutting glass || ~ **gradué** / graduated measuring glass, measuring glass, glass gauge o. measure || ~ **gradué à bec** / beaker || ~ **gris filtrant** / gray glass filter || ~ **grossier** / raw glass || ~ **grossissant** / magnifier, multiplying o. magnifying glass || ~ **horticole** / horticultural cast o. cathedral glass || ~ d'**illumination** / glass for lighting purposes || ~ à **image ponctuelle** / point-focal lens || ~ **incassable** (auto) / splinterproof glass || ~ **incolore** / colourless glass || ~ **indicateur** (techn) / inspection glass, sight o. viewing glass || ~ **[indicateur] de niveau d'huile** / oil-level gauge [glass], oil-level o. -sight glass || ~ pour **installation** / polished plate for show windows || ~ **isolant** / insulation glass || ~ **jardinier coulé** / horticultural cast o. cathedral glass || ~ **jaugé** (chimie) / graduated measuring glass || ~ **jaune** (phot) / yellow screen || ~ **laminé** / broad [window] glass || ~ **laminé** / plate glass || ~ de **lampe** / lamp chimney o. glass || ~ de **lecture** / reading lens || ~ **limite** / limit glass || ~ de **lunette bifocal** / bifocal lens || ~ de **lunettes ou de lunetterie** / spectacle glass o. lens || ~ au **magnésium** / magnesia glass || ~ **mat** / obscured glass || ~ à **médicaments** / medical o. dispensing glass || ~ **ménisque** / meniscal lens, meniscus || ~-**métal** *m* (tube électron) / glass-metal || ~ **mince** (pour encastrement) / nutglass || ~ **minéral** / [mineral] glass || ~ de **montage** (phot) / cover slip || ~ de **montre** / crystal, watch-glass || ~ **mosaïque** / mosaic glass || ~ **moulé** / pressed o. moulded glass || ~ **mousse** / [multi]cellular o. foam[ed] glass || ~ **neutre** / gray o. tinted glass || ~ **neutre ou antisolaire** / dark glass || ~ **non alcalin** / E-glass || ~ **non trempé** / non toughened glass || ~ **nu** / blank || ~ **objectif** / objective, object-glass || ~ **opale** / milk o. alabaster glass, translucent glass || ~ **opalescent** / opalescent glass || ~ **opalin** (repro) / opal plate || ~ **opaque** / opaque glass || ~ **opaque aux rayons X** / X-ray shielding glass || ~ **optique** / optical glass || ~s *m pl* d'**optique** / lenses *pl* || ~ *m* **organique** (plast) / organic glass, transparent plastics *pl* || ~ **phosphaté** / phosphate glass || ~ **pilé** / glass frit || ~ **plat** / flat o. window glass (comprises sheet and plate glass) || ~ **plombeux** / potassium lead crystal o. glass, lead glass, lead crystal || ~ **poli** / cut glass || ~ du **pont** (nav) / deck light || ~ de **portière** (auto) / door window || ~ de **potasse** / potassium glass || ~ à **préparations** (chimie) / preparation o. specimen glass o. tube || ~ **pressé** / pressed o. moulded glass || ~ **protecteur** / protecting glass o. lens, glass guard || ~ **protecteur au plomb** (nucl) / protective lead glass || ~ de **protection** / cover glass || ~ de **protection contre les rayons X** / X-ray protective glass || ~ **pulvérisé** / glass powder || ~ **quartzeux** / quartz glass || ~ **réducteur** / diminishing glass || ~-**regard** *m* (techn) / inspection glass, sight o. viewing glass || ~-**regard** *m* d'**huile** / oil-level gauge [glass], oil-level o. -sight glass || ~ **réticulé** / reticulated glass || ~ **rubis** / ruby coloured glass, artificial o. mock ruby || ~ **sandwich triplex** / triplex glass || ~ **sans éclats** / splinterproof o. shatterproof glass || ~ **sec** (Belg) (verre) / pristine fibre || ~ **Securit** / shatterproof glass || ~ de **sécurité** / safety glass || ~ de **sécurité feuilleté** / laminated glass, multilayer glass || ~ de **sécurité feuilleté triple** / triplex glass || ~ de **sécurité trempé** / toughened o. tempered safety glass || ~ pour **sédimentation** / settler || ~ au **silicate-alcalin** / alkali silicate glass || ~ de **silice** / silica o. quartz glass, vitreous o. fused silica || ~ **sodico-calcique** / alkali-lime glass || ~ sur **sole** (verrerie) / hearth glass || ~ **soluble** (à base de potasse) / potassium water glass, water glass, silicate of potassium || ~ **soluble** (à base de soude) / sodium water glass, water glass, silicate of sodium || ~ **soluble à base de potasse et de soude** / water glass of potassium and sodium || ~ **sombre** (opt) / moderating glass || ~ **sombre à teinte neutre** / absorbing filter of neutral glass || ~ à base de **soude** / soda glass || ~ à base de **soude et de chaux** / soda-lime glass || ~ **soufflé** / blown glass || ~ **stratifié** / compound glass || ~ **strié** / corrugated glass || ~ **taillé** / cut glass || ~ **teint ou teinté** / tinted glass, stained glass || ~s *m pl* **teintés** / tinted spectacles *pl* || ~ *m* **tendre** / soft glass || ~ **textile** / textile glass, glass fibre || ~ **textile pré-imprégné** / textile glass prepreg || ~ **Thermopane** / Thermopane || ~ **trempé** / tempered plate glass, toughened glass || ~ **trempé moulé** / pressed hard glass || ~ **triplex** / triplex glass || ~ **Umbral** / umbral lens || ~ d'**urane ou à l'urane** / uranium glass || ~ à **vitres** / window glass (up to 3 mm) || ~ à **vitres** (Belg.) / glazing glass, GG, broad glass || ~ à **vitres gros** / thick window glass (over 4.5 mm) || ~ à **vitres mince** / thin window glass (0.6 - 1.6 mm) || ~ pour **vitrines** / polished plate for show windows || ~ **volcanique** / volcanic glass

verrerie *f* / glassware || ~ (industrie) / glass industry || ~ (usine) / glassworks || ~ **boule opale** (abat-jour) / shade, globe || ~ **diffusante** / diffusing glass || ~ **graduée** / measuring vessel || ~ de **laboratoire** / laboratory glassware || ~ pour **lampadaire** / bowl of a lamp || ~ **scientifique** / glassware for scientific purposes

verrier *m* / glass maker

verrière *f*, comble *m* vitré / glass roof o. glazed roof construction || ~ (ELF) (aéro) / canopy

verroterie *f* / small glass articles *pl*

verrou *m* (serr) / bar, bolt, latch || ~ (ch.de fer, auto) / lock, interlocking device || ~ d'**aiguille** (ch.de fer) / facing point lock || ~ à **articulation** (aiguille) / inside locking, sector lock of points || ~ à **bascule** / lever bolt, cross bolt || ~ de **boîte à canette** (m.à coudre) / bobbin case latch lever || ~ **commutateur** (ch.de fer) / combined electric lock and circuit controller || ~ à

crochet / hook lock || ~ **dépendant** (ch.de fer) / economical facing point lock || ~ **électrique** (ch.de fer) / electric lock || ~ **électrique à réenclenchement forcé** (ch.de fer) / forced drop lock || ~ d'**enclenchement** (ch.de fer) / track slide bar || ~ **[glaciaire]** (géol) / cross cliff || ~ **glissant** (serr) / slide o. sliding bolt, push bolt || ~ du **jeu d'autorisation** (ch.de fer) / device for effecting manual block || ~ de **maintien** / detent latch || ~ de **maintien** (électr) / switch latch || ~ à **pêne** (men) / cabinet bolt (e.g. for cabinet doors) || ~ de **porte** / door latch || ~ de **portière de tonneau** / crossbeam of the barrel || ~ de **position** / positioning lock || ~ de **silence** (horloge) / repeater-silent slide || ~ de **sûreté** (serr) / safety o. night latch o. bolt || ~ de **sûreté** (arme) / safety || ~ de **sûreté** (bicyclette) / spoke lock || ~ **tournant** (conteneur) / twistlock

verrouillable / lockable

verrouillage *m* / latching || ~ (électron) / clamp[ing] circuit, clamping || ~ (TV) / clamp || ~, blocage *m* / locking || **à** ~ / catching || **à** ~ **magnétique** / solenoid held || ~ à **baïonnette** / bayonet locking || ~ à **billes** (m.compt) / lockball o. wedgelock mechanism, ball lock || ~ par **billes d'arrêt** / ball stop || ~ du **chariot** (m.à ecrire) / carriage lock || ~ à **cliquet** / ratchet mechanism || ~ du **cœur** (nucl) / source interlock || ~ de **commande auxiliaire** (auto) / auxiliary drive lock || ~ de **couvercle** / lid catch o. lock, cover lock || ~ à **crans** / snap-in locking, latching || ~ **demi-tour** / turn-lock fastener || ~ entre **deux pièces** / interlocking || ~ du **différentiel** / differential pawl || ~ **électrique** (ch.de fer) / electric interlocking || ~ **hydraulique** (aéro) / hydraulic lock || ~ de l'**image** (TV) / holding control || ~ par **levier ou du levier** / lever stop || ~ **magnétique** / magnetic latching || ~ **mutuel** / reciprocal interlocking || ~ du **niveau** (TV) / clamping || ~ de **palier du noir** (TV) / clamping on front/back-porch || ~ de **phase** (électron) / mode locking || ~ de **portière** (auto) / door latch || ~ **réciproque** / interlocking || ~ de **réseau** (TV) / mains locking || ~ par **ressorts** / snap-on mounting || ~ de **roue libre** / free-wheel lock || ~ de **sécurité** / safety locking || ~ de **signal-son** / sound-signal direct synchronization || ~ contre les **surimpressions** / double-exposure prevention o. lock || ~ de **synchroniseur** (auto) / synchronizing lock || ~ **temporaire** (ch.de fer) / time locking || ~ du **train d'atterrissage** (aéro) / up-and-down lock || ~ à **vis** (fiche) / screw-type locking

verrouillé / barred, locked, bolted || ~ **réciproquement** / interlocked

verrouiller / block [up], [inter]lock, bolt || ~ (TV) / lock in [with] || ~, bloquer / block[ade], block up, lock || ~ (se) (radar) / lock on || ~ par **ressort** / snap on

vers / to[wards], for || ~ le **bas** / down || ~ le **haut** / up

versant *adj* (véhicule) / easily tipping over || ~ *m* (géol) / flank of a fold || ~ (géogr) / valley flank o. side || ~ d'un **comble** / pane of a roof || ~ *adj* du **côté** (manutention) / side delivery...

verse *f* (mines) / dump, tip || ~, action *f* de verser (mines) / dumping || ~ (fonderie) / cast[ing] || ~ (blé) / lodging, laying of crop || ~ de **charbon pulvérulent** (mines) / slack heap

versé [dans] / expert [at o. in], experienced || **être** ~ (blé) / lay *vi*, lodge *vi*

verse-gouttes *m* / drip-feed lubricator

versement *m* / pouring out || ~ (bière) / grist || ~ **partiel** / instal[l]ment

verser *vt* / spill, shed || ~, faire la bascule / dump, tip out || ~ [quelque chose sur] / pour something over *vt* || ~ *vi* (auto) / become overturned, tip over, ditch *vi* || ~ (blé) / lay *vi*, lodge *vi* || ~ (agr) / turn the soil || ~ de l'**argent** / pay *vi* || ~ **goutte à goutte** / drip *vt*, drop *vt* || ~ le **trop-plein** / pour off

verseur *m* / spout, snout, nozzle || ~ / tipper || ~ (verre) / ladler || ~ **plat** (typo) / flat stereo caster, tilting type

versicolore / many-coloured, multicolored, variegated

version, en ~ **originale** (film) / undubbed || ~ *f* **luxe** / de luxe execution

verso *m* (typo) / verso, even page || ~, retiration *f* (typo) / second, inner

versoir *m* (charrue) / mould board, plough board o. breast

vert *adj* / green || ~ (bois) / green, fresh, live || ~ (céram) / clay state, unfired || ~ (café) / green, raw || ~ *m* / green || ~ **acide** / acid green || ~ d'**arsénite de cuivre** / copper arsenite || ~ *adj* **blanc** / pastel green || ~ **bleu céladon** / bluish green, sea-green, celadon || ~ **bouteille** (microscopie) / bottlegreen, dark green || ~ *m* de **bromocrésol** / bromcresol green || ~ *adj* **brun** / dark-green || ~ *m* de **Cassel** / manganese green, Rosenstiehl's o. Cassel's green, barium manganate || ~ de **Chine** / locain, locao[nic acid], lokao, China o. Chinese green || ~ de **chrome** / chrome green, cinnabar green || ~ *adj* **clair** / light o. pale o. gaudy green || ~ *m* de **cobalt** / Rinmann's green, cobalt green || ~ de **cuivre** (couleur pour vivres) / copper green || ~ de **cuivre** (min) / chrysocolla || **~-de-gris** *m* / verdigris || **~-de-gris** *m* **cristallisé** / crystallized verdigris || **~-de-grisé** / verdigrised || ~ *adj* **feuillage** / leaf green || ~ *m* des **feuilles** / leaf green, green of leaves, chlorophyll || ~ *adj* **foncé** / dark-green || ~ **gai** / light o. pale o. gaudy green || ~ **glauque** / celadon, sea-green || ~ *m* **Janus** (microscopie) / Janus green || **~-jaune** *adj* (télécom) / green-yellow || ~ **jonc** / reed green || ~ **mai** / may green || ~ *m* **malachite** / malachite o. aniline green, benzal[dehyde] green, China green, diamond green B o. Bx o. P extra, fast green, light green N || ~ *adj* de **mer** / sea-green, bluish green, celadon || ~ *m* de **méthyle** / methyl o. light green, double green || ~ *adj* **mousse** / moss green || ~ **noir** / black green || ~ **obscur** / dark-green || ~ **olive** / olive green || ~ **pâle** / pale green || ~ *m* de **Paris**, vert Paul Véronèse, vert *m* de Schweinfurt (ils sont prohibés en France) / Paris o. Vienna o. Schweinfurt green, emerald o. parrot green, copper acetoarsenite || ~ *adj* **patine** / patina green || ~ **sapin** / fir green || ~ *m* de **Scheele** (il est prohibé en France) / Scheele's o. mineral green, copper arsenite || ~ **solide** (teint) / solid green || ~ d'**urane** / urania green || ~ **végétal** / sap-green || ~ de **Verdeil** (teint) / artichoke green

verte-terre *f* / pigment made from glauconite o. from celadonite

vertèbre *f* (zool) / vertebra

vertenelle *f*, vertevelle *f* (serr) / nab, locking o. staple o. striking plate, strike plate

vertex *m* (astr) / vertex

vertical / perpendicular, vertical, normal

verticale *f* / perpendicular, vertical [line] || ~ (mines) / perpendicular [line]

verticilliose *f* (pomme de terre) / potato wilt

vertu *f* / characteristic feature, quality || ~ (chimie) / strength, power || **en** ~ [de] / by virtue [of] || ~ d'un **solvant** / functionality of solvents

vésicatoire *m* / vesicant

vesou *m* / sugar cane juice o. liquor

vespasienne *f* (à l'extérieur) / street urinal
vessie *f* **caoutchouc** / rubber bladder || ~ **chauffante** (fabrication de pneus) / bladder || ~ de **poisson** / swim o. air bladder
vestiaire *m* (atelier) / locker room || ~ (ELF) (bâtim) / wardrobe-room || ~ de **bureau** / wardrobe || ~ **industriel** / steel locker || ~ **mural** / coatrack
vestibule *m* (bâtim) / lobby, hall || ~ d'**accès** (ch.de fer) / entrance o. entry vestibule
vésuvianite *f*, vésuvienne *f* (min) / vesuvianite, idocrase
vésuvine *f* (teint) / Bismarck- o. gold brown, English o. cinnamon brown, Manchester o. phenylene brown
vêtement *m* / garment || ~**s** *m pl* / dress, clothes *pl*, clothing || ~ *m* **anti-acide** / acidproof clothing || ~ **antifeu [en amiante ou en toile métallisée]** (pomp) / fire-protective clothing || ~ **anti-g ou anti-accélération** (espace) / pressure garment [assembly], PGA, g-suit || ~ **anti-g partiel** (aéro) / partial pressure suit || ~ d'**approche du feu**, vêtement *m* anti-flamme / fire-protective clothing || ~ pour **avaleurs** (mines) / waterproof suit || ~ pour **chaudronniers** / boiler dress || ~ **chauffant ou chauffé** (aéro) / heated garment || ~ **imprégné d'huile** / oil cloth || ~ de **mineur** (mines) / miner's dress o. clothes *pl* || ~ **professionnel** / work[ing] clothes *pl* || ~ de **protection** / protection o. protective suit o. clothes *pl* || ~**s** *m pl* de **protection** / protection o. protective suit o. clothes *pl* || ~ *m* **réfléchissant** / reflective clothing || ~ de **travail** / work[ing] clothes *pl* || ~ de **vol chauffé par électricité** / electrically heated flying suit o. combination
vétérinaire / veterinary
VFO, oscillateur *m* à fréquence variable (électron) / variable frequency oscillator, VFO
V.F.R. (aéro) / visual flight rules, VFR *pl*
V.H.F., ultra-haute fréquence *f* (électronique) / ultrahigh frequency, UHF (300 - 3000 Hz) || ², très haute fréquence *f* (électr) / very high frequency, V.H.F. (30 - 300 MHz)
viabilisation *f* (urbanisation) / development
viabiliser / develop a building site
viabilité *f* / viability || ~ (routes) / practicability || ~ d'un **terrain** (bâtim) / opening of a territory, development of a site
viable / capable of existence, able to exist, viable || ~ (routes) / fit for traffic
viaduc *m* / viaduct
viande *f* **congelée** / frozen meat, cold storage meat || ~ en **conserve** / tinned o. canned (US) meat
vibrant / vibrational, vibrative, vibrating, vibratory
vibrateur *m* / vibration generator o. exciter, vibrator
vibration *f* (phys) / vibration || ~ (techn) / vibration, niril || **à l'abri de ~s** / safe o. free from vibrations, vibrationless, antivibration... || ~ **acoustique** / acoustic oscillation o. transmission, sound vibration || ~ de l'**air due au bruit** / percussion, (rare:) verberation || ~**s** *f pl* des **aubes** (turbine) / blade vibrations *pl* || ~ *f* de **cisaillement d'épaisseur** (crist) / thickness shear mode || ~ **contrainte ou forcée** / forced o. constrained oscillation o. vibration || ~**s** *f pl* de **coque** / hull vibrations *pl* || ~**s** *f pl* de **déformations angulaires** (nucl) / bending vibrations *pl*, deformation vibrations *pl* || ~ *f* **entre-tenue** / steady-state vibration || ~ de **flexion** (crist) / contour vibration || ~**s** *f pl* de **flexion** (méc) / flectional vibrations *pl* || ~ *f* **harmonique** / harmonic oscillation || ~**s** *f pl* **internes** (chimie) / inner vibrations *pl* || ~ *f* **parasite** / extraneous vibration || ~ **poussée** / intensive vibration || ~ **propre** (phys) / natural o. characteristic oscillation o. vibration || ~**s** *f pl* **propres dans le domaine de résonance** / free vibrations *pl* || ~ *f* **torsionnelle** / torsional oscillation o. vibration, rotary oscillation, oscillating rotatory motion || ~ **transversale** (phys) / transverse vibration || ~**s** *f pl* **transversales** (crist) / shear vibrations *pl* || ~**s** *f pl* du **volant** (auto) / wheel fight
vibratoire / vibratory, vibrating
vibré (béton) / vibrated
vibrer / vibrate *vi*, tremble, oscillate || ~ (arbre, levier) / whip *vi* || **faire** ~ / oscillate *vt*, vibrate *vt*
vibreur *m* / vibration generator o. exciter, vibrator || ~ (électr) / chopper || ~ (lam) / vibrator || ~, ronfleur *m* / buzzer || ~ d'**alimentation de force motrice** / power-supply vibrator || ~ pour **béton** / concrete vibrator || ~ à **damer** (routes) / compacting beam || ~ **externe** (bâtim) / external o. form vibrator || ~ **immergé** / immersible transducer || ~ **intense ou de grande intensité** (électron) / loud note buzzer, strong sound buzzer (US) || ~ **intérieur** (bâtim) / poker vibrator, full depth vibrator, immersion vibrator || ~ **magnétique** (bâtim) / magnetic vibrator || ~ pour **mesure** (électron) / chopper || ~ à **plaques** (fonderie) / plate vibrator || ~ à **son fort** (électron) / loud note buzzer, strong sound buzzer (US) || ~ **sonore** (ELF) / buzzer || ~ **sonore** (ELF), sonnerie *f* à trembleur / buzzer, vibrating bell
vibro·centrifuge *f* à **son** (moulin) / vibro bran sifter || ~**-classeur** *m* / vibrating classifier || ~**compacteur** *m* (routes) / compacting beam || ~**crible** *m* (terme à déconseiller), crible *m* vibrant / vibrating screen || ~**crible** *m* à **double balourd** / vibrating screen with double unbalance || ~**culteur** *m* (agr) / Danish cultivator || ~**dameur** *m*, vibrodameuse *f* (Suisse) (routes) / vibro-tamper, vibratory compacter || ~**finisseur** *m* (béton) / vibro-finisher || ~**flottation** *f* (sable) / vibratory compaction || ~**foration** *f* (pétrole) / vibratory o. vibration drilling || ~**graphe** *m* / vibrograph || ~**mètre** *m* / vibrometer || ~**moteur** *adj* / exciting vibrations || ~**-moulin** *m* (chimie) / vibromill
vibronique (semicond) / vibronic
vice *m* **caché** / latent o. hidden defect || ~ de **conception** / concept error || ~ de **construction** / construction o. structural error o. fault, error of construction o. design || ~ d'**emballage** / fault in packing, faulty packing || ~ de **fabrication** / defect of fabrication, faulty craftsmanship || ~ de **matière [primitive]** / flaw o. fault in material, faulty material || ~ de **matière** (gén) / defect, fault || ~ **propre** / inherent vice
vicié (gén) / defective, faulty || ~ (air) / stagnant, vitiated
vicinal / vicinal
vidage *m* / evacuation, emptying || ~ (ord) / dump, memory dump || ~ **après changement** (ord) / change dump || ~ à la **demande** (ord) / snapshot dump || ~ **dynamique** (ord) / dynamic dump || ~ par le **fond** / bottom discharge || ~ de la **mémoire** (ord) / dump || ~ de **mémoire sur imprimante** (ord) / memory dump and print || ~ **postmortem** (ord) / postmortem dump || ~ **sélectif** (ord) / selective dump || ~ **SNAP** (ord) / snapshot dump || ~ **statique** (ord) / static dump || ~ **total de la mémoire** (ord) / complete memory dump
vidange *f* / evacuation, emptying || ~ (nucl) / dump || ~ (eaux usées, huile) / emptying of cesspits || ~**s** *f pl* (égout) / contents *pl* of cesspits || ~ *f* (auto) / oil

change || ~ (routes) / road drain o. ditch, water table o. gutter || ~ (au point bas) / discharge o. discharging hole o. mouth, issue || ~ du **bois** (silviculture) / timber hauling o. skidding, logging || ~ du **carter** / oilpan drain o. outlet || ~ d'**eau** / water drain || ~ d'**eau boueuse** / discharge of sloppy water || ~ de la **fosse d'aisance** / emptying of cesspits || ~ d'**huile** / oilpan drain o. outlet || ~ d'**huile** (action) / oil drain[ing] || ~ *m* à **pression** (réservoir) / pressure discharge

vidangeage *m* (aéro) / defuelling

vidanger / drain *vt* || ~ (eaux usées) / empty cesspits || ~ l'**huile** / drain the oil || ~ le **réservoir de carburant** (aéro) / defuel

vide *adj* / void || ~ *m* / emptiness || ~ / break, gap || ~ (plast) / contraction cavity || ~**s** *m pl* (emballage) / empties *pl* || ~ *m* (phys) / empty space, vacuum || ~ (typo) / void || ~ (b.magnét) / void, bad spot, blemish || ~ (plast, outil) / impression of a mould || ~ (engrenage) / tooth space, gash (US) || ~ (nucl) / void, slug || ~, distance *f* entre appuis (bâtim) / clear span, span, width || ~, jour *m* de porte (bâtim) / door opening o. aperture || ~**s** *m pl* (béton) / voids *pl* || ~ *m* (crible) / sieving area || **à** ~ (mot) / on no-load, off-load || **à** ~ (électr) / off-load || **à** ~, à air aspiré / vacuum... || **à** ~ **très poussé** / high vacuum... || **à** ~**s étroits** (grille) / with narrow openings (grate) || **faire le** ~ / evacuate, draw out, exhaust (air) || **faire le** ~ **par pompe** / pump out o. down || **sans** ~**s** / without gap || **sous** ~, dans le vide / under vacuum || **sous** ~ **élevé ou poussé** / highly exhausted, high-vacuum... || **tourner à** ~ / idle *vi*, tick over || ~ *adj* d'**air** (phys) / exhausted, void of air, airvoid || ~ *m* d'**air** (d'un mur creux) / air space (of a cavity wall) || ~ **bas** / low vacuum || ~**-bouteille** *m* / bottle emptier, siphon || ~**-cave** *m* / pump for pumping-out cellars || ~ de **cent torr à un torr** / vacuum 100 to 1 torr || ~ de **dilatation** (rails) / railgap || ~ **final** / ultimate o. final vacuum || ~ au **fond des entredents** (roue dentée) / root o. bottom clearance || ~ de **forure** / bore hole || ~ de **garde** / guard vacuum || ~ de **grille** / interstice of the grate || ~ **grossier** / vacuum 760 to 100 torr, rough o. low vacuum || ~ du **haut fourneau** / body of the blast furnace || ~ **limite** / ultimate o. final vacuum || ~ de **maille** (filet de pêche) / aperture size || ~ **normal** (frein à vide) / rated depression || ~**-ordures** *m* / garbage chute, refuse duct, rubbish dumper, waste disposer || ~ **partiel** / depression, low pressure, partial vacuum || ~ **peu poussé** / low vacuum || ~ [très] **poussé** (10^{-3} à 10^{-6} torr) / high vacuum || ~ **poussé [en millitorr]** / medium [high] o. fine vacuum || ~ **préliminaire** / backing (GB) o. fore (US) pressure || ~ **primaire** (760 à 100 torr) / vacuum 760 to 100 torr, rough o. low vacuum || ~ de **protection** / guard vacuum || ~ de **remplètement** / common o. empty o. intermediate rafter, edge rafter || ~ **sanitaire** (bâtim) / ventilation space, (esp.:) crawl space || ~ **spatial** (ELF) / space vacuum || ~ entre **strates** (plast) / dry spot of a laminate || ~ **supérieur** (haut fourneau) / upper chamber o. shaft || ~ de **Torricelli** (phys) / Torricellian vacuum || ~**-vite** *m* **réservoirs** (aéro) / fuel jettison gear

videmètre *m* / vacuum gauge o. indicator o. meter

vidéo *adj* (TV) / video..., vision..., visual || ~ *m* (TV) / picture o. video signal, vision signal (GB) || ~ **brut** (radar) / raw video || ~**-cassette** *f* / video-cassette || ~**-enregistreur** *m* sur **film** / telecine camera || ~**-enregistreur** *m* **magnétique** / video tape recorder, VTR || ~**fréquence** *f* (TV) / video frequency, VF || ~**graphe** *m* (aéro) / videograph || ~**-mapping** *m* (radar) / video mapping

vidéonie *f* / TV recording o. pick-up technique

vidéo·phone *m* / television telephone, picturephone (ATT), videophone || ~**scripteur** *m* / light printer || ~**signal** *m* / vision (GB) o. TV (US) signal || ~**texte** *m* / videotext

vider / clean out, clear, empty, deplete || ~, évacuer / drain *vt*, evacuate || ~ (se) / empty *vi* || ~ les **barriquets** (mines) / dump the tubs || ~ la **mémoire** (ord) / dump || ~ la **piste** (ord) / run out || ~ par **pompe** / pump out o. down || ~ [en **puisant]** / exhaust *vt*, empty, scoop out

vidicon *m* (TV) / vidicon [tube] || ~ à **faisceau inverse** / return-beam vidicon || ~ à l'**oxyde de plomb** / lead oxide vidicon

vidoir *m* / garbage chute, refuse duct, rubbish dumper, waste disposer || ~ d'**étages** / insertion slot of garbage chute

vie *f* (biol) / life || ~ (techn) / service[able] life || ~ (transistor) / lifetime || **à** ~ / lifetime... || **à** ~ **courte** / short-lived || **à** ~ **longue** / long-lived || **de** ~ **longue** / long-life..., long-lived... || **sans** ~ / lifeless || ~ **économique** / commercial life || ~ **moyenne** (nucl) / mean life || ~ d'un **neutron** / neutron lifetime || ~ en **pot** (plast) / pot life, working life || ~ de **surface** (semicond) / surface lifetime || ~ **utile** / service[able] life || ~ **[utile]** (outil) / endurance, tool o. edge life, service[able] life || ~ **utile** (ord) / useful life

vieille fonte *f* (fonderie) / cast scrap

vieilli / matured || ~, vieux / oldfashioned, outdated, antiquated, obsolete, superannuated || ~ **complètement** (métal léger) / fully aged

vieillir *vt* (céram) / age *vt* || ~ (métal léger) / age-harden || ~ *vi* / age *vi*, fatigue *vi* || ~ **excessivement** (sidér) / overage

vieillissement *m* / ag[e]ing || ~, désuétude *f* / obsolescence || ~ (métal léger) / age-hardening, ag[e]ing || **ayant subi un** ~ **préalable** (tube thermionique) / burnt-in || ~ par les **efforts d'écrouissage**, vieillissement *m* par l'écrouissage / strain ag[e]ing o. age hardening || ~ au **four** / furnace ag[e]ing || ~ **gauche** / skew-ageing || ~ d'**huile isolante** / ag[e]ing of insulation oil || ~ de **longue durée** / long-time ag[e]ing || ~ **naturel** / natural ag[e]ing || ~ **rapide** / quick ag[e]ing || ~ par **trempe** / quench ag[e]ing

vierge (électron) / blank || ~ (minerai) / native || ~ (film) / raw || ~ (c.perf.) / blank, virgin || ~ (mines) / untouched, unworked, virgin || ~ (cadran) / blank (dial)

vieux / outdated, antiquated, superannuated || **plus** ~ / prior || ~ **cordage goudronné** / old tarred o. black cordage || ~ **cuivre** / scrap copper || ~ **journaux [de récupération]** / old newspapers *pl* || ~ **laiton** / brass shruff || ~ **matériaux** *m pl* / salvaged o. old material || ~ **papier de papier kraft** / kraft waste paper || ~ **papiers [de récupération]** / used o. waste paper || ~ **peuplement** *m* (silviculture) / old [high] forest [crop], matured forest o. stand o. timber || ~ **plomb** / broken lead, scrap lead || ~ **rose** *adj* / antique pink || ~ **sable** *m* (fonderie) / used o. burnt sand || ~ **sable mélangé de noir de fonderie** / black sand || ~ **travaux** *m pl* (mines) / abandoned workings *pl*, old *pl* [filled up] work[ing]s, gob, goaf

vif, vive / alive, living || ~ (chimie) / brisk || ~ (électr) / hot (coll), alive, live || ~ (vernis) / limpid, lucid || ~ (couleur) / vivid || ~ (arête) / sharp [edged], sharp cornered, angular || ~ (bâtim) / arris... || ~, brillant / bright, polished, glossy || ~ (chaux) / quick, unslaked || **à** ~ (typo, phot) / bleed [design], marginless || **le** ~ **d'un moellon** / the solid of an ashlar || **vive lueur** *f* / flare

vif-thier *m* (Belg) (mines) / face (of the gateway o. of work), working stall o. place, gallery o. gate end o.

head
vigie *f* de **frein** (ch.de fer) / brakeman's cabin, brakeman's caboose (US)
vigilance, mise en ~ (circuit) / arming a circuit
vigne *f* (bot) / vine
vignettage *m* (phot) / vignetting || ~ (opt, défaut) / vignetting
vignette *f* / printer's flower, head-and-tail piece || ~ **autocollante** / adhesive label, sticker (US) || ~ **fiscale** / revenue stamp || ~ **fiscale** (auto) / car licence || ~ de **validité** / check, control coupon
vignoble *m* / vineyard
vigogne *f* / vicuña
vigoureux / vigorous
vigueur *f* (gén) / vigor, energy, strength, stamina || ~ (méc) / force, strength, power || **en** ~ / current || **être en** ~ / obtain || **être en** ~ (loi) / take effect
vilebrequin *m* (men) / brace, bit o. crank brace, brace and bit breast borer o. drill || ~ (mot) / crankshaft, cranked shaft || ~ (locomotive) / crankshaft || ~ à **carré mâle** (outillage) / speed brace || ~ à **cliquet** / ratchet brace || ~ **composé** / built-up crankshaft || ~ à **palier intérieur** / side-throw crankshaft || ~ à **trois paliers** / three-bearing crankshaft
ville *f* **jardinière** / garden suburb o. city || ~ **nouvelle** (bâtim) / new town
VIN, numéro *m* d'identification de véhicule (ch.de fer) / vehicle identification number, VIN
vinaigre *m* / vinegar || ~ **aromatique** / aromatic vinegar || ~ de **bois** / wood vinegar || ~ à **essai** / proof vinegar || ~ de la **fermentation acétique** / spirit vinegar || ~ aux **fines herbes** / aromatic vinegar || ~ **normal** / proof vinegar || ~ **radical** / crystallizable o. glacial o. pure acetic acid
vinaigrerie *f* / vinegar distillery o. works || ~ **rapide** / quick vinegar process
vinasse *f* (sucr, distill) / slop || ~ **charbonnée** (sucre) / charred slop || ~ de **mélasse** / molasses vinasses
vindas *m* (nav) / capstan
vinologie *f* / oenology
vinylal *m* / vinylal
vinylation *f* / vinylation
vinyle *m* (chimie) / vinyl
vinylique / vinyl...
vinylite *m* / [poly]vinyl resin
violacé / violet
violamine *f* / violamine
violant, violâtre / purply- o. purplish blue
violation *f* de **brevet** / infringement of (GB) o. on (US) a patent, patent infringement
violent, véhément / impetuous || ~ (réaction) / vigorous || ~ **explosif** *m* / high-explosive, H.E. || ~**e rafale** *f* / squall || ~**e tempête** (force de vent 11) *f* / storm
violer [le **privilège d'**]**un brevet** / infringe a patent
violet *adj* / violet || ~ *m* / violet || ~ d'**aniline** / regina purple || ~ *adj* **bordeaux** / claret violet || ~ **bruyère** / heather violet || ~ *m* de **gentiane** / pyoctanine blue, gentian violet || ~ de **Hofmann** / dahlia violet || ~ de **Lauth** / thionine || ~ de **méthyle** / methyl violet, pyoctanine || ~ **rouge** / red violet || ~ **solide victoria** (tex) / Victoria fast violet
virage *m* (action) / turning, swinging round, cornering || ~ (routes) / bend, curve || ~ (phot) / toning bath || **prendre un** ~ / take a corner || ~ de **base** / base turn || ~ **brusque ou important** (routes) / sharp bend o. turn || ~ **cabré** (aéro) / nose-up curve || ~ de **couleur** / colour change || ~ **court** (aéro) / bank turn || ~ à **droite** / right turn || ~ [**électrique**] (électr) / inching || ~ en **épingle à cheveux** (routes) / hairpin bend || ~ d'un **film** (phot) / staining || ~**-fixage** *m* (phot) / toning and fixing bath || ~ avec **glissade** (aéro) / skid turn || ~ en **lacet** (routes) / turning bend || ~ en **montée** (aéro) / nose-up curve || ~ par **mordançage** (phot) / mordanting || ~ de **nuance** (teint) / change o. deviation of shade || ~ de **procédure**, virage *m* réglementaire (sécurité aérienne) / procedure turn || ~ **réglementaire final** (approche finale) / final procedure turn || ~ en **S** (routes) / double bend, hair pin bend || ~ de **teinte** / colour change
viral / virus..., viral
virement *m* (nav) / turn || ~ (banque) / transfer
virer *vi* (météorol) / veer || ~ (auto) / take a corner, corner *vi* || ~ *vt* (phot) / tone *vt*, give a toning bath || ~ (couleur) / change *vi* colour || ~ de **bord** (nav) / tack about || ~ sur une **flèche verte** / turn off on "green arrow" || ~ le **guindeau** (nav) / turn the capstan || ~ le **moteur** / turn the flywheel [by barring gear]
vireur *m* (nav) / turning gear || ~ (mot) / barring gear (GB), turning gear (US) || ~ de **forge** / hydraulic handling device
virevolte *f* / spin, spinning
virevolter / spin [round], reel, whirl
virgule *f* (ord) / point, decimal point || ~ (typo) / comma || ~ **ajustable** (m.compt) / adjustable point || ~ **binaire** (math) / binary point || ~ **décimale** (math) / decimal point o. Pt || ~ **décimale implicite** (ord) / assumed decimal point || ~ **fixe** (ord) / fixed point || ~ **flottante** (ord) / floating decimal o. point
viricide *m* / viricide
viro-fixage *m* (phot) / toning and fixing bath
virole *f* / hoop, ferrule || ~ (horloge) / collet for watches || ~ (hydr) / ferrule || ~ (forge) / hoop || ~ (numism.) / ferrule || ~ de **chaudière** / shell ring o. belt, boiler barrel o. shell || ~ de **cuvelage** (mines) / tubbing || ~ de **dôme** (techn) / dome barrel || ~ de **mère ou de nourrice** (céram) / guide [tube] || ~ de **pied** (céram) / bottom guide tube || ~ pour **poignées** / handle collar, ferrule, ferrel || ~ de **quenouille** (sidér) / stopper rod brick, sleeve brick, rod cover || ~ de **tube** / tube ferrule || ~ de **tunnel** / tunnel ring o. frame
virose *f* / virosis, virus disease
virtuel (méc) / potential, virtual || ~ (opt) / apparent, visual
virulence *f* / virulence, -ency
virulent / virulent
virure *f* / strake || ~ de **bandages** (nav) / plank strake || ~ de **bouchain** (nav) / bilge strake || ~ de **carreau** / sheerstrake || ~ de **gabord** / garboard strake, sand strake || ~ d'**hiloire** / tie plate || ~ de **tôles** (nav) / plate strake, strake, streak
virus *m* (pl: virus) / [filterable o. ultramicroscopic] virus || ~ de l'**enroulement** (agr) / leaf roll || ~ de **jaunissage de la betterave** / sugar-beet yellows virus || ~ **S de la pomme de terre** / potato S-virus
virusal / virus..., viral
vis *f* / screw, bolt || ~ (engrenage) / worm || **à** ~ / srew ..., provided with [screw]thread || **à** ~ (étançon, mines) / with overhang || **sans** ~ / screwless || ~ **agitatrice** / spiral stirrer || ~ d'**ajustage** / adjusting screw || ~ pour l'**ajustage du frein** / brake setscrew || ~ [d'**ajustage**] **micrométrique** (instr) / tangent screw || ~ d'**ajustement d'horizon** (arp) / screw for levelling o. for adjusting the horizon, level[l]ing screw || ~ d'**ajustement précis** / fine adjustment screw || ~ à **ajustement serré** / interference fit thread screw || ~ d'**alimentation** / feed screw || ~ d'**ancrage** (bâtim) / anchor bolt, fixing o. foundation anchor o. bolt || ~ à **anneau de levage** / lifting screw, ring bolt || ~ **antagoniste** (techn) / thrust-screw, antagonistic screw || ~ *f pl* **antagonistes** (théodolite) / clip o.

antagonistic screws *pl* || ~ *f* d'**Archimède** (hydr) / spiral pump, Archimedean o. lifting screw || ~ d'**arrachage** / withdrawing screw, pulling[-off] screw || ~ d'**arrêt** / locking screw, holding o. hold-down screw || ~ d'**arrêt**, vis *f* de retenue / locking o. securing screw || ~ d'**arrêt**, vis *f* de butée / stop screw, adjusting o. butt screw || ~ d'**assemblage** / machine bolt o. screw || ~ d'**assemblage à embase** / collar screw || ~ d'**attente** / tack[ing] screw, temporary screw || ~ **autoperceuse** / self drilling and cutting screw, drilling screw || ~ **autotaraudeuse** / tap[ping] screw, self cutting screw, thread cutting screw || ~ **autotaraudeuse à frapper** / [hammer-]drive screw || ~ **autotaraudeuse à tête conique** / flat head[ed] o. countersunk self cutting screw || ~ **autotaraudeuse à tête hexagonale** / self cutting hexagon head cap screw || ~ **autotaraudeuse à tête ronde** / round head self cutting screw || ~ d'**avance** / draw-bolt || ~ à **billes** (m outils) / ballscrew || ~ de **blocage** / adjusting o. binding screw, locking screw || ~ de **blocage** / safety o. seal screw || ~ à **bois** / wood screw (a screw for use in wood), screw nail || ~ de **bois** / wooden screw || ~ à **bois à œillet** / round screw hook || ~ à **bois à tête carrée** / square head lag bolt, square head wood screw || ~ à **bois à tête conique bombée** / raised countersunk head wood screw, oval head wood screw || ~ à **bois à tête conique bombée à fentes en croix ou à empreinte cruciforme** / cross recessed raised countersunk oval head wood screw || ~ à **bois, tête demi-ronde** / slotted round head wood screw || ~ à **bois, tête fraisée fendue** / slotted countersunk head o. flat head wood screw || ~ à **bois, tête hexagonale** / hexagon head cap wood screw || ~ **borgne** / cap bolt || ~ à **boulon cannelé** / North bolt || ~-**brosse** *f* (moulin) / brushing worm || ~ **brute** / pressed screw || ~ de **butée** / stop screw, adjusting o. butt screw || ~ **butée de ralenti** (carburateur) / idle [speed] adjusting screw || ~ de **câble** / cable socket, cable terminal screw, binding post o. screw || ~ de **calage** / adjusting screw, setting screw, (also:) jackscrew || ~ **calante ou de calage** (arp) / adjusting screw, set o. regulating screw || ~ de **calibrage** (coupe-circuit) / gauge piece || ~ à **centrer ou de centrage** / centering screw || ~ de **changement de marche** (m.à vap, ch.de fer) / reverse o. reversing screw || ~ **chapeau** / cap o. bow o. box screw || ~ à **clé** (m.outils) / T-handle, clamp o. locking handle || ~ à **coin** / wedge bolt || ~ de **commande de l'avance** (m.outils) / feed screw || ~ de **contact** / contact screw || ~ à **contact sous tête** / screw type terminal || ~ **convoyeuse** / screw o. spiral o. worm conveyor || ~ à **cornet** (horloge) / cornet screw || ~ de **course** (m à plier) / lifting screw (folding m) || ~ à **crochet** / hooked bolt || ~ de **culasse** (bouche à feu) / breech screw || ~ de **culasse** (mot) / cylinder head stud || ~ **cylindrique** / cylindrical worm || ~ de **décharge** / drain plug || ~ **décolletée** / turned screw || ~ à **denture multiple** / multipoint socket screw || ~ **différentielle** / differential screw, hunter's screw || ~ de **direction** (auto) / steering screw || ~ de **dosage** / metering screw || ~ à **double pas de Prony** / differential screw, hunter's screw || ~ **douze pans creux** / twelve-point socket screw || ~ d'**écartement** / stay bolt screw || ~-avec **écrou** / [screw] bolt || ~ d'**éjection** / setbolt || ~ **élévatoire** (hydr) / spiral pump, Archimedean o. lifting screw || ~ **empierrée ou à pierre** / jewel bearing || ~ à **empreinte à créneaux** / spline socket screw || ~ à **empreinte cruciforme** / screw recessed head, Phillips screw || ~ d'**ensachage** / sack filling screw, bagging auger || ~ **et écrou** (collier de serrage) / fastening lug || ~ d'**étau** / vice o. vise (US) spindle || ~ d'**évacuation d'air** (gén) / vent screw || ~ **extractrice** (convoyeur) / extracting screw || ~ d'**extrudeuse** / barrel extruder || ~ **fendue sans tête** / slotted set screw || ~ **fendue sans tête à pivot** / slotted set screw with full dog point || ~ à **fente** / slotted screw || ~ à **fentes en croix** / screw recessed head, Phillips screw || ~ de **fermeture** / screwed sealing plug, screw plug || ~ à **filet arrondi** / knuckle thread bolt || ~ à **filet carré ou rectangulaire** / flat thread bolt o. spindle || ~ à **filet laminé** / rolled thread screw || ~ à **filet triangulaire** / triangular thread screw, angular thread screw || ~ de **fixage** (horloge) / case screw || ~ de **fixation** / fastening screw, clamping bolt || ~ de **fixation**, vis *f* de serrage / safety o. seal screw, locking screw || ~ de **fixation**, vis *f* d'ajustage / adjusting screw || ~ de **fixation de l'axe de piston** / piston pin lock [screw] || ~ à **flanc défini en profil axial** (engrenage) / straight sided axial worm, worm type ZA || ~ à **flancs définis en profil normal** (engrenage) / worm with straight-sided normal flancs (GB), chased helicoid (US), worm type ZN || ~ à **flancs engendrés par outil disque** (engrenage) / milled helicoid worm, worm type ZK || ~ à **flancs en hélicoïde développable** (engrenage) / involute helicoid worm type, worm type ZI || ~ **forgée** / forged bolt || ~-**fraise** *f* / milling cutter for worms || ~ du **frein** / brake spindle || ~ à **garret** / tommy screw, T-screw || ~ **globique** / enveloping worm, global worm || ~ **graduée** / scale screw || ~ à **grains** / auger conveyor for grain || ~ à **grains ensacheuse** (agr) / sacking auger conveyor || ~ de **hissage** (hydr) / lifting spindle || ~ **imperdable** / captive screw || ~ de **jonction** / connecting bolt, binding screw || ~ **mélangeuse** (mines) / mixing screw || ~-**mère** *f* (tourn) / leading spindle o. screw || ~ à **métaux** / machine screw || ~ **micrométrique** / micrometer screw || ~ à **miroirs** (TV) / mirror screw || ~ de **mise de niveau** (balance) / levelling screw || ~ de **mise à la terre** / earthing (GB) o. grounding (US) screw || ~ **moletée** / knurled [thumb] screw || ~ de **montée** (hydr) / lifting spindle || ~ de **montée et de descente** / lifting and lowering spindle || ~ **motrice** (techn) / driving o. propelling screw || ~ **moulée** (plast) / moulded screw || ~ de **niveau** / jackscrew || ~ à **œillet** / eyelet screw || ~ à **oreilles** / flap screw, wing (GB) o. thumb (US) screw || ~ d'**ouverture du diaphragme** / aperture diaphragm adjusting screw || ~ **pan head à fente** (Suisse) / slotted pan head screw || ~ **Parker** / Parker screw || ~ à **pas gauche** / left-handed screw || ~ **perceuse** / drilling screw || ~ à **pierre** (instr) / jewel bearing || ~ à **pivot** / half dog point screw || ~ à **plomber** / leading screw || ~ à **poignée** (m.outils) / T-handle, clamp o. locking handle || ~ à **poignée conique** / screw with tapered handle || ~-**pointeau** *f* d'**arrêt** / attachment o. binding screw, check o. locking screw || ~ de **poupée** (forge) / poppet pin of the lower die || ~ de **poupée** (tourn) / tail spindle || ~ **préplastificatrice** / preplastifying spindle || ~ de **presse** / press spindle || ~ de **pression**, vis *f* d'arrêt / adjusting o. binding screw, locking screw || ~ de **pression**, vis *f* de serrage / press-screw || ~ de **pression ou d'arrache** (techn) / withdrawing screw, pulling[-off] screw (US) || ~ **provisoire** / tack[ing] screw, temporary screw || ~ de **purge** / drain plug || ~ de **purge d'air** (auto) / vent screw || ~ de **purge pour l'huile de graissage** / waste oil screw, screw plug, oil [pan] drain plug || ~ pour **rainure à T** / T-bolt, tee-bolt || ~ de **rappel** / screw drive [mechanism] || ~ de **rappel** (pied à coulisse) / return screw || ~ de **rappel centrale** / spring-bow center wheel || ~ de **rappel ou d'ajustage** / adjusting screw, set o. regulating screw || ~ de **réglage** (dosage) / metering screw || ~ de **réglage** (lam) / screw-down gear || ~ de **réglage coulisseau** (presse) / press slide adjusting screw || ~ de **réglage [de la distance]** / spacing screw || ~ de **réglage de l'encrier** (graph) / duct adjusting screw || ~ de **réglage extensible** / adjusting screw || ~ de **réglage de poussoir avec contre-écrou** (mot) / tappet adjusting screw with lock unit || ~ de **réglage de ralenti** (carburateur) / idle [speed] air adjusting screw || ~ **régulatrice** / adjusting screw, set o. regulating screw || ~ **régulatrice de frein** / brake adjusting screw || ~ des **rejets** (prépar) / refuse worm || ~ de **remise à zéro** / zero adjusting screw || ~ de **remplissage** / filling plug || ~ de **retenue** / locking o. securing screw || **~-robinet** *f* / pet cock || ~ de **rupture** / breaker contact o. point, make and break contact screw

vis sans fin *f* / worm, endless screw || ~ (hydr) / spiral pump, Archimedean o. lifting screw || ~ (convoyeur) / conveyor worm o. spiral, screw o. spiral o. worm conveyor || ~ d'**amenée** / feed screw || ~ **articulée** / sectional screw || ~ **collectrice** / collecting spiral conveyor || ~ **cylindrique** / cylindrical worm || ~ à **deux filets** / double-lead screw || ~ de **direction** (auto) / steering worm || ~ de **dosage** / metering screw || ~ d'**entraînement [pour la mise en marche des avances]** / trip worm || ~ à **extraction** / delivery spiral conveyor || ~ **transporteuse** / flight, screw o. worm of the spiral conveyor || ~ à **un filet** (plast) / single-flighted screw

vis sans tête *f* / [headless] set screw, headless pin, setscrew (US) || ~ à **bout arrondi** / round-point setscrew || ~ [à **bout plat chanfreiné, à pointe, à pivot, à cuvette]** / headless pin o. setscrew [with flat point, with cone point, with full dog point, with cup point] || **~, partiellement filetée** / setscrew || ~ à **pivot arrondi** / pivot point setscrew || ~ à **six-pans creux** / hex[agon]-socket setscrew || ~ à **téton fileté** / locating o. pilot o. shank screw

vis *f* de **serrage** / attachment o. binding screw, check o. locking screw || ~ de **serrage** (collier de fixation) / draw[-in] spindle || ~ de **serrage** (lam) / screw-down gear || ~ de **serrage**, vis *f* de pression / press-screw || ~ de **sortie d'air** (gén) / vent screw || ~ à **souder** / welding stud (DIN 525) || ~ **T** (compas) / T-screw || ~ **tangente** / worm, endless screw || ~ **tangentielle** (instr) / slow-motion tangent screw || ~ **taraudeuse** / thread-forming screw, self cutting screw || ~ **tendeuse ou de tension** / draw spindle, straining screw || ~ à **tenon carré** / setscrew with square upper end || ~ à **tenon moleté** / North bolt || ~ de **tension** (techn) / tension bolt || ~ de **tension à œil** / tightening eyebolt

vis à tête *f* / cap screw || ~ **carrée à téton** / square-head bolt with half-dog point with rounded end || ~ **clé plate rectangulaire** / flat leaf bolt || ~ **conique** / countersunk head screw, oval head screw || ~ **conique bombée** / raised countersunk head screw, raised oval head screw, French head screw || ~ **conique bombée fendue ou à fente** / slotted raised countersunk head screw || ~ **conique fendue ou à fente** / slotted countersunk head screw || ~ **conique à fentes en croix** / recessed countersunk head screw || ~ **cubique** / square head cap screw || ~ **cylindrique** / cheese head (GB) o. fillister head (US) o. pan head (US) [cap o. machine] screw || ~ **cylindrique bombée** / raised cheese head screw, raised fillister head screw || ~ **cylindrique bombée large à empreinte cruciforme** / recessed raised cheese head screw || ~ **cylindrique bombée et à perçage en croix** / capstan headed screw || ~ **cylindrique fendue bombée mince á téton** / slotted flat mushroom head screw with full dog point || ~ **cylindrique fendue bombée mince large** / slotted flat mushroom head screw, (large) || ~ **cylindrique fendue ou à fente** / slotted cheese head screw || ~ **cylindrique à fentes en croix** / recessed cheese head screw || ~ **cylindrique fraisée à ergot** / countersunk cheese head nib bolt || ~ **cylindrique à six pans creux** / hexagon socket head cap screw || ~ **cylindrique à six pans creux [partiellement ou entièrement filetée]** / hexagon socket head cap screw, fully , [partially] threaded || ~ **demi-ronde** / button head screw || ~ **fraisée** / countersunk head screw || ~ **fraisée bombée** / raised countersunk head screw || ~ **fraisée à empreinte rectangulaire** / countersunk head o. flat head screw with forged slot || ~ **goutte-de-suif** / tallow-drop screw || ~ **hexagonale** / hexagon head cap screw || ~ **hexagonale à calotte** / hexagon cap screw || ~ **octogonale** / octagon bolt || ~ **ovale** / oval head o. raised head screw || ~ **percée en croix** / capstan headed screw || ~ **plate bombée** / truss-head screw || ~ **rectangulaire** / hammer head screw || ~ **rectangulaire avec angles abattus à collet carré, [à collet carré réduit]** / hammer-head bolt with square,[with lug] || ~ **ronde** / round screw, button head screw (US) || ~ **ronde fendue** / slotted round head screw || ~ **six pans creux** / hexagon socket screw || ~ **triangulaire** / triangle head bolt || ~ **triangulaire à embase** / triangle head bolt with collar || ~ **trois pans** / triangle head bolt

vis *f* à **téton** / full dog point screw || ~ à **tige allégée** / reduced-shaft o. antifatigue-shaft bolt || ~ à **tige normale** / double-end bolt || ~ à **tige réduite** / reduced shaft bolt || ~ à **tirer** (fonderie) / draw screw || ~ à **tôle** / self tapping screw || ~ à **tôle avec rondelle incorporée** / tapping screw assembly || ~ à **tôle à tête cylindrique** / pan head tapping screw || ~ à **tôle à tête cylindrique [à dépouille] fendue** / slotted pan head tapping screw || ~ à **tôle à tête demi-ronde** / round head tapping screw || ~ à **tôle à tête fraisée** / countersunk head tapping screw || ~ à **tôle à tête fraisée bombée** / raised countersunk tapping screw, raised oval head tapping screw || ~ **transporteuse** (hydr) / spiral pump, Archimedean o. lifting screw || ~ **transporteuse** / screw o. spiral conveyor || ~ **transporteuse d'amenée** / charging o. feeding screw || ~ **transporteuse à betteraves** / beet screw conveyor || ~ du **transversal** (m.outils) / crossfeed screw || ~ **trois pans creux** / recessed head triangular screw || ~ du **trou de remplissage** / filling hole screw cap, filling hole plug || ~ **tubulaire** / spring screw (DIN 4626) || ~ **type ZA** / straight sided axial worm, worm type ZA || ~ **type ZI** / involute helicoid worm type, worm type ZI || ~ **type ZK** / milled helicoid worm, worm type ZK || ~ **type ZN** / worm with straight-sided normal flancs (GB), chased helicoid (US) worm type ZN || ~ à **un filet** / single-flighted screw || ~ à **un filet** / single-flighted screw || ~ de **verrou** (rabot) / cap iron screw of spoke shave || ~ de **vidange** / drain plug

visco·élasticité *f* / viscoelasticity || **~-élastique** / viscoelastic || **~gramme** *m* (pétrole) / blending chart, viscosity [blending] chart || **~mètre** *m* /

visco[si]meter || ~**métrique** / viscometric || ~**plasticité** *f* / viscoplasticity || ~**plastique** (méc) / viscoplastic || ~**réducteur** *m* (ELF) / visbreaker || ~**réduction** *f* (ELF) (pétrole) / visbreaking
viscose *f* / cellulose o. xanth[ogen]ate, viscose
viscosimètre *m* / visco[si]meter || ~ à **bille tirante** / ball draw viscosimeter || ~ à **bulle d'air** / air bubble viscometer || ~ à **chute de bille** / drop-ball viscometer, falling ball o. falling sphere viscometer || ~ à **disque vibrant** / vibrating-disk o. vibration-type viscometer || ~ à **flux libre** / free flow viscometer || ~ de **Furol** / Furol viscometer || ~ d'**Höppler** / Höppler viscometer || ~ de **Poiseuil** / capillary viscometer, caplastometer || ~ de **Redwood** / Redwood viscometer || ~ **rotatif** / rotational viscometer || ~ **rotatif cylindrique** / cylinder rotational viscometer || ~ **S.T.V.** / standard tar viscometer || ~ à **tige** / falling rod viscometer || ~ à **tube capillaire** / capillary viscometer, caplastometer || ~ **Ubbelohde** / Ubbelohde viscometer || ~ **Vogel-Ossag** / Vogel-Ossag viscometer
viscosimétrie *f* **capillaire** / capillary viscometry || ~ à **tube en U** / U-tube visco[si]metry
viscosité *f* (phys) / viscosity, viscousness, viscidity || ~ (électr, électron) / viscosity || **de basse** ~ / of low viscosity || ~ **absolue** / absolute viscosity || ~ **cinématique** (s'exprime en m^2s^{-1}) (plast) / kinematic viscosity γ || ~ **dynamique** (s'exprime en pascal-secondes) (plast) / dynamic viscosity || ~ **inhérente** / inherent viscosity || ~ **intrinsèque** / intrinsic viscosity || ~ **limite** (peinture) / intrinsic viscosity, limit viscosity || ~ **magnétique** / magnetic viscosity || ~ **Mooney** / Mooney viscosity || ~ **relative** (s'exprime en degrés Engler) / viscosity ratio || ~ **Saybolt** (pétrole) / Saybolt viscosity (US) || ~ **selon SAE** / SAE viscosity || ~ **spécifique** / specific viscosity || ~ de **structure** peinture) / intrinsic viscosity || ~ **transversale** / shear o. transverse viscosity || ~ **volumétrique** / volumetric viscosity
visé *m* / aiming
visée *f* (arp) / sight, shot || ~ (gén) / observation || **faire une** ~ **en avant** (arp) / intersect forward, make a fore observation || **faire une** ~ **enverse ou en arrière** (arp) / resect, intersect backward, make a back observation || ~ vers le **bas** (arp) / plunging shot || ~ **directe** (arp) / foresight[ing], fore observation || ~ **intermédiaire** (arp) / intermediate sight || ~ **inverse** (arp) / back observation, backsighting || ~ **réflexe** (phot) / reflex focussing and composing device, reflex housing
viser [à] (arp) / take an aiming || ~ (mil) / sight, aim o. take aim [at] || ~ **en avant du but** (mil) / take a lead
viseur *m* / collimator, sighting device || ~ (Opt, TV) / view finder || ~ **brillant** / reflector view finder, brilliant view finder || ~ à **cadre** / frame finder, direct vision view finder || ~ à **cadre lumineux** / bright-line viewfinder, brilliant-frame finder || ~ à **champs multiples** / zoom finder || ~ **couplé** / follow-focus device || ~ à **foyer variable** / zoom finder || ~ de **graissage** / oil-level gauge [glass], oil-level o. sight glass || ~ **iconomètre** / coupled rangefinder, combined view- and rangefinder || ~ **multifocal** / zoom finder || ~ **optique** / reflector view finder, brilliant view finder || ~ à **prismes** / prism[atic] viewfinder || ~ **télémétrique** (phot) / single-window range-viewfinder || ~ à **vision directe** / diopter, direct vision view finder, sight vane
viseux *m*, fil *m* de remplissage (tex) / dead frame yarn
visibilité *f* d'**atterrissage** / landing visual range || ~ **excellente** / excellent visibility || ~ **normale** / normal visual range || ~ **optique** / optical visibility || ~ de **piste** (aéro) / runway visual range, RVR || ~ **quasi optique** / radio line of sight || ~ au **sol** (aéro) / ground visibility || ~ en **vol** / flight visibility || ~ **zéro** (aéro) / visual range of 0/0
visible / visible || **devenir** ~ / appear || ~ de l'**avant** / visible from the front || ~ à l'**œil nu** / visible to the naked eye
visière *f* (auto) / visor, vizor || ~ (ch.de fer, routes) / visor, vizor || ~ (quadrant) / sight || ~ (casquette) / [cap] peak, visor || ~ (affichage) / shield
vision *f* / view || ~ / sight, eye-sight, visual faculty || **à** ~ **directe** / direct-vision || ~ **achromatique de l'œil** / achromatic vision || ~ **mésopique** / mesopic vision || ~ **monoculaire** / monocular vision || ~ **photopique** / photopic vision || ~ **scotopique** / scotopic vision || ~ **stéréoscopique ou du relief** / plastic sight, seeing in relief
visionnement *m* **individuel** (TV) / individual viewing
visionneuse *f* / slide viewer || ~ (microfilm) / microfilm reader || ~ **[de films]** / film viewing apparatus, film viewer, moviola || ~ **porteuse** (repro) / hand viewer
visio·phone *m* (télécom) / picturephone, videophone || ~**phonie** *f* / television-telephony
visite *f* / examination, inspection || ~ (tiss) / perching || ~ de **câble sur place** (funi) / rope inspection || ~ des **chaudières** / boiler test[ing] o. inspection || ~ du **fond** (mines) / descent || ~ à la **lampe de sûreté** (mines) / gas testing || ~ de **mine** (mines) / descending (of a pit) || ~ **technique de matériel remorqué** (ch.de fer) / inspection o. examination of carriages and wagons
visiter (techn) / inspect || ~ (p.e. chaudière) / examine, get [into]
visiteur *m* **temporaire** (aéro) / temporary visitor
visiteuse *f* (tex) / picking machine, inspection machine
visqueux / viscous, viscid || **être** ~ / be ropy o. stringy o. thready
vissage *m* / threaded joint || ~ **«Prestole»** / Prestole screwed joint
vissé / screwed || ~ (mouvement) / clockwise (motion) || ~ à la **main** / hand-screwed
visser / screw *vt*, screw on a nut, screw in a screw || ~ dans la **douille** (ampoule) / screw in || ~ des **vis à la parisienne** (coll) / hammer screws into wood
visserie *f* (gén) / screws and bolts *pl* || ~ (usine) / screw factory || ~ d'**assemblage** / assembly screws and bolts
visseur *m* (méc) / wrench
visseuse *f* / screw driving machine || ~ **électrique** / electric screw driver
visualisation *f* (ord) / display || ~ des **cibles mobiles**, V.C.M. (radar) / moving target indication, MTI
visualisatrice *f* / indicator
visualiser / show, visualize || ~ (ELF) (ord) / display o. indicate visually
visualité, à bonne ~ / clear-view..., low-built
visuel *adj* / visual || ~ *m* (ELF) (ord) / display, display device o. unit || ~ (ELF) (radar) / display || ~ **activé par fluorescence** / fluorescence activated display || ~ à **caractères** / character display [device], read-out [device]
vital / vital
vitamine *f* / vitamin || ~ **antipellagreuse**, vitamine PP *f* (chimie) / P.P. factor, pellagra preventive factor || ~ **B** / thiamine || ~ **B_5** / pantothenic acid
vitaminer / add vitamins [to], vitaminize
vite / quick, fast, high-speed, high-velocity, rapid

vitelline *f* (chimie) / vitelline
vitesse *f* / speed, velocity || ~ (techn) / rate, speed || ~ (auto) / speed, gear || ~ (rotation) / number of revolutions [per minute], r.p.m., rpm, RPM, revs || **à ~ constante** / constant-speed..., continuous running || **à ~ ralentie** / slow-speed... || **à ~ réglable** / speed-variable || **à ~s multiples** (aéro) / multi-speed || **à deux ~s** / two-speed || **à faible ~** / slow-speed... || **à grande ~** / high-speed... || **à grande ~** (véhicule) / at full speed || **à la ~** [de] / at a speed [of] || **à petite ~** / slow-speed... || **à petite ~ [de rotation]** / low-speed... || **à plusieurs ~s variables** (électr) / multivarying speed... || **à toute ~** / at full speed || **à une seule ~** (électr) / single-speed... || **être mis en ~** / rev *vi*, run *vi* || **faire aller à la ~ maximale** / rev up the engine || ~ d'**abaissement** / lowering speed || ~ d'**accostage** (treuil) (nav) / creep speed (winch) || ~ **adimensionnelle** / dimensionless velocity || ~ **aérodynamique ou de l'air** / velocity of air, air speed || ~ d'**affinage** (sidér) / rate of carbon drop o. carbon elimination || ~**-air** *f* / aircraft velocity || ~ **angulaire** / radian o. angular frequency, pulsatance || ~ **angulaire réduite** (méc.de vol) / normalized angular velocity || ~ de l'**arbre secondaire** / output speed || ~ **aréolaire** (astr) / areal velocity || ~ **ascensionnelle** / climbing speed, rate o. speed of climb || ~ **ascensionnelle de flux** / ascensional velocity of flow || ~ **asynchrone** / asynchronous speed || ~ d'**atterrissage** / landing speed || ~ **autorisée** (auto) / speed limit || ~ d'**avance[ment]** (m.outils) / rate of feed, feed speed || ~ **avant** (auto) / forward speed o. running || ~ de **baisse du niveau d'eau** / draw-down, rate of fall || ~ de **balayage** / sweep rate || ~ de **balayage** (TV) / scanning speed, pick-up velocity || ~ de **balayage en fréquence [en progression] logarithmique** / logarithmic frequency sweep rate || ~ de **balayage uniforme** / uniform o. linear sweep rate || ~ de **base** (électr) / base speed || ~ de **base** (routes) / design speed || ~ de **broche** (NC) / spindle revs *pl* || ~ **brute** (ord) / raw speed || ~ **but** / target speed || ~ de **calcul** (ord) / calculating speed || ~ **calculée** / calculated speed o. velocity || ~ de **cale à cale** (aéro) / block speed || ~ du **centre des vitesses** (méc) / pole velocity || ~ en ou sous **charge** / on-load speed || ~ de **chauffage** / rate of heating || ~ au **choc** / impact speed o. velocity, velocity of impact || ~ de **chute** (phys) / rate of fall, velocity of falling body || ~ **circonférentielle** / circumferential o. peripheral speed o. velocity || ~ de **combustion** / rate of combustion || ~ de **combustion en surface** / area burning rate || ~ **commerciale** (ch.de fer) / schedule speed || ~ **comparative** (missile) / comparative velocity || ~ **complexe** (nucl) / random velocity || ~ de **conception** (routes) / design speed || ~ de **conjonction** (auto) / cutting-in speed || ~ **conseillée** / recommended speed, posted advisory speed || ~ **conventionnelle** (méc. de vol) / calibrated speed || ~ **corrigée** (aéro) / calibrated air speed, C.A.S. || ~ **cosmique** (ELF) / cosmic velocity || ~ de **coupe** / cutting speed || ~ de la **coupeuse** (pap) / chipping speed || ~ de **coupure** / cuttoff speed || ~ du **courant** / drift of the current || ~ de **course** / driving o. running o. travelling speed || ~ de **cristallisation** / speed of crystallization || ~ **critique** (hydr) / critical velocity || ~ **critique** (aéro) / never-exceed velocity, VNE, V_{ne} || ~ **critique de croissance du courant à l'état passant** (semicond) / critical rate of rise of on-state current || ~ **critique de croissance de la tension à l'état bloqué** (semicond) / critical rate of rise of off-state voltage || ~ **critique de divergence** (aéro) / divergence speed || ~ **critique de fermeture** (parachute) / critical closing speed || ~ **critique maximale** (aéro) / maximum safe airspeed || ~ **critique de passage sur le redan** (hydravion) / hump speed || ~ **critique de refroidissement** (sidér) / critical cooling rate || ~ **critique de rotation** / critical whirling speed || ~ **critique de torsion** / critical torsional speed || ~ **critique de trempe** / critical quenching speed || ~ de **croisière** (nav) / cruising speed || ~ de **croissance** / rate of increase || ~ de **croissance du courant** (semi-cond) / current rate of rise || ~ de **croissance de l'impulsion** / pulse rate of rise || ~ de **croissance de la tension** (semi-cond) / voltage rate of rise || ~ de **décantage** / settling speed, decantation rate || ~ de **décarburation** (sidér) / rate of carbon drop o. carbon elimination || ~ avant le **décollage** (aéro) / speed prior to lift-off || ~ de **décollage indiquée** (aéro) / take-off speed || ~ de **décollage de sécurité** (aéro) / take-off safety speed || ~ de **découpage** / punching rate || ~ de **décrochage** (aéro) / never-exceed velocity, VNE, V_{ne} || ~ de **défilement** (b.magn) / tape speed || ~ de **défilement de film** / unwinding film speed, frame rate || ~ de **déformation** (forge) / strain rate || ~ de **démarrage** / starting speed || ~ de **dépôt** / settling speed, decantation rate || ~ de **dérapage** (aéro) / lateral velocity || ~ de **dérive** (électron, hydr) / drift velocity || ~ de **déroulement** / unwinding speed || ~ de **descente** (coulée cont) / withdrawal speed || ~ de **descente** (grue) / lowering speed || ~ de **descente verticale** (aéro) / vertical [downward] component of velocity, rate o. speed of vertical descent || ~ de **dialyse** (chimie) / rate of dialysis || ~ de **diffusion** / diffusion rate || ~ **donnée par le calcul** / calculated speed o. velocity || ~ d'**échappement** (fusée) / exhaust velocity || ~ **économique** (auto) / [super]economy drive || ~ **économique** (aéro, nav) / cruising speed || ~ d'**écoulement** / velocity of flow, flow rate || ~ d'**écoulement des copeaux** (m.outils) / chip velocity || ~ d'**écoulement de la vapeur** / flow rate of steam || ~ d'**écriture** / typing speed || ~ **efficace** (phys) / root mean square velocity || ~ d'**éjection** (fusée) / exhaust velocity || ~ **élevée** / high velocity, high speed || ~ **élevée** (b.magnét) / fast mode || ~ d'**emballement** (électr) / overspeed || ~ d'**enregistrement** / recording speed || ~ d'**ensouplage** (tiss) / beaming speed || ~ d'**entraînement** (transistor) / drift velocity || ~ d'**entraînement** (gén) / engine speed || ~ d'**entraînement du support de diagramme** (instr) / chart speed || ~ d'**équilibre** (aéro) / limiting velocity || ~ d'**équilibre** (électr) / steady speed || ~ d'**extraction** (mines) / hoisting o. winding speed || ~ d'**extraction** (coulée cont) / withdrawal speed || ~ d'**extrusion** (coulee cont.) / extrusion velocity o. rate || ~ du **faisceau** (électron) / beam velocity || ~ de **filtration** / rate of filtration || ~ **finale** / final speed o. velocity, terminal velocity || ~ **finale** (rotation) / final speed o. revolutions || ~ de **fluage** (méc) / creep rate || ~ de **flutter** (aéro) / flutter speed, buffet boundary || ~ de **frappe** (ord) / keying speed || ~ de **frappe** (forg) / blow rate || ~ de **givrage** (aéro) / rate of icing || ~ de **glissement** (tourillon) / running speed || ~ de **groupe** (télécom) / group velocity || ~ d'**hélice** (aéro) / engine speed || ~ **horaire** / speed per hour || ~ d'**impact** (auto) / barrier impact speed || ~ **importante** / high speed || ~ d'**impression** (ord) / printing speed, printing rate, type-out rate || ~ d'**impression en liste** (c.perf.) / list speed || ~ **initiale** / initial o. primitive speed o. velocity || ~ **initiale**

(projectile) / muzzle velocity || ~ d'**introduction** / input speed || ~ d'**inversion** (aéro) / reversal speed || ~ de **jet** / jet speed || ~ de **lacet** (aéro) / rate of yaw || ~ de **lecture** (ord) / reading speed, reading rate || ~ de **levage** / hoisting o. lifting speed o. velocity, speed of lift || ~ de **libération** (ELF) (espace) / parabolic o. escape velocity o. speed, space velocity || ~ **limite** (rotation) / ceiling speed || ~ **limite** / limit speed || ~ **limite** (circulation) / speed limit || ~ **limite de chute** / final speed of free fall || ~ **linéaire** (échang d'ions) / flow rate || ~ de **lumière dans le vide** / speed of light in vacuum || ~ de **marche** (véhicule) / driving o. running o. travelling speed || ~ de **marche** (machine) / working o. operating speed o. velocity, speed of operation || ~ en ou de **marche** (nav) / cruising speed || ~ de **marche en nœuds** (nav) / headway || ~ de **marche du pont** (grue) / bridge travelling speed || ~ **massique de combustion** / mass burning rate || ~ **maximale** / maximum speed || ~ **maximale** (auto) / top gear || ~ **maximale à vide** (mot) / high idle || ~ de **migration** / velocity of migration || ~ **minimale** / minimum speed || ~ **minimale de sustentation** (aéro) / minimum [stalling o. flying] speed || ~ de **modulation** (ord) / modulation rate || ~ de **moissonnage** (agr) / mowing speed || ~ **moléculaire** / molecular velocity || ~ au **moment de la perte de sustentation** (aéro) / critical o. decision speed || ~ de **montée** / climbing speed, rate o. speed of climb || ~ du **moteur** / engine speed, rotational velocity || ~ **moyenne** / average o. mean speed o. velocity || ~ **moyenne dans un bief** (hydr) / mean velocity of a reach || ~ **moyenne de contrainte** / mean rate of stressing || ~ **moyenne du piston** / mean piston speed, M.P.S. || ~ des **neutrons** / neutron speed o. velocity || ~ **nominale** / nominal o. rated speed || ~ **normale** / normal speed o. pace o. velocity || ~ **normale** (ordonn) / normal pace || ~ d'**obturateur** (phot) / shutter speed || ~ d'**onde transversale** (ultrasons) / shear wave velocity || ~ **optimale de croisure** (aéro) / cruising threshold || ~ d'**ourdissage** / warping speed || ~ **particulière** (astr) / peculiar motion, motus peculiaris || ~ de **passage** / rate of flow || ~ de **passage** (sidér) / driving rate || ~ **périphérique** / circumferential o. peripheral speed o. velocity || ~ **périphérique de la pale** (hélicoptère) / tip speed || ~ de **phase** / phase velocity || ~ de **phase dans le circuit d'interaction** (tube à ondes progressives) / slow wave structure phase velocity (GB), interaction circuit phase velocity (US) || ~ du **piston** / piston speed || ~ la **plus probable** (nucl) / probable velocity || ~ de **pointe** (auto) / maximum o. top speed || ~ de **prise de vue** (phot) / speed of exposure || ~ de **production de paires** (semicond) / pair generation speed || ~ de **propagation** / velocity of propagation, propagation velocity o. speed || ~ de la **propagation des flammes** / flame spreading speed, flame propagation speed, rate of spread of flame || ~ de **[propagation de] la lumière** / velocity of light, light velocity o. propagation || ~ de **propagation de l'onde** / wave propagation speed || ~ de **propagation d'ondes** (hydr) / wave propagation velocity || ~ de **propagation du son** / sound velocity || ~ **propre** (aéro) / air speed || ~ **propre équivalente** (aéro) / equivalent air speed, EAS || ~ **quadratique moyenne** (phys) / root mean square velocity || ~ **radiale** (astr) / radial velocity, r.v. || ~ de **rampage** (électr) / crawling speed || ~ **rapide entre 2 points** (NC) / coarse motion between two points || ~ de **rapprochement** / approach speed || ~ de **réaction** / reaction rate o. velocity || ~ de **réaction de processus** (contr.aut) / process reaction rate || ~ de **réchauffement** / rate of heating || ~ de **recombinaison** / recombination velocity || ~ de **recombinaison à la surface** (électron) / surface recombination [velocity] || ~ **recommandée** / recommended speed, posted advisory speed || ~ de **réduction** (engrenage) / output speed || ~ **réduite de lacet** (aéro) / normalized rate of yaw || ~ **réduite de roulis** (aéro) / normalized rate of roll || ~ **réelle** / actual speed || ~ de **refroidissement** / rate of cooling || ~ de **régime** (mot) / operating speed, normal o. service speed || ~ de **régime nominale** / nominal speed || ~ **réglable** / adjustable o. varying speed || ~ **réglable constante, [variable]** / adjustable constant, [variable] speed || ~ **réglable dans un domaine étendu** / wide adjustable-speed range || ~ de **réglage** (lam) / screw-down speed || ~ de **réglage** (contr.aut) / regulating speed, floating rate o. speed, control rate || ~ **relative** / relative velocity o. speed || ~ **relative** (engrenage) / ratio of transmission, gear ratio || ~ **relative tête-bande** / head-to-tape speed || ~ de **relaxation** (méc) / relief rate || ~ de **réponse** / rate of response || ~ **résiduelle** / residual velocity o. speed, terminal velocity || ~ **retardée** / retarded speed o. velocity, deceleration || ~ de **retour** (presse) / opening o. return speed || ~ de **rotation** / speed, number of revolutions, revolutions/min *pl*, rpm, r.p.m., RPM, revs *pl* || ~ de **rotation** (phys) / spin rate || ~ de **rotation au régime permanent** / continuous speed || ~ **rotatoire ou de révolution ou de rotation** / rotational speed, speed of rotation || ~ de **roulement** / driving o. running o. travelling speed || ~ de **séchage** / rate of drying, drying rate || ~ de **sécurité** (aéro) / safety speed || ~ de **sédimentation** / settling speed, decantation speed || ~ de **serrage** (lam) / screw-down speed || ~ de **service ou en service** (nav) / cruising speed || ~ au **sol** (aéro) / ground speed || ~ **sonique ou du son** (aéro) / sound velocity, sonic speed || ~ de **sortie** / outgoing speed || ~ de **sortie** (lam) / delivery o. exit speed || ~ de **sortie** (engrenage) / output speed || ~ de **sortie** (ord) / output speed || ~ de **soufflage** / velocity in blower stream || ~ **spatiale** (astr) / space velocity || ~ **spécifique** / specific speed || ~ **spécifique de la réaction** (chimie) / specific riation rate, velocity constant || ~ du **spot explorateur** (r.cath) / spot velocity || ~ **subsonique** / subsonic speed || ~ de **succession des manœuvres** / circuit speed || ~ **superficielle** (hydr) / surface velocity || ~ **supérieure à celle de la lumière** / trans-light velocity || ~ **supersonique** / supersonic speed || ~ **surmultipliée** (auto) / overdrive || ~ **synchrone** (rotation) / synchronous speed || ~ en **tabulation** / accumulating speed, tab speed || ~ de **tamponnement** (ch. de fer) / speed of impact, buffing speed || ~ **télégraphique** / signalling speed o. frequency, modulation rate || **~-terre** *f* / flight-path velocity || ~ **théorique** / calculated speed o. velocity || ~ **théorique** / theoretical speed || ~ **thermique** / thermal velocity || ~ **tout terrain** (auto) / crosscountry speed [gear] || ~ de **traitement** / speed of operation || ~ sur la **trajectoire** (NC, aéro) / path speed o. velocity, velocity along the path || ~ de **transfert de données**, vitesse *f* de transmission (ord) / data transfer rate o. speed, transfer rate || ~ de **translation** / driving o. running o. travelling speed || ~ de **transmission** (télécom) / signalling speed || ~ de **transport** / hauling speed || ~ de **travail** / working o. operating speed o. velocity, speed of operation || ~ de **trempe** (acier) /

quenching rate || ~ **très lente sous charge** (nav) / creep speed (winch) || ~ **uniforme** (méc) / uniform speed || ~ **uniforme du mouvement** / isochronism || ~ **variable** (rotation) / varying speed || ~ **variable ou variée** / variable velocity || ~ de la **veine d'aspiration** (mot) / velocity of inflow || ~ du **vent** / wind velocity || ~ **verticale de descente minimale** (aéro) / minimum speed of descent || ~ à **vide** / idling o. no-load speed, idle-running speed || ~ de **vol** / flying speed || ~ **volume-espace** (chimie) / volume-space velocity || ~ **volumique** (phys) / sound energy flux, volume velocity || ~ **vraie** (aéro) / air speed || ~ de **wobbulation** / sweep rate || ~ **zéro** / zero speed
viticulture *f* / vine culture, viniculture, viticulture
vitrage *m* / glazing || ~, cloison *f* en verre / glass partition o. pand, glazing || ~, rideau *m* de fenêtre / window curtain || ~ **attaque-résistant** / attack-blocking glazing || ~ **double** (bâtim) / double glazing || ~ **feuilleté** / compound glass
vitrain *m* / vitrain, anthraxylon
vitranne *f* / glass staple fiber
vitrauphanie *f* (pap) / diaphanic paper || ~ (graph) / glass printing
vitre *f* / window pane, sash pane (of a sash window) || ~ **anti-buée** (auto) / anti-blur o. -dim o. -mist glass || ~ **armée** / wire netting o. wire reinforced pane || ~ **bleutée** (auto) / shade-lite glass || ~ **bombée** / bulged pane || ~ en **cives ou en culs de bouteilles** (verre) / bullion point sheet, glass roundel || ~ à **crémaillère** (auto) / drop window || ~ **emmurée** (bâtim) / fixed sash, fast stand sheet || ~ de **fenêtre** / window pane || ~ **feuilletée glace** / laminated plate glass || ~ **feuilletée [verre]** / laminated o. safety o. shatterproof glass || ~ **orientable** (auto) / knockout o. ventilator window || ~ **panoramique** (auto) / wrap-around windshield || ~ de **paroi de séparation** (auto) / partition window || ~ **protectrice** / safety screen || ~ de **sécurité** / splinterproof glass || ~ **teintée** (auto) / shade-lite glass || ~ en **verre armé** / wire netting o. wire reinforced pane
vitré (fenêtre) / glazed
vitrer / glaze, fit with glass
vitrerie *f* / glazier's [work]shop, glaziery
vitreux / glass-like, glassy, hyaline, vitreous || ~ (malt) / steely, vitreous || ~ (cassure) / vitreous || ~ (géol) / glassy, vitreous
vitrier *m* / glazier || ~ de **bâtiment** / building glazier
vitrière *f* (fenêtre) / crossbar, crosspiece, crossrail
vitrifiable / vitrifiable
vitrification *f* / vitrification || **point de** ~ / sinter point
vitrifié / vitrified || ~ (malt) / vitrified
vitrifier *vi* / glaze, vitrify || ~ *vt* (céram) / vitrify *vt* || ~ (plancher) / seal *vt* || ~ (se) / vitryfy *vi*
vitrine *f* / show window, shopwindow || ~, armoire *f* vitrée / showcase || ~ **ouverte pour produits surgelés** / open chest-freezer || ~ **réfrigérante** / refrigerated display case
vitrinite *m* (constituante de la houille) / vitrinite
vitriol *m* / vitriol || **de ou à** ~, vitriolé, vitriolique / vitriolic || ~ **blanc** (teint) / white vitriol, zink sulphate || ~ **bleu ou de cuivre** / copper sulphate, bluestone, blue o. Roman vitriol || ~ **[de fer] vert** / iron vitriol, green copperas o. vitriol (commercial name)
vitro, in ~ (chimie) / in vitro || ~**cérame** *m*, -céramique *f* / glass-ceramic || ~**céramique** *adj* / glass-ceramic *adj* || ~**fibre** *f* / glass wool || ~**phyre** *m* (géol) / vitrophyre
vitrosité *f* / vitrousness
vivacité *f* (chimie) / liveliness || ~ de **trempe** (fonderie) / severity of quench
vivance *f* (espace) / life support
vivant / live, active
vivianite *f* (min) / vivianite, blue iron ore
vivier *m* / fish pond o. preserve
vivoir *m* (Canada) / living o. sitting room, drawing room
vivre en **mineur** (-euse) (biol) / sap *vi*, [under]mine
vivres *mpl* / aliment [for men], nutriment, nourishment, food, eatables, edibles *pl*
V.M.M., veille *f* météorologique mondiale / World Weather Watch, WWW
VO, chemins vicinaux ordinaires / local o. parish roads
vobulateur *m* (électron) / sweep generator o. oscillator, sweeper, wobbler, wobbulator
vobulation *f* du **spot** (TV) / spot wobble
vobuler / wobble, sweep
vocabulaire *m* (ord) / vocabulary
vocoder *m* (télécom) / vocoder (voice coder) || ~ de **balayage** (télécom) / scan-vocoder
vodas *m* / vodas (voice operated device for antisinging)
voder *m* (télécom) / voder (voice operation demonstrator)
vogad *m* (télécom) / vogad (voice operated gain adjustor)
voie *f* (gén) / road, way || ~ (routes) / carriageway, lane || ~ (mines) / gate [road], panel entry || ~ (nav) / track || ~ (fonderie) / channel || ~ (ch.de fer) / track, line, right of way (US) || ~, canal *m* (ELF) (électron) / channel, band || ~, moyen *m* / means *sg pl* || ~ (télécom) / routing, route || ~ (aéro, auto) / track [gauge], tread, wheel gauge || ~ (tiss) / lay race, loom race, shuttle course o. path o. race, race [board] || ~ (scie) / saw notch o. kerf || ~, chemin *m* (électron) / path || ~ (informatique) / channel || **à ~ étroite** (scie) / half-rip || **à ~ étroite** (ch.de fer) / narrow gauge ... || **à ~ isolée sur les deux files** (ch.de fer) / on two insulated rails || **à ~ jumelée** / double-tracked || **à ~ large** / broad o. wide-gauge... || **à ~ unique** (électron) / single-channel... || **à ~ unique** (techn) / single-way..., one-way || **à ~ unique** (autoroute) / single-lane || **à ~ unique** (ch.de fer) / one-track..., single-line..., single-way..., -track[ed] || **à ~s multiples** (électron) / multi[ple]-channel... || **à ~s multiples** (routes) / multilane || **à ~s multiples** (ch.de fer) / multiple-track... || **à ~s superposées** (pont) / doubledeck... || **à deux ~s** (routes) / two-lane || **à deux ~s** (ch.de fer) / double-tracked || **à quatre ~s** (électron) / four-channel... || **à trois ~s** (routes) / three-lane || **à une** ~ (plan incliné) / non-partitioned || **à une seule** ~ (routes) / single-lane || **avoir la** ~ / follow the rut o. the track, keep in the track, track || **donner de la ~ à la scie** (scie) / set the teeth || **en ~ de construction** / under construction || **en ~ de formation** / in the making, in process of development || **la ~ est aiguillée** / the point is worked || **par ~ de mer** / by ship || **par ~ postale** / by mail || **par ~ de terre** / overland || **qui ouvre des nouvelles ~s** / innovative || ~ d'**accélération** (routes) / acceleration lane || ~ d'**accès** (ch.de fer) / leading-in line, entry line || ~ **accessoire** (Belg) (ch. de fer) / secondary track o. line || ~ **adjacente** (ch. de fer) / neighbouring o. adjacent track || ~ **aérienne électrique** / telpher line o. system, telpherage, telferage || ~ d'**affectation** / allocation track || ~ des **airs** (transport) / air transport[ation] o. conveyance || ~ en **alignement** (ch.de fer) / tangent track, straight track || ~ d'**aller** / forward channel || ~

d'**allongement** (mines) / dip heading, downcast diagonal road o. gate || ~ d'**approche** (aéro) / landing lane || ~ d'**approvisionnement en charbon** (ch.de fer) / coal track (US), coaling road || ~ d'**arrivée** (ch.de fer) / inbound track, receiving o. reception siding o. track (US) || ~ d'**attente** (ch.de fer) / holding track || ~ **automobile rapide** / expressway (US), motorway (GB) || ~ **auxiliaire** (mines) / auxiliary drift o. gangway || ~ **AV, [AR]** (auto) / front, [rear] track || ~ **banalisée** (ch.de fer) / track for two-way working, reversible track (US) || ~ à **bande** (mines) / conveyor road || ~ de **base d'étage en veine** (mines) / main gangway, level gateway o. road || ~ **binaire symétrique** (ord) / binary symmetric channel || ~ de **bois** (mesure) / abt. 2 m^3 solid measure of timber || ~ de **bosse ou de butte** (ch.de fer) / hump o. lead (US) track || ~ de **bosse** (ch. de fer) / hump o. lead (US) track || ~ **carrossable** / roadway || ~ de **chantier** / coal drift o. gate || ~ à **charbon** (mines) / gate road, panel entry || ~ de **charbon** (mesure) / 1250 kg coal || ~ de **charbon de bois** (mesure) / 100 kg of charcoal || ~ **chargée** (Power and Free) / load track || ~ de **chargement** / loading track o. sidings o. rails *pl* || ~ de **chemin de fer** / track, line || ~ de **circonscription ou de détour** (mines) / by-pass || ~ de **circulation** (ch.de fer) / running track, through track || ~ de **circulation** (routes) / traffic lane, lane || ~ de **circulation** (aéro) / aerodrome taxi circuit || ~ de **circulation lente** / slow moving traffic lane (GB), truck climbing lane (US) || ~ de **circulation de machines** (ch.de fer) / engine road o. track || ~ de **circulation périphérique** (aéro) / perimeter track || ~ de **circulation rapide** (aéro) / high-speed taxiway || ~ de **circulation supplémentaire** (routes) / additional lane || ~ de **classement** (ch.de fer) / sorting siding || ~**s** *f pl* **communes pour la transmission de signaux** (télécom) / common signalling channel || ~ *f* de **communication** / communication || ~ de **communication** (routes) / public road, right of way (US) || ~ de **communication** (mines) / snicket gate || ~ [de **communication]** (ELF) (télécom) / communication chain o. circuit, channel || ~ de **communication principale** (transfert de données) / forward channel || ~ de **concentration** (ch. de fer) / empties siding || ~ de **contact** / contact path || ~ **contiguée** (ch. de fer) / neighbouring o. adjacent track || ~ de **contournement** (ch.de fer) / loop line || ~ de **courant** (électr) / path o. flow of the current o. circuit || ~ en **courbe** / curved track || ~ sur **coussinets** / chaired track || ~ **couverte** (ch.de fer) / line blocked || ~ en **cul-de-sac** (ch.de fer) / dead ending, dead end [line o. track], blind o. dead track || ~ à **dalles** (ch.de fer) / slab track || ~ de **débord** (ch.de fer) / loading and unloading siding, team track (US) || ~ de **débranchement** (ch.de fer) / siding for splitting trains || ~ de **décharge** (tube) / discharging distance || ~ **déclive ou en déclivité** (ch.de fer) / downgrade track (US) || ~ **demi-sèche** (sidér) / half-wet process o. treatment || ~ **démontable** / construction [rail]way, portable railway, temporary line || ~ de **départ** (ch.de fer) / departure line o. track || ~ de **départ** (aéro) / runway || ~ de **dépassement** / overtaking lane || ~ **dérivée en fréquence** (ord) / frequency derived channel || ~ **dérivée en fréquence porteuse** / carrier frequency channel || ~ **dérivée en temps** / time derived channel || ~ de **déroutement** (aéro) / alternat[iv]e route || ~ de **déroutement** (télécom) / auxiliary route || ~ **descendante** (mines) / downcast diagonal road o. gate, dip heading, incline || ~ **descendante** (ch.de fer) / down track || ~ de **desserte** / factory siding, spur track || ~ de **desserte** (mines) / haulage road o. track || ~ de **desserte** (transformateur) / transport track o. rails *pl* || ~ de **desserte latérale** / service road || ~ de **détour** (mines) / by-pass || ~ de **détour au fond de puits** (mines) / pit bottom circuit || ~ **détournée** (télécom) / emergency route || ~ **déviée** (ch.de fer) / diverted line o. track, deviation || ~ **directe** (ch.de fer) / main-line o. track || ~ à **double écartement** (ch.de fer) / three-rail track, mixed gauge track || ~ **droite** (routes) / right lane, far-side lane (GB) || ~ d'**eau** / escape, leakage || ~ d'**eau** (mesure) / two pails of water || ~ d'**eau** (nav) / leak[age] || ~ à **eau** (plast) / water channel || ~ d'**écoulement** (hydr) / flow path || ~ d'**écoulement**, debouché *m* / outlet, discharge || ~ d'**écoulement** (égout) / receiving [body of] water, main outfall, draining o. drainage channel || ~ d'**embranchement** (ch.de fer) / connecting line, connecting cut-off, junction cut-off, siding track, private sidings *pl* || ~ d'**émission** (électron) / send channel || ~ d'**encagement** (mines) / decking side of pit || ~ d'**enroulement** (électr) / path of the armature circuit || ~ d'**entraînement** (bande perf.) / feed track || ~ d'**entrée** (ch.de fer) / inbound track, receiving o. reception siding o. track (US) || ~ d'**entrée d'air** (mines) / air intake || ~ d'**épuisement** (mines) / drift for collecting water, water level for draining, water gate || ~ **équipée de deux rails** / rails *pl* || ~ d'**essai** / test road o. run || ~**s** *f pl* **et installations fixes** (ch.de fer) / permanent way and fixed installations *pl*, way and structures (US) *pl* || ~ *f* **étroite** / narrow gauge || ~ **évite-bosse** (ch.de fer) / hump-avoiding line, run-round || ~ d'**évitement** (ch.de fer) / sidetrack, turn-out track, siding || ~ **express** / expressway (US), motorway (GB) || ~ en **ferme** / coal advance || ~ **ferrée** / railway track, railway (GB), railroad (US) || ~ **fixe** (fonderie) / floor mounted conveyor || ~ de **fuite** (mines) / escapeway || ~ à **galets pour caisses** / roller way for boxes || ~ de **garage** (ch.de fer) / dead-end siding, storage siding o. track || ~ de **garage actif ou de dépassement** (ch.de fer) / passing siding o. track || ~ **gauche** (routes) / left lane, near-side lane (GB) || ~ de **glissière** (mines) / guide rail || ~ du **haut** (mines) / top road || ~ **impaire** / down line || ~ en **impasse** (ch.de fer) / dead ending, dead end [line o. track], blind o. dead track || ~ **inclinée** / incline || ~ d'**insertion** (autoroute) / interweaving lane || ~ de **jonction** / junction rails *pl*, crossover road, interchange track || ~ **jumelle** (mines) / parallel gallery || ~ de **lancement** (ch.de fer) / fly-shunting line || ~ de **lancement** (pont) / moving track || ~ de **lancement** (nav) / launching ways *pl*, slip [way], runway (US) || ~ **large** (ch.de fer) / broad o. wide gauge || ~ **légère** (routes) / lightweight flooring, light gauge carriageway o. decking || ~ **libre** (ch.de fer) / line clear || ~ **libre** (monorail) / free track (monorail) || ~ à **longrines** / longitudinal sleeper track || ~ **maîtresse** (mines) / [main] gangway, main [haulage] entry (US) o. road (GB) || ~ **maritime ou de mer** / sea-route, seaway || ~ **matérialisée** (routes) / marked road || ~ **mécanisée** (Power and Free) / chain track || ~ **médiane** / center lane || ~ de **mer** (transports) / transportation by ship || ~ **métrique** (ch.de fer) / one-meter gauge || ~ **métrique anglaise** (1.067 m) / Cape gauge || ~ **métrique anglaise** (1.067 m) / Cape gauge || ~ **montante** (mines) / heading upwards, rising gallery o. drift o. headway, gallery driven towards the rise || ~ **montante** (ch.de fer) / up line || ~ **[montante ou**

descendante] du rail (nav) / lane || ~ **navigable** / waterway || ~ de **niveau** (mines) / driftway, gallery, main gangway, working level || ~ **non prioritaire ou avec stop** / stop street || ~ **non publique** / private road || ~ **normale** (télécom) / normal route, first o. prefix o. primary route || ~ **normale** (1435 mm) (ch.de fer) / standard gauge (4 ft. 8 1/2 in) || ~ **oblique** (mines) / diagonal drift || ~ **octuple** (nucl) / eightfold way || ~ **opposée** (routes) / opposite o. oncoming lane || ~ **paire** / up line || ~ **parallèle** (mines) / parallel gallery || ~ de **passage** (ch.de fer) / "non-stick" route || ~ en **pente** (ch.de fer) / downgrade track (US) || ~ **périphérique ou de raccordement** (routes) / tangent [road], tangential trunk road || ~ **permanente** (ch.de fer) / superstructure || ~ de **pont** / bridge rail || ~ **portative**, voie *f* démontable / portable track o. line || ~ **portative**, voie *f* transportable / portable track o. line section, frame, yoke || ~ **porteuse** (sidér) / drag distance (during dragging) || ~ **portuaire** / dockside railway || ~ **poussée en avant** (mines) / fore-drift || ~ **poussée en ferme** / coal advance || ~ de **présélection** (circulation) / correct traffic lane || ~ **principale** (ch.de fer) / main-line o. track || ~ **[publique]** / way, road || ~ à ou de **quai** (ch.de fer) / platform line || ~ de **quai** (ch.de fer) / station track, platform line || ~ sur **quartier** (mines) / inclined drift || ~ de **raccordement** (ch.de fer) / connecting line, connecting cut-off, junction cut-off, siding track, private sidings *pl* || ~ de **raccordement** (routes) / tangent [road], tangential trunk road || ~ **rapide urbaine** / city expressway || ~ en **raquette** (ch.de fer) / loop || ~**s** *f pl* **rayonnantes** (plaque tournante) / radiating tracks || ~ *f* de **réacteur** (nucl) / channel of a reactor || ~ de **réception** (ch.de fer) / inbound track, receiving o. reception siding o. track (US) || ~ à **remblais** (mines) / dirt road || ~ de **remisage** (ch.de fer) / dead-end siding, storage siding o. track || ~ de **réparations** (ch.de fer) / repair track, rip track (US) || ~ de **report** (ch. de fer) / relief track for several groups || ~ de **report** (ch. de fer) / relief track for several groups || ~ de **retraite** (mines) / escapeway || ~ de **roulage** (mines) / haulageroad o. track || ~ de **roulage mécanique** (mines) / engine road || ~ de **roulage de la taille** / haulage road || ~ de **roulement** (techn) / track, running path || ~ de **roulement de grue** / craneway || ~ **sans joint** / long welded rails *pl*, ribbon rails *pl* || ~ **saturée** (ch.de fer) / track filled to capacity, solid track (US) || ~ de **scie** / saw notch o. kerf || ~ **sèche** / dry process || ~ **secondaire** (ch.de fer) / secondary track, service line o. track, sidetrack || ~ de **secours** (télécom) / emergency route || ~ de **secours** (ord) / backward channel || ~ de **sécurité** (ch.de fer) / trap o. refuge siding || ~ de **service** (ch.de fer) / service line o. track || ~ de **sortie d'air** (mines) / air intake into the upcast shaft || ~ **soudée en barres longues**, LRS / long welded rails *pl*, welded track || ~ de **sous-étage** (mines) / gate || ~ de **sous-étage inclinée** (mines) / brow || ~ de **sous-triage** / advance classification track || ~ **surélevée** (grue) / elevated runway || ~ **surélevée de déchargement** / elevated dumping o. discharging track || ~ **suspendue sur deux rails** / double-beam trolley || ~ **suspendue à monorail** / monorail conveyor || ~ de **taille** / board, development, road || ~ de **télécommande** (satellite) / command channel || ~ de **télécommunication** (télécom) / communication channel || ~ **téléphonique** / speech channel || ~ de **terre** (transports) / overland transportation || ~ de **tête** (mines) / top road || ~ d'une **tête** (b.magn) / head channel || ~ **thierne** (mines) / inclined drift || ~ **tournante** (mines) / by-pass || ~ **tourne-à-gauche** / left-turn lane || ~ de **transbordement** (ch.de fer) / transfer line o. siding o. track || ~ **transfert** (m.outils) / transfer line o. street || ~ de **transfert des informations** (ord) / information channel, bus || ~ de **translation du chariot** (grue) / trolley travelling way || ~ de **transmission** (télécom) / transmission channel || ~ de **transport** / transport track o. rails *pl* || ~ **transportable** (ch. de fer) / portable track o. line section, frame, yoke || ~ **transversale** (télécom) / interoffice trunk || ~ **transversale** (mines) / side drift || ~ de **travail** (télécom) / working way || ~ de **triage** (ch.de fer) / sorting line, classification yard line (US) || ~ à **trois files de rails** (ch.de fer) / three-rail track, mixed gauge track || ~ **unique, V.U.** (ch.de fer) / single-track line || ~ d'**usine** / industrial railway || ~ d'**usine** (ch. de fer) / factory siding || ~ pour **véhicules lents** (routes) / climbing o. creeper lane || ~ de **vidange du bois** (silviculture) / logging road || ~ **voisine** (ch.de fer) / neighbouring o. adjacent track

voilage *m* (deformation) / distortion, warping || ~ (rideau) / window curtain || ~, voile *m* (tiss) / voile, veiling || ~ de **coton** / casement || ~ d'une **roue** / wobble of flywheel

voile *f* (nav) / sail || ~ **ballon** / balloon jib, spinnaker || ~ **trainée pour l'amerrissage** (aéro) / landing sail

voile *m*, déformation *f* / distortion, warping || ~ (phot) / haze, veil[ing], fog, light fogging || ~ (plast) / haze || ~ (tex) / nap, pile, fleece || ~, voilage *m* (tiss) / voile, veiling || ~ (auto) / wheel wobble || ~ (peinture) / bloom[ing], blushing || ~, chape *f* / covering || ~ (bâtim) / shell || **avoir du** ~ (roue) / wobble *vi* || ~ **atmosphérique** (phot) / atmospheric haze || ~ de **boue** (mines) / float slime || ~ de **brume** / haze || ~ de **carde** (filage) / [filmy] web, card web || ~ de **chemin de roulement** (roulement à billes) / raceway run-out || ~ **chimique** (phot) / [chemical] fog || ~ de **développement** (phot) / development fog || ~ **dichroïque** (phot) / dichroic fog || ~ **double** (filage) / double web o. pile || ~ de **fond** (phot) / base o. background veil o. fog || ~ de **jante** / lateral run-out || ~ dû au **lavage** (phot) / rinse fog || ~ **mince** (bâtim) / thin shell || ~ **mince autostable ou autoportant** / stressed skin || ~ **mince révolution** / thin shell of revolution || ~ **multiple** (filage) / multiple web o. pile || ~ **mycodermique** / white film, mould film || ~ de **nuages** / cloud veil || ~ de **roue**, corps *m* de roue / wheel body, wheel center || ~ de **roue** (déformation) / wheel wobble || ~ de **vieillissement** (phot) / ag[e]ing fog

voilé, couvert / cloudy, clouded || ~ (phot) / foggy || ~, gauchi / warped || **être** ~, avoir du voile (roues) / be out of true, not turn true

voilement *m* / warping || ~ (circ.int.) / bow of printed circuits, warpage || ~ (méc) / bulging || ~ **longitudinal et transversal** (bois, défaut) / disk, dish || ~ **longitudinal de face** (bois, défaut) / bow, longitudinal warping || ~ **longitudinal de rive** (bois, défaut) / spring || ~ de **roues** / unsteadiness of wheels, wobble || ~ **transversal** (planche) / cup, transverse warping

voiler, déformer / bulge || ~, couvrir / muffle || ~ (phot) / fog *vt* || ~ (se) (bois, métal) / get distorted, warp || ~ la **lumière** / dim (light)

voilier *m* à **voile statique** / static sailplane (US), hovering glider

voilure *f* / distortion of a surface, warping || ~ (techn) / beat (defect), eccentricity || ~ (auto) / wheel wobble || ~ (aéro) / wing unit, main plane structure || ~ / sails *pl* || ~ **axiale** / axial run-out, wobble || ~

continue (aéro) / continuous wing, one-piece wing || **~-fuselage** *f* (aéro) / spar frame || ~ du **parachute** / canopy || ~ d'une **seule pièce** (aéro) / continuous wing, one-piece wing || ~ **tournante** (hélicoptère) / rotor

voirie *f* / traffic routes *pl* || ~ (ordures) / dumping ground o. yard, waste [dump], trash dump (US) tip || ~ (administration) / Roads Department || ~ **primaire** / major road

voisin *adj* / adjacent, adjoining, contiguous

voisinage *m* (gén, math) / neighbo[u]rhood || ~, proximité *f* / proximity, vicinity

voiture *f* / carriage, vehicle, waggon, wagon (US) || ~ [automobile] / motor vehicle, automobile || ~ (ch.de fer) / carriage, coach, car (US) || **en ~ s.v.p.!** (ch.de fer) / All Aboard! (US), take your seats! (GB) || ~ à **accès médian** / center door coach || ~ **accidentée** / car involved in an accident || ~ à **accumulateurs** / accumulator o. battery car o. vehicle || ~ **atelier** (auto) / service car, repair truck || ~ à **attelage automatique** / coach with automatic coupling || ~ de **banlieue** / suburban coach || ~ de la **Belle Epoque** / vintage car, oldtimer || ~ à **bogies** / bogie car o. wagon || **~-buffet** *f* / buffet car o. coach || ~ à **caisse basculante ou inclinable** / body tilt coach, coach with tilting body || **~-coach** *f* / saloon coach || ~ de **commande** (Suisse) (ch.de fer) / driving trailer || ~ à **compartiments** / compartment coach || **~-couchettes** *f* / coach with reclining berths o. couchettes, couchette coach || ~ à **couloir central** / open coach || ~ à **couloir latéral** / side-corridor coach, side gangway carriage || ~ de **course** (auto) / racing car || ~ **décapotable** / convertible || ~ de **démonstration** (auto) / demonstration car || ~ à **deux niveaux** (banlieu) / double deck coach || ~ **directe** / through car[riage] o. coach, direct car || **~-dortoir** *f* / boarding car (US) || **~-dynamomètre** *f* / dynamo car || ~ à **essieux** / non-bogie coach || ~ à **étage** / double deck coach || ~ de **grand parcours** / long-distance coach || ~ **Grand Tourisme** (auto) / gran turismo car || ~ de **grandes lignes ou G.L.** / main-line coach || ~ **haut-parleur** (auto) / public address car || ~ à **impériale** / double deck coach || ~ à **intercirculation** / vestibule coach || **~s** *f pl* **jumelées** / twin articulated vehicles || **~-kilomètre** *f* / coach-kilometer || **~-laboratoire** *f* de **câbles** / cable testing car o. van || ~ de **livraison** / delivery van || ~ en **location** / rental car || ~ de **louage** (ch. de fer) / hired wagon, leased car (US) || ~ de **luxe** / de luxe coach || ~ 2ᵉ **main** / second hand car || ~ à **marchandises** (auto) / lorry (GB), truck (US) || ~ **métallique** / all-metal coach || ~ **motrice** (électr) / motorcar || ~ **non compartimentée** / saloon coach || ~ d'**outillage** / tool and gear wagon o. truck || ~ **panoramique** / dome car (US), observation carriage o. coach || ~ **particulière** (auto) / passenger car, private car || ~ **particulière spéciale** (auto) / special passenger car || ~ de **patrouille** (auto) / patrol car || ~ de **patrouille routière** (auto) / patrol wagon o. car, trouble car || ~ **pendulaire** voir voiture à caisse basculante || **~-pilote** *f* / driving trailer || ~ de **police** / patrol car, z-car || ~ **postale** / mail car o. van (US) || ~ de **prise de son** / sound recording car || ~ à **quatre portières** (auto) / fourdoor sedan || ~ à **quatre sièges ou places** / fourseater || ~ **radio** [de patrouille] (auto) / radio patrol car, cruiser car (US), squad car (GB) || ~ [de] **radio** / radio car || ~ pour **radiorepérage** / detector van || ~ de **renfort** / extra coach, strengthening vehicle || ~ de **reportage** / mobile recording unit, newscar || **~-restaurant** *f* / dining car, diner (US), restaurant car || **~-salon** *f* / club car, drawing-room car (US), parlor o. pullman car (US), saloon carriage (GB) || ~ de **secours** / emergency car, wrecking car (US) || ~ de **série** (auto) / standard design o. standard type car, production o. stock car || ~ de **service** / service coach o. wagon || ~ en **service direct** / through car[riage] o. coach, direct car || ~ à **suspension compensée** voir voiture à caisse basculante || ~ **torpédo** (auto) / sporting car, sportscar, sportster || ~ de **tourisme** / touring car || ~ **tous services** / all-purpose coach || ~ **tractrice** / hauling vehicle || ~ de **tramway** / surface car (US), streetcar (US), tramway car (GB) || ~ à **transfert par courroie** (convoyeur) / travelling tripper, wing tripper (S. Africa) || ~ **«un homme»** (tram) / one-man car || ~ **usagée** / second hand car || ~ à **voyageurs** / passenger coach o. carriage (GB) o. car (US)

voiturer / cart *vt*

voiturette *f* **latérale** (motocyclette) / sidecar

voiturier *m* (ch.de fer) / haulier || ~ **public** / common carrier

vol *m* / flight, flying || **à ~ piqué** / diving || **faire ou exécuter un ~ à voile** / glide, soar || ~ **accéléré** / boosted flight || ~ **accompagné** / passenger flight || ~ en **ascendance thermique** / thermal soaring flight || ~ **ascendant** / climb, climbing flight || ~ par **contact** / contact flying || ~ en **crabe** / forward slip || ~ de **croisière** / cruise flight || ~ de **distance** / long-distance flight || ~ sur le **dos** (aéro) / inverted flight, upside-down flight || ~ d'**endurance** / endurance flight || ~ **équipé** (espace) / manned flight || ~ d'**essai** / trial flight || ~ d'**exercice** / practice flight || ~ en **hauteur** / altitude flight || ~ **hors exploitation** / non-revenue flight || ~ aux **instruments** / instrument flying || ~ **nocturne** / night flying || ~ **nolisé** / charter flight || ~ **normal** / normal flight || ~ dans les **nuages** / flying in the clouds || ~ de **nuit** / night flying || ~ en **orbite** / orbiting || ~ en **palier** / level flight || ~ **piqué en spirale** / spinning dive || ~ **plané** / gliding flight, glide || ~ **plané d'atterrissage** (espace) / landing run || ~ à **propulsion** / live flight || ~ en **rase-mottes**, vol *m* rasant / hedge hopping || ~ à la **remorque** / towed flight, aerotow || ~ **renversé** / inverted flight, upside-down flight || ~ **sans visibilité** / instrument flying || ~ **seul** / solo flight || ~ **spatial** / space flight || ~ la **tête en bas** / inverted flight, upside-down flight || ~ de **transition** (VTOL) / hover flight || ~ **transpolaire** / transpolar flight || ~ d'**un satellite habité** / manned orbital space flight || ~ **vertical** / vertical flight || ~ **V.F.R.** / VFR-flight (= visual flight rules) || ~ **V.F.R. spécial** / special VFR-flight (= visual flight rules) || ~ à **voile** / gliding, motorless flying || ~ à **voile aux vents anabatiques** / ridge soaring || ~ à **vue** / visual flight

VOL, volume *m* (acoustique) / volume of sound, contrast

volant *adj* / flying || ~ *m* (auto) / steering wheel || ~ (techn) / flywheel [rim] || ~ (électron) / spin wheel || ~ (montre-bracelet aut.) / rotor, oscillating weight || ~ (carde) / fancy roller || ~ (m à coudre) / balance wheel || **sans ~** / without flywheel || ~ à **ailettes** (techn) / fly regulator o. governor, governor fly || ~ d'**arbre de commande** (presse) / drive shaft flywheel || ~ d'**avance manuelle** (m.outils) / feed handwheel || ~ du **batteur** / kirschner of a beater, flywheel of a beater || ~ du **bobinoir** / band pulley || ~ d'une **carde** (tex) / fancy roll[er] (of a card with workers), fancy roll[er], card fancy || ~ de **commande** (électr) / switch wheel || ~ **[déchargeur] du brise-balles** (filage) / beater (of a horizontal opener) || ~ **denté** /

toothed flywheel || ~ **déséquilibré** (vibreur) / unbalanced flywheel || ~ en **deux** / flywheel in halves || ~ [de **direction]** (aéro, auto) / steering wheel || ~ en **disque** / disk flywheel || ~ **flexible** (auto) / spring spoke steering wheel || ~ de **frein à vis** (ch.de fer) / screw brake wheel || ~ du **gyroscope** / gyrowheel || ~ **magnétique** (auto) / flywheel magneto || ~ à **main** / handwheel || ~ du **manipulateur** (ch.de fer) / controller handwheel || ~ à **manivelle** / handle o. crank wheel || ~ à **moyeu déporté** / dished handwheel || ~ à **réaction** / reaction wheel || ~ de **torsion** (filage) / rim wheel o. pulley || ~ à **trois bras** (filage) / three-bladed beater || ~ de **vitesse** (turbine) / velocity wheel || ~ de **vitesse à trois couronnes d'aubes** (turbine) / three-row velocity wheel || ~ à **voile pleine** / disk flywheel

volante *f* / leaflet, pamphlet

volatil / volatile || ~ (horloge) / volatile, fugitive || ~ (mémoire) / volatile

volatilisation *f* (combustible) / volatility process

volatiliser / volatilize || ~ / evaporate *vt*, volatilize *vt* || ~ (se) / evaporate *vi*, volatilize *vi*, vaporize *vi*

volatilité *f* (chimie) / volatility || ~ de **face ou de fraction de tête** (pétrole) / front end performance o. volatility

volcanique / volcanic

volcanisme *m* (géol) / volcanism, volcanicity

volcanite *f* (min) / volcanite

volée *f* / flight || **à ~s inégales** (levier) / dissymetrical || **à la** ~ (agr) / broadcast || **à une** ~ (escalier) / single-flight... || ~ d'**escalier** / flight, fliers *pl* || ~ de **grue** / crane jib || ~ d'un **pont basculant** / leaf of a bridge

voler / fly *vi* || **faire ~ en éclats** / shatter *vt* || ~ à un **cap** (ELF) (aéro) / steer *vi* || ~ en **éclats** / fly in pieces || ~ en **embardée** (aéro, nav) / sheer, lurch || ~ au **jet** (aéro) / jet *vi* || ~ en **lacet** (aéro, nav) / sheer, lurch || ~ **vent arrière** / fly with the wind in the tail, fly down-wind || ~ à la **vitesse de croisière** (aéro) / cruise *vi*

volet *m* / flap || ~ (opt) / slider, sliding diaphragm || ~ (horloge) / fly-vane, fan || ~ (fenêtre) / shutter || ~ (télécom) / annunciator o. calling drop o. disk, call indicator o. disk || ~ (aéro) / flap shutter || ~ d'**aération** / ventilating flap || ~ d'**aération** (techn) / louver, louvre || ~ d'**aération** (ch.de fer) / ventilating shutter || ~ d'**air**, étrangleur *m* (auto) / choke || ~ [d'**atterrissage]** (aéro) / air brake o. deflector, landing o. wing flap || ~ de **bord d'attaque** (aéro) / leading-edge flap, droop flap || ~ de **bord de fuite** (aéro) / [plain] trailing edge flap || ~ **brisé** (fenêtre) / folding shutter || ~ de **capot** (aéro) / [cooling] gill, cowl o. radiator flap || ~ de **changement de direction** / change-over flab || ~ à **charnière** / hinged flap || ~ de **chauffage** / ventilator || ~ de **compensation de gouverne** (aéro) / elevator trim tab || ~ à **deux directions** (convoyeur) / change-over flap || ~ **directionnel** (aérage) / change-over damper || ~ de **dosage** / dosing diaphragm || ~ en **éventail** (film) / fan wipe || ~ de **fin de conversation** (télécom) / clearing drop shutter, ring-off drop || ~ de **fourgon** (ch.de fer) / shutter in wagons || ~ **Fowler** (aéro) / Fowler o. extension flap || ~ d'**incendie** (protection contre les incendies) / fire damper || ~ d'**incidence** (aéro) / tab trimmer, trim flap || ~ d'**incidence de gouverne de direction** / rudder trim tab || ~ de la **jaquette** (typo) / back, [front] flap || ~ **obturateur de fente** (aéro) / slot flap || ~ **persienne** (fenêtre) / shutter leaf || ~ de **réacteur** (aéro) / jet flap || ~ de **refroidissement** (auto) / ventilating valve || ~ de **réglage** (ventilation) / reducing damper || ~ de **ressource** (aéro) / recovery flap || ~ **rotatif** (aéro) / pivoted flap || ~ **roulant** (bâtim) / revolving shutter, roller blind o. shutter || ~ **roulant avec projection** / swing-out roller shutter || ~ **simple** (aéro) / plain o. camber flap || ~ de **sortie d'air** / air exit flap || ~ de **sustentation** (aéro) / lift flap || ~ du **tableau-indicateur** (télécom) / annunciator o. calling drop o. disk || ~ **tournant** (magnéto) / iron shield || ~ de **ventilation** / ventilating valve || ~ de **visite** / inspection shutter o. trap || ~ de **wagon** (ch.de fer) / shutter in wagons

volige *f* / two-cut, thin board || ~, latte *f* de toit (charp) / batten, roof lath

voligeage *m* (bâtim) / shuttering with thin boards

voliger (ardoises) / lath *vt* || ~ (bâtim) / shutter with thin boards

volontaire, spontané / controlled || ~, intentionnel / voluntary

volonté, à ~ / any, random... || ~ *f* au **travail** (ordonn) / willingness to work

voloxidation *f* (nucl) / voloxidation

volt *m* (électr) / volt

voltage *m* (électr) / voltage || ~ de **charge** / charging voltage || ~ d'**excitation de champ** (électr) / excitation o. exciting voltage, field voltage

voltaïte *f* (min) / voltaite

voltamètre *m* / voltameter, Coulomb meter, coulometer || ~ à l'**argent** / silver voltameter || ~ de **cuivre** / copper voltameter

voltampère *m*, volt-ampère *m*, VA (électr) / volt-ampere || **~heure** *f* / voltampere hour || **~heuremètre** *m* / voltampere-hourmeter || **~mètre** *m* / voltampere meter, voltammeter, Varmeter || **~métrique** / voltammetric

voltiger / flit [about], flutter

voltigeurs *m pl* / light o. flying yeast

voltmètre *m* (électr) / voltmeter || ~ à **affichage numérique** / digital voltmeter, DVM || ~ à **contact** / contact voltmeter || ~ pour **courant continu** / d.c. voltmeter || ~ à **diodes** / diode voltmeter || ~ **électronique** / electronic voltmeter || ~ **électronique à tubes** / thermionic voltmeter, [vacuum] tube voltmeter (US), VTVM || ~ **enregistreur** / recording voltmeter || ~ de **poche** / pocket voltmeter || ~ de **pointe** / crest o. peak voltmeter || ~ de **quasi-crête** / quasi-peak voltmeter

voltmètre-ampèremètre de **contrôle** / volt-ampere tester

volucompteur *m* (distr. d'essence) / volumeter || ~ **automatique à distribution présélectionnée** / prepayment meter

volume *m* / volume, cubature, cubic capacity, cubic[al] contents || ~ (acoustique) / volume of sound, contrast || ~ (verre feuille) / piece, sheet || ~, tome *m* (typo) / volume || **en un** ~ (typo) / one-volume || ~ **acoustique** / volume || ~ d'**air** / air volume || ~ **apparent** / bulk volume, apparent volume || ~ **aspiré** (vide) / volumetric displacement, displaced o. swept volume || ~ **aspiré** (mot) / intake o. suction volume || ~ **atomique** / atomic volume || ~ **bâti ou construit** / walled-in space, buildung volume || **~s** *m pl* **bâtis** / built volumes *pl* || ~ *m* de **chambre de compression** / volume of compression space || ~ de la **circulation** / traffic volume || ~ des **commandes en carnet** / orders *pl* in hand, unfilled orders *pl*, level of orders || ~ de **compression** (mot) / combustion space o. compression space volume || ~ du **comprimé** (frittage) / pressed volume || ~ aux **conditions normales** / volume under standard conditions || ~ de la **construction** / volume of building output || ~s *m pl* de **construction** / cubage (in m³) of residential occupancies in a building || ~ *m* **critique** (nucl) / critical volume || ~ du **cylindre** / cylinder volume || ~ **dépareillé** / odd volume || ~ **déplacé** (vide) / volumetric displacement, displaced o. swept volume || ~ à **droite** (stéréo) / righthand volume || ~ d'**eau** (hydr) / amount o. quantity o. volume of water || ~ d'**eau déplacée** / displaced volume [of water] || ~ d'**eau de source** / well water || ~ d'**encombrement** (m.outils) / volume of swarf, enveloping volume of chips || ~ d'**encombrement** (conteneur) / displacement || ~ **engendré** (mot) / working volume || ~ **engendré d'un compresseur volumétrique** / swept volume || ~ d'**enroulement** (câble) / winding capacity || ~ d'**entrée** (électron) / input volume || ~ d'**espace de combustion** (mot) / combustion space o. compression space volume || ~ **focal** / depth of focus || ~ à **gauche** (stéréo) / lefthand volume || ~ **gazométrique** / gas volume || ~ **intérieur libre** (conteneur) / unobstructed capacity (container) || ~ **interstitiel** (éch.d'ions) / void volume || ~ **limitant la déformation** (auto) / deflection limiting volume, DLV || ~ **limite de déformation** / definition-limiting volume || ~ du **lot** (ordonn) / job lot o. size || ~ de **métal enlevé** (m.outils) / volume o. quantity of metal removed, chip production || ~ **molaire** / gram-molecular volume || ~ **molaire normalisé** (= 2.2414 x $10^{-2}m^3 mol^{-1}$) (gaz) / molar o. [gram-]molecular volume || ~ du **moule** (frittage) / die volume || ~ **nominal** / nominal volume || ~ **poreux** / pore o. void volume || ~ de **référence** (télécom) / reference volume || ~ de **remplissage** / filling volume, fill[ing] contents *pl* || ~ de la **retenue** (hydr) / storage volume || ~ **séparé** (graph) / odd volume || ~ du **solide** / true volume || ~ **sonore en sones** / loudness || ~ **spécifique** / specific volume || ~ après **tassage** / settled volume || ~ après **tassement** (frittage) / tap volume || ~ de **transport ou d'extraction etc** (mines) / output, yield || ~ de **travail** (ord) / work-load || ~ **utile** (nucl) / sensitive volume || ~ **[utilisable] du barrage** (hydr) / useful storage volume || ~ des **vides** / void [space] || ~ par **volume** (éch.d'ions) / bed volume || ~ **vrai** / true volume

voluménomètre *m* / volumeter

volumètre *m* (acoust) / VU meter, volume unit meter, peak program meter

volumétrie *f* (géom) / determination of volume || ~ (chimie) / volumetric analysis || ~ à **gaz** / gas volumetric analysis

volumétrique (chimie) / volumetric

volumineux / thick

volumique / volume ...

volute *f* / spiral [line] || ~ (bâtim) / volute || ~ de **pompe** / shell

V.O.R.-D.M.E. *m* / VHF omnirange distance measuring equipment, VOR-DME

vorge *f*, ivraie *f* (bot) / ray-grass

vortex *m* (ELF) (météorol) / vortex || ~, tourbillon *m* ascendant (incendie) / fire storm

voussoir *m*, vousseau *m* / arch brick o. stone, circle brick, voussoir || ~ de **départ** (bâtim) / impost, platband || ~ **précontraint** (pont) / precast segment || ~ **retourné** (bâtim) / toed voussoir

voussure *f* / convexity || ~ (voûte) / concavity of a vault || ~ de **toiture** (ch.de fer) / roof arch

voûte *f* / vault, arch || ~ (four) / roof, arch || ~ (nav) / counter, fantail || ~ (exploitation par fendue) / roof section of a tunnel || **faire des ~s** (bâtim) / over-arch *vt*, vault *vt* || ~ d'**allumage** (sidér) / ignition arch || ~ **annulaire** / annular barrel vault || ~ **annulaire à tonnelle** / circular barrel vault, annular vault || ~ en **anse de panier** / three-center o. oval o. basket vault || ~ d'**arête** / cross vault, groined vault || ~ d'**autel ou en barrage** (sidér) / curtain arch o. wall || ~ **autoportante** (four) / sprung roof || ~ en **berceau** / barrel o. cylindrical vault, semicircular vault || ~ **biaise** / skew vault || ~ **butée** (four) / sprung roof || ~ en **chaînette** (sidér) / catenary arch || ~ de **chambre** (sidér) / chamber vault || ~ à **chape ou de cave** / cellar vault || ~ **circulaire** / barrel o. annular o. tunnel o. wagon vault, straight-barrel vault || ~ **conique** / splaying o. fluing arch || ~ en **crête** / cross vault, groined vault || ~ en **cul-de-four** / furnace vault || ~ en **cul-de-four surbaissée** / flat spherical vault, low dome || ~ de **décharge** / relieving arch || ~ **droite** / direct arch, straight vault || ~ **dynamique** / dynamic dome o. arch || ~ **ébrasée** (bâtim) / trumpet o. splaying o. fluing arch || ~ **encastrée** / sprung arch || ~ en **étoile** / lierne o. stellar vault || ~ **extradossée** / extradossed arch || ~ du **four à gaz** / vault of a gas furnace || ~ du **foyer** / furnace roof o. arch || ~ **hélicoïde** / spiral vault || ~ **hémisphérique** (bâtim) / spherical vault || ~ **intercalée** / interposed vault || ~ **inverse** / inverted vault || ~ du **laboratoire** (sidér) / ramp, knuckle || ~ **lisse** (four Martin) / plain roof || ~ à **lunettes** / cellar vault || **~-maîtresse** *f* (pont) / principal arch o. vault || ~ **mariée** (sidér) / bonded roof || ~ **nervurée** (sidér) / ribbed roof || ~ à **nervures rayonnantes** (bâtim) / fan-[tracery]vaulting || ~ sur le **noyau** / annular barrel vault || ~ en **pierres de carrière** / quarrystone vault, rubble vault (US) || ~ **plate** (bâtim) / flat o. straight o. jack arch || ~ en **plein cintre** / barrel o. cylindrical o. waggon o. cradle o. tunnel vault, semicircular vault || ~ d'un **pont** / vault of a bridge || ~ de **pression** (mines) / arch || ~ **rampante** (four Martin) / ramp || ~ **renversée** / countervault || ~ **réticulée** / reticulated vault || ~ à **rouleau** (sidér) / ringed roof || ~ **semi-suspendue** (sidér) / semisuspended roof || ~ des **soufflets** / tuyere arch || ~ **sphérique** (bâtim) / spherical vault || ~ **surbaissée** / sprung roof || ~ **suspendue** (four) / suspended arch o. roof || ~ de **toit** (mines) / arch || ~ en **tonnelle ou à lunettes** / cellar vault || ~ de **tuyère** (sidér) / tuyere arch || ~ en **vis** / spiral vault

voûté, en voûte / arched

voûter (bâtim) / over-arch *vt*, vault

voyage *m* / journey, trip || ~ **aller** / outward journey || ~ **aller et retour** / return trip || ~ **collectif ou en groupe** (ch.de fer) / party travel || ~ de **durée** / long-distance run || ~ d'**essai du chantier** (nav) / preliminary trial run || ~ **inaugural** (nav) / maiden voyage o. trip || ~ **interplanétaire** / interplanetary aviation || ~ en **voiture** / drive, car ride

voyageur *adj* (techn) / travelling, reciprocating || ~ *m* / passenger || **~s** *m pl* en **groupe** (ch.de fer) / party traffic || **~-kilomètre** *m* / passenger-kilometer

voyant *adj* / conspicuous (landmark), showy (colour) || ~ *m* / telltale, visual indicator || ~, témoin *m* / monitor || ~ (arp) / sighting o. boning board || ~ (phot) / film o. picture window o. gate || ~ (mot) / inspection glass || ~, verre-regard *m* (techn) / inspection glass, sight glass o. window || ~ **ambre** (ord) / OIL, orange indicating lamp || ~ de **block** (ch.de fer) / block indicator || ~ de **circulation en ligne** (ch.de fer) / track indicator, vehicle on-line indicator || ~ **coloré** / colour disk || ~ de **contrôle** / control light || ~ de **contrôle de l'opération de déblocage** (ch.de fer) / release indicator || ~ de **déroulement** (phot) / back window || ~ **facetté** / jewel light || ~ **indicateur de fusion** (électr) / indicating pin || **~s** *m*

pl et **lampes de signalisation** / signalling and warning lights *pl* || ~ *m* **lumineux** / pilot o. indicator o. signal lamp, (also:) bull's eye || ~ de **marche à vide** / idling light || ~ de la **mire** (arp) / sliding vane || ~ d'**occupation** (télécom) / busy indicator || ~ d'**occupation clignotant** (télécom) / busy-flash signal || ~ **rouge** (instr) / red o. warning light || ~ [de **signalisation] ambre** / amber indicating lamp, AIL || ~ de **taxi** (auto) / dome-light || ~**-témoin** *m* (ord) / indicator [lamp] || ~**-témoin** *m* (techn) / control light || ~ d'une **touche** / luminous key button
voyelle *f* **infléchie** / umlaut, mutated o. modified vowel
vrac *m* (nav) / bulk goods *pl*, loose bulk material || **en** ~ / in bulk, bulk..., loose || ~ **sec** (nav) / dry cargo
vracquier *m* (ELF) / bulk carrier o. freighter, bulk cargo ship
vrai, naturel / genuine, real || ~, véritable / true || ~ (math) / true || ~ (théorie des ensembles) / proper || ~ (nav) / straight true || ~**e grandeur** *f* / natural size o. scale || ~**s mixtes** (charbon) / bone, true middlings *pl*
vraisemblance *f* / probability, likelihood || **la plus grande** ~ (statistique) / maximum likelihood
vraquier *m* (ELF) / bulk carrier o. freighter, bulk cargo ship
vrillage *m* (gén) / curl, twist || ~ (c.intégré) / twist || ~ (défaut, tiss) / crimping || ~ (défaut, filage) / kink[ing] || ~ d'une **bande** / kink || ~ **géométrique** (aéro) / geometric twist
vrille *f* (outil) / gimlet with ring handle, twist gimlet || ~ (aéro) / spin || ~ (filage) / loop, noose || ~ (bot) / tendril || **faire la** ~ (aéro) / spin *vi* || **ne pouvant pas faire la ou se mettre en** ~ (aéro) / nonspinnable, non-spinning || **se mettre en** ~ (aéro) / go into a tailspin, stalldive (US) || ~ **normale** (aéro) / normal spin || ~ **oscillatoire** / oscillatory spin || ~ **à plat** (aéro) / flat spin
vrillé (filage) / corkscrewed
vriller *vi* (retors) / twist *vi*, kink *vi*, curl *vi* up || ~ *vt* / drill with twist gimlet
vrillette *f* (parasite) / death-watch beetle || **larve de la** ~ *f* / wood worm || ~ du **pain** / biscuit o. bread o. drugstore (US) beetle o. weevil
vrombir / throb (engine), whir (propeller), hum (airplane), buzz (insect) || ~ (auto) / detonate || ~ (comme un avion) / boom *vi*, hum *vi*
vrombissement *m* d'**hélice** / propeller whir
VSM = [normes de la] Société Suisse des Constructeurs de Machines / Swiss Standard Association
V.S.T.O.L. *m* (= very short take-off and landing) / VSTOL-plane
V.S.V., vol *m* sans visibilité / instrument flying
VTOL, V.T.O.L. / vertical take-off and landing plane, VTOL-plane
V.T.T., véhicule *m* tout-terrain (auto) / cross-country car o. truck, all-terrain vehicle, ATV
vu par l'**Amérique** / as seen from US || ~ de **face ou de front** / seen from front
V.U., voie *f* unique (ch.de fer) / single track
VU, V-u *m* (acoustique) / volume unit, VU
vue *f* / view (act of seeing) || ~ (sens) / sight, vision || ~ (étendue) / sight, view || ~, aspect *m* / sight, appearance || ~, perspective *f* / view, prospect, vista || **à** ~ **imprenable** / unobstructable || **à droite, [à gauche] de** ~ (théodolite) / face right, [left] || ~ **aérienne** / air photo || ~ **aérienne isolée** / single air photo || ~ **arrière** / back view o. sight, rear view || ~ d'**avant** / front view, elevation || ~ d'en **bas** / bottom view || ~ de **côté** (dessin) / side view, end view || ~ en **coupe** / cutaway drawing o. view || ~ à **découpage partiel** (dessin) / partial section, broken-out section || ~ de **derrière** / back view o. sight, rear view || ~ de **dessus** (dessin) / plan, horizontal projection, topview || ~ **éclatée**, vue *f* écorchée ou explosée / exploded view || ~ en **élévation** / front view || ~ d'**ensemble** / general arrangement o. outlay || ~ d'**ensemble**, tableau *m* synoptique / conspectus || ~ de **face** / front view, elevation || ~ **fantôme** / ghost view || ~ de **front ou de face** / front view || ~ **générale** / general view || ~ d'en **haut** (dessin) / plan, horizontal projection, top view || ~ **inclinée** / oblique view || ~ vers le **lointain** / prospect, perspective, view || ~ **longitudinale** / longitudinal view || ~ **oblique** (aéro) / slant visual range || ~ **partielle** / partial view || ~ **prise de près** / close-up [view], close shot, mug shot (coll) || ~ de **profil** / side-face view || ~**s** *f pl* en **série** / serial photograph || ~ *f* de **terre** / cellar skylight || ~ en **transparence** (dessin) / phantom view || ~ à **vol d'oiseau** / bird's eye view || ~ par **vue** (phot) / single-picture... || ~ par **vue** (film) / stop motion, frame-by-frame display
vulcamétrie *f* / determination of reaction during vulcanization
vulcanien / volcanic
vulcanisat *m* / vulcanized [India] rubber
vulcanisateur *m* / vulcanizer || ~ **à vapeur** / steam vulcanizer
vulcanisation *f* / vulcanization || ~ en **bain de sulfure** / sulphur bath vulcanization || ~ **à chaud** / hot curing o. vulcanization || ~ au **chlorure de soufre** / sulphur chloride vulcanization || ~ **complète** / complete o. tight o. full cure o. vulcanization || ~ en **continu** (câbles) / continuous vulcanization || ~ en **étuve** (caoutchouc) / hot-air curing, dry air o. dry heat curing o. cure || ~ à **froid** / cold curing o. vulcanization || ~ **prématurée** (défaut) / scorch || ~ à **température ambiante** / room temperature vulcanizing, RTV, RTV || ~ **à vapeur ouverte** / heater cure
vulcanisé à froid / cold-cure... || ~ à la **vapeur** / steam vulcanized
vulcaniser / vulcanize || ~ **excessivement** / overcure || ~ à **froid** (tex) / cold-vulcanize, cold-cure
vulcanite *f* (min) / extrusive rock, lava flow, volcanic rock || ~, ébonite *f* (électr) / vulcanite, ebonite, rubberite || ~ (accélérateur de vulcanisation) / vulcanization accelerator || ~ (explosif) / vulcanite
vulpinite *f* (min) / vulpinite
vumètre *m* (radio) / VU meter, volume unit meter, peak program meter
V.V. (aéro) = vitesse vraie / air speed

W

W, en [forme de] ~ / W-shaped
wacke *f* (géol) / graywacke
wad *m* (min) / [black] wad, waddite
wagnérite *f* (min) / wagnerite
wagon *m* (ch.de fer) / [covered goods-]waggon (GB), freight car (US) || ~ (bâtim) / walled-in chimney || ~ pour **acides** / acid car || ~ d'**affectation** / station wagon, regular part-load wagon || ~**-atelier** *m* / repair o. workshop wagon || ~ d'**auscultation** / track recording car || ~ d'**auscultation de la voie** / track recording coach || ~ à **ballast** / ballast car o. wagon o. truck || ~ **basculant automatiquement ou à basculement automatique** / self-tipping car o. wagon || ~ **basculant avec bec** / scoop tipper || ~ **basculant de côté** (ch.de fer, auto) / side dumper o.

dump car, side tipper o. tip car || ~ **basculeur** / tip-up wagon, tipping wagon || ~ à **benne** / bucket car || ~ à **benne basculant bilatéralement** / wagon with side tipping bucket || ~ à **benne basculante** / wagon with tipping bucket || ~ à **benne levante-basculante** / wagon with lifting and tipping bucket || ~ à **benne ouvrante** / flap-hinge car || ~ à **bestiaux** / cattle wagon o. car (US), stock car (US) || ~ **bon-rouleur** / fast running wagon o. runner, free runner || ~ à **bords hauts** / waggon (GB) o. freight car (US) with high sides || ~ **calorifique** / wagon with heating apparatus || ~ à **céréales** / grain car || ~ de **charbon** / carload of coal || ~ **charbonnier ou à charbon** (mines) / colliery wagon || ~ de **chargement** (sidér) / charging larry, larry [car] || **~-chargeur** *m* de **charbon** / coal loading car || **~-chaudière** *m* / heating wagon || ~ à **chaux** / lime wagon || ~ à **ciment** / ciment wagon || **~-citerne** *m* / tank wagon o. car (US) || **~-citerne** *m* **à eau** / water tank car o. wagon || **~-citerne** *m* à **goudron** / tar tank wagon || **~-citerne** *m* à **haute pression pour le transport de gaz liquifié** / pressure gas tank wagon || **~-citerne** *m* à **tout usage** / general purpose tank wagon || ~ à **citernes** / carboy o. jar wagon || ~ à **claire-voie** / stanchion o. skeleton wagon || ~ **collecteur** / groupage wagon, regular part-load wagon, station wagon || ~ à **compartiments échelonnés** (funiculaire) / carriage with stepped compartments || ~ **complet** / waggon load (GB), car load, C.L. (US) || ~ à **conduite blanche** / through-pipe wagon, fitted wagon || **~-couloir** *m* / side-corridor coach, side gangway carriage || ~ de **course** (Suisse) / station wagon || ~ à **couvercle** / cover car || ~ **couvert** / covered van o. wagon (GB), box o. closed car (US) || ~ de **décharge d'un seul ou des deux côté[s]**, wagon *m* de décharge latérale / side discharging wagon || ~ **déchargeant bilatéralement** / either side discharger || ~ à **déchargement automatique** / self-discharger, self-discharging wagon || ~ à **déchargement par le fond** / hopper wagon || ~ à **déchargement unilatéral incliné** / one side discharging wagon || ~ **découvert** / open wagon, gondola [car] (US) || ~ **découvert à bords bas** / gondola car (US), flat [car] (US), low-sided open wagon (GB) || ~ **découvert à bords hauts** / high-sided open wagen || ~ à **deux silos** / wagon carrying two silos || **~-dynamomètre** *m* / dynamometer wagon || ~ **élévateur-culbuteur** / wagon with lifting and tipping bucket || ~ à **étage ou à double plancher pour le transport d'automobiles** / doubledeck car carrier, bi-level rack car (US) || **~-étalon** *m* / weighbridge test wagon (GB), track scale test car (US) || ~ à **faces coulissantes** / waggon with sliding sides || ~ **ferry-boat** / train ferry wagon || ~ à **fond en dos d'âne** / saddle bottomed wagon || ~ à **fond mobile** / flap-hinge car || ~ **foudre** / cask o. tun wagon || **~-frein** *m* / brake van o. car, caboose (US) || ~ de **grande capacité** / high-capacity wagon || ~ de **groupage** / groupage wagon || **~-grue** *m* / crane wagon, derrick car (US) || ~ à **houille** (mines) / colliery wagon || ~ **isotherme** / isothermic wagon, insulated car (US) || **~-jarres** *m* / carboy o. jar wagon || ~ de **jaugeage** / weighbridge test wagon (GB), track scale test car (US) || **~-kangourou** *m* / kangaroo type wagon || **~-lit** *m* / sleeper, sleeping car[riage] || ~ à **long bois** / timber wagon, lumber car (US) || ~ **loué** / leased car (US), hired wagon || ~ de **luxe** / Pullman car (USA), de luxe coach || ~ [à **marchandises]** / railroad freight car (US), railway wagon (GB) || ~ à **marchandises de grande capacité** / high capacity bogie wagon (GB) o. freight car (US) || ~ de **marinage** (tunnel) / skip, mud disposal lorry || ~ de **massecuite** (sucre) / massecuite wagon || ~ à **minerai** / mineral wagon, ore wagon || ~ **parti en dérive** / break-away wagon || ~ **particulier** (W.P.) / P.O. wagon (privately owned) || ~ à **plan de chargement bas** / low-loader wagon, float, well wagon || ~ à **plancher en dos d'âne** / gable bottomed car, saddle bottomed car || ~ **plat** / flat wagon || ~ **plat à bogies** / flat bogie wagon || ~ **plat pour ferroutage** / flat wagon for the transport of road vehicles, piggy-back car || ~ **plat porte-remorques** / flat wagon for the transport of trailers, piggy-back car (US) || ~ à **plateforme mobile** / tower wagon o. car (US) || ~ à **plateforme surbaissée ou basse** / low-loader wagon, float, well wagon || **~-poche** *m* (sidér) / ladle car[riage] || ~ **porte-conteneurs** / container wagon || ~ **porteur d'automobiles** / car carrying wagon || ~ **portique** / gantry wagon || **~-poste** *m* / postal van, post wagon (GB), mail car o. van (US) || ~ de **protection** / shock absorbing wagon, guard o. match o. runner wagon || ~ à **rails** / rail wagon || ~ à **ranchers** / wagon with stanchions || ~ **réfrigérant** / refrigerated o. refrigerator wagon, refrigerator car (US), refrigerator car (US), reefer (US) || **~-réservoir** *m* / tank wagon o. car (US) || **~-restaurant** *m* / dining car, diner (US), restaurant car || **~-salon** *m* / de luxe coach || ~ de **service** / service coach o. wagon || **~-silo** *m* / silo wagon || **~-silo** *m* pour **charbon** / coal silo wagon || **~-silo** *m* pour **matières pulvérulantes** / silo-wagon for the conveyance of traffic in powder form || ~ **spécial** / special car || ~ **spécial pour le transport de produits gazeux** / special wagon for the carriage of gaz || ~ à **tarer les bascules** / weighbridge test wagon (GB), track scale test car (US) || ~ à **toit amovible ou mobile ou ouvrant** / opening roof wagon || ~ à **toit coulissant** / sliding roof wagon || ~ à **toit mobile latéralement** / waggon (GB) o. freight car (US) with lateral sliding roof || ~ à **toit pliant** / waggon (GB) o. freight car (US) with folding roof || **~-tombereau** *m* / high-sided open wagen || ~ de **transbordement** / tran[s]ship wagon, transfer car (US) || ~ de **transport de fonte** (sidér) / mixer type hot metal car, pig-iron ladle car || ~ pour le **transport de lingots chauds** / wagon for the carriage of hot ingots || ~ pour le **transport de matières en vrac** / bulk freight wagon, wagon for the carriage of heavy bulk traffic || ~ pour **transports très lourds** / wagon for the carriage of heavy goods || ~ à **traverse pivotante** / swivelling bolster car o. truck, waggon (GB) o. freight car (US) with radial bolster || **~-trémie** *m* / self-emptying funnel wagon, hopper wagon o. car (US) || **~-trémie** *m* **à déversoirs latéraux ou à plancher en dos d'âne** / hopper wagon o. car (US) with arched floor o. with side outlets || ~ à **trois silos** / wagon carrying three silos || ~ de **type courant** / normal-type waggon (GB) o. freight car (US) || ~ **unifié** / standard type wagon

wagonnage *m* / transportation in goods wagons

wagonnet *m* (funi) / car, carrier, ropeway carriage || ~ (mines) / mine car o.tub || ~, truc *m* (funi) / undercarriage || ~ **autobasculant** (mines) / automatic tipper || ~ **basculant** (sidér) / ingot tipping o. tilting car || ~ **basculant longitudinalement ou en bout** (ch.de fer) / end dump wagon o. car, end tip wagon o. tipper || ~ **basculant dans toutes les directions** / allround [tipping] dump car || ~ à **bascule à quatre tourillons** / tipping-trough four-bolted wagon || ~ à **benne basculante** (mines) / truck tipper, rocker dump car || ~ à **berceaux de versement** / cradle tipper o. dumper o. dump car || ~ à **caisse basculante** / box tip wagon, tip o. dump box car || ~ à **caisse basculante à un seul côté** / one-side dump box car || ~ de **chargement** (haut fourneau) / charging car || **~-chargeur** *m* (four à coke) / coke oven charging car || ~ **culbuteur à tourillons** / trunnion tip[ping] car o. wagon || ~ à **double bascule ou basculant des deux côtés** / dumping car tipping to both sides || ~ de **four tunnel** / tunnel kiln car || ~ de **mélange** (céram) / weigh batcher || ~ pour **mines de charbon** / coal hutch o. tub o. truck || ~ de **mitraille légère** (fonderie) / strap car || ~ de **secours** (funi) / emergency cabin || ~ de **transport** (mines) / hutch, tub, truck, mine car || ~ de **transport de moyenne capacité** (mines) / middle-size mine car || **~-verseur** *m* (bâtim) / tilting lorry (GB) o. truck (US) o. wagon, trough tipping wagon, tipper || ~ de **voie suspendue** / suspended monorail car

wagonnette *f* de **secours** (funi) / emergency car

walkie-talkie (pl: walkies-talkies) / walkie-talkie

wamoscope *m* (TV) / wamoscope

waroquère *f* (vieux) (mines) / man engine

washprimer *m* / reaction o. wash primer, self-etching primer (GB)

water-bag *m* (fabr.de pneus) / water bag o. tub || ~ **éclaté** (fabr.de pneus) / burst bag || ~ **rugueux** (fabr.de pneus) / cracked bag

water-ballast *m* (pl: water-ballasts) / water ballast tank

water-closet *m*, W.-C. / w.c., lavatory, toilet

wateringue *m* (Flandres) / moor canal o. drain system

watt *m* (électr) / watt

wattage *m* / consumption of energy o. power, energy consumption

watté / wattful

wattheuremètre *m* (électr) / energy meter, watt-hour meter

wattman *m* / crankman, streetcar motorman (US)

wattmètre *m* / wattmeter || ~ à **champ magnétique rotatif** / induction wattmeter || ~ **compensé** / compensated wattmeter || ~ **électrodynamique** / dynamo type wattmeter || ~ **électrostatique** / electrostatic wattmeter || ~ **intégrant** / integrating wattmeter || ~ à **palette** / vane wattmeter

watt-seconde *f* / wattsecond, joule

wattvarmètre *m* **enregistreur** / recording watt- and Varmeter

wavellite *f* (min) / wavellite

wb *m*, weber *m* / weber, Wb

W.-C. (prononç.: double vé-cé) *m*, water-closet *m*, cuvette *f* de W.C. / water closet, WC, toilet || ≗ (local) / lavatory, toilet, WC, W.C. || ≗ à **nappe d'eau profonde** / wash-down closet, flush-down type WC || ≗ à **réservoir** / hopper closet || ≗ à la **turque** / squatting W.C. [pan]

wéaldien *m* / Wealden series

weber *m* (1 Vs) (phys) / weber, Wb

wehnelt *m* (TV) / Wehnelt cylinder

Wellingtonia *m* / sequoia, Wellingtonia, giant redwood

wernérite *f* (min) / scapolite, wernerite

wettable powder *m* / wettable powder

wharf *m* (appontement) / wharf

whipcord *m* (tiss) / whipcord

whisker *m* / whisker || ~ à **SiC** (fibre de renforcement) / SiC o. Sic-whisker

white-spirit *m* / mineral spirit, white o. petroleum spirit, light petrol (GB) o. gasoline (US) || ~ **I.P.** / I.P. petroleum spirit

widia *m* (m.outils) / Widia

wig-wag *m* (horloge) / wig-wag

wilkinite *f* / wilkinite

willémite *f* (min) / willemite

winceyette *f* (tiss) / winceyette

wink *m* (= 1/2000 min) (ordonn) / wink

wintergreen *m* / wintergreen oil, gaultheria oil

wirebar *m* (cuivre) / wirebar

wire-wrap *m* (électron) / wire-wrap

withamite *f* (min) / withamite

withérite *f* (min) / witherite, barium carbonate

wittichénite *f* (min) / wittichenite

WMI / world manufacturer identifier, WMI

wobulateur *m* / sweep signal generator, sweeping oscillator, wobbler, wobbulator

wobulation *f* / wobble, wobbling, sweeping, frequency fluctuation || ~ des **fréquences** (électron) / swept frequency method || ~ du **spot** (TV) / spot wobble

wobuler (métrologie) / wobble, sweep

wolframate *m* / wolframate, tungstate || ~ de **baryum** / barium tungstate o. wolframate

wolframite *f* (min) / wolframite

wolfsbergite *f* (min) / wolfsbergite, chalcostibite

wollastonite *f* / tabular spar, wollastonite

woofer *m* / woofer, boomer, bass speaker

workabilité *f*, ouvrabilité *f* / workability

work-factor *m* (ordonn) / work factor

wrappage *m*, wrapping *m* (électron) / wire-wrap

wronskien *m* (math) / Wronskian

wulfénite *f* (min) / wulfenite, yellow lead ore

wustite *f* (sidér) / wuestite

X

X *m* (NC) / x-coordinate

X, en [forme d']≗ / X-shaped

xanthate *m*, xanthogénate *m* / xanthate, xenthogenate || ~ de **cellulose sodique** / sodium cellulose xanthogenate, viscose || ~ **cuivrique** / copper(II) xanth[ogen]ate || ~ de **potassium** / potassium xanthogenate o. xanthate

xanthène *m* / xanthen *n*

xanthine *f* (pigment) / xanthin || ~, dihydroxy-2,6-purine *f* / xanthine ($C_5H_4N_4O_2$)

xanthique / xanthic

xanthogène *m* (chimie) / xanthogen

xanthone *m* / xanthone

xantho·phylle *f* / xanthophyll || **~protéine** *f* / xanthoprotein || **~sidérite** *f* / xanthosiderite, yellow limonite

xénolite *m* (min) / xenolite

xenolite *f*, enclave *f* énallogène (géol) / xenolith, exogenous enclosure

xénomorphe (min) / xenomorphic

xénon *m* (chimie) / xenon, Xe

xénotime *m* (min) / xenotime

xérographie *f* (typo) / xerographic o. electrostatic printing, xerography

xéroxer / xerox *vt*

xylane *f* (chimie) / xylan

xylème *m* (bot) / xylem || ~ **secondaire** / secondary wood o. xylem

xylène *m* / xylene

xylénol *m* (chimie) / xylenol

xylidine *f* / xylidine
xylite *f* (explosif) / xylite || ~, lignite *m* / lignite, woody brown coal
xylitol *m* (pentose) / xylitol
xylobalsame *m*, -balsamum *m* / balm wood
xyloïdine *f* / xyloidine, pyroxylin
xylol *m* / xylol
xylo·lit[h]e *f* (bâtim) / xylolite || **~phage** *adj* (parasite) / xylophagous, hylophagous || **~phage** *m* / wood borer || **~phage marin** *m*, taret *m* / marine borer, toredo || **~quinone** *m* / xyloquinone
xylose *m* / wood sugar, xylose
xylotile *f* (min) / xylotile
xylyle *m* (chimie) / xylyl

Y

Y *m* (NC) / y-coordinate
yacht *m* / yacht || ~ **automobile ou à moteur** / motor yacht
yapp *m* (typo) / yapp o. divinity binding
yard *m* (= 0.9144 m = 36 in.) (gén) / yard || ~ **cubique** (valant 0,764559 m³) / cubic yard (1 cu.yd. = 27 cu.ft. = 0,764559 m³), cu.yd. || ~ **fixe** / yard measure o. stick
yeux *m pl* d'une **fourchette** / roots *pl* of a fork
ylang-ylang *m* (essence) / ylang-ylang oil, ilang-ilang oil, cananga oil
ylem *m* (nucl) / ylem
yole *f* (nav) / jolly [boat], whip, skiff, dinghy
youyou *m* (nav) / wherry, dinghy
ypérite *f* (mil) / lost, lewisite, yperite, mustard gas
ytterbeux / ytterbous, ytterbium(II)...
ytterbine *f* / ytterbium oxide
ytterbique / ytterbic, ytterbium(III)...
ytterbium *m* (chimie) / ytterbium, Yb
yttreux / yttric, yttrious, containing yttrium, yttriferous || ~ / yttrious, yttrium(III)...
yttria *m* / yttria, yttric oxide
yttrialite *f* (min) / yttrialite
yttrifère / yttric, containing yttrium, yttriferous
yttrium *m* (chimie) / yttrium, Y
yttro·cérite *f* (min) / yttrocerite || **~tantalite** *f* (min) / yttrotantalite

Z

Z *m* (NC) / z-coordinate
zamak *m*, zamac *m* / die-casting zinc alloy "Zamak"
zapon *m* / zapon lacquer
zaratite *f* (min) / zaratite, emerald nickel
Z.A.T., zone *f* affectée thermiquement (soudage) / heat affected zone
zéaxanthine *f* / zeaxanthin (a xanthophyll)
zébré (teint) / dark-striped
zébrer / stripe *vt*, streak
zébrure *f* / stripe || ~ (routes) / zebra markings *pl*
zechstein *m* (géol) / zechstein
zède *m* (sidér) / Z-sections *pl*, zeds, zees *pl* (US)
zéine *f* (chimie) / zein
zéner *m* / Zener o. breakdown diode
zénith *m* (gén) / zenith, vertex || **~-télescope** *m* / zenith telescope
zénithal / zenithal
zéolit[h]e *f* (min) / zeolite || **~s** *f pl* (min) / zeolites *pl* || ~ *f* **feuilletée** (min) / foliated zeolite || ~ **fibreuse** (min) / phillipsite || ~ **prismatique** / needle-zeolite || ~ **[synthétique]** / synthesized zeolite
zéphyr *m* (tex) / zephyr
zéro *m* / zero, naught, nought, cipher || ~ (arp) / zero || ~, position *f* zéro / zero position, neutral position || ~, point *m* d'origine / zero point || ~ (téléphone) / O || ~ (en °C) / zero, freezing-point, point of congelation || **être à** ~ (instr) / be [down] at zero || ~ **absolu** (température) / absolute zero || ~ **central** (instr) / center zero || ~ de l'**échelle** / zero scale mark || ~ de l'**échelle** (hydr) / gauge datum || ~ **électrique** / electrical zero || ~ **flottant** (NC) / floating zero || ~ à **gauche** (ord) / left o. leading zero, high-order o. preceding zero || ~ **hydrographique** / low water datum, L.W.D. || ~ **mécanique** (instr) / mechanical zero || **~-pâturage** *m* (agr) / zero grazing || **~-reader** *m* (aéro) / zero reader || ~ de **relèvement** / null || ~ en **tête** (ord) / left o. leading zero, high-order o. preceding zero || ~ de **végétation** / vegetation zero || ~ **V-u** (télécom) / reference volume
zérotage *m* / zero adjusting o. setting, zeroizing, adjustment to zero
zérovalent (chimie) / zero-valent
zeste *m* [de l'**orange ou du citron**] / peel of orange o. lemon
ZETA *m* (nucl) / zeta, zero energy thermonuclear assembly
zeunérite *f* (min) / zeunerite
Z.H., zone *f* d'habitation (urbanisation) / residential zone
Z.I., zone *f* industrielle / industrial area o. zone
zibeline *f* (tiss) / zibeline, ziberline
ziegelerz *m* / brick o. tile ore
zigzag *m* / zigzag || ~ *f* (m.à coudre) / zigzag stitch machine || **en** ~, zigzagant, zigzagué / zigzagging, zigzag *adv*
zigzaguer / zigzag *vi*
zinc *m* (chimie) / zinc, Zn || ~ (argot) (aéro) / crate (GB) (coll), jallopy (US) (coll) || ~ à 98,75% / selected zinc || ~ **99,5%** / intermediate zinc || ~ à **99,9%** / high-grade zinc || ~ **99,99%** / four-nines zinc || ~ de **99,999% pureté** / five-nines zinc || ~ **affiné** / refined zinc || ~ **brut** / crude o. raw o. rough zinc || ~ **brut de première fusion** (sidér) / common spelter || ~ **commercial** (99%) / commercial zinc, spelter || ~ **électrolytique** (99,996%) / electrolytic zinc || ~ **émaillé** / bright zinc || **~-éthyle** *m* / zinc ethyl || ~ pour **galvanisation** / zinc for coating || ~ **laminé** / zinc plate o. sheet, sheet zinc || ~ **moulé sous pression** / zinc die-casting || ~ **ordinaire**, zinc *m* d'œuvre ou non raffiné / crude o. raw o. rough zinc || ~ de **première fusion** / commercial zinc, spelter || ~ **sulfuré** / white vitriol
zincage *m*, zingage *m* (métallurgie) / Parkes' process for treatment of argentiferous lead
zincate *m* / zincate
zincifère / zincky, zinky, zincy
zincique / zincous, zincic
zincite *f* (min) / zincite, spartalite, sterlingite
zinco·graphie *f* / chemigraphy || **~graphier** / operate zincography, (also:) etch zinc || **~sine** *f* / zinc bloom, hydrozincite || **~site** *f* (min) / zinkosite || **~typie** *f* / zincotype
zingage *m* / zincing, zincking, galvanizing, zinc coating || ~ **continu** / continuous galvanizing || ~ **électrolytique ou galvanique** / electrogalvanizing || ~ au **trempé** / galvanizing [by dipping]
zingué à chaud (tréfilerie) / hot[-dip] galvanized || ~ **électrolytiquement** / zinc plated by galvanization,

galvanized || ~ **non retréfilé** (tréfilerie) / finally galvanized || ~ **retréfilé** (tréfilerie) / drawn galvanized, drawn after galvanizing

zinguer / zinc *vi vt* (zinced; zincked), galvanize || ~ **brillant** / bright galvanize || ~ par **galvanisation à chaud ou par trempé** / hot[-dip] galvanize

zinguerie *f* / zinc works o. smelting plant

zingueur *m* / galvanizer || ~ (ouvrier qui met en oeuvre le zinc) / zinc smelter

zinnwaldite *f* (min) / zinnwaldite

zinzolin / red violet

zippéite *f* (min) / zippeite, dauberite

zircaloy *m* / zircaloy

zircon *m* (min) / zircon

zirconate *m* / zirconate

zircone *f* / zirconia

zirconien / zirconic

zirconium *m* (chimie) / zirconium, Zr

Zodiac *m*, canot *m* pneumatique / [inflatable] liferaft

Z.O.H., zone *f* opérationnelle d'habitat (urbanisme) / mixed zone

zonage *m* (télécom) / zone principle, zoning || ~ (ELF) (urbanisme) / zoning

zone *f* / district, area, zone || ~ (astr, géol) / zone || ~ (ord) / area || ~ (transistor) / region, zone || ~ (c.perf.) / card field || ~ (b.magnét.) / band || ~ **1** (nucl) / inactive area || ~ **2** (nucl) / regulated work area || ~ **3** (nucl) / regulated stay area || ~ **4** (nucl) / prohibited area || **à ~s multiples** / multiple zone... || ~ à l'**abri** (ord) / safe area || ~ d'**accroissement** (bois) / growth ring || ~ d'**action immédiate** (émetteur) / A-service area || ~ d'**action lointaine** (émetteur) / distant wave zone || ~ **active ou d'action** / range o. sphere of influence o. of action || ~ **active de laser** / laser-active area || ~ **affectée thermiquement**, Z.A.T. (soudage) / heat affected zone || ~ d'**affinage** (verre) / refining zone || ~ d'**aplatissement du flux** (réacteur) / flattened o. flat region o. zone, flux flattening region o. zone || ~ **aride** / arid region o. district || **~s** *f pl* **arides** / arid belt || ~ *f* d'**arrêt d'autobus** (routes) / bus bay || ~ de l'**article en débordement** (ord) / next record field || ~ d'**atterrissage** (aéro) / touch-down zone || ~ d'**attraction** (bâtim) / catchment area || ~ d'**audibilité** (radio) / zone of audibility || ~ **axiale équiaxe** / equiaxed crystal core zone || ~ de **balayage** (antenne) / scanning zone || ~ **balayée par l'hélice** (aéro, nav) / propeller disk || ~ de **base** (transistor) / base region || ~ de **bilan matières** (nucl) / material balance area, MBA, MBA || ~ de **braise** (verre) / conditioner || ~ de **brouillage** (radar) / interference o. nuisance area, mush area (US) || ~ du **bruit de scintillation** (télécom, électron) / region of excess noise || ~ **brumeuse** (chimie) / mist zone || **~s** *f pl* de **calmes** (météorol) / doldrums *pl* || ~ *f* de **carte** (c.perf.) / card field || ~ de **cassures** (mines) / [caved] mat || ~ de **cémentation** (géol) / zone of cementation || ~ **centrale équiaxe** / equiaxed crystal core zone || ~ **centrale du Soleil** / plage || ~ de **charge d'espace** / space charge region || ~ **chargée par les eaux d'égout** / sewage laden zone || ~ de **circuits de voie** (ch.de fer) / track circuit zone || ~ de **cisaillement** (géol) / shear structure o. zone || ~ **clé** (ord) / key field || ~ **clé** (nav) / controlling zone || ~ **climatique** / climatic zone || ~ de **clinkérisation ou de cuisson** (céram) / clinkering zone, burning zone || ~ **collectrice ou du collecteur** (transistor) / collector region || ~ de **comparaison** (ord) / match field || ~ de **compensation** (semicond) / compensation zone || ~ **comprimée** / pressure zone || ~ de **concentration** (urbanisme) / conurbation || ~ de **concentration urbaine** (commerce) / congested area, area of concentration || ~ de **condensation** (filage) / condenser zone || ~ de **conditionnement** (céram) / conditioning section || ~ à **conditions de travail non réglementées**, zone 1 (nucl) / inactive area || ~ à **conditions de travail réglementées**, zone 2 (nucl) / regulated work area || ~ de **confusion** (radar) / confusion region || ~ de **congélation rapide** (réfrigérateur) / fast freeze section || ~ de **contact** / contact surface || ~ de **contraintes** (mines) / stress zone || ~ de **contrôle** (c.perf.) / control column || ~ de **contrôle** (aéro) / control zone o. area || ~ **contrôlée** (nucl) / controlled area, active o. restricted area || ~ **contrôlée par radar** / radar control and direction area || ~ de **convection** (chimie) / convection section o. zone || ~ de **convergence** (météorol) / convergence zone || ~ de **convergence intertropicale, Z.C.I.T.** (météorol) / intertropical convergence zone, ITCZ || ~ de **couverture horizontale** (radio) / broadcasting o. coverage area, service area || ~ de **couverture horizontale** (TV) / coverage o. service area, blanket area || ~ de **couverture verticale** (radar) / vertical coverage || ~ **couvrée** (radio) / service area || ~ **cristallographique** / crystallographic zone || ~ **critique** (sidér) / transformation range || ~ de **cuisson** (céram) / clinkering zone, burning zone || ~ de **cuisson de la plaque froide** (cuisinière) / cooking zone of the cool top platform || ~ de **danger** / danger area o. zone || ~ de **danger par rayonnements** / radiation danger zone || ~ de **débordement** (ord) / overflow area || ~ de **décarbonatation** (céram) / calcining o. decarbonation zone || ~ **déformable** (auto) / deformable o. crusher zone, collapsible zone, crumple zone (US) || ~ de la **déformation** / region of deformation || ~ de **dégagement** (gén) / clearance zone || ~ de **demi-période** (phys) / Fresnel zone || ~ de **déplacements** (nucl) / displacement spike || ~ de **déplétion ou désertée** (semicteur) / depletion layer || ~ **dérangée** (géol) / fault zone || ~ de **description** (ord) / description field || ~ de **desserte** (circulation) / area served || ~ **desservie** (radio) / broadcasting o. coverage area, service area || ~ **desservie** (TV) / coverage o. service area, blanket area || ~ de **désurchauffe préalable** (céram) / precooling zone || ~ **détendue** (mines) / stress-free zone || ~ de **détente périurbaine ou en site proche** / recreation area in the immediate vicinity || ~ de **diffusion** (semicond) / diffusion zone || ~ **disloquée** (géol) / fault zone || ~ de **données** (ord) / array, data field || ~ de **drain** (semi-cond) / drain, drain terminal o. electrode o. zone || ~ d'**eau morte** / dead water zone || ~ des **efforts alternés** (essai matériaux) / alternate area || ~ des **efforts ondulés** / range of pulsating stresses || ~ des **efforts ondulés par compression** (essai des mat.) / range for pulsating impressive stresses || ~ des **efforts de traction ondulés** / range for pulsating tensile stresses || ~ **élastique d'allongement** (méc) / sphere up to yield point || ~ **émettrice** (semicond) / emitter region || ~ d'**engravement alluvial** (hydr) / area of filling up by detritus || ~ [d']**entrée** (ord) / input area || ~ d'**entrée** (aéro) / entry section || ~ de l'**épicentre** (géol) / epicenter region || ~ d'**équipement tendeur** (ligne aérienne) / section between stayed poles || ~ **équiphasée** (radar) / equiphase zone || ~ **équisignale** / equisignal zone o. sector || ~ **équivalente d'échos** (radar) / echoing area || ~ d' **espaces verts ou de verdure** / green belt o. area || ~ d'**étirage** (filage) / drafting zone || ~ d'**étirage final** (filage) / main drafting zone || ~

d'**étirage préliminaire** (filage) / pre-drafting zone || ~ d'**évanouissement** (radio) / fading area || ~ d'**exclusion** (nucl) / exclusion area || ~ d'**exploration** (ultrasons) / scanning zone || ~ **exposée au rayonnement** / radiation danger zone || ~ **extérieure** / peripheral area, fringes *pl* || ~ **failleuse** (géol) / fault zone || ~ d'un **faisceau de jonctions** (télécom) / trunk group area || ~ de **fixation ou de fixage** (tex) / setting zone || ~ de **flexion** (pneu) / flexing zone || ~ de **formation de bulles** (plast) / zone of bubbling || ~ de **forte agglomération** / congested area || ~ **foudroyée** (mines) / caved area, fall-in area || ~ **Fraunhofer** (antenne) / Fraunhofer region || ~ **Fresnel** (antenne) / Fresnel region || ~ de **friction** (géol) / shear zone || ~ de **friction** (géol) / shear zone || ~ de **frittage** (céram) / burning zone, clinkering zone || ~ **frontière** / peripheral area, fringes *pl* || ~ de **fusion** / zone of fusion, melting section o. zone || ~ de **garage** (ch.de fer) / stabling zone || ~ de **glissement léger** (crist) / easy-gliding || ~ d'**homogénéisation** (plast) / metering zone || ~ **I** (semicond) / i-zone || ~ d'**impact d'un jet d'oxygène** / arcing zone, impingement || ~ d'**implantation des instructions** (ord) / instruction area of the memory || ~ **inactive** (nucl) / inactive area || ~ d'**incandescence** / zone of incandescence || ~ **industrielle**, Z.I. / industrial area o. zone || ~ **inférieure d'une courbe** / flatness of the graph of a frequency curve || ~ d'**influence immédiate** (ville) / immediate vicinity || ~ d'**inspection** (nucl) / bonded area || ~ d'**interaction** / interaction region || ~ **interdite**, zone 4 (nucl) / prohibited area || ~ **intermédiaire de base** (semicond) / interbase region || ~ d'**introduction** (tex) / feeding section || ~ d'**introduction** (ord) / input area || ~ d'**introduction par clavier** (ord) / key entry area || ~ **inutilisée** (calc.anal) / dead space circuit || ~ **isolée** (ch.de fer) / track circuit zone || ~ de **jonction** / semiconductor junction || ~ de **liaison** (soudage) / weld junction || ~ **limite** (géogr) / peripheral area, fringes *pl* || ~ **littorale** / littoral zone || ~ de **manœuvre** (ord) / scratch area, working area || ~ **marginale** / marginal area || ~ **marginale enrichie** (semicond) / enhancement marginal zone || ~ de **mémoire ou de mémorisation** / storage area o. section || ~ de **mémoire réservée aux instructions** / instruction area of the memory || ~ de **mesure** (instr) / measuring range o. capacity, range of an instrument || ~ **modulaire** (nav) / modular zone || ~ **morte** (radar) / radar gap o. hole || ~ **morte** (radio) / radiopocket o. shadow o. silent zone || ~ **morte** (contr.aut) / dead band o. zone || ~ **morte d'un semicteur** (nucl) / dead layer of a semiconductor detector || ~ **négative** (courant vagabond) / negative area || ~ **néritique** / neritic zone || ~ **neutre** (phys, électr) / neutral zone || ~ **neutre** (lam) / neutral point, non-slip point || ~ **non décapée** (lam) / unpickled area || ~ **non imprimée** (imprimante) / clear area || ~ **nourricière** (nucl) / driver zone || ~ de **nuisance** (aéroport) / nuisance o. influence zone || ~ de **numérotation** (télécom) / numbering area || ~ **occupée** (nucl) / occupied area o. space || ~ **orangée**, zone *f* 3 (nucl) / regulated stay area || ~ d'**oxydation** (géol) / zone of weathering, oxidation zone || ~ **parallèle** (filage) / ribbon winding || ~ **parasite** (électron) / interference zone || ~ de **paratonnerre** / area of protection || ~ de **peau à structure globulaire** (fonderie) / chill crystal zone || ~ de **perforations** (c.perf.) / field of perforations || ~ de **peuplement** / settlement area o. region || ~ **photique** (hydr) / photic zone || ~ **piétonne** / pedestrian zone o. area || ~ **plastique** (essais de mat) / plastic zone || ~ du **plus noir que noir** (TV) / blacker-than-black zone || ~ **pluviale ou des pluies** / rainy zone || ~ de **poser** (hélicoptères) (ELF) / landing zone (for helicopters) || ~ de **précalcination** (céram) / preheating zone, precalcining zone || ~ des **précipitations** / area of precipitation, precipitation area || ~ **principale d'étirage** (filage) / main drafting zone || ~ de **programme** / division (COBOL) || ~ de **proportionalité limitée** (nucl) / region of limited proportionality || ~ de **ramollissement** (plast) / melting section o. zone || ~ de **réception par ondes réfléchies** (radio) / sky-wave o. secondary service area || ~ de **réception principale** (électron) / prime signal area || ~ de **réception régionale** (radio) / [primary] service area || ~ de **réception secondaire** (électron) / secondary service area || ~ de **réchauffage** / heating-up zone || ~ de **recouvrement** (ord) / overlay area || ~ de **réduction** / reduction zone || ~ de **reflockage** / reflocking zone || ~ de **refroidissement** / cooling zone || ~ de **régime transitoire** (cœur du réacteur) (nucl) / buffer zone (reactor core) || ~ de **réglage** / regulating range o. limits *pl* || ~ de **relèvement** (hydr) / raising zone of impoundage || ~ de **rénovation**, Z.R. (bâtim) / urban renewal area || ~ **réservée aux piétons** / pedestrian zone o. area || ~ **résidentielle** / residence district, residential area || ~ **résidentielle pavillonnaire** / residential district with privately owned houses || ~ **rouge**, zone 4 *f* (nucl) / prohibited area || ~ de **rupture** (géol) / fracture zone || ~ de **séchage** (tex) / drying zone || ~ de **ségrégation** / segregated o. segregation zone || ~ à **séjour réglementé**, zone 3 *f* (nucl) / regulated stay area || ~ de **service d'un émetteur** (radio) / coverage, service area || ~ des **signaux d'égalité** / twilight zone, equisignal zone || ~ de **silence** (radar) / blind o. shadow o. risk area o. region o. sector || ~ de **silence** (radio) / skip area o. zone, dead o. silent zone || ~ de **silence** (ondes courtes) / skip effect || ~ de **silence** (auto) / noise abatment zone || ~ de **solidification** (sidér) / solidification zone || ~ de **sortie** (tex) / delivery end || ~ de **souplesse** (chaudière) / expansion modulus || ~ d'une **sphère** (math) / spherical segment between two parallel circles, spherical segment of two bases || ~ de **stationnement** (autoroute) / [hard] shoulder, lay-bye, layby || ~ de **stockage de l'information** (ord) / storage zone of data || ~ à **structure lâche** (sidér) / discontinuity || ~ à **structure de trempe** (soudage) / hard region || ~ **subdivisée** (c.perf.) / split field || ~**s** *f pl* **subtropicales** / subtropics *pl* || ~ *f* **supérieure d'une courbe** / peakedness of the graph of a frequency curve || ~ de **support** (techn) / bearing area || ~ **tampon** (réacteur) / buffer zone (reactor) || ~ de **télécommunication** / communications zone || ~ **tendue** (méc) / zone subject to tensile forces || ~ de **tension** (tiss) / tentering limit || ~ de **tolérance** / tolerance zone o. extent, zone o. extent of tolerance || ~ **totale d'étirage** (filage) / total drafting zone || ~ de **traitement thermique** (tex) / thermal treatment zone || ~ de **transition** / dropping branch of a curve || ~ de **transition** (ord, semicond) / transient area || ~ de **transition** (soudage) / weld junction || ~ de **transition entre gamme à l'état bas et gamme à l'état haut** (électronique) / transition range between L region and H region || ~ de **travail** / working area o. radius o. range || ~ de **travail des mains** (ordonn) / normal working area || ~ de **tremblements**

macrosismiques (géol) / epicenter region || ~ des **tremblements de terre** / seismic area || ~ **trempée** / sectional area of hardening || ~ **utile** (électron, TV) / coverage o. service area, blanket area || ~ **utilisable** (stéréoscope) / usable viewing zone || ~ **valeur** (c.perf.) / amount field || ~ de **verdure** / green belt || ~ **verte**, zone 2 (nucl) / regulated work area || ~ par **zone** (ord) / field-by-field
zoneur *m* / mail sorting installation by zip (US) o. post (GB) codes
zoning *m* (déconseillé), zonage *m* (urbanisme) / zoning
zooglées *f pl* / zoogleas *pl*, -gleae *pl*
zooplancton *m* / zooplankton
zostère *f* / sea grass o. wrack
zoum *m*, zoom *m* (phot) / zoom lens, variable focus lens, variofocal lens || ~ (reproduction) / zoom || ~ **électrique** / power zoom
zoumage *m*, zooming *m* (phot) / zooming
Z.R., zone *f* de rénovation (bâtim) / urban renewal area
zwitterion *m* / amphoteric o. dipolar o. dual ion, zwitterion
zymase *f* (chimie) / zymase
zymo·gène / zymogenic || ~**logie** *f* / zymology || ~**simètre** *m*, zymoscope *m* / zymo[si]meter || ~**technie** *f* / zymotechnics, zymotechnology, zymurgy || ~**technique** / zymotechnical

NOTIZEN

NOTIZEN

NOTIZEN

LA NATURE DU FRANÇAIS TECHNIQUE ET SCIENTIFIQUE

par

Rostislav Kocourek

Professeur à l'Université Dalhousie (Canada)

Table

A. Identité, variation, tendances

1. Pour mieux saisir la langue dans sa diversité, on a trouvé utile de la découper en sous-systèmes plus homogènes. L'un des découpages possibles, c'est la division externe, mais fructueuse, d'une langue – de la langue française par exemple – en plusieurs **langues fonctionnelles.** Il s'agit en particulier de la langue usuelle (ou quotidiennne, ordinaire, générale) et de la langue de spécialité (ou spécialisée). Cette démarcation permet d'étudier les caractères du français de spécialité plus librement, en tenant compte des besoins de ses usagers, sans tout de même oublier que la langue de spécialité ne représente que l'extension et la spécialisation de la langue usuelle.

2. La spécialité comporte principalement les éléments suivants: les objets étudiés, les spécialistes et leurs institutions, les connaissances accumulées, les concepts et les procédures élaborés afin d'atteindre l'objectif visé. La **langue de spécialité** sert de moyen de communication et d'expression des spécialistes en tant que spécialistes. Par conséquent, elle rend possible le fonctionnement de la spécialité. On peut aborder la langue de spécialité par l'intermédiaire des textes, parlés et écrits. Elle peut donc être perçue comme l'ensemble de **textes** créés par des spécialistes en tant que spécialistes, et comme le **système** langagier qui sous-tend ces textes.

3. Bien que plus cohérente que la langue tout entière, la langue de spécialité n'est pas uniforme. Elle se **différencie,** en premier lieu, en tranches et couches selon le **domaine** étudié et selon le **niveau** de connaissance. Un de ses domaines majeurs, c'est le domaine technique et scientifique, auquel appartient la technique industrielle.

4. La diversité de la langue de spécialité est due aussi aux différents **registres** de langue. On peut distinguer le français de spécialité standard (soutenu ou courant), familier (relâché), populaire (celui des chantiers, des usines par ex.), les argots de métier, et d'autres registres.

5. Il y a, ensuite, la différenciation **géographique.** Même au sein de la langue spécialisée, on aperçoit la polarité entre la langue nationale (commune) et les formes dialectales (régionales). Il y a aussi la différence entre le français spécialisé de France et plusieurs variantes établies hors de France, par exemple au Canada, en Belgique, en Suisse, dans les pays d'Afrique.

Enfin, on constate la différenciation diachronique et une rapidité peu commune de changement sur l'axe du **temps.**

6. Afin d'arriver aux résultats les plus homogènes, le chercheur et le lexicographe doivent donc choisir parmi les diverses **variétés** du français de spécialité. Le dictionnaire Ernst par exemple est basé sur les textes spécialisés de la technique industrielle. Le registre étudié est celui de la langue standard, et non familière. En ce qui concerne l'étendue géographique, le dictionnaire rend compte du lexique spécialisé du français national, et non pas des dialectes, et il est centré sur le français de France, avec des variantes lexicales employées ailleurs. Il nous présente le lexique d'aujourd'hui avec – à l'occasion – des remarques sur l'usage vieilli ou périmé.

7. Arrêtons-nous pour mentionner plusieurs **tendances,** parfois opposées, de la communication technique et scientifique qui se font sentir en langue spécialisée. On reconnaît généralement que le souci langagier primordial des spécialistes est la **précision** de l'expression. Il paraît aussi que les spécialistes tâchent d'exprimer leur pensée brièvement, avec **concision.** En même temps qu'elle tend vers la précision et vers la concision, la langue technique et scientifique réduit, adapte ou supprime les moyens expressifs (émotifs), tout en renforçant le côté cognitif, **intellectuel,** impersonnel, **objectif.** Le côté cognitif entraîne l'**innovation** et l'invention, qui sont mises en valeur notamment dans le lexique.

8. L'intellectualisation et la spécialisation de la langue usuelle, dont résulte – comme nous le supposons – la langue technique et scientifique, sont accompagnées d'un souci de **permanence.** Il n'est pas rare que le travail des spécialistes exige que les informations obtiennent une manifestation suffisamment permanente, stable et disponible pour permettre l'étude et la réflexion détaillée, prolongée, répétée. C'est surtout de là que ressort l'emphase sur l'écrit, sur la manifestation graphique, visuelle, en langue de spécialité.

9. Sur une page d'une publication technique ou scientifique, on peut rencontrer plusieurs systèmes de communication spécialisée, plusieurs **systèmes sémiotiques:**

- la **langue naturelle** avec les éléments abréviatifs, symboliques et idéogrammatiques qui s'intègrent à elle en se conformant à ses servitudes grammaticales;
- les **langages artificiels** (dont surtout les langages symboliques en mathématiques et en logique), qui ont un vocabulaire très limité et une grammaire spéciale;
- l'imbrication du langage symbolique et de la langue naturelle, un **type mixte;**
- les éléments sémiotiques non linéaires, tels que **dessins,** cartes, plans, diagrammes, schémas et graphiques.

Ce n'est que le premier système qui fera l'objet de notre brève caractérisation: le français technique et scientifique, langue naturelle avec les éléments artificiels intégrés.

B. La spécificité écrite

10. En principe, le français technique et scientifique peut se distinguer du français usuel sur **tous les plans** de la langue. Les recherches disponibles ne s'occupent que marginalement de l'aspect phonique et grammatico-morphologique de la langue de spécialité. C'est qu'ils sont rares les traits qui séparent la prononciation et les terminaisons grammaticales en langue usuelle de la prononciation et des terminaisons en langue spécialisée du même registre.

Le plan lexical est, à n'en pas douter, le plan le plus spécifique de la langue de spécialité. Avant d'aborder, aux chapitres D et E, les problèmes lexicaux et terminologiques, jetons un coup d'oeil sur les deux autres plans intéressants: d'abord l'écrit, puis, au chapitre C, la syntaxe.

11. Les études modernes de la langue usuelle ont marqué un progrès important en posant la primauté du parlé sur l'écrit. Mais le concept des langues fonctionnelles nous permet de mieux voir la spécificité de la langue technique et scientifique et de constater que sa manifestation **écrite** doit être considérée, observée et analysée comme relativement **indépendante** vis-à-vis du parlé, et parfois même comme prioritaire.

12. L'écrit du français technique et scientifique se distingue du français usuel par l'emploi de divers **moyens graphiques** particuliers, qui se combinent, entre eux et avec les moyens usuels, pour donner une variété considérable de formes écrites. Il s'agit, entre autres, de lettres françaises (romanes) et grecques, de chiffres arabes et romains, de signes diacritiques et de signes de ponctuation, ainsi que d'autres symboles spéciaux.

13. Les **minuscules** des lettres romanes peuvent apparaître seules, en groupes ou avec d'autres symboles: r (*rayon*), ch (*cheval-vapeur*), pi (nombre π), *navire* o/b/o (*ore-bulk-oil*)/ Erz-Massengut-Öl-Frachtschiff.

Voici quelques exemples de l'emploi des **majuscules,** qui apparaissent seules, en groupes (sigles), avec des mots non abrégés, avec des minuscules, en tant qu'abréviations tronquées ou, enfin, soulignant l'emploi spécialisé d'un mot usuel: N (*nord*); B. (*degré Baumé*); *virus* S *de la pomme de terre* / Kartoffel-S-Virus; *capture* K / K-Einfang (Nukl.); *tôle en* U / Kanalblech; *émission* B.L.U. (*à bande latérale unique*) / kompatible Einseitenbandsendung;

acier Ni-Cr (*au nickel-chrome)* / Nickelchromstahl; kPa (*kilopascal*); *p*H (*potentiel hydrogène*); *marche* AR (*arrière*) / Rücklauf; OU *exclusif* / ausschließendes ODER. En plus, on peut employer des majuscules pour signaler les mots qui, ensemble, forment un terme technique soumis à la siglaison: les *S*éries *E*lectrochimiques *S*tructurales, SES.

14. Comme on le sait, des **lettres grecques,** en minuscule ou en majuscule, s'infiltrent sans difficulté dans l'écriture de spécialité: δ (*dioptrie*); *rayons* γ / Gammastrahlen; *particule* Σ / Sigmateilchen; μF (*microfarad); Ω* (*ohm*).

On peut employer, surtout dans les langages symboliques, de l'italique, du gras, de la ronde et d'autres moyens **typographiques** pour exprimer des oppositions conceptuelles.

15. Les textes spécialisés fourmillent de **chiffres** arabes, et les chiffres romains n'y font pas entièrement défaut. Inutile de parler de nombres, de rappels de notes et de références bibliographiques, de numérotations diverses. Mais, en plus de cela, les chiffres contribuent fréquemment à la formation d'un terme technique: *delta* 28, en technique nucléaire; D.L.50 (*dose létale* 50%); un *Renault* 1451-4 (tracteur superlourd); un MF 168 MK III (tracteur superétroit).

16. La disposition verticale des symboles est un autre moyen graphique. Les **exposants** et les **indices** divers, par exemple, compliquent davantage la graphie d'une publication scientifique: SF_6 (*hexafluorure de soufre*) / Schwefelhexafluorid; 10^{-9} (préfixe *nano*).

Même un espace **blanc** peut être utilisé pour contribuer au sens global d'une expression. Les tranches de trois chiffres sont séparées par un intervalle; un *million est* 1 000 000 en France mais, souvent encore, 1,000,000 au Canada.

17. L'emploi spécial de **signes diacritiques** est relativement limité, ex.: A′ (A *prime*) / A Strich; Å (*angstroem*); $\overline{p}$ (*non-p*, barre supérieure).

Le trait d' union est parfois employé comme marque de lexicalisation, des noms propres en particulier: *Flins-sur-Seine* (usine automobile), les ouvrages de *Donzère-Mondragon.*

18. Les **signes de ponctuation** ont assumé des fonctions très variées. Le point indique l'abréviation des mots et peut être le symbole de multiplication entre les lettres. La virgule est devenue la virgule décimale; mais on sait que c'est le point décimal qui a la même fonction dans bien des pays. La barre oblique, ou barre de fraction, elle aussi, a des fonctions particulières: m/s^2 (*mètre par seconde carrée); organe de commande des entrées/sorties* (E/A Steuereinheit).

Le point d'exclamation et les deux-points forment, par exemple, des symboles mathématiques, $:=$ (*égale par définition*), *n*! (factorielle *n*). Et la parenthèse ( ), le crochet [ ] et l'accolade verticale { } ont pris, dans les textes spécialisés, des significations précises et variées. En effet, tous les autres signes de ponctuation trouvent une application dans l'écriture de tel ou tel domaine.

19. Il faut encore faire mention d'un groupe d'autres **symboles spéciaux,** non alphanumériques, qui désignent des concepts précis et apparaissent dans les textes spécialisés. Citons, à titre d'exemple, au moins les symboles suivants: ° (*degré*), ′ (*minute d'angle*), ″ (*seconde d'angle*), – (*signe négatif, barre de soustraction*), > (*supérieur à*), ≤ (*inférieur ou égal à*), ∞ (*infini*), * (*astérisque, étoile*), & (*et commercial*), ‰ (*pour mille*).

Dépouillée de tous ces moyens écrits, la langue technique et scientifique perdrait beaucoup de sa forme spécifique, de sa saveur graphique.

C. L'aspect syntaxique

20. La syntaxe d'une conversation professionnelle dans un atelier de montage n'est pas identique à la syntaxe de la notice d'entretien d'une voiture de tourisme, ni à celle du texte d'un article scientifique traitant des moteurs à combustion interne. Dans le domaine vaste, à peine effleuré, de la **syntaxe** de la langue technique et scientifique, nous allons nous concentrer sur quelques tendances intéressantes du français écrit des périodiques scientifiques.

21. Le souci des spécialistes d'être précis et concis conduit à des **phrases** sinon nécessairement complexes (à plusieurs propositions), au moins assez étendues. Une structure syntaxique chargée, touffue, avec des compléments de nom et d'adjectif, et avec un nombre élevé de circonstants, tout cela caractérise une proposition typique de la prose scientifique.

C'est surtout la place privilégiée, la fréquence et la complexité du **syntagme nominal** (un groupe de mots dont la base est un nom) qui marque la phrase spécialisée, ex.:

- l'*ordinateur* CDC 3 600 de l'Université Pierre-et-Marie-Curie, Paris VI;
- le *diagramme* de phase du système $La_2O_3 - Cr_2O_3$;
- les *essais* avec un anémomètre dans la grotte de la Bouma.

On voit qu'il y a plusieurs **couches** de complexité, chaque base principale (en italique ci-dessus) étant modifiée par une construction dont la base peut être, à son tour, aussi modifiée, et ainsi de suite.

22. Prenons maintenant un texte bref: le sommaire de l'*Etude de l'adsorption physique de gaz par une procédure continue,* article collectif paru dans le *Journal de chimie physique,* Paris, 1977, p. 778:

«*On montre,* dans le cas de carbones diversement *graphités,* que le phénomène de changement d'état bidimensionnel (d'un état fluide hypercritique à un état solide *localisé*) de l'azote *adsorbé* sur le plus homogène d'entre eux *est* général et *observable* pour tous ces échantillons. Pour cela, deux techniques (...) *sont utilisées* avec une procédure d'introduction lente et continue du gaz. La résolution *atteinte* par ces deux techniques *est* alors *illustrée.*»

23. L'emploi du pronom personnel indéfini humain *on* est un exemple de l'effort caractéristique des auteurs en technique et en science, c'est-à-dire de l'effort d'écarter toute référence trop personnelle ou émotive. Ce souci d'**objectivité** se reflète dans la réduction des formes personnelles. La 1re personne du singulier est presque absente des textes des revues scientifiques. En évitant *je*, l'auteur doit avoir recours aux diverses constructions **impersonnelles**. Voici quelques-unes de ces constructions, extraites au hasard d'une vingtaine de pages d'une revue:

- *il est clair que, erroné de, facile de, illusoire de, impossible de, indispensable de, nécessaire de, possible de, préférable de, probable que, vrai que;*
- *il a été dit que, il avait été montré que, il est admis que;*
- *il s'agit de, il faut, il importe de, il paraît que, il reste à, il en résulte que, il semble que;*
- *il y a, il y a lieu de.*

24. L'auteur a à sa disposition toute une gamme de ressources syntaxiques lui permettant de garder la **distance** entre lui-même et l'exposé de ses recherches. La phrase:
– *Je* montre la généralité de ce phénomène... peut assumer les formes suivantes: *Nous* montrons la généralité de ce phénomène (*nous* de modestie, s'il s'agit d'un seul auteur), ou bien: *On* montre... (cf. *man* ou *es* en allemand). On se rend compte de l'effacement progressif du chercheur: *je* → *nous* → *on*.

25. Cette même tendance peut être menée encore plus loin, vers l'élimination de toute mention explicite du chercheur. D'abord, à l'aide du **verbe pronominal** à valeur passive: La généralité de ce phénomène *se* démontre.... Plus d'une moitié des 113 verbes les plus utiles de la langue d'orientation scientifique peut être employée en forme réfléchie à valeur passive: se *décomposer*, se *déduire*, se *définir*, se *démontrer*, se *disposer*, se *distinguer*, se *diviser*.

26. Puis, il y a la construction **passive** elle-même: La généralité de ce phénomène *est* montrée... Une lecture attentive des textes montre le rôle majeur que joue le passif dans la syntaxe spécialisée. En plus de son caractère impersonnel, et malgré les attaques parfois justifiées des puristes, le passif permet de mettre en relief les choses étudiées et les résultats obtenus, et possède nombre d'avantages stylistiques importants. Comme nous le voyons dans le texte au paragraphe 22 (*sont utilisées, est illustrée*), il est question surtout de constructions passives non achevées, qui justement ne contiennent pas de complément d'agent. On dit *La résolution est illustrée* sans ajouter *par les auteurs*.

27. Dans le texte ci-dessus, nous pouvons repérer deux autres phénomènes à valeur passive. C'est d'abord l'emploi des **participes passés,** adjectivés ou non: carbones *graphités*, état solide *localisé*, azote *adsorbé*..., résolution *atteinte*... Tout en partageant les avantages stylistiques du passif, le participe passé abrège la construction passive pleine: *L'azote est adsorbé* → ... *l'azote adsorbé*... Ce qui résulte, c'est le remplacement d'une proposition par un syntagme nominal qui peut aider à construire d'autres propositions plus complexes.

L'autre élément à valeur passive dans le texte est *observable*, adjectif en *-ble* dont la fonction est aussi abréviative: *le phénomène qui peut* être *observé* → *le phénomène observable.*

28. Ce souci de concision est un facteur puissant dans la formation des phrases spécialisées. Le participe passé et les adjectifs en *-ble* ne sont que deux exemples de procédés de **condensation syntaxique** en grammaire française. C'est la langue technique et scientifique qui constitue leur domaine d'emploi par excellence. En plus des propositions relatives, il s'agit notamment des constructions suivantes:

– propositions **infinitives:**
  Pour déterminer *la valeur de l'exposant, on peut*...;
  Avant de serrer *la lunette, bloquer la fraise*...;
  Les anhydrides sont réchauffés pour être vaporisés...;
  Après avoir fixé *la pièce à usiner, on*...

– constructions et propositions **participiales:**
  Deux maximums de concentration décalés *dans le temps et ne* se produisant *pas en même temps que le maximum de température;*
  Les deux phénomènes peuvent être observés conjointement, le second favorisant *le premier*;
  La dissymétrie des lacunes de miscibilité est la conséquence de cet effet de taille, la lacune étant *toujours* déportée *du côté de l'élément de plus petit volume atomique;*
  Ayant montré *la généralité de ce phénomène, nous*...;
  Une concentration dix fois supérieure à celle existant (*ou*: observée) *dans la flamme froide*...;

– propositions **gérondives:**
  En chauffant *le cristal, on provoque le phénomène inverse;*
  En soumettant *du mercure à une agitation mécanique, on voit apparaître*...

29. Un type de condensation très particulier, c'est la **nominalisation.** Prenons une phrase complexe, à subordonnée complétive, qui nous rappellera les phrases avec *je, nous, on* ci-dessus:

– *On montre que ce phénomène est général*
Nous pouvons transformer (nominaliser) la complétive (que *ce phénomène est général)* afin d'obtenir un complément d'objet direct nominal (*la généralité*): On montre *la généralité de ce phénomène.* Après avoir mis cette phrase au passif: La généralité de ce phénomène *est montrée,* nous pouvons encore nominaliser, et obtenons:
– ... *la démonstration* de la généralité de ce phénomène...
C'est ainsi que l'on a condensé une phrase à deux propositions en un seul syntagme nominal (dont la base est *démonstration*). Remarquons que – contrairement à ce que l'on croit – ce syntagme n'est pas plus bref que la phrase complexe originelle, mais qu'il se situe sur un niveau de langue moins élevé et qu'il peut être utilisé comme constituant (sujet, objet...) d'une phrase plus étendue, ex.:
– *La démonstration de la généralité de ce phénomène* justifie l'importance des moyens employés.
Sur une seule page d'une revue scientifique (*Bulletin de la Société française de minéralogie et de cristallographie,* Paris, 1976, p. 47), on a pu relever quinze nominalisations, dont:
– Le sulfate *précipite* initialement (sous forme de...) → la *précipitation* initiale du sulfate...;
– L'arsenic est totalement *absent* → l'*absence* totale d'arsenic...;
– La solution est *sous-saturée* → la *sous-saturation* de la solution...;
– Le mispickel est *remplacé* par la marcassite → le *remplacement* du mispickel par la marcassite...;
– Le soufre ne *peut oxyder* que faiblement → un faible *pouvoir oxydant* du soufre...

C'est ainsi que se resserre – et se complique – le texte de spécialité. Des phénomènes analogiques à la nominalisation sont la verbalisation (rendre magnétique → *magnétiser*) et l'adjectivation (technique de l'industrie → *technique industrielle*).

30. Les phrases d'un article spécialisé portent des marques de l'uniformité et du caractère restreint de la situation de communication dans laquelle est écrit et lu l'article. La plus marquante de ces particularités, c'est la **restriction** de certains moyens syntaxiques. L'importance des constructions nominales, impersonnelles et du passif a été déjà montrée. Comme on le voit dans le texte du paragraphe 22 ci-dessus, ce sont la déclaration, l'indicatif, le présent et la 3e personne du verbe qui l'emportent: *on* montre, le phénomène *est* général, deux techniques *sont* utilisées, la résolution *est* illustrée.

Comme il a été dit, les **personnes** du verbe sont sensiblement réduites à la troisième personne des deux nombres (y compris *on*), et au *nous* de modestie et inclusif.

Il y a peu de propositions **interrogatives,** mais on trouve l'interrogation oratoire:
– *Quelle est la plus simple façon de réaliser ce but?;*
– *Comment interpréter les inversions du rendement?*

On rencontre des propositions **impératives** dans des cas spéciaux:
– *Faisons une brève revue des méthodes...;*
– *Rappelons que...; Supposons que...;*
– *Dire pourquoi cette équation est linéaire* (inf. injonctif);
– *Soit* f(x) *une fonction périodique;*
– *Soient* E *et* E' *deux ensembles arbitraires*
(‹Soit› et ‹soient› sont des subjonctifs qui remplacent l'impératif, et dont la fonction est de poser une définition, une supposition, cf. ‹sei› en allemand.)

L'emploi du conditionnel et du subjonctif est relativement réduit, et l'occurrence des **temps** autres que le présent, le passé composé et le futur simple est peu fréquente.

31. La syntaxe est étroitement liée à l'étude du lexique. C'est surtout de **mots** dits **grammaticaux** (vides, fonctionnels, faibles) que s'occupe traditionnellement la syntaxe. Il

s'agit de déterminants (articles et adjectifs non qualificatifs comme *le, ce, notre, quel, chaque*), de pronoms, de prépositions et de conjonctions. Les textes, spécialisés ou non, ne peuvent exister sans ces mots à haute fréquence qui, pour constituer des phrases, se combinent avec les mots dits pleins, ou forts (noms, verbes, adjectifs, adverbes).

Il semble que c'est l'effort de **préciser,** de désambiguïser, de définir le sens des mots grammaticaux, des conjonctions en particulier, qui est la tendance la plus spécifique de cette couche du lexique technique et scientifique: *ssi* (si et seulement si), *si . . . alors* de l'inclusion (Subjunktion).

32. Un phénomène typique de la langue technique et scientifique, c'est la richesse et la fréquence des groupes de mots dont la fonction correspond à celle d'une préposition ou d'une conjonction. Ces groupes s'appellent, respectivement, **locutions** prépositives et conjonctives. Parmi les 500 expressions les plus fréquentes et les mieux réparties des textes mathématiques, physiques, chimiques et biologiques de base, l'équipe du CREDIF (Centre de recherche et d'étude pour la diffusion du français) a inclus les locutions conjonctives comme *alors que, c'est-à-dire que, suivant que, pendant que,* et les locutions prépositives telles que *en fonction de, par suite de, à l'aide de, d'après.* Le dictionnaire Ernst comprend une sélection judicieuse de locutions importantes, par ex. *par rapport à* (in bezug auf), *à partir de* (mittels, ausgehend von), *par l'intermédiaire de* (mit Hilfe von), *au sein de* (innerhalb), *en vertu de* (aufgrund von).

D. La formation des termes

33. Il y a une gradation de spécialisation du sens des mots et des syntagmes en langue de spécialité; d'abord les mots et locutions grammaticaux non définis, puis les mots pleins, clairs mais non définis (*partie, montrer, suivant*) et, enfin, les mots et syntagmes dont le sens est spécifique et défini au sein d'une spécialité ou d'un groupe de spécialités. C'est là le noyau du lexique technique et scientifique; nous l'appellerons **termes, terminologie.** Un terme peut être constitué par un seul mot, c'est alors un terme-mot (*grisou* / Methan, Bergb., *grisouscope* / Methananzeiger), ou par un syntagme, et c'est un terme-syntagme (*joint universel, joint à la cardan* / Kardangelenk).

C'est aux problèmes des termes techniques et scientifiques que seront consacrés les chapitres D et E. Le chapitre E traitera de la sémantique terminologique; le présent chapitre va s'occuper de la formation des termes.

34. Les besoins de la création lexicale en techniques et en sciences sont considérables. Pour chacun des concepts construits par les spécialistes, il existe un besoin virtuel de dénomination, d'appellation. Les moyens d'une langue doivent posséder une grande **puissance créatrice** pour faire face aux exigences croissantes de la dénomination spécialisée. Les types de formation terminologique en français sont, en effet, nombreux et divers.

35. Le plus direct de ces types, c'est la **dénomination** par des expressions **simples:** le *gaz*, le *bac*, la *chute,* le *kelvin (degré Kelvin),* ou même *pi* (3,14159).

36. Parfois, mais très rarement, les catégories **grammaticales,** le nombre et le genre par exemple, peuvent servir aux besoins terminologiques:
nombre: *ciseaux,* pl. (Schere), mais: *ciseau,* sg. (Meißel);
genre: les Crust*acés*, m (animaux), mais: les Cucurbit*acées*, f (plantes).

37. Souvent, le procédé formateur consiste dans l'**abréviation** plus ou moins poussée du terme de base: les *mathématiques* → les *maths* (fam.), l'*ampère* → A, l'*oxygène* → O. On parlera plus bas de divers types d'abréviations.

38. Un type de formation élémentaire mais efficace, c'est la **réduction à la racine:** *appointer* → l'*appoint* (Ergänzung), *ajouter* → l'*ajout* (Zugabe), *porter* → le *port* (Tonnage...), *charger* → la *charge* (Ladung).

39. Le changement de catégorie lexicale, avec la modification du sens, est une autre manière, peu usitée mais économique, de former des termes nouveaux: *vert,* Adj → le *vert,* N (das Grün); *avoir,* V → l'*avoir,* N (das Haben; le contraire de le *doit*); *pouvoir,* V → le *pouvoir,* N (ex.: le *pouvoir couvrant* / Deckvermögen). C'est ce que l'on appelle **dérivation impropre.**

40. Viennent ensuite des mots à plusieurs éléments. Leur comparaison montre quatre grands types de formation, qui, il faut le rappeler, s'entremêlent de façon à ne pas permettre un découpage rigoureux:

– la **dérivation** (ex.: *limite* → *limiter, délimiter, limitation, délimitation*);
– la **formation** dite **savante,** principalement à partir des éléments latins et grecs (ex.: *...log...* + *...arithm...* → le *logarithme*);
– la **composition** (ex.: *rincer* + *bouteilles* → le *rince-bouteilles* /Flaschenspülmaschine); et
– la **formation syntagmatique,** ou lexicalisation (ex.: le *joint universel,* le *joint à la cardan*).

41. La dérivation et la formation savante sont apparentées par l'emploi d'un élément ou de plusieurs éléments liés, c'est-à-dire des éléments **sans autonomie** individuelle (*dé-, -ation, log-, -arithme*). Pour faire ressortir la variété des éléments formateurs (des **formants**), on a établi deux listes sélectives de mots comportant les formants préfixaux (antérieurs, initiaux) et les formants suffixaux (postérieurs, finals). Ces listes comprennent les formants non autonomes (préfixes, suffixes, formants de la formation savante), avec quelques éléments autonomes traditionnellement rangés parmi les formants de dérivation (*après, arrière, avant, contre, entre, hors, non, sans, sous*). Pour les équivalents allemands de bien des exemples cités, voir la nomenclature du présent dictionnaire.

Si l'on trouve, dans la liste, plusieurs exemples comportant les formants semblables, il s'agit de plusieurs sens différents de la même forme, par ex. les trois sens de *télé-* dans *téléguidage, télédiffusion, télécabine,* et les deux sens de *-ier* dans *serrurier* et *cendrier* (v. ci-dessous par. 55 et 59).

42. **Formants préfixaux**

*a*synchrone
*aéro*frein
*agro*chimie
*ambi*sexué
*an*hydride
*anémo*mètre
*anté*cambrien
*anti*rouille
*apo*morphine
après-vente
*aréo*mètre
arrière-plan
*auto*destruction
*auto*radio
avant-port
*baro*graphe
*bary*centre
*bathy*scaphe
bi-moteur
*bio*dégradation
*calcio*ferrite
*centi*gramme
*circum*duction
*co*pilote
*contra*rotatif
contre-essai
*cryo*gène
*cyclo*moteur
*cyclo*tron
*dé*pressuriser
*dés*oxyder
*déca*litre
*déci*bel
demi-watt
*di*phasé
*dia*gonale
*dis*symétrique
*dynamo*mètre
*électro*moteur
*em*ballage
*en*codage
*endo*thermique
entre-voie
*épi*centre
*équi*distant
*exo*thermique
extra-fin
extra-urbain
*ferri*cyanure
*ferri*magnétique
ferro-alliage
*ferro*cyanure
*géo*station
*gonio*scopie

*gyro*compas
*hecto*pièze
*hémi*sphère
*hepta*gone
*hexa*gone
*holo*protéine
*homéo*stat
*homo*cinétique
hors-bord
*hydro*silicate
*hygro*stat
*hyper*sonique
*hypo*phosphorique
*hypso*mètre
*in*sonore
*infra*son
*inter*nucléaire
intra-atomique
*iso*morphe
*kilo*calorie
*macro*moléculaire
*maxi*jet
*méga*hertz
*méga*phone
*méta*mathématique
mi-fin
*micro*ampère
*micro*sillon
*milli*volt
mini-transistor
*mono*rail
*moto*culteur
*multi*grade
*nano*seconde
non-pesanteur
*octo*gone
*(h)odo*mètre
*oléo*duc
*omni*directionnel
*ortho*gonal
*pan*chromatique
*para*grêle
*para*médical
*penta*èdre
*per*oxyde
*péri*mètre
*pétro*graphie
*pétro(lo)*chimie
*phono*métrie
*pico*farad
*pluri*disciplinaire
*poly*ester
*post*sonorisation
*pré*combustion
*pro*pulsion
*proto*type
*pseudo*pode
*pyro*métrie
*quadri*réacteur
*radio*altimètre
*radio*isotope
*radio*logie
*re*boiser
*ré*émetteur
*rétro*projecteur
sans-filiste
semi-coke
*servo*frein
*sesqui*oxyde
*sidér*urgie
sous-motorisation
*stéréo*chimie
*stéréo*métrie
*sub*atomique
*super*carburant
*supra*liminaire
*sur*gelé
*syn*chrone
*syn*derme
techn(ic)o-scientifique
*télé*cabine
*télé*diffusion
*télé*guidage
*tétra*chlorure
*thermo*nucléaire
*topo*logie
*trans*sonique
*tri*alcool
*ultra*microscopique
*uni*directionnel
*vidéo*cassette

43. **Formants suffixaux**

jet*able*
Cucurbit*acées*
Crust*acés*
outill*age*
sol*aire*
sal*aison*
éthan*al*
axi*al, -e*
olé*ales*
induct*ance*
méth*ane*
lubrifi*ant, -e*
imprim*ante*
gueul*ard*
malt*ase*
agglomér*at*
phosph*ate*
calcul*ateur*
pneum*atique*
oliv*âtre*
calcul*atrice*
iso*bare*
tri*chromie*
fongi*cide*
noir*cir*
cidri*cole*
bi*colore*
platin*é*
trapézo*èdre*
cylindr*ée*
visu*el, -le*
benz*ène*
oxyd*er*
horlog*er, -ère*
scann*er*
fond*erie*
vign*eron*
vign*eronne*
fluor*escent*
vit*esse*
oeill*et*
pip*ette*
centrifug*eur*
encr*eur*
programm*eur*

marémot*eur, -rice*
centrifug*euse*
programm*euse*
ferr*eux*
bitum(in)*eux, -euse*
torré*faction*
pétroli*fère*
électri*fication*
liqué*fier*
sudori*fique*
bacilli*forme*
centri*fuge*
cryo*gène*
poly*gone*
organi*gramme*
oscillo*graphe*
typo*graphe*
séléno*graphie*
dextro*gyre*
déduct*ible*
gluc*ide*
bov*idés*
logic*iel*
n*ième*
logic*ien*
pasteur*ien, -ne*
logic*ienne*
cend*rier*
serrur*ier*
betterav*ier, -ière*
thé*ière*
corros*if, -ive*
volat*ile*

point*iller*
alcal*in, -e*
glycér*ine*
bov*inés*
dispatch*ing*
artér*iole*
corros*ion*
farad*ique*
ferr*ique*
statist*ique*
aplan*ir*
franch*ise*
macadam*iser*
magnét*isme*
garag*iste*
bronch*ite*
baux*ite*
plastic*ité*
méteoro*logie*
météoro*logiste*
météoro*logue*
hydro*lyse*
échappe*ment*
parallèle*ment*
poly*mère*
galvano*mètre*
écono*métrie*
iso*morphe*
agro*nome*
bi*nôme*
taxo*nomie*
métall*o*
di*ode*

cellul*oïd*
solén*oïde*
lamin*oir*
baign*oire*
respirat*oire*
éthan*ol*
carcin*ome*
aiguill*on*
prot*on*
propan*one*
névr*ose*
cellul*ose*
gluc*ose*
chemin*ot*
magnéto*phone*
stéréo*phonie*
galvano*plastie*
gyro*scope*
radio*scopie*
iono*sphère*
thermo*stat*
propre*té*
pyro*technie*
vidéo*thèque*
iso*tope*
vein*ule*
ammoni*um*
cent*uple*
fila*ture*
chlor*ure*
métall*urgie*

44. Les mots dérivés et les formations savantes peuvent former, surtout en langue familière, des abréviations **tronquées** du type *métro, radio, pneu, stéréo, labo, maths:* les *accumulateurs* → les *accus,* le *celluloïd* → le *cellulo.*

45. Etant donné que l'élément final détermine la catégorie lexicale, on se pose la question: Quelle est la catégorie lexicale de départ et quelle est celle d'arrivée? On peut considérer les mots dérivés comme s'ils étaient issus des mots de départ au moyen d'une **transformation** lexicale, par ex. le verbe de départ *imprimer* se transforme en nom d'arrivée *impression.* Cette transformation montre les rapports entre les mots qui existent aujourd'hui, et ne correspond pas nécessairement à l'étymologie. La transformation est souvent accompagnée des changements consonantiques ou vocaliques de la racine, suivant les règles et les incidents du développement historique, ou selon les modèles de formation contemporaine: diriger → directeur; rationnel → rationaliser; cuivre → cuprique.

46. Voici quelques exemples typiques de la **formation des noms** à l'aide de formants suffixaux nominalisateurs:

Verbe → Nom: dériver → *dérivation;* unifier → *unification;* cokéfier → *cokéfaction;* assembler → *assemblage;* sertir → *sertissage;* arranger → *arrangement;* assainir →

assainissement; découper → *découpure;* filer → *filature;* moisir → *moisissure;* semer → *semis;* résonner → *résonance;* camper → *camping;* filtrer → *filtrat; saler* → *salaison;* assister → *assistant, -e;* imprimer → *imprimante;* employer → *employeur, -euse;* diriger → *directeur, -rice;* organiser → *organisateur, -rice;* imprimer → *imprimeur;* repasser → *repasseur;* dépanner → *dépanneuse* (mach.); perforer → *perforatrice* (mach.); calculer → *calculateur* (mach.), *calculatrice* (mach.); fraiser → *fraiseuse* (mach.); laminer → *laminoir;* semer → *semoir;* bouillir → *bouilloire;* tenir → *tenailles.*

Adjectif → Nom: pesant → *pesanteur;* sec, sèche → *sécheresse;* ample → *amplitude;* fragile → *fragilité;* habile → *habileté;* homogène → *homogénéité;* élastique → *élasticité;* disponible → *disponibilité;* fluorescent → *fluorescence;* précis → *précision;* artisan → *artisanat;* automatique → *automatisme.*

Nom → Nom: horloge → *horloger;* plomb → *plombier;* beurre → *beurrier;* destination → *destinataire;* garage → *garagiste;* l'électronique → *électronicien;* la physique → *physicien;* radiologie → *radiologue, radiologiste;* pelle → *pelletée;* pince → *pincette;* porte → *portillon;* artère → *artériole;* cage → *cageot;* veine → *veinule;* partie → *particule.*

47. Voici quelques exemples de la **formation des verbes:**

Nom →Verbe: différence → *différencier;* amidon → *amidonner;* nickel → *nickeler;* propulsion → *propulser;* magasin → *emmagasiner;* miniature → *miniaturiser;* schéma → *schématiser;* vapeur → *vaporiser;* vitre → *vitrer, vitrifier.*

Adjectif → Verbe: automatique → *automatiser;* rationnel → *rationaliser;* imperméable → *imperméabiliser;* acide → *acidifier;* électrique → *électrifier;* blanc(he) → *blanchir.*

48. Et enfin quelques cas de la **formation des adjectifs:**

Nom → Adjectif: vitre → *vitré;* pointe → *pointu,* angle → *angulaire;* port → *portuaire;* forme → *formel;* granit → *graniteux;* fer → *ferreux;* invention → *inventif;* sang → *sanguin;* betterave → *betteravier;* azote → *azotique;* cuivre → *cuprique;* soufre → *sulfurique.*

Verbe → Adjectif: oxyder → *oxydable;* convertir → *convertible;* détecter → *détecteur;* convertir → *convertisseur,* et les participes adjectivés.

49. Nous allons maintenant passer à la **composition,** qui forme des mots nouveaux par la combinaison de plusieurs mots, simples ou dérivés. Les types suivants sont caractérisés par la catégorie lexicale des mots constitutifs:
(Déterminant.N) *deux-pièces;* (Adj.N) *rond-point;* (N.Adj) *vinaigre;* (Adv.N) une *avant-première* (voir aussi le paragraphe 41 ci-desssus); (Prép.N) un *entre-rail* (v. par. 41 ci-dessus); (N.N) *bateau-mouche, timbre-poste;* (N.Part) *lieutenant;* (V.V) *laisser-aller, savoir-faire; laissez-passer;* (V.Pron) *rendez-vous;* (V.N) *porte-avion, chasse-neige; faire-part;* (Adj.Adj) *aigre-doux, gris-bleu;* (Adv. Adj) *malpropre;* (Adv. Participe) *bienfaisant.*

Quelques groupes de mots sont considérés comme composés par tradition, à cause du **trait d'union** dans l'orthographe ou de leur particularité sémantique: *eau-de-vie, mort-aux-rats, va-et-vient.*

Deux types de composition sont très productifs: le type (N.N) – le *mur-rideau* (Curtain Wall), la *machine-outil,* le *camion-citerne,* l'*ingénieur-chimiste,* le *portrait-robot,* la *cité-jardin,* le *bloc-cylindres,* le *chauffage-gaz,* la *prise-rasoir,* le *carter-moteur*; et le type (V.N) – le *compte-tours,* un *essuie-glace,* le *garde-boue,* un *ouvre-boîtes,* le *pare-chocs,* le *pèse-lettre,* le *tourne-disque.*

50. Le procédé **abréviatif** peut se combiner avec la composition pour donner des composés intéressants. Ainsi, les segments intérieurs du syntagme *altitude-aéroport* s'effacent et le reste donne le terme téléscopé *altiport* (hochgelegener Flughafen). Par analogie, *transmetteur-répondeur* donne *transpondeur* (appareil répondant à une impulsion radar).

51. Quand on feuillette un dictionnaire terminologique on se rend vite compte de la prédominance des termes-syntagmes. En effet, la **formation syntagmatique** est le procédé le plus caractéristique parmi les divers types de formation terminologique. Les termes-syntagmes les plus simples sont ceux du type Adj.N, N.Adj ou N.Part: *haute fréquence* (Hochfrequenz), *gaz rares* (Edelgase), *charrue automobile* (Motorpflug), *gaz tonnant* (explosives Gasgemisch), *plaque tournante* (Drehscheibe), *moteur suralimenté* (Motor mit Vorverdichtung), *témoin détecteur* (Kontrollampe). Le nom est parfois modifié par deux adjectifs, N.Adj.Adj: *pouvoir calorifique supérieur* (spezifischer Brennwert).

Il peut y avoir aussi deux noms juxtaposés, N.N, à la manière d'un mot composé: *analyste programmeur, ordinateur Siemens, dictionnaire Brandstetter, frein moteur* (Motorbremse), *essence auto* (Ottokraftstoff), *casque moto* (Motorradschutzhelm). Evidemment, le rapport entre les deux noms n'est pas toujours le même. Le nom modificateur peut lui-même être modifié par un adjectif, N.Adj.N: *rotor haute pression* (Hochdruckläufer, Turb.).

La plus typique est la modification du nom de base par un **syntagme prépositionnel,** avec les prépositions *(de, à...)* comme joncteurs, N.Prép.N et N.Prép.Inf: *chambre d'explosion* (Verbrennungskammer), *montre à quartz* (Quarzuhr), *tronçonneuse à chaîne* (Motorkettensäge), *machine à enseigner* (Lehrmaschine), *pièce hors série* (Nicht-Serienteil), *pneu sans chambre* (schlauchloser Reifen), *cabine sous pression* (Druckkabine), *liquide pour freins* (Bremsflüssigkeit).

La structure d'un terme-syntagme peut toutefois être encore plus compliquée. La base, par exemple, peut être elle-même modifiée par un adjectif, dont la place est ou bien au milieu, près de la base, N.Adj.Prép.N.: *râpe ronde à bois* (Rundraspel), ou bien à la fin du syntagme, N.Prép.N.Adj: *prise de courant murale* (Wandsteckdose). L'adjectif en position finale peut aussi modifier le nom précédent: *moteur à combustion interne* (Verbrennungsmotor), *machine-outil à commande numérique* (numerisch gesteuerte Werkzeugmaschine). Il se trouve parfois que le nom du syntagme prépositionnel est lui-même modifié par un autre syntagme prépositionnel, N.Prép.N.Prép.N: *moteur à soupapes en tête* (Motor mit hängenden Ventilen). La structure syntaxique du terme peut être encore plus étendue au moyen d'une conjonction de coordination, N.Prép.N.Conj.Prép.N: *manette d'embrayage et de débrayage* (Ein- und Ausrücker, Spinn.).

52. Faisons un bref arrêt pour comparer le français avec l'allemand et l'anglais dans ce domaine où ils diffèrent considérablement:

	1 2 3 4
D 1–2–3–4:	Bremsstörungskontrollampe
	1 2 3 4
E 1–2–3–4:	brake failure warning lamp
	4 3 2 1
F 4–3–2–1:	témoin détecteur d'incident de frein

Comparons, premièrement, la **suite** des éléments, indiquée à gauche des trois expressions ci-dessus: 1–2–3–4 pour l'anglais et l'allemand, mais 4–3–2–1 pour le français. En français, la base est donc en première position, et elle est suivie des éléments modificateurs. En allemand et en anglais, ces éléments précèdent la base. C'est comme cela que IQ *(Intelligence Quotient)* devient QI *(quotient intellectuel)*, que UNO devient ONU et que NATO se transforme en OTAN.

Deuxièmement, c'est le niveau d'intégration. Les expressions allemande et anglaise représentent des groupements dont les éléments constitutifs sont liés pour former un type spécifique de composés. Ce caractère plus intégré est caché, en anglais, grâce à l'orthographe segmentée. En français, par contre, on a devant soi un syntagme, avec moins de **cohésion** interne, constitué par des mots qui n'ont pas perdu leur autonomie. On peut les employer avec l'article ou au pluriel; les prépositions peuvent participer à la formation, servant de joncteurs entre les noms.

Il serait toutefois erroné d'oublier que le type ‹français› existe en anglais et en allemand, et inversement. Même en français, les prépositions sont parfois supprimées, ce qui donne des constructions du type intégré: *vecteur lumière* (vecteur *de* lumière) ou même *montre-calendrier ancre 15 rubis antichoc* (montre-calendrier *à* ancre *avec* 15 rubis antichoc).

53. Face à l'étendue des formations terminologiques, le procédé abréviatif réclame son dû dans le domaine des termes-syntagmes. L'un des palliatifs est la **siglaison**, la formation des sigles: le SI *(Système International)*, la H.P. *(haute pression* / Hochdruck*)*, le GNL *(gaz naturel liquéfié* / Flüssignaturgas*)*, le DIDC *(degré international de caoutchouc* / IRHD*)*, le CILF *(Conseil international de la langue française)*. Tout en renforçant le caractère isolé et ésotérique de la terminologie, les sigles ont une vertu irrésistible aux spécialistes; ils atteignent une concision remarquable sans perdre quoi que ce soit de la précision du syntagme intégral.

Nombre d'**abréviations** de syntagmes retiennent une ou plusieurs syllabes des mots constitutifs: *Math géné,* fam. *(Certificat de* math*ématiques* gén*érales)*, AFTERM *(*A*ssocia-tion* f*rançaise de* term*inologie)*. Un cas d'abréviation et d'intégration extrême, c'est la formation d'un mot à partir des phonèmes indiqués par les lettres du sigle: l'*adac, Unesco.*

54. Dans certains domaines, celui du forage pétrolier par exemple, c'est l'**emprunt** à l'anglais qui est un des procédés dominants de la néologie. Adoptant une prononciation francisée, les termes comme le *pipeline,* le *jet,* le *moonpool,* le *jacket,* le *gas-oil* ont trouvé une place au sein de la terminologie française.

D'autres termes sont utilisés sous une forme graphique **francisée**: le *jerricane* (E jerry can, jerrican). D'autres encore ont été modifiés morphologiquement pour mieux s'intégrer dans la structure autochtone: la *gazole* (gas-oil), le *conteneur* (container), le *craquage* (cracking), la *criticité* (criticality).

L'emprunt est souvent rendu plus acceptable à l'aide du **calquage** (traduction) partiel ou total: le multi*puits* (multi-well), la *bande*-vidéo (video-tape), la *ligne de noeuds* (line of nodes, en technique spatiale).

Un grand nombre d'anglicismes a été remplacé par des **néologismes** indépendants et commodes, qui sont cependant toujours concurrencés par les emprunts: le *cadreur* (cameraman), le *capteur* (sensor), le *bouteur* (bulldozer), le *torchage* (flaring), le *halètement* (chugging), un *aéroglisseur* (hovercraft), les *retombées* (fallout), *colonne articulée* (oscillating tower).

L'emprunt – son acceptation, sa modification, son intégration, ou son rejet et son remplacement – n'est qu'un versant du problème plus large. C'est, d'une part, le souci pour la sauvegarde et la **défense** de l'homogénéité des langues naturelles, et, d'autre part, la tendance à l'internationalisation et à l'**universalisation** des terminologies spécialisées.

E. Le sens des termes

55. La caractéristique la plus importante des termes techniques est leur sens. Contrairement aux unités lexicales générales, les termes ont un sens spécifique qui est défini et connu au sein de la spécialité donnée. Ce sens correspond au **concept** (à la notion) désigné et évoqué par sa **forme** (par son appellation, par son nom).

56. Pour des besoins terminologiques, la signification d'un terme, c'est sa **définition.** Plus exactement, c'est la liaison entre la forme du terme (le défini) et le sens du terme (le définissant). Ainsi par exemple, la forme ‹colonne articulée› représente le défini vis-à-vis de son définissant, tel que *«support de production en mer (dans le domaine du forage pétrolier),*

constitué d'un fût relié par l'intermédiaire d'une articulation à une embase posée sur le fond» (cf. Néologie en marche, série B, 2, 1976, p.23).

57. Ce définissant, en italique ci-dessus, c'est donc le syntagme signalant le sens (le concept, la notion) désigné et évoqué par la forme (l'appellation, le nom) «colonne articulée», qui, elle, est le défini de la définition. On trouve souvent intérêt à aller plus loin et à dire que le définissant est un syntagme qui exprime les **traits sémantiques** (sèmes) du défini (ex.: *«support», «fût», «articulation»,* etc.) et leurs rapports.

58. Retournons, tout d'abord, à la formation terminologique et considérons les aspects sémantiques des formants. La tendance à la précision en langue technique et scientifique est perceptible même au niveau des formants. On sait le sens très précis qu'ont reçu les formants préfixaux *méga-* (10^6) et *micro-* (10^{-6}) dans les termes qui désignent les unités de mesure. La **précision des formants** est supérieure à celle des formants en langue usuelle. Il en va de même pour bon nombre de formants suffixaux, ex.: la distinction de la valence en chimie (*acide* azot*eux* HNO_2, *acide* azot*ique* HNO_3), et l'indication du niveau de la classification en zoologie (bov*idés*: famille d'animaux, bov*inés*: tribu d'animaux). Voir, dans la liste alphabétique de formants ci-dessus, les suffixes *-acé(e)s, -al, -ales, -ane, -ase, -ène, -ide, -idés, -inés, -ite, -ode, -ol, -ome, -on, -one, -ose, -ure.*

59. Toutefois, même dans la langue spécialisée, le souci de précision est en présence avec les principes puissants des langues que sont l'ambiguïté et la synonymie. Voici quelques exemples montrant l'**ambiguïté des formants,** celle des formants préfixaux d'abord: Un *paragrêle* est un appareil protégeant les cultures contre la grêle, et un *paratonnerre* protège contre le tonnerre, mais le personnel *paramédical* n'est pas là pour protéger contre la médecine ou les médecins. Un *téléobjectif* permet de photographier à distance, tandis que le *télécran* est un écran de télévision et les *télésièges* sont des sièges qui servent de téléférique. Les formants suffixaux n'échappent pas non plus à l'ambiguïté, surtout quand ils sont employés dans deux domaines différents: Une *arthrite* est une inflammation aiguë en médecine, mais une *apatite* est un minerai, qui partage le suffixe spécial avec d'autres minerais et substances. Une *arthrose*, affection chronique en médecine, n'a rien de commun, même pas le genre, avec le *glucose,* un des glucides en chimie. Et un minerai *ferreux* contient du fer en général, tandis que le sulfate *ferreux* contient du fer bivalent.

60. La **synonymie** et la quasi-synonymie **des formants** ne sont pas moins répandues. La pluralité des formants qui ont un sens apparenté est due surtout à leur origine différente: française, latine, grecque. Voici plusieurs groupes de formants préfixaux à sens apparenté:
«après»: *après*-coulant (Nachlauf, Destill.), *post*combustion;
«arrière»: *arrière*-train, *rétro*fusée;
«avant»: *anté*diluvien, *anti*date, *avant*-port, *pré*combustion;
«avec»: *co*pilote, *syn*chrone;
«contre»: *anti*friction, *contra*rotatif, *contre*-écrou, *para*pluie;
«dans»: *endo*scopie. *intra*-atomique;
«hors»: *exo*thermique, *hors*-bord;
«moitié»: *demi*-produit, *hémi*cylindrique, *mi*-fin, *semi*-conducteur;
«non»: *a*synchrone, *an*hydre, *dis*symétrique, *in*sonore, *mal*sain, *mé*content, *non*-pesanteur;
«outre»: *extra*-fin, *hyper*sonique, *méta*mathématique, *per*sulfate, *super*sonique, *supra*liminaire, *sur*élévation, *trans*océanique, *ultra*microscopique;
«sous»: *hypo*centre, *infra*son, *sous*-sol, *sub*tropical;
«sur»: *épi*centre, *sur*costal, *sus*-hépatique.

61. De cette pluralité de formants qui ont, potentiellement, le même sens résulte un effort de les **différencier** pour exprimer les nuances sémantiques désirées. Ainsi a-t-on différencié le

sens de préfixes utilisés avec l'adjectif *sonique: trans*sonique: 0,8 à 1,2 Mach (voisin de la vitesse du son); *super*sonique: >1 Mach; *hyper*sonique: >5 Mach. Un cas semblable est la différenciation entre *super*marché (surface de 400 à 2 500 m^2) et *hyper*marché (surface >2 500 m^2).

62. Pour mettre en évidence la parenté sémantique et la synonymie des formants suffixaux, observons les formants qui correspondent aux trois traits sémantiques très généraux: celui de l'action, de l'agent et des appareils.

Pour désigner le processus, ou le résultat, d'une **action** en français, on emploie, entre autres, les formants suivants: -. . .*ion* (corrosion, cokéfaction, oxygénation), -. . .*age* (forage, atterrissage, -. . .*ment*(relèvement, rétrécissement), *-ure* (surtout le résultat de l'action: découpure, armature), *-is* (le semis), -. . .*nce* (résonance), *-ing* (camping), *-at* (surtout résultat: filtrat), *-aison* (salaison, inclinaison).

63. Pour désigner un **agent** (une personne), le français de spécialité dispose par exemple de formants suivants: *-ant, -ante* (un assistant, une assistante), *-eur, -euse* (un employeur, une employeuse), *-eur* (un imprimeur, aiguiseur, repasseur de couteaux), *-euse* (la repasseuse de linge), *-ateur, -atrice* (un organisateur, une organisatrice). La dénomination d'autres personnes se fait au moyen de formants comme *-er, -ère* (un horloger, une horlogère), *-ier, -ière* (le fermier, la fermière), *-ier* (le plombier), *-aire* (le, la vétérinaire, destinataire), *-iste, -logiste* (le, la radiologiste, garagiste), *-logue* (le, la radiologue, hydrologue), *-ien, -ienne* (le physicien, la physicienne; un électronicien, une électronicienne), *-eron, -eronne* (le vigneron, la vigneronne).

64. On examinera encore le champ des noms non animés qui désignent les instruments, les **appareils,** les machines. On se sert des formants suffixaux suivants: *-eur* (le générateur, transformateur, ordinateur, projecteur, mixeur), *-euse* (la moissonneuse-batteuse, javeleuse, dépanneuse), *-atrice* (la génératrice, perforatrice, calculatrice), *-oir* (le laminoir, semoir, pressoir), *-oire* (la bouilloire, écumoire), *-ail* (le gouvernail), *-aille* (les tenailles *f*), *-ant* (le battant d'une cloche), *-ante* (une imprimante), *-ette* (la sonnette, pipette); et aussi les suffixes des emprunts (ex.: le scanner, mixer).

On voit que les formants précédents ajoutent un trait sémantique spécifique au sens du mot formé. Ce trait fait partie du définissant du terme concerné. Les définitions des termes précités comportent, en effet, les mots comme *machine, appareil, instrument, outil, machine-outil, organe, mécanisme, dispositif, pièce, partie, ustensile* et *récipient,* qui correspondent, grosso modo, aux formants suffixaux cités ci-dessus.

La **richesse** des moyens langagiers capables d'exprimer un trait sémantique peut être encore mieux appréciée si l'on se rappelle quelques autres possibilités de former les noms d'appareils au sens large, en dehors des suffixes cités. On a d'abord les formants savants (anémo*mètre,* oscillo*graphe,* gyro*scope,* thermo*stat,* magnéto*phone*). Ensuite, il y a la formation syntagmatique (*dispositif* de purge / Bremsentwässerungsventil; *machine* d'étirage du verre / Glasziehmaschine), et la formation endocentrique, avec l'ellipse du formant pour l'appareil (le *paragrêle* = l'*appareil* paragrêle; l'*antiradar* = le *dispositif* antiradar; le *hors-bord* = le *canot avec le moteur* hors bord). Il y a, par surcroît, des noms simples (le *frein,* le *bac* / Setzmaschine, Bergb.), des abrégés (l'*auto,* l'*A.D.A.V.,* l'*adav*), des emprunts (le *scanner,* le *slot,* ouverture dans une plate-forme de forage), et d'autres.

65. Une autre partie intéressante de la sémantique terminologique, c'est la **motivation sémantique** des termes. Un terme motivé sémantiquement est un terme dont le sens figuré (métaphorique, métonymique) suggère en partie son sens spécialisé.

Supposons, par exemple, que l'on cherche l'appellation du concept suivant, en terminologie de la porcelaine:

«grande éponge plate, à texture très fine, utilisée pour le moulage en pâte molle et pour le tournage».

A part les types de formation terminologique déjà mentionnés, on peut avoir recours aux procédés figurés, à la **métaphore** par exemple. On peut donc se poser la question: Qu'est-ce qui partage, avec notre concept (définissant) ci-dessus, les traits sémantiques *«grand»*, *«plat»*, et *«à texture fine»*, et pourrait, par conséquent, nous servir d' appellation pour cette *»grande éponge plate à texture fine»?* La réponse des porcelainiers est ‹l'oreille d'éléphant›, grande, plate, à texture fine. L'*oreille d'éléphant* est, en effet, un terme usuel de la porcelaine, un terme syntagmatique à motivation métaphorique amusante.

Voici quelques exemples de la motivation métaphorique: ‹Noyau› est employé pour *«le centre morphologique et fonctionnel de la cité»*; ‹oeil› est *«un trou ménagé dans un outil pour introduire le manche»*; ‹jupe› a le sens spécialisé de *«enveloppe de protection d'une bouteille»*; et le sens général de ‹branche› peut s'accommoder au sens spécialisé de *«portion d'une courbe non fermée s'éloignant à l'infini»* en mathématiques.

66. Comme la métaphore, la **métonymie** est aussi basée sur des traits sémantiques communs, mais le rapport entre le sens général et le sens spécialisé n'est pas celui de similarité, mais de contiguïté, par exemple celui entre l'inventeur et l'invention. Ce sont, entre autres, des noms propres de savants célèbres qui ont part à la néologie métonymique en langue technique et scientifique:

– le *joule* (j, unité d'énérgie ← James Prescott Joule),
– le *pascal* (Pa, unité de pression ← Blaise Pascal),
– le *lambert* (unité de luminance ← Johann Heinrich Lambert),
– une *Peugeot* (voiture ← Armand Peugeot),
– un *Citroën* (camion ← André Citroën).

On voit que le pouvoir d'évocation (la transparence) de la métonymie est moins direct que celui de la métaphore. Les noms propres apparaissent souvent en tant qu'éléments constitutifs des termes techniques: les termes qui en résultent s'appellent **éponymes,** ex.:
– *pasteuriser* (Louis Pasteur),
– la *goethite* (minerai α-FeOOH, J.W. von Goethe),
– la *bakélite* (Leo Hendrik Baekeland),
– ondes *hertziennes* (Heinrich Rudolf Hertz),
– acier *Siemens-Martin* (Wil. Siemens et Pierre Martin).

67. Ainsi, la motivation sémantique suggère, mais elle ne définit pas pleinement le sens du terme donné. En fin de compte, ce n'est pas la motivation mais l'**usage** (la convention) qui impose le sens au terme technique. Malgré sa valeur culturelle et mnémotechnique, la connaissance de la motivation n'est pas indispensable pour la connaissance du sens d'un terme. Pour connaître le sens des ‹phares› (opposés aux codes et veilleuses), il n'est pas pertinent de savoir que les *phares* d'une voiture viennent, par métaphore, du *phare* (Leuchtturm), et, par métonymie, de *Pharos* en ancienne Egypte, où régnait jadis la tour blanche millénaire.

68. Outre les éponymes, les **noms propres** au sens strict jouent un rôle particulier dans la communication spécialisée. Les textes comportent des noms de savants, de chercheurs, d'inventeurs et d'auteurs *(Louis de Broglie,* le groupe *N. Bourbaki)*, d'entreprises *(*l'*Aérospatiale, Manufrance,* usines *Renault)*, d'instituts et d'établissements de recherche *(Institut Pasteur, Centre national de la recherche scientifique, Université de Paris-Sorbonne, Institut Henri Poincaré)* et de modèles, types, marques ou projets (le satellite *Aura,* Au = or, Râ = soleil; le projet GANIL, *Grand Accélérateur National à Ions Lourds*) et même d'oeuvres

et de publications diverses *(Dictionnaire des arts et des sciences,* 1694, de Thomas Corneille; *Terminologies 76,* d' AFTERM*)*.

Les noms propres au sens strict se distinguent des termes par le fait qu'ils désignent **une** seule **entité**, et non une pluralité, une classe d'entités. Mais ils s'approchent des termes parce qu'ils ont un sens spécifique. Ainsi, les noms propres se joignent aux termes pour constituer la composante sémantiquement définie du lexique de spécialité.

69. Ce qui résulte du fait que les termes sont doués d'un sens défini, c'est le caractère dit **monosémique** du terme. Employés au cours de la communication spécialisée, les termes sont sensiblement sans **ambiguïté**, ce qui ne veut pas dire que les mots constituant les termes, en tant qu'unités du lexique, ne peuvent pas être ambigus. Une forme peut avoir des sens différents dans plusieurs domaines d'emploi; la *pédologie* des physiologues et des psychologues, et la *pédologie* des agronomes sont deux **homonymes** de sens et d'origine différents; le *charbon* des mines n'est pas le *charbon* des vétérinaires; la *classe* en botanique est loin de la *classe* des mathématiques.

Ainsi, le mot *classe* constitue plusieurs termes, et il est donc ambigu (**polysémique**). Mais dans chacun des domaines spécialisés, *classe* est un terme précis. Par conséquent, et contrairement à ce que l'on croit, les termes ne sont souvent que des **acceptions** des mots ou des syntagmes. Même au sein du domaine donné, la même forme peut avoir plusieurs sens employés par divers auteurs, ou dans des contextes ou régions divers, par ex. la *haute tension,* dont la définition peut bien être différente en France, en Suisse et au Canada, sans toutefois être imprécise; on pensera au problème que pose la traduction du terme *Hochspannung* en français ou en anglais. Or, il peut y avoir, pour chaque forme terminologique et dans le même domaine, plusieurs sens précis, distingués au moyen de définitions différentes.

Il va sans dire que la facilité de communication technique et scientifique exige que cette ambiguïté soit restreinte au minimum. C'est pourquoi les terminologues, et surtout les organismes de normalisation et d'unification, se réclament de l'idéal de **biunivocité** (absence d'ambiguïté et de synonymie) d'un terme technique et scientifique.

70. Etablir les traits sémantiques des termes n'est que le début d'une analyse sémantique. Lorsque nous avons recueilli un ensemble de termes et déterminé leur sens, nous tenons à comparer leur sens afin d'obtenir la structuration sémantique de la terminologie, dont les résultats sont des groupes de termes apparentés sémantiquement. Ces groupes s'appellent **champs sémantiques.**

71. Le champ sémantique élémentaire, c'est un groupe de synonymes (une **série synonymique**). On met ensemble les termes synonymes, c'est-à-dire les termes de forme différente qui ont le même sens. Voici quelques paires de termes synonymes:

- *dioxyde, bioxyde* / Dioxid;
- *modificateur, modifieur* / Modifikator;
- *semi-métro, prémétro* / Unterpflaster-Straßenbahn;
- *logiciel, programmerie* / Software;
- *véhicule à chenilles, véhicule chenillé* / Raupenfahrzeug;
- *acide ribonucléique, ARN* / Ribonukleinsäure;
- *avion à décollage et atterrissage verticaux, adav* / VTOL;
- *science du sol, pédologie* / Bodenkunde;
- *le bulldozer, bouteur* / Bulldozer;
- le *rayon, r* / Halbmesser.

Remarquons que, dans une paire synonymique, n'importe quel type de formation terminologique peut être mis en **opposition** avec n'importe quel autre, par exemple: la formation syntagmatique *(science du sol)* opposée à la formation savante *(pédologie)*;

l'emprunt *(bulldozer)* vis-à-vis de la dérivation *(bouteur)*; motivation sémantique *(rayon)* en présence avec l'abréviation *(r)*, etc.

71. Une fois établie, la série synonymique pose des problèmes d'**évaluation.** L'idéal de la langue scientifique n'étant pas l'abondance des synonymes d'un poème héroique, mais – au contraire – la biunivocité, les spécialistes ont intérêt à évaluer les membres de la série synonymique afin de choisir le synonyme le plus approprié.

Dès que le terme préféré a été choisi, il devrait remplacer tous les autres membres de la série, dont l'emploi est déconseillé,ou qui sont pourvus d'un sens distinct (c'est la **répartition** des synonymes). Ceci est une des tâches principales des commissions terminologiques ou de normalisation.

72. C'est donc le problème des **critères** de sélection qui est délicat. Parmi les critères employés, parfois contradictoires, nous allons nommer les suivants:

– **monosémie,** biunivocité *(science du sol* est moins ambigu que *pédologie)*;
– **économie** et brièveté *(adav* est plus bref que *avion à décollage et atterrissage verticaux)*;
– **fréquence** et stabilité *(bulldozer* est probablement plus fréquent que *bouteur)*;
– **universalité** et internationalité *(bulldozer* est plus international que *bouteur)*;
– **autochtonie** et propriété *(bulldozer* est un anglicisme, tandis que *bouteur* est un mot français bien formé*)*;
– **transparence** et motivation (*ARN* est moins transparent que *acide ribonucléique*);
– **systémicité** et cohérence *(logiciel* possède plus d'indications systémiques que *programmerie* parce qu'il partage le suffixe *-iel* avec son opposé *matériel* / Hardware*)*;
– **productivité** *(pédologie* est un mot productif, ou formateur, puisque, contrairement à *science du sol*, on peut en former des dérivés, tels que *pédologique, pédologue)*;
– **maniabilité** *(adav* est plus maniable dans la phrase que le syntagme *avion à décollage et atterrissage verticaux)*.

73. Voisines des paires synonymiques sont les paires de termes à sens opposé (**antonymes** terminologiques), ex.: *chimie organique* antonyme de *chimie minérale (*ou *chimie inorganique), corps organique* opposé à *corps inorganique, engrais organique* et *engrais chimique, trouble organique* et *trouble fonctionnel.*

74. On peut regrouper des termes en champs selon d'autres critères que celui d'identité ou d'opposition sémantique. A cheval entre un champ sémantique et morphologique se trouvent les champs dérivationnels et affixaux. Si l'on rassemble les termes qui sont sémantiquement apparentés grâce à l'emploi du même radical ou de la même base, on obtient un **champ dérivationnel:** *oxyde, peroxyde, sesquioxyde, dioxyde, oxyder, oxydable, oxydant(e), oxydation, désoxyder, désoxydant(e)* (sans compter les termes composés et syntagmatiques).

Les **champs affixaux** sont des ensembles de termes qui partagent le même formant préfixal ou suffixal, par ex. *per-: perborate, perchlorate,* (acide) *perchlorique, perchlorure* (vieilli), *perhydrol* (eau oxygénée), *permanganate,* (acide) *permanganique, peroxyde, persel, persulfate, persulfure, persulfuré(e).*

75. Le champ sémantique vertical dit«**échelle**» terminologique (*Begriffsleiter* de E. Wüster) comprend un terme (par ex. *véhicule automobile*) et les termes qui lui sont surordonnés: ses **hyperonymes,** ex. *véhicule, moyen de transport*, et subordonnés: ses **hyponymes**, ex. *voiture* (non utilitaire, l'*auto*), *cabriolet* (automobile décapotable). La petite échelle terminologique en question est donc: *cabriolet - voiture - véhicule automobile - véhicule - moyen de transport. Meuleuse* (Schleifmaschine) - *machine-outil* (Werkzeugmaschine) - *machine* (Maschine) est un autre exemple d'une échelle terminologique. Un autre type d'échelle est basé sur le rapport entre le tout et la partie (*Bestandsleiter*): *voiture* (Auto) - *moteur* (Motor) - *piston* (Kolben).

76. Le champ sémantique horizontal dit «**série**» terminologique *(Begriffsreihe)* comporte les termes coordonnés, c'est-à-dire les termes qui sont subordonnés à un autre terme et qui se trouvent au même niveau. On les appelle **co-hyponymes,** ex. les co-hyponymes subordonnés à *véhicule automobile: motocycle, voiture, camion, autobus,* ou les co-hyponymes subordonnés à *motocycle: cyclomoteur, motocyclette, scooter, vélomoteur.*

77. Dans l'enseignement de la langue de spécialité, on établit parfois des **champs associatifs** qui regroupent, assez librement, les termes associés autour d'un terme clé, par exemple les termes se rapportant au *tracteur à chenilles* ou au *téléviseur couleur.*

78. Le **champ conceptuel,** par contre, est le résultat d'une analyse sémantique plus poussée, basée sur la présence ou l'absence de traits sémantiques. Comme nous l'avons vu plus haut sur l'exemple des termes pour les appareils (v. par. 64) on ne recueille que les termes qui appartiennent à une seule catégorie lexicale (les noms et les syntagmes nominaux par ex.) et qui partagent certains traits sémantiques *(«appareil»)*. Le plus souvent, il s'agit de faire la collecte et la systématisation des termes nominaux d'un domaine donné (ex. : des appellations des *machines-outils,* des *machines agricoles,* des *herbicides*). Le cas extrême d'un champ conceptuel terminologique est la **nomenclature** au sens strict, en botanique, en zoologie, en chimie et ailleurs.

79. La terminologie de chaque domaine constitue des **systèmes** et sous-systèmes qui s'appuient sur les concepts et les choses de ce domaine. Par conséquent, la structuration sémantique du lexique en langue technique et scientifique est plus prononcée, compliquée et définie qu'en langue usuelle.

Bibliographie sommaire

(Choix de lectures utiles)

AGRON, P. «La terminologie française des sciences et des techniques», *Meta,* 13 (2), juin 1968, pp. 52-61.

ASSOCIATION FRANÇAISE DE TERMINOLOGIE. *Terminologies 76.* Sous la dir. de B. de Bessé. Paris, 1977.

AUGER, P., ROUSSEAU, L.-J. *Méthode de la recherche terminologique.* S. l., 1978.

BACHRACH, J.A., GOETSCHALCKX, J. «Les Bureaux de terminologie...», *Banque des mots,* (4), 1972, pp. 153-164.

BENVENISTE, E. «Formes nouvelles de la composition nominale», *BSL,* 61 (1), 1966, pp. 82-95.

COMITE D'ETUDES DES TERMES TECHNIQUES FRANÇAIS. *Termes techniques.* Paris, 1972.

CONSEIL INTERNATIONAL DE LA LANGUE FRANÇAISE. *Enrichissement de la langue française.* Paris, 1976.

DABÈNE, M., GAULTIER, T. (eds.). *Les langues de spécialité...* Strasbourg, 1970.

DROZD, L., SEIBICKE, W. *Deutsche Fach- und Wissenschaftssprache.* Wiesbaden, 1973.

DUBOIS, J. «Les problèmes du vocabulaire technique», *Cahiers de lexicologie,* 9 (2), 1966, pp. 103-112.

DUBUC, R. *Manuel pratique de terminologie.* Montréal, 1978.

FELBER, H. «Plan pour un réseau mondial de terminologie...», pp. VII-17 à VII-25 *in:* ASS. FR. DE TERM., 1977, ci-dessus.

FRIED, V. (ed.). *The linguistic school of Prague and language teaching.* Oxford, 1971.

GOFFIN, R. «La recherche terminologique...», pp. II-37 à II-48 in: ASS. FR. DE TERM., 1977, ci-dessus.

GUILBERT, L. «De la formation des unités lexicales», pp. IX-LXXXI *in: Grand Larousse de la langue française,* t. 1. Paris, 1971.

GUILBERT, L., PEYTARD, J. (eds.). *Les vocabulaires techniques et scientifiques. = Langue française,* (17), févr. 1973.

GUIRAUD, P. *Les mots savants.* Paris, 1968.

HOFFMANN, L. *Kommunikationsmittel Fachsprache*... Leipzig, 1976.

JOLY, H. «Qu'est-ce qu'un mot français?», *Banque des mots,* (13), 1977. pp. 15-28.

KOCOUREK, R. «Prerequisites for an applicable linguistic theory of terminology», *Actes du Ve Congrès mondial de linguistique appliquée.* Montréal, 1980.

MARTINET, A. «Mot et synthème», *Lingua,* 21, 1968, pp. 294-302.

MATORE, G. *La méthode en lexicologie, domaine français.* Paris, 1973.

MOUNIN, G. «Les systèmes de communication non linguistique...», *BSL,* 54 (1), 1959, pp. 176-200.

NATANSON, E. «Formation des termes par abréviation», *Fachsprache,* 1 (3), 1979, pp. 83–91.

PHAL, A. *Vocabulaire général d'orientation scientifique*... Paris, 1971.

QUEMADA, B. «Lexicology and lexicography», pp. 395-475 *in:* SEBEOK, T. (ed.). *Current trends in linguistics,* v. 9, pt. 1. Haag, 1972.

REY, A. La terminologie; noms et notions. Paris, 1979

RONDEAU, G. «Les banques de terminologie bilingues et multilingues...», *Meta,* 24 (2), juin 1979, pp. 253-263.

SAGER, J.C. et al. *English Special Languages.* Wiesbaden, 1980.

SECRETARITAT D'ETAT. BUREAU DES TRADUCTIONS. *Colloque canadien sur les fondements d'une méthodologie... en terminologie et en documentation.* Sous la dir. de G. Rondeau. Ottawa, 1976.

VIGNER, G., MARTIN, A. *Le français technique.* Paris, 1976.

WÜSTER, E., *Einführung in die allgemeine Terminologielehre und terminologische Lexikographie.* Wien, 1979. Trad. fr. en préparation.

Index

(Les chiffres renvoient aux paragraphes.)